建 筑 施 工 手 册（第五版）

缩 印 本

《建筑施工手册》（第五版）编委会

中国建筑工业出版社

图书在版编目（CIP）数据

建筑施工手册(第五版)缩印本/《建筑施工手册》(第五版)
编委会．—5版．—北京：中国建筑工业出版社，2013.8（2023.4重印）
ISBN 978-7-112-15470-8

Ⅰ.①建… Ⅱ.①建… Ⅲ.①建筑工程—工程施
工—技术手册 Ⅳ.①TU7-62

中国版本图书馆CIP数据核字(2013)第110542号

　　《建筑施工手册》(第五版)缩印本是由《建筑施工手册》(第五版)1～5册缩印而成。全书共计37章，其中包括：施工项目管理；施工项目技术管理；施工常用数据；施工常用结构计算；试验与检验；通用施工机械与设备；建筑施工测量；土石方及爆破工程；基坑工程；地基与桩基工程；脚手架工程；吊装工程；模板工程；钢筋工程；混凝土工程；预应力工程；钢结构工程；索膜结构工程；钢-混凝土组合结构工程；砌体工程；季节性施工；幕墙工程；门窗工程；建筑装饰装修工程；建筑地面工程；屋面工程；防水工程；建筑防腐蚀工程；建筑节能与保温隔热工程；既有建筑鉴定与加固改造；古建筑工程；机电工程施工通则；建筑给水排水及采暖工程；通风与空调工程；建筑电气安装工程；智能建筑工程；电梯安装工程。

　　本书在第四版的基础上做了全面的修订，紧密结合国家和行业现行规范技术要求，囊括了近年来我国在建筑安装工程领域中的最新成果，总结了最先进的建筑安装施工技术以及在建筑工程管理方面的新成果，反映了目前我国最新的施工技术水平，充分体现了权威性、科学性、先进性、实用性、便捷性，内容更全面、更系统、更丰富、更新颖。为了打击盗版和为读者提供全方位、持续性的服务，每本图书后都贴有网上增值服务码，一书一码，读者凭ID、SN号可享受免费网络增值服务，为建设领域的技术管理人员提供了更广泛的交流平台。

　　本书为建筑工程技术人员和管理人员工作中的得力助手，也可供大中专院校相关专业师生学习参考。

＊　　＊　　＊

责任编辑：余永祯　刘　江　郦锁林　周世明　曲汝铎　郭　栋
　　　　　岳建光　范业庶　曾　威　张伯熙　赵晓菲　张　磊
　　　　　万　李　王砾瑶
责任校对：赵　颖　王雪竹

建 筑 施 工 手 册（第五版）

缩 印 本

《建筑施工手册》(第五版)　编委会

＊

中国建筑工业出版社出版、发行（北京海淀三里河路9号）

各地新华书店、建筑书店经销

北京红光制版公司制版

天津翔远印刷有限公司印刷

＊

开本：787×1092毫米　1/16　印张：144¾　字数：8530千字
2013年9月第五版　　2023年4月第四十一次印刷
定价：**328.00**元
────────────────────────────
ISBN 978-7-112-15470-8
(24045)

本书出版说明

《建筑施工手册》自 1980 年出版，1988 年修订出版第二版，1997 年修订出版第三版，2003 年修订出版第四版。自 1980 年面世以来，本手册得到了广大建筑行业从业人员的深情厚爱，30 多年来连续改版、重印。该书曾获"全国优秀科技图书奖"、"首届全国优秀建筑科技图书部级奖一等奖"、"推动我国科技进步的十部著作之一"等殊荣。

为了更好地了解《建筑施工手册》在读者中的使用情况，以便在今后的修订中使《建筑施工手册》更加完善，我社以座谈会、调查问卷、与权威专家专题访谈等各种形式组织了多次市场调研工作。在此基础上，启动了《建筑施工手册》（第五版）的修订工作，成稿之后，又召开了多次统稿及审稿会议，并根据近年来新颁布的规范标准进行了认真的修改，历时 4 年、近 60 家单位 300 多人参与编写的《建筑施工手册》（第五版）终于面世。修订后的第五版内容紧密结合国家和行业现行规范技术要求，囊括了近年来我国在建筑安装工程领域中的最新成果，总结了最先进的建筑安装施工技术以及在建筑工程管理方面的新成果，反映了目前我国最新的施工技术水平，充分体现了权威性、科学性、先进性、实用性、便捷性，内容更全面、更系统、更丰富、更新颖。此外，为了打击盗版和为读者提供全方位、持续性的服务，本套手册的环衬采用中国建筑工业出版社专用的水印防伪纸印刷，每本图书后都贴有网上增值服务标，一书一码，读者凭 ID、SN 号可享受免费网络增值服务，增值服务内容包括标准规范更新信息、四新技术介绍、施工案例介绍、施工类相关图书简介、读者反馈及问题解答等，为建设领域的技术管理人员提供了更广泛的交流平台。

《建筑施工手册》（第五版）（1～5 册）出版后，即获得广大读者良好的反映，为满足读者不同需要，我社将《建筑施工手册》（第五版）1～5 册缩印，特推出《建筑施工手册》（第五版）1～5 册缩印本，并方便读者阅读和携带。

中国建筑工业出版社

第五版出版说明

《建筑施工手册》自1980年问世，1988年出版了第二版，1997年出版了第三版，2003年出版了第四版，作为建筑施工人员的常备工具书，长期以来在工程技术人员心中有着较高的地位，对促进工程技术进步和工程建设发展作出了重要的贡献。

近年来，建筑工程领域新技术、新工艺、新材料的应用和发展日新月异，我国先后对建筑材料、建筑结构设计、建筑技术、建筑施工质量验收等标准、规范进行了全面的修订，并陆续颁布出版。为使手册紧密结合现行规范，符合新规范要求，充分体现权威性、科学性、先进性、实用性、便捷性，内容更全面、更系统、更丰富、更新颖，我们对《建筑施工手册》（第四版）进行了全面修订。

第五版分5册，全书共37章，与第四版相比在结构和内容上有很大变化，主要为：

（1）根据建筑施工技术人员的实际需要，取消建筑施工管理分册，将第四版中"31施工项目管理"、"32建筑工程造价"、"33工程施工招标与投标"、"34施工组织设计"、"35建筑施工安全技术与管理"、"36建设工程监理"共计6章内容改为"1施工项目管理"、"2施工项目技术管理"两章。

（2）将第四版中"6土方与基坑工程"拆分为"8土石方及爆破工程"、"9基坑工程"两章；将第四版中"17地下防水工程"扩充为"27防水工程"；将第四版中"19建筑装饰装修工程"拆分为"22幕墙工程"、"23门窗工程"、"24建筑装饰装修工程"；将第四版中"22冬期施工"扩充为"21季节性施工"。

（3）取消第四版中"15滑动模板施工"、"21构筑物工程"、"25设备安装常用数据与基本要求"。在本版中增加"6通用施工机械与设备"、"18索膜结构工程"、"19钢—混凝土组合结构工程"、"30既有建筑鉴定与加固"、"32机电工程施工通则"。

同时，为了切实满足一线工程技术人员需要，充分体现作者的权威性和广泛性，本次修订工作在组织模式、表现形式等方面也进行了创新，主要有以下几个方面：

（1）本次修订采用由我社组织、单位参编的模式，以中国建筑工程总公司（中国建筑股份有限公司）为主编单位，以上海建工集团股份有限公司、北京城建集团有限责任公司、北京建工集团有限责任公司等单位为副主编单位，以同济大学等单位为参编单位。

（2）书后贴有网上增值服务标，凭ID、SN号可享受网络增值服务。增值服务内容由我社和编写单位提供，包括：标准规范更新信息以及手册中相应内容的更新；新工艺、新工法、新材料、新设备等内容的介绍；施工技术、质量、安全、管理等方面的案例；施工类相关图书的简介；读者反馈及问题解答等。

本手册修订、审稿过程中，得到了各编写单位及专家的大力支持和帮助，我们表示衷心地感谢；同时也感谢第一版至第四版所有参与编写工作的专家对我们出版工作的热情支持，希望手册第五版能继续成为建筑施工技术人员的好参谋、好助手。

中国建筑工业出版社

2012年12月

《建筑施工手册》（第五版）编委会

参 编 单 位

同济大学

哈尔滨工业大学

东南大学

华东理工大学

上海建工一建集团有限公司

上海建工二建集团有限公司

上海建工四建集团有限公司

上海建工五建集团有限公司

上海建工七建集团有限公司

上海市机械施工有限公司

上海市基础工程有限公司

上海建工材料工程有限公司

上海市建筑构件制品有限公司

上海华东建筑机械厂有限公司

北京城建二建设工程有限公司

北京城建安装工程有限公司

北京城建勘测设计研究院有限责任公司

北京城建中南土木工程集团有限公司

北京市第三建筑工程有限公司

北京市建筑工程研究院有限责任公司

北京建工集团有限责任公司总承包部

北京建工博海建设有限公司

北京中建建筑科学研究院有限公司

全国化工施工标准化管理中心站

中建二局土木工程有限公司

中建钢构有限公司

中国建筑第四工程局有限公司

贵州中建建筑科研设计院有限公司

中国建筑第五工程局有限公司

中建五局装饰幕墙有限公司

中建（长沙）不二幕墙装饰有限公司

中国建筑第六工程局有限公司

中国建筑第七工程局有限公司

中建八局第一建设有限公司

中建八局第二建设有限公司

中建八局第三建设有限公司

中建八局第四建设有限公司

上海中建八局装饰装修有限公司

中建八局工业设备安装有限责任公司

中建土木工程有限公司

中建城市建设发展有限公司

中外园林建设有限公司

中国建筑装饰工程有限公司

深圳海外装饰工程有限公司

北京房地集团有限公司

中建电子工程有限公司

江苏扬安机电设备工程有限公司

第五版执笔人

1

1	施工项目管理	赵福明	田金信	刘 杨	周爱民	姜 旭	张守健
		李忠富	李晓东	尉家鑫	王 锋		
2	施工项目技术管理	邓明胜	王建英	冯爱民	杨 峰	肖绪文	黄会华
		唐 晓	王立营	陈文刚	尹文斌	李江涛	
3	施工常用数据	王要武	赵福明	彭明祥	刘 杨	关 柯	宋福渊
		刘长滨	罗兆烈				
4	施工常用结构计算	肖绪文	王要武	赵福明	刘 杨	原长庆	耿冬青
		张连一	赵志缙	赵 帆			
5	试验与检验	李鸿飞	宫远贵	宗兆民	秦国平	邓有冠	付伟杰
		曹旭明	温美娟	韩军旺	陈 洁	孟凡辉	李海军
		王志伟	张 青				
6	通用施工机械与设备	龚 剑	王正平	黄跃申	汪思满	姜向红	龚满哗
		章尚驰					

2

7	建筑施工测量	张晋勋	秦长利	李北超	刘 建	马全明	王荣权
		罗华丽	纪学文	张志刚	李 剑	许彦特	任润德
		吴来瑞	邓学才	陈云祥			
8	土石方及爆破工程	李景芳	沙友德	张巧芬	黄兆利	江正荣	
9	基坑工程	龚 剑	朱毅敏	李耀良	姜 峰	袁 芬	袁 勇
		葛兆源	赵志缙	赵 帆			
10	地基与桩基工程	张晋勋	金 淮	高文新	李 玲	刘金波	庞 炜
		马 健	高志刚	江正荣			
11	脚手架工程	龚 剑	王美华	邱锡宏	刘 群	尤雪春	张 铭
		徐 伟	葛兆源	杜荣军	姜传库		
12	吊装工程	张 琨	周 明	高 杰	梁建智	叶映辉	
13	模板工程	张显来	侯君伟	毛凤林	汪亚冬	胡裕新	王京生
		安兰慧	崔桂兰	任海波	阎明伟	邵 畅	

3

14	钢筋工程	秦家顺	沈兴东	赵海峰	王士群	刘广文	程建军
		杨宗放					
15	混凝土工程	龚 剑	吴德龙	吴 杰	冯为民	朱毅敏	汤洪家
		陈尧亮	王庆生				
16	预应力工程	李晨光	王 丰	仝为民	徐瑞龙	钱英欣	刘 航
		周黎光	宋慧杰	杨宗放			
17	钢结构工程	王 宏	黄 刚	戴立先	陈华周	刘 曙	李 迪
		郑伟盛	赵志缙	赵 帆	王 辉		
18	索膜结构工程	龚 剑	朱 骏	张其林	吴明儿	郝晨均	
19	钢-混凝土组合结构工程	陈成林	丁志强	肖绪文	马荣全	赵锡玉	刘玉法
20	砌体工程	谭 青	黄延铮	朱维益			
21	季节性施工	万利民	蔡庆军	刘桂新	赵亚军	王桂玲	项蕃行
22	幕墙工程	李水生	贺雄英	李群生	李基顺	张 权	侯君伟
23	门窗工程	张晓勇	戈祥林	葛乃剑	黄 贵	朱帷财	唐际宇
		王寿华					

4

24	建筑装饰装修工程	赵福明	高 岗	王 伟	谷晓峰	徐 立	刘 杨

		邓 力	王文胜	陈智坚	罗春雄	曲彦斌	白 洁
		宓文喆	李世伟	侯君伟			
25	建筑地面工程	李忠卫	韩兴争	王 涛	金 传	赵 俭	王 杰
		熊杰民					
26	屋面工程	杨秉钧	朱文键	董 曦	谢 群	葛 磊	杨 冬
		张文华	项桦太				
27	防水工程	李雁鸣	刘迎红	张 健	刘爱玲	杨玉苹	谢 婧
		薛振东	邹爱玲	吴 明	王 天		
28	建筑防腐蚀工程	侯锐钢	王瑞堂	芦 天	修良军		
29	建筑节能与保温隔热工程	费慧慧	张 军	刘 强	肖文凤	孟庆礼	梅晓丽
		鲍宇清	金鸿祥	杨善勤			
30	既有建筑鉴定与加固改造	薛 刚	吴学军	邓美龙	陈 娣	李金元	张立敏
		王林枫					
31	古建筑工程	赵福明	马福玲	刘大可	马炳坚	路化林	蒋广全
		王金满	安大庆	刘 杨	林其浩	谭 放	梁 军

5

32	机电工程施工通则	刘 青	韦 薇	鞠 东			
33	建筑给水排水及采暖工程	纪宝松	张成林	曹丹桂	陈 静	孙 勇	赵民生
		王建鹏	邵 娜	刘 涛	苗冬梅	赵培森	王树英
		田会杰	王志伟				
34	通风与空调工程	孔祥建	向金梅	王 安	王 宇	李耀峰	吕善志
		鞠硕华	刘长庚	张学助	孟昭荣		
35	建筑电气安装工程	王世强	谢刚奎	张希峰	陈国科	章小燕	王建军
		张玉年	李显煜	王文学	万金林	高克送	陈御平
36	智能建筑工程	苗 地	邓明胜	崔春明	薛居明	庞 晖	刘 森
		郎云涛	陈文晖	刘亚红	霍冬伟	张 伟	孙述璞
		张青虎					
37	电梯安装工程	李爱武	刘长沙	李本勇	秦 宾	史美鹤	纪学文

手册第五版审编组成员（按姓氏笔画排列）

卜一德　马荣华　叶林标　任俊和　刘国琦　李清江　杨嗣信　汪仲琦　张学助
张金序　张婀娜　陆文华　陈秀中　赵志缙　侯君伟　施锦飞　唐九如　韩东林

出版社审编人员

胡永旭　余永祯　刘 江　郦锁林　周世明　曲汝铎　郭 栋　岳建光　范业庶
曾 威　张伯熙　赵晓菲　张 磊　万 李　王砾瑶

目 录

5　试验与检验

6　通用施工机械与设备

8 土石方及爆破工程

21 季节性施工

29　建筑节能与保温隔热工程

32 机电工程施工通则

36　智能建筑工程

37　电梯安装工程

1 施工项目管理

1.1 施工项目管理概述

1.1.1 基本概念

1.1.1.1 项目、建设项目

1. 项目

是指为达到符合规定要求的目标，按限定时间、限定资源和限定质量标准等约束条件完成的，由一系列相互协调的受控活动组成的特定过程。

项目的基本特征是：一次性、目标的明确性、具有独特的生命期、整体性和不可逆性。

2. 建设项目

是项目中最重要的一类。建设项目是指需要一定量的投资，按照一定的程序，在一定时间内完成，符合质量要求的，以形成固定资产为明确目标的特定过程。一个建设项目就是一个固定资产投资项目，建设项目有基本建设项目（新建、扩建、改建、迁建、重建等扩大再生产的项目）和技术改造项目（以改进技术、增加产品品种、提高质量、治理"三废"、改善劳动安全、节约资源为主要目的的项目）。

建设项目的基本特征是：目标的明确性、整体性、建设过程程序性、约束性、一次性和风险性。

1.1.1.2 施工项目

施工项目是指建筑企业自施工承包投标开始到保修期满为止的全过程完成的项目。

施工项目除了具有一般项目的特征外，还具有以下特征：①施工项目是建设项目或其中的单项工程、单位工程的施工活动过程。②建筑企业是施工项目的管理主体。③施工项目的任务范围是由施工合同界定的。④建筑产品具有多样性、固定性、体积庞大的特点。

只有建设项目、单项工程、单位工程的施工活动过程才称得上施工项目，因为它们才是建筑企业的最终产品。由于分部工程、分项工程不是建筑企业的最终产品，故其活动过程不能称为施工项目，而是施工项目的组成部分。

1.1.1.3 项目管理、建设项目管理

1. 项目管理

是指项目管理者为达到项目的目标，运用系统理论和方法对项目进行的计划、组织、指挥、协调和控制等活动过程的总称。

项目管理的对象是项目。项目管理者是项目中各项活动主体。项目管理的职能同所有管理的职能均是相同的。由于项目的特殊性，要求运用系统的理论和方法进行科学管理，以保证项目目标的实现。

2. 建设项目管理

是项目管理的一类。建设项目管理是指为实现建设项目的目标，运用系统的理论和方法对建设项目进行的计划、组织、指挥、协调和控制等管理活动。

建设项目管理的对象是建设项目。建设项目管理的职能是决策、计划、组织、控制、协调。建设项目管理的主要目标是进行投资（成本）、质量、进度等目标的控制。

1.1.1.4 施工项目管理

施工项目管理是指建筑企业运用系统的理论和方法对施工项目进行的计划、组织、指挥、协调和控制等全过程的全面管理。

1.1.1.5 施工项目管理与建设项目管理的区别

施工项目管理与建设项目管理的区别见表1-1。

施工项目管理与建设项目管理的区别 表1-1

区别特征	施工项目管理	建设项目管理
管理主体	建筑企业或其授权的项目经理部	建设单位或其委托的工程咨询（监理）单位
管理任务	生产出符合需要的建筑产品，获得预期利润	取得符合要求的能发挥应有效益的固定资产
管理内容	涉及从工程投标开始到交工与保修期满为止的全部生产组织与管理及维修	涉及投资周转和建设全过程的管理
管理范围	由工程承包合同规定的承包范围，可以是建设项目，也可以是单项（位）工程	由可行性研究报告评估审定的所有工程，是一个建设项目

1.1.2 施工项目管理程序及内容

1.1.2.1 施工项目管理程序

施工项目管理程序见表1-2。

施工项目管理程序 表1-2

序号	管理阶段	管理目标	主 要 工 作	负责执行者
1	投标签订合同阶段	中标签订工程承包合同	●按企业的经营战略，对工程项目做出是否投标及争取承包的决策； ●决定投标后，收集掌握企业本身、相关单位、市场、现场及诸方面信息； ●编制《施工项目管理规划大纲》； ●编制既能使企业经营盈利又有竞争力、可能中标的投标书，在投标截止日期前发出投标函； ●若中标，则与招标方谈判，依法签订工程承包合同	企业决策层、企业管理层
2	施工准备阶段	使工程具备开工和连续施工的基本条件	●企业正式委派资质合格的项目经理，项目经理组建项目经理部，根据工程管理需要建立机构，配备管理人员； ●企业管理层与项目经理协商签订《施工项目管理责任书》，明确项目经理应承担的责任目标及各项管理任务； ●编制《施工项目管理实施规划》； ●做好施工各项准备工作，达到开工要求； ●编写开工申请报告，上报，待批开工	项目经理部、企业管理层
3	施工阶段	完成合同规定的全部施工任务，达到验收、交工条件	●进行施工； ●做好动态控制工作，保证质量、进度、成本、安全目标的全面实现； ●管理施工现场，实行文明施工； ●严格履行合同，协调好与建设、监理、设计及相关单位的关系； ●处理好合同变更及索赔； ●做好记录、检查、分析和改进工作	项目经理部、企业管理层
4	验收交工与结算阶段	对项目成果进行总结、评价，对外结清债权债务，结束交易关系	●工程收尾； ●进行试运转； ●接受正式验收； ●整理移交竣工文件，进行工程款结算； ●总结工作，编制竣工报告； ●办理工程交接手续，签订《工程质量保修书》； ●项目经理部解体	项目经理部、企业管理层

续表

序号	管理阶段	管理目标	主　要　工　作	负责执行者
5	用后服务阶段	保证用户正确使用，使建筑产品发挥应有功能，反馈信息，改进工作，提高企业信誉	● 根据《工程质量保修书》的约定做好保修工作； ● 为保证正常使用提供必要的技术咨询和服务； ● 进行工程回访，听取用户意见，总结经验教训发现问题，及时维修和保修； ● 配合科研等需要，进行沉陷、抗震性能观察	企业管理层

1.1.2.2 施工项目管理的内容

施工项目管理的内容见表1-3。

施工项目管理的内容　　　　　　表1-3

序号	项　目	管　理　内　容
1	施工项目管理组织	● 由企业法定代表人采用适当的方式选聘称职的施工项目经理； ● 根据施工项目管理组织原则，结合工程规模、特点，选择合适的组织形式，建立施工项目管理组织机构，明确各部门、各岗位的责任、权限和利益； ● 在符合企业规章制度的前提下，根据施工项目管理的需要，制定施工项目经理部管理制度
2	施工项目管理规划	● 在工程投标前，由企业管理层编制施工项目管理大纲（或以"施工组织总体设计"代替），对施工项目管理自投标到保修期满进行全面的纲领性规划； ● 在工程开工前，由项目经理组织编制施工项目管理实施规划（或以"施工组织设计"代替），对施工项目管理从开工到交工验收进行全面的指导性规划
3	施工项目目标控制	在施工项目实施的全过程中，应对项目的质量、进度、成本和安全目标进行控制，以实现项目的各项约束性目标。控制的基本过程是： ● 确定各项目标控制标准； ● 在实施过程中，通过检查、对比，衡量目标的完成情况； ● 将衡量结果与标准进行比较，若有偏差，分析原因，采取相应的措施以保证目标的实现
4	施工项目生产要素管理	● 分析各生产要素（劳动力、材料、设备、技术和资金）的特点； ● 按一定的原则、方法，对施工项目生产要素进行优化配置并评价； ● 对施工项目各生产要素进行动态管理
5	施工项目合同管理	要从工程投标开始，加强工程承包合同的策划、签订、履行和管理。同时，还必须注意搞好索赔，讲究方法和技巧，提供充分的证据
6	施工项目信息管理	进行施工项目管理和施工项目目标控制、动态管理，必须在项目实施的全过程中，充分利用计算机对项目有关的各类信息进行收集、整理、储存和使用，提高项目管理的科学性和有效性
7	施工现场管理	应对施工现场进行科学有效的管理，以达到文明施工、保护环境、塑造良好企业形象、提高施工管理水平之目的
8	施工项目协调	在施工项目实施过程中，应进行组织协调，沟通和处理好内部及外部的各种关系，排除种种干扰和障碍。协调为有效控制服务，协调和控制都是保证计划目标的实现

1.1.3　施工项目管理规划

1.1.3.1　施工项目管理规划的概念和类型

1. 施工项目管理规划的概念

施工项目管理规划是指由企业管理层或项目经理主持编制的，用来作为编制投标书的依据或指导施工项目管理的规划文件。

2. 施工项目管理规划的类型

施工项目管理规划包括两种：一种是施工项目管理规划大纲，是由企业管理层在投标之前编制的，旨在作为投标依据，满足投标文件要求及签订合同要求的管理规划文件。另一种是施工项目管理实施规划，是由项目经理在开工之前主持编制的，旨在指导施工项目实施阶段管理的计划文件。

两种施工项目管理规划的比较见表1-4。

施工项目管理规划大纲与实施规划的比较　　表1-4

种类	作　用	编制时间	编制者	性质	主要目标
规划大纲	编制投标书、签订合同、编制控制目标计划的依据	投标前	企业管理层	规划性	追求经济效益
实施规划	指导施工项目实施过程的管理依据	开工前	项目经理部	实施性	追求良好的管理效率和效果

1.1.3.2　施工项目管理规划大纲

1. 施工项目管理规划大纲的编制依据

(1) 招标文件及发包人对招标文件的解释。

(2) 企业对招标文件的分析。

(3) 相关市场信息与环境信息。

(4) 发包人提供的工程信息和资料。

(5) 有关本工程投标的竞争信息。

(6) 企业对本工程的投标总体战略、中标后的经营方针和策略。

2. 施工项目管理规划大纲的内容

施工项目管理规划大纲的内容见表1-5。

施工项目管理规划大纲的内容　　　　表1-5

序号	名　称	内　容
1	施工项目基本情况描述	施工项目范围描述，投资规模、工程规模、使用功能、工程结构与构造、建设地点、合同条件、场地条件、法规条件、资源条件
2	项目实施条件分析	发包人条件，相关市场条件，自然条件，政治、法律和社会条件，现场条件，招标条件
3	项目管理基本要求	法规要求、政治要求、政策要求、组织要求、管理模式要求、管理条件要求、管理理念要求、管理环境要求、有关支持性要求等
4	项目范围管理规划	通过工作分解结构图，既要对项目的过程范围进行描述，又要对项目的最终可交付成果进行描述
5	项目管理目标规划	施工合同要求的目标，对企业自身要完成的目标
6	项目管理组织规划	施工项目管理组织架构图（施工项目经理部），项目经理、职能部门、主要成员人选、拟建立的规章制度等
7	项目成本管理规划	施工预算和成本计划，总成本目标，按主要成本项目进行成本分解的子目标，保证成本目标实现的技术、组织、经济、合同措施
8	项目进度管理规划	施工进度的管理体系、管理依据、管理程序、管理计划、管理实施和控制、管理协调，招标文件要求总工期目标及其分解，主要的里程碑事件及主要施工活动的进度计划安排，进度计划表，保证进度目标实现的组织、经济、技术、合同措施

续表

序号	名　称	内　容
9	项目质量管理规划	确定的质量目标应符合招标文件规定的质量标准，应符合法律、法规、规范的要求，质量管理体系、质量保证措施、质量控制活动应保证质量目标的实现
10	项目职业健康安全与环境管理规划	规划职业健康安全管理体系、环境管理体系，要对危险源进行预测与控制，编制战略性和针对性的安全技术措施和环境保护措施计划
11	项目采购与资源管理规划	要识别与采购有关的资源和过程，包括采购什么、何时采购、询价、评价并确定参加投标的分包人，分包合同结构、采购文件的内容和编写，资源的识别、估算、分配相关资源，安排资源使用进度，进行资源控制的策划
12	项目信息管理规划	施工项目信息管理体系的建立、信息流动设计，信息收集、处理、储存、调用等构思，软件和硬件的获得及投资等
13	项目沟通管理规划	施工项目的沟通依据、沟通关系、沟通体系、沟通网络、沟通方式与渠道、沟通计划、沟通障碍与冲突管理方式，施工项目协调组织、原则和方式等
14	项目风险管理规划	根据工程实际情况对施工项目的主要风险因素作出识别、评估，并提出相应对策措施，提出风险管理的主要原则
15	项目收尾管理规划	竣工项目的验收和移交，费用的决算核算、合同终结、项目审计、售后服务、项目管理组织解体和项目经理解职、文件归档、项目管理总结等

1.1.3.3　施工项目管理实施规划

1. 施工项目管理实施规划的编制依据
(1) 施工项目管理规划大纲。
(2) 施工项目条件和环境分析资料。
(3) 工程施工合同及相关文件。
(4) 同类施工项目的相关资料。
(5)《施工项目管理目标责任书》。
(6) 施工项目经理部的自身条件和管理水平。
(7) 施工项目经理部掌握的新的其他信息。
(8) 企业的施工项目管理体系。

2. 施工项目管理实施规划的内容
施工项目管理实施规划的内容见表1-6。

施工项目管理实施规划的内容　　表1-6

序号	名　称	内　容
1	施工项目概况	项目特点具体描述，项目预算费用和合同费用，项目规模及主要任务量，项目用途及具体使用要求，工程结构与构造，地上、地下层数，具体建设地点和占地面积，合同结构图、主要合同目标，现场情况，水、电、气、通信、道路情况，劳动力、材料、设备、构件供应情况，资金供应情况，说明主要项目范围的工作量清单，任务分工，项目管理组织体系及主要目标
2	项目总体工作计划	该项目的质量、进度、成本及安全总目标；拟投入的最高人数和平均人数；分包计划；劳务供应计划、材料供应计划、机械设备供应计划；表示施工项目范围的项目专业工作表；工程施工区段（或单项工程）的划分及施工顺序安排等

续表

序号	名　称	内　容
3	项目组织方案	项目结构图、组织结构图、合同结构图、编码结构图、重点工作流程图、任务分工表、职能分工表，并进行必要说明；合同所规定的项目范围与项目管理责任；施工项目经理部人员安排；施工项目管理总体工作流程，施工项目经理部各部门的责任矩阵；工程分包策略及分包方案、材料供应方案、设备供应方案；新设置的制度一览表，引用企业已有制度一览表
4	项目施工方案	施工流向和施工顺序，施工段划分，施工方法、技术、工艺和施工机械选择，安全施工设计
5	施工进度计划	如果是建设项目施工，应编制施工总进度计划；如果是单项工程或单位工程施工，应编制单位工程施工进度计划。包括进度图、进度表、进度说明，与进度计划相应的人力计划、材料计划、机械设备计划、大型机具计划及相应说明
6	施工准备工作计划	施工准备工作组织及时间安排；技术准备工作；施工现场准备；施工作业队伍和管理人员的组织准备；物资准备；资金准备
7	项目质量计划	策划质量目标，质量管理体系
8	项目职业健康安全与环境管理计划	职业健康安全管理要点，识别危险源，判定其风险等级，对不同等级的风险采取不同的对策，制定安全技术措施、安全检查计划、环境管理方案
9	成本计划	主要费用项目的成本数量及降低的数量，成本控制措施和方法，成本核算体系
10	项目资源需求供应计划	列出资源计划矩阵、资源数据表，画出资源横道图、资源负荷图和资源积累曲线图；劳动力的招雇、调遣、培训计划；材料采购订货、运输、进场、储存计划；设备采购订货、运输、进出场、维护保养计划；周转材料供应采购、租赁、运输、保管计划；预制品订货和供应计划，大型工具、器具供应计划等
11	项目风险管理计划	列出施工过程中可能出现的风险因素，对这些风险出现的可能性（概率）以及将会造成的损失值作出估计，对各种风险做出确认，列出风险管理的重点，对主要风险提出防范措施对策，落实风险管理责任人
12	项目信息管理计划	项目管理的信息需求种类，项目管理中的信息流程，信息来源和传递途径，信息的使用权限规定，信息管理人员的职责和工作程序
13	项目沟通管理计划	项目的沟通方式和途径，沟通障碍与冲突管理计划，项目协调方法
14	项目收尾管理计划	项目收尾计划，项目结算计划，文件归档计划，项目管理总结计划等
15	项目现场平面布置图	在施工现场范围内现存的永久性建筑，拟施工的永久性建筑，永久性道路和临时道路，垂直运输机械，临时设施，施工水电管网、平面布置图说明及管理规定
16	项目目标控制措施	保证质量目标、进度目标、安全目标、成本目标的措施，保证季节施工的措施，保护环境的措施，文明施工措施

续表

序号	名　称	内　容
17	技术经济指标	总工期；工程整体质量标准，分部分项工程的质量标准，工程总造价或总成本，单位工程成本，成本降低率；总用工量，用料量，子项目用工量，高峰人数，节约量，机械设备使用数量；对以上指标的水平作出分析和评价，提出对策建议

1.2　施工项目管理组织

1.2.1　施工项目管理组织概述

1.2.1.1　施工项目管理组织的概念

施工项目管理组织是指为实施施工项目管理建立的组织机构，以及该机构为实现施工项目目标所进行的各项组织工作的简称。

施工项目管理组织作为组织机构，它是根据项目管理目标通过科学设计而建立的组织实体，即项目经理部。该机构是由有一定的领导体制、部门设置、层次划分、职责分工、规章制度、信息管理系统等构成的有机整体。作为组织机构，它则是通过该机构所赋予的权力，所具有的组织力、影响力，在施工项目管理中，合理配置生产要素，协调内外部及人员间关系，发挥各项业务职能的能动作用，确保信息畅通，推进施工项目目标的优化实现等全部管理活动。施工项目管理组织机构及其所进行的管理活动的有机结合才能充分发挥施工项目管理的职能。

1.2.1.2　施工项目管理组织的工作内容

施工项目管理组织的工作内容包括组织设计、组织运行、组织调整3个环节。具体内容见表1-7。

施工项目管理组织的工作内容　　表1-7

管理组织基本环节	依　据	内　容
组织设计	● 管理目标及任务 ● 管理跨度、层次 ● 责权对等原则 ● 分工协作原则 ● 信息管理原理	● 设计、选定合理的组织系统（含生产指挥系统、职能部门等）； ● 科学确定管理跨度、管理层次，合理设置部门、岗位； ● 明确各层次、各单位、各部门、各岗位的职责和权限； ● 规定组织机构中各部门之间的相互联系、协调原则和方法； ● 建立必要的规章制度； ● 建立各种信息流通、反馈的渠道，形成信息网络
组织运行	● 激励原理 ● 业务性质 ● 分工协作	● 做好人员配置、业务衔接，职责、权力、利益明确； ● 各部门、各层次、各岗位人员各司其职、各负其责，协同工作； ● 保证信息沟通的准确性、及时性，达到信息共享； ● 经常对在岗人员进行培训、考核和激励，以提高其素质和士气
组织调整	● 动态管理原理 ● 工作需要 ● 环境条件变化	● 分析组织体系的适应性、运行效率，及时发现不足与缺陷； ● 对原组织设计进行改革、调整或重新组合； ● 对原组织运行进行调整或重新安排

1.2.2　施工项目管理组织机构设置

1.2.2.1　施工项目管理组织机构设置的原则

在设置施工项目管理组织机构时，应遵循表1-8所列的六项原则。

施工项目管理组织机构设置的原则　　表1-8

原　则	说　明
目的性原则	● 明确施工项目管理总目标，并以此为基本出发点和依据，将其分解为各项分目标、各级子目标，建立一套完整的目标体系； ● 各部门、层次、岗位的设置，上下左右关系的安排，各项责任制和规章制度的建立，信息交流系统的设计，都必须服从各自的目标和总目标，做到与目标相一致、与任务相统一
效率性原则	● 尽量减少机构层次、简化机构，各部门、层次、岗位的职责分明，分工协作； ● 要避免业务量不足，人浮于事或相互推诿，效率低下； ● 通过考核选聘素质高、能力强、称职敬业的人员； ● 领导班子要有团队精神，减少内耗；力求工作人员精干，一多能，一人多职，工作效率高
管理跨度与管理层次的统一原则	● 根据施工项目的规模确定合理的管理跨度和管理层次，设计切实可行的组织机构系统； ● 使整个组织机构的管理层次适中，减少设施，节约经费，加快信息传递速度； ● 使各级管理者都拥有适当的管理幅度，能在职责范围内集中精力、有效领导，同时还能调动下级人员的积极性、主动性
业务系统化管理原则	● 依据项目施工活动，各不同单位工程，不同组织、工种、作业活动，不同职能部门、作业班组，以及和外部单位、环境的纵横交错、相互制约的业务关系，设计施工项目管理组织机构； ● 应使管理组织机构的层次、部门划分、岗位设置、职责权限、人员配备、信息沟通等方面，适应项目施工活动的特点，有利于各项业务的进行，充分体现责、权、利的统一； ● 使管理组织机构与工程项目施工活动，与生产业务、经营管理相匹配，形成一个上下一致、分工协作的严密完整的组织系统
弹性和流动性原则	● 施工项目管理组织机构应能适应施工项目生产活动单件性、阶段性、流动性的特点，具有弹性和流动性； ● 在施工的不同阶段，当生产对象数量、要求、地点等条件发生改变时，在资源配置的品种、数量发生变化时，施工项目管理组织机构都能及时作出相应的调整和变动； ● 施工项目组织机构要适应工程任务的变化，对部门设置增减、人员安排合理流动，始终保持在精干、高效、合理的水平上
与企业组织一体化的原则	● 施工项目组织机构是企业组织的有机组成部分，企业是施工项目组织机构的上级领导； ● 企业组织是施工项目组织机构的母体，项目组织形式、结构应与企业母体相协调、相适应，体现一体化的原则，以便于企业对其进行领导和管理； ● 在组建施工项目组织机构以及调整、解散项目组织时，项目经理由企业任免，人员一般都是来自企业内部的职能部门等，并根据需要在企业组织与项目组织之间流动； ● 在管理业务上，施工项目组织机构接受企业有关部门的指导

1.2.2.2　施工项目管理组织机构设置的程序

施工项目管理组织机构设置的程序如图1-1所示。

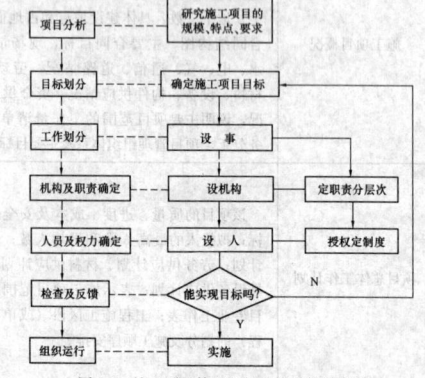

图1-1　施工项目管理组织机构设置程序图

1.2.2.3 施工项目管理组织主要形式

施工项目管理组织形式是指在施工项目管理组织中处理管理层次、管理跨度、部门设置和上下级关系的组织结构的类型。其主要管理组织形式有工作队式、部门控制式、矩阵式、事业部式等。

1. 工作队式项目组织

（1）工作队式项目组织构成

工作队式项目组织构成如图1-2所示。

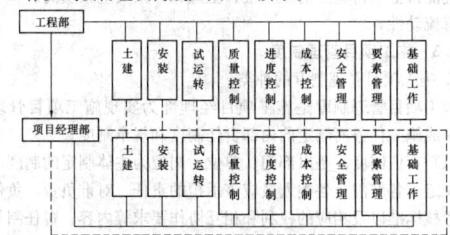

图1-2 工作队式项目组织形式
注：虚线框内为项目组织机构

（2）特征

1）按照特定对象原则，由企业各职能部门抽调人员组建项目管理组织机构（工作队），不打乱企业原建制。

2）项目管理组织机构由项目经理领导，有较大的独立性。在工程施工期间，项目组织成员与原单位中断领导与被领导关系，不受其干扰，但企业各职能部门可为之提供业务指导。

3）项目管理组织与项目施工同寿命。项目中标或确定项目承包后，即组建项目管理组织机构；企业任命项目经理；项目经理在企业内部选聘职能人员组成管理机构；竣工交付使用后，机构撤销，人员返回原单位。

（3）适用范围

1）大型施工项目。

2）工期要求紧迫的施工项目。

3）要求多工种多部门密切配合的施工项目。

2. 部门控制式项目组织

（1）部门控制式项目组织构成

部门控制式项目组织构成如图1-3所示。

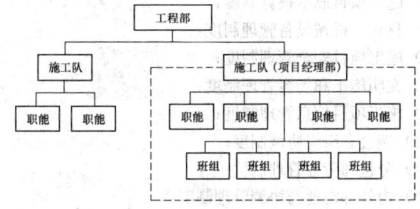

图1-3 部门控制式项目组织形式
注：虚线框内为项目组织机构

（2）特征

1）按照职能原则建立项目管理组织。

2）不打乱企业现行建制，即由企业将项目委托其下属某一专业部门或某一施工队。被委托的专业部门或施工队领导在本单位组织人员，并负责实施项目管理。

3）项目竣工交付使用后，恢复原部门或施工队建制。

（3）适用范围

1）小型施工项目。

2）专业性较强，不涉及众多部门的施工项目。

3. 矩阵式项目组织

（1）矩阵式项目组织构成

如图1-4所示。

（2）特征

1）按照职能原则和项目原则结合起来建立的项目管理组织，既能发挥职能部门的纵向优势又能发挥项目组织的横向优势，多个项目组织的横向系统与职能部门的纵向系统形成了矩阵结构。

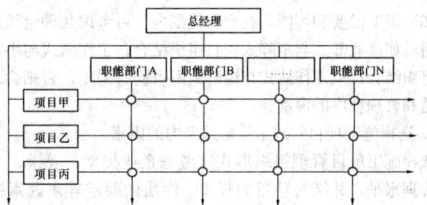

图1-4 矩阵式项目组织形式

2）企业专业职能部门是相对长期稳定的，项目管理组织是临时性的。职能部门负责人对项目组织中本单位人员负有组织调配、业务指导、业绩考察的责任。项目经理在各职能部门的支持下，将参与本项目组织的人员在横向上有效地组织在一起，为实现项目目标协同工作，项目经理对其有权控制和使用，在必要时可对其进行调换或辞退。

3）矩阵中的成员接受原单位负责人和项目经理的双重领导，可根据需要和可能为一个或多个项目服务，并可在项目之间调配，充分发挥专业人员的作用。

（3）适用范围

1）大型、复杂的施工项目，需要多部门、多技术、多工种配合施工，在不同施工阶段，对不同人员有不同的数量和搭配需求，宜采用矩阵式项目组织形式。

2）企业同时承担多个施工项目时，各项目对专业技术人才和管理人员都有需求。在矩阵式项目组织形式下，职能部门就可根据需要和可能将有关人员派到一个或多个项目上去工作，可充分利用有限的人才对多个项目进行管理。

4. 事业部式项目组织

（1）事业部式项目组织构成

如图1-5所示。

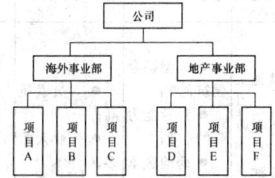

图1-5 事业部式项目组织形式

（2）特征

1）企业下设事业部，事业部可按地区设置，也可按建设工程类型或经营内容设置，相对于企业，事业部是一个职能部门，但对外享有相对独立经营权，可以是一个独立单位。

2）事业部中的工程部或开发部，或对外工程公司的海外部下设项目经理部。项目经理由事业部委派，一般对事业部负责。

（3）适用范围

1）适合大型经营型企业承包施工项目时采用。

2）远离企业本部的施工项目，海外工程项目。

3）适宜在一个地区有长期市场或有多种专业化施工力量的企业采用。

1.2.2.4 施工项目管理组织形式的选择

1. 对施工项目管理组织形式的选择要求

（1）适应施工项目的一次性特点，有利于资源合理配置，动态优化，连续均衡施工。

（2）有利于实现公司的经营战略，适应复杂多变的市场竞争环境和社会环境，能加强施工项目管理，取得综合效益。

（3）能为企业对项目的管理和项目经理的指挥提供条件，有利于企业对多个项目的协调和有效控制，提高管理效率。

（4）有利于强化合同管理、履约责任，有效地处理合同纠纷，提高公司信誉。

（5）要根据项目的规模、复杂程度及其所在地与企业的距离等因素，综合确定施工项目管理组织形式，力求层次简化，责权明确，便于指挥、控制和协调。

（6）根据需要和可能，在企业范围内，可考虑几种组织形式结合使用。如事业部式与矩阵式项目组织结合；工作队式与事业部式项目组织结合；但工作队式与矩阵式不可同时采用，否则会造成管理渠道和管理秩序的混乱。

2. 选择施工项目管理组织形式考虑的因素

选择施工项目管理组织形式应考虑企业类型、规模、人员素质、管理水平，并结合项目的规模、性质的要求等诸因素综合考虑，作出决策。表1-9所列内容可供决策时参考。

选择施工项目管理组织形式参考因素　　　表1-9

项目组织形式	项目性质	企业类型	企业人员素质	企业管理水平
工作队式	● 大型施工项目； ● 复杂施工项目； ● 工期紧的施工项目	● 大型综合建筑企业； ● 项目经理能力强的建筑企业	● 人员素质较高； ● 专业人才多； ● 技术素质较高	● 管理水平较高； ● 管理经验丰富； ● 基础工作较强
部门控制式	● 小型施工项目； ● 简单施工项目； ● 只涉及个别少数部门的项目	● 小型建筑施工企业； ● 工程任务单一的企业； ● 大中型直线职能制企业	● 人员素质较差； ● 技术力量较弱； ● 专业构成单一	● 管理水平较低； ● 基础工作较差； ● 项目经理人员较缺
矩阵式	● 需多工种、多部门多技术配合的项目； ● 管理效率要求高的项目	● 大型综合建筑企业； ● 经营范围广的企业； ● 实力强的企业	● 人员素质较高； ● 专业人才紧缺； ● 有一专多能的人才	● 管理水平高； ● 管理经验丰富； ● 管理渠道畅通信息流畅
事业部式	● 大型施工项目； ● 远离企业本部的项目； ● 事业部式企业承揽的项目	● 大型综合建筑企业； ● 经营能力强的企业； ● 跨地区承包的企业； ● 海外承包企业	● 人员素质高； ● 专业人才多； ● 项目经理的能力强	● 经营能力强； ● 管理水平高； ● 管理经验丰富； ● 资金实力雄厚； ● 信息管理先进

1.2.3　施工项目经理部

1.2.3.1　施工项目经理部的设置

1. 设置施工项目经理部的依据

（1）根据所选择的项目组织形式组建

不同的组织形式决定了企业对项目的不同管理方式，提供的不同管理环境，以及对项目经理授予权限的大小。同时对项目经理部的管理力量配备，管理职责也有不同的要求，要充分体现责、权、利的统一。

（2）根据项目的规模、复杂程度和专业特点设置

如大型施工项目的项目经理部要设置职能部、处；中型施工项目的项目经理部要设置职能处、科；小型施工项目的项目经理部只要设置职能人员即可。在施工项目的专业性很强时，可设置相应的专业职能部门，如水电处、安装处等。项目经理部的设置应与施工项目的目标要求相一致，便于管理、提高效率，体现组织现代化。

（3）根据施工工程任务需要调整

项目经理部是弹性的一次性的工程管理实体，不应成为一级固定组织，不设固定的作业队伍。应根据施工的进展、业务的变化，实行人员选聘进出，优化组合，及时调整，动态管理。项目经理部一般是在项目施工开始前组建，工程竣工交付使用后解体。

（4）适应现场施工的需要设置

项目经理部人员配置可考虑设专职或兼职，功能上应满足施工

现场的计划与调度、技术与质量、成本与核算、劳务与物资、安全与文明施工的需要。不应设置经营与咨询、研究与发展、政工与人事等与项目施工关系较少的非生产性部门。

2. 施工项目经理部的部门设置和人员配置

施工项目是市场竞争的核心、企业管理的重心、成本管理的中心。为此，施工项目经理部应优化设置部门、配置人员，全部岗位职责应能覆盖项目施工的全方位、全过程，人员应素质高、一专多能、有流动性。

1.2.3.2　施工项目管理制度

1. 施工项目管理制度的种类

施工项目管理制度是施工项目经理部为实现施工项目管理目标，完成施工任务而制定的内部责任制度和规章制度。

（1）责任制度。是以部门、单位、岗位为主体制定的制度。责任制规定了各部门、各类人员应该承担的责任、对谁负责、负什么责、考核标准以及相应的权利和相互协作要求等内容。责任制是根据职位、岗位划分的，其重要程度不同责任大小也各不相同；责任制强调创造性地完成各项任务，其衡量标准是多层次的，可以评定等级。如各级领导、职能人员、生产工人等的岗位责任制和生产、技术、成本、质量、安全等管理业务责任制。

（2）规章制度。是以各种活动、行为为主体制定的制度。规章制度是明确规定人们行为和活动不得逾越的规范和准则，任何人只要涉及或参与其事都必须遵守。规章制度是组织的法规，更强调约束精神，对谁都同样适用。执行的结果只有是与非，即只有遵守与违反两个衡量标准。如围绕施工项目的生产施工活动制定的专业类管理制度主要有：施工、技术、质量、安全、材料、劳动力、机械设备、成本管理制度等，非施工专业类管理制度主要有：有关的合同类制度、分配类制度、核算类制度等。

2. 施工项目经理部的主要管理制度

施工项目经理部组建以后，首先进行的组织建设就是立即着手建立围绕责任、计划、技术、质量、安全、成本、核算、奖惩等方面的管理制度。项目经理部的主要管理制度有：

（1）施工项目管理岗位责任制度；

（2）施工项目技术与质量管理制度；

（3）图纸和技术档案管理制度；

（4）计划、统计与进度报告制度；

（5）施工项目成本核算制度；

（6）材料、机械设备管理制度；

（7）施工项目安全管理制度；

（8）文明施工和场容管理制度；

（9）施工项目信息管理制度；

（10）例会和组织协调制度；

（11）分包和劳务管理制度；

（12）内外部沟通与协调管理制度。

1.2.3.3　施工项目经理部的解体

企业工程管理部门是施工项目经理部组建、解体、善后处理工作的主管部门。当施工项目临近结尾时，项目经理部的解体工作即列入议事日程，其工作程序、内容如表1-10所示。

项目经理部解体及善后工作的程序和内容　　表1-10

程　序	工　作　内　容
成立善后工作小组	● 组长：项目经理； ● 留守人员：主任工程师、技术、预算、财务、材料各一人
提交解体申请报告	● 在施工项目全部竣工验收合格签字之日起15天内，项目经理上报解体申请报告，提交善后留用、解聘人员名单和时间； ● 经主管部门批准后立即执行
解聘人员	● 陆续解聘作业务人员，原则上返回原单位； ● 预发两个月岗位效益工资
预留保修费用	● 保修期限一般为竣工使用后一年； ● 由企业和工程管理工程质量、结构特点、使用性质等因素，确定保修费预留比例，一般为工程造价的1.5%～5%； ● 保修费用由企业工程部门专款专用、单独核算、包干使用

续表

程　序	工　作　内　容
剩余物资处理	● 剩余材料原则上让售处理给企业物资设备处，对外让售须经企业主管领导批准；让售价格：按质论价、双方协商； ● 自购的通信、办公用小型固定资产要如实建立台账，按质论价、移交企业
债权债务处理	● 留守小组负责在解体后3个月处理完工程结算、价款回收、加工订货等债权债务； ● 未能在限期内处理完，或未办理任何符合法规手续的，其差额部分计入项目经理部成本亏损
经济效益（成本）审计	● 由审计部门牵头，预算、财务、工程部门参加，以合同结算为依据，查收入、支出是否正确，财务、劳资是否违反财经纪律； ● 要求解体后4个月内向经理办公会提交经济效益审计评价报告
业绩审计奖惩处理	● 对项目经理和经理部成员进行业绩审计，作出效益审计评估； ● 盈余者：盈余部分可按比例提成作为经理部管理奖； ● 亏损者：亏损部分由项目经理负责，按比例从其管理人员风险（责任）抵押金和工资中扣除； ● 亏损数额大时，按规定给项目经理行政和经济处分，乃至追究其刑事责任
有关纠纷裁决	● 所有仲裁的依据原则上是双方签订的合同和有关的签证； ● 当项目经理部与企业有关职能部门发生矛盾时，由企业办公会议裁决； ● 与劳务、专业分公司、栋号作业队发生矛盾时，按业务分工，由企业劳动部门、经营部门、工程管理部门裁决

1.2.4　施工项目经理

1.2.4.1　施工项目经理应具备的素质

施工项目经理作为工程项目的承包责任人，他是施工项目的决策者、管理者和组织者。一个称职的施工项目经理必须在政治水平、知识结构、业务技能、管理能力、身心健康等诸方面具备良好的素质。具体内容见表1-11。

施工项目经理应具备的素质　　表1-11

素质	具　体　内　容
政治素质	● 具有高度的政治思想觉悟和职业道德，政策性强； ● 有强烈的事业心和责任感，敢于承担风险，有改革创新和竞争进取精神； ● 有正确的经营管理理念，讲求经济效益； ● 有团队精神，作风正派，能密切联系群众，发扬民主作风，不谋私利，实事求是，大公无私； ● 言行一致，以身作则；任人唯贤，不计个人恩怨；铁面无私，赏罚分明
管理素质	● 对项目施工活动中发生的问题和矛盾有敏锐的洞察力，并能迅速作出正确分析判断和有效解决问题的严谨思维能力； ● 在与外界洽谈（谈判）及处理问题时，多谋善断的应变能力、当机立断的科学决策能力； ● 在安排工作和生产经营活动时，有协调人财物能力，排除干扰实现预期目标的组织控制能力； ● 知人善任、任人唯贤，善于发现人才，敢于提拔使用人才的用人能力
知识素质	● 具有大专以上工程技术或工程管理专业学历，受过有关施工项目经理的专门培训，取得任职资质证书； ● 具有可以承担施工项目管理任务的工程施工技术、经济、项目管理和有关法规、法律知识； ● 具备素质管理规定的工程实践经历、经验和业绩，有处理实际问题的能力； ● 一级或承担涉外工程的项目经理应掌握一门外语

续表

素质	具　体　内　容
身心素质	● 年富力强、身体健康； ● 精力充沛、思维敏捷、记忆力良好； ● 有坚强的毅力和意志品质，健康的情感、良好的心理素质

1.2.4.2　施工项目经理的责、权、利

见表1-12。

施工项目经理的责、权、利　　表1-12

责、权、利	具　体　内　容
职责	● 代表企业实施施工项目管理，在管理中，贯彻执行国家和工程所在地政府的有关法律、法规和政策，执行企业的各项规章制度，维护企业整体利益和经济权益； ● 签订和组织履行《施工项目管理目标责任书》； ● 主持组建项目经理部和制定项目的各项管理制度； ● 组织项目经理部编制施工项目管理实施规划，并对项目目标进行系统管理； ● 对进入现场的生产要素进行优化配置和动态管理，推广和应用新技术、新工艺、新材料和新设备； ● 在授权范围内沟通与承包企业、协作单位、建设单位和监理工程师的联系，协调处理好各种关系，及时解决项目实施中出现的各种问题； ● 严格财经制度，加强成本核算，积极组织工程款回收，正确处理国家、企业、分包单位以及职工之间的利益分配关系； ● 加强现场文明施工，及时发现和处理例外性事件； ● 工程竣工后及时组织验收、结算和总结分析，接受审计； ● 做好项目经理部的解体与善后工作； ● 协调企业有关部门进行项目的检查、鉴定等有关工作
权限	● 参与企业进行的施工项目投标和签订施工合同等工作； ● 有权决定项目经理部的组织形式，选择、聘任有关管理人员，明确职责，根据任职情况定期进行考核评价和奖惩，期满辞退； ● 在企业财务制度允许的范围内，根据工程需要和计划安排，对资金投入和使用作出决策和计划；对项目经理部的计酬方式、分配办法，在企业相关规定的条件下作出决策； ● 按企业规定选择施工作业队伍； ● 根据《施工项目管理目标责任书》和《施工项目管理实施大纲》组织指挥项目的生产经营管理活动，进行工作部署、检查和调整； ● 以企业法定代表人代理的身份，处理、协调与施工项目有关的内部、外部关系； ● 有权拒绝企业经理和有关部门违反合同行为的不合理摊派，并对对方所造成的经济损失有索赔权； ● 企业法人授予的其他管理权力
利益	● 项目经理的工资主要包括基本工资、岗位工资和绩效工资，其中绩效工资应与施工项目的效益挂钩； ● 在全面完成《施工项目管理目标责任书》确定的各项责任目标、交工验收并结算后，接受企业的考核、审计后，应获得规定的物质奖励和相应的表彰、记功、优秀项目经理荣誉称号等精神奖励； ● 经企业考核、审计，确认未完成责任目标或造成亏损的，要按有关条款承担责任，并接受经济或行政处罚

1.2.4.3　施工项目经理的选聘

施工项目经理的选聘方式有竞争招聘制、企业经理委任制、基层推荐内部协调制三种，它们的选聘范围、程序和特点各有不同，具体如表1-13所列。

施工项目经理的选聘方式　　表1-13

选聘方式	选聘范围	程　序	特　点
公开竞争招聘制	● 面向社会招聘； ● 本着先内后外的原则	● 个人自荐； ● 组织审查； ● 答辩演讲； ● 择优选聘	● 选择范围广； ● 竞争性强； ● 透明度高

续表

选聘方式	选聘范围	程　序	特　点
企业经理委任制	● 限于企业内部的在职干部	● 企业经理提名； ● 组织人事部门考核； ● 企业办公会议决定	● 要求企业经理知人善任； ● 要求人事部门考核严格
基层推荐、内部协调制	● 限于企业内部	● 企业各基层推荐人选； ● 人事部门集中各方意见严格考核； ● 党政联席办公会议决定	● 人选来源广泛； ● 有群众基础； ● 要求人事部门考核严格

1.2.4.4　施工项目经理责任制

1. 施工项目经理责任制的含义

施工项目经理责任制是指以施工项目经理为主体的施工项目管理目标责任制度。它是以施工项目为对象，以项目经理为主体，以项目管理目标责任书为依据，以求得项目的最佳经济效益为目的，实行从施工项目开工到竣工验收交工的施工活动以及售后服务在内的一次性全过程的管理责任制度。

2. 施工项目管理目标责任书

(1) 施工项目管理目标责任书的概念

施工项目管理目标责任书是企业管理层与施工项目经理部签订的明确施工项目经理部应达到的成本、质量、进度、安全和环境等管理目标及其承担的责任并作为项目完成后审核评价依据的文件。

(2) 施工项目管理目标责任书的依据与内容

1) 项目管理目标责任书的依据

施工项目的合同文件；企业的项目管理制度；施工项目管理规划大纲；企业的经营方针和目标。

2) 施工项目管理目标责任书的内容

施工项目的质量、进度、成本、职业健康安全与环境目标；企业与施工项目经理部之间的责任、权限和利益的分配；施工项目需用资源的供应方式；施工项目经理部应承担的风险；

施工项目管理目标评价的原则、内容和方法；对施工项目经理部进行奖罚的依据、标准和办法；

施工项目经理解职和施工项目经理部解体等条件和办法；法定代表人向施工项目经理委托的特殊事项。

3. 施工项目管理目标责任书的签订和实施

(1) 施工项目管理目标责任书的签订

首先，由企业管理部门根据施工项目特点和企业对项目的目标要求，按照施工项目管理目标责任书的内容体系起草制定；然后，会同施工项目经理，甚至可以扩大到施工项目经理部成员，进行协商，达成一致意见，最后双方签字认可。

施工项目管理目标责任书的签订，要内容具体，责任明确，各项目标的制定要详细、全面，尽量用量化的指标表达，具有可操作性。同时施工项目管理目标责任书的各项目标水平要适中，其水平高低应综合考虑历史上完成的相关类似项目的各项指标或其他相关企业的目标水平。

(2) 施工项目管理目标责任书的实施

施工项目管理目标责任书一经制定，就在施工项目管理中起强制性作用。施工项目经理应组织施工项目经理部成员及各层次人员认真学习，明确分工，制定措施，及时监督。

在日常的施工项目管理工作中，各管理层应经常检查目标责任的兑现情况，及时发现问题，并找出解决办法。

施工项目完成之后，企业管理层应对施工项目管理目标责任书完成情况进行考核，根据考核结果和项目管理目标责任书的奖惩规定，提出考核意见，应体现公平、公正的原则，确保目标责任书行为的约束性和管理的有效性。

1.2.4.5　注册建造师与施工项目经理的关系

注册建造师是指通过考核认定或考试合格取得中华人民共和

建造师资格证书，并按照《注册建造师管理规定》，取得注册执业证书和执业印章，担任施工单位项目负责人及从事相关活动的专业技术人员。

施工项目经理是施工企业某一具体工程项目施工的主要负责人，其职责是根据企业法定代表人的授权，对施工项目自开工准备至竣工验收，实施全面的组织管理。

注册建造师与施工项目经理都是从事建设工程的管理，但在定位上有很大不同。建造师执业的覆盖面广，可涉及工程建设项目管理的许多方面，担任施工项目经理只是建造师执业范围中的一项；而施工项目经理限于施工企业内某一工程的项目管理。

建造师选择工作的权力相对自主，可在社会市场上有序流动，有较大的活动空间；施工项目经理岗位则是企业设定，企业法人代表授权或聘用的一次性的工程项目施工管理者。

应指出：大中型工程项目的项目经理必须由取得建造师执业资格的建造师担任；小型工程项目的项目经理可以由不是建造师的人员担任。

1.3　施工项目进度管理

1.3.1　施工项目进度管理概述

1.3.1.1　影响施工项目进度的因素

影响施工项目进度的因素大致可分为三类，见表1-14。

影响施工项目进度的因素　　表1-14

种　类	影　响　因　素
项目经理部内部因素	● 施工组织不合理，人力、机械设备调配不当，解决问题不及时； ● 施工技术措施不当或发生事故； ● 质量不合格引起返工； ● 与相关单位关系协调不善； ● 项目经理部管理水平低
相关单位因素	● 设计图纸供应不及时或有误； ● 业主要求设计变更； ● 实际工程量增减变化； ● 材料供应、运输等不及时或质量、数量、规格不符合要求； ● 水电通信等部门、分包单位没有认真履行合同或违约； ● 资金没有按时拨付等
不可预见因素	● 施工现场水文地质状况比设计合同文件预计的要复杂得多； ● 严重自然灾害； ● 战争、政变等政治因素

1.3.1.2　施工项目进度管理程序

施工项目进度管理程序如图1-6，大致分成施工进度计划、施工进度实施和施工进度控制三个阶段。

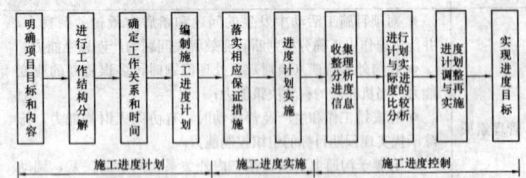

图1-6　施工项目进度管理程序图

1.3.2　施工项目进度计划的编制

项目进度控制以实现施工合同约定的竣工日期为最终目标，而如何实现这一管理目标的具体计划安排就是施工项目进度计划。

进度计划是将项目所涉及的各项工作、工序进行分解后，按各工作开展顺序、开始时间、持续时间、完成时间及相互之间的衔接关系编制的作业计划。通过进度计划的编制，使项目实施形成一个

有机的整体，同时，进度计划也是进度控制和管理的依据。

项目进度控制总目标应进行分解。可按单位工程分解为分期交工分目标，还可按承包的专业或施工阶段分解为阶段完工分目标；亦可按年、季、月时间段将计划分解为更具体的时间段分目标。

项目总控进度计划的编制通常在项目经理的主持下，由各职能部门、相关人员等共同完成。

1.3.2.1　进度计划的编制依据

(1) 项目施工合同中对总工期、开工日期、竣工日期的要求。

(2) 业主对阶段节点工期的要求。

(3) 项目技术经济特点。

(4) 项目的外部环境及施工条件。

(5) 项目的资源供应状况。

(6) 施工企业的企业定额及实际施工能力。

1.3.2.2　进度计划的编制原则

(1) 应运用科学的管理方法和先进的管理工具来进行进度计划的编制，以提高进度计划的合理性、科学性。

(2) 应充分了解项目实际情况，落实对施工进度可能造成重大影响的各种因素的风险程度，避免过多的假定使进度计划失去指导意义。

(3) 进度计划应保证项目总工期目标。

(4) 应研究企业自身情况，根据工艺关系、组织关系、搭接关系等，对工程实行分期、分批提出相应的阶段性进度计划，以保证各阶段性节点目标与总工期目标相适应。

(5) 进度计划的安排必须考虑到项目资源供应计划，尽量保证劳动力、材料、机械设备等资源投入的均衡性和连续性。

(6) 进度计划应与质量、经济等目标相协调，不仅要实现工期目标，还要有利于质量、安全、经济目标的实现。

1.3.2.3　进度计划的编制方法

1. 横道计划

横道计划简称横道图，又称甘特图（Gantt Chart），是一种最简单、运用最广泛的传统的进度计划方法，尽管有许多新的计划技术，但横道图在工程建设领域中的应用仍非常普遍。

(1) 传统横道图

通常横道图的表头为工序及其简要说明，右侧的时间表格上则表示相应工作的进展情况，如图1-7所示。根据具体工程情况和计划的编制精度，时间刻度单位可以为年、季、月、旬、周、天或小时等。工作（工序）的分类及排列计划编制者可自定，通常以工作（工序）发生的时间先后顺序排列，也可按工作（序）间工艺关系顺序排列。横道图中，也可以将工作（工序）名称直接放在表示工作（工序）进展的横道上。

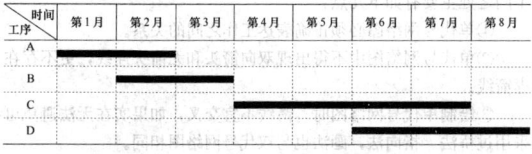

图1-7　横道图

传统横道图中将工序进度与时间坐标相对应，这种表达方式简单直观、便于理解，而且编制容易、方便操作。但传统横道图也存在一些不足，如：

1) 工序之间的逻辑关系、工艺关系表达不清楚；

2) 没有通过严谨的进度计划时间参数计算，不能直观的确定关键线路、关键工作，也无法直接体现出某工作的时间；

3) 计划调整工作量大，难以适应大的、复杂项目的进度计划。

由于具有上述优缺点，传统横道图适用手工编制，主要应用于小型项目或大型项目的子项目，或用于计算资源需要量和概要预示进度，也可作为运用其他计划技术编制的进度的结果表示。

(2) 附带逻辑关系的横道图

在传统横道图的基础上，可以将重要工序间的逻辑关系标注在计划图上，把项目计划和项目进度安排有机地组合在一起，如图1-8所示。

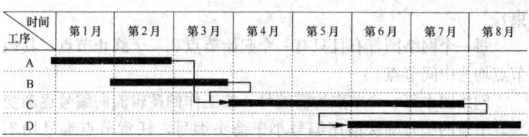

图1-8　附带逻辑关系的横道图

(3) 附带时差的横道图

随着进度计划技术的进步，网络进度计划中，在不影响总工期的前提下，某些工作的开始时间、完成时间并不是唯一的，往往存在一定的机动时间可以利用，这段机动时间就是时差。在传统的横道图中时差的概念是无法表达的，但经过改进后的附带时差的横道图也可以表达，但仅限于比较简单的工程进度计划，如图1-9所示。

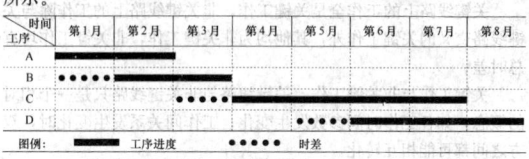

图1-9　附带时差的横道图

2. 网络计划

横道图作为一种计划管理工具，最大的缺点就是不能明确地表明各项工作之间的相互依存与相互作用的关系，某一工序进度的后延对后续工序以及整个工期的影响无法迅速判断，同样也无法确定哪些工序在整个项目中是重要的，其工作时间将会对整个工程总工期起到关键性的作用。为了适应复杂系统工程进度计划管理的需要，于是产生了网络计划技术。

国际上，工程网络计划有许多种，如CPM（Critical Path Method）和PERT（Program Evaluation and Review Technique）等，但在我国，《工程网络计划技术规程》（JGJ/T 121）推荐的常用的工程网络计划类型有：

● 双代号网络计划；

● 双代号时标网络计划；

● 单代号网络计划；

● 单代号搭接网络计划。

(1) 双代号网络计划

双代号网络图是以两个带有编号的圆圈和一个箭线表示一项工作的网络图，如图1-10所示。

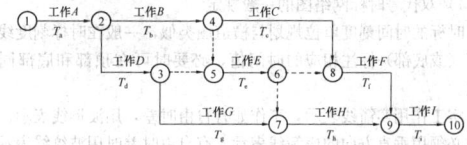

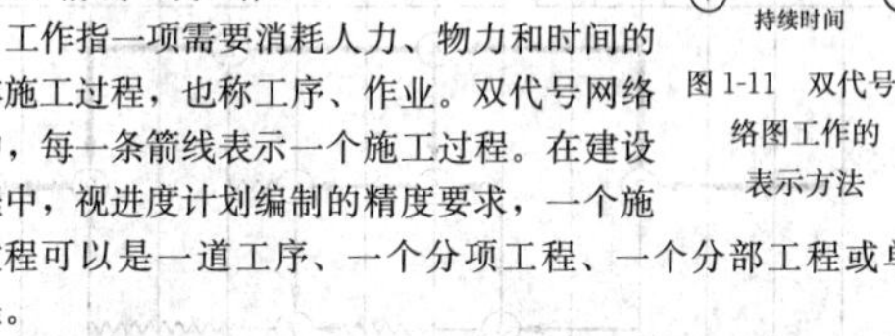

图1-10　双代号网络图

其中，箭线表示工作，工作的表示方法如图1-11所示。

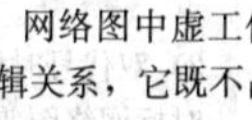

1) 箭线（或工作）

工作指一项需要消耗人力、物力和时间的具体施工过程，也称工序、作业。双代号网络图中，每一条箭线表示一个施工过程。在建设工程中，视进度计划编制的精度要求，一个施工过程可以是一道工序、一个分项工程、一个分部工程或单位工程。

图1-11　双代号网络图工作的表示方法

在双代号网络图中，根据工作是否需要消耗时间，可分为两种：消耗时间的为实工作（网络图中一般以实箭线表示），不消耗时间的为虚工作（网络图中一般以虚箭线表示）。网络图中虚工作的目的是为了正确表达前后相邻施工过程间的逻辑关系，它既不占用时间，也不消耗资源。

2) 节点（或事件）

双代号网络图中箭线两端带有编号的圆圈即为节点，它是前后两个施工过程间的交接时间点，一般表示一项工作的开始（或结

束)。

每一个网络图都有且只有一个起始节点和一个终止节点,其他节点均为中间节点。

网络图中每一个节点均需编号,按工作的逻辑流向编号逐渐变大,节点的编号确保箭尾编号小于箭头编号,任意节点编号均不重复。

3) 线路

从起始节点开始,沿一系列连续的施工过程箭线方向,最后到达终止节点的路径称为线路。在同一个网络图中,有很多条线路。每条线路中各项工作的持续时间之和就是该线路的需用时间,也称线路时间。其中,总有一条线路(也可能同时几条线路)的线路时间最长,其他线路的线路时间均小于该线路时间,则该线路(或这几条线路)为关键线路,其他则为非关键线路。

关键线路上的工作全是关键工作,非关键线路上的工作除与关键线路交叉的关键工作外,其他均为非关键工作,非关键工作均有总时差。

关键工作与非关键工作、关键线路与非关键线路只是一个相对的概念,如各工作时间参数发生变化、工作间关系发生变化时,双方之间都可能相互转化。

4) 工作关系

工作关系即网络图中各工作之间的先后顺序关系。相邻工作之间工作关系的确定需要理清相邻工作之间的相互依赖与相互制约关系,它包括工艺关系和组织关系两类。

①工艺关系

建设工程施工过程中,某些工作之间的先后顺序受施工技术、工艺流程、国家及地方相关法律法规的约束,必须按一定的程序进行,这些固有的先后关系,统称为工艺关系。

②组织关系

在进度计划安排时,为了减少施工现场的交叉作业或均衡各种资源的投入,而将某些没有工艺关系制约的工作进行适当的先后安排,这种关系统称为组织关系。

针对特定的工程,工艺关系一般是不能改变的,而组织关系却是根据项目各方面情况的变化可以优化的,所以网络图的重点应在优化工作间的组织关系上。

(2) 双代号时标网络计划

时标网络图的全称是时间坐标网络计划图,是以时间为坐标,将各节点按时间标示在相应时间轴上的网络图。随着计算机管理技术的应用,双代号时标网络图在工程领域应用最为广泛。

1) 双代号时标网络图的一般规定

时标的时间刻度单位规划与横道图类似,一般在时标刻度线的顶部(或底部)标注相应的时间值,必要时可在顶部和底部同时标注。

实工作用实箭线表示,工作如有自由时差,用波形线表示。虚工作必须用垂直方向的虚箭线表示,有自由时差时用波纹线表示。

时标网络计划一般按各个工作的最早开始时间编制,其中没有波形线的路线即为关键线路。双代号时标网络图如图1-12所示。

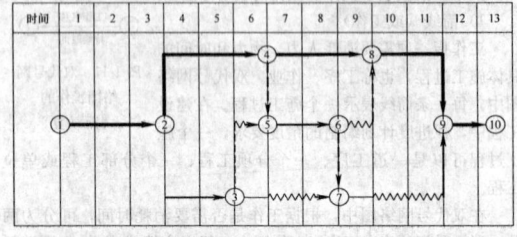

图1-12　双代号时标网络图

2) 双代号时标网络图的特点

时标网络图兼具网络图和横道图的优点,不仅能够表明各工作的进程,而且可以清楚地看出各工作间的逻辑关系。

从时标网络图上能直接显示关键线路、关键工作、各工作的起止时间和自由时差情况。

在时标网络图中,由于箭线受时间坐标的限制,一般不会出现

工作关系之间的逻辑错误;但当情况发生变化时,对网络计划的调整也将比较麻烦。

在时标网络计划中,可以很方便地统计每一个单位时间段对资源的需求量,以便进行资源优化与调整。

3) 双代号时标网络图的适用情况

由于时标网络计划绘制时的限制条件比较多,所以通常手工绘制只适用于如下几种情况:

①工作数量不多,工艺关系比较简单的项目。

②整体工程中的局部网络计划,或具体作业性网络计划。

③使用实际进度前锋线法进行进度控制的网络计划。

(3) 单代号网络计划

与双代号网络图一样,单代号网络图也是由节点、箭线、线路所组成,但单代号网络图是以节点(通常为圆圈或矩形)及其编号表示一项工作,而用箭线来表示工作之间的关系的网络图,如图1-13所示。

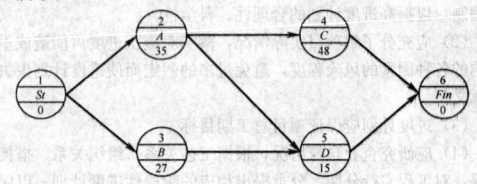

图1-13　单代号网络图

其中,节点表示工作,工作的表示方法如图1-14所示。

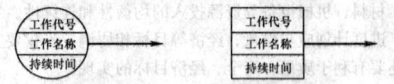

图1-14　单代号网络图工作的表示方法

1) 单代号网络图的特点

①单代号网络图工作之间的逻辑关系更加直观,易画易读。

②便于检查、修改与调整。

③当工作间的关系比较复杂时,代表工作关系的箭线容易出现交叉。

④工作的持续时间以数字的形式体现,不能像双代号网络图那样有直观的时间概念。

2) 单代号网络图的一般规定

由于单代号网络图易画易读及修改检查方便等优点,单代号网络图在国外应用相当广泛,在国内某些项目管理中也获得了很多成功的经验。单代号网络图的绘制规定大部分与双代号网络图相同,不同之处主要有如下几点:

①单代号网络图必须正确表达工作之间的关系。

②单代号网络图中不得出现双向箭头和无箭头连线,更不存在虚箭线。

③绘制单代号网络图时,箭线不宜交叉,如果实在无法避免可采用过桥法、指向法,画法也与双代号网络图相同。

④单代号网络图中,有且仅有一个起始节点和一个终止节点,当同有多个起始工作节点或多个终止工作节点时,应在网络图的最左端或最右端增设一项虚工作,作为该网络图的起始节点(St)或终止节点(Fin)。

(4) 单代号搭接网络计划

在前面讲述的双代号和单代号网络计划中,各项工作依次按顺序进行,即前一工作完成后才开始下一工作。但在实际项目计划管理过程中,为了缩短工期,许多工作可采用平行搭接的方式进行。

工作之间的搭接关系主要分为以下四种:

1) 结束到开始的搭接($FTS_{i,j}$)

表示工作i完成时间与紧后工作j开始时间之间的时间间距。

2) 开始到开始的搭接($STS_{i,j}$)

表示工作i开始时间与紧后工作j开始时间之间的时间间距。

3) 结束到结束的搭接($FTF_{i,j}$)

表示工作i完成时间与紧后工作j完成时间之间的时间间距。

4) 开始到结束的搭接($STF_{i,j}$)

表示工作 i 开始时间与紧后工作 j 完成时间之间的时间间距。单代号搭接网络图如图 1-15 所示。

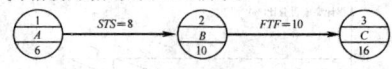

图 1-15   单代号搭接网络图

该网络图如果用横道图表示则如图 1-16 所示。

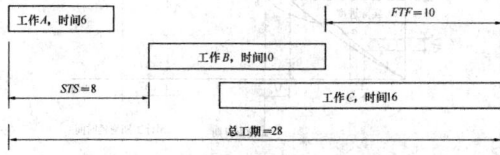

图 1-16   与图 1-15 所示网络图等效的横道图

1.3.3   施工项目进度计划的实施与检查

1.3.3.1   施工项目进度计划的实施

施工项目进度计划实施的主要内容见表 1-15。

施工项目进度计划实施的主要内容   表 1-15

项　目	内　　容
编制年、季度控制性施工进度计划	对总工期跨越一个年度以上的施工项目,应根据不同年度的施工内容编制年度和季度的控制性施工进度计划,确定并控制项目的施工总进度的重要节点目标
编制月旬作业计划	月旬计划是对控制性计划的落实与调整,重点解决工序之间的关系,它是施工进度计划的具体化,应具有实施性,使施工任务更加明确具体可行,便于测量、控制、检查。 ● 每月(或旬)末,项目经理提出下期目标和作业项目,通过工地会议协调后编制; ● 应根据规定的计划任务,当前施工进度,现场施工环境、劳动力、机械等资源条件编制; ● 项目经理部应将资源供应进度计划和分包工程施工进度计划纳入项目进度控制范畴
签发施工任务书	● 施工任务书是下达施工任务,实行责任承包,全面管理和原始记录的综合性文件; ● 施工任务书包括:施工任务单、限额领料单、考勤表等; ● 工长根据作业计划按班组编制施工任务书,签发后向班组下达并落实施工任务; ● 在实施过程中,做好记录,任务完成后回收,作为原始记录和业务核算资料保存
做好施工进度记录和统计	● 各级施工进度计划的执行者做好施工记录,如实记载计划执行情况,包括 　● 每项工作的开始和完成时间,每日完成数量; 　● 记录现场发生的各种情况、干扰因素的排除情况; ● 跟踪做好形象进度,工程量,总产值,耗用的人工、材料、机械台班、能源等数量; ● 及时进行统计分析并填表上报,为施工项目进度检查和控制分析提供反馈信息
施工进度调度	● 掌握计划实施情况; ● 组织施工中各阶段、环节、专业、工种相互配合; ● 协调外部供应、总分包等各方面的关系; ● 采取各种措施排除各种干扰和矛盾,保证连续均衡施工; ● 对关键部位要组织有关人员加强监督检查,发现问题,及时解决

1.3.3.2   施工项目进度计划的检查

跟踪检查施工实际进度是项目施工进度控制的关键内容,其具体内容见表 1-16。

施工项目进度计划的检查   表 1-16

项　目	说　　明
检查时间	● 根据施工项目的类型、规模、施工条件和对进度执行要求的程度确定检查时间和间隔时间; ● 常规性检查可确定为每月、半月、旬或周进行一次; ● 施工中遇到天气、资源供应等不利因素严重影响时,间隔时间临时可缩短,次数应频繁; ● 对施工进度有重大影响的关键施工作业可每日检查或派人驻现场督阵
检查内容	● 对日施工作业效率、周、旬作业进度及月作业进度分别进行检查,对完成情况作记录; ● 检查期内实际完成和累计完成工程量; ● 实际参加施工的人力、机械数量和生产效率; ● 窝工人数、窝工机械台班及其原因分析; ● 进度偏差情况和进度管理情况; ● 影响进度的特殊原因及分析
检查方法	● 建立内部施工进度报表制度; ● 定期召开进度工作会议,汇报实际进度情况; ● 进度控制、检查人员经常到现场实地察看
数据整理、比较分析	● 将收集的实际进度数据和资料进行整理加工,使之与相应的进度计划具有可比性; ● 一般采用实物工程量、施工产值、劳动消耗量、累计百分比等和形象进度统计; ● 将整理后的实际数据、资料与进度计划比较,通常采用的方法有:横道图法、列表比较法、S形曲线比较法、香蕉形曲线比较法、前锋线比较法等; ● 得出实际进度与计划进度是否存在偏差的结论:相一致、超前、落后

1.3.4   施工项目进度计划执行情况对比分析

施工进度比较分析与计划调整是建筑施工项目进度控制的主要环节。其中施工进度比较是调整的基础。常用的比较方法有以下几种:

1.3.4.1   横道图比较法

横道图比较法,是指将在项目施工中检查实际进度收集的信息,经整理后直接用横道线并列标于原计划的横道线处,进行直观比较的方法。例如将某钢筋混凝土工程的施工实际进度计划与计划进度比较,如图 1-17 所示。其中双细实线表示计划进度,涂黑部分(也可以涂彩色)则表示工程施工的实际进度。从比较中可以看出,在第 8 天末进行施工进度检查时,支模板工作已经完成,绑钢筋工作按计划进度应当完成,而实际施工进度只完成了 83%,已经拖后了 17%,浇混凝土工作完成了 40%,与计划施工进度一致。

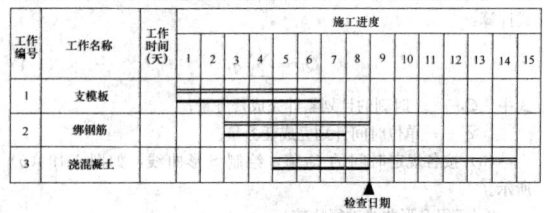

图 1-17   某钢筋混凝土工程实际进度与计划进度的比较

通过上述记录与比较,为进度控制者提供了实际施工进度与计划进度之间的偏差,为采取调整措施提供了明确的任务。这是在施工中进行进度控制经常使用的一种最简单、熟悉的方法。但是它仅适用于施工中的各项工作都是按均匀的速度进行,即每项工作在单位时间内完成的任务量都是相等的。

完成任务量可以用实物工程量、劳动消耗量和工作量三种物理量表示,为了比较方便,一般用它们实际完成量的累计百分比与计划的应完成量的累计百分比进行比较。

横道图比较法具有以下优点:记录和比较方法都简单,形象直观,容易掌握,应用方便,被广泛采用于简单的进度监测工作中。

但是它以横道进度计划为基础，因此，带有其不可克服的局限性，如各工作之间的逻辑关系不明显，关键工作和关键线路无法确定，一旦某些工作进度产生偏差时，难以预测对后续工作和整个工期的影响以及确定调整方法。

1.3.4.2 S形曲线比较法

S形曲线比较法与横道图比较法不同，它不是在编制的横道图进度计划上进行实际进度与计划进度的比较，它是以横坐标表示进度时间，纵坐标表示累计完成任务量，而绘制出一条按计划时间累计完成任务量的S形曲线，将施工项目的各检查时间实际完成的任务量绘在S形曲线图上，进行实际进度与计划进度相比较的一种方法。

从整个施工项目的施工全过程而言，一般是开始和结尾时，单位时间投入的资源量较少，中间阶段单位时间投入的资源量较多，与其相关单位时间完成的任务量也是呈同样变化的，如图 1-18（a）所示，而随时间进展累计完成的任务量，则应呈S形变化，如图 1-18（b）所示。

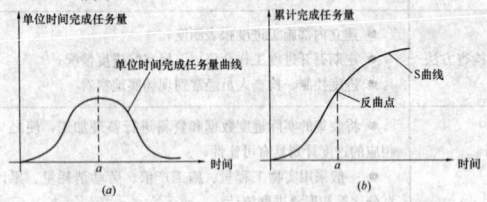

图 1-18 时间与完成任务量关系曲线图

1. S形曲线绘制

S形曲线的绘制步骤如下：

(1) 确定工程进展速度曲线。

在实际工程中，计划进度曲线很难找到如图 1-18 所示的连续曲线，但可以根据每单位时间内完成的实物工程量、投入的劳动力或费用，计算出计划单位时间的量值（q_j），它是离散型的，如图 1-19（a）所示。

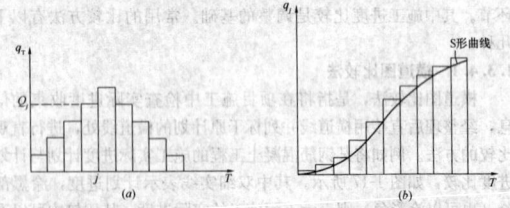

图 1-19 实际工作中时间与完成任务量关系曲线

(2) 计算规定时间 j 累计完成的任务量。

其计算方法是将各单位时间完成的任务量累加求和，可以按下式计算：

$$Q_j = \sum_{j=1}^{j} q_j \qquad (1-1)$$

式中 Q_j——j 时刻的计划累计完成任务量；

q_j——单位时间计划完成任务量。

(3) 按各规定时间的 Q_j 值，绘制 S 形曲线，如图 1-19（b）所示。

2. 运用 S 形曲线进行比较

利用 S 形曲线进行比较，同横道图一样，是在图上直观地进行施工项目实际进度与计划进度的比较。一般情况，计划进度控制人员在计划实施前绘制出 S 形曲线；在项目施工过程中，按规定时间将检查的实际完成任务情况，绘制在原计划 S 形曲线图上，可得出实际进度 S 形曲线，如图 1-20 所示。比较 2 条 S 形曲线可以得到如下信息：

(1) 施工项目实际进度与计划进度比较情况

当实际进展点落在计划 S 形曲线左侧则表示此时实际进度比计划进度超前，若落在其右侧，则表示拖后；若刚好落在其上，则表示二者一致。

(2) 施工项目实际进度比计划进度超前或拖后的时间

如图 1-20 所示，ΔT_a 表示 T_a 时刻实际进度超前时间，ΔT_b 表示 T_b 时刻实际进度拖后时间。

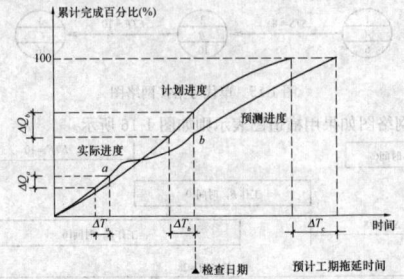

图 1-20 S形曲线比较图

(3) 施工项目实际进度比计划进度超额或拖欠的任务量

如图 1-20 所示，ΔQ_a 表示 T_a 时刻超额完成的任务量，ΔT_b 表示在 T_b 时刻拖欠的任务量。

(4) 预测工程进度

如图 1-20 所示，后期工程按原计划速度进行，则工期拖延预测值为 ΔT_c。

S形曲线法实际应用时，累计完成任务量可以是以货币形式表示的工作量也可以是实物量；既可用于对全部工程计划的检查，也可用于对特定局部进度计划的检查。S形曲线比较法主要用于累计进度与计划进度的比较，宜与其他方法结合使用。

1.3.4.3 香蕉形曲线比较法

1. 香蕉形曲线的绘制

香蕉形曲线是两条S形曲线组合成的闭合曲线。从S形曲线比较法可知：某一施工项目，计划时间和累计完成任务量之间的关系，都可以用一条S形曲线表示。一般说来，按任何一个施工项目的网络计划，都可以绘制出两条曲线。其一是以各项工作的计划最早开始时间安排进度而绘制的S形曲线，称为ES曲线；其二是以各项工作的计划最迟开始时间安排进度，而绘制的S形曲线，称为LS曲线。两条S形曲线都是从计划的开始时刻开始和完成时刻结束，因此两条曲线是闭合的。其余时刻，ES曲线上的各点一般均落在LS曲线相应点的左侧，形成一个形如香蕉的曲线，故此称为香蕉形曲线，如图 1-21 所示。

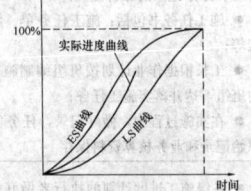

图 1-21 香蕉形曲线比较图

在项目的实施中，进度控制的理想状况是任一时刻按实际进度描出的点，应落在该香蕉形曲线的区域内。如图 1-21 中的实际进度线。

2. 香蕉形曲线比较法的作用

(1) 利用香蕉形曲线合理安排进度。

(2) 将施工实际进度与计划进度进行比较。

(3) 确定在检查状态下，后期工程的 ES 曲线和 LS 曲线的发展趋势。

1.3.4.4 前锋线比较法

前锋线比较法也是一种简单地进行施工实际进度与计划进度的比较方法。它主要适用于时标网络计划。其主要方法是从检查时刻的时标点出发，首先连接与其相邻的工作箭线的实际进度点，由此再去连接该工作相邻工作箭线的实际进度点，依此类推。将检查时刻正在进行工作的点都依次连接起来，组成一条一般为折线的前锋线，按前锋线与箭线交点的位置判定施工实际进度与计划进度的偏差。简言之，前锋线法就是通过施工项目实际进度前锋线，比较施工实际进度与计划进度偏差的方法。

1.3.4.5　列表比较法

当采用无时间坐标网络图计划时，也可以采用列表分析法比较项目施工实际进度与计划进度的偏差情况。该方法是记录检查时正在进行的工作名称和已进行的天数，然后列表计算有关参数，根据原有总时差和尚有总时差判断实际进度与计划进度的比较方法。

列表比较法步骤如下：

(1) 计算检查时正在进行的工作尚需要的作业时间。

(2) 计算检查的工作从检查日到最迟完成时间的尚余时间。

(3) 计算检查的工作到检查日止尚余的总时差。

(4) 填表分析工作实际进度与计划进度的偏差。可能有以下几种情况：

1) 若工作尚有总时差与原有总时差相等，则说明该工作的实际进度与计划进度一致；

2) 若工作尚有总时差小于原有总时差，但仍为正值，则说明该工作的实际进度比计划进度拖后，产生的偏差为二者之差，但不影响总工期；

3) 若尚有总时差为负值，则说明对总工期有影响，应当调整。

【例】 已知网络计划如图 1-22 所示，在第 5 天检查时，发现 A 工作已完成，B 工作已进行 1 天，C 工作已进行 2 天，D 工作尚未开始。试用前锋线法和列表比较法进行实际进度与计划进度比较。

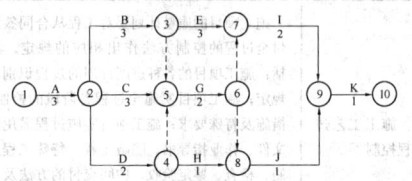

图 1-22　某工程网络计划图

解：(1) 前锋线法

1) 根据第 5 天检查的情况，绘制前锋线，如图 1-23 所示。

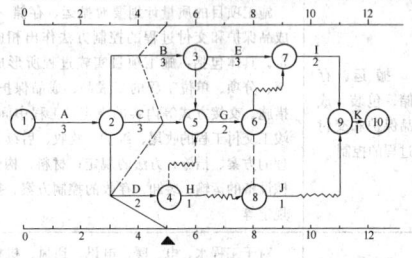

图 1-23　某计划前锋线法比较图

2) 根据前锋线比较图，可以看出 B 工作为关键工作，比计划延误 1 天，会影响工期 1 天；C 工作为非关键工作，具有时差 1 天，现在与计划一致，因此不会影响工期；D 工作为非关键工作，具有时差 2 天，现在比计划延误 2 天，因此不会影响工期。

(2) 列表比较法

1) 计算时标网络图相关时间参数。

2) 根据尚有总时差的计算结果，判断工作实际进度情况，如表 1-17 示。

				工作进度检查比较表	表 1-17
工作代号	工作名称	检查计划时尚需作业天数	到计划最迟完成时尚余天数	原有总时差	尚有总时差	情况判断
2-3	B	2	1	0	−1	拖延工期 1 天
2-5	C	1	2	1	1	正常
2-4	D	2	1	2	0	正常

1.3.5　施工项目进度计划的调整

1.3.5.1　施工进度检查结果的处理意见

采用网络计划技术编制的进度计划当出现进度偏差时，应当分析该偏差对后续工作和总工期的影响。

1. 分析出现进度偏差的工作是否为关键工作

若出现偏差的工作为关键工作，则无论偏差大小，都对后续工作及总工期产生影响，必须采取相应的调整措施；若出现偏差的工作不是关键工作，需要根据偏差值与总时差和自由时差的大小关系，确定对后续工作和总工期的影响程度。

2. 分析进度偏差是否大于总时差

若工作的进度偏差大于该工作的总时差，说明此偏差必将影响后续工作和总工期，必须采取相应的调整措施；若工作的进度偏差小于该工作的总时差，说明此偏差对总工期无影响，但它对后续工作的影响程度需要根据此偏差与自由时差的比较情况来确定。

3. 分析进度偏差是否大于自由时差

若工作的进度偏差大于该工作的自由时差，说明此偏差对后续工作产生影响，应根据后续工作允许影响的程度而确定如何调整；若工作的进度偏差小于或等于该工作的自由时差，则说明此偏差对后续工作无影响，因此，原进度计划可以不作调整。

经过如此分析，进度控制人员可以确认应该调整产生进度偏差的工作和调整偏差值的大小，以便确定采取调整措施，获得新的符合实际进度情况和计划目标的新进度计划。

1.3.5.2　施工进度计划的调整

在对实施的进度计划分析的基础上，应确定调整原计划的方法，一般主要有以下两种：

1. 改变某些工作间的逻辑关系

若检查的实际施工进度产生的偏差影响了总工期，并且有关工作之间的逻辑关系允许改变，可以改变关键线路和超过计划工期的非关键线路上的有关工作之间的逻辑关系，达到缩短工期的目的。这种方法用起来效果是很显著的。例如可以把依次进行的有关工作改变为平行的或互相搭接的以及分成几个施工段进行流水施工的工作，都可以达到缩短工期的目的。

2. 缩短某些工作的持续时间

这种方法是不改变工作之间的逻辑关系，只是缩短某些工作的持续时间，而使施工进度加快，以保证实现计划工期的方法。这些被压缩持续时间的工作是位于因实际施工进度的拖延而引起总工期增长的关键线路和某些非关键线路上的工作。同时，这些工作又是可压缩持续时间的工作。这种方法实际上就是网络计划优化中的工期优化方法和工期与成本优化的方法。

3. 资源供应的调整

对于因资源供应发生异常而引起进度计划执行问题，应采用资源优化方法对计划进行调整，或采取应急措施，使其对工期影响最小。

4. 改变工作的起止时间

起止时间的改变应在相应的工作时差范围内进行：如延长或缩短工作的持续时间，或将工作在最早开始时间和最迟完成时间范围内移动。每次调整必须重新计算时间参数，观察该项调整对整个施工计划的影响。

1.4　施工项目质量管理

1.4.1　施工项目质量计划

1.4.1.1　施工项目质量计划编制的依据及内容

施工项目质量计划是指确定施工项目的质量目标和如何达到这些质量目标所规定必要的作业过程、专门的质量措施和资源等工作。

1. 施工项目质量计划的编制依据

(1) 施工合同中有关项目（或过程）的质量要求；

(2) 施工企业的质量管理体系、《质量手册》及相应的程序文件；

(3)《建筑工程施工质量验收统一标准》(GB 50300)、施工操作规程及作业指导书；

(4)《建筑法》、《建设工程质量管理条例》、《环境保护条例》及有关法规；

(5) 安全施工管理条例等。

2. 施工项目质量计划的主要内容

(1) 施工项目应达到的质量目标和要求，质量目标的分解；

(2) 施工项目经理部的职责、权限和资源的具体分配；

(3) 施工项目经理部实际运作的各过程步骤；

(4) 实施中应采用的程序、方法和指导书；

(5) 有关施工阶段相适用的试验、检查、检验、验证和评审的要求和标准；

(6) 达到质量目标的测量方法；

(7) 随施工项目的进展而更改和完善质量计划程序；

(8) 为达到质量目标应采用其他措施。

1.4.1.2 施工项目质量计划的编制要求

施工项目的质量计划应由项目经理主持编制。质量计划作为对外质量保证和对内质量控制的依据文件，应体现施工项目从分项工程、分部工程到单位工程的系统控制过程，同时也要体现从资源投入到完成工程质量最终检验和试验的全过程控制。施工项目的质量计划编制的要求见表1-18。

施工项目的质量计划编制要求　　　表1-18

序号	项　目	编　制　要　求
1	质量目标	质量目标一般由企业技术负责人、项目经理管理层经认真分析施工项目特点、项目经理部情况及企业生产经营总目标后决定。其基本要求是施工项目竣工交付业主（用户）使用时，质量要达到合同范围内的全部工程的所有使用功能符合设计（或更改）图纸要求；检验批、分部、分项、单位工程质量达到施工质量验收统一标准，合格率100%
2	管理职责	● 施工项目质量计划应规定项目经理部管理人员及操作人员的岗位职责； ● 项目经理是施工项目实施的最高负责人，对工程符合设计（或更改）、质量验收标准、各阶段按期交工负责，以保证整个工程的质量符合合同要求。项目经理可委托项目质量副经理（或技术负责人）负责施工项目质量计划和质量文件的实施及日常质量管理工作； ● 项目生产副经理要对施工项目的施工进度负责，调配人力、物力保证按图纸和规范施工，协调同业主（用户）、分包商的关系，负责审核结果、整改措施和质量纠正措施的实施； ● 施工队长、工长、测量员、试验员、计量员在项目质量副经理的直接指导下，负责所管部位和分项施工全过程的质量，使其符合图纸和规范要求，有更改的要符合更改要求，有特殊规定的要符合特殊要求； ● 材料员、机械员对进场的材料、构件、机械设备进行质量验收和退货、索赔，对业主或分包商提供的物资和机械设备要按合同规定进行验收
3	资源提供	施工项目质量计划要规定项目经理部管理人员及操作人员的岗位任职标准及考核认定方法；规定施工项目人员流动的管理程序；规定施工项目人员进场培训的内容、考核和记录；规定新技术、新结构、新材料、新设备的操作人员的培训内容；规定施工项目所需的临时设施、支持性服务手段、施工设备及通信设施；规定为保证施工环境所需要的其他资源提供等
4	施工项目实现过程的策划	施工项目质量计划中要规定施工组织设计或专项项目质量计划的编制要点及接口关系；规定重要施工过程技术交底的策划要求；规定新技术、新材料、新结构、新设备的策划要求；规定重要过程验收的准则或技艺评定方法
5	业主提供的材料、机械设备等产品的过程控制	施工项目上需用的材料、机械设备在许多情况下是由业主提供的。对这种情况要作出如下规定：①业主如何标识、控制其提供产品的质量；②检查、检验、验查业主提供产品满足规定要求的方法；③对不合格的处理办法
6	材料、机械设备等采购过程的控制	施工项目质量计划对施工项目所需的材料、设备等要规定供方产品标准及质量管理体系的要求，采购的法规要求，有可追溯性要求时，要明确其记录、标志的主要方法等
7	产品标识和可追溯性控制	● 隐蔽工程、分部分项工程的验收，特殊要求的工程等必须做可追溯性记录，施工项目的质量计划要对其可追溯性的范围、程序、标识、所需记录及如何控制和分发这些记录等内容作出规定； ● 坐标控制点、标高控制点、编号、沉降观察点、安全标志、标牌等是施工项目的重要标识记录，质量计划对这些标识的准确性控制措施、记录等内容作出详细规定； ● 重要材料（如钢材、构件等）及重要施工设备的运作作必须具有可追溯性
8	施工工艺过程控制	施工项目的质量计划要对工程从合同签订到交付全过程的控制方法作出相应的规定。具体包括：施工项目的各种进度计划的过程识别和管理规定；施工项目实施全过程各阶段的控制方案、措施及特殊要求；施工项目实施过程需用的程序文件、作业指导书；隐蔽工程、特殊工程进行控制、检查、鉴定验收、中间交付的方法及人员上岗条件和要求等；施工项目实施过程需使用的主要施工机械设备、工具的技术和工作条件、运行方案等
9	搬运、存储、包装、成品保护和交付过程的控制	施工项目的质量计划要对搬运、存储、包装、成品保护和交付过程的控制方法作出相应的规定。具体包括：施工项目实施过程所形成的分部、分项、单位工程的半成品、成品保护方案、措施、交接方式等内容的规定；工程中间交付、竣工交付过程的收尾、维护、验收、后续工作处理的方案、措施、方法的规定；材料、构件、机械设备的运输、装卸、存收的控制方案、措施的规定
10	安装和调试的过程控制	对于工程水、电、暖、电讯、通风、机械设备等的安装、检测、调试、验评、交付、不合格的处理等内容规定方案、措施、方式。由于这些工作同土建施工交叉配合较多，因此对于交叉接口程序、验证哪些特性、交接验收、检测、试验设备要求、特殊要求等内容要作明确规定，以便各方面实施时遵循
11	检验、试验和测量过程及设备的控制	施工项目的质量计划要对施工项目所进行和使用的所有检验、试验、测量和计量过程及设备的控制、管理制度等作出相应的规定
12	不合格品的控制	施工项目的质量计划要编制作业、分项、分部工程不合格品出现的补救方案和预防措施，规定合格品与不合格品之间的标识，并制定隔离措施

1.4.2 施工工序质量控制

1.4.2.1 工序质量控制的概念和内容

工序质量是指施工中人、材料、机械、工艺方法和环境等对产品综合起作用的过程的质量，又称过程质量，它体现为产品质量。

工序质量控制就是对工序活动条件即工序活动投入的质量和工序活动效果的质量即分项工程质量的控制。在进行工序质量控制时

要着重于以下几方面的工作：

（1）确定工序质量控制工作计划。一方面要求对不同的工序活动制定专门的保证质量的技术措施，作出物料投入及活动顺序的专门规定；另一方面要规定质量控制工作流程、质量检验制度等。

（2）主动控制工序活动条件的质量。工序活动条件主要指影响质量的五大因素，即人、材料、机械设备、方法和环境等。

（3）及时检验工序活动效果的质量。主要是实行班组自检、互检、上下道工序交接检，特别是对隐蔽工程和分项（部）工程的质量检验。

（4）设置工序质量控制点（工序管理点），实行重点控制。工序质量控制点是针对影响质量的关键部位或薄弱环节确定的重点控制对象。正确设置控制点并严格实施是进行工序质量控制的重点。

1.4.2.2　工序质量控制点的设置和管理

1. 工序质量控制点的设置原则

（1）重要的和关键性的施工环节和部位。

（2）质量不稳定、施工质量没有把握的施工工序和环节。

（3）施工技术难度大、施工条件困难的部位或环节。

（4）质量标准或质量精度要求高的施工内容和项目。

（5）对后续施工或后续工序质量或安全有重要影响的施工工序或部位。

（6）采用新技术、新工艺、新材料施工的部位或环节。

2. 工序质量控制点的管理

（1）质量控制措施的设计

选择了控制点，就要针对每个控制点进行控制措施设计。主要步骤和内容如下：

1）列出质量控制点明细表；

2）设计控制点施工流程图；

3）进行工序分析，找出主导因素；

4）制定工序质量控制表，对各影响质量特性的主导因素规定明确的控制范围和控制要求；

5）编制保证质量的作业指导书；

6）编制计量网络图，明确标出各控制因素采用什么计量仪器、编号、精度等，以便进行精确计量；

7）质量控制点审核。可由设计者的上一级领导进行审核。

（2）质量控制点的实施

1）交底。将控制点的"控制措施设计"向操作班组进行认真交底，必须使工人真正了解操作要点。

2）质量控制人员在现场进行重点指导、检查、验收。

3）工人按作业指导书认真进行操作，保证每个环节的操作质量。

4）按规定做好检查并认真作好记录，取得第一手数据。

5）运用数据统计方法，不断进行分析与改进，直至质量控制点验收合格。

6）质量控制点实施中应明确工人、质量控制人员的职责。

1.4.2.3　工程质量预控

1. 工程质量预控的概念

工程质量预控就是针对所设置的质量控制点或分项、分部工程，事先分析在施工中可能发生的质量问题和隐患，分析可能的原因，提出相应的预防措施和对策，实现对工程质量的主动控制。

2. 质量预控的表达形式及示例

质量预控的表达形式有：①文字表达；②用表格形式表达；③用解析图形式表达。

（1）钢筋电焊焊接质量的预控——用文字表达

1）可能产生的质量问题：①焊接接头偏心弯折；②焊条型号或规格不符合要求；③焊缝的长、宽、厚度不符合要求；④凹陷、焊瘤、裂纹、烧伤、咬边、气孔、夹渣等缺陷。

2）质量预控措施：①检查焊接人员有无上岗合格证明，禁止无证上岗；②焊工正式施焊前，必须按规定进行焊接工艺试验；③每批钢筋焊完后，施工单位自检并按规定取样进行力学性能试验，然后由专业监理人员抽查焊接质量，必要时需抽样复查其力学性能；④在检查焊接质量时，应同时抽检焊条的型号。

（2）混凝土灌注桩质量预控——用表格形式表达

用简表形式分析在施工中可能发生的主要质量问题和隐患，并针对各种可能发生的质量问题，提出相应的预控措施，如表 1-19 所示。

混凝土灌注桩质量预控表　　表 1-19

可能发生的质量问题	质量预控措施
孔斜	督促施工单位在钻孔前对钻机认真整平
混凝土强度达不到要求	随时抽查原料品种：试配混凝土配合比经监理工程师审批确认；评定混凝土强度；按月向监理报送评定结果
缩颈、堵管	督促施工单位每桩测定混凝土坍落度 2 次，每 30～50cm 测定一次混凝土浇筑高度，随时处理
断桩	准备足够数量的混凝土供运机械（拌合机等），保证连续不断地浇筑桩体
钢筋笼上浮	掌握泥浆密度和灌注速度，灌注前做好钢筋笼固定

（3）混凝土工程质量预控及对策——用解析图形式表达

见图 1-24～图 1-26。

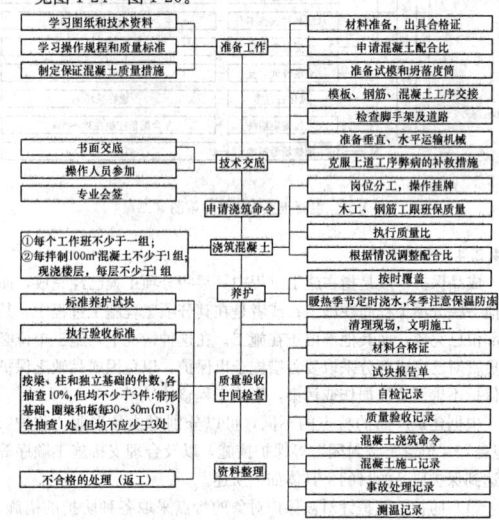

图 1-24　混凝土工程质量预控图

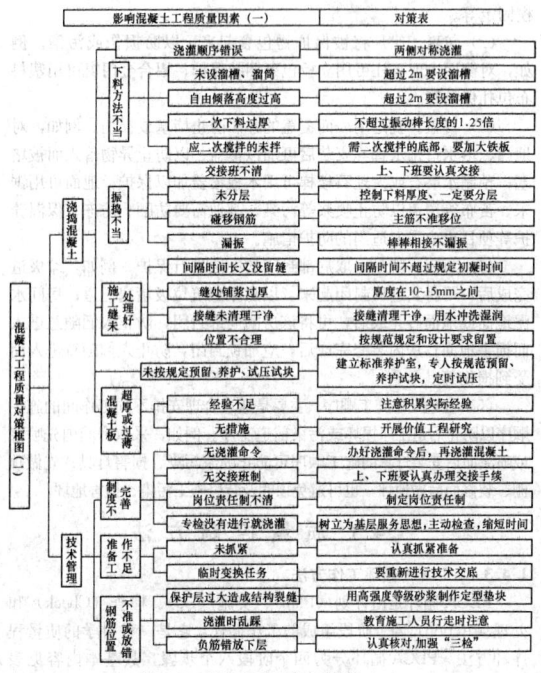

图 1-25　混凝土工程质量对策图（一）

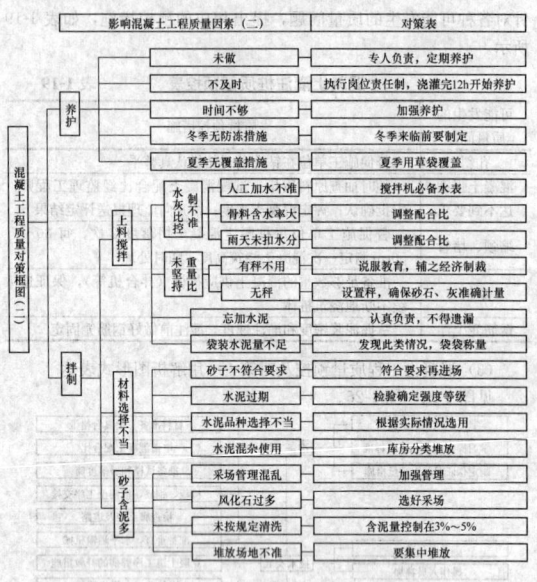

图 1-26 混凝土工程质量对策图 (二)

1.4.2.4 成品保护

成品保护一般是指在施工过程中，某些分项工程已经完成，而其他一些分项工程尚在施工；或者是在其分项工程施工过程中，某些部位已完成，而其他部位正在施工。在这种情况下，施工单位必须负责对已完成部分采取妥善措施予以保护，以免因成品缺乏保护或保护不善而造成损伤或污染，影响工程整体质量。

根据建筑产品的特点的不同，可以分别对成品采取"防护"、"包裹"、"覆盖"、"封闭"等保护措施，以及合理安排施工顺序等来达到保护成品的目的。具体如下所述。

(1) 防护。就是针对被保护对象的特点采取各种防护的措施。例如，对清水楼梯踏步，可以采取楼角铁上下连接固定；对于进出口台阶可垫砖或方木搭脚手板供人通过的方法来保护台阶；对于门口易碰部位，可以钉上防护条或槽型盖铁保护；门扇安装后可加楔固定等。

(2) 包裹。就是将被保护物包裹起来，以防损伤或污染。例如，对镶面大理石柱可用立板包裹捆扎保护；铝合金门窗可用塑料布包扎保护等。

(3) 覆盖。就是用表面覆盖的办法防止堵塞或损伤。例如，对地漏、落水口排水管等安装后可加以覆盖，以防止异物落入而被堵塞；预制水磨石或大理石楼梯可用木板覆盖加以保护；地面可用锯末、苫布等覆盖以防止喷浆等污染；其他需要防晒、防冻、保温养护等项目也应采取适当的防护措施。

(4) 封闭。就是采取局部封闭的办法进行保护。例如，垃圾道完成后，可将其进口封闭起来，以防止建筑垃圾堵塞通道；房间水泥地面或地面砖完成后，可将该房间局部封闭，防止人们随意进入而损害地面；房内装修完成后，应加锁封闭，防止人们随意进入而受到损伤等。

(5) 合理安排施工顺序。主要是通过合理安排不同工作间的施工顺序以防止后道工序损坏或污染前道工序。例如，采取房间内先喷浆或喷涂而后安装灯具的施工顺序可防止喷浆污染、损害灯具；先做顶棚、装修而后做地坪，也可避免顶棚及装修施工污染、损害地坪。

1.4.3 质量控制方法

1.4.3.1 PDCA循环工作方法

PDCA循环是由计划（Plan）、实施（Do）、检查（Check）和处理（Action）四个阶段组成的工作循环，它是一种科学的质量程序和方法。PDCA循环分为四个阶段八个步骤，其基本内容见表1-20。

PDCA管理循环的内容   表1-20

序号	阶段、任务	步 骤	内 容
1	计划阶段(Plan)：主要工作任务是制定质量管理目标、活动计划和管理项目的具体实施措施	第一步，分析现状，找出存在的质量问题	这一步要有重点地进行。首先，要分析企业范围内的质量通病，也就是工程质量的常见病和多发病。其次，要特别注意工程中的一些技术复杂、难度大、质量要求高的项目，以及新工艺、新结构、新材料等项目的质量分析。要依据大量数据和情报资料，用数据说话，用数理统计方法来分析，反映问题
		第二步，分析产生质量问题的原因和影响因素	召开有关人员和有关问题的分析会议，绘制因果分析图
		第三步，从各种原因和影响因素中找出影响质量的主要原因或影响因素	其方法有两种：一是利用数理统计的方法和图表；二是由有关工程技术人员、生产管理人员和工人讨论确定，或用投票的方式确定
		第四步，针对影响质量主要原因或因素，制定改善质量的技术组织措施，提出执行措施的计划，并预计效果	在进行这一步时要反复考虑明确回答以下5W1H的问题：①为什么要提出这样的计划、采取这样的措施？为什么要这样改进？回答采取措施的原因（Why）？②改进后要达到什么目的？有什么效果（What）？③改进措施在何处（哪道工序、哪个环节、哪个过程）执行（Where）？④计划和措施在什么时间执行和完成（When）？⑤由谁来执行和完成（Who）？⑥用什么方法怎样完成（How）
2	实施阶段(Do)主要工作任务是按照第一阶段制定的计划措施，组织各方面的力量分头去认真贯彻执行	第五步，即执行措施和计划	首先要做好计划措施的交底和落实。落实包括组织落实、技术落实和物资落实。有关人员还要经过训练、实习、考核达到要求后再执行计划。其次，要依靠质量体系，来保证质量计划的执行
3	检查阶段(Check)主要工作任务是将实施效果与预期目标对比	第六步，检查效果、发现问题	检查执行的情况，看是否达到了预期效果，并提出哪些做对了？哪些还没达到要求？哪些有效果？哪些还没有效果？再进一步找出问题
4	处理阶段(Action)主要工作任务是对检查结果进行总结和处理	第七步，总结经验，纳入标准	经过上一步检查后，明确有效果的措施，通过修订相应的工作文件、工艺规程，以及各种质量管理的规章制度，把好的经验总结起来，把成绩巩固下来，防止问题再发生
		第八步，把遗留问题转入到下一个管理循环	为下一期计划提供数据资料和依据

PDCA管理循环是不断进行的，每循环一次，就解决一定的质量问题，实现一定的质量目标，使质量水平有所提高。如是不断循环，周而复始，使质量水平也不断提高。

1.4.3.2 质量控制统计分析方法

1. 排列图法

排列图法是利用排列图寻找影响质量主次因素的一种有效方法。排列图又叫帕累托图或主次因素分析图，它是由两个纵坐标、

一个横坐标、几个连起来的直方形和一条曲线所组成。如图 1-27 所示。左侧的纵坐标表示频数，右侧纵坐标表示累计频率，横坐标表示影响质量的各个因素或项目，按影响程度大小从左至右排列，直方形的高度表示某个因素的影响大小。实际应用中，通常按累计频率划分为（0~80%）、（80%~90%）、（90%~100%）三部分，与其对应的影响因素分别为 A、B、C 三类。A 类为主要因素，B 类为次要因素，C 类为一般因素。

2. 因果分析图法

(1) 什么是因果分析图法

因果分析图法是利用因果分析图来系统整理分析某个质量问题（结果）与其产生原因之间关系的有效工具。因果分析图也称特性要因图，又因其形状常被称为树枝图或鱼刺图。

因果分析图基本形式如图 1-28 所示。从图 1-28 可见，因果分析图由质量特性（即质量结果或某个质量问题）、要因（产生质量问题的主要原因）、枝干（指一系列箭线表示不同层次的原因）、主干（指较粗的直接指向质量结果的水平箭线）等所组成。

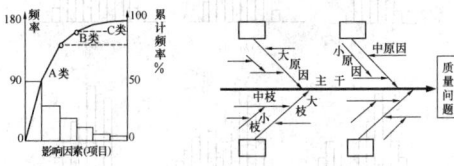

图 1-27 排列图　　图 1-28 因果分析图的基本形式

(2) 因果分析图的绘制

下面结合实例加以说明。

【例】 绘制混凝土强度不足的因果分析图，见图 1-29。

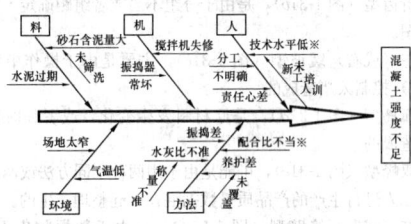

图 1-29 混凝土强度不足的因果分析图

解： 因果分析图的绘制步骤与图中箭头方向恰恰相反，是从"结果"开始将原因逐层分解，具体步骤如下：

1) 明确质量问题——结果。该例分析的质量问题是"混凝土强度不足"，作图时首先由左至右画出一条水平主干线，箭头指向一个矩形框框，框内注明研究的问题，即结果。

2) 分析确定影响质量特性大的原因。一般来说，影响质量因素有五大方面，即人、机械、材料、方法、环境等。另外还可以按产品的生产过程进行分析。

3) 将每种大原因进一步分解为中原因、小原因，直至分解的原因可以采取具体措施加以解决为止。

4) 检查图中的所列原因是否齐全，可以对初步分析结果广泛征求意见，并做必要的补充及修改。

5) 选择出影响大的关键因素，做出标记"※"，以便重点采取措施。

(3) 绘制和使用因果分析图时应注意的问题

1) 集思广益。绘制时要求绘制者熟悉专业施工方法技术，调查、了解施工现场实际条件和操作的具体情况。要以各种形式，广泛收集现场工人、班组长、质量检查员、工程技术人员的意见，集思广益，互相启发、互相补充，使因果分析更符合实际。

2) 制定对策。绘制因果分析图不是目的，而是要根据图中所反映的主要原因，制定改进的措施和对策，限期解决问题，保证质量。具体实施时，一般应编制一个对策计划表。表 1-21 是混凝土强度不足的对策计划表。

对策计划表　　　　　　　　　　表 1-21

项目	序号	产生问题原因	采取的对策	执行人	完成时间
人	1	分工不明确	根据个人特长，确定每道工序的负责人及各操作人员的职责，挂牌示出		
	2	缺乏基本知识	①组织学习操作规程；②搞好技术交底		
工艺	3	配比不当	①根据数理统计结果，按施工实际水平进行配比计算；②进行实验		
	4	水灰比控制不严	①制作水箱；②搅制前，每半天测砂石含水率一次；③搅制时，控制坍落度在5cm以下		
	5	计量不准	校正磅秤		
材料	6	水泥重量不够	进行水泥重量统计		
	7	原材料不合格	对砂、石、水泥进行各项指标试验		
	8	石子含泥量大	用搅拌机洗、过筛		
机械	9	振捣器常坏	①使用前检修一次；②施工时配备电工；③准备铁插杆		
	10	搅拌机常坏	①使用前检修一次；②施工时配备检修工人环境		
环境	11	场地乱	认真清理，搞好平面布置，现场实行分片制		
	12	气候变化	准备草包，养护落实到人		

3. 直方图法

(1) 直方图的用途

直方图法即频数分布直方图法，它是将收集到的质量数据进行分组整理，绘制成频数分布直方图，用以描述质量分布状态的一种分析方法，所以又称质量分布图法。

通过直方图的观察与分析，可了解产品质量的波动情况，掌握质量特性的分布规律，以便对质量状况进行分析判断。同时可通过质量数据特征值的计算，估算施工生产过程总体的不合格品率，评价过程能力等。

(2) 直方图的绘制方法

1) 收集整理数据

用随机抽样的方法抽取数据，一般要求数据在 50 个以上。

【例】 某建筑施工工地浇筑 C30 混凝土，为对其抗压强度进行质量分析，共收集了 50 份抗压强度试验报告单，经整理如表 1-22 所示。

数据整理表（单位：N/mm²）　　表 1-22

序号	抗压强度					最大值	最小值
1	39.8	37.7	33.8	31.5	36.1	39.8	31.5 *
2	37.2	38.0	33.1	39.0	36.0	39.0	33.1
3	35.8	35.2	31.8	37.1	34.0	37.1	31.8
4	39.9	34.3	33.2	40.4	41.2	41.2	33.2
5	39.2	35.4	34.4	38.1	40.3	40.3	34.4
6	42.3	37.5	35.5	39.3	37.3	42.3	35.5
7	35.9	42.4	41.8	36.3	36.2	42.4	35.9
8	46.2	37.6	38.3	39.7	38.0	46.2 *	37.6
9	36.4	38.3	43.4	38.0	38.0	42.4	36.4
10	44.4	42.0	37.9	38.4	39.5	44.4	37.9

2) 计算极差 R

极差 R 是数据中最大值和最小值之差，本例中：

$$x_{\max} = 46.2(\text{N/mm}^2)$$
$$x_{\min} = 31.5(\text{N/mm}^2)$$
$$R = x_{\max} - x_{\min} = 46.2 - 31.5 = 14.7(\text{N/mm}^2)$$

3）将数据分组

包括确定组数、组距和组限，见表1-23。

数据分组参考值　　　表1-23

数据总数 n	分组数 k	数据总数 n	分组数 k
50～100	6～10	250 以上	10～20
100～250	7～12		

①确定组数 k。确定组数的原则是：分组的结果能正确地反映数据的分布规律。组数应根据数据多少来确定。组数过少，会掩盖数据的分布规律；组数过多，会使数据过于零乱分散，也不能显示出质量分布状况。一般可参考表1-23的经验数值来确定。本例中取 $k=8$。

②确定组距 h。组距是组的区间长度，即一个组数据的范围。各组距应相等，为了使分组结果能覆盖全部变量值，应有：组距与组数之积稍大于极差。

组数、组距的确定应结合 R、n 综合考虑、适当调整，还要注意数值尽量取整，便于以后的计算分析。

本例中：$h = \dfrac{R}{k} = \dfrac{14.7}{8} = 1.8 \approx 2\ (\text{N/mm}^2)$

③确定组限。每组数值的极端值，大者为上限，小者为下限，上、下限统称组限。确定组限时应注意使各组之间连续，即较低组上限应为相邻较高组下限，这样才不致遗漏组间数据。

对恰恰处于组限值上的数据，其解决的办法有二：一是规定每组的其中一个组限为极限，极限值对应数据不含在该组内，如上组限对应数值不计在该组内，而应计入相邻较高组内，即左连续〔 ）；或者是下组限对应数值不计在该组内，而应计入相邻较低组内，即右连续（ 〕。二是将组限值较原始数据精度提高半个最小测量单位。

现采取第一种办法左连续〔 ）划分组限，即每组上限不计入该组内。

首先确定第一组下限：

$$x_{\min} - \frac{h}{2} = 31.5 - \frac{2.0}{2} = 30.5$$

第一组上限：$30.5 + h = 30.5 + 2 = 32.5$

第二组下限＝第一组上限＝32.5

第二组上限：$32.5 + h = 32.5 + 2 = 34.5$

以下以此类推，最高组限为 44.5～46.5，分组结果覆盖了全部数据。

4）编制数据频数统计表

统计各组频数，可采用唱票形式进行，频数总和应等于全部数据个数。本例频数统计结果见表1-24。

频数统计表　　　表1-24

组号	组限 (N/mm²)	频数统计	频数	组号	组限 (N/mm²)	频数统计	频数
1	30.5～32.5	丁	2	5	38.5～40.5	正	9
2	32.5～34.5	正一	6	6	40.5～42.5	正	5
3	34.5～36.5	正正	10	7	42.5～44.5	丁	2
4	36.5～38.5	正正正	15	8	44.5～46.5	一	1
					合计		50

从表1-24中可以看出，浇筑 C30 混凝土，50 个试块的抗压强度是各不相同的，这说明质量特性值是有波动的。但这些数据分布是有一定规律的，就是数据在一个有限范围内变化，且这种变化有一个集中趋势，即强度值在 36.5～38.5 范围内的试块最多，可把这个范围即第四组视为该样本质量数据的分布中心，随着强度值的逐渐增大和逐渐减小数据而逐渐减少。为了更直观、更形象地表现质量特征值的这种分布规律，应进一步绘制出直方图。

5）绘制频数分布直方图

在频数分布直方图中，横坐标表示质量特性值，本例中为混凝土强度，并标出各组的组限值。根据表1-24画出以组距为底，以

频数为高的 k 个直方形，便得到混凝土强度的频数分布直方图，见图1-30。

（3）直方图的观察与分析

1）观察直方图的形状、判断质量分布状态。作完直方图后，首先要认真观察直方图的整体形状，看其是否属于正常型直方图。正常型直方图是中间高，两侧底，左右接近对称的图形，如图1-31（a）所示。

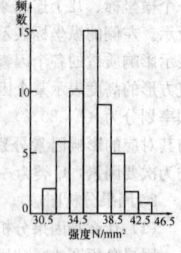

图1-30　混凝土强度分布直方图

出现非正常型直方图时，表明生产过程或收集数据作图有问题。这就要求进一步分析判断，找出原因，从而采取措施加以纠正。凡属非正常型直方图，其图形分布有各种不同缺陷，归纳起来一般有图五种类型，如图1-31（b）～（f）所示。

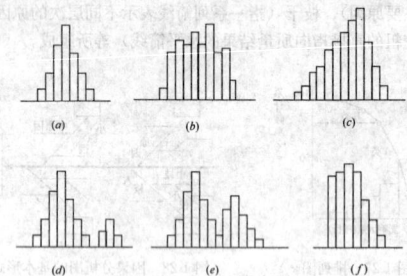

图1-31　常见的直方图图形
（a）正常型；（b）折齿型；（c）左缓坡型；
（d）孤岛型；（e）双峰型；（f）左绝壁型

①折齿型（图1-31b），是由于分组不当或者组距确定不当出现的直方图。

②左（或右）缓坡型（图1-31c），主要是由于操作中对上限（或下限）控制太严造成的。

③孤岛型（图1-31d），是原材料发生变化，或者临时他人顶班作业造成的。

④双峰型（图1-31e），可能是由于用两种不同方法或两台设备或两组工人进行生产的产品质量数据混在一起整理产生的。

⑤左（或右）绝壁型（图1-31f），是由于数据收集不正常，可能有意识地去掉下限以下（或上限以上）的数据，或是在检测过程中存在某种人为因素所造成的。

2）将正常型直方图与质量标准比较，判断实际生产过程能力

做出直方图后，除了观察直方图形状，分析质量分布状态外，再将正常型直方图与质量标准比较，从而判断实际生产过程能力。正常型直方图与质量标准相比较，一般有如图1-32所示六种情况。图1-32中：T——表示质量标准要求界限；B——表示实际质量特性分布范围。

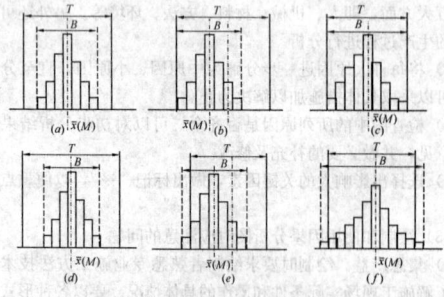

图1-32　实际质量分布与标准

①图1-32（a），B 在 T 中间，质量分布中心 $\bar{x}$ 与质量标准中心 M 重合，实际数据分布与质量标准相比较两边还有一定余地。这样的生产过程质量是很理想的，说明生产过程处于正常的稳定状态。在这种情况下生产出来的产品可认为全都是合格品。

②图1-32（b），B 虽然落在 T 内，但质量分布中心 $\bar{x}$ 与 T 的

中心 M 不重合，偏向一边。这样如果生产状态一旦发生变化，就可能超出质量标准下限或上限而出现不合格品。出现这种情况时应迅速采取措施，使直方图移到中间来，$\overline{x}$ 与 M 重合。

③图1-32（c），B 在 T 中间，$\overline{x}$ 与 M 重合，但 B 的范围接近 T 的范围，没有余地，生产过程一旦发生小的变化，产品的质量特性值就可能超出质量标准。出现这种情况时，必须立即采取措施，以缩小质量分布范围。

④图1-32（d），B 在 T 中间，$\overline{x}$ 与 M 重合，但两边余地太大，说明加工过于精细，不经济。在这种情况下，可以对原材料、设备、工艺、操作等控制要求适当放宽些，有目的地使 B 扩大，从而有利于降低成本。

⑤图1-32（e），$\overline{x}$ 与 M 不重合，且质量分布范围 B 已超出标准下限之外，说明已出现不合格品。此时必须采取措施进行调整，使质量分布位于标准之内。

⑥图1-32（f），$\overline{x}$ 与 M 重合，质量分布范围完全超出了质量标准上、下界限，散差太大，产生许多废品，说明过程能力不足，应提高过程能力，使质量分布范围 B 缩小。

4. 控制图法

（1）控制图的基本形式及其用途

控制图又称管理图。它是在直角坐标系内画有控制界限，描述生产过程中产品质量波动状态的图形。利用控制图区分质量波动原因，判断生产过程是否处于稳定状态的方法称为控制图法。

1）控制图的基本形式。控制图的基本形式如图1-33所示。横坐标为样本（子样）序号或抽样时间，纵坐标为被控制对象的质量特性值。控制图上一般有三条线：在上面的一条虚线称为上控制界限，用符号 UCL 表示；在下面的一条虚线称为下控制界限，用符号 LCL 表示；中间的一条实线称为中心线，用符号 CL 表示。中心线标志着质量特性值分布的中心位置，上下控制界限标志着质量特性值允许波动范围。

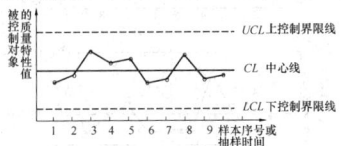

图1-33　控制图基本形式

在生产过程中通过抽样取得数据，把样本统计量描在图上来分析判断生产过程状态。如果点子随机地落在上、下控制界限内，则表明生产过程正常，处于稳定状态，不会产生不合格品，如果点子超出控制界限，或点子排列有缺陷，则表明生产条件发生了异常变化，生产过程处于失控状态。

2）控制图的用途。控制图是用样本数据来分析判断生产过程（总体）是否处于稳定状态的有效工具。它的主要用途有两个：

①过程分析，即分析生产过程是否稳定。为此，应随机连续收集数据，绘制控制图，观察数据点分布情况并判定生产过程状态。

②过程控制，即控制生产过程质量状态。为此，要定时抽样取得数据，将其变为点子描在图上，发现并及时消除生产过程中的失调现象，预防不合格品的产生。

（2）控制图的种类

1）按用途分类

①分析用控制图。主要是用来调查生产过程是否处于控制状态。绘制分析用控制图时，一般需连续抽取20～25组样本数据，计算控制界限。

②管理（或控制）用控制图。主要用来控制生产过程，使之经常保持在稳定状态下。当根据分析用控制图判明生产过程处于稳定状态时，一般都是把分析用控制图的控制界限延长作为管理用控制图的控制界限，并按一定的时间间隔取样、计算、打点，根据点子分布情况，判断生产过程是否有异常因素影响。

2）按质量数据特点分类

①计量值控制图。主要适用于质量特性值属于计量值的控制，如时间、长度、重量、强度、成分等连续型变量。常用的计量值控制图有以下几种：

a. $\overline{x}-R$ 控制图。这是平均数 $\overline{x}$ 控制图和极差 R 控制图相配合使用的一种基本控制图。$\overline{x}$ 为组的平均值。R 为组的极差值。其特点是：提供的质量情报多，发现生产过程异常能力和检测能力强。

b. $\widetilde{x}-R$ 控制图。这是中位数 $\widetilde{x}$ 控制图和极差 R 控制图结合使用的一种控制图。其用途与 $\overline{x}-R$ 控制图相同。其特点是计算简单。

c. $x-R_S$ 控制图。这是单值 x 控制图和移动极差 R_S 控制图结合使用的一种控制图。

R_S 为相邻两数据差的绝对值，即：$R_S = |x_{i+1} - x_i|$

②计数值控制图。通常适用于质量数据中属于计数值的控制，如不合格品数、疵点数、不合格品率等离散型变量数据。根据计数值的不同又分为计件值控制图和计点值控制图。

a. 计件值控制图。有不合格品数 P_n 控制图和不合格品率 P 控制图。当某些产品质量的特性值无法直接测量，只要求按合格品和不合格品区分时，均宜采用 P_n 控制图和 P 控制图。P_n 控制图一般用于样本容量 n 相等的情况，P 控制图则用于样本容量不相等的情况；

b. 计点值控制图。有缺陷数 C 控制图和单位缺陷数 u 控制图。C 控制图用于样本容量一定时的情况，u 控制图用于样本容量不一定的情况。

（3）控制图控制界限的确定

根据数理统计学原理和经济原则，采用的是"三倍标准偏差法"来确定控制界限，即将中心线定在被控制对象的平均值上，以中心线为基准向上、下各量三倍被控制对象的标准偏差作为上、下控制界限。如图1-34所示。

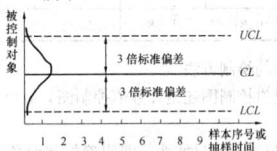

图1-34　控制界限的确定

采用三倍标准偏差法是因为控制图是以正态分布为理论依据的。采用这种方法可以在最经济的条件下，实现生产过程控制，保证产品的质量。

在用三倍标准偏差法确定控制界限时，其计算公式如下：

中心线　　$CL = E(X)$

上控制界限　　$UCL = E(X) + 3\delta(X)$

下控制界限　　$LCL = E(X) - 3\delta(X)$

式中　X——样本统计量；X 可取 $\overline{x}$（平均值）、$\widetilde{x}$（中位数）、x（单值）、R（极差）、P_n（不合格品数）、P（不合格品率）、c（缺陷数）、u（单位缺陷数）等；

$E(X)$——X 的平均值；

$\delta(X)$——X 的标准偏差。

按三倍标准偏差法，各类控制图的控制界限的计算公式如表1-25所示。控制图用系数见表1-26。

控制图控制界限计算公式　　表1-25

控制图种类		中心线	控制界限
计量值控制图	平均数 $\overline{x}$ 控制图	$\overline{\overline{x}} = \dfrac{\sum\limits_{i=1}^{k} \overline{x}_i}{k}$	$\overline{\overline{x}} \pm A_2 \overline{R}$
	极差 R 控制图	$\overline{R} = \dfrac{\sum\limits_{i=1}^{k} R_i}{k}$	$D_4\overline{R}, D_3\overline{R}$
	中位数 $\widetilde{x}$ 控制图	$\overline{\widetilde{x}} = \dfrac{\sum\limits_{i=1}^{k} \widetilde{x}_i}{k}$	$\overline{\widetilde{x}} \pm m_3 A_2 \overline{R}$
	单值 x 控制图	$\overline{x} = \dfrac{\sum\limits_{i=1}^{k} x_i}{k}$	$\overline{x} \pm E_2 \overline{R}_S$
	移动极差 R_S 控制图	$\overline{R}_S = \dfrac{\sum\limits_{i=1}^{k} R_{si}}{k}$	$D_4 \overline{R}_S$

续表

控制图种类		中 心 线	控制界限
计数值控制图	计件	不合格品数 P_n 控制图 $\bar{p_n} = \dfrac{\sum\limits_{i=1}^{k} P_{ini}}{k}$ 不合格品率 P 控制图 $\bar{P} = \dfrac{\sum\limits_{i=1}^{k} P_{ini}}{k}$	$\overline{P_n} \pm 3\sqrt{\overline{P_n}(1-\overline{P_n})}$ $\overline{P} \pm 3\sqrt{\overline{P}(1-\overline{P})}$
	计点	缺陷数 C 控制图 $\bar{C} = \dfrac{\sum\limits_{i=1}^{k} C_i}{k}$ 单位缺陷 u 控制图 $\bar{u} = \dfrac{\sum\limits_{i=1}^{k} u_i}{k}$	$\bar{C} \pm 3\sqrt{\bar{C}}$ $\bar{u} \pm 3\sqrt{\dfrac{\bar{u}}{n}}$

控制图用系数表　　　　　　表 1-26

样本容量 n	A_2	D_4	D_3	$m_3 A_2$	E_2
2	1.88	3.27	—	1.88	2.66
3	1.02	2.57	—	1.19	1.77
4	0.73	2.28	—	0.80	1.46
5	0.58	2.11	—	0.69	1.29
6	0.48	2.00	—	0.55	1.18
7	0.42	1.92	0.08	0.51	1.11
8	0.37	1.86	0.14	0.43	1.05
9	0.34	1.82	0.18	0.41	1.01
10	0.31	1.78	0.22	0.36	0.96

（4）控制图的绘制方法

无论是计量值控制图还是计数值控制图，其绘制程序基本是一致的。

1）选定被控制的质量特性，即明确控制对象。要控制的质量特性应是影响质量的关键特性，且必须是可测量、技术上可以控制的。

2）收集数据并分组。收集数据应采取随机抽样。绘制分析用计量值控制图时，数据量应不少于 50～100 个，收集数据的时间不应少于 10～15d。在日常控制中，样本含量最多取 $n=4～5$。

3）确定中心线和控制界限。这是绘制控制图的中心问题。可利用表 1-25 所列公式计算确定。

4）描点分析。如果认为生产过程处于稳定状态，则控制图可转为控制生产过程用。如果生产过程处于非控制状态，则应查明原因，剔除异常点，或重新取得数据，再行绘制，直到得出处于稳定状态下的控制图为止。

下面结合建筑工程实例，说明作为分析用计量值 $\overline{X}-R$ 控制图的绘制方法及应用。

【例】　某混凝土搅拌站捣制 C30 的混凝土，为保证其质量，采用平均值与极差 $\overline{X}-R$ 控制图进行分析和控制。$\overline{X}-R$ 控制图的绘制步骤如下：

1）收集数据并分组，共收集了 50 份抗压强度报告单。按时间顺序排列，每组 5 个数据（$n=5$），共分为 10 组（$k=10$），见表 1-27。

混凝土强度数据表　　　　　　表 1-27

组序	抗压强度（N/mm²）					小计 Σx	平均值 $\bar{x_i}$	极差 R_i
	x_1	x_2	x_3	x_4	x_5			
1	32.5	44.6	35.6	34.7	34.9	182.3	36.46	12.1
2	36.7	38.9	41.8	30.8	40.3	188.5	37.70	11.0
3	37.5	33.4	36.8	37.1	39.9	184.5	36.94	3.5
4	41.1	47.0	37.0	34.2	37.9	197.2	39.44	12.8
5	37.7	34.0	37.4	35.3	32.8	177.2	35.44	1.9
6	36.4	39.3	38.5	36.3	34.4	184.9	36.98	4.9
7	33.1	36.7	36.9	35.5	34.8	177.0	35.40	4.7
8	38.6	40.9	43.7	35.1	39.7	198.0	39.60	8.6
9	35.8	36.9	38.1	41.3	43.1	195.2	39.04	7.3
10	39.4	42.4	40.7	42.2	38.3	203.0	40.60	4.1
				合计			377.60	76.9

2）确定中心线和控制界限

①计算每组的平均值 x_i 和极差 R_i，要求精度较测定单位高一级。其结果记入表 1-27 中最后两列。

②计算各组平均值 $\bar{x_i}$ 的平均值 $\bar{\bar{x}_i}$ 和各组极差 R_i 的平均值 $\overline{R}_i$。

$$\bar{\bar{x}} = \frac{\sum\limits_{i=1}^{k} \bar{x_i}}{k} = \frac{377.60}{10} = 37.76(\text{N/mm}^2)$$

$$\overline{R}_i = \frac{\sum\limits_{i=1}^{k} R_i}{k} = \frac{76.9}{10} = 7.69(\text{N/mm}^2)$$

③确定中心线和控制界限。

$\bar{x}$ 控制图的中心线和控制界限为：
$$CL = \bar{\bar{x}} = 37.76(\text{N/mm}^2)$$
$$UCL = \bar{\bar{x}} + A_2\overline{R} = 37.76 + 0.58 \times 7.69 = 42.22(\text{N/mm}^2)$$
$$LCL = \bar{\bar{x}} - A_2\overline{R} = 37.76 - 0.58 \times 7.69 = 33.30(\text{N/mm}^2)$$

R 控制图的中心线和控制界限为：
$$CL = \overline{R} = 7.69(\text{N/mm}^2)$$
$$UCL = D_4\overline{R} = 2.11 \times 7.69 = 16.23(\text{N/mm}^2)$$
$$LCL = D_3\overline{R}$$

因为，$n<6$，所以，可不考虑下控制界限。

3）绘图、描点与分析。

根据确定的控制图的中心线和上、下控制界限，绘制出 $\bar{x}$ 控制图和 R 控制图，并将各组的平均值和极差变为点子描在图上，如图 1-35 所示。观察分析控制图上点子分布情况。可知，混凝土生产过程处于稳定状态。所确定的控制界限，可转为控制生产过程之用。

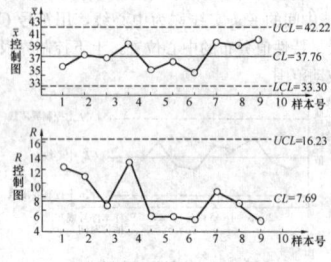

图 1-35　混凝土强度 $\bar{x}-R$ 控制图

（5）控制图的观察与分析

绘制控制图的目的主要是对控制图进行观察和分析，判断生产过程是否处于稳定状态。这主要通过对控制图上点子的分布情况的观察与分析来进行。因为控制图上点子作为随机抽样的样本，可以反映出生产过程（总体）的质量分布状态。

当控制图同时满足以下两个条件：一是点子全部落在控制界限之内；二是控制界限内的点子排列没有缺陷，就可以认为生产过程基本上处于稳定状态。

所谓点子全部落在控制界线内，是指符合下述三个要求：①连续 25 点以上处于控制界限内；②连续 35 点中仅有一点超出控制界限；③连续 100 点中不多于 2 点超出控制界限。

所谓控制界限内的点子排列没有缺陷，是指点子的排列是随机的，而没有出现异常现象。这里的异常现象是指点子排列出现了"链"、"同侧"、"趋势"等情况。

1）链，是指点子连续出现在中心线一侧的现象。①出现 5 点链，应注意工序发展状况。②出现 6 点链，应开始调查原因。③出现 7 点链，应判定工序异常，需采取处理措施，如图 1-36（a）所示。

2）多次同侧，是指点子在中心线一侧多次出现的现象，或称偏离。下列情况说明生产过程已出现异常。①在连续 11 点中有 10 点在同侧，如图 1-36（b）所示。②在连续 14 点中有 12 点在同侧。③在连续 17 点中有 14 点在同侧。④连续 20 点中有 16 点在同侧。

3）趋势或倾向，是指点子连续上升或连续下降的现象。连续 7 点或 7 点以上上升或下降排列，就应判定生产过程有异常因素影响，要立即采取措施，如图 1-36（c）所示。

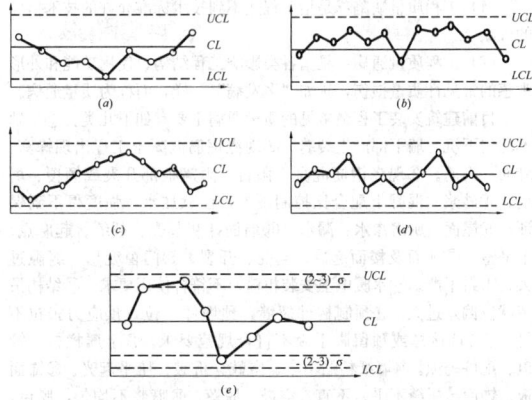

图 1-36　控制图异常的情况

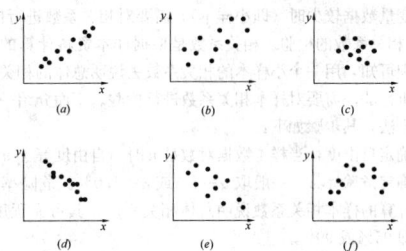

图 1-38　相关图的类型
(a) 正相关；(b) 弱正相关；(c) 不相关；
(d) 负相关；(e) 弱负相关；(f) 非线性相关

4) 周期，即точ点子的排列显示周期性变化的现象。这样即使所有点子都在控制界限内，也应认为生产过程为异常，如图 1-36 (d) 所示。

5) 点子排列接近控制界限，是指点子落在了 $\bar{x} \pm 2\sigma$ 以外、$\bar{x} \pm 3\sigma$ 以内。如属下列情况的判定为异常。①连续 3 点至少有 2 点接近控制界限。②连续 7 点至少有 3 点接近控制界限。③连续 10 点至少有 4 点接近控制界限。如图 1-36 (e) 所示。

5. 相关图法
(1) 相关图法的用途

相关图又称散布图。在质量管理中它是用来显示两种质量数据之间关系的一种图形。质量数据之间的关系多属相关关系。一般有三种类型：一是质量特性和影响因素之间的关系；二是质量特性和质量特性之间的关系；三是影响因素和影响因素之间的关系。

可以用 y 和 x 表示质量特性值和影响因素，通过绘制散布图、计算相关系数等，分析研究两个变量之间是否存在相关关系，以及这种关系密切程度如何，进而对相关程度密切的两个变量，通过对其中一个变量的观察控制，去估计控制另一个变量的数值，以达到保证产品质量的目的。

(2) 相关图的绘制方法

【例】　分析混凝土抗压强度和水灰比之间的关系。

1) 搜集数据。要成对地搜集两种质量数据，数据不得过少。本例搜集数据如表 1-28 所示。

混凝土抗压强度与水灰比统计资料　表 1-28

序　号		1	2	3	4	5	6	7	8
x	水灰比 (W/C)	0.4	0.45	0.5	0.55	0.6	0.65	0.7	0.75
y	强度 (N/mm²)	36.3	35.3	28.2	24.0	23.0	20.6	18.4	15.0

2) 绘制相关图。在直角坐标系中，一般 x 轴用来代表原因的量或较易控制的量，本例中表示水灰比；y 轴用来代表结果的量或不易控制的量，本例中表示强度。然后将数据在相应的坐标位置上描点，便得到散布图，如图 1-37 所示。

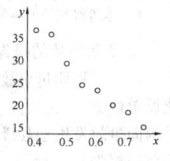

图 1-37　相关图

(3) 相关图的观察与分析

相关图中点的集合，反映了两种数据之间的散布状况，根据散布状况可以分析两个变量之间的关系。归纳起来，有以下 6 种类型，如图 1-38 所示。

1) 正相关 (图 1-38a)。散布点基本形成由左至右向上分布较集中的一条直线带，即随 x 增加，y 值也相应增加，说明 x 与 y 有较强的制约关系。可通过对 x 控制而有效地正向控制 y 的变化。

2) 弱正相关 (图 1-38b)。散布点形成由左至右向上分布较分散的直线带。随 x 值的增加，y 值也有增加趋势，但 x、y 的关系不像正相关那么明显。说明 y 除受 x 影响外，还受其他更重要的因素影响。需进一步利用因果分析图法分析其他的影响因素。

3) 不相关 (图 1-38c)。散布点形成一团或平行于 x 轴的直线

带。说明 x 变化不会引起 y 的变化或其变化无规律，分析质量原因时可排除 x 因素。

4) 负相关 (图 1-38d)。散布点形成由左至右向下的分布较集中的一条直线带，即 y 随 x 增加相应减小。说明 x 与 y 有较强的制约关系，但 x 对 y 的影响与正相关恰恰相反。可通过对 x 控制而有效地反向控制 y 的变化。

5) 弱负相关 (图 1-38e)。散布点形成由左至右向下分布的较分散的直线带。说明 x 与 y 的相关关系较弱，且变化趋势相反，应考虑寻找影响 y 的其他更重要的因素。

6) 非线性相关 (图 1-38f)。散布点呈一曲线带，即在一定范围内 x 增加，y 也增加；超过这个范围，x 增加，y 则有下降趋势。

从图 1-37 可以看出本例水灰比对强度影响是属于负相关。初步结果是，在其他条件不变情况下，混凝土强度随着水灰比增大有逐渐降低的趋势。

(4) 相关系数

通过绘制并观察散布图，可定性分析判断两个变量之间的相关关系。而用相关系数则可定量地度量两个变量之间线性相关关系的密切程度。

1) 相关系数的计算。相关系数用 r 表示，其计算公式为：

$$r = \frac{n\sum xy - \sum x \sum y}{\sqrt{n\sum x^2 - (\sum x)^2}\sqrt{n\sum y^2 - (\sum y)^2}} \qquad (1-2)$$

根据上述公式，本例的相关系数可列表 1-29 进行计算。

$$r = \frac{8 \times 109.03 - 4.60 \times 200.8}{\sqrt{8 \times 2.75 - 4.60^2}\sqrt{8 \times 5451.94 - 200.8^2}} = -0.9367$$

相关系数计算表　表 1-29

序　号	水灰比 x	强度 y	x^2	y^2	xy
1	0.40	36.3	0.16	1317.69	14.52
2	0.45	35.3	0.2025	1246.09	15.89
3	0.50	28.2	0.25	795.24	14.10
4	0.55	24.0	0.3025	576.00	13.20
5	0.60	23.0	0.36	529.00	13.80
6	0.65	20.6	0.4225	424.36	13.39
7	0.70	18.4	0.49	338.56	12.88
8	0.75	15.0	0.5625	225.00	11.25
合计	4.60	200.8	2.75	5451.94	109.03

2) 相关系数的意义。相关系数可以定量地说明变量 x、y 之间线性相关关系的密切程度和变化方向。相关系数 r 是一个无量纲数值，变化范围是：$-1 \leqslant r \leqslant 1$。

r 的绝对值越接近于 1，表示 x、y 之间线性相关程度高；r 越接近于 0，表示线性相关程度低；当 r 等于零时，有两种可能，即或者是非线性相关，或者是不相关。

当 r 为负值时，表示变量间为负相关；r 为正值时，表示变量间为正相关。

当变量数据对较多 ($n \geqslant 50$) 时，可以将相关关系的密切程度分为四级：①$|r| < 0.3$，x、y 无线性相关关系；②$0.3 \leqslant |r| < 0.5$，x、y 是低度相关关系；③$0.5 \leqslant |r| < 0.8$，x、y 是显著相关关系；④$|r| \geqslant 0.8$，x、y 是高度相关关系。

当变量数据较少时（即小样本），需要对相关系数进行检验。

3）相关系数的检验。相关系数是根据样本资料计算的，根据抽样原理可知，用一个小样本的相关系数去说明总体的相关程度是具有随机性的。需要对样本相关系数进行检验。下面介绍一种查表检验的方法，其步骤如下：

①确定自由度，当样本数据对数为 n 时，自由度等于 $n-2$。

②确定危险率 α，一般取 $\alpha=5\%$ 或 $\alpha=1.0\%$。危险率的含义是：用计算的样本相关系数说明总体相关程度，其可靠程度为（$1-\alpha$），即 95% 或 99%。

③查相关系数检验表，根据自由度 $n-2$ 和危险率 α 查相关系数检验表，见表 1-30。

相关系数检验表　　　　表 1-30

$n-2$	α		$n-2$	α		$n-2$	α	
	0.01	0.05		0.01	0.05		0.01	0.05
1	1.000	0.997	14	0.623	0.497	27	0.470	0.367
2	0.990	0.950	15	0.606	0.482	28	0.463	0.361
3	0.950	0.878	16	0.590	0.468	29	0.456	0.355
4	0.917	0.811	17	0.575	0.456	30	0.449	0.249
5	0.874	0.754	18	0.561	0.444	35	0.418	0.325
6	0.834	0.707	19	0.549	0.433	40	0.393	0.304
7	0.798	0.666	20	0.537	0.423	45	0.372	0.288
8	0.765	0.632	21	0.526	0.413	50	0.354	0.273
9	0.735	0.602	22	0.515	0.404	60	0.325	0.250
10	0.708	0.576	23	0.505	0.396	70	0.302	0.232
11	0.684	0.553	24	0.496	0.388	80	0.283	0.217
12	0.661	0.532	25	0.487	0.381	90	0.267	0.205
13	0.641	0.514	26	0.478	0.374	100	0.254	0.195

从表 1-30 中查得相应的 α 和计算的 $|r|$ 比较，这里 α 是在一定的可靠度（$1-\alpha$）条件下，样本相关系数有效的起码值（界限值），即 $|r| \geqslant r_\alpha$ 时，可以判断 x、y 相关，其保证程度是（$1-\alpha$）；若 $|r| < r_\alpha$，则认为 x 与 y 无线性相关关系。

在例 1-1 中，$n=8$，需要对相关系数进行检验。自由度 $=8-2=6$，α 取 0.05，查表可得 $r_{0.05}=0.707$，因 $|r|=0.9367$，因而可以认为混凝土强度与水灰比之间存在高度线性相关关系，是负相关。在实际工作中就可以通过控制水灰比来保证混凝土强度。

6．分层法

分层法又叫分类法，是将调查搜集的原始数据，根据不同的目的和要求，按某一性质进行分组、整理的分析方法。分层的结果使数据各层间的差异突出地显示出来，层内的数据差异减少了。在此基础上再进行层间、层内的比较分析，可以更深刻地发现和认识质量问题的本质和规律。由于产品质量是多方面因素共同作用的结果，因而对同一批数据，可以按不同性质分层，使我们能从不同角度来考虑、分析产品存在的质量问题和影响因素。

常用的分层标志有：①按操作班组或操作者分层；②按机械设备型号、功能分层；③按工艺、操作方法分层；④按原材料产地或等级分层；⑤按时间顺序分层。

7．统计调查表法

统计调查表法是利用专门设计的统计调查表，进行数据搜集、整理和粗略分析质量状态的一种方法。

在质量管理活动中，利用统计调查表搜集数据，简便灵活，便于整理。它没有固定的格式，一般可根据调查的项目，设计出不同的格式。常用的统计分析有：①统计产品缺陷部位调查表；②统计不合格项目的调查表；③统计影响产品质量主要原因调查表；④统计质量检查评定用的调查表等。

1.4.4　工程质量问题分析和处理

1.4.4.1　工程质量问题的分类

工程质量问题一般分为工程质量缺陷、工程质量通病、工程质量事故。

（1）工程质量缺陷：是指工程达不到技术标准允许的技术指标的现象。

（2）工程质量通病：是指各类影响工程结构、使用功能和外形观感的常见性质量损伤，犹如"多发病"一样，而称为质量通病。

目前建筑安装工程最常见的质量通病主要有如下几类：①基础不均匀下沉，墙下部产生裂缝。②现浇钢筋混凝土工程出现蜂窝、麻面、露筋。③现浇钢筋混凝土阳台、雨篷根部开裂或倾覆、坍塌。④砂浆、混凝土配合比控制不严，任意加水，强度得不到保证。⑤屋面、厨房渗水、漏水。⑥墙面抹灰起壳、裂缝、起麻点、不平整。⑦地面及楼面起砂、起壳、开裂。⑧门窗变形、缝隙过大、密封不严。⑨水暖电卫安装粗糙，不符合使用要求。⑩结构吊装就位偏差过大。⑪预制构件裂缝，预埋件移位，预应力张拉不足。⑫砖墙接槎或预留脚手眼不符合规范要求。⑬金属栏杆、管道、配件锈蚀。⑭墙纸粘贴不牢、空鼓、折皱、压平起光。⑮饰面板、饰面砖拼缝不平、不直、空鼓、脱落。⑯喷浆不均匀、脱色、掉粉等。

（3）工程质量事故：是指在工程建设过程中或交付使用后，对工程结构安全、使用功能和外形观感影响较大、损失较大的质量损伤。如住宅阳台、雨篷倾覆，桥梁结构坍塌，大体积混凝土强度不足，管道、容器爆裂使气体或液体严重泄漏等。它的特点是：①经济损失达到较大的金额。②有时造成人员伤亡。③后果严重，影响结构安全。④无法降级使用，难以修复时，必须推倒重建。

1.4.4.2　工程质量事故的分类及处理权限

1．工程质量事故的分类

各门类、各专业工程，各地区、不同时期界定建设工程质量事故的标准尺度不一。《关于做好房屋建筑和市政基础设施工程质量事故报告和调查处理工作的通知》（建质 [2010] 111 号）对工程质量事故通常采用按造成的人员伤亡或者直接经济损失程度进行分类，其基本分类见表 1-31。

工程质量事故的分类　　　　表 1-31

事故类型	具备条件之一
一般事故	（1）造成 3 人以下死亡，或者 10 人以下重伤的； （2）直接经济损失 100 万元以上 1000 万元以下的
较大事故	（1）造成 3 人以上 10 人以下死亡，或者 10 人以上 50 人以下重伤的； （2）直接经济损失 1000 万元以上 5000 万元以下的
重大事故	（1）造成 10 人以上 30 人以下死亡，或者 50 人以上 100 人以下重伤的； （2）直接经济损失 5000 万元以上 1 亿元以下的
特别重大事故	（1）造成 30 人以上死亡，或者 100 人以上重伤的； （2）直接经济损失 1 亿元以上的

注：本等级划分所称的"以上"包括本数，所称的"以下"不包括本数。

2．质量事故的报告、调查及处理

（1）工程质量事故发生后，事故现场有关人员应当立即向工程建设单位负责人报告；工程建设单位负责人接到报告后，应于 1 小时内向事故发生地县级以上人民政府住房和城乡建设主管部门及有关部门报告。

情况紧急时，事故现场有关人员可直接向事故发生地县级以上人民政府住房和城乡建设主管部门报告。

（2）住房和城乡建设主管部门接到事故报告后，应当依照下列规定上报事故情况，并同时通知公安、监察机关等有关部门：

1）较大、重大及特别重大事故逐级上报到国务院住房和城乡建设主管部门，一般事故逐级上报至省级人民政府住房和城乡建设主管部门，必要时可越级上报事故情况。

2）住房和城乡建设主管部门上报事故情况，应当同时报告本级人民政府；国务院住房和城乡建设主管部门接到重大和特别重大事故的报告后，应当立即报告国务院。

3）住房和城乡建设主管部门逐级上报事故情况时，每级上报时间不得超过 2 小时。

4) 事故报告后出现新情况，以及事故发生之日起 30 日内伤亡人数发生变化的，应当及时补报。

（3）住房和城乡建设主管部门应当按照有关人民政府的授权或委托，组织或参与事故调查组对事故进行调查。

（4）住房和城乡建设主管部门应当依据有关人民政府对事故调查报告的批复和有关法律法规的规定，对事故相关责任者实施行政处罚。处罚权限不属本级住房和城乡建设主管部门的，应当在收到事故调查报告批复后 15 个工作日内，将事故调查报告（附具有关证据材料）、结案批复、本级住房和城乡建设主管部门对有关责任者的处理建议等转送有权限的住房和城乡建设主管部门。

（5）住房和城乡建设主管部门应当依据有关法律法规的规定，对事故负有责任的建设、勘察、设计、施工、监理等单位和施工图审查、质量检测等有关单位分别给予罚款、停业整顿、降低资质等级、吊销资质证书其中一项或多项处罚，对事故负有责任的注册执业人员分别给予罚款、停止执业、吊销执业资格证书、终身不予注册其中一项或多项处罚。

（6）其他要求

1) 事故发生地住房和城乡建设主管部门接到事故报告后，其负责人应立即赶赴事故现场，组织事故救援。

发生一般及以上事故，或者领导有批示要求的，设区的市级住房和城乡建设主管部门应派员赶赴现场了解事故有关情况。

发生较大及以上事故，或者领导有批示要求的，省级住房和城乡建设主管部门应派员赶赴现场了解事故有关情况。

发生重大及以上事故，或者领导有批示要求的，国务院住房和城乡建设主管部门应根据相关规定派员赶赴现场了解事故有关情况。

2) 没有造成人员伤亡、直接经济损失没有达到 100 万元、但是社会影响恶劣的工程质量问题，参照有关规定执行。

1.4.4.3　工程质量问题原因分析

工程质量事故的表现形式千差万别，类型多种多样，例如结构倒塌、倾斜、错位、不均匀或超量沉降、变形、开裂、渗漏、强度不足、尺寸偏差过大等，但究其原因，归纳起来主要有以下几方面。

1. 违背建设程序和法规

（1）违反建设程序

建设程序是工程项目建设过程及其客观规律的反映，但有些工程不按建设程序办事，例如，没有搞清工程地质情况就仓促开工；边设计、边施工；任意修改设计，不按图施工，不经竣工验收就交付使用等。这是导致重大工程质量事故的重要原因。

（2）违反有关法规和工程合同的规定。

例如，无证设计；无证施工；越级设计；越级施工；工程招、投标中的不公平竞争；超常的低价中标；非法分包；转包、挂靠；擅自修改设计等。

2. 工程地质勘察失误或地基处理失误

（1）工程地质勘察失误。如未认真进行地质勘察或勘探钻孔深度、间距、范围不符合规定要求，地质勘察报告不详细、不准确、不能全面反映实际的地基情况等，而使得对地下情况不清，对基岩起伏、土层分布误判，或未查清地下软土层、墓穴、孔洞等，这些均会导致采用不恰当或错误的基础方案，造成地基不均匀沉降、失稳使上部结构或墙体开裂、破坏，或引发建筑物倾斜、倒塌等质量事故。

（2）地基处理失误。对软弱土、杂填土、冲填土、大孔性土或湿陷性黄土、膨胀土、红黏土、熔岩、土洞、岩层出露等不均匀地基未进行处理或处理不当也是导致重大事故的原因。必须根据不同地基的特点，从地基处理、结构措施、防水措施、施工措施等方面综合考虑，加以治理。

3. 设计计算问题

诸如，盲目套用图纸，采用不正确的结构方案，计算简图与实际受力情况不符，荷载取值过小，内力分析有误，沉降缝或变形缝设置不当，悬挑结构未进行抗倾覆验算，以及计算错误等，都是引发质量事故的隐患。

4. 建筑材料、制品及设备不合格

诸如，钢筋物理力学性能不良会导致钢筋混凝土结构产生裂缝或脆性破坏；骨料中活性氧化硅会导致碱骨料反应使混凝土产生裂缝；水泥安定性不良会造成混凝土爆裂；水泥受潮、过期、结块，砂石含泥量及有害物质含量、外加剂掺量等不符合要求时，会影响混凝土强度、和易性、密实性、抗渗性，从而导致混凝土结构强度不足、裂缝、渗漏、蜂窝等质量事故。此外，预制构件断面尺寸不足，支承锚固长度不足，未可靠地建立预应力值，漏放或少放钢筋，板面开裂等均可能出现断裂、坍塌事故。

建筑设备不合格，如变配电设备质量缺陷导致自燃或火灾，电梯质量不合格危及人身安全，均可造成工程质量问题。

5. 施工与管理失控

施工与管理失控是造成大量质量问题的常见原因。其主要表现为：

（1）图纸未经会审即仓促施工；或不熟图纸，盲目施工。

（2）未经设计部门同意，擅自修改设计；或不按图施工。例如将铰接做成刚接，将简支梁做成连续梁，用光圆钢筋代替异形钢筋等，导致结构破坏。挡土墙不按图设滤水层、排水导孔，导致压力增大，墙体破坏或倾覆。

（3）不按有关的施工质量检收规范和操作规程施工。例如浇筑混凝土时振捣不良，造成薄弱部位；砖砌体包心砌筑，上下通缝，灰浆不均匀饱满等均能导致砖墙和砖柱破坏。

（4）缺乏基本结构知识，蛮干施工，例如将钢筋混凝土预制梁倒置吊装；将悬挑结构钢筋放在受压区等均将导致结构破坏，造成严重后果。

（5）施工管理紊乱，施工方案考虑不周，施工顺序错误，技术交底不清，违章作业，疏于检查、验收等，均可能导致质量事故。

6. 自然条件影响

温度、湿度、暴雨、大风、洪水、雷电、日晒等均可能成为质量事故的诱因。

7. 建筑物或设施的使用不当

对建筑物或设施使用不当也易造成质量事故。例如未经校核验算就任意对建筑物加层；任意拆除承重结构部件；任意在结构物上开槽、打洞、削弱承重结构截面等也会引起质量事故。

1.4.4.4　工程质量问题处理程序

工程质量问题发生后，一般可以按如图 1-39 所示程序进行处理。

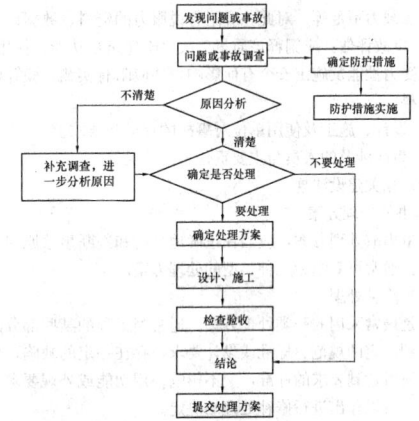

图 1-39　质量事故分析处理程序

（1）当发现工程出现质量问题或事故后，应停止有质量问题部位和其有关部位及下道工序施工，需要时，还应采取适当的防护措施。同时，要及时上报主管部门。

（2）进行质量问题调查，主要目的是要明确问题的范围、程度、性质、影响和原因，为问题的分析处理提供依据。调查力求全面、准确、客观。

（3）在问题调查的基础上进行问题原因分析，正确判断问题原因。事故原因分析是确定事故处理措施方案的基础。正确的处理来源于对问题原因的正确判断。只有对调查提供的充分的调查资料、

数据进行详细、深入的分析后，才能由表及里、去伪存真，找出造成事故的真正原因。

（4）研究制订事故处理方案。事故处理方案的制订以事故原因分析为基础。如果某些事故一时认识不清，而且事故一时不致产生严重的恶化，可以继续进行调查、观测，以便掌握更充分的资料数据，做进一步分析，找出原因，以利制订方案。

制订的事故处理方案应体现：安全可靠，不留隐患，满足建筑物的功能和使用要求，技术可行，经济合理等原则。如果一致认为质量缺陷不需专门处理，必须经过充分的分析、论证。

（5）按确定的处理方案对质量事故进行处理。发生的质量事故不论是否由于施工承包单位方面的责任原因造成，质量事故的处理通常都是由施工承包单位负责实施。如果不是施工单位方面的责任原因，则通常都是由施工承包单位负责。如果不是施工单位方面的责任原因，则处理质量事故所需的费用或延误的工期，应给予施工单位补偿。

（6）在质量问题处理完毕后，应组织有关人员对处理结果进行严格的检查、鉴定和验收，由监理工程师写出"质量事故处理报告"，提交业主或建设单位，并上报有关主管部门。

1.4.4.5　工程质量事故处理方案的确定

1. 事故处理的依据

处理工程质量事故，必须分析原因，作出正确的处理决策，这就要以充分的、准确的有关资料作为决策基础和依据，一般的质量事故处理，必须具备以下资料。

（1）与事故有关的施工图纸和技术说明。

（2）与工程施工有关的资料、记录。例如，施工组织设计或施工方案、施工计划、施工记录、施工日志，有关建筑材料的质量证明资料。

（3）事故调查分析报告，一般应包括以下内容：

1）质量事故的情况：包括发生质量事故的时间、地点，事故情况，有关的观测记录，事故的发展变化趋势、是否已趋稳定等。

2）事故性质：应区分是结构性问题，还是一般性问题；是内在的实质性的问题，还是表面性的问题；是否需要及时处理，是否需要采取保护性措施。

3）事故原因：阐明造成质量事故的主要原因，例如对于混凝土结构裂缝是由于地基的不均匀沉降原因导致的，还是由于温度应力所致，或是由于施工拆模前受到冲击、振动的结果，还是由于结构本身承载力不足等。对此，应附有说服力的资料、数据说明。

4）事故评估：应阐释该质量事故对于建筑物功能、使用要求、结构承力性能及施工安全有何影响，并应附有实测、验算数据和试验资料。

5）设计、施工及使用单位对事故的意见和要求。

6）事故涉及的人员与主要责任者的情况等。

（4）相关建设法规。

2. 事故处理方案

质量事故处理方案，应当在正确地分析和判断事故原因的基础上进行。通常可归纳为三种类型的处理方案。

（1）修补处理

这是最常采用的一类处理方案。通常当工程的某些部分的质量虽未达到规定的规范、标准或设计要求，存在一定的缺陷，但经过修补后还可达到要求的标准，又不影响使用功能或外观要求，在此情况下，可以作出进行修补处理的决定。

属于修补这类方案的具体方案有很多，诸如封闭保护、复位纠偏、结构补强、表面处理等均是。例如，某些混凝土结构表面出现蜂窝麻面，经调查、分析，该部位经修补处理后，不会影响其使用及外观；某些结构混凝土发生表面裂缝，根据其受力情况，仅作表面封闭保护即可等。

（2）返工处理

当工程质量未达到规定的标准或要求，有明显的严重质量问题，对结构的使用和安全有重大影响，而且无法通过修补的办法纠正所出现的缺陷的情况下，可作出返工处理的决定。例如，某防洪堤坝的填筑压实后，其压实土的干容重未达到规定的要求干容重值，核算将影响土体的稳定及抗渗要求，可以进行返工处理，即挖

除不合格土，重新填筑。又如某工程预应力按混凝土规定张力系数为1.3，但实际仅为0.8，属于严重的质量缺陷，也无法修补，即需作出返工处理的决定。十分严重的质量事故甚至要作出整体拆除的决定。

（3）不做处理

某些工程质量问题虽然不符合规定的要求或标准，但如其情况不严重，对工程或结构的使用及安全影响不大，经过分析、论证和慎重考虑后，也可作出不作专门处理的决定。可以不做处理的情况一般有以下几种：

1）不影响结构安全和正常使用。例如，有的建筑物出现放线定位偏差，若纠正则会造成重大经济损失，若其偏差不大，不影响使用要求，在外观上也无明显影响，经分析论证后，可不做处理；又如，某些隐蔽部位的混凝土表面裂缝，经检查分析，属于表面养护不够的干缩微裂，不影响使用及外观，也可不做处理。

2）有些质量问题，经过后续工序可以弥补的。例如，混凝土的轻微蜂窝麻面或墙面，可通过后续的抹灰、喷涂或刷白等工序弥补，可以不对该缺陷进行专门处理。

3）经法定检测单位鉴定合格。例如，某检验批混凝土试块强度值不满足规范要求，强度不足，在法定检测单位对混凝土实体采用非破损检验等方法测其实际强度已达规范允许和设计要求值时，可不做处理。对经检测未达要求值，但相差不多，经分析论证，其后期强度可以利用的，只要使用前经再次检测达设计强度，也可不做处理，但应严格控制施工荷载。

4）出现的质量问题，经检测鉴定达不到设计要求，但经原设计单位核算，仍能满足结构安全和使用功能。例如，某一结构构件截面尺寸不足，或材料强度不足，影响结构不需进行专门处理。这是因为一般情况下，规范标准给出了满足安全和功能的最低限度要求，而设计往往在此基础上留有一定余量，这种处理方式实际上是挖掘了设计潜力或降低了设计的安全系数，因此需慎重考虑。

1.4.4.6　工程质量事故处理的鉴定验收

质量事故的处理是否达到了预期目的，是否仍留有隐患，应当通过检查鉴定和验收作出确认。

1. 检查验收

工程质量事故处理完成后，应严格按施工质量验收规范及有关标准的规定进行，通过实际量测，检查各种资料数据进行验收，并应办理交工验收文件，组织各有关单位会签。

2. 必要的鉴定

为确保工程质量事故的处理效果，凡涉及结构承载力等使用安全和其他重要性能的处理工作，常需做必要的试验和检验鉴定工作。在质量事故处理施工过程中，当建筑材料及构配件保证资料严重缺乏，或各参与单位对检查验收结果有争议时，也需进行必要的鉴定常见的检验工作有：混凝土钻芯取样，用于检查密实性和裂缝修补效果，或检测实际强度；结构荷载试验，确定其实际承载力；超声波检测焊接或结构内部质量；池、罐、箱柜工程的渗漏检验等。检测鉴定必须委托政府批准的有资质的法定检测单位进行。

3. 验收结论

对所有质量事故无论经过技术处理，通过检查鉴定验收还是不需专门处理的，均应有明确的书面结论。若对后续工程施工有特定要求，或对建筑物使用有一定限制条件，应在结论中提出。

验收结论通常有以下几种：①事故已排除，可继续施工；②隐患已消除，结构安全有保证；③经修补、处理后，完全能够满足使用要求；④基本上满足使用要求，但使用时应有附加的限制条件，例如限制荷载等；⑤对耐久性的结论；⑥对建筑物外观影响的结论等；⑦对短期难以作出结论者，可提出进一步观测检验的意见。

1.4.5　建筑工程施工质量验收

1.4.5.1　基本规定

（1）施工现场质量管理应有相应的施工技术标准，健全的质量管理体系、施工质量检验制度和综合施工质量水平评定考核制度。

施工现场质量管理可按表1-32的要求进行检查记录。

施工现场质量管理检查记录　　　开工日期：

表 1-32

工程名称		施工许可证（开工证）	
建设单位		项目负责人	
设计单位		项目负责人	
监理单位		总监理工程师	
施工单位	项目经理	项目技术负责人	

序号	项　目	内　容
1	现场质量管理制度	
2	质量责任制	
3	主要专业工种操作上岗证书	
4	分包方资质与对分包单位的管理制度	
5	施工图审查情况	
6	地质勘察资料	
7	施工组织设计、施工方案及审批	
8	施工技术标准	
9	工程质量检验制度	
10	搅拌站及计量设置	
11	现场材料、设备存放与管理	

检查结论：

　　　　　总监理工程师
　　　　（建设单位项目负责人）　——　年　月　日——

（2）建筑工程应按下列规定进行施工质量控制：

1）建筑工程采用的主要材料、半成品、成品、建筑构配件、器具和设备应进行现场验收。凡涉及安全、功能的有关产品，应按各专业工程质量验收规范规定进行复检，并应经监理工程师（建设单位技术负责人）检查认可。

2）各工序应按施工技术标准进行质量控制，每道工序完成后，应进行检查。

3）相关各专业工种之间，应进行交接检验，并形成记录。未经监理工程师（建设单位技术负责人）检查认可，不得进行下道工序施工。

（3）建筑工程施工质量应按下列要求进行验收：

1）建筑工程施工质量应符合建筑工程施工质量验收统一标准和相关专业验收规范的规定。

2）建筑工程施工质量应符合工程勘察、设计文件的要求。

3）参加工程施工质量验收的各方人员应具备规定的资格。

4）工程质量的验收均应在施工单位自行检查评定的基础上进行。

5）隐蔽工程在隐蔽前应由施工单位通知有关单位进行验收，并应形成验收文件。

6）涉及结构安全的试块、试件以及有关材料，应按规定进行见证取样检测。

7）检验批的质量应按主控项目和一般项目验收。

8）对涉及结构安全和使用功能的重要分部工程应进行抽样检测。

9）承担见证取样检测及有关结构安全检测的单位应具有相应资质。

10）工程的观感质量应由验收人员通过现场检查，并应共同确认。

（4）检验批的质量检验，应根据检验项目的特点在下列抽样方案中进行选择：

1）计量、计数或计量—计数等抽样方案。

2）一次、二次或多次抽样方案。

3）根据生产连续性和生产控制稳定性情况，尚可采用调整型抽样方案。

4）对重要的检验项目当可采用简易快速的检验方法时，可选用全数检验方案。

5）经实践检验有效的抽样方案。

（5）在制定检验批的抽样方案时，对生产方风险（或错判概率 α）和使用方风险（或漏判概率 β）可按下列规定采取：

1）主控项目：对应于合格质量水平的 α 和 β 均不宜超过 5％。

2）一般项目：对应于合格质量水平的 α 不宜超过 5％，β 不宜超过 10％。

1.4.5.2　建筑工程质量验收的划分

建筑工程质量验收应划分为单位（子单位）工程、分部（子分部）工程、分项工程和检验批。

1. 单位工程的划分

（1）具备独立施工条件并能形成独立使用功能的建筑物及构筑物为一个单位工程。

（2）建筑规模较大的单位工程，可将其能形成独立使用功能的部分划分为若干个子单位工程。

2. 分部工程的划分

（1）分部工程的划分应按专业性质、建筑部位确定。如建筑工程可划分为 9 个分部工程：地基与基础、主体结构、建筑装饰装修、建筑屋面、给排水及采暖、电气、智能建筑、通风与空调和电梯。

（2）当分部工程规模较大或较复杂时，可按材料种类、施工特点、施工程序、专业系统及类别等划分为若干个子分部工程。如地基与基础分部工程可分为：无支护土方、有支护土方、地基与基础处理、桩基、地下防水、混凝土基础、砌体基础、劲钢（管）混凝土和钢结构等子分部工程。

3. 分项工程的划分

分项工程应按主要工种、材料、施工工艺、设备类别等进行划分。如无支护土方子分部工程可分为土方开挖和土方回填等分项工程。

4. 检验批的划分

所谓检验批是指按同一生产条件或按规定的方式汇总起来的供检验用的、由一定数量样本组成的检验体。检验批由于其质量基本均匀一致，因此可以作为检验的基础单位。

分项工程可由一个或若干个检验批组成。检验批可根据施工、质量控制和专业验收需要按楼层、施工段、变形缝等进行划分。分项工程划分成检验批进行验收有助于及时纠正施工中出现的质量问题，确保工程质量，也符合施工的实际需要。检验批的划分原则是：

（1）多层及高层工程中主体部分的分项工程可按楼层或施工段划分检验批，单层建筑工程的分项工程可按变形缝等划分检验批。

（2）地基与基础分部工程中的分项工程一般划分为一个检验批。

（3）屋面分部工程的分项工程中的不同楼层屋面可划分为不同的检验批。

（4）其他分部工程中的分项工程，一般按楼层划分检验批。

（5）安装工程一般按一个设计系统或设备组别划分为一个检验批。

（6）室外工程统一划分为一个检验批。

1.4.5.3　建筑工程质量验收标准

1. 检验批质量合格标准

（1）主控项目和一般项目的质量经抽样检验合格。

（2）具有完整的施工操作依据、质量检查记录。

所谓主控项目是指建筑工程中对安全、卫生、环境保护和公众利益起决定性作用的检验项目。主控项目是对检验批的基本质量起决定性影响的检验项目，其不允许有不符合要求的检验结果，即这种项目的检查具有否决权。因此，主控项目必须全部符合有关专业

工程施工质量验收规范的规定。所谓一般项目是指除主控项目以外的检验项目。

质量控制资料反映了检验批从原材料到最终验收的各施工过程的操作依据、检查情况以及保证质量所必需的管理制度等。对其完整性的检查，实际是对过程控制的确认，这是检验批合格的前提。

2. 分项工程质量验收合格标准

(1) 分项工程所含的检验批均应符合合格质量的规定。

(2) 分项工程所含的检验批的质量记录应完整。分项工程的验收是在检验批的基础上进行的。一般情况下，两者具有相同或相近的性质，只是批量的大小不同而已。

3. 分部（子分部）工程质量验收合格标准

(1) 分部（子分部）工程所含分项工程的质量均应验收合格。

(2) 质量控制资料应完整。

(3) 地基与基础、主体结构和设备安装等分部工程有关安全及功能的检验和抽样检测结果应符合有关规定。

(4) 观感质量验收应符合要求。

4. 单位（子单位）工程质量验收合格标准

(1) 单位（子单位）工程所含分部（子分部）工程的质量均应验收合格。

(2) 质量控制资料应完整。

(3) 单位（子单位）工程所含分部工程有关安全和功能的检测资料应完整。

(4) 主要功能项目的抽查结果应符合相关专业质量验收规范的规定。

(5) 观感质量验收应符合要求。单位工程质量验收也称质量竣工验收，是施工项目投入使用前的最后一次验收，也是最重要的一次验收。

5. 建筑工程质量验收记录的规定

检验批、分项工程、分部（子分部）工程和单位（子单位）工程的质量验收记录，单位（子单位）工程质量控制资料核查记录、单位（子单位）工程安全和功能检验资料核查及主要功能抽查记录、单位（子单位）工程质量检查记录参照《建筑工程施工质量验收统一标准》（GB 50300）。

6. 当施工项目质量不符合要求时的处理

(1) 经返工重做或更换器具、设备的检验批应重新进行验收。这种情况是指在检验批验收时，其主控项目不能满足验收规范规定或一般项目超过偏差限值的子项不符合检验规定的要求时，应及时处理的检验批。

(2) 经有资质的检测单位测定能够达到设计要求的检验批，应予以验收。这种情况是指当发现个别检验批试块强度等质量不满足要求，难以确定是否验收时，可请具有资质的法定检测单位检测。

(3) 经有资质的检测单位检测鉴定达不到设计要求，但经原设计单位核算认可，能够满足安全和使用功能的检验批，可予以验收。

(4) 经返修或加工处理的分项、分部工程，虽然改变外形尺寸但仍能满足安全使用要求，可按技术处理方案和协商文件进行验收。

(5) 通过返修或加固处理仍不能满足安全使用要求的分部工程、单位（子单位）工程，严禁验收。

1.4.5.4　建筑工程质量验收程序和组织

(1) 所有检验批和分项工程均应由监理工程师或建设单位项目技术负责人组织验收。验收前，施工单位先填好"检验批和分项工程质量验收记录"，并由项目专业质量检查员和项目专业技术负责人分别在"检验批和分项工程质量检验记录"中相关栏目签字，然后由监理工程师组织，严格按规定程序进行验收。

(2) 分部工程由总监理工程师或建设单位项目负责人组织施工单位项目负责人和技术、质量负责人等进行验收；地基与基础、主体结构分部工程的勘察、设计单位工程项目负责人和施工单位技术、质量部门负责人也应参加相关分部工程的验收。

(3) 单位工程完成后，施工单位首先要依据质量标准、设计图纸等组织有关人员进行自检，并对检查结果进行评定，符合要求后向建设单位提交工程验收报告和完整的质量资料，提请建设单位组织验收。

织验收。

(4) 建设单位收到工程验收报告后，应由建设单位（项目）负责人组织施工单位（包括分包单位）、设计单位、监理单位等负责人进行单位（子单位）工程验收。

(5) 单位工程有分包单位施工时，分包单位对所承包的工程项目也应按上述的程序进行检查验收，总包单位要派人参加。分包工程完成后，要将工程有关资料移交给总包单位。

(6) 当参加验收各方对工程质量验收意见不一致时，可请当地建设行政主管部门或工程质量监督机构协调处理。

1.5　施工项目成本管理

1.5.1　施工项目成本管理概述

1.5.1.1　施工项目成本的概念与构成

1. 施工项目成本的概念

施工项目成本是指建筑企业以施工项目作为成本核算对象的施工过程中所耗费的生产资料转移价值和劳动者的必要劳动所创造的价值的货币形式。即某施工项目在施工中所发生的全部生产费用的总和，包括所消耗的主、辅材料，构配件，周转材料的摊销费或租赁费，施工机械台班费或租赁费，支付给生产工人的工资、奖金以及项目经理部（或分公司）一级为组织和管理工程所发生的全部费用支出。

施工项目成本不包括劳动者为社会所创造的价值（如税金和利润），也不应包括不构成施工项目价值的一切非生产支出。

施工项目成本是建筑企业的产品成本，亦称工程成本，一般以项目的单位工程作为成本核算对象，通过各单位工程成本核算的综合来反映施工项目成本。

2. 施工项目成本的构成

施工项目成本构成见表1-33。

施工项目成本构成　　　　　　　　　　　表 1-33

成本项目		内　容
直接费	(1) 人工费	是指直接从事建筑安装工程施工的生产工人开支的各项费用，内容包括： ①基本工资：是指发放给生产工人的基本工资； ②工资性补贴：是指按规定标准发放的物价补贴，煤、燃气补贴，交通补贴，住房补贴，流动施工津贴等； ③生产工人辅助工资：是指生产工人年有效施工天数以外非作业天数的工资，包括职工学习、培训期间的工资，调动工作、探亲、休假期间的工资，因气候影响的停工工资，女工哺乳时间的工资，病假在六个月以内的工资及产、婚、丧假期的工资； ④职工福利费：是指按规定标准计提的职工福利费； ⑤生产工人劳动保护费：是指按规定标准发放的劳动保护用品的购置费及修理费，徒工服装补贴，防暑降温费，在有碍身体健康环境中施工的保健费用等
	(2) 材料费	是指施工过程中耗费的构成工程实体的原材料、辅助材料、构配件、零件、半成品的费用。内容包括： ①材料原价（或供应价格）； ②材料运杂费：是指材料自来源地运至工地仓库或指定堆放地点所发生的全部费用； ③运输损耗费：是指材料在运输装卸过程中不可避免的损耗； ④采购及保管费：是指为组织采购、供应和保管材料过程中所需要的各项费用。包括：采购费、仓储费、工地保管费、仓储损耗； ⑤检验试验费：是指对建筑材料、构件和建筑安装物进行一般鉴定、检查所发生的费用，包括自设试验室进行试验所耗用的材料和化学药品等费用。不包括新结构、新材料的试验费和建设单位对具有出厂合格证明的材料进行检验，对构件做破坏性试验及其他特殊要求检验试验的费用

续表

成本项目			内　　容
直接费	直接工程费	(3) 施工机械使用费	是指施工机械作业所发生的机械使用费以及机械安拆费和场外运费。施工机械台班单价应由下列七项费用组成： ①折旧费：指施工机械在规定的使用年限内，陆续收回其原值及购置资金的时间价值； ②大修理费：指施工机械按规定的大修理间隔台班进行必要的大修理，以恢复其正常功能所需的费用； ③经常修理费：指施工机械除大修理以外的各级保养和临时故障排除所需的费用。包括为保障机械正常运转所需替换设备与随机配备工具附具的摊销和维护费用，机械运转中日常保养所需润滑与擦拭的材料费用及机械停滞期间的维护和保养费用等； ④安拆费及场外运费：安拆费指施工机械在现场进行安装与拆卸所需的人工、材料、机械和试运转费用以及机械辅助设施的折旧、搭设、拆除等费用；场外运费指施工机械整体或分体自停放地点运至施工现场或由一施工地点运至另一施工地点的运输、装卸、辅助材料及架线等费用； ⑤人工费：指机上司机（司炉）和其他操作人员的工作日人工费及上述人员在施工机械规定的年工作台班以外的人工费； ⑥燃料动力费：指施工机械在运转作业中所消耗的固体燃料（煤、木柴）、液体燃料（汽油、柴油）及水、电等费用； ⑦养路费及车船使用税：指施工机械按照国家规定和有关部门规定应缴纳的养路费、车船使用税、保险费及年检费等
	措施费		是指为完成工程项目施工，发生于该工程施工前和施工过程中非工程实体项目的费用。内容包括： (1) 环境保护费：是指施工现场为达到环保部门要求所需要的各项费用； (2) 文明施工费：是指施工现场文明施工所需要的各项费用； (3) 安全施工费：是指施工现场安全施工所需要的各项费用； (4) 临时设施费：是指施工企业为进行建筑工程施工所必须搭设的生活和生产用的临时建筑物、构筑物和其他临时设施费用等。临时设施包括：临时宿舍、文化福利及公用事业房屋与构筑物，仓库、办公室、加工厂以及规定范围内道路、水、电、管线等临时设施和小型临时设施。临时设施费用包括：临时设施的搭设、维修、拆除费或摊销费； (5) 夜间施工费：是指因夜间施工所发生的夜班补助费、夜间施工降效、夜间施工照明设备摊销及照明用电等费用； (6) 二次搬运费：是指因施工场地狭小等特殊情况而发生的二次搬运费用； (7) 大型机械设备进出场及安拆费：是指机械整体或分体自停放场地运至施工现场或由一个施工地点运至另一个施工地点，所发生的机械进出场运输及转移费用及机械在施工现场进行安装、拆卸所需的人工费、材料费、机械费、试运转费和安装所需的辅助设施的费用； (8) 混凝土、钢筋混凝土模板及支架费：是指混凝土施工过程中需要的各种钢模板、木模板、支架等的支、拆、运输费用及模板、支架的摊销（或租赁）费用； (9) 脚手架费：是指施工需要的各种脚手架搭、拆、运输费用及脚手架的摊销（或租赁）费用； (10) 已完工程及设备保护费：是指竣工验收前，对已完工程及设备进行保护所需费用； (11) 施工排水、降水费：是指为确保工程在正常条件下施工，采取各种排水、降水措施所发生的各种费用
间接费	规费		是指政府和有关权力部门规定必须缴纳的费用（简称规费）。包括： (1) 工程排污费：是指施工现场按规定缴纳的工程排污费； (2) 工程定额测定费：是指按规定支付工程造价（定额）管理部门的定额测定费； (3) 社会保障费：包括：养老保险费，失业保险费，医疗保险费； (4) 住房公积金：是指企业按规定标准为职工缴纳的住房公积金； (5) 危险作业意外伤害保险：是指按照建筑法规定，企业为从事危险作业的建筑安装施工人员支付的意外伤害保险费

续表

成本项目		内　　容
间接费	企业管理费	是指建筑安装企业组织施工生产和经营管理所需费用。内容包括： (1) 管理人员工资：是指管理人员的基本工资、工资性补贴、职工福利费、劳动保护费等； (2) 办公费：是指企业管理办公用的文具、纸张、账表、印刷、邮电、书报、会议、水电、烧水和集体取暖（包括现场临时宿舍取暖）用煤等费用； (3) 差旅交通费：是指职工因公出差、调动工作的差旅费、住勤补助费，市内交通费和误餐补助费，职工探亲路费，劳动力招募费，职工离退休、退职一次性路费，工伤人员就医路费，工地转移费以及管理部门使用的交通工具的油料、燃料、养路费及牌照费； (4) 固定资产使用费：是指管理和试验部门及附属生产单位使用的属于固定资产的房屋、设备仪器等的折旧、大修、维修或租赁费； (5) 工具用具使用费：是指管理使用的不属于固定资产的生产工具、器具、家具、交通工具和检验、试验、测绘、消防用具等的购置、维修和摊销费； (6) 劳动保险费：是指由企业支付离退休职工的易地安家补助费、职工退职金、六个月以上的病假人员工资、职工死亡丧葬补助费、抚恤费、按规定支付给离休干部的各项经费； (7) 工会经费：是指企业按职工工资总额计提的工会经费； (8) 职工教育经费：是指企业为职工学习先进技术和提高文化水平，按职工工资总额计提的费用； (9) 财产保险费：是指施工管理用财产、车辆保险； (10) 财务费：是指企业为筹集资金而发生的各种费用； (11) 税金：是指企业按规定缴纳的房产税、车船使用税、土地使用税、印花税等； (12) 其他：包括技术转让费、技术开发费、业务招待费、绿化费、广告费、公证费、法律顾问费、审计费、咨询费等

1.5.1.2　施工项目成本的主要形式

施工项目成本的主要形式见表 1-34。

施工项目成本的主要形式　　表 1-34

划分类别	主要形式	说　　明
按成本发生的时间划分	预算成本	是根据施工预算定额编制的，是施工企业投标报价的基础。预算定额是完成规定计量单位分项工程计价的人工、材料和机械台班消耗的数量标准
	计划成本	是在项目经理领导下组织施工、充分挖掘潜力、采取有效的技术措施和加强管理与经济核算的基础上，预先确定的工程项目的成本目标。它是根据合同价以及企业下达的成本降低指标，在成本发生前预先计算的
	实际成本	是施工项目在报告期内实际发生的各项生产费用的总和。实际成本与计划成本比较，可反映成本的节约或超支；计划成本和实际成本都反映施工企业成本管理水平，它受企业本身的生产技术、施工条件、项目经理部组织管理水平以及企业生产经营管理水平所制约
按生产费用计入成本的方法来划分	直接成本	是指施工过程中耗费的构成工程实体或有助于工程实体形成的各项费用支出，是可以直接计入工程对象的费用，包括人工费、材料费、施工机械使用费和施工措施费等
	间接成本	是指为施工准备、组织和管理施工生产的全部费用支出，是非直接用于也无法直接计入工程对象，但为进行工程施工所必须发生的费用，包括管理人员工资、办公费、差旅交通费等

续表

划分类别	主要形式	说　明
按成本习性来划分	固定成本	是指在一定的期间和一定的工程量范围内，其发生的成本额不受工程量增减变动的影响而相对固定的成本。如折旧费、大修理费、管理人员工资、办公费、照明费等。这一成本是为了保持企业一定的生产经营条件而发生的。所谓固定，也是就其总额而言，关于分配到每个项目单位工程量上的固定费用则是变动的
	变动成本	是指发生总额随着工程量的增减变动而成正比例变动的费用，如直接用于工程的材料费、实行计件工资制的人工费等。所谓变动，也是就总额而言，对于单位分项工程上的变动费用往往是不变的

1.5.1.3　施工项目成本管理的内容

施工项目成本管理的内容见表1-35。

施工项目成本管理的内容　　表1-35

序号	项目	说　明
1	成本预测	是根据成本信息和施工项目的具体情况，运用一定的专门方法，对未来的成本水平及其可能的发展趋势作出科学的估计，其实质就是在施工前对成本进行估算。通过成本预测，可以使项目经理在满足业主和企业要求的前提下，选择成本低、效益好的最佳方案，并能够在施工项目成本形成过程中，针对薄弱环节，加强成本控制，克服盲目性，提高预见性
2	成本计划	是以货币形式编制的施工项目在计划期内的生产费用、成本水平、成本降低率以及为降低成本所采取的主要措施的书面方案。它是建立施工项目成本管理责任制、开展成本控制和核算的基础，是施工项目降低成本的指导文件，是建立目标成本的依据
3	成本控制	是指在施工过程中，对影响施工项目成本的各种因素加强管理，并采取各种有效措施，将施工中实际发生的各种消耗和支出严格控制在成本计划范围内，及时反馈，严格审查各项费用是否符合标准、计算实际成本和计划成本之间的差异并进行分析，消除施工中的损失浪费现象
4	成本核算	是指按照规定开支范围对施工过程中所发生的各种费用进行归集，计算出施工费用的实际发生额，并根据成本核算的对象，采用适当的方法，计算出该施工项目的总成本和单位成本。施工项目成本核算所提供的各种成本信息是成本预测、成本计划、成本控制、成本分析和考核等各个环节的依据
5	成本分析	是在成本形成过程中，根据施工项目成本核算资料，对施工项目成本进行的对比评价与总结工作。将实际成本与计划成本、预算成本以及类似施工项目的实际成本等进行比较，了解成本的变动情况，同时也要分析主要技术经济指标对成本的影响，系统地研究成本变动原因，检查成本计划的合理性，深入揭示成本变动的规律，寻找降低施工项目成本的途径和潜力
6	成本考核	是在施工项目完成后，对施工项目成本形成中的各责任者，按施工项目成本目标责任制的有关规定，将成本的实际指标与计划、定额、预算进行对比和考核，评定施工项目成本计划的完成情况和各责任者的业绩，并以此给以相应的奖励和处罚

1.5.1.4　降低施工项目成本的途径和措施

降低施工项目成本的途径和措施见表1-36。

降低施工项目成本的途径和措施　　表1-36

途　径	措　施
认真审图纸，积极提出修改意见	施工单位应该在满足业主要求和保证质量的前提下，结合项目的主客观条件，对设计图纸进行认真会审，并能提出修改意见，在取得业主和设计单位同意后，修改设计图纸，同时办理增减账
加强合同管理，增创工程预算收入	● 深入研究招标文件、合同内容，正确编制施工预算。 ● 把合同规定的"开口"项目，作为增加预算收入的重要方面。 ● 根据工程变更资料，及时办理增减账
制定先进的、经济合理的施工方案	● 施工方案主要包括四项内容：施工方法的确定、施工机具的选择、施工顺序的安排并流水施工的组织。正确选择施工方案是降低成本的关键所在。 ● 制定施工方案要以合同工期和上级要求为依据，联系项目规模、性质、复杂程度、现场条件、装备情况、人员素质等因素综合考虑。 ● 同时制订两个或两个以上的先进可行的施工方案，以便从中优选最合理、最经济的一个
落实技术组织措施	● 项目应在开工前根据工程情况制定技术组织计划，在编制月度施工作业计划的同时，作为降低成本计划的内容编制月度技术组织措施计划。 ● 应在项目经理领导下明确分工：由工程技术人员定措施，材料人员供材料，现场管理人员和班组负责执行，财务成本员结算节约效果，最后由项目经理根据措施执行情况和节约效果对有关人员进行奖励，形成落实技术组织措施的一条龙
组织均衡施工，加快施工进度	● 凡按时间计算的成本费用，在加快施工进度缩短施工周期下，都会有明显的节约。除此之外，还可从业主方获得提前竣工奖。 ● 为加快施工进度，将会增加一定的成本支出。因此在签订合同时，应根据业主和赶工的要求，将赶工费列入施工图预算。如果事先并未明确，而由业主在施工中临时提出要求，则应该请业主签实，费用按实计算。 ● 在加快施工进度的同时，必须根据实际情况，组织均衡施工，确实做到快而不乱，以免发生不必要的损失
降低材料成本	● 节约采购成本，选择运费少、质量好、价格低的供应单位。 ● 认真计量验收，如遇数量不足、质量差的情况，要进行索赔。 ● 严格执行材料消耗定额，通过限额领料进行落实。 ● 正确核算材料消耗水平，坚持余料回收。 ● 改进施工技术，推广新技术、新工艺、新材料。 ● 利用工业废渣，扩大材料代用。 ● 减少资金占用，根据施工需要合理储备。 ● 加强现场管理，合理堆放，减少搬运，减少仓储和堆积损耗
提高机械的利用率	● 结合施工方案的制订，从机械性能、操作运行和台班成本等因素综合考虑，选取最适合项目施工特点的施工机械，要求做到既实用又经济。 ● 做好工序、工种机械施工的组织工作，最大限度地发挥机械效能；同时对机械操作人员的技能也有一定的要求，防止因不按规定操作或不熟练影响正常施工，降低机械利用率。 ● 做好平时的机械的维修保养工作，严禁在机械维修中将零件拆东补西，人为地损坏机械
用好用活激励机制，调动职工增产节约的积极性	用好用活激励机制，应从项目施工的实际情况出发，有一定的随机性，以下举几例作为项目管理参考： ● 对关键工序施工的关键班组要实行重奖。 ● 对材料损耗特别大的工序，可由生产班组直接承包。 ● 实行钢模零件和脚手螺栓有偿回收。 ● 实行班组落手清承包

1.5.1.5　施工项目成本管理的措施

1. 组织措施

组织措施是从施工项目成本管理的组织方面采取的措施，如实行项目经理责任制，落实施工项目成本管理的组织机构和人员，明

确各级施工项目成本管理人员的任务和职能分工、权利和责任，编制施工项目成本控制工作计划和详细的工作流程图等。组织措施是其他各类措施的前提和保障，而且一般不需要增加什么费用，运用得当可以收到良好的效果。

2. 技术措施

技术措施是降低成本的保证，在施工准备阶段应多进行不同施工方案的技术经济比较。找出既保证质量，满足工期要求，又降低成本的最佳施工方案。另外，由于施工的干扰因素很多，因此在作方案比较时，应认真考虑不同方案对各种干扰因素影响的敏感性。

不但在施工准备阶段，还应在施工进展的全过程中注意在技术上采取措施以降低成本。结合施工方法，进行材料使用的比选，在满足功能要求的前提下，通过代用、改变配合比、使用添加剂等方法降低材料消耗的费用；确定最合适的施工机械、设备使用方案；结合项目的施工组织设计及自然地理条件，降低材料的库存成本和运输成本；先进的施工技术的应用；新材料的应用等。企业还应划拨一定的资金，用于技术改造，虽然这在一定时间内往往表现为成本的支出，但从长远的角度看，则是降低成本、增加效益的举措。

3. 经济措施

经济措施是最易为人接受和采用的措施。管理人员应编制资金使用计划，并在施工中进行跟踪管理，严格控制各项开支。对施工项目管理目标进行风险分析，并制定防范性对策。通过偏差原因分析和未完工程施工成本预测，可发现一些将引起未完工程施工成本增加的潜在的问题，对这些问题应以主动控制为出发点，及时采取预防措施。由此可见，经济措施的运用绝不仅仅是财务人员的事情。

4. 合同措施

(1) 选用适当的合同结构。选用合适的合同结构对项目的合同管理至关重要。在施工项目组织模式中，有多种合同结构模式，在使用时，必须对其分析、比较，要选用适合于工程规模、性质和特点的合同结构模式。

(2) 合同条款严谨细致。在合同的条文中应细致地考虑一切影响成本、效益的因素。特别是潜在的风险因素，通过对引起成本变动的风险因素的识别和分析，采取必要的风险对策，如通过合理的方式同其他参与方共同承担，增加承担风险的个体数量，降低损失发生的比例，并最终使这些策略反映在签订的合同的具体条款中。在和外商签订的合同中，还必须很好地考虑货币的支付方式。

(3) 全过程的合同控制。采用合同措施控制项目成本，应贯彻在合同的整个生命期，包括从合同谈判到合同终结的整个过程。

合同谈判是合同生命期的关键时刻，在这个阶段，双方具体地商讨合同的各个条款和各个细节问题，修改合同文本，最终双方就合同内容达成一致，签署合同协议书。这个阶段，虽然项目经理部还没有组建，但成本管理活动已经开始，必须予以重视。施工企业在报价时，一方面必须综合考虑自己的经营总战略、建筑市场竞争激烈程度和合同的风险程度等因素，以调整不可预知风险费和利润水平；另一方面还应该选择最有合同管理和合同谈判方面知识、经验和能力的人作为主谈人，进行合同谈判。承包商的各职能部门特别是合同管理部门要有力地配合，积极提供资料，为报价、合同谈判和合同签订提供决策的信息、建议、意见。

在合同执行期间，项目经理部要做好工程施工记录，保存各种文件图纸，特别是有施工变更的图纸，注意积累素材，为正确处理可能发生的索赔提供依据，并密切关注对方合同执行的情况，以寻求向对方索赔的机会。为防止对方索赔，应积极履行合同。在合同履行期间，当合同履行条件发生变化时，项目经理部应积极参与合同的修改、补充工作，并着重考虑对成本控制的影响。

1.5.2　施工项目成本计划

1.5.2.1　施工项目成本计划的内容

施工项目成本计划是以货币形式预先规定施工项目进行中的施工生产费用的水平，确定对比项目总投资（或中标额）应实现的计划成本降低额与降低率，提出保证成本计划实施的主要措施方案。

施工项目成本计划的具体内容包括：编制说明，成本计划指标，成本计划汇总表。

(1) 编制说明。是对工程的范围、合同条件、企业对项目经理提出的责任成本目标、项目成本计划编制的指导思想和依据等的具体说明。

(2) 项目成本计划的指标。应经过科学地分析预测确定，可以采用对比法、因素分析法等进行测定。

(3) 按工程量清单列出的单位工程成本计划汇总表，见表1-37。

单位工程成本计划汇总表　　表 1-37

序　号	清单项目编码	清单项目名称	合同价格	成本计划
1				
2				
......				

(4) 按成本性质划分的单位工程成本汇总表，见表1-38。

根据清单项目的造价分析，分别对人工费、材料费、机械费、措施费、企业管理费和规费进行汇总，形成单位工程成本计划表。

单位工程成本计划表　　表 1-38

序　号	成本项目	合同价格	成本计划	备　注
一	直接成本			
1	人工费			
2	材料费			
3	施工机械使用费			
4	措施费			
二	间接成本			
6	企业管理费			
7	规费			
	合计			

1.5.2.2　施工项目成本计划编制的依据

(1) 合同报价书；

(2) 已签订的工程合同、分包合同、结构件外加工计划和合同等；

(3) 企业定额、施工预算；

(4) 施工组织设计或施工方案；

(5) 人工、材料、机械的市场价格；

(6) 公司颁布的材料指导价格、企业内部的机械台班价格、劳动力价格；

(7) 周转设备内部租赁价格、摊销损耗标准；

(8) 有关成本预测、决策的资料，有关财务成本核算制度和财务历史资料；

(9) 项目经理部与企业签订的承包合同及企业下达的成本降低额、降低率和其他有关技术经济指标；

(10) 以往同类项目成本计划的实际执行情况及有关技术经济指标完成情况的分析资料；

(11) 拟采取的降低施工成本措施等。

1.5.2.3　施工项目成本计划编制的程序

1. 搜集和整理资料

所需搜集的资料也即是编制成本计划的依据。此外，还应深入分析当前情况和未来的发展趋势，了解影响成本升降的各种有利和不利因素，研究如何克服不利因素和降低成本的具体措施，为编制成本计划提供丰富具体和可靠的资料。

2. 估算计划成本，确定目标成本

对所搜集到的各种资料进行整理分析，根据有关的设计、施工等计划，按照工程项目应投入的物资、材料、劳动力、机械、能源及各种设施等，结合计划期内各种因素的变化和准备采取的各种增产节约措施，进行反复测算、修订、平衡后，估算生产费用支出的总水平，进而提出全项目的成本计划控制指标，最终确定目标成本。

所谓目标成本即是项目对未来产品成本规定的奋斗目标。它比

已经达到的实际成本要低，但又是经过努力可以达到的。目标成本有很多形式，在制定目标成本作为编制施工项目成本计划和预算的依据时，可能以计划成本或标准成本为目标成本，这将随着成本计划编制方法的变化而变化。

一般而言，目标成本的计算公式如下：

项目目标成本＝预计结算收入－税金－项目目标利润 (1-3)

目标成本降低额＝项目的预算成本－项目的目标成本 (1-4)

$$目标成本降低率 = \frac{目标成本降低额}{项目的预算成本} \times 100\% \qquad (1-5)$$

3. 编制成本计划草案

对大中型项目，各职能部门根据项目经理下达的成本计划指标，结合计划期的实际情况，挖掘项目潜力，提出降低成本的具体措施，编制各部门的成本计划和费用预算。

4. 综合平衡，编制正式的成本计划

在各职能部门上报了部门成本计划和费用预算后，项目经理部首先应结合各项技术经济措施，检查各计划和费用预算是否合理可行，并进行综合平衡，使各部门计划和费用预算之间相互协调、衔接；其次，要从全局出发，在保证企业下达的成本降低任务或本项目目标成本实现的情况下，分析研究成本计划与生产计划、劳动工时计划、材料成本与物资供应计划、工资成本与工资基金计划、资金计划等的相互协调平衡。经反复讨论多次综合平衡，最后确定的成本计划指标，即可作为编制成本计划的依据。项目经理部正式编制的成本计划，上报企业有关部门后即可正式下达至各职能部门执行。

1.5.2.4 施工项目成本计划编制的方法

1. 施工预算法

施工预算是项目经理部根据企业下达的责任成本目标，在详细编制施工组织设计，不断优化施工技术方案和合理配置生产要素的基础上，通过工料消耗分析和节约措施，制订的计划成本——亦称现场目标成本。一般情况下施工预算总额应控制在责任成本目标的范围内，并留有一定余地。在特殊情况下，项目经理部经过反复挖潜措施，不能把施工预算总额控制在责任成本目标的范围内，应与公司主管部门进一步协商修正责任成本目标或共同探索进一步降低成本的措施，以使施工预算建立在切实可行的基础上，作为控制施工过程生产成本的依据。

施工预算是以施工图为基础，以施工方案、施工定额为依据，通过本企业工、料、机等资源的消耗量指标与企业内部价格来确定出各分项工程的成本，然后将各分项工程成本汇总，得到整个项目的成本支出。最后考虑风险、物价等影响因素，予以调整。

各分项工程成本计算公式：

$$M_J = S_J \sum_{i=1}^{n} A_{ij} P_i \qquad (1-6)$$

施工项目预算成本公式：

$$C = (\sum_{j=1}^{m} M_j) \times (1+r) \times (1+q) \qquad (1-7)$$

式中 M_J——第 j 分项工程成本；

S_J——第 j 分项工程的总工程量；

A_{ij}——在第 j 分项工程上，第 i 种资源单位工程量消耗定额；

P_i——第 i 种资源内部单价；

C——施工项目施工预算成本；

r——间接费率；

q——风险、物价系数。

这里应该注意，施工预算中各分部分项的划分尽量做到与合同预算的分部分项工程划分一致或对应，这样就为以后成本控制逐项对比创造了条件。

施工预算的编制应注意以下几点：

(1) 必须充分了解投标估价过程，掌握哪些方面已经在投标时考虑了降低成本措施，分析尚有哪些途径可继续采取降低成本措施；

(2) 必须认真研究合同条件和施工条件；

(3) 必须以最经济合理的施工方案及其降低成本节约措施为

依据；

(4) 必须以企业统一的消耗定额进行工料消耗分析，然后以企业内部统一的价格、市场价，内协外协合同为依据计算成本；

(5) 施工预算编成后，要结合项目管理方案进行评审，进行可行性和合理性的论证评价，并在措施上进行必要的补充；

(6) 必须在单位工程开工前编制完成，对于一些编制条件不成熟的分部分项工程，也要先进行估算，待条件成熟时再作详细调整。

2. 中标价调整法

中标价调整法是施工项目成本计划编制的常用方法，其基本思路是：根据已有的投标、概预算资料，确定中标合同价与施工图概预算的总价差额；根据技术组织措施计划确定采取的技术组织措施和节约措施所能取得的经济效果，计算出施工项目可节约的成本额；考虑不可预见因素、风险因素、工期制约因素、市场价格变动等加以计算调整；综合计算出工程项目的目标成本降低额及降低率。

1.5.3 施工项目成本控制

1.5.3.1 施工项目成本控制的依据

1. 工程承包合同

施工成本控制要以工程承包合同为依据，从预算收入和实际成本两方面，努力挖掘增收节支潜力，降低成本，获得最大的经济效益。

2. 施工项目成本计划

施工项目成本计划是根据施工项目的具体情况制定的施工成本控制方案，既包括预定的具体成本控制目标，又包括实现控制目标的措施和规划，是成本控制的指导性文件。

3. 施工进度报告

施工进度报告提供了施工中每一时刻实际完成的工程量，施工实际成本及实际支出情况，将实际成本与施工成本计划比较，找出二者的偏差，分析偏差产生的原因，采取纠偏措施，达到有效控制成本的目的。

4. 工程变更

在施工过程中，由于各方面的原因，工程变更是难免的。一旦出现工程变更，工程量、工期、成本都将发生变化，成本管理人员应随时掌握工程变更情况，按合同或有关规定确定工程变更价款以及可能带来的施工索赔等。

除了上述几种施工项目成本控制工作的主要依据以外，有关施工组织设计、分包合同文本等也都是施工项目成本控制的依据。

1.5.3.2 施工项目成本控制的步骤

1. 实际成本与计划成本比较

施工项目成本计划值与实际值逐项进行比较，以发现施工成本是否超支。

2. 分析偏差原因

即对比较的结果进行分析，以确定偏差的严重性和偏差产生的原因。这一步是施工项目成本控制工作的核心，其主要目的在于找出产生的原因，从而采取有针对性的措施，减少或避免相同原因的再次发生或减少由此造成的损失。

3. 预测施工项目成本

根据项目实施情况估算整个项目完成时的施工成本。预测的目的在于为决策提供支持。

4. 纠正偏差

当施工项目实际成本出现了偏差，应当根据工程的具体情况、偏差分析和预测结果，采取适当的措施，以期达到使施工成本偏差尽可能小的目的。纠正偏差是施工项目成本控制中最具实质性的一步。只有通过纠偏，才能最终达到有效控制施工成本的目的。

5. 跟踪和检查

它是指对工程的进展进行跟踪和检查，及时了解工程进展状况以及纠偏措施的执行情况和效果，为今后的工作积累经验。

1.5.3.3 施工项目成本控制方法

1. 建立成本控制责任体系和成本考核体系

(1) 建立施工项目成本控制责任体系

为使成本控制落到实处，项目经理部应将成本责任分解落实到各个岗位，落实到专人，对成本进行全员管理、动态管理，形成一个分工明确、责任到人的成本控制责任体系。施工项目管理人员成本控制责任如表 1-39 所示。

施工项目管理人员成本控制责任　　表 1-39

责任人	内　　容
项目经理	全面负责项目成本预测、成本计划、成本控制、成本核算、成本分析、考核等工作
合同预算员	● 根据合同内容、预算定额和有关规定，编好施工图预算和施工预算； ● 收集工程变更资料，及时办理增减账，保证工程收入，及时归回垫付的资金； ● 参加对外经济合同的谈判与决策，以施工预算和增减账为依据，严格核算经济合同的数量、单价和金额，切实做到"以收定支"
工程技术人员	● 根据施工现场的实际情况，合理规划施工现场平面布置，为文明施工、减少浪费创造条件； ● 严格执行工程技术规定和预防为主的方针，确保工程质量，减少零星维修，消灭质量事故，不断降低质量成本； ● 根据工程特点和设计要求，运用自身的技术优势，采取实用、有效的技术组织措施和合理化建议
材料人员	● 材料采购和构件加工，要选择质高、价低、运距短的供应（加工）单位，对到货的材料、构件要正确计量、认真验收，如遇质量差、量不足的情况，要进行索赔。切实做到：一要降低采购（加工）成本，二要减少采购（加工）过程中的管理损耗； ● 根据项目施工的计划进度，及时组织材料、构件的供应，保证项目施工的顺利进行，防止因停工待料造成的损失。在构件加工的过程中，要按照施工的顺序组织配料供应，以免因规格不齐造成施工间隙，浪费时间、人力； ● 在施工过程中，严格执行限额领料制度，控制材料消耗；同时，还要做好余料回收和利用，为考核材料实际消耗水平提供正确的依据； ● 钢管脚手和钢模板等周转材料，进出现场都要认真清点，正确核实并减少赔偿数量；使用后，要及时回收、整理、堆放，并及时退场，既能节省租费，又有利于场地整洁，还可加速调整，提高利用效率； ● 根据施工生产的需要，合理安排材料储备，减少资金的占用，提高资金的利用效率
安全人员	● 负责安全教育、安全检查工作，落实安全措施，预防事故发生； ● 严格执行安全操作规定，减少一般安全事故，消灭重大人身伤亡和设备事故，确保安全生产
机械管理人员	● 根据工程特点和施工方案，编制机械台班使用计划，合理选择机械的型号规格，充分发挥机械的效能，节约机械费用及质量安全人员； ● 根据施工需求，合理安排机械施工，提高机械利用率，减少机械费成本； ● 严格执行机械维修保养制度，加强平时的机械维修保养，保证机械完好
行政管理人员	● 根据施工生产的需要和项目经理的意图，合理安排项目管理人员和后勤服务人员，节约工资性支出； ● 具体执行费用开支标准和有关财务制度，控制非生产性开支； ● 管好行政办公用的财产物资，防止损失和流失
财务成本员	● 按照成本开支范围、费用开支标准和有关财务制度，严格审核各项成本费用，控制成本支出； ● 建立月度财务收支计划制度，根据施工生产的需要，平衡调度资金，通过控制资金使用，达到控制成本的目的； ● 建立辅助记录，及时向项目经理和有关项目管理人员反馈信息，以便对资源消耗进行有效控制； ● 开展成本分析，特别是分部分项工程成本分析、月度综合分析和针对特定的专题分析，要做到及时向项目经理和有关项目管理人员反映情况，找出问题、提出解决问题的建议，以便采取针对性的措施来纠正项目成本的偏差； ● 在项目经理的领导下，协助项目经理检查、考核各部门、各单位乃至班组责任成本的执行情况，落实责、权、利相结合的有关规定

（2）建立成本考核体系

建立从公司、项目经理到班组的成本考核体系，促进成本责任制的落实。施工项目成本考核的内容如表 1-40 所示。

施工项目成本考核内容表　　表 1-40

考核对象	考核内容
公司对项目经理考核	● 项目成本目标和阶段成本目标的完成情况； ● 成本控制责任制的落实情况； ● 计划成本的编制和落实情况； ● 对各部门和施工队、班组责任成本的检查落实情况； ● 在成本控制中贯彻责权利相结合原则的执行情况
项目经理对各部门的考核	● 各部门、岗位责任成本的完成情况； ● 各部门、岗位成本控制责任的执行情况
项目经理对施工队（或分包）的考核	● 对合同规定的承包范围和承包内容的执行情况； ● 合同以外的补充收费情况； ● 对班组施工任务单的管理情况； ● 对班组完成施工任务后的成本考核情况
对生产班组的考核	● 平时由施工队（或分包）对生产班组考核； ● 考核班组责任成本（以分部分项工程为责任成本）完成情况

2. 以施工图预算控制成本支出

在施工项目成本控制中，可按施工图预算，实行"以收定支"，或者称"量入为出"，是有效的方法之一。对人工费、材料费、钢管脚手、钢模板等周转设备使用费、施工机械使用费、构件加工费和分包工程费实行有效的控制。

3. 以施工预算控制人力资源和物质资源的消耗

项目开工以前，应根据设计图纸计算工程量，并按照企业定额或上级统一规定的施工预算定额编制整个工程项目的施工预算，作为指导和管理施工的依据。对生产班组的任务安排，必须签发施工任务单和限额领料单，并向生产班组进行技术交底。要求生产班组根据实际完成的工程量和实耗人工、实耗材料作好原始记录，作为施工任务单和限额领料单结算的依据。任务完成后，根据回收的施工任务单和限额领料进行结算，并按照结算内容支付报酬（包括奖金）。为了便于任务完成后进行施工任务单和限额领料与施工预算的对比，要求在编制施工预算时对每一个分项工程工序名称进行编号，以便对号检索对比，分析节超。

4. 用价值工程原理控制工程成本

（1）用价值工程控制成本的原理

按价值工程的公式 $V=F/C$ 分析，提高价值的途径有 5 条：

1) 功能提高，成本不变；

2) 功能不变，成本降低；

3) 功能提高，成本降低；

4) 降低辅助功能，大幅度降低成本；

5) 成本稍有提高，大大提高功能。

其中 1)、3)、4) 条途径是提高价值，同时也是降低成本的途径。应当选择价值系数低、降低成本潜力大的工程作为价值工程的对象，寻求对成本的有效降低。

（2）价值分析的对象

1) 选择数量大、应用面广的构配件。

2) 选择成本高的工程和构配件。

3) 选择结构复杂的工程和构配件。

4) 选择体积大与重量大的工程和构配件。

5) 选择对产品功能提高起关键作用的构配件。

6) 选择在使用中维修费用高、耗能量大或使用期的总费用较大的工程和构配件。

7）选择畅销产品，以保持优势，提高竞争力。

8）选择在施工（生产）中容易保证质量的工程和构配件。

9）选择施工（生产）难度大、多花费材料和工时的工程和构配件。

10）选择可利用新材料、新设备、新工艺、新结构及在科研上已有先进成果的工程和构配件。

5. 应用成本与进度同步跟踪的方法控制分部分项工程成本

为了便于在分部分项工程的施工中同时进行进度与费用的控制，可以按照横道图和网络图的特点分别进行处理。即横道图计划的进度与成本的同步控制、网络图计划的进度和成本的同步控制。

6. 用挣值法控制成本

（1）三个费用值

挣值法是通过分析项目成本目标实施与项目成本目标期望之间的差异，从而判断项目实施的费用、进度绩效的一种方法。

挣值法主要运用三个成本值进行分析，它们分别是已完成工作预算成本、计划完成工作预算成本和已完成工作实际成本。

1）已完成工作预算成本

已完成工作预算成本为 $BCWP$，是指在某一时间已经完成的工作（或部分工作），以批准认可的预算为标准所需要的成本总额，由于业主正是根据这个值为承包商完成的工作量支付相应的成本，也就是承包商获得（挣得）的金额，故称挣得值或挣值。

$$BCWP = 已完成工程量 \times 预算成本单价 \qquad (1-8)$$

2）计划完成工作预算成本

计划完成工作预算成本，简称 $BCWS$，即根据进度计划，在某一时刻应当完成的工作（或部分工作），以预算为标准计算所需要的成本总额，一般来说，除非合同有变更，$BCWS$ 在工作实施过程中应保持不变。

$$BCWS = 计划工程量 \times 预算成本单价 \qquad (1-9)$$

3）已完成工作实际成本

已完成工作实际成本，简称 $ACWP$，即到某一时刻为止，已完成的工作（或部分工作）所实际花费的成本金额。

（2）挣值法的计算公式

在三个成本值的基础上，可以确定挣值法的四个评价指标，它们也都是时间的函数。

1）成本偏差 CV：

$$CV = BCWP - ACWP \qquad (1-10)$$

当 CV 为负值时，即表示项目运行超出预算成本；当 CV 为正值时，表示项目运行节支，实际成本没有超出预算成本。

2）进度偏差 SV：

$$SV = BCWP - BCWS \qquad (1-11)$$

当 SV 为负值时，表示进度延误，即实际进度落后于计划进度；当 SV 为正值时，表示进度提前，即实际进度快于计划进度。

3）成本绩效指数 CPI：

$$CPI = BCWP / ACWP \qquad (1-12)$$

当 $CPI < 1$ 时，表示超支，即实际费用高于预算成本；当 $CPI > 1$ 时，表示节支，即实际费用低于预算成本。

4）进度绩效指数 SPI：

$$SPI = BCWP / BCWS \qquad (1-13)$$

当 $SPI < 1$ 时，表示进度延误，即实际进度比计划进度滞后；当 $SPI > 1$ 时，表示进度提前，即实际进度比计划进度快。

将 $BCWP$、$BCWS$、$ACWP$ 的时间序列数相累加，便可形成三个累加数列，把它们绘制在时间—成本坐标内，就形成了三条 S 形曲线，结合起来就能分析出动态的成本和进度状况。

7. 建立项目成本审核签证制度，控制成本费用支出

在发生经济业务的时候，首先要由有关项目管理人员审核，最后经项目经理签证后支付。审核成本费用的支出，必须以有关规定和合同为依据，主要有：国家规定的成本开支范围；国家和地方规定的费用开支标准和财务制度；施工合同；施工项目目标管理责任书。

8. 定期开展"三同步"检查，防止项目成本盈亏异常

"三同步"就是统计核算、业务核算、会计核算同步。统计核算即产值统计，业务核算即人力资源和物质资源的消耗统计，会计核算即成本会计核算。根据项目经济活动的规律，这三者之间有着必然的同步关系。这种规律性的同步关系具体表现为：完成多少产值、消耗多少资源，发生多少成本，三者应该同步。否则，项目成本就会出现盈亏异常的偏差。"三同步"的检查方法可从以下三方面入手：时间上的同步、分部分项工程直接费的同步和其他费用的同步。

9. 应用成本控制的财务方法——成本分析表法来控制项目成本

成本分析表包括月度直接成本分析表（表 1-41）和月度间接成本分析表（表 1-42）和最终成本控制报告表（表 1-43）。

月度直接成本分析表主要反映分部分项工程实际完成的实物量与成本相对应的情况，以及与预算成本和计划成本相对比的实际偏差和目标偏差，为分析偏差产生的原因和针对偏差采取相应措施提供依据。

月度间接成本分析表主要反映间接成本的发生情况，以及与预算成本和计划成本相对比的实际偏差和目标偏差，为分析偏差产生的原因和针对偏差采取相应的措施提供依据。此外，还要通过间接成本占产值的比例来分析其支用水平。

最终成本控制报告表主要是通过已完实物进度、已完产值和已完累计成本，联系尚需完成的实物进度，尚不上报的产品和还将发生的成本。进行最终成本预测，以检验实现成本目标的可能性，并可为项目成本控制提出新的要求。这种预测，工期短的项目应该每季度进行一次，工期长的项目可每半年进行一次。

月度直接成本分析表

项目名称　　　　　　　　　　　年　月　　　　　　　　　　　　表 1-41　　单位：元

分项工程编号	分项工程工序名称	实物单位	实物工程量				预算成本		计划成本		实际成本		实际偏差		目标偏差	
			计划		实际		本月	累计	本月	累计	本月	累计	本月	累计	本月	累计
			本月	累计	本月	累计										
甲	乙	丙	1	2	3	4	5	6	7	8	9	10	11=5-9	12=6-10	13=7-9	14=8-10

月度间接成本分析表　　　　　　　　　　　　　　　　　　　　　**表 1-42**

项目名称　　　　　　　　　　　　年　月　　　　　　　　　　　　单位：元

间接成本编号	间接成本项目	产值		预算成本		计划成本		实际成本		实际偏差		目标偏差		占产值的百分数（%）	
		本月	累计	本月	累计	本月	累计	本月	累计	本月	累计	本月	累计	本月	累计
甲	乙	1	2	3	4	5	6	7	8	9=3-7	10=4-8	11=5-7	12=6-8	13=7÷1	14=8÷2

最终成本控制报告表　　　　　　　　　　　　　　　　　　　　　**表 1-43**

项目名称　　　　　　　　　　　　年　月　　　　　　　　　　　　单位：元

| 进度 | 已完主要实物进度 | | | | | | 到竣工尚有主要实物进度 | | | |
| 造价 | 预算造价　　元 | 已完累计产值 | | 元 | | | 到竣工尚可报产值 | | 预测最终工程造价 | |

成本项目	到本月为止的累计成本				预计到竣工还将发生的成本				最终成本预测			
	预算成本	实际成本	降低额	降低率	预算成本	实际成本	降低额	降低率	预算成本	实际成本	降低额	降低率
甲	1	2	3=1-2	4=3÷1	5	6	7=5-6	8=7÷5	9=1+5	10=2+6	11=9-10	12=11÷9
一、直接成本												
1. 人工费												
2. 材料费												
其中：结构件												
周转材料费												
3. 施工机械使用费												
4. 措施费												
二、间接成本												
1. 规费												
2. 企业管理费												
(1) 管理人员工资												
(2) 办公费												
(3) 差旅交通费												
(4) 固定资产使用费												
(5) 工具用具使用费												
(6) 劳动保险费												
(7) 工会经费												
(8) 职工教育经费												
(9) 财产保险费												
(10) 财务费												
(11) 其他												
三、合计												

1.5.4　施工项目成本核算

1.5.4.1　施工项目成本核算的对象

施工项目成本一般以每一独立编制施工图预算的单位工程为成本核算对象，但也可以按照承包工程项目的规模、工期、结构类型、施工组织和施工现场等情况，结合成本控制的要求，灵活划分成本核算对象。一般说来有以下几种划分的方法：

（1）一个单位工程由几个施工单位共同施工时，各施工单位都应以同一单位工程为成本核算对象，各自核算自行完成的部分。

（2）规模大、工期长的单位工程，可以将工程划分为若干部位，以分部位的工程作为成本核算对象。

（3）同一建设项目，由同一施工单位施工，并在同一施工地点，属于同一建设项目的各个单位工程合并作为一个成本核算对象。

（4）改建、扩建的零星工程，可根据实际情况和管理需要，以一个单项工程为成本核算对象，或将同一施工地点的若干个工程量较少的单项工程合同作为一个成本核算对象。

1.5.4.2　施工项目成本核算的基础工作

（1）施工项目成本会计的账表

项目经理部应根据会计制度的要求，设立核算必需的账户，进

行规范的核算。"成本会计"账表定为"三账四表": 工程施工账 (项目成本明细账, 单位工程成本明细账), 施工间接费用账, 措施费用账, 项目工程成本表, 在建工程成本明细表, 竣工工程成本明细表和施工间接费用表。

（2）施工项目成本核算台账

施工项目成本核算台账见表 1-44。

施工项目成本核算台账　　　表 1-44

序号	台账名称	责任人	原始资料来源	设置要求
1	人工费台账	预算员	劳务合同结算单	分部分项工程的工日数、实物量金额
2	机械使用费台账	核算员	机械租赁结算单	各机械使用台班金额
3	主要材料收发存台账	材料员	入库单、限额领料单	反映月度分部分项收、发、存数量金额
4	周转材料使用台账	材料员	周转材料租赁结算单	反映月度租用数量、动态
5	设备料台账	材料员	设备租赁结算单	反映月度租用数量、动态
6	钢筋、钢构件门窗、预埋件台账	翻样技术员	入库单进场数、领用单	反映进场、耗用、余料、数量和金额动态
7	商品混凝土专用台账	材料员	商品混凝土结算单	反映月度收发存的数量和金额
8	其他直接费台账	核算员	与各子目相应的单据	反映月度耗费的金额
9	施工管理费台账	核算员	与各子目相应的单据	反映月度耗费的金额
10	预算增减账台账	预算员	技术核定单、返工记录、施工图预算定额、实际报耗资料、调整账单、签证单	施工图预算增减账内容、金额、预算增减账与技术核定单内容一致，同步进行
11	索赔记录台账	成本员	向有关单位收取的索赔单据	反映及时，便于收取
12	资金台账	成本员预算员	工作量、预算增减账单、收款凭证、支付凭证	反映工程价款收支及拖欠款情况
13	资料文件收发台账	资料员	工程合同、与各部门来往的各类文件、纪要、信函、图纸、通知等资料	内容、日期、处理人意见、收发人签字等，反映全面
14	形象进度台账	统计员	工程实际进展情况	按各分部分项工程据实记录
15	产值结构台账	统计员	施工预算、工程形象进度	按三同步要求，正确反映每月的施工值
16	预算成本构成台账	预算员	施工预算、施工图预算	按分部分项单列各项成本种类、金额，占总成本的比重
17	质量成本科目台账	技术员	用于技措项目的报耗实物量费用原始单据	便于结算费用
18	成本台账	成本员	汇集记录有关成本费用资料	反映三同步
19	甲供料台账	核算员材料员	建设单位（总承包单位）提供的各种材料件验收、领用单据（包括三料交料情况）	反映供料实际数量、规格、损坏情况

1.5.4.3　施工项目成本核算的办法

成本的核算过程，实际上也是各项成本项目的归集和分配过程。成本的归集是指通过一定的会计制度以有序的方式进行成本数据的收集和汇总，而成本的分配是将按归集的间接成本分配给成本对象的过程，也称间接成本的分摊或分派。

1. 直接费成本核算

（1）人工费核算

人工费包括两种情况，即内包人工费和外包人工费。内包人工费，按月结算计入项目单位工程成本。外包人工费，按月凭项目经济员提供的"包清工工程款月度成本汇总表"预提计入项目单位工程成本。上述内包、外包合同履行完毕，根据分部分项的工期、质量、安全、场容等验收考核情况，进行合同结算，以结账单按实据以调整项目的实际值。

（2）材料费核算

工程耗用的材料，根据限额领料单、退料单、报损耗单、大堆材料耗用计算单等，由项目料具员按单位工程编制"材料耗用汇总表"，据以计入项目成本。

（3）周转材料费核算

周转材料实行内部租赁制，以租费的形式反映消耗情况，按"谁租用谁负担"的原则，核算其项目成本。

按周转材料租赁办法和租赁合同，由出租方与项目经理部按月结算租赁费。租赁费按租用的数量、时间和内部租赁单价计入项目成本。

周转材料在调入移出时，项目经理部都必须加强计量验收制度，如有短缺、损坏，一律按原价赔偿，计入项目成本（短损数＝进场数－退场数）。

租用周转材料的进退场运费，按其实际发生数，由调入项目负担。

对 U 形卡、脚手扣件等零件除执行租赁制外，考虑到其比较容易散失的因素，故按规定实行定额预提摊耗，摊耗数计入项目成本，相应减少次月租赁基数及租费。单位工程竣工，必须进行盘点，盘点后的实物数与前期逐月按控制定额摊耗后的数量差，按实调整清算计入成本。

实行租赁制的周转材料，一般不再分配负担周转材料差价。

（4）结构件费核算

项目结构件的使用必须要有领发手续，并根据这些手续，按照单位工程使用对象编制"结构件耗用月报表"。

项目结构件的单价，以项目经理部与外加工单位签订的合同为准，计算耗用金额进入成本。

根据实际施工形象进度、已完施工产值的统计、各类实际成本消耗三者在月度时点的三同步原则（配比原则的引申与应用），结构件耗用的品种和数量应与施工产值相对应。结构件数量金额账的结存数，应与项目的账面余额相符。

结构件的高进高出价差核算同材料费高进高出价差核算一致。

部位分项分包，如铝合金门窗、卷帘门、轻钢龙骨石膏板、平顶屋面防水等，按照企业通常采用的类似结构件管理和核算方法，项目造价员必须做好月度已完工程部分验收记录，正确计报部位分项分包产值，并及时、正确、足额计入成本。

（5）机械使用费核算

机械设备实行内部租赁制，以租赁费形式反映其消耗情况，按"谁租用谁负担"原则，核算其项目成本。

按机械设备租赁办法和租赁合同，由企业内部机械设备租赁市场与项目经理部按月结算租赁费。租赁费根据机械使用台班、停置台班和内部租赁单价计算，计入项目成本。

机械进出场费，按规定由承租项目负担。

项目经理部租赁的各类中小型机械，其租赁费全额计入项目机械费成本。

根据内部机械设备租赁运行规则要求，结算原始凭证由项目指定专人签证开班和停班数，据以结算费用。现场机、电、修等操作工奖金由项目考核支付，计入项目机械成本并分配到有关单位工程。

向外单位租赁机械，按当月租赁费用全额计入项目机械费

（6）措施费核算

项目施工生产过程中实际发生的措施费，凡能分清受益对象的，应直接计入受益成本核算对象的工程施工—"措施费"，如与若干个成本核算对象有关的，可先归集到项目经理部的"措施费"总账科目（自行增设），再按规定的方法分配计入有关成本核算对象的工程施工—"措施费"成本项目内。分配方法可参照费用计算基数，以实际成本中的直接成本（不含措施费）扣除"三材"差价为分配依据。即人工费、材料费、周转材料费、机械使用费之和扣除（三材）高进高出价差。

1）施工过程中的材料二次搬运费，按项目经理部向劳务分公司汽车队托运包天或包月租费结算，或以汽车公司的汽车运费计算。

2）临时设施摊销费按项目经理部搭建的临时设施总价（包括活动房）除以项目合同工期求出每月应摊销额，临时设施使用一个月摊销一个月，摊完为止。项目竣工搭拆差额（盈亏）按实调整实际成本。

3）生产工具用具使用费。大型机动工具、用具等可以套用类似内部机械租赁办法以租赁形式计入成本，也可按购置费用一次摊销法计入项目成本，并做好用工具实物借用记录，以便反复利用。工具用具的修理费按实际发生数计入成本。

4）除上述以外的措施费内容，均应按实际发生的有效结算凭证计入项目成本。

2. 间接费成本核算

间接费的具体费用核算内容在本书 1.5.1.1 "施工项目成本构成"中已有叙述，这里不再重复。下面着重讨论几个应注意的问题：

（1）应以项目经理部为单位编制工资单和奖金单列支工作人员薪金。项目经理部工资总额每月必须正确核算，以此计提职工福利费、工会经费、教育经费、劳保筹费等。

（2）劳务分公司所提供的炊事人员代办食堂承包、服务、警卫人员提供区域岗点承包服务以及其他代办服务费用计入施工间接费。

（3）内部银行的存贷款利息，计入"内部利息"（新增明细子目）。

（4）间接费，先在项目"施工间接费"总账归集，再按一定的分配标准计入受益成本核算对象（单位工程）"工程施工—间接成本"。

3. 分包费成本核算

总分包方之间所签订的分包合同价款及其实际结算金额，应列入总承包方相应工程的成本核算范围。分包工程的实际成本由分包方进行核算，总承包方不可能也没有必要掌握分包方的真实的实际成本。

在施工项目成本管理的实践中，施工分包的方式是多种多样的，除了以上述称按部位分包外，还有施工劳务分包，即包清工、机械作业分包等。即使按部位分包也还有包清工和包工包料（即双包）之分。对于各种分包费用的核算，要根据分包合同价并对分包单位领用、租用、借用总包方的物资、工具、设备、人工等费用，根据项目经理部管理人员开具的、且经分包单位指定专人签字认可的专用结算单据，如"分包单位领用物资结算单"及"分包单位租用工器具设备结算单"等结算依据，入账抵作已付分包工程款进行核算。

1.5.5　施工项目成本分析和考核

1.5.5.1　施工项目成本分析的分类（表1-45）

施工项目成本分析的分类　　表1-45

类　别	内　容
随项目施工的进展进行的成本分析	● 分部分项工程成本分析； ● 月（季）度成本分析； ● 年度成本分析； ● 竣工成本分析

续表

类　别	内　容
按目标成本项目构成进行的成本分析	● 人工费分析； ● 材料费分析； ● 机械使用费分析； ● 措施费分析； ● 间接费分析
专题分析及影响因素分析	● 成本盈亏异常分析； ● 工期成本分析； ● 质量成本分析； ● 资金成本分析； ● 技术组织措施节约效果分析； ● 其他因素对成本影响分析

1.5.5.2　施工项目成本分析的方法

1. 成本分析的基本方法

（1）比较法（又称指标对比分析法）

1）将实际指标与目标指标对比。以此检查目标的完成情况，分析完成目标的积极因素和影响目标完成的原因，以便及时采取措施，保证成本目标的实现。

2）本期实际指标和上期实际指标对比。通过这种对比，可以看出各项技术经济指标的动态情况，反映施工项目管理水平的提高程度。

3）与本行业平均水平、先进水平对比。通过这种对比，可以反映项目的技术管理和经济管理与其他项目的平均水平和先进水平的差距，进而采取措施赶超先进水平。

（2）因素分析法（又称连锁置换法或连环替代法）

这种方法可以用来分析各种因素对成本形成的影响程度。在进行分析时，首先要假定众多因素中的一个因素发生了变化，而其他因素不变，然后逐个替换，并分别比较其计算结果，以确定各个因素的变化对成本的影响程度。

因素分析法的计算步骤如下：

1）确定分析对象（即分析的技术经济指标），并计算出实际与目标（或预算）数的差异；

2）确定该指标是由哪几个因素组成的，并按其相互关系进行排序；

3）以目标（或预算）数量为基础，将各因素的目标（或预算）数相乘，作为分析替代的基数；

4）将各个因素的实际数按照上面的排列顺序进行替换计算，并将替换后的实际数保留下来；

5）将每次替换计算所得的结果与前一次的计算结果相比较，两者的差异即为该因素对成本的影响程度；

6）各个因素的影响程度之和应与分析对象的总差异相等。

【例】 某工程浇筑一层结构商品混凝土，目标成本 364000 元，实际成本为 383760 元，比目标成本增加 19790 元。报据表 1-46 的资料，用"因素分析法"分析其成本增加原因。

商品混凝土目标成本与实际成本对比表　　表1-46

项　目	单　位	计　划	实　际	差　额
产量	m³	500	520	+20
单价	元	700	720	+20
损耗率	%	4	2.5	-1.5
成本	元	364000	383760	+19760

解： ①分析对象是浇筑一层结构商品混凝土的成本，实际成本与目标成本的差额为 19760 元。

②该指标是由产量、单价、损耗率三个因素组成的。

③以目标数 364000 元（=500×700×1.04）为分析替代的基础。

④第一次替代：产量因素，以 520 替代 500，得 378560 元，即 520×700×1.04=378560 元。

第二次替代：单价因素，以 720 替代 700，并保留上次替代后的值，得 389376 元，即 520×720×1.04＝389376 元。

第三次替代：损耗率因素，以 1.025 替代 1.04，并保留上两次替代后的值，得 383760 元，即 520×720×1.025＝383760 元。

⑤计算差额：第一次替代与目标数的差额＝378560－364000＝14560 元

第二次替代与第一次替代的差额＝389376－378560＝10816 元

第三次替代与第二次替代的差额＝383760－389376＝－5616 元

产量增加使成本增加了 14560 元，单价提高使成本增加了 10816 元，而损耗率下降使成本减少了 5616 元。

⑥各因素的影响程度之和＝14560＋10816－5616＝19760 元，与实际成本与目标成本的总差额相等。

为了使用方便，企业也可以通过运用因素分析表来求出各因素的变动对实际成本的影响程度，其具体形式见表 1-47。

商品混凝土成本变动因素分析表   表 1-47

顺序	连环替代计算	差异（元）	因素分析
目标数	500×700×1.04		
第一次替代	520×700×1.04	14560	由于产量增加 20m³，成本增加 14560 元
第二次替代	520×720×1.04	10816	由于单价提高 20 元，成本增加 10816 元
第三次替代	520×720×1.025	－5616	由于损耗率下降 1.5%，成本减少 5616 元
合计	14560＋10216－5616＝19760	19760	

必须说明，在应用"因素分析法"时，各因素的排列顺序应该固定不变。否则，就会得出不同的计算结果，也会产生不同的结论。

（3）差额计算法

差额计算法是因素分析法的一种简化形式，它利用各个因素的目标与实际的差额来计算其对成本的影响程度。

（4）比率法

比率法是指用两个以上的指标的比例进行分析的方法。它的基本特点是：先把对比分析的数值变成相对数，再观察其相互之间的关系。常用的比率法有：相关比率、构成比率和动态比率。

2. 综合成本的分析方法

（1）分部分项工程成本分析。是施工项目成本分析的基础。分析对象是已完分部分项工程。分析方法：进行预算成本、目标成本和实际成本的"三算"对比，分别计算实际偏差和目标偏差，分析偏差产生的原因，为今后的分部分项工程成本寻找节约途径。

（2）月（季）度成本分析。是施工项目定期的、经常性的中间成本分析。月（季）度的成本分析的依据是月（季）度的成本报表。分析的方法通常有以下几个方面：

1）通过实际成本与预算成本的对比，分析当月（季）的成本降低水平；通过累计实际成本与累计预算成本的对比，分析累计的成本降低水平，预测出实际项目成本的前景。

2）通过实际成本与目标成本的对比，分析目标成本的落实情况，以及目标管理中的问题和不足，进而采取措施，加强成本控制，保证成本目标的落实。

3）通过对各成本项目的成本分析，可以了解成本总量的构成比例和成本控制的薄弱环节。

4）通过主要技术经济指标的实际与目标对比，分析产量、工期、质量、"三材"节约率、机械利用率等对成本的影响。

5）通过对技术组织措施执行效果的分析，寻求更加有效的节约途径。

6）分析其他有利条件和不利条件对成本的影响。

（3）年度成本分析。分析的依据是年度成本报表。分析的内容，除了月（季）度成本分析的六个方面以外，重点是针对下一年度的施工进展情况规划切实可行的成本控制措施，以保证施工项目成本目标的实现。

（4）竣工成本的综合分析。凡是有几个单位工程而且是单独进行成本核算的施工项目，其竣工成本分析应以各单位工程竣工成本分析资料为基础，再加上项目经理部的经济效益（如资金调度、对外分包等所产的效益）进行综合分析。如果施工项目只有一个成本核算对象（单位工程），就以该成本核算对象的竣工成本资料作为成本分析的依据。单位工程竣工成本分析的内容应包括：竣工成本分析；主要资源节超对比分析；主要技术节约措施及经济效益分析。通过以上分析，可以全面了解单位工程的成本构成和降低成本的来源，对今后同类工程的成本控制很有参考价值。

3. 专项成本的分析方法

（1）成本盈亏异常分析。检查成本盈亏异常的原因，应从经济核算的"三同步"入手。"三同步"检查可以通过以下五个方面的对比分析来实现。

1）产值与施工任务单的实际工程量和形象进度是否同步？

2）资源消耗与施工任务单的实际人工、限额领料单的实际耗料、当期租用的周转材料和施工机械是否同步？

3）其他费用（如材料价差、超高费、井点抽水的打拨费和台班费等）的产值统计与实际支付是否同步？

4）预算成本与产值统计是否同步？

5）实际成本与资源消耗是否同步？

（2）工期成本分析。就是目标工期成本和实际工期成本的比较分析。所谓目标工期成本，是指在假定完成预期利润的前提下计划工期内所耗用的目标成本。而实际工期成本则是在实际工期耗用的实际成本。工期成本分析的方法一般采用比较法，即将目标工期成本与实际工期成本进行比较，然后应用"因素分析法"分析各种因素的变动对工期成本差异的影响程度。

（3）资金成本分析。进行资金成本分析，通常应用"成本支出率"指标，即成本支出占工程款收入的比例。计算公式如下：成本支出率＝（计算期实际成本支出/计算期实际工程款收入）×100%。通过对"成本支出率"的分析，可以看出资金收入中用于成本支出的比重有多大；也可通过资金管理来控制成本支出；还可联系储备金和结存资金的比重，分析资金使用的合理性。

（4）技术组织措施执行效果分析。对执行效果的分析要实事求是，既要按理论计算，又要联系实际。对节约的实物进行验收，然后根据节约效果论功行赏，以激励有关人员执行技术组织措施的积极性。不同特点的施工项目，需要采取不同的技术组织措施，有很强的针对性和适应性。在这种情况下，计算节约效果的方法也会有所不同。但总的来说，措施节约效果＝措施前的成本－措施后的成本。对节约效果的分析，需要联系措施的内容和措施的执行经过来进行。

（5）其他有利因素和不利因素对成本影响的分析。这些有利因素和不利因素，包括工程结构的复杂性和施工技术上的难度，施工现场的自然地理环境（如水文、地质、气候等），以及物资供应渠道和技术装备水平等。它们对成本的影响，需要具体问题具体分析。

4. 目标成本差异分析方法

（1）人工费分析。主要依据是工程预算工日和实际人工的对比，分析出人工费的节约和超用的原因。主要因素有两个：人工费量差和人工费价差。其计算公式如下：

人工费量差＝（实际耗用工日数－预算定额工日数）×预算人工单价

$$(1-14)$$

人工费价差＝实际耗用工日数×（实际人工单价－预算人工单价）

$$(1-15)$$

影响人工费节约和超支的原因是错综复杂的，除上述分析外，还应分析定额用工、估点工用工，从管理上找原因。

（2）材料费分析。

1）主要材料和结构件费用的分析。为了分析材料价格和消耗数量的差异对材料和结构件费用的影响程度，可按下列计算公式计算：

材料价格差异对材料费的影响＝（实际单价－目标单价）×实际用量

(1-16)

材料用量差异对材料费的影响＝（实际用量－目标用量）×目标单价

(1-17)

2）周转材料费分析。主要通过实际成本与目标成本之间的差异比较。节超分析从提高周转材料使用率入手，分析与工程进度的关系及周转材料使用管理上是否有不足之处。周转利用率的计算公式如下：

$$周转利用率＝\frac{实际使用数×租用期内的周转次数}{进场数×租用期}×100\%$$

(1-18)

（3）机械使用费分析。主要通过实际成本和目标成本之间的差异分析，目标成本分析主要列出超耗费和机械费补差收入。机械使用费的分析要从租用机械和自有机械这两方面入手。使用大型机械的要重点分析预算台班数、台班单价和金额，同实际台班数、台班单价及金额相比较，通过量差、价差进行分析。

（4）措施费分析。主要应通过目标与实际数的比较来进行。措施费目标与实际费用比较表的格式见表1-48。

措施费目标与实际费用比较表（单位：万元）

表 1-48

序号	项目	目标	实际	差异
1	环境保护费			
2	文明施工费			
3	安全施工费			
4	临时设施费			
5	夜间施工费			
6	二次搬运费			
7	大型机械设备进出场及安拆费			
8	混凝土、钢筋混凝土模板及支架费			
9	脚手架费			
10	已完工程及设备保护费			
11	施工排水、降水费			
	合计			

（5）间接成本分析。应将其实际成本和目标成本进行比较，将其实际发生数逐项与目标数加以比较，就能发现超额完成施工计划对间接成本的节约或浪费及其发生的原因。间接成本目标与实际比较表的格式见表1-49。

间接成本目标与实际比较表（单位：万元）

表 1-49

序号	项目	目标	实际	差异	备注
	规费				
1	工程排污费				
2	社会保障费				
3	住房公积金				
4	工伤保险费				
	企业管理费				
1	管理人员工资				
2	办公费				
3	差旅交通费				
4	固定资产使用费				
5	工具用具使用费				
6	劳动保险费				
7	工会经费				
8	职工教育经费				
9	财产保险费				
10	财务费				
11	税金				
12	其他				
	合计				

用目标成本差异分析方法分析完各成本项目后，再将所有成本差异汇总进行分析，目标成本差异汇总表的格式见表1-50。

目标成本差异汇总表　　**表 1-50**

成本项目	实际成本	目标成本	差异金额	差异率（%）
人工费				
机械使用费				
材料费				
结构件				
周转材料				
措施费				
间接成本				
合计				

1.5.5.3　施工项目成本考核

1. 施工项目成本考核的内容（表1-51）

施工项目成本考核的内容　　**表 1-51**

考核对象	考核内容
企业对项目经理考核	● 项目成本目标和阶段成本目标的完成情况； ● 成本控制责任制的落实情况； ● 成本计划的编制和落实情况； ● 对各部门、作业队、班组责任成本的检查落实情况； ● 在成本控制中贯彻责权利相结合原则的执行情况
项目经理对各部门的考核	● 本部门、本岗位责任成本的完成情况； ● 本部门、本岗位成本控制责任的执行情况
项目经理对作业队的考核	● 对劳务合同规定的承包范围和承包内容的执行情况； ● 劳务合同以外的补充收费情况； ● 对班组施工任务单的管理情况； ● 对班组完成施工后的考核情况
对生产班组的考核	● 平时由作业队对生产班组考核； ● 考核班组责任成本（以分部分项工程成本为责任成本）的完成情况

2. 施工项目成本考核的实施

（1）评分制。具体方法为：先按考核的内容评分，然后按七与三的比例加权平均，即：责任成本完成情况的评分为七，成本控制工作业绩的评分为三。这是一个假定的比例，施工项目可根据自己的情况进行调整。

（2）要与相关指标的完成情况相结合。具体方法是：成本考核的评分是奖罚的依据，相关指标的完成情况为奖罚的条件。也就是，在根据评分计奖的同时，还要考虑相关指标的完成情况给予嘉奖或扣罚。与成本考核相结合的相关指标，一般有质量、进度、安全和现场标准化管理。

（3）强调项目成本的中间考核。一是月度成本考核，二是阶段成本考核（基础、结构、装饰、总体等）。

（4）正确考核施工项目的竣工成本。施工项目竣工成本是项目经济效益的最终反映。它即是上缴利税的依据，又是进行职工分配的依据。由于施工项目的竣工成本关系到国家、企业、职工的利益，必须做到核算正确，考核正确。

（5）施工项目成本的奖罚。在施工项目的月度考核、阶段考核和竣工考核的基础上立即兑现，不能只考核不奖罚，或者考核后拖了很久才奖罚。由于月度成本和阶段成本都是假设性的，正确程度有高有低。因此，在进行月度成本和阶段成本奖罚的时候不妨留有余地，然后再按照竣工结算的奖金总额进行调整（多退少补）。施工项目成本奖罚的标准，应通过经济合同的形式明确规定。

1.6　施工项目安全管理

1.6.1　施工项目安全管理概述

1.6.1.1　施工项目安全管理的概念

施工项目安全管理是在项目施工的全过程中，运用科学管理的理论、方法，通过法规、技术、组织等手段，所进行的规范劳动者

行为，控制劳动对象、劳动手段和施工环境条件，消除或减少不安全因素，使人、物、环境构成的施工生产体系达到最佳安全状态，实现项目安全目标等一系列活动的总称。

1.6.1.2　施工项目安全管理的对象

安全管理通常包括安全法规、安全技术、工业卫生。安全法规侧重于"劳动者"的管理、约束，控制劳动者的不安全行为；安全技术侧重于"劳动对象和劳动手段"的管理，消除或减少物的不安全因素；工业卫生侧重于"环境"的管理，以形成良好的劳动条件。施工项目安全控制主要以施工活动中的人、物、环境构成的施工生产体系为对象，建立一个安全的生产体系，确保施工活动的顺利进行。施工项目安全管理的对象见表1-52。

施工项目安全管理的对象　　表1-52

管理对象	措　　施	目　　的
劳动者	依法制定有关安全的政策、法规、条例，给予劳动者的人身安全、健康及法律保障的措施	约束控制劳动者的不安全行为，消除或减少主观上的安全隐患
劳动手段劳动对象	改善施工工艺、改进设备性能，以消除和控制生产过程中可能出现的危险因素、避免损失扩大的安全技术保证措施	规范物的状态，以消除和减轻其对劳动者的威胁和造成财产损失
劳动条件劳动环境	防止和控制施工中高温、严寒、粉尘、噪声、振动、毒气、毒物等对劳动者安全与健康产生影响的医疗、保健、防护措施及对环境的保护措施	改善和创造良好的劳动条件，防止职业伤害，保护劳动者身体健康和生命安全

1.6.1.3　施工项目安全管理目标及目标体系

1. 施工项目安全管理目标

施工项目安全管理目标是在施工过程中，安全工作所要达到的预期效果。工程项目实施施工总承包的，由总承包单位负责制定。

（1）制定安全目标时应考虑的因素：

1）上级机构的整体方针和目标；

2）危险源和环境因素识别、评价和控制策划的结果；

3）适用法律法规、标准规范和其他要求；

4）可以选择的技术方案；

5）财务、运行和经营上的要求；

6）相关方的意见。

（2）安全目标的内容：

安全目标通常包括：

1）杜绝重大伤亡、设备、管线、火灾和环境污染事故；

2）一般事故频率控制目标；

3）安全标准化工地创建目标；

4）文明工地创建目标；

5）遵循安全生产、文明施工方面有关法律法规和标准规范，以及对员工和社会要求的承诺；

6）其他需满足的总体目标。

（3）安全目标制定的要求：

1）制定的目标要明确、具体，具有针对性；针对项目经理部各层次，目标要进行分解；目标应可量化；

2）技术措施及可选技术方案；

3）责任部门及责任人；

4）完成期限。

（4）安全管理目标控制指标

施工项目安全管理目标应实现重大伤亡事故为零的目标，以及其他安全目标指标：控制伤亡事故的指标（死亡率、重伤率、千人负伤率、经济损失额等）、控制交通安全事故的指标（杜绝重大交通事故、百车次肇事率等）、尘毒治理要求达到的指标（粉尘合格率等）、控制火灾发生的指标等。

2. 施工项目安全管理目标体系

（1）施工项目总安全目标确定后，还要按层次进行安全目标分解到岗、落实到人，形成安全目标体系。即施工项目安全总目标；项目经理部下属各单位、各部门的安全指标；施工作业班组安全目标；个人安全目标等。

（2）在安全目标体系中，总目标值是最基本的安全指标，而下一层的目标值应略高些，以保证上一层安全目标的实现。如项目安全控制总目标是实现重大伤亡事故为零；中层的安全目标就应是除此之外还要求重伤事故为零；施工队一级的安全目标还应进一步要求轻伤事故为零；班组一级要求险肇事故为零。

（3）施工项目安全管理目标体系应形成全体员工所理解的文件，并实施保持。

1.6.1.4　施工项目安全管理的程序

施工项目安全管理的程序主要有：确定施工安全目标；编制施工项目安全保证计划；施工项目安全保证计划实施；施工项目安全保证计划验证；持续改进，兑现合同承诺等，如图1-40所示。

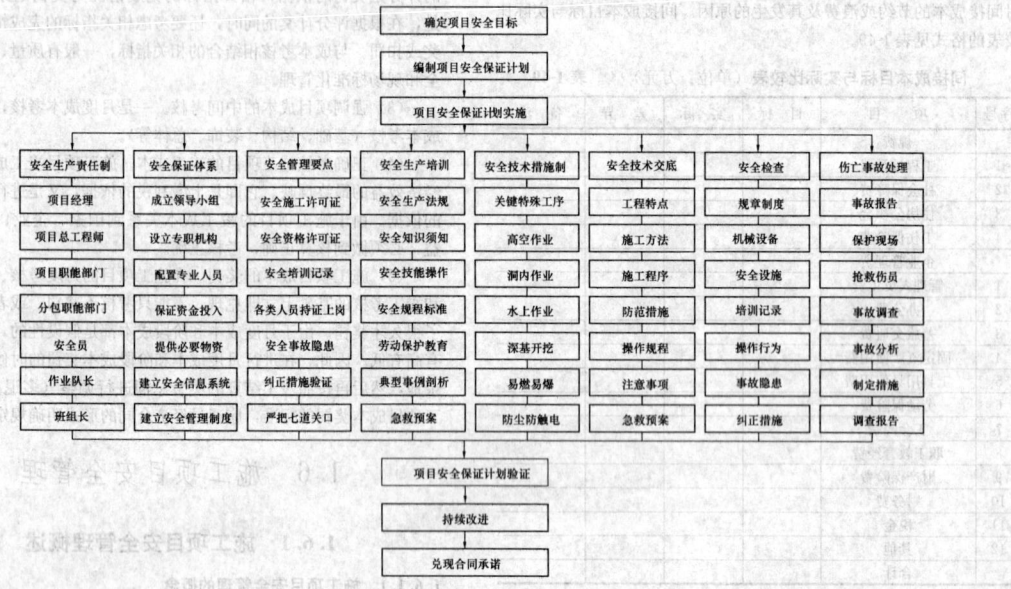

图1-40　施工项目安全管理程序图

1.6.2　施工项目安全保证计划与实施

1.6.2.1　安全生产策划

1. 安全生产策划的内容

针对工程项目的规模、结构、环境、技术方案、施工风险和资源配置等因素进行安全生产策划，策划的内容包括：

(1) 配置必要的设施、装备和专业人员，确定控制和检查的手段、措施。

(2) 确定整个施工过程中应执行的文件、规范。如脚手架工程、高空作业、机械作业、临时用电、动用明火、沉井、深挖基础施工和爆破工程等作业规定。

(3) 确定冬期、雨期、雪天和夜间施工时的安全技术措施及夏季的防暑降温工作。

(4) 对危险性较大的分部分项工程要制定安全专项施工方案；对于超出一定规模的危险性较大的分部分项工程，应当组织专家对专项方案进行论证。

(5) 因工程项目的特殊需求所补充的安全操作规定。

(6) 制定施工各阶段具有针对性的安全技术交底文本。

(7) 编制安全记录表格，确定收集、整理和记录各种安全活动的人员和职责。

2. 安全生产管理机构及人员

专职安全生产管理人员，主要负责安全生产，进行现场监督检查；发现安全事故隐患向项目负责人和安全生产管理机构报告；对于违章指挥、违章作业的，立即制止。

项目经理部，应建立以项目经理为组长的安全生产管理小组，按工程规模设安全生产管理机构或配备专职安全生产管理人员。

班组设兼职安全员，协助班组长进行安全生产管理。

3. 安全生产责任体系

(1) 项目经理为项目经理部安全生产第一责任人；

(2) 分包单位负责人为分包单位安全生产第一责任人，负责执行总包单位安全管理规定和法规相关规定，组织本单位安全生产。

(3) 作业班组负责人作为本班组或作业区域安全生产第一负责人，贯彻执行上级指令，保证本区域、本岗位安全生产。

4. 安全生产资金策划

施工现场安全生产资金主要包括：

(1) 施工安全防护用具及设施的采购和更新的资金；

(2) 安全施工措施的资金；

(3) 改善安全生产条件的资金；

(4) 安全教育培训的资金；

(5) 事故应急措施的资金。

由项目经理部制定安全生产资金保障制度，落实、管理安全生产资金。

5. 安全生产管理制度

安全生产管理制度主要包括：

(1) 安全生产许可证制度；

(2) 安全生产责任制度；

(3) 安全生产教育培训制度；

(4) 安全生产资金保障制度；

(5) 安全生产管理机构和专职人员制度；

(6) 特种作业人员持证上岗制度；

(7) 安全技术措施制度；

(8) 专项施工方案专家论证审查制度；

(9) 施工前详细说明制度；

(10) 消防安全责任制度；

(11) 防护用品及设备管理制度；

(12) 起重机械和设备实施验收登记制度；

(13) 三类人员考核任职制度；

(14) 意外伤害保险制度；

(15) 安全事故应急救援制度；

(16) 安全事故报告制度。

1.6.2.2　危险源辨识及风险评价

施工现场作业和管理业务活动中的危险源与不利环境因素很多，存在的形式也较复杂，这对识别工作增加了难度。如果把各种危险源与不利环境因素，按其在事故发生发展过程中所起的作用或特征进行分类，会对危险源与不利环境因素的识别工作带来方便。

1. 危险源的分类

危险源的分类有多种方法，通常有以下几种：

(1) 按在事故发生发展过程中的作用分类

危险源表现形式不同，但从事故发生的本质讲，均可归结为能量的意外释放或者有害物质的泄漏、散发。如果意外释放的能量作用于人体，并且超过人体的承受能力，则造成人员伤亡；如果意外释放的能量作用于设备、设施、环境等，并且能量的作用超过其抵抗能力，则造成设备、设施的损坏或环境破坏。根据在事故发生、发展过程中的作用，可把危险源分为第一类危险源和第二类危险源两大类。

1) 第一类危险源

生产过程中存在的、可能会意外释放的能量（能源或能量载体）或有害物质称作第一类危险源。

一切产生、供给能量的能源和能量的载体在一定条件下，都可能是危险源。例如，高处作业（如吊起的重物等）的势能，带电导体上的电能，行驶车辆或各类机械运动部件、工件等的动能，噪声的声能，电焊时的光能，高温作业的热能等，在一定条件下都能造成各类事故。静止的物体棱角、毛刺、地面等之所以能伤害人体，也是因人体运动、摔倒时的动能、势能造成的。这些都是由于能量意外释放形成的危险因素。

有害物质在一定条件下能损伤人体的生理机能和正常代谢功能，破坏设备和物品的效能，也是最根本的危险源。例如，作业场所中由于存在有毒物质、腐蚀性物质、有害粉尘、窒息性气体等有害物质，当它们直接、间接与人体或物体发生接触，会导致人员的死亡、职业病、伤害、财产损失或环境的破坏等。

人体受到超过其承受能力的各种形式能量作用时受伤害的情况见表1-53。

各种能量对人体伤害情况表　　　　　表1-53

施加的能量类型	产生的伤害	事故类型
机械能	移位、刺伤、割伤、撕裂、挤压皮肤的肌肉、骨折、内部器官损伤	高处坠落、物体打击、机械伤害、起重伤害、坍塌、放炮、火药爆炸、车辆伤害、锅炉爆炸、压力容器爆炸
热能	皮肤发炎、凝固、烧伤、烧焦、焚化、伤及全身	一、二、三度烧伤，灼烫，火灾
电能	干扰神经、肌肉功能、电伤，以及凝固、烧焦和焚化伤及身体任何层次	触电、烧伤
化学能	化学性皮炎、化学性烧伤、致癌、致遗传突变、致畸胎、急性中毒、窒息	中毒和窒息、火灾、化学灼伤（包括由于动物性和植物性毒素引起的损伤）

2) 第二类危险源

正常情况下，施工生产过程中会对能量或有害物质进行约束使其处于受控状态，但是，一旦这些约束或限制的措施受到破坏或失效（故障），将会发生事故。导致能量或有害物质约束或限制措施破坏或失效的各种不安全因素称作第二类危险源。

第二类危险源主要包括物的故障、人的失误和环境因素三种类型。

①物的故障

是指机械设备、设施、系统、装置、元部件等在运行或使用过程中由于性能（含安全性能）低下而不能实现预定的功能（包括安全功能）的现象。不安全状态是存在于起因物上的，是使事故能发生的不安全的物体条件或物质条件。从安全功能的角度，物的不安全状态也是物的故障。

发生故障并导致事故发生的这种危险源，主要表现在发生故

障、误操作时的防护、保险、信号等装置缺乏、缺陷和设备、设施在强度、刚度、稳定性、人机关系上有缺陷两方面。例如超载限制或起升高度限位安全装置失效使钢丝绳断裂、重物坠落；围栏缺损、安全带及安全网质量低劣为高处坠落事故提供了条件；电线和电气设备绝缘损坏，漏电保护装置失效造成触电伤人，短路保护装置失效又造成配电系统的破坏；空气压缩机泄压安全装置故障使压力进一步上升，导致压力容器破裂；通风装置故障使有毒有害气体浸入作业人员呼吸道；有毒物质泄漏散发、危险气体泄漏爆炸，造成人员伤亡和财产损失等，都是物的故障引起的危险源。

②人的失误

人的失误是指人的行为结果偏离了被要求的标准，即没有完成规定功能的现象。人的失误会造成能量或危险物质控制系统故障，使屏蔽破坏或失效，从而导致事故发生。人的失误包括人的不安全行为和管理失误两个方面。

不安全行为：不安全行为是指违反安全规则或安全原则，使事故有可能或有机会发生的行为。违反安全规则或安全原则包括违反法律、规程、条例、标准、规定，也包括违反大多数人都知道并遵守的不成文的安全原则，即安全常识。

例如吊索具选用不当，吊物绑挂方式不当使钢丝绳断裂、吊物失稳坠落；起重吊装作业时，吊臂碰触外电线路引发短路停电；误合电源开关使检修中的线路或电器设备带电，意外启动；故意绕开屏蔽电开关接通电源等都是人的失误形成的危险源，都属于不安全行为。

管理失误：施工现场安全生产保证体系是为了保证及时、有效地实现安全目标，在预测、分析的基础上进行策划、组织、协调、检查等工作，是预防物的故障和人的失误的有效手段。管理失误表现在以下方面：

● 对物的管理：有时称技术原因。包括：技术、设计、结构上有缺陷，作业现场、作业环境的安排设置不合理等缺陷，防护用品缺少或有缺陷等。

● 对人的管理。包括：教育、培训、指示、对施工作业任务和施工作业人员的安排等方面的缺陷或不当。

● 对施工作业程序、操作规程和方法、工艺过程等的管理失误。

● 安全监控、检查和事故防范措施等方面的问题。

● 对工程施工和专项施工组织设计安全的管理失误。

● 对采购安全物资的管理失误。

③环境因素

人和物存在的环境，即施工生产作业环境中的温度、湿度、噪声、振动、照明或通风换气等方面的问题，会促使人的失误或物的故障发生。环境因素见表1-54。

环境因素一览表　　　　表1-54

类别	内容
物理因素	噪声、振动、温度、湿度、照明、风、雨、雪、视野、通风换气、色彩
化学因素	爆炸性物质、腐蚀性物质、可燃液体、有毒化学品、氧化物、危险气体
生物因素	细菌、真霉菌、昆虫、病毒、植物、原生虫等

（2）按导致事故和职业危害的直接原因分类

根据《生产过程危险和危害因素分类与代码》（GB/T 13861）的规定，将生产过程中的危险因素与危害因素分为6类。此种分类方法所列的危险、危害因素具体、详细、科学合理，适用于项目经理部对危险源进行识别和分析，经过适当的选择调整后，可作为危险源提示表使用，见表1-55。

（3）按引起的事故类型分类

根据《企业伤亡事故分类》（GB 6441）标准，综合考虑事故的诱导性原因、致害物、伤害方式等特点，将危险源及危险源造成的事故分为16类。此种分类方法所列的危险源与企业职工伤亡事故处理调查、分析、统计、职业病处理和职工安全教育的口径基本一致，为企业安全管理人员、广大职工所熟悉，易于接受和理解，

便于实际应用。详见表1-56。

导致事故直接原因分类表　　　　表1-55

类别	内容
物理性危害因素	● 设备、设施缺陷（强度不够、刚度不够、稳定性差、密封不良、应力集中、外形缺陷、外露运动件缺陷、制动器缺陷、控制器缺陷、设备设施其他缺陷）； ● 防护缺陷（无防护、防护装置和设施缺陷、防护不当、支撑不当、防护距离不够、其他防护缺陷）； ● 电伤害（带电部位裸露、漏电、雷电、静电和杂散电流、电火花、其他电危害）； ● 噪声危害（机械性噪声、电磁性噪声、流体动力性噪声、其他噪声）； ● 振动危害（机械性振动、电磁性振动、流体动力性振动、其他振动）； ● 电磁辐射（电离辐射：X射线、γ射线、α粒子、R粒子、质子、中子、高能电子束等）； ● 非电离辐射（紫外辐射、激光辐射、微波辐射、超高频辐射、高频电磁场、工频电场）； ● 运动物危害（固体抛射物、液体飞溅物、反弹物、岩石滑动、料堆垛滑动、气流卷动、冲击地压、其他运动物危害）； ● 明火； ● 能造成灼伤的高温物质（高温气体、高温固体、高温液体、其他高温物质）； ● 能造成冻伤的低温物质（低温气体、低温固体、低温液体、其他低温物质）； ● 粉尘与气溶胶（不包括爆炸性、有毒性粉尘与气溶胶）； ● 作业环境不良（作业环境不良、基础下沉、安全过道缺陷、采光照明不良、有害光照、通风不良、缺氧、空气质量不良、给排水不良、涌水、强迫体位、气温过高、气温过低、气压过高、气压过低、高温高湿、自然灾害、其他作业环境不良）； ● 信号缺陷（无信号设施、信号选用不当、信号位置不当、信号不清、信号显示不准、其他信号缺陷）； ● 标志缺陷（无标志、标志不清楚、标志不规范、标志选用不当、标志位置缺陷、其他标志缺陷）
化学性危害因素	● 易燃易爆性物质（易燃易爆性气体、易燃易爆性液体、易燃易爆性固体、易燃易爆性粉尘与气溶胶、其他易燃易爆性物质）； ● 自燃性物质； ● 有毒物质（有毒气体、有毒液体、有毒固体、有毒粉尘与气溶胶、其他有毒物质）； ● 腐蚀性物质（腐蚀性气体、腐蚀性液体、腐蚀性固体、其他腐蚀性物质）； ● 其他化学性危害因素
生物性危害因素	● 致病微生物（细菌、病毒、其他致病微生物）； ● 传染病媒物； ● 致害动物； ● 致害植物； ● 其他生物性危害因素
行为性危害因素	● 指挥错误（指挥失误、违章指挥、其他指挥错误）； ● 操作失误（误操作、违章作业、其他操作失误）； ● 监护失误； ● 其他错误； ● 其他行为性危害因素

按引起的事故类型分类表　　　　表1-56

类别	内容
物体打击	物体在重力或其他外力的作用下产生运动，打击人体造成人身伤亡事故，不包括因机械设备、车辆、起重机械、坍塌等引发的物体打击

续表

类　别	内　　容
车辆伤害	施工现场内机动车辆在行驶中引起的人体坠落和物体倒塌、飞落、挤压伤亡事故，不包括起重设备提升、牵引车辆和车辆停驶时发生的事故
机械伤害	机械设备运动（静止）部件、工具、加工件直接与人体接触引起的夹击、碰撞、剪切、卷入、绞、碾、割、刺等伤害，不包括车辆、起重机械引起的机械伤害
起重伤害	各种起重作业（包括起重机安装、检修、试验）中发生的挤压、坠落、（吊具、吊重）物体打击和触电
触电	包括雷击伤亡事故
淹溺	包括高处坠落淹溺，不包括矿山、井下透水淹溺
灼烫	火焰烧伤、高温物体烫伤、化学灼伤（酸、碱、盐、有机物引起的体内外灼伤）、物理灼伤（光、放射性物质引起的体内外灼伤），不包括电灼伤和火灾引起的烧伤
高处坠落	在高处作业中发生坠落造成的伤亡事故，不包括触电坠落事故
坍塌	物体在外力或重力作用下，超过自身的强度极限或因结构稳定性破坏而造成的事故，如挖沟时的土石方方、脚手架坍塌、堆置物倒塌等，不适用于车辆、起重机械、爆破引起的坍塌
放炮	爆破作业中发生的伤亡事故
火药爆炸	火药、炸药及其制品在生产、加工、运输、贮存中发生的爆炸事故
化学性爆炸	可燃性气体，粉尘等与空气混合形成爆炸性混合物，接触引爆爆源时，发生的爆炸事故（包括气体分解、喷雾爆炸）
物理性爆炸	包括锅炉爆炸、容器超压爆炸、轮胎爆炸等
中毒和窒息	包括中毒、缺氧窒息、中毒性窒息
其他伤害	除上述以外的危险因素，如摔、扭、挫、擦、刺、割伤和非机动车碰撞、轧伤等（坑道作业、矿山、井下还有冒顶片帮、透水、瓦斯爆炸等危险因素）

2. 危险源与不利环境因素识别的方法

（1）项目经理部识别施工现场危险源与不利环境因素的方法有许多，如现场调查工作任务分析、安全检查表、危险与可操作性研究、事件树分析、故障树分析等，项目经理主要采用现场调查的方法。

（2）现场调查方法，见表1-57。

危险源现场调查方法　　　　　表 1-57

现场调查的形式	● 询问、交谈。对于项目经理部的某项工作和作业有经验的人，往往能指出其工作和作业中的危险源和不利环境因素，从中可初步分析出该项工作和作业中存在的各类危险源与不利环境因素，进行现场观察。通过对施工现场作业环境的观察，可发现存在的危险源与不利环境因素，但要求从事现场观察的人员具有安全、环保技术知识，掌握职业健康安全与环境的法律法规、标准规范。 ● 查阅有关记录。查阅企业的事故、职业病记录，可从中发现存在的危险源与不利环境因素。 ● 获取外部信息。从相关类似企业、类似项目、文献资料、专家咨询等方面获取有关危险源与不利环境因素信息，加以分析研究，有助于识别本工程项目施工现场有关的危险源与不利环境因素。 ● 检查表。运用已编制好的检查表，对施工现场进行系统的安全环境检查，可识别出存在的危险源与不利环境因素

续表

现场调查的具体步骤	● 组织相关人员进行危险源与不利环境因素识别知识培训，并进行现场实地练习。 ● 对作业与管理业务活动分类和危险源与不利环境因素分类作出规定，编制相应的调查、识别表式，由相关人员逐类调查，找出危险源与不利环境因素，并按表式内容进行记录。必要时可以在企业或社会中寻求帮助。危险源与不利环境因素可按作业与管理活动分类汇总记录，也可按引发的事故类别汇总记录。 ● 由专人对调查内容进行汇总、确认、登记，建立项目经理部总的危险源识别及不利环境因素识别清单。 ● 项目经理部根据内外环境的变化，及时识别新出现的危险源与不利环境因素，对相应清单进行更新。 ● 定期对危险源与不利环境因素识别结果的充分性进行评审，必要时应进行调整

3. 危险源与不利环境因素识别的注意事项

（1）应充分了解危险源与不利环境因素的分布。

1）从范围上讲，应包括施工现场内受到影响的全部人员、活动与场所，以及受到影响的社区、排水系统等。包括可施加影响的供应商和分包商等相关方的人员、活动与场所。

2）从状态上讲，应考虑到以下三种状态：

①正常状态，指固定、例行性且计划中的作业与程序；

②异常状态，指在计划中，而不是例行性的作业，如机械的例行维修保养；

③紧急状态，指可能或已发生的紧急事件，如恶劣的突发性气候或事故。

3）从时态上讲，应考虑到以下三种时态：

①过去，以往发生或遗留的问题；

②现在，现在正在发生的、并持续到未来的问题；

③将来，不可预见什么时候发生且对安全和环境造成较大影响，如：新材料的使用、工艺变化、法律法规变化带来的问题。

4）从内容上讲，应包括涉及所有可能的伤害与影响。包括人为失误，物料与设备过期、老化、性能下降造成的问题。

（2）弄清危险源与不利环境因素伤害与影响的方式或途径。

（3）确认危险源与不利环境因素伤害与影响的范围。

（4）要特别关注重大危险源与不利环境因素，防止遗漏。

（5）对危险源与不利环境因素保持高度警觉，持续进行动态识别。

（6）充分发挥员工对危险源与不利环境因素识别的作用，广泛听取每一个员工，包括供应商、分包商的员工的意见和建议，必要时还可征求上级单位、设计单位、监理单位和政府主管部门的意见。

4. 危险源安全风险评价

（1）评价方法

评价应围绕可能性和后果两个方面综合进行。项目管理人员通过定量和定性相结合的方法进行危险源的评价，通过全体员工参与，筛选出应优先控制的重大危险源，具体讲主要采取专家评估法直接判断，必要时可采用作业条件危险性评价法、安全检查表进行判断。

1）专家评估方法

组织有丰富知识，特别是有系统安全工程知识的专家，熟悉本工程管理施工生产工艺的技术和管理人员组成评价组，通过专家的经验和判断能力，对管理、人员、工艺、设备、环境等方面已识别的危险源进行评价，评价出对本工程项目施工安全有重大影响的重大危险源。

作业条件危险性评价法（LEC法）。危险性分值（D）取决于以下三个因素的乘积：

$$D = L \times E \times C \tag{1-19}$$

式中　L——发生事故的可能性大小，其取值见 L 值表；

　　　E——人体暴露于危险环境的频繁程度，其取值见 E 值表；

　　　C——发生事故可能造成的后果，其取值见 C 值表。

其中，将 L 值用概率表示时，绝对不可能发生的事故概率为0，但是，从系统安全角度考虑，绝对不发生事故是不可能的，所

以，将发生事故可能性极小的分数定为 0.1，最大定为 10，在 0.1～10 之间定出若干个中间值，见表 1-58。

L 值表			表 1-58
事故发生的可能性	分数值	事故发生的可能性	分数值
完全可能预料	10	很不可能，可以设想	0.5
相当可能	6	极不可能	0.2
可能，但不经常	3	实际不可能	0.1
可能性小，完全意外	1		

将 E 值最小定为 0.5，最大定为 10，在 0.5～10 之间定出若干个中间值，见表 1-59。

E 值表			表 1-59
暴露于危险环境频繁程度	分数值	暴露于危险环境频繁程度	分数值
连续暴露	10	每月一次暴露	2
每天工作时间内暴露	6	每年几次暴露	2
每周一次暴露或偶然暴露	3	非常罕见地暴露	0.5

将需要救护的轻微伤害 C 规定为 1，将造成多人死亡的可能性值规定为 100，其他情况为 1～100 之间，见表 1-60。

C 值表			表 1-60
发生事故产生的后果	分数值	发生事故产生的后果	分数值
大灾难，许多人死亡	100	严重，重伤	7
灾难，数人死亡	40	重大，致残	3
非常严重，一人死亡	15	引人注目，需要救护	1

D 值为危险分值。根据其大小分为以下几个等级，见表 1-61。

D 值表			表 1-61
危险程度	分数值	危险程度	分数值
极其危险，不可能继续作业	>320	一般危险，需要注意	20～70
高度危险，要立即整改	160～320	稍有危险，可以接受	<20
显著危险，需要整改	70～160		

2）安全检查表

列出各层次的不安全因素，确定检查项目，以提问的方式把检查项目按过程的组成顺序编制成表，按检查项目进行检查或评审。

(2) 重大危险源的判定依据

1）严重不符合法律法规、标准规范和其他要求；

2）相关方有合理抱怨或要求；

3）曾发生过事故，且没有采取有效防范控制措施；

4）直接观察到可能导致危险的错误，且无适当控制措施；

5）通过作业条件危险性评价方法，总分高于 160 分高度危险的。

(3) 安全风险评价结果应形成评价记录，一般可与危险源识别结果合并记录，通常列表记录。对确定的重大危险源还应另列清单，并按优先考虑的顺序排列。

1.6.2.3　施工安全应急预案

工程项目经理部应针对可能发生的事故制定相应的应急救援预案，准备应急救援的物资，并在事故发生时组织实施，防止事故扩大，以减少与之有关的伤害和不利环境影响。

1. 应急预案的编制要求

应急预案应与安保计划同步编写。根据对危险源与不利环境因素的识别结果，确定可能发生的事故或紧急情况的控制措施、失效时所采取的补充措施和抢救行动，以及针对可能随之引发的伤害和其他影响所采取的措施。

应急预案是规定事故应急救援工作的全过程。

应急预案适用于项目部施工现场范围内可能出现的事故或紧急情况的救援和处理。

应急预案中应明确：

(1) 应急救援组织、职责和人员的安排，应急救援器材、设备的准备和平时的维护保养。

(2) 在作业场所发生事故时，如何组织抢救，保护事故现场的安排，其中应明确如何抢救，使用什么器材和设备。

(3) 内部和外部联系的方法、渠道，根据事故性质，规定由谁及在多少时间内向企业上级、政府主管部门和其他有关部门上报，需要通知有关的近邻及消防、救险、医疗等单位的联系方式。

(4) 工作场所内全体人员如何疏散的要求。

2. 应急预案的主要内容

(1) 应急救援组织和人员安排，应急救援器材、设备的配备与维护。应急组织机构如图 1-41 所示。

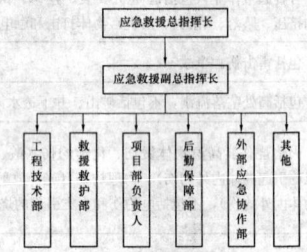

图 1-41　应急救援组织机构图

(2) 在作业场所发生事故时，保护现场、组织抢救的安排，其中应明确如何抢救，使用什么器材、设备。

(3) 建立内部和外部联系的方法、渠道，根据事故性质，按规定在相应期限内报告上级、政府主管部门和其他有关部门，通知有关的近邻及消防、救险、医疗等单位。

(4) 作业场所内全体人员的疏散方案。

3. 应急救援指挥流程

应急救援指挥流程，如图 1-42 所示。

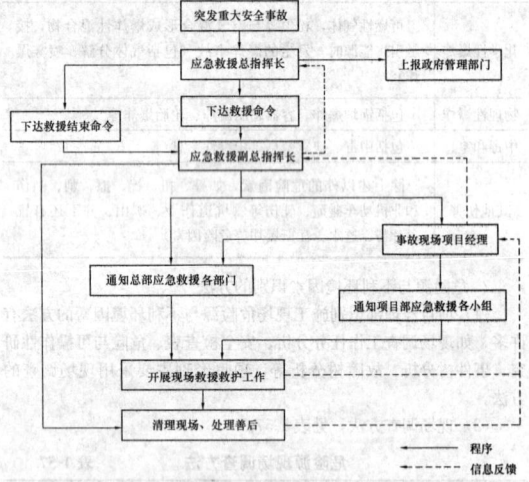

图 1-42　重大安全事故应急救援指挥流程图

4. 应急预案的审核和确认

由施工现场项目经理部的上级有关部门，对应急预案的适宜性进行审核和确认。

1.6.2.4　施工项目安全保证计划

根据安全生产策划的结果，编制施工项目安全保证计划，主要是规划安全生产目标，确定过程控制要求，制定安全技术措施，配备必要资源，确保安全保证目标实现。它充分体现了施工项目安全生产必须坚持"安全第一、预防为主"的方针，是生产计划的重要组成部分，是改善劳动条件，搞好安全生产工作的一项行之有效的制度，其主要内容有：

(1) 项目经理部应根据项目施工安全目标的要求配置必要的资源，确保施工安全保证目标的实现。危险性较大的分部分项工程要制定安全专项施工方案并采取安全技术措施。

(2) 施工项目安全保证计划应在项目开工前编制，经项目经理

批准后实施。

(3) 施工项目安全保证计划的内容主要包括：工程概况，控制程序，控制目标，组织结构，职责权限，规章制度，资源配置，安全措施，检查评价，奖惩制度等。

(4) 施工平面图设计是项目安全保证计划的一部分，设计时应充分考虑安全、防火、防爆、防污染等因素，满足施工安全生产的要求。

(5) 项目经理部应根据工程特点、施工方法、施工程序、安全法规和标准的要求，采取可靠的技术措施，消除安全隐患，保证施工安全和周围环境的保护。

(6) 对结构复杂、施工难度大、专业性强的项目，除制定项目总体安全保证计划外，还须制定单位工程或分部、分项工程的安全施工措施。

(7) 对高空作业、井下作业、水上作业、水下作业、深基础开挖、爆破作业、脚手架上作业、有害有毒作业、特种机械作业等专业性强的施工作业，以及从事电气、压力容器、起重机、金属焊接、井下瓦斯检验、机动车和船舶驾驶等特殊工种的作业，应制定单项安全技术方案和措施，并应对管理人员和操作人员的安全作业资格和身体状况进行合格审查。

(8) 安全技术措施是为防止工伤事故和职业病的危害，从技术上采取的措施，应包括：防火、防毒、防爆、防洪、防尘、防雷击、防触电、防坍塌、防物体打击、防机械伤害、防溜车、放高空坠落、防交通事故、防寒、防暑、防疫、防环境污染等方面的措施。

(9) 实行总分包的项目，分包项目安全计划应纳入总包项目安全计划，分包人应服从承包人的管理。

1.6.2.5　施工项目安全保证计划的实施

施工项目安全保证计划实施前，应按要求上报，经项目业主或企业有关责任人确认审批，后报上级主管部门备案。执行安全计划的项目经理部负责人也应参与确认。主要是确认安全计划的完整性和可行性，项目经理部满足安全保证的能力，各级安全生产岗位责任制和与安全计划不一致的事宜是否解决等。

施工项目安全保证计划的实施主要包括项目经理部制定建立安全生产管理措施和组织系统，执行安全责任制，对全员有针对性地进行安全教育和培训、加强安全技术交底等工作。

1.6.3　施工项目安全管理措施

1.6.3.1　施工项目安全管理措施

项目经理部必须执行国家、行业、地区安全法规、标准，并以此制定本项目的安全管理制度，主要有如下一些方面：

1. 行政管理方面

(1) 安全生产责任制度；

(2) 安全生产例会制度；

(3) 安全生产教育培训制度；

(4) 安全生产检查制度；

(5) 伤亡事故管理制度；

(6) 劳动用品发放及使用的管理制度；

(7) 安全生产奖惩制度；

(8) 施工现场安全管理制度；

(9) 安全技术措施计划管理制度；

(10) 建筑起重机械安全监督管理制度；

(11) 特种作业人员持证上岗制度；

(12) 专项施工方案专家论证审查制度；

(13) 危及施工安全的工艺、设备、材料淘汰制度；

(14) 场区交通安全管理制度；

(15) 施工现场消防安全责任制度；

(16) 意外伤害保险制度；

(17) 建筑施工企业安全生产许可制度；

(18) 建筑施工企业三类人员考核任职制度；

(19) 生产安全事故应急救援制度；

(20) 生产安全事故报告制度等。

2. 技术管理方面

(1) 关于施工现场安全技术要求的规定；

(2) 各专业工种安全技术操作规程；

(3) 设备维护检修制度等。

1.6.3.2　施工项目安全管理组织措施

施工项目安全管理组织措施包括建立施工项目安全组织系统——项目安全管理委员会；建立施工项目安全责任系统；建立各项安全生产责任制度等。

(1) 建立施工项目安全组织系统——项目安全管理委员会，其主要职责是：组织编制安全生产计划，决定资源配置；规定从事项目安全管理、操作、检查人员的职责、权限和相互关系；对安全生产管理体系实施监督、检查和评价；纠正和预防措施的验证。

项目安全管理委员会的构成见图1-43。

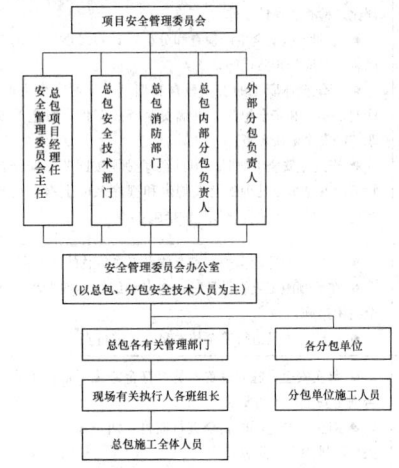

图1-43　项目安全管理委员会组织系统

(2) 建立与项目安全组织系统相配套的各专业、部门、生产岗位的安全责任系统，其构成见图1-44。

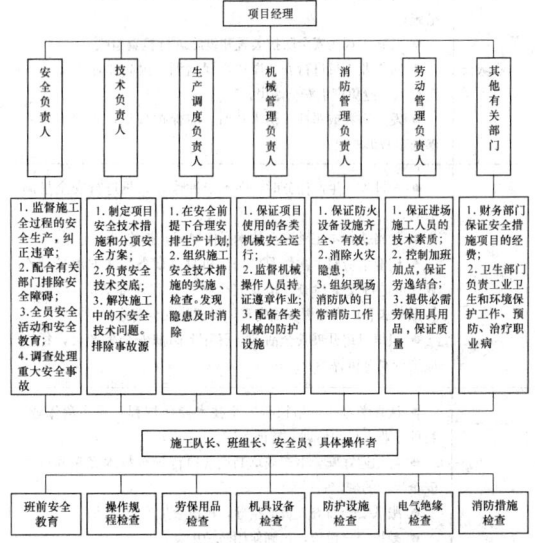

图1-44　施工项目安全责任体系

(3) 安全生产责任制

安全生产责任制是指企业对项目经理部各级领导、各个部门、各类人员所规定的在其各自职责范围内对安全生产应负责任的制度。

安全生产责任制应根据"管生产必须管安全"、"安全生产人人有责"的原则，明确各级领导，各职能部门和各类人员在施工生产活动中应负的安全责任，其内容应充分体现责、权、利相统一的原则。各类人员和各职能部门的安全生产责任制内容见表1-62和表1-63。

施工项目管理人员安全生产责任　　　表 1-62

管理人员	主 要 职 责
项目经理	● 是项目安全生产委员会主任，为施工项目安全生产第一责任人，对项目施工的安全生产负有全面领导责任和经济责任； ● 认真贯彻国家、行业、地区的安全生产方针、政策、法规和各项规章制度； ● 制定和执行本企业（项目）安全生产管理制度； ● 建立项目安全生产管理组织机构并配备干部； ● 严格执行安全技术措施审批和施工安全技术措施交底制度； ● 严格执行安全考核指标和安全生产奖惩办法，主持安全评比、检查、考核工作； ● 定期组织安全生产检查和分析，针对可能产生的安全隐患制定相应的预防措施； ● 组织全体职工的安全教育和培训，学习安全生产法律、法规、制度和安全纪律，讲解安全事故案例，对生产安全和职工的安全健康负责； ● 当发生安全事故时，项目经理必须按国务院安全行政主管部门安全事故处理的有关规定和程序及时上报和处置，并制定防止同类事故再次发生的措施
项目工程师	● 对项目的劳动保护和安全技术工作负总的技术责任； ● 在编制施工组织设计时，制定和组织落实专项的施工安全技术措施； ● 向施工人员进行安全技术交底和进行安全教育
安全员	● 落实安全设施的设置，是否符合施工平面图的布置，是否满足安全生产的要求； ● 对施工全过程的安全进行监督，纠正违章作业，配合有关部门排除安全隐患； ● 组织安全宣传教育和全员安全活动，监督劳保用品质量和正确使用； ● 指导和督促班组搞好安全生产
作业队长	● 向作业人员进行安全技术措施交底，组织实施安全技术措施； ● 对施工现场安全防护装置和设施进行检查验收； ● 对作业人员进行安全操作规程培训，提高作业人员的安全意识，避免产生安全隐患； ● 发生重大或恶性工伤事故时，应保护现场，立即上报并参与事故调查处理
班组长	● 安排施工生产任务时，向本工种作业人员进行安全措施交底； ● 严格执行本工种安全技术操作规程，拒绝违章指挥； ● 作业前应对本次作业使用的机具、设备、防护用具及作业环境进行安全检查，检查安全标牌的设置是否符合规定、标识方法和内容是否正确完整，以消除安全隐患，每周应进行安全讲评； ● 组织班组开展安全活动，召开上岗前安全生产会，每周应进行安全讲评
操作人员	● 认真学习并严格执行安全技术操作规程，不违章作业，特种作业人员须培训、持证上岗； ● 自觉遵守安全生产规章制度，执行安全技术交底和有关安全生产的规定； ● 服从安全监督人员的指导，积极参加安全活动； ● 爱护安全设施，正确使用防护用具； ● 对不安全作业提出意见，拒绝违章作业； ● 下列情况下，操作者不得作业，在领导违章指挥时有拒绝权： 　● 没有有效的安全技术措施，不经安全交底； 　● 设备安全保护装置不安全或不齐全； 　● 没有规定的劳动保护设施和劳动保护用品； 　● 发现事故隐患未及时排除； 　● 非本岗位操作人员、未经培训或考试不合格人员； ● 对施工作业过程中危及生命安全和人身健康的行为，作业人员有权抵制、检举和控告

续表

管理人员	主 要 职 责
承包人对分包人	● 承包人对项目安全管理全面负责，分包人向承包人负责； ● 承包人应在开工前审查分包人安全施工资格和安全生产保证体系，不得将工程分包给不具备安全生产条件的分包人； ● 在分包合同中应明确分包人的安全生产责任和义务； ● 对分包人提出安全要求，并认真监督、检查； ● 对违反安全规定冒险蛮干的分包人，应令其停工整改； ● 承包人应负责统计分包人的伤亡事故，按规定上报，并按分包合同约定协助处理分包人的伤亡事故
分包人	● 分包人应认真履行分包合同中规定的安全生产责任和义务； ● 分包人对本施工现场的安全负责，并应保护环境； ● 遵守承包人的有关安全生产制度，服从承包人对施工现场的安全管理； ● 及时向承包人报告伤亡事故并参与调查，处理善后事宜

项目经理部应根据安全生产责任制的要求，把安全责任目标分解到岗、落实到人。安全生产责任制必须经项目经理批准后实施。

施工项目职能部门安全生产责任　　　表 1-63

职能部门	主 要 职 责
项目经理部	● 积极贯彻执行安全生产方针、法律法规和各项安全规章制度，并监督执行情况； ● 建立项目安全管理体系、安全生产责任制，制定安全工作计划和方针，根据项目特点、安全法规和标准的要求，确定本项目安全生产目标及目标体系，制定安全施工组织设计和安全技术措施； ● 应根据施工中人的不安全行为、物的不安全状态、作业环境的不安全因素和管理缺陷进行相应的安全控制，消除安全隐患，保证施工安全和周围环境的保护； ● 建立安全生产教育培训制度，做好安全生产的宣传、教育和管理工作，对参加特种作业人员进行培训、考核、签发合格证，杜绝未经施工安全生产教育的人员上岗作业； ● 应确定并提供充分的资源，以确保安全生产管理体系的有效运行和安全管理目标的实现，资源包括： 　● 配备与施工安全相适应并经培训考核合格，持证的管理、操作和检查人员； 　● 有施工安全技术和防护设施；施工机械安全装置；用电和消防设施；必要的安全监测工具；安全技术措施的经费等； ● 对自行（包括分包单位）采购的安全设施所需的材料、设备及防护用品进行控制，对供应商的能力、业绩进行评价、审核，并做记录保存，对采购的产品进行检验，签订合同，须上报项目经理审批，保证符合安全规定要求； ● 对分包单位的资质等级、安全许可证和授权委托书，进行验证，对其能力和业绩及务工人员的安全意识和持证状况进行确认，并应安排专人对分包单位施工全过程的安全生产进行监控，并做好记录和资料积累； ● 对施工过程中可能影响安全生产的因素进行控制，对施工过程、行为及设施进行检查、检验或验证，并做好记录，确保施工项目按安全生产的规章制度、操作规程和程序要求进行，对特殊关键施工过程，要落实监控人员、监控方式、措施并进行重点监控，必要时实施旁站监控； ● 应对存在隐患的安全设施、过程和行为进行控制，并及时做出妥善处理，明确责任人； ● 鉴定专控劳动保护用品，并监督其使用； ● 由专人负责建立安全记录，按规定进行标识、编目、立卷和保管； ● 必须为从事危险作业的人员办理人身意外伤害保险
生产计划部门	● 安排生产计划时，须纳入安全计划、安全技术措施内容，合理安排并应有时间保证； ● 检查月旬生产计划的同时，要检查安全措施的执行情况，发现隐患，及时处理； ● 在排除生产障碍时，应贯彻"安全第一"的思想，同时消除安全隐患，遇到安全与生产发生矛盾时，生产必须服从安全，不得冒险违章作业； ● 对改善劳动条件的工程项目必须纳入生产计划，优先安排； ● 加强对现场的场容场貌管理，做到安全生产，文明施工

续表

职能部门	主 要 职 责
安全管理部门	● 严格按照国家有关安全技术规程、标准，编制审批项目安全施工组织设计等技术文件，将安全措施贯彻于施工组织设计、施工方案中； ● 负责制定改善劳动条件、减轻劳动强度、消除噪声、治理尘毒等技术措施； ● 对施工生产中的有关安全问题负责，解决其中的疑难问题，从技术措施上保证安全生产； ● 负责对新工艺、新技术、新设备、新方法制定相应的安全措施和安全操作规程； ● 负责编制安全技术教育计划，对员工进行安全技术教育； ● 组织安全检查，对查出的隐患提出技术改进措施，并监督执行； ● 组织伤亡事故和重大未遂事故的调查，对事故隐患原因提出技术改进措施
机械动力部门	● 负责制定保证机、电、起重设备、锅炉、压力容器安全运行的措施； ● 经常检查安全防护装置及附件，是否齐全、灵敏、有效，并督促操作人员进行日常维护； ● 对严重危及员工安全的机械设备，会同施工技术部门提出技术改进措施，并实施； ● 检查新购进机械设备的安全防护装置，要求其必须齐全、有效，出厂合格证和技术资料必须完整，使用前还应制定安全操作规程； ● 负责对机、电、起重设备的操作人员，锅炉、压力容器的运行人员定期培训、考核，并签发作业合格证，制止无证上岗； ● 认真贯彻执行机、电、起重设备，锅炉、压力容器的安全规程和安全运行制度，对违章作业造成的事故应认真调查分析
物资供应部门	● 施工生产使用的一切机具和附件等，采购时必须附有出厂合格证明，发放时必须符合安全要求，回收后必须检修； ● 负责采购、保管、发放、回收劳动保护用品，并了解使用情况； ● 采购的劳动保护用品，必须符合规格标准； ● 对批准的安全设施所用的材料应纳入计划，及时供应
财务部门	● 按国家有关规定要求和实际需要，提取安全技术措施经费和其他劳保用品费用，专款专用； ● 负责员工安全教育培训经费的拨付工作
保卫消防部门	● 会同有关部门对员工进行安全生产和防火教育； ● 主动配合有关部门开展安全检查，消除事故苗头和隐患，重点抓好防火、防爆、防毒工作； ● 对已发生的重大事故，会同有关部门组织抢救，并参与调查，查明性质，对破坏和破坏嫌疑事故负责追查处理

1.6.3.3 施工安全技术措施

施工安全技术措施是指在施工项目生产活动中，针对工程特点、施工现场环境、施工方法、劳动组织、作业使用的机械、动力设备、变配电设施、架设工具以及各项安全防护设施等制定的确保安全施工，保护环境，防止工伤事故和职业病危害，从技术上采取的预防措施。

施工安全技术措施应具有超前性、针对性、可靠性和可操作性。施工安全技术措施的主要内容见表1-64和表1-65。

施工准备阶段安全技术措施　　表1-64

	内 容
技术准备	● 了解工程设计对安全施工的要求； ● 调查工程的自然环境（水文、地质、气候、洪水、雷击等）和施工环境（粉尘、噪音、地下设施、管道和电缆的分布、走向等）对施工安全及施工对周围环境安全的影响； ● 改扩建工程施工与建设单位使用、生产发生交叉，可能造成双方伤害时，双方应签订安全施工协议，搞好施工与生产的协调，明确双方责任，共同遵守安全事项； ● 在施工组织设计中，编制切实可行、行之有效的安全技术措施，并严格履行审批手续，送安全部门备案

续表

	内 容
物资准备	● 及时供应质量合格的安全防护用品（安全帽、安全带、安全网等），满足施工需要； ● 保证特殊工种（电工、焊工、爆破工、起重工等）使用工具器械质量合格，技术性能良好； ● 施工机具、设备（起重机、卷扬机、电锯、平面刨、电气设备等）、车辆等需要经安全技术性能检测，鉴定合格，防护装置齐全，制动装置可靠，方可进厂使用； ● 施工周转材料（脚手杆、扣件、跳板等）须经认真挑选，不符合安全要求禁止使用
施工现场准备	● 按施工总平面图要求做好现场施工准备； ● 现场各种临时设施、库房，特别是炸药库、油库的布置，易燃易爆品存放都必须符合安全规定和消防要求，须经公安消防部门批准； ● 电气线路、配电设备符合安全要求，有安全用电防护措施； ● 场内道路通畅，设交通标志，危险地带设危险信号及禁止通行标志，保证行人、车辆通行安全； ● 现场周围和陡坡、沟坑处设围栏、防护板，现场入口处设"无关人员禁止入内"的警示标志； ● 塔式起重机等起重设备安装要与输电线路、永久或临设工程间有足够的安全距离，避免碰撞，以保证搭设脚手架、安全网的施工距离； ● 现场设消防栓、有足够的有效的灭火器材、设施
施工队伍准备	● 总包单位及分包单位都应持有有关建设行政主管部门颁发的《建筑施工企业安全生产许可证》方可组织施工； ● 新工人（包括农民工）、特殊工种工人须经岗位技术培训、安全教育，持合格证上岗； ● 高险难作业工人须经身体检查合格，具有安全生产资格，方可施工作业； ● 特殊工种作业人员，必须持有《特种作业操作证》方可上岗

施工阶段安全技术措施　　表1-65

	内 容
一般工程	● 单项工程、单位工程均有安全技术措施，分部分项工程有安全技术具体措施，施工前由技术负责人向参加施工的有关人员进行安全技术交底，并应逐级签发和保存"安全交底任务单"； ● 安全技术应与施工生产技术统一，各项安全技术措施必须在相应的工序施工前落实好，如： 　● 根据基坑、基槽、地下室开挖深度、土质类别，选择开挖方法，确定边坡的坡度和采取的防止塌方的护坡支撑方案； 　● 脚手架、吊篮等选用及设计搭设方案和安全防护措施； 　● 高处作业的上下安全通道； 　● 安全网（平网、立网）的架设要求，范围（保护区域）、架设层次、段落； 　● 对施工电梯、井架（龙门架）等垂直运输设备的位置、搭设要求，稳定性、安全装置等要求； 　● 施工洞口的防护方法和主体交叉施工作业区的隔离措施； 　● 场内运输道路及人行通道的布置； 　● 在建工程与周围人行通道及民房的防护隔离措施； ● 操作者严格遵守相应的操作规程，实行标准化作业； ● 针对采用的新工艺、新技术、新设备、新结构制定专门的施工安全技术措施； ● 在明火作业现场（焊接、切割、熬沥青等）有防火、防爆措施； ● 考虑不同季节的气候对施工生产带来的不安全因素可能造成的各种突发性事故，从防护上、技术上、管理上有预防自然灾害的专门安全技术措施； ● 夏季进行作业，应有防暑降温措施； ● 雨季进行作业，应有防触电、防雷、防沉陷坍塌、防台风和防洪排水等措施； ● 冬季进行作业，应有防风、防火、防冻、防滑和防煤气中毒等措施

续表

	内　容
特殊工程	● 对于结构复杂、危险性大的特殊工程，应编制单项的安全技术措施，如爆破、大型吊装、沉箱、沉井、烟囱、水塔、特殊架作业，高层脚手架、井架等； ● 安全技术措施中应注明设计依据，并附有计算、详图和文字说明
拆除工程	● 详细调查拆除工程结构特点、结构强度，电线线路、管道设施等现状，制定可靠的安全技术方案； ● 拆除建筑物之前，在建筑物周围划定危险警戒区域，设立安全围栏，禁止无关人员进入作业现场； ● 拆除工作开始前，先切断被拆除建筑物的电线、供水、供热、供煤气的通道； ● 拆除工作应自上而下顺序进行，禁止数层同时拆除，必要时要对底层或下部结构进行加固； ● 栏杆、楼梯、平台应与主体拆除程度配合进行，不能先行拆除； ● 拆除作业工人应站在脚手架或稳固的结构部分上操作，拆除承重梁、柱之前应拆除其承重的全部结构，并防止其他部分坍塌； ● 拆下的材料要及时清理运走，不得在旧楼板上集中堆放，以免超负荷； ● 拆除建筑物内需要保留的部分或设备要事先搭好防护棚； ● 一般不采用推倒方法拆除建筑物。必须采用推倒方法时，应采取特殊安全措施

1.6.3.4 安全教育

1. 安全教育的内容

安全教育的内容见表1-66。

安全教育的内容　　　　表1-66

类　别	内　容
安全思想教育	● 安全生产重要意义的认识，增强关心人、保护人的责任感教育； ● 党和国家安全生产劳动保护方针、政策教育； ● 安全与生产辩证关系教育； ● 职业道德教育
安全纪律教育	● 企业的规章制度、劳动纪律、职工守则； ● 安全生产奖惩条例
安全知识教育	● 施工生产一般流程，主要施工方法； ● 施工生产危险区域及其安全防护的基本知识和安全生产注意事项； ● 工种、岗位安全生产知识和注意事项； ● 典型事故案例介绍与分析； ● 消防器材使用和个人防护用品使用知识； ● 事故、灾害的预防措施及紧急情况下的自救知识和现场保护、抢救知识
安全技能教育	● 本岗位、工种的专业安全技能知识； ● 安全生产技术、劳动卫生和安全操作规程
安全法制教育	● 安全生产法律法规、行政规章； ● 生产责任制度及奖罚条例

2. 安全教育制度

安全教育制度见表1-67。

安全教育制度　　　　表1-67

类别	参加人	内　容
新工人安全教育	新参加工作的合同工、临时工、学徒工、农民工、实习生、代培人员等	● 企业要进行安全生产、法律法规教育，主要学习《宪法》、《刑法》、《建筑法》、《消防法》等有关条款；国务院《关于加强安全生产工作的通知》、《建筑安装工程安全技术规程》等有关内容；行政主管部门发布的有关安全生产的规章制度；本企业的规章制度及安全注意事项； ● 事故发生的一般规律及典型事故案例； ● 预防事故的基本知识，急救措施； ● 项目经理部还要重点教育： 　● 施工安全生产基本知识； 　● 本项目工程特点、施工条件、安全生产状况及安全生产制度； 　● 防护用品发放标准及防护用具使用的基本知识； 　● 施工现场中危险部位及防范措施； 　● 防火、防毒、防尘、防塌方、防爆知识及紧急情况下安全处置和安全疏散知识； ● 班组长应主持班组的安全教育： 　● 本班组、工种（特殊作业）作业特点和安全技术操作规程； 　● 班组安全活动制度及纪律和安全基本知识； 　● 爱护和正确使用安全防护装置（设施）及个人防护用品； 　● 本岗位易发生事故的不安全因素及防范措施； 　● 本岗位的作业环境及使用的机械设备、工具安全要求
特种作业人员安全教育	从事电气、锅炉司炉、压力容器、起重机械、焊接、爆破、轮机操作、船舶驾驶、登高架设、瓦斯检验等工种的操作人员以及从事尘毒危害作业人员	● 必须经国家规定的有关部门进行安全教育和安全技术培训，并经考核合格取得操作证者，方准独立作业，所持证件资格须按国家有关规定定期复审； ● 一般的安全知识、安全技术教育； ● 重点进行本工种、本岗位安全知识和安全生产技能的教育； ● 重点进行尘毒危害的识别、防治知识、防治技术等方面安全教育
变换工种安全教育	改变工种或调换工作岗位的人员及从事新操作法的人员	● 改变工种安全教育时间不少于4小时，考核合格方可上岗； ● 新工作岗位的工作性质、职责和安全知识； ● 各种机具设备及安全防护设施的性能和作用； ● 新工种、新操作法安全技术操作规程； ● 新岗位容易发生事故及有毒有害的地方的注意事项和预防措施
各级干部安全教育	组织指挥生产的领导：项目经理、总工程师、技术负责人、施工队长、有关职能部门负责人	● 定期轮训，提高安全意识、安全管理水平和政策水平； ● 熟悉掌握安全生产知识、安全技术业务知识、安全法规制度等； ● 熟悉本岗位的安全生产责任职责； ● 处理及调查工伤事故的规定、程序

1.6.3.5 安全检查与验收

1. 安全检查的形式与内容（表1-68）

安全检查的形式和内容　表1-68

检查形式	检查内容及检查时间	参加部门或人员
定期安全检查	总公司（主管局）每半年一次，普遍检查； 工程公司（处）每季一次，普遍检查； 工程队（车间）每月一次，普遍检查； 元旦、春节、"五一"、"十一"前，普遍检查	由各级主管施工的领导、工长、班组长主持，安全技术部门或安全员组织，施工技术、劳动工资、机械动力、保卫、供应、行政福利等部门参加，工会、共青团配合
季节性安全检查	防传染病检查，一般在春季； 防暑降温、防风、防汛、防雷、防触电、防倒塌、防淹溺检查，一般在夏季； 防火检查，一般在防火期，全年； 防寒、防冰冻检查，一般在冬季	由各级主管施工的领导、工长、班组长主持，安全技术部门或安全员组织，施工技术、劳动工资、机械动力、保卫、供应、行政福利等部门参加，工会、共青团配合
临时性安全检查	施工高峰期、机构和人员重大变动期、职工大批探亲前后、分散施工离开基地之前、工伤事故和险肇事故发生后、上级临时安排的检查	基本同上，或由安全技术部门主持
专业性安全检查	压力容器、焊接工具、起重设备、电气设备、高空作业、吊装、深坑、支模、拆除、爆破、车辆、易燃易爆、尘毒、噪声、辐射、污染等	由安全技术部门主持，安全管理人员及有关人员参加
群众性安全检查	安全技术操作、安全防护装置、安全防护用品、违章作业、违章指挥、安全隐患、安全纪律	由工长、班组长、安全员组成
安全管理检查	规划、制度、措施、责任制、原始记录、台账、图表、资料、表报、总结、分析、档案等以及安全网点和安全管理小组活动	由安全技术部门组织进行

2. 安全检查方法

常用安全问卷检查表法（表1-69、表1-70）进行安全检查，即检查人员亲临现场，查看、量测、现场操作、化验、分析，逐项检查，并作检查记录保存。

公司、项目经理部安全检查表　表1-69

检查项目	检查内容	检查方法或要求	检查结果
安全生产制度	（1）安全生产管理制度是否健全并认真执行了	制度健全，切实可行，进行了层层贯彻，各级主要领导人员和安全技术人员知道其主要条款	
	（2）安全生产责任制是否落实	各级安全生产责任制落实到单位和部门，岗位安全生产责任制落实到人	
安全生产制度	（3）安全生产的"五同时"执行得如何	在计划、布置、检查、总结、评比生产同时，计划、布置、检查、总结、评比安全生产工作	
	（4）安全生产计划编制、执行得如何	计划编制切实、可行、完整、及时，贯彻得认真，执行有力	
	（5）安全生产管理机构是否健全，人员配备是否得当	有领导、执行、监督机构，有群众性的安全网点活动，安全生产管理人员不缺员，没被抽出做其他工作	
安全教育	（6）新工人入厂三级教育是否坚持了	有教育计划、有内容、有记录、有考试或考核	
	（7）特殊工种的安全教育坚持得如何	有安排、有记录、有考试，合格者发操作证，不合格者进行补课教育或停止操作	
	（8）改变工种和采用新技术等人员的安全教育情况怎样	教育得及时，有记录、有考核	
	（9）对工人日常教育进行得怎样	有安排、有记录	
	（10）各级领导干部和业务员是怎样进行安全教育的	有安排、有记录	
安全技术	（11）有无完善的安全技术操作规程	操作规程完善、具体、实用，不漏项、不漏岗、不漏人	
	（12）安全技术措施计划是否完善、及时	单项、单位、分部分项工程都有安全技术措施计划，进行了安全技术交底	
	（13）主要安全设施是否可靠	道路、管道、电气线路、材料堆放、临时设施等的平面布置符合安全、卫生、防火要求；坑、井、洞、孔、沟等处有安全设施；脚手架、井字架、龙门架、塔台、梯凳等都符合安全生产要求和文明施工要求	
	（14）各种机具、机电设备是否安全可靠	安全防护装置齐全、灵敏、闸阀、开关、插头、插座、手柄等均安全、不漏电；有避雷装置、有接地接零；起重设备有限位装置；保险设施齐全完好等	
	（15）防尘、防毒、防爆、防暑、防冻等措施妥否	均达到了安全技术要求	
	（16）防火措施当否	有消防组织，有完备的消防工具和设施，水源方便，道路畅通	
	（17）安全帽、安全带、安全网及其他防护用品和设施当否	性能可靠，佩戴或搭设均符合要求	

续表

检查项目	检查内容	检查方法或要求	检查结果
安全检查	(18) 安全检查制度是否坚持执行了	按规定进行安全检查，有活动记录	
	(19) 是否有违纪、违章现象	发现违纪、违章，及时纠正或进行处理，奖罚分明	
	(20) 隐患处理得如何	发现隐患，及时采取措施，并有信息反馈	
	(21) 交通安全管理得怎样	无交通事故，无违章、违纪、受罚现象	
安全业务工作	(22) 记录、台账、资料、报表等管理得怎样	齐全、完整、可靠	
	(23) 安全事故报告及时否	按"三不放过"原则处理事故，报告及时，无瞒报、谎报、拖报现象	
	(24) 事故预测和分析工作是否开展了	进行了事故预测，对事故进行一般分析和深入分析，运用了先进方法和工具	
	(25) 竞赛、评比、总结等工作进行否	按工作规划进行	

班组安全检查表 表 1-70

检查项目	检查内容	检查方法或要求	检查结果
作业前检查	(1) 班前安全生产会开了没有	查安排、看记录、了解未参加人员的主要原因	
	(2) 每周一次的安全活动坚持了没有	同上，并有安全技术交底卡	
	(3) 安全网点活动开展得怎样	有安排、有分工、有内容、有检查、有记录、有小结	
	(4) 岗位安全生产责任制是否落实	知道责任制的主要内容，明确相互之间的配合关系，没有失职现象	
	(5) 本工种安全技术操作规程掌握如何	人人熟悉本工种安全技术操作规程，理解内容实质	
	(6) 作业环境和作业位置是否清楚，并符合安全要求	人人知道作业环境和作业地点，知道安全注意事项，环境和地点整洁，符合文明施工要求	
	(7) 机具、设施准备得如何	机具设备齐全可靠，摆放合理，使用方便，安全装置符合要求	
	(8) 个人防护用品穿戴好了吗	齐全、可靠、符合要求	
	(9) 主要安全设施是否可靠	进行了自检，没发现任何隐患，或有个别隐患，已经处理了	
	(10) 有无其他特殊问题	参加作业人员身体、情绪正常，没有发现穿高跟鞋、拖鞋、裙子等现象	

续表

检查项目	检查内容	检查方法或要求	检查结果
作业中检查	(11) 有无违反安全纪律现象	密切配合，不互相出难题；不能只顾自己，不顾他人；不互相打闹；不隐瞒隐患，强行作业；有问题及时报告等	
	(12) 有无违章作业现象	不乱摸乱动机具、设备；不乱触乱碰电气开关；不乱挪乱拿消防器材；不在易燃易爆物品附近吸烟；不乱丢抛料具和物件；不任意脱去个人防护用品；不私自拆除防护设施；不图省事而省略动作等	
	(13) 有无违章指挥现象	违章指挥出自何处何人，是执行了还是抵制了，抵制后又是怎样解决的等	
	(14) 有无不懂、不会操作的现象	查清作业人和作业内容	
	(15) 有无故意违反技术操作现象	查清作业人和作业内容	
	(16) 作业人员的特异反应如何	对作业内容有无不适应的现象，作业人员身体、精神状态是否失常，是怎样处理的	
作业后检查	(17) 材料、物资整理没有	清理有用品，清除无用品，堆放整齐	
	(18) 料具和设备整顿没有	归位还原，保持整洁，如放置在现场，要加强保护	
	(19) 清扫工作做得怎样	作业场地清扫干净，秩序井然，无零散物件，道路、路口畅通，照明良好，库上锁，门关严	
	(20) 其他问题解决得如何	如下班后人数清点没有，事故处理情况怎样，本班作业的主要问题是否报告和反映了等	

3. 安全检查评分方法

建设部于 1999 年 4 月颁发了《建筑施工安全检查标准》（JGJ 59—99)，并于 1999 年 5 月 1 日起实施。该标准共分 3 章 27 条，其中一个检查评分汇总表，13 个分项检查评分表，检查内容共有 168 个项目 535 条。最后以汇总表的总得分及保证项目达标与否，作为对一个施工现场安全生产情况的评价依据，分为优良、合格、不合格三个等级。

4. 施工安全验收制度

坚持"验收合格才能使用"原则进行施工安全验收，所有验收都必须进行记录并办理书面确认手续，否则无效。验收范围程序见表 1-71。

施工安全验收程序 表 1-71

验 收 范 围	验 收 程 序
脚手架杆件、扣件、安全网、安全帽、安全带、护目镜、防护面罩、绝缘手套、绝缘鞋等个人防护用品	● 应有出厂证明或验收合格的凭据； ● 由项目经理、技术负责人、施工队长共同审验
各类脚手架、堆料架、井字架、龙门架、支搭的安全网、立网等	● 由项目经理或技术负责人申报支搭方案并牵头，会同工程和安全主管部门进行检查验收
临时电气工程设施	● 由安全主管部门牵头，会同电气工程师、项目经理、方案制定人、安全员进行检查验收

续表

验收范围	验收程序
起重机械、施工用电梯	● 由安装单位和工地的负责人牵头，会同有关部门检查验收
中小型机械设备	● 由工地负责人和工长牵头，进行检查验收

5. 隐患处理

(1) 检查中发现的安全隐患应进行登记，作为整改的备查依据并进行安全动态分析。

(2) 发现隐患应立即发出隐患整改通知单，对即发性事故隐患，检查人员应责令被查单位立即停工整改。

(3) 对于违章指挥、违章作业行为，检查人员可以当场指出，立即纠正。

(4) 受检单位领导对查出的安全隐患应立即研究制定整改方案。定人、定期限、定措施完成整改工作。

(5) 整改完成后要及时通知有关部门派人员进行复查验证，合格后可销案。

1.6.4　伤亡事故的调查与处理

职工在施工劳动过程中从事本岗位劳动，或虽不在本岗位劳动，但由于施工设备和设施不安全、劳动条件和作业环境不良、管理不善，以及领导指令在外从事本企业活动，所发生的人身伤害（即轻伤、重伤、死亡）和急性中毒事故都属于伤亡事故。

1.6.4.1　伤亡事故等级

根据国务院 1991 年 3 月 1 日起实施的《企业职工伤亡事故报告和处理规定》、《企业职工伤亡事故分类》（GB 6441）和《生产安全事故报告和调查处理条例》（国务院令第 493 号）的规定，职工在劳动过程中发生的人身伤害、急性中毒伤亡事故具体分类见表1-72。

生产安全事故等级分类　　　　表 1-72

事故类别	说　　　明
轻伤	● 损失工作日 1～105 个工作日的失能伤害
重伤	● 损失工作日等于或超过 105 个工作日的失能伤害
死亡	● 损失工作日 6000 工日
安全事故	● 特别重大事故，是指造成 30 人以上死亡，或者 100 人以上重伤（包括急性工业中毒，下同），或者 1 亿元以上直接经济损失的事故； ● 重大事故，是指造成 10 人以上 30 人以下死亡，或者 50 人以上 100 人以下重伤，或者 5000 万元以上 1 亿元以下直接经济损失的事故； ● 较大事故，是指造成 3 人以上 10 人以下死亡，或者 10 人以上 50 人以下重伤，或者 1000 万元以上 5000 万元以下直接经济损失的事故； ● 一般事故，是指造成 3 人以下死亡，或者 10 人以下重伤，或者 1000 万元以下直接经济损失的事故

注：损失工作日是指估价事故在劳动力方面造成的直接损失。某种伤害的损失工作日一经确定，即为标准值，与受伤害者的实际休息日无关。

伤亡事故的分类在本书 1.6.2.2 中有详细说明。

1.6.4.2　事故原因

事故原因有直接原因、间接原因和基础原因，其具体表现见表 1-73。由于基础原因造成了间接原因——管理缺陷；管理缺陷与不安全状态的结合就构成了事故的隐患；当事故隐患形成并偶然被人的不安全行为所触发时就发生了事故，即：施工中的危险因素＋触发因素＝事故，这个事故发生规律的过程可用图 1-45 示意表示。

事　故　原　因　　　　表 1-73

种类		内　　　容
直接原因		最接近发生事故的时刻，并直接导致事故发生的原因
	人的原因	**人的不安全行为**
	身体缺陷	疾病、职业病、精神失常、智商过低（呆滞、接受能力差、判断能力差等）、紧张、烦躁、疲劳、易冲动、易兴奋、运动精神迟钝、对自然条件和环境过敏、不适应复杂和快速动作、应变能力差等
	错误行为	嗜酒、吸毒、吸烟、打赌、逞强、戏耍、嬉笑、追逐等； 错视、错听、错嗅、误触、误动作、误判断、突然受阻、无意相碰、意外滑倒、误入危险区域等
	违纪违章	粗心大意、漫不经心、注意力不集中、不懂装懂、无知而又不虚心、凭过时的经验办事、不履行安全措施、安全检查不认真、随意乱放物品物件、任意使用规定外的机械装置、不按规定使用防护用品用具、碰运气、图省事、盲目相信自己的技术、企图恢复不正常的机械设备、玩忽职守、有意违章、只顾自己而不顾他人等
	环境和物的原因	**环境和物的不安全状态**
	设备、装置、物品的缺陷	技术性能降低、强度不够、结构不良、磨损、老化、失灵、霉烂、物理和化学性能达不到要求等
	作业场所的缺陷	狭窄、立体交叉作业、多工种密集作业、通道不宽敞、机械拥挤、多单位同时施工等
	有危险源（物质和环境）	化学方面的氧化、自然、易燃、毒性、腐蚀、致癌、分解、光反应、水反应等； 机械方面的重物、振动、位移、冲撞、落物、尖角、旋转、冲压、轧压、剪切、切削、磨研、钳夹、切割、陷落、抛飞、铆锻、倾覆、翻滚、崩断、往复运动、凸轮运动等；电气方面的漏电、短路、火花、电弧、电辐射、超负荷、过热、爆炸、绝缘不良、无接地接零、反接、高压带电作业等； 环境方面的辐射线、红外线、紫外线、强光、雷电、风暴、骤雨、浓雾、高低温、潮湿、气压、气流、洪水、地震、山崩、海啸、泥石流、强磁场、冲击波、射频、微波、噪声、粉尘、烟雾、高压气体、火源等
间接原因		使直接原因得以产生和存在的原因
	管理原因	**管理缺陷**
	目标与规划方面	目标不清、计划不周、标准不明、措施不力、方法不当、安排不细、要求不具体、分工不落实、时间不明确、信息不畅通等
	责任制方面	责权利结合不好、责任不分明、责任制有空当、相互关系不严密、缺少考核办法、考核不严格、奖罚不严等
	管理机构方面	机构设置不当、人浮于事或缺员、管理人员质量不高、岗位责任不具体、业务部门之间缺乏有机联系等
	教育培训方面	无安全教育规划、未建立安全教育制度、只教育而不考核、考核考试不严格、教育方法单调、日常教育抓得不紧、安全技术知识缺乏等

续表

种类			内　容
间接原因	管理原因		使直接原因得以产生和存在的原因
			管理缺陷
		技术管理方面	建筑物、结构物、机械设备、仪器仪表的设计、选材、布置、安装、维护、检修有缺陷；工艺流程和操作方法不当；安全技术操作规程不健全；安全防护措施不落实；检测、试验、化验有缺陷；防护用品质量欠佳；安全技术措施费用不落实
		安全检查方面	检查不及时；检查出的问题未及时处理；检查不严、不细；安全自检坚持得不够好；检查的标准不清；检查中发现的隐患没立即消除；有漏查漏检现象等
		其他方面	指令有误、指挥失误、联络欠佳、手续不清、基础工作不牢、分析研究不够、报告不详、确认有误、处理不当等
基础原因			造成间接原因的因素
			包括经济、文化、社会历史、法律、民族习惯等社会因素

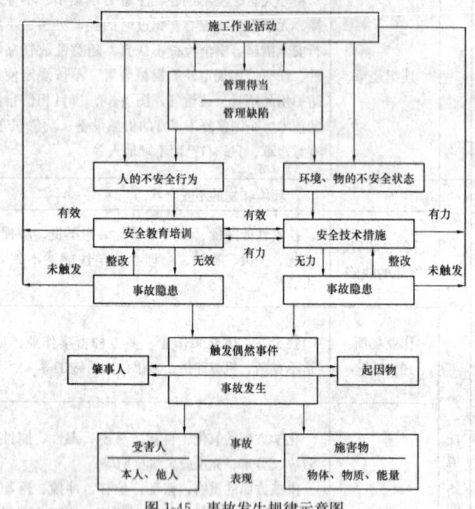

图 1-45　事故发生规律示意图

1.6.4.3　伤亡事故的处理程序

发生伤亡事故后，负伤人员或最先发现事故的人应立即报告。企业对受伤人员歇工一个工作日以上的事故，应填写伤亡事故登记表并及时上报。

企业发生重伤和重大伤亡事故，必须立即将事故概况（包括伤亡人数、发生事故的时间、地点、原因）等，用快速方法分别报告企业主管部门、行业安全管理部门和当地公安部门、人民检察院。发生重大伤亡事故，各有关部门接到报告后应立即转报各自的上级主管部门。

对事故的调查处理，必须坚持"事故原因不清不放过，事故责任者和群众没有受到教育不放过，没有防范措施不放过"的"三不放过"原则，事故调查的工作关系见图 1-46，事故的处理程序见表 1-74。

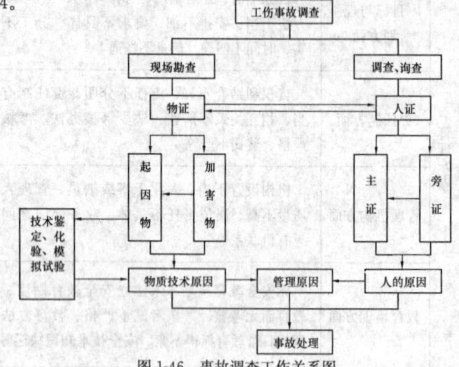

图 1-46　事故调查工作关系图

伤亡事故处理程序　　　　表 1-74

程序	内　容
抢救伤员保护现场	● 事故发生后，负伤人员或最先发现事故的人应立即报告有关部门，并逐级上报； ● 单位领导接到事故报告后，应立即赶赴现场组织抢救，制止事故蔓延扩大； ● 现场人员应有组织，服从指挥，首先抢救伤员，排除险情； ● 保护好事故现场，防止人为或自然因素破坏，在须移动现场物品时，应做好标识
组织调查组	在组织抢救的同时，应迅速组织调查组开展调查工作，调查组的组成： ● 轻伤重伤事故，由企业负责人或其指定人员组织生产、技术、安全、工会等部门组成； ● 伤亡事故，由企业主管部门会同企业所在地区的行政安全部门、公安部门、工会组成； ● 重大死亡事故，按照企业的隶属关系，由省、自治区、直辖市企业主管部门或国务院有关主管部门会同同级行政安全管理部门、公安部门、监察部门、工会组成； ● 死亡和重大死亡事故调查组还应邀请人民检察院参加，还可邀请有关专业技术人员参加； ● 与发生事故有关直接利害关系的人员不得参加调查组
现场勘察	现场勘查必须及时、全面、准确、客观，其主要内容有： (1) 现场调查笔录： ● 事故发生的时间（年、月、日、时、分、班次）； ● 具体地点（施工所在地、现场工号位置）； ● 现场自然环境、气象、污染、噪声、辐射等； ● 现场勘察人姓名、单位、职务和现场勘察的起止时间和勘察过程； ● 受伤害人员自然状况（姓名、年龄、工龄、工种、安全教育等）、伤害部位、性质、程度； ● 事故发生前劳动组合、现场人员的位置和行动，受伤害人数及事故类别； ● 导致伤亡事故发生的起因物（建筑物、构筑物、机械设备、材料、用具等）； ● 发生事故作业的工艺条件、操作方法、设备状况及工作参数； ● 设备损坏或异常情况及事故前后的位置，能量失散所造成的破坏情况、状态、程度； ● 重要物证的特征、位置、散落情况及鉴定、化验、模拟试验等检验情况； ● 安全技术措施计划的编制、交底、执行情况，安全管理各项制度执行情况； (2) 现场拍照： ● 方位拍照，能反映事故现场在周围环境中的位置； ● 全面拍照，能反映事故现场各部分之间的联系； ● 中心拍照，能反映事故现场中心情况； ● 细目拍照，提供事故直接原因的痕迹物、致害物等； ● 人体拍照，反映伤亡者主要受伤和造成死亡伤害的部位； (3) 现场绘图：根据事故类别和规模以及调查工作的需要现场绘制图有：平面图、流程图、剖面图；事故时现场人员位置及活动图；破坏物立体图或展开图；涉及范围图；设备或工、器具构造简图
分析事故原因	(1) 认真、客观、全面、细致、准确地分析造成事故的原因，确定事故的性质； (2) 按《企业职工伤亡事故分类》（GB 6441）标准附录 A，受伤部位、受伤性质、起因物、致害物、伤害方法、不安全状态和不安全行为等七项内容进行分析，确定事故的直接原因和间接原因； (3) 根据调查所确认的事实，从直接原因入手，深入查出间接原因，分析确定事故的直接责任者和领导责任者，并根据其在事故发生过程中的作用确定主要责任者； (4) 事故的性质，包括： ● 责任事故，由于人的过失造成的事故； ● 非责任事故，由于不可预见或不可抗力的自然条件变化所造成的事故或在技术改造、发明创造、科学试验活动中，由于科学技术条件的限制而发生的无法预料的事故； ● 破坏性事故，即为达到既定目的而故意制造的事故。此类事故应由公安机关立案、追查处理

续表

程　序	内　　容
事故责任分析	（1）根据调查掌握的事实，按有关人员职责、分工、工作态度和在事故中的作用追究其应负责任； （2）按照生产技术因素和组织管理因素，追究最初造成事故隐患的责任； （3）按照技术规定的性质、技术难度、明确程度，追究属于明显违反技术规定的责任； （4）根据其情节轻重和损失大小，分清责任、主要责任、其次责任、重要责任、一般责任、领导责任等： ● 因设计上的错误和缺陷而发生的事故，由设计者负责； ● 因施工、制造、安装、检修上的错误或缺陷所发生的事故，由施工、制造、安装、检修、检验者负责； ● 因工艺条件或技术操作确定上的错误和缺陷而发生的事故，由其确定者负责； ● 因官僚主义上的错误决定、指挥错误而造成的事故，由指挥者负责； ● 事故发生未及时采取措施，以致使类似事故重复发生的，由有关领导负责； ● 因缺少安全生产规章制度而发生的事故，由生产组织者负责； ● 因违反规定或操作错误而造成的事故，由操作者负责； ● 未经教育、培训，不懂安全操作规程就上岗作业而发生的事故，由指派者负责； ● 因随便拆除安全防护装置而造成的事故，由决定拆除者负责； ● 对已发现的重大事故隐患，未及时解决而造成的事故，由主管领导或贻误部门领导负责。 （5）对发生伤亡事故后，有下列行为者要给予从严处理： ● 发生伤亡事故后，隐瞒不报、虚报、拖报的； ● 发生伤亡事故后，不积极组织抢救或抢救不力而造成更大伤亡的； ● 发生伤亡事故后，不认真采取防范措施，致使同类事故重复发生的； ● 发生伤亡事故后，滥用职权，擅自处理事故或袒护、包庇事故责任者的； ● 事故调查中，隐瞒真相，弄虚作假，嫁祸于人的； （6）根据事故后果和认识态度，按规定提出对责任者以经济处罚、行政处分或追究刑事责任等处理意见
制定预防措施	● 根据事故原因分析，制定防止类似事故再次发生的预防措施； ● 分析事故责任，使责任者、领导者、职工群众吸取教训，改进工作，加强安全意识； ● 对重大未遂事故也应按上述要求查找原因、严肃处理
撰写调查报告	● 调查报告应包括事故发生的经过、原因、责任分析和处理意见及本事故的教训和改进工作的建议等内容； ● 调查报告须经调查组全体成员签字后批准； ● 调查组内部存在分歧时，持不同意见者可保留意见，在签字时加以说明
事故审理和结案	● 事故处理结论，经有关机关审批后，即可结案； ● 伤亡事故处理工作应当在90天结案，特殊情况不得超过180天； ● 事故案件的审批权限应同企业的隶属关系及人事管理权限一致； ● 事故调查处理的文件、图纸、照片、资料等记录应完整并长期保存
员工伤亡事故记录	员工伤亡事故登记记录主要有： 员工重伤、死亡事故调查报告书，现场勘察记录、图纸、照片等资料；物证、人证调查材料；技术鉴定和试验报告；医疗部门对伤亡者的诊断结论及影印件；事故调查组人员的姓名、职务，并应逐个签字；企业及其主管部门对事故的结案报告；受处理人员的检查材料；有关部门对事故的结案批复等
工伤事故统计说明	● "工人职员在生产区域内所发生的和生产有关的伤亡事故"，是指企业在册职工在企业活动所涉及的区域内（不包括托儿所、食堂、诊疗所、俱乐部、球场等生活区域），由于生产过程中存在的危险因素的影响，突然使人体组织受到损伤或某些器官失去正常机能，以致伤亡者立即中断工作的事故； ● 员工负伤后一个月内死亡，应作为死亡事故填报或补报，超过者不作死亡事故统计； ● 员工在生产工作岗位干私活或打闹造成伤亡事故，不作工伤统计； ● 企业车辆执行生产运输任务（包括本企业职工乘坐企业车辆）行驶在场外公路上发生的伤亡事故，一律由交通部门统计； ● 企业发生火灾、爆炸、翻车、沉船、倒塌、中毒等事故造成旅客、居民、行人伤亡，均不作职工伤亡统计； ● 停薪留职的职工到外单位工作发生伤亡事故由外单位统计

1.6.5　安全事故原因分析方法

安全事故的分析方法很多，主要有事件树分析法、故障树分析法、因果分析图法、排列图法等。这些方法既可用于事前预防，又可用于事后分析。

1.6.5.1　事件树分析法

事件树分析法（ETA），又称决策树法。它是从起因事件出发，依照事件发展的各种可能情况进行分析，既可运用概率进行定量分析，亦可进行定性分析，如图1-47所示为工人搭护手架时不慎将扳手从12m高处坠落，致使行人死亡的事故分析。

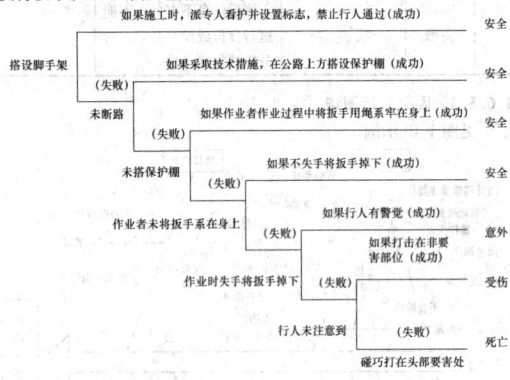

图1-47　物体打击死亡事故事件树分析

1.6.5.2　故障树分析法

故障树分析法（FTA），又称事故的逻辑框图分析法。它与事件树分析法相反，是从事故开始，按生产工艺流程及因果关系，逆时序地进行分析，最后找出事故的起因。这种方法也可进行定性或定量分析，能揭示事故起因和发生的各种潜在因素，便于对事故发生进行系统预测和控制。图1-48为对一位工人不慎从脚手架上坠落死亡事故的故障树分析示例。图中符号意义见表1-75。

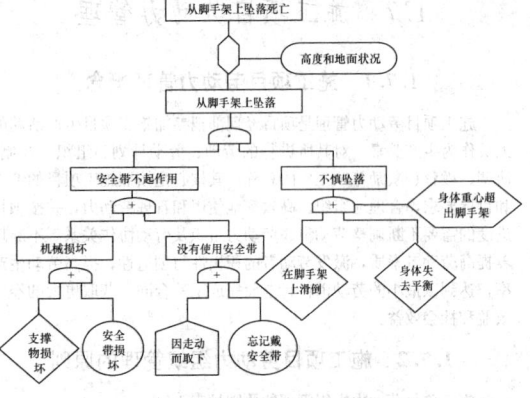

图1-48　（从脚手架上坠落死亡）故障树

故障树分析常用符号　　　　　　表1-75

种类	名　称	符　号	说　　明	表达式
逻辑门	与门		表示输入事件 B_1、B_2 同时发生时，输出事件 A 才会发生	$A = B_1 \cdot B_2$
	或门		表示输入事件 B_1 或 B_2 任何一个事件发生，A 就发生	$A = B_1 + B_2$
	条件与门		表示 B_1、B_2 同时发生并满足该门条件时，A 才会发生	
	条件或门		表示 B_1 或 B_2 任一事件发生并满足该门条件时，A 才会发生	

续表

种类	名称	符号	说明	表达式
事件	矩形	▭	表示顶上事件或中间事件	
	圆形	◯	表示基本事件，即发生事故的基本原因	
	屋形	△	表示正常事件，即非缺陷事件，是系统正常状态下存在的正常事件	
	菱形	◇	表示信息不充分、不能进行分析或没有必要进行分析的省略事件	

1.6.5.3　因果分析图法

见图 1-49 示例。

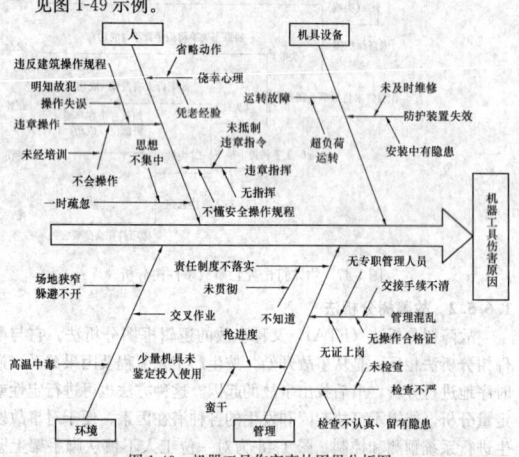

图 1-49　机器工具伤害事故因果分析图

1.7　施工项目劳动力管理

1.7.1　施工项目劳动力管理概念

施工项目劳动力管理是项目经理部把参加施工项目生产活动的人员作为生产要素，对其所进行的劳动、劳动计划、组织、控制、协调、教育、激励等项工作的总称。其核心是按照施工项目的特点和目标要求，合理地组织、高效率地使用和管理劳动力，并按项目进度的需要不断调整劳动量、劳动力组织及劳动协作关系。不断培养提高劳动者素质，激发劳动者的积极性与创造性，提高劳动生产率，达到以最小的劳动消耗，全面完成工程合同，获取更大的经济效益和社会效益。

1.7.2　施工项目劳动力组织管理的原则

施工项目劳动力组织管理的原则见表 1-76。

施工项目劳动力组织管理的原则　　　表 1-76

原则		内　　容
两层分离	项目管理人员	● 以组织原理为指导，科学定员设岗为标准； ● 公司领导审批，逐级聘任上岗； ● 依据项目承包合同管理
	劳务人员	● 以企业为依托，企业适当保留一些与本企业专业密切相关的高级技术工种工人，其余劳动力由企业向社会劳动市场招募； ● 企业以项目劳动力计划为依据，按计划供应给项目经理部； ● 建筑劳务分包企业（有木工、砌筑、抹灰、油漆、钢筋、混凝土、脚手架、模板、焊接、水暖电安装、钣金、架线等 13 个作业类别）是施工项目的劳动力可靠且稳定的来源； ● 依据劳务分包合同管理

续表

原则		内　　容
优化配置	素质优化	● 以平等竞争、择优选用的原则，选择觉悟高、技术精、身体好的劳动者上岗； ● 以双向选择、优化组合的原则组合生产班组； ● 坚持上岗转岗前培训制度，提高劳动者综合素质
	数量优化	● 依据项目规模和施工技术特点，按照合理的比例配备管理人员和各工种工人； ● 保证施工过程中充分利用劳动力，避免劳务失衡、劳务与生产脱节
	组织形式优化	● 建立适应项目特点的精干高效的组织形式
动态管理	依据和目的	● 以进度计划与劳务合同为依据，以动态平衡和日常调度为手段，允许劳动力合理流动； ● 以达到劳动力优化组合以及充分调动作业人员劳动积极性为目的
	管理的方法	● 项目经理部向公司劳务管理部门申请派遣劳务人员的数量、工种、技术能力等要求，并签订劳务合同； ● 项目经理部向参加施工的劳务人员下达施工任务单或承包任务书，并对其作业质量和效率进行检查考核； ● 项目经理部应对参加施工的劳务人员进行教育培训和思想管理； ● 根据施工生产任务和施工条件的变化，对劳动力进行跟踪平衡、协调，进行劳动力补充或减员，及时解决劳动力配合中的矛盾； ● 在项目施工的劳务平衡协调过程中，按合同与企业劳务部门保持信息沟通，人员使用和管理的协调； ● 按合同支付劳务报酬，解除劳务合同后，将人员遣归企业内部劳务市场

1.7.3　施工项目劳动力组织管理的内容

施工项目劳动力组织管理的内容见表 1-77。

施工项目劳动力组织管理的内容　　　表 1-77

管理方式	内　　容
对外包、分包劳务的管理	● 认真签订和执行合同，并纳入整个施工项目管理控制系统，及时发现并协商解决问题，保证项目总体目标实现； ● 对其保留一定的直接指挥权，对违纪不适宜工作的工人，项目管理部门拥有辞退权，对贡献突出者有特别奖励权； ● 间接影响劳务单位对劳务的组织管理工作，如工资奖励制度、劳务调配等； ● 对劳务人员进行上岗前培训并全面进行项目目标和技术交底工作
由项目管理部门直接组织管理	● 严格项目内部经济责任制的执行，按内部合同进行管理； ● 实施先进的劳动定额、定员，提高管理水平； ● 组织与开展劳动竞赛，调动职工的积极性和创造性； ● 严格职工的培训、考核、奖惩； ● 加强劳动保护和安全卫生工作，改善劳动条件，保证职工健康与安全生产； ● 抓好班组管理，加强劳动纪律
与企业劳务管理部门共同管理	● 企业劳务管理部门与项目经理部通过签订劳务承包合同承包劳务，派遣劳务作业队完成承包任务； ● 合同中应明确作业任务及应提供的计划工日数和劳动力人数、施工进度要求及劳务进场时间、双方的管理责任、劳务费计取及结算方式、奖励与罚款等； ● 企业劳务部门的管理责任是：包作业任务完成，包进度、质量、安全、节约、文明施工和劳务费用； ● 项目经理部的管理责任是：在作业队进场后，保证施工任务饱满和生产的连续性、均衡性；保物资供应、机械配套；保各项质量、安全防护措施落实；保及时供应技术资料；保文明施工所需的公费用及设施； ● 企业劳务管理部门向作业队下达劳务承包责任状； ● 承包责任状根据已签订的承包合同建立，其内容主要有： 　● 作业队承包的任务及计划安排； 　● 对作业队施工进度、质量、安全、节约、协作和文明施工的要求； 　● 对作业队的考核标准、应得的报酬及上缴任务； 　● 对作业队的奖罚规定

1.7.4 劳动定额与定员

1.7.4.1 劳动定额

劳动定额是指在正常生产条件下，为完成单位产品（或工作）所规定的劳动消耗的数量标准。其表现形式有两种：时间定额和产量定额。时间定额指完成合格产品所必需的时间。产量定额指单位时间内应完成合格产品的数量。二者在数值上互为倒数。

1. 劳动定额的作用

劳动定额是劳动效率的标准，是劳动管理的基础，其主要作用是：

(1) 劳动定额是编制施工项目劳动计划、作业计划、工资计划等各项计划的依据；

(2) 劳动定额是项目经理部合理定编、定岗、定员及科学地组织生产劳动推行经济责任制的依据；

(3) 劳动定额是衡量考评工人劳动效率的标准，是按劳分配的依据；

(4) 劳动定额是施工项目实施成本控制和经济核算的基础。

2. 劳动定额水平

劳动定额水平必须先进合理。在正常生产条件下，定额应控制在多数工人经过努力能够完成，少数先进工人能够超过的水平上。定额要从实际出发，充分考虑到达到定额的实际可能性，同时还要注意保持不同工种定额水平之间的平衡。

1.7.4.2 劳动定员

劳动定员是指根据施工项目的规模和技术特点，为保证施工的顺利进行，在一定时期内（或施工阶段内）项目必须配备的各类人员的数量和比例。

1. 劳动定员的作用

(1) 劳动定员是建立各种经济责任制的前提。

(2) 劳动定员是组织均衡生产，合理用人，实施动态管理的依据。

(3) 劳动定员是提高劳动生产率的重要措施之一。

2. 劳动定员方法

(1) 按劳动定额定员，适用于有劳动定额的工作，计算公式是：

$$某工种的定员人数=\frac{某工种计划工程量}{该工种工人产量定额\times计划出勤工日利用率} \tag{1-20}$$

(2) 按施工机械设备定员，适用于如车辆及施工机械的司机、装卸工人、机床工人等的定员。计算公式为：

$$某机械设备定员人数=\frac{必需的机械设备台数\times每台设备工作班次}{工人看管定额\times计划出勤工日利用率} \tag{1-21}$$

(3) 按比例定员。按某类人员占工人总数或与其他类人员之间的合理的比例关系确定人数。如：普通工可按与技术工人比例定员。

(4) 按岗位定员。按工作岗位数确定必要的定员人数。如维修工、门卫、消防人员等。

(5) 按组织机构职责分工定员，适用于工程技术人员、管理人员的定员。

1.8 施工项目材料管理

1.8.1 施工项目材料管理的主要内容

施工项目材料管理是项目经理部为顺利完成项目施工任务，从施工准备开始到项目竣工交付为止，所进行的材料计划、订货采购、运输、库存保管、供应、加工、使用、回收等所有材料管理工作。

施工项目材料管理的主要内容有：

(1) 项目材料管理体系和制度的建立。建立施工项目材料管理岗位责任制，明确项目材料的计划、采购、验收、保管、使用等各环节管理人员的管理责任及管理制度。实现合理使用材料，降低材料成本的管理目标。

(2) 材料流通过程的管理。包括材料采购策划、供方的评审和评定、合格供货商的选择、采购、运输、仓储等材料供应过程所需要的组织、计划、控制、监督等各项工作。实现材料供应的有效管理。

(3) 材料使用过程管理。包括材料进场验收、保管出库、材料领用、材料使用过程的跟踪检查、盘点、剩余物质的回收利用等，实现材料使用消耗的有效管理。

(4) 探索节约材料、研究代用材料、降低材料成本的新技术、新途径和先进科学方法。

1.8.2 施工项目材料计划管理

1.8.2.1 施工项目材料计划的分类

(1) 按照计划的用途分，材料计划分为材料需用计划、加工订货计划和采购计划。

材料需用计划，由项目材料使用部门根据实物工程量汇总的材料分析和进度计划，分单位工程进行编制。材料需用计划应明确需用材料的品种、规格、数量及质量要求，同时要明确材料的进场时间。

材料采购计划，项目材料部门根据经审批的材料需用计划和库存情况编制材料采购计划。计划中应包括材料品种、规格、数量、质量、采购供应时间，拟采用供货商名称及需用资金。

半成品加工订货计划，是项目为获得加工制作的材料所编制的计划。计划中应包括所需产品的名称、规格、型号、质量及技术要求和交货时间等，其中若属非定型产品，应附有加工图纸、技术资料或提供样品。

(2) 按照计划的期限划分，材料计划有年度计划、季度计划、月计划、单位工程材料计划及临时追加计划。

临时追加计划是因原计划中品种、规格、数量有错漏，施工中采取临时技术措施，机械设备发生故障需及时修复等原因，需要采取临时措施解决的材料计划。

施工项目常用的材料计划以按照计划的用途和执行时间编制的年、季、月的材料需用计划、加工订货计划和采购计划为最主要形式。

项目常用的材料计划有：单位工程主要材料需用计划、主要材料年度需用计划、主要材料月（季）度需用计划、半成品加工订货计划、周转器具需用计划、主要材料采购计划、临时追加计划等。

1.8.2.2 施工项目材料需用计划的编制

1. 单位工程主要材料需要量计划

项目开工前，项目经理部依据施工图纸、预算，并考虑施工现场材料管理水平和节约措施，以单位工程为对象，编制各种材料需要量计划，该计划是编制其他材料计划及项目材料采购总量控制的依据。

2. 主要材料年度需用计划、主要材料季度需用计划、主要材料月度需用计划

根据工程项目管理需要，结合进度计划安排，在单位工程主要材料需要量计划的基础上编制主要材料年度需用计划、主要材料季度需用计划和主要材料月度需用计划，作为项目阶段材料计划的控制依据。

3. 主要材料月度需用计划

主要材料月度需用计划是与项目生产结合最为紧密的材料计划，是项目材料需用计划中最具体的计划。材料月度需用计划作为制定采购计划和向供应商订货的依据，应注明产品的名称、规格型号、单位、数量、主要技术要求（含质量）、进场日期、提交样品时间等。对材料的包装、运输等方面有特殊要求时，也应在材料月度需用计划中注明。

(1) 编制的依据与主要内容

1) 在项目施工中，项目经理部生产部门向材料部门提出主要材料月（季）需要量计划；

2) 应依据工程施工进度编制计划，还应随着工程变更情况和调整后的施工预算及时调整计划；

3) 该计划是项目材料部门动态供应材料的依据。

(2) 编制程序

1) 计算实物工程量：

项目生产部门要根据生产进度计划的工程形象部位，依据图纸和预算计算实物工程量。

2) 进行材料分析：

根据相应的材料消耗定额，进行材料分析。

3) 形成需用计划：

将材料分析得到的材料用量按照品种、规格分类汇总，形成材料需用计划。

4. 周转料具需用计划

依据施工组织设计，按品种、规格、数量、需用时间和进度编制。将经审批后的周转料具需用计划提交项目材料管理部门，由材料管理部门提前向租赁站提出租赁计划，作为租赁站送货到现场的依据。

1.8.2.3　施工项目材料采购计划的编制

1. 材料采购计划

项目材料采购部门应根据生产部门提出的材料需用计划，编制材料采购计划报项目经理审批。

材料采购计划中应确定采购方式、采购人员、候选供应商名单和采购时间等。应根据物资采购的技术复杂程度、市场竞争情况、采购金额及数量大小确定采购方式，包括招标采购、邀请报价采购和零星采购等方式。

(1) 需用计划材料的核定

材料采购部门核定经审批的材料需用计划提出的材料是否能够被单位工程材料需用计划和项目预算成本所覆盖。如果需要采购物资在预算成本或采购策划以外，按照计划外材料制定追加计划。

(2) 确定各种材料库存量、储备量

各种材料的库存和储备数量是编制采购计划的重要依据。在材料采购计划编制之前必须掌握计划期初的库存量、计划期末储备量、经常储备量、保险储备量等，当材料生产或运输受季节影响时，还需考虑季节性储备。

1) 计划期初库存量：

计划期初库存量＝编制计划时实际库存量＋期初前的预计到货量－期初前的预计消耗量

2) 计划期末储备量：

计划期末储备量＝(0.5～0.75) 经常储备量＋保险储备量

3) 经常储备量即经济库存量，指正常供应条件下，两次材料到货间隔期间，为保证生产正常进行需要保持的材料。

4) 保险储备量，是在材料因特殊原因不能按期到货或现场消耗不均衡造成的材料消耗速度突然加快等情况下，为保证生产材料的正常需用进行的保险性材料库存。对生产影响不大、数量较少且周边市场方便购买的材料，不需设置保险储备。

5) 季节性储备，指材料生产因季节性中断，在限定季节里购买困难的材料。比如北方冬季的砖瓦生产停歇，就需要项目提前进行季节性储备。

季节性储备量＝季节储备天数×平均日消耗量

(3) 编制材料综合平衡表 (表1-78) 提出计划期材料进货量，即申请采购量。

材料平衡表　　　表 1-78

材料名称	计量单位	上期实际消耗量	计划期								备注
			需要量		储备量		进货量				
			计划需用量	期初库存量	期末储备量	期内不合用数量	尚可利用资源	合计	申请采购量		

材料申请采购量＝材料需要量＋计划期末储备量－(计划期初库存量－计划期内不合用数量)－尚可利用资源

计划期内不合用数量是考虑库存量中，由于材料、规格、型号不符合计划期任务要求而扣除的数量。尚可利用资源是指积压呆滞材料的加工改制、废旧材料的利用、工业废渣的综合利用，以及采取

技术措施可节约的材料等。

(4) 掌握材料供需情况，选择供货商

了解需用材料现场存放场地容量，了解施工现场施工需求的部位和具体技术、品种、规格和对材料交货状态的要求，并与需用方确定确切的使用时间和场所。

了解市场资源情况，向社会供应商征询价格、资源、运输、结算方式和售后服务等情况，选择供货商。

根据拟采购材料的供需情况，确定采购材料的规格、数量、质量，确定进场时间和到货方式，确定采购批量和进场频率，确定采购价格、所需资金和料款结算方式。

(5) 编制材料采购计划

根据对以上因素的了解、核查，编制材料采购计划，并报项目主管领导审批实施。

2. 半成品加工订货计划

在构件制品加工周期允许时间内，依据施工图纸和施工进度提出加工订货计划，经审批后由项目材料管理部门及时送交加工。

加工订货产品通常为非标产品、加工原具有特殊要求或需在标准产品基础上改变某项指标或功能，因此加工计划必须提出具体加工要求。如果必要可由加工厂家先期提供试验品，在需用方认同的情况下再批量加工。

一般加工订货的材料或产品，在编制计划时需要附加图纸、说明、样品。

因加工订货产品的工艺复杂程度不同，产品加工周期也不相同，所以委托加工时间必须适当考虑提前时量，必要时还需在加工期间到加工地点追踪加工进度状况。

1.8.2.4　材料计划的调整

材料计划在实施中常会受到各种因素的影响而导致材料计划的调整。一旦发生材料计划的调整，要及时编制材料调整计划或材料追加计划，并按照计划的编制审查程序进行审批后实施。

造成材料计划调整的常见因素有：

1. 生产任务改变

临时增加任务或临时削减任务量，使材料需用量发生变化，采购、供应各环节也需因此作出相应调整。

2. 设计变更

因设计变更导致的材料需用品种、规格和价格的变化。

3. 材料市场供需变化

材料的突发性涨价，使采购价格与预算价格之间产生矛盾，造成采购物资在预算成本以外的情况。

4. 施工进度的调整

因施工进度的调整造成材料需用和供应的调整，在项目实施过程中经常发生。

5. 针对材料计划的调整对项目材料管理部门的要求

材料管理部门要与社会供应商建立稳定的供应渠道，利用社会市场和协作关系调整资源余缺。

做好协调工作，掌握生产部门的动态变化，了解材料系统各个环节的工作进程。通过统计检查，实地调查，信息交流，工作会议等方法了解各有关部门对材料计划的执行情况，及时进行协调，以保证材料计划的实现。

1.8.3　施工项目现场材料管理

1.8.3.1　材料进场验收

项目材料验收是材料由采购流通向消耗转移的中间环节，是保证进入现场的材料满足工程质量标准、满足用户使用功能、确保用户使用安全的重要管理环节。材料进场验收的管理流程如图1-50所示。

1. 材料进场验收准备

(1) 验收工具的准备

针对不同材料的计量方法准备所需的计量器具。

(2) 做好验收资料的准备

包括材料计划、合同、材料的质量标准等。

(3) 做好验收场地及保存设施的准备

根据现场平面布置图，认真做好材料的堆放和临时仓库的搭

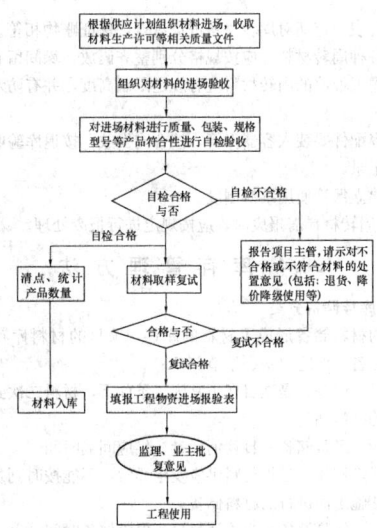

图 1-50　材料进场验收的管理流程图

设,要求做到有利于材料的进出和存放,方便施工、避免和减少场内二次搬运。

准备露天存放材料所用的覆盖材料。

易燃、易爆、腐蚀性材料,还应准备防护用品用具。

2. 核对资料

核对到货合同、发票、发货明细以及材质证明、产品出厂合格证、生产许可证、厂名、品种、出厂日期、出厂编号、试验数据等有关资料,查验资料是否齐全、有效。

3. 材料数量检验

材料数量检验应按合同要求、进料计划、送料凭证,采取过磅称重、量尺换算、点包点件等检验方式。核对到货票证标识的数量与实物数量是否相符,并做好记录。

4. 材料质量检验

材料质量检验又分为外观质量检验和内在质量检验。外观质量检验是由材料验收员通过眼看、手摸和简单的工具,查看材料的规格、型号、尺寸、颜色、完整程度等。内在质量的验收主要是指对材料的化学成分、力学性能、工艺性能、技术参数等的检测,通常是由专业人员负责抽样送检,采用试验仪器和测试设备检测。

要求复检的材料要有取样送检证明报告;新材料未经试验鉴定,不得用于工程中;现场配制的材料应经试配,使用前应经认证。

5. 办理入库手续

验收合格的材料,方可办理入库手续。由收料人根据来料凭证和实际数量出具收料单。

6. 验收中出现问题的处理

在材料验收中,对不符合计划要求或质量不合格的材料,应更换、退货或让步接收(降级使用),严禁使用不合格的材料。

若发现下列情况,应酌情分别处理。

(1) 材料实到数量与单据或合同数量不同的,及时通知采购人员或有关主管部门与供货方联系确定,并根据生产需要的缓急情况按照实际数量验收入库,保证施工急需。

(2) 质量、规格不符的,及时通知采购人员或有关主管部门,不得验收入库。

(3) 若出现到货材料证件资料不全和对包装、运输等存在疑义时应作待验处理。待验材料也应妥善保管,在问题没有解决前不得发放和使用。

1.8.3.2　材料储存保管

1. 材料储存保管的一般要求

(1) 材料仓库或现场堆放的材料必须有必要的防火、防雨、防潮、防盗、防风、防变质、防损坏等措施。

(2) 易燃易爆、有毒等危险品材料,应专门存放,专人负责保管,并有严格的安全措施。

(3) 有保质期的材料应做好标识,定期检查,防止过期。

(4) 现场材料要按平面布置图定位放置,有保管措施,符合堆放保管制度。

(5) 对材料要做到日清、月结、定期盘点、账物相符。

(6) 材料保管应特别注意性能互相抵触的材料应严格分开。如酸和碱;橡胶制品和油脂;酸、稀料等与液体材料与水泥、电石、滑石粉、工具、配件等怕水、怕潮材料都要严格分开,避免发生相互作用而降低使用性能甚至破坏材料性能的情况。进库的材料须验收后入库,按型号、品种分区堆放,并编号、标识,建立台账。

2. 材料保管场所

(1) 封闭库房

材料价值高、易于被偷盗的小型材料,怕风吹、日晒、雨淋,对温、湿度及有害气体反应较敏感的材料应存放在封闭库房。如水泥、镀锌板、镀锌管、胶粘剂、溶剂、外加剂、水暖管件、小型机具设备、电线电料、零件配件等均应在封闭库房保管。

(2) 货棚

不易被偷盗、个体较大、只怕雨淋、日晒,而对温度、湿度要求不高的材料,可以放在货棚内。如陶瓷制品、散热器、石材制品等均可在货棚内存放。

(3) 料场

存放在料场的材料,必然是那些不怕风吹、日晒、雨淋,对温、湿度及有害气体反应不敏感的材料,或是虽然受到各种自然因素影响,但在使用时可以消除影响的材料,如钢材中的大型型材、钢筋、砂石、砖、砌块、木材等,可以存放在料场。料场一般要求地势较高,地面夯实或进行适当处理,如作混凝土地面或铺砖。材料堆放位置应垫起,离地面 30～50cm,以免地面潮气上返。

(4) 特殊材料仓库

对保管条件要求较高,如需要保温、低温、冷冻、隔离保管的材料,必须按保管要求,存放在特殊库房内。如汽油、柴油、煤油等燃料必须分别在单独库房保管;氧气、乙炔应专设库房;毒害品必须单独保管。

3. 材料的码放

材料码放形状和数量,必须满足材料性能要求。

(1) 材料的码放形状,必须根据材料性能、特点、体积特点确定。

(2) 材料的码放数量,首先要视存放地点的地坪负荷能力而确定,使地面、垛基不下陷,垛位不倒塌,高度不超标为原则;同时还要根据底层材料所能承受的重量,以材料不受压变形、变质为原则。避免因材料码放数量不当造成材料底层受压变形、变质,而影响使用。

4. 按照材料的消防性能分类设库

不同的材料性能决定了其消防方式不同。材料燃烧有的宜采用高压水灭火,有的只能使用干粉灭火器或砂子灭火;有的材料在燃烧时伴有有害气体挥发,有的材料存在燃烧爆炸危险,所以现场材料应按材料的消防性能分类设库。

5. 材料保养

材料在库存阶段还需要进行认真的保养,避免因外界环境的影响造成所保管材料的性能的损失。

(1) 为防止金属材料及金属制品产生锈蚀而采取的除锈保养。

(2) 为避免由于油脂干脱造成其性能受到影响的工具、用具、配件、零件、仪表、设备等需定期进行涂油保养。

(3) 对于易受潮材料采用的日晒、烘干、翻晾,使吸入的水分挥发,或在库房内放置干燥剂吸收潮气,降低环境湿度的干燥保养。

(4) 对于怕高温的材料,在夏季采用房顶喷水、室内放置冰块、夜间通风等措施降温保养。

(5) 对于易受虫、鼠侵害的材料,应采用喷洒、投放药物,减少损害的防虫和鼠害的保养措施。

6. 材料标识管理

(1) 材料基本情况标识:入库或进入现场的材料都应挂牌进行标识,注明材料的名称、品种、规格(标号)、产地、进货日期、

有效期等。

(2) 状态标识：仓库及现场设置物资合格区、不合格区、待检区，标识材料的检验状态（合格、不合格、待检、已检待判定）。

(3) 半成品标识：半成品的标识是通过记号、成品收序单、构件表及布置图等方式来实现的。

(4) 标牌：标牌规格应视材料种类和标注内容选择适宜大小（一般可用 250mm×150mm、80mm×60mm 等）的标识牌来标识。

1.8.3.3 材料发放

项目经理部对现场物资严格坚持限额领料制度，控制物资使用，定期对物资使用及消耗情况进行统计分析，掌握物资消耗、使用规律。

超限额用料时，须事先办理手续，填限额领料单，注明超耗原因，经批准后，方可领发材料。

项目经理部物资管理人员掌握各种物资的保持期限，按"先进先出"原则办理物资发放，不合格物资应登记申报并进行追踪处理。

核对材料出库凭证是发放材料的依据。要认真审核材料发放地点、单位、品种、规格、数量，并核对签发人的签章及单据、有效印章，无误后方可进行发放。

物资出库时，物资保管人员和使用人员共同核对领料单，复核、点交实物，保管员登记、记账；凡经双方签认的出库物资，由现场使用人员负责运输、保管。

检查发放的材料与出库凭证所列内容是否一致，检查发放后的材料实存数量与账务结存数量是否相符。

项目经理部要对物资使用情况定期进行清理分析，随时掌握库存情况，及时办理采购申请，保证材料正常供应。

建立领发料台账，记录领发状况和节超状况。

1.8.3.4 材料使用监督

对于发放后投入使用的材料，项目经理部相关人员应对材料的使用进行如下监督管理。

(1) 组织原材料集中加工，扩大成品供应。根据现场条件，将混凝土、钢筋、木材、石灰、玻璃、油漆、砂、石等不同程度地集中加工处理。

(2) 坚持按分部工程或按层数分阶段进行材料使用分析和核算。以便及时发现问题，防止材料超用。

(3) 现场材料管理责任者应对现场材料使用进行分工监督、检查。

(4) 认真执行领发料手续，记录好材料使用台账。

(5) 按施工场地平面堆料，按要求的防护措施保护材料。

(6) 按规定进行用料交底和工序交接。

(7) 严格执行材料配合比，合理用料。

(8) 做到工完场清，要求"谁做谁清，随做随清，操作环境清，工完场地清"。

(9) 回收和利用废旧材料，要求实行交旧（废）领新、包装回收、修旧利废。

1) 施工班组必须回收余料，及时办理退料手续，在领料单中登记扣除。

2) 余料要造表上报，按供应部门的安排办理调拨和退料。

3) 设施用料、包装物及容器等，在使用周期结束后组织回收。

4) 建立回收台账，记录节约或超领记录。

1.8.3.5 周转材料现场管理

(1) 项目经理部按项目施工组织设计制定料具技术方案，并按料具技术方案编制料具实施计划。

(2) 企业确定购买、调拨或租赁的项目料具管理方式，并相应办理有关的手续。周转材料必须符合技术标准及质量要求，进场料具应进行验收、检验或技术验证。

(3) 项目经理部建立、健全周转材料的收、发、存、领、用、退手续，加强周转材料的现场管理，确保使用的周转材料按时、按量收回。

(4) 项目经理部在使用料具过程中要定期进行料具安全性能检查，及时更换残次废旧料具。

(5) 建立周转料具台账并及时登记有关动态，按月提供周转材料使用情况表，定期对周转材料进行盘点，保证账物相符。

(6) 各种周转材料均应按规格分别整齐码放，垛间留有通道。

(7) 露天堆放的周转材料应有规定限制高度，并有防水等防护措施。

(8) 零配件要装入容器保管，按合同发放，按退库验收标准回收、作好记录。

(9) 建立保管使用维修制度。

(10) 周转材料需报废时，应按规定进行报废处理。

1.8.4 库存管理方法

1.8.4.1 库存储备分类

项目的材料储备形成了材料的库存。项目的材料库存可以分为：经常储备、保险储备、季节储备。

(1) 经常储备，是项目在正常施工条件下，材料二次到货之间经常保持的材料储备。

经常储备＝日均消耗量×供应间隔时间

(2) 保险储备，是指材料供应发生异常，不能按时到货，为保证工程正常施工而进行的材料储备。

保险储备＝日均消耗量×保险储备时间

保险储备时间需参考以往发生的材料供应延误情况总结确定。

(3) 季节储备，是指有些材料受季节影响，在特殊季节不能生产，项目需提前进行的储备。

季节储备＝日均消耗量×季节间歇时间

(4) 根据上述库存储备的概念，可以得到：

项目最高储备量＝经常储备＋保险储备＋季节储备

项目最低储备量＝保险储备

1.8.4.2 定量库存控制法

工程的顺利进行，合理对库存量进行管理就是根据现场情况的变化而不断调整库存和采购，以保证工程材料的供应满足现场生产需求。

常见的影响材料库存的几种情况有：材料消耗速度增大、材料消耗速度减小、到货托期、提前到货。上述情况都会造成库存的异常变化，采取合理的库存管理方法才能使库存处于合理状态。

定量库存控制法是指当材料库存量下降到订购点时立即提出订购，每次订购数量均为订购点到最高储备量之间的数量。见图 1-51。

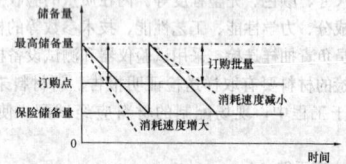

图 1-51　订购点及订购批量示意图

订购点库存水平应高于保险库存量。因为从材料订购到入库期间，包括了采购招标投标、谈判、供应商备料、运输、检验验收等备用期所需用的时间。备用期阶段材料消耗仍在继续。订购点必须设在保险储备量和备用期间材料消耗量的基础上，才能保证材料的连续供应。

这种方法使订购点和订购批量相对稳定，定购周期随情况变化。如果消耗量增大，则订购周期变短；消耗速度减少，定购周期加大。

订购点的计算公式如下：

订购点＝备用时间材料需用量＋保险库存量

1.8.4.3 定期库存控制法

定期库存控制法是事先确定好订购周期，如每季、每月或每旬订购一次，到达订货日期就组织订货。这种方法以每期末的库存量为订购点，结合下周期材料需用计划，从而确定本期订购批量。这种方法订购周期相等，但每次订购点不同，订购数量也不同。当材料消耗速度增大时，订购点低，订购批量大；材料消耗速度减小时，订购点高，订购批量减小。见图 1-52。

订购批量＝最高储备量－订购点实际库存量＋备用时间需用量

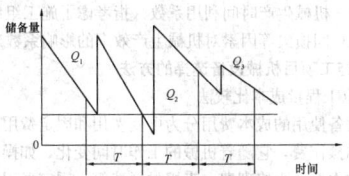

图 1-52　定期订购点及订购批量示意图

注：图中 T 为订购周期；Q_1、Q_2、Q_3 为根据材料的不同需用情况确定的定购批量

1.8.5　材料盘点管理

1.8.5.1　材料盘点的一般要求

项目经理部应定期对物资进行盘点，并对期间的物资管理情况进行总结分析。

项目经理部物资盘点工作包括对需用计划、物资台账、物资领用记录、现场材料清理记录等方面进行综合分析，总结计划的合理性、仓库管理的完好性、领用控制的科学性、材料消耗比例是否正常。

项目部对库存物资进行盘点时，应建立盘点计划，明确各盘点人员的职责，盘点期间存货不能流动，或将流入的存货暂时与正在盘点的存货分开，并做盘点记录。

通过材料盘点，准确地掌握实际库存材料的数量、质量状况。

1.8.5.2　材料盘点的内容

通过对仓库材料数量的盘查清点，核对库存材料与账面所记载的数量是否一致。若出现账面数量多于或少于实物数量，则分别记录为盘亏和盘盈。

在清点材料数量的过程中，同时检查材料外观质量是否有变化，是否临近或超过保质期，是否已属于淘汰或限制使用的产品，若有则应作好记录，上报业务主管部门处理。检查安全消防、材料码放、温湿度控制及货架、距离等保管措施是否得当及有效，检查地面、门窗是否出现不良隐患，检查操作工具是否完好，计量器具是否符合校验标准。

1.8.5.3　材料盘点的方法

1. 定期盘点

定期按照以下步骤对仓库材料进行全面、彻底盘点。

（1）按规定盘点要求，确定截止日期。

（2）以实际库存量和账面结存量进行逐项核对，并同时检查材料质量、有效期、安全消防及保管状况。

（3）编制盘点报告。凡发生数量盈亏者，编制盘点盈亏报告。发生质量降低或材料损坏的，编制报损报废报告。

（4）根据盘点报告批复意见调整账务并做好善后处理。

2. 每日盘查

对库房每日有变动的常用材料，对当天库房收入或发出的材料，核对是否账物吻合，质量完好。以便及时发现问题，及时采取措施。必须做到当天收支当天记账。

1.8.5.4　盘点总结及报告

根据盘点期间的各种情况进行总结，尤其对盘点差异原因进行总结，形成"盘点总结及报告"；报项目经理审核，并报项目财务部门。

盘点总结报告需要对以下项目进行说明：本次盘点结果、初盘情况、复盘情况、盘点差异原因分析、以后的工作改善措施等。

1.8.5.5　材料盘点出现问题的处理

盘点中发现数量出现盈亏，且其盈亏在国家和企业规定的范围之内时，可在盘点报告中反映，经业务主管领导审批后调整账务；当盈亏量超过规定范围时，除在盘点报告中反映外，还应填报盘点盈亏报告，经项目领导审批后再行处理。

当库存材料发生损坏、变质、降低等级问题时，填报材料报损报废报告，并通过有关部门鉴定等降低程度、变质情况及损坏损失金额，经领导审批后再行处理。

库存材料在1年以上没有动态时，列为积压材料，编制积压材料报告，报请领导审批后再行处理。

当出现品种规格混串和单价错误时，报经项目领导审批后进行

调整。

1.8.6　材料账务管理

1.8.6.1　材料记账依据

仓库材料记账依据一般包括以下几种：

（1）材料入库凭证：主要有验收单、入库单、加工单等。

（2）材料出库凭证：主要有限额领料单、调拨单、借用单等。

（3）盘点、报废、调整凭证：主要指盘点产生的并经项目领导审批后的库存材料盈亏调整单、数量规格调整单、报损报废单等。

1.8.6.2　材料记账程序

1. 审核完善凭证的有效性

有效凭证要按规定填写齐全，如日期、名称、规格、数量、单位、单价，审核审批以及收发签字要齐全，否则为无效凭证，不能据以记账。对于材料管理过程中出现的临时性指令，应及时补办相关手续，否则不能作为记账的合法凭证。

2. 凭证整理

记账前先将凭证按规定记账科目类别分类排列，并按照材料收发实际发生日期的先后进行排列，然后依次序逐项登记。

3. 账册登记

根据账页上的各项指标逐项登记。记账后，要对账册上的结存数进行验算。验算公式：上期结存＋本期收入－本项发出＝本项结存。

1.9　施工项目机械设备管理

1.9.1　施工项目机械设备管理的主要内容与制度

施工项目机械设备管理是指项目经理部针对所承担的施工项目，运用科学方法优化选择和配备施工机械设备，并在生产过程中合理使用，进行维修保养等各项管理工作。

项目经理部应设置相应的设备管理机构和配备专、兼职的设备管理人员。设备出租单位也应派驻设备管理人员和设备维修人员，配合施工项目总承包企业加强对施工现场机械设备的管理，确保机械设备的正常运行。

项目经理部的主要任务是编制机械设备使用计划，报企业审批。负责对进入现场的机械设备（机械施工分包人的机械设备除外）做好使用中的管理、维护和保养。

1.9.1.1　施工项目机械设备管理工作的主要内容

（1）贯彻落实国家、当地政府、企业有关施工企业机械设备管理的方针、政策、法规、条例、规定，制定适应本工程项目的设备管理制度；

（2）按施工组织设计做好机械设备的选型工作；

（3）对设备租赁单位进行考察；

（4）签订租赁合同，并组织实施，组织设备进场与退场；

（5）对进场的机械设备认真做好验收工作，做好验收记录，建立现场设备台账；

（6）坚持对施工现场所使用的机械设备日巡查、周检查、月专业大检查制度，及时组织对设备维修保养，杜绝设备带病运转；

（7）做好设备使用安全技术交底，监督操作者按设备操作规程操作，设备操作者必须经过相应的技术培训，考试合格，取得相应设备操作证方可上机操作；

（8）负责制定机械管理制度、掌握机械数量、发布和安全技术状况；

（9）负责机械准入和有关人员准入确认审查，留取检查表和登记造册；

（10）参与重要机械安拆、吊装、改造、维修等作业指导书、防范措施的制定审查等，并留存复印件；

（11）负责或参与机械危险辨识和应急预案的编制和演练；

（12）负责机械使用控制和巡检、月检、专项检查、评价、评比和奖罚考核及整改复查验收等；

（13）负责或参与机械事故、未遂事故的调查处理、报告；

（14）负责各种资料、记录的收集、整理、存档及机械统计报

表工作；

（15）负责完成上级和企业考核要求。

1.9.1.2 施工项目机械设备管理制度

施工项目要根据企业的设备管理制度，建立健全项目的机械设备管理制度。一般项目应建立健全以下设备管理制度：

（1）项目机械设备管理的岗位责任制；

（2）设备使用前验收制度；

（3）设备使用保养与维护制度；

（4）操作人员培训教育持证上岗制度；

（5）多班作业交叉接班制度；

（6）设备安全管理制度；

（7）设备使用检查制度；

（8）设备修理制度；

（9）设备租赁管理制度。

1.9.2 施工项目机械设备的选择

工程施工机械的种类、型号、规格很多，各自又有独特的技术性能和作业范围。为了保证工程项目的施工质量，按时完成施工任务，并获得最佳的技术经济效益，根据项目具体施工条件，对施工机械进行合理选择和组合，使其发挥最大效能是施工项目机械管理的重要内容。

1.9.2.1 施工项目机械设备选择的依据

1. 工程特点

根据工程的平面分布、占地面积、长度、宽度、高度、结构形式等来确定设备选型。

2. 工程量

充分考虑建设工程需要加工运输的工程量大小，决定选用的设备型号。

3. 工期要求

根据工期的要求，计算日加工运输工作量，确定所需设备的技术参数与数量。

4. 施工项目的施工条件

主要是现场的道路条件、周边环境与建筑物条件、现场平面布置条件等。

1.9.2.2 施工机械选择的原则

1. 适应性

施工机械与建设项目的具体实际相适应，即施工机械要适应建设项目的施工条件和作业内容。施工机械的工作容量、生产率等要与工程进度及工程量相符合，尽量避免因施工机械的作业能力不足而延误工期，或因作业能力过大而使施工机械利用率降低。

2. 高效性

通过对机械功率、技术参数的分析研究，在与项目条件相适应的前提下，尽量选用生产效率高的机械设备。

3. 稳定性

选用性能优越稳定、安全可靠、操作简单方便的机械设备。避免因设备经常不能正常运转影响施工的正常进行。

4. 经济性

在选择工程施工机械时，必须权衡工程量与机械费用的关系。尽可能选用低能耗、易维修保养的机械设备。

5. 安全性

选用的施工机械的各种安全防护装置要齐全、灵敏可靠。此外，在保证施工人员、设备安全的同时，应注意保护自然环境及已有的建筑设施，不致因所采用的施工机械及其作业而受到破坏。

1.9.2.3 施工机械需用量的计算

施工机械需用量根据工程量、计划期内的台班数量、机械的生产率和利用率计算确定。计算公式为：

$$N = P/(W \times Q \times K_1 \times K_2) \tag{1-22}$$

式中 N——需用机械数量；

P——计划期内的工作量；

W——计划期内的台班数；

Q——机械每台班生产率（即单位时间机械完成的工作量）；

K_1——工作条件影响系数（因现场条件限制造成的）；

K_2——机械生产时间利用系数（指考虑了施工组织和生产时间损失等因素对机械生产效率的影响系数）。

1.9.2.4 施工项目机械设备选择的方法

1. 单位工程量成本比较法

机械设备使用的成本费用分为可变费用和固定费用两大类。可变费用又称操作费，它随着机械的工作时间变化，如操作人员的工资、燃料动力费、小修理费、直接材料费等。固定费用是按一定施工期限分摊的费用，如折旧费、大修理费、机械管理费、投资应付利息、固定资产占用费等，租入机械的固定费用是要按期交纳的租金。在多台机械可供选用时，可优先选择单位工程量成本费用较低的机械。单位工程量成本的计算公式是：

$$C = \frac{R + P_x}{Q_x} \tag{1-23}$$

式中 C——单位工程量成本；

R——定期间固定费用；

P——单位时间变动费用；

Q——单位作业时间产量；

x——实际作业时间（机械使用时间）。

2. 界限时间比较法

界限时间（x_0）是指两台机械设备的单位工程量成本相同时的时间。由单位工程量成本比较法的计算公式可知单位工程量成本C是机械作业时间x的函数，当A、B两台机械的单位工程量成本相同，即$C_a = C_b$时，则有关系式：

$$(R_a + P_a x_0)/Q_a x_0 = (R_b + P_b x_0)/Q_b x_0 \tag{1-24}$$

解界限时间x_0的计算公式：

$$x_0 = (R_a Q_b - R_a Q_b)/(P_a Q_b - P_b Q_a) \tag{1-25}$$

当A、B两机单位作业时间产量相同，即$Q_a = Q_b$时，上式可简化为：

$$x_0 = (R_b - R_a)/(P_a - P_b) \tag{1-26}$$

上面公式可用图1-53表示。

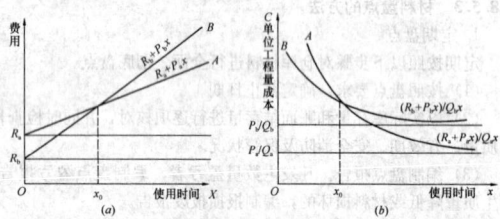

图 1-53 界限时间比较法
(a) 单位作业时间产量相同时，$Q_a = Q_b$
(b) 单位作业时间产量不同时，$Q_a \neq Q_b$

由图1-53(a)可以看出，当$Q_a = Q_b$时，应按总费用多少，选择机械。由于项目已定，两台机械需要的使用时间x是相同的，即

$$需要使用时间(x) = \frac{应完成工程量}{单位时间产量} = x_a = x_b \tag{1-27}$$

当$x < x_0$时，选择B机械；$x > x_0$时，选择A机械。

由图1-53(b)可以看出，当$Q_a \neq Q_b$时，这时两台机械的需要使用时间不同，$x_a \neq x_b$。在都能满足项目施工进度要求的条件下，需要使用时间x，应根据单位工程量成本较低者，选择机械。项目进度要求确定，当$x < x_0$时选择B机械；$x > x_0$时选择A机械。

3. 折算费用法（等值成本法）

当施工项目的施工期限长，某机械需要长期使用，项目经理部决策购置机械时，可考虑机械的原值、年使用费、残值和复利利息，用折算费用法计算，在预计机械使用的期间，按月或年摊入成本的折算费用，选择较低者购买。计算公式是：

年折算费用 = （原值－残值）×资金回收系数＋残值×利率＋年度机械使用费   (1-28)

其中　　　　资金回收系数 $= \dfrac{i(1+i)^n}{(1+i)^n-1}$ 　　　(1-29)

式中　i——复利率；

　　　n——计利期。

1.9.3　施工项目机械设备的使用管理制度

在工程项目施工过程中，要合理使用机械设备，严格遵守项目的机械设备使用管理规定。

1.9.3.1　"三定"制度

"三定"制度是指主要机械在使用中实行定人、定机、定岗位责任的制度。

(1) 每台机械的专门操作人员必须经过培训和考试，获得"操作合格证"之后才能操作相关的设备。

(2) 单人操作的机械，实行专机专责；多人操作的机械应组成机组，实行机组长领导下的分工负责制。

(3) 机械操作人员选定后应报项目机械管理部门审核备案并任命，不得轻易更换。

1.9.3.2　交接班制度

在采用多班制作业、多人操作机械时，要执行交接班制度。

(1) 交接工作完成情况。

(2) 交接机械运转情况。

(3) 交接备用料具、工具和附件。

(4) 填写本班的机械运行记录。

(5) 交接应形成交接记录，由交接双方签字确认。

(6) 项目机械管理部门及时检查交接情况。

1.9.3.3　安全交底制度

严格实行安全交底制度，使操作人员对施工要求、场地环境、气候等安全生产要素有详细的了解，确保机械使用的安全。

各种机械设备使用安全技术交底书应由项目机械管理人员交给机械承租单位现场负责人，再由机械承租单位现场负责人交给机械操作人签字，签字后安全交底记录返给项目机械管理人员一份备案存档管理。

1.9.3.4　技术培训制度

通过进场培训和定期的过程培训，使操作人员做到"四懂三会"，即懂机械原理、懂机械构造、懂机械性能、懂机械用途，会操作、会维修、会排除故障；使维修人员做到"三懂四会"，即懂技术要求、懂质量标准、懂验收规范，会拆检、会组装、会调试、会鉴定。

1.9.3.5　检查制度

项目应制定机械使用前和使用过程中的检查制度。检查的内容包括：

(1) 各项规章制度的贯彻执行情况。

(2) 机械的正确操作情况。

(3) 机械设施的完整及受损情况。

(4) 机械设备的技术与运行状况，维修与保养情况。

(5) 各种原始记录、报表、培训记录、交底记录、档案等机械管理资料的完整情况。

1.9.3.6　操作证制度

(1) 施工机械操作人员必须经过技术考核合格并取得操作证后，方可独立操作该机械。

(2) 审核操作的每年度的审验情况，避免操作证过期和有不良记录的操作人员上岗。

(3) 机械操作人员应随身携带操作证备查。

(4) 严禁无证操作。

1.9.4　施工项目机械设备的进场验收管理

施工项目总承包企业的项目经理部，对进入施工现场的所有机械设备安装、调试、验收、使用、管理、拆除退场等负有全面管理的责任。所以项目经理部对无论是企业自有、租用的设备，还是分包单位自有或租用的设备，都要进行监督检查。

1.9.4.1　进入施工现场的机械设备应具有的技术文件

(1) 设备安装、调试、使用、拆除及试验图标程序和详细文字

说明书；

(2) 各种安全保险装置及行程限位器装置调试和使用说明书；

(3) 维护保养及运输说明书；

(4) 安全操作规程；

(5) 产品鉴定证书、合格证书；

(6) 配件及配套工具目录；

(7) 其他重要的注意事项等。

1.9.4.2　进入施工现场的机械设备验收

1. 施工现场的机械设备验收管理要求

(1) 项目经理部应对进入施工现场的机械设备的安全装置和操作人员的资质进行审验，不合格的机械和人员不得进入施工现场。

(2) 大型机械设备安装前，项目经理部应根据设备租赁方提供的参数进行安装设计架设，经验收合格后的机械设备，可由资质等级合格的设备安装单位组织安装。安装完成后，报请主管部门验收，验收合格后方可办理移交手续。

(3) 对于塔式起重机、施工升降机的安装、拆卸，必须是具有资质证件的专业队承担，要按有针对性的安拆方案进行作业，安装完毕后按规定进行技术试验，验收合格后方可交付使用。

(4) 中、小型机械由分包单位组织安装后，项目部机械管理部门组织验收，验收合格后方可使用。

(5) 所有机械设备验收资料均由机械管理部门统一保存，并交安全部门一份备案。

2. 施工现场的机械设备验收组织管理

(1) 企业的设备验收：企业要建立健全设备购置验收制度，对于企业新购置的设备，尤其大型施工机械设备和进口的机械设备，相关部门和人员要认真进行检查验收，及时安装、调试、移交使用，以便在索赔期内发现问题，及时办理索赔手续。同时要按照国家档案管理要求，及时建立设备技术档案。

(2) 工程项目的设备验收：工程项目要严格设备进场验收工作，一般中小型机械设备由施工员（工长）会同专业技术管理人员和使用人员共同验收；大型设备、成套设备需在项目经理部自检自查基础上报请公司有关部门组织技术负责人及有关部门及人员验收；对于重点设备，要组织第三方具有认证或相关验收资质的单位进行验收，如：塔式起重机、电动吊篮、外用施工电梯、垂直卷扬提升架等。

3. 施工机械进场验收主要内容

(1) 安装位置是否符合施工平面布置图要求。

(2) 安装地基是否坚固，机械是否稳固，工作棚搭设是否符合要求。

(3) 传动部分是否灵活可靠，离合器是否灵活，制动器是否可靠，限位保险装置是否有效，机械的润滑情况是否良好。

(4) 电气设备是否安全可靠，电阻摇测记录应符合要求，漏电保护器灵敏可靠，接地接零保护正确。

(5) 安全防护装置完好，安全、防火距离符合要求。

(6) 机械工作机构无损坏，运转正常，紧固件牢固。

(7) 操作人员必须持证上岗。

4. 起重设备安装验收参考表格

起重设备是施工项目机械设备管理最为重要的部分。对于起重机械的验收可以参照以下表格内容进行，并作好验收记录。

(1) 设备情况表，见表 1-79。

(2) 安装单位情况表，见表 1-80。

(3) 施工操作单位情况表，见表 1-81。

(4) 塔式起重机安装单位自检验收表，见表 1-82。

(5) 塔式起重机共同验收记录，见表 1-83。

设备情况表			表 1-79
产权单位		设备备案证证号	
设备名称		设备型号	
起升高度		额定起重力矩（起重量）	
生产厂家		出厂日期	

安装单位情况表　　　　表 1-80

安装单位（章）				联系电话			
企业法定代表人				技术负责人			
起重设备安装工程专业承包企业资质证证号		资质等级			发证单位		
拟安装日期				拟拆卸日期			
专业安装人员及现场监督专业技术人员	性别	年龄	岗位工种	操作证证号	发证时间	复审记录	

施工操作单位情况表　　　　表 1-81

工程名称			结构层次		建筑面积	
施工单位			项目经理		电话	
司机	性别	年龄	本工种年限	操作证证号	发证时间	复审记录
指挥、司索人员	性别	年龄	本工种年限	操作证证号	发证时间	复审记录

塔式起重机安装单位自检验收表　　　　表 1-82

验收项目	验收内容	验收结果	结论
技术资料	设备备案证，出租设备检测合格证明		
	基础验槽、隐蔽记录，钢筋、水泥复试报告，混凝土试块强度报告		
	改造（大修）的设计文件，安全性能综合评价报告		
	设备使用情况记录表、设备大修记录表		
作业环境及外观	起重机与建筑物等之间的安全距离		
	起重机之间的最小架设距离		
	起重机与输电线的安全距离		
	危险部位安全标志及起重臂幅度指示牌（自由高度以下安装幅度指示牌，自由高度以上安装变幅仪）		
	产品标牌（包括设备编号牌）和检验合格标志		
	红色障碍灯		
金属结构	金属结构状况		
	金属结构连接		
	平衡重、压重的安装数量及位置		
	塔身轴心线对支承面的侧向垂直度		
	斜梯的尺寸与固定		
	直立梯及护圈的尺寸与固定		
	休息小平台、卡台		
	附着装置的布置与连接状况		
	司机室固定、位置及其室内设施		
	司机室视野及结构安全性		
	司机室门的开向及锁定装置		
	司机室内的操纵装置及相关标牌、标志		

续表

验收项目	验收内容		验收结果	结论
基础	基础承载及碎石敷设			
	路基排水			
轨道	起重机轨道固定状况	a. 轨道顶面纵、横向上的倾斜度		
		b. 轨距误差		
		c. 钢轨接头间隙，两轨顶高度差		
	支腿工作、起重机的工作场地			
主要零部件及机构	吊钩标记和防脱钩装置			
	吊钩缺陷及危险断面磨损			
	吊钩开口度增加量			
	钢丝绳选用、安装状况及绳端固定			
	钢丝绳安全圈数			
	钢丝绳润滑与干涉			
	钢丝绳缺陷			
	钢丝绳直径磨损			
	钢丝绳断丝数			
	滑轮选用			
	滑轮缺陷			
	滑轮防脱槽装置			
	制动器设置			
	制动器零部件缺陷			
	制动轮与摩擦片			
	制动器调整			
	制动轮缺陷			
	减速器连接与固定			
	减速器工作状况			
	开式齿轮啮合与缺损			
	车轮缺陷			
	联轴器及其工作状况			
	卷筒选用			
	卷筒缺陷			
电气	电气设备及电器元件			
	线路绝缘电阻			
	外部供电线路总电源开关			
	电气隔离装置			
	总电源回路的短路保护			
	失压保护			
	零位保护			
	过流保护			
	断错相保护			
	便携式控制装置			
	照明			
	信号（障碍灯）			
	电气设备的接地			
	金属结构的接地			
	防雷			
安全装置与防护措施	高度限位器			
	起重量限制器			
	力矩限制器			
	行程限位器			
	强迫换速			
	防后翻装置			

续表

验收项目	验收内容	验收结果	结论
安全装置与防护措施	回转限制		
	小车断绳保护装置		
	风速仪		
	防风装置		
	缓冲器和端部止挡		
	扫轨板		
	防护罩和防雨罩		
	防脱轨装置		
	紧急断电开关		
	防止过载和液压冲击的安全装置		
	液压缸的平衡阀及液压锁		
试验	空载试验		
	额载试验		
	超载25%静载试验		
	超载10%动载试验		

验收结论	
验收签字	现场安装负责人：　　现场专业技术监督人员： 安装单位技术负责人：　　安装单位负责人： 安装单位（章） 年　月　日

注：验收结论必须量化。

塔式起重机共同验收记录表　　表 1-83

验收项目	验收内容和要求	验收结果	结论
技术资料	设备备案证、出租设备的检测合格证明及基础验槽、隐蔽记录、钢筋水泥复试报告、混凝土试块强度报告齐全，改造（大修）的设计文件、安全性能综合评价报告齐全，检验检测机构对设备的检测合格证明、设备的安装使用记录、大修记录，安装单位的自检验收记录，设备的安全使用说明等资料齐全		
方案及安全施工措施	塔式起重机的安全防护设施符合方案及安全防护措施的要求		
塔式起重机结构	部件、附件、连接件安装齐全，位置正确，安装到位		
	螺栓拧紧力矩达到原厂设计要求，开口销齐全、完好		
	结构无变形、开焊、疲劳裂纹		
	压重、配重重量、位置达到原厂说明书要求		
保险装置	吊钩上安装防钢丝绳脱钩的保险装置（吊钩挂绳处磨损不超10%）		
	卷扬机的卷筒上有钢丝绳防滑装置，上人爬梯设护圈（护圈从平台上2.5m处设置直径0.65~0.8m，间距0.5~0.7m；当上人爬梯在结构内部，与结构间的自由通道间距小于1.2m可不设护圈）		

续表

验收项目	验收内容和要求	验收结果	结论
限位装置	动臂变幅塔式起重机吊钩顶端臂架上端0.8m停止运动；小车变幅，上回转塔式起重机起重绳2倍率时为1m，4倍率时为0.7m，下回转塔式起重机起重绳2倍率时为0.8m，4倍率为0.4m时，应停止运动		
	轨道式塔式起重机或变幅小车应在每个方向装设行程限位装置		
	对塔式起重机周围有高压线或其他特殊要求的场所应设回转限位器		
	起重力矩和起重量限制器灵敏、可靠		
绳轮系统	钢丝绳在卷筒上缠绕整齐，润滑良好		
	钢丝绳规格正确，断丝、磨损未达到报废标准		
	钢丝绳固定不少于3个绳卡，且规格匹配，编插正确		
	各部位滑轮转动灵活、可靠、无卡塞现象		
电气系统	电缆供电系统供电充分，正常工作电压（380±5%）V		
	碳刷、接触器、继电器触点良好		
	仪表、照明、报警系统完好、可靠		
	控制、操纵装置动作灵活、可靠		
	电气各种安全保护装置齐全、可靠		
	电气系统对塔式起重机金属部分的绝缘电阻不小于0.5MΩ		
	驾驶室内有灭火器材及夏天降温，冬天取暖装置		
	接地电阻 $R \leqslant 4\Omega$，设置防雷击装置		
附墙装置与夹轨钳	自升塔式起重机超过规定必须安装附墙装置，附墙装置应由厂家生产，不得用其他材料代替		
	轨道式塔式起重机必须安装夹轨钳		
安装与拆除	安装与拆除必须制订方案，有书面安全技术交底		
	安装与拆除必须有相应资质的专业队伍进行		
路基	路基坚实、平整，无积水，路基资料齐全		
	枕木铺设按规定进行，道钉、螺栓齐全		
	钢轨顶面纵、横方向上的倾斜度不大于0.001，轨距偏差不超过其名义值的0.001		
	塔身对支持面的垂直度不大于3‰		
	止挡装置距离钢轨两端距离≥1m，限位器灵敏可靠		
	高塔基础符合设计要求		
多塔作业	多塔作业有防碰撞措施		
试验	空载荷、额定载荷、超载10%载荷、超载25%静载等各种情况下的运行情况		
试运行	检查各传动机构是否准确、平稳、有无异常声音，液压系统是否渗漏，操纵和控制系统是否灵敏可靠，钢结构是否有永久变形和开焊，制动器是否可靠，调整安全装置并进行不少于3次的检测		
结论			

验收签字	出租单位负责人： （章） 年　月　日	安装单位负责人： （章） 年　月　日
	施工单位项目负责人： （章） 年　月　日	施工分包单位负责人： （章） 年　月　日

1.9.5   施工项目机械设备的保养与维修

1.9.5.1   施工项目机械设备的保养

机械设备的保养指日常保养和定期保养，对机械设备进行清洁、紧固、润滑防腐、修换个别易损零件，使机械保持良好的工作状态。

1. 日常保养

（1）日常保养工作主要是对某些零件进行检查、清洗、调整、紧固等，例如，空气滤清器和机油滤清器因尘土污染或聚集金属末与炭末，使滤芯失去过滤作用，必须经过清洗方能消除故障；锥形轴承或离合器等使用一段时间后，间隙有所增大，须经适当调整后，方可使间隙恢复正常；螺纹紧固件使用一段时间后，也会松动，必须给予紧固，以免加剧磨损。

（2）建筑机械的日常保养分为班保养和不定期保养两类。

（3）班保养是指班前班后的保养，内容不多，时间较短，主要是：清洁零部件、补充燃油与润滑油、补充冷却水、检查并紧固零件、检查操纵、转向与制动系统是否灵活可靠，并作适当调整。

2. 定期保养

（1）定期保养是指工作一段时间后进行的停工检修工作，其主要内容是：排除发现的故障，更换工作期满的易损部件，调整个别零部件，并完成日常保养的全部内容，定期保养根据工作量和复杂程度，分为一级保养、二级保养、三级保养和四级保养，级数越高，保养工作量越大。

（2）定期保养是根据机械使用时间长短来规定的，各级保养的间隔期大体上是：一级保养 50h，二级保养 200h，三级保养 600h，四级保养 1200h（相当于小修）；超过 2400h 时，即应安排中修；4800h 以上，应进行大修。

（3）各级保养的具体内容应根据建筑机械的性能与使用要求而定。

3. 冬季的维护与保养

冬季气温低，机械的润滑、冷却、燃料的气化等条件均不良，保养与维护也困难。为此，建筑机械在冬季进行作业前，应作详细的技术检查，发现缺陷，须及时消除。机械的驾驶室应给予保暖，柴油机装上保暖套，水管、油管用毡或石棉保暖，操纵手柄、手轮要用布包起来。冷却系统、油匣、汽油箱、滤清器等必须认真清洗，并用空气吹净。蓄电池要换上具有高密度的电介质，并采取保温措施和采用不浓化的冬季润滑剂。冷却系统中，宜用冰点很低的液体（如 45% 的水和 35% 的乙烯乙氮酸混合液）。长期停用的机械，冷却水必须全部放净。为了便于启动发动机，必须装上油液预热器。

采用液压操纵的建筑机械，低温时必须用变压器油代替机油和透平油（因为甘油与油脚混合后，会形成凝块而破坏液压系统的工作）。

4. 保养要求

（1）机械技术状况良好，工作能力达到规定要求。

（2）操作机构和安全装置灵敏可靠。

（3）做好设备的"十字"作业：清洁、紧固、润滑、调整、防腐。

（4）零部件、附属装置和随机工具完整齐全。

（5）设备的使用维修记录资料齐全、准确。

1.9.5.2   施工项目机械维修

机械修理包括零星小修、中修和大修。

（1）零星小修是临时安排的修理，一般和保养相结合，不列入修理计划。目的是消除操作人员无力排除的机械设备突然发生故障、个别零件损坏或一般事故性损坏，及时进行维修、更换、修复。

（2）大修和中修列入修理计划，并由企业负责按机械预检修计划对施工机械进行检修。

（3）大修是对机械设备进行全面的解体检查修理，保证各零部件质量和配合要求，使其达到良好的技术状态，恢复可靠性和精度等工作性能，以延长机械的使用寿命。

（4）中修是对不能继续使用的部分总成进行大修，使整机状况

达到平衡，以延长机械设备的大修间隔。中修是在大修间隔期间对少数总成进行的一次平衡修理，对其他不进行大修的总成只执行检查保养。

1.9.6   机械设备安全管理

施工机械在使用过程中如果管理不严、操作不当，极易发生伤人事故。机械伤害已成为建筑行业"五大伤害"之一。现场施工人员了解常见的各种起重机械、物料提升机、施工电梯、土方施工机械、各种木工机械、卷扬机、搅拌机、钢筋切断机、钢筋弯曲机、打桩机械、电焊机以及各种手持电动工具等各类机械的安全技术要求对预防和控制伤害事故的发生非常必要。

1.9.6.1   施工机械进场及验收安全管理

1. 机械进场使用准备阶段的安全管理

（1）施工现场所需的机械，由施工负责人根据施工组织设计审定的机械需用计划，与机械经营单位签订租赁合同后按时组织进场。

（2）进入施工现场的机械，必须保持技术状况完好，安全装置齐全、灵敏、可靠，机械编号的技术标牌完整、清晰，起重、运输机械应经年审并具有合格证。

（3）电力拖动的机械要做到一机、一闸、一箱，漏电保护装置灵敏可靠；电气元件、接地、接零和布线符合规范要求；电缆卷绕装置灵活可靠。

（4）需要在现场安装的机械，应根据机械技术文件（随机说明书、安装图纸和技术要求等）的规定进行安装。安装要有专人负责，经调试合格并签署交接记录后，方可投入生产。

（5）现场机械的明显部位或机棚内要悬挂切实可行的简明安全操作规程和岗位责任标牌。

（6）进入现场的机械，要进行作业前的检查和保养，以确保作业中的安全运行。刚从其他工地转来的机械，可按正常保养级别及项目提前进行；停放已久的机械应进行使用前的保养；以前封存不用的机械应进行启封保养；新机或刚大修出厂的机械，应按规定进行走合期保养。

2. 机械进场使用前验收的安全管理

（1）项目经理部应对进入施工现场的机械设备的安全装置和操作人员的资质进行审验，不合格的机械和人员不得进入施工现场。

（2）大型机械设备安装前，项目经理部应根据设备租赁方提供的参数进行安装设计架设，经验收合格后的机械设备，可由资质等级合格的设备安装单位组织安装。安装完成后，报请主管部门验收，验收合格后方可办理移交手续。

（3）对于塔式起重机、施工升降机的安装、拆卸，必须由具有资质证件的专业队承担，要按有针对性的安拆方案进行作业，安装完毕应按规定进行技术试验，验收合格后方可交付使用。

（4）中、小型机械由分包单位组织安装后，项目部机械管理部门组织验收，验收合格后方可使用。

（5）所有机械设备验收资料均由机械管理部门统一保存，并交安全部门一份备案。

1.9.6.2   机械设备安全技术管理

（1）项目经理部技术部门应在工程项目开工前编制包括主要施工机械设备安全防护技术的安全技术措施，并报管理部门审批。

（2）认真贯彻执行经审批的安全技术措施。

（3）项目经理部应对分包单位、机械租赁方执行安全技术措施的情况进行监督。分包单位、机械租赁方应接受项目经理部的统一管理，严格履行各自在机械设备安全技术管理方面的职责。

1.9.6.3   贯彻执行机械使用安全技术规程

《建筑机械使用安全技术规程》（JGJ 33）对机械的结构和使用特点，以及安全运行的要求和条件进行了明确的规定。同时也规定了机械使用和操作必须遵守的事项、程序等基本规则。机械操作和管理人员都必须认真执行本规程，按照规程要求对机械进行管理和操作。

1.9.6.4   做好机械安全教育工作

各种机械操作人员除进行必需的专业技术培训、取得操作证以

后方能上岗操作以外，机械管理人员还应按照项目安全管理规定对机械使用人员进行安全教育，加强对机械使用安全技术规程的学习和强化。

1.9.6.5 严格机械安全检查

项目机械管理人员应采用定期、班前、交接班等不同的方式对机械进行安全检查。检查的主要内容：一是机械本身的故障和安全装置的检查，主要消除机械故障和隐患，确保机械安全装置灵敏可靠；二是机械安全施工生产检查，针对不断变化的施工环境，主要检查施工条件、施工方案、措施是否能够确保机械安全生产。

1.10　施工项目技术管理

1.10.1　施工项目技术管理的主要内容

施工项目技术管理是项目经理部在项目施工的过程中，对各项技术活动过程和技术工作的各种要素进行科学管理的总称。

1.10.1.1　施工项目技术管理的作用

通过科学组织各项技术工作，保证项目施工过程符合技术规范、规程；提高管理与操作人员的技术素质；研究和推广新技术、新材料、新工艺；深化与完善施工图设计，通过技术改进与技术攻关降低工程成本。

1.10.1.2　施工项目技术管理工作内容

1. 技术管理基础工作
(1) 技术管理体系的建立；
(2) 技术管理制度；
(3) 技术管理责任制；
(4) 技术教育与培训。
2. 技术管理基本工作
(1) 施工技术准备工作：
1) 原始资料收集、整理；
2) 施工组织设计；
3) 施工方案；
4) 设计交底、图纸审查与会审；
5) 技术交底；
6) 技术措施。
(2) 施工实施过程技术工作：
1) 工程变更与洽商；
2) 施工预检与复核；
3) 隐蔽工程检验；
4) 材料与半成品检验与试验；
5) 技术资料的收集、整理、归档；
6) 技术问题处理。
(3) 技术开发、新技术推广、工法。
(4) 技术经济分析与评价。

1.10.2　施工项目技术体系和制度建立

项目技术管理工作体系、制度、岗位责任、管理流程的建立参见本手册 2.2 技术管理基础工作。

1.10.3　施工项目技术管理主要工作

1.10.3.1　原始资料调查分析

工程实施前，应对工程的原始资料进行调查和分析，此项工作应由项目经理部各部门配合进行，必要时应有企业参与。项目技术部门对收集到的原始资料进行分析，确定切实可行的施工组织设计。原始资料调查分析主要包括自然条件、技术经济条件以及其他条件等几个方面。

1. 自然条件调查分析
搜集工程所在地的气象、建设场地的地形、工程地质和水文地质、施工现场地上和地下障碍物状况、周围民宅的坚固程度及其居民的健康状况等情况，为施工提供依据以便做好各项准备，主要调查内容见表 1-84。

自然条件调查表　　表 1-84

调查项目	调查内容	调查目的
气温	年平均温度，最高、最低、最冷、最热月的逐月平均温度	(1) 防暑降温；(2) 混凝土、灰浆强度增长
降雨	雨季起止时间，全年降水量，昼夜最大降水量，年雷暴日数	(1) 雨季施工；(2) 工地排水、防洪、防雷
风	主导风向及频率，全年大于或等于 8 级风的天数、时间	(1) 布置临时设施；(2) 高空作业及吊装措施
地形	厂址地形图，控制桩、水准点的位置	(1) 布置施工总平面图；(2) 现场平整土方量计算；(3) 障碍物及数量
地震	裂度大小	(1) 对地基影响；(2) 施工措施
地质	钻孔布置图，地质剖面图，地质的稳定性、滑坡、流沙等，地基土破坏情况，土坑、枯井、古墓、地下构筑物	(1) 土方施工方法的选择；(2) 地基处理方法；(3) 障碍物拆除计划；(4) 基础施工；(5) 复核地基基础设计
地下水	最高、最低水位及时间，流向、流速及流量，水质分析，抽水试验	(1) 土方施工；(2) 基础施工方案的选择；(3) 降低地下水位；(4) 侵蚀性质及施工注意事项
地面水	临近的江河湖泊及距离，洪水、平水及枯水时期，流量、水位及航道深，水质分析	(1) 临时给水；(2) 航运组织

2. 技术经济条件调查分析
主要包括地方建筑生产企业、地方资源、交通运输、通信、水电及其他能源、主要设备、国拨材料和特种物资，以及它们的生产能力等方面，调查内容有：
(1) 地方建筑生产企业情况：企业和产品名称，生产能力，供应能力，生产方式，出厂价格，运距，运输方式等。
(2) 地方资源情况：材料名称，产地，质量，出厂价，运距，运费等。
(3) 交通运输条件：铁路：邻近铁路专用线，车站至工地距离，运输条件，车站起重能力，卸货线长度，现地贮存能力，装载货物的最大尺寸，运费、装卸费和装卸力量等。公路：各种材料至工地的公路等级、路面构造、路宽及完好情况，允许最大载重量，途经桥涵等级，允许最大载重量，当地专业运输机构及附近能提供的运输能力，运费、装卸费和装卸力量，有无汽车修配厂，至工地距离，道路情况，能提供的修配能力等。航运：货源与工地至邻近河流、码头、渡口的距离，道路情况，洪水、平水、枯水期，通航最大船只及吨位，取得船只情况，码头装卸能力，最大起重量，每吨货物运价，装卸费和渡口费。
3. 其他条件调查分析
当地的风俗习惯、社会治安、医疗卫生；可利用的民房、劳动力和附属设施情况等当地水源和生活供应情况。

1.10.3.2　施工技术类标准、规范管理

施工技术类标准、规范是指国家、行业、地方、中国工程建设标准化协会、企业颁布的与施工技术相关的标准、规范、规程、图集等。

企业负责适用的国家、行业、企业颁布的技术规范的识别，将企业适用的现行技术规范有效版本目录清单及时更新并通知项目经理部。

项目经理部负责工程所在地技术规范的识别，建立和发布地方技术规范有效版本目录清单，及时更新有关技术规范。

项目经理部配置适用的技术规范、规程，建立项目技术规范配置清单。废弃的标准及时回收销毁或加盖废弃标记。项目技术负责人负责技术规范的管理工作，确保施工时使用当前有效的规范版本，并应根据当年标准规范的作废或修改情况及时更新有效版本清单。

项目资料员应根据公司发布的修订或作废的标准规范清单及时更新，收回旧版标准规范并作好作废标识。

1.10.3.3　施工组织设计、方案、交底、验收、资料管理

图纸会审，施工组织设计管理，项目施工方案管理，技术交底管理，变更、洽商、现场签证管理，技术措施计划管理，隐蔽工程检查与验收，工程资料管理，技术开发与科技成果推广等施工技术管理的内容参见本手册第二章各节内容。

1.11　施工项目资金管理

1.11.1　施工项目资金管理主要内容

项目资金管理主要是指施工项目经理部根据工程项目施工过程中资金运动的规律，进行的资金收支预测、编制资金计划、筹集投入资金（施工项目经理部收入），资金使用（支出）、资金核算与分析等一系列资金管理工作。

1.11.1.1　施工项目资金管理内容

项目资金管理主要包括资金筹集收取和资金使用支付两部分。资金的收支预测、资金计划、核算与分析等都是控制资金筹集收取和资金使用支付的管理手段和措施。

1. 资金筹集与收取

项目资金的主要来源是由发包方提供的工程预付款、施工过程支付的进度款、结算款等。但这部分资金往往因支付的比例与额度不足，造成对项目施工的正常进行的影响。故在实际项目的操作过程中项目需要垫支部分自有资金。项目的资金来源有以下几种方式：

（1）按照合同约定的工程预付款。

（2）发包方按合同约定支付的工程进度款。

（3）企业自有资金的垫付。

（4）银行贷款。

（5）企业内其他项目资金的调剂。

2. 资金的使用与支付

资金的使用应遵循资金计划原则与以收定支原则。

1.11.1.2　施工项目资金管理授权制度

企业应根据工程项目的具体情况，对项目经理部的资金管理权限进行规定，并通过项目授权书予以明确。

1.11.2　施工项目资金计划管理

项目经理部全面执行资金计划管理，企业必须严格按照资金计划对项目资金的收取和使用进行严格控制。

1.11.2.1　施工项目资金收支预测

1. 施工项目资金收入预测

项目资金是按合同价款收取的。在实施施工项目合同的过程中，应从收取工程预付款（预付款在施工后以冲抵工程价款方式逐步扣还给业主）开始，每月按进度收取工程进度款，到最终竣工结算，按时间测算出价款数额，做出项目资金按月收入图及项目资金按月累加收入图。

在资金收入预测时，每月的资金收入都是按合同规定的结算办法测算的。实践中，工程进度款经常不能及时到位，因而预测时要充分考虑资金收入滞后的时间因素。另外资金的收入——进度款额需要以在合同工期完成施工任务作保证，否则会因为延误工期而罚款造成经济损失。

2. 施工项目资金支出预测

施工项目资金支出即项目施工过程中的资金使用。项目经理部应根据施工项目的成本费用控制计划、施工组织设计、材料物资储备计划测算出随着工程实施进展，每月预计的人工费、材料费、施工机械使用费、物资储运费、临时设施费、其他直接费和施工管理费等各项支出。形成对整个施工项目，按时间、进度、数量规划的资金使用计划和项目费用每月支出图及支出累加图。

资金的支出预测，应从实际出发，尽量具体而详细，同时还要注意资金的时间价值，以使测算的结果能满足资金管理的需要。

1.11.2.2　施工项目资金收支计划

项目经理部应根据施工合同、承包造价、施工进度计划、施工项目成本计划、物资供应计划、资金的收支预测情况等编制年、季、月度资金收支计划，上报企业主管部门审批后实施。

1. 项目资金收支总计划

在项目开工前，在成本分解计划的基础上，结合合同约定的付款条件以及对分包商/供应商等的支付条件，编制项目资金收款计划表（表1-85）、项目资金支付计划表（表1-86）。对于跨年度的项目，还需编制年度收支计划，对项目的总体现金流量进行预测和分析。在项目资金收款（支付）计划表汇总的基础上能够对企业年度的总体现金流量进行预测，编制项目总现金流量表（表1-87）。

2. 项目资金收支月计划

项目月资金使用实行月报计划制度。每月项目经理部编制下月资金收支计划，进而提出月度资金使用计划（额度），编制项目月度资金使用计划表（表1-88）。该计划由企业相关部门审核后报主管总经理批准。

3. 资金计划的调整

项目每月的资金使用要严格控制在计划之内，超出计划之外时，财务部门应停止付款，项目经理部为保证项目的正常运行，应提前提出资金使用变更申请，申请中要分析产生的原因，变更申请和相应计划审批程序相同。项目每月盘点资金使用状况时，要同产值进度以及成本管理的绩效相结合，实行收、支两条线。

项目资金收款计划表　　　　表 1-85

月份	业主拨付预付款		工程进度款		业主供材料		业主抵扣预付款		变更工程款		其他收款		收款累计	
	本月	累计	本月	累计	本月	累计	本月	累计	本月	累计	本月	累计	本月	累计
合计														

项目资金支付计划表　　　　表 1-86

月份	支付分包进度款		材料款		人工费		现场经费		其他费用		付款累计		资金余额（收款累积－付款累计）	
	本月应付	本月拟付	本月应付	本月拟付	本月应付	本月拟付	本月应付	本月拟付	本月应付	本月拟付	本月应付	累计付	本月余额	累计余额
合计														

项目总现金流量表　　　　表 1-87

项目名称：　　　　　　　　　　　　　　　　（单位：万元）

项　目		计划施工工期（月）资金使用计划													
		以前年度累计	1	2	3	4	5	6	7	8	9	10	11	12	小计
产值收款	月完成														
	累计完成														
	月现金流入														
	累计现金流入														
项目支出	材料费														
	机械费														
	人工费														
	分包费														
	临时工程														
	现场管理经费														
	暂定金额														
	税金														
	其他														
	月现金流出														
	累计现金流出														
净现金流量															
累计净现金流量															

项目月度资金使用计划表　　　**表 1-88**

单位：万元

一、收款	预收工程款	工程进度款	变更工程款	其他	小计	业主供材料	合计	备注
1. 实际收款累计								
2. 本月拟收款								
3. 本月实际收款								
收款合计								

二、付款	分包款	材料款	人工费	机械使用费	其他直接费	间接费用	营业税金	合计
1. 实际付款累计								
2. 本月应付款累计								
3. 本月拟付款								
付款合计								
期末余额合计								

1.11.3　施工项目资金账户与印鉴管理

企业通常情况下不单独开设项目经理部银行账户。如果情况特殊，必须开设项目银行账户的，由项目经理部申请，企业进行账户开设的必要性及安全性分析，可行时确定项目账户开设方案。

企业规定账户的开设性质及具体的管理要求，安排专人负责并通过网络监控等手段确保项目账户合法、安全。

企业资金管理部门每月初应向财务核对银行账户中的记录和存款余额，确保与企业账簿记录和存款余额相符，不得出借银行账户，及时办理年检等有关手续，账户不需用时应及时销户。

银行印鉴应按照财务管理规定进行管理，将财务专用印章和人名章分人保管，严格按照要求使用。不定期对银行账户和印鉴管理进行检查。

1.11.4　施工项目资金收取管理

项目经理部应按企业授权配合企业财务部门及时进行资金计收。资金计收应符合下列要求：

(1) 新开工项目按工程施工合同收取预付款或开办费。

(2) 根据月度统计报表编制"工程进度款估算单"，在规定日期内报监理工程师审批、结算。如发包人不能按期支付工程进度款，且超过合同支付的最后限期，项目经理部应向发包人出具付款违约通知书，并按银行的同期贷款利率计息。

(3) 根据工程变更记录和证明发包人违约的材料，及时计算索赔金额，列入工程进度款结算。

(4) 发包人委托代购的工程设备或材料，必须签订代购合同，收取设备订货预付款或代购款。

(5) 工程材料价差应按规定计算，发包人应及时确认，并与进度款一起收取。

(6) 工期奖、质量奖、措施奖、不可预见费及索赔款应根据施工合同规定与工程进度款同时收取。

(7) 工程尾款应根据发包人认可的工程结算金额及时收回。

1.11.5　施工项目货币资金使用管理

1.11.5.1　项目备用金管理

(1) 企业建立备用金使用管理标准，明确项目备用金的数额及使用范围。

(2) 项目经理部按企业的规定管理使用备用金，提高资金利用效率。

(3) 企业对项目经理部备用金的使用管理进行必要的监督检查。

1.11.5.2　货币资金开支的授权批准

(1) 审批人应当根据公司有关授权批准制度的规定，在授权范围内进行审批，不得超越审批权限。

(2) 出纳人员应当在职责范围内，按照审批人的批准意见办理货币资金业务。

(3) 对于审批人超越授权范围审批的货币资金业务，出纳人员应拒绝办理，并及时向审批人的上级授权领导报告。

1.11.5.3　货币资金业务的办理程序

1. 支付申请

部门或个人用款时，应当提前提交货币资金支付申请，注明款项的用途、金额、预算及预算科目、支付方式等内容，并附有效经济合同或相关证明。

2. 支付审批

审批人根据其职责、权限和相应程序对支付申请进行审批。对不符合规定的货币资金支付申请，审批人应拒绝批准。

3. 支付复核

复核人应当对批准后的货币资金支付申请进行复核，复核货币资金支付申请的批准范围、权限、程序是否正确，手续及相关单证是否齐备，金额计算是否准确，预算是否超支，支付方式、支付单位是否妥当等。复核无误后交出纳人员办理支付手续。

4. 办理支付

出纳人员应当根据复核无误的支付申请，按规定办理货币资金支付手续，及时登记现金和银行存款日记账。

1.11.5.4　库存现金的保管

(1) 出纳应按照现金业务发生的先后顺序逐笔即时登记"现金日记账"。

(2) 库存现金必须日结日清，确保现金账面余额与实际库存相符，发现不符，应及时查明原因，做出处理。

(3) 出纳人员提取现金时应填写借款申请单，并说明库存现金情况，报财务资金部经理审批。

(4) 项目应当定期对项目现金使用进行盘点；也可在任意时间进行不定期盘点。

1.11.6　施工项目资金支付管理

1.11.6.1　项目分包商/供应商付款依据

(1) 项目分包/供应商合同：直接费款项支付均应签署公司规定的合同。

(2) 项目预算成本：直接费款项支付均应在公司签发的项目预算成本额度内。

(3) 项目月度资金使用计划：项目每月底必须申报下月的月度资金使用计划，月度资金使用计划应遵循以收定支原则。

(4) 项目分包工作量统计表：项目每月底必须申报分包工程量统计表（表1-89）。

(5) 项目资金余额：项目付款应保证项目资金金额在公司规定的额度之内，对应的工程款从业主处收回，遵循以收定支的原则。

(6) 担保的提供：支付预付款和工程款时，分包商/供应商应按照合同规定提交公司认可的预付款函和履约保函，否则应扣除相应的保证金。

分包工程量统计表　　　**表 1-89**

序号	分包单位名称	合同编号	上期累计已完工作量	本月完成工作量	累计已完工作量
一、	分包				
1					
2					
二、	机械租赁				
1					
2					
三、	临时设施				
1					
2					
	合计				

1.11.6.2 项目分包商/供应商付款程序

（1）对分包商付款时，由项目工程师确认并提供工程形象进度、质量和工作完成量，作为付款申请的重要依据。

（2）对供应商付款时，由项目物资部门提供并确认供应物资、设备的数量、质量等，作为付款申请的重要依据。

（3）项目合约商务部门根据合同、定额、验收资料等计算付款金额，并编制分包商/供应商付款申请表（表1-90）和分包商/供应商工作完成情况统计表（表1-91）。

（4）分包商/供应商付款审核审批程序

项目经理部会签—公司相关管理部门复核—公司财务部门复核—公司领导审批—财务付款。

分包商/供应商付款申请表　　表1-90

分包商/供应商名称：		合同编号：			
合同形式：		付款方式：□支票□汇票□电汇□其他：			
合同价格：		本期付款为该合同第次付款			
收款人开户银行及账号		本期付款对应工作时间截止至：			
数据类别	代号	二级数据/计算公式	金额（支付币种：人民币）		备注
至本期止累计应付款	a	完成工作量累计（见附表）	—		
	b	按照付款比例（i）应付款 a×i			
	c	工期奖/质量奖			
	d	应付预付款			
	e	退还保留金			
	f	其他应付款			
	g	至本期止应付款合计 sum（b－e）	—		
至本期止累计扣款	h	预付款抵扣			
		预付款余额（d－h）	—		
	j	保留金			
		保留金余额（j－e）	—		
	k	税金及基金			
	m	其他扣款			
	n	至本期止扣款合计（h+j+k+m）			
至本期止累计应付净额	p	（g－n）	—		
此前累计已付款	q	项目部财务按照实际填写			
本期应付款	r	（p－q）	—		
本期实际付款	s	（s应小于或等于r）			
至本期止累计已支付金额	t	（s+q）	—		
本单对应工作内容是否已从业主收回工程款，以及回收比例					
项目审核会签					
公司审核审批					

分包商/供应商工作量完成情况统计表　　表1-91

分包商/供应商单位名称：　　　　　金额：元

序号	工作内容描述/材料名称	单位	合同单价（元）	实际完成数量	完成工作量（元）	施工部位	施工时间
总计							

注：1. 本表适用于所有工程分包、材料采购及财产租赁等情况完成工作量的统计，工作量统计应涵盖合同方完成的所有我方应支付和扣款项目，扣款项目应用负数表示。

2. 本表应根据工程进度累加统计。

1.11.6.3 项目分包商/供应商财务审核内容

（1）项目分包/供应合同；

（2）项目预算成本；

（3）项目资金余额；

（4）分包商/供应商提供的保函；

（5）按照国家或公司合同规定的应代扣代缴的各种税费；

（6）各种往来款项抵扣；

（7）付款文件的完整性；

（8）付款金额的正确性；

（9）分包商/供应商提供发票的合法性；

（10）付款审批会签程序符合规定。

1.11.6.4 工程款支付要求

（1）分包工程款支付必须在分包工程结算审查完成后方可办理。材料、设备款必须在验收入库后方可办理。禁止先付款、后结算。

（2）如采取分包借款的方式支付分包工程款，应经过企业或分支机构总经理批准，借款人应提供担保或抵押，且借款手续齐备。

（3）企业从业主收取相应工程款后方可支付分包工程款和材料设备等款项，且支付比例不得高于企业从业主收回工程款的比例。

（4）采取总价包干、分段结算的分包工程，应严格做到付款与工程进度同步。

（5）分包工程款和材料设备等款项的支付必须履行企业规定的程序并办理相应的财务手续。

（6）必须建立工程款支付台账，及时掌握工程进度、结算和项目成本状况，并与工程款回收情况进行对比，发现问题及时采取措施。

1.11.7 施工项目现场管理费用的管理

项目现场管理费的明细按企业制定的统一会计科目表分类管理。项目现场管理费的开支应控制在按规定程序审批后的预算额度和科目之内。费用科目以外的开支和超出年度预算的开支应报企业相关负责人审批。

项目现场管理费的明细如表1-92所示。

项目现场管理费明细表　　表1-92

序号	费用		说　明
1	办公费	书报资料费	指日常购买参考书籍及资料
		打印复印费	指复印机的租赁费、购买复印纸张、硒鼓配件等费用
		办公用品费	指购买日常办公使用的笔墨、纸张、计算器、信封、信纸、文件夹等办公消耗品的开支
		网络使用费	指建设局域网或上网发生的开支，包括拨号上网资费、专线租赁费、Modem购置费、域名使用费等
		工程图纸费	指项目工程用图的复印费、晒图费、翻译费等，项目的工程图纸费等

续表

序号	费用		说明
1	办公费	生活用品费	指购买的被褥、纸杯、茶叶、纯净水等生活用品发生的费用
		修理费	指计算机、电视、冰箱、空调等办公设备的维修费，复印机、打印机维修费计入打印复印费
		会议费	召开各种会议需用的费用
		通信费	手机费指项目管理人员的手机通话费用。办公电话费指项目办公室的初装费和移机费，以及直拨电话和传真机的市内、长途电话费
		邮寄费	指邮寄、快递有关文件、资料等发生的费用开支
		软件费	指购买各种办公软件等费用支出
		印刷费	指印制工作表格、标准文本、名片等费用
2	低值易耗品摊销		低值易耗品系指单价低于5000元的资产，如办公家具、电器设备等
3	业务招待费		业务招待费系指为公务需要发生的招待用餐、礼品赠送等费用
4	企业标识宣传费		
5	差旅交通费	市内交通费	指项目发生的市内出租车费、公交车费及项目人员交通补助等
		外埠交通费	指项目人员到项目所在地区以外出差发生的住宿费、交通费、误餐费等
		车辆使用费	指机动车停车费、过路费、过桥费、年检费、养路费、保险费、修理费等支出
		汽车加油费	预算内项目公务车的加油费
6	无形资产摊销		无形资产摊销费系指项目购买各种施工管理软件发生的费用摊销
7	折旧费	办公设备折旧	指计算机、打印机、办公家具（单价5000元以上）等办公设备应计提的折旧
		车辆折旧	指项目使用的企业自有公务用机动车应计提的折旧
		其他固定资产折旧	指项目使用的企业其他固定资产应计提的折旧
8	工资及相关费用		包括项目管理人员工资、职工福利费（独生子女补贴、集体福利费、职工医药费等）、社会保险费（五险一金）、工会经费、职工教育经费等
9	劳动保护费		仅指项目管理人员日常的劳动保护费用
10	职工教育经费		参加国家、地方建设行政主管部门、企业内部组织的各种培训发生的费用
11	人员管理费		指职员评定职称、取得各种证书等发生的费用
12	律师诉讼费		指项目期间发生的各种纠纷诉讼产生的费用
13	税金		现场管理费用中的税金包括印花税和车船使用税
14	财产保险费		项目为其财产保险支付的保费
15	意外伤害保险费		指为在施工现场的施工作业人员和工程管理人员受到的意外伤害，以及由于施工现场施工直接给其他人员造成的意外伤害而支付的保险费
16	项目其他生活费用支出		包括项目管理人员房屋租赁费、房屋维修费、物业管理费、水电费等费用

1.11.8 施工项目财务核算管理

（1）项目中标后公司财务部门应确定项目会计负责项目的财务核算。项目会计应严格按照公司会计制度对项目账务进行处理。

（2）项目会计应随时登记项目台账，及时处理财务信息，并保证核算正确。

（3）项目会计应及时和项目商务人员沟通，保证项目成本处于受控状态。

（4）项目会计应及时清理往来账，催要发票凭证。

（5）项目会计应及时做好电算化财务数据的备份。

（6）项目会计应按时打印装订会计凭证、账册、会计报表等。

（7）项目会计应按时向项目经理提供项目财务报告。

（8）项目出纳应对项目付款进行及时登记，并于月末将本月间接支付明细和直接费支付各明细（包括分包、材料供应商、其他直接费）报至项目会计核对。

1.11.9 施工项目资金预、决算管理

1.11.9.1 施工项目资金预算管理

（1）项目经理部依据工程承包合同、项目管理策划书、项目承包责任书等方面的规定编写项目财务预算方案，报经企业批准后执行。

（2）项目财务预算由项目经理部根据工程合同、施工组织设计、各种生产资料的市场价格及预期情况进行编制；项目预算方案在执行过程中根据项目实际情况的变化，按企业规定的程序进行必要的调整和完善。

（3）项目财务预算执行严密的预算调整程序。原则上各项目预算一经批准确定不得更改，但因特殊事由需调整的，应遵循严格的审批制度。

（4）财务预算应在项目中标后、开工前提出。

1.11.9.2 施工项目资金决算管理

（1）项目竣工结算时，项目主管会计应配合项目合约商务部门与项目业主、分包商、供应商进行决算。

（2）项目会计根据决算报告及时进行会计账务处理。

（3）在项目经理部与业主办理工程决算，以及项目劳务、材料、机械等所有支出决算完成后，企业对项目经理部进行财务决算。

（4）项目会计按照公司规定编制项目决算财务分析报告。

（5）项目竣工结算后由公司派审计人员及相关部门对项目签订的合同及账务进行审计。

（6）审计后项目会计按照公司档案管理规定将项目的有关财务资料及时清理造册，移交公司档案室。

1.11.10 税 务 管 理

1.11.10.1 项目纳税管理

项目的出纳人员应在项目初始阶段对当地税务政策进行了解，并根据相关规定办理流转税申报、缴纳工作，并应在项目结算后办理完税证明。公司税务主管负责协助提供办理有关外出经营许可证的相关资料。

1.11.10.2 开具分包商完税证明的管理

（1）作为总包，按照国家或公司规定已经代扣代缴分包商营业税及附加税后，应通过税务机关开具完税证明。

（2）开具完税证明的条件：

1）已签订正式合同；

2）合同价格为含税（营业税及附加，下同）价格；

3）确实已在付款时进行代扣代缴；

4）分包商已经提供完税正式发票。

（3）开具完税证明时的发票的提供：

1）分包合同为含税合同：

如果开具完税证明以前每次付款时分包商均开具实际收到款项（扣税后金额）的完税发票，则分包商应补开完税证明同等金额的完税发票后方可得到完税证明。

如果前期付款时分包商提供含税的完税发票（金额＝实际付款

十代扣税），则开具完税证明时分包商无需再提供发票。

2）分包合同为不含税合同：

① 分包商在报价时未计取营业税及附加，但付款时分包提供完税正式发票；

② 主管会计将依据实际付款折算税金，完税证明金额＝实际付款/（1−3.3%）×3.3%；

③ 分包商应补开完税证明同等金额的完税正式发票后方可得到完税证明。

（4）完税证明开具时间：

1）开具完税证明的时间应符合工程的形象进度、工程款的支付情况，原则上分包合同结算后开具完税证明。

2）项目主管会计应认真计算、审核完税金额和分包商提供的完税正式发票，并建立相应记录或台账。

1.11.11　拖欠款管理

（1）项目经理部对业主不按合同付款、拖延付款、延迟核定进度款等方式造成事实拖欠项目款项的情况，应制定拖欠款管理措施。

（2）项目经理部核定拖欠款的具体情况，分析拖欠原因，制定清欠方案。

（3）项目经理部在企业的指导下有策略地实施清欠方案。

（4）业主未按合同约定支付工程款时，企业应首先做出判断，确定应对方式，并由项目部先行实施，项目力度不够时由企业实施。通常方法有加强催收、谈判、停工及法律手段等。

1.11.12　工程尾款与保修款管理

（1）工程决算完成后，项目收款进入项目尾款及保修款的管理。项目经理部撤销后，企业应明确原项目经理或相关人员作为收款责任人。

（2）收款责任人按工程款收取的程序催收工程尾款。

（3）收款责任人按合同关于保修的要求创造条件及时回收保修款。企业也可采取保修函的方式回收保修款。

（4）尾款及保修款不能回收时，项目经理部的承包责任书规定的内容可提前进行考核，但不能提前奖励。

（5）项目尾款及保修款清收方案。

1.12　施工项目节能减排与环境保护管理

1.12.1　项目节能减排管理

项目节能减排管理指的是，通过有效的管理减少项目施工过程中的能源浪费和降低污染物、噪声的排放。

1.12.1.1　项目节能减排的主要管理内容

1. 能源消耗

能源消耗量指实际消耗的各种能源，包括工程承包合同范围施工生产、辅助生产、附属生产消耗和现场办公消耗的能源，不包括用于生活目的所消耗的能源。

2. 耗能工质

耗能工质：间接消耗能源的工作物质。即在生产经营活动中，需要消耗某些工作物质，而生产这些工作物质，需要消耗一定数量的能源，利用这些工作物质就等于间接地消耗能源。

3. 材料

钢材、水泥、木材、商品混凝土等。

4. 减排管理内容

废水、废气、噪声、建筑垃圾的排放管理。

1.12.1.2　节能减排组织及要求

（1）建筑施工企业应编制开展节能减排活动的管理制度；制定年度节能减排目标和指标，并分解到各工程项目部。

（2）项目部施工组织设计应有节能减排专题章节，或针对工程项目特点，编制工地节能减排专项方案并组织实施。

（3）成立以项目经理为主要责任人的工地节能减排活动领导小组，制定有工地节约控制责任制，编制创节能减排型工地的管理人员名单。

（4）工程项目应设立节能降耗目标：

1）万元产值用电量控制指标参考基本值为108kW·h；

2）万元产值用水量控制指标参考基本值为12m³；

3）单位建筑面积损耗的其他能资源不超过定额规定，并逐年按比例递减。

（5）建立分级节能降耗组织管理机构与节能降耗责任制；制定工程项目节能降耗目标阶段预算和预评的规定。

（6）工程项目施工现场入口处，设立节能减排型工地公示牌，公示创建节能减排型工地的责任人、目标、能源资源分解指标、主要措施等内容，生活区及施工现场内在显著位置设置节约用水、用电的宣传。

1.12.1.3　节能减排现场管理措施

（1）严格执行国家、行业、地方关于禁止与限制落后淘汰技术、工艺、产品的现行有关规定；积极采用新技术、新材料、新工艺和新产品。

（2）安全生产、工程质量、文明施工符合国家、行业、地方标准规范的规定；按图施工，落实建筑节能要求，无不良记录。

（3）建立分区域能源、资源消耗原始记录和月度台账，对指标体系中的各项指标值的真实性负责；完成从开工到竣工全过程节能降耗数据分析报告。

1.12.1.4　节能减排现场技术措施

1. 综合技术措施

（1）通过方案比较、方案评审等优化措施，形成合理的施工方案、施工组织设计；方案优化的重点是施工平面布置、设备选用、模板体系、脚手架体系、材料管理等。

（2）围绕符合建筑节能、节地、节水、节材和科技进步、技术创新的原则，在施工方案优化，过程管理，施工新技术、新工艺、新材料的开发应用等方面，实施能源资源节约和循环利用。

（3）积极应用住房和城乡建设部推广的"10项新技术"（《建筑业10项新技术（2010）》建质〔2010〕170号）。

（4）有条件的施工企业，应加大新技术、新工艺、新材料的课题研究，将科研成果转化为现场应用；鼓励施工企业自创的技术革新及有效节约方法的推广应用。

（5）鼓励对太阳能光电、太阳能光热、风能、地源热泵等可再生能源的推广应用，淘汰或逐步减少耗能型施工机械设备。

（6）严格执行当地使用新型建设工程材料的相关规定。禁止使用实心黏土砖，限制使用黏土多孔砖，非承重结构全面使用新型墙体材料。推广应用加气混凝土砌块、陶粒混凝土砌块、多排孔混凝土小型空心砌块等非黏土类新型墙体材料，保护和节约不可再生的土地资源。

2. 土地节约措施

（1）施工现场物料堆放应紧凑，施工道路宜按照永久道路和临时道路相结合的原则布置，减少土地占用；如施工现场场地狭小，需选择第二场地进行材料堆放、材料加工时，应优先考虑利用荒地、废地或闲置的土地。

（2）挖出的弃土，有场地堆放的应提前进行挖填平衡计算，或与邻近施工场地之间的土方进行资源调配，尽量利用原土回填，做到土方量挖填平衡。因施工造成裸土的地块，应及时覆盖沙石或种植速生草种，防止由于地表径流或风化引起的场地内水土流失。施工结束后，应恢复其原有地貌和植被。

3. 节水措施

（1）施工现场供水管网应根据用水量设计布置，管径合理、管路简捷，采取有效措施减少管网和用水器具的漏损。

（2）使用节水型产品，对不同的施工、生活等用水分别装置计量表，分别监控，并做记录。第一年节水型产品和计量装置使用率应达50%，并逐年提高。

（3）有专人定时对施工现场及生活区的水龙头及用水设备进行检查，是否有"跑、冒、滴、漏"现象并及时修复。

（4）生活区内热水供应采取限时或者用量控制措施，防止乱用水现象的发生。

（5）厕所等部位应采用节水型闸阀开关，并根据时段调节阀门出水量。

（6）实施水资源循环利用，现场设置废水回收水池（塔），沉淀后进行重复利用，减少市政自来水的使用。有条件的工地，可利用收集雨水、工地附近的河水等，替代自来水用于部分生产、生活。

4. 节能措施

（1）施工现场应在各项施工活动和工序中，做好电机节能、余热利用、能量系统优化、绿色照明、办公节能及节能监测和服务体系建设等工作，优先使用节能、高效、环保的施工设备和机具，采用低能耗施工工艺，充分利用可再生清洁能源。

（2）建设工程临时设施的节能由改善围护结构热工性能，提高空调采暖设备和照明设备效率来分担。围护结构传热系数参照《公共建筑节能设计标准》（DBJ01—621）执行。

（3）根据《国务院办公厅关于严格执行公共建筑空调温度控制标准的通知》，夏季室内空调温度设置不得低于26℃，冬季室内空调温度设置不得高于20℃。空调运行时应关闭门窗。

（4）编制科学的用电施工方案，配电线网布置规范，配线选材合理，避免电流密度过大或电阻过大，造成浪费。

（5）室外照明宜采用高强度气体放电灯，办公室等场所宜采用细管荧光灯，生活区宜采用紧凑型荧光灯。在满足照度的前提下，办公室节能型照明器具功率密度值不得大于8W/m²，宿舍不得大于6W/m²，仓库照明不得大于5W/m²。

（6）加强用电管理，施工区、生活区有专人管理照明灯具；宿舍应采用智能化开关控制宿舍的用灯。

（7）建设工程施工用电必须装设电表，生活区和施工区应分别计量；用电电源处应设置明显的节约用电标识；同时，施工现场应建立照明运行维护和管理制度，及时收集用电资料，建立用电电统计台账。针对不同的工程类型，如住宅建筑、公共建筑、工业厂房建筑、仓储建筑、设备安装工程等进行分析、对比，提高节电率。照明运行维护和管理制度应执行《建筑照明设计标准》（GB 50034）相关规定。

（8）施工现场有条件时可利用太阳能作为照明能源，办公区、生活区宜安装太阳能装置提供生活热水。

（9）建筑材料的选用应缩短运输距离，减少能源消耗。

（10）采用能效比高的用电设备，推广使用智能型荷载限位器，现场有控制大功率用电设备措施。照明灯具应采用高效、节能、使用寿命长的施工照明灯具。

（11）加强对大型施工机械设备运行管理，禁止空载运行、提高使用率；对机械进行定期维护，确保机械正常运行。

（12）选用环保高效节能的施工机械，逐步利用Y系列节能电机（全封闭自扇冷式三相鼠笼型异步电动机）改造现有施工机械动力源，逐步采用高效功率补偿器技术；禁止耗能超标机械进入施工现场。

5. 节材措施

（1）强化现场材料管理，建立商品混凝土、钢材、木材、水泥、砂石料等大宗材料预算计划和进场验收管理制度，确保质量合格和数量准确。

（2）优先采用高效钢筋与预应力技术、钢筋直螺纹连接、电渣压力焊技术等节材效果明显的新技术。推广钢筋专业化加工和配送，减少施工现场钢筋断料的浪费。

（3）推广使用预拌混凝土和商品砂浆。准确计算采购数量、供应频率、施工速度等，在施工过程中进行动态控制。

（4）架设工艺及模板支护等专项方案应予会审、优化，合理安排工期，加快周转材料周转使用频率，降低非实体材料的投入和消耗；推广使用定型钢模、钢框竹模和竹胶板，增加模板周转次数；推广先进工艺、技术，降低材料剪裁浪费；合理确定商品混凝土掺合料及配合比，降低水泥消耗。

（5）其他主辅料使用时，安排好进场时间和堆放位置，合理有效保管和使用，减少放置、储存和二次搬运等对材料的消耗。

（6）施工现场应专设场地和专职人员负责对废弃物进行收集，分类回收或加工利用，对钢筋头、废铁丝等集中售给废品站回收炼钢。废木屑、锯末集中售给木屑板厂作为原料，落地砂浆过筛后经成型机加工成水泥块。力争各类建筑垃圾回收、再利用率达到30%以上。

（7）在施工期间，应充分利用场地及周边现有或拟建道路、给水、排水、供暖、供电、燃气、电信等市政设施、场地内现有建筑物或拟建筑物的功能，减少资源能源消耗，提高资源再利用率，节约材料与资源。

（8）现场办公和生活用房采用周转式活动房，现场围挡应最大限度地利用已有围墙，或采用装配式可重复使用围挡封闭。建筑塔式起重机基础等临时性重型构件、基坑支护结构中设置有侵入坑外土层的预应力锚杆，优先采用可拆卸式，便于回收利用。

6. 减排措施

（1）编制专项方案对工地的废水、废气、废渣的三废排放进行识别、评价和控制，安排专人、专项经费，制定专项措施，减少工地现场的三废排放。

（2）对施工区域的施工废水设置沉淀池，进行沉淀处理后重复使用或合规排放，对泥浆及其他不能简单处理的废水集中交由专业单位处理。在生活区设置隔油池、化粪池，对生活区的废水进行收集和清理。

（3）禁止在施工现场焚烧垃圾，使用密目式安全网、定期浇水等措施减少施工现场的扬尘。

（4）合理安排噪声源的放置位置及使用时间，采用有效的噪声防护措施，减少噪声排放，并满足施工场界环境噪声排放标准的限制要求。

（5）生活区垃圾按照有机、无机分类收集，与垃圾站签订合同，按时收集垃圾。对不可回收有害的施工垃圾打包封袋，按照环保等部门的规定要求送往指定处理中心集中进行无害化处理。房建类工程每万平方米的建筑垃圾不应超过400t。

1.12.1.5　施工项目的基本情况和工程类别，万元产值综合能耗水平统计

1. 项目概况、能耗水平统计表（表1-93）

2. 项目概况、能耗水平统计表填制说明

（1）工程名称、项目所在地按实填写。

项目概况、能耗水平统计表　　表1-93

施工项目名称		项目所在地	
工程类型	（　）房屋建筑　（　）工业建筑　（　）市政工程 （　）公路工程　（　）铁路工程　（　）能源工程 （　）水利工程　（　）园林工程　（　）装饰工程 （　）钢结构工程　（　）安装工程　（　）其他工程		
现场情况	现场设搅拌站：□是□否 现场设钢筋加工场：□是□否 非标设备加工场：□是□否 钢构件加工场：□是□否		
开工日期		计划竣工日期	
项目经理		联系电话	
建筑面积(m²)		合同造价(万元)	
工程进度		施工已完成合同额的比例(%)	
环境方面受到地级市以上表彰和奖励（次数）		环境方面受到省级以上表彰和奖励（次数）	
噪声、扬尘等方面受到地方政府通报批评（次数）		噪声、扬尘等方面受到地方政府处罚（次数）/金额（万元）	
噪声、扬尘等方面受到业主投诉（次数）		噪声、扬尘等方面受到社区居民投诉（次数）	
发生火灾（次数）/损失（万元）		发生其他环境事故（次数）	
环境、职业健康安全投入总额（万元）		能源消耗量[标准吨煤/产值（万元）]	

(2) 建筑面积填写按照工程合同约定的工程实体建筑面积，如有多个单位工程，按照所有单位工程建筑面积总和。

(3) 项目类型填写应在（√）注明房屋建筑、工业建筑、市政工程、公路工程、铁路工程、能源工程（各种电厂）、装饰工程、水利工程、园林工程、钢结构工程、安装工程、其他工程。

(4) 其他工程指以上 11 种工程类型未包括的其他工程。

(5) 在现场情况中应注明确有无搅拌站、钢筋加工场、非标设备加工场、钢构件加工场。

(6) 合同造价填写，按照合同约定的工程造价或预算价格，如有多个单位工程，按照所有单位工程合同约定的工程造价或甲方审定的预算价格总和。

(7) 在环境方面获地市级以上表彰和奖励次数、省级以上表彰和奖励次数，均以证书和发证时间进行统计，未发生为零。

(8) 在噪声、扬尘等方面受到地方政府通报批评次数、处罚次数/处罚金额（万元），均以地方政府文件和罚款通知进行统计，未发生为零。

(9) 在噪声、扬尘等方面受到业主投诉或社区居民投诉次数，以业主、社区居民书面投诉进行统计，未发生为零。

(10) 发生火灾次数、损失金额（万元）、发生其他环境事故的次数均以实际发生数统计，未发生为零。

(11) 环境和职业健康安全投入总额（万元）按财务报表统计值为准，应包括：环境设施建设与维护费，消防设施与维护费用，环境、安全检测费用，废弃物回收、消纳费用，环境、职业健康安全监管系统的管理费，安全生产技术措施费，环境、职业健康安全应急准备和响应费用等。

1）环境设施建设与维护费：包括节水阀门、节能灯、沉淀池、化粪池、隔油池、排水设施、洒水设施、废水回收与处理设施、隔声屏、隔音围护、硬化道路、防止扬尘的覆盖设施或固化物、接火盆、接油盆的购置、建设、清掏、转运、消纳、洒水等费用。

2）消防设施与维护费用：包括消防水管、消防箱、灭火器、消防栓、消防水带、沙池、喷枪、铁锹、防火桶等购置、建设、维护、检定等费用。

3）环境、安全检测费用：包括水、电、油、计量仪器、噪声、污水、有毒有害气体等检测仪器购买或租赁、检定、保管，内部检测人员工资、噪声、污水、有毒有害气体、石材、涂料、外加剂、接地电阻、漏电保护器、电流、电压、安全帽、安全带、安全网等检测费用，委托权威机构检测等费用。

4）废弃物回收、消纳费用：包括废弃物分类、回收、垃圾消纳人员工资、废弃物转运、贮存、消纳、无害处理等费用。

5）环境、职业健康安全监管系统的管理费：包括企业各级环境、安全管理部门的办公、差旅等项管理费，专职环境、安全管理人员工资、奖金、福利等费用，企业自有职工工伤保险费、体检费。

6）环境、职业健康安全应急准备和响应费用：包括环境、职业健康安全应急准备材料、设施、通信器材等购买、储存、演练人员工资，材料、设施消耗等费用。

7）环境、安全教育培训费用：包括环境、安全教育培训资料费、差旅费、培训费、教师讲课费、场地租借费等。

8）安全生产技术措施费，包括：

①员工安全防护用品费：包括安全帽、安全带、工作服、防护口罩、护目眼镜、耳塞、绝缘鞋、手套、袖套、电焊防护面具等个人防护用品的购置费。

②临边、洞口安全防护设施费：包括楼层临边、阳台临边、楼梯临边、卸料平台侧边、基坑周边、预留洞口、电梯井口、楼梯口、通道口等安全防护设施的材料费、人工费，为安全生产设置的安全通道、围栏、警示绳等材料费、人工费。

③临时用电安全防护设施费：包括临近高压线隔离防护的材料费、人工费，配电柜（箱）及其防护隔离设施、漏电保护器、低压变压器、低压配电线、低压灯泡的材料费、人工费。

④脚手架安全防护设施费：包括安全网、踢脚板等的材料费、人工费。

⑤机械设备安全防护设施费：包括钢筋加工机械、木工机械、卷扬机等中小型机械设备防砸、防雨设施的材料费、人工费。

⑥特殊作业安全防护设施费：包括隧道、容器、暗挖、2.5m 以上人工挖孔桩等作业通风设备、除尘设备、设施的购置费、安装费、维护费等。

⑦施工现场文明施工措施费：包括确保施工现场文明施工及安全生产所进行的材料整理、垃圾清扫的人工费等。

⑧其他安全措施费：包括安全标志、标语及安全操作规程牌购置、制作及安装费，安全评优费，工程项目意外保险费、员工防暑降温药品、饮料费，冬季防滑、防冻措施费，其他安全专项活动费用。

(12) 能源消耗量：指实际消耗的各种能源，它包括工程承包合同范围施工生产、辅助生产、附属生产消耗和现场办公消耗的能源，不包括用于生活目的的所消耗的能源。

1）项目能源消耗量＝项目统计产值的所用能源总量－能源中不统计产值的分包所用能源总量－生活用能源总量。

2）能源：包括一次能源、二次能源，一次能源包括：煤炭、石油、天然气等；二次能源包括：石油制品、蒸汽、电力、焦炭、煤气、氢气等；各种能源消耗不得重计或漏计。

3）消耗的各种能源中，作为原料用途的能源，原则上应包括在内。

(13) 产值综合能耗＝总综合能耗÷总产值（口径以统计报表为准），吨标准煤/万元

1）1kg 标准：煤低（位）发热量等于 29.27MJ（或 7000kCal）的固体燃料，称 1kg 标准，在统计计算中，采用吨标准。

2）所有能源消耗均应换算成 1t 标准煤，能源换算成 1t 标准煤。详见拆标系数规定表（表 1-94）。

3）消耗的一次能源量，均按应用基低（位）发热量换算为标准煤量；消耗的二次能源，均应折算到一次能源；其中，燃料能源应以应用基低（位）发热量为折算基础。

拆标系数规定表　　　　表 1-94

序号	能源项目	计量单位	拆标系数
1	原煤	t	0.7143
2	洗精煤	t	0.9000
3	其他洗煤	t	0.2857
4	焦炭	t	0.9714
5	焦炉煤气	万 m³	5.7140
6	高炉煤气	万 m³	1.2860
7	其他煤气	万 m³	3.5701
8	天然气	万 m³	13.3000
9	原油	t	1.4286
10	汽油	t	1.4714
11	煤油	t	1.4714
12	柴油	t	1.4571
13	燃料油	t	1.4286
14	液化石油气	t	1.7143
15	炼厂干气	t	1.5714
16	热力	10⁹ J	0.0341
17	电力	万 kW·h	4.0400

如：1t 汽油折合 1.4714t 标准煤；1 万 m³ 天然气折合 13.3000t 标准煤。

1.12.1.6 施工项目能源、资源消耗统计

1. 能源、资源消耗统计表（表 1-95）

能源、资源消耗统计表　　表1-95

施工项目名称				项目类型	
类　别	能源或材料类别	计划用量（1）	实际用量（2）	备注	
1 能源	1.1 原煤（t）				
	1.2 洗精煤（t）				
	1.3 其他洗煤（t）				
	1.4 焦炭（t）				
	1.5 焦炉煤气（万 m³）				
	1.6 高炉煤气（万 m³）				
	1.7 其他煤气（万 m³）				
	1.8 天然气（万 m³）				
	1.9 原油（t）				
	1.10 汽油（t）				
	1.11 煤油（t）				
	1.12 柴油（t）				
	1.13 燃料油（t）				
	1.14 液化石油气（t）				
	1.15 炼厂干气				
	1.16 热力（10⁹ J）				
	1.17 电力（万 kWh）				
2 耗能工质	2.1 水（t）				
3 材料	3.1 钢材（t）				
	3.2 水泥（t）				
	3.3 木材（m³）				
	3.4 商品混凝土（m³）				

2. 能源、资源消耗统计表填制说明

（1）项目类型填写应注明房屋建筑、工业建筑、市政工程、公路工程、铁路工程、能源工程（各种电厂）、装饰工程、水利工程、园林工程、钢结构工程、安装工程、其他工程。

（2）填报中：计划用量填报至工程竣工，按照预算或计划消耗的能源或资源数量或在企业规定的项目承包作为计划用量；实际用量为至目前施工状态，实际消耗的能源或资源数量（应以统计口径为准），总包或分包自报产值的项目所消耗的能源和资源均由总包或分包单位统计，未报产值的项目其能源和资源的消耗均不统计。

（3）能源填制说明

1）能源包括用电、用原煤、洗精煤、其他洗煤、焦炭、焦炉煤气、高炉煤气、其他煤气、天然气、原油、汽油、柴油、煤油、燃料油、液化石油气、炼厂干气、热力、电力等项目统计，在填报时，如无此项内容，则在表中填"无"或"/"标识。

2）用电、用煤、用油、用气应按工程实体消耗量及现场生产设施、辅助生产设施、办公设施所消耗总量，分别统计生产用量，数据均以电表、气表、加油量或油票及煤过磅量为准。

3）用油指项目所用汽油、柴油、煤油等，生活车用油为生活用油不统计；私车在项目报销油料费，其用油量统计在生产用油中，班车用油、施工用油为生产用油；项目统计产值由分包自购材料所发生的油料消耗均由项目统计。

4）用电指项目照明和动力所用电，生活区、办公区全部用电为生活用电，现场生产设备、施工照明用电为生产用电。

5）洗澡、食堂用煤气、液化气、天然气为生活用气不统计，办公室煤气、液化气、天然气为生产用气，现场生产设备施工用液化石油气、天然气作动力为生产用气。

6）食堂、茶炉、生活区用煤为生活用煤不统计，办公室用煤为生产用煤，构件养护、冬季施工加热、保温用煤为生产用煤；现场自烧蒸汽养护构件只统计用煤、用电所消耗能量，其用水量也应

统计，现场购买的蒸汽应统计蒸汽消耗量，而不统计用煤、用电量，也不统计用水量。

7）总包报产值由供应商消耗的能源应纳入总包能源消耗量，如商品混凝土搅拌消耗的电力、混凝土运输和泵送中消耗的汽油、柴油、电力消耗量，钢构件、设备吊装租用的大型设备发生的汽油、柴油、电力消耗量，应纳入总包能源消耗量。

8）总包报产值由分包消耗的能源应纳入总包能源消耗量，如钢筋、钢构件加工发生的电力、运输中发生的汽油、柴油消耗量，基坑施工中各种机械设备发生的电力、汽油、柴油消耗量。

9）总包报产值涉及的供应商、分包方为二级施工企业或子公司内部法人单位或非法人单位所消耗的能源只统计一次，不重复计算。

（4）耗能工质填报说明

1）项目现场生产设备、施工、养护、搅拌、降尘、生产设备清洗等用水为生产用水，食堂、生活区、办公区用水为生活用水不统计。

2）现场用自来水不统计能耗，只统计用水量；抽地下水现场用、现场用水压力不足加压时，现场应统计所用电量，也统计用水量；地下降水、动力排水现场应统计所用电量，不统计用水量；现场用雨水、沉淀池水作降尘、养护用不统计能耗，也不统计用水量。

3）项目所用氧气、乙炔、电石均不统计能耗。

（5）施工用料消耗填制说明

1）表中材料部分内容统计，应包括构成施工实体和现场生产、辅助生产、办公临时设施、现场生活区施工所用材料消耗量。

2）施工用料统计指工程承包合同范围内总包或分包全部用料，包括所用分包用料、返工和返修用料。

3）填报时，如无此项内容，则在表中填"无"或"/"标识；填报时还应说明确现场有无食堂、宿舍、厕所、浴室、搅拌站、钢筋加工场、非标设备和钢构件加工场等内容，以便考核比较。

1.12.1.7　施工项目环境管理绩效统计

分别针对项目的主要环境影响方面，对施工项目在环境管理、环境控制、环境监测等方面情况进行统计，反映施工项目在环境管理方面的绩效。

1. 施工项目环境管理绩效统计表（表1-96）

施工项目环境管理绩效统计表　　表1-96

施工项目名称			项目类型	
环境影响		环境指标	计划值	实际值
1	污水排放	1.1 污水排放达标率(%)		
		1.2 沉淀池、化粪池、隔油池溢流或遗洒次数(次)		
2	施工扬尘	2.1 场地硬化面积(m²)		
		2.2 易飞扬材料运输封闭率(%)		
		2.3 场地覆盖率(%)		
3	施工噪声	3.1 打桩施工阶段噪声值(dB)	昼间 85	昼间
		3.2 土方施工阶段噪声值(dB)	昼间 75	昼间
			夜间 55	夜间
		3.3 结构施工阶段噪声值(dB)	昼间 70	昼间
			夜间 55	夜间
		3.4 装饰装修施工阶段噪声值(dB)	昼间 65	昼间
			夜间 55	夜间
		3.5 现场噪声排放合格率(%)		
4	固体废弃物	4.1 固体废弃物分类处置率(%)		
		4.2 有毒有害废弃物无害处置率(%)	100	
5	有毒有害气体	住宅工程室内空气质量检测合格率(%)	100	
6	消防	现场消防器材达标率(%)		
7	施工机械	运输机械尾气达标率(%)		

2. 施工项目环境管理绩效统计表填制说明

（1）表1-96为施工项目环保绩效统计表，主要划分为污水排放、施工扬尘、施工噪声、固体废弃物、消防、施工机械六大项。

（2）项目类型应填写应注明房屋建筑、工业建筑、市政工程、公路工程、铁路工程、能源工程（各种电厂）、装饰工程、水利工程、园林工程、钢结构工程、安装工程、其他工程。

（3）污水排放填制说明：

1）污水排放达标率计划值为目标规定应达到的合格排放值，实际值为经检测达到合格的排放值，污水排放达标率＝污水排放达标次数÷污水排放次数×100％。

2）污水排放达标指在有城市污水管网处施工，办理书面排污手续，其现场废水经两级或三级沉淀池沉淀过滤后排入市政管道；100人以上食堂经隔油池过滤后排放入市政管道，浴厕废水经化粪池沉淀过滤后排入市政管道；在无城市污水管网处施工，其废水经检测达到规定排污标准或拉到指定污水排放口排放或由环卫部门定期清运；在风景名胜区和饮水源处施工其废水拉到指定污水排放口排放。

3）污水排放次数为项目混凝土浇筑后冲洗的次数，食堂污水为实际开伙日历天数每天统计排放量1次，现场废水每检测1次或转运1次或清运1次计算1次污水排放次数。

4）沉淀池、化粪池、食堂隔油池溢流或遗洒次数，计划数为目标规定值，实际数为沉淀池、化粪池、食堂隔油池实际发生溢流或清淘后发生遗洒次数，或检查发现溢流或清淘后发生遗洒次数。

（4）扬尘控制填制说明

1）场地硬化面积计划值为按照法规或企业施工组织设计中策划规定应硬化的面积量，包括现场主要临时道路面积及其他需硬化面积，实际值为现场实际硬化面积量。

2）易飞材料覆盖率＝运输易飞材料实际覆盖封闭次数÷运输易飞材料总次数×100％

场地覆盖率统计＝现场实际覆盖面积÷现场应覆盖面积×100％。

3）计划值为目标或企业施工组织设计中策划规定的应达到的易飞材料运输封闭率、场地覆盖率；实际值为运输易飞材料实际封闭次数占运输易飞材料总次数的百分比和现场实际覆盖面积占现场应覆盖面积的百分比。

（5）噪声排放填制说明

1）噪声计划值为当地环保部门按《声环境质量标准》（GB 3096）或《建筑施工场界噪声限值》（GB 12523）确定的噪声排放限值。

2）噪声排放实际值是对表1-9中的打桩施工阶段噪声值、土方基础施工阶段噪声值、结构施工阶段噪声值、装修装饰施工阶段噪声监测结果的平均值，分别进行昼间和夜间的统计，如：结构施工昼间噪声排放值＝每次噪声监测数值÷噪声监测总次数。

3）表中3.5现场噪声排放合格率，计划值为目标或企业环境策划规定应达到的现场噪声排放合格，实际值为现场噪声排放合格率实际完成值，如，现场噪声排放合格率＝噪声排放监测合格的次数÷噪声监测总次数×100％。

（6）固体废弃物控制填制说明

1）固体废弃物分类处置率计划值为目标或企业环境策划规定应达到的现场固体废弃物分类处置率，实际值为现场固体废弃物分类处置率实际达到值。

2）固体废弃物分类处置率＝现场产生固体废弃物进行分类处置数量（车）÷现场产生固体废弃物的总量（车）×100％

或固体废弃物分类处置率＝检查现场产生固体废弃物进行分类处置次数（次）÷检查现场产生固体废弃物的处置总次数（次）×100％。

3）有毒有害废弃物无害处置率，计划值为目标或企业环境策划规定应达到的有毒有害废弃物无害处置率，实际值为现场有毒有害废弃物无害处置率实际完成值。

4）现场有毒有害废弃物无害处置率＝有毒有害废弃物无害处置量（kg）÷有毒有害废弃物处置总量（kg）×100％。

5）有毒有害废弃物无害处置指有毒有害废弃物无害交供应商回收（废油漆、废涂料、墨盒、硒鼓等）、分包方处置（维修配件、废油等）、交有资质单位处置（废电脑、打印机等），应有合同或协议、资质证书、处置记录或有毒有害废弃物处置五联单。

（7）有毒有害气体检测填制说明

1）住宅工程室内空气质量检测合格率，计划值为按《民用建筑工程室内环境污染控制规范》（GB 50325）标准确定的目标或企业环境策划规定的氡、游离甲醛、苯、氨、TVOC等有毒有害气体检测合格率，实际值为现场氡、游离甲醛、苯、氨、TVOC等有毒有害气体实际检测合格率。

2）住宅工程室内空气质量检测合格率＝住宅工程室内氡、游离甲醛、苯、氨、TVOC等有毒有害气体检测合格面积（m²）÷住宅工程室内氡、游离甲醛、苯、氨、TOVC等有毒有害气体检测总面积（m²）×100％。

（8）消防填制说明

1）现场消防器材达标率，计划值为目标或企业环境策划规定的应达到的现场消防器材达标率，实际值为现场消防器材达标率实际完成值。

2）现场消防器材达标率＝现场每次检查消防器材合格数量总和（个）÷现场每次检查消防器材数量总和（个）×100％。

（9）施工机械填制说明

1）运输机械尾气达标率，计划值为目标或企业环境策划规定应达到的运输机械尾气达标率，实际值为现场运输机械尾气达标率实际完成值。

2）现场运输机械尾气达标率＝现场运输机械尾气环保部门检测合格数量（台数）÷现场运输机械尾气检测总数量（台数）×100％。

1.12.2　项目环境保护管理

1.12.2.1　项目环境因素识别

项目经理部根据建筑施工行业特点，结合企业有关规定与要求，将在办公、采购、施工和服务等活动中常见的环境因素汇集、编制重大环境因素清单。

项目经理部在识别环境因素时，应考虑业主、周边单位、居民等对环保和文明施工的要求。施工过程中应根据法律法规要求以及企业的实际情况，适时更新重大环境因素清单。

1. 环境因素识别的对象和范围

应从项目的办公、设计、采购、施工和竣工后服务等活动中识别环境因素。

识别环境因素时应考虑本单位在过程、活动中，自身可以管理、控制、处理以及可施加影响（如对供应商、运输商、分包商）的方面和范围。识别环境因素应考虑三种状态、三种时态和六个方面：

（1）三种状态

1）正常状态：指稳定、例行性、计划已做出安排的活动状态，如正常施工状态。

2）异常状态：非例行的活动或事件，如施工中的设备检修、工程停工状态。

3）紧急状态：指可能出现的突发性事故或环保设施失效的紧急状态，如发生火灾事故、地震、爆炸等意外状态。

（2）三种时态

1）过去：以往遗留的环境问题，而会对目前的过程、活动产生影响的环境问题。

2）现在：当前正在发生、并持续到未来的环境问题。

3）将来：计划中的活动在将来可能产生的环境问题，如：新工艺、新材料的采用可能产生的环境影响。

（3）六个方面

1）大气排放：包括向大气实施点源、无组织排放的各类污染环境因素，如锅炉的烟尘排放。

2）水体排放：生活污水与施工过程形成的废水等各类污染因素的产生与排放，如食堂含油污水、混凝土搅拌站污水排放。

3）各类固体废弃物：包括施工过程以及生活、办公活动中产生的各种固体废弃物，如建筑垃圾、生活垃圾及办公垃圾。

4）土地污染：由各种化学物质、油类、重金属等对土壤所造

成的污染、积累和扩散。

5) 原材料和自然资源的耗用：施工和办公过程中对原材料、纸张、水、电等方面资源的耗用。

6) 当地其他环境问题和社区问题：如施工噪声、夜间工地照明的光污染。

2. 重大环境因素清单

重大环境因素清单见表 1-97。

重大环境因素清单　　　表 1-97

序号	环境因素	活动点/工序/部位	环境影响
1	噪声排放	(1) 施工机械：推土机、挖掘机、装载机、钻孔桩机、打夯机、混凝土输送泵； (2) 运输设备：翻斗车； (3) 电动工具：电锯、压刨、空压机、切割机、混凝土振捣棒、冲击钻	影响人体健康、社区居民休息
		脚手架装卸、安装与拆除	
		模板支拆、清理与修复	
2	粉尘排放	施工场地平整作业、砂堆、石灰、现场路面、进出车辆车轮带泥砂、水泥搬运、混凝土搅拌、木工房锯末、拆除作业	污染大气、影响居民身体健康
3	运输遗洒	运输渣土、商品混凝土、生活垃圾	污染路面、影响居民生活
4	有毒有害废弃物排放	施工现场的废化工材料及其包装物、容器等，废玻璃丝布，废铝箔纸，工业棉布，油手套，含油棉纱棉布，漆刷，油刷，废旧测温计等	污染土地、水体
		现场清洗工具废渣、机械维修保养废渣	
		办公区废写纸、复印机废墨盒和废粉、打印机废硒鼓、废色带、废电池、废磁盘、废计算器、废日光灯、废涂改液瓶	
5	油漆、涂料、胶及含胶材料中甲苯、甲醛气体排放	建筑产品	影响使用者健康
6	火灾、爆炸的发生	油漆、易燃材料库房及作业面、木工房、电气焊作业点、氧气瓶(库)、乙炔气瓶(库)、液化气瓶、油库、建筑垃圾、冬季混凝土养护作业、施工现场配电室、中心试验室使用的乙醇、松节油、燃煤取暖、锅炉爆炸	污染大气
7	污水排放	食堂、现场搅拌站、厕所、现场混凝土泵冲洗	污染水体
8	生产水、电消耗	施工现场	资源浪费
9	办公用纸消耗	办公室	资源浪费

1.12.2.2 环境因素评价

1. 环境因素评价要点

环境因素评价是在识别环境因素的基础上，为改进环境绩效而确定项目重要环境因素的工作。

确定重要环境因素应考虑：当前某环境因素所造成的环境影响与相关法律法规要求的符合程度，其环境影响的范围和程度，发生的频次，资源的耗用及可节约的程序，相关方的关心程度等。

环境因素评价的工作流程是：分析环境因素产生的环境影响—评价影响的程度—确定重要环境因素。

项目经理部根据评价结果编制本单位重要环境因素清单，并整

理、保存评价记录。

2. 环境因素评价方法

(1) 直接判断法：用于对能源、资源消耗评价，分为违法或超标两种判断结论。

(2) 综合打分法：适用于其他环境因素的评价，从以下六个方面进行评价：

1) 环境影响发生频率评分标准，见表 1-98。

环境影响发生频率评分标准　　表 1-98

等级	发生频率	评分，M_1
1	频繁发生，连续发生至每日发生	5
2	经常发生，每日至少一次至每周一次	4
3	每周一次至每月一次	3
4	很少发生，每月少于一次至每年一次	2
5	不发生，几乎不发生，一年以上一次	1

2) 法律法规的符合程度评分标准，见表 1-99。

法律法规的符合程度评分标准　　表 1-99

等级	内　容	评分，M_2
1	超标	5
2	接近标准	3
3	未超标	1

3) 法律法规符合性评分标准

将排放的污染物与现行污染物排放标准相比较，根据其影响程度判断是否超标，见表 1-100。

法律法规符合性评分标准　　表 1-100

等级	影响程度	评分，M_3
1	影响范围大或有毒有害	5
2	影响范围中且无毒有害	3
3	影响范围小且无毒无害	1

4) 环境影响的恢复能力评分标准，见表 1-101。

环境影响的恢复能力评分标准　　表 1-101

级别	恢复能力	评分，M_4
1	一年以上才可恢复或不可恢复	5
2	半年至一年可恢复	4
3	一个月至半年可恢复	3
4	一周至一个月可恢复	2
5	一天至一周可恢复	1

5) 公众及媒介对影响的关注程度评分标准，见表 1-102。

公众及媒介对影响的关注程度评分标准　表 1-102

级别	关注程度	评分，M_5
1	社会极度关注	5
2	地区极度关注	4
3	地区关注	3
4	社区关注	2
5	不为关注	1

6) 改变环境影响的技术难度和经济承受能力评分标准，见表 1-103。

改变环境影响的技术难度和经济承受能力评分标准

　　　　　　　　　　　　　　　　　　　　表 1-103

级别	技术难度和所需经济投入	评分，M_6
1	技术难度小或投资较少	3
2	技术难度中或投资较大	2
3	技术难度大或投资巨大	1

（3）对环境因素清单中的环境因素，经上述环境因素评价，即：从上列一个或多个评价因子上分别进行打分，根据评价的项数 n，取各项评价因子评分值之和：$M_n=M_1+M_2+M_3+M_4+M_5+M_6$。若 $M_n>3n$ 时即定为重要环境因素。

1.12.2.3　环境因素更新

发生下列情况时，项目应与企业配合组织有关人员对环境因素进行补充识别和评价；同时更新环境因素清单。

（1）环境保护的法律、法规等有关要求发生变化；

（2）公司的产品、过程、活动发生较大变化；

（3）相关方有合理抱怨；

（4）公司的环境方针目标发生变化。

1.12.2.4　项目环境管理方案/计划

各项目于工程开工前，在评价重要环境因素的基础上，编制本项目的环境管理方案/计划。同时负责组织落实经批准的项目环境管理方案/计划。

项目环境管理计划的内容主要包括：

（1）环境因素识别与重要环境因素的确定；

（2）环境目标和指标；

（3）组织机构及重要环境管理岗位的设置；

（4）重要环境管理岗位职责描述；

（5）针对重要环境因素的控制措施；

（6）应急准备与响应方案；

（7）监视与测量；

（8）培训安排。

1.12.2.5　项目环境管理控制目标

项目环境管理目标必须根据国家和地方环境管理要求，并结合企业环境管理目标以及项目所在区域周围的环境要求确定。控制指标见施工现场环境因素及控制指标一览表（表 1-104）。

施工现场环境因素及控制指标一览表　表 1-104

序号	环境因素	目标	指标		
1	场界噪声	确保施工现场场界噪声达标	场界噪声限值（dB）		
			施工内容	昼间	夜间
			土石方	≤75	≤55
			打桩	≤85	禁止施工
			结构施工	≤70	≤55
			装修施工	≤65	≤55
		项目办公室前院内禁止汽车长鸣笛，办公室内禁止人员大声喧哗			
2	施工现场扬尘	减少和控制施工现场粉尘排放	施工现场道路硬化率（%）		
			现场如允许设搅拌站，其封闭率（%）		
			水泥等易飞扬材料入库率（%）		
3	污水排放	要求施工现场设沉淀池、隔油池、化粪池，保证污水排放达标	施工现场设沉淀池达标率（%）		
			现场食堂设隔油池达标率（%）		
			厕所设化粪池率（%）（另设干厕协议也可）		
4	废弃物	建筑垃圾及废弃物实行分类管理	分类管理率（%）		
		可回收废物及时回收	废物回收率（%）		
5	运输遗洒	杜绝物料灰土遗洒	生活区、施工现场不发生任何运输物料的道路遗撒		
6	节能降耗水电油料消耗	要求项目经理部制定"用水用电管理办法"，提出节能降耗指标的要求	节约水电使用：万元施工产值节水____（%），节电____（%），节能水电实际控制比与实际消耗降低____（%），材料节约____（%）		
7	重大环境投诉	制定预案或管理办法	重大环境投诉为零；火灾爆炸事故为零		

1.12.2.6　项目环境管理运行控制

施工过程中应严格遵循国家和地方的有关法律法规，减少对场地地形、地貌、水系、水体的破坏和对周围环境的不利影响，严格控制噪声污染、光污染、水污染、大气污染，有毒有害及其他固体废弃物污染，最大限度地节能、节电、节水、节材、节地，预防和减少对环境污染的原则性规定和基本要求，实施环境管理体系，建设绿色建筑。

1. 施工现场大气的环境保护

施工现场扬尘管理应严格遵守《中华人民共和国大气污染防治法》和地方有关法律、规定。施工现场采取有效防尘抑尘措施，控制场地内施工车辆、机械、设备的废气排放。施工现场主要道路必须进行硬化处理。施工现场应采取覆盖、固化、绿化、洒水等有效措施，做到不泥泞、不扬尘。施工现场的材料存放区、大模板存放区等场地必须平整夯实。

（1）施工现场设置砂浆搅拌机，机棚必须封闭，其封闭率达 100%，并配备有效的降尘防尘装置。

（2）水泥和其他易扬尘细颗粒建筑材料应密闭存放，入库率达 100%，使用过程中采用有效的防尘措施；施工现场渣土、砂、石应方堆放，并进行苫盖；土建主体施工、建筑物外侧应使用密目安全网进行封闭。

（3）施工现场道路硬化率达 100%。裸露地面采取抑尘措施，派专人负责洒水降尘。大面积的裸露地面、坡面、集中堆放的土方应采用覆盖或固化的抑尘措施。

（4）遇有四级风以上天气不得进行土方回填、转运及其他可能产生扬尘污染的施工作业。

（5）清洁模板和绑扎好的钢筋内的锯末、灰尘、垃圾时要使用吸尘器，不得使用吹风机，清除后应将垃圾装袋送入垃圾场分类处理。

（6）在采用机械剔凿作业时，必须有防粉尘飞扬的控制措施，可用局部遮挡、掩盖或水淋等降尘措施。作业人员必须按规定配备防护用品；高层建筑、桥梁的垃圾清运应使用袋装或容器吊运，严禁向下抛撒。

（7）从事土方、渣土和施工垃圾的运输，必须使用密闭式运输车辆。施工现场出入口处设置冲洗车辆的设施，出场时必须将车辆清理干净，不得将泥沙带出现场。

（8）拆除旧有建筑时，应随时洒水，减少扬尘污染。渣土要在拆除施工完成之日起三日内清运完毕，并应遵循拆除工程的有关规定。

2. 现场施工材料、垃圾的运输

（1）施工现场的路面应进行硬化处理，路面不小于出口宽度。根据道路功能的不同，可以分为以下几种硬化处理方法。

（2）运输车辆不允许超量装载。

（3）运输土方、渣土、垃圾等易散落物质的车辆应使用机械封闭盖，对车厢进行封闭。且应向市政管理行政部门申请办理运输车辆准运证件。

（4）对搅拌混凝土的运输要加强防止遗撒的管理，所有运输车卸料溜槽处必须装设防止遗撒的活动挡板。混凝土浇筑完后必须在出入口清洗干净车辆后方可离开现场。

（5）运输水泥和其他易飞扬物、细颗粒散体材料时车辆要覆盖严密或使用封闭车厢。必须使用有准运证件的运输车辆。

（6）施工现场废弃物的运输应确保不遗洒、不混放，送到政府批准的单位或场所进行处理、消纳。

3. 施工现场废气排放

（1）所有室内建筑材料严禁使用对人体产生危害、对环境产生污染的产品。

（2）民用建筑工程室内装修中所使用的木板及其他木质材料，严禁采用沥青类防腐、防潮处理剂。

（3）施工中所使用的阻燃剂、混凝土外加剂氨的释放量不应大于 0.10%，测定方法应符合现行国家标准《混凝土外加剂中释放氨的限量》（GB 18588）的规定。

（4）对引进的"四新"技术的项目应事前进行调查、评估。

（5）施工地段土壤含氡量浓度高于周围非地质构造断裂区域 3

倍及以上时，施工前要制定可靠的施工方案，在施工过程中要严格按照施工方案执行。

4. 施工场界噪声影响

施工现场应严格按照国家标准《建筑施工场界噪声限值》（GB 12523）的要求，将噪声大的机具合理布局，闹静分开。合理安排噪声作业时间，减轻噪声扰民。

（1）对施工机具设备进行良好维护，从声源上降低噪声。施工过程中设专人定期对搅拌机进行检查、维护、保养。

（2）对搅拌机、空气压缩机、木工机具等噪声大的机械，尽可能安排远离周围居民区一侧，从空间布局上减少噪声影响。

（3）施工现场应首先选用能耗低、性能好、技术含量高、噪声小的电动工具。

（4）打桩施工时不得随意敲打钻杆，施工噪音控制在85dB以下。

（5）机械剔凿作业应使用低噪声的破碎炮和风镐等剔凿机械。夜间（22∶00～6∶00）、午休（12∶00～14∶00）期间不得进行剔凿作业。

（6）对人为的施工噪声应有管理制度和降噪措施，并进行严格控制。

（7）施工前按规定办理噪声排放许可证、夜间施工证。

（8）对混凝土输送泵、振捣棒、木工棚、电锯、钢筋加工场等强噪声设备，实施降噪防护措施。

（9）根据环保噪声标准日夜要求的不同，合理协调安排分项施工的作业时间：施工宜安排在6∶00～22∶00间进行，因生产工艺上要求必须连续作业或者有特殊要求，确需在22时至次日6时期间进行施工的，建设单位和施工单位应在施工前到工程所在地区、县建设行政主管部门提出申请，经批准后方可进行夜间施工。必须进行夜间施工作业的，建设单位应当会同施工单位做好周边居民工作，并公布施工期限。

5. 施工现场废水污染

施工现场污水排放标准应符合国家标准《皂素工业水污染物排放标准》（GB 20425）的要求。对暴雨径流、生活污水、工程污水等不同来源的工地污水，采取去除泥沙、去除油污、分解有机物、沉淀过滤、酸碱中和等针对性的处理方式并进行二次使用。

（1）生活污水排放处理措施

1）生活区必须统筹安排，合理布局，满足安全、消防、卫生防疫、环境保护、防汛、防洪等要求。

2）施工现场食堂、餐厅应设隔油池，生活污水经隔油沉淀后排入污水管网。隔油池应及时清理，清理出的废物需有准运证，并送到合法的处理单位进行消纳。生活污水运出现场前必须覆盖严实，不得出现遗洒。清运单位必须持有关部门批准的废弃物消纳资质证明和经营许可证。

3）盥洗设施的设置：必须设置满足施工人员使用需要的水池和水龙头，盥洗设施的下水管线应与污水管线连接，必须保证排水通畅。

4）生活区内必须设置水冲式厕所或环保移动式厕所。

5）厕所污水尽量接入市政污水管道。若工地位于偏远郊区，可建造小型化粪池及渗透井对厕所污水进行处理。

（2）生产污水排放处理措施

1）生产污水、污油排放应在工程开工前15日，项目经理部到工程所在区县环保局进行排污申报登记。工程污水经沉淀池处理后排入市政污水管道。

2）混凝土输送泵及运输车辆清洗处应设置沉淀池（沉淀池的大小根据工程排污量设置），经二次沉淀后循环使用或用于施工现场洒水降尘。废水不得直接排入市政污水管线。

3）施工现场应尽量不设置油库，若必须存放油料的，应对油料存储和使用采取措施，在库房进行防渗漏处理，防止油料泄露，污染土壤水体。

4）有条件的项目可在现场建造简易的雨水收集池，或采用绿化渗漏自然排放。尽量避免雨水跟其他工地污水接触。收集未经污染的雨水，应经沉沙池后排入专用雨水排放管道，或经沉淀后再

利用。

5）深基坑支护施工中，大量的施工用水，可在坑内设置临时沉淀池，经过沉淀后继续使用。

6. 施工现场光污染

对施工场地直射光线和电焊眩光进行有效控制或遮挡，避免对周围区域产生不利干扰。

（1）施工时需要照明亮度大的工作和焊接作业应尽量安排在白天进行。

（2）统一施工现场照明灯具的规格，使用之前配备定向式可拆除灯罩，使夜间施工照明灯光尽量控制在现场施工区内，同时要尽量选择节能灯具。

（3）施工现场大型照明灯安装要有俯射角度，要设置挡光板控制照明光的照射角度，应无直射光线射入非施工区。

（4）电焊作业应采取遮挡措施，避免电焊眩光外泄。夜间焊接作业点要使用阻燃材料或彩板进行围护或隔挡。

7. 施工现场废弃物处置

施工现场废弃物分类为：固体类、液体类和气体类，三种类别根据其危害又可分为有毒有害类和无毒有害类；根据回收利用情况还均分为可回收和不可回收等。

（1）固体废弃物逐步实现资源化、无害化、减量化。

根据需要，设置固体废弃物的放置场地与储放设施，予以标识，实现固体废弃物的分类管理，以便分类存放、收集等。

1）可回收利用的。如：施工材料的下脚料、废包装皮（柔性包装、刚性包装、金属包装）、废零部件、废玻璃、废轮胎、木材、锯末、落地灰、废钢铁、包装袋等。

2）不可回收有毒有害的。如：化工材料及其包装物和容器、废电池、废墨盒、废色带、废硒鼓、废磁盘、废计算器、废日光灯管、废复写纸、油手套、油刷、含油棉纱棉布废电池、废机油、医疗废弃物、废化学品包装物等，应指定地点或容器进行管理并及时处理。不可回收利用的施工产生的废渣、剔凿的混凝土渣块等，应设置半封闭围挡集中堆放并及时清运。

（2）废弃物的搬运和存放、处置

废弃物按照分类的情况存放在指定地点，并应设置明显的标识。对可回收的废弃物应当进行废物综合利用或者对外销售，尽可能地减少资源、能源的浪费。项目经理部生活、办公产生的废弃物，可直接委托当地垃圾清运部门清运处理，施工垃圾按当地规定运至指定地点集中处理。对有害废弃物必须指定专人与政府有关部门联系，交有资质的部门处理，并做好记录。

8. 有毒有害气体的排放

购置有毒有害物质时，其有毒有害气体排放的指标，应符合国家标准或国家强制推行的环保型材料。

（1）建筑工程使用的材料，应尽可能就地取材，建筑材料采购要制订明确的环保材料采购条款，对材料供应单位进行审核、比较、挑选。

（2）装饰材料要使用环保型材料，对有毒有害气体含量限值不能超标，不使用环保不达标的材料，采取措施尽量使用符合对环境无害、对人体健康没有影响要求的绿色建材。

（3）装饰装修材料的购入应按照以下绿色度进行评价：达到《民用建筑工程室内环境污染控制规范》（GB 50325）要求；达到《室内装饰装修材料　人造板及其制品中甲醛释放限量》（GB 18580）、《室内装饰装修材料　溶剂型木器涂料中有害物质限量》（GB 18581）、《室内装饰装修材料　内墙涂料中有害物质限量》（GB 18582）、《室内装饰装修材料　胶粘剂中有害物质限量》（GB 18583）、《室内装饰装修材料　木家具中有害物质限量》（GB 18584）、《室内装饰装修材料　壁纸中有害物质限量》（GB 18585）、《室内装饰装修材料　聚氯乙烯卷材地板中有害物质限量》（GB 18586）、《室内装饰装修材料　地毯、地毯衬垫及地毯胶粘剂有害物质释放限量》（GB 18587）要求。

（4）混凝土外加剂选择应符合标准和规程的要求：达到《混凝土外加剂应用技术规范》（GB 50119）的技术要求、《混凝土外加剂中释放氨的限量》（GB 18588），以及每方混凝土总碱含量应符合国家及地方对混凝土工程碱骨料反应的相关技术规定。

（5）氡、游离甲醛、笨、氨等有毒有害气体排放限值达到《民用建筑工程室内环境污染控制规范》（GB 50325）的一类标准，适用于住宅、医院、老年建筑、幼儿园、学校教师等处施工；达到GB 50325标准的二类标准，适用于办公楼、商店、旅馆、展览馆、图书馆、体育馆等处施工。

9. 油品、化学品污染

施工现场的油品、化学品、实验室内有毒有害品、现场的油漆、涂料和含有化学成分的特殊材料一律实行封闭式、容器式管理和使用，并在施工现场设独立仓库，避免因泄漏、遗洒对环境造成污染。

（1）编制油品、化学品及有毒有害物品的使用及管理办法或作业指导书，并于作业前对操作者进行交底。

（2）施工现场易燃易爆品及化学品存放应设立专用仓库或专用储存柜，防止混存混放。实验室内所有有毒有害原料应存放在指定容器内，由专人负责保管。

（3）机械设备维修保养用油料要适量，加油要小心，防止遗洒。

1.12.2.7　项目环境监测管理

为确保项目环境管理正常运行及环境绩效达到管理目标要求，项目应配合企业对项目环境管理开展监视和测量活动，并监督指导各项目对环境管理方案/环境管理计划的落实。

监视与测量工作的主要内容有：

（1）环境管理方案（计划）实施情况及效果；与重要环境因素有关的控制活动是否有效实施。

（2）环境管理控制各项内容在项目生产过程中要定期监测，并符合国家有关标准规定。

（3）环境保护法律法规的执行情况。

（4）主要环境目标、指标的实现程度。

（5）对于监视与测量的结果，检查人员做好并保存记录，以反映环境管理体系运行情况和实施效果。

1.12.3　绿　色　施　工

绿色施工是指工程建设中，在保证质量、安全等基本要求的前提下，通过科学管理和技术进步，最大限度地节约资源与减少对环境的负面影响的施工活动，实现"四节一环保"（节能、节地、节水、节材和环境保护）。施工项目通过建立管理体系和管理制度，采取有效的技术措施，节约资源，减少能耗，降低施工对环境造成的不利影响，保护施工人员的职业健康安全。

1.12.3.1　施工单位绿色施工职责

（1）总承包单位应对施工现场的绿色施工负总责。分包单位应服从总承包单位的绿色施工管理，并对所承包工程的绿色施工负责。

（2）建立以项目经理为第一责任人的绿色施工管理体系，制定绿色施工管理责任制度，定期开展自检、考核和评比工作。

（3）在施工组织设计中编制绿色施工技术措施或专项施工方案，并确保绿色施工费用的有效使用。

（4）组织绿色施工教育培训，增强施工人员绿色施工意识。

（5）定期对施工现场绿色施工实施情况进行检查，做好检查记录。

（6）施工现场的办公区和生活区应设置明显的节水、节能、节约材料等具体内容的警示标识，并按规定设置安全警示标志。

（7）施工前，应根据国家和地方法律、法规的规定，制定施工现场环境保护和人员安全与健康等突发事件的应急预案。

1.12.3.2　绿色施工节能措施

参见本章 1.12.1。

1.12.3.3　绿色施工环境保护措施

参见本章 1.12.2。

1.12.3.4　绿色施工职业健康安全管理

1. 场地布置及临时设施建设

（1）办公区的布置应靠近施工现场或设在施工现场出入口，确保在施工坠落半径和高压线安全距离之外；如因条件所限办公设置在坠落半径区域内，必须有可靠的防护措施。生活区宜布置在施工现场以外，生活区必须统筹安排，合理布局，满足安全、消防、卫生防疫、环境保护、防汛、防洪等要求。

（2）现场临时设施的建设要达到相关的验收规范的规定，保证使用安全。施工现场办公、生活临时设施的设置符合生活区设置和管理标准。

2. 作业条件及环境安全

（1）建设工程施工现场用地应进行围挡，围挡材料宜选用可重复利用的材料，如金属定型材料，不宜使用砌筑砖体或易损、易燃等材料。市政基础设施工程因特殊情况不能进行围挡的，应设置安全警示标志，并在工程险要处采取隔离措施。

（2）施工标志牌应注明工程名称、建设单位、设计单位、施工单位、监理单位，项目经理姓名、联系电话，开工和竣工日期以及施工许可证批准文号等内容；突发事件处置流程图应包括领导小组名单、联系电话及常用急救电话等内容。

（3）施工单位在土方开挖作业前，应依据建设单位提供的全面、翔实的岩土工程勘察报告、地下管线资料及相关设计文件，制定切实有效的保护措施或方案，经审批后方可施工；在施工期间应进行适时监测。

（4）施工现场周边高压线防护棚应采用杉杆防护架，变压器处搭设防护棚，变压器上的高压线应采用悬臂结构加钢丝绳拉索；围墙边的高压线应采用双排架搭设。防护架、防护棚搭设应保持距高压线 1m 以上距离。防护架、防护棚距施工现场一侧应设置警示灯、警示旗且间距 6m，用 36V 低压线送电。防护棚下必须设置灭火器。

（5）施工现场应按要求完善各项安全防护设施，确保施工生产安全。

3. 职业健康安全

关于职业健康安全的具体内容参见 1.6 施工项目安全管理。

1.13　施工项目现场管理

1.13.1　施工项目现场管理的概念及内容

1.13.1.1　施工项目现场管理的概念

施工项目现场是指从事工程施工活动经批准占用的施工场地。它既包括红线以内占用的建筑用地和施工用地，又包括红线以外现场附近，经批准占用的临时施工用地。

施工项目现场管理是指项目经理部按照《施工现场管理规定》和城市建设管理的有关法规，科学合理地安排使用施工场，协调各专业管理和各项施工活动，控制污染，创造文明安全的施工环境和人、材、物、资金流畅通的施工秩序所进行的一系列管理工作。

1.13.1.2　施工项目现场管理的内容

施工项目现场管理的内容见表 1-105。

施工项目现场管理的主要内容　　　表 1-105

	主　要　内　容
规划及报批施工用地	● 根据施工项目及建筑用地的特点科学规划，充分、合理使用施工现场场内占地； ● 当场内空间不足时，应会同发包人按规定向城市规划部门、公安交通部门申请，经批准后，方可使用场外施工临时用地
设计施工现场平面图	● 根据建筑总平面图、单位工程施工图、拟订的施工方案、现场地理位置和环境及政府部门的管理标准，充分考虑现场布置的科学性、合理性、可行性，设计施工总平面图、单位工程施工平面图； ● 单位工程施工平面图应根据施工内容和分包单位的变化，设计出阶段性施工平面图，并在阶段性进度目标开始实施前，通过施工协调会议确认后实施

续表

	主　要　内　容
建立施工现场管理组织	●项目经理全面负责施工过程中的现场管理，并建立施工项目现场管理组织体系； ●施工项目现场管理组织应由主管生产的副经理、主任工程师、分包人、生产、技术、质量、安全、保卫、消防、材料、环保、卫生等有关人员组成； ●建立施工项目现场管理规章制度和管理标准、实施措施、监督办法和奖惩制度； ●根据工程规模、技术复杂程度和施工现场的具体情况，遵循"谁生产、谁负责"的原则，建立按专业、岗位、区片的施工现场管理责任制，并组织实施； ●建立现场管理例会和协调制度，通过调度工作实施动态管理，做到经常化、制度化
建立文明施工现场	●遵循国务院和地方建设行政主管部门颁布的施工现场管理法规和规章，认真管理施工现场； ●按审核批准的施工总平面图布置和管理施工现场，规范场容； ●项目经理部应对施工现场场容、文明形象管理作出总体策划和部署，分包人按施工平面图指导和协调下，按照分区划块原则做好分包人施工用地场容、文明形象管理的规划； ●经常检查施工项目现场管理的落实情况，听取社会公众、邻近单位的意见，发现问题，及时处理，不留隐患，避免再度发生，并实施奖惩； ●接受政府建设行政主管部门的考评机构和企业对建设工程施工现场管理的定期抽查、日常检查、考评和指导； ●加强施工现场文明建设，展示和宣传企业文化，塑造企业及项目经理部的良好形象
及时清场转移	●施工结束后，应及时组织清场，向新工地转移； ●组织剩余物资退场，拆除临时设施，清除建筑垃圾，按市容管理要求恢复临时占用土地

1.13.2　施工项目现场管理的要求

施工项目现场管理的具体要求见表1-106。

施工项目现场管理的要求　　表1-106

	要　　求
现场标志	●在施工现场门头设置企业名称、标志； ●在施工现场主要进出口处醒目位置设置施工现场公示牌和施工总平面图，具体有： ●工程概况（项目名称）牌； ●施工总平面图； ●安全无重大事故计数牌； ●安全生产、文明施工牌； ●项目主要管理人员名单及项目经理部组织结构图； ●防火须知牌及防火标志（设置在施工现场重点防火区域和场所）； ●安全纪律牌（设置在相应的施工部位、作业点、高空施工区及主要通道口）
场容管理	●遵守有关规划、市政、供电、供水、交通、市容、安全、消防、绿化、环保、环卫等部门的法规、政策，接收其监督和管理，尽力避免和降低施工作业对环境的污染和对社会生活正常秩序的干扰。 ●施工总平面图设计应遵循施工现场管理标准，合理可行，充分利用施工场地和空间，降低各工种、作业活动相互干扰，符合安全防火、环保要求，保证高效有序顺利文明施工。 ●施工现场实行全封闭式管理，在现场周边设置临时维护设施（市区内其高度应不低于1.8m），维护材料要符合市容要求；在建工程应采用密闭式安全网全封闭。 ●严格按照已批准的施工总平面图或相关的单位工程施工平面图划定的位置，布置施工项目的主要机械设备、脚手架、模具、施工临时道路及进出口，水、气、电管线，材料制品堆放及仓库，土方及建筑垃圾，变配电间、消防设施、警卫室、现场办公室、生产生活临时设施，加工场地、周转使用场地等，井然有序

工程名称：　建筑面积：
建设单位：　监理单位：
设计单位：
施工单位：　工地负责人：
开工日期：　竣工日期：

续表

	要　　求
场容管理	●施工物料器具除应按照施工平面图指定位置就位布置外，尚应根据不同特点和性质，规范布置方式和要求，做到位置合理、码放整齐、限宽限高、上架人箱、规格分类、挂牌标识，便于来料验收、清点、保管和出库使用。 ●大型机械和设施位置应布局合理，力争一步到位；需按施工内容和阶段调整现场布置时，应选择调整耗费较小、影响面小或已经完成作业活动的设施；大宗材料应根据使用时间，有计划地分批进场，尽量靠近使用地点，减少二次搬运，以免浪费。 ●施工现场应设置现场道路排水沟渠系统，工地地面宜做硬化处理，场地不积水、泥浆，保持道路干燥坚实。 ●施工过程应合理有序，尽量避免前后反复，影响施工；对平面和高度也要进行合理分块分区，尽量避免各分包或各工种交叉作业、互相干扰，维持正常的施工秩序。 ●坚持各项作业落手清，即完料尽场地清；杜绝废料残渣遍地、好坏材料混杂，改善施工现场脏、乱、差、险的状况。 ●做好原材料、成品、半成品、临时设施的保护工作。 ●明确划分施工区域、办公区、生活区域。生活区内宿舍、食堂、厕所、浴室齐全，符合卫生标准；各区都有专人负责，创造一个整齐、清洁的工作和生活环境
环境保护	见1.12施工项目节能减排与环境保护管理
防火保安	●应做好施工现场保卫工作，采取必要的防盗措施。现场应设立门卫，根据需要设置警卫。施工现场的主要管理人员应佩带证明其身份的证卡，应采用现场施工人员标识。有条件时可对进出场人员使用磁卡管理。 ●承包人必须严格按照《中华人民共和国消防条例》的规定，在施工现场建立和执行防火管理制度，现场必须安排消防车出入口和消防道路，设置符合要求的消防设施，保持完好的备用状态。在容易发生火灾的地区或储存、使用易燃、易爆器材时，承包人应当采取特殊的消防安全措施。施工现场严禁吸烟，必要时可设吸烟室。 ●施工现场的通道、消防人口、紧急疏散楼道等，均应有明显标志或指示牌。有高度限制的地点应有限高标志；临街脚手架、高压电缆，起重扒杆回转半径伸至街道的，均应设安全隔离棚；在行人、车辆通行的地方加上，应当设置沟、井、坎、穴覆盖物和标志，夜间设置灯光警示标志；危险品库附近应有明显标志及围挡措施，并设专人管理。 ●施工中需要进行爆破作业的，必须经上级主管部门审查批准，并持说明爆破器材的地点、品名、数量、用途、四邻距离的文件和安全操作规程，向所在地县、市公安局申领"爆破物品使用许可证"，由具备爆破资质的专业人员按有关规定进行施工。 ●关键岗位和有危险作业活动的人员必须按有关规定，经培训、考核、持证上岗。 ●承包人应考虑规避施工过程中的一些风险因素，向保险公司投施工保险和第三者责任险
卫生防疫及其他	●现场应准备必要的医疗保健设施。在办公室内显著地点张贴急救车和有关医院电话号码。 ●施工现场不宜设置职工宿舍，必须设置时应尽量和施工场地分开。 ●现场应设置饮水设施，食堂、厕所要符合卫生要求，根据需要制定防暑降温措施，进行消毒、防毒和注意食品卫生等。 ●现场应进行节能、节水管理，必要时下达使用指标。 ●现场涉及的保密事项应通知有关人员执行。 ●参加施工的各类人员都要保持个人卫生、仪表整洁，同时还应注意精神文明，遵守公民社会道德规范，不打架、赌博、酗酒等

1.13.3　施工项目现场综合考评

1.13.3.1　施工现场综合考评概述

施工项目现场管理考评的目的、依据、对象和负责考评的主管单位等概况见表1-107。

施工项目现场管理考评的概况　　表 1-107

	说　明
考评目的	●加强施工现场管理,提高管理水平,实现文明施工,确保工程质量和施工安全
考评依据	●《建设工程施工现场综合考评试行办法》建监〔1995〕407 号
考评对象	●每一个建设工程及建设工程施工的全过程; ●对工程建设参与各方(业主、监理、设计、施工、材料及设备供应单位等)在施工现场中的各种行为的评价; ●在建设工程施工现场综合考评中,施工项目经理部的施工现场管理活动和行为占有 90%的权重,是最主要的考评对象
考评管理机构及考评实施机构	●国务院建设行政主管部门归口负责全国的建设工程施工现场综合考评管理工作; ●国务院各有关部门负责其直接实施的建设工程施工现场综合考评管理工作; ●县级及以上地方人民政府建设行政主管部门负责本行政区域内的建设工程施工现场综合考评管理工作; ●施工现场综合考评实施机构(简称考评机构)可在现有工程质量监督站的基础上加以健全或充实

1.13.3.2　施工现场综合考评的内容

施工现场综合考评的内容见表 1-108。

施工现场综合考评的内容　　表 1-108

考评项目 (满分)	考评内容	有下列行为之一 则该考评项目为 0 分
施工组织管理 (20 分)	●合同的签订及履约情况; ●总分包、企业及项目经理资质; ●关键岗位培训及持证上岗情况; ●施工项目管理规划编制实施情况; ●分包管理情况;	●企业资质或项目经理资质与所承担工程任务不符; ●总包人对分包人不进行有效管理和定期检查; ●没有施工项目管理规划或施工方案,或未经审批; ●关键岗位人员未持证上岗
工程质量管理 (40 分)	●质量管理体系; ●工程质量; ●质量保证资料	●当次检查的主要项目质量不合格; ●当次检查的主要项目无质量保证资料; ●出现结构质量事故或严重质量问题
施工安全管理 (20 分)	●安全生产保证体系; ●施工安全技术、规范、标准实施情况; ●消防设施情况	●当次检查不合格; ●无专职安全员; ●无消防设施或消防设施不能使用; ●发生死亡或重伤 2 人以上(包括 2 人)事故
文明施工管理 (10 分)	●场容场貌; ●料具管理; ●环境保护; ●社会治安; ●文明施工教育	●用电线路架设、用电设施安装不符合施工项目管理规划,安全没有保证; ●临时设施、大宗材料堆放不符合施工总平面图要求,侵占场道,危及安全防护; ●现场成品保护存在严重问题; ●尘埃及噪声严重超标,造成扰民; ●现场人员扰乱社会治安,受到拘留处理
业主、监理单位的现场管理 (10 分)	●有无专人或委托监理管理现场; ●有无隐蔽工程验收签认记录; ●有无现场检查认可记录; ●执行合同情况	●未取得施工许可证而擅自开工; ●现场没有专职管理技术人员; ●没有隐蔽工程验收签认制度; ●无正当理由影响合同履约; ●未办理质量监督手续而进行施工

1.13.3.3　施工现场综合考评办法及奖罚

施工现场综合考评办法及奖罚见表 1-109。

施工现场综合考评办法及奖罚　　表 1-109

	主　要　条　款
考评办法	●考评机构定期检查,每月至少一次;企业主管部门或总包单位对分包单位日常检查,每周一次; ●一个施工现场有多个单体工程的,应分别按单体工程进行考评;多个单体工程过小,也可按一个施工现场考评; ●全国建设工程质量和工程安全大检查的结果,作为施工现场综合考评的组成部分; ●有关单位和群众对在建工程、竣工工程的管理状况及工程质量、安全生产的投诉和评价,经核实后,可作为综合考评得分的增减因素; ●考评得分 70 分及以上的施工现场为合格现场;当次考评不足 70 分或有单项得 0 分的施工现场为不合格现场; ●建设工程施工现场综合考评的结果应由相应的建设行政主管部门定期上报并在所辖区域内向社会公布
奖励处罚	●建设工程施工现场综合考评的结果应定期向相应的资质管理部门通报,作为对建筑业企业、项目经理和监理单位资质动态管理的依据; ●对于当年无质量伤亡事故、综合考评成绩突出的单位予以表彰和奖励; ●对综合考评不合格的施工现场,由主管考评工作的建设行政主管部门根据责任情况,可给予相应的处罚; ●对建筑业企业、监理单位有警告、通报批评、降低一级资质等处罚; ●对项目经理和监理工程师有取消资格的处罚; ●有责令施工现场停工整顿的处罚; ●发生工程建设重大事故的,对责任者可给予行政处分,情节严重构成犯罪的,可由司法机关追究刑事责任

1.14　项　目　采　购　管　理

1.14.1　项目采购管理概述

项目采购管理是对项目所需的人、材、机及技术咨询服务等资源的采购工作进行的计划、组织、监督、控制等的管理活动。

1.14.1.1　项目采购分类

项目采购依据采购内容的不同,可分为以下三类:

1. 物资采购

指项目建设所需要的投入物采购。包括建筑材料、机电设备、施工机械以及与之相关的运输、安装、调试、维修等。

2. 工程采购

主要指专业分包以及劳务分包采购。

3. 技术咨询服务采购

通常项目前期的可行性研究、勘察、设计等由建设单位组织,施工阶段项目的技术咨询服务采购主要包括各种咨询服务、技术援助和培训等服务采购。

1.14.1.2　项目采购原则

采购管理制度是指为了规范采购行为,根据企业与项目自身状况,针对采购活动制定的规章制度。采购制度要充分体现以下原则:

1. 遵守政策法规原则

项目采购活动应严格遵守国家、地方有关法律法规和企业的有关制度,并在《合同法》的约束下开展采购活动。

2. 采购责权制衡原则

项目采购活动应对不同的采购管理工作进行有效的责权制衡。对于采购过程的计划、供应商选择、商务招标投标或谈判、确定供应商并签订合同、进场管理控制等几个采购管理的控制程序进行授权分责管理。不同的程序由不同的部门或管理人员负责。

3. 计划采购原则

采购计划是以项目生产所需资源为依据,并经过需求量核对、

库存盘查后进行编制，经过项目主管领导审批。计划要明确数量、质量、时间及项目对采购对象的其他要求。

4. 比价比质原则

采购管理要做到"同质比价，同价比质"。

5. 成本控制原则

采购商务活动应以成本计划为依据，根据工程的要求选择符合标准、资质要求的供应商。采购过程要通过成本核算，避免出现超预算量与超预算价的采购发生。

1.14.1.3 项目采购程序

（1）编制采购计划。

项目采购部门应根据项目实施需要编制完备的采购计划文件。采购计划文件应该明确以下内容：

1）采购产品或服务的品种、规格、数量要求。

2）采购产品或服务的时间、地点要求。

3）采购产品或服务的技术标准和质量要求以及检验方式与标准。

4）供方资质要求。

（2）供应商采选。

进行市场调查、选择合格的产品供应或服务单位，建立合格供应商名录。项目采购人应加强对合格供应商的选择与管理，按照采购产品的要求，组织对产品供应商的评价、选择和确定。对供应商的调查应包括：营业执照、管理体系认证、产品认证、产品加工制造能力、检验能力、技术力量、履约能力、售后服务、经营业绩等。企业的安全、质量、技术和财务管理等部门应参与调查评审。应选择管理规范、质量可靠、交货及时、安全环境管理能力强、财务状况和履约信誉好、有良好售后服务的产品供应人，并根据其质量保证能力进行分级、分类管理，建立合格供应商名录，对其实行动态管理，定期或不定期对其进行再评价，并根据评定结果适时调整。

（3）通过招标投标等方式确定供应商。

采用招标、询价比较、协调等方式确定供应或服务单位。

（4）签订采购合同。

（5）采购产品的运输、验证、移交。

采购的产品必须按规定进行验证，禁止不合格产品使用到工程项目中。采购的产品应按采购合同、采购文件及有关标准规范进行验收、移交，并办理完备的交接手续。应根据采购合同检查交付的产品和质量证明资料，填写产品交验记录。

（6）不合格产品或不符合服务的处置。

应严格做好采购不合格品的控制工作。采购不合格品是指所采购的产品在验收、施工、试车和保质期内发现的不合格品。采购过程中经评审确认的不合格品，必须严格按规定处置。当在验收、施工、试车和保质期内发现产品不符合要求时，必须对不合格的产品进行记录和标识。并区别不同情况，按合同和相关技术标准采用返工、返修、让步接收、降级使用、拒收等方式进行处置。

（7）采购资料归档。

采购产品的资料应归档保存。包括计划、供应商评价选择记录、采购招标投标文件、询价记录、合同以及要约与承诺的有关文件。

1.14.2 项目物资采购管理

1.14.2.1 物资采购计划管理

物资采购计划由项目物资采购部门根据项目生产部门编制并且经过审核批准的物资需用计划，通过库存情况进行物资需求分析，并确定采购数量和采购方法后进行编制。物资采购计划中应确定采购方式、采购人员、候选供应商名单和采购时间等。

可参阅 1.8.2 施工项目材料计划管理。

1.14.2.2 物资采购方式

物资采购方式分为：公开招标采购、邀请招标采购、独家议标采购、询价采购和零星采购五类。

1. 公开招标采购

指对于采购金额数量较大、技术复杂且有较多可供选择供应商时，采用公开招标方式选择供应商。

2. 邀请招标采购

指采购金额数量较小、技术要求程度较低，需要供应商进行技术配合支持时，从企业合格供应商名单当中邀请至少三家参与投标的采购方式。

3. 独家议标采购

项目采购如果出现只有唯一供应商，或者为保证原有采购项目的一致性需继续从原供应商处少量添购的特殊情况下才采取独家议标方式。

4. 询价采购

对于规格、标准统一，质量差别很小，现货充足，且价格变化幅度小的物资，可以在合格供应商名录中选定几家供应商进行报价比较，来确定供应商。

5. 零星采购

同类物资在本项目实施全过程中的采购总额较少的物资采购，由项目部直接在建材市场进行现款采购，无需签订采购合同。

1.14.2.3 物资采购的招标管理

1. 招标阶段准备工作

（1）货物采购分标确定

项目管理人员应考虑资金情况和货物采购计划，根据项目的以下情况对拟进行采购的物资进行合理分标。

1）有利于投标竞争

应按照工程项目中材料设备之间的关系、标的物预计金额的大小恰当地进行分标。划分的大小是否合适关系到招标工作是否成功。如果划分过大，就无法吸引中小供应商参加竞争，仅仅有少数实力雄厚的大供货商参与投标竞争，就会使得标价抬高。但如果划分过小，就会对实力雄厚的大承包商缺乏吸引力。

2）工程进度和供货时间

分阶段招标的计划应以供货进度计划、工程进度要求为原则，综合考虑资金、制造周期、运输、仓储能力等条件，既不能延误工程需要，也不能提前供货，以免影响资金的周转，同时也使采购人支出过多的保管和保养费用。

3）供货地点

分阶段招标的计划应合理考虑工程施工地点的情况，从而结合各地供货商的供货能力、运输条件等进行分标，不仅要保证供货，还要有利于降低成本。

4）市场供应情况

在保证工程需要的情况下，要合理预计市场价格的浮动影响，避免一次性大规模的采购，合理分阶段、分批采购。

5）资金情况

应考虑资金的到位情况和资金周转计划合理进行分标。

（2）资格审查

根据项目采购计划，项目货物采购管理人员对有合作意向的物资供应商进行资格审查；应要求参加资格审查的物资供应商如实填写供应商资格审查表（表 1-110），并提供以下资料：

1）企业及产品简介；

2）营业执照原件（应经过年检）；

3）产品生产许可证书、准用证；

4）产品检验报告、材质证明、产品合格证；

5）使用该产品的代表工程项目；

6）其他必要资料。

审查人员负责对资格审查表和提供资料的真实性、有效性和符合性进行验证，保存相应资料或复印件，并做出审查结论。

（3）考察

在必要时，招标有关人员应在供应商能力评价前对供应商进行考察。考察的内容应包括：生产能力、产品品质和性能、原料来源、机械装备、管理状况、供货能力、售后服务能力及对供应商提供保险、保函能力进行必要的调查等。考察结束后，考察组织者应将考察内容和结论写入供应商考察报告（表 1-111），作为对供应商进行能力评价的依据。

（4）样品/样本报批

根据合同规定、业主要求及工程实际情况，对于需要进行样品/样本审批的物资，项目技术负责人应提前确定需要，由项目物资管理人员提交样品/样本报批表（表 1-112），明确需要报批物资的名称、规格、数量、报批时间等要求。

收到样品/样本后，交予商务与项目技术负责人共同审核。技

术负责人应向业主、监理和设计办理报批手续，并将样品/样本报批的结果通知项目相关部门。

（5）综合评价

采购管理人员通过对资格预审情况、考察结果、价格与工程要求的比较，应对供应商做出以下方面的评价：

1）供应商和厂家的资质是否符合规定要求；

2）产品的功能、质量、安全、环保等方面是否符合要求；

3）价格是否合理（必要时应附成本分析）；

4）生产能力能否保证工期要求。

物资管理人员负责将评价结论记录于供应商评价表（表1-113）。

供应商资格审查表　　　　表1-110

公司名称				
公司地址		邮政编码		
联系人		职务		电话
网址		传真		
供应商提供资料清单	1. 公司简介：			
	2. 供应物资的工程明细表：			
	3. 营业执照：			
	4. 企业认证情况：			
	5. 供应物资质量标准：			
	6. 供应能力：			
	7. 资金承担能力：			
	8. 其他：			
审查意见	1. 供应商提供的资料是否属实？ □是；□否			
	2. 供应商的资质是否满足要求？ □是；□否			
	3. 审查结论：是否纳入候选分包商名单？ □是；□否			
	签字/日期：			

编制人/日期：

供应商考察报告　　　　表1-111

公司名称				
公司地址		邮政编码		
联系人		职务		电话
网址		传真		
供应商	1. 营业执照：			
	2. 公司规模：			
	3. 供应材料代证证书：			
	4. 已完工项目供货情况：			
	5. 已完工项目业主评价：			
	6. 供应能力：			
	7. 资金承担能力：			
	8. 其他：			
审查意见	1. 供应商提供的资料是否属实？ □是；□否			
	2. 供应商的资质是否满足要求？ □是；□否			
	3. 考察结论：是否纳入候选分包商名单？ □是；□否			
	4. 其他：			
考察人确认	签名及意见：			
	签名及意见：			
	签名及意见：			
	签名及意见：			
	签名及意见：			

编制人：　　　　　　　　　　日期：

物资样品/样本送审表　　　　表1-112

致		收件人	
自		提交日期	
数据/样品			
实际返回日期		合同要求最迟返回日期	
提交编号		原提交编号	
我们请求贵方对以下事项进行审批			
提交项目描述（类型、规格、型号等）			
品牌/产地			
设计要求			
实际送审			
送审单位			
备注			
我方证明以上提交项目已经详细审核，正确无误，与合同一致			
样品提供单位：（公章）　　　　　样品提供单位代表/日期：（签名）			
审批意见（样品审批单位填写）			
认可级别	□A 提交认可		
	□B1 批注认可（不要求重新提交）		
	□B2 批注认可（要求重新提交）		
	□C 未认可（要求重新提交）		
批注意见：			
签字：　　　　　　　日期：			

供应商评价表　　　　表1-113

供应商名称：		
供应内容：		
评估项目	评估内容	评估人/日期
质量稳定性（15%）	□很好□好□一般□差□很差	
按时供货（20%）	□非常及时□及时□一般□不及时□很不及时	
产品包装（5%）	□很好□好□一般□差□很差	
合作性（25%）	□很好□好□一般□差□很差	
售后服务（25%）	□很好□好□一般□差□很差	
不合格品的处理（10%）	□非常及时□及时□一般□不及时□很不及时	
项目经理部其他意见：		
建议是否留用？ □是；□否		
签名：　　　　日期：		

编制人：　　　　　　　　　　日期：

注：1.“质量稳定性”是指在满足合同技术要求的前提下的产品质量稳定性；

2.“按时供货”是指是按照进度计划及其变更计划的要求安排货物进场的配合程度；

3. 产品包装是指是否能够提供具有良好包装，以便储存、搬运、防潮等要求；

4. 合作性是指在采购方发生工作失误、进度延误、财务困难等问题时，是否能够给予支持和理解；

5. 售后服务是指提供良好的技术支持、安装、保养、配套产品供应、零星补充订货等方面服务程度；

6. 对不合格品的处理是指处理不合格品的及时性和采购方的满意度。

2. 招标方式

(1) 公开招标

公开招标有利于降低工程造价，提高供货质量。但在以下情况下，可不进行公开招标：

1) 国家和地方政府规定的不适宜公开招标的项目；

2) 涉及国家机密和安全的采购活动；

3) 发生突发事件时的情况；

4) 所需采购的物资只有唯一的供货商；

5) 所需采购的物资数量低于要求公开招标的下限额；

6) 公开招标没有响应。

(2) 邀请招标

邀请招标可以保证参加投标的供货商有相应的供货经验，信誉可靠。邀请招标适用于以下情况：

1) 经有关部门批准不适宜公开招标的项目；

2) 物资采购数量低于公开招标下限的项目；

3) 只有少数投标人具备投标资格的项目。

3. 物资采购招标文件的主要内容

(1) 投标邀请书

投标邀请书是采购人向投标者发出的投标邀请，明确回答投标者标书送交地点、截止日期和时刻、开标时间和地点等。

(2) 投标者须知

投标者须知向投标人提供必要的信息，有助于投标人了解项目背景和投标规则。投标者须知主要包括以下几方面的内容：

1) 前言

前言中要明确指明项目资金来源和合格投标者、合格物资及服务的范围。

2) 招标文件

招标文件规定了所需物资、招标程序及合同条件。

3) 投标文件的递交

投标文件应按招标文件中规定的时间和地点递交，并且在递交投标文件的同时应按招标文件的规定提交投标保证金，一旦投标人在投标截止日期之后撤销或修改投标文件，则投标保证金将被没收。

4. 开标

开标应按照投标邀请书中规定的时间和地点公开进行，采购人应当众宣布投标商名称、投标价格、有无撤标、有无提交合格的投标保证金以及其他采购人认为需要宣布的内容。

5. 评标

评标从总体上要力求使评标结果与招标、投标文件一致。物资采购评标办法主要有评标价法和综合评分法。

(1) 评标价法

评标价法就是以货币价格作为评价指标的评标办法。评标价法根据标的性质的不同可分为最低投标价法和综合评标价法。

1) 最低投标价法

采购简单商品、半成品、原材料，以及其他性能、质量相同或容易进行比较的物资时，仅以报价和运费作为比较要素，选择总价最低者中标。

2) 综合评标价法

综合评标价法多用于采购机组、车辆等大型设备的情况，就是指将评审要素按规定方法换算成相应的价值后增加或减少到投标报价上形成评标价。综合评标价法不仅要考虑投标报价，还需考虑：

① 运输费用

运输费用就是指招标人可能额外支付的运费以及其他费用，例如运输超大件设备时可能需要对道路加宽、桥梁加固，因此招标人就需额外支出这些费用。在进行评标时，招标人可按照运输部门（铁路、公路、水运）及其他有关部门公布的取费标准计算物资运抵最终目的地将要发生的费用。

② 交货期

物资交货时间以招标文件的"供货一览表"中规定的时间为标准。由于物资的提前到达会使招标人付出额外的仓储保管费用和设备保养费用等，因此投标书中提出的交货期早于规定时间的，一般不给予评标优惠。但如果交货日期虽有延迟，但是对项目施工影响不大，则交货日期每延迟一个月，就按投标价的一定百分比（一般

为 2%）计算出折算价并增加到投标报价上去。

③ 付款条件

投标人的投标报价应符合招标文件中关于付款条件的规定，对不响应招标文件付款条件的投标书，可视为非响应性投标而予以拒绝。

④ 售后服务

对售后服务的评价要考虑两年内各类易损备件的获取途径和价格。要考虑投标人提供安装监督、设备调试、提供备件、负责维修和人员培训等工作的能力和所需支付的价格。如果这些费用已要求投标人包括在投标报价之内，则评标时不再重复考虑；但如果要求投标人在报价之外单独填报备件名称、数量等，则要将其加到投标报价上去。

以上各项评审价格加到投标报价上后形成的累计金额即为该标书的评标价。

(2) 综合评分法

按预先确定的评分标准，分别对各投标书的报价、技术质量及各种服务进行评审打分。

1) 评审打分要素

① 投标报价。

② 物资的技术及质量情况（售后服务、技术指导和培训情况）。

③ 企业综合实力。

④ 其他有关内容。

2) 评审要素的分值分配

评审要素确定后，应依据采购标的物的性质、特点，以及各要素对总投资的影响程度划分权重和打分标准。

6. 评标结果

根据评标情况选出合适的中标人。中标人的投标应当符合下列条件之一：

(1) 能最大限度地满足招标文件中规定的各项综合评价标准；

(2) 能满足招标文件各项要求，并且经评审的投标价格最低，但投标价格低于成本的除外。

7. 合同的签订

采购人在评标结束后，向中标人发出中标通知，并按照招投标文件的约定和中标人签订采购合同。物资采购合同要明确以下内容：

(1) 合同标的。包括产品名称、商标、型号、生产厂家、订购数量、合同金额、供货时间、每次供货数量、质量要求的技术标准、供货方对质量负责的条件和期限等。

(2) 物资包装。应明确物资包装的标准、包装物的供应与回收。

(3) 物资运输方式及到站、港和费用的负担责任。

(4) 物资合理损耗及计算方法。

(5) 物资验收标准和方法。

(6) 配件、工具数量及供应办法。

(7) 结算方式及期限。

(8) 违约责任。

(9) 其他条款。

1.14.2.4 物资采购合同履行

物资采购合同的履行主要有以下内容：

(1) 物资的交付应符合合同条款规定的交货方式、交货地点、交货期限。

(2) 物资的验收：产品验收应依据采购合同，供货方提供的发货单、计量单、装箱单及其他有关凭证，合同内约定的质量标准及国家标准或专业标准，产品合格证、检验单等，图纸、或其他技术文件，供需双方共同封存的样品等，对采购物资的数量、质量进行验收。验收合格后，由收料人根据来料凭证和实际数量出具收料单。

(3) 结算付款：按照合同约定及物资管理部门的收料单等有关资料进行合同结算和付款。

1.14.3 项目工程采购管理

项目工程采购主要指专业分包以及劳务分包采购。

1.14.3.1 项目工程采购策划

项目经理部应在企业的有关制度和授权范围的约束下，根据施

工组织设计以及施工合同约定，对项目的工程采购进行策划，以明确项目整个阶段需要进行的专业分包项目和劳务分包。

（1）在进行项目策划时，应确定分包项目、分包方式、分包商选择方式，并尽可能确定候选分包商名单。

（2）制定分包方案时，应注意对于性质相同或相近的工作，原则上只设定为一个分包项目。

（3）在具体组织分包商招标之前，必须要确定候选分包商名单。候选分包商应从公司合格分包商名单中选择，原则上不少于3家，并优先考虑已经通过质量管理体系、环境管理体系、职业健康安全管理体系认证的分包商。当合格名单中没有合适的候选者或业主有要求时，可在资质审查合格后将新的分包商纳入候选名单。

1.14.3.2 项目工程采购招标方式

项目工程采购方式分为：公开招标采购、邀请招标采购，特定情况下也有独家议标采购等方式。

1. 公开招标采购

公开发布招标信息，进行专业和劳务分包的招标。

2. 邀请招标采购

在企业合格分包商名录范围内，邀请至少3家资质、能力适合工程项目特点的施工单位进行投标。

3. 独家议标采购

工程采购招标尽量避免独家议标的采购模式，除非和企业有长期合作关系、信誉极佳及由经营合作约定的情况，以及业主指定分包的情况方可采用独家议标的采购模式。

1.14.3.3 项目工程采购招标

1. 资格预审

在项目工程采购活动正式组织招标之前，招标人要对投标人的资格和能力等进行预先审查。

（1）资格预审的内容

1）法人代表证明书。

2）法定代表人委托书。

3）企业法人营业执照副本、税务登记证。

4）组织机构代码证副本原件。

5）企业安全生产许可证。

6）外地企业入省/市施工许可证。

7）企业资质等级证书副本。

8）一体化认证的证明材料。

9）在建项目主要工程情况表。

10）近三年财务状况表。

11）近三年内已完成类似工程情况表。

12）拟派驻项目的主要管理人员的资格证明文件与业绩证明材料。

（2）资格预审程序

1）编制资格预审文件

资格预审文件应由企业或项目采购部门组织编写。

2）邀请符合条件的单位参加资格预审

由企业或项目采购部门邀请符合条件的供货商参加资格预审。首先邀请企业合格供应商名录中的单位参加。

3）提交资格预审申请

投标人应按资格预审通告中规定的时间、地点提交资格预审申请。

4）资格评定、确定参加投标的单位名单

企业或项目采购单位应按事先确定的评定标准和方法对提交资格预审文件的单位的情况进行评审，以便确定有资格参加投标的单位。评审的内容包括：提供工程的质量水平、生产能力及业绩、信誉、企业资质等。

2. 招标文件

（1）招标文件应该包括下列格式：

第一章　商务条款

第一节　投标邀请书

第二节　投标人须知

第三节　评标办法

第四节　合同条款及格式

第五节　工程量清单

第二章　技术标准和要求

第六节　技术标准和要求

第三章　投标文件格式

第七节　投标书、投标书附录和投标保函的格式

第八节　工程量清单与报价表

第九节　协议书格式、履约保函格式、预付款保函格式

第十节　辅助资料表

第四章　图样

第十一节　图样

（2）招标文件的主要内容：

项目工程招标文件中应明确如下主要内容：分包工程范围、合同形式、单价/总价综合内容、工程量结算原则、工程款支付、变更洽商调整原则、工期要求、技术要求、人员要求、设备要求、质量、环境保护及职业健康安全管理要求、违约责任等。

（3）招标文件的审核：

首先在项目经理部各相关部门进行审核，通过后上报至企业有关部门进行评审。按评审意见修改后的招标文件正式发放给各投标人。

3. 投标文件

（1）投标准备

项目采购单位在投标人编制投标文件期间应做如下投标前的准备工作：

1）现场踏勘及答疑

项目采购单位应组织投标人对项目现场及周围环境进行踏勘，以便投标人获取有关编制投标文件和签署合同所涉及的现场资料。

各投标单位对于招标文件中的问题以书面的形式发给招标单位，由招标单位统一答疑发给各投标单位。

2）招标文件的澄清

投标人若对招标文件有任何疑问，应在规定的截止时间前以书面形式向招标人提出澄清要求。无论是招标人根据需要主动对招标文件进行必要的澄清，或是根据投标人的要求对招标文件做出澄清，招标人都将于投标截止时间2日前以书面形式予以澄清，同时将书面澄清文件向所有投标人发送。

（2）投标文件的提交

1）投标文件需在招标文件中规定的投标截止时间之前予以提交。

2）项目采购单位在收到投标书后，要进行签收，并作好相应记录。

3）本着公开、公平、公正和诚实信用的原则，投标截止时间与开标时间应保持统一。

4. 开标

（1）开标应符合招标文件的相关内容。

（2）开标时要公开宣读投标信息。

（3）开标要作好开标记录。

5. 评标

（1）评标程序

1）响应性评审

审查投标文件是否对招标文件作出了实质性的响应，以及投标文件是否完整、计算是否正确等。

在评标过程中，评标委员会发现投标人的报价明显低于其他投标报价，使得其投标报价可能低于其个别成本的，应当要求该投标人作出书面说明并提供相关证明材料。投标人不能合理说明或者不能提供相关证明材料的，由评标委员会认定该投标人以低于成本价竞标，其投标作为废标处理。

以下未能对招标文件提出的实质性要求或条件作出实质性响应的情况，作废标处理。

①没有按照招标文件要求提供投标担保或者所提供的投标担保有瑕疵。

②投标文件没有投标人授权代表签字和加盖公章。

③投标文件载明的招标项目完成期限超过招标文件规定的期限。

④ 明显不符合技术规格、技术标准的要求。

⑤ 投标文件载明的货物包装方式、检验标准和方法等不符合招标文件的要求。

⑥ 投标文件附有招标人不能接受的条件。

⑦ 不符合招标文件中规定的其他实质性要求。

2）技术评审

技术评审主要是为了确认备选的中标人完成生产项目的能力以及他们技术方案的可行性。评审内容主要有：

① 招标文件要求提供的技术资料是否完备。

② 施工方案是否可行。

③ 施工进度计划是否合理，并符合招标文件的工期要求。

④ 质量标准是否响应招标文件要求，质量保证措施是否有针对性，是否可行。

⑤ 分包商的技术能力和施工经验。

3）商务评审

商务评审主要是从成本、财务等方面评审投标报价的正确性、合理性、经济效益等，预测授标给不同投标人可能带来的风险。评审内容主要有：

① 报价的数额、各分项报价的正确性和合理性。

② 工程款支付和资金相关的问题。

③ 价格的调整问题。

④ 审查投标保证金。

4）评标结果

选出合适的中标人。中标人的投标应当符合下列条件中的一个：

① 能最大限度地满足招标文件中规定的各项综合评价标准。

② 能满足招标文件各项要求，并且经评审的投标价格最低，但投标价格不低于成本价。

6. 中标通知书

根据评标结果，经过评标委员会的确认和主管领导审批后，项目采购单位向确定的中标单位发出中标通知书，并在投标有效期内完成合同的授予。

7. 签订工程采购合同

项目经理部根据各企业的分包合同标准文本起草分包合同。分包合同必须要包括如下主要内容：分包工程范围、合同形式、单价/总价综合内容、工程量结算原则、工程款支付、变更洽商调整原则、工期要求、技术要求、人员要求、设备要求、质量、环保及职业健康安全管理要求、违约责任等。

经过项目和企业有关部门的评审、审核、批准，在投标有效期内与中标单位签订工程采购合同。

1.14.4 合格供应商名册建立及管理

企业或项目选择的供应商，应由项目进行年度评价，并填报供应商年度评价表（表 1-114）。根据评价结果确定是否录入合格供应商名录（表 1-115），或从合格供应商名录中删除。

供应商年度评价表　　　　表 1-114

供应商名称：		
供应内容：		
评估项目	评估内容	评估人/日期
价格水平（25%）	□很低□低□一般□高□很高	
按时供货（15%）	□非常及时□及时□一般□不及时□很不及时	
售后服务（20%）	□很好□好□一般□差□很差	
合作性（15%）	□很好□好□一般□差□很差	
报价配合（15%）	□很好□好□一般□差□很差	
财务配合（10%）	□很好□好□一般□差□很差	
采购合同主办人其他意见： 签名： 日期：		

续表

以下由采购合同主办人填写：				
评估单位	评估表编号	评估分数	权重	评定等级
使用项目1—			均分50%	
使用项目2—			权重	
采购合同主办人			50%	评分人/日期
总评平均分				
投标成本中心经理批示： □可 该供应商可进入年度合格供应商名单。 □不可 签名： 日期：				

合格供应商名录　　　　表 1-115

编号	分包类型/物资种类	分/供方名称	单位地址	联系人	联系电话

1.15　施工项目合同管理

1.15.1　施工项目合同管理概述

1.15.1.1　施工项目合同管理的概念和内容

1. 施工项目合同管理的概念

施工项目合同管理是项目经理部对工程项目施工过程中所发生的或所涉及的一切经济、技术合同的签订、履行、变更、索赔、解除、解决争议、终止与评价的全过程进行的管理工作。

施工项目合同管理的任务是根据法律、政策的要求，运用指导、组织、检查、考核、监督等手段，促使当事人依法签订合同，全面实际地履行合同，及时妥善地处理合同争议和纠纷，不失时机地进行合理索赔，预防发生违约行为，避免造成经济损失，保证合同目标顺利实现，从而提高企业的信誉和竞争能力。

2. 施工项目合同管理的内容

（1）建立健全施工项目合同管理制度，包括合同归口管理制度；考核制度；合同用章管理制度；合同台账、统计及归档制度等。

（2）经常对合同管理人员、项目经理及有关人员进行合同法律知识教育，提高合同业务人员法律意识和专业素质。

（3）在谈判签约阶段，重点是了解对方的信誉，核实其法人资格及其他有关情况和资料；监督双方依照法律程序签订合同，避免出现无效合同、不完善合同，预防合同纠纷发生；组织配合有关部门做好施工项目合同的备案工作。

（4）合同履约阶段，主要的日常工作是经常检查合同以及有关法规的执行情况，并进行统计分析，如统计合同份数、合同金额、纠纷次数，分析违约原因、变更和索赔情况、合同履约率等，以便

及时发现问题、解决问题；做好有关合同履行中的调解、诉讼、仲裁等工作，协调好企业与各方面、各有关单位的经济协作关系。

（5）专人整理保管合同、附件、工程洽商资料、补充协议、变更记录以及与业主及其委托的监理工程师之间的来往函件等文件，随时备查；合同期满，工程竣工结算后，将全部合同文件整理归档。

1.15.1.2 施工项目合同的两级管理

施工项目合同管理组织一般实行企业、项目经理部两级管理。

1. 企业的合同管理

企业设立专职合同管理部门，在企业经理授权范围内负责制定合同管理的制度、组织全企业所有施工项目的各类合同的管理工作；编写本企业施工项目分包、材料供应统一合同文本，参与重大施工项目的投标、谈判、签约工作；定期汇总合同的执行情况，向经理汇报、提出建议；负责基层上报企业的有关合同的审批、检查、监督工作，并给予必要地指导与帮助。

2. 施工项目经理部的合同管理

（1）项目经理为项目总合同、分合同的直接执行者和管理者。在谈判签约阶段，预选的项目经理应参加项目合同的谈判工作，经授权的项目经理可以代表企业法人签约；项目经理还应亲自参与或组织本项目有关合同及分包合同的谈判和签署工作。

（2）项目经理部设立专门的合同管理人员，负责本部所有合同的报批、保管和归档工作；参与选择分包商工作，在项目经理授权后负责分包合同起草、洽谈，制定分包的工作程序，以及总合同变更合同的洽谈，资料的收集，定期检查合同的履约工作；负责须经企业经理签字方能生效的重大施工合同的上报审批手续等工作；监督分包商履行合同工作，以及向业主、监理工程师、分包单位发送涉及合同问题的备忘录、索赔单等文件。

1.15.2 施工项目合同的种类和内容

1.15.2.1 建设工程施工合同的内容

根据有关工程建设施工的法律、法规，结合我国工程建设施工的实际情况，并借鉴了国际上广泛使用的土木工程施工合同（特别是 FIDIC 土木工程施工合同条件），建设部、国家工商行政管理局在对 1991 年 3 月 31 日发布的《建设工程施工合同示范文本》进行改进的基础上，于 1999 年 12 月 24 日发布了《建设工程施工合同（示范文本）》（以下简称《施工合同文本》）。《施工合同文本》是各类公用建筑、民用住宅、工业厂房、交通设施及线路管道施工合同和设备安装合同的样本。

1. 《施工合同文本》的组成

《施工合同文本》由《协议书》、《通用条款》、《专用条款》三部分组成，并附有三个附件：附件一是《承包人承揽工程项目一览表》，附件二是《发包人供应材料设备一览表》，附件三是《工程质量保修书》。

（1）《协议书》，是《施工合同文本》中总纲性的文件，其内容包括工程概况、工程承包范围、合同工期、质量标准、合同价款、组成合同的文件等。它规定了合同当事人双方最主要的权利和义务，规定了组成合同的文件及合同当事人对履行合同义务的承诺。合同当事人在《协议书》上签字盖章后，表明合同已成立、生效，具有法律效力。

（2）《通用条款》，是将建设工程施工合同中共性的一些内容抽象出来而编写的一份完整的合同文件，包括十一部分 47 条。它是根据《中华人民共和国合同法》、《中华人民共和国建筑法》、《建设工程施工合同管理办法》等法律、法规对承发包双方的权利义务作出的规定，除双方协商一致对其中的某些条款作了修改、补充或删除外，双方都必须履行。《通用条款》具有很强的通用性，基本适用于各类建设工程。其十一部分的内容是：

1）词语定义及合同文件；
2）双方一般权利和义务；
3）施工组织设计和工期；
4）质量与检验；
5）安全施工；
6）合同价款与支付；

7）材料设备供应；
8）工程变更；
9）竣工验收与结算；
10）违约、索赔和争议；
11）其他。

（3）《专用条款》，是由于建设工程的内容、施工现场的环境和条件各不相同，工期、造价也随之变动，承包人、发包人各自的能力、要求都不一样，《通用条款》不可能完全适用于每个具体工程，考虑由当事人根据工程的具体情况予以明确或者对《通用条款》进行的必要修改和补充，而形成的合同文件，从而使《通用条款》和《专用条款》体现双方统一意愿。《专用条款》的条款号与《通用条款》相一致。

（4）《施工合同文本》的附件，是对施工合同当事人的权利义务的进一步明确，并且使得施工合同当事人的有关工作一目了然，便于执行和管理。

2. 施工合同文件的组成及解释顺序

《施工合同文本》第 2 条规定了施工合同文件的组成及解释顺序。

组成建设工程施工合同的文件包括：

（1）施工协议合同书；
（2）中标通知书；
（3）投标书及其附件；
（4）施工合同专用条款；
（5）施工合同通用条款；
（6）标准、规范及有关技术文件；
（7）图纸；
（8）工程量清单；
（9）工程报价单或预算书。

双方有关工程的洽商、变更等书面协议或文件视为施工合同的组成部分。

上述合同文件应能够互相解释、互相说明。当合同文件中出现不一致时，上面的顺序就是合同的优先解释顺序。当合同文件出现含糊不清或者当事人有不同理解时，按照合同约定的争议解决方式处理。

1.15.2.2 FIDIC《土木工程施工合同条件》简介

FIDIC 是国际咨询工程师联合会的法文缩写，是国际上最具有权威性的咨询工程师组织。FIDIC 下属许多专业委员会，他们在总结世界各国土木工程建设、工程合同管理的经验教训的基础上，科学地把土建工程技术、管理、经济、法律和各方的权利义务有机地结合起来，用合同的形式固定下来，编制了许多规范性文件，其中最常用的有《土木工程施工合同条件》（国际上通称"红皮书"）、《电气和机械工程合同条件》（黄皮书）、《业主/咨询工程师标准服务协议书》（白皮书）、《设计—建造与交钥匙工程合同条件》（橘皮书）以及《土木工程施工分包合同条件》等。1999 年 9 月又出版了新的《施工合同条件》、《工程设备与设计—建造合同条件》、《EPC 交钥匙工程合同条件》（银皮书）及《简明合同格式》（绿皮书）。

FIDIC 编制的合同条件（以下称"FIDIC 合同条件"）属于双务合同，即施工合同的签约双方（业主和承包商）都既要承担风险，又各自分享一定的利益。FIDIC 合同条件的各项规定具体体现了业主、承包商的义务、权力和职责以及工程师的职责和权限，公正合理；对处理各种问题的程序都有严谨的规定，易于操作和实施。FIDIC 合同条件虽不是法律，也不是法规，但在招标文件中、合同谈判、履行和解决争端时，被视为"国际惯例"，最具权威性，在国际承包和咨询界拥有崇高的信誉。在世界各地，凡是世界银行、亚洲开发银行、非洲开发银行贷款的工程项目以及 FIDIC 成员国家都采用国际通用的 FIDIC 合同条件。

在我国，凡亚行贷款项目，大都全采用 FIDIC 红皮书。凡世行贷款项目，财政部编制的招标文件范本中，对 FIDIC 合同条件有一些特殊的规定和修改。但在工作中使用 FIDIC 合同条件时，应一律以正式的英文版 FIDIC 合同条件文本为准。

续表

程 序	内 容
签署书面合同	●施工合同应采用书面形式的合同文本； ●合同使用的文字要经双方确定，用两种以上语言的合同文本，须注明几种文本是否具有同等法律效力； ●合同内容要详尽具体，责任义务要明确，条款应严密完整，文字表达应准确规范； ●确认甲方，即业主或委托代理人的法人资格或代理权限； ●施工企业经理或委托代理人代表承包方与甲方共同签署施工合同
备案与公证	●合同签署后，必须在合同规定的时限内完成履约保函、预付款保函、有关保险等保证手续； ●送交建设行政主管部门对合同进行备案； ●必要时可送交公证处对合同进行公证； ●经过备案、公证，确认了合同真实性、可靠性、合法性后，合同发生法律效力，并受法律保护

1.15.3 施工项目合同的签订及履行

1.15.3.1 施工项目合同的签订

1. 施工合同签订的原则（表1-116）

施工合同签订的原则   表1-116

原 则	说 明
依法签订的原则	●必须依据《中华人民共和国经济合同法》、《建筑安装工程承包合同条例》、《建设工程合同管理办法》等有关法律、法规； ●合同的内容、形式、签订的程序均不得违法； ●当事人应当遵守法律、行政法规和社会公德，不得扰乱社会经济秩序，不得损害社会公共利益； ●根据招标文件的要求，结合合同实施中可能发生的各种情况进行周密、充分的准备，按照"缔约过失责任原则"保护企业的合法权益
平等互利协商一致的原则	●发包方、承包方作为合同的当事人，双方均平等地享有经济权利平等地承担经济义务，其经济法律地位是平等的，没有主从关系； ●合同的主要内容，须经双方经过协商、达成一致，不允许一方将自己的意志强加于对方、一方以行政手段干涉对方、压服对方等现象发生
等价有偿原则	●签约双方的经济关系要合理，当事人的权利义务是对等的； ●合同条款中亦应充分体现等价有偿原则，即： 　●一方给付，另一方必须按价值相等原则作相应给付； 　●不允许发生无偿占有、使用另一方财产的现象； 　●对工期提前、质量优先要予以奖励；延误工期、质量低劣应罚款；提前竣工的收益由双方分享等
严密完备的原则	●充分考虑施工期内各个阶段，施工合同主体间可能发生的各种情况和一切容易引起争端的焦点问题，并预先约定解决问题的原则和方法； ●条款内容力求完备，避免疏漏，措词力求严谨、准确、规范； ●对合同变更、纠纷协调、索赔处理等方面应有严格的合同条款作保证，以减少双方矛盾
履行法律程序的原则	●签约双方都必须具备签约资格，手续健全齐备； ●代理人超越代理人权限签订的工程合同无效； ●签约的程序符合法律规定； ●签订的合同必须经过合同管理的授权机关鉴证、公证和登记等手续，对合同的真实性、可靠性、合法性进行审查，并给予确认，方能生效

2. 签订施工合同的程序

作为承包商的建筑施工企业在签订施工合同中，主要的工作程序如表1-117。

签订施工合同的程序   表1-117

程 序	内 容
市场调查建立联系	●施工企业对建筑市场进行调查研究； ●追踪获取拟建项目的情况和信息，以及业主情况； ●当对某项工程有承包意向时，可进一步详细调查，并与业主取得联系
表明合作意愿投标报价	●接到招标单位邀请或公开招标通告后，企业领导做出投标决策； ●向招标单位提出投标申请书，表明投标意向； ●研究招标文件，着手具体投标报价工作
协商谈判	●接受中标通知书后，组成包括项目经理的谈判小组，依据招标文件和中标书草拟合同条件； ●与发包人就工程项目具体问题进行实质性谈判； ●通过协商、达成一致，确立双方具体权利与义务，形成合同条款； ●参照施工合同示范文本和发包人拟定的合同条件与发包人订立施工合同

1.15.3.2 施工项目合同的履行

施工项目合同履行的主体是项目经理和项目经理部。项目经理部必须从施工项目的施工准备、施工、竣工至维修期结束的全过程中，认真履行施工合同，实行动态管理，跟踪收集、整理、分析合同履行中的信息，合理、及时地进行调整。还应对合同履行进行预测，及早提出和解决影响合同履行的问题，以避免或减少风险。

1. 项目经理部履行施工合同应遵守的规定

(1) 必须遵守《中华人民共和国合同法》、《中华人民共和建筑法》规定的各项合同履行原则和规则。

(2) 在行使权利、履行义务时应当遵循诚实信用原则和坚持全面履行的原则。全面履行包括实际履行（标的履行）和适当履行（按照合同约定的品种、数量、质量、价款或报酬等的履行）。

(3) 项目经理由企业授权负责组织施工合同的履行，并依据《中华人民共和国合同法》的规定，与业主或监理工程师打交道，进行合同的变更、索赔、转让和终止等工作。

(4) 如果发生不可抗力致使合同不能履行或不能完全履行时，应及时向企业报告，并在委托权限内依法及时进行处置。

(5) 遵守合同对约定不明条款、价格发生变化的履行规则，以及合同履行担保规则和抗辩权、代位权、撤销权的规则。

(6) 承包人按专用条款的约定分包所承担的部分工程，并与分包单位签订分包合同。非经发包人同意，承包人不得将承包工程的任何部分分包。

(7) 承包人不得将其承包的全部工程倒手转给他人承包，也不得将全部工程肢解后以分包的名义分别转包给他人，这是违法行为。工程转包是指：承包人不行使承包人的管理职能，不承担技术经济责任，将其承包的全部工程或将其肢解以后以分包的名义分别转包给他人；或将工程的主要部分或群体工程的半数以上的单位工程倒手转给其他施工单位；以及分包人将承包的工程再次分包给其他施工单位，从中提取回扣的行为。

2. 项目经理部履行施工合同应做的工作

(1) 应在施工合同履行前，针对工程的承包范围、质量标准和工期要求，承包人的义务和权力，工程款的结算、支付方式与条件，合同变更、不可抗力影响、物价上涨、工程中止、第三方损害等问题产生时的处理原则和责任承担，争议的解决方法等重要问题进行合同分析，对合同内容、风险、重点或关键性问题作出特别说明和提示，向各职能部门人员交底，落实根据施工合同确定的目标，依据施工合同指导工程实施和项目管理工作。

(2) 组织施工力量；签订分包合同；研究熟悉设计图纸及有关文件资料；多方筹集足够的流动资金；编制施工组织设计，进度计划，工程结算付款计划等，作好施工准备，按时进入现场，按期开工。

(3) 制订科学的周密的材料、设备采购计划，采购符合质量标准的价格低廉的材料、设备，按施工进度计划，及时进入现场，搞好供应和管理工作，保证顺利施工。

(4) 按设计图纸、技术规范和规程组织施工；作好施工记录，

按时报送各类报表；进行各种有关的现场或实验室抽检测试，保存好原始资料；制定各种有效措施，采取先进的管理方法，全面保证施工质量达到合同要求。

(5) 按期竣工，试运行，通过质量检验，交付业主，收回工程价款。

(6) 按合同规定，作好责任期内的维修、保修和质量回访工作。对属于承包方责任的工程质量问题，应负责无偿维修。

(7) 履行合同中关于接受监理工程师监督的规定，如有关计划、建议须经监理工程师审核批准后方可实施；有些工序须监理工程师监督执行，所做记录或报表要得其签字确认；根据监理工程师要求报送各类报表、办理各类手续；执行监理工程师的指令，接受一定范围内的工程变更要求等。承包商在履行合同中还要自觉地接受公证机关、银行的监督。

(8) 项目经理部在履行合同期间，应注意收集、记录对方当事人违约事实的证据，即对发包方或业主履行合同进行监督，作为索赔的依据。

1.15.3.3　分包合同的签订与履行

承包人经发包人同意或按照合同约定，可将承包项目的部分非主体工程、专业工程分包给具备相应资质的分包人完成，并与之订立分包合同。

1. 分包合同文件组成及优先顺序

(1) 分包合同协议书。

(2) 承包人发出的分包中标书。

(3) 分包人的报价书。

(4) 分包合同条件。

(5) 标准规范、图纸、列有标价的工程量清单。

(6) 报价单或施工图预算书。

2. 履行分包合同应符合的要求

(1) 工程分包不能解除承包人任何责任与义务，承包人应在分包现场派驻相应的监督管理人员，保证本合同的履行。履行分包合同时，承包人应就承包项目（其中包括分包项目），向发包人负责，分包人就分包项目向承包人负责。分包人与发包人之间不存在直接的合同关系。

(2) 分包人应按照分包合同的规定，实施和完成分包工程，修补其中的缺陷，提供所需的全部工程监督、劳务、材料、工程设备和其他物品，提供履约担保、进度计划，不得将分包工程进行转让或再分包。

(3) 承包人应提供总包合同（工程量清单或费率所列承包人的价格细节除外）供分包人查阅。

(4) 分包人应当遵守分包合同规定的承包人的工作时间和规定的分包人的设备材料进出场的管理制度。承包人应为分包人提供施工现场及其通道；分包人应允许承包人和监理工程师等在工作时间内合理进入分包工程的现场，并提供方便，做好协助工作。

(5) 分包人延长竣工时间应根据下列条件：承包人根据总包合同延长总包合同竣工时间；承包人指示延长；承包人违约。分包人必须在延长开始14天内将延长情况通知承包人，同时提交一份证明或报告，否则分包人无权获得延期。

(6) 分包人仅从承包人处接受指示，并执行其指示。如果上述指示从总包合同来分析是监理工程师失误所致，则分包人有权要求承包人补偿由此而导致的费用。

(7) 分包人应根据下列指示变更、增补或删减分包工程：监理工程师根据总包合同作出的指示，再由承包人作为指示通知分包人；承包人的指示。

(8) 分包工程价款由承包人与分包人结算。发包人未经承包人同意不得以任何名义向分包单位支付各种工程款项。

(9) 由于分包人的任何违约行为、安全事故或疏忽、过失导致工程损害或给发包人造成损失，承包人承担连带责任。

1.15.3.4　施工项目合同履行中的问题及处理

施工项目合同履行过程中经常遇到不可抗力问题、施工合同的变更、违约、索赔、争议、终止与评价等问题。

1. 发生不可抗力

不可抗力是指合同当事人不能预见、不能避免并不能克服的客观情况。建设工程施工中的不可抗力包括因战争、动乱、空中飞行物坠落或其他非发包方责任造成的爆炸、火灾，以及专用条款中约定程度的风、雨、雪、洪水、地震等自然灾害。

在订立合同时，应明确不可抗力的范围，双方应承担的责任。在合同履行中加强管理和防范措施。当事人一方因不可抗力不能履行合同时，有义务及时通知对方，以减轻可能给对方造成的损失，并应当在合理期限内提供证明。

不可抗力发生后，承包人应在力所能及的条件下迅速采取措施，尽量减少损失，并在不可抗力事件发生过程中，每隔7d向监理工程师报告一次受害情况；不可抗力事件结束后48h内向监理工程师通报受害情况和损失情况，及预计清理和修复的费用；14d内向监理工程师提交清理和修复费用的正式报告。

因不可抗力事件导致的费用及延误的工期由合同双方承担责任：

(1) 工程本身的损害、因工程损害导致第三方人员伤亡和财产损失以及运至施工现场用于施工的材料和待安装的设备的损害，由发包人承担；

(2) 发包方、承包方人员伤亡由其所在单位负责，并承担相应费用；

(3) 承包人机械设备损坏及停工损失，由承包人承担；

(4) 停工期间，承包人应工程师要求留在施工场地的必要的管理人员及保卫人员的费用由发包人承担；

(5) 工程所需清理、修复费用，由发包人承担；

(6) 延误的工期相应顺延。

因合同一方迟延履行合同后发生不可抗力的，不能免除迟延履行方的相应责任。

2. 合同变更

合同变更是指依法对原来合同进行的修改和补充，即在履行合同项目的过程中，由于实施条件或相关因素的变化，而不得不对原合同的某些条款做出修改、订正、删除或补充。合同变更一经成立，原合同中的相应条款就应解除。合同变更是在条件改变时，对双方利益和义务的调整，适当及时的合同变更可以弥补原合同条款的不足。

合同变更一般由监理工程师提出变更指令，它不同于《施工合同文本》的"工程变更"或"工程设计变更"。后者是由发包人提出并报规划管理部门和其他有关部门重新审查批准。

(1) 合同变更的理由

1) 工程量增减。

2) 资料及特性的变更。

3) 工程标高、基线、尺寸等变更。

4) 工程的删减。

5) 永久工程的附加工作，设备、材料和服务的变更等。

(2) 合同变更的原则

1) 合同双方都必须遵守合同变更程序，依法进行，任何一方都不得单方面擅自更改合同条款。

2) 合同变更要经过有关专家（监理工程师、设计工程师、现场工程师等）的科学论证和合同双方的协商。在合同变更具有合理性、可行性，而且由此而引起的进度和费用变化得到确认和落实的情况下方可实行。

3) 合同变更的次数应尽量减少，变更的时间亦应尽量提前，并在事件发生后的一定时限内提出，以避免或减少给工程项目建设带来的影响和损失。

4) 合同变更应以监理工程师、业主和承包商共同签署的合同变更书面指令为准，并以此作为结算工程价款的凭据。紧急情况下，监理工程师的口头通知也可接受，但必须在48h内，追补合同变更书。承包人对合同变更若有不同意见可在7~10d内书面提出，但业主决定继续执行的指令，承包商应继续执行。

5) 合同变更所造成的损失，除依法可以免除的责任外，如由于设计错误，设计所依据的条件与实际不符，图与说明不一致，施工图有遗漏或错误等，应由责任方负责赔偿。

(3) 合同变更的程序

合同变更的程序应符合合同文件的有关规定，其示意图见图

1-54。

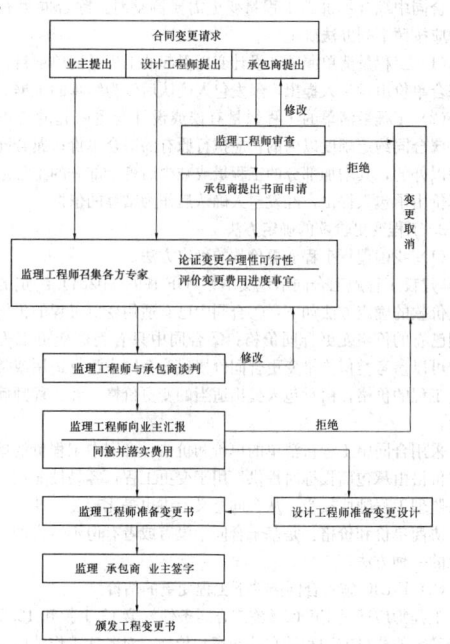

图 1-54 合同变更程序示意图

3. 合同解除

合同解除是在合同依法成立之后的合同规定的有效期内，合同当事人的一方有充足的理由，提出终止合同的要求，并同时出具包括终止合同理由和具体内容的申请，合同双方经过协商，就提前终止合同达成书面协议，宣布解除双方由合同确定的经济承包关系。

合同解除的理由主要有：

1）施工合同当事双方协商，一致同意解除合同关系。

2）因为不可抗力或者是非合同当事人的原因，造成工程停建或缓建，致使合同无法履行。

3）由于当事人一方违约致使合同无法履行。违约的主要表现有：

① 发包人不按合同约定支付工程款（进度款），双方又未达成延期付款协议，导致施工无法进行，承包人停止施工超过 56d，发包人仍不支付工程款（进度款），承包人有权解除合同。

② 承包人发生将其承包的全部工程或将其肢解以后分包的名义分别转包给他人；或将工程的主要部分、或群体工程的半数以上的单位工程倒手转包给其他施工单位等转包行为时，发包人有权解除合同。

③ 合同当事人一方的其他违约行为致使合同无法履行，合同双方可以解除合同。

当合同当事一方主张解除合同时，应向对方发出解除合同的书面通知，并在发出通知前 7d 告知对方。通知到达对方时合同解除。对解除合同有异议的，按照解决合同争议程序处理。

合同解除后的善后处理：

（1）合同解除后，当事人双方约定的结算和清理条款仍然有效。

（2）承包人应当按照发包人要求善做好已完工程和已购材料、设备的保护和移交工作，按照发包人要求将自有机械设备和人员撤离施工现场。发包人应为承包人撤出提供必要条件，支付以上所发生的费用，并按合同约定支付已完工程款。

（3）已订货的材料、设备由订货方负责退货或解除订货合同，不能退还的货款和退货、解除订货合同发生的费用，由发包人承担。

4. 违背合同

违背合同又称违约，是指当事人在执行合同的过程中，没有履行合同所规定的义务的行为。项目经理在违约责任的管理方面，首

先要管好己方的履约行为，避免承担违约责任。如果发包人违约，应当督促发包人按照合同约定履行合同，并与之协商违约责任的承担。特别应当注意收集和整理对方违约的证据，以在必要时以此作为依据、证据来维护自己的合法权益。

（1）违约行为和责任

在履行施工合同过程中，主要的违约行为和责任是：

1）发包人违约

① 发包人不按合同约定支付各项价款，或工程师不能及时给出必要的指令、确认，致使合同无法履行，发包人承担违约责任，赔偿因其违约给承包人造成的直接损失，延误的工期相应顺延。

② 未按合同规定的时间和要求提供材料、场地、设备、资金、技术资料等，除竣工日期得以顺延外，还应赔偿承包方因此而发生的实际损失。

③ 工程中途停建、缓建或由于设计变更或设计错误造成的返工，应采取措施弥补或减少损失。同时应赔偿承包方因停工、窝工、返工和倒运、人员、机械设备调迁、材料和构件积压等实际损失。

④ 工程未经竣工验收，发包单位提前使用或擅自动用，由此发生的质量问题或其他问题，由发包方自己负责。

⑤ 超过承包合同规定的日期验收，按合同的违约责任条款的规定，应偿付逾期违约金。

2）承包人违约

① 承包工程质量不符合合同规定，负责无偿修理和返工。由于修理和返工造成逾期交付的，应偿付逾期违约金。

② 承包工程的交工时间不符合合同规定的期限，应按合同中违约责任条款，偿付逾期违约金。

③ 由于承包方的责任，造成发包方提供的材料、设备等丢失或损坏，应承担赔偿责任。

（2）违约责任处理原则

1）承担违约责任应按"严格责任原则"处理，无论合同当事人主观上是否有过错，只要合同当事人有违约事实，特别是有违约行为并造成损失的，就要承担违约责任。

2）在订立合同时，双方应当在专用条款内约定发（承）包人赔偿承（发）包人损失的计算方法或者发（承）包人应当支付违约金的数额和计算方法。

3）当事人一方违约后，另一方可按双方约定的担保条款，要求提供担保的第三方承担相应责任。

4）当事人一方违约后，另一方要求违约方继续履行合同时，违约方承担继续履行合同、采取补救措施或者赔偿损失等责任。

5）当事人一方违约后，对方应当采取适当措施防止损失的扩大，否则不得就扩大的损失要求赔偿。

6）当事人一方因不可抗力不能履行合同时，应对不可抗力的影响部分（或者全部）免除责任，但法律另有规定的除外。当事人延迟履行后发生不可抗力的，不能免除责任。

5. 合同争议的解决

合同争议，是指当事人双方对合同订立和履行情况，以及不履行合同的后果所产生的纠纷。

（1）施工合同争议的解决方式

合同当事人在履行施工合同时，解决所发生争议、纠纷的方式有和解、调解、仲裁和诉讼等。

1）和解，是指争议的合同当事人，依据有关法律规定或合同约定，以合法、自愿、平等为原则，在互谅互让的基础上，经过谈判和磋商，自愿对争议事项达成协议，从而解决分歧和矛盾的一种方法。和解方式无需第三者介入，简便易行，能及时解决争议，避免当事人经济损失扩大，有利于双方的协作和合同的继续履行。

2）调解，是指争议的合同当事人，在第三方的主持下，通过其劝说引导，以合法、自愿、平等为原则，在分清是非的基础上，自愿达成协议，以解决合同争议的一种方法。调解有民间调解、仲裁机构调解和法庭调解三种。调解协议书对当事人具有与合同一样的法律约束力。运用调解方式解决争议，双方不伤和气，有利于今后继续履行合同。

3) 仲裁，也称公断，是双方当事人通过协议自愿将争议提交第三者（仲裁机构）作出裁决，并负有履行裁决义务的一种解决争议的方式。仲裁包括国内仲裁和国际仲裁。仲裁须经双方同意并约定具体的仲裁委员会。仲裁可以不公开审理从而保守当事人的商业秘密，节省费用，一般不会影响双方日后的正常交往。

4) 诉讼，是指合同当事人相互间发生争议后，只要不存在有效的仲裁协议，任何一方向有管辖权的法院起诉并在其主持下，为维护自己的合法权益的活动。通过诉讼，当事人的权力可得到法律的严格保护。

5) 除了上述四种主要的合同争议解决方式外，在国际工程承包中，又出现了一些新的有效的解决方式，正在被广泛应用。比如FIDIC《土木工程施工合同条件》（红皮书）中有关"工程师的决定"的规定。当业主和承包商之间发生任何争端，均应首先提交工程师处理。工程师对争端的处理决定，通知双方后，在规定的期限内，双方均未发出仲裁意向通知，则工程师的决定即被视为最后的决定并对双方产生约束力。又比如在FIDIC《设计－建造与交钥匙工程合同条件》（橘皮书）中规定业主和承包商之间发生任何争议，应首先以书面形式提交由合同双方共同任命的争端审议委员会（DRB）裁定。争端协议委员会对争端作出决定并通知双方后，在规定的期限内，如果任何一方未将其不满事宜通知对方，则该决定即被视为最终的决定并对双方产生约束力。无论工程师的决定，还是争端审议委员会的决定，都与合同具有同等的约束力。任何一方不执行决定，另一方即可将其不执行决定的行为提交仲裁。这种方式不同于调解，因其决定不是争端双方达成的协议；也不同于仲裁，因工程师和争端审议委员会只能以专家的身份作出决定，不能以仲裁人的身份作出裁决，其决定的效力不同于仲裁裁决的效力。

当承包商与业主（或分包商）在合同履行的过程中发生争议和纠纷，应根据平等协商的原则先行和解，尽量取得一致意见。若双方和解不成，则可要求有关主管部门调解。双方属于同一部门或行业，可由行业或部门的主管单位负责调解；不属于上述情况的可由工程所在地的建设主管部门负责调解；若调解无效，根据当事人的申请，在受到侵害之日起一年之内，可送交工程所在地工商行政管理部门的经济合同仲裁委员会进行仲裁；超过一年期限者，一般不予受理。仲裁是解决经济合同的一项行政措施，是维护合同法律效力的必要手段。仲裁是依据法律、法令及有关政策，处理合同纠纷，责令责任方赔偿、罚款，直至追究有关单位或人员的行政责任或法律责任。处理合同纠纷也可不经仲裁，而直接向人民法院起诉。

一旦合同争议进入仲裁或诉讼，项目经理应及时向企业领导汇报和请示。因为仲裁和诉讼必须以企业（具有法人资格）的名义进行，由企业作出决策。

（2）争议发生后履行合同情况

在一般情况下，发生争议后，双方都应继续履行合同，保持施工连续，保护好已完工程。

只有发生下列情况时，当事人方可停止履行施工合同：

1) 单方违约导致合同确已无法履行，双方协议停止施工；
2) 调解要求停止施工，且为双方接受；
3) 仲裁机构要求停止施工；
4) 法院要求停止施工。

6. 合同履行的评价

合同终止后，承包人应对从投标开始直至合同终止的整个过程或达到规定目标的适宜性、充分性、有效性进行合同管理评价，其评价内容有：

（1）合同订立过程情况评价。
（2）合同条款的评价。
（3）合同履行情况评价。
（4）合同管理工作评价。

1.15.4 工程变更价款及工程价款结算

1.15.4.1 工程变更价款的确定

1. 工程变更价款的确定程序

合同中综合单价因工程量变更需要调整时，除合同另有约定外，应按照下列办法确定：

（1）工程量清单漏项和设计变更引起的工程量清单项目，其相应综合单价由承包人提出，经发包人确认后作为结算的依据。

（2）工程量清单的工程数量有误或设计变更引起的工程量增减，属合同约定幅度以内的，应执行原有的综合单价；属合同约定幅度以外的，其增加部分的工程量或减少后剩余部分的工程量的综合单价由承包人提出，经发包人确认后作为结算的依据。

2. 工程变更价款的确定方法

（1）我国现行工程变更价款的确定方法

《建设工程施工合同示范文本》（GF-1999—0201）约定的工程变更价款的确定方法如下：①合同中已有适用变更工程的价格，按合同已有的价格变更合同价格；②合同中只有类似变更工程的价格，可以参考类似价格变更合同价格；③合同中没有适用或类似于变更工程的价格，由承包人提出适当的变更价格，经工程师确认后执行。

采用合同中工程量清单的单价和价格：合同中工程量清单的单价和价格由承包商投标时提供，用于变更工程，容易被业主、承包商及监理工程师所接受，从合同意义上讲也是比较公平的。

协商单价和价格：是基于合同中没有或者有但不适合的情况而采取的一种方法。

（2）FIDIC 施工合同条件下工程变更的估价

工程师应通过 FIDIC《施工合同条件》第 12.1 款和 12.2 款商定或确定的测量方法和适宜的费率和价格，对各项工作的内容进行估价，再按照 FIDIC 第 3.5 款商定或确定合同价格。

各项工作内容的适宜费率或价格，应为合同对此类工作内容规定的费率或价格，如合同中无某项内容，应取类似工作的费率或价格。但在以下情况下，宜对有关工作内容采用新的费率或价格。

第一种情况：①如果此项工作实际测量的工程量比工程量表或其他报表中规定的工程量的变动大于 10%；②工程量的变更与该项工作规定的费率的乘积超过了中标的合同金额的 0.01%；③由此工程量的变更直接造成该项工作单位成本的变动超过 1%；④这项工作不是合同中规定的"固定费率项目"。

第二种情况：①此工作是根据"变更与调整"的指示进行的；②合同没有规定此项工作的费率或价格；③由于该项工作与合同中的任何一项工作没有类似的性质或不在类似的条件下进行，故没有一个规定的费率或价格适用。

每种新的费率或价格应考虑以上描述的有关事项对合同中相关费率或价格加以合理调整后得出。如果没有相关的费率或价格可供推算新的费率或价格，应根据实施该工作的合理成本和合理利润，并考虑其他相关事项后得出。

工程师应在商定或确定适宜费率或价格前，确定用于期中付款证书的临时费率或价格。

1.15.4.2 工程价款结算

1. 承包工程价款的主要结算方式

承包工程价款的主要结算方式见表 1-118。

承包工程价款的主要结算方式   表 1-118

结算方式	说　　明
按月结算	先预付部分工程款，在施工过程中按月结算工程进度款，竣工后进行竣工结算
竣工后一次结算	建设项目或单项工程全部建筑安装工程建设期在 12 个月以内，或者工程合同价值在 100 万元以下的，可以实行工程价款每月月中预支，竣工后一次结算
分段结算	当年开工，当年不能竣工的单项工程或单位工程，按照工程形象进度，划分不同阶段进行结算。分段结算可以按月预支工程款
其他	结算双方约定的其他结算方式

2. 工程预付款

工程预付款是建设工程施工合同订立后由发包人按照合同约定，在正式开工前预先支付给承包人的工程款。它是施工准备和所需要材料、结构件等流动资金的主要来源，习惯上又称为预付备

料款。

在《建设工程施工合同示范文本》（GF-1999-0201）中，对有关工程预付款作了如下规定："实行工程预付款的，双方应当在专用条款内约定发包人向承包人预付工程款的时间和数额，开工后按约定的时间和比例逐次扣回。预付时间应不迟于约定的开工日期前7天。发包人不按约定预付，承包人在约定预付时间7天后向发包人发出要求预付的通知，发包人收到通知后仍不能按要求预付，承包人可在发出通知后7天停止施工，发包人应从约定应付之日起向承包人支付应付款的贷款利息，并承担违约责任。"

工程预付款的具体事宜由发承包双方根据建设行政主管部门的规定，结合施工工期、建安工作量、主要材料和构件费用占承包总额的比例以及材料储备周期等因素在合同中约定。预付备料款额度的计算公式为：

$$预付备料款额度 = \frac{年度承包总额 \times 主要材料及构配件所占比重（\%）}{年度施工天数}$$
$$\times 材料储备天数 \qquad (1-30)$$

3. 工程预付款的扣回

发包人支付给承包人的工程预付款性质是预支。随着工程的进展，拨付的工程进度款数额不断增加，工程所需主要材料、构件的用量逐渐减少，原已支付的预付款应以抵扣的方式予以陆续扣回。扣款的方法由发包人和承包人通过洽商用合同的形式予以确定，可采用等比率或等额扣款的方式。也可针对工程实际情况具体处理。

4. 工程进度款的支付

工程进度款的支付，一般按当月实际完成工程量进行结算，工程竣工后办理竣工结算。

5. 工程竣工结算

工程竣工验收报告经发包人认可后28d内，承包人向发包人递交竣工结算报告及完整的结算资料，双方按照协议书约定的合同价款及专用条款约定的合同价款调整内容，进行工程竣工结算。专业监理工程师审核承包人报送的竣工结算报表并与发包人、承包人协商一致后，签发竣工结算文件和最终的工程款支付证书。

1.15.5　施　工　索　赔

1.15.5.1　施工索赔的概念

索赔是在经济活动中，合同当事人一方因对方违约，或其他过错，或无法防止的外因而受到损失时，要求对方给予赔偿或补偿的活动。

在施工项目合同管理中的施工索赔，一般是指承包商（或分包商）向业主（或总承包商）提出的索赔，而把业主（或总承包商）向承包商（或分包商）提出的索赔称为反索赔，广义上统称索赔。

施工索赔是承包商由于非自身原因，发生合同规定之外的额外工作或损失时，向业主提出费用或时间补偿要求的活动。

1.15.5.2　通常可能发生的索赔事件

在施工过程中，通常可能发生的索赔事件主要有：

(1) 业主没有按合同规定的时间交付设计图纸数量和资料，未按时交付合格的施工现场等，造成工程拖延和损失。

(2) 工程地质条件与合同规定、设计文件不一致。

(3) 业主或监理工程师变更原合同规定的施工顺序，扰乱了施工计划及施工方案，使工程数量有较大增加。

(4) 业主指令提高设计、施工、材料的质量标准。

(5) 由于设计错误或业主、工程师错误指令，造成工程修改、返工、窝工等损失。

(6) 业主和监理工程师指令增加额外工程，或指令工程加速。

(7) 业主未能及时支付工程款。

(8) 物价上涨，汇率浮动，造成材料价格、工人工资上涨，承包商蒙受较大损失。

(9) 国家政策、法令修改。

(10) 不可抗力因素等。

1.15.5.3　施工索赔的分类

施工索赔的主要分类见表1-119。

施工索赔的分类　　表1-119

分类标准	索赔类别	说　　明
按索赔的目的分	工期延长索赔	●由于非承包商方面原因造成工程延期时，承包商向业主提出的推迟竣工日期的索赔
	费用损失索赔	●承包商向业主提出的，要求补偿因索赔事件发生而引起的额外开支和费用损失的索
按索赔的原因分	延期索赔	●由于业主原因不能按原定计划的时间进行施工而引起的索赔； ●主要有：发包人未按照约定的时间和要求提供材料设备、场地、资金、技术资料，或设计图纸的错误和遗漏等原因引起停工、窝工
	工程变更索赔	●由于对合同中规定的施工工作范围的变化而引起的索赔； ●主要是由发包人或监理工程师提出的工程变更，由承包商提出但经发包人或监理工程师同意的工程变更；设计变更，或设计错误、遗漏，导致工程变更，工作范围改变
	施工加速索赔（又称赶工索赔、劳动生产率损失索赔）	●如果业主要求比合同规定工期提前，或因前段的工程拖期，要求后一阶段弥补已经损失工期，使整个工程按期完工，需加快施工速度而引起的索赔； ●一般是延期或工程变更索赔的结果； ●施工加速应考虑加班工资、提供额外监管人员、雇佣额外劳动力、采用额外设备、改变施工方法造成现场拥挤、疲劳作业等使劳动生产率降低
	不利现场条件索赔	●因合同的图纸和技术规范中所描述的条件与实际情况有实质性不同，或合同中未予描述，但发生的情况是一个有经验的承包商无法预料的时候，所引起的索赔； ●如复杂的现场水文地质条件或隐藏的不可知的地面条件等
按索赔的合同依据分	合同内索赔	●索赔依据可在合同条款中找到明文规定的索赔； ●这类索赔争议少，监理工程师即可全权处理
	合同外索赔	●索赔权利在合同条款内很难找到直接依据，但可来自普通法律，承包商须有丰富的索赔经验方能实现； ●索赔表现多为违约或违反担保造成的损害； ●此项索赔由业主决定是否索赔、监理工程师无权决定
	道义索赔（又称额外支付）	●承包商对标价估价不足，虽然圆满完成了合同规定的施工任务，但期间由于克服了巨大困难而蒙受了重大损失，为此向业主寻求优惠性质的额外款项； ●这是以道义为基础的索赔，既无合同依据，又无法律依据； ●这类索赔监理工程师无权决定，只是在业主通情达理，出于同情时才会超越合同条款给予承包商一定的经济补偿
按索赔处理方式分	单项索赔	●在一项索赔事件发生时或发生后的有效期间内，立即进行的索赔； ●索赔原因单一、责任单一、处理容易
	总索赔（又称一揽子索赔）	●承包商在竣工之前，就施工中未解决的单项索赔，综合起来提出的总索赔； ●总索赔中的各单项索赔常常是因为较复杂而遗留下来的，加之各单项索赔事件相互影响，使总索赔处理难度大，金额也大

1.15.5.4 施工索赔的程序

1. 意向通知

索赔事件发生时或发生后，承包商应立即通知监理工程师，表明索赔意向，争取支持。

2. 提出索赔申请

索赔事件发生后的有效期内，承包商要向监理工程师提出正式书面索赔申请，并抄送业主。其内容主要是索赔事件发生的时间、实际情况及事件影响程度，同时提出索赔依据的合同条款等。

3. 提交索赔报告

承包商在索赔事件发生后，要立即搜集证据，寻找合同依据，进行责任分析，计算索赔金额，最后形成索赔报告，在规定期限内报送监理工程师，抄送业主。

4. 索赔处理

承包商在索赔报告提交之后，还应每隔一段时间主动向对方了解情况并督促其快速处理，并根据所提出意见随时提供补充资料，为监理工程师处理索赔提供帮助、支持与合作。

监理工程师（业主）接到索赔报告后，应认真阅读和评审，对不合理、证据不足之处提出反驳和质疑，与承包商经常沟通、协商。最后由监理工程师起草索赔处理意见，双方就有关问题协商、谈判，合同内单一索赔，一般协商就可以解决。对于双方争议较大的索赔问题，可由中间人调解解决，或进而由仲裁诉讼解决。

施工索赔的程序见图1-55。

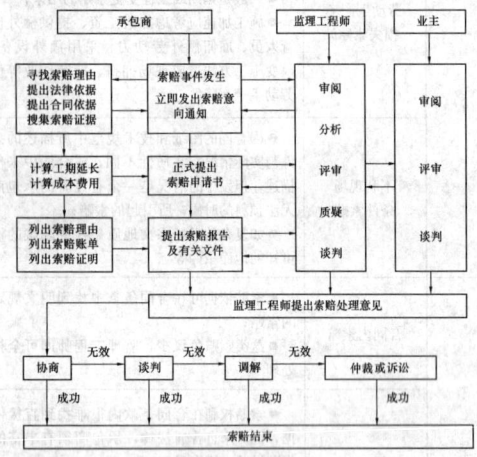

图 1-55 施工索赔程序示意图

1.15.5.5 索赔报告

索赔报告由承包商编写，应简明扼要，符合实际，责任清晰，证据可靠，计算方法正确，结果无误。索赔报告编制得好坏，是索赔成败的关键。

1. 索赔报告的发送时间和方式

索赔报告一定要在索赔事件发生后的有效期（一般为28d）内报送，过期索赔无效。

对于新增工程量、附加工作等应一次性提出索赔要求，并在该项工程进行到一定程度、能计算出索赔额时，提交索赔报告；对于已征得监理工程师同意的合同外工作项目的索赔，可以在每月上报完成工程量结算单的同时报送。

2. 索赔报告的基本内容

（1）题目：高度概括索赔的核心内容，如"关于×××事件的索赔"。

（2）事件：陈述事件发生的过程，如工程变更情况，不可抗力发生的过程，以及期间监理工程师的指令，双方往来信函、会谈的经过及纪要，着重指出业主（监理工程师）应承担的责任。

（3）理由：提出作为索赔依据的具体合同条款、法律、法规依据。

（4）结论：指出索赔事件给承包商造成的影响和带来的损失。

（5）计算：列出费用损失或工程延期的计算公式（方法）、数据、表格和计算结果，并依此提出索赔要求。

（6）综合：总索赔应在上述各分项索赔的基础上提出索赔总金额或工程总延期天数的要求。

（7）附录：各种证据材料，即索赔证据。

3. 索赔证据

索赔证据是支持索赔的证明文件和资料。它是附在索赔报告正文之后的附录部分，是索赔文件的重要组成部分。证据不全、不足或者没有证据，索赔是不可能成功的。

索赔的证据主要来源于施工过程中的信息和资料。承包商只有平时经常注意这些信息资料的收集、整理和积累，并存档于计算机内，才能在索赔事件发生时，快速地调出真实、准确、全面、有说服力、具有法律效力的索赔证据来。

可以直接或间接作为索赔证据的资料很多，详见表1-120。

索 赔 的 证 据	表 1-120
施工记录方面	财务记录方面
（1）施工日志；	（1）施工进度款支付申请单；
（2）施工检查员的报告；	（2）工人劳动计时卡；
（3）逐月分项施工纪要；	（3）工人分布记录；
（4）施工工长的日报；	（4）材料、设备、配件等的采购单；
（5）每日工时记录；	（5）工人工资单；
（6）同业主代表的往来信函及文件；	（6）付款收据；
（7）施工进度及特殊问题的照片或录像带；	（7）收款单据；
（8）会议记录或纪要；	（8）标书中财务部分的章节；
（9）施工图纸；	（9）工地的施工预算；
（10）业主或其代表的电话记录；	（10）工地开支报告；
（11）投标时的施工进度表；	（11）会计日报表；
（12）修正后的施工进度表；	（12）会计总账；
（13）施工质量检查记录；	（13）批准的财务报告；
（14）施工设备使用记录；	（14）会计往来信函及文件；
（15）施工材料使用记录；	（15）通用货币汇率变化表；
（16）气象报告；	（16）官方的物价指数、工资指数
（17）验收报告和技术鉴定报告	

1.15.5.6 索赔计算

1. 工期索赔及计算

工期索赔的目的是取得业主对于合理延长工期的合法性的确认。施工过程中，许多原因都可能导致工期拖延，但只有在某些情况下才能进行工期索赔，详见表1-121。

工期拖延与索赔处理		表 1-121
种 类	原因责任者	处 理
可原谅不补偿延期	责任不在任何一方 如：不可抗力、恶性自然灾害	工期索赔，工程本身损害的费用索赔
可原谅应补偿延期	业主违约 非关键线路上工程延期（不影响总工期）引起费用损失	费用索赔
	业主违约 导致整个工程延期	工期及费用索赔
不可原谅延期	承包商违约 导致整个工程延期	承包商承担违约罚款并承担违约后业主要求加快施工或终止合同所引起的一切经济损失

在工期索赔中，首先要确定索赔事件发生对施工活动的影响及引起的变化，然后再分析施工活动变化对总工期的影响。

常用的计算索赔工期的方法有：

(1) 网络计划分析法

网络计划分析法是通过分析索赔事件发生前后网络计划工期的差异计算索赔工期的。这是一种科学合理的计算方法，适用于各类工期索赔。

(2) 对比分析法

对比分析法比较简单，适用于索赔事件仅影响单位工程，或分部分项工程的工期，需由此而计算对总工期的影响。计算公式是：

$$总工期索赔＝原合同总工期×\frac{额外或新增工程量价格}{原合同总价}\quad(1-31)$$

(3) 劳动生产率降低计算法

在索赔事件干扰正常施工导致劳动生产率降低，而使工期拖延时，可按下式计算索赔工期。

$$索赔工期＝计划工期×\frac{(预期劳动生产率－实际劳动生产率)}{预期劳动生产率}$$
$$(1-32)$$

(4) 简单加总法

在施工过程中，由于恶劣气候、停电、停水及意外风险造成全面停工而导致工期拖延时，可以一一列举各种原因引起的停工天数，累加结果，即可作为索赔天数。

应该注意的是由多项索赔事件引起的总工期索赔，不可以用各单项工期索赔天数简单相加，最好用网络分析法计算索赔工期。

2. 费用索赔及计算

(1) 费用索赔及其费用项目构成

费用索赔是施工索赔的主要内容。承包商通过费用索赔要求业主对索赔事件引起的直接损失和间接损失给予合理的经济补偿。

计算索赔额时，一般是先计算与事件有关的直接费，然后计算应摊到的管理费。费用项目构成、计算方法与合同报价中基本相同，但具体的费用构成内容却因索赔事件性质不同而有所不同。表1-122中列出了工期延长、业主指令工程加速、工程中断、工程量增加和附加工程等类型索赔事件的可能费用损失项目的构成及其示例。

(2) 费用索赔额的计算

1) 总索赔额的计算方法

① 总费用法

总费用法是以承包商的额外增加成本为基础，加上管理费、利息及利润作为总索赔值的计算方法。这种方法要求原合同总费用计算准确，承包商报价合理，并且在施工过程中没有任何失误，合同总成本超支均为非承包商原因所致等条件，这一般在实践中是不可能的，因而应用较少。

索赔事件的费用项目构成示例表　表1-122

索赔事件	可能的费用损失项目	示例
工期延长	(1) 人工费增加； (2) 材料费增加； (3) 现场施工机械设备停置费； (4) 现场管理费增加； (5) 因工期延长和通货膨胀使原工程成本增加； (6) 相应保险费、保函费用增加； (7) 分包商索赔； (8) 总部管理费分摊； (9) 推迟支付引起的兑换率损失； (10) 银行手续费和利息支出	包括工资上涨、现场停工、窝工，生产效率降低，不合理使用劳动力等的损失； 因工期延长，材料价格上涨； 设备因延期所引起的折旧费、保养费或租赁费等； 包括现场管理人员的工资及其附加支出，生活补贴，现场办公设施支出，交通费用等； 分包商因延期由承包商提出的费用索赔； 因延期造成公司部部管理费延期； 工程延期引起支付延迟

续表

索赔事件	可能的费用损失项目	示例
业主指令工程加速	(1) 人工费增加； (2) 材料费增加； (3) 机械使用费增加； (4) 因加速增加现场管理人员的费用； (5) 总部管理费增加； (6) 资金成本增加	因业主指令工程加速造成增加劳动力投入，不经济地使用劳动力，生产率降低和损失等； 不经济地使用材料，材料提前交货的费用补偿，材料运输费增加； 增加机械投入，不经济地使用机械； 费用增加和支出提前引起负现金流量所支付的利息
工程中断	(1) 人工费； (2) 机械使用费； (3) 保函、保险费、银行手续费； (4) 贷款利息； (5) 总部管理费； (6) 其他额外费用	如留守人员工资，人员的遣返和重新招雇费，对工人的赔偿金等； 如设备停置费，额外的进出场费用，租赁机械的费用损失等； 如停工、复工所产生的额外费用，工地重新整理费用等
工程量增加或附加工程	(1) 工程量增加所引起的索赔额，其构成与合同报价组成相似； (2) 附加工程的索赔额，其构成与合同报价组成相似	工程量增加小于合同总额的5%，为合同规定的承包商应承担的风险，不予补偿； 工程量增加超过合同规定的范围(如合同额的15%～20%)，承包商可要求调整单价，否则合同单价不变

② 分项法

分项法是先对每个引起损失的索赔事件和各费用项目单独分析计算，最终求和。这种方法能反映实际情况，清晰合理，虽然计算复杂，但仍被广泛采用。

2) 人工费索赔额的计算方法

计算各项索赔费用的方法与工程报价时计算方法基本相同，不再多叙。但其中人工费索赔额计算有两种情况，分述如下：

① 由增加或损失工时计算

额外劳务人员雇用、加班人工费索赔额＝增加工时×投标时人工单价
$$(1-33)$$

闲置人员人工费索赔额＝闲置工时×投标时人工单价×折扣系数(一般为0.75)　$(1-34)$

② 由劳动生产率降低额外支出人工费的索赔计算

a. 实际成本和预算成本比较法

这种方法是用受干扰后的实际成本与合同中的预算成本比较，计算出由于劳动效率降低造成的损失金额。计算时需要详细的施工记录和合理的估价体系，只要两种成本的计算准确，而且成本增加确系业主原因时，索赔成功的把握性很大。

b. 正常施工工期与受影响施工工期比较法

这种方法是分别计算出正常施工工期内和受干扰施工工期内的平均劳动生产率，求出劳动生产率低值，而后求出索赔额：

$$人工费索赔额＝\frac{(计划工时×劳动生产率降低值)}{正常情况下平均劳动生产率}×相应人工单价$$
$$(1-35)$$

3) 费用索赔中管理费的分摊办法

① 公司管理费索赔计算

公司管理费索赔一般用恩特勒(Eichleay)法，它得名于Eichleay公司一桩成功的索赔案例。

a. 日费率分摊法

在延期索赔中采用，计算公式如下：

延期合同应分摊的管理费(A)＝(延期合同额/同时期公司所有合同额之和)×同期公司总计划管理费
$$(1-36)$$

单位时间（日或周）管理费率$(B)=A/$计划合同期（日或周）

$$(1-37)$$

管理费索赔值$(C)=(B)\times$延期时间（日或周） $(1-38)$

$b.$ 总直接费分摊法

在工作范围变更索赔中采用，计算公式为：

被索赔合同应分摊的管理费$(A_1)=$（被索赔合同原计划直接费

/同期公司所有合同直接费

总和）$\times$同期公司计划管理

费总和 $(1-39)$

每元直接费包含管理费率$(B_1)=(A_1)/$被索赔合同原计划直接费

$$(1-40)$$

应索赔的公司管理费$(C_1)=(B_1)\times$工作范围变更索赔的直接费

$$(1-41)$$

$c.$ 分摊基础法

这种方法是将管理费支出按用途分成若干分项，并规定了相应的分摊基础，分别计算出各分项的管理费索赔额，加总后即为公司管理费总索赔额，其计算结果精确，但比较繁琐，实践中应用较少，仅用于风险高的大型项目。表 1-123 列举了管理费各构成项目的分摊基础。

管理费的不同分摊基础   表 1-123

管理费分项	分 摊 基 础
管理人员工资及有关费用	直接人工工时
固定资产使用费	总直接费
利息支出	总直接费
机械设备配件及各种供应	机械工作时间
材料的采购	直接材料费

② 现场管理费索赔计算

现场管理费又称工地管理费。一般占工程直接成本的 8%～15%。其索赔值用下式计算：

现场管理费索赔值=索赔的直接成本费×现场管理费率

现场管理费率的确定可选用下面的方法：

$a.$ 合同百分比法：按合同中规定的现场管理费率。

$b.$ 行业平均水平法：选用公开认可的行业标准现场管理费率。

$c.$ 原始估价法：采用承包时，报价时确定的现场管理费率。

$d.$ 历史数据法：采用以往相似工程的现场管理费率。

1.16 施工项目风险管理

1.16.1 施工项目风险管理概述

1.16.1.1 施工项目风险及其类型

施工项目风险是影响施工项目目标实现的事先不能确定的内外部的干扰因素及其发生的可能性。

施工项目一般具有规模大、工期长、关联单位多、与环境接口复杂等特征，在项目实施过程中蕴含着大量的风险，其主要风险可根据风险产生的原因、风险的行为主体及风险对施工项目目标的影响不同分为不同的类型。

1. 根据风险产生的原因划分的种类

根据风险产生的原因划分的种类见表 1-124。

产生原因不同的施工项目风险   表 1-124

风险种类	内 容
自然风险	●自然力的不确定性变化给施工项目带来的风险，如地震、洪水、沙尘暴等； ●未预测到的施工项目的复杂水文地质条件、不利的现场条件、恶劣的地理环境等，使交通运输受阻，施工无法正常进行，造成人财损失等风险

续表

风险种类	内 容
社会风险	●社会治安状况、宗教信仰的影响、风俗习惯、人际关系及劳动者素质等形成的障碍或不利条件给项目施工带来的风险
政治风险	●国家政治方面的各种事件和原因给项目施工带来意外干扰的风险。如战争、政变、动乱、恐怖袭击、国际关系变化、政策多变、权力部门专制和腐败等
法律风险	●法律不健全、有法不依、执法不严，相关法律内容变化给项目带来的风险； ●未能正确全面的理解有关法规，施工中发生触犯法律行为被起诉和处罚的风险
经济风险	●项目所在国或地区的经济领域出现的或潜在的各种因素变化，如经济政策的变化、产业结构的调整、市场供求变化带来的汇率风险、金融风险
管理风险	●经营者因不能适应客观形势的变化、或因主观判断失误、或因对已发生的事件处理不当而带来的风险。包括财务风险、市场风险、投资风险、生产风险等
技术风险	●由于科技进步、技术结构及相关因素的变动给施工项目技术管理带来的风险； ●由于项目所处施工条件或项目复杂程度带来的风险； ●施工中采用新技术、新工艺、新材料、新设备带来的风险

2. 根据风险行为主体不同划分的种类

根据风险行为主体不同划分的种类见表 1-125。

风险行为主体不同的施工项目风险   表 1-125

行为主体	内 容
承包商	●企业经济实力差，财务状况恶化，处于破产境地，无力采购和支付工资； ●对项目环境调查、预测不准确，错误理解业主意图和招标文件，投标报价失误； ●项目合同条款遗漏、表达不清，合同索赔管理工作不力； ●施工技术、方案不合理，施工工艺落后，施工安全措施不当； ●工程价款估算错误、结算错误； ●没有合适的项目经理和技术专家，技术、管理能力不足，造成失误，工程中断； ●项目经理部没有认真履行合同和缺少保证进度、质量、安全、成本目标的有效措施； ●项目经理部初次承担施工技术复杂的项目，缺少经验，控制风险能力差； ●项目组织结构不合理、不健全，人员素质差，纪律涣散，责任心差； ●项目经理缺乏权威，指挥不力； ●没有选择好合作伙伴（分包商、供应商），责任不明，产生合同纠纷和索赔
业主	●经济实力不强，抵御施工项目风险能力差； ●经营状况恶化，支付能力差或撤走资金，改变投资方向或项目目标； ●缺乏诚信，不能履行合同；不能及时交付场地、供应材料、支付工程款； ●管理能力差，不能很好地与项目相关单位协调沟通，影响施工顺利进行； ●业主违约、苛刻刁难，发出错误指令，干扰正常施工活动
监理工程师	●起草错误的招标文件、合同条件； ●管理组织能力低，不能正确执行合同，下达错误指令，要求苛刻； ●缺乏职业道德和公正性

续表

行为主体	内　　容
其他方面	●设计内容不全，有错误、遗漏，或不能及时交付图纸，造成返工或延误工期； ●分包商、供应商违约，影响工程进度、质量和成本； ●中介人的资信、可靠性差，水平低难以胜任其职，或为获私利不择手段； ●权力部门（主管部门、城市公共部门：水、电）的不合理干预和个人需求； ●施工现场周边居民、单位的干预

3. 根据对项目目标影响不同划分的种类

根据对项目目标影响不同划分的种类见表1-126。

风险对目标影响不同的施工项目风险　表 1-126

风险种类	内　　容
工期风险	●造成局部或整个工程的工期延长，项目不能及时投产
费用风险	●包括报价风险、财务风险、利润降低、成本超支、投资追加、收入减少等
质量风险	●包括材料、工艺、工程不能通过验收，试生产不合格，工程质量评价为不合格
信誉风险	●造成对企业形象和信誉的损害
安全风险	●造成人身伤亡，工程或设备的损坏

1.16.1.2　施工项目风险管理

风险管理，是指在对风险的不确定性及可能性等因素进行考察、预测、分析的基础上，制定出包括识别评估风险、管理处置风险、控制防范风险等一整套科学系统的管理方法。

在施工项目实施的过程中，由于风险的存在使得建立在正常理想基础上的目标和决策、施工规划和方案、管理和组织等都有可能受到干扰，与实际产生偏离，导致经济效益下降，甚至影响全局，使项目失控。因此在施工项目管理中应对风险进行管理，力求在施工项目面临纯粹风险时，将损失减少到最小，在面临投机风险时，争取更大收益。

施工项目风险管理是用系统的动态的方法，对施工项目实施全过程中的每个阶段所包含的全部风险进行识别、评估、控制，有准备地科学地安排、调整施工活动中合同、经济、组织、技术、管理等各个方面和质量、进度、成本、安全等各个子系统的工作，使之顺利进行，减少风险损失，创造更大效益的综合性管理工作。

1.16.1.3　施工项目风险管理流程

施工项目风险管理流程一般分为风险识别、风险评估、风险响应与风险控制措施四个阶段，各阶段及其内容见图1-56。

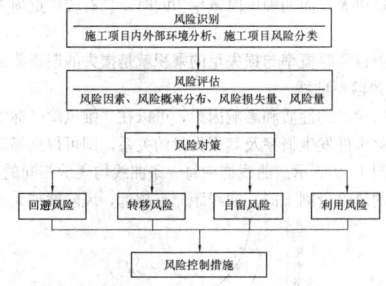

图 1-56　施工项目风险管理流程示意图

1.16.2　施工项目风险的识别

1.16.2.1　施工项目风险识别的过程与步骤

1. 施工项目风险识别过程

施工项目风险识别过程见图1-57。

2. 施工项目风险识别的步骤

（1）施工项目风险分解

施工项目风险分解是确认施工活动中客观存在的各种风险，从

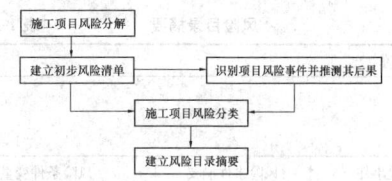

图 1-57　风险识别过程框图

总体到细节，由宏观到微观，层层分解，并根据项目风险的相互关系将其归纳为若干个子系统，使人们能比较容易地识别项目的风险。根据项目的特点一般按目标、时间、结构、环境、因素等5个维度相互组合分解。

1）目标维，是按项目目标进行分解，即考虑影响项目费用、进度、质量和安全目标实现的风险的可能性。

2）时间维，是按项目建设阶段分解，也就是考虑工程项目进展不同阶段（项目计划与设计、项目采购、项目施工、试生产及竣工验收、项目保修期）的不同风险。

3）结构维，按项目结构（单位工程、分部工程、分项工程等）组成分解，同时相关技术群也能按其并列或相互支持的关系进行分解。

4）环境维，按项目与其所在环境（自然环境、社会、政治、经济等）的关系分解。

5）因素维，按项目风险因素（技术、合同、管理、人员等）的分类进行分解。

（2）建立初步项目风险清单

清单中应明确列出客观存在的和潜在的各种风险，应包括各种影响生产率、操作运行、质量和经济效益的各种因素。一般是沿着项目风险的5个维度去搜寻，由粗到细，先怀疑、排除后确认，尽量做到全面，不要遗漏重要的风险项目。

（3）识别各种风险事件并推测其结果

根据初步风险清单中列有的各种重要的风险来源，通过收集数据、案例、财务报表分析、专家咨询等方法，推测与其相关联的各种风险结果的可能性，包括盈利或损失、人身伤害、自然灾害、时间和成本、节约或超支等方面，重点是资金的财务结果。

（4）进行施工项目风险分类

通过对风险进行分类可以加深对风险的认识和理解，辨清风险的性质和某些不同风险事件之间的关联，有助于制定风险管理目标。

施工项目风险常见的分类方法是以由6个风险目录组成的框架形式，每个目录中都列出不同种类的典型风险，然后针对各个风险进行全面检查，这样既能尽量避免遗漏，又可得到一目了然的效果。详见表1-127。

施工项目风险分类　　　　　表 1-127

风险目录	典　型　的　风　险
不可预见损失	洪水、地震、火灾、狂风、闪电、塌方
有形损失	结构破坏、设备损坏、劳务人员伤亡、材料或设备发生火灾或被盗窃
财务和经济	通货膨胀、能否得到业主资金、汇率浮动、分包商的财务风险
政治和环境	法律法规变化、战争和内乱、注册和审批、污染和安全规则、没收、禁运
设计	设计失误、遗漏、错误；图纸不全、交付不及时
其他相关事件	气候、劳务争端和罢工、劳动生产率、不同现场条件、工作失误、设计变更、设备缺陷

（5）建立风险目录摘要

风险目录摘要是将施工项目可能面临的风险汇总并排列出轻重缓急的表格。它能使全体项目人员对施工项目的总体风险有一个全局的印象，每个人不仅考虑自己所面临的风险，而且还能自觉地意识到项目其他方面的风险，了解项目中各种风险之间的联系和可能发生的连锁反应。风险目录摘要的格式见表1-128。

风险目录摘要		表 1-128
项目名称		
评述		
日期		
负责人		
风险事件	风险事件摘要	风险条件变量

通过风险识别最后建立了风险目录摘要，其内容可供风险管理人员参考。但是，由于人们认识的局限性，风险目录摘要不可能完全准确、全面，特别是风险自身的不确定性，决定了风险识别的过程应该是一个动态的连续的过程，最后所形成的风险目录摘要也应随着施工的进展，施工项目内外部条件的变化及风险的演变而在不断地更新、增删，直至项目结束。

1.16.2.2 施工项目风险识别的方法

1. 专家调查法

通过向有关经济、施工、技术专家和当事人提出一系列有关财产和经营的问卷调查，了解相关风险因素、风险程度和有关信息。

2. 财务报表分析法

通过分析资产负债表、损益表、财务现金流量表、资金来源与运用表及相关资料可以从财务角度发现并识别企业当前所面临的潜在风险和财务损失风险；将这些报表与财务预测、预算结合起来，可以发现未来风险。财务状况分析法得出的风险数据可靠、客观。

3. 流程图法

将一项特定的经营活动按步骤或阶段顺序以若干模块形式组成一个施工项目流程图系列，对每个模块都进行深入调查分析，以发现潜在的风险，并标出各种潜在的风险或利弊因素，从而给决策者一个清晰具体的印象。图 1-58 是一个以工程承包项目为例的风险

辨识流程图。

4. 现场考察法

通过现场考察了解有关施工项目的第一手资料，发现客观存在的风险因素，做到心中有数，有利于对未来施工活动中的风险因素预测。

5. 部门配合法

与施工项目活动相关的各个部门都应参与风险识别工作，提供有关信息、意见和敏感因素资料，共同商讨、分析判断，最后由决策部门进行取舍、判断，形成结论。

6. 类比分析法

借鉴以往的历史资料和类似施工项目的风险案例是施工项目风险识别的一个重要手段。

7. 环境分析法

详细分析企业或一项特定的经营活动的外部环境与内在风险的联系是风险识别的重要方面。分析外部环境时，应着重分析项目的资金来源、业主的基本情况、可能的竞争对手、政府管理系统和材料的供应情况等 5 项因素；内部条件主要是项目的组织机构、管理水平、人财物资源等状况。

8. 外部咨询法

在自己已经辨识风险的前提下，还应向有关行业、部门或专家进一步咨询，如可向保险公司咨询有关风险因素概率及损失后果；可向材料设备公司询价等。

1.16.3 施工项目风险评估

1.16.3.1 风险评估指标

1. 风险量 R

风险量 R 是衡量风险大小的指标，它是风险事件可能发生的概率 p 和该事件发生对项目的影响程度 q（损失量）的综合结果，可用下面公式表达：

$$R = \sum p_i \cdot q_i \tag{1-42}$$

式中 R——项目风险量；

p_i——风险事件 i 可能发生的概率；

q_i——风险事件 i 发生带给项目的损失量；

i—i 取 1，2，3，…n，表示项目的第 i 种风险。

2. 风险量的特点

风险量受风险事件可能发生的概率和风险事件发生带给项目的损失量两因素影响。

(1) 风险量大小基本取决于潜在损失的严重性。有巨大灾害可能性的潜在损失，虽不经常发生，但远比那种预期经常发生小灾而无大灾的潜在损失严重得多。

(2) 如果两种损失具有同样的严重性，则其概率较大的那种损失的风险量更大；而两种风险概率相同时，具有较严重损失的风险量更大。

(3) 项目风险概率与损失量的乘积就是损失的期望值。

3. 等风险量曲线

根据风险量的性质和影响因素，可以在二维风险坐标中表示风险量与风险事件发生概率及其损失量的关系，即可得到等风险量曲线群，如图 1-59 所示。曲线群中每一条曲线均表示相同的风险量；各条曲线的风险量则不同，曲线距原点越远，风险就越大。

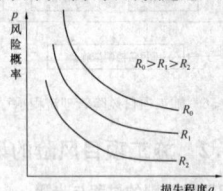

图 1-59 等风险量曲线

1.16.3.2 风险因素的评估

1. 风险损失的评估

风险损失可以表现为费用超支、进度延期、质量事故和安全事故等多方面，有些可用货币表示，有些可用时间表示或者更为复

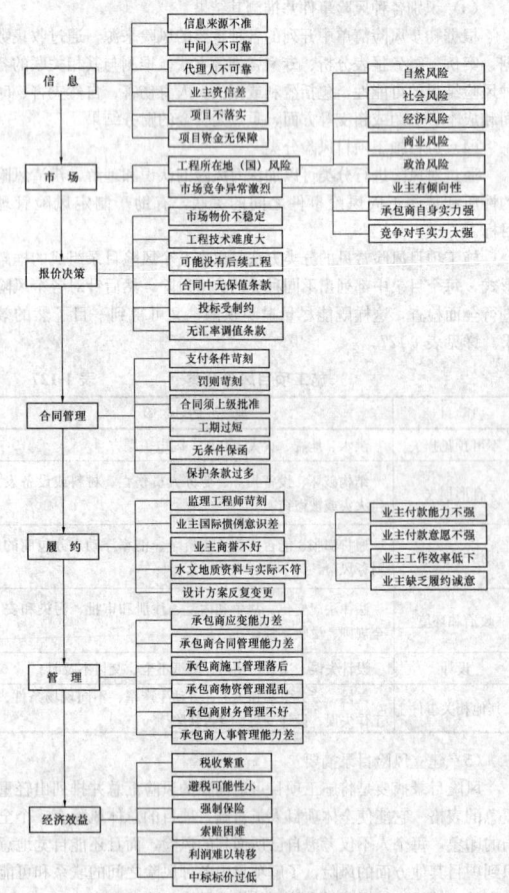

图 1-58 承包工程风险识别流程图

杂，为了便于综合和比较，其度量的尺度可统一为用风险引起的经济损失来评估，即用风险损失值评估。

风险损失值是指项目风险导致的各种损失发生后，为恢复项目正常进行所需要的最大费用支出，即统一用货币表示。主要有：

（1）费用超支风险

项目费用各组成部分的超支，如价格、汇率和利率等的变化，或资金使用安排不当等风险事件引起的实际费用超出计划费用的那一部分即为损失值。

（2）进度延期风险

当项目施工各个阶段延误或总体进度延误时，为追赶计划进度所发生的包括加班的人工费、机械使用费和管理费等一切额外的非计划费用；另外，进度风险的发生可能会对现金流动造成影响，考虑货币的时间价值，应考虑利率因素影响计算出损失费用。

（3）质量风险

工程质量不合格导致的损失包括质量事故引起的直接经济损失，还包括修复和补救等措施发生的费用以及第三者责任损失等。如建筑物、构筑物或其他结构倒塌所造成的直接经济损失；复位纠偏、加固补强等补救措施的费用；返工损失；造成工期拖延的损失；永久性缺陷对于项目使用造成的损失；第三者责任损失等。

（4）安全风险

在施工活动中，由于操作者失误、操作对象的缺陷以及环境因素等导致的人身伤亡、财产损失和第三者责任等损失。如受伤人员的医疗费用和补偿费用；材料、设备等财产的损坏或被盗损失；因引起工期延误带来的损失；为恢复项目正常施工所发生的费用；第三者责任损失等。

2. 风险发生概率的评估

（1）统计概率法

实践中，经常用在基本条件不变的情况下，对类似事件进行大量观察得到的风险统计数据发生的频率分布来代替概率分布。收集数据时，应注意参考相同条件下的历史资料和借鉴统计部门、保险公司、同行业及专家的经验和建议。

具体做法是，根据收集的大量的风险统计数据，绘制直方图，选择风险分布类型，计算所选择分布的统计特征参数，当损失值基本符合或者是近似吻合一定的理论概率分布时，就可以利用该分布的特定参数来确定损失值的概率分布（该方法可参见质量管理中直方图的绘制及特征值计算）。

（2）相对比较法

这里的风险概率是指一种风险事件最可能发生的概率。是由专家根据以往经验作出判断、打分，一般分为以下几种情况：

1）"几乎是0"：即可以认为这种风险事件不会发生；

2）"很小的"：即这种风险事件虽然有可能会发生，但现在没有发生，并且将来发生的可能性也不大；

3）"中等的"：即这种风险事件偶尔会发生，并且能够预期将来有时会发生；

4）"一定的"：即这种风险事件一直在有规律地发生，并且能够预期未来也是有规律地发生。

相对应地，这时项目风险导致的损失大小也将相对划分为重大损失、中等损失和轻度损伤，于是通过在风险坐标上对项目风险定位，可以反映出风险量的大小。

1.16.3.3 风险评估方法

1. 风险量等级法

根据等量风险曲线原理，将风险概率分为很小（L）、中等（M）和大（H）三个档次，将风险损失分为轻度（L）、中度（M）和重大（H）损失三个档次，即风险坐标划分成9个区域，于是就有了描述风险量的五个等级：

（1）VL（风险量很小）；

（2）L（风险量小）；

（3）M（风险量中等）；

（4）H（风险量大）；

（5）VH（风险量很大）。

如表1-129所示。

风险量等级表　　表1-129

风险概率 p	损失程度 q	风险量 R	风险量等级
小 L	轻度损失 L	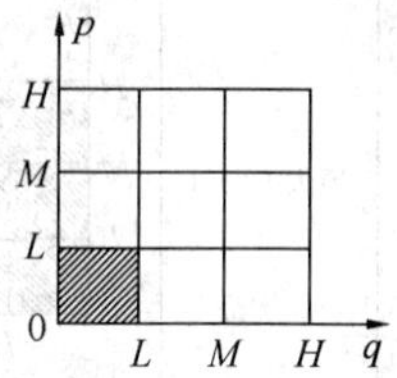	很小 VL
中等 M	轻度损失 L	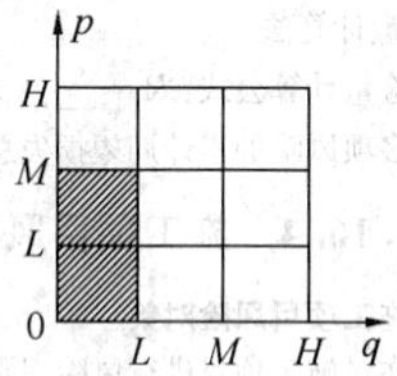	小 L
大 H	轻度损失 L	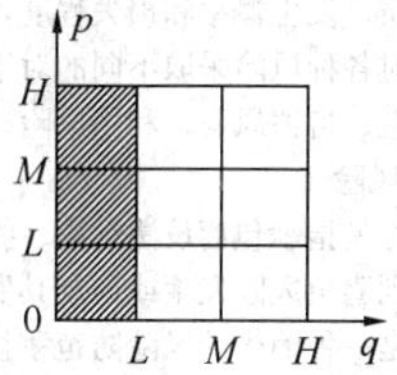	M 中等
小 L	中度损失 M	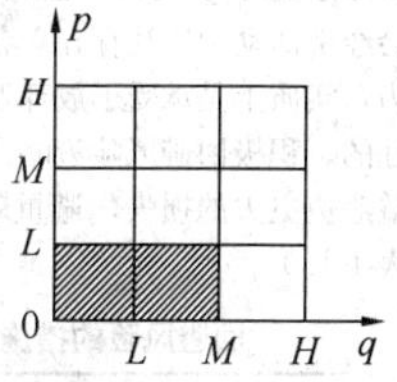	L 小
中等 M	中度损失 M	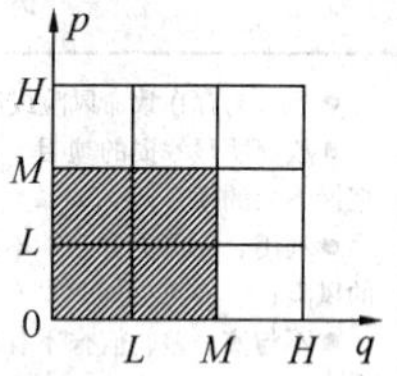	M 中等
大 H	中度损失 M	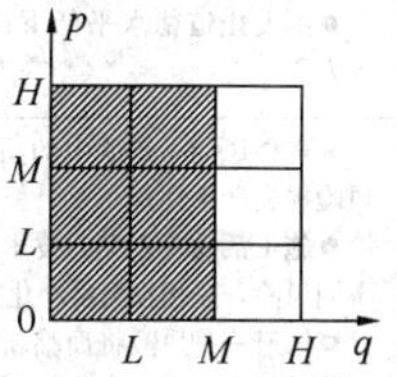	H 大
很小 L	重大损失 H	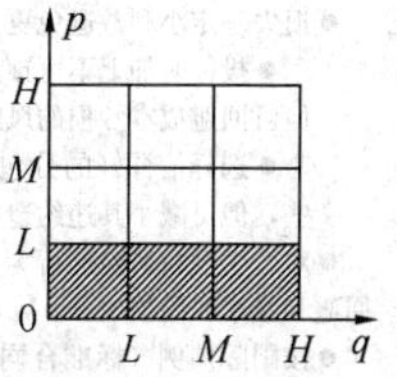	M 中等
中等 M	重大损失 H	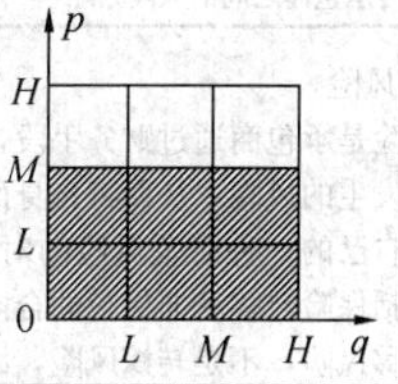	H 大

续表

风险概率 p	损失程度 q	风险量 R	风险量等级
大 H	重大损失 H		VH 很大

2. 风险量计算法

根据风险量计算公式：$R = \sum p_i \times q_i$，可计算出每种风险的期望损失值及多项风险的累计期望损失总值。

1.16.4 施工项目风险对策与措施

1.16.4.1 施工项目风险对策

承包商在对施工项目进行风险识别和评估之后，应根据施工项目风险的性质、发生概率和损失程度，以及承包商自身的状态和外部环境，针对各种风险采取不同的对策。常用的风险对策有回避风险、转移风险、自留风险、利用风险。

1. 回避风险

回避风险是指承包商设法远离、躲避可能发生风险的行为和环境，从而达到避免风险发生或遏制其发展的可能性的一种策略。单纯回避风险是一种消极的风险防范手段，因为对于投机风险来讲，回避了风险虽然避免了损失，但也意味着失去了获利的机会。另外，现代社会经济活动中广泛存在着各种风险，如果处处回避，只能是无所作为，实质上是承受了放弃发展的风险，因而单纯回避风险是有局限性的。积极回避风险策略是承担小风险回避大风险，损失一定小利益避免更大的损失，避重就轻，趋利避害，控制损失。具体做法见表1-130。

回避风险的措施及内容   表 1-130

回避风险措施	内 容
拒绝承担风险	●不参与存在致命风险或风险很大的工程项目投标； ●放弃明显亏损的项目、风险损失超过自己承受能力和把握不大的项目； ●利用合同保护自己，不承担应该由业主或其他方承担的风险； ●不与实力差、信誉不佳的分包商和材料、设备供应商合作； ●不委托道德水平低下或综合素质不高的中介组织或个人
控制损失	●选择风险小或适中的项目，回避风险大的项目，降低风险损失严重性； ●施工活动（方案、技术、材料）有多种选择时，面临不同风险，采用损失最小化方案； ●回避一种风险将面临新的风险时，选择风险损失较小而收益较大的风险防范措施； ●损失一定小利益避免更大的损失，如： 　●投标时加上不可预测费，承担减少竞争力的风险，但可回避造成本亏损的风险； 　●选择信誉好的分包商、供应商和中介，价格虽高些，但可减小其违约造成的损失； ●对产生项目风险的行为、活动，定立禁止性规章制度，回避和减小风险损失； ●按国际惯例（标准合同文本）公平合理的规定业主和承包商之间的风险分配

2. 转移风险

转移风险是承包商通过财务手段，寻求用外来资金补偿确实会发生或业已发生的风险，从而将自身面临的风险转移给其他主体承担，以保护自己的一种防范风险的对策。因而又称风险的财务转移，一般包括保险转移和非保险的合同转移。

所谓转移风险，不是转嫁风险，因为有些承包商无法控制的风

险因素，在转移后并非给其他主体造成损失，或者是由于其他主体具有的优势能够有效地控制风险，因而转移风险是施工项目风险管理中非常重要而且广泛采用的一项对策。具体做法见表1-131。

转移风险的措施及内容   表 1-131

转移风险措施	内 容
合同转移	●通过与业主、分包商、材料设备供应商、设计方等非保险方签订合同（承包、分包、租赁）或协商等方式，明确规定双方的工作范围和责任，以及工程技术上的要求，从而将风险转移给对方； ●将有风险因素的活动、行为本身转移给对方，或由双方合理分担风险； ●减少承包商对对方损失的责任； ●减少承包商对第三方损失的责任； ●通过工程担保可将债权人违约风险损失转移给担保人
保险转移	●承包商通过购买保险，将施工项目的可保风险转移给保险公司承担，使自己免受损失 工程承包领域的主要险别有： ●建筑工程一切险，包括建筑工程第三者责任险（亦称民事责任险）； ●安装工程一切险，包括安装工程第三者责任险； ●社会保险（包括人身意外伤害险）； ●机动车辆险； ●十年责任险（房屋建筑的主体工程）和两年责任险（细小工程）

3. 自留风险

自留风险是指承包商以自身的风险准备金来承担风险的一种策略。与风险控制损失不同的是，风险自留的对策并不能改变风险的性质，即其发生的频率和损失的严重性不会改变。

（1）自留风险一般有以下三种情况：

1）被动自留，对风险的程度估计不足，认为该风险不会发生，或没有识别出这种风险的存在，但是在承包商毫无准备时风险发生了；

2）被迫自留，即这种风险无法回避，而且又没有转移的可能性，承包商别无选择；

3）主动自留，是经分析和权衡，认为风险损失微不足道，或者自留比转移更有利，而决定由自己承担风险。

其中被迫自留、主动自留又可称为计划自留，因为这时候承包商都已做好了应对风险的准备。

（2）采用自留风险对策的有利情况有：

1）自留费用低于保险人的附加保费；

2）项目的期望损失低于保险公司的估计；

3）项目有许多风险单位（意味着风险较小，承包商抵御风险能力较大）；

4）项目的最大潜在损失与最大预期损失较小；

5）短期内承包商有承受项目最大预期损失的经济能力；

6）费用和损失支付分布于很长的时间里，因而导致很大的机会成本。

（3）自留风险策略及其内容，见表1-132。

自留风险的措施及内容   表 1-132

自留风险措施	内 容
风险预防	●增强全体人员的风险意识，进行风险防范措施的培训、教育和考核； ●根据项目特点，对重要的风险因素进行随时监控，做到及早发现，有效控制； ●制定完善的安全计划，针对性地预防风险，避免或减小损失； ●评估及监控有关系统及安全装置，经常检查预防措施的落实情况； ●制定灾难性预案，为人们提供损失发生时必要的技术组织措施和紧急处理的程序； ●制定应急性预案，指导人们在事故发生后，如何以最小的代价使施工活动恢复正常

续表

自留风险措施	内　　容
风险分离	将项目的各风险单位分离间隔，避免发生连锁反应或互相牵连波及，而使损失扩大； ●向不同地区（国家）供应商采购材料、设备，减小或平衡价格、汇率浮动带来的风险； ●将材料进行分隔存放，分离了风险单位，减少了风险源影响的范围和损失
风险分散	通过增加风险单位减轻总体风险的压力，达到共同分担集体风险的目的，如： ●承包商承包若干个工程，避免单一工程项目上的过大风险； ●在国际承包工程中，工程付款采用多种货币组合也可分散国际金融风险

4. 利用风险

利用风险是指对于风险与利润并存的投机风险，承包商可以在确认可行性和效益性的前提下，所采取的一种承担风险并排除（减小）风险损失而获取利润的对策。由于投机风险的不确定性结果表现为造成损失、没有损失、获得收益三种。因此利用风险并不一定保证次次利用成功，它本身也是一种风险。

(1) 承包商采取利用风险对策的条件

1) 所面临的是投机风险，并具有利用的可行性；

2) 承包商有承担风险损失的经济实力，有远见卓识、善抓机遇的风险管理人才；

3) 慎重决策，权衡冒风险所付出的代价，确认利用风险的利大于弊；

4) 分析形势，事先制定利用风险的策略和实施步骤，并随时监视风险态势及其因素的变化，做好应变的紧急措施。

(2) 承包商利用风险的对策

利用风险的对策，因风险性质、施工项目特点及其内外部环境、合同双方的履约情况的不同而多种多样，承包商应具体情况具体分析，因势利导，化失为赢利，如：

1) 承包商通过采取各种有效的风险控制措施，降低实际发生的风险费用，使其低于不可预见费，这样原来作为不可预见费用的一部分将转变为利润。

2) 承包商资金实力雄厚时，可冒承担带资承包的风险，获得承包工程而赢取利润。

3) 承包商利用合同对方（业主、供应商、保险公司等）工作疏漏、或履约不力、或监理工程师在风险发生期间无法及时审核和确认等弱点，做好索赔工作。

4) 在（国际）工程承包中，对于时间性强的、区域（国别）性风险，特别是政治风险，承包商可通过对形势的准确分析和判断，采取冒短时间的风险，较其他竞争对手提前进入，开辟新的市场，建立根基。这样虽难免蒙受一时的风险损失代价，但是，待形势好转，经济复苏之时，就可获得长远且可观的效益。

5) 承包商预测、关注宏观（国际、地区、国内）经济形势及行业情况的循环变动，在扩张时抓住机遇，紧缩时争取生存。

6) 在国际工程承包中，面对不同国家法律、经济、文化等方面的差异，或政局变化等现象，应适应环境、发现机遇，获得利益。

7) 精通国际金融的承包商，在国际工程承包中，可利用不同国家及其货币的利息差、汇率差、时间差、不同计价方式等取得获利机会，一旦成功获利巨大，但是若造成损失也将是致命的，须谨慎操作。

1.16.4.2　常见的施工项目风险防范策略和措施

常见的施工项目风险防范策略和措施见表1-133。

常见的施工项目风险对策和措施　　表 1-133

风险目录		风险防范对策	风险防范措施
政治风险	战争、内乱、恐怖袭击	转移风险	保险
		回避风险	放弃投标
	政策法规的不利变化	自留风险	索赔
	没收	自留风险	援引不可抗力条款索赔
	禁运	损失控制	降低损失
	污染及安全规则约束	自留风险	采取环保措施，制定安全计划
	权力部门专制腐败	自留风险	适应环境，利用风险
自然风险	对永久结构的损坏	转移风险	保险
	对材料设备的损坏	风险控制	预防措施
	造成人员伤亡	转移风险	保险
	火灾洪水地震	转移风险	保险
	塌方	转移风险	保险
		风险控制	预防措施
经济风险	商业周期	利用风险	扩张时抓住机遇，紧缩时争取生存
	通货膨胀、通货紧缩	自留风险	合同中列入价格调整条款
	汇率浮动	自留风险	合同中列入汇率保值条款
		转移风险	投保汇率套汇交易
		利用风险	市场调汇
	分包商或供应商违约	转移风险	履约保函
		回避风险	对分包商或供应商进行资格预审
	业主违约	自留风险	索赔
		转移风险	严格合同条款
	项目资金无保证	回避风险	放弃承包
	标价过低	转移风险	分包
			加强管理，控制成本，做好索赔
设计施工风险	设计错误、内容不全、图纸不及时	自留风险	索赔
	工程项目水文地质条件复杂	转移风险	合同中分清责任
	恶劣的自然条件	自留风险	索赔，预防措施
	劳务争端内部罢工	自留风险损失控制	预防措施
	施工现场条件差		加强现场管理，改善现场条件
		转移风险	保险
	工作失误设备损毁工伤事故	转移风险	保险
社会风险	宗教节假日影响施工	自留风险	合理安排进度，留出损失费
	相关部门工作效率低	自留风险	留出损失费
	社会风气腐败	自留风险	留出损失费
	现场周边单位或居民干扰	自留风险	遵纪守法，沟通交流，搞好关系

1.17　施 工 项 目 协 调

1.17.1　施工项目协调概述

1.17.1.1　施工项目协调的概念

施工项目协调是指以一定的组织形式、手段和方法，对施工中产生的关系不畅进行疏通，对产生的干扰和障碍予以排除的活动，是施工项目管理的一项重要职能。项目经理部应该在项目实施的各个阶段，根据其特点和主要矛盾，通过协调沟通，排除障碍，化解

矛盾，充分调动有关人员的积极性，协同努力，提高运转效率，保证项目施工活动顺利进行。

1.17.1.2 施工项目协调的范围

施工项目协调的范围可分为内部关系协调和外部关系协调。外部关系协调又分为近外层关系协调和远外层关系协调，详见表1-134和图1-60。

施工项目协调的范围   表 1-134

协调范围		协调关系	协调对象
内部关系		领导与被领导关系；业务工作关系；与专业公司有合同关系	● 项目经理部与企业之间；● 项目经理部内部部门之间、人员之间；● 项目经理部与作业层之间；●作业层之间
外部关系	近外层	直接或间接合同关系；或服务关系	● 企业、项目经理部与业主、监理单位、设计单位、供应商、分包单位、贷款人、保险人等
	远外层	多数无合同关系，但要受法律、法规和社会公德等约束关系	● 企业、项目经理部与政府、环保、交通、环卫、环保、绿化、文物、消防、公安等

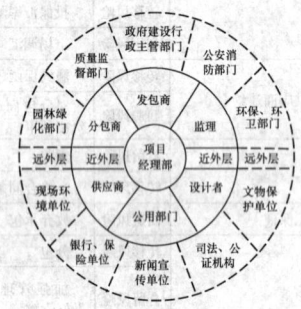

图 1-60 施工项目协调范围示意图

1.17.2 施工项目协调的内容

施工项目组织协调的内容主要包括人际关系、组织关系、供求关系、协作配合关系和约束关系等方面的协调。这些协调关系广泛存在于施工项目组织的内部、近外层和远外层之中。

1.17.2.1 施工项目内部关系协调

1. 施工项目经理部内部关系协调的内容与方法

施工项目经理部内部关系协调的内容与方法见表1-135。

2. 施工项目经理部与企业本部关系协调的内容与方法

施工项目经理部与企业本部关系协调的内容与方法见表1-136。

施工项目经理部内部关系协调   表 1-135

协调关系	协调内容与方法
人际关系	● 项目经理与下层关系；● 职能人员之间的关系；●职能人员与作业人员之间；●作业人员之间	● 坚持民主集中制，执行各项规章制度；● 以各种形式开展人际间交流沟通，增强了解、信任和亲和力；● 运用激励机制，调动人的积极性，用人所长，奖罚分明；● 加强政治思想工作，做好培训教育，提高人员素质；● 发生矛盾，重在调节、疏导，缓和利益冲突

（续表）

协调关系	协调关系	协调内容与方法
组织关系	●纵向层次之间、横向部门之间的分工协作和信息沟通关系	● 按职能划分，合理设置机构；● 以制度形式明确各机构之间的关系和职责权限；● 制定工作流程图，建立信息沟通制度；● 以协调方法解决问题，缓冲、化解矛盾
供求关系	●劳动力、材料、机械设备、资金等供求关系	● 通过计划协调生产要求与供应之间的平衡关系；● 通过调度体系，开展协调工作，排除干扰；● 抓住重点、关键环节，调节供需矛盾
经济制约关系	●管理层与作业层之间	● 以合同为依据，严格履行合同；● 管理层为作业层创造条件，保护其利益；● 作业层接受管理层的指导、监督、控制；● 定期召开现场会，及时解决施工中存在的问题

施工项目经理部与企业本部关系的协调   表 1-136

协调关系及协调对象			协调内容与方法
党政管理	与企业有关的主管领导	上下级领导关系	● 执行企业经理、党委决议，接受其领导；● 执行企业有关管理制度
业务管理	与企业相应的职能部、室	接受其业务上的监督指导关系	● 执行企业的工作管理制度，接受企业的监督、控制；● 项目经理部的统计、财务、材料、质量、安全等业务纳入企业相应部门的业务系统管理
	水、电、运输、安装等专业公司	总包与分包的合同关系	● 专业公司履行分包合同；● 接受项目经理部监督、控制，服从其安排、调配；● 为项目施工活动提供服务
	劳务分公司	劳务合同关系	● 履行劳务合同，依据合同解决纠纷、争端；● 接受项目经理部监督、控制，服从其安排、调配

1.17.2.2 施工项目外部关系协调

1. 施工项目经理部与近外层关系协调的内容与方法

施工项目经理部与近外层关系协调的内容与方法见表1-137。

施工项目经理部与近外层关系协调   表 1-137

协调对象与协调关系		协调内容与方法
发包商	甲乙双方合同关系（项目经理部是工程项目的施工承包人的代理人）	● 双方洽谈、签订施工项目承包合同；● 双方履行施工承包合同约定的责任，保证项目总目标实现；● 依据合同及有关法律解决争议纠纷，在经济问题、质量问题、进度问题上达到双方协调一致
监理工程师	监理与被监理关系（监理工程师是项目施工监理人，与业主有监理合同关系）	● 按《建设工程监理规范》的规定，接受监督和相关的管理；● 接受业主授权范围内的监理指令；● 通过监理工程师与发包人、设计人等关联单位经常协调沟通；● 与监理工程师建立融洽的关系

续表

协调对象与协调关系		协调内容与方法
设计者	平等的业务合作配合关系（设计者是工程项目设计承包商，与业主有设计合同关系）	●项目经理部按设计图纸及文件制订项目管理实施规划，按图施工； ●与设计单位搞好协作关系，处理好设计交底、图纸会审、设计洽商变更、修改、隐蔽工程验收、交工验收等工作
供应商	有供应合同者为合同关系	●双方履行合同，利用合同的作用进行调节
	无供应合同者为市场买卖、需求关系	●充分利用市场竞争机制、价格调节和制约机制、供求机制的作用进行调节
分包商	总包与分包的合同关系	●选择具有相应资质等级和施工能力的分包单位； ●分包单位应办理施工许可证，劳务人员有就业证； ●双方履行分包合同，按合同处理经济利益、责任，解决纠纷； ●分包单位接受项目经理部的监督、控制
公用部门	相互配合、协作关系；相应法律、法规约束关系（业主施工前应去公用部门办理相关手续并取得许可证）	●项目经理部在业主取得有关公用部门批准文件及许可证后，方可进行相应的施工活动； ●遵守各公用部门的有关规定，合理、合法施工； ●项目经理部应根据施工要求向有关公用部门办理各类手续： 　●到交通管理部门办理通行路线图和通行证； 　●到市政管理部门办理街道临建审批手续； 　●到自来水管理部门办理施工用水设计审批手续； 　●到供电管理部门办理施工用电设计审批手续等 ●在施工活动中主动与公用部门密切联系，取得配合与支持，加强计划性，以保证施工质量、进度要求； ●充分利用发包人、监理工程师的关系进行协调

2. 施工项目经理部与远外层关系协调的内容与方法

施工项目经理部与远外层关系协调的内容与方法见表1-138。

施工项目经理部与远外层关系协调　表1-138

关系单位或部门	协调内容与方法
政府建设行政主管部门	●接受政府建设行政主管部门领导、审查，按规定办理好项目施工的一切手续； ●在施工活动中，应主动向政府建设行政主管部门请示汇报，取得支持与帮助； ●在发生合同纠纷时，政府建设行政主管部门应给予调解或仲裁
质量监督部门	●及时办理建设工程质量监督通知单等手续； ●接受质量监督部门对施工全过程的质量监督、检查，对所提出的质量问题予以改正； ●按规定向质量监督部门提供有关工程质量文件和资料
金融机构	●遵守金融法规，向银行借贷，委托、送审和申请，履行借贷合同； ●以建筑工程为标的向保险公司投保
消防部门	●施工现场有消防平面布置图，符合消防规范，在办理施工现场消防安全资格认可证审批后方可施工； ●随时接受消防部门对施工现场的检查，对存在问题及时改正； ●竣工验收后还须将有关文件报消防部门，进行消防验收，若存在问题，立即返修

续表

关系单位或部门	协调内容与方法
公安部门	●进场后应向当地派出所如实汇报工地性质、人员状况，为外来劳务人员办理暂住手续； ●主动与公安部门配合，消除不安定因素和治安隐患
安全监察部门	●按规定办理安全资格认可证、安全施工许可证、项目经理安全生产资格证； ●施工中接受安全监察部门的检查、指导，发现安全隐患及时整改、消除
公证鉴证机构	●委托合同公证、鉴证机构进行合同的真实性、可靠性的法律审查和鉴定
司法机构	●在合同纠纷处理中，在调解无效或对仲裁不服时，可向法院起诉
现场环境单位	●遵守公共关系准则，注意文明施工，减少环境污染、噪声污染，搞好环卫、环保、场容场貌、安全等工作； ●尊重社区居民、环卫环保单位意见，改进工作，取得谅解、配合与支持
园林绿化部门	●因建设需要砍伐树木时，须提出申请，报市园林主管部门批准； ●因建设需要临时占用城市绿地和绿化带，须办理临建审批手续；经城市园林部门、城市规划部门、公安部门同意，并报当地政府批准
文物保护部门	●在文物较密集地区进行施工，项目经理部应事先与省市文物保护部门联系，进行文物调查或勘探工作，若发现文物要共同商定处理办法； ●施工中发现文物，项目经理部有责任和义务，妥善保护文物和现场，并报政府文物管理机关，及时处理

1.18　施工项目信息管理

1.18.1　施工项目信息管理概述

1.18.1.1　施工项目信息管理的概念

施工项目信息管理是指项目经理部以项目管理为目标，以施工项目信息为管理对象，所进行的有计划地收集、处理、储存、传递、应用各类各专业信息等一系列工作的总和，是施工项目管理的重要内容之一。

施工项目信息管理是利用信息技术，以建筑施工项目为中心，将政府行政管理、工程设计、工程施工过程（经营管理和技术管理）所发生的主要信息有序、及时、成批地存储。它以部门间信息交流为中心，以业务工作标准为切入点，采用工作流程和数据处理技术，解决工程项目从数据采集、信息处理与共享到决策目标生成等环节的信息化。即在信息管理的基础上利用计算机及网络技术实现项目管理，目的就是为预测未来和为正确决策提供科学依据，借以提高管理水平，实现高水准的施工项目管理。

1.18.1.2　施工项目信息的分类

施工项目信息主要分类见表1-139。

施工项目管理信息主要分类　表1-139

依据	信息分类	主　要　内　容
内容属性	技术类信息	技术部门提供的信息，如技术规范、施工方案、技术交底等
	经济类信息	如施工项目成本计划、成本统计报表、资金耗用等
	管理类信息	组织项目实施的信息，如项目的组织结构、具体的职能分工、人员的岗位责任、有关的工作流程等
	法律类信息	项目实施过程中的一些法规、强制性规范、合同条款等。这些信息是项目实施必须满足的

续表

依据	信息分类	主 要 内 容
管理目标	成本管理信息	施工项目成本计划、施工任务单、限额领料单、施工定额、成本统计报表、对外分包经济合同、原材料价格、机械设备台班费、人工费、运杂费等
	质量管理信息	国家或地方政府部门颁布的有关质量政策、法令、法规和标准等，质量目标的分解图表、质量管理的工作流程和工作制度、质量保证体系构成、质量抽样检查数据、各种材料和设备的合格证、质量证明书、检测报告等
	进度管理信息	施工项目进度计划、施工定额、进度目标分解图表、进度管理工作流程和工作制度、材料和设备到货计划、各分部分项工程进度计划、进度记录等
	安全管理信息	施工项目安全目标、安全管理体系、安全管理组织和技术措施、安全教育制度、安全检查制度、伤亡事故统计、伤亡事故调查与分析处理等
生产要素	劳动力管理信息	劳动力需用量计划、劳动力流动、调配等
	材料管理信息	材料供应计划、材料库存、储备与消耗、材料定额、材料领发及回收台账等
	机械设备管理信息	机械设备需求计划、机械设备合理使用情况、保养与维修记录等
	技术管理信息	各项技术管理组织体系、制度和技术交底、技术复核、已完工程的检查验收记录等
	资金管理信息	资金收入与支出金额及其对比分析、资金来源渠道和筹措方式等
管理工作流程	计划信息	各项计划指标、企业的有关计划指标、工程施工预测指标等
	执行信息	项目施工过程中下达的各项计划、指示、命令等
	检查信息	工程的实际进度、成本、质量、安全与环境的实施状况等
	反馈信息	各项调整措施、意见、改进的办法和方案等
信息来源	内部信息	来自施工项目的信息；如工程概况、施工项目的成本、质量、进度目标、施工方案、施工进度、完成的各项技术经济指标、项目经理部组织、管理制度等
	外部信息	来自外部环境的信息；如监理通知、设计变更、国家有关的政策及法规、国内外市场的有关价格信息、竞争对手信息等
信息稳定程度	固定信息	在较长时期内，相对稳定，变化不大，可以查询得到的信息，各种定额、规范、标准、条例、制度等，如施工定额、材料消耗定额、施工质量验收统一标准、施工质量验收规范、生产作业计划标准、施工现场管理制度、政府部门颁布的技术标准、不变价格等
	流动信息	随施工生产和管理活动不断变化的信息，如施工项目的质量、成本、进度的统计信息、计划完成情况、原材料消耗量、库存量、人工工日数、机械台班数等
信息层次	战略信息	提供给上级领导的重大决策性信息
	策略信息	提供给中层领导部门的管理信息，指项目年度进度计划、财务计划等信息
	业务信息	基层部门例行性工作产生或需用的日常信息，较具体，精度较高

1.18.1.3 施工项目信息管理的基本要求

依据《建设工程项目管理规范》（GB/T 50326），对项目信息管理提出了如下要求：

（1）项目经理部应建立项目信息管理体系，及时、准确地获得和快捷、安全、可靠地使用所需的信息。

（2）施工项目信息管理应具有时效性和针对性，要有必要的精度，还要综合考虑信息成本及信息收益，实现信息效益最大化。

（3）施工项目信息管理的对象应包括各类工程资料和工程实际进展信息。工程资料的档案管理应符合有关规定，宜采用计算机辅助管理。

（4）项目经理部应根据实际需要，配备熟悉工程管理业务、经过培训的人员担任信息管理工作，也可以单设信息管理部门。

（5）项目经理部应负责收集、整理、管理本项目范围内的信息。实行总分包的项目，项目分包人应负责分包范围的信息收集、整理，承包人负责汇总、整理发包人的全部信息。

1.18.1.4 施工项目信息结构

施工项目信息包括项目公共信息和项目个体信息两部分，分别见图1-61和图1-62。

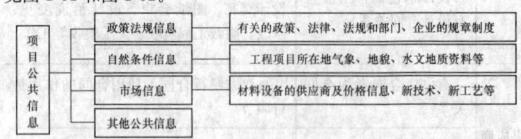

图1-61 施工项目公共信息的构成

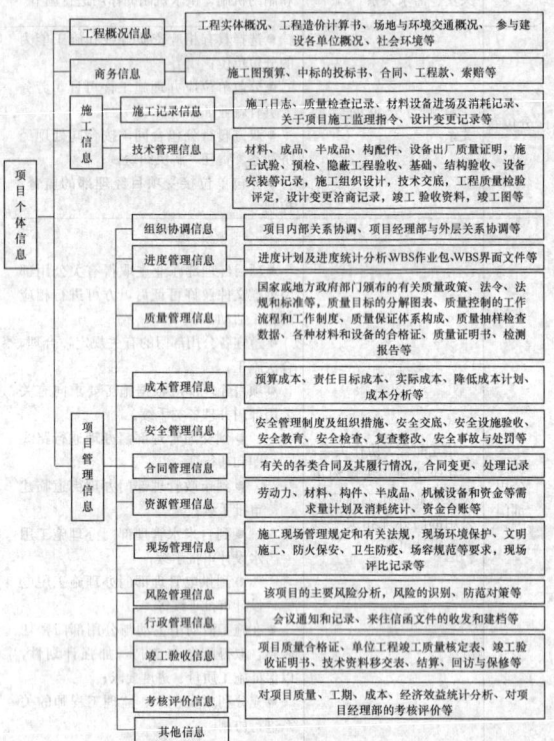

图1-62 施工项目个体信息的构成

1.18.2 施工项目信息管理体系的建立

项目信息管理体系是指项目管理组织为实施所承担项目的信息管理和目标控制，以现有的项目组织构架为基础，通过信息管理目标的确定、信息管理计划的编制和实施、信息管理制度的建立、信息处理平台的建立和维护，形成具有为各项管理工作提供信息支持和保证能力的工作系统。

1.18.2.1 施工项目信息管理目标

信息管理目标是为了及时、准确、安全地获得项目所需要的信息。全面推进项目部的信息化建设，切实提升项目信息化水平，规范项目信息化行为，借助信息化手段提高项目管理水平。

1.18.2.2 施工项目信息管理计划

信息管理计划的制订应依据项目管理实施计划中的有关内容，一般包括信息需求分析，信息的编码和分类，信息管理任务分工和职能分工，信息管理工作流程，信息处理要求及方式，各种报表、报告的内容和格式。信息管理计划是现代管理制度中的重要一环，信息处理工作的规范化、制度化、科学化，将大大提高信息处理的效率和质量。同时，科学有效的信息处理系统也将能够很好地保障信息在管理运作过程中的顺畅与安全。

（1）信息需求分析。信息需求分析是要识别组织各层次以及项目有关人员的信息需求，应能明确项目有关人员成功实施项目所必

要的信息。其内容不仅应包括信息的类型、格式、内容、详细程度、传递要求、传递复杂性等，还应进行信息价值分析。应满足信息格式标准，包括信息源标准、加工处理标准、输入输出标准；以信息目录表的形式进行规范统一；注意扩容性。进行项目信息需求分析时，应考虑项目组织结构图、项目组织分工及人员职责和报告关系，项目涉及的专业、部门，参与项目的人数和地点，项目组织内部对信息的需求，项目组织外部（如合同方）对信息的需求，项目相关人员的有关信息等。

（2）信息的编码和分类。主要包括项目编码、管理部门人员编码、进度管理编码、质量管理编码、成本管理编码。

（3）信息管理任务和职能分工。按照任务责任分工表的规定，对信息管理系统所有人员细化明确职责，包括信息收集、处理、输入、输出等环节的职责，且职责应进行量化或模拟量化。

（4）信息管理工作流程。信息管理工作流程应反映了工程项目组织内部信息流和有关的外部信息流及各有关单位、部门和人员之间的关系，并有利于保持信息畅通。确定信息管理工作流程时，应保证管理系统的纵向信息流、管理系统的横向信息流及外部系统信息流三种信息流有明晰的流线，并都应保持畅通。以模块化的形式进行编制，以适应信息系统运行的需要；必须进行优化调整，剔除不合理冗余的流程，并应充分考虑信息成本；每个模块内不得出现循环流程。

（5）信息处理要求及方式。为了便于管理和使用，必须对所收集到的信息、资料进行处理。信息处理要满足快捷、准确、适用、经济的目标，信息处理方式可以采用手工处理、机械处理、计算机处理。

在项目执行过程中，应定期检查计划的实施效果并根据需要进行计划调整。

1.18.2.3　施工项目信息管理制度

为了保证项目信息管理工作的质量，必须要建立一套完善的信息管理制度。通过建立基础数据收集制度，保证基础数据全面、及时、准确地按统一格式输入信息管理系统。建立项目的数据保护制度，保证数据的安全性、完整性和一致性。信息管理制度是现代管理制度中的重要一环，信息管理工作的规范化、制度化、科学化，将大大提高信息处理的效率和质量。同时，科学有效的信息处理系统也将能够很好地保障信息在管理运作过程中的顺畅与安全。

1. 建立施工项目管理的基础数据收集制度

对施工项目的各种原始信息来源、要收集的信息内容、标准、时间要求、传递途径、反馈的范围、责任人员的工作职责、工作程序等有关问题做出具体规定，形成制度，认真执行，以保证原始资料的全面性及及时性、准确性和可靠性。

项目经理部应及时收集信息，并将信息准确、完整及时地传递给使用单位和人员。项目信息收集应随工程的进展进行，保证真实、准确、具有时效性，经相关负责人审核签字，及时存入计算机，纳入项目管理信息系统数据库中。

2. 建立施工项目管理的信息处理制度

信息处理主要包括信息的收集、加工、传输、存储、检索和输出等工作，其内容见表1-140。

信息处理的工作内容　　表1-140

工　作	内　容
收集	收集原始资料，包括由业主提供的信息、项目部发出的某些文件和内容、施工现场记录、工地会议记录等。要求资料全面、及时、准确和可靠
加工	对所收集的资料进行筛选、校核、分组、排序、汇总、计算平均数等整理工作，建立索引或目录文件；将基础数据综合成决策信息；运用网络计划技术模型、线性规划模型、存储模型等，对数据进行统计分析和预测
存储	将各类信息存储、建立档案，妥善保管，以备随时查询使用。施工项目信息存储的主要形式包括普通分类台账、档案、微缩胶片、录像、网络数据库等。必须依靠先进的存储技术，如硬件的存储介质技术和数据存储的逻辑组织技术
检索	迅速准确地检索应以先进的科学的存储为前提，必须对信息进行科学的分类、编码，建立一套科学、迅速的检索方法，采用先进的存储媒体和检索工具，便于查找各类信息

续表

工　作	内　容
传输	通过信息传输形成信息流，具有双向流动特征，信息传输包括正向传输和反馈两个方面。应尽量采用先进的传输工具，如电话、传真、计算机网络通信，尽量减少人工传递
输出	将处理好的信息按各管理层次的不同要求，编制打印成各种报表和文件或以电子邮件、Web网页等形式发布

3. 建立项目信息安全制度

（1）项目信息保护。通过数据备份、磁盘镜像、磁盘阵列等冗余备份技术，来保证数据信息的静态存贮安全。网络数据库必须配置防火墙等防止黑客入侵的设备，软件应及时升级。网络系统中的关键服务器必须采用双机热备份，保证系统能提供可靠持续的服务。

（2）网络安全管理

1）在网络建设规划、设计和实施中，必须满足安全运行和信息保密的要求，要从技术和管理两个方面保证网络的安全。

2）内部网络与外部网络互联时，要确保保密的等级与安全实施是否对应，属于企业机密的计算机一定要做好安全防护，必要时与外部网络进行物理隔离。

3）网络管理人员及网络使用人员必须熟悉并遵守国家有关法律、法规，严格执行安全保密制度，不得利用计算机网络从事危害企业安全的活动。

4）建立用户身份认证制度和访问控制机制，按用户级别、岗位和应用需求进行应用授权，限制用户的非权限访问。

5）对网上传输的重要文件要进行必要的加密处理。

6）网络系统中的服务器、计算机工作站必须安装防病毒软件，防毒软件必须定时升级。

1.18.2.4　施工项目信息处理平台

1. 计算机系统管理

（1）计算机等硬件设备购置。部门需要添置计算机、打印机等电子硬件设备时，应向项目部提出书面申请，信息管理部门提出相关意见，经领导批准后，统一购置并建立台账。

（2）计算机硬件维护管理。计算机硬件设备的日常保养工作应由所在部门指定专人负责，维修工作由信息管理部门统一管理。信息管理部门可根据需要调拨、调配各部门的计算机设备，并应做好相关记录。

（3）专业应用软件的购置要做好充分论证和调研，既能满足使用需要的功能要求，又要保证能与相关系统兼容。购置的软件由各使用单位或部门指定专人保存，保管好软件的原装光盘及软件手册资料等相关资料，并报信息管理部门建立台账。

2. 计算机网络管理

（1）网络建设应由信息管理部门统一规划、建设、管理。

（2）信息管理部门在网络建设方案中需提出综合布线的详细要求，综合布线应通过招标由专业的公司施工。验收合格后，信息管理部门保存好完整的施工图和线路标识说明。

（3）网络设备基础包括网络服务器、路由器、交换机、光纤收发器、设备机柜等设备，信息管理部门负责采购和管理。

（4）网络运行维护工作由信息管理部门指定网络管理员进行，网络服务器作为提供网络服务的设备必须保证24小时正常运行。

（5）网络服务器必须由专人管理，网络人员每天至少二次查看系统是否正常运行，各项服务是否正常。发现异常及时解决，每天必须填写服务器运行日志。

（6）网络管理人员必须做好网络用户的入网名称登录、用户密码设置、用户资源分配等工作，并登记保存。

3. 项目管理信息系统

项目管理信息系统（PMIS）是一个由人、计算机等组成的能处理工程项目信息的集成化系统，通过收集、存储及分析项目实施过程中的有关数据，辅助项目管理人员和决策者进行规划、决策和检查，其核心是辅助项目管理人员进行项目目标控制。

项目管理信息系统应方便项目信息输入、整理与存储，有利于用户随时提取信息。项目信息管理系统应能保证设计信息、施工准

备阶段的管理信息、施工过程项目管理各专业的信息、项目结算信息、项目统计信息等有良好的接口。项目信息管理系统应能连接项目经理部内部各职能部门之间以及项目经理部与各职能部门、与作业层、与企业各职能部门、与企业法定代表人、与发包人和分包人、与监理机构等，使项目管理层与企业管理层及作业层信息收集渠道畅通、信息资源共享。

1.18.3 施工项目信息管理体系的实施

1.18.3.1 建立项目计算机网络

1. 项目计算机局域网

施工现场建立覆盖整个项目施工管理机构的计算机网络系统，对内构建一个基于计算机局域网的项目管理信息交流平台，覆盖总承包商、业主、各指定分包商、工程监理和联合设计单位，达到信息的快速传递和共享，对外联通互联网，并与联合各公司总部相连。

在整个网络体系中，各工作站对互联网的访问采用代理方式，每一个工作站都可以通过代理服务器访问互联网，实现电子邮件收发、文件传递和网站的访问。现场安装的视频监控系统通过中心交换机实现与局域网和互联网的互联互通。

2. 项目对外宣传网页

项目对外宣传网页可显示本工程相关的新闻动态、通知公告、工程信息、施工技术、财务信息、思想建设等方面的信息。

1.18.3.2 建立项目办公自动化平台

安装一套办公自动化系统，为项目的信息沟通和共享提供统一的平台，实现总承包商信息发布、文件管理、内部邮件、手机短信提醒、办公事务的自动流转等功能，提高办公效率。

办公自动化系统内置工作流系统，可以实现各项业务流程的管理，文件流转及审批。同时通过系统访问控制、系统安全设置、系统资源管理，可以确保系统稳定安全运行。

1.18.3.3 建立项目管理信息系统

通过项目管理信息系统完成各项计划编制并下达计划，及时掌握施工过程中进度、质量、成本、安全信息，掌握总承包合同及分包合同执行情况，对分包商上报的数据进行分析、整理、汇总，生成各种报表，发现施工的问题，对进度、资源、质量、变更、安全等进行管理。对工程项目的计划、进度、质量、费用等情况进行检查，汇总生成各种报表；对到位资金、分包资金及管理费进行管理和控制。根据工程项目管理的主要内容，项目管理信息系统通常包括：成本管理、进度管理、质量管理、材料及机械设备管理、合同管理、安全管理、文档资料管理等子系统，如图 1-63 所示。

图 1-63 项目管理信息系统的基本构成

(1) 成本管理子系统。功能包括：资金计划的建立；业主资金到位计划的建立；分包项目付款；借款支付；资金到位情况的记录及与计划的分析对比；资金使用情况（包括管理费用、工程款支付）跟踪、统计、汇总，以图表方式形成与资金计划的分析对比；相关资金情况的查询。

(2) 进度管理子系统。以网络计划技术为核心，实现施工计划的制订与控制。从项目进度计划中读取进度计划数据，和施工现场所采集的实际数据进行对比，实时地为工程项目管理者提供工程情况的评价依据；再将上述数据与预算进行对比，实时反映项目的进度、费用等情况，对工程的重要节点最大限度的实行人、材、物、机械、资金等资源平衡，对各分项工程、重大节点进行合理的资源配置，实现最理想的工程工期。

(3) 质量管理子系统。贯彻质量认证体系，帮助管理者掌握工程质量动态，组织质量检查，督促相关部门做好质量检验评定工作，组织质量事故调查处理工作，管理所需的计量器具，健全计量体系；对特殊作业人员进行考核和管理。

质量管理子系统的主要功能包括：建立质量标准数据库；制订关键 WBS 节点的质量控制计划；导入分包商的质量表格，并生成质量报告和质量控制意见；汇总产生所承包范围内的一整套质量管理资料；查看和审批分包商的质量报告和质量控制意见；建立质量通病及纠正预防措施信息库。

(4) 材料及机械设备管理子系统。主要功能包括：用网络图编制采购进度计划；编制资金使用计划；编制设备制造计划；编制设备安装计划；编制设备调试及试车计划。根据网络图的资源生成工程用设备清单；在网络图中或用表格形式填报计划执行情况；用前锋线表示某个时刻计划执行情况，反映计划进度和实际进度的差异；以报表形式输出计划执行情况；计划能够调整，并保留原计划版本；输出计划调整单。

(5) 合同管理子系统。应能进行合同制作、合同管理、合同查询等，最终将合同文件提交档案管理系统进行统一备案保存。主要功能包括：合同文档的快速制作和合同文档模板文件管理；各类标准及合同法规的录入和查询；能够根据要求对合同进行快速灵活修改；合同的分类保管和查询；合同提醒、冲突检查及与项目管理系统之间的数据交互；各种报表的打印输出；根据要求对同类合同进行统计；能够根据各种条件对合同进行查询。

(6) 安全管理子系统。实现施工安全相关信息的收集与维护，主要功能包括：建立安全管理及技术规范信息库；编制安全保证计划，系统提供相关模板功能；安全档案管理与表单管理，包含了施工安全的各个方面，满足日常工作的需要；安全教育与安全检查；事故记录及处理功能，包括"工伤事故登记表"、"违章守纪、违章处理记录"、"处理记录"三项功能；安全评分功能。内置各种安全评分标准，而且此标准可以根据需要进行调整，实现计算机的自动打分。

(7) 文档资料管理子系统。实现对整个项目建设过程中各类资料的综合管理，由于项目管理过程中所涉及的业务内容繁杂，所形成的资料庞大，系统采用分类归档查询的方法，对于在业务管理子系统（如质量管理、安全管理、资金管理、进度管理、材料设备管理等）中形成的资料将直接进行查询，其他类型的资料在此处直接管理，包括资料台账的建立，内容的录入，执行情况的跟踪等。另外，该子系统还应能形成完整的工程竣工资料文件。

1.18.3.4 建立基于 Internet 的工程项目信息系统

基于互联网的工程项目信息管理平台，能够安全地获取、记录、寻找和查询项目信息。即在项目实施过程中，对项目参与各方产生的信息和知识进行集中式管理，共享项目数据库。它不是一个具体的软件产品或信息系统，而是国际上工程建设领域基于 Internet 技术标准的项目信息沟通系统或远程协作系统的总称。主要是项目信息的共享和传递，而不是对信息进行加工和处理。

1. 基于互联网的工程项目信息管理系统的特点

(1) 以 Extranet 作为信息交换工作的平台，其基本形式是项目主题网。与一般的网站相比，它对信息的安全性有较高的要求。

(2) 采用 B/S 结构，用户在客户端只需要安装一台浏览器即可。浏览器界面是通往全部项目授权信息的唯一入口，项目参与各方可以不受时间和空间的限制，通过定制来获得所需的项目信息。

(3) 系统的核心功能是项目信息的共享和传递，而不是对信息进行加工、处理。但这方面的功能，可通过与项目信息处理系统或项目管理软件系统的有效集成来实现。

(4) 该系统不是一个简单的文档管理系统和群件系统，它可以通过信息的集中管理和门户设置，为项目参与各方提供一个开放、协同、个性化的信息沟通环境。

2. 基于互联网的工程项目信息管理系统的体系结构

一个完整的基于互联网的建设工程信息管理平台的体系结构应具有 8 个层次，从数据源到信息浏览界面分别为：

(1) 基于 Internet 的项目信息集成平台，可以对来自不同信息源的各种异构信息进行有效集成；

(2) 项目信息分类层，对信息进行有效的分类编目，以便于项目各参与方的信息利用；

(3) 项目信息搜索层，为项目各参与方提供方便的信息检索

服务；

(4) 项目信息发布与传递层，支持信息内容的网上发布；

(5) 工作流支持层，使项目各参与方通过项目信息门户完成一些工程项目的日常工作流程；

(6) 项目协同工作层，使用同步或异步手段使项目各参与方结合一定的工作流程进行协作和沟通；

(7) 个性化设置层，使项目各参与方实现个性的界面设置；

(8) 数据安全层，通过安全保证措施，用户一次登录就可以访问所有的信息源。

3. 基于 Internet 的工程项目信息管理系统的实现方式

由于工程项目的一次性、单件性、流动性的特点，宜采用 ASP（Application Service Provider，应用服务供应商）模式。即租用 ASP 服务供应商已完全开发好的项目管理信息化系统，通常按租用时间、项目数、用户数、数据占用空间大小收费。

在 ASP 模式下，项目部不再需要购买应用软件，也不需要采购服务器、数据库、网络设备、防火墙防病毒的软硬件，更不需要关心日常的维护，而全交给应用服务供应商。由于 ASP 基于 Internet 运行，基础设施需经过电信部门，电信部门提供网络、服务器和防火墙防病毒软硬件等。用户需要做的只是输入相应的登录系统网址并使用系统，而不用管服务器放在哪儿、数据存放在何地。ASP 服务供应商则提供数据库和针对每个客户配置应用系统和数据库的升级和维护。系统可以做到按需要变换组织、自选模块、自定义流程和自由制定数据格式。

根据选择的应用模式和厂商的不同，ASP 提供的功能也会有所差异。成功的面向工程项目管理的 ASP 一般提供如下功能：

(1) 文档管理。集中存放项目相关文档，如：项目图纸、合同、工程照片、工程资料、成本数据等。允许项目成员集中管理和跟踪文档资料。

(2) 工作流程自动化。允许项目成员按照事先定义好的工作流程自动化处理业务流程，如业务联系单、提交单、变更令等。

(3) 项目通讯录。集中存放项目成员的通讯录，方便项目参与人员查找。

(4) 集中登录和修改控制。使用个人用户名和密码集中登录信息门户，跟踪文档的上传、下载和修改。

(5) 高级搜索。允许项目成员根据关键字、文件名和作者等查找文件。

(6) 在线讨论。为项目成员提供了一个公共的空间，项目参与者可以就某个主题进行讨论。项目成员可以发布问题、回复和发表意见。

(7) 进度管理。在线创建工程进度计划，发送给项目相关责任方，并根据项目进展进行实时跟踪、比较和更新。如项目出现延误可以自动报警。

(8) 项目视频。通过设在现场的网络摄像机，可以通过互联网远程查看项目现场，及时监控项目进度，远程解决问题。

(9) 成本管理。项目预算和成本的分解和跟踪，进行预算和实际费用的比较，控制项目的变更。

(10) 在线采购和招标投标。在线浏览产品目录和价格，发出询价单和订单，在线比较和分析投标价格。

(11) 权限管理。根据项目成员的角色设定访问权限。

基于互联网的建设工程信息管理系统在工程实践中有着十分广泛的应用，国外有的研究将之列为未来几年建筑业的发展趋势之一。在工程项目中应用基于互联网的建设工程信息管理系统可以降低工程项目的实施成本，缩短项目建设时间，降低项目实施的风险，提高业主的满意度。

1.19　施工项目竣工验收及回访保修

1.19.1　施工项目竣工验收

1.19.1.1　施工项目竣工验收条件和标准

1. 施工项目竣工验收条件

根据《建设工程质量管理条例》第 16 条规定，建设工程竣工验收应当具备下列条件：

(1) 完成建设工程设计和合同规定的各项内容；

(2) 有完整的技术档案和施工管理资料；

(3) 有工程使用的主要建筑材料、建筑构配件和设备的进场试验报告；

(4) 有勘察、设计、施工、工程监理等单位分别签署的质量合格文件；

(5) 有施工单位签署的工程保修书。

2. 施工项目竣工验收标准

建筑施工项目的竣工验收标准有三种情况：

(1) 生产性或科研性建筑工程施工项目验收标准：土建工程，水、暖、电气、卫生、通风工程（包括其室外的管线）和属于该建筑物组成部分的控制室、操作室、设备基础、生活间及至烟囱等，均已全部完成，即只有工艺设备尚未安装者，即可视为房屋承包单位的工作达到竣工标准，可进行竣工验收。这种类型建筑工程竣工的基本概念是：一旦工艺设备安装完毕，即可试运转乃至投产使用。

(2) 民用建筑（即非生产、科研性建筑）和居住建筑施工项目验收标准：土建工程，水、暖、电气、通风工程（包括其室外的管线），均已全部完成，电梯等设备亦已完成，达到水到灯亮，具备使用条件，即达到竣工标准，可以组织竣工验收。这种类型建筑工程竣工的基本概念是：房屋建筑能交付使用，住宅能够住人。

(3) 具备下列条件的建筑工程施工项目，亦可按达到竣工标准处理：

一是房屋室外或小区内管线已经全部完成，但属于市政工程单位承担的干管干线尚未完成，因而造成房屋尚不能使用的建筑工程，房屋承包单位可办理竣工验收手续。二是房屋工程已经全部完成，只是电梯尚未到货或晚到货而未安装，或虽已安装但不能与房屋同时使用，房屋承包单位亦可办理竣工验收手续。三是生产性或科研性房屋建筑已经全部完成，只是因为主要工艺设计变更或主要设备未到货，因而剩下设备基础未做的，房屋承包单位亦可办理竣工验收手续。

凡是具有以下情况的建筑工程，一般不能算为竣工，亦不能办理竣工验收手续：

1) 房屋建筑工程已经全部完成并完全具备了使用条件，但被施工单位临时占用而未腾出，不能进行竣工验收。

2) 整个建筑工程已经全部完成，只是最后一道浆活未做，不能进行竣工验收。

3) 房屋建筑工程已经完成，但由于房屋建筑承包单位承担的室外管线并未完成，因而房屋建筑仍不能正常使用，不能进行竣工验收。

4) 房屋建筑工程已经完成，但与其直接配套的变电室、锅炉房等尚未完成，因而使房屋建筑仍不能正常使用，不能进行竣工验收。

5) 工业或科研性的建筑工程，有下列情况之一者，亦不能进行竣工验收：①因安装机器设备或工艺管道而使地面或主要装修尚未完成；②主建筑的附属部分，如生活间、控制室尚未完成；③烟囱尚未完成。

1.19.1.2　施工项目竣工验收管理程序和准备

1. 竣工验收管理程序

竣工验收管理程序：竣工验收准备→编制竣工验收计划→组织现场验收→进行竣工结算→移交竣工资料→办理竣工手续。

2. 竣工验收准备

(1) 建立竣工收尾工作小组，做到因事设岗，以岗定责，实现收尾的目标。该小组由项目经理、技术负责人、质量人员、计划人员和安全人员组成。

(2) 编制一个切实可行、便于检查考核的施工项目竣工收尾计划，该计划可按表 1-141 编制。

(3) 项目经理部要根据施工项目竣工收尾计划，检查其收尾的完成情况，要求管理人员做好验收记录，对重点内容重点检查，不使竣工验收留下隐患和遗憾而造成返工损失。

(4) 项目经理部完成各项竣工收尾计划，应向企业报告，提请

有关部门进行质量验收评定，对照标准进行检查。各种记录应齐全、真实、准确。需要监理工程师签署的质量文件，应提交其审核签认。实行总分包的项目，承包人应对工程质量全面负责，分包人应按质量验收标准的规定对承包人负责，并收分包工程验收结果及有关资料交结承包人。承包人与分包人对分包工程质量承担连带责任。

施工项目竣工收尾计划表　　　表 1-141

序号	收尾工程名称	施工简要内容	收尾完工时间	作业班组	施工负责人	完成验证人

项目经理：　　　　技术负责人：　　　　编制人：

(5) 承包人经过验收，确认可以竣工时，应向发包人发出竣工验收函件，报告工程竣工准备情况，具体约定交付竣工验收的方式及有关事宜。

1.19.1.3 施工项目竣工验收的步骤

1. 竣工自验（或竣工预验）

(1) 施工单位自验的标准与正式验收一样，主要是：工程符合国家（或地方政府主管部门）规定的竣工标准和竣工规定；工程完成情况是否符合施工图纸和设计的使用要求；工程质量是否符合国家和地方政府规定的标准和要求；工程是否达到合同规定的要求和标准等。

(2) 参加自验的人员，应由项目经理组织生产、技术、质量、合同、预算以及有关的作业队长（或施工员、工程负责人）等共同参加。

(3) 自验的方式，应分层分段、分房间地由上述人员按照自己主管的内容逐一进行检查。在检查中要做好记录。对不符合要求的部位和项目，确定修补措施和标准，并指定专人负责，定期修理完毕。

(4) 复验。在基层施工单位自我检查的基础上，并查出的问题全部修补完毕后，项目经理应提请上级进行复验（按一般习惯，国家重点工程、省市级重点工程，都应提请总公司级的上级单位复验）。通过复验，要解决全部遗留问题，为正式验收做好充分的准备。

2. 正式验收

在自验的基础上，确认工程全部符合竣工验收的标准，即可由施工单位同建设单位、设计单位、监理单位共同开始正式验收工作。

(1) 发送《工程竣工报告》。施工单位应于正式竣工验收之日前 10 天，向建设单位发送《工程竣工报告》。

(2) 组织验收工作。工程竣工验收工作由建设单位邀请设计单位监理单位及有关方面参加，同施工单位一起进行检查验收。列为国家重点工程的大型建设项目，往往由国家有关部委邀请有关方面参加，组成工程验收委员会，进行验收。

(3) 签发《工程竣工验收报告》并办理工程移交。在建设单位验收完毕确认工程竣工标准和合同条款规定要求以后，即应向施工签发《工程竣工验收报告》。

(4) 办理工程档案资料移交。

(5) 办理工程移交手续。

在对工程检查验收完毕后，施工单位要向建设单位逐项办理移交手续和其他固定资产移交手续，并应认真交接验收证书。还要办理工程结算手续。工程结算由施工单位提出，送建设单位审查无误后，由双方共同办理结算签手续。工程结算手续一旦办理完毕，合同双方除施工单位承担工程保修工作以外，建设单位同施工单位双方的经济关系和法律责任即予解除。

1.19.1.4 施工项目竣工资料

详见"1.20 施工项目档案管理"中相关内容。

1.19.2 工程质量保修和回访

工程质量保修和回访属于项目竣工后的管理工作。这时项目经理部已经解体，一般是由承包企业建立施工项目交工后的回访与保修制度，并责成企业的工程管理部门具体负责。

为提高工程质量，听取用户意见，改进服务方式，承包人应建立与发包人及用户的服务联系网络，及时取得信息，依据《建筑法》、《建设工程质量管理条例》及有关部门的相关规定，履行施工合同的约定和《工程质量保修书》中的承诺，并按计划、实施、验证、报告的程序，搞好回访与保修工作。

1.19.2.1 工程质量保修

工程质量保修是指施工单位对房屋建筑工程竣工验收后，在保修期限内出现的质量不符合工程建设强制性标准以及合同的约定等质量缺陷，予以修复。

施工单位应当在保修期内，履行与建设单位约定的，符合国家有关规定的，工程质量保修书中的关于保修期限、保修范围和保修责任等义务。

1. 保修期限

在正常使用条件下，房屋建筑工程的保修期应从工程竣工验收合格之日起计算，其最低保修期限为：

(1) 地基基础工程和主体结构工程，为设计文件规定的该工程的合理使用年限；

(2) 屋面防水工程、有防水要求的卫生间、房间和外墙面的防渗漏，为 5 年；

(3) 供热与供冷系统，为 2 个采暖期、供冷期；

(4) 电气管线、给排水管道、设备安装为 2 年；

(5) 装修工程为 2 年；

(6) 住宅小区内的给排水设施、道路等配套工程及其他项目的保修期限由建设单位和施工单位约定。

2. 保修范围

对房屋建筑工程及其各个部位，主要有：地基基础工程、主体结构工程、屋面防水工程、有防水要求的卫生间、房间和外墙面的防渗漏、供热与供冷系统、电气管线、给排水管道、设备安装和装修工程以及双方约定的其他项目，由于施工单位施工责任造成的建筑物使用功能不良或无法使用的问题都应实行保修。

凡是由于用户使用不当或第三方造成建筑功能不良或损坏者；或是工业产品项目发生问题；或不可抗力造成的质量缺陷等，均不属保修范围，由建设单位自行组织修理。

3. 质量保修责任

(1) 发送工程质量保修书（房屋保修卡）

工程质量保修书由施工合同发包人和承包人双方在竣工验收前共同签署，作为施工合同附件，其有效期限至保修期满。《房屋建筑工程质量保修书》示范文本附本节后。

一般是在工程竣工验收的同时（或之后的 3～7 天内），施工单位向建设单位发送《房屋建筑工程质量保修书》。保修书的主要内容有：工程简况、房屋使用管理要求、保修范围和保修内容、保修期限、保修责任和记录等。还附有保修（施工）单位的名称、地址、电话、联系人等。

若工程竣工验收后，施工企业不能及时向建设单位出具质量保修书的，由建设行政主管部门责令改正，并处 1 万～3 万元的罚款。

(2) 实施保修

在保修期内，发生了非使用原因的质量问题，使用人应填写《工程质量修理通知书》，通告承包人并注明质量问题及部位、联系维修方式等；施工单位接到建设单位（用户）对保修责任范围内的项目进行修理的要求或通知后，应按《工程质量保修书》中的承诺，7 日内派人检查，并会同建设单位共同鉴定，提出修理方案，将保修业务列入施工生产计划，并按约定的内容和时间承担保修责任。

发生涉及结构安全或者严重影响使用功能的质量缺陷，建设单位应当立即向当地建设行政主管部门报告，采取安全防范措施；由原设计单位或具有相应资质等级的设计单位提出保修方案，施工单位实施，原工程质量监督机构负责监督；对于紧急抢修事故，施工单位接到保修通知后，应当立即到达现场抢修。

若施工单位未按质量保修书的约定期限和责任派人保修的，发

包人可以另行委托他人保修，由原施工单位承担相应责任。

对不履行保修义务或者拖延履行保修义务的施工单位，由建设行政主管部门责令改正，并处 10 万～20 万元的罚款。

（3）验收

施工单位在修理完毕之后，要在保修书上做好保修记录，并由建设单位（用户）验收签认。涉及结构安全的保修应当报当地建设行政主管部门备案。

4. 保修费用

保修费用由造成质量缺陷的责任方承担，具体内容如下：

（1）由于承包人未按国家标准、规范和设计要求施工造成的质量缺陷，应由承包人修理并承担经济责任。

（2）因设计人造成的质量问题，可由承包人修理，由设计人承担经济责任，其费用数额按合同约定，不足部分由发包人补偿。

（3）属于发包人供应的材料、构配件或设备不合格而明示或暗示承包人使用所造成的质量缺陷，应由发包人自行承担经济责任。

（4）因发包人肢解发包或指定分包人，致使施工中接口处理不好，造成工程质量缺陷，或因竣工后自行改造造成工程质量问题的，应由发包人或使用人自行承担经济责任。

（5）凡因地震、洪水、台风等不可抗力原因造成损坏或非施工原因造成的紧急抢修事故，施工单位不承担经济责任。

（6）不属于承包人责任，但使用人有意委托修理维护时，承包人应为使用人提供修理维护等服务，并在协议中约定。

（7）工程超过合理使用年限后，使用人需要继续使用的，承包人根据有关法规和鉴定资料，采取加固、维修措施时，应按设计使用年限，约定质量保修期限。

（8）发包人与承包人协商，根据工程合同合理使用年限采用保修保险方式，投入并已解决保险费来源的，承包人应按约定的保修承诺，履行保修职责和义务。

（9）在保修期限内，因房屋建筑工程质量缺陷造成房屋所有人、使用人或者第三方人身、财产损害的，房屋所有人、使用人或者第三方可以向建设单位提出赔偿要求。建设单位向造成房屋建筑工程质量缺陷的责任方追偿。

（10）因保修不及时造成新的人身、财产损害，由造成拖延的责任方承担赔偿责任。

5. 其他

房地产开发企业售出的商品房保修，还应当执行《城市房地产开发经营管理条例》和其他有关规定。

军事建设工程的管理，按照中央军事委员会的有关规定执行。

1.19.2.2　工程回访

1. 工程回访的要求与内容

项目经理部应建立工程回访制度，将工程回访纳入承包人的工作计划、服务控制程序和质量管理体系文件中。

工程回访工作计划由施工单位编制，其内容有：

（1）主管回访保修业务的部门。

（2）工程回访的执行单位。

（3）回访的对象（发包人或使用人）及其工程名称。

（4）回访时间安排和主要内容。

（5）回访工程的保修期限。

工程回访一般由施工单位的领导组织生产、技术、质量、水电等有关部门人员参加。通过实地察看、召开座谈会等形式，听取建设单位、用户的意见、建议，了解建筑物使用情况和设备的运转情况等。每次回访结束后，执行单位都要认真做好回访记录。全部回访结束，要编写《回访服务报告》。施工单位应与建设单位和用户经常联系和沟通，对回访中发现的问题认真对待，及时处理和解决。

主管部门应依据回访记录对回访服务的实施效果进行验证。

2. 工程回访的主要类型

（1）例行性回访。一般以电话询问、开座谈会等形式进行，每半年或一年一次，了解日常使用情况和用户意见。

（2）季节性回访。雨季回访屋面及排水工程、制冷工程、通风工程；冬季回访锅炉房及采暖工程，及时解决发生的质量缺陷。

（3）技术性回访。主要了解在施工过程中采用了新材料、新设备、新工艺、新技术的工程，回访其使用效果和技术性能、状态，以便及时解决存在问题，同时还要总结经验，提出改进、完善和推广的依据和措施。

（4）保修期满时回访，主要是对该项目进行保修总结，向用户交代维护和使用事项。

1.20　施工项目档案管理

1.20.1　施工项目档案分类

施工项目档案是项目建设、管理过程中形成的，各种形式的历史记录。包含了项目工程涉及的国家政策法规、工程合同法律文件、设计勘察文件、往来文件、工程资料等。施工项目档案是工程施工过程的真实记录，全面反映了工程的进展情况，是施工过程每一工序、分项、分部工程的实体质量的真实记录文件，是工程评估验收的依据，也是工程在交付试验后运行、维修、保养、改扩建的依据。档案是项目管理基础工作和成果的翔实记录和追溯。

1.20.1.1　施工项目档案分类

1. 综合管理类（文书类）

包括决定、通知、通报、报告、请示、往来函件、会议纪要等。

2. 商务管理类

包括各类招标投标文件，工程预算、结算文件，合同、法律文件等。

3. 项目工程资料

项目建设过程中的各类勘察设计资料、施工管理、技术、验收、物资、测量、各类记录等资料。

4. 财务资料

1.20.1.2　施工项目档案形式

归档的文件材料载体形式包括：纸质文件，电子文件光盘，录音录像带，照片、底片，实物及其他形式。

1.20.2　档案管理制度与职责

1.20.2.1　档案管理制度

1. 档案存放管理制度

（1）存放档案应有专门的库房、柜架、装具，存放方法要科学和便于查找。一般库房的温度应控制在 14～24℃，相对湿度控制在 45%～60% 之间。

（2）档案库房要坚固，库房内严禁存放其他物品。库房要配备相应的防火器材，注意防火、防水、防光、防潮、防鼠、防虫、防尘、防盗。

（3）档案人员必须熟悉档案库房情况，每年对库房档案进行检查核对，做到账、物相符。如发现有误，应立即更正。对破损和变质的档案，要及时进行修补和复制。电子档案需防磁、防病毒。

（4）档案室要建立登记制度，对档案的收进、移出、保管和利用等情况进行登记和统计。

2. 档案借阅与利用制度

（1）借阅档案时，借阅人须填写档案借阅申请，经本部门审签后，再经档案管理部门审批同意后，方可在档案管理人员处办理相关借阅手续，并根据借阅数量交纳部分押金（归还档案时退还）。借阅时间原则上不超过一周。

（2）外单位人员借阅档案时，须持有本单位介绍信，说明借阅原因，经相关领导审批签字，方可提供使用。

（3）借阅者必须妥善保管所借档案，不得私自拆装、撕页、涂改、杠画、污损、复制、转借、泄密、丢失。

（4）档案利用后或借阅人员调出单位时须及时将档案归还。档案人员必须进行认真核对，确认无误后，方可注销。

（5）档案室是档案存放重地，无关（借阅）人员不得进入。

3. 档案的鉴定与销毁制度

（1）项目成立档案鉴定工作小组，由项目技术负责人、档案管理部门和其他部门相关人员组成。

（2）根据档案保管期限，对到达保管期限的档案及确无继续保

存价值的档案，进行鉴定工作。

（3）鉴定档案时应采取直接鉴定法。在一个案卷内档案保管价值如有不同，一般以拆卷，拣出无保存价值文件。

（4）销毁档案时要严格执行保密规定，在指定地点由两人监销，并在销册清册上签字。

（5）每次鉴定工作结束，均应编制详细的统计和总结报告，编制档案销毁清册，并填写文件销毁审批表和档案鉴定与销毁目录报请公司主管领导审批后方能销毁。销毁档案，应指定专人负责监销，监销人要在销毁清册上签字。

4. 档案保密制度

（1）档案工作人员要遵守职业道德，严守单位秘密，不准向外泄露有关机密性内容。

（2）非档案管理人员或检查、鉴定人员不得私自进入档案库房。

（3）凡违反上述管理制度，造成损失、泄密事故，视情节轻重，给予批评教育或纪律处分，直到追究法律责任。

1.20.2.2 档案管理职责

施工项目涉及的工程竣工备案需要的各种工程资料，由各相关部门编制，项目资料员负责整理归档。记录施工管理控制的工程质量、安全、进度过程控制资料，以及各种行政、财务、商务等管理资料，由项目各专业部门进行收集整理。

项目各部门资料工作人员的主要职责：

（1）贯彻执行国家与地方建设行政主管部门对工程档案工作的方针、政策和企业档案管理的有关规定。

（2）对上级部门下发的各种文件和各部门形成的各种资料进行收集、整理、立卷、归档。

（3）严格档案入库制度，做好分类登记工作，对各类资料分类应科学合理，便于查找。

（4）采取各种切实可行的措施，妥善保管好档案，防止档案损坏流失。

（5）积极收集有关监督、检测工作的法规、标准、规范、规程、细则、方法及其他技术资料。

（6）对档案的进出、移出、保管和利用进行统计登记。对过期资料的销毁应严格执行报批手续，并造册登记。

（7）经常检查档案资料的质量状况，发现问题及时处理，防止资料的丢失和损坏。

（8）资料的借阅应按要求办理登记手续，归还时必须检查资料的完整性。

1.20.3 档案管理内容

1.20.3.1 公文管理

1. 收文管理

（1）文件签收

1）项目资料管理人员负责项目往来文件的签收工作。收到公文后，资料员要先对文件资料进行登记、编号，然后呈交项目有关领导批阅或交相关部门处理。

2）电子文件资料要视其内容及时发送到项目经理部领导和有关人员的信箱。重要事项应打印保存并提醒领导和有关人员及时批阅处理。

3）凡能通过网络发布、传递的文件资料，应通过网络发布、传递（保密文件除外），要求回复确认。所有工作人员每天都应查看个人信箱，以便及时阅知、处理。

4）项目经理部部门收文由部门资料管理人员办理收文登记后，交部门负责人阅处。

（2）文件阅办

1）文件经项目经理部领导批阅后，需有关部门办理的，由资料员做好记录并负责将文件资料送交相关部门，各部门做好登记工作后，交有关人员办理并负责督促办理阅办。

2）各部门阅办的文件，应及时处理，传阅的文件在各部门停留时间一般不得超过一天、最长不得超过两天，需办理的文件在部门停留时间一般不超过一周。办文时间较长或较重要的文件，办文部门可将文件复印留存，原件退回资料员处。

3）涉及密级的文件须妥善保管，并在办公室阅办。阅办人要注意文件的安全、保密、完整、避免遗失。不得私自带入公共场所、家中或转借他人，不得擅自复印、抄录。

2. 发文管理

（1）发文种类

1）项目经理部发文：用于发布项目经理部重要的决定、通知、规章、制度，转发上级文件，向上级机关请示有关问题，办理申请，批转、批复分管机构的请示、报告，通知重要会议，传达企业领导批示等。

2）各部门发文：各部门用于通知、发布、批复部门职责范围内的业务事项，转发上级业务主管部门的文件，催要有关情况、材料、报表、联系工作等。

3）会议纪要：用于记载项目各类会议情况和议定事项。

4）签报：各部门用于向项目领导请示、报告工作，通报部门重要情况，工作动态等。

5）其他公文：便函、介绍信等。

（2）公文文体

1）决定：适用于对重要事项或重大行动做出安排。

2）通知：适用于转发上级单位和不相隶属的单位的公文，发布规章制度，传达要求下级单位办理和需要有关单位周知或者执行的事项，员工的任免和聘用。

3）通报：适用于表彰先进，批评错误，传达重要精神或情况。

4）报告：适用于向上级单位汇报工作，反映情况，提出建议或答复上级单位的询问。

5）请示：适用于向上级请求指示、批准的事项。

6）批复：适用于答复下级单位请示事项。

7）意见：适用于对重要问题提出见解和处理办法。

8）函：适用于不相隶属的单位之间相互商洽工作，询问和答复问题，请求批准。

（3）发文程序

1）拟文

文件标题应简要概括文件的主要内容，标题中除法规、规章名称加书名号外，一般不用标点符号。主送单位为公文的主要受理单位；抄送是指主送以外需要执行或知晓公文内容的其他单位。

2）会签

拟文中，如涉及其他部门职责范围的事项，主办部门应主动会签相关部门。为节约办文时间，会签形式一般采用电子邮件传递方式；重要的公司规章、制度和其他重大事项，必要的，应由主办单位召集有关部门对文件进行评审。

3）审/核稿

以公司名义的发文、便函、会议纪要，由主办部门主管领导签署审批意见；以工作部名义的发文由主办部门业务负责人或板块责人签署审批意见，送综合管理部进行审/核稿后，呈公司主管导签发。

4）签发

项目管理文件需经过项目经理或其授权的副总经理签发；技术文件需经项目技术负责人签发。

1.20.3.2 工程资料档案管理

参见本书"2.3 工程技术资料管理"。

1.20.3.3 财务档案管理

1. 会计档案主要内容

会计档案的管理包括会计凭证、会计账簿和财务报告等会计核算专业材料，是记录和反映公司经济业务的重要资料和证据。具体包括：

（1）会计凭证类：原始凭证、记账凭证、汇总凭证、其他会计凭证。

（2）会计账簿类：总账、明细账（依据科目建立）、日记账、固定资产卡片、辅助账簿、其他会计账簿。

（3）财务报告类：月度、季度、年度财务报告，包括会计报表及附表、附注和文字说明，其他财务报告。

（4）其他类：会计档案移交清册，会计档案保管清册，会计档案销毁清册，银行余额调节表，其他应保存的会计核算专业资料。

2. 会计档案保管

（1）每月形成的会计档案，应由专人按照归档要求，负责整理立卷、装订成册，编制会计档案保管清册。档案依据上述分类，分别保存，凭证按月整理保存，年终将本年账簿存册。

（2）财务部门对每年形成的会计档案，按照归档的要求，负责整理立卷或装订成册。当年会计档案，在会计年度终了后，可暂由财务部门保管1年。期满后原则上编制清册移交公司档案部门。

（3）档案部门接受保管的会计档案，原则应当保持原卷册的封装；个别需拆封重新整理的，会同项目以及企业财务部门和经办人共同拆封整理，以分清责任。

（4）财务档案必须按期将应当归档的会计档案全部移交档案室，不得自行封包保存。档案室必须按期点收，不得推诿拒绝。

（5）会计档案应科学管理妥善保管、存放有序、查找方便，严格执行安全和保密制度，不得随意堆放，严防损毁、散失和泄密。

（6）档案室对于违反会计档案管理制度的，有权进行检查纠正，情节严重的，应当报告公司领导进行严肃处理。

3. 会计档案的借阅

（1）会计档案查阅要按规定办理手续。上级机关或外单位需要查阅的，要经公司领导批准，且派专人陪同阅看；原件不得借出。

（2）项目撤销，会计档案应随同转移到企业财务部门，并办理好交接手续。

（3）调阅会计档案要填写借阅登记表，注明查阅会计档案名称、调阅时间、调阅人姓名和工作单位、调阅理由等。

（4）会计档案原则上不得外借，特殊情况须征得项目经理同意。

（5）调阅会计档案人员，不能私自对会计档案勾画，不准拆原卷册，不准更换张页。

（6）所有查阅完毕的会计档案必须及时送还、放回原处。

4. 会计档案的保存期限

会计档案的保管期限分为永久、定期两类。各种会计档案的保管期限，从会计年度终了后的第一天算起。定期保管期限分为3年、10年、15年、20年、25年五种。其中：

（1）纳税人的账簿、记账凭证等资料保存限为10年。

（2）原始凭证、记账凭证和汇总凭证保管限为10年。

（3）总账（包括日记总账）、明细账、日记账保管限为15年，现金和银行存款日记账保管25年。

5. 会计档案的销毁

（1）会计档案保管期满，需要销毁时，由主管档案部门提出销毁意见，会同财务财务部门共同鉴定，严格审查，编制会计档案销毁清册，报经主管批准后销毁。

（2）由财务和档案部门共同派员监销。会计档案销毁前，监销人应认真清点核对：销毁后在销毁清册上签名，并将监销情况上报有关领导。公司对会计档案应当严格执行安全和保密制度，严防毁损、散失和泄密。

（3）经公司领导审查，报经上级主管单位批准后销毁。

（4）准备销毁的会计档案中尚未了结的债权债务的原始凭证，应单独抽出，另行立卷，由档案室保管到结清债权债务时为止。

（5）销毁会计档案时应由档案室和财务资金部共同派人监销。

（6）监销人在销毁会计档案以前，应当认真进行清点核对，销毁后，在销毁清册上签名盖章，并将监销情况报告本单位领导。

（7）销毁清单应永久保存。

1.20.3.4　项目商务档案管理

项目商务档案主要包括合同文件、招标投标文件、预算与结算文件。商务档案同财务档案一样属于企业管理控制类档案，是项目各类经济活动的文字记录。应根据企业的有关规定，可参照财务档案的管理对项目商务档案进行归档、保存、保密、销毁等档案管理。

商务档案通常包括以下内容，见表1-142。

商务档案包括内容　　　　　表 1-142

名　称	所　含　内　容
投标资料	招标文件及评审资料、答疑文件、投标书及评审资料、开标记录、投标资料交底记录、中标通知书、投标图纸
总包合同/项目策划	总包合同及评审资料、合同交底、合同变更资料、项目策划书及调整
分包合同	分包合同及选择过程资料（招标文件及评审资料、招标文件发放、答疑文件、分包投标资料、成本盈亏分析、分包合同评审、合同交底）
采购合同	采购合同及选择过程资料（招标文件及评审资料、招标文件发放、答疑文件、供应商投标资料、成本盈亏分析、合同评审、合同交底）
租赁合同	租赁合同及选择过程资料（招标文件及评审资料、招标文件发放、答疑文件、供应商投标资料、成本盈亏分析、合同评审、合同交底）
工程款支付	业主工程款支付、月资金支付计划、分包商工程款支付、供应商工程款计划
公司信函	与公司往来函件
工作计划	整体工作计划、月工作计划、周工作、月计划总结
业主、监理、设计院信函	与业主、监理、设计院往来信函（非经济洽商变更部分）
分包信函	与分包商、供应商往来信函
监理月报	含监理（建设单位）批复等
分包商、供应商月报	分包商、供应商每月申报结算额、实际结算额
总包洽商变更	与总包的洽商变更往来资料
分包洽商变更	与分包的洽商变更往来资料
总包结算资料	总包结算及造价分析资料
分包结算资料	分包结算及造价分析资料
会议纪要	监理例会会议纪要、生产例会会议纪要

1.20.4　归　档　管　理

1.20.4.1　归档要求

（1）归档的文件材料，要按照形成规律，保持其有机联系。文件材料应完整、准确、系统，反映公司各项活动的真实内容和过程。

（2）归档的文件材料应为原件或具有凭证作用的文件材料。

（3）非纸质文件材料应有文字说明一并归档；外文材料应与中文翻译件一同归档。

（4）具有长期保存价值的电子文件，必须制成纸质文件与原电子文件一同归档。

（5）归档的文件材料应符合档案保管要求。不符合保管要求的文件材料应经修复后归档。

（6）文件材料一般归档一份，重要的、利用频繁的和有专门需要的可适当增加份数。

（7）会计文件资料由财务部门负责立卷归档。

1.20.4.2　整理、组卷

（1）归档文件材料保管期限分为永久、长期、短期三种。归档立卷人员应按照国家和公司的有关规定，对归档文件材料确立保管期限。

（2）文件、材料管理部门要建立平时立卷制度。文件材料承办人员应随时或定期向本部门立卷人员移交已办理完毕的文件材料，由其分门别类妥善保存。

（3）综合管理类（文书类）文件材料的整理、组卷应规范、合理，符合国家标准规定的组卷原则和方法。要按照文件自然形成规律，保持文件资料之间的有机联系，区分不同保管期限进行系统整理，组成案卷，编定页号，填写"卷内目录"、"案卷目录"及"案卷备考表"和案卷封面，并装订整齐。

（4）项目工程资料的收集、整理、立卷、移交、审查工作按项目所在地方标准和企业相关规定执行。向企业移交档案应有移交

清单，并经项目经理审核签字。重要的项目文件材料归档时应编写归档说明。

（5）财务资料的分类、整理、保管等工作按照财政部、国家档案局财会字［1998］第32号文《会计档案管理办法》和企业相关规定执行。

（6）各类档案、文件归档时，必须办理交接手续。移交部门（项目）应以卷或件为单位填写"案卷目录"一式两份，并经主管领导签审。交接双方对照目录认真清点核对，核对无误后双方签字，各执一份长期保存。

参 考 文 献

1.《建设工程项目管理规范》编写委员会. 建设工程项目管理规范实施手册（第二版）. 北京：中国建筑工业出版社，2006.

2. 建筑施工手册（第四版）编写组. 建筑施工手册（第四版）. 北京：中国建筑工业出版社，2003.

3. 全国建筑业企业项目经理培训教材编写委员会. 全国建筑业企业项目经理培训教材. 北京：中国建筑工业出版社，2001.

4. 田金信. 建设项目管理（第2版）. 北京：高等教育出版社，2009.

5. 李晓东，张德群，孙立新. 建设工程信息管理. 北京：机械工业出版社，2008.

6. 成虎，陈群. 工程项目管理（第3版）. 北京：中国建筑工业出版社，2009.

7. 林知炎，曹吉鸣. 工程施工组织与管理. 上海：同济大学出版社，2002.

8. 建设部工程质量安全监督与行业发展司. 建设工程安全管理（第二版）. 北京：中国建筑工业出版社，2009.

9. 全国一级建造师执业资格考试用书编写委员会. 建设工程项目管理. 北京：中国建筑工业出版社，2004.

10. 雷胜强. 国际工程风险管理与保险. 北京：中国建筑工业出版社，2001.

11. 李世蓉，兰定筠，罗刚. 建设工程施工安全控制. 北京：中国建筑工业出版社，2004.

12. 彭圣浩. 建筑工程施工组织设计实例应用手册（第三版）. 北京：中国建筑工业出版社，2009.

13. 丁士昭. 建设工程信息化导论. 北京：中国建筑工业出版社，2004.

14. 国家标准. 建筑工程施工质量验收统一标准（GB 50300-2001），北京：中国建筑工业出版社，2002.

15. 建设工程质量管理条例. 北京：中国城市出版社，2000.

16. 国家标准. 建设工程监理规范（GB 50319-2001）. 北京：中国建筑工业出版社，2001.

2 施工项目技术管理

2.1 技术管理工作概述

项目的技术管理，就是对项目施工全过程运用计划、组织、指挥、协调和控制等管理职能，促进技术工作的开展，贯彻国家的技术政策、技术法规和上级有关技术工作的指示与决定，动态地组织各项技术工作，优化技术方案，推进技术进步，使施工生产始终在技术标准的控制下按设计文件和图纸规定的技术要求进行，使技术规范与施工进度、质量与成本达到统一，从而保证安全、优质、低耗、高效地按期完成项目施工任务。项目技术管理主要涵盖如下工作，见表2-1。

项目技术管理工作概述　　　　　　　　表 2-1

序号	工作名称	工 作 概 述
1	图纸会审	图纸会审是指工程各参建单位（建设单位、监理单位、施工单位）在收到设计单位的施工图设计文件后，全面熟悉图纸，审查施工图中存在的问题及不合理情况并提交设计单位进行处理的一项重要活动。通过图纸会审可以使各参建单位特别是施工单位熟悉设计图纸、领会设计意图、掌握工程特点及难点，找出需要解决的技术难题并拟订解决方案，从而将因设计缺陷而导致的问题消灭在施工之前
2	施工组织设计和重大施工方案管理工作	施工组织设计（施工方案）是指导单位工程施工的纲领性文件，应该集中各种管理系统的意见，所以编制、审批、施工组织设计，必须组织有关部门参加，项目负责编制的施工组织设计，由项目经理组织进行，项目有关人员参与，由技术部负责汇总成册，严格执行编制及审批程序
3	技术交底	技术交底，是在某一单位工程开工前，或一个分项工程施工前，由主管技术人员向参与施工的人员进行的技术性交代，其目的是使施工人员对工程特点、技术质量要求、施工方法与措施、施工环境与安全等方面有一个较详细的了解，以便于科学地组织施工，避免技术质量事故的发生。各项技术交底记录也是工程技术档案资料中不可缺少的部分。技术交底分为施工组织设计交底、施工方案交底、专项施工技术交底
4	试验管理	工程试验、检测是合理使用资源、保证工程质量的重要措施，是质量管理和质量保证体系的重要组成部分，试验、检测结果是重要的施工依据和基础资料
5	技术核定和技术复核	施工过程中，对重要的和影响全面的技术工作，必须在分部分项工程正式施工前进行复核，以免发生重大差错，影响工程质量和使用。当复核发现差错时应及时纠正，方可施工
6	设计变更洽商管理	设计变更、洽商是建设单位、设计单位、监理单位和施工单位协商解决施工过程中随时发生问题的文件记载，其目的是弥补设计的不足及解决现场实际情况。施工过程中遇到做法变动、材料代用、施工条件发生变动或为纠正施工图中的错误等情况，均应通过设计变更、洽商予以解决
7	安全技术措施管理	安全技术措施是指运用工程技术手段消除物的不安全因素，实现生产工艺和机械设备等生产条件本质安全的措施
8	工程资料管理	工程资料是项目竣工交付使用的必备条件，是反映结构工程质量的重要文件，也是对工程进行检查、维修、管理、使用、改建和扩建的依据
9	监视与测量装置管理	对项目监视和测量装置进行有效的控制，保证其测试精度和准确性能满足施工过程中的使用要求
10	测量管理	项目施工阶段的测量工作主要为施工测量和设备安装测量，同时形成相应的测量记录
11	施工技术类标准规范管理	施工技术类标准规范是指国家、行业、地方、中国工程建设标准化协会、企业颁布的与施工技术相关的标准、规范、规程等。 施工技术类标准规范管理的主要任务就是保证施工技术类标准规范的及时性、有效性和可控性，确保施工时使用当前有效的规范版本
12	分包技术管理	主要包括劳务分包技术交底、专业分包施工方案审核及各项技术支持工作
13	隐检/预检等施工检查	隐蔽工程施工检查是在施工过程中对隐蔽工程的技术复核和质量控制检查工作，在隐检项目验收检查完毕后及时进行隐检记录。 预检施工检查是对施工重要工序在正式验收前由施工班组进行的质量控制检查工作，在预检项目检查完毕后作好预检记录
14	施工质量验收	施工质量验收包括施工过程中的检验批、分项工程、分部工程质量验收及竣工后的质量验收，严格按各项质量验收内容、质量验收条件和质量验收要求组织开展相应技术管理工作
15	技术总结管理	对于在工程施工过程中完成的有价值的技术成果要及时进行专题技术总结（如深大基坑施工技术、大体积混凝土施工技术、新型钢结构施工技术、超高层施工技术、新型幕墙体系施工技术以及其他新技术、新工艺、新材料、新设备等方面的专项技术），并形成书面文件
16	科技推广工作	一般由企业（公司）技术部门归口管理，协同项目经理部共同负责科技推广工作的立项申报、实施监督、验收评审等

2.2 技术管理基础工作

2.2.1 技术管理体系建设

2.2.1.1 技术管理体系综述

现场的技术管理组织体系是施工企业为实施承建工程项目管理的技术工作班子，包括项目总工程师（技术负责人）、技术工程师（各专业）、质量工程师、试验工程师、资料工程师、设计工程师等。其组织系统如图 2-1 所示。

2.2.1.2 技术管理机构及职责

根据工程特点、规模、专业内容、设计到位情况，项目技术管理机构的设置应实行动态调整，分阶段配置。特大型工程工程量很大，加剧了工程施工的复杂性，因此，人员的配置也应重点加强。此外，人员配置要与业主的管理模式相协调，避免发生甲、乙双方管理渠道的梗阻而影响工程进展。

依据普通工程、大型或特大型工程技术管理的内容和根据工程性质发生的管理特点及其利弊关系，项目技术管理机构的设置基本如图2-2、图2-3所示。

上述机构的设置随工程进展及到位情况逐步完善。如技术部人员设置，除测量、试验及资料管理设专人负责外，另设多名技术管理人员，在工程施工期间可根据现场工程任务的划分实行分区管理，将现场存在的问题统一由各分区技术人员协调管理，处理各种施工技术文件。

施工项目建立以项目总工程师（技术负责人）为首的技术管理体系，体系中的各级机构和人员必须严格履行各自的职责（表2-2），接受项目总工程师（技术负责人）/副总工程师（技术部经理）、技术部、设计部的管理。

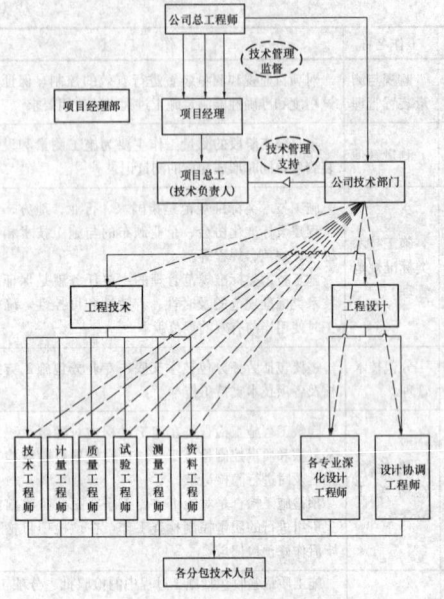

图 2-1　技术管理体系组织系统图

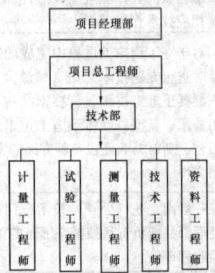

图 2-2　普通工程施工总承包
项目技术管理机构设置

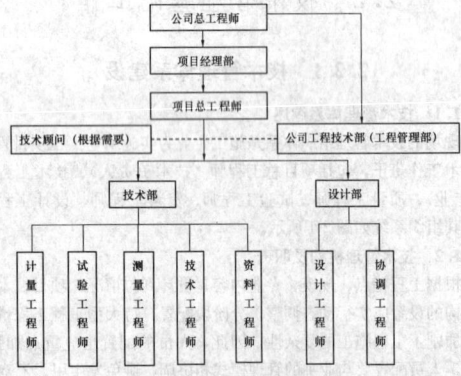

图 2-3　大型或特大型工程施工总承包总体技术管理机构设置

项目各部门技术工作职责表　　表 2-2

序号	部门名称	工 作 职 责
1	技术部	●负责项目施工技术管理、施工技术方案编制、图纸会审、设计变更洽商管理和技术核定、结构预控验算、结构变形监测、试验检测及施工测量管理工作; ●负责对分包商施工方案的审定、材料设备的选型和审核,统筹分包工程的设计变更和技术核定工作;参与相关分包商和供应商的选择; ●参与编制项目质量计划、项目职业健康安全管理计划、环境管理计划;负责项目技术资料及声像资料的收集整理工作;与项目管理部门紧密配合,参与施工阶段交验和竣工交验,共同负责工程创优活动; ●协助项目总工程师(技术负责人)进行新技术、新材料、新工艺、新设备在本项目的推广和科技成果的总结工作

续表

序号	部门名称	工 作 职 责
2	设计部	●负责项目与设计方沟通与协调,以及总承包商内部的深化设计工作; ●负责各专业深化设计的总体协调,对指定分包商的深化设计图纸进行审核,确保各专业深化设计相互交圈,相互吻合,并呈报业主或设计审批; ●参与并审核各专业深化设计图,及时向业主报批后落实执行; ●绘制综合机电协调施工图及机电工程的土建配合图纸; ●向业主、监理和设计单位提出就设计方面的任何可能的合理化建议; ●负责项目内部设计交底工作; ●设计图纸复印、分发、保管及受控管理;组织相关部门进行竣工图编制工作

2.2.1.3　项目技术管理岗位及职责

根据施工合同形式及工程规模,技术管理各岗位设置如表 2-3所示。

技术管理各岗位设置　　表 2-3

序号	岗位名称	设置人数	工 作 职 责
1	项目总工(技术负责人)	1人	●协助项目经理管理和领导技术准备和设计协调工作; ●组织编写施工组织设计方案,负责对技术方案的审定,制定施工方案计划,监督方案执行情况; ●负责施工过程中总体进度计划、年计划、月计划的审核; ●负责图纸会审及与各专业间技术接口的处理; ●负责编制关键工序、特殊过程的质量保证措施; ●根据需要召开质量会议; ●负责组织解决各项施工技术问题,参与质量事故分析; ●负责与业主、监理商议施工图纸中的技术问题; ●指导技术工程师、资料工程师的工作,审核上报监理的各项技术资料
2	技术部经理	根据工程规模设置	●协助项目总工(技术负责人)编制、审批专业性、技术性较强的技术方案; ●协助项目总工(技术负责人)解决结构施工过程中的技术难题; ●协助项目总工(技术负责人)开展施工技术准备工作; ●完成项目总工(技术负责人)安排的其他技术工作; ●参与编制单位工程施工组织设计,作业指导书,冬雨期措施及施工方案,安全技术措施,脚手架搭设方案,施工用电组织设计,组织编制保证质量、安全、节约的技术措施计划,并贯彻实施; ●参加图纸会审,处理设计变更,负责向班组进行技术安全交底; ●贯彻执行施工验收规范、质量评定标准和操作规程,参与质量和安全检查,保证工程质量和安全生产; ●主持隐蔽工程验收和分部分项工程质量验收,参与单位工程交工验收; ●组织技术革新,推广先进经验

续表

序号	岗位名称	设置人数	工 作 职 责
3	技术工程师	根据工程规模设置	●负责编制技术方案及技术措施； ●负责管理施工方案、施工图纸等受控文件； ●具体办理工程洽商、变更手续，参与解决各项施工技术问题； ●协助项目总工（技术负责人）、技术部经理进行施工技术准备工作； ●完成项目总工（技术负责人）、技术部经理安排的其他技术工作
4	测量工程师	1人（可根据工程规模增加）	●负责编制测量方案； ●负责设置现场永久性测量控制点； ●负责现场测量控制网的测放； ●对分包商进行测量放线的技术交底，对分包商测放的轴线、标高进行校核； ●负责总包的测量器具管理
5	资料工程师	1人（可根据工程规模增加）	●根据工程性质的要求，随着工程进度及时整理技术资料； ●负责工程分阶段验收及竣工资料的编制； ●定期检查资料的完整性、连续性、及时到位情况，并对有关人员进行工程技术资料交底； ●负责施工方案、图纸、变更等受控文件的登记发放工作； ●完成项目总工（技术负责人）交给的其他工作
6	试验工程师	1人（可根据工程规模增加）	●负责试件、试块的取样、送样； ●及时取回试验报告交资料工程师存档； ●负责作好有关的试验记录
7	计量工程师	1人	●收集并保管项目的计量器具（监视与测量装置），检定合格证书； ●建立项目的计量器具（监视与测量装置）台账及计量检定计划； ●建立项目小型计量器具（监视与测量装置）比对记录； ●标识已检定合格的计量器具及比对记录； ●定期维护保养计量器具（监视与测量装置），并建立维护保养记录； ●及时将台账、检定证书、检定计划、维护保养记录等上报企业（公司）工程技术部门
8	设计工程师	根据工程合同形式及规模设置	●深化设计工程的方案设计、设计管理、设计决策； ●参与项目深化设计工程的招（议）标以及合同谈判等工作； ●分析和设计具体项目深化设计工程，组织运作前期规划设计，监督与管理开发过程中的设计问题； ●设计指导、准备并绘制深化设计图和效果图；在项目施工期间现场指导，确保项目符合工程深化施工图
9	设计协调工程师	根据工程合同形式及规模设置	●负责项目设计方案深化、报审工作，参加扩大初步设计、施工图设计阶段的组织管理协调工作，配合施工图审查等工作； ●协调设计顾问、设计单位及承包商的工作，负责处理施工过程中发生的设计变更和其他技术问题； ●核对施工图，协调解决图纸的技术问题，参与设计审查、图纸会审、设计交底等

2.2.2　常用技术管理制度及内容

为保证工程中能充分发挥项目部的技术管理优势，采用科学的技术管理模式，做好施工前的技术准备工作，严格控制施工全过程，安全、优质、高效、低耗建成工程项目，确保质量目标的实现，项目经理部应该根据项目特点和组织结构制订符合项目情况的技术管理制度。

2.2.2.1　施工图纸会审制度

1. 图纸会审目的

图纸会审的目的是了解设计意图，将图纸上存在的问题和错误、专业之间的矛盾等，尽最大可能解决在工程开工之前。

2. 图纸自审

（1）图纸自审由项目经理部总工程师（技术部经理）负责组织。

（2）接到图纸后，项目经理部总工程师（技术部经理）应及时安排或组织技术部门有关人员及有经验的工程师进行自审，并提出各专业自审记录。

（3）及时召集有关人员，组织内部会审，针对各专业自审发现的问题及建议进行讨论，弄清设计意图和工程的特点及要求。

（4）图纸自审的主要内容：

1）各专业施工图的张数、编号与图纸目录是否相符。

2）施工图纸、施工图说明、设计总说明是否齐全，规定是否明确，三者有无矛盾。

3）平面图所标注坐标、绝对标高与总图是否相符。

4）图面上的尺寸、标高、预留孔及预埋件的位置，以及构件平、立面配筋与剖面有无错误。

5）建筑施工图与结构施工图，结构施工图与设备基础、水、电、暖、卫、通等专业施工图的轴线、位置（坐标）、标高及交叉点是否矛盾。平面图与大样图之间有无矛盾。

6）图纸上构配件的编号、规格型号及数量与构配件一览表是否相符。

（5）图纸经自审后，应将发现的问题以及有关建议，做好记录，待图纸会审时提交讨论解决。

3. 图纸会审制度

（1）会审参加人员

建设单位（业主）、设计单位、监理单位的有关人员和施工单位的项目经理、项目总工（技术负责人）、专业技术人员、内业技术人员、质量工程师及其他相关人员。

（2）会审时间

一般应在工程项目开工前进行，特殊情况也可边开工边组织会审（如图纸不能及时供应时）。

（3）会审组织

一般由建设单位组织，项目经理部应根据施工进度要求，督促业主尽快组织会审。

（4）会审内容

1）审查施工图设计是否符合国家有关技术、经济政策和有关规定。

2）审查施工图的基础工程设计与地基处理有无问题，是否符合现场实际地质情况。

3）审查建设项目坐标、标高与总平面图中标注是否一致，与相关建设项目之间的几何尺寸关系以及轴线关系和方向等有无矛盾和差错。

4）审查图纸及说明是否齐全和清楚明确，核对建筑、结构、上下水、暖卫、通风、电气、设备安装等图纸是否相符，相互间的关系尺寸、标高是否一致。

5）审查建筑平、立、剖面图之间关系是否矛盾或标注是否遗漏，建筑图本身平面尺寸是否有差错，各种标高是否符合要求，与结构图的平面尺寸及标高是否一致。

6）审查建设项目与地下构筑物、管线等之间有无矛盾。

7）审查结构本身是否有差错及矛盾，结构图中是否有钢筋明细表，若无钢筋明细表，钢筋混凝土关于钢筋构造方面的要求在图中是否说明清楚，如钢筋锚固长度与抗震要求长度等。

8) 审查施工图中有哪些施工特别困难的部位,采用哪些特殊材料、构件与配件,货源如何组织。

9) 对设计采用的新技术、新结构、新材料、新工艺和新设备的可能性和应采用的必要措施进行商讨。

10) 设计中的新技术、新结构限于施工条件和施工机械设备能力以及安全施工等因素,要求设计单位予以改变部分设计的,审查时必须提出,共同研讨,求得圆满的解决方案。

(5) 会审记录内容

1) 工程项目名称(分阶段会审时要标明分项工程阶段)。

2) 参加会审的单位(要全称)及其人员名字(禁止用职称代替)。

3) 会审地点(地点要具体),会审时间(年、月、日)。

4) 会审记录内容:

① 建设单位和施工单位对设计图纸提出的问题并应由设计单位予以答复修改的内容(要注明图别、图号,必要时要附图说明)。

② 施工单位为便于施工或因施工安全、建筑材料等问题要求设计单位修改部分设计的会商结果与解决方法(要注明图别、图号,必要时附图说明)。

③ 会审中尚未得到解决或需要进一步商讨的问题。

④ 列出参加会审单位名称,并盖章后生效。

(6) 会审记录的发送

1) 盖章生效的图纸会审记录由内业技术人员移交给项目资料工程师,由资料工程师发送。

2) 会审记录发送单位:

① 建设单位(业主);

② 设计单位;

③ 监理单位;

④ 项目经理部:技术、工程、合约、质量、安全等部门。

2.2.2.2 施工组织设计管理制度

详见 2.4 节相关内容。

2.2.2.3 技术交底制度

详见 2.6 节相关内容。

2.2.2.4 技术核定和技术复核制度

(1) 凡在图纸会审时遗留或遗漏的问题以及新出现的问题,属于设计单位原因产生的,由设计单位以变更设计通知单的形式通知有关单位,包括施工单位、建设单位(业主)、监理单位;属建设单位原因产生的,由建设单位通知设计单位出具工程变更通知单,并通知有关单位。

(2) 在施工过程中,因施工条件、材料规格、品种和质量不能满足设计要求以及合理化建议等原因,需要进行施工图修改时,经技术核定后由施工单位以工程洽商的形式提出。

(3) 工程洽商由项目技术人员负责填写,并经项目总工程师(技术负责人)审核,重大问题须报企业(公司)总工审核,核定单应正确、填写清楚、绘图清晰,变更内容要写明变更部位、图别、图号、轴线位置、原设计和变更后的内容和要求等。

(4) 工程洽商由项目内业技术人员负责送设计单位、建设单位办理签证,经认可后方生效。

(5) 经过签证认可后的工程洽商交项目资料工程师登记发放施工班组、预算工程师、质量工程师、技术、经营预算、质检等部门。

(6) 在施工过程中,对重要的和影响全面的技术工作,必须在分部分项工程正式施工前进行复核,以免发生重大差错,影响工程质量和使用。当复核发现差错时应及时纠正,方可施工。

2.2.2.5 材料、构件检验制度

1. 材料检验证明

原材料、成品、半成品、建筑构配件、器具、设备等材料进场使用,应具备出厂合格证、取样检验证明等质量保证资料。

2. 材料的自检

参与材料检验的材料工程师、仓库主管、质量工程师应由专人担任,特别是质量检查人员,应指定专人参与检验,且专业对口。土建材料检验由土建质量工程师参加,装饰材料检验由装饰质量工程师参加,水电材料由水电质量工程师参加。材料自检时应按合同

的相应条款及技术要求进行检查。

材料进场后,由材料主管组织质量工程师、仓库主管或其他专业人员参加验收,验收内容包括厂家的生产许可证、产品合格证、检验报告、实物质量,核对材料样板及送货单的单价、数量、规格型号。

验收合格后仓管人员开具收料(货)单,卸货进仓。

按样板采购的材料必须对照样板进行验收。

检验人员在验收材料时应严格把关,材料的主要质量保证资料不齐全或时效过期,材料检验不合格等,检验人员不得签认。

检验人员在检验材料时,应如实填写检验意见,不得弄虚作假。

3. 材料的报验

材料经自检合格后,主管现场工程师应及时填写工程材料报验单并附合格证、检验报告等质量保证资料,向建设(监理)单位报验,经验收合格后方允许进场使用。

对专业性机械设备、材料,应组织建设(监理)单位及供货单位的专业技术人员共同进行验收,验收合格后供货单位应向使用单位作详细的交底、说明。

未经报验的材料或经验收不合格的材料应限期退场,不得擅自使用。

材料经验收合格后,有关资料应及时送资料工程师分类存档。

2.2.2.6 工程质量检查和验收制度

1. 隐蔽工程验收制度

(1) 凡隐蔽工程都必须组织隐蔽验收。

分部(分项)隐蔽工程由现场工程师组织验收,项目部总工程师(技术负责人)和技术部、质量部参加,邀请建设单位、监理、设计单位代表参加。

(2) 隐蔽工程检查记录是工程档案的重要内容之一,隐蔽工程经三方共同验收后,应及时填写隐蔽工程检查记录。隐蔽工程检查记录由现场工程师或该项工程施工负责人填写,专业技术负责人签字后,报监理单位或建设单位代表回签。

(3) 不同项目的隐蔽工程,应分别填写检查记录表,一式四份,报监理单位一份,自存三份归档。

(4) 隐蔽工程项目及检查内容:

1) 地基与基础工程:地质、土质情况、标高尺寸、坟、井、坑、塘的处理,基础断面尺寸、桩的位置、数量、打桩记录、人工地基的试验记录、坐标记录。

2) 钢筋混凝土工程:钢筋的品种、规格、数量、位置、形状、焊接尺寸、接头位置、除锈情况,预埋件的数量及位置,预应力钢筋的对焊、冷拉、控制应力,混凝土、砂浆的强度等级等要求以及材料代用等情况。

3) 砖砌体:抗震、拉结、砖过梁配筋部位品种、规格及数量。

4) 木结构工程:屋架、檩条、墙体、顶棚、地下等隐蔽部位的防腐、防蛀、防菌等处理。

5) 屏蔽工程:构造及做法。

6) 防水工程:屋面、地下室、水下结构物的防水找平层的质量情况、干燥程度、防水层数、马碲脂的软化点、延伸度、使用温度、屋面保温层做法,防水处理措施的质量。

7) 水暖卫暗管道工程:位置、标高、坡度、试压、通水试验、焊接、防锈、防腐、保温及预埋件等。

8) 锅炉工程:保温前胀管情况,焊接、接口位置,螺栓固定及打泵试验等。

9) 电气线路工程:导管、位置、规格、标高、弯度、防腐、接头等,电缆耐压绝缘试验、地线、地板、避雷针的接地电阻。

10) 完工后无法进行检查、重要结构部位及有特殊要求的隐蔽工程。

(5) 隐蔽工程检查记录表的填写内容

1) 单位工程名称、隐蔽工程名称、部位、标高、尺寸和工程量。

2) 材料产地、品种、规格、质量、含水率、容重、比重等。

3) 合格证及试验报告编号。

4) 地基土类别及鉴定结论。

5）混凝土、砂浆等试块（件）强度、报告单编号、外加剂的名称及掺量。

6）填写隐蔽工程检查记录，文字要简练、扼要，能说明问题，必要时应附三面图（平、立、剖面图）。

2.分项、分部工程验收制度

分项、分部工程施工完毕，现场工程师、质量工程师应严格按《建筑工程施工质量验收统一标准》（GB 50300）、各专业施工质量验收规范（最新版）、施工图纸、修改通知等进行检查、验收。

对检查发现的问题，现场工程师、质量工程师应督促班组限期整改完毕，并复查整改结果。

整改完毕后应重新报验，必须经过验收合格并确认后方允许进行下一道工序的施工。

（1）分项工程的自检及报验

分项工程的三级检验分为班组自检，现场工程师、质量工程师自检，建设（监理）单位验收。

重要的分项和隐蔽工程验收前项目质量部应提前报企业（公司）质量管理部门，企业（公司）质量管理部门安排人员参加验收、签认。

（2）分部工程的自检及报验

分部工程施工完毕，现场工程师应及时督促资料工程师整理好验收资料，并进行审核、装订。

由项目经理部技术部向企业（公司）工程管理部门申请对技术资料的审核。

项目经理应组织工程部、质量部的管理人员对分部工程进行内部自检，合格后向企业（公司）质量管理部门报请验收。

企业（公司）质量管理部门组织进行分部工程内部验收，经验收合格后，由企业（公司）质量管理部门配合项目经理部向建设（监理）单位提出分部工程验收申请。

对涉及重要结构安全和使用功能的分部工程应邀请设计单位参与验收。

2.2.2.7　工程技术档案制度

详见 2.3 节相关内容。

2.2.2.8　单位工程施工记录制度

（1）单位工程施工记录是在建工程整个施工阶段，有关施工技术方面的记录；在工程竣工若干年后，其耐久性、可靠性、安全性发生问题而影响其功能时，是查找原因、制定维修、加固方案的依据之一。

（2）单位工程施工记录，由项目经理部各专业责任工程师负责逐日记载，直至工程竣工，人员调动时，应办理交接手续，以保证其完整性。

（3）单位工程施工记录的主要内容：

1）工程的开、竣工日期以及主要分部、分项工程的施工起止日期，技术资料供应情况。

2）因设计与实际情况不符，由设计（或建设）单位在现场解决的设计问题及施工图修改的记录。

3）重要工程的特殊质量要求和施工方法。

4）在紧急情况下采取的特殊措施的施工方法。

5）质量、安全、机械事故的情况，发生原因及处理方法的记录。

6）有关领导或部门对工程所作的生产、技术方面的决定或建议。

7）气候、气温、地质以及其他特殊情况（如停电、停水、停工待料）的记录等。

（4）施工记录的记载方法：

项目经理部技术工程师在各分部工程施工完成后，将逐日记录的施工、技术处理等情况加以整理，择其关键记述，填写在施工日志上，并经技术部经理或项目总工程师（技术负责人）审核是否确实并签名后，纳入施工技术资料存档。

2.2.3　技术管理流程和内容

2.2.3.1　总体管理流程

技术管理的总体流程见图 2-4。

2.2.3.2　技术管理主要工作内容

技术管理的主要工作内容见表 2-4。

技术管理主要工作内容　　　　表 2-4

序号	工作项目	工作内容
1	原始资料调查分析	工程实施前，应对工程的原始资料进行调查和分析，此项工作应由项目经理各部门配合进行，必要时企业参与，作为编制施工组织设计的重要参考资料
2	图纸会审	工程开工后，项目总工程师（技术负责人）组织项目各专业技术人员对设计图纸进行认真学习和内部审核，并做好图纸内部会审记录。项目总工程师（技术负责人）和各专业技术工程师参加由建设单位组织的设计、监理、施工单位参加的图纸会审，并作好图纸会审记录
3	施工组织设计和重大施工方案管理工作	施工组织设计和重大施工方案由项目总工程师（技术负责人）组织项目相关人员根据工程特点进行详细编制，重大施工方案需组织专家进行论证，并经（上报）企业（公司）/监理审批后方可实施。实施前项目总工程师（技术负责人）须对项目全体管理人员和主要分包管理人员进行施工组织设计技术交底并作好记录
4	技术交底	●包括设计交底（审图记录）、施工组织设计交底、主要分部分项施工技术交底。 ●技术交底必须以书面形式进行，书面与口头相结合，并填写交底记录，审核人、交底人及接受交底人应履行交底签字手续。书面交底内容力求简明扼要，重点交清设计意图（如结构工程应交清尺寸、标高、墙厚、分中、留洞、砂浆及混凝土强度等级、预埋件数量、位置等）施工技术措施和安全措施（如配合比、工序搭接、施工段落、施工洞、成品保护、塔式起重机利用、安全架设和防护等）和工程要求等，对工艺操作规程、工艺卡等应知应会内容可组织单独学习
5	安全技术措施管理	根据工程特点、规模、结构复杂程度、工期、施工现场环境、劳动组织、施工方法、施工机械设备、变配电设施、架设工具以及各项安全防护措施等，针对施工中存在的不安全因素进行预测和分析，找出危险点，从技术和管理上采取措施加以防范，消除不安全因素，防止事故发生，确保项目安全施工
6	施工技术类标准规范管理	施工技术类标准规范管理的主要任务是保证施工技术类标准规范的及时性、有效性和可控性，项目经理部设专人负责施工技术类标准、规范的管理工作，确保施工时使用当前有效的规范版本
7	工程资料管理	●工程资料主要包括工程管理与验收资料、施工管理资料、施工技术资料、施工测量资料、施工物资资料、施工记录、施工试验资料、施工质量验收记录八个方面。 ●项目经理部设置专职资料工程师，负责整个项目施工资料的管理工作，包括所有施工资料的收集、整理、归档工作；项目总工程师（技术负责人）负责对施工资料的审核、把关
8	设计变更洽商管理	设计变更洽商的部位、内容应明确具体，技术性洽商中的经济问题要要明确经济负担责任和材料的平、议价问题，便于结算调整。设计变更洽商在业主、设计、监理和施工单位签认认可后由项目相关技术工程师指导资料工程师归档，按单位工程登记，按日期先后顺序编号，记入变更洽商台账，并且同时以复印件方式分发给项目的工程技术、合约、质检等相关部门，严格按变更洽商内容指导施工
9	测量管理	由项目测量工程师负责日常具体的测量工作管理，包括现场测量定位，测量报验、测量控制点的移交和接收等工作，同时及时填报相关测量资料及做好测量资料归档工作

续表

序号	工作项目	工作内容
10	隐检/预检等施工检查	●隐蔽工程施工检查是在施工过程中对隐蔽工程的技术复核和质量控制检查工作，在隐检项目验收检查完毕后作好隐检记录。例如，土方工程中的基底清理、基底标高等，结构工程中的钢筋品种、规格、数量等，钢结构工程中的地脚螺栓规格、位置、埋设方法等。 ●预检施工检查是对施工重要工序在正式验收前进行由施工班组进行的质量控制检查工作，在预检项目检查完毕后做好预检记录。例如，模板工程中的几何尺寸、轴线、标高、预埋件位置等，混凝土结构施工缝的留置方法、位置、接槎处理等。 ●在工程施工过程中，隐蔽或预检的检验批经分包单位自检合格后，报请总包单位质检人员组织检查验收，检查验收合格后，总包质量工程师报请监理单位进行检验批的隐检或预检工作
11	试验管理	项目试验管理由项目试验工程师组织实施，试验工程师负责编制试验计划，做好工程、材料试验的现场取样和送检工作，并作好试验台账记录
12	监视与测量装置管理	项目经理部计量工程师（专职或兼职）负责项目监视和测量的具体管理工作，熟悉掌握项目在用监视和测量装置的使用情况，督促分包商及时将到期的监视和测量装置送检，建立相应的管理台账并报企业（公司）技术部门备案。项目计量工程师应确保项目所有计量档案资料的齐全、规范、整洁、安全，并对其准确性负责
13	技术核定和技术复核	施工过程中，根据工程性质和特点，规定技术核定和技术复核主要内容，对重要的和影响全面的技术工作，必须在分部分项工程正式施工前进行复核，以免发生重大差错，影响工程质量和使用。复核发现差错时，应及时纠正后方可施工
14	分包技术管理	●对于由总包单位直接发包的劳务分包单位，项目总工程师（技术负责人）、责任工程师须对分包技术人员进行详细的施工组织设计、施工方案以及技术方面的交底，做好对分包的技术管理和指导工作。 ●对于专业分包和业主指定分包单位，项目总工程师（技术负责人）、责任工程师须对分包的施工组织设计、施工方案进行认真审核和把关，做好专业分包、指定分包的技术协调和沟通工作。 ●对分包还要从技术交底到工序控制、施工试验、材料试验、隐检预检，直到验收通过，进行系统的管理和控制
15	施工质量验收	●工程施工质量验收的程序和组织应符合现行的相关工程施工质量验收标准的规定。 ●检验批经自检合格后，报送监理单位，由监理工程师（建设单位项目技术负责人）组织施工项目专业质量（技术）负责人等进行验收，并按规定填写验收记录。 ●基础、结构验收由项目总工程师（技术负责人）组织进行内部验收，预检合格后再由建设单位、设计单位、施工单位三方合验并办理签字后交质量监督部门归档，并入竣工资料。 ●工程完工后，正式竣工验收之前项目总工程师（技术负责人）组织相关人员进行项目自检，依照设计文件、验收标准、施工规范、合同规定，对竣工项目的工程数量、质量、竣工资料进行全面检验。 ●工程项目竣工自检、整改，达到验收条件后，由项目经理部向建设单位或接管单位报送竣工申请表，按照建设单位、接管单位设定的程序，参加工程项目竣工验收工作，并向接管单位提交达到档案验收标准的竣工文件（资料）

续表

序号	工作项目	工作内容
16	技术总结管理	对于在工程施工过程中完成的有价值的技术成果要及时进行专题技术总结（如深大基坑施工技术、大体积混凝土施工技术、新型钢结构施工技术、超高层施工技术、新型幕墙体系施工技术以及其他新技术、新工艺、新材料、新设备等方面的专项技术），并形成书面文件
17	科技推广工作	项目开工初期，项目部根据工程特点和具体情况编制本工程的"四新"技术应用策划，并按照该策划在项目施工过程中组织"四新"技术的推广应用

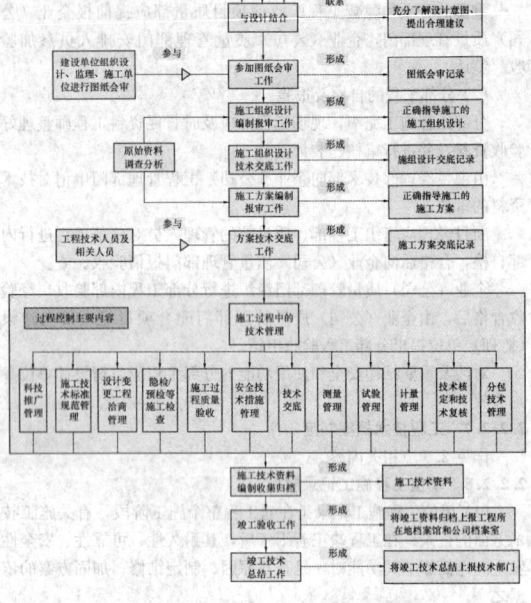

图 2-4 技术管理的总体流程图

2.2.3.3 施工技术准备工作

1. 原始资料调查分析

原始资料调查分析主要包括自然条件、技术经济条件以及其他条件等几个方面。

（1）自然条件调查分析

搜集工程所在地块的气象、建设场地的地形、工程地质和水文地质、施工现场地上和地下障碍物状况、周围民宅的坚固程度及其居民的健康状况等项资料为施工提供依据以便做好各项准备，主要调查内容见表 2-5。

自然条件调查表   表 2-5

调查项目	调查内容	调查目的
气温	年平均温度，最高、最低、最冷、最热月的逐月平均温度	（1）防暑降温； （2）混凝土、灰浆强度增长
降雨	雨季起止时间，全年降水量，昼夜最大降水量，年雷暴日数	（1）雨期施工； （2）工地排水、防洪、防雷电
风	主导风向及频率，大于或等于8级风全年天数、时间	（1）布置临时设施； （2）高空作业及吊装措施
地形	建设场地地形图，控制桩、水准点的位置	（1）布置施工总平面图； （2）现场平整土方量计算； （3）障碍物及数量

续表

调查项目	调查内容	调查目的
地震	裂度大小	(1) 对地基的影响; (2) 施工措施
地质	钻孔布置图,地质剖面图,地质的稳定性、滑坡、流沙等,地基土破坏情况,土坑、枯井、古墓、地下构筑物	(1) 土方施工方法的选择; (2) 地基处理方法; (3) 障碍物拆除计划; (4) 基础施工; (5) 复核地基基础设计
地下水	最高、最低水位及时间,流向、流速及流量,水质分析,抽水试验	(1) 土方施工; (2) 基础施工方案的选择; (3) 降低地下水位; (4) 侵蚀性质及施工注意事项
地面水	临近的江河湖泊及距离,洪水、平水及枯水时期,流量、水位及航道深,水质分析	(1) 临时给水; (2) 航运组织

(2) 技术经济条件调查分析

主要包括地方建筑生产企业、地方资源、交通运输、通信、水电及其他能源、主要设备、材料和特种物资,以及它们的生产能力等,调查内容有:

1) 地方建筑生产企业情况:企业和产品名称,生产能力,供应能力,生产方式,出厂价格,运距,运输方式等。

2) 地方资源情况:材料名称,产地,质量,出厂价,运距,运费等。

3) 交通运输条件:①铁路:邻近铁路专用线,车站至工地距离,运输条件,车站起重能力,卸货线长度,现地贮存能力,装载货物的最大尺寸,运费、装卸费和装卸力量等。②公路:各种材料至工地的公路等级、路面构造、路宽及完好情况、允许最大载重量;途经桥涵等级,允许最大载重量;当地专业运输机构及附近能提供的运输能力,运费、装卸费和装卸力量;有无汽车修配厂,至工地距离,道路情况,能提供的修配能力。③航运:货源与工地至邻近河流、码头、渡口的距离,道路情况;洪水、平水、枯水期,通航最大船只及吨位,取得船只情况;码头装卸能力,最大起重量,每吨货物运价,装卸费和渡口费。

(3) 其他条件调查分析

当地的风俗习惯、社会治安、医疗卫生;可利用的民房、劳动力和附属设施情况;当地水源和生活供应情况。

2. 图纸会审

图纸会审程序见图 2-5。

3. 技术交底

技术交底的目的是使全体施工人员了解设计意图,熟悉工程内容、特点、技术标准、施工方案、施工程序、工艺要求、质量标准、安全措施和工期要求。技术交底管理程序见图 2-6。

图 2-5　图纸会审程序

4. 技术培训

随着科学技术不断发展,建筑工程的施工技术也在不断创新、发展、提高,作为施工企业,除了正常的管理和使用外,还应注意

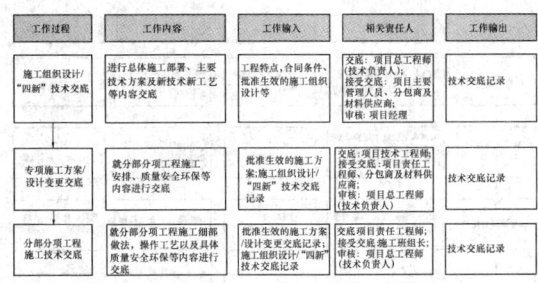

图 2-6　技术交底管理程序

对科技人员的培训工作,鼓励他们多学习,使用新技术、新工艺、新材料、新设备,提高他们自身的素质。

根据工程规模和性质制订各项培训计划,包括年度技术培训计划、工程施工阶段技术培训计划,培训完成时作好技术培训记录和培训总结。

单位工程每一分项工程开工前,均应对新进场的施工班组进行技术交底、培训。

当检查发现工地的工程质量存在较多的问题时,应对施工管理人员、工班组长进行针对性的培训。

对使用新工艺或新技术的工程以及重点工程,由企业(公司)质量管理部门制订培训计划,对施工管理人员、工班组长进行培训。

5. 规范、标准的准备

(1) 施工现场所使用的各种工程建设标准规范由项目经理部技术部门组织购买、负责管理。

(2) 企业(公司)工程(技术)管理部门应及时掌握与工程建设有关的国家、行业的标准、规范的动态,及时以文件、传真或网络等形式向企业(公司)所属各单位和工程项目通报标准、规范的颁发、修改和作废情况。

(3) 项目技术部接到工程(技术)管理部门的通报后,应及时清理本项目管理、使用的相关标准、规范。

(4) 企业(公司)工程(技术)管理部门应定期检查所属各项目建设标准、规范的使用情况,并定期将本项目使用的工程建设标准、规范目录上报企业(公司)工程(技术)管理部门核查。

(5) 标准设计图应分类存放,定期清理,及时补充新图,更换修改图纸和剔除旧图,需保存作为参考的旧图应有作废标识,并注明修改、作废的日期和依据。

6. 施工组织设计和重大施工方案的编制

工程中标后,项目技术管理人员要在投标阶段施工组织设计的基础上,根据工程实际充分掌握的现场条件和资料,进一步完善施工组织设计,重点利用当地气候条件、地质条件,当地施工常规使用的模板、脚手架、垂直运输设备、施工机械等信息,做好当地物资供应、物资租赁的调查和询价工作。条件许可时积极联络当地的施工单位了解当地施工经验和施工方法(施工组织设计及技术方案具体编制流程及方法详见 2.4、2.5 节相关内容)。

2.2.3.4　施工过程中的技术管理

1. 试验管理

工程试验是利用计量、检测手段,通过科学试验方法,鉴定原材料、半成品、成品和结构物的质量标准,选择经济可靠的成分配合比,保证工程质量,经济合理、有效地使用工程材料,降低工程造价,是工程项目技术管理工作的一项重要内容。

试验工作的程序及内容见图 2-7。

2. 技术复核

(1) 技术复核的主要内容

1) 建筑物的位置和高程:四角定位轴线(网)桩的坐标位置,测量定位的标准轴线(网)桩位置及其间距,水准点、轴线、标高等。

2) 地基与基础工程设备基础:基坑(槽)底的土质;基础中心线的位置;基础底标高、基础各部尺寸。

3) 混凝土及钢筋混凝土工程:模板的位置、标高及各部尺寸、

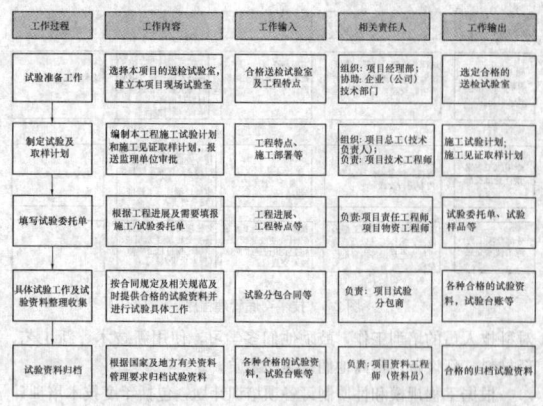

图 2-7 试验工作的程序和内容

预埋件、预留孔的位置、标高、型号和牢固程度；现浇混凝土的配合比、组成材料的质量状况、钢筋搭接长度；预埋构件安装位置及标高、接头情况、构件强度等。

4）砖石工程：墙身中心线、皮数杆、砂浆配合比等。

5）屋面工程：防水材料的配合比、材料的质量等。

6）钢筋混凝土柱、屋架、吊车梁以及特殊屋面的形状、尺寸等。

7）管道工程：各种管道的标高及其坡度；化粪池、检查井底标高及各部位尺寸。

8）电气工程：变、配电位置；高低压进出口方向；电缆沟的位置和方向；送电方向。

9）工业设备、仪器仪表的完好程度、数量及规格，以及根据工程需要指定的复核项目。

（2）技术复核记录由所办复核工程内容的技术工程师负责填写，技术复核记录应有所办技术工程师的自查复核记录，并经质检人员和项目总工（技术负责人）签署复查意见和签字。

（3）技术复核记录必须在下一道工序施工前办理。

（4）技术复核记录由所办技术工程师负责交予项目资料工程师，资料工程师收到后应进行造册登记后归档。

3. 设计变更/工程洽商管理

（1）设计变更程序见图 2-8。

图 2-8 设计变更程序

（2）工程洽商程序见图 2-9。

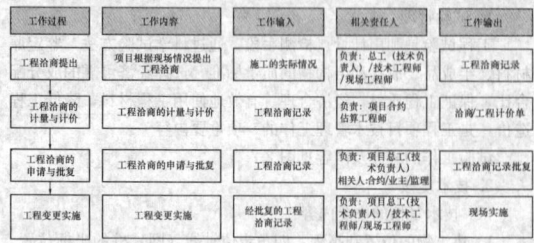

图 2-9 工程洽商程序

4. 安全技术措施（方案）管理

为确保工程项目安全目标实现，坚持"安全第一、预防为主"的方针，在编制施工组织设计时，应根据工程的特点制定相应的安全技术措施，对危险性大的施工项目，应编制专项安全技术措施和方案，重点是防范施工中人的不安全行为，物的不安全状态，作业环境的不安全因素和管理缺陷，采取安全技术措施进行有针对性的控制。具体编制内容内容详见 2.4、2.5 节相关内容。

5. 技术资料管理

详见 2.3 节相关内容。

6. 监视与测量装置管理

监视与测量装置管理程序见图 2-10。

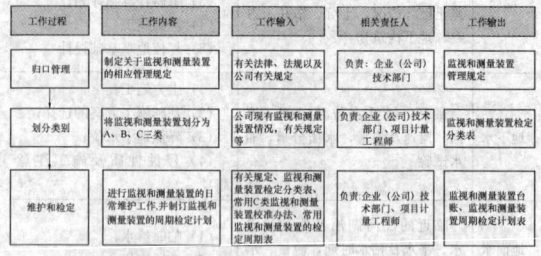

图 2-10 监视与测量装置管理程序

现场监视与测量装置要定人保管，建立账卡，保持账、卡、物、号相符。

项目计量工程师（专职或兼职）负责本项目监视与测量装置的具体管理工作，应熟悉掌握本项目在用的监视与测量装置的使用情况，督促分包商及时将到期的监视与测量装置送检，在工程开工两个月内及时将建立的监视与测量装置管理台账报送企业（公司）工程技术部门备案，应确保项目所有计量档案资料的齐全、规范、整洁、安全，并对其准确性负责。

凡投入使用的监视与测量装置必须保证在检定有效期内，而且可以正常使用。

项目计量工程师（专职或兼职）应在项目分包商进场初期及施工期间，对分包商准备投入的监视与测量装置进行检查，检查内容为监视与测量装置的精度及检定有效期。发现或疑似有问题的监视与测量装置，严禁投入使用，要求分包商对此澄清直至得到证实后方可投入使用。

监视与测量装置的操作者应掌握所使用监视与测量装置的性能及使用维护要求。当发现监视与测量装置有异常时，应及时处理，严禁继续使用，否则追究操作者的责任。操作者应作好监视与测量装置仪器维护保养记录。

监视与测量装置经长途运输或长时间停用后，重新使用前无论其是否在检定有效期内，都必须对其进行精度校准，发现问题及时送检定部门检定。

对分包商的 A、B 类监视与测量装置由分包所在项目制订监视与测量装置周期检定计划并报至企业（公司）工程技术部门备案，项目应按照制订的检定计划督促分包商及时对监视与测量装置进行检定。

7. 测量管理

测量管理程序见图 2-11。

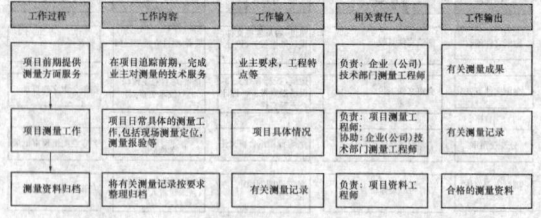

图 2-11 测量管理流程

项目测量工程师负责接收、保管与项目有关的建筑红线点、高程点及相关测量记录；负责现场轴线控制网和高程控制网的建立；对现场施工测量记录等测量数据进行计算与校核等；负责编制施工测量方案，对批准的测量方案，指导分包单位具体实施；按照国家有关法律法规、工程规范及标准的要求，负责施工测量记录表格的填报工作；沟通、协调施工过程中分包、总包、咨询工程师以及有关建设管理部门在测量方面的工作关系。

8. 施工技术标准规范管理

(1) 技术标准规范管理程序见图 2-12。

工作过程	工作内容	工作输入	相关负责人	工作输出
收集有关标准规范有效版本并列出清单	收集有关国家、行业、地方等领布的施工技术类标准规范并列入清单	各种有关最新标准规范的信息	主管部门: 企业(公司)技术部门/工程项目所在地的标准规范清单	施工技术类标准规范有效版本清单及工程所在地的标准规范清单
提出需求	根据项目的特点、所涉及的主要施工工艺,提交标准规范的需求清单	施工技术类标准规范有效版本清单及工程所在地的标准规范清单	负责: 项目经理部(项目部)各部门提出需求	标准规范需求清单
购置	询价后,购置各个项目所需的施工技术类标准规范	标准规范需求清单	购置部门: 企业(公司)技术部门/项目经理部	各种最新的施工技术类标准规范
受控发放	根据各项目提出的需求清单,主管部门登记下发	标准规范需求清单	下发部门: 企业(公司)技术部门/项目经理部	各项目/部门收发文台账
过程控制	各相关单位应建立施工技术类标准规范台账,作好收发记录	各项目/部门收发文台账	管理部门: 企业(公司)技术部门/项目经理部	施工技术类标准规范台账
竣工移交	各项目竣工后应将待归档的标准规范移交回主管部门	各项目/部门收发文台账	负责部门: 项目经理部、项目部各部门	各项目/部门收发文台账

图 2-12 技术标准规范管理程序

(2) 管理内容。

1) 施工过程中,要配备齐全工程施工所需的各种规范、标准、规程、规定,以供施工中严格执行。

2) 施工过程中,要建立项目的技术标准体系,编制技术标准目录,本项工作由项目资料工程师在项目总工(技术负责人)指导下完成。

3) 标准管理工作由项目总工(技术负责人)主持,项目资料工程师具体负责。

4) 配给专业队、质量检查、钢筋翻样、安全等有关技术人员使用的技术标准、规范、规定、规程,须按登记发放。当有关人员调离项目部时,应上交资料工程师。

5) 当某标准作废时,标准化管理人员应及时通知有关人员,交旧发新防止作废标准继续使用。

9. 科技推广工作

详见 2.7 节相关内容。

10. 分包技术管理

对于由总包单位直接发包的劳务分包单位,项目总工程师(技术负责人)、责任工程师需对分包技术人员进行详细的施工组织设计、施工方案以及技术方面的交底,做好对分包的技术管理和指导工作。

对于专业分包和业主指定分包单位,项目总工程师(技术负责人)、责任工程师需对分包单位编制的施工组织设计、施工方案进行认真审核和把关,做好专业分包、指定分包的技术协调和沟通工作。

同时,还要从技术交底到工序控制、施工试验、材料试验、隐检预检,直到验收通过,对分包进行系统的管理和控制。

11. 施工质量验收、隐检/预检等施工检查

详见本书第 2.2.2.6 节。

2.2.3.5 项目竣工和完工后的技术管理

1. 技术总结与集成

施工技术总结,是工程项目施工组织管理和施工技术应用的实践记录。编写工程项目施工技术总结,是为了总结施工中的经验教训,提高施工技术管理水平,形成企业的技术资产,为后续工程的承揽和施工提供依据和借鉴。

对于采用新技术、新工艺、新材料、新设备以及特殊施工方法的工程,应编写专题施工技术总结;本企业首次施工的特殊结构工程,新颖的高级装饰工程,引进新施工技术的工程应进行技术总结。

施工技术总结应在施工过程中随时积累资料,由总工程师(技术负责人)组织有关人员及时进行编写,主管编写施工技术总结的技术人员必须在编写任务完成后方可离任,企业工程技术(管理)部门履行督促、指导职能。

建设单位对施工技术总结编写内容及分工有明确规定或合同条款有明确规定的,应按建设单位提出的要求或合同规定编写并报送。

(1) 管理流程:

项目总工(技术负责人)组织编制→项目经理审核→工程技术(管理)部门复核→档案室归档。

(2) 编写内容和要求:

1) 总结要简明扼要地介绍工程概况,以图、表形式为主,文字叙述为辅。

2) 涉及采用的施工方法,包括方案的优化选择、主要的技术措施和实施效果;采用的先进技术、工艺的经济比较结果,技术性能、关键技术与国内外先进技术相比达到的先进程度;质量要求和实际达到的情况,劳动力组织、施工准备、操作要点和注意事项,经验教训和体会,易出现的质量问题和防治对策,需要有待进一步解决的技术问题,技术经济效益对比等,要详细叙述。

3) 施工中采用的标准、规范、规程、规定。

4) 施工中采用的质量和安全保证体系和实施措施,文明施工和成品保护措施。

5) 提供必要的插图、照片,条件许可时应提供施工录像带。

(3) 项目各类技术人员的职责:

1) 施工技术总结由项目总工(技术负责人)组织编写,从工程开工之日起,项目总工(技术负责人)应组织人员分工负责搜集工程项目及"四新"项目的有关技术资料、数据。

2) 技术工程师编制施工技术总结计划,并与科技开发和推广计划一并下达。

3) 项目及"四新"项目完成后,应立即编写技术总结,并上报技术管理部门。

4) 项目总工(技术负责人)在组织编写施工技术总结的过程中,项目部的有关部门和人员应提供下述资料和其他必要的资料:

① 内业部门提供计划工期与实际工期的对比状况;

② 材料部门提供三材节约情况,核实材料节约率;

③ 机械部门提供机械设备性能、配备情况及使用率对比情况;

④ 质检部门提供达到质量标准的实际水平;

⑤ 试验室提供试验、检测资料;

⑥ 经营部门负责经济效益的分析对比工作;

⑦ 财务部门负责经济效益的成本核算工作;

⑧ 安全部门提供安全防护技术措施资料。

(4) 施工技术总结编写完成经审批后,由项目内业技术人员负责向企业(公司)技术部门上报。

(5) 施工技术总结内容:

1) 工程概况:工程范围及主要工程数量、主要技术条件及标准、自然条件、施工特点、工程造价、工程开竣工日期等。

2) 施工准备:征地拆迁、大小临建工程设计施工情况、材料、设备、人员的配备进场及其他有关问题的处理情况等。

3) 施工组织:组织机构、施工队伍布置、工期安排、工程任务划分等。

4) 施工过程:

① 主要工程进度及逐年完成任务情况。

② 物资供应及消耗情况。

③ 机械配备及使用情况。

④ 主要施工方法、施工方案和采用的新技术、新工艺、新材料、新设备等情况。

⑤ 重大施工技术关键问题及采取的措施,重大变更设计和工程索赔等情况。

5) 工程质量、环保、安全管理情况:

① 质量、环境保护、职业健康安全管理体系的建立和运行情况。

② 施工过程中工程质量、环境保护、职业健康安全方面采取的主要措施与成效。

③ 项目创优质工程情况。

④ 工程自验和验收交接情况、对工程存在问题的处理意见、工程质量评价。

6) 工程施工和管理的主要经验、教训和体会。

7) 附表（图）：

① 主要工程数量汇总表。

② 主要工程机械使用统计表。

③ 主要材料使用数量统计表。

④ 工程平面、横纵断面示意图。

8) 工程照片及音像资料：工程开工、竣工、重点工程、采用"四新"技术等工程照片及音像资料。

（6）施工技术总结应在竣工验收后 2 个月内编制完成，并将装订成册的文字资料及电子文档报送企业（公司）工程管理部门和档案室各一份。

2. 成果鉴定与报奖

详见 2.7 节相关内容。

2.3　工程资料管理

2.3.1　各单位资料管理职责

建设、勘察、设计、施工、监理等单位应将工程文件的形成和积累纳入工程建设管理的各个环节和有关人员的职责范围。

2.3.1.1　建设单位的资料管理职责

（1）在工程招标及与勘察、设计、施工、监理等单位签订协议、合同时，应对工程文件的编制、套数、费用、移交期限等提出明确的要求。

（2）收集、整理、组卷工程准备阶段文件及工程竣工文件。

（3）负责组织、监督和检查勘察、设计、施工、监理等单位的工程文件的形成、积累和立卷归档工作；也可委托监理单位监督、检查工程文件的形成、积累和立卷归档工作。

（4）收集和汇总勘察、设计、施工、监理等单位立卷归档的工程档案。

（5）应负责组织竣工图的绘制工作，也可委托施工单位、监理单位或设计单位进行，并按相关文件规定承担费用。

（6）在组织工程竣工验收前，应提请当地的城建档案管理机构对工程档案进行预验收；未取得工程档案预验收认可文件，不得组织工程竣工验收。

（7）对列入城建档案馆接收范围的工程，工程竣工验收后在规定的时间内向当地城建档案馆移交一套符合规定的工程档案。

2.3.1.2　施工单位的资料管理职责

（1）施工资料应由施工单位负责收集、整理与组卷，并保证工程资料的真实有效、完整齐全及可追溯性。

（2）建立健全施工资料管理岗位责任制，工程资料的收集、整理应由专人负责。

（3）由建设单位发包的专业承包施工工程，分包单位应将形成的施工资料直接交建设单位；由总包单位发包的专业承包施工工程，分包单位应将形成的施工资料交总包单位，总包单位汇总后交建设单位。

（4）施工总承包单位应向建设单位移交不少于一套的完整的工程档案。

（5）施工单位按国家或地方资料管理规程的要求将需要归档保存的工程档案归档保存，并合理确定工程档案的保存期限。

2.3.1.3　勘察、设计、监理单位的资料管理职责

（1）各单位应对本单位形成的工程文件负责管理，确保各自文件的真实有效、完整齐全及可追溯性。

（2）各单位应将本单位形成的工程文件组卷后在规定的时间内及时向建设单位移交。

（3）各单位应将各自需要归档保存的工程档案归档保存，并合理确定工程档案的保存期限。

2.3.1.4　城建档案馆的资料管理职责

城建档案管理机构应对工程资料的组卷归档工作进行监督、检查、指导。在工程竣工验收前，应对工程档案进行预验收，验收合格后，出具工程档案认可文件。

2.3.2　工程资料分类与编号

2.3.2.1　分类

工程资料按照其特性和形成、收集、整理的单位不同分为：工程准备阶段文件、监理资料、施工资料、竣工图和工程竣工文件 5 类，具体详细划分如图 2-13 所示。

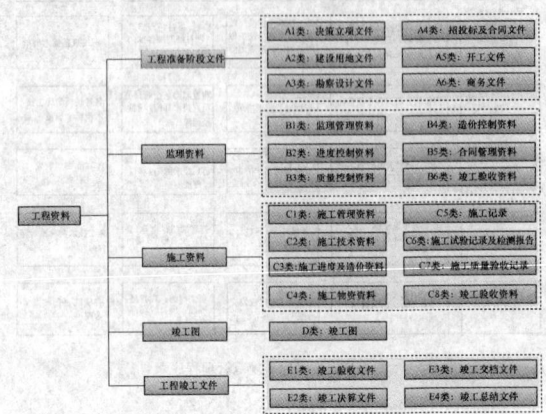

图 2-13　工程资料分类

2.3.2.2　编号

（1）工程准备阶段文件、工程竣工文件可按形成时间的先后顺序和类别，由建设单位确定编号原则。

（2）监理资料可按资料的类别及形成时间顺序编号。

（3）施工资料的编号宜符合下列规定：

1）施工资料编号可由分部、子分部、分类、顺序号 4 组代号组成，组与组之间应用横线隔开，见图 2-14。

图 2-14　施工资料编号

① 为分部工程代号，可按《建筑工程资料管理规程》（JGJ/T 185—2009）附录 A.3.1 的规定执行；

② 为子分部工程代号，可按《建筑工程资料管理规程》（JGJ/T 185—2009）附录 A.3.1 的规定执行；

③ 为资料的类别编号，可按《建筑工程资料管理规程》（JGJ/T 185—2009）附录 A.3.1 的规定执行；

④ 为顺序号，可根据相同表格、相同检查项目，按形成时间顺序填写。

2）对按单位工程管理，不属于某个分部、子分部工程的施工资料，其编号中分部、子分部工程代号用"00"代替。

3）同一厂家、同一品种、同一批次的施工物用在两个分部、子分部工程中时，资料编号中的分部、子分部工程代号可按主要使用部位填写。

4）工程资料的编号应及时填写，专用表格的编号应填写在表格右上角的编号栏中；非专用表格应在资料右上角的适当位置注明资料编号。

2.3.3　工程资料管理

2.3.3.1　工程资料形成步骤

工程资料的形成步骤见图 2-15。

2.3.3.2　工程资料形成及管理要求

1. 形成要求

工程资料应与建筑工程建设过程同步形成，并应真实反映建筑工程的建设情况和实体质量。工程资料形成一般要求如下：

（1）工程资料形成单位应对资料内容的真实性、完整性、有效性负责；由多方形成的资料，应各负其责。

（2）工程资料的填写、编制、审核、审批、签认应及时进行，其内容应符合相关规定。

（3）工程资料不得随意修改；当需要修改时，应实行划改，并由划改人签署。

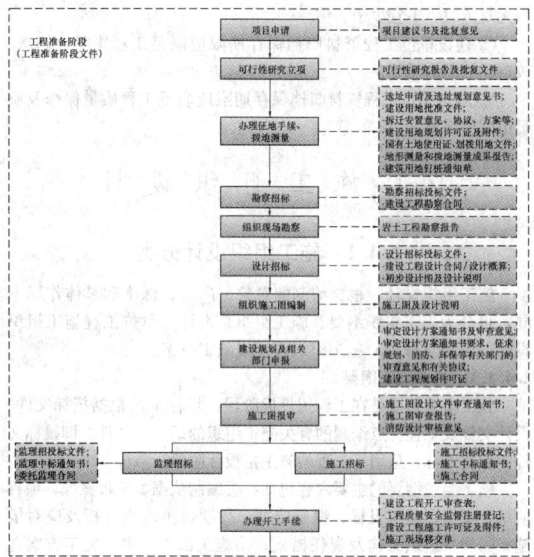

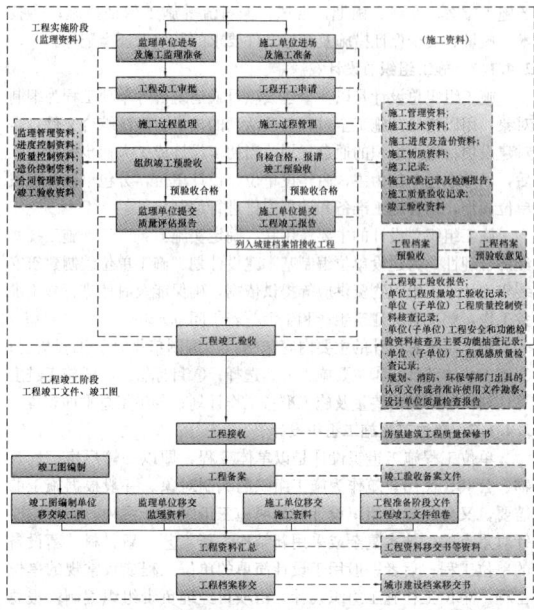

图 2-15　工程资料形成步骤

(4) 工程资料的文字、图表、印章应清晰。

2. 工程资料管理要求

(1) 工程资料管理应制度健全、岗位责任明确，并应纳入工程建设管理的各个环节和各级相关人员的职责范围。

(2) 工程资料的套数、费用、移交时间应在合同中明确。

(3) 工程资料的收集、整理、组卷、移交及归档应及时。

(4) 工程资料的收集、整理应由专人负责管理，资料管理人员应经过相应的培训。

(5) 工程资料的形成、收集和整理应采用计算机管理。

2.3.3.3　工程资料填写、编制、审核及审批要求

(1) 工程准备阶段文件和工程竣工文件的填写、编制、审核及审批应符合国家现行有关标准的规定。

(2) 监理资料的填写、编制、审核及审批应符合现行国家标准《建设工程监理规范》(GB 50319) 的有关规定；监理资料用表宜符合《建筑工程资料管理规程》(JGJ/T 185) 的规定。

(3) 施工资料的填写、编制、审核及审批应符合国家现行有关

标准的规定；施工资料用表宜符合《建筑工程资料管理规程》(JGJ/T 185) 的规定。

(4) 竣工图的编制及审核：

1) 新建、改建、扩建的建筑工程均应编制竣工图；竣工图应真实反映竣工工程的实际情况。

2) 竣工图的专业类别应与施工图对应。

3) 竣工图应依据施工图、图纸会审记录、设计变更通知单、工程洽商记录 (包括技术核定单) 等绘制。

4) 当施工图没有变更时，可直接在施工图上加盖竣工图章形成竣工图。

5) 竣工图的绘制应符合国家现行有关标准的规定。

6) 竣工图应有竣工图章 (图 2-16) 及相关责任人签字。

图 2-16　竣工图章示意图

7) 竣工图的绘制方法如下：

① 竣工图按绘制方法不同可分为以下几种形式：利用电子版施工图改绘的竣工图、利用施工蓝图改绘的竣工图、利用翻晒的硫酸纸底图改绘的竣工图及重新绘制的竣工图。

② 编制单位应根据各地区、各工程的具体情况，采用相应的绘制方法。

③ 利用电子版施工图改绘的竣工图应符合下列规定：

a. 将图纸变更结果直接改绘到电子版施工图中，用云线圈出修改部位，按表 2-6 的形式作修改内容备注表；

修改内容备注表　　表 2-6

设计变更、洽商编号	简要变更内容

b. 竣工图的比例应与原施工图一致；

c. 设计图签中应有原设计单位人员签字；

d. 委托本工程设计单位编制竣工图时，应直接在设计图签中注明"竣工阶段"，并应有绘图人、审核人的签字；

e. 竣工图章可直接绘制成电子版竣工图签，出图后应有相关责任人的签字。

④ 利用施工图蓝图改绘的竣工图应符合下列规定：

a. 应采用杠 (划) 改法或叉改法进行绘制；

b. 应使用新晒制的蓝图，不得使用复印图纸；

⑤ 利用翻晒硫酸纸图改绘的竣工图应符合下列规定：

a. 应使用刀片将需更改的部位刮掉，再将变更内容标注在修改部位，在空白处作修改内容备注表；修改内容备注表样式可按表 2-6 进行。

b. 宜晒制成蓝图后，再加盖竣工图章。

⑥ 当图纸变更内容较多时，应重新绘制竣工图。重新绘制的竣工图应符合《建筑工程资料管理规程》(JGJ/T 185) 的规定。

2.3.3.4　工程资料收集、整理与组卷

(1) 工程准备阶段文件和工程竣工文件应由建设单位负责收集、整理与组卷。

(2) 监理资料应由监理单位负责收集、整理与组卷。

(3) 施工资料应由施工单位负责收集、整理与组卷。

(4) 竣工图应由建设单位负责组织，也可委托其他单位。

(5) 工程资料组卷应遵循自然形成规律，保持卷内文件、资料的内在联系。工程资料可根据数量多少组成一卷或多卷。

(6) 工程准备阶段文件和工程竣工文件可按建设项目或单位工程进行组卷。

(7) 监理资料应按单位工程进行组卷。

(8) 施工资料应按单位工程组卷，并应符合下列规定：

1) 专业承包工程形成的施工资料应由专业承包单位负责，并应单独组卷。

2) 电梯应按不同型号每台电梯单独组卷。

3) 室外工程应按室外建筑环境、室外安装工程单独组卷。

4) 当施工资料中的部分内容不能按一个单位工程分类组卷时，可按建设项目组卷；

5) 施工资料目录应与其对应的施工资料一起组卷。

(9) 竣工图应按专业分类组卷。

(10) 工程资料组卷内容宜符合《建筑工程资料管理规程》(JGJ/T 185) 的相关规定。

(11) 工程资料组卷应编制封面、卷内目录及备考表，其格式及填写要求按《建设工程文件归档整理规范》(GB/T 50328) 的有关规定执行。

2.3.3.5 工程资料的验收

(1) 工程竣工前，各参建单位的主管（技术）负责人应对本单位形成的工程资料进行竣工审查；建设单位应按照国家验收规范的规定和城建档案管理的有关要求，对勘察、设计、监理、施工单位汇总的工程资料进行验收，使其完整、准确。

(2) 单位（子单位）工程完工后，施工单位应自行组织有关人员进行检查评定，合格后填写工程竣工报验单，并附相应的竣工资料（包括分包单位的竣工资料）报项目监理部，申请工程竣工验收。总监理工程师组织项目监理部人员与施工单位进行检查验收，合格后总监理工程师签署工程竣工报验单。

(3) 单位（子单位）工程竣工预验收通过后，应由建设单位（项目）负责人组织设计、监理、施工（含分包单位）等单位（项目）负责人进行单位（子单位）工程验收，形成单位（子单位）工程质量验收记录。

(4) 列入城建档案馆档案接收范围的工程，建设单位在组织工程竣工验收前，应提请城建档案管理机构对工程档案进行预验收。建设单位未取得城建档案馆管理机构出具的认可文件，不得组织工程竣工验收。

(5) 城建档案管理机构在进行工程档案预验收时，应重点验收以下内容：

1) 工程档案齐全、系统、完整。

2) 工程档案的内容真实，准确地反映工程建设活动和工程实际状况。

3) 工程档案已整理组卷，组卷符合国家验收规范的规定。

4) 竣工图绘制方法、图式及规格等符合专业技术要求，图面整洁，盖有竣工图章。

5) 文件的形成，来源符合实际，要求单位或个人签章的文件，其签章手续完备。

6) 文件材质、幅面、书写、绘图、用墨、托裱等符合要求。

2.3.3.6 工程资料移交与归档

(1) 工程资料移交归档应符合国家现行有关法规和标准的规定；当无规定时，应按合同约定移交归档。

(2) 工程资料移交应符合下列规定：

1) 施工单位应向建设单位移交施工资料。

2) 实行施工总承包的，各专业承包单位应向施工总承包单位移交施工资料。

3) 监理单位应向建设单位移交监理资料。

4) 工程资料移交时应及时办理相关移交手续，填写工程资料移交书、移交目录。

5) 建设单位应按国家有关法规和标准的规定向城建档案管理部门移交工程档案，并办理相关手续。有条件时，向城建管理部门移交的工程档案应为原件。

(3) 工程资料归档应符合下列规定：

1) 工程参建各方宜符合《建设工程文件归档整理规范》(GB/T 50328) 中的有关要求将工程资料归档保存。

2) 归档保存的工程资料，其保存期限应符合下列规定：

① 工程资料归档保存期限应符合国家现行有关标准的规定；

当无规定时，不宜少于 5 年。

② 建设单位工程资料归档保存期限应满足工程维护、修缮、改造、加固的需要。

③ 施工单位工程资料归档保存期限应满足工程质量保修及质量追溯的需要。

2.4 施工组织设计

2.4.1 施工组织设计分类

施工组织设计，根据编制的对象、广度、深度和具体作用不同，可分为施工组织纲要、施工组织总设计、单位工程施工组织设计、分部（分项）施工组织设计或施工方案。

2.4.1.1 施工组织纲要

施工组织纲要是在工程招投标阶段，投标单位根据招标文件、设计文件及工程特点编制的有关施工组织的纲要性文件，即投标文件中的技术标，适用于工程的施工招投标阶段。

施工组织纲要的主要内容包括：①编制依据、工程概况、项目质量、安全、环境目标、编制依据；②项目重难点分析及应对措施；③项目组织架构及责任措施；④施工部署，主要施工方案选择；⑤施工总控计划，工期分析；⑥施工总平面布置，临水、临电及暂设工程；⑦劳动力、机械、材料需求计划；⑧分部分项工程主要施工方案；⑨冬、雨期，台风，泥石流等施工保证措施；⑩技术、质量、安全保证措施及招标文件要求的其他保证措施等。

2.4.1.2 施工组织总设计

施工组织总设计是以一个建设项目或建筑群等单项工程为编制对象，用以指导其施工全过程各项活动的技术、经济综合文件，是对建设项目施工组织的通盘规划。当初步设计或扩大初步设计批准后，以总承包单位为主，由建设单位、设计单位，分包单位及有关单位参加，结合施工准备和计划安排进行编制。

施工组织总设计的主要作用是：确定实施方案、论证施工技术经济合理性，为建设单位编制基本建设计划、施工单位编制建筑安装实施计划、组织物资供应等提供依据，确保能及时地进行施工准备工作，解决有关建筑生产和生活等若干问题。

施工组织总设计的主要内容包括：①编制依据；②工程概况；③施工总体部署；④主要施工方案选择；⑤目标管理；⑥施工进度总计划；⑦资源需要量及施工准备工作计划；⑧施工总平面布置。

2.4.1.3 单位工程施工组织设计

单位工程施工组织设计是以单体工程，即以一幢厂房、构筑物、公共、民用建筑作为施工组织的编制对象。一般根据施工的需要，又分为施工组织设计和简明施工组织设计两种，前者主要针对重点的、技术复杂或采用新结构、新工艺、新材料、新设备的单位工程；后者一般用于设计简单的单位工程或较常规的单位工程。单位工程施工组织设计，由项目经理负责组织编制，报承包单位技术负责人审批、签字并经监理批准实施。

单位工程施工组织设计的主要内容包括：①编制依据；②工程概况及特点；③施工部署；④施工准备；⑤主要施工方法；⑥主要管理措施；⑦施工进度计划；⑧施工平面布置。

2.4.1.4 分部（分项）工程施工组织设计

分部（分项）施工组织设计是以分部（分项）工程为编制对象，用以指导其各专项工程施工活动的技术经济文件。它适用于工程规模较大、技术复杂或施工难度大的分部（分项）工程。如土建单位工程中施工复杂的桩基、土方、基础工程，钢筋混凝土工程，大型结构吊装工程，有特殊要求的装修工程等；由专业施工单位施工的大量土石方工程、特殊基础工程、设备安装工程、水电暖卫工程等。

分部（分项）施工组织设计，一般由单位工程的技术负责人组织编制，由施工企业负责审批，报施工和监理备案（个别重要方案业主需备案）。该组织方案是结合具体专项工作，在单位工程施工组织设计基础上进一步细化、针对专业工程的施工设计方案，是直接指导现场施工和编制月、旬作业计划的依据。

分部（分项）施工组织设计的主要内容包括：①编制依据、分

部（分项）工程特点；②施工方法、技术措施及操作要求；③工序搭接顺序及协作配合要求；④各分部（分项）工程的工期要求；⑤特殊材料和机具需要量计划；⑥技术组织措施、质量保证措施和安全施工措施；⑦作业区施工平面布置图设计。

2.4.2　编制施工组织设计的准备工作

2.4.2.1　合同文件的分析

项目合同文件是承包工程项目的依据，也是编制施工组织设计的基本依据，分析合同文件重点要弄清以下几方面内容：

（1）工程地点、名称、业主、投资商、监理等合作方。

（2）承包范围、合同条件：目的在于对承包项目有全面的了解，弄清各项工程单位工程名称、专业内容、工程结构、开竣工日期、质量标准、界面划分、特殊要求等。

（3）设计图纸：要明确图纸的日期和份数，图纸设计深度，图纸备案，设计变更的通知方法等。

（4）物资供应：明确各类材料、主要机械设备、安装的设备等的供应分工和供应办法。由业主负责的，要弄清何时能供应、由哪方供应、供应批次等，以便制订需用量计划和仓储措施，安排好施工计划。

（5）合同指定的技术规范和质量标准：了解指定的技术规范和质量标准，以便为制定技术措施提供依据。

以上是着重了解的内容，当然对合同文件中的其他条款，也不容忽略，只有对它认真地研究，方能编制出全面、准确、合理的施工组织设计。

2.4.2.2　施工现场、环境调查

要对施工现场、周边环境作深入细致的实际调查，调查的主要内容有：

（1）现场勘查，明确建筑物的位置、工程的大概工程量，场地现状条件等。

（2）收集施工地区的自然条件资料，如地形、地质、水文资料等设计文件。

（3）了解施工地区内的既有房屋、通信电力设备、给水排水管道、墓穴及其他建筑物情况，以便安排拆迁、改建计划。

（4）调查施工区域的周边环境，有无大型社区，交通条件，施工水源、电源，有无施工作业空间，是否需临时占用市政空间等。

（5）调查社会资源供应情况和施工条件。主要包括劳动力供应和来源，主要材料生产和供应，主要资源价格、质量、运输等。

2.4.2.3　核算工程量

编制施工组织前和过程中，要结合业主提供的工程量清单或计价文件，对实施项目利用工程预算进行核算。目的是通过工程量核算，一是确保施工资源投入的合理性，包括劳动力和主要资源需量的投入，同时结合施工部署中分层、分段流水作业的合理组织要求，量化人、材、机的投入数量和批次；二是通过工程量的计算，结合施工方法，编制施工辅助措施的投入计划，如土方工程的施工由利用挡土板改为放坡以后，土方工程量即会应增加，而支撑锚钉材料就相应全部取消。

在编制施工组织设计前，结合施工部署方案的制订，对项目工程量进行详细核算，能够确保施工准备阶段措施量较为准确地测算，并在施工组织设计中得到详细体现，制定措施量投入计划，实现施工成本控制的预前控制。

2.4.3　编制施工组织设计的原则

施工组织设计编制时应遵循的一些基本原则见表2-7。

施工组织设计编制的基本原则　　　　表2-7

序号	编 制 原 则
1	贯彻国家工程建设的法律、法规、方针和政策，严格执行基本建设程序和施工程序，认真履行承包合同，科学地安排施工顺序，保证按期或提前交付业主使用
2	根据实际情况，拟定技术先进、经济合理的施工方案和施工工艺，认真编制各项实施计划和技术组织措施，严格控制工程质量、进度、成本，确保安全生产和文明施工，做好职业安全健康、环境保护工作

续表

序号	编 制 原 则
3	运用流水施工方法和网络计划技术，采用有效的劳动组织和施工机械，组织连续、均衡、有节奏的施工
4	科学安排冬雨期及夏季高温、台风等特殊环境条件下的施工项目，落实季节性施工措施，保证全年施工的均衡性、连续性
5	贯彻多层次技术结构的技术政策，因时、因地制宜地促进技术进步和建筑工业化的发展，不断提高施工机械化、预制装配化，改善劳动条件，提高劳动生产率
6	尽量利用现有设施和永久性设施，努力减少临时工程；合理确定物资采购及存储方式，减少现场库存量和物资损耗；科学地规划施工总平面

由于投标性施工组织设计（即施工组织纲要）与实施性施工组织设计在编制条件、内容组织、审核对象、责任程序等方面的区别，编制投标性施工组织设计时还应遵循的特别原则见表2-8。

投标性施工组织设计编制的特别原则　　表2-8

序号	编 制 原 则
1	积极响应招标文件要求，对招标文件提出的要求应作出明确、具体的承诺。对招标文件中有意见的条款，可先保留意见或根据招标文件的要求提供合理化建议
2	编制内容要注意从总体上体现本企业的综合实力、施工技术能力及管理水平，体现企业管理的控制性和战略性
3	充分进行调查研究，力求全面搜集相关资料，尽量做到考虑全面、重点突出，使施工方案具有针对性、可行性和先进性

2.4.4　施工组织设计编制及实施的控制环节

2.4.4.1　施工组织设计与投标技术文件的衔接

1. 施工组织设计与投标技术文件的比较

根据施工组织设计与投标技术文件比较见表2-9。

施工组织设计与投标技术文件的比较　　表2-9

	内容	投标技术文件	施工组织设计
相同点	编制对象	两者针对同一个项目	
	编制思想	重点突出，兼顾全面，确保质量，安全适用，技术先进，经济合理	
	基本内容	一般都包括：①编制依据及说明；②工程概况；③施工准备及各种资源计划；④施工部署和施工方案；⑤进度计划；⑥总平面布置图；⑦各类管理保证措施等	
	控制重点	（1）施工部署和施工方案，解决施工中的组织指导思想和技术方法问题； （2）施工进度计划，解决顺序和时间问题； （3）施工总平面图，解决空间问题和施工"投资"问题	
不同点	服务范围	投标、签约	施工准备至竣工验收
	编制目的	中标：指导合同谈判，提出要约和承诺；对工程总体规划	进行施工准备，指导或组织工程的具体实施及操作
	编制时间	必须在投标截止日期前完成	工程签约后，在所针对的项目实施前完成
	编制依据和条件	施工准备及施工条件未完全落实、具有不确定性	编制依据和施工条件具有相应的确定性、稳定性和完整性
	编制内容	除基本内容外，根据招标要求可能还包括：合理化建议，备选方案，业主的施工配合及准备工作，承包商资质及业绩证明文件，拟派项目主要管理人员简历及业绩等。对于涉及设计的项目，还应包括深化设计方案及图纸	在投标技术文件的指导下，根据工程客观实际条件，企业相关技术文件规定编制，可以引用或参考其他管理文件
	特点	战略性、规划性	实施性、指导性

续表

内容		投标技术文件	施工组织设计
不同点	编制人员和程序	由投标单位工程技术部门组织、采购估算部门人员配合,一次性、全面地对工程项目施工组织的规划和指导	由项目经理组织项目部的技术、生产等管理人员,根据实际条件对工程项目(可分阶段、分部位)制定实施性的施工组织设计
	审核人员	招标单位及业主方面的主管人员和相关专家	承包商内部各部门及项目部各有关人员、业主现场代表和监理人员

2. 施工组织设计与投标技术文件之间的关系

在投标阶段,施工组织设计是投标技术文件的主要组成部分。中标后,施工组织设计与投标技术文件中的施工组织设计(简称"投标性施工组织设计")之间应该是顺序关系、制约关系和一定的替代关系,见图 2-17。

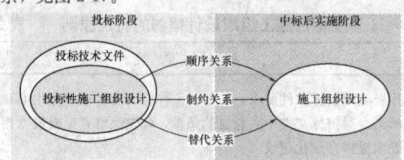

图 2-17 施工组织设计与投资技术文件之间的关系

2.4.4.2 控制目标的确定

施工组织设计中的主要控制目标包括工期目标、质量目标、成本目标、职业健康与安全管理目标、环境管理目标和文明施工目标等。

承包商施工控制目标一般应根据业主招标文件及施工合同中要求的目标,并根据企业自身施工素质和拥有的人力、物力、财力,在经过周密的计划与详细的计算后,综合确定。该目标必须满足或高于合同要求目标,并作为控制施工进度、质量和成本计划的依据。

2.4.4.3 主要技术方案与企业和工程实际的衔接

(1) 主要技术方案的制定:应尽量适应施工过程的复杂性和具体施工项目的特殊性,并尽可能保持施工生产的连续性、均衡性和协调性。

(2) 主要技术方案的编制和实施:要由企业的施工管理制度予以保证,通过企业法规确定其施工指导文件的地位。施工组织设计中大型施工方案的可行性在投标阶段应经过初步论证,在实施阶段应进行细化并审慎详细论证。编制人、审核人、审批人应具备施工经验和管理经验。

(3) 主要技术方案的审批流程:投标性施工组织设计应由企业经营部门和技术管理部门负责编制和审核,企业技术负责人审批;实施性施工组织设计应由项目技术负责人组织编制,项目经理和企业技术管理部门审核,企业技术负责人审批;分包单位的施工组织设计应由分包单位编制和审核,并报总包单位审批;施工组织设计应盖企业法定公章,分包单位施工组织设计应加盖分包单位法定公章。

(4) 施工组织设计主要技术方案的选择:要结合企业实力和实际施工水平选择合理的施工方法,避免重视施工方法、设备需要的数量和施工技术的先进性,而轻视施工组织设计、设备配备的选择和施工方案的经济性;要注意根据现场实际情况或出现的各种问题及时修改、调整方案,避免方案固化;要多方案合理性比较,在工程实际中统一施工方案、施工进度和施工成本的关系,即在制定施工技术方案时既要考虑施工进度也要考虑成本,安排进度时同样也要考虑成本,这样才能实现施工项目管理的核心目标。

(5) 主要技术方案的积累:企业管理部门明确一定的职能机构人员,按计划程序对建筑工程大中型项目的主要施工技术方案进行搜集、注册与评审,不断进行有效的技术积累、分析、归纳、整理与发布,使施工组织设计的技术财富发挥效能,减少重复劳动,推广先进经验。

2.4.4.4 施工组织设计文稿成型环节

施工组织设计编制由项目经理及项目技术负责人负责编制前的组织工作,确定参加编制的人选、任务划分、完成时间及编制要求等内容。项目技术负责人指导项目资料工程师具体收集编制施工组织设计所需的规范、图集、手册等资料。其他需要准备的资料主要包括投标技术方案、投标技术方案交底、合同、施工图、地质勘察报告、设计交底及图纸会审文件等。

文件结构和层次的编排。施工组织设计的内容一般包括三图(平面布置图、进度计划图、工艺流程图)、三表(机械设备表、劳动力计划表、材料需求表)、一说明(综合说明)、四项措施(质量、安全、工期、环保措施)。实施性施工组织设计由编制人根据地方、企业施工组织编制的相关规定,结合自己的思维习惯编制;投标性施工组织设计则必须根据招标文件来安排目录。但都要保证框架合理,使阅读者易于接受和理解,在短时间内找到想找的内容。

施工组织设计文稿要求文字用词规范,图表设计合理,语言表述标准,概念逻辑清晰,格式及内容全文统一;尤其是投标性施工组织设计格式和内容应严格满足招标文件的要求。编制的依据和借用的素材应是现行有效的,不得引用国家废止的文件和标准。严禁在施工组织设计中使用国家、省、市、地方明令淘汰和禁止的建筑材料和施工工艺。

2.4.4.5 施工组织设计与实施施工环节的衔接

(1) 施工组织设计在编制前必须作好充分的调查,掌握各个方面的原始资料、各种施工参数;应对工程的具体内容、性质、规模进行深入的分析研究,要掌握工程特点、关键工程的施工方法及技术质量要求,了解施工的先后顺序。

(2) 充分注重技术民主、理论联系实际,在确定施工部署上,应该召开多种形式的"三结合"会议,广泛听取各个方面的有益意见。如在选定施工方案时,必须从各种资料分析着手,深入现场实际,摸清各种内、外条件,必要时可参观类似工程的实践经验,通过分析,用数据讲话,确定方案、工期、总平面布置等。

(3) 在编制单位工程施工组织设计时,原则上要执行"谁编制谁贯彻"的要求,一般由技术部门召集,施工人员派人参加,这样意图明确,便于贯彻执行,有利于全面指导施工,达到全面完成施工任务的要求。

(4) 施工组织设计经审批后,项目技术负责人应组织技术工程师等参与编制人员就施工组织设计中的主要管理目标、管理措施、规章制度、主要施工方案以及质量保证措施等对项目全体管理人员及分包主要管理人员进行施工组织设计交底并作出交底记录。

(5) 施工组织设计是指导项目施工的规范性重要性文件,经批准后必须严格执行,不得随意变更或修改。如有重大变更,应征得原施工组织设计(方案)批准人同意,并办理相应的变更手续。

2.4.5 施工组织计划技术及计算工作

2.4.5.1 流水施工基本方法

流水施工的实质就是在时间和空间上连续作业,组织均衡施工(同时隐含有工艺逻辑和组织逻辑关系的要求)。

1. 组织流水施工的条件

(1) 施工对象的建造过程应能分成若干施工过程,每个施工过程能分别由专业施工队负责完成。

(2) 施工对象的工程量能划分成劳动量大致相等的施工段(区)。

(3) 能确定各专业施工队在各施工段内的工作持续时间(流水节拍)。

(4) 各专业施工队能连续地由一个施工段转移到另一个施工段,直至完成同类工作。

(5) 不同专业施工队之间完成施工过程的时间应适度搭接、保证连续(确定流水步距),这是流水施工的显著特点。

2. 流水施工的表达方式

流水施工的表达方式主要有横道图和网络图。横道图,又称横线图或甘特图,是建筑工程中常用的表达方法,横道图的表达方式有下面两种。

（1）水平指示图表

如图 2-18 所示，表的横向表示持续时间，纵向表示施工过程，"横道"表示每个施工过程在不同施工段上的持续时间和进展情况，"横道"上方的编号表示施工段编号，K 为流水步距。

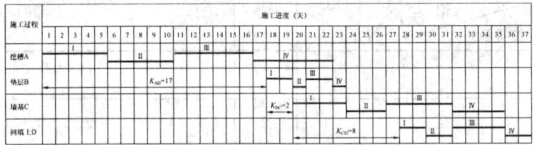

图 2-18　某土建基础工程水平横道进度图

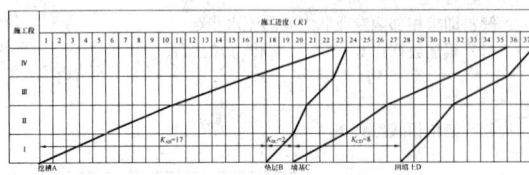

图 2-19　某土建基础工程垂直指示图

（2）垂直指示图表

如图 2-19 所示，其横坐标表示持续时间，纵坐标表示施工段，斜线表示每个施工段完成各道工序的持续时间以及进展情况，斜线上方的编号表示施工过程。垂直指示图能直观地反映出一个施工段各施工过程的先后顺序。斜线的斜率反映了施工速度快慢，直观地反映施工进度计划。

3. 流水施工参数及确定方法

（1）流水施工的基本参数，见表 2-10。

流水施工的基本参数　　　　表 2-10

序号	类别	基本参数	代号	说　　明
一	工艺参数	施工过程数	n	用以表达流水施工在工艺上开展层次的有关过程，称为施工过程。施工过程所包括的范围可大可小，划分的粗细程度由实际需要而定
		流水强度	V_j	某施工过程在单位时间内所完成的工程数量
二	空间参数	工作面		指供某专业工种的工人或某种施工机械进行施工的活动空间，可根据该工种的计划产量定额和安全施工技术规程要求确定
		施工段	m	把拟建工程在平面上划分为若干个劳动量大致相等的施工段落，即为施工段
		施工层	r	为了满足专业工种对操作高度和施工工艺的要求，将拟建多层或高层建筑物（构筑物）工程项目在竖向上划分为若干个施工层
三	时间参数	流水节拍	t_i	每个专业工作队在各个施工段上完成相应的施工任务所必需的持续时间，均称为流水节拍
		流水步距	$K_{j,j+1}$	相邻两个专业工作队 j 和 $j+1$ 在保证施工顺序、满足连续施工、最大限度搭接和保证工程质量要求的条件下，相继投入施工的最小时间间隔
		技术间歇	$Z_{j,j+1}$	在组织流水施工时通常将施工对象的工艺性质决定的间歇时间，统称为技术间歇，如混凝土浇筑后的养护时间、砂浆抹面和油漆面的干燥时间、墙身砌筑前的墙身位置弹线、施工机械转移、回填土前地下管道检查验收等
		组织间歇	$G_{j,j+1}$	组织流水施工，通常将施工组织原因造成的间歇时间，统称为组织间歇，如墙体砌筑前的墙身位置弹线、施工人员、机械转移、回填土前地下管道检查验收等需要很多时间的作业前准备工作。在组织流水施工时，间歇时间可以并入前一过程或后一过程中，以简化流水施工组织

（续表）

序号	类别	基本参数	代号	说　　明
三	时间参数	平行搭接时间	$C_{j,j+1}$	为了缩短工期，有时在工作面允许的前提下，某施工过程可与其紧前施工过程平行搭接施工
		流水施工工期	T	从第一个专业工作队投入流水施工开始，到最后一个专业工作队完成最后一个施工段的任务后退出流水施工为止的整个持续时间

（2）流水施工主要参数的确定方法

1）施工段数 m

一般情况下，一个施工段在同一时间内只安排一个专业工作队施工，各专业工作队遵循施工工艺顺序依次投入作业，同一时间内在不同的施工段上平行施工，使流水施工均衡地进行。在划分施工段时，通常应遵循的原则见表 2-11。

施工段数 m 确定时应遵循的原则　　表 2-11

序号	划分原则	说　　明
1	尽量与结构的自然界限一致	施工段的分界线应尽可能与结构界线（如沉降缝、伸缩缝等）相一致，或设在对建筑结构整体性影响小的部位（如必须将分界线设在墙体中间时，应将其设在对结构整体性影响少的门窗洞口等部位，以减少在对结构整体性影响少的门窗洞口等部位，便于修复）
2	劳动量大致相等	同一专业工作队在各个施工段上的劳动量应大致相等，相差幅度不宜超过 $10\%\sim15\%$
3	有足够的工作面	每个施工段内要有足够的工作面，使其所容纳的劳动力人数或机械台数，能满足合理劳动组织的要求
4	划分段数不宜过多	划分的段数不宜过多，过多势必使工期延长
5	主队连续施工	尽量使主导施工过程的工作队连续施工
6	施工段数 $(m)\geqslant$ 施工过程数 (n)	施工段的数目要满足合理组织流水施工的要求：（1）对于多层或高层建筑物，施工段数 $(m)\geqslant$ 施工过程数 (n)；（2）当无层间关系或无施工层（如某些单层建筑物、基础工程等）时，则施工段不受此限制，可按前面所述划分施工段的原则进行确定
7	考虑垂直运输机械的能力	如采用塔式起重机作为垂直运输工具，应考虑每台班的吊次，充分发挥塔式起重机效率
8	竖向合理划分施工层	对多层建筑物、构筑物或需要分层施工的工程，既要划分施工段，又要划分施工层，以确保相应专业工作队在施工段与施工层之间组织连续、均衡、有节奏的流水施工

2）施工层数 r

施工层的划分，要按施工项目的具体情况，根据建筑物的高度、楼层来确定。如砌筑工程的施工层高度一般为 1.2m，室内抹灰、木装饰、油漆、玻璃和水电安装等，可按楼层进行施工层划分。

3）流水节拍 t_i

流水节拍的大小，可以反映出流水施工速度的快慢、节奏感的强弱和资源供应量的多少，同时，流水节拍也是区别流水施工组织方式的特征参数。为了避免工作队转移时浪费工时，流水节拍在数值上最好是半个班的整倍数。流水节拍可分别按下列方法确定：

① 定额计算法

根据各施工段的工程量、能够投入的资源量（工人数、机械台数和材料量等），按下式进行计算：

$$t_i = \frac{Q_i}{S_i R_i N_i} = \frac{P_i}{R_i N_i} \qquad (2-1)$$

或

$$t_i = \frac{Q_i H_i}{R_i N_i} = \frac{P_i}{R_i N_i} \qquad (2-2)$$

式中　t_i——某专业工作队在第 i 施工段上的流水节拍；

Q_i——某专业工作队在第 i 施工段上要完成的工程量；

S_i——某专业工作队的计划产量定额；

H_i——某专业工作队的计划时间定额；

R_i——某专业工作队在第 i 施工段上投入的工作人数或机械台数；

N_i——某专业工作队在第 i 施工段上的工作班次；

P_i——某专业工作队在某施工段 (i) 上的劳动量或机械设备数量。

式 (2-1) 和式 (2-2) 中产量定额 S_i、时间定额 H_i 最好是反映该专业队施工实际水平的定额。

如工期已定，根据工期要求倒排进度的方法确定的流水节拍，可用上式反算出资源需要量，这时应考虑作业面是否足够。如果工期紧、节拍短，就应考虑增加作业班次（双班或三班），相应的机械设备能力和材料供应情况，亦应同时考虑。

② 经验估算法

对于采用新结构、新工艺、新方法和新材料等没有定额可循的工程项目，可根据以往的施工经验进行估算。为了提高准确程度，往往先估算出该流水节拍的最长、最短和正常（即可能）三种时间，然后据此求出期望时间，作为某专业工作队在某施工段上的流水节拍。一般按下式进行计算：

$$t_i = (a_i + 4c_i + b_i)/6 \qquad (2\text{-}3)$$

式中　t_i——某专业工作队在第 i 施工段上的流水节拍；

a_i——某施工过程在第 i 施工段上的最短估算时间；

b_i——某施工过程在第 i 施工段上的最长估算时间；

c_i——某施工过程在第 i 施工段上的正常估算时间。

③ 工期计算法

对已经确定了工期的工程项目，往往采用倒排进度法。其流水节拍的确定步骤如下：

a. 根据工期要求，按经验或有关资料确定各施工过程的工作持续时间；

b. 根据每一施工过程的工作持续时间及施工段数确定出流水节拍。当该施工过程在各段上的工程量大致相等时，其流水节拍可按下式计算：

$$t_j = \frac{T_j}{m_j} \qquad (2\text{-}4)$$

式中　t_j——流水节拍；

T_j——某施工过程的工作延续时间；

m_j——某施工过程划分的施工段数。

4）流水步距 $K_{j,j+1}$

流水步距的数目取决于参加流水施工的专业工作队数，如果有 x 个专业工作队，则流水步距的总数为 $x-1$ 个。

① 确定流水步距的原则，见表 2-12。

确定流水步距的原则　　　　表 2-12

序号	内　　容
1	相邻两个专业工作队按各自的流水速度施工，要始终保持施工工艺的先后顺序
2	各专业工作队投入施工后尽可能保持连续作业
3	相邻两个专业工作队在满足连续施工的条件下，能最大限度地实现合理搭接
4	要保证工程质量，满足安全生产

② 确定流水步距的方法。

确定流水步距常用"潘特考夫斯基法"，即"累加数列、错位相减、取大差"法，其计算步骤如下：

a. 根据各专业工作队在各施工段上的流水节拍，求累加数列；

b. 根据施工顺序，对所求相邻的两累加数列，错位相减；

c. 根据错位相乘的结果，确定相邻专业工作队之间的流水步距，即取相减结果中数值最大者。

③ 应用举例。

【例】　某混凝土结构工程主要由三个施工过程组成，分别由 A、B、C 三个专业队完成，该工程在平面上分为四个施工段，每个专业队在各施工段上的作业时间如表 2-13 所列。试确定相邻专

业队投入施工的最小时间间隔。

某混凝土结构工程施工段作业时间表　　表 2-13

流水节拍（天）　施工段　专业队	①	②	③	④
A	4	3	4	2
B	3	2	3	2
C	2	1	2	1

解：即求相邻两专业队之间的流水步距。

（1）累加数列：A：　　4，7，11，13

B：　　3，5，8，10

C：　　2，3，5，6

（2）错位相减：A，B：

$$
\begin{array}{rrrrr}
4, & 7, & 11, & 13 & \\
& 3, & 5, & 8, & 10 \\
\hline
4, & 4, & 6, & 5, & -10
\end{array}
$$

B，C：

$$
\begin{array}{rrrrr}
3, & 5, & 8, & 10 & \\
& 2, & 3, & 5, & 6 \\
\hline
3, & 3, & 5, & 5, & -6
\end{array}
$$

（3）取大差值为流水步距

$$K_{A,B} = \max\{4,4,6,5,-10\} = 6(\text{天})$$
$$K_{B,C} = \max\{3,3,5,5,-6\} = 5(\text{天})$$

4. 流水施工的基本方法

根据各施工过程时间参数的不同，可将流水施工分为等节拍流水、成倍节拍流水和无节奏流水三大类。

（1）等节拍专业流水施工计算

等节拍流水，也称为全等节拍流水、固定节拍流水或同步距流水，见图 2-20。

图 2-20　全等节拍流水施工进度计划图

1）等节拍流水施工特点（表 2-14）

等节拍流水施工特点　　　　表 2-14

序号	内　　容
1	流水节拍彼此相等，即 $t_i = t$
2	流水步距彼此相等，且等于流水节拍，即 $K_i = K = t$
3	每一个施工过程组织一个专业工作队，由该队完成相应施工过程在所有施工段上的施工任务，即专业工作队数 n_1 = 施工过程数 n
4	各个专业工作队都能够连续施工，施工段没有空闲，是一种理想的施工方式

2）等节拍流水施工工期计算

计算流水施工的工期 T，可按下式进行计算：

$$T = (m \cdot r + n - 1)K + \sum Z^1_{j,j+1} + \sum G^1_{j,j+1} - \sum C^1_{j,j+1} \qquad (2\text{-}5)$$

式中　j——施工过程编号，$1 \leqslant j \leqslant n$；

T——流水施工的工期；

m——施工段数；

r——施工层数；

n ——施工过程数;

K ——流水步距;

$\sum Z_{j,j+1}^{l}$ ——第一个施工层中各施工过程间的技术间歇时间总和;

$\sum G_{j,j+1}^{l}$ ——第一个施工层中各施工过程间的组织间歇时间总和;

$\sum C_{j,j+1}^{l}$ ——第一个施工层中各施工过程间的平行搭接时间总和。

(2)成倍节拍流水施工计算

在通常情况下,组织等节拍的流水施工是比较困难的。在任一施工段上,很难使得各个施工过程的流水节拍都彼此相等。但是,如果施工段划分得合适,保持同一施工过程各施工段的流水节拍相等是不难实现的,此时可采用成倍节拍流水组织施工,见图2-21。

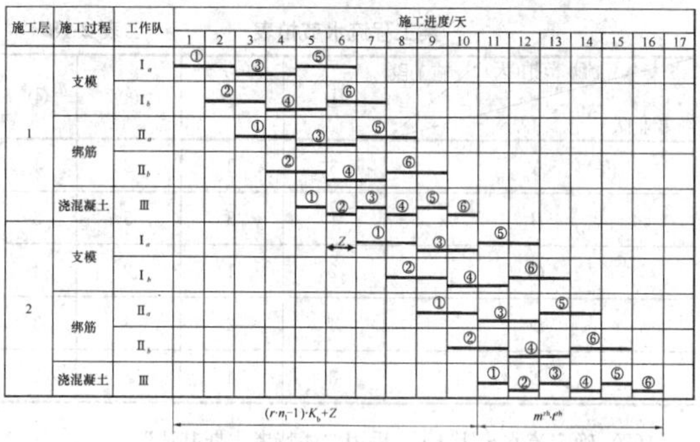

图2-21 成倍节拍流水施工进度计划图

1)成倍节拍流水施工的特点(表2-15)

成倍节拍流水施工特点 表2-15

序号	内 容
1	同一施工过程在各施工段上的流水节拍彼此相等,不同的施工过程在同一施工段上的流水节拍不尽相同,但其值为倍数关系
2	相邻专业工作队的流水步距 K_b 相等,且等于流水节拍的最大公约数
3	专业工作队数 n_1 >施工过程数 n
4	各专业工作队都能够保证连续施工,施工段之间没有空闲时间

2)成倍节拍流水施工的组织步骤

①确定施工流水线、分解施工过程、确定施工顺序。

②划分施工段:

a.不分施工层时,可按划分施工段的原则确定施工段数号;

b.分施工层时,每层的段数可按下式确定:

$$m = n_1 + \frac{\max\sum Z_1}{K_b} + \frac{\max\sum G_1}{K_b} + \frac{\max Z_b}{K_b} \quad (2-6)$$

式中 m ——施工段数目;

n_1 ——专业工作队总数;

$\sum Z_1$ ——一个楼层内各施工过程间的技术间歇之和;

$\sum G_1$ ——一个楼层内各施工过程间的组织间歇之和;

Z_b ——楼层间技术间歇时间;

K_b ——成倍节拍流水的流水步距。

③按式(2-1)、式(2-2)或式(2-3)计算,确定流水节拍。

④按下式,确定流水步距 K_b:

$$K_b = 最大公约数\{t_1, t_2, \cdots, t_n\} \quad (2-7)$$

⑤按下式,确定专业工作队数 n_1:

$$b_j = \frac{t_j}{K_b} \quad (2-8)$$

$$n_1 = \sum_{i=1}^{n} b_j \quad (2-9)$$

式中 t_j ——施工过程 j 在各施工段上的流水节拍;

b_j ——施工过程 j 所要组织的专业工作队数;

j ——施工过程编号,$1 \leqslant j < n$;

K_b ——成倍节拍流水的流水步距;

n ——施工过程数。

n_1 ——专业工作队数。

⑥确定计划总工期 T,按下式进行计算。

$$T = (r \cdot n_1 - 1)K_b + m^{zh} \cdot t^{zh} + \sum Z_{j,j+1} + \sum G_{j,j+1} - \sum C_{j,j+1} \quad (2-10)$$

或 $T = (m \cdot r + n_1 - 1)K_b + \sum Z_{j,j+1}^{l} + \sum G_{j,j+1}^{l} - \sum C_{j,j+1}^{l} \quad (2-11)$

式中 T ——计划总工期;

r ——施工层数;

n_1 ——专业工作队总数;

m ——施工段数目;

K_b ——成倍节拍流水的流水步距;

m^{zh} ——最后一个施工过程的最后一个专业工作队所要通过的施工段数;

t^{zh} ——最后一个施工过程的流水节拍;

n ——施工过程数;

$\sum Z_{j,j+1}$ ——相邻两专业工作队 j 与 $j+1$ 之间的技术间歇时间总和($1 \leqslant j \leqslant n-1$);

$\sum G_{j,j+1}$ ——相邻两专业工作队 j 与 $j+1$ 之间的组织间歇时间总和($1 \leqslant j \leqslant n-1$);

$\sum C_{j,j+1}$ ——相邻两专业工作队 j 与 $j+1$ 之间的平行搭接时间总和($1 \leqslant j \leqslant n-1$);

$\sum Z_{j,j+1}^{l}$ ——第一个施工层中各施工过程间的技术间歇时间总和;

$\sum G_{j,j+1}^{l}$ ——第一个施工层中各施工过程间的组织间歇时间总和;

$\sum C_{j,j+1}^{l}$ ——第一个施工层中各施工过程间的平行搭接时间总和。

⑦绘制成倍节拍流水施工进度计划图。

在成倍节拍流水施工进度计划图中,除标明施工过程的编号或名称外,还应标明专业工作队的编号。在标明各施工段的编号时,一定要注意有多个专业工作队的施工过程。各专业工作队连续作业的施工段编号不应该是连续的,否则无法组织合理的流水施工。

3)应用举例

【例】 某2层工程,分为安装模板、绑扎钢筋和浇筑混凝土三个施工过程。其中每层每段各施工过程的流水节拍分别为 $t_{模} = 2$ 天,$t_{筋} = 2$ 天,$t_{混凝土} = 1$ 天。第一层第1段的混凝土养护1天后才能进行第二层第1段模板安装施工。在保证各工作队连续施工的条件下,试计算工期并编制本工程的流水施工进度图表。

解:按要求,本工程宜采用成倍节拍流水组织施工。

①确定流水步距 K_b。由式(2-7)得,

$K_b = 最大公约数(t_{模}, t_{筋}, t_{混凝土}) = 最大公约数\{2, 2, 1\} = 1$ 天

②确定专业工作队数量 n_1。由式(2-8)得,

$b_{模} = t_{模}/K_b = 2/1 = 2$ 个;同理,$b_{筋} = 2$ 个,$b_{混凝土} = 1$ 个;

由式(2-9)得,$n_1 = \sum b_j = 2 + 2 + 1 = 5$ 个

③确定每层施工段数量 m。由式(2-6)得,

$m = n_1 + \max\sum Z_1/K_b = 5 + 1/1 = 6$ 段

④计算工期 T。由式(2-10)得,

$T = (m_1 - 1)K_b + m^{zh}t^{zh} + \sum Z_{j,j+1} - \sum C_{j,j+1}$

$= (2 \times 5 - 1) \times 1 + 6 \times 1 + 1 - 0 = 16$ 天

(亦可由式(2-11)计算,$T = (mr + n_1 - 1)K_b + \sum Z_{j,j+1}^{l} + \sum G_{j,j+1}^{l} - \sum C_{j,j+1}^{l} = (6 \times 2 + 5 - 1) \times 1 + 0 + 0 - 0 = 16$ 天,结果同上)

⑤编制成倍节拍流水施工进度图表,见图2-21。

(3)无节奏流水施工计算

工程施工中经常由于项目结构形式、施工条件不同等原因,使得各施工过程在各施工段上的工程量有较大差异,或因专业工作队的生产效率相差较大,导致各施工过程的流水节拍随施工段的不同

而不同，且不同施工过程之间的流水节拍又有很大差异。这时，流水节拍虽无任何规律，但仍可利用流水施工原理组织流水施工，使各专业工作队在满足连续施工的条件下，实现最大搭接。这种无节奏流水施工方式是建设工程流水施工的普遍方式，见图2-22。

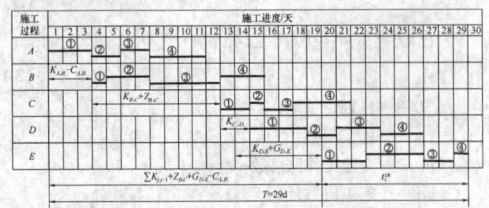

图2-22　某工程无节奏流水施工进度计划

1) 无节奏流水施工的特点（表2-16）

无节奏流水施工特点　　　　　表2-16

序号	内　容
1	各施工过程在各个施工段上的流水节拍不尽相等
2	相邻专业工作队的流水步距不尽相等
3	专业工作队数等于施工过程数，即 $n_1 = n$
4	各专业工作队在施工段上能够连续施工，但有的施工段可能存在空闲时间

2) 无节奏流水施工的组织步骤

①确定施工流水线、分解施工过程、确定施工顺序；

②划分施工段；

③按相应的公式计算各施工过程在各个施工段上的流水节拍（参照本节相关内容）；

④按"潘特考夫斯基法"确定相邻两个专业工作队之间的流水步距；

⑤按下式计算流水施工的计划工期 T：

$$T = \sum_{j=1}^{n-1} K_{j,j+1} + \sum_{i=1}^{m} t_i^{zh} + \sum Z_{j,j+1} + \sum G_{j,j+1} - \sum C_{j,j+1}$$

(2-12)

式中　T——流水施工的计划总工期；

j——专业工作队编号，$1 \leqslant j \leqslant n_1 - 1$；

n_1——专业工作队数目，此时 $n_1 = n$；

m——施工段数目；

$K_{j,j+1}$——相邻专业工作队 j 与 $j+1$ 之间的流水步距；

i——施工段编号，$1 \leqslant i \leqslant m$；

t_i^{zh}——最后一个施工过程的第 i 个施工段上的流水节拍；

$\sum Z_{j,j+1}$——相邻两专业工作队 j 与 $j+1$ 之间的技术间歇时间总和 $(1 \leqslant j \leqslant n-1)$；

$\sum G_{j,j+1}$——相邻两专业工作队 j 与 $j+1$ 之间的组织间歇时间总和 $(1 \leqslant j \leqslant n-1)$；

$\sum C_{j,j+1}$——相邻两专业工作队 j 与 $j+1$ 之间的平行搭接时间之和 $(1 \leqslant j \leqslant n-1)$。

⑥绘制流水施工进度表。

3) 应用举例

【例】　某项工程有 A、B、C、D、E 等5个施工过程。施工时在平面上划分4个施工段，每个施工过程在各个施工段上的工程量、定额与班组人数见表2-17。施工过程 C 完成后，其相应施工段至少要养护2天；施工过程 D 完成后，其相应施工段要留有1天的准备时间。为了早日完成，允许施工过程 A、B 之间搭接施工1天。试编制流水施工进度图表。

某工程资料表　　　　　表2-17

施工过程	劳动力人数	劳动定额	各施工段工程量			
			单位	第1段	第2段	第3段	第4段
A	10	8m²/工日	m²	240	160	165	300
B	15	1.5m³/工日	m³	25	65	120	70

续表

施工过程	劳动力人数	劳动定额	各施工段工程量			
			单位	第1段	第2段	第3段	第4段
C	10	0.4t/工日	t	6.5	3.5	9	16
D	10	1.3m³/工日	m³	50	25	40	35
E	10	5m³/工日	m³	150	200	100	50

解： (1) 计算流水节拍 t。由式（2-1）得，

$$t_{A,1} = Q_{A,1}/(S_{A,1} \cdot R_{A,1} \cdot N_{A,1}) = 240/(8 \times 10 \times 1) = 3;$$

同理可得其他各段的流水节拍，列表如表2-18。

某工程流水节拍表　　　　表2-18

专业队 ＼ 流水节拍（天）＼ 施工段	①	②	③	④
A	3	2	2	4
B	1	3	5	3
C	2	1	2	4
D	4	2	3	3
E	3	4	2	1

(2) 确定流水步距 K_b，采用"潘特考夫斯基法"。

1) 累加数列：

A:　　3，　5，　7，　11

B:　　1，　4，　9，　12

C:　　2，　3，　5，　9

D:　　4，　6，　9，　12

E:　　3，　7，　9，　10

2) 错位相减：

A, B:　3，　5，　7，　11

　　　－　　1，　4，　9，　12

　　　　3，　4，　3，　2，　－12

同理　B, C:　1，　2，　6，　7，　－9

C, D:　2，　－1，　－1，　0，　－12

D, E:　4，　3，　2，　3，　－10

3) 取大差值为流水步距

$$K_{A,B} = \max\{3,\ 4,\ 3,\ 2,\ -12\} = 4(天)$$

$$K_{B,C} = \max\{1,\ 2,\ 6,\ 7,\ -9\} = 7(天)$$

$$K_{C,D} = \max\{2,\ -1,\ -1,\ 0,\ -12\} = 2(天)$$

$$K_{D,E} = \max\{4,\ 3,\ 2,\ 3,\ -10\} = 4(天)$$

(3) 计算工期 T。由式（2-12）得，

$$T = \sum_{j=1}^{n-1} K_{j,j+1} + \sum_{i=1}^{m} t_i^{zh} + \sum Z_{j,j+1} + \sum G_{j,j+1} - \sum C_{j,j+1}$$

$$= (4+7+2+4) + (3+4+2+1) + 2 + 1 - 1 = 29 \text{ 天}$$

(4) 编制成倍节拍流水施工进度图表。见图2-22。

2.4.5.2　工程网络图绘制及时间参数计算

工程网络计划技术是以规定的网络符号及其图形表达计划中工作之间的相互制约和依赖关系，并分析其内在规律，从而寻求其最优方案的计划管理方法。它在项目的组织施工、方案制订、进度管理与控制等方面起着十分重要的作用。按表示方法分，一般工程网络图分为双代号网络图和单代号网络图。此外，常见的还有双代号时标网络图和单代号搭接网络图。国内应用双代号网络图较多，而单代号网络图在国外应用相对普遍，由于容易画、不易出错、便于修改调整和不设虚工作等优点，现在也已被广大计划人员所采用。而时标网络图与横道图比较相似，便于绘制，虽其不能反映总时差，但还是被人们所应用。单代号搭接网络图能比较正确地反映工程中各项目之间的逻辑关系，但由于时间参数计算复杂，之前较少被应用，不过随着计算机技

术的发展，其应用日益增多。下面重点说明普通双代号和单代号网络图的绘制及时间参数计算，并对双代号时标网络图和单代号搭接网络图进行简单的介绍。

1. 双代号网络图的绘制及时间参数计算

(1) 双代号网络图的基本概念

采用两个带有编号的圆圈和一个中间箭线表示一项工作，其持续时间多为肯定型，由工作（箭线）、节点和线路三要素组成。分有时间坐标和无时间坐标两种。

1) 工作

① 工作又称工序、活动，是指计划按需要的粗细程度划分而成的一项消耗时间（或也消耗资源）的子项目或子任务。它是网络图的组成要素之一。

a. 在双代号网络图中工作用箭线表示。工作名称写在箭线的上面或左面，工作持续时间写在箭线的下面或右边。

b. 即使不消耗人力、物力，但需要消耗时间的活动过程仍是工作，如混凝土浇筑后的养护过程，也是工作。

c. 工作根据一项计划（或工程）的规模不同其划分的粗细程度、大小范围也有所不同。如对于一个规模较大的工程项目来讲，一项工作可能代表一个单位工程或一个构筑物；如对于一个单位工程，一项工作可能只代表一个分部工程或分项工作。

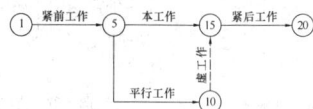

图 2-23 工作间的关系

d. 箭线的长度和方向：在无时间坐标的网络图中，原则上可以任意画，但必须满足网络逻辑关系且不得中断；箭线的长度按美观和需要而定，其方向尽可能由左向右画出，箭线优先选用水平走向。在有时间坐标的网络图中，其箭线长度必须根据完成该项工作所需持续时间的大小按比例绘制。在同一张网络图中，箭线的画法要求统一，画面要求整齐醒目。

② 工作类型

按照网络图中工作之间的相互关系，可将工作分为以下几种类型，见表 2-19。

网络图的工作类型　　　　　　表 2-19

序号	工作类型	说　明
1	紧前工作	如图 2-23 所示，相对于工作 5-15 而言，紧排在本工作 5-15 之前的工作 1-5 称为工作 5-15 的紧前工作，即 1-5 完成后本工作即可开始；若不完成，本工作不能开始
2	紧后工作	如图 2-23 所示，紧排在本工作 5-15 之后的工作 15-20，称为 5-15 的紧后工作，本工作完成之后紧后工作即可开始；否则，紧后工作就不能开始
3	平行工作	如图 2-23 所示，工作 5-10 就是 5-15 的平行工作，可以和本工作 5-15 同时开始和同时结束
4	起始工作	没有紧前工作的工作。如图 2-23 所示，工作 1-5 就是起始工作
5	结束工作	没有紧后工作的工作。如图 2-23 所示，工作 15-20 就是结束工作
6	先行工作	自起点节点至本工作开始节点之前各条线路上的所有工作，称为本工作的先行工作
7	后续工作	本工作结束节点之后至终点节点之前各条线路上的所有工作，称为本工作的后续工作
8	虚工作	不消耗时间和资源的工作称为虚工作，即虚工作的持续时间为零。通常用虚箭线表示，如图 2-23 中工作 10-15 所示。当虚箭线很短，在画法上不易表示时，可采用工作持续时间为零的实箭线标识。虚工作实际上是用来表示工作间逻辑关系的一种符号

绘制网络图时，最重要的是明确各工作之间的紧前或紧后关系。只要这一点弄清楚了，其他任何复杂的关系都能借助网络图中的紧前或紧后关系表达出来。

2) 节点

① 节点又叫事件，以圆圈表示。一个箭线尾部的节点称为开始节点（事件），箭线头部的节点称为结束节点，两个工作之间的节点称为中间节点。中间节点标志前一个工作的结束，允许后一个工作的开始，起到承上启下把工作衔接起来的作用。

② 节点仅为前后两个工作的交接点，它是工作完成或开始的瞬间，既不消耗时间也不消耗资源。在网络图中，对一个节点来讲，可能有许多箭线指向该节点，称该节点前导工作或前项工作，由该节点发出的箭线称该节点的后续工作或后项工作。

3) 线路

网络图中从起点节点开始，沿箭线方向连续通过一系列箭线与节点，最后到达终点节点所经过的通路，称为线路。每一条线路都有自己确定的完成时间，它等于该线路上各项工作持续时间的总和，称为线路时间。以图 2-24 为例，列表计算见表 2-20。

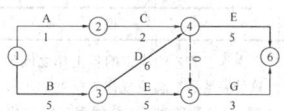

图 2-24 双代号网络示意图

网络图线路时间计算表　　　　表 2-20

序号	线　路	线　长
1	①→②→④→⑥	8
2	①→②→④→⑤→⑥	6
3	①→③→⑤→⑥	13
4	①→③→④→⑥	16
5	①→③→④→⑤→⑥	14

在整个网络线路中线路时间最长的线路称为关键线路（也称主要线路）。如表 2-20 所示，图 2-24 中共有 5 条线路，其中第 4 条线路即①→③→④→⑥的时间最长，即为关键线路。位于关键线路上的工作称为关键工作。关键工作完成的快慢直接影响整个计划工期的实现。关键线路一般用粗线（或双箭线、红箭线）来重点表示。

在网络图中关键线路有时不止一条，可能同时存在几条关键线路，即这几条线路上的持续时间相同且是线路持续时间的最大值，但管理中一般不希望出现太多的关键线路。

在一定的条件下，关键线路和非关键线路可以相互转化。例如当采用了一定的技术组织措施，缩短了关键线路上各工作的持续时间就有可能使关键线路发生转移，使原来的关键线路变成非关键线路，而原来的非关键线路却变成关键线路。

位于非关键线路的工作除关键工作外，其余均为非关键工作，它具有机动时间（即时差或浮时）。利用非关键工作的浮时可以科学、合理地调配资源和对网络计划进行优化，例如可以利用将非关键工作在浮时范围内延长，而把部分人员和设备转移到关键工作上去，以加快关键工作的进行，从而缩短工期。

(2) 双代号网络图的绘制

1) 项目的分解

根据项目管理和网络计划的要求和编制需要，将项目分解为网络计划的基本组成单元（工作）。项目分解的原则见表 2-21。

项目分解的原则　　　　　　表 2-21

序号	内　容
1	项目分解一般可按其性质、组织结构或运行方式等来划分。如：按准备阶段、实施阶段；按全局与局部；按专业或工艺作业内容；按工作责任或工作地点等进行分解
2	项目分解一般先粗后细。粗分有利于制定总网络计划，细分可作为绘制局部网络计划的依据
3	项目分解宜根据具体情况决定分解的粗细程度，也可仅在某一局部、某一生产阶段进行必要的粗分或细分

项目分解的结果就是形成项目的分解说明及项目的工作分解结构（WBS）图表。

2）逻辑关系分析

工作的逻辑关系分析是根据施工工艺和施工组织的要求，确定各道工作之间的相互依赖和相互制约的关系，以方便绘制网络图。

①分析逻辑关系的依据（表2-22）

分析逻辑关系的依据　表2-22

序号	内容
1	已设计的工作方案
2	项目已分解的工作序列
3	收集到的有关资料
4	编制计划人员的专业工作经验和管理工作经验等

②逻辑关系分类（表2-23）

逻辑关系分类　表2-23

序号	分类	说明
1	工艺关系	由施工工艺所决定的各工作之间的先后顺序关系。这种关系是受客观规律支配的，一般是不可改变的。当一个工程的施工方法确定之后，工艺关系也就随之被确定下来。如果违背这种关系，将不可能进行施工，或会造成质量、安全事故，导致返工和浪费
2	组织关系	在施工过程中，由于劳动力、机械、材料和构件等资源的组织与安排的需要而形成的各工作之间的先后顺序关系。这种关系不是由工程本身决定的而是人为的。组织方式不同，组织关系也就不同。但是不同的组织安排，往往产生不同的组织效果，所以组织关系不但可以调整，而且应该优化。这是由组织管理水平决定的，应该按组织规律办事

③分析方法

a. 根据网络图的要求，分析每项工作的紧前工作或紧后工作，以及与相关工作的各种搭接关系。

b. 将项目分解及逻辑关系分析结果列表（样表见表2-24），并使联系密切的工作尽量相邻或相近排列。

项目分解及逻辑关系分析结果列表　表2-24

编码	工作名称	逻辑关系			工作持续时间					
		紧前工作（或紧后工作）	搭接		确定时间 D	三时估计法				
			相关工作	时距		最短估计时间 a	最长估计时间 b	最可能时间 m	期望持续时间 D_e	
1	2	3		4	5	6	7	8	9	10

c. 计算工作持续时间的方法：

计算时间参数的依据有网络图、工作的任务量、资源供应能力、工作组织方式、工作能力和效率、选择的计算方法。常用方法如下：

a) 参照以往实践经验估算；

b) 经过试验推算；

c) 按定额计算，工作持续时间 $D=$工作任务量 $Q/$（资源数量 $R \cdot$ 工效定额 S）；

d) 对于一般非肯定型网络，工作持续时间 D 可采用"三时估计法"计算，即：期望持续时间值 $D_e=$（最短估计时间 $a+4\times$最可能时间 $m+$最长估计时间 b）$/6$。

④常用逻辑关系表示方法

见表2-26。

3）绘制双代号网络图

①基本规则

a. 双代号网络图必须正确表达各项工作之间已定的逻辑关系。

b. 双代号网络图中，严禁出现循环回路。

c. 双代号网络图中，在节点之间严禁出现带双向箭头或无箭头的连线。

d. 双代号网络图中，严禁出现没有箭头节点或没有箭尾节点的箭线。

e. 当双代号网络图的某些节点有多条外向箭线或多条内向箭线时，为使图形简洁，在不违反"一项工作应只有唯一的一条箭线和相应的一对节点编号"的前提下，可使用母线法绘制（见图2-25），当箭线线型不同时（如粗线、细线、虚线、点画线等），可在从母线上引出的支线上标出。

f. 绘制网络图时，箭线不宜交叉；当交叉不可避免时，可用过桥法（如图2-26）或指向法（如图2-27）。

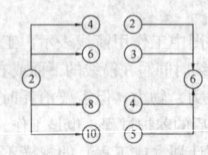

图 2-25　母线法图

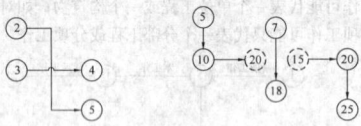

图 2-26　过桥法　　　　图 2-27　指向法

g. 双代号网络图中应只有一个起点节点，在不分期完成任务的网络图中，应只有一个终点节点；而其他所有节点均应是中间节点。

②网络图的编号

a. 箭线尾部的节点，即一项工作的开始节点的号码要小于箭头节点的号码，以开始节点为 i，箭线节点为 j，则各项工作总是 $i<j$。同一个网络图中，节点号码不能重复但可以不连续即中间可以跳号（最好以5、10跳隔比较方便），便于将来需要临时加入工作时可以不致打乱全图的编号。

b. 按水平自左至右顺序编号——水平编号法。此法首先在画网络图时，各节点尽量以相同的步距间隔布置，但上下的节点要垂直对位，然后每行自左至右沿箭头流向，编写由小到大的号码，保证节点号码 $i<j$ 即可。

c. 垂直编号。绘制网络图的要求与水平编号相同，而编号则按垂直方向从原始节点起由上而下或自下而上，或者自上而下从左至右编排。

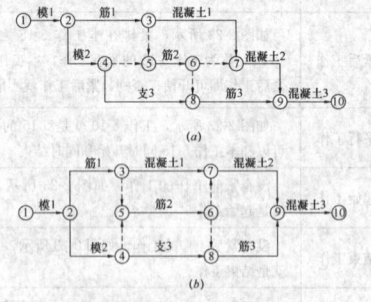

图 2-28　网络图断路方法示意图
(a) 横向断路法；(b) 纵向断路法

③网络图的布局要求

在保证网络图逻辑关系正确的前提下，要重点突出、层次清晰、布局合理，方便阅读。关键线路应尽可能布置在中心位置，用粗箭线或双线箭头画出；密切相关的工作尽可能相邻布置，避免箭线交叉；尽量采用水平箭线或垂直箭线。

绘制网络图时，力求减少不必要的箭线和节点。正确使用网络图断路方法，将没有逻辑关系的有关工作用虚工作加以隔断，见图2-28。

当网络图的工作数目很多时，可将其分解为几块来绘制；各块

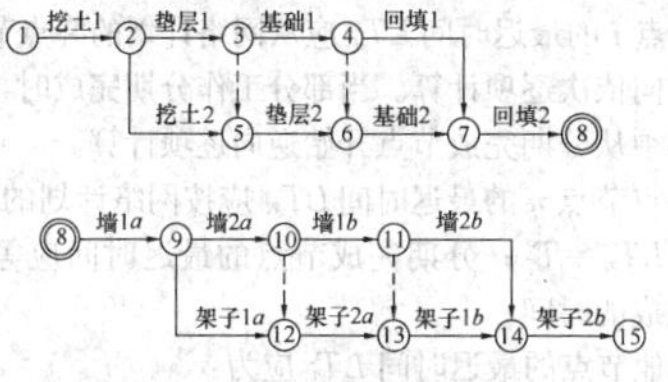

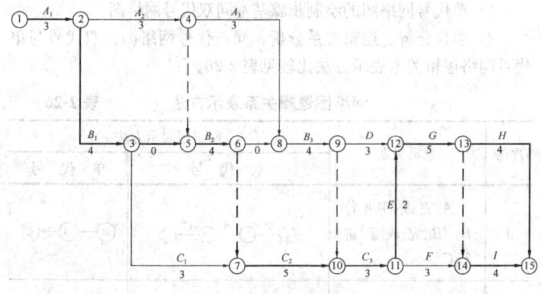

图 2-29 网络图分解

之间的分界点要设在箭线和事件最少的部位，分界点事件的编号要相同，并且画成双层圆圈。单位工程施工网络图的分界点，通常设在分部工程分界处，见图 2-29。

在绘制正式网络图之前，最好先绘成草图，再进行整理。

④绘制网络图的步骤

a. 按选定的网络图类型和已确定的排列方式，决定网络图的合理布局；

b. 从起始工作开始，自左至右依次绘制，只有当先行工作全部绘制完成后，才能绘制本工作，直至结束工作全部绘完为止；

c. 检查工作和逻辑关系有无错、漏并进行修正；

d. 按网络图绘图规则的要求完善网络图；

e. 按网络图的编号要求将工作节点编号。

（3）双代号网络图的时间参数计算

网络图计算的目的就是计算出各种时间参数，为管理提供信息，从而为确定关键线路及优化、控制网络计划服务。

1）网络图计算的主要时间参数，见表 2-25。

网络图计算的主要时间参数 表 2-25

序号	内 容	说 明
1	D_{i-j} 工作持续时间	对一项工作规定的从开始到完成的时间
2	ES_{i-j} 最早开始时间	在紧前工作和有关时限约束下，工作有可能开始的最早时刻
3	EF_{i-j} 最早完成时间	在紧前工作和有关时限约束下，工作有可能完成的最早时刻
4	LS_{i-j} 最迟开始时间	在不影响任务按期完成和有关时限约束的条件下，工作最迟必须开始的时刻
5	LF_{i-j} 最迟完成时间	在不影响任务按期完成和有关时限约束的条件下，工作最迟必须完成的时刻
6	FF_{i-j} 自由时差	在不影响其紧后工作最早开始和有关时限的前提下，一项工作可以利用的机动时间
7	TF_{i-j} 总时差	在不影响工期和有关时限的前提下，一项工作可以利用的机动时间
8	T_c 计算工期	根据网络计划时间参数计算出来的工期
9	T_r 要求工期	任务委托人所要求的工期
10	T_p 计划工期	在要求工期和计算工期的基础上综合考虑需要和可能而确定的工期

2）时间参数计算

①按工作计算法计算时间参数

以图 2-30 为例进行双代号网络计划时间参数的计算。

图 2-30 按工作计算法示例

a. 按工作计算法计算时间参数应在确定各项工作的持续时间之后进行。虚工作必须视同工作进行计算，其持续时间为零。

b. 按工作计算法计算时间参数，其计算结果应标注在箭线之上（图 2-31）。当为虚工作时，图中的箭线为虚箭线。

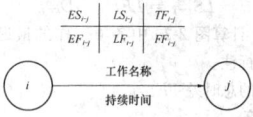

图 2-31 工作计算法标注要求

c. 计算顺序：a）从起点节点工作开始，顺序计算各工作的最早开始时间 ES_{i-j}；b）计算各工作的最早完成时间 EF_{i-j}；c）计算网络计划的计算工期 T_c；d）从终点节点工作开始，逆序计算各工作的最迟完成时间 LF_{i-j}；e）计算各工作的最迟开始时间 LS_{i-j}；f）计算总时差 TF_{i-j}；g）计算自由时差 FF_{i-j}。

d. 工作最早开始时间的计算

工作最早开始时间 ES_{i-j} 的计算应符合下列规定：

（a）工作 $i-j$ 的最早开始时间 ES_{i-j} 应从网络计划的起点节点开始顺着箭线方向依次逐项计算。

（b）以起点节点 i 为箭尾节点的工作 $i-j$，当未规定其最早开始时间 ES_{i-j} 时，其值应等于零，即：$ES_{i-j} = 0(i = 1)$。

因此，图 2-30 例中，$ES_{1-2} = 0$。

（c）当工作 $i-j$ 只有一项紧前工作 $h-i$ 时，其最早开始时间 ES_{i-j} 应为：

$$ES_{i-j} = ES_{h-i} + D_{h-i} \qquad (2-13)$$

（d）当工作 $i-j$ 有多个紧前工作时，其最早开始时间 ES_{i-j} 应为：

$$ES_{i-j} = \max\{ES_{h-i} + D_{h-i}\} \qquad (2-14)$$

式中　ES_{h-i}——工作 $i-j$ 的各项紧前工作 $h-i$ 的最早开始时间；

　　　　D_{h-i}——工作 $i-j$ 的各项紧前工作 $h-i$ 的持续时间。

按式（2-13）和式（2-14）计算图 2-30 中各项工作的最早开始时间，计算结果见图 2-32 中标注。

e. 工作 $i-j$ 的最早完成时间 EF_{i-j} 的计算

应按下式计算：

$$EF_{i-j} = ES_{i-j} + D_{i-j} \qquad (2-15)$$

按式（2-15）计算图 2-30 中各项工作的最早完成时间，计算结果见图 2-32 中标注。

f. 网络计划的计算工期 T_c

应按下式计算：

$$T_c = \max\{EF_{i-n}\} \qquad (2-16)$$

式中　EF_{i-n}——以终点节点（$j = n$）为箭头节点的工作 $i-n$ 的最早完成时间。

按式（2-16）计算，图 2-30 的计算工期为：

$T_c = \max\{EF_{i-n}\} = \max\{EF_{13-15}, EF_{14-15}\} = 30$

g. 网络计划的计划工期 T_p

其计算应按下列情况分别确定：

（a）当已规定了要求工期 T_r 时，$T_p \leqslant T_r$。

（b）当未规定要求工期 T_r 时，$T_p = T_c$。

由于图 2-30 未规定要求工期，故其计划工期取其计算工期，即 $T_p = T_c = 30$。

将此工期标注在图 2-30 终点节点 15 之右侧，并用方框框之。

h. 工作最迟完成时间的计算

应符合下列规定：

（a）工作 $i-j$ 的最迟完成时间应从网络计划的终点节点开始，逆着箭线方向依次逐项计算。

（b）以终点节点（$j = n$）为箭头节点的工作的最迟完成时间 LF_{i-n}，应按网络计划的计划工期 T_p 确定，即：$LF_{i-n} = T_p$。

（c）其他工作 $i-j$ 的最迟完成时间 LF_{i-j} 应为：

$$LF_{i-j} = \min\{LF_{j-k} - D_{j-k}\} \qquad (2-17)$$

式中　LF_{j-k}——工作 $i-j$ 的各项紧后工作 $j-k$ 的最迟完成时间；

　　　　D_{j-k}——工作 $i-j$ 的各项紧后工作 $j-k$ 的持续时间。

按式（2-17）计算图 2-30 中各项工作的最迟完成时间，计算结果和图 2-32 中所标注。

i. 工作 $i-j$ 的最迟开始时间 LS_{i-j}

应按下式计算：

$$LS_{i-j} = LF_{i-j} - D_{i-j} \qquad (2\text{-}18)$$

按式（2-18）计算图 2-30 中各项工作的最迟开始时间，计算结果见图 2-32 中标注。

j. 工作 $i-j$ 的总时差 TF_{i-j}

应按下式计算：

$$TF_{i-j} = LS_{i-j} - ES_{i-j} \qquad (2\text{-}19)$$

或

$$TF_{i-j} = LF_{i-j} - EF_{i-j} \qquad (2\text{-}20)$$

按式（2-19）或式（2-20）计算图 2-30 中各项工作的总时差，结果和图 2-32 中所示。

k. 工作 $i-j$ 的自由时差 FF_{i-j} 的计算

应符合下列规定：

（a）当工作 $i-j$ 有紧后工作 $j-k$ 时，其自由时差应为：

$$FF_{i-j} = ES_{i-j} - ES_{j-k} - D_{i-j} \qquad (2\text{-}21)$$

或

$$FF_{i-j} = ES_{i-j} - EF_{i-j} \qquad (2\text{-}22)$$

式中：ES_{j-k}——工作 $i-j$ 的紧后工作 $j-k$ 的最早开始时间。

（b）以终点节点（$j=n$）为箭头节点的工作，其自由时差 FF_{i-j} 应按网络计划的计划工期 T_p 确定，即：

$$FF_{i-n} = T_p - ES_{i-n} - D_{i-n} \qquad (2\text{-}23)$$

或

$$FF_{i-n} = T_p - EF_{i-n} \qquad (2\text{-}24)$$

按式（2-21）或式（2-22）计算图 2-30 中各项工作的自由时差，结果和图 2-32 中所示。

图中虚工作的自由时差归其紧前工作所有。

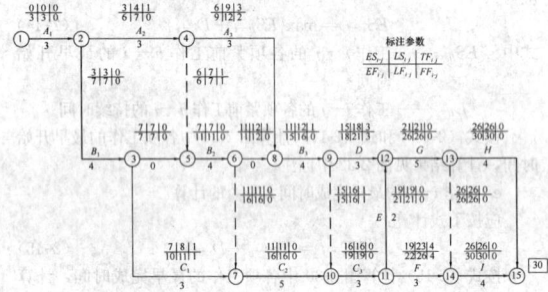

图 2-32 按工作计算法示例计算结果图示

②按节点计算法计算时间参数

a. 按节点计算法计算时间参数应在确定各项工作的持续时间之后进行。虚工作必须视同工作进行计算，其持续时间为零。

图 2-33 节点计算法标注要求

b. 按节点计算法计算时间参数，其计算结果应标注在节点之上（图 2-33）。

c. 节点最早时间的计算应符合下列规定：

（a）节点 i 的最早时间 ET_i 应从网络计划的起点节点开始，顺着箭线方向依次逐项计算；

（b）起点节点 i 如未规定最早时间 ET_i 时，其值应等于零，即：$ET_i = 0 (i=1)$；

（c）当节点 j 只有一条内向箭线时，最早时间 ET_j 应为：

$$ET_j = ET_i + D_{i-j} \qquad (2\text{-}25)$$

（d）当节点 j 有多条内向箭线时，其最早时间 ET_j 应为：

$$ET_j = \max\{ET_i + D_{i-j}\} \qquad (2\text{-}26)$$

式中 D_{i-j}——工作 $i-j$ 的持续时间。

d. 网络计划的计算工期 T_c 应按下式计算：

$$T_c = ET_n \qquad (2\text{-}27)$$

式中 ET_n——终点节点 n 的最早时间。

e. 网络计划的计划工期 T_p 的计算应按下列情况分别确定：

（a）当已规定了要求工期 T_r 时，$T_p \leqslant T_r$。

（b）当未规定要求工期 T_r 时，$T_p = T_c$。

f. 节点最迟时间的计算应符合下列规定：

（a）节点 i 的最迟时间 LT_i 应从网络计划的终点节点开始，逆着箭线的方向依次逐项计算。当部分工作分期完成时，有关节点的最迟时间必须从分期完成节点开始逆向逐项计算。

（b）终点节点 n 的最迟时间 LT_n 应按网络计划的计划工期 T_p 确定，即：$LT_n = T_p$；分期完成节点的最迟时间应等于该节点规定的分期完成的时间。

（c）其他节点的最迟时间 LT_i 应为：

$$LT_i = \min\{LT_j - D_{i-j}\} \qquad (2\text{-}28)$$

式中 LT_j——工作 $i-j$ 的箭头节点 j 的最迟时间。

g. 工作 $i-j$ 的最早开始时间 ES_{i-j} 应按下式计算：

$$ES_{i-j} = ET_i \qquad (2\text{-}29)$$

h. 工作 $i-j$ 的最早完成时间 EF_{i-j} 应按下式计算：

$$EF_{i-j} = ET_i + D_{i-j} \qquad (2\text{-}30)$$

i. 工作 $i-j$ 的最迟完成时间 LF_{i-j} 应按下式计算：

$$LF_{i-j} = LT_j \qquad (2\text{-}31)$$

j. 工作 $i-j$ 的最迟开始时间 LS_{i-j} 应按下式计算：

$$LS_{i-j} = LT_j - D_{i-j} \qquad (2\text{-}32)$$

k. 工作 $i-j$ 的总时差 TF_{i-j} 应按下式计算：

$$TF_{i-j} = LT_j - ET_i - D_{i-j} \qquad (2\text{-}33)$$

l. 工作 $i-j$ 的自由时差 FF_{i-j} 应按下式计算：

$$FF_{i-j} = ET_j - ET_i - D_{i-j} \qquad (2\text{-}34)$$

3）关键工作和关键线路的确定

①总时差为最小的工作应为关键工作；

②自始至终全部由关键工作组成的线路或线路上总的工作持续时间最长的线路应为关键线路。该线路在网络图上应用粗线、双线或彩色线标注。

2. 单代号网络图的绘制及时间参数计算

（1）单代号网络图的基本概念

1）单代号网络图又称活动（工作）节点网络图，采用节点及其编号（一个大方框或圆圈）表示一项工作，工作之间的相互关系以箭线表达，工作持续时间多为肯定型。它与双代号网络图只是表现的形式不同，其所表达的内容则完全一样。相比双代号网络图，单代号网络图具有容易画、没有虚工作、便于修改等优点，但在多进多出的节点处容易发生箭线交叉，故又不如双代号网络图清楚。单代号网络图在国外使用较多。

2）节点

单代号网络图中节点代表一项工作，既占用时间，又消费资源，节点可用圆圈或方框表示，其内标注工作编号、名称和持续时间。节点均需编号，不能重复，箭头节点的编号要大于箭尾节点的编号。

3）箭线

在单代号网络图中，箭线仅表示工作间的逻辑关系，既不占用时间，又不消费资源。单代号网络图中不设虚箭线。

（2）单代号网络图的绘制

1）单代号网络图的绘制步骤基本同双代号网络图。

2）项目分解、逻辑关系分析，同双代号网络图。双代号与单代号网络逻辑关系表示方法比较见表 2-26。

网络图逻辑关系表示方法   表 2-26

序号	逻辑关系	网络图表示方法	
		双 代 号	单 代 号
1	A 完成后进行 B，B 完成后进行 C	○→A→○→B→○→C→○	Ⓐ→Ⓑ→Ⓒ
2	A 完成后同时进行 B 和 C		

续表

序号	逻辑关系	网络图表示方法 双代号	单代号
3	A 和 B 都完成后进行 C		
4	A 和 B 都完成后同时进 C 和 D		
5	A、B、C 同时开始施工		
6	A、B、C 同时结束施工		
7	A 完成后进行 C；A、B 都完成后进行 D		
8	A、B 都完成后进行 C，B、D 都完成后进行 E		
9	A 完成后进行 C，A、B 都完成后进行 D，B 完成后进行 E		
10	A、B 两项先后进行的工作，各分为三段进行。A1 完成后进行 A2、B1，A2 完成后进行 A3、B2，B1 完成后进行 B2，A3、B2 完成后进行 B3		

3）绘制单代号网络图

①基本规则

单代号网络图绘制的基本规则也和双代号基本相同，即：

a. 必须正确表达各项工作之间已定的逻辑关系。

b. 严禁出现循环回路。

c. 严禁出现带双向箭头或无箭头的连线。

d. 严禁出现没有箭头节点和没有箭尾节点的箭线。

e. 工作的编号不允许重复。

f. 绘制网络图时，箭线不宜交叉；当交叉不可避免时，可采用桥法和指向法绘制。

g. 只应有一个起点节点和一个终点节点；当单代号网络图中有多项起点节点或多项终点节点时，应在网络图的两端分别设置一项虚工作，作为该网络图的起点节点（S_t）和终点节点（F_{in}），见图 2-34。

②绘制单代号网络图的步骤、编号和布局要求，同双代号网络图。

（3）单代号网络图的时间参数计算

以图 2-35 为例进行网络计划时间参数的计算。

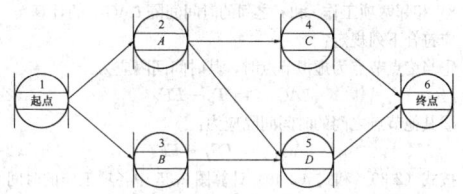

图 2-34 单代号网络图起点节点和终点节点

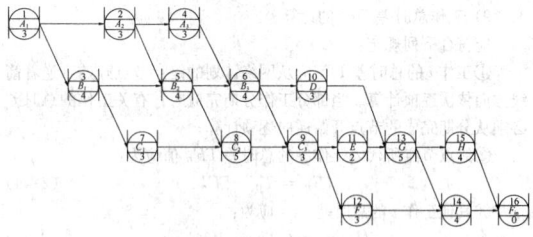

图 2-35 单代号网络计划计算示例

1）单代号网络计划的时间参数计算应在确定各项工作持续时间之后进行。

2）单代号网络计划的时间参数基本内容和形式应按图 2-36 所示的方式标注。

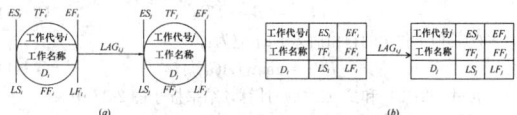

图 2-36 单代号网络图时间参数标注形式

3）时间参数计算的一般顺序：按顺序计算最早开始时间 ES_i→最早完成时间 EF_i→计算工期 T_c→计划工期 T_p→时间间隔 $LAG_{i,j}$→总时差 TF_i→自由时差 FF_i→逆序计算最迟完成时间 LF_i→最迟开始时间 LS_i。

4）工作最早开始时间 ES_i 的计算

应符合下列规定：

①工作 i 的最早开始时间 ES_i 应从网络图的起点节点开始，顺着箭线方向依次逐项计算；

②当起点节点 i 的最早开始时间 ES_i 无规定时，其值应等于零，即：$ES_i = 0 (i=1)$；

③其他工作的最早开始时间 ES_i 应为：

$$ES_i = \max\{EF_h\} \tag{2-35}$$

或

$$ES_i = \max\{ES_h + D_h\} \tag{2-36}$$

式中 ES_h——工作 i 的各项紧前工作 h 的最早开始时间；

D_h——工作 i 的各项紧前工作 h 的持续时间。

按公式（2-36）计算图 2-35 中各项工作的最早开始时间，结果见图 2-37 中标注。

5）工作 i 的最早完成时间 EF_i 的计算

应按下式计算：

$$EF_i = ES_i + D_i \tag{2-37}$$

按式（2-37）计算图 2-35 中各项工作的最早完成时间，结果见图 2-37 中标注。

6）网络计划计算工期 T_c

应按下式计算：

$$T_c = EF_n \tag{2-38}$$

式中 EF_n——终点节点 n 的最早完成时间。

故图 2-35 中：$T_c = EF_{16} = 30$

7）网络计划的计划工期 T_p 的计算

应按下列情况分别确定：

①当已规定了要求工期 T_r 时，$T_p \leqslant T_r$；

②当未规定要求工期 T_r 时，$T_p = T_c$。

因图 2-35 中未规定要求工期 T_r，故：$T_p = T_c = EF_{16} = 30$。将计划工期标注在终点节点 16 旁并框之。

8) 相邻两项工作 i 和 j 之间的时间间隔 $LAG_{i,j}$ 的计算应符合下列规定：

①当终点节点为虚拟节点时，其时间间隔应为：

$$LAG_{i,n} = T_p - EF_i \qquad (2\text{-}39)$$

②其他节点之间的时间间隔应为：

$$LAG_{i,j} = ES_j - EF_i \qquad (2\text{-}40)$$

按式 (2-39) 和式 (2-40) 计算图 2-35 中各项工作的时间间隔 $LAG_{i,j}$，结果标注于两节点之间的箭线之上，如图 2-37 所示（其中，$LAG_{i,j}=0$ 的未标出）。

9) 工作总时差 TF_i 的计算应符合下列规定：

①工作 i 的总时差 TF_i 应从网络计划的终点节点开始，逆着箭线方向依次逐项计算。当部分工作分期完成时，有关工作的总时差必须从分期完成的节点开始逆向逐项计算；

②终点节点所代表工作 n 的总时差 TF_n 值为：

$$TF_n = T_p - EF_n \qquad (2\text{-}41)$$

③其他工作 i 的总时差 TF_i 值为：

$$TF_i = \min\{TF_j + LAG_{i,j}\} \qquad (2\text{-}42)$$

按式 (2-41) 和式 (2-42) 计算图 2-35 中各项工作的总时差 TF_i，结果标注于图 2-37 中。

10) 工作 i 的自由时差 FF_i 的计算应符合下列规定：

①终点节点所代表工作 n 的自由时差 FF_n 为：

$$FF_n = T_p - EF_n \qquad (2\text{-}43)$$

②其他工作 i 的自由时差 FF_i 为：

$$FF_i = \min\{LAG_{i,j}\} \qquad (2\text{-}44)$$

按式 (2-43) 和式 (2-44) 计算，结果标于图 2-37 中。

11) 工作最迟完成时间 LF_i 的计算应符合下列规定：

①工作 i 的最迟完成时间 LF_i 应从网络计划的终点节点开始，逆着箭线方向依次逐项计算。当部分工作分期完成时，有关工作的最迟完成时间应从分期完成的节点开始逆向逐项计算；

②终点节点所代表的工作 n 的最迟完成时间 LF_n，应按网络计划的计划工期 T_p 确定，即：$LF_n = T_p$；

③其他工作 i 的最迟完成时间 LF_i 为：

$$LF_i = \min\{LS_j\} \qquad (2\text{-}45)$$

或

$$LF_i = EF_i + TF_i \qquad (2\text{-}46)$$

式中 LS_j——工作 i 的各项紧后工作 j 的最迟开始时间。

按式 (2-45) 或式 (2-46) 计算图 2-35 中各项工作的最迟完成时间 LF_i，结果标注于图 2-37 中。

12) 工作 i 的最迟开始时间 LS_i 应按下式计算：

$$LS_i = LF_i - D_i \qquad (2\text{-}47)$$

或

$$LS_i = ES_i + TF_i \qquad (2\text{-}48)$$

按式 (2-45) 或式 (2-46) 计算图 2-35 中各项工作的最迟开始时间 LS_i，结果标注于图 2-37 中。

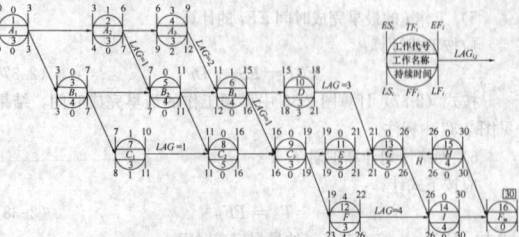

图 2-37　单代号网络计划计算示例图上标注结果

3. 双代号时标网络图

普通双代号与单代号网络图都是不带时间坐标的，工作的持续时间由箭线下方标注的时间说明，而与箭线的长短无关，不能直观地在图上看出各工作的开工和结束时间。而时标网络图吸取了横道图直观的优点，使网络图易于理解，方便应用，深为施工现场所欢迎，但修改起来比较麻烦。

（1）双代号时标网络图的一般规定

时标的时间刻度单位规划与横道图类似，一般在时标刻度线的顶部标注相应的时间值，也可以标注在底部，必要时可在顶部和底部同时标注。

实工作用实箭线表示，工作如有自由时差，用波形线表示。虚工作必须用垂直方向的虚箭线表示，有自由时差时用波形线表示。

时标网络计划一般按各个工作的最早开始时间编制，其中没有波形线的路线即为关键线路。双代号时标网络图如图 2-38 所示。

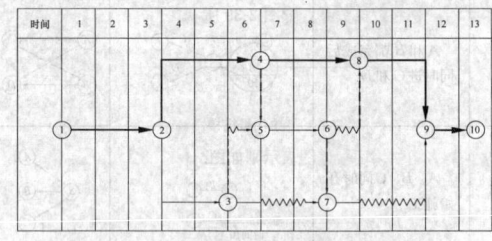

图 2-38　双代号时标网络图

（2）双代号时标网络图特点和适用范围

双代号时标网络图特点和适用范围见表 2-27。

双代号时标网络图特点和适用范围　表 2-27

序号	项目		内容
1	特点	优点	（1）时标网络图兼具网络图和横道图的优点，不仅能够表明各工作的进程，而且可以清楚地看出各工作间的逻辑关系； （2）时标网络图上能直接显示关键线路、关键工作、各工作的起止时间和时间储备（自由时差）情况； （3）时标网络图中箭线受时间坐标的限制，一般不会出现工作关系之间的逻辑错误； （4）时标网络计划可以很方便地统计每一个单位时间段对资源的需求量，以便进行资源优化与调整
2		缺点	（1）时标网络图上不能反映总时差，在图上不能利用时差进行优化； （2）时标网络图中复杂的工程内容不能全面反映出来，即使要反映绘制也是相当困难； （3）时标网络图中工期长箭线长，图就长，所以绘图不方便，也不便于看图指导施工；因此在一般分项、分部工程指导施工时用得多； （4）时标网络画图前仍然要编制双代号网图，计算出最早时间或最迟时间，增加了工作量
3	适用范围		（1）工作数量不多，工艺关系比较简单的项目； （2）整体工程中的局部网络计划，或具体作业性网络计划； （3）使用实际进度前锋线法进行进度控制的网络计划

（3）时标网络图绘制方法

1) 列出工作一览表，根据工程进度的要求确定工作名称及其划分的粗细；

2) 确定各工作的工作持续时间；

3) 画出工艺流程图；

4) 绘制双代号网络图，确定最早开始时间（按最早开始时间绘制）或者最迟完成时间（按最迟完成时间绘制）；

5) 在带有工作时间的坐标上绘制时标网络图。

4. 单代号搭接网络图

在前面讲述的双代号和单代号网络计划中，各项工作依次按顺序进行，即前一项工作完成后才开始下一项工作。但在工程项目实施中，为了缩短工期，许多工作可采用平行或搭接的方式进行。为了简单直接地表达这种搭接关系，使编制网络计划得到简化，于是

相继出现了多种搭接网络计划技术的新方法，如美国的前导网络法（PDM）、前联邦德国的组合网络法（BKN）、法国的海特拉位势法（MPM）等，统称为"搭接网络计划法"。其共同特点为，前一项工作没有结束时，后一项工作即插入进行，将前后工作搭接起来。这种网络计划方法计算复杂，但利用计算机软件系统进行计算配合也就容易了。

搭接网络计划多采用单代号表示法，即以节点表示工作（活动、工序），节点可以绘成框形或圆图形，节点之间用不同的箭线表示逻辑顺序和搭接关系，如图 2-39 所示。

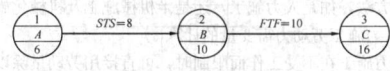

图 2-39　单代号搭接网络图

该网络图如果用横道图表示则如图 2-40 所示。

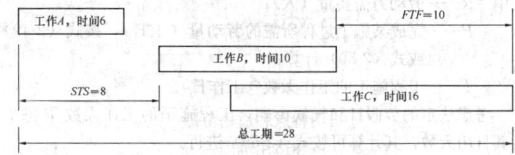

图 2-40　与图 2-39 所示网络图等效的横道图

搭接网络计划中，工作之间的搭接关系主要分为以下四种：

（1）结束到开始的搭接（$FTS_{i,j}$）。

表示工作 i 完成时间与紧后工作 j 开始时间之间的时间间距。

（2）开始到开始的搭接（$STS_{i,j}$）。

表示工作 i 开始时间与紧后工作 j 开始时间之间的时间间距。

（3）结束到结束的搭接（$FTF_{i,j}$）。

表示工作 i 完成时间与紧后工作 j 完成时间之间的时间间距。

（4）开始到结束的搭接（$STF_{i,j}$）。

表示工作 i 开始时间与紧后工作 j 完成时间之间的时间间距。

5. 建筑施工网络计划的应用

（1）建筑施工网络计划的分类，见图 2-41。

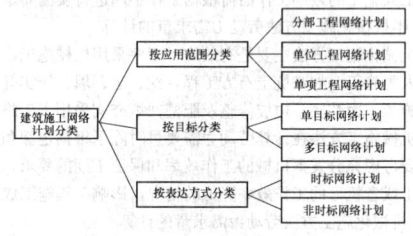

图 2-41　建筑施工网络计划分类

（2）建筑施工网络计划的编排方法，见图 2-42。

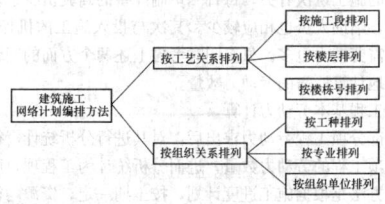

图 2-42　建筑施工网络计划编排方法

（3）建筑施工网络计划应用的一般程序，见表 2-28。

建筑施工网络计划应用的一般程序　　表 2-28

序　号	阶　段	步　骤
1	准备阶段	（1）确定网络计划目标（包括时间目标、时间-资源目标、时间-费用目标）； （2）调查研究； （3）项目分解； （4）施工方案设计

续表

序　号	阶　段	步　骤
2	绘制网络图	（5）逻辑关系分析； （6）网络图构图
3	计算参数	（7）计算工作持续时间和搭接时间； （8）计算其他时间参数； （9）确定关键线路
4	编制可行网络计划	（10）检查与修正； （11）可行网络计划编制
5	确定正式网络计划	（12）网络计划优化； （13）网络计划的确定
6	网络计划的实施与控制	（14）网络计划的贯彻； （15）检查与数据采集； （16）控制与调整
7	收尾	（17）分析； （18）总结

（4）建筑施工网络计划的优化

网络计划优化，是指在编制阶段，在满足既定约束的条件下，按某一目标，通过不断改进网络计划的可行方案，寻求满意结果，从而编制可供实施的网络计划的过程。

网络计划优化对实现项目进度、成本目标有重要的实际意义，甚至会使项目施工取得重大的经济效果，我们应当尽量利用网络计划模型可优化的特点，努力实现优化目标。

1）网络计划优化目标的确定

网络计划优化目标一般有以下几种选择：

①工期优化；

②"时间固定、资源均衡"的优化；

③"资源有限，工期最短"的优化；

④"时间-费用"优化。

2）网络计划优化的程序

网络计划应按下列程序进行优化：

①确定优化目标；

②选择优化方法并进行优化；

③对优化结果进行评审、决策。

（5）网络计划软件应用介绍

工程计划的实现，必须进行经常的检查和调整。在工程应用中网络计划编制工作量大，计算工作量大，优化工作量更大，但随着计算机和网络通信技术的普及和发展，项目管理软件和网络计划软件应运而生。

1）国外计划管理软件

国外项目管理软件有：Oracle 公司的 Oracle Primavera 软件 P3、Artemis 公司的 Artemis Viewer、NIKU 公司的 OpenWork Bench、Welcom 公司的 OpenPlan 等软件，这些软件适合大型、复杂项目的项目管理工作；而 Sciforma 公司的 Project Scheduler（PS）、Primavera 公司的 SureTrak、Microsoft 公司的 Project、IMSI 公司的 TurboProject 等则是适合中小型项目管理的软件。国外计划管理软件多采用单代号网络图表示。

① P3E/C 软件

美国 P3E/C（Primavera Project Planner Enterprise/Construction）软件，目前在中国是大型工程建设项目中应用最广泛的项目管理软件之一，非常适合大型施工建设项目（包括设计、采购和施工）。P3E/C 是包涵现代项目管理知识体系的、以计划-协同-跟踪-控制-积累为主线的企业级工程项目管理软件。目前的版本为 P6（Oracle-PrimaveraP6）。

② Microsoft Project 软件

美国 Microsoft Project 软件与 Microsoft 其他系列产品的结合，可满足协同工作、用户权限管理、任务关联等；通过 Excel、Access 或各种兼容数据库存取项目文件。很多项目管理软件和 Microsoft Project 都有接口。该软件在小型项目应用中占据主导地位。目前的版本为 Microsoft Project 2010。

2) 国内计划管理软件

国内的工程计划管理软件功能较为完善的有：普华 PowerOn、梦龙 Pert、邦永科技 PM2、建文软件、易建工程项目管理软件等，基本上是在借鉴国外项目管理软件的基础上，按照我国标准或习惯实现上述功能，并增强了产品的易用性。国内的网络计划软件一般采用双代号网络图表示。

2.4.5.3 劳动力计算及组织

1. 劳动力计算

(1) 确定现场施工人员的组成

施工总承包项目通常由下列人员组成：①生产工人；②管理人员；③服务人员；④临时劳动力等。

(2) 劳动力计算流程

先根据施工总体部署和施工方案，结合施工进度计划，计算分部分项工程工程量；然后计算分部分项工程劳动量，再进行分部分项工程劳动力需要量的计算，最后分析统计工程项目所需劳动力数量，并按工期一定、资源均衡的原则进行优化与调整。

(3) 劳动量的计算

劳动量也称劳动工日数。

1) 以手工操作为主的施工过程，其劳动量一般可根据各分部分项工程的工程量、施工方法和现行劳动定额，结合本单位的实际情况，按式 (2-49) 或式 (2-50) 计算。

$$P = Q \cdot H \qquad (2-49)$$
$$P = Q/S \qquad (2-50)$$

式中　P——完成某施工过程所需的劳动量（工日）；

Q——某施工过程的工程量（m^3、m^2、t……）；

H——某施工过程的人工时间定额（工日/m^3、工日/m^2、工日/t……）；

S——某施工过程的人工产量定额（m^3/工日、m^2/工日、t/工日……）。

选用时间定额时，若参考统一定额，则需综合考虑企业当时、当地定额与统一定额的幅度差及不可预见因素的修正，其计算可按式 (2-51) 进行。

$$H = H_{统} \cdot h_1 \cdot h_2 \qquad (2-51)$$

式中　H——某施工过程的人工时间定额（工日/m^3、工日/m^2、工日/t……）；

$H_{统}$——某施工过程的统一时间定额（工日/m^3、工日/m^2、工日/t……）；

h_1——企业当时、当地定额与统一定额的幅度差（%）；

h_2——不可预见因素修正系数。

2) 当某一施工过程是由两个或两个以上不同分项工程合并而成时，其总劳动量应按式 (2-52) 计算。

$$P = \frac{Q_1}{S_1} + \frac{Q_2}{S_2} + \cdots + \frac{Q_n}{S_n} = \sum_{i=1}^{n} \frac{Q_i}{S_i} \qquad (2-52)$$

式中　P——完成某施工过程所需的劳动量（工日）；

Q_1——某施工过程包含的一个分项工程的工程量（m^3、m^2、t……）；

S_1——某施工过程包含的一个分项工程的人工产量定额（m^3/工日、m^2/工日、t/工日……）；

n——某一施工过程包含的不同分项工程的个数。

3) 当某一施工过程是由同一工种，但不同做法、不同材料的若干个分项工程合并组成时，应按合并前后总劳动量不变的原则，先按式 (2-53) 计算合并后的综合产量定额，然后再按式 (2-49) 求其劳动量。

$$\bar{S} = \frac{\sum_{i=1}^{n} Q_i}{\frac{Q_1}{S_1} + \frac{Q_2}{S_2} + \cdots + \frac{Q_n}{S_n}} \qquad (2-53)$$

式中　$\bar{S}$——综合产量定额；

Q_1——某施工过程包含的一个分项工程的工程量（m^3、m^2、t……）；

S_1——某施工过程包含的一个分项工程的人工产量定额

（m^3/工日、m^2/工日、t/工日……）；

n——某一施工过程包含的不同分项工程的个数。

4) 计划中的"其他工程"项目所需劳动量，一般可根据实际工程对象，取总劳动量的一定比例（10%～20%）。

(4) 分部分项工程劳动力需要量计算

分部分项工程劳动力是完成基本工程所需的劳动力（包括工地小搬运及备料、运输等劳动力）。除备料运输劳动力需另行计算外，其余均可根据工程的劳动量及要求的工期计算。在计算过程中要考虑日历天中扣除节假日和大雨、雪天对施工的影响系数。另外还要考虑施工方法，如是人力施工，还是半机施工及机械化施工。

1) 人力施工劳动力需要量的计算

①人力施工在不受工作面限制时，可直接用劳动量除以工期即得劳动力数量，其计算公式如式 (2-54)。

$$R = P/T \qquad (2-54)$$

式中　R——劳动力需要量（人）；

P——完成某施工过程所需的劳动量（工日），按式 (2-49) 或式 (2-50) 计算；

T——工程施工的工作天数（工作日）。

考虑法定的节假日和气候影响，工程施工的工作天数 T 将小于其日历天数，其计算可按式 (2-55) 进行。

$$T = 施工期的日历天数 \times 0.7K \cdot c \cdot n \qquad (2-55)$$

式中　0.7——节假日换算系数，除去星期天和国家法定假日即（365 日－104 个星期天－11 个法定假日）/（12 月 ×30 日）＝0.7，可根据情况调整；

K——气候影响系数，K 的取值随不同地区而变化；

c——出勤率，一般不小于 85%；

n——作业班次。

②人力施工受到工作面限制时，计算劳动力的需要量必须保证每个人最小工作面这个条件，否则会在施工过程中出现窝工现象。每班工人的数量可按式 (2-56) 计算。

$$R = \frac{施工现场的作业面积(m^2)}{工人施工的最小工作面(m^2/人)} \qquad (2-56)$$

式中，工人施工的最小工作面需根据工作不同进行实测而定。

2) 半机械化施工方法劳动力需求量的计算

半机械化施工方法主要是有的施工工序采用机械施工，有的工序采用人力施工。如基坑土石方工程，挖、运、填、压实等工序采用机械施工，而基底、边坡修整及肥槽回填夯实采用人工施工。

半机械施工方法在计算劳动力需要量时除了根据定额和工程量外，还要考虑充分发挥机械的工作效率和保证工期的要求，否则会出现窝工或者机械的工作效率降低的情况，影响工程施工成本。

3) 机械化施工方法劳动力需求量的计算

机械化施工方法所需劳动力主要是司机及维修保养人员和管理人员（即机械辅助施工人员）。因此计算机械施工方法所需的劳动力与机械的施工班次有关，每日一班制配备的驾驶员少于多班次工作的人数，辅助人员也相应较少。其次与投入施工的机械数有关，投入多所需劳动力也多。只有同时考虑上述两个方面的问题，才能够较准确地计算所需的劳动力数量。

(5) 工程基本劳动力计算

当分部分项工程劳动力求出后，对其进行分析统计，得出相应单位或单项工程的劳动力数量，进而分析统计为工程项目所需劳动力数量。方法是根据施工进度计划，按工期一定、资源均衡的原则进行优化与调整。即在工期不变的情况下，使劳动力分配尽量均衡，力求每天的劳动力需求量基本接近平均值。只有按这种方法对劳动力进行配备，才不会造成现场的劳动力短缺，也不会造成窝工现象。

(6) 定额外劳动力计算

这类人员主要包括：①材料采购及保管人员；②材料到达工地以前的搬运、装卸工人等人员；③驾驶施工机械、运输工具的工人；④由管理费支付工资的人员。由于工程项目管理规范的推行，以及施工队伍向知识密集型发展，此类人员数量可简化计算。

1) 机械台班中的劳动力

该项劳动力及司机人数，随着机械化程度不同而不同。可按各种机械台班总量，乘以台班劳动定额求得；也可以按机械配备数量，根据各种机械特点配备司机人数。

2) 备料、运输劳动力

此项劳动力随窝工数量的多少而变化，并随着机械化、工厂化水平不断发展而减小。各施工单位可根据企业历史数据，统计此项劳动力约占工程基本劳动百分比（如 20%~30%）。通常此项劳动力多采用对外发包形式，基本不用考虑。

3) 管理及服务人员

由项目经理组织确定，也按项目定员估算。项目越大，比例越小。

(7) 计算劳动力数量时还需注意的方面

1) 工程量的计算。工程量计算是进行劳动力计算的基础。当确定了施工过程后，应计算每个施工过程的工程量。工程量应根据施工图纸、工程量计算规则及相应的施工方法进行计算。

2) 劳动定额的选用。确定了施工过程及其工程量之后，即可套用施工定额（当地实际采用的劳动定额）以确定劳动量。在套用国家或当地颁发的定额时，必须注意结合本单位工人的技术等级、实际操作水平，施工机械情况和施工现场条件等因素，确定定额的实际水平，使计算出来的劳动量符合实际需求。有些采用新技术、新材料、新工艺或特殊施工方法的施工过程，定额中尚未编入，这时可参考类似施工过程的定额、经验资料，按实际情况确定。

3) 作业班次的确定

当工期允许、劳动力和施工机械周转使用不紧迫、施工工艺上无连续施工要求时，通常采用一班制施工。当工期较紧或为了提高施工机械的使用率加快机械的周转使用，或工艺上要求连续施工时，某些施工项目可考虑二班制甚至三班制施工。

2. 劳动力组织

项目的劳动力组织主要是研究施工基层组织施工队、施工班组的劳动组织，其中包括各工种工人和管理人员的组织，人员总数、体制、工种结构、各工种人数比例的组织，施工高峰期的人数等；还包括研究施工项目总的劳动力和各工种劳动力的投入量及比例，以及项目施工全过程中人力动态的变化（即进出现场人员计划）等。在组织劳动力时，应考虑以下问题；

(1) 投入项目日数不超过项目人力全员计划的总数。各队、班组的工人技术等级要成比例搭配，不能全高，也不能全低。常采用技术测定法搭配，即首先将施工对象的工作内容（工序）加以详细的划分，定出每一项工作内容的等级（即该项工作需要由哪一技术等级的工人才能完成），同时测定完成每项工作所需的时间，最后再据此配备一定数量的工人，确定其组成。配备工人数量的方法是要使每一个工人的工作时间相等，工作时间多者可相应地多配工人。

(2) 专业施工队基本是由同工种的若干个班（组）组成，综合施工队则由不同工种的班（组）组成。顺序作业和平行作业大都选用综合施工队，而流水作业大都选用专业施工队。施工队的人数不宜太多，一般每队的总人数在100人左右为宜。

(3) 班组劳动力组织优化。在实际工作中，一般根据工作面所能容纳的最多人数（即最小工作面）和现有的劳动组织来确定每天的工作人数。

1) 最小工作面。是指为了发挥高效率，保证施工安全，每一个工人或班组施工时必须具有的工作面。一个施工过程在组织施工时，安排人数的多少会受到工作面的限制，不能为了缩短工期而无限制地增加施工人人数，否则会造成工作面不足而出现窝工现象。

2) 最小劳动组合。在实际工作中，绝大多数施工过程不能由一个人来完成，而必须由几个人配合才能完成。最小劳动组合是指某一施工过程要进行正常施工所必需的最少人数及其合理组合。

3) 可能安排的人数。根据现场实际情况（如劳动力供应情况、技工技术等级及人数等），在最少必需人数和最多可能人数的范围内，安排工人人数。通常，若在最小工作面条件允许下，安排了最多人数仍不能满足工期要求时，可组织两班制或三班制施工。

(4) 做好劳动力岗前培训。各施工人员进场后，在正式施工

前，由项目部统一组织，针对具体的施工项目，对施工人员进行岗前培训，明确设计标准、技术要求、施工工艺、操作方法和质量标准。施工人员经培训合格后方可上岗。施工过程中，在施工队伍中开展劳动竞赛、技术比武和安全评比等活动，提高施工人员整体施工水平。利用施工间隙进行法制宣传和环保教育，教育施工人员遵章守纪，保障社会治安，保护周边环境。作为储备的施工队伍在上场之前，应先在单位劳务基地进行相关教育培训，根据现场施工的需要随时进场。

各施工队伍、各工种劳动力上场计划根据工程施工进度安排确定，施工人员根据施工计划和工程实际需要，分批组织进场。提前做好农忙季节和春节期间劳动力保障措施，让每位劳动者明确工期和信誉对项目的重要性，提前安排好家中的生产和生活，做到农忙季节不回家、春节期间轮流休假，同时对坚持施工的劳动者给予一定的补贴，保证各项工序正常进行。在施工过程中，由项目经理部统一调度，合理调配施工人员，确保各施工队、各工种之间相互协调，减少窝工和施工人员浪费现象。工程完工后，在统一安排、调度下，分批安排多余施工人员退场。

2.4.6 施工用临时设施

施工临时设施是指为适应工程施工需要而在现场修建的临时建筑物和构筑物。临时设施大部分要在工程施工完毕后拆除，因此应在满足施工需要的前提下尽量压缩其规模，一般可利用提前建成的永久工程和施工基地现有设施、实行工厂化施工、采用装配式结构等办法来减少施工临时设施及其成本。临时设施一般包括：①生产性施工临时建筑及附属建筑；②生活性施工临时建筑；③施工专用的铁路、公路、大型施工机械的轨道及其路基；④水源、电源及临时通信线路；⑤施工所需氧气、乙炔气及压缩空气站等。

2.4.6.1 临时施工设施布置原则

施工现场搭设的临时性建筑，是为施工队伍生产和生活服务的，要本着有利施工、方便生活、勤俭节约和安全使用的原则，统筹规划，合理布局，为顺利完成施工任务提供基础条件。

工地的临时设施包括工地临时房屋、临时道路、临时供水和供电设施等。临时设施的搭设原则为：

1. 临时房屋

临时房屋的布点既要考虑施工的需要，又要靠近交通线路，方便运输和职工的生活。应将施工（生产）区和生活区分开。要考虑安全，注意防洪水、泥石流、滑坡等自然灾害；尽量少占和不占农田，充分利用山地、荒地、空地或劣地；尽量利用施工现场或附近已有的建筑物；对必须搭设的临时建筑应因地制宜，利用当地材料和旧料，尽量减少费用。另外，尽可能使用拆装方便、可以重复利用的新型建筑材料来搭设临时设施，如活动房屋、彩钢板、铝合金板、集装箱等。近几年的实践证明，这些材料尽管一次性投资较大，但因其重复利用率高、周转次数多、搭拆方便、保温防潮、维修费用低、施工现场文明程度高等特点，其总的使用价值及社会效益高于传统的临时建筑。同时临时设施的搭设还必须符合安全防火要求。

2. 临时道路

现场主要道路应尽可能利用永久性道路或先建好永久性道路的路基，铺设简易路面，在土建工程结束之前再铺路面。

临时道路布置要保证车辆等行驶畅通，道路应设两个以上的进出口，避免与铁路交叉，有回转余地，一般设计成环行道路，覆盖整个施工区域，保证各种材料能直接运输到材料堆场，减少倒运，提高工作效率。其主干道应设计为双车道，宽度不小于6m，次要道路为单车道，宽度不小于4m。

根据各加工厂、仓库及各施工对象的相对位置，区分主要道路和次要道路，进行道路的整体规划，以保证运输畅通、车辆行驶安全，节省造价。

合理规划拟建道路与地下管网的施工顺序。在修建拟建永久性道路时，应考虑道路下的地下管网，避免将来重复开挖，尽量做到一次性到位，节约投资。

3. 临时供（排）水、供电设施

(1) 布置供水管网时，应力求供水管总长度为最小；管径和龙头数目应经过计算确定；根据气候条件和使用期限的长短确定管线埋于地下还是铺在地表面。

(2) 排水管应尽可能利用原有的排水管道，必要时通过疏浚或加长等措施，使工地的地下水和地表水及时排入城市排水系统。

(3) 供电

施工现场的临时用电，应尽量利用现场附近已有的电网。如附近无电网，或供电不足时，则需自备发电设备。

变压器（站）的位置应布置在现场边缘高压线接入处，四周用铁丝网或铁栅栏围挡，不宜设在交通要道口。

供电系统的设置与使用应符合有关安全要求。

2.4.6.2　工地临时房屋

(1) 生产性临时设施参考指标见附录 2-1。

(2) 物资储存临时设施参考指标见附录 2-2。

(3) 行政生活福利临时设施。

行政生活福利临时设施包括办公室、宿舍、食堂、医务室、活动室等，其搭设面积参考表 2-29。

行政生活福利临时设施建筑面积参考指标　表 2-29

临时房屋名称		参考指标（m²/人）	说　明
办公室		3～4	按管理人员人数
宿舍	双层	2.0～2.5	按高峰年（季）平均职工人数（扣除不在工地住宿人数）
	单层	3.5～4.5	
食堂		3.5～4	按高峰年平均职工人数
浴室		0.5～0.8	
活动室		0.07～0.1	
现场小型设施	开水房	0.01～0.04	
	厕所	0.02～0.07	

2.4.6.3　工地临时道路

(1) 施工道路技术要求。

工地临时道路可按简易公路技术要求进行修筑，有关技术指标可参见表 2-30。

简易公路技术要求表　表 2-30

指标名称	单位	技　术　标　准
设计车速	km/h	≤20
路基宽度	m	双车道 7；单车道 5
路面宽度	m	双车道 6；单车道 4
平面曲线最小半径	m	平原、丘陵地区 20；山区 15；回头弯道 12
最大坡度	%	平原地区 6；丘陵地区 8；山区 9
纵坡最短长度	m	平原地区 100；山区 50
桥面宽度	m	木桥 4～4.5
桥涵载重等级	t	木桥涵 7.8～10.4

(2) 各类车辆要求路面最小允许曲线半径见表 2-31。

各类车辆要求路面最小允许曲线半径　表 2-31

车辆类型	路面内侧最小曲线半径（m）		
	无拖车	有 1 辆拖车	有 2 辆拖车
小客车、三轮汽车	6	—	—
一般二轴载重汽车：单车道	9	12	15
一般二轴载重汽车：双车道	7	—	—
三轴载重汽车、重型载重汽车、公共汽车	12	15	18
超重型载重汽车	15	18	21

(3) 路边排水沟最小尺寸见表 2-32。

路边排水沟最小尺寸表　表 2-32

边沟类型	最小尺寸（m）		边坡坡度	适用范围
	深　度	底　宽		
梯形	0.4	0.4	1:1～1:1.5	土质路基
三角形	0.3	—	1:2～1:3	岩石路基
方形	0.4	0.3	1:0	岩石路基

2.4.6.4　施工供水设施

工地临时供水的设计，一般包括以下几个内容：①确定需水量；②选择水源；③设计配水管网（必要时并设计取水、净水和储水构筑物）。

1. 工地临时需水量的计算

工地的用水包括生产、生活和消防用水三方面。

(1) 生产用水。

生产用水指现场施工用水，施工机械、运输机械和动力设备用水，以及附属生产企业用水等。

(2) 生活用水。

生活用水是指施工现场生活用水和生活区的用水。

(3) 现场施工用水量可按式（2-57）计算。

$$q_1 = K_1 \sum \frac{Q_1 \cdot N_1}{T_1 \cdot t} \cdot \frac{K_2}{8 \times 3600} \qquad (2-57)$$

式中　q_1——施工工程用水量（L/s）；
　　　K_1——未预计的施工用水系数（取 1.05～1.15）；
　　　Q_1——年（季）度工程量（以实物计量单位表示）；
　　　N_1——施工用水定额，见表 2-33；
　　　T_1——年（季）度有效作业日（d）；
　　　t——每天工作班数（班）；
　　　K_2——用水不均衡系数，见表 2-34。

施工用水参考定额（N_1）　表 2-33

序　号	用水对象	单位	耗水量（N_1）
1	浇筑混凝土全部用水	L/m³	1700～2400
2	搅拌普通混凝土	L/m³	250
3	搅拌轻质混凝土	L/m³	300～350
4	搅拌泡沫混凝土	L/m³	300～400
5	搅拌热混凝土	L/m³	300～350
6	混凝土自然养护	L/m³	200～400
7	混凝土蒸汽养护	L/m³	500～700
8	冲洗模板	L/m²	5
9	搅拌机清洗	L/台班	600
10	人工冲洗石子	L/m³	1000
11	机械冲洗石子	L/m³	600
12	洗砂	L/m³	1000
13	砌砖工程全部用水	L/m³	150～250
14	砌石工程全部用水	L/m³	50～80
15	抹灰工程全部用水	L/m²	30
16	耐火砖砌体工程	L/m³	100～150
17	浇砖	L/千块	200～250
18	浇硅酸盐砌块	L/m³	300～350
19	抹面	L/m²	4～6
20	楼地面	L/m²	190
21	搅拌砂浆	L/m³	300
22	石灰消化	L/t	3000
23	上水管道工程	L/m	98
24	下水管道工程	L/m	1130
25	工业管道工程	L/m	35

施工用水不均衡系数　表 2-34

系 数 号	用 水 名 称	系　数
K_2	现场施工用水	1.5
	附属生产企业用水	1.25
K_3	施工机械、运输机械	2.00
	动力设备	1.05～1.10
K_4	施工现场生活用水	1.30～1.50
K_5	生活区生活用水	2.00～2.50

(4) 施工机械用水量计算，见式（2-58）。

$$q_2 = K_1 \sum Q_2 N_2 \frac{K_3}{8 \times 3600} \qquad (2\text{-}58)$$

式中 q_2——机械用水量（L/s）；

K_1——未预计施工用水系数（1.05~1.15）；

Q_2——同一种机械台数（台）；

N_2——施工机械台班用水定额，参考表 2-35 中的数据换算求得；

K_3——施工机械用水不均衡系数，参考表 2-34。

施工机械用水参考定额（N_2）　　　　表 2-35

序号	用水机械名称	单位	耗水量（L）	备注
1	内燃挖土机	m³·台班	200~300	以斗容量 m³ 计
2	内燃起重机	t·台班	15~18	以起重机吨数计
3	蒸汽起重机	t·台班	300~400	以起重机吨数计
4	蒸汽打桩机	t·台班	1000~1200	以锤重吨数计
5	内燃压路机	t·台班	15~18	以压路机吨数计
6	蒸汽压路机	t·台班	100~150	以压路机吨数计
7	拖拉机	台·昼夜	200~300	—
8	汽车	台·昼夜	400~700	—
9	空压机	(m³/min)·台班	40~80	以压缩空气机排气量 m³/min 计
10	锅炉	t·h	1050	以小时蒸发量计
11	锅炉	t·m²	15~30	以受热面积计
12	点焊机 25 型	台·h	100	—
13	点焊机 50 型	台·h	150~200	—
14	点焊机 75 型	台·h	250~300	—
15	对焊机、冷拔机	台·h	300	—
16	凿岩机 0130（CM56）	台·min	3	—
17	凿岩机 01-45（TN-4）	台·min	5	—
18	凿岩机 01-38（KⅡM-4）	台·min	8	—
19	凿岩机 YQ-100 型	台·min	8~12	—
20	木工场	台班	20~25	—
21	锻工房	炉·台班	40~50	以烘炉数计

（5）工地生活用水量可按式（2-59）计算。

$$q_3 = \frac{P_1 \cdot N_3 \cdot K_4}{t \times 8 \times 3600} \qquad (2\text{-}59)$$

式中 q_3——施工工地生活用水量（L/s）；

P_1——施工现场高峰昼夜人数（人）；

N_3——施工现场生活用水定额；

K_4——施工现场用水不均衡系数（表 2-34）；

t——每天工作班数（班）。

（6）生活区生活用水量可按下式计算：

$$q_4 = \frac{P_2 \cdot N_4 \cdot K_5}{24 \times 3600} \qquad (2\text{-}60)$$

式中 q_4——生活区生活用水（L/s）；

P_2——生活区居民人数（人）；

N_4——生活区昼夜全部生活用水定额，各分项用水参考定额见表 2-36；

K_5——生活区用水不均衡系数见表 2-34。

生活用水量参考定额（N_3、N_4）　　表 2-36

序号	用水对象	单位	耗水量
1	生活用水（盥洗、饮用）	L/人·日	25~40
2	食堂	L/人·次	10~20
3	浴室（淋浴）	L/人·次	40~60
4	淋浴带大池	L/人·次	50~60
5	洗衣房	L/kg 干衣	40~60
6	理发室	L/人·次	10~25
7	施工现场生活用水	L/人·次	20~60
8	生活区全部生活用水	L/人·次	80~120

（7）消防用水。

工地消防需水量（q_5）取决于工地的大小和各种房屋、构筑物的结构性质、层数和防火等级等。消防用水量（q_5）见表 2-37。

消防用水量（q_5）　　　　表 2-37

用 水 名 称		火灾同时发生次数	单位	用水量
居民区消防用水	5000 人以内	一次	L/s	10
	10000 人以内	二次	L/s	10~15
	25000 人以内	二次	L/s	15~20
施工现场消防用水	施工现场在 25m² 内	一次	L/s	10~15
	每增加 25m²	一次	L/s	5

（8）总用水量（Q）计算：

当 $(q_1 + q_2 + q_3 + q_4) \leqslant q_5$ 时，则 $Q = q_5 + (q_1 + q_2 + q_3 + q_4)/2$

当 $(q_1 + q_2 + q_3 + q_4) > q_5$ 时，则 $Q = q_1 + q_2 + q_3 + q_4$

当工地面积小于 5hm² 而且 $(q_1 + q_2 + q_3 + q_4) < q_5$ 时，则 $Q = q_5$，最后计算出的总用水量还应增加 10%，以补偿不可避免的水管漏水损失。

2. 临时供水水源的选择、管网布置及管径的计算

（1）水源选择

工程项目工地临时供水水源的选择有供水管道供水和天然水源供水两种方式。最好的方式是采用附近居民区现有的供水管道供水。只有当工地附近没有现成的供水管道或现成的给水管道无法使用及供水量难以满足施工要求时，才使用天然水源供水（如江、河、湖、井等）。

选择水源应考虑的因素有：水量是否充足、可靠，能否满足最大需求量要求；能否满足生活饮用水、生产用水的水质要求；取水、输水、净水设施是否安全、可靠；施工、运转、管理和维护是否方便。

（2）确定供水系统

供水系统由取水设施、净水设施、储水构筑物、输水管道、配水管道等组成。通常情况下，综合工程项目的首建工程应为永久性供水系统，只有在工程项目的工期紧迫时，才修建临时水系统，如果已有供水系统，可以直接从供水水源接输水管道。

临时供水方式有三种情况：

1）利用现有的城市给水或工业给水系统；

2）在新开辟地区没有现成的给水系统时，在可能条件下，应尽量先修建永久性给水系统；

3）当没有现成的给水系统，而永久性给水系统又不能提前完成时，应设立临时性给水系统。

（3）确定取水设施

取水设施一般由取水口、进水管和水泵组成。取水口距河底（或井底）一般不小于 0.25~0.9m，距冰层下部边缘的距离不小于 0.25m。给水工程一般使用离心泵、隔膜泵和活塞泵三种。所用的

水泵应具有足够的抽水能力和扬程。

(4) 确定贮水构筑物

贮水构筑物一般有水池、水塔和水箱。在临时供水时，如水泵不能连续供水，需设置贮水构筑物。其容量以每小时消防用水决定，但不得少于 $10\sim20m^3$。贮水构筑物的高度应根据供水范围、供水对象位置及水塔本身位置来确定。

(5) 配水管网布置

在保证连续供水的情况下，管道铺设越短越好。分期分区施工时，应按施工区域布置，同时还应考虑到在工程进展中各段管网应便于移置。

临时给水管网的布置有下列三种方案：①环式管网；②枝式管网；③混合式管网。

临时给水管网的布置常采用枝式管网，因为这种布置的总长度最小，但此种管网若在其中某一点发生局部故障时，有断水的威胁。从保证连续供水的要求上看，环式管网最为可靠，但这种方案所铺设的管网总长度较大。混合管网总管采用环式，支管采用枝式，兼有以上两种方案的优点。

临时水管的铺设，可用明管或暗管。以暗管最为合适，它既不妨碍施工，又不影响运输工作。

(6) 确定供水管径

计算公式见式 (2-61)。

$$d = \sqrt{\frac{4Q}{\pi \cdot v \cdot 1000}} \qquad (2\text{-}61)$$

式中　d——配水管直径 (m)；

　　　Q——耗水量 (L/s)；

　　　v——管网中水流速度 (m/s)。

临时水管经济流速参见表 2-38。

临时水管经济流速参考表　　　　表 2-38

管　　径	流速 (m/s)	
	正常时间	消防时间
(1) $D<0.1m$	$0.5\sim1.2$	—
(2) $D=0.1\sim0.3m$	$1.0\sim1.6$	$2.5\sim3.0$
(3) $D>0.3m$	$1.5\sim2.5$	$2.5\sim3.0$

2.4.6.5 施工供电设施

由于施工机械化程度的提高，工地上用电量越来越大，临时供电设施的配置和选择显得更为重要。工地临时供电的组织包括：用电量的计算，电源的选择，确定变压器，配电线路设置和导线截面面积的确定。

1. 工地总用电量的计算

施工现场用电，包括动力用电和照明用电。

动力用电：土木工程施工用电通常包括土建用电、设备安装工程和部分设备试运转用电。

照明用电：照明用电是指施工现场和生活区的室内外照明用电。

最大电力负荷量：是按动力用电量与照明用电量之和计算的。

在计算用电量时，应考虑以下因素：

(1) 全工地动力用电功率。

(2) 全工地照明用电功率。

(3) 施工高峰用电量。

工地总用电量按下式计算：

$$P = 1.05 \sim 1.10 \left(K_1 \frac{\sum P_1}{\cos\varphi} + K_2 \sum P_2 + K_3 \sum P_3 + K_4 \sum P_4 \right)$$

$$(2\text{-}62)$$

式中　　　　P——供电设备总需要容量 (kVA)；

　　　　　　P_1——电动机额定功率 (kW)；

　　　　　　P_2——电焊机额定功率 (kVA)；

　　　　　　P_3——室内照明容量 (kW)；

　　　　　　P_4——室外照明容量 (kW)；

　　　　$\cos\varphi$——电动机的平均功率因数 (施工现场最高为 $0.75\sim0.78$，一般为 $0.65\sim0.75$)；

K_1、K_2、K_3、K_4——需要系数，参考表 2-39。

其他机械动力设备及工具用电可参考有关定额。

由于照明用电量远小于动力用电量，故当单班施工时，其用电总量可以不考虑照明用电。

各种机械设备以及室内外照明用电定额见附录 2-3。

需要系数 (K 值)　　　　表 2-39

用电名称	数　量	需要系数				备　注
		K_1	K_2	K_3	K_4	
电动机	$3\sim10$ 台	0.7				如施工中需要电热时，应将其用电量计算进去。为使计算结果接近实际，式中各项动力和照明用电，应根据不同工作性质分类计算
	$11\sim30$ 台	0.6				
	30 台以上	0.5				
加工厂动力设备		0.5				
电焊机	$3\sim10$ 台		0.6			
	10 台以上		0.5			
室内照明				0.8		
室外照明					1.0	

2. 电源选择的几种方案

(1) 完全由工地附近的电力系统供电。

(2) 若工地附近的电力系统不够，工地需增设临时发电站以补充不足部分。

(3) 如果工地属于新开发地区，附近没有供电系统，电力则应由工地自备临时动力设施供电。

根据实际情况确定供电方案。一般情况下是将工地附近的高压电网引入工地的变压器进行调配。其变压器功率可由式 (2-63) 计算。

$$P = K \left(\frac{\sum P_{max}}{\cos\varphi} \right) \qquad (2\text{-}63)$$

式中　P——变压器的功率 (kVA)；

　　　K——功率损失系数，取 1.05；

$\sum P_{max}$——各施工区的最大计算负荷 (kW)；

　$\cos\varphi$——用电设备功率因数，一般建筑工地取 0.75。

根据计算结果，应选取略大于该结果的变压器。

3. 选择导线截面

导线的自身强度必须能防止受拉或机械性损伤而折断，必须耐受因电流通过而产生的温升，应使得电压损失在允许范围之内，这样，导线才能正常传输电流，保证各用电的需要。

选择导线应考虑如下因素：

(1) 按机械强度选择

导线在各种敷设方式下，应按其强度需要，保证必需的最小截面，以防拉、折而断。可根据有关资料进行选择。

(2) 按照允许电压降选择

导线满足所需要的允许电压，其本身引起的电压降必须限制在一定范围内。导线承受负荷电流长时间通过所引起的温升，其自身电阻越小越好，使电流通畅，温度则会降低，因此，导线的截面是关键因素，可由式 (2-64) 计算。

$$S = \frac{\sum P \times L}{C \times \varepsilon} \qquad (2\text{-}64)$$

式中　S——导线截面面积 (mm²)；

　　　P——负荷电功率或线路输送的电功率 (kW)；

　　　L——输送电线路的距离 (m)；

　　　C——系数，视导线材料、送电电压及调配方式而定，参考表 2-40；

　　　ε——容许的相对电压降 (即线路的电压损失%)，一般为 $2.5\%\sim5\%$。

其中：照明电路中容许电压降不应超过 $2.5\%\sim5\%$；

电动机电压降不应超过 $\pm5\%$，临时供电可到 $\pm8\%$。

根据以上两个条件选择的导线，取截面面积最大的作为现场使用的导线。通常导线的选取应先根据计算负荷电流的大小来确定，然后根据其机械强度和允许电压损失值进行复核。

按允许电压降计算时的 C 值 表 2-40

线路额定电压 （V）	线路系统及 电流种类	系数 C 值	
		铜　线	铝　线
380/220	三相四线	77	46.3
220	—	12.8	7.75
110	—	3.2	1.9
36	—	0.34	0.21

（3）负荷电流的计算

三相四线制线路上的电流可按下式计算

$$I = \frac{P}{\sqrt{3} \times V \times \cos\varphi} \tag{2-65}$$

式中　I——电流值（A）；

　　　P——功率（W）；

　　　V——电压（V）；

　$\cos\varphi$——用电设备功率因数，一般建筑工地取 0.75。

导线制造厂家根据导线的容许温升，制定了各类导线在不同敷设条件下的持续容许电流值，在选择导线时，导线中的电流不得超过此值。

2.4.7　施工组织纲要的编制

2.4.7.1　施工组织纲要编制程序及要点

（1）编制程序见图 2-43。

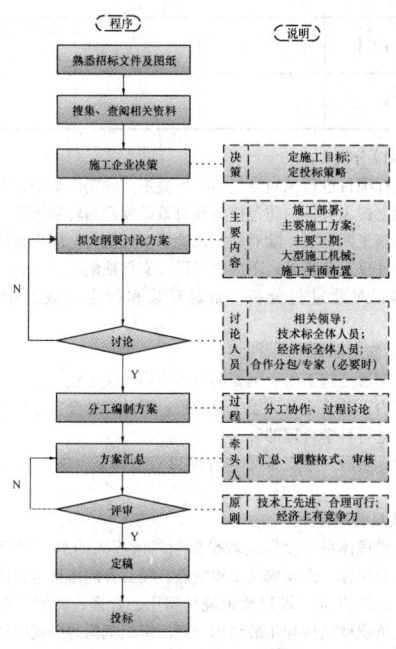

图 2-43　施工纲要编制程序

（2）施工组织纲要编制要点。

评标的特点是评委随机从专家库抽取，事前对工程一无所知、评标时间短、阅读量大，要使本单位的施工组织纲要获得评委的高分，标书除了要完全响应招标文件外，一定要有自身特点，向评委充分展示对本工程特点的理解，准确把握对业主关心问题及意图，从标书内容、内涵、视觉等方面给评委很深的印象，从而在评标中获得高分。

施工组织纲要编制要点如表 2-41 所示。

施工组织纲要编制要点 表 2-41

序号	要　点	说　明
1	响应招标文件要求	增强响应力，避免废标
2	内容具有针对性	把握项目特点及重难点，提出行之有效的方法及解决措施，才能使标书具有生命力
3	保证内容的正确性	施工部署、施工方案等正确，才能顺利完成各项施工目标
4	内容全面、重点突出	内容符合评标办法要求并做到重点突出，才能得到业主认同
5	具有竞争性价格	好的方案及竞争性价格是中标的两项法宝
6	层次清晰、图文并茂	层次性、直观性能使评委抓住要点，感知投标人的整体实力

2.4.7.2　编制内容

施工组织纲要在符合招标文件的基础上，宜包含以下内容：

（1）编制说明；

（2）编制依据；

（3）工程概况；

（4）施工目标及风险分析；

（5）施工部署；

（6）施工准备工作；

（7）工程特点、重难点分析及应对措施；

（8）工程四新技术。

2.4.7.3　编制说明

编制说明是对施工组织纲要编制依据、编制内容的概括性说明，应文字简练、条理清晰、措辞恰当，充分表达投标人对工程特点的把握及展示公司在本项目的优势所在，编制说明内容及要求见表 2-42。

编制说明内容及要求 表 2-42

序号	包含的内容	内容要求	行文要求
1	对工程设计理念的理解	简要说明工程设计理念及体现的文化内涵	表格化 简洁化 条理化 客观化
2	对工程特点及业主关心问题的应对措施	针对本工程从技术及管理两方面进行原则性、概括性说明，如采用先进的施工方法及管理方法、建立强有力的项目组织机构、发挥公司优势等	
3	本纲要包含的内容	其内容应覆盖招标文件要求的内容及业主关心问题的内容、有时也包含合理化建议方面的内容	
4	公司在本项目的综合优势	简要介绍本公司的技术、管理等方面的优势，如类似工程的业绩及施工经验、掌握前沿的施工技术等	
5	承诺	对施工目标、业主要求的承诺，如保质保量完成施工任务、确保某项质量奖项等	

2.4.7.4　编制依据

列出编制施工组织纲要所参考的依据，部分涉及投标人保密的资料不应列出。

编制依据可归类后以序号方式列出或以表格的方式列出。

1. 编制依据以序号方式列出

（1）招标文件（包含招标补充文件、答疑文件）；

（2）招标图纸；

（3）国家相关法律法规、规范、规程、标准、图集；

（4）工程地质勘探资料；

（5）现场踏勘资料；

（6）公司相关贯标等管理文件；

（7）企业标准；

（8）建筑业 10 项新技术；

(9) 当地自然、技术经济条件；

(10) 其他。

2. 编制依据以表格方式列出

见表 2-43。

编制依据 表 2-43

1. 招标文件			
序号	文件名称	编　号	日　期

2. 招标图纸			
序号	图纸名称	编　号	日　期

3. 主要法律法规			
序号	类　别	法律法规名称	编　号
	国家		
	部门		
	地方		

4. 主要规范、规程			
序号	类　　别	规范、规程名称	编　号
	国家		
	行业		
	地方		

5. 主要标准			
序号	类　　别	标准名称	编　号
	国家		
	部门		
	地方		

6. 主要图集		
序号	图集名称	编　号

7. 其他			
序号	类　别	名　　称	编　号
	企业	贯标等管理文件	
	企业	施工工艺标准	
		地质勘探报告	
		现场踏勘资料	
		当地自然、技术、经济条件调研资料	
	部门	建筑业 10 项新技术	
	……		

2.4.7.5　项目概况

项目概况主要介绍项目基本情况、项目发包情况、项目各专业设计概况、施工条件等。一般以图表为主，辅以简要的文字说明。项目概况包含的内容及表达方式见图 2-44。

2.4.7.6　施工目标及风险分析

1. 施工目标承诺

施工目标要紧密结合工程的特点及投标企业的自身资源等情况来确定，为中标后施工合同管理中相应目标的控制打好基础，达到满足招标文件要求、有效竞争、切实可行的目的。投标人对实现项

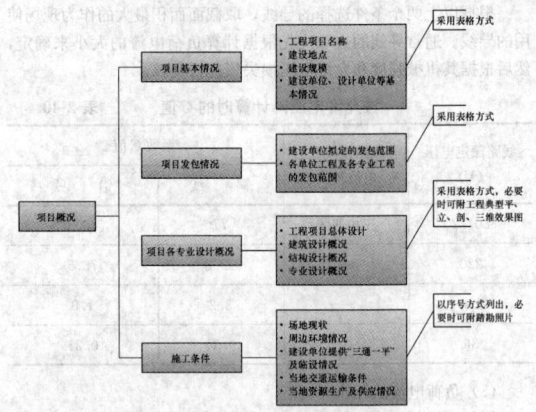

图 2-44　项目概况包含的内容及表达方式

目目标的承诺可按表 2-44 要求编写。

施工目标承诺 表 2-44

项目＼内容	建设单位要求	投标单位承诺	备　注
工期目标			
质量目标			
安全目标			
环保目标			
文明施工目标			
其他			

2. 风险分析

对投标项目进行风险分析是投标决策前的关键举措，在正确分析的基础上提出具体的防范措施和对策以规避和转移风险。风险来自设计和施工两方面，除对施工风险如不可抗力、应用新技术方案失败等事件进行分析外，不应忽视设计文件缺陷和设计标准变更带来的风险，对此进行分析，制定对策和行之有效的措施予以规避。

2.4.7.7　施工部署

施工部署是施工组织纲要的核心内容，决定施工效果，体现公司综合实力，被业主及评委十分看重，因此要结合工程特点及公司实力水平进行科学合理部署。

在投标阶段，施工部署包含项目管理体系、施工部署两方面内容。

1. 项目管理体系

项目管理体系是投标人对投标项目所投入的组织管理指挥体系，应符合招标文件要求及工程特点。项目管理体系包含的内容见图 2-45。组织机构的组建原则应是精干、合理、高效，专业配套齐全，人员职称结构和年龄结构合理。组织机构的形式应适合工程特点及管理需要。

2. 施工部署

从部署原则、方案部署、场地部署、时间部署、空间部署、资源部署等方面组织和安排，部署时应结合施工目标、工程特点、施工条件等综合考虑，使部署科学合理。施工部署的内容见图 2-46。

(1) 总体部署原则

即完成施工任务、实现施工目标的总体指导思想，确定原则时应考虑工程特点、施工条件、施工目标、投标策略，综合技术、组织两方面确定总的指导思想（图 2-47），为其他方面的部署确定依据。

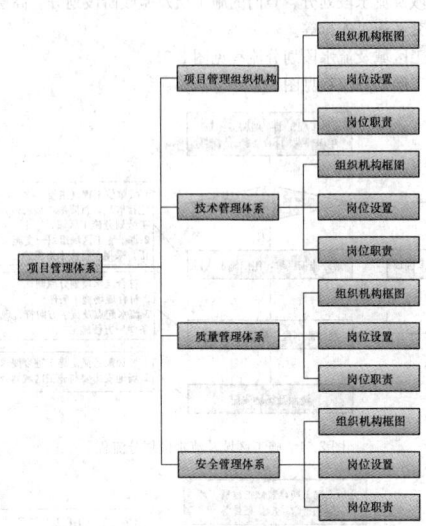

图 2-45　项目管理体系包含的内容

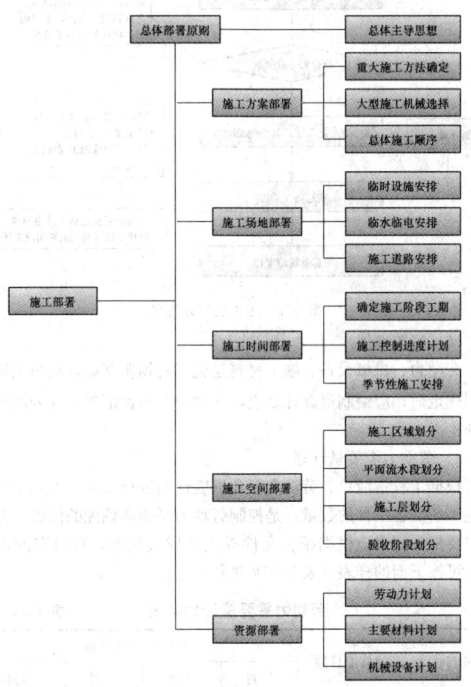

图 2-46　施工部署内容

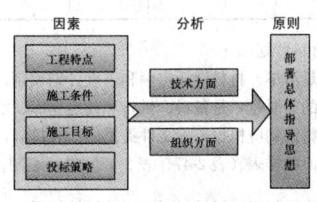

图 2-47　施工部署总体指导思想

（2）施工方案部署

施工方案最关键的部分是施工方法的选择，在现代化的施工条件下，施工方法的选择与施工机械的选择和配备密不可分。在施工方法和机械设备确定后，正确安排施工先后顺序可实现科学组织施工。施工方案部署的项目及内容见表 2-45。

施工方案部署的项目及内容　　　　表 2-45

项目 内容	重大施工方法	大型施工机械选择	总体施工顺序
选择分部分项工程对象	● 工程量大且地位重要的工程； ● 施工技术复杂或难度大的工程； ● 采用新结构、新技术、新工艺的工程； ● 特种结构工程； ● 专业施工单位施工的特殊专业工程； ● 超过一定规模的危险性较大分部分项工程	● 根据工程特点及拟定的施工方法选用； ● 垂直运输机械，如塔式起重机、电梯、提升井架等； ● 水平运输机械，如平板运输车； ● 水平和垂直运输机械，如地泵、汽车泵； ● 土方施工机械，如挖土机、推土机等； ● 打桩施工机械，如旋挖钻机、静力压桩机等； ● 其他大型施工机械	宜按《建筑工程施工质量验收统一标准》（GB 50300）划分分部分项工程
确定要求	● 选定的施工方法必须具备实现的可能性； ● 选定的施工方法应能保证合同工期要求； ● 选定的施工方法能保证质量和安全； ● 技术和经济方面具有竞争性	● 优先选用施工单位自有机械，不能满足时采用租赁或购买； ● 根据施工现场条件（施工场地地质、地形、工程量和施工进度）选择机械； ● 满足施工需要，避免大机小用以节约成本； ● 施工机械的合理组合（一是主机与辅机的生产能力应匹配，二是作业线上的各种机械应配套）； ● 工程量大宜选择专用机械，工程量小而分散宜选择多用途机械	● 符合施工程序及施工规律； ● 符合施工工艺顺序； ● 主导工程为关键线路施工； ● 在满足质量、安全及资源均衡的情况下，尽可能搭接； ● 考虑季节性施工影响
技术经济评价（选择最优方案）	1. 定性分析（方法简单、主观随意性大） ● 技术上的可行性； ● 安全上的可靠性； ● 经济上的合理性； ● 资源上的满足性； ● 其他方面，如施工操作难易程度、季节施工的适应性等。 2. 定量分析（方法客观、指标确定和计算复杂） ● 工期指标（当工期主导时，方法的选择应以缩短工期为优先）； ● 机械化程度指标： 施工机械化程度＝机械完成的实物工程量×100%/全部实物工程量 ● 主要材料消耗指标（反映若干方法的主要材料节约情况）； ● 降低成本指标（反映不同的方法所产生的不同经济效果，在满足工期、质量、安全的情况下，该指标常用）： 降低成本额＝预算成本－计划成本 降低成本率＝降低成本额×100%/预算成本		● 工期指标； ● 主要材料消耗指标； ● 降低成本指标

在绘制总体施工顺序流程图时，为了使流程图清晰有层次，建议竖向按照工序的逻辑顺序、横向按照专业、流水的顺序表示，要求重点突出、体现主导施工过程，各阶段的节点工期和大型机械设备的进出场可穿插其中，施工总体顺序的流程样图见图 2-48。

（3）施工场地部署

施工场地部署不同于施工平面图设计，它是根据场地地形地貌、场地大小及形状、周边环境，结合施工阶段的主要施工任务，

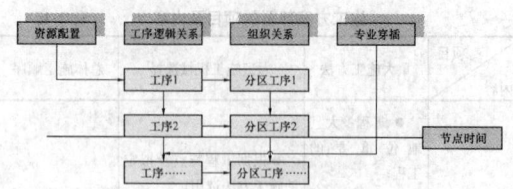

图 2-48 施工总体顺序的流程样图

对与施工密切相关的平面图要素如场地临时设施、临水临电、道路等进行统筹性安排。

施工场地部署流程及相关内容见图 2-49。

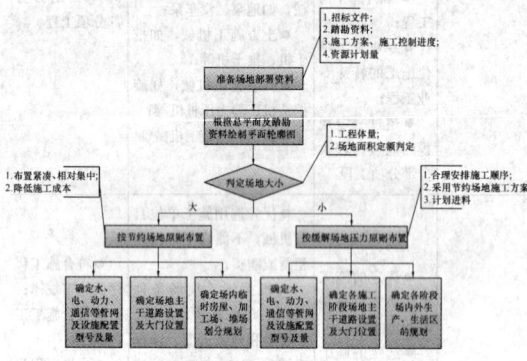

图 2-49 施工场地部署流程及相关内容

（4）施工时间部署

施工时间部署是施工活动在时间方面的规划及安排，主要是根据工程特点及工程量确定各施工阶段的节点时间，安排季节性施工任务，制定施工控制进度计划。施工时间部署、流程及说明见图 2-50。

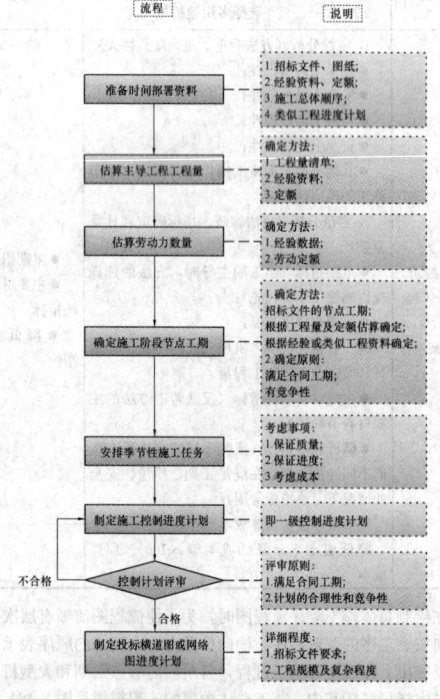

图 2-50 施工时间部署、流程及说明

（5）施工空间部署

施工空间部署是施工活动在空间的规划及安排，主要是平面的

施工区域及流水段划分、竖向的施工层及验收阶段划分、高层建筑的立体交叉施工安排等。

施工区域及流水段划分流程见图 2-51。

施工层划分流程见图 2-52。

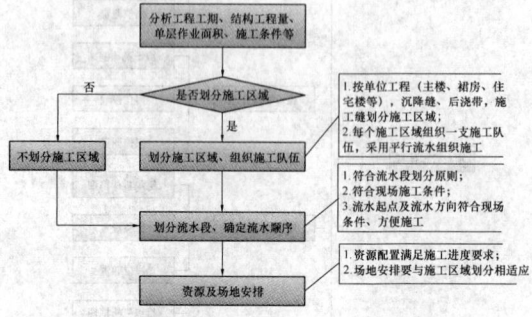

图 2-51 施工区域及流水段划分流程

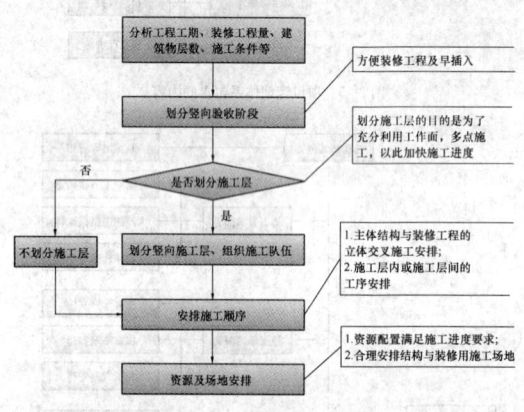

图 2-52 施工层划分流程

（6）资源部署

劳动力、机械设备、施工材料是施工的物质基础，在施工进度计划确定后，应编制资源计划表，从物质方面保证进度计划的顺利实现。

1）劳动力需要量计划

根据工程量清单、劳动定额和进度计划进行编制，主要反映工程施工所需各工种的数量，是控制劳动力平衡和调配的依据。劳动力需要量计划表应根据招标文件提供的样表编制，在没有的情况下，可按下面的样表（表 2-46）进行编制。

劳动力需要量计划样表   表 2-46

工种名称	需用总工日数	需用人数和时间			
		×月	×月	×月	×月

2）主要材料计划

根据工程量清单、材料消耗定额和进度计划编制，主要反映施工中各种材料的需要量，是备料、供料和确定仓库、堆场面积等的依据。主要材料计划应根据招标文件提供的样表编制，在没有的情况下，可按下面的样表（表 2-47、表 2-48）进行编制。

土建材料（周转材料）需要量计划样表   表 2-47

序号	名称	规格	总需要量	需要数量和时间		
				×月	×月	×月

机电工程材料需要量计划样表　　　表 2-48

序号	材料/设备	型号、规格	品牌	制造商及原产地	需要量	计划进场时间

3）施工机械、设备计划

根据施工方案、施工方法及进度计划编制，主要反映施工所需的各种机械、设备、测量装置等的名称、型号规格、数量及起止时间，是落实机具来源及组织机具进场的依据。施工机械、设备计划应根据招标文件提供的样表编制，在没有的情况下，可按下面的样表（表 2-49）进行编制。

机电工程施工机械设备需要量计划样表　　表 2-49

序号	施工机具名称	型号	规格	电功率	需要量	使用时间	备注

2.4.7.8　施工准备工作

施工准备工作包括绘制施工总平面图、技术准备和施工现场准备。

1. 施工准备工作内容

见表 2-50。

施工准备工作内容　　　　　　表 2-50

序号	项目	内容
1	施工总平面图布置	按施工阶段结合工程特点及施工条件分别绘制基础工程、主体结构工程、装饰装修工程等施工平面布置图
2	技术准备	(1) 熟悉图纸、准备图纸会审； (2) 熟悉规范，做到理解并找出新旧规范的不同； (3) 施工组织设计及施工方案编制计划； (4) 计量、测量、检测、试验等器具配置计划； (5) 编制试验工作计划； (6) 编制施工进度计划； (7) 开展图纸深化设计工作及施工大样图制作
3	施工现场准备	(1) 与前期施工单位的交接准备； (2) 办理开工的各项法定手续； (3) 测量放线工作； (4) 现场临时用水、电源和热源等的设置； (5) 搭设临时设施； (6) 劳动力准备； (7) 物资材料准备； (8) 周边协调准备

2. 施工总平面图布置

结合拟建工程的施工特点及施工现场的具体条件，作出一个合理、适用、经济的平面布置和空间规划方案。

(1) 施工总平面布置内容、依据、原则见表 2-51。

施工总平面布置内容、依据、原则　　表 2-51

序号	项目	内容
1	平面图设计主要内容	(1) 大型机械布置； (2) 生产及生活临时设施和材料、构件堆场布置； (3) 运输道路布置及出入口位置； (4) 水电管网布置

续表

序号	项目	内容
2	平面图设计依据	(1) 招标文件； (2) 招标图纸； (3) 现场踏勘资料； (4) 工程施工条件； (5) 拟定的施工方案； (6) 拟定的施工进度及各项资源计划； (7) 有关安全、消防、环境保护、市容卫生等方面的文件及法规； (8) 相关工具书
3	平面图设计原则	(1) 在满足现场施工的条件下，布置紧凑，方便管理，尽可能减少施工用地； (2) 在满足施工顺利进行的条件下，尽可能利用现场及附近原有建筑物，尽可能减少临时设施，减少施工用管线； (3) 最大限度缩短场内运距，尽可能减少现场二次搬运； (4) 临时设施的布置应有利于施工、避免交叉、方便管理； (5) 各项布置内容，应符合劳动保护、文明安全、消防、市容、环保等要求

(2) 施工平面图设计

1) 平面图设计步骤见图 2-53。

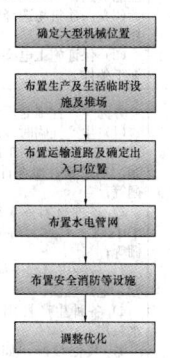

图 2-53　平面图设计步骤

2) 平面布置项目及内容要点见表 2-52。

平面布置项目及内容要点　　　　表 2-52

名称	项目	内容要点
起重机械	起重机械（塔式起重机、龙门架、井架、桅杆）位置	(1) 固定式垂直运输设备位置：主要根据机械性能、建筑物平面形状和大小、施工区域及流水段划分情况、材料运输和装卸的方便性确定； (2) 轨道式起重机的位置：主要取决于建筑物的平面形状、尺寸和四周的施工场地条件。布置方式有沿建筑物单侧布置、双侧布置、跨内布置等
	塔式起重机类型选择	(1) 低层、长边较长的建筑物宜选择移动式塔式起重机，如单层或多层厂房可选择汽车式起重机、轨道式塔式起重机等； (2) 有重型构件的钢结构厂房可选择履带式起重机、汽车式起重机等； (3) 多层建筑物可选择附着式固定塔式起重机、轨道式塔式起重机，如住宅楼可根据建筑物长边长度选择附着式固定塔式起重机或轨道式塔式起重机； (4) 高层、超高层建筑物可选择附着式固定塔式起重机（用于超高层时须经过厂家特殊设计）、内爬式塔式起重机
	塔式起重机型号规格选择	根据起吊重量、起吊高度、起吊半径选择
	塔式起重机数量选择	(1) 根据工期选择，常通过验算塔式起重机吊次来验算塔式起重机的数量是否满足施工进度要求； (2) 考虑投标策略与经济成本

续表

名称	项目	内容要点
起重机械	塔式起重机布置注意事项	(1) 保证起重机械利用最大化：即覆盖半径最大化、并能充分发挥塔式起重机的各项性能； (2) 保证塔式起重机使用安全：其位置应考虑塔式起重机与建筑物（拟建建筑物和周边建筑物）间的安全距离、与基坑的安全距离、与高压线的安全距离、群塔间的安全距离，塔式起重机安拆的安全施工条件等； (3) 保证安拆方便：根据四周场地条件、场内施工道路考虑安拆的可行性和便利性； (4) 除非建筑物特点及工艺需要，尽可能避免塔式起重机二次或多次移位； (5) 尽量使用企业自有塔式起重机，不能满足施工要求时采用租赁方式解决
施工电梯	位置	根据建筑平面、立面特点，考虑材料运输和装卸方便，可布置在建筑物外或建筑物的电梯井及其他竖井内
	选型	根据电梯性能、建筑物高度、施工电梯安装位置确定，如施工电梯安装在电梯井内，要考虑电梯井尺寸是否能容纳所选型号的施工电梯
	数量	根据工作量及进度计划，验算电梯的数量能否满足工期要求
	布置注意事项	(1) 根据建筑物高度、立面特点、电梯机械性能等选择一次到顶或接力方式的运输方式； (2) 高建筑物选择施工电梯，低建筑物宜选择提升井架等； (3) 保证施工电梯的安拆方便及安全的安拆施工条件
现场临时设施及堆场的布置	临时设施分类	分为生产性临时设施及非生产性临时设施。 (1) 生产性临时设施 1) 在现场制作加工的作业棚，如钢筋加工棚、木工棚、预埋件加工棚、机电管线加工棚等； 2) 各种材料库、棚，如水泥库、油料库、中小型工具库、各种材料储存库房、石灰棚等； 3) 各种机械操作棚，如搅拌机棚、卷扬机棚、电焊机棚等； 4) 各种生产性用房：如锅炉房、机修房、水泵房； 5) 其他设施，如吸烟室、垃圾站、变压器房等。 (2) 非生产性临时设施 包括各种生产管理办公用房、会议室、文化娱乐室、福利性用房、医务室、宿舍、食堂、浴室、开水房、警卫传达室、厕所等
	布置原则	遵循使用方便、有利施工、尽量合并搭建、符合防火安全的原则
	布置要点	(1) 塔式起重机覆盖范围内应按施工阶段布置主导工程的材料，并按吊重由重到轻布置； (2) 加工棚宜与对应的材料堆场合并在一起，并将材料堆场靠近拟建建筑物布置； (3) 工程划分施工区域的，当场地有条件时，应按施工区域布置临时设施及材料堆放，以便于协调管理； (4) 加工棚及材料堆场的面积应考虑现场条件并满足施工要求，当场地受限制时，应做好计划进料； (5) 满足招标文件及文明施工、安全、消防、环保、市容等要求
	布置注意事项	(1) 施工区域与生活区域应分开设置，避免相互干扰； (2) 各种临时设施均不能布置在拟建工程（或后续开工工程）、拟建地下管沟、取弃土地点； (3) 各种临时设施应尽可能采用活动式、装拆式结构或就地取材； (4) 临时设施建筑平面图及主要房屋结构图的设计应符合当地城市规划、市政、消防等部门要求； (5) 施工场地富余时，各种临时设施及材料堆场应遵循紧凑、节约的原则，当场地狭小时，应先布置主导工程的临时设施及材料堆场

续表

名称	项目	内容要点
现场运输道路布置及出入口设置	作用	主要解决运输和消防两方面问题
	布置要点	(1) 尽可能利用永久性道路的路面或路基； (2) 应尽可能围绕建筑物布置环形道路，并设置出入口大门； (3) 当道路无法设置环形道路时，应在道路的末端设置回车场； (4) 道路主线走向位置的选择应方便材料及构件的运输及卸料，当不能到达时，应尽可能设置支路线； (5) 道路的宽度应根据现场条件及运输对象、运输流量确定，并满足消防要求； (6) 大门设置位置及数量除满足施工需要外，还必须考虑城市规划、市政方面要求
现场水电管网布置	布置原则	满足施工需要的前提下尽可能经济
	施工用临时给水管线布置	(1) 布置方式：枝状、环状、混合状； (2) 管径的大小、龙头数目根据工程规模由计算确定； (3) 管道埋置：根据气温和使用期限而定。在温暖及使用期限短的工地，宜铺设在地面上，其中穿过场内运输道路时，管道应埋入地下 300mm 深；在寒冷地区或使用期限长的工地管道应埋于地下，其中冰冻地区管道应埋在冰冻深度以下； (4) 消火栓设置：消火栓设置数量应满足消防要求。消火栓距离建筑物距离不小于 5m，也不应大于 25m，距道路边不大于 2m； (5) 根据实际需要，可在建筑物附近设置简易蓄水池、高压水泵以保证生产和消防用水
	施工用临时供电管线布置	(1) 根据现场用电量计算选用变压器或由业主原有变压器供电； (2) 每台变压器附近各自设立临电配电室； (3) 现场导线宜采用绝缘线架空或电缆布置

(3) 施工现场平面图绘制

按各施工阶段绘制相应的阶段平面布置图，图中应反映现场的布置内容及周围环境和面貌（如已有建筑物、场外道路等）。图中应标注指北针、主要控制尺寸、图例、相应文字说明等。所有图例、符号执行国家有关绘图标准，按比例绘制后微缩，通常图幅不小于 A3。

2.4.7.9 工程特点、重难点分析及应对措施

对工程特点及重难点把握得越深刻，就越能准确理解设计意图，越能抓住施工关键，从而制定针对性施工部署和方案，又好又快地圆满完成各项施工目标。

工程的特点及重难点，应根据工程设计特点、拟建工程的地理位置、人文环境等结合施工单位的具体情况，从组织管理和施工技术两方面进行分析，并提出有针对性的措施和方案。在分析工程特点及重难点时，建议多用数据来说明问题。

一般工程特点、重难点分析见样表 2-53。

工程特点、重难点分析样表 表 2-53

分析项目	分析内容	工程特点、重难点
基础设计	(1) 基坑的深度、基坑周边建筑物或公共设施距坑边距离、基坑支护允许变形及安全要求； (2) 地质条件、勘探报告； (3) 基础形式、基础尺寸； (4) 沉降、防水特殊要求	是否能得出： (1) 基坑深；基坑支护变形要求高； (2) 土方量大，开挖难度大； (3) 基础大体积施工； (4) 沉降要求高；防水要求高

续表

分析项目	分析内容	工程特点、重难点
结构设计	（1）工程体量（建筑面积、层数、高度、建安工作量等）； （2）结构形式技术含量（预应力结构、劲性结构、钢结构、桁架结构、超长结构等）； （3）施工难度：超高层、立面不规则（倾斜、扭转、曲线曲面、大悬挑、网状等），构件种类多、长、重、大跨、高空、安装精度及变形控制高等，节点构造复杂等	是否能得出： （1）工程体量大：水平、垂直运输量大； （2）结构施工技术含量高； （3）施工难度大（可结合工艺、质量具体分析）：超高层施工；制作、安装精度高，安装难度大；高空作业多、安全防护要求高；变形控制要求高
建筑设计	（1）工程体量（装修工程量）； （2）建筑造型（新、奇、异）； （3）装修材料（新型材料、档次、进口等）； （4）施工难度（节点构造复杂、装修档次高、四新技术类）	是否能得出： （1）工程体量大：水平、垂直运输量大； （2）造型新颖，施工难度大（可结合工艺、质量具体分析）：要求标准高； （3）有四新技术应用
专业设计	（1）工程体量（安装工程量）； （2）设备安装（多、重、狭窄区域安装、技术含量等）； （3）四新技术类； （4）交叉作业	是否能得出： （1）工程体量大； （2）设备安装量大，安装技术含量高，难度大； （3）有四新技术应用； （4）工序多、交叉作业多
施工目标	业主要求及投标人承诺的工期、质量、安全、环保、绿色施工等目标	结合上述工程设计特点及目标，是否能得出：工期紧；质量标准高；安全文明工地；绿色认证；组织协调量大等
现场条件	（1）场地条件（地理位置、地形地貌、现场场地等）； （2）周边环境（建筑物、公共设施、地下管线、政治环境）； （3）道路交通； （4）当地资源供给状况	是否能得出： （1）未做四通一平；坡形场地；场地狭窄； （2）周边环境复杂，紧邻地铁，变形控制要求高，地下管线多等； （3）交通压力大，材料运输不方便，交通管制多； （4）资源匮乏：材料、设备外地采购量大
其他	业主的特殊要求，三边工程，EPC/DB项目，深化设计计量，国外标准等	按照其他条件，分析得出重难点

2.4.7.10　工程四新技术

四新技术是指新技术、新工艺、新设备、新材料。在项目施工中采用先进可行的四新技术，不但可以降低成本、提高质量、加快进度，而且在投标阶段可以提高施工企业的核心竞争力。

罗列采用的新技术、新工艺、新材料和新设备名称、应用部位及注意事项，预测其经济效益和社会效益。

2.4.8　施工组织总设计的编制

2.4.8.1　编制内容

根据施工组织总设计的地位和作用，施工组织总设计一般包含以下内容：

（1）编制依据；
（2）工程概况；
（3）施工总体部署；
（4）主要施工方案；
（5）目标管理；
（6）施工总控制进度计划；
（7）资源需要量及施工准备工作计划；
（8）施工总平面布置。

2.4.8.2　编制程序

见图2-54。

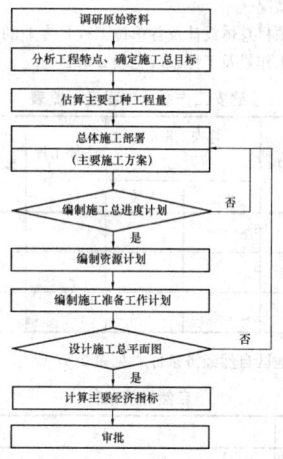

图 2-54　施工组织设计编制程序

2.4.8.3　编制依据

为了切合实际编制好施工组织总设计，在编制时，应尽可能收集相关资料，保证施工组织设计的可行性。编制依据一般包含的内容见表2-54。

编　制　依　据　　　　表 2-54

序号	项目	内容
1	计划文件及有关合同	包括国家批准的基本建设计划、可行性研究报告、工程项目一览表、分期分批施工项目和投资计划、主管部门的批件、施工单位上级主管部门下达的工程任务计划、招投标文件及签订的工程承包合同、工程材料和设备的订货合同等
2	设计文件及有关资料	包括建设项目的初步设计、扩大初步设计或施工图设计的有关图纸、设计说明书、建筑总平面图、建设地区区域平面图、建筑竖向设计、总概算或修正概算等
3	工程勘察和原始资料	包括建设地区地形、地貌、工程地质及水文地质、气象等自然条件、交通运输、能源、预制构件等、建筑材料、水电供应及机械设备等技术经济条件、建设地区政治、经济文化、生活、卫生等社会生活条件
4	现行规范、规程和有关技术规定	包括国家现行的施工及验收规范、操作规程、定额、技术规定和技术经济指标

2.4.8.4　工程概况

施工组织总设计中的工程概况是对工程及所在地区特征的一个总的说明部分。一般应描述项目施工总体概况、设计概况、建安工作量及工程量、建设地区自然经济条件、施工条件、工程特点及重难点分析、承包范围。工程概况介绍时应简明扼要、重点突出、层次清晰，有时为了补充文字介绍的不足，还可辅以图表说明。

（1）总体简介。

介绍建设项目或建筑群的基本情况，包含工程项目的名称，工程地址、建设单位、质量监督单位、勘察单位、设计单位、监理单位、承包单位、分包单位、资金来源等情况。总体简介样表见表2-55。

总体简介样表　　　　表 2-55

序号	项目	内容
1	工程名称	
2	工程地点	
3	总规模（或总生产能力）	
4	总投资（或总造价）	
5	建设单位	
6	质量监督单位	
7	勘察单位	
8	设计单位	
9	监理单位	
10	总承包单位	
11	分包单位	
12	……	

（2）设计概况。

介绍工程项目总体设计及各单位工程各专业的设计简介。

（3）建安工作量及工程量，见表2-56。

建安工作量及工程量一览表 表 2-56

序号	工程名称	建安工作量（万元）		主要工种工程量	设备安装工程量（t）	备注
		土建	安装			

（4）建设地区自然经济条件，见表2-57。

自然经济条件 表 2-57

序号	项目	内容	
1	自然条件状况	气象条件	
		工程地形地貌	
		工程地质状况	
		工程水文地质状况	
		地震级别及危害程度	
2	技术经济状况	当地主要材料供应状况	
		当地机械设备供应状况	
		当地生产工艺设备供应状况	
		地方交通运输方式及服务能力状况	
		地方供水能力状况	
		地方供电能力状况	
		地方供热能力状况	
		地方电信服务能力状况	
		地方施工技术水平	
		地方资源价格情况	
		承包单位信誉、能力、素质及经济效益状况	

（5）施工条件，见表2-58。

施 工 条 件 表 2-58

序号	项目	内容
1	施工现场状况介绍	
2	现场周边环境介绍	
3	主要材料、特殊材料和生产工艺设备供应条件	
4	图纸供应阶段划分及时间安排	
5	承包单位的资源配置及准备情况	

（6）工程特点及重难点分析。

根据工程设计特点及施工条件等结合施工单位的具体情况，从组织管理和施工技术两方面分析工程特点及重难点，制定针对性措施和方案。

2.4.8.5 施工总体部署

施工总体部署是对整个建设项目全局作出的统筹规划和全面安排，主要解决影响建设项目全局的重大施工问题。

施工总体部署因建设项目的性质、规模和施工条件等不同而不同，其主要内容包括：确定工程开展程序、拟定主要项目的施工方案、明确施工任务划分与组织安排、编制施工准备工作计划等。

（1）工程开展程序的确定见图2-55。

（2）主要工程项目施工方案的确定要求见表2-59。

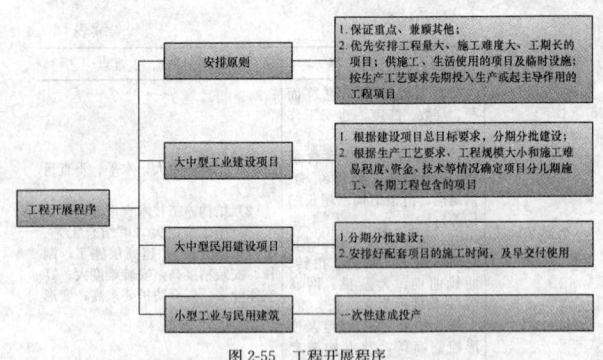

图 2-55 工程开展程序

主要工程项目的施工方案 表 2-59

序号	项目	内容
1	主要工程项目选择	（1）工程量大、施工难度大、工期长，对整个建设项目完成起关键作用的建筑物或构筑物； （2）全场范围内工程量大、影响全局的特殊分项工程
2	总体施工顺序确定要求	根据工程开展程序、施工程序确定建设项目各单项及单位工程施工的先后顺序
3	施工方法确定原则	技术工艺上先进，经济上合理
4	施工机械选择要求	（1）主导施工机械的型号和性能要既能满足施工的需要，又能发挥生产效率，并能在工程上实现综合流水作业； （2）辅助配套施工机械的性能产量要与主导施工机械相适应； （3）具有针对性，并注意贯彻中外结合、大中小型机械结合的原则

（3）施工任务划分与组织安排包括的内容见图2-56。

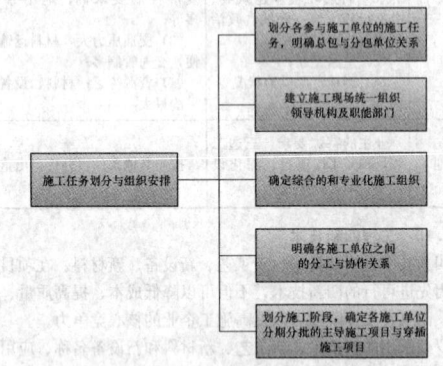

图 2-56 施工任务划分与组织安排

（4）全场性临时设施的规划见表2-60。

全场性临时设施的规划 表 2-60

序号	项目	内容
1	规划依据	工程开展程序与施工项目施工方案
2	规划内容	（1）安排生产和生活性临时设施的建设； （2）安排材料、成品、半成品、构件的运输和储存方式； （3）安排场地平整方案和全场性排水设施； （4）安排场内外道路、水、电、气引入方案； （5）安排场区内的测量标志等

2.4.8.6 目标管理

阐述质量、进度、安全、环保、绿色施工等各项目标的要求，并制定强有力的保证措施。施工目标管理的项目及内容见表2-61。

目标管理项目及内容　　　　表 2-61

序号	项目	内　容
1	质量目标	（1）包括单项工程质量目标和建设项目质量目标。 （2）施工质量保证措施： 1）组织保证措施：根据工程特点建立项目施工质量体系，明确分工职责和质量监督制度，落实施工质量控制责任； 2）技术保证措施：编制项目质量计划，完善施工质量控制点和控制标准，加强培训和交底，加强施工过程控制； 3）经济保证措施：保证资金正常供应；加大奖罚力度；保证施工资源正常供应； 4）合同保证措施：全面履行工程承包合同，及时监督检查分包单位施工质量，严把质量关
2	工期目标	（1）包括建设项目总工期目标；独立交工系统工期目标；单项工程工期目标。 （2）工期保证措施： 1）组织保证措施：从组织上落实工期控制责任，建立工期控制协调制度； 2）技术保证措施：编制工程施工进度总计划、单项工程进度计划、分阶段进度计划等多级网络计划，加强计划动态控制； 3）经济保证措施：保证资金正常供应；加大奖罚力度；保证施工资源正常供应； 4）合同保证措施：全面履行工程承包合同，及时协调分包单位施工进度
3	安全目标	（1）包括建设项目安全总目标，独立交工系统施工安全目标；独立承包项目施工安全目标；单项工程安全目标。 （2）安全保证措施： 1）组织保证措施：建立安全组织机构，确定各单位和责任人职责及权限，建立健全安全管理规章制度； 2）技术保证措施：编制项目安全计划、工种安全操作规程，选择安全适用的施工方案，落实安全技术交底制； 3）经济保证措施：保证资金正常供应；加大奖罚力度；保证安全防护资源及设施正常供应； 4）合同保证措施：全面履行工程承包合同，加强分包单位安全管理
4	环保目标	（1）包括建设项目施工总环保目标；独立交工系统施工环保目标；独立承包项目施工环保目标；单项工程施工环保目标。 （2）环保保证措施： 1）组织保证措施：建立施工环保组织机构，确定各单位和责任人职责及权限，建立健全环保管理规章制度； 2）技术保证措施：根据工程特点，明确施工环保内容，编制针对性强的施工环保方案； 3）经济保证措施：保证资金正常供应；加大奖罚力度；保证环保资源及设施正常供应； 4）合同保证措施：全面履行工程承包合同，加强分包单位环保管理
5	其他目标	（1）确定建设项目其他总目标及单项工程其他目标； （2）制定其他目标保证措施

2.4.8.7 施工总控制进度计划

施工总控制进度计划是以拟建项目交付使用时间为目标确定的控制性施工进度计划，是控制每个独立交工系统及单项（位）工程施工工期及相互搭接关系的依据，是总体部署在时间上的反映。

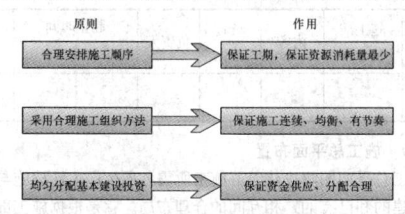

图 2-57　总控进度计划编制原则

（1）总控进度计划编制原则见图 2-57。

（2）总控进度计划编制步骤见图 2-58。

（3）估算各主要项目的实物工程量。

1）主要项目实物工程量的估算步骤见图 2-59。

2）工程量汇总表见表 2-62。

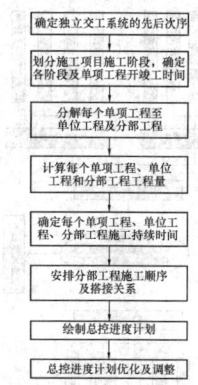

图 2-58　总控进度计划编制步骤

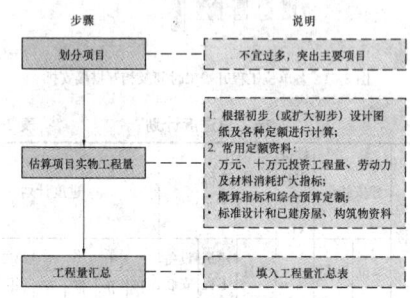

图 2-59　主要项目实物工程量估算步骤

工程量汇总表　　　　表 2-62

工程项目分类	工程名称	结构类型	总建筑面积	实物工程量				
				分部工程 a	分部工程 b	分部工程 c	……	分部工程 n

（4）确定各单位工程施工期限。

根据工程特点，综合考虑各方面影响因素并参考有关工期定额或类似工程施工经验予以确定，见图 2-60。

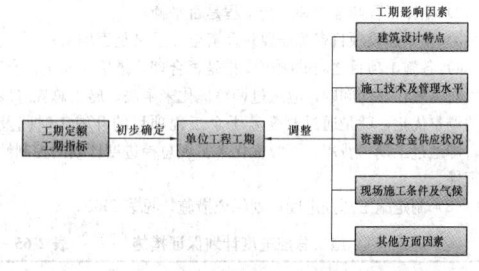

图 2-60　单位工程施工期限的确定

（5）确定各单位工程开竣工时间及相互搭接关系。

在确定了各主要单位工程的施工期限后，就可以进一步安排各单位工程的搭接施工时间。在解决这一问题时，一方面要根据施工部署中的控制工期及施工条件，另一方面要尽量使主要工种的工人连续、均衡、有节奏地施工。具体安排时可参见图 2-61。

（6）编制施工总控进度计划。

首先根据各施工项目的工期与搭接时间，编制初步进度计划；其次按照流水施工与综合平衡要求，调整进度计划或网络计划；最后绘制施工总进度计划（表 2-63）和主要分部工程流水施工进度计划（表 2-64）或网络计划。

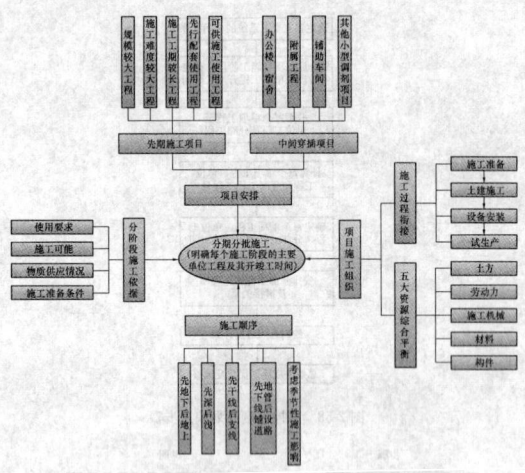

图 2-61　各单位工程开竣工时间及相互搭接安排

施工总进度计划　　　　　表 2-63

序号	工程名称	建安指标		设备安装指标(t)	造价(千元)		进度计划			
		单位	数量		合计	建筑工程	设备安装	第一年 Ⅰ Ⅱ Ⅲ Ⅳ	第二年	第三年

主要分部工程流水施工进度计划　　表 2-64

序号	单位工程名称	分部工程名称	工程量		机械				劳动力			施工天数	施工进度计划 ××××年						
			单位	数量	机械名称	台班数量	机械数量	工种名称	总工日数	平均人数			1	2	3	4	5	6	…

(7) 施工总控进度计划的优化。

施工总控进度计划编制完成后，应进行调整及优化。优化时应从以下几个方面进行：

1) 是否满足合同工期以及节点工期要求；

2) 主体工程与辅助和配套工程是否平衡；

3) 整个建设项目资源需要量及资金需求量是否均衡；

4) 各施工项目之间的顺序安排是否合理，搭接时间是否合适。

对上述存在的问题，应通过调整优化来解决。施工总控进度计划的调整优化，就是通过改变若干个工程项目的开竣工时间及工期，即通过工期、费用、资源优化来实现总控进度计划的控制性及合理性。

(8) 制定施工总控进度计划保证措施，见表 2-65。

施工总控进度计划保证措施　　　表 2-65

序号	项　目	内　容
1	组织保证措施	从组织上落实进度控制责任，建立健全进度控制的执行、管理、协调制度
2	技术保证措施	编制施工进度计划实施细则；建立多级网络计划和周作业计划体系；加强施工动态控制
3	经济保证措施	确保资金正常供应；执行奖惩制度；紧急工程采用协商单价；保证各项资源的正常供给
4	合同保证措施	全面履行工程承包合同；及时协调分包单位施工进度

2.4.8.8　资源需要量及施工准备工作计划

各项资源需要量计划是做好劳动力及物资供应、平衡、调度、落实的依据，其内容包括以下几个方面。

1. 劳动力需要量计划

根据工程量汇总表中列出的各个建筑物的主要实物工程量，查预算定额或有关资料，便可计算出各个建筑物主要工种的劳动量，再根据施工总进度计划表各单位工程分工种的持续时间，即可得到某单位工程在某段时间里的平均劳动力数。按同样方法可计算出各个建筑物各主要工种在各个时期的平均工人数。将施工总进度计划表纵坐标方向上各单位工程同工种的人数叠加在一起并连成一条曲线，即为某工种劳动力动态曲线图。其他工种也用同样方法绘成曲线图，从而根据劳动力曲线图列出主要工种劳动力需要量计划表，见表 2-66。

劳动力需要量计划　　　　表 2-66

序号	工程品种	劳动量	施工高峰人数	××年	××年	现有人数	多余或不足

2. 材料、构件、半成品需要量计划

根据工程量汇总表所列各建筑物的工程量，查定额或有关资料，计算出各建筑物所需的建筑材料、构件和半成品的需要量。然后根据施工总进度计划表，大致算出某建筑材料在某一段时间内的需要量，进而编制出建筑材料、构件和半成品的需要量计划，见表 2-67。

主要材料、构件、半成品需要量计划　　表 2-67

序号	工程名称	材料、构件、半成品名称						
		水泥	砂	砖	……	混凝土	砂浆	钢结构
		t	m³	千块		m³	m³	t

3. 施工机具需要量计划

主要施工机械的需要量，根据施工总进度计划、主要建筑施工方案和工程量，并套用机械产量定额求得。辅助机械可根据建筑安装工程每十万元扩大概算指标求得。运输机具的需要量根据运输量计算。施工机具需要量计划见表 2-68。

施工机具需要量计划　　　　表 2-68

序号	机具名称	规格型号	数量	电动机功率	需要量计划		
					××年	××年	××年

4. 施工准备工作计划

为了落实各项施工准备工作，加强检查和监督。必须根据各项施工准备工作的内容、时间和人员，编制施工准备工作计划，见表 2-69。

施工准备工作计划　　　　表 2-69

序号	施工准备项目	内容	负责单位	负责人	起止时间 ××月 ××月	备注

2.4.8.9　施工总平面布置

施工总平面图解决建筑施工群施工所需各项生产生活设施与永久建筑（拟建的和已有的）相互间的合理布局。它是根据施工部署、施工方案、施工总进度计划，将施工现场的各项生产生活设施按照不同施工阶段要求进行合理布置，以图纸形式反映出来，从而正确处理全工地施工期间所需各项设施和拟建工程之间的空间关系，以指导现场有组织有计划地文明施工。

(1) 施工总平面布置图内容、布置原则、布置依据，见表 2-70。

	施工总平面布置	表 2-70
序号	项目	内　容
1	总平面图内容	(1) 原有地形图和等高线，全部地下、地上已有建筑物、构筑物及其他设施和尺寸； (2) 全部拟建的建筑物、构筑物和其他基础设施的建筑坐标网； (3) 施工用的一切临时设施，包括道路、机械化装置、加工厂、材料场地、仓库、行政管理和文化生活福利用房、各种临水临电管线、安全防火设施和环境保护设施、弃土地点等
2	总平面图布置原则	(1) 在满足施工需要的前提下，尽量减少施工用地，施工现场布置要适用紧凑； (2) 合理选用及布置大型施工机械，合理规划各项施工设施，科学规划施工道路，减少现场的二次搬运费用； (3) 科学确定施工区域和场地面积，尽量减少专业工种之间的交叉作业； (4) 尽量降低临时设施的修建费用，充分利用已有建筑物、构筑物为施工服务，降低施工设施建造费用，尽量采用装配式设施提高安装速度； (5) 各项工程设施布置时，要有利生产、方便生活，施工区与居住区要分开； (6) 符合劳动保护、技术安全、防火、文明施工等要求； (7) 在改建、扩建企业项目中还应考虑企业生产与工程施工互不影响
3	总平面图布置依据	(1) 建设项目总平面图、竖向布置图和地下设施布置图； (2) 建设项目施工部署和主要项目施工方案； (3) 建设项目总进度计划、施工总成本计划； (4) 建设项目施工总资源计划、各项施工设施计划； (5) 建设项目施工用地范围和水、电源位置，以及项目安全施工和防火标准

(2) 施工总平面图设计步骤，见图 2-62。

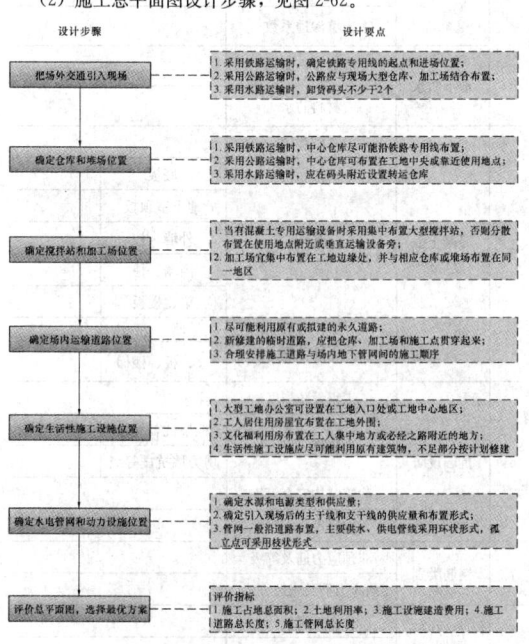

图 2-62　施工总平面图设计步骤

(3) 施工平面图设计参考图例，见附录 2-4。

2.4.9　单位工程施工组织设计的编制

2.4.9.1　编制内容
(1) 编制依据；
(2) 工程概况；
(3) 施工部署；
(4) 施工准备；
(5) 主要施工方法；
(6) 主要管理措施；
(7) 施工进度计划；
(8) 施工平面布置。

2.4.9.2　编制依据
凡是编制单位工程施工组织设计所用到的文件、资料、图纸等均应作为编制依据。一般包括以下内容：
(1) 本单位工程的建筑工程施工合同、设计文件；
(2) 与工程建设有关的国家、行业和地方法律、法规、规范、规程、标准、图集；
(3) 施工组织纲要、施工组织总设计；
(4) 企业技术标准等。

2.4.9.3　编制程序
所谓编制程序，是指单位工程施工组织设计各个组成部分形成的先后次序及相互之间的制约关系，见图 2-63。

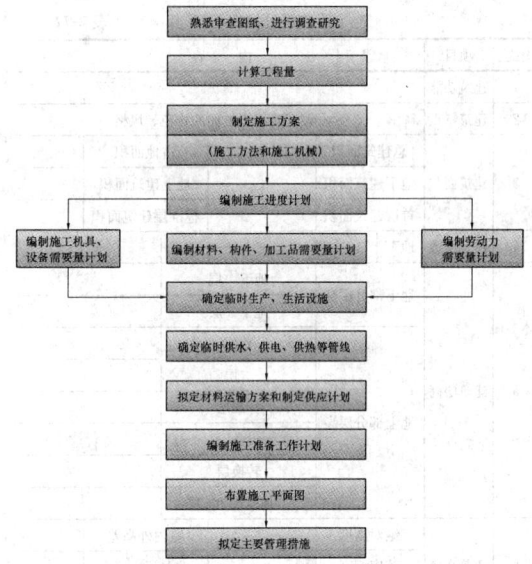

图 2-63　施工组织设计编制程序

2.4.9.4　工程概况
一般包括工程总体简介、工程建设地点特征、各专业设计主要简介（包含工程典型的平、立、剖面图或效果图）、主要室外工程设计简介、施工条件、工程特点及重难点分析等内容。这部分内容主要是让组织者和决策者了解工程全貌、把握工程特点，以便科学地进行施工部署及选择合理的施工方案。

1. 工程建设概况
主要介绍拟建工程的工程名称、参建单位、资金来源、工程造价、合同承包范围、合同工期、合同质量目标等。一般列表进行说明，见表 2-71。

	工程建设概况	表 2-71
序号	项　目	内　容
1	工程名称	
2	工程地址	
3	建设单位	

续表

序号	项目	内容
4	设计单位	
5	勘察单位	
6	质量监督单位	
7	监理单位	
8	施工总承包单位	
9	施工主要分包单位	
10	资金来源	
11	合同承包范围	
12	结算方式	
13	合同工期	
14	质量目标	

2. 工程建设地点特征

主要介绍拟建工程的地理位置、地形、地貌、地质、水文地质、气温、季节性时间、主导风向、风力、地震烈度等。

本部分内容叙述应简明扼要，能用具体数字说明的尽量用数字进行说明，以便于读者很直观地获悉工程建设地点的特征信息。

3. 建筑设计概况

根据建筑总说明及具体的建筑施工图纸说明建筑功能、建筑特点、建筑面积、平面尺寸、层数、层高、总高、内外装修等情况。其中建筑特点及涉及四新方面的内容应重点说明。

一般工程的建筑设计概况样表如表 2-72 所示。

建筑设计概况　　　　表 2-72

序号	项目	内容		
1	建筑功能			
2	建筑特点	介绍建筑形态方面的特色、风格		
3	建筑面积	总建筑面积		占地面积
		地下建筑面积		地上建筑面积
		首层建筑面积		标准层建筑面积
4	建筑层数	地下		地上
5	建筑层高	地下部分层高	地下一层	
			地下 n 层	
		地上部分层高	首层	
			二层	
			标准层	
			设备层	
			转换层	
			其他建筑功能层	
6	建筑高度	绝对高度		室内外高差
		基底标高		最大基坑深度
		檐口高度		建筑总高
7	建筑平面	形状		
		组合		
		横轴编号		纵轴编号
		横轴距离		纵轴距离
8	建筑防火			
9	保温	外墙		
		屋面		
		其他部位		
10	外装修	外墙装修		
		檐口		
		门窗工程		
		屋面工程	不上人屋面	
			上人屋面	
		出入口		

续表

序号	项目	内容	
11	内装修	顶棚工程	
		地面工程	
		内墙装修	
		门窗工程	普通门
			特种门
		楼梯	
12	防水工程	地下	
		屋面	
		室内	
13	电梯		

4. 结构设计概况

根据结构设计总说明及具体的结构施工图纸说明结构各方面的内容及设计做法，其中涉及工程重难点及四新方面的内容应重点描述。

一般钢筋混凝土工程的结构设计概况样表如表 2-73 所示。

结构设计概况　　　　表 2-73

序号	项目	内容		
1	土质、水质	基底以上土质分层情况		
		地下水位	地下承压水	
			滞水层	
			设防水位	
		地下水质		
2	结构形式	基础结构形式		
		主体结构形式		
		屋面结构形式		
		填充材料		
3	地基	持力层以下土质类别		
		地基承载力		
		土壤渗透系数		
4	地下防水	混凝土自防水		
		材料防水		
5	混凝土强度等级	基础垫层		
		基础	底板	
			地下室顶板	
			外墙、柱	
			内墙、柱	
			梁、楼板	
		主体结构	墙、柱	
			梁、板、楼梯	
6	抗震设防	工程设防烈度		
		抗震等级	框架抗震等级	
			剪力墙抗震等级	
		建筑结构安全等级		
		抗震设防类别		
7	钢筋类别	非预应力筋及等级		
		预应力筋及张拉方式		
8	钢筋接头形式	搭接绑扎		
		焊接		
		机械连接		

续表

序号	项目	内 容	
9	主要结构构件尺寸（mm）	底板、地梁厚度	
		外墙厚度	
		内墙厚度	
		柱断面尺寸	
		梁断面尺寸	
		楼板厚度	
10	楼梯、坡道结构形式	楼梯结构形式	
		坡道结构形式	
11	结构转换层	设置位置	
		结构形式	
12	混凝土结构工程预防碱骨料反应管理类别、有害物环境质量要求		
13	人防设置等级		
14	建筑沉降观测		
15	构件最大几何尺寸		

5. 专业设计概况

根据专业图纸按专业类别以表格的形式说明专业设计概况，见表 2-74。

专业设计概况 表 2-74

序号	项 目		设计要求	系统做法	管道类别
1	给水排水系统	上水			
		中水			
		下水			
		热水			
		饮用水			
		消防水			
2	消防系统	消防			
		排烟			
		报警			
		监控			
3	空调通风系统	空调			
		通风			
		冷冻			
4	电力系统	照明			
		动力			
		弱电			
		避雷			
5	设备安装	电梯			
		配电柜			
		水箱			
		污水泵			
		冷却塔			

续表

序号	项 目		设计要求	系统做法	管道类别
6	通信				
	音响				
	电视电缆				
7	庭院、绿化				
	楼宇清洁				
8	采暖	自供暖			
		集中供暖			
9	防雷				
10	电梯、扶梯				
11	设备最大几何尺寸及重量				

建筑、结构、专业设计概况表格中的内容应根据工程实际调整、增减，不可拘于以上样表中的内容。

6. 工程典型图示

在各专业设计概况介绍完成后，为了让读者更直观地了解工程特点，可附典型的平面图、立面图、剖面图、效果图（有条件时）。

7. 施工条件

从现场场地、周边环境、施工资源、施工单位能力等方面叙述，见表 2-75。

施 工 条 件 表 2-75

序号	项目		内 容
1	现场场地	"五通一平"情况	叙述哪些已具备条件，哪些需要进场后解决
		场地大小及利用率	可利用场地与工程规模比较，说明场地的宽敞或狭小、利用率、场布置难易程度等，以及建设单位是否提供施工二场地
		现场地形地貌	坡地地形应予以说明
		地下水位情况	基坑施工是否需要降水
		地下管线情况	是否影响临建布置及土方施工，施工是否需要采取保护
		场区高程引测及定位	叙述甲方提供的水准点、控制桩等
		甲方提供临时设施情况	叙述建设单位在场地或二场地提供临时设施情况，哪些需进场后解决
2	周边环境	周边建筑物	有哪些临近建筑，基坑及降水施工是否需要采取加固措施，扰民及民扰程度等
		周边道路及交通能力	重点叙述交通流量、交通管制、交通运输能力对混凝土及大型材料运输的影响
		周边地下管线情况	市政排污管道位置，施工是否需要临时中断地下管线等
3	施工资源	主要建筑材料供应情况	当地的供应能力，是否需要从外地采购
		主要构件供应情况	当地的供应能力，是否需要从外地采购
		劳动力	落实情况
		主要施工机械及设备	落实情况

续表

序号	项目		内容
4	施工能力	承包单位施工技术水平	从施工单位资质、人员配置、掌握核心施工技术及新技术能力、类似工程施工经验等方面叙述
		承包单位施工管理水平	从施工单位资质、总承包管理及协调能力、类似工程施工经验等方面叙述
5	其他		如气候条件、图纸是否完善、是否需要深化设计等

8. 工程特点及重难点分析

着重从管理上的难点及技术上的难点进行描述。

2.4.9.5　施工部署

施工部署是施工组织设计的核心内容，是对整个工程涉及的任务、人力、资源、时间、空间、工艺的总体安排，其目的是通过合理部署顺利实现各项施工管理目标。

1. 施工部署内容

施工部署内容见表 2-76。

单位工程施工部署内容　　　表 2-76

序号	部署内容	说明
1	施工管理目标	根据施工合同的约定和政府行政主管部门的要求，制定工期、质量、安全目标和文明施工、消防、环境保护等方面的管理目标
2	施工部署原则	为实现本单位工程的各项管理目标，应确定的主导思想，即采用什么样的组织手段和技术手段去完成合同要求
3	总体施工顺序	是施工部署在流程图上的反映，受施工程序、施工组织、工序逻辑关系的制约
4	项目经理部组织机构	项目经理部应根据工程的规模、结构、复杂程度、专业特点等设置足够的岗位，其人员组成以机构方框图的形式列出，明确各岗位人员的职责
5	计算主要工程量	总承包单位按照施工图纸计算主要分项、分部工程的工程量，据此编制施工进度计划、划分流水段、配置资源等
6	施工进度计划	施工进度计划是施工部署在时间上的体现。应按施工组织总设计或施工组织纲要中的总控进度计划编制，住宅工程和一般公用建筑可用横道图表示，大型公共建筑应用网络图表示
7	原材料、构配件、设备的加工及采购计划	应根据施工进度计划制定原材料、构配件、设备的加工及采购计划
8	劳动力计划	按工程的施工阶段列出各工种劳动力计划，并绘制以时间为横坐标，人数为纵坐标的劳动力动态管理图
9	协调与配合	应明确项目经理部与工程监理单位及各参建单位之间需要配合、协调的范围和方式

2. 总体施工顺序

先确定施工程序、然后确定单位工程的施工起点和流向，最后根据施工程序、施工起点和流向、工序逻辑关系及组织关系确定单位工程的总体施工顺序。

（1）施工程序

先进行内业及现场准备工作，施工时遵循"先地下后地上"、"先土建后设备"、"先主体后围护"、"先结构后装饰"的程序，最后安排好竣工收尾工作。

施工程序说明见表 2-77。

施工程序说明　　　表 2-77

序号	施工程序名称	说明
1	内业准备工作	熟悉施工图纸，图纸会审，编制施工预算，编制施工组织设计，落实设备与劳动力计划，落实协作单位，对职工进行岗位培训、四新技术培训、施工安全与防火教育等
2	现场准备	完成拆迁、清理障碍、管线迁移、平整场地，设置施工用临时建筑、完成附属加工设施、铺设临时水电管网、完成临时道路施工、机械设备进场、必要的材料进场等
3	先地下后地上	指的是先完成管道、管线等地下设施，土方工程和基础工程，然后开始地上工程的施工
4	先土建后设备	一般说来，土建施工应先于水暖煤电卫等建筑设备的施工。但它们之间更多的是穿插配合的关系，尤其是在装修施工阶段
5	先主体后围护	主要指框架主体结构与围护结构在总的程序上要合理的搭接。一般说来，多层建筑以少搭接为宜，而高层建筑则应尽量搭接施工，以保证或缩短工期
6	先结构后装饰	指一般情况而言。有时为缩短工期，也可部分搭接施工
7	竣工收尾	主要包括设备调试、生产或使用准备、交工验收等工作

（2）单位工程的施工起点和流向

施工起点和流向是指单位工程在平面或空间上开始施工的部位及流动方向，这主要取决于生产需要、缩短工期及保证质量等要求。

1）施工起点流向，其影响因素见表 2-78。

施工起点流向的影响因素　　　表 2-78

序号	影响因素	说明
1	生产工艺或使用要求	确定施工流向的基本因素，一般生产工艺上影响其他工段试车投产的或生产使用上要求急的工段，部分先安排施工。如工程厂房内要求先试生产的工段应先施工；高层宾馆、写字楼等可以在主体结构施工到一定层数后，可安排地面以上若干层的室内外装修
2	施工的繁简程度	一般说来，技术复杂、施工难度大，施工进度较慢、工期长的工段或部位应先安排施工
3	房屋高低层或高低跨	基础埋深不一致时，应按先深后浅的顺序施工；房屋有高低层或高低跨时，应先从并列处开始
4	施工组织和施工技术	如施工组织的分层分段影响施工流向；基础工程，由施工机械和方法决定其平面上的施工流向；主体工程，平面上由施工组织决定从那一边开始施工，竖向按照施工程序一般自下而上施工；装饰工程竖向施工流向有自上而下、自下而上、自中而下再自上而中的顺序，具体采用哪种，由施工组织和施工技术决定

2）装饰工程竖向施工流向

竖向施工流向见图 2-64，三种竖向施工流向的优缺点见表 2-79。

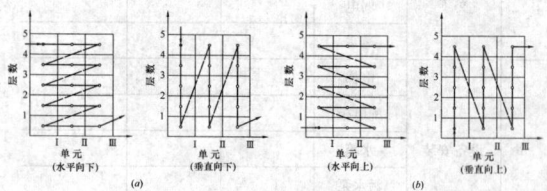

图 2-64　装饰工程竖向施工流向

（a）自上而下的施工流向；（b）自下而上的施工流向

装饰工程三种竖向施工流向的优缺点　　表 2-79

序号	装饰工程竖向施工流向	优 点	缺 点
1	自上而下	有利屋面及装饰工程质量，避免工种交叉，有利于文明施工及成品保护	不能与主体结构搭接，工期较长
2	自下而上	可以与主体结构平行搭接施工，能相应缩短工期	工种交叉多，施工资源供应紧张，施工组织和管理较复杂
3	自中而下再自上而中	综合前两种优点，适合高层建筑的装饰施工	工种交叉相对多，施工资源供应相对紧张，施工组织和管理相对复杂

（3）施工顺序

1）影响因素

影响施工顺序的因素较多，主要影响因素见图 2-65。

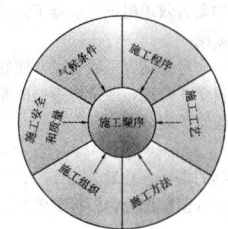

图 2-65　影响施工顺序的因素

2）施工顺序实例

多层混合结构的施工顺序见图 2-66，装配式钢筋混凝土单层工业厂房施工顺序见图 2-67，高层框剪结构施工顺序见图 2-68。

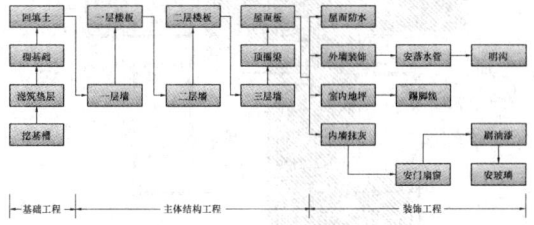

图 2-66　混合结构三层住宅房屋施工顺序图

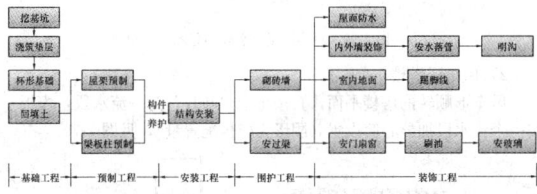

图 2-67　装配式钢筋混凝土单层厂房施工顺序图

2.4.9.6　施工准备

包括技术准备及现场准备两方面内容。在单位工程施工组织设计里，应列出具体准备的内容，当有责任人及时间要求时，应注明责任人及完成时间，保证准备工作顺利实施。

1. 技术准备

（1）一般性准备工作

组织技术人员、工程监理、质量工程师、预算工程师等认真审阅图纸，并在施工前进行阶段性图纸会审，以便能准确地掌握设计意图，解决图纸中存在的问题，并整理出图纸会审纪要。

由技术人员负责收集、购买本工程所需的主要规程、规范、标准、图集和法规。

由技术负责人组织项目相关管理人员学习规程、规范的重要条文，加深对规范的理解。

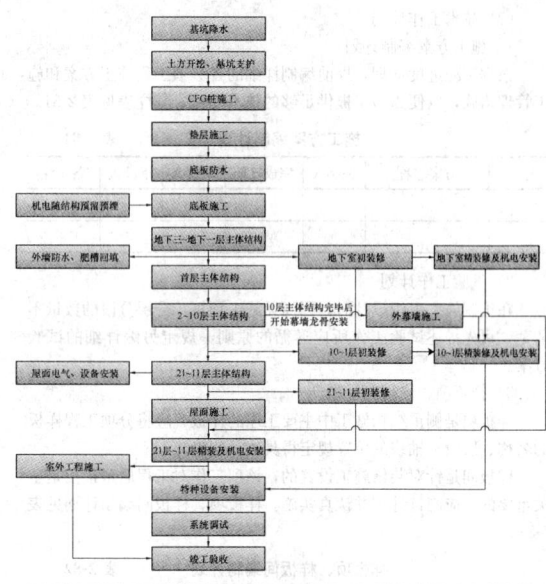

图 2-68　高层公建框剪结构施工顺序图

以上内容均需确定完成时间。

（2）计量、测量、检测、试验等器具配置计划

根据工程类型及规模确定器具的规格型号、数量，并列表说明。样表见表 2-80。

计量、测量、检测、试验等器具配置计划　　表 2-80

序号	器具名称		型号	单位	数量	检验状态
1	测量	全站仪				
2		经纬仪				
3		水准仪				
4		钢尺				
5		……				
6	试验	温湿度自动控制器				
7		混凝土试模				
8		砂浆试模				
9		高低温度计				
10		干湿温度计				
11		坍落度桶				
12		环刀				
13		……				
14	计量	电子秤				
15		磅秤				
16		压力表				
17		氧气、乙炔表				
18		……				
19	检测	声级计				
20		地阻仪				
21		兆欧表				
22		万用表				
23		游标卡尺				
24		建筑工程质量检查仪				
25		……				

（3）技术工作计划

1）施工方案编制计划

根据工程进度计划，提前编制详细的各分项工程施工方案和施工管理措施，以便为施工提供足够的技术支持。其样表见表2-81。

施工方案编制计划　表2-81

序号	方案名称	编制人	完成日期	审核人	审批人	备注

2）试验工作计划

在编制施工组织设计时，因尚无施工预算，分层分段的数量不清楚，可先描述试验工作所应遵循的原则，规定另编详细的试验方案。

3）样板项、样板间计划

样板项是侧重结构施工中主要工序的样板，应将分项工程样板的名称、层段、轴线的位置规定得具体、明确。

样板间是针对装修施工设置的，该项工作对工程质量预控是至关重要的，应制订计划并认真实施。样板项、样板间编制计划见表2-82。

样板项、样板间编制计划　表2-82

序号	样板项目	具体部位	施工时间	负责人	备注

4）技术培训计划

对四新技术内容、施工技术含量高的分项工程、危险性较大分项工程应在施工前对施工人员进行相关技术培训，保证施工质量及安全。技术培训计划的样表见表2-83。

技术培训计划　表2-83

序号	培训内容	主讲人	参加人	培训方式	培训时间

5）四新技术应用

以住房和城乡建设部颁发的建筑业10项新技术为依据列表逐项加以说明，其目的是体现工程技术含量，提高项目管理人员素质。四新技术应用计划见表2-84。

四新技术应用计划　表2-84

序号	四新项目	应用部位	应用数量	应用时间	总结完成时间	责任人

（4）高程引测与建筑物定位

对业主提供的坐标点、水准点进行校核无误后，按照工程测量控制网的要求引入，建立工程轴线及高程测量控制网。并将控制桩引测到基坑周围的地面上或原有建筑物上，并对控制桩加以保护以防破坏。

2. 施工现场准备

结合工程实际，阐明开工前所需做的现场准备工作，见表2-85。

施工现场准备工作　表2-85

序号	现场准备工作内容	说　明
1	施工水源准备计划	临时供水应计算生产、生活用水和消防用水。三者比较选择较大者布置管线
2	施工电源准备计划	临时供电根据现场使用的各类机具及生活用电计算用电量，通过计算确定变压器规格、导线截面，并绘制现场用电线路布置图和系统图

续表

序号	现场准备工作内容	说　明
3	施工热源准备计划	临时供热根据现场的生产、生活设施的面积形式，确定供热方式和供热量，并绘制管线布置图
4	生产、生活公共卫生临时设施计划	根据工程规模和施工人数确定并列表注明各类临时设施的面积、用途、做法、完成时间等
5	临时围墙及施工道路计划	根据现场平面布置图确定围墙和道路的材料、施工做法、材料采购计划
6	对业主的要求	对业主应解决而尚未解决的事项提出要求和解决的时间

2.4.9.7　主要施工方法

主要施工方法包括划分施工区域及流水段、确定大型机械设备、阐明主要分部分项工程施工方法。

1. 流水段划分

划分流水段的目的是有效地组织流水施工。

（1）流水段划分原则

在划分施工段时，一定要结合工程特点，使施工段数适宜。为了使施工段划分得更科学、合理，通常应遵循的原则见表2-11。

（2）大模板工程流水段划分方法

1）对称塔楼

以中轴线左右对称的塔楼，宜划分为2～4个流水段，模板宜按结构的一半偏多配置（阴影部分为模板配置量）。见图2-69。

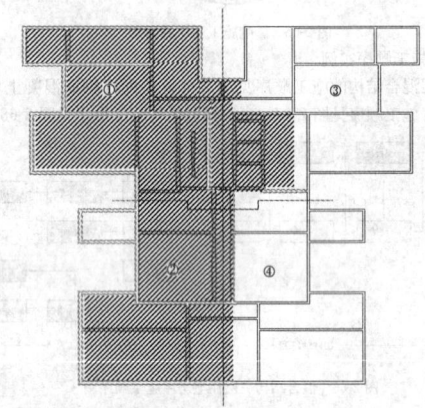

图2-69　对称塔楼流水段划分图

2）风车形塔楼

风车形顺转的塔楼平面，宜按每个"叶片"为一流水段，模板按一个流水段加核心筒设置（阴影为模板配置量），见图2-70。

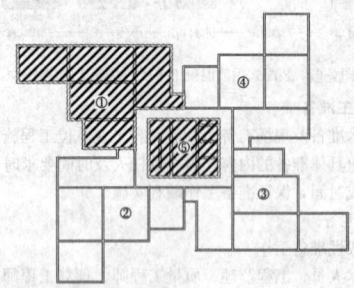

图2-70　风车形塔楼流水段划分图

3）板式建筑

板式建筑宜按单元划分流水段，模板宜按单元分界线偏多配置，施工缝设置在另一单元靠近分界处窗口过梁跨中1/3位置，见图2-71。

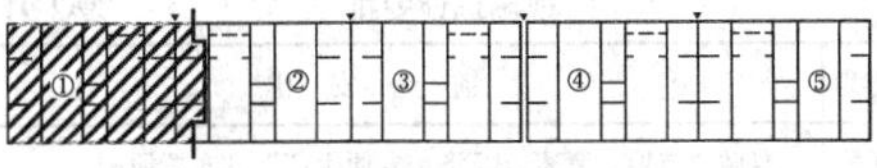

图 2-71 板式建筑流水段划分图

2. 大型机械设备的选择

根据工程特点，按照先进、合理、可行、经济的原则选择。

当大型机械设备确定后，应列表列出设备的名称、规格/型号、主要技术参数、数量、进出场时间，见表 2-86。

大型机械设备选型表　　表 2-86

序号	施工阶段	机械名称	规格/型号	数量	进出场时间
1	基础阶段				
2	结构阶段				
3	装修阶段				

（1）塔式起重机的选择

单层建筑根据工程需要选择提升井架或移动式塔式起重机，如汽车式起重机、履带式起重机（吊重较重时）。

多层建筑选择轻型塔式起重机，可以是固定式塔式起重机，也可以是轨道式塔式起重机，具体选用应根据特点而定。

高层或超高层应选择自升式塔式起重机或爬升式塔式起重机。

塔式起重机的类型及规格应根据起重半径、起重量、起重高度选择，并结合技术性能、工期、经济综合考虑。

（2）电梯的选择

多层建筑一般选择提升井架来完成材料的垂直运输。

高层或超高层一般选择电梯来完成材料及人员的垂直运输。其型号及规格一般是根据所要到达的高度参考其技术性能确定。电梯可布置在室外，也可布置在室内电梯井筒内，可以采用直接到达或接力方式布置，电梯的数量应满足工期要求。

（3）其他机械的选择

根据施工方案选择相适应的大型机械。

3. 分部、分项工程施工方法

根据《建筑工程施工质量验收统一标准》（GB 50300）中分部、分项工程划分，结合工程实际情况，根据各级工艺标准或工法优化选择相应的施工方法。单位工程施工组织设计里的分部、分项工程施工方法的内容多是宏观性的描述，具体的细化可详见相应的施工方案。

施工方法的选择见附件 2-5。

2.4.9.8　主要管理措施

单位工程的主要管理措施，如分包管理措施、保证工期措施、保证质量措施、保证安全措施、消防措施、环境保护管理措施、文明工地管理措施等分别编制。各措施中应有相应的管理体系，并以方框图表示。

2.4.9.9　施工进度计划

单位工程施工进度计划应按施工组织总设计中的总控进度计划编制，简单工程可用横道图表示，复杂工程应用网络图表示，并根据进度计划，列表说明阶段目标控制计划。

（1）进度计划编制要求，见表 2-87。

进度计划编制要求　　表 2-87

序号	项目	说明
1	编制原则	施工进度计划是施工部署在时间上的体现，要贯彻空间占满、时间连续、均衡协调、有节奏、力所能及、留有余地的原则，组织好土建与专业工程的插入、施工机械进退场、材料设备进场与各专业工序的关系
2	编制依据	工程承包合同、工程量、施工方案与方法、投入的资金与资源等

续表

序号	项目	说明
3	编制要点	通过各类参数的计算找出关键线路，选择最优方案；明确基础、主体结构、装饰装修三大分部工程形象进度控制、大型机械进场退场、季节性施工、专业配合与土建施工的关系，计划编排应层次分明，形象直观。分段流水的工程要以网络图表示标准层的各工序的流水关系，并说明工序的工程量和塔式起重机吊次计算等
4	编制要求	工序安排要符合逻辑关系，遵循"先地下后地上、先结构后围护、先主体后装饰、先土建后专业"的一般施工程序，并明确各阶段的工期目标，处理好工期目标与现场配备的施工设施、资金投入、劳动力之间的相互关系
5	各专业表现形式	土建进度以分层、分段的形式反映，专业进度按分系统、分干线和支线的形式反映；体现出土建以分层、分段平面展开；专业工种分系统以干线垂直展开，水平方向分层按支线配合土建施工的特点

（2）阶段目标控制计划，见表 2-88。

阶段目标控制计划　　表 2-88

序号	阶段目标	控制工期（天）	控制完成日期
1	总工期		×年×月×日
2	基础底板		×年×月×日
3	地下结构工程（底板除外）		×年×月×日
4	主体结构工程		×年×月×日
5	室内精装修工程		×年×月×日
6	外墙装饰工程		×年×月×日
7	机电安装工程		×年×月×日
8	系统调试		×年×月×日
9	室外总图（管线及景观、绿化等）		×年×月×日
10	竣工清理、验收		×年×月×日

（3）单位工程施工进度计划编制步骤，见图 2-72。

（4）施工进度计划各阶段工期安排，见表 2-89。

进度计划各阶段工期安排　　表 2-89

序号	施工阶段	工期安排	原因
1	基础及地下结构施工阶段	工期较计算工期适当延长	（1）各项施工资源配备不充分或正在配备中；（2）图纸变更多、图纸熟悉程度不够；（3）施工处于磨合期等
2	地上结构施工阶段	首层及非标准层	工期较计算工期适当延长	层高较高或非标准构件较标准层多
3		标准层	宜加快施工速度，工期较计算工期适当缩短	管理、资源供应、施工都进入正常阶段
4	屋面施工阶段	时间安排上不宜过紧，工期较计算工期适当延长	构造层多、屋面设备多、技术间歇时间多
5	装饰施工阶段	工期较计算工期适当延长，装修及安装阶段的时间应充裕	装饰及专业分包多、组织协调工作量大，设计变更多、交叉施工穿插多
6	季节性施工阶段	施工速度应比平常放缓，工期较计算工期适当延长	考虑天气对施工的降效影响

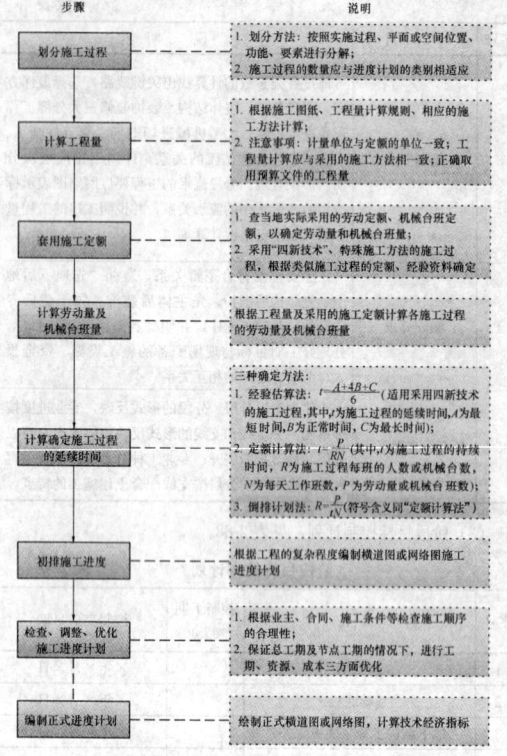

图 2-72　单位工程施工进度计划编制步骤

2.4.9.10　施工平面布置

施工总平面图应按常规内容标注齐全，根据本单位工程所包含的施工阶段（如基础施工阶段、主体结构施工阶段、装饰及电气安装施工阶段、室外施工阶段）需要分别绘制，并应符合国家有关制图标准，图幅不宜小于 A3 尺寸。

1. 施工平面布置图包括的内容（表 2-90）

施工平面布置图包括的内容　表 2-90

序号	项　目	内　容
1	建筑总平面图内容	包括单位工程施工区域范围内的已建和拟建的地上、地下建筑物和构筑物，周边道路、河流等，平面图的指北针、风向玫瑰图、图例等
2	大型施工机械	包括垂直运输设备（塔式起重机、井架、施工电梯等）、混凝土浇筑设备（地泵、汽车泵等）、其他大型机械布置等
3	施工道路	道路的布置、临时便桥、现场出入口位置等
4	材料及构件堆场	包括大宗施工材料的堆场（如钢筋堆场、钢构件堆场）、预制构件堆场、周转材料堆场、现场弃土点等
5	生产性及生活性临时设施	包括钢筋加工棚、木工棚、机修棚、混凝土拌合楼（站）、仓库、工具房、办公用房、宿舍、食堂、浴室、文化服务房、现场安全设施及防火设施等
6	临水、临电	包括水源位置及供水和消防管线布置、电源位置及管线布置、现场排水沟等

2. 现场场地安排（表 2-91）

现场场地安排　表 2-91

场地类型	场 地 安 排
场地宽敞	遵循"节地、紧凑、经济、方便生产"的布置原则
场地狭窄	（1）施工安排应优先考虑缓解场地压力问题，如做好基坑的及时回填，利用不影响关键线路的施工区域作为材料的临时堆场，底板大体积混凝土划分小区域浇筑、结构施工时装修滞后插入等。 （2）分析各阶段施工特点，做好场地平面的动态布置，临建房屋应优先采用装配式房屋。 （3）生产和办公用临时设施设置应注意节地和提高用地效率，如提高临建房屋的层数、架设物料平台。 （4）现场应尽可能设置环形道路或最大限度地延伸道路，并设置进出口大门。 （5）作好材料、设备进场的计划控制，做到材料、设备随工程进度随用随进。 （6）选择先进的施工方法，减少周转材料的落地。 （7）多利用现场外区域作为现场施工的辅助区域，如场外租赁场地设置生活区和钢筋加工区，与环境管理部门协商占用辅道作为泵车、混凝土罐车临时使用场地等。 （8）狭窄场地的临时设施布置和场地安排时，应尽可能减少对周边环境的不利影响和危害

2.4.10　施工组织设计文件的管理

2.4.10.1　施工组织设计文件管理流程图

施工组织设计文件管理流程如图 2-73 所示。

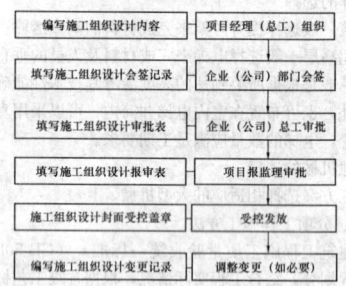

图 2-73　施工组织设计文件管理流程

2.4.10.2　施工组织设计文件编制管理规定

1. 编制施工组织设计必须具备的条件

（1）掌握工程设计、施工规范及标准，熟悉上级有关部门的技术、管理文件规定和要求。

（2）对合同规定的建设单位对工程建设的要求和提供条件已明确。

（3）了解施工条件，充分掌握有关资料，如自然环境、水文地质、气候气象、交通运输、水源、电源、地形、四周建筑物和管线等，了解材料和构配件加工供应条件。

（4）具备图纸设计文件，了解设计意图，熟悉工程施工内容，掌握施工关键项目内容。

2. 施工组织设计的分类和编制原则

施工组织设计的分类参见本书第 2.4.1 节内容；编制施工组织的原则参见本书第 2.4.3 节内容。

3. 施工组织设计文件编制要求

（1）施工组织设计应由承包单位项目负责人主持编制，落实负责编制前期各项组织工作：包括确定参加编制的人选、任务划分、完成时间以及编制要求等内容。项目总工（技术负责人）指导项目资料工程师具体收集编制施工组织设计所需的规范、图集、手册等资料。其他需要准备的资料主要包括投标技术方案、投标技术方案交底、合同、施工图、地质勘察报告、设计交底及图纸会审文件等。

（2）为了保证编制的质量和效率，一定要挑选精通工程技术和

管理技术、具有一定的经济知识、了解设计技术、经验丰富的技术人员来担当编制负责人。

（3）参加编制的部门及人员应对编制任务的性质、施工部署、劳动力投入、大中型机械设备安装、总工期控制、工程质量目标等内容有充分了解。

（4）编制时应实地查看施工现场，摸清施工现场各方面的情况，根据工程对象、性质、大小、结构复杂程度，突出重点进行编制，不照搬套用。

（5）施工组织设计应采用新技术、新工艺，重点解决施工技术难题，加快施工进度，降低工程成本。

（6）施工组织设计应体现科学性、合理性，重点突出可操作性，力求准确实用。

（7）施工组织设计可根据需要分阶段编制。施工方案应由项目专业技术负责人主持编制。对由专业承包单位施工的分部（分项）工程或专项工程的施工方案，应由专业承包单位负责编制。对规模较大的分部（分项）工程和专项工程的施工方案应按单位工程施工组织设计进行编制。

2.4.10.3　施工组织设计文件审批管理规定

（1）施工组织设计编制后经项目负责人审核签字，再报施工单位有关部门（技术、工程、合约）进行会签。

（2）根据会签意见修改后的施工组织设计，报施工单位技术负责人审批。审批表应放在施工组织设计封面之后与施工组织设计一并存档。

（3）施工组织设计完成内部审批手续后，项目部应根据当地法律法规及项目合同约定报监理、业主审批。

（4）施工组织设计经审批完成后，原件由项目资料工程师归档管理，复印件作受控编号管理后，发放到项目各相关部门。

（5）对于群体工程，施工组织总设计以及该群体工程中的单项工程施工组织设计均按上述程序进行审批。

（6）施工方案应由项目技术负责人审批；重点、难点分部（分项）工程和专项工程施工方案应由施工单位技术部门组织相关专家评审，施工单位技术负责人批准。对由专业承包单位施工的分部（分项）工程或专项工程的施工方案，应由专业承包单位技术负责人或技术负责人授权的技术人员审批；有总承包单位时，应由总承包单位项目技术负责人核准备案。

2.4.10.4　施工组织设计文件交底管理规定

（1）经过批准的施工组织设计文件，应由负责编制该文件的主要负责人，向参与施工的有关部门和有关人员进行交底，说明该施工组织设计的基本方针、分析决策过程、实施要点，以及关键性技术问题和组织问题。交底的目的在于使基层施工技术人员和工人心中有数，形成人人把关的局面。

（2）项目施工组织设计经审批后，项目总工（技术负责人）应组织项目技术工程师等参与编制人员就施工组织设计中的主要管理目标、管理措施、规章制度、主要施工方案及质量保证措施等对项目全体管理人员及分包主要管理人员进行交底并编写交底记录。

（3）施工方案经审批后，项目负责编制该方案的技术工程师或责任工程师应就方案中的主要施工方法、施工工艺及技术措施等向相关现场管理人员及分包进行方案交底并编写方案交底记录。

（4）经过审批的施工组织设计，项目计划部门应根据具体内容制定出切实可行且严密的施工计划，项目技术部门拟定科学合理的、具体的技术实施细则，保证施工组织设计的贯彻执行。

2.4.10.5　施工组织设计文件实施管理规定

施工组织设计文件为指导施工部署，组织施工活动提供了计划和依据，使工程得以有组织、有计划、有条不紊的施工。为了实现计划的预定目标，必须按照施工组织设计文件所规定的各项内容，认真实施，讲求实际，避免盲目施工，保证工程建设顺利进行。

为了保证施工组织设计的顺利实施，应重点做好以下几个方面的工作：

1. 制定施工组织设计各项管理制度

施工组织设计贯彻的顺利与否，主要取决于施工企业的管理素质、技术素质及经营管理水平。而体现企业素质和水平的标志，在于企业各项管理制度的健全与否及实施效果。实践经验证明，只有施工企业有了科学的、健全的管理制度，并且行之有效，企业的正常生产秩序才能维持，才能保证工程质量，提高劳动生产率，防止可能出现的漏洞或事故。为此必须建立、健全各项管理制度，保证施工组织设计的顺利实施。

2. 推行技术经济承包制

技术经济承包是用经济的手段和方法，明确承发包双方的责任。它便于加强监督和相互促进，是保证承包目标实现的重要手段。为了更好地贯彻施工组织设计，应该推行技术经济承包制度，开展劳动竞赛，把施工过程中的技术经济责任同职工的物质利益结合起来。如开展全优工程竞赛，推行全优工程综合奖、节约材料奖和技术进步奖，对于全面贯彻施工组织设计是十分必要的。

3. 统筹安排及综合平衡

在施工组织设计实施中要根据实际情况不断完善施工组织设计，保证施工的节奏性、均衡性和连续性。在拟建工程项目的施工过程中，搞好人力、物力、财力的统筹安排，保持合理的施工规模，既能满足拟建工程项目施工的需要，又能带来较好的经济效益。施工过程中的任何平衡都是暂时的和相对的，平衡中必然存在不平衡的因素，要及时分析和研究这些不平衡因素，不断地进行各种施工条件和各专业工种的综合平衡。

4. 切实做好施工准备工作

施工准备工作是保证均衡和连续施工的重要前提，也是顺利地贯彻施工组织设计的重要保证。拟建工程项目不仅在开工之前要做好一切人力、物力和财力的准备，而且在施工过程中的不同阶段也要做好相应的施工准备工作，这对于施工组织设计的贯彻执行是非常重要的。

2.4.10.6　施工组织设计的中间检查

（1）主要指标完成情况的检查。

施工组织设计的主要指标的检查一般采用比较法，就是把各项指标的完成情况同计划规定的指标相对比。检查的内容应该包括工程进度、工程质量、材料消耗、机械使用和成本费用等，把主要指标数额检查同其相应的施工内容、施工方法和施工进度的检查结合起来，发现问题，为进一步分析原因提供依据。

（2）施工总平面图合理性的检查。

施工总平面图布置中必须按规定建造临时设施，敷设管网和运输道路，合理地存放机具，堆放材料；施工现场要符合文明施工的要求；施工现场的局部断电、断水、断路等，必须事先得到项目有关部门批准，施工的每个阶段都要有相应的施工总平面图；施工总平面图的任何改变都必须经过项目有关部门批准。如果发现施工总平面图存在不合理性，要及时制订改进方案，报请相关部门批准，不断地满足施工进展的需要。

（3）对施工组织设计的定期检查，应由项目总工（技术负责人）组织、有关人员参加，对检查出的问题应及时提出改正意见，并作出记录，根据相应记录做好相应的调整和完善工作。

2.4.10.7　施工组织设计的调整及完善

1. 调整条件

当发生下列情况时可以对施工组织设计的相应部分进行修改和调整，修改后的施工组织设计仍由工程各相关部门审核，报送总工程师批准：

（1）工程项目的设计有较大变化，导致施工方法、施工顺序、施工机械变动。

（2）工程项目的施工条件发生变化，施工方法改变、物资采购渠道变化等。

（3）工程现场平面布置有重大变动，需调整施工平面图。

（4）原有施工组织设计不满足施工需求，影响施工部署。

2. 调整完善方法及原则

（1）施工情况发生变化，原设计编制人需修改施工组织设计时，修改后的施工组织设计须按原审批程序报批。

（2）施工组织设计的调整，应根据变化情况确定修改的内容，落实修改责任人及具体修改事项，修改后的施工组织设计按照受控文件的管理规定办理相应的变更手续。

（3）根据对施工组织设计执行情况的检查中发现的问题及其产生的原因，拟订其改进措施或方案；对施工组织设计的有关部分或指标逐项进行调整；对施工总平面图进行修改，使施工组织设计在新的基础上实现新的平衡。

（4）施工组织设计的贯彻、检查和调整是一项经常性的工作，必须随着施工的进展情况，加强反馈和及时进行，要贯穿拟建工程项目施工过程的始终。

2.4.10.8　施工组织设计归档

项目部资料工程师应及时将审批完毕的施工组织设计按技术资料归档方法归档，并及时将调整及完善的施工组织设计相关资料一并归档备查。

附录 2-1　生产性临时设施参考指标

生产临时加工厂所需面积参考指标　　　　附表 2-1

序号	加工厂名称	年产量		单位产量所需建筑面积	占地总面积(m²)	备注
		单位	数量			
1	混凝土搅拌站	m³	3200	0.022 (m²/m³)	按砂石堆场考虑	400L 搅拌机 2台
		m³	4800	0.021 (m²/m³)		400L 搅拌机 3台
		m³	6400	0.020 (m²/m³)		400L 搅拌机 4台
2	临时性混凝土预制厂	m³	1000	0.25 (m²/m³)	2000	生产屋面板和中小型梁柱板等，配有蒸养设施
		m³	2000	0.20 (m²/m³)	3000	
		m³	3000	0.15 (m²/m³)	4000	
		m³	5000	0.125 (m²/m³)	小于 6000	
	木材加工厂	m³	15000	0.0244 (m²/m³)	1800～3600	进行原木、方木加工
		m³	24000	0.0199 (m²/m³)	2200～4800	
		m³	30000	0.0181 (m²/m³)	3000～5500	
3	综合木工加工厂	m³	200	0.30 (m²/m³)	100	加工木门窗、模板、地板、屋架等
		m³	500	0.25 (m²/m³)	200	
		m³	1000	0.20 (m²/m³)	300	
		m³	2000	0.15 (m²/m³)	420	
	粗木加工厂	m³	5000	0.12 (m²/m³)	1350	加工木屋架、模板及支撑、木方等
		m³	10000	0.10 (m²/m³)	2500	
		m³	15000	0.09 (m²/m³)	3750	
		m³	20000	0.08 (m²/m³)	4800	
	细木加工厂	万 m²	5	0.0140 (m²/m³)	7000	加工木门窗、地板
		万 m²	10	0.0114 (m²/m³)	10000	
		万 m²	15	0.0106 (m²/m³)	14300	
4	钢筋加工厂	t	200	0.35 (m²/t)	280～560	加工、成型、焊接
		t	500	0.25 (m²/t)	380～750	
		t	1000	0.20 (m²/t)	400～800	
		t	2000	0.15 (m²/t)	450～900	

续表

序号	加工厂名称	年产量		单位产量所需建筑面积	占地总面积(m²)	备注
		单位	数量			
4	现场钢筋调直或冷拉			所需场地(长×宽)		
	拉直场			70～80×3～4(m)		包括材料及成品堆放
	卷扬机棚			15～20(m²)		3～5t 电动卷扬机一台
	冷拉场			40～60×3～4(m)		包括材料及成品堆放
	时效场			30～40×5～8(m)		包括材料及成品堆放
	钢筋对焊			所需场地(长×宽)		
	对焊场地			30～40×4～5(m)		包括材料及成品堆放
	对焊棚			15～24(m²)		寒冷地区应适当增加
	钢筋冷加工			所需场地(m²/台)		
	冷拔、冷轧机			40～50		
	剪断机			30～50		
	弯曲机 (ϕ12 以下)			50～60		
	弯曲机 (ϕ40 以下)			60～70		
5	金属结构加工(包括一般铁件)			所需场地(m²/t) 年产 500t 年产 1000t 为 10～8(m²/t) 年产 2000～3000t 为 6～5(m²/t)		按一批加工数量计算
6	石灰消化	贮灰池		5×3=15(m²)		每 600kg 石灰可消化 1m³ 石灰膏，每两个贮灰池配一套淋灰池和淋灰槽
		淋灰池		4×3=12(m²)		
		淋灰槽		3×2=6(m²)		

现场作业棚所需面积参考指标　　　附表 2-2

序号	名称	单位	面积(m²)	备注
1	电锯房	m²	80	34～36in 圆锯 1 台
2	电锯房	m²	40	1 台小圆锯
3	水泵房	m²/台	3～8	
4	发电机房	m²/台	10～20	
5	搅拌棚	m²/台	10～18	
6	卷扬机棚	m²/台	6～12	
7	木工作业棚	m²/人	2	
8	钢筋作业棚	m²/人	3	
9	烘炉房	m²	30～40	
10	焊工房	m²	20～40	
11	电工房	m²	15	
12	白铁工房	m²	20	
13	油漆工房	m²	20	
14	机、钳工修理房	m²	20	
15	立式锅炉房	m²/台	5～10	
16	空压机棚(移动式)	m²/台	18	
17	空压机棚(固定式)	m²/台	9	

附录 2-2 物资储存临时设施参考指标

仓库面积计算所需数据参考指标　　附表 2-3

序号	材料名称		单位	储备天数(日)	每 m² 储存量	堆置高度(m)	仓库类型
1	槽钢、工字钢		t	40～50	0.8～0.9	0.5	露天、堆垛
2	扁钢、角钢		t	40～50	1.2～1.8	1.2	露天、堆垛
3	钢筋(直筋)		t	40～50	1.8～2.4	1.2	露天、堆垛
4	钢筋(盘筋)		t	40～50	0.8～1.2	1.0	仓库或棚约占 20%
5	薄中厚钢板		t	40～50	4.0～4.5	1.0	仓库或棚露天、堆垛
6	钢管 φ200 以上		t	40～50	0.5～0.6	1.0	露天、堆垛
7	钢管 φ200 以下		t	40～50	0.7～1.0	2.0	露天、堆垛
8	铁皮		t	40～50	2.4	1.0	库或棚
9	生铁		t	40～50	5	1.4	露天
10	铸铁管		t	20～30	0.6～0.8	1.2	露天
11	暖气片		t	40～50	0.5	1.5	露天或棚
12	水暖零件		t	20～30	0.7	1.4	库或棚
13	五金		t	20～30	1.0	1.5	仓库
14	钢丝绳		t	20～30	0.7	1.0	仓库
15	电线电缆		t	20～30	0.3	2.0	库或棚
16	木材		m³	40～50	0.8	2.0	露天
17	原木		m³	40～50	0.9	2.0	露天
18	成材		m³	30～40	0.7	3.0	露天
19	枕木		m³	20～30	1.0	2.0	露天
20	木门窗		m²	3～7	30	2	棚
21	木屋架		m³	3～7	0.3	—	露天
22	灰板条		千根	20～30	5	3.0	棚
23	水泥		t	30～40	1.4	1.5	库
24	生石灰(块)		t	20～30	1～1.5	1.5	棚
25	生石灰(袋装)		t	10～20	1～1.3	1.5	棚
26	石膏		t	10～20	1.2～1.7	2.0	棚
27	砂、石子(人工堆置)		m³	10～30	1.2	1.5	露天、堆放
28	砂、石子(机械堆置)		m³	10～30	2.4	3.0	露天、堆放
29	块石		m³	10～20	1.0	1.2	露天、堆放
30	耐火砖		t	20～30	2.5	1.8	棚
31	大型砌块		m³	3～7	0.9	1.5	露天
32	轻质混凝土制品		m³	3～7	1.1	2	露天
33	玻璃		箱	20～30	6～10	0.8	仓库或棚
34	卷材		卷	20～30	15～24	2.0	仓库
35	沥青		t	20～30	0.8	1.2	露天
36	水泥管、陶土管		t	20～30	0.5	1.5	露天
37	黏土瓦、水泥瓦		千块	10～30	0.25	1.5	露天
38	电石		t	20～30	0.3	1.2	仓库
39	炸药、雷管		t	10～20	0.7	1.0	仓库
40	钢筋混凝土构件	板	m³	3～7	0.14～0.24	2.0	露天
		梁、柱	m	3～7	0.12～0.18	1.2	露天
41	钢筋骨架		t	3～7	0.12～0.18	—	露天
42	金属结构		t	3～7	0.16～0.24	—	露天
43	钢件		t	10～20	0.9～1.5	1.5	露天或棚
44	钢门窗		t	10～20	0.65	2	棚
45	模板		m³	3～7	0.7	—	露天

附录 2-3 各种机械设备以及室内外照明用电定额

施工机械用电定额参考资料　　附表 2-4

机械名称	型号	功率(kW)
蛙式夯土机	HW-32	1.5
	HW-60	3
振动夯土机	HZD250	4
振动打拔桩机	DZ45	45
	DZ45Y	45
	DZ30Y	30
	DZ55Y	55
	DZ90A	90
	D290B	90
螺旋钻孔机	ZKL400	40
	ZKL600	55
	ZKL800	90
螺旋式钻扩孔机	BQZ-400	22
冲击式钻机	YKC-20C	20
	YKC-22M	20
	YKC-30M	40
塔式起重机	MC300	90
	HK40	90
	C7022	110
	QTZ7030	80
	H3/36B	90
	MC180	80
	ST6014	70
	TC6020	71.5
	F0/23B	70
	TC5023	51.5
	JL150	72.4
	QTZ125	57.4
	QTZ100	73.87
	C5015	53.8
	TC5512(QTZ80)	42
卷扬机	JJK0.5	3
	JJK-0.5B	2.8
	JJK-1A	7
	JJK-5	40
	JJZ-1	7.5
	JJ1K-1	7
	JJ1K-3	28
	JJ1K-5	40
	JJM-0.5	3
	JJM-3	7.5
	JJM-5	11
	JJM-10	22
自落式混凝土搅拌机	JD150	5.5
	JD200	7.5
	JD250	11
	JD350	15
	JD500	18.5

续表

机 械 名 称	型　号	功率(kW)
强制式混凝土搅拌机	JW250	11
	JW500	30
混凝土搅拌楼(站)	HL80	41
混凝土输送泵	HB-15	32.2
混凝土喷射机(回转式)	HPH6	7.5
混凝土喷射机(罐式)	HPG4	3
插入式振动器	ZX25	0.8
	ZX35	0.8
	ZX50	1.1
	ZX50C	1.1
	ZX70	1.5
平板式振动器	ZB5	0.5
	ZB11	1.1
附着式振动器	ZW4	0.8
	ZW5	1.1
	ZW7	1.5
	ZW10	1.1
	ZW30-5	0.5
混凝土振动台	ZT-1×2	7.5
	ZT-1.5×6	30
	ZT-2.4×6.2	55
真空吸水机	HZX-40	4
	HZX-60A	4
	改型泵Ⅰ号	5.5
	改型泵Ⅱ号	5.5
预应力拉伸机油泵	ZB1/630	1.1
	ZB2×2/500	3
	ZB4/49	3
	ZB10/49	11
钢筋调直切断机	GT4/14	4
	GT6/14	11
	GT6/8	5.5
	GT3/9	7.5
钢筋切断机	QT40	7
	QJ40-1	5.5
	QJ32-1	3
钢筋弯曲机	GW40	3
	WJ40	3
	GW32	2.2
交流电焊机	BX3-120-1	9 *
	BX3-300-2	23.4 *
	BX3-500-2	38.6 *
	BX2-100(BC-1000)	76 *
直流电焊机	AX1-165(AB-165)	6
	AX4-300-1(AG-300)	10
	AX-320(AT-320)	14
	AX5-500	26
	AX3-500(AG-500)	26
纸筋麻刀搅拌机	ZMB-10	3

续表

机 械 名 称	型　号	功率(kW)
灰浆泵	UB3	4
挤压式灰浆泵	UBJ2	2.2
灰气联合泵	UB-76-1	5.5
粉碎淋灰机	FL-16	4
单盘水磨石机	SF-D	2.2
双盘水磨石机	SF-S	4
侧式磨光机	CM2-1	1
立面水磨石机	MQ-1	1.65
墙围水磨石机	YM200-1	0.55
地面磨光机	DM-60	0.4
套丝切管机	TQ-3	1
电动液压弯管机	WYQ	1.1
电动弹涂机	DT120A	8
液压升降台	YSF25-50	3
泥浆泵	红星30	30
泥浆泵	红星75	60
液压控制台	YKT-36	7.5
自动控制自动调平液压控制台	YZKT-56	11
静电触探车	ZJYY-20A	10
混凝土沥青切割机	BC-D1	5.5
小型砌块成型机	GC-1	6.7
载货电梯	JT1	7.5
建筑施工外用电梯	SCD100/100A	11
木工电刨	MIB2-80/1	0.7
木压刨板机	MB1043	3
木工圆锯	MJ104	3
木工圆锯	MJ106	5.5
木工圆锯	MJ114	3
脚踏截锯机	MJ217	7
单面木工压刨床	MB103	3
单面木工压刨床	MB103A	4
单面木工压刨床	MB106	7.5
单面木工压刨床	MB104A	4
双面木工刨床	MB106A	4
木工平刨床	MB503A	3
木工平刨床	MB504A	3
普通木工车床	MCD616B	3
单头直榫开榫机	MX2112	9.8
灰浆搅拌机	UJ325	3
灰浆搅拌机	UJ100	2.2

注：* 为额定负载持续率时功率(kVA)。

室内照明用电定额参考资料　　附表 2-5

序号	项　目	定额容量(W/m²)
1	混凝土及灰浆搅拌站	5
2	钢筋室外加工	10
3	钢筋室内加工	8
4	木材加工锯木及细木作	5~7
5	木材加工模板	8

续表

序号	项目	定额容量 （W/m²）
6	混凝土预制构件厂	6
7	金属结构及机电修配	12
8	空气压缩机及泵房	7
9	卫生技术管道加工厂	8
10	设备安装加工厂	8
11	发电站及变电所	10
12	汽车库或机车库	5
13	锅炉房	3
14	仓库及棚仓库	2
15	办公楼、试验室	6
16	浴室、盥洗室、厕所	6
17	理发室	10
18	宿舍	3
19	食堂或俱乐部	5
20	诊疗所	6
21	托儿所	9
22	招待所	5
23	学校	6
24	其他文化福利设施	3

室外照明用电定额参考资料　附表 2-6

序号	项目	容量 （W/m²）
1	人工挖土工程	0.8
2	机械挖土工程	1.0
3	混凝土浇灌工程	1.0
4	砖石工程	1.2
5	打桩工程	0.6
6	安装及铆焊工程	2.0
7	卸车场	1.0
8	警卫照明	1000W/km
9	车辆行人主要干道	2000W/km
10	车辆行人非主要干道	1000W/km
11	夜间运料（夜间不运料）	0.8（0.5）
12	设备堆放、砂石、木材、 钢筋、半成品堆放	0.8

附录 2-4　施工平面图参考图例

施工平面图参考图例　附表 2-7

序号	名　称	图　例
一、地形及控制点		
1	三角点	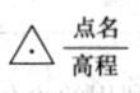 点名／高程
2	水准点	 点名／高程
3	窑洞：地上、地下	
4	蒙古包	
5	坟地	
6	石油、天然气井	

续表

序号	名　称	图　例
一、地形及控制点		
7	钻孔	钻
8	探井（试坑）	
9	等高线：基本的、补助的	
10	土堤、土堆	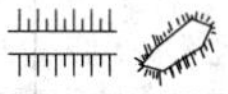
11	坑穴	
12	填挖边坡	
13	地表排水方向	
14	树林	
15	竹林	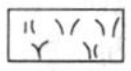
16	耕地：稻田、旱地	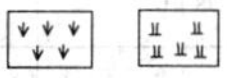
序号	名　称	图　例
二、建筑、构筑物		
1	新建建筑物：地上、地下	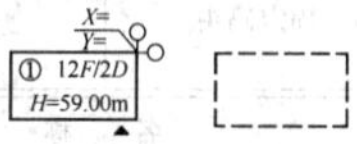 ① 12F/2D　H=59.00m
2	原有建筑物	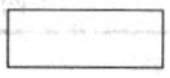
3	计划扩建的建筑物	
4	拆除的建筑物	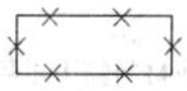
5	临时房屋：密闭式、敞篷式	
6	围墙及大门	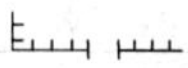
7	建筑工地界限	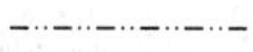
8	工地内的分界线	
9	烟囱	
10	水塔	
11	室内地坪标高	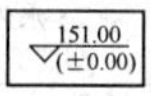 151.00（±0.00）
12	室外地坪标高	 143.00

续表

序号	名　　称	图　　例
三、交通运输		
1	原有道路	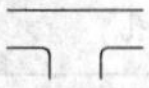
2	计划扩建的道路	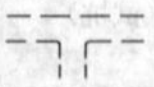
3	新建的道路	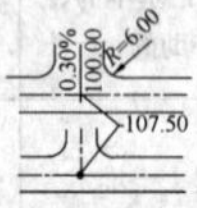
4	施工用临时道路	
5	新建标准轨铁路	
6	原有标准轨铁路	
7	现有的窄轨铁路	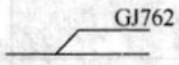 GJ762
8	道路涵洞	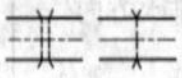
9	公路桥梁	
10 11 12 13	水系流向 人行桥 车行桥 渡口	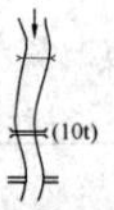 (10t)
14	船只停泊场	
15	浮动码头 固定码头	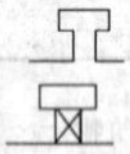

序号	名　　称	图　　例
四、材料、构件堆场		
1	散状材料临时露天堆场	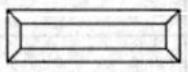 需要时可注明材料名称
2	其他材料露天堆场或露天作业场	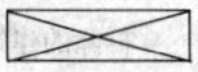 需要时可注明材料名称
3	敞棚	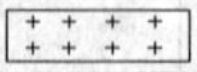

序号	名　　称	图　　例
五、动力设施		
1	临时水塔	
2	临时水池	
3	贮水池	
4	永久井	
5	临时井	

续表

序号	名　　称	图　　例
五、动力设施		
6	加压站	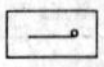
7	原有的上水管线	
8	临时给水管线	—S—S—
9	给水阀门（水嘴）	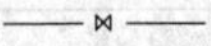
10	支管接管位置	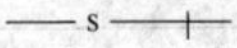 —S—
11	消火栓	
12	原有上下水井	
13	拟建上下水井	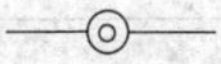
14	临时上下水井	 L
15	原有的排水管线	—I—I—
16	临时排水管线	P
17	临时排水沟	
18	化粪池	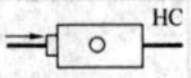 HC
19	隔油池	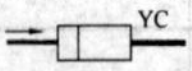 YC
20	拟建水源	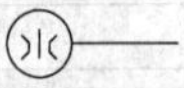
21	电源	
22	发电站	
23	变电站	
24	变压器	
25	投光灯	
26	电杆	
27	现在高压 6kV 线路	—WW$_6$—WW$_6$—
28	施工期间利用的永久 高压 6kV 线路	—LLW$_6$—LLW$_6$—
29	临时高压 3~5kV 线路	—VV—VV—
30	现有低压线路	—W$_{3.5}$—W$_{3.5}$—
31	施工期间利用的永久低压线路	—LVV—LVV—
32	临时低压线路	—V—V—
33	电话线	—O—O—
34	现有暖气管道	T T
35	临时暖气管道	—Z—

续表

序号	名　称	图　例
六、施工机械		
1	塔式起重机	
2	井架	
3	门架	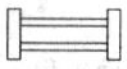
4	卷扬机	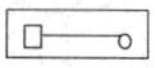
5	履带式起重机	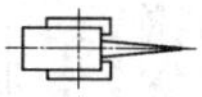
6	汽车式起重机	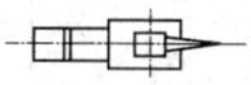
7	门式起重机	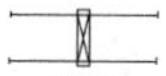 $G_n=(t)$
8	桥式起重机	 $G_n=(t)$
9	皮带式运输机	
10	外用电梯	
11	挖土机： 正铲 反铲 抓铲	
12	推土机	
13	铲运机	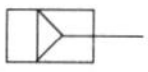
14	混凝土搅拌机	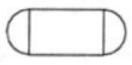
15	灰浆搅拌机	
16	打桩机	
17	水泵	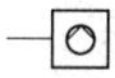

序号	名　称	图　例
七、其他		
1	脚手架	
2	壁板插放架	
3	草坪	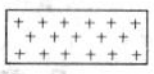
4	避雷针	

附录2-5　施工方法选择的内容

分部、分项工程施工方法选择的内容　附表2-8

序号	分部、分项工程	施工方法选择的内容
1	测量放线	(1) 建立平面控制网及高程控制点，轴线控制及标高引测的依据及引至现场的轴线控制点及标高的位置。 (2) 控制桩的保护要求。 (3) 本工程测量所采用的主要方法及轴线与高程的传递方法
2	降水与排水	(1) 确定降水的分包单位及所采用的降水方法；在确定降水方法时一定要考虑降水对邻近建筑物可能造成的影响及所采取的技术措施。 (2) 排水工程应说明日排水量的估算值及排水管线的设计
3	基础桩	说明基础桩类型、选用的施工方法及设备的类型
4	基坑支护	重点说明选用的支护类型及主要施工方法。在选择支护类型及施工方法时，应着重考虑下述因素： (1) 基坑的平面尺寸、开挖深度及施工要求。 (2) 各层土的物理、力学性质，地下水情况。 (3) 邻近建筑物、构筑物、道路、地下管线及其他设施情况，以及对基坑变形的要求。 (4) 施工阶段塔式起重机的位置、现场道路与基坑的距离、运输车辆的重量及地面上材料的堆放情况。 (5) 工期和造价的影响
5	土方工程	(1) 确定挖土方向、坡道的留置位置。 (2) 确定分几步开挖及每步的挖土深度。 (3) 确定土方的开挖顺序与基坑支护如何穿插进行。 (4) 绘制土方工程的平、剖面图。 (5) 选择土方机械的性能、型号、数量。 (6) 描述土方的存放地点、运输方法、土方回填土的来源
6	钎探与验槽	(1) 挖至槽底的施工方法说明。 (2) 钎探要求或不进行钎探的建议。 (3) 清槽要求。 (4) 季节性施工要求
7	地下防水工程	(1) 自防水混凝土的类型、等级，外加剂的类型、掺量，对碱集料反应的技术要求，施工构造形式。 (2) 防水材料的类型、规格、技术要求、主要施工方法
8	回填土工程	(1) 回填土的来源及需用量。 (2) 回填土的时间。 (3) 回填土的技术要求。 (4) 分层厚度及夯实等要求
9	钢筋工程	(1) 描述本工程主要钢筋的类型。 (2) 钢筋的供货方式、进场检验和原材料堆放要求。 (3) 钢筋加工方式：描述钢筋加工方式是采用现场加工还是场外加工，明确加工场的位置、面积，所采用的机械设备的名称、型号、数量、用途，确定钢筋除锈、调直、切断、弯曲成形主要加工方法及技术要求。 (4) 钢筋连接：描述不同部位、不同直径的钢筋连接方式（如搭接、焊接、机械连接等）及具体采用的形式（如电弧焊、电渣焊、气压焊、冷挤压、直螺纹等）。 (5) 钢筋绑扎：明确搭接部位、搭接倍数、接头设置位置及要求，锚固要求；确定各部位防止钢筋位移的方法；墙体、柱变截面的钢筋处理方法。 (6) 预应力钢筋的类型、选用的分包、张拉方式及时间要求

序号	分部、分项工程	施工方法选择的内容
10	模板工程	(1) 模板设计：按地下、地上、特殊部位进行模板设计，如下表所示。 (2) 模板加工、制作、验收： ● 对各类模板加工制作方式（外加工或现场制作）进行描述，当某类模板采用外加工方式时，应明确是租赁还是购买，采用何种模板体系（如大钢模是整体式、还是组拼式等）、主要技术要求及技术参数；当采用现场制作时，应明确加工工地、所需设备及主要加工工艺； ● 明确模板具体的验收质量要求及方法。 (3) 模板安装： ● 明确不同类型模板选用的脱模剂的类型； ● 确定模板安装顺序、技术要求、质量标准； ● 特殊部位模板（含预留孔洞模板）安装方法。 (4) 高大模板支撑系统施工的安全技术要求

模板设计表：

序号	结构部位	模板选型	数量(m²)	模板尺寸	备注

序号	分部、分项工程	施工方法选择的内容
11	混凝土工程	(1) 混凝土各部位的强度等级。 (2) 确定混凝土是预拌混凝土还是现场搅拌混凝土。 (3) 确定预拌混凝土厂家及主要技术要求、技术参数；当采用现场搅拌混凝土时，确定混凝土的试配合比及根据现场条件调整的现场配合比及主要技术参数。 (4) 混凝土拌制：主要是指现场混凝土的搅拌。应确定搅拌站的位置、面积、各种原材料储存位置、供料方式（人工还是配料机）、设备型号与数量、水电源位置、环保措施等。 (5) 混凝土运输： ● 明确场外、场内的运输方式；现场内的水平运输与垂直运输方式；场外运输组织及季节性施工注意事项； ● 如果场内采用泵送混凝土，应将泵的位置、泵管的设置和固定措施提出原则要求。 (6) 混凝土浇筑： ● 确定各部位浇筑方式（如采用泵送还是塔式起重机），当采用泵送时，应按《混凝土泵送技术规程》（JGJ/T 10）中有关内容提出原则性要求，如泵的选型原则、配管原则； ● 浇灌顺序及浇灌方法（如大体积混凝土的斜面分层、梁板的"赶浆法"、墙柱的分层浇筑、门窗部位的堆成浇筑等），标高控制方法特殊部位混凝土浇筑要求（如后浇带的施工时间、施工要求、施工缝的处置）； ● 混凝土接茬时间及施工缝设置、处置要求； ● 各部位混凝土振捣设备及振捣技术要求。 (7) 混凝土养护： ● 常温条件下的养护方法； ● 冬期施工期间的养护方法。 (8) 预防碱集料反应： 根据混凝土所处的环境类别，确定容许碱集料的最大单方含量及采取的控制措施（从原材料、外加剂、掺合料、施工方法等提出合理措施）
12	钢结构工程	(1) 钢结构类型。 (2) 钢结构的制作、运输、堆放、安装、防腐及防火涂料的主要施工方法
13	砌筑工程	(1) 砌筑部位及所采用的砌块及砂浆类别。 (2) 各部位主要砌筑方法（如明确组砌方法、砂浆要求、砌筑高度、墙拉结筋设置等）

序号	分部、分项工程	施工方法选择的内容
14	脚手架工程	(1) 室内、室外不同施工阶段及不同部位的脚手架类型。 (2) 脚手架搭设高度、主要技术要求及技术参数。 (3) 保证安全的措施
15	屋面工程	(1) 明确屋面防水等级和设防要求。 (2) 说明屋面防水的类型：卷材、涂膜、刚性等。 (3) 采用的施工方法，如卷材屋面采用冷粘、热熔、自粘、卷材热风焊接等。 (4) 明确质量要求和试水要求
16	装修装饰工程	(1) 楼地面工程： ● 共采用几种做法及部位； ● 主要的施工方法及技术要点； ● 各部位楼地面的施工时间； ● 楼地面的养护及成品保护方法； ● 环境保护方面有哪些要求。 (2) 抹灰工程： ● 共采用几种做法及部位； ● 主要的施工方法及技术要点； ● 防止空裂的措施。 (3) 门窗工程： ● 采用门窗的类型及部位； ● 主要的施工方法及技术要点； ● 外门窗三项指标的要求； ● 对特种门安装的要求。 (4) 吊顶工程： ● 吊顶的部位及类型； ● 主要施工方法及技术要点； ● 吊顶工程与吊顶内管道和设备安装的工序关系。 (5) 饰面板（砖）： ● 采用饰面板（砖）的种类及部位； ● 主要施工方法及技术要点； ● 重点描述外墙饰面板的粘结试验、湿作业法防止反碱的方法、抗震缝、伸缩缝、沉降缝的做法。 (6) 幕墙工程： ● 采用幕墙的类型及部位； ● 主要施工方法及技术要点； ● 主要原材料的性能检测报告。 (7) 涂饰工程： ● 采用涂料的类型及部位； ● 主要施工方法及技术要点； ● 按设计要求和相关规范的有关规定对室内装修材料进行检验的项目。 (8) 裱糊与软包工程： ● 采用裱糊与软包的类型及部位； ● 主要施工方法及技术要点。 (9) 厨浴、卫生间： ● 明确厨浴间的墙面、地面、顶板的做法，工序安排，施工方法，材料的使用要求及防止渗漏采取的技术措施和管理措施
17	机电工程	其专业性较强，主要施工方法可详见具体施工方案

2.5 施 工 方 案

2.5.1 施工方案编制原则

为了使施工方案有效地指导施工，必须科学地编制施工方案，使施工方案具有很强的针对性与适用性，要做到这些，在编制施工方案时，必须注意一些原则，见表2-92。

施工方案的编制原则   表 2-92

原 则	说 明
编制前做到充分讨论	主要分部分项工程在编制前，由技术负责人组织本单位技术、工程、质量、安全等部门相关人员，以及分包相关人员共同参加方案编制讨论会，在讨论会上讨论各流水段划分、劳动力安排、工程进度、施工方法选择、质量控制等内容，并在讨论会上达成一致意见。这样，方案的编制就不会流于形式，而是有很好的实施性，这样的方案才能真正指导施工
施工方法选择要合理	最优的施工方法是要同时具有先进性、可行性、安全性、经济性，但这四个方面往往不能同时达到，这就需要对工程实际条件、施工单位的技术实力和管理水平综合权衡后决定。只要能满足各项施工目标要求、适应施工单位施工水平，经济能力能承受的方法就是合理的方法
切忌照抄施工工艺标准	现在有很多施工工艺方面的书籍，这些工艺标准大部分是提炼出来的、带有共性的、普遍性的工艺，没有针对性。如果施工方案大部分是照抄这样的工艺标准和规范而不给出具体的构造和节点，则这样的方案是没有针对性的，无法指导施工
各项控制措施要实用	各项措施的制定一定要根据工程目标采取有针对性的控制措施，不要泛而谈，也不要采用施工不方便或者成本费用较高的措施，选择的措施一定要适合工程特点及所选择的施工方法，一定实用，在适用的基础上做到尽可能经济

2.5.2 施工方案编制内容

2.5.2.1 编制依据

编制依据是施工方案编制时所依据的条件及准则，为编制施工方案服务，一般包括现场的施工条件、图纸、技术标准、政策文件、施工组织设计等。

2.5.2.2 工程概况

施工方案的工程概况不是针对整个工程的介绍，而是针对本分部（分项）工程内容进行介绍，不同的分部分项工程所介绍的内容和重点虽然不同，但介绍的原则是相同的，包括：

（1）重点描述与施工方法有关的内容和主要参数；

（2）分部分项工程施工条件；

（3）分部分项工程施工目标；

（4）特点及重难点分析。

以上四项内容在方案概况介绍时并不是全部需要的，可根据工程具体情况选用。

对施工方案的概况分析要简明扼要，多用图表表示，特点及重难点分析要根据工程特点及施工单位的实力分析得当，如果没有什么特点及重难点，也可以不写，不要为了分析而分析。

2.5.2.3 施工准备

包括技术准备、机具准备、材料准备、试验、检验工作的内容，见表 2-93。

施工准备工作内容   表 2-93

准备类别	内 容
技术准备	（1）图纸的熟悉及审图工作，图集、规范、规程等收集及学习； （2）现场条件的熟悉及了解； （3）施工方案编制的前期准备工作，如搜集资料及类似工程方案、工程量的计算、召开编制会议等； （4）四新技术、工法等方面的学习及准备； （5）样板部位确定； （6）其他与技术准备相关的内容，如相关合同的了解、当地资源、机械性能、市场价格的收集及了解等
机具准备	包括中小型施工机械、工程测量仪器、工程试验仪器等，用列表说明所需机具的名称、型号、数量、规格、主要性能、用途和进出场时间等

续表

准备类别	内 容
材料准备	（1）包括工程用主材（包含预制件、构件），工程用辅材，周转材料，成品保护及文明施工等材料； （2）工程用主材需确定订货厂家或买家、运输及加工的规格、尺寸，同时用表格明确名称、型号、数量、规格、进出场时间等； （3）工程用辅材、周转材料、成品保护及文明施工等材料也应用表格注明名称、规格、型号、数量、进出场时间等内容
试验、检验工作	列表说明试验、检验工作的部位、方法、数量、见证部位及数量

2.5.2.4 施工安排

1. 内容

包含组织机构及职责、施工部位、施工流水组织、劳动力组织、现场资源协调、工期要求、安全施工条件等内容。

2. 组织机构及职责

根据施工组织设计所确定的总承包组织机构对该分部分项工程所涉及的机构进行细化，并明确分工及职责、奖惩制度。

组织机构应细化到分包管理层。在总承包层面范围，其组织机构除了反映组织关系外，还应在方框图中注明岗位人员的姓名及职称、主要负责区域及分工。

组织机构方框图绘制示例见图 2-74，注意本例方框图中只说明框图包含哪些内容，具体组织结构关系需根据工程实际及施工单位的管理模式确定。

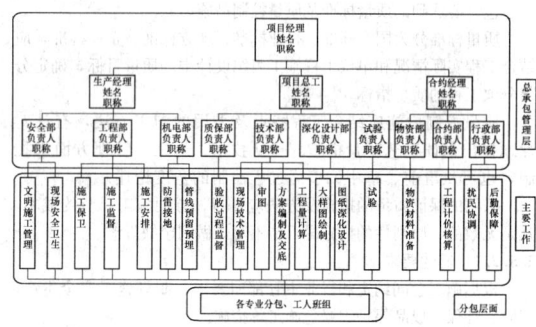

图 2-74 组织机构方框图绘制示例

3. 施工部位

施工部位与施工组织及施工方法有着密切的联系，在施工安排中应明确该分部分项工程包含哪些施工部位。

4. 施工流水组织

根据单位工程的施工流水组织对分部分项工程的施工流水组织进行细化。分部分项工程的施工流水组织包括各分包队伍施工任务划分、施工区域划分、流水段划分及流水顺序。例如模板工程，就应该按水平部位、竖向部位分别划分流水段、根据工期及模板配置数量说明模板如何流水。

5. 劳动力组织

列表说明各时间段（或施工阶段）的各工种（包含各分包管理人员、前方技术工、后方技术工、配合的特殊工种等）的劳动力数量。劳动力数量要根据定额、经验数据及工期要求确定。

除用表格说明各时间段的劳动用工外，宜绘制动态管理图直观地显示各时间段劳动力总数及工种构成比例。

明确现场管理人员应根据进度安排提前核实本工种的劳动力数量及比例构成，特别是高峰阶段的劳动力用工，当发现不能满足进度要求时，要督促分包负责人及时调配以满足施工需要。

6. 现场资源协调

这里的现场资源主要指：大型运输工具如塔式起重机、电梯等，现场场地，公用设施如脚手架、综合加工厂等，周转材料如模板、架料等。在方案中应明确总承包方总协调人，根据主导工程及

时调整资源配给，保证关键线路的施工进度不滞后。

7. 工期要求

此处所指工期要求是要将该分部分项工程各施工部位的开始时间及结束时间描述清楚。

此处工期的确定是根据项目编制的三级进度计划确定，在确定时应根据流水段的划分及资源配置核实三级进度计划的工期安排，不合适的地方及时调整修正。

8. 安全施工条件

安全施工条件对保障施工人员生命及财产安全、减少和防止各种安全事故的发生具有重要意义。在施工安排时，必须明确各部位施工时安全作业条件，强调不具备条件时应采取措施达到安全条件，否则不准施工。

2.5.2.5　主要施工方法

施工方法是施工方案的核心，合理的施工方法能保证分部分项工程又好又快地施工。

应根据工程特点尽量选择工厂化、机械化的施工方法，如采用工厂预制及现场组装、高层建筑模板选用台模、滑模、爬模等。

1. 施工方法选择原则

(1) 方法可行，可以满足施工工艺要求；

(2) 符合法律法规、技术规范等要求；

(3) 科学、先进、可行、合理；

(4) 与选择的施工机械及流水组织相协调。

2. 内容

包含一般部位的施工方法、重难点部位的施工方法。重点描述重难点部位的施工工艺流程及技术要点。

2.5.2.6　质量要求

包含要达到的质量标准及质量控制措施。

质量标准分为国家标准、行业标准、地方标准、企业标准，应结合工程实际情况和单位工程施工组织设计中的质量目标，确定分部分项工程的质量指标。

质量控制措施应结合工程特点及采用的施工方法，有针对性地提出保证工艺质量措施，可从技术、施工、管理方面来控制，也可从事前、事中、事后过程控制的角度论述。

采用的保证质量的措施及方法应可行、方便施工、节约成本，凡是无效的、原则性的措施尽可能不写，做到宁缺毋滥。

2.5.2.7　其他要求

根据施工合同约定和行业主管部门要求，制订施工安全生产、消防、环保、成品保护、绿色施工等措施。

编制内容包括标准及控制措施。要结合工程特点及施工方法有针对性地论述。

2.5.3　施工方案编制要求及注意事项

2.5.3.1　编制准备工作

方案编制的准备工作包含以下内容：

(1) 熟悉图纸，了解专业概况、节点构造，把握技术及施工重难点，做好图纸审核工作、提前解决图纸设计不合理或错误的地方。

(2) 熟悉现场平面，了解地下管线布置。

(3) 熟悉合同相关条文，了解工程目标、任务划分、责权关系等。

(4) 收集学习相关规范、规程、标准、主管部门的条文规定等。

(5) 收集类似工程的施工方案并针对性学习。

(6) 收集当地相关资源，特别是机械、材料资源及价格水平。

(7) 学习与工程相关的四新技术，特别是目前比较领先的新技术和新工艺。

(8) 计算相关工程量，为进度安排、劳动力安排、材料计划等提供计算依据。

(9) 初步拟定施工组织及施工方法，编制前召开由总包、分包相关人员参加的技术方案讨论会。

2.5.3.2　一般施工方案编制要求

结合工程特点，围绕方案的指导性这一根本目的确定施工方法

及编制内容。

1. 选择切实可行的施工方案

拟订多个可行方案，以技术、经济、效益指标综合评价施工方法的优劣性，从中选出总体效果最好的施工方法。施工方法的选择过程见图2-75。

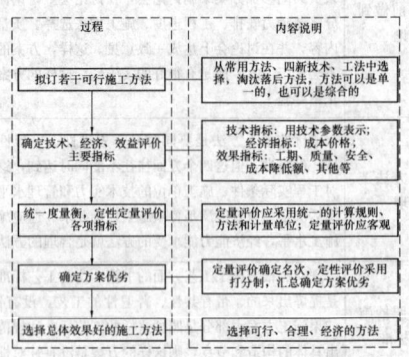

图2-75　施工方法的选择流程图

2. 保证施工目标的实现

制定的施工方案在工期方面必须保证竣工时间符合合同工期要求，并争取提前完成；在质量方面应能达到合同及规范要求；在安全方面应能有良好的施工环境；在技术及管理方面均有充足的安全保障；在施工费用方面应在满足前面要求的基础上尽可能经济合理。

2.5.3.3　危险性较大工程安全专项施工方案编制要求

危险性较大的分部分项工程是指建筑工程在施工过程中存在的、可能导致作业人员群死群伤或造成重大不良社会影响的分部分项工程（危险性较大的分部分项工程范围见《危险性较大的分部分项工程安全管理办法》（建质【2009】87号））。

危险性较大的分部分项工程专项施工方案应按照《危险性较大的分部分项工程安全管理办法》（建质【2009】87号）的要求结合工程特点进行编制，重点注意表2-94中的几个方面。

危险性较大工程安全专项施工方案编制要求　　　　表2-94

序号	项目	内容
1	编制内容	(1) 工程概况：危险性较大的分部分项工程概况、施工平面布置、施工要求和技术保证条件； (2) 编制依据：相关法律、法规、规范性文件、标准、规范及图纸（国家标准图集）、施工组织设计等； (3) 施工计划：包括施工进度计划、材料与设备计划； (4) 施工工艺技术：技术参数、工艺流程、施工方法、检查验收等； (5) 施工安全保证措施：组织保障、技术措施、应急预案、监测监控等； (6) 劳动力计划：专职安全生产管理人员、特种作业人员等； (7) 计算书及相关图纸
2	编制重点	(1) 工艺技术，并细化构造节点； (2) 专项方案计算； (3) 安全施工基本条件的落实
3	审核与论证	(1) 专项方案应当由施工单位技术部门组织本单位施工技术、安全、质量等部门的专业技术人员进行审核； (2) 超过一定规模的危险性较大的分部分项工程专项方案应当由施工单位组织召开专家论证会； (3) 施工单位应当根据论证报告修改完善专项方案，并经施工单位技术负责人、项目总监理工程师、建设单位项目负责人签字后，方可组织实施； (4) 专项方案经论证后需作重大修改的，施工单位应当按照论证报告修改，并重新组织专家论证； (5) 施工单位应当严格按照专项方案组织施工，不得擅自修改、调整专项方案

2.5.4　施工方案实施及管理

2.5.4.1　一般施工方案管理流程

一般施工方案管理流程见图2-76。

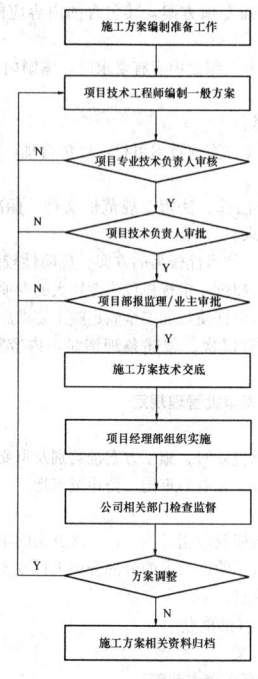

图2-76　一般施工方案管理流程图

2.5.4.2　危险性较大的分部分项工程安全专项施工方案管理

（1）危险性较大的分部分项工程范围

危险性较大的分部分项工程是指建筑工程在施工过程中存在的、可能导致作业人员群死群伤或造成重大不良社会影响的分部分项工程。施工单位应当严格按照《危险性较大的分部分项工程安全管理办法》（建质【2009】87号）文件的要求，对危险性较大的分部分项工程在施工前编制专项方案，对于超过一定规模的危险性较大的分部分项工程，施工单位应当组织专家对专项方案进行论证。危险性较大的分部分项工程范围见表2-95。

危险性较大的分部分项工程范围　　表 2-95

危险性较大的分部分项工程	内　　容
基坑支护、降水工程	开挖深度超过3m（含3m）或虽未超过3m但地质条件和周边环境复杂的基坑（槽）支护、降水工程
土方开挖工程	开挖深度超过3m（含3m）的基坑（槽）的土方开挖工程
模板工程及支撑体系	（1）各类工具式模板工程：包括大模板、滑模、爬模、飞模等工程。 （2）混凝土模板支撑工程：搭设高度5m及以上；搭设跨度10m及以上；施工总荷载10kN/m² 及以上；集中线荷载15kN/m及以上；高度大于支撑水平投影宽度且相对独立无联系构件的混凝土模板支撑工程。 （3）承重支撑体系：用于钢结构安装等满堂支撑体系
起重吊装及安装拆卸工程	（1）采用非常规起重设备、方法，且单件起吊重量在10kN及以上的起重吊装工程。 （2）采用起重机械进行安装的工程。 （3）起重机械设备自身的安装、拆卸

续表

危险性较大的分部分项工程	内　　容
脚手架工程	（1）搭设高度24m及以上的落地式钢管脚手架工程。 （2）附着式整体和分片提升脚手架工程。 （3）悬挑式脚手架工程。 （4）吊篮脚手架工程。 （5）自制卸料平台、移动操作平台工程。 （6）新型及异型脚手架工程
拆除、爆破工程	（1）建筑物、构筑物拆除工程。 （2）采用爆破拆除的工程
其他	（1）建筑幕墙安装工程。 （2）钢结构、网架和索膜结构安装工程。 （3）人工挖孔桩工程。 （4）地下暗挖、顶管及水下作业工程。 （5）预应力工程。 （6）采用新技术、新工艺、新材料、新设备及尚无相关技术标准的危险性较大的分部分项工程

（2）超过一定规模的危险性较大的分部分项工程范围（表2-96）

超过一定规模的危险性较大的分部分项工程范围　　表 2-96

危险性较大的分部分项工程	内　　容
深基坑工程	（1）开挖深度超过5m（含5m）的基坑（槽）的土方开挖、支护、降水工程。 （2）开挖深度虽未超过5m，但地质条件、周围环境和地下管线复杂，或影响毗邻建筑（构筑）物安全的基坑（槽）的土方开挖、支护、降水工程
模板工程及支撑体系	（1）工具式模板工程：包括滑模、爬模、飞模工程。 （2）混凝土模板支撑工程：搭设高度8m及以上；搭设跨度18m及以上，施工总荷载15kN/m²及以上；集中线荷载20kN/m及以上。 （3）承重支撑体系：用于钢结构安装等满堂支撑体系，承受单点集中荷载700kg以上
起重吊装及安装拆卸工程	（1）采用非常规起重设备、方法，且单件起吊重量在100kN及以上的起重吊装工程。 （2）起重量300kN及以上的起重设备安装工程；高度200m及以上内爬起重设备的拆除工程
脚手架工程	（1）搭设高度50m及以上落地式钢管脚手架工程。 （2）提升高度150m及以上附着式整体和分片提升脚手架工程。 （3）架体高度20m及以上悬挑式脚手架工程
拆除、爆破工程	（1）采用爆破拆除的工程。 （2）码头、桥梁、高架、烟囱、水塔或拆除中容易引起有毒有害气（液）体或粉尘扩散、易燃易爆事故发生的特殊建、构筑物的拆除工程。 （3）可能影响行人、交通、电力设施、通信设施或其他建、构筑物安全的拆除工程。 （4）文物保护建筑、优秀历史建筑或历史文化风貌区控制范围的拆除工程
其他	（1）施工高度50m及以上的建筑幕墙安装工程。 （2）跨度大于36m及以上的钢结构安装工程；跨度大于60m及以上的网架和索膜结构安装工程。 （3）开挖深度超过16m的人工挖孔桩工程。 （4）地下暗挖工程、顶管工程、水下作业工程。 （5）采用新技术、新工艺、新材料、新设备及尚无相关技术标准的危险性较大的分部分项工程

危险性较大的分部分项工程安全专项施工方案管理流程见图2-77，超过一定规模的危险性较大分部分项工程安全专项施工方案

管理流程见图 2-78。

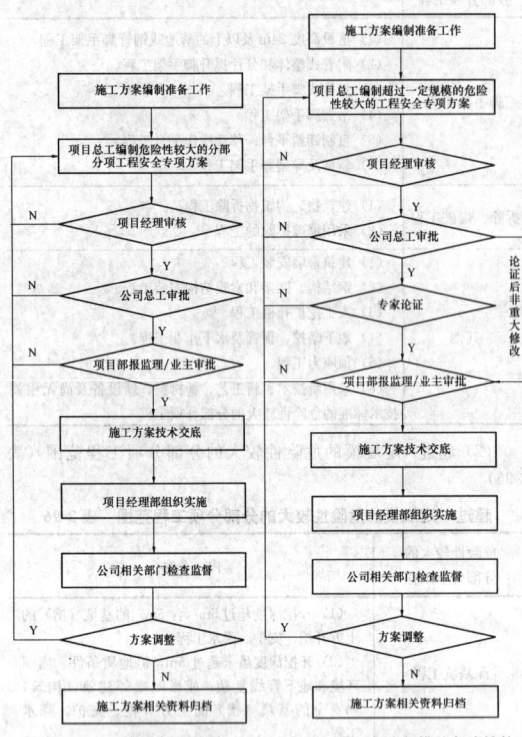

图 2-77 危险性较大的分部　　图 2-78 超过一定规模的危险性较
分项工程安全专项施工　　大的分部分项工程安全专项施工方
方案管理流程　　　　　案管理流程

2.5.4.3 施工方案编制管理规定

（1）施工方案编制前应召开讨论会，确定可行的施工方法和施工措施。

（2）编制责任人规定：

1）编制人应具有相关专业知识和专业技能，要求方案编制人具有中级以上（含中级）工程师职称。

2）一般分部分项工程施工方案由项目技术工程师编制，项目总工（技术负责人）全过程指导。

3）重大方案或危险性较大分部分项工程由项目总工（技术负责人）编制。

4）超过一定规模的危险性较大分部分项工程由项目总工（技术负责人）编制，公司总工给予指导。

5）由专业分包商独立完成的分部分项工程，由专业分包商技术负责人编制。

（3）编制进度：

按照现场进度，在分部分项工程施工之前编制完成。当编制难度大、需要召开专家论证的重大方案或危险性较大工程方案应留有充足的编制时间。

（4）编制内容：

1）一般性施工方案宜按照下面大纲内容进行编制：

①编制依据；

②工程概况；

③施工安排；

④施工准备工作；

⑤施工方法；

⑥质量要求；

⑦安全文明施工要求；

⑧环保要求；

⑨其他要求（如降低造价、四新技术应用等）。

2）对于创优工程，应按各地创优方案规定或推荐的格式及内容编制。

3）对于危险性较大工程，应按《危险性较大的分部分项工程安全管理办法》（建质【2009】87号）要求的格式及内容编制。

4）专业性较强专项方案，其包含的内容应能完全满足施工要求。

5）当公司对方案编制内容有要求时，编制内容还应满足公司的相关要求。

（5）编制质量：

1）选用的施工方案应技术可行，经济合理，能全面满足施工要求。

2）内容符合法律、法规、规范性文件、标准、规范及图纸（国标图集）的要求。

3）重要方案、技术性较强的方案、危险性较大的专项方案宜召开专家论证会，超过一定规模危险性较大的专项方案应按规定召开专家论证会，以保证质量和安全满足施工要求。

4）行文组织有层次、叙述条理清楚，内容重点突出、图文并茂。

2.5.4.4 施工方案审批管理规定

1. 审批制度

施工采用总承包制时，施工方案按类别及重要性分别实行项目级审批、分公司级（如有）审批、公司级审批。

2. 审批时间

为了保证方案能及时指导施工，一般方案的审批时间不多于3个工作日，重大或危险性较大的分部分项工程专项方案，其审批时间不多于5个工作日。

3. 内容审核/审批重点

（1）一般性方案

1）方案措施有无重大缺陷；

2）质量、安全等保障体系是否健全，措施是否可行；

3）进度安排是否合理；

4）机具、劳动力、周转材料供应是否充足；

5）现场平面布置是否合理。

（2）重大方案/专业分包商方案

1）重难点解决措施是否合理可行；

2）技术性措施是否合理，安全性措施是否有效；

3）施工组织是否科学；

4）资源供应是否充足。

（3）危险性较大分部分项工程专项安全方案

1）安全施工条件是否具备；

2）方案措施是否完整、可行；

3）专项方案计算书和验算依据是否符合相关标准规范的规定；

4）超过一定规模的危险性较大的分部分项工程专项方案是否召开专家论证，是否有可行的应急预案措施。

4. 审核/审批人权限（表 2-97）

审核/审批人权限　　　　　　　　　　表 2-97

审核/审批人　方案类别	审　核　人	审　批　人
一般方案	专业技术负责人	项目技术负责人
专业分包商方案	专业分包商技术负责人、项目总工（技术负责人）	专业承包单位技术负责人审批，总承包项目技术负责人核准备案
重大方案	项目经理	公司总工（技术负责人）
四新技术类方案	项目经理	公司总工（技术负责人）
危险性较大工程的专项方案	项目经理	公司总工（技术负责人）
超过一定规模的危险性较大工程专项方案	项目经理	公司总工（技术负责人）

2.5.4.5　施工方案交底管理规定

（1）施工方案审批完成后，应在实施前进行方案技术交底，方案交底采用会议及书面形式。

（2）方案交底应形成书面交底记录，记录交底时间、地点、出席人员（包括主持人、交底人、被交底人、参加人员）、交底内容等，交底后交底人及被交底人应签字。

（3）一般性施工方案交底由项目总工（技术负责人）主持，方案编制人向责任工程师交底，总承包项目工程部、质量部、安全部、测量、试验相关人员参加，分包项目负责人、技术工程师、责任工程师（工长）参加。

（4）危险性较大的分部分项工程安全专项方案由项目经理主持，项目总工（技术负责人）向责任工程师交底，总承包项目工程部、质量部、安全部相关人员参加，分包项目负责人、技术工程师、责任工程师（工长）、班组长参加。

（5）重大方案/超过一定规模的危险性较大的分部分项工程交底由公司（分公司）总工主持，项目总工（技术负责人）向总承包项目经理及以下的相关管理人员、分包负责人及以下管理人员交底，业主代表、总监（或总代表）、监理工程师参加。

（6）交底应重点阐述施工方法的重点工艺、安全施工条件，以及采取的质量及安全保证措施，着重剖析施工重难点的方法及措施、着重强调危险性较大分部分项安全技术措施及管理要求。

（7）方案调整并审批后，应按方案类别组织相关人员参加，重新进行调整方案的交底。

2.5.4.6　施工方案实施管理规定

（1）施工方案完成公司内部审批手续后，项目应填写相应的报审表报监理、业主审批。

（2）施工方案经审批完成后，原件由项目资料员建档管理，复印件作受控编号管理后，发放到现场的各相关方。

（3）施工方案是指导项目施工的规范性、重要性文件，经批准后必须严格执行，不得随意变更或修改。如有重大变更，应征得原方案批准人同意，并办理相应的变更手续。对于超过一定规模的分部分项工程安全专项方案，当方案有原则性改动时，应按《危险性较大的分部分项工程安全管理办法》（建质【2009】87号）的相关要求重新召开专家论证会，并按相关程序重新报批。

（4）公司（分公司）项目管理及技术等相关部门，应对项目施工方案的执行情况进行检查监督。

2.5.4.7　中间检查

施工方案的检查是企业提高管理工作水平的有效措施，是动态管理的手段。

中间检查的次数和检查时间，可根据工程规模大小、技术复杂程度和施工方案的实施情况等因素由施工单位自行确定。通常可按表2-98组织中间检查。

施工方案的中间检查　　　　　　表2-98

项目 / 方案类别	主持人	参加人	检查内容	检查结果及处理
一般方案	项目总工（技术负责人）	技术工程师；责任工程师；分包相关管理人员	方案的落实及执行情况	没落实的工序应及时补做；执行不到位的工序或有偏差的应及时纠正
危险性较大的分部分项工程安全专项施工方案	项目经理	项目总工（技术负责人）；技术工程师；责任工程师；安全总监/工程师；分包负责人及相关管理人员；班组长	安全施工条件、安全技术措施落实和执行情况	没落实安全施工条件及安全技术条件的应及时落实，严格按方案施工

续表

项目 / 方案类别	主持人	参加人	检查内容	检查结果及处理
专业分包方案	方案编制人	项目总工（技术负责人）；技术工程师；责任工程师；安全总监/工程师；质量总监/工程师；分包管理人员	方案的安全/技术落实和执行情况	没落实的安全条件及构造要求应及时落实；执行不到位的工序或有偏差的应及时纠正

2.5.4.8　调整及完善

当工程施工条件发生变化，原方案不能满足施工要求时，项目技术负责人应及时组织相关人员对施工方案的相应部分进行修改、补充并作好交底。

各类施工方案的修改与补充内容应纳入原文件，并履行相关报审程序。

2.5.4.9　归档

各类施工方案及相关资料的归档应按照当地建筑工程资料管理规程的要求执行。

2.6　技　术　交　底

2.6.1　技术交底的分类

2.6.1.1　技术交底分类

见图2-79。

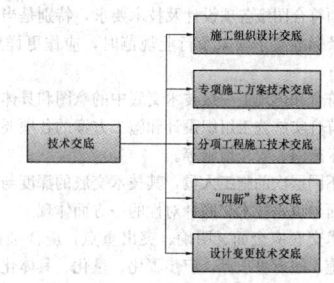

图2-79　技术交底分类

2.6.1.2　施工组织设计交底

重点和大型工程施工组织设计交底，一般是由施工企业的技术负责人（公司总工）把主要设计要求、施工措施以及重要事项对项目主要管理人员进行交底。其他工程施工组织设计交底应由项目总工（技术负责人）进行。

施工组织设计交底，是使项目主要管理人员对建筑概况、工程重难点、施工目标、施工部署、施工方法与措施等方面有一个全面的了解，以便于在施工过程的管理及工作安排中做到目标明确、有的放矢。

2.6.1.3　专项施工方案技术交底

专项施工方案交底应由项目专业技术负责人负责，根据专项施工方案对专业工程师进行交底。

专项施工方案交底，主要向专业工程师交代分部分项工程流水组织、施工顺序、施工方法与措施，是承上启下的一种指导性交底。

2.6.1.4　"四新"技术交底

"四新"技术交底应由项目技术负责人组织有关专业人员编制并对专业工程师进行交底。

2.6.1.5　设计变更技术交底

设计变更技术交底应由项目技术部门根据变更要求，并结合具

体施工步骤、措施及注意事项等对专业工程师进行交底。

2.6.1.6　分项工程施工技术交底

分项工程施工技术交底应由专业工程师对专业施工班组（或专业分包）进行交底。是将图纸与方案转变为实物的操作性交底，是上述各项交底的细化。

2.6.2　技术交底的要求及注意事项

2.6.2.1　技术交底的特性

技术交底的特性见表2-99。

技术交底的特性　　　　　表2-99

特　性	内　容
针对性	技术交底是使被交底人获取知识及方法的一种管理手段，是变"不明白"为"明白"、变"图纸"为"实物"的桥梁。针对性是技术交底的"灵魂"，不结合工程特点、照抄照搬规范、工艺的技术交底是毫无价值可言的
可操作性	质量出自于操作者手中，只有教会操作者才能保障建筑产品的实现及质量。因此，交底的可操作性就变得尤为重要，它是技术交底的"生命"
全面性	交底内容应是施工图纸及技术标准的全面反映，内容性质应包括组织和技术，内容过程应包括施工准备到检查验收的全过程，内容方面应包括质量、安全、工期，内容重点应是解决施工难点，因此交底的涵盖面必须覆盖施工及管理的各方面，交底必须全面才能使工人的每一步操作都在受控中，全面性是交底的"保障"

2.6.2.2　技术交底的要求

（1）必须符合国家法律法规、规范、规程、标准图集、地方政策和法规的要求。

（2）必须符合图纸各项设计及技术要求，特别是当设计图纸中的技术要求及标准高于国家及行业规范时，应作更详细的交底和说明。

（3）应符合和体现上一级技术交底中的意图和具体要求。

（4）应符合实施施工组织设计和施工方案的各项要求，包括组织措施、技术措施、安全措施等。

（5）对不同层次的施工人员，其技术交底的深度与详细程度应不同。因人而异也是技术交底针对性的一方面体现。

（6）技术交底应全面、明确、突出重点，应详细说明操作步骤、控制措施、注意事项等，应步骤化、量化、具体化，切忌含糊其辞。

（7）在施工中使用新技术、新材料、新工艺的应详细进行交底，交代应用的部位、应用前的样板施工等具体事宜。

（8）所有技术交底必须列入工程技术档案。

2.6.2.3　技术交底的注意事项

技术交底注意事项见表2-100。

技术交底注意事项　　　　　表2-100

注意事项	说　明
做到规范性、符合性	技术交底应严格执行施工质量验收规范、规程，对施工质量验收规范、规程中的要求、质量标准，不得任意修改及删减。技术交底作为施工组织设计及施工方案的下级，必须遵守上级文件提出的技术要求
做到有记录、有备案	公司召开的会议交底应作详细的会议记录，包括与会人员的姓名、单位、职务、日期、会议内容及会议做出的技术决定，会议记录应完整，不得任意遗失和撕毁，并按照当地工程资料管理规程的要求归档保存。所有书面技术交底，均应审核并留有底稿。书面交底的审核人、交底人、被交底人应签字或盖章

续表

注意事项	说　明
交底不得厚此薄彼	建筑工程的项目是由许多分部分项工程组成的，每一个分项工程对整个建筑功能来说都同等重要，各个部位、各个分项工程的技术交底都应全面、细心、周密。对于面积大、数量多、效益好的分项工程必须进行详细的技术交底；对于比较零星、容易忽略的部位、隐蔽工程或经济效益不高的分项工程也应同样认真地进行技术交底。对于重要结构、复杂部位进行详细的技术交底，但也不应忽视次要结构、构造简单的部位，如女儿墙等，而且这些部位容易出现质量问题。有些施工单位，在技术交底时重结构、轻装修，重室内、轻室外，厚此薄彼、差别对待，导致不重视的分项工程质量较差，影响到整个工程的质量及使用
交底应全面、及早进行	在技术交底中，应特别重视本单位当前的施工质量通病、安全隐患或事故，做到防患于未然，把工程质量事故和安全事故消灭在萌芽状态。在技术交底中应预防可能发生的质量事故和安全事故，技术交底做到全面、周到、完整。并且应及早进行交底，使管理人员及施工工人有时间消化和理解交底中的技术问题，及早做好准备，使施工人员心中有数，有利于完成施工活动
做好督促与检查	各级管理人员不要认为已进行过口头或书面交底就万事大吉了，这种做法只是流于形式，效果收获甚微，交底重要工作是对交底的效果进行监督与检查。在施工过程中要结合具体施工部位加强检查，加强自检、互检、交接检，强化过程控制，严格验收，发现问题及时解决，避免返工浪费或发生质量事故
采取多种形式的交底手段	技术交底的形式与手段可以多种多样，根据不同的对象，采用不同的方式方法。如对操作班组的交底，当分项工程施工难度大时，可以将交底的地点放在作业现场，将交底的文字说明改成节点图、构造图、工序图；对新技术、新工艺，可请专业厂家技术人员进行技术示范操作，或作样板间示范技术交底，使工人具体了解操作步骤，做到心中有数，避免不必要的质量和安全事故的发生

2.6.3　技术交底的内容及重点

2.6.3.1　施工组织设计交底的内容及重点

施工组织设计交底的内容及重点见表2-101。

施工组织设计交底的内容及重点　　　表2-101

项　目	说　明
内　容	（1）工程概况及施工目标的说明； （2）总体施工部署的意图，施工机械、劳动力、大型材料安排与组织； （3）主要施工方法，关键性的施工技术及实施中存在的问题； （4）施工难度大的部位的施工方案及注意事项； （5）"四新"技术的技术要求、实施方案、注意事项； （6）进度计划的实施与控制； （7）总承包的组织与管理； （8）质量、安全控制等方面内容
重　点	施工部署、重难点施工方法与措施、进度计划实施与控制、资源组织与安排

2.6.3.2　专项施工方案交底的内容及重点

专项施工方案交底的内容及重点见表2-102。

专项施工方案交底的内容及重点   表 2-102

项目	说明
内容	(1) 工程概况； (2) 施工安排； (3) 施工方法； (4) 进度、质量、安全控制措施与注意事项
重点	施工安排、施工方法

2.6.3.3 分项工程施工技术交底的内容及重点

分项工程施工技术交底的内容及重点见表 2-103。

分项工程施工技术交底的内容及重点   表 2-103

项目	说明
内容	(1) 施工准备； (2) 质量要求及控制措施； (3) 工艺流程； (4) 操作工艺； (5) 安全措施及注意事项； (6) 其他措施（如成品保护、环保、绿色施工等）及注意事项
重点	操作工艺、质量控制措施、安全措施

2.6.3.4 "四新"技术交底的内容及重点

"四新"技术交底的内容及重点见表 2-104。

"四新"技术交底的内容及重点   表 2-104

项目	说明
内容	(1) 使用部位； (2) 主要施工方法与措施； (3) 注意事项
重点	主要施工方法与措施

2.6.3.5 设计变更交底的内容及重点

设计变更交底的内容及重点见表 2-105。

设计变更交底的内容及重点   表 2-105

项目	说明
内容	(1) 变更的部位； (2) 变更的内容； (3) 实施的方案、措施、注意事项
重点	主要实施的方案、措施

2.6.4 技术交底实施及管理

2.6.4.1 技术交底管理流程图

技术交底管理流程见图 2-80。

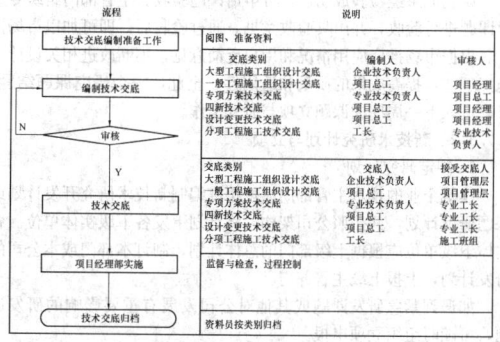

图 2-80 技术交底管理流程图

2.6.4.2 技术交底编制管理规定

技术交底编制管理规定见表 2-106。

技术交底编制管理规定   表 2-106

项目	说明
编制责任人规定	(1) 编制人应具有相关专业知识和专业技能； (2) 大型工程施工组织设计交底编制人为企业技术负责人，一般工程施工组织设计、四新技术、设计变更的交底人为项目总工（技术负责人），专项方案技术交底编制人为专业技术负责人； (3) 由专业分包商独立完成的分部分项工程，交底编制人为专业分包商技术负责人
编制进度	在正式施工前完成
编制内容	不同类别的交底有不同的内容及重点（见本节"技术交底的内容及重点"），内容应正确、全面
编制质量	(1) 编制形式上要求图文并茂； (2) 编制内容符合图纸、技术标准、政策法规等规定，内容全面、重点突出、并有针对性； (3) 突出可操作性特点，尽量将内容"图示化"、"步骤化"、"通俗化"、"数字化"、"明确化"； (4) 有合理可行的保证质量及安全的措施

2.6.4.3 技术交底审核管理规定

(1) 技术交底应及时审核，并按审核意见及时修改完善。

(2) 由项目总工（技术负责人）实施的技术交底，应由项目经理审核；由专业技术负责人编制的技术交底由总工（技术负责人）审核；责任工程师（工长）编制的技术交底由专业技术负责人审核；专业分包的技术交底由专业分包的技术负责人审核。

(3) 审核流程按各个企业的技术管理规定执行。

2.6.4.4 技术交底的交底管理规定

(1) 实行三级交底制，即公司向项目交底，项目总工（技术负责人）向项目管理层交底，责任工程师（工长）向操作班组交底。

(2) 大型工程施工组织设计交底、重大方案、或超过一定规模的分部分项工程专项安全方案技术交底，应邀请建设单位、监理单位的负责人及相关人员参加。

(3) 交底的形式可采用多种方式，宜根据不同的对象采取合适的方式，如书面式、口头式、会议式、示范式、样板式等。

(4) 项目经理、项目总工（技术负责人）应督促、检查技术交底工作的进行情况。

(5) 交底应有交底记录，有交底人和接受交底人签字，交底记录原件应交资料员存档。

2.6.4.5 技术交底实施管理规定

(1) 分部分项工程未经技术交底不得施工。

(2) 分部分项工程施工时，交底人应检查工人是否按交底的内容及要求实施，发现不正确的地方应及时指出并责令改正。

(3) 在监督、检查过程中发现错误的操作、易犯的质量通病时，应及时组织操作班组作相关针对性的交底，使之改正错误，避免不必要的返工或质量事故的发生。

(4) 交底人在监督、检查过程中发现交底的内容有不易实现或操作性不强的地方，如属于方案内容的原因，应按程序报方案编制人修改并根据方案修改的内容重新调整交底内容；如属于交底人自己的原因，应及时修正。经修改、修正后应重新进行交底并履行签字手续。

(5) 操作班组在按交底内容操作时，交底人应合理分配分工，保证经验丰富、技术水平高的人在技术或质量要求高的部位操作。

(6) 项目部应根据企业管理规定及工程特点制定技术交底实施管理办法，明确责权利，实行奖惩制，保证交底实施的效果。

2.6.4.6 归档

技术交底完成后及时将技术交底记录的原件交项目资料员归档保存。

2.7 新技术研究与应用

2.7.1 新技术研究的领域

2.7.1.1 新产品

新产品指采用新技术原理、新设计研制、生产的全新产品，或在结构、材质、工艺等某一方面比原有产品有明显改进，从而显著提高了产品性能或扩大了使用功能的产品。在研究开发过程，新产品可分为全新产品、模仿型新产品、改进型新产品、形成系列型新产品、降低成本型新产品和重新定位型新产品。按照建筑行业应用领域，新产品可分建筑材料新产品、建筑机械新产品、建筑模板新产品等。

建筑行业新产品研究的技术领域主要有以下几方面：

(1) 建筑工程勘察、检测技术领域；
(2) 建筑地基、基础技术领域；
(3) 建筑结构施工领域；
(4) 建筑制品与新型建筑材料的研究、开发与生产领域；
(5) 建筑机械与机具领域；
(6) 建筑设备安装技术领域；
(7) 城市规划、建设、市政与防灾技术领域；
(8) 道路与桥梁工程技术开发与应用领域；
(9) 工程管理技术领域；
(10) 房地产开发、建设领域；
(11) 信息技术及施工自动化技术领域。

2.7.1.2 新工艺

建筑行业的生产与其他行业相比，有其特殊性，就是其产品均为独一无二的，其建造地点均为固定的，建筑结构也有着不同的特点。因此，建筑行业的技术进步除体现在新产品（如新型建筑材料、新型施工材料、新型施工设备等）外，主要体现在工艺创新的过程中。

建筑行业新工艺研究的技术领域主要有以下方面：

(1) 建筑工程勘察、检测技术领域；
(2) 建筑地基、基础技术领域；
(3) 建筑结构设计及施工领域；
(4) 建筑制品与新型建筑材料的研究、开发与生产领域；
(5) 建筑机械与机具领域；
(6) 建筑设备安装技术领域；
(7) 城市规划、建设、市政与防灾技术领域；
(8) 道路与桥梁工程技术开发与应用领域；
(9) 工程管理技术领域；
(10) 房地产开发、建设领域；
(11) 信息技术及施工自动化技术领域。

2.7.2 新技术研究的类型

2.7.2.1 产品创新

产品创新是指在产品技术变化基础上进行的技术创新。产品创新包括技术发生较大变化的基础上推出新产品，也包括对现有产品进行局部改进而推出改进型产品。

2.7.2.2 工艺创新

工艺创新是指生产过程中的技术变革及技术上的创新。工艺创新包括在技术较大变化基础上采用全新工艺的创新，也包括对原有工艺的改进所形成的创新。

2.7.3 新技术研究

2.7.3.1 新技术研究的主要环节

建筑行业的新技术研究作为理论结合实际的复杂系统性工程，一般包括以下主要环节：

1. 确立技术研究选题

科研工作开展的前提是根据实际需求进行可行性调研，经过归纳整理，从中提炼出适宜的科学问题进行课题申报。

要根据企业的经营目标、技术研发策略和资源条件确定新产

品、新工艺的开发目标，就必须做好调查研究工作。一方面对市场和行业进行调查，了解实际需要的发展动向，以及影响市场需求变化的因素等。

2. 科研立项

科研技术人员须根据选题结果，组织课题组，并组织编写立项报告，上报科技主管部门，期间要经历立项初审、专家组评审等程序。主管部门批准后，此项目方可正式开展有效的工作。

3. 构建方案

课题立项后，接下来需要在前期调研的基础上制订切实可行的研究策划方案及实施方案，并针对课题的特点进行针对性的设计。此方案应符合立项的各要素要求，并以满足客户需求（或项目需求、市场需求）为首要目标，并应符合国家及各部委的战略发展。实施方案可根据研究的进度和实际情况不断更新和修正，以满足研究目标的实现。

4. 试验探索

对于建筑材料、建筑机械类技术创新课题，一般需要做许多实验，对于此类课题，在此阶段需要精心设计实验程序和实验步骤，并尽可能考虑到各种因素对实验结果的影响。对于仪器仪表、施工机具等课题，需要以满足需求为首要研究目标，重点开发满足实际参数要求的实验样机，并寻找对输入参数敏感的变量，剥离次要影响因素，强化有利因素，并需考虑到市场对精密度的普遍需求。对于基础研究等软课题，需要注意课题的前沿性和领先性，以提升行业普遍技术水平为课题长期目标。对于应用科学类的课题，需要同时满足实际需求和推广价值两大要素。

5. 实践检验

当研究取得了预期的成果，即可进入实践检验阶段。对于建筑材料、建筑机械、仪器仪表等还需要试制样机，对于应用类课题可在实际项目上进行检验。此阶段需要不断调整有关参数，使研究成果能满足既定的各项技术指标和技术需求。实践检验前应报请有关主管部门和技术/质量监督部门及用户和相关方进行联合评估。如实践检验或试用未达到要求，则重复此步骤直到达到要求为止。

6. 评估、评审、鉴定

课题评估是指归口部门按照公开、公平和竞争的原则，择优遴选具有科技评估能力的评估机构，按照规范的程序和公允的标准对课题进行的专业化咨询和评判活动。课题评审是指归口部门组织专家，按照规范的程序和公允的标准，对课题进行的咨询和评判活动。

实践检验成功后，或满足评估或评审要求，项目组可向主管部门提交评估、评审申请。目前应用科学领域通行的评估、评审方法为科技成果鉴定，鉴定委员会专家一般为5～9人。

评审专家（或鉴定委员会专家）必须具备以下基本条件：从事被评审课题所属领域或行业专业技术工作满8年，并具有副高级以上专业技术职务或者具有同等专业技术水平；具有良好的科学道德，能够独立、客观、公正、实事求是地提出评审意见；熟悉被评审课题所属领域或行业的最新科技、经济发展状况，了解本领域或行业的科技活动特点与规律。

7. 验收

课题成果经检验成功后，可申请课题验收。主管部门组织专家对课题进行验收，并出具验收意见。通过验收后，即可加以市场推广。根据市场推广应用情况和用户反馈意见，不断改进相关设计及施工工艺，提高成果的质量和适用性。至此，一个研究课题结题，可以进入下一周期的课题立项与研发工作。

2.7.3.2 新技术研究计划与立项

1. 制定研究计划

建筑企业的技术主管部门应按年度编制新技术研究开发计划或课题研发计划，并按照公司架构，将计划下发各下级实体单位。各实体下级单位应根据上级部门的总体计划，制订本部门或本公司的研发计划，上报上级主管部门。

如遇到紧急研发课题或其他对公司发展有重要影响的研发课题，可随时组织立项申报。

2. 课题立项

科研课题确定下来以后，接下来的工作就是要撰写一份科

研立项报告或科研计划书。科研立项报告既是研究课题的分阶段、分步骤的细化工作，是开题报告，又是研究经费申请所必备的文字材料。科研计划书也称为项目申请书。撰写科研立项报告对研究者来说是一项必备的基本功，一份完整的科研立项报告应该有题目、立题依据、研究目的、效益与风险分析、研究对象、研究方法、预期结果、经费计算、进度安排等方面的内容。

现以某建筑公司的一份科研课题立项报告为例进行说明。

（1）封面（图 2-81）

××××公司

科研项目立项报告

科研项目名称：基坑钢支撑支护内力自动补及位移控制系统的研究及应用

项目组织单位：××××公司

课题申报单位：××××公司

项目起止年限：2007 年 1 月至 2009 年 1 月

二〇〇七年一月二十日

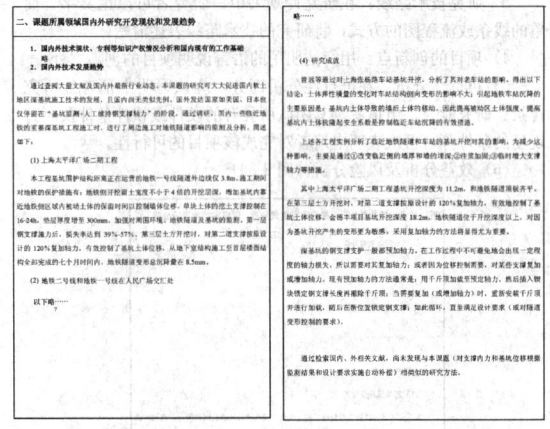

图 2-81 某立项报告封面

封面一般介绍报告的类别、项目名称、单位、时间。项目的名称应是能够确切反映研究特定内容的简洁语言。组织单位指项目的主持部门，下发项目的主管部门或单位。申报单位为课题的主要承担单位。起止年月为该课题进行的周期。

（2）课题的目的、意义（图 2-82）

一、项目的目的、意义、必要性及市场需求分析

1．项目提出背景和意义

随着城市的不断发展，交通问题和地下空间开发问题显得日益突出，城市地铁对解决交通问题发挥重要作用，目前北京、上海、天津、广州等地都已建多条地铁线路。城市环境中的地铁隧道在其使用阶段不可避免地会受到这样或那样的工程活动影响，很多开发项目都基于地铁带来的便利交通而选择在地铁附近，并通常会将项目与地铁车站连接在一起，由此带来的临近深基坑工程对地铁隧道影响十分明显。深基坑工程是大型的土方开挖及支护工程，在软土地区还必须进行基坑降水。土方开挖的过程即为卸荷过程，造成周围土体内力重分布，从而导致周围土体的变形。

基坑周围土体位移主要来源于以下几个因素：围护墙的侧向变形；基坑止水帷幕效果不好；围护墙底变形过大；墙底土产生塑性流动；围护墙的入土深度不够。如控制不利将产生大的沉降和位移，对地铁的正常使用也会有不利影响。因此基坑开挖造成的对地铁的影响必须深入研究，以确保基坑本身以及地铁隧道的安全运行。

以下略……

2．项目立项的必要性

以下略……

3．项目的市场需求分析

以下略……

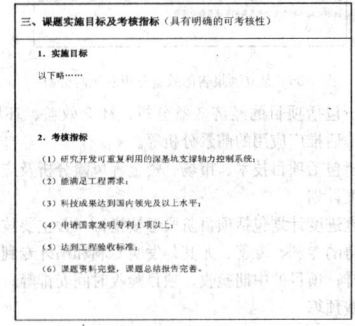

图 2-82 某立项报告的目的、意义

课题的目的和意义是重要的立题依据，是科研计划书的主要组成部分。在该部分中，申请者应该提供项目的背景资料，阐述该申请项目的研究意义，国内外研究现状，主要存在的问题及主要的参考文献等。

本部分内容主要介绍课题立项的背景，课题研究的目的和意义，以及市场分析等内容。针对国内外同类研究中存在的问题引出本研究的目的和意义，阐明本研究的重要性和必要性，以及理论意义和实际意义。特别要表明与国内外同类研究相比，本项目的特色和创新之处。

本部分内容非常重要，是体现课题先进性的主要部分，因此需要用简明扼要的话语说清楚，避免空谈和漫无目的的夸大。

（3）国内外研究现状及发展趋势（图 2-83）

二、课题所属领域国内外研究开发现状和发展趋势

1．国内外技术现状、专利等知识产权情况分析和国内现有的工作基础

略

2．国内外技术发展趋势

通过查阅大量文献及国内外最新行业动态，本课题的研究可大大促进国内软土地区深基坑施工技术的发展，且国内尚无类似先例，国外发达国家如美国、日本也仅停留在"基坑监测+人工维持钢支撑轴力"的阶段，通过调研，国内一些临近地铁的重要深基坑工程施工时，进行了周边施工对地铁隧道影响的监测及分析，简述如下：

(1) 上海太平洋广场二期工程

本工程基坑围护结构距离正在运营的地铁一号线隧道外边线仅 3.8m，施工期间对地铁的保护措施有：地铁侧开挖留土宽度不小于 4 倍的开挖层深，增加基坑内靠近地铁侧区域内被动土体的保留时间以控制墙体位移，单块土体的挖土支撑控制在 16-24h，垫层厚度增至 300mm，加强对周围环境、地铁隧道及基坑的监测，第一层钢支撑施力后，损失率达到 39%-57%，第三层土方开挖时，对第二道支撑按原设计的 120%复加轴力，有效控制了基坑土体位移，从地下室结构施工至首层楼面结构全部完成的七个月时间内，地铁隧道变形总沉降量在 8.5mm。

(2) 地铁二号线和地铁一号线在人民广场交汇处

以下略……

略……

(4) 研究成就

曾远等通过对上海张杨路车站基坑开挖，分析了其对老车站的影响，得出以下结论：土体弹性模量的变化对车站结构侧向变形的影响不大；引起地铁车站沉降的主要原因是：基坑内土体导致的墙后土体的移动，因此提高被动区土体强度、提高基坑内土体抗隆起安全系数是控制临近车站沉降的有效措施。

上述各工程实例分析了临近地铁隧道和车站的基坑开挖对其的影响，为减少这种影响，主要是通过①改变临近侧的墙厚和墙的埋深；②注浆加固；③临时增大支撑轴力等措施。

其中上海太平洋广场二期工程基坑开挖深度为 11.2m，和地铁隧道顶板齐平，在第三层土方开挖时，对第二道支撑按原设计的 120%复加轴力，有效地控制了基坑土体位移。会德丰项目基坑开挖深度 18.2m，地铁隧道位于开挖深度以上，对因为基坑开挖产生的变形更为敏感，采用复加轴力的方法将显得尤为重要。

深基坑的钢支撑支护一般都预加轴力，在工作过程中不可避免地会出现一定程度的轴力损失，所以需要对其复加轴力；或者因为位移控制需要，对某些支撑复加或增加轴力。现有预加轴力的方法通常是：用千斤顶加载至预定轴力，然后插入锲块锁定钢支撑长度再撤除千斤顶；当需要复加（或增加轴力）时，重新安装千斤顶并进行加载，随后在新位置锁定钢支撑；如此循环，直至满足设计要求（或对隧道变形控制的要求）。

通过检索国内、外相关文献，尚未发现与本课题（对支撑内力和基坑位移根据监测结果和设计要求实施自动补偿）相类似的研究方法。

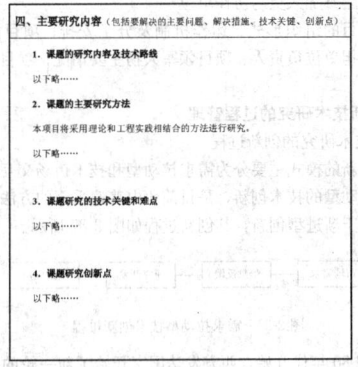

图 2-83 某立项报告的国内外研究现状及发展趋势

国内外研究现状和遇到的主要问题。在阅读了大量同类研究文献的基础上，综述出该研究领域国内外研究现状、发展趋势以及目前存在的主要问题。

（4）课题目标和考核指标（图 2-84）

三、课题实施目标及考核指标（具有明确的可考核性）

1．实施目标

以下略……

2．考核指标

（1）研究开发可重复利用的深基坑支撑轴力控制系统；

（2）能满足工程需求；

（3）科技成果达到国内领先及以上水平；

（4）申请国家发明专利 1 项以上；

（5）达到工程验收标准；

（6）课题资料完整，课题总结报告完善。

图 2-84 某立项报告的课题目标和考核指标

用简洁的文字将本研究的目的写清楚，如"描述城市地震灾害现状及影响因素"。原则上，目标要单一、特异。研究目的如较多可以分为主要研究目的和次要研究目的。

考核指标为上级部门考察课题实施的量化依据，应简明扼要。

（5）主要研究内容（图 2-85）

四、主要研究内容（包括要解决的主要问题、解决措施、技术关键、创新点）

1．课题的研究内容及技术路线

以下略……

2．课题的主要研究方法

本项目将采用理论和工程实践相结合的方法进行研究。

以下略……

3．课题研究的技术关键和难点

以下略……

4．课题研究创新点

以下略……

图 2-85 某立项报告的主要研究内容

此部分内容主要包括研究内容、技术路线、主要研究方法、创新点、技术难点、可行性分析等内容。

1）研究内容：将研究的主要内容简述。

2）研究方法：研究者可以根据自己的研究目的和可以利用的条件选择相应的研究方法，将研究的技术路线表述清楚。

3）研究技术路线：在研究计划书中，研究者可以用文字、简单的线条或流程图的方式，将研究的技术路线表述清楚。

4）项目的创新点：用简明了的语言说明项目的创新之处。

5）可行性分析：在可行性分析部分，应该写明申请者的研究背景、研究能力、申请者及其团队所具有的硬件或软件条件及研究现场的条件等，再次表明申请者对完成该项目的可行性。

（6）效益分析及风险分析（图 2-86）

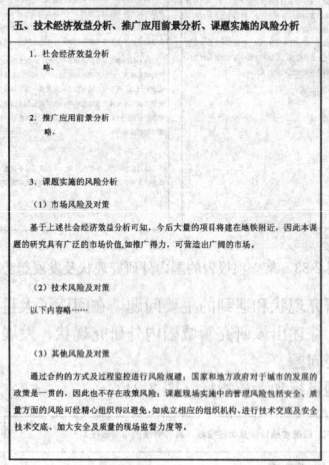

图 2-86 某立项报告的效益分析及风险分析

效益分析包括项目的经济效益分析、社会效益、环境效益分析、项目成功后推广应用的前景分析等。

风险分析包括项目技术、市场、资金等风险分析及应对措施。

（7）进度计划

项目实施进度计划包括项目阶段考核指标（含主要技术经济指标，可能取得的专利、专著、尤其是发明专利和国外专利情况）及时间节点安排；项目的中期验收、项目验收时间安排等。

（8）经费预算

经费预算一般包括经费来源和经费支出两项内容。经费预算的形式一般与课题资助单位有关，并应满足相关单位财务和审计要求。

课题经费来源包括项目新增总投资估算、资金筹措方案（含自有资金、银行贷款、科教兴市专项资金、推进部门配套资金等）、投资使用计划。

课题经费支出主要包括人员费用、试验费用、设备购置费用、材料费、资料费、调研费、租赁费等，并应出具明细表。

（9）课题参加人员与协作单位

包括项目的组织形式、运作机制及分工安排；项目的实施地点；项目承担单位负责人、项目领军人物主要情况；项目开发的人员安排。

2.7.3.3 新技术研究的过程管理

1. 新技术研究的创新过程

技术创新的模式主要分为需求拉动型和技术市场交互型。

需求拉动型的技术创新，是目前业内普遍采用的方法。此类创新大多数属于渐进型创新，其创新过程如图 2-87 所示。

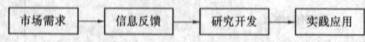

图 2-87 需求拉动型技术创新过程

20 世纪 80 年代开始，西方发达国家开始了新一轮的技术创新热潮，并且提出了技术与市场交互的技术创新模型（如图 2-88 所示）。这种技术创新模式，强调技术与市场这两大创新要素的有机结合，认为技术创新是技术和市场交互共同引发的，技术推动和需求拉动在产品生命周期及创新过程的不同阶段有着不同的作用。这

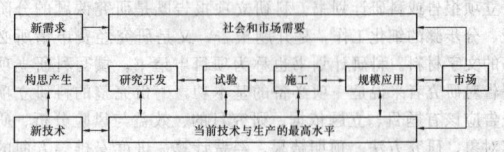

图 2-88 技术市场互动型技术创新过程

种创新过程，不仅可以满足企业在某个项目上遇到的技术难题，也可为企业的可持续发展、提高核心竞争力注入生机和活力。

2. 新技术研究的影响因素

从国内外技术研究成功与失败的经验看，影响企业技术研发的成败，有以下非常重要的因素：

（1）资金：资金是从事技术创新活动的必备条件和保障，企业常因为资金缺乏而不能实施技术创新项目。对于企业来说，如果资金实力较弱，可以从容易见效的项目做起，积累经验和资金以后，可以逐步扩大创新规模。另外，建筑企业也可以跟踪国家各部委的科研立项信息，争取国家前沿性课题经费。

（2）组织队伍：人才是从事技术创新的能动主题，而且学术带头人的作用尤为重要，队伍的建设是技术创新的一项基本建设。

（3）决策：技术创新是关系企业全局的活动，又是充满风险的行为，因而对决策者有很高的要求。必须从企业总体和长远发展的角度，对创新做出全盘性的安排，克服重重障碍，抓住关键，把握技术和市场良机，把创新引向成功。

（4）机制：新技术研究和创新是创造性的活动，必须依靠科技人员、管理者和广大员工的才智和努力，必须激发相关人员的积极性。良好的激励机制，是创新效率和持久的关键。

3. 新技术研究的组织

由于新技术研究具有阶段性、专业性、综合性及不确定性，技术创新和研究过程需要建立在良好的组织构架内，且组织必须适应技术创新及研究的特点，有利于问题和矛盾的解决。

（1）内企业与内企业家

企业为了鼓励创新，允许自己的员工在一定限度的时间内，在本岗位工作以外，从事感兴趣的创新活动，而且可以利用企业现有的条件，如资金、设备等，由于这些员工的创新行为颇具企业家特征，但是创新的风险和收益均在所在企业内部，因此称这些从事创新活动的员工为内企业家，由内企业家创建的企业称为内企业。

（2）创新小组或机构

创新小组是指为完成某一创新项目而成立的一种创新组织，它可以是常设的，也可以是临时的，小组成员可以专职也可以兼职。对于一些重大创新项目，小组成员要经过严格挑选，创新小组有明确的创新目标和任务，企业高层主管对创新小组充分授权，完全由创新小组成员自主决定工作方式。

（3）技术研发部门

技术研发部门是大企业为了开创全新事业而单独设立的组织形式，全新事业涉及重大的产品创新或工艺创新，开创全新事业在管理方式和组织结构上可能与原有事业的运行有本质区别，由于重大创新常伴有很大的风险，因此这种创新组织又称为风险事业部。技术研发部门拥有很大的决策权，可直接接受企业最高技术主管的领导或直接受企业最高领导人领导，它为很难纳入企业现有组织体系中的重大创新提供了适宜的组织环境。

（4）企业技术中心

技术中心是大企业集团中从事重大关键技术和新一代产品研究开发活动的专门机构，通常有较完备的研究开发条件，有知识结构合理、素质较高的技术力量。企业技术中心一般采取矩阵式组织结构，技术中心的大部分项目实行项目经理负责制，组织由不同专业技术人员组成的跨部门的课题组，根据项目的进展情况，课题组成员可以根据需要进行调整。

目前国家的企业技术中心体系可分为国家认定企业技术中心、省级企业技术中心和企业级企业技术中心。根据目前的《施工总承包企业特级资质标准》（建市〔2007〕72 号），对企业科技力量作

了量化的规定，施工总承包企业必须具备省部级（或相当于省部级水平）及以上的企业技术中心。

4. 新技术研究的内部管理

技术创新活动在相当大的程度上带有非程序性，它同时又是一种综合性很强的活动，非少数人可以完成；而企业组织要求只能稳定、定位准确。这二者之间存在较大的组合难度。

在一般情况下，企业组织职能按日常经营活动组织技术创新和研究。技术创新不脱离常规组织，技术创新基本上是按专业分工、接力的方式进行，环节之间的衔接称为管理的难点和重点，关键在于协调各专业化组织之间的关系。对于具有完整的技术研究组织的单位，组织协调比较容易，企业可针对其单独设立组织定位和管理。

5. 新技术研究的对外合作

技术创新活动在很多领域需要各企业之间配合完成，这就需要企业与外部组织，包括大学、研究机构、企业的合作方进行合作。企业与外部的合作主要出于以下动机：进入新的技术领域，进入新市场，分担创新成本与创新风险，缩短研发时间，实现技术互补和资源共享，创立产品标准。

企业的合作方式，主要有以下几种：

(1) 技术供需合作

合作对象为技术供给者和需求者。一般而言，技术供给者为大学、研究院所或国外企业；需求者多为施工企业。

(2) 技术联合体

有些技术创新某一家企业无法胜任，就需要上下游企业共同合作完成，技术多方可在场地、设备、资金、人员、技术等多方面展开合作，成果共享。

(3) 竞争合作

这类合作主要存在于竞争者或潜在竞争者之间。此类合作类型一般在同行间进行，通过技术互补，大大增强合作双方或多方的竞争力，一般在重大工程项目或重大科技难题上存在此类合作，或者在制定行业、国家标准或产品标准时会遇到此类合作。

2.7.4　新技术推广应用的管理

2.7.4.1　一般规定

建筑业所称的推广应用新技术，是指新技术的推广应用和落后技术的限制、禁止使用。

推广应用的新技术，是指适用于工程建设、城市建设和村镇建设等领域，并经过科技成果鉴定、评估或新产品新技术鉴定的先进、成熟、适用的技术、工艺、材料、产品。

限用、禁用的落后技术，是指已无法满足工程建设、城市建设、村镇建设等领域的使用要求，阻碍技术进步与行业发展，且已有替代技术，需要对其应用范围加以限制或禁止其使用的技术、工艺、材料、产品。

2.7.4.2　新技术推广计划与申报立项

1. 新技术推广计划工作

新技术推广计划工作应以促进科技成果转化为现实生产力为中心，其宗旨是有组织、有计划地将先进、成熟的科技成果大面积推广应用，促进产业技术水平的提高。同时通过实施推广计划，培育和建立科技成果推广机制，促进科技与经济的紧密结合。为促进行业技术水平的提高，促进科技进步、经济和社会发展作出贡献。

2. 新技术推广立项宜具备以下条件：

(1) 符合住房和城乡建设部重点实施技术领域、技术公告和科技成果推广应用的需要；

(2) 通过科技成果鉴定、评估或新产品新技术鉴定，鉴定时间一般在一年以上；

(3) 具备必要的应用技术标准、规范、规程、工法、操作手册、标准图、使用维护管理手册或技术指南等完整配套且指导性强的标准化应用技术文件；

(4) 技术先进、成熟、辐射能力强，适合在较大范围内推广应用；

(5) 申报单位必须是成果持有单位且具备较强的技术服务能力；

(6) 没有成果或其权属的争议。

2.7.4.3　新技术推广应用实施管理

新技术推广应用要着力做好重点技术示范工程的组织实施，相应标准规范的制定编写，新技术产业化基地的建立，以及建筑技术市场的培育和发展等方面的工作，促进新技术的推广应用。

1. 新技术应用示范工程的实施

新技术应用示范工程在建设领域应用先进适用、符合国家技术政策和行业发展方向的技术，为不同类型工程推广应用新技术提供了范例。做好新技术应用示范工程的推广工作，可取得显著的社会、经济与环境效益，并具有普遍的新技术示范意义。

2. 新技术标准规范的制定

新技术标准化是科研、生产、使用三者之间的桥梁。新技术经归纳、总结并制定出相应的标准，就能更加迅速地得到推广和应用，从而促进技术进步。

3. 新技术产业化基地的建立

产业化基地的建立是以引领行业新技术产业化为目标，以行业优势企业为载体，推进新技术产业化进程。产业化基地实施单位，应根据基地建设规划和工作计划认真组织实施，并负责编制本行业的新技术产业化导则。

4. 建筑技术市场的培育和发展

技术市场作为生产要素市场的重要内容，是促进科技与经济结合的桥梁，为科技成果转化开辟了重要渠道。

建筑技术市场的培育和发展必须健全流通体系，强化中间环节；建立公平、公开、公正竞争的市场秩序；促进科技计划管理与技术市场接轨；加快技术市场的统一、开放和国际化；加强对技术市场的宏观调控和管理。

2.7.4.4　新技术应用示范工程管理

1. 概念

"建筑业10项新技术"，即①地基基础和地下空间工程技术；②混凝土技术；③钢筋与预应力技术；④模板及脚手架技术；⑤钢结构技术；⑥机电安装工程技术；⑦绿色施工技术；⑧防水技术；⑨抗震加固与监测技术；⑩信息化应用技术。

新技术应用示范工程是指：新开工程、建设规模大、技术复杂、质量标准要求高的国内外房屋建筑工程、市政基础设施工程、土木工程和工业建设项目，且申报书中计划推广的全部新技术内容可在三年内完成；同时，应由各级主管单位公布，并采用6项以上建筑新技术的工程。

新技术应用示范工程共分为三个级别：国家级、省部级和局级新技术应用示范工程。

2. 新技术应用示范工程管理办法

(1) 示范工程采用逐级申报的方式：局级示范工程可申报省部级示范工程，省部级示范工程可申报国家级示范工程。

(2) 示范工程申报要求：

示范工程执行单位应提交以下应用成果评审资料：

1)《示范工程申报书》及批准文件；

2) 工程施工组织设计（有关新技术应用部分）；

3) 应用新技术综合报告（扼要地叙述应用新技术内容、综合分析推广应用新技术的成效、体会与建议）；

4) 单项新技术应用工作总结（每项新技术所在的分项工程状况、关键技术的施工方法及创新点、保证质量的措施、直接经济效益和社会效益）；

5) 工程质量证明（工程监理或建设单位对整个工程或地基与基础和主体结构两个分部工程的质量验收证明）；

6) 效益证明（有条件的可以由有关单位出具社会效益证明及经济效益与可计算的社会效益汇总表）；

7) 企业技术文件（通过示范工程总结出的技术规程、工法等）；

8) 新技术施工录像及其他有关文件和资料。

3. 示范工程评审

示范工程应用成果评审工作分两个阶段进行，一是资料审查，二是现场查验。评审专家必须认真审查示范工程执行单位报送的评审资料和查验施工现场，实事求是地提出审查意见。

评审专家组组长应提出初步评审意见,当有超过三分之一(含三分之一)的评审专家对该查审结果提出不同意见时,该评审意见不能成立。评审意见形成后,由评审专家组组长签字。

2.8　深化设计管理

深化设计的目的主要在于对业主提供的原设计图纸中无法达到国内法规深度要求的部分进行合理细化。通过深化设计,既可以细化图纸内容,又能够与采购、现场管理等其他相应部门相互交流,选择最合适的设备材料、现场管理方法等,还能在过程中发现原设计图纸中重难点或影响工程施工的因素,给业主提出合理化建议,体现企业实力,通过这些方面,为项目顺利、保质保量、达到或超过预期利润目标提供支持。

2.8.1　深化设计管理流程

2.8.1.1　深化设计管理总流程

深化设计管理总流程见图 2-89。

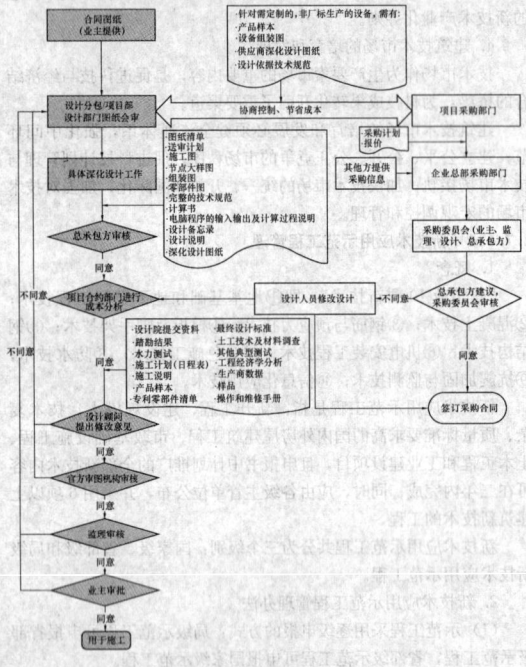

图 2-89　深化设计总管理流程图

2.8.1.2　钢结构深化设计管理流程

针对钢结构工程,尤其是特大型钢结构工程的工程量大、技术难、施工实际不一定相符,造型设计变更度高、涉及专业工程交叉配合多等特点,为准确、快速、高效地完成钢结构施工详图的深化设计工作,宜采用"总包组织协调、制作单位进行深化设计、相关专业分包商参与、第三方机构进行施工模拟、总包进行深化图纸审核、设计单位审定"的形式,具体管理流程见图 2-90 所示。

1. 总包组织协调工作

总包的钢结构专业管理部门作为总包钢结构深化设计组织协调的主体,其主要职责是:

(1) 对接设计单位、建设单位和监理单位;

(2) 参与专项设计交底、图纸会审;

(3) 及时将最新版本设计文件向总包内部各相关部门传递,并在规定时限内收集其对钢结构加工的要求,初审后传递给钢结构深化设计单位;

(4) 对钢结构深化过程中的问题与设计单位或各专业部门、各指定分包商进行协调;

(5) 组织对钢结构深化图进行审核,审核意见及时反馈给深化

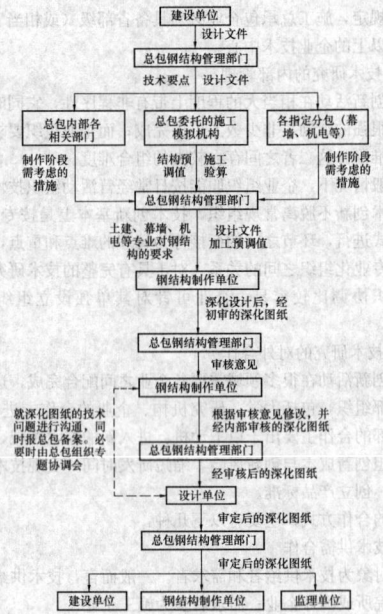

图 2-90　钢结构深化设计管理流程图

设计单位;

(6) 报送钢结构施工详图给设计单位审定;

(7) 传递、发布审定加工图纸,在构件加工过程中进行跟踪,协调解决反馈的设计问题;

(8) 归档钢结构深化图纸和相关技术资料。

2. 由制作单位负责钢结构深化设计

(1) 制作单位依据原设计图纸及相关要求、结构预调值、现场钢结构安装措施等,制定统一深化设计准则和详细的钢结构深化设计方案,并按照深化方案绘制钢结构深化图纸;

(2) 制作单位需对深化图纸进行详细的校对和初审,对出图质量负责;

(3) 制作单位需派人员参加由总包组织或参与的设计交底和图纸会审;

(4) 按总包确定的深化设计进度的要求,及时向总包、建设单位和设计单位提交图纸;

(5) 制作单位必须具备相应的专项设计资质。

3. 相关专业分包商参与

土建结构、钢结构安装、装饰、机电等各专业根据其施工要求,提前以条件图纸形式对钢结构深化设计提出准确的要求。主要内容有:构件分段分节要求、节点及剖口形式、连接板件及接驳器、预留孔及螺栓孔等。

4. 第三方机构进行施工模拟分析

针对大型、复杂的钢结构工程进行施工模拟分析是非常有必要的,通过全过程的施工模拟分析,计算出构件的变形量,然后在制作和安装过程中将该变形值预先施加进去,从而保证施工完成后结构的整体位形与原设计一致。另外,通过全过程的施工模拟分析,可以验证施工方案的可靠性和安全性。

5. 深化详图的审核内容

审核的主要内容包括:深化设计详图制图深度和表示方法、对原结构图构件的构造完善、构件的截面和外形尺寸、连接节点的形式和尺寸、连接和拼接焊缝表达的完整性和准确性、加工制作工艺措施、构件现场安装措施、现场安装对接节点形式、结构预调整值在详图中的表现、构件材料、构件安装定位图、结构布置图和立面图等,并对审核内容提出详细的书面报告。

6. 设计单位审定

深化设计详图最终由原设计单位进行审定。

2.8.1.3　机电工程深化设计管理流程

机电工程深化设计管理流程见图 2-91。

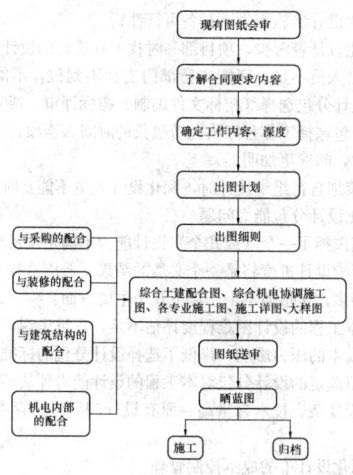

图 2-91　机电工程深化设计管理流程图

2.8.1.4 精装修工程深化设计管理流程

精装修工程深化设计管理流程见图 2-92。

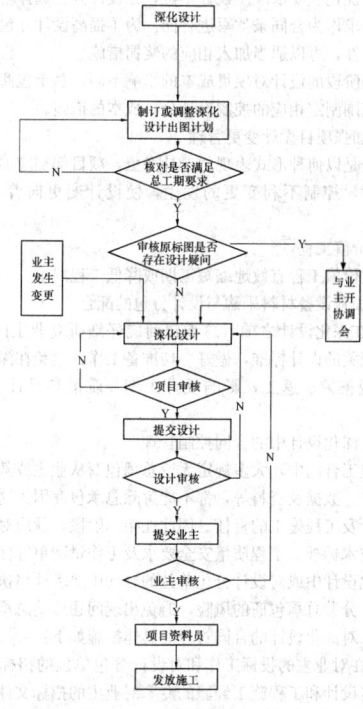

图 2-92　精装修工程深化设计管理流程图

2.8.1.5 幕墙工程深化设计管理流程

幕墙工程深化设计管理流程见图 2-93。

2.8.2　深化设计管理内容

2.8.2.1 深化设计管理体系的建立及基本内容

1. 深化设计管理体系的建立

深化设计管理体系的建立，有利于对工程中涉及的各个专业分包商进行有效的管理，有利于各个专业分包商之间的信息沟通与交流。总承包商应采用组织、协调、进度计划等各种管理手段对各分包商的专业设计人员在设计质量、进度计划、对工程的总成本的影响及对项目合同的影响等方面进行有效的控制。

深化设计管理不仅要对专业设计技术进行管理，对于设计成果，即在设计协调过程中的所有文档信息也要进行管理。在设计初

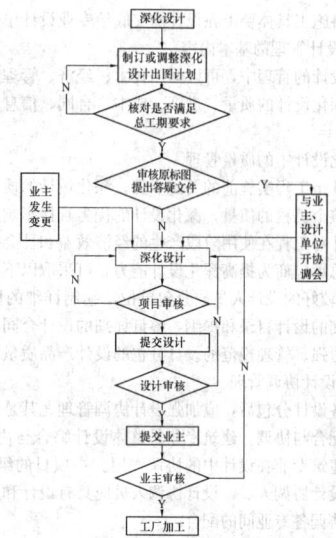

图 2-93　幕墙工程深化设计管理流程图

期，就应在设计合同或协议中明确文档的建立、发放、翻译、报审、最终出图的流程和遵循的原则。总承包商要建立适合工程的组织体系对深化设计进行管理，并明确业主、总包方、设计分包方的相互权利及义务。只有明确了几方的工作原则和责任，才能做到在设计工作中各负其责，在最后的汇总审图修改中相互配合，保证总图的质量，满足施工的要求。

深化设计管理由项目主管领导和相关专业设计部门负责，各部门及人员应承担相应的职责。项目总工（技术负责人）是项目深化设计工作和设计分包控制管理的总负责人，项目总工（技术负责人）应组织与项目深化设计和分包控制相关的部门和人员监督项目设计分包的每一个细节，强化设计工期、质量、成本三要素管理。设计部经理是深化设计和分包控制的直接负责人，负责组织实施对设计分包控制的各项管理内容。项目设计工程师是项目设计工作和对分包控制的执行人，具体执行相关设计和分包控制内容。详细组织机构见图 2-94。

在工程的建设中，需要深化设计的部位往往是工程中最为复杂的部位，因此深化设计中各专业部门间，或设计协调单位与设计分包间，设计部门与合约采购部门间需要建立紧密的内在联系和协调机制。各部门间关系详见图 2-95。

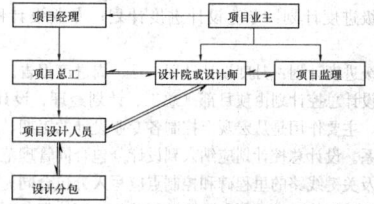

图 2-94　深化设计管理组织机构图

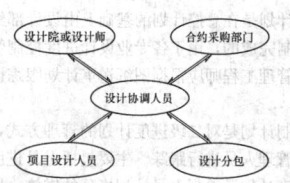

图 2-95　深化设计关系图

深化设计时由采购部门提供设备材料的具体设计参数，有利于将施工的问题提前解决，使深化设计的图纸更符合指导具体施工的需要。各专业在深化设计中，相互交流，有利于将施工中可能冲突或矛盾的地方提前发现，提前协调解决，保证施工顺利进行，不影响施工工期。承包商委托专业设计单位进行深化设计，必须从现场

实际出发，将施工具体要求在设计前交底给专业设计单位。

2. 深化设计管理的基本内容

在深化设计的管理中，可以运用技术、经济、管理、组织、协调等措施对深化设计的质量、进度、成本、合同、信息等方面进行管理。

（1）深化设计中的质量管理

深化设计是工程实施前的关键步骤，深化设计的质量在一定程度上决定了整个工程的质量，深化设计的优劣直接影响到项目能否顺利完工，并对工程在使用阶段产生的经济效益和社会效益产生深远的影响。总承包商为提高深化设计能力，可采取以下措施：

1）选择较好的设计人员或分包单位，编制详细的质量保证文件，制定详细的设计目录和提纲，签订详细的设计合同。

设计能力强、管理规范的设计分包的设计产品质量相对要高。

2）加强设计协调管理

当选定各设计分包后，应加强设计协调管理尤其是设计单位之间的自主性配合与协调。建筑专业是整体设计综合与协调的专业，应重点加强建筑专业在设计中的协调作用。在项目的组织机构中，设置专业的设计协调人员，设计协调人员应具有设计和施工多方面的经验，能协调各专业间的配合。

3）加强信息沟通与交流，加强信息传递管理

各设计参与方之间应及时地为第三方提供设计条件。重视各种信息传递方式的有效性和追溯性。

4）执行图纸会签制度

制定严格的设计岗位职责，对完成的专业设计图纸，各相关专业应进行会签，避免出现专业图纸之间的矛盾。

5）执行图纸会审制度

层层把关、全面校核，专业负责人应组织本专业设计工程师、责任工程师等对本专业的设计图纸进行会审，从各个角度对图纸进行审查。

6）制定统一的设计制图标准

要求各设计分包执行一致的设计内容、格式、技术标准、制图标准等，具体标准应在设计分包合同中体现，深化设计人员必须严格按照这些规定编制设计文件，设计协调及审查人员根据这些标准验收最终设计成果。

（2）深化设计中的进度管理

1）深化设计进度计划编制及管理

项目部应编制各级深化设计进度计划，从不同的管理角度控制设计工期。与深化设计相关的各级进度计划如下：

①一级进度计划：项目总控计划；深化设计总控计划；图纸送审总计划；

②二级进度计划：专业设计进度计划；专业设计图纸送审计划；

③三级进度计划：月度设计计划；月、周进度报告。

深化设计总控计划由项目部（总工、计划经理、设计部经理）组织编制，主要作用是从宏观上控制各专业设计的工期、设计顺序及相互关系。设计总控计划应纳入到设计分包合同管理范畴，专业设计工期及关键线路的里程碑和控制点应写入分包合同。总控计划通常由项目计划管理工程师负责跟踪、监督、调控等各项计划管理内容。

图纸送审计划是在总控计划的基础上由设计部经理组织各专业设计参与方编制完成的，用于各专业设计进度控制管理。各专业的工程师或设计管理工程师应根据图纸送审计划跟踪设计分包的图纸完成情况。

月进度控制计划是对二级进度计划的管理方式，由设计分包编制完成，设计管理人员进行跟踪。主要包括上月进度计划完成情况总结；下月进度计划及追赶上月计划拖延的措施。周进度计划在月进度计划的基础上由设计参与方编制，项目设计管理人员控制。通过这种计划管理目标的不断细化和分解，实现对项目设计进度从宏观到微观的控制。

2）影响设计分包进度的因素分析

①深化设计分包选择不及时，设计开展时间拖后。

可能由以下的因素造成：

- 深化设计实施策划不具备可行性；
- 深化设计资源少，项目部一时找不到适合的设计分包对象；
- 项目人员不足，职能支持部门支持不到位，不能及时、全面地开展设计分包选择（招标文件编制、招标评审、谈判、分包合同等系列分包选择工作程序将花费很长的时间，当项目需要的专业设计较多时，问题更加明显）；
- 当策划自行组织设计时，深化设计人员不能及时组织到位。

②深化设计分包能力问题

当不慎选择了一个（或几个）设计能力不满足项目要求的设计单位时，影响设计进度将是一个必然的结果。造成这种不慎的主客观因素很多，包括但不限于以下几个主要方面：

- 对本工程的设计困难程度评估不足，盲目乐观；
- 受成本的压力影响，降低了选择设计分包的标准；
- 对拟选定的设计分包对本工程的设计能力评估不足等；
- 工程复杂、技术含量高、原有设计问题多、存在超常规设计等；

（3）深化设计中的成本控制管理

1）设计分包成本应根据项目策划，在首先考虑设计工期和设计质量的前提下进行分包选择，主要应本着有效、节约的方式控制设计分包成本。

2）加强设计分包的设计优化管理

设计优化主要取决于设计单位，在设计分包选择时，应将设计优化的要求作为合同条款写进合同。为了提高设计分包进行设计优化的积极性，可以适当加入相应的奖罚措施。

不同阶段的设计对项目成本的影响不同，总承包商应根据所承担设计范围制定相应的控制设计分包成本的措施。

3）加强项目设计变更管理

无论是以何种形式表现的设计变更，项目都应加强设计变更控制力度，控制不利变更的发生，使设计变更向着有利的方面发展。

4）价值工程

通过价值工程有效地缩短工期或降低工程成本。

5）加强设备材料采购与设计分包的配合

6）在深化设计之前，总承包商应仔细研究业主的招标文件、与设计相关的设计标准，做好一切准备工作，避免在深化设计的过程中出现偏差、返工，影响设计工期、质量和设计文件的最终形成。

（4）深化设计中的合同控制管理

在施工合同中，大多规定无论总承包商从业主或其他方面收到任何信息、数据及资料等，都不能解除总承包商因为这些资料而导致的设计及工程施工的责任。因此在招标阶段，就应对业主的工程范围、技术标准、工程质量安全要求及工作量清单等仔细研究，然后在深化设计中或对设计分包单位的合同中要求严格执行和明确这些要求，分散总承包商的风险，避免出现问题后给总承包商带来较大损失。对深化设计的合同管理的具体措施如下：

1）在对业主的投标工作和对设计分包单位的招标工作中，组织有丰富设计和工程施工经验的专家对业主的招标文件及相关资料进行仔细研究，在总承包合同和设计分包合同中明确深化设计的深度及由于设计变更产生的责任承担问题。

2）工程投标成功后，与业主签订合同期间，在总承包合同中加强合同特殊条款的谈判，将工程可能出现的变化尽量在合同中明确和限定，明确变化出现后的处理措施及各自的责任承担。在与设计分包签订合同的过程中，按照总承包合同将深化设计的范围、技术标准、完成时间等一切与深化设计有关的信息在分包合同中明确，明确分包设计单位的责任，分散总承包商的责任，保证深化设计工作的顺利进行。

3）合同签订后，深化设计工作中出现的任何变更需及时按照合同要求进行变更程序，并及时备案，以便合约部门与业主进行费用的协商。

（5）深化设计中的信息管理

在大型总承包工程中，由于专业数量较多，在深化设计的过程中须经历反复的变动和修改，各专业的信息资料及过程设计文件数

量庞大，为使文件的信息能得到最快的更新和避免文件的版本错误、保证最终结果的正确性，须对深化设计过程中的所有文件等信息进行详尽的信息管理，信息管理分以下几个方面：

1) 对总承包商与业主及参与深化设计的各方来往的所有文件进行管理，并按照时间、文件涉及的各方及重要程度进行分类。所有的文件采用电子及纸质版本保存，电子版文件应及时传送到公共的电子信息服务器上，供有权限的各方查询及参考使用。

2) 对深化设计图纸的管理，应按照版本号进行管理。所有用于施工的深化设计图纸必须经过业主或总承包商的批准，获得最终的版本号。应编制深化设计图纸目录，并及时更新。所有深化设计图纸也需及时传送到公共的电子信息服务器上，供有权限的各方查询及参考使用。用于现场施工的图纸，在发送最新版图纸的同时，将旧版本图纸回收销毁。所有的图纸需有交接记录，由专人负责保存和整理。

2.8.2.2 钢结构工程深化设计

1. 深化设计技术管理

(1) 深化设计方案的编制

钢结构深化设计前，深化设计单位应根据项目特点编制具有针对性的实施方案，经各方批准后，该方案将成为钢结构深化设计实施的依据。深化设计方案的确定需要综合考虑各种影响因素，在这些相互制约的因素中找到最佳平衡点。图2-96反映了深化设计中需要考虑的影响因素。

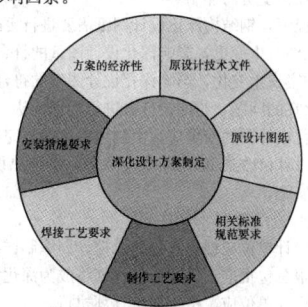

图 2-96　深化设计影响因素

钢结构深化设计专项方案的具体内容应包括：

1) 项目概况及编制依据；

2) 深化设计组织形式和工作方式；

3) 深化设计工作流程、深化设计图纸送审、批复程序；

4) 深化设计准则；

5) 深化设计范围及需达到的质量要求；

6) 深化设计制图标准及制图要求；

7) 深化设计所需办公场所、办公设备、专业人员配备、深化设计软件配备等情况。

(2) 深化设计内容

1) 设计流程，见图2-97。

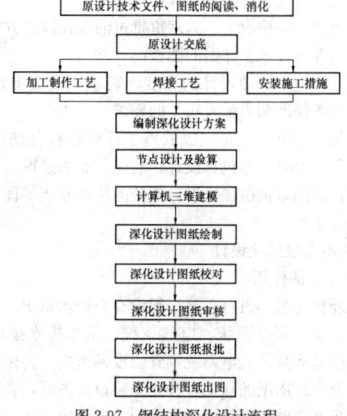

图 2-97　钢结构深化设计流程

2) 节点设计详图

在深化设计中，如在节点设计图中无相对应的节点时，可按照钢结构连接节点手册选用，但必须提交原节点设计工程师认可。

其设计的内容包括：柱与柱、梁与柱、梁与梁、垂直支撑、水平支撑、桁架、网架、柱脚及支座等连接节点详图。详图内容应包括各个节点的连接类型，连接件的尺寸，高强度螺栓的直径、数量和长度，焊缝的形式和尺寸等一系列施工详图设计所必须具备的信息和数据。节点尽量采用结构简洁、传力清晰、方便现场安装的构造形式。

钢结构工程中的节点示例见图2-98。

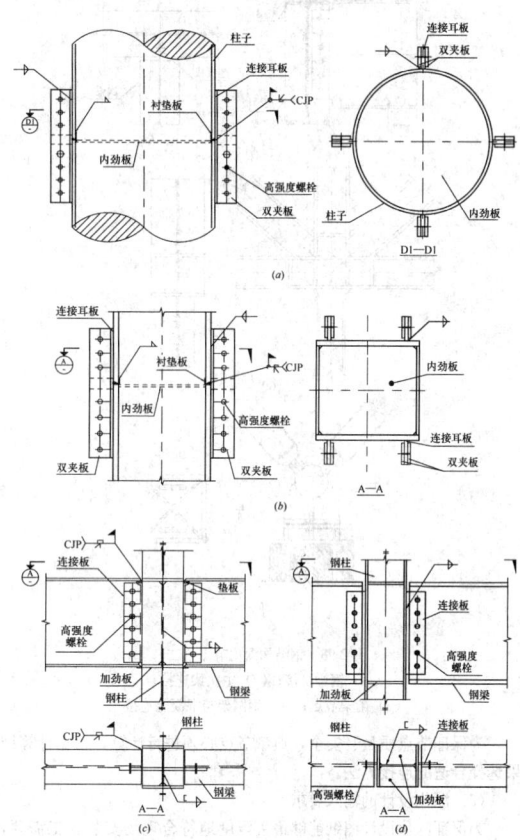

图 2-98　钢结构深化节点（一）
(a) 圆柱对接节点；(b) 箱形柱对接节点；
(c) 梁柱栓焊连接；(d) 柱螺栓连接

3) 安装布置图

安装布置图应包括平面布置图、立面布置图、地脚螺栓布置图等。安装布置图应包含构件编号、安装方向、标高、安装说明等一系列安装所必须具有的信息。

4) 构件详图，它至少应包含以下内容

①构件细部、重量表、材质、构件编号、焊接标记、连接细部、锁口和索引图等；

②螺栓统计表，螺栓标记，螺栓直径；

③轴线号及相对应的轴线位置；

④加工、安装所必须具有的尺寸、方向；

⑤构件的对称和相同标记（构件编号对称，此构件也应视为对称）；

⑥图纸标题、编号、改版号、出图日期，加工厂所需要的信息；

⑦详图必须给出完整、明确的尺寸和数据；

⑧构件详图制图方向。

5) 典型节点计算

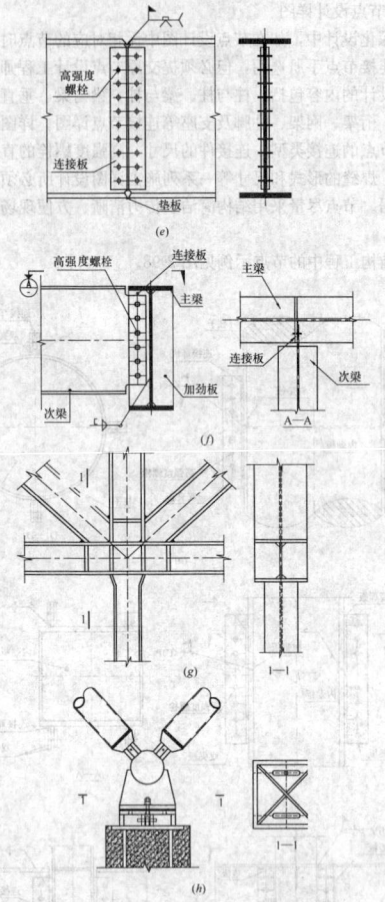

图 2-98　钢结构深化节点（二）

(e) 钢梁拼接；(f) 主次梁连接；

(g) 桁架节点；(h) 钢网架与混凝土连接

为保证节点质量、安全，典型节点必须进行计算，根据计算结果选择合适的连接方法。

（3）深化设计的输入要求

为保证深化设计图纸能够最大限度地符合现场安装施工需要，同时为其他专业施工创造便利条件，在深化设计过程中需要充分考虑如下内容：

1) 国家相关技术规范和规程；

2) 设计单位提供的设计文件（建筑图、结构图、连接节点内力等）；

3) 构件分段分节图；

4) 现场钢结构连接节点图；

5) 现场钢结构构件安装次序方案（主要针对后安装构件进行最后深化设计）；

6) 结构加工预调值；

7) 与钢筋连接的详细构造；

8) 幕墙、装饰及机电等相关专业对钢结构专业的措施要求。

（4）深化设计的输出要求

1) 钢结构施工详图

①钢结构施工详图图纸清单；

②钢结构深化设计总说明；

③钢结构预埋件深化设计图；

④钢结构平面布置图；

⑤钢结构安装定位图；

⑥钢结构节点详图。

2) 钢结构深化节点计算书

①节点计算依据和相应假定；

②节点计算过程及计算式；

③计算结果及与原设计的符合性。

3) 钢结构深化设计模型

钢结构深化设计所建立的数值模型。

（5）深化设计的评审

钢结构深化设计评审主要是对深化设计单位提交的深化设计图、计算书等技术文件进行审核，实现深化设计的过程控制，识别深化设计过程中存在的问题并进行相应的修改。

钢结构深化设计过程图纸的评审人员主要应包括：原设计单位结构工程师、钢结构深化设计单位的专业结构工程师及总包钢结构工程师。评审人员应熟悉原结构设计图、钢结构加工工艺、钢结构吊装方案等，并在深化图纸评审过程中特别注意相关内容的符合性，对图纸中存在的问题和未考虑的内容提出审核意见，并要求整改，直至深化设计图纸通过评审。

（6）深化设计的验证

验证方法为审核最后硫酸图与原设计图的符合性，主要由原设计结构工程师进行验证。

（7）深化设计的确认

最终审批后的深化设计蓝图，由业主授权的原设计单位签字批准通过，证明深化设计图纸可行，可以发布实施。

（8）深化设计变更的控制

在下列情况下，钢结构深化设计图纸需要进行更改：

1) 原施工图发生变更，影响深化设计图纸的符合性；

2) 施工方案发生变化，影响深化设计图纸的符合性；

3) 图纸存在的问题，与原设计方进行沟通确认。

钢结构深化设计图的变更应该由制作单位编制完成，其应以图纸更新或深化设计修改通知单的形式提交总包和原设计单位批准后，才可发布实施。

2. 深化设计进度管理

（1）深化设计单位应根据总包的总控计划编制详细的深化设计进度计划，并报总包批准。批准后的计划将成为深化设计进度控制的依据，深化设计单位应严格按照该计划执行。

（2）总包应要求深化设计单位在一定周期内（如每 10 日）向总包提交深化设计进度完成情况表及完成的深化数值模型，以便总包进行设计进度控制、校对模型的符合性等。

（3）总包应派专业工程师常驻或者定期到深化设计单位检查深化进度，实现对深化设计过程的有效控制。

（4）总包应要求深化设计单位按进度要求分期提交钢结构深化设计图纸。

（5）总包应在合同文件中明确深化设计进度的违约责任，明确处罚措施，以经济杠杆保证深化设计进度的顺利实现。

3. 深化设计质量管理

（1）深化设计单位应具有相应的专业设计资质和经验丰富的深化设计人员及先进的专业详图深化软件。

（2）深化设计应严格按照国家现行标准和规范、设计院蓝图、技术文件、技术交底、安装方案等要求等进行。

（3）深化设计应按业主、监理审批过的深化设计方案执行，并需保证整个工程项目施工详图的图面统一性。

（4）钢结构施工详图设计的深度和表示方法应满足《03G102 钢结构设计制图深度和表示方法》的要求。

（5）深化设计单位应对完成的施工详图进行仔细的校对和审核，并按照程序及时向总包、设计、监理、业主报审。

（6）深化详图必须由深化设计单位的结构专业工程师和专业负责人签字并盖章。

2.8.2.3　机电工程深化设计

1. 深化设计的作用

大型智能化建筑，机电系统一般设有空调水系统、空调通风系统、防排烟系统、弱电系统、电气系统、给水排水系统、消防系统、动力系统等齐全的机电系统，管线设备密集。为保证工程顺利施工，通过对设计图纸的深化，补充完善设计图纸，合理布置机电各系统的设备及管路，满足设计和使用功能要求，达到质量、工期

目标。深化设计目标见表2-107。

机电工程深化设计主要目标 表2-107

序号	深 化 设 计 的 目 标
1	通过对机电各系统的设备管线精确定位、明确设备管线细部做法，直接指导施工
2	综合协调机房、各楼层、设备竖井的管线位置，综合排布墙壁、顶棚上机电末端器具，力求各专业的管线及设备布置合理、整齐美观
3	提前解决图纸中可能存在的问题，减少管线"打架"现象，以免因变更和拆改造成不必要的损失
4	在满足规范的前提下，合理布置机电管线，为业主提供最大的使用空间
5	合理安排设备位置，尤其是在吊顶内的器具，一定要根据现场实际情况准确地反映到图纸上，便于以后业主的操作和检修

2. 机电深化设计步骤

(1) 图纸会审，了解现有图纸深度及存在的问题。

(2) 了解合同内容，明确本工程关于深化设计的工作内容及深度要求。

(3) 依据合同要求及现有图纸状况，确定深化设计出图内容。

(4) 参照整体工程进度需求，制订出图计划。

(5) 深化设计开始前，制定出图细则，使得图纸风格标准统一、规范化。

(6) 依据出图细则，进行各专业图纸深化设计。

(7) 按招标文件的要求在规定的时间内，进行图纸送审，并跟踪批复情况。

(8) 图纸批复后，晒制蓝图，发放现场，同时归档。

3. 深化设计内容

(1) 图纸会审

机电部分系统多，且结构复杂，业主提供的图纸难免存在问题，图纸的进一步复核是必要的。进场后组织机电部、现场管理部、深化设计部各专业技术人员对建筑图纸、结构图纸和机电各专业图纸仔细复核，对于存在的问题，提请设计单位做补充和更正。最大限度地发现并解决图纸中存在的问题，图纸会审注意要点详见表2-108。

图纸会审注意要点 表2-108

序号	主 要 工 作 内 容
1	是否满足施工工艺要求及施工现场的条件
2	图纸各部位尺寸、标高是否统一、准确，技术说明书和图纸是否一致，设计深度是否满足施工要求
3	是否完全满足各系统功能的需要
4	机电各专业图纸间是否存在矛盾
5	是否满足大型设备安装的施工需求
6	吊顶标高是否有误
7	大型管道支吊架的设置位置是否合理

(2) 初步深化施工图绘制

设计交底与图纸会审后根据施工图绘制各专业初步深化施工图。按招标文件和深化设计方案规定的各专业图层、线型、颜色、字体设置的要求绘制。将设计交底、图纸会审的内容反映在图纸上，将图纸存在的错误与矛盾之处更正，并提交业主和设计审核。主要出图目录详见表2-109。

机电主要深化设计图纸目录 表2-109

序号	专业名称	主 要 出 图 种 类
1	暖通	系统图（风管、水管、自动控制）、平面图、剖面图、空调机房详图、管井详图等
2	给水排水	系统图（给水排水、消防）、平面图、机房详图、卫生间详图、管井详图等

续表

序号	专业名称	主 要 出 图 种 类
3	电气	干线系统图，管井详图，平面图，电气室详图
4	各专业通用图	综合协调图、吊顶平面图，留孔留洞图，预留预埋图，基础图，加工图等

(3) 综合管线平面布置图

将各专业分不同图层、不同颜色绘制在同一图中。根据此图可看出各专业在标高位置上的冲突部位，然后调整各专业管路、设备的位置与标高，避免各专业管路冲突。

综合管线平面布置图实例见图2-99。

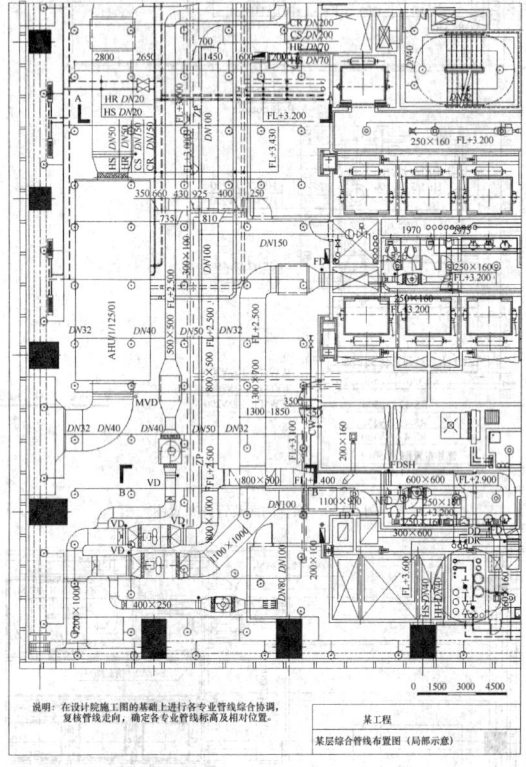

图 2-99 综合管线布置图

(4) 综合剖面图及管井布置图

在综合机电平面图中管路密集的地方及平面图无法准确表现设计意图的时候，绘制综合机电剖面图。标明各专业管路之间的空间关系、相互间的距离、标高，以及与吊顶、墙壁、梁、楼板的距离。对于多专业共用管井，绘制综合管井布置图，标明管道位置、支架布置及形式。图2-100是综合剖面图、管井布置图实例。

(5) 综合土建配合图绘制

1) 综合预留预埋图

通过综合管线平面图及剖面图确定各专业的位置与标高，绘制综合预留预埋图，标明机电各系统管线穿楼板、墙体的具体位置和预留洞的尺寸。综合预留图实例见图2-101。

2) 设备基础图

根据设备各项参数确定设备的基础形式，标明基础尺寸位置、预埋件位置等。设备基础图的条件：设备造型已定，设备参数已明确；厂家已提供了设备的技术参数和样本。

3) 机电末端器具综合布置图

进行墙体或者吊顶装饰施工前，机电工程各系统施工单位与装饰单位配合，将机电各系统末端包括在吊顶上安装的灯具、风口等绘制在同一张吊顶图上，绘制机电末端综合布置图。从图上可看出

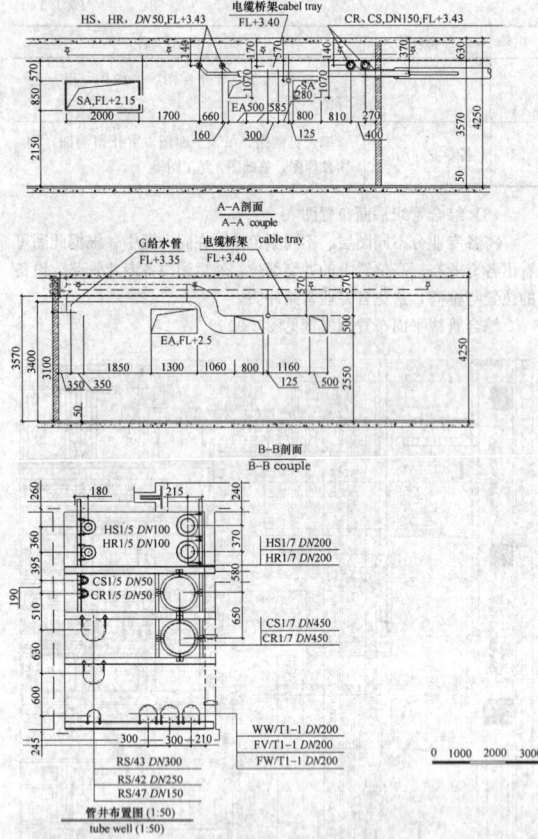

图 2-100   综合剖面及管井布置图

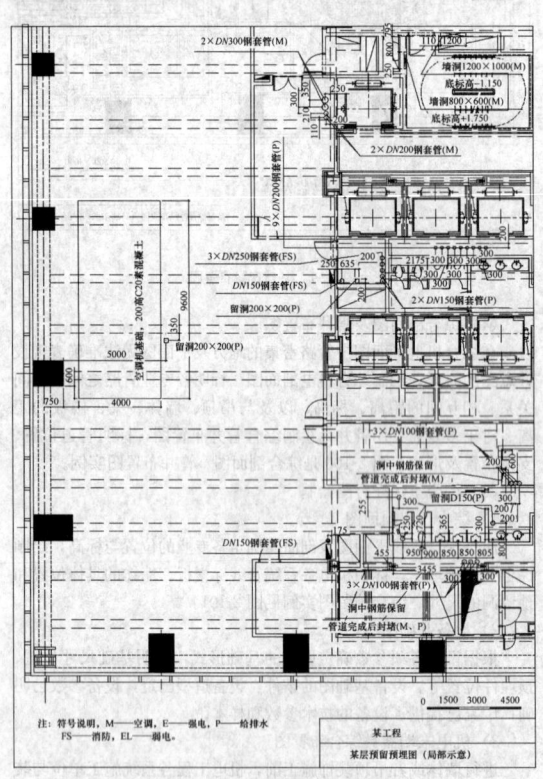

注：符号说明，M—空调，E—强电，P—给排水
FS—消防，EL—弱电。

某工程
某层预留预埋图（局部示意）

图 2-101   综合预留预埋图

是否存在矛盾冲突，并以此调整各系统末端器具的位置，以达到避免冲突，布置协调美观的目的。

机电末端器具布置图实例（局部示例）见图 2-102。

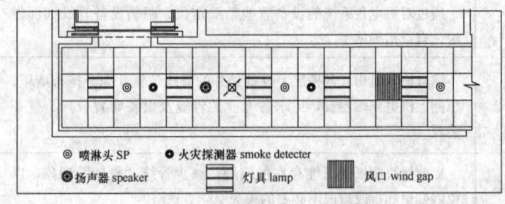

⊙ 喷淋头 SP   ● 火灾探测器 smoke detector
◉ 扬声器 speaker   灯具 lamp   风口 wind gap

图 2-102   机电末端器具综合布置图

（6）深化施工图绘制

1）专业平面图绘制

根据综合机电协调施工图绘制各专业平面图，详细标注专业管线的标高与位置，用于指导具体施工。

2）施工详图、大样图绘制

绘制的施工详图及大样图等图纸应能反映设备与管路的连接形式，设备基础做法，设备固定方法，细部做法等。

（7）大型设备机房深化设计

制冷机房、换热站、水泵房、变配电所等位置，由于机房内设备体积大，管道管径大且管路密集，施工难度大。绘制机房平面图、剖面图、管道及设备施工详图，以明确设备管道安装位置及标高，以及设备、阀件、管路之间的关系及连接方法。

2.8.2.4 精装修工程深化设计

在智能化建筑中的公用部分或业主要求的特殊部位一般采用高级装修，装修形式复杂、装修标准高，与机电等各专业的工作面衔接较多。因此，保证装修工程施工组织管理的关键就是深化设计施工图的绘制及设计过程中的管理。

1. 深化设计主要工作内容

（1）平面部分

1）全面细标注尺寸，如：对门（门框及门）、面材分格等进行严格定位和对位；对永久性家具及室内装置（舞台、屏幕等）相关构件的定位。

2）补充和细化各个区域的平面及反射顶棚平面，综合各专业设备终端的尺寸定位和安装形式。

3）核查不同种材料的交接方式，补充必要的大样图纸。

4）完善并补充大样索引标注体系。

5）复核、补充和细化房间门表。

6）补充和细化室内装修做法表。

以某项目会见室为例，详见图 2-103。

（2）室内剖立面部分

1）深化室内立面设计，全面细化标注尺寸。如：对面材在立面上的划分体系进行复核及深化，并考虑与其他专业终端（如按钮、开关、灯具、风口、消防系统等）的配合。

2）细化立面材料标注，复核及完善其与地面及顶棚材料的交接。

3）完善立面大样的索引标注体系。

以某项目会见室为例，见图 2-104。

（3）细部节点部分

1）在保持建筑格调不变的情况下，完善和补充平、剖立面大样的深化设计，依需要增加放大比例后的细部深化图纸。

2）完善平、剖立面大样索引体系。

以某项目会见室为例，见图 2-105。

（4）选材

1）全面核查不同材质在各界面间的交接。

2）全面核查材料表，并制定详细材料家具设备采购清单。

3）收集全套饰面材料样本，标明规格型号并予以编号。

4）将各种材料的编号与图纸中的相关部分进行双向核查。

以某项目为例，详见表 2-110。

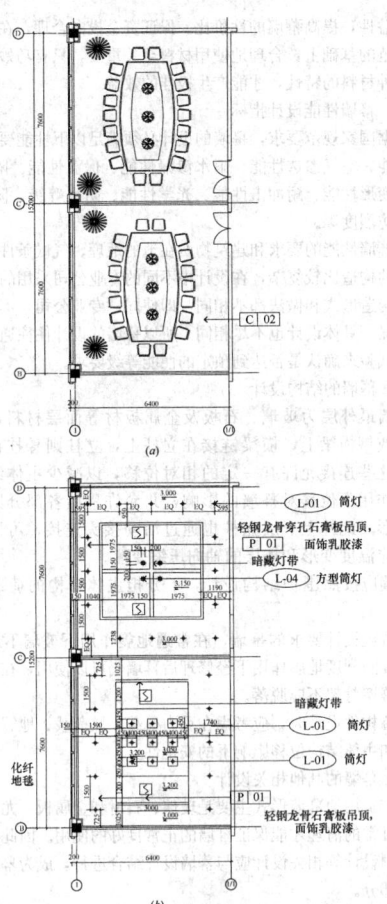

图 2-103　某工程会见室平面详图
(a) 会见室平面图；(b) 会见室天花图

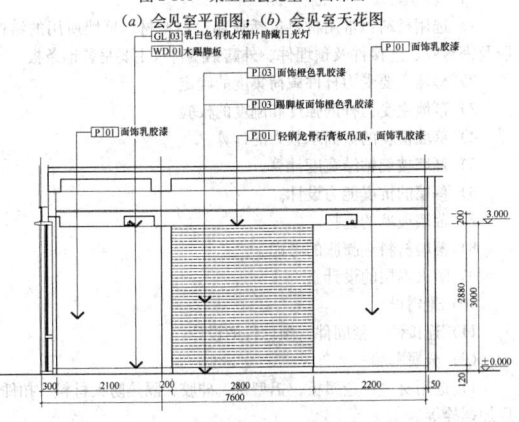

图 2-104　某工程会见室立面图

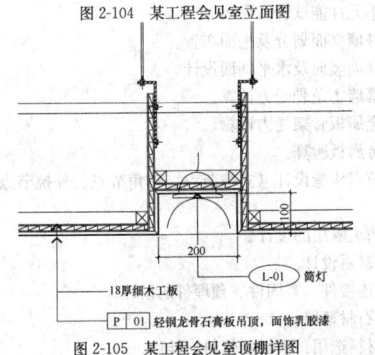

图 2-105　某工程会见室顶棚详图

某工程设计材料表　　表 2-110

材料编号	材料名称	材料品牌规格	材料使用部位	备注
石材类				
ST-01	沙拉娜米黄	800×800 200×800	首层大堂地面、墙面、休息区地面二层走廊地面、墙面、会见室墙面	所有材料见样板，所有石材必须要求六面防腐。必须由建设方、设计师及施工方签字认可
地毯类				
C-02	化纤地毯	—	会见室一至六地面、办公室、档案室	
涂料类				
P-01	乳胶漆饰面	—	一、二层天花及墙面	
P-03	橙红色乳胶漆饰面	—	会见室墙面	
P-04	灰色乳胶漆饰面	—	会见室墙面	

（5）对其他专业设备终端的核查与协调

为满足合同及施工项目的需要，与建筑标段及其他标段在室内设计层面上协调各功能房间各个界面的设计，在不影响室内设计格调的情况下为各专业提供合适的位置空间，确定设备终端的选型、材料并提供相应的图纸及说明，以确保其安装正确，不对室内空间带来任何不利的影响。以某工程为例，详见图 2-106。

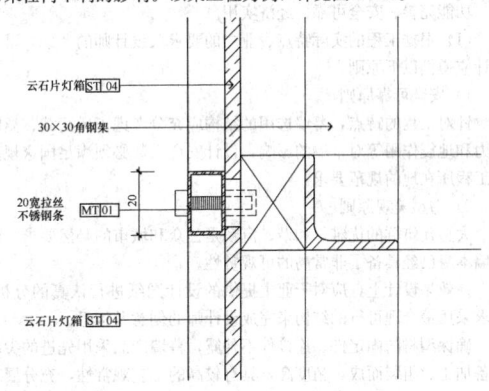

图 2-106　灯箱安装与装修关系图

2. 室内设计与各专业的合作程序

合作程序见图 2-107。

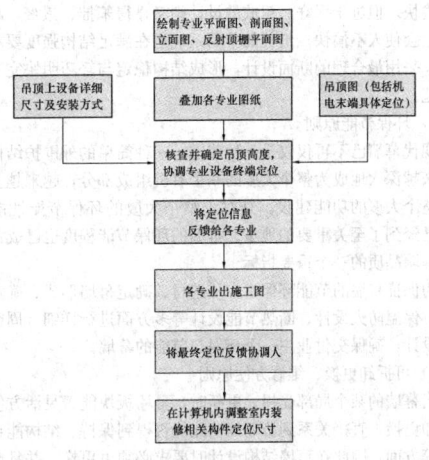

图 2-107　室内设计与各专业合作程序

3. 精装修深化设计应注意的问题

（1）结构施工阶段

配合结构和机电等专业确认及协调预埋、预留孔洞的位置，确保施工的准确性，以防内装阶段返工。

（2）粗装修阶段

配合更加细致的施工工作，如：门窗安装、管线预埋等，以确保下一步装修的顺利进行。

（3）精装修阶段

深入细致的施工工作阶段。结合各专业的要求，统一配合吊顶面、墙面的细节布置，应均匀、美观、对称；对墙面、地面施工的选材、色差及平整度应严格按设计初衷进行控制。在建筑师的参与下选定各种材料及产品。在材料及产品的应用、安装及细节的处理中均应严格按技术规程的约定执行和控制。对有特殊照明及声像设计的区域，与建筑师及专业施工单位协调进行各种现场调试。

特殊装修面上的各专业末端需要通过建筑师的认可。

在有技术疑问的情况下及时与设计人员协商，确定解决方案。

2.8.2.5 幕墙工程深化设计

幕墙作为现代主义建筑的一个主要特征，广泛使用在新兴建筑物的装修中，受到业主和设计师的欢迎。随着新型幕墙的不断涌现，幕墙材料的不断创新，业主和设计师对幕墙形式的要求越来越高，在幕墙的设计中，设计单位只提供幕墙的材质、颜色及大致分格等基本参数，深化设计工作由具有幕墙设计施工资质的专业公司完成。因此需要对深化设计进行严格的管理，保证既能满足业主和设计师的要求，也要保证施工的质量和安全。

1. 幕墙设计的基本原则

幕墙工程设计的总体指导思想：充分体现建筑风格、结构合理、功能完善、安全可靠、经济实用。

（1）根据工程的实际特点、业主的要求及设计师的考虑，幕墙设计应遵循以下原则：

1）安全可靠原则

针对工程的特点，幕墙选用的结构应充分考虑了风荷载、温度应力和地震作用等对幕墙的影响，设计安全系数必须满足国家规范及工程所在地的规范要求。

2）造型美观原则

大型建筑群的优雅、和谐、流畅是公众和城市的必然要求，而幕墙本身已经具备了非常高的可观赏性。

在效果设计上，应对于业主提供的设计图纸进行认真的分析，力求采用最合理可行的结构来完成设计师的创意及构思。

确保型材的固定件、连接件不外露，幕墙产品采用先进的尖端设备加工、组装而成，精度高，具有较高的工艺观赏性，充分展现机械、创造的美感。

3）结构轻巧而稳定原则

结构稳定可以保证结构的安全，同时也会产生一种结构稳定所特有的美感，失稳的结构会给人带来危机感，造成人的紧张，使人很不愉快。但过于保守、粗放的设计则又显得笨拙、累赘，缺乏灵气，也会使人不愉快。最佳的幕墙系统是在满足结构强度要求的前提下，采用最合理的断面设计，形成结构稳定与轻巧明快完美结合的典范。

4）环保节能原则

现代幕墙已不再仅仅是一种装饰、一种简单的外围护结构，而是越来越深入地成为整个大厦的一个有机组成部分，越来越多地参与了整个大厦的功能建设。其对于整个大厦的环保节能性能的影响，已经到了至关重要的地步。幕墙的环保节能程度也成为人们衡量幕墙品质的一个重要指标。

为保证幕墙的节能环保，应从选材、确定幕墙形式、确定幕墙结构、保温防火设计、断热节能设计等多方面进行详细、周密的研究和设计，确保交付业主一个环保与节能的幕墙。

5）可拆卸更换、维修方便原则

当幕墙的某个局部受损、更新时，幕墙板块能否灵活方便地进行拆卸更换，直接关系到幕墙的功能能否得到保持、结构能否受到影响等方面，因此在幕墙结构设计时要求必须可更换，并且要很方便，不能影响幕墙的正常使用。

6）经济性原则

在以上原则得到充分保证的基础上，要充分考虑幕墙的经济

性、效益性，提高幕墙的性价比。保证资金投向合理，在确保满足国家规范的基础上，合理地使用材料至关重要，只有巧妙、合理地发挥各种材料的特性，才能产生极佳的效益。

（2）幕墙性能设计指标

根据国家规范要求，幕墙的设计必须满足以下性能要求：风压变形性能、空气渗透性能、雨水渗漏性能、保温性能、隔声性能、平面内变形性能、耐冲击性能、光学性能、防火等级、防雷等级、抗震设防烈度等。

对幕墙性能的要求和建筑物所在地的地理、气候条件有关。由于幕墙的构造比较复杂，在设计中不同的专业公司采用的材料截面尺寸、构造形式和做法都不相同，即使同一专业公司，不同的工程实际情况，具体设计也不尽相同。所以幕墙的设计往往通过幕墙实物性能试验来确认是否达到预定的性能等级要求。

（3）幕墙的结构设计

幕墙最外层为玻璃、石板及金属板材等面层材料，支承在铝合金或钢横梁上，横梁链接在立柱上，立柱悬挂在主体结构上，这些连接允许有一定的相对位移，以减少主体结构在水平力的作用下位移对幕墙的影响，并允许幕墙各部分因温度变化而变形。此外上下层立柱也通过活动接头连接，可以相对移动以适应温度变形和楼层的轴向压缩变形。

幕墙应按照围护结构设计，不分担主体结构的荷载和地震作用。

有抗震设计要求的幕墙，在常遇地震作用下玻璃不应产生破损；在设防烈度地震作用下经修理后幕墙仍可以使用；在罕遇地震作用下幕墙骨架不应脱落。

幕墙构件设计时，应考虑在重力荷载、风荷载、地震作用、温度作用和主体结构位移影响下的安全性。

（4）幕墙的其他相关设计

目前常用的幕墙形式主要是玻璃、石材和金属板，尤其是玻璃幕墙，日常的清理才能保证幕墙的正常良好的使用。因此擦窗机设计和遮阳设计等相关设计应与幕墙设计结合进行，成为幕墙设计整体的一部分。

2. 深化设计步骤

（1）玻璃幕墙

1）选用材料：常用材料包括玻璃、铝型材、幕墙所用的结构胶及密封胶、连接件及预埋件、外露铝型材（主要是装饰条板）。

2）幕墙主要受力杆件载荷集度的确定。

3）幕墙主受力杆的强度和刚度的校验。

4）幕墙横料的截面承载力的计算。

5）幕墙玻璃粘结宽度计算。

6）幕墙的抗震能力设计。

7）幕墙玻璃的选择。

8）幕墙材料热膨胀的考虑。

9）防火隔层的设计。

10）避雷设计。

11）连接件、紧固件、预埋件的设计。

（2）金属幕墙

1）选用材料：金属板、铝型材、硅胶、隔热防火材料、扣件、后加螺栓等。

2）单元性能试验。

3）幕墙立面划分及平面布置。

4）幕墙竖向及水平剖面设计。

5）幕墙主龙骨受力计算。

6）金属板骨架受力计算。

7）金属板验算。

8）节点构造设计（立柱节点、转角节点、外挑节点、封顶节点等）。

9）防火隔层的设计。

10）避雷设计。

11）连接件、紧固件、预埋件的设计。

（3）石材幕墙

1）材料选用：板材、骨料、挂件。

2) 立面及水平面划分。

3) 典型剖面及节点设计。

4) 幕墙主龙骨验算。

5) 板材验算。

6) 板材连接方式验算。

7) 避雷、防火、保温隔热层的设计。

以某工程为例，详见图 2-108。

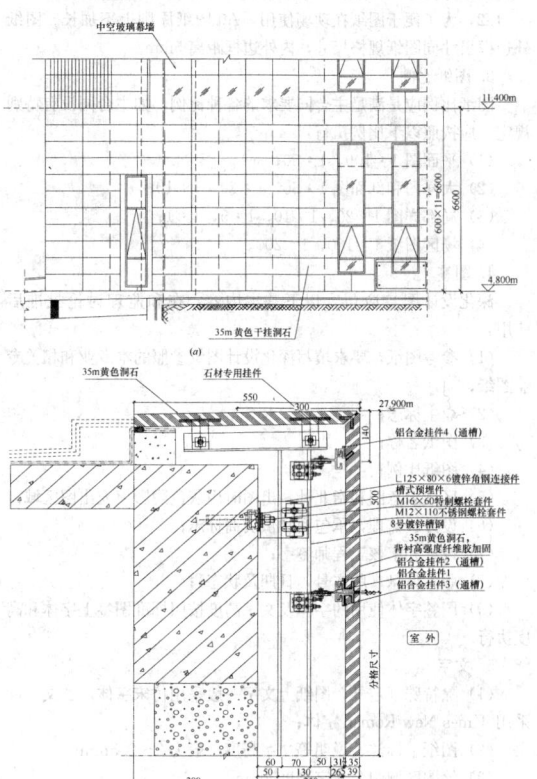

图 2-108 某工程幕墙立面及节点详图

(a) 幕墙立面；(b) 节点详图

3. 深化设计主要内容

(1) 幕墙结构设计方法

结构设计的标准是小震下保持弹性，不产生损害，因此与幕墙有关的内力计算采用弹性计算方法进行。承载力表达方式有两种：一种是我国多数设计规范采用的内力表达方式，一种是用应力表达的方式。应力表达方式又分为允许应力表达及多系数方法表达。

幕墙构件采用弹性方法计算，其截面应力设计值不应超过材料的强度设计值。可变荷载组合作用产生的效应主要为风荷载、地震作用及温度作用。对于采光顶，可能上人或积雪的斜幕墙，还应考虑恒荷载及积雪荷载的组合，按照各效应组合中最不利的进行设计。

(2) 幕墙的样板施工

为保证深化设计的质量和可行性，可根据业主的要求，施工单位先进行样板件施工：

1) 通过样板实际效果的具体体现，对深化设计、设计风格进行调整提供重要的依据。

2) 通过样板件的施工可以对外装修在后期施工可能会出现的质量问题进行预控制。

3) 通过样板件对其进行力学性能、声学检测、环保检测以及抗风压性能、空气渗透性能、雨水渗透性能检验，并对其进行分析总结，从而对后期大面积施工声学、环保检测达标提供准确的数据。

2.8.2.6 其他深化设计工作

除了以上提到的钢结构、机电、精装修、幕墙等部位的深化设计，根据工程中业主的招标范围和工程实际特点，由总承包单位完成的深化设计还可能包括以下的部分：

(1) 部分结构构件的受力计算、钢筋配筋详图及钢筋放样图、混凝土强度等级等。

(2) 模板安装及其支撑细节，主要包括：塔楼柱模板设计、剪力墙模板设计、重点部位模板设计等。

(3) 初步装修中各种材料的排版及大样图、门窗的安装详图等。

(4) 在协调机电各专业设计图基础上绘制综合机电施工图和土建配合图（图纸需显示与机电工程有关的土建工作细节等）。

(5) 其他按合同技术规范、图纸及业主代表/工程监理要求的详图及大样图。

以某工程为例，详见图 2-109、图 2-110。

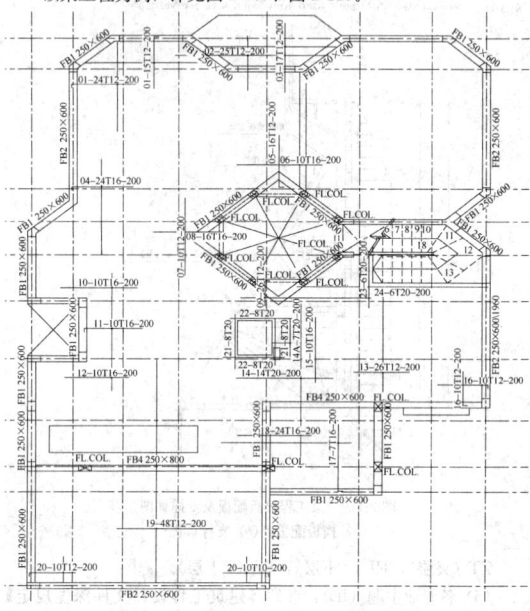

图 2-109 某工程楼板钢筋配筋深化设计图

2.8.3 深化设计图的绘制要求及注意事项

2.8.3.1 深化设计图的编号原则

深化图纸编号中应包括以下内容，见表 2-111。

深化设计图纸编号表　　表 2-111

设计阶段	专业名称	设计分区	楼层	各专业主题	图纸序列号	版本号
Phase	Discipline	Zone	Floor	ID	No.	Ver

(1) 设计阶段 (Phase)：深化设计阶段。

(2) 专业名称 (Descipline)，专业名称分类见表 2-112。

深化设计专业编号表　　表 2-112

Descipline	AR	DC	ST	PB	AC	EL	CF	SY	OT
专业	建筑	装修	结构	给排水	空调	强电	弱电	综合图	其他

(3) 分区 (Zone)：原则上应参照设计图纸分区执行；如无分区，应和相关专业进行讨论，并充分考虑现场施工等综合因素，按照字母顺序：A，B，C，D，E，F，G，H，J，Z 进行分区，分区 "Z" 指适用于所有分区的图纸。对于独体建筑，可不进行分区。

如一张图纸包含两个或两个以上分区，分区间应采用 "一" 连接。

(4) 楼层 (Floor)，由两个字母组成。

SS (地下-1) 层，00 层，01，02，03 等以此类推。

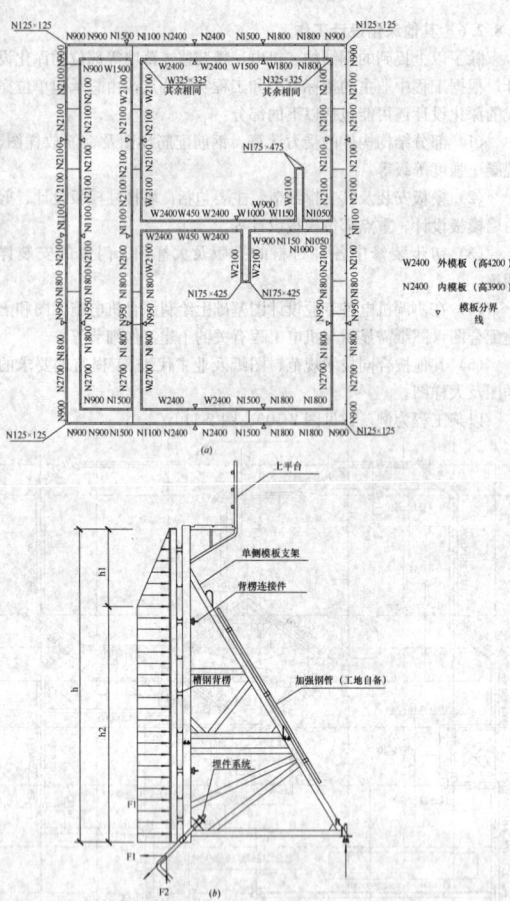

图 2-110　某工程模板配板及支撑详图

(a) 模板配板；(b) 支撑详图

ZT（夹层），RI（0 下层），RS（0 上层）。

（5）各专业主题（ID）：参照《建筑工程设计文件深度规定》中的具体内容。

（6）图纸序列号（No.）：从数字 01 开始，以自然数依次递增。

序列号按照主题独立编号，区域由 A～Z，楼层由下至上，区域按照字母顺序由前往后。

增加或者减少图纸，应及时调整其他图纸编号。对于在已经完成的两张连续编号的图纸中间增加编号的图纸，可使用 XX.1，XX.2 形式对图纸进行编号。

（7）版本号（Ver）：第一次提交图纸为 A 版，第二次提交图纸为 B 版，依次类推。

2.8.3.2　深化设计图的制图要求

1. CAD 绘图基本原则

（1）各专业应制定统一的 CAD 标准模板；

（2）CAD 绘图应以标准模板为基础进行绘制；

（3）CAD 绘图在模型空间按照 1:1mm 进行绘图；

（4）尺寸标注平面图以 mm 为单位标注，场区图纸以 m 为单位标注；

（5）标高以 m 为单位标注，可标注绝对标高或者相对于完成面的标高；

（6）相对于原设计图纸或者前一个版本所作的改动，应以云线标识；

（7）对于平面布局较大需要分块切割出图的图形，应在布局空间出图；

（8）图纸打印应按照各专业标准出图样式打印。

2. 图纸尺寸

图纸规格及尺寸如表 2-113 所示。

深化设计图纸规格表　　　表 2-113

图纸规格	A4	A3	A2	A1	A0
图纸尺寸 $w \times h$（mm×mm）	297×210	420×297	594×420	841×594	1188×841

图纸宽度方向可加长，增加的长度为标准图纸宽度的 1/8、1/4、1/2，为了便于图纸在现场使用，A0 图纸原则上不加长。图纸外边框尺寸同图纸规格尺寸，内外边框距离 5mm。

3. 图纸比例

图纸比例应是满足主合同要求的各种比例，如主合同没有特别规定，应按照以下比例执行：

（1）平面图 1:100，1:50；

（2）大样图和剖面图 1:50，1:20，1:10；

（3）局部详图 1:20，1:10，1:5，1:1；

（4）场区图纸 1:100，1:200。

4. 图签

深化设计图签应包含以下基本内容，在和监理讨论批准后使用：

（1）参考图纸，要求填写深化设计图纸参照的本专业和相关专业图纸；

（2）业主标志；

（3）图纸名称；

（4）图纸比例；

（5）区域示意图和指北针：出图时用灰色阴影填充出图区域；

（6）设计，监理，承包商和供货商标志；

（7）设计和审核工程师签字；

（8）版本信息（版本号，日期及状态）；

（9）图签字体使用的字体及文字高度按照标准图签上字体和高度执行。

5. 文字

（1）除特殊规定外，图纸上文字一般采用仿宋字体，西文一般采用 Times New Roman 字体；

（2）图纸上标注、说明等文字高度一般为 2～2.5mm；

（3）绘图区域图名文字高度 4mm。

6. 尺寸标注

尺寸应按照在 CAD 模板中设定的样式进行标注，尺寸标注样式设定基本要求如下：

（1）尺寸线，尺寸界线，颜色和线型都随图层；

（2）箭头使用短斜线（建筑标记），引线使用实心基准三角形，箭头大小为 1；

（3）文字样式：使用 Arial 字体，文字颜色随图层；文字高度 2～2.5mm；文字位置：垂直-上方，水平-置中；

（4）调整：由于在模型空间按照 1:1mm 绘图，所以标注特性比例应使用全局比例，按照出图比例确定；

（5）主单位精度 0，比例因子为 1。

7. 图例

（1）标准图例可以原设计图纸上的图例为基础，由各专业工程师按照绘图需要进行补充。

（2）标准图例经监理审核确认后下发到每一个设计工程师，并严格按照标准图纸绘图。

（3）在绘图过程中新增加的图例应及时补充到标准图例中。

8. 图层

CAD 绘图应按照标准图层规定的图层名称、线型和颜色绘图，标准图层由各专业工程师根据绘图需要制定和补充。

（1）图层命名原则：专业_主题_分类_内容，由大到小设定。

（2）图层线型

各图层线型的设定应尽可能和原图纸保持一致，同时为了保证黑白图纸的管道区分，应通过设定不同线型或者在管道上加注文字标示来区分管道。

（3）图层线宽

1）线宽可根据管道的重要性设定，线宽分别为 0.2mm、0.3mm、0.4mm。

2）建筑图纸中，除需要特别突出的线条外采用 0.3～0.4mm 线宽外，应统一采用 0.2～0.25mm 线宽。

3）机电图纸中，建筑轮廓现采用细线，线宽 0.15～0.2mm，专业管线应加以突出，线宽 0.3～0.4mm。

（4）图层颜色

1）CAD 图形中图层颜色可根据管线种类进行设定，以便于在电脑上阅读。

2）机电专业图纸中建筑底图所有线条均改为灰色（8号色），专业管道颜色根据管道种类进行设置。

3）图纸打印为黑白图纸，特殊图纸除外，如机电综合图等。

9. 打印样式

各专业应按照线型、线宽和颜色建立标准的出图样式。

2.8.3.3 深化设计的注意事项

1. 逐步提高深化设计能力

注重基础技术积累工作，为提升整体深化设计水平打下坚实的技术基础。一方面注重日常技术资料的搜集积累工作；另一方面，注重深化设计人员日常经验的沟通与交流，定期对包括深化设计人员在内的技术工作者进行专门的轮训考核，并在企业总部设立由设计专家担任的专门岗位负责进行审核和长期的辅导支持。

提升对新技术和新工艺的科技攻关能力，增强深化设计的科技竞争实力。

提升国际采购和材料优化选型能力，为深化设计能力的提升提供可靠的后勤保障。掌握一手的建筑材料市场行情及变化趋势，更加有助于在设计师与业主的期望中找到动态的平衡点，实现设计意图、功能要求和整体造价的完美结合。在深化设计中积极开展材料替代，提高材料设备的技术经济性，实现与设计、业主的共赢。

加强专业人才队伍建设，为深化设计提供有力的人才队伍保障。一方面加强企业内部深化设计人员的培养与锻炼；另一方面积极组织社会优秀资源，通过定期或不定期合作的方式，以具体项目为基本单位，与企业外部优秀的设计资源展开合作，在合作中不断充实自己，提升深化设计能力。

2. 完美体现设计意图，满足业主需要

工程总承包项目的深化设计必须立足于原有设计单位的设计理念与意图，通过深化设计中节点的深化及明确材料选择等方式，完善原有设计图纸的可操作性，因此，在深化设计前对设计图纸的阅读与审查至关重要。深化设计中，应及时咨询业主意见，提前解决业主可能发生的设计变更内容，减少施工时业主的设计变更，减少返工停滞的风险，更有利于工程施工的进行。

3. 统一深化设计标准，满足设计规范及深度要求

提高深化设计能力，需要加强深化设计人员、设计分包的个人与团体协作能力，因此需要统一深化设计标准，积累各种类型的工程深化设计经验，逐步提高深化设计能力。根据项目所在地的不同，原有设计单位的设计理念的差异，严格遵守设计规范及设计深度要求，保证深化设计成果的顺利审批和运用。

4. 加强深化设计管理，为项目节约成本、节省工期及材料采购等提供坚实基础

加强深化设计管理，完善深化设计内容，需要在管理制度上明确，根据深化设计管理的要求，从成本、组织、工期等方面利用深化设计工作为施工服务。

2.8.3.4 深化设计软件简介

详见本书 2.9.5 节相关内容。

2.8.4 深化设计的审批及文件管理

深化设计文件管理流程见图 2-111。

2.8.4.1 深化设计的内部审核工作

深化设计完成后，提交项目部审核，由项目总工（技术负责人）组织深化设计部门、合约部门、采购部门及相应的专家顾问审核。各专业负责人应组织本专业设计工程师、责任工程师等对本专业的设计图纸进行会审，从各个角度对图纸进行审查。各部门从各

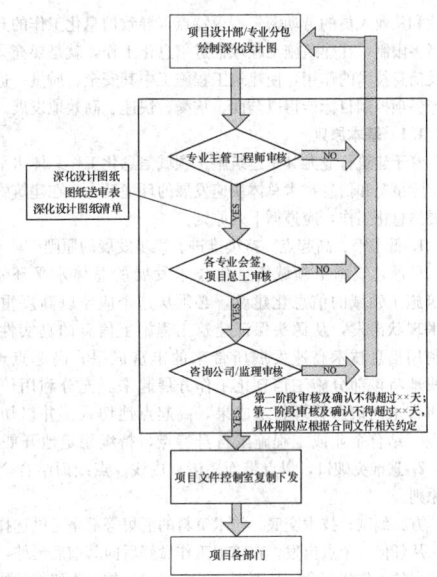

图 2-111　深化设计文件管理流程图

自角度对深化设计对项目的影响进行评估，以确定深化设计是否既能满足原有设计图纸的要求，也能满足项目施工、节约成本及保证施工工期的要求。

2.8.4.2 深化设计的外部会签工作

深化设计成果（包括图纸、计算书等）打印完成后填写图纸会签表，由专业主管工程师进行审核并交相关专业会签，最后由项目总工（技术负责人）审批后提交送审。

深化设计图纸会签应提交深化设计图纸清单、深化设计图纸并填写图纸会签表。对完成的专业设计图纸，各相关专业应相互进行会签，避免出现专业图纸之间的矛盾。各相关部门签字认可后方可报送总工（技术负责人）审批并报送设计及业主单位。

2.8.4.3 深化设计的审批工作

按照项目深化设计文件的报送计划，向业主报送深化设计文件（包括图纸、计算书等），在合同要求的时间内督促业主审批深化设计文件。如深化设计文件得不到业主认可，或业主要求进行修改，根据业主的要求重新设计及修改深化设计文件，经过内部审核和外部会签程序后再次报送业主，获得批准后由文件管理部门发放，供施工使用。

2.8.4.4 深化设计文件管理

（1）工程总承包单位应设置专职资料员，负责深化设计图纸、设计变更、工程洽商及其他相关设计文件的收发、登记、保管、整理和归档工作。

（2）对于已批准的深化设计图纸，按照和咨询（监理）工程师商定的数量打印，并按照图纸送审程序提交图纸和电子文档。

（3）文件控制室收到咨询工程师下发的正式文件（含图纸）并登记后送项目经理批示。文件控制室负责图纸复印加盖受控章并下发项目各部门，原版图纸在文件控制室存档保存。对于有条件的项目，可以采用电子文档的形式在项目内部进行审批流转。

（4）只有经过正式确认发放的图纸才能用于施工。

（5）资料员要做好设计图纸、设计变更、工程洽商等设计文件的发放管理工作；对于作废的设计文件做好作废标识。

（6）图纸发放的部门及份数，由项目总工（技术负责人）根据项目的具体情况确定。

2.9　建筑工程施工信息化技术管理

2.9.1　建筑工程施工信息化应实现的目标

信息化，已被视为一项国策在各行各业贯彻实施，建设施工领域也不例外。但建设施工领域，由于其产品的单一性、固定性、流

动性和从业人员的劳动密集型等特点，导致信息化工作的开展受到了诸多限制，在建筑施工领域推进信息化工作，就是要充分发挥信息及信息技术的作用，使建筑工程施工中其安全、质量、进度、成本等各项控制目标能得以全面、均衡、快速、高效地发展。

2.9.1.1　基本原则

鉴于建筑行业尤其是建筑施工领域信息化工作总体水平还不高的实际情况和信息技术总体快速发展的环境动力，在建筑施工领域开展信息化工作，应遵循下列原则：

1. 低水平、高起点、持续推进、稳步发展的原则

目前建筑施工领域信息化技术发展的总体水平还不均衡，建筑施工领域的信息化建设，必须从这个应予以高度重视的低水平现状出发，从源头保证建筑工程施工信息的真实性。应充分利用信息技术高速发展所带来的丰富成果，高起点地切入，尽快地将该部分施工信息化工作开展起来。充分利用信息化技术所带来的信息管理技术成果，高起点地切入。并以切入点为起点，结合企业或工程施工自身特点，持续稳定地开展。

2. 选准突破口，以点带面、诸点成线、点线面结合全面发展的原则

方案编制、技术交底、技术资料的汇集等都是可供选择的出发点，从任何一个点出发，在该项工作做好后向其前后延伸，均可与其余点上的工作相汇合，从而形成一条以信息技术为纽带的线。当这些线覆盖了工程施工（乃至施工企业）的各方面时，信息技术工作就得到全面开展。

3. 整体规划、分步实施原则

应基于信息技术高速发展所带来的各项成果，结合企业发展目标，整体规划其信息技术发展方向，包括建筑工程施工信息化技术发展规划，并在该规划的指引下分步实施，逐步完善。以实现成熟一个、启动一个、成功一个。

4. 以日常工作为核心，从有用、够用出发，逐步寻求高速、高效的发展目标

信息技术的开展，应从眼前的工作出发，以具体解决某一个问题（比如方案、技术交底编制等）为突破口，使所配备的软、硬件和人员能够管用、够用，进而圆满地完成该项任务。方案库的建设，能辅助工程技术人员方便、快捷、有效地编制对应的施工方案；技术交底系统的建立，尤其是三维动画、虚拟仿真技术的运用，能够使操作人员快速、准确地领会各种复杂构造，掌握其操作方法，并进而安全、优质、高速、低耗地完成其施工任务。

5. 信息技术的推动必须与传统手段的淘汰同步进行

要体现信息技术的有用和有效性，必然要淘汰传统技术手段和相应的方法；如果同时按照传统方法和现代信息技术方法运行，就等于是在传统方法基础上给员工增加了一份工作量，当职员对信息技术的"新鲜感"过去后，必然会抛弃新的信息技术方法，而选择驾轻就熟的传统方法，从而使新的信息技术方法难以有立足之地。

6. 信息技术的开展和见效是一个系统的、渐进的过程，不可一蹴而就

正如传统技术的淘汰会有一个过程一样，新推行的信息技术从领会、掌握到全面铺开也需要一个过程。在这个过程中，新老技术会并行一段时间，新技术的优势将逐渐显现，传统技术和方法将逐步退出。

2.9.1.2　基本目的

尽管信息化建设工作不可一蹴而就，但却并不是说信息技术工作就可以弃之不顾。相反，还应当尽快起步并逐步开展起来，并达到和实现以下基本目的：

1. 满足日常办公需求，逐步向办公自动化（OA）方向迈进

信息技术发展至今，在计算机及其 OA 软件和互联网的支持下，因电子文稿成型和传递的便易性、快捷性以及可重复利用等诸多特殊功能，而使日常办公计算机辅助化已被众多企业所青睐，并逐步替代了手写文稿。工程领域亦不例外，除去各类往来文字文档已经计算机化之外，各类工程图纸的形成和交流亦逐步实现了运用计算机辅助绘制替代手工绘制的方法，目前又发展到运用三维设计取代二维设计的方法。身处这种大环境中的施工企业，必须使自身的工作方法也融入到该现代化进程之中；否则，工作将难以开展。

2. 满足企业资质考核对信息化建设的需求

2007 年 3 月 13 日，建设部以"建市〔2007〕72 号"文颁发了《施工总承包企业特级资质标准》，这是自原"建建〔2001〕82 号"文《建筑业企业资质等级标准》后修订颁布的一个新标准，其中关于企业应具备的"科技进步水平"的第五条即企业信息化建设提出了要求。

3. 满足科技示范工程对信息化建设的需求

自 1994 年在建筑行业推广应用 10 项新技术以来，通过各地、各施工企业科技示范工程的带动，有力地促进了建筑业的科技进步工作。示范工程的开展，既体现了一个企业的科学技术运用发展水平，亦为企业带来了巨大的经济效益和社会效益，并在市场竞争中占有较大的优势。应以该项工作为契机，切实启动并推动信息技术向前发展。

2.9.1.3　长期目标

这是信息技术在建筑施工领域运用的更高要求，是在启动信息化工作并实现基本目标要求后结合企业（或施工项目）具体情况而开展的工作。例如：虚拟仿真技术、施工现场的计算机辅助制造技术、复杂和困难环境下机器人施工技术、在线健康监测技术、运用 PDA 设备实时输入现场抽检质量数据、远程验收技术、远程项目管理控制技术、全方位的项目管理信息系统等。

2.9.2　建筑工程施工信息源及载体的识别

一般地说，信息是由信息源、内容、载体、传输和接收者五个方面组成；不同的信息源有不同的识别方法，不同的信息载体适合于不同的信息内容。弄清并掌握建筑工程施工环节的信息源及其载体，有利于更好地识别、提取和运用信息，使其在施工组织、施工管理以及施工技术活动中发挥积极的作用。

2.9.2.1　建筑工程施工的信息源

1. 信息源的概念

联合国教科文组织 1976 年出版的《文献术语》称："信息源"即个人为满足其信息需要而获得信息的来源。换言之，一切产生（生产）、存贮、加工、传播信息的源泉，都可以看作信息源。从科技攻关和日常工作角度看，信息源是人们在科研活动、生产经营和其他一切活动中所形成的各种原始记录和工作成果；并且，对这些原始记录和工作成果进行加工、整理以获得更好、更期待的成果，都是借以获得信息的源泉。

信息源的内涵非常丰富，它不仅包括各种信息载体，也包括各种信息机构；不仅包括自然表象的、人们口头的、肢体的信息，也包括文字的、声像的记录信息；不仅包括传统的印刷型文献资料，也包括现代电子图书期刊；不仅包括各种信息储存和信息传递机构，也包括各种信息生产机构。

2. 信息源的分类

（1）从信息源产生的时间顺序方面看，可以将信息源划分为"先导信息源"、"即时信息源"和"滞后信息源"三类（图 2-112）。

图 2-112　按照信息产生的时间顺序
划分信息源的种类

1）先导信息源：指产生于社会活动之前、与建筑工程施工活动密切相关的信息，包括：天气预报等；

2）即时信息源：或实时信息源，是在科技攻关、生产经营和社会活动过程中逐项产生的信息，如工作记录、试验报告、质量验收评定等；

3）滞后信息源：在即时信息源的基础上对其加工、整理可获得更多有用的"再生"信息（比如总结报告、论文等），滞后信息源即是专门用来发布这些再生信息的信息源，比如报刊、杂志等。

(2) 按信息源传播形式，可将信息源划分为"语音信息源"、"文献信息源"和"实物信息源"三类。

1) 语音信息源：存在于人脑的记忆中，人们通过交流、讨论、报告会的方式交流传播；

2) 实物信息源：存在于自然界和人工制品中，人们可通过实践、实验、采集、参观等方式交流传播；

3) 文献信息源：存在于文献中（包括印刷型信息源和电子信息源等），人们可以通过阅读、视听学习等方式交流传播。

(3) 按信息的加工和集约程度，可将信息源划分为"一次信息源"、"二次信息源"、"三次信息源"和"四次信息源"。

1) 一次信息源：指直接来自创造者的原创，没有经过任何加工处理的信息；

2) 二次信息源：是感知信息源，是从一次信息源中加工处理提取的信息；

3) 三次信息源：是再生信息源，比如报刊、杂志或工具书（百科全书，辞典，手册，年鉴）等；

4) 四次信息源：是大量提供三次信息源的信息源，比如图书馆、档案馆、博物馆、数据库等。

3. 建筑施工领域的信息源

建筑施工领域，伴随工程项目的建设（施工）过程，作为工程技术人员，应重点关注下列信息源及其产生的信息：

(1) 基础类信息

包括为工程施工提供依据性的信息，即国家、行业、地区和企业标准类信息；为工程施工提供指导的信息，如工具书、工艺标准、工法等；反应工程项目状况的信息，如地理位置、地形、地貌及其所在地域的气象、气候、交通、水文、地质情况等；关于工程项目的具体信息，如招标、投标文件、设计图纸及设计技术规范等；这些信息源，多数可归结为"三次信息源"。

(2) 即时（实时）信息

亦即施工过程中产生的信息；其既有语音信息（如设计交底会、技术交底会、施工安全/工程质量/施工进度例会、科技攻关会等的会议录音/录像），也有实物信息（如各种机械/设备、原材料、半成品等）；既有一次信息（施工过程中产生的各种原始记录、技术参数、试验数据等），也有二次信息（根据试验数据、技术参数得出的分部、分项工程验收记录等）。这类信息是施工过程中应重点把握的信息，其将直接形成建筑物的竣工档案，也将为企业的技术进步、经济建设等所需"再生信息"提供基础性资料；也是形成三次信息源、四次信息源和文献信息源的基础。

2.9.2.2 建筑工程施工的信息载体

1. 信息载体的概念

信息载体是指信息传播过程中携带信息的媒介，是信息赖以附着和承载的物质基础；即用以记录、传递、积累和存贮信息的实体。

信息载体有广义和狭义之分，理论信息学意义上的信息载体是指狭义而非广义。广义的信息载体是指所有承载有、蕴涵有信息的实体，即生命体和可从中形成、获取信息或可将信息赋予、固化其中的物质实体，包括日月星辰、山川河流，房屋衣饰，笔墨纸砚，也包括生命体自身；狭义的信息载体是指专门用于承载、固化信息或兼有承载、固化信息作用的物质实体，它只能是信息主体（生命体）有目的的创造物，如笔墨纸砚，房屋衣饰等等。

2. 建筑工程施工过程中的信息载体

施工过程中，赖以记录和传递信息的载体包括：

(1) 特定人员——业主代表、设计工程师、监理工程师、企业领导、工程技术人员等。

(2) 特定物体——建筑材料、机械、设备、构件、半成品等。

(3) 纸质载体——各种书面指令（往来文件）、记录表格、设计图纸等。

(4) 多媒体（电子媒体）——音像、广播、电视、数码（摄/录）相机、计算机网络以及相应的磁带、光盘、移动硬盘等。

伴随计算机及其网络技术的高速发展，各种图像、音频、视频资料在建筑工程中的运用越来越广泛。虚拟技术在建筑工程中的运用，亦以多媒体的方式首先展现在各参建人员的面前，相应地，其

信息载体也发生了较大的改变；电子媒体的传递、保管等，均大大地优于纸质载体等传统媒体。

2.9.3 建筑工程施工过程中的信息传递及要求

伴随着全球科学技术的高速发展和国家经济建设的高速增长，对建设工程的要求也越来越高。建筑物，已不只是由简单的"火柴盒"构成，也不再只是简单地由砖、瓦、砂、石组成；取而代之的是各种复杂的结构和智能系统；因而，信息和信息技术的支撑就自然而然地成为施工决策、施工组织、施工管理等各项工作的必然需求。

2.9.3.1 建筑工程施工过程中的基本信息

工程的承接和施工过程中，需要各种信息作为支撑，同时也会产生各种信息，概略地看，包括以下内容：

1. 为工程承接或施工部署提供决策依据的基本信息

主要包括：市场行情资料、竞争对手资料、工程招标投标资料、工程设计资料、工程所在场地自然状况资料、工程所在国家或地区（行业）的法律、法规性资料、工程主要部位或主要构件的设计与施工所涉及的具有竞争性（科学、先进、经济、实用）的方法及企业自有的可供该工程的实施而任意调遣使用的各项资源等。

这类信息除工程招标投标资料和工程设计资料具有非常强的针对性、需要针对某个具体工程进行收集整理之外，其余各项资料均可在企业日常工作中逐项积累完成。

2. 为工程施工顺利进行提供支撑的基本信息

主要包括输入型资料和工程施工过程中产生的资料两部分。前者包括原材料、机械、设备、工具、半成品等用于工程或用于施工过程中的各项物资的质保证明书、使用方法和相关技术参数及产地、厂家、运输方式、进场时间、数量、供应商等，重点在于质保资料和技术参数及使用说明几个方面；后者包括各种原材料、机械、设备、工具、半成品等用于工程或用于施工过程中的各项物体进入现场后的检查、检验、存储、安装（施工）、运行记录，以及为保障其施工（安装）、运行等顺利进行所采取的具体部署（规划）和交底、检查（验收）等资料以及专门针对质量、安全、进度、环保（绿色建筑）等目标所制定的各项保证措施（方法）类资料。

3. 为工程的正常使用提供支撑的基本信息

工程建成后，相应的各成型过程中的资料均应转化为"产品质保书"、"使用说明书"和"注意事项"等方面的资料。工程成型过程中所产生的、需要工程技术人员或房屋维修人员掌握使用的资料则以竣工档案资料的形式提交给城市的档案馆和建设单位等相关部门。建筑工程施工所产生的全面资料则应移交施工企业的档案室。

2.9.3.2 信息传递流程

1. 信息流转过程中涉及的单位

施工现场各信息流转过程中，以项目施工的参与单位来划分，各信息主体单位包括建设单位（或称业主方、甲方、开发方等）、设计单位、监理单位（项目管理单位、咨询单位）、施工单位、材料（设备）供应单位、政府监督管理单位和其他相关单位等；所有这些单位中，施工单位（主要是具体组织施工的项目经理部，有较多分包单位时则指总承包项目经理部）作为具体承担建筑工程施工的主体力量，将是各种信息的聚集单位。

2. 工程技术信息传递所涉及的主要专业技术岗位

各工程技术信息一旦获取或传递到施工项目后，首先经由资料员或资料工程师签收并按资料管理制度的要求作好相应的记录后在第一时间内送达主管领导审阅批示，经领导批示后即分发给各相关专业工程师并遵照执行（图 2-113）。

根据内容的不同，资料会分别发送到各相应的专业技术人员。通常，工程变更类资料，会同时分发到工程技术、合约商务和分管施工生产等专业技术人员处；质量、安全类资料，主要发送到分管质量、安全的工程技术人员和分管施工生产的专业技术人员处；而施工进度类资料，则主要发送到主管施工生产的专业技术人员处。具体要求可根据各单位岗位职责划分要求来确定。

3. 信息传递流程

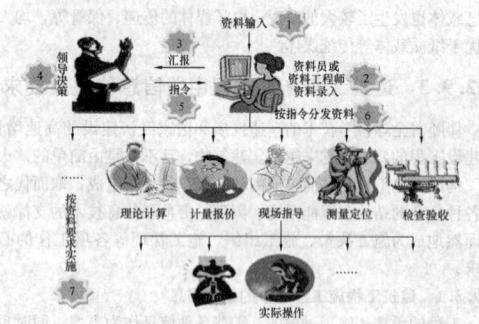

图 2-113　施工现场信息传递的途径

完整的信息传递系统，由三个部分组成：信息源、信息渠道和信息宿。信息传递是一个封闭回路。信息从信息源出发，通过种渠道传输到信息宿，并加以利用后，经过反馈，又产生新的信息，回到信息源。

从信息源出发，凭借一定的（有些时候是特定的）传递媒介，通过一定的渠道传到信息接收点的每一个过程均属于信息传递的过程。而对于施工项目而言，则可以在图 2-113 的基础上于每一个信息接收点再向上级信息源增加一个反馈回路即成为其信息传递的流程，见图 2-114。

图 2-114　施工企业信息传递流程

2.9.3.3　建筑工程施工对信息及其传递的基本要求

信息，对于实现企业（工程施工项目）工作的科学决策，促进党和国家以及上级单位和企业自身发展方针、政策的贯彻执行，有着重要的指导作用和参考价值。而决策者和实施者对相应的信息是否了解、是否及时了解、是否准确地把握、是否正确地运用，跟信息的传递均密切相关。为此，对于信息及其传递必须满足下列要求。

1. 准确性要求

这是对信息本身的要求，信息有真伪之分，客观反映现实世界事物的程度是信息的准确性体现，只有真实并正确的信息才是有用的信息。

2. 全面性要求

同一个事物会有不同的方面，不同的方面即会产生不同的信息；只有全面地掌握各方面的信息，才能看清事物的本来面目；才会使得依此作出的决策不至于有偏颇。

3. 及时性要求

信息获取后，如果不能及时传递到应该到达的部门或人员，则该部门和人员在决策时就会遗漏该方面的信息，从而出现对事物片面认识的现象，甚至出现误判、错判等不良后果。任何一个环节如果存在问题，就会影响施工部署等决策工作，并进而影响施工安全、工程质量和建设进度、建造成本等，必须加以高度重视。

2.9.4　信息技术在建筑施工过程中的运用

信息技术在建筑施工领域的运用，包括辅助办公（内部文件、来往公文、施工组织设计、方案及交底的编制等），辅助设计（含建筑、结构、装饰、机电等综合设计、节点设计、深化设计和结构

分析等），辅助制造（钢结构下料、成型、焊接等），以及远程监控和验收等方面。

2.9.4.1　计算机辅助办公在施工过程中的运用

在建筑施工领域，计算机辅助办公，包括两个层次，即利用OA平台的计算机辅助办公和利用各类办公软件的计算机辅助办公。前者通常是企业层面的工作，后者则主要是参与建筑施工的各专业技术人员所应开展的工作。

OA平台可以提供诸如公文管理、流程管理、事务管理、信息发布、信息交流、知识管理、系统管理等基本功能（即标准运用），还可以根据企业或项目的具体情况专门定制（即扩展运用），以便于满足各企业（项目）的特殊需求。图 2-115 所示为金和OA"大中型企业协同管理平台"的产品结构图，从中可以看出其具体功用。

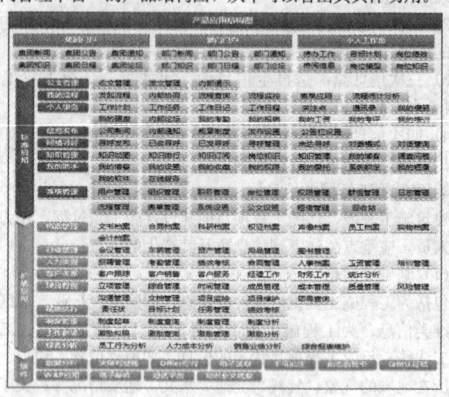

图 2-115　金和OA"大中型企业协同管理平台"的产品结构图

常用的办公软件包括文字输入工具，图形绘制和编辑工具，美国 Microsoft Office 的 Word、Excel 和 PowerPoint，国产金山 WPS Office 的相关软件以及给这些软件提供运行环境的计算机操作系统，为了保护这些软件正常运行的杀毒软件或防火墙系统；还包括文件传递方面的邮件系统，给各专业提供支持的专业办公软件以及便于利用网络进行在线交流的即时通讯系统等。

利用这些软件，即可在计算机中完成文字、图表输入，形成技术交底、施工方案、施工组织设计等电子文件，通过编辑排版后亦可打印成纸质文件进行交流；更多的情况下则是直接利用计算机网络，通过邮件系统或即时通讯系统在项目和企业总部各部门间、在项目与各客户间实时快捷地传递和交流。OA平台则可以为这些文件的流转提供快速、准确的通道和合理、有效的流程。

2.9.4.2　计算机辅助设计在施工过程中的运用

随着 D&B、EPC、BOT、BT、PPP 等工程承包模式的普及，以及复杂、高难度、高科技含量项目的增加，需要施工企业作为工程总承包商甚至投资商去牵头完成工程设计任务，在施工环节开展深化设计工作的事务越来越多，计算机辅助设计不仅仅只是在工程设计单位的工作，也与施工企业（尤其是项目经理部）的工作越来越紧密地联系在一起。

计算机辅助设计，在施工过程中，最基本的运用是施工方案或施工组织设计编制过程中的各项施工设计和临时设施的设计工作，包括辅助绘图等图形设计和辅助计算（通常是结构分析如受力分析、变形验算）等方面。

施工图或深化设计图绘制等图形设计工作，最常用的是 Autodesk 公司的 CAD 设计软件和以此为平台所开发的更具针对性的相关软件，如天正系列的建筑、暖通、电器专业软件等，它们可以辅助工程技术人员甩掉传统的绘图板、丁字尺，完美地完成各种工程设计任务。Xsteel 等软件的出台，给完成钢结构工程的深化设计工作提供了更好的手段。而 ANSYS、SAP、ETABS 以及国产的 PKPM 等结构计算（分析）软件的诞生，为复杂工程的结构分析（计算）又提供了强大的支撑。

在这些计算机软件的辅助下工程技术人员不仅可以对永久结构进行设计、深化，还可以对临时结构及施工工艺中涉及的结构问题或与永久结构的关联问题进行分析、优化，从而在保证安全、质量

的前提下实现高速度、低成本。

2.9.4.3　计算机辅助制造在构件加工生产中的运用

计算机辅助制造，即 Computer Aided Manufacturing（缩写为CAM），是指在机械制造行业中，利用计算机，通过各种数控设备自动完成离散产品的加工、装配、检测和包装等全部制造过程。国际计算机辅助制造组织（CAM-I）关于"计算机辅助制造"所给出的广义定义是指：通过直接的或间接的计算机与企业的物质资源或人力资源的连接界面，把计算机技术有效地运用于企业的管理、控制和加工操作方面。按照这个定义，计算机辅助制造应包括：企业生产信息管理、计算机辅助设计（CAD）和计算机辅助生产、制造等三个部分；计算机辅助生产、制造又包括连续生产过程控制和离散零件自动制造两种计算机控制方式。这种广义的计算机辅助制造系统又称为整体制造系统（IMS）。

在建筑工程施工领域，计算机辅助制造（CAM）主要是运用于工厂化制作的钢结构构件，部分金属、木材、石材、塑料等装饰构件，墙纸、墙布、饰面毯等饰面织物及预制混凝土构件等的生产过程中，通常可与 CAD 成果进行联动，即将运用 CAD 等方式完成的设计成果直接输入 CAM 系统，由 CAM 控制相应的机械设备根据 CAD 等设计图纸要求完成钢材的下料、组对、焊接，或者木材、石材、塑料的切割、打磨、组对等工作。也可以直接运用CAM 系统软件完成相关设计工作。

图 2-116 所示为某单位在引进德国 ESAB 公司的数控火焰切割机及其配套软件 COLUMBUS 的基础上自行开发的 SSCAM 系统的主要结构模块和输入输出系统。SSCAM 系统在建立钢结构的计算机辅助 CAM/MIS 集成系统方面做了较多有益的工作；采用了CAD 工作方式，具有良好的开放性，可以用 IGES、DXF 等几种CAD 图形交换格式与绝大多数钢结构设计 CAD 系统连接；因此，SSCAM 可以直接从 CAD 系统接收设计图文件，并从中读取钢结构零件的几何信息；适合于采用火焰、等离子、激光、高压水等数控切割加工工艺生产钢结构及其他板材零件；极大地提高了钢构件加工制作的安全性、精确性和生产效率。

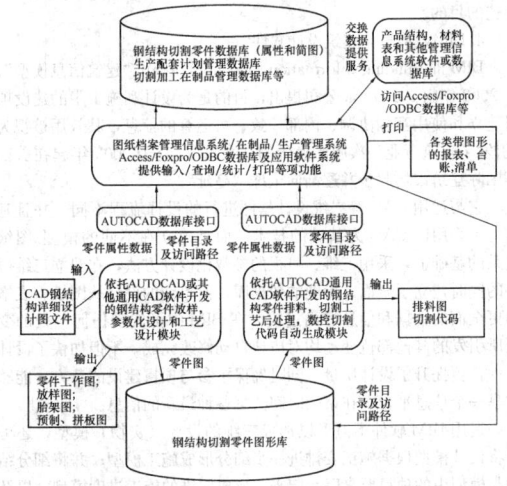

图 2-116　SSCAM 系统的主要结构模块和输入输出系统示意

2.9.4.4　计算机辅助远程监控在工程施工和验收过程中的运用

计算机辅助远程监控包括与项目所在地不在同一地域的企业总部等管理机构对项目实施情况通过计算机辅助系统进行的监控，也包括项目办公室对项目操作现场实施情况进行的监控。

图 2-117 所示为上海环球金融中心采用的施工质量远程验收系统。通过该系统，可以实现验收人员和相关专家不到实际操作的施工现场却如同亲临现场一样，实现对施工过程的实时验收。验收人员分为操作小组和验收小组两部分，操作人员为熟练使用监测装置并常年在施工现场工作的专业技术人员，验收人员则是根据合同和验收标准规定组成的各方专家，除施工单位有关专业人员外，还包括业主代表、设计人员、监理工程师、政府质量（安全）监督人员，以及特聘验收专家等；操作小组根据验收小组的指令完成各种

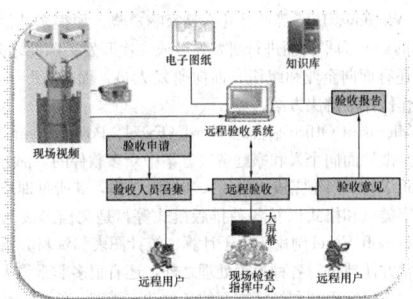

图 2-117　施工现场工程质量远程验收系统示意

量测工作，验收小组根据验收仪表反馈的数据判断验收部位的施工质量和安全等验收内容是否符合要求，并形成验收意见、出具验收报告；部分实时监测数据，还可以通过系统专家库自动评判、自动记录，达到临界值前自动报警。由于验收专家不需要频繁地到环境复杂的施工现场，从而可节省验收时间，也避免了专家们在施工现场行走所带来的安全风险，亦可降低工程成本。

2.9.5　建筑施工领域典型的计算机信息技术及软件介绍

从日常办公、图纸设计与绘制、结构计算到文件传递、系统管理等，能够运用于施工领域的计算机辅助软件非常多，正确地选择和配备相关计算机辅助软件，即可为广大工程技术人员提供强大的支撑和辅助作用；各单位和项目应当结合企业和工程实际，有针对性地选用。以下各类软件是各单位和工程技术人员经常运用的软件。

2.9.5.1　典型的办公自动化软件

1. 常见办公自动化（OA）平台

以下对常用的 OA 平台进行简单介绍，供各单位结合自身情况和需求具体运用时参考。

（1）万户网络——协同办公软件

推出 ezOFFICE 标准版、ezOFFICE 专业版、ezOFFICE 政务版、ezOFFICE 运营版等产品，有上海申通地铁、中国重汽、中联重科、东风汽车、东方电子等客户；广泛涉及集团型企业解决方案、大型企业解决方案、中小型企业解决方案、电力行业协调管理解决方案、公安行业解决方案、生产制造业解决方案、房地产行业解决方案等。

（2）泛微软件——新一代协同办公（OA）软件

推出 e-cology 泛微管理运用平台、e-nature 泛微协同办公高级版、e-office 泛微协同办公标准版和 e-nation 泛微协同政务系统等产品，广泛涉及集团管理、制造业、IT 通信行业、医药行业、化工能源、房产建筑业、城市建设、投资行业、咨询行业、机械行业、电子行业、汽车行业、广告传媒业、酒店餐饮业、零售连锁业、商业贸易、物流行业、金融保险、教育行业、研究机构及政府部门等。

（3）华炎——网上办公室

包括华炎信息门户系统、个性化定制页面、多样化信息来源、集成各类 google 小工具、自定义专题门户、自定义页面主题等功能；有基础版、标准版、专业版和企业版办公套件、流程管理、知识管理、合同管理、信访管理、文档管理等版本；有众多交通、地产、石油、教学、金融等方面的成功案例。

（4）金和 OA

有大中型企业协同管理平台"金和 C6"、政府协同办公平台"金和 GOA"、中小企业办公管理软件"金和 IOA"和组织精确沟通平台"金和通"等产品；有众多建筑业、地产业、服务业、军工贸易、信息技术、交通物流、政府机关等方面的成功案例。

（5）用友致远 OA

其 OA 协同产品包括普及版、标准版、企业版和集团版四个类型；在制造行业、电力行业、政府行业、建筑地产、商贸连锁、教育行业、食品饮食等领域有众多成功的案例。

（6）微软 Microsoft

其面向个人和家庭解决方案中的 Windows、Offices、Windows

Phone、Windows Live 等产品几乎是家喻户晓，如很多其他软件都是以 Windows 为平台而进行研发设计或二次开发；除此之外，Microsoft 还有面向企业和组织、面向研发人员、面向 IT 专业人士、面向合作伙伴等解决方案。

2. Microsoft Office 平台之 Word、Excel、Power Point 等

这是微软面向个人和家庭解决方案中众多软件的一部分，其中 Microsoft Word 用于完成文字输入和编辑工作，其所见即所得、丰富的文字类型和格式以及各种排版模式等，是文档形成的得力助手；Microsoft Excel 则用于电子计算、统计图表和资料分析等，除了能非常方便地进行各种报表处理之外，还有很多非常强大和方便的功能，如建立管理和经济方面的各种动态模型，然后进行大数据量的模拟分析；Microsoft PowerPoint 被用来制作各类演示文档，方便与客户间的交流、沟通。

随着 Microsoft Office 的不断升级完善，运用其提供的各种工具即可非常方便地完成施工过程中各种文档（如施工组织设计、施工方案、施工技术交底等）的编辑工作，包括文档中的插图绘制；尤其一些简单的节点图绘制，利用软件提供的绘图功能即可轻松地实现二维和三维图形的绘制，从而避免了采用其他绘图软件绘制后插入到 MicrosoftWord 文档里的一系列转换工作。

运用 Powerpoint 进行技术交底，配合数码相机和其他三维设计软件及多媒体展示手段，可以方便快捷地传递设计意图、施工方法等，让操作工人准确快捷地领会意图，从而确保施工安全和工程质量、提高施工效率。

3. 金山 WPS Office 平台

金山 WPS Office 是我国国产办公软件的佼佼者，其主要功能亦包括 "WPS 文字"、"WPS 表格" 和 "WPS 演示" 等，具有与 Microsoft Office 在 Word、Excel 和 PowerPoint 等方面的相似功能，亦被广泛地运用于各行各业中；建筑施工领域也有其众多用户。

4. 电子邮件系统

电子邮件（Electronicmail），简称 E-mail，又称电子信箱、电子邮政等，是一种用电子手段提供信息交换的通信方式，是 Internet 应用最广也是最基本的服务。通过互联网快捷、便利地传递着各类信息，并以多附件的方式成功地携带和传递各种（格式的）文件。被 Microsoft Windows 所提供的 Outlook Express、Windows Mail 以及 Microsoft Office Outlook 等均可实现该功能，其他还有 Foxmail 等邮件客户端软件也可以实现这些功能。

通过网络实现的电子邮件系统，让每个用户以低廉的价格、非常快速的方式与世界上任何一个角落的网络用户联系，这些电子邮件可以是文字、表格、图像、声音等各种方式；不但可以一对一地传递，还可以一对多地传递；同时，使用者还可以得到大量免费的新闻和专题邮件等参考资料，并轻松地实现信息的查找、搜索功能。

5. 即时通讯工具

即时通讯 IM（Instant Messaging），是一种使人们能在计算机网络上识别在线用户并与他们实时交换消息的技术，可实现在线交流及互发文件等功能。

目前成熟的公共 IM 系统很多，除国际盛行的如微软 MSN 之外，国内亦有不少成熟的 IM，如腾讯 QQ、网易 Popo、新浪 UC 等，都能较好地实现即时通讯的功能；目前的 IM 系统不只是提供文字交流、文件传递功能，还提供语音、视频交流，并且还同时提供了对应的 E-mail 服务功能，以及与手机用户连接的功能，使用非常方便。

除了公共的 IM 之外，也有企业的 IM 系统，即 EIM（Enterprise Instant Messaging），这只是为企业内部员工提供的即时通讯系统，很多为企业提供的 OA 平台中都集成了这一功能，比如 IBM 公司的 Lotus Sametime，其功能与公共的 IM 相同，只是在使用（用户）范围方面有 "企业群" 的固定限制。

建筑施工领域，运用 IM 或者 EIM 非常适合于工程技术人员间或其他专业技术人员间在工作中的沟通、交流；这些交流，由于是文字性的，一旦达成一致后，即可很方便地转换为各种记录甚至作为各种技术文件中的一部分；从而避免了回忆性的记录、再次输入等而耽误信息的形成和传递。

6. FTP 传递系统

FTP，即 "文件传送/传输协议"（File Transfer Protocol），它可以让用户连接上一个远程计算机（这些计算机上运行着 FTP 服务器程序）查看远程计算机的文件，然后把文件拷贝到本地计算机，或把本地计算机的文件发送到远程计算机。

2.9.5.2　典型计算机辅助制图软件

1. AutoCAD 绘图软件

AutoCAD 是美国 Autodesk 公司针对工程设计开发的计算机辅助绘图软件包，自 1982 年问世以来，经历了近 20 次升级，功能逐渐增强，且日渐完善，目前的版本是 AutoCAD 2012；被广泛地运用于建筑、机械、土木工程等领域；不但可以运用其进行二维图形设计，还可以实现三维图形设计；是工程技术人员在开展工程图纸设计、施工组织设计（施工方案）和技术交底编制工作的得力工具。

2. 天正建筑 CAD 等软件

天正公司应用先进的计算机技术，研发了以天正建筑为龙头的包括暖通、给水排水、电气、结构、日照、市政道路、市政管线、节能、造价等专业的建筑 CAD 系列软件。当前最新的 TArch 版本基于专业建筑对象开发，直接绘制出具有专业含义、可反复修改的图形对象，使设计效率大为提高；在满足建筑施工图绘制功能大大增强的前提下，兼顾三维表现，模型与平面图同步完成，不需要建筑设计者的额外劳动；基于国内制图规范开发的尺寸标注和符号标注系统使出图更加规范；完善的布图功能可满足多比例施工详图的绘制。同时天正建筑对象创建的建筑模型已经成为天正电气、给水排水、日照、节能等天正系列软件的数据来源。

3. Autodesk 3Ds Max 等软件

Autodesk 3Ds Max 是 Autodesk 公司开发的用于开展三维设计的软件，目前的版本是 Autodesk 3Ds Max 2012。是一款功能强大，集成 3D 建模、动画和渲染解决方案的软件，其中的各项工具能够使工程技术人员像艺术家一样迅速地开展工作，令专业人员在很短的时间内制作出令人赞不绝口的作品。在工程技术领域，可以针对复杂的构造节点制作出生动直观的立体模型，让施工管理人员和操作工人等快速、准确地理解设计意图，从而实现优质、高效地施工建造的目的。

4. BIM，信息化建筑设计软件

BIM 即 Building Information Modeling，称作 "建筑信息模型"，于 2002 年由 Autodesk 公司提出，目的是为设计和施工中的建设项目建立和使用互相协调、内部一致、可运算的信息，其效用被视为 "引发了建筑行业一次脱胎换骨的革命"。已经于 2003 年起在美国等国际建筑市场起步并逐渐向全球 "蔓延"。

它与运用 CAD 等二维设计软件进行的设计流程不同，并且基本上不采用以 CAD 为基础的技术，而是建立在不同的模型/图纸关系的基础上，采用三维、可视的参数化设计方法，在建立三维模型的同时建立了全面、专业的数据库，使单纯的设计从图纸、表格向更全面的数据和信息方面过渡。在 BIM 中可实现任何一处的变更所引发的其他部位变动均对应地自动修改完成，不但加快了设计进度，更提升了设计质量，同时确保了参与项目建设的各方，能够共享一个信息平台，在第一时间共享各种最新的信息。

运用 BIM 软件不但可以形成三维的设计（实物）模型，还可以将设计模型根据施工安排进一步细分形成施工模型；并将细分结构与模型中的项目要素联系起来，形成四维的施工进度模型；以及将成本控制与模型中的项目要素联系起来，形成五维的成本模型；为工程建设提供全方位的支撑。

目前 BIM 系列软件包括 Autodesk Revit Architecture 2012、Autodesk Revit Structure 2012、Autodesk Revit MEP 2012、Autodesk Civil 3D 2012，以及 Autodesk Navisworks 2012 等。

此外，Bentley 公司、Graphisoft 公司等也开发了相应的 BIM 产品，比如 Bentley 公司的 Triforma、Graphisoft 公司的 ArchiCAD 等；并且 Autodesk 公司的 AutoCAD Architecture 2012 也具备了相应的功能，为选用 BIM 软件提供了更多的机会。

2.9.5.3　典型的结构分析（计算）软件

在施工过程中，常常会遇到一些需要进行结构分析（计算）的工作，比如高大脚手架搭设、大型钢结构安装支架或卸载顺序等，不能再依靠简单的人工计算方式来完成，下列软件可以帮助实现此

类计算。

1. ANSYS 等结构分析软件

ANSYS 软件是美国 ANSYS 公司开发的集结构、流体、电场、声场、热分析等于一体的大型通用有限元分析软件，能与多数 CAD 软件对接，实现数据的共享和交换，目前的版本为 ANSYS 13.0。

在建筑施工领域，可以运用 ANSYS 软件进行高大脚手架、空间复杂钢结构等项目的结构分析以及大体积混凝土的热工等计算工作，为施工管理提供有效的理论支持。

具有相似功能的著名结构分析软件还有美国 Computer and Structures Inc.（CSI）公司的 SAP2000、ETABS 等，并且已经在其中导入了《建筑荷载规范》（GB 50009）、《建筑抗震设计规范》（GB 50011）、《混凝土结构设计规范》（GB 50010）、《钢结构设计规范》（GB 50017）等中国规范，在 CCTV 新楼、"水立方"、"鸟巢"等工程中已成功地运用。

2. PKPM 系列结构分析软件

PKPM 是中国建筑科学研究院建筑工程软件研究所专门针对中国建筑市场和中国规范而开发的一系列软件，包括结构软件、建筑软件、造型软件、装修软件、设备软件、节能软件、园林软件、场地规划、施工造价软件和管理信息化等。其中，结构系列的软件又针对具体的结构构件和使用环境划分各种更具针对性的专用软件供用户选择，如 PK 钢筋混凝土框排架及连续梁设计、SATWE 高层建筑结构空间有限元分析软件、PREC 预应力混凝土结构辅助设计软件、STXT 钢结构详图设计软件、Chimney 钢筋混凝土烟囱 CAD 软件等，详见表 2-114。

PKPM 结构类软件细目　　　　表 2-114

01	PK 钢筋混凝土框排架及连续梁设计
02	PMCAD 结构平面计算机辅助设计
03	TAT 高层建筑结构三维分析程序
04	SATWE 高层建筑结构空间有限元分析软件
05	TAT-D 高层建筑结构动力时程分析
06	FEQ 高精度平面有限元框支剪力墙计算及配筋
07	LTCAD 楼梯计算机辅助设计
08	JLQ 剪力墙结构计算机辅助设计
09	GJ 钢筋混凝土基本构件设计计算
10	JCCAD 基础 CAD（独基、条基、桩基、筏基）
11	BOX 箱形基础辅助设计软件
12	STS 钢结构 CAD 软件
13	PREC 预应力混凝土结构辅助设计软件
14	QITI 砌体结构（取代以前 QIK 软件）
15	EPDA/PUSH 弹塑性动力/静力时程分析软件
16	PMSAP 特殊多、高层建筑结构分析与设计软件
17	STPJ 钢结构重型工业厂房设计软件
18	SILO 钢筋混凝土筒仓结构设计软件
19	SLABCAD 复杂楼板分析与设计软件
20	STXT 钢结构详图设计软件
21	GSCAD 温室结构设计软件
22	Chimney 钢筋混凝土烟囱 CAD 软件
23	PKPMe 英文版 PKPM 计算分析软件
24	JDJG 建筑结构鉴定加固软件

3. 理正系列结构分析软件

北京理正软件设计研究院根据中国规范、针对中国建筑市场研究开发了"勘察系列软件"、"岩土系列软件"、"结构系列软件"和"建电水系列软件"。与 PKPM 类似，在每个系列的软件中，均按照具体的构件和环境提供了更具针对性的专业软件，如结构类的"结构绘图"结构快速设计软件（QCAD）、"工具箱"钢筋混凝土结构构件计算、"工具箱"特殊构件设计、"工具箱"地基基础设计、"工具箱"人防工程结构设计、"整体计算"基础共同作用分析软件 FCAD-1、"整体计算"基础 CAD、"整体计算"桩基 CAD 等；

根据这些专业软件，用户既可以进行永久结构分析计算，也可以用于施工过程中的临时结构分析计算。

2.9.5.4　典型的施工进度计划或项目管理软件

1. Primavera P6 系列软件

Primavera 项目管理软件已成为工程建设行业的行业标准，在世界银行及一些国外项目的建设过程中，招标文件就明确指出：参与投标的公司必须承诺使用 Primavera 软件来进行管理。据 Engineering News-Record 记载，在 ENR 排名前 100 名承包商中有 99 个公司运用 Primavera；在 ENR 排名前 400 名承包商中有 375 个公司运用 Primavera；在 ENR 排名前 100 名业主中有 90 个运用 Primavera；到目前为止全球已有超过 5 万亿美元的项目采用 Primavera 进行项目管理。

P6 可以在项目实施的 5 个阶段（过程）中发挥作用（图 2-118）。能够为工程项目提供全局优先次序排列、进度计划、项目管控、执行管理及多项目、组合管理等功能。对于管理大规模、高复杂度和多项目具有明显优势。它可以对多达 100000 道的作业进行管理，并提供无限资源和无限量的目标计划数。

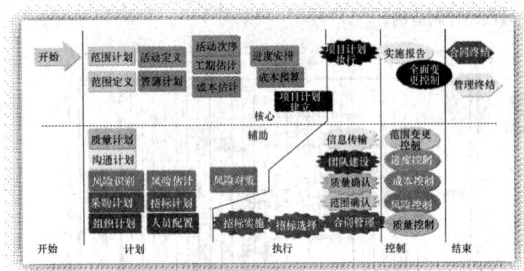

图 2-118　P6 在项目实施的 5 个阶段中发挥作用

在庞大数据库支持下，P6 可以与 Primavera 家族其他软件（比如风险管理软件、合同管理软件、成本（资源）管理软件等）配合使用（图 2-119），将项目实施的进度控制（进度计划）与合同管理、成本（资源）管理和实施控制等工作有机地整合在一起，并根据用户的不同需要生成各种分析图表；同时，还可以通过 Internet 实现远程控制。

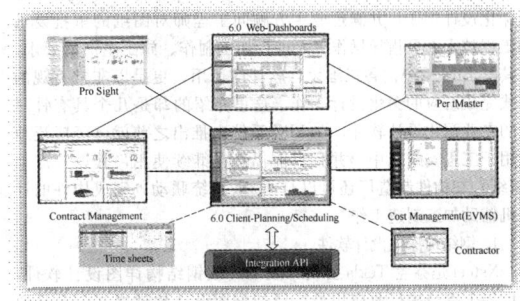

图 2-119　P6 家族各相关软件的关联示意

P6 可以导入/导出为多种文件格式，如 Primavera 属性格式（XER）、Microsoft Project 格式（MPP、MPX 等）、Microsoft Excel 格式（XLS）和 P3 格式（P3 3.0）等，便于与其他相关软件协调工作。

2. Microsoft Project 系列软件

Microsoft Project 是微软公司开发的一款项目管理软件，可以协助项目经理或工程技术人员根据资源分配编制进度控制计划，并跟踪实施情况。其表现方式可以是单代号网络图，并自动生成横道图（甘特图），如图 2-120 所示。目前的版本是 Microsoft Project 2010。

3. 梦龙 Morrowsoft 等国产项目管理软件

梦龙智能项目管理系统（Microsoft Pert）软件，具有屏幕图

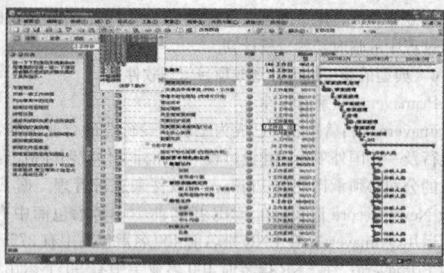

图 2-120 Microsoft Project 2007形成的甘特图示意

形编辑灵活自如、瞬间即可生成流水网络图、多种图式转换（双代号网络图↔单代号网络图↔横道图↔双代号网络图）方便快捷、子母网络系统随意分并（方便实用的网络图分级管理）、各种统计功能丰富多样、施工进度情况随时展现（动态控制前锋线）、图形彩色输出无级缩放等功能。通过该软件，可以实现资源、费用的优化控制。如图 2-121 所示即为运用 Microsoft Pert 软件绘制的一个双代号网络计划范例。

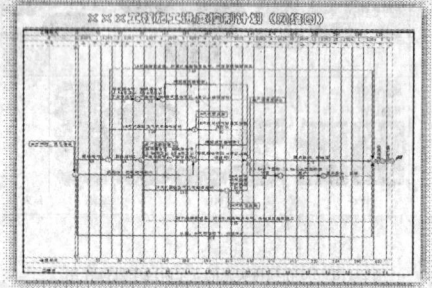

图 2-121 运用 Microsoft Pert 软件绘制的双代号网络计划示意

具有类似功能的国产项目管理系统还有：邦永 PM2 工程项目管理系统，同望 EasyPlan 项目计划管理系统，云建智能网络计划软件等。

2.9.5.5 典型的深化设计软件

一般地说，AutoCAD 等计算机辅助设计软件，均可用于各类深化设计工作，并满足业主方顾问工程师对图纸的审批要求和工程技术人员指导操作工人进行加工制作、施工生产的要求。尤其是 BIM 系统内各三维设计软件的运用，更是以非常直观的方式完成对应的深化设计工作。这里介绍的却是几个具有针对性的专业深化设计软件，在 BIM 系统未推出之前就已经广泛地运用于工程实践之中，并且目前仍然在继续使用，其设计成果（图纸）在构件制造厂还可以与 CAM 系统联动，完成构件的计算机辅助加工制造工作。

1. 钢结构深化设计软件

Xsteel 是芬兰 Tekla 公司开发的一款钢结构详图设计软件，是世界上钢结构行业应用最广泛的详图设计软件之一，它是通过首先创建出钢结构的三维模型后再自动生成钢结构的详图和各种料表来完成钢结构的深化设计工作。由于图纸与报表均以模型为准，而在三维模型中设计人（操纵者）可很容易地发现各个构件之间的连接是否存在着错误，所以它能保证钢结构详图深化设计过程中构件之间的正确性。同时 Xsteel 自动生成的各种表单和接口文件（数控切割文件）可以服务于整个工程（或在 CAM 设备中直接使用）。

此外，Bentley AutoPlant Structural 也是一款非常好的钢结构深化（设计）软件。AutoPlant Structural 是一个全参数化（Parametric）的、以资料库为导向（Spec-Driven）的全三维钢结构绘图设计及全自动的二维施工图（Shop drawing）生成软件。AutoPlant Structural 提供了丰富的标准型钢资料库（Standard Shapes），让使用者只要点取型钢断面，就可以轻松地绘出三维型钢。AutoPlant Structural 的标准型钢库也是开放资料库，随时可以自行扩充。

AutoPlant Structural 也提供自行建立任意断面及组合断面的功能。AutoPlant 还提供了详细的材料统计工具和全自动尺寸标示施工图，让用户可以大量节省绘图时间成本并提升出图品质。

2. 机电工程深化设计软件（AutoPlant 系列软件）

利用计算机进行配管辅助设计已经广泛应用于国内的石油化工设计院，并运用于建筑工程中的机电综合设计，尤其是对于大型公共建筑，常常配备有众多复杂的机电、设备管线，一不留神就冲突：管线间冲突、管线跟结构冲突，这些冲突如果不能够提前得到解决，小则带来工期延误，大则会产生很多"连锁反应式"的返工。而这些冲突，在二维的 CAD 图上却很难发现，而运用三维的管道设计软件，就可以轻松地解决这些问题。美国 Rebis 公司的 AutoPlant 就是这样的一个软件，它主要包括二维管道绘制软件 Drawpipe 和三维模型软件 Designer。

AutoPlant 包括以下系列功能模块。

（1）三维设计群组（Plant Design Worgroup）

AutoPlant Equipment——三维设备及管口布置；

AutoPlant Piping——三维及二维管线布置，包括各种管件、阀门、管支架的资料库及算料功能；

AutoPlant Structural——三维钢结构布置，全自动施工图输出及算料功能；

AutoPlant Isogen——全自动的 Isometric 输出，全自动的尺寸标示及算料功能；

AutoPlant Isometrics——可独立绘制施工图及算料，亦可从 3D Piping 转为 Isometric；

AutoPlant Interference Detection——工厂即时三维动画及碰撞检查。

（2）流程仪表群组（Process & Instrumentation Worgroup）

AutoPlant P&ID——智能 P&ID 绘图系统，提供 ISA、DIN 及 ProFlow 三种图形库；

AutoPlant Data Manager——外部资料库管理系统，具有资料输入、编辑及报表生成功能；

AutoPlant Instrumentation——仪表绘图及资料管理系统，可绘制回路图及接线图；

AutoPlant Datasheet——仪表资料表输出，系统内建标准 ISA 资料表（Excel 格式）；

AutoPlant Hookups——仪表安装图输出，具有材料统计功能，系统内建 ISA 标准图（Excel 格式）。

（3）工程分析群组（CAE Worgroup）

AutoPlant AutoPipe——提供静态及动态管应力分析及管支架设计（内包含各国相关规定）；

AutoPlant AutoFlow——可计算三维管线系统的压力降、流速、温度分析及具有管径最佳化等功能。

3. BIM 系列软件运用于深化设计工作

BIM 系列软件并不只是用于工程设计阶段的设计工作，同样可以运用施工阶段的深化设计工作，其强大的三维可视化参数设计功能和虚拟场景功能，可用于解决建筑、结构、机电、设备、装饰等各系统间的碰撞等矛盾和协调，其一处修改其余各处对应修改的功能将大大地提高深化设计的质量和效率。

参 考 文 献

1. 高民欢.《工程项目施工组织设计原理及实例》[M]. 北京：中国建材工业出版社，2003.
2. 曹海莹，赵欣，骆中钊.《施工组织》[M]. 北京：化学工业出版社，2008.
3. 江正荣.《建筑施工计算手册》（第二版）[M]. 北京：中国建筑工业出版社，2007.
4. 张辑哲.《论信息的内容、形式与载体》[J].《档案学通讯》，2008，1：35.
5. 王要武等.《建设工程信息化 BLM 理论与实践丛书》[M]. 北京：中国建筑工业出版社，2005.
6. 余群舟，刘元珍.《建筑工程施工组织与管理》[M]. 北京：北京大学出版社，2006.
7.《建筑施工手册》（第四版）编写组.《建筑施工手册》（第四版）[M]. 北京：中国建筑工业出版社，2003.

3 施工常用数据

3.1 常用符号和代号

3.1.1 常用字母

常用字母见表3-1。

常用字母　　　　　　　　　　　　　　　表3-1

汉语拼音字母

大写	小写	读音	大写	小写	读音	大写	小写	读音	大写	小写	读音
A	a	啊	H	h	喝	O	o	喔	U	u	乌
B	b	玻	I	i	衣	P	p	坡	V	v	万
C	c	雌	J	j	基	Q	q	欺	W	w	乌
D	d	得	K	k	科	R	r	日	X	x	希
E	e	鹅	L	l	勒	S	s	斯	Y	y	衣
F	f	佛	M	m	摸	T	t	特	Z	z	资
G	g	哥	N	n	讷						

拉丁（英文）字母

大写	小写	读音	大写	小写	读音	大写	小写	读音	大写	小写	读音
A	a	欸	H	h	欸曲	O	o	欧	U	u	由
B	b	比	I	i	阿欸	P	p	批	V	v	维衣
C	c	西地	J	j	街	Q	q	克由	W	w	达不留
D	d	地	K	k	凯	R	r	阿尔	X	x	欸克斯
E	e	衣	L	l	欸耳	S	s	欸斯	Y	y	外
F	f	欸夫	M	m	欸姆	T	t	梯	Z	z	齐
G	g	基	N	n	欸恩						

希腊字母

大写	小写	读音	大写	小写	读音	大写	小写	读音	大写	小写	读音
A	α	阿尔法	H	η	艾塔	N	ν	纽	T	τ	套
B	β	贝塔	Θ	θ	西塔	Ξ	ξ	克西	Υ	υ	宇普西龙
Γ	γ	伽马	I	ι	约塔	O	o	奥密克戎	Φ	φ	佛爱
Δ	δ	德尔塔	K	κ	卡帕	Π	π	派	X	χ	西
E	ε	伊普西龙	Λ	λ	兰布达	P	ρ	肉	Ψ	ψ	普西
Z	ζ	截塔	M	μ	缪	Σ	σ	西格马	Ω	ω	欧米伽

注：读音均系近似读音。

3.1.2 常用符号

3.1.2.1 数学符号

数学符号见表3-2。

数学符号　　　　　　　　　　　　　　　表3-2

中文意义	符号	中文意义	符号	中文意义	符号	中文意义	符号
几何符号		远大于	$\gg$	x趋于a	$x \rightarrow a$	z的共轭	z^*
[直]线段AB	$\overline{AB}$或AB	无穷[大]	∞	x趋于a时$f(x)$的极限	$\lim\limits_{x \to a} f(x)$	矩阵符号	
[平面]角	$\angle$	数字范围	$\sim$	上极限	$\overline{\lim}$	矩阵A	A
弧AB	$\overset{\frown}{AB}$	小数点	.	下极限	$\underline{\lim}$	矩阵A与矩阵B的积	AB
圆周率	π	百分率	%	上确界	Sup	单位矩阵	E, I
三角形	$\triangle$	圆括号	( )	下确界	inf	方阵A的逆矩阵	A^{-1}
平行四边形	$\square$	方括号	[ ]	x的[有限]增量	Δx	A的转置矩阵	$A^t, \tilde{A}$
圆	$\odot$	花括号	{}	单变量函数f的导数或微商	$\dfrac{df}{dx}$, df/dx, f'	方阵A的行列式	$\det A$
垂直	$\perp$	角括号	< >	单变量函数f的n阶导数	$\dfrac{d^n f}{dx^n}$, $d^n f/dx^n$, $f^{(n)}$	矩阵A的范数	$\lVert A \rVert$
平行	// 或 ∥	正或负	$\pm$	多变量$x, y, \cdots$的函数f对于x的偏导数或偏微商	$\dfrac{\partial f}{\partial x}$, $\partial f/\partial x$, $\partial_x f$	坐标系符号	
相似	$\backsim$	负或正	$\mp$	函数f的全微分	df	笛卡儿坐标	x, y, z
全等	$\cong$	最大	max	函数f的不定积分	$\int f(x)\,dx$	圆柱坐标	ρ, ϕ, z
集合符号		最小	min	函数f的由a到b的定积分	$\int_a^b f(x)\,dx$, $\int_a^b f(x)\,dx$	球坐标	r, θ, ϕ
属于	$\in$	运算符号		函数$f(x,y)$在集合A上的二重积分	$\iint_A f(x,y)\,dA$	矢量符号	
不属于	$\notin$	a加b	$a+b$	指数函数和对数函数符号		矢量或向量a	a或$\vec{a}$

中文意义	符号	中文意义	符号	中文意义	符号	中文意义	符号
包含	$\ni$	a 减 b	$a-b$	x 的指数函数（以 a 为底）	a^x	在笛卡儿坐标轴方向的单位矢量	i,j,r
不包含	$\not\ni$	a 加或减 b	$a\pm b$	自然对数的底	e	矢量 a 的模或长度	a 或 $|a|$
杂类符号		a 减或加 b	$a\mp b$	x 的指数函数（以 e 为底）	e^x, $\exp x$	a 与 b 的标量积或数量积	$a\cdot b$ 或 $\vec{a}\cdot\vec{b}$
等于	$=$	a 乘以 b	$a\times b$, $a\cdot b$, ab	以 a 为底的 x 的对数	$\log_a x$	a 与 b 的矢量积或向量积	$a\times b$ 或 $\vec{a}\times\vec{b}$
不等于	$\ne$	a 除以 b	$a\div b$, $\dfrac{a}{b}$, a/b, ab^{-1}	x 的常用对数（以 e 为底数的）	$\ln x$	概率论与数理统计符号	
按定义	$\stackrel{\mathrm{def}}{=}$	从 a_1 到 a_n 的和	$\sum\limits_{i=1}^{n} a_i$	x 的常用对数（以 10 为底数的）	$\lg x$	事件的概率	$P(\cdot)$
相当于	$\simeq$	从 a_1 到 a_n 的积	$\prod\limits_{i=1}^{n} a_i$	三角函数		概率值	p
约等于	$\approx$	a 的 p 次方	a^p	x 的正弦	$\sin x$	总体容量	N
成正比	$\propto$	a 的平方根	$a^{\frac{1}{2}}$, $a^{1/2}$, $\sqrt{a}$	x 的余弦	$\cos x$	样本容量	n
比	$:$	a 的 n 次方根	$a^{\frac{1}{n}}$, $a^{1/n}$, $\sqrt[n]{a}$	x 的正切	$\tan x$	总体方差	σ^2
小于	$<$	a 的绝对值	$|a|$	x 的余切	$\cot x$	样本方差	s^2
大于	$>$	a 的平均值	$\bar{a}$	x 的正割	$\sec x$	总体标准差	σ
不小于	$\not<$	n 的阶乘	$n!$	x 的余割	$\csc x$	样本标准差	s
不大于	$\not>$	函数符号		复数函数		序数	i 或 j
小于或等于	$\le$	函数 f	f	虚数单位	i,j	相关系数	r
大于或等于	$\ge$	函数 f 在 x 或在 $(x,y,\cdots)$ 的值	$f(x)$ $f(x,y,\cdots)$	z 的实部	$\mathrm{Re}z$	抽样平均误差	μ
远小于	$<<$	$f(b)-f(a)$	$f(x)\,|_a^b$	z 的虚部	$\mathrm{Im}z$	抽样允许误差	$\triangle$

3.1.2.2　法定计量单位符号

我国法定计量单位（以下简称法定单位）包括：

1. 国际单位制（SI）的基本单位（见表3-3）

国际单位制（SI）的基本单位　　表3-3

量的名称	单位名称	单位符号
长度	米	m
质量	千克（公斤）	kg
时间	秒	s
电流	安［培］	A
热力学温度	开［尔文］	K
物质的量	摩［尔］	mol
发光强度	坎［德拉］	cd

注：1. 人民生活和贸易中，质量习惯称为重量；
　　2. 单位名称栏中，方括号内的字在不致混淆的情况下可以省略。
例："安培"可简称"安"，也作为中文符号使用。圆括号内的字，为前者的同义语。例："千克"也可称为"公斤"。

2. 国际单位制（SI）的辅助单位（见表3-4）

国际单位制（SI）的辅助单位　　表3-4

量的名称	单位名称	单位符号
平面角	弧度	rad
立体角	球面度	sr

3. 国际单位制（SI）的导出单位（见表3-5）

国际单位制（SI）的导出单位　　表3-5

量的名称	单位名称	单位符号	其他表示示例
频率	赫［兹］	Hz	s^{-1}
力；重力	牛［顿］	N	$\mathrm{kg\cdot m/s^2}$
压力；压强；应力	帕［斯卡］	Pa	$\mathrm{N/m^2}$
能量；功；热	焦［耳］	J	$\mathrm{N\cdot m}$
功率；辐射通量	瓦［特］	W	J/s
电荷量	库［仑］	C	$\mathrm{A\cdot s}$
电位；电压；电动势	伏［特］	V	W/A
电容	法［拉］	F	C/V
电阻	欧［姆］	Ω	V/A
电导	西［门子］	S	A/V
磁通量	韦［伯］	Wb	$\mathrm{V\cdot s}$
磁通量密度；磁感应强度	特［斯拉］	T	$\mathrm{Wb/m^2}$
电感	亨［利］	H	Wb/A
摄氏温度	摄氏度	℃	
光通量	流［明］	lm	$\mathrm{cd\cdot sr}$
光照度	勒［克斯］	lx	$\mathrm{lm/m^2}$
放射性活度	贝可［勒尔］	Bq	s^{-1}
吸收剂量	戈［瑞］	Gy	J/kg
剂量当量	希［沃特］	Sv	J/kg

4. 国家选定的非国际单位制单位（见表3-6）

国家选定的非国际单位制单位　　表3-6

量的名称	单位名称	单位符号	与SI单位的关系
时间	分	min	1min＝60s
	［小］时	h	1h＝60min＝3600s
	天（日）	d	1d＝24h＝86400s
［平面］角	度	°	$1°＝60'＝(\pi/180)$ rad（π为圆周率）
	［角］分	″	$1'＝60″＝(\pi/10800)$ rad
	［角］秒	′	$1″＝(\pi/648000)$ rad
体积	升	L，(l)	$1L＝1dm^3＝10^{-3}m^3$
质量	吨	t	$1t≈10^3$ kg
	原子质量单位	u	$1u≈1.660540×10^{-27}$ kg
旋转速度	转每分	r/min	$1r/min＝(1/60)\ s^{-1}$
长度	海里	n mile	1nmile＝1852m（只用于航程）
速度	节	kn	1kn＝1nmile/h＝（1852/3600）m/s（只用于航程）
能	电子伏	eV	$1eV≈1.602177×10^{-19}$J
级差	分贝	dB	
线密度	特［克斯］	tex	1tex＝10kg/m
面积	公顷	hm^2	$1hm^2＝10^4m^2$

注：1. 平面角单位度、分、秒的符号，在组合单位中应采用（°）、（″）、（′）的形式。例如，不用°/s而用（°）/s。
　　2. 升的符号中，小写字母 l 为备用符号；
　　3. 公顷的国际通用符号为 ha；
　　4. r 为"转"的符号。

5. 构成十进倍数和分数单位的词头（见表3-7）

构成十进倍数和分数单位的词头　　表3-7

所表示的因数	词头名称	词头符号	所表示的因数	词头名称	词头符号
10^{18}	艾［可萨］(exa)	E	10^{-1}	分(deci)	d
10^{15}	拍［它］(peta)	P	10^{-2}	厘(centi)	c
10^{12}	太［拉］(tera)	T	10^{-3}	毫(milli)	m
10^9	吉［咖］(giga)	G	10^{-6}	微(micro)	μ
10^6	兆(mega)	M	10^{-9}	纳［诺］(nano)	n
10^3	千(kilo)	k	10^{-12}	皮［可］(pico)	p
10^2	百(hecto)	h	10^{-15}	飞［母托］(femto)	f
10^1	十(deca)	da	10^{-18}	阿［托］(atto)	a

注：10^4 称为万，10^8 称为亿，10^{12} 称为万亿。这类数词的使用不受词头名称的影响，但不应与词头混淆。

3.1.2.3　文字表量符号

文字表量符号见表3-8。

3.1.2.4　化学元素符号

化学元素符号见表3-9。

3.1.2.5　常用构件代号

常用构件代号见表3-10。

文 字 表 量 符 号　　表3-8

量 的 名 称	符号	中文单位名称	简称	法定单位符号
一、几何量值				
振幅	A	米	米	m
面积	A,S,As	平方米	米²	m²
宽	B,b	米	米	m
直径	D,d	米	米	m
厚	d,δ	米	米	m
高	H,h	米	米	m
长	L,l	米	米	m
半径	R,r	米	米	m
行程、距离	S	米	米	m

续表

量 的 名 称	符号	中文单位名称	简称	法定单位符号
体积	V,v	立方米	米³	m³
平面角	$\alpha,\beta,\gamma,\vartheta,\varphi$	弧度	弧度	rad
延伸率	δ	（百分比）	%	
波长	λ	米	米	m
波数	σ	每米	米⁻¹	m⁻¹
相角	φ	弧度	弧度	rad
立体角	ω,Ω	球面度	球面度	sr
二、时间				
线加速度	a	米每二次方秒	米/秒²	m/s²
频率	f,ν	赫兹	赫	Hz
重力加速度	g	米每二次方秒	米/秒²	m/s²
旋转频率，转速	n	每秒	秒⁻¹	s⁻¹
质量流量	Q_m	千克每秒	千克/秒	kg/s
体积流量	Q_v	立方米每秒	米³/秒	m³/s
周期	T	秒	秒	
时间	t	秒	秒	
线速度	v	米每秒	米/秒	m/s
角加速度	α	弧度每二次方秒	弧度/秒²	rad/s²
角速度，角频率	ω	弧度每秒	弧度/秒	rad/s
三、质量				
原子量	A	摩尔	摩	mol
冲量	I	牛顿秒	牛·秒	N·s
惯性矩	I	四次方米	米⁴	m⁴
惯性半径	i	米	米	m
转动惯量	J	千克二次方米	千克·米²	kg·m²
动量矩	L	千克二次方米每秒	千克·米²/秒	kg·m²/s
分子量	M	摩尔	摩	mol
质量	m	千克（公斤）	千克	kg
动量	p	千克米每秒	千克·米/秒	kg·m/s
静矩(面积矩)	S	三次方米	米³	m³
截面模量	W	三次方米	米³	m³
密度	ρ	千克每立方米	千克/米³	kg/m³
四、力				
弹性模量	E	帕斯卡	帕	Pa
力	F,P,Q,R,f	牛顿	牛	
荷重、重力	G	牛顿	牛	
剪变模量	G	帕斯卡	帕	Pa
硬度	H	牛顿每平方米	牛/米²	N/m²
布氏硬度	HB	牛顿每平方米	牛/米²	N/m²
洛氏硬度	HR,HRA,HRB,HRC	牛顿每平方米	牛/米²	N/m²
肖氏硬度	HS	牛顿每平方米	牛/米²	N/m²
维氏硬度	HV	牛顿每平方米	牛/米²	N/m²
弯矩	M	牛顿米	牛·米	N·m
压强	p	帕斯卡	帕	Pa
扭矩	T	牛顿米	牛·米	N·m
动力黏度	η	帕斯卡秒	帕·秒	Pa·s
摩擦系数	μ			
运动黏度	ν	二次方米每秒	米²/秒	m²/s
正应力	σ	帕斯卡	帕	Pa
极限强度	σs	帕斯卡	帕	Pa
剪应力	τ	帕斯卡	帕	Pa

续表

量的名称	符号	中文单位名称	简称	法定单位符号
五、能				
功	A,W	焦耳	焦	J
能	E	焦耳	焦	J
功率	P	瓦特	瓦	W
变形能	U	牛顿米	牛·米	N·m
比能	u	焦耳每千克	焦耳/千克	J/kg
效率	η	（百分比）		%
六、热				
热容	C	焦耳每开尔文	焦/开	J/K
比热容	c	焦耳每千克开尔文	焦/(千克·开)	J/(kg·K)
体积热容	C_v	焦耳每立方米开尔文	焦/(米³·开)	J/(m³·K)
焓	H	焦耳	焦	J
传热系数	K	瓦特每平方米开尔文	瓦/(米²·开)	W/(m²·K)
熔解热	L_f	焦耳每千克	焦/千克	J/kg
汽化热	L_v	焦耳每千克	焦/千克	J/kg
热量	Q	焦耳	焦	J
燃烧值	q	焦耳每千克	焦/千克	J/kg
热流(量)密度	q,j	瓦特每平方米	瓦/米²	W/m²
传热阻	R	平方米开尔文每瓦特	米²·开/瓦	m²·K/W
熵	S	焦耳每开尔文	焦/开	J/K
热力学温度	T	开尔文	开	K
摄氏温度	t	摄氏度	度	℃
热扩散系数	α	平方米每秒	米²/秒	m²/s
线膨胀系数	α_L	每开尔文	开⁻¹	K⁻¹
面膨胀系数	α_S	每开尔文	开⁻¹	K⁻¹
体膨胀系数	α_V	每开尔文	开⁻¹	K⁻¹
导热系数	λ	瓦特每米开尔文	瓦/(米·开)	W/(m·K)
七、光和声				
光速	C	米每秒	米/秒	m/s
焦度	D	屈光度	屈光度	
光照度	$E、E_V$	勒克斯	勒	lx
光通量	Φ,Φ_V,F	流明	流	lm
焦距	f	米	米	m
曝光量	$H、H_V$	勒克斯秒	勒·秒	lx·s
发光强度	$I、I_V$	坎德拉	坎	cd
声强	I,J	瓦特每平方米	瓦/米²	W/m²
光效能	K	流明每瓦特	流/瓦	lm/W
光亮度	$L、L_V$	坎德拉每平方米	坎/米²	cd/m²
响度级	L_N	方	方	(phon)
响度	N	宋	宋	(sone)
折射系数	n			
辐射通量	$\Phi、\Phi_e、P$	瓦特	瓦	W
吸声系数	$\alpha、\alpha_a$			
声强级	β	贝尔或分贝尔	贝或分贝	B或dB

续表

量的名称	符号	中文单位名称	简称	法定单位符号
反射系数	r			
隔声系数	σ	贝尔或分贝尔	贝或分贝	B或dB
透射系数	τ			
八、电和磁				
磁感应强度	B	特斯拉	特	T
电容	C	法拉	法	F
电位移	D	库仑每平方米	库/米²	C/m²
电场强度	E	牛顿每库仑或伏特每米	牛/库或伏/米	N/C或V/m
电容	G	西门子	西	S
磁场强度	H	安培每米	安/米	A/m
电流	I	安培	安	A
电流密度	$J、\delta$	安培每平方米	安/米²	A/m²
电感	M	亨利	亨	H
线圈数	$n、W$			
电功率	P	瓦特	瓦	W
磁矩	m	安培平方米	安·米²	A·m²
电量、电荷	Q,q	库仑	库	C
电阻	R	欧姆	欧	Ω
电势差(电压)	U,V	伏特	伏	V
电势(电位)	V,j	伏特	伏	V
电抗	X	欧姆	欧	Ω
阻抗	Z	欧姆	欧	Ω
电导率	$\gamma、\sigma$	西门子每米	西/米	S/m
电动势	ε	伏特	伏	V
介质常数	ε	法拉每米	法/米	F/m
电荷线密度	λ	库仑每米	库/米	c/m
磁导率	μ	亨利每米	亨/米	H/m
电荷体密度	ρ	库仑每立方米	库/米³	C/m³
电阻率	ρ	欧姆米	欧·米	Ω·m
电荷面密度	σ	库仑每平方米	库/米²	C/m²
磁通量	Φ_m	韦伯	韦	Wb

化学元素符号　　　表3-9

名称	符号	名称	符号	名称	符号	名称	符号	名称	符号	名称	符号	名称	符号
氢	H	氯	Cl	砷	As	铟	In	铽	Tb	铊	Tl	锫	Bk
氦	He	氩	Ar	硒	Se	锡	Sn	镝	Dy	铅	Pb	锎	Cf
锂	Li	钾	K	溴	Br	锑	Sb	钬	Ho	铋	Bi	锿	Es
铍	Be	钙	Ca	氪	Kr	碲	Te	铒	Er	钋	Po	镄	Fm
硼	B	钪	Sc	铷	Rb	碘	I	铥	Tm	砹	At	钔	Md
碳	C	钛	Ti	锶	Sr	氙	Xe	镱	Yb	氡	Rn	锘	No
氮	N	钒	V	钇	Y	铯	Cs	镥	Lu	钫	Fr	铹	Lr
氧	O	铬	Cr	锆	Zr	钡	Ba	铪	Hf	镭	Ra	𬬻	Rf
氟	F	锰	Mn	铌	Nb	镧	La	钽	Ta	锕	Ac	𬭊	Db
氖	Ne	铁	Fe	钼	Mo	铈	Ce	钨	W	钍	Th	𬭳	Sg
钠	Na	钴	Co	锝	Tc	镨	Pr	铼	Re	镤	Pa	𬭛	Bh
镁	Mg	镍	Ni	钌	Ru	钕	Nd	锇	Os	铀	U	𬭶	Hs
铝	Al	铜	Cu	铑	Rh	钷	Pm	铱	Ir	镎	Np	鿏	Mt
硅	Si	锌	Zn	钯	Pd	钐	Sm	铂	Pt	钚	Pu	𫟼	Ds
磷	P	镓	Ga	银	Ag	铕	Eu	金	Au	镅	Am	𬬭	Rg
硫	S	锗	Ge	镉	Cd	钆	Gd	汞	Hg	锔	Cm		

常用构件代号　　表 3-10

序号	名　称	代号	序号	名　称	代号	序号	名　称	代号
1	板	B	19	圈梁	QL	37	承台	CT
2	屋面板	WB	20	过梁	GL	38	设备基础	SJ
3	空心板	KB	21	连系梁	LL	39	桩	ZH
4	槽形板	CB	22	基础梁	JL	40	挡土墙	DQ
5	折板	ZB	23	楼梯梁	TL	41	地沟	DG
6	密肋板	MB	24	框架梁	KL	42	柱间支撑	ZC
7	楼梯板	TB	25	框支梁	KZL	43	垂直支撑	CC
8	盖板或沟盖板	GB	26	屋面框架梁	WKL	44	水平支撑	SC
9	挡雨板或檐口板	YB	27	檩条	LT	45	梯	T
10	吊车安全走道板	DB	28	屋架	WJ	46	雨篷	YP
11	墙板	QB	29	托架	TJ	47	阳台	YT
12	天沟板	TGB	30	天窗架	CJ	48	梁垫	LD
13	梁	L	31	框架	KJ	49	预埋件	M—
14	屋面梁	WL	32	刚架	GJ	50	天窗端壁	TD
15	吊车梁	DL	33	支架	ZJ	51	钢筋网	W
16	单轨吊车梁	DDL	34	柱	Z	52	钢筋骨架	G
17	轨道连接	DGL	35	框架柱	KZ	53	基础	J
18	车挡	CD	36	构造柱	GZ	54	暗柱	AZ

注：1. 预制钢筋混凝土构件、现浇钢筋混凝土构件、钢构件和木构件，一般可直接采用本表中的构件代号。在绘图中，除混凝土构件可不注明材料代号外，其他材料的构件可在构件代号前加注材料代号，并在图纸中加以说明。

2. 预应力混凝土构件的代号，应在构件代号前加注"Y"，如 Y-DL 表示预应力混凝土吊车梁。

3.1.2.6　塑料、树脂名称缩写代号

塑料、树脂名称缩写代号见表 3-11。

塑料、树脂名称缩写代号　　表 3-11

名　称	代号	名　称	代号
丙烯腈/丁二烯/丙烯酸酯共聚物	ABA	聚酰亚胺	PI
丙烯腈/丁二烯/苯乙烯共聚物	ABS	聚异丁烯	PIB
丙烯腈/乙烯/苯乙烯共聚物	AES	聚酰亚胺砜	PISU
丙烯腈/甲基丙烯酸甲酯共聚物	AMMA	聚α氯代丙烯酸酯	PMCA
聚芳香酯	ARP	聚甲基丙烯酸甲酯	PMMA
丙烯腈-苯乙烯树脂	AS	聚 4-甲基戊烯-1	PMP
丙烯腈/苯乙烯/丙烯酸酯共聚物	ASA	聚α-甲基苯乙烯	PMS
醋酸纤维素	CA	聚甲醛	POM
醋酸-丁酸纤维素塑料	CAB	聚丙烯	PP
醋酸-丙酸纤维素	CAP	聚邻苯二甲酰胺	PPA
通用纤维素塑料	CE	聚苯醚	PPE
甲酚-甲醛树脂	CF	聚苯醚	PPO
羧甲基纤维素	CMC	聚环氧(丙)烷	PPOX
硝酸纤维素	CN	聚苯硫醚	PPS
丙烯纤维素	CP	聚苯砜	PPSU
氯化聚乙烯	CPE	聚苯乙烯	PS
氯化聚氯乙烯	CPVC	聚砜	PSU
酪蛋白	CS	聚四氟乙烯	PTFE
三醋酸纤维素	CTA	聚氨酯	PUR
乙烷纤维素	EC	聚醋酸乙烯	PVAC
乙烯/丙烯酸乙酯共聚物	EEA	聚乙烯醇	PVAL
乙烯/甲基丙烯酸共聚物	EMA	聚乙烯醇缩丁醛	PVB
环氧树脂	EP	聚氯乙烯	PVC
乙烯-丙烯-二烯三元共聚物	EPD	聚氯乙烯醋酸乙烯	PVCA
乙烯-丙烯共聚物	EPM	氯化聚氯乙烯	PVCC
发泡聚苯乙烯	EPS	聚(乙烯基异丁基醚)	PVI
乙烯-四氟乙烯共聚物	ETFE	聚(氯乙烯-甲基乙烯基醚)	PVM
乙烯-醋酸乙烯共聚物	EVA	窄面模塑	RAM
乙烯-乙烯醇共聚物	EVAL	间苯二酚-甲醛树脂	RF
全氟(乙烯-丙烯)塑料	FEP	反应注射模塑	RIM
呋喃树脂	FF	增强塑料	RP
高密度聚乙烯塑料	HDPE	增强反应注射模塑	RRIM
高冲聚苯乙烯	HIPS	增强热塑性塑料	RTP
耐冲击聚苯乙烯	IPS	苯乙烯-丙烯腈共聚物	S/AN
液晶聚合物	LCP	苯乙烯-丁二烯嵌段共聚物	SBS
低密度聚乙烯塑料	LDPE	聚硅氧烷	SI

续表

名　称	代号	名　称	代号
线性低密度聚乙烯	LLDPE	片状模塑料	SMC
线性中密聚乙烯	LMDPE	苯乙烯-α甲基苯乙烯共聚物	S/MS
甲基丙烯酸-丁二烯-苯乙烯共聚物	MBS	厚片模塑料	TMC
甲基纤维素	MC	热塑性弹性体	TPE
中密聚乙烯	MDPE	韧性聚苯乙烯	TPS
密胺-甲醛树脂	MF	热塑性聚氨酯	TPU
密胺-酚醛树脂	MPF	聚-4-甲基-1戊烯	TPX
聚酰胺(尼龙)	PA	乙烯-乙烯共聚物	VG/E
聚丙烯酸	PAA	乙烯-乙烯-丙烯酸甲酯共聚物	VC/E /MA
碳酸-二乙二醇酯·烯丙醇酯树脂	PADC	氯乙烯-乙烯-醋酸乙烯酯共聚物	VC/E /VCA
聚芳醚	PAE	聚(偏二氯乙烯)	PVDC
聚芳醚酮	PAEK	聚(偏二氟乙烯)	PVDF
聚酰胺-酰亚胺	PAI	聚乙烯醇	PVF
聚芳酯	PAK	聚乙烯醇缩甲醛	PVFM
聚丙烯腈	PAN	聚乙烯咔唑	PVK
聚丙烯酰胺	PARA	聚乙烯吡咯烷酮	PVP
聚芳砜	PASU	苯乙烯-马来酸酐塑料	S/MA
聚芳酯	PAT	苯乙烯-丙烯腈塑料	SAN
聚醚型聚氨酯	PAUR	苯乙烯-丁二烯塑料	SB
聚丁烯-[1]	PB	有机硅树脂	Si
聚丙烯酸丁酯	PBA	苯乙烯-α甲基苯乙烯塑料	SMS
聚丁烯-丙烯腈	PBAN	饱和聚酯塑料	SP
聚丁二烯-苯乙烯	PBS	聚苯乙烯橡胶改性塑料	SRP
聚对苯二酸丁二酯	PBT	醚酯型热塑弹性体	TEEE
聚碳酸酯	PC	聚烯烃热塑性弹性体	TEO
聚三氟乙烯	PCTFE	苯乙烯热塑性弹性体	TES
聚对苯二甲酸丙二酯	PDAP	热塑(性)弹性体	TPEL
聚乙烯	PE	聚酯	TPES
聚醚嵌段酰胺	PEBA	热塑性聚氨酯	TPUR
聚酯热塑性弹性体	PEBA	热固聚氨酯	TSUR
聚醚醚酮	PEEK	脲甲醛树脂	UF
聚醚酰亚胺	PEI	超高分子量聚乙烯	UHMWPE
聚醚酮	PEK	不饱和聚酯	UP
聚环氧乙烷	PEO	氯乙烯	VCE
聚醚砜	PES	氯乙烯/乙烯/醋酸乙烯共聚物	VCEA
聚对苯二甲酸乙二酯	PET	氯乙烯/丙烯酸甲酯共聚物	VCMA
二醇类改性 PET	PETG	氯乙烯/甲基丙烯酸甲酯共聚物	VCMMA
聚酯型聚氨酯	PEUR	氯乙烯/丙烯酸辛酯共聚物	VCOA
酚醛树脂	PF	氯乙烯/醋酸乙烯树脂	VCVAC
全氟烷氧基树脂	PFA	氯乙烯/偏氯乙烯共聚物	VCVDC
酚呋喃树脂	PFF		

3.1.2.7　常用增塑剂名称缩写代号

常用增塑剂名称缩写代号见表 3-12。

常用增塑剂名称缩写代号　　表 3-12

名　称	代号	名　称	代号
烷基磺酸酯	ASE	己二酸二辛酯[己二酸二(2-乙基己)酯]	DOA
邻苯二甲酸苄丁酯	BBP	间苯二甲酸二辛酯[间苯二甲酸二(2-乙基己)酯]	DOIP
己二酸苄辛酯	BOA	邻苯二甲酸二辛酯[邻苯二甲酸二(2-乙基己)酯]	DOP
邻苯二甲酸二丁酯	DBP	癸二酸二辛酯[癸二酸二(2-乙基己)酯]	DOS
邻苯二甲酸二辛酯	DCP	对苯二甲酸二辛酯[对苯二甲酸二(2-乙基己)酯]	DOTP
邻苯二甲酸二乙酯	DEP	壬二酸二辛酯[壬二酸二(2-乙基己)酯]	DOZ
邻苯二甲酸二庚酯	DHP	磷酸二苯甲苯酯	DPCF
邻苯二甲酸二己酯	DHXP	磷酸二苯辛酯	DPOF
邻苯二甲酸二异丁酯	DIBP	环氧化亚麻油	ELO
己二酸二异癸酯	DIDA	氧化豆油	ESO
邻苯二甲酸二异癸酯	DIDP	邻苯二甲酸二辛酯	ODP
己二酸二异壬酯	DINA	磷酸二氯乙酯	TCEP
邻苯二甲酸二异壬酯	DINA	磷酸三甲苯酯	TCF
己二酸二异辛酯	DIOP	磷酸三(2-乙基己)酯	TIOTM
邻苯二甲酸二异辛酯	DIOP	偏苯三酸三辛酯	TOF
邻苯二甲酸二异十三酯	DITDP	均苯四酸四辛酯[均苯四酸四(2-乙基己)酯]	TOPM
邻苯二甲酸二甲酯	DMP	磷酸三苯酯	TPF
邻苯二甲酸二壬酯	DNP		

3.1.2.8　建筑施工常用国家标准

建筑施工常用国家标准见表 3-13。标准编号中，凡有"T"符

号的标准，均为推荐性标准。

续表

建筑施工常用国家标准　　　表 3-13

序号	标准编号	标准名称
1	GBJ 124—88	道路工程术语标准
2	GB/T 50125—2010	给水排水工程基本术语标准
3	GBJ 132—90	工程结构设计基本术语和通用符号
4	GB 50155—92	采暖通风与空气调节术语标准
5	GB 50186—93	港口工程基本术语标准
6	GB/T 50228—96	工程测量基本术语标准
7	GB/T 50083—97	建筑结构设计术语和符号标准
8	GB/T 50262—97	铁路工程基本术语标准
9	GB/T 50095—98	水文基本术语和符号标准
10	GB/T 50279—1998	岩土工程基本术语标准
11	GB/T 50297—2006	电力工程基本术语标准
12	GB/T 50504—2009	民用建筑设计术语标准
13	GBJ 2—86	建筑模数协调统一标准
14	GBJ 6—86	厂房建筑模数协调标准
15	GBJ 100—87	住宅建筑模数协调标准
16	GB/T 50001—2010	房屋建筑制图统一标准
17	GB/T 50103—2010	总图制图标准
18	GB/T 50104—2010	建筑制图标准
19	GB/T 50105—2010	建筑结构制图标准
20	GB/T 50106—2010	给水排水制图标准
21	GB/T 50114—2010	暖通空调制图标准
22	GB 50162—92	道路工程制图标准
23	GB 50167—92	工程摄影测量标准
24	GB 50307—1999	地下铁道、轻轨交通岩土工程勘察规范
25	GB 50021—2001	岩土工程勘察规范
26	GB 50027—2001	供水水文地质勘察规范
27	GB 50324—2001	冻土工程地质勘察规范
28	GB 50287—2006	水力发电工程地质勘察规范
29	GB 50026—2007	工程测量规范
30	GB 50308—2008	城市轨道交通工程测量规范
31	GB 50478—2008	地热电站岩土工程勘察规范
32	GB 50487—2008	水利水电工程地质勘察规范
33	GB/T 50480—2008	冶金工业岩土勘察原位测试规范
34	GB 50218—94	工程岩体分级标准
35	GB/T 50145—2007	土的工程分类标准
36	GBJ 65—83	工业与民用电力装置的接地设计规范
37	GBJ 64—83	工业与民用电力装置的过电压保护设计规范
38	GBJ 87—85	工业企业噪声控制设计规范
39	GBJ 99—86	中小学校建筑设计规范
40	GBJ 12—87	工业企业标准轨距铁路设计规范
41	GBJ 14—87	室外排水设计规范
42	GBJ 22—87	厂矿道路设计规范
43	GBJ 110—87	卤代烷 1211 灭火系统设计规范
44	GBJ 115—87	工业电视系统工程设计规范
45	GBJ 118—88	民用建筑隔声设计规范
46	GB 50063—90	电力装置的电气测量仪表装置设计规范
47	GBJ 133—90	民用建筑照明设计标准
48	GBJ 136—90	电镀废水治理设计规范
49	GBJ 140—90	建筑灭火器配置设计规范
50	GB 50031—91	乙炔站设计规范
51	GB 50030—91	氧气站设计规范
52	GB 50058—92	爆炸和火灾危险环境电力装置设计规范
53	GB 50059—92	35～110kV 变电所设计规范
54	GB 50151—92	低倍数泡沫灭火系统设计规范
55	GB 50158—92	港口工程结构可靠度设计统一标准
56	GB 50163—92	卤代烷 1301 灭火设计规范
57	GB 50055—93	通用用电设备配电设计规范
58	GB 50056—93	电热设备电力装置设计规范
59	GB 50176—93	民用建筑热工设计规范
60	GB 50190—93	多层厂房楼盖抗微振设计规范
61	GB 50191—93	构筑物抗震设计规范
62	GB 50193—93	二氧化碳灭火系统设计规范
63	GB/T 50028—93	城镇燃气设计规范
64	GB/T 50180—93	城市居住区规划设计规范
65	GB/T 50196—93	高倍数、中倍数泡沫灭火系统设计规范（2002 年版）
66	GB 50038—94	人民防空地下室设计规范
67	GB 50049—94	小型火力发电厂设计规范
68	GB 50053—94	10kV 及以下变电所设计规范
69	GB 50057—94	建筑物防雷设计规范
70	GB 50070—94	矿山电力装置设计规范
71	GB 50195—94	发生炉煤气站设计规范
72	GB 50197—94	露天煤矿工程设计规范
73	GB 50199—94	水利水电工程结构可靠度设计统一标准
74	GB 50215—94	煤炭工业矿井设计规范
75	GB 50216—94	铁路工程结构可靠度设计统一标准
76	GBJ 50251—94	输气管道工程设计规范
77	GB 50046—95	工业建筑防腐蚀设计规范
78	GB 50052—95	供配电系统设计规范
79	GB 50054—95	低压配电装置及线路设计规范
80	GB 50219—95	水喷雾灭火系统设计规范
81	GB 50225—95	人民防空工程设计规范
82	GB 50037—96	建筑地面设计规范
83	GB 50040—96	动力机器基础设计规范
84	GB 50260—96	电力设施抗震设计规范
85	GB 50061—97	66kV 及以下架空电力线路设计规范
86	GB 50264—97	工业设备及管道绝热工程设计规范
87	GB 50267—97	核电厂抗震设计规范
88	GB/T 50265—97	泵站设计规范
89	GB 50116—98	火灾自动报警系统设计规范
90	GB 50286—98	堤防工程设计规范
91	GB 50090—99	铁路线路设计规范
92	GB 50091—99	铁路车站及枢纽设计规范
93	GB 50096—99	住宅设计规范
94	GB 50288—1999	灌溉与排水工程设计规范
95	GB/T 50283—1999	公路工程结构可靠度设计统一标准
96	GB/T 50294—1999	核电厂总平面及运输设计规范
97	GB 50313—2000	消防通信指挥系统设计规范
98	GB 50316—2000	工业金属管道设计规范
99	GB 50011—2001	建筑抗震设计规范
100	GB 50068—2001	建筑结构可靠度设计统一标准
101	GB 50072—2001	冷库设计规范

续表

序号	标准编号	标准名称
102	GB 50073—2001	洁净厂房设计规范
103	GB 50084—2001	自动喷水灭火系统设计规范
104	GB 50320—2001	粮食平房仓设计规范
105	GB 50322—2001	粮食钢板筒仓设计规范
106	GB/T 50003—2001	砌体结构设计规范
107	GB/T 50033—2001	建筑采光设计标准
108	GB 50007—2002	建筑地基基础设计规范
109	GB 50010—2010	混凝土结构设计规范
110	GB 50069—2002	给水排水工程构筑物结构设计规范
111	GB 50071—2002	小型水力发电站设计规范
112	GB 50156—2002	汽车加油加气站设计与施工规范
113	GB 50332—2002	给水排水工程管道结构设计规范
114	GB 50335—2002	污水再生利用工程设计规范
115	GB 500336—2002	建筑中水设计规范
116	GB 50005—2003	木结构设计规范
117	GB 50015—2003	建筑给水排水设计规范
118	GB 50017—2003	钢结构设计规范
119	GB 50029—2003	压缩空气站设计规范
120	GB 50032—2003	室外给水排水和煤气热力工程抗震设计规范
121	GB 50251—2003	输气管道工程设计规范
122	GB 50253—2003	输油管道工程设计规范
123	GB 50338—2003	固定消防炮灭火系统设计规范
124	GB 500340—2003	老年人居住建筑设计标准
125	GB 500341—2003	立式圆筒形钢制焊接油罐设计规范
126	GB/T 50102—2003	工业循环水冷却设计标准
127	GB 50215—2005	煤炭工业矿井设计规范
128	GB 50350—2005	油气集输设计规范
129	GB 50370—2005	气体灭火系统设计规范
130	GB 50013—2006	室外给水设计规范
131	GB 50014—2006	室外排水设计规范
132	GB 50028—2006	城镇燃气设计规范
133	GB 50111—2006	铁路工程抗震设计规范
134	GB 50135—2006	高耸结构设计规范
135	GB 50367—2006	混凝土结构加固设计规范
136	GB 50373—2006	通信管道与通道工程设计规范
137	GB 50376—2006	橡胶工厂节能设计规范
138	GB 50383—2006	煤矿井下消防、洒水设计规范
139	GB 50385—2006	矿山井架设计规范
140	GB 50388—2006	煤矿井下机车运输信号设计规范
141	GB 50391—2006	油田注水工程设计规范
142	GB 50398—2006	无缝钢管工艺设计规范
143	GB 50399—2006	煤炭工业小型矿井设计规范
144	GB/T 50109—2006	工业用水软化除盐设计规范
145	GB/T 50314—2006	智能建筑设计标准
146	GB/T 50392—2006	机械通风冷却塔工艺设计规范
147	GB 50050—2007	工业循环冷却水处理设计规范
148	GB 50217—2007	电力工程电缆设计规范
149	GB 50226—2007	铁路旅客车站建筑设计规范
150	GB 50311—2007	综合布线系统工程设计规范
151	GB 50384—2007	煤矿立井井筒及硐室设计规范
152	GB 50394—2007	入侵报警系统工程设计规范

续表

序号	标准编号	标准名称
153	GB 50395—2007	视频安防监控系统工程设计规范
154	GB 50396—2007	出入口控制系统工程设计规范
155	GB 50405—2007	钢铁工业资源综合利用设计规范
156	GB 50406—2007	钢铁工业环境保护设计规范
157	GB 50408—2007	烧结厂设计规范
158	GB 50410—2007	小型型钢轧钢工艺设计规范
159	GB 50414—2007	钢铁冶金企业设计防火规范
160	GB 50415—2007	煤矿斜井井筒及硐室设计规范
161	GB 50416—2007	煤矿井底车场硐室设计规范
162	GB 50417—2007	煤矿井下供配电设计规范
163	GB 50418—2007	煤矿井下热害防治设计规范
164	GB 50419—2007	煤矿巷道断面和交叉点设计规范
165	GB 50420—2007	城市绿地设计规范
166	GB 50421—2007	有色金属矿山排土场设计规范
167	GB 50423—2007	油气输送管道穿越工程设计规范
168	GB 50426—2007	印染工厂设计规范
169	GB 50428—2007	油田采出水处理设计规范
170	GB 50429—2007	铝合金结构设计规范
171	GB 50432—2007	炼焦工艺设计规范
172	GB 50435—2007	平板玻璃工厂设计规范
173	GB 50436—2007	线材轧钢工艺设计规范
174	GB 50443—2007	水泥工厂节能设计规范
175	GB 50041—2008	锅炉房设计规范
176	GB 50046—2008	工业建筑防腐蚀设计规范
177	GB 50060—2008	3～110kV 高压配电装置设计规范
178	GB 50153—2008	工程结构可靠性设计统一标准
179	GB 50174—2008	电子信息系统机房设计规范
180	GB 50227—2008	并联电容器装置设计规范
181	GB 50295—2008	水泥工厂设计规范
182	GB 50425—2008	纺织工业企业环境保护设计规范
183	GB 50427—2008	高炉炼铁工艺设计规范
184	GB 50431—2008	带式输送机工程设计规范
185	GB 50439—2008	炼钢工艺设计规范
186	GB 50450—2008	煤矿主要通风机站设计规范
187	GB 50451—2008	煤矿井下排水泵站及排水管路设计规范
188	GB 50454—2008	航空发动机试车台设计规范
189	GB 50455—2008	地下水封石洞油库设计规范
190	GB 50457—2008	医药工业洁净厂房设计规范
191	GB 50458—2008	跨座式单轨交通设计规范
192	GB 50463—2008	隔振设计规范
193	GB 50468—2008	焊管工艺设计规范
194	GB 50469—2008	橡胶工厂环境保护设计规范
195	GB 50471—2008	煤矿瓦斯抽采工程设计规范
196	GB 50472—2008	电子工业洁净厂房设计规范
197	GB 50473—2008	钢制储罐地基基础设计规范
198	GB 50475—2008	石油化工全厂性仓库及堆场设计规范
199	GB/T 50062—2008	电力装置的继电保护和自动装置设计规范
200	GB/T 50466—2008	煤炭工业供热通风与空气调节设计规范
201	GB/T 50476—2008	混凝土结构耐久性设计规范
202	GB 50070—2009	矿山电力设计规范
203	GB 50317—2009	猪屠宰与分割车间设计规范
204	GB 50459—2009	油气输送管道跨越工程设计规范

续表

序号	标准编号	标准名称
205	GB 50481—2009	棉纺织工厂设计规范
206	GB 50482—2009	铝加工厂工艺设计规范
207	GB 50483—2009	化工建设项目环境保护设计规范
208	GB 50486—2009	钢铁厂工业炉设计规范
209	GB 50488—2009	腈纶工厂设计规范
210	GB 50489—2009	化工企业总图运输设计规范
211	GB 50492—2009	聚酯工厂设计规范
212	GB 50493—2009	石油化工可燃气体和有毒气体检测报警设计规范
213	GB 50499—2009	麻纺织工厂设计规范
214	GB 50512—2009	冶金露天矿采轨铁路设计规范
215	GB 50039—2010	农村防火规范
216	GB 50045—2005	高层民用建筑设计防火规范
217	GB 50222—95	建筑内部装修设计防火规范
218	GB 50067—97	汽车库、修车库、停车场设计防火规范
219	GB 50098—2009	人民防空工程设计防火规范
220	GB 50016—2006	建筑设计防火规范
221	GB 50229—2006	火力发电厂与变电站设计防火规范
222	GB 50160—2008	石油化工企业设计防火规范
223	GB 50284—2008	飞机库设计防火规范
224	GB 50161—2009	烟花爆竹工厂设计安全规范
225	GB 50194—93	建设工程施工现场供用电安全规范
226	GB 50089—2007	民用爆破器材工程设计安全规范
227	GB 50154—2009	地下及覆土火药炸药仓库设计安全规范
228	GB/T 50129—2011	砌体基本力学性能试验方法标准
229	GB 50152—92	混凝土结构试验方法标准
230	GB 50164—2011	混凝土质量控制标准
231	GB/T 50269—97	地基动力特性测试规范
232	GB/T 50123—99	土工试验方法标准(2007版)
233	GB/T 50266—99	工程岩体试验方法标准
234	GB 50150—2006	电气装置安装工程 电气设备交接试验标准
235	GB/T 50412—2007	厅堂音质模型试验规范
236	GB/T 50080—2002	普通混凝土拌合物性能试验方法标准
237	GB/T 50081—2002	普通混凝土力学性能试验方法标准
238	GB/T 50329—2002	木结构试验方法标准
239	GBJ 117—88	工业构筑物抗震鉴定标准
240	GB 50023—2009	建筑抗震鉴定标准
241	GB 50223—2008	建筑工程抗震设防分类标准
242	GB 50453—2008	石油化工建(构)筑物抗震设防分类标准
243	GB 50292—1999	民用建筑可靠性鉴定标准
244	GB 50144—2008	工业建筑可靠性鉴定标准
245	GB/T 50107—2010	混凝土强度检验评定标准
246	GBJ 112—87	膨胀土地区建筑技术规范
247	GBJ 130—90	钢筋混凝土升板结构技术规范
248	GBJ 146—90	粉煤灰混凝土应用技术规程
249	GB 50181—93	蓄滞洪区建筑工程技术规范
250	GB 50198—2011	民用闭路监视电视系统工程技术规范
251	GB 50200—94	有线电视系统工程技术规范
252	GB 50290—98	土工合成材料应用技术规范
253	GB 50296—1999	供水管井技术规范
254	GB/T 50315—2011	砌体工程现场检测技术标准

续表

序号	标准编号	标准名称
255	GB 50086—2001	锚杆喷射混凝土支护技术规范
256	GB 50214—2001	组合钢模板技术规范
257	GB 50018—2002	冷弯薄壁型钢结构技术规范
258	GB 50333—2002	医院洁净手术部建筑技术规范
259	GB/T 50330—2002	建筑边坡工程技术规范
260	GB 50345—2004	屋面工程技术规范
261	GB 50366—2005	地源热泵系统工程技术规范
262	GB/T 50349—2005	建筑给水聚丙烯管道工程技术规范
263	GB/T 50362—2005	住宅性能评定技术标准
264	GB 50364—2005	民用建筑太阳能热水系统应用技术规范
265	GB/T 50400—2006	建筑与小区雨水利用工程技术规范
266	GB/T 50085—2007	喷灌工程技术规范
267	GB 50127—2007	架空索道工程技术规范
268	GB 50404—2007	硬泡聚氨酯保温防水工程技术规范
269	GB 50422—2007	预应力混凝土路面工程技术规范
270	GB 50440—2007	城市消防远程监控系统技术规范
271	GB 50108—2008	地下工程防水技术规范
272	GB 50393—2008	钢质石油储罐防腐蚀工程技术规范
273	GB 50447—2008	实验动物设施建筑技术规范
274	GB 50464—2008	视频显示系统工程技术规范
275	GB 50470—2008	油气输送管道线路工程抗震技术规范
276	GB 50474—2008	隔热耐磨衬里技术规范
277	GB 50484—2008	石油化工建设工程施工安全技术规范
278	GB/T 50448—2008	水泥基灌浆材料应用技术规范
279	GB/T 50452—2008	古建筑防工业振动技术规范
280	GB/T 50485—2009	微灌工程技术规范
281	GB 50490—2009	城市轨道交通技术规范
282	GB 50494—2009	城镇燃气技术规范
283	GB 50495—2009	太阳能供热采暖工程技术规范
284	GB 50497—2009	建筑基坑工程监测技术规范
285	GB 50327—2001	住宅装饰装修工程施工规范
286	GB 50424—2007	油气输送管道穿越工程施工规范
287	GB 50126—2008	工业设备及管道绝热工程施工规范
288	GB 50460—2008	油气输送管道跨越工程施工规范
289	GB 50496—2009	大体积混凝土施工规范
290	GB 50325—2010	民用建筑工程室内环境污染控制规范
291	GB/T 50441—2007	石油化工设计能耗计算标准
292	GB 50178—93	建筑气候区划标准
293	GB 50009—2001	建筑结构荷载规范
294	GB 50319—2000	建设工程监理规范
295	GB/T 50323—2001	城市建设档案著录规范
296	GB 50328—2001	建设工程文件归档整理规范
297	GB/T 50326—2006	建设工程项目管理规范
298	GB/T 50375—2006	建筑工程施工质量评价标准
299	GB/T 50378—2006	绿色建筑评价标准
300	GB/T 50379—2006	工程建设勘察企业质量管理规范
301	GB/T 50380—2006	工程建设设计企业质量管理规范
302	GB 50501—2007	水利工程工程量清单计价规范
303	GB/T 50430—2007	工程建设施工企业质量管理规范
304	GB 50500—2008	建设工程工程量清单计价规范
305	GB/T 50502—2009	建筑施工组织设计规范
306	GBJ 97—87	水泥混凝土路面施工及验收规范

续表

序号	标准编号	标准名称
307	GBJ 126—89	工业设备及管道绝热工程施工及验收规范
308	GB 50233—90	110～500kV架空电力线路施工及验收规范
309	GBJ 128—90	立式圆筒开形钢制焊接油罐施工及验收规范
310	GBJ 134—90	人防工程施工及验收规范
311	GBJ 142—90	中、短波广播发射台与电缆载波通信系统的防护间距标准
312	GBJ 143—90	架空电力线路、变电所对电视差转台、转播台无线电干扰防护间距标准
313	GBJ 147—90	电气装置安装工程高压电器施工及验收规范
314	GBJ 148—90	电气装置安装工程高压电器施工及验收规范
315	GBJ 149—90	电气装置安装工程母线施工及验收规范
316	GB 50213—2010	煤矿井巷工程质量验收规范
317	GB 50212—2002	建筑防腐蚀工程施工及验收规范
318	GB 50169—2006	电气装置安装工程接地装置施工及验收规范
319	GB 50170—2006	电气装置安装工程旋转电机施工及验收规范
320	GB 50171—92	电气装置安装工程盘、柜及二次回路结线施工及验收规范
321	GB 50172—92	电气装置安装工程蓄电池施工及验收规范
322	GB 50173—92	电气装置安装工程35kV及以下架空电力线路施工及验收规范
323	GB 50175—93	露天煤矿工程施工及验收规范
324	GB 50252—2010	工业安装工程施工质量验收统一标准
325	GB 50255—96	电气装置安装工程电力变流设备施工及验收规范
326	GB 50224—2010	建筑防腐蚀工程施工质量验收规范
327	GB 50254—96	电气装置安装工程低压电器施工及验收规范
328	GB 50256—96	电气装置安装工程起重机电气装置施工及验收规范
329	GB 50257—96	电气装置安装工程爆炸和火灾危险环境电气装置施工及验收规范
330	GBJ 50092—96	沥青路面施工及验收规范
331	GB 50235—2010	工业金属管道工程施工规范
332	GB 50094—2010	球形储罐施工规范
333	GB 50236—2011	现场设备、工业管道焊接工程施工规范
334	GB 50270—2010	输送设备安装工程施工及验收规范
335	GB 50274—2010	制冷设备、空气分离设备安装工程施工及验收规范
336	GB 50275—2010	风机、压缩机、泵安装工程施工及验收规范
337	GB 50276—2010	破碎、粉磨设备安装工程施工及验收规范
338	GB 50277—2010	铸造设备安装工程施工及验收规范
339	GB 50278—2010	起重设备安装工程施工验收规范
340	GB 50299—1999	地下铁道工程施工及验收规范
341	GB 50300—2001	建筑工程施工质量验收统一标准
342	GB 50205—2001	钢结构工程施工质量验收规范

续表

序号	标准编号	标准名称
343	GB 50210—2001	建筑装饰装修工程质量验收规范
344	GB 50093—2002	自动化仪表工程施工及验收规范
345	GB 50202—2002	建筑地基基础工程施工质量验收规范
346	GB 50203—2011	砌体结构工程施工质量验收规范
347	GB 50204—2002	混凝土结构工程施工质量验收规范
348	GB 50206—2002	木结构工程施工质量验收规范
349	GB 50207—2002	屋面工程质量验收规范
350	GB 50208—2011	地下防水工程施工质量验收规范
351	GB 50209—2010	建筑地面工程施工质量验收规范
352	GB 50242—2002	建筑给水排水及采暖工程施工质量验收规范
353	GB 50243—2002	通风与空调工程施工质量验收规范
354	GB 50303—2002	建筑电气工程施工质量验收规范
355	GB 50310—2002	电梯工程施工质量验收规范
356	GB 50334—2002	城市污水处理厂工程质量验收规范
357	GB 500339—2003	智能建筑工程质量验收规范
358	GB 50606—2010	智能建筑工程施工规范
359	GB 50168—2006	电气装置安装工程电缆线路施工及验收规范
360	GB 50281—2006	泡沫灭火系统施工及验收规范
361	GB 50372—2006	炼铁机械设备工程安装验收规范
362	GB 50374—2006	通信管道工程施工及验收规范
363	GB 50377—2006	选矿机械设备工程安装验收规范
364	GB 50381—2010	城市轨道交通自动售检票系统工程质量验收规范
365	GB 50382—2006	城市轨道交通通信工程质量验收规范
366	GB 50386—2006	轧机机械设备工程安装验收规范
367	GB 50387—2006	冶金机械液压、润滑和气动设备工程安装验收规范
368	GB 50389—2006	750kV架空送电线路施工及验收规范
369	GB 50390—2006	焦化机械设备工程安装验收规范
370	GB 50263—2007	气体灭火系统施工及验收规范
371	GB 50131—2007	自动化仪表工程施工质量验收规范
372	GB 50166—2007	火灾自动报警系统施工及验收规范
373	GB 50309—2007	工业炉砌筑工程质量验收规范
374	GB 50312—2007	综合布线系统工程验收规范
375	GB 50397—2007	冶金电气设备工程安装验收规范
376	GB 50401—2007	消防通信指挥系统施工及验收规范
377	GB 50402—2007	烧结机械设备工程安装验收规范
378	GB 50403—2007	炼钢机械设备工程安装验收规范
379	GB 50411—2007	建筑节能工程施工质量验收规范
380	GB 50078—2008	烟囱工程施工及验收规范
381	GB 50141—2008	给水排水构筑物工程施工及验收规范
382	GB 50268—2008	给水排水管道工程施工及验收规范
383	GB 50444—2008	建筑灭火器配置验收及检查规范
384	GB 50446—2008	盾构法隧道施工与验收规范
385	GB 50461—2008	石油化工静设备安装工程施工质量验收规范
386	GB 50462—2008	电子信息系统机房施工及验收规范
387	GB 50467—2008	微电子生产设备安装工程施工及验收规范
388	GB 50231—2009	机械设备安装工程施工及验收通用规范
389	GB 50271—2009	金属切削机床安装工程施工及验收规范

续表

序号	标准编号	标准名称
390	GB 50272—2009	锻压设备安装工程施工及验收规范
391	GB 50273—2009	锅炉安装工程施工及验收规范
392	GB 50498—2009	固定消防炮灭火系统施工与验收规范

3.1.2.9 部分国家的国家标准代号

部分国家的国家标准代号见表 3-14。

部分国家的国家标准代号　　表 3-14

名　称	代　号	标准编号
美国国家标准	ANSI	代号+字母类号+序号+批准年份
澳大利亚标准	AS	代号+字母类号+序号+制订年份
英国标准	BS	代号+序号+制订年份
原苏联标准①	COST(ГОСТ)	标准代号+序号+批准年份
斯里兰卡标准	CS	代号+序号+制订年份
加拿大国家标准	CSA	代号+编制机构代号+原序号+制订年份
朝鲜国家标准	CSK	代号+序号+制订年份
捷克国家标准	CSN	代号+序号+批准年份
墨西哥官方标准	DGN	代号+字母类号+三位序号+制订年份
德国标准	DIN	代号+序号+批准年份
丹麦标准	DS	代号+序号
埃及标准	E·S·	代号+序号+制订年份
埃塞俄比亚标准	ESI	代号+字母类号+数字类号+三位序号
中国国家标准	GB	代号+序号+批准年份
加纳标准	GS	代号+字母类+序号+制订年份
哥伦比亚标准	ICONTEC	代号+序号
阿根廷标准	IRAM	代号+标准序号+(种类代号)+制订年份
印度标准	IS	代号+序号+制订年份
伊朗标准	ISIRI	代号+标准序号+制订年份
国际标准化组织标准	ISO	代号+序号
日本标准	JIS	代号+字母类号+数字类号+标准序号+制订或修订年份
南斯拉夫标准	JUS	
韩国标准	KS	代号+序号+批准年份
科威特标准规格	KSS	代号+序号
利比亚标准	LS	代号+序号
马来西亚标准	MS	代号+工业标准委员会代号+序号+制订年份
巴西正式标准	NB	代号+标准种类号+序号+制订或修订年份
智利标准	NCh	代号+序号+种类代号+制订年份
荷兰标准	NEN	代号+标准序号+制订或修订年份
法国标准	NF	代号+字母类号+小类号+序号+制订年份
印度尼西亚标准	NI	
秘鲁标准	NOP	代号+三位数字组号+该组内序号+制订年份
委内瑞拉标准	NORVEN	代号+数字类号+序号+制订年份
巴拉圭标准	NP	标准编号
挪威标准	NS	代号+顺序号

续表

名　称	代　号	标准编号
新西兰标准	NZS	代号+序号
奥地利标准	ONORM	代号+序号+制订年份
波兰标准	PN	代号+字母类号+四位数字
巴基斯坦标准	PS	代号+制订或修订年份+字母类号+数字组号
菲律宾标准	PS	代号+序号+制订年份
南非标准	SABS	代号+序号
芬兰标准协会标准	SFS	代号+序号+制订年份
以色列标准	S·I	代号+序号
瑞典标准	SIS	代号+序号+制订年份
瑞士标准协会标准	SNV	代号+六位数字
新加坡标准	S·S·	代号+六位数字
罗马尼亚国家标准	STAS	代号+序号+制订年份
越南国家标准	TCVH	代号+序号+制订年份
泰国国家标准规格	THAI	代号+序号+制订年份
土耳其标准	TS	代号+标准序号+制订或修订年份
坦桑尼亚标准	TZS	代号+标准序号+制订或修订年份
西班牙标准	UNE	代号+序号+制订年份
意大利标准	UNI	代号+四位或五位数号
乌拉圭技术标准学会标准	UNIT	代号+标准序号+制订或修订年份
蒙古国家标准	VCS	代号+序号+制订年份
赞比亚标准	ZS	代号+序号+制订年份

3.1.2.10 钢材涂色标记

钢材涂色标记见表 3-15。

钢　材　涂　色　标　记　　表 3-15

类别	牌号或组别	涂色标志
优质碳素结构钢	05~15	白色
	20~25	棕色+绿色
	30~40	白色+蓝色
	45~85	白色+棕色
	15Mn~40Mn	白色二条
	45Mn~70Mn	绿色三条
合金结构钢	锰钢	黄色+蓝色
	硅锰钢	红色+黑色
	锰钒钢	蓝色+绿色
	铬钢	绿色+黄色
	铬硅钢	蓝色+红色
	铬锰钢	蓝色+黑色
	铬锰硅钢	红色+紫色
	铬钒钢	绿色+黑色
	铬锰钛钢	黄色+黑色
	铬钨钒钢	棕色+黑色
	钼钢	紫色
	铬钼钢	绿色+紫色
	铬锰钼钢	绿色+白色
	铬钼钒钢	紫色+棕色
	铬硅钼钒钢	紫色+棕色
	铬铝钢	铝白色
	铬钼铝钢	黄色+绿色
	铬钨钒铝钢	黄色+红色
	硼钢	紫色+蓝色
	铬钼钨钒钢	紫色+黑色

续表

类别	牌号或组别	涂色标志
高速工具钢	W12Cr4V4Mo	棕色一条＋黄色一条
	W18Cr4V	棕色一条＋蓝色一条
	W9Cr4V2	棕色二条
	W9Cr4V	棕色一条
铬轴承钢	GCr6	绿色一条＋白色一条
	GCr9	白色一条＋黄色一条
	GCr9SiMn	绿色二条
	GCrl5	蓝色一条
	GCrl5SiMn	绿色一条＋蓝色一条
不锈耐酸钢	铬钢	铝色＋黑色
	铬钛钢	铝色＋黄色
	铬锰钢	铝色＋绿色
	铬钼钢	铝色＋白色
	铬镍钢	铝色＋红色
	铬锰镍钢	铝色＋棕色
	铬镍钛钢	铝色＋蓝色
	铬镍铌钢	铝色＋蓝色
	铬钼钛钢	铝色＋白色＋黄色
	铬钼钒钢	铝色＋红色＋黄色
	铬镍钼钛钢	铝色＋紫色
	铬钼钒钴钢	铝色＋紫色
	铬镍钼钛钢	铝色＋蓝色＋白色
	铬镍钼铜钛钢	铝色＋黄色＋绿色
	铬镍钼铜铌钢	铝色＋黄色＋绿色
	(铝色为宽条，余为窄色条)	
耐热钢	铬硅钢	红色＋白色
	铬钼钢	红色＋绿色
	铬硅钼钢	红色＋蓝色
	铬钢	铝色＋黑色
	铬钼钒钢	铝色＋紫色
	铬镍钛钢	铝色＋蓝色
	铬铝硅钢	红色＋黑色
	铬硅钛钢	红色＋黄色
	铬硅钼钛钢	红色＋紫色
	铬硅钼钒钢	红色＋紫色
	铬铝钢	红色＋铝色
	铬镍钨钼钛钢	红色＋棕色
	铬镍钨钼钢	红色＋棕色
	铬镍钨钛钢	铝色＋白色＋红色
	(前为宽色条，后为窄色条)	

3.1.2.11 钢筋符号

钢筋符号见表3-16。

钢筋符号　　表3-16

种类		符号	种类		符号
热轧钢筋	HPB300	Φ	预应力钢筋	消除应力钢丝 光面 螺旋肋	ΦP ΦH
	HRB335	⏀			
	HRBF335	⏀F			
	HRB400	⏀		中强度预应力钢丝 光面 螺旋肋	ΦPM ΦHM
	HRBF400	⏀F			
	RRB400	⏀R			
	HRB500	⏀			
	HRBF500	⏀F			
预应力钢筋	钢绞线	ΦS	预应力螺纹钢筋	螺纹	ΦT

3.1.2.12 建材、设备的规格型号表示法

建材、设备的规格型号表示法见表3-17。

建材、设备的规格型号表示法　　表3-17

符号	意　义
	一、土建材料
∟	角钢
⊏	槽钢
I	工字钢
—	扁钢、钢板
□	方钢
φ	圆形材料直径
″	英寸
#	号
@	每个、每样相等中距
C	窗
c	保护层厚度
e	偏心距
M	门
n	螺栓孔数目
C M MU S T	材料强度等级表示法 { 混凝土强度等级 / 砂浆强度等级 / 砖、石、砌块强度等级 / 钢材强度等级 / 木材强度等级 }
β	高厚比
λ	长细比
〔　〕	容许的
＋(－)	受拉(受压)的
	二、电气材料设备
AWG	美国线规
BWG	伯明翰线规
CWG	中国线规
SWG	英国线规
DG	电线管
G	焊接钢管
VG	硬塑料管
B D G L R X	灯具安装方式表示法 { 壁装式 / 吸顶式 / 管吊式 / 链吊式 / 嵌入式 / 线吊式 }
BLV BLVV BLX BLXF BV BVR BVV BX BXR BXF HBV HPV	导线类型表示法 { 铝芯聚氯乙烯绝缘线 / 铝芯聚氯乙烯护套线 / 铝芯橡皮线 / 铝芯氯丁橡皮线 / 铜芯聚氯乙烯绝缘线 / 铜芯聚氯乙烯绝缘软线 / 铜芯聚氯乙烯护套线 / 铜芯橡皮线 / 铜芯橡皮软线 / 铜芯氯丁橡皮线 / 铜芯聚氯乙烯通信广播线 / 铜芯聚氯乙烯电话线配线 }

续表

符　号	意　　义	
	三、给水排水材料设备	
DN	公称直径（毫米）	
d	管螺纹（英寸）	
Pg	管线承受压力，如 1.6N/mm²	
AQ	输送液体、气体管类型表示法	氨气管
DQ		氮气管
E		二氧化碳管
GF		鼓风管
H		化工管
L		凝水管
M		煤气管
QQ		氢气管
R		热水管
RH		乳化剂管
S	输送液体、气体管类型表示法	上水管
TF		通风管
X		下水管
XF		循环水管
Y		油管
YI		乙炔管
YQ		氧气管
YS		压缩空气管
Z		蒸汽管
ZK		真空管
ZQ		沼气管
B、BA	水泵类表示法	单级单吸离心水泵
D、DA		多级多吸离心水泵
HB		单级单吸混流泵
J、JA		离心式水泵
S、SA		单级双吸离心水泵

3.1.2.13　钢铁、阀门、润滑油的产品代号

1. 钢铁及合金的产品代号（表 3-18）
2. 阀门的产品代号（表 3-19）
3. 润滑油的产品代号表（见表 3-20）

钢铁及合金的产品代号表　　表 3-18

代　号　组　成	前缀字母
统一数字代号由固定的 6 位符号组成，左边第一位用大写的拉丁字母作前缀（一般不使用"I"和"O"字母），后接 5 位阿拉伯数字。 每一个统一数字代号只适用于一个产品牌号；反之，每一个产品牌号只对应于一个统一数字代号。当产品牌号取消后，一般情况下，原对应的统一数字代号不再分配给另一个产品牌号。 统一数字代号的结构形式如下： ⊠ × ×××× 大写拉丁字母，代表不同的钢铁及合金类型 第一位阿拉伯数字，代表各类型钢铁及合金细分类 第二、三、四、五位阿拉伯数字代表不同分类内的编组和同一编组内的不同牌号的区别顺序号（各类型材料编组不同）	A—合金结构钢 B—轴承钢 C—铸铁、铸钢及铸造合金 E—电工用钢和纯铁 F—铁合金和生铁 L—低合金钢 Q—快淬金属及合金 S—不锈、耐蚀和耐热钢 T—工具钢 U—非合金钢 W—焊接用钢及合金

阀门的产品代号表　　表 3-19

代　号　组　成	类别符号	驱动方法符号	连接形式和结构形式符号	密封圈或衬里材料符号	公称压力符号	阀体材料符号
由六部分组成如下： □□□□□□ 阀门类别符号（见右栏） 驱动方法符号（见右栏） 连接形式和结构形式符号（见右栏） 密封圈或衬里材料符号（见右栏） 公称压力符号（见右栏） 阀体材料符号（见右栏）	用汉语拼音字母表示类别： A—安全阀 D—蝶阀 G—隔膜阀 H—止回阀 J—截止阀 L—节流阀 Q—球阀 S—疏水阀 T—调节阀 X—旋塞阀 Y—减压阀 Z—闸阀	用阿拉伯数字表示驱动方法： 3—蜗轮传动 4—正齿轮传动 5—伞齿轮传动 6—气动驱动 7—液压驱动 8—电磁驱动 9—电动机驱动	用两位阿拉伯数字表示，个位数字表示各种阀门结构形式（略）。十位数字表示连接形式： 1—内螺纹 2—外螺纹 3~5—法兰 6—焊接	用汉语拼音字母表示密封圈或衬里材料： B—巴氏合金 D—渗氮钢 H—耐酸碳不锈钢 J—硬橡胶 L—铝合金 NL—尼龙 P—皮革 SA—聚四氟乙烯 SC—聚氯乙烯 SD—酚醛塑料 T—铜 TC—搪瓷 X—橡胶 Y—硬质合金	用阿拉伯数字表示公称压力，可直接表示，也可用短线将它与前面四个单元符号隔开表示	用汉语拼音字母表示阀体材料： B—铝合金 C—碳钢 G—硅铁 I—铬铜钢 K—可锻铸钢 L—铝合金钢 P—铬镍铁钢 Q—球墨铸铁 R—铬镍铜钛钢 T—铜合金 V—铬镍钢钢 Z—灰铸铁

润滑油的产品代号表　　表 3-20

代　号　组　成	组别符号	级别符号	牌　号	尾　注	举　例
由四部分组成如下： □□□—□ 类别符号（用H表示） 组别符号（见右栏） 级别符号（见右栏） 牌号（见右栏）	用汉语拼音字母表示组别： C—柴油机润滑油 D—冷冻机油 G—汽缸油 J—机械油 L—齿轮油 Q—汽油机润滑油 S—压缩机油 T—特种润滑油 U—汽轮机油 Y—仪表油 Z—车轴油	用阿拉伯数字表示级别： 1—轻级（一般可略去不写） 2—中级 3—重级 4—高速 5—低速 8—极压	用运动黏度平均厘斯托克斯（cSt）的阿拉伯数字表示。特种润滑油用顺号表示	H—合成润滑油 D—低凝点润滑油	HC-8—8 号轻级柴油机润滑油； HC2-16—16 号中级柴油机润滑油； HJ—12D—12 号低凝点机械油； HY—8H—8 号合成仪表油

3.1.2.14 常用架空绞线的型号及用途

常用架空绞线的型号及用途见表 3-21。

常用架空绞线的型号及用途 表 3-21

型号组成	型号	名称	规格 (mm²)	用途
由三部分组成如下： □□□ └─尾注 └──特征代号 └───类别代号 (1) 类别代号以导线区分： L—铝线 T—铜线 (2) 特征代号用拼音字母表示： G—钢芯 J—绞制 J—加强型 Q—轻型 R—柔软型 Y—圆形 (3) 尾注： F—防腐形 1—第一种 2—第二种	LJ	裸铝绞线	10～600	供高低压架空输配电线路用
	LGJ	钢芯铝绞线	10～400	
	LGJJ	加强型钢芯铝绞线	150～400	供需提高拉力强度的架空输配电线路用
	LGJQ	轻型钢芯铝绞线	150～700	
	LGJF	防腐型钢芯铝绞线	10～400	供沿海及有腐蚀性地区需提高拉力强度的架空输配电线路用
	LGJJF	防腐加强型钢芯铝绞线	150～400	
	LGJQF	防腐轻型钢芯铝绞线	150～700	

3.1.3 常用图纸标记符号和表示方法

3.1.3.1 图纸的标题栏与会签栏

图纸的标题栏与会签栏见表 3-22。

图纸的标题栏与会签栏 表 3-22

表示方法说明	图示
横式使用的图纸，应按右栏图示的形式布置。	
A0—A3 幅面立式使用的图纸，应按右栏图示的形式布置。	
A4 幅面立式使用的图纸，应按右栏图示的形式布置。	

续表

表示方法说明	图示
标题栏应按右栏图示，根据工程需要选择确定其尺寸、格式及分区。签字区应包含实名列和签名列。涉外工程的标题栏内，各项主要内容的中文下方应附有译文，设计单位的上方或左方，应加"中华人民共和国"字样	
会签栏应按右栏图示的格式绘制，其尺寸应为 100mm×20mm，栏内应填写会签人员所代表的专业、姓名、日期（年、月、日）；一个会签栏不够时，可另加一个，两个会签栏应并列；不需会签的图纸可不设会签栏	

3.1.3.2 符号

1. 剖切符号（见表 3-23）

剖切符号 表 3-23

剖切方法说明	图示
剖视： 1. 剖视的剖切符号应由剖切位置线及投射方向线组成，均应以粗实线绘制。剖切位置线的长度宜为 6～10mm；投射方向线应垂直于剖切位置线，长度应短于剖切位置线，宜为 4～6mm。绘制时，剖视的剖切符号不应与其他图线相接触。 2. 剖视剖切符号的编号宜采用阿拉伯数字，按顺序由左至右、由下至上连续编排，并应注写在剖视方向线的端部。 3. 需要转折的剖切位置线，应在转角的外侧加注与该符号相同的编号。 4. 建（构）筑物剖面图的剖切符号宜注在±0.000 标高的平面图上	
断面： 1. 断面的剖切符号应只用剖切位置线表示，并应以粗实线绘制，长度宜为 6～10mm。 2. 断面剖切符号的编号宜采用阿拉伯数字，按顺序连续编排，并应注写在剖切位置线的一侧；编号所在的一侧应为该断面的剖视方向	

2. 索引符号与详图符号（见表 3-24）

3. 引出线（见表 3-25）

4. 其他符号（见表 3-26）

索引符号与详图符号	表 3-24
符 号 说 明	图 示
图样中的某一局部或构件的索引: 索引符号是由直径为 10mm 的圆和水平直径组成,圆及水平直径均应以细实线绘制(图 a)。索引符号应按下列规定编写: 1. 索引出的详图,如与被索引的详图同在一张图纸内,应在索引符号的上半圆中用阿拉伯数字注明该详图的编号,并在下半圆中间画一段水平细实线(图 b)。 2. 索引出的详图,如与被索引的详图不在同一张图纸内,应在索引符号的上半圆中用阿拉伯数字注明该详图的编号,在索引符号的下半圆中用阿拉伯数字注明该详图所在图纸的编号(图 c)。数字较多时,可加文字标注。 3. 索引出的详图,如采用标准图,应在索引符号水平直径的延长线上加注该标准图册的编号(图 d)	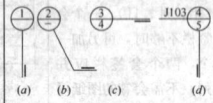
索引符号用于索引剖视详图: 应在被剖切的部位绘制剖切位置线,并以引出线引出索引符号,引出线所在的一侧应为投射方向。索引符号的编写同上行的规定(图 a、b、c、d)	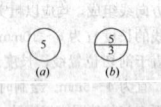
零件、钢筋、杆件、设备等的编号: 以直径为 4~6mm(同一图样应保持一致)的细实线圆表示,其编号应用阿拉伯数字按顺序编写	⑤
详图符号: 详图的位置和编号,应以详图符号表示。详图符号的圆应以直径为 14mm 粗实线绘制。详图应按下列规定编号: 1. 详图与索引的图样同在一张图纸内时,应在详图符号内用阿拉伯数字注明详图的编号(图 a)。 2. 详图与索引的图样不在同一张图纸内,应用细实线在详图符号内画一水平直径,在上半圆中注明详图编号,在下半圆中注明被索引的图纸的编号(图 b)	(a) (b)

引 出 线	表 3-25
引 出 线 说 明	图 示
引出线应以细实线绘制,宜采用水平方向的直线、与水平方向成 30°、45°、60°、90°的直线,或经上述角度再折为水平线。文字说明宜注写在水平线的上方(图 a),也可注写在水平线的端部(图 b)。索引详图的引出线,应与水平直径线相连接(图 c)	(文字说明) (文字说明) (a) (b) (c)
同时引出几个相同部分的引出线,宜互相平行(图 a),也可画成集中于一点的放射线(b)	(文字说明) (文字说明) (a) (b)

续表

引 出 线 说 明	图 示
多层构造或多层管道共用引出线,应通过被引出的各层。文字说明宜注写在水平线的上方,或注写在水平线的端部,说明的顺序应由上至下,并应与被说明的层次相互一致;如层次为横向排序,则由上至下的说明顺序应与左至右的层次相互一致	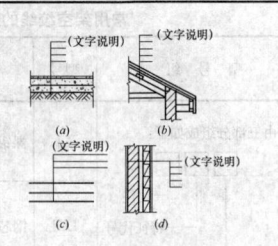

其 他 符 号	表 3-26
符 号 说 明	图 示
对称符号: 由对称线和两端的两对平行线组成。对称线用细点画线绘制;平行线用细实线绘制,其长度宜为 6~10mm,每对的间距宜为 2~3mm;对称线垂直平分于两对平行线,两端超出平行线宜为 2~3mm	
连接符号: 应以折断线表示需连接的部位。两部位相距过远时,折断线两端靠图样一侧应标注大写拉丁字母表示连接编号。两个被连接的图样必须用相同的字母编号	A A A-连接编号
指北针: 形状宜如右栏图示,其圆的直径宜为 24mm,用细实线绘制;指针尾部的宽度宜为 3mm,指针头部应注"北"或"N"字。需用较大直径绘制指北针时,指针尾部宽度宜为直径的 1/8	北

3.1.3.3 定位轴线

定位轴线符号见表 3-27。

定位轴线符号	表 3-27
相 关 说 明	图 示
定位轴线的绘制与编号: 定位轴线应用细点画线绘制。 定位轴线一般应编号,编号应注写在轴线端部的圆内。圆应用细实线绘制,直径为 8~10mm。定位轴线圆的圆心,应在定位轴线的延长线上或延长线的折线上。 平面图上定位轴线的编号,宜标注在图样的下方与左侧。横向编号应用阿拉伯数字,从左至右顺序编写,竖向编号应用大写拉丁字母,从下至上顺序编写。 拉丁字母的 I、O、Z 不得用做轴线编号。如字母数量不够使用,可增用双字母或单字母加数字注脚,如 AA、BA···YA 或 A1、B1···Y1	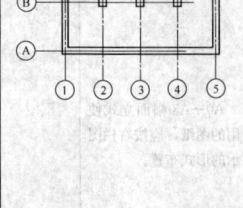
定位轴线的分区编号: 组合较复杂的平面图中定位轴线也可采用分区编号,编号的注写形式应为"分区号——该分区编号"。分区号采用阿拉伯数字或大写拉丁字母表示	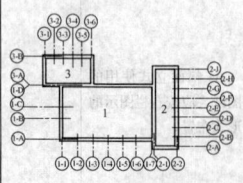

续表

相　关　说　明	图　示
附加定位轴线的编号： 应以分数形式表示，并应按下列规定编写： 1. 两根轴线间的附加轴线，应以分母表示前一轴线的编号，分子表示附加轴线的编号，编号宜用阿拉伯数字顺序编写，如图（a）表示 2 号轴线之后附加的第一根轴线；图（b）表示 C 号轴线之后附加的第三根轴线。 2. 1 号轴线或 A 号轴线之前的附加轴线的分母应以 01 或 0A 表示，如图（c）表示 1 号轴线之前附加的第一根轴线；图（d）表示 A 号轴线之前附加的第三根轴线	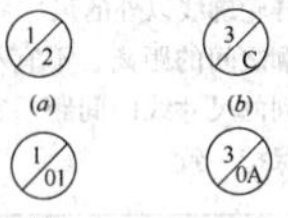
一个详图适用于几根轴线时的编号： 一个详图适用于几根轴线时，应同时注明各有关轴线的编号 图（a）表示用于 2 根轴线时；图（b）表示用于 3 根或 3 根以上轴线时；图（c）表示用于 3 根以上连续编号的轴线时	
通用详图中的定位轴线： 应只画圆，不注写轴线编号	
圆形平面图中定位轴线的编号： 其径向轴线宜用阿拉伯数字表示，从左下角开始，按逆时针顺序编写；其圆周轴线宜用大写拉丁字母表示，从外向内顺序编写	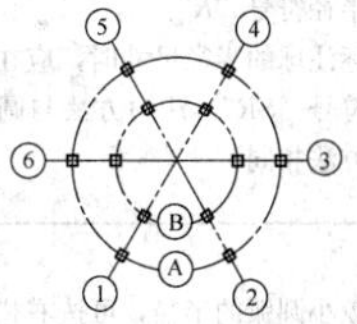
折线形平面图中定位轴线的编号： 可按右栏图式的形式编写	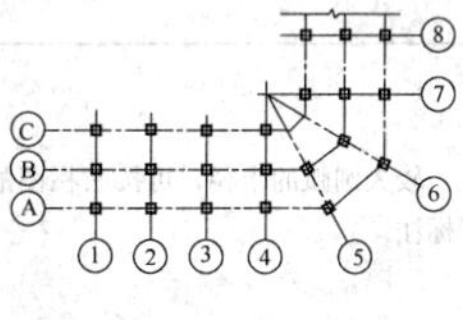

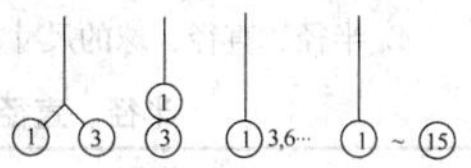

3.1.3.4　常用建筑材料图例

1. 一般规定（见表 3-28）
2. 常用建筑材料图例（见表 3-29）

常用建筑材料图例的一般规定　　表 3-28

相　关　说　明	图　示
只规定常用建筑材料的图例画法，对其尺度比例不作具体规定。使用时，应根据图样大小而定，并应注意下列事项： 1. 图例线间隔均匀，疏密适度，做到图例正确，表示清楚。 2. 不同品种的同类材料使用同一图例时（如某些特定部位的石膏板必须注明是防水石膏板时），应在图上附加必要的说明。 3. 两个相同的图例相接时，图例线宜错开或使倾斜方向相反（图 a）。 4. 两个相邻的涂黑图例（如混凝土构件、金属件）间，应留有空隙。其宽度不得小于 0.7mm（图 c）	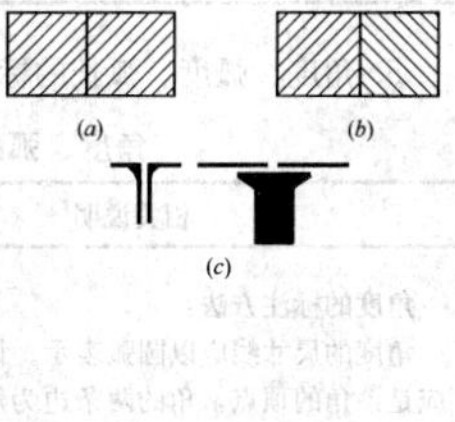

续表

相　关　说　明	图　示
下列情况可不加图例，但应加文字说明： 1. 一张图纸内的图样只用一种图例时。 2. 图形较小无法画出建筑材料图例时	
需画出的建筑材料图例面积过大时，可在断面轮廓线内，沿轮廓作局部表示	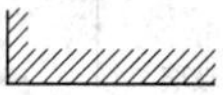

常用建筑材料图例　　表 3-29

序号	名称	图例	备　注
1	自然土壤		包括各种自然土壤
2	夯实土壤	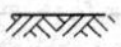	
3	砂、灰土	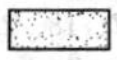	靠近轮廓线绘较密的点
4	砂砾石、碎砖三合土	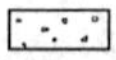	
5	石材		
6	毛石	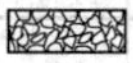	
7	普通砖	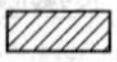	包括实心砖、多孔砖、砌块等砌体。断面较窄不易绘出图例线时，可涂红
8	耐火砖		包括耐酸砖等砌体
9	空心砖		指非承重砖砌体
10	饰面砖		包括铺地砖、马赛克、陶瓷锦砖、人造大理石等
11	焦渣、矿渣	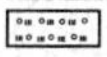	包括与水泥、石灰等混合而成的材料
12	混凝土		1. 本图例指能承重的混凝土及钢筋混凝土； 2. 包括各种强度等级、骨料、添加剂的混凝土；
13	钢筋混凝土	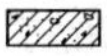	3. 在剖面图上画出钢筋时，不画图例线； 4. 断面图形小，不易画出图例线时，可涂黑
14	多孔材料		包括水泥珍珠岩、沥青珍珠岩、泡沫混凝土、非承重加气混凝土、软木、蛭石制品等
15	纤维材料	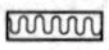	包括矿棉、岩棉、玻璃棉、麻丝、木丝板、纤维板等
16	泡沫塑料材料	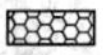	包括聚苯乙烯、聚乙烯、聚氨酯等多孔聚合物类材料
17	木材		1. 上图为横断面，上左图为垫木、木砖或木龙骨； 2. 下图为纵断面
18	胶合板		应注明为×层胶合板
19	石膏板	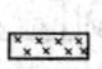	包括圆孔、方孔石膏板、防水石膏板等

续表

序号	名称	图例	备注
20	金属		1. 包括各种金属; 2. 图形小时, 可涂黑
21	网状材料		1. 包括金属、塑料网状材料; 2. 应注明具体材料名称
22	液体		应注明具体液体名称
23	玻璃		包括平板玻璃、磨砂玻璃、夹丝玻璃、钢化玻璃、中空玻璃、夹层玻璃、镀膜玻璃等
24	橡胶		
25	塑料		包括各种软、硬塑料及有机玻璃等
26	防水材料		构造层次多或比例大时, 采用上面图例
27	粉刷		本图例采用较稀的点

注: 序号1、2、5、7、8、13、14、16、17、18、22、23图例中的斜线、短斜线、交叉斜线等一律为45°。

3.1.3.5 尺寸标注

1. 尺寸界线、尺寸线及尺寸起止符号 (见表3-30)

尺寸界线、尺寸线及尺寸起止符号   表 3-30

相 关 说 明	图 示
尺寸的组成: 图样上的尺寸, 包括尺寸界线、尺寸线、尺寸起止符号和尺寸数字	
尺寸界线: 应用细实线绘制, 一般应与被注长度垂直, 其一端应离开图样轮廓线不小于2mm, 另一端宜超出尺寸线2~3mm。图样轮廓线可用作尺寸界线	
尺寸线绘制要求: 应用细实线绘制, 应与被注长度平行。图样本身的任何图线均不得用作尺寸线	
尺寸起止符号: 一般用中粗斜短线绘制, 其倾斜方向应与尺寸界线成顺时针45°角, 长度宜为2~3mm。半径、直径、角度与弧长的尺寸起止符号, 宜用箭头表示	

2. 尺寸数字 (见表3-31)

尺 寸 数 字   表 3-31

相 关 说 明	图 示
图样上的尺寸, 应以尺寸数字为准, 不得从图上直接量取	
尺寸数字的方向, 应按图 (a) 的规定注写。若尺寸数字在30°斜线区内, 宜按图 (b) 的形式注写	
图样上的尺寸单位, 除标高及总平面以米为单位外, 其他必须以毫米为单位	
尺寸数字一般应依据其方向注写在靠近尺寸线的上方中部位置, 最外边的尺寸数字可注写在尺寸界线的外侧, 中间相邻的尺寸数字可错开注写	

3. 尺寸的排列与布置 (见表3-32)

尺寸的排列与布置   表 3-32

相 关 说 明	图 示
尺寸数字的注写: 尺寸宜标注在图样轮廓以外, 不宜与图线、文字及符号等相交。 图样轮廓线以外的尺寸界线, 距图样最外轮廓之间的距离, 不宜小于10mm。平行排列的尺寸线的间距, 宜为7~10mm, 并应保持一致	
尺寸的排列: 互相平行的尺寸线, 应从被注写的图样轮廓线由近向远整齐排列, 较小尺寸应离轮廓线较近, 较大尺寸应离轮廓线较远。 总尺寸的尺寸界线应靠近所指部位, 中间分尺寸的尺寸界线可稍短, 但其长度应相等	

4. 半径、直径、球的尺寸标注 (见表3-33)

半径、直径、球的尺寸标注   表 3-33

相 关 说 明	图 示
半径的尺寸线应一端从圆心开始, 另一端箭头指向圆弧。半径数字前应加注半径符号 "R"。 标注球的半径尺寸时, 应在尺寸前加注符号 "SR"。注写方法与圆弧半径标注方法相同	
较小圆弧的半径, 可按右栏图的形式标注	
较大圆弧的半径, 可按右栏图的形式标注	
标注圆的直径尺寸时, 直径数字前应加直径符号 "φ"。在圆内标注的尺寸线应通过圆心, 两端画箭头指至圆弧。 标注球的直径尺寸时, 应在尺寸数字前加注符号 "Sφ"。注写方法与圆直径的尺寸标注方法相同	
较小圆的直径尺寸, 可标注在圆外	

5. 角度、弧度、弧长的标注 (见表3-34)

角度、弧度、弧长的标注   表 3-34

相 关 说 明	图 示
角度的标注方法: 角度的尺寸线应以圆弧表示。该圆弧的圆心应是该角的顶点, 角的两条边为尺寸界线。起止符号应以箭头表示, 如没有足够位置画箭头, 可用圆点代替, 角度数字应按水平方向注写	

续表

相关说明	图示
弧长的标注方法： 标注圆弧的弧长时，尺寸线应以与该圆弧同心的圆弧线表示，尺寸界线应垂直于该圆弧的弦，起止符号用箭头表示，弧长数字上方应加注圆弧符号“⌒”	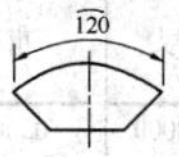
弦长的标注方法： 标注圆弧的弦长时，尺寸线应以平行于该弦的直线表示，尺寸界线应垂直于该弦，起止符号用中粗斜短线表示	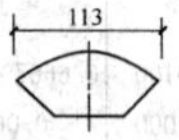

6. 薄板厚度、正方形、坡度、非圆曲线等尺寸标注（见表 3-35）

薄板厚度、正方形、坡度、非圆曲线等尺寸标注　　表 3-35

相关说明	图示
在薄板板面标注板厚尺寸时，应在厚度数字前加厚度符号“t”	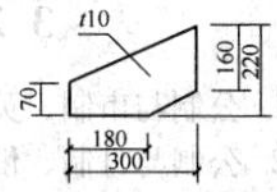
标注正方形的尺寸，可用“边长×边长”的形式，也可在边长数字前加正方形符号“□”	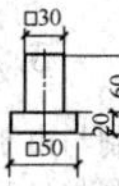
外形为非圆曲线的构件，可用坐标形式标注尺寸	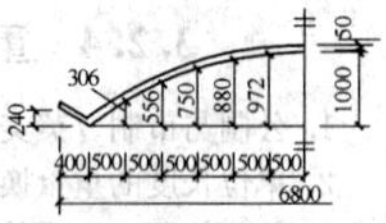
标注坡度时，应加注坡度符号“←”，该符号为单面箭头，箭头应指向下坡方向	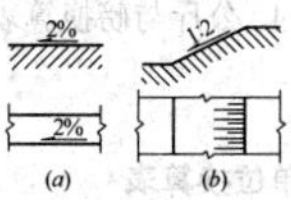
坡度也可用直角三角形形式标注	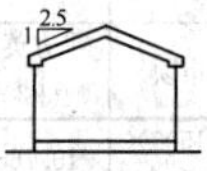
复杂的图形，可用网格形式标注尺寸	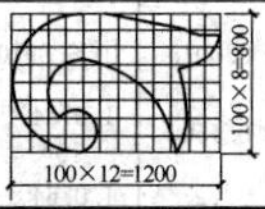

7. 尺寸的简化标注（见表 3-36）

尺寸的简化标注　　表 3-36

相关说明	图示
杆件或管线的长度，在单线图（桁架简图、钢筋简图、管线简图）上，可直接将尺寸数字沿杆件或管线的一侧注写	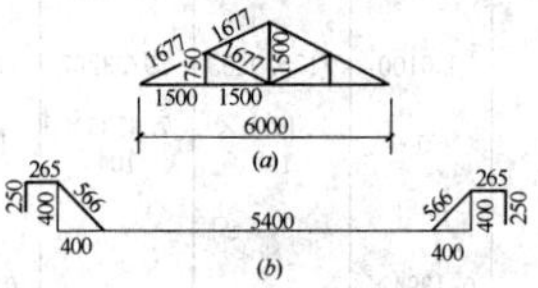
连续排列的等长尺寸，可用“等长尺寸×个数＝总长”的形式标注	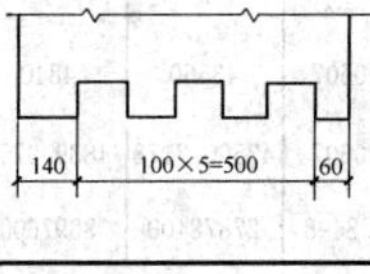

续表

相关说明	图示
构配件内的构造因素（如孔、槽等）如相同，可仅标注其中一个要素的尺寸	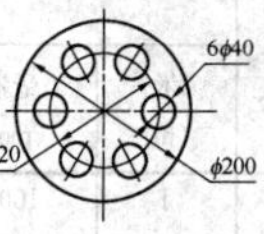
对称构配件采用对称省略画法时，该对称构配件的尺寸线应略超过对称符号，仅在尺寸线的一端画尺寸起止符号，尺寸数字应按整体全尺寸注写，其注写位置宜与对称符号对齐	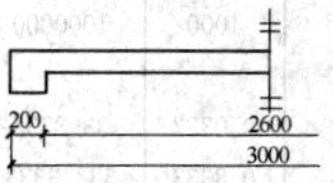
两个构配件，如个别尺寸数字不同，可在同一图样中将其中一个构配件的不同尺寸数字注写在括号内，该构配件的名称也应注写在相应的括号内	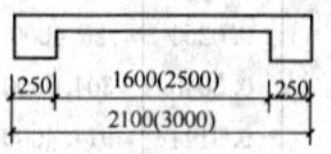
数个构配件，如仅某些尺寸不同，这些有变化的尺寸数字，可用拉丁字母注写在同一图样中，另列表格写明其具体尺寸	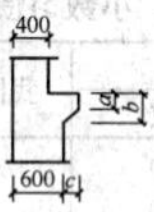 构件编号 | a | b | c Z-1 | 200 | 200 | 200 Z-2 | 250 | 450 | 200 Z-3 | 200 | 450 | 250

8. 标高（见表 3-37）

标　　高　　表 3-37

相关说明	图示
标高符号应以直角等腰三角形表示，按图（a）所示形式用细实线绘制，如标注位置不够，也可按图（b）所示形式绘制。标高符号的具体画法如图（c）、（d）所示	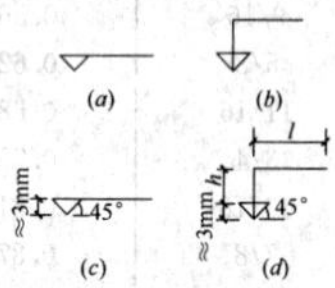
总平面图室外地坪标高符号，宜用涂黑的三角形表示如图（a），具体画法如图（b）所示	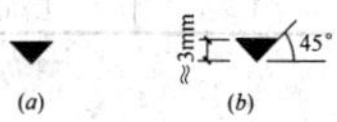
标高符号的尖端应指至被注高度的位置。尖端一般应向下，也可向上。标高数字应注写在标高符号的左侧或右侧	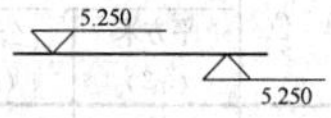
标高数字应以米为单位，注写到小数点以后第三位。在总平面图中，可注写到小数点以后第二位	
零点标高应注写成±0.000，正数标高不注“+”，负数标高应注“－”，例如3.000、－0.600	
在图样的同一位置需表示几个不同标高时，标高数字可按图示的形式注写	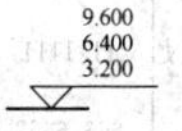

3.2 常用计量单位换算

3.2.1 长度单位换算

3.2.1.1 公制与市制、英美制长度单位换算

公制与市制、英美制长度单位换算见表 3-38。

3.2.1.2 英寸的分数、小数习惯称呼与毫米对照

英寸的分数、小数习惯称呼与毫米对照表见 3-39。

公制与市制、英美制长度单位换算表　　表 3-38

单 位	公　制				市　制				英　美　制			
	米 (m)	毫米 (mm)	厘米 (cm)	公里 (km)	市寸	市尺	市丈	市里	英寸 (in)	英尺 (ft)	码 (yd)	英里 (mile)
1m	1	1000	100	0.0010	30	3	0.3000	0.0020	39.3701	3.2808	1.0936	0.0006
1mm	0.0010	1	0.1000	10^{-6}	0.0300	0.0030	0.0003	2×10^{-6}	0.0394	0.0033	0.0011	0.6214×10^{-6}
1cm	0.0100	10	1	10^{-5}	0.3000	0.0300	0.0030	2×10^{-5}	0.3937	0.0328	0.0109	0.6214×10^{-5}
1km	1000	1000000	100000	1	30000	3000	300	2	3.9370×10^4	3280.8398	1093.6132	0.6214
1市寸	0.0333	33.3333	3.3333	3.3333×10^{-5}	1	0.1000	0.0100	6.6667×10^{-5}	1.3123	0.1094	0.0365	2.0712×10^{-5}
1市尺	0.3333	333.3333	33.3333	0.0003	10	1	0.1000	0.0007	13.1233	1.0936	0.3645	0.0002
1市丈	3.3333	3333.3333	333.3333	0.0033	100	10	1	0.0067	131.2333	10.9361	3.6454	0.0021
1市里	500	500000	50000	0.5000	15000	1500	150	1	1.9685×10^4	1640.4167	546.8055	0.3107
1in	0.0254	25.4000	2.5400	2.5400×10^{-5}	0.7620	0.0762	0.0076	5.0800×10^{-5}	1	0.0833	0.0278	1.5783×10^{-5}
1ft	0.3048	304.8000	30.4800	0.0003	9.1440	0.9144	0.0914	0.0006	12	1	0.3333	0.0002
1yd	0.9144	914.4000	91.4400	0.0009	27.4320	2.7432	0.2743	0.0018	36	3	1	0.0006
1mile	1609.3440	1.6093×10^6	1.6093×10^5	1.6093	4.8280×10^4	4828.0320	482.8032	3.2187	63360	5280	1760	1

英寸的分数、小数习惯称呼与毫米对照　表 3-39

英寸 (in)		我国习惯称呼	毫米 (mm)
分　数	小　数		
1/16	0.0625	半分	1.5875
1/8	0.1250	一分	3.1750
3/16	0.1875	一分半	4.7625
1/4	0.2500	二分	6.3500
5/16	0.3125	二分半	7.9375
3/8	0.3750	三分	9.5250
7/16	0.4375	三分半	11.1125
1/2	0.5000	四分	12.7000
9/16	0.5625	四分半	14.2875
5/8	0.6250	五分	15.8750
11/16	0.6875	五分半	17.4625
3/4	0.7500	六分	19.0500
13/16	0.8125	六分半	20.6375
7/8	0.8750	七分	22.2250
15/16	0.9375	七分半	23.8125
1	1.0000	一英寸	25.4000

3.2.2　面积单位换算

1. 公制与市制、英美制面积单位换算表（见表 3-40）
2. 公制与日制、俄制面积单位换算表（见表 3-41）
3. 一些国家地积单位换算表（见表 3-42）

3.2.3　体积、容积单位换算

1. 公制与市制、英美制体积和容积单位换算表（见表 3-43）
2. 公制与日制、俄制体积和容积单位换算表（见表 3-44）

3.2.4　重量（质量）单位换算

1. 公制与市制、英美制重量单位换算表（见表 3-45）
2. 单位长度的重量换算表（见表 3-46）
3. 单位体积、容积的重量换算表（见表 3-47）
4. 公斤与磅换算表（见表 3-48）

公制与市制、英美制面积单位换算表　　表 3-40

单 位	公　制				市　制				英　美　制				
	平方米 (m^2)	公亩 (a)	公顷 (ha, hm^2)	平方公里 (km^2)	平方市尺	平方市丈	市亩	市顷	平方英尺 (ft^2)	平方码 (yd^2)	英亩	美亩	平方英里 ($mile^2$)
$1m^2$	1	0.0100	0.0001	10^{-6}	9	0.0900	0.0015	0.1500×10^{-4}	10.7639	1.1960	0.0002	0.0002	0.3861×10^{-6}
1a	100	1	0.0100	0.0001	900	9	0.1500	0.0015	1076.3910	119.5990	0.0247	0.0247	0.3861×10^{-4}
1ha (hm^2)	10000	100	1	0.0100	90000	900	15	0.1500	1.0764×10^5	11959.9005	2.4711	2.4710	0.0039
$1km^2$	1000000	10000	100	1	9000000	90000	1500	15	1.0764×10^7	1.1960×10^6	247.1054	247.1041	0.3861
1平方市尺	0.1111	0.0011	0.1111×10^{-4}	0.1111×10^{-4}	1	0.0100	0.0002	1.6667×10^{-6}	1.1960	0.1329	0.2746×10^{-4}	0.2746×10^{-4}	0.4290×10^{-7}
1平方市丈	11.1111	0.1111	0.0011	0.1111×10^{-4}	100	1	0.0167	0.0002	119.5990	13.2888	0.0027	0.0027	0.4290×10^{-5}
1市亩	666.6667	6.6667	0.0667	0.0007	6000	60	1	0.0100	7175.9403	797.3267	0.1647	0.1647	0.0003
1市顷	66666.6667	666.6667	6.6667	0.0667	600000	6000	100	1	7.1759×10^5	7.9733×10^4	16.4737	16.4736	0.0257
$1ft^2$	0.0929	0.0009	0.929×10^{-5}	0.9290×10^{-7}	0.8361	0.0084	0.0001	0.1394×10^{-4}	1	0.1111	0.2296×10^{-4}	0.2296×10^{-4}	0.3587×10^{-7}
$1yd^2$	0.8361	0.0084	0.8361×10^{-4}	0.8361×10^{-6}	7.5251	0.0753	0.0013	0.1254×10^{-4}	9	1	0.0002	0.0002	0.3228×10^{-6}
1英亩	4046.8564	40.4686	0.4047	0.0040	36421.7078	364.2171	6.0703	0.0607	43560	4840	1	0.999995	0.0016
1美亩	4046.8767	40.4688	0.4047	0.0040	36421.8899	364.2189	6.0703	0.0607	43560.2178	4839.9758	1.000005	1	0.0016
$1mile^2$	0.2590×10^7	0.2590×10^5	258.9988	2.5900	2.3310×10^7	2.3310×10^5	3884.9822	38.8498	27878400	3097600	640	639.9968	1

公制与日制、俄制面积单位换算表　　表 3-41

单位	公制				日制				俄制			
	平方米 (m²)	公亩 (a)	公顷 (ha, hm²)	平方公里 (km²)	平方日尺	日坪	日亩	平方日里	平方俄尺	平方俄丈	俄顷	平方俄里
1m²	1	0.0100	0.0001	10^{-6}	10.8900	0.3025	0.0101	0.6484×10^{-7}	10.7639	0.2197	0.0001	0.8787×10^{-6}
1a	100	1	0.0100	0.0001	1089	30.2500	1.0083	0.6484×10^{-5}	1076.3910	21.9672	0.0092	0.8787×10^{-4}
1ha	10000	100	1	0.0100	108900	3025	100.8333	0.0006	1.0764×10^{5}	2196.7164	0.9153	0.0088
1km²	1000000	10000	100	1	1.0890×10^{7}	302500	10083.3333	0.0648	1.0764×10^{7}	2.1967×10^{5}	91.5299	0.8787
1平方日尺	0.0918	0.0009	0.9183×10^{-5}	0.9183×10^{-7}	1	0.0278	0.0009	0.5954×10^{-8}	0.9885	0.0202	0.8406×10^{-5}	0.8069×10^{-7}
1日坪	3.3058	0.0331	0.0003	3.3058×10^{-6}	36	1	0.0333	0.2143×10^{-6}	35.5860	0.7262	0.0003	0.2905×10^{-5}
1日亩	99.1736	0.9917	0.0099	0.0001	1080	30	1	0.6430×10^{-5}	1067.5802	21.7874	0.0091	0.8715×10^{-4}
1平方日里	1.5423×10^{7}	1.5423×10^{5}	1542.3471	15.4235	1.6796×10^{8}	4665600	155520	1	1.6603×10^{8}	3.3884×10^{6}	1411.8203	13.5535
1平方俄尺	0.0929	0.0009	0.9290×10^{-5}	0.9290×10^{-7}	1.0116	0.0281	0.0009	0.6023×10^{-8}	1	0.0204	0.8503×10^{-5}	0.8163×10^{-7}
1平方俄丈	4.5522	0.0455	0.0005	0.4552×10^{-6}	49.5700	1.3769	0.0459	0.2951×10^{-6}	49	1	0.0004	0.4000×10^{-5}
1俄顷	1.0925×10^{4}	109.2540	1.0925	0.0109	1.1897×10^{5}	3304.6699	110.1557	0.0007	117600	2400	1	0.0096
1平方俄里	1.1381×10^{6}	1.1381×10^{4}	113.8062	1.1381	1.2393×10^{7}	3.4424×10^{5}	1.1475×10^{4}	0.0738	1.2250×10^{7}	250000	104.1667	1

一些国家地积单位换算表　　表 3-42

单位	公顷 (ha, hm²)	市亩	町步 (朝鲜)	霍尔特 (匈牙利)	狄卡儿 (保加利亚)	杜努姆 (伊拉克)	费丹 (阿联)	摩根 (南非)	卡瓦耶里亚 (古巴)
1ha (hm²)	1	15	1.0101	1.7544	10	4	2.3810	1.2500	0.0745
1市亩	0.0667	1	0.0673	0.1170	0.6667	0.2667	0.1587	0.0833	0.0050
1町步	0.9900	14.8500	1	1.7368	9.9000	3.9600	2.3571	1.2375	0.0738
1霍尔特	0.5700	8.5500	0.5758	1	5.7000	2.2800	1.3571	0.7125	0.0425
1狄卡儿	0.1000	1.5000	0.1010	0.1754	1	0.4000	0.2381	0.1250	0.0075
1杜努姆	0.2500	3.7500	0.2525	0.4386	2.5000	1	0.5952	0.3125	0.0186
1费丹	0.4200	6.3000	0.4242	0.7368	4.2000	1.6800	1	0.5250	0.0313
1摩根	0.8000	12	0.8081	1.4035	8	3.2000	1.9048	1	0.0596
1卡瓦耶里亚	13.4180	201.2700	13.5535	23.5404	134.1800	53.6720	31.9476	16.7725	1

公制与市制、英美制体积和容积单位换算表　　表 3-43

单位	公制			市制				英美制					
	立方米 (m³)	立方厘米 (cm³)	升 (L)	立方市寸	立方市尺	市斗	市石	立方英寸 (in³)	立方英尺 (ft³)	立方码 (yd³)	加仑 (英液量) (gal)	加仑 (美液量) (gal)	蒲式耳 (bu)
1m³	1	1000000	1000	27000	27	100	10	6.1024×10^{4}	35.3146	1.3079	220.0846	264.1719	27.5106
1cm³	10^{-6}	1	0.0010	0.0270	0.2700×10^{-4}	0.0001	10^{-5}	0.0610	0.3531×10^{-4}	0.1308×10^{-5}	0.2201×10^{-3}	0.2642×10^{-3}	0.2751×10^{-4}
1L	0.0010	1000	1	27	0.0270	0.1000	0.0100	61.0237	0.0353	0.0013	0.2201	0.2642	0.0275
1立方市寸	0.3704×10^{-4}	37.0370	0.0370	1	0.0010	0.0037	0.0004	2.2601	0.0013	0.4844×10^{-4}	0.0082	0.0098	0.0010
1立方市尺	0.0370	3.7037×10^{4}	37.0370	1000	1	3.7037	0.3704	2260.1387	1.3080	0.0484	8.1513	9.7842	1.0189
1市斗	0.0100	10000	10	270	0.2700	1	0.1000	610.2374	0.3531	0.0131	2.2008	2.6417	0.2751
1市石	0.1000	100000	100	2700	2.7000	10	1	6102.3745	3.5315	0.1308	22.0085	26.4172	2.7511
1in³	1.6387×10^{-5}	16.3871	0.0164	0.4424	0.0004	0.0016	0.0002	1	0.0006	2.1433×10^{-5}	0.0036	0.0043	0.0005
1ft³	0.0283	2.8317×10^{4}	28.3168	764.5549	0.7646	2.8317	0.2832	1728	1	0.0370	6.2321	7.4805	0.7790
1yd³	0.7646	7.6455×10^{5}	764.5549	2.0643×10^{4}	20.6430	76.4555	7.6455	46656	27	1	168.2668	201.9740	21.0333
1gal (英)	0.0045	4543.7068	4.5437	122.6801	0.1227	0.4544	0.0454	277.2740	0.1605	0.0059	1	1.2003	0.1250
1gal (美)	0.0038	3785.4760	3.7855	102.2079	0.1022	0.3785	0.0379	231	0.1337	0.0050	0.8331	1	0.1041
1bu	0.0363	3.6350×10^{4}	36.3497	981.4407	0.9814	3.6350	0.3635	2218.1920	1.2837	0.0475	8	9.6026	1

公制与日制、俄制体积和容积单位换算表　　　　表 3-44

单位	公制			日制					俄制	
	立方米 (m³)	立方厘米 (cm³)	升 (L)	立方日寸	立方日尺	日升	日斗	日石	立方俄寸	立方俄尺
1m³	1	1000000	1000	35937	35.9370	554.0013	55.4001	5.5400	6.1024×10^4	35.3146
1cm³	10^{-6}	1	0.0010	0.0359	3.5937×10^{-5}	0.0006	0.554×10^{-4}	0.5540×10^{-5}	0.0610	0.3531×10^{-4}
1L	0.0010	1000	1	35.9370	0.0359	0.5540	0.0554	0.0055	61.0237	0.0353
1立方日寸	2.7826×10^{-5}	27.8265	0.0278	1	0.0010	0.0154	0.0015	0.0002	1.6983	0.0010
1立方日尺	0.0278	2.7826×10^4	27.8265	1000	1	15.4159	1.5416	0.1542	1698.2782	0.9828
1日升	0.0018	1805.0500	1.8051	64.8681	0.0649	1	0.1000	0.0100	110.1641	0.0638
1日斗	0.0181	1.8051×10^4	18.0505	648.6808	0.6487	10	1	0.1000	1101.6405	0.6375
1日石	0.1805	1.8051×10^5	180.5050	6486.8083	6.4868	100	10	1	11016.4051	6.3752
1立方俄寸	1.6387×10^{-5}	16.3871	0.0164	0.5888	0.0006	0.0091	0.0009	0.0001	1	0.0006
1立方俄尺	0.0283	2.8317×10^4	28.3168	1017.5011	1.0175	15.6857	1.5686	0.1569	1728	1

公制与市制、英美制重量单位换算表　　　　表 3-45

单位	公制			市制			英美制			
	公斤 (kg)	克 (g)	吨 (t)	市两	市斤	市担	盎司 (oz)	磅 (lb)	英(长)吨 (ton)	美(短)吨 (US ton)
1kg	1	1000	0.0010	20	2	0.0200	35.2740	2.2046	0.0010	0.0011
1g	0.0010	1	10^{-6}	0.0200	0.0020	0.2000×10^{-4}	0.0353	0.0022	0.9842×10^{-6}	1.1023×10^{-6}
1t	1000	1000000	1	20000	2000	20	3.5274×10^4	2204.6244	0.9842	1.1023
1市两	0.0500	50	0.5000×10^{-4}	1	0.1000	0.0010	1.7637	0.1102	0.4921×10^{-4}	0.5512×10^{-4}
1市斤	0.5000	500	0.0005	10	1	0.0100	17.6370	1.1023	0.0005	0.0006
1市担	50	50000	0.0500	1000	100	1	1763.6995	110.2312	0.0492	0.0551
1oz	0.0283	28.3495	0.2835×10^{-4}	0.5670	0.0567	0.0006	1	0.0625	0.2790×10^{-4}	0.3125×10^{-4}
1lb	0.4536	453.5920	0.0005	9.0718	0.9072	0.0091	16	1	0.0004	0.0005
1ton	1016.0461	1.0160×10^6	1.0160	2.0321×10^4	2032.0922	20.3209	35840	2240	1	1.1200
1US ton	907.1840	907184	0.9072	1.8144×10^4	1814.3680	18.1437	32000	2000	0.8929	1

单位长度的重量换算表　　　　表 3-46

单位	公斤/米 (kg/m)	克/厘米 (g/cm)	市两/市寸	市斤/市尺	盎司/英寸 (oz/in)	磅/英尺 (lb/ft)	磅/码 (lb/yd)	日勺/日寸	日斤/日尺	俄磅/俄寸	普特/俄尺
1kg/m	1	10	0.6667	0.6667	0.8960	0.6720	2.0159	8.0808	0.5051	0.0620	0.0186
1g/cm	0.1000	1	0.0667	0.0667	0.0896	0.0672	0.2016	0.8081	0.0505	0.0062	0.0019
1市两/市寸	1.5000	15	1	1	1.3439	1.0080	3.0239	12.1212	0.7576	0.0930	0.0279
1市斤/市尺	1.5000	15	1	1	1.3439	1.0080	3.0239	12.1212	0.7576	0.0930	0.0279
1oz/in	1.1161	11.1612	0.7441	0.7441	1	0.7500	2.2500	9.0198	0.5632	0.0693	0.0208
1lb/ft	1.4882	14.8816	0.9921	0.9921	1.3333	1	3	12.0265	0.7516	0.0923	0.0277
1lb/yd	0.4961	4.9605	0.3307	0.3307	0.4444	0.3333	1	4.0088	0.2505	0.0308	0.0092
1日勺/日寸	0.1238	1.2375	0.0825	0.0825	0.1109	0.0832	0.2495	1	0.0625	0.0077	0.0023
1日斤/日尺	1.9800	19.8000	1.3200	1.3200	1.7754	1.3304	3.9913	16	1	0.1227	0.0368
1俄磅/俄寸	16.1226	161.2260	10.7484	10.7484	14.4404	10.8303	32.4910	130.3867	8.1492	1	0.3000
1普特/俄尺	53.7420	537.4196	35.8280	35.8280	48.1505	36.1011	108.3032	434.6224	27.1639	3.3333	1

单位体积、容积的重量换算表　　表 3-47

单位	吨/立方米 (t/m³)	公斤/立方厘米 (kg/cm³)	市斤/立方市尺	磅/立方英尺 (lb/ft³)	磅/加仑(英) (lb/gal)	磅/加仑(美) (lb/gal)	磅/蒲耳式 (lb/bu)	日斤/立方日尺	普特/立方俄尺
1t/m³	1	0.0010	74.0741	62.4281	10.0172	8.3454	80.1374	46.3775	1.7287
1kg/cm³	1000	1	7.4074×10^4	6.2428×10^4	1.0017×10^4	8345.4160	8.0137×10^4	4.6378×10^4	1728.6958
1 市斤/立方市尺	0.0135	0.1350×10^{-4}	1	0.8428	0.1352	0.1127	1.0819	0.6261	0.0233
1lb/ft³	0.0160	0.1602×10^{-4}	1.1866	1	0.1605	0.1337	1.2837	0.7430	0.0277
1lb/gal(英)	0.0998	0.9983×10^{-4}	7.3947	6.2321	1	0.8331	8	4.6304	0.1726
1lb/gal(美)	0.1198	0.0001	8.8760	7.4805	1.2003	1	9.6026	5.5580	0.2072
1lb/bu	0.0125	0.1248×10^{-4}	0.9243	0.7790	0.1250	0.1041	1	0.5788	0.0216
1 日斤/立方日尺	0.0216	0.2156×10^{-4}	1.5972	1.3459	0.2160	0.1799	1.7277	1	0.0373
1 普特/立方俄尺	0.5785	0.0006	42.8515	36.1011	5.7937	4.8260	46.3430	26.8313	1

公斤与磅换算表　　表 3-48

公斤(kg)	0.4536	0.9072	1.3608	1.8144	2.2680	2.7216	3.1751	3.6287	4.0823
磅或公斤 (lb/kg)	1	2	3	4	5	6	7	8	9
磅(lb)	2.2046	4.4092	6.6139	8.8185	11.0231	13.2277	15.4324	17.6370	19.8416

3.2.5　力、重力单位换算

3.2.5.1　力(牛顿，N)单位换算

力的单位换算见表 3-49。

力(牛顿，N)单位换算　　表 3-49

单位	牛顿 (N)	千牛顿 (kN)	兆牛顿 (MN)	公斤力 (kgf)	吨力 (tf)
1N	1	0.0010	10^{-6}	0.1020	0.0001
1kN	1000	1	0.0010	101.9720	0.1020
1MN	1000000	1000	1	101972	101.9720
1kgf	9.8066	0.0098	9.8066×10^{-6}	1	0.0010
1tf	9806.6136	9.8066	0.0098	1000	1
1dyn	10^{-5}	10^{-8}	10^{-11}	0.1020×10^{-5}	0.1020×10^{-8}
1lbf	4.4483	0.0044	4.4483×10^{-6}	0.4536	0.0005
1tonf	9964.0817	9.9641	0.0100	1016.0573	1.0161
1UStonf	8896.5015	8.8965	0.0089	907.1940	0.9072

续表

单位	达因 (dyn)	磅力 (lbf)	英吨力 (tonf)	美吨力 (UStonf)
1N	100000	0.2248	0.0001	0.0001
1kN	10^8	224.8075	0.1004	0.1124
1MN	10^{11}	0.2248×10^6	100.3605	112.4037
1kgf	9.8066×10^5	2.2046	0.0010	0.0011
1tf	9.8066×10^8	2204.6001	0.9842	1.1023
1dyn	1	0.2248×10^5	0.1004×10^{-8}	0.1124×10^{-8}
1lbf	4.4483×10^5	1	0.0004	0.0005
1tonf	9.9641×10^8	2240	1	1.1200
1UStonf	8.8965×10^8	2000	0.8929	1

注：英吨力也可标注为 UK tonf。

3.2.5.2　压强(帕斯卡，Pa)单位换算

1. 大气压强单位换算(见表 3-50)。
2. 应力、强度等单位换算(见表 3-51)。

3.2.5.3　力矩(弯矩、扭矩、力偶矩、转矩)单位换算

力矩单位换算见表 3-52。

3.2.5.4　习用非法定计量单位与法定计量单位换算

1. 冲击强度单位换算表(见表 3-53)。

大气压强单位换算表　　表 3-50

单位	帕斯卡(Pa) 或 牛顿/平方米 (N/m²)	百帕斯卡(hPa) 或 牛顿/平方分米 (N/dm²)	工程大气压(at) 或 千克力/平方厘米 (kgf/cm²)	标准大气压 (atm)	毫米汞柱 (mmHg)	英寸汞柱 (inHg)	毫米水柱 (mmH₂O)	英寸水柱 (inH₂O)	巴 (bar)
1Pa 或 N/m²	1	0.0100	1.0197×10^{-5}	0.9869×10^{-5}	0.0075	0.0003	0.1020	0.0040	10^{-5}
1hPa 或 N/dm²	100	1	1.0197×10^{-3}	0.9869×10^{-3}	0.7503	0.0295	10.1972	0.4015	0.0010
1at 或 kgf/cm²	9.8066×10^4	980.6614	1	0.9678	735.5574	28.9590	10000	393.7008	0.9807
1atm	10.1325×10^4	1013.2503	1.0332	1	760	29.9213	10332.3117	406.7839	1.0133
1mmHg	133.2719	1.3327	0.0014	0.0013	1	0.0394	13.5951	0.5352	0.0013
1inHg	3385.1057	33.8511	0.0345	0.0334	25.4000	1	345.3167	13.5951	0.0339
1mmH₂O	9.8066	0.0981	0.0001	0.0001	0.0736	0.0029	1	0.0394	0.0001
1inH₂O	249.0880	2.4909	0.0025	0.0024	1.8683	0.0736	25.4000	1	0.0025
1bar	100000	1000	1.0197	0.9869	750.0615	29.5300	10197.1999	401.4646	1

注：1atm 是指在零度时，密度为 $13.5951g/cm^3$ 和重力加速度为 $980.665cm/s^2$，高度为 760mmHg 在海平面上所产生的压力。1atm＝$13.5951\times980.665\times76$ ＝1013250 (dyn/cm²)。

应力、强度等单位换算表　　　　　　　表 3-51

单　位	帕斯卡(Pa)或牛顿/平方米 (N/m²)	兆帕斯卡(MPa)或牛顿/平方毫米 (N/mm²)	千克力/平方厘米 (kgf/cm²)	吨力/平方米 (tf/m²)	磅力/平方英寸 (lbf/in²)	磅力/平方英尺 (lbf/ft²)	英吨力/平方英寸 (tonf/in²)	英吨力/平方英尺 (tonf/ft²)	美吨力/平方英寸 (US tonf/in²)	美吨力/平方英尺 (US tonf/ft²)
1Pa 或 N/m²	1	10^{-6}	1.0197×10^{-5}	0.0001	0.1450×10^{-3}	0.0209	6.4749×10^{-8}	9.3238×10^{-6}	7.2518×10^{-8}	10.4427×10^{-6}
1MPa 或 N/mm²	1000000	1	10.1972	101.9720	145.0369	2.0885×10^{4}	0.0647	9.3238	0.0725	10.4427
1kgf/cm²	9.8066×10^{4}	0.0981	1	10	14.2232	2048.1424	0.0063	0.9143	0.0071	1.0241
1tf/m²	9806.6136	0.0098	0.1000	1	1.4223	204.8142	0.0006	0.0914	0.0007	0.1024
1lbf/in²	6894.8399	0.0069	0.0703	0.7031	1	144	0.0004	0.0643	0.0005	0.0720
1lbf/ft²	47.8808	0.4788×10^{-4}	0.0005	0.0049	0.0069	1	0.3100×10^{-5}	0.0004	0.3472×10^{-5}	0.0005
1tonf/in²	1.5444×10^{7}	15.4444	157.4890	1574.8905	2240	322560	1	144	1.1200	161.2800
1tonf/ft²	1.0725×10^{5}	0.1073	1.0937	10.9367	15.5556	2240	0.0069	1	0.0078	1.1200
1US tonf/in²	1.3790×10^{7}	13.7897	140.6152	1406.1522	2000	288000	0.8929	128.5714	1	144
1US tonf/ft²	9.5762×10^{4}	0.0958	0.9765	9.7649	13.8889	2000	0.0062	0.8929	0.0069	1

注：本表也适用于弹性模量、剪变模量、压缩模量等单位换算。

力矩(弯矩、扭矩、力偶矩、转矩)单位换算　　　　　　　表 3-52

单　位	牛顿·米 (N·m)	牛顿·厘米 (N·cm)	达因·厘米 (dyn·cm)	千克力·厘米 (kgf·cm)	千克力·米 (kgf·m)	吨力·米 (tf·m)	磅力·英寸 (lbf·in)	磅力·英尺 (lbf·ft)	英吨力·英尺 (tonf·ft)	美吨力·英尺 (tonf·ft)
1N·m	1	100	10^{7}	10.1972	0.1020	0.0001	8.8507	0.7376	0.0003	0.0004
1N·cm	0.0100	1	100000	0.1020	0.0010	1.0197×10^{-6}	0.0885	0.0074	3.2927×10^{-6}	3.6878×10^{-6}
1dyn·cm	0.10^{-7}	10^{-5}	1	1.0197×10^{-6}	1.0197×10^{-8}	1.0197×10^{-11}	8.8507×10^{-7}	7.3756×10^{-8}	3.2927×10^{-11}	3.6878×10^{-11}
1kgf·cm	0.0981	9.8066	9.8066×10^{5}	1	0.0100	10^{-5}	0.8680	0.0723	0.3229×10^{-4}	0.3616×10^{-4}
1kgf·m	9.8066	980.6614	9.8066×10^{7}	100	1	0.0010	86.7951	7.2329	0.0032	0.0036
1tf·m	9806.6136	9.8066×10^{5}	9.8066×10^{10}	100000	1000	1	8.6795×10^{4}	7232.9252	3.2290	3.6165
1lbf·in	0.1130	11.2985	1.1299×10^{6}	1.1521	0.0115	1.1521×10^{-5}	1	0.0833	0.3720×10^{-4}	0.4167×10^{-4}
1lbf·ft	1.3558	135.5820	1.3558×10^{7}	13.8257	0.1383	0.0001	12	1	0.0004	0.0005
1tonf·ft	3037.0375	3.0370×10^{5}	3.0370×10^{10}	3.0969×10^{4}	309.6949	0.3097	26880	2240	1	1.1200
1US tonf·ft	2711.6262	2.7116×10^{5}	2.7116×10^{10}	2.7651×10^{4}	276.5133	0.2765	24000	2000	0.8929	1

冲击强度单位换算表　　　　　　　表 3-53

单　位	千焦耳/平方米 (kJ/m²)	焦耳/平方厘米 (J/cm²)	千克力·厘米/平方厘米 (kgf·cm/cm²)	千克力·米/平方厘米 (kgf·m/cm²)	吨力·米/平方米 (tf·m/m²)	磅力·英寸/平方英寸 (lbf·in/in²)	磅力·英尺/平方英寸 (lbf·ft/in²)	英吨力·英尺/平方英尺 (tonf·ft/ft²)	美吨力·英尺/平方英尺 (UStonf·ft/ft²)
1kJ/m²	1	0.1000	1.0197	0.0102	0.1020	5.7102	0.4758	0.0306	0.0343
1J/cm²	10	1	10.1972	0.1020	1.0197	57.1017	4.7585	0.3059	0.3426
1kgf·cm/cm²	0.9807	0.0981	1	0.0100	0.1000	5.5997	0.4666	0.0300	0.0336
1kgf·m/cm²	98.0661	9.8066	100	1	10	559.9695	46.6641	2.9999	3.3597
1tf·m/m²	9.8066	0.9807	10	0.1000	1	55.9970	4.6664	0.3000	0.3360
1lbf·in/in²	0.1751	0.0175	0.1786	0.0018	0.0179	1	0.0833	0.0054	0.0060
1lbf·ft/in²	2.1015	0.2102	2.1430	0.0214	0.2143	12	1	0.0643	0.0720
1tonf·ft/ft²	32.6902	3.2690	33.3349	0.3333	3.3335	186.6667	15.5556	1	1.1200
1US tonf·ft/ft²	29.1891	2.9189	29.7647	0.2976	2.9765	166.6667	13.8889	0.8929	1

2. 撕裂、抗劈强度单位换算表（见表 3-54）。

撕裂、抗劈强度单位换算表　　表 3-54

单　位	牛顿/米 (N/m)	牛顿/厘米 (N/cm)	千牛顿/米 (kN/m)	千克力/厘米 (kgf/cm)	吨力/米 (tf/m)	磅力/英寸 (lbf/in)	磅力/英尺 (lbf/ft)	英吨力/英尺 (tonf/ft)	美吨力/英尺 (UStonf/ft)
1N/m	1	0.0100	0.0010	0.0010	0.0001	0.0057	0.0685	0.3059×10^{-4}	0.3426×10^{-4}
1N/cm	100	1	0.1000	0.1020	0.0102	0.5710	6.8522	0.0031	0.0034
1kN/m	1000	10	1	1.0197	0.1020	5.7102	68.5219	0.0306	0.0343
1kgf/cm	980.6614	9.8066	0.9807	1	0.1000	5.5997	67.1968	0.0300	0.0336
1tf/m	9806.6136	98.0661	9.8066	1	1	55.9974	671.9684	0.3000	0.3360
1lbf/in	175.1264	1.7513	0.1751	0.1786	0.0179	1	12	0.0054	0.0060
1lbf/ft	14.5939	0.1459	0.0146	0.0149	0.0015	0.0833	1	0.0004	0.0005
1tonf/ft	32690.2613	326.9026	32.6903	33.3349	3.3335	186.6667	2240	1	1.1200
1US tonf/ft	29189.1343	291.8913	29.1891	29.7647	2.9765	166.6667	2000	0.8929	1

3. 冲量单位换算表（见表 3-55）。

冲量单位换算表　　表 3-55

单　位	牛顿·秒 (N·s)	千牛顿·秒 (kN·s)	达因·秒 (dyn·s)	公斤力·秒 (kgf·s)	吨力·秒 (tf·s)	磅力·秒 (lbf·s)	英吨力·秒 (tonf·s)	美吨力·秒 (US tonf·s)
1N·s	1	0.0010	100000	0.1020	0.0001	0.2248	0.0001	0.0001
1kN·s	1000	1	10^8	101.9720	0.1020	224.8075	0.1004	0.1124
1dyn·s	10^{-5}	10^{-8}	1	0.1020×10^{-5}	0.1020×10^{-8}	0.2248×10^{-5}	0.1004×10^{-8}	0.1124×10^{-8}
1kgf·s	9.8066	0.0098	9.8066×10^5	1	0.0010	2.2046	0.0010	0.0011
1tf·s	9806.6136	9.8066	9.8066×10^8	1000	1	2204.6001	0.9842	1.1023
1lbf·s	4.4483	0.0044	4.4483×10^5	0.4536	0.0005	1	0.0004	0.0005
1tonf·s	9964.0817	9.9641	9.9641×10^8	1016.0573	1.0161	2240	1	1.1200
1Ustonf·s	8896.5015	8.8965	8.8965×10^8	907.1940	0.9072	2000	0.8929	1

4. 冲量矩单位换算表（见表 3-56）。

冲量矩单位换算表　　表 3-56

单　位	牛顿·米·秒 (N·m·s)	牛顿·厘米·秒 (N·cm·s)	千克力·厘米·秒 (kgf·cm·s)	千克力·米·秒 (kgf·m·s)	吨力·米·秒 (tf·m·s)	磅力·英寸·秒 (lbf·in·s)	磅力·英尺·秒 (lbf·ft·s)	英吨力·英尺·秒 (tonf·ft·s)	美吨力·英尺·秒 (US tonf·ft·s)
1N·m·s	1	100	10.1972	0.1020	0.0001	8.8507	0.7376	0.0003	0.0004
1N·cm·s	0.0100	1	0.1020	0.0010	1.0197×10^{-6}	0.0885	0.0074	3.2927×10^{-6}	3.6878×10^{-6}
1kgf·cm·s	0.0981	9.8066	1	0.0100	10^{-5}	0.8680	0.0723	0.3229×10^{-4}	0.3616×10^{-4}
1kgf·m·s	9.8066	980.6614	100	1	0.0010	86.7951	7.2329	0.0032	0.0036
1tf·m·s	9806.6136	9.8066×10^5	100000	1000	1	8.6795×10^4	7232.9252	3.2290	3.6165
1lbf·in·s	0.1130	11.2985	1.1521	0.0115	1.1521×10^{-5}	1	0.0833	0.3720×10^{-4}	0.4167×10^{-4}
1lbf·ft·s	1.3558	135.5820	13.8257	0.1383	0.0001	12	1	0.0004	0.0005
1tonf·ft·s	3037.0375	3.0370×10^5	30969.4895	309.6949	0.3097	26880	2240	1	1.1200
1Ustonf·ft·s	2711.6262	2.7116×10^5	27651.3299	276.5133	0.2765	24000	2000	0.8929	1

3.2.6　功率单位换算

功率单位换算表见表 3-57。

功率单位换算表　　表 3-57

单　位	瓦　特 (W)	千瓦特 (kW)	米制马力 (Ps)	英制马力 (hp)	电工马力	锅炉马力	升·标准大气压/秒 (L·atm/s)	升·工程大气压/秒 (L·at/s)
1W	1	0.0010	0.0014	0.0013	0.0013	0.0001	0.0009	0.0102
1kW	1000	1	1.3596	1.3410	1.3405	0.1019	9.8692	10.1972

续表

单　位	瓦　特 (W)	千瓦特 (kW)	米制马力 (Ps)	英制马力 (hp)	电工马力	锅炉马力	升·标准大气压/秒 (L·atm/s)	升·工程大气压/秒 (L·at/s)
1Ps	735.4996	0.7355	1	0.9863	0.9859	0.0750	7.2588	7.5000
1hp	745.7000	0.7457	1.0139	1	0.9996	0.0760	7.3595	7.6040
1电工马力	746	0.7460	1.0143	1.0004	1	0.0761	7.3624	7.6071
1锅炉马力	9809.5000	9.8095	13.3372	13.1547	13.1495	1	96.8122	100.0291
1L·atm/s	101.3250	0.1013	0.1378	0.1359	0.1358	0.0103	1	1.0332
1L·at/s	98.0665	0.0981	0.1333	0.1315	0.1314	0.0100	0.9678	1
1kgf·m/s	9.8066	0.0098	0.0133	0.0132	0.0131	0.0010	0.0968	0.1000
1ft·lbf/s	1.3558	0.0014	0.0018	0.0018	0.0018	0.0001	0.0134	0.0138
1cal/s	4.1868	0.0042	0.0057	0.0056	0.0056	0.0004	0.0413	0.0427
1cal$_{th}$/s	4.1840	0.0042	0.0057	0.0056	0.0056	0.0004	0.0413	0.0427
1cal$_{15}$/s	4.1855	0.0042	0.0057	0.0056	0.0056	0.0004	0.0413	0.0427
1kcal/h	1.1630	0.0012	0.0016	0.0016	0.0016	0.0001	0.0115	0.0119
1Btu/h	0.2931	0.0003	0.0004	0.0004	0.0004	0.2988×10^{-4}	0.0029	0.0030
1CHU/h	0.5275	0.0005	0.0007	0.0007	0.0007	0.5378×10^{-4}	0.0052	0.0054

单　位	千克·米/秒 (kgf·m/s)	英尺·磅力/秒 (ft·lbf/s)	卡/秒 (cal/s)	热化学卡/秒 (cal$_{th}$/s)	15摄氏度卡/秒 (cal$_{15}$/s)	千卡/小时 (kcal/h)	英热单位/小时 (Btu/h)	摄氏度热单位/小时 (CHU/h)
1W	0.1020	0.7376	0.2388	0.2390	0.2389	0.8598	3.4121	1.8956
1kW	101.9720	737.5620	238.8459	239.0057	238.9201	859.8452	3412.1238	1895.6320
1Ps	75	542.4766	175.6711	175.7886	175.7256	632.4158	2509.6263	1394.2369
1hP	76.0405	550	178.1074	178.2266	178.1627	641.1866	2544.4317	1413.5731
1电工马力	76.0711	550.2213	178.1790	178.2983	178.2344	641.4445	2545.4551	1414.1417
1锅炉马力	1000.2943	7235.1147	2342.9588	2344.5268	2343.6865	8434.6518	3.3471×10^4	1.8595×10^4
1L·atm/s	10.3323	74.7335	24.2011	24.2173	24.2086	87.1238	345.7349	192.0749
1L·at/s	10	72.3301	23.4228	23.4385	23.4301	84.3220	334.6165	185.8980
1kgf·m/s	1	7.2330	2.3423	2.3438	2.3430	8.4322	33.4616	18.5898
1ft·lbf/s	0.1383	1	0.3238	0.3240	0.3239	1.1658	4.6262	2.5701
1cal·s	0.4269	3.0880	1	1.0007	1.0003	3.6000	14.2860	7.9366
1cal$_{th}$/s	0.4267	3.0860	0.9993	1	0.9996	3.5975	14.2760	7.9311
1cal$_{15}$/s	0.4268	3.0871	0.9997	1.0004	1	3.5989	14.2814	7.9342
1kcal/h	0.1186	0.8578	0.2778	0.2780	0.2779	1	3.9683	2.2046
1Btu/h	0.0299	0.2162	0.0700	0.0700	0.0700	0.2520	1	0.5556
1CHU/h	0.0538	0.3891	0.1260	0.1261	0.1260	0.4536	1.8000	1

注：1. 1瓦特（W）=1焦耳/秒（J/s）=1安培·伏特（A·V）=1平方米·千克/秒^3（m^2·kg/s^3）；
2. cal$_{th}$称热化学卡，1cal$_{th}$=4.1840J；
3. cal$_{15}$称15摄氏度卡，是指在一个标准大气压下把1克无空气的水，从14.5℃加热到15.5℃时所需的热量，1cal$_{15}$=4.1855J。

3.2.7　速度单位换算

速度单位换算见表3-58。

速度单位换算表　　　　表3-58

单　位	米/秒 (m/s)	英尺/秒 (ft/s)	码/秒 (yd/s)	千米/分 (km/min)	公里/小时 (km/h)	英里/小时 (mile/h)	节或海里/小时 (kn或nmile/h)
1m/s	1	3.2808	1.0936	0.0600	3.6000	2.2369	1.9438
1ft/s	0.3048	1	0.3333	0.0183	1.0973	0.6818	0.5925
1yd/s	0.9144	3	1	0.0549	3.2919	2.0455	1.7774
1km/min	16.6667	54.6800	18.2267	1	60	37.2818	32.3964
1km/h	0.2778	0.9113	0.3038	0.0167	1	0.6214	0.5400
1mile/h	0.4470	1.4667	0.4889	0.0268	1.6094	1	0.8689
1kn或n mile/h	0.5144	1.6878	0.5626	0.0309	1.8520	1.1508	1

3.2.8　流量的单位换算

3.2.8.1　体积流量的单位换算

体积流量单位换算见表3-59。

体积流量单位换算表　　　　　　　　　　　　　　　　　　　表 3-59

单　位	升/秒 (L/s)	立方米/分 (m³/min)	立方米/小时 (m³/h)	立方英尺/秒 (ft³/s)	立方英尺/分 (ft³/min)	立方英尺/小时 (ft³/h)	(英) 加仑/秒 (gal/s)	(美) 加仑/秒 (gal/s)
1L/s	1	0.0600	3.6000	0.0353	2.1189	127.1330	0.2201	0.2642
1m³/min	16.6667	1	60	0.5886	35.3147	2118.8835	3.6681	4.4029
1m³/h	0.2778	0.0167	1	0.0098	0.5886	35.3147	0.0611	0.0734
1ft³/s	28.3168	1.6990	101.9405	1	60	3600	6.2321	7.4805
1ft³/min	0.4719	0.0283	1.6990	0.0167	1	60	0.1039	0.1247
1ft³/h	0.0079	0.0005	0.0283	0.0003	0.0167	1	0.0017	0.0021
1 (英) gal/s	4.5437	0.2726	16.3573	0.1605	9.6276	577.6542	1	1.2003
1 (美) gal/s	3.7854	0.2271	13.6275	0.1337	8.0208	481.2500	0.8331	1

3.2.8.2　质量流量的单位换算

质量流量单位换算见表 3-60。

质量流量单位换算表　　　　　　　　　　　　　　　　　　　表 3-60

单　位	千克/秒 (kg/s)	千克/分 (kg/min)	吨/小时 (t/h)	磅/秒 (lb/s)	磅/分 (lb/min)	磅/小时 (lb/h)	英吨/小时 (ton/h)	美吨/小时 (US ton/h)
1kg/s	1	60	3.6000	2.2046	132.2775	7936.6500	3.5431	3.9683
1kg/min	0.0167	1	0.0600	0.0367	2.2046	132.2775	0.0591	0.0661
1t/h	0.2778	16.6667	1	0.6124	36.7438	2204.6250	0.9842	1.1023
1lb/s	0.4536	27.2155	1.6329	1	60	3600	1.6071	1.8000
1lb/min	0.0076	0.4536	0.0272	0.0167	1	60	0.0268	0.0300
1lb/h	0.0001	0.0076	0.0005	0.0003	0.0167	1	0.0004	0.0005
1ton/h	0.2822	16.9341	1.0160	0.6222	37.3333	2240	1	1.1200
1US ton/h	0.2520	15.1197	0.9072	0.5556	33.3333	2000	0.8929	1

3.2.9　热及热工单位换算

3.2.9.1　温度单位换算

温度单位换算见表 3-61。

温度单位换算表　　　　　　　　　　　　　　　　　　　表 3-61

单　位	热力学温度 (K)	摄氏温度 (℃)	华氏温度 (℉)	兰氏温度 (°R)
tK	t	$t-273.15$	$1.8t-459.67$	$1.8t$
t℃	$t+273.15$	t	$1.8t+32$	$1.8t+491.67$
t℉	$\frac{5}{9}(t+459.67)$	$\frac{5}{9}(t-32)$	t	$t+459.67$
t°R	$\frac{5}{9}t$	$\frac{5}{9}t-273.15$	$t-459.67$	t

注: 1℃＝1K＝1.8℉＝1.8°R。

3.2.9.2　各种温度的绝对零度、水冰点和水沸点温度值

各种温度的绝对零度、水冰点和水沸点温度值见表 3-62。

各种温度的绝对零度、水冰点和水沸点温度值表　　　　　　　　　　表 3-62

单　位	热力学温度 (K)	摄氏温度 (℃)	华氏温度 (℉)	兰氏温度 (°R)
绝对零度	0	−273.15	−459.67	0
水冰点	273.15	0	32	491.67
水沸点	373.15	100	212	671.67

3.2.9.3　导热系数单位换算

导热系数单位换算见表 3-63。

导热系数单位换算表　　　　　　　　　　　　　　　　　　　表 3-63

单　位	瓦特 (米·开) $\dfrac{W}{m \cdot K}$	瓦特 (厘米·开) $\dfrac{W}{cm \cdot K}$	千瓦特 (米·开) $\dfrac{kW}{m \cdot K}$	卡 (厘米·秒·开) $\dfrac{cal}{cm \cdot s \cdot K}$	卡 (厘米·时·开) $\dfrac{cal}{cm \cdot h \cdot K}$	千卡 (米·时·开) $\dfrac{kcal}{m \cdot h \cdot K}$	英热单位 (英寸·时·℉) $\dfrac{Btu}{in \cdot h \cdot ℉}$	英热单位 (英尺·时·℉) $\dfrac{Btu}{ft \cdot h \cdot ℉}$	摄氏度热单位 (英寸·时·℉) $\dfrac{CHU}{in \cdot h \cdot ℉}$	摄氏度热单位 (英尺·时·℉) $\dfrac{CHU}{ft \cdot h \cdot ℉}$
1 W/(m·K)	1	0.0100	0.0010	0.0024	8.5985	0.8598	0.0481	0.5778	0.0267	0.3210
1 W/(cm·K)	100	1	0.1000	0.2388	859.8452	85.9845	4.8149	57.7790	2.6750	32.0995
1 kW/(m·K)	1000	10	1	2.3885	8598.4523	859.8452	48.1492	577.7902	26.7495	320.9946
1 cal/(cm·s·K)	418.6800	4.1868	0.4187	1	3600	360	20.1588	241.9050	11.1993	134.3917
1 cal/(cm·h·K)	0.1163	0.0012	0.0001	0.0003	1	0.1000	0.0056	0.0672	0.0031	0.0373
1 kcal/(m·h·K)	1.1630	0.0116	0.0012	0.0027	10	1	0.0560	0.6720	0.0311	0.3733

续表

单 位	瓦特(米·开) $\dfrac{W}{m \cdot K}$	瓦特(厘米·开) $\dfrac{W}{cm \cdot K}$	千瓦特(米·开) $\dfrac{kW}{m \cdot K}$	卡(厘米·秒·开) $\dfrac{cal}{cm \cdot s \cdot K}$	卡(厘米·时·开) $\dfrac{cal}{cm \cdot h \cdot K}$	千卡(米·时·开) $\dfrac{kcal}{m \cdot h \cdot K}$	英热单位(英寸·时·°F) $\dfrac{Btu}{in \cdot h \cdot °F}$	英热单位(英尺·时·°F) $\dfrac{Btu}{ft \cdot h \cdot °F}$	摄氏度热单位(英寸·时·°F) $\dfrac{CHU}{in \cdot h \cdot °F}$	摄氏度热单位(英尺·时·°F) $\dfrac{CHU}{ft \cdot h \cdot °F}$
1 Btu/(in·h·°F)	20.7688	0.2077	0.0208	0.0496	178.5825	17.8582	1	12	0.5556	6.6667
1 Btu/(ft·h·°F)	1.7307	0.0173	0.0017	0.0041	14.8819	1.4882	0.0833	1	0.0463	0.5556
1 CHU/(in·h·°F)	37.3838	0.3738	0.0374	0.0893	321.4484	32.1448	1.8000	21.6000	1	12
1 CHU/(ft·h·°F)	3.1153	0.0312	0.0031	0.0074	26.7874	2.6787	0.1500	1.8000	0.0833	1

注:1. 表中"开"为"开尔文"的简称(以下同);

   2. 1 瓦特/(厘米·开)=1 焦耳/(厘米·秒·开)。

3.2.9.4 传热系数单位换算

传热系数单位换算见表 3-64。

传热系数单位换算表   表 3-64

单 位	瓦特(平方米·开) $\dfrac{W}{m^2 \cdot K}$	瓦特(平方厘米·开) $\dfrac{W}{cm^2 \cdot K}$	千瓦特(平方米·开) $\dfrac{kW}{m^2 \cdot K}$	卡(平方厘米·秒·开) $\dfrac{cal}{cm^2 \cdot s \cdot K}$	卡(平方厘米·时·开) $\dfrac{cal}{cm^2 \cdot h \cdot K}$	千卡(平方米·时·开) $\dfrac{kcal}{m^2 \cdot h \cdot K}$	英热单位(平方英寸·时·°F) $\dfrac{Btu}{in^2 \cdot h \cdot °F}$	英热单位(平方英尺·时·°F) $\dfrac{Btu}{ft^2 \cdot h \cdot °F}$	摄氏度热单位(平方英寸·时·°F) $\dfrac{CHU}{in^2 \cdot h \cdot °F}$	摄氏度热单位(平方英尺·时·°F) $\dfrac{CHU}{ft^2 \cdot h \cdot °F}$
1 W/(m²·K)	1	0.0001	0.0010	0.2388×10^{-4}	0.0860	0.8598	0.0012	0.1761	0.0007	0.0978
1 W/(cm²·K)	10000	1	10	0.2388	859.8452	8598.4523	12.2299	1761.1087	6.7944	978.3937
1 kW/(m²·K)	1000	0.1000	1	0.0239	85.9845	859.8452	1.2230	176.1109	0.6794	97.8394
1 cal/(cm²·s·K)	41868	4.1868	41.8680	1	3600	36000	51.2042	7373.4099	28.4468	4096.3388
1 cal/(cm²·h·K)	11.6300	0.0012	0.0116	0.0003	1	10	0.0142	2.0482	0.0079	1.1379
1 kcal/(m²·h·K)	1.1630	0.0001	0.0012	2.7778×10^{-5}	0.1000	1	0.0014	0.2048	0.0008	0.1138
1 Btu/(in²·h·°F)	817.6667	0.0818	0.8177	0.0195	70.3067	703.0668	1	144	0.5556	80
1 Btu/(ft²·h·°F)	5.6782	0.0006	0.0057	0.0001	0.4882	4.8824	0.0069	1	0.0039	0.5556
1 CHU/(in²·h·°F)	1471.8002	0.1472	1.4718	0.0352	126.5520	1265.5203	1.8000	259.2000	1	144
1 CHU/(ft²·h·°F)	10.2208	0.0010	0.0102	0.0002	0.8788	8.7883	0.0125	1.8000	0.0069	1

注:表中"K"可用"℃"代替(以下同)。

3.2.9.5 热阻单位换算

热阻单位换算见表 3-65。

热阻单位换算表   表 3-65

单 位	平方米·开/瓦特 $\dfrac{m^2 \cdot K}{W}$	平方厘米·开/瓦特 $\dfrac{cm^2 \cdot K}{W}$	平方米·开/千瓦特 $\dfrac{m^2 \cdot K}{kW}$	平方厘米·秒·开/卡 $\dfrac{cm^2 \cdot s \cdot K}{cal}$	平方厘米·时·开/卡 $\dfrac{cm^2 \cdot h \cdot K}{cal}$	平方米·时·开/千卡 $\dfrac{m^2 \cdot h \cdot K}{kcal}$	平方英寸·时·°F/英热单位 $\dfrac{in^2 \cdot h \cdot °F}{Btu}$	平方英尺·时·°F/英热单位 $\dfrac{ft^2 \cdot h \cdot °F}{Btu}$	平方英寸·时·°F/摄氏度热单位 $\dfrac{in^2 \cdot h \cdot °F}{CHU}$	平方英尺·时·°F/摄氏度热单位 $\dfrac{ft^2 \cdot h \cdot °F}{CHU}$
1 m²·K/W	1	10000	1000	41868	11.6300	1.1630	817.6667	5.6782	1471.8002	10.2208
1 cm²·K/W	0.0001	1	0.1000	4.1868	0.0012	0.0001	0.0818	0.0006	0.1472	0.0010
1 m²·K/kW	0.0010	10	1	41.8680	0.0116	0.0012	0.8177	0.0057	1.4718	0.0102
1 cm²·s·K/cal	0.2388×10^{-4}	0.2388	0.0239	1	0.0003	2.7778×10^{-5}	0.0195	0.0001	0.0352	0.0002
1 cm²·h·K/cal	0.0860	859.8452	85.9845	3600	1	0.1000	70.3067	0.4882	126.5520	0.8788
1 m²·h·K/kcal	0.8598	8598.4523	859.8452	36000	10	1	703.0668	4.8824	1265.5203	8.7883
1 in·h·°F/Btu	0.0012	12.2299	1.2230	51.2042	0.0142	0.0014	1	0.0069	1.8000	0.0125
1 ft·h·°F/Btu	0.1761	1761.1087	176.1109	7373.4099	2.0482	0.2048	144	1	259.2000	1.8000
1 in·h·°F/CHU	0.0007	6.7944	0.6794	28.4468	0.0079	0.0008	0.5556	0.0039	1	0.0069
1 ft·h·°F/CHU	0.0978	978.3937	97.8394	4096.3388	1.1379	0.1138	80	0.5556	144	1

3.2.9.6 比热容(比热)单位换算

比热容(比热)单位换算见表 3-66。

比热容(比热)单位换算表　　　　　　表 3-66

单　　位	焦耳(千克·开) $\dfrac{J}{(kg \cdot K)}$	焦耳(克·开) $\dfrac{J}{(g \cdot K)}$	卡(千克·开) $\dfrac{cal}{(kg \cdot K)}$	千卡(千克·开) $\dfrac{kcal}{(kg \cdot K)}$	热化学卡(千克·开) $\dfrac{cal_{th}}{(kg \cdot K)}$	15摄氏度卡(千克·开) $\dfrac{cal_{15}}{(kg \cdot K)}$	英热单位(磅·℉) $\dfrac{Btu}{(lb \cdot ℉)}$	摄氏度热单位(磅·℉) $\dfrac{CHU}{(lb \cdot ℉)}$
1 J/(kg·K)	1	0.0010	0.2388	0.0002	0.2390	0.2389	0.0002	0.0001
1 J/(g·K)	1000	1	238.8459	0.2388	239.0057	238.9201	0.2388	0.1327
1 cal/(kg·K)	4.1868	0.0042	1	0.0010	1.0007	1.0003	0.0010	0.0006
1 kcal/(kg·K)	4186.8000	4.1868	1000	1	1000.6692	1000.3106	1	0.5556
1 cal$_{th}$/(kg·K)	4.1840	0.0042	0.9993	0.9993×10^{-3}	1	0.9996	0.9993×10^{-3}	0.0006
1 cal$_{15}$/(kg·K)	4.1855	0.0042	0.9997	0.9997×10^{-3}	1.0004	1	0.9997×10^{-3}	0.0006
1 Btu/(lb·℉)	4186.8000	4.1868	1000	1	1000.6692	1000.3106	1	0.5556
1 CHU/(lb·℉)	7536.2400	7.5362	1800	1.8000	1801.2046	1800.5591	1.8000	1

注:1焦耳/(千克·开)=1焦耳/(千克·℃)。

3.2.9.7　热阻单位换算

热阻单位换算见表 3-67。

热阻单位换算表　　　　　　表 3-67

单　　位	焦耳(J)或牛顿·米 (N·m)	尔格(erg)或达因·厘米 (dyn·cm)	千克力·米 (kgf·m)	升·标准大气压 (L·atm)	立方厘米·标准大气压 (cm³·atm)	升·工程大气压 (L·at)	立方厘米·工程大气压 (cm³·at)	英尺·磅力 (ft·lbf)	千瓦·时 (kW·h)
1J 或 N·m	1	10000000	0.1020	0.0099	9.8692	0.0102	10.1972	0.7376	2.7778×10^{-7}
1erg 或 dyn·cm	10^{-7}	1	0.1020×10^{-7}	0.9869×10^{-9}	9.8692×10^{-7}	1.0197×10^{-9}	1.0197×10^{-6}	0.7376×10^{-7}	2.7778×10^{-14}
1kgf·m	9.8066	9.8066×10^{7}	1	0.0968	96.7841	0.1000	100	7.2330	2.7241×10^{-6}
1L·atm	101.3250	10.1325×10^{8}	10.3323	1	1000	1.0332	1033.2275	74.7335	2.8146×10^{-5}
1cm³·atm	0.1013	10.1325×10^{5}	0.0103	0.0010	1	1.0332×10^{-3}	1.0332	0.0747	2.8146×10^{-8}
1L·at	98.0665	9.8066×10^{8}	10	0.9678	967.8411	1	1000	72.3301	2.7241×10^{-5}
1cm³·at	0.0981	9.8066×10^{5}	0.0100	0.9678×10^{-3}	0.9678	0.0010	1	0.0723	2.7241×10^{-8}
1ft·lbf	1.3558	1.3558×10^{7}	0.1383	0.0134	13.3809	0.0138	13.8255	1	3.7662×10^{-7}
1kW·h	3600000	3.6000×10^{13}	3.6710×10^{5}	3.5529×10^{4}	3.5529×10^{7}	3.6710×10^{4}	3.6710×10^{7}	2.6552×10^{6}	1
1PS·h	2.6478×10^{6}	2.6478×10^{13}	2.7000×10^{5}	2.6132×10^{4}	2.6132×10^{7}	2.7000×10^{4}	2.7000×10^{7}	1.9529×10^{6}	0.7355
1hp·h	2684520	2.6845×10^{13}	2.7375×10^{5}	2.6494×10^{4}	2.6494×10^{7}	2.7375×10^{4}	2.7375×10^{7}	1.9800×10^{6}	0.7457
1cal	4.1868	4.1868×10^{7}	0.4269	0.0413	41.3205	0.0427	42.6932	3.0880	1.1630×10^{-6}
1cal$_{th}$	4.1840	4.1840×10^{7}	0.4267	0.0413	41.2929	0.0427	42.6647	3.0860	1.1622×10^{-6}
1cal$_{15}$	4.1855	4.1855×10^{7}	0.4268	0.0413	41.3077	0.0427	42.6791	3.0871	1.1626×10^{-6}
1Btu	1055.0687	1.0551×10^{10}	107.5866	10.4126	1.0413×10^{4}	10.7587	1.0759×10^{4}	778.1653	0.0003
1CHU	1899.1237	1.8991×10^{10}	193.6560	18.7428	1.8743×10^{4}	19.3656	1.9366×10^{4}	1400.6975	0.0005
1eV	1.6022×10^{-19}	1.6022×10^{-12}	0.1634×10^{-19}	1.5812×10^{-21}	1.5812×10^{-18}	0.1634×10^{-20}	0.1634×10^{-17}	0.1182×10^{-18}	0.4451×10^{-25}

单　　位	米制马力·时 (PS·h)	英制马力·时 (hp·h)	卡 (cal)	热化学卡 (cal$_{th}$)	15摄氏度卡 (cal$_{15}$)	英热单位 (Btu)	摄氏度热单位 (CHU)	电子伏特 (eV)
1J 或 N·m	3.7767×10^{-7}	3.7251×10^{-7}	0.2388	0.2390	0.2389	0.0009	0.0005	0.6241×10^{19}
1erg 或 dyn·cm	3.7767×10^{-14}	3.7251×10^{-14}	0.2388×10^{-7}	0.2390×10^{-7}	0.2389×10^{-7}	9.4717×10^{-11}	5.2657×10^{-11}	0.6241×10^{12}
1kgf·m	0.3704×10^{-5}	0.3653×10^{-5}	2.3423	2.3439	2.3430	0.0093	0.0052	6.1208×10^{19}
1L·atm	0.3827×10^{-4}	0.3774×10^{-4}	24.2011	24.2173	24.2086	0.0960	0.0534	0.6324×10^{21}
1cm³·atm	0.3827×10^{-7}	0.3774×10^{-7}	0.0242	0.0242	0.0242	0.9604×10^{-4}	0.5335×10^{-4}	0.6324×10^{18}
1L·at	0.3704×10^{-4}	0.3653×10^{-4}	23.4023	23.4385	23.4301	0.0929	0.0516	6.1208×10^{20}
1cm³·at	0.370×10^{-7}	0.3653×10^{-7}	0.0234	0.0234	0.0234	0.9289×10^{-4}	0.5164×10^{-4}	6.1208×10^{17}
1ft·lbf	5.1206×10^{-7}	5.0505×10^{-7}	0.3238	0.3240	0.3239	0.0013	7.1393×10^{-4}	8.4623×10^{18}
1kW·h	1.3596	1.3410	859680	860400	860040	3409.8120	1895.6520	2.2468×10^{25}
1PS·h	1	0.9863	6.3242×10^{5}	6.3284×10^{5}	6.3261×10^{5}	2509.5996	1394.2220	1.6526×10^{25}
1hp·h	1.0139	1	6.4119×10^{5}	6.4162×10^{5}	6.4139×10^{5}	2544.4030	1413.5572	1.6755×10^{25}
1cal	1.5596×10^{-6}	1.5812×10^{-6}	1	1.0007	1.0003	0.0040	0.0022	2.6132×10^{19}
1cal$_{th}$	1.5586×10^{-6}	1.5802×10^{-6}	0.9993	1	0.9996	0.0040	0.0022	2.6114×10^{19}
1cal$_{15}$	1.5591×10^{-6}	1.5807×10^{-6}	0.9997	1.0004	1	0.0040	0.0022	2.6124×10^{19}
1Btu	0.0004	0.0004	251.9950	252.1715	252.0761	1	0.5556	0.6585×10^{22}
1CHU	0.0007	0.0007	453.5947	453.9087	453.7370	1.8000	1	1.1853×10^{22}
1eV	0.6051×10^{-25}	0.5968×10^{-25}	0.3827×10^{-19}	0.3829×10^{-19}	0.3828×10^{-19}	1.5186×10^{-22}	0.8436×10^{-22}	1

3.2.9.8　水的温度和压力换算

水的温度和压力换算见表 3-68。

水的温度和压力换算表　　表 3-68

摄氏温度 (℃)	热力学温度 (K)	兆帕斯卡 (MPa)	毫米汞柱 (mmHg)
40	313.15	0.0074	55.3240
50	323.15	0.0123	92.5100
60	333.15	0.0199	149.3800
70	343.15	0.0312	233.7000
80	353.15	0.0473	355.1000
81	354.15	0.0493	369.7000
82	355.15	0.0513	384.9000
83	356.15	0.0534	400.6000
84	357.15	0.0556	416.8000
85	358.15	0.0578	433.6000
86	359.15	0.0601	450.9000
87	360.15	0.0625	468.7000
88	361.15	0.0649	487.1000
89	362.15	0.0675	506.1000
90	363.15	0.0701	525.7600
91	364.15	0.0729	546.0500
92	365.15	0.0756	566.9900
93	366.15	0.0785	588.6000
94	367.15	0.0815	610.9000
95	368.15	0.0845	633.9000
96	369.15	0.0877	657.6200
97	370.15	0.0909	682.0700
98	371.15	0.0943	707.2700
99	372.15	0.0978	733.2400
100	373.15	0.1013	760.0000
101	374.15	0.1050	787.5100
102	375.15	0.1088	815.8600
103	376.15	0.1127	845.1200
104	377.15	0.1167	875.0600
105	378.15	0.1208	906.0700
106	379.15	0.1250	937.9200
107	380.15	0.1294	970.6000
108	381.15	0.1339	1004.4200
109	382.15	0.1385	1038.9200
110	383.15	0.1431	1073.5600
111	384.15	0.1481	1111.2000
112	385.15	0.1532	1148.7400
113	386.15	0.1583	1187.4200
114	387.15	0.1636	1227.2500
115	388.15	0.1691	1267.9800
116	389.15	0.1746	1309.9400
117	391.15	0.1804	1352.9500
118	391.15	0.1861	1397.1800
119	392.15	0.1932	1442.6500
120	393.15	0.1985	1489.1400
125	398.15	0.2321	1740.9300
130	403.15	0.2701	2026.1600
140	413.15	0.3613	2710
150	423.15	0.4760	3570
160	433.15	0.6175	4635
170	443.15	0.7917	5940
180	453.15	1.0026	7520
190	463.15	1.2551	9414
200	473.15	1.5545	11660

3.2.9.9　水的温度和汽化热换算

水的温度和汽化热换算见表 3-69。

水的温度和汽化热换算表　　表 3-69

摄氏温度 (℃)	热力学温度 (K)	千焦耳/千克 (kJ/kg)	千卡/千克 (kcal/kg)
0	273.15	2500.7756	597.3000
5	278.15	2489.0526	594.5000
10	283.15	2477.3296	591.7000
15	388.15	2465.6065	588.9000
20	293.15	2453.4686	586.0000
25	298.15	2441.7418	583.2000
30	303.15	2430.0187	580.4000
35	308.15	2418.2957	577.6000
40	313.15	2406.1540	574.7000
45	318.15	2394.0122	571.8000
50	323.15	2382.2892	569.0000
55	328.15	2370.1475	566.1000
60	333.15	2358.0058	563.2000
65	338.15	2345.4454	560.2000
70	343.15	2333.3036	557.3000
75	348.15	2320.7432	554.3000
80	353.15	2308.1828	551.3000
85	358.15	2295.6224	548.3000
90	363.15	2282.6434	545.2000
95	368.15	2269.6643	542.1000
100	373.15	2256.6852	539.0000

3.2.9.10　热负荷单位换算

热负荷单位换算见表 3-70。

热负荷单位换算表　　表 3-70

瓦特(W)	1.1630	2.3260	3.4890	4.6520	5.8150	6.9780	8.1410	9.3040	10.4670	11.6300
kcal/h 或 W	1	2	3	4	5	6	7	8	9	10
千卡/时 (kcal/h)	0.8598	1.7197	2.5795	3.4394	4.2992	5.1591	6.0189	6.8788	7.7386	8.5985

3.2.10　电及磁单位换算

3.2.10.1　电流单位换算

电流单位换算见表 3-71。

电流单位换算表　　表 3-71

单　位	SI单位安培（A）	电磁系安培（aA）	静电系安培（aA）
1A	1	0.1000	2.9980×10^9
1aA	10	1	2.9980×10^{10}
1sA	0.3336×10^{-9}	0.3336×10^{-10}	1

3.2.10.2　电压单位换算

电压单位换算见表 3-72。

电压单位换算表　　表 3-72

单　位	SI单位安培（A）	电磁系安培（aA）	静电系安培（aA）
1V	1	10^8	0.0033
1aV	10^{-8}	1	0.3336×10^{-10}
1sV	299.8000	2.9980×10^{10}	1

3.2.10.3　电阻单位换算

电阻单位换算见表 3-73。

电阻单位换算表　　表 3-73

单位	SI单位安培（A）	电磁系安培（aA）	静电系安培（aA）
1Ω	1	10^9	1.1127×10^{-12}
1aΩ	10^{-9}	1	1.1127×10^{-21}
1sΩ	0.8987×10^{12}	0.8987×10^{21}	1

3.2.10.4　电荷量单位换算

电荷量单位换算见表 3-74。

电荷量单位换算表　　　　　表 3-74

单 位	SI单位库仑	安培·时 (A·h)	电磁系库仑 (aC)	法拉第	静电系库仑 (aC)
1C	1	0.0003	0.1000	1.0364×10^{-5}	2.9980×10^9
1A·h	3600	1	360	0.0373	1.0793×10^{13}
1aC	10	0.0028	1	0.0001	2.9980×10^{10}
1法拉第	96490	26.8028	9649	1	2.8935×10^{14}
1sC	3.3336×10^{-9}	0.9265×10^{-13}	3.3336×10^{-10}	0.3456×10^{-14}	1

3.2.10.5　电容单位换算

电容单位换算见表 3-75。

电容单位换算表　　　　　表 3-75

单位	SI单位法拉 (F)	电磁系法拉 (aF)	静电系法拉 (aF)
1F	1	10^{-9}	0.8987×10^{12}
1aF	10^9	1	1.8987×10^{21}
1sF	1.1127×10^{-12}	1.1127×10^{-21}	1

3.2.11　声单位换算

声单位换算见表 3-76。

声单位换算表　　　　　表 3-76

量的名词	法定计量单位		习用非法定计量单位		换算关系
	名称	符号	名称	符号	
声压	帕斯卡	Pa	微巴	μbar	$1\mu bar = 10^{-1} Pa$
声能密度	焦耳每立方米	J/m³	尔格每立方厘米	erg/cm³	$1erg/cm^3 = 10^{-1} J/m^3$

续表

量的名词	法定计量单位		习用非法定计量单位		换算关系
	名称	符号	名称	符号	
声功率	瓦特	W	尔格每秒	erg/s	$1erg/s = 10^{-7} W$
声强	瓦特每平方米	W/m²	尔格每秒平方厘米	erg/(s·cm²)	$1erg/(s·cm^2)$ $=10^{-3} W/m^2$
声阻抗率、流阻	帕斯卡米每秒	Pa·s/m	CGS瑞利	CGSrayl	1CGSrayl=10Pa·s/m
	帕斯卡米每秒	Pa·s/m	瑞利	rayl	1rayl=1Pa·s/m
声阻抗	帕斯卡秒每三次方米	Pa·s/m³	CGS声欧姆	CGSΩA	$1CGS\Omega A =$ $10^5 Pa·s/m^3$
	帕斯卡秒每三次方米	Pa·s/m³	声欧姆	ΩA	$1\Omega A = 1Pa·s/m^3$
力阻抗	牛顿秒每米	N·s/m	CGS力欧姆	CGSΩM	$1CGS\Omega M = 10^3 N·s/m$
	牛顿秒每米	N·s/m	力欧姆	ΩM	$1\Omega M = 1N·s/m$
吸声量	平方米	m²	赛宾	Sab	$1Sab = 1m^2$

3.2.12　黏度单位换算

3.2.12.1　动力黏度单位换算

动力黏度单位换算见表 3-77。

动力黏度单位换算表　　　　　表 3-77

单位	帕斯卡·秒 (Pa·s)	泊(P)或 达因×秒 平方厘米 (dyn·s/cm²)	厘泊 (cP)	千克力×秒 平方厘米 (kgf·s/cm²)	千克力×秒 平方米 (kgf·s/m²)	磅力·秒 平方英寸 (lbf·s/in²)	磅力·秒 平方英尺 (lbf·s/ft²)
1Pa·s	1	10	1000	1.0197×10^{-5}	0.1020	0.1450×10^{-3}	0.0209
1P 或 $\frac{dyn·s}{cm^2}$	0.1000	1	100	1.0197×10^{-6}	0.0102	0.1450×10^{-4}	0.0021
1cP	0.0010	0.0100	1	1.0197×10^{-7}	0.0001	0.1450×10^{-6}	0.2089×10^{-4}
1kgf·s/cm²	9.8066×10^4	9.8066×10^5	9.8066×10^7	1	10000	14.223	2048.1424
1kgf·s/m²	9.8066	98.0661	9806.6136	0.0001	1	0.0014	0.2048
1lbf·s/in²	6894.8399	6.8948×10^4	6.8948×10^6	0.0703	703.0761	1	144
1lbf·s/ft²	47.8808	478.8083	4.7881×10^4	0.0005	4.8825	0.0069	1

3.2.12.2　运动黏度单位换算

运动黏度单位换算见表 3-78。

运动黏度单位换算表　　　　　表 3-78

单位	平方米/秒 (m²/s)	平方米/分 (m²/min)	平方米/小时 (m²/h)	斯托克斯 (St)	厘斯托克斯 (cSt)
1m²/s	1	60	3600	10000	1000000
1m²/min	0.0167	1	60	166.6667	1.6667×10^4
1m²/h	0.0003	0.0167	1	2.7778	277.7778
1St	0.0001	0.0060	0.3600	1	100
1cSt	10^{-6}	0.6000×10^{-4}	0.0036	0.0100	1

3.2.13　硬　度　换　算

1. 各种硬度名称、符号、说明(表 3-79)

各种硬度名称、符号、说明表　　　　　表 3-79

名称	符号	单位	说　明
布氏硬度	HB	N/mm²	表示塑料、橡胶、金属等材料硬度的一种标准。由瑞典人布林南尔首先提出：测定方法如下： 以一定重力(一般为 30kN)把一定大小(直径一般为 10mm)的淬硬的钢球压入试验材料的表面，然后以试样表面上凹坑的表面积来除负荷，其商即为试样的布氏硬度值 布氏硬度测定较准确可靠，但除塑料、橡胶外一般只适用 HB=8～450 范围内的金属材料，对于较硬的钢或较薄的板材则不适用

续表

名称	符号	单位	说　明
洛氏硬度 (1)标尺 A (2)标尺 B (3)标尺 C	HR HRA HRB HRC		表示金属等材料硬度的一种标准。由美国冶金学家洛克威尔首先提出。测定方法如下： 以一定重力把淬硬的钢球或顶角为 120°圆锥形金刚石压入式样表面，然后以材料表面上凹坑的深度，来计算硬度的大小 采用 600N 重力和金刚石压入器求得的硬度 采用 1kN 重力和玄径 1.50mm 的淬硬的钢球求得的硬度 采用 1.5kN 重力和金刚石压入器求得硬度 (洛氏硬度测定适用于极软到极硬的金属材料，但对组织不均匀的材质，硬度值不如布氏法准确
维氏硬度	HV	N/mm²	表示金属等材料硬度的一种标准。由英国科学家维克斯首先提出。测定方法如下： 应用压入法将压力施加在四棱锥形的钻尖上，使它压入所试材料的表面而产生凹痕，用测得的凹痕面积上的压力表示硬度。这种标准多用于金属等材料硬度的测定
肖氏硬度	HS		表示橡胶、塑料、金属等材料硬度的一种标准。由英国人肖尔首先提出。测定方法如下： 应用弹性回跳法将撞销从一定高度落到所试材料的表面上而发生回跳，用测得的回跳高度来表示硬度。撞销是一只具有尖端的小锥，尖锥上常镶有金刚钻

2. 各种硬度值与碳钢抗拉强度近似值对照（表3-80）

各种硬度值与碳钢抗拉强度近似值对照　表3-80

布氏硬度 HB	洛氏硬度 HRA	洛氏硬度 HRB	洛氏硬度 HRC	维氏硬度 HV	肖氏硬度 HS	碳钢抗拉强度 σ_b 近似值(N/mm²)
—	85.6	—	68.0	9400	97	—
—	85.3	—	67.5	9200	96	—
—	85.0	—	67.0	9000	95	—
7670	84.7	—	66.4	8800	93	—
7570	84.4	—	65.9	8600	92	—
7450	84.1	—	65.3	8400	91	—
7330	83.8	—	64.7	8200	90	—
7220	83.4	—	64.0	8000	88	—
7100	83.0	—	63.3	7800	87	—
6980	82.6	—	62.5	7600	86	—
6840	82.2	—	61.8	7400	—	—
6820	82.2	—	61.7	7370	84	—
6700	81.8	—	61.0	7200	83	—
6560	81.3	—	60.1	7000	—	—
6530	81.2	—	60.0	6970	81	—
6470	81.1	—	59.7	6900	—	—
6380	80.8	—	59.2	6800	80	2310
6300	80.6	—	58.8	6700	—	2280
6270	80.5	—	58.7	6670	—	2270
6200	80.3	—	58.3	6600	79	2240
6010	79.8	—	57.3	6400	77	2170
5780	79.1	—	56.0	6150	75	2090
—	78.8	—	55.6	6070	—	2060
5550	78.4	—	54.7	5910	73	2000
—	78.0	—	54.0	5790	—	1960
5340	77.8	—	53.5	5690	71	1930
—	77.1	—	52.5	5530	—	1870
5140	76.9	—	52.1	5470	70	1850
—	76.7	—	51.6	5390	—	1820
—	76.4	—	51.1	5300	—	1790
4950	76.3	—	51.0	5280	68	1780
—	75.9	—	50.3	5160	—	1740
4770	75.6	—	49.6	5080	66	1710
—	75.1	—	48.8	4950	—	1670
4610	74.9	—	48.5	4910	65	1650
—	74.3	—	47.2	4740	—	1590
4440	74.2	—	47.1	4720	63	1580
4290	73.4	—	45.7	4550	61	1530
4150	72.8	—	44.5	4400	59	1480
4010	72.0	—	43.1	4250	58	1420
3880	71.4	—	41.8	4100	56	1370
3750	70.6	—	40.4	3960	54	1320
3630	70.0	—	39.1	3830	52	1280
3520	69.3	—	37.9	3720	51	1240
3410	68.7	—	36.6	3600	50	1200
3310	68.1	—	35.5	3500	48	1170
3210	67.5	—	34.3	3390	47	1120
3110	66.9	—	33.1	3280	46	1090
3020	66.3	—	32.1	3190	45	1050
2930	65.7	—	30.9	3090	43	1020
2850	65.3	—	29.9	3010	—	990
2770	64.6	—	28.8	2920	41	960
2690	64.1	—	27.6	2840	40	940
2620	63.6	—	26.6	2760	39	910
2550	63.0	—	25.4	2690	38	890
2480	62.5	—	24.2	2610	37	860
2410	61.8	100.0	22.8	2530	36	830
2350	61.4	99.0	21.7	2470	35	810
2290	60.8	98.2	20.5	2410	34	780
2230	—	97.3	—	2340	—	—
2170	—	96.4	—	2280	33	740
2120	—	95.5	—	2220	—	720
2070	—	94.6	—	2180	32	700
2010	—	93.8	—	2120	31	690
1970	—	92.8	—	2070	30	670
1920	—	91.9	—	2020	29	650
1870	—	90.7	—	1960	—	630
1830	—	90.0	—	1920	28	620
1790	—	89.0	—	1880	27	610
1740	—	87.8	—	1820	—	600
1700	—	86.8	—	1780	26	580
1670	—	86.0	—	1750	—	570
1630	—	82.9	—	1710	25	560
1560	—	80.8	—	1630	23	530
1490	—	78.7	—	1560	22	510
1430	—	76.4	—	1500	21	500
1370	—	74.0	—	1430	21	470
1310	—	72.0	—	1370	20	460
1260	—	69.8	—	1320	20	440
1210	—	67.6	—	1270	19	420
1160	—	—	—	1220	18	410
1110	—	65.7	—	1170	15	390

3.2.14　标准筛网号、目数对照

标准筛常用网号、目数对照见表3-81。

标准筛常用网号、目数对照　表3-81

网号(号)	目数(目)	孔/cm²	网号(号)	目数(目)	孔/cm²
5.0	4	2.56	1.00	18	51.84
4.0	5	4	0.95	20	64
3.22	6	5.76		22	77.44
2.5	8	10.24	0.79	24	92.16
0.525	34	185	0.14	110	1936
0.50	36	207	0.125	120	2304
0.425	38	231	0.12	130	2704
0.40	40	256		140	3136
0.375	42	282	0.10	150	3600
	44	310	0.088	160	
0.345	46	339	0.077	180	5184
	48	369		190	5776
0.325	50	400	0.076	200	6400
2.00	10	16	0.71	26	108.16
	12	23.04	0.63	28	125.44
1.43	14	31.36	0.6	30	144
1.24	16	40.96	0.55	32	163.84
	55	484	0.065	230	8464
0.031	60	576		240	9216
0.28	65	676	0.06	250	10000
0.261	70	784	0.052	275	12100
0.25	75	900		280	12544
0.20	80	1024	0.045	300	14400
0.18	85		0.044	320	16384
0.17	90	1296	0.042	350	19600
0.15	110	1600	0.034	400	25600

注：1. 网号系指筛网的公称尺寸，单位为：毫米(mm)。例如：1号网，即指正方形网孔每边长 1mm。

2. 目数系指 1 英寸(in)长度上的孔眼数目，单位为：目/英寸(目/in)。例如：1in(25.4mm)长度上有 20 孔眼，即为 20 目。

3. 一般英美各国用目数表示，原苏联用网号表示。

3.2.15　pH值参考表

pH值参考见表3-82。

pH值参考表　表3-82

pH值	0　1　2　3	4　5　6	7	8　9　10	11　12　13　14
溶液性质	强酸性	弱酸性	中性	弱碱性	强碱性

注：pH值<7 溶液显酸性，值越小酸性越强；pH值>7 溶液显碱性，值越大碱性越强。

3.2.16　角度与弧度互换表

角度与弧度互换表见表3-83。

角度与弧度互换表　表3-83

角度	弧度(rad)	角度	弧度(rad)	角度	弧度(rad)
10″	0.00005	8°	0.1396	34°	0.5934
20″	0.0001	9°	0.1571	35°	0.6109
30″	0.00015	10°	0.1745	36°	0.6283
40″	0.0002	11°	0.1920	37°	0.6458
50″	0.00025	12°	0.2094	38°	0.6632
1′	0.0003	13°	0.2269	39°	0.6807
2′	0.0006	14°	0.2443	40°	0.6981
3′	0.0009	15°	0.2618	45°	0.7854
4′	0.0012	16°	0.2793	50°	0.8727
5′	0.0015	17°	0.2967	55°	0.9599
6′	0.0017	18°	0.3142	60°	1.0472
7′	0.0020	19°	0.3316	65°	1.1345
8′	0.0023	20°	0.3491	70°	1.2217
9′	0.0026	21°	0.3665	75°	1.3090
10′	0.0029	22°	0.3840	80°	1.3963
20′	0.0058	23°	0.4010	85°	1.4835
30′	0.0087	24°	0.4189	90°	1.5708
40′	0.0116	25°	0.4363	100°	1.7453
50′	0.0145	26°	0.4538	110°	1.9199
1°	0.0175	27°	0.4712	120°	2.0944
2°	0.0349	28°	0.4887	150°	2.6180
3°	0.0524	29°	0.5061	180°	3.1416
4°	0.0698	30°	0.5236	210°	3.6652
5°	0.0873	31°	0.5411	240°	4.1888
6°	0.1047	32°	0.5585	270°	4.7124
7°	0.1222	33°	0.5760	300°	5.2360
				330°	5.7596
				360°	6.2832

3.2.17 弧度与角度互换表

弧度与角度互换见表 3-84。

弧度与角度互换表   表 3-84

弧度(rad)	角度	弧度(rad)	角度	弧度(rad)	角度
0.0001	0°00′21″	0.0070	0°24′04″	0.4000	22°55′06″
0.0002	0°00′41″	0.0080	0°27′30″	0.5000	28°28′52″
0.0003	0°01′02″	0.0090	0°30′56″	0.6000	34°22′39″
0.0004	0°01′23″	0.0100	0°34′23″	0.7000	40°06′25″
0.0005	0°01′43″	0.0200	1°08′45″	0.8000	45°50′12″
0.0006	0°02′04″	0.0300	1°43′08″	0.9000	51°33′58″
0.0007	0°02′24″	0.0400	2°17′31″	1	57°17′45″
0.0008	0°02′45″	0.0500	2°51′53″	2	114°35′30″
0.0009	0°03′06″	0.0600	3°26′16″	3	171°53′14″
0.0010	0°03′26″	0.0700	4°00′39″	4	229°10′59″
0.0020	0°06′53″	0.0800	4°35′01″	5	286°28′44″
0.0030	0°10′19″	0.0900	5°09′24″	6	343°46′29″
0.0040	0°13′45″	0.1000	5°43′46″	7	401°04′14″
0.0050	0°17′11″	0.2000	11°27′33″	8	458°21′58″
0.0060	0°20′38″	0.3000	17°11′19″	9	515°39′43″

3.2.18 斜度与角度变换表

斜度与角度变换见表 3-85。

斜度与角度变换表   表 3-85

斜度 %	角度 H:L	角度	斜度 %	角度 H:L	角度	斜度 %	角度 H:L	角度	斜度 %	角度 H:L	角度
1	1:100	0°34′	12		6°51′	21		11°52′	32		17°45′
2	1:50	1°09′	12.50	1:8	7°08′	22		12°24′	33		18°16′
3		1°34′	13		7°24′	23		12°57′	33.33	1:3	18°26′
4	1:25	2°17′	14		7°58′	24		13°30′	34		18°47′
5	1:20	2°52′	14.29	1:7	8°08′	25	1:4	14°02′	36		19°48′
6		3°26′	15		8°32′	26		14°34′	38		20°48′
7		4°00′	16		9°05′	27		15°06′	40	1:2.5	21°48′
8		4°34′	16.67	1:6	9°28′	28		15°39′	42		22°47′
9		5°08′	17		9°39′	28.57	1:3.5	15°57′	44		23°45′
10	1:10	5°43′	18		10°12′	29		16°10′	46		24°42′
11		6°17′	19		10°45′	30		16°42′	48		25°38′
11.11	1:9	6°20′	20	1:5	11°19′	31		17°13′	50	1:2	26°34′

3.3 常用求面积、体积公式

3.3.1 平面图形面积

平面图形面积见表 3-86。

平面图形面积   表 3-86

图形		尺寸符号	面积(A)	重心(G)
正方形		a——边长 d——对角线	$A=a^2$ $a=\sqrt{A}=0.707d$ $d=1.414a=1.414\sqrt{A}$	在对角线交点上
长方形		a——短边 b——长边 d——对角线	$A=a\cdot b$ $d=\sqrt{a^2+b^2}$	在对角线交点上
三角形		h——高 l——$\frac{1}{2}$周长 a、b、c——对应角 A,B,C 的边长	$A=\dfrac{bh}{2}=\dfrac{1}{2}ab\sin C$ $l=\dfrac{a+b+c}{2}$	$GD=\dfrac{1}{3}BD$ $CD=DA$
平行四边形		a、b——邻边 h——对边间的距离	$A=b\cdot h=ab\sin\alpha$ $=\dfrac{AC\cdot BD}{2}\cdot\sin\beta$	在对角线交点上
梯形		$CE=AB$ $AF=CD$ $a=CD$（上底边） $b=AB$（下底边） h——高	$A=\dfrac{a+b}{2}\cdot h$	$HG=\dfrac{h}{3}\cdot\dfrac{a+2b}{a+b}$ $KG=\dfrac{h}{3}\cdot\dfrac{2a+b}{a+b}$
圆形		r——半径 d——直径 p——圆周长	$A=pr^2=\dfrac{1}{4}pd^2$ $=0.785d^2=0.07958p^2$ $p=\pi d$	在圆心上
椭圆形		a、b——主轴	$A=\dfrac{\pi}{4}a\cdot b$	在主轴交点 G 上
扇形		r——半径 s——弧长 α——弧长 s 的对应中心角	$A=\dfrac{1}{2}r\cdot s=\dfrac{\alpha}{360}\pi r^2$ $s=\dfrac{\alpha\pi}{180}r$	$GO=\dfrac{2}{3}\cdot\dfrac{rh}{s}$ 当 $\alpha=90°$ 时 $GO=\dfrac{4}{3}\cdot\dfrac{\sqrt{2}}{\pi}r\approx0.6r$
弓形		r——半径 s——弧长 α——中心角 b——弦长 h——高	$A=\dfrac{1}{2}r^2\left(\dfrac{\alpha\pi}{180}-\sin\alpha\right)$ $=\dfrac{1}{2}\left[r(s-b)+bh\right]$ $s=r\cdot\alpha\cdot\dfrac{\pi}{180}=0.0175\,r\cdot\alpha$ $h=r-\sqrt{r^2-\dfrac{1}{4}a^2}$	$GO=\dfrac{1}{12}\cdot\dfrac{b^2}{A}$ 当 $\alpha=180°$ 时 $GO=\dfrac{4r}{3\pi}=0.4244r$

图　形	尺寸符号	面　积（A）	重　心（G）
环　形	R——外半径 r——内半径 D——外直径 d——内直径 t——环宽 D_{pj}——平均直径	$A=\pi\,(R^2-r^2)$ $=\dfrac{\pi}{4}\,(D^2-d^2)$ $=\pi\cdot D_{pj}\cdot t$	在圆心 O
部分圆环	R——外半径 r——内半径 D——外直径 d——内直径 R_{pj}——圆环平均半径 t——环宽	$A=\dfrac{\alpha\pi}{360}\,(R^2-r^2)$ $=\dfrac{\alpha\pi}{180}R_{pj}\cdot t$	$GO=38.2\dfrac{R^3-r^3}{R^2-r^2}$ $\times\dfrac{\sin\frac{\alpha}{2}}{\frac{\alpha}{2}}$
新月形	$OO_1=L$——圆心间的距离 d——直径	$A=r^2\left(\pi-\dfrac{\pi}{180}\alpha+\sin\alpha\right)$ $=r^2\cdot P$ $P=\pi-\dfrac{\pi}{180}\alpha+\sin\alpha$ P 值见下表	$O_1G=\dfrac{(\pi-P)\,L}{2P}$

L	$\dfrac{d}{10}$	$\dfrac{2d}{10}$	$\dfrac{3d}{10}$	$\dfrac{4d}{10}$	$\dfrac{5d}{10}$	$\dfrac{6d}{10}$	$\dfrac{7d}{10}$	$\dfrac{8d}{10}$	$\dfrac{9d}{10}$
P	0.40	0.79	1.18	1.56	1.91	2.25	2.55	2.81	3.02

图　形	尺寸符号	面　积（A）	重　心（G）
抛物线形	b——底边 h——高 l——曲线长 S——$\triangle ABC$ 的面积	$l=\sqrt{b^2+1.3333h^2}$ $A=\dfrac{2}{3}\cdot b\cdot h$ $=\dfrac{4}{3}\cdot S$	
等边多边形	a——边长 K_i——系数，i 指多边形的边数 R——外接圆半径 P_i——系数，i 指多边形的边数	$A=K\cdot a^2=P\cdot R^2$ 正三边形 $K_3=0.433$，$P_3=1.299$ 正四边形 $K_4=1.000$，$P_4=2.000$ 正五边形 $K_5=1.720$，$P_5=2.375$ 正六边形 $K_6=2.598$，$P_6=2.598$ 正七边形 $K_7=3.634$，$P_7=2.736$ 正八边形 $K_8=4.828$，$P_8=2.828$ 正九边形 $K_9=6.182$，$P_9=2.893$ 正十边形 $K_{10}=7.694$，$P_{10}=2.939$ 正十一边形 $K_3=9.364$，$P_3=2.973$ 正十二边形 $K_3=11.196$，$P_3=3.000$	在内接圆心或外接圆心处

3.3.2　多面体的体积和表面积

多面体的体积和表面积见表 3-87。

多面体的体积和表面积　　　　　　　　　　　表 3-87

图　形	尺寸符号	体积（V）　底面积（A） 表面积（S）　侧表面积（S₁）	重　心（G）
立方体	a——棱 d——对角线 S——表面积 S_1——侧表面积	$V=a^3$ $S=6a^2$ $S_1=4a^2$	在对角线交点上
长方体 （棱柱）	a、b、h——边长 O——底面对角线交点	$V=a\cdot b\cdot h$ $S=2\,(a\cdot b+a\cdot h+b\cdot h)$ $S_1=2h\,(a+b)$ $d=\sqrt{a^2+b^2+h^2}$	$GO=\dfrac{h}{2}$
三棱柱	a、b、c——边长 h——高 A——底面积 O——底面中线的交点	$V=A\cdot h$ $S=(a+b+c)\cdot h+2A$ $S_1=(a+b+c)\cdot h$	$GO=\dfrac{h}{2}$

图　形	尺　寸　符　号	体积（V）　底面积（A） 表面积（S）侧表面积（S₁）	重　心（G）
棱锥	f——一个组合三角形的面积 n——组合三角形的个数 O——锥形各对角线的交点	$V=\frac{1}{3}A\cdot h$ $S=n\cdot f+A$ $S_1=n\cdot f$	$GO=\frac{h}{4}$
棱　台	A_1、A_2——两个平行底面的面积 h——底面间的距离 a——一个组合梯形的面积 n——组合梯形数	$V=\frac{1}{3}h(A_1+A_2$ $+\sqrt{A_1A_2})$ $S=an+A_1+A_2$ $S_1=an$	$GO=\frac{h}{4}$ $\times\frac{A_1+2\sqrt{A_1A_2}+3A_2}{A_1+\sqrt{A_1A_2}+A_2}$
圆柱和空心 圆柱（棱柱）	R——外半径 r——内半径 t——柱壁厚度 P——平均半径 S_1——内外侧面积	圆柱： $V=\pi R^2\cdot h$ $S=2\pi Rh+2\pi R^2$ $S_1=2\pi Rh$ 空心直圆柱： $V=\pi h(R^2-r^2)$ $=2\pi RPth$ $S=2\pi(R+r)h+2\pi$ $\times(R^2-r^2)$ $S_1=2\pi(R+r)h$	$GO=\frac{h}{2}$
斜截直圆柱	h_1——最小高度 h_2——最大高度 r——底面半径	$V=\pi r^2\cdot\frac{h_1+h_2}{2}$ $S=\pi r(h_1+h_2)+\pi r^2$ $\times\left(1+\frac{1}{\cos\alpha}\right)$ $S_1=\pi r(h_1+h_2)$	$GO=\frac{h_1+h_2}{2}$ $+\frac{r^2\text{tg}^2\alpha}{4(h_1+h_2)}$ $GK=\frac{1}{2}\cdot\frac{r^2}{h_1+h_2}\cdot\text{tg}\alpha$
直圆锥	r——底面半径 h——高 l——母线长	$V=\frac{1}{3}\pi r^2\times h$ $S_1=\pi r\sqrt{r^2+h^2}=\pi rl$ $l=\sqrt{r^2+h^2}$ $S=S_1+\pi r^2$	$GO=\frac{h}{4}$
圆　台	R、r——底面半径 h——高 l——母线	$V=\frac{\pi h}{3}\cdot(R^2+r^2+Rr)$ $S_1=\pi l(R+r)$ $l=\sqrt{(R-r)^2+h^2}$ $S=S_1+\pi(R^2+r^2)$	$GO=\frac{h}{4}$ $\times\frac{R^2+2Rr+3r^2}{R^2+Rr+r^2}$
球	r——半径 d——直径	$V=\frac{4}{3}\pi r^2$ $=\frac{\pi d^3}{6}=0.5236d^3$ $S=4\pi r^2=\pi d^2$	在球心上
球扁形 （球楔）	r——球半径 d——弓形底圆直径 h——弓形高	$V=\frac{2}{3}\pi r^2h=2.0944r^2h$ $S=\frac{\pi r}{2}(4h+d)$ $=1.57r(4h+d)$	$GO=\frac{3}{4}\left(r-\frac{h}{2}\right)$
球　缺	h——球缺的高 r——球缺的半径 d——平切圆直径 S曲——曲面面积 S——球缺表面积	$V=\pi h^2\cdot\left(r-\frac{h}{3}\right)$ S曲$=2\pi rh=\pi\left(\frac{d^2}{4}+h^2\right)$ $S=\pi h(4r-h)$ $d^2=4h(2r-h)$	$GO=\frac{3}{4}\cdot\frac{(2r-h)^2}{3r-h}$
圆环体	R——圆环体平均半径 D——圆环体平均直径 d——圆环体截面直径 r——圆环体截面半径	$V=2\pi^2R\cdot r^2$ $=\frac{1}{4}\pi^2Dd^2$ $S=4\pi^2Rr$ $=\pi^2Dd=39.478Rr$	在环中心上

续表

图　形	尺寸符号	体积 (V)　底面积 (A) 表面积 (S)　侧表面积 (S_1)	重　心 (G)
球带体	R——球半径 r_1、r_2——圆环体平均直径 h——腰高 h_1——球心 O 至带底圆心 O_1 的距离	$V=\dfrac{\pi h}{b}\left(3r_1^2+3r_2^2+h^2\right)$ $S_1=2\pi Rh$ $S=2\pi Rh+\pi\left(r_1^2+r_2^2\right)$	$GO=h_1+\dfrac{h}{2}$
桶　形	D——中间断面直径 d——底直径 l——桶高	对于抛物线形桶板： $V=\dfrac{\pi l}{15}\left(2D^2+Dd+\dfrac{4}{3}d^2\right)$ 对于圆形桶板： $V=\dfrac{1}{12}\pi l\left(2D^2+d^2\right)$	在轴线交点上
椭球体	a、b、c——半轴	$V=\dfrac{4}{3}abc\pi$ $S=2\sqrt{2}\cdot b\cdot\sqrt{a^2+b^2}$	在轴线交点上
交叉圆柱体	r——圆柱半径 l_1、l——圆柱长	$V=\pi r^2\left(l+l_1-\dfrac{2r}{3}\right)$	在二轴线交点上
梯形体	a、b——下底边长 a_1、b_1——上底边长 h——上、下底边距离（高）	$V=\dfrac{h}{6}\left[(2a+a_1)b\right.$ $+(2a_1+a)b_1]$ $=\dfrac{h}{6}[ab+(a+a_1)(b+b_1)+$ $a_1b_1]$	

3.3.3　物料堆体积计算

物料堆体积计算见表 3-88。

物料堆体积计算　　表 3-88

图　形	计　算　公　式
	$V=\left[ab-\dfrac{H}{\tan\alpha}\left(a+b-\dfrac{4H}{3\tan\alpha}\right)\right]\times H$ α——物料自然体积角
	$a=\dfrac{2H}{\tan\alpha}$ $V=\dfrac{aH}{6}(3b-a)$
	V_0（延米体积）$=\dfrac{H^2}{\tan\alpha}+bH-\dfrac{b^2}{4}\tan\alpha$

3.3.4　壳体表面积、侧面积计算

3.3.4.1　圆球形薄壳（图 3-1）

球面方程式：$X^2+Y^2+Z^2=R^2$（对坐标系 XYZ，原点在 O）

式中　R——半径；

X、Y、Z——在球壳面上任一点对原点 O 的坐标。

假设　c——弦长 (AC)；

$2a$——弦长 (AB)；

$2b$——弦长 (BC)；

F、G——AB，BC 的中点；

f——弓形 AKC 的高 (KO')；

h_x——弓形 AEB 的高 (EF)；

h_y——弓形 BDC 的高 (DG)；

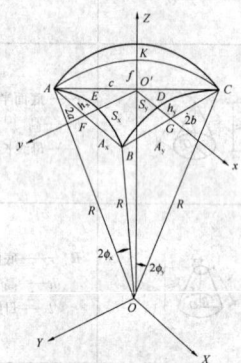

图 3-1　圆球形薄壳计算图

S_x——弧 $\overarc{AEB}$ 的长；

S_y——弧 $\overarc{BDC}$ 的长；

A_x——弓形 AEB 的面积（侧面积）；

A_y——弓形 BDC 的面积；

$2\phi_x$——对应弧 $\overarc{AEB}$ 的圆心角（弧度）；

$2\phi_y$——对应弧 $\overarc{BDC}$ 的圆心角（弧度）；

O'——新坐标系 xyz 的原点（XOY 平面平移

$\sqrt{R^2-\left(\dfrac{c}{2}\right)^2}$ 后与 Z 轴的交点）。

则：　　　　$R=\dfrac{c^2}{8f}+\dfrac{f}{2}$

$$\sin\phi_x=\dfrac{a}{R}$$

$$\sin\phi_y=\dfrac{b}{R}$$

$$\phi_x=\arcsin\dfrac{a}{R}$$

$$\phi_y=\arcsin\dfrac{b}{R}$$

$$tg\phi_x=\frac{a}{\sqrt{R^2-a^2}}$$

$$tg\phi_y=\frac{b}{\sqrt{R^2-b^2}}$$

$$h_x=\sqrt{R^2-b^2}-\sqrt{R^2-a^2-b^2}$$

$$h_y=\sqrt{R^2-a^2}-\sqrt{R^2-a^2-b^2}$$

弧$\overarc{AEB}$与$\overarc{BDC}$之曲线方程式分别为：

$$x^2+z^2=(R^2-b^2)(\overarc{AEB})$$

$$y^2+z^2=R^2-a^2\ (\overarc{BDC})$$

1. 弧长按下式计算：

$$S_x=2\sqrt{R^2-b^2}\cdot arcsin\frac{a}{\sqrt{R^2-b^2}}$$

$$S_y=2\sqrt{R^2-a^2}\cdot arcsin\frac{b}{\sqrt{R^2-a^2}}$$

2. 侧面积按下式计算：

$$A_x=(R^2-b^2)\cdot arcsin\frac{a}{\sqrt{R^2-b^2}}-a\cdot\sqrt{R^2-a^2-b^2}$$

$$A_y=(R^2-a^2)\cdot arcsin\frac{b}{\sqrt{R^2-a^2}}-b\cdot\sqrt{R^2-a^2-b^2}$$

3. 壳表面积按下式计算：

$$A=S_x\cdot S_y$$

其一次近似值为：

$$A=4aR arcsin\frac{b}{R}=4aR\phi_y$$

其二次近似值为：

$$A=4\left[aR arcsin\frac{b}{R}+\frac{a^3b}{6R\sqrt{R^2-b^2}}\right]$$

$$=4aR\phi_y\left(1+\frac{a sin\phi_x\cdot tan\phi_y}{6R\phi_y}\right)$$

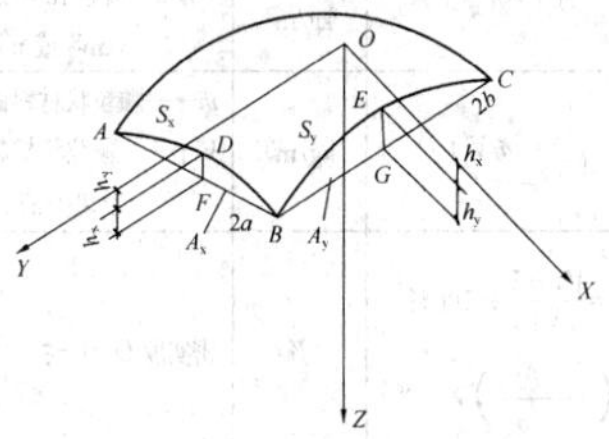

图 3-2　椭圆抛物面扁壳计算图

3.3.4.2　椭圆抛物面扁壳（图3-2）

壳面方程式：

$$Z=\frac{h_x}{a^2}X^2+\frac{h_y}{b^2}Y^2$$

式中　X、Y、Z——在壳面上任一点对原点O的坐标；

$2a$——对应弧$\overarc{ADB}$的弦长；

$2b$——对应弧$\overarc{BEC}$的弦长；

h_x——弓形ADB的高；

h_y——弓形BEC的高。

假设：S_x——弧$\overarc{ADB}$的长；

S_y——弧$\overarc{BEC}$的长；

A_x——弓形ADB的面积；

A_y——弓形BEC的面积。

1. 弧长按下式计算

$$S_x=c_1+am_1 ln\left(\frac{1}{m_1}+\frac{c_1}{a}\right)$$

$$S_y=c_2+bm_2 ln\left(\frac{1}{m_2}+\frac{c_2}{b}\right)$$

式中

$$c_1=\sqrt{a^2+4h_x^2}$$

$$m_1=\frac{a}{2h_x}$$

$$c_2=\sqrt{b^2+4h_y^2}$$

$$m_2=\frac{b}{2h_y}$$

或者：$S_x=2a\times$系数K_a

$S_y=2b\times$系数K_b

式中　系数K_a、K_b——可分别根据$\frac{h_x}{2a}$、$\frac{h_y}{2b}$的值，查表 3-89 得到。

2. 壳表面积按下式计算

$$A=S_x\cdot S_y$$

3. 侧面积按下式计算

$$A_x=\frac{4}{3}a\cdot h_x$$

$$A_y=\frac{4}{3}b\cdot h_y$$

3.3.4.3　椭圆抛物面扁壳系数计算

见图 3-2，壳表面积（A）计算公式：

$$A=S_x\cdot S_y=2a\times$$系数$K_a\times2b\times$系数K_b

式中　K_a、K_b——椭圆抛物面扁壳系数，可按表 3-89 查得。

多面体的体积和表面积　　　　表 3-89

$\frac{h_x}{2a}$或$\frac{h_y}{2b}$	系数 K_a或K_b	$\frac{h_x}{2a}$或$\frac{h_y}{2b}$	系数 K_a或K_b	$\frac{h_x}{2a}$或$\frac{h_y}{2b}$	系数 K_a或K_b	$\frac{h_x}{2a}$或$\frac{h_y}{2b}$	系数 K_a或K_b
0.050	1.0066	0.087	1.0198	0.124	1.0396	0.161	1.0654
0.051	1.0069	0.088	1.0203	0.125	1.0402	0.162	1.0661
0.052	1.0072	0.089	1.0207	0.126	1.0408	0.163	1.0669
0.053	1.0074	0.090	1.0212	0.127	1.0415	0.164	1.0677
0.054	1.0077	0.091	1.0217	0.128	1.0421	0.165	1.0685
0.055	1.0080	0.092	1.0222	0.129	1.0428	0.166	1.0693
0.056	1.0083	0.093	1.0226	0.130	1.0434	0.167	1.0700
0.057	1.0086	0.094	1.0231	0.131	1.0440	0.168	1.0708
0.058	1.0089	0.095	1.0236	0.132	1.0447	0.169	1.0716
0.059	1.0092	0.096	1.0241	0.133	1.0453	0.170	1.0724
0.060	1.0095	0.097	1.0246	0.134	1.0460	0.171	1.0733
0.061	1.0098	0.098	1.0251	0.135	1.0467	0.172	1.0741
0.062	1.0102	0.099	1.0256	0.136	1.0473	0.173	1.0749
0.063	1.0105	0.100	1.0261	0.137	1.0480	0.174	1.0757
0.064	1.0108	0.101	1.0266	0.138	1.0487	0.175	1.0765
0.065	1.0112	0.102	1.0271	0.139	1.0494	0.176	1.0773
0.066	1.0115	0.103	1.0276	0.140	1.0500	0.177	1.0782
0.067	1.0118	0.104	1.0281	0.141	1.0507	0.178	1.0790
0.068	1.0122	0.105	1.0287	0.142	1.0514	0.179	1.0798
0.069	1.0126	0.106	1.0292	0.143	1.0521	0.180	1.0807
0.070	1.0129	0.107	1.0297	0.144	1.0528	0.181	1.0815
0.071	1.0133	0.108	1.0303	0.145	1.0535	0.182	1.0824
0.072	1.0137	0.109	1.0308	0.146	1.0542	0.183	1.0832
0.073	1.0140	0.110	1.0314	0.147	1.0550	0.184	1.0841
0.074	1.0144	0.111	1.0320	0.148	1.0557	0.185	1.0849
0.075	1.0148	0.112	1.0325	0.149	1.0564	0.186	1.0858
0.076	1.0152	0.113	1.0331	0.150	1.0571	0.187	1.0867
0.077	1.0156	0.114	1.0337	0.151	1.0578	0.188	1.0875
0.078	1.0160	0.115	1.0342	0.152	1.0586	0.189	1.0884
0.079	1.0164	0.116	1.0348	0.153	1.0593	0.190	1.0893
0.080	1.0168	0.117	1.0354	0.154	1.0601	0.191	1.0902
0.081	1.0172	0.118	1.0360	0.155	1.0608	0.192	1.0910
0.082	1.0177	0.119	1.0366	0.156	1.0616	0.193	1.0919
0.083	1.0181	0.120	1.0372	0.157	1.0623	0.194	1.0928
0.084	1.0185	0.121	1.0378	0.158	1.0631	0.195	1.0937
0.085	1.0189	0.122	1.0384	0.159	1.0638	0.196	1.0946
0.086	1.0194	0.123	1.0390	0.160	1.0646	0.197	1.0955
						0.198	1.0964
						0.199	1.0973

【例】 已知 $2a=24.0$m，$2b=16.0$m，$h_x=3.0$m，$h_y=2.8$m，试求椭圆物面扁壳表面积 A。

先求出 $h_x/2a=3.0/24.0=0.125$

$h_y/2b=2.8/16.0=0.175$

分别查得系数 K_a 为 1.0402 和系数 K_b 为 1.0765，则扁壳表面积 $A=24.0\times1.0402\times16.0\times1.0765=429.99$m^2

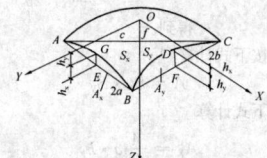

图 3-3　圆抛物面扁壳计算图

3.3.4.4　圆抛物面扁壳（图 3-3）

壳面方程式：$Z=\dfrac{1}{2R}(X^2+Y^2)$

式中　X、Y、Z——在壳面上任一点对原点 O 的坐标；

R——半径；

假设　$2a$——对应弧 $\overset{\frown}{AGB}$ 的弦长；

$2b$——对应弧 $\overset{\frown}{BDC}$ 的弦长；

S_x——弧 $\overset{\frown}{AGB}$ 的长；

S_y——弧 $\overset{\frown}{BDC}$ 的长；

h_x——弓形 AGB 的高；

A_x——弓形 AGB 的面积；

A_y——弓形 BDC 的面积；

f——壳顶到底面距离；

c——AC 的长。

则：

$$c=2\sqrt{a^2+b^2}$$
$$f=\frac{c^2}{8R}$$
$$h_x=\frac{a^2}{2R}$$
$$h_y=\frac{b^2}{2R}$$

1. 弧长按下式计算

$$S_x=\frac{a}{R}\sqrt{R^2+a^2}+R\cdot\ln\left(\frac{a}{R}+\frac{1}{R}\sqrt{R^2+a^2}\right)$$
$$S_y=\frac{b}{R}\sqrt{R^2+b^2}+R\cdot\ln\left(\frac{b}{R}+\frac{1}{R}\sqrt{R^2+b^2}\right)$$

2. 侧面积按下式计算

$$A_x=\frac{2a^3}{3R}=\frac{4}{3}ah_x$$
$$A_y=\frac{2b^3}{3R}=\frac{4}{3}bh_y$$

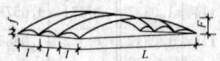

图 3-4　单、双曲拱展开面积计算图

L—拱跨；F—拱高

3.3.4.5　单、双曲拱展开面积

1. 单曲拱展开面积＝单曲拱系数×水平投影面积。

2. 双曲拱展开面积＝双曲拱系数（大曲拱系数×小曲拱系数）×水平投影面积。

单、双曲拱展开面积系数见表 3-90。单、双曲拱展开面积计算图见图 3-4。

单、双曲拱展开面积系数表　　　表 3-90

f/l	单曲拱系数	F/L								
		1/2	1/3	1/4	1/5	1/6	1/7	1/8	1/9	1/10
		单曲拱系数								
		1.50	1.25	1.15	1.10	1.07	1.05	1.04	1.03	1.02
		双曲拱系数								
1/2	1.50	2.25	1.875	1.725	1.650	1.605	1.575	1.569	1.545	1.530
1/3	1.25	1.875	1.563	1.438	1.375	1.338	1.313	1.300	1.288	1.275
1/4	1.15	1.725	1.433	1.323	1.265	1.231	1.208	1.196	1.185	1.173
1/5	1.10	1.650	1.375	1.265	1.210	1.177	1.155	1.114	1.133	1.122
1/6	1.07	1.605	1.333	1.231	1.177	1.145	1.124	1.113	1.102	1.091
1/7	1.05	1.575	1.313	1.203	1.155	1.124	1.103	1.092	1.082	1.071
1/8	1.04	1.560	1.300	1.196	1.144	1.113	1.092	1.082	1.071	1.061
1/9	1.03	1.545	1.288	1.185	1.133	1.102	1.082	1.071	1.061	1.051
1/10	1.02	1.530	1.275	1.173	1.122	1.091	1.071	1.061	1.051	1.040

3.4　常用建筑材料及数值

3.4.1　材料基本性质、常用名称及符号

材料基本性质、常用名称及符号见表 3-91。

材料基本性质、常用名称及符号　　　表 3-91

名称	符号	公式	常用单位	说　明
密度	ρ	$\rho=m/V$	g/cm^3	m——材料干燥状态下的质量（g）； V——材料绝对密实状态下的体积（cm^3）
表观密度	ρ_0	$\rho_0=m/V_1$	g/cm^3 或 kg/m^3	m——材料干燥状态下的质量（g 或 kg）； V_1——材料在自然状态下的体积（cm^3 或 m^3）
堆积密度	ρ_0'	$\rho_0'=m/V_1'$	kg/m^3	m——颗粒状材料的质量（kg）； V_1'——颗粒状材料在堆积状态下的体积（m^3）
孔隙率	ξ	$\xi=\dfrac{V_1-V}{V_1}\times100\%$ $=\left(1-\dfrac{\rho_0}{\rho}\right)\times100\%$	%	密实度 $D=1-\xi$
空隙率	ξ'	$\xi'=\dfrac{V_1-V_1'}{V_1}\times100\%$ $=\left(1-\dfrac{\rho_0'}{\rho_0}\right)\times100\%$	%	填充率 $D'=1-\xi'$
强度	f	$f=P/A$（抗拉、压、剪） $f=M/W$（抗弯）	MPa (N/mm^2)	P——破坏时的拉（压、剪）力（N）； M——抗弯破坏时弯矩（N·mm）； A——受力面积（mm^2）； W——抗弯截面模量（mm^3）
含水率	W	$m_水/m$	%	$m_水$——材料中所含水质量（g）； m——材料干燥质量（g）
质量吸水率	$B_质$	$B_质=\dfrac{m_1-m}{m}\times100\%$	%	M——材料干燥质量（g）
体积吸水率	$B_体$	$B_体=\dfrac{m_1-m}{m_1}\times100\%$ $=B_质\cdot\rho_0$	%	V_1——材料在自然状态下的体积（cm^3）； m、m_1、ρ_0 同上
软化系数	ϕ	f_1/f_0	—	f_1——材料在水饱和状态下的抗压强度（MPa 或 N/mm^2）； f_0——材料在干燥状态下的抗压强度（MPa 或 N/mm^2）

续表

名称	符号	公式	常用单位	说　明
渗透系数	K	$K=\dfrac{QD}{ATH}$	mL/(cm²·s)或cm/s	Q——渗水量 (mL)； D——试件厚度 (cm)； A——渗透面积 (cm²)； T——渗水时间 (s)； H——水头差 (cm)
抗渗等级	Pn	$(n=2, 4, 6\cdots)$	—	如 $P12$ 表示在承受最大静水压为1.2MPa 的情况下，6个混凝土标准试件经 8h 作用后，仍有不少于4个试件不渗漏
抗冻等级	Fn	$(n=15, 25\cdots)$	—	材料在−15℃以下冻结，反复冻融后重量损失≤5%、强度损失≤25%的冻融次数。如 $F25$ 表示标准试件能经受冻融次数为25次
导热系数	λ	$\lambda=\dfrac{QD}{AT(t_2-t_1)}$	W/(m·K)	Q——传导热量 (J)； λ 表示物体厚度 1m，两表面温差为1K时，1h 内通过 1m² 围护结构表面积的热量
热阻	R	$R=1/U$	m²·K/W	U——传热系数 [W/(m²·K)]，表示外温差为1K时，在1h 内通过 1m² 围护结构表面积的热量。U 的倒数为热阻
比热容	c	$c=Q/[P(t_1-t_2)]$	kJ/(kg·K)	Q——加热于物体所耗热量 (kJ)； P——材料质量 (kg)； t_1-t_2——物体加热前后的温度差
蓄热系数	S	$S=\dfrac{A_q}{A_\tau}$	W/(m²·K)	A_q——热流波幅； A_τ——表面温度波幅； S——表面表面温度波动1℃时，在1h 内，1m² 围护结构表面吸收和散发的热量
蒸汽渗透系数	μ		g/(m·h·Pa)	μ 表示材料厚 1m，两侧水蒸气压力差为1Pa 时，1h 经过 1m² 表面积扩散的水蒸气量
吸声系数	α	$\alpha=\dfrac{E}{E_0}$	%	α——材料吸收声能与入射声能的比值； E——被吸收的声能； E_0——入射声能
热流量	Φ		W	单位时间内通过一个面的热量
热流[量]密度	φ	$\varphi=\dfrac{\Phi}{A}$	W/m²	φ——垂直于热流方向的单位面积的热流量； Φ——热流量 (W)； A——面积 (m²)
热惰性指标	D	$D=R\cdot S$		S——蓄热系数； R——热阻 (m²·K/W)

3.4.2　常用材料和构件的自重

常用材料和构件的自重见表 3-92。

常用材料和构件的自重　　表 3-92

名　称	自重	备　注
1. 木材（kN/m³）		
杉木	4	随含水率而不同
冷杉、云杉、红松、华山松、樟子松、铁杉、拟赤杨、红椿、杨木、枫杨	4~5	随含水率而不同
马尾松、云南松、油松、赤松、广东松、栲木、枫香、柳木、檫木、秦岭落叶松、新疆落叶松	5~6	随含水率而不同

续表

名　称	自重	备　注
东北落叶松、陆均松、榆木、桦木、水曲柳、苦楝、木荷、臭椿	6~7	随含水率而不同
锥木（栲木）、石栎、槐木、乌墨	7~8	随含水率而不同
青冈砾（槠木）、栎木（柞木）、桉树、木麻黄	8~9	随含水率而不同
普通木板条、橡檩木料	5	随含水率而不同
锯末	2.0~2.5	加防腐剂时为3kN/m³
木板丝	4~5	
软木板	2.5	
刨花板	6	
2. 胶合板材（kN/m²）		
三合板（杨木）	0.019	
三合板（椴木）	0.022	
三合板（水曲柳）	0.028	
五合板（杨木）	0.03	
五合板（椴木）	0.034	
五合板（水曲柳）	0.04	
甘蔗板（按 10mm 厚计）	0.03	常用厚度为 13、15、19、25mm
隔声板（按 10mm 厚计）	0.03	常用厚度为 13、20mm
木屑板（按 10mm 厚计）	0.12	常用厚度为 6、10mm
3. 金属矿产（kN/m³）		
铸铁	72.5	
锻铁	77.5	
铁矿渣	27.6	
赤铁矿	25~30	
钢	78.5	
紫铜、赤铜	89	
黄铜、青铜	85	
硫化铜矿	42	
铝	27	
铝合金	28	
锌	70.5	
亚锌矿	40.5	
铅	114	
方铅矿	74.5	
金	193	
白金	213	
银	105	
锡	73.5	
镍	89	
水银	136	
钨	189	
镁	18.5	
锑	66.6	
水晶	29.5	
硼砂	17.5	
硫矿	20.5	
石棉矿	24.6	
石棉	10	压实
石棉	4	松散，含水量不大于15%

续表

名　称	自重	备　注
白垩（高岭土）	22	
石膏矿	25.5	
石膏	13.0~14.5	粗块堆放 $\varphi=30°$；细块堆放 $\varphi=40°$
石膏粉	9	

4. 土、砂、砾石及岩石（kN/m³）

名　称	自重	备　注
腐殖土	15~16	干，$\varphi=40°$；湿，$\varphi=35°$；很湿，$\varphi=25°$
黏土	13.5	干，松，孔隙比为1.0
黏土	16	干，$\varphi=40°$，压实
黏土	18	湿，$\varphi=35°$，压实
黏土	20	很湿，$\varphi=20°$，压实
砂土	12.2	干，松
砂土	16	干，$\varphi=35°$，压实
砂土	18	湿，$\varphi=35°$，压实
砂土	20	很湿，$\varphi=25°$，压实
砂子	14	干，细砂
砂子	17	干，粗砂
卵石	16~18	干
黏土夹卵石	17~18	干，松
砂夹卵石	15~17	干，松
砂夹卵石	16.0~19.2	干，压实
砂夹卵石	18.9~19.2	湿
浮石	6~8	干
浮石填充料	4~6	
砂岩	23.6	
页岩	28	
页岩	14.8	片石堆置
泥灰石	14	$\varphi=40°$
花岗岩、大理石	28	
花岗岩	15.4	片石堆置
石灰石	26.4	
石灰石	15.2	片石堆置
贝壳石灰岩	14	
白云石	16	片石堆置，$\varphi=48°$
滑石	27.1	
火石（燧石）	35.2	
云斑石	27.6	
玄武石	29.5	
长石	25.5	
角闪石、绿石	30	
角闪石、绿石	17.1	片石堆置
碎石子	14~15	堆置
岩粉	16	黏土质或石灰质的
多孔黏土	5~8	作填充料用，$\varphi=35°$
硅藻土填充料	4~6	
辉绿岩板	29.5	

5. 砖及砌块（kN/m³）

名　称	自重	备　注
普通砖	18	240mm×115mm×53mm（684块/m³）
普通砖	19	机器制
缸砖	21.0~21.5	230mm×110mm×65mm（609块/m³）
红缸砖	20.4	
耐火砖	19~22	230mm×110mm×65mm（609块/m³）
耐酸瓷砖	23~25	230mm×113mm×65mm（590块/m³）

续表

名　称	自重	备　注
灰砂砖	18	砂：白灰＝92：8
煤渣砖	17.0~18.5	
矿渣砖	18.5	硬矿渣：烟灰：石灰＝75：15：10
焦渣砖	12~14	
粉煤灰砖	14~15	炉渣：电石渣：粉煤灰＝30：40：30
黏土砖	12~15	
锯末砖	9	
焦渣空心砖	10	290mm×290mm×140mm（85块/m³）
水泥空心砖	9.8	290mm×290mm×140mm（85块/m³）
水泥空心砖	10.3	300mm×250mm×110mm（121块/m³）
水泥空心砖	9.6	300mm×250mm×160mm（83块/m³）
蒸压粉煤灰砖	14~16	干相对密度
陶粒空心砖	5	长600mm，400mm，宽150mm，250mm，高250mm，200mm
陶粒空心砖	6	390mm×290mm×190mm
粉煤灰轻渣空心砌块	7~8	390mm×190mm×190mm，390mm×240mm×190mm
蒸压粉煤灰加气混凝土砌块	5.5	
混凝土空心小砌块	11.8	390mm×190mm×190mm
碎砖	12	堆置
水泥花砖	19.8	200mm×200mm×24mm（1042块/m³）
瓷面砖	19.8	140mm×150mm×8mm（5556块/m³）
陶瓷面砖	0.12kN/m²	厚5mm

6. 石灰、水泥、灰浆及混凝土（kN/m³）

名　称	自重	备　注
生石灰块	11	堆置，$\varphi=30°$
生石灰粉	12	堆置，$\varphi=35°$
熟石灰膏	13.5	
石灰砂浆、混合砂浆	17	
水泥石灰焦渣砂浆	14	
石灰炉渣	10~12	
水泥炉渣	12~14	
石灰焦渣砂浆	13	
灰土	17.5	石灰：土＝3：7，夯实
稻草石灰浆	16	
纸筋石灰浆	16	
石灰锯末	3.4	石灰：锯末＝1：3
石灰三合土	17.5	石灰、砂子、卵石
水泥	12.5	轻质松散，$\varphi=20°$
水泥	14.5	散装，$\varphi=20°$
水泥	16	袋装压实，$\varphi=40°$
矿渣水泥	14.5	
水泥砂浆	20	
水泥蛭石砂浆	5~8	
石灰水泥浆	19	
膨胀珍珠岩砂浆	7~15	
石膏砂浆	12	
碎砖混凝土	18.5	
素混凝土	22~24	振捣或不振捣
矿渣混凝土	20	
焦渣混凝土	16~17	承重用
焦渣混凝土	10~14	填充用
铁屑混凝土	28~65	

续表

名　称	自重	备　注
浮石混凝土	9~14	
沥青混凝土	20	
无砂大孔混凝土	16~19	
泡沫混凝土	4~6	
加气混凝土	5.5~7.5	单块
石灰粉煤灰加气混凝土	6.0~6.5	
钢筋混凝土	24~25	
碎砖钢筋混凝土	20	
钢丝网水泥	25	用于承重结构
水玻璃耐酸混凝土	20.0~23.5	
粉煤灰陶粒混凝土	19.5	

7. 沥青、煤灰及油料（kN/m³）

名称	自重	备注
石油沥青	10~11	根据相对密度
柏油	12	
煤沥青	13.4	
煤焦油	10	
无烟煤	15.5	整体
无烟煤	9.5	块状堆放，$\varphi=30°$
无烟煤	8	碎块堆放，$\varphi=35°$
煤末	7	堆放，$\varphi=15°$
煤球	10	堆放
褐煤	12.5	
褐煤	7~8	
泥炭	7.5	
泥炭	3.2~3.4	堆放
木炭	3~5	
煤焦	12	
煤焦	7	堆放，$\varphi=45°$
焦渣	10	
煤灰	6.5	
煤灰	8	压实
石墨	20.8	
煤腊	9	
油蜡	9.6	
原油	8.8	
煤油	8	
煤油	7.2	桶装，相对密度0.82~0.89
润滑油	7.4	
汽油	6.7	
汽油	6.4	桶装，相对密度0.72~0.76
动物油、植物油	9.3	
豆油	8	大铁桶装，每桶360kg

8. 杂项（kN/m³）

名称	自重	备注
普通玻璃	25.6	
钢丝玻璃	26	
泡沫玻璃	3~5	
玻璃棉	0.5~1.0	作绝缘层填充料用
岩棉	0.5~2.5	
沥青玻璃棉	0.8~1.0	导热系数0.035~0.047[W/(m·K)]
玻璃棉板（管套）	1.0~1.5	导热系数0.035~0.047[W/(m·K)]
玻璃钢	14~22	
矿渣棉	1.2~1.5	松散，导热系数0.031~0.044[W/(m·K)]

续表

名　称	自重	备　注
矿渣棉制品（板、砖、管）	3.5~4.0	导热系数0.047~0.070[W/(m·K)]
沥青矿渣棉	1.2~1.6	导热系数0.041~0.052[W/(m·K)]
膨胀珍珠岩粉料	0.8~2.5	干，松散，导热系数0.052~0.076[W/(m·K)]
水泥珍珠岩制品、憎水珍珠岩制品	3.5~4.0	强度为1.0N/mm²，导热系数0.058~0.081[W/(m·K)]
膨胀蛭石	0.8~2.0	导热系数0.052~0.070[W/(m·K)]
沥青蛭石制品	3.5~4.5	导热系数0.081~0.105[W/(m·K)]
水泥蛭石制品	4~6	导热系数0.093~0.140[W/(m·K)]
聚氯乙烯板（管）	13.6~16.0	
聚苯乙烯泡沫塑料	0.5	导热系数不大于0.035[W/(m·K)]
石棉板	13	含水率不大于3%
乳化沥青	9.8~10.5	
软橡胶	9.3	
白磷	18.3	
松香	10.7	
瓷	24	
酒精	7.85	100%纯
酒精	6.6	桶装，相对密度0.79~0.82
盐酸	12	浓度40%
硝酸	15.1	浓度91%
硫酸	17.9	浓度87%
火碱	17	浓度60%
氯化铵	7.5	袋装堆放
尿素	7.5	袋装堆放
碳酸氢铵	8	袋装堆放
水	10	温度4℃，密度最大时
冰	8.96	
书籍	5	书籍藏置
胶版纸	10	
报纸	7	
宣纸类	4	
棉花、棉纱	4	压紧平均自重
稻草	1.2	
建筑碎料（建筑垃圾）	1.5	

9. 砌体（kN/m³）

名称	自重	备注
浆砌细方石	26.4	花岗岩、方整石块
浆砌细方石	25.6	石灰石
浆砌细方石	22.4	砂岩
浆砌毛方石	24.8	花岗岩，上下面大致平整
浆砌毛方石	24	石灰石
浆砌毛方石	20.8	砂岩
干砌毛石	20.8	花岗岩，上下面大致平整
干砌毛石	20	石灰石
干砌毛石	17.6	砂岩
浆砌普通砖	18	
浆砌机砖	19	
浆砌缸砖	21	
浆砌耐火砖	22	
浆砌矿渣砖	21	
浆砌焦渣砖	12.5~14.0	
土坯砖砌体	16	

续表

名　称	自重	备　注
黏土砖空斗砌体	17	中填碎瓦砾、一眠一斗
黏土砖空斗砌体	13	全斗
黏土砖空斗砌体	12.5	不能承重
黏土砖空斗砌体	15	能承重
粉煤灰泡沫砌块砌体	8.0～8.5	粉煤灰:电石渣:废石膏=74:22:4
三合土	17	灰:砂:土=1:1:9～1:1:4
10. 隔墙与墙面(kN/m²)		
双面抹灰板条隔墙	0.9	每抹灰厚16～24mm
单面抹灰板条隔墙	0.5	灰厚16～24mm，龙骨在内
C形轻钢龙骨隔墙	0.27	两层12mm纸面石膏板，无保温层
C形轻钢龙骨隔墙	0.32	两层12mm纸面石膏板，中填岩棉保温板50mm
C形轻钢龙骨隔墙	0.38	三层12mm纸面石膏板，无保温层
C形轻钢龙骨隔墙	0.43	三层12mm纸面石膏板，中填岩棉保温板50mm
C形轻钢龙骨隔墙	0.49	四层12mm纸面石膏板，无保温层
C形轻钢龙骨隔墙	0.54	四层12mm纸面石膏板，中填岩棉保温板50mm
贴瓷砖墙面	0.5	包括水泥砂浆打底，其厚25mm
水泥粉刷墙面	0.36	20mm厚，水泥粗砂
水磨石墙面	0.55	25mm厚，包括打底
水刷石墙面	0.5	25mm厚，包括打底
石灰粗砂粉刷	0.34	20mm厚
斩假石墙面	0.5	25mm厚，包括打底
外墙拉毛墙面	0.7	包括25mm水泥砂浆打底
11. 屋架及门窗(kN/m²)		
木屋架	0.07+0.007×跨度	按屋面水平投影面积计算，跨度以米计
钢屋架	0.12+0.011×跨度	无天窗，包括支撑，按屋面水平投影面积计算，跨度以米计
木框玻璃窗	0.2～0.3	
钢框玻璃窗	0.40～0.45	
木门	0.1～0.2	
钢铁门	0.40～0.45	
12. 屋顶(kN/m²)		
黏土平瓦屋面	0.55	按实际面积计算，以下同
水泥平瓦屋面	0.50～0.55	
小青瓦屋面	0.9～1.1	
冷摊瓦屋面	0.5	
石板瓦屋面	0.46	厚6.3mm
石板瓦屋面	0.71	厚9.5mm
石板瓦屋面	0.96	厚12.1mm
麦秸泥灰顶	0.16	以10mm厚计
石棉板瓦	0.18	仅瓦自重
波形石棉瓦	0.2	1820mm×725mm×8mm
白铁皮	0.05	24号
瓦楞铁	0.05	26号
彩色钢板波形瓦	0.12～0.13	彩色钢板厚0.6mm
拱形彩色钢板屋面	0.3	包括保温及灯具自重0.15kN/m²
有机玻璃屋面	0.06	厚1.0mm
玻璃屋顶	0.3	9.5mm夹丝玻璃

续表

名　称	自重	备　注
玻璃砖顶	0.65	框架自重在内
油毡防水层（包括改性沥青防水卷材）	0.05	一层油毡刷油两遍
油毡防水层（包括改性沥青防水卷材）	0.25～0.30	四层做法，一毡两油上铺小石子
油毡防水层（包括改性沥青防水卷材）	0.30～0.35	六层做法，二毡三油上铺小石子
油毡防水层（包括改性沥青防水卷材）	0.35～0.40	八层做法，三毡四油上铺小石子
捷罗克防水层	0.1	厚8mm
屋顶天窗	0.35～0.40	9.5mm夹丝玻璃，框架自重在内
13. 顶棚(kN/m²)		
钢丝网抹灰吊顶	0.45	
麻刀灰板条顶棚	0.45	吊木在内，平均灰厚20mm
砂子灰板条顶棚	0.55	吊木在内，平均灰厚25mm
苇箔抹灰顶棚	0.48	吊木龙骨在内
松木板顶棚	0.25	吊木在内
三合板顶棚	0.18	吊木在内
马粪纸顶棚	0.15	吊木及盖缝条在内
木丝板顶棚	0.26	厚25mm，吊木及盖缝条在内
木丝板顶棚	0.29	厚30mm，吊木及盖缝条在内
隔声纸顶棚	0.17	厚10mm，吊木及盖缝条在内
隔声纸顶棚	0.18	厚13mm，吊木及盖缝条在内
隔声纸顶棚	0.2	厚20mm，吊木及盖缝条在内
V形轻钢龙骨吊顶	0.12	一层9mm纸面石膏板，无保温层
V形轻钢龙骨吊顶	0.17	一层9mm纸面石膏板，有厚50mm的岩棉棒保温层
V形轻钢龙骨吊顶	0.20	二层9mm纸面石膏板，无保温层
V形轻钢龙骨吊顶	0.25	二层9mm纸面石膏板，有厚50mm的岩棉棒保温层
V形轻钢龙骨及铝合金龙骨吊顶	0.10～0.12	一层矿棉吸声板厚15mm，无保温层
顶棚上铺焦渣锯末绝缘层	0.2	厚50mm，焦渣、锯末按1:5混合
14. 地面 (kN/m²)		
地板搁栅	0.2	仅搁栅自重
硬木地板	0.2	厚25mm，剪刀撑、钉子等自重在内，不包括搁栅自重
松木地板	0.18	
小瓷砖地面	0.55	包括水泥粗砂打底
水泥花砖地面	0.6	砖厚25mm，包括水泥粗砂打底
水磨石地面	0.65	10mm面层，20mm水泥砂浆打底
油地毡	0.02～0.03	油地纸，地板表面用
木块地面	0.7	加防腐油膏铺砌厚76mm
菱苦土地面	0.28	厚20mm
铸铁地面	4～5	60mm碎石垫层，60mm面层
缸砖地面	1.7～2.1	60mm砂垫层，53mm面层，平铺
缸砖地面	3.3	60mm砂垫层，115mm面层，侧铺
黑砖地面	1.5	砂垫层，平铺
15. 建筑用压型钢板 (kN/m²)		
单波型 V-300 (S-30)	0.12	波高173mm，板厚0.8mm
双波型 W-500	0.11	波高130mm，板厚0.8mm
三波型 V-200	0.135	波高70mm，板厚1mm

续表

名　称	自重	备　注
多波型 V-125	0.065	波高 35mm，板厚 0.6mm
多波型 V-115	0.079	波高 35mm，板厚 0.6mm
16. 建筑墙板（kN/m²)		
彩色钢板金属幕墙板	0.11	两层，彩色钢板 0.6mm，聚苯乙烯芯材板厚 25mm
金属绝热材料（聚氨酯）复合板	0.14	板厚 40mm，钢板厚 0.6mm
金属绝热材料（聚氨酯）复合板	0.15	板厚 60mm，钢板厚 0.6mm
金属绝热材料（聚氨酯）复合板	0.16	板厚 80mm，钢板厚 0.6mm
彩色钢板加聚苯乙烯保温板	0.12~0.15	两层，彩色钢板厚 0.6mm，聚苯乙烯芯材板厚 50~250mm
彩色钢板岩棉夹心板	0.24	板厚 100mm，两层彩色钢板，Z 形龙骨岩棉芯材
彩色钢板岩棉夹心板	0.25	板厚 120mm，两层彩色钢板，Z 形龙骨岩棉芯材
GRC 增强水泥聚苯复合保温板	1.13	
GRC 空心隔墙板	0.3	长 2400~2800mm，宽 600mm，厚 60mm
GRC 空心隔墙板	0.35	长 2400~2800mm，宽 600mm，厚 60mm
轻质 GRC 保温板	0.14	3000mm×600mm×60mm
轻质 GRC 空心隔墙板	0.17	3000mm×600mm×60mm
轻质大型墙板	0.7~0.9	1500mm×600mm×120mm
轻质条形墙板（厚度 80mm）	0.4	3000mm×1000mm，3000mm×1200mm，3000mm×1500mm 高强水泥发泡芯材，按不同檩距及荷载配有不同钢骨架及冷拔钢丝网
轻质条形墙板（厚度 100mm）	0.45	
轻质条形墙板（厚度 120mm）	0.5	
GRC 墙板	0.11	板厚 10mm
钢丝网岩棉夹芯复合板（GY板）	1.1	岩棉芯材厚 50mm，双面钢丝网水泥砂浆各厚 25mm
硅酸钙板	0.08	板厚 6mm
硅酸钙板	0.10	板厚 8mm
硅酸钙板	0.12	板厚 10mm
泰柏板	0.95	板厚 100mm，钢丝网片价聚苯乙烯保温层，每面抹水泥砂浆厚 20mm
蜂窝复合板	0.14	板厚 75mm
石膏珍珠岩空心条板	0.45	长 2500~3000mm，宽 600mm，厚 60mm
加强型水泥石膏聚苯保温板	0.17	3000mm×600mm×60mm
玻璃幕墙	0.5~1.0	一般可按单位面积玻璃自重增大 20%~30%

3.4.3　钢材质量常用数据、型钢表

3.4.3.1　钢材理论质量

钢材理论质量的计算可见表 3-93。

钢材理论质量的计算　　表 3-93

项目	序号	型材	计算公式	公式中代号
钢材断面积计算公式	1	方钢	$F = a^2$	a——边宽
	2	圆角方钢	$f = a^2 - 0.8584r^2$	a——边宽；b——圆角半径
	3	钢板、扁钢、带钢	$F = a \times \delta$	a——边宽；δ——厚度
	4	圆角扁钢	$F = a\delta - 0.8584r^2$	a——边宽；δ——厚度；r——圆角半径
	5	圆角、圆盘条、钢丝	$F = 0.7854d^2$	d——外径
	6	六角钢	$F = 0.866a^2 = 2.598s^2$	a——对边距离；s——边宽
	7	八角钢	$F = 0.8284a^2 = 4.8284s^2$	
	8	钢管	$F = \pi\delta(D - \delta)$	D——外径；δ——壁厚
	9	等边角钢	$F = d(2b - d) + 0.2146(r^2 - 2r_1^2)$	d——边厚；b——边宽；r——内面圆角半径；r_1——端边圆角半径
	10	不等边角钢	$F = d(B + b - d) + 0.2146(r^2 - 2r_1^2)$	d——边厚；B——长边宽；b——短边宽；r——内面圆角半径；r_1——边端圆角半径
	11	工字钢	$F = hd + 2t(b - d) + 0.8584(r^2 - 2r_1^2)$	h——高度；b——腿宽；d——腰厚；t——平均腿厚；r——内面圆角半径；r_1——边端圆角半径
	12	槽钢	$F = hd + 2t(b - d) + 0.04292(r^2 - 2r_1^2)$	
基本公式质量计算			$W(\text{kg}) = F(\text{mm}^2) \times L(长度 \cdot \text{m}) \times G(密度 \cdot \text{g/cm}^3) \times 1/100$ 式中　W——质量；F——断面积。钢的密度一般按 7.85g/cm³ 计算。其他型材如钢材、铝材等亦可引用上式按照不同的密度计算	

3.4.3.2　钢板理论质量

钢板的理论质量见表 3-94。

钢板理论质量　　表 3-94

厚度（mm)	理论质量（kg)	厚度（mm)	理论质量（kg)	厚度（mm)	理论质量（kg)
0.20	1.570	2.8	21.98	22	172.70
0.25	1.963	3.0	23.55	23	180.60
0.27	2.120	3.2	25.12	24	188.40
0.30	2.355	3.5	27.48	25	196.30
0.35	2.748	3.8	29.83	26	204.10
0.40	3.140	4.0	31.40	27	212.00
0.45	3.533	4.5	35.33	28	219.80
0.50	3.925	5.0	39.25	29	227.70
0.55	4.318	5.5	43.18	30	235.50
0.60	4.710	6.0	47.10	32	251.20
0.70	5.495	7.0	54.95	34	266.90
0.75	5.888	8.0	62.80	36	282.60
0.80	6.280	9.0	70.65	38	298.30
0.90	7.065	10.0	78.50	40	314.00
1.00	7.850	11	86.35	42	329.70
1.10	8.635	12	94.20	44	345.40
1.20	9.420	13	102.10	46	361.10
1.25	9.813	14	109.90	48	376.80
1.40	10.99	15	117.80	50	392.50
1.50	11.78	16	125.60	52	408.20
1.60	12.56	17	133.50	54	423.90
1.80	14.13	18	141.30	56	439.60
2.00	15.70	19	149.20	58	455.30
2.20	17.27	20	157.00	60	471.00
2.50	19.63	21	164.90		

3.4.3.3　钢筋的计算截面面积及理论重量

钢筋的计算截面面积及理论重量见表 3-95。

钢筋的计算截面面积及理论重量　表 3-95

直径 d (mm)	不同根数钢筋的计算截面面积 (mm²)									单根钢筋理论重量 (kg/m)
	1	2	3	4	5	6	7	8	9	
3	7.1	14.1	21.2	28.3	35.3	42.4	49.5	56.5	63.6	0.055
4	12.6	25.1	37.7	50.2	62.8	75.4	87.9	100.5	113	0.099
5	19.6	39	59	79	98	118	138	157	177	0.154
6	28.3	57	85	113	142	170	198	226	255	0.222
6.5	33.2	66	100	133	166	199	232	265	299	0.260
8	50.3	101	151	201	252	302	352	402	453	0.395
8.2	52.8	106	158	211	264	317	370	423	475	0.432
10	78.5	157	236	314	393	471	550	628	707	0.607
12	113.1	226	339	452	565	678	791	904	1017	0.888
14	153.9	308	461	615	769	923	1077	1230	1387	1.21
16	201.1	402	603	804	1005	1206	1407	1608	1809	1.58
18	254.5	509	763	1017	1272	1526	1780	2036	2290	2.00
20	314.2	628	941	1256	1570	1884	2200	2513	2827	2.47
22	380.1	760	1140	1520	1900	2281	2661	3041	3421	2.98
25	490.9	982	1473	1964	2454	2945	3436	3927	4418	3.85
28	615.3	1232	1847	2463	3079	3695	4310	4926	5542	4.83
32	804.3	1609	2418	3217	4021	4826	5630	6434	7238	6.31
36	1017.9	2036	3054	4072	5089	6107	7125	8143	9161	7.99
40	1256.1	2513	3770	5027	6283	7540	8796	10053	11310	9.87

注：表中直径 d=8.2mm 的计算截面面积及公称质量仅适用于有纵肋的热处理钢筋。

3.4.3.4　冷拉圆钢、方钢及六角钢质量

冷拉圆钢、方钢及六角钢的质量参见表 3-96。

冷拉圆钢、方钢及六角钢质量　表 3-96

GB/T 905—1994

d (a) (mm)	理论质量 (kg/m)		
3.0	0.056	0.071	0.061
3.2	0.063	0.080	
3.4	0.071	0.091	
3.5	0.076	0.096	
3.8	0.089	0.112	
4.0	0.099	0.126	0.109
4.2	0.109	0.139	
4.5	0.125	0.159	0.138
4.8	0.142	0.181	
5.0	0.154	0.196	0.170
5.3	0.173	0.221	
5.5		0.206	
5.6	0.193	0.246	
6.0	0.222	0.283	0.245
6.3	0.245	0.312	
6.7	0.277	0.352	
7.0	0.302	0.385	0.333
7.5	0.347	0.442	
8.0	0.395	0.502	0.435
8.5	0.446	0.567	
9.0	0.499	0.636	0.551
9.5	0.556	0.709	

续表

d (a) (mm)	理论质量 (kg/m)		
10.0	0.617	0.785	0.680
10.5	0.680	0.865	
11.0	0.746	0.950	0.823
11.5	0.815	1.04	
12.0	0.888	1.13	0.979
13.0	1.04	1.33	1.15
14.0	1.21	1.54	1.33
15.0	1.39	1.77	1.53
16.0	1.58	2.01	1.74
17.0	1.78	2.27	1.96
18.0	2.00	2.54	2.20
19.0	2.23	2.82	2.45
20.0	2.47	3.14	2.72
21.0	2.27	3.46	3.00
22.0	2.98	3.80	3.29
24.0	3.55	4.52	3.92
25.0	3.85	4.91	4.25
26.0	4.17	5.30	4.59
28.0	4.83	6.15	5.33
30.0	5.55	7.06	6.12
32.0	6.31	8.04	6.96
34.0	7.13	9.07	7.86
35.0	7.55	9.62	
36.0			8.81
38.0	8.90	11.24	9.82
40.0	9.87	12.56	10.88
42.0	10.87	13.85	11.92
45.0	12.48	15.90	13.77
48.0	14.21	18.09	15.66
50.0	15.42	19.63	16.99
53.0	17.32	22.05	19.10
55.0			20.59
56.0	19.33	24.61	
60.0	22.19	28.26	24.50
63.0	24.17	31.16	
65.0			28.70
67.0	27.67	35.24	
70.0	30.21	38.47	33.30
75.0	34.68		38.24
80.0	39.46		

注：冷拉圆长度 5、6、7 级为 2~6m，4 级为 2~4m，冷拉方钢及六角钢长度为 2~6m。

3.4.3.5 热轧圆钢、方钢及六角钢质量

热轧圆钢、方钢及六角钢的质量参见表 3-97。

热轧圆钢、方钢及六角钢质量 表 3-97

$d(a)$ (mm)	理论质量 (kg/m)		
	圆钢	方钢	六角钢
5.5	0.187	0.236	—
6.0	0.222	0.283	—
6.5	0.260	0.332	—
7.0	0.302	0.385	—
8.0	0.395	0.502	0.453
9.0	0.499	0.636	0.551
10.0	0.617	0.785	0.680
11.0	0.746	0.950	0.823
12.0	0.888	1.13	0.979
13.0	1.04	1.33	1.15
14.0	1.21	1.54	1.33
15.0	1.39	1.77	1.53
16.0	1.58	2.01	1.74
17.0	1.78	2.27	1.96
18.0	2.00	2.54	2.20
19.0	2.23	2.82	2.45
20.0	2.47	3.14	2.72
21.0	2.72	3.46	3.00
22.0	2.98	3.80	3.29
23.0	3.26	4.15	3.59
24.0	3.55	4.52	3.92
25.0	3.85	4.91	4.25
26.0	4.17	5.30	4.59
27.0	4.49	5.72	4.96
28.0	4.83	6.15	5.33
29.0	5.18	6.60	—
30.0	5.55	7.06	6.12
31.0	5.92	7.54	—
32.0	6.31	8.04	6.96
33.0	6.71	8.55	—
34.0	7.13	9.07	7.86
35.0	7.55	9.62	—
36.0	7.99	10.17	8.81
38.0	8.90	11.24	9.82
40.0	9.87	12.56	10.88
42	10.87	13.80	11.99
45	12.48	15.90	13.77
48	14.21	18.09	15.66
50	15.42	19.60	16.99
53	17.30	22.00	19.10
55	18.60	23.70	—
56	19.30	24.61	21.32
58	20.70	26.41	22.87

续表

$d(a)$ (mm)	理论质量 (kg/m)		
	圆钢	方钢	六角钢
60	22.19	28.26	24.50
63	24.50	31.16	26.98
65	26.00	33.17	28.70
68	28.51	36.30	31.43
70	30.21	38.50	33.30
75	34.70	44.20	—
80	39.50	50.20	—
85	44.50	56.72	—
90	49.90	63.59	—
95	55.60	70.80	—
100	61.70	78.50	—
105	68.00	86.50	—
110	74.60	95.00	—
115	81.50	104	—
120	88.78	113	—
125	96.33	123	—
130	104.20	133	—
140	120.84	154	—
150	138.72	177	—
160	157.83	201	—
170	178.18	227	—
180	199.76	283	—
190	222.57	314	—
200	246.62	—	—
220	298.00	—	—
250	385.00	—	—

GB/T 702—2008

注: 热轧圆钢、方钢的长度,当 $d(a)$ 8~70mm,长 3~8m,六角钢的长度,$d(a)$ 为 8~70mm,长 3~8m 均指普通钢。

3.4.3.6 热轧等边角钢

(1) 热轧等边角钢截面尺寸与理论质量见表 3-98。

热轧等边角钢截面尺寸与理论质量 表 3-98

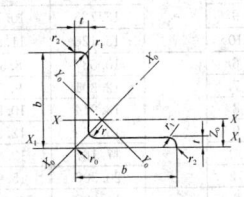

型号	尺寸 (mm)			截面面积 (cm²)	理论质量 (kg/m)	外表面积 (m²/m)
	b	t	r			
2	20	3	3.5	1.132	0.889	0.078
		4		1.459	1.145	0.077
2.5	25	3	3.5	1.432	1.124	0.098
		4		1.859	1.459	0.097
3.0	30	3	4.5	1.749	1.373	0.117
		4		2.276	1.786	0.117
3.6	36	3	4.5	2.109	1.656	0.141
		4		2.756	2.163	0.141
		5		3.382	2.654	0.141

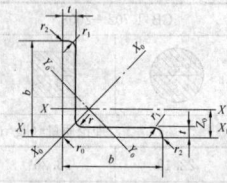

型号	尺寸 (mm)			截面面积 (cm²)	理论质量 (kg/m)	外表面积 (m²/m)
	b	t	r			
4	40	3	5	2.359	1.852	0.157
		4		3.086	2.422	0.157
		5		3.791	2.976	0.156
4.5	45	3	5	2.659	2.088	0.177
		4		3.486	2.736	0.177
		5		4.292	3.369	0.176
		6		5.076	3.985	0.176
5	50	3	5.5	2.971	2.332	0.197
		4		3.897	3.059	0.197
		5		4.803	3.770	0.196
		6		5.688	4.465	0.196
5.6	56	3	6	3.343	2.624	0.221
		4		4.390	3.446	0.220
		5		5.415	4.251	0.220
		6		6.420	5.040	0.220
		7		7.404	5.812	0.219
		8		8.367	6.568	0.219
6	60	5	6.5	5.829	4.576	0.236
		6		6.914	5.427	0.235
		7		7.977	6.262	0.235
		8		9.020	7.081	0.235
6.3	63	4	7	4.978	3.907	0.248
		5		6.143	4.822	0.248
		6		7.288	5.721	0.247
		7		8.412	6.603	0.247
		8		9.515	7.469	0.247
		10		11.657	9.151	0.246
7	70	4	8	5.570	4.372	0.275
		5		6.875	5.397	0.275
		6		8.160	6.406	0.275
		7		9.424	7.398	0.275
		8		10.667	8.373	0.274
7.5	75	5	9	7.412	5.818	0.295
		6		8.797	6.905	0.294
		7		10.160	7.976	0.294
		8		11.503	9.030	0.294
		9		12.825	10.068	0.294
		10		14.126	11.089	0.293
8	80	5	9	7.912	6.211	0.315
		6		9.397	7.376	0.314
		7		10.860	8.525	0.314
		8		12.303	9.658	0.314
		9		13.725	10.774	0.314
		10		15.126	11.874	0.313
9	90	6	10	10.637	8.350	0.354
		7		12.301	9.656	0.354
		8		13.944	10.946	0.353
		9		15.566	12.219	0.353
		10		17.167	13.476	0.353
		12		20.306	15.940	0.352
10	100	6	12	11.932	9.366	0.393
		7		13.796	10.830	0.393
		8		15.638	12.276	0.393
		9		17.462	13.708	0.392
		10		19.261	15.120	0.392
		12		22.800	17.898	0.391
		14		26.256	20.611	0.391
		16		29.627	23.257	0.390
11	110	7	12	15.196	11.928	0.433
		8		17.238	13.535	0.433
		10		21.261	16.690	0.432
		12		25.200	19.782	0.431
		14		29.056	22.809	0.431

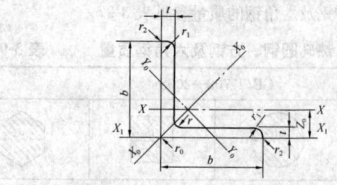

型号	尺寸 (mm)			截面面积 (cm²)	理论质量 (kg/m)	外表面积 (m²/m)
	b	t	r			
12.5	125	8		19.750	15.504	0.492
		10		24.373	19.133	0.491
		12		28.912	22.696	0.491
		14		33.367	26.193	0.490
		16		37.739	29.625	0.489
14	140	10	14	27.373	21.488	0.551
		12		32.512	25.522	0.551
		14		37.567	29.490	0.550
		16		42.539	33.393	0.549
15	150	8		23.750	18.644	0.592
		10		29.373	23.058	0.591
		12		34.912	27.406	0.591
		14		40.367	31.688	0.590
		15		43.063	33.804	0.590
		16		45.739	35.905	0.589
16	160	10	16	31.502	24.729	0.630
		12		37.441	29.391	0.630
		14		43.296	33.987	0.629
		16		49.067	38.518	0.629
18	180	12		42.241	33.159	0.710
		14		48.896	38.383	0.709
		16		55.467	43.542	0.709
		18		61.055	48.634	0.708
20	200	14	18	54.642	42.894	0.788
		16		62.013	48.680	0.788
		18		69.301	54.401	0.787
		20		76.505	60.056	0.787
		24		90.661	71.168	0.785
22	220	16	21	68.664	53.901	0.866
		18		76.752	60.250	0.866
		20		84.756	66.533	0.865
		22		92.676	72.751	0.865
		24		100.512	78.902	0.864
		26		108.264	84.987	0.864

（2）热轧等边角钢长度见表 3-99。

热轧等边角钢长度　　表 3-99

型号	2~9	10~14	16~20
长度 (m)	4~12	4~19	6~19

3.4.3.7　热轧不等边角钢

（1）热轧不等边角钢截面尺寸与理论质量见表 3-100。

热轧不等边角钢截面尺寸与理论质量　　表 3-100

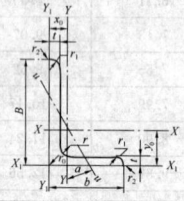

角钢 号数	尺寸 (mm)				截面面积 (cm²)	理论质量 (kg/m)	外表面积 (m²/m)
	B	b	t	r			
2.5/1.6	25	16	3	3.5	1.162	0.912	0.080
			4		1.499	1.176	0.079
3.2/2	32	20	3	3.5	1.492	1.171	0.102
			4		1.939	1.522	0.101
4/2.5	40	25	3	4	1.890	1.484	0.127
			4		2.467	1.936	0.127
4.5/2.8	45	28	3	5	2.149	1.687	0.143
			4		2.806	2.203	0.143

续表

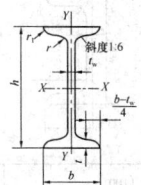

角钢	尺寸（mm）				截面面积	理论质量	外表面积
号数	B	b	t	r	（cm²）	（kg/m）	（m²/m）
5/3.2	50	32	3	5.5	2.431	1.908	0.161
			4		3.177	2.494	0.160
5.6/3.6	56	36	3	6	2.743	2.153	0.181
			4		3.590	2.818	0.180
			5		4.415	3.466	0.180
6.3/4	63	40	4	2	4.058	3.185	0.202
			5		4.993	3.920	0.202
			6		5.908	4.638	0.201
			7		6.802	5.339	0.201
7/4.5	70	45	4	4	4.547	3.570	0.226
			5		5.609	4.403	0.225
			6		6.647	5.218	0.225
			7		7.657	6.011	0.225
7.5/5	75	50	5		6.125	4.808	0.245
			6		7.260	5.699	0.245
			8		9.467	7.431	0.244
			10	8	11.590	9.098	0.244
8/5	80	50	5		6.375	5.005	0.255
			6		7.560	5.935	0.255
			7		8.724	6.848	0.255
			8		9.867	7.745	0.254
9/5.6	90	56	5		7.212	5.661	0.287
			6		8.557	6.717	0.286
			7	9	9.880	7.756	0.286
			8		11.183	8.779	0.286
10/6.3	100	63	6		9.617	7.550	0.320
			7		11.111	8.722	0.320
			8		12.584	9.878	0.319
			10		15.467	12.142	0.319
10/8	100	80	6		10.637	8.350	0.354
			7		12.301	9.656	0.354
			8	10	13.944	10.946	0.353
			10		17.167	13.476	0.353
11/7	110	70	6		10.637	8.350	0.354
			7		12.301	9.656	0.354
			8		13.944	10.946	0.353
			10		17.167	13.476	0.353
12.5/8	125	80	7		14.096	11.066	0.403
			8		15.989	12.551	0.403
			10	11	19.712	15.474	0.402
			12		23.351	18.330	0.402
14/9	145	90	8		18.038	14.160	0.453
			10		22.261	17.475	0.452
			12	12	26.400	20.724	0.451
			14		30.456	23.908	0.451
15/9	150	90	8		18.839	14.788	0.473
			10		23.261	18.260	0.472
			12		27.600	21.666	0.471
			14	12	31.856	25.007	0.471
			15		33.952	26.652	0.471
			16		36.027	28.281	0.470
16/10	160	100	10		25.315	19.872	0.512
			12		30.054	23.592	0.511
			14	13	34.709	27.247	0.510
			16		39.281	30.835	0.510
18/11	180	110	10		28.373	22.273	0.571
			12		33.712	22.464	0.571
			14		38.967	30.589	0.570
			16		44.139	34.649	0.569
20/12.5	200	125	12	14	37.912	29.761	0.641
			14		43.867	34.436	0.640
			16		49.739	39.045	0.639
			18		55.526	43.588	0.639

（2）热轧不等边角钢长度见表3-101。

热轧不等边角钢长度　　表3-101

型　号	2.5/1.6～9/5.6	10/6.3～14/9	16/10～10/12.5
长度（m）	4～12	4～19	6～19

3.4.3.8　热轧工字钢

热轧工字钢截面尺寸与理论质量见表3-102。

热轧工字钢截面尺寸与理论质量　　表3-102

型号	尺　寸（mm）						截面面积	理论质量
	h	b	tw	t	r	r1	（cm²）	（kg/m）
10	100	68	4.5	7.6	6.5	3.3	14.345	11.261
12.6	126	74	5.0	8.4	7.0	3.5	18.118	14.223
14	140	80	5.5	9.1	7.5	3.8	21.516	16.890
16	160	88	6.0	9.9	8.0	4.0	26.131	20.513
18	180	94	6.5	10.7	8.5	4.3	30.756	24.143
20a	200	100	7.0	11.4	9.0	4.5	35.578	27.929
20b	200	102	9.0	114.	9.0	4.5	39.578	31.069
22a	220	110	7.5	12.3	9.5	4.8	42.128	33.070
22b	220	112	9.5	12.3	9.5	4.8	46.528	36.524
25a	250	116	8.0	13.0	10.0	5.0	48.541	38.105
25b	250	118	10.0	13.0	10.0	5.0	53.541	42.030
28a	280	122	8.5	13.7	10.5	5.3	55.404	43.492
28b	280	124	10.5	13.7	10.5	5.3	61.004	47.888
32a	320	130	9.5	15.0	11.5	5.8	67.156	52.717
32b	320	132	11.5	15.0	11.5	5.8	73.556	57.741
32c	320	134	13.5	15.0	11.5	5.8	79.956	62.765
36a	360	136	10.0	15.8	12.0	6.0	76.480	60.037
36b	360	138	12.0	15.8	12.0	6.0	83.680	65.689
36c	360	140	14.0	15.8	12.0	6.0	90.880	71.341
40a	400	142	10.5	16.5	12.5	6.3	86.112	67.598
40b	400	144	12.5	16.5	12.5	6.3	94.112	73.878
40c	400	146	14.5	16.5	12.5	6.3	102.112	80.158
45a	450	150	11.5	18.0	13.5	6.8	102.446	80.420
45b	450	152	13.5	18.0	13.5	6.8	111.446	87.485
45c	450	154	15.5	18.0	13.5	6.8	120.446	94.550
50a	550	158	12.0	20.0	14.0	7.0	119.304	93.654
50b	500	160	14.0	20.0	14.0	7.0	129.304	101.504
50c	500	166	16.0	20.0	14.0	7.0	139.304	109.354
56a	560	168	12.5	21.0	14.5	7.3	135.435	106.316
56b	560	168	14.5	21.0	14.5	7.3	146.635	115.108
56c	560	168	16.5	21.0	14.5	7.3	157.835	123.900
63a	630	176	13.0	22.0	15.0	7.5	154.658	121.407
63b	630	178	15.0	22.0	15.0	7.5	167.258	131.298
63c	630	180	17.0	22.0	15.0	7.5	179.858	141.189
经供需双方协议，可供应以下系列工字钢								
12	120	74	5.0	8.4	7.0	3.5	17.818	13.987
24a	240	116	8.0	13.0	10.0	5.0	47.741	37.477
24b	240	118	10.0	13.0	10.0	5.0	52.541	41.245
27a	270	122	8.5	13.7	10.5	5.3	54.554	42.825
27b	270	124	10.5	13.7	10.5	5.3	59.954	47.064
30a	300	126	9.0	14.4	11.0	5.5	61.254	48.084
30b	300	128	11.0	14.4	11.0	5.5	67.254	52.794
30c	300	130	13.0	14.4	11.0	5.5	73.254	57.504
55a	550	166	12.2	21.0	14.5	7.3	134.185	105.335
55b	550	168	14.5	21.0	14.5	7.3	145.185	113.970
55c	220	170	16.5	21.0	14.5	7.3	156.185	122.605

3.4.3.9　热轧槽钢

（1）热轧槽钢通常长度见表3-103。

热轧槽钢通常长度　表3-103

型号	5～8	＞8～18	＞18～40
长度（m）	5～12	5～19	6～19

（2）热轧槽钢截面尺寸与理论质量见表3-104。

热轧槽钢截面尺寸与理论质量　表3-104

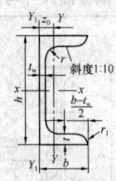

型号	尺寸（mm）						截面尺寸（cm²）	理论质量（kg/m）
	h	b	t_w	t	r	r_1		
5	50	37	4.5	7.0	70	3.5	6.928	5.438
6.3	63	40	4.8	7.5	7.5	3.8	8.451	6.634
6.5	65	40	4.3	7.5	7.5	3.8	8.547	6.709
8	80	43	5.0	8.0	8.0	4.0	10.248	8.045
10	100	48	5.3	8.5	8.5	4.2	12.748	10.007
12	120	53	5.5	9.0	9.0	4.5	15.362	12.059
12.6	126	53	5.5	9.0	9.0	4.5	15.692	12.318
14a	140	58	6.0	9.5	9.5	4.8	18.516	14.535
14b	140	60	8.0	9.5	9.5	4.8	21.316	16.733
16a	160	63	6.5	10.0	10.0	5.0	21.962	17.240
16b	160	65	8.5	10.0	10.0	5.0	25.162	19.752
18a	180	68	7.0	10.5	10.5	5.2	25.699	20.174
18b	180	70	9.0	10.5	10.5	5.2	29.299	23.000
20a	200	73	7.0	11.0	11.0	5.5	28.837	22.637
20b	200	75	9.0	11.0	11.0	5.5	32.837	25.777
22a	220	77	7.0	11.5	11.5	5.8	31.846	24.999
22b	220	79	9.0	11.5	11.5	5.8	36.246	28.453
24a	240	78	7.0	12.0	12.0	6.0	34.217	26.860
24b	240	80	9.0	12.0	12.0	6.0	39.017	30.628
24c	240	82	11.0	12.0	12.0	6.0	43.817	34.396
25a	250	78	7.0	12.0	12.0	6.0	34.917	27.410
25b	250	80	9.0	12.0	12.0	6.0	39.917	31.335
25c	250	82	11.0	12.0	12.0	6.2	44.917	35.260
27a	270	82	7.5	12.5	12.5	6.2	39.284	30.838
27b	270	84	9.5	12.5	12.5	6.2	44.684	35.077
27c	270	86	11.5	12.5	12.5	6.2	50.084	39.316
28a	280	82	7.5	12.5	12.5	6.2	40.034	31.427
28b	280	84	9.5	12.5	12.5	6.2	45.634	35.823
28c	280	86	11.5	12.5	12.5	7.0	51.234	40.219
30a	300	85	7.5	13.5	13.5	6.8	43.902	34.463
30b	300	87	9.5	13.5	13.5	6.8	49.902	39.173
30c	300	89	11.5	13.5	13.5	6.8	55.902	43.883
32a	320	88	8.0	14.0	14.0	7.0	48.513	38.083
32b	320	90	10.0	14.0	14.0	7.0	54.913	43.107
32c	320	92	12.0	14.0	14.0	7.0	61.313	48.131
36a	360	96	9.0	16.0	16.0	8.0	60.910	47.814
36b	360	98	11.0	16.0	16.0	8.0	68.110	53.466
36c	360	100	13.0	16.0	16.0	8.0	75.310	59.118
40a	400	100	10.5	18.0	18.0	9.0	75.068	58.928
40b	400	102	12.5	18.0	18.0	9.0	83.068	65.208
40c	400	104	14.5	18.0	18.0	9.0	91.068	71.488

3.4.3.10　热轧扁钢

热轧扁钢质量见表3-105。

热轧扁钢质量　表3-105

宽度（mm）	厚度（mm）																
	3	4	5	6	7	8	9	10	11	12	14	16	18	20			
	理论质量（kg/m）																
14	0.33	0.44	0.55	0.66	0.77	0.88	—	—	—	—	—	—	—	—			
16	0.38	0.50	0.63	0.75	0.88	1.00	1.15	1.26	—	—	—	—	—	—			
18	0.42	0.57	0.71	0.85	0.99	1.13	1.27	1.41	—	—	—	—	—	—			
20	0.47	0.63	0.79	0.94	1.10	1.26	1.41	1.57	1.76	1.88	—	—	—	—			
22	0.52	0.69	0.86	1.04	1.21	1.38	1.55	1.73	1.90	2.07	—	—	—	—			
25	0.59	0.79	0.98	1.18	1.37	1.57	1.77	1.96	2.16	2.36	2.75	3.14	—	—			
28	0.66	0.88	1.10	1.32	1.54	1.76	1.98	2.20	2.42	2.64	3.08	3.53	—	—			
30	0.71	0.94	1.18	1.41	1.65	1.88	2.12	2.36	2.59	2.83	3.36	3.77	4.24	4.71			
32	0.75	1.01	1.25	1.50	1.73	2.01	2.26	2.54	2.76	3.01	3.51	4.02	4.52	5.02			
36	0.85	1.13	1.41	1.69	1.97	2.26	2.51	2.82	3.11	3.39	3.95	4.52	5.09	5.65			
40	0.94	1.26	1.57	1.88	2.20	2.51	2.82	3.14	3.45	3.77	4.40	5.02	5.65	6.28			
45	1.06	1.41	1.77	2.12	2.47	2.83	3.18	3.53	3.89	4.24	4.95	5.65	6.36	7.07			
50	1.18	1.57	1.96	2.36	2.75	3.14	3.53	3.93	4.32	4.71	5.50	6.28	7.07	7.85			
56	1.32	1.76	2.20	2.64	3.08	3.52	3.95	4.39	4.83	5.27	6.15	7.03	7.91	8.79			
60	1.41	1.88	2.36	2.83	3.30	3.77	4.24	4.71	5.18	5.65	6.59	7.54	8.48	9.42			
63	1.48	1.98	2.47	2.97	3.46	3.95	4.45	4.94	5.44	5.93	6.92	7.91	8.90	9.69			
65	1.53	2.04	2.55	3.06	3.57	4.08	4.59	5.10	5.61	6.12	7.14	8.16	9.19	10.21			
70	1.65	2.20	2.75	3.30	3.85	4.40	4.95	5.50	6.04	6.59	7.69	8.79	9.89	10.99			
75	1.77	2.36	2.94	3.53	4.12	4.71	5.30	5.89	6.48	7.07	8.24	9.42	10.60	11.78			
80	1.88	2.51	3.14	3.77	4.40	5.02	5.65	6.28	6.91	7.54	8.79	10.05	11.30	12.56			
85	2.00	2.67	3.34	4.00	4.67	5.34	6.01	6.67	7.34	8.01	9.34	10.68	12.01	13.35			
90	2.12	2.83	3.53	4.24	4.95	5.65	6.36	7.07	7.77	8.48	9.89	11.30	12.72	14.14			
95	2.24	2.98	3.73	4.47	5.22	5.97	6.71	7.46	8.20	8.95	10.44	11.93	13.42	14.92			
100	2.36	3.14	3.93	4.71	5.50	6.28	7.07	7.85	8.64	9.42	10.99	12.56	14.13	15.70			
105	2.47	3.30	4.12	4.95	5.77	6.59	7.42	8.24	9.07	9.89	11.54	13.19	14.84	16.49			
110	2.59	3.45	4.32	5.18	6.04	6.91	7.77	8.64	9.50	10.36	12.09	13.82	15.54	17.27			
120	2.83	3.77	4.71	5.65	6.59	7.54	8.48	9.42	10.36	11.30	13.19	15.07	16.96	18.84			

3.4.4　石油产品体积、重量换算

石油产品体积、重量换算见表3-106。

石油产品体积、重量换算　表3-106

名称	每升（L）折合公斤（kg）	每立方米（m³）折合吨（t）	每吨（t）折合桶［每桶200升(L)］	每吨（t）折合升（L）
汽油	0.742	0.742	6.7385	1347.71
煤油	0.814	0.814	6.1425	1228.50
轻柴油	0.831	0.831	6.0168	1203.37
中柴油	0.839	0.839	5.9595	1191.90
重柴油	0.880	0.880	5.6818	1136.36
燃料油	0.947	0.947	5.2798	1055.97
润滑油	—	—	5.5472	

名称	每吨（t）折合（美）桶（US·barrel）	每（美）桶（US·barrel）折合吨（t）
汽油	8.4770	0.1180
煤油	7.7272	0.1294
轻柴油	7.5691	0.1321
中柴油	7.4970	0.1334
重柴油	7.1477	0.1399
燃料油	6.6420	0.1506
润滑油	6.9783	0.1433

注：1（美）桶=158.9837L。

3.4.5 液体平均相对密度及容量、重量换算

液体平均相对密度及容量、重量换算见表 3-107。

液体平均相对密度及容量、重量换算表　　表 3-107

液体名称	平均相对密度	容量折合重量数			
		公斤/升 (kg/L)	公斤/(美)加仑 [kg/(US)gal]	公斤/(美)加仑 (kg/gal)	公斤/(美)桶 [kg/(US)barrel]
原油	0.86	0.86	3.255	3.907	136.726
汽油	0.73	0.73	2.763	3.317	116.058
动力苯	0.88	0.88	3.331	3.998	139.906
煤油	0.82	0.82	3.104	3.726	130.367
轻柴油	0.86	0.86	3.255	3.907	136.726
重柴油	0.92	0.92	3.482	4.180	146.265
鲸油(动物油)	0.92	0.92	3.482	4.180	146.265
苯	0.90	0.90	3.407	4.089	143.085
变压器油	0.86	0.86	3.255	3.907	136.726
毛必鲁油	0.90	0.90	3.407	4.089	143.085
酒精	0.80	0.80	3.028	3.635	127.187
煤焦油	1.20	1.20	4.542	5.452	190.780
页岩油	0.91	0.91	3.444	4.134	144.675
大豆油(植物油)	0.93	0.93	3.520	4.225	147.855
甘油	1.26	1.26	4.769	5.725	200.319
乙醚(乙脱)	0.74	0.74	2.801	3.362	117.650
醋酸	1.05	1.05	3.974	4.771	166.933
苯酚	1.07	1.07	4.050	4.861	170.113
蓖麻油	0.96	0.96	3.634	4.362	152.624
硫酸(100%)	1.83	1.83	6.927	8.314	290.940
硝酸(100%)	1.51	1.51	5.715	6.861	240.065
甲苯	0.88	0.88	3.331	3.998	139.906
二甲苯	0.86	0.86	3.255	3.907	136.726
苯胺	1.04	1.04	3.936	4.725	165.343
亚麻仁油	0.93	0.93	3.520	4.225	147.855
桐油	0.94	0.94	3.558	4.271	149.445
花生油	0.92	0.92	3.482	4.180	146.265
硝基苯	1.21	1.21	4.580	5.498	192.370
松节油	0.87	0.87	3.293	3.953	138.316
盐酸(40%)	1.20	1.20	4.542	5.452	190.780
水银	13.59	13.59	51.438	61.745	2160.588
矿物机械润滑油	0.91	0.91	3.444	4.134	144.675

注:1.0000L=0.2201(英)gal=0.2642(US)gal。

3.4.6 圆钉、木螺钉直径号数及尺寸关系

圆钉、木螺钉直径号数及尺寸关系见表 3-108。

圆钉、木螺钉直径号数及尺寸关系　　表 3-108

号数	圆钉直径 (mm)	木螺钉直径 (mm)	号数	圆钉直径 (mm)	木螺钉直径 (mm)
3	—	2.39	12	2.77	5.59
4	6.05	2.74	13	2.41	5.94
5	5.59	3.10	14	2.11	6.30
6	5.16	3.45	15	1.83	6.65
7	4.57	3.81	16	1.65	7.01
8	4.19	4.17	17	1.47	7.37
9	3.76	4.52	18	1.25	7.72
10	3.41	4.88	19	1.07	—
11	3.05	5.23	20	0.89	—

3.4.7 圆钉直径与英制长度关系

圆钉直径与英制长度关系见表 3-109。

圆钉直径与英制长度关系　　表 3-109

长度(in)	直径(号数)	长度(in)	直径(号数)
3/8	20	2½	11
1/2	19	3	10
5/8	18	3½	9
3/4	17	4	8
1	16	4½	7
1¼	15	5	6
1½	14	6	5
1¾	13	7	4
2	12		

3.4.8 圆钉英制规格

圆钉英制规格见表 3-110。

圆钉英制规格　　表 3-110

钢钉号 (in)	全长 (mm)	钉身直径 (mm)	100个约重 (kg)	每公斤(kg)大约个数
3/8	9.52	0.89	0.046	21739.0
1/2	12.70	1.07	0.088	11363.0
5/8	15.87	1.25	0.152	6579.0
3/4	19.05	1.47	0.250	4000.0
1	25.40	1.65	0.420	2381.0
1¼	31.75	1.83	0.650	1538.0
1½	38.10	2.11	1.030	971.0
1¾	44.45	2.41	1.570	637.0
2	50.80	2.77	2.370	422.0
2½	63.50	3.05	3.580	279.0
3	76.20	3.41	5.350	187.0
3½	88.90	3.76	7.630	131.0
4	101.60	4.19	10.820	92.0
4½	114.30	4.47	14.490	69.0
5	127.00	5.16	20.530	48.7
6	152.40	5.59	28.930	34.6

注:1.0in=25.4mm。

3.4.9 薄钢板习用号数的厚度

薄钢板习用号数的厚度见表 3-111。

薄钢板习用号数的厚度　　表 3-111

习用号数	厚度			
	普通薄钢板		镀锌薄钢板	
	英寸(in)	毫米(mm)	英寸(in)	毫米(mm)
8	0.1664	4.176	0.1681	4.270
9	0.1495	3.797	0.1532	3.891
10	0.1345	3.416	0.1382	3.510
11	0.1196	3.038	0.1233	3.132
12	0.1046	2.657	0.1084	2.752
13	0.0897	2.278	0.0934	2.372
14	0.0747	1.897	0.0785	1.994
15	0.0673	1.709	0.0710	1.803
16	0.0598	1.519	0.0635	1.613
17	0.0538	1.367	0.0575	1.461
18	0.0478	1.214	0.0516	1.311
19	0.0418	1.062	0.0456	1.158
20	0.0359	0.912	0.0396	1.006
21	0.0329	0.836	0.0366	0.930
22	0.0299	0.759	0.0336	0.853
23	0.0269	0.683	0.0306	0.777
24	0.0239	0.607	0.0276	0.701
25	0.0209	0.531	0.0247	0.627
26	0.0179	0.455	0.0217	0.551
27	0.0164	0.417	0.0202	0.513
28	0.0149	0.378	0.0187	0.475
29	0.0135	0.343	0.0172	0.437
30	0.0120	0.305	0.0157	0.399
31	0.0105	0.267	0.0142	0.361
32	0.0097	0.246	0.0134	0.340

注:表列习用号数及钢板厚度为英美制定,与我国实际生产的镀锌钢板及普通薄钢板的产品规格有出入。我国产品无号数称呼,为满足目前习惯称呼与实际厚度的关系对照,特选录此表,供参考。实际规格仍以我国产品为准。

3.4.10 塑料管材、板材规格及重量

3.4.10.1 塑料硬管

塑料硬管见表 3-112。

塑料硬管　　　　表 3-112

直径 (in)	外径×壁厚 (mm×mm)	重量 (kg/m)	直径 (in)	外径×壁厚 (mm×mm)	重量 (kg/m)
1/2″	22×2.0	0.17	2″	63×4.5	1.16
1/2″	22×2.5	0.21	2″	63×7.0	1.73
3/4″	25×2.0	0.20	2½″	83×5.3	1.81
3/4″	25×3.0	0.29	3″	89×6.5	2.35
1″	32×3.0	0.38	3½″	102×6.5	2.73
1″	32×4.0	0.49	4″	114×7.0	3.30
1¼	40×3.5	0.56	5″	140×8.0	4.64
1¼	40×5.0	0.77	6″	166×8.0	5.56
1½″	51×4.0	0.83	8″	218×10.0	9.15
1½″	51×6.0	1.19			

3.4.10.2　塑料软管

塑料软管见表 3-113。

塑料软管　　　　表 3-113

内径×壁厚 (mm)	每1000m重 (kg)	内径×壁厚 (mm)	每1000m重 (kg)	内径×壁厚 (mm)	每1000m重 (kg)
1.0×0.3	2.20	4.5×0.5	13.7	12×0.6	40.0
1.5×0.3	3.02	5×0.5	15.4	14×0.7	50.0
2.0×0.3	3.64	6×0.5	16.7	16×0.8	71.5
2.5×0.3	4.16	7×0.5	20.0	20×1.0	92.4
3.0×0.3	5.23	8×0.5	23.0	25×1.0	125.1
3.5×0.3	6.33	9×0.5	25.6	30×1.3	192.0
4.0×0.5	11.10	10×0.5	33.3	34×1.3	208.0

3.4.10.3　塑料硬板

塑料硬板见表 3-114。

塑料硬板　　　　表 3-114

规格 (mm)	重量 (kg/m²)	规格 (mm)	重量 (kg/m²)	规格 (mm)	重量 (kg/m²)
2.0	2.96	7.0	10.36	14	20.72
2.5	3.70	7.5	11.10	15	22.20
3.0	4.44	8.0	11.84	16	23.68
3.5	5.18	8.5	12.58	17	25.16
4.0	5.92	9.0	13.32	18	26.64
4.5	6.66	9.5	14.06	19	28.12
5.0	7.40	10	14.80	20	29.60
5.5	8.14	11	16.28	25	37.00
6.0	8.88	12	17.76	28	41.44
6.5	9.62	13	19.24	30	44.40

3.4.11　岩土常用参数

3.4.11.1　岩土的分类

作为建筑地基的岩土可分为岩石、碎石土、砂土、粉土、黏性土和人工填土。

1. 岩石

岩石应为颗粒间牢固连接，呈整体或具有节理裂隙的岩体。作为建筑物地基，除应确定岩石的地质名称外，尚应根据岩块的饱和单轴抗压强度 f_{rk} 划分其坚硬程度（见表 3-115），根据完整性指数（岩体纵波波速与岩块纵波波速之比的平方）划分其完整程度（见表 3-116）。

岩石坚硬程度的划分　　　　表 3-115

岩石按坚硬程度的分类		硬质岩		软质岩		极软岩
		坚硬岩	较硬岩	较软岩	软岩	
岩石坚硬程度的定量划分	f_{rk}(MPa)	$f_{rk}>60$	$60≥$ $f_{rk}>30$	$30≥$ $f_{rk}>15$	$15≥$ $f_{rk}>5$	$f_{rk}≤5$
岩石坚硬程度的定性划分（当缺乏饱和单轴抗压强度资料或不能进行该项试验时可在现场通过观察定性划分）	定性鉴定	锤击声清脆，有回弹，震手，难击碎，基本无吸水反应	锤击声较清脆，有轻微回弹，稍震手，较难击碎，有轻微吸水反应	锤击声不清脆，无回弹，较易击碎，浸水后指甲可划出印痕	锤击声哑，无回弹，有凹痕，易击碎，浸水后手可掰开	锤击声哑，无回弹，有深凹痕，手可捏碎，浸水后可捏成团

续表

岩石按坚硬程度的分类	硬质岩		软质岩		极软岩
	坚硬岩	较硬岩	较软岩	软岩	
代表性岩石	未风化～微风化的花岗岩、闪长岩、辉绿岩、玄武岩、安山岩、片麻岩、石英岩、硅质砾岩、石英砂岩、硅质石灰岩等	1. 微风化的坚硬岩 2. 未风化～微风化的大理岩、板岩、石灰岩、钙质砂岩等	1. 中风化的坚硬岩和较硬岩 2. 未风化～微风化的凝灰岩、千枚岩、砂质泥岩等	1. 强风化的坚硬岩和较硬岩 2. 中风化的较软岩 3. 未风化～微风化的泥岩、泥质砂岩、泥灰岩等	1. 风化的软岩 2. 全风化的各种岩石 3. 各种半成岩

岩石完整程度的划分　　　　表 3-116

岩石完整程度等级		完整	较完整	较破碎	破碎	极破碎
有实验数据时	完整性指数	>0.75	0.75～0.55	0.55～0.35	0.35～0.15	<0.15
缺乏试验数据时	结构面组数	1～2	2～3	>3	>3	无序
	控制性结构面平均间距（m）	>1.0	0.4～1.0	0.2～0.4	<0.2	—
代表性结构类型		整状结构	块状结构	镶嵌状结构	碎裂状结构	散体状结构

2. 碎石土

碎石土为粒径大于 2mm 的颗粒含量超过全重 50% 的土。碎石土可按表 3-117 分为漂石、块石、卵石、碎石、圆砾和角砾。

碎石土的分类　　　　表 3-117

土的名称	颗粒形状	粒组含量
漂石 块石	圆形及亚圆形为主 棱角形为主	粒径大于 200mm 的颗粒含量超过全重 50%
卵石 碎石	圆形及亚圆形为主 棱角形为主	粒径大于 20mm 的颗粒含量超过全重 50%
圆砾 角砾	圆形及亚圆形为主 棱角形为主	粒径大于 2mm 的颗粒含量超过全重 50%

注：分类时应根据粒组含量栏从上到下以最先符合者确定。

碎石土的密实度可按表 3-118 分为松散、稍密、中密、密实。

碎石土的分类　　　　表 3-118

密实度	平均粒径小于等于 50mm 且最大粒径不超过 100mm 的卵石、碎石、圆砾、角砾			平均粒径大于或最大粒径大于的碎石土 （碎石土的密实度按下列各项要求综合确定）	
	重型圆锥动力触探 $N_{63.5}$（综合修正后的平均值）	骨架颗粒含量和排列	可挖性	可钻性	
松散	$N_{63.5}≤5$	骨架颗粒含量小于总重的 70%，呈交错排列，连续接触	锹镐挖掘困难，用撬棍方能松动，井壁一般较稳定	钻进极困难，冲击钻探时，钻杆、吊锤跳动剧烈，孔壁较稳定	
稍密	$5<N_{63.5}≤10$	骨架颗粒含量等于总重的 60%～70%，呈交错排列，大部分接触	锹镐可挖掘，井壁有掉块现象，从井壁取出大颗粒处，能保持颗粒凹面形状	钻进较困难，冲击钻探时，钻杆、吊锤跳动不剧烈，孔壁有坍塌现象	
中密	$10<N_{63.5}≤20$	骨架颗粒含量等于总重的 55%～60%，呈交错排列，大部分不接触	锹可以挖掘，井壁易坍塌，从井壁取出大颗粒处，砂土立即坍塌	钻进较容易，冲击钻探时，钻杆有跳动，孔壁易坍塌	

续表

密实度	平均粒径小于等于50mm且最大粒径不超过100mm的卵石、碎石、圆砾、角砾	平均粒径大于或最大粒径大于的碎石土（碎石土的密实度按下列各项要求综合确定）		
	重型圆锥动力触探锤击数 $N_{63.5}$（综合修正后的平均值）	骨架颗粒含量和排列	可挖性	可钻性
密实	$N_{63.5}>20$	骨架颗粒含量大于总重的55%，排列十分混乱，绝大部分不接触	锹易挖掘，井壁易坍塌	钻进很容易，冲击钻探时，钻杆无跳动，孔壁极易坍塌

3. 砂土

砂土为粒径大于2mm的颗粒含量不超过全重50%、粒径大于0.075mm的颗粒超过全重50%的土。砂土可根据粒组含量，分为砾砂、粗砂、中砂、细砂和粉砂，按标准贯入试验锤击数 N，其密实度分为松散、稍密、中密、密实，见表3-119。

砂土的分类和密实度　　　　表3-119

砂土的分类（根据粒组含量栏从上到下以最先符合者确定）		砂土的密实度（用静力触探探头阻力判定时可根据当地经验确定）	
土的名称	粒组含量	标准贯入试验锤击数 N	密实度
砾砂	粒径大于2mm的颗粒含量占全重25%～50%	$N \leqslant 10$	松散
粗砂	粒径大于0.5mm的颗粒超过全重50%	$10 < N \leqslant 15$	稍密
中砂	粒径大于0.25mm的颗粒超过全重50%	$15 < N \leqslant 30$	中密
细砂	粒径大于0.075mm的颗粒超过全重85%	$N > 30$	密实
粉砂	粒径大于0.075mm的颗粒超过全重50%		

4. 黏性土

黏性土为塑性指数 I_P 大于10的土。根据塑性指数 I_P 的大小，分为黏土、粉质黏土。其状态可按塑性指数 I_L 的大小，分为坚硬、硬塑、可塑、软塑、流塑，见表3-120。

黏性土的分类和状态　　　　表3-120

黏性土的分类（塑性指数由相应于76g圆锥体沉入土样中深度为10mm时测定的液限计算而得）		砂土的密实度（用静力触探探头阻力或标准贯入试验锤击数判定黏性土的状态时，可根据当地经验确定）	
塑性指数 I_P	土的名称	标准贯入试验锤击数 N	密实度
$I_P > 17$	黏土	$I_L \leqslant 0$	坚硬
$10 < I_P \leqslant 17$	粉质黏土	$0 < I_L \leqslant 0.25$	硬塑
		$0.25 < I_L \leqslant 0.75$	可塑
		$0.75 < I_L \leqslant 1$	软塑
		$I_L > 1$	流塑

5. 其他分类（见表3-121）

岩土的其他分类　　　　表3-121

土的名称	含　义
粉土	介于砂土与黏性土之间，塑性指数 $I_P \leqslant 10$ 且粒径大于0.075mm的颗粒含量不超过全重50%的土
淤泥	在静水或缓慢的流水环境中沉积，并经生物化学作用形成，其天然含水量大于液限、天然孔隙比大于或等于1.5的黏性土
淤泥质土	天然含水量大于液限而天然孔隙比小于1.5但大于或等于1.0的黏性土或粉土为淤泥质土
红黏土	碳酸盐岩系的岩石经红土化作用形成的高塑性黏土。其液限一般大于50
次生红黏土	红黏土经再搬运后仍保留其基本特征，其液限大于45的土

续表

土的名称		含　义
人工填土	素填土	由碎石土砂土粉土黏性土等组成的填土
	压实填土	经过压实或夯实的素填土
	杂填土	含有建筑垃圾、工业废料、生活垃圾等杂物的填土
	冲填土	由水力冲填泥砂形成的填土
膨胀土		土中黏粒成分主要由亲水性矿物组成，同时具有显著的吸水膨胀和失水收缩特性，其自由膨胀率大于或等于40%的黏性土
湿陷性土		浸水后产生附加沉降，其湿陷系数大于或等于0.015的土

3.4.11.2　岩土的工程特性指标

土的工程特性指标应包括强度指标、压缩性指标以及静力触探探头阻力、标准贯入试验锤击数、载荷试验承载力等其他特性指标。

1. 土的抗剪强度指标

土的抗剪强度指标应取标准值，可采用原状土室内剪切试验、无侧限抗压强度试验、现场剪切试验、十字板剪切试验等方法测定。当采用室内剪切试验确定时，应选择三轴压缩试验中的不固结不排水试验。经过预压固结的地基可采用固结不排水试验。每层土的试验数量不得少于六组。

在验算坡体的稳定性时，对于已有剪切破裂面或其他软弱结构面的抗剪强度，应进行野外大型剪切试验。

2. 土的压缩性指标

土的压缩性指标应取平均值，可采用原状土室内压缩试验、原位浅层或深层平板载荷试验、旁压试验确定。

当采用室内压缩试验确定压缩模量时，试验所施加的最大压力应超过土自重压力与预计的附加压力之和。试验成果用 $e\sim p$ 曲线表示。当考虑土的应力历史进行沉降计算时，应进行高压固结试验，确定先期固结压力、压缩指数，试验成果用 $e\sim\ln p$ 曲线表示。为确定回弹指数，应在估计的先期固结压力之后进行一次卸荷，再继续加荷至预定的最后一级压力。

地基土的压缩性可按 p_1 为100kPa，p_2 为200kPa时相对应的压缩系数值 α_{1-2} 划分为低、中、高压缩性，并应按以下规定进行评价：

(1) 当 $\alpha_{1-2} < 0.1 MPa^{-1}$ 时，为低压缩土；

(2) 当 $0.1 MPa^{-1} \leqslant \alpha_{1-2} < 0.5 MPa^{-1}$ 时，为中压缩土；

(3) 当 $\alpha_{1-2} \geqslant 0.5 MPa^{-1}$ 时，为高压缩土。

当考虑深基坑开挖卸荷和再加荷时，应进行回弹再压缩试验，其压力的施加应与实际的加卸荷状况一致。

3. 载荷试验

载荷试验承载力应取特征值。

载荷试验包括浅层平板载荷试验和深层平板载荷试验。浅层平板载荷试验适用于浅层地基，深层平板载荷试验适用于深层地基。

3.5　气象、地质、地震

3.5.1　气　象

3.5.1.1　风级表

风级表见表3-122。

风　级　表　　　　表3-122

风力名称		海岸及陆地面征象标准		相当风速（m/s）
风级	概况	陆地	海岸	
0	无风	静，烟直上		0～0.2
1	软风	烟能表示方向，但风向标不能转动	渔船不动	0.3～1.5

续表

风级	概况	陆 地	海 岸	相当风速 (m/s)
2	轻风	人面感觉有风，树叶微响，寻常的风向标转动	渔船张帆时，可随风移动	1.6～3.3
3	微风	树叶及微枝摇动不息，旌旗展开	渔船渐觉起簸动	3.4～5.4
4	和风	能吹起地面灰尘和纸张，树的小枝摇动	渔船满帆时，倾于一方	5.5～7.9
5	清风	小树摇动	水面起波	8.0～10.7
6	强风	大树枝摇动，电线呼呼有声，举伞有困难	渔船加倍缩帆，捕鱼需注意风险	10.8～13.8
7	疾风	大树摇动，迎风步行感觉不便	渔船停息港中，去海外的下锚	13.9～17.1
8	大风	树枝折断，迎风行走感觉阻力很大	进港海船均停留不出	17.2～20.7
9	烈风	烟囱及平屋顶受到损坏	汽船航行困难	20.8～24.4
10	狂风	陆上少见，可拔树毁屋	汽船航行颇危险	24.5～28.4

续表

风级	概况	陆 地	海 岸	相当风速 (m/s)
11	暴风	陆上很少见，有则必受重大损毁	汽船遇之极危险	28.5～32.6
12	飓风	陆上绝少，其摧毁力极大	海浪滔天	32.6 以上

3.5.1.2 降雨等级

降雨等级见表 3-123。

降 雨 等 级　　　　表 3-123

降雨等级	现 象 描 述	降雨量范围 (mm) 一天内总量	降雨量范围 (mm) 半天内总量
小雨	雨能使地面潮湿，但不泥泞	1～10	0.2～5.0
中雨	雨降到屋顶上有淅淅声，凹地积水	10～25	5.1～15
大雨	降雨如倾盆，落地四溅，平地积水	25～50	15.1～30
暴雨	降雨比大雨还猛，能造成山洪暴发	50～100	30.1～70
大暴雨	降雨比暴雨还大，或时间长，造成洪涝灾害	100～200	70.1～140
特大暴雨	降雨比大暴雨还大，能造成洪涝灾害	＞200	＞140

3.5.1.3 我国主要城市气象参数

我国主要城市气象参数见表 3-124。

我国主要城市气象参数　　　　表 3-124

地名	海拔 (m)	大气压力 hPa (mpar) 冬季	大气压力 hPa (mpar) 夏季	室外计算相对湿度 (%) 最冷年月平均	室外计算相对湿度 (%) 最热年月平均	室外风速 (m/s) 冬季平均	室外风速 (m/s) 夏季平均	年平均温度 (℃)	日平均温度 ≤+5℃的起止日期 (月、日)(℃)	极端最低温度 (℃)	极端最高温度 (℃)	最大冻结深度 (cm)
北京	31.2	1020.4	998.6	45	78	2.8	1.9	11.4	11.9～3.17	-27.4	40.6	85
天津	3.3	1004.8	1004.8	53	78	3.1	2.6	12.2	11.16～3.17	-22.9	39.7	69
承德	375.2	962.8	962.8	46	72	1.4	1.1	8.9	11.2～3.28	-23.3	41.5	126
张家口	723.9	924.4	924.4	43	67	3.6	2.4	7.8	10.28～3.31	-25.7	40.9	136
唐山	25.9	1002.2	1002.2	52	79	2.6	2.3	11.1	11.8～3.24	-21.9	39.6	73
石家庄	80.5	995.6	995.6	52	75	1.8	1.5	12.9	11.17～3.13	-26.5	42.7	54
大同	1066.7	888.6	888.6	50	66	3.0	3.4	6.5	10.23～4.5	-29.1	37.7	186
太原	777.9	919.2	919.2	51	72	2.6	2.1	9.5	11.2～3.25	-25.5	39.4	77
运城	376.0	962.8	962.8	57	60	2.6	3.4	13.6	11.2～3.4	-18.9	42.7	43
海拉尔	612.8	935.5	935.5	78	71	2.6	3.2	-2.1	10.1～5.1	-48.5	36.7	242
锡林浩特	989.5	895.6	895.6	71	62	3.4	3.2	1.7	10.9～4.16	-42.4	38.3	289
二连浩特	964.7	898.1	898.1	66	49	3.9	3.9	3/4	10.11～1.12	-40.2	39.9	337
赤峰	571.1	940.9	940.9	44	65	2.4	2.1	6.8	10.27～4.4	-31.4	42.5	201
呼和浩特	989.5	889.4	889.4	56	64	1.6	1.5	5.8	10.20～4.8	-32.8	37.3	143
沈阳	41.6	1020.8	1000.7	64	78	3.1	2.9	7.8	11.3～4.3	-30.6	38.3	148
锦州	65.9	117.6	997.4	50	80	3.9	3.8	9.0	11.5～3.31	-24.7	41.8	113
丹东	15.1	1023.7	1005.3	58	56	3.8	2.5	8.5	11.6～4.5	-28.0	34.3	88
大连	92.8	1013.6	994.7	58	83	5.8	4.3	10.2	11.18～3.29	-21.1	35.3	93
吉林	183.4	1001.3	984.7	72	79	3.0	2.5	4.4	10.20～4.12	-40.2	36.6	190
长春	236.8	994.0	977.0	68	78	4.2	3.5	4.9	10.22～4.13	-36.5	38.0	169
四平	164.2	1004.1	986.3	68	78	3.1	2.9	5.9	10.27～4.6	-34.6	36.6	148
延吉	176.8	1000.3	986.5	60	80	2.9	2.3	5.0	10.22～4.13	-32.7	37.6	200
通化	402.9	974.5	960.7	72	80	1.3	1.7	4.9	10.22～4.12	-36.6	35.5	133
爱辉	165.8	1000.3	985.8	72	79	3.6	3.2	-0.4	10.5～4.21	-44.5	37.7	298
伊春	231.3	992.0	978.6	75	78	2.1	2.2	0.4	10.16～4.20	-43.1	35.1	290
齐齐哈尔	145.9	1004.6	987.7	71	73	2.8	3.2	3.2	10.14～4.17	-39.5	40.1	225
佳木斯	81.2	1011.0	996.0	71	78	3.4	3.0	2.9	10.16～4.16	-41.1	35.4	220
哈尔滨	171.7	1001.5	985.1	74	77	3.8	3.6	3.5	10.18～4.14	-38.1	36.4	205
牡丹江	241.4	992.1	978.7	71	76	2.3	2.1	3.5	10.16～4.13	-38.3	36.5	191

续表

地名	海拔(m)	大气压力 hPa (mpar)		室外计算相对湿度 (%)		室外风速 (m/s)		年平均温度 (℃)	日平均温度≤+5℃的起止日期 (月、日)(℃)	极端最低温度 (℃)	极端最高温度 (℃)	最大冻结深度 (cm)
		冬季	夏季	最冷年月平均	最热年月平均	冬季平均	夏季平均					
上海	4.5	1025.1	1005.3	75	83	3.1	3.2	15.7	11.24~2.23	−10.1	38.9	8
连云港	3.0	1026.3	1005.0	66	81	3.0	3.0	14.0	11.27~3.11	−18.1	40.0	25
徐州	41.0	1021.8	1000.7	64	81	2.8	2.9	14.2	11.26~3.2	−22.6	40.6	24
南通	5.3	1025.4	1005.1	76	86	3.3	3.1	15.0	12.22~3.2	−10.3	38.2	12
南京	8.9	1025.2	1004.0	73	81	2.6	2.6	15.3	12.8~2.234	−14.0	40.7	9
杭州	41.7	1020.9	1000.5	77	80	2.3	2.2	16.2	12.25~2.23	−9.6	39.9	—
舟山	35.7	1020.9	1002.5	70	84	3.7	3.2	16.3	—	−6.1	39.1	—
宁波	4.2	1025.4	1005.8	78	83	2.9	2.9	16.2	12.26~2.13	−8.8	38.7	—
温州	6.0	1023.5	1005.5	75	84	2.2	2.1	17.9	—	−4.5	39.3	—
蚌埠	21.0	1024.1	1002.3	71	80	2.6	2.3	15.1	12.10~2.24	−19.4	40.7	15
合肥	29.8	1022.3	1000.9	75	81	2.5	2.6		12.12~2.24	−20.6	41.0	11
芜湖	14.8	1023.9	1002.8	77	80	2.4	2.3	16.0	12.21~2.19	−13.1	39.5	—
安庆	19.8	1023.7	1002.9	74	79	3.5	2.8	16.5	12.23~2.14	−12.5	40.2	10
福州	84.0	1012.6	996.4	74	78	2.7	2.9	19.6	—	−1.2	39.8	—
永安	206.0	997.8	932.6	80	75	1.2	1.4	19.1	—	−7.6	40.5	—
漳州	30.0	1017.8	1002.7	76	80	1.6	1.6	21.0	—	−2.1	40.7	—
厦门	63.2	1013.8	999.1	73	81	3.5	3.0	20.0	—	2.0	38.5	—
九江	32.2	1021.9	1000.9	75	76	3.0	2.4	17.0	12.25~2.8	−9.7	40.2	—
景德镇	61.5	1017.5	998.2	76	79	2.0	2.0	17.2	12.28~2.4	−10.9	41.8	—
南昌	46.7	1018.8	999.1	74	75	2.8	2.7	17.5	12.30~2.2	−9.3	40.6	—
上饶	118.3	1011.1	9992.6	78	74	2.7	2.6	17.8	—	−8.6	41.6	—
赣州	132.8	1008.6	990.9	75	70	2.1	2.0	19.4	—	−6.0	41.2	—
烟台	46.7	1021.0	1001.0	60	80	3.3	4.8	12.4	11.2~63.17	−13.1	38.0	43
潍坊	44.1	1020.7	999.7	61	81	3.5	3.2	12.3	11.19~3.16	−21.4	40.5	50
济南	51.6	1020.2	998.5	54	73	3.2	2.8	14.2	11.22~3.7	−19.7	42.5	44
青岛	76.0	1016.9	997.2	64	85	5.7	4.9	12.2	11.27~3.17	−15.5	35.4	49
新乡	72.7	1017.6	996.9	61	78	2.7	2.3	14.0	11.22~3.6	−21.3	42.7	28
郑州	110.4	1012.5	991.7	60	76	3.4	2.6	24.2	11.24~3.5	−17.9	43	27
南阳	129.8	1010.7	989.6	69	80	2.6	2.4	14.9	12.1~2.27	−21.2	41.4	12
信阳	114.5	1012.5	990.9	74	80	2.1	2.1	15.1	123.1~2.27	−20.0	40.9	8
宜昌	130.4	1010.0	989.1	73	80	1.7	1.7	16.8	12.26~2.6	−9.8	41.4	—
武汉	23.3	1023.3	1001.7	76	79	2.7	2.6	16.3	12.16~2.20	−18.1	39.4	10
黄石	19.6	1023.0	1002.0	77	78	2.1	2.2	17.0	12.25~2.8	−11.0	40.3	6
岳阳	51.6	1015.7	998.2	77	75	2.8	3.1	17.0	12.25~2.9	−11.0	39.3	—
长沙	44.9	1019.9	999.4	81	75	2.8	2.6	17.2	12.26~2.8	−11.3	40.6	5
株洲	73.6	1015.7	995.7	79	72	2.1	2.3	17.5	12.31~1.3	−8.0	40.8	—
衡阳	103.2	1012.4	992.8	80	71	1.7	2.3	17.0	—	−7.9	40.8	—
韶关	69.3	1013.8	997.1	72	75	1.8	1.5	20.3	—	−4.3	42.0	—
汕头	1.2	1019.8	1005.5	79	84	2.9	2.5	21.3	—	0.4	37.9	—
广州	6.6	1019.5	1004.5	70	83	2.4	1.8	21.8	—	0	38.7	—
湛江	25.3	1015.5	1001.1	79	81	3.5	2.9	23.1	—	2.8	38.1	—
海口	14.1	1016.0	1002.4	85	81	3.4	2.8	23.8	—	2.8	38.0	—
桂林	161.8	1002.9	986.1	71	78	2.2	1.5	18.8	—	−4.9	39.4	—
柳州	96.9	1009.9	993.3	75	78	1.7	1.4	20.4	—	−3.8	39.2	—
南宁	72.2	1011.4	996.0	75	82	1.8	1.6	21.6	—	−2.1	40.4	—
北海	14.6	1017.1	1002.4	77	83	3.6	2.8	22.6	—	2.0	37.1	—
广元	487.0	965.3	949.2	60	76	1.7	1.4	16.1	12.30~1.27	−8.2	38.9	—
万县	186.7	1000.9	982.1	83	80	0.6	0.6	18.1	—	−3.7	42.1	—
成都	505.9	963.2	947.7	80	85	0.9	1.1	16.2	—	−5.9	37.3	—
重庆	259.1	991.2	973.2	82	75	1.2	1.4	18.3	—	−1.8	42.2	—
宜宾	340.8	982.0	964.9	82	82	0.8	1.3	18.0	—	−3.0	39.5	—
西昌	1590.7	838.2	834.8	51	75	1.7	1.2	17.0	—	−3.8	36.5	—
遵义	843.9	923.5	911.5	82	77	1.0	1.1	15.2	11.25~2.9	−7.1	38.7	—
贵阳	1071.2	897.5	887.9	78	77	2.2	2.0	15.3	12.26~2.9	−7.8	39.5	—
安顺	1392.9	862.5	855.6	82	82	2.4	2.2	14.0	12.25~2.10	−7.6	34.3	—
丽江	2393.2	762.6	761.1	45	81	3.9	2.2	12.6	—	−7.5	32.3	—
昆明	1891.4	811.5	808.0	68	83	2.5	1.8	14.7	—	−5.4	31.5	—
思茅	1302.1	871.4	865.0	80	86	1.0	0.9	17.7	—	−3.4	35.7	—
昌都	3306.0	679.4	6811.4	37	64	1.0	1.4	7.5	10.31~3.25	−19.3	33.4	81
拉萨	3658.0	650.0	652.3	28	54	2.2	1.8	7.5	10.29~3.26	−16.5	29.4	26

续表

地名	海拔(m)	大气压力 hPa (mpar)		室外计算相对湿度(%)		室外风速(m/s)		年平均温度(℃)	日平均温度≤+5℃的起止日期(月、日)(℃)	极端最低温度(℃)	极端最高温度(℃)	最大冻结深度(cm)
		冬季	夏季	最冷年月平均	最热年月平均	冬季平均	夏季平均					
日喀则	3836.0	651.0	638.3	27	53	1.9	1.5	6.3	10.21~3.29	-25.1	28.2	67
榆林	1057.5	902.0	889.6	58	62	1.8	2.5	8.1	11.2~3.26	-32.7	38.6	148
延安	957.6	913.3	900.2	54	72	2.1	1.6	9.4	11.4~3.16	-25.4	39.7	79
西安	396.9	978.7	859.2	67	72	1.8	2.2	13.3	11.21~3.1	-20.6	41.7	45
汉中	508.4	964.1	947.7	77	81	0.9	1.1	14.3	11.29~2.19	-10.1	38.0	—
敦煌	1138.7	893.3	879.6	50	43	2.1	2.2	9.3	10.27~3.15	-24.0	43.6	144
酒泉	1477.2	856.0	847.0	55	52	2.1	2.3	7.3	10.25~3.27	-31.6	38.4	132
兰州	1517.2	851.4	843.1	58	61	0.5	1.3	9.1	11.1~3.15	-21.7	39.1	103
天水	1131.7	892.0	880.7	62	72	1.3	1.2	10.7	11.14~3.10	-19.2	37.2	61
西宁	2261.2	775.1	773.5	48	65	1.7	1.9	5.7	10.20~4.2	-26.6	33.5	134
格尔木	2807.7	723.5	724.0	41	36	1.7	1.9	4.2	10.9~4.15	-33.6	33.1	88
玛多	4272.3	603.3	610.8	56	68	3.0	3.6	-4.1	9.2~6.14	-48.1	22.9	—
玉树	3681.2	647.0	651.0	43	69	1.2	0.9	2.9	10.10~4.21	-26.1	28.7	>103
银川	1111.5	895.7	883.0	58	64	1.7	1.7	8.5	10.30~3.27	-30.6	39.3	103
固原	1753.2	826.5	821.1	52	71	2.8	2.7	6.2	10.21~3.31	-28.1	34.6	114
阿勒泰	735.3	941.9	925.2	71	47	1.4	3.1	4.0	10.17~4.10	-43.5	37.6	7146
克拉玛依	427.0	980.6	958.9	77	92	1.5	5.1	8.0	10.28~3.25	-35.9	42.9	197
伊宁	662.5	947.1	983.5	78	85	1.7	2.5	8.0	10.31~3.22	-40.4	37.9	62
乌鲁木齐	917.9	919.9	906.7	80	44	1.7	3.0	5.7	10.28~3.29	-41.5	40.5	133
吐鲁番	34.5	1028.4	997.7	59	31	1.0	2.3	13.9	11.6~3.6	-23.0	47.6	83
台北	9.0	1019.7	1005.3	82	77	3.7	2.8	22.1	—	-2.0	38.0	—
香港	32.0	1019.5	1005.6	71	81	6.5	5.3	22.8	—	0.0	36.1	—

3.5.1.4 建筑气候区划

建筑气候的区划系统分为一级区和二级区两级；一级区划分为7个区，二级区划分为20个区。一级区划以1月平均气温、7月平均气温、7月平均相对湿度为主要指标；以年降水量、年日平均气温低于或等于5℃的日数和年日平均气温高于或等于25℃的日数为辅助指标；各一级区划指标应符合表3-125。各一级区内，分别选取能反映该区建筑气候差异的气候参数或特征作为二级区划指标，各二级区划指标应符合表3-126。

一级区区划指标　　　　表3-125

区名	主要指标	辅助指标	各辖区行政区范围
I	1月平均气温≤-10℃ 7月平均气温≤25℃ 7月平均相对湿度≥50%	年降水量200~800mm 年日平均温度≤5℃的日数≥145d	黑龙江、吉林全境；辽宁大部、内蒙中、北部及陕西、山西、河北、北京北部的部分地区
II	1月平均气温-10~0℃ 7月平均气温18~28℃	年日平均气温≥25℃的日数<80d 年日平均气温≤5℃的日数145~90d	天津、山东、宁夏全境；北京、河北、山西、陕西大部；辽宁南部；甘肃中东部以及河南、安徽、江苏北部的部分地区
III	1月平均气温0~10℃ 7月平均气温25~30℃	年日平均气温≥25℃的日数40~110d 年日平均气温≤5℃的日数90~0d	上海、浙江、江西、湖北、湖南全境；江苏、安徽、四川大部；陕西、河南南部；贵州东部；福建、广东、广西北部和甘肃南部的部分地区
IV	1月平均气温>10℃ 7月平均气温25~29℃	年日平均气温≥25℃的日数100~200d	海南、台湾全境；福建南部；广东、广西大部以及云南西南部和元江河谷地区
V	7月平均气温18~25℃ 1月平均气温0~13℃	年日平均气温≤5℃的日数0~90d	云南大部；贵州、四川西南部、西藏南部一小部分地区
VI	7月平均气温<18℃ 1月平均气温0~-22℃	年日平均气温≤5℃的日数90~285d	青海全境；西藏大部；四川西部、甘肃西南部；新疆南部部分地区

续表

区名	主要指标	辅助指标	各辖区行政区范围
VII	7月平均气温≥18℃ 1月平均气温-5~-20℃ 7月平均相对湿度<50%	年降水量10~600mm 年日平均气温≥25℃的日数<120d 年日平均气温≤5℃的日数110~180d	新疆大部；甘肃北部；内蒙古西部

注：本表摘自《建筑气候区划标准》(GB 50178—93)。

二级区区划指标　　　　表3-126

区名	指标
IA IB IC ID	1月平均气温冻土性质 ≤-28℃永冻土 -28~-22℃岛状冻土 -22~-16℃季节冻土 -16~-10℃季节冻土
IIA IIB	7月平均气温 7月平均气温日较差 ≥25℃<10℃ <25℃≥10℃
IIIA IIIB IIIC	最大风速 7月平均气温 ≥25m/s26~29℃ <25m/s28℃ <25m/s<28℃
IVA IVB	最大风速 ≥25m/s <25m/s
VA VB	1月平均气温 ≤5℃ >5℃
VIA VIB VIC	7月平均气温 1月平均气温 ≥10℃<-10℃ <10℃≤-10℃ ≥10℃
VIIA VIIB VIIC VIID	1月平均气温 7月平均气温 年降水量 ≤-10℃<25℃<200mm ≤-10℃<25℃200~600mm ≤-10℃<25℃50~200mm ≤-10℃<25℃10~200mm

注：本表摘自《建筑气候区划标准》(GB 50178—93)。

3.5.1.5 全国主要城镇区属号、降水、风力、雷暴日数

全国主要城镇区属号、降水、风力、雷暴日数见表3-127。

全国主要城镇区属号、降水、风力、雷暴日数

表3-127

区属号	地名	降水（mm）		大风（风力）≥8级			雷暴日数
		年降水量	日最大降水量	全年	最多	最少	
ⅠA.1	漠河	419.2	115.2	10.3	35	2	35.2
ⅠB.1	加格达奇	481.9	74.8	8.5	18	3	28.7
ⅠB.2	克山	503.7	177.9	22.2	44	6	29.5
ⅠB.3	黑河	525.9	107.1	20.3	45	3	31.5
ⅠB.4	嫩江	485.1	105.5	21.8	56	0	31.3
ⅠB.5	铁力	648.7	109.0	12.3	31	6	36.3
ⅠB.6	格尔古纳右旗	363.8	71.0	19.5	40	6	28.7
ⅠB.7	满洲里	304.0	75.7	40.9	98	6	28.3
ⅠB.8	海拉尔	351.3	63.4	21.5	43	6	29.7
ⅠB.9	博克图	481.5	127.5	40.0	71	0	33.7
ⅠB.10	东乌珠穆沁旗	253.1	63.4	58.8	119	36	32.4
ⅠC.1	齐齐哈尔	423.5	83.2	21.3	38	6	28.1
ⅠC.2	鹤岗	615.2	79.2	31.0	115	9	27.3
ⅠC.3	哈尔滨	535.8	104.8	37.6	76	10	31.7
ⅠC.4	虎林	570.3	98.8	26.0	58	10	26.4
ⅠC.5	鸡西	541.7	121.8	31.5	62	5	29.9
ⅠC.6	绥芬河	556.7	121.1	37.4	75	5	27.1
ⅠC.7	长春	592.7	130.4	45.9	82	5	35.9
ⅠC.8	桦甸	744.8	72.6	12.3	31	6	40.4
ⅠC.9	图们	493.0	138.2	30.2	47	7	25.4
ⅠC.10	天池	1352.6	164.8	269.4	304	225	28.4
ⅠC.11	通化	878.1	129.1	11.5	30	1	35.9
ⅠC.12	乌兰浩特	417.8	102.1	25.1	77	0	29.8
ⅠC.13	锡林浩特	287.2	89.5	59.2	101	23	31.4
ⅠC.14	多伦	386.9	109.9	69.2	143	26	45.5
ⅠD.1	四平	656.8	154.1	33.4	60	11	33.5
ⅠD.2	沈阳	727.5	215.5	42.7	100	2	26.4
ⅠD.3	朝阳	472.1	232.2	12.5	34	0	33.8
ⅠD.4	林西	383.3	140.7	44.4	86	3	40.3
ⅠD.5	赤峰	359.2	108.0	29.6	90	3	32.0
ⅠD.6	呼和浩特	418.8	210.1	33.3	69	15	36.8
ⅠD.7	达尔罕茂明安联合旗	258.8	90.8	67.0	130	23	33.9
ⅠD.8	张家口	411.8	100.4	42.9	80	24	39.2
ⅠD.9	大同	380.5	67.0	41.0	65	11	41.4
ⅠD.10	榆林	410.1	141.7	13.7	27	0	29.6
ⅡA.1	营口	673.7	240.5	33.3	95	10	27.9
ⅡA.2	丹东	1028.4	414.4	14.8	53	0	26.9
ⅡA.3	大连	648.4	166.4	76.8	167	6	19.0
ⅡA.4	北京市	627.6	244.2	25.7	64	6	35.7
ⅡA.5	天津市	562.1	158.1	35.7	60	6	27.5
ⅡA.6	承德	544.6	151.4	19.4	58	5	43.5
ⅡA.7	乐亭	602.5	234.7	20.0	53	3	32.1
ⅡA.8	沧州	617.8	274.3	28.7	69	6	29.4
ⅡA.9	石家庄	538.2	200.2	16.8	41	4	30.8
ⅡA.10	南宫	498.5	148.8	12.8	40	2	28.6
ⅡA.11	邯郸	580.3	518.5	11.7	26	1	27.3
ⅡA.12	威海	776.9	370.8	50.3	96	26	21.2
ⅡA.13	济南	671.0	298.4	40.7	79	19	25.3
ⅡA.14	沂源	721.8	222.9	16.6	48	3	36.5
ⅡA.15	青岛	749.0	269.6	67.6	113	40	22.4
ⅡA.16	枣庄	882.9	224.1				31.5
ⅡA.17	濮阳	609.6	276.9				26.6
ⅡA.18	郑州	655.0	189.4	22.6	42	2	34.0
ⅡA.19	卢氏	656.6	95.3	2.3	15	0	34.0
ⅡA.20	宿州	877.0	216.9	9.1	36	0	32.8
ⅡA.21	西安	591.1	92.3	7.2	18	1	16.7
ⅡB.1	蔚县	412.8	88.9	18.8	50	3	45.1
ⅡB.2	太原	456.0	183.5	32.3	54	12	35.7
ⅡB.3	离石	493.5	103.4	8.5	14	2	34.3
ⅡB.4	晋城	626.1	176.4	22.9	100	3	27.7
ⅡB.5	临汾	511.1	104.7	7.3	12	1	31.1
ⅡB.6	延安	538.4	139.9	1.2	5	0	30.5
ⅡB.7	铜川	610.5	113.6	6.2	15	0	29.4
ⅡB.8	白银	200.2	82.2	54.3	113	11	24.6
ⅡB.9	兰州	322.9	96.8	7.1	18	0	23.2
ⅡB.10	天水	537.5	88.1	3.8	15	0	16.2
ⅡB.11	银川	197.0	66.8	24.7	56	11	19.1
ⅡB.12	中宁	221.4	77.8	18.0	49	1	16.8
ⅡB.13	固原	476.4	75.9	21.4	47	10	30.9
ⅢA.1	盐城	1008.5	167.9	12.8	43	1	32.5
ⅢA.2	上海市	1132.3	204.4	15.0	35	4	29.4
ⅢA.3	舟山	1320.6	212.5	27.6	61	10	28.7
ⅢA.4	温州	1707.2	252.5	6.2	13	0	51.3
ⅢA.5	宁德	2001.7	206.8	5.1	21	0	54.0
ⅢB.1	泰州	1053.1	212.1	19.8	56	1	36.0
ⅢB.2	南京	1034.1	179.3	11.2	24	5	33.6
ⅢB.3	蚌埠	903.2	154.0	11.8	26	3	30.4
ⅢB.4	合肥	989.5	238.5	10.2	44	2	29.6
ⅢB.5	铜陵	1390.7	204.4	11.4	37	0	40.0
ⅢB.6	杭州	1409.8	189.3	6.9	35	0	39.1
ⅢB.7	丽水	1402.6	143.7	3.4	10	0	60.5
ⅢB.8	邵武	1788.1	187.7	1.2	4	0	72.9
ⅢB.9	三明	1610.7	116.2	8.0	15	3	67.4
ⅢB.10	长汀	1729.1	180.7	2.5	8	0	82.6
ⅢB.11	景德镇	1763.2	228.5	2.9	6	0	58.0
ⅢB.12	南昌	1589.2	289.0	19.9	38	5	58.0
ⅢB.13	上饶	1720.6	162.8	6.2	15	1	65.0
ⅢB.14	吉安	1496.0	198.8	5.2	20	0	69.9
ⅢB.15	宁冈	1507.0	271.6	2.4	13	0	78.2
ⅢB.16	广昌	1732.2	327.4	2.8	13	0	70.5
ⅢB.17	赣州	1466.5	200.8	3.8	16	0	67.4
ⅢB.18	沙市	1109.5	174.3	6.5	19	0	38.4
ⅢB.19	武汉	1230.6	317.4	7.6	16	2	36.9
ⅢB.20	大庸	1357.9	185.9	3.1	12	0	48.2
ⅢB.21	长沙	1394.5	192.5	6.6	14	0	49.5
ⅢB.22	涟源	1358.5	147.5	3.9	17	0	54.8
ⅢB.23	永州	1419.6	194.8	16.4	42	2	65.3
ⅢB.24	韶关	1552.1	208.8	2.4	11	0	77.9
ⅢB.25	桂林	1484.4	255.9	14.8	26	6	77.6
ⅢB.26	涪陵	1071.8	113.1	3.5	10	0	45.6
ⅢB.27	重庆	1082.9	192.9	3.4	8	0	36.5
ⅢC.1	驻马店	1004.4	420.4	5.6	20	1	27.6
ⅢC.2	固始	1075.1	206.9	5.4	43	0	35.3
ⅢC.3	平顶山	757.3	234.4	18.6			21.1
ⅢC.4	老河口	841.3	178.7	4.0	14	0	26.0
ⅢC.5	随州	965.3	214.6	4.1	12	1	35.1
ⅢC.6	远安	1098.4	226.1	5.6	14	1	46.5
ⅢC.7	恩施	1461.2	227.5	0.5	3	0	49.3
ⅢC.8	汉中	905.4	117.8	1.7	8	0	31.0
ⅢC.9	略阳	853.2	160.9	13.0	73	0	21.8
ⅢC.10	山阳	731.6	92.5	2.9	13	0	29.0
ⅢC.11	安康	818.7	161.9	5.4	18	0	31.7
ⅢC.12	平武	859.6	151.0	0.9	5	0	30.0
ⅢC.13	仪陇	1139.1	172.2	16.2	41	3	36.4
ⅢC.14	达县	1201.3	194.1	4.4	14	0	37.1
ⅢC.15	成都	1375.6	194.3	3.2	9	0	34.6
ⅢC.16	内江	1058.6	244.8	6.5	22	0	40.6
ⅢC.17	酉阳	1375.0	194.9	1.6	6	0	52.7
ⅢC.18	桐梓	1054.8	173.3	3.6	14	0	49.9

续表

续表

区属号	地名	降水（mm）		大风（风力）≥8级			雷暴日数
		年降水量	日最大降水量	全年	最多	最少	
ⅢC.19	凯里	1225.4	156.5	4.7	23	3	59.4
ⅣA.1	福州	1339.7	167.6	12.6	23	3	56.5
ⅣA.2	泉州	1228.1	296.1	48.5	122	5	38.4
ⅣA.3	汕头	1560.1	297.4	11.1	23	5	51.7
ⅣA.4	广州	1705.0	248.9	5.5	17	0	80.3
ⅣA.5	茂明	1738.2	296.2	15.2			94.4
ⅣA.6	北海	1677.2	509.2	11.5	25	3	81.8
ⅣA.7	海口	1681.7	283.0	13.9	28	1	112.7
ⅣA.8	儋县	1808.0	403.1	4.1	20	0	120.8
ⅣA.9	琼中	2452.3	273.5	1.9	6	0	115.5
ⅣA.10	三亚	1239.1	287.5	7.0	18	0	69.9
ⅣA.11	台北	1869.9	400.0				27.9
ⅣA.12	香港	2224.7	382.6				34.0
ⅣB.1	漳州	1543.3	215.9	1.9	6	0	60.5
ⅣB.2	梅州	1472.9	224.4	1.5	7	0	79.6
ⅣB.3	梧州	1517.0	334.5	9.5	25	0	92.3
ⅣB.4	河池	1489.2	209.6	4.9	17	0	64.0
ⅣB.5	百色	1104.6	169.8	2.7	8	0	76.8
ⅣB.6	南宁	1307.0	198.6	3.5	10	0	90.3
ⅣB.7	凭祥	1424.8	206.5	0.7	3	0	82.7
ⅣB.8	元江	789.4	109.4	26.2	66	1	78.8
ⅣB.9	景洪	1196.9	151.8	3.4	11	0	119.2
ⅤA.1	毕节	952.0	115.8	2.3	10	0	61.3
ⅤA.2	贵阳	1127.1	133.9	10.2	45	0	51.6
ⅤA.3	察隅	773.9	90.8	1.1	6	0	14.4
ⅤB.1	西昌	1002.6	135.7	9.0	35	0	72.9
ⅤB.2	攀枝花	767.3	106.3	18.1	66	2	68.1
ⅤB.3	丽江	933.9	105.2	17.0	51	0	75.8
ⅤB.4	大理	1060.1	136.8	58.7	110	16	62.4
ⅤB.5	腾冲	1482.4	93.2	2.0	9	0	79.8
ⅤB.6	昆明	1003.8	153.3	11.0	40	0	66.3
ⅤB.7	临沧	1205.5	97.4	10.9	43	0	86.9
ⅤB.8	个旧	1104.5	118.4	1.1	7	0	51.0
ⅤB.9	思茅	1546.2	149.0	5.0	15	0	102.7
ⅤB.10	盘县	1399.9	148.8	54.4	98	6	80.1
ⅤB.11	兴义	1545.1	163.1	14.9	38	2	77.4
ⅤB.12	独山	1343.8	160.3	2.9	10	0	58.2
ⅥA.1	冷湖	16.9	22.7	47.2	116	7	2.5
ⅥA.2	茫崖	48.4	15.3	113.3	163	57	5.0
ⅥA.3	德令哈	173.6	84.0	38.0	65	19	19.3
ⅥA.4	刚察	375.0	40.5	47.2	78	18	60.4
ⅥA.5	西宁	367.0	62.2	27.3	55	2	31.4
ⅥA.6	格尔木	39.6	32.0	22.9	46	7	2.8
ⅥA.7	都兰	178.7	31.4	28.2	107	3	8.8
ⅥA.8	同德	437.9	#47.5	36.6	56	20	56.9
ⅥA.9	夏河	557.9	64.4	19.9	53	4	63.8
ⅥA.10	若尔盖	663.6	65.3	39.2	77	15	64.2
ⅥB.1	曲麻莱	399.2	28.5	120.4	172	68	65.7
ⅥB.2	杂多	524.8	37.9	66.0	126	2	74.9
ⅥB.3	玛多	322.7	54.2	63.1	110	12	44.9
ⅥB.4	噶尔	71.8	24.6	134.8	231	48	19.1
ⅥB.5	改则	189.6	26.4	164.5	219	129	43.5
ⅥB.6	那曲	410.1	33.3	100.6	211	17	83.6
ⅥB.7	申扎	294.3	25.4	111.3	179	27	68.8
ⅥC.1	马尔康	766.0	53.5	35.0	78	7	68.8
ⅥC.2	甘孜	640.0	38.1	102.6	163	34	80.1
ⅥC.3	巴塘	467.6	42.3	25.6	68	0	72.3
ⅥC.4	康定	802.0	48.0	167.3	257	31	52.1
ⅥC.5	班玛	667.3	49.6	56.6	96	21	73.4
ⅥC.6	昌都	466.5	55.3	50.5	67	15	55.6
ⅥC.7	波密	879.5	80.0	3.6	23	0	10.2
ⅥC.8	拉萨	431.3	41.6	36.6	65	2	72.6

续表

区属号	地名	降水（mm）		大风（风力）≥8级			雷暴日数
		年降水量	日最大降水量	全年	最多	最少	
ⅥC.9	定日	289.0	47.8	80.2	117	51	43.4
ⅥC.10	德钦	661.3	74.7	61.7	135	5	24.7
ⅦA.1	克拉玛依	103.6	26.7	76.5	110	59	30.6
ⅦA.2	博乐阿拉山口	100.1	20.6	164.3	188	137	27.8
ⅦB.1	阿勒泰	180.2	40.5	30.5	85	5	21.4
ⅦB.2	塔城	284.0	56.9	39.9	88	6	27.7
ⅦB.3	富蕴	159.0	37.3	23.5	55	7	14.0
ⅦB.4	伊宁	255.7	41.6	14.7	34	0	26.1
ⅦB.5	乌鲁木齐	275.6	57.7	21.7	59	5	8.9
ⅦC.1	额济纳旗	35.5	27.3	43.8	78	19	7.8
ⅦC.2	二连浩特	140.4	61.6	72.2	125	44	23.3
ⅦC.3	杭锦后旗	138.2	77.6	25.1	47	10	23.9
ⅦC.4	安西	47.4	30.7	64.8	105	12	7.5
ⅦC.5	张掖	128.6	46.7	14.7	40	3	10.1
ⅦD.	吐鲁番	15.8	36.0	25.9	68	0	9.7
ⅦD.	哈密	34.8	25.5	21.0	49	6	6.8
ⅦD.	库车	64.0	56.3	19.6	41	2	28.7
ⅦD.	库尔勒	51.3	27.6	30.9	57	15	21.4
ⅦD.	阿克苏	62.0	48.6	13.4	45	2	32.7
ⅦD.	喀什	62.2	32.7	21.8	36	11	19.5
ⅦD.	且末	20.5	42.9	14.5	37	0	6.2
ⅦD.	和田	32.6	26.6	6.8	17	0	3.1

注：凡资料加"#"的，表示资料欠准确，但仍可使用。

3.5.1.6　我国主要城镇采暖期度日数

我国主要城镇采暖期度日数见表3-128。

我国主要城镇采暖期度日数　表 3-128

地 名	采暖期			
	起止日期	天数 Z（d）	平均温度 t_e（℃）	度日数 D_{di}（℃·d）
哈尔滨	10.18～4.12	177	-9.9	4938
齐齐哈尔	10.15～4.14	182	-10.2	5132
牡丹江	10.17～4.12	178	-9.4	4877
伊春	10.8～4.19	194	-12.5	5917
长春	10.21～4.9	171	-8.3	4497
延吉	10.22～4.9	170	-7.1	4267
沈阳	10.31～3.31	152	-5.6	3587
丹东	11.8～4.1	145	-3.4	3103
大连	11.18～3.28	131	-1.4	2541
乌鲁木齐	10.24～4.3	162	-8.5	4293
阿勒泰	10.18～4.9	174	-9.6	4802
克拉玛依	10.28～3.24	148	-9.0	3996
吐鲁番	11.7～3.6	120	-4.8	2736
西宁	10.21～3.31	162	-3.1	3451
玛多	9.5～6.17	286	-7.1	7179
兰州	11.2～3.14	133	-2.8	2766
酒泉	10.24～3.28	156	-4.3	3479
天水	11.13～3.9	117	-0.2	2129
银川	10.30～3.24	146	-3.7	3168
西安	11.21～3.2	102	1.1	1724
延安	11.7～3.17	131	-2.2	2672
呼和浩特	10.21～4.4	166	-6.2	4017
锡林浩特	10.9～4.18	192	-10.7	5509
海拉尔	10.1～4.28	210	-14.2	6762
太原	11.5～3.21	137	-2.6	2822
大同	10.24～4.3	162	-5.2	3758
北京市	11.12～3.17	120	-1.6	2470
天津市	11.16～3.15	120	-1.6	2340
石家庄	11.17～3.10	114	-1.5	2109
张家口	10.28～3.30	154	-4.7	3496
唐山	11.12～3.20	129	-2.0	2580
承德	11.12～3.26	146	-4.4	3270
济南	11.24～3.6	103	0.7	1782
青岛	11.29～3.18	110	0.9	1881
徐州	11.29～3.4	96	1.6	1574
连云港	11.29～3.7	99	1.6	1629
郑州	11.26～3.5	100	1.4	1660
甘孜	10.22～4.4	165	-1.2	3168
拉萨	10.29～3.20	143	0.5	2503

3.5.1.7 世界主要城市气象参数

世界主要城市气象参数见表 3-129。

世界主要城市气象参数（气温：℃ / 降水：mm）　　　　　　表 3-129

气候类型	测站	纬度	经度	海拔高度 (m)	1	2	3	4	5	6	7	8	9	10	11	12	年平均
亚热带季风气候	东京	35°41′N	139°46′E	4	3.7/48	4.3/73	7.6/101	13.1/135	17.6/131	21.1/182	25.1/146	26.4/147	22.8/217	16.7/220	11.3/101	6.1/61	14.7/1562
热带季风气候 海洋型	黎牙实比	13°08′N	123°44′E	19	25.7/315	25.8/202	26.3/263	27.3/200	28.0/211	28.2/209	27.8/180	27.7/250	27.5/221	27.2/351	26.6/511	25.9/494	27.0/3407
热带季风气候 大陆型	新德里	28°35′N	77°12′E	216	14.3/25	17.3/22	22.9/17	29.1/7	33.5/8	34.5/65	31.2/211	29.9/173	29.3/150	25.9/31	20.2/1	15.7/5	25.3/715
赤道多雨气候	新加坡	1°18′N	103°05′E	10	26.1/285	26.7/164	27.2/154	27.6/160	27.8/101	28.0/127	27.4/183	27.3/230	27.3/102	27.2/184	26.7/236	26.3/306	27.1/2282
温带大陆性半干旱气候	乌兰巴托	47°55′N	106°50′E	1325	−23.7/<3	−19.2/<3	−11.3/<3	0.7/5	8.0/10	14.6/28	17.1/76	15.3/51	8.1/23	−0.8/5	−13.2/3	−21.3/3	−2.2/208
亚热带夏干气候	贝鲁特	33°54′N	35°28′E	34	13.9/113	14.1/80	15.5/77	18.1/26	21.0/10	24.1/1	26.2/0	27.1/0	25.7/7	23.0/20	18.8/78	15.5/105	20.2/517
温带大陆性气候	华沙	52°13′N	21°01′E	133	−2.9/32	−2.1/25	1.9/29	7.7/40	14.2/51	17.0/60	18.8/84	17.5/73	13.5/44	8.2/39	2.6/38	−1.2/35	8.0/550
温带大陆性气候	莫斯科	55°50′N	37°33′E	167	−10.8/37	−9.1/35	−4.8/39	3.4/36	11.8/52	15.6/66	18.0/82	15.8/74	10.1/58	3.7/33	−2.8/49	−8.0/39	3.6/620
地中海式气候	里斯本	38°43′N	9°08′W	95	10.3/86	11.2/82	12.7/80	14.1/54	16.5/40	19.3/19	21.3/4	21.8/5	20.3/38	17.1/82	13.5/109	11.3/93	15.8/692
地中海式气候	罗马	41°54′N	12°29′E	63	6.9/79	7.9/80	10.6/77	13.7/72	17.9/61	21.8/44	24.7/18	24.4/25	21.2/65	16.5/132	11.7/122	8.2/107	15.5/882
地中海式气候	雅典	37°58′N	24°43′E	107	8.9/54	9.2/44	11.6/33	15.0/21	19.5/23	23.8/18	27.0/5	26.8/8	23.3/17	19.0/44	14.3/66	10.9/74	17.4/407
亚热带夏干气候	圣弗兰西斯科	37°47′N	122°25′W	16	10.4/116	11.7/93	12.6/74	13.2/37	14.1/16	15.1/4	14.9/—	15.2/1	16.7/6	16.3/23	14.1/51	11.4/51	13.8/529
热带干旱与半干旱气候	拉巴斯	24°10′N	110°21′W	12	17.2/3	18.4/11	20.2/1	21.4/0	23.4/0	25.5/0	28.0/6	28.6/42	27.9/52	26.0/10	22.4/13	18.7/34	23.2/172
亚热带大陆性半干旱气候	圣路易斯	33°19′S	66°20′W	708	24.0/107	22.5/103	20.3/59	16.4/39	12.4/19	8.9/6	9.0/11	10.9/11	13.4/18	17.6/34	20.6/70	23.0/92	16.6/566
亚热带湿润气候	悉尼	33°51′S	151°13′E	42.1	22.0/104	21.9/125	20.8/129	18.3/101	15.1/115	12.8/141	11.8/94	13.0/83	15.2/72	17.6/80	19.5/77	21.1/86	17.4/1205
亚热带湿润气候	奥克兰	36°51′S	174°46′E	49	19.2/84	19.6/104	18.4/71	16.4/109	13.8/122	11.8/140	10.8/140	11.3/109	12.6/97	14.3/107	15.9/81	17.7/79	15.2/1242
温带海洋性气候	惠灵顿	41°17′S	174°46′E	126	16.2/74	16.4/91	15.4/79	13.5/94	10.9/119	8.8/122	8.1/130	8.8/135	10.2/97	11.7/122	13.3/81	15.1/107	12.4/1250
高温多雨热带气候	莱城	6°44′S	147°E	8	27.4/252	27.5/243	27.3/330	26.6/420	26.2/387	25.4/414	24.8/538	24.9/542	25.4/415	26.2/320	26.7/326	27.1/351	26.3/4538
热带海洋性气候	关岛	13°34′N	144°55′E	162	25.6/118	25.7/89	25.9/67	26.6/77	26.8/106	26.8/149	26.4/228	26.3/326	26.3/339	26.2/333	26.3/261	25.9/151	26.2/2249
沙漠性气候	开罗			139	12.7/3	14.0/4	16.6/3	20.5/1	24.7/0	26.8/0	26.8/0	27.7/0	25.7/1	23.6/1	19.7/4	14.8/7	21.1/25
温暖湿润气候	纽约			16	0.9/84	0.9/78	4.9/107	10.7/91	16.7/91	21.9/86	24.9/94	24.1/129	20.4/100	14.8/86	8.6/91	2.4/86	12.6/1123
温暖湿润气候	布宜诺斯艾利斯			25	23.6/92	23.3/84	20.2/122	17.3/87	13.7/78	11.2/55	10.3/42	11.4/58	13.9/88	16.7/100	19.7/79	22.4/90	17.0/975
海洋性气候	巴黎			53	3.1/54	3.8/43	7.2/32	10.3/38	14.0/52	17.1/50	19.0/55	18.5/62	15.9/51	11.1/49	6.8/50	4.1/49	10.9/585
海洋性气候	伦敦			5	4.2/53	4.4/40	6.6/37	9.3/38	12.4/46	15.8/46	17.6/56	17.2/59	14.8/50	10.8/57	7.2/64	5.2/48	10.5/594

3.5.2　地 质 年 代 表

地质年代见表3-130。

地 质 年 代 表　　　　　　　　　　　　表 3-130

年代单位			年代符号	各纪年数（百万年）	距今年数（百万年）	主 要 现 象
新生代（哺乳类动物时代）	第四纪	全新世	Q_h	} 1	0.025	
		更新世	Q_p		1	冰川广布，黄土生成
	晚第三纪	上新世	N_2	} 62	12	西部造山运动，东部低平，湖泊广布
		中新世	N_1			
		渐新世	E_3		26	哺乳类分化
	早第三纪	始新世	E_2		38	蔬果繁盛，哺乳类急速发展
		古新世	E_1		58	（我国尚无古新世地层发现）
中生代（爬行动物时代）	白垩纪		K	43	127	造山作用强烈，火成岩活动矿产生成
	侏罗纪		J	45	152	恐龙极盛，中国南山俱成，大陆煤田生成
	三叠纪		T	36	182	中国南部最后一次海侵，恐龙哺乳类发育
上古生代（两栖动物与造煤植物时代）	二叠纪		P	38	203	世界冰川广布，新南最大海侵，造山作用强烈
	石炭纪		C	52	255	气候温热，煤田生成，爬行类昆虫发生，地形低平，珊瑚礁发育
中古生代（鱼类时代）	泥盆纪		D	36	313	森林发育，腕足类鱼类极盛，两栖类发育
	志留纪		S	50	350	珊瑚礁发育，气候局部干燥，造山运动强烈
下古生代（无脊椎动物时代）	奥陶纪		O	34	430	地热低平，海水广布，无脊椎动物极繁，末期华北升起
	寒武纪		∈	88	510	浅海广布，生物开始大量发展
隐生代	上古时代	震旦纪	S_n			地形不平，冰川广布，晚期海侵加广
	下古时代	前震旦纪	淳沱			沉积深厚造山变质强烈，火成岩活动矿产生成
			五台			
	太古时代		泰山		1980（最古矿物）约3350	早期基性喷发，即以造山作用，变质强烈，花岗岩侵入
地壳局部变动，大陆开始形成						

3.5.3　地　　震

3.5.3.1　地震震级

地震震级是表示地震本身强度大小的等级，它是衡量地震震源释放出总能量大小的一种量度。震级与放出总能量的大小近似地如下式关系：

$$\lg E = 11.8 + 1.5M$$

式中　E——能量（erg），$1erg = 10^{-7}J$；

　　　M——地震震级。

3.5.3.2　地震烈度

地震烈度就是受震地区地面及房屋建筑遭受地震破坏的程度。烈度的大小不仅取决于每次地震时本身发出的能量大小，同时还受

到震源深度、受灾区距震中的距离、震波传播的介质性质和受震区的表土性质及其他地质条件等的影响。

在一般震源深度（约15~20km）情况下，震级与震中烈度的大致关系如表3-131。

震级与震中烈度大致对应关系　　　表 3-131

震级 M(级)	2	3	4	5	6	7	8	8以上
震中烈度 I(度)	1~2	3	4~5	6~7	7~8	9~10	11	12

烈度是根据人的感觉、家具和物品的振动情况、房屋和构筑物遭受破坏情况等定性的描绘。目前我国使用的是十二度烈度表，对于房屋和结构物在各种烈度下的破坏情况见表3-132。

地 震 烈 度 表　　　　　　　　　　　　表 3-132

烈度	加速度（cm/s²）	地震系数	房 屋	结 构 物	地 表 现 象	其 他 现 象
1度	<0.25	$<\frac{1}{4000}$	无损坏	无损坏	无	无感觉，仅仅仪器才能记录到
2度	0.26~0.5	$\frac{1}{4000}~\frac{1}{2000}$	无损坏	无损坏	无	个别非常敏感的，且在完全静止中的人感觉到
3度	0.6~1.0	$\frac{1}{2000}~\frac{1}{1000}$	无损坏	无损坏	无	室内少数在完全静止的人感觉到振动，如同载重车辆很快地从旁驶过。细心的观察者注意到悬挂物轻微摆动
4度	1.1~2.5	$\frac{1}{1000}~\frac{1}{400}$	门窗和纸糊的顶棚有时轻微作响	无损坏	无	室内大多数人有感觉，室外少数人有感觉，少数梦中人惊醒。悬挂物摇动，器皿中的液体轻微震荡，紧靠在一起的、不稳定的器皿作响

烈度	加速度 (cm/s²)	地震系数	房 屋	结 构 物	地 表 现 象	其 他 现 象
5度	2.6～ 5.0	$\frac{1}{400}$～$\frac{1}{200}$	门窗、地板、顶棚和屋架木料轻微作响，开着的门窗摇动，尘土落下，粉饰的灰粉散落，抹灰层上可能有细小裂缝	无损坏	不流通的水池里起不大的波浪	室内差不多所有人和室外大多数人有感觉，大多数人都从梦中惊醒，家畜不宁 悬挂物明显摇摆，挂钟停摆，少数液体从装满的器皿中溢出，架上放置的不稳的器物翻倒或落下
6度	5.1～ 10.0	$\frac{1}{200}$～$\frac{1}{100}$	Ⅰ类房屋许多损坏，少数破坏（非常坏的房、栅可能倾倒） Ⅱ、Ⅲ类房屋许多轻微损坏，Ⅱ类房屋少数损坏	砖、石砌的塔和院墙轻微损坏，个别情况下，道路上湿土中或新填土中有细小裂缝	特殊情况下，潮湿、疏松的土里有细小裂缝 个别情况下，山区中偶有不大的滑坡、土石散落的陷穴	很多人从室内跑出，行动不稳，家畜从厩中跑出，器皿中液体剧烈动荡，有时溅出 架上的书籍和器皿等有时翻倒或坠落，轻的家具可能移动
7度	10.1～ 25.0	$\frac{1}{100}$～$\frac{1}{40}$	Ⅰ类房屋大多数损坏，许多破坏，少数倾倒 Ⅱ类房屋大多数损坏，少数破坏 Ⅲ类房屋大多数轻微损坏，许多损坏（可能有破坏的）	不很坚固的院墙少数破坏，可能有些倒塌，较坚固的院墙损坏 不很坚固的城墙很多地方损坏，有些地方破坏，女儿墙少数倒塌，较坚固的城墙有些地方损坏 砖石砌的塔和工厂烟囱可能破坏 碑石和纪念物很多轻微损坏 由于黄土崩滑，土窑洞的洞口遭到破坏 个别情况下，道路上有小裂缝 路基陡坡和新筑道路、土堤的斜坡上偶有塌方	干土中有时产生细小裂缝，潮湿或疏松的土中裂缝较多，较大；少数情况下冒出夹泥沙的水 个别情况下，陡坎滑坡，山区中有不大的滑坡和土石散落，土质松散的地区，可能发生崩滑，水泉的流量和地下水位可能发生变化	人从室内仓皇逃出 驾驶汽车的人也能感觉悬挂物强烈摇摆，有时损害或坠落。 轻的家具移动，书籍、器皿和用具坠落
8度	25.1～ 50.0	$\frac{1}{40}$～$\frac{1}{20}$	Ⅰ类房屋大多数破坏，许多倾倒 Ⅱ类房屋许多破坏，少数倾倒 Ⅲ类房屋大多数损坏，少数破坏（可能有倾倒的）	不很坚固的院墙破坏，并有局部倒塌，较坚固的院墙局部破坏 不很坚固的城墙很多地方破坏，有些地方崩塌，女儿墙许多倒塌，较坚固的城墙有些地方破坏，砖、石砌的塔和工厂烟囱遭到损坏，甚至崩塌 不很稳定的碑石和纪念物移动或翻倒，较稳定的碑石和纪念物很多损坏，有些翻倒 路堤和路堑的陡坡上有不大的塌方 个别情况下，地下管道接头处遭受破坏	地下裂缝宽达几厘米，土质疏松的山坡和潮湿的河滩上，裂缝宽度可达10cm以上，在地下水较高的地区里，常有夹泥沙的水从裂缝和喷口冒出 在岩石破碎、土质疏松的地区里，常发生相当大的土石散落、滑坡和山崩，有时河流受阻，形成新的水塘 有时井水干涸或发生新泉	人很难站得住 由于房屋破坏，人畜有伤亡 家具移动，并有部分翻倒
9度	50.1～ 100.0	$\frac{1}{20}$～$\frac{1}{10}$	Ⅰ类房屋大多倾倒 Ⅱ类房屋许多倾倒 Ⅲ类房屋许多损坏，少数倾倒	不很坚固的院墙大部分倒塌。较坚固的院墙大部分破坏，局部塌倒 较坚固的城墙很多地方破坏，女儿墙许多倒塌 砖石砌的塔和工厂烟囱很多破坏，甚至倾倒 较稳定的碑石和纪念物很多翻倒 道路上有裂缝，有时路基毁坏。个别情况下轨道局部弯曲 有些地方地下管道破裂或损伤	地上裂缝很多，宽度达10cm，斜坡上或河岸边疏松的堆积层中，有时裂缝纵横，宽度可达几十厘米绵延很长 很多滑坡和土石散落，山崩常有井泉干涸或新泉产生	家具翻倒并损坏
10度	100.1～ 250.0	$\frac{1}{10}$～$\frac{1}{4}$	Ⅲ类房屋许多倾倒	砖石砌的塔和工厂烟囱大都倒塌 较稳定的碑石和纪念物大都翻倒 路基和土堤大段毁坏，并有很多裂缝，铁轨局部弯曲 地下管道破裂	地下裂缝宽达几十厘米，个别情况下，达1米以上 堆积层中的裂缝有时组成宽大的裂缝带，继续绵延可达几公里以上。个别情况下，岩石中有裂缝 山区和岸边的悬崖崩塌。疏松的土大量崩溃，形成相当规模的新湖泊 河、池中发生击岸的大浪	家具和室内用品大量损坏
11度	250.1～ 500	$\frac{1}{4}$～$\frac{1}{2}$	房屋普遍毁坏	路基和土堤等大段毁坏，大段铁路弯曲 地下管道完全不能使用	地面形成许多宽大裂缝，有时从裂缝冒出大量疏松的、浸透水的沉积物 大规模的滑坡、崩滑和山崩，地表产生相当大的垂直和水平断裂 地表水情况和地下水位剧烈变化	由于房屋倒塌，压死大量人畜，埋没许多财物
12度	500.1～ 1000	>$\frac{1}{2}$	广大地区房屋普遍毁坏	建筑物普遍毁坏	广大地区内，地形有剧烈的变化 广大地区内，地表水和地下水情况剧烈变化	由于浪潮及山区内崩塌和土石散落的影响，动植物遭到毁灭

3.5.3.3 几种地震烈度表的换算

几种地震烈度表的换算见表 3-133。

几种地震烈度表的换算表　　表 3-133

名称	新中国的地震烈度表	美国修订的烈度表 (MM表)	前苏联地球物理研究所烈度表	MSK-1964烈度表 (注)	欧洲烈度表 (MCS表)	欧洲 Rossi-Fo-rel 烈度表	日本烈度表 (JMA)
制定年份	1957	1931	1952		1917	1873	1952
烈度	1	1	1	1	1	1	0
	2	2	2	2	2	2	1
	3	3	3	3	3	3	2
	4	4	4	4	4	4	2~3
	5	5	5	5	5	5~6	3
	6	6	6	6	6	7	4
	7	7	7	7	7	8	4~5
	8	8	8	8	8	9	5
	9	9	9	9	9	10	6
	10	10	10	10	10	10	7
	11	11	11	11	11	10	
	12	12	12	12	12	10	

注：此表为国际地震和地质工程方面的有关组织于 1962～1964 年在已有烈度表基础上测定的一种烈度表，意图逐渐统一烈度标准。

3.6 我国环境保护标准

3.6.1 空气污染

3.6.1.1 标准大气的成分

标准大气的成分见表 3-134。

标准大气的成分　　表 3-134

成分	相对分子质量	体积百分比	重量百分比	分压 (×133.3224Pa)
氮 N_2	28.0134	78.084	75.520	593.44
氧 O_2	31.9988	20.948	23.142	159.20
氩 Ar	39.948	0.934	1.288	7.10
二氧化碳 CO_2	44.00995	3.14×10^{-2}	4.8×10^{-2}	2.4×10^{-1}
氖 Ne	20.183	1.82×10^{-3}	1.3×10^{-3}	1.4×10^{-2}
氦 He	4.0026	5.24×10^{-4}	6.9×10^{-5}	4.0×10^{-3}
氪 Kr	83.80	1.14×10^{-4}	3.3×10^{-4}	8.7×10^{-4}
氙 Xe	131.30	8.7×10^{-6}	3.9×10^{-5}	6.6×10^{-5}
氢 H_2	2.01594	5×10^{-5}	3.5×10^{-6}	4×10^{-3}
甲烷 CH_4	16.04303	2×10^{-4}	1×10^{-4}	1.5×10^{-3}
一氧化二氮 N_2O	44.0128	5×10^{-5}	8×10^{-5}	4×10^{-4}
臭氧 O_3	47.9982	夏：$0～7\times10^{-6}$	$0～1\times10^{-5}$	$0～5\times10^{-6}$
		冬：$0～2\times10^{-6}$	$0～0.3\times10^{-5}$	$0～1.5\times10^{-6}$
二氧化硫 SO_2	64.0628	$0～1\times10^{-4}$	$0～2\times10^{-4}$	$0～8\times10^{-4}$
二氧化氮 NO_2	46.0055	$0～2\times10^{-6}$	$0～3\times10^{-6}$	$0～2\times10^{-5}$
氨 NH_3	17.03061	0～微量	0～微量	0～微量
一氧化碳 CO	28.01055	0～微量	0～微量	0～微量
碘 I_2	253.8088	$0～1\times10^{-6}$	$0～9\times10^{-6}$	$0～8\times10^{-6}$

注：本表摘自《法定计量单位与科技常数》。

3.6.1.2 大气环境质量标准

大气环境质量标准分为三级。

一级标准：为保护自然生态和人群健康，在长期接触情况下，不发生任何危害影响的空气质量要求。

二级标准：为保护人群健康和城市、乡村、动植物，在长期和短期接触情况下，不发生伤害的空气质量要求。

三级标准：为保护人群不发生急、慢性中毒和城市一般动植物（敏感者除外）正常生长的空气质量要求。

3.6.1.3 空气污染物三级标准浓度限值

空气污染物三级标准浓度限值见表 3-135。

空气污染物三级标准浓度限值　　表 3-135

污染物名称	取值时间	一级标准	二级标准	三级标准	浓度单位
二氧化硫 SO_2	年平均	0.02	0.06	0.10	
	日平均	0.05	0.15	0.25	
	1h平均	0.15	0.50	0.70	
总悬浮颗粒物 TSP	年平均	0.08	0.20	0.30	
	日平均	0.12	0.30	0.50	
可吸入颗粒物 PM_{10}	年平均	0.04	0.10	0.15	
	日平均	0.05	0.15	0.25	
氮氧化物 NO_x	年平均	0.05	0.05	0.10	mg/m³ (标准状态)
	日平均	0.10	0.10	0.15	
	1h平均	0.15	0.15	0.30	
二氧化氮 NO_2	年平均	0.04	0.04	0.08	
	日平均	0.08	0.08	0.12	
	1h平均	0.12	0.12	0.24	
一氧化碳 CO	日平均	4.00	4.00	6.00	
	1h平均	10.00	10.00	20.00	
臭氧 O_3	1h平均	0.12	0.16	0.20	
铅 Pb	季平均		1.50		μg/m³ (标准状态)
	年平均		1.00		
苯并[a]芘 $B[a]P$	日平均		0.01		
氟化物 F	日平均		7①		
	1h平均		20①		
	月平均	1.8②	3.0③		μg/(dm²·日)
	植物生长季平均	1.2②	2.0③		

① 适用于城市地区；
② 适用于牧业区和以牧业为主的半农半牧区，蚕桑区；
③ 适用于农业和林业区。

3.6.1.4 中国居住区大气中有害物质最高容许浓度

中国居住区大气中有害物质最高容许浓度见表 3-136。

中国居住区大气中有害物质最高容许浓度　　表 3-136

序号	物质名称	最高容许浓度 (mg/m³) 一次	日平均
1	一氧化碳	3.00	1.00
2	乙醛	0.01	—
3	二甲苯	0.30	—
4	二氧化硫	0.50	0.15
5	二氧化碳	0.15	0.05
6	五氧化二磷	—	0.05
7	丙烯腈	0.10	—
8	丙烯醛	0.80	—
9	丙酮	0.01	—
10	甲基对硫磷（甲基 E605）	3.00	1.00
11	甲醇	0.05	—
12	甲醛	—	0.0003
13	汞	0.08	—
14	吡啶	2.4	0.80
15	苯	0.01	—
16	苯乙烯	0.10	0.03
17	苯胺	0.20	—
18	环氧氯丙烷	0.02	0.007
19	氟化物（换算成 F）	0.20	—
20	氨	0.15	—
21	氧化氮（换算成 NO_2）	—	0.003
22	砷化物（换算成 As）	0.10	—
23	敌百虫	0.045	0.015①
24	酚	0.01	—
25	硫化氢	0.30	0.10
26	硫酸	0.01	—
27	硝基苯	—	0.0007
28	铅及其无机化合物（换算成 Pb）	0.10	0.03
29	氯	0.10	—
30	氯丁二烯	0.05	0.015
31	氯化氢	0.0015	—
32	铬（六价）	—	0.01
33	锰及其化合物（换算成 MnO_2）	0.5	0.15
34	飘尘		

注：1. 灰尘自然沉降量，可在当地清洁区实测数值的基础上增加 3～5t/km²/月。
2. 一次最高容许浓度，指任何一次测定结果的最大容许值。
3. 日平均最高容许浓度，指任何一日的平均浓度的最大容许值。
4. 本表所列各项有害物质的检验方法，应按现行的《环境检测技术规范》（大气部分）执行。
5. 《居住区大气中酚卫生标准》（GB 18067）。

3.6.1.5　大气中污染物浓度的表示方法

大气中污染物浓度的表示方法有两种：一种是以单位体积内所含的污染物的质量数表示，我国规定的最高容许浓度单位是 mg/m³；另一种是对于气体或蒸汽用 ppm 或 ppb 作为浓度单位，ppm 单位表示 100 万体积空气中含有有害气体或蒸汽的体积数，ppb 是 ppm 的千分之一。两个单位可用下式换算。

$$X(\text{ppm}) = \frac{22.4}{M} \cdot A$$

式中　A——以 mg/m³ 表示的气体浓度；
　　　X——以 ppm 表示的气体浓度；
　　　M——物质的分子量；
　　　22.4——在标准状况下（0℃，101.325kPa）的摩尔（mol）体积。

3.6.1.6　中国民用建筑工程室内环境污染控制标准

（1）无机非金属建筑材料放射性指标限量见表 3-137。

无机非金属建筑材料放射性指标限量　表 3-137

测定项目	限　量	测定项目	限　量
内照射指数（I_{Ra}）	≤1.0	外照射指数（I_γ）	≤1.0

（2）无机非金属装修材料放射性指标限量见表 3-138。

无机非金属装修材料放射性指标限量　表 3-138

测定项目	限　量	
	A	B
内照射指数（I_{Ra}）	≤1.0	≤1.3
外照射指数（I_γ）	≤1.3	≤1.9

（3）环境测试舱法测定游离甲醛释放量限量见表 3-139。

环境测试舱法测定游离甲醛释放量限量　表 3-139

类　别	限量（mg/m³）
E₁	≤0.12

（4）穿孔法测定游离甲醛含量分类限量见表 3-140。

穿孔法测定游离甲醛含量分类限量　表 3-140

类　别	限量（mg/100g，干材料）	类　别	限量（mg/100g，干材料）
E₁	≤9.0	E₂	9.0>，≤30.0

（5）干燥法测定游离甲醛释放量分类限量见表 3-141。

干燥法测定游离甲醛释放量分类限量　表 3-141

类　别	限量（mg/L）	类　别	限量（mg/L）
E₁	≤1.5	E₂	>1.5，≤5.0

（6）室内用水性涂料和水性腻子中游离甲醛限量见表 3-142。

室内用水性涂料和水性腻子中游离甲醛限量　表 3-142

测定项目	限　量	
	水性涂料	水性腻子
游离甲醛（g/kg）	≤0.1	

（7）室内用溶剂型涂料和木器用溶剂型腻子，应按其规定的最大稀释比例混合后，测定 VOC 和苯、甲苯＋二甲苯＋乙苯的含量，其限量见表 3-143。

室内用溶剂型涂料和木器用溶剂型腻子中 VOC、苯、甲苯＋二甲苯＋乙苯限量　表 3-143

涂料类别	VOC（g/L）	苯（%）	甲苯＋二甲苯＋乙苯（%）
醇酸类涂料	≤500	≤0.3	≤5
硝基类涂料	≤720	≤0.3	≤30
聚氨酯类涂料	≤670	≤0.3	≤30
酚醛防锈漆	≤270	≤0.3	—
其他溶剂型涂料	≤600	≤0.3	≤30
木器用溶剂型腻子	≤550	≤0.3	≤30

（8）室内用水性胶粘剂其挥发性有机化合物（VOC）和游离甲醛含量限量见表 3-144。

室内用水性胶粘剂中 VOC 和游离甲醛限量　表 3-144

测定项目	限　量			
	聚乙酸乙烯酯胶粘剂	橡胶类胶粘剂	聚氨酯类胶粘剂	其他胶粘剂
挥发性有机化合物 VOC（g/L）	≤110	≤250	≤100	≤350
游离甲醛（g/kg）	≤1.0	≤1.0	—	≤1.0

（9）室内用溶剂型胶粘剂，应测定其挥发性有机化合物（VOC）、苯、甲苯＋二甲苯的含量，其限量见表 3-145。

室内用溶剂型胶粘剂中 VOC、苯、甲苯＋二甲苯限量　表 3-145

测定项目	限　量			
	氯丁橡胶胶粘剂	SBS胶粘剂	聚氨酯类胶粘剂	其他胶粘剂
挥发性有机化合物 VOC（g/L）	≤700	≤650	≤700	≤700
甲苯＋二甲苯（g/kg）	≤200	≤150	≤150	≤150
苯（g/kg）	≤5.0			

（10）室内用水性阻燃剂（包括防火涂料）、防水剂、防腐剂等水性处理剂，应测定游离甲醛的含量，其限量见表 3-146。

室内用水性处理剂中游离甲醛限量　表 3-146

测定项目	限　量
游离甲醛（g/kg）	≤0.1

（11）民用建筑工程室内环境污染物浓度限量见表 3-147。

民用建筑工程室内环境污染物浓度限量　表 3-147

污染物	Ⅰ类民用建筑工程	Ⅱ类民用建筑工程
氡（B_q/m³）	≤200	≤400
甲醛（mg/m³）	≤0.08	≤0.1
苯（mg/m³）	≤0.09	≤0.09
氨（mg/m³）	≤0.2	≤0.2
TVOC（mg/m³）	≤0.5	≤0.6

注：1. 表中污染物浓度测量，除氡外均指室内测量值扣除同步测定的室外上风向空气测量值（本底值）后的测量值。
　　2. 表中污染物浓度测量值的极限值判定，采用全数值比较法。

（12）民用建筑工程中所使用的其他材料有害物质限量见表 3-148。

其他材料有害物质限量　表 3-148

材　料	有害物质	限　量
能释放氨的阻燃剂、混凝土外加剂	氨释放量（%）	≤0.10
能释放甲醛的混凝土外加剂	游离甲醛含量（mg/kg）	≤500
粘合木结构材料	游离甲醛释放量（mg/m³）	≤0.12
室内装修用壁布、帷幕	游离甲醛释放量（mg/m³）	≤0.12
室内装修用壁纸	甲醛含量（mg/m³）	≤0.12
地毯	总挥发性有机化合物（mg/m²·h）	A级，≤0.50；B级，≤0.60
	游离甲醛（mg/m²·h）	A级，≤0.05；B级，≤0.05
地毯衬垫	总挥发性有机化合物（mg/m²·h）	A级，≤1.00；B级，≤1.20
	游离甲醛（mg/m²·h）	A级，≤0.05；B级，≤0.05

（13）根据甲醛指标形成的自然分类见表 3-149。

甲醛指标形成的自然分类 表 3-149

标准名称	标准号	甲醛指标	适用的民用建筑	类别
《旅店业卫生标准》	GB 9663	≤0.12mg/m³	各类旅店客房	Ⅱ
《文化娱乐场所卫生标准》	GB 9664	≤0.12mg/m³	影剧院(俱乐部)、音乐厅、录像厅、游艺厅、舞厅(包括卡拉 OK 歌厅)酒吧、茶座、咖啡厅及多功能文化娱乐场所等	Ⅱ
《理发店、美容店卫生标准》	GB 9666	≤0.12mg/m³	理发店、美容店	Ⅱ
《体育馆卫生标准》	GB 9668	≤0.12mg/m³	观众座位 1000 个以上的体育馆	Ⅱ
《图书馆、博物馆、美术馆和展览馆卫生标准》	GB 9669	≤0.12mg/m³	图书馆、博物馆、美术馆和展览馆	Ⅱ
《商场、书店卫生标准》	GB 9670	≤0.12mg/m³	城市营业面积在 300m² 以上和县、乡、镇营业面积在 200m² 以上的室内场所、书店	Ⅱ
《医院候诊室卫生标准》	GB 9671	≤0.12mg/m³	区、县以上的候诊室(包括挂号、取药等候室)	Ⅱ
《公共交通等候室卫生标准》	GB 9672	≤0.12mg/m³	特等和一、二等车站的火车候车室,二等以上的候船室,机场候机室和二等以上的长途汽车站候车室	Ⅱ
《饭馆(餐厅)卫生标准》	GB 16153	≤0.12mg/m³	有空调装置的饭店(餐厅)	Ⅱ
《居室空气中甲醛的卫生标准》	GB 16127	≤0.08mg/m³	各类城乡住宅	Ⅰ

（14）水性涂料、水性胶粘剂和水性处理剂中总挥发性有机化合物（TVOC）含量测定时不同水含量样品的参考取样量见表 3-150。

不同水含量样品的参考取样量（卡尔·费休法）
表 3-150

估计水含量(%，m/m)	参考取样量(g)	估计水含量(%，m/m)	参考取样量(g)
0~1	5.0	10~30	0.4~1.0
1~3	2.0~5.0	30~70	0.1~0.4
3~10	1.0~2.0	>70	0.1

3.6.2 噪 声

3.6.2.1 环境噪声限值

各类声环境功能区环境噪声等效声限值见表 3-151。

环境噪声限值〔dB（A）〕 表 3-151

声环境功能区类别	时段 昼间	夜间	备 注
0 类	50	40	指康复疗养区等特别需要安静的区域
1 类	55	45	指以居民住宅、医疗卫生、文化教育、科研设计、行政办公为主要功能,需要保持安静的区域

续表

声环境功能区类别	时段 昼间	夜间	备 注
2 类	60	50	指以商业金融、集市贸易为主要功能,或者居住、商业、工业混杂,需要维护住宅安静的区域
3 类	65	55	指以工业生产、仓储物流为主要功能,需要防止工业噪声对周围环境产生严重影响的区域
4 类 4a 类	70	55	指交通干线两侧一定距离之内,需要防止交通噪声对周围环境产生严重影响的区域,包括 4a 类和 4b 类两种类型;4a 类为高速公路、一级公路、二级公路、城市快速路、城市主干路、城市次干路、城市轨道交通（地面段）、内河航道两侧区域;4b 类为铁路干线两侧区域
4b 类	70	60	

注：本表摘自《声环境质量标准》(GB 3096—2008)。
1. 表中 4b 类声环境功能区环境噪声限值,适用于 2011 年 1 月 1 日起环境影响评价文件通过审批的新建铁路（含新开廊道的增建铁路）干线建设项目两侧区域。
2. 在下列情况下,铁路干线两侧区域不通过列车时的环境背景噪声限值,按昼间 70dB（A）、夜间 55dB（A）执行：
①穿越城区的既有铁路干线;②对穿越城区的既有铁路干线进行改建、扩建的铁路建设项目。
既有铁路是指 2010 年 12 月 31 日前已建成运营的铁路或环境影响评价文件已通过审批的铁路建设项目。
3. 各类声环境功能区夜间突发噪声,其最大声级超过环境噪声限值的幅度不得高于 15dB（A）。

3.6.2.2 新建、扩建、改建企业噪声标准

新建、扩建、改建企业噪声标准见表 3-152。

新建、扩建、改建企业噪声标准 表 3-152

每个工作日接触噪声时间(h)	允许噪声[dB（A）]	备 注
8	85	本表摘自《工业企业噪声卫生标准》(试行草案)
4	88	
2	91	
1	94	

3.6.2.3 工业企业厂区内各类地点噪声标准

工业企业厂区内各类地点噪声标准见表 3-153。

工业企业厂区内各类地点噪声标准 表 3-153

序号	地 点 类 别	噪声限制值(dB)
1	生产车间及作业场所（工人每天连续接触噪声 8h）	90
2	高噪声车间设置的值班室、观察室、休息室（室内背景噪声级）无电话通信要求时	75
	有电话通信要求时	70
3	精密装配线、精密加工车间的工作地点、计算机房（正常工作状态）	70
4	车间所属办公室、实验室、设计师（室内背景噪声级）	70
5	主控制室、集中控制室、通讯室、电话总机室、消防值班室（室内背景噪声级）	70
6	厂部所属办公室、会议室、设计室、中心实验室（包括实验、化验、计量室）（室内背景噪声级）	60
7	医务室、教室、哺乳室、托儿所、工人值班宿舍（室内背景噪声级）	55

注：1. 本表所列的噪声级,均应以现行的国家标准测量确定;
2. 对于工人每天接触噪声不足 8h 的场合,可根据实际接触的噪声时间,按接触时间减半噪声限制增加 3dB 的原则,确定其噪声限制值。
3. 本表所列的室内背景噪声级,系在室内无声源发声的条件下,从室外经由墙、门、窗（门窗启闭状况为常规情况）传入室内平均噪声级。

3.6.2.4 现有企业噪声标准

现有企业噪声标准见表3-154。

现有企业噪声标准　　　表 3-154

每个工作日接触 噪声时间（h）	允许噪声 [dB（A）]	备　注
8	90	本表摘自《工业企
4	93	业噪声卫生标准》（试
2	96	行草案）
1	99	
最高不得超过 115		

3.6.2.5 建筑现场主要施工机械噪声限值

建筑现场主要施工机械噪声限值见表3-155。

建筑现场主要施工机械噪声限值　　表 3-155

施工阶段	主要噪声源	噪声限值（dB）	
		昼 间	夜 间
土石方	推土机、挖掘机、装载机等	75	55
打桩	各种打桩机等	85	禁止施工
结构	搅拌机、振捣棒、电锯等	70	55
装修	吊车、升降机等	65	55

注：摘自《建筑施工场界噪声限值》（GB 12523）。

3.6.2.6 中国机动车辆噪声标准

中国机动车辆噪声标准见表3-156。

中国机动车辆噪声标准（GB 1496）　表 3-156

车辆种类		最大加速声级（dB）（7.5m处）	
		1985 年 1 月 1 日 前生产的	1985 年 1 月 1 日 以后生产的
载重车	8t≤载重量<15t	92	89
	3.5t≤载重量<8t	90	86
	载重量<3.5t	89	84
	轻型越野车	89	84
公共汽车	4t≤总重量<11t	89	86
	总重量<4t	88	83
	小客车	84	82
	摩托车	90	84
	轮式拖拉机（60PS 以下）	91	86

3.6.2.7 国外听力保护的允许噪声标准

国外听力保护的允许噪声标准见表3-157。

国外听力保护的允许噪声标准（等效 A 级）
表 3-157

每个工作日的 允许工作时间（h）	允许噪声级（dB）		
	国际标准化组织 (ISO)（1971 年）	美国政府 （1969 年）	美国工业卫生医师 协会（1977 年）
8	90	90	85
4	93	95	90
2	96	100	95
1	99	105	100
1/2（30min）	102	110	105
1/4（15min）	115（最高限）	115	110

3.6.2.8 国外环境噪声标准

国外环境噪声标准见表3-158。

国外环境噪声标准　　　表 3-158

国家名称	地区分类与标准值 [dB（A）]	修正值
ISO第43 技术委员 会（声学）	基本值：　　　　　　　35~45 不同地区噪声标准的修正值： 乡村住宅、医疗地区　　0 郊区住宅、小马路　　　+5 城区住宅　　　　　　　+10 工厂附近或主要街道道路的住宅 　　　　　　　　　　　+15 城市中心　　　　　　　+20 工业地区　　　　　　　+25	白天　　0 时间修正 晚上　　−5 深夜　−10~−15 脉冲性与纯音音修正+5

续表

国家名称	地区分类与标准值 [dB（A）]	修正值
英国	基本值：　　　　　　　50 不同地区噪声标准的修正值： 乡村　　　　　　　　−5 郊区、少量交通　　　0 城市居住区　　　　　+5 居住为主，但混有一些轻工业或主 要道路　　　　　　　+10 一般工业区　　　　　+15 主要工业区，很少居住+20	工作日 8：00~18：00 +5 时间修正 夜 间22：00~7：00 −5 其 他　　　　　　　0 新工厂、新结构、新工艺　0 非特定区的已建工厂　　+5 特定区内旧厂　　　　　+10
原苏联	住宅区（距墙 2m）　　 45 中学、幼儿园 疗养区　　　　　　　40 新设计的住宅区　　　45 居民点的住宅区　　　50	白 天　　+10 时间修正 夜 间　　0 56%~100%　　0 持续时间 18%~56%　　+5 6%~18%　　+10 <6%　　+15
美国 白天/夜间	区 域 / 基本噪声级 / 常见的峰值 / 不常见的峰值 医院、疗养院 45/35 50/45 55/50 安静居住区 55/45 65/55 70/65 混合区 60/45 70/65 75/65 商业区 60/50 70/60 75/65 工业区 65/55 75/65 80/70 主要交通干线 70/65 80/75 90/80	

3.6.2.9 国外职业噪声标准

国外职业噪声标准见表3-159。

国外职业噪声标准　　　表 3-159

国家名称	8h暴露 允许值 [dB(A)]	最高 极限 [dB(A)]	暴露时间 减半增加 (dB)	备　注
ISO(国际标准化组织)	85~90	115	3	
澳大利亚	90	115	3	
奥地利	90	110	—	对暴露在85dB(A)以上的工人 每三年进行听力检查一次
比利时	90	115	—	
加拿大	90	115	4	阿伯塔（Alberta）规定为85dB (A)
捷克、斯洛伐克	85		5	
丹麦	90	115	3	
芬兰	85			仅对新工厂，对暴露在85dB (A)以上的工人每三年、100dB(A) 以上每一年进行听力检查一次
法国	90		3	当85dB（A）以上即为有听 力损伤危险
德国	85			脑力工作：55dB(A)；一般 办公：70dB(A)；其他一切地 点：85dB(A)
荷兰	80		—	据联合国资料
意大利	90	115	5	不足 8h 按频率给出不同时 间的不同限值
日本	90			
瑞典	85	115	4	
瑞士	90		3	
英国	90		3	
前苏联	85			对不同地区另有规定
美国	90	115	5	有些协会建议85dB(A)

3.6.3 水 污 染

3.6.3.1 排水水质标准

工业废水中有害物质最高容许排放浓度分为两类。

第一类，能在环境或动植物体内蓄积，对人体健康产生长远影响的有害物质；第二类，其长远影响小于第一类的有害物质。

我国现行的工业废水排放标准是按行业来制定的，具体见表3-160。

工业废水排放标准规范（按行业）　表3-160

序号	行业	标准规范
1	造纸工业	《造纸工业水污染物排放标准》（GB 3544—2008）
2	海洋石油开发工业	《海洋石油开发工业含油污水排放标准》（GB 4914—2008）
3	纺织染整工业	《纺织染整工业水污染物排放标准》（GB 4287—92）
4	肉类加工工业	《肉类加工工业水污染物排放标准》（GB 13457—92）
5	合成氨工业	《合成氨工业水污染物排放标准》（GB 13458—2001）
6	钢铁工业	《钢铁工业水污染物排放标准》（GB 13456—92）
7	航天推进剂	《航天推进剂水污染物排放标准》（GB 14374—93）
8	兵器工业	《兵器工业水污染物排放标准》（GB 14470.1~14470.3—2002）
9	磷肥工业	《磷肥工业水污染物排放标准》（GB 15580—95）
10	烧碱、聚氯乙烯工业	《烧碱、聚氯乙烯工业水污染物排放标准》（GB 15581—95）
11	皂素工业	《皂素工业水污染物排放标准》（GB 20425—2006）
12	煤炭工业	《煤炭工业污染物排放标准》（GB 20426—2006）

排水水质中污染物测定方法按表3-161执行。

污染物项目测定方法　表3-161

序号	项目	测定方法	最低检出浓度（量）	方法来源
1	pH值	玻璃电极法	0.1（pH值）	GB/T 6920
2	悬浮物	重量法	4mg/L	GB/T 11901
3	化学需氧量（COD$_{Cr}$）	重铬酸盐法（过滤后）	5mg/L	GB/T 11914
4	石油类	红外光度法	0.1mg/L	GB/T 16488
5	总铁、总锰	火焰原子吸收分光光度法	0.03mg/L、0.01mg/L	GB/T 11911
6	总α放射性 总β放射性	物理法	0.05Bq/L	《环境监测技术规范（放射性部分）》
7	总汞	冷原子吸收分光光度法	0.1μg/L	GB/T 7468
8	总镉	双硫腙分光光度法	1μg/L	GB/T 7471
9	总铬	高锰酸钾氧化-二苯碳酰二肼分光光度法	0.004mg/L	GB/T 7466
10	六价铬	二苯碳酰二肼分光光度法	0.004mg/L	GB/T 7467
11	总铅	原子吸收分光光度法 双硫腙分光光度法	10μg/L 0.01mg/L	GB/T 7475 GB/T 7470
12	总砷	二乙基二硫代氨基甲酸银分光光度法	0.007mg/L	GB/T 7485
13	总锌	原子吸收分光光度法 双硫腙分光光度法	0.02mg/L 0.005mg/L	GB/T 7475 GB/T 7472
14	氟化物	离子选择电极法	0.05mg/L	GB/T 7484

3.6.3.2　地面水水质卫生要求

地面水水质卫生要求见表3-162。

地面水水质卫生要求　表3-162

指标	卫生要求
悬浮物质色、嗅、味	含有大量悬浮物质的工业废水，不得直接排入地面水体，不得呈现工业废水和生活污水所特有的颜色、异臭、或异味
悬浮物质	水面上不得出现较明显的油膜和浮沫
pH值	6~9
生化需氧量（5d20℃）	不超过3~10mg/L
溶解氧	不低于4mg/L
有害物质	不超过规定的最高允许浓度
病原体	含有病原体的工业废水和医院污水，必须经过处理和严格消毒，彻底消灭病原体后方可排入地面水体

注：本表摘自《地面水环境质量标准》（GB 3838）。

3.6.3.3　地面水有害物质的最高容许浓度

地面水有害物质的最高容许浓度见表3-163。

地面水有害物质的最高容许浓度　表3-163

编号	物质名称	最高容许浓度（mg/L）
1	乙腈	5.0
2	乙醛	0.05
3	二硫化碳	2.0
4	二硝基苯	0.5
5	二硝基氯苯	0.5
6	二氯苯	0.02
7	丁基黄原酸盐	0.005
8	三氯苯	0.02
9	三硝基甲苯	0.5
10	马拉硫磷（4049）	0.25
11	乙内酰胺	按地面水中生化需氧量计算
12	六六六	0.02
13	六氯苯	0.05
14	内吸磷（E059）	0.03
15	水合肼	0.01
16	四乙基铅	不得检出
17	四氯苯	0.02
18	石油（包括煤油、汽油）	0.3
19	甲基对硫磷（甲基E605）	0.02
20	甲醛	0.5
21	丙烯腈	2.0
22	丙烯醛	0.1
23	对硫磷（E605）	0.003
24	乐戈（乐果）	0.08
25	异丙苯	0.25
26	汞	0.001
27	吡啶	0.2
28	矾	0.1
29	松节油	0.2
30	苯	2.5
31	苯乙烯	0.3
32	苯胺	0.1
33	苦味酸	0.5
34	氟化物	1.0
35	活性氯	不得检出（按地面水需氯量计算）
36	挥发酚类	0.01
37	砷	0.04
38	钼	0.5
39	铅	0.1
40	钴	1.0
41	铍	0.0002
42	硒	0.01
43	铬：三价铬 六价铬	0.5 0.05
44	铜	0.1
45	锌	1.0
46	硫化物	不得检出（按地面水溶解氧计算）
47	氰化物	0.05
48	氯苯	0.02
49	硝基氯苯	0.05
50	锑	0.05
51	滴滴涕	0.2
52	镍	0.05
53	镉	0.01

注：表中所列各项指标和有害物质的监测方法，应按现行《地面水水质检测检验方法》执行。

3.6.3.4　水消毒处理方法

水消毒处理方法见表3-164。

水消毒处理方法 **表 3-164**

项目	氯化消毒（使用液氯）	臭氧消毒	紫外线消毒	加热消毒	溴和碘消毒	金属离子消毒（银、铜等）
接触时间（min）	10～30	5～10	最小	15～20	10～30	120
有效性 细菌 病毒 孢子	有效 有一定效果 无效	有效 有效 有效	有效 有一定效果 无效	有效 有效 无效	有效 有一定效果 无效	有效 无效 无效
优点	费用低，能长时间保持剩余游离氯，有持续的杀菌消毒作用	能消灭病毒和孢子，还能加速地去除色、味、臭，氧化物无毒	不需要化学药剂，消毒快	不需要特殊设备	对眼的刺激性较小，其余与氯相似	具有持久性的灭菌效果
缺点	对某些孢子和病毒无效；氧化物有异臭、异味，如三卤代甲烷等甚至有毒	费用大；消毒作用短暂，不能保持有效消毒的剩余量	费用大；消毒作用短暂，对去除浊度的预处理要求高	消毒作用缓慢，费用大	比氯消毒作用缓慢，费用略高	消毒作用缓慢，费用大，效果易受胺等污染物的影响
备注	目前最通用的消毒方法	欧洲国家广泛使用	实验室有小规模的工业用水使用	家庭用	游泳池有时使用	

3.6.4 光污染

3.6.4.1 光污染的产生和危害及治理

光污染是现代社会产生的过量的或不适当的光辐射对人类生活和生产环境所造成的不良影响的现象。一般包括白色光亮污染、人工白昼污染和彩光污染。有时人们按光的波长分为红外光污染、紫外光污染、激光污染及可见光污染等。光污染的产生和危害见表 3-165。

光污染的产生和危害 **表 3-165**

光污染的种类	光污染的产生和危害
白色光亮污染	长时间在白色光亮污染环境下工作和生活的人，眼角膜和虹膜都会受到程度不同的损害，引起视力的急剧下降，白内障的发病率高达 40%～48%。同时还使人头昏心烦，甚至发生失眠、食欲下降、情绪低落、乏力等类似神经衰弱的症状
人工白昼污染	当夜幕降临后，酒店、商场的广告牌、霓虹灯使人眼花缭乱。一些建筑工地灯火通明，亮如白昼。由于强光反射，可把附近的居室照得如同白昼，使人夜晚难以入睡，打乱了正常的生物节律，致使精神不振，白天上班工作效率低下，还时常会出现安全方面的事故。据国外的一项调查显示，有三分之二的人认为人工白昼影响健康，84%的人认为影响睡眠，同时也使昆虫、鸟类的生殖遭受干扰。甚至昆虫和鸟类也可能被强光周围的高温烧死
彩光污染	彩光活动灯、荧光灯以及各种闪烁的彩色光源则构成了彩光污染，危害人体健康。据测定，黑光灯可产生波长为 250～320 纳米的紫外线，其强度远远高于阳光中的紫外线，长期沐浴在这种黑光灯下，会加速皮肤老化，还会引起一系列神经系统症状，诸如头晕、头痛、恶心、食欲不振、乏力、失眠等。彩光污染不仅有损人体的生理机能，还会影响到人的心理。长期处在彩光灯的照射下，其心理积累效应，也会不同程度引起倦怠无力、头晕、性欲减退、阳痿、月经不调、神经衰弱等身心方面的疾病
眩光污染	汽车夜间行驶时照明用的头灯，厂房中不合理的照明布置等都会造成眩光，造成视觉锐度的下降，影响工作效率。焊枪所产生的强光，若无适当的防护措施，也会伤害人的眼睛。长期在强光条件下工作的工人（如冶炼工、熔烧工、吹玻璃工等）也会由于强光而使眼睛受害。视觉污染
红外线污染	红外线是一种热辐射，对人体可造成高温伤害。较强的红外线可造成皮肤伤害，其情况与烫伤相似，最初是灼痛，然后是造成烧伤。红外线对眼的伤害有几种不同情况，波长为 7500～13000 埃的红外线对眼角膜的透过率较高，可造成眼底视网膜的伤害。11000 埃附近的红外线，可使眼的前部介质（角膜、晶体等）不受损害而直接造成眼底视网膜烧伤。波长 19000 埃以上的红外线，几乎全部被角膜吸收，会造成角膜烧伤（混浊、白斑）。波长大于 14000 埃的红外线的能量绝大部分被角膜和眼内液所吸收，透不到虹膜。只是 13000 埃以下的红外线才能透到虹膜，造成虹膜伤害。人眼如果长期暴露于红外线可能引起白内障
紫外线污染	紫外线的效应按其波长而有不同，波长为 1000～1900 埃的真空紫外部分，可被空气和水吸收；波长为 1900～3000 埃的远紫外部分，大部分可被生物分子强烈吸收；波长为 3000～3300 埃的近紫外部分，可被某些生物分子吸收。紫外线对人体主要是伤害眼角膜和皮肤。造成角膜损伤的紫外线主要为 2500～3050 埃部分，而其中波长为 2880 埃的作用最强。角膜多次暴露于紫外线，并不增加对紫外线的耐受能力。紫外线对角膜的伤害作用表现为一种叫做畏光眼炎的极痛的角膜白斑伤害。除了剧痛外，还导致流泪、眼睑痉挛、眼结膜充血和睫状肌抽搐。紫外线对皮肤的伤害作用主要是引起红斑和小水疱，严重时会使表皮坏死和脱皮。人体胸、腹、背部皮肤对紫外线最敏感，其次是前额、肩和臀部，再次为脚掌和手背。不同波长紫外线对皮肤的效应是不同的，波长 2800～3200 埃和 2500～2600 埃的紫外线对皮肤的效应最强
激光污染	由于激光具有方向性好、能量集中、颜色纯等特点，而且激光通过人眼晶状体的聚焦作用后，到达眼底时的光强度可增大几百至几万倍，所以激光对人眼有较大的伤害作用。激光光谱的一部分属于紫外和红外范围，会伤害眼结膜、虹膜和晶状体。功率很大的激光能危害人体深层组织和神经系统

防治光污染主要有下列几个方面：

①加强城市规划和管理，改善工厂照明条件等，以减少光污染的来源。

②对有红外线和紫外线污染的场所采取必要的安全防护措施。

③采用个人防护措施，主要是戴防护眼镜和防护面罩。

光污染的防护镜有反射型防护镜、吸收型防护镜、反射一吸收型防护镜、爆炸型防护镜、光化学反应型防护镜、光电型防护镜、变色微晶玻璃型防护镜等类型。

3.6.5 土壤污染

3.6.5.1 土壤污染的来源及其治理

土壤是指陆地表面具有肥力、能够生长植物的疏松表层，其厚度一般在 2m 左右。凡是妨碍土壤正常功能，降低作物产量和质量，还通过粮食、蔬菜、水果等间接影响人体健康的物质，都叫做土壤污染物。

土壤污染的来源及其治理见表 3-166。

土壤污染的来源及其治理 **表 3-166**

土壤污染的来源	土壤污染的特点	土壤污染的治理
土壤污染物有下列 4 类： ①化学污染物。包括无机污染物和有机污染物。前者如汞、镉、铅、砷等重金属，过量的氮、磷植物营养元素以及氧化物和硫化物等；后者如各种化学农药、石油及其裂解产物，以及其他各类有机合成产物等 ②物理污染物。指来自工厂、矿山的固体废弃物如尾矿、废石、粉煤灰和工业垃圾等 ③生物污染物。指带有各种病菌的城市垃圾和由卫生设施（包括医院）排出的废水、废物以及厩肥等 ④放射性污染物。主要存在于核原料开采和大气层核爆炸地区，以锶和铯等在土壤中生存期长的放射性元素为主	①土壤污染具有隐蔽性和滞后性 ②土壤污染的累积性。染物质在土壤中并不像在大气和水体中那样容易扩散和稀释，因此容易在土壤中不断积累而超标，同时也使土壤污染具有很强的地域性 ③土壤污染具有不可逆转性。重金属对土壤的污染基本上是一个不可逆转的过程 ④土壤污染很难治理。积累在污染土壤中的难降解污染物则很难靠稀释作用和自净化作用来消除 ⑤土壤污染具有仅仅依靠切断污染源的方法很难恢复的隐蔽性和滞后性等特点 ⑥辐射污染：大量的辐射污染了土地，使被污染的土地含有了一种毒质	①科学地进行污水灌溉 ②合理使用农药，重视开发高效低毒低残留农药 ③合理施用化肥，增施有机肥 ④施用化学改良剂，采取生物改良措施

3.7　机电安装工程常用数据

3.7.1　电　气　工　程

3.7.1.1　一般用途导线颜色标志

一般用途导线颜色标志　　　表 3-167

序号	颜色	用　途　说　明
1	红色	三相电路的 L3 相、半导体三极管集电极、半导体二极管、整流二极管或晶闸管的阴极
2	绿色	三相电路的 L2 相
3	黄色	三相电路的 L1 相、半导体三极管基极、晶闸管和双向晶闸管的控制极
4	白色	双向晶闸管的主电板、无指定用色的半导体电路
5	蓝色	直流电路的负极、半导体三极管发射级、半导体二极管、整流二极管或晶闸管的阳极
6	浅蓝色	三相电路的中性线、直流电路的接地中线
7	棕色	直流电路的正极
8	黑色	装置和设备的内部布线
9	红与黑并行	用双芯导线或双根绞线连接的交流电路
10	黄与绿双色	安全用的接地线（每种色宽约 1.5～100mm 交替贴接）

3.7.1.2　多芯电缆线芯颜色标志及数字标记

多芯电缆线芯颜色标志及数字标记　　　表 3-168

序号	电缆类型	线芯颜色	对应数字标记	备　注
1	二芯电缆	红、浅蓝	1,0	红、黄、绿（即数字 1、2、3）用于主线芯，浅蓝（即数字 0）用于中性线芯
2	三芯电缆	红、黄、绿	1,2,3	
3	四芯电缆	红、黄、绿、浅蓝	1,2,3,0	

3.7.1.3　电气设备指示灯颜色标志的含义及用途

指示灯颜色标志的含义及用途　　　表 3-169

序号	颜色	含　义	用　途
1	白色	工作正常电缆通电	主开关处于工作位置
2	绿色	准备启动	设备运行
3	黄色	小心	电流等参数达到极限值
4	红色	反常情况	指示由于过载、超过行程或其他事故
5	蓝色	以上颜色未包括的各种功能	可自定义

3.7.1.4　一般按钮、带电按钮颜色标志的含义及用途

一般按钮、带电按钮颜色标志的含义及用途　　　表 3-170

分类	颜色	含　义	用　途
一般按钮	红色	停车、开断	设备停止运行
		紧急停车	紧急开断、防止危险
	绿色或黑色	起动、工作、点动	设备正常运行；控制回路激磁
	黄色	返回的起动、移动、正常工作循环或已开始去抑制危险情况	设备已完成一个循环的始点，按黄色按钮可取消预制功能
	白色或蓝色	以上颜色未包括的各种功能	可自定义
带电按钮	红色	停止	
	黄色	小心，抑制反常情况的作用开始	可取消预制功能
	绿色	起动，设备运行	设备正常运行
	白色	确认电路已通，电路闭合	任何起动运行
	蓝色	以上颜色未包括的各种功能	辅助功能的控制

3.7.1.5　电力线路合理输送功率和距离

电力线路合理输送功率和距离　　　表 3-171

标称电压（kV）	线路结构	输送功率（kW）	送电距离（km）
0.22	架空线	50 以下	0.15 以下
0.22	电缆线	100 以下	0.2 以下
0.38	架空线	100 以下	0.25 以下
0.38	电缆线	175 以下	0.35 以下
6	架空线	2000 以下	10～5
6	电缆线	3000 以下	8 以下
10	架空线	3000 以下	15～8
10	电缆线	5000 以下	10 以下

3.7.1.6　民用建筑用电指标

民用建筑用电指标　　　表 3-172

建筑类别	用电指标（W/m²）	建筑类别	用电指标（W/m²）
住宅	30～50	商业中心	小型：40～80
旅店	40～70		大中型：60～120
写字楼	30～70	高等学校	20～40
体育场馆	40～70	中小学校	12～20
影剧院	50～80	展览馆	50～80
医院	40～70	演播室	250～500
汽车库	8～15		

注：当空调冷水机组采用直燃机时的用电指标一般比采用电动压缩机制冷时的用电指标降低 25～35VA/m²。表中所列用电指标的上限值是按空调采用电动压缩机制冷时的数值。

3.7.1.7　系统短路阻抗标幺值

系统短路阻抗标幺值　　　表 3-173

系统短路容量	30	50	75	100	200	300	350	500	∞
系统短路阻抗标幺值	3.333	2.000	1.333	1.000	0.500	0.333	0.286	0.200	0

注：基准容量设定为 100MVA。

3.7.1.8　电线、电缆线芯允许长期工作温度

电线、电缆线芯允许长期工作温度　　　表 3-174

电线、电缆种类		线芯允许长期工作温度（℃）
塑料绝缘电线	500V	70
交联聚氯乙烯绝缘电力电缆	1～10kV	90
	0.6～1kV	90
聚氯乙烯绝缘电力电缆	1～10kV	70
	0.6～1kV	70
矿物绝缘电力电缆		金属护套：70
		金属护套，无人触及场合：105

3.7.1.9　常用电力电缆最高允许温度

常用电力电缆最高允许温度　　　表 3-175

电缆类型	电压（kV）	最高允许温度（℃）	
		额定负荷时	短路时
黏性浸渍纸绝缘	1～3	80	250
	6	65	
	10	60	
不滴流纸绝缘	1～6	80	250
	10	65	
交联聚乙烯绝缘	≤10	90	250
聚氯乙烯绝缘		70	160

3.7.1.10 导线最小截面要求

按机械强度导线允许的最小截面见表3-176。

按机械强度导线允许的最小截面　表3-176

序号	用途及敷设方式	线芯的最小截面（mm²）		
		铜芯软线	铜线	铝线
1	照明用灯头线： （1）室内 （2）室外	0.4 1.0	1.0 1.0	2.5 2.5
2	移动式用电设备： （1）生活用 （2）生产用	0.75 1.0		
3	架设在绝缘支持件上的绝缘导线支持点间距： （1）2m及以下，室内 （2）2m及以下，室外 （3）6m及以下 （4）15m及以下 （5）25m及以下		1.0 1.5 2.5 4 6	2.5 2.5 4 6 10
4	穿管敷设的绝缘导线	1.0	1.0	2.5
5	塑料护套线沿墙明敷设		1.0	2.5
6	板孔穿线敷设的导线		1.5	2.5

3.7.1.11 电缆桥架与各种管道的最小净距

电缆桥架与各种管道的最小净距　表3-177

管道类别		平行净距（m）	交叉净距（m）
一般工艺管道		0.4	0.3
具有腐蚀性液体（或气体）管道		0.5	0.5
热力管道	有保温层	0.5	0.5
	无保温层	1.0	1.0

3.7.1.12 电缆弯曲半径与电缆外径的比值

电缆弯曲半径与电缆外径的比值　表3-178

电缆护套类型		电力电缆		其他电缆
		单芯	多芯	多芯
金属护套	铅	25	15	15
	铝	30	30	30
	皱纹铝套和皱纹钢套	20	20	20
非金属护套		20	15	无铠装10 有铠装15

注：表中未注明电缆，均包括铠装和无铠装电缆；电力电缆中包括油浸纸绝缘电缆（含不滴流电缆）和橡皮、塑料绝缘电缆，其他电缆指控制信号电缆等。

3.7.1.13 导线、电缆穿套管最小管径

（1）导线穿焊接钢管或水煤气管的最小管径见表3-179。

导线穿焊接钢管或水煤气管的最小管径　表3-179

导线型号 0.45/ 0.75kV	单芯导线 穿管根数	导线穿焊接钢管（SC）或水煤气管（RC）（mm）													
		导线截面（mm²）												
		1.0	1.5	2.5	4	6	10	16	25	35	50	70	95	120	150
BV	2			15		25		32	40	50		70		80	
BLV	3							40	50	70					
BV-105	4					32				80					
BLV-105	5		20				40		70			100			
BX	6						50								
BLX	7		25		40		70		80			125			
	8			32									150		

3.7.1.14 电话线路穿管最小管径

（1）电话电缆穿管的最小管径见表3-183。

（2）导线穿电线管或聚氯乙烯管的最小管径见表3-180。

导线穿电线管或聚氯乙烯管的最小管径　表3-180

导线型号 0.45/0.75kV	单芯导线 穿管根数	导线穿电线管或聚氯乙烯硬质管（TC、PC）											
		导线截面（mm²）											
		1.0	1.5	2.5	4	6	10	16	25	35	50	70	95
BV BLV BV-105 BLV-105 BX BLX	2		16		20		25	32		40		50	63
	3		20					32	40			63	
	4												
	5			25				40					
	6								50				
	7				32								
	8				40								

（3）控制电缆穿金属管或聚氯乙烯硬质管最小管径见表3-181和表3-182。

控制电缆穿金属管最小管径　表3-181

电缆截面 （mm²）	控制电缆芯数		2	4	5	6,7	8	10	12	14	16	19	24	30	37
	焊接钢管（SC） 或水煤气管（RC）		最小管径（mm）												
0.75～ 1.0	电缆穿管 长度在30m 及以下	直通	15	20			25		32			40			
		一个弯曲时				25		32		40		50			
		二个弯曲时				32		40		50			70		
1.5～2.5	电缆穿管长度 在30m及以下	直通		20		25			32		40		50		
		一个弯曲时		25		32		40			50		70		
		二个弯曲时	25	32		40		50		70			80		100

控制电缆穿聚氯乙烯硬质管最小管径　表3-182

电缆截面 （mm²）	控制电缆芯数		2	4	5	6,7	8	10	12	14	16	19	24	30	37
	聚氯乙烯硬质电线管（PC）		最小管径（mm）												
0.75～ 1.0	电缆穿管长度 在30m及以下	直通		20		25		32		40			50		
		一个弯曲时		25				40			50		63		
		二个弯曲时			32			40			50		63		
1.5～2.5	电缆穿管长度 在30m及以下	直通		25				32		40		50		63	
		一个弯曲时		32				40			50		63		
		二个弯曲时			40			50			63				

电话电缆穿管的最小管径　表3-183

电话电缆 型号规格	管材 种类	穿管 长度 （m）	保护管 弯曲数	电缆对数								
				10	20	30	50	80	100	150	200	300	400
				最小管径（mm）								
HYV HYQ HPVV 2×0.5	SC RC	30m 以下	直通		20	25	32		40	50	70	80
			一个弯曲	25						70	80	
			二个弯曲		32	40			70	80		100
HYV HYQ HPVV 2×0.5	TC PC	30m 以下	直通		25	32	40	50			
			一个弯曲		32	40	50				
			二个弯曲	40		50					

(2) 电话电线穿管的最小管径见表3-184。

电话电线穿管的最小管径   表 3-184

导线型号	穿管对数	导线截面（mm²）				
		0.75	1.0	1.5	2.5	4.0
		SC 或 RC 管径（mm）				
RVS 250V	1		15			20
	2			25		
	3					
	4		20	32		
	5				40	
	1		16	20	25	
	2			20	32	
	3	20	25			
	4				40	
	5	25	32		50	

3.7.1.15 防雷设施相关数据

1. 接闪器

(1) 避雷针采用圆钢或焊接钢管制成时，其直径不应小于表 3-185 所列数值。

避雷针规格表   表 3-185

针 长	材 料	规 格
<1m	圆 钢	12mm
	钢 管	20mm
1～2m	圆 钢	16mm
	钢 管	25mm
烟囱顶上的针	圆 钢	20mm
	钢 管	40mm

(2) 避雷带、避雷网和避雷环采用圆钢或扁钢，其尺寸不应小于表 3-186 所列数值。

避雷带、避雷网、避雷环规格表   表 3-186

项 目	材 料	规 格
避雷带、避雷网	圆 钢	直径 8mm
	扁 钢	截面 48mm²（厚度不小于 4mm）
烟囱顶上避雷环	圆 钢	直径 12mm
	扁 钢	截面 100mm²（厚度不小于 4mm）

2. 避雷引下线选择见表 3-187。

避雷引下线选择   表 3-187

类 别	材料	规 格	备 注
明敷	圆钢	直径≥8mm	1. 明设接地引下线与室内接地干线的支持件间距应均匀，水平直线部分宜为 0.5～3m，弯曲部分为 0.3～0.5m。 2. 明装防雷引下线上的保护管宜采用硬绝缘管，也可用镀锌角铁扣在墙面上。不宜将引下线穿入钢管内
	扁钢	截面≥48mm²（厚度≥4mm）	
暗敷	圆钢	直径≥10mm	
	扁钢	截面≥80mm²	
烟囱避雷引下线	圆钢	直径≥12mm	高度不超过 40m 的烟囱，可设一根引下线。超过 40m 的烟囱，应设两根引下线
	扁钢	截面≥100mm²（厚度≥4mm）	

3.7.1.16 光源功率简化计算值

光源功率简化计算值   表 3-188

光源种类	直管荧光灯									环形荧光灯			紧凑型荧光灯			金属卤化物灯
	16mm（T5）				26mm（T8）											
光源功率（W）	14	21	28	35	18	30	36	58	85	22	32	40	9～13	18	26	光源标称功率乘以 1.2 倍后向上取整计
配电子整流器（W）	20	25	35	40	25	35	40	65	90	25	35	45	15	20	30	
配节能电感整流器（W）					30	40	45	70	100	30	40	50	20	25	30	

3.7.1.17 火灾探测器安装

感烟、感温探测器的保护面积和保护半径见表 3-189。

感烟、感温探测器的保护面积和保护半径   表 3-189

火灾探测器种类	地面面积 S（m²）	房间高度 h（m）	一只探测器的保护面积 A 和保护半径 R					
			屋顶坡度 θ					
			θ≤15°		15°<θ≤30°		θ>30°	
			A（m²）	R（m）	A（m²）	R（m）	A（m²）	R（m）
感烟探测器	S≤80	h≤12	80	6.7	80	7.2	80	8.0
	S>80	6<h≤12	80	6.7	100	8.0	120	9.9
		h≤6	60	5.8	80	7.2	100	9.0
感温探测器	S≤30	h≤8	30	4.4	30	4.9	30	5.5
	S>30	h≤8	20	3.6	30	4.9	40	6.3

3.7.2 给排水工程

3.7.2.1 管材的弹性模数

管材的弹性模数   表 3-190

管材种类	弹性模数 E（MPa）	管材种类	弹性模数 E（MPa）
铸铁管	(1.15～1.6)×10⁵	铜管	(0.91～1.3)×10⁵
钢管	(2.0～2.2)×10⁵	铝管	0.71×10⁵
钢筋混凝土管	2.1×10⁴	硬聚氯乙烯管	(3.2～4.0)×10³
石棉水泥管	3.3×10⁴	玻璃管	0.56×10⁵

3.7.2.2 常用塑料材料英文缩写

施工中常用塑料材料及一些其他材料或介质的英文名称缩写见表 3-191。

常用材料英文名称缩写   表 3-191

英文名称缩写	材料名称	英文名称缩写	材料名称
PVC	聚氯乙烯	PA	聚酰胺
UPVC、PVC−U	硬聚氯乙烯	POM	聚甲醛
PE	聚乙烯	PUR	聚氨酯
HDPE	高密度聚乙烯	FRP	玻璃钢
MDPE	中密度聚乙烯	PMMA	聚甲基丙烯酸甲酯（有机玻璃）
LDPE	低密度聚乙烯	PVDF	聚偏二氟乙烯
PP	聚丙烯	PTEF	聚四氟乙烯
PS	聚苯乙烯	LPG	液化石油气
PF	酚醛塑料	ABS	丙烯腈-丁二烯-苯乙烯共聚物

3.7.2.3 真空度与压力单位换算

真空度与压力单位换算表　　表 3-192

真空度 (%)	绝对压力（P）		真空压力（760-P）	
	kPa	mmHg	kPa	mmHg
0	101.3	760	0	0
10	91.2	684	10.1	76
20	81.1	608	20.3	152
30	70.9	532	30.4	228
40	60.8	456	40.5	304
50	50.7	380	50.7	380
60	40.5	304	60.8	456
70	30.4	228	70.9	532
80	20.3	152	81.1	608
85	15.2	114	86.1	646
90	10.1	76	91.2	684
95	5.07	38	96.3	722
96	4.00	30	97.3	730
97	3.33	25	98.0	735
98	2.00	15	99.3	745
99	1.07	8	100.3	752
99.5	0.53	4	100.8	756
100	0	0	101.3	760

3.7.2.4 管道涂色规定

（1）管道涂色的一般规定见表 3-193，此表仅为一般规定，具体以实际设计为准。

管道涂色的一般规定　　表 3-193

管道名称	颜色	
	底色	环色
饱和蒸汽管	红	—
过热蒸汽管	红	黄
废气管	红	绿
疏水管	绿	黑
热水管	绿	蓝
生水管	绿	黄
补给（软化）水管	绿	白
凝结水管	绿	红
余压凝结水管	绿	白
热力网供水管	绿	黄
热力网回水管	绿	褐
液化石油气管	黄	绿
高热值煤气管	黄	—
低热值煤气管	黄	褐
油管	橙黄	—
盐水管	浅黄	—
压缩空气管	浅蓝	—
净化压缩空气管	浅蓝	黄
氧气管	洋蓝	—
乙炔管	白	—
氢气管	白	红
氮气管	棕	—

（2）工业管道的基本识别涂色见表 3-194。

工业管道基本识别涂色　　表 3-194

管道名称	颜色	
	基本识别色	安全色
饱和蒸汽管	铝	
过热蒸汽管	铝	
排气管	铝	
酸液管	紫	黄/黑
碱液管	紫	黄/黑
硫酸亚铁溶液管	紫	黄/黑
磷酸三钠溶液管	紫	黄/黑
石灰溶液管	紫	黄/黑
生水管	绿	
软化水管	绿	白
热水管（100℃及以上）	绿	黄/黑
热水管（100℃以下）	绿	
凝结水管	绿	
疏水管	绿	黑
盐水管	绿	黄
锅炉给水管	绿	
锅炉排污管	黑	
烟气管	黑	
含酸、碱废液管	黑	黄/黑
生产废水管	黑	
氨液管	黑	
氢气管	黄褐	
氨气管	黄褐	
氩气管	黄褐	
氮气管	黄褐	
氢气管	黄褐	黄/黑
煤气管	黄褐	黄/黑
乙炔气管	黄褐	黄/黑
天然气管	黄褐	黄/黑
液化石油气管	黄褐	黄/黑
油管	棕	黄/黑
鼓风管	浅蓝	
真空管	浅蓝	黄
氧气管	浅蓝	黄/黑
压缩空气管	浅蓝	
净化压缩空气管	浅蓝	白

3.7.2.5 阀门的标志识别涂漆

1. 阀体标志识别涂漆

阀体根据材质不同，涂漆颜色也不同，对应关系见表 3-195。

不同材质阀体的涂漆颜色　　表 3-195

阀体材质	识别涂漆颜色	阀体材质	识别涂漆颜色
球墨铸铁	银色	合金钢	中蓝色
灰铸铁、可锻铸铁	黑色	铜合金	不涂漆
碳素钢	中灰色	耐酸钢、不锈钢	天蓝色/不涂漆

2. 密封面标志识别涂漆

密封面涂漆涂在阀门手轮、手柄或扳手上，根据密封面材质不同涂漆颜色不同，对应关系见表 3-196。

不同密封面材质的涂漆颜色　　表 3-196

密封面材质	识别涂漆颜色	密封面材质	识别涂漆颜色
橡胶	中绿色	铜合金	大红色
塑料	紫红色	硬质合金	天蓝色
铸铁	黑色	巴氏合金	淡黄色
耐酸钢、不锈钢	天蓝色	蒙耐尔合金	深黄色
渗氮钢、渗硼钢	天蓝色		

注：1. 当阀座和启闭件材质不同时，按硬度软材质涂漆色；
2. 止回阀的识别颜色涂在阀盖顶部，安全阀、疏水阀涂在阀罩或帽上。

3.7.2.6 钢管常用数据

(1) 普通焊接钢管的常用数据见表3-197。

普通焊接钢管常用数据　　表3-197

公称直径 DN		外径	通道截面面积	容积	外表面积	重量
(mm)	(in)	(mm)	(cm²)	(L/m)	(m²/m)	(kg/m)
15	1/2	21.3	2.01	0.201	0.063	1.25
20	3/4	26.8	3.46	0.346	0.078	1.63
25	1	33.5	5.73	0.573	0.100	2.42
32	1¼	42.3	8.56	0.856	0.126	3.13
40	1½	48.0	13.2	1.320	0.151	3.84
50	2	60.0	19.6	1.960	0.179	4.88
65	2½	75.5	37.4	3.740	0.239	6.64
80	3	88.5	51.5	5.150	0.280	8.34
100	4	114	78.5	8.820	0.339	10.85
125	5	140	123	13.40	0.418	15.04
150	6	165	177	19.10	0.500	17.81

(2) 无缝钢管的常用数据见表3-198。

无缝钢管的常用数据　　表3-198

公称直径 DN (mm)	外径 (mm)	壁厚 (mm)	通道截面面积 (cm²)	容积 (L/m)	外表面积 (m²/m)	重量 (kg/m)
15	22	2.5	2.27	0.227	0.069	1.20
20	25	2.5	3.14	0.314	0.079	1.39
25	32	3	5.31	0.531	0.100	2.15
32	38	3.5	7.55	0.755	0.119	2.98
40	45	3.5	11.3	1.130	0.141	3.85
50	57	3.5	19.6	1.960	0.179	4.01
65	76	4	36.3	3.630	0.239	7.10
80	89	4	51.5	5.150	0.279	8.38
100	108	4	78.5	7.850	0.339	10.26
125	133	4.5	121	12.10	0.417	14.26
150	159	4.5	177	17.70	0.500	17.15
200	219	6	356	35.60	0.688	31.54
250	273	8	519	51.90	0.857	52.28
300	325	8	750	75.00	1.020	62.54
350	377	10	1001	100.1	1.180	90.51
400	426	10	1295	129.5	1.340	102.59
500	530	12	2011	201.1	1.660	154.29
600	630	12	2884	288.4	1.980	183.88

3.7.2.7 管道支架间距

管道支架的间距应按设计要求进行布置。当设计无明确规定时，钢管道支架间距可参照表3-199、表3-200设置。

无保温层管道支吊架最大间距　　表3-199

介质参数及管道类别	管道规格 φ×δ (mm)	管道自重 (kg/m)	管道满水单位重 (kg/m)
	32×3.5	2.46	2.9
	38×3.5	2.98	3.63
	45×3.5	3.58	4.53
	57×3.5	4.62	6.63
	73×4	6.81	10.22
	89×4	8.38	13.86
	108×4	10.26	18.33
	133×4	12.73	25.13
碳钢管道	159×4.5	17.15	34.82
	219×6	31.52	65.17
	273×7	45.92	100.25
	325×7	54.90	157.50
	377×7	63.87	159.67
	426×7	72.33	193.23
	478×7	81.31	242.31
	529×7	90.11	291.01
	630×7	107.5	405.5

（续表）

介质参数及管道类别	最大允许间距 Lmax (m)		
	按强度条件计算	按刚度条件计算	推荐值
	4.93	3.24	3.2
	5.37	3.68	3.7
	6.2	3.86	3.9
	6.24	4.9	4.9
	7.2	6.07	6.0
	7.45	6.7	6.7
	8.98	7.66	7.6
	9.56	8.8	8.8
碳钢管道	10.4	9.8	9.8
	12.13	9.93	9.9
	12.8	14.7	12.8
	13.1	16.6	13.0
	14.3	17.0	14.3
	14.8	18.8	14.8
	15.6	19.2	15.6
	16.0	20.4	16.0
	16.4	21.0	16.4

蒸汽管道支吊架最大间距　　表3-200

介质参数及管道类别	管道规格 φ×δ (mm)	保温厚度 (mm)	管道自重 (kg/m)	保温重量 (kg/m)
	32×3.5	60	2.46	14.79
	38×3.5	70	2.98	18.91
	45×3.5	80	3.58	23.81
	57×3.5	90	4.62	30.15
	73×4	100	6.81	33.55
	89×4	100	8.38	40.97
	108×4	100	10.26	50.92
	133×4	100	12.73	56.28
蒸汽管道 P=1MPa t=175℃	159×4.5	110	17.15	68.79
	219×6	110	31.52	82.55
	273×7	120	45.92	103.85
	325×7	120	54.90	116.63
	377×7	130	63.87	140.39
	426×7	130	72.33	153.15
	478×7	130	81.31	166.75
	529×7	130	90.11	179.91

介质参数及管道类别	管道单位重量 (kg/m)		最大允许间距 Lmax (m)		
	无水	满水	按强度条件计算	按刚度条件计算	推荐值
	17.25	17.69	2.09	1.86	1.8
	21.89	22.54	2.32	1.88	1.9
	27.39	28.34	2.62	2.08	2.1
	34.77	36.79	2.80	2.5	2.5
	40.36	43.83	3.66	3.4	3.4
	49.35	54.26	3.91	3.7	3.7
	61.18	68.25	4.65	4.18	4.2
	69.01	80.07	5.55	5.0	5.0
蒸汽管道 P=1MPa t=175℃	85.94	103.61	6.31	5.80	5.8
	114.07	147.72	8.71	8.01	8.0
	148.77	190.71	9.85	9.6	9.6
	171.53	244.40	10.7	11.2	10.7
	204.26	304.10	11.2	11.7	11.2
	225.48	354.38	12.4	12.9	12.8
	248.06	413.01	13.2	13.8	13.2
	270.10	570.00	14.9	15.9	14.9

注：1. 铜及铜合金管道的支架间距可按钢管道支架间距的80%取值；
　　2. 铝及铝合金管道的支架间距可按钢管道支架间距的65～75%取值；
　　3. 铅合金管道及硬塑料管道的支架间距可按1～2m取值；
　　4. 在较重的管道附件旁应设支架，以承受附件的荷重。

3.7.2.8 管道绝热层工程量计算

管道绝热层体积计算见表3-201，考虑到施工误差，在计算绝热层体积时，已将表列绝热层厚度加大10mm。

管道绝热层体积计算表（m³/100m）　表3-201

绝热层厚度（mm）

管道外径(mm)	30	40	50	60	70	80	90	100	110	120	130	140	150	160	170	180	190	200	210	220	230	240	250	260	270	280	290	300	310	320
22	0.58	0.90	1.29	1.73	2.24	2.81	3.45	4.15	4.91	5.73	6.62	7.56																		
28	0.64	0.98	1.38	1.85	2.38	2.97	3.62	4.34	5.11	5.96	6.86	7.83	8.86																	
32	0.68	1.03	1.45	1.92	2.46	3.07	3.73	4.46	5.26	6.11	7.02	8.00	9.05	10.2																
38	0.74	1.11	1.54	2.04	2.59	3.22	3.90	4.65	5.46	6.33	7.27	8.27	9.33	10.5																
45	0.80	1.19	1.65	2.17	2.75	3.39	4.10	4.87	5.70	6.60	7.56	8.58	9.66	10.8	12.0															
57	0.91	1.34	1.84	2.39	3.01	3.69	4.44	5.26	6.12	7.05	8.05	9.10	10.2	11.4	12.7	14.0														
73	1.07	1.55	2.09	2.70	3.36	4.10	4.89	5.75	6.67	7.65	8.70	9.81	11.0	12.2	13.5	14.9	16.3													
89	1.22	1.75	2.34	3.00	3.72	4.50	5.34	6.25	7.22	8.26	9.35	10.5	11.7	13.0	14.4	15.8	17.3	18.8												
108	1.39	1.99	2.64	3.36	4.13	4.98	5.88	6.85	7.88	8.97	10.1	11.3	12.6	14.0	15.4	16.9	18.4	20.0	21.6											
133	1.63	2.30	3.03	3.83	4.68	5.60	6.59	7.63	8.74	9.91	11.1	12.4	13.8	15.2	16.7	18.3	19.9	21.6	23.3	25.1										
159	1.88	2.63	3.44	4.32	5.26	6.26	7.32	8.45	9.64	10.9	12.1	13.5	14.9	16.4	18.1	19.7	21.4	23.2	25.0	26.9	28.8									
219	2.44	3.38	4.38	5.45	6.58	7.77	9.02	10.3	11.7	13.2	14.7	16.2	17.9	19.6	21.3	23.1	25.0	27.0	29.0	31.0	33.2	35.4	37.6							
273	2.95	4.06	5.23	6.47	7.76	9.12	10.5	12.0	13.6	15.2	16.9	18.6	20.4	22.3	24.2	26.2	28.2	30.3	32.5	34.8	37.1	39.4	41.9	44.4	46.9					
325	3.44	4.71	6.05	7.45	8.91	10.4	12.0	13.7	15.4	17.2	19.0	20.9	22.9	24.9	27.0	29.2	31.3	33.6	36.0	38.4	40.8	43.4	45.9	48.6	51.3	54.1				
377	3.93	5.37	6.86	8.43	10.0	11.7	13.5	15.3	17.2	19.1	21.1	23.2	25.3	27.5	29.7	32.1	34.4	36.9	39.4	42.0	44.6	47.3	50.0	52.8	55.7	58.7	61.7			
426	4.39	5.98	7.63	9.35	11.1	13.0	14.9	16.8	18.9	21.0	23.1	25.2	27.6	30.0	32.4	34.8	37.4	40.0	42.6	45.3	48.1	50.9	53.9	56.9	59.9	63.0	66.1			
478	4.88	6.64	8.45	10.3	12.3	14.3	16.4	18.5	20.8	23.0	25.2	27.6	30.1	32.6	35.1	37.8	40.5	43.2	46.0	48.9	51.9	54.9	58.0	61.1	64.3	67.6	70.9	74.3		
529	5.36	7.28	9.24	11.3	13.5	15.6	17.8	20.1	22.5	24.9	27.4	29.9	32.6	35.2	37.9	40.7	43.6	46.5	49.4	52.5	55.6	58.7	62.0	65.2	68.6	72.0	75.5	79.1	82.7	
630	6.31	8.55	10.8	13.2	15.6	18.1	20.7	23.4	25.9	28.7	31.4	34.2	37.0	40.2	43.0	46.1	49.0	52.0	55.1	58.4	62.0	65.1	69.3	73.5	77.2	80.9	84.7	88.6	92.5	96.5
720	7.16	9.68	12.3	14.9	17.6	20.4	23.2	26.1	29.1	32.1	35.1	38.1	41.5	44.7	47.9	51.5	54.8	58.2	62.0	65.2	69.4	73.1	77.0	80.9	84.8	88.9	92.9	97.1	101	106
820	8.11	10.9	13.8	16.8	19.8	22.9	26.0	29.2	32.5	35.8	39.2	42.7	46.2	49.8	53.4	57.1	60.9	64.7	68.6	72.6	76.6	80.7	84.8	89.0	93.3	97.6	102	107	111	116
920	9.05	12.2	15.4	18.7	22.0	25.4	28.8	32.4	35.9	39.6	43.3	47.1	50.9	54.8	58.7	62.8	66.9	71.0	75.2	79.5	83.8	88.2	92.7	97.2	102	106	111	116	121	126
1020	9.99	13.4	17.0	20.5	24.2	27.9	31.7	35.5	39.4	43.4	47.4	51.5	55.6	59.8	64.1	68.4	72.8	77.3	81.8	86.4	91.0	95.8	101	105	110	115	120	125	131	136

3.7.2.9　管道压力试验项目

规范要求管道安装完毕后，应按设计规定对管道系统进行强度和严密性试验，试验项目见表3-202。

管道系统试验项目　表3-202

介质性质	设计压力（表压，MPa）	强度试验	严密性试验 液压	严密性试验 气压	其他试验
一般	<0	作		任选	真空度
	0	充水	—		
	>0	作	作	任选	
有毒	任意	作	作	作	
剧毒及甲、乙类	<100	作	作	作	泄漏量
火灾危险物质	>100	作	作	作	

注：本表摘自《工业金属管道工程施工验收规范》（GBJ 50235）。

3.7.3　通 风 空 调 工 程

3.7.3.1　空气洁净度等级

目前国内采用比较多的空气洁净度标准分两种：国际标准ISO/TC 209 和美国联邦标准 FS 209E，见表3-203、表3-204。

空气洁净度国际标准（ISO/TC 209）　表3-203

空气洁净度等级（N）	大于或等于表中粒径的最大浓度限值（pc/m³） 0.1μm	0.2μm	0.3μm	0.5μm	1μm	5μm
1	10	2				
2	100	24	10	4		
3	1000	237	102	35	8	
4	10000	2370	1020	352	83	
5	100000	23700	10200	3520	832	29
6	1000000	237000	102000	35200	8320	293
7				352000	83200	2930
8				3520000	832000	29300
9				35200000	8320000	293000

空气洁净度美国联邦标准（FS 209E）　表3-204

等级名称 国际单位	英制单位	最大浓度限值 0.1μm 容积单位 m³	ft³	0.2μm 容积单位 m³	ft³	0.3μm 容积单位 m³	ft³	0.5μm 容积单位 m³	ft³	5μm 容积单位 m³	ft³
M1		350	9.91	75.7	2.14	30.9	0.875	10.0	0.283		
M1.5	1	1240	35.0	265	7.50	106	3.00	35.3	1.00		
M2		3500	99.1	757	21.4	309	8.75	100	2.83		
M2.5	10	12400	350	2650	75.0	1060	30.0	353	10.0		
M3		35000	991	7570	214	3090	87.5	1000	28.3		
M3.5	100			26500	750	10600	300	3530	100		
M4				75700	2140	30900	875	10000	283		
M4.5	1000							35300	1000	247	7.00
M5								100000	2830	618	17.5
M5.5	10000							353000	10000	2470	70.0
M6								1000000	28300	6180	175
M6.5	100000							3530000	100000	24700	700
M7								10000000	283000	61800	1750

3.7.3.2　空气热工物理参数

（1）干空气在压力为101.325kPa时对传热有影响的物理参数见表3-205。

干空气在压力为101.325kPa时对传热有影响的物理参数　表3-205

温度 t（℃）	密度 ρ（kg/m³）	比热容 c_p kJ/(kg·℃)	热导率 λ·10² W/(m·℃)	热扩散率 a·10² (m²/s)	动力黏度 η·10⁵ (Pa·s)	运动黏度 ν·10⁵ (m²/s)	普朗特数 Pr
−40	1.515	1.0132	2.117	4.96	1.5200	1.004	0.728
−30	1.453	1.0132	2.198	5.37	1.5691	1.080	0.723
−20	1.395	1.0090	2.280	5.83	1.6181	1.279	0.716
−10	1.342	1.0090	2.361	6.28	1.6671	1.243	0.712
0	1.293	1.0048	2.442	6.77	1.7162	1.328	0.707
10	1.247	1.0048	2.512	7.22	1.7652	1.416	0.705
20	1.205	1.0048	2.594	7.71	1.8142	1.506	0.703
30	1.165	1.0048	2.675	8.23	1.8633	1.600	0.701
40	1.128	1.0048	2.756	8.75	1.9123	1.696	0.699

（2）空气的含热量值见表3-206。

空气在压力为 101.325kPa 时的含热量值（kJ/kg） 表 3-206

t (℃)	相对湿度 φ (%)										
	0	10	20	30	40	50	60	70	80	90	100
−20	−20.097	−19.929	−19.720	−19.511	−19.343	−19.176	−18.966	−18.757	−18.589	−18.380	−18.213
−19	−18.841	−18.883	−18.673	−18.464	−18.255	−18.045	−17.878	−17.608	−17.459	−17.208	−17.040
−18	−18.087	−17.878	−17.626	−17.417	−17.208	−16.995	−16.747	−16.538	−16.287	−16.077	−15.868
−17	−17.082	−16.831	−16.580	−16.370	−16.161	−15.868	−15.617	−15.366	−15.114	−14.905	−14.656
−16	−16.077	−15.826	−15.533	−15.282	−15.031	−14.738	−14.486	−14.235	−13.942	−13.691	−13.440
−15	−15.073	−14.779	−14.486	−14.193	−13.816	−13.649	−13.356	−13.063	−12.770	−12.477	−12.184
−14	−14.063	−13.775	−13.440	−13.147	−12.812	−12.519	−12.184	−11.891	−11.556	−11.263	−10.928
−13	−13.063	−12.728	−12.393	−12.060	−11.723	−11.346	−11.011	−10.676	−10.341	−10.007	−9.672
−12	−12.058	−11.681	−11.304	−10.969	−10.593	−10.216	−9.839	−9.462	−9.085	−8.750	−8.374
−11	−11.053	−10.635	−10.258	−9.839	−9.462	−9.044	−8.667	−8.248	−7.829	−7.453	−7.034
−10	−10.048	−9.672	−9.253	−8.876	−8.457	−8.081	−7.704	−7.285	−6.908	−9.490	−6.113
−9	−9.044	−8.625	−8.164	−7.746	−7.327	−6.908	−6.448	−6.029	−5.610	−5.150	−4.731
−8	−8.039	−7.578	−7.118	−6.615	−6.155	−5.694	−5.234	−4.731	−4.271	−3.810	−3.308
−7	−7.034	−6.531	−6.029	−5.485	−4.982	−4.480	−3.936	−3.433	−2.931	−2.387	−1.884
−6	−6.029	−5.485	−4.899	−4.354	−3.768	−3.224	−2.680	−2.093	−1.549	−0.963	−0.419
−5	−5.024	−4.396	−3.810	−3.182	−2.596	−1.968	−1.340	−0.754	−0.126	0.502	1.130
−4	−4.019	−3.349	−2.680	−2.010	−1.340	−0.670	0.000	0.670	1.340	2.010	2.680
−3	−3.015	−2.303	−1.549	−0.837	−0.126	0.628	1.340	2.093	2.805	3.559	4.271
−2	−2.010	−1.214	−0.419	0.377	1.172	1.968	2.763	3.559	4.354	5.150	5.945
−1	−1.005	−0.126	0.712	1.591	2.428	3.308	4.187	5.024	5.903	6.783	7.620
0	0.000	0.921	1.884	2.805	3.726	4.689	5.610	6.573	7.494	8.457	9.378
1	1.005	1.884	3.015	4.019	5.024	6.029	7.076	8.081	9.085	10.132	11.137
2	2.010	3.098	4.187	5.275	6.364	7.453	8.541	9.630	10.718	11.807	12.895
3	3.015	4.187	5.359	6.490	7.662	8.834	10.007	11.179	12.351	13.565	14.738
4	4.019	5.275	6.531	7.788	9.044	10.300	11.556	12.812	14.068	15.324	16.580
5	5.024	6.364	7.704	9.044	10.383	11.765	13.105	14.445	15.826	17.166	18.548
6	6.029	7.453	8.918	10.341	11.807	13.230	14.696	16.161	17.585	19.050	20.515
7	7.034	8.583	10.132	11.681	13.230	14.779	16.329	17.878	19.469	21.018	22.567
8	8.039	9.713	11.346	13.021	14.696	16.329	18.003	19.678	21.352	23.069	24.744
9	9.044	10.802	12.602	14.361	16.161	17.920	19.720	21.520	23.321	25.121	26.921
10	10.048	11.932	13.816	15.742	17.668	19.552	21.478	23.404	25.330	27.256	29.224
11	11.053	13.063	15.114	17.166	19.176	21.227	23.279	25.330	27.424	29.475	31.569
12	12.058	14.235	16.412	18.589	20.767	22.944	25.163	27.382	29.559	31.778	33.997
13	13.063	15.366	17.710	20.013	22.358	24.702	27.047	29.391	31.778	34.164	36.551
14	14.068	16.538	19.050	21.520	24.032	26.502	29.015	31.527	34.081	36.635	39.147
15	15.073	17.710	20.343	23.027	25.707	28.387	31.066	33.746	36.425	39.147	41.868
16	16.077	18.883	21.730	24.577	27.424	30.271	33.159	36.048	38.895	41.784	44.799
17	17.082	20.097	23.111	26.126	29.182	32.238	35.295	38.393	41.491	44.380	47.730
18	18.087	21.311	24.493	27.717	30.982	34.248	37.556	40.863	44.380	47.311	50.660
19	19.092	22.525	25.958	29.391	32.866	36.341	39.817	43.543	46.892	50.242	54.010
20	20.100	23.739	27.382	31.066	34.750	38.477	42.287	46.055	49.823	53.591	57.359
21	21.102	24.953	28.889	32.783	36.718	40.654	44.799	48.567	52.754	56.522	60.709
22	22.106	26.251	30.396	34.541	38.728	43.124	47.311	51.498	55.684	59.871	64.477
23	23.111	27.507	31.903	36.341	40.821	45.217	49.823	54.428	59.034	63.639	68.245
24	24.116	28.763	33.453	38.184	43.124	47.730	52.335	57.359	62.383	66.989	72.013
25	25.121	30.061	35.044	40.068	45.217	50.242	55.266	60.290	65.733	70.757	76.200
26	26.126	31.401	36.676	41.868	47.311	52.754	58.197	63.639	69.082	74.944	80.387
27	27.131	32.741	38.351	43.961	49.823	55.684	61.127	66.989	72.850	78.712	84.992
28	28.135	34.081	40.068	46.055	52.335	58.197	64.477	70.757	77.037	83.317	89.598
29	29.140	35.420	41.784	48.148	54.428	61.127	67.826	74.106	80.805	87.504	94.203
30	30.145	36.802	43.543	50.242	57.359	64.058	71.176	77.875	84.992	92.110	99.646
31	31.150	38.226	45.218	52.754	59.871	66.989	74.525	82.061	89.598	97.134	104.670
32	32.155	39.649	47.311	54.847	62.383	70.338	78.293	86.248	94.203	102.158	110.532
33	33.160	41.073	48.986	57.359	65.314	73.688	82.061	90.435	98.809	107.008	116.393
34	34.164	42.705	51.079	59.453	68.245	77.037	85.829	94.622	103.833	113.044	122.255
35	35.169	43.951	53.172	61.965	71.176	80.805	90.016	99.646	109.276	118.905	128.535
36	36.174	45.636	55.266	64.895	74.525	84.155	94.203	104.251	114.718	124.767	135.234
37	37.179	47.311	57.359	67.408	77.456	87.922	98.809	109.276	120.161	131.047	142.351
38	38.184	48.567	59.453	69.920	80.805	92.110	103.414	114.718	126.023	137.746	149.469
39	39.189	50.242	61.546	72.850	84.573	96.296	108.019	120.161	132.722	144.863	157.424
40	40.193	51.916	63.639	75.781	88.342	100.48	113.044	126.023	139.002	152.340	165.797

4 施工常用结构计算

4.1 荷载与结构静力计算表

4.1.1 荷 载

4.1.1.1 永久荷载标准值

对结构自重，可按结构构件的设计尺寸与材料单位体积的自重计算确定。对于自重变异较大的材料和构件（如现场制作的保温材料、混凝土薄壁构件等），自重的标准值应根据对结构的不利状态，取上限值或下限值。

注：对常用材料的自重可参考本手册第 3 章的内容。

4.1.1.2 可变荷载的标准值

常用（竖向）可变荷载标准值可按下列规定采用。

1. 民用建筑楼面均布活载

民用建筑楼面均布活载的标准值及其组合值、频遇值和准永久值系数，应按表 4-1 的规定采用。

民用建筑楼面均布活荷载标准值及
其组合值、频遇值和准永久值系数　表 4-1

项次	类别	标准值 (kN/m²)	组合值系数 Ψ_c	频遇值系数 Ψ_f	准永久值系数 Ψ_q
1	（1）住宅、宿舍、旅馆、办公楼、医院病房、托儿所、幼儿园	2.0	0.7	0.5	0.4
	（2）教室、试验室、阅览室、会议室、医院门诊室			0.6	0.5
2	食堂、餐厅、一般资料档案室	2.5	0.7	0.6	0.5
3	（1）礼堂、剧场、影院、有固定座位的看台	3.0	0.7	0.5	0.3
	（2）公共洗衣房	3.0	0.7	0.6	0.5
4	（1）商店、展览厅、车站、港口、机场大厅及其旅客等候室	3.5	0.7	0.6	0.5
	（2）无固定座位的看台	3.5	0.7	0.5	0.3
5	（1）健身房、演出舞台	4.0	0.7	0.6	0.5
	（2）舞厅	4.0	0.7	0.6	0.3
6	（1）书库、档案库、贮藏室	5.0 12.0	0.9	0.9	0.8
	（2）密集柜书库				
7	通风机房、电梯机房	7.0	0.9	0.9	0.8
8	汽车通道及停车库：（1）单向板楼盖（板跨不小于 2m）客车　消防车	4.0 35.0	0.7	0.7	0.6
	（2）双向板楼盖（板跨不小于 6m×6m）和无梁楼盖（柱网尺寸不小于 6m×6m）客车　消防车	2.5 20.0	0.7	0.7	0.6
9	厨房：（1）一般的	2.0	0.7	0.6	0.5
	（2）餐厅的	4.0	0.7	0.7	0.7
10	浴室、厕所、盥洗室：（1）第 1 项中的民用建筑	2.0	0.7	0.5	0.4
	（2）其他民用建筑	2.5	0.7	0.6	0.5
11	走廊、门厅、楼梯：（1）宿舍、旅馆、医院病房、托儿所、幼儿园、住宅	2.0	0.7	0.5	0.4
	（2）办公楼、教学楼、餐厅、医院门诊部	2.5	0.7	0.6	0.5
	（3）当人流可能密集时	3.5	0.7	0.5	0.3

续表

项次	类别	标准值 (kN/m²)	组合值系数 Ψ_c	频遇值系数 Ψ_f	准永久值系数 Ψ_q
12	阳台：（1）一般情况	2.5	0.7	0.6	0.5
	（2）当人群有可能密集时	3.5			

注：1. 本表所给各项活荷载适用于一般使用条件，当使用荷载较大或情况特殊时，应按实际情况采用。

2. 第 6 项书库活荷载当书架高度大于 2m 时，书库活荷载尚应按每米书架高度不小于 2.5kN/m² 确定。

3. 第 8 项中的客车活荷载只适用于停放载人少于 9 人的客车；消防车活荷载是适用于满载总重为 300kN 的大型车辆；当不符合本表的要求时，应将车轮的局部荷载按结构效应的等效原则，换算为等效均布荷载。

4. 第 11 项楼梯活荷载，对预制楼梯踏步平板，尚应按 1.5kN 集中荷载验算。

5. 本表各项活荷载不包括隔墙自重和二次装修荷载。对固定隔墙的自重应按恒荷载考虑，当隔墙位置可灵活自由布置时，非固定隔墙的自重可取每延米长墙重（kN/m）的 1/3 作为楼面活荷载的附加值（kN/m²）计人，附加值不小于 1.0kN/m²。

设计楼面梁、墙、柱及基础时，表 4-1 中的楼面活荷载标准值在下列情况下应乘以规定的折减系数。

（1）设计楼面梁时的折减系数：

1）第 1（1）项当楼面梁从属面积超过 25m² 时，应取 0.9；

2）第 1（2）～7 项当楼面梁从属面积超过 50m² 时，应取 0.9；

3）第 8 项对单向板楼盖的次梁和槽形板的纵肋应取 0.8，对单向板楼盖的主梁应取 0.6，对双向板楼盖的梁应取 0.8；

4）第 9～12 项应采用与所属房屋类别相同的折减系数。

（2）设计墙、柱和基础时的折减系数：

1）第 1（1）项应按表 4-2 规定采用；

2）第 1（2）～7 项应采用与其楼面梁相同的折减系数；

3）第 8 项对单向板楼盖应取 0.5，对双向板楼盖和无梁楼盖应取 0.8；

4）第 9～12 项应采用与所属房屋类别相同的折减系数。

注：楼面梁的从属面积应按梁两侧各延伸二分之一梁间距的范围内的实际面积确定。

活荷载按楼层的折减系数　表 4-2

墙、柱、基础计算截面以上的层数	1	2～3	4～5	6～8	9～20	>20
计算截面以上各楼层活荷载总和的折减系数	1.00 (0.90)	0.85	0.70	0.65	0.60	0.55

注：当楼面梁的从属面积超过 25m² 时，应采用括号内的系数。

2. 屋面活荷载

房屋建筑的屋面，其水平投影面上的屋面均布活荷载，应按表 4-3 采用。屋面均布活荷载，不应与雪荷载同时组合。

屋面均布活荷载　表 4-3

项次	类别	标准值 (kN/m²)	组合值系数 Ψ_c	频遇值系数 Ψ_f	准永久值系数 Ψ_q
1	不上人的屋面	0.5	0.7	0.5	0
2	上人的屋面	2.0	0.7	0.5	0.4
3	屋顶花园	3.0	0.7	0.6	0.5

注：1. 不上人的屋面，当施工或维修荷载较大时，应按实际情况采用；对不同结构应按有关设计规范的规定，将标准值作 0.2kN/m² 的增减。

2. 上人的屋面，当兼作其他用途时，应按相应楼面荷载采用。

3. 对于因屋面排水不畅、堵塞等引起的积水荷载，应采取构造措施加以防止；必要时，应按积水的可能深度确定屋面活荷载。

4. 屋顶花园活荷载不包括花圃土石等材料自重。

3. 施工和检修荷载及栏杆水平荷载

设计屋面板、檩条、钢筋混凝土挑檐、雨篷和预制小梁时，施工或检修集中荷载（人和小工具的自重）应取 1.0kN，并应在最不

利位置处进行验算（注：①对于轻型构件或较宽构件，当施工荷载超过上述荷载时，应按实际情况验算，或采用加垫板、支撑等临时设施承受。②当计算挑檐、雨篷承载力时，应沿板宽每隔1.0m取一个集中荷载；在验算挑檐、雨篷倾覆时，应沿板宽每隔2.5～3.0m取一个集中荷载）。

楼梯、看台、阳台和上人屋面等的栏杆顶部水平荷载，应按下列规定采用：

(1) 住宅、宿舍、办公楼、旅馆、医院、托儿所、幼儿园，应取0.5kN/m；

(2) 学校、食堂、剧场、电影院、车站、礼堂、展览馆或体育场，应取1.0kN/m。

4. 动力系数

建筑结构设计的动力计算，在有充分依据时，可将重物或设备的自重乘以动力系数后，按静力计算设计。

搬运和装卸重物以及车辆起动和刹车的动力系数，可采用1.1～1.3；其动力荷载只传至楼板和梁。

直升机在屋面上的荷载，也应乘以动力系数，对具有液压轮胎起落架的直升机可取1.4；其动力荷载只传至楼板和梁。

5. 雪荷载

屋面水平投影面上的雪荷载标准值，应按下式计算：

$$s_k = \mu_r s_0 \qquad (4-1)$$

式中　s_k——雪荷载标准值（kN/m²）；

　　　μ_r——屋面积雪分布系数（表4-4）；

　　　s_0——基本雪压（kN/m²）。

屋面积雪分布系数　表4-4

项次	类别	屋面形式及积雪分布系数 μ_r
1	单跨单坡屋面	μ_r；α。（下表） α：≤25°，30°，35°，40°，45°，≥50° μ_r：1.0，0.8，0.6，0.4，0.2，0
2	单跨双坡屋面	均匀分布的情况 μ_r；不均匀分布的情况 $0.75\mu_r$，$1.25\mu_r$；α。μ_r按第一项规定采用
3	拱形屋面	$\mu_s = \dfrac{l}{8f}$（$0.4 \leqslant \mu_s \leqslant 1.0$），50°，f，l，$\mu_r$
4	带天窗的屋面	均匀分布的情况 1.0；不均匀分布的情况 1.1，0.8，1.1
5	带天窗有挡风板的屋面	均匀分布的情况 1.0；不均匀分布的情况 1.0，1.4，1.4，1.0

续表

项次	类别	屋面形式及积雪分布系数 μ_r
6	多跨单坡屋面（锯齿形屋面）	均匀分布的情况 1.0；不均匀分布的情况 0.6，1.4，0.6，1.4，0.6，1.4；l/2，l/2；α，l，l
7	双跨双坡或拱形屋面	均匀分布的情况 1.0；不均匀分布的情况 μ_r，1.4，μ_r；α，f，l，l。μ_r按第1或3项规定采用
8	高低屋面	1.0，2.0，1.0，a，h。$a = 2h$，但不小于4m，不大于8m

注：1. 第2项单跨双坡屋面仅当20°≤α≤30°时，可采用不均匀分布情况。

　　2. 第4、5项只适用于坡度α≤25°的一般工业厂房屋面。

　　3. 第7项双跨双坡或拱形屋面，当α≤25°或f/l≤0.1时，只采用均匀分布情况。

　　4. 多跨屋面的积雪分布系数，可参照第7项规定采用。

基本雪压可参照全国基本雪压分布图4-1近似确定。

雪荷载的组合值系数可取0.7；频遇值系数可取0.6；准永久值系数应按雪荷载分区Ⅰ、Ⅱ和Ⅲ的不同，分别取0.5、0.2和0；雪荷载分区应按图4-2确定。

设计建筑结构及屋面的承重构件时，可按下列规定采用积雪的分布情况：

(1) 屋面板和檩条按积雪不均匀分布的最不利情况采用；

(2) 屋架和拱壳可分别按积雪全跨均匀分布情况、不均匀分布的情况和半跨的均匀分布的情况采用；

(3) 框架和柱可按积雪全跨的均匀分布情况采用。

4.1.1.3　荷载组合

1. 承载能力极限状态

对于承载能力极限状态，应按荷载效应的基本组合或偶然组合进行荷载（效应）组合，并应采用下列设计表达式进行设计：

$$\gamma_0 S \leqslant R \qquad (4-2)$$

式中　γ_0——结构重要性系数，对安全等级（注：安全等级共分为三级，一级为重要的房屋、二级为一般的房屋、三级为次要的房屋）为一级的结构构件，不应小于1.1；对安全等级为二级或设计使用年限为50年的结构构件，不应小于1.0；对安全等级为三级或设计使用年限为5年及以下的结构构件，不应小于0.9；

　　　S——荷载效应组合的设计值；

　　　R——结构构件的抗力设计值，应按各有关建筑结构设计规范的规定确定。

对于基本组合，荷载效应组合的设计值S应从下列组合值中取最不利值确定：

(1) 由可变荷载效应控制的组合

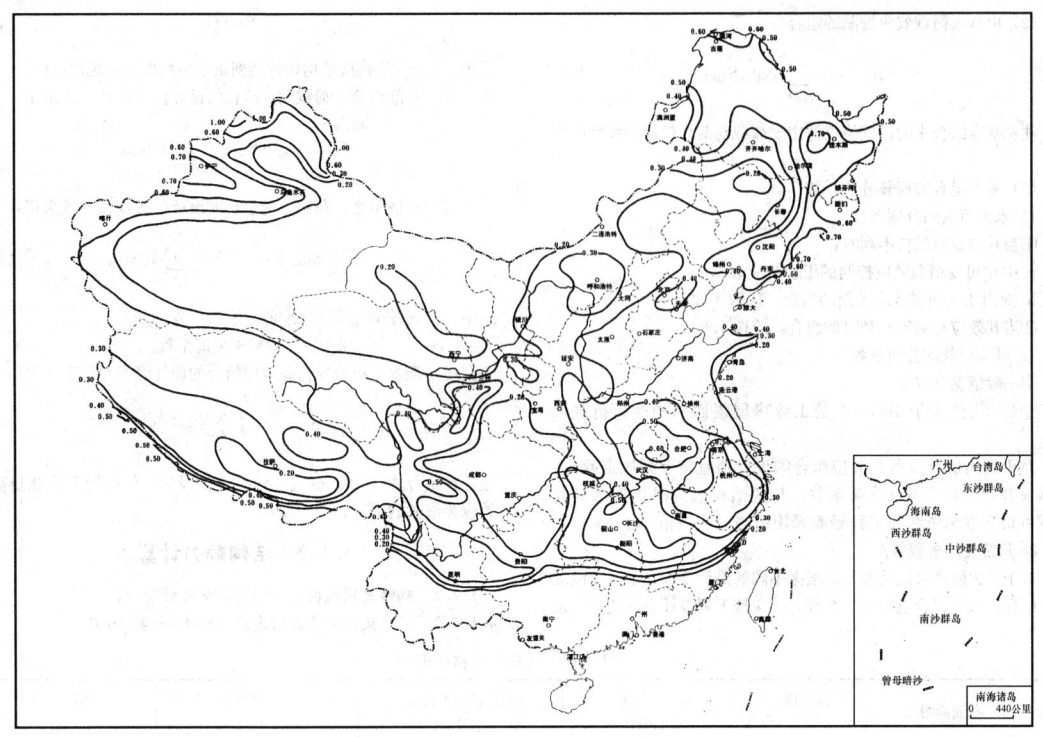

图 4-1　全国基本雪压分布图（单位：kN/m²）

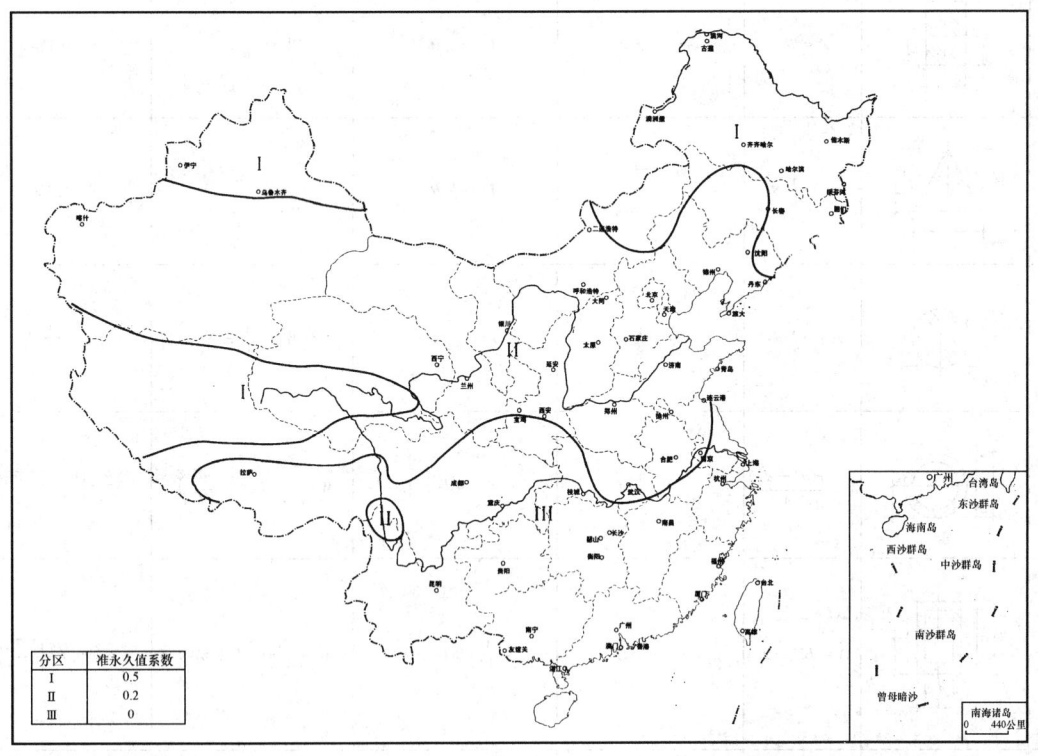

分区	准永久值系数
I	0.5
II	0.2
III	0

图 4-2　雪荷载准永久值系数分区图

$$S = \gamma_G S_{Gk} + \gamma_{Q1} S_{Q1k} + \sum_{i=2}^{n} \gamma_{Qi} \psi_{ci} S_{Qik} \qquad (4\text{-}3)$$

式中　γ_G——永久荷载的分项系数；

γ_{Qi}——第 i 个可变荷载的分项系数，其中 γ_{Q1} 为可变荷载 Q_1 的分项系数；

S_{Gk}——按永久荷载标准值 G_k 计算的荷载效应值；

S_{Qik}——按可变荷载标准值 Q_{ik} 计算的荷载效应值，其中 S_{Q1k} 为诸可变荷载效应中起控制作用者（当对 S_{Q1k} 无法明显判断时，轮次以各可变荷载效应为 S_{Q1k}，选其中最不利的荷载效应组合）；

ψ_{ci}——可变荷载 Q_i 的组合值系数；

n——参与组合的可变荷载数。

（2）由永久荷载效应控制的组合

$$S = \gamma_G S_{Gk} + \sum_{i=1}^{n} \gamma_{Qi} \psi_{ci} S_{Qik} \qquad (4-4)$$

注：基本组合中的设计值仅适用于荷载与荷载效应为线性的情况。

（3）基本组合的荷载分项系数

1）永久荷载的分项系数

①当其效应对结构不利时：

a. 对由可变荷载效应控制的组合，应取 1.2；

b. 对由永久荷载效应控制的组合，应取 1.35。

②当其效应对结构有利时的组合，应取 1.0。

2）可变荷载的分项系数

①一般情况下取 1.4。

②对标准值大于 $4kN/m^2$ 的工业房屋楼面结构的活荷载取 1.3。

对于偶然组合，荷载效应组合的设计值宜按下列规定确定：偶然荷载的代表值不乘分项系数；与偶然荷载同时出现的其他荷载可根据观测资料和工程经验采用适当的代表值。

2. 正常使用极限状态

对于正常使用极限状态，应根据不同的设计要求，采用荷载的标准组合、频遇组合或准永久组合，并应按下列设计表达式进行设计：

$$S \leqslant C \qquad (4-5)$$

式中　C——结构或结构构件达到正常使用要求的规定限值。

对于标准组合，荷载效应组合的设计值 S 应按下式采用：

$$S = S_{Gk} + S_{Q1k} + \sum_{i=2}^{n} \psi_{ci} S_{Qik} \qquad (4-6)$$

对于频遇组合，荷载效应组合的设计值 S 应按下式采用：

$$S = S_{Gk} + \psi_{f1} S_{Q1k} + \sum_{i=2}^{n} \psi_{qi} S_{Qik} \qquad (4-7)$$

式中　ψ_{f1}——可变荷载 Q_1 的频遇值系数；

　　　ψ_{qi}——可变荷载 Q_i 的准永久值系数。

对于准永久组合，荷载效应组合的设计值 S 可按下式采用：

$$S = S_{Gk} + \sum_{i=1}^{n} \psi_{qi} S_{Qik} \qquad (4-8)$$

注：在组合式（4-6）～式（4-8）中的设计值仅适用于荷载与荷载效应为线性的情况。

4.1.2　结构静力计算表

4.1.2.1　构件常用截面的几何与力学特征表（表 4-5）
4.1.2.2　单跨梁的内力及挠度表（表 4-6～表 4-10）

常用截面几何与力学特征表　　　　　　　　　　　　表 4-5

序号	截面简图	截面积 A	截面边缘至主轴的距离 y	对主轴的惯性矩 I	截面抵抗矩 W	回转半径 i
1		$A = bh$	$y = \dfrac{1}{2}h$	$I = \dfrac{1}{12}bh^3$	$W = \dfrac{1}{6}bh^2$	$i = 0.289h$
2		$A = \dfrac{1}{2}bh$	$y_1 = \dfrac{2}{3}h$ $y_2 = \dfrac{1}{3}h$	$I = \dfrac{1}{36}bh^3$	$W_1 = \dfrac{1}{24}bh^2$ $W_2 = \dfrac{1}{12}bh^2$	$i = 0.236h$
3		$A = \dfrac{\pi}{4}d^2$	$y = \dfrac{1}{2}d$	$I = \dfrac{1}{64}\pi d^4$	$W = \dfrac{1}{32}\pi d^3$	$i = \dfrac{1}{4}d$
4		$A = \dfrac{\pi(d^2 - d_1^2)}{4}$	$y = \dfrac{1}{2}d$	$I = \dfrac{\pi}{64}(d^4 - d_1^4)$	$W = \dfrac{\pi}{32}\left(d^3 - \dfrac{d_1^4}{d}\right)$	$i = \dfrac{1}{4}\sqrt{d^2 + d_1^2}$
5		$A = BH - bh$	$y = \dfrac{1}{2}H$	$I = \dfrac{1}{12}(BH^3 - bh^3)$	$W = \dfrac{1}{6H}(BH^3 - bh^3)$	$i = 0.289\sqrt{\dfrac{BH^3 - bh^3}{BH - bh}}$
6		$A = B_1 t_1$ $+ B_2 t_2 + bh$	$y_1 = H - y_2$ $y_2 = \dfrac{1}{2}\left[\dfrac{bH^2 + (B_2 - b)t_2^2}{B_1 t_1 + bh + B_2 t_2}\right.$ $\left. + \dfrac{(B_1 - b)(2H - t_1)t_1}{B_1 t_1 + bh + B_2 t_2}\right]$	$I = \dfrac{1}{3}\big[B_2 y_2^3 + B_1 y_1^3$ $- (B_2 - b)(y_2 - t_2)^3$ $- (B_1 - b)(y_1 - t_1)^3\big]$	$W_1 = \dfrac{I}{y_1}$ $W_2 = \dfrac{I}{y_2}$	$i = \sqrt{\dfrac{I}{A}}$

序号	截面简图	截面积 A	截面边缘至主轴的距离 y	对主轴的惯性矩 I	截面抵抗矩 W	回转半径 i
7		$A = a^2 - a_1^2$	$y = \dfrac{a}{\sqrt{2}}$	$I = \dfrac{1}{12}(a^4 - a_1^4)$	$W = 0.118\left(a^3 - \dfrac{a_1^4}{a}\right)$	$i = 0.289\sqrt{a^2 + a_1^2}$
8		$A = BH - (B-b)h$	$y = \dfrac{1}{2}H$	$I = \dfrac{1}{12}\left[BH^3 - (B-b)h^3\right]$	$W = \dfrac{1}{6H}\left[BH^3 - (B-b)h^3\right]$	$i = 0.289\sqrt{\dfrac{BH^3-(B-b)h^3}{BH-(B-b)h}}$
9		$A = BH - (B-b)h$	$y = \dfrac{1}{2}H$	$I = \dfrac{1}{12}\left[BH^3 - (B-b)h^3\right]$	$W = \dfrac{1}{6H}\left[BH^3 - (B-b)h^3\right]$	$i = 0.289\sqrt{\dfrac{BH^3-(B-b)h^3}{BH-(B-b)h}}$
10		$A = bH + (B-b)t$	$y_1 = H - y_2$ $y_2 = \dfrac{1}{2} \times \dfrac{bH^2 + (B-b)t^2}{bH + (B-b)t}$	$I = \dfrac{1}{3}\left[By_2^3 - (B-b)\right.$ $\times (y_2 - t)^3 + by_1^3\left.\right]$	$W_1 = \dfrac{I}{y_1}$	$i = \sqrt{\dfrac{I}{A}}$
11		$A = \dfrac{\pi d^2}{4} + bd$	$y_1 = \dfrac{1}{2}(b+d)$ $y_2 = \dfrac{1}{2}d$	$I_x = \dfrac{\pi d^4}{64} + \dfrac{bd^3}{12}$ $I_y = \dfrac{\pi d^4}{64} + \dfrac{bd^3}{6}$ $+ \dfrac{\pi b^2 d^2}{16} + \dfrac{db^3}{12}$	$W_x = \dfrac{bd^2}{6}\left(1 + \dfrac{3\pi d}{16b}\right)$ $W_y = \dfrac{1}{96(b+d)} \times (3\pi d^4$ $+ 32bd^3 + 12\pi b^2 d^2$ $+ 16db^3)$	$i_x = \sqrt{\dfrac{I_x}{A}}$ $i_y = \sqrt{\dfrac{I_y}{A}}$
12		$A = 2(\pi R + b)t$	$y_1 = R + \dfrac{1}{2}(b+t)$ $y_2 = R + \dfrac{1}{2}t$	$I_x \approx \pi R^3 t + 2tbR^2$ $I_y \approx \pi R^3 t + 4tbR^2 + \dfrac{\pi Rt}{2}b^2$ $+ \dfrac{t}{6}b^3 + \cdots$	$W_x = \dfrac{I_x}{y_2}$ $W_y = \dfrac{I_y}{y_1}$	$i_x = \sqrt{\dfrac{I_x}{A}}$ $i_y = \sqrt{\dfrac{I_y}{A}}$

（1）简支梁的内力及挠度　　表 4-6

序号	计算简图及弯矩、剪力图	项目	计算公式
1	荷载	反力	$R_A = R_B = \dfrac{F}{2}$
		剪力	$V_A = R_A;\ V_B = -R_B$
	弯矩	弯矩	$M_{max} = \dfrac{1}{4}Fl$
	剪力	挠度	$u_{max} = \dfrac{Fl^3}{48EI}$
2	荷载	反力	$R_A = \dfrac{b}{l}F;\ R_B = \dfrac{a}{l}F$
		剪力	$V_A = R_A;\ V_B = -R_B$
	弯矩	弯矩	$M_{max} = \dfrac{Fab}{l}$
	剪力	挠度	若 $a > b$，在 $x = \sqrt{\dfrac{a}{3}(a+2b)}$ 处， $u_{max} = \dfrac{Fb}{9EIl}\sqrt{\dfrac{(a^2+2ab)^3}{3}}$
3	荷载	反力	$R_A = R_B = F$
		剪力	$V_A = R_A;\ V_B = -R_B$
	弯矩	弯矩	$M_{max} = Fa$
	剪力	挠度	$u_{max} = \dfrac{Fa}{24EI}(3l^2 - 4a^2)$

序号	计算简图及弯矩、剪力图	项目	计算公式
4	荷载	反力	$R_A = R_B = \dfrac{3}{2}F$
		剪力	$V_A = R_A;\ V_B = -R_B$
	弯矩	弯矩	$M_{max} = \dfrac{1}{2}Fl$
	剪力	挠度	$u_{max} = \dfrac{19Fl^3}{384EI}$
5	荷载	反力	$R_A = R_B = \dfrac{1}{2}ql$
		剪力	$V_A = R_A;\ V_B = -R_B$
	弯矩	弯矩	$M_{max} = \dfrac{1}{8}ql^2$
	剪力	挠度	$u_{max} = \dfrac{5ql^4}{384EI}$
6	荷载	反力	$R_A = R_B = qa$
		剪力	$V_A = R_A;\ V_B = -R_B$
	弯矩	弯矩	$M_{max} = \dfrac{1}{2}qa^2$
	剪力	挠度	$u_{max} = \dfrac{qa^2}{48EI}(3l^2 - 2a^2)$

续表

序号	计算简图及弯矩、剪力图	项目	计算公式
7	荷载	反力	$R_A = \dfrac{qb^2}{2l}$；$R_B = \dfrac{qb}{2}\left(2 - \dfrac{b}{l}\right)$
		剪力	$V_A = R_A$；$V_B = -R_B$
	弯矩	弯矩	当 $x = a + \dfrac{b^2}{2l}$ 时，$M_{max} = \dfrac{qb^2}{8}\left(2 - \dfrac{b}{l}\right)^2$
	剪力	挠度	$w_x = \dfrac{qb^2 l^2}{24EI}\left[\left(2 - \dfrac{b^2}{l^2} - \dfrac{2x^2}{l^2}\right)\dfrac{x}{l} + \dfrac{(x-a)^4}{b^2 l^2}\right]$（CB段）
8	荷载	反力	$R_A = R_B = \dfrac{qb}{2}$
		剪力	$V_A = R_A$；$V_B = -R_B$
	弯矩	弯矩	$M_{max} = \dfrac{qbl}{8}\left(2 - \dfrac{b}{l}\right)$
	剪力	挠度	$w_{max} = \dfrac{qbl^3}{384EI}\left(8 - \dfrac{4b^2}{l^2} + \dfrac{b^3}{l^3}\right)$
9	荷载	反力	$R_A = \dfrac{qa_2 b}{l}$；$R_B = \dfrac{qa_1 b}{2}$
		剪力	$V_A = R_A$；$V_B = -R_B$
	弯矩	弯矩	$M_{max} = \dfrac{qba_2}{l}\left(a + \dfrac{ba_2}{2l}\right)$
	剪力	挠度	$w_{max} = \dfrac{qba_2}{24EI}\left[\left(4l - 4\dfrac{a_2^2}{l} - \dfrac{b^2}{l}\right)x - 4\dfrac{x^3}{l} + \dfrac{(x-a)^4}{ba_2}\right]$ 式中：$x = a + \dfrac{ba_2}{l}$
10	荷载	反力	$R_A = R_B = qb$
		剪力	$V_A = R_A$；$V_B = -R_B$
	弯矩	弯矩	$M_{max} = qba_1$
	剪力	挠度	$w_{max} = \dfrac{qba_1}{2EI}\left(\dfrac{l^2}{4} - \dfrac{a_1^2}{3} - \dfrac{b^2}{12}\right)$

(2) 悬臂梁的内力及挠度　　表4-7

续表

序号	计算简图及弯矩、剪力图	项目	计算公式
1	荷载	反力	$R_B = F$
		剪力	$V_B = -R_B$
	弯矩	弯矩	$M_x = -Fx$；$M_{max} = M_B = -Fl$
	剪力	挠度	$w_{max} = w_A = \dfrac{Fl^3}{3EI}$
2	荷载	反力	$R_B = F$
		剪力	$V_B = -R_B$
	弯矩	弯矩	$M_x = -F(x-a)$；$M_{max} = M_B = -Fb$
	剪力	挠度	$w_{max} = w_A = \dfrac{Fb^2 l}{6EI}\left(3 - \dfrac{b}{l}\right)$
3	荷载	反力	$R_B = nF$
		剪力	$V_B = -R_B$
	弯矩	弯矩	$M_{max} = M_B = \dfrac{n+1}{2}Fl$
	剪力	挠度	$w_{max} = w_A = \dfrac{3n^2 + 4n + 1}{24nEI}Fl^3$
4	荷载	反力	$R_B = ql$
		剪力	$V_B = -R_B$
	弯矩	弯矩	$M_{max} = M_B = -\dfrac{ql^2}{2}$
	剪力	挠度	$w_{max} = w_A = \dfrac{ql^4}{8EI}$
5	荷载	反力	$R_B = qa$
		剪力	$V_B = -R_B$
	弯矩	弯矩	$M_{max} = M_B = -qa\left(l - \dfrac{a}{2}\right)$
	剪力	挠度	$w_{max} = w_A = \dfrac{ql^4}{24EI}\left(3 - 4\dfrac{b^3}{l^3} + \dfrac{b^4}{l^4}\right)$
6	荷载	反力	$R_B = qb$
		剪力	$V_B = -R_B$
	弯矩	弯矩	$M_B = -\dfrac{qb^2}{2}$
	剪力	挠度	$w_A = \dfrac{qb^3 l}{24EI}\left(4 - \dfrac{b}{l}\right)$
7	荷载	反力	$R_B = qc$
		剪力	$V_B = -R_B$
	弯矩	弯矩	$M_B = -qcb$
	剪力	挠度	$w_A = \dfrac{qc}{24EI}(12b^2 l - 4b^3 + ac^2)$

(3) 一端简支另一端固定梁的内力及挠度　表 4-8

序号	计算简图及弯矩、剪力图	项目	计 算 公 式
1	荷载	反力	$R_A = \dfrac{5}{16}F$；$R_B = \dfrac{11}{16}F$
		剪力	$V_A = R_A$；$V_B = -R_B$
	弯矩	弯矩	$M_C = \dfrac{5}{32}Fl$；$M_B = -\dfrac{3}{16}Fl$
	剪力	挠度	当 $x = 0.447l$ 时，$w_{max} = 0.00932\dfrac{Fl^3}{EI}$
2	荷载	反力	$R_A = \dfrac{Fb^2}{2l^2}\left(3 - \dfrac{b}{l}\right)$；$R_B = \dfrac{Fa}{2l}\left(3 - \dfrac{a^2}{l^2}\right)$
		剪力	$V_A = R_A$；$V_B = -R_B$
	弯矩	弯矩	当 $x = a$ 时，$M_{max} = \dfrac{Fab^2}{2l^2}\left(3 - \dfrac{b}{l}\right)$
	剪力	挠度	CB 段：$w_x = \dfrac{1}{6EI}\left[R_A(3l^2x - x^3) - 3Fb^2x + F(x-a)^3\right]$
3	荷载	反力	$R_A = \dfrac{F}{2}\left(2 - 3\dfrac{a}{l} + 3\dfrac{a^2}{l^2}\right)$；$R_B = \dfrac{F}{2}\left(2 + 3\dfrac{a}{l} - 3\dfrac{a^2}{l^2}\right)$
		剪力	$V_A = R_A$；$V_B = -R_B$
	弯矩	弯矩	$M_{max} = M_C = R_A a$；$M_B = -\dfrac{3Fa}{2}\left(1 - \dfrac{a}{l}\right)$
	剪力	挠度	CD 段：$w_x = \dfrac{1}{6EI}\left[R_A(3l^2x - x^3) - 3F(l^2 - 2al + 2a^2)x + F(x-a)^3\right]$
4	荷载	反力	$R_A = \dfrac{3}{8}ql$；$R_B = \dfrac{5}{8}ql$
		剪力	$V_A = R_A$；$V_B = -R_B$
	弯矩	弯矩	当 $x = \dfrac{3}{8}l$ 时，$M_{max} = \dfrac{9ql^2}{128}$
	剪力	挠度	当 $x = 0.422l$ 时，$w_{max} = 0.00542\dfrac{ql^4}{EI}$

续表

序号	计算简图及弯矩、剪力图	项目	计 算 公 式
5	荷载	反力	$R_A = \dfrac{qa}{8}(8 - 6\alpha + \alpha^3)$；$R_B = \dfrac{qa^2}{8l}(6l + a^2)$；$\alpha = \dfrac{a}{l}$
		剪力	$V_A = R_A$；$V_B = -R_B$
	弯矩	弯矩	当 $x = \dfrac{R_A}{q}$ 时，$M_{max} = \dfrac{R_A^2}{2q}$
	剪力	挠度	AC 段：$w_x = \dfrac{1}{24EI}\left[4R_A(3lx^2 - x^3) - 4qa(3bl + a^2)x + qx^4\right]$；BC 段：$w_x = \dfrac{1}{24EI}\left[4R_A(3l^2x^2 - x^3) - qa(a^3 + 12blx) + 6ax^2 - 4x^3\right]$；当 $x = a$ 时，$w_a = \dfrac{1}{24EI}\left[4aR_A(3l^2 - a^2) - 3qa^2(4lb + a^2)\right]$
6	荷载	反力	$R_A = \dfrac{qb^3}{8l^3}\left(4 - \dfrac{b}{l}\right)$；$R_B = \dfrac{qb}{8}\left(8 - 4\dfrac{b^2}{l^2} + \dfrac{b^3}{l^3}\right)$
		剪力	$V_A = R_A$；$V_B = -R_B$
	弯矩	弯矩	当 $x = a + \dfrac{R_A}{q}$ 时，$M_{max} = R_A\left(a + \dfrac{R_A}{2q}\right)$
	剪力	挠度	AC 段：$w_x = \dfrac{1}{6EI}\left[R_A(3l^2x - x^3) - qb^3x\right]$；BC 段：$w_x = \dfrac{1}{24EI}\left[4R_A(3l^2x - x^3) - 4qb^3x + q(x-a)^4\right]$；当 $x = a$ 时，$w_a = \dfrac{1}{6EI}\left[aR_A(3l^2 - a^2) - qb^3\right]$
7	荷载	反力	$R_A = \dfrac{qb_1}{8l^3}(12b^2l - 4b^3 + ab_1^2)$；$R_B = qb_1 - R_A$
		剪力	$V_A = R_A$；$V_B = -R_B$
	弯矩	弯矩	当 $x = a_1 + \dfrac{R_A}{q}$ 时，$M_{max} = R_A\left(a_1 + \dfrac{R_A}{2q}\right)$
	剪力	挠度	AC 段：$w_x = \dfrac{1}{24EI}\left[4R_A(3l^2x - x^3) - qb_1(12b^2 + b_1^2)x\right]$；CD 段：$w_x = \dfrac{1}{24EI}\left[4R_A(3l^2x - x^3) - qb_1(12b^2 + b_1^2)x + q(x - a_1)^4\right]$

（4）两端固定梁的内力及挠度　　表4-9

序号	计算简图及弯矩、剪力图	项目	计 算 公 式
1	荷载 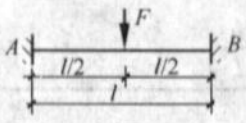	反力	$R_A = R_B = \dfrac{F}{2}$
		剪力	$V_A = R_A; V_B = -R_B$
	弯矩 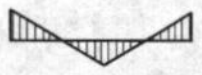	弯矩	$M_{max} = \dfrac{1}{8}Fl$
	剪力 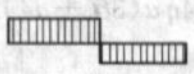	挠度	$w_{max} = \dfrac{Fl^3}{192EI}$
2	荷载 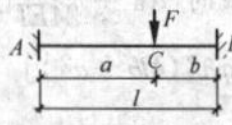	反力	$R_A = \dfrac{Fb^2}{l^2}\left(1+\dfrac{2a}{l}\right)$; $R_B = \dfrac{Fa^2}{l^2}\left(1+\dfrac{2b}{l}\right)$
		剪力	$V_A = R_A; V_B = -R_B$
	弯矩 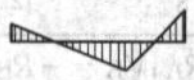	弯矩	$M_{max} = M_C = \dfrac{2Fa^2b^2}{l^3}$
	剪力 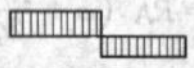	挠度	若 $a>b$，当 $x=\dfrac{2al}{3a+b}$ 时，$w_{max}=\dfrac{2F}{3EI}\times\dfrac{a^3b^2}{(3a+b)^2}$
3	荷载 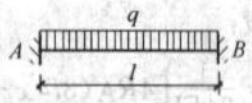	反力	$R_A = R_B = \dfrac{ql}{2}$
		剪力	$V_A = R_A; V_B = -R_B$
	弯矩 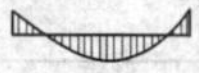	弯矩	$M_{max} = \dfrac{ql^2}{24}$
	剪力 	挠度	$w_{max} = \dfrac{ql^4}{384EI}$
4	荷载 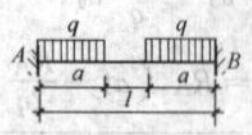	反力	$R_A = R_B = qa$
		剪力	$V_A = R_A; V_B = -R_B$
	弯矩 	弯矩	$M_{max} = \dfrac{qa^3}{3l}$
	剪力 	挠度	$w_{max} = \dfrac{qa^3l}{24EI}\left(1-\dfrac{a}{l}\right)$

续表

序号	计算简图及弯矩、剪力图	项目	计 算 公 式
5	荷载 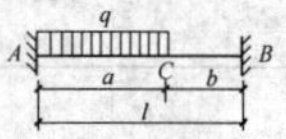	反力	$R_A = \dfrac{qa}{2}(2-2a^2+a^3)$; $R_B = \dfrac{qa^3}{2l^2}(2-a); a=\dfrac{a}{l}$
		剪力	$V_A = R_A; V_B = -R_B$
	弯矩 	弯矩	$M_A=-\dfrac{qa^2}{12}(6-8a+3a^2)$; $a=\dfrac{a}{l}$; 当 $x=\dfrac{R_A}{q}$ 时，$M_{max}=\dfrac{R_A^2}{2q}+M_A$
	剪力 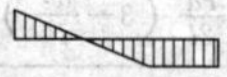	挠度	AC段：$w_x = \dfrac{1}{6EI}\left(-R_Ax^3-3M_Ax^2+\dfrac{qx^4}{4}\right)$ BC段：$w_x = \dfrac{1}{6EI}\left[-R_Ax^3-3M_Ax^2+\dfrac{qa}{4}a^3-4a^2x+6ax^2-4x^3\right]$
6	荷载 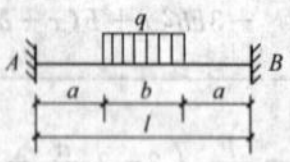	反力	$R_A = R_B = \dfrac{qb}{2}$
		剪力	$V_A = R_A; V_B = -R_B$
	弯矩 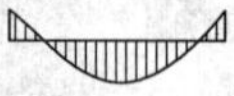	弯矩	$M_{max}=\dfrac{qbl}{24}\left(3-3\dfrac{b}{l}+\dfrac{b^2}{l^2}\right)$
	剪力 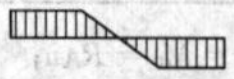	挠度	$w_{max}=\dfrac{qbl^3}{384EI}\times\left(2-2\dfrac{b^2}{l^2}+\dfrac{b^3}{l^3}\right)$

（5）外伸梁的内力及挠度　　表4-10

序号	计算简图及弯矩、剪力图	项目	计 算 公 式
1	荷载 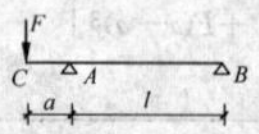	反力	$R_A=\left(1+\dfrac{a}{l}\right)F; R_B=-\dfrac{a}{l}F$
		剪力	$V_C=-F; V_B=-R_B=\dfrac{a}{l}F$
	弯矩 	弯矩	$M_{max}=M_A=-Fa$
	剪力 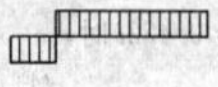	挠度	$w_C=\dfrac{Fa^2l}{3EI}\left(1+\dfrac{a}{l}\right)$ 当 $x=a+0.423l$ 时，$w_{min}=-0.0642\dfrac{Fal^2}{EI}$

续表　　　　　　　　　　　　　　　　　　　　　　　　　　续表

序号	计算简图及弯矩、剪力图	项目	计 算 公 式	序号	计算简图及弯矩、剪力图	项目	计 算 公 式
2	荷载	反力	$R_A = R_B = F$	6	荷载	反力	$R_A = R_B = qa$
		剪力	$V_A = -R_A$; $V_B = R_B$			剪力	$V_A = -R_A$; $V_B = R_B$
	弯矩	弯矩	$M_A = M_B = -Fa$		弯矩	弯矩	$M_A = M_B = -\frac{1}{2}qa^2$
	剪力	挠度	$w_C = w_D = \frac{Fa^2 l}{6EI}\left(3+2\frac{a^2}{l^2}\right)$ 当 $x = a+0.5l$ 时, $w_{min} = -\frac{Fal^2}{8EI}$		剪力	挠度	$w_C = w_D = \frac{qa^3 l}{8EI}\left(2+\frac{a}{l}\right)$ 当 $x = a+0.5l$ 时, $w_{min} = -\frac{qa^2 l^2}{16EI}$
3	荷载	反力	$R_A = \frac{ql}{2}\left(1+\frac{a}{l}\right)^2$; $R_B = \frac{ql}{2}\left(1-\frac{a}{l}\right)^2$	7	荷载	反力	$R_A = \frac{F}{2}\left(2+3\frac{a}{l}\right)$; $R_B = \frac{3Fa}{2l}$
		剪力	$V_{A左} = -qa$; $V_{A右} = R_A - qa$; $V_B = -R_B$			剪力	$V_{A左} = -F$; $V_{A右} = R_A - F$
	弯矩	弯矩	$M_A = -\frac{1}{2}qa^2$ 若 $l > a$, 当 $x = \frac{l}{2}\left(1+\frac{a}{l}\right)^2$ 时, $M_{max} = \frac{ql^2}{8}\left(1-\frac{a^2}{l^2}\right)^2$		弯矩	弯矩	$M_A = -Fa$; $M_B = \frac{Fa}{2}$
	剪力	挠度	$w_{max} = \frac{qal^3}{24EI}\left(-1+4\frac{a^2}{l^2}+3\frac{a^3}{l^3}\right)$		剪力	挠度	$w_C = \frac{Fa^2 l}{12EI}\left(3+4\frac{a}{l}\right)$ 当 $x = a+\frac{1}{3}l$ 时, $w_{min} = -\frac{Fal^2}{27EI}$
4	荷载	反力	$R_A = R_B = \frac{ql}{2}\left(1+2\frac{a}{l}\right)$ $= \frac{q}{2}(l+2a)$	8	荷载	反力	$R_A = \frac{ql}{8}\left(3+8\frac{a}{l}+6\frac{a^2}{l^2}\right)$; $R_B = \frac{ql}{8}\left(5-6\frac{a^2}{l^2}\right)$
		剪力	$V_{A左} = -qa$; $V_{A右} = \frac{1}{2}ql$; $V_{B左} = -\frac{1}{2}ql$; $V_{B右} = qa$			剪力	$V_{A左} = -qa$; $V_{A右} = ql - R_B$; $V_B = -R_B$
	弯矩	弯矩	$M_A = M_B = -\frac{1}{2}qa^2$; $M_{max} = \frac{ql^2}{8}\left(1-4\frac{a^2}{l^2}\right)$		弯矩	弯矩	$M_A = -\frac{qa^2}{2}$; $M_B = -\frac{ql^2}{8}\left(1-2\frac{a^2}{l^2}\right)$
	剪力	挠度	$w_{max} = \frac{ql^4}{384EI}\left(5-24\frac{a^2}{l^2}\right)$		剪力	挠度	$w_C = \frac{qal^3}{48EI}\left(-1+6\frac{a^2}{l^2}+6\frac{a^3}{l^3}\right)$
5	荷载	反力	$R_A = \frac{qa}{2}\left(2+\frac{a}{l}\right)$; $R_B = -\frac{qa^2}{2l}$	9	荷载	反力	$R_A = \frac{qa}{4}\left(4+3\frac{a}{l}\right)$; $R_B = \frac{3qa^2}{4l}$
		剪力	$V_{A左} = -qa$; $V_{A右} = V_B = -R_B = \frac{qa^2}{2l}$			剪力	$V_{A左} = -qa$; $V_{A右} = V_B = R_B$
	弯矩	弯矩	$M_A = M_{max} = -\frac{qa^2}{2}$		弯矩	弯矩	$M_A = -\frac{qa^2}{2}$; $M_B = \frac{qa^2}{4}$
	剪力	挠度	$w_C = \frac{qa^3 l}{24EI}\left(4+\frac{3a}{l}\right)$ 当 $x = a+0.423l$ 时, $w_{min} = -0.0321\frac{qa^3 l}{EI}$		剪力	挠度	$w_C = \frac{qa^3 l}{8EI}\left(1+\frac{a}{l}\right)$

续表

序号	计算简图及弯矩、剪力图	项目	计算公式
10	荷载（简图）	反力	$R_A = -\dfrac{3M}{2l}$；$R_B = \dfrac{3M}{2l}$
		剪力	$V_A = R_A$；$V_B = R_B$
	弯矩（图）	弯矩	$M_{max} = M$；$M_B = -\dfrac{M}{2}$
	剪力（图）	挠度	$w_C = \dfrac{-Mal}{4EI}\left(1+2\dfrac{a}{l}\right)$ 当 $x = a + \dfrac{l}{3}$ 时，$w_{max} = \dfrac{Ml^2}{27EI}$

4.1.2.3　等截面等跨连续梁的内力和挠度系数（表 4-11～表 4-14）

（1）在均布及三角形荷载作用下：M＝表中系数$\times ql^2$

V＝表中系数$\times ql$

w＝表中系数$\times \dfrac{ql^4}{100EI}$

（2）在集中荷载作用下：M＝表中系数$\times Fl$

V＝表中系数$\times F$

w＝表中系数$\times \dfrac{Fl^3}{100EI}$

注：上式中 l 为梁的计算跨度。

（3）内力正负号规定：

M——使截面上部受压，下部受拉为正；

V——对邻近截面所产生的力矩沿顺时针方向者为正。

（1）二跨等跨梁的内力和挠度系数　　表 4-11

荷载图	跨内最大弯矩		支座弯矩	剪力			跨度中点挠度	
	M_1	M_2	M_B	V_A	$V_{B左}$ / $V_{B右}$	V_C	w_1	w_2
（图）	0.070	0.070	−0.125	0.375	−0.625 / 0.625	−0.375	0.521	0.521
（图）	0.096	—	−0.063	0.437	−0.563 / 0.063	0.063	0.912	−0.391
（图）	0.156	0.156	−0.188	0.312	−0.688 / 0.688	−0.312	0.911	0.911
（图）	0.203	—	−0.094	0.406	−0.594 / 0.094	0.094	1.497	−0.586
（图）	0.222	0.222	−0.333	0.667	−1.333 / 1.333	−0.667	1.466	1.466
（图）	0.278	—	−0.167	0.833	−1.167 / 0.167	0.167	2.508	−1.042

（2）三等跨梁的内力和挠度系数　　表 4-12

荷载图	跨内最大弯矩		支座弯矩		剪力				跨度中点挠度		
	M_1	M_2	M_B	M_C	V_A	$V_{B左}$ / $V_{B右}$	$V_{C左}$ / $V_{C右}$	V_D	w_1	w_2	w_3
（图）	0.080	0.025	−0.100	−0.100	0.400	−0.600 / 0.500	−0.500 / 0.600	−0.400	0.677	0.052	0.677
（图）	0.101	—	−0.050	−0.050	0.450	−0.550 / 0	0 / 0.550	−0.450	0.990	−0.625	0.990
（图）	—	0.075	−0.050	−0.050	−0.050	−0.050 / 0.050	−0.500 / 0.050	0.050	−0.313	0.677	−0.313
（图）	0.073	0.054	−0.117	−0.033	0.383	−0.617 / 0.583	−0.417 / 0.033	0.033	0.573	0.365	−0.208
（图）	0.094	—	−0.067	0.017	0.433	−0.567 / 0.083	0.083 / −0.017	−0.017	0.885	−0.313	0.104
（图）	0.175	0.100	−0.150	−0.150	0.350	−0.650 / 0.500	−0.500 / 0.650	−0.350	1.146	0.208	1.146
（图）	0.213	—	−0.075	−0.075	0.425	−0.575 / 0	0 / 0.575	−0.425	1.615	−0.937	1.615

续表

荷载图	跨内最大弯矩		支座弯矩		剪　力				跨度中点挠度		
	M_1	M_2	M_B	M_C	V_A	$V_{B左}$ $V_{B右}$	$V_{C左}$ $V_{C右}$	V_D	w_1	w_2	w_3
	—	0.175	−0.075	−0.075	−0.075	−0.075 0.500	−0.500 0.075	0.075	−0.469	1.146	−0.469
	0.162	0.137	−0.175	−0.050	0.325	−0.675 0.625	−0.375 0.050	0.050	0.990	0.677	−0.312
	0.200	—	−0.100	0.025	0.400	−0.600 0.125	0.125 −0.025	−0.025	1.458	−0.469	0.156
	0.244	0.067	−0.267	−0.267	0.733	−1.267 1.000	−1.000 1.267	−0.733	1.883	0.216	1.883
	0.289	—	−0.133	−0.133	0.866	−1.134 0	0 1.134	−0.866	2.716	−1.667	2.716
	—	0.200	−0.133	−0.133	−0.133	−0.133 1.000	−1.000 0.133	0.133	−0.833	1.883	−0.833
	0.229	0.170	−0.311	−0.089	0.689	−1.311 1.222	−0.778 0.089	0.089	1.605	1.049	−0.556
	0.274	—	−0.178	0.044	0.822	−1.178 0.222	0.222 −0.044	−0.044	2.438	−0.833	0.278

(3) 四跨等跨连续梁内力和挠度系数　　表 4-13

荷载图	跨内最大弯矩		支座弯矩		剪力			跨度中点挠度	
	M_1	M_2	M_B	M_C	V_A	$V_{B左}$ $V_{B右}$	$V_{C左}$ $V_{C右}$	w_1	w_2
	0.077	0.036	−0.107	−0.071	0.393	−0.607 0.536	−0.464 0.464	0.632	0.186
	0.169	0.116	−0.161	−0.107	0.339	−0.661 0.554	−0.446 0.446	1.079	0.409
	0.238	0.111	−0.286	−0.191	0.714	−1.286 1.095	−0.905 0.905	1.764	0.573

（4）五跨等跨连续梁内力和挠度系数 表 4-14

荷载图	跨内最大弯矩			支座弯矩		剪 力			跨度中点挠度 w		
	M_1	M_2	M_3	M_B	M_C	V_A	$V_{B左}$ $V_{B右}$	$V_{C左}$ $V_{C右}$	w_1	w_2	w_3
	0.078	0.033	0.046	−0.105	−0.079	0.394	−0.606 0.526	−0.474 0.500	0.644	0.151	0.315
	0.171	0.112	0.132	−0.158	−0.118	0.342	−0.658 0.540	−0.460 0.500	1.097	0.356	0.603
	0.240	0.100	0.122	−0.281	−0.211	0.719	−1.281 1.071	−0.930 1.000	1.795	0.479	0.918

4.1.2.4 等截面不等跨连续梁的内力系数（表 4-15、表 4-16）

（1）二跨不等跨梁的内力系数 表 4-15

n	M_B^*	M_1	M_2	V_A	$V_{B左}^*$	$V_{B右}^*$	V_C	M_1^*	V_A^*	M_2^*	V_C^*
1.0	−0.125	0.0703	0.0703	0.3750	−0.6250	0.6250	−0.3750	0.0957	0.4375	0.0957	−0.4375
1.1	−0.1388	0.0653	0.0898	0.3613	−0.6387	0.6761	−0.4239	0.0970	0.4405	0.1142	−0.4780
1.2	−0.1550	0.0595	0.1108	0.3450	−0.6550	0.7292	−0.4708	0.0982	0.4432	0.1343	−0.5182
1.3	−0.1738	0.0532	0.1333	0.3263	−0.6737	0.7836	−0.5164	0.0993	0.4457	0.1558	−0.5582
1.4	−0.1950	0.0465	0.1572	0.3050	−0.6950	0.8393	−0.5607	0.1003	0.4479	0.1788	−0.5979
1.5	−0.2188	0.0396	0.1825	0.2813	−0.7187	0.8958	−0.6402	0.1013	0.4500	0.2032	−0.6375
1.6	−0.2450	0.0325	0.2092	0.2550	−0.7450	0.9531	−0.6469	0.1021	0.4519	0.2291	−0.6769
1.7	−0.2738	0.0256	0.2374	0.2263	−0.7737	1.0110	−0.6890	0.1029	0.4537	0.2564	−0.7162
1.8	−0.3050	0.0190	0.2669	0.1950	−0.8050	1.0694	−0.7306	0.1037	0.4554	0.2850	−0.7554
1.9	−0.3388	0.0130	0.2978	0.1613	−0.8387	1.1283	−0.7717	0.1044	0.4569	0.3155	−0.7944
2.0	−0.3750	0.0078	0.3301	0.1250	−0.8750	1.1875	−0.8125	0.1050	0.4583	0.3472	−0.8333
2.25	−0.4766	0.0003	0.4170	0.0234	−0.9766	1.3368	−0.9132	0.1065	0.4615	0.4327	−0.9303
2.5	−0.5938	负值	0.5126	−0.0938	−1.0938	1.4875	−1.0125	0.1078	0.4643	0.5272	−1.0268

注：1. $M=$表中系数$\times ql_1^2$；$V=$表中系数$\times ql_1$；
2. 带有 * 号者为荷载在最不利布置时的最大内力。

（2）三跨不等跨梁内力系数

表 4-16

n	M_B	M_1	M_2	V_A	$V_{B左}^*$	$V_{B右}^*$	M_B^*	$V_{B左}^*$	$V_{B右}^*$	M_1^*	V_A^*	M_2^*
0.4	−0.0831	0.0869	−0.0631	0.4169	−0.5831	0.2000	−0.0962	−0.5962	0.4608	0.0890	0.4219	0.0150
0.5	−0.0804	0.0880	−0.0491	0.4196	−0.5804	0.2500	−0.0947	−0.5947	0.4502	0.0918	0.4286	0.0223
0.6	−0.0800	0.0882	−0.0350	0.4200	−0.5800	0.3000	−0.0952	−0.5952	0.4603	0.0943	0.4342	0.0308
0.7	−0.0819	0.0874	−0.0206	0.4181	−0.5819	0.3500	−0.0979	−0.5979	0.4825	0.0964	0.4390	0.0403
0.8	−0.0859	0.0857	−0.0059	0.4141	−0.5859	0.4000	−0.1021	−0.6021	0.5116	0.0982	0.4432	0.0509
0.9	−0.0918	0.0833	0.0095	0.4082	−0.5918	0.4500	−0.1083	−0.6083	0.5456	0.0998	0.4468	0.0625
1.0	−0.1000	0.0800	0.0250	0.4000	−0.6000	0.5000	−0.1167	−0.6167	0.5833	0.1013	0.4500	0.0750
1.1	−0.1100	0.0761	0.0413	0.3900	−0.6100	0.5500	−0.1267	−0.6267	0.6233	0.1025	0.4528	0.0885
1.2	−0.1218	0.0715	0.0582	0.3782	−0.6218	0.6000	−0.1385	−0.6385	0.6651	0.1037	0.4554	0.1029
1.3	−0.1355	0.0664	0.0758	0.3645	−0.6355	0.6500	−0.1522	−0.6522	0.7082	0.1047	0.4576	0.1182
1.4	−0.1510	0.0609	0.0940	0.3490	−0.6510	0.7000	−0.1676	−0.6676	0.7525	0.1057	0.4597	0.1344
1.5	−0.1683	0.0550	0.1130	0.3317	−0.6683	0.7500	−0.1848	−0.6848	0.7976	0.1065	0.4615	0.1514
1.6	−0.1874	0.0489	0.1327	0.3127	−0.6873	0.8000	−0.2037	−0.7037	0.8434	0.1073	0.4632	0.1694
1.7	−0.2082	0.0426	0.1531	0.2918	−0.7082	0.8500	−0.2244	−0.7244	0.8897	0.1080	0.4648	0.1883
1.8	−0.2308	0.0362	0.1742	0.2692	−0.7308	0.9000	−0.2468	−0.7468	0.9366	0.1087	0.4662	0.2080
1.9	−0.2552	0.0300	0.1961	0.2448	−0.7552	0.9500	−0.2710	−0.7710	0.9846	0.1093	0.4675	0.2286
2.0	−0.2813	0.0239	0.2188	0.2188	−0.7812	1.0000	−0.2969	−0.7969	1.0312	0.1099	0.4688	0.2500
2.25	−0.3540	0.0106	0.2788	0.1462	−0.8538	1.1250	−0.3691	−0.8691	1.1511	0.1111	0.4714	0.3074
2.5	−0.4375	0.0019	0.3437	−0.0625	−0.9375	1.2500	−0.4521	−0.9521	1.2722	0.1122	0.4737	0.3701

注：1. M＝表中系数×ql_1^2；V＝表中系数×ql_1；
　　2. 带有 * 号者为荷载在最不利布置时的最大内力。

4.1.2.5 双向板在均布荷载作用下的弯矩[❶]及挠度系数（表 4-17～表 4-22）

刚度：
$$B = \frac{Eh^3}{12(1-\nu^2)}$$

式中　E——弹性模量；

　　　h——板厚；

　　　ν——泊松比；

　　　w、w_{max}——分为板中心点的挠度和最大挠度；

　　　M_x、$M_{x\,max}$——分别为平行于 l_x 方向板中心点的弯矩和板跨内最大弯矩；

　　　M_y、$M_{y\,max}$——分别为平行于 l_y 方向板中心点的弯矩和板跨内最大弯矩；

　　　M_x^0——固定边中点沿 l_x 方向的弯矩；

　　　M_y^0——固定边中点沿 l_y 方向的弯矩。

正负号的规定：

弯矩——使板的受荷面受压者为正；

挠度——弯位方向与荷载方向相同者为正。

表 4-17～表 4-22 仅列出了 ν＝0 的弯矩系数与挠度系数。当 ν 值不等于零时，其挠度及支座中点弯矩仍可按这些表求得；当求其跨内弯矩时，可按下式求得[❷]：

$$M_x^{(\nu)} = M_x + \nu M_y,$$
$$M_y^{(\nu)} = M_y + \nu M_x$$

式中 M_x 及 M_y 为 ν＝0 时的跨内弯矩。

四 边 简 支　　　　表 4-17

挠度＝表中系数×$\dfrac{ql^4}{B}$；ν＝0，弯矩＝表中系数×ql^2；

式中 l 取 l_x 和 l_y 中之较小者

l_x/l_y	w	M_x	M_y
0.50	0.01013	0.0965	0.0174
0.55	0.00940	0.0892	0.0210
0.60	0.00867	0.0820	0.0242
0.65	0.00796	0.0750	0.0271
0.70	0.00727	0.0683	0.0296

❶ 本节表内的弯矩系数均为单位板宽的弯矩系数。

❷ 当求跨内最大弯矩时，按此公式计算会得出偏大的结果。这是因为板内两个方向的跨内最大弯矩一般不在同一点出现。

续表

两边简支，两边固定　　表 4-19

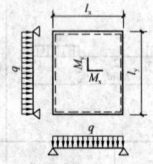

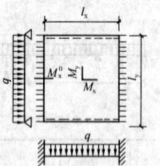

挠度＝表中系数×$\dfrac{ql^4}{B}$；$\nu=0$，弯矩＝表中系数×ql^2；

式中 l 取 l_x 和 l_y 中之较小者

l_x/l_y	w	M_x	M_y
0.75	0.00663	0.0620	0.0317
0.80	0.00603	0.0561	0.0334
0.85	0.00547	0.0506	0.0348
0.90	0.00496	0.0456	0.0358
0.95	0.00449	0.0410	0.0364
1.00	0.00406	0.0368	0.0368

挠度＝表中系数×$\dfrac{ql^4}{B}$；$\nu=0$，弯矩＝表中系数×ql^2；

式中 l 取 l_x 和 l_y 中之较小者

l_x/l_y	l_y/l_x	w	M_x	M_y	M_x^0
0.50		0.00261	0.0416	0.0017	−0.0843
0.55		0.00259	0.0410	0.0028	−0.0840
0.60		0.00255	0.0402	0.0042	−0.0834
0.65		0.00250	0.0392	0.0057	−0.0826
0.70		0.00243	0.0379	0.0072	−0.0814
0.75		0.00236	0.0366	0.0088	−0.0799
0.80		0.00228	0.0351	0.0103	−0.0782
0.85		0.00220	0.0335	0.0118	−0.0763
0.90		0.00211	0.0319	0.0133	−0.0743
0.95		0.00201	0.0302	0.0146	−0.0721
1.00	1.00	0.00192	0.0285	0.0158	−0.0698
	0.95	0.00223	0.0296	0.0189	−0.0746
	0.9	0.00260	0.0306	0.0224	−0.0797
	0.85	0.00303	0.0314	0.0266	−0.0850
	0.80	0.00354	0.0319	0.0316	−0.0904
	0.75	0.00413	0.0321	0.0374	−0.0959
	0.70	0.00482	0.0318	0.0441	−0.1013
	0.65	0.00560	0.0308	0.0518	−0.1066
	0.60	0.00647	0.0292	0.0604	−0.1114
	0.55	0.00743	0.0267	0.0698	−0.1156
	0.50	0.00844	0.0243	0.0798	−0.1191

三边简支，一边固定　　表 4-18

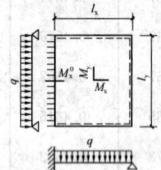

挠度＝表中系数×$\dfrac{ql^4}{B}$；$\nu=0$，弯矩＝表中系数×ql^2；

式中 l 取 l_x 和 l_y 中之较小者

l_x/l_y	l_y/l_x	w_{max}	M_x	M_{xmax}	M_y	M_{ymax}	M_x^0
0.50		0.00504	0.0583	0.0646	0.0060	0.0063	−0.1212
0.55		0.00492	0.0563	0.0618	0.0081	0.0087	−0.1187
0.60		0.00472	0.0539	0.0589	0.0104	0.0111	−0.1158
0.65		0.00448	0.0513	0.0559	0.0126	0.0133	−0.1124
0.70		0.00422	0.0485	0.0529	0.0148	0.0154	−0.1087
0.75		0.00399	0.0457	0.0496	0.0168	0.0174	−0.1048
0.80		0.00376	0.0428	0.0463	0.0187	0.0193	−0.1007
0.85		0.00352	0.0400	0.0431	0.0204	0.0211	−0.0965
0.90		0.00329	0.0372	0.0400	0.0219	0.0226	−0.0922
0.95		0.00306	0.0345	0.0369	0.0232	0.0239	−0.0880
1.00	1.00	0.00285	0.0319	0.0340	0.0243	0.0249	−0.0839
	0.95	0.00324	0.0324	0.0345	0.0280	0.0287	−0.0882
	0.90	0.00368	0.0328	0.0347	0.0322	0.0330	−0.0926
	0.85	0.00417	0.0329	0.0347	0.0370	0.0378	−0.0971
	0.80	0.00473	0.0326	0.0343	0.0424	0.0433	−0.1014
	0.75	0.00536	0.0319	0.0335	0.0485	0.0494	−0.1056
	0.70	0.00605	0.0308	0.0323	0.0553	0.0562	−0.1096
	0.65	0.00680	0.0291	0.0306	0.0627	0.0637	−0.1133
	0.60	0.00762	0.0268	0.0289	0.0707	0.0717	−0.1166
	0.55	0.00848	0.0239	0.0271	0.0792	0.0801	−0.1193
	0.50	0.00935	0.0205	0.0249	0.0880	0.0888	−0.1215

一边简支，三边固定　　表 4-20

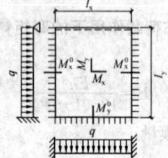

挠度＝表中系数×$\dfrac{ql^4}{B}$；$\nu=0$，弯矩＝表中系数×ql^2；

式中 l 取 l_x 和 l_y 中之较小者

l_x/l_y	l_y/l_x	w_{max}	M_x	M_{xmax}	M_y	M_{ymax}	M_x^0	M_y^0
0.50		0.00258	0.0408	0.0409	0.0028	0.0089	−0.0836	−0.0569
0.55		0.00255	0.0398	0.0399	0.0042	0.0093	−0.0827	−0.0570
0.60		0.00249	0.0384	0.0386	0.0059	0.0105	−0.0814	−0.0571
0.65		0.00240	0.0368	0.0371	0.0076	0.0116	−0.0796	−0.0572
0.70		0.00229	0.0350	0.0354	0.0093	0.0127	−0.0774	−0.0572
0.75		0.00219	0.0331	0.0335	0.0109	0.0137	−0.0750	−0.0572
0.80		0.00208	0.0310	0.0314	0.0124	0.0147	−0.0722	−0.0570
0.85		0.00196	0.0289	0.0293	0.0138	0.0155	−0.0693	−0.0567
0.90		0.00184	0.0268	0.0273	0.0159	0.0163	−0.0663	−0.0563
0.95		0.00172	0.0247	0.0252	0.0160	0.0172	−0.0631	−0.0558
1.00	1.00	0.00160	0.0227	0.0231	0.0168	0.0180	−0.0600	−0.0550

续表

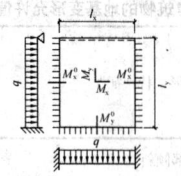

挠度＝表中系数$\times\dfrac{ql^4}{B}$；$\nu=0$，弯矩＝表中系数$\times ql^2$；

式中 l 取 l_x 和 l_y 中之较小者

l_x/l_y	w_{max}	M_x	M_{xmax}	M_y	M_{ymax}	M_x^0	M_y^0
0.95	0.00182	0.0229	0.0234	0.0194	0.0207	−0.0629	−0.0599
0.90	0.00206	0.0228	0.0234	0.0223	0.0238	−0.0656	−0.0653
0.85	0.00233	0.0225	0.0231	0.0255	0.0273	−0.0683	−0.0711
0.80	0.00262	0.0219	0.0224	0.0290	0.0311	−0.0707	−0.0772
0.75	0.00294	0.0208	0.0214	0.0329	0.0354	−0.0729	−0.0837
0.70	0.00327	0.0194	0.0200	0.0370	0.0400	−0.0748	−0.0903
0.65	0.00365	0.0175	0.0182	0.0412	0.0446	−0.0762	−0.0970
0.60	0.00403	0.0153	0.0160	0.0454	0.0493	−0.0773	−0.1033
0.55	0.00437	0.0127	0.0133	0.0496	0.0541	−0.0780	−0.1093
0.50	0.00463	0.0099	0.0103	0.0534	0.0588	−0.0784	−0.1146

四　边　固　定　　　　表 4-21

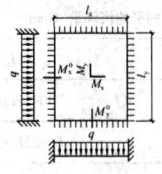

挠度＝表中系数$\times\dfrac{ql^4}{B}$；$\nu=0$，弯矩＝表中系数$\times ql^2$；

式中 l 取 l_x 和 l_y 中之较小者

l_x/l_y	w	M_x	M_y	M_x^0	M_y^0
0.50	0.00253	0.0400	0.0038	−0.0829	−0.0570
0.55	0.00246	0.0385	0.0056	−0.0814	−0.0571
0.60	0.00236	0.0367	0.0076	−0.0793	−0.0571
0.65	0.00224	0.0345	0.0095	−0.0766	−0.0571
0.70	0.00211	0.0321	0.0113	−0.0735	−0.0569
0.75	0.00197	0.0296	0.0130	−0.0701	−0.0565
0.80	0.00182	0.0271	0.0144	−0.0664	−0.0559
0.85	0.00168	0.0246	0.0156	−0.0626	−0.0551
0.90	0.00153	0.0221	0.0165	−0.0588	−0.0541
0.95	0.00140	0.0198	0.0172	−0.0550	−0.0528
1.00	0.00127	0.0176	0.0176	−0.0513	−0.0513

两边简支，两边固定　　　表 4-22

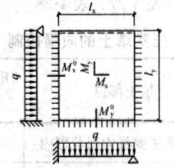

挠度＝表中系数$\times\dfrac{ql^4}{B}$；$\nu=0$，弯矩＝表中系数$\times ql^2$；

式中 l 取 l_x 和 l_y 中之较小者

l_x/l_y	w_{max}	M_x	M_{xmax}	M_y	M_{ymax}	M_x^0	M_y^0
0.50	0.00471	0.0559	0.0562	0.0079	0.0135	−0.1179	−0.0786
0.55	0.00454	0.0529	0.0530	0.0104	0.0153	−0.1140	−0.0785
0.60	0.00429	0.0496	0.0498	0.0129	0.0169	−0.1095	−0.0782
0.65	0.00399	0.0461	0.0465	0.0151	0.0183	−0.1045	−0.0777

续表

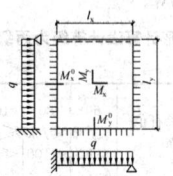

挠度＝表中系数$\times\dfrac{ql^4}{B}$；$\nu=0$，弯矩＝表中系数$\times ql^2$；

式中 l 取 l_x 和 l_y 中之较小者

l_x/l_y	w_{max}	M_x	M_{xmax}	M_y	M_{ymax}	M_x^0	M_y^0
0.70	0.00368	0.0426	0.0432	0.0172	0.0195	−0.0992	−0.0770
0.75	0.00340	0.0390	0.0396	0.0189	0.0206	−0.0938	−0.0760
0.80	0.00313	0.0356	0.0361	0.0204	0.0218	−0.0883	−0.0748
0.85	0.00286	0.0322	0.0328	0.0215	0.0229	−0.0829	−0.0733
0.90	0.00261	0.0291	0.0297	0.0224	0.0238	−0.0776	−0.0716
0.95	0.00237	0.0261	0.0267	0.0230	0.0244	−0.0726	−0.0698
1.00	0.00215	0.0234	0.0240	0.0234	0.0249	−0.0677	−0.0677

4.2　建筑地基基础计算

4.2.1　地基基础计算用表

1. 地基基础设计等级（表 4-23）

地基基础设计等级　　　　表 4-23

设计等级	建筑和地基类型
甲级	重要的工业与民用建筑物 30 层以上的高层建筑 体型复杂，层数相差超过 10 层的高低层连成一体建筑物 大面积的多层地下建筑物（如地下车库、商场、运动场等） 对地基变形有特殊要求的建筑物 复杂地质条件下的坡上建筑物（包括高边坡） 对原有工程影响较大的新建建筑物 场地和地基条件复杂的一般建筑物 位于复杂地质条件及软土地区的二层及二层以下地下室的基坑工程
乙级	除甲级、丙级以外的工业与民用建筑物
丙级	场地和地基条件简单、荷载分布均匀的七层及七层以下民用建筑及一般工业建筑物；次要的轻型建筑物

　　根据建筑物地基基础设计等级及长期荷载作用下地基变形对上部结构的影响程度，地基基础设计应符合下列规定：

　　（1）所有建筑物的地基计算均应满足承载力计算的有关规定。

　　（2）设计等级为甲级、乙级的建筑物，均应按地基变形设计。

　　（3）表 4-24 所列范围内设计等级为丙级的建筑物可不作变形验算，如有下列情况之一时，仍应作变形验算：

　　1）地基承载力特征值小于 130kPa，且体型复杂的建筑；

　　2）在基础上及其附近有地面堆载或相邻基础荷载差异较大，可能引起地基产生过大的不均匀沉降时；

　　3）软弱地基上的建筑物存在偏心荷载时；

　　4）相邻建筑距离过近，可能发生倾斜时；

　　5）地基内有厚度较大或厚薄不均的填土，其自重固结未完成时。

　　（4）对经常受水平荷载作用的高层建筑、高耸结构和挡土墙等，以及建造在斜坡上或边坡附近的建筑物和构筑物，尚应验算其稳定性。

　　（5）基坑工程应进行稳定性验算。

（6）当地下水埋藏较浅，建筑地下室或地下构筑物存在上浮问题时，尚应进行抗浮验算。

可不作地基变形计算设计等级为丙级的建筑物范围

表 4-24

地基主要受力层情况	地基承载力特征值 f_{ak}（kPa）		$60\leqslant f_{ak}<80$	$80\leqslant f_{ak}<100$	$100\leqslant f_{ak}<130$	$130\leqslant f_{ak}<160$	$160\leqslant f_{ak}<200$	$200\leqslant f_{ak}<300$
	各土层坡度（%）		≤5	≤5	≤10	≤10	≤10
建筑类型	砌体承重结构、框架结构（层数）		≤5	≤5	≤5	≤6	≤6	≤7
	单层排架结构（6m柱距）	单跨	吊车额定起重量（t）	5~10	10~15	15~20	20~30	30~50	50~100
			厂房跨度（m）	≤12	≤18	≤24	≤30	≤30	≤30
		多跨	吊车额定起重量（t）	3~5	5~10	10~15	15~20	20~30	30~75
			厂房跨度（m）	≤12	≤18	≤24	≤30	≤30	≤30
	烟囱	高度（m）		≤30	≤40	≤50	≤75	≤100
	水塔	高度（m）		≤15	≤20	≤30	≤30	≤30
		容积（m³）		≤50	50~100	100~200	200~300	300~500	500~1000

注：1. 地基主要受力层系指条形基础底面下深度为 $3b$（b 为基础底面宽度），独立基础下为 $1.5b$，且厚度均不小于 5m 的范围（二层以下一般的民用建筑除外）。
2. 地基主要受力层内如有承载力特征值小于 130kPa 的土层时，表中砌体承重结构的设计，应符合《建筑地基基础设计规范》（GB 50007—2002）中第七章的有关要求；
3. 表中砌体承重结构和框架结构均指民用建筑，对于工业建筑可按厂房高度、荷载情况折合成与其相当的民用建筑层数；
4. 表中吊车额定起重量、烟囱高度和水塔容积的数值指最大值。

2. 基础宽度和埋深的地基承载力修正系数（表 4-25）

承载力修正系数　　表 4-25

土 的 类 别		η_b	η_d
淤泥和淤泥质土		0	1.0
人工填土		0	1.0
e 或 I_L 大于或等于 0.85 的黏性土			
红黏土	含水比 $a_w>0.8$	0	1.2
	含水比 $a_w\leqslant0.8$	0.15	1.4
大面积压实填土	压实系数大于 0.95，黏粒含量 $\rho_c\geqslant$ 10% 的粉土	0	1.5
	最大干密度大于 2.1t/m³ 的级配砂石	0	2.0
粉土	黏粒含量 $\rho_c\geqslant$10% 的粉土	0.3	1.5
	黏粒含量 $\rho_c<$10% 的粉土	0.5	2.0
e 及 I_L 均小于 0.85 的黏性土		0.3	1.6
粉砂、细砂（不包括很湿与饱和时的稍密状态）		2.0	3.0
中砂、粗砂、砾砂和碎石土		3.0	4.4

注：1. 强风化和全风化的岩石，可参照所风化成的相应土类取值，其他状态下的岩石不修正；
2. 地基承载力特征值按《建筑地基基础设计规范》（GB 50007—2002）附录 D 深层平板载荷试验确定时 η_d 取 0。

3. 建筑物的地基变形允许值（表 4-26）

建筑物的地基变形允许值　　表 4-26

变 形 特 征		中、低压缩性土	高压缩性土
砌体承重结构基础的局部倾斜		0.002	0.003
工业与民用建筑相邻柱基的沉降差			
（1）框架结构		$0.002l$	$0.003l$
（2）砌体墙填充的边排柱		$0.0007l$	$0.001l$
（3）当基础不均匀沉降时不产生附加应力的结构		$0.005l$	$0.005l$
单层排架结构（柱距为 6m）柱基的沉降量（mm）		(120)	200
桥式吊车轨面的倾斜（按不调整轨道考虑）			
纵向			0.004
横向			0.003
多层和高层建筑的整体倾斜	$H_g\leqslant24$		0.004
	$24<H_g\leqslant60$		0.003
	$60<H_g\leqslant100$		0.0025
	$H_g>100$		0.002
体型简单的高层建筑基础的平均沉降量（mm）			200
高耸结构基础的倾斜	$H_g\leqslant20$		0.008
	$20<H_g\leqslant50$		0.006
	$50<H_g\leqslant100$		0.005
	$100<H_g\leqslant150$		0.004
	$150<H_g\leqslant200$		0.003
	$200<H_g\leqslant250$		0.002
高耸结构基础的沉降量（mm）	$H_g\leqslant100$		400
	$100<H_g\leqslant200$		300
	$200<H_g\leqslant250$		200

注：1. 本表数值为建筑物地基实际最终变形允许值；
2. 有括号值仅适用于中压缩性土；
3. l——相邻柱基的中心距离（mm）；H_g——自室外地面起算的建筑物高度（m）；
4. 倾斜指基础倾斜方向两端点的沉降差与其距离的比值；
5. 局部倾斜指砌体承重结构沿纵向 6~10m 内基础两点的沉降差与其距离的比值。

4. 压实填土地基（表 4-27、表 4-28）

压实填土的质量控制　　表 4-27

结构类型	填土部位	压实系数 λ_c	控制含水量（%）
砌体承重结构和框架结构	在地基主要受力层范围内	≥0.97	$w_{op}\pm2$
	在地基主要受力层范围以下	≥0.95	
排架结构	在地基主要受力层范围内	≥0.96	
	在地基主要受力层范围以下	≥0.94	

注：1. 压实系数 λ_c 为压实填土的控制干密度 ρ_d 与最大干密度 ρ_{dmax} 的比值，w_{op} 为最优含水量；
2. 地坪垫层以下及基础底面标高以上的压实填土，压实系数不应小于 0.94。

压实填土的边坡坡度允许值　　表 4-28

填土类型	边坡坡度允许值（高宽比）		压实系数（λ_c）
	坡高在 8m 以内	坡高为 8m～15m	
碎石、卵石	1：1.50～1：1.25	1：1.75～1：1.50	
砂夹石（碎石、卵石占全重 30%～50%）	1：1.50～1：1.25	1：1.75～1：1.50	
土夹石（碎石、卵石占全重 30%～50%）	1：1.50～1：1.25	1：2.00～1：1.50	0.94～0.97
粉质黏土、黏粒含量 ρ_c ≥10%的粉土	1：1.75～1：1.50	1：2.25～1：1.75	

5. 房屋沉降缝宽度（表 4-29）和相邻建筑物基础间的净距（表 4-30）

房屋沉降缝的宽度　　表 4-29

房屋层数	沉降缝宽度（mm）
2～3	50～80
4～5	80～120
>5	不小于 120

相邻建筑物基础间的净距（m）　　表 4-30

影响建筑的预估平均沉降量 s（mm）	被影响建筑的长高比	
	$2.0 \leqslant L/H_f$ <3.0	$3.0 \leqslant L/H_f$ <5.0
70～150	2～3	3～6
160～250	3～6	6～9
260～400	6～9	9～12
>400	9～12	≥12

注：1. 表中 L——建筑物长度或沉降缝分隔的单元长度（m）；H_f——自基础底面标高算起的建筑物高度（m）；
　　2. 当被影响建筑的长高比为 1.5<L/H_f<2.0 时，其间净距可适当缩小。

6. 无筋扩展基础台阶宽高比的允许值（表 4-31）

无筋扩展基础台阶宽高比的允许值　　表 4-31

基础材料	质量要求	台阶宽高比的允许值		
		p_k ≤100	100<p_k ≤200	200<p_k ≤300
混凝土基础	C15 混凝土	1：1.00	1：1.00	1：1.25
毛石混凝土基础	C15 混凝土	1：1.00	1：1.25	1：1.50
砖基础	砖不低于 MU10，砂浆不低于 M5	1：1.50	1：1.50	1：1.50
毛石基础	砂浆不低于 M5	1：1.25	1：1.50	—
灰土基础	体积比为 3：7 或 2：8 的灰土，其最小干密度：粉土 1.55t/m³ 粉质黏土 1.50t/m³ 黏土 1.45t/m³	1：1.25	1：1.50	—
三合土基础	体积比 1：2：4～1：3：6（石灰：砂：骨料），每层约虚铺 220mm，夯至 150mm	1：1.50	1：2.00	—

注：1. p_k 为荷载效应标准组合时基础底面处的平均压力值（kPa）；
　　2. 阶梯形毛石基础的每阶伸出宽度，不宜大于 200mm；
　　3. 当基础由不同材料叠合组成时，应对接触部分作抗压验算；
　　4. 基础底面处的平均压力值超过 300kPa 的混凝土基础，尚应进行抗剪验算。

4.2.2　地基基础计算

4.2.2.1　基础埋置深度

基础的埋置深度，应按下列条件确定：

（1）建筑物的用途，有无地下室、设备基础和地下设施，基础的形式和构造；

（2）作用在地基上的荷载大小和性质；

（3）工程地质和水文地质条件；

（4）相邻建筑物的基础埋深；

（5）地基土冻胀和融陷的影响。

在满足地基稳定和变形要求的前提下，基础宜浅埋，当上层地基的承载力大于下层时，宜利用上层土作持力层。除岩石地基处，基础埋深不宜小于 0.5m。

高层建筑筏形和箱形基础的埋置深度应满足地基承载力、变形和稳定性要求。在抗震设防区，除岩石地基外，天然地基上的箱形和筏形基础其埋置深度不宜小于建筑物高度的 1/15；桩箱或桩筏基础的埋置深度（不计桩长）不宜小于建筑物高度的 1/18。位于岩石地基上的高层建筑，其基础埋深应满足抗滑要求。

当存在相邻建筑物时，新建建筑物的基础埋深不宜大于原有建筑基础。当埋深大于原有建筑基础时，两基础间应保持一定净距，其数值应根据原有建筑荷载大小、基础形式和土质情况确定。当上述要求不能满足时，应采取分段施工，设临时加固支撑，打板桩，地下连续墙等施工措施，或加固原有建筑物地基。

确定基础埋深尚应考虑地基的冻胀性。

4.2.2.2　地基计算

地基计算见表 4-32。

地基计算　　表 4-32

计算内容	计算公式
承载力计算	（1）基础底面压力，应符合下式要求： 当轴心荷载作用时 $p_k \leqslant f_a$ 当偏心荷载作用时，除符合上式要求外，尚应符合 $p_{kmax} \leqslant 1.2 f_a$ 式中　p_k——相应于荷载效应标准组合时，基础底面处的平均压力值； 　　　　f_a——修正后的地基承载力特征值； 　　　　p_{kmax}——相应于荷载效应标准组合时，基础底面边缘的最大压力值 （2）基础底面压力，可按下列公式确定： 1）当轴心荷载作用时： $$p_k = \frac{F_k + G_k}{A}$$ 式中　F_k——相应于荷载效应标准组合时，上部结构传至基础顶面的竖向力值； 　　　　G_k——基础自重和基础上的土重； 　　　　A——基础底面面积 2）当偏心荷载作用时： $$p_{kmax} = \frac{F_k + G_k}{A} + \frac{M_k}{W}$$ $$p_{kmin} = \frac{F_k + G_k}{A} - \frac{M_k}{W}$$ 式中　M_k——相应于荷载效应标准组合时，作用于基础底面的力矩值； 　　　　W——基础底面的抵抗矩； 　　　　p_{kmin}——相应于荷载效应标准组合时，基础底面边缘的最小压力值 3）当偏心距 $e > b/6$ 时： $$p_{kmax} = \frac{2(F_k + G_k)}{3la} \leqslant 1.2 f_a$$ 式中　l——垂直于力矩作用方向的基础底面边长； 　　　　a——合力作用点至基础底面最大压力边缘的距离 （3）当基础宽度大于 3m 或埋置深度大于 0.5m 时，f_a 值应按下式修正： $$f_a = f_{ak} + \eta_b \gamma (b-3) + \eta_d \gamma_m (d - 0.5)$$ 式中　f_a——修正后的地基承载力特征值； 　　　　f_{ak}——地基承载力特征值； 　　　　η_b、η_d——基础宽度和埋深的地基承载力修正系数；

计算内容	计 算 公 式
承载力计算	γ——基础底面以下土的重度，地下水位以下取浮重度； b——基础底面宽度，小于 3m 时按 3m 取值，大于 6m 时按 6m 取值； γ_m——基础底面以上土的加权平均重度，地下水位以下取浮重度； d——基础埋置深度，一般自室外地面标高算起。 (4) 当偏心距 e 小于或等于 0.033 倍基础底宽时，f_a 按下式计算： $$f_a = M_b\gamma b + M_d\gamma_m d + M_c c_k$$ 式中 f_a——由土的抗剪强度指标确定的地基承载力特征值； M_b、M_d、M_c——承载力系数； b——基础底面宽度，大于 6m 时按 6m 取值，对于砂土小于 3m 时按 3m 取值； c_k——基底下一倍短边宽度深度内土的黏聚力标准值。 (5) 当地基受力层范围内有较弱下卧层时，尚应验算 $$p_z + p_{cz} \leqslant f_{az}$$ 式中 p_z——相应于荷载效应标准组合时，软弱下卧层顶面处的附加压力值； p_{cz}——软弱下卧层顶面处土的自重压力值； f_{az}——软弱下卧层顶面处经深度修正后地基承载力特征值。 对条形基础和矩形基础，p_z 值可按下列公式简化计算： 条形基础：$p_z = \dfrac{b(p_k - p_c)}{b + 2z\tan\theta}$ 矩形基础：$p_z = \dfrac{lb(p_k - p_c)}{(b + 2z\tan\theta)(l + 2z\tan\theta)}$ 式中 b——矩形基础或条形基础底边的宽度； l——矩形基础底边的长度； p_c——基础底面处土的自重压力值； z——基础底面至软弱下卧层顶面的距离； θ——地基压力扩散线与垂直线的夹角，可按《建筑地基基础设计规范》（GB 50007—2011）表 5.2.7 采用。
变形计算	(1) 地基最终变形量 $$s = \psi_s s' = \psi_s \sum_{i=1}^{n} \frac{p_0}{E_{si}}(z_i\,\overline{a_i} - z_{i-1}\,\overline{a_{i-1}})$$ 式中 s——地基最终变形量； s'——按分层总和法计算出的地基变形量； ψ_s——沉降计算经验系数，根据地区沉降观测资料及经验确定，无地区经验时可采用《建筑地基基础设计规范》（GB 50007—2011）表 5.3.5； n——地基变形计算深度范围内所划分的土层数； p_0——对应于荷载效应准永久组合时的基础底面处的附加压力； E_{si}——基础底面下第 i 层土的压缩模量，取土的自重压力至土的自重压力与附加压力之和的压力段计算； z_i、z_{i-1}——基础底面至第 i 层土、第 $i-1$ 层土底面的距离； $\overline{a_i}$、$\overline{a_{i-1}}$——基础底面计算点至第 i 层土、第 $i-1$ 层土底面范围内平均附加应力系数。 (2) 地基变形计算深度，应符合下式要求： $$\Delta s_n' \leqslant 0.025 \sum_{i=1}^{n} \Delta s_i'$$ 式中 $\Delta s_i'$——在计算深度范围内，第 i 层土的计算变形值； $\Delta s_n'$——在计算深度向上取厚度为 Δz 的土层计算变形值，Δz 按《建筑地基基础设计规范》（GB 50007—2011）表 5.3.7 确定。 (3) 开挖基坑地基的回弹变形量 $$s_c = \psi_c \sum_{i=1}^{n} \frac{p_c}{E_{ci}}(z_i a_i - z_{i-1} a_{i-1})$$

计算内容	计 算 公 式
变形计算	式中 s_c——地基的回弹变形量； ψ_c——考虑回弹影响的沉降计算经验系数，ψ_c 取 1.0； p_c——基坑底面以上土的自重压力，地下水位以下扣除浮力； E_{ci}——土的回弹模量。
稳定性计算	(1) 地基稳定性采用圆弧滑动面法验算，应符合下式： $$M_R/M_s \geqslant 1.2$$ 式中 M_s——滑动力矩； M_R——抗滑力矩。 (2) 位于稳定土坡顶上的建筑，当垂直于坡顶边缘线的基础底面边长小于或等于 3m 时，其基础底面外边缘线至坡顶的水平距离应符合下式要求，但不得小于 2.5m： 1) 条形基础： $$a \geqslant 3.5b - \frac{d}{\tan\beta}$$ 2) 矩形基础： $$a \geqslant 2.5b - \frac{d}{\tan\beta}$$ 式中 a——基础底面外边缘线至坡顶的水平距离； b——垂直于坡顶边缘线的基础底面边长； d——基础埋置深度； β——边坡坡角。

4.2.2.3 基础计算

基础计算见表 4-33。

基 础 计 算 表 4-33

计算内容	计 算 公 式
无筋扩展基础（砖、毛石、混凝土或毛石混凝土、灰土和三合土等材料组成的墙下条形基础或柱下独立基础）	基础高度应符合下式要求： $$H_0 \geqslant \frac{b - b_0}{z\tan\alpha}$$ 式中 H_0——基础高度； b——基础底面宽度； b_0——基础顶面的墙体宽度或柱脚宽度； $\tan\alpha$——基础台阶宽高比。
扩展基础（钢筋混凝土柱独立基础和墙下条形基础）	(1) 矩形截面柱的矩形基础，验算柱与基础交接处及基础变阶处的受冲切承载力： $$F_l \leqslant 0.7\beta_{hp} f_t a_m h_0$$ 式中 β_{hp}——受冲切承载力截面高度影响系数，当 $h \leqslant 800$mm 时，$\beta_{hp} = 1.0$；$h \geqslant 2000$mm 时，$\beta_{hp} = 0.9$，其间按线性内插法取用； f_t——混凝土轴心抗拉强度设计值； h_0——基础冲切破坏锥体的有效高度； a_m——冲切破坏锥体最不利一侧计算长度； F_l——相应于荷载效应基本组合时，作用 A_l 上的地基土净反力设计值。 (2) 基础底板抗弯计算 1) 矩形基础（台阶宽高比小于或等于 2.5 和偏心距小于或等于 1/6 基础宽度时）： $$M_{\mathrm{I}} = \frac{1}{12} a_1^2 \left[(2l + a') \left(p_{\max} + p - \frac{2G}{A} \right) + (p_{\max} - p)l \right]$$ $$M_{\mathrm{II}} = \frac{1}{48}(l - a')^2 (2b + b') \left(p_{\max} + p_{\min} - \frac{2G}{A} \right)$$ 式中 M_{I}、M_{II}——基础底板横、纵截面处相应于荷载效应基本组合时的弯矩设计值； a_1——任意截面至基底边缘最大反力处的距离； l、b——基础底面的边长； $p_{\max}$、$p_{\min}$——相应于荷载效应基本组合时的基础底面边缘最大、最小地基反力设计值；

右上角：续表

计算内容	计 算 公 式
扩展基础（钢筋混凝土柱独立基础和墙下条形基础）	p——相应于荷载效应基本组合时在任意截面处基础底面地基反力设计值； G——考虑荷载分配系数的基础自重及其上的土自重；当组合值由永久荷载控制时，$G = 1.35G_k$，G_k 为基础及其上土的标准自重 　2）墙下条形基础任意截面弯矩，可取 $l = a' = 1$m 按上述 M_I 式计算 　(3) 当扩展基础的混凝土强度等级小于柱的混凝土等级时，尚应验算扩展基础顶面的局部受压承载力
柱下条形基础	(1) 在比较均匀的地基上，上部结构刚度较好，荷载分布较均匀，且条形基础梁的高度不小于 1/6 柱距时，地基反力可按直线分布，条形基础梁的内力可按连续梁计算，此时边跨中弯矩及第一内支座的弯矩值宜乘以 1.2 的系数； (2) 当不满足本条第一款的要求时，宜按弹性地基梁计算； (3) 对交叉条形基础，交点上的柱荷载，可按交叉梁的刚度或变形协调的要求，进行分配，其内力可按本条上述规定，分别进行计算； (4) 验算柱边缘处基础梁的受剪承载力； (5) 当存在扭矩时，尚应作抗扭计算； (6) 当条形基础的混凝土强度等级小于柱的混凝土强度等级时，尚应验算柱下条形基础梁顶面的局部受压承载力
筏形基础（梁板式、平板式）	(1) 基底平面形心与结构竖向永久荷载重心的偏心距： $$e \leqslant 0.1 \frac{W}{A}$$ 式中　W——与偏心距方向一致的基础底面边缘抵抗矩； 　　　A——基础底面积 (2) 梁板式筏基底板受冲切承载力 $$F_l \leqslant 0.7\beta_{hp} f_t u_m h_0$$ 式中　F_l——作用在《建筑地基基础设计规范》（GB 50007—2011）中图 8.4.12-1 中阴影部分面积上的地基土平均净反力设计值； 　　　u_m——距基础梁边 $h_0/2$ 处冲切临界截面的周长 底板区格为矩形双向板时，底板受冲切所需厚度 $$h_0 = \frac{(l_{n1} + l_{n2}) - \sqrt{(l_{n1} + l_{n2})^2 - \dfrac{4p l_{n1} l_{n2}}{p + 0.7\beta_{hp} f_t}}}{4}$$ 式中　l_{n1}、l_{n2}——计算板格的短边、长边的净长度； 　　　p——相应于荷载效应基本组合的地基土平均净反力设计值 (3) 梁板式筏基底板斜截面受剪承载力 $$V_s \leqslant 0.7\beta_{hp} f_t (l_{n2} - 2h_0) h_0$$ 式中　V_s——距离边缘 h_0 处，作用在梯形面积上的地基土平均净反力设计值； 　　　β_{hp}——受剪切承载力截面高度影响系数，板的有效高度 $h_0 < 800$mm 时，h_0 取 800mm；$h_0 > 2000$mm 时，h_0 取 2000mm (4) 梁板式筏基的基础梁要验算正截面受弯、斜截面受剪承载力及底层柱下基础梁顶面的局部受压承载力 (5) 平板式筏基，距柱边 $h_0/2$ 处冲切临界截面的最大剪应力 τ_{max} $$\tau_{max} = F_l/u_m h_0 + \alpha_s M_{unb} c_{AB}/I_s$$ $$\tau_{max} \leqslant 0.7(0.4 + 1.2/\beta_s)\beta_{hp} f_t$$ $$\alpha_s = 1 - \frac{1}{1 + \dfrac{2}{3}\sqrt{c_1/c_2}}$$ 式中　F_l——相应于荷载效应基本组合时的集中力设计值，对内柱取轴力设计值减去筏板冲切破坏锥体内的地基净反力设计值；对边柱和角柱，取轴力设计值减去筏板冲切临界截面范围内的地基净反力设计值；地基反力值应扣除底板自重；
筏形基础（梁板式、平板式）	u_m——距基础梁边 $h_0/2$ 处冲切临界截面的周长； 　　　h_0——筏板的有效高度； 　　　M_{unb}——作用在冲切临界截面重心上的不平衡弯矩设计值； 　　　c_{AB}——沿弯矩作用方向，冲切临界截面重心至冲切临界截面最大剪应力点的距离； 　　　I_s——冲切临界截面对其重心的极惯性矩； 　　　β_s——柱截面长边与短边的比值，$\beta_s < 2$ 时取 2，$\beta_s > 4$ 时取 4； 　　　c_1——与弯矩作用方向一致的冲切临界截面的边长； 　　　c_2——垂直于 c_1 的冲切临界截面的边长； 　　　α_s——不平衡弯矩通过冲切临界截面上的偏心剪力来传递的分配系数 (6) 平板式筏基内筒下板受冲切承载力 $$F_l/u_m h_0 \leqslant 0.7\beta_{hp} f_t/\eta$$ 式中　F_l——相应于荷载效应基本组合时的内筒所承受的轴力设计值减去筏板冲切破坏锥体内的地基净反力设计值。地基反力值应扣除底板自重； 　　　u_m——距基础梁边 $h_0/2$ 处冲切临界截面的周长； 　　　h_0——距内筒外表面 $h_0/2$ 处筏板的截面有效高度； 　　　η——内筒冲切临界截面周长影响系数，取 1.25 (7) 平板式筏基距内筒边缘或柱边缘 h_0 处筏板受剪承载力 $$V_s \leqslant 0.7\beta_{hs} f_t b_w h_0$$ 式中　V_s——荷载效应基本组合下，地基土净反力平均值产生的距内筒或柱边缘 h_0 处筏板单位宽度的剪力设计值； 　　　b_w——筏板计算单位宽度； 　　　h_0——距内筒或柱边缘 h_0 处筏板的截面有效高度

4.2.2.4　桩基础计算

桩基础计算见表 4-34。

桩 基 础 计 算　　　　　表 4-34

计算内容	计 算 公 式
桩顶作用效应计算	1. 竖向力 轴心竖向力作用下：$N_k = \dfrac{F_k + G_k}{n}$ 偏心竖向力作用下：$N_{ik} = \dfrac{F_k + G_k}{n} \pm \dfrac{M_{xk} y_i}{\sum y_j^2} \pm \dfrac{M_{yk} x_i}{\sum x_j^2}$ 2. 水平力：$H_{ik} = \dfrac{H_k}{n}$ 式中　F_k——荷载效应标准组合下，作用于承台顶面的竖向力； 　　　G_k——桩基承台和承台上土自重标准值，对稳定的地下水位以下部分应扣除水的浮力； 　　　N_k——荷载效应标准组合轴心竖向力作用下，基桩或复合基桩的平均竖向力； 　　　N_{ik}——荷载效应标准组合偏心竖向力作用下，第 i 基桩或复合基桩的竖向力； 　　　M_{xk}、M_{yk}——荷载效应标准组合下，作用于承台底面，绕通过桩群形心的 x、y 主轴的力矩； 　　　x_i、x_j、y_i、y_j——第 i、j 基桩或复合基桩至 y、x 轴的距离； 　　　H_k——荷载效应标准组合下，作用于桩基承台底面的水平力； 　　　H_{ik}——荷载效应标准组合下，作用于第 i 基桩或复合基桩的水平力； 　　　n——桩基中的桩数

续表

计算内容	计 算 公 式
桩基竖向承载力计算	1. 荷载效应标准组合 轴心竖向力作用下：$N_k \leqslant R$ 偏心竖向力作用下，除满足上式外，尚应满足下式的要求：$N_{kmax} \leqslant 1.2R$ 2. 地震作用效应和荷载效应标准组合 轴心竖向力作用下：$N_{Ek} \leqslant 1.25R$ 偏心竖向力作用下，除满足上式外，尚应满足下式的要求： $N_{Ekmax} \leqslant 1.5R$ 3. 单桩竖向承载力特征值 $$R_a = \frac{1}{K}Q_{uk}$$ 4. 考虑承台效应的复合基桩竖向承载力特征值 不考虑地震作用时 $R = R_a + \eta_c f_{ak} A_c$ 考虑地震作用时 $R = R_a + \dfrac{\zeta_a}{1.25}\eta_c f_{ak} A_c$ $$A_c = (A - nA_{ps})/n$$ 式中　N_k——荷载效应标准组合轴心竖向力作用下，基桩或复合基桩的平均竖向力； 　　　N_{kmax}——荷载效应标准组合偏心竖向力作用下，桩顶最大竖向力； 　　　N_{Ek}——地震作用效应和荷载效应标准组合下，基桩或复合基桩的平均竖向力； 　　　N_{Ekmax}——地震作用效应和荷载效应标准组合下，基桩或复合基桩的最大竖向力； 　　　R——基桩或复合基桩竖向承载力特征值； 　　　Q_{uk}——单桩竖向极限承载力标准值； 　　　K——安全系数，取 $K=2$； 　　　η_c——承台效应系数； 　　　f_{ak}——承台下 1/2 承台宽度且不超过 5m 深度范围内各层土的地基承载力特征值按厚度加权的平均值； 　　　A_c——计算基桩所对应的承台底净面积； 　　　A_{ps}——为桩身截面面积； 　　　A——为承台计算域面积。对于柱下独立桩基，A 为承台总面积；对于桩筏基础，A 为柱、墙筏板的 1/2 跨距和悬臂边 2.5 倍筏板厚度所围成的面积；桩集布置于单片墙下的桩筏基础，取墙两边各 1/2 跨距围成的面积，按条基计算 η_c； 　　　ζ_a——地基抗震承载力调整系数，应按现行国家标准《建筑抗震设计规范》GB 50011 采用
单桩竖向极限承载力	1. 单桩竖向静载试验法 　单桩竖向极限承载力标准值、极限侧阻力标准值和极限端阻力标准值应按下列规定确定： 　1）单桩竖向静载试验应按现行行业标准《建筑基桩检测技术规范》JGJ 106 执行； 　2）对于大直径端承型桩，也可通过深层平板（平板直径应与孔径一致）载荷试验确定极限端阻力； 　3）对于嵌岩桩，可通过直径为 0.3m 岩基平板载荷试验确定极限端阻力标准值，也可通过直径为 0.3m 嵌岩短墩载荷试验确定极限侧阻力标准值和极限端阻力标准值； 　4）桩的极限侧阻力标准值和极限端阻力标准值宜通过埋设桩身轴力测试元件由静载试验确定。并通过测试结果建立极限侧阻力标准值和极限端阻力标准值与土层物理指标、岩石饱和单轴抗压强度以及与静力触探等土的原位测试指标间的经验关系，以经验参数法确定单桩竖向极限承载力 　2. 原位测试法 　当根据单桥探头静力触探资料确定混凝土预制桩单桩竖向极限承载力标准值时，如无当地经验： $$Q_{uk} = Q_{sk} + Q_{pk} = u\sum q_{sik}l_i + \alpha p_{sk}A_p$$ 当 $p_{sk1} \leqslant p_{sk2}$ 时，$p_{sk} = \dfrac{1}{2}(p_{sk1} + \beta \cdot p_{sk2})$ 当 $p_{sk1} > p_{sk2}$ 时，$p_{sk} = p_{sk2}$

续表

计算内容	计 算 公 式
单桩竖向极限承载力	式中　Q_{sk}、Q_{pk}——分别为总极限侧阻力标准值和总极限端阻力标准值； 　　　u——桩身周长； 　　　q_{sik}——用静力触探比贯入阻力值估算的桩周第 i 层土的极限侧阻力； 　　　l_i——桩周第 i 层土的厚度； 　　　α——桩端阻力修正系数，按《建筑桩基技术规范》JGJ 94—2008 表 5.3.3-1 取值； 　　　p_{sk}——桩端附近的静力触探比贯入阻力标准值（平均值）； 　　　A_p——桩端面积； 　　　p_{sk1}——桩端全截面以上 8 倍桩径范围内的比贯入阻力平均值； 　　　p_{sk2}——桩端全截面以下 4 倍桩径范围内的比贯入阻力平均值，如桩底持力层为密实的砂土层，其比贯入阻力平均值 p_s 超过 20MPa 时，则需乘以《建筑桩基技术规范》JGJ 94—2008 表 5.3.3-2 中系数 C 予以折减后，再计算 p_{sk2} 及 p_{sk1} 值； 　　　β——折减系数，按《建筑桩基技术规范》JGJ 94—2008 表 5.3.3-3 选用。 　当根据双桥探头静力触探资料确定混凝土预制桩单桩竖向极限承载力标准值时，对于黏性土、粉土和砂土，如无当地经验 $$Q_{uk} = Q_{sk} + Q_{pk} = u\sum l_i \cdot \beta_i \cdot f_{si} + \alpha \cdot q_c \cdot A_p$$ 式中　f_{si}——第 i 层土的探头平均侧阻力（kPa）； 　　　q_c——桩端平面上、下探头阻力，取桩端平面以上 $4d$（d 为桩的直径或边长）范围内按土层厚度的探头阻力加权平均值（kPa），然后再和桩端平面以下 $1d$ 范围内的探头阻力进行平均； 　　　α——桩端阻力修正系数，对于黏性土、粉土取 2/3，饱和砂土取 1/2； 　　　β_i——第 i 层土桩侧阻力综合修正系数，黏性土、粉土：$\beta_i = 10.04 \ (f_{si})^{-0.55}$；砂土：$\beta_i = 5.05$ $(f_{si})^{-0.45}$ 　3. 经验参数法 　当根据土的物理指标与承载力参数之间的经验关系确定单桩竖向极限承载力标准值时 $$Q_{uk} = Q_{sk} + Q_{pk} = u\sum q_{sik}l_i + q_{pk}A_p$$ 式中　q_{sik}——桩侧第 i 层土的极限侧阻力标准值，如无当地经验时，可按《建筑桩基技术规范》（JGJ 94—2008）表 5.3.5-1 取值； 　　　q_{pk}——极限端阻力标准值，如无当地经验时，可按《建筑桩基技术规范》JGJ 94—2008 表 5.3.5-2 取值。 　当根据土的物理指标与承载力参数之间的经验关系确定大直径桩单桩极限承载力标准值时 $$Q_{uk} = Q_{sk} + Q_{pk} = u\sum \psi_{si}q_{sik}l_i + \psi_p q_{pk}A_p$$ 式中　q_{sik}——桩侧第 i 层土极限侧阻力标准值，如无当地经验值时，可按《建筑桩基技术规范》（JGJ 94—2008）表 5.3.5-1 取值，对于扩底桩变截面以上 $2d$ 长度范围不计侧阻力； 　　　q_{pk}——桩径为 800mm 的极限端阻力标准值，对于干作业挖孔（清底干净）可采用深层载荷板试验确定；当不能进行深层载荷板试验时，可按《建筑桩基技术规范》（JGJ 94—2008）表 5.3.6-1 取值； 　　　ψ_{si}、ψ_p——大直径桩侧阻、端阻尺寸效应系数，按《建筑桩基技术规范》（JGJ 94—2008）表 5.3.6-2 取值。 　　　u——桩身周长，当人工挖孔桩桩周壁为振捣密实的混凝土时，桩身周长可按护壁外直径计算。

续表

计算内容	计 算 公 式
	4. 钢管桩 当根据土的物理指标与承载力参数之间的经验关系确定钢管桩单桩竖向极限承载力标准值时 $$Q_{uk} = Q_{sk} + Q_{pk} = u\sum q_{sik}l_i + \lambda_p q_{pk}A_p$$ 当 $h_b/d < 5$ 时，　$\lambda_p = 0.16h_b/d$ 当 $h_b/d \geq 5$ 时，　$\lambda_p = 0.8$ 式中　q_{sik}、q_{pk}——分别按《建筑桩基技术规范》（JGJ 94—2008）表5.3.5-1、表5.3.5-2取与混凝土预制桩相同值； 　　　λ_p——桩端土塞效应系数，对于闭口钢管桩 λ_p =1，对于敞口钢管桩按《建筑桩基技术规范》（JGJ 94—2008）式（5.3.7-2）、式（5.3.7-3）取值； 　　　h_b——桩端进入持力层深度； 　　　d——钢管桩外径 **5. 混凝土空心桩** 当根据土的物理指标与承载力参数之间的经验关系确定敞口预应力混凝土空心桩单桩竖向极限承载力标准值时 $$Q_{uk} = Q_{sk} + Q_{pk} = u\sum q_{sik}l_i + q_{pk}(A_j + \lambda_p A_{p1})$$ 当 $h_b/d < 5$ 时，　$\lambda_p = 0.16h_b/d$ 当 $h_b/d \geq 5$ 时，　$\lambda_p = 0.8$ 式中　q_{sik}、q_{pk}——分别按《建筑桩基技术规范》JGJ 94—2008 表5.3.5-1、表5.3.5-2取与混凝土预制桩相同值； 　　　A_j——空心桩桩端净面积； 管桩：　　$A_j = \frac{\pi}{4}(d^2 - d_1^2)$； 空心方桩：　$A_j = b^2 - \frac{\pi}{4}d_1^2$； 式中　A_{p1}——空心桩敞口面积：$A_{p1} = \frac{\pi}{4}d_1^2$； 　　　λ_p——桩端土塞效应系数； 　　　d、b——空心桩外径、边长； 　　　d_1——空心桩内径

计算内容	计 算 公 式
单桩竖向极限承载力	**6. 嵌岩桩** 当根据岩石单轴抗压强度确定单桩竖向极限承载力标准值时 $$Q_{uk} = Q_{sk} + Q_{rk}$$ $$Q_{sk} = u\sum q_{sik}l_i$$ $$Q_{rk} = \zeta_r f_{rk}A_p$$ 式中　Q_{sk}、Q_{rk}——分别为土的总极限侧阻力、嵌岩段总极限阻力； 　　　q_{sik}——桩周第 i 层土的极限侧阻力，无当地经验时，可根据成桩工艺按《建筑桩基技术规范》（JGJ 94—2008）表5.3.5-1取值； 　　　f_{rk}——岩石饱和单轴抗压强度标准值，黏土岩取天然湿度单轴抗压强度标准值； 　　　ζ_r——嵌岩段侧阻和端阻综合系数，与嵌岩深径比 h_r/d、岩石软硬程度和成桩工艺有关，可按《建筑桩基技术规范》（JGJ 94—2008）表5.3.9采用；表中数值适用于泥浆护壁成桩，对于干作业成桩（清底干净）和泥浆护壁成桩后注浆，ζ_r 应取表列数值的1.2倍 **7. 后注浆灌注桩** 后注浆灌注桩的单桩极限承载力，应通过静载试验确定。在符合《建筑桩基技术规范》（JGJ 94—2008）后注浆技术实施规定的条件下，其后注浆单桩极限承载力标准值： $$Q_{uk} = Q_{sk} + Q_{gsk} + Q_{gpk}$$ $$= u\sum q_{sjk}l_j + u\sum \beta_{si}q_{sik}l_{gi} + \beta_p q_{pk}A_p$$ 式中　Q_{sk}——后注浆非竖向增强段的总极限侧阻力值； 　　　Q_{gsk}——后注浆竖向增强段的总极限侧阻力标准值； 　　　Q_{gpk}——后注浆总极限端阻力标准值； 　　　u——桩身周长； 　　　l_j——后注浆非竖向增强段第 j 层土厚度；

计算内容	计 算 公 式
单桩竖向极限承载力	l_{gi}——后注浆竖向增强段内第 i 层土厚度；对于泥浆护壁成孔灌注桩，当为单一桩底后注浆时，竖向增强段为桩端以上12m；当为桩端、桩侧复式注浆时，竖向增强段为桩端以上12m及各桩侧注浆断面以上12m，重叠部分应扣除；对于干作业灌注桩，竖向增强段为桩端以上、桩侧注浆断面上下各6m； q_{sik}、q_{sjk}、q_{pk}——分别为后注浆竖向增强段第 i 层土初始极限侧阻力标准值、非竖向增强段第 j 层土初始极限侧阻力标准值、初始极限端阻力标准值；根据《建筑桩基技术规范》（JGJ 94—2008）第5.3.5条确定； 　　　β_{si}、β_p——分别为后注浆侧阻力、端阻力增强系数，无当地经验时，可按《建筑桩基技术规范》（JGJ 94—2008）表5.3.10取值。对于桩径大于800mm的桩，应按《建筑桩基技术规范》（JGJ 94—2008）表5.3.6-2进行侧阻和端阻尺寸效应修正

计算内容	计 算 公 式
特殊条件下桩基竖向承载力验算	**1. 软弱下卧层验算** 对于桩距不超过 6d 的群桩基础，桩端持力层下存在承载力低于桩端持力层承载力 1/3 的软弱下卧层时： $$\sigma_z + \gamma_m z \leq f_{az}$$ 式中　σ_z——作用于软弱下卧层顶面的附加应力； 　　　γ_m——软弱下卧层顶面以上各土层重度（地下水位以下取浮重度）的厚度加权平均值； 　　　f_{az}——软弱下卧层经深度 z 修正的地基承载力特征值 **2. 负摩阻力计算** （1）桩周土沉降可能引起桩侧负摩阻力时，应根据工程具体情况考虑负摩阻力对桩基承载力和沉降的影响；当缺乏可参照的工程经验时，可按下列规定验算。 对于摩擦型基桩可取桩身计算中性点以上侧阻力为零，并可按下式验算基桩承载力： $$N_k \leq R_a$$ 对于端承型基桩除应满足上式要求外，尚应考虑负摩阻力引起基桩的下拉荷载 Q_g^n，并按下式验算基桩承载力： $$N_k + Q_g^n \leq R_a$$ 当土层不均匀或建筑物对不均匀沉降较敏感时，尚应将负摩阻力引起的下拉荷载计入附加荷载验算桩基沉降。 注：本条中基桩的竖向承载力特征值 R_a 只计中性点以下部分侧阻值及端阻值。 （2）桩侧负摩阻力及其引起的下拉荷载，当无实测资料时可按下列规定计算： 1）中性点以上单桩桩周第 i 层土负摩阻力标准值：$q_{si}^n = \xi_{ni}\sigma_i'$ 式中　q_{si}^n——第 i 层土桩侧负摩阻力标准值；当按《建筑桩基技术规范》（JGJ 94—2008）式（5.4.4-1）计算值大于正摩阻力标准值时，取正摩阻力标准值进行设计； 　　　ξ_{ni}——桩周第 i 层土负摩阻力系数，可按《建筑桩基技术规范》（JGJ 94—2008）表5.4.4-1取值； 　　　σ_i'——桩周第 i 层土平均竖向有效应力； 2）考虑群桩效应的基桩下拉荷载： $$Q_g^n = \eta_n \cdot u\sum_{i=1}^{n} q_{si}^n l_i$$ 式中　n——中性点以上土层数； 　　　l_i——中性点以上第 i 土层的厚度； 　　　η_n——负摩阻力桩群桩效应系数 **3. 抗拔桩基承载力验算** （1）承受拔力的桩基，应同时验算群桩基础呈整体破坏和呈非整体破坏时基桩的抗拔承载力： $$N_k \leq T_{gk}/2 + G_{gp}$$ $$N_k \leq T_{uk}/2 + G_p$$ 式中　N_k——按荷载效应标准组合计算的基桩拔力；

续表

计算内容	计 算 公 式

T_{gk}——群桩呈整体破坏时基桩的抗拔极限承载力标准值，可按《建筑桩基技术规范》（JGJ 94—2008）第5.4.6确定；

T_{uk}——群桩呈非整体破坏时基桩的抗拔极限承载力标准值，可按《建筑桩基技术规范》（JGJ 94—2008）第5.4.6条确定；

G_{gp}——群桩基础所包围体积的桩土总自重除以总桩数，地下水位以下取浮重度；

G_p——基桩自重，地下水位以下取浮重度，对于扩底桩应按《建筑桩基技术规范》（JGJ 94—2008）表5.4.6-1确定桩、土柱体周长，计算桩、土自重

（2）群桩基础及设计等级为丙级建筑桩基，如无当地经验时，基桩的抗拔极限载力取值可按下列规定计算：

群桩呈非整体破坏时：$T_{uk}=\sum \lambda_i q_{sik} u_i l_i$

式中　T_{uk}——基桩抗拔极限承载力标准值；

u_i——桩身周长，对于等直径桩取$u=\pi d$；对于扩底桩按《建筑桩基技术规范》（JGJ 94—2008）表5.4.6-1取值；

q_{sik}——桩侧表面第i层土的抗压极限侧阻力标准值，可按《建筑桩基技术规范》（JGJ 94—2008）表5.3.5-1取值；

λ_i——抗拔系数，可按《建筑桩基技术规范》（JGJ 94—2008）表5.4.6-2取值；

群桩呈整体破坏时：$T_{gk}=\dfrac{1}{n}u_l\sum \lambda_i q_{sik} l_i$

式中　u_l——桩群外围周长；

（3）季节性冻土上轻型建筑的短桩基础，应按下列公式验算其抗冻拔稳定性：

$$\eta_f q_f u z_0 \leqslant T_{gk}/2+NG+G_{gp}$$
$$\eta_f q_f u z_0 \leqslant T_{uk}/2+NG+G_p$$

式中　η_f——冻深影响系数，按《建筑桩基技术规范》（JGJ 94—2008）表5.4.7-1采用；

q_f——切向冻胀力，按《建筑桩基技术规范》（JGJ 94—2008）表5.4.7-2采用；

z_0——季节性冻土的标准冻深；

T_{gk}——标准冻深线以下群桩呈整体破坏时基桩抗拔极限承载力标准值，可按《建筑桩基技术规范》（JGJ 94—2008）第5.4.6条确定；

T_{uk}——标准冻深线以下单桩抗拔极限承载力标准值，可按《建筑桩基技术规范》（JGJ 94—2008）第5.4.6条确定；

NG——基桩承受的桩承台底面以上建筑物自重、承台及其上土重标准值。

（4）膨胀土上轻型建筑的短桩基础，应验算群桩基础呈整体破坏和非整体破坏的抗拔稳定性：

$$u\sum q_{ei} l_{ei} \leqslant T_{gk}/2+NG+G_{gp}$$
$$u\sum q_{ei} l_{ei} \leqslant T_{uk}/2+NG+G_p$$

式中　T_{gk}——群桩呈整体破坏时，大气影响急剧层下稳定土层中基桩的抗拔极限承载力标准值，可按《建筑桩基技术规范》（JGJ 94—2008）第5.4.6条计算；

T_{uk}——群桩呈非整体破坏时，大气影响急剧层下稳定土层中基桩的抗拔极限承载力标准值，可按《建筑桩基技术规范》（JGJ 94—2008）第5.4.6条计算；

q_{ei}——大气影响急剧层中第i层土的极限胀切力，由现场浸水试验确定；

l_{ei}——大气影响急剧层中第i层土的厚度

特殊条件下桩基竖向承载力验算

桩基沉降计算

1．桩中心距不大于6倍桩径的桩基

（1）桩基任一点最终沉降量可用角点法按下式计算：

$$S=\psi \cdot \psi_e \cdot s'=\psi \cdot \psi_e \cdot \sum_{j=1}^{m} p_{0j} \sum_{i=1}^{n} \frac{z_{ij}\bar{\alpha}_{ij}-z_{(i-1)j}\bar{\alpha}_{(i-1)j}}{E_{si}}$$

续表

计算内容	计 算 公 式

式中　s——桩基最终沉降量（mm）；

s'——采用布辛奈斯克解，按实体深基础分层总和法计算出的桩基沉降量（mm）；

ψ——桩基沉降计算经验系数，当无当地可靠经验时可按《建筑桩基技术规范》（JGJ 94—2008）第5.5.11条确定；

ψ_e——桩基等效沉降系数，可按《建筑桩基技术规范》（JGJ 94—2008）第5.5.9条确定；

m——角点法计算点对应的矩形荷载分块数；

p_{0j}——第j块矩形底面在荷载效应准永久组合下的附加压力（kPa）；

n——桩基沉降计算深度范围内所划分的土层数；

E_{si}——等效作用面以下第i层土的压缩模量（MPa），采用地基土在自重压力至自重压力加附加压力作用时的压缩模量；

z_{ij}、$z_{(i-1)j}$——桩端平面第j块荷载作用至第i层土、第$i-1$层土底面的距离（m）；

$\bar{\alpha}_{ij}$、$\bar{\alpha}_{(i-1)j}$——桩端平面第j块荷载计算点至第i层土、第$i-1$层土底面深度范围内平均附加应力系数，可按《建筑桩基技术规范》（JGJ 94—2008）附录D选用。

（2）桩基沉降计算深度z_n应按应力比法确定，即计算深度处的附加应力σ_z与土的自重应力σ_c应符合下列公式要求：

$$\sigma_z \leqslant 0.2\sigma_c$$

2．对于单桩、单排桩、桩中心距大于6倍桩径的疏桩基础

（1）承台底地基土不分担荷载的桩基最终沉降量：

$$s=\psi \sum_{i=1}^{n} \frac{\sigma_{zi}}{E_{si}}\Delta z_i+s_e$$

（2）承台底地基土分担荷载的复合桩基最终沉降量：

$$s=\psi \sum_{i=1}^{n} \frac{\sigma_{zi}+\sigma_{zci}}{E_{si}}\Delta z_i+s_e$$

式中　n——沉降计算深度范围内土层的计算分层数；分层数应结合土层性质，分层厚度不应超过计算深度的0.3倍；

σ_{zi}——水平面影响范围内各基桩对应力计算点桩端平面以下第i层土1/2厚度处产生的附加竖向应力之和；应力计算点取与沉降计算点最近的桩中心点；

σ_{zci}——承台压力对应力计算点桩端平面以下第i计算土层1/2厚度处产生的应力；可将承台板划分为u个矩形块，可按《建筑桩基技术规范》（JGJ 94—2008）附录D采用角点法计算；

Δz_i——第i计算土层厚度（m）；

E_{si}——第i计算土层的压缩模量（MPa），采用土的自重压力至土的自重压力加附加压力作用时的压缩模量；

s_e——计算桩身压缩；

ψ——沉降计算经验系数，无当地经验时，可取1.0。

（3）对于单桩、单排桩、疏桩复合桩基础的最终沉降计算深度Z_n，可按应力比法确定，即Z_n处由桩引起的附加应力σ_z、由承台土压力引起的附加应力σ_{zc}与土的自重应力σ_c应符合下式要求：$\sigma_z+\sigma_{zc}=0.2\sigma_c$

桩基沉降计算

软土地基减沉复合疏桩基础

1．减沉复合疏桩基础承台面积和桩数

$$A_c=\xi \frac{F_k+G_k}{f_{ak}}$$

$$n \geqslant \frac{F_k+G_k-\eta_c f_{ak} A_c}{R_a}$$

式中　F_k——荷载效应标准组合下，作用于承台顶面的竖向力；

G_k——桩基承台和承台上土自重标准值，对稳定的地下水位以下部分应扣除水的浮力；

A_c——桩基承台总净面积；

f_{ak}——承台底地基承载力特征值；

续表

计算内容	计 算 公 式
软土地基 减沉复合 疏桩基础	ξ——承台面积控制系数，$\xi \geqslant 0.60$； n——基桩数； η_c——桩基承台效应系数，可按《建筑桩基技术规范》（JGJ 94—2008）表 5.2.5 取值 2. 减沉复合疏桩基础中点沉降 $$s = \psi(s_s + s_{sp})$$ 式中　s——桩基中心点沉降量； 　　　s_s——由承台底地基附加压力作用下产生的中点沉降； 　　　s_{sp}——由桩土相互作用产生的沉降； 　　　ψ——沉降计算经验系数，无当地经验时，可取 1.0
桩基水平 承载力与 位移计算	1. 单桩基础 受水平荷载的一般建筑物和水平荷载较小的高大建筑物单桩基础和群桩中基桩应满足： $$H_{ik} \leqslant R_h$$ 式中　H_{ik}——在荷载效应标准组合下，作用于基桩 i 桩顶处的水平力； 　　　R_h——单桩基础或群桩中基桩的水平承载力特征值，对于单桩基础，可取单桩的水平承载力特征值 R_{ha}。 当缺少单桩水平静载试验资料时，可按下列公式估算桩身配筋率小于 0.65% 的灌注桩的单桩水平承载力特征值： $$R_{ha} = \frac{0.75\alpha^3 \gamma_m f_t W_0}{v_M}(1.25 + 22\rho_g)\left(1 \pm \frac{\zeta_N \cdot N_k}{\gamma_m f_t A_n}\right)$$ 式中　α——桩的水平变形系数，按《建筑桩基技术规范》（JGJ 94—2008）第 5.7.5 条确定； 　　　R_{ha}——单桩水平承载力特征值，$\pm$号根据桩顶竖向力性质确定，压力取"$+$"，拉力取"$-$"； 　　　γ_m——桩截面模量塑性系数，圆形截面 $\gamma_m = 2$，矩形截面 $\gamma_m = 1.75$； 　　　f_t——桩身混凝土抗拉强度设计值； 　　　W_0——桩身换算截面受拉边缘的截面模量； 　　　v_M——桩身最大弯矩系数，按《建筑桩基技术规范》（JGJ 94—2008）表 5.7.2 取值，当单桩基础和单排桩基纵向轴线与水平力方向相垂直时，按桩顶铰接考虑； 　　　ρ_g——桩身配筋率； 　　　A_n——桩身换算截面积，圆形截面为：$A_n = \frac{\pi d^2}{4}[1 + (\partial_E - 1)\rho_g]$；方形截面为：$A_n = b^2[1 + (\partial_E - 1)\rho_g]$； 　　　ζ_N——桩顶竖向力影响系数，竖向压力取 0.5，竖向拉力取 1.0； 　　　N_k——在荷载效应标准组合下桩顶的竖向力（kN）。 当桩的水平承载力由水平位移控制，且缺少单桩水平静载试验资料时，可按下式估算预制桩、钢桩、桩身配筋率不小于 0.65% 的灌注桩单桩水平承载力特征值： $$R_{ha} = 0.75\frac{\alpha^3 EI}{v_x}X_{0a}$$ 式中　EI——桩身抗弯刚度，对于钢筋混凝土桩，$EI = 0.85E_c I_0$；其中 I_0 为桩身换算截面惯性矩：圆形截面为 $I_0 = W_0 d_0/2$；矩形截面为 $I_0 = W_0 b_0/2$； 　　　X_{0a}——桩顶允许水平位移； 　　　v_x——桩顶水平位移系数，按《建筑桩基技术规范》（JGJ 94—2008）表 5.7.2 取值，取值方法同 v_M 2. 群桩基础 （1）群桩基础（不含水平力垂直于单排桩基纵向轴线和力矩较大的情况）的基桩水平承载力特征值应考虑由承台、桩群、土相互作用产生的群桩效应，可按下列公式确定： $$R_h = \eta_h R_{ha}$$ 式中　η_h——群桩效应综合系数； 　　　R_{ha}——单桩基础或群桩中基桩的水平承载力特征值，对于单桩基础，可取单桩的水平承载力特征值 R_{ha}；

续表

计算内容	计 算 公 式
桩基水平 承载力与 位移计算	R_{ha}——单桩水平承载力特征值，$\pm$号根据桩顶竖向力性质确定，压力取"$+$"，拉力取"$-$" （2）桩的水平变形系数： $$\alpha = \sqrt[5]{\frac{mb_0}{EI}}$$ 式中　m——桩侧土水平抗力系数的比例系数； 　　　b_0——桩身的计算宽度（m）； 　　　EI——桩身抗弯刚度，对于钢筋混凝土桩，$EI = 0.85E_c I_0$；其中 I_0 为桩身换算截面惯性矩：圆形截面为 $I_0 = W_0 d_0/2$；矩形截面为 $I_0 = W_0 b_0/2$
桩身承载 力与裂缝 控制计算	1. 受压桩 钢筋混凝土轴心受压桩正截面受压承载力应符合下列规定： （1）当桩顶以下 $5d$ 范围内的桩身螺旋式箍筋间距不大于 100mm，且符合《建筑桩基技术规范》（JGJ 94—2008）第 4.1.1 条规定时： $$N \leqslant \psi_c f_c A_{ps} + 0.9 f'_y A'_s$$ （2）当桩身配筋不符合上述（1）款规定时： $$N \leqslant \psi_c f_c A_{ps}$$ 式中　N——荷载效应基本组合下的桩顶轴向压力设计值； 　　　ψ_c——基桩成桩工艺系数，按《建筑桩基技术规范》（JGJ 94—2008）第 5.8.3 条规定取值； 　　　f_c——混凝土轴心抗压强度设计值； 　　　f'_y——纵向主筋抗压强度设计值； 　　　A'_s——纵向主筋截面面积。 2. 抗拔桩 （1）钢筋混凝土轴心抗拔桩的正截面受拉承载力应符合下式规定： $$N \leqslant f_y A_s + f_{py} A_{py}$$ 式中　N——荷载效应基本组合下桩顶轴向拉力设计值； 　　　f_y、f_{py}——普通钢筋、预应力钢筋的抗拉强度设计值； 　　　A_s、A_{py}——普通钢筋、预应力钢筋的截面面积。 （2）对于抗拔桩的裂缝控制计算应符合下列规定： 对于严格要求不出现裂缝的一级裂缝控制等级预应力混凝土基桩： $$\sigma_{ck} - \sigma_{pc} \leqslant 0$$ 对于一般要求不出现裂缝的二级裂缝控制等级预应力混凝土基桩： 在荷载效应标准组合下：$\sigma_{ck} - \sigma_{pc} \leqslant f_{tk}$ 在荷载效应准永久组合下：$\sigma_{cq} - \sigma_{pc} \leqslant 0$ 对于允许出现裂缝的三级裂缝控制等级基桩： $$w_{max} \leqslant w_{lim}$$ 式中　σ_{ck}、σ_{cq}——荷载效应标准组合、准永久组合下正截面法向应力； 　　　σ_{pc}——扣除全部预应力损失后，桩身混凝土的预应力； 　　　f_{tk}——混凝土轴心抗拉强度标准值； 　　　w_{max}——按荷载效应标准组合计算的最大裂缝宽度，按现行国家标准《混凝土结构设计规范》（GB 50010）计算； 　　　w_{lim}——最大裂缝宽度限值，按《建筑桩基技术规范》（JGJ 94—2008）表 3.5.3 取用。
承台计算	1. 受弯计算 柱下独立桩基承台的正截面弯矩设计值可按下列规定计算： （1）两桩条形承台和多排矩形承台弯矩计算截面取在柱边和承台变阶处，可按下列公式计算： $$M_x = \sum N_i y_i$$ $$M_y = \sum N_i x_i$$ 式中　M_x、M_y——分别为绕 X 轴和绕 Y 轴方向计算截面处的弯矩设计值； 　　　x_i、y_i——垂直 Y 轴和 X 轴方向自桩轴线到相应计算截面的距离；

续表

计算内容	计　算　公　式

N_i——不计承台及其上土重，在荷载效应基本组合下的第 i 基桩或复合基桩竖向反力设计值。

(2) 三桩承台的正截面弯矩值应符合下列要求：

等边三桩承台：$M=\dfrac{N_{max}}{3}\left(s_a-\dfrac{\sqrt{3}}{4}c\right)$

式中　M——通过承台形心至各边边缘正交截面范围内板带的弯矩设计值；

N_{max}——不计承台及其上土重，在荷载效应基本组合下三桩中最大基桩或复合基桩竖向反力设计值；

s_a——桩中心距；

c——方柱边长，圆柱时 $c=0.8d$ （d 为圆柱直径）。

等腰三桩承台：$M_1=\dfrac{N_{max}}{3}\left(s_a-\dfrac{0.75}{\sqrt{4-a^2}}c_1\right)$

$M_2=\dfrac{N_{max}}{3}\left(as_a-\dfrac{0.75}{\sqrt{4-a^2}}c_2\right)$

式中　M_1、M_2——分别为通过承台形心至两腰边缘和底边边缘正交截面范围内板带的弯矩设计值；

s_a——长向桩中心距；

a——短向桩中心距与长向桩中心距之比，当 a 小于 0.5 时，应按变截面的二桩承台设计；

c_1、c_2——分别为垂直于、平行于承台底边的柱截面边长

2. 受冲切计算

(1) 轴心竖向力作用下桩基承台受柱（墙）的冲切，可按下列规定计算：

1) 受柱（墙）冲切承载力：$F_l\leqslant\beta_{hp}\beta_0 u_m f_t h_0$

式中　F_l——不计承台及其上土重，在荷载效应基本组合下作用于冲切破坏锥体上的冲切力设计值；

f_t——承台混凝土抗拉强度设计值；

β_{hp}——承台受冲切承载力截面高度影响系数，当 $h\leqslant800mm$ 时，β_{hp} 取 1.0，$h\geqslant2000mm$ 时，β_{hp} 取 0.9，其间按线性内插法取值；

u_m——承台冲切破坏锥体一半有效高度处的周长；

h_0——承台冲切破坏锥体的有效高度；

β_0——柱（墙）冲切系数；

2) 柱下矩形独立承台受柱冲切的承载力：

$F_l\leqslant2[\beta_{0x}(b_c+a_{0y})+\beta_{0y}(h_c+a_{0x})]\beta_{hp}f_t h_0$

式中　β_{0x}、β_{0y}——由《建筑桩基技术规范》（JGJ 94—2008）公式（5.9.7-3）求得，$\lambda_{0x}=a_{0x}/h_0$，$\lambda_{0y}=a_{0y}/h_0$；λ_{0x}、λ_{0y} 均应满足 0.25～1.0 的要求；

h_c、b_c——分别为 x、y 方向的柱截面的边长；

a_{0x}、a_{0y}——分别为 x、y 方向柱边离最近桩边的水平距离。

3) 柱下矩形独立阶形承台受上阶冲切的承载力：

$F_l\leqslant2[\beta_{1x}(b_1+a_{1y})+\beta_{1y}(h_1+a_{1x})]\beta_{hp}f_t h_{10}$

式中　β_{1x}、β_{1y}——由《建筑桩基技术规范》（JGJ 94—2008）公式（5.9.7-3）求得，$\lambda_{1x}=a_{1x}/h_{10}$，$\lambda_{1y}=a_{1y}/h_{10}$；$\lambda_{1x}$、$\lambda_{1y}$ 均应满足 0.25～1.0 的要求；

h_1、b_1——分别为 x、y 方向承台上阶的边长；

a_{1x}、a_{1y}——分别为 x、y 方向承台上阶边离最近桩边的水平距离。

(2) 对位于柱（墙）冲切破坏锥体以外的基桩，可按下列规定计算承台受基桩冲切的承载力：

1) 四桩以上（含四桩）承台受角桩冲切的承载力：

$N_l\leqslant[\beta_{1x}(c_2+a_{1y}/2)+\beta_{1y}(c_1+a_{1x}/2)]\beta_{hp}f_t h_0$

$\beta_{1x}=\dfrac{0.56}{\lambda_{1x}+0.2}$

$\beta_{1y}=\dfrac{0.56}{\lambda_{1y}+0.2}$

续表

计算内容	计　算　公　式

式中　N_l——不计承台及其上土重，在荷载效应基本组合作用下桩（含复合基桩）反力设计值；

β_{1x}、β_{1y}——角桩冲切系数；

a_{1x}、a_{1y}——从承台底角桩顶内边缘引 45° 冲切线与承台顶面相交点至角桩内边缘的水平距离，当柱（墙）边或承台变阶处位于该 45° 线以内时，则取用柱（墙）边或承台变阶处与桩内边缘连线为冲切锥体的锥线；

h_0——承台外边缘的有效高度；

λ_{1x}、λ_{1y}——角桩冲跨比，$\lambda_{1x}=a_{1x}/h_0$，$\lambda_{1y}=a_{1y}/h_0$，其值均应满足 0.25～1.0 的要求。

2) 对于三桩三角形承台可按下列公式计算受角桩冲切的承载力：

底部角桩：$N_l\leqslant\beta_{11}(2c_1+a_{11})\beta_{hp}\tan\dfrac{\theta_1}{2}f_t h_0$

$\beta_{11}=\dfrac{0.56}{\lambda_{11}+0.2}$

顶部角桩：$N_l\leqslant\beta_{12}(2c_2+a_{12})\beta_{hp}\tan\dfrac{\theta_2}{2}f_t h_0$

$\beta_{12}=\dfrac{0.56}{\lambda_{12}+0.2}$

式中　λ_{11}、λ_{12}——角桩冲跨比，$\lambda_{11}=a_{11}/h_0$，$\lambda_{12}=a_{12}/h_0$，其值均应满足 0.25～1.0 的要求；

a_{11}、a_{12}——从承台底角桩顶内边缘引 45° 冲切线与承台顶面相交点至角桩内边缘的水平距离；当柱（墙）边或承台变阶处位于该 45° 线以内时，则取用柱（墙）边或承台变阶处与桩内边缘连线为冲切锥体的锥线。

3) 箱形、筏形承台受内部基桩的冲切承载力：

受基桩的冲切承载力：$N_l\leqslant2.8(b_p+h_0)\beta_{hp}f_t h_0$

受桩群的冲切承载力：

$\sum N_{li}\leqslant2[\beta_{0x}(b_y+a_{0y})+\beta_{0y}(b_x+a_{0x})]\beta_{hp}f_t h_0$

式中　β_{0x}、β_{0y}——由《建筑桩基技术规范》（JGJ 94—2008）式（5.9.7-3）求得，其中 $\lambda_{0x}=a_{0x}/h_0$，$\lambda_{0y}=a_{0y}/h_0$，λ_{0x}、λ_{0y} 均应满足 0.25～1.0 的要求；

N_l、$\sum N_{li}$——不计承台和其上土重，在荷载效应基本组合下，基桩或复合基桩的净反力设计值、冲切锥体内各基桩或复合基桩反力设计值之和。

3. 受剪计算

柱下独立桩基承台斜截面受剪承载力应按下列规定计算：

(1) 承台斜截面受剪承载力：

$V\leqslant\beta_{hs}\alpha f_t b_0 h_0$

式中　V——不计承台及其上土自重，在荷载效应基本组合下，斜截面的最大剪力设计值；

f_t——混凝土轴心抗拉强度设计值；

b_0——承台计算截面处的计算宽度；

h_0——承台计算截面处的有效高度；

α——承台剪切系数；按《建筑桩基技术规范》（JGJ 94—2008）式（5.9.10-2）确定；

β_{hs}——受剪承载力截面高度影响系数，当 $h_0<800mm$ 时，取 $h_0=800mm$；当 $h_0>2000mm$ 时，取 $h_0=2000mm$；其间按线性内插法取值。

(2) 砌体墙下条形承台梁配有箍筋，但未配弯起钢筋时，斜截面的受剪承载力：

$V\leqslant0.7f_t bh_0+1.25f_{yv}\dfrac{A_{sv}}{s}h_0$

式中　V——不计承台及其上土自重，在荷载效应基本组合下，计算截面处的剪力设计值；

A_{sv}——配置在同一截面内箍筋各肢的全部截面面积；

s——沿计算斜截面方向箍筋的间距；

f_{yv}——箍筋抗拉强度设计值；

续表

计算内容	计 算 公 式
承台计算	b——承台梁计算截面处的计算宽度; h_0——承台梁计算截面处的有效高度。 (3) 砌体墙下承台梁配有箍筋和弯起钢筋时,斜截面的受剪承载力: $$V \leqslant 0.7 f_t bh_0 + 1.25 f_y \frac{A_{sv}}{s} h_0 + 0.8 f_y A_{sb} \sin \alpha s$$ 式中　A_{sb}——同一截面弯起钢筋的截面积; 　　　f_y——弯起钢筋的抗拉强度设计值; 　　　α_s——斜截面上弯起钢筋与承台底面的夹角。 (4) 柱下条形承台梁,当配有箍筋但未配弯起钢筋时,其斜截面的受剪承载力: $$V \leqslant \frac{1.75}{\lambda+1} f_t bh_0 + f_y \frac{A_{sv}}{s} h_0$$ 式中　λ——计算截面的剪跨比,$\lambda = a/h_0$,a 为柱边至桩边的水平距离;当 $\lambda < 1.5$ 时,取 $\lambda = 1.5$;当 $\lambda > 3$ 时,取 $\lambda = 3$

建筑桩基沉降变形计算值不应大于桩基沉降变形允许值。建筑桩基沉降变形允许值,按表 4-35 规定采用。

建筑桩基沉降变形允许值　　表 4-35

变 形 特 征		允许值
砌体承重结构基础的局部倾斜		0.002
各类建筑相邻柱(墙)基的沉降差	(1) 框架、框架-剪力墙、框架-核心筒结构	$0.002 l_0$
	(2) 砌体墙填充的边排柱	$0.0007 l_0$
	(3) 当基础不均匀沉降时不产生附加应力的结构	$0.005 l_0$
单层排架结构(柱距为 6m)桩基的沉降量(mm)		120
桥式吊车轨面的倾斜(按不调整轨道考虑)	纵向	0.004
	横向	0.003
多层和高层建筑的整体倾斜	$H_g \leqslant 24$	0.004
	$24 < H_g \leqslant 60$	0.003
	$60 < H_g \leqslant 100$	0.0025
	$H_g > 100$	0.002
高耸结构桩基的整体倾斜	$H_g \leqslant 20$	0.008
	$20 < H_g \leqslant 50$	0.006
	$50 < H_g \leqslant 100$	0.005
	$100 < H_g \leqslant 150$	0.004
	$150 < H_g \leqslant 200$	0.003
	$200 < H_g \leqslant 250$	0.002
高耸结构基础的沉降量(mm)	$H_g \leqslant 100$	350
	$100 < H_g \leqslant 200$	250
	$200 < H_g \leqslant 250$	150
体型简单的剪力墙结构高层建筑桩基最大沉降量(mm)		200

注:l_0 为相邻柱(墙)二测点间距离,H_g 为自室外地面算起的建筑物高度(m)。

4.3　混凝土结构计算

4.3.1　混凝土结构基本设计规定

(1) 混凝土结构设计应包括下列内容:
1) 结构方案设计,包括结构选型、构件布置及传力途径;
2) 作用及作用效应分析;

3) 结构的极限状态设计;
4) 结构及构件的构造、连接措施;
5) 耐久性及施工的要求;
6) 满足特殊要求结构的专门性能设计。

设计应明确结构的用途,在设计使用年限内未经技术鉴定或设计许可,不得改变结构的用途和使用环境。

(2) 结构上的直接作用(荷载)应根据现行国家标准《建筑结构荷载规范》GB 50009 及相关标准确定;地震作用应根据现行国家标准《建筑抗震设计规范》GB 50011 确定。

间接作用和偶然作用应根据有关的标准或具体情况确定。

直接承受吊车荷载的结构构件应考虑吊车荷载的动力系数。预制构件制作、运输及安装时应考虑相应的动力系数。对现浇结构,必要时应考虑施工阶段的荷载。

(3) 混凝土结构的安全等级和设计使用年限应符合现行国家标准《工程结构可靠性设计统一标准》GB 50153 的规定。

混凝土结构中各类结构构件的安全等级,宜与整个结构的安全等级相同。对其中部分结构构件的安全等级,可根据其重要程度适当调整。对于结构中重要构件和关键传力部位,宜适当提高其安全等级。

(4) 混凝土结构的极限状态设计应包括承载能力极限状态及正常使用极限状态。

混凝土结构的承载能力极限状态计算应包括下列内容:
1) 结构构件应进行承载力(包括失稳)计算;
2) 直接承受重复荷载的构件应进行疲劳验算;
3) 有抗震设防要求时,应进行抗震承载力计算;
4) 必要时尚应进行结构的倾覆、滑移、漂浮验算;
5) 对于可能遭受偶然作用,且倒塌可能引起严重后果的重要结构,宜进行防连续倒塌设计。

混凝土结构构件应根据其使用功能及外观要求,按下列规定进行正常使用极限状态验算:
1) 对需要控制变形的构件,应进行变形验算;
2) 对不允许出现裂缝的构件,应进行混凝土拉应力验算;
3) 对允许出现裂缝的构件,应进行受力裂缝宽度验算;
4) 对舒适度有要求的楼盖结构,应进行竖向自振频率验算。

(5) 钢筋混凝土受弯构件的最大挠度应按荷载的准永久组合,预应力混凝土受弯构件的最大挠度应按荷载的标准组合,并均应考虑荷载长期作用的影响进行计算,其计算值不应超过表 4-36 规定的挠度限值。

受弯构件的挠度限值　　表 4-36

构 件 类 型		挠度限值
吊车梁	手动吊车	$l_0/500$
	电动吊车	$l_0/600$
屋盖、楼盖及楼梯构件	当 $l_0 < 7m$ 时	$l_0/200$($l_0/250$)
	当 $7m \leqslant l_0 \leqslant 9m$ 时	$l_0/250$($l_0/300$)
	当 $l_0 > 9m$ 时	$l_0/300$($l_0/400$)

注:1. 表中 l_0 为构件的计算跨度;计算悬臂构件的挠度限值,其计算跨度 l_0 按实际悬臂长度的 2 倍取用。
2. 表中括号内的数值适用于使用上对挠度有较高要求的构件。
3. 如果构件制作时预先起拱,且使用上也允许,则在验算挠度时,可将计算所得的挠度值减去起拱值;对预应力混凝土构件,尚可减去预加力所产生的反拱值。
4. 构件制作时的起拱值和预加力所产生的反拱值,不宜超过构件在相应荷载组合作用下的计算挠度值。

(6) 结构构件正截面的受力裂缝控制等级分为三级,等级划分及要求应符合下列规定:

一级——严格要求不出现裂缝的构件,按荷载标准组合计算时,构件受拉边缘混凝土不应产生拉应力。

二级——一般要求不出现裂缝的构件,按荷载标准组合计算时,构件受拉边缘混凝土拉应力不应大于混凝土抗拉强度的标准值。

三级——允许出现裂缝的构件;对钢筋混凝土构件,按荷载准永久组合并考虑长期作用影响计算时,构件的最大裂缝宽度不应超

过表 4-37 规定的最大裂缝宽度限值。对预应力混凝土构件，按荷载标准组合并考虑长期作用的影响计算时，构件的最大裂缝宽度不应超过表 4-37 规定的最大裂缝宽度限值；对二 a 类环境的预应力混凝土构件，尚应按荷载准永久组合计算，且构件受拉边缘混凝土的拉应力不应大于混凝土的抗拉强度标准值。

结构构件应根据结构类型和表 4-38 规定的环境类别，按表 4-37 的规定选用不同的裂缝控制等级及最大裂缝宽度限值 w_{lim}。

结构构件的裂缝控制等级及最大裂缝宽度的限值（mm）　表 4-37

环境类别	钢筋混凝土结构		预应力混凝土结构	
	裂缝控制等级	w_{lim}	裂缝控制等级	w_{lim}
一	三级	0.30 (0.40)	三级	0.20
二 a				0.10
二 b		0.20	二级	—
三 a、三 b			一级	—

注：1. 对处于年平均相对湿度小于 60% 地区一类环境下的受弯构件，其最大裂缝宽度限值可采用括号内的数值。
2. 在一类环境下，对钢筋混凝土屋架、托架及需作疲劳验算的吊车梁，其最大裂缝宽度限值应取为 0.20mm；对钢筋混凝土屋面梁和托梁，其最大裂缝宽度限值应取为 0.30mm；
3. 在一类环境下，对预应力混凝土屋架、托架及双向板体系，应按二级裂缝控制等级进行验算；对一类环境下的预应力混凝土屋面梁、托梁、单向板，按表中二 a 级环境的要求进行验算；在一类和二 a 类环境下需作疲劳验算的预应力混凝土吊车梁，应按裂缝控制等级不低于二级的构件进行验算；
4. 表中规定的预应力混凝土构件的裂缝控制等级和最大裂缝宽度限值仅适用于正截面的验算；预应力混凝土构件的斜截面裂缝控制验算应符合《混凝土结构设计规范》GB 50010—2010 第 7 章的有关规定；
5. 对于烟囱、筒仓和处于液体压力下的结构，其裂缝控制要求应符合专门标准的有关规定；
6. 对于处于四、五类环境下的结构构件，其裂缝控制要求应符合专门标准的有关规定；
7. 表中的最大裂缝宽度限值为用于验算荷载作用引起的最大裂缝宽度。

(7) 对混凝土楼盖结构应根据使用功能的要求进行竖向自振频率验算，并宜符合下列要求：

1) 住宅和公寓不宜低于 5Hz；
2) 办公楼和旅馆不宜低于 4Hz；
3) 大跨度公共建筑不宜低于 3Hz。

(8) 混凝土结构暴露的环境类别应按表 4-38 的要求划分。

(9) 混凝土结构应根据设计使用年限和环境类别进行耐久性设计。

设计使用年限为 50 年的混凝土结构，其混凝土材料宜符合表 4-39 的规定。

混凝土结构的环境类别　表 4-38

环境类别	条　件
一	室内干燥环境； 无侵蚀性静水浸没环境
二 a	室内潮湿环境； 非严寒和非寒冷地区的露天环境； 非严寒和非寒冷地区与无侵蚀性的水或土壤直接接触的环境； 严寒和寒冷地区的冰冻线以下与无侵蚀性的水或土壤直接接触的环境
二 b	干湿交替环境； 水位频繁变动环境； 严寒和寒冷地区的露天环境； 严寒和寒冷地区冰冻线以上与无侵蚀性的水或土壤直接接触的环境

续表

环境类别	条　件
三 a	严寒和寒冷地区冬季水位变动区环境； 受除冰盐影响环境； 海风环境
三 b	盐渍土环境； 受除冰盐作用环境； 海岸环境
四	海水环境
五	受人为或自然的侵蚀性物质影响的环境

注：1. 室内潮湿环境是指构件表面经常处于结露或湿润状态的环境；
2. 严寒和寒冷地区的划分应符合国家现行标准《民用建筑热工设计规范》GB 50176 的有关规定；
3. 海岸环境和海风环境宜根据当地情况，考虑主导风向及结构所处迎风、背风部位等因素的影响，由调查研究和工程经验确定；
4. 受除冰盐影响环境是指受到除冰盐盐雾影响的环境；受除冰盐作用环境是指被除冰盐溶液溅射的环境以及使用除冰盐地区的洗车房、停车楼等建筑；
5. 暴露的环境是指混凝土结构表面所处的环境。

结构混凝土材料的耐久性基本要求　表 4-39

环境等级	最大水胶比	最低强度等级	最大氯离子含量（%）	最大碱含量（kg/m³）
一	0.60	C20	0.30	不限制
二 a	0.55	C25	0.20	3.0
二 b	0.50 (0.55)	C30 (C25)	0.15	
三 a	0.45 (0.50)	C35 (C30)	0.15	
三 b	0.40	C40	0.10	

注：1. 氯离子含量系指其占胶凝材料总量的百分比；
2. 预应力构件混凝土中的最大氯离子含量为 0.06%；其最低混凝土强度等级宜按表中的规定提高两个等级；
3. 素混凝土构件的水胶比及最低强度等级的要求可适当放松；
4. 有可靠工程经验时，二类环境中的最低混凝土强度等级可降低一个等级；
5. 处于严寒和寒冷地区二 b、三类环境中的混凝土应使用引气剂，并可采用括号中的有关参数；
6. 当使用非碱活性骨料时，对混凝土中的碱含量可不作限制。

一类环境中，设计使用年限为 100 年的混凝土结构应符合下列规定：

1) 钢筋混凝土结构的最低强度等级为 C30；预应力混凝土结构的最低强度等级为 C40；
2) 混凝土中的最大氯离子含量为 0.06%；
3) 宜使用非碱活性骨料；当使用碱活性骨料时，混凝土中的最大碱含量为 3.0kg/m³；
4) 混凝土保护层厚度不应小于表 4-55 中数值的 1.4 倍；当采取有效的表面防护措施时，混凝土保护层厚度可适当减小。

二、三类环境中，设计使用年限 100 年的混凝土结构应采取专门的有效措施。

混凝土结构在设计使用年限内尚应遵守下列规定：

1) 建立定期检测、维修的制度；
2) 设计中可更换的混凝土构件应按规定更换；
3) 构件表面的防护层，应按规定维护或更换；
4) 结构出现可见的耐久性缺陷时，应及时进行处理。

(10) 既有结构设计原则：

1) 既有结构延长使用年限、改变用途、改建、扩建或需要进行加固、修复等，均应对其进行评定、验算或重新设计。

2) 对既有结构进行安全性、适用性、耐久性及抗灾害能力评定时，应符合现行国家标准《工程结构可靠性设计统一标准》GB 50153 的原则要求，并符合下列规定：

①应根据评定结果、使用要求和后续使用年限确定既有结构的设计方案；

②既有结构改变用途或延长使用年限时，承载能力极限状态验算宜符合《混凝土结构设计规范》GB 50010—2010 的有关规定；

③对既有结构进行改建、扩建或加固改造而重新设计时，承载能力极限状态的计算应符合《混凝土结构设计规范》GB 50010—2010 和相关标准的规定；

④既有结构的正常使用极限状态验算及构造要求宜符合《混凝土结构设计规范》GB 50010—2010 的规定；

⑤必要时可对使用功能作相应的调整，提出限制使用的要求。

(11) 既有结构的设计应符合下列规定：

1) 应优化结构方案，保证结构的整体稳固性；

2) 荷载可按现行规范的规定确定，也可根据使用功能作适当的调整；

3) 结构既有部分混凝土、钢筋的强度设计值应根据强度的实测值确定；当材料的性能符合原设计的要求时，可按原设计的规定取值；

4) 设计时应考虑既有结构构件实际的几何尺寸、截面配筋、连接构造和已有缺陷的影响；当符合原设计的要求时，可按原设计的规定取值；

5) 应考虑既有结构的承载历史及施工状态的影响；对二阶段成形的叠合构件，可按《混凝土结构设计规范》GB 50010—2010 第 9.5 节的规定进行设计。

4.3.2 混凝土结构计算用表

1. 混凝土强度标准值（表 4-40）

混凝土强度标准值（N/mm²） 表 4-40

强度种类	混凝土强度等级													
	C15	C20	C25	C30	C35	C40	C45	C50	C55	C60	C65	C70	C75	C80
轴心抗压 f_{ck}	10.0	13.4	16.7	20.1	23.4	26.8	29.6	32.4	35.5	38.5	41.5	44.5	47.4	50.2
轴心抗拉 f_{tk}	1.27	1.54	1.78	2.01	2.20	2.39	2.51	2.64	2.74	2.85	2.93	2.99	3.05	3.11

2. 混凝土强度设计值（表 4-41）

混凝土强度设计值（N/mm²） 表 4-41

强度种类	混凝土强度等级													
	C15	C20	C25	C30	C35	C40	C45	C50	C55	C60	C65	C70	C75	C80
轴心抗压 f_c	7.2	9.6	11.9	14.3	16.7	19.1	21.1	23.1	25.3	27.5	29.7	31.8	33.8	35.9
轴心抗拉 f_t	0.91	1.10	1.27	1.43	1.57	1.71	1.80	1.89	1.96	2.04	2.09	2.14	2.18	2.22

3. 混凝土受压和受拉的弹性模量 E_c（表 4-42）

混凝土的弹性模量（×10⁴ N/mm²） 表 4-42

混凝土强度等级	C15	C20	C25	C30	C35	C40	C45	C50	C55	C60	C65	C70	C75	C80
E_c	2.20	2.55	2.80	3.00	3.15	3.25	3.35	3.45	3.55	3.60	3.65	3.70	3.75	3.80

注：1. 当有可靠试验依据时，弹性模量可根据实测数据确定。
2. 当混凝土中掺有大量矿物掺合料时，弹性模量可按规定龄期根据实测数据确定。

4. 混凝土的剪切变形模量 G_c 可按相应弹性模量值的 40% 采用。

5. 混凝土泊松比 v_c 可按 0.20 采用。

6. 混凝土疲劳变形模量 E_c^f（表 4-43）

混凝土疲劳变形模量（×10⁴ N/mm²） 表 4-43

混凝土强度等级	C30	C35	C40	C45	C50	C55	C60	C65	C70	C75	C80
E_c^f	1.30	1.40	1.50	1.55	1.60	1.65	1.70	1.75	1.80	1.85	1.90

7. 混凝土的热工参数

当温度在 0℃～100℃ 范围内时，混凝土的热工参数可按下列规定取值：

线膨胀系数 $α_c$：$1×10^{-5}/℃$；

导热系数 $λ$：10.6kJ/(m·h·℃)；

比热容 c：0.96kJ/(kg·℃)。

8. 普通钢筋强度标准值（表 4-44）

普通钢筋强度标准值（N/mm²） 表 4-44

牌 号	符 号	公称直径 d（mm）	屈服强度标准值 f_{yk}	极限强度标准值 f_{stk}
HPB300	Φ	6～22	300	420
HRB335 HRBF335	Φ Φ^F	6～50	335	455
HRB400 HRBF400 RRB400	Φ Φ^F Φ^R	6～50	400	540
HRB500 HRBF500	Φ Φ^F	6～50	500	630

9. 预应力筋强度标准值（表 4-45）

预应力筋强度标准值（N/mm²） 表 4-45

种 类		符 号	公称直径 d（mm）	屈服强度标准值 f_{pyk}	极限强度标准值 f_{ptk}
中强度预应力钢丝	光面	$φ^{PM}$	5、7、9	620	800
	螺旋肋	$φ^{HM}$		780	970
				980	1270
预应力螺纹钢筋	螺纹	$φ^T$	18、25、32、40、50	785	980
				930	1080
				1080	1230
消除应力钢丝	光面	$φ^P$	5	—	1570
	螺旋肋	$φ^H$		—	1860
			7	—	1570
			9	—	1470
				—	1570
钢绞线	1×3（三股）	$φ^S$	8.6、10.8、12.9	—	1570
				—	1860
				—	1960
	1×7（七股）		9.5、12.7、15.2、17.8	—	1720
				—	1860
				—	1960
			21.6	—	1860

注：极限强度标准值为 1960N/mm² 的钢绞线作后张预应力配筋时，应有可靠的工程经验。

10. 普通钢筋强度设计值（表 4-46）

普通钢筋强度设计值（N/mm²） 表 4-46

牌 号	抗拉强度设计值 f_y	抗压强度设计值 f_y'
HPB300	270	270
HRB335、HRBF335	300	300
HRB400、HRBF400、RRB400	360	360
HRB500、HRBF500	435	410

注：横向钢筋的抗拉强度设计值 f_{yv} 应按表中 f_y 的数值采用；当用作受剪、受扭、受冲切承载力计算时，其数值大于 360N/mm² 时应取 360N/mm²。

11. 预应力筋强度设计值（表 4-47）

预应力筋强度设计值（N/mm²）　表 4-47

种　类	极限强度标准值 f_{ptk}	抗拉强度设计值 f_{py}	抗压强度设计值 f'_{py}
中强度预应力钢丝	800	510	
	970	650	410
	1270	810	
消除应力钢丝	1470	1040	
	1570	1110	410
	1860	1320	
钢绞线	1570	1110	
	1720	1220	
	1860	1320	390
	1960	1390	
预应力螺纹钢筋	980	650	
	1080	770	410
	1230	900	

注：当预应力筋的强度标准值不符合表 4-47 的规定时，其强度设计值应
进行相应的比例换算。

12. 普通钢筋及预应力筋在最大力下的总伸长率限值

普通钢筋及预应力筋在最大力下的总伸长率 δ_{gt} 不应小于表 4-
48 规定的数值。

**普通钢筋及预应力筋在最大力下的
总伸长率限值　表 4-48**

钢筋品种	普　通　钢　筋			预应力筋
	HPB300	HRB335、HRBF335、HRB400、HRBF400、HRB500、HRBF500	RRB400	
δ_{gt} (%)	10.0	7.5	5.0	3.5

13. 普通钢筋和预应力筋的弹性模量 E_s（表 4-49）

钢筋的弹性模量（×10⁵ N/mm²）　表 4-49

牌号或种类	弹性模量 E_s
HPB300 钢筋	2.10
HRB335、HRB400、HRB500 钢筋 HRBF335、HRBF400、HRBF500 钢筋 RRB400 钢筋 预应力螺纹钢筋	2.00
消除应力钢丝、中强度预应力钢丝	2.05
钢绞线	1.95

注：必要时钢绞线可采用实测的弹性模量。

14. T 形、I 形和倒 L 形截面受弯构件受压区有效翼缘计算宽
度 b'_f（表 4-50）

受弯构件受压区有效翼缘计算宽度 b'_f　表 4-50

	情　况	T 形、I 形截面		倒 L 形截面
		肋形梁（板）	独立梁	肋形梁（板）
1	按计算跨度 l_0 考虑	$l_0/3$	$l_0/3$	$l_0/6$
2	按梁（肋）净距 s_n 考虑	$b+s_n$	—	$b+s_n/2$
3	按翼缘高度 h'_f 考虑	$b+12h'_f$	b	$b+5h'_f$

注：1. 表中 b 为梁的腹板厚度；
2. 肋形梁在梁跨内设有间距小于纵肋间距的横肋时，可不考虑表中
情况 3 的规定；
3. 加腋的 T 形、I 形和倒 L 形截面，当受压区加腋的高度 h_h 不小于
h'_f 且加腋的长度 b_h 不大于 $3h_h$ 时，其翼缘计算宽度可按表中情
况 3 的规定分别增加 $2b_h$（T 形、I 形截面）和 b_h（倒 L 形截面）；
4. 独立梁受压区的翼缘板在荷载作用下经验算沿纵肋方向可能产生
裂缝时，其计算宽度应取腹板宽度 b。

15. 钢筋混凝土轴心受压构件的稳定系数（表 4-51）

钢筋混凝土轴心受压构件的稳定系数 φ　表 4-51

l_0/b	≤8	10	12	14	16	18	20	22	24	26	28
l_0/d	≤7	8.5	10.5	12	14	15.5	17	19	21	22.5	24
l_0/i	≤28	35	42	48	55	62	69	76	83	90	97
φ	1.00	0.98	0.95	0.92	0.87	0.81	0.75	0.70	0.65	0.60	0.56
l_0/b	30	32	34	36	38	40	42	44	46	48	50
l_0/d	26	28	29.5	31	33	34.5	36.5	38	40	41.5	43
l_0/i	104	111	118	125	132	139	146	153	160	167	174
φ	0.52	0.48	0.44	0.40	0.36	0.32	0.29	0.26	0.23	0.21	0.19

注：1. l_0 为构件的计算长度，对钢筋混凝土柱可按本节第 16 条的规定
取用；
2. b 为矩形截面的短边尺寸，d 为圆形截面的直径，i 为截面的最小
回转半径。

16. 轴心受压和偏心受压柱的计算长度 l_0

（1）刚性屋盖单层房屋排架柱、露天吊车和栈桥柱的计算长度
（表 4-52）。

**刚性屋盖单层房屋排架柱、露天吊车柱
和栈桥柱的计算长度　表 4-52**

柱 的 类 别		l_0		
		排架方向	垂直排架方向	
			有柱间支撑	无柱间支撑
无吊车房屋柱	单　　跨	1.5H	1.0H	1.2H
	两跨及多跨	1.25H	1.0H	1.2H
有吊车房屋柱	上　　柱	2.0H_u	1.25H_u	1.5H_u
	下　　柱	1.0H_l	0.8H_l	1.0H_l
露天吊车柱和栈桥柱		2.0H_l	1.0H_l	—

注：1. 表中 H 为从基础顶面算起的柱子全高；H_l 为从基础顶面至装配
式吊车梁底面或现浇式吊车梁顶面的柱子下部高度；H_u 为从装
配式吊车梁底面或从现浇式吊车梁顶面算起的柱子上部高度；
2. 表中有吊车房屋排架柱的计算长度，当计算中不考虑吊车荷载
时，可按无吊车房屋柱的计算长度采用，但上柱的计算长度仍
按有吊车房屋采用；
3. 表中有吊车房屋排架柱的上柱在排架方向的计算长度，仅适用于
H_u/H_l 不小于 0.3 的情况；当 H_u/H_l 小于 0.3 时，计算长度宜
采用 2.5H_u。

（2）一般多层房屋中梁柱为刚接的框架结构，各层柱的计算长
度 l_0（表 4-53）。

框架结构各层柱的计算长度　表 4-53

楼 盖 类 型	柱 的 类 别	l_0
现浇楼盖	底层柱	1.0H
	其余各层柱	1.25H
装配式楼盖	底层柱	1.25H
	其余各层柱	1.5H

注：表中 H 为底层柱从基础顶面到一层楼盖顶面的高度；对其余各层柱
为上下两层楼盖顶面之间的高度。

17. 钢筋混凝土结构伸缩缝最大间距（表 4-54）

钢筋混凝土结构伸缩缝最大间距（m）　表 4-54

结　构　类　别		室内或土中	露　天
排架结构	装配式	100	70
框架结构	装配式	75	50
	现浇式	55	35
剪力墙结构	装配式	65	40
	现浇式	45	30

续表

结　构　类　别		室内或土中	露　天
挡土墙、地下室墙壁等类结构	装配式	40	30
	现浇式	30	20

注：1. 装配整体式结构的伸缩缝间距，可根据结构的具体情况取表中装配式结构与现浇式结构之间的数值；

　2. 框架-剪力墙结构或框架-核心筒结构房屋的伸缩缝间距，可根据结构的具体情况取表中框架结构与剪力墙结构之间的数值；

　3. 当屋面无保温或隔热措施时，框架结构、剪力墙结构的伸缩缝间距宜按表中露天栏的数值取用；

　4. 现浇挑檐、雨罩等外露结构的局部伸缩缝间距不宜大于12m。

18. 构件中普通钢筋及预应力筋的混凝土保护层厚度

（1）构件中受力钢筋的保护层厚度不应小于钢筋的公称直径 d。

（2）设计使用年限为50年的混凝土结构，最外层钢筋的保护层厚度应符合表4-55的规定；设计使用年限为100年的混凝土结构，最外层钢筋的保护层厚度不应小于表4-55中数值的1.4倍。

混凝土保护层的最小厚度 c（mm）　表4-55

环境类别	板、墙、壳	梁、柱、杆
一	15	20
二 a	20	25
二 b	25	35
三 a	30	40
三 b	40	50

注：1. 基础混凝土强度等级不大于C25时，表中保护层厚度数值应增加5mm；

　2. 钢筋混凝土基础宜设置混凝土垫层，基础中钢筋的混凝土保护层厚度应从垫层顶面算起，且不应小于40mm。

19. 钢筋混凝土结构构件中纵向受力钢筋的最小配筋百分率（表4-56）

纵向受力钢筋的最小配筋百分率 ρ_{min}（%）　表4-56

受　力　类　型		最小配筋百分率
受压构件	全部纵向钢筋 强度等级 500MPa	0.50
	强度等级 400MPa	0.55
	强度等级 300MPa、335MPa	0.60
	一侧纵向钢筋	0.20
受弯构件、偏心受拉、轴心受拉构件一侧的受拉钢筋		0.20 和 $45f_t/f_y$ 中的较大值

注：1. 受压构件全部纵向钢筋最小配筋百分率，当采用C60以上强度等级的混凝土时，应按表中规定增加0.10。

　2. 板类受弯构件（不包括悬臂板）的受拉钢筋，当采用强度等级400MPa、500MPa的钢筋时，其最小配筋百分率应允许采用0.15和 $45f_t/f_y$ 中的较大值。

　3. 偏心受拉构件中的受压钢筋，应按受压构件一侧纵向钢筋考虑。

　4. 受压构件的全部纵向钢筋和一侧纵向钢筋的配筋率以及轴心受拉构件和小偏心受拉构件一侧受拉钢筋的配筋率应按构件的全截面面积计算；

　5. 受弯构件、大偏心受拉构件一侧受拉钢筋的配筋率应按全截面面积扣除受压翼缘面积 $(b_f' - b) h_f'$ 后的截面面积计算；

　6. 当钢筋沿构件截面周边布置时，"一侧纵向钢筋"系指沿受力方向两个对边中一侧布置的纵向钢筋。

20. 现浇钢筋混凝土板的最小厚度（表4-57）

现浇钢筋混凝土板的最小厚度（mm）　表4-57

板　的　类　别		最小厚度
单 向 板	屋面板	60
	民用建筑楼板	60
	工业建筑楼板	70
	行车道下的楼板	80
双向板		80
密肋楼盖	面　板	50
	肋　高	250

续表

板　的　类　别		最小厚度
悬臂板（根部）	悬臂长度不大于500mm	60
	悬臂长度1200mm	100
无梁楼板		150
现浇空心楼盖		200

21. 预应力损失值（表4-58）

预应力损失值（N/mm²）　表4-58

引起损失的因素		符　　号	先张法构件	后张法构件
张拉端锚具变形和预应力筋内缩		$\sigma l1$	按规范第10.2.2条的规定计算	按规范第10.2.2条和第10.2.3条的规定计算
预应力筋的摩擦	与孔道壁之间的摩擦	$\sigma l2$	—	按规范第10.2.4条的规定计算
	张拉端锚口摩擦		按实测值或厂家提供的数据确定	
	在转向装置处的摩擦		按实际情况确定	
混凝土加热养护时，预应力筋与承受拉力的设备之间的温差		$\sigma l3$	$2\Delta t$	—
预应力筋的应力松弛		$\sigma l4$	消除预应力钢丝、钢绞线 普通松弛： $0.4\left(\dfrac{\sigma_{con}}{f_{ptk}} - 0.5\right)\sigma_{con}$ 低松弛： 当 $\sigma_{con} \leqslant 0.7f_{ptk}$ 时 $0.125\left(\dfrac{\sigma_{con}}{f_{ptk}} - 0.5\right)\sigma_{con}$ 当 $0.7f_{ptk} < \sigma_{con} \leqslant 0.8f_{ptk}$ 时 $0.2\left(\dfrac{\sigma_{con}}{f_{ptk}} - 0.575\right)\sigma_{con}$ 中强度预应力钢丝：$0.08\sigma_{con}$ 预应力螺纹钢筋：$0.03\sigma_{con}$	
混凝土的收缩和徐变		$\sigma l5$	按规范第10.2.5条的规定计算	
用螺旋式预应力筋作配筋的环形构件，当直径 d 不大于3m时，由于混凝土的局部挤压		$\sigma l6$		30

注：1. 表中 Δt 为混凝土加热养护时，预应力筋与承受拉力的设备之间的温差（℃）；

　2. 当 $\sigma_{con}/f_{ptk} \leqslant 0.5$ 时，预应力筋的应力松弛损失值可取为零；

　3. 表中"规范"系指《混凝土结构设计规范》（GB 50010—2010）。

4.3.3　混凝土结构计算

计算公式见表4-59（注：最小配筋率见表4-56）

混凝土结构计算公式　表4-59

计算内容	计　算　公　式	备　注
正截面承载力计算	一、受弯承载力计算　1. 矩形截面或翼缘位于受拉边的倒 T 形截面构件 $M \leqslant \alpha_1 f_c bx\left(h_0 - \dfrac{x}{2}\right) + f_y' A_s'(h_0 - a_s') - (\sigma_{p0}' - f_{py}')A_p'(h_0 - a_p')$　2. 翼缘位于受压区的T形、I形截面构件　当满足 $f_y A_s + f_{py}A_P \leqslant \alpha_1 f_c b_f' h_f' + f_y' A_s' - (\sigma_{p0}' - f_{py}')A_P'$　按宽度为 b_f' 的矩形截面计算。否则按下式计算：	混凝土受压区高度确定： $\alpha_1 f_c bx = f_y A_s - f_y' A_s' + f_{py}A_p + (\sigma_{p0}' - f_{py}')A_P'$ 尚应符合： $x \leqslant \xi_b h_0 \ x \geqslant 2a'$

续表

计算内容	计 算 公 式	备 注
正截面承载力计算	$M \leqslant \alpha_1 f_c bx\left(h_0 - \dfrac{x}{2}\right)$ $+ \alpha_1 f_c\ (b_f' - b)$ $h_f'\left(h_0 - \dfrac{h_f'}{2}\right)$ $+ f_y' A_s'(h_0 - a_s')$ $- (\sigma_{p0}' - f_{py}')A_p'(h_0 - a_p')$ 3. 当计算中计入纵向普通受压钢筋时，必须 $x \geqslant 2a'$，否则按下式计算： $M \leqslant f_{py}A_p(h - a_p - a_s') + f_y A_s(h - a_s - a_s') + (\sigma_{p0}' - f_{py}')A_p'(a_p' - a_s')$ 二、受压承载力计算 1. 轴心受压构件配置有箍筋时 $N \leqslant 0.9\varphi\ (f_c A + f_y' A_s')$ 2. 轴心受压构件配置螺旋式或焊接环式间接钢筋时 $N \leqslant 0.9(f_c A_{cor} + f_y' A_s' + 2\alpha f_{yv} A_{ss0})$ 3. 矩形截面偏心受压构件 $N \leqslant \alpha_1 f_c bx + f_y' A_s' - \sigma_s A_s - (\sigma_{p0}' - f_{py}')A_p' - \sigma_p A_p$ $Ne \leqslant \alpha_1 f_c bx\left(h_0 - \dfrac{x}{2}\right) + f_y' A_s'(h_0 - a_s') - (\sigma_{p0}' - f_{py}')A_p'(h_0 - a_p')$ 矩形截面非对称配筋的小偏心受压构件，当 $N > f_c bh$ 时，按下式计算。 $Ne' \leqslant f_c bh\left(h_0' - \dfrac{h}{2}\right) + f_y' A_s(h_0' - a_s) - (\sigma_{p0} - f_{py})A_p(h_0' - a_p)$ 4. I 形截面偏心受压构件 当 $x \leqslant h_f'$ 时，按宽度为受压翼缘计算宽度 b_f' 的矩形截面计算 当 $x > h_f'$ 时，按下式计算： $N \leqslant \alpha_1 f_c [bx + (b_f' - b)h_f'] + f_y' A_s' - \sigma_s A_s - (\sigma_{p0}' - f_{py}')A_p' - \sigma_p A_p$ $Ne \leqslant \alpha_1 f_c\left[bx\left(h_0 - \dfrac{x}{2}\right) + (b_f' - b)h_f'\left(h_0 - \dfrac{h_f'}{2}\right)\right] + f_y' A_s'(h_0 - a_s') - (\sigma_{p0}' - f_{py}')A_p'(h_0 - a_p')$ I 形截面非对称配筋的小偏心受压构件，当 $N > f_c A$ 时，按下式计算： $Ne' \leqslant f_c\left[bh\left(h_0' - \dfrac{h}{2}\right) + (b_f - b)h_f\left(h_0' - \dfrac{h_f}{2}\right) + (b_f' - b)h_f'\left(\dfrac{h_f'}{2} - a'\right)\right] + f_y' A_s(h_0' - a_s) - (\sigma_{p0} - f_{py})A_p(h_0' - a_p)$ 5. 截面具有两个互相垂直对称轴的双向偏心受压构件 $N \leqslant \dfrac{1}{\dfrac{1}{N_{ux}} + \dfrac{1}{N_{uy}} - \dfrac{1}{N_{u0}}}$	混凝土受压区高度确定： $\alpha_1 f_c [bx + (b_f' - b)h_f']$ $= f_y A_s - f_y' A_s' + f_{py}A_p$ $+ (\sigma_{p0}' - f_{py}')A_p'$ $A_{ss0} = \dfrac{\pi d_{cor} A_{ss1}}{s}$ $e = e_i + \dfrac{h}{2} - a$ $e_i = e_0 + e_a$ $e' = \dfrac{h}{2} - a' - (e_0 - e_a)$ $e' = y' - a' - (e_0 - e_a)$

续表

计算内容	计 算 公 式	备 注
正截面承载力计算	三、受拉承载力计算 1. 轴心受拉构件 $N \leqslant f_y A_s + f_{py}A_p$ 2. 矩形截面偏心受拉构件 (1) 小偏心受拉构件 $Ne \leqslant f_y A_s(h_0 - a_s') + f_{py}A_p'(h_0 - a_p')$ $Ne' \leqslant f_y A_s(h_0' - a_s) + f_{py}A_p(h_0' - a_p)$ (2) 大偏心受拉构件 $N \leqslant f_y A_s + f_{py}A_p - f_y' A_s' + (\sigma_{p0}' - f_{py}')A_p' - \alpha_1 f_c bx$ $Ne \leqslant \alpha_1 f_c bx\left(h_0 - \dfrac{x}{2}\right) + f_y' A_s'(h_0 - a_s') - (\sigma_{p0}' - f_{py}')A_p'(h_0 - a_p')$ 3. 对称配筋的矩形截面双向偏心受拉构件 $N \leqslant \dfrac{1}{\dfrac{1}{N_{u0}} + \dfrac{e_0}{M_u}}$	
斜截面承载力计算	1. 矩形、T 形和 I 形截面的受弯构件，其受剪截面应符合： $h_w/b \leqslant 4$ 时 $V \leqslant 0.25\beta_c f_c bh_0$ $h_w/b \geqslant 6$ 时 $V \leqslant 0.2\beta_c f_c bh_0$ $4 < h_w/b < 6$ 时按线性内插法确定 2. 不配置箍筋和弯起钢筋的一般板类受弯构件 $V \leqslant 0.7\beta_h f_t bh_0$ 3. 矩形、T 形和 I 形截面受弯构件，仅配置箍筋时 $$V \leqslant V_{cs} + V_p$$ 4. 矩形、T 形和 I 形截面受弯构件，配置箍筋和弯起钢筋时 $V \leqslant V_{cs} + V_p + 0.8 f_{yv}A_{sb}\sin\alpha_s + 0.8 f_{py}A_{pb}\sin\alpha_p$ 5. 矩形、T 形和 I 形截面偏心受压构件 $V \leqslant \dfrac{1.75}{\lambda + 1}f_t bh_0 + f_{yv}\dfrac{A_{sv}}{s}h_0 + 0.07N$ 6. 矩形、T 形和 I 形截面偏心受拉构件 $V \leqslant \dfrac{1.75}{\lambda + 1}f_t bh_0 + f_{yv}\dfrac{A_{sv}}{s}h_0 - 0.2N$ 7. 矩形截面双向受剪框架柱，其受剪截面应符合： $V_x \leqslant 0.25\beta_c f_c bh_0 \cos\theta$ $V_y \leqslant 0.25\beta_c f_c bh_0 \sin\theta$ 其斜截面受剪承载力： $V_x \leqslant \dfrac{V_{ux}}{\sqrt{1 + \left(\dfrac{V_{ux}\tan\theta}{V_{uy}}\right)^2}}$ $V_y \leqslant \dfrac{V_{uy}}{\sqrt{1 + \left(\dfrac{V_{uy}}{V_{ux}\tan\theta}\right)^2}}$	$\beta_h = \left(\dfrac{800}{h_0}\right)^{1/4}$ $V_{cs} = \alpha_{cv} f_t bh_0 + f_{yv}\dfrac{A_{sv}}{s}h_0$ $V_p = 0.05 N_{p0}$ $V_{ux} = \dfrac{1.75}{\lambda_x + 1}f_t bh_0$ $+ f_{yv}\dfrac{A_{svx}}{s}h_0$ $+ 0.07N$ $V_{uy} = \dfrac{1.75}{\lambda_y + 1}f_t bh_0$ $+ f_{yv}\dfrac{A_{svy}}{s}b_0$ $+ 0.07N$

续表

计算内容	计 算 公 式	备 注
扭曲截面承载力计算	1. 在弯矩、剪力和扭矩共同作用下的构件，符合下列要求时可不进行受剪扭承载力计算 $\dfrac{V}{bh_0}+\dfrac{T}{W_t}\leqslant 0.7f_t+0.05\dfrac{N_{p0}}{bh_0}$ 或 $\dfrac{V}{bh_0}+\dfrac{T}{W_t}\leqslant 0.7f_t+0.07\dfrac{N}{bh_0}$ 2. 矩形截面纯扭构件 $T\leqslant 0.35f_tW_t$ $+1.2\sqrt{\zeta}f_{yv}\dfrac{A_{st1}A_{cor}}{s}$ 3. T形和I形截面纯扭构件 将其截面划分为几个矩形截面进行计算 4. 箱形截面纯扭构件 $T\leqslant 0.35\alpha_h f_tW_t+1.2\sqrt{\zeta}f_{yv}\dfrac{A_{st1}A_{cor}}{s}$ 5. 在轴向压力和扭矩共同作用下的矩形截面钢筋混凝土构件，受扭承载力： $T\leqslant\left(0.35f_t+0.07\dfrac{N}{A}\right)W_t$ $+1.2\sqrt{\zeta}f_{yv}\dfrac{A_{st1}A_{cor}}{s}$ 6. 剪力和扭矩共同作用下的矩形截面扭构件，受剪扭承载力： 1）一般剪扭构件 受剪承载力： $V\leqslant(1.5-\beta_t)(0.7f_tbh_0+0.05N_{p0})$ $+f_{yv}\dfrac{A_{sv}}{s}h_0$ 受扭承载力： $T\leqslant\beta_t\left(0.35f_t+0.05\dfrac{N_{p0}}{A_0}\right)W_t+$ $1.2\sqrt{\zeta}f_{yv}\dfrac{A_{st1}A_{cor}}{s}$ 2）集中荷载作用下的独立剪扭构件 受剪承载力： $V\leqslant(1.5-\beta_t)\left(\dfrac{1.75}{\lambda+1}f_tbh_0\right.$ $\left.+0.05N_{p0}\right)+f_{yv}\dfrac{A_{sv}}{s}h_0$ 受扭承载力： $T\leqslant\beta_t\left(0.35f_t+0.05\dfrac{N_{p0}}{A_0}\right)W_t+$ $1.2\sqrt{\zeta}f_{yv}\dfrac{A_{st1}A_{cor}}{s}$ 7. 在弯矩、剪力、扭矩共同作用下的矩形、T形、I形和箱形截面的弯剪扭构件 当$V\leqslant 0.35f_tbh_0$或$V\leqslant 0.875f_tbh_0/(\lambda+1)$时，仅按受弯构件正截面受弯承载力和纯扭构件的受扭承载力计算。 当$T\leqslant 0.175f_tW_t$或$T\leqslant 0.175\alpha_h f_tW_t$时，仅按受弯构件的正截面受弯承载力和斜截面受剪承载力计算。 8. 轴向压力、弯矩、剪力、扭矩共同作用下的矩形截面框架柱 受剪承载力： $V\leqslant(1.5-\beta_t)\left(\dfrac{1.75}{\lambda+1}f_tbh_0\right.$ $\left.+0.07N\right)+f_{yv}\dfrac{A_{sv}}{s}h_0$ 受扭承载力： $T\leqslant\beta_t\left(0.35f_t+0.07\dfrac{N}{A}\right)W_t$ $+1.2\sqrt{\zeta}f_{yv}\dfrac{A_{st1}A_{cor}}{s}$	当$N_{p0}>0.3f_cA_0$ 取 $N_{p0}=0.3f_cA_0$ 当$N>0.3f_cA$ 取 $N=0.3f_cA$ $\zeta=\dfrac{f_yA_{st1}s}{f_{yv}A_{stl}u_{cor}}$ $0.6\leqslant\zeta\leqslant 1.7$，当$\zeta>1.7$时，取$\zeta=1.7$ $\alpha_h=2.5t_w/b_h$ 当$\alpha_h>1$时，取$\alpha_h=1$ 当$N>0.3f_cA$ 取 $N=0.3f_cA$ $\beta_t=\dfrac{1.5}{1+0.5\dfrac{VW_t}{Tbh_0}}$ $\beta_t=\dfrac{1.5}{1+0.2(\lambda+1)\dfrac{VW_t}{Tbh_0}}$

续表

计算内容	计 算 公 式	备 注
受冲切承载力计算	1. 在局部荷载或集中反力作用下不配置箍筋或弯起钢筋的板，其冲切承载力应符合 $F_l\leqslant(0.7\beta_h f_t+0.25\sigma_{pc,m})\eta u_m h_0$ 2. 在局部荷载或集中反力作用下，当受冲切承载力不满足上式要求且板厚受限制时，可配置箍筋或弯起钢筋 受冲切截面： $F_l\leqslant 1.2f_t\eta u_m h_0$ 配置箍筋、弯起钢筋时： $F_l\leqslant(0.5f_t+0.25\sigma_{pc,m})\eta u_m h_0+$ $0.8f_{yv}A_{svu}+0.8f_yA_{sbu}\sin\alpha$ 3. 矩形截面柱的阶形基础，在柱与基础交接处及基础变阶处的冲切承载力应符合 $F_l\leqslant 0.7\beta_h f_t b_m h_0$	$\left.\begin{array}{l}\eta_1=0.4+\dfrac{1.2}{\beta_s}\\[6pt]\eta_2=0.5+\dfrac{\alpha_s h_0}{4\mu_m}\end{array}\right\}$取其较小值 $F_l\leqslant p_sA$ $b_m=\dfrac{b_t+b_b}{2}$
局部承压承载力	1. 配置间接钢筋的混凝土结构构件，局部受压区的截面尺寸应符合 $F_l\leqslant 1.35\beta_c\beta_l f_cA_{ln}$ 2. 配置方格网式或螺旋式间接钢筋的局部受压承载力 $F_l\leqslant 0.9(\beta_c\beta_l f_c+2\alpha\rho_v\beta_{cor}f_{yv})A_{ln}$	$\beta_l=\sqrt{\dfrac{A_b}{A_l}}$ 方格网式配筋时： $\rho_v=\dfrac{n_1A_{s1}l_1+n_2A_{s2}l_2}{A_{cor}s}$ 螺旋式配筋时： $\rho_v=\dfrac{4A_{ss1}}{d_{cor}s}$
裂缝宽度计算	矩形、T形、倒T形和I形截面的受拉、受弯、偏心受压构件及预应力轴心受拉和受弯构件，按荷载标准组合并考虑长期作用影响的最大裂缝宽度（mm） $\omega_{max}=\alpha_{cr}\psi\dfrac{\sigma_s}{E_s}\left(1.9c_s+0.08\dfrac{d_{eq}}{\rho_{te}}\right)$	$\psi=1.1-0.65\dfrac{f_{tk}}{\rho_{te}\sigma_s}$ $d_{eq}=\dfrac{\sum n_id_i^2}{\sum n_iv_id_i}$ $\rho_{te}=\dfrac{A_s+A_p}{A_{te}}$

注：表中符号
1. 作用、作用效应及承载力
 M——弯矩设计值；
 M_u——按通过轴向拉力作用点的弯矩平面计算的正截面受弯承载力设计值；
 N——轴向压力（拉力）设计值；
 N_{u0}——构件的截面轴心受压或轴心受拉承载力设计值；
 N_{ux}、N_{uy}——轴向压力作用于x轴、y轴并考虑相应的计算偏心距e_{ix}、e_{iy}后，按全部纵向钢筋计算的构件偏心受压承载力设计值；
 N_{p0}——计算截面上混凝土法向预应力等于零时的预加力，当$N_{p0}>0.3f_cA_0$时，取$N_{p0}=0.3f_cA_0$，A_0为构件换算截面面积；
 V——构件斜截面上的最大剪力设计值；
 V_{cs}——构件斜截面上混凝土和箍筋的受剪承载力设计值；
 V_P——由预加力所提高的构件受剪承载力设计值；
 V_x——x轴方向的剪力设计值，对应的截面有效高度为h_0，截面宽度为b；
 V_y——y轴方向的剪力设计值，对应的截面有效高度为b_0，截面宽度为h；
 T——扭矩设计值；
 F_l——局部荷载设计值或集中反力设计值；
 σ'_{p0}——受压区纵向预应力筋合力点处混凝土法向应力等于零时的预应力筋应力；
 $\sigma_{pc,m}$——计算截面周长上两个方向混凝土有效预压应力按长度的加权平均值，其值宜控制在$1.0\sim 3.5\text{N/mm}^2$范围内；
 p_s——按荷载效应基本组合计算并考虑结构重要性系数的基础底面地基反力设计值（可扣除基础自重及其上的土重），当基础偏心受力时，可取用最大的地基反力设计值；

σ_s——按荷载准永久组合计算的钢筋混凝土构件纵向受拉普通钢筋应力或按标准组合计算的预应力混凝土构件纵向受拉钢筋等效应力。

2. 材料性能

f_c——混凝土轴心抗压强度设计值；

f_t——混凝土轴心抗拉强度设计值；

E_s——钢筋的弹性模量；

f_y——普通钢筋抗拉强度设计值；

f_{yv}——箍筋的抗拉强度设计值。

3. 几何参数

a'_s、a'_p——受压区纵向普通钢筋合力点、预应力筋合力点至截面受压边缘的距离；

a'——受压区全部纵向钢筋合力点至截面受压边缘的距离；

a_s、a_p——受拉区纵向普通钢筋、预应力筋至受拉边缘的距离；

b——矩形截面宽度或倒 T 形截面的腹板宽度；

h_0——截面有效高度；

b'_f——T 形、I 形截面受压区的翼缘计算宽度；

h'_f——T 形、I 形截面受压区的翼缘高度；

A_s、A'_s——受拉区、受压区纵向普通钢筋的截面面积；轴心受压时 A'_s 为全部纵向钢筋的截面面积；

A_p、A'_p——受拉区、受压区纵向预应力的截面面积；

A——构件截面面积；

A_{cor}——构件的核心截面面积，取间接钢筋内表面范围内的混凝土截面面积；

A_{ss0}——螺旋式或焊接环式间接钢筋的换算截面面积；

d_{cor}——构件的核心截面直径；取间接钢筋内表面之间的间距；

A_{ss1}——螺旋式或焊接环式单根间接钢筋的截面面积；

s——间接钢筋（箍筋）沿构件轴线方向的间距；

e——轴向压力作用点至纵向普通受拉钢筋和受拉预应力筋的合力点的距离；

e_i——初始偏心距；

a——纵向受拉普通钢筋和受拉预应力筋的合力点至截面近边缘的距离；

e_0——轴向压力（拉力）对截面重心的偏心距；$e_0 = M/N$，当需要考虑二阶效应时，M 为按《混凝土结构设计规范》（GB 50010—2010）第 5.3.4 条、6.2.4 条规定确定的弯矩设计值；

e_a——附加偏心距；取 20mm 和偏心方向截面最大尺寸的 1/30 两者中的较大值；

e'——轴向压力作用点至受压纵向普通钢筋和预应力筋的合力点的距离；

h'_0——纵向受压钢筋合力点至截面远边的距离；

h_w——截面的腹板高度；对矩形截面，取有效高度 h_0；对 T 形截面取有效高度减去翼缘高度；对 I 形和箱形截面取腹板净高；

A_{sv}——配置在同一截面内箍筋各肢的全部截面面积；$A_{sv} = nA_{sv1}$，此处，n 为在同一个截面内箍筋的肢数，A_{sv1} 为单肢箍筋的截面面积；

A_{sb}、A_{pb}——分别为同一平面内的弯起普通钢筋、弯起预应力筋的截面面积；

α_s、α_p——分别为斜截面上弯起普通钢筋、弯起预应力筋的切线与构件轴线的夹角；

θ——斜向剪力设计值 V 的作用方向与 x 轴的夹角，$\theta = \arctan(V_y/V_x)$；

A_{svx}、A_{svy}——配置在同一截面内平行于 x 轴、y 轴的箍筋各肢截面面积的总和；

W_t——受扭构件的截面受扭塑性抵抗矩；

t_w——箱形截面壁厚，不应小于 $b_h/7$，b_h 为箱形截面宽度；

A_{stl}——受扭计算中取对称布置的全部纵向非预应力钢筋截面面积；

A_{st1}——受扭计算中沿截面周边配置的箍筋单肢截面面积；

u_{cor}——截面核心部分的周长；

A_{svu}——与呈 45°冲切破坏锥体斜截面相交的全部箍筋截面面积；

A_{sbu}——与呈 45°冲切破坏锥体斜截面相交的全部弯起钢筋截面面积；

α——弯起钢筋与板底面的夹角；

b_t——冲切破坏锥体最不利一侧斜截面的上边长；

b_b——柱与基础交接处或基础变阶处的冲切破坏锥体最不利一侧斜截面的下边长，$b_b = b_t + 2h_0$；

A_l——混凝土局部受压面积；

A_{ln}——混凝土局部受压净面积；

A_b——局部受压的计算底面积；

n_1、A_{s1}——分别为方格网沿 l_1 方向的钢筋根数、单根钢筋的截面面积；

n_2、A_{s2}——分别为方格网沿 l_2 方向的钢筋根数、单根钢筋的截面面积；

A_{ss1}——单根螺旋式间接钢筋的截面面积；

d_{cor}——螺旋式间接钢筋内表面范围内的混凝土截面直径；

c_s——最外层纵向受拉钢筋外边缘至受拉区底边距离（mm），当 $c_s < 20$ 时，取 $c_s = 20$；当 $c_s > 65$ 时，取 $c_s = 65$；

A_{te}——有效受拉混凝土截面面积；

d_{eq}——受拉区纵向钢筋的等效直径（mm）；

d_i——受拉区第 i 种纵向钢筋的公称直径（mm）；

n_i——受拉区第 i 种纵向钢筋根数；

4. 计算系数及其他

α_1——系数，当混凝土强度等级不超过 C50 时，α_1 取 1.0；当混凝土强度等级为 C80 时，α_1 取 0.94；其间按线性内插法确定；

φ——钢筋混凝土构件的稳定系数；

α——间接钢筋对混凝土约束的折减系数，当混凝土强度等级不超过 C50 取 1.0；当混凝土强度等级为 C80 时取 0.85，其间按线性内插法确定；

β_c——混凝土强度影响系数，当混凝土强度等级不超过 C50 时，取 $\beta_c = 1.0$；当混凝土强度等级为 C80 时，取 $\beta_c = 0.8$，其间按线性内插法确定；

β_h——截面高度影响系数，当 $h_0 < 800$mm 时，取 $h_0 = 800$mm；当 $h_0 > 2000$mm 时，取 $h_0 = 2000$mm；

α_{cv}——截面混凝土受剪承载力系数，对于一般受弯构件取 0.7；对集中荷载作用下（包括作用有多种荷载，其中集中荷载对支座截面或节点边缘所产生的剪力值占总剪力的 75% 以上的情况）的独立梁，取 α_{cv} 为 $\dfrac{1.75}{\lambda + 1}$，$\lambda$ 为计算截面的剪跨比，可取 λ 等于 a/h_0，当 λ 小于 1.5 时，取 1.5，当 λ 大于 3 时，取 3，a 取集中荷载作用点至支座截面或节点边缘的距离；

λ——计算截面的剪跨比；

λ_x、λ_y——分别为框架柱 x 轴、y 轴方向的计算剪跨比；

ζ——受扭的纵向普通钢筋与箍筋的配筋强度比值；

α_h——箱形截面壁厚影响系数，$\alpha_h = 2.5t_w/b_h$，当 $\alpha_h > 1.0$ 时，取 1.0；

β_t——一般剪扭构件混凝土受扭承载力降低系数；当 $\beta_t < 0.5$ 时，取 0.5；当 $\beta_t > 1$ 时，取 1；

η_1——局部荷载或集中反力作用面积形状的影响系数；

η_2——计算截面周长与板截面有效高度之比的影响系数；

β_s——局部荷载或集中反力作用面积为矩形时的长边与短边尺寸的比值，β_s 不宜大于 4；当 $\beta_s < 2$ 时取 2；对圆形冲切面，$\beta_s = 2$；

α_s——柱位置影响系数，对中柱取 $\alpha_s = 40$；对边柱取 $\alpha_s = 30$；对角柱取 $\alpha_s = 20$；

β_l——混凝土局部受压时的强度提高系数；

β_{cor}——配置间接钢筋的局部受压承载力提高系数；

ρ_v——间接钢筋的体积配筋率；

α_{cr}——构件受力特征系数，钢筋混凝土受弯构件取 1.9；钢筋混凝土轴心受拉构件取 2.7；

ψ——裂缝间纵向受拉钢筋应变不均匀系数，当 $\psi < 0.2$ 时，取 0.2；当 $\psi > 1$ 时取 1；对直接承受重复荷载的构件，取 $\psi = 1$；

ρ_{te}——按有效受拉混凝土截面面积计算的纵向受拉钢筋配筋率。当 $\rho_{te} < 0.01$ 时取 0.01；

v_i——受拉区第 i 种纵向钢筋的相对粘结特性系数，光圆钢筋取 0.7；普通带肋钢筋取 1.0。

4.4　砌　体　结　构　计　算

4.4.1　砌体结构设计的有关规定及计算用表

1. 砌体和砂浆的强度等级

砌体和砂浆的强度等级，应按下列规定采用：

烧结普通砖、烧结多孔砖等的强度等级：MU30、MU25、MU20、MU15 和 MU10；

蒸压灰砂普通砖、蒸压粉煤灰普通砖的强度等级：MU25、MU20 和 MU15；

砌块的强度等级：MU20、MU15、MU10、MU7.5 和 MU5；

石材的强度等级：MU100、MU80、MU60、MU50、MU40、MU30 和 MU20；

砂浆的强度等级：M15、M10、M7.5、M5 和 M2.5。

2. 各类砌体的抗压强度设计值（表 4-60～表 4-64）

烧结普通砖和烧结多孔砖砌体的抗压强度设计值（MPa） 表 4-60

砖强度等级	砂浆强度等级					砂浆强度
	M15	M10	M7.5	M5	M2.5	0
MU30	3.94	3.27	2.93	2.59	2.26	1.15
MU25	3.60	2.98	2.68	2.37	2.06	1.05
MU20	3.22	2.67	2.39	2.12	1.84	0.94
MU15	2.79	2.31	2.07	1.83	1.60	0.82
MU10	—	1.89	1.69	1.50	1.30	0.67

蒸压灰砂砖和蒸压粉煤灰砖砌体的抗压强度设计值（MPa） 表 4-61

砖强度等级	砂浆强度等级				砂浆强度
	M15	M10	M7.5	M5	0
MU25	3.60	2.98	2.68	2.37	1.05
MU20	3.22	2.67	2.39	2.12	0.94
MU15	2.79	2.31	2.07	1.83	0.82

单排孔混凝土砌块和轻骨料混凝土砌块对孔砌筑砌体的抗压强度设计值（MPa） 表 4-62

砌块强度等级	砂浆强度等级					砂浆强度
	Mb20	Mb15	Mb10	Mb7.5	Mb5	0
MU20	6.30	5.68	4.95	4.44	3.94	2.33
MU15	—	4.61	4.02	3.61	3.20	1.89
MU10			2.79	2.50	2.22	1.31
MU7.5				1.93	1.71	1.01
MU5					1.19	0.70

注：1. 对独立柱或厚度为双排组砌的砌块砌体，应按表中数值乘以 0.7；
2. 对 T 形截面砌体，应按表中数值乘以 0.85。

轻骨料混凝土砌块砌体的抗压强度设计值（MPa） 表 4-63

砌块强度等级	砂浆强度等级			砂浆强度
	Mb10	Mb7.5	Mb5	0
MU10	3.08	2.76	2.45	1.44
MU7.5	—	2.13	1.88	1.12
MU5			1.31	0.78
MU3.5			0.95	0.56

注：1. 表中的砌块为火山渣、浮石和陶粒轻骨料混凝土砌块；
2. 对厚度方向为双排组砌的轻骨料混凝土砌块砌体的抗压强度设计值，应按表中数值乘以 0.8。

毛石砌体的抗压强度设计值（MPa） 表 4-64

毛石强度等级	砂浆强度等级			砂浆强度
	M7.5	M5	M2.5	0
MU100	1.27	1.12	0.98	0.34
MU80	1.13	1.00	0.87	0.30
MU60	0.98	0.87	0.76	0.26
MU50	0.90	0.80	0.69	0.23
MU40	0.80	0.71	0.62	0.21
MU30	0.69	0.61	0.53	0.18
MU20	0.56	0.51	0.44	0.15

3. 各类砌体的轴心抗拉强度设计值、弯曲抗拉强度设计值和抗剪强度设计值（表 4-65）

沿砌体灰缝截面破坏时砌体的轴心抗拉强度设计值、弯曲抗拉强度设计值和抗剪强度设计值（MPa） 表 4-65

强度类别	破坏特征及砌体种类		砂浆强度等级			
			≥M10	M7.5	M5	M2.5
轴心抗拉	沿齿缝	烧结普通砖、烧结多孔砖	0.19	0.16	0.13	0.09
		混凝土普通砖、混凝土多孔砖	0.19	0.16	0.13	—
		蒸压灰砂普通砖、蒸压粉煤灰普通砖	0.12	0.10	0.08	—
		混凝土和轻骨料混凝土砌块	0.09	0.08	0.07	—
		毛石	—	0.07	0.06	0.04
弯曲抗拉	沿齿缝	烧结普通砖、烧结多孔砖	0.33	0.29	0.23	0.17
		混凝土普通砖、混凝土多孔砖	0.33	0.29	0.23	—
		蒸压灰砂普通砖、蒸压粉煤灰普通砖	0.24	0.20	0.16	—
		混凝土和轻骨料混凝土砌块	0.11	0.09	0.08	—
		毛石	—	0.11	0.09	0.07
弯曲抗拉	沿通缝	烧结普通砖、烧结多孔砖	0.17	0.14	0.11	0.08
		混凝土普通砖、混凝土多孔砖	0.17	0.14	0.11	—
		蒸压灰砂普通砖、蒸压粉煤灰普通砖	0.12	0.10	0.08	—
		混凝土和轻骨料混凝土砌块	0.08	0.06	0.05	—
抗剪	烧结普通砖、烧结多孔砖		0.17	0.14	0.11	0.08
	混凝土普通砖、混凝土多孔砖		0.17	0.14	0.11	—
	蒸压灰砂普通砖、蒸压粉煤灰普通砖		0.12	0.10	0.08	—
	混凝土和轻集料混凝土砌块		0.09	0.08	0.06	—
	毛石		—	0.19	0.16	0.11

注：1. 对于用形状规则的块体砌筑的砌体，当搭接长度与块体高度的比值小于 1 时，其轴心抗拉强度设计值 f_t 和弯曲抗拉强度设计值 f_{tm} 应按表中数值乘以搭接长度与块体高度比值后采用；

2. 表中数值是依据普通砂浆砌筑的砌体确定，采用经研究性试验且通过技术鉴定的专用砂浆砌筑的蒸压灰砂普通砖、蒸压粉煤灰普通砖砌体，其抗剪强度设计值按相应普通砂浆强度等级砌筑的烧结普通砖砌体采用；

3. 对混凝土普通砖、混凝土多孔砖、混凝土和轻集料混凝土砌块砌体，表中的砂浆强度等级分别为：≥Mb10、Mb7.5 及 Mb5。

4. 各类砌体的弹性模量（表4-66）

砌体的弹性模量（MPa）　　表4-66

砌 体 种 类	砂浆强度等级			
	≥M10	M7.5	M5	M2.5
烧结普通砖、烧结多孔砖砌体	1600f	1600f	1600f	1390f
混凝土普通砖、混凝土多孔砖砌体	1600f	1600f	1600f	—
蒸压灰砂普通砖、蒸压粉煤灰普通砖砌体	1060f	1060f	1060f	—
非灌孔混凝土砌块砌体	1700f	1600f	1500f	—
粗料石、毛料石、毛石砌体	—	5650	4000	2250
细料石砌体	—	17000	12000	6750

注：1. 轻集料混凝土砌体砌体的弹性模量，可按表中混凝土砌块砌体的
弹性模量采用；
2. 表中砌体抗压强度设计值不按《砌体结构设计规范》（GB
50003—2011）第3.2.3条进行调整；
3. 表中砂浆为普通砂浆，采用专用砂浆砌筑的砌体的弹性模量也按
此表取值；
4. 对混凝土普通砖、混凝土多孔砖、混凝土和轻集料混凝土砌块砌
体，表中的砂浆强度等级分别为：≥Mb10、Mb7.5及Mb5；
5. 对蒸压灰砂普通砖和蒸压粉煤灰普通砖砌体，当采用专用砂浆砌
筑时，其强度设计值按表中数值采用。

5. 各类砌体的线膨胀系数和收缩率（表4-67）

砌体的线膨胀系数和收缩率　　表4-67

砌 体 类 别	线膨胀系数 $10^{-6}/℃$	收缩率 (mm/m)
烧结普通砖、烧结多孔砖砌体	5	−0.1
蒸压灰砂普通砖、蒸压粉煤灰普通砖砌体	8	−0.2
混凝土砌块砌体	10	−0.2
轻骨料混凝土砌块砌体	10	−0.3
料石和毛石砌体	8	—

注：表中的收缩率系由达到收缩允许标准的块体砌筑28d的砌体收缩率，
当地如有可靠的砌体收缩试验数据时，亦可采用当地的试验数据。

6. 房屋的静力计算方案

房屋的静力计算，根据房屋的空间工作性能分为刚性方案、刚
弹性方案和弹性方案。设计时，可按表4-68确定静力计算方案。

房屋的静力计算方案　　表4-68

序号	屋盖或楼盖类别	刚性方案	刚弹性方案	弹性方案
1	整体式、装配整体和装配式无檩体系钢筋混凝土屋盖或钢筋混凝土楼盖	s<32	32≤s≤72	s>72
2	装配式有檩体系钢筋混凝土屋盖、轻钢屋盖和有密铺望板的木屋盖或木楼盖	s<20	20≤s≤48	s>48
3	瓦材屋面的木屋盖和轻钢屋盖	s<16	16≤s≤36	s>36

注：1. 表中s为房屋横墙间距，其长度单位为m；
2. 当屋盖、楼盖类别不同或横墙间距不同时，可按《砌体结构设计
规范》GB 50003—2001第4.2.7条的规定确定房屋的静力计算方
案；
3. 对无山墙或伸缩缝处无横墙的房屋，应按弹性方案考虑。

7. 外墙不考虑风荷载影响的最大高度（表4-69）

外墙不考虑风荷载影响的最大高度　　表4-69

基本风压值（kN/m²）	层高（m）	总高（m）
0.4	4.0	28
0.5	4.0	24
0.6	4.0	18
0.7	3.5	18

注：对于多层砌块房屋190mm厚的外墙，当层高不大于2.8m，总高不
大于19.6m，基本风压不大于0.7kN/m²时可不考虑风荷载的影响。

8. 计算影响系数φ时受压构件的高厚比及高厚比修正系数

构件的高厚比按下式确定：

对矩形截面：　　　　$b = \gamma_\beta \dfrac{H_0}{h}$

对T形截面：　　　　$b = \gamma_\beta \dfrac{H_0}{h_T}$

式中　γ_β——不同砌体材料的高厚比修正系数，按表4-70采用；

H_0——受压构件的计算高度，按表4-71确定；

h——矩形截面轴向力偏心方向的边长，当轴心受压时为截
面较小边长；

h_T——T形截面的折算厚度，可近似按$3.5i$计算；

i——截面回转半径。

高厚比修正系数　　表4-70

砌体材料类别	γ_β
烧结普通砖、烧结多孔砖	1.0
混凝土及轻骨料混凝土砌块	1.1
蒸压灰砂砖、蒸压粉煤灰砖、细料石、半细料石	1.2
粗料石、毛石	1.5

注：对灌孔混凝土砌块，γ_β取1.0。

受压构件的计算高度 H_0　　表4-71

房屋类别		柱		带壁柱墙或周边拉结的墙		
		排架方向	垂直排架方向	s>2H	2H≥s>H	s≤H
有吊车的单层房屋	变截面柱上段	弹性方案 2.5Hu	1.25Hu		2.5Hu	
		刚性、刚弹性方案 2.0Hu	1.25Hu		2.0Hu	
	变截面柱下段	1.0Hl	0.8Hl		1.0Hl	
无吊车的单层和多层房屋	单跨	弹性方案 1.5H			1.5H	
		刚弹性方案 1.2H			1.2H	
	多跨	弹性方案 1.25H			1.25H	
		刚弹性方案 1.10H			1.1H	
	刚性方案	1.0H	1.0H	1.0H	0.4s+0.2H	0.6s

注：1. 表中H_u为变截面柱的上段高度；H_l为变截面柱的下段高度；
2. 对于上端为自由端的构件，$H_0=2H$；
3. 独立砖柱，当无柱间支撑时，柱在垂直排架方向的H_0应按表中
数值乘以1.25后采用；
4. s为房屋横墙间距；
5. 自承重墙的计算高度应根据周边支承或拉结条件确定。

9. 墙、柱的允许高厚比

墙、柱的高厚比应按下式验算：

$$\beta = \frac{H_0}{h} \leqslant \mu_1 \mu_2 [\beta]$$

式中　H_0——墙、柱的计算高度；

h——墙厚或矩形柱与H_0相对应的边长；

μ_1——自承重墙允许高厚比的修正系数；

μ_2——有门窗洞口墙允许高厚比的修正系数；

$[\beta]$——墙、柱的允许高厚比。

注：1. 当与墙连接的相邻两横墙间的距离$s \leqslant \mu_1 \mu_2 [\beta] h$时，墙的高度
可不受上式限制；
2. 变截面柱的高厚比可按上、下截面分别验算，其计算高度按《砌
体结构设计规范》GB 50003—2011第5.1.4条的规定采用。验算
上柱的高厚比时，墙、柱的允许高厚比可按表4-72的数值乘以
1.3后采用。

厚度$h ≤ 240$mm的自承重墙，允许高厚比修正系数μ_1，应按
下列规定采用：

(1) $h=240mm$　　　$\mu_1=1.2$；

(2) $h=90mm$　　　$\mu_1=1.5$；

(3) $240mm>h>90mm$　　μ_1 可按插入法取值。

注：1. 上端为自由端墙的允许高厚比，除按上述规定提高外，尚可提高 30%。

　　2. 对厚度小于 90mm 的墙，当双面用不低于 M10 的水泥砂浆抹面，包括抹面层的墙厚不小于 90mm 时，可按墙厚等于 90mm 验算高厚比。

对有门窗洞口的墙，允许高厚比修正系数 μ_2 应按下式计算：

$$\mu_2=1-0.4\frac{b_s}{s}$$

式中　b_s——在宽度 s 范围内的门窗洞口总宽度；

　　　s——相邻窗间墙或壁柱之间的距离。

当按上式算得 μ_2 的值小于 0.7 时，取 $\mu_2=0.7$；当洞口高度等于或小于墙高的 1/5 时，可取 $\mu_2=1.0$。

墙、柱的允许高厚比见表 4-72。

墙、柱的允许高厚比 [β] 值　　表 4-72

砌体类型	砂浆强度等级	墙	柱
无筋砌体	M2.5	22	15
	M5.0 或 Mb5.0、Ms5.0	24	16
	≥M7.5 或 Mb7.5、Ms7.5	26	17
配筋砌块砌体	—	30	21

注：1. 毛石墙、柱允许高厚比应按表中数值降低 20%；

　　2. 组合砖砌体构件的允许高厚比，可按表中数值提高 20%，但不得大于 28；

　　3. 验算施工阶段砂浆尚未硬化的新砌砌体高厚比时，允许高厚比对墙取 14，对柱取 11。

10. 砌体房屋伸缩缝的最大间距（表 4-73）

砌体房屋伸缩缝的最大间距（m）　　表 4-73

屋盖或楼盖类别		间距
整体式或装配整体式钢筋混凝土结构	有保温层或隔热层的屋盖、楼盖	50
	无保温层或隔热层的屋盖	40
装配式无檩体系钢筋混凝土结构	有保温层或隔热层的屋盖、楼盖	60
	无保温层或隔热层的屋盖	50
装配式有檩体系钢筋混凝土结构	有保温层或隔热层的屋盖	75
	无保温层或隔热层的屋盖	60
瓦材屋盖、木屋盖或楼盖、轻钢屋盖		100

注：1. 对烧结普通砖、多孔砖、配筋砌块砌体房屋取表中数值；对石砌体、蒸压灰砂砖、蒸压粉煤灰砖和混凝土砌块房屋取表中数值乘以 0.8 的系数。当有实践经验并采取有效措施时，可不遵守本表规定；

　　2. 在钢筋混凝土屋面上挂瓦的屋盖应按钢筋混凝土屋盖采用；

　　3. 按本表设置的墙体伸缩缝，一般不能同时防止由于钢筋混凝土屋盖的温度变形和砌体干缩变形引起的墙体局部缝隙；

　　4. 层高大于 5m 的烧结普通砖、多孔砖、配筋砌块砌体结构单层房屋，其伸缩缝间距可按表中数值乘 1.3；

　　5. 温差较大且变化频繁地区和严寒地区不采暖的房屋及构筑物墙体的伸缩缝的最大间距，应按表中数值予以适当减小；

　　6. 墙体的伸缩缝应与结构的其他变形缝相重合，在进行立面处理时，必须保证缝隙的伸缩作用。

11. 组合砖砌体构件的稳定系数（表 4-74）

组合砖砌体构件的稳定系数 φ_{com}　　表 4-74

高厚比 β	配筋率 ρ (%)					
	0	0.2	0.4	0.6	0.8	≥1.0
8	0.91	0.93	0.95	0.97	0.99	1.00
10	0.87	0.90	0.92	0.94	0.96	0.98
12	0.82	0.85	0.88	0.91	0.93	0.95
14	0.77	0.80	0.83	0.86	0.89	0.92
16	0.72	0.75	0.78	0.81	0.84	0.87
18	0.67	0.70	0.73	0.76	0.79	0.81

续表

高厚比 β	配筋率 ρ (%)					
	0	0.2	0.4	0.6	0.8	≥1.0
20	0.62	0.65	0.68	0.71	0.73	0.75
22	0.58	0.61	0.64	0.66	0.68	0.70
24	0.54	0.57	0.59	0.61	0.63	0.65
26	0.50	0.52	0.54	0.56	0.58	0.60
28	0.46	0.48	0.50	0.52	0.54	0.56

注：组合砖砌体构件截面的配筋率 $\rho=A_s'/bh$。

4.4.2 砌体结构计算公式

砌体结构计算公式见表 4-75。

砌　体　结　构　计　算　　表 4-75

构件受力特征	计算公式	备　　注
受压构件（无筋砌体）	$N\leqslant\varphi f A$	当 $\beta\leqslant 3$ 时 $\varphi=\dfrac{1}{1+12\left(\dfrac{e}{h}\right)^2}$ 当 $\beta>3$ 时 $\varphi=\dfrac{1}{1+12\left[\dfrac{e}{h}+\sqrt{\dfrac{1}{12}\left(\dfrac{1}{\varphi_0}-1\right)}\right]^2}$ $\varphi_0=\dfrac{1}{1+\alpha b^2}$ 对矩截面 $\beta=\gamma_\beta\dfrac{H_0}{h}$ 对 T 形截面 $b=\gamma_\beta\dfrac{H_0}{h_T}$
局部受压（无筋砌体）	(1) 砌体截面受压部均匀压力 $N_l\leqslant\gamma f A_l$ (2) 梁端支承处砌体局部受压 $\psi N_0+N_l\leqslant\eta\gamma f A_l$ (3) 梁端设有刚性垫块的砌体局部受压 $N_0+N_l\leqslant\varphi\gamma_1 f A_b$ (4) 梁下设有长度大于 πh_0 的垫梁下的砌体局部受压 $N_0+N_l\leqslant 2.4\delta_2 f_b b h_0$	$\gamma=1+0.35\sqrt{\dfrac{A_0}{A_l}-1}$ $\psi=1.5-0.5\dfrac{A_0}{A_l}$ $N_0=\sigma_0 A_l$ $A_l=a_0 b$ $a_0=10\sqrt{\dfrac{h_c}{f}}$ $N_0=\sigma_0 A_b$ $A_b=a b b$ $N_0=\pi b h_0 \sigma_0/2$ $h_0=2\sqrt[3]{\dfrac{Eb\,I_b}{Eh}}$
轴心受拉构件（无筋砌体）	$N_t\leqslant f_t A$	
受弯构件（无筋砌体）	$M\leqslant f_{tm}W$ 受弯构件的受剪承载力 $V\leqslant f_v b z$	$z=I/S$
受剪构件（无筋砌体）	$V\leqslant(f_v+\alpha\mu\sigma_0)A$	当 $\gamma_G=1.20$ 时 $\mu=0.26-0.082\dfrac{S_0}{f}$ 当 $\gamma_G=1.35$ 时 $\mu=0.23-0.065\dfrac{S_0}{f}$
受压构件（网状配筋砖砌体）	$N\leqslant\varphi_n f_n A$	$f_n=f+2\left(1-\dfrac{2e}{y}\right)f_y$ $\rho=\dfrac{(a+b)A_s}{abs_n}$ $\varphi_n=\dfrac{1}{1+12\left[\dfrac{e}{h}+\sqrt{\dfrac{1}{12}\left(\dfrac{1}{\varphi_{0n}}-1\right)}\right]^2}$ $\varphi_{0n}=\dfrac{1}{1+\dfrac{1+3\rho e}{667}\beta^2}$

续表

构件受力特征	计算公式	备注
轴心受压构件(组合砖砌体)	$N \leqslant \varphi_{com}(fA + f_cA_c + \eta_s f_y A'_s)$	
偏心受压构件(组合砖砌体)	$N \leqslant fA' + f_cA'_c + \eta_s f_y A'_s - \sigma_s A_s$ 或 $Ne_N \leqslant fS_s + f_cS_{c,s} + \eta_s f'_y A'_s(h_0 - a'_s)$	受压区高度 x 按下式确定: $fS_N + f_cS_{c,N} - \eta_s f_y A'_s e_N - \sigma_s A_s e_N = 0$ $e_N = e + e_a + (h/2 - a_s)$ $e_N = e + e_a - (h/2 - a'_s)$ $e_a = \dfrac{\beta^2 h}{2200}(1 - 0.22\beta)$

注：表中符号

N——轴向力设计值；

φ——用于计算受压构件时为高厚比 β 和轴向力偏心距 e 对受压构件承载力的影响系数；用于计算梁端设有刚性垫块的砌体局部受压时为垫块上 N_0 及 N_l 合力的影响系数，此时，取 $\beta \leqslant 3$ 时的 φ 值；

f——砌体抗压强度设计值；

A——截面面积，按构件毛截面计算；

e——轴向力的偏心距；

h——矩形截面轴向力偏心方向的边长，当轴心受压时为截面较小边长；

α——与砂浆强度等级有关的系数，当砂浆强度等级大于或等于 M5 时，$\alpha = 0.0015$，当砂浆强度等级等于 M2.5 时，$\alpha = 0.002$，当砂浆强度等级 $f_2 = 0$ 时，$\alpha = 0.009$；

β——构件的高厚比。计算 T 形截面受压构件的 φ 值，应以折算厚度 h_T 代替 h_0，$h_T = 3.5i$，i 为 T 形截面回转半径；

γ_β——不同砌体材料的高厚比修正系数；

H_0——受压构件计算高度；

h_T——T 形截面的折算厚度；

N_l——局部受压面积上的轴向力设计值；

γ——砌体局部抗压强度提高系数；

A_l——局部受压面积；

A_0——影响砌体局部抗压强度的计算面积；

ψ——上部荷载的折减系数，当 $A_0/A_l \geqslant 3$ 时 $\psi = 0$；

N_0——局部受压面积内(或垫块面积 A_b 内、或垫梁上)上部轴向力设计值；

N_l——梁端支承压力设计值(用于计算梁端支承处砌体局部受压)；

σ_0——上部平均压应力设计值；

η——梁端底面压力图形的完整系数，可取 0.7，对于过梁和墙梁可取 1.0；

a_0——梁端有效支承长度，当 $a_0 > a$ 时，取 $a_0 = a$；

a——梁端实际支承长度；

h_c——梁的截面高度；

γ_1——垫块外砌体面积的有利影响系数，γ_1 应为 0.8γ，但不小于 1.0；

A_b——垫块面积；

a_b——垫块伸入墙内长度；

b_b——垫块宽度(垫块在墙厚方向的宽度)；

δ_2——当荷载沿墙厚度均匀分布时 δ_2 取 1.0，不均匀 δ_2 取 0.8；

h_b——垫梁折算高度；

E_b、I_b——分别为垫梁的混凝土弹性模量和截面惯性矩；

h_b——垫梁的高度；

N_t——轴心拉力设计值；

f_t——砌体的轴心抗拉强度设计值；

M——弯矩设计值；

f_{tm}——砌体弯曲抗拉强度设计值；

W——截面抵抗矩；

V——剪力设计值；

f_v——砌体抗剪强度设计值；

b——截面宽度；

z——内力臂，当截面为矩形时，取 z 等于 $2h/3$(此处 h 为截面高度)；

I——截面惯性矩；

S——截面面积矩；

φ_n——高厚比和配筋率以及轴向力的偏心距对网状配筋砖砌体受压构件承载力的影响系数；

f_n——网状配筋砖砌体的抗压强度设计值；

ρ——体积配筋率，当采用截面面积为 A_s 的钢筋组成的方格网，网格尺寸为 a 和钢筋网的竖向间距为 s_n 时，$\rho = \dfrac{2A_s}{a s_n} \times 100$；

$V_s \cdot V$——分别为钢筋和砌体的体积；

f_y——钢筋的抗拉强度设计值，当 f_y 大于 320MPa 时仍采用 320MPa；

φ_{com}——组合砖砌体构件的稳定系数；

f_c——混凝土或面层水泥砂浆的轴心抗压强度设计值，砂浆的轴心抗压强度设计值可取为同强度等级混凝土的轴心抗压强度设计值 70%，当砂浆为 M15 时，取 5.2MPa；当砂浆为 M10 时，取 3.5MPa；当砂浆为 M7.5 时，取 2.6MPa；

A_c——混凝土或砂浆面层的截面面积；

η_s——受压钢筋的强度系数，当为混凝土面层时，取 1.0；当为砂浆面层时取 0.9；

f'_y——钢筋抗压强度设计值；

A'_s——受压钢筋的截面面积；

σ_s——钢筋 A_s 的应力；

A_s——距轴向力 N 较远侧钢筋的截面面积；

A'——砌体受压部分的面积；

A'_c——混凝土或砂浆面层受压部分的面积；

S_s——砌体受压部分面积对钢筋 A_s 重心的面积矩；

$S_{c,s}$——混凝土或砂浆面层受压部分面积对钢筋 A_s 重心的面积矩；

S_N——砌体受压部分的面积对轴向力 N 作用点的面积矩；

$S_{c,N}$——混凝土或砂浆面层受压部分面积对轴向力 N 作用点的面积矩；

e_N、e'_N——分别为钢筋 A_s、A'_s 重心至轴向力 N 作用点的距离；

e_a——组合砖砌体构件在轴向力作用下产生的附加偏心距；

h_0——组合砖砌体构件截面的有效高度，$h_0 = h - a_s$；

a_s、a'_s——分别为钢筋 A_s、A'_s 重心至截面较近边的距离。

4.5　钢结构计算

4.5.1　钢结构计算用表

为保证承重结构的承载能力和防止在一定条件下出现脆性破坏，应根据结构的重要性、荷载特征、结构形式、应力状态、连接方法、钢材厚度和工作环境等因素综合考虑，选用合适的钢材牌号和材性。

承重结构的钢材宜采用 Q235 钢、Q390 钢和 Q420 钢，其质量应分别符合现行国家标准《碳素结构钢》(GB/T 700)和《低合金高强度结构钢》(GB/T 1591)的规定。当采用其他牌号的钢材时，尚应符合相应有关标准的规定和要求。对 Q235 钢宜选用镇静钢或半镇静钢。

承重结构的钢材应具有抗拉强度、伸长率、屈服强度和硫、磷含量的合格保证，对焊接结构尚应具有碳含量的合格保证。

焊接承重结构以及重要的非焊接承重结构的钢材还应具有冷弯试验的合格保证。

对于需要验算疲劳的焊接结构的钢材，应具有常温冲击韧性的合格保证。当结构工作温度等于或低于 0℃但高于 -20℃时，Q235 钢和 Q345 钢应具有 0℃冲击韧性的合格保证；对 Q390 钢和 Q420 钢应具有 -20℃冲击韧性的合格保证。当结构工作温度等于或低于 -20℃时，对 Q235 钢和 Q345 钢应具有 -20℃冲击韧性的合格保证；对 Q390 钢和 Q420 钢应具有 -40℃冲击韧性的合格保证。

对于需要验算疲劳的非焊接结构的钢材亦应具有常温冲击韧性的合格保证，当结构工作温度等于或低于 -20℃时，对 Q235 钢和 Q345 钢应具有 0℃冲击韧性的合格保证；对 Q390 钢和 Q420 钢应具有 -20℃冲击韧性的合格证。

钢材的强度设计值，应根据钢材厚度或直径按表 4-76 采用。连接的强度设计值应按表 4-77 和表 4-78 采用。

钢材的强度设计值（N/mm²）　　表 4-76

钢材		抗拉、抗压和抗弯 f	抗剪 f_v	端面承压(刨平顶紧) f_{ce}
牌　号	厚度或直径 (mm)			
Q235 钢	≤16	215	125	325
	>16~40	205	120	
	>40~60	200	115	
	>60~100	190	110	

续表

钢材		抗拉、抗压和抗弯 f	抗剪 f_v	端面承压（刨平顶紧）f_{ce}
牌　号	厚度或直径（mm）			
Q345 钢	≤16	310	180	400
	>16～35	295	170	
	>35～50	265	155	
	>50～100	250	145	
Q390 钢	≤16	350	205	415
	>16～35	335	190	
	>35～50	315	180	
	>50～100	295	170	
Q420 钢	≤16	380	220	440
	>16～35	360	210	
	>35～50	340	195	
	>50～100	325	185	

注：表中厚度系指计算点的钢材厚度，对轴心受力构件系指截面中较厚板件的厚度。

焊缝的强度设计值（N/mm²）　表 4-77

焊接方法和焊条型号	构件钢材		对接焊缝			角焊缝
	牌号	厚度或直径（mm）	抗压 f_c^w	焊缝质量为下列等级时，抗拉 f_t^w		抗拉、抗压和抗剪 f_f^w
				一级、二级	三级	抗剪 f_v^w	

焊接方法和焊条型号	牌号	厚度或直径（mm）	抗压 f_c^w	一级、二级	三级	抗剪 f_v^w	角焊缝 f_f^w
自动焊、半自动焊和 E43 型焊条的手工焊	Q235 钢	≤16	215	215	185	125	160
		>16～40	205	205	175	120	
		>40～60	200	200	170	115	
		>60～100	190	190	160	110	
自动焊、半自动焊和 E50 型焊条的手工焊	Q345 钢	≤16	310	310	265	180	200
		>16～35	295	295	250	170	
		>35～50	265	265	225	155	
		>50～100	250	250	210	145	
自动焊、半自动焊和 E55 型焊条的手工焊	Q390 钢	≤16	350	350	300	205	220
		>16～35	335	335	285	190	
		>35～50	315	315	270	180	
		>50～100	295	295	250	170	
	Q420 钢	≤16	380	380	320	220	220
		>16～35	360	360	305	210	
		>35～50	340	340	290	195	
		>50～100	325	325	275	185	

注：1. 自动焊和半自动焊所采用的焊丝和焊剂，应保证其熔敷金属的力学性能不低于现行国家标准《埋弧焊用碳钢焊丝和焊剂》（GB/T 5293）和《低合金钢埋弧焊用焊剂》（GB/T 12470）中相关的规定；

2. 焊缝质量等级应符合现行国家标准《钢结构工程施工质量验收规范》（GB 50205）的规定。其中厚度小于 8mm 钢材的对接焊缝，不应采用超声波探伤确定焊缝质量等级；

3. 对接焊缝在受压区的抗弯强度设计值取 f_c^w，在受拉区的抗弯强度设计值取 f_t^w；

4. 表中厚度系指计算点的钢材厚度，对轴心受力构件系指截面中较厚板件的厚度。

螺栓连接的强度设计值（N/mm²）　表 4-78

螺栓的性能等级、锚栓和构件钢材的牌号		普通螺栓						锚栓	承压型连接高强度螺栓		
		C 级螺栓			A 级、B 级螺栓						
		抗拉 f_t^b	抗剪 f_v^b	承压 f_c^b	抗拉 f_t^b	抗剪 f_v^b	承压 f_c^b	抗拉 f_t^a	抗拉 f_t^b	抗剪 f_v^b	承压 f_c^b
普通螺栓	4.6 级、4.8 级	170	140	—	—	—	—	—	—	—	—
	5.6 级	—	—	—	210	190	—	—	—	—	—
	8.8 级	—	—	—	400	320	—	—	—	—	—
锚栓	Q235 钢	—	—	—	—	—	—	140	—	—	—
	Q345 钢	—	—	—	—	—	—	180	—	—	—
承压型连接高强度螺栓	8.8 级	—	—	—	—	—	—	—	400	250	—
	10.9 级	—	—	—	—	—	—	—	500	310	—
构件	Q235 钢	—	—	305	—	—	405	—	—	—	470
	Q345 钢	—	—	385	—	—	510	—	—	—	590
	Q390 钢	—	—	400	—	—	530	—	—	—	615
	Q420 钢	—	—	425	—	—	560	—	—	—	655

注　1. A 级螺栓用于 d≤24mm 和 l≤10d 或 l≤150mm（按较小值）的螺栓；B 级螺栓用于 d>24mm 或 l>10d 或 l>150mm（按较小值）的螺栓，d 为公称直径，l 为螺杆公称长度；

2. A、B 级螺栓孔的精度和孔壁表面粗糙度，C 级螺栓孔的允许偏差和孔壁表面粗糙度，均应符合现行国家标准《钢结构工程施工质量验收规范》GB 50205 的要求。

钢材和钢铸件的物理性能指标见表 4-79。

钢材和钢铸件的物理性能指标　表 4-79

弹性模量 E（N/mm²）	剪变模量 G（N/mm²）	线膨胀系数 α（以每℃计）	质量密度 ρ（kg/m³）
206×10^3	79×10^3	12×10^{-6}	7850

吊车梁、楼盖梁、屋盖梁、工作平台梁以及墙架构件的挠度不宜超过表 4-80 所列的容许值。

受弯构件挠度允许值　表 4-80

项次	构　件　类　别	挠度允许值	
		$[v_T]$	$[v_Q]$
1	吊车梁和吊车桁架（按自重和起重量最大的一台吊车计算挠度） （1）手动吊车和单梁吊车（含悬挂吊车） （2）轻级工作制桥式吊车 （3）中级工作制桥式吊车 （4）重级工作制桥式吊车	$l/500$ $l/800$ $l/1000$ $l/1200$	
2	手动或电动葫芦的轨道梁	$l/400$	
3	有重轨（重量等于或大于 38kg/m）轨道的工作平台梁 有轻轨（重量等于或大于 24kg/m）轨道的工作平台梁	$l/600$ $l/400$	
4	楼（屋）盖梁或桁架、工作平台梁（第 3 项除外）和平台板 （1）主梁或桁架（包括设有悬挂起重设备的梁和桁架） （2）抹灰顶棚的次梁 （3）除（1）、（2）款外的其他梁（包括楼梯梁） （4）屋盖檩条 　支承无积灰的瓦楞铁和石棉瓦屋面者 　支承压型金属板、有积灰的瓦楞铁和石棉瓦等屋面者 　支承其他屋面材料者 （5）平台板	$l/400$ $l/250$ $l/250$ $l/150$ $l/200$ $l/200$ $l/150$	$l/500$ $l/350$ $l/300$

续表

项次	构 件 类 别	挠度允许值	
		$[v_T]$	$[v_Q]$
5	墙架构件（风荷载不考虑阵风系数） （1）支柱 （2）抗风桁架（作为连续支柱的支承时） （3）砌体墙的横梁（水平方向） （4）支承压型金属板、瓦楞铁和石棉瓦墙面的 　横梁（水平方向） （5）带有玻璃窗的横梁（竖直和水平方向）	 $l/400$ $l/1000$ $l/300$ $l/200$ $l/200$	 $l/200$

注：1. l 为受弯构件的跨度（对悬臂梁和伸臂梁为悬伸长度的2倍）；

　　2. $[v_T]$ 为全部荷载标准值产生的挠度（如有超拱应减去拱度）允许值；

　　3. $[v_Q]$ 为可变荷载标准值产生的挠度允许值。

框架结构的水平位移允许值：在风荷载标准值作用下框架柱顶水平位移和层间相对位移不宜超过表4-81所列数值。

框架结构水平位移允许值　　　　表4-81

序号	位移类型	允许值
1	无桥式吊车的单层框架的柱顶位移	$H/150$
2	有桥式吊车的单层框架的柱顶位移	$H/400$
3	多层框架的柱顶位移	$H/500$
4	多层框架的层间相对位移	$h/400$

注：1. H 为自基础顶面至柱顶的总高度，h 为层高。

　　2. 对室内装修要求较高的民用建筑多层框架结构，层间相对位移宜适当减小。无墙壁的多层框架结构，层间相对位移可适当放宽。

　　3. 对轻型框架结构的柱顶水平位移和层间位移均可适当放宽。

桁架弦杆和单系腹杆的计算长度见表4-82。

桁架弦杆和单系腹杆的计算长度 l_0　　表4-82

项次	弯曲方向	弦杆	腹　杆	
			支座斜杆和支座竖杆	其他腹杆
1	在桁架平面内	l	l	$0.8l$
2	在桁架平面外	l_1	l	l
3	斜平面	—	l	$0.9l$

注：1. l 为构件的几何长度（节点中心间距离）；l_1 为桁架弦杆侧向支承点之间的距离。

　　2. 斜平面系指与桁架平面斜交的平面，适用于构件截面两主轴均不在桁架平面内的单角钢腹杆和双角钢十字形截面腹杆。

　　3. 无节点板的腹杆计算长度在任意平面内均取其等于几何长度（钢管结构除外）。

受拉构件的允许长细比见表4-83，受压构件的允许长细比见表4-84。

受拉构件的允许长细比　　　　表4-83

项次	构件名称	承受静力荷载或间接承受动力荷载的结构		直接承受动力荷载的结构
		一般建筑结构	有重级工作制吊车的厂房	
1	桁架的杆件	350	250	250
2	吊车梁或吊车桁架以下的柱间支撑	300	200	—
3	其他拉杆、支撑、系杆等（张紧的圆钢除外）	400	350	—

注：1. 承受静力荷载的结构中，可仅计算受拉构件在竖向平面内的长细比。

　　2. 在直接或间接承受动力荷载的结构中，单角钢受拉构件长细比计算方法与表4-82注2相同。

　　3. 中、重级工作制吊车桁架下弦杆的长细比不宜超过200。

　　4. 在设有夹钳或刚性料耙等硬钩吊车的厂房中，支撑（表中第2项除外）的长细比不宜超过300。

　　5. 受拉构件在永久荷载与风荷载组合作用下受压时，其长细比不宜超过250。

　　6. 跨度等于或大于60m的桁架，其受拉弦杆和腹杆的长细比不宜超过300（承受静力荷载或间接承受动力荷载）或250（直接承受动力荷载）。

受压构件的允许长细比　　　　表4-84

项次	构件名称	允许长细比
1	柱、桁架和天窗架中的杆件 柱的缀条、吊车梁或吊车桁架以下的柱间支撑	150
2	支撑（吊车梁或吊车桁架以下的柱间支撑除外） 用以减少受压构件长细比的杆件	200

注：1. 桁架（包括空间桁架）的受压腹杆，当其内力等于或小于承载能力的50%时，允许长细比值可取为200。

　　2. 计算单角钢受压构件的长细比时，应采用单角钢的最小回转半径，但计算在交叉点相互连接的交叉杆件平面外的长细比时，可采用与角钢肢边平行轴的回转半径。

　　3. 跨度等于或大于60m的桁架，其受压弦杆和端压杆的允许长细比值宜取为100，其他受压腹杆可取为150（承受静力荷载或间接承受动力荷载）或120（直接承受动力荷载）。

摩擦型高强度螺栓中摩擦面抗滑移系数见表4-85，一个高强度螺栓的预拉力见表4-86。

摩擦面的抗滑移系数 μ　　　　表4-85

在连接处构件接触面的处理方法	构件的钢号		
	Q235钢	Q345钢、Q390钢	Q420钢
喷砂（丸）	0.45	0.50	0.50
喷砂（丸）后涂无机富锌漆	0.35	0.40	0.40
喷砂（丸）后生赤锈	0.45	0.50	0.50
钢丝刷清除浮锈或未经处理的干净轧制表面	0.30	0.35	0.40

一个高强度螺栓的预拉力 P（kN）　　表4-86

螺栓的性能等级	螺栓公称直径（mm）					
	M16	M20	M22	M24M	M27	M30
8.8级	80	125	150	175	230	280
10.9级	100	155	190	225	290	355

螺栓或铆钉的允许距离见表4-87。

螺栓或铆钉的最大、最小允许距离　　表4-87

名称	位置和方向			最大允许距离（取两者的较小值）	最小允许距离
中心间距	外排（垂直内力方向或顺内力方向）			$8d_0$ 或 $12t$	$3d_0$
	中间排	垂直内力方向		$16d_0$ 或 $24t$	
		顺内力方向	构件受压力	$12d_0$ 或 $18t$	
			构件受拉力	$16d_0$ 或 $24t$	
	沿对角线方向			—	
中心至构件边缘距离	顺内力方向				$2d_0$
	垂直内力方向	剪切边或手工气割边		$4d_0$ 或 $8t$	$1.5d_0$
		轧制边、自动气割或锯割边	高强度螺栓		
			其他螺栓或铆钉		$1.2d_0$

注：1. d_0 为螺栓或铆钉的孔径，t 为外层较薄板件的厚度；

　　2. 钢板边缘与刚性构件（如角钢、槽钢等）相连的螺栓或铆钉的最大间距，可按中间排的数值采用。

4.5.2　钢结构计算公式

1. 构件的强度和稳定性计算公式（表4-88）

强度和稳定性计算表　　　　表4-88

序号	构件类别	计算内容	计算公式	备注
1	轴心受拉构件	强度	$$\sigma=\frac{N}{A_n}\leqslant f$$ 摩擦型高强度螺栓连接处：$$\sigma=\left(1-0.5\frac{n_1}{n}\right)\frac{N}{A_n}\leqslant f$$ $$\sigma=\frac{N}{A}\leqslant f$$	

续表

序号	构件类别	计算内容	计算公式	备注
2	轴心受压构件	强度	同轴心受拉构件	
		稳定	$\dfrac{N}{\varphi A} \leqslant f$（实腹式）	格构式构件对虚轴的长细比应取换算长细比
		剪力	应能承受下式计算的剪力：$V = \dfrac{Af}{85}\sqrt{\dfrac{f_y}{235}}$	格构式构件，剪力 V 应由承受该剪力的缀材面分担
3	受弯构件	抗弯强度（主平面内实腹构件）	$\dfrac{M_x}{\gamma_x W_{nx}} + \dfrac{M_y}{\gamma_y W_{ny}} \leqslant f$	
		抗剪强度（主平面内实腹构件）	$\tau = \dfrac{VS}{t_w I} \leqslant f_v$	
		局部承压强度（腹部计算高度上边缘）	当梁上翼缘受有沿腹板平面作用的集中荷载，且该荷载处又未设置支承加劲肋时：$\tau = \dfrac{\psi F}{t_w l_z} \leqslant f_v$	
		整体稳定	(1) 在最大刚度主平面内受弯的构件：$\dfrac{M_x}{\varphi_b W_x} \leqslant f$ (2) 在两个主平面受弯的工字形或 H 形截面构件：$\dfrac{M_x}{\varphi_b W_x} + \dfrac{M_y}{\gamma_y W_y} \leqslant f$	
		局部稳定	对组合梁的腹板 (1) 当 $\dfrac{h_0}{t_w} \leqslant 80\sqrt{235/f_y}$ 时：对无局部压应力的梁，可不配置加劲肋；对有局部压应力的梁，宜按构造配置横向加劲肋 (2) 当 $\dfrac{h_0}{t_w} > 80\sqrt{235/f_y}$ 时，应配置横向加劲肋，并计算加劲肋的间距 (3) 当 $\dfrac{h_0}{t_w} > 170\sqrt{235/f_y}$（受压翼缘扭转受到约束）或 $\dfrac{h_0}{t_w} > 150\sqrt{235/f_y}$（受压翼缘扭转未受到约束）时：应配置横向加劲肋和在弯曲应力较大区域的受压区配置纵向加劲肋，必要时尚应在受压区配置短加劲肋，并计算加劲肋的间距 (4) 任何情况下，h_0/t_w 均不应超过 $250\sqrt{235/f_y}$ (5) 在梁的支座处和上翼缘受有较大固定集中荷载处，宜设置支承加劲肋	
4	拉弯、压弯构件	强度（弯矩作用在主平面内）	(1) 承受静力荷载或间接承受动力荷载：$\dfrac{N}{A_n} \pm \dfrac{M_x}{\gamma_x W_{nx}} \pm \dfrac{M_y}{\gamma_y W_{ny}} \leqslant f$ (2) 需计算疲劳的拉弯、压弯构件：同上式。取 $\gamma_x = \gamma_y = 1.0$	

续表

序号	构件类别	计算内容	计算公式	备注
4	拉弯、压弯构件	稳定	(1) 实腹式压弯构件：弯矩作用在对称轴平面内（绕 x 轴） 弯矩作用平面内的稳定性 $\dfrac{N}{\varphi_x A} + \dfrac{\beta_{mx} M_x}{\gamma_x W_{1x}\left(1 - 0.8\dfrac{N}{N'_{Ex}}\right)} \leqslant f$ 弯矩作用平面外的稳定性 $\dfrac{N}{\varphi_y A} + \eta\dfrac{\beta_{tx} M_x}{\varphi_b W_{1x}} \leqslant f$ (2) 格构式压弯构件 (a) 弯矩绕虚轴（x 轴）作用： 弯矩作用平面内的整体稳定性： $\dfrac{N}{\varphi_x A} + \dfrac{\beta_{mx} M_x}{W_{1x}\left(1 - \varphi_x\dfrac{N}{N'_{Ex}}\right)} \leqslant f$ 弯矩作用平面外的整体稳定性，不必计算，但应计算分肢的稳定性，分肢的轴心力应按桁架的弦杆计算 (b) 弯矩绕实轴作用： 弯矩作用平面内的整体稳定性： 计算同实腹式压弯构件 弯矩作用平面外的整体稳定性：计算同实腹式压弯构件，长细比取换算长细比，φ_b 取 1.0。 (3) 双轴对称实腹式工字形和箱形截面压弯构件：弯矩作用在两个主平面内 $\dfrac{N}{\varphi_x A} + \dfrac{\beta_{mx} M_x}{\gamma_x W_x\left(1 - 0.8\dfrac{N}{N'_{Ex}}\right)}$ $+ \eta\dfrac{\beta_{ty} M_y}{\varphi_{by} W_y} \leqslant f$ $\dfrac{N}{\varphi_y A} + \eta\dfrac{\beta_{tx} M_x}{\varphi_{bx} W_x}$ $+ \dfrac{\beta_{my} M_y}{\gamma_y W_y\left(1 - 0.8\dfrac{N}{N'_{Ey}}\right)} \leqslant f$ (4) 双肢格构式压弯构件：弯矩作用在两个主平面内 (a) 按整体计算 $\dfrac{N}{\varphi_x A} + \dfrac{\beta_{mx} M_x}{W_{1x}\left(1 - \varphi_x\dfrac{N}{N'_{Ex}}\right)}$ $+ \dfrac{\beta_{ty} M_y}{W_{1y}} \leqslant f$ (b) 按分肢计算 在 N 和 M_x 作用下，将分肢作为桁架弦杆计算其轴力，M_y 按计算分配给两分肢，然后按实腹式压弯构件计算分肢稳定性 分肢1 $M_{y1} = \dfrac{I_1/y_1}{I_1/y_1 + I_2/y_2} \cdot M_y$ 分肢2 $M_{y2} = \dfrac{I_2/y_2}{I_1/y_1 + I_2/y_2} \cdot M_y$	$N'_{Ex} = \pi^2 EA/(1.1\lambda_x^2)$ $W_{1x} = I_x/y_0$，φ_x，N'_{Ex} 由换算长细比确定 W_x, W_y — 对强轴和弱轴的毛截面抵抗矩 $N'_{Ey} = \pi^2 EA/(1.1\lambda_x^2)$

续表

序号	构件类别	计算内容	计算公式	备注
5	受压构件	局部稳定	(1) 轴心受压构件：翼缘板自由外伸宽度 b 与其厚度 t 之比应符合 $\dfrac{b}{t} \leqslant (10+0.1\lambda)\sqrt{\dfrac{235}{f_y}}$ (2) 压弯构件：应符合 $\dfrac{b}{t} \leqslant 13\sqrt{\dfrac{235}{f_y}}$ (3) I 字形、H 形截面轴心受压构件：应符合 $\dfrac{h_0}{t_w} \leqslant (25+0.5\lambda)\sqrt{\dfrac{235}{f_y}}$ (4) I 字形、H 形截面压弯构件：应符合 当 $0 \leqslant \alpha_0 \leqslant 1.6$ 时，$\dfrac{h_0}{t_w} \leqslant (16\alpha_0 +0.5\lambda+25)\sqrt{\dfrac{235}{f_y}}$ 当 $1.6 < \alpha_0 \leqslant 2.0$ 时，$\dfrac{h_0}{t_w} \leqslant (48\alpha_0 +0.5\lambda-26.2)\sqrt{\dfrac{235}{f_y}}$ (5) 箱形截面受压翼缘在两腹板之间的宽度 b_0 与其厚度 t 之比，应符合 $\dfrac{b_0}{t} \leqslant 40\sqrt{\dfrac{235}{f_y}}$ (6) 箱形截面轴心受压构件，腹板计算高度 h_0 与其厚度 t_w 之比，应符合 $\dfrac{h_0}{t_w} \leqslant 40\sqrt{\dfrac{235}{f_y}}$ (7) 箱形截面压弯构件，应符合 当 $0 \leqslant \alpha_0 \leqslant 1.6$ 时，$\dfrac{h_0}{t_w} \leqslant 0.8(16\alpha_0 +0.5\lambda+25)\sqrt{\dfrac{235}{f_y}}$ 当 $1.6 < \alpha_0 \leqslant 2.0$ 时，$\dfrac{h_0}{t_w} \leqslant 0.8(48\alpha_0 +0.5\lambda-26.2)\sqrt{\dfrac{235}{f_y}}$ (8) T 形截面受压构件，腹板高度与其厚度之比，不应超过下列数值 (a) 轴心受压构件和弯矩腹板自由边受拉的压弯构件 热轧部分 T 形钢：$(15+0.2\lambda)\sqrt{\dfrac{235}{f_y}}$ 焊接 T 形钢：$(13+0.17\lambda)\sqrt{\dfrac{235}{f_y}}$ (b) 弯矩使腹板自由边受压的压弯构件 当 $\alpha_0 \leqslant 1.0$ 时 $15\sqrt{\dfrac{235}{f_y}}$ 当 $\alpha_0 \geqslant 1.0$ 时 $18\sqrt{\dfrac{235}{f_y}}$ (9) 圆管截面受压构件，其外径与壁厚之比不应超过 $100\,(235/f_y)$	λ 为构件两方向长细比的较大值。 当 $\lambda<30$ 时取 $\lambda=30$ 当 $\lambda>100$ 时取 $\lambda=100$ 当强度和稳定计算中取 $\gamma_x=1.0$ 时，b/t 可放宽至 15 $\alpha_0 = \dfrac{\sigma_{max}-\sigma_{min}}{\sigma_{max}}$ 当右侧计算值小于 $40\sqrt{\dfrac{235}{f_y}}$ 时，应采用 $40\sqrt{\dfrac{235}{f_y}}$

注：表中符号

N——轴心拉力或轴心压力；

A_n——净截面面积；

f——钢材的抗拉、抗压、抗弯强度设计值；

n——在节点或拼接处，构件一端连接的高强度螺栓数；

n_1——所计算截面（最外列螺栓处）上高强度螺栓数；

A——构件的毛截面面积；

φ——轴心受压构件的稳定系数（取截面两主轴稳定系数中的较小者）；

f_y——钢材的屈服强度；

M_x、M_y——绕 x 轴、y 轴的弯矩；

W_{nx}、W_{ny}——对 x 轴、y 轴的净截面抵抗矩；

γ_x、γ_y——截面塑性发展系数（I 字形截面 $\gamma_x=1.05$，$\gamma_y=1.20$；对箱形截面 $\gamma_x=\gamma_y=1.05$）；

σ_{max}——腹板计算高度边缘的最大压应力，计算时不考虑构件的稳

定系数和截面塑性发展系数；

σ_{min}——腹板计算高度另一边缘相应的应力，压应力取正值，拉应力取负值；

V——计算截面沿腹板平面作用的剪力；

β_{tx}、β_{ty}——等效弯矩系数；

φ_{bx}、φ_{by}——均匀弯曲的受弯构件整体稳定性系数；

S——计算剪应力处以上毛截面对中和轴的面积矩；

I——毛截面惯性矩；

t_w——腹板厚度；

f_v——钢材的抗剪强度设计值；

F——集中荷载，对动力荷载应考虑动力系数；

ψ——集中荷载增大系数，对重级工作制吊车梁 $\psi=1.0$；

l_z——集中荷载在腹板计算高度上边缘的假定分布长度；

W_x、W_y——按受压纤维确定的对 x 轴、y 轴毛截面抵抗矩；

φ_b——绕强轴弯曲所确定的梁整体稳定系数；

h_0——腹板的计算高度；

φ_x——在弯矩作用平面内的轴心受压构件稳定系数；

W_{1x}——弯矩作用平面内较大受压纤维的毛截面抵抗矩；

φ_y——在弯矩作用平面外的轴心受压构件稳定系数；

η——截面影响系数，闭口截面 $\eta=0.7$，其他截面 $\eta=1.0$；

N_{Ex}——参数，$N_{Ex}=\pi^2 EA/(1.1\lambda_x^2)$；

β_{mx}、β_{my}——等效弯矩系数；

φ_b——梁的整体稳定系数；

I_1、I_2——分肢 1、分肢 2 对 y 轴的惯性矩；

y_1、y_2——M_y 作用的主轴平面至分肢 1、分肢 2 轴线的距离；

λ——构件两方向长细比的较大值。

2. 连接计算公式（见表 4-89）

连接计算公式   表 4-89

序号	连接种类	计算内容	计算公式	备注
1	焊缝连接	对接焊缝	(1) 在对接接头和 T 形接头中，垂直于轴心拉力或轴心压力的对接焊缝或对接与角接组合焊缝 $\sigma = \dfrac{N}{l_w t} \leqslant f_t^w$ 或 f_c^w (2) 在对接接头和 T 形接头中，承受弯矩和剪力共同作用的对接焊缝或对接与角接组合焊缝，其正应力和剪应力应分别进行计算。在同时受有较大正应力和剪应力处，应计算折算应力 $\sqrt{\sigma^2+3\tau^2} \leqslant 1.1 f_t^w$	
		直角角焊缝	(1) 在通过焊缝形心的拉力、压力或剪力作用下： 正面角焊缝（力垂直于焊缝长度方向时）： $\sigma_f = \dfrac{N}{h_e l_w} \leqslant \beta_f f_f^w$ 侧面角焊缝（力平行于焊缝长度方向时）： $\tau_f = \dfrac{N}{h_e l_w} \leqslant f_f^w$ (2) 在其他力或各种力综合作用下，σ_f 与 τ_f 共同作用处 $\sqrt{\left(\dfrac{\sigma_f}{\beta_f}\right)^2+\tau_f^2} \leqslant f_f^w$	
		斜角角焊缝	按直角角焊缝公式计算，但 $\beta_f=1.0$， 计算厚度： $h_e = h_f \cos\dfrac{\alpha}{2}$ 或 $h_e = \left(h_f - \dfrac{b}{\sin\alpha}\right)\cos\dfrac{\alpha}{2}$	α 为两焊脚边的夹角

续表

序号	连接种类	计算内容	计算公式	备注
1	焊缝连接	部分焊透的对接焊缝	按直角焊缝公式计算，在垂直焊缝长度方向的压力作用下，取 $\beta_f=1.22$，其他受力情况取 $\beta_f=1.0$，计算厚度： V形坡口 $\alpha \geqslant 60°$ 时 $h_e=s$ $\alpha<60°$ 时 $h_e=0.75s$ U形、J形坡口 $h_e=s$ 单边V形或K形坡口 $h_e=s-3$	s 为坡口根部至焊缝表面(不考虑余高)的最短距离 α 为V形、单边V形或K形坡口角度
2	螺栓连接	普通螺栓受剪连接	每个普通螺栓的承载力设计值，应取受剪和承压承载力设计值中较小者： 受剪承载力设计值： $N_v^b=n_v\dfrac{\pi d^2}{4}f_v^b$ 承压承载力设计值： $N_c^b=d\Sigma t f_c^b$	
		普通螺栓、锚栓杆轴方向受拉连接	每个普通螺栓、锚栓的承载力设计值： 普通螺栓：$N_t^b=\dfrac{\pi d_e^2}{4}f_t^b$ 锚栓：$N_t^a=\dfrac{\pi d_e^2}{4}f_t^a$	
		普通螺栓同时承受剪力和杆轴方向拉力	$\sqrt{\left(\dfrac{N_v}{N_v^b}\right)^2+\left(\dfrac{N_t}{N_t^b}\right)^2}\leqslant1$ $N_v\leqslant N_c^b$	
		摩擦型高强度螺栓抗剪连接	每个摩擦型高强度螺栓的抗剪承载力设计值 $N_v^b=0.9n_f\mu P$	
		摩擦型高强度螺栓杆轴方向受拉连接	每个摩擦型高强度螺栓的抗拉承载力设计值 $N_t^b=0.8P$	
		摩擦型高强度螺栓连接同时承受摩擦面间的剪力和杆轴方向外拉力	每个摩擦型高强度螺栓的抗剪承载力设计值 $\dfrac{N_v}{N_v^b}+\dfrac{N_t}{N_t^b}\leqslant1$	
		承压型高强度螺栓抗剪连接	计算公式同普通螺栓	
		承压型高强度螺栓受拉连接	每个承压型高强度螺栓的承载力设计值计算方法同普通螺栓	
		承压型高强度螺栓同时承受剪力和杆轴方向拉力	$\sqrt{\left(\dfrac{N_v}{N_v^b}\right)^2+\left(\dfrac{N_t}{N_t^b}\right)^2}\leqslant1$ $N_v\leqslant N_c^b/1.2$	

注：表中符号
N_v^b、N_t^b、N_c^b——每个普通螺栓或高强度螺栓的受剪、受拉和承压承载力设计值；
N——轴向拉力或压力；
t——在对接接头中为连接件的较小厚度；在T形接头中为腹板厚度；
f_t^w、f_c^w——对接焊缝的抗拉、抗压强度设计值；
σ_f——按焊缝有效截面计算（$h_e l_w$），垂直于焊缝长度方向的应力；

τ_f——按焊缝有效截面计算，沿焊缝长度方向的剪应力；
h_e——角焊缝的计算厚度，对直角焊缝等于 $0.7h_f$，h_f 为焊脚尺寸；
l_w——角焊缝的计算长度，对每条焊缝取其实际长度减去 $2h_f$；
f_f^w——角焊缝的强度设计值；
β_f——正面角焊缝的强度设计值增大系数；对承受静力荷载和间接承受动力荷载的结构，$\beta_f=1.22$；对直接承受动力荷载的结构，$\beta_f=1.0$；
n_v——受剪面数目；
d——螺栓杆直径；
Σt——同一受力方向的承压构件总厚度的较小值；
f_v^b、f_c^b——螺栓的抗剪和承压强度设计值；
d_e——螺栓或锚栓在螺纹处的有效直径；
f_t^b、f_t^a——普通螺栓、锚栓的抗拉强度设计值；
N_v、N_t——某个普通螺栓或高强度螺栓所承受的剪力和拉力；
n_f——传力摩擦面数目；
μ——摩擦面的抗滑移系数；
P——一个高强度螺栓的预拉力。

4.5.3　钢 管 结 构 计 算

(1) 适用于不直接承受动力荷载，在节点处直接焊接的钢管桁架结构。

圆钢管的外径与壁厚之比，不应超过 $100\left(\dfrac{235}{f_y}\right)$；方管或矩形管的最大外缘尺寸与壁厚之比，不应超过 $40\sqrt{\dfrac{235}{f_y}}$。

(2) 钢管节点的构造应符合下列要求：
1) 主管外径应大于支管外径，主管壁厚不小于支管壁厚。在支管与主管连接处不得将支管插入主管内。
2) 主管和支管或两支管轴线之间的夹角不宜小于 30°。
3) 支管与主管的连接节点处，应尽可能避免偏心。
4) 支管与主管的连接焊缝，应沿全周连续焊接并平滑过渡。
5) 支管端部宜用自动切管机切割，支管壁厚小于 6mm 时可不切坡口。

(3) 支管与主管的连接可沿全周用角焊缝，也可部分用角焊缝、部分用对接焊缝。支管管壁与主管管壁之间的夹角大于或等于 120° 的区域宜用对接焊缝或带坡口的角焊缝。角焊缝的焊脚尺寸 h_f 不宜大于支管壁厚的两倍。

(4) 支管与主管的连接焊缝为全周角焊缝，按下式计算，但取 $\beta_f=1$：

$$\sigma_f=\dfrac{N}{h_e l_w}\leqslant\beta_f f_f^w$$

角焊缝的有效厚度 h_e，当支管轴心受力时取 $0.7h_f$。角焊缝的计算长度 l_w，按下列公式计算：
1) 在圆管结构中，取支管与主管相交线长度：

当 $\dfrac{d_i}{d}\leqslant0.65$ 时 $l_w=(3.25d_i-0.025d)\left(\dfrac{0.534}{\sin\theta_i}+0.466\right)$

当 $\dfrac{d_i}{d}>0.65$ 时 $l_w=(3.81d_i-0.389d)\left(\dfrac{0.534}{\sin\theta_i}+0.466\right)$

式中　d、d_i——主管和支管外径；
θ_i——支管轴线与主管轴线的夹角。
2) 在矩形管结构中，支管与主管交线的计算长度，对于有间隙的 K 形和 N 形节点：

当 $\theta_i\geqslant60°$ 时

$$l_w=\dfrac{2h_i}{\sin\theta_i}+b_i$$

当 $\theta_i\leqslant50°$ 时

$$l_w=\dfrac{2h_i}{\sin\theta_i}+2b_i$$

当 $50°\leqslant\theta_i\leqslant60°$ 时，l_w 按插值法确定。
对于 T、Y、X 形节点

$$l_w=\dfrac{2h_i}{\sin\theta_i}$$

式中　h_i、b_i——分别为支管的截面高度和宽度。

（5）为保证节点处主管的强度，支管的轴心力不得大于表4-90规定的承载力设计值：

支管轴心力的承载力设计值　　表 4-90

序号	节点类别	计算内容	计算公式	备注
1	X形节点	受压支管在管节点处的承载力设计值	$N_{cx}^{pj} = \dfrac{5.45}{(1-0.81\beta)\sin\theta} \psi_n t^2 f$	$\psi_n = 1 - 0.3\dfrac{\sigma}{f_y}$ $-0.3\left(\dfrac{\sigma}{f_y}\right)^2$
		受拉支管在管节点处的承载力设计值	$N_{tx}^{pj} = 0.78\left(\dfrac{d}{t}\right)^{0.2} N_{cx}^{pj}$	
2	T形或Y形节点	受压支管在管节点处的承载力设计值	$N_{cT}^{pj} = \dfrac{11.51}{\sin\theta}\left(\dfrac{d}{t}\right)^{0.2}\psi_n\psi_d t^2 f$	$\beta \leqslant 0.7$时 $\psi_d = 0.069 + 0.93\beta$ $\beta > 0.7$时 $\psi_d = 2\beta - 0.68$
		受拉支管在管节点处的承载力设计值	$\beta \leqslant 0.6$时 $N_{tT}^{pj} = 1.4 N_{cT}^{pj}$ $\beta > 0.6$时 $N_{tT}^{pj} = (2-\beta) N_{cT}^{pj}$	
3	K形节点	受压支管在管节点处的承载力设计值	$N_{cK}^{pj} = \dfrac{11.51}{\sin\theta_c}\left(\dfrac{d}{t}\right)^{0.2}\psi_n\psi_d\psi_a t^2 f$	$\psi_a = 1 + \dfrac{2.19}{1+\dfrac{7.5a}{d}}$ $\left[1-\dfrac{20.1}{6.6+\dfrac{d}{t}}\right]$ $\cdot(1-0.77\beta)$
		受拉支管在管节点处的承载力设计值	$N_{tk}^{pj} = \dfrac{\sin\theta_c}{\sin\theta_t}\cdot N_{ck}^{pj}$	
4	TT形节点	受压支管在管节点处的承载力设计值	$N_{cTT}^{pj} = \varphi_g N_{cT}^{pj}$	$\varphi_g = 1.28 - 0.64\dfrac{g}{d}$ $\leqslant 1.1$ g为两支管的横向间距
		受拉支管在管节点处的承载力设计值	$N_{tTT}^{pj} = N_{cT}^{pj}$	
5	KK形节点	受压支管在管节点处的承载力设计值	$N_{ckk}^{pj} = 0.9 N_{ck}^{pj}$	
		受拉支管在管节点处的承载力设计值	$N_{tkk}^{pj} = 0.9 N_{tk}^{pj}$	

注：表中符号
$\beta = d_i / d$——支管外径与主管外径之比；
ψ_n——参数；
t——主管壁厚；
f——钢材的抗拉、抗压和抗弯强度设计值；
σ——节点两侧主管轴心压应力的较小绝对值；
ψ_d——参数；
θ_t——支管轴线与主管轴线的夹角；
θ_c——受压支管轴线与主管轴线的夹角；
ψ_n——参数；
a——两支管间的间隙，当$a<0$时，取$a=0$；
θ_t——受拉支管轴线与主管轴线的夹角。

4.5.4　钢与混凝土组合梁计算

组合梁为由混凝土翼板与钢梁通过抗剪连接件组成。翼板可用现浇混凝土板，并可用混凝土叠合板或压型钢板混凝土组合板。钢与混凝土组合梁计算见表4-91。

混凝土翼板的有效宽度（见图4-3）b_e为：
$$b_e = b_0 + b_1 + b_2$$
式中 b_0——板托顶部的宽度；当$\alpha<45°$时，按$\alpha=45°$计算板托顶部的宽度；当无板托时，则取钢梁上翼缘的宽度；
b_1、b_2——梁外侧和内侧的翼板计算宽度，各取梁跨度l的1/6和翼板厚度h_{c1}的6倍中的较小值；

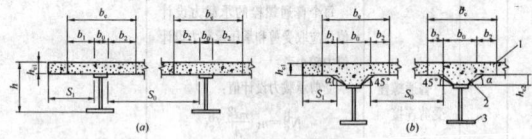

图 4-3　混凝土翼板的计算宽度
1—混凝土翼板；2—板托；3—钢梁

钢与混凝土组合梁计算　　表 4-91

序号	构件类别	计算内容	计算公式	备注
1	完全抗剪连接组合梁	抗弯强度	正弯矩作用区段： （1）塑性中和轴在混凝土翼板内 $M \leqslant b_e x f_c y$ $x = Af/(b_e f_c)$ （2）塑性中和轴在钢梁截面内（既$Af > b_e h_{c1} f_c$时） $M \leqslant b_e h_{c1} f_c y_1 + A_c f y_2$ $A_c = 0.5(A - b_e h_{c1} f_c / f)$ 负弯矩作用区段： $M \leqslant M_s + A_{st} f_{st}(y_3 + y_4/2)$ $M_s = (s_1 + s_2) f$	
2	部分抗剪连接组合梁	抗弯强度	$x = n_r N_v^c / (b_e f_c)$ $A_c = (Af - n_r N_v^c)/(2f)$ $M_{u,r} = n_r N_v^c y_1 + 0.5$ $(Af - n_r N_v^c) y_2$	
3	用塑性设计法计算组合梁	强度	下列部位可不考虑弯矩与剪力的相互影响： （1）受正弯矩的组合梁截面 （2）$A_{st} f_{st} \geqslant 0.15Af$的受负弯矩的组合梁截面	
4	抗剪连接件	一个抗剪连接件的承载力设计值	（1）圆柱头焊钉（栓钉）连接件 $N_v^c = 0.43 A_s \sqrt{E_c f_c} \leqslant 0.7 A_s \gamma f$ （2）槽钢连接件 $N_v^c = 0.26(t+0.5t_w)l_c\sqrt{E_c f_c}$ （3）弯筋连接件 $N_v^c = A_{st} f_{st}$ （4）用压型钢板混凝土组合板作翼板的组合梁，其栓钉连接件的抗剪承载力设计值当压型钢板肋平行于钢梁布置时： $N_v^c = 0.43 A_s \sqrt{E_c f_c}\beta_v \leqslant 0.7 A_s \gamma f$ 当压型钢板肋垂直于钢梁布置时： $N_v^c = 0.43 A_s \sqrt{E_c f_c}\beta_v \leqslant 0.7 A_s \gamma f$ （5）位于负弯矩的抗剪连接件，其N_v^c乘以折减系数0.9（中间支座两侧）和0.8（悬臂部分）	$\beta_v = 0.6\dfrac{b_w}{h_e}\left(\dfrac{h_d - h_c}{h_e}\right)$ $\leqslant 1$ $\beta_v = \dfrac{0.85}{\sqrt{n_0}}\dfrac{b_w}{h_e}\left(\dfrac{h_d - h_c}{h_e}\right)$ $\leqslant 1$

注：表中符号
M——正弯矩设计值；
A——钢梁的截面面积；

y——钢梁截面应力的合力至混凝土受压区截面应力的合力间的距离；

f_c——混凝土抗压强度设计值；

A_c——钢梁受压区截面面积；

y_1——钢梁受拉区截面形心至混凝土翼缘受压区截面形心的距离；

y_2——钢梁受拉区截面形心至钢梁受压区截面形心的距离；

M'——负弯矩设计值；

s_1、s_2——钢梁塑性中和轴（平分钢梁截面积的轴线）以上和以下截面对该轴的面积矩；

A_{st}——负弯矩区混凝土楼板有效宽度范围内的纵向钢筋截面面积；

f_{st}——钢筋抗拉强度设计值；

y_3——纵向钢筋截面形心至组合梁塑性中和轴的距离；

y_4——组合梁塑性中和轴至钢梁塑性中和轴的距离；

x——混凝土楼板受压区高度；

$M_{u,r}$——部分抗剪连接时组合梁截面抗弯承载力；

n_r——部分抗剪连接时一个剪跨区的抗剪连接件数目；

N_c^s——每个抗剪连接件的纵向抗剪承载力；

E_c——混凝土的弹性模量；

A_s——圆柱头焊钉（栓钉）钉杆的截面面积；

f——圆柱头焊钉（栓钉）抗拉强度设计值；

γ——栓钉材料抗拉强度最小值与屈服强度之比；

t——槽钢翼缘的平均厚度；

t_w——槽钢腹板的厚度；

l_c——槽钢的长度；

A_{st}——弯筋的截面面积；

f_{st}——弯筋的抗拉强度设计值；

b_w——混凝土凸肋的平均宽度；

h_e——混凝土凸肋高度；

h_d——栓钉高度；

n_0——在梁某截面处一个肋中布置的栓钉数，当多于 3 个时，按 3 个计算。

4.6 木 结 构 计 算

4.6.1 木结构计算用表

1. 普通木结构构件的材质等级（表 4-92）

普通木结构构件材质等级表   表 4-92

项次	主 要 用 途	材质等级
1	受拉或拉弯构件	Ⅰa
2	受弯或压弯构件	Ⅱa
3	受压构件及次要受弯构件（如吊顶小龙骨等）	Ⅲa

2. 普通木结构用木材适用的强度等级（表 4-93 和表 4-94）

针叶树种木材适用的强度等级   表 4-93

强度等级	组别	适 用 树 种
TC17	A	柏木、长叶松、湿地松、粗皮落叶松
	B	东北落叶松、欧洲赤松、欧洲落叶松
TC15	A	铁杉、油杉、太平洋海岸黄柏、花旗松－落叶松、西部铁杉、南方松
	B	鱼鳞云杉、西南云杉、南亚松
TC13	A	油松、新疆落叶松、云南松、马尾松、扭叶松、北美落叶松、海岸松
	B	红皮云杉、丽江云杉、樟子松、红松、西加云杉、俄罗斯红松、欧洲云杉、北美山地云杉、北美短叶松
TC11	A	西北云杉、新疆云杉、北美黄松、云南—冷杉、铁—冷杉、东部铁杉、杉木
	B	冷杉、速生杉木、速生马尾松、新西兰辐射松

阔叶树种木材适用的强度等级   表 4-94

强度等级	适 用 树 种
TB20	青冈、椆木、门格里斯木、卡普木、沉水稍克隆、绿心木、紫心木、孪叶豆、塔特布木
TB17	栎木、达荷玛木、萨佩莱木、苦油树、毛罗藤黄
TB15	锥栗（椆木）、桦木、黄梅兰蒂、梅萨瓦木、水曲柳、红劳罗木
TB13	深红梅兰蒂、浅红梅兰蒂、白梅兰蒂、巴西红厚壳木
TB11	大叶椴、小叶椴

普通木结构用木材的强度设计值和弹性模量按表 4-95 采用。

木材的强度设计值和弹性模量（N/mm²）   表 4-95

强度等级	组别	抗弯 f_m	顺纹抗压及承压 f_c	顺纹抗拉 f_t	顺纹抗剪 f_v	横纹承压 $f_{c,90}$ 全面表	局部表面和齿面	拉力螺栓垫板下	弹性模量 E
TC17	A	17	16	10	1.7	2.3	3.5	4.6	10000
	B		15	9.5	1.6				
TC15	A	15	13	9.0	1.6	2.1	3.1	4.2	10000
	B		12	9.0	1.5				
TC13	A	13	12	8.5	1.5	1.9	2.9	3.8	10000
	B		10	8.0	1.4				9000
TC11	A	11	10	7.5	1.4	1.8	2.7	3.6	9000
	B		10	7.0	1.2				
TB20	—	20	18	12	2.8	4.2	6.3	8.4	12000
TB17	—	17	16	11	2.4	3.8	5.7	7.6	11000
TB15	—	15	14	10	2.0	3.1	4.7	6.2	10000
TB13	—	13	12	9.0	1.4	2.4	3.6	4.8	8000
TB11	—	11	10	8.0	1.3	2.1	3.2	4.1	7000

注：1. 计算木构件端部（如接头处）的拉力螺栓垫板时，木材横纹承压强度设计值应按"局部表面和齿面"一栏的数值采用。

2. 当采用原木时，若验算部位未经切削，其顺纹抗压和抗弯强度设计值和弹性模量可提高 15%。

3. 当构件矩形截面的短边尺寸不小于 150mm 时，其强度设计值可提高 10%。

4. 当采用湿材时，各种木材的横纹承压强度设计值和弹性模量，以及落叶松木材的抗弯强度设计值宜降低 10%。

5. 在表 4-96 和表 4-97 所列的使用条件下，木材的强度设计值及弹性模量应乘以其表中给出的调整系数。

不同使用条件下木材强度设计值和弹性模量的调整系数   表 4-96

使 用 条 件	调整系数 强度设计值	弹性模量
露天环境	0.9	0.85
长期生产性高温环境，木材表面温度达 40~50℃	0.8	0.8
按恒荷载验算时	0.8	0.8
用于木构筑物时	0.9	1.0
施工和维修时的短暂情况	1.2	1.0

注：1. 当仅有恒荷载或恒荷载产生的内力超过全部荷载所产生的内力的 80%时，应单独以恒荷载进行验算；

2. 当若干条件同时出现时，表列各系数应连乘。

不同设计使用年限时木材强度设计值

和弹性模量的调整系数　　　表 4-97

设计使用年限	调整系数	
	强度设计值	弹性模量
5 年	1.1	1.1
25 年	1.05	1.05
50 年	1.0	1.0
100 年及以上	0.9	0.9

3. 受弯构件的挠度限值见（表 4-98）

受弯构件挠度限值　　　表 4-98

项次	构件类别		挠度限值（w）
1	檩条	$l \leqslant 3.3$m	$l/200$
		$l > 3.3$m	$l/250$
2	椽条		$l/150$
3	吊顶中的受弯构件		$l/250$
4	楼板梁和搁栅		$l/250$

注：l—受弯构件的计算跨度。

4. 受压构件的长细比限值见（表 4-99）

受压构件长细比限值　　　表 4-99

项次	构件类别	长细比限值［λ］
1	结构的主要构件（包括桁架的弦杆、支座处的竖杆或斜杆以及承重柱等）	120
2	一般构件	150
3	支撑	200

5. 轴心受压构件的稳定系数

轴压构件稳定系数 φ 值：

（1）树种强度等级为 TC17、TC15 及 TB20；

当 $\lambda \leqslant 75$ 时　　　$\varphi = \dfrac{1}{1 + \left(\dfrac{\lambda}{80}\right)^2}$

当 $\lambda > 75$ 时　　　$\varphi = \dfrac{3000}{\lambda^2}$

（2）树种强度等级为 TC13、TC11、TB17、TB15、TB13 及 TB11：

当 $\lambda \leqslant 91$ 时　　　$\varphi = \dfrac{1}{1 + \left(\dfrac{\lambda}{65}\right)^2}$

当 $\lambda > 91$ 时　　　$\varphi = \dfrac{2800}{\lambda^2}$

式中　λ——构件的长细比。

构件的长细比，不论构件截面上有无缺口，均按下式计算：

$$\lambda = \frac{l_0}{i}$$

$$i = \sqrt{\frac{I}{A}}$$

式中　l_0——受压构件的计算长度（mm）；

$\quad\quad i$——构件截面的回转半径（mm）；

$\quad\quad I$——构件的全截面惯性矩（mm⁴）；

$\quad\quad A$——构件的全截面面积（mm²）。

受压构件的计算长度，应按实际长度乘以下列系数：

两端铰接：1.0；一端固定，一端自由：2.0；一端固定，一端铰接：0.8。

6. 桁架最小高跨比见（表 4-100）

桁架最小高跨比　　　表 4-100

序号	桁架类型	h/l
1	三角形木桁架	1/5
2	三角形钢木桁架；平行弦杆木桁架；弧形、多边形和梯形木桁架	1/6
3	弧形、多边形和梯形钢木桁架	1/7

注：h—桁架中央高度；l—桁架跨度。

7. 螺栓连接和钉连接中木构件的最小厚度见（表 4-101）

木构件连接的最小厚度　　　表 4-101

连接形式	螺栓连接				钉连接	
	$d < 18$mm		$D \geqslant 18$mm			
双剪连接	$c \geqslant 5d$	$a \geqslant 2.5d$	$c \geqslant 5d$	$a \geqslant 4d$	$c \geqslant 8d$	$a \geqslant 4d$
单剪连接	$c \geqslant 7d$	$a \geqslant 2.5d$	$c \geqslant 7d$	$a \geqslant 4d$	$c \geqslant 10d$	$a \geqslant 4d$

注：c—中部构件的厚度或单剪连接中较厚构件的厚度；

$\quad\quad a$—边部构件的厚度或单剪连接中较薄构件的厚度；

$\quad\quad d$—螺栓或钉的直径。

4.6.2　木结构计算公式

1. 木结构构件计算见（表 4-102）

木结构构件计算　　　表 4-102

序号	构件受力特征	计算内容	计算公式	备注
1	轴心受拉构件	承载能力	$\dfrac{N}{A_n} \leqslant f_t$	
2	轴心受压构件	强度	$\dfrac{N}{A_n} \leqslant f_c$	
		稳定	$\dfrac{N}{\varphi A_0} \leqslant f_c$	无缺口时：$A_0 = A$；缺口不在边缘时：$A_0 = 0.9A$；缺口在边缘且为对称时：$A_0 = A$；缺口在边缘但不对称时：按偏心受压构件计算
3	受弯构件	抗弯承载能力	$\dfrac{M}{W_a} \leqslant f_m$	
		挠度	$w \leqslant [w]$	
		抗剪承载能力	$\dfrac{VS}{Ib} \leqslant f_v$	
4	双向受弯构件	承载能力	$\sigma_{mx} + \sigma_{my} \leqslant f_m$　$\sigma_{mx} = \dfrac{M_x}{W_{nx}}$　$\sigma_{my} = \dfrac{M_y}{W_{ny}}$	x、y 相对于坐标轴而言
		挠度	$w = \sqrt{w_x^2 + w_y^2} \leqslant [\omega]$	x、y 相对于坐标轴而言
5	拉弯构件	承载能力	$\dfrac{N}{A_n f_t} + \dfrac{M}{W_n f_m} \leqslant 1$	
6	压弯构件	强度	$\dfrac{N}{A_n f_c} + \dfrac{M}{W_n f_m} \leqslant 1$	$M = Ne_0 + M_0$
		稳定	$\dfrac{N}{\varphi_m A_0} \leqslant f_c$　此外，尚需验算弯矩作用平面外的侧向稳定性	$\varphi_m = (1-K)^2(1-kK)$　$K = \dfrac{Ne_0 + M_0}{Wf_m\left(1 + \sqrt{\dfrac{N}{Af_c}}\right)}$　$k = \dfrac{Ne_0}{Ne_0 + M_0}$

注：表中符号

$\quad N$——轴向力设计值；

$\quad M$——弯矩设计值；

$\quad V$——剪力设计值；

$\quad w$——受弯构件的挠度；

$\quad f_t$——木材顺纹抗拉强度设计值；

$\quad f_c$——木材顺纹抗压及承压强度设计值；

$\quad f_m$——木材抗弯强度设计值；

$\quad \varphi_m$——考虑轴向力和初始弯矩共同作用的折减系数；

$\quad M_0$——横向荷载作用下跨中最大初始弯矩设计值（N·mm）；

$\quad e_0$——构件的初始偏心距（mm）；

$\quad f_v$——木材顺纹抗剪强度设计值；

$\quad [w]$——受弯构件的挠度限值；

$\quad A$——构件全截面面积；

$\quad A_n$——构件净截面面积；

$\quad A_0$——受压构件截面的计算面积；

$\quad I$——构件的全截面惯性矩；

$\quad S$——剪切面以上的截面面积对中性轴的面积矩；

$\quad W_n$——受弯构件的净截面抵抗矩；

$\quad b$——构件的截面宽度；

$\quad \varphi$——轴心受压构件的稳定系数。

2. 木结构连接计算 (表4-103)

木结构连接计算   表4-103

序号	连接种类	计算内容	计算公式	备注
1	齿连接	单齿连接	(1) 按木材承压 $\dfrac{N}{A_c} \leqslant f_{ca}$ (2) 按木材受剪 $\dfrac{V}{l_v b_v} \leqslant \psi_v f_v$	
		双齿连接	(1) 按木材承压 $\dfrac{N}{A_c} \leqslant f_{ca}$ (2) 按木材受剪 $\dfrac{V}{l_v b_v} \leqslant \psi_v f_v$	承压面面积取两个齿承压面面积之和 (1) τ按连接中全部剪力设计值V计算; (2) l_v 取值不得大于10倍齿深 h; (3) 考虑沿剪面长度剪应力分布不匀的强度降低系数
		桁架支座节点齿连接	保险螺栓承受的拉力设计值; $N_b = N \cdot \tan (60° - \alpha)$ 不考虑保险螺栓与齿共同作用; 双齿连接宜选用两个直径相同的保险螺栓	必须设置保险螺栓,与上弦轴线垂直
2	螺栓和钉连接	每一剪面设计承载力	$N_v = k_v d^2 \sqrt{f_c}$ 单剪连接,木构件厚度不满足表4-101的规定时,每一剪面设计承载力,除按上式计算外,尚不得大于 $0.3 c d \sqrt[3]{f_c}$	

注：表中符号

f_{ca}——木材斜纹承压强度设计值 (N/mm²);

N——轴向压力设计值 (N);

A_c——齿的承压面积 (mm²);

f_v——木材顺纹抗剪强度设计值 (N/mm²);

V——剪力设计值 (N);

l_v——剪面计算长度,不得大于8倍齿深 h_c;

b_v——剪面宽度;

ψ_v——考虑沿剪面长度剪力分布不匀的强度降低系数。

l_c/h_c (单齿/双齿)	4.5/6	5/7	6/8	7/10	8/
ψ_v (单齿/双齿)	0.95/1.00	0.89/0.93	0.77/0.85	0.70/0.71	0.64/

N_b——保险螺栓所承受的拉力设计值 (N);

α——上弦与下弦的夹角 (°);

N_v——每一剪面的设计承载力 (N);

f_c——木材顺纹承压强度设计值 (N/mm²);

d——螺栓或钉的直径 (mm);

k_v——螺栓或钉连接设计承载力的计算系数。

连接形式	螺栓连接			钉连接				
$\dfrac{a}{d}$ (构件厚度)/	2.5~35.5	46.1	56.7	≥67.5	47.6	68.4	89.1	1010.2 ≥1111.1
k_v								

施工检验试验内容主要包括：施工工艺参数确定、土工、地基与基础、基坑支护、结构工程、装饰装修、工程实体及使用功能检测。

施工现场检测试验管理包括试验职责、现场试验站管理、检测试验管理和试验技术资料管理。

5 试验与检验

施工现场试验与检验主要包括材料检验试验、建筑工程施工检验试验和施工现场检测试验管理三部分。

材料检验主要包括进场材料复试项目、主要检测参数、取样依据及试件制备。

5.1 材料检验试验

5.1.1 材料试验主要参数、取样规则及取样方法

材料试验主要参数、取样规则及取样方法，见表5-1。

材料试验主要参数、取样规则及取样方法   表 5-1

序号	材料名称及相关标准、规范代号	主要检测参数	取样规则及取样方法
1	混凝土工程		
(1)	水泥		
1)	通用硅酸盐水泥 GB 50204 GB 175	胶砂强度 安定性 凝结时间	(1) 散装水泥： 1) 同一生产厂家、同一等级、同一品种、同一批号且连续进场的水泥不超过 500t 为 1 批，每批抽样不少于 1 次 2) 随机地从 20 个以上不同部位抽取等量的单样水泥，经混拌均匀后，再从中称取不少于 12kg 的水泥作为试样 3) 当使用中对水泥有怀疑，或水泥出厂超过 3 个月（快硬硅酸盐水泥超过 1 个月）应进行复试 (2) 袋装水泥： 1) 同一生产厂家、同一等级、同一品种、同一批号且连续进场的水泥不超过 200t 为 1 批，每批抽样不少于 1 次 2) 随机地从不少于 20 袋中各抽取等量的单样量水泥，经混拌均匀后，再从中取不少于 12kg 的水泥作为试样 3) 当使用中对水泥有怀疑，或水泥出厂超过 3 个月（快硬硅酸盐水泥超过 1 个月）应进行复试
2)	砌筑水泥 GB 50204 GB/T 3183	胶砂强度 安全性	
3)	快硬硅酸盐水泥 GB 50204 GB 199	胶砂强度 安定性 凝结时间	(1) 同一水泥厂、同一类型、同一编号的水泥，每400t 为 1 取样单位，不足 400t 也按 1 取样单位计 (2) 取样要有代表性，可从 20 袋中各采取等量样品，总量至少 14kg (3) 当使用中对水泥有怀疑，或水泥出场超过 1 个月应进行复试
4)	铝酸盐水泥 GB 201	胶砂强度 凝结时间 细度	(1) 同一水泥厂、同一类型、同一编号的水泥，每120t 为 1 取样单位。不足 120t 也按 1 取样单位计 (2) 从 20 个以上不同部位取等量样品，总量至少 15kg 注：水泥取后，超过 45d 出场时，须重新取样试验
5)	抗硫酸盐硅酸盐水泥 GB 748	胶砂强度 凝结时间 安定性 抗硫酸盐性	(1) 同一厂家、同品种、同强度等级的水泥按照下表数量为 1 个取样单位 序号|生产能力|1 个取样单位数量 1|60 万 t 以上|400t 2|30～60 万 t|300t 3|10～30 万 t|200t 4|10 万 t 以下|100t (2) 从 20 个以上不同部位取等量样品，总量至少 12kg
6)	白色硅酸盐水泥 GB/T 2015	胶砂强度 凝结时间 安定性 水泥白度	从 20 个以上不同部位取等量样品，总量至少 12kg
7)	中热硅酸盐水泥 GB 200	胶砂强度 凝结时间 安定性 水化热	(1) 同一生产厂家、同一等级、同一品种、同一批号且连续进场的水泥不超过 600t 为 1 批，每批抽样不少于 1 次 (2) 从 20 个以上不同部位取等量样品，总量至少 14kg
8)	低热硅酸盐水泥 低热矿渣硅酸盐水泥 GB 200	胶砂强度 凝结时间 安定性 低热水泥 28d 水化热	(1) 同一生产厂家、同一等级、同一品种、同一批号且连续进场的水泥不超过 600t 为 1 批，每批抽样不少于 1 次 (2) 从 20 个以上不同部位取等量样品，总量至少 14kg
9)	低热微膨胀水泥 GB 2938	胶砂强度 凝结时间 安定性 水化热 线膨胀率	(1) 同一生产厂家、同一等级、同一品种、同一批号且连续进场的水泥不超过 400t 为 1 批，每批抽样不少于 1 次 (2) 从 20 个以上不同部位取等量样品，总量至少 14kg
(2)	砂		
1)	天然砂 GB/T 14684 JGJ 52	筛分析 含泥量 泥块含量 氯离子含量（海砂或有氯离子污染的砂） 贝壳含量（海砂）	(1) 以同一产地、同一规格的砂，当采用大型工具（如火车、货船或汽车）运输的，以 400m³ 或 600t 为 1 验收批；采用小型工具（拖拉机等）运输的，以 200m³ 或 300t 为 1 验收批。不足上述者，应按 1 验收批进行验收 (2) 当砂日进量在 1000t 以上，连续复检 5 次以上合格，可按 1000t 为 1 批 (3) 从堆料上取样时，取样部位应均匀分布。取样前应先将取样部位表面铲除，然后由各部位抽取大致相等的砂 8 份，组成 1 组样品

序号	材料名称及相关标准、规范代号	主要检测参数	取样规则及取样方法
1)	天然砂 GB/T 14684 JGJ 52	筛分析 含泥量 泥块含量 氯离子含量（海砂或有氯离子污染的砂） 贝壳含量（海砂）	（4）从皮带运输机上取样时，应在皮带运输机尾的出料处用接料器定时抽取砂4份组成1组样品 （5）从火车、汽车、货船取样时，应从不同部位和深度抽取大致相等的砂8份，组成1组样品 （6）对于每一单项检验项目，每组样品取样数量应满足下表要求，当需要做多项检验时，可在确保样品经一项试验后不致影响其他试验结果的前提下，用同组样品进行多项不同的试验 每一单项检验项目所需砂的最小取样重量 表格见下 （7）除筛分析外，当其余检验项目存在不合格项时，应加倍取样进行复验。当复验仍有一项不满足标准要求时，应按不合格品处理

每一单项检验项目所需砂的最小取样重量

检验项目	最少取样重量（kg）
筛分析	4.4
含泥量	4.4
泥块含量	20
氯离子含量	2
贝壳含量	10

序号	材料名称及相关标准、规范代号	主要检测参数	取样规则及取样方法
2)	人工砂 GB/T 14684 JGJ 52	筛分析 石粉含量（含亚甲蓝法） 泥块含量	（1）以同一产地、同一规格的砂，当采用大型工具（如火车、货船或汽车）运输的，以400m³或600t为1验收批；采用小型工具（拖拉机等）运输的，以200m³或300t为1验收批。不足上述者，应按1验收批进行验收 （2）当砂日进量在1000t以上，连续复检5次以上合格，可按1000t为1批 （3）从堆料上取样时，取样部位应均匀分布。取样前应先将取样部位表面铲除，然后由各部位抽取大致相等的砂8份，组成1组样品 （4）从皮带运输机上取样时，应在皮带运输机尾的出料处用接料器定时抽取砂4份组成1组样品 （5）从火车、汽车、货船取样时，应从不同部位和深度抽取大致相等的砂8份，组成1组样品 （6）对于每一单项检验项目，每组样品取样数量应满足下表要求，当需要做多项试验时，可在确保样品经一项检验后不致影响其他试验结果前提下，用同组样品进行多项不同试验 每一单项检验项目所需砂的最小取样重量 表格见下 （7）除筛分析外，当其余检验项目存在不合格项时，应加倍取样进行复验。当复验仍有一项不满足标准要求时，应按不合格品处理

每一单项检验项目所需砂的最小取样重量

检验项目	最少取样重量（kg）
筛分析	4.4
泥块含量	20
石粉含量	1.6

序号	材料名称及相关标准、规范代号	主要检测参数	取样规则及取样方法
(3)	卵石与碎石 GB/T 14685 JGJ 52	筛分析 含泥量 泥块含量 针状和片状颗粒的总含量 压碎指标值（高强度混凝土）	（1）以同一产地、统一规格的石，当采用大型工具（如火车、货船或汽车）运输的，以400m³或600t为1验收批；采用小型工具（拖拉机等）运输的，以200m³或300t为1验收批。不足上述者，应按1验收批进行验收 （2）当石日进量在1000t以上，连续复检5次以上合格，可按1000t为1批 （3）在堆料上取样时，取样部位应均匀分布。取样前应先将取样部位表面铲除，然后由各部位抽取大致相等的石子16份，组成各自1组样品 （4）从皮带运输机上取样时，应在皮带运输机尾的出料处用接料器定时抽取石8份组成各自1组样品 （5）从火车、汽车、货船取样时，应从不同部位和深度抽取大致相等的石子16份，组成各自1组样品 （6）对于每一单项检验项目，每组样品取样数量应满足下表要求，当需要做多项试验时，可在确保样品经一项试验后不致影响其他试验结果前提下，用同组样品进行多项不同试验 每一单项检验项目所需碎石或卵石的最小取样重量（kg） 表格见下 （7）除筛分析外，当其余检验项目存在不合格项时，应加倍取样进行复验。当复验仍有一项不满足标准要求时，应按不合格品处理

每一单项检验项目所需碎石或卵石的最小取样重量（kg）

试验项目	最大公称粒径（mm）							
	10.0	16.0	20.0	25.0	31.5	40.0	63.0	80.0
筛分析	8	15	16	20	25	32	50	64
含泥量	8	8	24	24	40	40	80	80
泥块含量	8	8	24	24	40	40	80	80
针、片状含量	1.2	4	8	12	20	40	—	—

序号	材料名称及相关标准、规范代号	主要检测参数	取样规则及取样方法
(4)	混凝土拌合用水 JGJ 63	pH值 氯离子	（1）水质检验水样不应少于5L，用于测定水泥凝结时间和胶砂强度的水样不应少于3L （2）采集水样的容器应无污染，容器应待采集水样冲洗3次再灌装，并应密封待用 （3）地表水宜在水域中心部位、距水面100mm以下采集，并应记载季节、气候、雨量和周边环境情况 （4）地下水应在防水冲洗管道后接取，或直接用容器采集；不得将地下水积存于地表后再从中采集 （5）再生水应在取水管道终端接取 （6）检测频率： 表格见下 当发现水受到污染和对混凝土性能有影响，应立即检验

地表水	每6个月检验1次
地下水	每年检验1次
再生水	每3个月检验1次，在质量稳定1年后，可每6个月检验1次

序号	材料名称及相关标准、规范代号	主要检测参数	取样规则及取样方法
(5)	轻骨料		
1)	轻粗骨料 GB/T 17431.1 GB/T 17431.2	颗粒级配（筛分析） 堆积密度 筒压强度 吸水率 粒型系数	(1) 以同一品种、同一种类、同一密度等级和质量等级，每400m³为1验收批，不足400m³也按1批计 (2) 试样可以从料堆自上到下不同部位、不同方向任意选10点（袋装料应从10袋中抽取）应避免取离析的及面层的材料 (3) 初次抽取的试样拌合均匀后，按四分法缩分到试验所需的用料量

轻细骨料各项试验用量表

序　号	试验项目	用料量（L）
1	颗粒级配	2
2	堆积密度	15

轻粗骨料各项试验用量表

序号	试验项目	用料量（L）	
		D_{max} ≤20mm	D_{max} ≤20mm
1	颗粒级配	10	20
2	堆积密度	30	40
3	筒压强度	5	5
4	吸水率	4	4
5	粒型系数	2	2

（2) 项行 轻细骨料 GB/T 17431.1 GB/T 17431.2，检测参数：颗粒级配（筛分析）、堆积密度

序号	材料名称及相关标准、规范代号	主要检测参数	取样规则及取样方法
(6)	掺合料		
1)	粉煤灰 GBJ 146 GB/T 1596	细度 烧失量 需水量比（同一供应单位，一次/月）	(1) 以连续供应200t相同等级、相同种类的粉煤灰为1批，不足200t者按1批计 (2) 取样应有代表性，可连续取样，也可从10个以上不同部位取等量样品，总量至少3kg (3) 散装灰的取样，应从每批的不同部位取15份试样，每份不得少于1kg，混拌均匀，按四分法缩取出比试验用量大一倍的试样 (4) 袋装灰的取样，应从每批中抽10袋，每袋各取试样不得少于1kg，混拌均匀，按四分法缩取出比试验用量大一倍的试样
2)	粒化高炉矿渣粉 GB/T 18046	活性指数 流动度比	(1) 同一厂家、同一级别矿渣粉按照下表数量为1个取样单位

序号	生产能力	1个取样单位数量
1	60×10⁴ t 以上	2000t
2	30×10⁴～60×10⁴ t	1000t
3	10×10⁴～30×10⁴ t	600t
4	10×10⁴ t 以下	200t

(2) 从20个以上不同部位取等量样品，总量至少20kg。试样应混合均匀，按照四分法缩取比试验所需要量大一倍的试样

序号	材料名称及相关标准、规范代号	主要检测参数	取样规则及取样方法
3)	天然沸石粉 JG/T 3048	细度 需水量比 吸铵值	(1) 以每120t同相同等级的沸石粉为1验收批，不足120t也按1批计 (2) 袋装粉取样时，应从每批中随机抽取10袋，每袋中各取样不得少于1kg的试样，混合均匀后按四分法缩取 (3) 散装沸石粉取样时，应从不同部位取10份试样，每份不少于1kg，混合均匀后按四分法缩取
(7)	外加剂		
1)	普通减水剂 高效减水剂 GB 50119 GB 8076	pH值 密度（或细度） 减水率	(1) 掺量大于等于1％同品种外加剂每一编号为100t，掺量小于1％的外加剂每一编号为50t，不足100t或50t也同按1批量计 (2) 每一编号取样量不少于0.2t水泥所需用的外加剂量
2)	缓凝减水剂缓凝高效减水剂 GB 50119 GB 8076	pH值 密度（或细度） 减水率 混凝土凝结时间差	同上
3)	引气减水剂 GB 50119 GB 8076	pH值 密度（或细度） 减水率 含气量	同上
4)	早强剂 GB 50119 GB 8076	钢筋锈蚀 密度（细度） 1d、3d抗压强度比	同上
5)	缓凝剂 GB 50119 GB 8076	pH值 密度（细度） 凝结时间差	同上
6)	引气剂 GB 50119 GB 8076	pH值 密度（细度） 含气量	同上

序号	材料名称及相关标准、规范代号	主要检测参数	取样规则及取样方法
7)	泵送剂 GB 50119 JC 473	pH 值 密度（细度） 坍落度增加值 坍落度损失	(1) 生产厂应根据产量和生产设备条件，将产品分批编号，年产量不小于500t，每一批号为50t；年产500t以下，每一批号为30t，每批不足50t或30t的也按一个批量计，同一批号的产品必须混合均匀 (2) 三个或更多的点样等量均匀混合而取得的试样。每一批号取样不小于0.2t水泥所需用的外加剂
8)	防冻剂 GB 50119 JC 475	pH 值 密度（细度） 钢筋锈蚀	(1) 同一品种的防冻剂，每50t为1批，不足50t也作为1批量计 (2) 取样应具有代表性，可连续取，也可从20个以上不同部位取等量样品。液体防冻剂取样时应注意从容器的上、中、下三层分别取样 (3) 每批取样量不少于0.15t水泥所需用的防冻剂量（以其最大掺量计）
9)	膨胀剂 GB 50119 GB 23439	限制膨胀率	(1) 日产量超过200t时，以不超过200t为1编号，不足200t时，应以不超过日产量为1编号 (2) 每1编号为一取样单位，样品应具有代表性，可连续取，也可从20个以上不同部位取等量样品，总量不小于10kg
10)	防水剂 GB 50119 JC 474 JGJ 190	密度（或细度） 钢筋锈蚀 R−7和R+28 抗压强度比	(1) 年生产不小于500t的每50t为1批；年生产小于500t的每30t为1批；不足50t或者30t的，也按照1个批量计 (2) 每一编号取样量不少于0.2t水泥所需用的外加剂量
11)	速凝剂 GB 50119 JC 477	密度（或细度） 1d抗压强度 凝结时间	(1) 每20t为1批，不足20t也按1批计 (2) 一批应有16个不同点取样，每个点取样不少于250g，总量不少于4000g
(8)	混凝土		
1)	普通混凝土 GB 50204 GB 50080 JGJ 74	稠度（坍落度及坍落扩展度、维勃稠度） 抗压强度	(1) 试件留置 **见下表及说明**

(1) 试件留置

序号	项目	内容
1	标准养护试件	①每拌制100盘且不超过100m³的同配合比的混凝土，取样不得少于1次 ②每工作班拌制的同一配合比的混凝土不足100盘时，取样不得少于1次 ③当一次连续浇筑超过1000m³时，同一配合比混凝土每200m³混凝土取样不得少于1次
2	同条件养护试件	①使用外挂架时，留置7.5N/mm²同条件试件 ②模板拆除所需要的同条件养护试件 其他按照工程需要留置 ③同一强度等级600℃·d的同条件养护试件，其留置数量应根据混凝土工程量和重要性确定，不宜少于10组，且不应少于3组
3	冬施试件留置	除留置上述试件外还需留置以下试件 ①未掺防冻剂混凝土需留置负温转常温养护28d试件和临界强度试件 ②掺防冻剂混凝土须留置同条件28d转标养28d试件（抗压）
4	建筑地面试件留置	以同一配合比，同一强度等级，每一层或每1000m²为1检验批，不足1000m²也按1批计。每批应至少留置1组试件

(2) 取样方法及数量：
在混凝土浇筑地点随机取样制作，每组试件所用的拌合物应从同一盘搅拌混凝土或同一车运送的混凝土中取样，对于预拌混凝土还应在卸料过程中卸料量的1/4、1/2、3/4处分别取样，每个试样量应满足混凝土质量检验项目所需用量的1.5倍，但不少于0.02m³，从第一次取样到最后一次取样不宜超过15min
(3) 每次取样应至少留置1组标准养护试件，同条件养护试件的留置组数应根据实际需要确定

序号	材料名称及相关标准、规范代号	主要检测参数	取样规则及取样方法
2)	抗渗混凝土 GB 50204 GB 50208 GB 50119	稠度（坍落度及坍落扩展度、维勃稠度） 抗压强度 抗渗性能	(1) 同一混凝土强度等级、抗渗等级、同一配合比，生产工艺基本相同，每单位工程不得少于两组抗渗试件（每组6个试件） (2) 连续浇筑混凝土每500m³应留置1组抗渗试件（1组为6个抗渗试件），且每项工程不得少于两组。采用预拌混凝土的抗渗试件，留置组数应视结构的规模和要求而定 (3) 检验掺用防冻剂混凝土抗渗性能，应增加留置与工程同条件养护28d，再标准养护28d后进行抗渗试验的试件 (4) 留置抗渗试件的同时需留置抗压强度试件并应取自同一盘混凝土拌合物中。取样数量及方法同普通混凝土
3)	抗冻混凝土 GBJ 107 GBJ 82	稠度（坍落度及坍落扩展度、维勃稠度）抗压强度 抗冻性能	(1) 抗压强度试验取样同普通混凝土 (2) 以同一盘或同一车混凝土为一批，每组3个试件 (3) 检验掺用防冻剂混凝土抗冻性能，应增加留置与工程同条件养护28d，再标准养护28d后进行抗冻试验的试件

序号	材料名称及相关标准、规范代号	主要检测参数	取样规则及取样方法
4)	高性能混凝土 CECS 207	稠度（坍落度及坍落扩展度、维勃稠度） 抗压强度 冻融试验 抗氯离子渗透性 抗硫酸盐腐蚀性能 碱含量	取样同普通混凝土
5)	轻骨料混凝土 JGJ 12 JGJ 51	稠度 干表观密度 抗压强度	(1) 试件应在混凝土浇筑地点随机取样，取样及试件留置应符合下列规定： 1) 每拌制 100 盘且不超过 100m³ 的同配合比的混凝土，取样不得少于 1 次 2) 每工作班拌制的同一配合比的混凝土不足 100 盘时，取样不得少于 1 次 3) 当一次连续浇筑超过 1000m³ 时，同一配合比的混凝土每 200m³ 混凝土取样不得少于 1 次 4) 每一楼层，同一配合比的混凝土，取样不得少于 1 次 5) 每次取样至少留置 1 组标准养护试件，同条件养护试件的留置组数应根据实际需要确定 (2) 混凝土干表观密度试验，连续生产的预制厂或预拌混凝土搅拌站，对同配合比的混凝土每月不少于 4 次；单项工程，每 100m³ 混凝土的抽查不得少于 1 次，不足 100m³ 者按 100m³ 计
2	砌筑工程		
(1)	普通砂浆 GB 50203 GB 50209	稠度 分层度 抗压强度	(1) 试件留置 1) 砌筑砂浆 以同一砂浆强度等级，同一配合比，同种原材料每一楼层或 250m³ 砌体为 1 个取样单位，每取样单位标准养护试件的留置不得少于 1 组（每组 3 件） 2) 建筑地面用砂浆 检验同一施工批次、同一配合比水泥砂浆强度的试件，应按每一层（或检验批）建筑地面工程不少于 1 组。当每一层（或检验批）建筑地面工程面积大于 1000m² 时，每增加 1000m² 应增做 1 组试件；小于 1000m² 取样 1 组；检验同一施工批次、同一配合比的散水、明沟、踏步、台阶、坡道的水泥砂浆强度的试件，应按每 150 延长米不少于 1 组 (2) 取样方法 1) 建筑砂浆试验用料应从同一盘砂浆中或同一车砂浆中取样，取样数量不应少于试验所需数量的 4 倍 2) 当施工过程中进行砂浆试验时，砂浆取样方法应按相应的施工验收规范执行，并宜在现场搅拌点或预拌砂浆卸料点的至少 3 个不同部位及时取样 3) 从取样完毕到开始进行各项性能试验，不宜超过 15min
(2)	预拌砂浆		
1)	湿拌砂浆 GB/T 25181	抗压强度 稠度 保水性	(1) 湿拌砂浆应随机从同一运输车抽取，砂浆试样应在卸料过程中卸料量的 1/4~3/4 之间采取 (2) 湿拌砂浆试样的采取及稠度、保水性试验应在砂浆运到交货地点时开始算起 20min 内完成，试件的制作应在 30min 内完成 (3) 每个试验取样量不应少于试验用量的 4 倍
2)	干混砂浆 GB/T 25181	抗压强度 保水性	(1) 根据生产厂产量和生产设备条件，按同品种、同规格型号分批： 年产量 10×10⁴ t 以上，不超过 800t 或 1d 产量为 1 批 年产量 4×10⁴~10×10⁴ t，不超过 600t 或 1d 产量为 1 批 年产量 4×10⁴~1×10⁴ t，不超过 400t 或 1d 产量为 1 批 年产量 1×10⁴ t 以下，不超过 200t 或 1d 产量为 1 批 每批为一个取样单位，取样应随机进行 (2) 交货时以抽取实物试样的检验结果为依据时，供需双方应在发货前或交货地点共同取样和签封。每批抽取应随机进行，试样不应少于试验用量的 8 倍
3	砌体工程		
(1)	烧结普通砖 混凝土实心砖 GB 5101 GB/T 21144 GB 50203	抗压强度	(1) 每 15 万块为 1 验收批，不足 15 万块也按 1 批计 (2) 外观检验项目的样品采用随机抽样法，在每 1 检验批的产品堆垛中选取。其他检验项目的样品用随机抽样法从外观质量检验合格的样品中抽取 (3) 强度等级试验，抽样数量不少于 10 块
(2)	烧结多孔砖 混凝土多孔砖 GB 13544 JC 943 GB 25779 GB 50203	抗压强度	(1) 每 10 万块为 1 验收批，不足 10 万块也按 1 批计 (2) 外观检验项目的样品采用随机抽样法，在每 1 检验批的产品堆垛中选取。其他检验项目的样品用随机抽样法从外观质量检验合格的样品中抽取 (3) 强度等级试验，抽样数量不少于 10 块
(3)	烧结空心砖、空心砌块 GB 13545	抗压强度	(1) 每 3.5~15 万块为一验收批，不足 3.5 万块也按 1 批计 (2) 外观检验项目的样品采用随机抽样法，在每 1 检验批的产品堆垛中选取。其他检验项目的样品用随机抽样法从外观质量检验合格的样品中抽取 (3) 强度等级试验，抽样数量不少于 10 块

序号	材料名称及相关标准、规范代号	主要检测参数	取样规则及取样方法
(4)	非烧结垃圾尾矿砖 JC/T 422	抗压强度 抗折强度	(1) 同一种原材料、同一工艺生产、相同质量等级的 10 万块为 1 批，不足 10 万块亦按 1 批计 (2) 尺寸偏差和外观质量检验的样品用随机抽样法，在每 1 检验批的产品中抽取。其他检验项目的样品用随机抽样法从尺寸偏差和外观质量检验合格的样品中抽取 (3) 强度等级试验，抽样数量不少于 10 块
(5)	粉煤灰砖 JC 239	抗压强度 抗折强度	(1) 每 10 万块为 1 批，不足 10 万块也按 1 批计 (2) 尺寸偏差和外观质量检验的样品用随机抽样法，在每 1 检验批的产品中抽取。其他检验项目的样品用随机抽样法从尺寸偏差和外观质量检验合格的样品中抽取 (3) 强度等级试验，抽样数量不少于 10 块
(6)	粉煤灰砌块 JC 238	抗压强度	(1) 产品性能的复验以 200m³ 为 1 批，抽样检测 (2) 每一验收批从外观检验合格的砌块中随机抽取试样 1 组（3 块）

(7) 蒸压灰砂砖 GB 11945 | 抗压强度 抗折强度

(1) 同类型灰砂砖每 10 万块为 1 批，不足 10 万块亦为 1 批
(2) 抽样数量：

序 号	检验项目	抽样数量（块）
1	抗压强度	5
2	抗折强度	5

| (8) | 蒸压灰砂空心砖 JC/T 637 | 抗压强度 | (1) 每 10 万块砖为 1 批，不足 10 万块亦为 1 批
(2) 用随机取样法抽取 50 块砖进行尺寸偏差、外观质量检验，从上述合格的砖样中随机抽取 2 组 10 块（NF 砖为 2 组 20 块）砖进行抗压强度试验，其中 1 组作为抗冻性能试验 |
| (9) | 普通混凝土空心砌块 GB 8239 | 抗压强度 | (1) 砌块按外观质量等级和强度等级分批验收。它以同一原材料配置成的相同外观质量、强度等级和同一工艺生产的 1 万块砌块为 1 批，不足 1 万块亦按 1 批计
(2) 每批随机抽取 32 块做尺寸偏差和外观质量检验。从尺寸偏差和外观质量检验合格的砌块中抽取如下数量进行其他项目检验
(3) 强度等级试验，抽样数量不少于 5 块 |

(10) 轻骨料混凝土小型空心砌块 GB/T 15229 JGJ 190 | 强度等级 密度等级

(1) 砌块按密度等级和强度等级分批检验。以同一品种轻骨料配置成的相同密度等级、相同强度等级、质量等级和同一生产工艺制成的 1 万块砌块为 1 批，不足 1 万块亦按 1 批计
(2) 每批随机抽取 32 块做尺寸偏差和外观质量检验。从尺寸偏差和外观质量检验合格的砌块中抽取如下数量进行其他项目检验
(3) 抽样数量

序 号	检验项目	抽样数量（块）
1	强度	5
2	密度等级、吸水率、相对含水率	3

(11) 蒸压加气混凝土砌块 GB 11968 | 立方体抗压强度 干密度

(1) 同品种、同规格、同等级的砌块，以 1 万块为 1 批，不足 1 万块亦为 1 批，随机抽取 50 块砌块，进行尺寸偏差、外观检验
(2) 从外观与尺寸偏差检验合格的砌块中，随机抽取 6 块砌块制作试件，进行检验
(3) 抽样数量

序 号	检验项目	抽样数量
1	干密度	3 组 9 块
2	强度级别	3 组 9 块

(12) 粉煤灰混凝土小型空心砌块 JC/T 862 | 抗压强度 密度 相对含水率

(1) 以同一品种粉煤灰、同一种集料与水泥、同一生产工艺制成的相同密度等级、相同强度等级的 1 万块砌块为 1 批；不足 1 万块亦按 1 批计
(2) 每批随机抽取 32 块做尺寸偏差和外观质量检验。从尺寸偏差和外观质量检验合格的砌块中抽取如下数量进行其他项目检验
(3) 抽样数量

序 号	检验项目	抽样数量（块）
1	强度	5
2	密度等级、吸水率、相对含水率	3

4 钢筋工程

(1) 热轧光圆钢筋 GB 1499.1 GB/T 20066 GB 50204 | 拉伸（屈服强度、抗拉强度、断后伸长率） 弯曲性能 重量偏差

(1) 钢筋应按批进行检查和验收，每批应由同一牌号、同一炉罐号、同一尺寸的钢筋组成。每批重量通常不大于 60t。超过 60t 的部分，每增加 40t（或不足 40t 的余数），增加一个拉伸试样和弯曲试样
(2) 允许由同一牌号、同一冶炼方法、同一浇注方法的不同炉罐号组成混合批。各炉罐号之碳量之差不大于 0.02%，含锰量之差不大于 0.15%。混合批的重量不大于 60t
(3) 抽样

序 号	检验项目	取样数量	取样方法
1	拉伸	2	任选两根钢筋切取
2	弯曲	2	任选两根钢筋切取
3	重量偏差	5	不少于 500mm

序号	材料名称及相关标准、规范代号	主要检测参数	取样规则及取样方法
(2)	热轧带肋钢筋 GB 1499.2 GB/T 20066 GB 50204	拉伸(屈服强度、抗拉强度、断后伸长率) 弯曲性能 重量偏差	(1) 钢筋应按批进行检查和验收,每批由同一牌号、同一炉罐号、同一尺寸的钢筋组成。每批重量通常不大于60t。超过60t的部分,每增加40t(或不足40t的余数),增加一个拉伸试样和弯曲试样 (2) 允许由同一牌号、同一冶炼方法、同一浇注方法的不同炉罐号组成混合批。各炉罐号含碳量之差不大于0.02%,含锰量之差不大于0.15%。混合批的重量不大于60t (3) 抽样 <table><tr><td>序号</td><td>检验项目</td><td>取样数量</td><td>取样方法</td></tr><tr><td>1</td><td>拉伸</td><td>2</td><td>任选两根钢筋切取</td></tr><tr><td>2</td><td>弯曲</td><td>2</td><td>任选两根钢筋切取</td></tr><tr><td>3</td><td>质量偏差</td><td>5</td><td>不少于500mm</td></tr></table>
(3)	钢筋混凝土用余热处理钢筋 GB 13014 GB 50204	拉伸(屈服强度、抗拉强度、伸长率) 冷弯 重量偏差	(1) 钢筋应按批进行检查验收,每批重量不大于60t,每批应由同一牌号、同一炉罐号、同一规格、同一交货状态的钢筋组成 (2) 公称容量不大于30t的冶炼炉冶炼制成的钢坯制的钢筋,允许由同一牌号、同一冶炼方法,同一浇铸方法的不同炉罐号组成的混合批,但每批不得多于6个炉罐号。各炉号含碳量之差不大于0.02%,含锰量之差不大于0.15% (3) 同一牌号连铸坯制的钢视为1批 (4) 抽样 <table><tr><td>序号</td><td>检验项目</td><td>取样数量</td><td>取样方法</td></tr><tr><td>1</td><td>拉伸</td><td>2</td><td>任选两根钢筋切取</td></tr><tr><td>2</td><td>冷弯</td><td>2</td><td>任选两根钢筋切取</td></tr><tr><td>3</td><td>质量偏差</td><td>5</td><td>不少于500mm</td></tr></table>
(4)	碳素结构钢 GB 2975 GB 20066 GB 700 JGJ 190 GB 50205	拉伸(屈服强度、抗拉强度、断后伸长率) 弯曲 冲击	(1) 钢材应成批验收,每批由同一牌号、同一炉号、同一质量等级、同一尺寸、同一交货状态的钢筋组成。每批重量通常不大于60t (2) 公称密度比较小的炼钢炉冶炼的钢扎成的钢材,同一冶炼、浇注和脱氧方法、不同炉号、同一牌号的A级钢或B级钢,允许组成混合批,但每批各炉号含碳量之差不大于0.02%,含锰量之差不大于0.15% (3) 钢材的夏比(V型缺口)冲击试验结果不符合规定时,再从该检验批的剩余部分取两个抽样产品,在每个抽样产品上各选取新的1组3个试件进行试验 (4) 抽样 <table><tr><td>序号</td><td>检验项目</td><td>取样数量</td><td>取样方法</td></tr><tr><td>1</td><td>拉伸</td><td></td><td rowspan="3">GB/T 2975</td></tr><tr><td>2</td><td>弯曲</td><td>1</td></tr><tr><td>3</td><td>冲击</td><td>3</td></tr></table>(5) 如供方能保证冷弯试验符合要求,可不做检验 (6) 厚度不小于12mm或直径不小于16mm的钢材应做冲击试验,其他经供需双方协商可以做冲击试验 (7) 钢结构工程中属于下列情况之一的钢材,应进行抽样复验 1) 国外进口钢材 2) 钢材混批 3) 板厚度等于或大于40mm,且设计有Z向性能要求的厚板 4) 建筑结构安全等级为一级,大跨度钢结构中主要受力构件所采用的钢材 5) 设计有复验要求的钢材
(5)	低合金高强度结构钢 GB/T 1591 GB 2975 GB/T 5313 GB 20066 JGJ 190	拉伸(屈服强度、抗拉强度、断后伸长率) 弯曲 冲击	(1) 钢材应成批验收,每批由同一牌号、同一质量等级、同一炉罐号、同一品种、同一尺寸、同一热处理制度(指按热处理状态供应)的钢材组成,每批重量不大于60t (2) A级钢或B级钢允许同一牌号、同一冶炼和浇注方法、不同炉罐号组成混合批,每批不得多于6个炉罐号,且各炉罐号C含量之差不得大于0.02%,Mn含量之差不得大于0.15% (3) 对于Z向钢的组批,应符合GB/T 5313的规定 (4) 抽样 <table><tr><td>序号</td><td>检验项目</td><td>取样数量</td><td>取样方法</td></tr><tr><td>1</td><td>拉伸</td><td>1/批</td><td rowspan="3">GB/T 2975</td></tr><tr><td>2</td><td>弯曲</td><td>1/批</td></tr><tr><td>3</td><td>冲击试验</td><td>3/批</td></tr></table>(5) 钢结构工程中属于下列情况之一的钢材,应进行抽样复验 1) 国外进口钢材 2) 钢材混批 3) 板厚度等于或大于40mm,且设计有Z向性能要求的厚板 4) 建筑结构安全等级为一级,大跨度钢结构中主要受力构件所采用的钢材 5) 设计有复验要求的钢材
(6)	冷轧带肋钢筋 GB 13788 GB 50204	拉伸(抗拉强度、伸长率) 弯曲或反复弯曲 重量偏差	(1) 钢筋应按批进行检查和验收,每批应由同一牌号、同一外形、同一规格、同一生产工艺和同一交货状态的钢筋组成,每批不大于60t (2) 抽样 <table><tr><td>序号</td><td>检验项目</td><td>试验数量</td><td>取样方法</td></tr><tr><td>1</td><td>拉伸试验</td><td>每盘1个</td><td rowspan="3">在每(任)盘中随机切取</td></tr><tr><td>2</td><td>弯曲试验</td><td>每批2个</td></tr><tr><td>3</td><td>反复弯曲试验</td><td>每批2个</td></tr></table>注:表中试验数量栏中的"盘"指生产钢筋的"原料盘"

续表

序号	材料名称及相关标准、规范代号	主要检测参数	取样规则及取样方法

(7) | 冷轧扭钢筋
JGJ 115
GB 50204 | 拉伸
冷弯
重量偏差 | (1) 冷轧扭钢筋验收批应由同一型号、同一强度等级、同一规格尺寸、同一台(套)轧机生产的钢筋组成，且每批不大于20t，不足20t按1批计
(2) 抽样

序号	检验项目	试验数量(出厂检验)	备 注
1	拉伸试验	每批2根	
2	180°弯曲试验	每批1根	

(8) | 一般用途低碳钢丝
YB/T 5294 | 抗拉强度
伸长率(标距100mm)
180°弯曲试验次数 | (1) 每批钢丝应由同一尺寸、同一锌层级别、同一交货状态的钢丝组成
(2) 从每批中抽取5%，但不少于5盘进行形状、尺寸和表面检查
(3) 从上述检查合格的钢丝中抽取5%，优质钢抽取10%，不少于3盘，拉伸试验、反复弯曲试验每盘各1个(任意端)

(9) | 钢筋连接 | | |

1) | 机械连接接头
JGJ 107 | 抗拉强度 | (1) 钢筋连接工程开始前及施工过程中，应对不同钢筋生产厂的进场钢筋进行接头工艺检验；施工过程中，更换钢筋生产厂时，应补充进行工艺检验。工艺检验应符合下列规定
1) 每种规格钢筋的接头试件不应少于3根
2) 每根试件的抗拉强度和3根接头试件的残余变形的平均值应符合《钢筋机械连接技术规程》(JGJ 107)规定
3) 接头试件在测量残余变形后可再进行抗拉强度试验，并宜按《钢筋机械连接技术规程》(JGJ 107)中附录A中的单向拉伸加载制度进行试验
4) 第一次工艺检验中1根试件抗拉强度或3根接头试件的残余变形平均值不合格时，允许再抽3根试件进行复验，复验仍有1根试件不合格时则判为工艺检验不合格
(2) 接头的现场检验应按验收批进行。同一施工条件下采用同一批材料的同等级、同一形式、同一规格的接头，应以500个为1验收批进行检验与验收，不足500个接头也按1批计
(3) 对接头的每一验收批必须在工程结构中随机截取3个接头试件做抗拉强度试验，按设计要求的接头等级进行评定。当3个接头的试件抗拉强度均符合《钢筋机械连接技术规程》(JGJ 107)中相应等级的强度要求时，该验收批合格。如有1个试件的强度不符合要求，应再取6个试件进行复验，复验中如仍有1个试件强度不符合要求，则该验收批评为不合格
(4) 现场检验连续10个验收批抽样试件抗拉强度试验1次合格率为100%时，验收批接头数量可扩大1倍

2) | 电阻点焊制品
(钢筋焊接骨架和焊接网)
JGJ 18 | 抗拉强度
抗剪强度
弯曲试验 | (1) 凡钢筋牌号、直径及尺寸相同的焊接骨架和焊接网应视为同一类制品，且每300件为1批，一周内不足300件亦应按1批计算
(2) 外观检验应按同一类型制品分批检查，每批抽查5%，且不得少于5件
(3) 试件应从成品中切取，当所切取试件的尺寸小于规定的试件尺寸时，或受力钢筋大于8mm时，可在生产过程中制作模拟焊接试验网片，从中切取试件，试件尺寸见下图

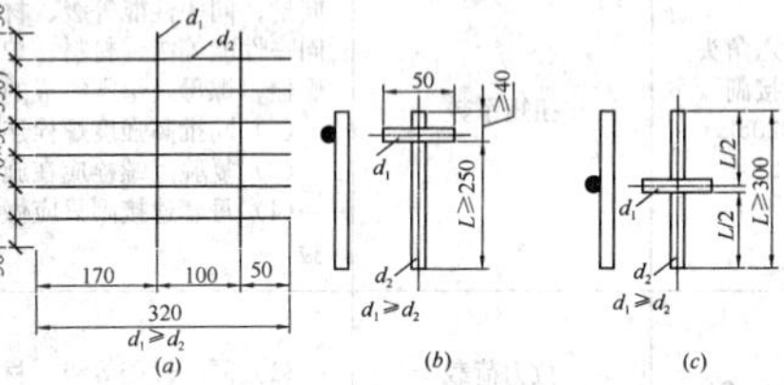

钢筋模拟焊接试验网片与试件
(a) 模拟焊接试验网片简图；(b) 钢筋焊点抗剪试件；
(c) 钢筋焊点拉伸试件

(4) 由几种钢筋直径组合的焊接骨架，应对每种组合做力学性能检验；热轧钢筋焊点，应做抗剪试验，试件数量3件；冷轧带肋钢筋焊点除做抗切试验外，尚应对纵向和横向冷轧带肋钢筋做拉伸试验，试件应各为1件。剪切试件纵筋长度应大于或等于290mm，横肋长度应大于或等于50mm(上图b)；拉伸试件纵筋长度应大于或等于300mm(上图c)
(5) 焊接网剪切试件应沿同一横向钢筋随机切取
(6) 切取剪切试件时，应使制品中的纵向钢筋成为试件的受拉钢筋

3) | 钢筋闪光对焊焊头
JGJ 18 | 抗拉强度
弯曲试验 | (1) 同一台班内，由同一焊工完成的300个同牌号、同直径钢筋焊接接头应为1批。当同一台班内焊接接头数量较少，可在一周之内累计计算；累计仍不足300个接头时，应按1批计算
(2) 力学性能试验时，试件应从每批成品中随机切取6个接头，其中3个做拉伸试验，3个做弯曲试验
(3) 焊接等长预应力钢筋(包括螺丝端杆与钢筋)时，可按生产时同等条件制作模拟试件
(4) 螺丝端杆接头可只做拉伸试验
(5) 封闭环式箍筋闪光对焊接头，以600个同牌号、同规格的接头作为1批，只做拉伸试验
(6) 当模拟试件试验结果不符合要求时，应进行复验。复验应从现场焊接接头中切取，其数量及要求与初始试验相同

4) | 钢筋电弧焊接头
JGJ 18 | 抗拉强度 | (1) 在现浇混凝土结构中，应以300个同牌号钢筋、同形式接头作为一批；在房屋结构中，应在不超过2楼层中300个同牌号钢筋、同形式接头作为1批。每批随机切取3个接头，做拉伸试验
(2) 在装配式结构中，可按生产条件制作模拟试件，每批3个，做拉伸试验
(3) 钢筋与钢板电弧搭接焊接头可只进行外观检验
(4) 同一批中若有几种不同直径的钢筋焊接接头时，应在最大直径钢筋中切取3个试件
(5) 当模拟试件试验结果不符合要求时，应进行复验。复验应从现场焊接接头中切取，其数量及要求与初始试验相同

序号	材料名称及相关标准、规范代号	主要检测参数	取样规则及取样方法
5)	钢筋电渣压力焊 JGJ 18	抗拉强度	(1) 在现浇混凝土结构中，应以300个同牌号钢筋、同形式接头作为一批；在房屋结构中，应在不超过2楼层中300个同牌号钢筋接头作为1批；当不足300个接头时，仍应作为1批。每批随机切取3个接头，做拉伸试验 (2) 在同一批中若有几种不同直径的钢筋焊接接头，应在最大直径钢筋接头中切取3个试件
6)	钢筋气压焊接头 JGJ 18	抗拉强度 弯曲试验（梁、板的水平钢筋连接）	(1) 在现浇混凝土结构中，应以300个同牌号钢筋、同形式接头为1批；在房屋结构中，应在不超过2楼层中300个同牌号钢筋接头为1批；当不足300个接头时，仍应作为1批 (2) 在柱、墙竖向钢筋连接中，应从每批接头中随机切取3个接头做拉伸试验；在梁、板的水平钢筋连接中，应另切取3个接头做弯曲试验 (3) 在同一批中若有几种不同直径的钢筋焊接接头，应在最大直径钢筋接头中切取3个试件
7)	预埋件钢筋T型接头 JGJ 18	抗拉强度	(1) 预埋件钢筋T型接头的外观检查，应从同一台班内完成的同一类型预埋件中抽查5%，且不得少于10件 (2) 当进行力学性能检验时，应以300件同类型预埋件作为1批。一周内连续焊接时，可累计计算。当不足300件时，亦应按1批计。应从每批预埋件中随机切取3个接头做拉伸试验，试件的钢筋长度应大于或等于200mm，钢板的长度和宽度均大于或等于60mm (3) 当初试结果不符合规定时再取6个试件进行复试 预埋件钢筋T型接头拉伸试件 1—钢板；2—钢筋
5	钢结构工程		
(1)	紧固件		
1)	螺栓 GB 50205	螺栓实物最小载荷	同一规格螺栓抽查8个
2)	扭剪型高强度螺栓连接副 GB 50205 GB/T 3632	预拉力（紧固轴力）	(1) 同一材料、炉号、螺栓规格、长度、机械加工、热处理工艺及表面处理工艺的螺栓为同批；同一材料、炉号、螺纹规格、机械加工、热处理工艺及表面处理工艺的螺母为同批；同一材料、炉号、规格、机械加工、热处理工艺及表面处理工艺的垫圈为同批。分别由同批螺栓、螺母及垫圈组成的连接副为同批连接副 (2) 同批钢结构用扭剪型高强度螺栓连接副的最大数量为3000套 (3) 复验用的螺栓应在施工现场待安装的螺栓批中随机抽取，每批应抽取8套连接副进行复验 (4) 每套连接副只应做1次试验，不得重复使用。在紧固中垫圈发生转动时，应更换连接副重新试验
3)	高强度大六角头螺栓连接副 GB 50205 GB/T 1231	扭矩系数	(1) 同一性能等级、材料、炉号、螺纹规格、长度、机械加工、热处理工艺及表面处理工艺的螺栓为同批；同一性能等级、材料、炉号、螺纹规格、机械加工、热处理工艺及表面处理工艺的螺母为同批；同一性能等级、材料、炉号、规格、机械加工、热处理工艺及表面处理工艺的垫圈为同批。分别由同批螺栓、螺母及垫圈组成的连接副为同批连接副 (2) 同批高强度螺栓连接副的最大数量为3000套 (3) 复验用的螺栓应在施工现场待安装的螺栓批中随机抽取，每批应抽取8套连接副进行复验 (4) 每套连接副只应做1次试验，不得重复使用。在紧固中垫圈发生转动时，应更换连接副，重新试验
4)	螺栓球节点钢网架高强度螺栓 GB/T 16939 GB 50205 JGJ 190	拉力荷载 表面硬度（建筑结构安全等级为1级，跨度≥40m的螺栓球节点钢网架结构）	(1) 同一性能等级、材料牌号、炉号、规格、机械加工、热处理及表面处理工艺的螺栓为同批。最大批量：对于小于等于M36为5000件；对于大于M36为2000件 (2) 螺栓的尺寸、外观、机械性能及表面缺陷检验按GB 90规定；但对M39～M64×4螺栓的试验抽样方案按芯部硬度n=2，A_c=0，实物拉力n=3，A_c=0 (3) 螺纹规格为M39～M64×4的螺栓可用硬度试验代替拉力载荷试验，如对硬度试验有争议时，应进行螺栓实物的拉力载荷试验
(2)	高强度螺栓连接摩擦面 GB 50205	抗滑移系数检验	(1) 制造批可按分部（子分部）工程划分规定的工程量每2000t为1批，不足2000t的可视为1批 (2) 选用两种及两种以上表面处理工艺时，每种处理工艺应单独检验。每批3组试件
(3)	网架节点承载力 GB 50205	①焊接球节点：轴心拉、压承载力试验 ②螺栓球节点：抗拉强度保证荷载试验	(1) 当建筑结构安全等级为一级，跨度40m以上的公共建筑钢网架结构，且设计有要求时，应进行节点承载力试验 (2) 用于试验的试件在该批产品中随机抽取，每批抽取3个试件
(4)	防火涂料 GB 50205 GB 14907 CECS 24	粘结强度 抗压强度	(1) 每使用100t或不足100t薄涂型防火涂料应抽检1次粘结强度 (2) 每使用500t或不足500t厚涂型防火涂料应抽检1次粘结强度和抗压强度
(5)	结构用无缝钢管 GB/T 8162	拉伸性能 压扁试验 弯曲试验	(1) 每批应由同一牌号、同一炉号、同一规格和同一热处理制度（炉次）的钢管组成 ①外径不大于76mm，而且壁厚不大于3mm：400根 ②外径大于351mm：50根 ③其他尺寸：200根

序号	材料名称及相关标准、规范代号	主要检测参数	取样规则及取样方法
(5)	结构用无缝钢管 GB/T 8162	拉伸性能 压扁试验 弯曲试验	(2) 需方未提出特殊要求时，10、15、20、25、34、45、Q235、Q275、20Mn、25Mn 可以不同炉号的同一牌号、同一规格的钢管组成1批 (3) 剩余钢管的根数，如不少于上述规定的50%时则单独列为1批，少于上述规定的50%时可并入同一牌号、同一炉号和同一规格的相邻批中 (4) 抽样

序号	检验项目	取样数量
1	拉伸试验	每批两根钢管上各取1个试样
2	压扁试验	每批两根钢管上各取1个试样
3	弯曲试验	每批两根钢管上各取1个试样

序号	材料名称及相关标准、规范代号	主要检测参数	取样规则及取样方法
(6)	焊接工程		
1)	焊缝质量 GB 50205	内部缺陷 外观缺陷 焊缝尺寸	(1) 内部缺陷检测当采用超声波检测时，一级焊缝100%检测，二级焊缝20%检测 (2) 外观缺陷及焊缝尺寸：每批同类构件抽查10%，且不应少于3件；被抽查构件中，每一类型焊缝按条数抽查5%，且不应少于1条；每条检查1处，总抽查数不应少于10处
2)	气体保护电弧焊用碳钢、低合金钢焊丝 GB/T 8110	化学成分 熔敷金属拉伸试验 熔敷V型缺口冲击试验 焊缝射线探伤	(1) 每批焊丝应由同一炉号、同一尺寸、同一交货状态的焊丝组成，每批焊丝的最大重量符合下表规定

序号	焊丝型号	每批最大重量（t）
1	ER50-X、ER49-1	200
2	其他型号	30

(2) 盘（卷、桶）焊丝每批任选一盘（卷、桶），直条焊丝任选一最小包装单位，进行焊丝化学成分、熔敷金属力学性能、射线探伤、尺寸和表面质量等检验

序号	材料名称及相关标准、规范代号	主要检测参数	取样规则及取样方法
3)	埋弧焊用低合金钢焊丝和焊剂 GB/T 12470	焊丝化学成分 焊缝射线探伤试验 熔敷金属拉伸试验 熔敷金属冲击试验	(1) 每批焊丝应由同一炉号、同一尺寸、同一交货状态的焊丝组成 (2) 每一批焊剂应由同一批原材料，以同一配方及制造工艺制成。每批焊剂最高重量不应超过60t (3) 焊丝取样，从每批焊丝中抽取3%，但不少于2盘（卷、桶），进行化学成分、尺寸和表面质量检验 (4) 焊剂取样时，若焊剂散放时，每批焊剂抽样不少于6处。若从包装的焊剂中取样，每批焊剂至少抽取6袋，每袋抽取一定量的焊剂，总量不少于10kg。把抽取的焊剂混合均匀，用四分法取出5kg焊剂，供焊接试样用，余下5kg用于其他项目检验
4)	熔化焊用钢丝 GB/T 14957	化学成分 表面 尺寸	(1) 每批焊丝应由同一牌号、同一炉号（或同一生产批号）、同一形状、同一尺寸、同一交货状态的钢丝组成 (2) 抽样

序号	试验项目	取样部位	取样数量
1	化学成分	GB222	3%，不小于2捆（盘）
2	表面	任一部位	逐捆（盘）
3	尺寸	任一部位	逐捆（盘）

序号	材料名称及相关标准、规范代号	主要检测参数	取样规则及取样方法
5)	低碳合金钢焊条 GB/T 5118	熔敷金属化学成分 熔敷金属拉伸试验 熔敷V型缺口冲击试验 焊缝射线探伤	(1) 每批焊条由同一批号焊芯、同一批号主要涂料原料、以同样涂料配方及制造工艺制成，每批焊条最高量应符合下表要求

序号	焊条型号	每批最高量，t
1	EXX03-X EXX13-X	50
2	EXX00-X EXX10-X EXX11-X EXX15-X EXX16-X EXX18-X EXX20-X EXX27-X	30

(2) 每批焊条检验时，按照需要数量至少在3个部位平均取有代表性的样品

序号	材料名称及相关标准、规范代号	主要检测参数	取样规则及取样方法
6	防水工程		
(1)	沥青防水卷材		
1)	石油沥青纸胎油毡 GB 326	拉力（纵向） 耐热度 柔度 不透水性	(1) 以同一类型的1500卷卷材为1批，不足1000卷的也可作为1批。随机抽取5卷进行卷重、面积和外观检查。从上述合格的卷材中任取1卷进行物理性能试验 (2) 将取样卷材切除距外层卷头2.5m后，顺纵向切取长度为600mm的全幅卷材试样2块，一块做物理性能检测，一块备用
2)	铝箔面石油沥青防水卷材 JC/T 504	拉力 柔度 耐热度	(1) 以同一类型、同一规格10000m² 或每班产量为1批，不足10000m² 亦作为1批 (2) 在每批产品中随机抽取5卷进行卷重、面积、外观检查，合格后，从中任选一卷进行厚度和物理性能试验 (3) 将取样卷材切除距外层卷头2.5m后，顺纵向切取长度为500mm的全幅卷材试样两块
3)	石油沥青玻璃纤维胎油毡 GB/T 14686	拉力 耐热性 低温柔性 不透水性	(1) 以同厂家、同一类型、同一规格10000m² 为1批，不足10000m² 按1批计 (2) 在每批产品中随机抽取5卷进行尺寸偏差、外观、单位面积质量检查。在上述检查合格后，从中随机抽取1卷，将取样卷材切除距外卷头2500mm后，沿纵向切取长度为750mm的全副卷材试样2块，1块用作物料性能检测，另1块备用

序号	材料名称及相关标准、规范代号	主要检测参数	取样规则及取样方法
4)	石油沥青玻璃布胎胎毡 JC/T 84	拉力 柔度 可溶物含量 耐热度 不透水性 耐霉菌腐蚀性	(1) 以同一等级每 500 卷为 1 批,不足 500 卷者也按 1 批验收,在每批产品中随机抽取 3 卷进行卷重、面积、外观的检验 (2) 取卷重、面积和外观检验合格的无接头的最轻的 1 卷作为检验物理性能的试样 (3) 将取样的 1 卷油毡切除距外层卷头 2500mm 后,顺纵向截取长度为 600mm 全幅卷材 2 块,1 块做物理性能试验试件用,另 1 块备用
(2)	高聚合物改性沥青防水卷材		
1)	改性沥青聚乙烯胎防水卷材 GB 18967	拉力 断裂延伸率 低温柔性 耐热性(地下工程除外) 不透水性	(1) 以同一厂家、同一类型、同一规格 10000m² 为 1 批 (2) 不足 10000m² 亦作为 1 批 (3) 在每批产品中随机抽取 5 卷进行单位面积质量、规格尺寸及外观检验。合格后,从中任选取 1 卷,将卷材切除卷头 2.5m 后取至少 1.5m² 进行物理力学性能试验
2)	弹性体改性沥青防水卷材 GB 18242	拉力 延伸率(G 类除外) 低温柔性 不透水性 耐热性 (地下工程除外)	(1) 以同一类型、同一规格 10000m² 为 1 批,不足 10000m² 亦可作为 1 批 (2) 单位面积重量、面积、厚度及外观检验时,随机抽取 5 样品进行判定,合格后,从中任选取 1 卷进行物理力学性能试验 (3) 将取样卷材切除距外层卷头 2.5m 后,取 1m 长的卷材
3)	塑性体改性沥青防水卷材 GB 18243	拉力 延伸率(G 类除外) 低温柔性 不透水性 耐热性 (地下工程除外)	(1) 以同一厂家、同一类型、同一规格 10000m² 为 1 批,不足 10000m² 亦可作为 1 批 (2) 在每批产品中,随机抽取 5 卷进行卷重、面积及外观检查。合格后,从中任取 1 卷进行材料性能试验 (3) 将取样卷材切除距外层卷头 2.5m 后,取 1m 长的卷材
4)	沥青复合胎柔性防水卷材 JC 690	最大拉力 低温柔性 不透水性 耐热性	(1) 以同一类型、同一规格 10000m² 为 1 批,不足 10000m² 亦可作为 1 批 (2) 单位面积重量、面积、厚度及外观检验时,随机抽取 5 样品进行判定,合格后任取 1 卷进行物理力学性能试验 (3) 将取样卷材切除距外层卷头 1m 后,取 1m 长的卷材
5)	自粘橡胶沥青防水卷材 JC 840	拉力 断裂延伸率 柔度	(1) 以同一类型、同一规格 5000m² 为 1 批,不足 5000m² 亦可作为 1 批,从每批中随机抽取 3 卷进行检验 (2) 对卷重、尺寸偏差与外观检查合格的产品中任取 1 卷进行物理力学性能试验 (3) 将被检测的卷材在距外层端部 500mm 处沿纵向裁取 1.5m 的全幅卷材进行物理力学性能试验
6)	自粘聚合物改性沥青聚酯胎胎防水卷材 JC 898	最大拉力时延伸率沥青 断裂延伸率 (适用于 N 类) 低温柔性 耐热性 (地下工程除外) 不透水性	(1) 以同一类型、同一规格 10000m² 或每班产量为 1 批,不足 10000m² 亦作为 1 批 (2) 在每批产品中随机抽取 5 卷进行厚度、面积、卷重及外观检查,合格后,从中任选取 1 卷进行物理力学性能试验 (3) 将被检测的卷材在距外层端部 500mm 处沿纵向裁取 1m 的全幅卷材进行物理力学性能试验 (4) 水蒸气透湿性能在用于地下工程时要求试验 (5) 聚乙烯膜面、细砂面卷材不要求人工气候加速老化性能
(3)	高分子防水卷材		
1)	高分子防水片材 GB 18173.1	断裂拉伸强度 扯断伸长率 不透水性 低温弯折温度	(1) 以同一类型、同一规格的 5000m² 片材(如日产量超过 8000m² 则以 8000m²)为 1 批 (2) 随机抽取 3 卷进行规格尺寸、外观质量检查,在上述检验合格的样品中再随机抽取足够的试样进行物理性能试验
2)	聚氯乙烯防水卷材 GB 12952	拉力(适合于 L,W 类) 拉伸强度(适合于 N 类) 断裂伸长率 不透水性 低温弯折性	(1) 以同类同型的 10000m² 卷材为 1 批,不满 10000m² 也可作为 1 批 (2) 在该批产品中随机抽取 3 卷进行尺寸偏差和外观检查,在上述合格的样品中任取 1 卷,在距外层端部 500mm 处截取 3m(出厂检验为 1.5m)进行理化性能检验
3)	氯化聚乙烯防水卷材 GB 12953	拉力(适合于 L,W 类) 拉伸强度(适合于 N 类) 断裂伸长率 不透水性 低温弯折性	(1) 以同类同型的 10000m² 卷材为 1 批,不满 10000m² 也可作为一批 (2) 在该批产品中随机抽取 3 卷进行尺寸偏差和外观检查,在上述合格的样品中任取 1 卷,在距外层端部 500mm 处截取 3m(出厂检验为 1.5m)进行理化性能检验
4)	三元丁橡胶防水卷材 JC/T 645	纵向拉伸强度 纵向断裂伸长率 不透水性 低温弯折性	(1) 以同规格、同等级的卷材 300 卷为 1 批,不足 300 卷亦可作为 1 批,从每批产品中任取 3 卷进行检验 (2) 检查 3 卷的规格尺寸、外观全部合格后,再从中任选 1 卷进行物理力学性能检验 (3) 从被检测厚度的卷材上取 0.5m 的样品 注:检测厚度须截掉端部 3m

序号	材料名称及相关标准、规范代号	主要检测参数	取样规则及取样方法
5)	氯化聚乙烯-橡胶共混防水卷材 JC/T 684	拉伸强度 断裂伸长率 不透水性 脆性温度	(1) 以同规格同类型的卷材 250 卷为 1 批，不足 250 卷时亦可作为 1 批，从每批产品中任取 3 卷进行检验 (2) 在规格尺寸与外观质量检查合格的卷材中任取 1 卷作物理性能检测
(4)	沥青基防水涂料		

沥青基防水涂料取样（溶剂型橡胶沥青防水涂料 JC/T 852；水乳型沥青防水涂料 JC/T 408、GB 3186）

固体含量、不透水性、低温柔性、耐热度、断裂伸长率

(1) 同一生产厂以 5t 产品为 1 批，不足 5t 亦以 1 批检验
(2) 按随机取样方法，对同一生产厂、同品种、相同包装的产品进行取样。样品最少 2kg 或完成规定试验所需量的 3～4 倍，所取样品数量见下表

序号	容器总数 N	被取样容器的最低件数 n
1	1～2	全部
2	3～8	2
3	9～25	3
4	26～100	5
5	101～500	8
6	501～1000	13
7	其后类推	$n = \sqrt{N/2}$

(3) 液体材料取样时，应至少取出 3 份均匀的样品（最终样品），一份样品至少 400mL 或完成规定试验所需量的 3～4 倍，装入要求的容器中，液体材料须在清洁、干燥的容器中，最好是不锈钢容器混合。对于固体，用旋转分样器（格槽缩样器）将全部样品分成 4 等份，取出 3 份，每份样品至少 500g 或完成规定试验所需量的 3～4 倍，装入要求的容器中

（序号 1) 溶剂型橡胶沥青防水涂料 JC/T 852；序号 2) 水乳型沥青防水涂料 JC/T 408、GB 3186）

序号	材料名称及相关标准、规范代号	主要检测参数	取样规则及取样方法
(5)	合成高分子防水涂料		
1)	聚氨酯防水涂料 GB 19250	固体含量 断裂伸长率 拉伸强度 低温弯折性 不透水性	(1) 以同一类型、同一规格 15t 为 1 批，不足 15t 亦作为 1 批（多组分产品按照组分配套组批） (2) 在每批产品中，共总取 3kg 样品（多组分产品按配比取）。放入不与涂料发生反应的干燥密闭容器中密封好
2)	聚合物乳液建筑防水涂料 JC/T 864	固体含量 断裂延伸率 拉伸强度 不透水性 低温柔性	(1) 对同一原料、配方、连续生产的产品，以每 5t 为 1 批，不足 5t 可以 1 批计 (2) 按随机取样方法，对同一生产厂、同品种、相同包装的产品进行取样总共取 4kg 样品用于检验，其余同沥青基防水涂料 2)、3) 项
3)	聚合物水泥防水涂料 GB/T 23445	固体含量 断裂延伸率（无处理） 拉伸强度（无处理） 低温柔性（适用于 I 型） 不透水性	(1) 以同一类型的 10t 产品为 1 批，不足 10t 也作为 1 批 (2) 产品的液体组分抽样同上 2)、3) 项 (3) 配套固体组分的抽样按 GB 12573 中袋装水泥的规定进行，两组份共取 5kg 样品
(6)	喷涂聚脲防水涂料 GB/T 23446	固体含量 拉伸强度 断裂伸长率 不透水性 撕裂强度 低温弯折性	(1) 以同一类型的 15t 产品为 1 批，不足 15t 也作为 1 批 (2) 每批产品按 GB/T 3186 规定取样，按配比总共取不少于 40kg 样品。分为 2 组，放入不与涂料发生反应的干燥密闭容器中，密封贮存
(7)	无机防水涂料		
1)	无机防水堵漏材料 GB/T 23440	凝结时间 涂层和试件抗渗压力 粘结强度	(1) 对同一类别产品，以每 30t 按一批计，不足 30t 按 1 批计 (2) 在每批产品中随机抽取 5kg（含）以上包装的，不少于 3 个包装中抽取样品；少于 5kg 包装的，不少于 10 个包装中抽取样品。将所有样品充分混合均匀，样品总质量 10kg。将样品分为 2 份，1 份为检验样品，1 份为备用样品
2)	水泥基渗透结晶型防水材料 GB 18445	抗折强度 湿基面粘结强度 抗渗压力	(1) 同一类型、型号的 50t 为 1 批量，不足 50t 的亦可按 1 批量计。1 个批量为 1 个编号 (2) 包装后在 10 个不同部位随机取样。水泥基渗透结晶型防水涂料每次取样 10kg；水泥基渗透结晶型防水剂每次取样量不少于 0.2t 水泥所需外加剂量。取样后应充分拌合均匀，一分为二，1 份按标准进行试验；另 1 份密封保存一年，以备复验或仲裁用
(8)	密封材料		
1)	建筑石油沥青 GB/T 494	软化点 针入度 延度	(1) 以同一产地、同一品种、同一标号，每 20t 1 验收批，不足 20t 也按 1 批计。每 1 验收批取样 2kg (2) 在料堆上取样时，取样部位应均匀分布，同时不少于 5 处，每处取洁净的等量试样共 2kg 作为检验和留样用

序号	材料名称及相关标准、规范代号	主要检测参数	取样规则及取样方法
2)	建筑防水沥青嵌缝油膏 JC/T 207	耐热性 低温柔性 拉伸粘结性 施工度	(1) 以同一标号产品 20t 为 1 批,不足 20t 也按 1 批计 (2) 每批随机抽取 3 件产品,离表皮大约 50mm 处各取样 1kg,装入密封容器,一份做试验用,另两份留作备用
(9)	合成高分子密封材料		
1)	聚氨酯建筑密封胶 JC/T 482	拉伸粘结性 低温柔性 施工度 耐热度 (地下工程除外)	(1) 以同一品种、同一类型的产品每 5t 为 1 批进行检验,不足 5t 也为 1 批 (2) 单组分支装产品由该批产品随机抽取 3 件包装箱,从每件包装箱随机抽取(2~3)支样品,共取(6~9)支 (3) 多组分桶装产品的抽样同聚合物乳液建筑防水涂料(2)项
2)	聚硫建筑密封胶 JC/T 483	拉伸粘结性 低温柔性 施工度 耐热度 (地下工程除外)	(1) 以同一级别的产品每 10t 为 1 批进行检验,不足 10t 也作为 1 批 (2) 按随机取样方法,对同一生产厂、同品种、相同包装的产品进行取样总共取 4kg 样品用于检验,其余同沥青基防水涂料 2)、3) 项
3)	丙烯酸酯建筑密封胶 JC/T 484	拉伸粘结性 低温柔性 施工度 耐热度 (地下工程除外)	(1) 以同一级别的产品每 10t 为 1 批进行检验,不足 10t 也作为 1 批 (2) 随机抽取 3 件包装箱,从每件包装箱随机抽取(2~3)支样品,共取(6~9)支。散装产品约取 4kg
4)	聚氯乙烯建筑防水接缝材料 JC/T 798	拉伸粘结性 低温柔性	(1) 以同一类型、同一型号 20t 产品为 1 批,不足 20t 也作 1 批 (2) 抽样时,取 3 个试样(每个试样 1kg)
5)	建筑用硅酮结构密封胶 GB 16776	拉伸粘结性	(1) 连续生产时,每 3t 为 1 批,不足 3t 也为 1 批;间断生产时,每釜投料为 1 批 (2) 随机抽样,单组分产品抽样量为 5 支;双组分产品从原包装中抽样,抽样量为 3~5kg
6)	胶粘剂 GB 12954 JC 863	粘结剥离强度 剪切状态下的粘合性	(1) 以同一类型、同一品种的 5t 产品为 1 批,不足 5t 也作为 1 批 (2) 根据不同的批量,按批中随机抽取下表规定的容器个数,用适当的取样器,从每个容器内(预先搅拌均匀)取的等量的试样。试样总量约 1.0L,并经充分混合,用于各项试验批量大小 表见下: 注:试样和试验材料使用前,在试验条件下放置时间应不少于 12h
(10)	止水带 GB 18173.2	拉伸强度 扯断伸长率 撕裂强度	(1) 以每月同标记的止水带产量为 1 批 (2) 逐一进行规格尺寸和外观质量检验,并在上述检验合格的样品中随机抽取足够的试样,进行物理性能试验
(11)	膨润土橡胶遇水膨胀止水条 JG/T 141	抗水压力 规定时间 吸水膨胀倍率 最大吸水膨胀倍率 耐水性	(1) 每同一型号产品 5000m 为 1 批,如不足 5000m 皆认为 1 批 (2) 每批任选 3 箱,每箱任取 1 盘,检查外观及规格尺寸后,在距端部 0.1m 任一部位各截取长度约 1m 试样一条
(12)	遇水膨胀橡胶 GB 18173.3	拉伸强度(制品型) 扯断伸长率(制品型) 体积膨胀倍率 高温流淌性(腻子型) 低温试验(腻子型)	(1) 以每月同标记的膨胀橡胶产量为 1 批 (2) 每批抽取两根进行外观质量检验,并在每根产品的任意 1m 处随机取 3 点进行规格尺寸检验(腻子型除外);在上述检验合格后的样品中随机抽取足够的试样,进行物理性能检验

胶粘剂 GB 12954 / JC 863 取样表:

序号	(容器个数)	抽取个数(最小值)
1	2~8	2
2	9~27	3
3	28~64	4
4	65~125	5
5	126~216	6
6	217~343	7
7	344~512	8
8	513~729	9
9	730~1000	10

序号	材料名称及相关标准、规范代号	主要检测参数	取样规则及取样方法
(13)	防水砂浆 GB 50108 JG/T 230	粘结强度 抗渗性 抗折强度 干缩率 吸水率 冻融循环 耐碱性（掺外加剂、掺合料的防水砂浆） 耐水性（聚合物水泥砂浆）	（1）湿拌防水砂浆 1）湿拌防水砂浆抗渗性能检验试样，取样频率应为100m³ 相同配合比砂浆，取样不应少于 1 次；每一工作班组相同配合比的砂浆不足 100m³ 时，取样不应少于 1 次 2）湿拌防水砂浆应随机从同一运输车抽取，砂浆试样应在卸料过程中卸料量的 1/4～3/4 之间采取每个试验取样量应大于砂浆检验项目所需量的 2 倍，且不小于 0.01m³ （2）干混防水砂浆 1）不超过 400t 或 4d 产量为 1 批；每批为 1 个取样单位，取样应随机进行 2）交货时以抽取实物试样的检验结果为依据时，供需双方应在发货前或交货地点共同取样和签封。每批抽取应随机进行，普通干混砂浆试样不得少于 80kg，特种干混砂浆试样总量不少于 60kg
7	装饰装修工程		
(1)	陶瓷砖		

（1）以同一生产厂生产的同品种、同一级别、同一规格实际的交货量大于 5000m² 为 1 批，不足 5000m² 也按 1 批计

（2）对使用在抗冲击性有特别要求的场合，应进行抗冲击性试验

（3）大多数陶瓷砖都有微小的线性热膨胀，若陶瓷砖安装在有高热变性的情况下，应进行线性膨胀系数试验

（4）所有陶瓷砖具有耐高温性，凡是有可能经受热应力的陶瓷砖，应进行抗热震性试验

（5）对于明示并准备用在受冻环境的产品必须通过抗冻性试验，一般对明示不用于受冻环境中产品不要求该项试验

（6）陶瓷砖通常都具有化学药品的性能。如准备将陶瓷砖在有可能受腐蚀的环境下使用时，应进行高浓度酸和碱的耐化学腐蚀性试验

（7）当有釉砖是用于加工食品的工作台或墙面且砖的釉面与食品有可能接触的场所时，则进行铅和镉的溶出量试验

（8）抽样

序号	性能	样本量	
		第一次	第二次
1	吸水率a	5b 10	5b 10
2	断裂模数a	7c 10	7c 10
3	破坏强度a	7c 10	7c 10
4	无釉砖耐磨深度	5	5
5	线性膨胀系数	2	2
6	抗釉裂性	5	5
7	耐化学腐蚀性d	5	5
8	耐污染性	5	5
9	抗冻性e	10	—
10	抗热震性	5	5
11	湿膨胀	5	5
12	有釉砖耐磨性e	11	—
13	摩擦系数	12	—
14	小色差	5	—
15	抗冲击性	5	—
16	铅和镉的溶出量	5	—
17	光泽度	5	5

　　a. 样本量由砖的尺寸决定；b. 仅指单块砖表面积≥0.04m²。每块砖重量<50g 时应取足够数量的砖构成 5 组试样，使每组试样重量在 50～100g 之间；c. 仅适用于边长≥48mm 的砖；d. 每一种试验溶液；e. 该性能无二次抽样

　　（9）吸水率试验试样：砖的边长大于 200mm 且小于 400mm 时，可切割成小块，但切割下的每一块应计入测量值内，多边形和其他非矩形砖，其长和宽均按矩形计算。若砖的边长大于 400mm 时，至少在 3 块整砖的中间部位切取最小边为 100mm 的 5 块试样

　　（10）抗冻性测定试样：使用不少于 10 块整砖，其最小面积为 0.25m²。对于大规格的砖，为能装入冷冻机，可进行切割，切割试样应尽可能的大。砖应没有裂纹、釉裂、针孔、磕碰等缺陷。如果必须用有缺陷的砖进行检验，在试验前应用永久性的染色剂对缺陷做记号，试验后检查这些缺陷

　　（11）湿膨胀测定试样：如果测量装置没有整砖长，应从每块砖的中心部位切割试样，最小长度为 100mm，最小宽度为 35mm，厚度为砖的厚度。对挤压砖来说，试样长度应沿挤压方向

　　（12）线性膨胀系数：从一块砖的中心部位相互垂直地切取两块试样，使试样长度适合于检测仪器。试样的两端应磨平并相互平行。如果有必要，试样横断面的任一边长应磨成小于 6mm，横断面的面积应大于 10mm²。试样最小长度为 50mm。对施釉砖不必磨掉试样上的釉

　　（13）民用建筑工程室内饰面板用采用的瓷质砖，当总面积大于 200m² 时，应对不同产品分别进行放射性指标的复验

陶瓷砖
GB/T 4100
GB 50325

吸水率
抗冻性（适用于寒冷地区）

1)

序号	材料名称及相关标准、规范代号	主要检测参数	取样规则及取样方法
2)	彩色釉面陶瓷地砖 GB 11947	吸水率 耐急冷急热性 弯曲强度	(1) 以同一生产厂的产品每 500m² 为 1 验收批，不足 500m² 也按 1 批计 (2) 按 GB 3810 规定随机抽取。吸水率、耐急冷急热性、抗冻、耐磨性试样，也可从表面质量，尺寸偏差合格的试样中抽取（吸水率 5 个试件，耐急冷急热 10 个试件，抗冻、耐磨 5 个试件、弯曲 10 个试件）

3) 陶瓷马赛克 JC/T 456 — 吸水率 抗冻性（适用于寒冷地区）

(1) 以同一生产厂，同品种、同色号的产品 25～300 箱为 1 批，小于 25 箱时，供需双方商定
(2) 从每批中随机抽取 3 箱，然后再从 3 箱中随机抽取满足下表的样本
(3) 抽样

序号	检验项目	单位	样本量 第一次	样本量 第二次
1	吸水率		10	10
2	无釉砖耐磨性		5	5
3	抗热震性能		5	5
4	抗冻性		10	—
5	有釉砖耐磨性	块联	11	—
6	耐化学腐蚀性		5	5
7	铺贴衬材的粘结性		3	—
8	铺贴衬材的剥离性		3	—
9	铺贴衬材的露出		10	—

序号	材料名称及相关标准、规范代号	主要检测参数	取样规则及取样方法
(2)	玻璃马赛克 GB/T 7697 GB 50210	粘结强度 脱纸时间	(1) 以同一生产厂，同色号的产品 50～300 箱为 1 验收批，小于 50 箱由供需双方商定 (2) 从每批中随机抽取 4 箱，然后再从 4 箱中随机抽取 20 联
(3)	陶瓷墙地砖胶粘剂-水泥基胶粘剂（C） JC/T 547	拉伸胶粘原强度 浸水后的拉伸胶	(1) 连续生产，同一配料工艺条件制得的产品为 1 批。C 类产品 100t 为 1 批，其他类产品 10t 为 1 批。不足上述数量时亦作为 1 批 (2) 每批随机抽样，抽取 20kg 样品，充分混匀。取样后，将样品一分为二，1 份检验，1 份留样
(4)	陶瓷墙地砖胶粘剂-膏状乳液胶粘剂（D）、反应性树脂胶粘剂（R） JC/T 547	压缩剪切胶粘原强度	同上

(5) 装饰砖 NF/T 671 — 强度等级（出） 尺寸偏差（出） 外观质量（出） 非承重砖的密度等级 颜色（面层厚度应大于等于 5mm）（出） 吸水率 抗冻性

(1) 3.5～15 万块为一批，不足 3.5 万块按 1 批计
(2) 抽样数量

序号	检验项目	抽样数量（块）
1	外观质量	50 ($n_1 = n_2 = 50$)
2	尺寸偏差	20
3	颜色	36
4	体积密度	3
5	强度等级	10
6	吸水率	5
7	冻融	5

续表

序号	材料名称及相关标准、规范代号	主要检测参数	取样规则及取样方法
(6)	石材		
1)	天然花岗岩石建筑板材 GB/T 18601 GB 50325 GB 50210	冻融循环后压缩强度(适用于寒冷地区) 弯曲强度 耐磨性(地面、楼梯踏步、台面等严重踩踏或磨损部位的花岗岩石材) 放射性(民用建筑室内)	(1) 同一品种、类别、等级板材为1批 (2) 采取 GB 2828 一次抽样正常检验方式,检查水平为Ⅱ。合格质量水平(AQL值)取 6.5,根据下表抽取样本 表见下 (3) 民用建筑工程室内饰面板采用的天然花岗岩石材,当总面积大于 200m² 时,应对不同产品分别进行放射性指标的复验

表(序号1)取样:

批量范围	样本数	合格判定数(Ac)	不合格判定数(Re)
≤25	5	0	1
26～50	8	1	2
51～90	13	2	3
91～150	20	3	4
151～280	32	5	6
281～500	50	7	8
501～1200	80	10	11
1201～3200	125	14	15
≥3201	200	21	22

序号	材料名称及相关标准、规范代号	主要检测参数	取样规则及取样方法
2)	天然花岗石荒料 JC/T 204	体积密度 吸水率	以同一产地、同一色调花纹、同一类别、同一等级的荒料,每 20m³ 为 1 验收批,不足 20m³ 也按 1 批计。从该批荒料中的不同块体上随机抽样,按 GB 9966.1～3 的规定进行试件的制备和试验以 20m³ 的同一品种、类别、等级的荒料为 1 批,不足 20m³ 的按 1 批计
3)	天然大理石建筑板材 GB/T 19766	镜向光泽度 干燥压缩强度 弯曲强度	(1) 同一品种、类别、等级板材为1批 (2) 采用 GB/T 2828 一次抽样正常检验方式,见下表

表(序号3)取样:

批量范围	样本数
≤25	5
26～50	8
51～90	13
91～150	20
151～280	32
281～500	50
501～1200	80
1201～3200	125
≥3201	200

序号	材料名称及相关标准、规范代号	主要检测参数	取样规则及取样方法
4)	干挂饰面石材金属挂件 JC 830.2	挂件的拉拔强度	班产量大于 2000 件者,以 2000 件同型号、同规格的产品为 1 批,班产量不足 2000 件者,以实际班产量为 1 批。每批随机抽取 6 件进行检验
(7)	水磨石 JC 507	光泽度	(1) 由一次订货的同一品种、规格和相同质量等级的水磨石构成,1 个验收批最多不超过 1 万块 (2) 抽样数量

抽样数量表:

序号	批量范围	外观质量	尺寸偏差	光泽度 出石率 吸水率	抗折强度
1	20～500	20	13	5	5
2	501～1200	32	20		
3	1201～3200	50	32		
4	3201～10000	80	32		

注:1. 检验外观质量的样品从整个批量中抽取,检验尺寸偏差的样品从检验外观质量合格的样品中抽取,检验光泽度,出石率、吸水率和抗折强度从检验尺寸偏差合格的样品中抽取
2. 光泽度、出石率、吸水率的检验可在同一组试件上依次进行

序号	材料名称及相关标准、规范代号	主要检测参数	取样规则及取样方法
(8)	纸面石膏板 GB/T 9775	断裂荷载 吸水率(仅用于耐水纸面石膏板和耐水耐火纸面石膏板) 遇火稳定性(仅用于耐火纸面石膏板和耐水耐火纸面石膏板) 护面纸与芯材粘结性	(1) 以每 2500 张同型号、同规格的产品为 1 批,不足 2500 张的也按 1 批计 (2) 从每批产品中随机抽取 5 张板材作为 1 组试样

续表

序号	材料名称及相关标准、规范代号	主要检测参数	取样规则及取样方法
(9)	矿物棉装饰吸声板 JC/T 670 GB/T 25998	体积密度（出）含水率（出）弯曲破坏荷载（出）	(1) 以同一原料、同一生产工艺，同一品种，稳定连续生产的产品为一个检验批。一个检验批由1个或多个均匀的交付批组成，检验批不大于一周的生产量。当检验批小于1500m² 时按1批计 (2) 从每批产品中随机抽取1组试件，每组试件为2个样本容量，其中1个样本，含水率按照 GB 5480.1的规定裁取（试件尺寸为150mm×150mm×产品厚度），1个样本容量中弯曲破坏荷载试件为6个试件（试件尺寸为150mm×200mm×产品厚度，沿样品的纵横两个方向各取3个试样）

对于序号 (10)：

材料名称及相关标准、规范代号：建筑用轻钢龙骨 GB/T 11981
主要检测参数：抗冲击试验 静载试验

取样规则及取样方法：

(1) 班产量大于等于2000m者，以2000m同型号、同规格的轻钢龙骨为1批，班产量小于2000m者，以实际班产量为1批。从批中随机抽取规定数量的2份试样，1份检验用，1份备用

(2) 用于检验和测定外观质量、形状和尺寸要求、双面镀锌层厚度、涂镀层厚度，每3根试件为1组试样。在经外观尺寸检查和力学性能测试后的3根试件上，各切取一块约900mm² 的样品用于双面镀锌量的测量；烤漆带沿长度方向各切取150mm用于测定铅笔硬度和100mm用于耐盐雾试验性能试验

(3) 吊顶力学性能试验抽样如下表，除配套材料外，其余龙骨可采用经外观尺寸检查后的试件

品种	试件	数量	长度 (mm)
试件（U、C、V、L型）	承载龙骨	2根	1200
	幅面龙骨	2根	1200
配套材料（V、L型直卡式无）	吊件	4件	—
	挂件	4件	—
试件（T型）	主龙骨	2根	1200
配套材料（T型）	次龙骨	1200mm主龙骨上安装次龙骨的孔数	600
	吊件或挂件	4件	—
试件（H型）	H型龙骨	2根	1200
配套材料（H型）	吊件	4件	—
	挂件	4件	—

(4) 墙体龙骨力学性能试验，按下表规定取样，其中横竖龙骨可采用经外观尺寸检查后的试件

规格	试件				配套材料			
	横龙骨		竖龙骨		支撑卡		通贯龙骨	
	数量（根）	长度（mm）	数量（根）	长度（mm）	数量（只）		数量（根）	长度（mm）
Q100及以上	2	1200	3	5000	27		4	1200
Q75	2	1200	3	4000	21		3	1200
Q50	2	1200	3	2700	15		—	—

序号	材料名称及相关标准、规范代号	主要检测参数	取样规则及取样方法
(11)	铝合金建筑型材 GB/T 5237.1～5	拉伸试验 硬度试验	(1) 同一生产厂、同一牌号、同一状态、同一规格的型材组成1验收批 (2) 用于化学分析的试件数量 板材、带材，每2000kg取1个样品 箔材每500kg取1个样品 管材、棒材、型材、线材每100kg取1个样品 锻件每1000～3000kg取1个样品 铸锭（批量不限）1批取1个样品 (3) 用于物理性能的试件 每1验收批，取1组试件（2根拉伸试样，2根硬度试验试样）
(12)	木材		
1)	装饰单面贴面人造板 GB 18580	浸渍剥离强度 表面胶合强度 游离甲醛含量（或游离甲醛释放量）	(1) 同一生产厂、同品种、同规格的板材每1000张为1验收批，不足1000张也按1批计 (2) 抽样时应在具有代表性的板垛中随机抽取，每1验收批抽样1张，用于物理化学性能试验
2)	胶合板 GB 9846 GB 50325	含水率	同一生产厂、同类别、同树种、同规格、同等级、不足2000张随机抽取1张，2000～不足5000张抽取2张，5000张以上抽取3张

序号	材料名称及相关标准、规范代号	主要检测参数	取样规则及取样方法
3)	细木工板 GB/T 5849	含水率 胶合强度	（1）同一生产厂，同类别，同树种生产的产品为1验收批 （2）抽样 芯板质量和理化性能抽样（张） （3）试样在样板的分布如图1所示，试件的制取位置及尺寸规格、数量如图2和下表要求进行 图1 试样在样板中的截取位置示意图 图2 试件制取示意图 理化性能试件表（mm）
4)	人造木板 GB 50325	游离甲醛含量 （或游离甲醛释放量）	每500m² 板材为1批
5)	实木地板 GB/T 15036.2	含水率	在样本中根据产品批量大小随机抽取2～8块地板块作为试件，试件的制取位置、尺寸规格及数量按下图和表的要求进行，如因地板块尺寸偏小，无法满足试件尺寸与数量的要求，可再继续随机从样品中抽取，直到能割出满足要求试件为止

芯板质量和理化性能抽样（张）

序号	提交检查批的成品板数量	初检抽样数	复检抽样数
1	1000 以下	1	2
2	1000～2000	2	4
3	2001～3000	3	6
4	3000 以上	4	8

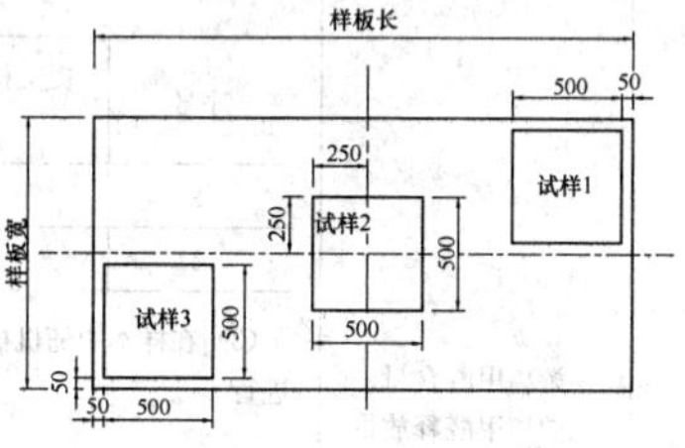

图1 试样在样板中的截取位置示意图

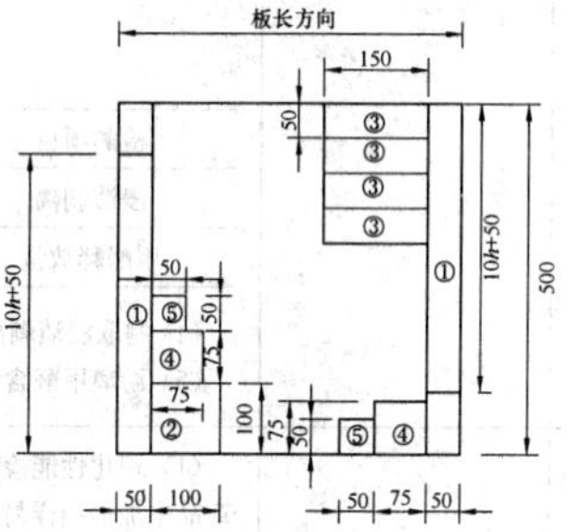

图2 试件制取示意图

理化性能试件表（mm）

序号	检验项目	试件尺寸	试件数量	试件编号
1	含水率	100.0×100.0	3	②
2	胶合强度	100×25.0	12	—
3	浸渍剥离性能	75.0×75.0	6	④
4	表面胶合强度	50.0×50.0	6	⑤
5	横向静曲强度	(10h+50.0)×50.0 （h 为基本厚度）	6	①
6	甲醛释放量	150.0×50.0	10	③

注：试件的边角应垂直。尺寸偏差为±0.5mm。

序号	材料名称及相关标准、规范代号	主要检测参数	取样规则及取样方法
5)	实木地板 GB/T 15036.2	含水率	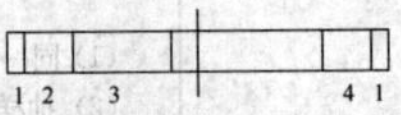 试件制取示意图 **实木地板性能试件规格数量**

检验项目	试件尺寸（mm）	≤500	>500～≤1000	>1000	编号
试件含水率	20.0×板宽	6	12	24	1

产品批量范围

注：漆板含水率试件应去除表面漆膜及榫槽

序号	材料名称及相关标准、规范代号	主要检测参数	取样规则及取样方法
6)	实木复合地板 GB 50325 GB/T 18103	游离甲醛含量 （或游离甲醛释放量） 浸渍剥离	（1）同一班次、同一规格、同一类产品为1批 （2）抽样

理化性能抽样方案

序号	提交检验批的成品板数量（块）	初检抽样数（块）	复检抽样数（块）
1	≤1000	2	4
2	>1000	4	8

（3）在样本中随机抽取两块地板作为试样，试件制取位置、尺寸、规格及数量按下图和表中的要求进行

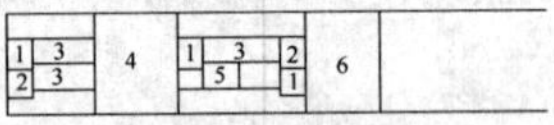

部分试件制取示意图

理化性能抽样检测方案

检测项目	试件尺寸	试件数量（块）	编号
浸渍剥离	75.0×75.0	6	1
甲醛释放量	20.0×20.0	约330g	2

（4）制取浸渍剥离试件时，试件表面只允许一条拼接线，且拼接线应尽量居中
（5）游离甲醛含量（或游离甲醛释放量）：每500m² 板材为1批

序号	材料名称及相关标准、规范代号	主要检测参数	取样规则及取样方法
7)	竹地板 GB/T 20240	浸渍剥离试验 含水率 静曲强度 表面漆膜耐磨性 表面漆膜耐污染性	（1）理化性能检验时，应在具有代表性的地板条随机抽取，如果第一次抽样检验不合格，允许在同批产品中加倍抽样复检1次，全部性能均合格为合格。抽样方案见下表

序号	提交检查批的成品板数量（条）	初检抽样数（条）	复检抽样数（条）
1	≤1000	7	14
2	>1000	14	28

（2）在距试样两端20mm处裁取试件，应避免影响试验准确性的各种缺陷。试件按下图制作（试件制作图按长度920mm、宽度为92mm的地板绘制），试件尺寸、数量及编号详见下表

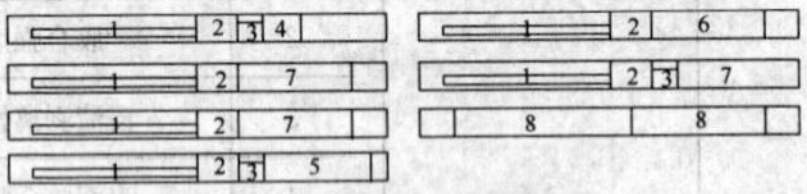

试件制取图

试件尺寸、数量、编号及抽样方案

检测项目	试件尺寸（mm）	数量	编号	备注
含水率	50×50	3	3	
静曲强度	300×30 (h≤15) 350×30 (h>15)	6	1	
浸渍剥离试验	75×75	6	2	
表面漆膜耐磨性	100×100	1	4	涂饰竹地板，当地板宽度方向小于100mm时，需拼宽至100mm
表面漆膜耐污染性	长度300	1	6	涂饰竹地板
表面漆膜附着力	长度250	1	5	涂饰竹地板

注：1. 试件边、角平直，长度、宽度允许偏差为±0.5mm
　　2. 制取静曲强度试件应去除榫槽、榫舌

序号	材料名称及相关标准、规范代号	主要检测参数	取样规则及取样方法
8)	中密度纤维板 GB 50210 GB 18580 GB/T 11718 GB/T 17657 GB 50325	甲醛释放量 密度 含水率 吸水厚度膨胀率 内结合强度静曲强度	（1）物理力学性能及甲醛释放量的测定，应在每批产品中，任意抽取0.1%（但不得少于1张）的样板进行测试 （2）试样按图1所示切割5块，其中试样1、2、3作为制备物理力学性能测试试件用，试样4、5为制备甲醛释放量测试试件用。试件按图2规定从试样1、2、3中制取，在规定的取试件处遇有缺陷时，可适当移动试件的制取位置。当板厚大于25mm时，静曲强度和弹性模量试件（尺寸超过550mm），可在样板中任意制取，其他试件参照图2制取。试件的尺寸、数量和编号见下表 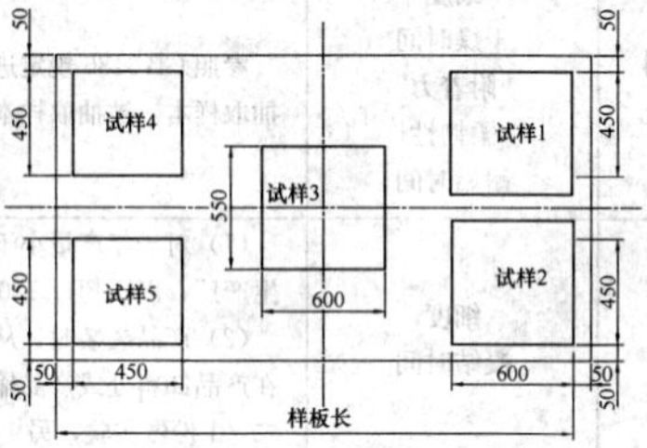

图1　试样切割示意图

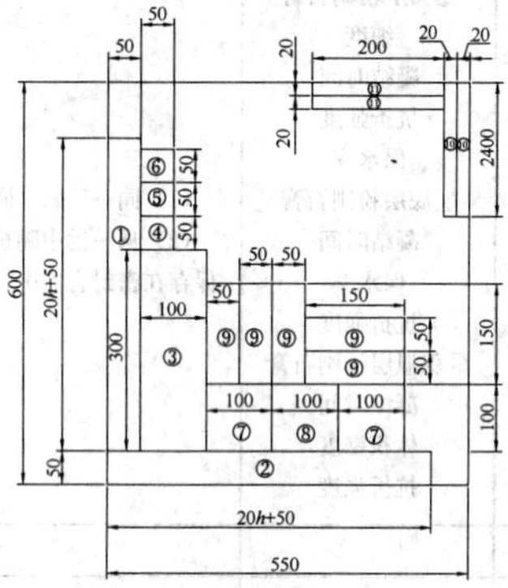

图2　试件制备示意图
试件的尺寸、数量

检验性能	试件尺寸（mm）	试件数量	编号	备注
密度	100×100	6	⑦	
含水率	100×100	3	⑧	
吸水厚度膨胀率	50×50	3	⑤	
内结合强度	50×50	3	④	
甲醛释放量	50×50	105～110g	—	

序号	材料名称及相关标准、规范代号	主要检测参数	取样规则及取样方法
(13)	建筑涂料		
1)	合成树脂乳液内墙涂料 GB/T 9756		（1）按随机取样方法，对同一生产厂、同品种、相同包装的产品进行取样。样品最少2kg或完成规定试验所需量的3～4倍，所取样品数量见下表
2)	合成树脂乳液外墙涂料 GB/T 9755	施工性 干燥时间（表干） 涂膜外观 对比率	
3)	溶剂型外墙涂料 GB/T 9757		

序号	容器总数（N）	被取样容器的最低件数（n）
1	1～2	全部
2	3～8	2
3	9～25	3
4	26～100	5
5	101～500	8
6	501～1000	13
7	其后类推	$n=\sqrt{N/2}$

（2）液体材料取样时，应至少取出3份均匀的样品（最终样品），每份样品至少400ml或完成规定试验所需量的3～4倍，装入要求的容器中，液体材料须在清洁、干燥的容器中，最好是不锈钢容器混合。对于固体，用旋转分样器（格槽缩样器）将全部样品分成4等份，取出3份，每份样品至少500g或完成规定试验所需量的3～4倍，装入要求的容器中

序号	材料名称及相关标准、规范代号	主要检测参数	取样规则及取样方法
4)	复层建筑涂料 GB/T 9779	粘结强度 透水性 初期干燥抗裂性 低温稳定性 耐沾污性 （白色和浅色）	同上
5)	饰面型防火涂料 GB 12441	细度 干燥时间 附着力 柔韧性 耐燃时间	参照 GB 3186 规定进行抽样，即 $n=\sqrt{N/2}$（N—总桶数，n—样本桶数），$n \geqslant 2$，确定样本桶数，随机抽取样本。被抽取样本批量不小于 1t，抽取的样品数量不少于 10kg
(14)	建筑石膏 GB/T 9776	细度 凝结时间	(1) 对于年产量小于 15 万 t 的生产厂，以不超过 60t 产品为 1 批；对于年产量等于或大于 15 万 t 的生产厂，以不超过 120t 产品为 1 批。产品不足 1 批时以 1 批计 (2) 产品袋装时，从 1 批产品中随机抽取 10 袋，每袋抽取 2kg 试样，总共不少于 20kg。产品散装时，在产品卸料处或产品输送机具上每 3min 抽取 2kg，总共不少于 20kg。将抽取的试样搅拌均匀，一分为二，1 份做实验，另 1 份密封保存 3 个月，以备复验用
(15)	粉刷石膏 JC/T 517	①面层粉刷石膏 细度 凝结时间 抗折强度 保水率 ②底层粉刷石膏 凝结时间 保水率 抗折强度 ③保温层粉刷石膏 凝结时间 体积密度 抗折强度	(1) 同一厂家、同一品种，以连续生产的 60t 产品为 1 批，不足 60t 的产品也按 60t 计 (2) 从一批中随机抽取 10 袋，每袋抽取 3L，总量不少于 30L。将抽取的试样充分拌匀，分为 3 等份，保存在密封容器中，以其中 1 份试样进行试验，其余 2 份备用，在室温下保存 3 个月
(16)	石灰		
1)	建筑生石灰 JC/T 479	CaO+MgO 含量 未消化残渣含量	(1) 以同一厂家，同一类别，同一等级不超过 100t 为 1 验收批 (2) 从不同部位选取，取样点不少于 25 个，每个点不少于 2kg，缩分至 9kg
2)	建筑生石灰粉 JC/T 480	CaO+MgO 含量 细度	(1) 以同一生产厂，同一类别，同一等级不超过 100t 为 1 验收批 (2) 从本批中随机抽取 10 袋，样品总重量不少于 3kg，混匀缩分至 300g
3)	建筑消石灰粉 JC/T 481	CaO+MgO 含量 细度	(1) 以同一生产厂，同一类别，同一等级 100t 为 1 批，小于 100t 仍作 1 批 (2) 从每一批中抽取 10 袋样品，从每袋不同位置抽取 100g 样品，总数量不少于 1kg，混合均匀，用四分法缩取，最后取 250g 样品供物理试验和化学分析
(17)	耐热材料		
1)	膨胀珍珠岩 JC 209	堆积密度 粒度 质量含水率	(1) 从同一生产厂的产品，每 100m³ 为 1 检验批，不足 100m³ 也按 1 批计 (2) 从每检验批量货堆上的不同位置随机抽取 5 包试样，将每包试样按四分法缩分到 0.008m³，放入袋中，分别放在干燥的容器中

| 2) | 耐酸砖 GB/T 8488 | 弯曲强度 耐酸度 耐急冷急热性 | (1) 以相同工艺条件生产的同一规格、同一牌号的 5000 块至 3 万块砖为 1 批，不足 5000 块时由供需双方协商 (2) 用随机抽样法抽取下表中各检查项目所需的样本。非破坏性试验的试样，检查后可用作其他项目检验 |

砖的抽样与判定规则

检验项目	样本大小		第一次		第二次	
	$n1$	$n1$	合格判定数 A_1	不合格判定数 R_1	合格判定数 A_1	不合格判定数 R_1
外观质量	20	20	1	3	3	4
尺寸偏差	20	20	1	3	3	4
变形	10	10	0	2	1	2
耐急冷急热性	3	3	0	2	1	2
吸水率	3	3	平均值应符合规范要求			
弯曲强度	5	5	平均值应符合规范要求			
耐酸度	2	2	平均值应符合规范要求			

续表

序号	材料名称及相关标准、规范代号	主要检测参数	取样规则及取样方法
3)	定型耐火制品 GB/T 10325	耐火度 常温抗折强度 加热后残余抗压强度	(见下)

（1）根据用途、生产工艺、重量或形状尺寸，应将大吨位的交付批组成 100～300t 的 1 个或几个检验批

耐火砖的取样方法

品种	砖批数量不大于 (t)				取样数量 (块)	
	黏土质	高铝质	硅质	镁质	理化	外形
标型砖	200	150	200	150	6	20
普、异型砖	150	100	150	100	6	20
物型砖	100	60	100	—	6	10
高炉砖	100	60	—	—	6	10
热风炉砖	100	100	—	—	6	10
盛钢桶用衬砖	100	100	—	—	6	10
塞头砖	1000 块	1000 块	—	—	3	10
铸口砖	1000 块	1000 块	—	—	3	10
座砖	2000 块	2000 块	—	—	3	10
釉砖	40	40	—	—	3	10
电炉顶砖	—	60	60	60	6	10
平炉顶砖	—	—	100	100	6	10
焦炉砖	—	—	100	—	8	10
玻璃窑砖	—	—	100	—	6	10
浇铸用砖	40	40	—	—	3	10

（2）破坏性检验抽样从外观检验合格的样本中随机抽样

破坏性测试样量

序　号	检验项目	试样量、块
1	耐火度	1
2	耐压强度	3
3	常温抗折强度 高温抗折强度	3～6 3～6

注：耐火度试样应取平均测试样本（每个测试样量不少于 100g）

4)	不发火骨料及混凝土 GB 50209	不发火性	（1）粗骨料：从不少于 50 个试件中选出做不发生火花的试件 10 个（应是不同表面、不同颜色、不同结晶体、不同硬度）。每个试件重 50～250g，准确度应达到 1g （2）粉状骨料：应将这些细粒材料用胶结料（水泥或沥青）制成块状材料进行试验。试件数量同上 （3）不发火水泥砂浆、水磨石、水泥混凝土的试验用试件同上
5)	带基材的聚氯乙烯卷材地板 GB/T 11982.1	耐磨性 PVC 层厚度	（1）同一厂家、相同配方、相同工艺、相同规格的卷材地板为 1 批，每批数量为 5000m², 数量不足 5000m² 也作为 1 批，生产量小于 5000m² 的以 5d 产量为 1 批计 （2）每个验收批随机抽取 3 卷，用于外观质量及尺寸偏差的检验，并在合格的样品中抽取 1 卷，用于物理性能检验
6)	半硬质聚氯乙烯块状塑料地板 GB 4085 GB 50209	热膨胀系数 加热重量损失率 加热长度变化率 吸水长度变化率	（1）相同配方、相同工艺、相同规格的塑料地板每 1000m² 为 1 个批量。10d 生产量不足 1000m² 的以 10d 生产量为 1 批计 （2）每一批量中至少抽取 10 块塑料地板作为试件，在每箱产品中最多取其中 2 块
(18)	门窗		

序号	材料名称及相关标准、规范代号	主要检测参数	取样规则及取样方法
1)	建筑外窗 GB 50411 GB/T 7106 GB/T 1944	气密性能 水密性能 抗风压性能 传热系数 （夏热冬暖 地区除外） 中空玻璃露点 玻璃遮阳系数 （严寒、寒冷 地区除外） 可见光透射比 （严寒、寒冷 地区除外）	(1) 同一厂家同一品种同一类型的产品各抽查不少于3樘（件） (2) 中空玻璃露点：510mm×350mm试件20块
2)	建筑外门 GB 50411 GB 50210	气密性能 水密性能 抗风压性能	同一厂家同一品种同一类型的产品各抽查不少于3樘（件）
3)	建筑木门、窗 JG/T 122 GB/T 2828	吸水率 木材顺纹抗剪强度 人造木板甲醛含量	(1) 同一门、窗型随机抽取1套（件）进行检验 (2) 抽样方案按GB/T 2828规定执行
4)	塑料门窗用密封条 GB 50210 GB 12002	截面形状 拉伸断裂强度 断裂伸长率 100%定伸强度	(1) 以同一配方、同样原料规格的产品为1验收批，每验收批随机取样2kg (2) 外观、尺寸偏差，每批抽检数量不少于2%，但不少于3箱
8	脚手架		
(1)	低压流体输送焊接钢管 GB/T 3091	拉伸试验 弯曲试验 压扁试验	(1) 每批应由同一炉号、同一牌号、同一规格、同一焊接工艺、同一热处理制度（如适用）和同一镀锌层（如适用）的钢管组成。每批钢管的数量应不超过如下规定 ①D≤33.7mm：1000根 ②D>33.7～60.3mm：750根 ③D>60.3～168.3mm：500根 ④D>168.3～323.9mm：200根 ⑤D>323.9mm：100根 (2) 抽样

检验项目			取样数量
化学成分			每炉1个
拉伸试验	D<219.1		每批1个
	D≥219.1	直逢	母材每批1个 焊缝每批1个
		螺旋逢	母材每批1个 螺旋焊缝每批1个 钢带对头焊缝每批1个
弯曲试验			每批1个
压扁试验			每批2个
导向弯曲试验			每批1个
液压试验			逐根
电阻焊钢管超声波检验			逐根
埋弧焊钢管超声波检验			逐根
涡流探伤检验			逐根
射线探伤检验			逐根
镀锌层重量测定			每批2个
镀锌层均匀性试验			每批2个
镀锌层的附着力检验			每批1个

序号	材料名称及相关标准、规范代号	主要检测参数	取样规则及取样方法
(2)	钢管脚手架扣件 GB 15831	抗滑性能 （直角、旋转） 抗破坏性能 （直角、旋转） 扭转刚度 性能（直角） 抗拉性能（对接） 抗压性能（底座）	(1) 每批扣件必须大于 280 件。当批量超过 10000，超过部分应作为 1 批抽样 (2) 抽样 表格见下
(3)	碗扣件 JGJ 166	上碗扣抗拉强度 下碗扣焊接强度 横杆接头强度 横杆接头焊接强度 可调底座抗压强度	(1) 样本应从受检查批中随机抽取，每检查批扣件必须大于 280 件，当每检查批超过 1200 件时，超过部分应作另 1 批抽样 (2) 提取的样本应封存交付检验，检验前不得修理和调整
9	幕墙工程		
(1)	铝塑复合板 GB/T 17748	180°剥离强度	(1) 以同一品种、同一规格、同一颜色的产品 3000m² 为 1 批，不足 3000m² 的按 1 批计算 (2) 从每批产品中随机抽取 3 张进行检验 (3) 试件尺寸及数量 表格见下
(2)	幕墙工程 GB 50210 JGJ/T 139 GB/T 15226 GB/T 15228 GB/T 15227 GB/T 18250	抗风压性能 空气渗透性能 雨水渗透性能 平面变形性能	(1) 工程中不同结构类型的幕墙可分别或以组合形式进行必检项目的检验，试验样品应具有代表性 (2) 当幕墙面积大于 3000m² 或建筑外墙面积 50%时，应现场抽取材料和配件，在检测试验室安装制作试件进行气密性能检测 (3) 应对 1 个单位工程中面积超过 1000m² 的每一种幕墙均抽取 1 个试件进行检测 注：有抗震设防要求或用于多、高层钢结构时为必检项目，否则为非必检项目
(3)	幕墙玻璃 GB 50411 GB/T 11944	传热系数 遮阳系数 可见光透射比 中空玻璃露点	(1) 同一厂家同一产品抽查不少于一组 (2) 传热系数取 1 个试样，可见光透射比取两块尺寸为 150mm×150mm 样块；中空露点制作尺寸为 510mm×360mm，工艺与构造与现场使用的外窗玻璃相同的样块 20 块
10	预应力工程		
(1)	预应力混凝土用钢绞线 GB/T 5224 GB/T 228.1	整根钢绞线的最大力 规定非比例延伸力 最大力总伸长率	(1) 钢绞线应成批验收，每批钢绞线由同一牌号、同一规格、同一生产工艺捻制的钢绞线组成，每批重量不大于 60t。 (2) 取样 表格见下
(2)	预应力混凝土用钢丝 GB/T 5223 GB/T 228.1 GB 238 GB/T 2103	抗拉强度 断后伸长率 弯曲	(1) 钢丝线应成批验收，每批钢绞线由同一牌号、同一规格、同一生产工艺捻制的钢绞线组成，每批重量不大于 60t (2) 取样 表格见下

序号(2) 抽样表：

序号	检验项目	批量范围	第一样本	第二样本
1	抗滑性能 抗破坏性能 扭转刚度性能 抗拉性能 抗压性能	281～500	8	8
		501～1200	13	13
		1201～10000	20	20
2	外观	281～500	8	8
		501～1200	13	13
		1201～10000	20	20

序号(1) 铝塑复合板 试件尺寸及数量：

试验项目	试件尺寸 (mm)		试件数量（块）
	纵向	横向	
剥离强度	25	350	12
	350	25	12

预应力混凝土用钢绞线 取样表：

序号	检验项目	取样数量	取样部位
1	整根钢绞线的最大力	3 根/每批	
2	规定非比例延伸力	3 根/每批	
3	最大力总伸长率	3 根/每批	

预应力混凝土用钢丝 取样表：

序号	检验项目	取样数量	取样部位
1	抗拉强度	1 根/盘	在每（任一）盘卷中任意一端截取
2	断后伸长率	1 根/盘	
3	弯曲	1 根/盘	

序号	材料名称及相关标准、规范代号	主要检测参数	取样规则及取样方法
(3)	中强度预应力混凝土用钢丝 YB/T 156 GB/T 228.1 GB 238 GB/T 2103	抗拉强度 伸长率 反复弯曲	(1) 钢丝应成批验收，每批钢绞线由同一牌号、同一规格、同一生产工艺捻制的钢绞线组成，每批重量不大于 60t (2) 在每盘钢丝的两端取样进行抗拉强度、反复弯曲、伸长率的检验 (3) 规定非比例延伸应力和松弛试验每季度抽检 1 次，每次不得少于 3 根。每个交货批至少提供 1 个规定非比例延伸应力值

序号 (4) — 预应力混凝土用钢棒 GB/T 5223.3 GB/T 228.1 GB/T 2103

主要检测参数：抗拉强度、断后伸长率、伸直性、弯曲试验（螺旋槽钢棒、带肋钢棒除外）

(1) 钢棒应成批验收，每批钢绞线由同一牌号、同一规格、同一加工状态的钢棒组成，每批重量不大于 60t
(2) 取样

序号	检验项目	取样数量	取样部位
1	抗拉强度	1 根/盘	在每（任一）盘卷中任意一端截取
2	断后伸长率	1 根/盘	
3	伸直性	1 根/5 盘	
4	弯曲性能	3 根/每批	

注：1. 当更换原料牌号、规格及不同厂家的原料时，均要做松弛试验
2. 对于直条钢棒，以切断盘条的盘数为依据，并应按盘状取样

序号 (5) — 预应力混凝土用低合金钢丝 GB/T 701 YB/T 038

主要检测参数：①拔丝用盘条：抗拉强度、伸长率、冷弯；②钢丝：抗拉强度、伸长率、反复弯曲、应力松弛

(1) 拔丝用盘条
1) 盘条应成批检查验收。每批应由同一牌号、同一炉罐号、同一规格、同一交货状态的盘条组成
2) 公称容量不大于 30t 的冶炼炉冶炼制成的钢坯和连续坯轧制的盘条，允许由同一牌号、同一冶炼方法，同一浇注方法的不同炉罐号组成的混合批，但每批不得多于 6 个炉罐号。各炉号之差碳量之差不大于 0.02%，含锰量之差不大于 0.15%
3) 抽样

序号	检验项目	取样数量	取样部位
1	拉伸	1 个/批	GB 2975
2	弯曲	2 个/批	不同根盘条

(2) 钢丝
1) 钢丝应组成批验收。每批钢丝同一牌号、同一炉号（或同一生产批号）、同一形状、同一尺寸及同一交货状态的钢丝组成
2) 抽样

序号	检验项目	取样数量	取样部位
1	拉伸试验	每盘 1 个	任意端
2	反复弯曲	5%且不少于 5 盘	去掉 500mm 后取样
3	松弛试验	每季度 1 个	

序号 (6) — 预应力混凝土用螺纹钢筋 GB/T 20065

主要检测参数：化学成分、拉伸、松弛、疲劳、表面

(1) 每批应由同一炉罐号、同一规格、同一交货状态的钢筋组成
(2) 对每批重量大于 60t 钢筋的部分，每增加 40t，增加 1 个拉伸试样
(3) 取样

序号	检验项目	取样数量	取样方法
1	化学成分	1	GB/T 20066
2	外形尺寸	2	任选两根钢筋
3	松弛	1/每 1000t	任选 1 根钢筋
4	疲劳	1	
5	表面	逐支	

序号	材料名称及相关标准、规范代号	主要检测参数	取样规则及取样方法
(7)	无粘结预应力钢绞线		

续表

序号	材料名称及相关标准、规范代号	主要检测参数	取样规则及取样方法

1) 钢绞线 JG 161

主要检测参数：外观伸直性、直径、整根钢绞线的最大力、规定非比例延伸力、最大力总伸长率

钢绞线应成批验收，每批钢绞线由同一牌号、同一规格、同一生产工艺捻制的钢绞线组成，每批重量不大于60t

序号	检验项目	取样数量	取样部位
1	表面	逐盘卷	
2	外形尺寸	逐盘卷	
3	钢绞线伸直性	3根/每批	
4	整根钢绞线的最大力	3根/每批	在每（任）盘卷中任意一端截取
5	规定非比例延伸力	3根/每批	
6	最大力总伸长率	3根/每批	
7	应力松弛性能	不得小于1根/每合同批①	

① 合同批为一个订货合同的总量。在特殊情况下，松弛试验可以由工厂连续检验提供同一原料、同一生产工艺数据所代替

2) 防腐润滑脂 JG 161 | 滴点、腐蚀试验 | 每批由同牌号、同生产工艺生产的油脂组成，每批重量不大于50t。随机抽取样品2.0kg进行检验

3) 高密度聚乙烯树脂 JG 161 | 熔体流动速率、密度、拉伸屈服强度、断裂伸长率 | 每批由同一牌号、同生产工艺生产的高密度聚乙烯树脂组成。每批重量不大于50t。随机抽取样品2.0kg进行检验

4) 护套 JG 161 | 拉伸强度、弯曲屈服强度、断裂伸长率、护套厚度 | 护套拉伸及弯曲试验，每批不大于60t，抽取3件试样进行检验。护套厚度检验，每批不大于30t抽取3件试样进行检验

(8) 预应力混凝土用金属波纹管 JG 225

主要检测参数：外观、集中荷载下径向刚度、集中荷载作用后抗渗漏、弯曲后抗渗漏

(1) 每批应由同一个钢带生产的同一批钢带所制造的预应力混凝土用金属波纹管组成。每半年或累计50000m生产量为1批

(2) 取样

出厂检验内容

序号	检验项目	取样数量
1	外观	全部
2	尺寸	3
3	集中荷载下径向刚度	3
4	集中荷载作用后抗渗漏	3
5	弯曲后抗渗漏	3

(9) 无粘结预应力混凝土管 JC/T 1056

主要检测参数：外观、抗渗性、抗裂内压

(1) 同材料、同规格、同工艺生产的成品管子组成，每200根为1批，不足200根按1批计，但至少应为30根

(2) 抽样

出厂检验抽样数量

序号	检验项目	数量/根	备注
1	外观质量	逐根	全检
2	尺寸偏差	10/项	
3	抗渗性	10	随机方法抽样
4	抗裂内压	2	

(10) 预应力钢筒混凝土管 GB/T 19685

主要检测参数：外观、内（外）压、抗裂性能

出厂检验的管子应由同类别、同规格、同工艺生产的成品管子组成，每200根为1批，不足200根按1批计，但至少应为30根

出厂检验抽样数量

序号	检验项目	数量/根	备注
1	外观质量	逐根	按批量
2	尺寸偏差	逐根	
3	内（外）压抗裂性能	2	随机方法抽样

序号	材料名称及相关标准、规范代号	主要检测参数	取样规则及取样方法
(11)	预应力筋用锚具、夹具和连接器 GB/T 14370 CECS 180	外观 硬度 静载性能检验	(1) 组批原则 　出厂检验时，每批零件产品的数量是指同一种产品，同一批原材料，用同一种工艺一次投料生产的数量 (2) 抽样 　每个抽检组批不得超过 2000 件（套），对静载锚固性能试验，多孔锚具不应超过 1000 套（单孔锚具为 2000 套），连接器不宜超过 500 套为 1 个检验批。外观检验从每批中抽取 10％且不应少于 10 套。对有硬度要求的零件做硬度检验，对新型锚具应从每批中抽取 5％且不少于 5 套，对常用锚具每批中抽取 2％且不少于 3 套。静载试验用的锚具、夹具或连接器按成套产品抽样，应在外观及硬度检验合格后的产品中抽取，每生产组批抽取 3 个组装件的用量
11	节能工程		
(1)	保温材料		
1)	绝热用模塑聚苯乙烯泡沫塑料 GB 50411 GB/T 10801.1	表观密度 压缩强度 导热系数	(1) 组批原则 1) 墙体节能工程 　同一厂家同一品种的产品，当单位工程面积在 2 万 m² 以下时抽查不少于 3 次，当单位工程面积在 2 万 m² 以上时抽查不少于 6 次 2) 幕墙工程 　同一厂家同一品种的产品抽查不少于 1 组 3) 屋面、地面工程 　同一厂家同一品种的产品抽查不少于 3 组 (2) 抽样数量：2m²
2)	绝热用挤塑聚苯乙烯泡沫塑料（XPS） GB 50411 GB/T 8813 GB 10294 GB/T 10801.2	压缩强度 导热系数	(1) 组批原则 1) 墙体节能工程 　同一厂家同一品种的产品，当单位工程面积在 2 万 m² 以下时抽查不少于 3 次，当单位工程面积在 2 万 m² 以上时抽查不少于 6 次 2) 幕墙工程 　同一厂家同一品种的产品抽查不少于 1 组 3) 屋面、地面工程 　同一厂家同一品种的产品抽查不少于 3 组 (2) 尺寸和外观随机抽取 6 块样品进行检验，压缩强度取 3 块样品进行检验，绝热性能（即导热系数）取 2 块样品进行检验 (3) 抽样数量：2m²
3)	硬质聚氨酯泡沫塑料 GB 50411 GB/T 21558	导热系数 芯密度 压缩强度	(1) 组批原则 1) 墙体节能工程 　同一厂家同一品种的产品，当单位工程面积在 2 万 m² 以下时抽查不少于 3 次，当单位工程面积在 2 万 m² 以上时抽查不少于 6 次 2) 幕墙工程 　同一厂家同一品种的产品抽查不少于 1 组 3) 屋面、地面工程 　同一厂家同一品种的产品抽查不少于 3 组 (2) 抽样数量：2m²
4)	喷涂聚氨酯硬泡体保温材料 GB 50411 JC/T 998	密度 抗压强度 导热系数	(1) 组批原则 1) 墙体节能工程 　同一厂家同一品种的产品，当单位工程面积在 2 万 m² 以下时抽查不少于 3 次，当单位工程面积在 2 万 m² 以上时抽查不少于 6 次 2) 幕墙工程 　同一厂家同一品种的产品抽查不少于 1 组 3) 屋面、地面工程 　同一厂家同一品种的产品抽查不少于 3 组 (2) 抽样数量：2m² (3) 在喷涂施工现场，用相同的施工工艺条件单独成一个泡沫体。试件的数量与推荐尺寸按照下表从泡沫体中切取，所有试件都不带表皮

序号	材料名称及相关 标准、规范代号	主要检测参数	取样规则及取样方法			

| 4) | 喷涂聚氨酯硬
泡体保温材料
GB 50411
JC/T 998 | 密度
抗压强度
导热系数 | 试件数量及推荐尺寸 | | | |

下表为序号4)的"试件数量及推荐尺寸":

项次	检验项目		试样尺寸(mm)	数量(个)
1	密度		100×100×30	5
2	导热系数		200×200×25	2
3	粘结强度		8字砂浆块	6
4	尺寸变化率		100×100×25	3
5	抗压强度		100×100×30	5
6	拉伸强度		哑铃状	5
7	断裂伸长率		哑铃状	5
8	闭孔率		100×30×30 100×30×15 100×30×7.5	各3
9	吸水率		150×150×25	3
10	水蒸气透过率		100×100×25	4
11	抗渗性		100×100×30	3
12	燃烧性能	水平燃烧	150×13×50	6
		氧指数	100×10×10	15

序号	材料名称及相关 标准、规范代号	主要检测参数	取样规则及取样方法
5)	保温浆料 GB 50411	导热系数 干表度 压缩强度	组批原则: 1) 墙体节能工程 ①采用相同材料、工艺和施工做法的墙面,每500~1000m²面积划分1个检验批,不足500m²也为1个检验批 ②检验批的划分也可根据施工流程相一致且方便施工与验收的原则,由施工单位与监理(建设)单位共同商定 ③每个检验批应抽样制作同条件试件不少于3组 2) 屋面、地面工程 同一厂家同一品种的产品抽查不少于3组
6)	保温砂浆 GB 50411 GB/T 20473	导热系数 干密度 抗压强度	(1) 组批原则 1) 墙体节能工程 同一厂家同一品种的产品,当单位工程面积在2万m²以下时抽查不少于3次,当单位工程面积在2万m²以上时抽查不少于6次 2) 幕墙工程 同一厂家同一品种的产品抽查不少于1组 3) 屋面、地面工程 同一厂家同一品种的产品抽查不少于3组 (2) 抽样应有代表性,可连续取样,也可以从20个以上不同堆放部位的包装袋中取等量样品并混匀,总量不少于40L
7)	绝热用玻璃 棉及其制品 绝热用岩棉、 矿渣棉及其制品 GB/T 13350 GB/T 11835	导热系数 密度 吸水率	(1) 组批原则 1) 墙体节能工程 同一厂家同一品种的产品,当单位工程面积在2万m²以下时抽查不少于3次,当单位工程面积在2万m²以上时抽查不少于6次 2) 幕墙工程 同一厂家同一品种的产品抽查不少于1组 3) 屋面、地面工程 同一厂家同一品种的产品抽查不少于3组 4) 采暖节能工程 同一厂家同一材质的保温材料见证取样送检次数不得少于2次 5) 通风与空调节能工程 同一厂家同一材质的绝热材料复验次数不得少于2次 (2) 抽样数量:板材1m²,管材长度1m
8)	建筑绝热用玻璃棉制品 GB/T 17795	导热系数 密度	同上

续表

序号	材料名称及相关标准、规范代号	主要检测参数	取样规则及取样方法
9)	柔性泡沫橡胶绝热制品 GB/T 17794	表观密度 导热系数 尺寸稳定性 真空吸水率	同上
10)	散热器 GB 540411	单位散热量 金属热强度	同一厂家统一规格的散热器按其数量的1%进行见证取样，不得少于2组
11)	风机盘管机组 GB 540411	供冷量 供热量 风量 出口静压 噪声 功率	同一厂家的风机盘管机组按数量复验2%，但不得少于2台
(2)	粘结材料		
1)	胶粘剂 GB 50411 JG/T 3049 JG 149 JGJ 144	拉伸胶粘强度	(1) 同一厂家同一品种的产品，当单位工程面积在2万 m² 以下时抽查不少于3次，当单位工程面积在2万 m² 以上时抽查不少于6次 (2) 抽样数量：2kg
2)	保温粘结砂浆 GB 50411	拉伸粘结强度	(1) 同一厂家同一品种的产品，当单位工程面积在2万 m² 以下时抽查不少于3次，当单位工程面积在2万 m² 以上时抽查不少于6次 (2) 抽样数量：2kg
3)	抗裂砂浆 GB 50411 JG 149 JG 158	拉伸粘结强度	(1) 同一厂家同一品种的产品，当单位工程面积在2万 m² 以下时抽查不少于3次，当单位工程面积在2万 m² 以上时抽查不少于6次 (2) 抽样数量：2kg
(3)	增强网		
1)	耐碱型玻纤网格布 GB 50411 JC/T 841	断裂强力 （经向、纬向） 耐碱强力保留率 （经向、纬向）	(1) 同一厂家同一品种的产品，当单位工程面积在2万 m² 以下时抽查不少于3次，当单位工程面积在2万 m² 以上时抽查不少于6次 (2) 抽样数量：2kg
2)	镀锌钢丝网 GB 50411 QB/T 3897 JG 158	焊点抗拉力 抗腐蚀性能（镀锌层质量或镀锌层均匀性）	(1) 同一厂家同一品种的产品，当单位工程面积在2万 m² 以下时抽查不少于3次，当单位工程面积在2万 m² 以上时抽查不少于6次 (2) 抽样数量：长度1m
(4)	幕墙隔热型材		
1)	隔热型材 GB 5237.6	抗拉强度 抗剪强度	(1) 隔热型材应成批提交验货，每批应由同一牌号和状态的铝合金型材与同一种隔热材料通过同一种复合工艺制作成的同一类别、规格和表面处理方式的隔热型材组成 (2) 取样 取样见下表

检测项目	取样规定
铝合金型材	生产厂在复合前取样，需方可在隔热型材品上直接取样。符合 GB 5237.2～5237.5 或 YS/T 459—2003 相应产品规定
隔热材料	供需方协商
尺寸	符合 GB 5237.1—2004 表13规定
纵向剪切试验 横向拉伸试验 抗扭试验	每项试验在每批取2根，每根中取中部和两端各取5个试样，并做标识。将试样均分3份，分别用于低温、高温试验。试验长100mm±1mm，拉伸试验试样的长度允许缩短至18mm
高温持久负荷试验	每批取4根，每根于中部切取1个试样，于两端取取2个试样，对试样进行标识。将试样均分2份，分别用于低温、高温试验。试验长100mm±1mm
热循环试验	每批取2根，每根于中部切取1个试样，于两端分别取取2个试样，试样长305mm±1mm
外观	逐根检查

序号	材料名称及相关标准、规范代号	主要检测参数	取样规则及取样方法
2)	建筑用隔热铝合金型材（穿条式）JG/T 175	抗拉强度 抗剪强度	(1) 型材应成批验收，每批应由同一合金牌号、同一状态、同一类别、规格和表面处理方式的产品组成，每批重量不限 (2) 随机在同批同规格隔热型材中抽取1根型材，分别从两端中部取样10个试件，取样长度为100mm±1mm
12	给排水材料		
(1)	建筑排水用硬聚氯乙烯管材 GB/T 5836.1 GB 2828	纵向回缩率 扁平试验 拉伸屈服强度 断裂伸长率 落锤冲击试验 维卡软化温度	(1) 同一生产厂，同一原料、配方和工艺的情况下生产的同一规格的管材，每30t为1验收批，不足30t也按1批计 (2) 在计数合格的产品中随机抽取3根试件，进行纵向回缩率和扁平试验
(2)	建筑排水用硬聚氯乙烯管件 GB/T 583.2	烘箱试验 坠落试验 维卡软化温度	同一生产厂，同一原料、配方和工艺情况下生产的同一规格的管件，每5000件为1验收批，不足5000件也按1批计
(3)	给水用硬聚氯乙烯（PVC-V）管材 GB/T 10002.1	生活饮用给水管材的卫生性能 纵向回缩率 二氯甲烷浸渍试验液压试验	同一生产厂，同一原料、配方和工艺的情况下生产的同一规格的管材，每100t为1验收批，不足100t也按1批计

		生活饮用给水管材的卫生性能 静液压强度（80℃） 断裂伸长率 氧化诱导时间	批量范围（N）	样本大小（n）
(4)	给水用聚乙烯（PE）管材 GB/T 13663 GB/T 17219		≤150	8
			151～280	13
			281～500	20
			501～1200	32
			1201～3200	50
			3201～10000	80

序号	材料名称及相关标准、规范代号	主要检测参数	取样规则及取样方法
13	建筑电气材料		
(1)	电线、电缆 GB 5023.3 GB/T 3956 GB/T 3048	截面 每芯导体电阻值	各种规格总数的10%，且不少于2个规格
(2)	照明系统 GB50411	平均照度 照明功率密度	同一功能区不少于2处，且测试值不能小于设计值的90%
14	智能建筑材料		
(1)	5类（包含5e类）、6类、7类对绞电缆 GB 50312	电缆长度 衰减 近端串 音等技术指标	依据《综合布线系统工程验收规范》GB 50312—2007，抽检数量为：本批量对绞电缆中的任意三盘中各截出90m长度，加上工程中所选用的连接器件按永久链路测试模型进行抽样测试，另外从本批量电缆配盘中任意抽取3盘进行电缆长度的核准
(2)	光纤 GB 50312	衰减 长度测试	光缆外包装受损时应对每根光缆按光纤链路进行衰减和长度测试
15	通风空调材料		
(1)	镀锌钢板 GB/T 2518	拉伸 锌层重量	钢板及钢带应按批验收，同牌号、同规格、同一镀层重量、同镀层表面结构和同表面处理的钢材组成。对于单个卷重大于30t的钢带，每卷作为1个检验批。拉伸试验取1个试样，试样位置距边部不小于50mm。镀锌重量试验1组取3个，单个试样的面积不小于5000mm²

续表

序号	材料名称及相关标准、规范代号	主要检测参数	取样规则及取样方法
(2)	不锈钢钢板 GB/T 4237	拉伸 弯曲 耐腐蚀性能	钢板与钢带应成批提交验收,每批由同一牌号、同一炉号、同一厚度和同一热处理制度的钢板和钢带组成在钢板宽度 1/4 处切取拉伸、弯曲各 1 个试件,在不同张或卷钢板取 2 个试件做耐腐蚀性能试验

　样品的缩分

　1. 砂、粉料等

　将样品置于平板上,在自然状态下拌混均匀(砂在潮湿状态下拌合均匀)并堆成厚度约为 20mm 的"圆饼",然后沿互相垂直的两条直径把"圆饼"分成大致相等的 4 份,取其对角的 2 份重新拌匀,再堆成"圆饼"状。重复上述过程,直至缩分后的材料略多于进行试验所必需的量为止。

　2. 碎石、卵石

　将样品置于平板上,在自然状态下拌混均匀,并堆成锥体,然后沿互相垂直的两条直径把锥体分成大致相等的 4 份,取其对角的 2 份重新拌匀,再堆成锥体。重复上述过程,直至把样品缩分至试验所需量为止。

5.1.2　试　样（件）制　备

5.1.2.1　混凝土试件制作要求

　1. 取样

　(1) 同一组混凝土拌合物的取样应从同一车混凝土中取样。取样量应多于试验所需量的 1.5 倍且不少于 20L。

　(2) 混凝土拌合物的取样应具有代表性,宜采用多次采样的方法。一般在同一盘混凝土或同一车混凝土中的约 1/4 处,1/2 和 3/4 处之间分别取样,从第一次取样到最后一次取样不宜超过 15min,然后人工搅拌均匀。

　(3) 从取样完毕到开始做各项性能试验不宜超过 5min。

　2. 混凝土试件制作对试模要求

　(1) 试件的尺寸、形状和公差

　混凝土试件的尺寸应根据混凝土骨料的最大粒径按表 5-2 选用。

混凝土试件尺寸选用表　　表 5-2

试件横截面尺寸 （mm）	骨料最大粒径（mm）	
	劈裂抗拉强度试验	其他试验
100×100	20	31.5
150×150	40	40
200×200	—	63

　(2) 试件的形状

　抗压强度、劈裂抗压强度、轴心抗压强度、静力受压弹性模量、抗折强度试件应符合下表 5-3 要求。

试件的形状　　表 5-3

试验项目	试件形状	试件尺寸（mm）	试件类型
抗压强度、劈裂抗压强度试件	立方体	150×150×150	标准试件
		100×100×100	非标准试件
		200×200×200	
	圆柱体	φ150×300	标准试件
		φ100×200	非标准试件
		φ200×400	
轴心抗压强度、静力受压弹性模量试件	棱柱体	150×150×300	标准试件
		100×100×300	非标准试件
		200×200×400	
	圆柱体	φ150×300	标准试件
		φ100×200	非标准试件
		φ200×400	
抗折强度试件	棱柱体	150×150×600 （或 550mm）	标准试件
		100×100×400	标准试件

　(3) 抗折强度试件应符合表 5-4 要求

抗折强度试件尺寸　　表 5-4

试件形状	试件尺寸（mm）	试件类型
棱柱体	150×150×600（或 550mm）	标准试件
	100×100×400	非标准试件

　(4) 试件尺寸公差

　1) 试件的承压面的平面公差不得超过 0.0005d（d 为边长）。

　2) 试件的相邻面间的夹角应为 90°,其公差不得超过 0.5°。

　3) 试件各边长、直径和高的尺寸的公差不得超过 1mm。

　3. 混凝土试件的制作、养护

　(1) 混凝土试件制作的要求:

　1) 成型前,检查试模尺寸并符合标准中的有关规定;试模内表面应涂一层矿物油,或其他不与混凝土发生反应的隔离剂。

　2) 取样后应在尽可能短的时间内成型,一般不超过 15min。

　3) 根据混凝土拌合物的稠度确定混凝土的成型方法,坍落度不大于 70mm 的混凝土宜用振动台振实;大于 70mm 的宜用捣棒人工捣实。

　(2) 混凝土试件制作:

　取样或拌制好的混凝土拌合物应至少用铁锹再来回拌合 3 次。

　1) 用振动台振实制作试件的方法

　①将混凝土拌合物一次装入试模,装料时应用抹刀沿各试模壁插捣,并使混凝土拌合物高出试模口。

　②试模应附着或固定在振动台上,振动时试模不得有任何跳动,振动应持续到表面出浆为止;不得过振。

　2) 用人工插捣制作试件的方法

　①混凝土拌合物应分两层装入模内,每层的装料厚度大致相等。

　②插捣应按螺旋方向从边缘向中心均匀进行。在插捣底层混凝土时,捣棒应达到试模底部;插捣上层时捣棒应贯穿上层插入下层 20～30mm;插捣时捣棒应保持垂直,不得倾斜。然后应用抹刀沿试模内壁插捣数次。

　③每层插捣次数按在 10000mm² 截面内不得少于 12 次。

　④插捣后应用橡皮锤轻轻敲击试模 4 周,直到插捣棒留下的空洞消失为止。

　3) 用插入式振捣棒振实制作试件的方法

　①将混凝土拌合物一次装入试模,装料时应用抹刀沿各试模壁插捣,并使混凝土拌合物高出试模口。

　②宜用直径为 φ25mm 的插入式振捣棒,插入试模振动时,振捣棒距试模底板 10～20mm 且不得触及试模底板,振动应持续到表面出浆为止,且应避免过振,以防止混凝土离析;一般振捣时间为 20s,振捣棒拔出时要缓慢,拔出后不得留有孔洞。

　(3) 刮除试模口上多余的混凝土,待混凝土临近初凝时,用抹刀抹平。

　(4) 混凝土试件的养护:

　1) 试件成型后应立即用不透水的薄膜覆盖表面。

　①采用标准养护的试件,应在温度为 20±5℃的环境中静置 1 昼夜至 2 昼夜,然后编号、拆模。拆模后应立即放入温度为 20±2℃,相对湿度为 95% 以上的标准养护室中养护,也可在温度为

20 ± 2℃的不流动的 $Ca(OH)_2$ 饱和溶液中或水中养护。标准养护室内的试件应放在支架上，彼此间隔 $10\sim20$mm，试件表面应保持潮湿，并不得被水直接冲淋。

②同条件养护试件的拆模时间可与实际构件的拆模时间相同，拆模后，试件仍需保持同条件养护。

2）标准养护龄期为 28d（从搅拌加水开始计）。

5.1.2.2 防水（抗渗）混凝土试件制作

1. 取样

同混凝土取样。

2. 稠度试验方法

同混凝土试验方法。

3. 试件制作、养护及留置

（1）防水（抗渗）混凝土试件制作及养护

1）试件的成型方法按混凝土的稠度确定，坍落度不大于 70mm 的混凝土，宜用振动台振实，大于 70mm 的宜用捣棒捣实。

2）制作试件用的试模应由铸铁或钢制成，应具有足够的刚度并拆装方便。采用顶面直径为 175mm，底面直径为 185mm，高度为 150mm 的圆台体或直径与高度均为 150mm 的圆柱体试模（视抗渗设备要求而定），试模的内表面应机械加工，其尺寸公差与混凝土试模的尺寸公差一致。每组抗渗试件以 6 个为 1 组。

3）试件成型方法与混凝土成型方法相同，但试件成型后 24h 拆模，用钢丝刷刷去两端面水泥浆膜，然后送标准养护室养护。

4）试件的养护温度、湿度与混凝土养护条件相同，试件一般养护至 28d 龄期进行试验，如有特殊要求，可按要求选择养护龄期。

（2）试件留置要求

1）防水（抗渗）混凝土试件应在浇筑地点随机取样，同一工程、同一配合比的抗渗混凝土取样不应少于 1 次，留置组数可根据实际需要确定。

2）连续浇筑抗渗混凝土 500m³ 应留置 1 组试件，且每项工程不得少于 2 组。采用预拌混凝土的抗渗试件，留置组数应视结构的规模和要求而定。

5.1.2.3 砂浆试件制作

1. 取样

（1）砂浆可从同一盘搅拌机或同一车运送的砂浆中取出，施工中取样进行砂浆试验时，应在使用地点的浆槽、砂浆运送车或搅拌机出料口，至少从三个不同部位集取。所取试样的数量应多于试验用量的 4 倍。

（2）砂浆拌合物取样后，在试验前应经人工再翻拌，以保证其质量均匀。并尽快进行试验。

2. 砂浆试件的制作、养护

（1）试模尺寸、捣棒直径及要求

1）砂浆试模尺寸为 70.7mm×70.7mm×70.7mm 立方体，应具有足够的刚度并拆模方便。试模的内表面其不平度为每 100mm 不超过 0.05mm，组装后，各相邻面的不垂直度不应超过±0.5°。

2）捣棒直径为 10mm，长度为 350mm 的钢棒，端部应磨圆。

（2）砂浆试件制作（每组试件 3 块）

1）使用有底试模并用黄油等密封材料涂抹试模的外接缝，试模内涂刷薄层机油或隔离剂，将拌制好的砂浆一次注满砂浆试模。成型方法根据稠度而定。当稠度≥50mm 时采用人工振捣。用捣棒均匀地由边缘向中心按螺旋方式插捣 25 次，插捣过程中如砂浆沉落低于试模口，应随时添加砂浆，可用手将试模一边抬高 $5\sim10$mm 各振动 5 次，使砂浆高出试模顶面 $6\sim8$mm。当稠度＜50mm 时采用振动台振实成型。将拌制好的砂浆一次注满砂浆试模放置到振动台上，振动时试模不得跳动，振动 $5\sim10$s 或持续到表面出浆为止，不得过振。

2）待表面水分稍干后，将高出试模部分的砂浆沿试模顶面刮去抹平。

3）试件制作成型后应在室温 20℃±5℃温度环境下静置 24h± 2h，当气温较低时，可适当延长时间但不应超过两昼夜。然后对砂浆试件进行编号并拆模，试件拆模后，应在标准养护条件下，养护至 28d，然后进行强度试验。

（3）砂浆试件的养护

1）砂浆试件应在温度为 20℃±2℃，相对湿度为 90% 以上进行养护。

2）养护期间，试件彼此间隔不少于 10mm。

5.1.2.4 金属材料试件制备

1. 范围

适用于试件横截面积为圆形、矩形、多边形、环形的线材、棒材、型材及管材金属产品。

2. 拉伸试件种类

（1）比例试件：试件原始标距与原始横截面积有 $L_0 = R\sqrt{S_0}$ 关系，比例系数 $R=5.65$（也可采用 $R=11.3$）。

式中　L_0——原始标距；

S_0——原始横截面积。

（2）非比例试件：试件原始标距 (L_0) 与其原始横截面积 S_0 无关。

3. 试件制备

（1）机加工试件

机加工试件示意图见图 5-1。

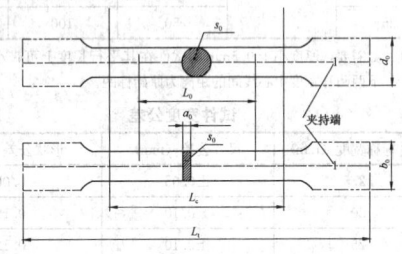

图 5-1　机加工试件示意图

（2）不经机加工试件

不经机加工试件示意图见图 5-2。

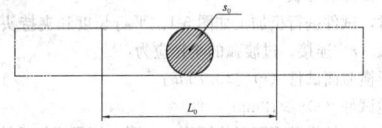

图 5-2　不经机加工试件示意图

4. 钢筋、钢绞线、钢丝试件制备尺寸

（1）拉伸试件

$$L_c = 10d + 2T \tag{5-1}$$

（2）冷弯试件

①带肋钢筋：

$$L_c = 2.5\pi d + 200 \tag{5-2}$$

②热轧光圆、盘条、钢丝及钢绞线：

$$L_0 = \pi d + 200 \tag{5-3}$$

式中　L_c——试件平行长度（mm）；

d——钢筋直径（mm）；

L_0——原始标距；

T——试验机夹持长度（可根据试验机的情况而定，一般取 $T=100$mm）。

（3）试件平行长度 L_c

对于圆形试件不小于 L_0+d_0，对于矩形试件不小于 L_0+b_0。一般情况下钢筋、钢绞线及钢丝不经加工。其中：d_0——试件的公称直径；b_0——试件的公称宽度。

5. 厚度 0.1～＜3mm 薄板和薄带试件类型

（1）试件的形状

试件的夹持头部一般应比其平行长度部分宽，试件头部与平行长度（L_c）之间应有过渡半径（r）至少为 20mm 的过渡弧相连接见图 5-1。头部宽度应≥$1.2b_0$，b_0 为原始宽度。

（2）试件的尺寸

1）矩形横截面比例试件见表 5-5；

2）矩形横截面非比例试件见表 5-6。

（3）试件宽度公差

试件宽度公差见表 5-7。

矩形横截面比例试件   表 5-5

b (mm)	r (mm)	k=5.65			k=11.3		
		L₀ (mm)	L_C (mm)		L₀ (mm)	L_C (mm)	
			带头	不带头		带头	不带头
10							
12.5	≥20	$5.65\sqrt{S_0}$	≥L₀+b₀/2 仲裁试验 L₀+2b	L₀+3b₀	$11.3\sqrt{S_0}$	≥L₀+b₀/2 仲裁试验；L₀+2b₀	L₀+3b₀
15		≥15			≥15		
20							

注：优先采用比例系数 k=5.65 的比例试件。

矩形横截面非比例试件   表 5-6

b (mm)	r (mm)	L₀ (mm)	L_C (mm)	
			带头	不带头
12.5		50	75	87.5
20	≥20	80	120	140
25		50	100	120

注：如需要，厚度小于 0.5mm 的试件在其平行长度上可带小凸耳，上、下两凸耳宽度中心线间的距离为原始标距。

试件宽度公差   表 5-7

试件标称宽度 (mm)	尺寸公差 (mm)	形状公差 (mm)
12.5	±0.05	0.06
20	±0.10	0.12
25	±0.10	0.12

6. 厚度等于或大于 3mm 板材和扁材及直径或厚度等于或大于 4mm 线材、棒材和型材试件类型

（1）试件的形状

通常，试件进行机加工如图 5-1。平行长度和夹持头部之间应以过渡弧（r）连接。过渡弧的半径应为：

圆形横截面试件（r）≥0.75d₀；

其他试件（r）≥12mm。

试件的原始横截面可以为圆形、方形、矩形或特殊情况时为其他形状，矩形横截面试件，推荐其宽高比不超过 8：1，机加工的圆形横截面其平行长度的直径一般不应小于 3mm。

（2）试件尺寸

1）机加工试件的平行长度：

对于圆形横截面试件 L_C≥L₀+d₀/2，仲裁试验 L_C≥L₀+2d₀；

对于其他形状试件 L_C≥L₀+1.5$\sqrt{S_0}$，仲裁试验 L_C≥L₀+2$\sqrt{S_0}$。

2）不经加工试件的平行长度：

试验机两夹头间的自由长度应足够，以使试件原始标距的标记与最接近夹头间的距离不小于 $\sqrt{S_0}$。

（3）比例试件

圆形、矩形横截面比例试件见表 5-8 和表 5-9。

圆形横截面比例试件   表 5-8

d (mm)	r (mm)	k=5.65		k=11.3	
		L₀ (mm)	L_C (mm)	L₀ (mm)	L_C (mm)
25					
20					
15					
10			≥L₀+d₀/2		≥L₀+d₀/2
8	≥0.75d₀	5d₀	仲裁试验≥ L₀+2d₀	10d₀	仲裁试验≥ L₀+2d₀
6					
5					
3					

矩形横截面比例试件   表 5-9

b(mm)	r(mm)	k=5.65		k=11.3	
		L₀(mm)	L_C(mm)	L₀(mm)	L_C(mm)
12.5					
15			≥L₀+1.5$\sqrt{S_0}$		≥L₀+1.5$\sqrt{S_0}$
20	≥12	$5.65\sqrt{S_0}$	仲裁试验： L₀+2$\sqrt{S_0}$	$11.3\sqrt{S_0}$	仲裁试验： L₀+2$\sqrt{S_0}$
25					
30					

注：如相关产品标准无具体规定，优先采用比例系数 k=5.65 的比例试件。

（4）非比例试件

矩形横截面非比例试件见表 5-10。

矩形横截面非比例试件   表 5-10

b (mm)	r (mm)	L₀ (mm)	L_C (mm)
12.5		50	
20		80	≥L₀+1.5$\sqrt{S_0}$
25	≥20	50	仲裁试验
38		50	L₀+2$\sqrt{S_0}$
40		200	

（5）试件横向尺寸、形状公差

试件横向尺寸公差见表 5-11。

试件横向尺寸公差（mm）   表 5-11

名 称	标称横向尺寸	尺寸公差	形状公差
机加工的圆形横截面直径和四面机加工的矩形横截面试件横向尺寸	≥3 ≤6	±0.02	0.03
	>6 ≤10	±0.03	0.04
	>10 ≤18	±0.05	0.04
	>18 ≤30	±0.10	0.05
相对两面机加工的矩形横截面试件横向尺寸	≥3 ≤6	±0.02	0.03
	>6 ≤10	±0.03	0.04
	>10 ≤18	±0.05	0.06
	>18 ≤30	±0.10	0.12
	>30 ≤50	±0.15	0.15

7. 直径或厚度小于 4mm 线材、棒材和型材的试件类型

（1）试件形状

试件通常为产品的一部分，不经机加工见图 5-2。

（2）试件尺寸

非比例试件尺寸见表 5-12。

非比例试件　　表5-12

d 或 a_0 （mm）	L_0 （mm）	L_C （mm）
≤4	100	≥120
	200	220

8. 管材试件类型

(1) 试件的形状

试件可以为全壁厚纵向弧形试件见图5-3，管段试件见图5-4，全壁厚横向试件，或从管壁厚度机加工的圆形横截面试件。通过协议，可以采用不带头的纵向弧形试件和不带头的横向试件。仲裁试验时采用带头试件。

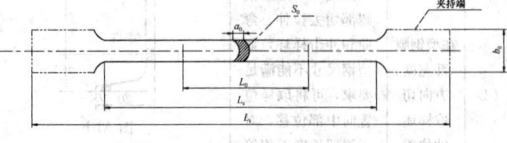

图5-3　全壁厚纵向弧形试件

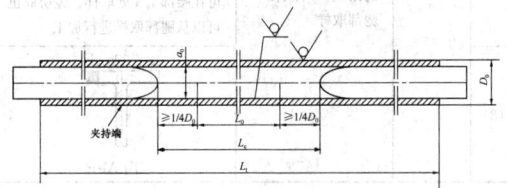

图5-4　管段试件的塞头位置

(2) 试件的尺寸

1) 纵向弧形试件见表5-13。纵向弧形试件一般适用于管壁厚度大于0.5mm的管材。

2) 管段试件

管段试件应在其试件两端加以塞头。塞头至最接近的标距标记的距离不小于 $D_0/4$（见图5-5），允许压扁管段试件两夹持头部，加扁或不加扁块塞头后进行试验，但仲裁试验不压扁，应加配塞头，试件尺寸见表5-14。

纵向弧形试件表　　表5-13

D (mm)	b (mm)	a (mm)	r (mm)	$k=5.65$		$k=11.3$	
				L_0 (mm)	L_C (mm)	L_0 (mm)	L_C (mm)
30～50	10	原壁厚	≥12	$5.65\sqrt{S_0}$	≥L_0+$1.5\sqrt{S_0}$ 仲裁试验: $L_0+2\sqrt{S_0}$	$11.3\sqrt{S_0}$	≥L_0+$1.5\sqrt{S_0}$ 仲裁试验: $L_0+2\sqrt{S_0}$
>50～70	15						
>70～100	20/19						
>100～200	25						
>200	38						

注：采用比例试件时，优先采用比例系数 $k=5.65$ 的比例试件。

管段试件　　表5-14

L_0 (mm)	L_C (mm)
$5.65\sqrt{S_0}$	≥$L_0+D_0/2$ 仲裁试验: L_0+2D_0
50	≥100

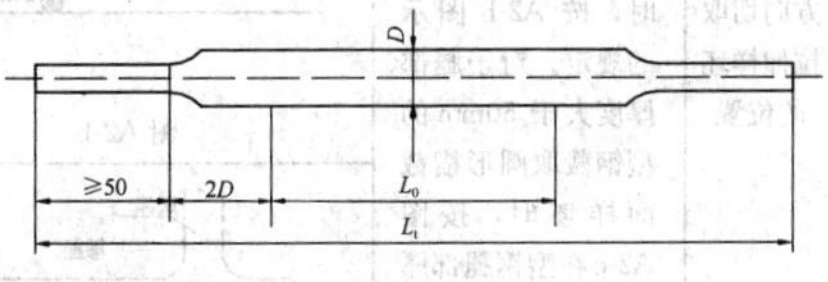

图5-5　管段试件的两夹持头部压扁

3) 机加工的横向试件

机加工的横向矩形横截面试件，管壁厚度小于3mm时，采用

矩形横截面比例、非比例试件中的表5-5、表5-6规定的试件尺寸，管壁厚度大于或等于3mm时，采用矩形横截面比例、非比例试件中的表5-9、表5-10规定的试件尺寸。

4) 管壁厚度机加工的纵向圆形横截面试件

管壁厚度机加工的纵向圆形横截面试件见表5-15。

机加工的纵向圆形横截面试件，应采用圆形横截面比例试件中（表5-8）规定的尺寸。

管壁厚度机加工的纵向圆形横截面试件　　表5-15

管壁厚度（mm）	8～13
	>13～16
	>16

5.1.2.5　钢筋焊接试件制备

1. 一般要求

在工程开工正式焊接之前，参与该项施焊的焊工应进行现场条件下的焊接工艺试验，并经试验合格后，方可正式生产。试验结果应符合质量检验与验收时的要求。

2. 试件制备尺寸

试件制备尺寸详见表5-16。

试件制备尺寸　　表5-16

焊接方法		接头形式	接头搭接长度 L_t	拉伸试件长度 L_C	冷弯件长度 L_C
电阻点焊				≥$10d_0+2T$ T—试验机夹持长度（或取200mm）	
闪光对焊				≥$10d_0+2T$ T—试验机夹持长度（或取200mm）	
电弧焊	帮条焊	双面焊	(4～5)d_0	≥$10d_0+2T$ T—试验机夹持长度（或取200mm）	
		单面焊	(8～10)d_0	≥$10d_0+2T$ T—试验机夹持长度（或取200mm）	
	搭接焊	双面焊	(4～5)d_0	≥$10d_0+2T$ T—试验机夹持长度（或取200mm）	
		单面焊	(8～10)d_0	≥$10d_0+2T$ T—试验机夹持长度（或取200mm）	
钢筋与钢板搭接焊			(4～5)d_0	≥$10d_0+2T$ T—试验机夹持长度（或取200mm）	
电弧焊	坡口焊	平焊	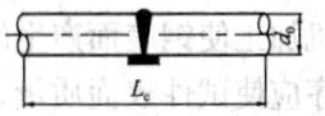	≥$10d_0+2T$ T—试验机夹持长度（或取200mm）	
		立焊		≥$10d_0+2T$ T—试验机夹持长度（或取200mm）	

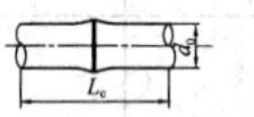

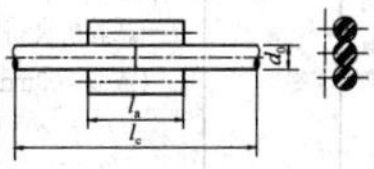

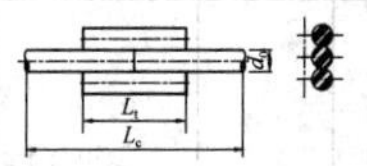

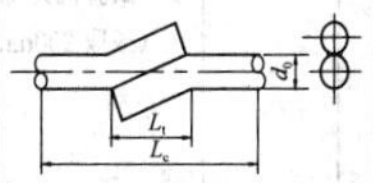

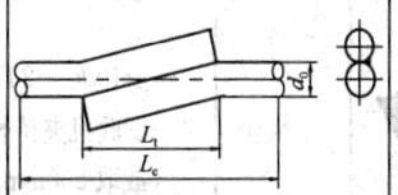

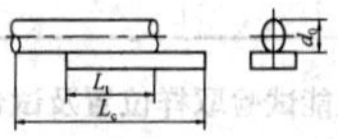

续表

焊接方法	接头形式	接头搭接长度 L_t	拉伸试件长度 L_c	冷弯件长度 L_c
预埋件电弧焊	角焊	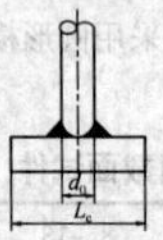	$\geqslant 2.5d_0 + 200$	
	穿孔塞焊	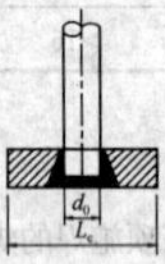	$\geqslant 2.5d_0 + 200$	
	窄间隙焊	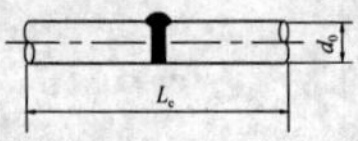	$\geqslant 10d_0 + 2T$ T—试验机夹持长度 （或取 200mm）	
预埋件钢筋埋弧压力焊			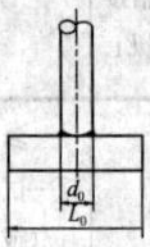 $\geqslant 2.5d_0 + 200$	
电渣压力焊			 $\geqslant 10d_0 + 2T$ T—试验机夹持长度 （或取 200mm）	$\geqslant 5d + 200$
气压焊			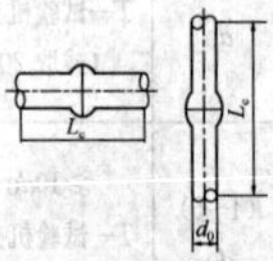 $\geqslant 10d_0 + 2T$ T—试验机夹持长度 （或取 200mm）	$\geqslant 5d + 200$
熔槽帮条焊			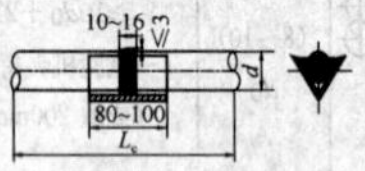 $\geqslant 10d_0 + 2T$ T—试验机夹持长度 （或取 200mm）	

5.1.2.6　型钢及型钢产品力学性能试验取样位置及试件制备

1. 试件制备的要求

（1）制备试件时应避免由于机加工使钢表面产生硬化及过热而改变其力学性能。机加工最终工序应使试件表面质量、形状尺寸满足相应试验方法标准的要求。

（2）当要求标准状态热处理时，应保证试件的热处理制度与样坯相同。

2. 试件取样位置的要求

（1）当在钢产品表面切去弯曲样坯时，弯曲试件应至少保留一个表面，当机加工和试验机能力允许时，应制备全截面或全厚度弯曲试件。

（2）当要求取一个以上试件时，可在规定位置相邻处取样。

3. 钢产品力学性能试验取样位置

钢产品力学性能试验取样位置详见表 5-17。

		钢产品力学性能试验取样位置	表 5-17

序号	取样方向及试件种类	取样位置要求	取样位置示意图
1	型钢		
(1)	在型钢腿部宽度方向切取样坯的位置	按图 A1 在型钢腿部切去拉伸、弯曲和冲击样坯，如型钢尺寸不能满足要求，可将取样位置向中部位移，对于腿部长度不相等的角钢，可从任一腿部取样	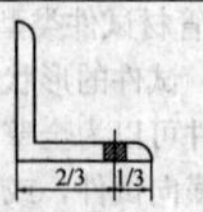 图 A1-a
(2)			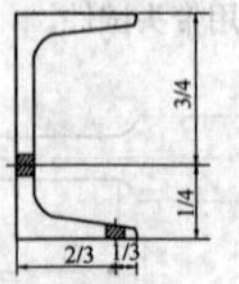 图 A1-b 注：对于腿部有斜度的型钢，可在腰部 1/4 处取样。经协商也可以从腿部取样进行加工
(3)			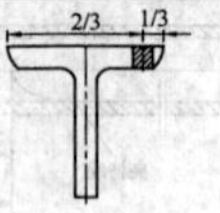 图 A1-c
(4)	在型钢腿部宽度方向切取样坯的位置	按图 A1 在型钢腿部切去拉伸、弯曲和冲击样坯，如型钢尺寸不能满足要求，可将取样位置向中部位移，对于腿部长度不相等的角钢，可从任一腿部取样	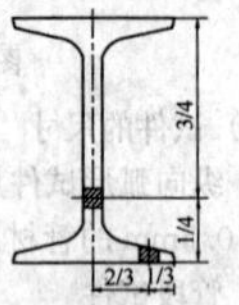 图 A1-d 注：对于腿部有斜度的型钢，可在腰部 1/4 处取样。经协商也可以从腿部取样进行加工
(5)			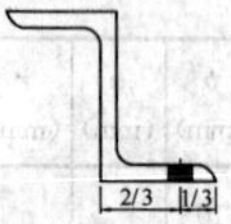 图 A1-e
(6)			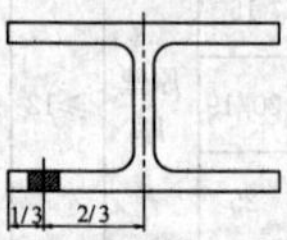 图 A1-f
(7)	在型钢腿部厚度方向切取拉伸样坯的位置	对于腿部厚度不大于 50mm 的型钢当机加工和试验机能力允许时按图 A2-a 切取拉伸样坯。当截取圆形横截面拉伸样坯时，按 A2-b 图示的规定。对于腿部厚度大于 50mm 的型钢截取圆形横截面样坯时，按图 A2-c 在型钢腿部厚度方向切取拉伸样坯	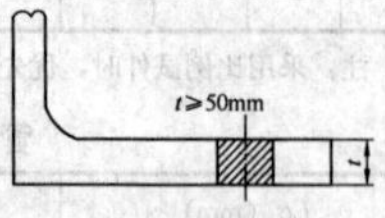 图 A2-a
(8)			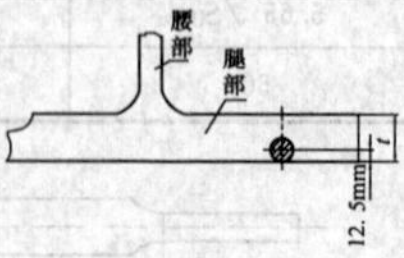 图 A2-b
(9)			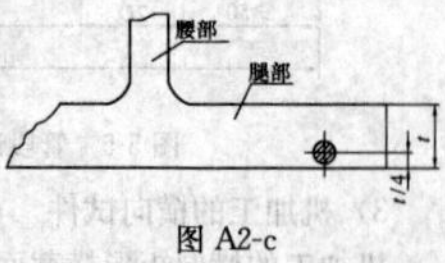 图 A2-c

续表

序号	取样方向及试件种类	取样位置要求	取样位置示意图
(10)	在型钢腿部厚度方向切取拉伸样坯的位置	按图 A3 在型钢腿部厚度方向切取冲击样坯	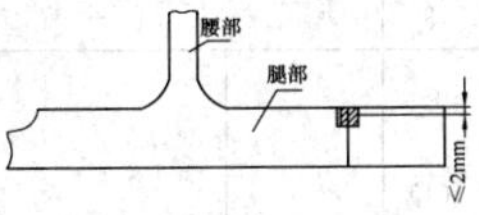 图 A3
2		条　钢	
(1)			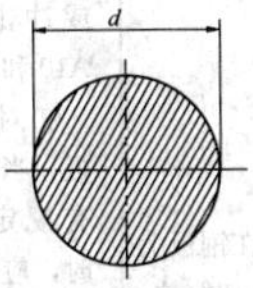 图 A4-a　全截面试件
(2)	在圆钢上切取拉伸样坯的位置	按图 A4 在圆钢上选取拉伸样坯位置，当机加工和试验机能力允许时，按图 A4-a 取样	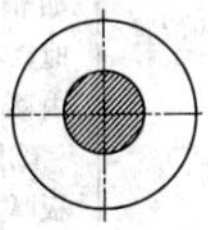 图 A4-b　(d≤25mm)
(3)			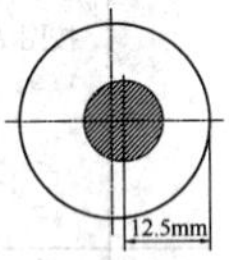 图 A4-c　(d>25mm)
(4)			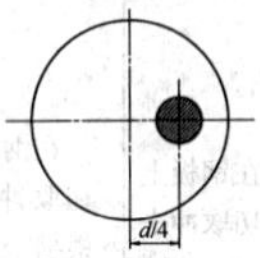 图 A4-d　(d>50mm)
(5)			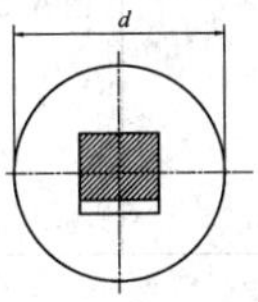 图 A5-a　(d≤25mm)
(6)	在圆钢上切取冲击样坯的位置	按图 A5 在圆钢上选取冲击样坯位置	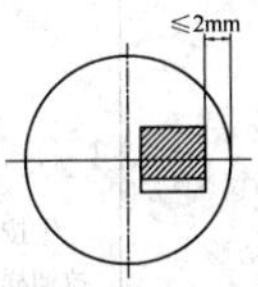 图 A5-b　(25mm<d≤50mm)
(7)			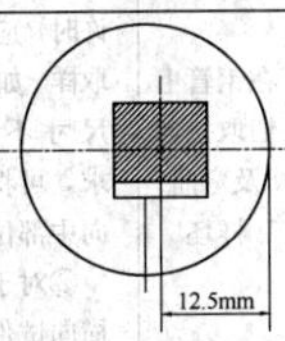 图 A5-c　(d>25mm)
(8)			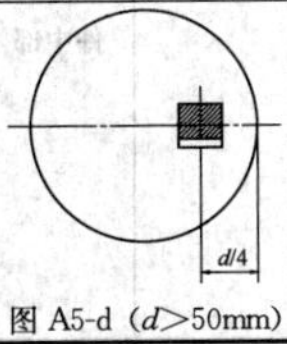 图 A5-d　(d>50mm)

续表

序号	取样方向及试件种类	取样位置要求	取样位置示意图
(9)			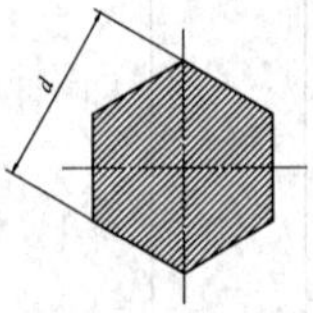 图 A6-a　全截面试件
(10)	在六角钢上切取拉伸样坯的位置	按图 A6 在六角钢上选取拉伸样坯位置，当机加工和试验机能力允许时按图 A6-a 取样	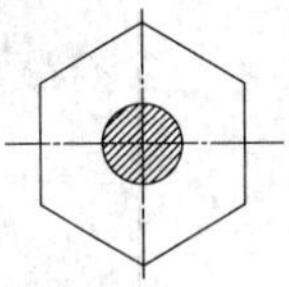 图 A6-b　(d≤25mm)
(11)			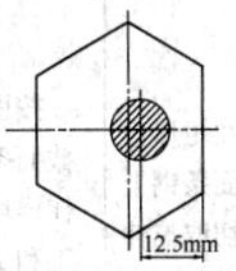 图 A6-c　d>25mm
(12)			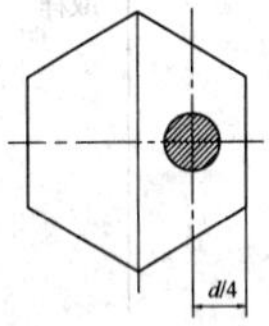 图 A6-d　d>50mm
(13)			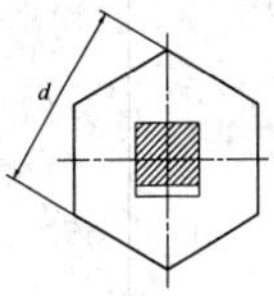 图 A7-a　d≤25mm
(14)	在六角钢上切取冲击样坯的位置	按图 A7 在六角钢上选取冲击样坯位置	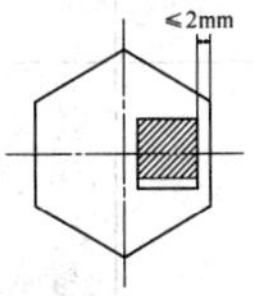 图 A7-b　(25mm<d≤25mm)
(15)			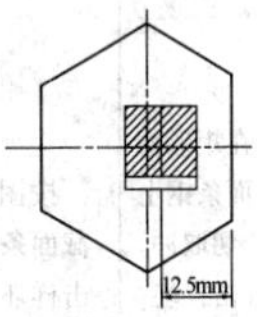 图 A7-c　d>25mm
(16)			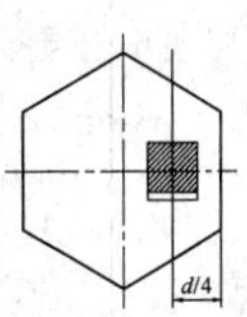 图 A7-d　d>50mm

续表

序号	取样方向及试件种类	取样位置要求	取样位置示意图
(17)			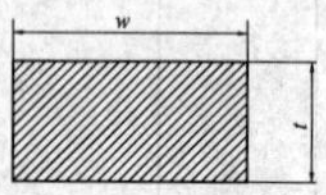 图 A8-a 全截面试件
(18)			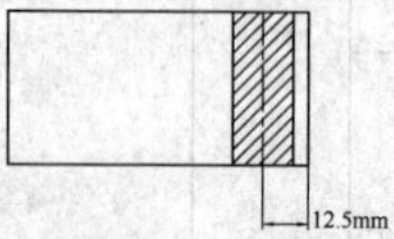 图 A8-b (w≤50mm)
(19)	在矩形截面条钢上切取拉伸样坯的位置	按图 A8 在矩形截面条钢上切取拉伸样坯时，当机加工和试验机能力允许时，按图 A8-a 取样	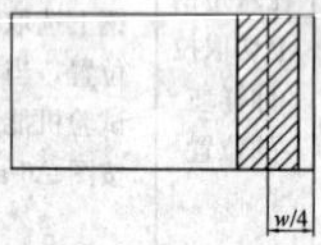 图 A8-c w>50mm
(20)			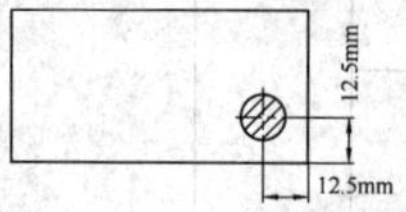 图 A8-d w≤50mm 和 t≤50mm
(21)			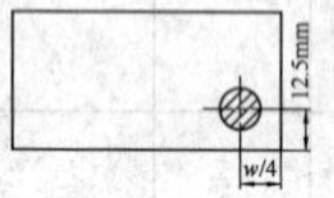 图 A8-e w>50mm 和 t≤50mm
(22)			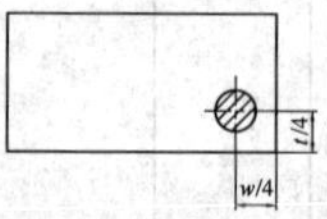 图 A8-f w>50mm 和 t>50mm
(23)			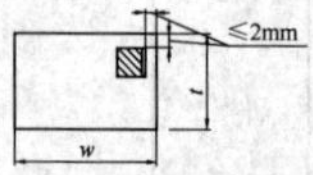 图 A9-a 12mm≤w≤50mm 和 t≤50mm
(24)	在矩形截面条钢上切取冲击样坯的位置	按图 A9 在矩形截面条钢上切取冲击样坯	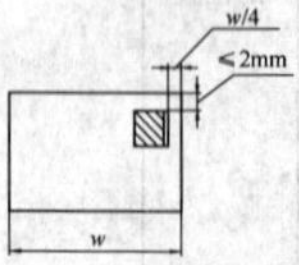 图 A9-b w>50mm 和 t≤50mm
(25)			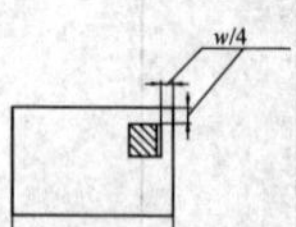 图 A9-c w>50mm 和 t>50mm

续表

序号	取样方向及试件种类	取样位置要求	取样位置示意图
3		钢 板	
(1)		①在钢板宽度 1/4 处切取拉伸、弯曲或冲击样坯按图 A10 和图 A11 切取	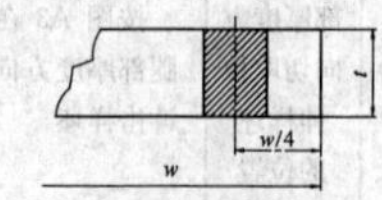 图 A10-a 全厚度试件
(2)	在钢板上切取拉伸样坯的位置	②对于纵轧钢板，当产品标准没有规定取样方向时，应在钢板 1/4 处切取横向样坯，如钢板宽度不足时，样坯中心可以内移	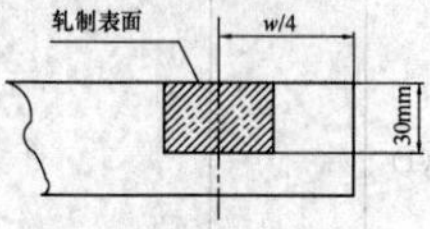 图 A10-b t>30mm
(3)		③按图 A10 在钢板厚度方向切取拉伸时，当机加工和试验机能力允许时应按图 A10-a 取样	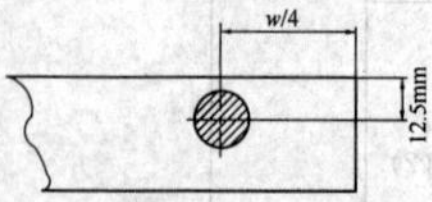 图 A10-c 25mm<t<30mm
(4)			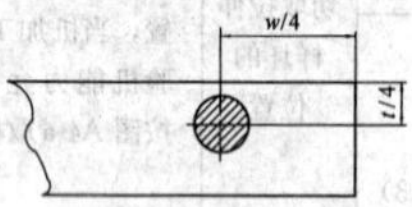 图 A10-d T≥50mm
(5)	在钢板上切取冲击样坯的位置	在钢板厚度方向切取冲击样坯时，根据产品标准或供需双方协议按图 A11取样	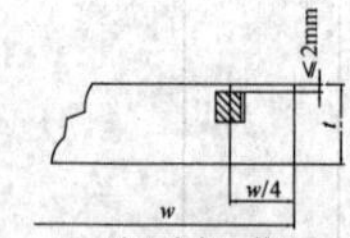 对于全部 t 值 图 A11-a
(6)			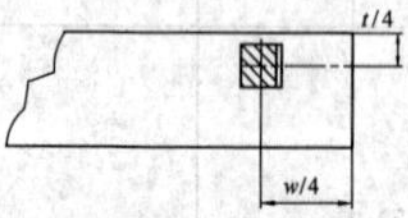 图 A11-b t>40mm
4		钢 管	
(1)		①按图 A12 切取拉伸样坯。当机加工和试验机能力允许时，应按图 A12-a 取样。如果图 A12-c 尺寸不能满足要求，将取样位置向中部位移	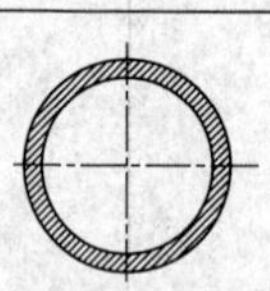 图 A12-a 全截面试件
(2)	在钢管上切取拉伸及弯曲样坯		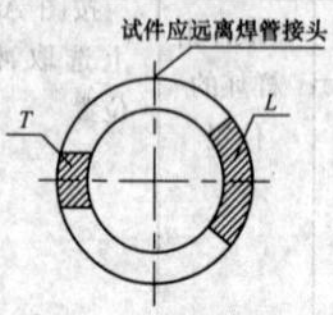 图 A12-b 矩形截面试件
(3)		②对于焊管当取横向试件检验焊管性能时焊缝应在试件中部	 图 A12-c 圆形横截面拉伸及弯曲试件

续表

序号	取样方向及试件种类	取样位置要求	取样位置示意图
(4)	在钢管上切取冲击样坯的位置	按图A13切取冲击样坯时，如果产品标准没有规定取样位置应由生产厂提供，如果钢管尺寸允许应切取10～5mm最大厚度的横向试件。切取横向试件的最小外径 D_{min}（mm）按	图A13-a 冲击试件
(5)		$D_{min}=(t-5)+756.25/(t-5)$ 计算。如果不能取横向冲击试件，则应切取 10～5mm 最大的纵向试件。	图A13-b $t>40mm$ 冲击试件
(6)	在方形钢管上切取拉伸及弯曲样坯的位置	按图A14在方形钢管上切取拉伸或弯曲样坯，当机加工和试验机能力允许时，按图 A14-a 取样	图A14-a 全截面试件
(7)			图A14-b 矩形横截面试件
(8)	在方形钢管上切取冲击样坯的位置	按图A15在方形钢管上切取冲击样坯	图A15 在方钢管上切去冲击样坯

5.1.2.7 钢结构试件制备

1. 机械加工螺栓、螺钉和螺柱试件

(1) 试件使用的材料应复合各性能等级。

(2) 试件机加工形状如图5-6。

2. 高强度螺栓连接摩擦面抗滑移系数试件

抗滑移系数试验用的试件应由制造厂加工，试件与所代表的钢结构构件应为同一材质、同批制作，采用同一摩擦面处理工艺和具有相同的表面状态，并用同批同一性能的高强度螺栓连接副，并在同一环境下存放。高强度螺栓连接摩擦面抗滑移系数试件如图5-7。

5.1.2.8 钢筋焊接骨架和焊接网试件制备

1. 一般要求

(1) 力学性能检验的试件，应从每批成品中选取，切取过试件的制品，应补焊同牌号、同直径的钢筋，其每边的搭接长度不应小

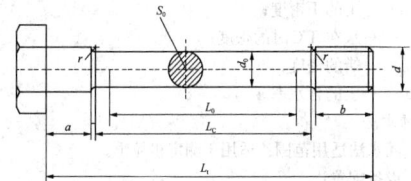

图5-6 拉力试验的机械加工试件

d—螺栓公称直径；d_0—试件直径；b—螺纹长度；$L_0=5d_0$ 或
$5.65\sqrt{S_0}$；L_C—直线部分长度；L_t—试件总长度；
S_0—拉力试验前的横截面积；r—圆角半径

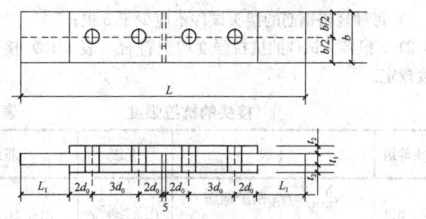

图5-7 抗滑移系数拼接试件的形式和尺寸

于2个孔格的长度；当焊接骨架所切取试件的尺寸小于规定的试件尺寸，或受力钢筋直径大于8mm时，可在生产过程中制作模拟焊接试验网片（图5-8a），从中切取试件。

(2) 由几种直径钢筋组合的焊接骨架或焊接网，应对每种组合的焊点做力学性能检验。

(3) 热轧钢筋的焊点应做剪切试验，试件应为3个；冷轧带肋钢筋焊点除做剪切试验外，尚应对纵向和横向冷轧带肋钢筋做拉伸试验，试件应各为1件。剪切试件纵筋长度应大于或等于290mm，横筋长度应大于或等于50mm（图5-8b）；拉伸试件纵筋长度应大于或等于300mm（图5-8c）。

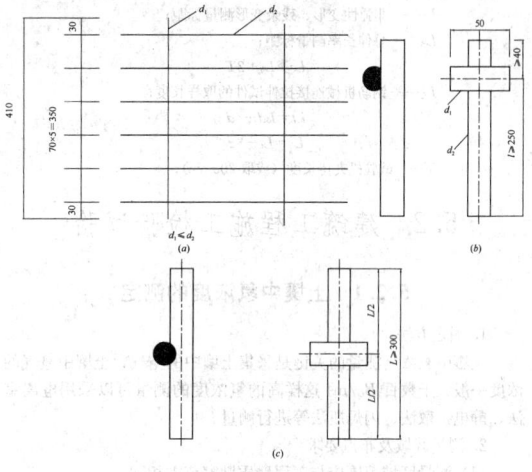

图5-8 钢筋焊接骨架和焊接网试件
（a）模拟焊接试验网片简图；（b）钢筋焊点剪切试件；
（c）钢筋焊点拉伸试件

(4) 焊接网剪切试件应沿同一横向钢筋切取。

(5) 切取剪切试件时，应使制品中的纵向钢筋成为试件的受拉钢筋。

2. 试件制备的尺寸

5.1.2.9 预埋件钢筋T型接头试件制备

1. 一般要求

(1) 预埋件钢筋T型接头进行力学性能检验时，应以300件同类型预埋件作为一批，一周内连续焊接时，可累计计算。当不足300件时，亦应按一批计算。

(2) 应从每批预埋件中随机切取3个接头做拉伸试验，试件的钢筋长度应大于或等于200mm，钢板的长度和宽度均应大于或等于60mm。

2. 预埋件钢筋T型接头试件制备尺寸见图5-9。

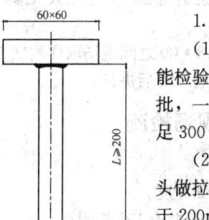

图5-9 预埋件钢筋
T型接头试件

5.1.2.10 钢筋机械连接试件制备

一般要求

(1) 工程中应用钢筋机械连接接头时，应由技术提供单位提交有效的型式检验报告。

(2) 钢筋连接工程开始前及施工过程中，应对每批进场钢筋进行接头工艺检验，工艺检验应符合下列要求：

1）每种规格钢筋的接头试件不应少于 3 根；

2）3 根接头试件的抗拉强度均应符合（表 5-18）接头的抗拉强度规定。

接头的抗拉强度			表 5-18
接头等级	Ⅰ级	Ⅱ级	Ⅲ级
抗拉强度	$f_{mst}^0 \geqslant f_{stk}^0$ 断于钢筋 或 $f_{mst}^0 \geqslant 1.1 f_{stk}^0$ 断于接头	$f_{mst}^0 \geqslant f_{stk}^0$	$f_{mst}^0 \geqslant 1.25 f_{yk}$

注：f_{mst}^0——接头试件实际拉断强度；

f_{stk}^0——接头试件中钢筋抗拉强度标准值；

f_{yk}——钢筋屈服强度标准值。

钢筋机械连接试件制备尺寸见图 5-10。

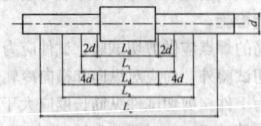

图 5-10 钢筋机械连接试件

注：Ld——机械接头长度；

Lt——非弹性变形、残余变形测量标距；

Ls——总伸长率测量标距；

$$Lc \geqslant Ls + 2T$$

Lc——钢筋机械连接拉伸试件的取样长度；

$$Lt = Ld + 4d$$

$$Ls = Lt + 8d$$

T——试验机夹持长度（或取 200mm）。

5.2 建筑工程施工检验试验

5.2.1 土壤中氡浓度的测定

1. 测定方法

土壤中氡浓度测量的关键是采集土壤中的空气，土壤中氡气的浓度一般大于数百 B_q/m^3 这样高的氡浓度的测量可以采用电离室法、静电扩散法、闪烁瓶法等进行测量。

2. 测量区域及布点要求

（1）测量区域范围应与工程地质勘察范围相同。

（2）布点时，应以间距 10m 作网格，各网格点即为测试点（当遇较大石块时，可偏离±2m），但布点数不少于 16 个。布点位置应覆盖基础工程范围。

（3）在每个测试点，应采用专用钢钎打孔。孔的直径宜为 20～40mm，孔的深度宜为 600～800mm。

（4）成孔后，正式取样测试前，应通过一系列不同抽气次数的试验，确定最佳抽气次数。应使用头部有气孔的特制的取样器，插入打好的孔中，取样器在靠近地面时应进行密闭，避免大气渗入孔中，然后进行抽气。

（5）取样测试时间宜在 8∶00～18∶00 之间现场取样测试工作不应在雨天进行，如遇雨天，应在雨后 24h 后进行。

5.2.2 土工现场检测

1. 土密度检测的规则

（1）取样点应位于每层厚度的 2/3 深度。

（2）对于大基坑每 50～100m² 应不少于 1 个检测点。

（3）对于基槽每 10～20m 应不少于 1 个检测点。

（4）每个独立柱基应不少于 1 个检测点。

（5）房心回填可参照大基坑。

2. 环刀法

（1）环刀法的适用范围

本方法适用于细粒土。

（2）设备配置

1）环刀：内径 61.8mm 或 79.8mm，高 20mm。

2）天平：称量 500g，最小分度值 0.1g，称量 200g，最小分

3）电炉、酒精、铝盒、切土刀、修土刀。

（3）试验方法（密度试验）

1）在已压实的土样上，将环刀刀口向下，放在压实的土样上，环刀垂直下压，并用切土刀沿环刀外侧随土样下压，切削周围土样，直至土样高出环刀，用切土刀切取环刀底部土样，使其脱离，取出土样，并用切土刀削切环刀两端多余土样，使其两端齐平，擦净环刀外壁，称量环刀和土的总重量（m_1）然后将土从环刀内取出，称量环刀的重量（m_2）并即时抽取一部分土放入铝盒中，称量土和铝盒的重量（m_3），然后用电炉翻炒或用酒精燃烧 3～4 次盒中的土样，直至确认已充分燃尽土样中的水分，称量铝盒和干土重量（m_4）。

2）计算土的密度

$$w_0 = (m_3 - m_4)/d_{干} \qquad (5-4)$$

$$\rho_w = (m_1 - m_2)/V \qquad (5-5)$$

$$\rho_d = \frac{\rho_w}{1 + 0.01 w_0} \qquad (5-6)$$

式中 m_1——环刀和土的总重量；

m_2——环刀的重量；

m_3——土和铝盒的重量；

m_4——铝盒和干土重量；

w_0——含水率；

V——环刀体积；

ρ_w——土的湿密度；

ρ_d——土的干密度；

$d_{干}$——干土重量。

3. 蜡封法

（1）蜡封法的适用范围：本方法适用于易于破裂土和形状不规则的坚硬土。

（2）设备配置：

1）熔蜡加热器。

2）天平（精度同环刀法）。

（3）试验方法

1）在土样中切取体积小于 $30cm^3$ 的有代表性试样，清除表面浮土及尖锐棱角，系上细线称量试样重量。

2）持线将试件缓缓放入刚过熔点的蜡液中，进行蜡封处理。在处理过程中，不允许蜡封表面有气泡，然后立即提起，称量蜡封试件的重量。

3）将蜡封试件放在水中天平上称量试件的重量，并测定水的温度。取出试件，擦干试件表面的水分，再称量蜡封试件重量，当试件重量有增加时，说明蜡封不严，应另取试样重做试验。

4）计算土的密度：

$$\rho_w = \frac{m_0}{\dfrac{m_n - m_w}{\rho_T} - \dfrac{m_n - m_0}{\rho_n}} \qquad (5-7)$$

$$\rho_d = \frac{\rho_w}{1 + 0.01 w_0} \qquad (5-8)$$

式中 m_0——湿土试件重量；

m_n——蜡封试件重量；

m_w——蜡封试件在水中的重量；

ρ_w——土的湿密度；

ρ_d——土的干密度；

ρ_T——水在 T℃时的密度；

ρ_n——蜡的密度；

w_0——土的含水率。

4. 灌水法

（1）灌水法适用范围：适用于测定粗粒土。

（2）设备配置：

1）储水筒（有刻度及出水管）、挖土刀。

2）台称：称量 50kg 最小分度值 10g。

（3）试验方法：

1）根据试样最大粒径确定试坑尺寸见表 5-19。

试 坑 尺 寸   表 5-19

试样最大粒径（mm）	试坑尺寸（mm）		
	直　径	深　度	
5（20）	150	200	
40	200	250	
60	250	300	

2）将选定试验处的试坑地面整平，除去表面松散的土层。

3）按确定的试坑直径划出坑口轮廓线，在轮廓线内下挖到要求深度，将试坑内挖出的土装入盛土容器内，称量湿土的重量（m_0），并测定试样的含水率。

4）试坑挖好后，放上相应尺寸的套环，用水准尺找平，将大于试坑容积的塑料薄膜平铺于坑内用套环压住薄膜四周。

5）向坑内注水，记录储水筒内的初始水位刻度，打开储水筒出水开关，将水缓缓注入薄膜坑内，使水面与试坑地平面齐平，记录水位下降的刻度。

（4）计算试坑体积

$$V = (h_1 - h_2) \times A \quad (5-9)$$

式中　V——试坑体积；

　　　h_1——储水筒初始水位刻度；

　　　h_2——储水筒降低水位后刻度；

　　　A——储水筒横截面面积。

（5）计算土的密度：

$$\rho_w = m_0 / V \quad (5-10)$$

$$\rho_d = \frac{\rho_w}{1 + 0.01 w_0} \quad (5-11)$$

式中　ρ_d——土的干密度；

　　　ρ_w——土的湿密度；

　　　V——试坑体积；

　　　w_0——土的含水率；

　　　m_0——湿土重量。

5. 灌砂法

（1）灌砂法适用范围：适用于测定粗粒土。

（2）设备配置：

1）灌砂筒见图 5-11。

2）标准砂：洁净，粒径宜选用 $0.25 \sim 0.5 \text{mm}$。

3）天平：称量 10kg，最小分度值 5g，称量 500g，最小分度值 0.1g；其他挖土工具。

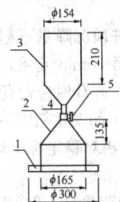

图 5-11　灌砂筒
1—底盘；2—灌砂筒漏斗；3—容砂瓶；4—螺纹接头；5—阀门

（3）试验方法：

1）标定标准砂的密度（$\rho_{\text{砂}}$）

①用水确定标定罐的容积 V（cm²）；

②将标定空罐放在台秤上，上口处于水平位置，称量标定罐的质量（m_1），准确至 1g；

③向标定罐中灌水，不要将水滴洒在台秤或罐的外壁上，然后将一直尺置放在罐的顶部，当罐中水面将要接近直尺时，用滴管往罐中加水至水直尺，移去直尺，称量罐和水的总质量（m_2）；

计算标定罐的体积

$$V = (m_2 - m_1) / \rho_{\text{水}} \quad (5-12)$$

④将灌砂筒放在标定罐上，打开阀门，让砂流出，直至容砂瓶中的砂不再流出，关闭阀门，移去灌砂筒，称量标定罐和标准砂的总质量（m_3）。计算砂的密度

$$\rho_{\text{砂}} = \frac{m_3 - m_1}{V} \quad (5-13)$$

式中　m_1——标定罐的重量；

　　　m_2——标定罐和水的总重量；

　　　m_3——标定罐和标准砂的总重量；

　　　$\rho_{\text{水}}$——水密度；

　　　$\rho_{\text{砂}}$——标准砂密度。

V——标定罐的容积。

2）标定锥体内标准砂的重量（图 5-12）

①将灌砂筒置于玻璃板上，在容砂瓶内装满标准砂，用直尺沿容砂瓶上口端部刮去多余的砂，称量容砂瓶内砂的重量（M）。要求每次标定及以后的试验均应维持此次的重量不变。

②打开阀门，让砂流出，直至瓶内砂不再下泄，关上阀门，轻轻移走罐砂筒。

③小心收集玻璃板上的标准砂，并称量收集到的标准砂（m_4）计算锥体内标准砂的重量。

$$m_4 = M - m_5 \quad (5-14)$$

式中　m_4——锥体内标准砂的重量；

　　　M——容砂瓶内砂的重量；

　　　m_5——玻璃板上的标准砂重量。

④按灌水法试验方法中的（3）进行操作。

⑤底盘和灌砂筒置于试坑上（见图 5-13）对试坑内进行灌砂，直至容砂瓶内的标准砂不再下泄，关闭灌砂筒阀门，把容砂瓶内剩余的砂倒出，称量剩余标准砂的重量（m_6）。

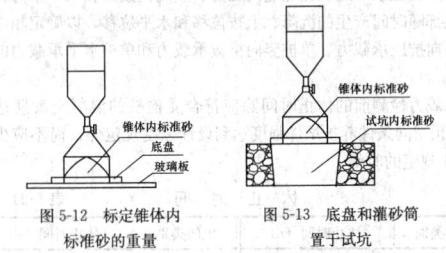

图 5-12　标定锥体内　　图 5-13　底盘和灌砂筒
标准砂的重量　　　　　　置于试坑

3）计算试坑体积

$$V = (M - m_4 - m_6) \times \rho_{\text{砂}} \quad (5-15)$$

4）计算土的密度

$$\rho_w = m_0 / V \quad (5-16)$$

$$\rho_d = \frac{\rho_w}{1 + 0.01 w_0} \quad (5-17)$$

式中　V——试坑体积；

　　　m_0——湿土重量；

　　　w_0——土的含水率；

　　　ρ_d——土的干密度；

　　　ρ_w——土的湿密度；

　　　$\rho_{\text{砂}}$——标准砂的密度。

5.2.3　工　程　桩　检　测

工程桩检测应进行单桩承载力和桩身完整性抽样检测，检测方法及检测目的见表 5-20。

检测方法及检测目的   表 5-20

检 测 方 法		检 测 目 的
静载法	单桩竖向抗压静载试验	确定单桩竖向抗压极限承载力 判定竖向抗压承载力是否满足设计要求 通过桩身内力及变形测试、测定桩侧、桩端阻力 验证高应变法的单桩竖向抗压承载力检测结果
	单桩竖向抗拔静载试验	确定单桩竖向抗拔极限承载力 判定竖向抗拔承载力是否满足设计要求 通过桩身内力及变形测试，测定桩的抗拔摩阻力
	单桩水平静载试验	确定单桩水平临界和极限承载力，推定土抗力参数 判定水平承载力是否满足设计要求 通过桩身内力及变形测试，测定桩身弯矩

续表

检 测 方 法		检 测 目 的
动测法	低应变法	检测桩身缺陷及其位置，判定桩身完整性类别
	高应变法	判定单桩竖向抗压承载力是否满足设计要求
		检测桩身缺陷及其位置，判定桩身完整性类别
		分析桩侧和桩端土阻力
钻芯法		检测灌注桩桩长、桩身混凝土强度、桩底沉渣厚度，判断或鉴别桩端岩土性状，判定桩身完整性类别
声波透射法		检测灌注桩桩身缺陷及其位置，判定桩身完整性类别

5.2.3.1 静载试验法

通过在桩顶部逐级施加竖向压力、竖向上拔力和水平推力，观测桩顶部随时间产生的沉降、上拔位移和水平位移，以确定相应的单桩竖向抗压承载力、单桩竖向抗拔承载力和单桩水平承载力的试验方法。

承载力检测前的休止时间除应符合受检桩的混凝土龄期达到28d或预估同条件养护试件强度达到设计强度规定外，尚不应少于表5-21规定的时间。

休 止 时 间　　　表 5-21

土的类别	休止时间（d）	土的类别	休止时间（d）
砂土	7	黏性土	非饱和	15
粉土	10		饱和	25

注：对于泥浆护壁灌注桩，宜适当延长休止时间。

检测数量在同一条件下不应少于3根，且不宜少于总桩数的1%；当工程桩总数在50根以内时，不应少于2根。

1. 单桩竖向抗压静载试验

（1）检测目的是确定单桩竖向抗压极限承载力，判定竖向抗压承载力是否满足设计要求，通过桩身内力及变形测试测定桩侧、桩端阻力，验证高应变法的单桩竖向抗压承载力检测结果。为设计提供依据的试验桩，应加载至破坏；当桩的承载力以桩身强度控制时，可按设计要求的加载量进行。对工程桩抽样检测时，加载量不应小于设计要求的单桩承载力特征值的2.0倍。

（2）对单位工程内且在同一条件下的工程桩，当符合下列条件之一时，应进行单桩竖向抗压承载力静载验收检测：

1）设计等级为甲级的建筑桩基；

2）地质条件复杂、施工质量可靠性低的建筑桩基；

3）本地区采用的新桩型或新工艺；

4）挤土群桩施工产生挤土效应。

（3）仪器设备及其安装：

1）试验加载宜采用油压千斤顶。当采用两台或两台以上千斤顶加载时应并联同步工作，且应符合下列规定：采用的千斤顶型号、规格应相同；千斤顶的合力中心应与桩轴线重合。

2）加载反力装置：

根据现场条件选择锚桩横梁反力装置、压重平台反力装置、锚桩压重联合反力装置、地锚反力装置，并应符合下列规定：

①加载反力装置能提供的反力不得小于最大加载量的1.2倍。

②应对加载反力装置的全部构件进行强度和变形验算。

③应对锚桩抗拔力（地基土、抗拔钢筋、桩的接头）进行验算；采用工程桩作锚桩时，锚桩数量不应少于4根，并应监测锚桩上拔量。

④压重宜在检测前一次加足，并均匀稳固地放置于平台上。

⑤压重施加于地基的压应力不宜大于地基承载力特征值的1.5倍，有条件时宜利用工程桩作为堆载支点。

3）试桩、锚桩（压重平台支墩边）和基准桩之间的中心距离应符合表5-22规定。

试桩、锚桩（或压重平台支墩边）
和基准桩之间的中心距离　　　表 5-22

反力装置	试桩中心与锚桩中心（或压重平台支墩边）	试桩中心与基准桩中心	基准桩中心与锚桩中心（或压重平台支墩边）
锚桩横梁	≥4(3)D且>2.0m	≥4(3)D且>2.0m	≥4(3)D且>2.0m
压重平台	≥4D且>2.0m	≥4(3)D且>2.0m	≥4D且>2.0m
地锚装置	≥4D且>2.0m	≥4(3)D且>2.0m	≥4D且>2.0m

注：D为试桩、锚桩或地锚的设计直径或边宽，取其较大者。如试桩或锚桩为扩底桩或多支盘桩时，试桩与锚桩的中心距尚不应小于2倍扩大端直径。括号内数值可用于工程桩验收检测时多排桩基础设计桩中心距离小于4D的情况。软土场地堆载重量较大时，宜增加支墩边与基准桩中心和试桩中心之间的距离，并在试验过程中观测基准桩的竖向位移。

4）荷载测量可用放置在千斤顶上的荷重传感器直接测定；或采用并联于千斤顶油路的压力表或压力传感器测定油压，根据千斤顶率定曲线换算荷载。传感器的测量误差不应大于1%，压力表精度应优于或等于0.4级。试验用千斤顶、油泵、油管在最大加载时的压力不应超过规定工作压力的80%。

5）沉降测量宜采用位移传感器或大量程百分表，并应符合下列规定：

①测量误差不大于0.1%FS，分辨力优于或等于0.01mm。

②直径或边宽大于500mm的桩，应在其两个方向对称安装4个位移测试仪表，直径或边宽小于等于500mm的桩可对称安装2个位移测试仪表。

③沉降测定平面宜在桩顶200mm以下位置，测点应牢固地固定于桩身。

④基准梁应具有一定的刚度，梁的一端应固定在基准桩上，另一端应简支于基准桩上。

⑤固定和支撑位移计（百分表）的夹具及基准梁应避免气温、振动及其他外界因素的影响。

（4）慢速维持荷载法现场检测：

1）桩顶部宜高出试坑底面，试坑底面宜与桩承台底标高一致。对作为锚桩用的灌注桩和有接头的混凝土预制桩，检测前宜对其桩身完整性进行检测。

2）荷载加载：

加载应分级进行，采用逐级等量加载；分级荷载宜为最大加载量或预估极限承载力的1/10，其中第一级可取分级荷载的2倍。每级荷载施加后按第5min、15min、30min、45min、60min测读桩顶沉降量，以后每隔30min测读一次。

3）试桩沉降相对稳定标准：每一小时内的桩顶沉降量不超过0.1mm，并连续出现两次（从每级荷载施加后第30min开始，按1.5h连续三次每30min的沉降观测值计算）。加、卸载时应使荷载传递均匀、连续、无冲击，每级荷载在维持过程中的变化幅度不得超过该级增减量的±10%。当桩顶沉降速率达到相对稳定标准时，再施加下一级荷载。

4）卸载应分级进行，每级卸载量取加载时分级荷载的2倍，逐级等量卸载。卸载时，每级荷载维持1h，按第15min、30min、60min测读桩顶沉降量；卸载至零后，应测读桩顶残余沉降量，维持时间为3h，测读时间为第15min、30min，以后每隔30min测读一次。

5）终止加载条件：

①某级荷载作用下，桩顶沉降量大于前一级荷载作用下沉降量的5倍（当桩顶沉降能稳定且总沉降量小于40mm时，宜加载至桩顶总沉降量超过40mm）。

②某级荷载作用下，桩顶沉降量大于前一级荷载作用下沉降量的2倍，且经24h尚未达到稳定标准。

③已达到设计要求的最大加载量。

④当工程桩作锚桩时，锚桩上拔量已达到允许值。

⑤当荷载-沉降曲线呈缓变形时，可加载至桩顶总沉降量60~80mm；在特殊情况下，可根据具体要求加载至桩顶累计沉降量超过80mm。

（5）单桩竖向抗压极限承载力 Q_u 可按下列方法综合分析

确定：

1) 根据沉降随荷载变化的特征确定：对于陡降形 $Q-s$ 曲线，取其发生明显陡降的起始点对应的荷载值。

2) 根据沉降随时间变化的特征确定：取 $s-\lg t$ 曲线尾部出现明显向下弯曲的前一级荷载值。

3) 某级荷载作用下，桩顶沉降量大于前一级荷载作用下沉降量的 2 倍，且经 24h 尚未达到稳定标准的情况，取前一级荷载值。

4) 对于缓变形 $Q-s$ 可根据沉降量确定，宜取 $s=40mm$ 对应的荷载值；当桩长大于 40m 时，宜考虑桩身弹性压缩；对直径大于或等于 800mm 的桩，可取 $s=0.05D$（D 为桩端直径）对应的荷载值。

注：当按上述四条在判定桩的竖向抗压承载力未达到极限时，桩的竖向抗压极限承载力应取最大试验荷载值。

(6) 单桩竖向抗压极限承载力统计值的确定应符合下列规定：

1) 参加统计的试桩结果，当满足其极差不超过平均值的 30% 时，取其平均值为单桩竖向抗压极限承载力。

2) 当极差超过平均值的 30% 时，应分析极差过大的原因，结合工程具体情况综合确定。必要时可增加试桩数量。

3) 对桩数为 3 根或 3 根以下的柱下承台，或工程桩抽检数量小于 3 根时，应取低值。

(7) 单位工程同一条件下的单桩竖向抗压承载力特征值 R_a 应按单桩竖向抗压极限承载力统计值的一半取值。

2. 单桩竖向抗拔静载试验

(1) 本方法适用于检测单桩的竖向抗拔承载力。为设计提供依据的试验桩应加载至桩侧土破坏或桩身材料达到设计强度；对工程桩抽样检测时，可按设计要求确定最大加载量。

(2) 设备仪器及其安装：

1) 抗拔桩试验加载装置宜采用油压千斤顶，当采用两台及两台以上千斤顶加载时应并联同步工作，采用的千斤顶型号、规格应相同，千斤顶的合力中心应与桩轴线重合。

2) 试验反力装置宜采用反力桩（或工程桩）提供支座反力，也可根据现场情况采用天然地基提供支座反力。反力架系统应具有 1.2 倍的安全系数并符合下列规定：

①采用反力桩（或工程桩）提供支座反力时，反力桩顶面应平整并具有一定的强度。

②采用天然地基提供反力时，施加于地基的压应力不宜超过地基承载力特征值的 1.5 倍；反力梁的支点重心应与支座中心重合。

3) 荷载测量及其仪器、桩顶上拔量测量及其仪器、试桩、支座和基准桩之间的中心距离同单桩竖向抗压静载试验规定。

(3) 慢速维持荷载法现场检测：

1) 对混凝土灌注桩、有接头的预制桩，宜在拔桩试验前采用低应变法检测受检桩的桩身完整性。为设计提供依据的抗拔灌注桩施工时应进行成孔质量检测，发现桩身中、下部位有明显扩径的桩不宜作为抗拔试验桩；对有接头的预制桩，应验算接头强度。

2) 单桩竖向抗拔静载试验慢速维持荷载法的加卸载分级、试验方法及稳定标准应按单桩竖向抗压静载试验有关规定执行，并仔细观察桩身混凝土开裂情况。

3) 终止加载条件：

①在某级荷载作用下，桩顶上拔量大于前一级上拔荷载作用下的上拔量 5 倍。

②按桩顶上拔量控制，当累计桩顶上拔量超过 100mm 时。

③按钢筋抗拉强度控制，桩顶上拔荷载达到钢筋抗拉强度的 0.9 倍。

④对于验收抽样检测的工程桩，达到设计要求的最大上拔荷载值。

(4) 检测数据的分析与判定：

1) 绘制上拔荷载 U 与桩顶上拔量 δ 之间的关系曲线（$U-\delta$）和 δ 与时间 t 之间的曲线（$\delta-\lg t$ 曲线）。

2) 单桩竖向抗拔极限承载力可按下列方法综合判定：

①根据上拔量随荷载变化的特征确定：对陡变形 $U-\delta$ 曲线，取陡升起始点对应的荷载值。

③根据上拔量随时间变化的特征确定：取 $\delta-\lg t$ 曲线斜率明显

变陡或曲线尾部明显弯曲的前一级荷载值。

③当在某级荷载下抗拔钢筋断裂时，取其前一级荷载值。

④当作为验收抽样检测的受检桩在最大上拔荷载作用下，未出现上述所列三条情况时，应按设计要求综合判定。

3. 单桩水平静载试验

(1) 本方法适用于桩顶自由时的单桩水平静载试验，可以检测单桩的水平承载力，推定地基土抗力系数的比例系数。为设计提供依据的试验桩宜加载至桩顶出现较大水平位移或桩身结构破坏；对工程桩抽样检测，可按设计要求的水平位移允许值控制加载。

(2) 仪器设备及其安装：

1) 水平推力加载装置宜采用油压千斤顶，加载能力不得小于最大试验荷载的 1.2 倍。

2) 水平推力的反力可由相邻桩提供；当专门设置反力结构时，其承载能力和刚度应大于试验桩的 1.2 倍。

3) 荷载测量及其仪器的技术要求应符合单桩竖向抗压静载试验的规定；水平力作用点宜与实际工程的桩基承台底面标高一致；千斤顶和试验桩接触处应安装球形支座，千斤顶作用力应水平通过桩身轴线；千斤顶与试桩的接触处宜适当补强。

4) 桩的水平位移测量及其仪器的技术要求应符合单桩竖向抗压静载试验的有关规定。在水平力作用平面的受检桩两侧应对称安装两个位移计；当需要测量桩顶转角时，尚应在水平力作用平面以上 50cm 的受检桩两侧对称安装两个位移计。

5) 位移测量的基准点设置不应受试验和其他因素的影响，基准点应设置在与作用力方向垂直且与位移方向相反的试桩侧面，基准点与试桩净距不应小于 1 倍桩径。

(3) 现场检测：

1) 加载方法宜根据工程桩实际受力特性选用单向多循环加载法或慢速维持荷载法试验。

2) 加卸载方式和水平位移测量应符合下列规定：

①单向多循环加载法的分级荷载应小于预估水平极限承载力或最大试验荷载的 1/10；每级荷载施加后，恒载 4min 后可测读水平位移，然后卸载至零，停 2min 读读残余水平位移，至此完成一个加卸载循环。如此循环 5 次，完成一级荷载的位移观测。试验不得中间停顿。

②慢速维持荷载法的加卸载分级、试验方法及稳定标准应按单桩竖向抗压静载试验有关规定执行。

3) 终止加载条件：

①桩身折断；

②水平位移超过 30～40mm（软土取 40mm）；

③水平位移达到设计要求的水平位移允许值。

(4) 检测数据分析与判定：

1) 检测数据应按下列要求整理：

①采用单向多循环加载法时应绘制水平力-时间-作用点位移（$H-t-Y_0$）关系曲线和水平力-位移梯度（$H-\Delta Y_0/\Delta H$）关系曲线。

②采用慢速维持荷载法时应绘制水平力-力作用点位移（$H-Y_0$）关系曲线、水平力-位移梯度（$H-\Delta Y_0/\Delta H$）关系曲线、力作用点位移-时间对数（$Y_0-\lg t$）关系曲线和水平力-力作用点位移双对数（$\lg H-\lg Y_0$）关系曲线。

③绘制水平力、水平力作用点水平位移-地基土水平抗力系数的比例系数的关系曲线（$H-m$、Y_0-m）。

当桩顶自由且水平力作用位置位于地面处时，m 值可按下列公式确定：

$$m=\frac{(\nu_y \cdot H)^{\frac{5}{3}}}{b_0 Y_0^{\frac{5}{3}}(EI)^{\frac{2}{3}}} \qquad (5-18)$$

$$\alpha=\left(\frac{mb_0}{EI}\right)^{\frac{1}{5}} \qquad (5-19)$$

式中 m——地基土水平土抗力系数的比例系数（kN/m^4）；

α——桩的水平变形系数（m^{-1}）；

ν_y——桩顶水平位移系数，由式（5-2）试算 α，当 $\alpha h \geqslant 4.0$ 时（h 为桩的入土深度），其值为 2.441；

H——作用于地面的水平力（kN）；

Y_0——水平力作用点的水平位移（m）；

EI——桩身抗弯刚度（kN·m²）；其中 E 为桩身材料弹性模量，I 为桩身换算截面惯性矩；

b_0——桩身计算宽度（m）；对于圆形桩：当桩径 $D \leqslant 1m$ 时，$b_0=0.9(1.5D+0.5)$；当桩径 $D>1m$ 时，$b_0=0.9(D+1)$。对于矩形桩：当边宽 $B \leqslant 1m$ 时，$b_0=1.5B+0.5$；当边宽 $B>1m$ 时，$b_0=B+1$。

2）单桩的水平临界荷载可按下列方法综合确定：

①取单向多循环加载法时的 $H-t-Y_0$ 曲线或慢速维持荷载法时的 $H-Y_0$ 曲线出现拐点的前一级水平荷载值。

②取 $H-\Delta Y_0/\Delta H$ 曲线或 $\lg H - \lg Y_0$ 曲线上第一拐点对应的水平荷载值。

③取 $H-\sigma_s$ 曲线第一拐点对应的水平荷载值。

3）单桩的水平极限承载力可根据下列方法综合确定：

①取单向多循环加载法时的 $H-t-Y_0$ 曲线或慢速维持荷载法时的 $H-Y_0$ 曲线产生明显陡降的起始点对应的水平荷载值。

②取慢速维持荷载法时的 $Y_0-\lg t$ 曲线尾部出现明显弯曲的前一级水平荷载值。

③取 $H-\Delta Y_0/\Delta H$ 曲线或 $\lg H - \lg Y_0$ 曲线上第二拐点对应的水平荷载值。

④取桩身折断或受拉钢筋屈服时的前一级水平荷载值。

4）单桩水平极限承载力和水平临界荷载统计值的确定：

①参加统计的试桩结果，当满足其极差不超过平均值的 30% 时，取其平均值为单桩水平极限承载力。

②当极差超过平均值的 30% 时，应分析极差过大的原因，结合工程具体情况综合确定。必要时可增加试桩数量。

③对桩数为 3 根或 3 根以下的柱下承台，或工程桩抽检数量小于 3 根时，应取低值。

5）单位工程同一条件下的单桩水平承载力特征值的确定应符合下列规定：

①当水平极限承载力能确定时，应按单桩水平极限承载力统计值的一半取值，并与水平临界荷载相比较取小值。

②当按设计要求的水平允许位移控制且水平极限承载力不能确定时，取设计要求的水平允许位移所对应的水平荷载，并与水平临界荷载相比较取小值。

6）当水平承载力按设计要求的水平允许位移控制时，可取设计要求的水平允许位移对应的水平荷载作为单桩水平承载力特征值，但应满足有关规范抗裂设计的要求。

5.2.3.2 动测法

1. 低应变法

（1）本方法适用于检测混凝土桩的桩身完整性，判定桩身缺陷的程度及位置。有效检测桩长范围应通过现场试验确定。

（2）仪器设备

1）低应变动力检测采用的测量相应传感器主要是压电式加速度传感器，应尽量选用自振频率较高的加速度传感器，加速度计幅频线性段的高限不应小于 5000Hz，且应具有信号显示、储存和处理分析功能。

2）瞬态激振设备应包括能激发宽脉冲和窄脉冲的力锤和锤垫；力锤可装有力传感器；稳态激振设备应包括激振力可调、扫频范围为 10～2000Hz 的电磁式稳态激振器。

（3）现场检测

1）受检桩应符合下列规定

①受检桩混凝土强度至少达到设计强度的 70%，且不小于 15MPa。

②受检桩桩顶的混凝土质量、截面尺寸应与桩身设计条件基本等同。灌注桩应凿去桩顶浮浆或松散、破损部分，并露出坚硬的混凝土表面；桩顶表面应平整干净且无积水；妨碍正常测试的桩顶外露主筋应割掉。对于预应力管桩，当法兰盘与桩身混凝土之间结合紧密时，可不进行处理，否则，应采用电锯将桩头锯平。

③桩顶面应平整、密实，并与桩轴线基本垂直。测试时桩头不得与混凝土承台或垫层相连，而应将其与桩侧断开。

2）测试参数设定应符合下列规定

①时域信号分析的时间段长度应在 $2L/c$ 时刻后延续不少于 5ms；幅频信号分析的频率范围上限不应小于 2000Hz。

②设定桩长应为桩顶测点至桩底的施工桩长，设定桩身截面积应为施工截面积。

③桩身波速可根据本地区同类型桩的测试值初步设定。

④采样时间间隔或采样频率应根据桩长、桩身波速和频域分辨率合理选择；时域信号采样点数不宜少于 1024 点。

⑤传感器的设定值应按计量检定结果设定。

3）测量传感器安装和激振操作

①传感器安装应与桩顶面垂直，必要时可采用冲击钻打孔安装方式，但传感器安装面应与桩顶面紧密接触；用耦合剂粘结时，粘结层应尽可能薄，应具有足够的粘结强度。

②实心桩的激振点位置选择在桩中心，测量传感器安装位置宜为距桩中心 2/3 半径处；空心桩的激振点与测量传感器安装位置宜在同一水平面上，且与桩中心连线形成的夹角宜为 90°，激振点和测量传感器安装位置宜为桩壁厚的 1/2 处，见图 5-14。

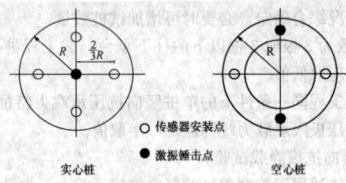

○ 传感器安装点　● 激振锤击点

实心桩　　　　空心桩

图 5-14　传感器安装点、锤击点布置示意图

③为了减少外露主筋对测试产生干扰信号，激振点与传感器安装点应远离钢筋笼的主筋，若外露主筋过长而影响正常测试时，应将其割短。

④激振方向应沿桩轴线方向。

⑤瞬态激振应通过现场敲击试验，选择合适重量的激振力锤和锤垫，宜用宽脉冲获取桩底或桩身下部缺陷反射信号，宜用窄脉冲获取桩身上部缺陷反射信号。

⑥稳态激振在每个设定的频率下激振时，为避免频率变换过程产生失真信号，应具有足够的稳定激振时间，以获得稳定的激振力和响应信号，并根据桩径、桩长及桩周土约束情况调整激振力大小。稳态激振器的安装方式及好坏对测试结果起着很大的作用。为保证激振系统本身在测试频率范围内不至于出现谐振，激振器的安装宜采用柔性悬挂装置，同时在测试过程中应避免激振器出现横向振动。

4）信号采集和筛选应符合下列规定

①根据桩径大小，桩心对称布置 2～4 个检测点；每个检测点记录的有效信号数不宜少于 3 个。

②检查判断实测信号是否反映桩身完整性特征。

③不同检测点及多次实测时域信号一致性较差，应分析原因，增加检测点数量。

④信号不应失真和产生零漂，信号幅值不应超过测量系统的量程。

（4）检测数据分析与判定

1）桩身波速平均值的确定：

①当桩长已知、桩底反射信号明确时，在地质条件、设计桩型、成桩工艺相同的基桩中，选取不少于 5 根 I 类桩的桩身波速值按下式计算其平均值：

$$c_m = \frac{1}{n}\sum_{i=1}^{n} c_i \tag{5-20}$$

$$c_i = \frac{2000L}{\Delta T} \tag{5-21}$$

$$c_i = 2L \cdot \Delta f \tag{5-22}$$

式中　c_m——桩身波速的平均值（m/s）；

　　　c_i——第 i 根受检桩的桩身波速值（m/s），且 $|c_i - c_m|/c_m \leqslant 5\%$；

    L —— 测点下桩长（m）；

    ΔT —— 速度波第一峰与桩底反射波峰间的时间差（ms）；

    Δf —— 幅频曲线上桩底相邻谐振峰间的频差（Hz）；

    n —— 参加波速平均值计算的基桩数量（$n\geqslant5$）。

②当无法按上述确定时，波速平均值可根据本地区相同桩型及成桩工艺的其他桩基工程的实测值，结合桩身混凝土的骨料品种和强度等级综合确定。

2）桩身缺陷位置应按下列公式计算：

$$x = \frac{1}{2000} \cdot \Delta t_{x} \cdot c \tag{5-23}$$

$$x = \frac{1}{2} \cdot \frac{c}{\Delta f'} \tag{5-24}$$

式中 x —— 桩身缺陷至传感器安装点的距离（m）；

    Δt_{x} —— 速度波第一峰与缺陷反射波峰间的时间差（ms）；

    c —— 受检桩的桩身波速（m/s），无法确定时用 c_{m} 值替代；

    $\Delta f'$ —— 幅频信号曲线上缺陷相邻谐振峰间的频差（Hz）。

3）桩身完整性类别应结合缺陷出现的深度、测试信号衰减特性以及设计桩型、成桩工艺、地质条件、施工情况，按表 5-23 的规定和表 5-24 所列实测时域或幅频信号特征进行综合分析判定。

桩身完整性分类表　　　　**表 5-23**

桩身完整性类别	分类原则
Ⅰ类桩	桩身完整
Ⅱ类桩	桩身有轻微缺陷，不会影响桩身结构承载力的正常发挥
Ⅲ类桩	桩身有明显缺陷，对桩身结构承载力有影响
Ⅳ类桩	桩身存在严重缺陷

桩身完整性判定　　　　**表 5-24**

类别	时域信号特征	幅频信号特征
Ⅰ	$2L/c$ 时刻前无缺陷反射波；有桩底反射波	桩底谐振峰排列基本等间距，其相邻频差 $\Delta f\approx c/2L$
Ⅱ	$2L/c$ 时刻前出现轻微缺陷反射波；有桩底反射波	桩底谐振峰排列基本等间距，其相邻频差 $\Delta f\approx c/2L$，轻微缺陷产生的谐振峰与桩底谐振峰之间的频差 $\Delta f'>c/2L$
Ⅲ	有明显缺陷反射波，其他特征介于Ⅱ类与Ⅳ类之间	
Ⅳ	$2L/c$ 时刻前出现严重缺陷反射波或周期性反射波，无桩底反射波；或因桩身浅部严重缺陷使波形呈现低频大幅振荡衰减振动，无桩底反射波	缺陷谐振峰排列基本等间距，相邻频差 $\Delta f'>c/2L$，无桩底谐振峰；或因桩身浅部严重缺陷只出现单一谐振峰，无桩底谐振峰

注：同一场地、地质条件相近、桩型和成桩工艺相同的基桩，因桩端部分桩身阻抗与持力层阻抗相匹配导致实测信号无桩底反射波时，可参照本场地同条件下有桩底反射波的其他桩实测信号判定桩身完整性类别。

4）对于混凝土灌注桩，采用时域信号分析时应区分桩身截面渐变后恢复至原桩径并在该阻抗突变处的一次反射，或扩径突变处的二次反射，结合成桩工艺和地质条件综合分析判定受检桩的完整性类别。必要时，可采用实测曲线拟合法辅助判定桩身完整性或借助实测导纳值、动刚度的相对高低辅助判定桩身完整性。

5）对于嵌岩桩，桩底时域反射信号为单一反射波且与锤击脉冲信号同向时，应采取其他方法核验桩底嵌岩情况。

6）出现下列情况之一，桩身完整性判定宜结合其他检测方法进行：

①实测信号复杂，无规律，无法对其进行准确评价。

②设计桩身截面渐变或多变，且变化幅度较大的混凝土灌注桩。

2. 高应变法

（1）本方法适用于检测基桩的竖向抗压承载力和桩身完整性；监测预制桩打入时的桩身应力和锤击能量传递比，为沉桩工艺参数及桩长选择提供依据。进行灌注桩的竖向抗压承载力检测时，应具有现场实测经验和本地区相近条件下的可靠对比验证资料。对于大直径扩底桩和 Q-s 曲线具有缓变形特征的大直径灌注桩，不宜采用本方法进行竖向抗压承载力检测。

（2）仪器设备：

1）检测仪器的主要技术性能指标不应低于《基桩动测仪》JG/T 3055 中表 1 规定的 2 级标准，且应具有保存、显示实测力与速度信号和信号处理与分析的功能。

2）锤击设备宜具有稳固的导向装置；打桩机械或类似的装置（导杆式柴油锤除外）都可作为锤击设备。

3）重锤应材质均匀、形状对称、锤底平整，高径（宽）比不得小于 1，并采用铸铁或铸钢制作。当采用自由落锤安装加速度传感器的方式实测锤击力时，重锤应整体铸造，且高径（宽）比应在 1.0～1.5 范围内。

4）进行承载力检测时，锤的重量应大于预估单桩极限承载力的 1.0%～1.5%，混凝土的桩径大于 600mm 或桩长大于 30m 时取高值。

5）桩的贯入度可采用精密水准仪等仪器测定。

（3）现场检测：

1）检测前的准备工作应符合下列规定：

①预制桩承载力的时间效应应通过复打确定。

②桩顶面应平整，桩顶高度应满足锤击装置的要求，桩锤重心应与桩顶对中，锤击装置架立应垂直。

③对不能承受锤击的桩头应做加固处理，桩头混凝土强度等级宜比桩身混凝土提高 1～2 级，且不得低于 C30。

④检测时至少应对称安装冲击力和冲击响应（质点运动速度）测量传感器各两个。在桩顶下的桩侧表面分别对称安装加速度传感器和应变式力传感器，直接测量桩身测点处的响应和应变，并将应变换算成冲击力。在桩顶下的桩侧表面对称安装加速度传感器直接测量响应，在自由落锤锤体 $0.5H_{r}$ 处（H_{r} 为锤体高度）对称安装加速度传感器直接测量冲击力。

⑤桩头顶部应设置桩垫，桩垫可采用 10～30mm 厚的木板或胶合板等材料。

2）参数设定和计算应符合下列规定：

①采样时间间隔宜为 50～200μs，信号采样点数不宜少于 1024 点。

②传感器的设定值应按计量检定结果设定。

③自由落锤安装加速度传感器测力时，力的设定值由加速度传感器设定值与重锤质量的乘积确定。

④测点处的桩截面尺寸应按实际测量确定，波速、质量密度和弹性模量应按实际情况设定。

⑤测点以下桩长和截面积可采用设计文件或施工记录提供的数据作为设定值。

⑥桩身材料质量密度应按表 5-25 取值。

桩身材料质量密度（t/m³）　　　　**表 5-25**

钢桩	混凝土预制桩	离心管桩	混凝土灌注桩
7.85	2.45～2.50	2.55～2.60	2.40

⑦桩身波速可结合本地经验或按同场地同类型已检桩的平均波速初步设定，现场检测完成后应调整。

⑧桩身材料弹性模量应按下式计算：

$$E = \rho \cdot c^{2} \tag{5-25}$$

式中 E —— 桩身材料弹性模量（kPa）；

    c —— 桩身应力波传播速度（m/s）；

    ρ —— 桩身材料质量密度（t/m³）。

3）现场检测应符合下列要求：

①交流供电的测试系统应良好接地；检测时测试系统应处于正常状态。

②采用自由落锤为锤击设备时，应重锤低击，最大锤击落距不宜大于 2.5m。

③试验目的为确定预制桩打桩过程中的桩身应力、沉桩设备匹

配能力和选择桩长时，应进行试打桩与打桩监控。

④检测时应及时检查采集数据的质量；每根受检桩记录的有效锤击信号应根据桩顶最大动位移、贯入度以及桩身最大拉、压应力和缺陷程度及其发展情况综合确定。

⑤发现测试波形紊乱，应分析原因；桩身有明显缺陷或缺陷程度加剧，应停止检测。

4）承载力检测时宜实测桩的贯入度，单击贯入度宜在 2～6mm 之间。

（4）检测数据分析与判定：

1）检测承载力时选取锤击信号，宜取锤击能量较大的击次。当出现下列情况之一时，锤击信号不得作为承载力分析计算的依据。

①传感器安装处混凝土开裂或出现严重塑性变形使曲线最终未归零。

②严重锤击偏心，两侧力信号幅值相差超过 1 倍。

③触变效应的影响，预制桩在多次锤击下承载力下降。

④四通道测试数据不全。

2）桩身波速可根据下行波波形起升沿的起点到上行波下降沿的起点之间的时差与已知桩长值确定（图 5-15）；桩底反射信号不明显时，可根据桩长、混凝土波速的合理取值范围以及邻近桩的桩身波速值综合确定。

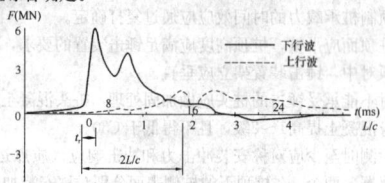

图 5-15 桩身波速的确定

3）当测点处原设定波速随调整后的桩身波速改变时，桩身材料弹性模量和锤击力信号幅值的调整应符合下列规定：

①桩身材料弹性模量应按式（5-25）重新计算。

② 当采用应变式传感器测力时，应同时对原实测力值校正。

4）高应变实测的力和速度信号第一峰起始比例失调时，不得进行比例调整。

5）承载力分析计算前，应结合地质条件、设计参数，对实测波形特征进行定性检查：

①实测曲线特征反映出的桩承载性状。

②观察桩身缺陷程度和位置，连续锤击时缺陷的扩大或逐步闭合情况。

6）对于以下情况之一的应采用静载法进一步验证：

①桩身存在缺陷，无法判定桩的竖向承载力。

②桩身缺陷对水平承载力有影响。

③单击贯入度大，桩底同向反射强烈且反射峰较宽，侧阻力波、端阻力波反射弱，即波形表现出竖向承载性状明显与勘察报告中的地质条件不符合。

④嵌岩桩桩底同向反射强烈，且在时间 $2L/c$ 后无明显端阻力反射；也可采用钻芯法核验。

7）凯司法判定桩承载力：

①采用凯司法判定桩承载力应符合下列规定：只限于中、小直径桩；桩身材质、截面应基本均匀；阻尼系数 J_c 宜根据同条件下静载试验结果校核，或应在已取得相近条件下可靠对比资料后，采用实测曲线拟合法确定 J_c 值，拟合计算的桩数应不少于检测总桩数的 30%，且不少于 3 根；在同一场地、地质条件相近和桩型及其截面积相同情况下，J_c 值的极差不宜大于平均值的 30%。

②凯司法判定单桩承载力可按下列公式计算：

$$R_c = \frac{1}{2}(1-J_c) \cdot [F(t_1) + Z \cdot V(t_1)] + \frac{1}{2}(1+J_c) \cdot$$

$$\left[F\left(t_1 + \frac{2L}{c}\right) - Z \cdot V\left(t_1 + \frac{2L}{c}\right)\right] \quad (5-26)$$

$$Z = \frac{E \cdot A}{c} \quad (5-27)$$

式中 R_c——由凯司法判定的单桩竖向抗压承载力(kN)；

J_c——凯司法阻尼系数；

t_1——速度第一峰对应的时刻(ms)；

$F(t_1)$——t_1 时刻的锤击力(kN)；

$V(t_1)$——t_1 时刻的质点运动速度(m/s)；

Z——桩身截面力学阻抗(kN·s/m)；

A——桩身截面面积(m^2)；

L——测点下桩长(m)；

E——桩身材料弹性模量(kPa)；

c——桩身应力波传播速度(m/s)。

注：公式（5-9）适用于 $t_1 + 2L/c$ 时刻桩侧和桩端土阻力均已充分发挥的摩擦型桩。

对于土阻力滞后于 $t_1 + 2L/c$ 时刻明显发挥或先于 $t_1 + 2L/c$ 时刻发挥并造成桩中上部强烈反弹这两种情况，宜分别采用以下两种方法对 R_c 值进行提高修正：

a. 适当将 t_1 延时，确定 R_c 的最大值。

b. 考虑卸载回弹部分土阻力对 R_c 值进行修正。

8）实测曲线拟合法判定桩承载力

①采用实测曲线拟合法判定桩承载力，应符合下列规定：

a. 所采用的力学模型应明确合理，桩和土的力学模型应能分别反映桩和土的实际力学性状，模型参数的取值范围应能限定。

b. 拟合分析选用的参数应在岩土工程的合理范围内。

c. 曲线拟合时间段长度在 $t_1 + 2L/c$ 时刻后延续时间不应小于 20ms；对于柴油锤打桩信号，在 $t_1 + 2L/c$ 时刻后延续时间不应小于 30ms。

d. 各单元所选用的土的最大弹性位移值不应超过相应桩单元的最大计算位移值。

e. 拟合完成时，土阻力响应区段的计算曲线与实测曲线应吻合，其他区段的曲线应基本吻合。

f. 贯入度的计算值与实测值接近。

②对单桩承载力的统计和单桩竖向抗压承载力特征值的确定应符合下列规定：

a. 参加统计的试桩结果，当满足其极差不超过 30% 时，取其平均值为单桩承载力统计值。

b. 当极差超过 30% 时，应分析极差过大的原因，结合工程具体情况综合确定。必要时可增加试桩数量。

c. 单位工程同一条件下的单桩竖向抗压承载力特征值 R_a 应按本方法得到的单桩承载力统计值的一半取值。

9）桩身完整性判定可采用以下方法进行：

①采用实测曲线拟合法判定时，拟合时所选用的桩土参数应符合第 8）中①条第 a、b 款的规定；根据桩的成桩工艺，拟合时可采用桩身阻抗拟合或桩身裂隙（包括混凝土预制桩的接桩缝隙）拟合。

②对于等截面桩，可参照表 5-26 并结合经验判定；桩身完整性系数 β 和桩身缺陷位置 x 应分别按下列公式计算：

$$\beta = \frac{[F(t_1) + Z \cdot V(t_1)] - 2R_x + [F(t_x) - Z \cdot V(t_x)]}{[F(t_1) + Z \cdot V(t_1)] - [F(t_x) - Z \cdot V(t_x)]}$$

$$(5-28)$$

$$x = c \cdot \frac{t_x - t_1}{2000} \quad (5-29)$$

式中 β——桩身完整性系数；

t_x——缺陷反射峰对应的时刻(ms)；

x——桩身缺陷至传感器安装点的距离(m)；

t_1——速度第一峰对应的时刻(ms)；

$F(t_1)$——t_1 时刻的锤击力(kN)；

$V(t_1)$——t_1 时刻的质点运动速度(m/s)；

Z——桩身截面力学阻抗(kN·s/m)；

c——桩身应力波传播速度(m/s)；

R_x——缺陷以上部位土阻力的估计值，等于缺陷反射波起始点的力与速度乘以桩身截面力学阻抗之差值，取值方法见图 5-16。

桩身完整性判定　　表 5-26

类别	β 值	类别	β 值
Ⅰ	$\beta=1.0$	Ⅲ	$0.6\leqslant\beta<0.8$
Ⅱ	$0.8\leqslant\beta<1.0$	Ⅳ	$\beta<0.6$

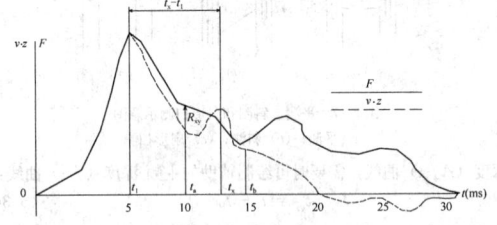

图 5-16　桩身完整性系数计算

③出现下列情况之一时，桩身完整性判定宜按工程地质条件和施工工艺，结合实测曲线拟合法或其他检测方法综合进行：

a. 桩身有扩径的桩。

b. 桩身截面渐变或多变的混凝土灌注桩。

c. 力和速度曲线在峰值附近比例失调，桩浅部有缺陷的桩。

d. 锤击力波上升缓慢，力与速度曲线比例失调的桩。

10) 桩身最大锤击拉、压应力和桩锤实际传递给桩的能量

①最大桩身锤击拉应力可按下式计算：

$$\sigma_t = \frac{1}{2A}\left\{ Z\cdot V\left(t_1+\frac{2L}{c}\right) - F\left(t_1+\frac{2L}{c}\right) - Z\cdot V\left[t_1+\frac{2L-2x}{c}\right] - F\left[t_1+\frac{2L-2x}{c}\right] \right\} \tag{5-30}$$

式中　σ_t——最大桩身锤击拉应力(kPa)；

　　　x——传感器安装点至计算点的距离(m)；

　　　A——桩身截面面积(m²)；

　　　t_1——速度第一峰对应的时刻(ms)；

　　　$F(t_1)$——t_1 时刻的锤击力(kN)；

　　　$V(t_1)$——t_1 时刻的质点运动速度(m/s)；

　　　L——测点下桩长(m)；

　　　c——桩身应力波传播速度(m/s)。

②最大桩身锤击压应力可按下式计算：

$$\sigma_P = \frac{F_{max}}{A} \tag{5-31}$$

式中　σ_P——最大桩身锤击压应力(kPa)；

　　　A——桩身截面面积(m²)；

　　　F_{max}——实测的最大锤击力(kN)。

③桩锤实际传递给桩的能量应按下式计算：

$$E_n = \int_0^{te} F\cdot V\cdot dt \tag{5-32}$$

式中　E_n——桩锤实际传递给桩的能量(kJ)；

　　　t_e——采样结束的时刻(s)；

　　　F——锤击力(kN)；

　　　V——质点运动速度(m/s)。

5.2.3.3 钻芯法

本方法适用于检测混凝土灌注桩的桩长、桩身混凝土强度、桩底沉渣厚度和桩身完整性，判定或鉴别桩端持力层岩土性状。

1. 检测设备及辅助工具

检测主要应有液压操纵的钻机及配套工具、水泵、补平器、磨平机及锯切机等。钻机应配备单动双管钻具以及相应的孔口管、扩孔器、卡簧、扶正稳定器和可捞取松软渣样的钻具。钻杆应顺直，直径宜为 50mm。钻头应根据混凝土设计强度等级选用合适粒度、浓度、胎体硬度的金刚石钻头，且外径不宜小于 100mm。钻头胎体不得有肉眼可见的裂纹、缺边、少角、倾斜及喇叭口变形。水泵的排水量应为 50～160L/min，泵压应为1.0～2.0MPa。锯切芯样试件用的锯切机应具有冷却系统和牢固夹紧芯样的装置，配套使用的金刚石圆锯片应有足够刚度。

2. 取样规则

(1) 桩径小于 1.2m 的桩钻 1 孔，桩径为 1.2～1.6m 的桩钻 2 孔，桩径大于 1.6m 的桩钻 3 孔。

(2) 当钻芯孔为一个时，宜在距桩中心 10～15cm 的位置开孔；当钻芯孔为两个或两个以上时，开孔位置宜在距桩中心 0.15～0.25D 内均匀对称布置。

(3) 对桩端持力层的钻探，每根受检桩不应少于一孔，且钻探深度应满足设计要求。

3. 现场检测

(1) 钻取芯样

1) 钻机设备安装必须周正、稳固、底座水平。钻机立轴中心、天轮中心（天车前沿切点）与孔口中心必须在同一铅垂线上。应确保钻机在钻芯过程中不发生倾斜、移位，钻芯孔垂直度偏差不大于 0.5%。当桩顶面与钻机底座的距离较大时，应安装孔口管，孔口管应垂直且牢固。

2) 钻进过程中，钻孔内循环水流不得中断，应根据回水含砂量及颜色调整钻进速度。提钻卸取芯样时，应控卸钻头和扩孔器，严禁敲打卸取芯。每回次进尺宜控制在 1.5m 内；钻至桩底时，宜采取适宜的钻芯方法和工艺钻取沉渣并测定沉渣厚度，并采用适宜的方法对桩端持力层岩土性状进行鉴别。

3) 钻取的芯样应由上而下按回次顺序放进芯样箱中，芯样侧面上应清晰标明回次数、块号、本回次总块数，并应按规范要求的格式及时记录钻进情况和钻进异常情况，对芯样质量进行初步描述。钻芯过程中，应按规范要求的格式对芯样混凝土、桩底沉渣以及桩端持力层详细编录。钻芯结束后，应对芯样和标有工程名称、桩号、钻芯孔号、芯样试件采取位置、桩长、孔深、检测单位名称的标示牌的全貌进行拍照。

(2) 芯样试件截取与加工

1) 当桩长为 10～30m 时，每孔截取 3 组芯样；当桩长小于 10m 时，可取 2 组，当桩长大于 30m 时，不少于 4 组。上部芯样位置距桩顶设计标高不宜大于 1 倍桩径或 1m，下部芯样位置距桩底不宜大于 1 倍桩径或 1m，中间芯样宜等间距截取。缺陷位置能取样时，应截取一组芯样进行混凝土抗压试验。当同一基桩的钻芯孔数大于一个，其中一孔在某深度存在缺陷时，应在其他孔的该深度处截取芯样进行混凝土抗压试验。

2) 当桩端持力层为中、微风化岩层且岩芯可制作成试件时，应在接近桩底部位截取一组岩芯试样；遇分层岩性时宜在各层取样。

3) 每组芯样应制作三个芯样抗压试件。芯样试件应按规范进行加工和测量。

4. 芯样试件抗压强度试验

(1) 芯样试件制作完毕可立即进行抗压强度试验。混凝土芯样试件的抗压强度试验应按现行国家标准《普通混凝土力学性能试验方法》(GB/T 50081) 的有关规定执行。抗压强度试验后，当发现芯样试件平均直径小于 2 倍试件内混凝土粗骨料最大粒径，且强度值异常时，该试件的强度值不得参与统计平均。

(2) 混凝土芯样试件抗压强度应按下列公式计算：

$$f_{cu} = \xi \cdot \frac{4P}{\pi d^2} \tag{5-33}$$

式中　f_{cu}——混凝土芯样试件抗压强度（MPa），精确到 0.1MPa；

　　　P——芯样试件抗压试验测得的破坏荷载（N）；

　　　d——芯样试件的平均直径（mm）；

　　　ξ——混凝土芯样试件抗压强度折算系数，应考虑芯样尺寸效应、钻芯机械对芯样扰动和混凝土成型条件的影响，通过试验统计确定。当无试验统计资料时，宜取为 1.0。

(3) 桩底岩芯单轴抗压强度试验可按现行国家标准《建筑地基基础设计规范》(GB 50007) 附录 J 执行。

5. 检测数据的分析与判定

(1) 混凝土芯样试件抗压强度代表值应按一组 3 块试件强度值的平均值确定。同一受检桩同一深度部位有两组或两组以上混凝土芯样试件抗压强度代表值时，取其平均值为该桩该深度处混凝土

样试件抗压强度代表值。

(2) 受检桩中不同深度位置的混凝土芯样试件抗压强度代表值中的最小值为该桩混凝土芯样试件抗压强度代表值。

(3) 桩端持力层性状应根据芯样特征、岩石芯样单轴抗压强度试验、动力触探或标准贯入试验结果、综合判定桩端持力层岩土性状。

(4) 桩身完整性类别应结合钻芯孔数、现场混凝土芯样特征、芯样单轴抗压强度试验结果，按表 5-23 的规定和表 5-26 的特征进行综合判定。

(5) 成桩质量评价应按单桩进行。当出现下列情况之一时，应判定该受检桩不满足设计要求：

1) 桩身完整性类别为Ⅳ类的桩 (桩身完整性判定见表 5-27)。

2) 受检桩混凝土芯样试件抗压强度代表值小于混凝土设计强度等级的桩。

3) 桩长、桩底沉渣厚度不满足设计或规范要求的桩。

4) 桩端持力层岩土性状 (强度) 或厚度未达到设计或规范要求的桩。

桩身完整性判定   表 5-27

类 别	特 征
Ⅰ	混凝土芯样连续、完整、表面光滑、胶结好、骨料分布均匀、呈长柱状、断口吻合，芯样侧面仅见少量气孔
Ⅱ	混凝土芯样连续、完整、胶结叫好、骨料分布基本均匀、呈柱状、断面基本吻合
Ⅲ	大部分混凝土芯样胶结较好，无松散、夹泥或分层现象，但有下列情况之一 芯样局部被破碎且破碎长度不大于10cm 芯样骨料分布不均匀 芯样多呈短柱状或块状 芯样侧面蜂窝麻面、沟槽连续
Ⅳ	有下列情况之一 钻进很困难 芯样任意段松散、夹泥或分层 芯样局部破碎且破碎长度大于10cm

(6) 钻芯孔偏出桩外时，仅对钻取芯样部分进行评价。

5.2.3.4 声波透射法

本方法适用于已预埋声测管的混凝土灌注桩桩身完整性检测，判定桩身缺陷的程度并确定其位置。

1. 检测设备及辅助工具

检测应有声波发射与接收换能器、声波检测仪等设备。

2. 现场检测

(1) 现场检测前准备

采用标定法确定仪器系统延迟时间。计算声测管及耦合水层声时修正值。在桩顶测量相应声测管外壁间净距离。将各声测管内注满清水，检查声测管畅通情况；换能器应能在全程范围内升降顺畅。

(2) 检测

1) 将发射与接收声波换能器通过深度标志分别置于两根声测管中的测点处。发射与接收声波换能器应以相同标高见图 5-17 (a) 或保持固定高差见图 5-17 (b) 同步升降，测点间距不宜大于 250mm。实时显示和记录接收信号的时程曲线，读取声时、首波峰值和周期值，宜同时显示频谱曲线及主频值。

2) 将多根声测管以两根为一个检测剖面进行全组合，分别对所有检测剖面完成检测。

3) 在桩身质量可疑的测点周围，应采用加密测点，或采用斜测见图 5-17 (b)、扇形扫测见图 5-17 (c) 进行复测，进一步确定桩身缺陷的位置和范围。在同一根桩的各检测剖面的检测过程中，声波发射电压和仪器设置参数应保持不变。

3. 检测数据的分析与判定

(1) 各测点的声时 t_c、声速 v、波幅 A_p 及主频 f 根据现场检测数据，按下列各式计算，并绘制声速-深度 $(v-z)$ 曲线和波幅-

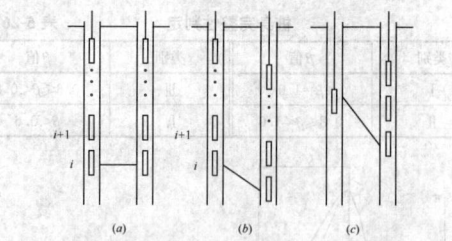

图 5-17 平测、斜测和扇形扫测示意图
(a) 平测；(b) 斜测；(c) 扇形扫测

深度 (A_p-z) 曲线，需要时可绘制辅助的主频-深度 $(f-z)$ 曲线：

$$t_{ci} = t_i - t_0 - t' \tag{5-34}$$

$$v_i = \frac{l'}{t_{ci}} \tag{5-35}$$

$$A_{pi} = 20\lg \frac{a_i}{a_{80}} \tag{5-36}$$

$$f_i = \frac{1000}{T_i} \tag{5-37}$$

式中 t_{ci}——第 j 测点声时 (μs)；
t_i——第 i 测点声时测量值 (μs)；
t_0——仪器系统延迟时间 (μs)；
t'——声测管及耦合水层声时修正值 (μs)；
l'——每检测剖面相应两声测管的外壁间净距离 (mm)；
v_i——第 i 测点声速 (km/s)；
A_{pi}——第 i 测点波幅值 (dB)；
a_i——第 i 测点信号首波峰值 (V)；
a_0——零分贝信号幅值 (V)；
f_i——第 i 测点信号主频值 (kHz)，也可由信号频谱的主频求得；
T_i——第 i 测点信号周期 (μs)。

(2) 声速临界值应按下列步骤计算：

1) 将同一检测剖面各测点的声速 v_i 值由大到小依次排序，即

$$v_1 \geqslant v_2 \geqslant \cdots v_i \geqslant \cdots v_{n-k} \geqslant \cdots v_{n-1} \geqslant v_n (k = 0,1,2,\cdots)$$
$$\tag{5-38}$$

式中 v_i——按序排列后的第 i 个声速测量值；
n——检测剖面测点数；
k——从零开始逐一去掉序列尾部最小数值的数据个数。

2) 对从零开始逐一去掉，序列中最小数值后余下的数据进行统计计算。当去掉最小数值的数据个数为 k 时，对包括 v_{n-k} 在内的余下数据 $v_1 \sim v_{n-k}$ 按下列公式进行统计计算：

$$v_0 = v_m - \lambda \cdot s_x \tag{5-39}$$

$$v_m = \frac{1}{n-k} \sum_{i=1}^{n-k} v_i \tag{5-40}$$

$$s_x = \sqrt{\frac{1}{n-k-1} \sum_{i=1}^{n-k} (v_i - v_m)^2} \tag{5-41}$$

式中 v_0——异常判断值；
v_m——$(n-k)$ 个数据的平均值；
s_x——$(n-k)$ 个数据的标准差；
v_i——按序排列后的第 i 个声速测量值；
n——检测剖面测点数；
k——从零开始逐一去掉序列尾部最小数值的数据个数；
λ——由表 5-28 查得的与$(n-k)$相对应的系数。

统计数据个数$(n-k)$与对应的 λ 值   表 5-28

$n-k$	20	22	24	26	28	30	32	34	36	38
λ	1.64	1.69	1.73	1.77	1.80	1.83	1.86	1.89	1.91	1.94
$n-k$	40	42	44	46	48	50	52	54	56	58
λ	1.96	1.98	2.00	2.02	2.04	2.05	2.07	2.09	2.10	2.11
$n-k$	60	62	64	66	68	70	72	74	76	78
λ	2.13	2.14	2.15	2.17	2.18	2.19	2.20	2.21	2.22	2.23

续表

$n-k$	80	82	84	86	88	90	92	94	96	98
λ	2.24	2.25	2.26	2.27	2.28	2.29	2.29	2.30	2.31	2.32
$n-k$	100	105	110	115	120	125	130	135	140	145
λ	2.33	2.34	2.36	2.38	2.39	2.41	2.42	2.43	2.45	2.46
$n-k$	150	160	170	180	190	200	220	240	260	280
λ	2.47	2.50	2.52	2.54	2.56	2.58	2.61	2.64	2.67	2.69

3）将 v_{n-k} 与异常判断值 v_0 进行比较，当 $v_{n-k} \leqslant v_0$ 时，v_{n-k} 及其以后的数据均为异常，去掉 v_{n-k} 及其以后的异常数据；再用数据 $v_1 \sim v_{n-k-1}$ 并重复式（5-39）～式（5-41）的计算步骤，直到 v_i 序列中余下的全部数据满足：

$$v_i > v_0 \tag{5-42}$$

此时，v_0 为声速的异常判断临界值 v_c。

4）声速异常时的临界值判据为：

$$v_i \leqslant v_c \tag{5-43}$$

当式（5-43）成立时，声速可判定为异常。

（3）当检测剖面 n 个测点的声速值普遍偏低且离散性很小时，宜采用声速低限值判据：

$$v_i \leqslant v_L \tag{5-44}$$

式中　v_i ——第 i 测点声速（km/s）；
　　v_L ——声速低限值（km/s），由预留同条件混凝土试件的抗压强度与声速对比试验结果，结合本地区实际经验确定。

当式（5-45）成立时，可直接判定为声速低于低限值异常。

（4）波幅异常时的临界值判据应按下列公式计算：

$$A_m = \frac{1}{n}\sum_{i=1}^{n} A_{pi} \tag{5-45}$$

$$A_{pi} < A_m - 6 \tag{5-46}$$

式中　A_m ——波幅平均值（dB）；
　　A_{pi} ——第 i 测点波幅值（dB）；
　　n ——检测剖面测点数。

当式（5-47）成立时，波幅可判定为异常。

（5）当采用斜率法的 PSD 值作为辅助异常点判据时，PSD 值应按下列公式计算：

$$PSD = K \cdot \Delta t \tag{5-47}$$

$$K = \frac{t_{ci} - t_{ci-1}}{Z_i - Z_{i-1}} \tag{5-48}$$

$$\Delta t = t_{ci} - t_{ci-1} \tag{5-49}$$

式中　K ——斜率；
　　t_{ci} ——第 i 测点声时（μs）；
　　t_{ci-1} ——第 $i-1$ 测点声时（μs）；
　　Z_i ——第 i 测点深度（m）；
　　Z_{i-1} ——第 $i-1$ 测点深度（m）。

根据 PSD 值在某深度处的突变，结合波幅变化情况，进行异常点判定。

（6）当采用信号主频值作为辅助异常点判据时，主频-深度曲线上主频值明显降低可判定为异常。

（7）桩身完整性类别应结合桩身混凝土各声学参数临界值、PSD 判据、混凝土声速低限值以及桩身质量可疑处加密测试（包括斜测或扇形扫描）后确定的缺陷范围，按表5-23的规定和表5-29的特征进行综合判定。

桩身完整性判定　　表5-29

类别	特　　征
I	各检测剖面的声学参数均无异常，无声速低于低限值异常
II	某一检测剖面个别测点的声学参数出现异常，无声速低于低限值异常
III	某一检测剖面连续多个测点的声学参数出现异常；两个或两个以上检测剖面在同一深度测点的声学参数出现异常；局部混凝土声速出现低于低限值异常
IV	某个检测剖面连续多个测点的升序参数出现明显异常；两个或两个以上检测剖面在同一深度测点的升序参数出现明显异常；桩身混凝土声速出现普遍低于低限值异常或无法检测首波或声波接收信号严重畸变

5.2.4　地基结构性能试验

5.2.4.1　浅层平板荷载试验

（1）地基土浅层平板载荷试验可适用于确定浅部地基土层的承压板下应力主要影响范围内的承载力。承压板面积不应小于 $0.25m^2$，对于软土不应小于 $0.5m^2$。

（2）试验基坑宽度不应小于承压板宽度或直径的 3 倍。应保持试验土层的原状结构和天然湿度。宜在拟试压表面用粗砂或中砂层找平，其厚度不超过 20mm。

（3）加荷分级不应少于 8 级。最大加载量不应小于设计要求的 2 倍。

（4）每级加载后，按间隔 10min、10min、10min、15min、15min，以后每隔 0.5h 测读一次沉降量，当在连续 2h 内，每小时的沉降量小于 0.1mm 时，则认为已趋稳定，可加下一级荷载。

（5）当出现下列情况之一时，即可终止加载：
1）承压板周围的土明显地侧向挤出；
2）沉降 s 急骤增大，荷载-沉降（P-s）曲线出现陡降段；
3）在某一级荷载下，24h 内沉降速率不能达到稳定；
4）沉降量与承压板宽度或直径之比大于或等于 0.06。
当满足前三种情况之一时，其对应的前一级荷载定为极限荷载。

（6）承载力特征值的确定应符合下列规定：
1）当 P-s 曲线上有比例界限时，取该比例界限所对应的荷载值；
2）当极限荷载小于对应比例界限的荷载值的 2 倍时，取极限荷载值的 1/2；
3）当不能按上述两项要求确定时，当压板面积为 0.25～0.50m^2，可取 s/b=0.01～0.015，所对应的荷载，但其值不应大于最大加载量的 1/2。

（7）同一土层参加统计的试验点不应少于 3 点，当试验实测值的极差不超过其平均值的 30% 时，取此平均值作为该土层的地基承载力特征值 f_{ak}。

5.2.4.2　深层平板荷载试验

（1）深层平板载荷试验可适用于确定深部地基土层及大直径桩桩端土层在承压板下应力主要影响范围内的承载力。

（2）深层平板载荷试验的承压板采用直径为 0.8m 的刚性板，紧靠承压板周围外侧的土层高度应不少于 80cm。

（3）加荷等级可按预估极限承载力的 1/10～1/15 分级施加。

（4）每级加荷后，第一个小时内按间隔 10min、10min、10min、15min、15min，以后每隔 0.5h 时读一次沉降。当在连续 2h 内，每小时的沉降量小于 0.1mm 时，则认为已趋稳定，可加下一级荷载。

（5）当出现下列情况之一时，可终止加载：
1）沉降 s 急骤增大，荷载～沉降（P～s）曲线上有可判定极限承载力的陡降段，且沉降量超过 0.04d（d 为承压板直径）；
2）在某级荷载下，24h 内沉降速率不能达到稳定；
3）本级沉降量大于前一级沉降量的 5 倍；
4）当持力层土层坚硬，沉降量很小时，最大加载量不小于设计要求的 2 倍。

（6）承载力特征值的确定应符合下列规定：
1）当 P～s 曲线上有比例界限时，取该比例界限所对应的荷载

值；

2) 满足前 3 条终止加载条件之一时，其对应的前一级荷载定为极限荷载，当该值小于对应比例界限的荷载值的 2 倍时，取极限荷载值的 1/2；

3) 不能按上述二条要求确定时，可取 $s/d=0.01\sim0.015$ 所对应的荷载值，但其值不应大于最大加载量的 1/2。

(7) 同一土层参加统计的试验点不应少于 3 点，当试验实测值的极差不超过平均值的 30% 时，取此平均值作为该土层的地基承载力特征值 f_{ak}。

5.2.4.3 岩基荷载试验

(1) 本岩基荷载试验适用于确定完整、较完整、较破碎岩基作为天然地基或桩基础持力层时的承载力。

(2) 采用圆形刚性承压板，直径为 300mm。当岩石埋藏深度较大时，可采用钢筋混凝土桩，但桩周需采取措施以消除桩身与土之间的摩擦力。

(3) 测量系统的初始稳定读数观测：加压前，每隔 10min 读数 1 次，连续 3 次读数不变可开始试验。

(4) 加载方式：单循环加载，荷载逐级递增直到破坏，然后分级卸载。

(5) 荷载分级：第一级加载值为预估设计荷载的 1/5，以后每级为 1/10。

(6) 沉降量测读：加载后立即读数，以后每 10min 读数 1 次。

(7) 稳定标准：连续 3 次读数之差均不大于 0.01mm。

(8) 终止加载条件：当出现下述现象之一时，即可终止加载：

1) 沉降量读数不断变化，在 24h 内，沉降速率有增大的趋势；

2) 压力加不上或勉强加上而不能保持稳定。

注：若限于加载能力，荷载也应增加到不少于设计要求的 2 倍。

(9) 卸载观测：每级卸载为加载时的 2 倍，如为奇数，第一级可为 3 倍。每级卸载后，隔 10min 测读 1 次，测读 3 次后可卸下一级荷载。全部卸载后，当测读到 0.5h 回弹量小于 0.01mm 时，即认为稳定。

(10) 岩石地基承载力的确定：

1) 对应于 $P\sim s$ 曲线上起始直线段的终点为比例界限。符合终止加载条件的前一级荷载为极限荷载。将极限荷载除以 3 的安全系数，所得值与对应于比例界限的荷载相比较，取小值；

2) 每个场地载荷试验的数量不应少于 3 个，取得小值作为岩石地基承载力特征值；

3) 岩石地基承载力不进行深度修正。

5.2.4.4 岩石单轴抗压强度试验

(1) 试料可用钻孔的岩芯或坑、槽探中采取的岩块。

(2) 岩样尺寸一般为 $\phi 50mm \times 100mm$，数量不应少于 6 个，进行饱和处理。

(3) 在压力机上以每秒 $500\sim800kPa$ 的加载速度加载，直到试样破坏为止，记下最大加载，做好试验前后的试样描述。

(4) 根据参加统计的一组试样的试验值计算其平均值、标准差、变异系数，取岩石饱和单轴抗压强度的标准值为：

$$f_{rk} = \psi \cdot f_{rm} \qquad (5\text{-}50)$$

$$\psi = 1 - \left(\frac{1.704}{\sqrt{n}} + \frac{4.678}{n^2}\right)\delta \qquad (5\text{-}51)$$

式中　f_{rm}——岩石饱和单轴抗压强度平均值；
　　　f_{rk}——岩石饱和单轴抗压强度标准值；
　　　ψ——统计修正系数；
　　　n——试样个数；
　　　δ——变异系数。

5.2.4.5 岩石锚杆抗拔试验

(1) 在同一场地同一岩层中的锚杆，试验数不得少于总锚杆的 5%，且不应少于 6 根。

(2) 试验采用分级加载，荷载分级不得少于 8 级。试验的最大加载量不应少于锚杆设计荷载的 2 倍。

(3) 每级荷载施加完毕后，应立即测读位移量。以后每间隔

5min 测读 1 次。连续 4 次测读出的锚杆拔升值均小于 0.01mm 时，认为在该级荷载下的位移已达到稳定状态，可继续施加下一级上拔荷载。

(4) 当出现下列情况之一时，即可终止锚杆的上拔试验：

1) 锚杆拔升量持续增长，且在 1 小时时间范围内未出现稳定的迹象；

2) 新增加的上拔力无法施加，或者施加后无法使上拔力保持稳定；

3) 锚杆的钢筋已被拔断，或者锚杆锚筋被拔出。

(5) 符合上述终止条件的前一级拔出荷载，即为该锚杆的极限抗拔力。

(6) 参加统计的试验锚杆，当满足其极差不超过平均值的 30% 时，可取其平均值为锚杆极限承载力。极差超过平均值的 30% 时，宜增加试验量并分析离差过大的原因，结合工程情况确定极限承载力。将锚杆极限承载力除以安全系数 2 为锚杆抗拔承载力特征值 Rt。

(7) 锚杆钻孔时，应利用钻孔取出的岩芯加工成标准试件，在天然湿度条件下进行岩石单轴抗压试验，每根试验锚杆的试样数，不得少于 3 个。

(8) 试验结束后，必须对锚杆试验现场的破坏情况进行详尽的描述和拍摄照片。

5.2.5　砌体工程试验、检测

5.2.5.1 砂浆性能试验

建筑砂浆性能试验方法主要有：稠度试验、表观密度试验、分层度试验、保水性试验、凝结时间试验、立方体抗压强度试验、拉伸粘结强度试验、抗冻性能试验、收缩试验、含气量试验、吸水率试验、抗渗性能试验、静力受压弹性模量试验。

其中稠度试验、分层度试验主要用于施工现场检测。

1. 稠度试验

砂浆稠度试验主要是用于确定砂浆配合比或施工过程中控制砂浆稠度。

(1) 检测设备及辅助工具

1) 砂浆稠度测定仪：由试锥、容器和支座三部分组成。试锥由钢材或铜材制成，锥高 145mm，锥底直径 75mm，试锥连同滑杆重量应为 $300\pm2g$；盛砂浆容器由钢板制成，简高 180mm，锥底内径 150mm；支座应包括底座、支架及稠度显示三部分；由铸铁、钢及其他金属制成；如图 5-18；

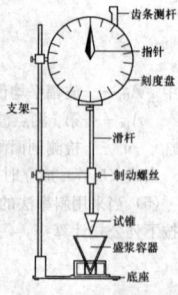

图 5-18　砂浆稠度测定仪

2) 钢制捣棒：直径 10mm、长 350mm，端部磨圆；

3) 秒表。

(2) 取样

1) 建筑砂浆试验用料应从同一盘砂浆或同一车砂浆中取出。取样量不应少于试验所需量的 4 倍。

2) 当施工过程中进行砂浆试验时，砂浆取样方法应按相应的施工验收规范执行，并宜在现场搅拌点或预拌砂浆卸料点的至少 3 个不同部位及时取样。对于现场取得的试样，试验前应人工搅拌均匀。

3) 从取样完毕到开始进行各项性能试验，不宜超过 15min。

(3) 现场检测

1) 应先采用少量润滑油轻擦滑杆，再将滑杆上多余的油用吸油纸擦净，使滑杆自由滑动。

2) 应先用湿布擦净盛浆容器和试锥表面，再将砂浆拌合物一次装入容器，砂浆低于容器口约 10mm，用捣棒自容器中心向边缘插捣 25 次，轻击容器 5~6 下，使砂浆表面平整，随后将容器置于稠度测定仪的底座上。

3) 拧开制动螺丝，向下移动滑杆，当试锥尖端与砂浆表面刚接触时，拧紧制动螺丝，使齿条侧杆下端刚接触滑杆上端，并将指针对准零点上。

4) 拧开制动螺丝,同时以秒表计时,待 10s 立即固定螺丝,将齿条测杆下端接触滑杆上端,从刻度盘读出下沉深度(精确至 1mm),即为砂浆稠度值。

5) 盛浆容器内的砂浆,只允许测定一次稠度,重复测定时,应重新取样测定。

(4) 检测结果

1) 同盘砂浆应取以两次试验结果的算术平均值为测试值,并应精确至 1mm。

2) 当两次试验值之差大于 10mm,应重新取样测定。

2. 分层度试验

分层度试验是用于测定砂浆拌合物在运输、停放、使用过程中的离析、泌水等内部组分的稳定性。

(1) 检测设备及辅助工具

1) 分层度筒:由金属制成,内径为 150mm,主节高度为 200mm,下节带底净高为 100mm,由连接螺栓在两侧连接,上、下层连接处需加宽到 3~5mm,并设有橡胶垫圈,见图 5-19。

2) 水泥胶砂振动台:振幅 0.5±0.05mm,频率 50±3Hz。

3) 砂浆稠度仪、木槌等。砂浆分层度测定仪见图 5-19。

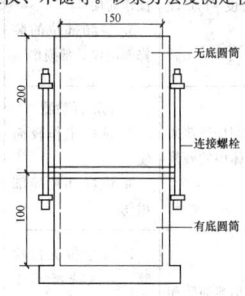

图 5-19 砂浆分层度测定仪

(2) 取样

1) 建筑砂浆试验用料应从同一盘砂浆或同一车砂浆中取出。取样量不应少于试验所需量的 4 倍。

2) 当施工过程中进行砂浆试验时,砂浆取样方法应按相应的施工验收规范执行,并宜在现场搅拌点或预拌砂浆卸料点的至少 3 个不同部位及时取样。对于现场取得的试样,试验前应人工搅拌均匀。

3) 从取样完毕到开始进行各项性能试验,不宜超过 15min。

(3) 现场检测

分层度的测定可采用标准法和快速法。当发生争议时,应以标准法的测定结果为准。

1) 标准法测定分层度应按下列步骤进行:

①先按规定测定砂浆拌合物稠度;

②将砂浆拌合物一次装入分层度筒内,待装满后,用木锤在容器周围距离大致相等的四个不同部位轻轻敲击 1~2 下;当砂浆沉落至低于筒口,则应随时添加,然后刮去多余的砂浆并用抹刀抹平;

③静置 30min 后,去掉上节 200mm 砂浆,然后将剩余的 100mm 砂浆倒出放在拌合锅内拌 2min,再按标准测定其稠度。前后测得的稠度之差即为该砂浆的分层度值(mm)。

2) 快速法测定分层度应按下列步骤进行:

①先测定测定砂浆拌和物的稠度;

②将分层度筒预先固定在振动台上,砂浆一次装入分层度筒内,振动 20s;

③去掉上节 200mm 砂浆,剩余 100mm 砂浆倒出放在拌合锅内拌 2min,再按稠度试验方法测其稠度,前后测得的稠度之差即为该砂浆的分层度值。

(4) 检测结果

1) 取两次试验结果的算术平均值作为该砂浆的分层度值;

2) 两次分层度试验之差如大于 10mm,应重新取样测定。

5.2.5.2 砂浆强度现场检验

1. 砂浆强度检测一览表见表 5-30。

砂浆强度检测一览表　　　　　表 5-30

项次	项　　目	抽检数量	合格标准
1	砖砌体工程	每一检验批且不超过 250m³ 砌体的各类、各强度等级的普通砌筑砂浆,每台搅拌机应至少抽检一次。验收批的预拌砂浆、蒸压加气混凝土砌块专用砂浆,抽检可为 3 组	同一验收批砂浆试件强度平均值应大于或等于设计强度等级值的 1.10 倍;同一验收批砂浆试件抗压强度的最小一组平均值大于或等于设计强度等级值的 85%
2	混凝土小型空心砌块砌体工程		
3	石砌体工程		
4	填充墙砌体		

注:当施工中或验收时出现下列情况,可采用现场检验方法,对砂浆和砌体强度进行原位检测或取样检测,并判定其强度:

1. 砂浆试件缺乏代表性或试件数量不足;

2. 对砂浆试件的试验结果有怀疑或争议;

3. 砂浆试件的试验结果,不能满足设计要求;

4. 发生工程事故,需要进一步分析事故原因。

2. 结果评定:

(1) 应以 3 个试件测值的算术平均值作为改组时间的砂浆立方体抗压强度平均值(f_2),精确到 0.1MPa。

(2) 当 3 个测值的最大值或最小值中有一个与中间值的差值超过中间值的 15% 时,应把最大值及最小值一并舍去,取中间值作为该组试件的抗压强度值。

(3) 当两个测值与中间值的差值均超过中间值的 15% 时,该组试验结果应为无效。

5.2.5.3 砌体工程现场检测

1. 基本规定

(1) 检测工作内容:

1) 收集被检测工程的原设计图纸、施工验收资料、砖与砂浆的品种及有关原材料的试验资料。

2) 现场调查工程的结构形式、环境条件、使用期间的变更情况、砌体质量及其存在问题。

3) 应根据调查结果和确定的检测目的、内容和范围,选择一种或数种检测方法。对被检测工程划分检测单元,并确定测区和测点数。

(2) 检测单元、测区和测点:

1) 当检测对象为整栋建筑物或建筑物的一部分时,应将其划分为一个或若干个可以独立进行分析的结构单元,每一结构单元划分为若干个检测单元。

2) 每一检测单元内,应随机选择 6 个构件(单片墙体、柱)作为 6 个测区。当一个检测单元不足 6 个构件时,应将每个构件作为一个测区。

3) 每一测区应随机布置若干个测点。各种检测方法的测点数,应符合下列要求:

①原位轴压法、扁顶法、原位单剪法、筒压法:测点数不应少于 1 个。

②原位单砖双剪法、推出法、砂浆片剪切法、回弹法、点荷法、射钉法:测点数不应少于 5 个。

注:回弹法的测位,相当于其他检测方法的测点。

(3) 检测方法分类及其选用原则:

1) 砌体工程的现场检测方法,按对墙体损伤程度,可分为以下两类:

①非破损检测方法,在检测过程中,对砌体结构的既有性能没有影响。

②局部破损检测方法,在检测过程中,对砌体结构的既有性能有局部的、暂时的影响,但可修复。

2) 砌体工程的现场检测方法,按测试内容可分为下列几类:

①检测砌体抗压强度:原位轴压法、扁顶法;

②检测砌体工作应力、弹性模量:扁顶法;

③检测砌体抗剪强度:原位单剪法、原位单砖双剪法;

④检测砌筑砂浆强度:推出法、筒压法、砂浆片剪切法、回弹法、点荷法、射钉法、择压法。

3) 砌体工程现场检测方法一览表见表 5-31。

(4) 砖柱和宽度小于 2.5m 的墙体, 不宜选用有局部破损的检测方法。

砌体工程现场检测方法一览表   表 5-31

序号	检测方法	用　途	特　点	限制条件
1	原位轴压法	检测普通砖砌体的抗压强度	1. 属原位检测, 直接在墙体上测试, 测试结果综合反映了材料质量和施工质量 2. 直观性、可比性强 3. 设备较重 4. 检测部位局部破损	1. 槽间砌体每侧的墙体宽度应不小于 1.5m 2. 同一墙体上的测点数量不宜多于 1 个; 测点数量不宜太多 3. 限用于 240mm 砖墙
2	原位扁顶法	1. 检测普通砖砌体的抗压强度 2. 测试古建筑和重要建筑的实际应力; 测试具体工程的砌体弹性模量	1. 属原位检测, 直接在墙体上测试, 测试结果综合反映了材料质量和施工质量 2. 直观性、可比性较强 3. 扁顶重复使用率较低 4. 砌体强度较高或轴向变高或轴向变形较大时难以测出抗压强度 5. 设备较轻 6. 检测部位局部破损	1. 槽间砌体每侧的墙体宽度不应小于 1.5m 2. 同一墙体上的测点数量不宜多于 1 个; 测点数量不宜太多
3	原位单剪法	检测各种砌体的抗剪强度	1. 属原位检测, 直接在墙体上测试, 测试结果综合反映了施工质量和砂浆质量 2. 直观性较强 3. 检测部位局部破损	1. 测点选在窗下墙部位, 且承受反作用力的墙体应有足够长度 2. 测点数量不宜太多
4	原位单砖双剪法	检测烧结普通砖砌体的抗剪强度, 其他墙体应经试验确定有关换算系数	1. 属原位检测, 直接在墙体上测试, 测试结果综合反映了施工质量和砂浆质量 2. 直观性较强 3. 设备较轻便 4. 检测部位局部破损	当砂浆强度低于 5MPa 时, 误差较大
5	原位推出法	检测普通砖砌体的砂浆强度	1. 属原位检测, 直接在墙体上测试, 测试结果综合反映了施工质量和砂浆质量 2. 设备较轻便 3. 检测部位局部破损	当水平灰缝的砂浆饱满度低于 65% 时, 不宜选用
6	筒压法	检测烧结普通砖墙体中的砂浆强度	1. 属取样检测 2. 仅需利用一般混凝土试验室的常用设备 3. 取样部位局部损伤	测点数量不宜太多
7	砂浆片剪切法	检测烧结普通砖墙体中的砂浆强度	1. 属取样检测 2. 专用的砂浆测强仪及其标定仪, 较为轻便 3. 试验工作较简便 4. 取样部位局部损伤	
8	回弹法	1. 检测烧结普通砖墙体中的砂浆强度 2. 适宜于砂浆强度均质性普查	1. 属原位无损检测, 测区选择不受限制 2. 回弹仪有定型产品, 性能较稳定, 操作简便 3. 检测部位的装修面层仅局部损伤	砂浆强度不应小于 2MPa
9	点荷法	检测烧结普通砖墙体中的砂浆强度	1. 属取样检测 2. 试验工作较简便 3. 取样部位局部损伤	砂浆强度不应小于 2MPa
10	射钉法	烧结普通砖和多孔砖砌体中, 砂浆强度均质性普查	1. 属原位无损检测, 测区选择不受限制 2. 射钉枪、子弹、射钉有配套定型产品, 设备较轻便 3. 墙体装修面层仅局部损伤	1. 定量推定砂浆强度, 宜与其他检测方法配合使用 2. 砂浆强度不应小于 2MPa 3. 检测前, 需要用标准靶检校
11	择压法	检测烧结普通砖、烧结多孔砖、烧结空心砖砌体结构中的砂浆强度	1. 属取样检测 2. 专用择压仪局部直接抗压 3. 所测结果更直接、更准确、更合理、更科学	

2. 原位轴压法

(1) 检测设备及辅助工具

本方法适用于推定 240mm 厚普通砖砌体的抗压强度。检测时, 在墙体上开凿两条水平槽孔, 安放原位压力机。原位压力机由手动油泵、扁式千斤顶、反力平衡架等组成, 其工作状况如图 5-20 所示。

(2) 取样规则

测试部位应具有代表性, 并应符合下列规定:

1) 测试部位宜选在墙体中部距楼、地面 1m 左右的高度处; 槽间砌体每侧的墙体宽度不应小于 1.5m。

2) 同一墙体上, 测点不宜多于 1 个, 且宜选在沿墙体长度的中间部位; 多于 1 个时, 其水平净距不得小于 2.0m。

3) 测试部位不得选在挑梁下、应力集中部位以及墙梁的墙体计算高度范围内。

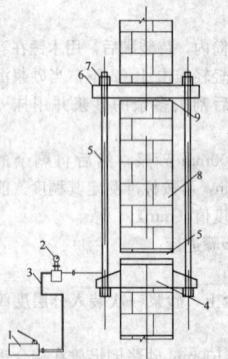

图 5-20 原位压力机
测试工作状况
1—手动油泵; 2—压力表;
3—高压油管; 4—扁式千斤顶; 5—拉杆 (共 4 根);
6—反力板; 7—螺母;
8—槽间砌体; 9—砂垫层

（3）现场检测

1）在测点上开凿水平槽孔时，应遵守下列规定：

①上、下水平槽的尺寸应符合表 5-32 的要求。

上、下水平槽尺寸　　　表 5-32

名　称	长度（mm）	厚度（mm）	高度（mm）	适用机型
上水平槽	250	240	70	
下水平槽	250	240	70	450
	250	240	140	600

②上下水平槽孔应对齐，两槽之间应相距 7 皮砖。

③开槽时，应避免扰动四周的砌体；槽间砌体的承压面应修平整。

2）在槽孔间安放原位压力机（图 5-20）时，应符合下列规定：

①在上槽内的下表面和扁式千斤顶的顶面，应分别均匀铺设湿细砂或石膏等材料的垫层，垫层厚度可取 10mm。

②将反力板置于上槽孔，扁式千斤顶置于下槽孔，安放四根钢拉杆，使两个承压板上下对齐后，拧紧螺母并调整其平行度；四根钢拉杆的上下螺母间的净距误差不大于 2mm。

③正式测试前，应进行试加荷载试验，试加荷载值可取预估破坏荷载的 10%。检查测试系统的灵活性和可靠性，以及上下压板和砌体受压面接触是否均匀密实。经试加荷载，测试系统正常后卸荷，开始正式测试。

3）正式测试时，应分级加荷。每级荷载可取预估破坏荷载的 10%，并应在 1~1.5min 内均匀加完，然后恒载 2min。加荷至预估破坏荷载的 80% 后，应按原定加荷速度连续加荷，直至槽间砌体破坏。当槽间砌体裂缝急剧扩展和增多，油压表的指针明显回退时，槽间砌体达到极限状态。

4）试验过程中，如发现上下压板与砌体承压面因接触不良，致使槽间砌体呈局部受压或偏心受压状态时，应停止试验。此时应调整试验装置，重新试验，无法调整时应更换测点。

5）试验过程中，应仔细观察槽间砌体初裂缝与裂缝开展情况，记录逐级荷载下的油压表读数、测点位置、裂缝随荷载变化情况简图等。

3. 原位扁顶法

本方法适用于推定普通砖砌体的受压工作应力、弹性模量和抗压强度。

（1）检测设备及辅助工具

检测时，在墙体的水平灰缝处开凿两条槽孔，安放扁顶。加荷设备由手动油泵、扁顶等组成，其工作状况如图 5-21 所示。

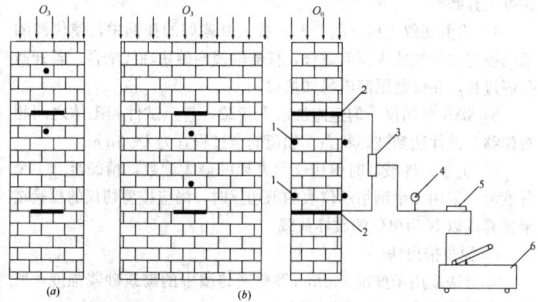

图 5-21　扁顶法测试装置与变形测点布置

(a) 测试受压工作应力；(b) 测试弹性模量、抗压强度

1—变形测量脚标（两对）；2—扁式液压千斤顶；3—三通接头；
4—压力表；5—溢流阀；6—手动油泵

（2）取样规则

测试部位应具有代表性，并应符合下列规定：

1）测试部位宜选在墙体中部距楼、地面 1m 左右的高度处；槽间砌体每侧的墙体宽度不应小于 1.5m。

2）同一墙体上，测点不宜多于 1 个，且宜选在沿墙体长度的中间部位；多于 1 个时，其水平净距不得小于 2.0m。

3）测试部位不得选在挑梁下、应力集中部位以及墙梁的墙体计算高度范围内。

（3）现场检测

1）实测墙体在受压工作应力时，应符合下列要求：

①在选定的墙体上，标出水平槽的位置并应牢固粘贴两对变形测量的脚标。脚标应位于水槽正中并跨越该槽；脚标之间的标距应相隔 4 皮砖，宜取 250mm。试验前应记录标距值，精确至 0.1mm。

②使用手持应变仪或千分表在脚标上测量砌体变形的初读数，应测量 3 次，并取其平均值。

③在标出水平槽位置处，剔除水平灰缝内的砂浆。水平槽的尺寸应略大于扁顶尺寸。开凿时不应损伤测点部位的墙体及变形测量脚标。应清理平整槽的 4 周，除去灰渣。

④使用掌上型应变仪或千分表在脚标上测量开槽后的砌体变形值，待读数稳定后方可进行下一步试验工作。

⑤在槽内安装扁顶，扁顶上下两面宜垫尺寸相同的钢垫板，并应连接试验油路（图 5-18）。

⑥正式测试前，应进行试加荷载试验，试加荷载值可取预估破坏荷载的 10%。检查测试系统的灵活性和可靠性，以及上下压板和砌体受压面接触是否均匀密实。经试加荷载，测试系统正常后卸荷，开始正式测试。

⑦正式测试时，应分级加荷。每级荷载应为预估破坏荷载值的 5%，并应在 1.5~2min 内均匀加完，恒载 2min 后读取变形值。当变形值接近开槽前的读数时，应适当减小加荷级差，直至实测变形值达到开槽前的读数，然后卸荷。

2）实测墙内砌体抗压强度或弹性模量时，应符合下列要求：

①在完成墙体的受压工作应力测试后，开凿第二条水平槽，上下槽应互相平行、对齐。当选用 250mm×250mm 扁顶时，两槽之间相隔 7 皮砖，净距宜取 430mm；当选用其他尺寸的扁顶时，两槽之间相隔 8 皮砖，净距宜取 490mm。遇有灰缝不规则或砂浆强度较高而难以凿槽的情况，可以在槽孔处取出 1 皮砖，安装扁顶时应采用钢制楔形垫块调整其间隙。

②应按要求在上下槽内安装扁顶。

③正式测试前，应进行试加荷载试验，试加荷载值可取预估破坏荷载的 10%。检查测试系统的灵活性和可靠性，以及上下压板和砌体受压面接触是否均匀密实。经试加荷载，测试系统正常后卸荷，开始正式测试。

④正式测试时，应分级加荷。每级荷载可取预估破坏荷载的 10%，并应在 1~1.5min 内均匀加完，然后恒载 2min。加荷至预估破坏荷载的 80% 后，应按原定加荷速度连续加荷，直至槽间砌体破坏。当槽间砌体裂缝急剧扩展和增多，油压表的指针明显回退时，槽间砌体达到极限状态。当需要测定砌体受压弹性模量时，应在槽间砌体两侧各粘贴一对变形测量脚标，脚标应位于槽间砌体的中部，脚标之间相隔 4 条水平灰缝，净距宜取 250mm（图 5-21）。试验前应记录标距值，精确至 0.1mm。按上述加荷方法进行试验，测记逐级荷载下的变形值，加荷的应力上限不宜大于槽间砌体极限抗压强度的 50%。

⑤当槽间砌体上部压应力小于 0.2MPa 时，应加设反力平衡架，方可进行试验。反力平衡架可由两块反力板和四根钢拉杆组成（图 5-20 中 5、6）。

3）当仅需要测定砌体抗压强度时，应同时开凿两条水平槽，按 GB/T 50315 中第 5.3.2 条的要求进行试验。

4）试验记录内容应包括描绘测点布置图、墙体砌筑方式、扁顶位置、脚标位置、轴向变形值、逐级荷载下的油压表读数、裂缝随荷载变化情况简图等。

4. 原位单剪法

本方法适用于推定砖砌体沿通缝截面的抗剪强度

（1）检测设备及辅助工具

1）测试设备包括螺旋千斤顶或卧式液压千斤顶、荷载传感器及数字荷载表等。试件的预估破坏荷载值应在千斤顶、传感器最大测量值的 20%~80% 之间。

2）检测前，应标定荷载传感器及数字荷载表，其示值相对误差不应大于 3%。

（2）取样规则

1）检测时，测试部位宜选在窗洞口或其他洞口下 3 皮砖范围内，试件具体尺寸应符合图 5-22 的规定。

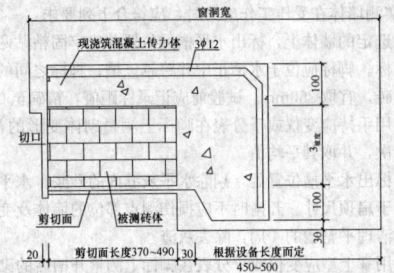

图 5-22　试件大样

2）试件的加工过程中，应避免扰动被测灰缝。

（3）现场检测

1）在选定的墙体上，应采用振动较小的工具加工切口，现浇钢筋混凝土传力件（图 5-23）。

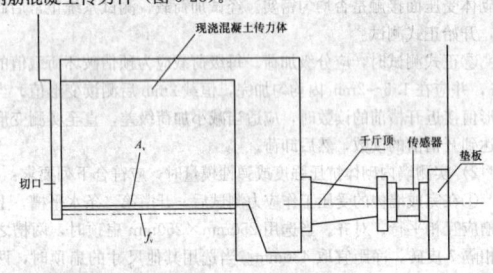

图 5-23　测试装置

2）测量被测灰缝的受剪面尺寸，精确至 1mm。

3）安装千斤顶及测试仪表，千斤顶的加力轴线与被测灰缝顶面应对齐（图 5-20）。

4）应匀速施加水平荷载，并控制试件在 2～5min 内破坏。当试件沿受剪面滑动、千斤顶开始卸荷时，即判定试件达到破坏状态。记录破坏荷载值，结束试验。在预定剪切面（灰缝）破坏，此次试验有效。

5）加荷试验结束后，翻转已破坏的试件，检查剪切面破坏特征及砌体砌筑质量，并详细记录。

5. 原位单砖双剪法

本方法适用于推定烧结普通砖砌体的抗剪强度。本方法宜选用释放受剪面上部压应力 σ_0 作用下的试验方案；当能准确计算上部压应力 σ_0 时，也可选用在上部压应力 σ_0 作用下的试验方案。

（1）检测设备及辅助工具

1）检测时，将原位剪切仪的主机安放在墙体的槽孔内，其工作状况如图 5-24 所示。

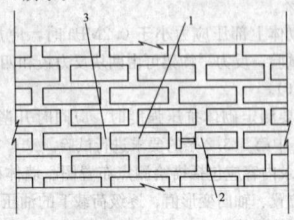

图 5-24　原位单砖双剪试验示意
1—剪切试样；2—剪切仪主机；3—掏空的竖缝

2）测试设备的技术指标

原位剪切仪的主机是一个附有活动承压钢板的小型千斤顶。其成套设备如图 5-25 所示。

（2）取样规则

在测区内选择测点，应符合下列规定：

1）每个测区随机布置的 m_1 个测点，在墙体两面的数量宜接近

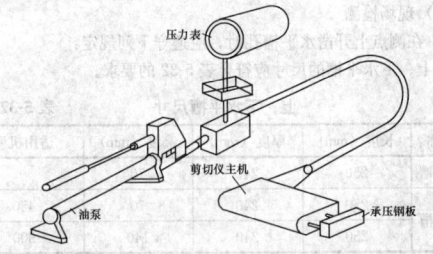

图 5-25　原位剪切仪示意图

或相等。以一块完整的顺砖及其上下两条水平灰缝作为一个测点（试件）。

2）试件两个受剪面的水平灰缝厚度应为 8～12mm。

3）下列部位不应布设测点：门、窗洞口侧边 120mm 范围内；后补的施工洞口和经修补的砌体；独立砖柱和窗间墙。

4）同一墙体的各测点之间，水平方向净距不应小于 0.6m，垂直方向净距不应小于 0.5m。

（3）现场检测

1）当采用带有上部压应力作用的试验方案时，应按图 5-21 的要求，将剪切试件相邻一端的一块砖掏出，清除四周的灰缝，制备出安放主机的孔洞，其截面尺寸不得小于 115mm×65mm，掏空、清除剪切试件另一端的竖缝。

2）当采用释放试件上部压应力的试验方案时，尚应按图 5-26 所示，掏空水平灰缝，掏空范围自剪切试件的两端向上按好角扩散至灰缝 4，掏空长度应大于 620mm，深度应大于 240mm。

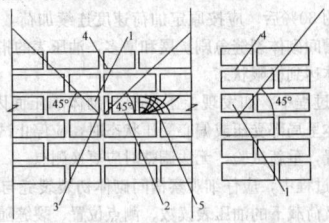

图 5-26　释放方案示意
1—试样；2—剪切仪主机；
3—掏空竖缝；4—掏空水平缝；5—垫块

3）试件两端的灰缝应清理干净。开凿清理过程中，严禁扰动试件；如发现被推砖块有明显缺棱掉角或上、下灰缝有明显松动现象时，应舍去该试件。被推砖的承压面应平整，如不平时应用扁砂轮等工具磨平。

4）将剪切仪主机（图 5-26）放入开凿好的孔洞中，使仪器的承压板与试件的砖块顶面重合，仪器轴线与砖块轴线吻合。若开凿孔洞过长，在仪器尾部应另加垫块。

5）操作剪切仪，匀速施加水平荷载，直至试件和砌体之间相对位移，试件达到破坏状态。加荷的全过程宜为 1～3min。

6）记录试件破坏时剪切仪测力计的最大读数，精确至 0.1 个分度值。采用无量纲指示仪表的剪切仪时，尚应按剪切仪的校验结果换算成以 N 为单位的破坏荷载。

6. 原位推出法

本方法适用于推定 240mm 厚普通砖墙中的砌筑砂浆强度，所测砂浆的强度等级宜为 M1～M15。

（1）检测设备及辅助工具

检测时，将推出仪安放在墙体的孔洞内。推出仪由钢制部件、传感器、推出力峰值测定仪等组成，其工作状况如图 5-27 所示。

（2）取样规则

选择测点应符合下列要求：

1）测点宜均匀布置在墙上，并应避开施工中的预留洞口。

2）被推丁砖的承压面可采用砂轮磨平，并应清理干净。

3）被推丁砖下的水平灰缝厚度应为 8～12mm。

4）测试前，被推丁砖应编号，并详细记录墙体的外观情况。

（3）现场检测

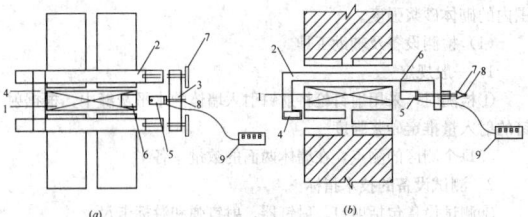

图 5-27 推出仪及测试安装
(a) 平剖图；(b) 纵剖图
1—被推出丁砖；2—支架；3—前梁；4—后梁；5—传感器；6—垫片；
7—调平螺丝；8—传力螺杆；9—推出力峰值测定仪

1) 取出被推丁砖上部的两块顺砖 (图 5-28)，应遵守下列规定：

①使用冲击钻在图 5-28 所示 A 点打出约 40mm 的孔洞。

②用锯条自 A 至 B 点锯开灰缝。

③将扁铲打入上一层灰缝，取出两块顺砖。

④用锯条锯切被推丁砖两侧的竖向灰缝，直至下皮砖顶面。

⑤开洞及清缝时，不得扰动被推丁砖。

2) 安装推出仪 (图 5-28)，用尺测量前梁两端与墙面距离，使其误差小于 3mm。传感器的作用点，在水平方向应位于被推丁砖中间，铅垂方向应距被推丁砖下表面之上 15mm 处。

3) 旋转加荷螺杆对试件施加荷载，加荷速度宜控制在 5kN/min。当被推丁砖和砌体之间发生相对位移，试件达到破坏状态。记录推出力。

4) 取下被推丁砖，用百格网测试砂浆饱满度。

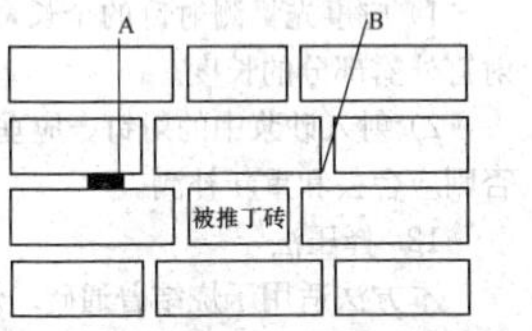

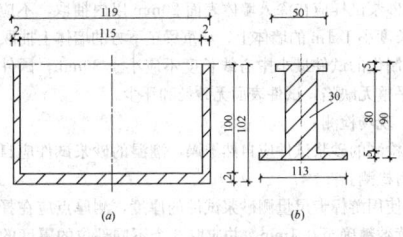

图 5-28 试件加工步骤示意

7. 筒压法

本方法适用于推定烧结普通砖墙中的砌筑砂浆强度。检测时，应从砖墙中抽取砂浆试样，在试验室内进行筒压荷载试验，测试筒压比，然后换算为砂浆强度。

本方法所测试的砂浆品种及其强度范围，应符合下列要求：

a. 中、细砂配制的水泥砂浆，砂浆强度为 2.5～20MPa；

b. 中、细砂配制的水泥石灰混合砂浆（以下简称混合砂浆），砂浆强度为 2.5～15.0MPa；

c. 中、细砂配制的水泥粉煤灰砂浆（以下简称粉煤灰砂浆），砂浆强度为 2.5～20MPa；

d. 石灰质石粉与中、细砂混合配制的水泥石灰混合砂浆和水泥砂浆（以下简称石粉砂浆），砂浆强度为 2.5～20MPa。

本方法不适用于推定遭受火灾、化学侵蚀等砌筑砂浆的强度。

(1) 检测设备及辅助工具

测试设备的技术指标：

1) 承压筒 (图 5-29) 可用普通碳素钢或合金钢自行制作，也可用测定轻骨料筒压强度的承压筒代替。

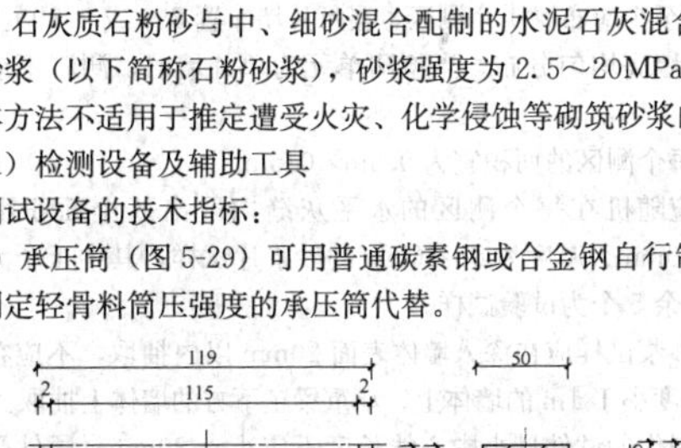

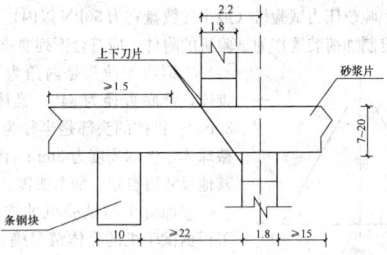

图 5-29 承压筒构造
(a) 承压筒剖面；(b) 承压盖剖面

2) 其他设备和仪器包括：50～100kN 压力试验机或万能试验机；砂摇筛机；干燥箱；孔径为 5mm、10mm、15mm 的标准筛石筛（包括筛盖和底盘）；水泥跳桌；称量为 1000g，感量为 0.1g 的托盘天平。

(2) 取样规则

1) 在每一测区，从距墙表面 20mm 以内的水平灰缝中凿取砂浆约 4000g，砂浆片（块）的最小厚度不得小于 5mm。各个测区的砂浆样品应分别放置并编号，不得混淆。

2) 使用手锤击碎样品，筛取 5～15mm 的砂浆颗粒约 3000g，在 105℃±5℃ 的温度下烘干至恒重，待冷却至室温后备用。

3) 每次取烘干样品约 1000g，置于孔径 5mm、10mm、15mm 标准筛所组成的套筛中，机械摇筛 2min 或手工摇筛 1.5min。称取粒级 5～10mm 和 10～15mm 的砂浆颗粒各 250g，混合均匀后即为 1 个试样。共制备 3 个试样。

(3) 现场检测

1) 每个试样应分两次装入承压筒。每次约装 1/2，在水泥跳桌上跳振 5 次。第二次装料并跳振后，整平表面，安上承压盖。如无水泥跳桌，可按照砂、石紧密体积密度的试验方法颠击密实。

2) 将装料的承压筒置于试验机上，盖上承压盖，开动压力试验机，应于 20～40s 内均匀加荷至规定的筒压荷载值后，立即卸荷。不同品种砂浆的筒压荷载值分别为：水泥砂浆、石粉砂浆为 20kN；水泥石灰混合砂浆、粉煤灰砂浆为 10kN。

3) 将施压后的承压筒倒入由孔径 5mm 和 10mm 标准筛组成的套筛中，装入摇筛机摇筛 2min 或人工摇筛 1.5min，筛至每隔 5s 的筛出量基本相等为止。

4) 称量各筛筛余试样的重量（精确至 0.1g），各筛的分计筛余量和底盘剩余量的总和，与筛分前的试样重量相比，相对差值不得超过试样重量的 0.5%；当超过时，应重新进行试验。

8. 砂浆片剪切法

本方法适用于推定烧结普通砖砌体中的砌筑砂浆强度。

(1) 检测设备及辅助工具

1) 检测时，应从砖墙中抽取砂浆片试样，采用砂浆测强仪测试其抗剪强度，然后换算为砂浆强度。砂浆测强仪的工作状况如图 5-30 所示。

图 5-30 砂浆测强仪工作原理

2) 从每个测点处，宜取出两个砂浆片，一片用于检测，一片备用。

(2) 取样规则

1) 制备砂浆片试件，应遵守下列规定：

①从测点处的单块砖大面上取下的原状砂浆大片，应编号，分别放入密封袋（如塑料袋）内。

②同一个测区的砂浆片，应加工成尺寸接近的片状体，大面、条面均匀平整，单个试件的各向尺寸宜为：厚度 7～15mm，宽度 15～50mm，长度按净跨度不小于 22mm 确定（图 5-30）。

③试件加工完毕，应放入密封袋内。

2) 砂浆试件含水率，应与砌体正常工作时的含水率基本一致。如试件呈冻结状态，应缓慢升温解冻，并在与砌体含水率接近的条件下试验。

(3) 现场检测

1) 砂浆试件的剪切试验，应遵守下列程序：

①调平砂浆测强仪，使水平泡居中；

②将砂浆试件置于砂浆测强仪内（图 5-30），并用上刀片压紧；

③开动砂浆测强仪，对试件匀速连续施加荷载，加荷速度不宜大于 10N/s，直至试件破坏。

2) 试件未沿刀片刃口破坏时，此次试验作废，应取备用试件

补测。

3) 试件破坏后，应记读压力表指标读数，并根据砂浆测强仪的校验结果换算成剪切荷载值。

4) 用游标卡尺或最小刻度为 0.5mm 的钢板尺量测试件破坏截面尺寸，每个方向量测两次，分别取平均值。

9. 回弹法

本方法适用于推定烧结普通砖砌体中的砌筑砂浆强度。检测时，应用回弹仪测试砂浆表面硬度，用酚酞试剂测试砂浆碳化深度，以此两项指标换算为砂浆强度。

测位宜选在承重墙的可测面上，并避开门窗洞口与预埋件等附近的墙面。墙面上每个测位的面积宜大于 0.3m²。

本方法不适用于推定高温、长期浸水、化学侵蚀、火灾等情况下的砂浆抗压强度。

(1) 检测设备及辅助工具

采用砂浆回弹仪检测，砂浆回弹仪应每半年校验 1 次。在工程检测前后，均应对回弹仪在钢砧上做率定试验。

(2) 取样规则

1) 测位处的粉刷层、勾缝砂浆、污物等应清除干净；弹击点处的砂浆表面，应仔细打磨平整，并除去浮灰。

2) 每个测位内均匀布置 12 个弹击点。选定弹击点应避开砖的边缘、气孔或松动的砂浆。相邻两弹击点的间距不应小于 20mm。

(3) 现场检测

1) 在每个弹击点上，使用回弹仪连续弹击 3 次，第 1、2 次不读数，仅记读第 3 次回弹值，精确至 1 个刻度。测试过程中，回弹仪应始终处于水平状态，其轴线应垂直于砂浆表面，且不得移位。

2) 在每一测位内，选择 1～3 处灰缝，用游标尺和 1% 的酚酞试剂测量砂浆碳化深度，读数应精确至 0.5mm。

10. 点荷法

本方法适用于推定烧结普通砖砌体中的砌筑砂浆强度。

(1) 检测设备及辅助工具

1) 小吨位压力试验机（最小读数盘宜为 50kN 以内）。

2) 自制加荷装置作为试验机的附件，应符合下列要求：

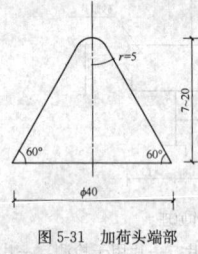

①钢质加荷头是内角为 60° 的圆锥体，锥底直径为 φ40，锥体高度为 30mm；锥体的头部是半径为 5mm 的截球体，锥球高度为 3mm（图 5-31）；其他尺寸可自定。加荷头需 2 个。

图 5-31 加荷头端部尺寸示意

②加荷头与试验机的连接方法，可根据试验机的具体情况确定，宜将连接件与加荷头设计为一个整体附件；在满足上款要求的前提下，也可制作其他专用加荷附件。

(2) 取样规则

1) 检测时，应从砖墙中抽取砂浆片试样，采用试验机测试其点荷载值，然后换算为砂浆强度。

2) 从每个测点处，宜取出两个砂浆大片，一片用于检测，一片备用。

3) 加工或选取的砂浆试件应符合下列要求：厚度为 5～12mm，预估荷载作用半径为 15～25mm，大面应平整，但其边缘不要求非常规则。

4) 在砂浆试件上画出作用点，量测其厚度，精确至 0.1mm。

(3) 现场检测

1) 在小吨位压力试验机上、下压板上分别安装上、下加荷头，两个加荷头应对齐。

2) 将砂浆试件水平放在下加荷头上，上、下加荷头对准预先画好的作用点，并使上加荷头轻轻压紧试件，然后缓慢匀速施加荷载至试件破坏。试件可能破坏成数个小块。记录荷载值，精确至 0.1kN。

3) 将破坏后的试件拼接成原样，测量荷载实际作用点中心到试件破坏线边缘的最短距离即荷载作用半径，精确至 0.1mm。

11. 射钉法

本方法适用于推定烧结普通砖和多孔砖砌体中 M2.5～M15 范围内的砌体砂浆强度。

(1) 检测设备及辅助工具

1) 一般规定

①检测时，采用射钉枪将射钉射入墙体的水平灰缝中，根据射钉的射入量推定砂浆强度。

②每个检测区的测点，在墙体两面的数量宜各半。

2) 测试设备的技术指标

①测试设备包括射钉、射钉器、射钉弹和游标卡尺。

②射钉、射钉器和射钉弹的计量性能可按 GB/T 50315 中附录 A 的规定配套检验。其校验结果应符合下列各项指标的规定：

a. 在标准靶上的平均射入量为 29.1mm；

b. 平均射入量的允许偏差为 ±5%；

c. 平均射入量的变异系数不大于 5%。

③射钉、射钉器和射钉弹每使用 1000 发或半年，应作一次计量校验。

④经配套校验的射钉、射钉器和射钉弹，必须配套使用。

(2) 取样规则

1) 在各测区的水平灰缝上，应按上述要求标出测点位置。测点处的灰缝厚度不应小于 10mm；在门窗洞口附近和经修补的砌体上不应布置测点。

2) 清除测点表面的覆盖层和疏松层，将砂浆表面修理平整。

(3) 现场检测

1) 应事先量测射钉的全长，将射钉射入测点砂浆中，并量射钉外露部分的长度。

2) 射入砂浆中的射钉，应垂直于砌筑面且无擦靠块材的现象，否则应舍去和重新补测。

12. 择压法

本方法适用于烧结普通砖、烧结多孔砖、烧结空心砖砌体结构中水泥砂浆、混合砂浆抗压强度的现场检测和推定。

(1) 检测设备及辅助工具

采用择压仪检测，择压仪的计量校准有效期应为 1 年。当新择压仪启用前、超过校准有效期、遭受损伤、维修后，对检测结果有怀疑或争议时，应对择压仪进行校准。

(2) 取样规则

1) 当检测对象为幢栋建筑物或建筑物的一部分时，划分一个或若干个独立的检测单元。连续墙体检测单元，每片墙的高度不宜大于 3.5m，水平长度不宜大于 6m。

2) 当一个检测单元内的墙体多于 6 片时，随机取样不应少于 6 片；当一个检测单元内的墙体不多于 6 片时，每片墙均应检测。每片墙内至少应布置 1 个测区，当每片墙布置 2 个或 2 个以上测区时，宜沿墙高均匀分布。当检测单元为单片墙时，测区不应少于 2 个。

3) 每个测区的面积宜为 0.5m×0.5m。

4) 应随机在每个测区的水平灰缝内取出 6 个面积不小于 30mm×30mm、厚度为 8～16mm 的砂浆片试样，其中 1 个为备份试样，其余 5 个为试验试样。

5) 砂浆试样应在深入墙体表面 20mm 以内抽取，不应在独立砖柱、长度小于 1m 的墙体上、承重梁正下方的墙体上抽取。

6) 制作的试件最小中心线长度不应小于 30mm，试件受压面应保证平整无缺陷，试件表面无砂粒和浮尘。

(3) 现场检测

1) 检测的砂浆试件应自然干燥，潮湿的砂浆试件应自然晾干或烘干后检测。

2) 使用游标卡尺量测砂浆试件的厚度，测厚点应在择压作用面内，读数精确至 0.1mm，并应取 3 个不同部位的厚度的平均值作为试件厚度。

3) 砂浆试件应垂直对中放置在择压仪的两个压头之间，压头作业面边缘至砂浆试件边缘的距离不宜小于 10mm。

4) 加荷试验的加荷速率宜控制在每秒为预估破坏荷载的 1/15～1/10，持续至试件破坏为止。择压仪荷载值应为砂浆试件破坏时择压仪数字测读系统显示的峰值，精确值 1N。

5.2.6 混凝土试验、检验

为了控制和检验混凝土质量，除采用混凝土标准养护28d强度的试验方法外，还利用早期强度推定标准养护28d强度，能够较早了解施工情况，及时进行混凝土的配合比调整和辅助设计。结构实体检验用同条件养护试件强度检验作为加强混凝土结构施工质量验收。混凝土试件强度分批检验评定，评定不合格时，可采用非破损或局部破损的检测方法，按国家现行有关标准对结构构件中的混凝土强度进行推定，并作为判断结构是否处理的依据，实际应用主要有回弹法、超声回弹综合法、钻芯法、后装拔出法检测混凝土抗压强度。混凝土缺陷通常采用超声法检测，判定混凝土中的缺陷情况。

5.2.6.1 混凝土试验

1. 混凝土强度试验

混凝土强度试验现场主要有早期推定混凝土强度试验和结构实体混凝土强度检验。

(1) 早期推定混凝土强度试验方法

早期推定混凝土强度试验方法有混凝土加速养护法、砂浆促凝压蒸法和早龄期法三种实验方法，常用的为混凝土加速养护法。

1) 混凝土加速养护法

通过建立标准养护28d强度与早期强度二者关系式，对新成型的混凝土试件进行加速养护做抗压试验，利用早期强度推定标准养护28d强度。这种方法适用于混凝土生产和施工中的强度控制以及混凝土配合比的调整和辅助设计。加速养护试验方法分沸水法、80℃热水法和55℃温水法三种试验方法。

①试验设备及辅助工具

加速养护箱、密封试模。

②试验

a. 沸水法试验

试件在20±5℃室温下成型、抹面后，随即应以橡皮垫或塑料布覆盖表面，然后静置至脱模，时间应为24h±15min。将脱模试件立即浸入加速养护箱内的 $Ca(OH)_2$ 饱和沸水中养护4h±5min，水温不应低于98℃。取出试件，应在室温20±5℃下静置冷却 1h ±10min后，应按现行国家标准《普通混凝土力学性能试验方法标准》(GB/T 50081)的规定进行抗压强度试验，测得其加速养护强度 f_{cu}^e。

b. 80℃热水法试验

试件在20±5℃室温下成型、抹面后，随即密封试模静置，时间应为1h±10min。将带模试件浸入保持水温 80±2℃ 养护箱热水中养护5h±5min，取出带模试件脱模，在 20±5℃下静置冷却 1h ±10min，然后按现行国家标准《普通混凝土力学性能试验方法标准》GB/T 50081的规定进行抗压强度试验，测得其加速养护强度 f_{cu}^e。

c. 55℃温水法试验

试件在20±5℃室温下成型、抹面后，随即密封试模静置，时间应为1h±10min。将带模试件浸入水温保持 55±2℃养护箱热水中养护23h±15min，取出带模试件脱模，在 20±5℃下静置冷却1h±10min，然后按现行国家标准《普通混凝土力学性能试验方法标准》GB/T 50081的规定进行抗压强度试验，测得其加速养护强度 f_{cu}^e。

2) 砂浆促凝压蒸法

①试验设备及辅助工具

压蒸设备（带压力表的压力锅）、三联专用试模、孔径 $\phi5mm$ 筛子（配相同尺寸的料盘）、5kg案秤、混凝土振动台、搅拌锅。

②试验方法

用孔径 $\phi5mm$ 筛子筛取混凝土拌合物中的砂浆，筛分后砂浆搅拌均匀后称取 600kg 放入搅拌锅中，均匀加入促凝剂快速搅拌30s，装入专用试模成型试件，然后置于已烧沸的压蒸锅中高温高压养护1h，取出试模脱模进行抗压强度试验，测得加速养护砂浆试件抗压强度 f_{cu}^e。从切断热源到抗压强度试验的时间不宜超过3min。

3) 早龄期法

早龄期法的龄期宜采用3d或7d。采用早龄期标准养护混凝土

强度推定标准养护28d强度时，应事先通过试验建立二者的强度关系式。早龄期混凝土试件与标准养护28d混凝土试件取至同盘混凝土，且制作与养护相同。早龄期混凝土抗压强度试验宜在 3d±1h 或 7d ±2h 龄期内完成，按现行国家标准《普通混凝土力学性能试验方法标准》(GB/T 50081) 的规定进行抗压强度试验。

4) 混凝土强度推定

建立加速养护混凝土试件抗压强度推定值与标准养护28d强度混凝土强度推定值关系式，采用线性方程或幂函数方程。

$$f_{cu} = a + bf_{cu}^e \tag{5-52}$$

$$f_{cu} = a + (f_{cu}^e)^b \tag{5-53}$$

$$b = \frac{\sum_{i=1}^n (f_{cu,i} f_{cu,i}^e) - \frac{1}{n} \sum_{i=1}^n f_{cu,i} \sum_{i=1}^n f_{cu,i}^e}{\sum_{i=1}^n (f_{cu,i}^e)^2 - \frac{1}{n} (\sum_{i=1}^n f_{cu,i}^e)^2} \tag{5-54}$$

$$a = \frac{1}{n} \sum_{i=1}^n f_{cu,i} - \frac{b}{n} \sum_{i=1}^n f_{cu,i}^e \tag{5-55}$$

式中　f_{cu}^e——标准养护28d混凝土抗压强度的推定值（MPa）；

　　　f_{cu}^a——加速养护混凝土（砂浆）试件抗压强度值（MPa）；

　　　$f_{cu,i}^a$——第 i 组加速养护混凝土（砂浆）试件抗压强度值（MPa）；

　　　$f_{cu,i}$——第 i 组标准养护 28d 混凝土试件抗压强度值（MPa）；

　　　n——试件组数；

　　　a、b——回归系数。

(2) 结构实体检验用同条件养护试件强度检验

1) 结构混凝土强度实体检验的原则

对涉及混凝土结构安全的重要部位应进行结构混凝土强度实体检验。对混凝土强度的检验，应以在混凝土浇筑地点制备并与结构实体同条件养护的试件强度为依据。结构实体检验应在监理工程师（建设单位项目专业技术负责人）见证下，由施工项目技术负责人组织实施。承担结构实体检验的试验室应具有相应的资质。同条件养护试件应在达到等效养护龄期时进行强度试验。等效养护龄期应根据同条件养护试件强度与在标准养护条件下28d龄期试件强度相等的原则确定。

2) 混凝土强度检验用同条件养护试件的留置方式、取样数量和养护

①监理（建设）、施工等各方共同选定同条件养护试件所对应的结构构件或结构部位。

②对混凝土结构工程中的各混凝土强度等级，均应留置同条件养护试件。

③同一强度等级的同条件养护试件，其留置的数量应根据混凝土工程量和重要性确定，不宜少于 10 组，且不应少于 3 组。

④同条件养护试件拆模后，应放置在靠近相应结构构件或结构部位的适当位置，并应采取相同的养护方法。

3) 同条件自然养护试件的等效养护龄期及相应的试件强度代表值确定

①等效养护龄期可取按日平均温度逐日累计达到 600℃·d 时所对应的龄期，0℃及以下的龄期不计入；等效养护龄期不应小于 14d，也不宜大于 60d。

②同条件养护试件的强度代表值应根据强度试验结果按现行国家标准《混凝土强度检验评定标准》GB/T 50107 的规定确定后，乘折算系数取用；折算系数宜取为 1.10，也可根据当地的试验统计结果做适当调整。

③冬期施工、人工加热养护的结构构件，其同条件养护试件的等效养护龄期可按结构构件的实际养护条件，由监理（建设）、施工等各方根据等效龄期的规定共同确定。

2. 混凝土强度检验评定

(1) 混凝土强度检验评定原则

混凝土强度应分批进行检验评定。一个检验批的混凝土应由强度等级相同、试验龄期相同、生产工艺条件和配合比基本相同的混凝土组成。

(2) 混凝土强度评定统计方法

混凝土强度评定分为统计方法评定和非统计方法评定。对大批量、连续生产混凝土的强度应按统计方法评定。对小批量或零星生产混凝土的强度应按非统计方法评定。

(3) 混凝土强度合格评定条件（表 5-33）

混凝土强度合格评定条件表 表 5-33

评定方法	评定条件	混凝土强度的合格性判定
统计方法（一）	当连续生产的混凝土，生产条件在较长时间内保持一致，且同一品种、同一强度等级混凝土的强度变异性保持稳定时，一个检验批的样本容量应为连续的 3 组试件，其强度应同时符合下列规定： 1. $mf_{cu} \geqslant f_{cu,k} + 0.7\sigma_0$ 2. $f_{cu,min} \geqslant f_{cu,k} - 0.7\sigma_0$ 检验批混凝土立方体抗压强度的标准差应按下列公式计算确定： $$\sigma_0 = \sqrt{\frac{\sum_{i=1}^{n} f_{cu,i}^2 - nmf_{cu}^2}{n-1}}$$ 当混凝土强度等级不高于 C20 时，$f_{cu,min} \geqslant 0.85 f_{cu,k}$；当混凝土强度等级高于 C20 时，$f_{cu,min} \geqslant 0.9 f_{cu,k}$ 式中 mf_{cu}——同一检验批混凝土立方体抗压强度的平均值（N/mm²）； $f_{cu,k}$——混凝土立方体抗压强度标准值（N/mm²）； $f_{cu,min}$——同一检验批混凝土立方体抗压强度的最小值（N/mm²）； $f_{cu,i}$——前一个检验期内同一品种、同一强度等级的第 i 组混凝土试件的立方体抗压强度值（N/mm²），该检验期不应少于 60d，也不得大于 90d； σ_0——检验批混凝土立方体抗压强度的标准差（N/mm²），当检验批混凝土强度标准差 σ_0 计算值小于 2.5N/mm² 时，应取 2.5N/mm²； n——前一检验期内的样本容量，在该期间内样本容量不应少于 45 混凝土立方体抗压强度精确到 0.01（N/mm²）	当检验结果能满足统计方法（一）或统计方法（二）或非统计方法的评定条件规定时，则该批混凝土强度应评定为合格；当不能满足合格评定规定时，该批混凝土强度应评定为不合格。对评定为不合格批的混凝土，可按国家现行的有关标准进行处理
统计方法（二）	当样本容量不少于 10 组时，其强度应同时满足下列要求 1. $mf_{cu} \geqslant f_{cu,k} + \lambda_1 sf_{cu}$ 2. $f_{cu,min} \geqslant \lambda_2 f_{cu,k}$ 同一检验批混凝土立方体抗压强度的标准差（N/mm²）按下式计算： $$sf_{cu} = \sqrt{\frac{\sum_{i=1}^{n} f_{cu,i}^2 - nmf_{cu}^2}{n-1}}$$ 式中 sf_{cu}——同一检验批混凝土立方体抗压强度的标准差（N/mm²），精确到 0.01（N/mm²），当检验批混凝土强度标准差 sf_{cu} 计算值小于 2.5N/mm² 时，应取 2.5N/mm² n——验收批混凝土试件组数 λ_1、λ_2——合格评定系数按下表取用 **混凝土强度的合格评定系数** <table><tr><td>试件组数</td><td>10～14</td><td>15～19</td><td>≥20</td></tr><tr><td>λ1</td><td>1.15</td><td>1.05</td><td>0.95</td></tr><tr><td>λ2</td><td>0.90</td><td colspan="2">0.85</td></tr></table>	同上
非统计方法	当用于评定的样本容量小于 10 组时，其强度应同时符合下列规定 1. $mf_{cu} \geqslant \lambda_3 f_{cu,k}$ 2. $f_{cu,min} \geqslant \lambda_4 f_{cu,k}$ 式中 λ_3、λ_4——合格评定系数按下表取用 **混凝土强度的非统计法合格评定系数** <table><tr><td>混凝土强度等级</td><td>＜C60</td><td>≥C60</td></tr><tr><td>λ1</td><td>1.15</td><td>1.10</td></tr><tr><td>λ2</td><td colspan="2">0.95</td></tr></table>	同上

续表

5.2.6.2 混凝土现场检验（检测）

1. 混凝土拌合物性能试验

普通混凝土拌合物性能试验包括稠度试验、凝结时间试验、泌水与压力泌水试验、表观密度试验、含气量试验和配合比分析试验。现场主要进行砂石含水率快速测定和稠度试验，稠度试验方法包括坍落度与坍落扩展度法、维勃稠度法、增时因数法。坍落度与坍落扩展度法适用于骨料最大粒径不大于 40mm、坍落度不小于 10mm 的混凝土拌合物稠度测定。维勃稠度法适用于骨料最大粒径不大于 40mm，维勃稠度在 5～30s 之间的混凝土拌合物稠度测定。增实因数法适用于坍落度不大于 50mm 或干硬性混凝土和维勃稠度大于 30s 的特干硬性混凝土拌合物的稠度测定。现场稠度试验主要采用坍落度与坍落扩展度法。

（1）砂（石）含水率快速测定法

1）试验设备及辅助工具

电炉（火炉）、天平（最大称量 1kg，感量 0.5g）、炒盘（铁制或铝制）、油灰铲、毛刷等。

2）试验方法

从密封样品中取 500g 试样放入干净的炒盘（m_1）中，称取试样与炒盘的总重量（m_2）。把炒盘放置在电炉（或火炉）上加热烘干，用小铲不断翻拌试样，直至试样表面全部干燥后，停止加热，继续翻拌内炒盘试样 1min，稍微冷却后称干样与炒盘的总重量（m_3）。

3）含水率计算

含水率按下列公式计算，精确至 0.1%，以两次试验结果的算术平均值作为测定值。

$$w_{wc} = \frac{m_2 - m_3}{m_3 - m_1} \times 100\% \tag{5-56}$$

式中 w_{wc}——砂（石）含水率（%）；

m_1——炒盘重量（g）；

m_2——未烘干的试样与炒盘的总重量（g）；

m_3——烘干后的试样与炒盘的总重量（g）。

（2）稠度试验（坍落度与坍落扩展度法）

1）试验设备及辅助工具

混凝土坍落度仪、捣棒、钢尺，混凝土坍落度仪应符合《混凝土坍落度仪》（JG 3021）中有关技术要求的规定。

2）坍落度与坍落扩展度试验方法

①试验准备

用水湿润坍落度筒内壁及底板，表面应无明水。底板放置在坚实水平面上，并把筒放在底板中心，然后用脚踩住二边的脚踏板，坍落度筒在装料时应保持固定的位置。

②装料与振捣

把按要求取得的混凝土试样用小铲分三层均匀地装入筒内，使捣实后每层高度为筒高的 1/3 左右。每层用捣棒沿螺旋方向由外向中心进行均匀插捣 25 次。插捣筒边混凝土时，捣棒可以稍稍倾斜。插捣底层时，捣棒应贯穿整个深度，插捣第二层和顶层时，捣棒应插透本层至下一层的表面；浇灌顶层时，混凝土应灌到高出筒口。插捣过程中，如混凝土沉落到低于筒口，则应随时添加。顶层插

完后，刮去多余的混凝土，并用抹刀抹平。清除筒边底板上的混凝土后，垂直平稳地提起坍落度筒。坍落度筒的提离过程应在5～10s内完成，从开始装料到提坍落度筒的整个过程应不间断地进行，并应在150s内完成。

③试验结果

a. 坍落度值测量

测量筒高与坍落后混凝土试体最高点之间的高度差，即为该混凝土拌合物的坍落度值。坍落度筒提离后，如混凝土发生崩坍或一边坍坏现象，应重新取样试验。若复试仍出现上述现象，则表示该混凝土和易性不好，应予记录备查。

b. 观察坍落后的混凝土试体的黏聚性及保水性

黏聚性的检查方法是用捣棒在已坍落的混凝土锥体侧面轻轻敲打，此时如果锥体逐渐下沉，则表示黏聚性良好，如果锥体倒塌、部分崩裂或出现离析现象，则表示黏聚性不好。保水性以混凝土拌合物稀浆析出的程度来评定，坍落度筒提起后如有较多的稀浆从底部析出，锥体部分的混凝土也因失浆而骨料外露，则表明此混凝土拌合物的保水性能不好；如坍落度筒提起后无稀浆或仅有少量稀浆自底部析出，则表示此混凝土拌合物保水性良好。

c. 坍落扩展度值测量

当混凝土拌合物的坍落度大于220mm时，用钢尺测量混凝土扩展后最终的最大直径和最小直径，在这两个直径之差小于50mm的条件下，用其算术平均值作为坍落扩展度值；否则，此次试验无效。如果发现粗骨料在中央集堆或边缘有水泥浆析出，表示此混凝土拌合物抗离析性不好，应予记录。

d. 结果值确定

混凝土拌合物坍落度和坍落扩展度值以毫米为单位，测量精确至1mm，结果表达修约至5mm。

2. 现场混凝土结构抗压强度检测

(1) 回弹法检测混凝土抗压强度

回弹法属于无损检测，是通过回弹仪检测混凝土表面硬度从而推算出混凝土强度的方法。适用于工程结构普通混凝土抗压强度的检测，但不适用于表层与内部质量有明显差异或内部存在缺陷的混凝土结构或构件的检测。当对结构的混凝土强度有检测要求时，检测结果可作为处理混凝土质量问题的一个依据。

1) 检测设备及辅助工具

测定回弹值的回弹仪可为数字式的，也可为指针直读式的，回弹仪必须经检定单位检定合格证有效。

2) 取样规则

①抽检数量

单个检测取被检测的单个构件。混凝土为同一生产工艺条件、同强度等级、同原材料、同配合比、同成型工艺、同养护条件及龄期相近的一批同类构件，按批进行检测，应随机抽取具有代表性构件的数量不宜少于同批构件总数30%且不宜少于10件，当检验批构件数量大于30件时，抽样构件数可适当调整，并不得少于国家现行有关标准规定的最少抽样数量。

②测区布置原则

对于一般构件，测区数不宜少于10个。当受检构件数量大于30个且不需提供单个构件推定强度或受检构件某一方向尺寸不大于4.5m且另一方向尺寸不大于0.3m时，每个构件的测区数量可适当减少，但不应少于5个；相邻两测区的间距不应大于2m，测区离构件端部或施工缝边缘的距离不宜大于0.5m，且不宜小于0.2m；测区宜选在能使回弹仪处于水平方向的混凝土浇筑侧面，当不能满足这一要求时，也可选在回弹仪处于非水平方向的混凝土浇筑表面或底面；测区宜对称且应均匀分布，在构件的重要部位及薄弱部位必须布置测区，并应避开预埋件，测区的面积不宜大于0.04m²。

3) 现场检测

①检测条件

a. 检测面应清洁、平整，不应有疏松层、浮浆、油垢、涂层以及蜂窝、麻面，必要时可用砂轮清除疏松层和杂物，且不应有残留的粉末或碎屑。对弹击时产生颤动的薄壁、小型构件应进行固定。构件的测区应标有清晰的编号，必要时应在记录纸上描述测区布置示意图和外观质量情况。

b. 当检测条件与统一测强曲线的适用条件有较大差异时，可采用在构件上钻取的混凝土芯样或同条件试件对测区混凝土强度换算值进行修正。试件或钻取芯样数量不应少于6个，钻取芯样时每个部位应钻取一个芯样，芯样公称直径宜为100mm，高径比应为1，试件边长应为150mm，计算时，测区混凝土强度修正量及测区混凝土强度换算值应符合下列规定：

修正量应按下列公式计算：

$$\Delta_{tot} = f_{cor,m} - f_{cu,m0}^c \tag{5-57}$$

$$\Delta_{tot} = f_{cu,m} - f_{cu,m0}^c \tag{5-58}$$

$$f_{cor,m} = \frac{1}{n}\sum_{i=1}^{n} f_{cor,i} \tag{5-59}$$

$$f_{cu,m} = \frac{1}{n}\sum_{i=1}^{n} f_{cu,i} \tag{5-60}$$

$$f_{cu,m0}^c = \frac{1}{n}\sum_{i=1}^{n} f_{cu,i}^c \tag{5-61}$$

式中　Δ_{tot}——测区混凝土强度修正量（MPa），精确到0.1MPa；

$f_{cor,m}$——芯样试件混凝土强度平均值（MPa），精确到0.1MPa；

$f_{cu,m}$——150mm同条件立方体试件混凝土强度平均值修正量（MPa）；

$f_{cu,m0}^c$——对应于钻芯部位或同条件立方体试件回弹测区混凝土强度换算值的平均值（MPa）；

$f_{cu,i}$——第i个混凝土立方体试件（边长为150mm）的抗压强度值，精确至0.1MPa；

$f_{cor,i}$——第i个混凝土芯样试件的抗压强度值，精确至0.1MPa；

$f_{cu,i}^c$——对应于第i个芯样部位或同条件立方体试件测区回弹值和碳化深度值的混凝土强度换算值（MPa），可按《回弹法检测混凝土抗压强度技术规程》JGJ/T 23附录A或附录B取值；

n——试件数。

测区混凝土强度换算值的修正应按下式计算：

$$f_{cu,i1}^c = f_{cu,i0}^c + \Delta_{tot} \tag{5-62}$$

式中　$f_{cu,i0}^c$——第i个测区修正前的混凝土强度换算值（MPa），精确到0.1MPa；

$f_{cu,i1}^c$——第i个测区修正后的混凝土强度换算值（MPa），精确到0.1MPa。

②回弹值测量

每一测区布置16个测点，在测区范围内均匀分布，相邻测点的净距不宜小于20mm。测点距外露钢筋、预埋件的距离不宜小于30mm，测点应避免在气孔或外露石子上，同一测点只应弹击一次。检测时，回弹仪的轴线应始终垂直于构件的混凝土检测面，缓慢施压，准确读数，快速复位。

③碳化深度值测量

a. 回弹值测量完毕后，应在有代表性的测区上测量碳化深度值，测点不应少于构件测区数的30%，取其平均值为该构件每测区的碳化深度值。当碳化深度值极差大于2.0mm时，应在每一测区分别测量碳化深度值。

b. 碳化深度值测量，可采用适当的工具在测区表面形成直径约15mm的孔洞，其深度应大于混凝土的碳化深度。孔洞中的粉末和碎屑应除净，并不得用水擦洗。同时，应采用浓度为1%～2%的酚酞酒精溶液滴在孔洞内壁的边缘处，当已碳化与未碳化界线清晰时，应采用碳化深度测量仪测量已碳化与未碳化混凝土交界面到混凝土表面的垂直距离，并应测量3次，每次读数应精确至0.25mm，取其平均值作为检测结果，并应精确至0.5mm。

4) 检测结果评定

①回弹值计算

a. 计算测区平均回弹值，应从该测区的16个回弹值中剔除3个最大值和3个最小值，余下的10个回弹值应按下式计算：

$$R_m = \frac{\sum_{i=1}^{10} R_i}{10} \tag{5-63}$$

式中　R_m——测区平均回弹值，精确至 0.1；

　　　R_i——第 i 个测点的回弹值。

b. 非水平方向检测混凝土浇筑侧面时，应按下式修正：

$$R_m = R_{ma} + R_{a\alpha} \tag{5-64}$$

式中　R_m——测区平均回弹值，精确至 0.1；

　　　R_{ma}——非水平状态检测时测区的平均回弹值，精确至 0.1；

　　　$R_{a\alpha}$——非水平状态检测时回弹值修正值，按《回弹法检测混凝土抗压强度技术规程》（JGJ/T 23）附录 C 采用。

c. 水平方向检测混凝土浇筑表面或底面时，应按下列公式修正：

$$R_m = R_m^t + R_a^t \tag{5-65}$$
$$R_m = R_m^b + R_a^b \tag{5-66}$$

式中　R_m——测区平均回弹值，精确至 0.1；

　　　R_m^t、R_m^b——水平方向检测混凝土浇筑表面、底面时，测区的平均回弹值，精确至 0.1；

　　　R_a^t、R_a^b——混凝土浇筑表面、底面回弹值的修正值，按《回弹法检测混凝土抗压强度技术规程》（JGJ/T 23）附录 D 采用。

d. 当检测时回弹仪为非水平方向且测试面为非混凝土的浇筑侧面时，先按《回弹法检测混凝土抗压强度技术规程》（JGJ/T 23）附录 C 对回弹值进行角度修正，再按《回弹法检测混凝土抗压强度技术规程》（JGJ/T 23）附录 D 对修正后的值进行浇筑面修正。

②混凝土强度的计算

a. 构件第 i 个测区混凝土强度换算值，可按所求得的平均回弹值（R_m）及所求得的平均碳化深度值（d_m）由《回弹法检测混凝土抗压强度技术规程》（JGJ/T 23）附录 A、附录 B 查表或计算得出。当有地区或专用测强曲线时，混凝土强度的换算值宜按地区测强曲线或专用测强曲线计算或查表求出。

b. 构件的测区混凝土强度平均值应根据各测区的混凝土强度换算值计算。当测区数为 10 个及以上时，应计算强度标准差。平均值及标准差应按下列公式计算：

$$m_{f_{cu}^c} = \frac{1}{n} \sum_{i=1}^{n} f_{cu,i}^c \tag{5-67}$$

$$s_{f_{cu}^c} = \sqrt{\frac{\sum_{i=1}^{n} (f_{cu,i}^c)^2 - n(m_{f_{cu}^c})^2}{n-1}} \tag{5-68}$$

式中　$m_{f_{cu}^c}$——结构或构件测区混凝土强度换算值的平均值（MPa），精确至 0.1MPa；

　　　$s_{f_{cu}^c}$——结构或构件测区混凝土强度换算值的标准差（MPa），精确至 0.1MPa；

　　　$f_{cu,i}^c$——测区混凝土强度换算值（MPa）；

　　　n——对于单个检测的构件，取一个构件的测区数；对批量检测的构件，取被抽检构件测区数之和。

c. 构件的现龄期混凝土强度推定值应按下列公式确定：

（a）当构件测区数少于 10 个时：

$$f_{cu,e} = f_{cu,min}^c \tag{5-69}$$

式中　$f_{cu,e}$——构件混凝土强度推定值；

　　　$f_{cu,min}^c$——构件中最小的测区混凝土强度换算值。

（b）当构件的测区强度值中出现小于 10.0MPa 时：

$$f_{cu,e} < 10.0 \text{MPa} \tag{5-70}$$

（c）当构件测区不少于 10 个或按批量检测时，应按下式计算：

$$f_{cu,e} = m_{f_{cu}^c} - 1.645 s_{f_{cu}^c} \tag{5-71}$$

d. 对按批量检测的构件，当该批构件混凝土强度标准差出现下列情况之一时，则该批构件应全部按单个构件检测：

（a）当该批构件混凝土强度平均值小于 25MPa，$s_{f_{cu}^c} > 4.5$MPa 时；

（b）当该批构件混凝土强度平均值不小于 25MPa 且 $s_{f_{cu}^c} > 5.5$MPa 时。

（2）超声回弹综合法测混凝土抗压强度

超声回弹综合法是无损检测，根据实测声速值和回弹值综合推定混凝土强度的方法。本方法采用带波形显示器的低频超声波检测仪，并配置频率为 50～100kHz 的换能器，测量混凝土中的超声波声速值，以及采用弹击锤冲击能量为 2.207J 的混凝土回弹仪，测量回弹值。当对结构中的混凝土有强度检测要求时，可按本方法进行检测，并推定结构混凝土的强度，作为混凝土结构处理的一个依据。不适用于检测因冻害、化学侵蚀、火灾、高温等已造成表面疏松、剥落的混凝土。

1) 检测设备及辅助工具

检测应有中型回弹仪、混凝土超声波检测仪器（具有波形清晰、显示稳定的示波装置）、换能器（工作频率宜在 50～100kHz 范围内）等。

2) 取样规则

①测区布置的数量

按单个构件检测时，应在构件上均匀布置测区，每个构件上测区数量不应少于 10 个；同批构件（混凝土设计强度等级、构件种类相同，混凝土原材料、配合比、成型工艺、养护条件、施工阶段所处状态和龄期基本相同）按批抽样检测时，构件抽样数不应少于同批构件的 30%，且不应少于 10 个；对某一方向尺寸不大于 4.5m 且另一方向尺寸不大于 0.3m 的构件，其测区数量可适当减少，但不应少于 5 个。

②构件的测区布置原则

构件的测区布置原则同回弹法检测混凝土抗压强度。

3) 现场检测

①测量回弹值应在构件测区内超声波的发射和接收面各弹击 8 点；超声波单面平测时，可在超声波的发射和接收测点之间弹击 16 点。每一测点的回弹值，测读精确至 1。其余按照《回弹法检测混凝土抗压强度技术规程》（JGJ/T 23）进行检测和计算。

②超声测点应布置在回弹测试的同一测区内，每一测区布置 3 个测点；超声测试宜优先采用对测或角测，当被测构件不具备对测或角测条件时，可采用单面平测，换能器辐射面应通过耦合剂与混凝土测试面良好耦合；声时测量应精确至 0.1μs，超声测距测量精确至 1.0mm，且测量误差不应超过 ±1%，声速计算应精确至 0.01km/s。

③当在混凝土浇筑方向的侧面对测时，测区混凝土中声速代表值应根据该测区中 3 个测点的混凝土中声速值，按下列公式计算：

$$v = \frac{1}{3} \sum_{i=1}^{3} \frac{l_i}{t_i - t_0} \tag{5-72}$$

式中　v——测区混凝土中声速代表值（km/s）；

　　　l_i——第 i 个测点的超声测距（mm）；角测时超声测距计算：

$$l_i = \sqrt{l_{1i}^2 + l_{2i}^2} \tag{5-73}$$

式中　l_{1i}、l_{2i}——角测第 i 个测点换能器与构件边缘的距离（mm）；

　　　t_i——第 i 个测点的声时读数（μs）；

　　　t_0——声时初读数（μs）。

④当在混凝土浇筑的顶面或底面测试时，测区声速代表值应按下列公式修正：

$$v_a = \beta v \tag{5-74}$$

式中　v_a——修正后的测区混凝土中声速代表值（km/s）；

　　　β——超声测试面的声速修正系数，在混凝土浇筑的顶面和底面间对测或斜测时，$\beta = 1.034$；在混凝土浇筑的顶面平测时，$\beta = 1.05$；在混凝土浇筑的底面平测时，$\beta = 0.95$。

4) 结构混凝土强度推定

①结构或构件中第 i 个测区的混凝土抗压强度换算值，根据修正后的测区回弹代表值和声速代表值，优先采用专用测强曲线或地区测强曲线换算而得，当无专用和地区测强曲线时，按下列全国统一测区混凝土抗压强度换算公式计算：

a. 当粗骨料为卵石时

$$f_{cu,i}^c = 0.0056 v_{ai}^{1.439} R_{ai}^{1.769} \tag{5-75}$$

b. 当粗骨料为碎石时

$$f^c_{cu,i} = 0.0162 v_{ai}^{1.656} R_{ai}^{1.410} \tag{5-76}$$

式中 $f^c_{cu,i}$——结构或构件第 i 个测区混凝土抗压强度换算值（MPa），精确至 0.1MPa；

v_{ai}——结构或构件第 i 个测区修正后的回弹代表值，精确至 0.1；

R_{ai}——结构或构件第 i 个测区修正后的声速代表值，精确至 0.01km/s。

②当结构或构件中的测区数不少于 10 个时，各测区混凝土抗压强度换算值的平均值和标准差应按下列公式计算：

$$m_{f^c_{cu}} = \frac{1}{n}\sum_{i=1}^{n} f^c_{cu,i} \tag{5-77}$$

$$s_{f^c_{cu}} = \sqrt{\frac{\sum_{i=1}^{n}(f^c_{cu,i})^2 - n(m_{f^c_{cu}})^2}{n-1}} \tag{5-78}$$

式中 $f^c_{cu,i}$——结构或构件第 i 个测区的混凝土抗压强度换算值（MPa）；

$m_{f^c_{cu}}$——结构或构件测区混凝土抗压强度换算值的平均值（MPa），精确至 0.1MPa；

$s_{f^c_{cu}}$——结构或构件测区混凝土抗压强度换算值的标准差（MPa），精确至 0.1MPa；

n——测区数。对于单个检测的构件，取一个构件的测区数；对批量检测的构件，取被抽检构件测区数之和。

③当结构或构件所采用的材料及其龄期与制定测强曲线所采用的材料及其龄期有较大差异时，应采用同条件立方体试件或从结构或构件测区中钻取的混凝土芯样试件的抗压强度进行修正。试件数量不应少于 4 个。此时，采用测区混凝土抗压强度换算值应乘以下列修正系数 η。

a. 采用同条件立方体试件修正时：

$$\eta = \frac{1}{n}\sum_{i=1}^{n} f^o_{cu,i}/f^c_{cu,i} \tag{5-79}$$

b. 采用混凝土芯样试件修正时：

$$\eta = \frac{1}{n}\sum_{i=1}^{n} f_{cor,i}/f^c_{cu,i} \tag{5-80}$$

式中 η——修正系数，精确至 0.01；

$f^o_{cu,i}$——第 i 个混凝土立方体试件（边长为 150mm）的抗压强度实测值（MPa），精确至 0.1MPa；

$f_{cor,i}$——第 i 个混凝土芯样（$\phi100\times100$mm）试件的抗压强度实测值（MPa），精确至 0.1MPa；

$f^c_{cu,i}$——对应于第 i 个立方体试件或芯样试件的混凝土强度换算值（MPa），精确至 0.1MPa；

n——试件数。

④结构或构件的混凝土强度推定值 $f_{cu,e}$ 应按下列公式确定：

a. 当结构或构件的测区抗压强度换算值中出现小于 10.0MPa 时：

$$f_{cu,e} < 10.0 \text{MPa} \tag{5-81}$$

b. 当结构或构件测区数少于 10 个时：

$$f_{cu,e} = f_{cu,min} \tag{5-82}$$

式中 $f_{cu,min}$——构件中最小的测区混凝土强度换算值。

c. 当结构或构件测区数不少于 10 个或按批量检测时，应按下式计算：

$$f_{cu,e} = m_{f^c_{cu}} - 1.645 s_{f^c_{cu}} \tag{5-83}$$

⑤对按批量检测的构件，当一批构件的测区混凝土抗压强度标准差出现下列情况之一时，则该批构件应全部按单个构件进行强度推定：

a. 一批构件的混凝土抗压强度平均值 $m_{f^c_{cu}} < 25.0$MPa 时，标准差 $s_{f^c_{cu}} > 4.50$MPa；

b. 一批构件的混凝土抗压强度平均值 $m_{f^c_{cu}} = 25.0\sim50.0$MPa 时，标准差 $s_{f^c_{cu}} > 5.50$MPa；

c. 一批构件的混凝土抗压强度平均值 $m_{f^c_{cu}} > 50.0$MPa 时，标准差 $s_{f^c_{cu}} > 6.50$MPa。

（3）钻芯取样检测混凝土抗压强度

钻芯检测混凝土强度是一种直接测定混凝土强度的检测技术，通过从混凝土结构或构件中钻取圆柱状试件并进行施压，得到混凝土抗压强度。适用于被检测混凝土的表层质量不具有代表性时，被检测混凝土的龄期或抗压强度超过回弹法、超声回弹综合法或后装拔出法等相应技术规程限定的范围时。

1）检测设备及辅助工具

检测应有钻芯机（有水冷却系统）、人造金刚石薄壁钻头、锯切机和磨平机（具有冷却系统和牢固夹紧芯样的装置）、探测钢筋位置的定位仪（最大探测深度不应小于 60mm，探测位置偏差不宜大于±5mm）和补平装置（或研磨机）等。

2）取样规则

①钻取芯样部位：结构或构件受力较小的部位；混凝土强度具有代表性的部位；便于钻芯机安放与操作的部位；避开主筋、预埋件和管线的位置。

②钻芯数量：芯样试件的数量应根据检测批的容量确定。标准芯样试件的最小样本量不少于 15 个，小直径芯样试件的最小样本量应适当增加。单个构件检测时，有效芯样试件的数量不应少于 3 个，对于较小构件不得少于 2 个。标准芯样试件公称直径不宜小于骨料最大粒径的 3 倍，小直径芯样试件公称直径不应小于 70mm 且不得小于骨料最大粒径的 2 倍。

3）现场检测

①芯样的钻取

钻芯机就位并安放平稳后，应将钻芯机固定牢固；钻芯机在未安装钻头之前，应先通电检查主轴旋转方向（三相电动机）；钻芯时用于冷却钻头和排除混凝土碎屑的冷却水的流量宜为 3~5L/min；钻取芯样应控制进钻的速度，钻至规定位置后取下芯样，进行芯样标记包装。

②芯样加工

芯样试件的高径比（H/d）宜为 1.00；芯样的端面平整且芯样端面与芯样轴线垂直；每个标准芯样试件内最多只允许有 2 根直径小于 10mm 的钢筋，每个公称直径小于 100mm 的芯样试件内最多只允许有 1 根直径小于 10mm 的钢筋，钢筋与芯样试件的轴线基本垂直并离开端面 10mm 以上。锯切后的芯样应进行端面处理，宜采取在磨平机上磨平端面的处理方法。承受轴向压力芯样试件端面，也可采用下列处理方法：用环氧胶泥或聚合物水泥砂浆补平；抗压强度低于 40MPa 的芯样试件，可采用水泥砂浆、水泥净浆或聚合物水泥浆浆补平，补平层厚度不宜大于 5mm，也可采用硫磺胶泥补平，补平层厚度不宜大于 1.5mm。

③测量芯样试件的尺寸

用游标卡尺在芯样中部相互垂直的两个位置上测量平均直径，取测量的平均值，精确至 0.5mm，用钢卷尺或钢板尺测量高度，精确至 1mm，用游标量角器测垂直度，精确至 0.1°，用钢板尺（或角尺）和塞尺测量平整度。芯样试件尺寸偏差及外观质量超过下列数值时，相应的测试数据无效：芯样试件的实际高径比（H/d）小于要求高径比的 0.95 或大于 1.05；沿芯样试件高度的任一直径与平均直径相差大于 2mm；抗压芯样试件端面的不平整度在 100mm 长度内大于 0.1mm；芯样试件端面与轴线的垂直度偏差大于 1°；芯样有裂缝或有其他较大缺陷。

4）芯样抗压强度试验与计算

①芯样抗压强度试验

芯样的干湿度应与结构构件相一致。芯样试验应在自然干燥条件下进行抗压试验；当结构工作条件比较潮湿时，需要确定潮湿状态下的混凝土强度，芯样试件宜在 20±5℃的清水中浸泡 40~48h，从水中取出后立即进行试验。

②芯样试件混凝土抗压强度计算

芯样试件混凝土抗压强度计算公式：

$$f_{cu,cor} = \frac{F_c}{A} \tag{5-84}$$

式中 $f_{cu,cor}$——芯样试件的混凝土抗压强度值（MPa）；

F_c——芯样试件的抗压试验测得的最大压力（N）；

A——芯样试件抗压截面面积（mm²）。

（4）后装拔出法检测混凝土抗压强渡

拔出法是检测混凝土强度的一种半破损试验方法。拔出法分为两种。一种是浇灌混凝土时在测试部位预先埋入金属锚固件，待混凝土硬化后做拔出试验，称为预理拔出法。另一种是在硬化混凝土的测试部位上钻孔、磨槽、嵌入锚固件后做拔出试验，称为后装拔出法。适用于混凝土试件与结构的混凝土质量不一致或对试件检验结果有怀疑时，供试验用的混凝土试件数量不足时，有待改建或扩建的旧结构物需要了解其混凝土强度时，现场常用后装拔出法检测混凝土抗压强度。

1）检测设备及辅助工具

检测拔出试验装置由钻孔机、磨槽机、锚固件及拔出仪等组成，可采用圆环式或三点式。

2）取样规则

①按单个构件检测时，在构件均匀布置 3 个测点。最大拔出力或最小拔出力与中间值之差大于 15%（包括两者均大于中间值的 15%）时，应在最小拔出力测点附近再加测 2 个测点。

②按批抽样检测时，抽样数量应不少于总数的 30%，且不少于 10 件，每个构件不应少于 3 个测点。

③测点宜优先布置在混凝土成型侧面；在构件的受力较大及薄弱部位应布置测点，相邻两测点间距不应小于 $10h$，距构件边缘不应小于 $4h$（h 锚固深度）。

④测点应避开接缝、蜂窝、麻面部位和混凝土表面的钢筋、预埋件。

3）现场检测

①试验准备

拔出试验前，对钻孔机、磨槽机、拔出仪的工作状态是否正常及钻头、磨头、锚固件的规格尺寸是否满足成孔尺寸要求，均应检查。

②钻孔与磨槽

在钻孔过程中钻头应始终与混凝土表面保持垂直，垂直度偏差不应大于 3°。在混凝土孔壁磨环形槽时，磨槽机的定位圆盘应始终紧靠混凝土表面回转，磨出的环形槽形状应规整。成孔尺寸应满足下列要求：钻孔直径 d_1 应比圆环式（$d_1=18mm$）、三点式（$d_1=22mm$）规定值大 0.1mm，且不宜大于 1.0mm；钻孔深度 h_1 应比锚固深度 h 深 20～30mm；圆环式锚固件的锚固深度 $h=25mm$，三点式锚固件的锚固深度 $h=35mm$，允许误差为±0.8mm；环形槽深度 c 应为 3.6～4.5mm。

③拔出试验

将胀簧插入成型孔内，通过胀杆使胀簧锚固台阶完全嵌入环形槽内保证锚固可靠。拔出仪与锚固件用拉杆连接对中，并与混凝土表面垂直。施加拔出力应连续均匀，其速度控制在 0.5～1.0kN/s。施加拔出力至混凝土开裂破坏，测力显示器读数不再增加为止，记录极限拔出力值精确至 0.1kN。当拔出试验出现异常时，应做详细记录，并将该值舍去，在其附近补测一个测点。

4）混凝土强度换算与推定

①混凝土强度换算

a. 混凝土强度换算值计算公式：

$$f_{cu}^e = A \cdot F + B \qquad (5-85)$$

式中 f_{cu}^e——混凝土强度换算值（MPa），精确至 0.1MPa；
F——拔出力（kN），精确至 0.1kN；
A、B——测强公式回归系数。

b. 当被测结构所用混凝土的材料与制定测强曲线所用材料有较大差异时，可在被测结构上钻取混凝土芯样，根据芯样强度对混凝土强度换算值进行修正。芯样数量应不少于 3 个，在每个钻取芯样附近做 3 个测点的拔出试验，取 3 个拔出力的平均值代入式（5-85）计算每个芯样对应的混凝土强度换算值。修正系数可按下式计算：

$$\eta = \frac{1}{n}\sum_{i=1}^{n}(f_{cor,i}/f_{cu,i}^e) \qquad (5-86)$$

式中 η——修正系数精确到 0.01；
$f_{cor,i}$——第 i 个混凝土芯样试件抗压强度值，精确至 0.1MPa；

$f_{cu,i}^e$——对应于第 i 个混凝土芯样试件的 3 个拔出力平均值的混凝土强度换算值（MPa），精确至 0.1MPa；
n——芯样试件数。

②混凝土强度推定

a. 单个构件的混凝土强度推定

（a）当构件 3 个拔出力中最大和最小拔出力与中间值之差均小于中间值的 15%，取最小值作为该构件拔出力计算值。

（b）如有加测时，加测的 2 个拔出力和最小拔出力一起取平均值，再与前一次的拔出力中间值比较，取小值作为该构件拔出力计算值。

（c）将单个构件的拔出力计算值代入式（5-85）计算强度换算值（或用式（5-86）得到的修正系数乘以强度换算值）作为单个构件混凝土强度推定值 $f_{cu,e}$。

b. 批抽检构件的混凝土强度推定

（a）将同批构件抽样检测的每个拔出力代入式（5-82）计算强度换算值（或用式（5-86）得到的修正系数乘以强度换算值）。

（b）混凝土强度的推定值 $f_{cu,e}$ 按下列公式计算：

$$f_{cu,e1} = m_{f_{cu}^e} - 1.645 s_{f_{cu}^e} \qquad (5-87)$$

$$f_{cu,e2} = m_{f_{cu,min}^e} = \frac{1}{m}\sum_{j=1}^{m} f_{cu,min,j}^e \qquad (5-88)$$

式中 $m_{f_{cu}^e}$——批抽检构件混凝土强度换算值的平均值（MPa），精确至 0.1MPa，按下式计算：

$$m_{f_{cu}^e} = \frac{1}{n}\sum_{i=1}^{n} f_{cu,i}^e \qquad (5-89)$$

式中 $f_{cu,i}^e$——第 i 个测点混凝土强度换算值；
$s_{f_{cu}^e}$——批抽检构件混凝土强度换算值的标准差平均值（MPa），精确至 0.1MPa，按下式计算：

$$s_{f_{cu}^e} = \sqrt{\frac{\sum_{i=1}^{n}(f_{cu,i}^e)^2 - n(m_{f_{cu}^e})^2}{n-1}} \qquad (5-90)$$

$m_{f_{cu,min}^e}$——批抽检每个构件混凝土强度换算值中最小值的平均值（MPa），精确至 0.1MPa；
$f_{cu,min,j}^e$——每 j 个构件混凝土强度换算值中的最小值（MPa），精确至 0.1MPa；
n——批抽检构件的测点总数；
m——批抽检构件的测点总数。

（c）取 $f_{cu,e1}$、$f_{cu,e2}$ 中的较大值作为该批构件的混凝土强度推定值。当同批构件按批抽样检测时，若全部测点的强度标准差出现下列情况时，则该批构件应按单个构件检测：当该批构件混凝土强度换算值的平均值小于或等于 25MPa 时，$s_{f_{cu}^e} > 4.5MPa$；当该批构件混凝土强度平均值大于 25MPa 时，$s_{f_{cu}^e} > 5.5MPa$。

3. 混凝土缺陷检测

混凝土缺陷是指破坏混凝土的连续性和完整性，并在一定程度上降低混凝土的强度和耐久性的不密实区、空洞、裂缝或夹杂泥砂、杂物等。超声法对混凝土内部空洞和不密实区的位置和范围、裂缝深度、表面损伤层厚度、不同时间浇筑的混凝土结合面质量、灌注桩和钢管混凝土中的缺陷进行检测，测量混凝土的声速、波幅和主频等声学参数，并根据这些参数及其相对变化分析判断混凝土缺陷。

（1）检测设备及辅助工具

超声法检测需用超声波检测仪和换能器等设备。用于混凝土的超声波检测仪有模拟式和数字式两种。常用的换能器具有厚度振动方式和径向振动方式两种类型，可根据不同测试需要选用。

（2）检测规则

1）确定缺陷测试的部位混凝土表面应清洁、平整，必要时可用砂轮磨平或用高强度的快凝砂浆抹平。抹平砂浆必须与混凝土粘结良好。

2）在满足首波幅度测读精度的条件下，应选用较高频率的换能器，换能器应通过耦合剂与混凝土测试表面保持紧密结合，耦合层不得夹杂泥砂或空气。

3) 检测时应避免超声传播路径与附近钢筋轴线平行，如无法避免，应使两个换能器连线与该钢筋的最短距离不小于超声测距的 1/6。

4) 检测中出现可疑数据时应及时查找原因，必要时进行复测校核或加密测点补测。

5) 超声波检测仪分为模拟式和数字式两种，应各自按照相应的方法操作，混凝土声时值应按下式计算：

$$t_{ci} = t_i - t_0 \text{ 或 } t_{ci} = t_i - t_{00} \tag{5-91}$$

式中 t_{ci}——第 i 点混凝土声时值（μs）；

t_i——第 i 点声时读声时值（μs）；

t_0——厚度振动式换能器时的声时初读数（μs）；

t_{00}——径向振动式换能器时的声时初读数（μs）。

(3) 现场检测

1) 裂缝深度检测

被测裂缝中不得有积水或泥浆等，裂缝深度检测有单面平测法、双面斜测法和钻孔对测法三种。当结构的裂缝部位只有一个可测表面，估计裂缝深度又不大于 500mm 时，可采用单面平测法。平测时应在裂缝的被测部位，以不同的测距按跨缝和不跨缝避开钢筋的影响布置测点。当结构的裂缝部位具有两个相互平行的测试表面时，可采用双面穿透斜测法检测。钻孔对测法适用于大体积混凝土，预计深度在 500mm 以上的裂缝检测，被检测混凝土应允许在裂缝两侧钻测试孔。

①单面平测法

a. 不跨缝的声时测量

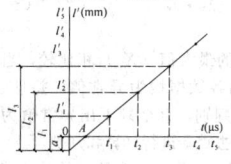
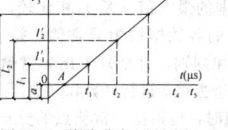

图 5-32 平测"时—距"图　　图 5-33 绕过裂缝示意图

将 T 和 R 换能器置于裂缝附近同一侧，以两个换能器内边缘间距（l'）等于 100、150、200、250mm…… 分别读声时值（t_i），绘制"时—距"坐标图或用回归分析的方法求出声时与测距之间的回归直线方程：

$$l_i = a + bt_i \tag{5-92}$$

每测点超声波实际传播距离 l_i 为：

$$l_i = l' + |a| \tag{5-93}$$

式中 l_i——第 i 点的超声波实际传播距离（mm）；

l'——第 i 点的 R、T 换能器内边缘间距（mm）；

a——"时—距"图中 l' 轴的截距或回归直线方程的常数项（mm）。

不跨缝平测的混凝土声速为：

$$v = (l'_n - l'_1)/(t_n - t_1) \tag{5-94}$$

或

$$v = b \text{ (km/s)}$$

式中 l'_n、l'_1——第 n 点和第 1 点的测距（mm）；

t_n、t_1——第 n 点和第 1 点读取的声时值（μs）；

b——回归系数。

b. 跨缝的声时测量

将 T 和 R 换能器置分别置于以裂缝为对称的两侧，l 取 100、150、200……分别读声时值（t_i^0），同时观察首波相位的变化。

c. 裂缝深度计算与确定

(a) 平测法检测裂缝深度应按下式计算：

$$h_{ci} = l_i \sqrt{\dfrac{\left(\dfrac{t_i^0 v}{l_i}\right)^2 - 1}{2}} \tag{5-95}$$

$$m_{hc} = \frac{1}{n}\sum_{i=1}^{n} h_{ci} \tag{5-96}$$

式中 l_i——不跨缝平测时第 i 点的超声波实际传播距离（mm）；

h_{ci}——第 i 点计算的裂缝深度值（mm）；

t_i^0——第 i 点跨缝平测的声时值（μs）；

m_{hc}——各测点计算裂缝深度的平均值；

v——混凝土的声速；

n——测点数。

(b) 裂缝深度的确定

跨缝测量中，当在某测距发现首波反相时，可用该测距及两个相邻测距的测量值按式（5-95）计算 h_{ci} 值，取此三点 h_{ci} 的平均值作为该裂缝的深度值（h_c）；跨缝测量中如难于发现首波反相，则以不同测距按式（5-95）、式（5-96）计算 h_{ci} 及其平均值（m_{hc}）。

将各测距 l'_i 与 m_{hc} 相比较，凡测距 l'_i 小于 m_{hc} 和大于 $3m_{hc}$，应剔除该组数据，然后取下 h_{ci} 的平均值，作为该裂缝的深度值（h_c）。

②双面斜测法

a. 裂缝深度检测：

双面穿透斜测法的测点布置如图 5-34 所示，将 T 和 R 换能器分别置于两测试表面对应测点 1、2、3……的位置读取相应声时值 t_i、波幅值 A_i 及主频率 f_i。

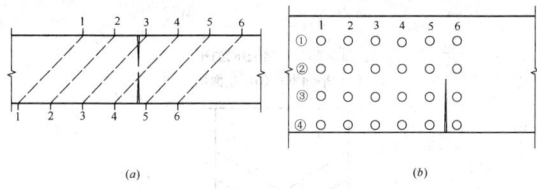

图 5-34 斜测图裂缝测点布置示意图
(a) 平面图; (b) 立面图

b. 裂缝深度判定：当 T 和 R 换能器的连线通过裂缝，根据波幅、声时和主频的突变，可以判定裂缝深度以及是否在所处断面内贯通。

③钻孔对测法

a. 所钻测试孔要求

孔径应比所用换能器直径大 5～10mm；孔深应不小于比裂缝预计深度深 700mm。经测试如浅于裂缝深度则应加深钻孔；对应的两个测试孔（A、B），必须始终位于裂缝两侧，其轴线应保持平行；两个对应测试孔的间距宜为 2000mm，同一检测对象各对测孔间距应保持相同，孔中粉末碎屑应清理干净；如图所示，宜在裂缝一侧多钻一个孔距相同但较浅的孔（C），通过 B、C 两孔测试无裂缝混凝土的声学参数。

b. 裂缝深度检测

检测应选用频率为 20～60kHz 的径向振动式换能器。测试前应先向测试孔中注满清水，然后将 T、R 换能器分别置于裂缝两侧的对应孔中，以相同高程等间距（100～400mm）从上到下同步移动，逐点读取声时、波幅和换能器所处的深度，如图 5-35 所示。

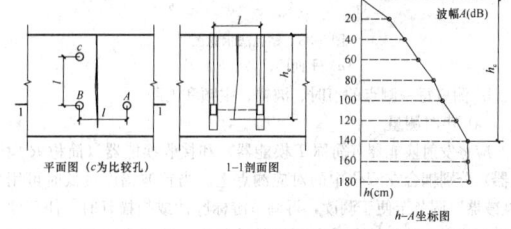

图 5-35 钻孔测裂缝深度示意图

c. 裂缝深度确定

以换能器所处深度（h）与对应的波幅值（A）绘制 h-A 坐标图（如图 5-35 所示）。随换能器位置的下移，波幅逐渐增大，当换能器下移至某一位置后，波幅达到最大并基本稳定，该位置所对应的深度便是裂缝深度值（h_c）。

2) 不密实区和空洞检测

①构件的被测部位要求

被测部位应具有一对或两对相互平行的测试面；测试范围除应

大于有怀疑的区域外，还应有同条件的正常混凝土进行对比，且对比测点数不应少于 20 个。

②测试

a. 换能器布置条件

（a）当构件具有两对相互平行的测试面时，可采用对测法。如图 5-36 所示，在测试部位两对相互平行的测试面上，分别画出等间距的网格（网格间距：工业与民用建筑为 100～300mm，其他大型结构物可适当放宽），并编号确定对应的测点位置；

（b）当构件只有一对相互平行的测试面时，可采用对测和斜测相结合的方法。如图 5-37 所示，在测位两个相互平行的测试面上分别画出网格线，可在对测的基础上进行交叉斜测；

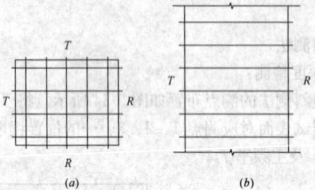

图 5-36　对测法示意图
（a）平面图；（b）立面图

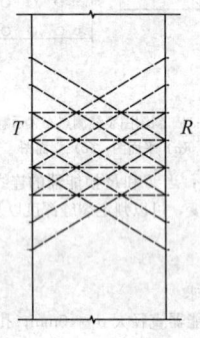

图 5-37　斜测法立面图

（c）当测距较大时可采用钻孔或预埋管测法。如图 5-38 所示，在测位预埋声测管或钻出竖向测试孔，预埋管内径或钻孔直径宜比换能器直径大 5～10mm，预埋管或钻孔间距宜为 2～3m，其深度可根据测试需要确定。检测时可用两个径向振动式换能器分别置于两测孔中进行测试，或用一个径向振动式与一个厚度振动式换能器，分别置于测孔中和平行于测孔的侧面进行测试。

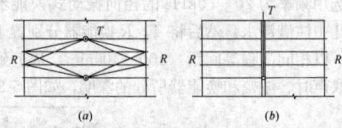

图 5-38　钻孔法示意图
（a）平面图；（b）立面图

b. 测量每一测点的声时、波幅、主频和测距

（a）声时测量

应将发射换能器（简称 T 换能器）和接收换能器（简称 R 换能器）分别耦合在测位中的对应测点上。当首波幅度过低时可用"衰减器"调节至便于测读，再调节游标脉冲或扫描延时，使首波前沿基线弯曲的起始点对准游标脉冲前沿，读取声时值 t_i（读至 0.1μs）。

（b）波幅测量

应在保持换能器良好耦合状态下采用下列两种方法之一进行读取。刻度法：将衰减器固定在某一衰减位置，在仪器荧光屏上读取首波幅度的格数。衰减值法：采用衰减器将首波调至一定高度，读取衰减器上的 dB 值。

（c）主频测量

应先将游标脉冲调至首波前半个周期的波谷（或波峰），读取声时值 t_1（μs），再将游标脉冲调至相邻的波谷（或波峰）读取声

值 t_2（μs），按式（5-97）计算出该点（第 i 点）第一个周期波的主频 f_i（精确至 0.1kHz）。

$$f_i = \frac{1000}{t_2 - t_1} \tag{5-97}$$

（d）测距测量

当采用厚度振动式换能器对测时，宜用钢卷尺测量 T、R 换能器辐射面之间的距离；当采用厚度振动式换能器平测时，宜用钢卷尺测量 T、R 换能器内边缘之间的距离；当采用径向振动式换能器在钻孔或预埋管中检测时，宜用钢卷尺测量放置 T、R 换能器的钻孔或预埋管内边缘之间的距离；测距的测量误差应不大于 $\pm 1\%$。

③数据处理及判断

a. 测位混凝土声学参数的平均值（m_x）和标准差（s_x）应按下式计算：

$$m_x = \frac{\sum X_i}{n} \tag{5-98}$$

$$s_x = \sqrt{\frac{(\sum X_i^2 - n \cdot m_x^2)}{n-1}} \tag{5-99}$$

式中　X_i——第 i 点的声学参数测量值；

n——参与统计的测点数。

b. 异常数据判别

（a）将测位各测点的波幅、声速或主频值由大至小按顺序分别排列，即 $X_1 \geqslant X_2 \geqslant \cdots \geqslant X_n \geqslant X_{n+1} \cdots \cdots$，将排在后面明显偏小的数据视为可疑，再将这些可疑数据中最大的一个（假定 X_n）连同其前面的数据计算出 m_x 及 s_x 值，并计算异常情况的判断值（X_0）：

$$X_0 = m_x - \lambda_1 \cdot s_x \tag{5-100}$$

式中 λ_1 按表 5-34 取值。

将判断值（X_0）与可疑数据的最大值（X_n）相比较，当 $X_n \leqslant X_0$ 时，则 X_n 及排列于其后的各数据均为异常值，并且去掉 X_n，再用 $X_1 \sim X_{n-1}$ 进行计算和判别，直至判不出异常值为止；当 $X_n > X_0$ 时，应将 X_{n+1} 放进去重新进行计算和判别。

（b）当测位中判别出异常测点时，可根据异常测点的分布情况，按下式进一步判别其相邻测点是否异常：

$$X_0 = m_x - \lambda_2 \cdot s_x \text{ 或 } X_0 = m_x - \lambda_3 \cdot s_x \tag{5-101}$$

式中 λ_2、λ_3 按表取值，当测点布置为网格状时取 λ_2；当单排布置测点时（如在声测孔中检测）取 λ_3。若保证不了耦合条件的一致性则波幅值不能作为统计法的判据。

统计数的个数 n 与对应的 λ_1、λ_2、λ_3 值　表 5-34

n	20	22	24	26	28	30	32	34	36	38
λ_1	1.65	1.69	1.73	1.77	1.80	1.83	1.86	1.89	1.92	1.94
λ_2	1.25	1.27	1.29	1.31	1.33	1.34	1.36	1.37	1.38	1.39
λ_3	1.05	1.07	1.09	1.11	1.12	1.14	1.16	1.17	1.18	1.19
n	40	42	44	46	48	50	52	54	56	58
λ_1	1.96	1.98	2.00	2.02	2.004	2.05	2.07	2.09	2.10	2.12
λ_2	1.41	1.42	1.43	1.44	1.45	1.46	1.47	1.48	1.49	1.49
λ_3	1.20	1.22	1.23	1.25	1.26	1.27	1.28	1.29	1.30	1.31
n	60	62	64	66	68	70	72	74	76	78
λ_1	2.13	2.14	2.15	2.17	2.18	2.19	2.20	2.21	2.22	2.23
λ_2	1.50	1.51	1.52	1.53	1.53	1.54	1.55	1.56	1.56	1.57
λ_3	1.31	1.32	1.33	1.34	1.35	1.35	1.36	1.37	1.38	1.39
n	80	82	84	86	88	90	92	94	96	98
λ_1	2.24	2.25	2.26	2.27	2.28	2.29	2.30	2.30	2.31	2.31
λ_2	1.58	1.58	1.59	1.60	1.61	1.61	1.62	1.62	1.63	1.63
λ_3	1.39	1.40	1.41	1.42	1.42	1.43	1.44	1.45	1.45	1.45
n	100	105	110	115	120	125	130	140	150	160
λ_1	2.32	2.35	2.36	2.38	2.40	2.41	2.43	2.45	2.48	2.50
λ_2	1.64	1.65	1.66	1.67	1.68	1.69	1.71	1.73	1.75	1.77
λ_3	1.46	1.47	1.48	1.49	1.51	1.53	1.54	1.56	1.58	1.59

3）混凝土结合面质量检测

①检测条件

用于前后两次浇筑的混凝土之间接触面的结合质量检测，被测部位及测点的确定应满足下列要求：测试前应查明结合面的位置及走向，明确被测部位及范围；构件的被测部位应具有使声波垂直或斜穿结合面的测试条件。

②布置测点规则

a. 使测试范围覆盖全部结合面或有怀疑的部位；

b. 各对 $T-R_1$（声波传播不经过结合面）和 $T-R_2$（声波传播经过结合面）换能器连线的倾斜角测距应相等；

c. 测点的间距宜为 100～300mm。

③检测方法

a. 混凝土结合面质量检测可采用对测法和斜测法如图 5-39 所示。

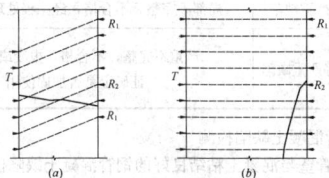

图 5-39　混凝土结合面质量检测示意图
（a）斜测法；（b）对测法

b. 对已布置测点分别按照不密实区和空洞检测中测出各点的声时、波幅和主频值。

④数据处理及判断

将同一测位各测点声速波幅和主频值分别按不密实区和空洞检测中第③条进行统计和判断。当测点数无法满足统计法判断时，可将 $T-R_2$ 的声速、波幅等声学参数与 $T-R_1$ 进行比较，若 $T-R_2$ 的声学参数比 $T-R_1$ 显著低时，则该点可判为异常测点。当通过结合面的某些测点的数据被判为异常，并查明无其他因素影响时，可判定混凝土结合面在该部位结合不良。

4）表面损伤层检测

适用于因冻害高温或化学腐蚀等引起的混凝土表面损伤层厚度的检测。

①被测部位和测点的确定规则

根据构件的损伤情况和外观质量选取有代表性的部位布置测位；构件被测表面应平整并处于自然干燥状态，且无接缝和饰面层。

②检测方法

选用频率较低的厚度振动式换能器。测试时换能器应耦合好，并保持不动，然后将换能器依次耦合在间距为 30mm 的测点位上，如图 5-40 所示，读取相应的声时值 t_1、t_2、t_3……，并测量每次 T、R 换能器内边缘之间的距离 l_1、l_2、l_3、……。每一测位的测点数不得少于 6 个，当损伤层较厚时应适当增加测点数。当构件的损伤层厚度不均匀时应适当增加测位数量。

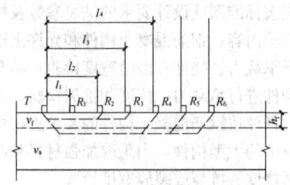

图 5-40　检测损伤层厚度示意图

③数据处理及判断

a. 求损伤和未损伤混凝土的回归直线方程

用各测点的声时值 t_i 和相应测距值 l_i 绘制"时-距"坐标图，如图 5-41 所示。由图可得到声速改变所形成的转折点，该点前、后分别表示损伤和未损伤混凝土的 l 与 t 相关直线。用回归分析方法分别求出损伤、未损伤混凝土 l 与 t 的回归直线方程：

损伤混凝土　　　　$l_f = a_1 + b_1 \cdot t_f$　　　　　(5-102)

未损伤混凝土　　　$l_a = a_2 + b_2 \cdot t_a$　　　　　(5-103)

式中　　l_f——拐点前各测点的测距（mm），对应于图中的 l_1、l_2、l_3；

t_f——对应于图中 l_1、l_2、l_3 的声时（μs）t_1、t_2、t_3；

l_a——拐点后各测点的测距（mm），对应于图中的 l_4、l_5、l_6；

t_a——对应于测距 l_4、l_5、l_6 的声时（μs）t_4、t_5、t_6；

a_1、b_1、a_2、b_2——回归系数，即图中损伤和未损伤混凝土直线的截距和斜率。

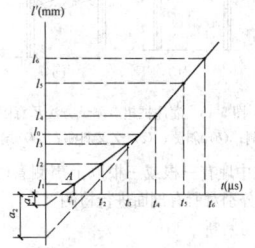

图 5-41　损伤层检测"时-距"坐标图

b. 损伤层厚度应按下式计算：

$$l_0 = \frac{a_1 b_2 - a_2 b_1}{b_2 - b_1}$$　　　　(5-104)

$$h_f = \frac{l_0 \sqrt{\dfrac{b_2 - b_1}{b_2 + b_1}}}{2}$$　　　　(5-105)

式中　h_f——损伤层厚度（mm）；

l_0——拐点的测距（mm）。

5）灌注桩混凝土缺陷检测

适用于桩径（或边长）不小于 0.6m 的灌注桩桩身混凝土缺陷。

①埋设超声检测管

a. 根据桩径大小预埋超声检测管，桩径为 0.6～1.0m 时宜埋 2 根管；桩径为 1.0～2.5m 时宜埋 3 根管，按等边三角形布置；桩径为 2.5m 以上时埋 4 根管，按正方形布置；声测管之间应保持平行，如图 5-42 所示。

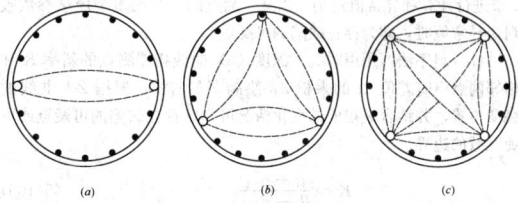

图 5-42　声测管埋设示意图
（a）双管；（b）三管；（c）四管

b. 声测管宜采用钢管，对于桩身长度小于 15m 的短桩，可用硬质塑料管。管的内径宜为 35～50mm，各段声测管宜用外加套管连接并保持通直，管的下端应封闭，上端应加塞子。

c. 声测管的埋设深度应与灌注桩的底部齐平，管的上端应高于桩顶表面 300～500mm，同一根桩的声测管外露高度宜相同。

d. 声测管应牢靠固定在钢筋笼内侧。对于钢管，每 2m 间距设一个固定点，直接焊在架立筋上；对于 PVC 管，每 1m 间距设一固定点，应牢固绑扎在架立筋上。对于无钢筋笼的部位，声测管可用钢筋支架固定。

②桩检测

a. 首先向管内注满清水，采用一段直径略大于换能器的圆钢作疏通吊锤，逐根检查声测管的畅通情况及实际深度，用钢卷尺测量同根桩顶各声测管之间的净距离。

b. 根据桩径大小选择合适频率的换能器和仪器参数，一经选定在同批桩的检测过程中不得随意改变。将 T、R 换能器分别置于

两个声测孔的顶部或底部，以同一高度或相差一定高度等距离同步移动，逐点读测声学参数并记录换能器所处深度，检测过程中应经常校核换能器所处高度。

c. 测点间距宜为 200～500mm。普测后对数据可疑的部位应进行复测或加密检测。采用如图 5-43 所示的对测斜测交叉斜测及扇形扫测等方法确定缺陷的位置和范围。

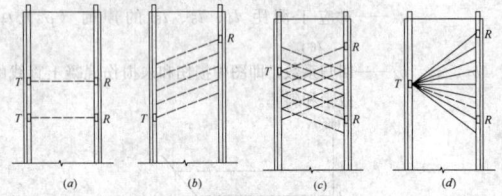

图 5-43　灌注桩超声测试方法示意图
(a) 对测；*(b)* 斜测；*(c)* 交叉斜测；*(d)* 扇形扫描测

d. 当同一桩中埋有三根或三根以上声测管时，应以每两管为一个测试剖面，分别对所有剖面进行检测。

③数据处理与判断

a. 数据处理

(a) 桩身混凝土的声时（t_{ci}）、声速（v_i）分别按下列公式计算：

$$t_{ci} = t_i - t_\infty \quad (\mu s) \tag{5-106}$$

$$v_i = \frac{l_i}{t_{ci}} \quad (km/s) \tag{5-107}$$

式中　t_∞——声时初读数（μs），按径向振动式换能器声时初读数测量；

t_i——测点 i 的测读声时值（μs）；

l_i——测点 i 处二根声测管内边缘之间的距离（mm）。

(b) 主频（f_i）：数字式超声仪直接读取；模拟式超声仪应根据首波周期按下式计算：

$$f_i = \frac{1000}{T_{bi}} \quad (kHz) \tag{5-108}$$

式中　T_{bi}——测点 i 的首波周期（μs）。

b. 桩身混凝土缺陷可疑点判断方法

(a) 概率法：将同一桩同一剖面的声速、波幅、主频按本节第 4 条进行计算和异常值判别。当某一测点的一个或多个声学参数被判为异常值时，即为存在缺陷的可疑点。

(b) 斜率法：用声时 t_c—深度（h）曲线相邻测点的斜率 K 和相邻两点声时差值 Δt 的乘积 Z，绘制 Z-h 曲线，根据 Z-h 曲线的突变位置，并结合波幅值的变化情况可判定存在缺陷的可疑点或可疑区域的边界。

$$K = \frac{t_i - t_{i-1}}{d_i - d_{i-1}} \tag{5-109}$$

$$Z = K \cdot \Delta t = \frac{(t_i - t_{i-1})^2}{d_i - d_{i-1}} \tag{5-110}$$

式中　$t_i - t_{i-1}$、$d_i - d_{i-1}$——分别代表相邻两测点的声时差和深度差。

(c) 结合判断方法绘制相应声学参数—深度曲线，根据可疑测点的分布及其数值大小综合分析判断缺陷的位置和范围。

(d) 当需用声速评价一个桩的混凝土质量匀质性时，可分别按下列各式计算测点混凝土声速值（v_i）和声速的平均值（m_v）、标准差（s_v）及离差系数（C_v）。根据声速的离差系数可评价灌注桩混凝土匀质性的优劣。

$$v_i = \frac{l_i}{t_{ci}} \tag{5-111}$$

$$m_v = \frac{1}{n} \sum v_i \tag{5-112}$$

$$s_v = \sqrt{\frac{\sum v_i^2 - n \times m_v^2}{n-1}} \tag{5-113}$$

$$C_v = \frac{s_v}{m_v} \tag{5-114}$$

式中　v_i——第 i 点混凝土声速值（km/s）；

l_i——第 i 点测距值；

t_{ci}——第 i 点的混凝土声时值（μs）；

n——测点数。

(e) 桩身完整性评价见表 5-35。

桩身完整性评价　　　表 5-35

类别	缺陷特征	完整性评定结果
Ⅰ	无缺陷	完整，合格
Ⅱ	局部小缺陷	基本完整，合格
Ⅲ	局部严重缺陷	局部不完整，不合格，经工程处理后可使用
Ⅳ	断桩等严重缺陷	严重不完整，不合格，报废或通过验证确定是否加固使用

6）钢管混凝土缺陷检测

适用于管壁与混凝土粘结良好的钢管混凝土缺陷检测。检测过程中应注意防止首波信号经由钢管壁传播，所用钢管的外表面应光洁无严重锈蚀。

①检测方法

a. 钢管混凝土检测采用径向对测的方法，如图 5-44 所示。

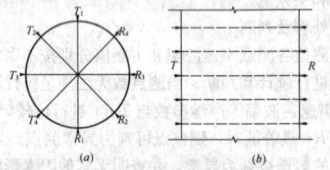

图 5-44　钢管混凝土检测示意图
(a) 平面图；*(b)* 立面图

b. 选择钢管与混凝土粘结良好的部位布置测点，布置测点时，先测量钢管实际周长再将圆周等分，在钢管测试部位画出若干根母线和等间距的环向线，线间距宜为 150～300mm。

c. 检测时可先做径向对测，在钢管混凝土每一环线上保持 T、R 换能器连线通过圆心，沿环向测试，逐点读取声时、波幅和主频。

②数据处理与判断

同一测距的声时、波幅和频率应按本节第 4 条进行统计计算及异常值判别。当同一测位的测试数据离散性较大或数据较少时，可将怀疑部位的声速、波幅、主频与相同直径钢管混凝土的质量正常部位的声学参数相比较，综合分析判断所测部位的内部质量。

5.2.7　预制构件结构性能检验

预制构件应按标准图或设计要求的试验参数及检验指标进行结构性能检验。检验内容：钢筋混凝土构件和允许出现裂缝的预应力混凝土构件进行承载力、挠度和裂缝宽度检验；不允许出现裂缝的预应力混凝土构件进行承载力、挠度和抗裂检验；预应力混凝土构件中的非预应力杆件按钢筋混凝土构件的要求进行检验。对设计成熟、生产数量较少的大型构件，当采取加强材料和制作质量检验的措施时，可仅做挠度、抗裂或裂缝宽度检验。

1. 检验设备及辅助工具

检验应有试验机、荷重块、千斤顶、百分表、位移传感器、水平仪等设备仪器，试验用的加荷设备及量测仪表应预先进行标定和校准。

2. 取样规则

对成批生产的构件，应按同一工艺正常生产的不超过 1000 件且不超过 3 个月的同类型产品为一批。当连续检验 10 批且每批的结构性能检验结果均符合本规范规定的要求时，对同一工艺正常生产的构件，可改为不超过 2000 件且不超过 3 个月的同类型产品为一批。在每批中应随机抽取一个构件作为试件进行检验。

3. 检验条件

(1) 预制构件结构性能试验条件

1) 构件应在 0℃ 以上的温度中进行试验。

2) 蒸汽养护后的构件应在冷却至常温后进行试验。

3) 构件在试验前应量测其实际尺寸，并检查构件表面，所有的缺陷和裂缝应在构件上标出。

(2) 试验构件的支承方式规定

1) 板、梁和桁架等简支构件，试验时应一端采用铰支承，另一端采用滚动支承。铰支承可采用角钢、半圆型钢或焊于钢板上的圆钢，滚动支承可采用圆钢。

2) 四边简支或四角简支的双向板，其支承方式应保证支承处构件能自由转动，支承面可以相对水平移动。

3) 当试验的构件承受较大集中力或支座反力时，应对支承部分进行局部受压承载力验算。

4) 构件与支承面应紧密接触；钢垫板与构件、钢垫板与支墩间，宜铺砂浆垫平。

5) 构件支承的中心线位置应符合标准图或设计的要求。

(3) 试验构件的荷载布置规定

1) 构件的试验荷载布置应符合标准图或设计的要求。

2) 当试验荷载布置不能完全与标准图或设计的要求相符时，应按荷载效应等效的原则换算，即使构件试验的内力图形与设计的内力图形相似，并使控制截面上的内力值相等，但应考虑荷载布置改变后对构件其他部位的不利影响。

4. 检验

(1) 加载方法

加载方法应根据标准图或设计的加载要求、构件类型及设备条件等进行选择。当按不同形式荷载组合进行加载试验（包括均布荷载、集中荷载、水平荷载和竖向荷载等）时，各种荷载应按比例增加。

1) 荷重块加载

荷重块加载适用于均布加载试验。荷重块应按区格成堆堆放，堆与堆之间间隙不宜小于 50mm。

2) 千斤顶加载

千斤顶加载适用于集中加载试验。千斤顶加载时，可采用分配梁系统实现多点集中加载。千斤顶的加载值宜采用荷载传感器量测，也可采用油压表量测。

3) 梁或桁架可采用水平对顶加载方法，此时构件应垫平且不应妨碍构件在水平方向的位移。梁也可采用竖直对顶的加载方法。

4) 当屋架仅做挠度、抗裂或裂缝宽度检验时，可将两榀屋架并列，安放屋面板后进行加载试验。

5) 构件应分级加载。当荷载小于荷载标准值时，每级荷载不应大于荷载标准值的 20%；当荷载大于荷载标准值时，每级荷载不应大于荷载标准值的 10%；当荷载接近抗裂检验荷载值时，每级荷载不应大于荷载标准值的 5%；当荷载接近承载力检验荷载值时，每级荷载不应大于承载力检验荷载设计值的 5%。对仅做挠度、抗裂或裂缝宽度检验的构件应分级卸载。作用在构件上的试验设备重量及构件自重应作为第一次加载的一部分。构件在试验前，宜进行预压，以检查试验装置的工作是否正常，同时应防止构件因预压而产生裂缝。

6) 每级加载完成后，应持续 10～15min；在荷载标准值作用下，应持续 30min。在持续时间内，应观察裂缝的出现和开展，以及钢筋有无滑移等；在持续时间结束时，应观察并记录各项读数。

(2) 预制构件承载力检验

1) 当按现行国家标准《混凝土结构设计规范》(GB 50010) 的规定进行检验时，应符合下列公式的要求：

$$\gamma_u^0 \geqslant \gamma_0 [\gamma_u] \qquad (5\text{-}115)$$

式中　γ_u^0——构件的承载力检验系数实测值，即试件的荷载实测值与荷载设计值（均包括自重）的比值；

　　　γ_0——结构重要性系数，按设计要求确定，当无专门要求时取 1.0；

　　　$[\gamma_u]$——构件的承载力检验系数允许值，按表 5-36 中取用。

构件的承载力检验系数允许值　　表 5-36

受力情况	达到承载能力极限状态的检验标志		$[\gamma_u]$
轴心受拉、偏心受拉、受弯、大偏心受压	受拉主筋处的最大裂缝宽度达到 1.5mm，或挠度达到跨度的 1/50	热轧钢筋	1.20
		钢丝、钢绞线、热处理钢筋	1.35
	受压区混凝土破坏	热轧钢筋	1.30
		钢丝、钢绞线、热处理钢筋	1.45
	受拉主筋拉断		1.50
受弯构件的受剪	腹部斜裂缝达到 1.5mm，或斜裂缝末端受压混凝土剪压破坏		1.40
	沿斜截面混凝土斜压破坏，受拉主筋在端部滑脱或其他锚固破坏		1.55
轴心受压、小偏心受压	混凝土受压破坏		1.50

2) 当按构件实配钢筋进行承载力检验时，应符合下列公式的要求：

$$\gamma_u^0 \geqslant \gamma_0 \eta [\gamma_u] \qquad (5\text{-}116)$$

式中　η——构件承载力检验修正系数，根据现行国家标准《混凝土结构设计规范》(GB 50010) 按实配钢筋的承载力计算确定。

承载力检验的荷载设计值是指承载能力极限状态下，根据构件设计控制截面上的内力设计值与构件检验的加载方式，经换算后确定的荷载值（包括自重）。

3) 对构件进行承载力检验时，应加载至构件出现表 5-36 所列承载能力极限状态的检验标志。当在规定的荷载持续时间内出现上述检验标志之一时，应取本级荷载值与前一级荷载值的平均值作为其承载力检验荷载实测值；当在规定的荷载持续时间结束后出现上述检验标志之一时，应取本级荷载值作为其承载力检验荷载实测值。当受压构件采用试验机或其他顶加载时，承载力检验荷载实测值应取构件直至破坏的整个试验过程中所达到的最大荷载值。

(3) 预制构件的挠度检验

1) 当按现行国家标准《混凝土结构设计规范》(GB 50010) 规定的挠度允许值进行检验时，应符合下列公式的要求：

$$a_s^0 \leqslant [a_s] \qquad (5\text{-}117)$$

$$[a_s] = \frac{M_k}{M_q(\theta-1)+M_k}[a_f] \qquad (5\text{-}118)$$

式中　a_s^0——在荷载标准值下的构件挠度实测值；

　　　$[a_s]$——挠度检验允许值；

　　　$[a_f]$——受弯构件的挠度限值，按现行国家标准《混凝土结构设计规范》(GB 50010) 确定；

　　　M_k——按荷载标准组合计算的弯矩值；

　　　M_q——按荷载准永久组合计算的弯矩值；

　　　θ——考虑荷载长期作用对挠度增大的影响系数，按现行国家标准《混凝土结构设计规范》(GB 50010) 确定。

2) 当按构件实配钢筋进行挠度检验或仅检验构件的挠度、抗裂或裂缝宽度时，应符合下列公式的要求：

$$a_s^0 \leqslant 1.2 a_s^c \qquad (5\text{-}119)$$

同时，还应符合公式 $a_s^0 \leqslant [a_s]$ 的要求。

式中　a_s^0——在荷载标准值下的构件挠度实测值；

　　　$[a_s]$——挠度检验允许值；

　　　a_s^c——在荷载标准值下按实配钢筋确定的构件挠度计算值，按现行国家标准《凝土结构设计规范》(GB 50010) 确定。

3) 构件挠度检验：

① 构件挠度可用百分表、位移传感器、水平仪等进行观测。接近破坏阶段的挠度，可用水平仪或拉线、钢尺等测量。

② 试验时，应量测构件跨中位移和支座沉降。对宽度较大的构件，应在每一量测截面的两边或两肋布置测点，并取其量测结果的

平均值作为该处的位移。

③当试验荷载竖直向下作用时，对水平放置的试件，在各级荷载下的跨中挠度实测值应按下列公式计算：

$$a_t^0 = a_q^0 + a_g^0 \qquad (5\text{-}120)$$

$$a_q^0 = v_m^0 - \frac{1}{2}(v_l^0 + v_r^0) \qquad (5\text{-}121)$$

$$a_g^0 = \frac{M_g}{M_b} a_b^0 \qquad (5\text{-}122)$$

式中　a_t^0——全部荷载作用下构件跨中的挠度实测值（mm）；

　　a_q^0——外加试验荷载作用下构件跨中的挠度实测值（mm）；

　　a_g^0——构件自重及加荷设备重产生的跨中挠度值（mm）；

　　v_m^0——外加试验荷载作用下构件跨中的位移实测值（mm）；

　　v_l^0、v_r^0——外加试验荷载作用下构件左、右端支座沉陷位移的实测值（mm）；

　　M_g——构件自重和加荷设备重产生的跨中弯矩值（kN·m）；

　　M_b——从外加试验荷载开始至构件出现裂缝的前一级荷载为止的外加荷载产生的跨中弯矩值（kN·m）；

　　a_b^0——从外加试验荷载开始至构件出现裂缝的前一级荷载为止的外加荷载产生的跨中挠度实测值（mm）。

④当采用等效集中力加载模拟均布荷载进行试验时，挠度实测值应乘以修正系数 ψ。当采用三分点加载时 ψ 可取为 0.98；当采用其他形式集中力加载时，ψ 应经计算确定。

4）预制构件的抗裂和裂缝宽度检验：

①预制构件的抗裂检验应符合下列公式的要求：

$$\gamma_{cr} \geqslant [\gamma_{cr}] \qquad (5\text{-}123)$$

$$[\gamma_{cr}] = 0.95 \frac{\sigma_{pc} + \gamma f_{tk}}{\sigma_{ck}} \qquad (5\text{-}124)$$

式中　γ_{cr}——构件的抗裂检验系数实测值，即试件的开裂荷载实测值与荷载标准值（均包括自重）的比值；

　　$[\gamma_{cr}]$——构件的抗裂检验系数允许值；

　　σ_{pc}——由预加力产生的构件抗拉边缘混凝土法向应力值，按现行国家标准《混凝土结构设计规范》（GB 50010）确定；

　　γ——混凝土构件截面抵抗矩塑性影响系数，按现行国家标准《混凝土结构设计规范》（GB 50010）计算确定；

　　f_{tk}——混凝土抗拉强度标准值；

　　σ_{ck}——由荷载标准值产生的构件抗拉边缘混凝土法向应力值，按现行国家标准《混凝土结构设计规范》（GB 50010）确定。

②预制构件的裂缝宽度检验应符合下列公式的要求：

$$\omega_{s\cdot max}^0 \leqslant [\omega_{max}] \qquad (5\text{-}125)$$

式中　$\omega_{s\cdot max}^0$——在荷载标准值下，受拉主筋处的最大裂缝宽度实测值（mm）；

　　$[\omega_{max}]$——构件检验的最大裂缝宽度允许值，按表 5-37 取用。

构件检验的最大裂缝宽度允许值（mm）　表 5-37

设计要求的最大裂缝宽度限值	0.2	0.3	0.4
$[\omega_{max}]$	0.15	0.20	0.25

③试验中裂缝的观测

a. 观察裂缝出现可采用放大镜。若试验中未能及时观察到正截面裂缝的出现，可取荷载——挠度曲线上的转折点（曲线第一弯转段两端点切线的交点）的荷载值作为构件的开裂荷载实测值；

b. 构件抗裂检验中，当在规定的荷载持续时间内出现裂缝时，应取本级荷载值与前一级荷载值的平均值作为其开裂荷载实测值；当在规定的荷载持续时间结束后出现裂缝时，应取本级荷载值作为其开裂荷载实测值；

c. 裂缝宽度可采用精度为 0.05mm 的刻度放大镜等仪器进行观测；

d. 对正截面裂缝，应量测受拉主筋处的最大裂缝宽度；对斜截面裂缝，应量测腹部斜裂缝的最大裂缝宽度。确定受弯构件受拉主筋处的裂缝宽度时，应在构件侧面量测。

5.2.8　混凝土中钢筋检测

混凝土中钢筋检测包括钢筋间距和保护层厚度检测、钢筋直径检测、钢筋锈蚀性状检测。

5.2.8.1　钢筋间距和保护层厚度检测

钢筋间距和保护层厚度检测有钢筋探测仪检测和雷达仪检测两种方法，适用于普通混凝土结构或构件，不适用于含有铁磁性物质的混凝土检测。根据钢筋设计资料确定检测区域内钢筋分布，选择适当的检测面。检测面为原状混凝土面应清洁、平整，并应避开金属预埋件。对于辅助检测验证时，钻孔、剔凿不得损坏钢筋，实测应采用游标卡尺，量测精度应为 0.1mm。

1. 检测设备及辅助工具

检测应有钢筋探测仪和雷达仪，应在标准有效期内，检测前应采用标准试件进行校准。

2. 取样规则

（1）钢筋保护层厚度检验的结构部位，应由监理（建设）、施工等各方根据结构构件的重要性共同选定；

（2）对梁类、板类构件，应各抽取构件数量的 2% 且不少于 5 个构件进行检验；当有悬挑构件时，抽取的构件中悬挑梁类、板类构件所占比例均不宜小于 50%；

（3）对选定的梁类构件，应对全部纵向受力钢筋的保护层厚度进行检验；对选定的板类构件，应抽取不少于 6 根纵向受力钢筋的保护层厚度进行检验。对每根钢筋，应在有代表性的部位量测 1 点。

3. 钢筋间距和保护层厚度的检验

钢筋间距和保护层厚度的检验可采用钢筋探测仪和雷达仪检测，所使用的检测仪器应经过计量检验，检测操作应符合相应规程的规定。当混凝土保护层厚度为 10～50mm 时，钢筋保护层厚度检测的允许误差为 ±1mm，钢筋间距检测的允许误差为 ±3mm。

（1）钢筋探测仪检测

1）检测前要求：

应对钢筋探测仪进行预热和调零，调零时探头应远离金属物体。在检测过程中，应检查钢筋探测仪的零点状态。应避开钢筋接头和绑丝，钢筋间距应满足钢筋探测仪的检测要求，探头在检测面上移动，直到钢筋探测仪保护层厚度示值最小，此时探头中心线与钢筋轴线应重合，在相应位置做好标记。应将检测范围内的设计间距相同的连续相邻钢筋逐一标出，并应逐个量测钢筋的间距。

2）混凝土保护层厚度的检测：

①首先应设定钢筋探测仪量程范围及钢筋公称直径，沿被测钢筋轴线选择相邻钢筋影响较小的位置，并应避开钢筋接头和绑丝，读取第 1 次检测的混凝土保护层厚度检测值。在被测钢筋的同一位置应重复检测 1 次，读取第 2 次检测的混凝土保护层厚度检测值。

②当同一处读取的 2 个混凝土保护层厚度检测值相差大于 1mm 时，该组检测数据应无效，并查明原因，在该处应重新进行检测。仍不满足要求时，应更换钢筋探测仪或采用钻孔、剔凿的方法验证。

③当实际混凝土保护层厚度小于钢筋探测仪最小示值时，应采用在探头下附加垫块的方法进行检测。垫块对钢筋探测仪检测结果不应产生干扰，表面应光滑平整，其各方向厚度值偏差不应大于 0.1mm。所加垫块厚度在计算时应予扣除。

④当遇到下列情况之一时，应选取不少于 30% 的已测钢筋，且不应少于 6 处（但实际检测数量小于 6 处时应全部选取），采用钻孔、剔凿等方法验证：

a. 认为相邻钢筋对检测结果有影响；

b. 钢筋公称直径未知或有异议；

c. 钢筋实际根数、位置与设计有较大偏差；

d. 钢筋以及混凝土材质与校准试件有显著差异。

（2）雷达仪检测

1）雷达法宜用于结构及构件中钢筋间距的大面积扫描检测；当检测精度满足要求时，可用于钢筋的混凝土保护层厚度检测。

2）根据被测结构及构件中钢筋的排列方向，雷达仪探头或天线应沿垂直于选定被测钢筋轴线方向扫描，应根据钢筋的反射波位置来确定钢筋间距和混凝土保护层厚度检测值。

3）当遇到下列情况之一时，应选取不少于30%的已测钢筋，且不应少于6处（但实际检测数量小于6处时应全部选取），采用钻孔、剔凿等方法验证：

①认为相邻钢筋对检测结果有影响；

②钢筋实际根数、位置与设计有较大偏差或无资料可供参考；

③混凝土含水率较高；

④钢筋以及混凝土材质与校准试件有显著差异。

4. 检测数据处理

（1）钢筋的混凝土保护层厚度平均检测值应按下式计算：

$$c_{m,i}^t = \frac{c_1^t + c_2^t + 2c_c - 2c_0}{2} \qquad (5-126)$$

式中　$c_{m,i}^t$——第 i 测点混凝土保护层厚度平均检测值，精确至1mm；

c_1^t、c_2^t——第1、2次检测的混凝土保护层厚度检测值，精确至1mm；

c_c——混凝土保护层厚度修正值，为同一规格钢筋的混凝土保护层厚度实测验证值，精确至0.1mm；

c_0——探头垫块厚度，精确至0.1mm；不加垫块时，c_0为0。

（2）检测钢筋间距，可根据实际需要采用绘图方式给出结果。当同一构件检测钢筋不少于7根钢筋（6个间隔）时，也可给出被测钢筋的最大间距、最小间距，并按下式计算钢筋平均间距：

$$s_{m,i} = \frac{1}{n}\sum_{i=1}^{n} s_i \qquad (5-127)$$

式中　$s_{m,i}$——钢筋平均间距，精确至1mm；

n——钢筋间隔数；

s_i——第 i 个钢筋间距，精确至1mm。

5. 钢筋保护层验收

（1）对梁类、板类构件纵向受力钢筋的保护层厚度应分别进行验收。

（2）结构实体钢筋保护层厚度验收合格应符合下列规定：

1）当全部钢筋保护层厚度检验的合格点率为90%及以上时，钢筋保护层厚度的检验结果应判为合格。

2）当全部钢筋保护层厚度检验的合格点率小于90%但不小于80%，可再抽取相同数量的构件进行检验；当按两次抽样总和计算的合格点率为90%及以上时，钢筋保护层厚度的检验结果仍应判为合格。

3）每次抽样检验结果中不合格点的最大偏差均不应大于允许偏差（纵向受力钢筋保护层厚度的允许偏差，对梁类构件为+10mm，−7mm；对板类构件为+8mm，−5mm。）的1.5倍。

5.2.8.2　钢筋直径检测

应采用以数字显示实值的钢筋探测仪来检测钢筋公称直径。对于校准试件，钢筋探测仪对钢筋公称直径的检测允许误差为±1mm。当检测误差不能满足要求时，应以剔凿实测结果为准。

1. 检测设备及辅助工具

钢筋探测仪的操作应按5.2.8.1中的钢筋探测仪检测要求进行。

2. 取样规则

钢筋的公称直径检测应采用钢筋探测仪并结合钻孔、剔凿的方法进行，钢筋钻孔、剔凿的数量不应少于该规格已测钢筋的30%且不应少于3处（当实际检测数量不到3处时应全部选取）。钻孔、剔凿时，不得损坏钢筋，实际应采用游标卡尺，量测精度应为0.1mm。

3. 钢筋直径检测

（1）实测时，根据游标卡尺的测量结果，可通过相关的钢筋产品标准查出对应的钢筋公称直径。

（2）当钢筋探测仪测得的钢筋公称直径与钢筋实际公称直径之

差大于1mm时，应以实测结果为准。

（3）应根据设计图纸等资料，确定被测结构及构件中钢筋的排列方向，并采用钢筋探测仪对被测结构及构件中钢筋及其相邻钢筋进行准确定位并做标记。

（4）被测钢筋与相邻钢筋的间距应大于100mm，且其周边的其他钢筋不应影响检测结果，并应避开钢筋接头及绑扎。在定位的标记上，应根据钢筋探测仪的使用说明书操作，并记录钢筋探测仪显示的钢筋公称直径。每根钢筋重复检测2次，第2次检测时探头应旋转180°，每次读数必须一致。

（5）对需依据钢筋混凝土保护层厚度值来检测钢筋公称直径的仪器，应事先钻孔确定钢筋的混凝土保护层厚度。

5.2.8.3　钢筋锈蚀性状检测

适用于采用半电池电位法来定性评估混凝土结构及构件中钢筋的锈蚀性状，不适用于带涂层的钢筋以及混凝土已饱和和接近饱水的构件检测。钢筋的实际锈蚀状况宜进行剔凿实测验证。

1. 检测设备及辅助工具

检测设备应有钢筋锈蚀检测仪、钢筋探测仪、钢丝刷及砂轮等。

2. 取样规则

在混凝土结构及构件上可布置若干测区，测区面积不宜大于5m×5m，并应按确定的位置编号。每个测区应采用矩阵式（行、列）布置测点，依据被测结构及构件的尺寸，宜用100mm×100mm～500mm×500mm划分网格，网格的节点应为电位测点。

3. 钢筋半电池电位检测

（1）当测区混凝土有绝缘涂层介质隔离时，应清除绝缘涂层介质。测点处混凝土表面应平整、清洁。必要时应采用砂轮或钢丝刷打磨，并应将粉尘等杂物清除。

（2）导线与钢筋的连接应按下列步骤进行：

1）采用钢筋探测仪检测钢筋的分布情况，并应在适当位置剔凿出钢筋；

2）导线一端应接于电压仪的负输入端，另一端应接于混凝土中钢筋上；

3）连接处的钢筋表面应除锈或清除污物，并保证导线与钢筋有效连接；

4）测区内的钢筋（钢筋网）必须与连接点的钢筋形成电回路。

（3）导线与半电池的连接应按下列步骤进行：

1）连接前应检查各种接口，接触应良好；

2）导线一端应连接到半电池接线插头上，另一端应连接到电压仪的正输入端。

（4）测区混凝土应预先充分浸湿。可在饮用水中加入适量（约2%）家用液态洗涤剂配制成导电溶液，在测区混凝土表面喷洒，半电池的电连接垫与混凝土表面测点应有良好的耦合。

（5）半电池检测系统稳定性应符合下列要求：

1）在同一测点，用相同半电池重复2次测得该点的电位差值应小于10mV；

2）在同一测点，用两只不同的半电池重复2次测得该点的电位差值应小于20mV。

（6）半电池电位的检测应按下列步骤进行：

1）测量并记录环境温度；

2）应按测区编号，将半电池依次放在各电位测点上，检测并记录各测点的电位值；

3）检测时，应及时清除电连接垫表面的吸附物，半电池多孔塞与混凝土表面应形成电通路；

4）在水平方向和垂直方向上检测时，应保证半电池刚性管中的饱和硫酸铜溶液同时与多孔塞和铜棒保持完全接触；

5）检测时应避免外界各种因素产生的电流影响。

（7）当检测环境温度在（22±5）℃之外时，应按下列公式对测点的电位值进行温度修正：

当 $T \geqslant 27℃$ 时：

$$V = 0.9 \times (T - 27.0) + V_R \qquad (5-128)$$

当 $T \leqslant 17℃$ 时：

$$V = 0.9 \times (T - 17.0) + V_R \qquad (5-129)$$

式中　V——温度修正后电位值，精确至1mV；

　　　V_R——温度修正前电位值，精确至1mV；

　　　T——检测环境温度，精确至1℃；

　　　0.9——系数（mV/℃）。

4. 半电池电位法检测结果评判

(1) 半电池电位检测结果可采用电位等值线图表示被测结构及构件中钢筋的锈蚀性状。

(2) 宜按合适比例在结构及构件涂上标出各测点的半电池电位值，可通过数值相等的各点或内插等值的各点绘出电位等值线。电位等值线的最大间隔宜为100mV。

(3) 当采用半电池电位值评价钢筋锈蚀性状时，应根据表5-38进行判断。

半电池电位值评价钢筋锈蚀性状的判据　表5-38

电位水平（mV）	钢筋锈蚀性状
>−200	不发生锈蚀的概率>90%
−200~−350	锈蚀性状不确定
<−350	发生锈蚀的概率>90%

5.2.9　钢　结　构

5.2.9.1　成品、半成品进场检验

1. 钢材

钢结构工程所用的所有钢材品种、规格、性能等应符合现行国家产品标准和设计要求。进口钢材产品的质量应符合设计和合同规定标准的要求。进场应检查其质量合格证明文件、中文标志及检验报告等。而对下类情况之一的钢材，应进行抽样复验，其复验结果应符合现行国家产品标准和设计要求。

(1) 国外进口钢材；

(2) 钢材混批；

(3) 板厚等于或大于40mm，且设计有Z向性能要求的厚板；

(4) 建筑结构安全等级为一级，大跨度钢结构中主要受力构件所采用的钢材；

(5) 设计有复验要求的钢材；

(6) 对质量有疑义的钢材。

2. 焊接材料

钢结构所用焊接材料的品种、规格、性能等应符合现行国家产品标准和设计要求。进场应检查其质量合格证明文件、中文标志及检验报告等。重要钢结构采用的焊接材料应进行抽样复验，复验结果应符合现行国家产品标准和设计要求。

焊钉及焊接瓷环的规格、尺寸及偏差应符合《电弧螺柱焊用圆柱头焊钉》（GB/T 10433）中的规定。焊钉机械性能试验按《紧固件机械性能　螺栓、螺钉和螺柱》（GB/T 3098.1）进行；焊接性能按《电弧螺柱焊用圆柱头焊钉》（GB/T 10433）附录A进行。按量抽查1%，且不应少于10套。

3. 连接用紧固标准件

钢结构连接用高强度大六角头螺栓连接副、扭剪型高强度螺栓连接副、钢网架用高强度螺栓、普通螺栓、铆钉、自攻钉、拉铆钉、射钉、锚栓（机械型和化学试剂型）、地脚锚栓等紧固标准件及螺母、垫圈等标准配件，其品种、规格、性能等应符合现行国家产品标准和设计要求。高强度大六角头螺栓连接副和扭剪型高强度螺栓连接副出厂时应分别随箱带有扭矩系数和紧固轴力（预拉力）的检验报告，并进行进场复验。高强度大六角头螺栓连接副的扭矩系数检测应参照《钢结构用高强度大六角头螺栓、大六角螺母、垫圈技术条件》（GB/T1231）进行；扭剪型高强度螺栓连接副的紧固轴力（预拉力）检测应参照《钢结构用扭剪型高强度螺栓连接副》（GB/T 3632）进行。二者均应按批抽取8套。每批高强度螺栓连接副最大数量均为3000套。

对建筑结构安全等级为一级，跨度40m及以上的螺栓球节点钢网架结构，其连接高强度螺栓应进行表面硬度试验。硬度试验应参照《金属洛氏硬度试验　第1部分：试验方法》（GB/T 230.1）

进行，每种规格抽取8只进行检测。

5.2.9.2　焊接质量无损检测

1. 一般规定

(1) 钢结构焊后检查包括外观检查和焊缝内部缺陷的检查。外观检查主要采用目视检查（VT）（借助直尺、焊缝检验尺、放大镜等），辅以磁粉探伤（MT）、渗透探伤（PT）检查表面和近表面缺陷。内部缺陷的检查主要采用射线探伤（RT）和超声波探伤（UT）。不管运用何种探伤方法，都应经外观检查合格后进行。

(2) 碳素结构钢应在焊接冷却到环境温度、低合金结构钢应在完成焊接24h以后，进行焊接探伤检验。

(3) 设计要求全焊透的一、二级焊缝应采用超声波探伤进行内部缺陷的检验，超声波探伤不能对缺陷作出判断时，应采用射线探伤，其内部缺陷分级及探伤方法应符合现行国家标准《钢焊缝手工超声波探伤方法和探伤结果分级》（GB 11345）或《金属熔化焊接接头射线照相》（GB/T 3323）的规定。

(4) 焊接球节点网架焊缝、螺栓球节点网架焊缝及圆管T、K、Y形点相贯线焊缝，其内部缺陷分级及探伤方法应分别符合国家现行标准《钢结构超声波探伤及质量分级法》（JG/T 203）、《建筑钢结构焊接技术规程》（JGJ 81）的规定。

一级、二级焊缝的质量等级及缺陷分级应符合表5-39的规定。

一级、二级焊缝质量等级及缺陷分级表　表5-39

焊缝质量等级		一级	二级
内部缺陷超声波探伤	评定等级	Ⅱ	Ⅲ
	检验等级	B级	B级
	探伤比例	100%	20%
内部缺陷射线探伤	评定等级	Ⅱ	Ⅲ
	检验等级	AB级	AB级
	探伤比例	100%	20%

注：探伤比例的计数方法应按以下原则确定：

1. 对工厂制作焊缝，应按每条焊缝计算百分比，且探伤长度应不小于200mm，当焊缝长度不足200mm时，应对整条焊缝进行探伤；

2. 对现场安装焊缝，应按同一类型、同一施焊条件的焊缝条数计算百分比，探伤长度不小于200mm，并应不少于1条焊缝。

2. 外观检查

外观检查主要包括目视检查（VT）、磁粉探伤（MT）和渗透探伤（PT）三种方法。

(1) 目视检查（VT）

直接目视检测时，眼睛与被测工件表面的距离不得大于610mm，视线与被测工件表面所成的视角不得小于30°。被测工件表面应有足够的照明，一般情况下光照度不得低于160lx；对细小缺陷进行鉴别时，光照度不得低于540lx。

1) 检测设备及辅助工具

对细小缺陷进行鉴别时，可使用2~10倍的放大镜。

2) 现场检测

检测人员在目视检测前，应了解工程施工图纸和有关标准，熟悉工艺规程，提出目视检测的内容和要求。焊前目视检测的内容包括焊缝剖口形式、剖口尺寸、组装间隙；焊后目视检测的内容包括焊缝长度、焊缝外观质量。对于焊接外观质量的目视检测，应在焊缝清理完毕后进行，焊缝及焊缝附近区域不得有焊渣和飞溅物。

3) 检测结果的评价

钢材表面的外观质量应符合国家现行有关标准的规定，表面不得有裂纹、折叠，钢材端边或断口处不应有分层、夹渣等缺陷。当钢材的表面有锈蚀、麻点或划伤等缺陷时，其深度不得大于该钢材厚度负偏差值的1/2。焊缝剖口形式、剖口尺寸、组装间隙等应符合焊接工艺规程和相关技术标准的要求。焊缝表面不得有裂纹、焊瘤等缺陷。一级焊缝不允许有外观质量缺陷，二、三级焊缝外观质量应符合《钢结构工程施工质量验收规范》（GB 50205）中附录A的要求。

(2) 磁粉探伤（PT）

磁粉探伤适用于铁磁性材料熔焊焊缝表面或近表面缺陷的检

测。钢结构工程焊缝检测主要用磁粉探伤检测原材料的表面或近表面缺陷。

1）检测设备及辅助工具

检测需要磁粉探伤仪、灵敏度试片、黑光灯照射装置等设备。

2）现场检测

磁粉检测包括预处理、磁化（选择磁化方法和磁化规范）、施加磁粉或磁悬液、磁痕的观察与记录、缺陷评级、退磁和后处理等环节。

检测前，现场应首先完成预处理。预处理包括清除、打磨、分解、封堵、涂敷等。清除的范围应由焊缝向母材方向扩大 20mm。

清除的对象应包括试件上所有影响检测结果的附着物。

预处理完成后，由检测人员对试件实施检测：包括磁化、施加磁粉或磁悬液、磁痕观察与记录、缺陷评级、退磁、后处理等。

3）检测结果的评价

磁粉探伤显示的缺陷磁痕可分为线型磁痕和圆形磁痕。根据缺陷磁痕类型、长度、间距对检测到的缺陷进行分级，缺陷磁痕分级应符合表 5-40 的规定。裂纹缺陷直接评定为不合格。评定为不合格或超过要求质量等级的缺陷，在工艺条件允许情况下可以进行返修。返修后应进行复检，并重新进行质量评定。返修复检部位应在检测报告的检测结果中标明。

缺陷磁痕（迹痕）分级表   表 5-40

质量评级		I	II	III	IV
不考虑的最大缺陷显示磁痕（迹痕）（mm）		不考虑的最大缺陷显示迹痕，mm			
缺陷显示痕迹的类型及缺陷性质		≤0.3	≤1	≤1.5	≤1.5
线型缺陷	裂纹	不允许	不允许	不允许	不允许
	未焊透	不允许	不允许	允许存在的单个缺陷显示迹痕长度≤0.16δ，且≤2.5mm；100mm 长度范围内允许存在的缺陷显示迹痕总长≤25mm	允许存在的单个缺陷显示迹痕长度 ≤0.2δ，且 ≤3.5mm；100mm 长度范围内允许存在的缺陷显示迹痕总长≤25mm
	夹渣或气孔	≤0.3δ，且≤4mm 相邻两缺陷显示迹痕的间距不小于其中较大缺陷显示长度的6倍	≤0.3δ，且≤10mm 相邻两缺陷显示迹痕的间距应不小于其中较大缺陷显示长度的6倍	≤0.5δ，且≤20mm 相邻两缺陷显示迹痕的间距应不小于其中较大缺陷显示长度的6倍
圆形缺陷	夹渣或气孔		任意50mm 焊缝长度范围内允许存在显示长度≤0.15δ，且≤2mm 的缺陷显示迹痕2个；缺陷显示迹痕的间距不小于其中较大显示长度的6倍	任意50mm 焊缝长度范围内允许存在显示长度≤0.3δ，且≤3mm 的缺陷显示迹痕2个；缺陷显示迹痕的间距应不小于其中较大显示长度的6倍	任意50mm 焊缝长度范围内允许存在显示长度≤0.4δ，且≤4mm 的缺陷显示迹痕2个；缺陷显示迹痕的间距应不小于其中较大显示长度的6倍

注：δ为焊缝母材的厚度。当焊缝两侧的母材厚度不相等时，取其中较小的厚度值作δ。

（3）渗透探伤（MT）

钢结构原材料表面开口性的缺陷和其他缺陷可采用渗透探伤进行检测。

1）检测设备及辅助工具

渗透检测需要渗透检测剂和试块。渗透检测剂指渗透剂、清洗剂、显像剂。试块指铝合金试块（A 型对比试块）和不锈钢镀铬试块（B 型灵敏度试块），其技术要求应分别符合《无损检测－渗透检查 A 型对比试块》（JB/T 9213）和《渗透探伤用镀铬试块技术条件》（JB/T 6064）规定。

2）现场检测

渗透检测包括清理、清洗、施加渗透剂、清除多余渗透剂、干燥、施加显像剂、观察评定、复验、后处理等步骤。

渗透检测前应清除检测面上有碍渗透检测的附着物，如铁锈、氧化皮、焊接飞溅、铁屑以及各种涂覆保护层。可采用机械砂轮打磨和钢丝刷，不允许用喷砂、喷丸等可能封闭表面开口缺陷的方法。清理范围应从检测部位边缘向外扩展 30mm。检测面的表面粗糙度 R_a≤12.5μm，非机械加工面的粗糙度可适当放宽，但不得影响检测结果。

3）检测结果的评价

渗透检测结果的评价参照磁粉检测结果的评价执行。

3. 内部缺陷的检查

内部缺陷的检查主要包括超声波探伤（UT）和射线探伤（RT）。

（1）超声波探伤（UT）

1）一般规定

钢结构焊缝超声波探伤主要参照《钢焊缝手工超声波探伤方法和探伤结果分级》（GB 11345）进行。《钢焊缝手工超声波探伤方法和探伤结果分级》（GB 11345）主要适用于母材厚度不小于8mm、曲率半径不小于160mm 的铁素体钢全焊透熔化焊对接焊缝 A 型脉冲反射式手工超声波检验。

焊接球节点网架焊缝、螺栓球节点网架焊缝及圆管 T、K、Y 形点相贯线焊缝，其内部缺陷分级及探伤方法应参照《钢结构超声波探伤及质量分级法》（JG/T 203）进行。此外，符合下列情况之一的可参照《钢结构超声波探伤及质量分级法》（JG/T 203）进行探伤。

①网格钢结构及其圆管相贯节点焊接接头和钢管对接焊缝；

②建筑钢屋架、格构柱（梁）钢构件、钢桁架、吊车梁、焊接 H 型钢、箱形钢框架柱、梁、桁架或框架梁中焊接组合构件和钢建筑构筑物即板节点；

③母材壁厚不小于 4mm，球径不小于 120mm，管不小于60mm 焊接空心球及球管焊接接头；

④母材壁厚不小于 3.5mm，管径不小于 48mm 螺栓球节点杆件与锥头或封板焊接接头；

⑤支管管径不小于 89mm，壁厚不小于 6mm，局部二面角不小于 30°，支管壁厚外径比在 13% 以下的圆管相贯节点碳素结构钢和低合金高强度结构钢焊接接头；

⑥铸钢件、奥氏体球管和相贯节点焊接接头以及圆管对接或焊管焊缝；

⑦母材厚度不小于 4mm 碳素结构刚和低合金高强度合金钢的钢板对接全焊透接头、箱形构件的电渣焊接头、T 型接头、搭接角接接头等焊接接头以及钢结构用板材、锻件、铸钢件；

⑧方形矩形管节点、地下建筑结构钢管桩、先张法预应力管桩端板的焊接接头以及板壳结构曲率半径不小于 1000mm 的环峰和曲率半径不小于 1500mm 的纵缝的检测；

⑨桥梁工程、水工金属结构的焊接接头可参照执行。

2）检测设备及辅助工具

检测需要 A 型脉冲反射式超声波探伤仪、探头、试块等设备。其中 A 型脉冲反射式超声波探伤仪有模拟式和数字式两种。探头有直探头、斜探头、双晶探头等。试块有标准试块和对比试块。

3）取样规则

设计要求全焊透的一、二级焊缝应采用超声波探伤进行内部缺

陷的检验，一级焊缝100%，二级焊缝20%。

4) 现场检测

现场检测主要分为表面处理、选择探伤工艺、设备调整与校验、初始检验、规定检验、缺陷评定与分级、返修等7个环节。

现场应对探测面进行处理，保证试件的表面状况不对检测结果的判断造成影响。

检测人员应根据工件规格、验收级别等，正确选择检验等级、制定合适的探伤工艺、调试设备，绘制距离-波幅（DAC）曲线，现场实施检测。检测过程中发现反射波幅超过定量线的缺陷，应进一步判断其是否为缺陷。判断为缺陷的均应确定其位置，最大反射波幅所在的区域和缺陷指示长度。当缺陷反射波未达到定量线时，如认为有必要记录时，应测定其位置、波幅和指示长度。

检测人员可结合自身经验，将探头对准缺陷做平动和转动扫查，观察波形的相应变化，依据反射波特性对缺陷类型做出判断。

超声波探伤中，根据质量要求将检验等级分为A、B、C三级，检验的完善程度A级最低，B级一般，C级最高，检验工作的难度系数按A、B、C顺序逐渐增高。检测中应合理选用检验等级。A、B、C三个等级的选用可参照表5-41执行。

检验等级划分   表 5-41

检验等级	检验范围
A	采用一种角度探头在焊缝的单面单侧进行检测，只对允许扫查到的焊缝截面进行探测。一般不要求做横向缺陷的检测。母材厚度大于50mm时，不宜采用A级检验
B	采用一种角度探头单面双侧检测，对整个焊缝截面进行探测。母材厚度大于100mm时，双面双侧检测。受几何条件的限制，可在焊缝的双面单侧采用两种角度的探头进行探伤。条件许可应做横向缺陷检测
C	至少要采用两种角度探头单面双侧检测，同时要做两个扫查方向和两种角度探头的横向缺陷检测。母材厚度大于100mm时，采用双面双侧检测。并要求对接焊缝余高应磨平，以便探头在焊缝上做平行扫查；母材扫查部分应用直探头检查；焊缝母材厚度不小于100mm，窄间隙焊缝母材厚度不小于40mm，一般要增加串列式扫查

5) 检验结果的评价

当依据 GB 11345 进行检测时，参照 GB 11345 第 12 条缺陷评定及第 13 条检验结果的等级分类进行评级。当依据 JG/T 203 进行检测时，参照 JG/T 203 第 9 部分检测结果的质量分级进行评级。

(2) 射线照相检测（RT）

射线照相防护应符合《放射卫生防护基本标准》GB 4792 的有关规定。

1) 检测设备及辅助工具

射线检测需要射线源、胶片、金属增感屏、像质计、观片灯及黑度计等。

2) 取样规则

设计要求全焊透的一、二级焊缝进行内部缺陷的检验，一级焊缝100%，二级焊缝20%。

3) 现场检测

射线照相检测包括布设置戒线、表面质量检查、设标记带、布片、透照、暗室处理、缺陷的评定等步骤。

如工件表面的不规则状态或覆层可能给辨认造成困难时，应对工件表面进行适当处理。

现场检测时，检测人员应根据工件的具体情况，制定探伤工艺并事先制作适宜的曝光曲线，供现场使用。

现场检测时，应严格按工艺要求进行，包括选择透照方法、布片、透照、暗室处理、缺陷评定等环节。

确定缺陷类型时，宜从多个方面分析射线照相的影像，并结合操作者的工程经验，作出判断。常见缺陷类型的基本影像特性见表5-42。

常见缺陷类型的基本影像特性   表 5-42

缺陷类型	基本影像特性	备注
裂缝	大致平直，两端较细，中间略宽	危险性缺陷
未焊透	位于影像中心的直线黑度大，影像规则，轮廓清晰	危险性缺陷
未熔合	黑度较大的条状影像，比裂缝影像宽	危险性缺陷
夹渣	形状不规则，黑度不均匀，呈现边界不清晰的点、条、块状区域	非危险性缺陷
气孔	圆形或近似圆形的黑点，圆心黑度大，黑度沿径向逐渐减小，边界圆滑清晰	非危险性缺陷

4) 检测结果的评价

根据缺陷的性质和数量，焊接接头质量分为四级：Ⅰ级焊接接头应无裂纹、未熔合、未焊透和条形缺陷。Ⅱ级焊接接头应无裂纹、未熔合和未焊透；Ⅲ级焊接接头应无裂纹、未熔合以及双面焊和加垫板单面焊中的未焊透。超过Ⅲ级者为Ⅳ级。

不同类型缺陷的评级可参照《金属熔化焊焊接接头射线照相》（GB/T 3323）附录 B。

综合评级：在圆形缺陷评定区内，同时存在圆形缺陷和条形缺陷（或未焊透、根部内凹和根部咬边）时，应首先各自评级，将两种缺陷所评级别之和减1（或三种缺陷所评级别之和减2）作为最终级别。

5.2.9.3 防腐及防火涂装检测

1. 防腐涂料涂层厚度的检测

(1) 检测设备及辅助工具

测量涂层厚度所用干涂膜测厚仪的最大测量值不应小于1200μm，最小分辨力不大于2μm，示值相对误差不应大于3%。测试构件的曲率半径应符合仪器的使用要求。在弯曲试件的表面上测量，应考虑其对测试准确度的影响。

(2) 取样规则

按构件数抽查10%，且同类构件不应少于3件。

(3) 现场检测

钢结构防腐涂层（油漆类）厚度检测及钢结构表面其他覆层（如珐琅、橡胶、塑料等）厚度的检测均需待涂层干燥后方可进行。

确定的检测位置应有代表性，在检测区域内分布宜均匀。检测前应清除测试点表面的防火涂层、灰尘、油污等。

检测前对仪器进行校准，根据具体情况可采用一点校准（校零值）、二点校准或基本校准，经校准后方可开始测试。应使用与试件基体金属具有相同性质的标准片对仪器进行校准；亦可用待涂覆试件进行校准。

测试时，将探头与测点表面垂直接触，探头距试件边缘不宜小于10mm，并保持1~2s，读取仪器显示的测量值，对测试值进行打印或记录并依次进行测量。测点距试件边缘或内转角处的距离不宜小于20mm。检测期间关机再开机后，应对设备重新校准。

每个构件测5处，每处以3个相距50mm测点的平均值作为该处涂层厚度的代表值。以构件上所有测点的平均值作为该构件涂层厚度的代表值。现场使用涂层测厚仪检测时，宜避免电磁干扰（如焊接等）。

(4) 检测结果的评价

涂料、涂装遍数、涂层厚度均应符合设计要求。当设计对涂层厚度无要求时，涂层干漆膜总厚度：室外应为150μm，室内应为125μm，其允许偏差为-25μm，每遍涂层干漆膜厚度的允许偏差为-5μm。

2. 防火涂料涂层厚度检测

(1) 检测设备及辅助工具

对防火涂层的厚度可采用测针和卡尺检测，用于检测的卡尺尾部应有可外伸的窄片。测量设备的量程应大于被测防火涂层厚度。检测设备的精确度不应低于0.5mm。

(2) 取样规则

按构件数抽查10%，且均不应少于3件。

(3) 现场检测

检测前应清除测试点表面的灰尘、附着物等，并避开构件的连接部位。在测点处，将仪器的测针或窄片垂直插入防火涂层直至钢材防腐涂层表面，记录标尺读数，测试值应精确到 0.5mm。如探针不易插入防火涂层内部，可将防火涂层局部剥除的方法测量。

钢结构防火涂料涂层厚度检测需待涂层干燥后方可进行。

楼板和防火墙的防火涂层厚度检测，可选两相邻纵、横轴线相交中的面积为一个构件，在其对角线上，按每米长度选 1 个测点，每个构件不应少于 5 个测点。

全钢框架结构的梁和柱的防火涂层厚度检测，在构件长度内每隔 3m 取一个截面，按测点示意图布置测点测见图 5-45。对于梁和柱在所选的位置中，分别测出 6 个和 8 个点。

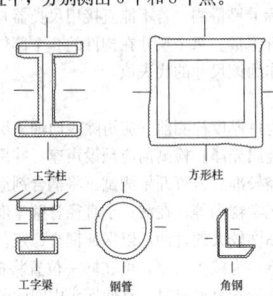

图 5-45 测点示意图

桁架结构，上弦和下弦按图 5-45 规定每隔 3m 取一截面检测，其他腹杆每根取一截面检测。

以同一截面测点的平均值作为该截面涂层厚度的代表值，以构件所有测点厚度的平均值作为该构件防火涂层厚度的代表值。

（4）检测结果的评价

每个截面涂层厚度的代表值不应小于设计厚度的 85%，构件涂层厚度的代表值不应小于设计厚度。

5.2.9.4 钢网架结构球节点性质检测

钢网架结构安装检验批应在进场验收和焊接连接、紧固件连接、制作等分项工程验收合格的基础上进行验收。当建筑结构安全等级为一级，跨度 40m 及以上的公共建筑钢网架结构，且设计有要求时，应进行节点承载力试验。

1. 检测设备及辅助工具

万能试验机应符合一级试验机标准要求，并进行周期检定。

2. 取样规则

用于试验的试件在该批产品中随机抽取，每批抽取 3 个试件。

3. 检测步骤

钢网架球型节点包括螺栓球节点和焊接球节点。螺栓球节点承载力性能检测应将螺栓球与高强度螺栓按图 5-46 组成拉力载荷试件，采用单向拉伸试验方法进行试验；焊接球节点承载力性能试验，一般采用单向拉、压试验。单向拉力试验试件应如图 5-47 所示；单向压力试验试件应如图 5-48 所示。

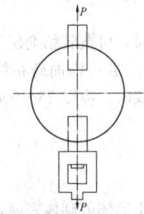

图 5-46 拉力载荷试件

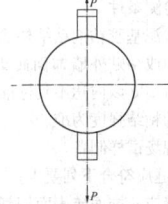

图 5-47 单向拉力试验

4. 检测结果的评价

焊接球节点应按设计指定规格的球及其匹配的钢管焊接成试件，进行轴心拉、压承载力试验，其试验破坏荷载值大于或等于 1.6 倍设计承载力为合格。

螺栓球节点应按设计指定规格的球最大螺栓孔螺纹进行抗拉强度保证荷载试验，当达到螺栓的设计承载力时，螺孔、螺纹及封板仍完好无损为合格。

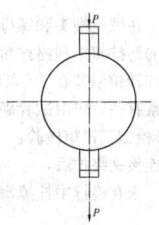

图 5-48 单向压力试验

5.2.9.5 钢结构连接用紧固标准件性能检测

钢结构制作和安装中的普通螺栓、扭剪型高强度螺栓、高强度大六角头螺栓、钢网架螺栓球节点用高强度螺栓及射钉、自攻钉、拉铆钉等应按 GB 50205 进行质量验收。

钢结构制作和安装单位应按规定进行高强度螺栓连接摩擦面的抗滑移系数试验和复验，现场处理的构件摩擦面应单独进行摩擦面抗滑移系数试验，其结果应符合设计要求。

普通螺栓作为永久性连接螺栓时，当设计有要求或对其质量有疑义时，应进行螺栓实物最小拉力载荷复验，其结果应符合现行国家标准《紧固件机械性能螺栓、螺钉和螺柱》GB/T 3098.1 的要求。

高强度螺栓连接副施工扭矩检验：

高强度螺栓连接副扭矩检验含初拧、复拧、终拧扭矩的现场无损检验。其检验方法分扭矩法和转角法两种，原则上检验法与施工法应相同。扭矩检验应在施拧 1h 后，48h 内完成。

（1）检测设备及辅助工具

检验所用的扭矩扳手其扭矩精度误差不大于 3%，且具有峰值保持功能。

（2）取样规则

高强度大六角头螺栓连接副的检查数量：应按节点数抽查 10%，且不应少于 10 个；每个被抽查节点按螺栓数抽查 10%，且不应少于 2 个。扭剪型高强度螺栓检查数量：按节点数抽查 10%，但不应少于 10 个节点，被抽查节点中梅花头未拧掉的扭剪型高强度螺栓连接副全数进行终拧扭矩检查。

（3）检验步骤

1）高强度大六角头螺栓连接副施工扭矩检验方法分为两种：扭矩法和转角法。

①扭矩法检验：

在螺栓端头和螺母相对位置画线，将螺母退回 60° 左右，用扭矩扳手拧回至原来位置时的扭矩值。该扭矩值与施工扭矩值的偏差在 10% 以内为合格。

高强度螺栓连接副终拧扭矩值按式（5-130）计算：

$$T_C = K \cdot P_C \cdot d \qquad (5-130)$$

式中 T_C——终拧扭矩值（N·m）；

P_C——施工预拉力标准值（kN）；

d——螺栓公称直径（mm）；

K——扭系数，按试验确定。

高强度螺栓连接副施工预拉力标准值（kN）表 5-43

螺栓的性能等级	螺栓公称直径（mm）					
	M16	M20	M22	M24	M27	M30
8.8s	75	120	150	170	225	275
10.9s	110	170	210	250	320	390

高强度大六角头螺栓连接副初拧扭矩值 T_0 可按 $0.5T_C$ 取值。

扭剪型高强度螺栓连接副初拧扭矩值 T_0 可按式（5-131）计算：

$$T_0 = 0.065 P_C \cdot d \qquad (5-131)$$

式中 T_0——初拧扭矩值（N·m）；

P_C——施工预拉力标准值（kN）；

d——螺栓公称直径（mm）。

②转角法检验：

检查初拧后在螺母与相对位置所画的终拧起始线和终止线所夹

的角度是否达到规定值。在螺尾端头和螺母相对位置画线，然后全部卸松螺母，在按规定的初拧扭矩和终拧角度重新拧紧螺栓，观察与原画线是否重合。终拧转角偏差在 10°以内为合格。终拧转角与螺栓的直径、长度等因素有关，应由试验确定。

2）扭剪型高强度螺栓施工扭矩检验：

扭剪型高强度螺栓连接副终拧后，除因构造原因无法使用专用扳手终拧掉梅花头者外，未在终拧中拧掉梅花头的螺栓数不应大于该节点螺栓数的 5%。

检验方法：观察尾部梅花头拧掉情况。尾部梅花头被拧掉者视同其终拧扭矩达到合格质量标准；尾部梅花头未被拧掉者应按上述扭矩法或转角法检验。

（4）检验结果评定：

高强度大六角头螺栓连接副施工扭矩应符合下列规定：扭矩法——扭矩值与施工扭矩值的偏差在 10%以内为合格。转角法——终拧转角偏差在 10°以内为合格。

扭剪型高强度螺栓连接副终拧后，除因构造原因无法使用专用扳手终拧掉梅花头者外，未在终拧中拧掉梅花头的螺栓数不应大于该节点螺栓数的 5%。

5.2.9.6 网架结构的变形检测

钢网架结构或构件变形检测可分为结构整体垂直度、整体平面弯曲以及构件垂直度、弯曲变形、跨中挠度等项工作。在对钢网架结构或构件变形检测前，宜先清除饰面层（如涂层、浮锈）。如构件各测试点饰面层厚度基本一致，且不明显影响评定结果，可不清除饰面层。

1. 检测设备及辅助工具

用于钢网架结构构件变形的测量仪器主要有水准仪、经纬仪和全站仪。用于钢网架结构构件变形的测量仪器和精度可参照《建筑变形测量规范》JGJ 8 的要求，变形测量精度可按三级考虑。

2. 现场检测

变形检测的基本原则是利用设置基准直线，来量测结构或构件的变形。

测量尺寸不大于 6m 的构件变形，可用拉线、吊线锤的方法检测。测量构件弯曲变形时，从构件两端拉紧一根细钢丝或细线，然后测量跨中构件与拉线之间的距离，该数值即是构件的变形。测量构件的垂直度时，从构件上端一线锤直至构件下端，当线锤处于静止状态后，测量吊锤中心与构件下端的距离，该数值即是构件的垂直度。

跨度大于 6m 的钢构件挠度，宜采用全站仪或水准仪检测。钢构件挠度观测点应沿构件的轴线或边线布设，每一构件不得少于 3点；将全站仪或水准仪测得的两端和跨中的读数相比较，即可求得构件的跨中挠度；钢网架结构总拼完成及屋面工程完成后的挠度值检测，跨度 24m 及以下钢网架结构测量下弦中央一点；跨度 24m以上钢网架结构测量下弦中央一点及各向下弦跨度的四等分点。

尺寸大于 6m 的钢构件垂直度、侧向弯曲矢高以及钢结构整体垂直度与整体平面弯曲宜采用全站仪或经纬仪检测。可用计算测点间的相对位置差来计算垂直度或弯曲度，也可通过仪器引放置量尺直接读取数值的方法。当测量结构或构件垂直度时，仪器应架设在与倾斜方向成正交的方向线上距被测目标 1~2 倍目标高度的位置。

钢构件、钢网架结构安装主体垂直度检测，应测定钢构件、钢网架结构安装主体顶部相对于底部的水平位移与高差，分别计算垂直度及倾斜方向。

3. 检测结果的评价

钢网架结构或构件变形应符合《钢结构设计规范》（GB50017）、《钢架结构工程施工质量验收规范》（GB 50205）等的要求。对既有建筑的整体垂直度检测，当发现有个别测点超过规范要求时，宜进一步核实其是否由外饰面不平或结构施工时超标引起的。当钢网架结构或构件变形，在进行结构安全性鉴定时应考虑其不利影响。

5.2.9.7 钢构件厚度检测

1. 检测设备及辅助工具

超声测厚仪的主要技术指标应符合表 5-44 的要求。同时，超声测厚仪应带校准用的试块。

超声测厚仪的主要技术指标   表 5-44

项　　目	技 术 指 标	
显示最小单位	0.1mm	
工作频率	5MHz	
测量范围	板材：1.2～200mm	管材下限：$\phi 20 \times 3$
测量误差	$\pm (t/100+0.1)$ mm，t 为被测物的厚度	
灵敏度	能检出距探测面 80mm 直径 2mm 的平底孔	

2. 取样规则

钢结构构件厚度的检测，对于能在构件横截面直接量测厚度的，宜优先用游标卡尺量测。若不能直接用尺类器具测量时，可采用超声波原理进行测量。每个尺寸在构件的 3 个部位量测，取 3 处测试值的平均值作为该尺寸的代表值。

3. 现场检测

在对钢结构构件厚度检测前，应清除表面油漆层、氧化皮、锈蚀等，打磨露出金属光泽。检测前应预设声速，并用随机标准块对仪器进行校准，校准后方可开始测试。将耦合剂涂于被测处，耦合剂可用机油、化学糨糊等；在测量小直径管壁厚度或工件表面较粗糙时，可选用黏度较大的甘油，以保证耦合稳定。将探头与被测材料耦合即可测量。为减小误差，可在同一位置将探头转过 90°后作二次测量。在测量管材壁厚时，宜使探头中间的隔声层与管子轴线平行。仪器使用完毕后，应擦去探头及仪器上的耦合剂和污垢，保持仪器的清洁。

4. 检测结果的评价

钢构件的尺寸偏差，应以设计图纸规定的尺寸为基准计算尺寸偏差；构件尺寸偏差的评定，应按相应的产品标准的规定执行。当钢构件的尺寸偏差过大，在进行结构安全性鉴定时应考虑对构件承载力的不利影响。

5.2.10 现场粘结强度与拉拔检测

5.2.10.1 外墙饰面砖粘结强度检测

1. 检测设备及辅助工具

检测应有粘结强度检测仪、钢直尺（分度值应为 1mm）、手持切割锯、胶粘剂（粘结强度宜大于 3.0MPa）等。粘结强度检测仪应每年检定一次，发现异常时应随时维修、检定。

2. 取样规则

（1）带饰面砖的预制墙板，复验应以每 1000m² 同类产品为一个检验批，不足 1000m² 应按 1000m² 计，每批应取一组，每组为 3 块板。

（2）现场粘贴的外墙饰面砖粘结强度检验，应以每 1000m² 同类墙体饰面砖为一个验收批，不足 1000m² 应按 1000m² 计，每批应随机抽取一组（3 个）试样。每相邻的三个楼层应至少取一组试样，取样间距不得小于 500mm。

3. 现场检测

（1）检测条件

采用水泥基胶粘剂粘结外墙饰面砖时，可按胶粘剂使用说明书的规定时间或粘贴外墙饰面砖 14d 及以后进行饰面砖粘结强度检验。粘贴后 28d 以内达不到标准或有争议时，应以 28~60d 内约定时间检验的粘结强度为准。

（2）现场试样制备

1）断缝应符合下列要求：

①断缝应从饰面砖表面切割至混凝土墙体或砌体表面，深度应一致。对有加强处理措施的加气混凝土、轻质砌块、轻质墙板的外墙保温系统上粘贴的外墙饰面砖，在加强处理措施或保温系统符合国家有关标准的要求，并有隐蔽工程验收合格证明的前提下，可切割至加强抹面表面。

②试样切割长度和宽度宜与标准块（标准块：按长、宽、厚的尺寸为 95mm×45mm×（6～8）mm 或 40mm×40mm×（6～8）mm，用 45 号钢或铬钢质材料所制作的标准试件）相同，其中有两道相邻切割应沿饰面砖边缝切割。

2）标准块粘结应符合下列要求：

①在粘结标准块前，应清除饰面砖表面污渍并保持干燥。当现场温度低于5℃时，标准块宜预热后再进行粘贴。

②胶粘剂应按使用说明书规定的配比使用，应搅拌均匀、随用随涂、涂布均匀，胶粘剂硬化前不得受水浸。

③在饰面砖上粘标准块可按图5-49和图5-50进行，胶粘剂不应粘连相邻饰面砖。

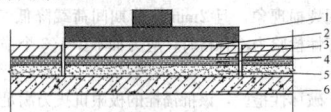

图5-49 不保温加强系统的标准块粘结示意图
1—标准块；2—胶粘剂；3—饰面砖；
4—粘结层；5—找平层；6—基体

④标准块粘结后应及时用胶带固定。

（3）检测方法

1）检测仪器安装：

检测仪器安装见图5-51。

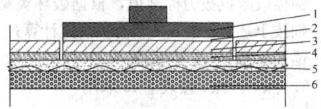

图5-50 带保温或加强系统的标准块粘结示意图
1—标准块；2—胶粘剂；3—饰面砖；4—粘结层；
5—加强抹灰层；6—保温层或被加强的基体

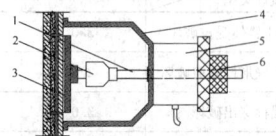

图5-51 粘结强度检测仪安装示意图
1—拉力杆；2—万向接头；3—标准块；
4—支架；5—穿心式千斤顶；6—拉力杆螺母

①检测前在标准块上应安装带有万向接头的拉力杆。

②应安装专用的穿心式千斤顶，使拉力杆通过穿心千斤顶中心并与标准块垂直。

③调整千斤顶活塞时，应使活塞升起2mm左右，并将数字显示调零，在拧紧拉力杆螺母。

2）检测饰面砖粘结力时，匀速摇转手柄升压，直至饰面砖试样断开，并记录粘结强度检测仪的数字显示峰值，该值既是粘结力值。

3）检测后降压至千斤顶复位，取下拉力杆螺母及拉杆。

4）当检测结果为胶粘剂与饰面砖界面断开或饰面砖为主断开的断开状态，且粘结强度小于标准平均值要求时，应分析原因重新选点检测。

5）标准块处理应符合下列要求：

①粘结力检测完毕，应将标准块表面胶粘剂清理干净，用50号砂布摩擦标准块粘结面直至出现光泽。

②应将标准块放置干燥处，再次使用前应将标准块粘结面的锈迹、污渍清除。

4. 粘结强度计算

（1）试样粘结强度应按下式计算：

$$R_i = \frac{X_i}{S_i} \times 10^3 \qquad (5-132)$$

式中　R_i——第i个试样粘结强度（MPa），精确到0.1MPa；

　　　X_i——第i个试样粘结力（kN），精确到0.1kN；

　　　S_i——第i个试样断面面积（mm²），精确到1mm²。

（2）每组试样平均粘结强度应按下式计算：

$$R_m = \frac{1}{3} \sum_{i=1}^{3} R_i \qquad (5-133)$$

式中　R_m——每组试样平均粘结强度（MPa），精确到0.1MPa。

5. 粘结强度检测评定

（1）现场粘贴的同类饰面砖，当一组试样均符合下列两项指标

要求时，其粘结强度应定为合格；当一组试样均不符合下列两项指标要求时，其粘结强度定为不合格；当一组试样只符合下列两项指标的一项要求时，应在该组试样原取样区域内重新抽取两组试样检验，若检验结果仍有一项不符合下列指标要求，则该组饰面砖粘结强度应定为不合格。

1）每组试样平均粘结强度不应小于0.4MPa；

2）每组可有一个试样的粘结强度小于0.4MPa，但不应小于0.3MPa。

（2）带饰面砖的预制墙板，当一组试样均符合下列两项指标要求时，其粘结强度应定为合格；当一组试样均不符合下列两项指标要求时，其粘结强度定为不合格；当一组试样只符合下列两项指标的一项要求时，应在该组试样原取样区域内重新抽取两组试样检验，若检验结果仍有一项不符合下列指标要求，则改组饰面砖粘结强度应定为不合格。

1）每组试样平均粘结强度不应小于0.6MPa；

2）每组可有一个试样的粘结强度小于0.6MPa，但不应小于0.4MPa。

5.2.10.2 碳纤维粘结强度检测

1. 检测设备及辅助工具

检测应有粘结强度检测仪、胶粘剂等。粘结强度检测仪应每年检定一次，发现异常时应随时维修、检定。

2. 取样规则

（1）梁、柱类构件以同规格、同型号的构件为一检验批。每批构件随机抽取的受检构件应按该批构件总数的10%确定，但不得少于3根；以每根受检构件为一个检验组；每组3个检验点。

（2）板、墙类构件应以同种类、同规格的构件为一检验批，每批按实际粘贴的表面积（不论粘贴的层数）均匀划分为若干区，每区100m²（不足100m²，按100m²计），且每一楼层不得少于1区；以每区为一检验组，每组3个测点。

3. 现场检测

（1）检测条件

现场检验应在已完成碳纤维片材粘贴并固化7d的结构表面上进行。

（2）现场试样制备

1）现场检验的布点应在胶粘剂固化已经达到可以进入下一个工序之日进行。当因故推迟布点日期，不得超过3d。

2）布点时，应由独立检验单位的技术人员在每一检验点处粘贴钢标准块以构成试验用的试件。钢标准块的间距不应小于500mm，且有一块应粘贴在加固构件的端部。

3）表面处理：被测部位的加固表面应清除污渍并保持干燥。

4）切割预切缝：从加固表面向混凝土基体内部切割预切缝，切入混凝土深度10～15mm，宽度约2mm。预切缝形状为直径50mm的圆形或边长40mm×40mm的正方形。

5）粘贴钢标准块：采用高强、快固化的胶粘剂（取样胶粘剂）粘贴钢标准块。取样胶粘剂的正拉粘结强度应大于粘贴碳纤维片材的结构胶粘剂强度。钢标准块粘贴后应及时固定。

（3）检测方法

1）检测仪器安装

按照粘结强度检测仪生产厂提供的使用说明书，连接钢标准块，见图5-52。

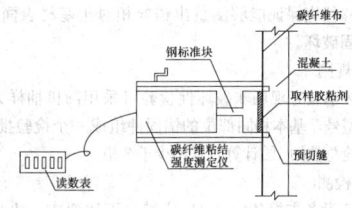

图5-52 碳纤维片材粘结质量现场检验

2）检测方法

以1500～2000N/min匀速加载，记录破坏时的荷载值，并观察破坏形态。

4. 粘结强度计算

正拉粘结强度应按下式计算：

$$f = \frac{P}{A} \tag{5-134}$$

式中　f——正拉粘结强度（MPa）；

P——试样破坏时的荷载值（N）；

A——钢标准块的粘结面面积（mm²）。

注：1. 每组取 3 个被测试样，以算术平均值作为该组正拉粘结强度的试验结果。

2. 试验结果应包括破坏形式，3 个试样的正拉粘结强度值和该组正拉粘结强度的试验平均值。

5. 粘结强度检测评定

（1）试样破坏形式及其正常性判别

1）试件破坏形式

①内聚破坏：应分为基材混凝土内聚破坏和受有胶粘剂的内聚破坏；后者可见于使用低性能、低质量胶粘剂的工程。

②黏附破坏：应分为胶层与基材之间的黏附破坏及胶层与纤维复合材或钢标准块之间的粘附破坏。

③混合破坏：粘合面出现两种或两种以上的破坏形式。

2）破坏形式正常性判别，应符合下列规定

①当破坏形式为基材混凝土内聚破坏，或虽出现两种或两种以上的破坏形式，但基材混凝土内聚破坏面积占粘合面积 85％ 以上，均可判为正常破坏。

②当破坏形式为黏附破坏、胶层内聚破坏或基层混凝土内聚破坏面积少于 85％ 的混合破坏，均应判为不正常破坏。

（2）碳纤维片材粘贴施工质量的合格评定

1）当组内每一试样的正拉粘结强度均达到 max｛1.5, f_{tk}｝的要求，其破坏形式正常时，应评定该组为检验合格组（f_{tk} 为原构件混凝土实测的抗拉强度标准值）；

2）当一组内仅一个试样达不到要求，允许以加倍试重新做一组检验，如检验结果全数达到要求，仍可评定该组为检验合格组；

3）当检验批由不少于 20 组试样组成，且检验结果仅有一组因个别试样粘结强度低而被评为检验不合格组时，仍可评定该检验批构件的粘结施工质量合格。

5.2.10.3　锚固承载力现场检测

混凝土结构后锚固工程包括锚栓和化学植筋，现场应进行抗拔承载力检验。锚固件抗拔承载力现场检验可分为非破坏性检验和破坏性检验。对于一般结构及非结构构件，可采用非破坏性检验；对于重要结构构件及生命线工程非结构构件，应采用破坏性检验。

1. 检测设备及辅助工具

（1）现场检验用的仪器、设备，如拉拔仪、x-y 记录仪、电子荷载位移测量仪等，应定期检定。

（2）加荷设备应能按规定的速度加荷，测力系统整机误差不应超过全量程的 ±2％。

（3）加荷设备应能保证所施加的拉伸荷载始终与锚栓的轴线一致。

（4）位移测量记录仪宜能连续记录。当不能连续记录荷载位移曲线时，可分阶段记录，在到达荷载峰值前，记录点应在 10 点以上。位移测量误差不应超过 0.02mm。

（5）位移仪应保证能够测量出锚栓相对于基材表面的垂直位移，直至锚固破坏。

2. 取样规则

锚固抗拔承载力现场非破坏性检验可采用随机抽样办法抽样。同规格，同型号，基本相同部位的锚固件组成一个检验批。抽取数量按每批锚栓总数的 1‰ 计算，且不少于 3 根。

3. 现场检测

（1）加荷设备支撑环内径 D_0 应满足下述要求：化学植筋 $D_0 \geqslant$ max（12d, 250mm）；膨胀型锚栓和扩孔型锚栓 $D_0 \geqslant 4h_{ef}$。

（2）锚栓抗拔检验可选用以下两种加荷制度：

1）连续加载，以匀速加至设定荷载或锚固破坏，总加荷时间为 2~3min。

2）分级加载，以预计极限荷载的 10％ 为一级，逐级加荷，每级荷载保持 1~2min，至设定荷载或锚固破坏。

（3）非破坏性检验，荷载检验值应取 $0.9A_s f_{yk}$ 及 $0.8N_{Rk,c}$ 计算之较小值。$N_{Rk,c}$ 为非钢材破坏承载力标准值。

4. 检测结果评定

（1）非破坏性检验荷载下，以混凝土基材无裂缝、锚栓或植筋无滑移等宏观裂损现象，且 2min 持荷期间荷载降低 ≤5％ 时为合格。当非破坏性检验为不合格时，应另抽不少于 3 个锚栓做破坏性检验判断。

（2）对于破坏性检验，该批锚栓的极限抗拔力满足下列规定为合格：

$$N_{Rm}^C \geqslant [\gamma_\mu] N_{sd} \tag{5-135}$$

$$N_{Rmin}^C \geqslant N_{Rk,*}^* \tag{5-136}$$

式中　N_{sd}——锚栓拉力设计值；

N_{Rm}^C——锚栓极限抗拔力实测平均值；

N_{Rmin}^C——锚栓极限抗拔力实测最小值；

$N_{Rk,*}^*$——锚栓极限抗拔力标准值，根据破坏类型的不同，分别按 JGJ 145 中 6.1 节有关规定计算；

$[\gamma_\mu]$——锚固承载力检验系数允许值，近似取 $[\gamma_\mu]$ = 1.1γ_{R*}，γ_{R*} 按表 5-45 取用。

锚固承载力分项系数 γ_{R*}　　　　　表 5-45

项次	符号	被连接结构类型 锚固破坏类型	结构构件	非结构构件
1	$\gamma_{Rc,N}$	混凝土锥体受拉破坏	3.0	2.15
2	$\gamma_{Rc,V}$	混凝土楔形体受剪破坏	2.5	1.8
3	γ_{Rp}	锚栓穿出破坏	3.0	2.15
4	γ_{Rsp}	混凝土劈裂破坏	3.0	2.15
5	γ_{Rcp}	混凝土剪撬破坏	2.5	1.8
6	$\gamma_{Rs,N}$	锚栓钢材受拉破坏	$1.3f_{stk}/f_{yk} \geqslant 1.55$	$1.2f_{stk}/f_{yk} \geqslant 1.4$
7	$\gamma_{Rc,V}$	锚栓钢材受剪破坏	$1.3f_{stk}/f_{yk} \geqslant 1.4$ （$f_{stk} \leqslant 800$MPa 且 $f_{yk}/f_{stk} \leqslant 0.8$）	$1.2f_{stk}/f_{yk} \geqslant 1.25$ （$f_{stk} \leqslant 800$MPa 且 $f_{yk}/f_{stk} \leqslant 0.8$）

（3）当试验结果不满足上述两条相应规定时，应会同有关部门依据试验结果，研究采取专门措施处理。

5.2.10.4　锚杆拉拔检测

锚杆试验适用于岩土层中锚杆试验。软土层中锚杆试验应符合现行有关标准的规定。锚杆试验分为基本试验和验收试验。基本试验主要目的是确定锚固体与岩土层间粘结强度特征值、锚杆设计参数和施工工艺；验收试验的目的是检验施工质量是否达到设计要求。

1. 检测设备及辅助工具

检测应有加载装置（千斤顶、油泵）、计量仪表（压力表、传感器和位移计等）等，上述设备应在试验前进行计量检定合格，且应满足测试精度要求。

2. 取样规则

（1）基本试验

每种试验锚杆数量均不应少于 3 根。

（2）验收试验

验收试验锚杆的数量取每种类型锚杆总数的 5％（自由段位于 Ⅰ、Ⅱ 或 Ⅲ 类岩石内时取总数的 3％），且均不得少于 5 根。

3. 现场检测

（1）检测条件

锚固体灌浆强度达到设计强度的 90％ 后，可进行锚杆试验。

（2）检测方法

1）基本试验

①锚杆长度：

a. 当进行确定锚固体与岩土层间粘结强度特征值、验证杆体

与砂浆间粘结强度设计值的试验时，为使锚固体与地层间首先破坏，可采取增加锚杆钢筋用量（锚固段长度取设计锚固长度）或减短锚固长度（锚固长度取设计锚固长度的 0.4～0.6 倍，硬质岩取小值）的措施；

b. 当进行确定锚固段变形参数和应力分布的试验时，锚固段长度应取设计锚固长度；

c. 锚杆基本试验的地质条件、锚杆材料和施工工艺等应与工程锚杆一致；

d. 基本试验时最大的试验荷载不宜超过锚杆杆体承载力标准值的 0.9 倍。

②锚杆循环加、卸荷法

a. 每级荷载施加或卸除完毕后，应立即测读变形量；

b. 在每次加、卸荷时间内应测读锚头位移 2 次，连续 2 次测读的变形量：岩石锚杆均小于 0.01mm，砂质土、硬黏性土中锚杆小于 0.1mm 时，可施加下一级荷载；

c. 加、卸荷等级、测读间隔时间宜按表 5-46 确定。

锚杆基本试验循环加、卸荷等级与位移观测间隔时间

表 5-46

加荷标准循环数	预估破坏荷载的百分数（%）												
	每级加载量			累计加载量		每级卸载量							
第一循环	10	20	20		50					20	20	10	
第二循环	10	20	20		70				20	20	10		
第三循环	10	20	20		90			20	20	10			
第四循环	10	20	20	10	100	10	20	20	10				
观测时间（min）	5	5	5	5		5	5	5	5	5	5	5	

③锚杆试验中出现下列情况之一时可视为破坏，应终止加载：

a. 锚头位移不收敛，锚固体从岩土层中拔出或锚杆从锚固体中拔出；

b. 锚头总位移量超过设计允许值；

c. 土层锚杆试验中后一级荷载产生的锚头位移增量，超过上一级荷载位移增量的 2 倍。

④试验完成后，应根据试验数据绘制荷载-位移（Qs）曲线、荷载-弹性位移（Qse）曲线和荷载-塑性位移（Qsp）曲线。

⑤基本试验的钻孔，应钻取芯样进行岩石力学性能试验。

2）验收试验

①验收试验的锚杆应随机抽样。质监、监理、业主或设计单位对质量有疑问的锚杆也应抽样做验收试验。

②试验荷载值对永久性锚杆为 $1.1\xi_2 A_s f_y$；对临时性锚杆为 $0.95\xi_2 A_s f_y$。

③前三级荷载可按试验荷载值的 20% 施加，以后按 10% 施加，达到试验荷载后观测 10min，然后卸荷至试验荷载的 0.1 倍并测出锚头位移。加载时的测读时间可按表 5-46 确定。

④锚杆试验完成后应绘制锚杆荷载-位移（Qs）曲线图。

4. 检测结果

（1）基本试验

1）锚杆弹性变形不应小于自由段长度变形计算值的 80%，且不应大于自由段长度与 1/2 锚固段长度之和的弹性变形计算值。

2）锚杆极限承载力基本值取破坏荷载前一级的荷载值；在最大试验荷载作用下未达到规定的破坏标准时，锚杆极限承载力取最大荷载值为基本值。

3）当锚杆试验数量为 3 根，各根极限承载力值的最大差值小于 30% 时，取最小值作为锚杆的极限承载力标准值；若最大差值超过 30%，应增加试验数量，按 95% 的保证概率计算锚杆极限承载力标准值。锚固体与地层间极限粘结强度标准值除以 2.2～2.7（对硬质岩取大值，对软岩、软弱岩和土取小值；当试验的锚固长度与设计长度相同取小值，反之取大值）为粘结强度特征值。

（2）验收试验

1）满足下列条件时，试验的锚杆为合格：

①加载到设计荷载后变形稳定；

②锚杆弹性变形不应小于自由段长度变形计算值的 80%，且

不应大于自由段长度与 1/2 锚固段长度之和的弹性变形计算值。

2）当验收锚杆不合格时应按锚杆总数的 30% 重新抽检；若再有锚杆不合格时应全数进行检验。

3）锚杆总变形量应满足设计允许值，且应与地区经验基本一致。

5.2.11　建筑外门窗性能检测

建筑外门窗性能主要包括气密性能、水密性能和抗风压性能。现场检测除检测建筑外门窗本身还包括安装连接部位的检测。

其检测原理是现场利用密封板、维护结构和外窗形成静压箱，通过供风系统从静压箱抽风或向静压箱吹风在检测对象两侧形成正压差或负压差。在静压箱引出测量孔测量压差，在管路上安装流量测量装置测量空气渗透量，在外窗外侧布置适量喷嘴进行水密试验，在适当位置安装位移传感器测量试件变形。其检测要求及步骤如下：

1. 检测装置

检测装置由淋水装置、静压箱、供风系统、水流量计、传感器等组成，检测装置示意图，见图 5-53。密封板与维护结构组成静压箱，各连接处应密封良好。密封板宜采用组合方式，应有足够的刚度，与维护结构的连接应有足够的刚度。检测仪器应符合 GB/T 7106、GB/T 7107、GB/T 7108 要求。

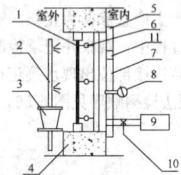

图 5-53　检测装置示意图

1—外窗；2—淋水装置；3—水流量计；4—维护结构；5—位移传感器安装托；6—位移传感器；7—静压箱密封板（透明膜）；8—差压传感器；9—供风系统；10—流量传感器；11—检查门

2. 试件及检测要求

（1）外窗及连接部位安装完毕达到正常使用状态。

（2）试件选取同窗型、同规格、同型号 3 樘为 1 组。

（3）当温度、风速、降雨等环境条件影响检测结果时，应排除干扰因素后继续检测，并在报告中注明。

（4）检测过程应采取必要的安全措施。

3. 检测方法

检测顺序宜按照抗风压变形性能（P_1）、气密、水密、抗风压安全性能（P_3' 检测）依次进行。

（1）气密性能检测

气密性能检测前，应测量外窗面积；弧形窗、折线窗应按展开面积计算。从室内侧用厚度不小于 0.2mm 的透明塑料膜覆盖整个窗范围并沿窗框边缘密封，密封膜不应重复使用。在室内侧的窗洞口上安装密封板，确认密封良好。气密性能检测压力差检测顺序见图 5-54，并按以下步骤进行：

1）预备加压：正负压检测前，分别施加三个压差脉冲，压差绝对值为 150Pa，加压速度约为 50Pa/s。压差稳定作用时间不少于 3s，泄压时间不少于 1s，检查密封板及透明膜的密封状态。

2）附加渗透量的测定：按照图 5-54 逐级加压，每级压力作用时间约为 10s，先逐级正压，后逐级负压。记录各级测量值。附加空气渗透系指除通过试件本身的空气渗透量以外通过设备和密封板，以及各部分之间连接缝等部位的空气渗透量。

3）总空气渗透量测量：打开密封板检查门，去除试件上所有密封措施薄膜后关闭检查门并密封后进行测量。检测程序同 1）。

（2）水密性能检测

水密性能检测采用稳定加压法，分为一次加压法和逐级加压法。当有设计指标值时，宜采用一次加压法。需要时间参照 GB/T 7108 增加波动加压法。

1）水密一次加压法检测顺序见图 5-55，并按以下步骤进行：

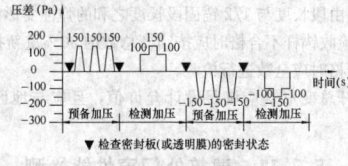

图 5-54 气密检测压差顺序图

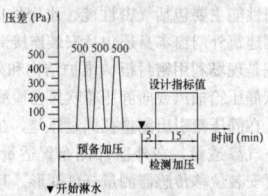

图 5-55 一次加压法顺序示意图

①预备加压：施加三个压差脉冲，压差值为 500Pa。加载速度约为 100Pa/s，压差稳定作用时间不少于 3s，泄压时间不少于 1s。

②淋水：在室外侧对检测对象均匀地淋水。淋水量为 2L/（m²·min）。台风及热带风暴地区淋水量为 3L/（m²·min），淋水时间为 5min。

③加压：在稳定淋水的同时，按照图 5-55 一次加压至设计指标值，持续 15min 或产生严重渗漏为止。

④观察：在检测过程中，观察并记录检测对象渗漏情况，在加压完毕后 30min 内安装连接部位出现水迹记作严重渗漏。

2）水密逐级加压法检测顺序见图 5-56，并按以下步骤进行：

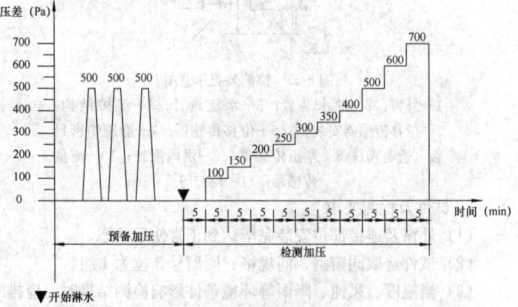

图 5-56 稳定逐级加压法顺序示意图

①预备加压：施加三个压差脉冲，压差值为 500Pa。加载速度约为 100Pa/s，压差稳定作用时间不少于 3s，泄压时间不少于 1s。

②淋水：在室外侧对检测对象均匀地淋水。淋水量为 2L/（m²·min），淋水时间为 5min。

③加压：在稳定淋水的同时，按照图 5-56 逐级加压至产生严重渗漏或加压至最高级为止。

④观察：观察并记录检测对象渗漏情况，在最后一次加压完毕后 30min 内安装连接部位出现水迹记作严重渗漏。

（3）抗风压性能检测

抗风压性能检测前，在外窗室内侧安装位移传感器及密封板（或透明膜），条件允许时也可将位移计安装在室外侧。检测顺序见图 5-57，并按以下步骤进行：

1）预备加压：正负压变形检测前，分别施加三个压差脉冲，压差 P_0 绝对值为 500Pa，加载速度约为 100Pa/s，压差稳定作用时间不少于 3s，泄压时间不少于 1s。

2）变形检测：先进行正压检测，后进行负压检测。检测压差逐级升、降。每级升降压差值不超过 250Pa，每级检测压差稳定作用时间约不少于 10s。压差升降直到面法线挠度值为 1/300 时为止，但最大不宜超过 ±2000Pa，检测级数不少于 4 级。记录每级压差作用下的面法位移量。并依据达到 ±l/300 面法线挠度时的检测压差级的压差值，利用压差和变形之间的相对关系计算出 ±l/300 面法线挠度的对应压差值作为变形检测压差值，标以 ±P_1。在变形检测过程中压差达到工程设计要求 P'_3 时，检测至 P'_3 为止。杆件

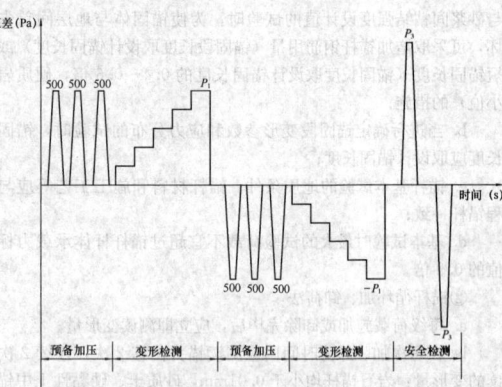

图 5-57 检测加压顺序示意图

中点面法线挠度的计算按照《建筑外窗抗风压性能分级及检测方法》（GB 7106）进行。

3）安全检测：当工程设计值大于 2.5 倍 P_1 时，终止抗风压性能检测。当工程设计值小于等于 2.5 倍 P_1 时，可根据需要进行 P'_3 检测。压差加至工程设计值 P'_3 后降至零，再降至 −P'_3 后升至零。加压速度为 300Pa/s，泄压时间不少于 1s，持续时间不少于 3s。记录检测过程中发生损坏和功能障碍的部位。当工程设计值大于 2.5 倍 P_1 时，以定级检测取代工程检测。

4）连接部位检查：检查安装连接部位的状态是否正常，并进行必要的测量和记录。必要时 P'_3 检测完成后重新进行一次气密和水密检测并根据检测结果进行必要修复和更换。

4. 检测结果评定

（1）气密检测结果按照《建筑外窗气密性能分级及检测方法》（GB/T 7107）进行处理，根据工程设计值进行判定或按照（GB/T 7107）中要求确定检测分级指标。

（2）水密检测结果按照《建筑外窗水密性能分级及检测方法》（GB/T 7108）进行处理和定级，三樘均应符合设计要求。

（3）当未选作 P'_3 时，以 2.5 倍 ±P_1 的绝对值较小者进行判定是否符合设计要求或参照《建筑外窗抗风压性能分级及检测方法》（GB/T 7106）中定级。当选作 P'_3 时，以 ±P'_3 的绝对值较小者进行判定是否符合设计要求或参照《建筑外窗抗风压性能分级及检测方法》（GB/T 7106）中定级。

5.2.12 幕墙性能现场检测

幕墙工程主要需进行气密、水密、抗风压及平面变形性能检测，上述检测项目需到相关检测机构检测。幕墙工程可进行现场淋水检验，方法如下：

1. 将幕墙淋水试验装置安装在被检幕墙的外表面，喷水水嘴离幕墙的距离不应小于 530mm，并应在被检幕墙表面形成连续水幕。每一检验区域喷淋面积应 1800mm×1800mm，喷水量不应小于 4L/（m²·min），喷淋时间应持续 5min，在室内应观察有无渗漏现象发生。

2. 幕墙淋水试验装置（图 5-58），在 1800mm×1800mm 范围内，单个喷嘴喷淋直径应为 1060mm，四个喷嘴喷淋面积应为 3.53m²，淋水总量不应小于 14L/min。

3. 喷嘴应安装在框架上，框架应用撑杆与被测幕墙连接，水管应与喷嘴连接，并引至水源。当水压不够时，应采用增压泵增

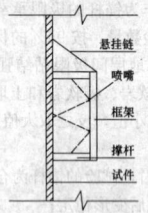

图 5-58 幕墙淋水试验装置安装示意

压。水流量的监测可采用转子流量计或压力表两种形式。

5.2.13　建筑节能工程检验

为加强建筑节能工程的施工质量管理，统一建筑节能工程施工质量验收，提高建筑工程节能效果，《建筑节能工程施工质量验收规范》规定把建筑节能工程作为单位建筑工程的一个分部工程，单位工程竣工验收应在建筑节能分部工程验收合格后进行。建筑节能工程检验分为成品半成品进场检验、围护结构现场实体检测、系统节能性能检测等三部分。

5.2.13.1　成品半成品进场检验

建筑节能工程使用的材料、设备等，必须符合设计要求及国家有关标准的规定。严禁使用国家明令禁止使用与淘汰的材料和设备，对材料和设备应按照《建筑节能工程施工质量验收规范》GB 50411-2007 附录 A 表 A.0.1 及有关规定在施工现场抽样复验，复验应为见证取样送检。

5.2.13.2　围护结构现场实体检测

1. 基层与保温层粘结强度现场拉拔试验
（1）保温板材墙体保温系统

1）检测条件：保温层施工完成，养护时间达到粘结材料要求的龄期，并在下道工序施工前。

2）检测内容：

①基层与保温板材的粘结强度现场拉拔试验，每个检验批不少于 3 处，每处测 1 点。取样部位宜均匀分布，不宜在同一房间外墙上选取。

②基层与保温板材粘结面积现场试验，每个单体工程检测 1 组，每组检测 1 整块保温板材（尺寸为 1.2m×0.6m 或为保温板材实际尺寸）。

3）检测结果判定：

①基层与保温板材的粘结强度平均值必须满足设计要求且不小于 0.1MPa，破坏界面不得位于界面层；

②基层与保温板材累计粘结面积满足设计要求且不得小于 40%。

（2）保温浆料墙体保温系统

1）检测条件：保温层施工完成，养护时间达到粘结材料要求的龄期，并在下道工序施工前。

2）检测数量：每个单体工程检测 1 组，每组测 3 处，每处测 1 点。取样部位宜均匀分布，不宜在同一房间外墙上选取。

3）检测结果判定：检测粘结强度平均值必须满足设计要求且不小于 0.1MPa。破坏界面不得位于界面层。

2. 饰面层与保温层粘结强度现场拉拔试验
（1）薄抹面层与保温层的粘结强度现场拉拔试验

1）检测条件：薄抹面层施工完成，养护时间达到粘结材料要求的龄期，并在下道工序施工前。

2）检测数量：每个单体工程检测 1 组，每组测 3 处，每处测 1 点。取样部位宜均匀分布，不宜在同一房间外墙上选取。

3）检测结果判定：检测粘结强度平均值必须满足设计要求且不小于 0.1MPa。破坏界面不得位于界面层。

（2）墙面采用饰面砖、饰面砖的粘结强度现场拉拔试验

1）检测条件：面砖饰面层施工完成，养护时间达到粘结材料要求的龄期。

2）检测数量：每个检验批不少于 3 处，每处测 1 点。取样部位宜均匀分布，不宜在同一房间外墙上选取。

3）检测结果判定：检测粘结强度平均值必须满足设计要求且不小于 0.4MPa。一组内可有一处试样的粘结强度小于 0.4MPa，但不应小于 0.3MPa。

3. 围护结构（墙体）传热系数检测
（1）节能墙体传热系数试验室检测（等同于现场检测）

1）检测条件：在墙体节能工程施工前，按设计要求在试验室砌筑标准墙体，根据不同施工工艺确定墙体干燥养护时间。

2）检测数量：每单位工程每种节能做法的墙体各检测 1 组，每组为 1 块标准墙体。

3）检测结果判定：按照设计要求判定，试验结果不大于设计

值的 120%。

（2）现场检测

1）检测条件：围护结构施工完成，围护结构（墙体）和环境均达到干燥状态。

2）检测数量：每单位工程每种节能做法的围护结构（墙体）各检测 1 组，每组测 1 处。

3）检测结果判定：按照设计要求判定，试验结果不大于设计值的 140%。

4. 建筑外窗气密性现场检测
（1）检测条件：建筑外窗安装完成，并达到竣工交付要求。现场需要具备接电条件。

（2）检测数量：同一厂家、同一品种、类型的产品各抽查不少于 3 樘。

（3）检测结果判定：将 3 樘试件正压值、负压值分别平均后对照规范确定各自所属等级，最后取两者中的不利级别为该组试件所属等级。正、负压值分别定级。门窗等级按 GB/T 7107《建筑外窗气密性能分级及检测方法》或 JG/7211《建筑外窗气密、水密、抗风压性能现场检测方法》要求判定。

5. 围护结构的外墙节能构造钻芯检验
（1）检测条件：墙体节能工程保温层施工完成后，饰面层施工前。现场需要准备适量水，具备接电条件。

（2）检测数量：每个单体工程抽取 1 组，每组 3 处，每处 1 个芯样。取样部位宜均匀分布，不宜在同一房间外墙上选取。

（3）检测结果判定：实测芯样厚度的平均值达到设计厚度的95% 及以上且最小值不低于设计厚度的 90% 时，可判定保温层厚度符合设计要求；保温材料的种类应符合设计要求。

6. 后置锚固件现场拉拔试验
（1）检测条件：保温板材的后置锚固件安装完成，并在下道工序施工前。

（2）检测数量：

采用同材料、同工艺和施工做法的墙面，每 500～1000m² 面积划分为一个检验批，不足 500m² 也为一个检验批。每个检验批抽查不少于 3 处。

（3）检测结果判定：10 个后置锚固件抗拉承载力平均值必须满足设计要求且不小于 0.30kN，最小值不低于 0.20kN。

5.2.13.3　系统节能性能检测

采暖、通风与空调、配电与照明工程安装完成后，应进行系统节能性能的检测，且应由建设单位委托具有相应检测资质的检测机构检测并出具报告，受季节影响未进行的节能性能检测项目，应在保修期内补做。采暖、通风与空调、配电与照明系统节能性能检测的主要项目及要求见下表，其检测方法应按国家现行有关标准执行。系统节能性能检测的项目和抽样数量也可以在工程合同中约定，必要时可以增加其他检测项目，当合同中约定的检测项目和抽样数量不应低于表 5-47 规定。

系统节能性能检测一览表　　　　　　　　表 5-47

序号	检测项目	抽样数量	允许偏差或规定值
1	室内温度	居住建筑每户抽测卧室或起居室 1 间，其他建筑按房间总数抽测 10%	冬季不得低于设计计算温度 2℃，且不应高于 1℃；夏季不得高于设计计算温度 2℃，且不应低于 1℃
2	供热系统室外管网的水力平衡度	每个热源与换热站均不少于 1 个独立的供热系统	0.9～1.2
3	供热系统的补水率	每个热源与换热站均不少于 1 个独立的供热系统	0.5%～1%
4	室外管网的热输送效率	每个热源与换热站均不少于 1 个独立的供热系统	≥0.92

续表

序号	检测项目	抽样数量	允许偏差或规定值
5	各风口的风量	按风管系统数量抽查 10%，且不得少于 1 个系统	≤15%
6	通风与空调系统的总风量	按风管系统数量抽查 10%，且不得少于 1 个系统	≤10%
7	空调机组的水流量	按系统数量抽查 10%，且不得少于 1 个系统	≤20%
8	空调系统冷热水、冷却水总流量	全数	≤10%
9	平均照度与照明功率密度	按同一功能区不少于 2 处	≤10%

5.2.14　建筑工程室内环境污染物浓度检测

民用建筑室内污染物由建筑工程所用的建筑材料和装修材料产生，主要有氡（Rn-222）、甲醛、氨、苯和总挥发性有机化合物（TVOC）。民用建筑工程根据控制室内环境污染的不同要求，划分以下两类：Ⅰ类民用建筑工程：住宅、医院、老年建筑、幼儿园、学校教室等民用建筑工程；Ⅱ类民用建筑工程：办公楼、商店、旅馆、文化娱乐场所、书店、图书馆、展览馆、体育馆、公共交通等候室、餐厅、理发店等民用建筑。

5.2.14.1　基本要求

1. Ⅰ类民用建筑工程室内装修采用的无机非金属装修材料必须为 A 类，人造木板及饰面人造木板必须采用 E1 类。

2. Ⅱ类民用建筑工程宜采用 A 类无机非金属建筑材料和装修材料，当 A 类和 B 类无机非金属装修材料混合使用时，应按下式计算，确定每种材料的使用量：

$$\sum f_i \cdot I_{Rai} \leqslant 1 \tag{5-137}$$

$$\sum f_i \cdot I_{Yi} \leqslant 1.3 \tag{5-138}$$

式中　f_i——第 i 种材料在材料总用量中所占的份额（%）；

I_{Rai}——第 i 种材料的内照射数；

I_{Yi}——第 i 种材料的外照射指数。

3. Ⅱ类民用建筑工程的室内装修，宜采用 E1 类人造木板及饰面人造木板，当采用 E2 类人造板时，直接暴露于空气的部位应进行表面涂覆密封处理。

4. 对民用建筑工程装修还有以下规定：

(1) 民用建筑工程的室内装修时，不应采用聚乙烯醇水玻璃内墙涂料、聚乙烯醇缩甲醛内墙涂料和树脂以硝化纤维为主、溶剂以二甲苯为主的水包油型多彩内墙涂料，也不应采用聚乙烯醇缩甲醛类胶粘剂。

(2) 民用建筑工程室内装修中所使用的木地板及其他木质材料，严禁采用沥青、煤焦油类防腐、防潮处理剂。

(3) Ⅰ类民用建筑工程室内装修粘贴塑料地板时，不应采用溶剂型胶粘剂，Ⅱ类民用建筑工程地下室及与室外直接自然通风的房间粘贴塑料地板时，不宜采用溶剂型胶粘剂。

(4) 民用建筑工程中，不应在室内采用脲醛树脂泡沫塑料作为保温、隔热和吸声材料。

5.2.14.2　材料

1. 无机非金属建筑主体材料和装修材料

民用建筑工程所使用的砂、石、砖、砌块、水泥、混凝土、混凝土预制构件等无机非金属建筑主体材料的放射性指标限量，应符合表 5-48 的规定：

无机非金属主体材料放射性指标限量　表 5-48

测定项目	限　量
内照射指数 I_{Ra}	≤1.0
外照射指数 I_r	≤1.0

民用建筑工程所使用的无机非金属装修材料，包括石材、建筑卫生陶瓷、石膏板、吊顶材料、无机瓷质砖胶粘材料等，进行分类时，其放射性限量应符合表 5-49 规定：

无机非金属装修材料放射性指标限量　表 5-49

测定项目	限　量	
	A	B
内照射指数 I_{Ra}	≤1.0	≤1.3
外照射指数 I_r	≤1.3	≤1.9

民用建筑工程所使用的加气混凝土和空心率（孔洞率）大于 25% 的空心砖、空心砌块等建筑主体材料，其表面氡析出率不大于 0.015，天然放射性核素镭-266、钍-232、钾-40 的放射性比活度应同时满足内照射指数不大于 1.0，外照射指数不大于 1.3。

2. 人造木板及饰面人造木板

民用建筑工程室内用人造木板及饰面人造木板，必须测定游离甲醛含量或游离甲醛释放量，人造木板及饰面人造木板根据游离甲醛含量或游离甲醛释放量限量划分为 E1 类和 E2 类，具体分类依据见表 5-50 至表 5-52：

环境测试舱法测定游离甲醛释放量限量　表 5-50

类　别	限量（mg/m³）
E1	≤0.12

穿孔法测定游离甲醛含量分类限量　表 5-51

类　别	限量（mg/100g，干材料）
E1	≤9.0
	≤30.0

干燥器法测定游离甲醛释放量分类限量　表 5-52

类　别	限量（mg/100g，干材料）
E1	≤1.5
E2	≤5.0

3. 涂料

民用建筑工程室内用水性涂料和水性腻子，应测定游离甲醛的含量，其限量应符合表 5-53 规定：

室内用水性涂料和水性腻子中游离甲醛限量　表 5-53

测定项目	限　量	
	水性涂料	水性腻子
游离甲醛（mg/kg）	≤100	

民用建筑工程室内用溶剂型涂料和木器用溶剂型腻子，应按其规定的最大稀释比例混合后，测定 VOC 和苯、甲苯＋二甲苯＋乙苯的含量，其限量应符合表 5-54 规定：

VOC 苯、甲苯＋二甲苯＋乙苯限量　表 5-54

涂料名称	VOC（g/L）	苯（g/kg）	甲苯＋二甲苯＋乙苯（g/kg）
醇酸类涂料	≤500	≤0.3	≤5
硝基类涂料	≤720	≤0.3	≤30
聚氨酯类涂料	≤670	≤0.3	≤30
酚醛防锈漆	≤270	≤0.3	—
其他溶剂型涂料	≤600	≤0.3	≤30
木器用溶剂型腻子	≤550	≤0.3	≤30

聚氨酯漆测定固化剂中游离二异氰酸酯（TDI、HDI）的含量后，应按其规定的最小稀释比例计算出聚氨酯漆中游离二异氰酸酯（TDI、HDI）的含量，且不应大于 4g/kg。

4. 胶粘剂

民用建筑工程室内用水性胶粘剂，应测定挥发性有机化合物

（VOC）和游离甲醛的含量，其限量应符合表 5-55 规定：

室内用水性胶粘剂中 VOC 和游离甲醛限量　表 5-55

测 定 项 目	限　量			
	聚乙酸乙烯酯胶粘剂	橡胶类胶粘剂	聚氨酯类胶粘剂	其他胶粘剂
挥发性有机化合物（VOC）（g/L）	≤110	≤250	≤100	≤350
游离甲醛（g/kg）	≤1.0	≤1.0	—	≤1.0

民用建筑工程室内用溶剂型胶粘剂，应测定挥发性有机化合物（VOC）、苯、甲苯＋二甲苯的含量，其限量应符合表 5-56 规定：

室内用溶剂型胶粘剂中 VOC、苯、甲苯＋二甲苯限量　表 5-56

测 定 项 目	限　量			
	氯丁橡胶胶粘剂	SBS胶粘剂	聚氨酯类胶粘剂	其他胶粘剂
苯（g/kg）	≤750			
甲苯＋二甲苯（g/kg）	≤200	≤150	≤150	≤150
挥发性有机化合物（VOC）（g/kg）	≤700	≤650	≤700	≤700

聚氨酯胶粘剂应测定固化剂中游离甲苯二异氰酸酯（TDI）的含量，并不应大于 10g/kg。

5. 水性处理剂

民用建筑工程室内用水性阻燃剂（包括防火涂料）、防水剂、防腐剂等水性处理剂，应测定游离甲醛的含量，其限量应符合表 5-57 规定：

室内用水性处理剂中游离甲醛的限量　表 5-57

测 定 项 目	限　量
游离甲醛（mg/kg）	≤100

5.2.14.3 检验

1. 材料进场检验

（1）民用建筑工程中所采用的无机非金属建筑材料和装修材料必须有放射性指标检测报告，并应符合设计要求和有关规范要求。

（2）民用建筑工程室内饰面所采用的天然花岗岩石材或瓷质砖使用面积大于 200m² 时，应对不同产品、不同批次材料分别进行放射性指标的抽查复验。

（3）民用建筑工程室内装修中所采用的人造木板及饰面人造木板，必须有游离甲醛含量或游离甲醛释放量检测报告，并应符合设计要求和有关规范的要求。

（4）民用建筑工程室内装修中采用的某一种人造木板或饰面人造木板面积大于 500m² 时，应对不同产品、不同批次材料的游离甲醛含量或游离甲醛释放量分别进行抽查复验。

（5）民用建筑工程室内装修中所采用的水性涂料、水性胶粘剂、水性处理剂必须有同批次产品的挥发性有机化合物（VOC）和游离甲醛含量检测报告；溶剂型涂料、溶剂型胶粘剂必须有同批次产品的挥发性有机化合物（VOC）、苯、甲苯＋二甲苯、游离甲苯二异氰酸酯（TDI）含量检测报告，并应符合设计要求和有关规范的规定。

（6）建筑材料和装修材料的检测项目不全或对检测结果有疑问时，必须将材料送有资格的检测机构进行检验，检验合格后方可使用。

2. 室内环境检测

（1）民用建筑工程及室内装修工程的室内环境质量验收，应在工程完工至少 7d 以后、工程交付使用前进行。民用建筑工程验收

时，应抽检每个建筑单体有代表性的房间室内环境污染物浓度，氡、甲醛、氨、苯、TVOC 的抽检量不得少于房间总数的 5%，每个建筑单体不得少于 3 间，当房间总数少于 3 间时，应全数检测。民用建筑工程验收时，凡进行了样板间室内环境污染物浓度检测且检测结果合格的，抽检数量减半，并不得少于 3 间。

（2）民用建筑工程验收时，室内环境污染物浓度检测点数应按表 5-58 设置：

室内环境污染物浓度检测点数设置　　表 5-58

房间使用面积（m²）	检测点数（个）
<50	1
≥50，<100	2
≥100，<500	不少于 3
≥500，<1000	不少于 5
≥1000，<3000	不少于 6
≥3000	每 1000m² 不少于 3

当房间内有 2 个及以上检测点时，应采用对角线、斜线、梅花状均衡布点，并取各点检测结果的平均值作为该房间的检测值。

（3）环境污染物浓度现场检测点应距内墙面不小于 0.5m，距楼地面高度 0.8～1.5m，检测点应均匀分布，避开通风口和通风道。

（4）民用建筑工程室内环境中甲醛、苯、氨、总挥发性有机化合物（VOC）浓度检测时，对采用集中空调的民用建筑工程，应在空调正常运转的条件下进行；对采用自然通风的民用建筑工程，检测应在对外门窗关闭 1h 后进行。对甲醛、氨、苯、TVOC 取样检测时，装饰装修工程中完成的固定式家具，应保持正常使用状态。

（5）民用建筑工程室内环境中氡浓度检测时，对采用集中空调的民用建筑工程，应在空调正常运转的条件下进行，对采用自然通风的民用建筑工程，应在房间的对外门窗关闭 24h 以后进行。

（6）当室内环境污染物浓度的全部检测结果符合表 5-59 规定时，可判定该工程室内环境质量合格。

民用建筑工程室内环境污染物浓度限量　表 5-59

污染物	Ⅰ类民用建筑工程	Ⅱ类民用建筑工程
氡（Bq/m³）	≤200	≤400
甲醛（mg/m³）	≤0.08	≤0.1
苯（mg/m³）	≤0.09	≤0.09
氨（mg/m³）	≤0.2	≤0.2
TVOC（mg/m³）	≤0.5	≤0.6

当室内环境污染物浓度检测结果不符合表 5-59 规定时，应查找原因并采取措施进行处理，并可对不合格项进行再次检测，再次检测时，抽检数量应增加 1 倍，并应包含同类型房间及原不合格房间。再次检测结果符合规范规定时，应判定为室内环境质量合格。

5.2.15　给排水及采暖试验、检验

5.2.15.1 成品半成品进场检验

建筑给水、排水及采暖工程所使用的主要材料、成品、半成品、配件、器具和设备必须具有中文质量合格证明文件，规格、型号及性能检测报告应符合国家技术标准或设计要求。进场时应做检查验收，并经监理工程师核查确认。所有材料进场时应对品种、规格、外观等进行验收。包装应完好，表面无划痕及外力冲击破损。主要器具和设备必须有完整的安装使用说明书。在运输、保管和施工过程中，应采取有效措施防止损坏或腐蚀。

1. 阀门

阀门安装前，应做强度和严密性试验。试验应在每批（同牌号、同型号、同规格）数量中抽查 10%，且不少于 1 个。对于安

装在主干管上起切断作用的闭路阀门，应逐个做强度和严密性试验。阀门的强度和严密性试验，应符合以下规定：阀门的强度试验压力为公称压力的 1.5 倍；严密性试验压力为公称压力的 1.1 倍；试验压力在试验持续时间内应保持不变，且壳体填料及阀瓣密封面无渗漏。阀门试压的试验持续时间应不少于表 5-60 的规定。

阀门试验持续时间　　　　　表 5-60

公称直径 DN (mm)	最短试验持续时间（s）		
	严密性试验		强度试验
	金属密封	非金属密封	
≤50	15	15	15
65～200	30	15	60
250～450	60	30	180

2. 喷头

闭式喷头应进行密封性能试验，无渗漏、无损伤为合格。试验数量宜从每批中抽查 1%，但不得少于 5 只，试验压力应为 3.0MPa；试验时间不得少于 3min，当有两只及以上不合格时，不得使用该批喷头。当仅有一只不合格时，应再抽查 2%，但不得少于 10 只。重新进行密封性能试验，仍有不合格时，不得使用该批喷头。

3. 报警阀及水流指示器

报警阀应逐个进行渗漏试验，应有水流方向的永久性标志；报警阀、信号阀阀瓣及操作机构动作灵活，无卡涩现象，阀体应清洁无异物；水力警铃的铃锤应转动灵活，无阻滞现象；水流指示器应有水流方向的永久性标志。

5.2.15.2　给（热）水系统试验

1. 水压试验

试验标准：

（1）室内给水管道的水压试验必须符合设计要求。当设计未注明时，各种材质的给水管道系统试验压力均为工作压力的 1.5 倍，但不得小于 0.6MPa。

（2）热水供应系统安装完毕，管道保温之前应进行水压试验。试验压力应符合设计要求。当设计未注明时，热水供应系统水压试验压力应为系统顶点的工作压力加 0.1MPa，同时在系统顶点的试验压力不于 0.3MPa。

2. 水压试验合格标准

金属及复合管给水管道系统在试验压力下观测 10min，压力降不大于 0.02MPa，然后降到工作压力进行检查，应不渗不漏；塑料管给水系统应在试验压力下稳压 1h，压力降不得超过 0.05MPa，然后在工作压力的 1.15 倍状态下稳压 2h，压力降不得超过 0.03MPa，同时检查各连接处不得渗漏。

3. 系统冲洗、通水试验

（1）管道系统在验收前必须进行冲洗，冲洗水应采用生活饮用水，流速不得小于 1.5m/s。应连续进行，保证充足的水量，出口水质和进水水质透明度一致为合格。

（2）系统冲洗完毕后应进行通水试验，按给水系统的 1/3 配水点同时开放，各排水点通畅，接口处无渗漏。

5.2.15.3　消防给水系统试验

1. 水压试验标准

一般当系统设计工作压力等于或小于 1.0MPa 时，水压强度试验压力为设计工作压力的 1.5 倍，并不小于 1.4MPa；当系统设计工作压力大于 1.0MPa 时，水压强度试验压力应为该工作压力加 0.4MPa，但不大于 1.6MPa。

2. 水压试验合格标准

系统达到强度试验压力后，稳压 30min，目测管网应无变形、无泄漏且压力降不大于 0.05MPa。强度试压合格后，再将管网水压降到工作压力，稳压 24h，无渗漏为水压严密性试验合格。

5.2.15.4　排水系统试验

1. 灌水试验

先将排出管末端用气囊堵严，从管道最高点灌水，灌水试验合

格后，经过监理、甲方有关人员验收，方可隐蔽或回填，回填土必须分层进行，每层 0.15m，埋地管道、设备层的管道隐蔽前必须做灌水试验。灌水高度不低于卫生器具的上边缘或地面高度，满水 15min 水面下降后，再灌满观察 5min 液面不降，管道接口无渗漏为合格。

2. 球试验

（1）排水系统立、干管安装完后，必须做通球试验。

（2）根据立管直径选择可击碎小球，球径为管径的 2/3，从立管顶端投入小球，并用小线系住小球，在干管检查口或室外排水口处观察，发现小球为合格。

（3）干管通球试验要求：从干管起始端投入塑料小球，并向干管内通水，在户外的第一个检查井处观察，发现小球流出为合格。

3. 卫生器具试验

（1）器具安装完成后，应进行满水和通水试验，试验前应检查地漏是否畅通，分户阀门是否关好，然后按层分户分房间逐一进行通水试验。

（2）试验时临时封堵排水口，将器具灌满水后检查各连接件不渗不漏；打开排水口，排水通畅为合格。

4. 器具配件试验

（1）满水试验：打开器具进水阀门，封堵排水口，观察器具及各连接件是否渗漏，溢水口溢流是否畅通。

（2）通水试验：器具满水后打开排水口，检查器具连接件，以不渗不漏排水通畅为合格。

5.2.15.5　压力水系统试验

压力排水系统一般包括用污水泵从集水坑抽水和虹吸屋面雨水系统。前者系统试验可参照给水系统试验执行。

1. 虹吸式雨水系统密封性能试验

堵住所有雨水斗，向屋顶或天沟灌水。水位应淹没雨水斗，持续 1h，雨水斗周围屋面应无渗漏现象。

安装在室内的雨水管道，应根据管材和建筑高度选择整段或分段方式进行灌水试验，灌水高度必须达到每根立管上部雨水斗口。灌水试验持续 1h 后，管道及其所有连接处应无渗水现象。

2. 虹吸式排水系统排水性能试验

可以采用以下三种实验方法：

（1）单位时间内水容积增减的方法（适用于混凝土屋面）；

（2）管道流量计测量的方法；

（3）采用降雨时实际观测来计算雨水的排水能力的方法。

5.2.15.6　雨水系统试验

雨水管道安装后，按规定要求必须进行灌水试验。灌水高度必须到每根立管上部的雨水斗。灌水试验持续 1h 不渗不漏为合格；凡属隐蔽暗装管道必须按分项工序进行。安装在室内的雨水管道安装后应做灌水试验灌水高度必须到每根立管上部的雨水斗。

5.2.15.7　采暖系统试验

水压试验：

（1）试验标准

试验压力应符合设计要求，当设计未注明时，应符合下列规定：

1）蒸汽、热水采暖系统，应以系统顶点工作压力加 0.1MPa 做水压试验，同时在系统顶点的试验压力不小于 0.3MPa。

2）高温热水采暖系统，试验压力应为系统顶点工作压力加 0.4MPa。

3）使用塑料管及复合管的热水采暖系统，应以系统顶点工作压力加 0.2MPa 做水压试验。同时在系统顶点的试验压力不小于 0.4MPa。

（2）试验合格标准

使用钢管及复合管的采暖系统应在试验压力下 10min 内压力降不大于 0.02MPa，降至工作压力后检查，不渗、不漏。使用塑料管的采暖系统应在试验压力下 1h 内压力降不大于 0.05MPa，然后降压至工作压力的 1.15 倍，稳压 2h，压力降不大于 0.03MPa，同时各连接处不渗、不漏。

5.2.15.8　锅炉安装系统试验

1. 水压试验

（1）锅炉水压试验标准，如表 5-61 所示。

锅炉水压试验的压力（MPa）　　表 5-61

名　　称	锅筒工作压力 P	试验压力
锅炉本体	<0.8	1.5P，且不小于 0.20
	0.8~1.6	P+0.4
	>1.6	1.25P
可分式省煤器		1.25P+0.5
过热器		与锅炉本体试验压力相同

（2）水压试验的合格标准

水压试验符合下列所有要求时，即认为水压试验合格。

1）升至试验压力水泵停止后，在试验压力下保持 20min，然后降至工作压力进行检查，检查期间压力应保持不变。

2）在受压组件金属壁和焊缝上没有水珠和水雾。

3）当降到工作压力后胀口处不滴水珠。

4）水压试验后，无可见的残余变形。

水压试验合格后及时填写记录表格，办理各方检验人员的签证。

2. 漏风试验

（1）在所有密封装置施工后，保温施工前，为检验锅炉的密封性能，应进行漏风试验，结合烟道、风道一起进行。漏风试验，必须具备以下条件：

1）锅炉炉墙、烟道、风道，密封装置施工完毕，风压表已装好，人孔、仪表孔等全部封闭。

2）所有风门开关灵活，指示准确。

（2）漏风试验主要是对炉室，烟、风道等部分进行正风压试验，试验压力按高于炉膛工作压力 0.5kPa 进行。

5.2.15.9 水质检测

生活给水系统管道在交付使用前必须冲洗和消毒，并经有关部门取样检验，符合国家《生活饮用水标准》方可使用。

锅炉水质监测单位必须取得省级以上（含省级）安全监察机构的授权，才能从事锅炉水质监测工作。锅炉水质监测单位的条件应符合《锅炉水质监测单位必备条件》。锅炉水质符合《工业锅炉水质》（GB 1576）标准的规定。

5.2.15.10 消防检测

凡新建、改建、扩建建筑工程竣工后，建筑消防设施投入运行前必须先由具备资格的检测机构进行技术检测，合格后再由公安消防机构进行验收，验收合格颁发消防设施合格证（牌）。未经检测或检测不合格的工程，公安消防机构一律不予验收，不得投入使用。对于已投入使用的建筑消防设施实行定期年检制度。

1. 消防供水系统检测内容

（1）消防水源的性质、进水管的条数和直径及消防水池的设置状况；

（2）消防水池的容积、水位指示器和补水设施、保证消防用水和防冻措施等；

（3）消防水箱的设置、容积、防冻措施、补水及单向阀的状况等；

（4）各种消防供水泵的性能、管道、手自动控制、启动时间、主备泵和主备电源转换功能等；

（5）检测水泵结合器的设置、标志及输送消防水的功能等。

2. 室内消火栓系统检测内容

（1）室内消火栓的安装、组件、规格及其间距等；

（2）屋顶消火栓的设置、防冻措施及其充实水柱长度等；

（3）室内消火栓管网的设置、管径、颜色、保证消防用水及其连接形式；

（4）室内消火栓的首层和最不利点的静压、动压及其充实水柱长度等；

（5）手动启泵按钮的设置及其功能。

3. 自动喷水灭火系统检测内容

（1）管网的安装、连接、设置喷头数量及末端管径等；

（2）水流指示器和信号阀的安装及其功能；

（3）报警阀组的安装、阀门的状态、各组件及其功能；

（4）喷淋头安装、外观、保护间距和保护面积及与邻近障碍物的距离等；

（5）对报警阀组进行功能试验；

（6）对自动喷淋水（雾）系统进行功能试验。

5.2.15.11 供热系统节能检测

供热系统安装或节能技术改造完成后应委托第三方节能量检测机构进行供热系统安装或节能技术改造项目的节能测试，出具节能检测报告。

项目实施单位应向第三方节能量检测机构提供供热系统安装方案或供热系统节能技术改造方案、供热管网及建筑物平面布置图、采暖用户明细表。

1. 节能量测试

节能量是指供热系统实施节能技术改造后的锅炉燃料、水泵耗电的节约量。测试时间不少于 72h，并避开测试前和测试过程中室外温度、室内温度变化剧烈的状况。

节能量按照以下公式计算：

节能量=（全市锅炉房平均燃料消耗量－锅炉房标准燃料消耗量）

$$×λ＋水泵节电量 \tag{5-139}$$

其中　λ——考虑项目实施单位改造前后自身节能量对比的系数。

水泵节电量采用以下测试结果。

2. 水泵节电量测试

泵系统输入电能（量）或有功功率、改造前后采暖季统计电量、测试率和节能量。

测试时间：应选取在采暖季节里正常供暖 7d 后，抽取某一天去现场实地测试。

测试结果评价

（1）节电率

$$RE=(EG-EV)/EG×100\% \tag{5-140}$$

式中　RE——平均节电率（%）；

EG——改造前泵系统运行用电量平均值（kW·h）；

EV——改造后泵系统运行用电量平均值（kW·h）。

（2）节电量

$$\Delta E=E_{N1}×RE \tag{5-141}$$

式中　ΔE——采暖季节电量（kW·h）；

E_{N1}——改造前采暖季用电量（kW·h）；

RE——平均节电率（%）。

（3）泵系统采暖季单位面积耗电量

a. 改造前泵系统单位面积耗电量

$$e_1 = E_{N1}/A_1 \tag{5-142}$$

式中　e_1——改造前泵系统单位面积耗电量（kW·h/m²）；

E_{N1}——改造前采暖季用电量（kW·h）；

A_1——改造前总供热面积（m²）。

b. 改造后泵系统单位面积耗电量

$$e_2 = E_{N2}/A_2 \tag{5-143}$$

式中　e_2——改造后泵系统单位面积耗电量（kW·h/m²）；

E_{N2}——改造后泵系统年耗电量（kW·h）；

A_2——改造前总供热面积（m²）。

3. 燃气锅炉烟气冷凝热回收技术测试

烟气冷凝器回收装置的进排烟温度、烟气冷凝器回收装置前后的烟气成分（O_2、CO、CO_2）、烟气冷凝器回收装置的进出水温度。

测试时间应选取在采暖季节里正常供暖 7d 后，抽取某一天去现场实地考核；测试应在热工况稳定时开始；测试时间为 2h。检测单位不计算烟气冷凝回收装置效率，仅提供烟气冷凝器回收装置的工作状况参数。

4. 水力平衡技术测试

应选取在采暖季节里正常供暖 7d 后，抽取某一天去现场实地实测时间为 24h。

测试结果评价：

(1) 抽查供热单位水力平衡调试报告；

(2) 计算近端任一测点的逐时平均温度 t_1，远端同层测点的逐时平均温度 t_2，如果满足：测点瞬时温度不低于 $16℃$，且 $(t_1 - t_2)/(t_1 + t_2) \leqslant 10\%$，则视为水力平衡。

5. 分时分区控制技术测试

测试时间选取在采暖季节里正常供暖 7d 后、在事前了解系统分时分区控制方案之后，抽取某一时刻去现场实地考核。按照分时分区控制方案中，在系统热量应发生调节变化的时刻的前后 10min 内，在建筑物热力入口通过对管道的流量和温度的测试，记录调节控制的变化过程。

结果评价：对仪表记录的工况变化过程是否吻合控制方案，加以定性评价。

6. 气候补偿技术测试

测试时间选取在采暖季节里正常供暖 7d 后的某一工作日，不包括节假日（因为节假日里居民开窗会影响测试结果）；测试周期为测试日的 10：00～20：00，连续测试 10h。

结果评价：

以逐时的室外平均温度值作为横坐标、以逐时平均温差（定流量运行）或耗热量（变流量运行）为纵坐标绘图，对照气候补偿装置的说明书曲线，检查实际效果。

7. 锅炉房集中控制技术测试

测试时间选取在采暖季节里正常供暖 7d 后，抽取某一天某一刻去现场实地考核。

测试方法：对照改造方案，现场逐项观察是否实现了锅炉房自动控制的功能。

结果评价：对已装控制装置是否符合改造方案，加以定性评价。

5.2.16　建筑电气试验、检验

5.2.16.1　成品、半成品进场检验

成品和半成品进场检验结论应有记录，因有异议送有资质试验室进行抽样检测，试验室应出具检测报告，确认符合《建筑电气工程施工质量验收规范》（GB 50303）和相关技术标准规定，才能在施工中应用。经批准的免检产品或认定的名牌产品，当进场验收时，宜不做抽样检测。

5.2.16.2　低压成套配电柜交接试验

依据《建筑电气工程施工质量验收规范》（GB 50303）要求，低压成套配电柜交接试验符合下列规定：

1. 配电柜每路开关及保护装置的规格、型号，应符合设计要求。

2. 相间和相对地间的绝缘电阻值应大于 $0.5M\Omega$。

3. 电气装置的交流工频耐压试验电压为 1kV，当绝缘电阻值大于 $10M\Omega$ 时，可采用 2500V 兆欧表摇测替代，试验持续时间 1min，无击穿闪络现象。

5.2.16.3　高压母线交流工频耐压试验

交流耐压试验是破坏性试验。在试验之前必须对被试品先进行绝缘电阻、吸收比、泄漏电流、介质损失角及绝缘油等项目的试验，若试验结果正常方能进行交流耐压试验，若发现设备的绝缘情况不良（如受潮和局部缺陷等），通常应先进行处理后再做耐压试验，避免造成不应有的绝缘击穿。

高压母线通常与设备一起做交流工频耐压试验，很少单独进行耐压试验，一般高压母线试验电压取绝缘等级最低的设备或器件的工频耐压试验电压，依据现行国家标准《电气装置安装工程电气设备交接试验标准》（GB 50150）的规定。

5.2.16.4　低压母线交接试验

依据《建筑电气工程施工质量验收规范》（GB 50303）要求，低压母线交接试验符合下列规定：

1. 每路配电开关及保护装置的规格、型号，应符合设计要求。

2. 相间和相对地间的绝缘电阻值应大于 $0.5M\Omega$。

3. 电气装置的交流工频耐压试验电压为 1kV，当绝缘电阻值大于 $10M\Omega$ 时，可采用 2500V 兆欧表摇测替代，试验持续时间

1min，无击穿闪络现象。

5.2.16.5　高压电力电缆直流耐压试验

1. 电力电缆线路的试验，应符合现行国家标准《电气装置安装工程电气设备交接试验标准》（GB 50150）中的下列规定：

1）对电缆的主绝缘做耐压试验或测量绝缘电阻时，应分别在每一相上进行。对一相进行试验或测量时，其他两相导体、金属屏蔽或金属套和铠装层一起接地。

2）对金属屏蔽或金属套一端接地，另一端装有护层过电压保护器的单芯电缆主绝缘做耐压试验时，必须将护层过电压保护器短接，使这一端的电缆金属屏蔽或金属套临时接地。

3）对额定电压为 0.6/1kV 的电缆线路应用 2500V 兆欧表测量导体对地绝缘电阻代替耐压试验，试验时间 1min。

2. 直流耐压试验及泄漏电流测量，应符合《电气装置安装工程电气设备交接试验标准》（GB 50150）中的下列规定：

(1) 直流耐压试验电压标准

1）纸绝缘电缆直流耐压试验电压 U_t 可采用下式计算

对于统包绝缘（带绝缘）：$U_t = 5 \times (U_0 + U)/2$　　　(5-144)

对于分相屏蔽绝缘：$U_t = 5 \times U_0$　　　(5-145)

试验电压见表 5-62 的规定。

纸绝缘电缆直流耐压试验电压标准（kV）表 5-62

电缆额定电压 U_0/U	1.8/3	2.6/3	3.6/6	6/6	6/10	8.7/10	21/35	26/35
直流试验电压	12	17	24	30	40	47	105	130

2）18/30kV 及以下电压等级的橡塑绝缘电缆直流耐压试验电压应按式（5-146）计算：

$$U_t = 4 \times U_0 \qquad (5-146)$$

3）充油绝缘电缆直流耐压试验电压，应符合表 5-63 的规定。

充油绝缘电缆直流耐压试验电压标准（kV）表 5-63

电缆额定电压 U_0/U	雷电冲击耐受电压	直流试验电压
48/66	325	165
	350	175
64/110	450	225
	550	275
	850	425
127/220	950	475
	1050	510
	1175	585
200/330	1300	650
	1425	710
290/500	1550	775
	1675	835

注：上列各表中的 U 为电缆额定线电压；U_0 为电缆导体对地或对金属屏蔽层间的额定电压。

4）交流单芯电缆的护层绝缘直流耐压试验标准，可依据《电气装置安装工程电气设备交接试验标准》（GB 50150）中的附录 F（电力电缆线路交叉互联系统试验方法和要求）进行。

(2) 试验时，试验电压可分 4～6 阶段均匀升压，每阶段停留 1min，并读取泄漏电流值。试验电压升至规定值后维持 15min，其间读取 1min 和 15min 时泄漏电流。测量时应消除杂散电流的影响。

5.2.16.6　动力和照明工程的漏电保护装置模拟动作试验

1. 漏电开关模拟试验要求

依据《建筑电气工程施工质量验收规范》（GB 50303）中规定动力和照明工程的带有漏电保护装置的回路均要进行漏电开关模拟试验。

2. 漏电开关模拟试验方法

(1) 漏电开关模拟试验应使用漏电开关检测仪，并在检定有效期内。

(2) 漏电开关模拟试验应 100% 检查。

(3) 测试住宅工程的漏电保护装置动作电流应依据《建筑电气

工程施工质量验收规范》（GB 50303）中第 6.1.9 条第 2 款（箱或盘内开关动作灵活可靠，带有漏电保护的回路，漏电保护装置动作电流不大于 20mA，动作时间不大于 0.1s）的数值要求进行。测试其他设备的漏电保护装置的动作电流和动作时间应依据设计要求而定。

5.2.16.7　大型灯具的过载试验

1. 大型灯具依据《建筑电气工程施工质量验收规范》（GB 50303）中规定需进行过载试验。大型灯具的界定：

（1）大型的花灯。

（2）设计单独出图的大型灯具。

（3）灯具本身标明的灯具。

2. 大型灯具应在预埋螺栓、吊钩、吊杆或吊顶上嵌入式安装专用骨架等物件上安装，吊钩圆钢直径不应小于灯具挂销直径，且不应小于 6mm。

3. 大型灯具过载试验方法：

（1）大型灯具的固定及悬吊装置应按灯具重量的 2 倍进行过载试验。

（2）大型灯具的固定及悬吊装置应全数进行过载试验。

（3）试验重物距离地面 300mm 左右，试验时间为 15min。

5.2.16.8　设备单机试运转试验

电气设备安装完毕后应进行耐压及调整试验，然后进行单机试运转试验，单机试运转试验主要检测运转状态、设备振动情况、温升、噪声等内容。

如风机试运转试验的主要内容包括：叶轮旋转方向是否正确；运转状态是否运转平稳；风机振动有无异常振动；运行功率是多少千瓦；连续运转时间是多少小时；轴承外壳温度是多少摄氏度；运行噪声是多少分贝。

水泵试运转试验的主要内容包括：叶轮旋转方向是否正确；运转状态是否平稳；水泵振动有无异常，紧固件连接有无松动；壳体密封有无渗漏；运行功率是多少千瓦；连续运转时间是多少小时；轴承外壳温度是多少摄氏度；泄漏量每小时多少毫升。

5.2.16.9　避雷带支架垂直拉力试验

1. 避雷带支架拉力试验的目的

为使避雷带不因受到外力作用而发生脱落现象，避雷带安装完成后应做拉力试验。

2. 避雷带支架拉力试验要求

（1）避雷带应平正顺直，固定点支持件间距均匀、固定可靠，每个支持件应能承受大于 5kg（49N）的垂直拉力。

（2）当设计无要求时，明敷接地引下线及室内接地干线的支持件间距应符合：水平直线部分 0.5～1.5m，垂直直线部分 1.5～3m；弯曲部分 0.3～0.5m。

3. 避雷带支架拉力试验方法

（1）避雷带支架拉力测试使用弹簧秤，弹簧秤的量程应能满足规范要求，并在检定有效期内。

（2）避雷带的支持件应 100% 进行垂直拉力测试，每个支持件均能承受大于 5kg（49N）的垂直拉力。

5.2.16.10　低压配电电源检测

低压配电电源主要检测电源电压和电源的功率因数是否到达规范标准或设计要求。《电能质量供电电压允许偏差》（GB 12325）规定电力系统在正常运行条件下，用户受电端供电电压的允许偏差为：低压用户为额定电压的 +7%～-7%；低压照明用户为额定电压的 +5%～-10%。

如果功率因数达不到设计要求，一般进行低压无功补偿，低压无功补偿通常采用的方法主要有三种：随机补偿、随器补偿、跟踪补偿。

5.2.16.11　平均照度与照明功率密度检验

依据《建筑节能工程施工质量验收规范》（GB 50411）中 12.2.4 要求，在通电试运行中，抽查平均照度与照明功率密度，照度值不得小于设计值的 90%；检验方法是在无外界光源的情况下，被检测区域内平均照度和功率密度，每种功能区抽检不少于 2 处。如果设计未明确，则各类建筑房间或场所的照明功率密度和平均照度值可参考表 5-64～表 5-68 的规定。当房间或场所的照度值

高于或低于表中规定的照度值时，其照明功率密度值应按比例提高或折减。

办公建筑照明功率密度和平均照度　　表 5-64

房间或场所	照明功率密度（W/m²）	对应照度（lx）
普通办公室	11	300
高档办公室	18	500
会议室	11	300
营业厅	13	300
文件整理、复印、发行室	11	300
档案室	8	200

商业建筑照明功率密度和平均照度　　表 5-65

房间或场所	照明功率密度（W/m²）	对应照度（lx）
一般商店营业厅	12	300
高档商店营业厅	19	500
一般超市营业厅	13	300
高档超市营业厅	20	500

旅馆建筑照明功率密度和平均照度　　表 5-66

房间或场所	照明功率密度（W/m²）	对应照度（lx）
客房	15	—
中餐厅	13	200
多功能厅	18	300
客房层走廊	5	50
门厅	15	300

医院建筑照明功率密度和平均照度　　表 5-67

房间或场所	照明功率密度（W/m²）	对应照度（lx）
治疗室、诊室	11	300
化验室	18	500
手术室	30	750
候诊室	8	200
病房	6	100
护士站	11	300
药房	20	500
重症监护室	11	300

学校建筑照明功率密度和平均照度　　表 5-68

房间或场所	照明功率密度（W/m²）	对应照度（lx）
教室、阅览室	11	300
实验室	11	300
美术教室	18	500
多媒体教室	11	300

5.2.17　智能建筑试验、检验

5.2.17.1　通信网络系统

1. 通信系统

（1）通信系统检测由系统检查测试、初验测试和试运行验收测试三个阶段组成。

（2）通信系统的测试可包括以下内容：

1）系统检查测试：

硬件通电测试；系统功能测试。

2) 初验测试:

初验测试主要对系统的可靠性;接通率;基本功能(如通信系统的业务呼叫与接续、计费、信令、系统负荷能力、传输指标、维护管理、故障诊断、环境条件适应能力等)进行测试。

3) 试运行验收测试:

联网运行(接入用户和电路)测试;故障率测试。

4) 智能建筑通信系统安装工程的检测阶段、检测内容、检测方法及性能指标要求应符合《程控电话交换设备安装工程验收规范》YD 5077 等有关国家现行标准的要求。

5) 通信系统接入公用通信网信道的传输速率、信号方式、物理接口和接口协议应符合设计要求。

6) 通信系统的系统检测的内容应符合表5-69的要求。

通信系统工程检测项目表　　表 5-69

程控电话交换设备检测项目

序号	检测项目	检 测 内 容
1	硬件测试	设备供电正常、告警指示工作正常、硬件通电无故障
2	系统检测	系统功能、中继电路测试、用户连通性能测试、基本业务与可选业务、冗余设备切换、路由选择、信号与接口、过负荷测试、计费功能
3	系统维护管理	软件版本符合合同规定、人机命令核实、告警系统、故障诊断、数据生成
4	网络支撑	网管功能、同步功能
5	模拟测试	呼叫接通率、计费准确率

会议电视系统检测项目

1	系统测试	单机测试、信道测试、传输性能指标测试、画面显示效果与切换、系统控制方式检查、时钟与同步
2	监测管理系统检测	系统故障检测与诊断、系统实时显示功能
3	计 费 功 能	

接入网设备(非对称数字用户环路 ADSL)检测项目

1	收发器线路接口测试(功率谱密度,纵向平衡损耗,过压保护)	
2	用户网络接口(UNI)测试	25.6Mbit/s电接口、10BASE-T接口、通用串行总线(USB)接口、PCI总线接口
3	业务节点接口(SNI)测试	STM-1(155Mbit/s)光接口、电信接口(34Mbit/s,155Mbit/s)
4	分离器测试(包括局端和远端)	直流电阻、交流阻抗特性、纵向转换损耗纵向转换损耗、损耗/频率失真、时延失真、脉冲噪声、话音频带插入损耗、频带信号衰减
5	传输性能测试	
6	功能验证测试	传递功能(具备同时传送 IP、POTS 或 ISDN业务能力)、管理功能(包括配置管理、性能管理和故障管理)

2. 卫星数字电视及有线电视系统测试

(1) 采用主观评测检查有线电视系统的性能,主要技术指标应符合表5-70中规定。

(2) 电视图像质量的主观评价应不低于4分。具体标准见表5-71。

有线电视主要技术指标　　表 5-70

序号	项目名称	测 试 频 道	主观评测标准
1	系统输出电平(dBμV)	系统总频道的10%且不少于5个,不足5个全检,且分布于整个工作频段的高、中、低段	60~80
2	系统载噪比	系统总频道的10%且不少于5个,不足5个全检,且分布于整个工作频段的高、中、低段	无噪波,即无"雪花干扰"
3	载波互调比	系统总频道的10%且不少于5个,不足5个全检,且分布于整个工作频段的高、中、低段	图像中无垂直、倾斜或水平条纹
4	交扰调制比	系统总频道的10%且不少于5个,不足5个全检,且分布于整个工作频段的高、中、低段	图像中无移动、垂直或斜图案,即无"窜台"
5	回波值	系统总频道的10%且不少于5个,不足5个全检,且分布于整个工作频段的高、中、低段	图像中无沿水平方向分布在右边一条或多条轮廓线,即无"重影"
6	色/亮度时延差	系统总频道的10%且不少于5个,不足5个全检,且分布于整个工作频段的高、中、低段	图像中色、亮信息对齐,即无"彩色鬼影"
7	载波交流声	系统总频道的10%且不少于5个,不足5个全检,且分布于整个工作频段的高、中、低段	图像中无上下移动的水平条纹,即无"滚道"现象
8	伴音和调频广播的声音	系统总频道的10%且不少于5个,不足5个全检,且分布于整个工作频段的高、中、低段	无背景噪声,如咝咝声、哼声、蜂鸣声和串间等

图像的主观评价标准　　表 5-71

等级	图像质量损伤程度
5分	图像上不觉察有损伤或干扰存在
4分	图像上有稍可觉察的损伤或干扰,但不令人讨厌
3分	图像上有明显觉察的损伤或干扰,令人讨厌
2分	图像上损伤或干扰较严重,令人相当讨厌
1分	图像上损伤或干扰极严重,不能观看

(3) HFC 网络和双向数字电视系统正向测试的调制误差率和相位抖动,反向测试的侵入噪声、脉冲噪声和反向隔离度的参数指标应满足设计要求;并检测其数据通信、VOD,图文播放等功能;HFC 用户分配网应采用中心分配结构,具有可寻址路权控制及上行信号汇集均衡等功能;应检测系统的频率配置、抗干扰性能,其用户输出电平应取 62~68dBμV。

3. 公共广播与紧急广播系统功能检测

(1) 业务宣传、背景音乐和公共寻呼插播;

(2) 紧急广播与公共广播共用设备时,其紧急广播由消防分机控制,具有最高优先权,在火灾和突发事故发生时,应能强制切换为紧急广播并以最大音量播出;紧急广播功能检测按规范《智能建筑工程质量验收规范》GB 50339 第 7 章的有关规定执行;

(3) 功率放大器应冗余配置,并在主机故障时,按设计要求备用机自动投入运行。

5.2.17.2　信息网络系统

1. 计算机网络系统检测

（1）计算机网络系统的检测应包括连通性检测、路由检测、容错功能检测、网络管理功能检测。

（2）连通性检测方法可采用相关测试命令进行测试，或根据设计要求使用网络测试仪测试网络的连通性。

（3）对计算机网络进行路由检测，路由检测方法可采用相关测试命令进行测试，或根据设计要求使用网络测试仪测试网络路由设置的正确性。

（4）容错功能的检测方法应采用人为设置网络故障，检测系统正确判断故障及故障排除后系统自动恢复的功能；切换时间应符合设计要求。

2. 信息平台及办公自动化应用软件检测

智能建筑的应用软件应包括智能建筑办公自动化软件、物业管理软件和智能化系统集成等应用软件。应用软件的检测应从其涵盖的基本功能、界面操作的标准性、系统可扩展性和管理功能等方面进行检测，并根据设计要求检测其行业应用功能。满足设计要求时为合格，否则为不合格。不合格的应用软件修改后必须通过回归测试。

3. 网络安全系统检测

（1）网络安全系统宜从物理层安全、网络层安全、系统层安全、应用层安全等四个方面进行检测，以保证信息的保密性、真实性、完整性、可控性和可用性等信息安全性能符合设计要求。

（2）计算机信息系统安全专用产品必须具有公安部计算机管理监察部门审批颁发的"计算机信息系统安全专用产品销售许可证"；特殊行业有其他规定时，还应遵守行业的相关规定。

（3）如果与因特网连接，智能建筑网络安全系统必须安装防火墙和防病毒系统。

5.2.17.3　建筑设备监控系统

1. 建筑设备监控系统的检测应以系统功能和性能检测为主，同时对现场安装质量、设备性能及工程实施过程中的质量记录进行抽查或复核。

2. 空调与通风系统功能检测：

建筑设备监控系统应对空调系统进行温湿度及新风量自动控制、预定时间表自动启停、节能优化控制等控制功能进行检测。应着重检测系统测控点（温度、相对湿度、压差和压力等）与被控设备（风机、风阀、加湿器及电动阀门等）的控制稳定性、响应时间和控制效果，并检测设备连锁控制和故障报警的正确性。

3. 变配电系统功能检测：

建筑设备监控系统应对变配电系统的电气参数和电气设备工作状态进行监测，检测时应利用工作站数据读取和现场测量的方法对电压、电流、有功（无功）功率、功率因数、用电量等各项参数的测量和记录进行准确性和真实性检查，显示的电力负荷及上述各参数的动态图形能比较准确地反映参数变化情况，并对报警信号进行验证。

4. 公共照明系统功能检测：

建筑设备监控系统应对公共照明设备（公共区域、过道、园区和景观）进行监控，应以光照度、时间表等为控制依据，设置程序控制灯组的开关，检测时应检查控制动作的正确性；并检查其手动开关功能。

5. 给排水系统功能检测：

建筑设备监控系统应对给水系统、排水系统和中水系统进行液位、压力等参数检测及水泵运行状态的监控和报警进行验证。检测时应通过工作站参数设置或人为改变现场测控点状态，监视设备的运行状态，包括自动调节水泵转速、投运水泵切换及故障状态报警和保护等项是否满足设计要求。

6. 热源和热交换系统功能检测：

建筑设备监控系统应对热源和热交换系统进行系统负荷调节、预定时间表自动启停和节能优化控制。检测时应通过工作站或现场控制器对热源和热交换系统的设备运行状态、故障等的监视、记录与报警进行检测，并检测对设备的控制功能。

7. 冷冻和冷却水系统功能检测：

建筑设备监控系统应对冷水机组、冷冻冷却水系统进行系统负荷调节、预定时间表自动启停和节能优化控制。检测时应通过工作站对冷水机组、冷冻冷却水系统设备控制和运行参数、状态、故障等的监视、记录与报警情况进行检查，并检查设备运行的联动情况。

8. 电梯和自动扶梯系统功能检测：

建筑设备监控系统应对建筑物内电梯和自动扶梯系统进行监测。检测时应通过工作站对系统的运行状态与故障进行监视，并与电梯和自动扶梯系统的实际工作情况进行核实。

9. 建筑设备监控系统与子系统（设备）间的数据通信接口功能检测：

建筑设备监控系统与带有通信接口的各子系统以数据通信的方式相连时，应在工作站监测子系统的运行参数（含工作状态参数和报警信息），并和实际状态核实，确保准确性和响应时间符合设计要求；对可控的子系统，应检测系统对控制命令的响应情况。

10. 中央管理工作站与操作分站功能检测：

对建筑设备监控系统中央管理工作站与操作分站功能进行检测时，应主要检测其监控和管理功能，检测时应以中央管理工作站为主，对操作分站主要检测其监控和管理权限以及数据与中央管理工作站的一致性。

11. 系统实时性检测：

采样速度、系统响应时间应满足合同技术文件与设备工艺性能指标的要求；报警信号响应速度应满足合同技术文件与设备工艺性能指标的要求。

12. 系统可维护功能检测：

应检测应用软件的在线编程（组态）和修改功能，在中央站或现场进行控制器或控制模块应用软件的在线编程（组态）、参数修改及下载，全部功能得到验证为合格，否则为不合格。

设备、网络通信故障的自检测功能，自检必须指示出相应设备的名称和位置，在现场设置设备故障和网络故障，在中央站观察结果显示和报警，输出结果正确且故障报警准确者为合格，否则为不合格。

13. 系统可靠性检测：

系统运行时，启动或停止现场设备，不应出现数据错误或产生干扰，影响系统正常工作。

切断系统电网电源，转为 UPS 供电时，系统运行不得中断。

中央站冗余主机自动投入时，系统运行不得中断。

14. 现场设备性能检测：

（1）传感器精度测试，检测传感器采样显示值与现场实际值的一致性；

（2）控制设备及执行器性能测试，包括控制器、电动风阀、电动水阀和变频器等，主要测定控制设备的有效性、正确性和稳定性；测试核对电动调节阀在零开度、50%和80%的行程处与控制指令的一致性及响应速度；测试结果应满足合同技术文件及控制工艺对设备性能的要求。

15. 根据现场配置和运行情况对以下项目做出评测：

（1）控制网络和数据库的标准化、开放性；

（2）系统的冗余配置，主要指控制网络、工作站、服务器、数据库和电源等；

（3）系统可扩展性，控制器 I/O 口的备用量应符合合同技术文件要求，但不应低于 I/O 口实际使用数的 10%；机柜至少应留有 10%的卡件安装空间和 10%的备用接线端子；

（4）节能措施评测，包括空调设备的优化控制、冷热源自动调节、照明设备自动控制、风机变频调速、VAV 变风量控制等。根据合同技术文件的要求，通过对系统数据库记录分析、现场控制效果测试和数据计算后做出是否满足设计要求的评测。

5.2.17.4　火灾自动报警及消防联动系统

1. 在智能建筑工程中，火灾自动报警及消防联动系统的检测应按《火灾自动报警系统施工及验收规范》（GB 50166）规定执行。

2. 系统功能检测项目：

（1）火灾报警系统装置（包括各种火灾探测器、手动火灾报警

按钮、火灾报警控制器和区域显示器等);

(2) 消防联动控制系统（含消防联动控制器、气体灭火控制器、消防电气控制装置、消防设备应急电源、消防应急广播设备、消防电话、传输设备、消防控制中心图形显示装置、模块、消防电动装置、消火栓按钮等设备);

(3) 自动灭火系统的控制装置;

(4) 消火栓系统的控制装置;

(5) 通风空调、防烟排烟及电动防火阀等控制装置;

(6) 电动防火门控制装置、防火卷帘控制器;

(7) 消防电梯和非消防电梯的回降控制装置;

(8) 火灾警报装置;

(9) 火灾应急照明和疏散指示控制装置;

(10) 切断非消防电源的控制装置;

(11) 电动阀控制装置;

(12) 消防联网通信;

(13) 系统内的其他消防控制装置。

3. 系统中各装置的检测数量应满足下列要求。

(1) 各类消防用电设备主、备电源的自动转换装置，应进行 3 次转换试验，每次试验均应正常。

(2) 火灾报警控制器（含可燃气体报警控制器）和消防联动控制器应按实际安装数量全部进行功能检验。消防联动控制系统中其他各种用电设备、区域显示器应按下列要求进行功能检验:

1) 实际安装数量在 5 台以下者。全部检验;

2) 实际安装数量在 6~10 台者。抽验 5 台;

3) 实际安装数量超过 10 台者。按实际安装数量 30%~50% 的比例抽验，但抽验总数不应少于 5 台;

4) 各装置的安装位置、型号、数量、类别及安装质量应符合设计要求。

(3) 火灾探测器（含可燃气体探测器）和手动火灾报警按钮。应按下列要求进行模拟火灾响应（可燃气体报警）和故障信号检验:

1) 实际安装数量在 100 只以下者，抽验 20 只（每个回路都应抽验);

2) 实际安装数量超过 100 只。每个回路按实际安装数量 10%~20% 的比例抽验，但抽验总数不应少于 20 只;

3) 被检查的火灾探测器的类别、型号、适用场所、安装高度、保护半径、保护面积及探测器的间距等均应符合设计要求。

(4) 室内消火栓的功能验收应在出水压力符合现行国家有关建筑设计防火规范的条件下，抽验下列控制功能:

1) 在消防控制室内操作启、停泵 1~3 次;

2) 消火栓处操作启泵按钮，按实际安装数量 5%~10% 的比例抽验。

(5) 自动喷水灭火系统，应在符合现行国家标准《自动喷水灭火系统设计规范》（GB 50084）的条件下，抽验下列控制功能:

1) 在消防控制室内操作启、停泵 1~3 次;

2) 水流指示器、信号阀等按实际安装数量的 30%~50% 比例抽验;

3) 压力开关、电动阀、电磁阀等按实际安装数量全部进行检验。

(6) 气体、泡沫、干粉等灭火系统，应在符合国家现行有关系统设计规范的条件下按实际安装数量的 20%~30% 的比例抽验下列控制功能:

1) 自动、手动启动和紧急切断试验 1~3 次;

2) 与固定灭火设备联动控制的其他设备动作（包括关闭防火门窗、停止空调风机、关闭防火阀等）试验 1~3 次。

(7) 电动防火门、防火卷帘。5 樘以下的应全部检验，超过 5 樘的应按实际安装数量 20% 的比例抽验，但抽验总数不应小于 5 樘，并抽验联动控制功能。

(8) 防烟排烟风机应全部检验，通风空调和防排烟设备的阀门，应按实际安装数量 10%~20% 的比例抽验，并抽验联动功能，且应符合下列要求:

1) 报警联动启动、消防控制室直接启停、现场手动启动联动

防烟排烟风机 1~3 次;

2) 报警联动停、消防控制室远程停通风空调送风 1~3 次;

3) 报警联动开启、消防控制室开启、现场手动开启防排烟阀门 1~3 次。

(9) 消防电梯应进行 1~2 次手动控制和联动控制功能检验，非消防电梯应进行 1~2 次联动返回首层功能检验，其控制功能、信号均应正常。

(10) 火灾应急广播设备，应按实际安装数量的 10%~20% 的比例进行下列功能检验:

1) 对所有广播分区进行选区广播，对共用扬声器进行强行切换;

2) 对扩音机和备用扩音机进行全负荷试验;

3) 检查应急广播的逻辑工作和联动功能。

(11) 消防专用电话的检验，应符合下列要求:

1) 消防控制室与所设的对讲电话分机进行 1~3 次通话试验;

2) 电话插孔按实际安装数量 10%~20% 的比例进行通话试验;

3) 消防控制室的外线电话与另一部外线电话模拟报警电话进行 1~3 次通话试验。

(12) 消防应急照明和疏散指示系统控制装置应进行 1~3 次使系统转入应急状态检验，系统中各消防应急照明灯具均应能转入应急状态。

(13) 除《火灾自动报警系统施工及验收规范》（GB 50166）中规定的各种联动外，当火灾自动报警及消防联动系统还与其他系统具备联动关系时，其检测应按规范《智能建筑工程质量验收规范》（GB 50339）执行。

(14) 检测火灾报警控制器的汉化图形显示界面及中文屏幕菜单等功能，并进行操作试验。

(15) 检测消防控制室向建筑设备监控系统传输、显示火灾报警信息的一致性和可靠性，检测与建筑设备监控系统的接口、建筑设备监控系统对火灾报警的响应及其火灾运行模式，应采用在现场模拟发出火灾报警信号的方式进行。

(16) 检测消防控制室与安全防范系统等其他子系统的接口和通信功能。

(17) 安全防范系统中相应的视频安防监控（录像、录音）系统、门禁系统、停车场（库）管理系统等对火灾报警的响应及火灾模式操作等功能的检测，应采用在现场模拟发出火灾报警信号的方式进行。

(18) 新型消防设施的设置情况及功能检测应包括:

1) 早期烟雾探测火灾报警系统;

2) 大空间早期火灾智能检测系统、大空间红外图像矩阵火灾报警及灭火系统;

3) 可燃气体泄漏报警及联动控制系统。

(19) 火灾自动报警系统的电磁兼容性防护功能，应符合《消防电子产品环境试验方法及严酷等级》（GB 16838）的有关规定。

4. 各项检验项目中，当有不合格时，应修复或更换，并进行复验。复验时，对有抽验比例要求的，应加倍检验。

5.2.17.5 安全防范系统

1. 安全防范系统的系统检测应由国家或行业授权的检测机构进行检测，并出具检测报告，检测内容、合格判据应执行国家公共安全行业的相关标准。

2. 安全防范系统综合防范功能检测应包括:

(1) 防范范围、重点防范部位和要害部门的设防情况、防范功能，以及安防设备的运行是否达到设计要求，有无防范盲区。

(2) 各种防范子系统之间的联动是否达到设计要求。

(3) 监控中心系统记录（包括监控的图像记录和报警记录）的质量和保存时间是否达到设计要求。

(4) 安全防范系统与其他系统进行系统集成时，应按规范《智能建筑工程质量验收规范》（GB 50339）第 3.2.7 条的规定检查系统的接口、通信功能和传输的信息等是否达到设计要求。

3. 视频安防监控系统的检测:

视频安防监控系统的检测应包括系统功能检测；图像质量检

测；系统整体功能检测；系统联动功能检测及视频安防监控系统的图像记录保存时间检测。

4. 入侵报警系统（包括周界入侵报警系统）的检测：

入侵报警系统（包括周界入侵报警系统）的检测应包括探测器的盲区检测，防动物功能检测；探测器的防破坏功能检测；探测器灵敏度检测；系统控制功能检测；系统通信功能检测；现场设备的接入率及完好率测试；系统的联动功能检测；报警系统管理软件（含电子地图）功能检测；报警信号联网上传功能的检测及报警系统报警事件存储记录的保存时间检测等。

5. 出入口控制（门禁）系统的检测：

出入口控制（门禁）系统的检测应包括出入口控制（门禁）系统的功能检测；系统的软件检测。

6. 巡更管理系统的检测：

巡更管理系统的检测应包括系统的巡更终端、读卡机的响应功能；现场设备的接入率及完好率测试；巡更管理系统编程、修改功能以及撤防、布防功能测试；系统的运行状态、信息传输、故障报警和指示故障位置的功能测试；巡更管理系统对巡更人员的监督和记录情况、安全保障措施和对意外情况及时报警的处理手段测试；在线联网式巡更管理系统还需要检查电子地图上的显示信息，遇有故障时的报警信号以及和视频安防监控系统等的联动功能；巡更系统的数据存储记录保存时间测试。

7. 停车场（库）管理系统的检测：

停车场（库）管理系统功能检测应分别对入口管理系统、出口管理系统和管理中心的功能进行检测。

8. 安全防范综合管理系统的检测：

综合管理系统完成对安全防范中央监控室对各子系统的监控功能，具体内容按工程设计文件要求确定。

安全防范综合管理系统的检测应包括各子系统的数据通信接口测试；对综合管理系统监控站的软、硬件功能的检测。

5.2.17.6　综合布线系统

1. 综合布线系统性能检测应采用专用测试仪器对系统的各条链路进行检测，并对系统的信号传输技术指标与工程质量进行评定。

2. 综合布线系统性能检测时，光纤布线应全部检测，检测对绞电缆布线链路时，以不低于10%的比例进行随机抽样检测，抽样点必须包括最远布线点。

3. 系统性能检测合格判定应包括单项合格判定和综合合格判定。

（1）单项合格判定如下：

1）对绞电缆布线某一个信息端口及其水平布线电缆（信息点）按《综合布线系统工程验收规范》（GB 50312）中附录B的指标要求，有一个项目不合格，则该信息点判为不合格；垂直布线电缆某线对连通性、长度要求、衰减和串扰等进行检测；

2）光缆布线测试结果应满足《综合布线系统工程验收规范》（GB 50312）中附录C的指标要求。

（2）综合合格判定如下：

1）光缆布线检测时，如果系统中有一条光纤链路无法修复，则判为不合格；

2）对绞电缆布线抽样检测时，被抽样检测点（线对）不合格比例不大于1%，则视为抽样检测通过；不合格点（线对）必须予以修复并复验。被抽样检测点（线对）不合格比例大于1%，则视为一次抽样检测不通过，应进行加倍抽样；加倍抽样不合格比例不大于1%，则视为抽样检测通过。如果不合格比例仍大于1%，则视为抽样检测不通过，应进行全部检测，并按全部检测的要求进行判定；

3）对绞电缆布线全部检测时，如果有下面两种情况之一时则判为不合格；无法修复的信息点数目超过信息点总数的1%；不合格线对数目超过线对总数的1%；

4）全部检测或抽样检测的结论为合格，则系统检测合格；否则为不合格。

4. 采用计算机进行综合布线系统管理和维护时，应按下列内容进行检测：

（1）中文平台、系统管理软件；

（2）显示所有硬件设备及其楼层平面图；

（3）显示干线子系统和配线子系统的元件位置；

（4）实时显示和登录各种硬件设施的工作状态。

5.2.17.7　智能化系统集成

1. 系统集成的检测应在建筑设备监控系统、安全防范系统、火灾自动报警及消防联动系统、通信网络系统、信息网络系统和综合布线系统检测完成，系统集成完成调试并经过1个月试运行后进行。

2. 系统集成的检测应包括接口检测、软件检测、系统功能及性能检测、安全检测等内容。

3. 子系统之间的硬线连接、串行通信连接、专用网关（路由器）接口连接等应符合设计文件、产品标准和产品技术文件或接口规范的要求。计算机网卡、通用路由器和交换机的连接测试可按规范《智能建筑工程质量验收规范》（GB 50339）第5.3.2条有关内容进行。

4. 检查系统数据集成功能时，应在服务器端和客户端分别进行检查，各系统的数据应在服务器统一界面下显示，界面应汉化和图形化，数据显示应准确，响应时间等性能指标应符合设计要求。对各子系统应全部检测，100%合格为检测合格。

5. 系统集成的整体指挥协调能力：

系统的报警信息及处理、设备连锁控制功能应在服务器和有操作权限的客户端检测。对各子系统应全部检测，每个子系统检测数量为子系统所含设备数量的20%，抽检项目100%合格为检测合格。

6. 系统集成的综合管理功能、信息管理和服务功能的检测应符合规范《智能建筑工程质量验收规范》（GB 50339）第5.4节的规定，并根据合同技术文件的有关要求进行。

7. 视频图像接入时，显示应清晰，图像切换应正常，网络系统的视频传输应稳定、无拥塞。

8. 系统集成的冗余和容错功能（包括双机备份及切换、数据库备份、备用电源及切换和通信链路冗余切换）、故障自诊断，事故情况下的安全保障措施的检测应符合设计文件要求。

9. 系统集成不得影响火灾自动报警及消防联动系统的独立运行，应对其系统相关性进行连带测试。

10. 系统集成商应提供系统可靠性维护说明书，包括可靠性维护重点和预防性维护计划，故障查找及迅速排除故障的措施等内容。可靠性维护检测，应通过设定系统故障，检查系统的故障处理能力和可靠性维护性能。

11. 系统集成安全性，包括安全隔离身份认证、访问控制、信息加密和解密、抗病毒攻击能力等内容的检测，按规范《智能建筑工程质量验收规范》（GB 50339）第5.5节有关规定进行。

5.2.17.8　电源与接地

1. 电源系统检测

（1）智能化系统应引接依《建筑电气安装工程施工质量验收规范》（GB 50303）验收合格的公用电源。

（2）智能化系统自主配置的稳流稳压、不间断电源装置的检测，应执行《建筑电气安装工程施工质量验收规范》（GB 50303）中第9.1及9.2节的规定。

（3）智能化系统自主配置的应急发电机组的检测，应执行《建筑电气安装工程施工质量验收规范》（GB 50303）中第8.1及8.2节的规定。

（4）智能化系统自主配置的蓄电池组及充电设备的检测，应执行《建筑电气安装工程施工质量验收规范》（GB 50303）中第6.1.8条的规定。

（5）智能化系统主机房集中供电专用电源设备、各楼层设置用户电源箱的安装质量检测，应执行《建筑电气安装工程施工质量验收规范》（GB 50303）中第10.1.2及10.2节的规定。

（6）智能化系统主机房集中供电专用电源线路的安装质量检测，应执行《建筑电气安装工程施工质量验收规范》（GB 50303）中第12.1、12.2、13.1、13.2、14.1、14.2、15.1、15.2节的规定。

2. 防雷及接地系统检测

（1）智能化系统的防雷及接地系统应引接依《建筑电气安装工程施工质量验收规范》（GB 50303）验收合格的建筑物共用接地装置。采用建筑物金属体作为接地装置时，接地电阻不应大于1Ω。

（2）智能化系统的单独接地装置的检测，应执行《建筑电气安装工程施工质量验收规范》（GB 50303）中第24.1.1、24.1.2、24.1.4、24.1.5条的规定，接地电阻应按设备要求的最小值确定。

（3）智能化系统的防过流、过压元件的接地装置、防电磁干扰屏蔽的接地装置、防静电接地装置的检测，其设置应符合设计要求，连接可靠。

（4）智能化系统与建筑物等电位联结的检测，应执行《建筑电气安装工程施工质量验收规范》（GB 50303）中第27.1及27.2节的规定。

（5）智能化系统的单独接地装置，防过流和防过压元件的接地装置、防电磁干扰屏蔽的接地装置及防电接地装置的检测，应执行《建筑电气安装工程施工质量验收规范》（GB 50303）中第24.2节的规定。

5.2.17.9　环境

1. 空间环境的检测应符合下列要求：

（1）主要办公区域顶棚净高不小于2.7m；

（2）楼板满足预埋地下线槽（线管）的条件，架空地板、网络地板的铺设应满足设计要求；

（3）为网络布线留有足够的配线间；

（4）室内装饰色彩合理组合，建筑装修用料应符合《建筑装饰装修工程施工质量验收规范》（GB 50210）的有关规定；

（5）防静电、防尘地毯，静电泄漏电阻在$1.0×10^5～1.0×10^8Ω$之间；

（6）采取的降低噪声和隔声措施应恰当。

2. 室内空调环境检测应符合下列要求：

（1）实现对室内温度、湿度的自动控制，并符合设计要求；

（2）室内温度，冬季18～22℃，夏季24～28℃；

（3）室内相对湿度，冬季40%～60%，夏季40%～65%；

（4）舒适性空调的室内风速，冬季应不大于0.2m/s，夏季应不大于0.3m/s。

（5）室内CO含量率小于$10×10^{-6}g/m^3$；

（6）室内CO_2含量率小于$1000×10^{-6}g/m^3$。

3. 视觉照明环境检测应符合下列要求：

（1）工作面水平照度不小于500lx；

（2）灯具满足眩光控制要求；

（3）灯具布置应模数化，消除频闪。

4. 环境电磁辐射的检测应执行《环境电磁波卫生标准》（GB 9175）和《电磁辐射防护规定》（GB 8702）的有关规定。

5. 室内噪声测试推荐值：办公室40～45dBA，智能化子系统的监控室35～40dBA。

5.2.17.10　住宅（小区）智能化

1. 住宅（小区）智能化的系统检测应在工程安装调试完成、经过不少于1个月的系统试运行，具备正常投运条件后进行。

2. 火灾自动报警及消防联动系统、安全防范系统、监控与管理系统、通信网络系统、信息网络系统、综合布线系统、家庭控制器、电源与接地、环境的系统检测应执行规范《智能建筑工程质量验收规范》（GB 50339）有关规定。

5.2.18　通风空调试验、检验

5.2.18.1　成品、半成品检验

通风与空调工程中所使用的主要原材料、成品、半成品的质量，将直接影响到工程的整体质量。所以，在其进入施工现场后，必须对其进行验收。验收应由供货商、监理、施工单位几方人员共同参加，并应形成相应的质量记录。

1. 风管检验

工程中选用的成品、半成品风管制作质量的验收，应按其材料、系统类别和使用场所的不同分别进行，主要包括风管的材质、规格、强度、严密性与成品外观质量等项内容，系统类别是指高压系统、中压系统，还是低压系统风管。成品风管必须具有相应的产品合格证明文件或进行强度和严密性试验，符合要求的方可使用。

（1）金属风管检验

1）金属风管应检查其材料质量合格证明、产品合格证书等，并按风管数量抽查10%。

2）风管管道的规格尺寸允许偏差、管口平面度、风管表面平整度、矩形风管对角线长度差、圆形法兰任意正交两直径之差，应按照《通风与空调工程施工质量验收规范》（GB 50243）的要求进行检验。

3）金属风管的板材厚度应符合设计和现行国家产品标准的规定。当设计无规定时，钢板风管、不锈钢板风管、铝板风管板材的最小厚度应按照《通风与空调工程施工质量验收规范》（GB 50243）的要求选取。

4）金属风管法兰应检查其焊接质量、法兰平面度以及风管与法兰的连接质量。风管采用碳素钢法兰时，法兰规格应按照《通风与空调工程施工质量验收规范》（GB 50243）的要求进行检验。风管应按照系统类别检查风管加固形式和加固质量。

（2）非金属风管检验

1）非金属风管使用的材料品种、规格、性能与厚度等应符合设计和现行国家产品标准的规定。硬聚氯乙烯风管、有机玻璃钢风管、无机玻璃钢风管板材的厚度，应符合《通风与空调工程施工质量验收规范》（GB 50243）的要求。非金属风管应检查其材料质量合格证明、产品合格证书等，并按风管数量抽查10%。

2）非金属风管法兰用料应符合《通风与空调工程施工质量验收规范》（GB 50243）的要求。

3）有机玻璃钢风管及无机玻璃钢风管外观质量应良好；风管外形尺寸偏差符合要求；法兰与风管连接质量良好；风管加固方法符合要求。

4）复合材料风管的覆面材料必须为不燃材料，内部的绝热材料应为不燃或难燃B1级，且对人体无害。复合材料风管应检查其材料质量合格证明、产品合格证书、性能检测报告等，并做点燃试验。

5）铝箔玻璃纤维板风管的离心玻璃纤维板材应干燥、平整；板外表面的铝箔隔气保护层应与内芯玻璃纤维材料粘结牢固；内表面应有防纤维脱落的保护层。风管表面应平整、两端面平行，无明显凹穴、变形、起泡、铝箔无破损等。法兰与风管的连接应牢固。

2. 阀部件检验

（1）手动单叶、多叶调节风阀检查应符合下列要求。

检查产品质量证明文件。风阀结构应牢固，启闭应灵活，并进行手动操作试验。法兰应与相应材质风管相一致。叶片的搭接应咬合一致，与阀体缝隙应小于2mm。采用分组调节风阀的各组叶片的调节应协调一致。风阀的手轮或扳手，应以顺时针方向转动为关闭，其调节范围及开启角度指示应与叶片开启角度相一致。工作压力大于1000Pa的调节风阀，检查产品的强度测试合格报告。检查数量按类别，批抽查10%。

（2）止回风阀检查应符合下列要求。

检查产品质量证明文件。风阀启闭灵活，关闭时应严密。阀叶的转轴、铰链应采用不易锈蚀的材料制作，转动灵活。阀片的强度可保证在最大负荷压力下不弯曲变形。水平安装止回风阀的平衡调节机构动作灵活、可靠，并进行手动操作试验。检查数量按类别，批抽查10%。

（3）插板风阀检查应符合下列要求。

检查产品质量证明文件。风阀壳体应严密，内壁应做防腐处理。插板应平整，启闭灵活，并有可靠的定位固定装置。检查数量按类别、批抽查10%。

（4）三通调节风阀检查应符合下列要求。

检查产品质量证明文件。风阀拉杆或手柄的转轴与风管的结合应严密。拉杆可在任意位置固定，手柄开关应标明调节的角度。阀板调节方便，无擦碰。检查数量按类别、批分别抽查10%。

（5）防火阀检查应符合下列要求。

防火阀和排烟阀（排烟口）必须符合有关消防产品标准的规定，并具有相应的质量证明文件，检查产品性能检测报告。检查风

阀手动关闭、复位情况,动作应灵活。其他检查项目可参照手动风阀的内容。检查数量按种类、批抽查10%。

(6) 电动调节风阀检查应符合下列要求。

检查产品质量证明文件、性能检测报告。电动调节风阀的驱动装置,动作应灵活可靠,定位准确。对驱动装置进行单独通电试验,检查其动作情况。其他检查项目可参照手动风阀的内容。检查数量按抽查10%。

(7) 消声器检查应符合下列要求。

检查产品质量证明文件、产品性能检测报告。选用的材料,应符合设计的规定,如防火、防腐、防潮和卫生性能等要求。消声器外壳应牢固、严密,充填的消声材料,应按规定的密度均匀铺设,并应有防止下沉的措施。消声材料的覆面层不得破损,搭接应顺气流,且应拉紧,界面无毛边。隔板与壁板结合处应紧贴、严密;穿孔板应平整、无毛刺,其孔径和穿孔率应符合设计要求。消声弯管平面边长大于800mm时,应加设吸声导流片;直接迎风面的布质覆面层应有保护措施。检查数量按批抽查10%。

(8) 风口检查应符合下列要求。

检查产品质量证明文件。风口的外表装饰面应平整、叶片或扩散环的分布应匀称、颜色应一致、无明显的划伤和压痕;调节装置转动应灵活、可靠,定位后应无明显松动。风口规格尺寸允许偏差应符合《通风与空调工程施工质量验收规范》(GB 50243) 的要求。检查数量按类别、批分别抽查5%。

5.2.18.2 风系统试验

1. 风管系统严密性试验

风管系统安装后,必须进行严密性检验,合格后才能进行下一步施工。风管系统的严密性检验以主、干管为主,支管一般可不进行严密性检验。在加工工艺得到保证的前提下,低压风管系统采用漏光法进行严密性检测。

(1) 风管严密性试验的系统类别划分及检查数量

1) 风管系统安装完毕后,应按系统类别进行严密性试验。

2) 低压系统风管的严密性试验应采用抽检,抽检率为5%,且不得少于1个系统。在加工工艺得到保证的前提下,采用漏光法检测。检测不合格时,应按一定的抽检率做漏风量测试。

3) 中压系统风管的严密性试验,应在漏光法检测合格后,对系统漏风量测试进行抽检,抽检率为20%,且不得少于1个系统。

4) 高压系统风管的严密性试验,为全数进行漏风量测试。

5) 系统风管严密性试验的被抽检系统,应全数合格,则视为通过;如有不合格时,则应再加倍抽检,直至全数合格。

(2) 风管系统漏风量检测要求

1) 矩形风管的允许漏风量应符合以下要求。

低压系统风管 $Q_L \leqslant 0.1056 P^{0.65}$

中压系统风管 $Q_M \leqslant 0.0352 P^{0.65}$

高压系统风管 $Q_H \leqslant 0.0117 P^{0.65}$

式中　Q_L、Q_M、Q_H——系统风管在相应工作压力下,单位面积风管单位时间内的允许漏风量[m³/(h·m²)];

P——风管系统的工作压力(Pa)。

2) 低压、中压圆形金属风管、复合材料风管以及采用非法兰形式的非金属风管的允许漏风量,应为矩形风管规定值的50%。

3) 排烟、除尘、低温送风系统按中压系统风管的规定,1~5级净化空调系统按高压系统风管的规定。

(3) 漏光法检测风管严密性要求

1) 风管的检测,宜采用分段检测、汇总分析的方法。

2) 风管的检测以总管和干管为主。

3) 采用漏光法检测系统的严密性时,低压系统风管以每10m接缝,漏光点不大于2处,且100m接缝平均不大于16处为合格;中压系统风管每10m接缝,漏光点不大于1处,且100m接缝平均不大于8处为合格。

(4) 风管漏风量测试

1) 风管的漏风量测试,一般采用正压条件下的测试来检验。

2) 漏风量测试装置应采用经检验合格的专用测量仪器(如漏风测试仪)。

3) 漏风量测定值一般应为规定测试压力下的实测数值。特殊条件下,也可用相近规定压力下的测试代替,其漏风量可按下式换算。

$$Q_0 = Q(P_0/P)^{0.65} \tag{5-147}$$

式中　P_0——规定试验压力,500Pa;

Q_0——规定试验压力下的漏风量[m³/(h·m²)];

P——风管工作压力(Pa);

Q——工作压力下的漏风量[m³/(h·m²)]。

2. 风管强度试验

(1) 风管强度的检测主要检查风管的耐压能力,风管接缝的连接强度、风管加固是否符合要求,保证风管在1.5倍工作压力下接缝无开裂。

(2) 将风管漏风测试仪连接到测试风管上。开启测试仪,使风管组内压力至少为工作压力的1.5倍,保持测试压力并检查风管的各个接缝处有无开裂现象。

(3) 风管接缝处无开裂现象则风管强度测试合格。

5.2.18.3 水系统试验

1. 空调水系统管道压力试验

(1) 空调水系统管道安装完毕,外观检查合格后,应按设计要求并根据系统的大小采取分区、分层试压和系统试压。

(2) 冷热水、冷却水系统的试验压力,当工作压力小于等于1.0MPa时,为1.5倍工作压力,但最低不小于0.6MPa;当工作压力大于1.0MPa,为工作压力加0.5MPa。

(3) 分区、分层试压:对相对独立的局部区域的管道进行试压。在试验压力下,稳压10min,压力不得下降,再将压力降至工作压力,在60min内压力不得下降,外观检查无渗漏为合格。

(4) 系统试压:试验压力以最低点的压力为准,但最低点的压力不得超过管道或组成件的承受压力。压力试验升至试验压力后,稳压10min,压力下降不得大于0.02MPa,再将系统压力降至工作压力,外观检查无渗漏为合格。

(5) 各类耐压塑料管的强度试验压力为1.5倍工作压力,严密性工作压力为1.15倍的设计工作压力。

(6) 凝结水系统进行充水试验,应以不渗漏为合格。检查数量为系统全数检查。

(7) 冷却塔积水盘应进行充水试验。

2. 阀门压力试验

(1) 阀门安装前必须进行外观检查,阀门的铭牌应符合现行国家标准《通用阀门标志》GB 12220 的规定。对于工作压力大于1.0MPa及在主干管上起切断作用的阀门,应进行强度和严密性试验,合格后方可使用。其他阀门可不单独进行试验,待在系统试压中检验。

(2) 强度试验:试验压力为公称压力的1.5倍,持续时间不少于5min,阀门的壳体、填料应无渗漏。

(3) 严密性试验:试验压力为公称压力的1.1倍;试验压力在试验持续的时间内应保持不变,试验持续时间应符合表5-72的要求,以阀瓣密封面无渗漏为合格。

阀门压力持续时间　　　　　　　表 5-72

公称直径 DN (mm)	最短试验持续时间 (s)		
	严密性试验		
	金属密封	非金属密封	
≤50	15	15	
65~200	30	15	
250~450	60	30	
≥500	120	60	

(4) 检查数量:水压试验以每批(同牌号、同规格、同型号)数量中抽查20%。对于安装在主干管上起切断作用的阀门,全数检查。

3. 风机盘管安装前检查

（1）风机盘管机组安装前检查项目主要为：单机三速试运转检查及水压检漏试验。

（2）表冷器水压试验：水压试验压力为系统工作压力的1.5倍，压力试验时间为2min，试验持续时间内机组无渗漏为合格。

（3）电机试运转：通电试验主要应检查机组各速运转状态是否正常，运转速度与调速控制器是否正确对应。机械部分不得有摩擦，电气部分不得漏电，运转平稳、噪声正常。检查数量按总数抽查10%。

5.2.18.4　系统调试试验

通风与空调工程安装完毕，必须进行系统的测定和调整（调试）。系统调试应包括项目：设备单机试运转及调试；系统无生产负荷下的联合试运转及调试。系统无生产负荷联合试运转及调试，应在制冷设备和通风与空调设备单机试运转合格后进行。空调系统带冷（热）源的正常联合试运转不应少于8h，当竣工季节与设计条件相差较大时，仅做不带冷（热）源试运转。通风系统的连续试运转不应少于2h。

1. 设备单机试运转及调试

（1）风机

1）风机试运转前应核对风机型号、规格、油位、叶片调节功能及角度等是否与设计及设备技术文件相符；传动皮带轮应同心，松紧适度；手动盘车时叶轮不得有卡阻、碰剐现象；各连接部位不得松动；冷却水系统供应正常；风机电源应到位，检查设备接地及其接线、电压是否符合电气规范及设备技术文件要求。

2）风机启动前首先应点动试机，叶轮与机壳无摩擦、各部位应无异常现象，风机的旋转方向应与机壳所标的箭头一致；风机启动时应测量瞬间启动电流。

3）风机运转时应测量风机转速，保证风机的风量及风压满足设计要求；风机运转时应测量运行电流，其数值应等于或小于电动机的额定电流值。

4）风机小负荷运转正常后，可进行规定负荷连续运转，其运转时间不少于2h。

5）风机在额定转速下连续运转2h后，滑动轴承外壳最高温度不得超过70℃；滚动轴承不得超过80℃。风机运转应平稳、无异常振动与声响，轴承无杂音，其电机运行功率应符合设备技术文件的规定。

（2）水泵

1）水泵的规格、型号、技术参数应符合设计要求和产品性能指标。

2）水泵叶轮旋转方向正确，运行时无异常振动和声响，紧固连接部位无松动，壳体密封处不得渗漏，轴封温升应正常。

3）手动盘车无阻碍，无偏重。

4）水泵启动时应测量瞬间启动电流，电机电流不得超过额定值。水泵电机运行功率值符合设备技术文件的规定。

5）水泵在额定工况下连续运行2h后，滑动轴承外壳最高温度不得超过70℃，滚动轴承不得超过75℃。

（3）冷却塔

冷却塔中的风机试运转参照风机试运转的要求。冷却塔风机试运行不少于2h。冷却水系统循环试运行不少于2h，运行应无异常情况。

（4）制冷机组、单元式空调机组

机组的试运转，应符合设备技术文件和现行国家标准《制冷设备、空气分离设备安装工程施工及验收规范》（GB 50274）的有关规定，正常运转不应少于8h。

2. 通风空调系统风量调整

（1）通风空调系统风量调整的目的，是为了保证风管系统各干管、支管、末端的风量值，达到设计数值，从而确保各个区域的温度、湿度及送排风量达到设计要求。

（2）系统风量平衡后应达到以下要求：

1）各风口或吸风罩的风量与设计风量的允许偏差不大于15%。系统总风量调整结果与设计风量的偏差不应大于10%；

2）新风量与回风量之和应近似等于总的送风量或各送风量之和；

3）总的送风量应略大于回风量与排风量之和。

3. 室内空气温度和相对湿度检测

（1）根据设计要求，有温度、湿度要求的区域，应对其温、湿度进行测量。

（2）根据温度和相对湿度波动范围，应选择相应的具有足够精度的仪表进行测定。每次测定时间隔不应大于30min。

（3）测定点布置位置要求：

1）测点应选择区域中具有代表性的地点。测点一般应布置在距外墙表面大于0.5m，离地面0.8m的同一高度上；也可以根据空调区域的大小，分别布置在离地不同高度的几个平面上。

2）测点数应符合表5-73的规定。

温、湿度测点数　　　　表5-73

波动范围	室面积≤50m²	每增加20~50m²
$\Delta t = \pm 0.5 \sim \pm 2℃$	5个	增加3~5个
$\Delta RH = \pm 5\% \sim \pm 10\%$		
$\Delta t \leqslant \pm 0.5℃$	点间距不应大于2m，点数不少于5个	
$\Delta RH \leqslant \pm 5\%$		

4. 系统无生产负荷的联合试运转及调试要求

（1）系统平衡调整完成后，各空调机组的水流量应符合设计要求，允许偏差为20%。空调冷热水、冷却水总流量测试结果与设计流量的偏差不应大于10%。多台冷却塔并联运行时，各冷却塔的进、出水量应达到均衡。

（2）舒适空调的温度、相对湿度应符合设计的要求。恒温、恒湿房间室内空气温度、相对湿度及波动范围应符合设计规定。

（3）空调室内噪声应符合设计规定要求。有环境噪声要求的场所，制冷、空调机组应按现行国家标准《采暖通风与空气调节设备噪声声功率级的测定——工程法》（GB 9068）的规定进行测定。

（4）通风与空调工程的控制和监测设备，应能与系统的检测元件和执行机构正常沟通，系统的状态参数应能正确显示，设备连锁、自动调节、自动保护应能正确动作。各种自动计量检测元件和执行机构的工作应正常，满足建筑设备自动化系统对被测定参数进行检测和控制的要求。

5. 综合效能的测定与调整要求

（1）通风与空调工程交工前，应进行系统生产负荷的综合效能试验的测定与调整。通风与空调工程带生产负荷的综合效能试验与调整，应在已具备生产试运行的条件下进行。通风、空调系统带生产负荷的综合效能试验测定与调整的项目，应以适用为准则，不宜提出过高要求。

（2）空调系统综合效能试验项目：

1）送回风口空气状态参数的测定与调整；

2）空气调节机组性能参数的测定与调整；

3）室内噪声的测定；

4）室内空气温度和相对湿度的测定与调整；

5）对气流有特殊要求的空调区域做气流速度的测定。

（3）恒温恒湿空调系统综合效能试验项目：

恒温恒湿空调系统除应包括空调系统综合效能试验项目外，还可增加下列项目：室内静压的测定和调整。空调机组各功能段性能的测定和调整。室内温度、相对湿度场的测定和调整。室内气流组织的测定。

5.2.18.5　通风空调节能检测

1. 通风空调系统节能工程所使用的设备、管道、阀门、仪表、绝热材料等产品进场时，应按设计要求对其类型、材质、规格及外观等进行验收，并应对产品的技术性能参数进行核查。各种产品和设备的质量证明文件和相关技术资料应齐全，并应符合有关国家现行标准和规定。产品包括：组合式空调机组、柜式空调机组、新风机组、单元式空调机组、热回收装置等设备的冷量、热量、风量、风压、功率及额定热回收效率；风机的风量、风压、功率及其单位风量耗功率；成品风管的技术性能参数；自控阀门与仪表的技术性能参数。

2. 空调系统冷热源设备及其辅助设备、阀门、仪表、绝热材

料等产品进场时，应按设计要求对其类型、规格和外观等进行检查验收，并应对产品的技术性能参数进行核查。各种产品和设备的质量证明文件和相关技术资料应齐全，并应符合国家现行标准和规定。产品包括：热交换器的单台换热量；电机驱动压缩机的蒸汽压缩循环冷水（热泵）机组的额定制冷量（制热量）、输入功率、性能系数（COP）；电机驱动压缩机的单元式空气调节机、风管送风式和屋顶式空气调节机组的名义制冷量、输入功率及能效比（EER）；蒸汽和热水型溴化锂吸收式机组及直燃型溴化锂吸收式冷（温）水机组的名义制冷量、供热量、输入功率及性能系数；空调冷热水系统循环水泵的流量、扬程、电机功率及输送能效比（ER）；冷却塔的流量及电机功率；自控阀门与仪表的技术性能参数。

3. 风机盘管机组和绝热材料进场时，应对其技术性能参数进行复验。

（1）性能参数包括：风机盘管机组的供冷量、供热量、风量、出口静压、噪声及功率；绝热材料的导热系数、密度、吸水率。

（2）风机盘管机组的规格、数量应符合设计要求；机组与风管、回风箱及风口的连接应严密、可靠；空气过滤器的安装应便于拆卸和清理。

4. 通风空调节能工程中的送、排风系统及空调风系统、水系统的制式，应符合设计要求；各种设备、自控阀门与仪表应按设计要求安装齐全，不得随意增减和更换；水系统各分支管路水力平衡装置、温控装置与仪表的安装位置、方向应符合设计要求，并便于观察、操作和调试。

5. 组合式空调机组、柜式空调机组、新风机组、单元式空调机组的规格、数量应符合设计要求；机组与风管、送风静压箱、回风箱的连接应严密可靠；现场组装的组合式空调机组各功能段之间连接应严密；机组内的空气热交换器翅片和空气过滤器应清洁、完好，且安装位置和方向必须正确，并便于维护和清理。当设计未注明过滤器的阻力时，应满足粗效过滤器的初阻力≤50Pa（粒径≥5.0μm，效率：80％＞E≥20％）；中效过滤器的初阻力≤80Pa（粒径≥1.0μm，效率：70％＞E≥20％）的要求。

6. 冷却塔、水泵等辅助设备的规格、数量应符合设计要求；冷却塔设置位置应通风良好，并应远离厨房排风等高温气体。

7. 带热回收功能的双向换气装置和集中排风系统中的排风热回收装置的规格、数量及安装位置应符合设计要求；进、排风管的连接应严密、可靠；室外进、排风口的安装位置、高度及水平距离应符合设计要求。

8. 空调机组回水管上的电动两通调节阀、风机盘管机组回水管上的电动两通（调节）阀、空调冷热水系统中的水力平衡阀、冷（热）量计量装置等自控阀门与仪表的规格、数量应符合设计要求；方向应正确，位置应便于操作和观察。

9. 冷热源侧的电动两通调节阀、水力平衡阀及冷（热）量计量装置等自控阀门与仪表的规格、数量应符合设计要求；方向应正确，位置应便于操作和观察。

10. 电机驱动压缩机的蒸汽压缩循环冷水（热泵）机组、蒸汽或热水型溴化锂吸收式冷水机组及直燃型溴化锂吸收式冷（温）水机组、热交换器等设备的规格、数量应符合设计要求；安装位置及管道连接应正确。

5.2.18.6　防排烟系统检测

1. 排烟系统风管的材料品种、规格、性能与厚度等应符合设计和规范要求。排烟系统风管钢板厚度应按高压系统选用。按材料与风管加工批数量抽查10％，不得少于5件。

2. 防火风管的本体、框架与固定材料、密封垫料必须为不燃材料，其耐火等级应符合设计的规定。检查数量：按材料与风管加工批数量抽查10％，不应少于5件。

3. 排烟系统风管的允许漏风量按中压系统风管的规定执行，检查数量不得少于3件及15m²。

4. 防火阀和排烟阀（排烟口）必须符合消防产品标准规定，并具有相应的产品合格证明文件。

5. 防排烟系统柔性短管的制作材料必须为不燃材料。

6. 防排烟系统调试前应对电控防火、防排烟风阀（口）进行

检查，其手动、电动操作应灵活、可靠，信号输出正确。

7. 防排烟系统试运行与调试时，应保证系统整体风量及风口风量值达到设计要求；消防楼梯、前室等安全区域的正压值，必须符合设计与消防规定。

8. 防排烟系统正常运转后，应在安全区域进行烟雾扩散试验。

5.3　施工现场检测试验管理

5.3.1　参建各方检测试验工作职责

1. 施工单位职责

（1）总包单位应负责施工现场检测工作的整体组织管理和实施，分包单位负责其施工合同范围内施工现场检测工作的实施；

（2）施工单位应按照有关规定配置资源（包括人员、设备、设施、标准等），并建立施工现场检测试验管理规定；

（3）工程施工前，施工单位按照有关规定编制施工检测试验计划，经监理（建设）单位审批后组织实施；

（4）施工单位对建设工程的施工质量负责，按照规范和有关标准规定的取样标准进行取样，能够确保试件真实反映工程质量，对试件的代表性、真实性负责；

（5）需要委托检测的项目，施工单位负责办理委托检测并及时获取检测报告；自行试验的项目，施工单位对试验结果进行评定；

（6）施工单位应及时通知见证人员对见证试件的取样（含制样）、送检过程进行见证；

（7）施工单位应会同相关单位对不合格的检测试验项目查找原因，依据有关规定进行处置。

2. 监理（建设）单位职责

（1）监理（建设）单位应及时确定见证人员，审批施工单位报送的检测试验计划并督促实施；

（2）监理（建设）单位应根据施工单位报送的检测试验计划，制定见证取样和送检计划；

（3）监理（建设）单位应对见证取样和送检试件的制样、送检过程进行见证，填写见证记录，并对见证试件的代表性、真实性负责；

（4）监理单位对各专业施工中重要物资的进场检测试验应采取适当的方式进行监督核查，并对检测试验资料进行核查或核准；

（5）建设单位自行采购的工程物资，应向施工单位提供完备的质量证明文件，并组织施工、监理单位共同对进场的工程物资按照有关规定实施进场检测试验；

（6）监理（建设）单位应会同相关单位对不合格的检测试验项目查找原因，依据有关规定处置。

3. 检测机构职责

（1）检测机构应具备与其所承接的检测项目和业务量相适应的检测能力；

（2）检测机构出具的检测报告应信息齐全，数据可靠，结论正确；

（3）检测机构应与委托方建立书面委托（合同）关系，并对所出具的检测报告的真实性、准确性负责。

5.3.2　现场试验站管理

现场试验站是施工单位根据工程需要在施工现场设置的主要从事取样（含制样）、养护送检以及对部分检测试验项目进行试验的部门，一般由工作间和标准养护室两部分组成。为保证建筑施工检测工作的顺利进行，当单位工程建筑面积超过一万平方米或造价超过一千万元人民币时可设置现场试验站，工地规模小或受场地限制时可设置工作间和标准养护箱（池）。

现场试验站要要明确检测试验项目及工作范围，并要满足相关安全、环保和节能的有关要求。现场试验站要建立健全检测管理制度，还应制定试验站负责人岗位职责，检测管理制度包括但不限于：①检测人员岗位职责；②见证取样送检管理制度；③混凝土（砂浆）试件标准养护管理制度；④仪器（仪表）、设备管理制度；⑤检测安全管理制度；⑥检测资料管理制度；⑦其他相关制度。在

试验站投入使用前，施工单位应组织有关人员对其进行验收，合格后才能开展工作。

5.3.2.1 现场试验站环境条件

（1）工作间（操作间）面积不宜小于 15m²，工作间应配备必要的办公设备，其环境条件应满足相关规定标准，要配备必要的控制温度、湿度的设备，如空调、加湿器等。对操作间环境条件的一般要求为 20±5℃

（2）现场试验站应设置标准养护室，对混凝土或水泥砂浆试件进行标准养护。标准养护室的面积不宜小于 9m²，养护室要具有良好的密封隔热保温措施。养护室内应配置一定数量的多层试件架子，确保所有试件均能上架养护，试件彼此间距≥10mm 放置在架子上。标准养护池的深度宜为 600mm，也必须有可行的控温措施。标准养护室（养护箱、养护池）对环境条件的一般要求为：养护室温度控制为 20±2℃，湿度要求为大于 95%。每日检查记录 3 次，早中晚各 1 次。

5.3.2.2 人员、设备配置及职责

1. 人员配置

现场试验站人员根据工程规模和检测试验工作的需要配备，宜为 1～3 人。

2. 设备配置

现场试验站根据检测试验种类及工作量大小，配齐足够的各种试模；混凝土振动台；砂浆稠度仪；坍落度筒；天平；台秤；钢直（卷）尺；标准养护室自动恒温恒湿装置；测定砂石含水率设备；干密度试验工具；量筒、量杯；烘干设备；大气测温设备；冬施混凝土测温仪（有冬施要求的配置）。

3. 人员职责

（1）站长职责

1）严格贯彻执行国家、部和地区颁发的现行有关建筑工程的法规、技术标准、检测试验方法等规定，熟悉掌握检测试验业务，制定试验站管理制度；

2）在项目技术负责人领导下，全面负责试验工作；

3）负责编制试验仪器、设备计划、配合计量员对仪器设备定期送检、标识；

4）根据工程情况，编写检测试验计划；

5）建立检测试验资料台账、做好检测试验资料的整理及归档。

（2）试验员职责

1）负责现场原材取样、送试工作；

2）负责砂浆、混凝土试块的制作、养护、保管及送试，以便试验室进行测试工作；

3）负责拌合站砂浆、混凝土配合比计量检查校核工作；

4）负责砂、石含水率测定工作；

5）负责大气测温、标养室测温记录；

6）负责回填土的取样试验，并填写记录；

7）负责完成工程其他检测试验任务及项目技术负责人、站长交代的任务。

5.3.3 检 测 试 验 管 理

当工程开工时，应由施工、监理（建设）单位共同考察、按照有关规定协商或通过招标的方式来确定检测机构，检测机构必须保证检测试验工作的公正性。在施工现场应配备必要的检测试验人员、设备、仪器（仪表）、设施及相关标准，对建筑工程施工质量检测试验过程中产生的固体废弃物、废水、废气、噪声、震动和有害物质等的处置，应符合安全和环境保护等相关规定。

建筑施工检测工作包括制定检测试验计划、取样（含制样）、现场检测、台账登记、委托检测试验及检测试验资料管理等。建筑施工检测试验工作应符合下列规定：

（1）当行政法规、国家现行标准或合同对检测单位的资质有要求时，应遵守其规定；当没有要求时，可由施工单位的企业试验室试验，也可委托具备相应资质的检测机构检测；

（2）对检测试验结果有争议时，应委托共同认可的具备相应资质的检测机构重新检测；

（3）检测单位的检测试验能力应与所承接检测试验项目相

适应。

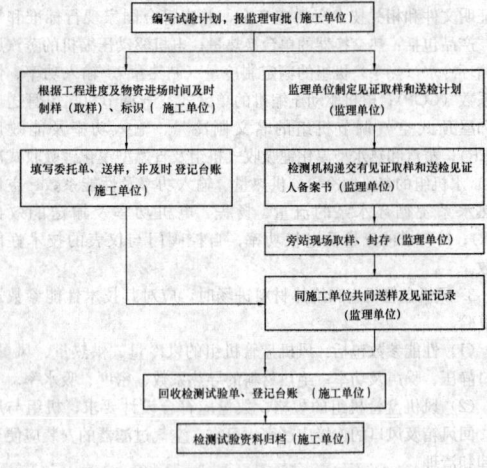

图 5-59 检测试验工作基本程序

1. 检测试验计划

工程施工前，施工单位项目技术负责人应组织有关人员编制试验方案，确定工程检测内容和频率，并应报送监理单位进行审查和监督实施。工程物资检测试验应依据预算量、进场计划及相关标准规定的抽样率确定抽检频次；施工过程质量检测试验应根据施工方案中流水段划分、工程量、施工环境因素及质量控制的需要确定抽检频次；工程实体质量和使用功能检测应按照相关标准的要求检测频次；计划检测试验时间应根据工程施工进度计划确定。施工单位应按照核准的检测试验计划组织实施，当设计、施工工艺、施工进度或主要物资等发生变化时，应及时调整检测试验计划并重新送监理单位审查。

编写检测试验计划应依据《施工图纸》、《施工组织设计》、有关规程、规范及施工单位对检测试验要求按检测试验项目分别编制，检测试验计划应包括如下内容：①工程概况；②设计要求；③检测试验准备；④检测试验程序；⑤依据规范、标准；⑥各项目检测试验计划（检测试验项目名称、检测试验参数、试样规格；代表数量；施工部位；计划检测试验时间部位）；⑦检测试验质量保证措施；⑧安全环保措施。

2. 试样及标识

（1）试样的抽取或确定应符合以下规定：进入现场材料的检测试验必须从施工现场随机抽取，严禁在现场外制取；施工过程质量检测试样，除确定工艺参数可制作模拟试样外，必须从施工现场相应的施工部位制取；工程实体质量与使用功能检测应依据相关标准的抽取检测试样或确定检测部位。

（2）试样标识应符合下列规定：试样应及时做唯一性标识；试样应按照取样时间顺序连续编号，不得空号、重号；试样标识的内容应该根据试样的特性确定，一般包括试样编号、名称、规格（强度等级）、制样日期等主要信息；试样标识应字迹清晰、附着牢固。

3. 施工日志

试验员在施工现场制取试样时，要详细记录施工环境、部位、使用材料、制取试样的方法数量等有效信息，做到有据可查。

4. 检测试验台账

对现场试验站可按照单位工程及专业类别建立台账和记录，当试样人员制取试样并对其标识后，应及时登记委托台账，当检测结果不合格或不符合要求时，应在委托台账中注明。委托检测台账按时间顺序编号，不得有空号、重号和断号，委托检测台账的页码要连续，不得抽换。现场试验站台账一般包括但不限于以下内容：

（1）水泥检测试验台账；

（2）砂石检测试验台账；

（3）钢筋（材）检测试验台账；

（4）砌墙砖（砌块）检测试验台账；

（5）防水材料检测试验台账；

（6）混凝土外加剂检测试验台账；

（7）混凝土检测试验台账；

（8）砂浆检测试验台账；

（9）钢筋（接头）连接检测试验台账；

（10）回填土检测试验台账；

（11）节能保温材料检测试验台账；

（12）仪器设备登记台账；

（13）根据工程需要建立的其他委托检测试验台账；

（14）不合格台账；

（15）标养室温湿度记录；

（16）混凝土坍落度记录：每次浇筑混凝土，要求每工作台班测坍落度次数不少于2次；

（17）大气测温记录；

（18）有见证试验送试记录；

（19）材料进场通知单。

5. 委托检测

（1）施工现场检测人员应按照检测计划并根据现场工程物资进场数量及施工进度等情况、及时取样（含制备）并委托检测。

（2）施工现场检测人员办理委托检测时，应正确填写委托（合同）书，有特殊要求时，应在委托（合同）书中注明。

（3）施工现场检测人员办理委托后，应及时在检测试验台账登记委托编号。

6. 见证检测

（1）见证人员应由监理（建设）单位具有建筑施工监测资质的专业技术人员担任。监理（建设）单位确定见证人员后，应以《见证取样和送检见证人员备案书》告知检测机构和施工单位。当见证人员发生变化时，应及时办理书面变更。

（2）见证取样检测宜委托同一家检测机构完成，当该检测机构不具备部分项目的检测能力时，施工单位可将该部分项目另行委托其他检测机构。

（3）见证取样和送检应按照见证取样和送检计划实施，见证人员应对试件和送检全过程实施见证，并按规定填写《见证记录》。见证人员可采取标记、封志、封存容器等方式保证试样的真实性。

（4）检测机构接收见证试件时，应核查《见证记录》和见证人员的签名及送检试样的标识，见证人员与备案见证人员不符或见证记录无备案见证人员签字时不得接受试验。

（5）施工单位应及时收集检测报告，填写《见证试验汇总表》，核查见证检测的数量。

5.3.4　试验技术资料管理

5.3.4.1　试验技术资料管理要求

1. 施工现场检测人员要熟悉检测内容，及时取样（制样），填写委托单送检；

2. 施工现场检测人员应及时收集检测报告，核查检测报告内容。当检测结果不合格或不符合要求时，施工现场检测人员应及时报告施工项目技术负责人；

3. 施工现场检测人员应在检测台账上登记试验编号和检测结果，并按其相关规定移交检测报告；

4. 施工单位自行检测的资料内容应符合相关规范、标准要求，记录真实、字迹清晰、数据可靠，结论明确，签字齐全。

5.3.4.2　技术资料归档

所有检测报告经现场试验人员登记、归档以后移交施工单位档案室，由资料人员进行整理、归档。其中工程物资检测报告归于施工物资资料；施工过程检测报告及工程实体检测报告归于施工试验记录。

参 考 文 献

1. 中华人民共和国国家标准. 通用硅酸盐水泥 GB 175—2007. 北京：中国标准出版社，2007.
2. 中华人民共和国国家标准. 砌筑水泥 GB/T 3183—2003. 北京：中国标准出版社，2003.
3. 中华人民共和国国家标准. 快硬硅酸盐水泥 GB 199—1990. 北京：中国标准出版社，1990.
4. 中华人民共和国国家标准. 铝酸盐水泥 GB 201—2000. 北京：中国标准出版社，2000.
5. 中华人民共和国国家标准. 中热硅酸盐水泥 低热硅酸盐水泥 低热矿渣硅酸盐水泥 GB 200—2003. 北京：中国标准出版社，2003.
6. 中华人民共和国国家标准. 抗硫酸盐硅酸盐水泥 GB 748—2005. 北京：中国标准出版社，2005.
7. 中华人民共和国国家标准. 白色硅酸盐水泥 GB/T 2015—2005. 北京：中国标准出版社，2005.
8. 中华人民共和国国家标准. 低热微膨胀水泥 GB 2938—2008. 北京：中国标准出版社，2008.
9. 中华人民共和国国家标准. 混凝土结构工程施工质量验收规范 GB 50204—2002. 北京：中国建筑工业出版社，2010.
10. 中华人民共和国国家标准. 建筑用砂 GB/T 14684—2001. 北京：中国标准出版社，2001.
11. 中华人民共和国国家标准. 建筑用卵石、碎石 GB/T 14685—2001. 北京：中国标准出版社，2001.
12. 中华人民共和国行业标准. 普通混凝土用砂、石质量及检验方法标准 JGJ 52—2006. 北京：中国建筑工业出版社，2006.
13. 中华人民共和国行业标准. 混凝土用水标准 JGJ 63—2006. 北京：中国建筑工业出版社，2006.
14. 中华人民共和国国家标准. 轻集料及其试验方法第1部分：轻集料 GB/T 17431.1—1998. 北京：中国标准出版社，1998.
15. 中华人民共和国国家标准. 轻集料及其试验方法第2部分：轻集料试验方法 GB/T 17431.2—1998. 北京：中国标准出版社，1998.
16. 中华人民共和国国家标准. 用于水泥和混凝土中的粉煤灰 GB/T 1596—2005. 北京：中国标准出版社，2005.
17. 中华人民共和国国家标准. 粉煤灰混凝土应用技术规范 GBJ 146—90. 北京：中国计划出版社，1991.
18. 中华人民共和国国家标准. 用于水泥和混凝土中的粒化高炉矿渣粉 GB/T 18046—2008. 北京：中国标准出版社，2008.
19. 中华人民共和国建筑工业行业标准. 混凝土和砂浆用天然沸石粉 JC/T 3048—1998. 北京：中国标准出版社，1998.
20. 中华人民共和国国家标准. 混凝土外加剂应用技术规范 GB 50119—2003. 北京：中国建筑工业出版社，2003.
21. 中华人民共和国国家标准. 混凝土外加剂 GB 8076—2008. 北京：中国标准出版社，2008.
22. 中华人民共和国国家标准. 混凝土膨胀剂 GB 23439—2009. 北京：中国标准出版社，2009.
23. 中华人民共和国建材行业标准. 混凝土泵送剂 JC 473—2001. 国家建筑材料工业局标准化研究所，2001.
24. 中华人民共和国建材行业标准. 混凝土防冻剂 JC 474—2008. 北京：中国建材工业出版社，2008.
25. 中华人民共和国建材行业标准. 喷射混凝土用速凝剂 JC 477—2005. 北京：中国建材工业出版社，2005.
26. 中华人民共和国国家标准. 普通混凝土拌合物性能试验方法标准 GB/T 50080—2002. 北京：中国建筑工业出版社，2002.
27. 中华人民共和国国家标准. 地下防水工程质量验收规范 GB 50208—2011. 北京：中国建筑工业出版社，2002.
28. 中华人民共和国国家标准. 混凝土强度检验评定标准 GB/T 50107—2010. 北京：中国建筑工业出版社，2010.
29. 中华人民共和国国家标准. 普通混凝土长期性能和耐久性能试验方法标准 GB/T 50082—2009. 北京：中国建筑工业出版社，2009.
30. 中国工程建设标准化协会标准. 高性能混凝土应用技术规程 CECS 207—2006. 北京：中国计划出版社，2006.
31. 中华人民共和国行业标准. 轻骨料混凝土结构技术规程 JGJ 12—2006. 北京：中国建筑工业出版社，2002.
32. 中华人民共和国行业标准. 轻骨料混凝土技术规程 JGJ 51—2002. 北京：中国建筑工业出版社，2002.
33. 中华人民共和国国家标准. 砌体结构工程施工质量验收规范 GB 50203—2011. 北京：中国建筑工业出版社，2002.
34. 中华人民共和国国家标准. 建筑地面工程施工质量验收规范 GB 50209—2010. 北京：中国计划出版社，2002.
35. 中华人民共和国建筑工业行业标准. 预拌砂浆 JC/T 230—2007. 北京：中国标准出版社，2007.
36. 中华人民共和国国家标准. 烧结普通砖 GB 5101—2003. 北京：中国标准出版社，2003.
37. 中华人民共和国国家标准. 烧结多孔砖 GB 13544—2000. 北京：中国标

准出版社，2000.

38. 中华人民共和国国家标准. 烧结空心砖和空心砌块 GB 13545—2003. 北京：中国标准出版社，2003.

39. 中华人民共和国建材行业标准. 非烧结垃圾尾矿砖 JC/T 422—2007. 北京：中国建材工业出版社，2008.

40. 中华人民共和国国家标准. 粉煤灰砖 JC 239—2001. 国家建筑材料工业局标准化研究所，2001.

41. 中华人民共和国国家标准. 蒸压灰砂砖 GB 11945—1999. 北京：中国标准出版社，1999.

42. 中华人民共和国建材行业标准. 蒸压灰砂空心砖 JC/T 637—2009. 北京：中国建材工业出版社，2010.

43. 中华人民共和国国家标准. 普通混凝土空心砌块 GB 8239—1997. 北京：中国标准出版社，1997.

44. 中华人民共和国国家标准. 轻集料混凝土小型空心砌块 GB/T 15229—2002. 北京：中国标准出版社，2002.

45. 中华人民共和国国家标准. 蒸压加气混凝土砌块 GB 11968—2006. 北京：中国标准出版社，2006.

46. 中华人民共和国建材行业标准. 粉煤灰混凝土小型空心砌块 JC/T 862—2008. 北京：中国建材工业出版社，2008.

47. 中华人民共和国国家标准. 钢筋混凝土用钢筋第 1 部分：热轧光圆钢筋 GB 1499.1—2008. 北京：中国标准出版社，2008.

48. 中华人民共和国国家标准. 钢筋混凝土用钢第 2 部分：热轧带肋钢筋 GB 1499.1—2008. 北京：中国标准出版社，2007.

49. 中华人民共和国国家标准. 钢和铁化学成分测定用试样的取样和制样方法 GB/T 20066—2006. 北京：中国标准出版社，2006.

50. 中华人民共和国国家标准. 钢筋混凝土用余热处理钢筋 GB 13014—91. 北京：中国标准出版社，1991.

51. 中华人民共和国国家标准. 钢及钢产品力学性能试验取样位置及试样制备 GB 2975—1998. 北京：中国标准出版社，1998.

52. 中华人民共和国国家标准. 碳素结构钢 GB 700—2006. 北京：中国标准出版社，2007.

53. 中华人民共和国国家标准. 钢结构工程施工质量验收规范 GB 50205—2001. 北京：中国计划出版社，2001.

54. 中华人民共和国行业标准. 建筑工程检测试验技术管理规范 JGJ 190—2010. 北京：中国建筑工业出版社，2010.

55. 中华人民共和国国家标准. 低合金高强度结构钢 GB/T 1591—2008. 北京：中国标准出版社，2008.

56. 中华人民共和国国家标准. 厚度方向性能钢板 GB/T 5313—2010. 北京：中国标准出版社，2010.

57. 中华人民共和国国家标准. 冷轧带肋钢筋 GB 13788—2000. 北京：中国标准出版社，2000.

58. 中华人民共和国行业标准. 冷轧扭钢筋混凝土构件技术规程 JGJ 115—2006. 北京：中国建筑工业出版社，2006.

59. 中华人民共和国黑色冶金行业标准. 一般用途低碳钢丝 YB/T 5294—2009. 北京：中国标准出版社，2009.

60. 中华人民共和国行业标准. 钢筋机械连接技术规程 JGJ 107—2010. 北京：中国建筑工业出版社，2010.

61. 中华人民共和国行业标准. 钢筋焊接及验收规程 JGJ 18—2003. 北京：中国建筑工业出版社，2003.

62. 中华人民共和国国家标准. 钢结构用扭剪型高强度螺栓连接副 GB/T 13632—2008. 北京：中国标准出版社，2008.

63. 中华人民共和国国家标准. 钢结构用高强度大六角头螺栓、大六角螺母、垫圈技术条件 GB/T 1231—2006. 北京：中国标准出版社，2006.

64. 中华人民共和国国家标准. 钢网架螺栓球节点用高强度螺栓 GB 16939—1997. 北京：中国标准出版社，1997.

65. 中华人民共和国国家标准. 结构用无缝钢管 GB/T 8162—2008. 北京：中国标准出版社，2008.

66. 中华人民共和国国家标准. 气体保护电弧焊用碳钢、低合金钢焊丝 GB/T 8110—2008. 北京：中国标准出版社，2008.

67. 中华人民共和国国家标准. 埋弧焊用低合金钢焊丝和焊剂 GB/T 12470—2003. 北京：中国标准出版社，2003.

68. 中华人民共和国国家标准. 熔化焊用钢丝 GB/T 14957—94. 北京：中国标准出版社，1994.

69. 中华人民共和国国家标准. 低合金钢焊条 GB/T 5118—1995. 北京：中国标准出版社，1995.

70. 中华人民共和国国家标准. 石油沥青纸胎油毡 GB 326—2007. 北京：中国标准出版社，2007.

71. 中华人民共和国建材行业标准. 铝箔面石油沥青防水卷材 JC/T 504—

72. 2007. 北京：中国建材工业出版社，2007.

72. 中华人民共和国国家标准. 石油沥青玻璃纤维胎油毡 GB/T 14686—2008. 北京：中国标准出版社，2008.

73. 中华人民共和国国家标准. 石油沥青纸胎油毡 GB 326—2007. 北京：中国标准出版社，2008.

74. 中华人民共和国国家标准. 改性沥青聚乙烯胎防水卷材 GB 18967—2003. 北京：中国标准出版社，2008.

75. 中华人民共和国国家标准. 弹性体改性沥青防水卷材 GB 18242—2008. 北京：中国标准出版社，2008.

76. 中华人民共和国国家标准. 塑性体改性沥青防水卷材 GB 18243—2008. 北京：中国标准出版社，2008.

77. 中华人民共和国建材行业标准. 沥青复合胎柔性防水卷材 JC/T 690—2008. 北京：中国建材工业出版社，2008.

78. 中华人民共和国建材行业标准. 自粘橡胶沥青防水卷材 JC 840—1999. 国家建筑材料工业局标准化研究所，1999.

79. 中华人民共和国建材行业标准. 自粘聚合物改性沥青聚酯胎防水卷材 JC 898—2002. 北京：中国建材工业出版社，2002.

80. 中华人民共和国国家标准. 高分子防水材料第 1 部分：片材 GB 18173.1—2006. 北京：中国标准出版社，2006.

81. 中华人民共和国国家标准. 聚氯乙烯防水卷材 GB 12952—2003. 北京：中国标准出版社，2003.

82. 中华人民共和国国家标准. 氯化聚乙烯防水卷材 GB 12953—2003. 北京：中国标准出版社，2003.

83. 中华人民共和国建材行业标准. 三元丁橡胶防水卷材 JC/T 645—1996. 国家建筑材料工业局标准化研究所，1996.

84. 中华人民共和国建材行业标准. 氯化聚乙烯—橡胶共混防水卷材 JC/T 684—1997. 国家建筑材料工业局标准化研究所，1997.

85. 中华人民共和国建材行业标准. 溶剂型橡胶沥青防水涂料 JC/T 852—1999. 国家建筑材料工业局标准化研究所，1999.

86. 中华人民共和国建材行业标准. 水乳型沥青防水涂料 JC/T 408—2005. 北京：中国建材工业出版社，2005.

87. 中华人民共和国国家标准. 色漆、清漆和色漆与清漆用原料取样 GB/T 3186—2006. 北京：中国标准出版社，2006.

88. 中华人民共和国国家标准. 聚氨酯防水涂料 GB/T 19250—2003. 北京：中国标准出版社，2003.

89. 中华人民共和国建材行业标准. 聚合物乳液建筑防水涂料 JC/T 864—2008. 北京：中国建材工业出版社，2005.

90. 中华人民共和国国家标准. 聚合物水泥防水涂料 GB/T 23445—2009. 北京：中国标准出版社，2009.

91. 中华人民共和国国家标准. 喷涂聚脲防水涂料 GB/T 23446—2009. 北京：中国标准出版社，2009.

92. 中华人民共和国国家标准. 无机防水堵漏材料 GB 23440—2009. 北京：中国标准出版社，2009.

93. 中华人民共和国国家标准. 水泥基渗透结晶型防水材料 GB 18445—2001. 北京：中国标准出版社，2001.

94. 中华人民共和国国家标准. 建筑石油沥青 GB/T 494—1998. 北京：中国标准出版社，1998.

95. 中华人民共和国建材行业标准. 建筑防水沥青嵌缝油膏 JC/T 207—1996. 国家建筑材料工业局标准化研究所，1996.

96. 中华人民共和国建材行业标准. 聚氨酯建筑密封胶 JC/T 482—2003. 北京：中国建材工业出版社，2003.

97. 中华人民共和国建材行业标准. 聚硫建筑密封胶 JC/T 483—2006. 北京：中国建材工业出版社，2006.

98. 中华人民共和国建材行业标准. 丙烯酸酯建筑密封胶 JC/T 484—2006. 北京：中国建材工业出版社，2006.

99. 中华人民共和国建材行业标准. 聚乙烯建筑防水接缝材料 JC/T 798—1997. 国家建筑材料工业局标准化研究所，1997.

100. 中华人民共和国国家标准. 建筑用硅酮结构密封胶 GB 16776—2005. 北京：中国标准出版社，2005.

101. 中华人民共和国国家标准. 建筑胶粘剂试验方法 第 1 部分 陶瓷砖胶粘剂试验方法 GB/T 12954.1—2008. 北京：中国标准出版社，2008.

102. 中华人民共和国建材行业标准. 高分子防水卷材胶粘剂 JC 863—2000. 国家建筑材料工业局标准化研究所，2000.

103. 中华人民共和国国家标准. 高分子防水卷材 第 2 部分：止水带 GB 18173.2—2000. 北京：中国标准出版社，2000.

104. 中华人民共和国建材行业标准. 膨润土橡胶遇水膨胀止水条 JC/T 141—2001. 北京：中国标准出版社，2001.

105. 中华人民共和国国家标准. 高分子防水卷材 第 3 部分：遇水膨胀橡胶

GB 18173.3—2002. 北京：中国标准出版社，2002.

106. 中华人民共和国国家标准. 地下工程防水技术规范 GB 50108—2008. 北京：中国计划出版社，2008.

107. 中华人民共和国国家标准. 陶瓷砖 GB/T 4100—2006. 北京：中国标准出版社，2006.

108. 中华人民共和国国家标准. 民用建筑工程室内环境污染控制规范 GB 50325—2010. 北京：中国标准出版社，2010.

109. 中华人民共和国建材行业标准. 陶瓷马赛克 JC/T 456—2005. 北京：中国建材工业出版社，2005.

110. 中华人民共和国国家标准. 玻璃马赛克 GB/T 7697—1996. 北京：中国标准出版社，1996.

111. 中华人民共和国国家标准. 建筑装饰装修工程质量验收规范 GB 50210—2001. 北京：中国建筑工业出版社，2001.

112. 中华人民共和国建材行业标准. 陶瓷墙地砖胶粘剂 JC/T 547—2005. 北京：中国建材工业出版社，2005.

113. 中华人民共和国国家标准. 混凝土普通砖和装饰砖 NY/T 671—2003. 北京：中国标准出版社，2003.

114. 中华人民共和国国家标准. 天然花岗石建筑板材 GB/T 18601—2009. 北京：中国标准出版社，2009.

115. 中华人民共和国建材行业标准. 天然花岗石荒料 JC/T 204—2001. 北京：中国建材工业出版社，2001.

116. 中华人民共和国国家标准. 天然大理石建筑板材 GB/T 19766—2005. 北京：中国标准出版社，2005.

117. 中华人民共和国建材行业标准. 干挂饰面石材及其金属挂件第 2 部分：金属挂件 JC 830.2—2005. 北京：中国建材工业出版社，2005.

118. 中华人民共和国建材行业标准. 建筑水磨石制品 JC 507—1993. 北京：中国建材工业出版社，1993.

119. 中华人民共和国国家标准. 纸面石膏板 GB/T 9775—2008. 北京：中国标准出版社，2008.

120. 中华人民共和国建材行业标准. 矿物棉装饰吸声板 JC/T 670—2005. 北京：中国建材工业出版社，2005.

121. 中华人民共和国国家标准. 建筑用轻钢龙骨 GB/T 11981—2008. 北京：中国标准出版社，2008.

122. 中华人民共和国国家标准. 铝合金建筑型材 GB/T 5237.1～5—2008. 北京：中国标准出版社，2008.

123. 中华人民共和国国家标准. 装饰单板贴面人造板 GB/T 15104—2006. 北京：中国标准出版社，2006.

124. 中华人民共和国国家标准. 胶合板，第 3 部分，普通胶合板通用技术条件 GB 9836.3—2004. 北京：中国标准出版社，2004.

125. 中华人民共和国国家标准. 细木工板 GB/T 5849—2006. 北京：中国标准出版社，2006.

126. 中华人民共和国国家标准. 实木地板第 2 部分：检验方法 GB/T 15036.2—2009. 北京：中国标准出版社，2009.

127. 中华人民共和国国家标准. 实木复合地板 GB/T 18103—2000. 北京：中国标准出版社，2000.

128. 中华人民共和国国家标准. 竹地板 GB/T 20240—2006. 北京：中国标准出版社，2006.

129. 中华人民共和国国家标准. 中密度纤维板 GB/T 11718—2009. 北京：中国标准出版社，2009.

130. 中华人民共和国国家标准. 人造板及饰面人造板理化性能试验方法 GB/T 17657—1999. 北京：中国标准出版社，1999.

131. 中华人民共和国国家标准. 室内装饰装修材料人造板及其制品中甲醛释放限量 GB 18580—2001. 北京：中国标准出版社，2001.

132. 中华人民共和国国家标准. 乳液内墙涂料 GB/T 9756—2009. 北京：中国标准出版社，2009.

133. 中华人民共和国国家标准. 合成树脂乳液外墙涂料 GB/T 9755—2001. 北京：中国标准出版社，2001.

134. 中华人民共和国国家标准. 溶剂型外墙涂料 GB/T 9757—2001. 北京：中国标准出版社，2001.

135. 中华人民共和国国家标准. 复层建筑涂料 GB/T 9779—2005. 北京：中国标准出版社，2005.

136. 中华人民共和国国家标准. 饰面型防火涂料 GB 12441—2005. 北京：中国标准出版社，2005.

137. 中华人民共和国国家标准. 建筑石膏 GB/T 9776—2008. 北京：中国标准出版社，2008.

138. 中华人民共和国建材行业标准. 粉刷石膏 JC/T 517—2004. 北京：中国建材工业出版社，2004.

139. 中华人民共和国建材行业标准. 建筑生石灰 JC/T 479—1992. 北京：中国建材工业出版社，1992.

140. 中华人民共和国建材行业标准. 建筑生石灰粉 JC/T 480—1992. 北京：中国建材工业出版社，1992.

141. 中华人民共和国建材行业标准. 建筑消石灰粉 JC/T 481—1992. 北京：中国建材工业出版社，1992.

142. 中华人民共和国建材行业标准. 膨胀珍珠岩 JC 209—1992(1996). 北京：中国建材工业出版社，1992.

143. 中华人民共和国国家标准. 耐酸砖 GB/T 8488—2008. 北京：中国标准出版社，2008.

144. 中华人民共和国国家标准. 定形耐火制品抽样验收规则 GB/T 10325—2001. 北京：中国标准出版社，2001.

145. 中华人民共和国国家标准. 聚氯乙烯卷材地板第 1 部分：带基材的聚氯乙烯卷材地板 GB/T 11982.1—2005. 北京：中国标准出版社，2005.

146. 中华人民共和国国家标准. 半硬质聚氯乙烯块状塑料地板 GB 4085—2005. 北京：中国标准出版社，2005.

147. 中华人民共和国国家标准. 建筑节能工程施工质量验收规范 GB 50411—2007. 北京：中国建筑工业出版社，2007.

148. 中华人民共和国国家标准. 建筑外门窗气密、水密、抗风压性能分级及检测方法 GB/T 7106—2008. 北京：中国标准出版社，2008.

149. 中华人民共和国国家标准. 中空玻璃 GB/T 1944—2002. 北京：中国标准出版社，2002.

150. 中华人民共和国国家标准. 计数抽样检验程序按接收质量限检索的逐批检验抽样计划 GB/T 2828.1—2003. 北京：中国标准出版社，2003.

151. 中华人民共和国国家标准. 塑料门窗用密封条 GB 12002—1989. 北京：中国标准出版社，1989.

152. 中华人民共和国国家标准. 低压流体输送用焊接钢管 GB/T 3091—2008. 北京：中国标准出版社，2008.

153. 中华人民共和国国家标准. 钢管脚手架扣件 GB 15831—2006. 北京：中国标准出版社，2006.

154. 中华人民共和国行业标准. 建筑施工碗扣式钢管脚手架安全技术规范 JGJ 166—2008. 北京：中国建筑工业出版社，2008.

155. 中华人民共和国国家标准. 建筑幕墙用铝塑复合板 GB/T 17748—2008. 北京：中国标准出版社，2008.

156. 中华人民共和国行业标准. 玻璃幕墙工程质量检验标准 JGJ/T 139—2001. 北京：中国建筑工业出版社，2001.

157. 中华人民共和国国家标准. 建筑幕墙空气渗透性能检测方法 GB/T 15226—1994. 北京：中国标准出版社，1994.

158. 中华人民共和国国家标准. 建筑幕墙气密、水密、抗风压性能检测方法 GB/T 15227—2007. 北京：中国标准出版社，2007.

159. 中华人民共和国国家标准. 建筑幕墙空气渗透性能检测方法 GB/T 15228—1994. 北京：中国标准出版社，1994.

160. 中华人民共和国国家标准. 建筑幕墙平面内变形性能检测方法 GB/T 18250—2000. 北京：中国标准出版社，2000.

161. 中华人民共和国国家标准. 预应力混凝土用钢绞线 GB/T 5224—2003. 北京：中国标准出版社，2003.

162. 中华人民共和国国家标准. 金属材料拉伸试验第 1 部分：室温试验方法 GB/T 228.1—2010. 北京：中国标准出版社，2011.

163. 中华人民共和国国家标准. 预应力混凝土用钢丝 GB/T 5223—2002. 北京：中国标准出版社，2002.

164. 中华人民共和国国家标准. 金属材料线材反复弯曲试验方法 GB/T 238—2002. 北京：中国标准出版社，2002.

165. 中华人民共和国国家标准. 钢丝验收、包装、标志及质量证明书的一般规定 GB/T 2103—2008. 北京：中国标准出版社，2008.

166. 中华人民共和国黑色冶金行业标准. 中强度预应力混凝土用钢丝 YB/T 2103—1999. 北京：中国标准出版社，1999.

167. 中华人民共和国国家标准. 预应力混凝土用钢棒 GB/T 5223.3—2005. 北京：中国标准出版社，2005.

168. 中华人民共和国国家标准. 低碳钢热轧圆盘条 GB/T 701—2008. 北京：中国标准出版社，2008.

169. 中华人民共和国黑色冶金行业标准. 预应力混凝土用低合金钢丝 YB/T 038—1993. 北京：中国标准出版社，1993.

170. 中华人民共和国国家标准. 预应力混凝土用螺纹钢筋 GB/T 20065—2006. 北京：中国标准出版社，2006.

171. 中华人民共和国建筑工业行业标准. 无粘结预应力钢绞线 JG 161—2004. 北京：中国标准出版社，2004.

172. 中华人民共和国建筑工业行业标准. 预应力混凝土用金属波纹管 JG 225—2007. 北京：中国标准出版社，2007.

173. 中华人民共和国建材行业标准. 无粘结预应力混凝土管 JC/T 1056—

2007. 北京：中国建材工业出版社，2007.

174. 中华人民共和国国家标准. 预应力钢筒混凝土管 GB/T 19685—2005. 北京：中国标准出版社，2006.

175. 中华人民共和国国家标准. 预应力筋用锚具、夹具和连接器 GB/T 14370—2007. 北京：中国标准出版社，2007.

176. 中国工程建设标准化协会标准. 建筑工程预应力施工规范 CECS 180—2005. 北京：中国计划出版社，2005.

177. 中华人民共和国国家标准. 绝热用模塑聚苯乙烯泡沫塑料 GB/T 10801.1—2002. 北京：中国标准出版社，2002.

178. 中华人民共和国国家标准. 硬质泡沫塑料压缩性能的测定 GB/T 8813—2008. 北京：中国标准出版社，2008.

179. 中华人民共和国国家标准. 绝热材料稳态热阻及有关特性的测定：防护热板法 GB 10294—1988. 北京：中国标准出版社，1988.

180. 中华人民共和国国家标准. 绝热用挤塑聚苯乙烯泡沫塑料 GB/T 10801.2—2002. 北京：中国标准出版社，2002.

181. 中华人民共和国国家标准. 建筑绝热用硬质聚氨酯泡沫塑料 GB/T 21558—2008. 北京：中国标准出版社，2008.

182. 中华人民共和国建材行业标准. 喷涂聚氨酯硬泡体保温材料 JC/T 998—2006. 北京：中国建材工业出版社，2006.

183. 中华人民共和国国家标准. 建筑保温砂浆 GB/T 20473—2006. 北京：中国标准出版社，2006.

184. 中华人民共和国国家标准. 绝热用玻璃棉及其制品 GB/T 13350—2008. 北京：中国标准出版社，2008.

185. 中华人民共和国国家标准. 绝热用岩棉、矿渣棉及其制品 GB/T 11835—2007. 北京：中国标准出版社，2007.

186. 中华人民共和国国家标准. 建筑绝热用玻璃棉制品 GB/T 17795—2008. 北京：中国标准出版社，2008.

187. 中华人民共和国国家标准. 柔性泡沫橡塑绝热制品 GB/T 17794—2008. 北京：中国标准出版社，2008.

188. 中华人民共和国建筑工业行业标准. 建筑室内用腻子 JG 3049—1998. 北京：中国标准出版社，1998.

189. 中华人民共和国建筑工业行业标准. 膨胀聚苯板薄抹灰外墙外保温系统 JG 149—2003. 北京：中国标准出版社，2003.

190. 中华人民共和国行业标准. 外墙外保温工程技术规范 JGJ 144—2004. 北京：中国建筑工业出版社，2004.

191. 中华人民共和国建筑工业行业标准. 胶粉聚苯颗粒外墙外保温系统 JG 158—2004. 北京：中国标准出版社，2004.

192. 中华人民共和国建材行业标准. 耐碱玻璃纤维网布 JC/T 841—2007. 北京：中国建材工业出版社，2007.

193. 中华人民共和国轻工行业标准. 镀锌电焊网 QB/T 3897—1999. 北京：中国标准出版社，1999.

194. 中华人民共和国国家标准. 铝合金建筑型材 第6部分：隔热型材 GB 5237—2004. 北京：中国标准出版社，2004.

195. 中华人民共和国建筑工业行业标准. 建筑用隔热铝合金型材穿条式 JG/T 175—2005. 北京：中国标准出版社，2005.

196. 中华人民共和国国家标准. 建筑排水用硬聚氯乙烯(PVC-U)管材 GB/T 5836.1—2006. 北京：中国标准出版社，2006.

197. 中华人民共和国国家标准. 建筑排水用硬聚氯乙烯(PVC-U)管件 GB/T 5836.2—2006. 北京：中国标准出版社，2006.

198. 中华人民共和国国家标准. 给水用硬聚氯乙烯(PVC-U)管材 GB/T 10002.1—2006. 北京：中国标准出版社，2006.

199. 中华人民共和国国家标准. 给水用聚乙烯(PE)管材 GB/T 13663.1—2005. 北京：中国标准出版社，2005.

200. 中华人民共和国国家标准. 生活饮用水输配水设备及防护材料卫生安全评价规范 GB/T 17219—1998. 北京：中国标准出版社，1998.

201. 中华人民共和国国家标准. 额定电压 450/750V 及以下聚氯乙烯绝缘电缆 第3部分：固定布线用无护套电缆 GB 5023.3—2008. 北京：中国标准出版社，2008.

202. 中华人民共和国国家标准. 电缆的导体 GB/T 3956—2008. 北京：中国标准出版社，2008.

203. 中华人民共和国国家标准. 电线电缆电性能试验方法 GB/T 3048—2008. 北京：中国标准出版社，2008.

204. 中华人民共和国国家标准. 综合布线系统工程验收规范 GB 50312—2007. 北京：中国计划出版社，2007.

205. 中华人民共和国国家标准. 连续热镀锌钢板及钢带 GB/T 2518—2008. 北京：中国标准出版社，2008.

206. 中华人民共和国国家标准. 不锈钢热轧钢板和钢带 GB/T 4237—2007. 北京：中国标准出版社，2007.

207. 中华人民共和国国家标准. 普通混凝土力学性能试验方法标准 GB/T 50081—2002. 北京：中国建筑工业出版社，2003.

208. 中华人民共和国行业标准. 建筑砂浆基本性能试验方法标准 JGJ/T 70—2009. 北京：中国建筑工业出版社，2009.

209. 中华人民共和国行业标准. 择压法检测砌筑砂浆抗压强度技术规程 JGJ/T 234—2011. 北京：中国建筑工业出版社，2011.

210. 中华人民共和国国家标准. 钢及钢产品力学性能试验取样位置及试样制备 GB/T 2975—1998. 北京：中国标准出版社，1998.

211. 中华人民共和国行业标准. 钢筋焊接及验收规程 JGJ 18—2003. 北京：中国建筑工业出版社，2003.

212. 中华人民共和国行业标准. 钢筋机械连接技术规程 JGJ 107—2010. 北京：中国建筑工业出版社，2010.

213. 中华人民共和国国家标准. 土工试验方法标准 GB/T 50123—1999. 北京：中国计划出版社，1999.

214. 中华人民共和国国家标准. 建筑地基基础设计规范 GB 50007—2002. 北京：中国建筑工业出版社，2002.

215. 中华人民共和国国家标准. 建筑地基基础工程施工质量验收规范 GB 50202—2002. 北京：中国计划出版社，2002.

216. 中华人民共和国行业标准. 建筑基桩检测技术规范 JGJ 106—2003. 北京：中国建筑工业出版社，2003.

217. 中华人民共和国国家标准. 砌体工程现场检测技术标准 GB/T 50315—2000. 北京：中国建筑工业出版社，2000.

218. 中华人民共和国行业标准. 早期推定混凝土强度试验方法标准 JGJ/T 15—2008. 北京：中国建筑工业出版社，2008.

219. 中华人民共和国行业标准. 回弹法检测混凝土抗压强度技术规程 JGJ/T 23—2011. 北京：中国建筑工业出版社，2011.

220. 中国工程建设标准化协会标准. 超声回弹综合法检测混凝土强度技术规程 CECS 02：2005. 北京：中国计划出版社，2005.

221. 中国工程建设标准化协会标准. 钻芯法检测混凝土强度技术规程 CECS 03：2007. 北京：中国建筑工业出版社，2007.

222. 中国工程建设标准化协会标准. 超声回弹综合法检测混凝土强度技术规程 CECS 69：94. 中国工程建设标准化协会，1995.

223. 中国工程建设标准化协会标准. 超声法检测混凝土缺陷技术规程 CECS 21：2000. 北京：中国工程建设标准化协会，2000.

224. 中华人民共和国行业标准. 混凝土中钢筋检测技术规程 JGJ/T 152—2008. 北京：中国建筑工业出版社，2008.

225. 中华人民共和国国家标准. 钢焊缝手工超声波探伤方法和探伤结果分级 GB 11345—89. 北京：中国标准出版社，1989.

226. 中华人民共和国国家标准. 金属熔化焊焊接接头射线照相 GB/T 3323—2005. 北京：中国标准出版社，2005.

227. 中华人民共和国行业标准. 钢结构超声波探伤及质量分级法 JG/T 203—2007. 北京：中国建筑工业出版社，2007.

228. 中华人民共和国机械行业标准. 无损检测焊缝磁粉检测 JB/T 6061—2007. 北京：机械工业出版社，2007.

229. 中华人民共和国机械行业标准. 无损检测焊缝渗透检测 JB/T 6062—2007. 北京：机械工业出版社，2007.

230. 中华人民共和国国家标准. 建筑装饰装修工程施工质量验收规范 GB 50210—2002. 北京：中国建筑工业出版社，2002.

231. 中华人民共和国行业标准. 建筑工程饰面砖粘结强度检验标准 JGJ 110—2008. 北京：中国建筑工业出版社，2008.

232. 中国工程建设标准化协会标准. 碳纤维片材加固修复混凝土结构技术规程 CECS 146：2003(2007年版). 北京：中国计划出版社，2007.

233. 中华人民共和国行业标准. 混凝土结构后锚固技术规程 JGJ 145—2004. 北京：中国建筑工业出版社，2005.

234. 中华人民共和国国家标准. 建筑边坡工程技术规范 GB 50330—2002. 北京：中国建筑工业出版社，2002.

235. 中华人民共和国国家标准. 建筑幕墙 GB/T 21086—2007. 北京：中国标准出版社，2007.

236. 中华人民共和国通信行业标准. 固定电话交换设备安装工程验收规范 YD/T 5077—2005. 北京：北京邮电大学出版社，2005.

237. 中华人民共和国国家标准. 智能建筑工程质量验收规范 GB 50339—2003. 北京：中国建筑工业出版社，2003.

238. 中华人民共和国国家标准. 火灾自动报警系统施工及验收规范 GB 50166—2007. 北京：中国计划出版社，2007.

239. 中华人民共和国国家标准. 综合布线系统工程验收规范 GB 50312—2007. 北京：中国计划出版社，2007.

240. 中华人民共和国国家标准. 环境电磁波卫生标准 GB 9175—1988. 北京：中国标准出版社，1988.

241. 中华人民共和国国家标准. 电磁辐射防护规定 GB 8702—1988. 北京：中国标准出版社，1988.

242. 中华人民共和国国家标准. 安全防范工程技术规范 GB 50348—2004. 北京：中国计划出版社，2004.

243. 中华人民共和国国家标准. 建筑电气工程施工质量验收规范 GB 50303—2002. 北京：中国计划出版社，2002.

244. 中华人民共和国国家标准. 自动喷水灭火系统施工及验收规范 GB 50261—96. 北京：中国计划出版社，2003.

245. 中华人民共和国国家标准. 建筑给排水及采暖工程施工质量验收规范 GB 50242—2002. 北京：中国建筑工业出版社，2002.

246. 中华人民共和国国家标准. 工业锅炉安装工程施工及验收规范 GB 50273—98. 北京：中国计划出版社，2006.

247. 中华人民共和国国家标准. 通风与空调工程施工质量验收规范 GB 50243—2002. 北京：中国计划出版社，2002.

248. 中华人民共和国行业标准. 通风管道技术规程 JGJ 141—2004. 北京：中国建筑工业出版社，2004.

249. 中华人民共和国国家标准. 电气装置安装工程电气设备交接试验标准 GB 50150—2006. 北京：中国计划出版社，2006.

250. 中华人民共和国行业标准. 建筑工程检测试验技术管理规范 JGJ 190—2010. 北京：中国建筑工业出版社，2010.

251. 中华人民共和国行业标准. 现场绝缘试验实施导则第1部分：绝缘电阻、吸收比和极化指数试验 DL/T 474.1—2006. 北京：中国电力出版社，2006.

252. 中华人民共和国行业标准. 建筑工程资料管理规程 JGJ/T 185—2009. 北京：中国建筑工业出版社，2009.

6 通用施工机械与设备

6.1 基础桩工程施工机械

6.1.1 打入桩施工机械

打入桩施工机械主要由桩锤和桩架组成，其主要功能包括起吊桩锤、吊桩和插桩、导向沉桩，靠桩锤冲击或振动桩头，使桩在冲击力或振动力的作用下贯入土中。

桩架：桩架是打桩机的配套设备，桩架承受自重、桩锤重、桩及辅助设备等重量。桩架根据移动方式的不同，分为走管式、轨道式、轮胎式、步履式和履带式等。

桩锤：根据桩锤驱动方式的不同，可分为柴油、液压、蒸汽、振动四种打桩锤。

6.1.1.1 柴油打桩锤的种类及适用范围

柴油打桩锤是以柴油为燃料，以冲击作用方式进行打桩施工的桩工机械。打桩锤的构造实际是一种单缸二冲程自由活塞式内燃机，它既是柴油原动机，又是打桩工作机，不需要其他配套的原动机械，具有结构简单、施工方便、不受电源限制等特点，应用广泛。

柴油打桩锤按其动作特点分为导杆式（图6-1）和筒式（图6-2）两种。导杆式打桩锤冲击体为汽缸，它构造简单，但打桩能量少，只适用于打小型桩；筒式打桩锤冲击体为活塞，打桩能量大，施工效率高，是目前使用最广泛的一种打桩设备。

图6-1 导杆式柴油打桩锤　　图6-2 筒式柴油打桩锤

6.1.1.2 柴油打桩锤的技术性能

1. 导杆式柴油打桩锤

导杆式柴油打桩锤的冲击部分沿两根圆形导杆作上下运动，向上时由柴油燃爆能而推起，以自重下落实现冲击作用。导杆式柴油打桩锤的主要技术性能参见表6-1。

导杆式柴油打桩锤的主要技术性能　　表6-1

型　　号	DD2	DD4	DD6	DD12	DD18	DD25
桩最大长度(m)	5	6	8	10	12	16
桩最大直径(mm)	200	250	300	350	400	450
锤击部分跳高(mm)	1300	1500	1800	2100	2100	2100
最大打击能量(kN·m)	3	6	11	25	29.6	41.2
桩锤质量(kg)	460	720	1250	2160	3100	4200

2. 筒式柴油打桩锤

筒式柴油打桩锤的芯锤沿圆形筒体作上下运动，向上时由柴油压缩燃爆而推起，圆柱形芯锤以自重下落实现夯击桩顶的作用。筒式柴油打桩锤的主要技术性能参见表6-2。

筒式柴油打桩锤的主要技术性能　　表6-2

型　　号	D12	D18	D25	D32	D40	D50	D60	D72
最大打击能量(kN·m)	30	45	62.5	80	100	125	180	216
冲击部分行程(mm)	2500	2500	2500	2500	2500	2500	2500	2500
冲击频率(min⁻¹)	40~60	40~60	40~60	39~52	39~52	37~53	35~50	35~50
最大爆发力(kN)	500	600	1080	1500	1900	2140	2800	2800
总质量(kg)	2400	4210	6490	6490	9300	10500	12270	16756

6.1.1.3 液压打桩锤的种类及适用范围

液压锤是以液压能作为动力，举起锤体然后快速泄油，或同时反向供油，使锤体加速下降，锤击桩帽并将桩体沉入土中（图6-3）。液压锤正被广泛地用于工业、民用建筑、道路、桥梁以及水中桩基施工（加上防水保护罩，可在水面以下进行作业）。同时，液压锤通过桩帽这一缓冲装置，直接将能量传给锤体，一般不需要特别的夹桩装置，因此可以不受限制地对各种形状的钢板桩、混凝土预制桩、木桩等进行沉桩作业。另外，液压还可以相当方便地进行陆上与水上的斜桩作业，与其他桩锤相比有独到的优越性。

液压锤可分为单作用和双作用两种类型。

6.1.1.4 液压打桩锤的技术性能

液压打桩锤的主要技术性能参见表6-3。

液压打桩锤的主要技术性能　　表6-3

型　　号	HHK-5A	HHK-7A	HHK-9A	HHK-12A	HHK-14A	HHK-18A
最大打击能量(kN·m)	60	84	108	144	168	216
最大冲程(mm)	1200	1200	1200	1200	1200	1200
冲击频率(min⁻¹)	40~100	40~100	40~100	40~100	40~100	40~100
桩锤质量(t)	5	7	9	12	14	18
总质量(t)	8.7	11	13.2	21	23.5	28
功率(kW)	75	93	120	160	185	240

6.1.1.5 蒸汽打桩锤的种类及适用范围

蒸汽打桩锤是以蒸汽（或压缩空气）作为动力，提升锤体的冲击部分进行锤击沉桩（图6-4）。随着桩基向大型化方向发展，特别是海底石油开发中，打入斜桩和水下打桩作业时，柴油打桩锤受到一定的局限，不如蒸汽打桩锤优越。此外，蒸汽打桩锤结构简单，工作可靠，能适应各种性质的地基，而且操作、维修也较容易；它可以做成超大型，可以打斜桩、水平桩，蒸汽锤的冲击能量可以在25%~30%的范围内无级调节，因此成为主要桩工机械之一。

图6-3 液压打桩锤　　　图6-4 蒸汽打桩锤

蒸汽打桩锤一般有三种类型：按蒸汽锤的动作方式可分为自由落体的单作用式和强制下落的双作用式；按蒸汽锤的打击方式可分为缸体打击式和落锤打击式；按蒸汽锤的应用方式可分为陆上型和水上型。

6.1.1.6 蒸汽打桩锤的技术性能

1. 单作用蒸汽桩锤的主要技术性能（表6-4）

单作用蒸汽桩锤的主要技术性能　　表6-4

型　号	30	60	70	100	150	65
最大冲程 (mm)	1350	1200	1650	1300	1350	1200
常用冲程 (mm)	600～800	600～900	500～800	500～800	500～800	200 以上
冲击频率 (min⁻¹)	60～90	20～30	24～30	25～40	35～40	50
最大打击能量 (kN·m)	32.4	72	89	118.7	182.5	40.28
总质量(kg)	3100	8674	6600	11130	15630	6500

2. 双作用蒸汽桩锤的主要技术性能（表6-5）

双作用蒸汽桩锤的主要技术性能　　表6-5

型　号	100C	200C	400C	200C	300C	400C	600C
应用方式	陆上型			水上型			
最大冲程(mm)	420	390	420	390	420	420	420
冲击频率(min⁻¹)	103	98	100	98	110	100	100
最大打击能量(kN·m)	45.47	69.41	156.69	69.4	124.43	156.9	227.44
总质量(kg)	10070	17690	37649	19194	33113	41359	54886

6.1.1.7 振动桩锤的种类及适用范围

振动桩锤又称振动沉拔桩锤，在一定的地质条件下，具有沉桩或拔桩效率高、速度快、噪声小、便于施工等特点，因而得到广泛使用（图6-5）。

图 6-5　振动桩锤

振动桩锤分类：

（1）按动力可分为电动振动和液压振动两类。电动振动桩锤具有施工速度快、使用方便、噪声较小、无公害污染、结构简单、维修方便等优点，已被普遍采用。

（2）按振动频率可分为低频（300～700r/min）、中频（700～1500r/min）、高频（2300～2500r/min）、超高频（约6000r/min），国内生产的基本都属中频。

（3）按振动偏心块的结构分为固定式偏心块和可调式偏心块两类。

6.1.1.8 振动桩锤的技术性能

振动桩锤的主要技术性能参见表6-6。

振动桩锤的主要技术性能　　表6-6

型　号	DZ11	DZ15	DZ30	DZ40	DZ50	DZ60	DZ75	DZ120	DZ180
静偏心力矩（N·m）	60	80	170	190	250	300	340	680	630×2
振动频率(r/min)	1000	1000	980	1050	1000	1000	1080	1000	800
电机功率(kW)	11	15	30	40	45	55	75	120	90×2
允许拔桩力(kN)	60	60	180	240	240	240	240	160	400
总质量(kg)	1554	1619	3100	3200	3750	3900	4100	8274	13000

6.1.1.9 桩锤的合理选择

桩锤有落锤、汽锤、柴油锤、振动锤等，其使用优缺点和适用

范围可参考表6-7。桩锤目前多采用柴油锤，锤重可根据工程地质条件、桩的类型、结构、密集程度及现场施工条件参照表6-8选用。

桩锤适用范围参考表　　表6-7

桩锤种类	优　缺　点	适　用　范　围
柴油桩锤	不需要外部能源，机架轻，移动便利，打桩快，燃料消耗少；遇硬土或软土不宜使用	1. 最适于打钢板桩、木桩。 2. 在软弱地基可打12m以下的混凝土桩
液压桩锤	可以对各种形状的钢板桩、混凝土预制桩、木桩等进行沉桩作业，还可以进行陆上与水上的斜桩作业，与其他桩锤比有独到的优越性	广泛地用于工业、民用建筑、道路、桥梁以及水中桩基施工（加上防水保护罩，可在水面以下进行作业）
单动汽锤	结构简单，落距小，对设备和桩头不易损坏，打桩速度及冲击力较落锤大，效率较高	1. 适于打各种桩。 2. 最适于套管法打就地灌注混凝土桩
双动汽锤	冲击次数多，冲击力大，工作效率高，但设备笨重，移动较困难	1. 适于各种桩，并可用于打斜桩。 2. 使用压缩空气时，可用于水下打桩。 3. 可用于拔桩、吊锤打桩
振动桩锤	沉桩速度快，适用性强，施工操作简单安全，能打各种桩，并能帮助卷扬机拔桩；但不适于打斜桩	1. 适于打钢板桩、钢管桩，长度在15m以内的打入式灌注桩。 2. 适于粉质黏土、松散砂土、黄土和软土

柴油锤锤重选择表　　表6-8

锤　型		柴油锤（t）					
		2.0	2.5	3.5	4.5	6.0	7.2
性能	总质量(t)	4.5	6.5	7.2	9.6	15.0	18.0
	冲击力(kN)	2000	2000～2500	2500～4000	4000～5000	5000～7000	7000～10000
适用的桩规格	边长或直径 (cm)	25～35	35～40	40～45	45～55	50～55	55～60
	钢管桩直径 (cm)	40	40	40	60	90	90～100
锤的常用控制贯入度 (cm/10 击)			2～3		3～5	4～8	
设计单桩极限承载力 (kN)		400～1200	800～1600	2500～4000	3000～5000	5000～7000	7000～10000

注：1. 本表仅供选锤用；

　　2. 本表适用于20～60m(多节)长预制桩及40～60m(多节)长钢管桩，且桩尖进入硬土层有一定深度。

6.1.2　压入桩施工机械

6.1.2.1　常用压入桩施工机械的种类及适用范围

常用压入桩即静力压桩机是以压桩机的自重克服沉桩过程中的阻力，当静压力超过桩周上的摩阻力时，桩就沿着压梁的轴线方向下沉。静力沉桩具有无振动、无噪声的特点，在城市居住密集区施工有明显的优越性，并且由于桩身只承受垂直静压力，无冲击力和锤击拉应力，因而减少了桩身、桩头的破损率，提高了施工质量。

静力压桩机可分为机械式和液压式两种。机械式压桩力由机械方式传递，液压式由液压缸产生的静压力来压桩。

6.1.2.2　常用压入桩施工机械的技术性能

常用压入桩施工机械的技术性能参见表6-9。

静力压桩机的主要技术性能　　表6-9

型　　号	YZY80	YZY120	YZY160	WYC150	DYG320
最大夹持力 （kN）	2600	3530	5000	5000	6000
最大夹入力 （kN）	800	1200	1600	1500	3200
最大顶升力 （kN）	1440	2430	1840	3000	
最大桩段长度 （m）	12	12	10	15	20
最大桩截面 （mm×mm）	400×400	400×400	450×450	400×400	45～63号 工字钢
最小桩截面 （mm×mm）	300×300	350×350	350×350	350×350	
主电动机功率 （kW）	30	30	40	40	55
总质量（t）	110	120	188.5	180	150

6.1.3　钻孔灌注桩施工机械

　　钻孔灌注桩的施工根据水文地质的条件不同，其成孔方式可分为干作业成孔与湿作业成孔两大类，干作业施工的成孔机械主要有螺旋钻孔机、机动洛阳铲挖孔机；湿作业施工的成孔机械主要有全套管护壁成孔桩机、转盘式（回转式）钻孔机、回转斗式钻头成孔机、潜水电钻机、冲击式钻孔机、冲抓锥成孔机等。

6.1.3.1　螺旋钻孔机械的种类及适用范围

　　螺旋钻孔机可分为长螺旋钻孔机（图6-6）与短螺旋钻孔机（图6-7）两种，用于干作业螺旋钻孔的施工。

图6-6　ZJB6 长螺旋钻孔机

图6-7　KD1500 短螺旋钻孔机

　　螺旋钻孔机具有振动小、噪声低、不扰民、造价低、无泥浆污染、设备简单、混凝土灌注质量较好的特点；钻进速度快，混凝

　　灌注质量较好，单桩承载力较打入式预制桩低，桩端或多或少留有虚土，适用范围限制较大。

　　螺旋钻成孔适用于地下水位以上的填土层、黏性土层、粉土层、砂土层和粒径不大的砾砂层，但不宜用于地下水位以下的上述各类土层以及碎石土层、淤泥层、淤泥质土层。对非均质含碎砖、混凝土块、条块石的杂填土层及大卵石层，成孔困难大。

6.1.3.2　螺旋钻孔机械的技术性能

　　·1. 长螺旋钻孔机的主要技术性能（表6-10）

长螺旋钻孔机的主要技术性能　　表6-10

型　　号	BQZ	KLB	ZKL400B	LZ	ZKL650Q
钻孔深度（m）	8～10.5	12	12(15)	13	10
钻孔直径（mm）	300～400	300～600	300～400	300～600	350 510 600
机头电动机功率 （kW）	22	40	30	30	40
卷扬电动机功率 （kW）	10		11.4		
卷扬起重能力 （kN）	30	90	20		
整机回转角度	190°	100°	120°		60°
桩架形式	步履式	步履式	步履式	履带吊 W1001	汽车式
整机质量（kg）	10000	13000	12500		25000

　　2. 短螺旋钻孔机的主要技术性能（表6-11）

短螺旋钻孔机的主要技术性能　　表6-11

型　　号	TEXOMA300	TEXOMA600	TEXOMA7011	ZKL1500	BZ-1
钻孔直径 （mm）	1828	1828	1828	1500	300～800
钻孔深度 （m）	6.09	10.6	18.28	70(最大) 40(标准)	11.8
主轴前后移动 距离（mm）	91.4	91.4	91.4		
主轴左右倾角	35°	9°	6°		
主轴前倾角	15°	15°	10°		
主轴后倾角	15°	15°	10°		
动力形式	柴油机	柴油机	柴油机	柴油机	液压泵
功率（kW）	80	100	100	83	40
底盘形式	车装式	车装式	车装式	履带式	车装式
总质量（kg）	17200	24000	27600		8000

6.1.3.3　全套管钻孔机械的种类及适用范围

　　全套管施工法又称贝诺托法，配合这个施工工艺的设备称为全套管设备或全套管钻孔机。在打孔时，可以确切地分析清楚持力层的土质，因此可随时确定混凝土灌注深度；在软土地基中，由于套管先行压入，因此不会引起塌孔，不必采用任何护壁方式，可在邻近建筑物处施工；可以在除岩层外的任何土层钻竖直孔、倾斜孔，特别适用于斜桩的需要。同时，采用全套管钻孔机施工机身庞大沉重，施工时要有较大场地。此外，在水上作业时，费用较高；在软土地区施工，将使周围地基因振动而松散；若地下水位以下有较厚的细砂层时（厚度在5m以下），造成挖掘困难；当桩尖持力层位于砂层时，往往在水头控制不当，引起翻砂现象，使持力层松软；灌注混凝土过程中，往往在提升导管时将钢筋笼带起；全套管钻孔机适用于除岩层以外的任何土质，但在孤石、泥岩层或软岩层成孔时，成孔效率将显著降低。

　　全套管钻孔主要由主机、钻机、套管、锤式抓斗、钻架等组成，其构造如图6-8所示。

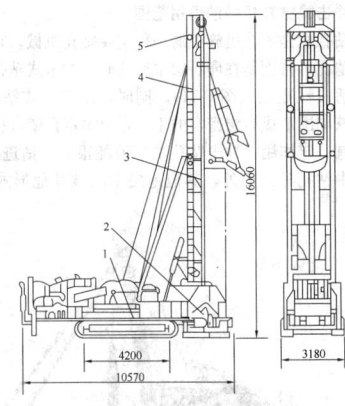

图 6-8 整机式全套管钻孔机构造图
1—主机；2—钻机；3—套管；4—锤式抓斗；5—钻架

6.1.3.4 全套管钻孔机械的技术性能

全套管钻孔机械的主要技术性能参见表 6-12。

全套管钻孔机的主要技术性能 表 6-12

型　号	MT120	MT130	MT150	MT200	20TH	20THC	20THD	30THC	30THCS	50TH
钻孔直径 (m)	1.0～1.2	1.0～1.3	1.0～1.5	1.0～2.0	0.6～1.2	0.6～1.2	0.6～1.3	1.0～1.5	1.0～1.5	1.0～2.0
钻孔深度 (m)	35～50	35～60	40～60	35～60	27	35～40	35～40	35～40	35～45	35～40
工作状态外形尺寸 (mm) 长度	7580	8700	10570	11020	7815	7810	8060	9450	9710	10745
宽度	3300	3100	3180	3490	3700	2820	2820	3200	3200	4574
高度	11180	14965	16060	16060	15300	10460	11960	13300	13300	16774
质量 (kg)	24000	30000	51000	54000	27000	23000	24000	37500	37900	50000
摇动扭矩 (kN·m)	510	680	1480	1600	460	506	632	1350	1350	1810
最大压管力 (kN)	150	200	300	350		150	150	260		
最大拔管力 (kN)	440	600	1180	1180	420	420	520	920	920	920
千斤顶能力 (kN)	640	800	1000	1000		560	700	1350		
摇动角度	15°	13°	12°	12°	17°	12°	12°	13°	13°	17°
发动机额定功率 (kW)	125	114	125	125	72	106	106	162	162	96×2
卷扬机起重力 (kN)	35	35	50	50		30	30	60		
卷扬机提升速度 (m/min)	120	120	120	120		120	120	90		
接地压力 (MPa)	0.08	0.072	0.094	0.104		0.06	0.067	0.079		
爬坡能力	19°	16°	15.3°	13.3°		12°	12°	17°		
适用套管 (m)	4	6	6	6		6	6	6		

6.1.3.5 转盘式钻孔机械的适用范围

转盘式钻孔机械基本构造是将动力系统动力通过变速、减速系统带动转盘驱动钻杆钻进，并通过卷扬机构或油缸升降钻具施加钻压，钻渣通过正循环或反循环排渣系统排到泥浆池（图 6-9）。转盘式钻孔机具有噪声低和无振动的特点，对地层的适应性较强，但

对直径大于 2/3 钻杆内径的松散卵石层却无能为力。

图 6-9 KP2000 转盘式钻孔机械

6.1.3.6 转盘式钻孔机械的技术性能

转盘式钻孔机械的主要技术性能参见表 6-13。

转盘式钻孔机械的主要技术性能 表 6-13

型　号	KP1000	KP1500	KP2000	KP3000	KP3500	GPS-10	GPS-15	GPS-20
钻孔直径 (mm)	1000	1500	2000	3000	3500	1500	1500	2000
钻孔深度 (m)	40	60	60	80	130	50	50	80
水龙头提升能力 (kN)	60	150	200	600	1200			
钻杆内径 (mm)	69	120	195	241	275			
转盘电机功率 (kW)	22	15/24	20/30	75	30×4	30	30	37
卷扬机牵引力 (kN)	20	30	30	75	75	20	30	30
钻机质量 (t)	5.5	15	26	62	47	6.47	8	10

6.1.3.7 回转斗式钻孔机械的种类及适用范围

回转斗式钻孔机械使用特制的斗式回转钻头，在钻头旋转时切土进入土斗，装满土斗后，回转停止旋转并提出孔外，打开土斗弃土，并再次进入孔中旋切土，重复进行直至成孔。用斗式钻机施工，其排渣方法独特，不需要反循环旋转钻机施工需要的排渣系统诸多机具和设施，施工消耗低，施工工艺简单。由于采用频繁提升，下降的回转斗对孔壁的扰动较大，容易塌孔，所以对护壁泥浆的制备要求较高。

回转斗式钻孔机械适用于除岩层以外的各种地质条件，排渣设备设施简单，对泥浆排放较严的地区比较有利；缺点是对桩长、桩直径有一定限制，在某些地质条件下，回转斗施工的速度不理想，对泥浆的质量要求比较高，施工选用时要加以综合比较选用。

回转斗式钻孔机械按照驱动方式可以分为电动与液压马达驱动；按照钻机机架与动力可分为履带式、步履式、导杆式、短立柱式和液压式。

6.1.3.8 回转斗式钻孔机械的技术性能

回转斗式钻孔机械的主要技术性能参见表 6-14。

回转斗式钻孔机的主要技术性能　　表 6-14

型　号		20H	20HR	TH55	KH100	ED400	DH300	RT3S
最大钻孔直径(mm)	一般土层	1000	1200	1500	1700	1500	1300	2200
	软弱土层				1700	2000	1700	
	装上铰刀	2000	2000	2000		2000		
钻孔深度(m)	不用加深杆	24.0	27.0	30.0	33.0	43.0	33.0	42.0
	用加深杆			42.0	40.0	43.0	53.0	78.0
钻斗转速(r/min)	高速			30	26	28	20	31
	低速			15	13	14	12	14
钻斗提升力 (kN)				100	120	135	120	160
发动机功率 (kW)		48	49	88	91	114	95	118
整机质量(kg)		20500	22000	35000	39400	43600	39800	
底盘形式		履带式		履带式		履带式	车装式	履带式

6.1.3.9　潜水钻孔机械的种类及适用范围

潜水钻孔机设备简单、体积小、成孔速度快、移动方便，近年来被广泛地使用于覆盖层中进行成桩作业。以潜水电动机作动力，工作时动力装置潜在孔底，耗动力少，钻孔效率高；电动机防水性能好，过载能力强，运转时温度较低；可采用正、反两种循环方式排渣（图 6-10）；与全套管钻孔机相比，自重轻，没有很大的拔管反力，因此钻架对地基承载力要求小；钻孔时不需要提钻排渣，所以钻孔效率高；只要循环水不发生间断，孔壁不会塌，且成孔精度高。

图 6-10　KQ 系列潜水钻孔机械

潜水钻孔成孔适用于填土、淤泥、黏土、粉土、砂土等地层，尤其适于在地下水位较高的土层中成孔，但不宜用于碎石土层。由于潜水钻孔机不能在地面变速，且动力输出全部采用刚性传动，对非均质的不良地层适应性较差，加之转速较高，不适合在基岩中钻进。

潜水钻孔机按冲洗液排渣方式可分为正循环排渣与反循环排渣；按行走装置分为简易式、轨道式、步履式和车载式。

6.1.3.10　潜水钻孔机械的技术性能

潜水钻孔机械的主要技术性能参见表 6-15。

潜水钻孔机的主要技术性能　　表 6-15

型　号		KQ800	KQ1250A	KQ1500	KQ2000	KQ2500	KQ3000
钻孔直径(mm)		450～800	450～1250	800～1500	800～2000	1500～2500	2000～3000
钻孔深度(m)	潜水钻法	80	80	80	80	80	80
	钻斗钻法	35	35	35			
潜水电动机功率(kW)		22	22	37	44	74	111
整机外形尺寸(mm)	长度	4306	5600	6850	7500		
	宽度	3260	3100	3200	4000		
	高度	7020	8742	10500	11000		
整机质量(kg)		7280	10460	15430	20180	32000	

6.1.3.11　冲击式钻孔机械的适用范围

冲击式钻孔机是灌注桩施工的一种主要钻孔机械，它能适应各种不同地质情况，特别是在卵石层中钻孔时，冲击式钻孔机比其他形式钻孔机适应性更强（图 6-11）。同时，用冲击式钻孔机钻孔，成孔后，孔壁周围形成一层密实的土层，对稳定孔壁、提高桩基承载能力，均有一定作用。冲击钻功率消耗很大，钻进效率较低，除在卵石层中钻孔时采用外，其他地层中已被其他形式的钻机所取代。

图 6-11　CZ 系列冲击式钻孔机械

6.1.3.12　冲击式钻孔机械的技术性能

冲击式钻孔机械的技术性能参见表 6-16。

国产常用冲击式钻孔机的技术性能　　表 6-16

性能指标 \ 型号	SPC300H	GJC-40H	GJD-1500	YKC-31	CZ-22	CZ-30
钻孔最大直径(mm)	700	700	2000(土层) 1500(岩层)	1500	800	1200
钻孔最大深度(m)	80	80	50	120	150	180
冲击行程(mm)	500, 650	500, 650	100～1000	600～1000	350～1000	500～1000
冲击频率(次/min)	25, 50, 72	20～72	0～30	29, 30, 31	40, 45, 50	40, 45, 50
冲击钻重量(kg)			2940		1500	2500
卷筒提升力(kN)	30	30	39.2	55	20	30
驱动动力功率(kW)	118	118	63	60	22	40
钻机重量(kg)	15000	15000	20500		6850	13670

6.2　地下连续墙施工机械

6.2.1　钢筋混凝土地下连续墙施工机械

6.2.1.1　软土地层钢筋混凝土地下连续墙施工机械

软土地层钢筋混凝土地下连续墙施工主要采用抓斗式成槽机和多头钻成槽机。

1. 抓斗式成槽机

目前，常用的钢筋混凝土地下连续墙抓斗有三大类：悬吊式抓斗（配合履带式起重机作业）、导板式抓斗和导杆式抓斗。悬吊式抓斗的刃口闭合力大，成槽深度深，同时配有自动纠偏装置，可保证抓斗的工作精度，是中大型地下连续墙施工的主要机械，图 6-12 为 MHL 型悬吊式抓斗构造图，其主要性能参见表 6-17；导板式抓斗结构简单，成本低，在国内使用较为普及，其主要性能参见表 6-18；导杆式抓斗由于其成槽深度有限，应用并不广泛。

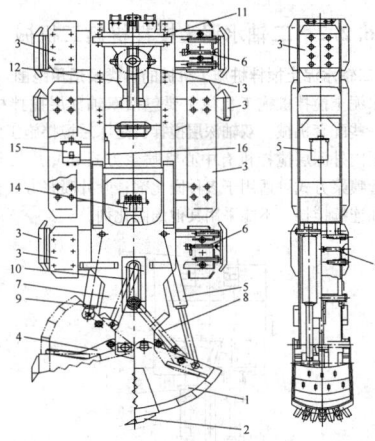

图 6-12　MHL 型悬吊式抓斗构造图

1—抓斗；2—斗齿；3—导板；4—刮土板；5—开
闭油缸；6—导向油缸；7—固定座；8—A 杆；
9—B 杆；10—滑槽；11—压板；12—滑轮托架；
13—滑轮总成；14—传感器；15—终端接线盒；
16—传感元件

2. 多头钻成槽机

多头钻成槽机又称为并列式钻槽机，是一种并列许多钻头，同时旋转切削土壤、反循环排渣的钻机。其主要性能参见表 6-19。

MHL 型悬吊式抓斗的主要技术性能　表 6-17

油槽容量（L）		700		
型号 项目		MHL5070AY	MHL60100AYH	MHL80120AY
抓斗规格	容量（m³）	0.6/0.74/ 0.86	0.65/0.75/ 0.85/1.05	0.95/1.09/ 1.15/1.3
	自重（t）	8.3/8.8/ 9.2	10.7/11.2/ 11.5/12.0	10.0/10.7/ 11.0/11.9
	总质量（t）	9.5/10.28/ 10.92	12.0/12.7/ 13.5/14.1	11.9/12.8/ 13.3/14.5
	刃口力	14MPa/328kN	14MPa/425kN	14MPa/656kN
	开启时间（s）	约 12.5	约 16	约 25
	关闭时间（s）	约 18	约 23	约 36
液压装置规格	使用压力 （MPa）		14	
	主排出量 （L/min）		120/144	
	主电动机功率 （kW）		4P—45	
	卷盘电动机功率 （kW）		4P—7.5	

导板式抓斗成槽机的主要技术性能　表 6-18

	型式 项目	中心提拉式	斗体推压式
抓斗	斗容量（m³）	0.3	0.3
	长度（mm）	2100	2200
	宽度（mm）	600	580
	高度（mm）	3080	4310
	质量（kg）	1800	4000
潜水电钻	功率（kW）		30
	钻头转速（r/min）		215
	钻机直径（mm）		345
	钻机长度（mm）		1560
	钻孔直径（mm）		600～800
	钻孔深度（m）		50
	质量（kg）		700

多头钻成槽机的主要技术性能　表 6-19

	型号 项目	SF-60 型	SF-80 型
钻机尺寸	外形尺寸 （mm×mm×mm）	4340×2600 ×600	4540×2800 ×800
	钻头个数	5	5
	钻头直径（mm）	600	800
	机头质量（kg）	9700	10200
成槽能力	成槽宽度（mm）	600	800
	一次成槽有效长度（mm）	2000	2000
	设计挖掘深度（m）		40～60
	挖掘效率（m/h）		8.5～10.0
	成槽垂直精度		1/300
机械性能	潜水电机（kW）		4 级 18.5×2
	传动速比		i=50
	钻头转速（r/min）		30
	反循环管内径（mm）		150
	输出扭矩（N·m）		7000

6.2.1.2　砂砾地层钢筋混凝土地下连续墙施工机械

砂砾地层钢筋混凝土地下连续墙施工成槽机械主要有液压铣槽机、抓斗成槽机、钢丝绳冲击成槽机。

1. 液压铣槽机

液压铣槽机是一种带有 3 个潜入孔底的液压马达和泥浆反循环系统的地下连续墙铣槽机械，成套设备包括起重机、铣槽轮总成、泥浆站三部分，液压铣槽机主要性能参见表 6-20。

液压铣槽机主要生产厂家及规格型号　表 6-20

生产厂家	规格型号	铣轮性能参数
德国宝峨公司	BC15/BC20	扭矩 2×30kN·m，重量 12～20t，长×宽×高 2.2m×（0.5～1）m×10.7m
	BC33	扭矩 2×81kN·m，重量 25～32t，长×宽×高 2.8m×（0.64～1.5）m×8.5m
	BC40	扭矩 2×81kN·m，重量 20～35t，长×宽×高 2.8m×（0.64～1.5）m×12m
德国宝峨公司	BC50	扭矩 2×100kN·m，重量 30～45t，长×宽×高 2.8m×（0.8～1.8）m×11.5m
	CB25（矮尺寸）	高 5m，功率 365～414kW，铣槽深度 60m
	MBC30	高 5～6.5m，功率 634kW，铣槽深度 54m
法国地基建筑公司	HF4000	扭矩 40kN·m，功率 110kW，重量 30～50t，排渣泵流量 450m³/h，宽度 630～2000mm
	HF8000	扭矩 80kN·m，功率 220kW，重量 30～50t，排渣泵流量 450m³/h，宽度 630～2000mm
	HF12000	扭矩 120kN·m，功率 220kW，重量 30～50t，排渣泵流量 450m³/h，宽度 630～2000mm
	改进 02 型	扭矩 2×40kN·m，重量 32t，排渣泵流量 450m³/h，压力 7.5bar
	HC03 紧凑型	扭矩 2×80kN·m，重量 20～25t，排渣泵流量 450m³/h，压力 7.5bar
意大利卡沙哥兰地集团	K2	扭矩 2×36kN·m，重量 17t，排渣泵流量 450m³/h
	K3L	扭矩 2×67kN·m，重量 29t，排渣泵流量 450m³/h
	K3C	扭矩 2×67kN·m，重量 17t，排渣泵流量 450m³/h

2. 钢丝绳冲击成槽机

钢丝绳冲击成槽机是通过钻头向下的冲击运动破碎地基土，借助于泥浆护壁和出渣，形成连续钻孔，主要适用于砂砾土、卵石、岩基等。钢丝绳冲击成槽机技术性能参见表 6-21。

常用钢丝绳冲击成槽机技术性能   表 6-21

型号	CZ-20	CZ-22	CZ-30
开孔直径（mm）	635	710	1000
钻具最大质量（kg）	1000	1300	2500
钻具的冲程（m）	1.00～0.45	1.00～0.35	1.00～0.50
钻具冲击次数（次/min）	40, 45, 50	40, 45, 50	40, 45, 50
钻进深度（m）	120	150	180
工具、抽砂、辅助卷扬起重力（kN）	15, 10, 0	20, 13, 15	30, 20, 21
桅杆高度（m）	12.0	13.5	16.0
桅杆起重量（t）		5.0	25.0
电机功率（kW）	20	30	45
钻机质量（t）	6.27	7.5	13.5

6.2.1.3　嵌岩钢筋混凝土地下连续墙施工机械

嵌岩钢筋混凝土地下连续墙施工成槽机械主要有液压铣槽机、钢丝绳冲击成槽机等，机械性能可参考 6.2.1.2 砂砾地层钢筋混凝土地下连续墙施工机械。

6.2.1.4　泥浆搅拌机械

泥浆搅拌机械常用的有高速回转式搅拌机和喷射式搅拌机两类。高速回转式搅拌机由搅拌桶和搅拌叶片组成，是以高速回转（1000～1200r/min）的叶片使泥浆产生激烈的涡流，使泥浆搅拌均匀。喷射式搅拌机是一种利用喷水射流进行拌合的搅拌方式，其原理是利用泵把水喷射成射流状，利用喷嘴附近的真空吸力，把加料中膨胀土吸出与射流进行拌合，可以进行比较大的容量搅拌，高速回转式搅拌机主要性能参见表 6-22。

高速回转式搅拌机主要性能   表 6-22

型号	搅拌桶容量（m³）	搅拌桶尺寸（直径×高度）（mm）	搅拌机叶片回转速度（r/min）	功率（kW）	尺寸（长×宽×高）（mm）	质量（kg）
HM-250	0.20	700×705	600	5.5	1100×920×1250	195
HM-500	0.4×2	780×1100	500	11	1720×990×1720	550
HM-8	0.25×2	820×720	280	3.7	1250×1000×2000	400
GSM-15	0.5×2	1400×900	280	5.5×2	2400×1700×1600	900
MH-2	0.39×2	800×910	1000	3.7	1470×950×2000	450
MCE-200A	0.2	762×710	800～1000	2.2	1000×800×1250	180
MCE-600B	0.60	1000×1095		5.5	1600×900×1720	400
MS-1000	0.88×2	1150×1000	600	18.5×2	1850×1350×2600	850
MS-1500	1.2×2	1200×1300	600	18.5×2	2100×1350×2600	850
MCE-2000	2.0	1550×1425	550～650	15	2100×1550×1940	1200

6.2.2　二轴水泥土搅拌桩施工机械

6.2.2.1　二轴水泥土搅拌桩施工机械的种类及适用范围

二轴水泥土搅拌桩施工机械主要包括双轴深层搅拌机（图 6-13）以及一些配套机械，双轴深层搅拌机是深层搅拌施工的关键机械，目前国内外深层搅拌机有中心管喷浆方式和叶片喷浆方式两种，中心管喷浆方式可适用于多种固化剂；叶片喷浆方式适用于大直径叶片和连续搅拌，不能采用其他的固化剂。

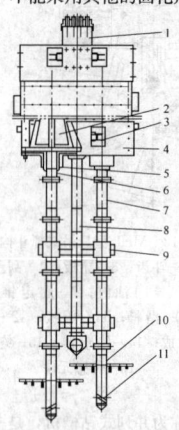

图 6-13　SJB 系列二轴水泥土搅拌桩施工机械
1—动滑轮组；2—减速器；3—导向块；4—箱体；5—套筒；6—连接轴；7—钻杆；8—输浆杆；9—保持架；10—搅拌头；11—搅拌叶片

6.2.2.2　二轴水泥土搅拌桩施工机械的技术性能

二轴水泥土搅拌桩施工机械的主要技术性能参见表 6-23。

二轴水泥土搅拌桩施工机械的主要技术性能   表 6-23

水泥深层搅拌机械		SJB-1	SJB-30	SJB-40
搅拌机械	搅拌轴数量（根）	2	2	2
	搅拌叶片外径（mm）	φ700～800	φ700	φ700
	电机功率（kW）	2×30	2×30	1×40
起吊设备	提升能力（kN）	＞100	＞100	＞100
	提升高度（m）	＞14	＞14	＞14
	接地压力（kPa）	60	60	40
水泥制配系统	灰浆拌制台数×容量（台×L）	2×200	2×200	2×200
	输浆量（L/min）	50	50	50
	集料斗容量（L）	400	400	400
技术指标	一次加固面积（m²）	0.71～0.88	0.71	0.71
	最大加固深度（m）	15.0	12.0	18.0
	加固效率（m/台班）	40～50	40～50	40～50
	总质量（t）（不包括吊车）	4.5	4.5	4.7

6.2.3　三轴水泥土搅拌桩（SMW 工法）施工机械

三轴水泥土搅拌桩（SMW 工法）是利用搅拌设备就地切削土体，并注入水泥系混合液搅拌形成均一的地基加固土，最常用的施工机械是三轴型钻掘搅拌机（图 6-14）。SMW 工法与传统的二轴深层搅拌桩不同之处在于：二轴搅拌桩施工时水泥浆充填在原土间隙中，不进行土体的置换；SMW 工法则在充填水泥浆时加入高压空气，同时钻机对水泥土进行充分搅拌并置换出大量的原状土。

6.2.3.1　三轴水泥土搅拌桩(SMW 工法)施工机械的种类及适用范围

1. 标准机型

SMW 工法标准机型主要技术性能（日本成幸株式会社生产）

图 6-14　国产 SMW 工法机

参见表 6-24。

SMW 工法标准机型主要技术性能（日本成幸株式会社生产）

表 6-24

钻头公称直径（mm）	$\phi650$	$\phi850$
行走底盘	DH608-120M	
桩架高度（m）	18～33	18～30
驱动电机	45～55kW 4/8P×2	75kW 4/6P×2
最大施工深度（m）	35.0	45.0

2. 低高度三轴水泥搅拌桩施工机型

为了适应城市高架下方等低空间场地的施工，SMW500D 系列机型的最低整机高度只有 5m，底盘可采用通用履带式或专用轨道式。

3. TMW 机型

与 SMW 标准机型相比，TMW 机型增加了两对侧面铣刀，由掘削搅拌轴通过螺旋齿轮驱动，切除地面头处掘削的残余部分，修平地槽壁面。侧面铣刀同时加强了搅拌效果，并可扩大搅孔间距，提高施工效率。TMW 工法的施工顺序采用与 SMW 工法相同的全重叠搭接法，对冲击值 N 大于 50 的地质，也采用预钻孔方式。

6.2.3.2　三轴水泥土搅拌桩（SMW 工法）施工机械的技术性能

三轴水泥土搅拌桩施工机械的主要技术性能参见表 6-25、表 6-26。

国产 SMW 工法机主要技术性能　表 6-25

机　型			SJB-37×2	SJB-42/30×4
搅拌头数量（根）			2	4
搅拌头直径（mm）			2×ϕ700	4×ϕ700
电机功率（kW）			2×37	4×42/30
动力头质量（t）			3.2	6
加固面积（m²）			0.71	正方形　1.38
				一字形　1.42
成墙深度（m）			28 左右	28 左右
成墙施工工艺			二喷三搅	一喷二搅或二上二下
			双排桩搭接 200mm	双排桩　搭接 260mm
				单排桩　套接一孔位
一次成墙长度（mm）	双排桩		700	双排桩　1260
	单排桩			单排桩　1820
水泥土搅拌均匀性	双层拌叶	均速喷浆搅拌均匀		四层搅拌叶　搅拌均匀性好
		不均速喷浆	均匀性不稳定	慢速喷浆
墙体插入			好	很好
H 型钢插入			较容易	容易
施工涌土量			较少	较多
施工速度			较慢	快

国外 SMW 工法机主要技术性能表（日本三和机材株式会社生产）

表 6-26

机种分类	合流一体机				高速部脱卸型		
型号	50-3-J	80-3-J	120-3-J	150-3-J	200-3-B	200-3-B	240-3-B
功率（kW）	37×1	30×2	45×3	55×2	75×2	75×2	90×2
旋转接头口径（mm）	42	42	42	42	53	53	53
质量（t）	3.8	4.7	7.5	9.5	9.7	11.7	11.7
轴间距离（mm）	450	450	450	450	450	600	600

6.2.4　咬合桩施工机械

咬合桩的施工机械包括全套管钻孔机械、取土机械、挖运土方设备、抽水设备、钢筋加工等施工机械，主要施工机械是全套管钻孔机械。

6.2.4.1　咬合桩施工机械的种类及适用范围

根据成孔设备硬法咬合桩可分为以下三种：

1. FCEC 双回转套管机（图 6-15）

优点：成孔速度快、清障和切割能力强、可紧贴周边建筑施工、所需施工场地小，能完成 30m 以上的咬合桩施工。

缺点：三种方法中费用最高。

2. 全回转套管机（CD 机）（图 6-16）

优点：清障和切割能力强，能完成 30m 以上的咬合桩施工。

缺点：施工速度慢、施工场地要求高、不能紧贴周边建筑施工、费用较高。

3. 旋挖钻机（图 6-17）

图 6-15　FCEC 双回转套管机　　　图 6-16　CD 机

图 6-17　旋挖钻机

优点：费用低、施工速度快、能紧贴周边建筑施工。

缺点：清障和切割混凝土的能力差、只能施工 20m 以内的咬合桩。

6.2.4.2　咬合桩施工机械的技术性能

1. FCEC 正逆同步双回转套管机

旋挖钻机以履带自行走机械为基架，主要通过液压旋转动力装置驱动钻杆泥浆护壁旋挖取土钻孔，满足不同深度、规格的钻孔灌注桩施工，SWRD25 最深可至 75m，垂直度可达到 1/300 以上，额定扭矩达 25t•m，极限扭矩 28t•m；最大起拔力 25t；配置钻

桶旋转挖掘土体，钻桶长度一般不超过 1.5m；施工部位离建筑物不少于 0.5m；自配动力，能自行埋设灌注桩钢护筒（2～6m），钻孔灌注桩成孔一机完成。

2. CD 机

能够对单轴压缩强度为 137～206MPa 的巨砾、岩床进行切削；在砂砾、软岩层等地层的挖掘深度可达 62m，在淤泥、黏土层等地层的挖掘深度可达 73m；垂直精度可达 1/500；起拔力可达 300t；对于地下存在钢筋混凝土结构、钢筋混凝土桩、钢桩等的地层具有切割穿透的能力，并能将其除除；通过自动控制套管的压入力，可以保持符合切削对象最合适的切削状态，以及防止切割钻头的超负荷。

3. 旋挖钻机

在土层、砂砾、软岩层等地层的挖掘取土深度可达 65m；垂直精度可达 1/300；主卷扬起拔力可达 25t，最大扭矩为 25t·m；通过自动控制套管的压入力，可以保持符合切削对象最合适的切削状态，以及防止切割钻头和驱动装置的超负荷。

6.2.5 钢板桩施工机械

钢板桩施工主要采用桩锤打入的方式进行施工，打入的施工机械见预制桩的沉桩机械。钢板桩施工结束后，一般均需要拔除，常见的拔桩方式有两种：振动锤拔桩和重型起重机与振动锤共同拔桩。

6.2.5.1 钢板桩施工机械的种类及适用范围

钢板桩的打入和拔除机械选择时主要根据地质特性以及钢板桩的型号、深度而定，具体机械选型方法可参照本书的预制桩打入机械选型原则执行。

6.2.5.2 振动锤拔桩施工机械的技术性能

振动锤拔桩机械技术性能参见表 6-27。

振动锤拔桩机械技术性能　　表 6-27

	型号	VM2-2500E	VM2-4000E	VM2-5000A	VM4-10000A
	电动机功率（kW）	45	60	90	150
拔桩	H、I 形钢板桩长（m）	20	22	25	30
	U 形钢板桩长（m）	≤20（Ⅳ型）	≤22（Ⅳ型）	≤25（Ⅳ型）	≤30（Ⅳ型）
	吊车吊装能力（t）	25	25	30	30

6.3 地基处理机械

6.3.1 注浆施工机械

地基注浆是通过钻机或其他设施，压送到需要注浆的地基中的一种施工技术，注浆机械主要包括三部分：钻孔机械、注浆泵、辅助机械。

6.3.1.1 注浆施工机械的种类及适用范围

注浆施工的钻孔机械目前主要采用回转式钻机，包括立轴式回转钻机、转盘式回转钻机、动力头回转钻机等。立轴式回转钻机体积小、占地小、质量小，调速范围大，扭矩较大，工程中使用最多；转盘式回转钻机是一种大扭矩、低转速的钻机，它对地层适应性强，钻孔直径大，多用于大口径的钻孔施工；动力头回转钻机可以打任何角度的孔（水平孔、下向孔、上向扇面孔），主要使用在锚固孔、爆破孔、勘探孔、排水孔等工程施工中。

6.3.1.2 注浆施工机械的技术性能

注浆施工机械技术性能参见表 6-28。

注浆施工机械技术性能　　表 6-28

设备种类	型号	性能	重量（kg）
钻探机	立轴旋转式 D-2	340 给油式；旋转速度：160、300、600、1000r/min；功率：5.5kW；钻杆外径：40.5mm；轮周外径：41.0mm	500

续表

设备种类	型号	性能	重量（kg）
注浆泵	卧式二连单管复活活塞式 BGW 型	容量：16～60L/min；最大压力：3.62MPa；功率：3.7kW	350
水泥搅拌机	立式上下两槽式 MVM5 型	容量：上下槽各 250L；叶片旋转速度：160r/min；功率：2.2kW	340
化学浆液混合器	立式上下两槽式	容量：上下槽各 220L；搅容量：20L；手动式搅拌	80
齿轮泵	KI-6 型齿轮旋转式	排出量：40L/min；排出压力：0.1MPa；功率：2.2kW	40
流量、压力仪表		流量计测定范围：40L/min；压力计：3MPa	120

6.3.2 旋喷桩施工机械

6.3.2.1 旋喷桩施工机械的种类及适用范围

因采用的旋喷方式不同，机具也不同。机具主要包括钻机、高压泵、泥浆泵、空压机、注浆管、喷嘴、流量计、输浆管、制浆机等。进行旋喷注浆施工机具的组配是比较简单的，多是一般施工单位中常备的机具，只要适当选择和加工少量专用零部件，即可配套进行旋喷注浆施工。这里主要介绍注浆管和喷嘴。

1. 单旋喷管

单旋喷管的主要结构分为导流器、钻杆、喷头三个部分。

2. 二重旋喷管

二重旋喷管是在单管旋喷基础上发展起来的。浆液和压缩空气分别输入二重管内两个互不串通的管道，使压缩空气从喷头外的环状喷嘴喷出，而形成环状射流，包围在高压浆液喷射流的外侧。二重旋喷管也是由导流器、钻杆和喷头三部分组成。

3. 三重旋喷管

三重旋喷管是在二重旋喷管的基础上发展起来的。它克服了单管旋喷存在的加固直径小、易堵管、机械磨耗大、浆液难以回收再利用等缺点，成为旋喷工艺中的一项重大革新。

三重旋喷管工艺中的关键是三重旋喷管机具，它由导流器、三重钻杆和喷头组成。根据三重旋喷工艺要求，喷头在喷射介质喷流的过程中，要做连续旋转、提升运动。旋喷时，高压泵输送（压力为 20～30MPa、流量为 60～120L/min）清水；空气压缩机输送（压力为 0.7MPa、流量为 0.6～1.0m³/min）空气；中压泥浆泵输送（压力为 2～3MPa、流量为 60～120L/min）浆液。我国目前大多数单位都是选择不同直径的三根管子套在一起，即轴线重合的三重旋喷管。

6.3.2.2 旋喷桩的主要施工设备

一套旋喷桩施工设备配备如表 6-29 所示。

旋喷桩施工主要设备（每套）　　表 6-29

设备名称	型号	数量
潜水泵		2
钻机	XY-2（液压 300 型）	1
空压机	2V-6/8	1
高压泥浆泵	PP-120	1
高压胶管		若干
高压台车	CYP-50	1
送泥泵	HB-80	2
搅拌机	WJG-80	1
灌浆机	HB/80	1

6.3.3 深层搅拌桩施工机械

6.3.3.1 单轴深层搅拌桩施工机械的种类及适用范围

目前国内常用的深层搅拌桩施工机械分为动力式及转盘式两大类，转盘式深层搅拌桩机的主要优点是：重心低，比较稳定，钻进及提升速度易于控制。动力式深层搅拌机可采用液压电动机或机

械式电动机—减速器，主机悬吊在架子上，重心高，必须配有足够质量的底盘，另一方面电机与搅拌钻具连成一体，质量较大，可以不必配置加压装置。

6.3.3.2 单轴深层搅拌桩施工机械的技术性能

1. 动力式单轴技术性能（表6-30）

常用动力式单轴技术性能　表 6-30

	机　型	CZB-600	DJB-14D
搅拌装置	搅拌叶片外径（mm）	600	500
	电机功率（kW）	2×30	1×22
起吊设备	提升能力（kN）	150	50
	提升高度（m）	14	19.5
	接地压力（kPa）	60	40
制浆系统	灰浆拌台数×容量（L）	2×500	2×200
	灰浆泵量（L/min）	281	33
	灰浆泵工作压力（kPa）	1400	1500
施工能力	一次加固桩面积（m²）	0.283	0.196
	最大加固深度（m）	15	19
	效率（m/台班）	60	100
	总质量（t）	12	4

2. 转盘式单轴技术性能（表6-31）

常用转盘式单轴技术性能　表 6-31

	机　型	GPP-5	PH-5G
搅拌装置	搅拌轴规格	108×108	114×114
	搅拌叶片外径（mm）	500	500
	电机功率（kW）	30	45
起吊设备	提升能力（kN）	78.4	78.4
	提升高度（m）	14	20
	接地压力（kPa）	34	30
制浆系统	灰浆拌台数×容量（L）	2×200	2×200
	灰浆泵量（L/min）	50	50
	灰浆泵工作压力（kPa）	1500	1500
施工能力	一次加固桩面积（m²）	0.196	0.196
	最大加固深度（m）	12.5	18
	效率（m/台班）	100~150	100~150
	总质量（t）	9.2	12.5

6.3.3.3 二轴、三轴深层搅拌桩施工机械

二轴、三轴深层搅拌桩施工机械见本手册 6.2.2 节和 6.2.3 节。

6.3.4 强夯法施工机械

6.3.4.1 强夯法施工机械的种类及适用范围

夯锤底面有圆形和方形两种，圆形不易旋转，定位方便，稳定

图 6-18 强夯法施工

性和重合性好，采用较广。锤底面积宜按土的性质和锤重确定，锤底静压力值可取 25~40kPa，对于粗颗粒土（砂质土和碎石类土）选用较大值，一般锤底面积为 2~4m²；对于细颗粒土（黏性土或淤泥质土）宜取较小值，锤底面积不宜小于 6m²。一般 10t 夯锤底面积用 4.5m²，15t 夯锤用 6m² 较适宜。

选择强夯法使用的起重机时，为了适应松软地基承载能力小和适用于强夯作业，宜选用接地压力小、稳定性好的履带式起重机，起重机的吊重和吊高应满足所选用的夯锤重和落距的要求，强夯法施工如图 6-18 所示。

6.3.4.2 强夯法施工机械的技术性能

强夯法施工机械的性能及技术参数参见表 6-32。

强夯法施工机械的性能及技术参数　表 6-32

夯机名称	夯锤质量（t）	提升高度（m）	锤底直径（m）	夯击能量（kN·m）
1252强夯机	15.0	13.34	2.50	200
Q25强夯机	15.6	12.83	2.50	200
QM-20J强夯机	15.0	6.67	2.50	100
W-1001强夯机	15.0	6.67	2.50	100

6.3.5 换填预压夯实法施工机械

换填预压夯实法的施工机械与土方压实机械和夯实机械相同，具体见本手册的相关章节。

6.3.6 水泥粉煤灰碎石桩（CFG）法施工机械

选择 CFG 桩的施工机械时，桩径较大时一般采用钻孔灌注桩的成桩设备，桩径较小时（350~400mm）都用振动沉管打桩机或螺旋机，有时也把振动沉管机与螺旋钻机联合使用。

6.3.6.1 水泥粉煤灰碎石桩（CFG）法施工机械的种类及适用范围

CFG 桩成桩常用三种施工方法：长螺旋钻孔灌注成桩、长螺旋钻孔管内泵压混合料灌注成桩和振动沉管灌注成桩。如何选择合理的成桩机械，应根据设计要求和现场实际的地质特性、地下水位埋深、场地周边环境是否对振动施工敏感等多种因素进行选择。

1. 长螺旋钻孔灌注成桩

该方法适用于地下水位以上的黏性土、粉土、素填土、中等密实以上的砂土等，属非挤土成桩工艺，具有穿透能力强、低噪声、无振动、无泥浆污染的特点，要求桩长范围内无地下水，以保证成孔时不会发生塌孔现象，并适用于对周边环境（如噪声、泥浆污染）要求比较严格的场地。

2. 长螺旋钻孔管内泵压混合料灌注成桩

该方法适用于黏土、粉土、砂土以及对噪声和泥浆污染要求严格的场地，具有低噪声、无泥浆污染、无振动的优点，在城市居民区施工受到限制，采用此法成桩，对周围居民和环境影响较小。

3. 振动沉管灌注成桩

由于振动打桩机施工效率高，造价相对较低，振动沉管灌注成桩是 CFG 桩施工的主要施工方法，该方法适用于无坚硬土层和粉土、黏性土、素填土、松散的饱和粉细砂地层条件，以及对振动噪声限制不严格的场地。振动沉管灌注成桩属挤土成桩工艺，对桩间土有挤密效应，可提高地基的承载力。当遇到较厚的坚硬黏土、砂土和卵石层时，振动沉管会发生困难，可考虑采用长螺旋钻引孔后再用振动成管机成孔；在饱和黏性土中成桩，会造成地表隆起，甚至挤断已完成的桩，且噪声和振动严重，在城市居民区施工受到限制。

6.3.6.2 水泥粉煤灰碎石桩（CFG）法施工机械的技术性能

常用水泥粉煤灰碎石桩的桩架及桩锤技术性能参见表 6-33、表 6-34。

部分振动沉管桩架型号及技术性能　表 6-33

项　目	ZJ40J	ZJ60J	DJB18	DJB25	DJB60
沉桩最大长度（m）	18	25	16	20	26
沉桩最大直径（mm）	400	500	350	500	500
最大加压力（kN）	120	200	78		
最大拔桩力（kN）	150	250	120	250	350
桩架质量（t）	18	26.5	28	30	60

振动沉管桩锤型号及技术性能　表 6-34

型号	电机功率（kW）	激振力（kN）	允许加压力（kN）	允许拔桩力（kN）	桩锤质量（t）
DZ45KS	22×2	270	100	130	3.7
DZ60KS	30×2	360	120	200	4.5
DZ75KS	37×2	440	140	200	5.2
DZ90KS	45×2	520	180	300	6.05

续表

型号	电机功率 (kW)	激振力 (kN)	允许加压力 (kN)	允许拔桩力 (kN)	桩锤质量 (t)
DZ40A	90	400/550		260	4.9/6.2
DZ60	90	410/680		260	6.67
DZG-37K	37	191.6	78	120	4.703
DZG-45K	45	239	98	160	4.8
DZG-75K	75	428	150	300	6.725

6.3.7 振冲挤密冲扩法施工机械

振冲挤密冲扩是采用振冲机具加密地基土或在地基中设置碎(卵)石桩并和周围土体组成复合地基,以提高地基的强度和抗滑及抗震稳定性的地基处理技术,振冲器是该技术的主要施工机械,振冲器通过自激振动并辅以压力水冲贯入土中,对土体进行加固(密实)。

6.3.7.1 振冲挤密冲扩法施工机械的种类及适用范围

目前振冲尚没有统一标准,各种振冲器的电动机、振动器的构造结构也不相同,其性能存在较大的差异,施工中可在现场进行试验确定振冲器的型号和施工参数。

6.3.7.2 振冲挤密冲扩法施工机械的技术性能

振冲挤密冲扩施工的振冲器主要技术性能参见表6-35。

振冲器主要技术性能   表 6-35

项 目		型 号			
		ZCQ13	ZCQ30	ZCQ55	BL-75
潜水电机	功率 (kW)	13	30	55	75
	额定电流 (A)	25.5	60	100	150
振动机体	振动频率 (1/min)	1450	1450	1450	
	不平衡部分质量 (kg)	31	66	104	
	动力矩 (N·cm)	1461	3775	8345	
	振动力 (N)	34321	88254	196120	160000
振动体直径 (mm)		274	351	450	426
振动体长度 (mm)		2000	2150	2359	3000
总质量 (kg)		780	940	1800	2050

6.3.8 特殊桩工施工机械

6.3.8.1 旋挖钻机

旋挖钻机是一种适合在建筑基础工程中成孔作业的施工机械,具有装机功率大、输出扭矩大、轴向压力大、机动灵活、施工效率高等特点,适应我国大部分地区的土壤地质条件。配合不同钻具,适应于短螺旋、回转斗及岩层的成孔作业。对干硬性黏土可不用稳定液护壁的干式旋挖工法,一般的覆盖层采用静态泥浆护壁的湿式旋挖工法,它广泛应用于桥梁、市政建设、高层建筑等基础的钻孔灌注桩工程。

(1) 广泛的适应性:在硬土地层,由于传统钻机的自重有限,不可能给钻头施加更大的给进压力。而旋挖钻机由于采用动力头装置,动力头的给进力加上钻杆的重量,钻进能力强。据统计,在相同的地层中,旋挖钻机的成孔速度是转盘钻机的5～10倍。

(2) 良好的环保性:目前国内传统钻机多采用连接钻杆形式和掏渣桶掏渣,在钻进过程中多采用泥浆循环方式,泥浆对于这类钻机起润滑、支护、置换和携带钻渣的作用。随着对城市建设环保要求愈加严格,传统钻机面临更大危机。

(3) 提高灌注桩的承载力:由于旋挖钻机的特殊成孔工艺,它仅需要静压泥浆作壁,所采用的泥浆一般用膨润土、火碱、纤维素等配置,在孔壁不形成厚重的泥皮。

国内主要旋挖钻机技术性能参见表6-36。

旋挖钻机技术性能   表 6-36

技术参数	三一重工旋挖钻机			山河智能旋挖钻机			徐工旋挖钻机			
	SR150C	SR360	SR250R	SW08	SW16	SWDM10	XR220	XR150	XR160	XR200
最大成孔直径 (mm)	1500	2500	2500	1300	1800	1300	2200	1500	1600	2000

续表

技术参数	三一重工旋挖钻机			山河智能旋挖钻机			徐工旋挖钻机			
	SR150C	SR360	SR250R	SW08	SW16	SWDM10	XR220	XR150	XR160	XR200
最大成孔深度 (m)	56	92		32	50	43	65	50	54	54
最大加压力 (kN)	150	280	400	100	110	100	160	114	160	160
最大起拔力 (kN)	160	280	400	120	150	150	180	148	180	180
工作状态高度 (mm)	18440	23196	22580	15130	18400	12730	21700	17260	18260	20500
工作状态宽度 (mm)	4000	4400	4490	3400	3600	2700	4400	3700	4300	4400
运输状态宽度 (mm)	3000	3000	3190	2500	3000	3100	3500	2600	2940	3500
最大总质量 (t)	45	90		32	40		71	38	54	68

6.3.8.2 潜孔钻机

潜孔钻机是冲击回转式钻机,其内部结构与一般凿岩机不同,其配气和活塞往复机构是独立的,即冲击器。其前端直接连接钻头,后端连接钻杆。凿岩时冲击器潜入孔内,通过配气装置(阀),使冲击器内的活塞(锤体)往复运动打击钎尾,使得钻头对孔底岩石产生冲击(图6-19)。冲击器在孔内的高速回转,则是由单独的回转机构,即由孔外的电动机或风动旋转装置,通过接在冲击器后端的钻杆来实现的。凿岩时产生的岩粉,则由风水混合气体冲洗排出孔外,混合气体是由排粉机构经钻杆中心注入冲击器,再经冲击器缸体上的气槽进入孔底。

图 6-19 SQ200 型潜孔钻机

应用范围:

(1) 各类岩土工程中钻凿炮孔,适合在深孔梯段爆破、大孔径深孔预裂爆破、光面爆破;

(2) 交通建设的修边护坡等的凿岩作业中;

(3) 城市高层建筑基坑的锚索孔钻进;

(4) 地源热泵及水电围堰注浆孔的钻进;

(5) 水井等大孔径基岩钻孔领域应用。

国内主要潜孔钻机技术性能参见表6-37。

潜孔钻机技术性能   表 6-37

技术参数	三一重工潜孔钻机	山河智能潜孔钻机			
	SQ200	SWDA200	SWDB90	SWDB120	SWDA165
钻孔直径(mm)	152～204	152～255	90～120	90～138	152～180
钻孔深度(m)		30	20	22	27
工作状态高度(mm)	3524	12600	7300	12500	11500
工作状态宽度(mm)	3498	4150	3050	3200	3540
提升能力(kN)	79	75	32	32	40
总质量(t)	21	27	12.5	15.5	23

6.3.8.3 水平定向钻机

水平定向钻机是在不开挖地表面的条件下,铺设多种地下公用设施(管道、电缆等)的一种施工机械,它广泛应用于供水、电

力、电信、天然气、煤气、石油等管线铺设施工中，它适用于砂土、黏土、卵石等地况，我国大部分非硬岩地区都可施工（图6-20）。

图6-20 KSD25型水平定向钻机

（1）中小型定向钻机多采用橡胶履带底盘，具有自行走功能，减小对人行道和草坪的损害。带钻杆自动装卸装置，可方便地装卸钻杆，减轻操作者的劳动强度，提高工作效率；大型钻机带随车吊，便于吊装钻杆。

（2）系列化程度高，从2t到600t，适合不同口径和长度、各类地层的施工；具有多种硬岩施工方法，如泥浆马达、顶部冲击、双管钻进，能进行软、硬岩层的施工。

国内主要水平定向钻机技术性能参见表6-38。

水平定向钻机技术性能　表6-38

技 术 参 数	中联重科水平定向钻机				徐工水平定向钻机	
	KSD25	SD12065	SD7535	SD6020	XZ160	XZ650
最大扭矩（N·m）	11500/5000	33750	20000	7100	5000	26000
最大回拖力（kN）	250	650	500	200	160	650
钻杆直径（mm）	89	127	89	60	60	102
主机外形宽度（mm）	2250	2600	2480	2230	2200	2800
主机外形高度（mm）	2950	3340	3140	1988	2350	3300
主机质量（kg）	16600	25000	17500	9600	10000	25000

6.4　降水工程施工设备

井点降水方法包括单层轻型井点、多层轻型井点、喷射井点、电渗井点、管井井点、深井井点、无砂混凝土管井点以及小沉井井点等。可根据土的种类、透水层位置及厚度、土层的渗透系数、水的补给源、要求降水深度、邻近建筑及管线情况、工程特点、场地及设备条件等情况，作出经济和节能比较后确定，选用一种或两种，或井点与明排综合使用。表6-39为各种井点适用的土层渗透系数和降水深度情况，可供选用参考。

各种井点的适用范围表　表6-39

项 次	井点类别	土层渗透系数（m/d）	降低水位深度（m）
1	单层轻型井点	0.1～80	3～6
2	多层轻型井点	0.1～80	6～9
3	喷射井点	0.1～50	8～20
4	电渗井点	<0.1	5～6
5	管井井点	20～200	3～5
6	深井井点	10～250	>15

6.4.1　轻型井点降水施工设备

轻型井点系在基坑的四周或一侧埋设井点管深入含水层内，井点管的上端通过连接弯管与集水总管连接，集水总管再与真空泵和离心水泵相连，启动抽水设备，在真空泵吸力的作用下，地下水经滤水管进入井点管和集水总管，由离心水泵的排水管排出，使地下水位降到基坑底以下。

轻型井点系统主要由井点管、连接管、集水总管及抽水设备等组成。

6.4.1.1　井点管

用直径38～55mm的钢管（或镀锌钢管），长度5～7m，管下端配有滤管和管尖，其构造如图6-21所示。滤管直径常与井点管相同，长度一般为0.9～1.7m，管壁上呈梅花形，钻直径为10～18mm的孔，管壁外包两层滤网，内层为细滤网，采用网眼30～50孔/cm²的黄铜丝布、生铁丝布或尼龙丝布；外层为粗滤网，采用网眼3～10孔/cm²的铁丝布、尼龙丝布或棕树皮。为避免滤孔淤塞，在管壁与滤网间用铁丝绕成螺旋状隔开，滤网外面再围一层8号粗铁丝保护层；滤网下端放一个锥形的铸铁头，井点管的上端用弯管与总管相连。

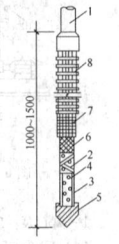

图6-21 滤管构造
1—外管；2—内管；3—喷射器；4—扩散管；5—混合管；6—喷嘴；7—缩节；8—连接座

6.4.1.2　连接管与集水总管

连接管用塑料透明管、胶皮管或钢管制成，直径为38～55mm。每个连接管均宜装设阀门，以便检修井点。集水总管一般用直径为75～100mm的钢管分节连接，每节长4m，一般每隔0.8～1.6m设一个连接井点管的接头。

6.4.1.3　抽水设备

轻型井点根据抽水机组类型不同，分为真空泵轻型井点、射流泵轻型井点和隔膜泵轻型井点三种。

1. 真空泵轻型井点抽水设备

真空泵轻型井点设备由真空泵一台、离心式水泵两台（一台备用）和气水分离器一台组成一套抽水机组，如图6-22所示。

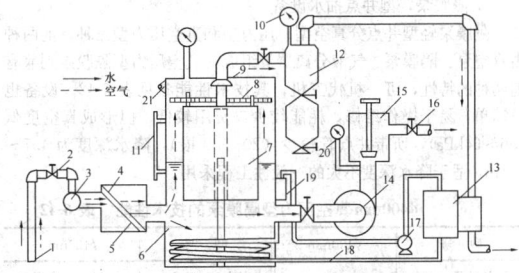

图6-22 真空泵轻型井点抽水设备工作简图
1—井点管；2—弯联管；3—集水总管；4—过滤箱；5—过滤网；6—水气分离器；7—挡水布；8—浮筒；9—挡水布；10—真空表；11—水位计；12—副水气分离器；13—真空泵；14—离心泵；15—压力箱；16—出水管；17—冷却水；18—冷却水管；19—冷却水箱；20—压力表；21—真空调节阀

国内的一些定型产品见表6-40，这种设备形成真空度高（67～80kPa）、带井点数多（60～70根）、降水深度较大（5.5～6.0m），但设备较复杂，易出故障，维修管理困难，耗电量大，适用于重要的较大规模的工程降水。

真空泵轻型井点设备的规格及技术性能　表6-40

名称	数量	规格及技术性能
往复式真空泵	1台	V5型（W6型）或V6型；生产率4.4m³/min，真空度100kPa，电动机功率5.5kW，转速1450r/min
离心式水泵	2台	B型或BA型；生产率30m³/h，扬程25m，抽吸真空高度7m，喇叭直径50mm，电动机功率2.8kW，转速2900r/min
水泵机组配件	1套	井点管100根，集水总管直径75～100mm，每节长1.6～4.0m，每套29节，总管上节间距0.8m，接头弯管100根，冲射用冲管1根，机组外形尺寸2600mm×1300mm×1600mm，机组重1500kg

注：地下水位降低深度5.5～6.0m。

2. 射流泵轻型井点抽水设备

射流泵轻型井点抽水设备由离心水泵、射流器（射流泵）、水箱等组成，如图6-23所示。

整套φ50型设备见表6-41，由高压水泵供给工作水，经射流泵后产生真空，引射地下水流。其设备构造简单，易于加工制造，效率较高，降水深度较大（可达9m），操作维修方便，经久耐用，耗能少，费用低，是一种有发展前途的降水设备。

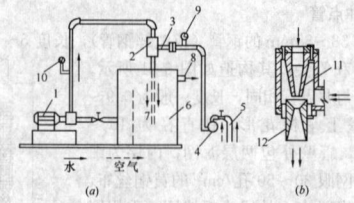

图 6-23　射流泵轻型井点抽水设备工作简图
(a) 工作简图；(b) 射流器构造

1—离心泵；2—射流器；3—进水管；4—集水总管；5—井点管；6—循环水箱；7—隔板；8—泄水口；9—真空表；10—压力表；11—喷嘴；12—喉管

φ50 型射流泵轻型井点设备的规格及技术性能

表 6-41

名称	数量	规格及技术性能	备注
离心泵	1台	3BL-9 型，流量 45m³/h，扬程 32.5m	供给工作水
电动机	1台	JO2-42-2，功率 7.5kW	水泵的配套动力
射流泵	1个	喷嘴 φ50mm，空载真空度 100kPa，工作水压 0.15～0.3MPa，工作水流 45m³/h，生产率 10～35m³/h	形成真空
水箱	1个	1100mm×600mm×1000mm	循环用水

注：每套设备带 9m 长井点管 25～30 根，间距 1.6m，总长 180m，降水深 5～9m。

3. 隔膜泵轻型井点抽水设备

隔膜泵轻型井点分真空型、压力型和真空压力型三种。前两种由真空泵、隔膜泵、气液分离器等组成；真空压力型隔膜泵则兼有前两种的特性，可一机代三机，其技术性能参见表 6-42。设备也较简单，易于操作维修，耗能较少，费用较低，但形成真空度低（56～64kPa），所带井点管较少（20～30 根），降水深度为 4.7～5.1m，适于降水深度不大的一般性工程采用。

φ400mm 真空压力型隔膜泵的技术性能　表 6-42

型　号	φ400mm	型　号	φ400mm
隔膜数量（根）	2	真空度（kPa）	93.3～100
隔膜频率（min⁻¹）	58	压力（MPa）	0.1～0.2
隔膜行程（mm）	90	工作流量（m³/h）	10
电机功率（kW）	3.0		

三种轻型井点的配用功率、井点管根数及集水管长度参见表 6-43。

三种轻型井点的配用功率、井点管根数及集水管长度参数

表 6-43

轻型井点类别	配用功率（kW）	井点管根数（根）	集水管长度（m）
真空泵轻型井点	18.5～22.0	80～100	96～120
射流泵轻型井点	7.5	30～50	40～60
隔膜泵轻型井点	3.0	50	60

6.4.2　喷射井点降水施工设备

喷射井点降水是在井点管内部装设制的喷射器，用高压水泵或空气压缩机通过井点管中的内管向喷射器输入高压水（喷水井点）或压缩空气（喷气井点）形成水气射流，将地下水经井点外管与内管之间的间隙抽出排走，如图 6-24 所示。

喷射井点降水系统主要由喷射井管、高压水泵（或空气压缩机）和管路系统组成。

6.4.2.1　喷射井管

喷射井管分内管和外管两部分，内管下端装有喷射器，并与滤管相接。喷射器由喷嘴、混合管、扩散管等组成，如图 6-25 所示。工作时，用高压水泵（或空气压缩机）把压力 0.7～0.8MPa（0.4～0.7MPa）的水经过总管分别压入井点管中，使水经过内外管之

间的环形空隙进入喷射器。由于喷嘴处截面突然缩小，使得喷射出的流速突然增大，高压水流高速进入混合室，使混合室内压力降低，形成瞬时真空，在真空吸力作用下，地下水经过滤管被吸收到混合室，与混合室里的高压水流混合，流入扩散室中，由于扩散室的截面顺着水流方向逐渐扩大，水流速度就相应减少，而水的压力却又逐渐增高，因而迫使地下水沿着井管上升流到循环水箱。其中一部分水用低压水泵排走，另一部分重新用高压水泵压入井点管作为高压工作水使用。如此循环作业，将地下水不断从井点管中抽走，使地下水逐渐下降，达到设计要求的降水深度。

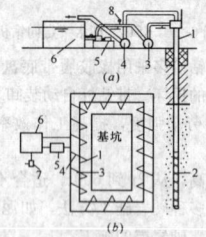

图 6-24　喷射井点设备及布置
(a) 喷射井点竖向布置；(b) 喷射井点平面布置

1—喷射井点管；2—滤管；3—进水总管；4—排水总管；5—高压水泵；6—集水池；7—低压水泵；8—压力表

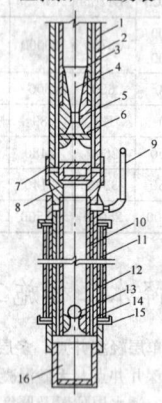

图 6-25　喷射井点管构造

1—外管；2—内管；3—喷射器；4—扩散管；5—混合管；6—喷嘴；7—缩节；8—连接座；9—真空测定管；10—滤管芯管；11—滤管有孔套管；12—滤管外缠滤网及保护网；13—逆止球阀；14—逆止阀座；15—护套；16—沉淀管

6.4.2.2　高压水泵

用 6SH6 型或 15OS78 型高压水泵（流量 140～150m³/h，扬程 78m）或多级高压水泵（流量 50～80m³/h，压力 0.7～0.8MPa）1～2 台，每台可带动 25～30 根喷射井点管。

6.4.2.3　循环水箱

循环水箱用钢板制成，尺寸为 2.5m×1.45m×1.2m。

6.4.2.4　管路系统

管路系统包括进水总管、排水总管（直径 150mm、每套长 60m）、接头、阀门、水表、溢流管、调压管等管件、零件及仪表。

6.4.3　电渗井点降水施工设备

电渗排水是利用井点管（轻型井点管或喷射井点管）本身作阴极，沿基坑（槽、沟）外围布置；用钢管（直径 50～70mm）或钢筋（直径 25mm 以上）作阳极，埋设在井点管环圈内侧 1.25m 处，外露在地面上约 20～40cm，其入土深度应比井点管深 50cm，以保证水位能降到所要求的深度。阴、阳极分别用 BX 型铜芯橡皮线或扁钢、钢筋等连成通路，并分别接到直流发电机的相应电极上，如图 6-26 所示。一般常用功率为 9.6～55kW 的直流电焊机代替直流发电机使用。

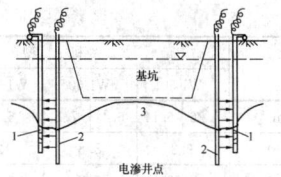

图 6-26　电渗井点示意图
1—井点管；2—金属棒；3—地下水降落曲线

6.4.4　管井井点降水施工设备

管井井点由滤水井管、吸水管和抽水设备等组成，其构造如图 6-27 所示，管井井点设备较为简单，排水量大，降水较深，比轻型井点具有更大的降水效果，可代替多组轻型井点作用，水泵设在地面，易于维护。

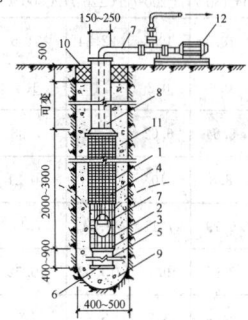

图 6-27　管井井点构造
1—滤水井管；2—φ14mm 钢筋焊接骨架；3—6mm×30mm 铁环@250mm；4—10 号铁丝垫筋@250mm 焊在管骨架上，外包孔眼 1～2mm 铁丝网；5—沉砂管；6—木塞；7—吸水管；8—φ100～200mm 钢管；9—钻孔；10—夯填黏土；11—填充砂砾；12—抽水设备

6.4.4.1　滤水井管

下部滤水井管过滤部分用钢筋焊接骨架，外包孔眼为 1～2mm 滤网，长 2～3m，上部井管部分用直径 200mm 以上的钢管、塑料管或混凝土管，或用竹、木制成的管。

6.4.4.2　吸水管

用直径 50～100mm 的钢管或胶皮管，插入滤水井管内，其底端应沉到管子吸水时的最低水位以下，并装逆止阀，上端装设带法兰盘的短钢管一节。

6.4.4.3　水泵

采用 BA 型或 B 型、流量 10～25m³/h 离心式水泵。每根井管装置一台，当水泵排水量大于单孔滤水井涌水量数量时，可另加设集水总管将相邻的相应数量的吸水管连成一体，共用一台水泵。

6.4.5　深井井点降水施工设备

深井井点降水是在深基坑的周围埋置深于基底的井管，通过设置在井管内的潜水电泵将地下水抽出，使地下水低于坑底。

井点设备由深井井管和潜水泵等组成，其构造如图 6-28 所示。

6.4.5.1　井管

井管由滤水管、吸水管和沉砂管三部分组成，可用钢管、塑料管或混凝土管制成，管径一般为 300～375mm，内径宜大于潜水泵外径 50mm。

（1）滤水管：在降水过程中，含水层中的水通过该管滤网将土、砂颗粒过滤在外边，使清水流入管内。滤水管的长度取决于含水层的厚度、透水层的渗透速度及降水速度的快慢，一般为 3～9m。其构造如图 6-29 所示，通常在钢管上分三段轴条（或开孔），在轴条（或开孔）后的管壁上焊 φ6mm 垫筋，要求顺直，与管壁点焊固定，在垫筋外螺旋形缠绕 12 号铁丝，间距 1mm，与垫筋用锡焊焊牢，或外包 10 孔/cm² 和 41 孔/cm² 镀锌铁丝网各两层或尼龙

网。上下管之间用对焊连接。

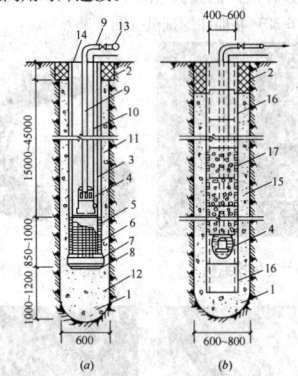

图 6-28　深井井点构造
（a）钢管深井井点；（b）无砂混凝土管深井井点
1—井孔；2—井口（黏土封口）；3—φ300～375mm 井管；4—潜水电泵；5—过滤段（内填碎石）；6—滤网；7—导向段；8—开孔底板（下铺滤网）；9—φ50mm 出水管；10—电缆；11—小砾石或中粗砂；12—中粗砂；13—φ50～75mm 出水总管；14—20mm 厚钢板井盖；15—小砾石；16—沉砂管（混凝土实管）；17—无砂混凝土过滤管

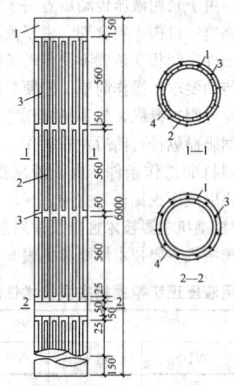

图 6-29　深井滤水管构造
1—钢管；2—轴条后孔；3—φ6mm 垫筋；4—缠绕 12 号铁丝与钢筋锡焊焊牢

当土质较好，深度在 15m 时，亦可采用外径 380～600mm、壁厚 50～60mm、长 1.2～1.5m 的无砂混凝土管作为滤水管，或在外再包棕树皮二层作滤网。

（2）吸水管：连接滤水管，起挡土、贮水作用，采用与滤水管相同直径的实钢管制成。

（3）沉砂管：在降水过程中，起极少量通过砂粒的沉淀作用，一般采用与滤水管相同直径的钢管，下端用钢板封底。

6.4.5.2　水泵

用 QY-25 型或 QW-25 型、QW40-25 型潜水电泵，或 QJ50-52 型浸油或潜水电泵或深井泵。每井一台，并带吸水铸铁管或胶管，配上一个控制井内水位的自动开关，在井口安装 75mm 阀门以便调节流量的大小，阀门用夹板固定。每个基坑井点群应有 2 台备用泵。

6.4.5.3　集水井

用 φ325～500mm 钢管或混凝土管，并设 3‰ 的坡度，与附近下水道接通。

6.5　土石方工程施工机械

6.5.1　土石方挖掘施工机械

6.5.1.1　挖掘机的类型及特点

挖掘机按传动方式分，可分为液压式挖掘机和机械式挖掘机；按

装置特性分，可分为正铲挖掘机（图 6-30）、反铲挖掘机（图 6-31）、拉铲挖掘机（图 6-32）和抓斗挖掘机（图 6-33）。

图 6-30 正铲挖掘机

图 6-31 反铲挖掘机

图 6-32 拉铲挖掘机

图 6-33 抓斗挖掘机抓斗

液压挖掘机技术性能高，工作装置型式增加；结构简化，减少易损件，维修方便；由于采用液压传动后省去了复杂的中间传动零部件，能实现无级调速；机构布置合理。由于液压系统中各元件均采用油管连接，各部件之间相互位置不受传动关系的限制影响，布置灵活，便于满足传动要求；操作简单、轻便。液压挖掘机普遍采用液压伺服机构（先导阀）操纵，放手柄操作力不论机型大小都小于 30N，而且一个伺服操纵杆可前后左右动作，不仅减少了操纵杆件数，而且改善了司机的工作条件。由于液压挖掘机具有上述优势，目前市场上主要以液压挖掘机为主导。

6.5.1.2 液压正铲挖掘机主要技术性能及适用范围

常用液压正铲挖掘机主要技术性能参见表 6-44。

常用液压正铲挖掘机主要技术性能　表 6-44

项　目	机　型							
	W1-50		W1-60		W1-100		W-200	
铲斗容量（m³）	0.5		0.6		1.0		1～1.5	
铲臂倾斜角度	45°	60°	45°	60°	45°	60°	45°	60°
挖掘半径（m）	7.8	7.2	7.7	7.2	9.8	9.0	11.5	10.8
挖掘高度（m）	6.5	7.9	5.85	7.45	8.0	8.0	9	10
卸土半径（m）	7.1	6.5	6.9	6.5	8.7	8.0	10	9.6
卸土高度（m）	4.5	4.0	3.85	5.05	5.5	6.8	6	7
行走速度（km/h）	1.5～3.6		1.48～3.25		1.49			
最大爬坡能力	22°		20°		20°		20°	
对地面平均压力（MPa）	0.062		0.088		0.091		0.127	
质量（t）	20.5		22.7		41		77.5	

正铲挖掘机的工作装置主要由支杆、斗柄和土斗组成，适合开挖停机面以上的土方，挖土高度 1.5m 以上，在开挖基坑时，要求停机面保持干燥，故要求基坑开挖前做好基坑的排水工作。正铲挖掘机具有强制性和较大的灵活特性，可以开挖较坚硬的土质，在开挖时需汽车配合运土。

6.5.1.3 液压反铲挖掘机主要技术性能及适用范围

常用液压反铲挖掘机主要技术性能参见表 6-45、表 6-46。

国内常用液压反铲挖掘机技术性能　表 6-45

项　目	机　型			
	W1-50	W1-60	W1-100	WY-100
铲斗容量（m³）		0.6	1.0	1～1.2
铲臂倾斜角度	45°	60°	45°	60°
卸土半径（m）	8.1	7	7.1	6.0	10.2	5.6

续表

项　目	机　型			
	W1-50	W1-60	W1-100	WY-100
卸土高度（m）	5.26	6.14	6.4	7.2	6.3	7.6
挖掘半径（m）	9.2	8.8	12	9
挖掘深度（m）	5.56	5.2	6.8	5.7
行走速度（km/h）	1.5～3.6	1.48～3.25	1.49	1.6～3.2
最大爬坡能力	22°	20°	20°	24°
对地面平均压力（MPa）	0.062	0.088	0.091	0.052
质量（t）	20.5	19	41.5	25

部分国外反铲机械技术性能（小松生产）　表 6-46

技术参数	型　号						
	PC120-6	PC160-7	PC200-7	PC220-7	PC300LC-6	PC400-7	PC600-7
挖掘机质量（t）	12.03	16.3	19.5	22.84	31.5	43.1	61.1
标准铲斗容量（m³）	0.4	0.6	0.8	1	1.4		4
挖掘深度（m）	5.52	5.64	6.62	6.92	7.38	3.06	3.49
挖掘高度（m）	8.61	9.1	10	10	10.21	9.83	10.1
倾卸高度（m）	6.17	6.19	7.11	7.04	7.11	7.17	6.71
挖掘半径（m）	8.17	8.51	9.7	10.02	10.92	8.77	8.85
行驶速度（km/h）	5.0	5.5	5.5	5.5	5.5		4.9
履带长度（m）	3.48	3.68	4.46	4.64	4.96	5.03	5.37
履带轨距（m）	1.96	1.99	2.39	2.58	2.59		
履带板宽（mm）	500	600	800	700	600	600	600
全长（运输）（m）	7.6	8.57	9.43	9.89	10.94	8.46	8.82
全高（运输）（m）	2.72	2.94	3	3.16	3.28	4.4	5.54
全宽（履带）（m）	2.49	2.49	2.8	3.28	3.19	3.34	4.21

适用于开挖停机面以下的土方，不需设置进出口通道。适用于开挖基坑深度不大及含水量大或地下水位较高的土壤。最大挖土深度为 4～6m，比较经济的开挖深度为 1.5～3m。对于较大较深的基坑，宜采用分层开挖法开挖，挖出的土方可直接堆放在基坑两侧或直接配备自卸汽车运走。

6.5.1.4 液压抓铲挖掘机主要技术性能及适用范围

抓铲挖掘机的工作装置由抓斗、工作钢索和支杆组成。挖停机面以下的土方。抓斗可以在基坑内任何位置上挖掘土方，深度不限，并可在任何高度卸土（装土和弃土）。在工作循环中，支杆的倾斜角不变。抓铲挖掘机用于挖土坡较陡的基坑，可以挖砂土、亚黏土或水下土方等。

常用液压抓铲挖掘机主要技术性能参见表 6-47。

常用液压抓铲挖掘机主要技术性能表　表 6-47

项　目	机　型			
	W501		W1001	
抓斗容量（m³）	0.5		1.0	
伸臂长度（m）	10		13	16
回转半径（m）	4	6	8	12.5	4.5	14.5	5.0
最大卸载高度（m）	7.6	7.5	5.8	4.6	1.6	10.6	4.8	13.2
抓斗开度（m）	2.4			
对地面平均压力（MPa）	0.062		0.093	
质量（t）	20.5		42.2	

6.5.1.5 拉铲挖掘机主要技术性能及适用范围

常用拉铲挖土机主要技术性能参见表6-48。

常用拉铲挖掘机主要技术性能表　　表6-48

项　目	机　型				
	W1-50		W1-100		W-200
铲斗容量（m³）	0.5		1.0		2
铲臂长度（m）	10	13	13	16	15
铲臂倾斜角度	30°	45°	30°	45°	30°	45°	30°	45°	30°	45°
最大卸土半径（m）	10	8.3	12.5	10.4	12.8	10.8	15.4	12.9	15.1	12.7
最大卸土高度（m）	3.5	5.5	5.3	8.0	4.2	6.9	5.7	9.0	4.8	7.9
最大挖掘半径（m）	11.1	10.2	14.3	13.2	14.4	13.2	17.5	16.2	17.4	15.8
侧向挖掘深度（m）	4.4	3.8	6.6	5.9	5.4	4.9	8.0	7.1	7.4	6.5
正面挖掘深度（m）	7.3	5.6	10	9.6	9.5	7.4	12.2	9.6	12	9.6
对地面平均压力（MPa）	0.059		0.0637		0.092		0.093		0.125	
质量（t）	19.1		20.7		42.06		42.42		79.84	

拉铲挖掘机由于铲斗悬挂在钢丝绳上，可以挖得较深、更远，但不及反铲灵活。适用于挖掘停机面以下的一至三类的土，开挖较深、较大的基坑，还可挖取水中泥土。拉铲挖掘机通常配备自卸汽车运土，或将土直接甩在近旁，它挖土和卸土半径较大，但由于操纵悬挂在钢丝绳上的挖土比较困难，开挖的精确性较差。

6.5.1.6 长臂挖掘机主要技术性能及适用范围

目前基坑越来越深，对挖掘机的挖掘深度提出了更高要求，同时部分城市建筑的拆除也需要配置长臂挖掘机进行施工。为此工程中常常需要配置一定量的长臂挖掘机或加长臂挖掘机（图6-34）。

加长臂挖掘机主要分为二段式挖掘机和三段式挖掘机，二段式挖掘机加长大小臂可加长到13～26m，二段式挖掘机主要适用于土石方基础和深堑及远距离清淤泥挖掘作业等；三段式挖掘机加长大小臂可加长到16～32m，三段式挖掘机主要适用于高层建筑的拆除等工程。

加长臂挖掘机常用机型：SH200住友挖掘机、SK200加藤挖掘机、DH200大宇挖掘机、CX210B凯斯挖掘机、PC200小松挖掘机、PC200神户挖掘机、PC200大连挖掘机等，目前东莞建华机械制造公司设计生产的加长臂配置如下：0～16t，臂长13m；16～20t，臂长15.38m；20～25t，臂长18m；25～35t，臂长20m；35～40t，臂长22m；40～50t，臂长26m。

图6-34　长臂挖掘机

6.5.2　土石方装运施工机械

6.5.2.1　装载机

装载机按行走方式可分为轮胎式和履带式。轮胎式装载机具有行驶速度快、机动灵活的特点，可在城市道路上行驶，使用方便；履带式装载机接地比压低，牵引力大，但行驶速度慢，转移不灵活，目前市场上常见的主要为轮胎式装载机（图6-35）。

图6-35　轮胎式装载机

轮胎式装载机的主要技术性能参见表6-49、表6-50。

国内轮胎式装载机的主要技术性能　　表6-49

产品型号	ZLJ40	ZLJ50	ZLJ65	ZLC40	ZLC50	ZLG50
额定载重量（t）	4	5	6.5	3.3	4.2	5
额定斗容量（m³）	2	3	3	1.7	2.3	2.9
卸载高度（mm）	2605	2820	3050	2820	2920	4330
卸载距离（mm）	1330	1450	1460	1010	1390	1300
装置举至最高时总高度（mm）	5220	5445	5665	6175	6710	5370
整机质量（t）	13	17	19	14	17.8	17

国外轮胎式装载机的主要技术性能（美国卡特皮勒生产）　　表6-50

产品型号	920	930	950B	966D	980C	988B	992C
铲斗容量（m³）	1.15～1.34	1.34～1.72	2.4～2.7	3.1～3.5	4.0～4.4	5.4～6.0	9.6
额定载荷（t）	2.08	2.78	4.29	5.55	7.14	9.8	
最小转弯半径（mm）	11.2	11.8	13.74	14.64	15.6	17.05	21.51
工作质量（kg）	8440	9662	14700	19505	26310	40811	85679
卸载高度（mm）	2770	2840	2900	3018	3170	3460	4485
卸载距离（mm）	740	810	1040	1090	1320	1950	2089
离地间隙（mm）	335	338	427	451	417	474	544

6.5.2.2　铲运机

铲运机运土距离较远，铲斗的容量也较大，是土方工程中应用最广泛的重要机种之一，主要应用于中长运距的土方工程如填筑路堤、开挖路堑、大面积的平整场地和浮土剥离等。拖式铲运机经济运距为70～800m，自行式铲运机经济运距为800～2000m。

常用铲运机主要技术性能参见表6-51。

常用铲运机主要技术性能　　表6-51

项　目	拖式铲运机			自行式铲运机	
	C6-2.5	C5-6	C3-6	C4-7	CL7
铲斗容量（m³）	2.5	6	6～8	7	7
堆尖容量（m³）	2.75	8		9	9
铲刀宽度（m）	1.9	2.6	2.6	2.7	2.7
切土深度（m）	150	300	300	300	
铺土厚度（mm）	230	380		400	
最小回转半径（m）	2.7	3.75		6.7	
卸土形式	自由	强制式		强制式	
外形尺寸（长×宽×高）（m）	5.6×2.44×2.4	8.77×3.12×2.54	8.77×3.12×2.54	9.7×3.1×2.8	9.8×3.2×2.98
质量（t）	2.0	7.3	7.3	14	15

6.5.2.3　翻斗车

目前在市场上主要产品名称有重力卸料翻斗车、后置式重力卸料翻斗车、液压翻斗车、后置式液压翻斗车、后置三面卸料液压翻斗车、回转卸料液压翻斗车、高位卸料液压翻斗车等（图6-36）。

常用翻斗车主要技术性能参见表6-52。

部分翻斗车的主要技术性能　　表6-52

产品型号		FC10	FC10D	FCY25
装载质量（kg）		1000	1000	2500
空载质量（kg）		1030	1160	2000
斗容量（m³）	平装	0.467	0.467	1.215
	堆装	0.765	0.765	1.557
爬坡能力（%）		21	21	36
最小转弯半径（m）		4	4	4

6.5.3　土石方平整施工机械

6.5.3.1　推土机

推土机按行走机构可分为履带式和轮胎式两种。履带式推土机牵引力大，接地比压小（0.04～0.15MPa），爬坡能力强，但行驶速度较低（图6-37）；轮胎式推土机行驶速度高，机动性好，作业时间短，但牵引力较小，适合在野外硬地上或经常变换工地时使用。

图6-36　FC10翻斗车

图6-37　T-180履带式推土机

国内履带式推土机的主要技术性能见表6-53。

部分国内履带式推土机主要技术性能　表6-53

产品型号	T2-60（东方红-60）	移山-80	T1-100	T2-100	T2-120A	上海-120	征山-160	黄河-180	T-180
额定牵引力（kN）	36	99	90	90	117.6	118		180	180
总质量（kg）	5900	14886	13430	16000	17425	16200	20000	20000	21000
生产率（m³/h）		40～80	45	75～80	80				
接地比压（kPa）	46	63	50	68	63	65	68	60	71
爬坡能力		30°	30°	30°	30°	30°	30°	30°	30°
最大提升量（mm）	625	850	900	800	940	1000	1240	1100	1260
最大切入量（mm）	290		180	250	300	300	350	450	530

图6-38　PY160B平地机

6.5.3.2　平地机

平地机是一种效能高、作业精度好、用途广泛的施工机械，被广泛用于公路、铁路、机场、矿山、停车场等大面积场地的整平作业，也被用于进行农田整地、路堤整形及林区道路的整修等作业，

如图6-38所示。

部分常用平地机主要技术性能参见表6-54。

部分常用平地机主要技术性能　表6-54

产品型号		PY160B	PY160C	PY180	PY200
最大牵引车（kN）		80	73.5	69	80
爬坡能力		20°	20°	20°	20°
铲刀	长×弦高（mm）	3660×610	3660×610	3965×610	3965×610
	回转角度	360°	360°	360°	360°
	倾斜角度	90°	90°	90°	90°
	最大入地深度（mm）	490	500	500	500
整机质量（t）		14.20	13.65	15.40	15.40

6.5.4　土石方压实施工机械

6.5.4.1　压实机械的分类、特点及适用范围

压实机械是依靠设备本身的自重或激振，对地面进行振动加载，排除土石颗粒间的空气，使其密实的施工作业机械。压实机械按压实原理主要可分为静作用压路机、振动式压路机、夯实机械。

（1）静作用碾压机械：静作用碾压机械是依靠机械自重产生的静压力，利用滚轮在碾压层表面的往复滚动，使被压实层产生一定程度永久变形而达到压实目的（图6-39、图6-40）。

图6-39　两轮压路机

图6-40　三轮压路机

（2）振动碾压机械：振动碾压机械是利用专门的振动机构，以一定的频率和振幅振动，并通过滚轮往复滚动传递给压实层，使压实材料的颗粒在振动力和静压力联合作用下发生振动位移而重新组合，提高其密实度和稳定性，达到压实目的。常见有拖式（图6-41）、手扶式（图6-42）。

（3）夯实机械：夯实机械是利用夯本身的质量和夯的冲击运动或振动，对被压实的材料施加压力，以提高其密实度、强度和承载能力等的压实机械。它的主要特点是轻便灵活，特别适用于压实边坡、沟槽、基坑等狭窄场所，在大型工程中与其他压实机械配套，完成大型机械所不能完成的边角区域的压实，如图6-43～图6-45所示。

图6-41　拖式振动压路机

图6-42　手扶式振动压路机

图 6-43 振动冲击夯　　图 6-44 振动平板夯　　图 6-45 蛙式夯实机

6.5.4.2 静作用压路机的主要技术性能

常用静作用压路机的技术性能参见表 6-55。

常用静作用压路机的技术性能　　表 6-55

项　目		型　号					
		两轮压路机	两轮压路机	三轮压路机	三轮压路机	三轮压路机	三轮压路机
		2Y6/8	2Y8/10	3Y8/10	3Y10/12	3Y12/15	3Y15/18
重量（t）	不加载	6	8	8	10	12	15
	加载后	8	10	10	12	15	18
压轮直径（mm）	前轮	1020	1020	1020	1020	1120	1170
	后轮	1320	1320	1500	1500	1750	1800
压轮宽度（mm）		1270	1270	530×2	530×2	530×2	530×2
前轮（N/cm）	不加载	0.192	0.259	0.264	0.332	0.346	0.402
	加载	0.259	0.393	0.332	0.445	0.470	0.481
后轮（N/cm）	不加载	0.29	0.385	0.516	0.632	0.801	0.503
	加载	0.385	0.481	0.645	0.724	0.93	0.615
最小转弯半径（m）		6.2~6.5	6.2~6.5	7.3	7.3	7.5	7.5
爬坡能力（%）		14	14	20	20	20	20

6.5.4.3 振动压路机的主要技术性能

1. 拖式振动压路机的主要技术性能（表 6-56）

拖式振动压路机的主要技术性能　　表 6-56

型　号	YZT12	YZT15	YZT18	YZT16	YZT18	YZT20	YZT22
工作质量（t）	12	15	18	16	18	20	22
振动轮直径（mm）	1800	1720	1800	1620	1620	1620	1620
振动轮宽度（mm）	2000	2000	2000	2130	2130	2130	2130
振动频率（Hz）	30	29	27.5	25	26	25	25
激振力（kN）	298	343	392	373	420	460	530
振幅（mm）	1.4	1.4	1.54	2.1	2.2	2.1	2.1
静线载荷（N/cm）	562	735	882				

2. 手扶式振动压路机的主要技术性能（表 6-57）

手扶式振动压路机的主要技术性能　　表 6-57

型　号	YSZ05	YSZ07	YSZ06B	YSZ06C
工作质量（t）	0.5	0.85	0.735	0.86
振动轮直径（mm）	350	406		
振动轮宽度（mm）	400	600	600	600
振动频率（Hz）	43	48	48	48
激振力（kN）	19.6	12	12	12
振幅（mm）			0.25	0.25
静线载荷（N/cm）	62.5	62.5	73	73
爬坡能力（%）	20	40	40	40

3. 自行式振动压路机的主要技术性能（表 6-58）

部分常用轮胎驱动光轮振动压路机主要技术性能　　表 6-58

型　号	YZ7A	YZ12A	YZ14C	YZ16B	YZ25GD	YZ16C	YZ18C	YZ20C
工作质量（t）	7	12.5	14	16	25	16.2	18.8	20.3
静线载荷（N/cm）	202	219	342	370	786	456	576	600
激振力（高/低）（kN）	70	230	260/180	290	380/280	296/208	380/260	380/260
振幅（高/低）（mm）	0.4	1.65	1.70/0.78	1.7	1.95/0.99	1.9/0.9	1.9/0.95	1.9/0.9
爬坡能力（%）	25	20	25	30	40	35	48	42
外侧转弯半径（mm）	5000	6000	5565	5565	7000	12600	12600	12600
振动轮宽度（mm）	1700	2100	2100	2120	2120	2170	2170	2170

6.5.4.4 夯实机械的主要技术性能

1. 振动冲击夯的主要技术性能（表 6-59）

振动冲击夯的主要技术性能　　表 6-59

型　号	HC70	HC70	HC70	HC75	HC75	HC70D	HC70D	HC75D
型　式		内　燃　式					电　动　式	
夯击频率（Hz）	7~11.2	6.7~10	10.8~11.3	10~11.3		10.7	6.7~7.0	
跳起高度（mm）	80	45~65	45~60	5.5~50	15~70	40~50	45~65	45~60
冲击力（kN）	5.67	5.488		5.68	23		5.5	
动力机功率（kW）	1.9	2.2	2.2	2.2	2.2	2.2	2.2	2.2
夯板面积（mm） 长	345	300	300	362	300	300	300	300
宽	280	280	280	280	280	280	280	280
整机质量（kg）	70	70	70	75	75	75	70	70

2. 振动平板夯的主要技术性能（表 6-60）

振动平板夯的主要技术性能　　表 6-60

型　号	HZR70	HZR130	HZR250A	ZH85	ZPH250-Ⅱ	HZD300
型　式		内　燃　式			电　动　式	
激振力（kN）	98	17.64	20	22	24.5	23
振动频率（Hz）	83.3	90	37.3	25	40	38
动力机功率（kW）	2.59	3.67	4.42	2.2	4	4
夯板面积（m²）	0.236	0.202	0.36	0.147	0.36	0.41
整机质量（kg）	90	135	360	190	250	340

3. 蛙式夯实机的主要技术性能（表 6-61）

蛙式夯实机的主要技术性能　　表 6-61

型　号	HW20	HW60	HW140	HW201-A	HW170	HW280
夯击能量（N·m）	200	620	200	220	320	620
夯击次数（min⁻¹）	155~165	140~150	140~145	140	140~150	140~150
夯头跳高（mm）	100~170	200~260	100~170	130~140	140~150	200~260
电动机功率（kW）	2.2	3	1	1.5	1.5	3
夯板面积（m²）	0.055	0.078	0.04	0.04	0.078	0.078
整机质量（kg）	151	250	130	125	170	280

6.6　履带式起重机施工机械

6.6.1　履带式起重机的特点、分类、组成及构造

6.6.1.1　履带式起重机的特点

履带式起重机具有接地比压低、转弯半径小、爬坡能力大、可以带载行驶、履带可横向伸展扩大支承宽度等特点。

6.6.1.2　履带式起重机的分类

履带式起重机按其传动方式的不同，可分为机械式、液压式和电动式三种。机械式已经被液压式所取代。履带式起重机按其起重方式的不同，可分为一般型式、人字臂架平衡起重型式、支撑圈起重型式三种。

6.6.1.3　履带式起重机的组成及构造

履带式起重机主要由履带行走装置、起重臂、吊钩、起升钢丝绳、变幅钢丝绳、主机房等组成，如图6-46所示。

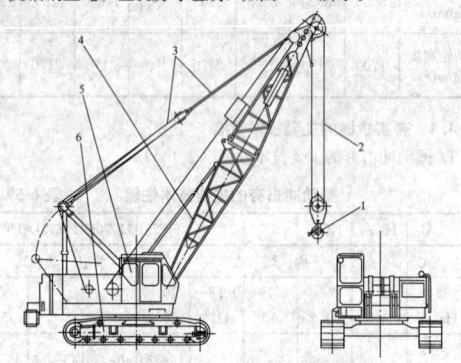

图6-46　履带式起重机一般型式及其构造
1—吊钩；2—起升钢丝绳；3—变幅钢丝绳；4—起重臂；
5—主机房；6—履带行走装置

6.6.2　履带式起重机的典型产品

6.6.2.1　三一履带式起重机

三一履带式起重机技术性能参见表6-62。

6.6.2.2　中联履带式起重机

中联履带式起重机技术性能参见表6-63。

部分三一履带式起重机技术性能　　　　表6-62

工作性能参数		型　号				
		SCC500C	SCC800C	SCC1000C	SCC2000C	SCC2500C
主臂工况	最大额定起重量(t)	55	80	100	210	260
	最大起重力矩(t·m)	55×3.7	80×4.3	100×5.5	210×4.8	260×4.8
	主臂长度(m)	13～52	13～58	18～72	16.5～85.5	16.5～91.5
	主臂变幅角(°)	30～80	30～80	30～80	30～81	30～81
固定副臂工况	主臂长度(m)	22～43	37～52	39～63	40.5～73.5	28.5～76.5
	副臂长度(m)	6.1～15.25	9～18	13～25	13～31	13～31
	最长主臂+最长固定副臂(m)	43+15.25	52+18	60+25/63+19	73.5+31	76.5+31
	主臂变幅角(°)	30～80	30～80	30～78	30～80	30～81
	副臂变幅角(°)	10、30	15、30	15、30	15、30	10、30
变幅副臂工况	最大起重力矩(t·m)				58×9.8	72×10
	主臂长度(m)				37～58	22.5～61.5
	变幅副臂长度(m)				22～52	22～61
	最长主臂+最长变幅副臂(m)				58+52	61.5+52/52.5+61
	副臂变幅角(°)				15～75	63～88

续表

工作性能参数		型　号				
		SCC500C	SCC800C	SCC1000C	SCC2000C	SCC2500C
速度参数	主(副)卷扬绳速(m/min)	102/63(R)	0～103	0～110	0～120	0～143
	主变幅卷扬绳速(m/min)	0～73	0～70		(0～26)×2	(0～31)×2
	回转速度(rpm)	0～3.2/1.6	0～2.25	0～1.9	1.35	0～1.8
	爬坡能力(%)	40	30	30	30	30
重量	整机重量(t)	49	79	115	210	223
	配重(t)	17.5	26.9	42	80+20	24+91
	最大单件重量(t)	30	46.5	42.3	45	57

部分中联履带式起重机技术性能　　　　表6-63

工作性能参数		型　号				
		QUY50	QUY70	QUY100	QUY160	QUY200
主臂工况	最大额定起重量(t)	55	70	100	160	200
	最大起重力矩(t·m)	55×3.7	70×3.8	100×5	160×5	200×5
	主臂长度(m)	13～52	12～57	19～73	20～83	20～83
固定副臂工况	最大起重量(t)	5	6.4	12	22	32
	副臂长度(m)	6～15	6～18	13～31	13～31	12～30
	最长主臂+最长固定副臂(m)	43+15	42+18	45+31,55+25,61+19	71+31	71+30
塔式工况	副臂长度(m)				27～51	21～51
	副臂最大起重量(t)				38	55
	主臂工作角度(°)				65、75、85	65、75、85
	主臂+副臂长度(m)				56+51	59+51
速度参数	主卷扬绳速(m/min)	120	120	110	110	102
	副卷扬绳速(m/min)	120	120	110	110	102
	回转速度(rpm)	0～3.0	0～2.4	0～2.2	2.2	0～1.2
	行走速度(km/h)	0～1.6	0～1.35	0～1.3	1.2	0～0.98
	爬坡能力(%)	40	30	30	30	30
重量	基本臂时重量(t)	48	61	110	160	196
外形尺寸	长(mm)	6800	11200	9500	10300	10600
	宽(mm)	3300	3300	6000	6900	7200
	高(mm)	3020	3200	3500	3750	3200
履带	平均接地比压(MPa)	0.066	0.074	0.1	0.1	0.1
	接地长度(mm)	4700	5040	6850	7465	7935
	履带板宽度(mm)	760	1000	900	1100	1200

6.6.2.3　徐工履带式起重机

徐工履带式起重机技术性能参见表6-64。

部分徐工履带式起重机技术性能　　　　表6-64

工作性能参数		型　号				
		QUY35	QUY50	QUY100	QUY150	QUY300
主臂工况	最大额定起重量(t)	35	50	100	150	300
	最大起重力矩(t·m)	294.92	1815	5395	8240	14715
	主臂长度(m)	10～40	13～52	18～72	19～82	24～72
	主臂变幅角(°)	30～80	0～80	0～80	-3～82	-3～84
固定副臂工况	副臂长度(m)	9.15～15.25	9.15～15.25	12～24	12～30	24～60
	主臂变幅角(°)					30～80
速度参数	主(副)卷扬绳速(m/min)		0～65	0～100		0～100
	主变幅卷扬绳速(m/min)		0～65	0～45		0～24
	最大回转速度(r/min)	1.5	1.5	1.4	1.5	1.4
	最大行走速度(km/h)	1.34	1.1	1.1	1.0	1.0
	爬坡能力(%)	20	40	30	30	30

续表

工作性能参数		型号				
		QUY35	QUY50	QUY100	QUY150	QUY300
重量	整机重量(t)	48.5	114	190	285	
	最大单件运输重量(t)	31	40	46	40	
运输尺寸	长(mm)	11500	9600	11500	11200	
	宽(mm)	3400	3300	3300	3350	
	高(mm)	3400	3300	3300	3400	
	平均接地比压(MPa)	0.058	0.069	0.0927	0.093	0.127

6.6.2.4 部分国外履带式起重机产品

部分国外履带式起重机技术性能参见表6-65。

部分国外履带式起重机技术性能(神户制钢所)　表6-65

技术参数	型号								
	7035	7045	7055	7065	7080	7150	7250	7300	7450
最大起重量(t)	35	45	55	65	80	150	250	300	450
最大起重力矩(t·m)	1324	1665	2035	2600	3200	8652	12375	15100	26810
主臂起升高度(m)	38	48	52	54	56	80	70	71	97
幅度范围(m)	3~34	3.5~34	3.7~34	4~38	4~40	5~64	5~82	5~78	5.8~90
起升单绳速度(m/min)	1.17	1.17	1.5	1.5	1.5	1.5	1.5	1.5	1.67
回转速度(r/min)	3.7	3.5	3.7	3.0	3.3	2.2	2.0	1.9	1.0
行走速度(km/h)	1.6	1.4	1.6	1.2	1.4	1.2	1.2	1.0	1.2
接地比压(MPa)	0.053	0.060	0.065	0.070	0.076	0.092	0.088	0.123	0.105
整机质量(t)	38	45	50.7	59.6	77.9	150		275	335
长(mm)	6350	7115	7450	7575	8370	8788	11949	11580	14656
宽(mm)	3300	3300	3300	3400	3500	5600	6700	8220	8400
高(mm)	3075	3075	3080	3390	3400	3770	4295	4280	5940

6.7 汽车式起重机施工机械

6.7.1 汽车式起重机的特点、分类、组成及构造

6.7.1.1 汽车式起重机的特点

汽车式起重机，又称汽车吊，是把汽车和吊机相结合，可以自行不用组装直接可以工作。特点是力气大、方便灵活、工作效率高、转场快、提高工作效率。缺点是受地形限制、大型设备（1000~2000t）不能完成吊装（目前汽车吊最大吨位1000t）。主要用于工程建设，如：公路、桥梁、建筑、抢险等。

6.7.1.2 汽车式起重机的分类

按额定起重量分，一般额定起重量15t以下的为小吨位汽车起重机；额定起重量16~25t为中吨位汽车起重机；额定起重量26t以上的为大吨位汽车起重机。按吊臂结构分为定长臂汽车起重机、接长臂汽车起重机和伸缩臂汽车起重机三种。

6.7.1.3 汽车式起重机的组成及构造

汽车式起重机主要由底盘、工作机构、液压系统组成，如图6-47所示。

图6-47 汽车式起重机

6.7.2 汽车式起重机的典型产品

6.7.2.1 中联汽车式起重机

中联汽车式起重机技术性能参见表6-66。

部分中联汽车式起重机技术性能　表6-66

工作性能参数		型号		
		QY70V533	QY25V532	QY50V531
性能参数	最大额定起重量(t)	70	25	55
	基本臂最大起重力矩(kN·m)	2352	980	1764
	最长主臂最大起重力矩(kN·m)	1098	494	940.8
	基本臂最大起升高度(m)	12.2	11	11.6
	主臂最大起升高度(m)	44.2	39	42.1
	副臂最大起升高度(m)	60.2	47	58.3
行驶参数	最高速度(km/h)	75	78	76
	最大爬坡度(%)	35	37	32
	最小转弯半径(m)	12	≤22	24
	最小离地间隙(mm)	280	220	260
质量参数	总质量(t)	45	31.7	40.4
	前轴轴荷(t)	19	6.9	14.9
	后轴轴荷(t)	26	24.8	22.5
尺寸参数	长(m)	14.1	12.7	13.3
	宽(m)	2.75	2.5	2.75
	高(m)	3.75	3.45	3.55
	支腿纵向距离(m)	6	5.36	5.92
	支腿横向距离(m)	全伸7.6 半伸5.04	6.1	全伸6.9 半伸4.7
	主臂长(m)	11.6~44.0	10.4~39.2	11.1~42.0
	副臂长(m)	9.5、16	8	9.5、16

6.7.2.2 三一重工汽车式起重机

三一重工汽车式起重机技术性能参见表6-67。

三一重工汽车式起重机技术性能　表6-67

工作性能参数		型号			
		QY52	QY50C	QY20	QY25C
性能参数	最大额定起重量(t)	55	55	20	25
	基本臂最大起重力矩(kN·m)	1568	1786	600	962
	最长主臂最大起重力矩(kN·m)	412	956	956	544
	基本臂最大起升高度(m)	11.5	12	11.2	10.9
	(最长主臂+副臂)最大起升高度(m)	55.1	58.5	41.2	42
	(最长主臂+副臂)最大起重力矩(kN·m)	392	392		
行驶参数	最高速度(km/h)	75	78	72	83
	最大爬坡度(%)	35	35	30	30
	最小转弯半径(m)	12	12	12	11
	最小离地间隙(mm)	232	232	270	272
质量参数	整车总质量(t)	42	42	24.5	29.4
	一、二轴轴荷(t)	16.7	15.6	7	7
	三、四轴轴荷(t)	25.3	26.4	17.5	22.4
尺寸参数	长(m)	13.07	13.75	12.35	12.605
	宽(m)	2.75	2.75	2.5	2.5
	高(m)	3.6	3.65	3.28	3.45
	纵向支腿跨距(m)		6	5.15	5.1
	横向支腿跨距(m)		7.2	6.2	6.0

6.7.2.3　一汽欧Ⅲ汽车式起重机

一汽欧Ⅲ汽车式起重机技术性能参见表 6-68。

一汽欧Ⅲ汽车式起重机技术性能　　表 6-68

工作性能参数		型号		
		GT-350E	GT-250E	BT-120A
性能参数	最大额定起重量（t）	35	25	12
	主起升单绳允许拉力（kN）	31.2	30.7	19.6
	副起升单绳允许拉力（kN）	34.3	34.3	
行驶参数	最高速度（km/h）	70	73	74
	最大爬坡度（%）	28	29	28
	最小转弯半径（m）	11	11	10.5
质量参数	行驶状态总质量（t）	33.98	28.57	16.295
尺寸参数	长（m）	12.77	12.77	10.436
	宽（m）	2.5	2.5	2.49
	高（m）	3.615	3.615	3.367
	支腿纵向距离（m）	全伸 6.1 半伸 4.0	全伸 6.1 半伸 4.0	4.8
	支腿横向距离（m）	5.15	5.1	4.25
	主臂长（m）	10.6～34	10～32.5	9～22
	主臂仰角（°）	−2～80	−2～80	
	副臂长（m）	8/15.2	8	8

6.7.2.4　国外汽车式起重机

国外一些汽车式起重机技术性能参见表 6-69。

国外汽车式起重机技术性能（多田野）　表 6-69

技术参数		型号					
		TL-200E	TL-250E	TL-300E	TG-500E	TG-700E	TG-1000E
最大起重量（t）		20	25	30	50	70	100
最大起重力矩（kN·m）		600	750	900	1500	2100	3000
最大起升高度（m）	基本臂	10	10.2	11	10.8	13	14
	伸缩臂	24.2	30.8	33	40	42.5	45.6
	副臂	32	39	47	55.7	55	60.5
最大起重幅度（m）	基本臂	8	8	8	9	10	11
	伸缩臂	22	29	30	32	34	32
	副臂	30	32.2	36	37	38	34
单绳最大速度（m/min）		98	114	114	100	93	104
最大回转速度（r/min）		2.4	2.4	2.5	2	1.9	1.6
最大减幅时间（s）		44	70	70	68	67	45
最高行驶速度（km/h）		71	65	65	64	73	64
功率（kW）		150	165	213	231	224	257
重量（t）		21.1	24.55	29.3	39	43.2	64.34
外形尺寸	长	11.505	11.84	12.63	12.86	13.95	15.55
	宽	2.49	2.5	2.5	2.82	3	3.2
	高	3.45	3.35	3.5	3.75	3.88	3.93

6.8　塔式起重机施工机械

塔式起重机（以下简称塔机，建筑工地上一般称为塔吊）是建筑工程中广泛应用的一种起重设备，主要用于建筑材料与构件的吊运和建筑结构与工业设备的安装，其主要功能是重物的垂直运输和施工现场内短距离水平运输，特别适用于高层建筑的施工。

6.8.1　塔式起重机的特点、分类、组成及构造

6.8.1.1　塔式起重机的特点

根据塔式起重机的基本形式及其主要用途，与其他起重机相比，它具有以下主要特点：

1. 起升高度高

塔机有垂直的塔身，并且还能根据施工需要加节或爬升，因而能够很好地适应建筑物高度的要求。一般中小型塔机在独立或行走状态下，其起升高度在 30～50m 左右，大型塔机的起升高度在 60～80m 左右。对于自升式塔机，其起升高度则可大大增加，一般附着式塔机可利用顶升机构，增加塔身标准节的数量，起升高度可达 100m 以上，而用于超高层建筑的内爬式塔吊，也可利用爬升机构随建筑物施工逐步爬升达到数百米的起升高度。

2. 幅度利用率高

塔机的垂直塔身除了能适应建筑物的高度外，还能很方便地靠近建筑物。在塔机顶部安装的起重臂，使塔机的整体结构呈 T 形或 Γ 形，这样就可以充分地利用幅度。一般情况下，塔机的幅度利用率大于 90%。

3. 作业范围大，作业效率高

由于塔机可利用塔身增加起升高度，而其起重臂的长度不断加大，形成一个以塔身为中心线的较大作业空间，通过采用轨道行走方式，可带 100% 额定载荷沿轨道长度范围形成一个连续的作业带，进一步扩大了作业范围，提高了工作效率。

6.8.1.2　塔式起重机的分类

塔式起重机的机型构造形式较多，按其主体结构与外形特征，基本上可按架设型式、变幅型式、回转型式、臂架支承型式区分。

按架设型式分为：固定式、附着式、移动式和内爬式（图 6-48）。

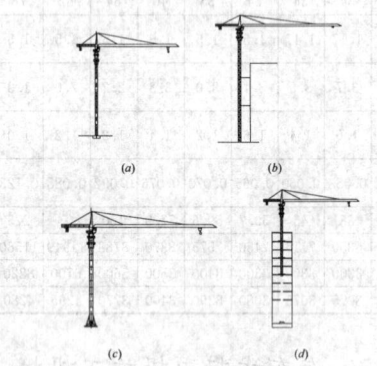

图 6-48　按塔式起重机的架设型式分类
(a) 固定式；(b) 附着式；(c) 移动式；(d) 内爬式

按变幅型式分为：小车变幅、动臂变幅、伸缩式小车变幅及折臂变幅。

按回转型式分为：上回转和下回转。

按臂架支承型式分为：平头式塔机和非平头式塔机。

平头式塔机不带塔顶结构，改变臂长方便，可在空中加减臂节，适于模数化臂架设计；降低了塔顶高度。特别适合于多台塔机交叉作业等。

1. 塔式起重机按架设型式分类

按塔式起重机的架设型式可分为固定式、附着式、移动式和内爬四种，如图 6-48 所示。

2. 塔式起重机按回转型式分类

按塔式起重机的回转型式可以分为上回转和下回转两种，如图 6-49 所示。

3. 塔式起重机按起重变幅型式分类

按塔式起重机的起重变幅型式可分为小车变幅、动臂变幅、伸缩式小车变幅及折臂变幅四种，如图 6-50 所示。

(1) 小车变幅的塔式起重机的起重臂呈水平状态，下弦装有起重小车。这种起重机变幅简单，操作方便，并能带载变幅。

(2) 动臂变幅塔式起重机，起重臂与塔身铰接，变幅时可调整起重臂的仰角。

(3) 伸缩式小车变幅是通过臂架前部的伸缩可使臂架最大幅度缩减近一半，从而避开运行过程中遇到的障碍物。

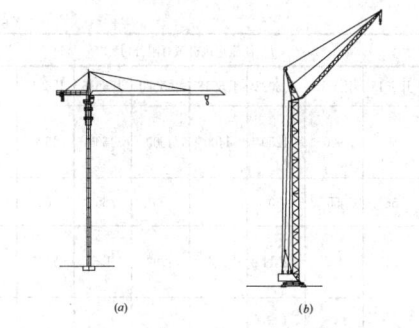

图 6-49　按回转型式分类
(a) 上回转；(b) 下回转

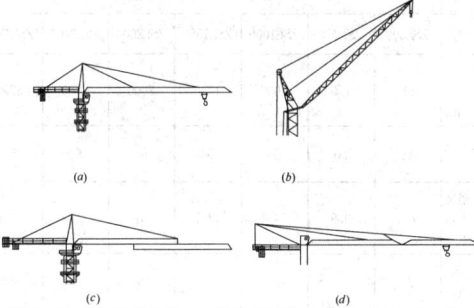

图 6-50　按变幅型式分类
(a) 小车变幅；(b) 动臂变幅；(c) 伸缩式小车变幅；(d) 折臂变幅

(4) 折臂变幅的塔式起重机特点是：吊臂由两节组成，可以折曲并进行俯仰变幅。吊臂前节可以平卧成为小车变幅水平臂架，吊臂后节可以直立发挥塔身作用。此类臂架最适合冷却塔、电视塔以及一些超高层建筑施工需要。

4. 按臂架支撑形式，可以分为非平头式塔机与平头式塔机，如图 6-51 所示。

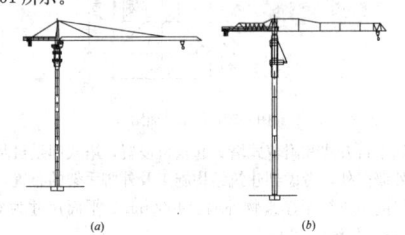

图 6-51　塔式起重机按臂架支撑形式分类
(a) 非平头式；(b) 平头式

6.8.1.3　塔式起重机的组成及构造

塔式起重机是由金属结构、工作机构、电气设备及安全控制和液压顶升系统等部分组成（见表 6-70）。

塔式起重机主要组成及构造　　表 6-70

组成及构造	说　明
1. 金属结构部分	包括：底架结构、塔身结构、平衡臂、起重臂、平衡重、转台结构、司机室、塔帽
2. 工作机构部分	包括：行走机构、起升机构、回转机构、变幅机构
3. 电气设备及安全控制部分	电气设备包括：电缆卷筒、电动机、操作电动机用的电器、切断电器、主副回路中的控制； 安全控制包括：超负荷保险器、限位开关、缓冲装置、安全保护音响信号、风速计、紧急安全开关、钢丝绳防脱装置
4. 液压顶升系统	包括：液压泵、液压油缸、液压油滤清器、控制元件、油管和油箱、管接头

1. 塔式起重机的金属结构
(1) 底架结构
小车变幅塔式起重机采用的底架可分为：十字形底架和带撑杆的十字形底架；带撑杆的井字形底架；带撑杆的水平框架式杆件拼装底架和塔身偏置式底架。
(2) 塔身结构
塔身由主弦杆、水平腹杆、单斜腹杆和横膈组成。塔身的断面形式分别为圆形断面、三角形断面及方形断面三类，一般常用的是方形断面，应用最广的方形断面尺寸为 1.4m×1.4m、1.6m×1.6m、1.8m×1.8m、2m×2m，最常用的塔身标准节长度是 2.5m、2.8m 和 3m。塔身可分为基础节、加强节、标准节、调整节、附着节等几种。
(3) 平衡臂
平衡臂架功能是支承平衡重和控制前后两臂所产生的不平衡力矩在允许范围内。
(4) 起重臂
起重臂架根据塔式起重机的工作需要可分为水平小车式、动臂式以及折臂式三种。水平小车式臂架的截面有正三角形和倒三角形两种，臂架拉索有单道或多道，根据臂架的长度而定，拉索可以由钢丝绳或扁钢、圆钢制成。动臂式臂架的截面形式一般为正方形，整个臂架可分为几节，由销轴连接。折臂式臂架的截面一般为正三角形，它由大臂和小臂组成，大臂起伏，小臂折臂，并装有比较巧妙的折角滑轮组。
(5) 平衡重
平衡重有移动和不移动两种。平衡重移动的目的是用在液压升时，调整平衡臂的重心位置，以减少结构本身所产生的不平衡力矩。
(6) 转台结构
转台是安装在回转支承（转盘）上的承上启下的支承结构。上回转塔式起重机的转台多采用型钢和钢板组焊成的工字形断面环梁结构，它支承着起重机上部结构，并通过回转支承及支承座将上部荷载传给塔身结构。转台两侧各装有一台回转机构。
(7) 司机室
有的塔机司机室与塔帽连在一起，司机室顶上还设有电气室，以便于电气控制系统维修和保养。司机室内安装有各种操纵与电子控制仪器盘。
(8) 塔帽
塔帽起着起重臂、平衡臂和塔身联系的作用。塔帽的金属结构顶部形式共有四种：前部直立，后部倾斜；前部倾斜，后部直立；两面倾斜；整个塔帽简化成后倾或直立三角撑。四种塔帽形式各有结构特点，其根据塔式起重机的需要来确定。塔帽顶上须设有避雷针、测风仪及障碍灯。

2. 塔式起重机的工作机构
(1) 行走机构
行走机构由两个主动行走台车和两个从动台车组成。一般主、从动台车按对角线对称布置。主动行走台车由电动机经液力耦合器、涡轮减速器和开式齿轮减速后驱动行走轮。行走机构采用液力耦合器，可以保证行走机构启动和停车平稳、无冲击。
(2) 起升机构
起升机构包括电动机、联轴节、变速箱、制动器、卷筒等。起升机构还包括滑轮组和吊钩及吊钩高度限位装置。起升机构的调速装置通常采用：
1) 三速笼型电动机驱动方案；
2) 带涡流制动器的绕线电机配以 2～3 档电磁换档减速器调速方案；
3) 双电动机驱动方案；
4) 变频调速方案。
采用变频调速方案的起升机构通过变频器对供电电源的电压和频率进行调节，使笼型电动机在变换的频率和电压条件下以所需要的转速运转。可使电动机功率得到较好发挥，达到无级调速效果。目前国内外一些塔机新产品均趋向采用这种调速技术。
(3) 回转机构

回转机构将塔式起重机以塔身中心为中心点全幅的工作范围内旋转。回转机构是由支承装置（带齿轮的轴承）与回转驱动机构两大部分组成。前者用来支持塔式起重机回转部分，后者用来驱动塔式起重机的旋转。回转支承装置主要有三大类：定柱式、转柱式和转盘式。常用的是定柱式和转盘式。

回转机构调速系统主要有涡流制动绕线电机调速、多档速度绕线电机调速、变频调速和电磁联轴节调速等，后两种可以实现无级调速，性能较好。

（4）变幅机构

变幅机构由一台变幅卷扬机完成变幅动作。对于小车变幅塔式起重机，变幅机构又称小车牵引机构，它由电动机经联轴节和安装在卷筒内部的少齿差行星齿轮减速器驱动卷筒，经过钢丝绳牵引小车沿水平吊臂上的轨道行走。

3. 电气设备及安全控制部分

（1）电气设备

电气设备包括：电缆卷筒—中央集电环；电动机；操纵电动机用的电器，如控制器、主令控制器、接触器、继电器和制动器；切断电器；主副回路中的控制。

（2）安全控制设备

安全控制设备的作用是防止误操作和违章操作，以避免安全事故发生。塔机的安全装置可分为限位开关（限位器）、超负荷保险器（超载断电装置）、缓冲止挡装置、钢丝绳防脱装置、风速仪、紧急安全开关和安全保护音响信号，是塔机不可缺少的关键设备。

4. 液压顶升系统

液压顶升系统用于完成塔身的加节顶升工作。当需要接高塔身时，由塔式起重机吊起一节塔身标准节，开动油泵电动机，使顶升液压油缸工作，顶起顶升套架及上部结构，当顶升到超过一个塔身标准节高度时，将套架固定销就位锁紧，形成引入标准节的空间。当吊起的标准节引入后，安装连接螺栓将其紧固在原塔身上，将顶升套架落下，紧固过渡节和刚接高的标准节相连的螺栓，完成顶升接高工作。若按相反顺序即可完成降节工作。

6.8.2　国内塔式起重机施工机械

国内塔式起重机的主要技术性能，见表6-71。

国内塔式起重机的主要技术性能　　表 6-71

生产厂商	长沙中联重工科技发展有限公司									
型号	TC5013	TC5610	TC5015	TC6013	TC5613	TC5616	TC6517	TC7035	TC7052	Dl100
额定起重力矩 (kN·m)	630	630	800	800	800	800	1600	3150	4000	6300
最大幅度 (m)	50	56	50	60	56	56	65	70	70	80
最大幅度时起重量 (t)	1.3	1.0	1.5	1.3	1.5	1.6	1.7	3.5	5.2	9.6
最大起重量 (t)	6	6	6	6	6	6	10	16	25	63

生产厂商	抚顺永茂建筑机械有限公司							
型号	ST5513	ST7030	ST7027	STL230	STL420	STT293	STT403	STT553
额定起重力矩 (kN·m)	1000	2500	3000	2500	4500	3000	4200	5000
最大幅度 (m)	55	70	70	55	60	74	80	80
最大幅度时起重量 (t)	1.3	3.0	2.7	2.0	4.9	2.7	3.0	3.5
最大起重量 (t)	6.0	12	12	6	24	12	12	24

续表

生产厂商	江麓建筑机械有限公司							
型号	JL5615	JL5515	JL5022	JL5518	JL5520	JL6516	JL6018	JL7034
额定起重力矩 (kN·m)	940	920	1250	1400	1500	1600	1600	3570
最大幅度 (m)	56	55	50	55	55	65	60	70
最大幅度时起重量 (t)	1.45	1.5	2.11	1.8	1.99	1.5	1.76	2.86
最大起重量 (t)	6	8	8	8	10	10	10	16

生产厂商	中昇建机（南京）重工有限公司						
型号	ZSL500	ZSL750	ZSL1000	ZSL1350	ZSL2000	ZSL2700	ZSL3200
额定起重力矩 (kN·m)	500	750	1000	1350	2000	2700	3200
最大幅度 (m)	45	50	50	50	50	60	50
最大幅度时起重量 (t)	7.5	9.9	14.4	18.7	31	31.9	55.6
最大起重量 (t)	32	50	64	96	100	100	100

6.8.2.1　自升式系列塔式起重机

1. 塔式起重机基础四种设置型式

在设计塔式起重机基础时，要根据施工现场及建筑物周围地质等情况进行设置。施工技术人员总结了多年来设置塔式起重机基础的经验，提供四种基础设置型式供参考。四种基础设置型式如下：

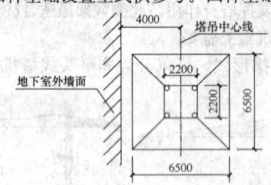

图 6-52　基础平面图

适用于自升式和附着式塔式起重机设置，塔式起重机基础位于地下室外墙以外，考虑到建筑结构施工及外脚手架的布置，建议塔式起重机的中心线距建筑物外墙≥4000mm。平面尺寸为 6500mm×6500mm，如图 6-52 所示。

根据塔式起重机锚脚的深度要求，设计基础高度为 $H=1300$mm，基础底标高与地下室底平面持平，为使基础载荷传入第二层地基上，基础下土质应进行处理或加固，以满足地基承载力要求。配筋图如图 6-53 所示。

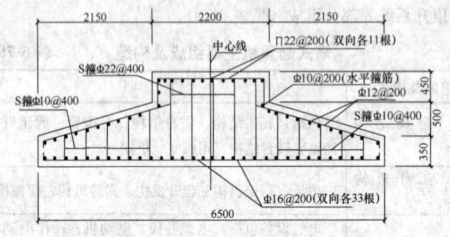

图 6-53　基础配筋图

2. 塔式起重机基础计算

关于塔式起重机的钢筋混凝土基础，必须根据所在建筑物周围的地质条件进行设计。设计的依据是以塔式起重机最大自由高度下的垂直压力和弯矩组合作为主要载荷考虑。

（1）地基承载力计算

参照国家现行标准《建筑地基基础设计规范》GB 50007 和《塔式起重机混凝土基础工程技术规程》JGJ/T 187 规定。塔机在独立状态时，作用于基础的荷载应包括塔机作用于基础顶的竖向荷载标准值（F_k）、水平荷载标准值（F_{vk}）、倾覆力矩（包括塔机自重、起重荷载、风荷载等引起的力矩）荷载标准值（M_k）、扭矩荷载标准值（T_k），以及基础及其上土的自重荷载标准值（G_k），如图 6-54 所示。

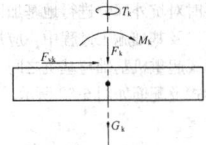

图 6-54　基础荷载

塔式起重机的地基承载力计算方法如下：

1) 基础底面的压力应符合下列公式要求：

当轴心荷载作用时

$$P_k \leqslant f_a \tag{6-1}$$

式中　P_k——相应于荷载效应标准组合时，基础底面处的平均压力值；

　　　f_a——修正后的地基承载力特征值。

当偏心荷载作用时，除符合式（6-1）要求外，尚应符合下式要求：

$$p_{kmax} \leqslant 1.2 f_a \tag{6-2}$$

式中　p_{kmax}——相应于荷载效应标准组合时，基础底面边缘的最大压力值。

2) 基础底面的压力可按下列公式确定：

当轴心荷载作用时，

$$p_k = \frac{F_k + G_k}{A} \tag{6-3}$$

式中　F_k——塔式起重机传至基础顶面的竖向力值；

　　　G_k——基础自重和基础上的土重；

　　　A——基础底面面积。

当偏心荷载作用，偏心距 $e \leqslant b/6$ 时，

$$p_{kmax} = \frac{F_k + G_k}{A} + \frac{M_k + F_{vk} \cdot h}{W} \tag{6-4}$$

式中　M_k——相应于荷载效应标准组合时，作用于矩形基础顶面短边方向的力矩值；

　　　F_{vk}——相应于荷载效应标准组合时，作用于矩形基础顶面短边方向的水平荷载值；

　　　h——基础的高度；

　　　b——矩形基础底面的短边长度；

　　　W——基础底面的抵抗矩。

当偏心距 $e > b/6$ 时（图 6-55），p_{kmax} 按下式计算：

$$p_{kmax} = \frac{2(F_k + G_k)}{3la} \tag{6-5}$$

式中　a——合力作用点至基础底面最大压力边缘的距离；

　　　l——矩形基础底面的短边长度。

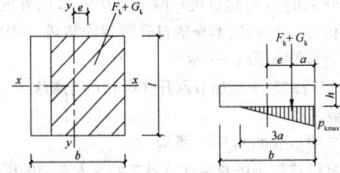

图 6-55　单向偏心荷载（$e > b/6$）作用下的基底压力计算示意

地基承载力特征值可由载荷试验或其他原位测试等方法确定。

3) 偏心距 e 应按式（6-6）计算，并应符合式（6-7）要求：

$$e = \frac{M_k + F_{vk} \cdot h}{F_k + G_k} \tag{6-6}$$

$$e \leqslant b/4 \tag{6-7}$$

地基土的承载冲切强度验算：

$$\sigma_t = \frac{2(F_k + G_k)}{3b} \leqslant [\sigma_a] \tag{6-8}$$

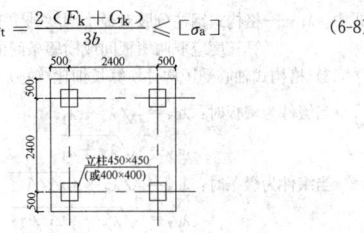

图 6-56　塔吊基础平面图

式中　σ_a——地基土的承载力。

(2) 塔式起重机基础设置在基坑内，平面尺寸如图 6-56 所示。此型式由于施工比较简单经济，对建筑物影响比较小，所以应用很广泛。它利用原基础工程桩（工程桩形式采用钻孔灌注桩）承载，通过在钻孔桩灌注施工时，用插入的型钢立柱，来传递塔式起重机的载荷。如图 6-57、图 6-58 所示。塔式起重机在基坑土方开挖前预先安装，型钢立柱随上方开挖进度，由上而下设置剪力支撑和水平支撑进行加固，直至土方开挖至坑底。在土方开挖及基础施工过程中，加强塔式起重机基础的沉降观测，必要时塔式起重机附着在基坑支撑上，确保塔式起重机基础稳定。

混凝土承台基础计算应符合现行国家标准《混凝土结构设计规范》GB 50010 和现行行业标准《建筑桩基技术规范》JGJ 94 的规定。可视格构式钢柱为桩，应进行受弯、受剪承载力计算。

1) 格构式钢柱应按轴心受压构件设计，并应符合下列公式规定：

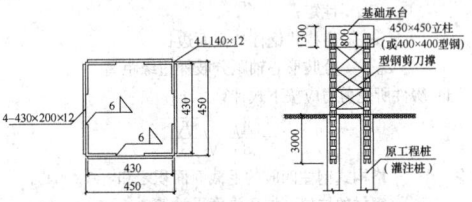

图 6-57　型钢立柱详图　　图 6-58　塔吊基础剖面图

格构式钢柱受压整体稳定性应符合下式要求：

$$\frac{N_{max}}{\varphi A} \leqslant f \tag{6-9}$$

式中　N_{max}——格构式钢柱单肢最大轴心受压力设计值，荷载效应的基本组合值；

　　　A——构件毛截面面积，即分肢毛截面面积之和；

　　　f——钢材抗拉、抗压强度设计值；

　　　φ——轴心受压构件的稳定系数，应根据构件的换算长细比 λ_{0max} 和钢材屈服强度，按现行国家标准《钢结构设计规范》GB 50017 的规定"按 b 类截面查表 C-2"取用。

2) 格构式钢柱的换算长细比应符合下式要求：

$$\lambda_{0max} \leqslant [\lambda] \tag{6-10}$$

式中　λ_{0max}——格构式钢柱绕两主轴 x、y 的换算长细比中较大值（图 6-59）；

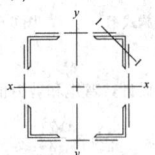

图 6-59　格构式组合构件截面

$[\lambda]$——轴心受压构件允许长细比，取 150。

格构式钢柱分肢的长细比应符合下列公式要求：

当缀件为缀板时：

$$\lambda_1 \leqslant 0.5\lambda_{0max}，且 \lambda_1 \leqslant 40 \tag{6-11}$$

当缀件为缀条时：

$$\lambda_1 \leqslant 0.7\lambda_{0max} \tag{6-12}$$

式中 λ_1——格构式钢柱分肢对最小刚度轴1-1的长细比,其中计
算长度应取两缀板间或横缀条间的净距离。

3) 格构式轴心受压构件换算长细比(λ_0)应按下列公式计算:

当缀件为缀板时:

$$\lambda_{0x} = \sqrt{\lambda_x^2 + \lambda_1^2} \tag{6-13}$$

$$\lambda_{0y} = \sqrt{\lambda_y^2 + \lambda_1^2} \tag{6-14}$$

当缀件为缀条时:

$$\lambda_{0x} = \sqrt{\lambda_x^2 + 40A/A_{1x}} \tag{6-15}$$

$$\lambda_{0y} = \sqrt{\lambda_y^2 + 40A/A_{1y}} \tag{6-16}$$

$$\lambda_x = H_0 / \sqrt{I_x/(4A_0)} \tag{6-17}$$

$$\lambda_y = H_0 / \sqrt{I_y/(4A_0)} \tag{6-18}$$

$$I_x = 4[I_{x0} + A_0(a/2 - Z_0)^2] \tag{6-19}$$

$$I_y = 4[I_{y0} + A_0(a/2 - Z_0)^2] \tag{6-20}$$

式中 A_{1x}——构件截面中垂直于 x 轴的各斜缀条的毛截面面
积之和;

A_{1y}——构件截面中垂直于 y 轴的各斜缀条的毛截面面
积之和;

$\lambda_x(\lambda_y)$——整个构件对 x 轴(y 轴)的长细比;

H_0——格构式钢柱的计算长度,取承台厚度中心至格
构式钢柱底的长度;

A_0——格构式钢柱分肢的截面面积;

I_x、I_y——格构式钢柱对 x 轴、y 轴的截面惯性矩;

I_{x0}——格构式钢柱的分肢平行于分肢形心 x 轴的惯
性矩;

I_{y0}——格构式钢柱的分肢平行于分肢形心 y 轴的惯
性矩;

a——格构式钢柱的截面边长;

Z_0——分肢形心轴距分肢外边缘距离。

4) 缀件所受剪力应按下式计算:

$$V = \frac{Af}{85}\sqrt{\frac{f_y}{235}} \tag{6-21}$$

式中 A——格构式钢柱四肢的毛截面面积之和,$A = 4A_0$;

f——钢材的抗拉、抗压强度设计值;

f_y——钢材的强度标准值(屈服强度)。

剪力 V 值可认为沿构件全长不变,此剪力应由构件两侧承受
该剪力的缀件面平均分担。

5) 缀件设计(图6-60、图6-61)应符合下列公式要求:

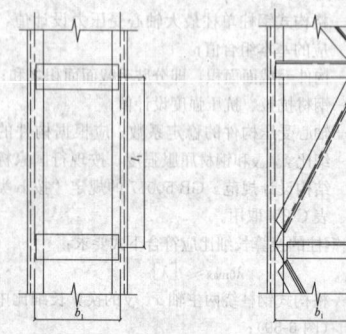

图6-60 缀板式格构式钢   图6-61 缀条式格构式钢
柱立面示意   柱立面示意

缀板应按受弯构件设计,弯矩和剪力值应按下列公式计算:

$$M_0 = \frac{Vl_1}{4} \tag{6-22}$$

$$V_0 = \frac{Vl_1}{2b_1} \tag{6-23}$$

斜缀条应按轴心受压构件设计,轴向压力值应按下式计算:

$$N_0 = \frac{V}{2\cos\alpha} \tag{6-24}$$

式中 M_0——单个缀板承受的弯矩;

V_0——单个缀板承受的剪力;

N_0——单个斜缀条承受的轴向压力;

b_1——分肢型钢形心轴之间的距离;

l_1——格构式钢柱的一个节间长度,即相邻缀板轴线距离;

α——斜缀条和水平面的夹角。

(3) 塔式起重机基础设置在基坑外,采用补桩(补桩形式可采
用预制桩或钻孔灌注桩),通过用补桩承受塔式起重机载荷;考虑
到工程地质条件的不同情况,应对补桩承载力及基础地基承载力进
行验算。塔式起重机在靠近基坑外围设置时,应综合考虑与基坑围
护结构的关系,必要时对坑外部分进行地基加固,确保塔式起重机
基础稳定。在土方开挖及基础施工过程中,应加强塔式起重机基础
的沉降观测,以及塔式起重机基础与基坑之间土体的变形监测。塔
式起重机基础设置形式及配筋如图6-62所示。

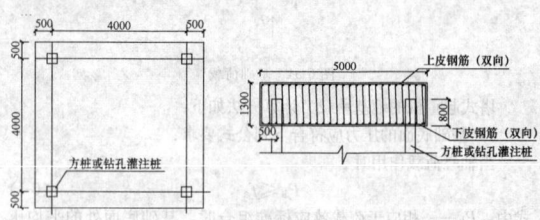

图6-62 塔式起重机基础平面及剖面图

(4) 塔式起重机基础设置在基坑围护结构上,利用原围护结构
部分的钻孔灌注桩和搅拌桩,同时在坑外采用补桩(补桩形式可采
用钻孔灌注桩或预制桩),通过补桩和围护结构承受塔式起重机载
荷。塔式起重机的基础考虑到工程地质条件的不同及原围护结构的
情况,应对补桩和原围护结构承载力及基础地基承载力进行验算,
必要时对原围护结构进行加固处理。在土方开挖及基础施工过程
中,应加强塔式起重机基础的沉降观测,以及基坑围护结构的变形
监测,确保塔式起重机基础稳定。基础型式如图6-63所示。

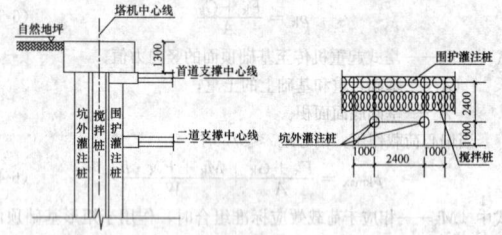

图6-63 塔式起重机基础剖面及平面图

3. 塔式起重机的混凝土基础应符合下列要求:

(1) 混凝土强度等级不低于C35;

(2) 基础表面平整度允许偏差1/1000;

(3) 埋设件的位置、标高和垂直度以及施工工艺符合出厂说明
书要求。

4. 塔式起重机的安装与拆除方法

塔式起重机的安装方法根据起重机的结构型式、质量和现场的
具体情况确定。同一台塔式起重机的拆除方法和安装方法相同,
仅程序相反。自升式塔式起重机安装方法主要用其他起重机(辅
机)将所要安装的塔式起重机,除塔身中间节以外的全部部件,
立装于安装位置,然后用本身的自升装置安装塔身中间节。立装
自升法的安装步骤如图6-64示。

5. 自升式塔式起重机加节顶升(自升)与降落

顶升作业步骤如下:

顶升加节的步骤如图6-65所示。

(1) 起重机首先将塔身标准节吊起并放入套架的引进小车上。

(2) 顶升时,油缸活塞杆的伸出端通过鱼腹活塞抵在已固定的塔
节上。开动液压顶升系统,使活塞杆在压力油的作用下伸出,这时
套架连同上部结构及各种装置,包括液压缸等被向上顶升,直到规
定的高度。

(3) 将套架与塔身固定,操纵液压系统使活塞杆缩回,形成标
准节的引进空间。

(4) 将引进小车上的标准节引进空间内,与下面的塔身连接校

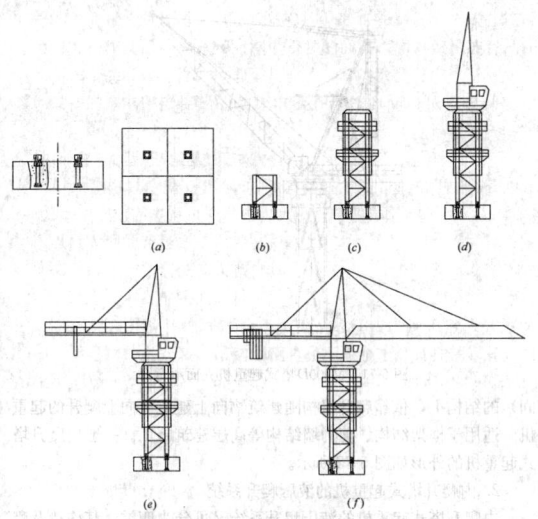

图 6-64　自升法安装塔式起重机的步骤
(a) 放置基础锚脚；(b) 安装塔身基础节；(c) 安装爬升架；
(d) 吊装塔顶及回转；(e) 安装平衡臂；(f) 安装起重臂

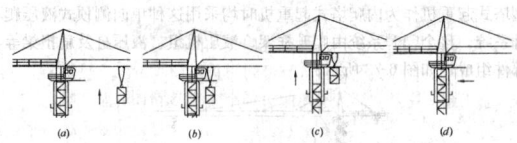

图 6-65　自升式起重机自升过程示意图
(a) 吊起标准节；(b) 标准节吊挂在引进小车上；(c) 外套架顶升；
(d) 接高一个标准节

正。这时塔身自升了一个标准节的高度。

重复上述过程，可反复顶升并加装标准节，直至达到要求高度。塔身降落与顶升方法相似，仅程序相反。

6.8.2.2　附着式系列塔式起重机

自升塔式起重机的塔身接高到设计规定的独立高度后，须使用锚固装置将塔身与建筑物相连接（附着），以减少塔身的自由高度，保持塔机的稳定性，减小塔身内力。锚固装置由附着框架、附着杆和附着支座组成，如图 6-66 所示。

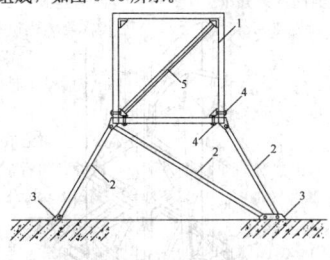

图 6-66　锚固装置的构造
1—附着框架；2—附着杆；3—附着支座；
4—顶紧螺栓；5—加强撑

附着式塔式起重机支承杆计算：

塔式起重机作附着时需要设置附着支撑。附着支撑的水平力是根据塔式起重机的起重能力，塔身悬臂的自由长度以及载荷组合情况确定的。在施工之前应将支撑附着的水平力以及各杆受力通告设计与施工单位，以便根据需要设置预埋铁件。

一般来说，塔式起重机厂商在塔式起重机技术说明书或计算书上都在相应的附着长度上提供 x 向水平力 F_x、y 向水平力 F_y 和扭矩 M，并提供附着杆系的形式和长度，但在特殊的情况下，施工单位因施工场地限制或由于塔式起重机平面合理布置的需要而改变塔式起重机与建筑物的距离时，需对附着各杆系受力情况和杆件强度进行验算，以下提供两种比较常见的三杆支撑体系和四杆支撑体

系的内力计算方法。

(1) 附着三杆支撑内力计算

在塔身平面上综合受力 F_x、F_y、M 载荷和三杆系组成平面静力体系（图 6-67），如求各杆内力时，可将各拉杆延长得交点 A、B、C。分别以此三个交点为力矩中心，可得平面力矩方程，解得各杆件内力：

$\sum M_A = 0$ 可解得 N_3 力；

$\sum M_B = 0$ 可解得 N_2 力；

$\sum M_C = 0$ 可解得 N_1 力。

(2) 附着四杆支撑内力计算

四杆支撑式附墙装置的内力，可作为一次超静定体系（图 6-68）用力法方程式求解：

$$\delta_{11} \cdot X_1 + \Delta_{1p} = 0 \qquad (6-25)$$

图 6-68 中 N_1 杆视为多余约束，则在外力的作用下，各杆件的内力可由下列静力平衡方程式中解出：

$$\sum X = 0, \ \sum Y = 0, \ \sum M_A = 0$$

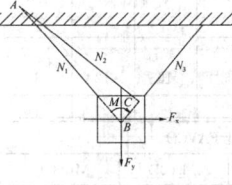 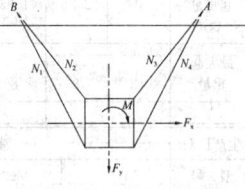

图 6-67　附着三杆支撑　　　图 6-68　附着四杆支撑

从而可分别求得各杆内力 $\bar{N}_{ip}$ 值。同理，可求得单位多余约束力作用上的杆件内力 $\bar{N}_i$ 值。

单位力引起杆件 1 的位移 δ_{11} 按式（6-26）计算：

$$\delta_{11} = \sum \frac{\bar{N}_i^2 l_i}{EF} \qquad (6-26)$$

式中　l_i——各杆件的长度（m）；

　　　F——各杆件的截面积（m^2）；

　　　E——杆件材料的弹性模量。

外载荷引起的杆件 1 的位移计算：

$$\Delta_{1p} = \sum \frac{\bar{N}_i N_{ip} l_i}{EF} \qquad (6-27)$$

多余约束力 x_1（即 N_1）为：

$$x_1 = \frac{\Delta_{1p}}{\delta_{11}} \qquad (6-28)$$

从而可得各杆件的内力：

$$N_i = N_{ip} + \bar{N}_i x_1 \qquad (6-29)$$

6.8.3　国外塔式起重机的主要技术性能

国外塔式起重机的主要技术性能，见表 6-72。

国外塔式起重机的主要技术性能　　表 6-72

生产厂商	德国 LIEBHERR							
型　号	88HC	256HC	290HC	132EC-H	TN112	180EC-H	SK560	800HC20
最大幅度 (m)	45	70	70	55	50	60	60	80.8
最大幅度时 起重量 (t)	1.9	2.7	2.7	1.7	1.4	2.2	2.6	7
最大起重量 (t)	6	12	10	8	12	10	32	20

生产厂商	法国 POTAIN							
型　号	MD208A	MD660A	MR160C	MC48C	MCT58	MDT268J10	F0/23B	H3/36B
最大幅度 (m)	62.5	80	50	36	42	65	50	65
最大幅度时 起重量 (t)	2	4	2.4	1	1.2	3	2.3	2.8
最大起重量 (t)	10	40	10	2.5	3	10	10	12

续表

生产厂商	意大利 COMEDIL			意大利 EDILMAC			
型　号	CT4618	CT6025	MCA501	E751	E955	E6026	E1801
最大幅度(m)	46	60	50	45	50	60	55
最大幅度时起重量(t)	1.8	2.5	1.35	1.75	2.45	2.6	1.7
最大起重量(t)	8	10	6	6	8	10	10

生产厂商	意大利 SOCEM	意大利 ALFA	丹麦 KRØLL	捷克 BREZNO	西班牙 COMANSA		
型　号	SG1740	SG1250	A822PA8	K100	K200-DS	MB2043	SH-4518
最大幅度(m)	60	55	51	44	40	50	45
最大幅度时起重量(t)	3	2.25	1.35	2	6	3	1.8
最大起重量(t)	12	8	8	8	16	12	8

生产厂商	澳大利亚 FAVCO			
型　号	M440D	M600D	M900D	M1280D
最大幅度(m)	55	70	70	80
最大幅度时起重量(t)	6.6	3	6.3	13.6
最大起重量(t)	32	50	64	100

6.8.3.1　澳大利亚 FAVCO 系列塔式起重机

1. M440D 塔式起重机

M440D 塔式起重机是施工超高层建筑的常用起重设备,该设备塔身高 40m,最大起重臂 55m,最大起重量 32t,起重力矩 6000kN·m,立面示意如图 6-69 所示。

2. M600D 塔式起重机

M600D 塔机塔身高 56m,最大起重臂 70m,最大起重量 50t,起重力矩 7500kN·m。立面示意如图 6-70 所示。

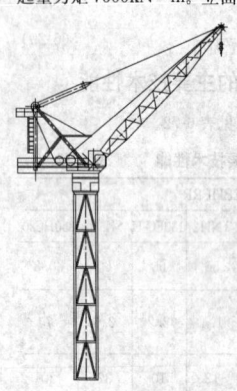

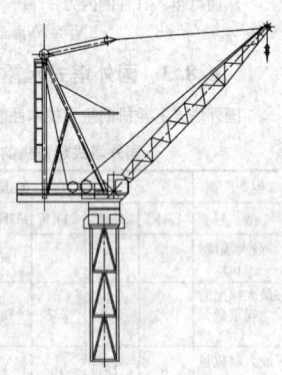

图 6-69　M440D 塔式起重机　　　图 6-70　M600D 塔式起重机
　　　　立面示意图　　　　　　　　　　　立面示意图

3. M900D 塔式起重机

M900D 塔机塔身高 60m,最大起重臂 70m,最大起重量 64t,起重力矩 12000kN·m。立面示意如图 6-71 所示。

6.8.3.2　内爬式系列塔式起重机

1. 内爬升式起重机的概念

内爬升塔式起重机是一种安装在建筑物内部(电梯井或特设空

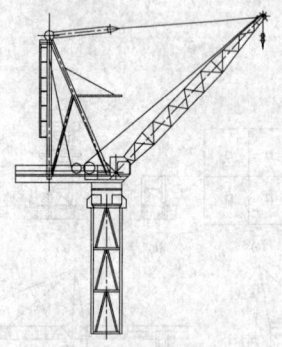

图 6-71　M900D 塔式起重机立面示意图

间)的结构上,依靠爬升机构随建筑物向上建造而向上爬升的起重机。适用于框架结构、剪力墙结构等高层建筑施工。一般内爬升塔式起重机的外形如图 6-72 所示。

2. 内爬升塔式起重机的液压爬升系统

内爬升塔式起重机的液压爬升系统又可分为四类,其构造及爬升方式分别介绍如下:

(1) 单向侧顶式液压爬升系统特点是液压爬升机组设置在靠近楼板开口处,位于塔身的一侧。国产 F0/23B、ST60/15、H3/36B 型塔式起重机作为内爬塔式起重机时均采用这种单向侧顶式液压爬升系统。整个爬升系统由爬升框架、液压机组、液压缸及扁担梁等部件组成,如图 6-73 所示。

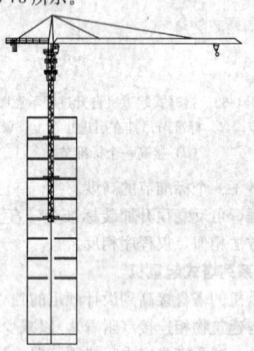

图 6-72　内爬升塔式起重机外形

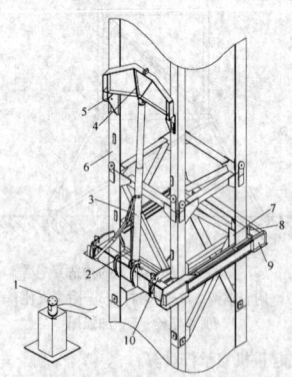

图 6-73　ST60/15 侧顶式液压内爬系统构造示意图
1—液压油缸;2—液压缸支座;3—液压油缸;4—顶升扁担梁;5—顶升爬爪;6—塔身标准节;7—塔身基础加强节;8—支承销;9—爬升框架;10—导向楔紧装置

采用单向侧顶内爬系统的爬升程序如下:

1) 使液压油缸竖立并将扁担梁及顶升爬爪就位,开动液压泵,使活塞杆伸出顶起塔身,卸下塔身底座(塔身基础加强节)与埋设在钢筋混凝土基础中的底脚主角钢的连接销轴,使塔身结构与混凝土基础脱开;

2) 开动液压泵，使活塞杆伸出顶起塔身；

3) 继续操纵液压泵完成一个顶升行程，翻转支塔销，微微缩回活塞杆以落下塔身，使整个塔式起重机重量由爬升框架支承；

4) 缩回顶升爬爪、落下扁担梁，并使之在次一排塔身主弦杆上的踏步块处就位；

5) 嵌装好顶升爬爪，再一次伸出活塞杆顶起塔身；

6) 按上述顺序进行多次顶升循环，即可完成塔式起重机爬升的全过程，经过固定，便可使内爬升式起重机在新的一个楼层上进行吊装作业。单向侧顶内爬系统爬升过程如图 6-74 所示。

(2) 双向侧顶式液压爬升系统比单向侧顶式液压爬升系统增加了一套液压缸和扁担梁等部件，工作时同时作用于塔身的两侧。国产 STT553A 型塔式起重机作为内爬升式起重机时采用这种双向侧顶式液压爬升系统。整个爬升系统由爬升框架、液压机组、两套液压缸及扁担梁等部件组成。双向侧顶内爬系统爬升过程如图 6-75 所示。

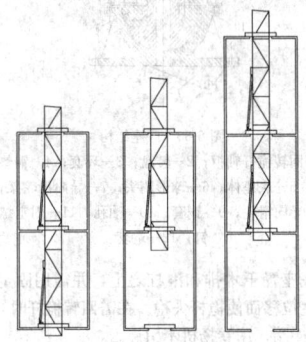

图 6-74　ST60/15 型塔机单向侧
顶内爬过程示意图

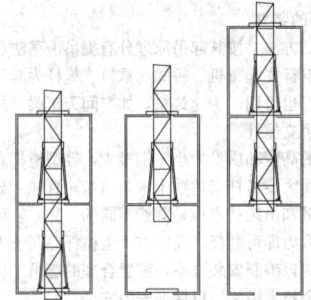

图 6-75　STT553A 型塔机双向侧
顶内爬过程示意图

(3) 活塞杆向下伸出式中心顶升液压爬升系统特点是液压顶升机组设置在塔身底座处，液压油缸位于塔身中心，活塞杆向下。国产 QT80EA 型塔式起重机，引进的德国 LIEBHERR132EC-H、88HC 型塔式起重机，意大利 RAIMONDI TK6024-4/8 型塔式起重机以及澳大利亚 FAVCOM440D，M600D，M900D 型塔式起重机均采用这种内爬系统。这种中心顶升式液压爬升系统的液压缸缸体上端铰装有一个固定横梁，活塞杆向下伸出，杆端铰固在扁担梁上。扁担梁可随活塞杆的伸缩而上、下升降。固定横梁和升降扁担梁上都装有可伸缩的活络支腿。顶升时，先使扁担梁上的两个活络支腿分别伸出并搁置在爬梯的踏步上。随后往液压缸大腔供油，小腔回油，活塞杆便徐徐伸出，塔身被顶起。当活塞杆完成伸出行程后，拔出固定横梁两端的活络支腿并支搁在爬梯的相应踏步上，使塔式起重机的重量通过固定横梁的活络支腿而传递给爬梯踏步，再通过爬梯、爬升框架传给楼板结构。然后收回扁担梁的活络支腿，缩回活塞杆，提起扁担梁并将扁担梁两端的活络支腿伸出而搁置在更高一阶爬梯踏步上。如此重复上述动作，塔式起重机便完成预定的爬升过程，从而可在更高一个楼层上进行吊装作业。

这种活塞杆向下伸出式中心顶升式液压内爬系统的构造和爬升过程，如图 6-76、图 6-77 所示。

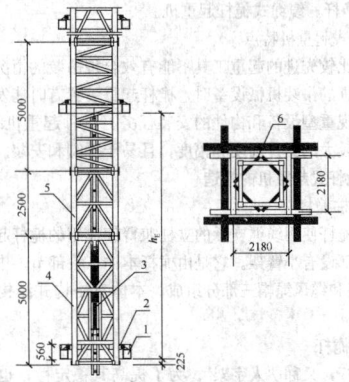

图 6-76　活塞杆向下伸出顶升式液压内爬系统构造示意图
1—钢梁；2—爬升框架；3—液压缸；4—内爬基础节
（塔身底座）；5—塔身节；6—托梁 hE 表示上、下道支
承爬升架之间距离（m）

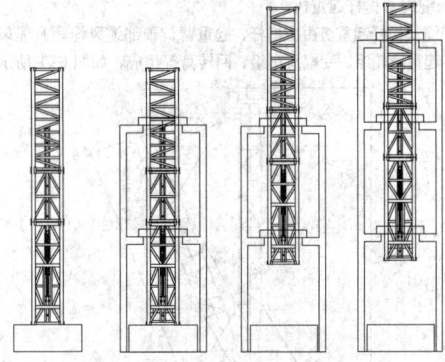

图 6-77　采用活塞杆向下伸出式中心顶升液压内爬系统的
爬升过程示意图

(4) 活塞杆向上伸出式中心顶升液压内爬系统特点是，液压顶升机组设置在塔身底座处，液压缸位于塔身中心，活塞杆向上伸出，通过扁担梁托住塔身向上顶起。国产 QTP60 型内爬式塔式起重机就是采用这类液压内爬系统。

3. 内爬式塔式起重机的拆卸

将内爬式塔式起重机从高层建筑屋顶处拆卸到地面上，应根据具体情况（可供利用的起重设备、建筑结构特点以及施工现场条件等）采用不同实施方案。目前较简单、经济、可行的方法是：利用专门设计的台灵架、桅杆式起重机或采用人字扒杆进行拆塔。

内爬式塔式起重机的拆卸顺序是：开动爬升系统使塔式起重机沿爬升井筒下降，让起重臂下落到与层面平齐→拆卸平衡重→拆卸起重臂→拆卸平衡臂→拆卸塔顶及司机室→开动爬升系统顶升塔身→拆卸转台及回转支承装置→逐节顶升并拆卸塔身→拆卸底座、爬升系统及附件。

6.8.3.3　超高层内爬式塔式起重机的应用

超高层钢结构工程占地面积小，钢结构构件重，多数在 10～40t，这种工程都是选择内爬式塔机，为提高作业效率设置多台塔机同时作业，使用动臂变幅式塔机（如 M440D、M600D、M900D 型塔式起重机）既可以避免塔机间的干涉又能满足起重量大的要求。

6.9　桅杆式起重机施工机械

6.9.1　桅杆式起重机的分类、特点及构造

6.9.1.1　桅杆式起重机的分类及特点

1. 桅杆式起重机的分类

桅杆式起重机按桅杆的构成方式可以分成单立柱桅杆、人字

（或 A 形）桅杆、缆绳式桅杆起重。

2. 桅杆式起重机特点

在使用比较先进的起重工具不能有效合理吊装的情况下，或是缺乏比较先进的吊装机械设备时，桅杆起重装置有时能发挥它的巨大作用，实现重型设备和构件的安装任务。这种起重机结构简单、轻便、具有较大的提升高度和幅度，且易于拆卸和安装。

6.9.1.2　桅杆式起重机的构造

1. 单立柱桅杆

单立柱桅杆使用缆绳支承的立柱兼臂架作用的桅杆起重机，有的在桅杆上部设有小臂架。它是由桅杆本体（头部节、中间节、尾部节）、底座和缆风绳帽三部分组成。本体有格构式结构和钢管结构两种。

2. 人字桅杆

人字桅杆，又称"人字架"。为了提高其稳定性，也有将人字桅杆做成 A 字形的。人字桅杆的横向稳定性好、起吊能力大、缆风绳较少、搭设容易、移动方便，又改变吊装角度。因此，较广泛地用于设备吊装和装卸等作业中。人字桅杆有用圆木、钢管焊成和格构式三类，按其吊装工艺要求，其头部有多种不同的连接形式。

3. 缆绳式桅杆起重机

缆绳式桅杆起重机由主桅杆、起重臂、顶部缆风绳帽及缆风绳、底座、起重滑轮组、变幅滑车组、回转盘等组成，如图 6-78 所示。

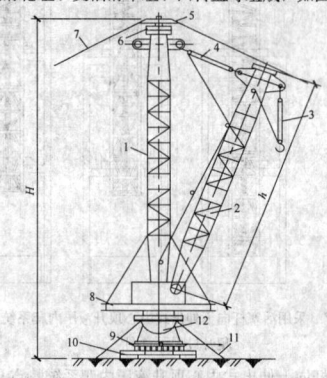

图 6-78　缆绳式桅杆机构示意图
1—主桅杆；2—起重臂；3—起重滑车组；4—变幅滑车组；
5—缆风绳帽；6—顶部结构；7—缆风绳；8—回转盘；9—木
排；10—枕木；11—底座固定设施；12—底座

（1）桅杆本体结构

一般主桅杆和变幅桅杆均为角钢焊成的格构式结构，每节做成 6～8m 长，两节间用接口板以精制螺栓或高强螺栓实现连接。为方便安装和检修，在主桅杆上装有梯子。

（2）顶部结构

顶部结构的功能是固定缆风绳，悬挂变幅桅杆滑车组的上滑车，并可让主桅杆绕自身轴线回转。图 6-79 中的桅杆上盘和

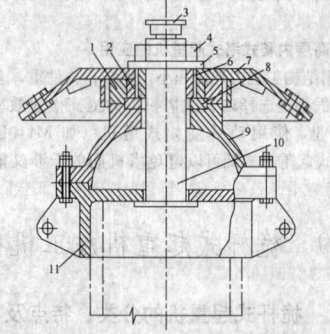

图 6-79　顶部结构
1—环套；2—铜套；3—油杯；4—螺母；5—垫圈；6—
套；7—缆风绳帽；8—铜垫圈；9—支座；10—轴；
11—桅杆上盘

支座是由铸钢件制成，也可用相似形状的焊接件。为减少主桅杆回转时的摩擦阻力，利用了青铜轴套和油杯，用润滑脂进行润滑。

（3）底座

底座需承受计算载荷、桅杆自身重量、缆风绳拉力、施于主桅杆的轴向力等载荷。因有来自变幅桅杆的载荷对底座产生水平推力，因此底座必须有足够的强度。它由桅杆端套、球铰副座、转盘三部分组成，前两者一般用铸钢件制成，转盘常用槽钢制成，其直径视桅杆规格大小选用。球铰副中间有孔，滑车组的牵引绕从孔中穿出，经过固定于底座下的导向滑车引往卷扬机。为减少桅杆回转的摩擦阻力，设有铜套和润滑装置，如图 6-80 所示。

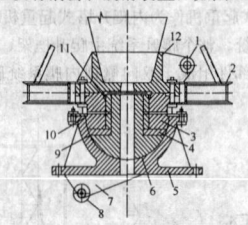

图 6-80　底座结构
1—回转桅杆轴枢；2—转盘；3—环套；4—铜垫
圈；5—底座体；6—球形座头；7—导向滑轮架；
8—导向滑轮；9—铜套；10—油孔；11—固定螺
钉；12—端套

一般情况底座置于木排和滚杠之上，并需用固定措施固定底座，以防其产生位移而使桅杆失稳。在需回转桅杆时，应在转盘上绕以钢丝绳 3～4 圈，用卷扬机牵引。

6.9.2　桅杆式起重机的使用要点

6.9.2.1　桅杆的竖立

竖立桅杆的方法，按其起吊原理分有提吊滑移法和旋转扳吊法两类，一般用自行式起重机、桥式起重机或桅杆为起吊机具，在具备利用条件时，也可用厂房建筑物，如车间天车梁、柱子牛腿、屋架等为受力点竖立桅杆。

由于桅杆的高度和质量大小差别极大，轻型桅杆高仅数米，人力可以抬起；而大型桅杆高达数十米，质量逾百吨。显然，竖立它们的吊装工程量和吊装技术也是截然不同的。竖立轻型桅杆只需简单的机具，用人力即可胜任。而竖立大型桅杆等同于进行大型塔类设备的吊装，应该编制安装方案，配置合理的起吊工机具，并采取必要的吊装安全技术措施，以保证安装安全。

1. 自行式起重机竖立桅杆

利用自行式起重机竖立桅杆应为首选的最佳方法，此方法安全可靠，操作简单，工作效率高。如吊车的起重量和臂长长度均可满足吊装要求时，桅杆经提吊滑移后可直接竖起，［如图 6-81（a）所示］。如吊车臂长长度不够，可用吊车将桅杆吊至倾斜状态［如图 6-81（b）所示］，再用桅杆自身的滑车组，继续将桅杆竖起。因后半个吊装过程属起扳作业，故需设置桅杆底部封固措施、防自倾绳（也可用缆风绳代替）和两侧向平衡绳。

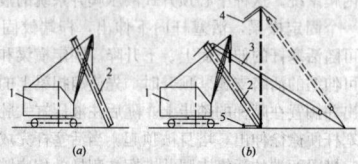

图 6-81　用自行式起重机竖立桅杆
1—吊车；2—桅杆；3—滑车组；4—防自倾绳；
5—封固桅杆底部

2. 旋转扳吊法竖立桅杆

用旋转扳吊法竖立桅杆，是常用的方法之一。此方法的特点是可利用较低的工具性桅杆竖立起高大的桅杆，前者高仅为后者的 1/3 左右。按吊装方式的不同，有单转扳吊法［图 6-82（a）］和双转

扣吊法[图6-82(b)]的差别。前一种方法仅被起吊的桅杆旋转扳起，后一种方法两桅杆均旋转，一个扳另一个倾倒。一般用人字桅杆为扳吊机具，用其扳吊单桅杆、人字桅杆等。用扳转法时，桅杆纵向中心线、滑车组、吊索、工具性桅杆和主地锚均需处于一个吊装平面之内。桅杆脚需封固，只许旋转，不能位移。两侧需设平衡绳，并随吊装的进行，使其处于轻度收紧的状态，以防扳转中的桅杆失稳。在桅杆被扳至自倾角以前，需收紧防倾绳索。

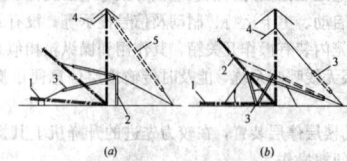

图6-82 用旋转扳吊法竖立桅杆
1—桅杆；2—起机具作用的桅杆；3—起吊滑车组；
4—防自倾绳；5—滑车组

3. 用厂房建筑物竖立桅杆

在桅杆需设立于厂房内部时，应首先选用桥式起重机竖立桅杆的方法，如果因桅杆较高大，天车起升高度不够而无法实现此种机械化吊装时，一般情况可利用厂房建筑物的某些部位，如天车梁、柱子牛腿、屋架等为受力点，挂数组滑车组，以扳吊或提吊方式竖立桅杆。若滑车系点受力较大，应进行建筑结构的强度核算，必要时可采取加固或补强措施，以保证吊装安全。

若桅杆需设立在厂房附近，或周围近处有可利用的其他构筑物、高大设备时，应视具体条件，因地制宜地加以利用，以减少吊装成本、缩短工期。

6.9.2.2 桅杆的拆除

一般情况桅杆的拆除方法较简单，常用滑车组或绳索加以控制，靠桅杆自重使其预定方向缓慢放倒。当然，有时也需利用吊车或其他机具拆除。在许多工程实践中，均利用已吊起的设备来拆除桅杆。若设备虽然高大坚固，为稳妥起见，可在放倒桅杆的反方向在设备顶部加临时缆风绳，然后，用其放倒桅杆。应注意同竖立桅杆一样，桅杆脚应设制动设施，两侧向设平衡绳，以防杆脚滑动、杆体摆动，进而使桅杆失稳。

6.9.2.3 桅杆的位移

移动桅杆通常是指在桅杆竖立的状态下，向某一方向作短小距离的位移，至新的杆位再次进行吊装作业。移动桅杆的作业方式有两种，第一种是连续移动方式，一般用于只有一只脚的单桅杆移动，要求两侧缆风绳或松或紧必须与杆脚拖排的移动协调同步，始终保持桅杆在基本上直立的状态下移动，显然，由桅杆和多根缆风绳组成的系统，在连续移动中，时时保持稳定，其操作难度较大，对作业和指挥能力要求较高。为确保安全，除具有娴熟的起重技术以外，尽量放慢桅杆的移动速度亦是关键，只要卷扬机通过多轮滑车组牵引拖排前行，就可达到缓慢移动的目的。如图6-83所示。

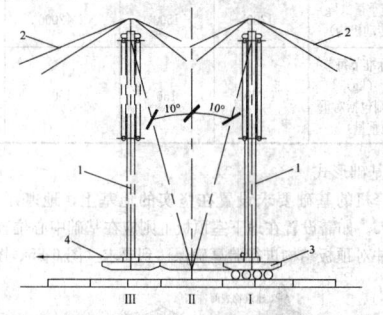

图6-83 分次移动桅杆方法示意图
1—桅杆；2—缆风绳；3—拖排；4—牵引绳

移动桅杆的第二种方式是分次移动，即分数次移动后将桅杆移至预定的新杆位。此方法可用于各种桅杆的移动。具体的操作步骤有两种，一种是先倾桅杆后移动拖排；另一种是先移动拖排后倾桅杆。

先倾桅杆后移动拖排方法的操作步骤是：①放松后侧各缆风绳，同时收紧移动方向的各缆风绳，桅杆向移动方向倾斜10°～15°；②用拉葫芦或卷扬机将拖排向移动方向牵引，即从Ⅰ移至Ⅱ的位置，则桅杆又呈直立状态；③继续向移动方向牵引拖排，由Ⅱ至Ⅲ的位置，此时桅杆向后倾斜10°～15°；④收紧移动方向各缆风绳，放松后侧各缆风绳，则桅杆再次呈直立状态；⑤重复以上各步骤，将桅杆移至新杆位。

先移动拖排后倾桅杆方法的操作步骤是：①适当放松全部缆风绳以后，向移动方向牵动拖排，即拖排从Ⅰ至Ⅱ的位置，此时桅杆向后倾斜10°～15°；②收紧移动方向各缆风绳，放松后侧各缆风绳，使桅杆直立；③再向移动方向牵动拖排，即从Ⅱ到Ⅲ的位置，桅杆再次向后倾斜10°～15°；④再次收紧移动方向各缆风绳，放松后侧各缆风绳，则桅杆再次立直；⑤重复以上各步骤，将桅杆移至新杆位。

6.10 人货两用电梯施工机械

6.10.1 施工升降机型号和组成

6.10.1.1 用途与特点

施工升降机是一种可分层输送建筑材料和人员的高效率垂直施工机械，适用于高层建筑、桥梁、电视塔、烟囱、电站等工程的施工。该外用电梯具有性能稳定、安全可靠，不用另设机房、井道，拆装方便、搬运灵活、提升高度大，运载能力强等特点，因而是施工建筑中理想的垂直运输机械。

6.10.1.2 施工升降机型号说明

升降机的型号由组、型、特性、主参数和变型更新、特征等代号组成。

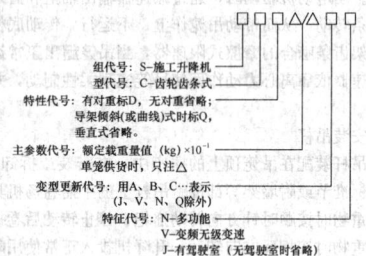

图6-84 升降机型号

例一，升降机SCQ100V

表示吊笼无驾驶室，单吊笼无对重，变频调速、倾斜式施工升降机，吊笼的额定载重量为100×10kg=1000kg

例二，升降机SCD200/200J

表示吊笼有驾驶室，双吊笼有对重，每只吊笼的额定载重量为200×10kg=2000kg

例三，升降机SC100/100V

表示吊笼无驾驶室，双吊笼无对重，变频调速，每只吊笼的额定载重量为100×10kg=1000kg

例四，升降机SC100/100HK

表示吊笼无驾驶室，双吊笼无对重，香港专用型号，每只吊笼的额定载重量为100×10kg=1000kg

6.10.1.3 施工升降机的组成

升降机主要由基础平台（或地坑）、地面防护围栏（包括与基础连接的基础底架）、导架与附墙架、电缆导向装置、吊笼、传动机构、安装吊杆、对重装置、安全保护装置、电气设备与控制系统等十大部分组成。

（1）基础平台

基础平台是由地脚螺栓、预埋底架和钢筋混凝土基础等组成，其上部承受升降机的全部自重和载荷，并对立柱导轨架起固定和定位作用。

（2）围栏

围栏主要由底架、门框、侧墙板、后墙板、接长墙板、缓冲弹

簧、围栏门等组成。各墙板由钢板网拼装而成，依附在底架上。围栏门采用机械和电气联锁，使门锁住后就不能打开，只有吊笼至地面后才能开启；但门开启时就切断电源，使吊笼立即停止，只有在门关上时，吊笼才能启动。底架安置在基础上用预埋地脚螺栓固定。

(3) 导轨架

导轨架由若干标准节组在底架标准节上，它既是升降机的主体构架，又是吊笼上下运行的轨道。一般采用无缝钢管为主立柱，齿条模数为 $m=8mm$，因而决定标准节的长度为 1508mm。对于超高层的导轨架，其断面尺寸不变，只是主立柱管壁厚有 4mm、6mm、8mm 之分，以适用于不同高度。

(4) 附墙架

附墙架是由一组支撑杆组成。其一端用 U 形螺栓和标准节的框架相固结，另一端和建筑物结构中的预埋作用螺栓固定，每隔 1～2 个楼层设置一组，使升降机附着于建筑物的一侧，以增加其纵向稳定性。

(5) 电缆导向装置

吊笼上下运行时，其进线架和地面电缆筒之间拖挂随行电缆，依靠安装在导轨架上或外侧于道竖杆上的电缆导向架导向和保护。有的也可用电缆滑车形式导向。

(6) 吊笼及传动机构

吊笼分为无驾驶室和有驾驶室两种。吊笼四壁用钢板网围成，四周装有安全护栏。吊笼立柱上装有 12 只带有滚珠轴承的导向滑轮，经调节后全部和导轨架上的立柱管相贴合，使吊笼沿导轨架运行时减少摇晃。吊笼内侧上部装有作为传动机构的传动底板，底板上装有两套包括电动机、蜗轮蜗杆减速器、制动器、联轴器等传动机构，当一套传动机构失效时，另一套仍有效，以保证升降机的安全可靠性。当电动机驱动时，通过减速器输出轴上和齿条相啮合的齿轮沿齿条转动，从而带动吊笼作上、下运行。传动底板下便还装有与导轨架齿条啮合的摩擦式限速器，当吊笼超出正常运行速度下坠时，限速器依靠离心力动作而使吊笼实现柔性制动，并切断控制电路。

(7) 安装吊杆

安装吊杆装配在吊笼顶上的插座中，在安装或拆卸导轨架时，用它起吊标准节或附墙架等部件。吊杆上的手摇卷扬机有自锁功能，起吊重物时按顺时针方向转动摇把，停止转动后卷扬机即可制动。下放重物时按相反方向转动。升降机投入正常使用时，可将吊杆卸下，以减少吊笼荷重。

(8) 对重装置

对重装置用以平衡吊笼的自重，从而提高电动机功率利用率和吊笼的起重量，并可改善结构的受力情况。对重由钢丝绳通过导轨架顶部的天轮和吊笼对称悬挂。当吊笼运行时，对重装置沿吊笼对面的导轨架的主柱管反向运行。

(9) 安全保护装置

施工升降机属高空载人机械，除从结构设计上提高安全系数来保障机械安全运行外，还要设置多种安全保护装置，包括电气安全保护装置和机械安全保护装置。

1) 机械安全保护装置

机械安全保护装置有限速器、安全钩、缓冲弹簧、门锁等。

2) 电气安全保护装置

吊笼的单、双门及顶部活板门都设有安全开关、冲顶限位装置，任一门未关闭，吊笼就不能运行；各种限位开关限制吊笼超越安全距离；断缆保护开关能在钢丝绳断裂时切断控制电路，刹住吊笼不再下坠。在超载时，重量限制器自动切断电源，不能运行。

(10) 电气设备

施工升降机的电气设备是由电动机、电气控制箱、操作开关箱或操纵箱等组成。

1) 电动机

施工升降机一般采用带直流圆盘式制动器的交流笼型异步电动机，它的特点是：自重较轻，启动电流较小，自身配有圆盘式制动器，为了增加动力，提高吊笼的载重力，升降机普遍采用双电动机驱动，但也有采用三电动机驱动以提高传动安全系数。

2) 电气控制箱

电气控制箱安装在吊笼内，其中装有继电器、接触器等各种电器元件，通过这些元件实现施工升降机的启动、制动和上、下运行等动作。

3) 操纵箱或操作开关箱

有驾驶室的施工升降机，操纵箱装在驾驶室内，其面板上装有操作开关、电压表指示灯、紧急电锁开关等电器元件，用来操纵施工升降机的启动、上下运行、制动及信号显示等；没有驾驶室的升降机，在吊笼内装有操作开关箱，其作用和操纵箱相似。

4) 楼层无线呼叫系统，能及时传输楼层信息便于操作工及时到达服务层。

5) 自动楼层停层装置，在较为先进的升降机上其操作可与室内电梯一样便捷操作。

6) 较为先进的变频无级调速升降机其运行状况可使梯笼启动停止更为平稳，对机械的各种冲击可大大降低，避免了各种冲击。

6.10.2   施工升降机的主要技术性能

6.10.2.1   普通升降机主要技术性能

1. 国内普通施工升降机主要的技术性能（表 6-73）

普通升降机主要技术性能   表 6-73

生 产 厂 家		上海宝达工程机械有限公司		广州市京龙工程机械有限公司	ALIMAK
型 号		SCD200/200 (SCD200)	SC200/200 (SCQ150/150)	SCD200/200	450CN DOL
每只吊笼	额定载重量 (kg)	2000	2000 (1500)	2×2000	2000
	额定安装载重量 (kg)	1000	1000	2×1000	
最大提升高度 (m)		150 (非标产品可达 250)		450	150
额定起升速度 (m/min)		38	38	36	38
每只吊笼配套电动机	数量 (只)	2	3	2	2
	额定功率 (S3, 25%) (kW)	10.5×2	10.5×3	2×2×11	2×7.5
防坠安全器	制动载荷 (kN)	≥30	≥40		
	动作速度 (m/min)	57			
	限速器型号			SAJ30-1.2	9067360-1009
标准节规格 (m)		立柱管中心距 0.65×0.65；高度 1.508			
围栏重量 (kg)		1170 (870)	1170	1480	
每块对重重量 (kg)		1200		2×1000	
每只吊笼重量 (kg) (包括传动机构)		1300	1500	2×2000	
普通型标准节每节重量 (kg) (带对重包括对重导轨重量)		174 (132)	156	190	

2. 基础形式

升降机的基础要求设置在坚实的地基上，地基承载力需 ≥0.15MPa。如需设置在地下室顶板上则应在基础中心位置增设钢格构柱，并对顶板结构进行验算确保达到要求（图 6-85、图 6-86）。

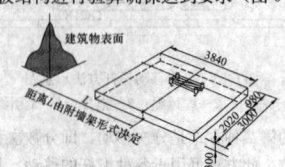

图 6-85   SCD200、SC100、SC200、
SC120 型混凝土基础

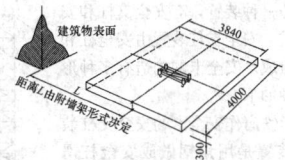

图 6-86　SCD200/200、SC100/100、
SC200/200、SC120/120 型混凝土基础

3. 附墙架形式

附墙架根据实际施工需要，主要分为两大类型。第一大类型：间接式附墙架，见图 6-87；第二大类型：直接式附墙架，见图 6-88。两者的主要区别是间接式附墙架需通过钢立杆、短横支撑及过桥联杆连接在结构上，而直接式则是附墙架直接连接在结构上；间接式附墙架距离较长，可达到 3.8m，而直接式距离则为 2.318m。

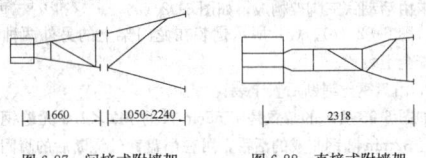

图 6-87　间接式附墙架　　　图 6-88　直接式附墙架

6.10.2.2　变频调速升降机主要技术性能

1. 国内变频调速施工升降机主要的技术性能见表 6-74

采用变频调速方案的升降机通过变频器对供电电源的电压和频率进行调节，使电动机在变换的频率和电压条件下以所需要的转速运转。可使电动机功率得到较好发挥，达到无级调速效果。变频调速技术发展很快，目前国内外一些升降机新产品均趋向采用这种调速技术。变频高速升降机提升速度可以达到 60m/min，大大高于普通升降机 38m/min 的提升速度。变频高速升降机主要应用在超高层建筑的垂直运输上。

变频调速升降机主要技术性能　　　　　　**表 6-74**

生产厂家	上海宝达工程机械有限公司		广州市京龙工程机械有限公司	ALIMAK
型　号	SCD200/200V (SCD200V)	SCD200/200VA [SC(Q)200/200VA]	SCD200/200GZ	450CNFC
每只吊笼 / 额定载重量 (kg)	2000	2000	2×2000	1900
每只吊笼 / 额定安装载重量 (kg)	800	800[1000]	2×1000	
最大提升高度 (m)	350(非标产品可达 400)	250	450	150
额定起升速度 (m/min)	0~96	0~60	0~63	54
每只吊笼配电动机 / 数量 (只)	3	2[3]	2	2
每只吊笼配电动机 / 额定功率 (S3,25%) (kW)	16×3	14.5×2[16× 3,18.5×3]	2×2×15	2×11
防坠安全器 / 制动载荷 (kN)	≥40	≥30[≥40]		
防坠安全器 / 动作速度 (m/min)	117	84		
防坠安全器 / 限速器型号			SAJ30-1.6	9067360-1012
标准节规格 (m)	0.8×0.8×1.508 或 0.65×0.65×1.508			
围栏重量 (kg)	1600(1310)	1225	1480	
每块对重重量 (kg)	1200~1900	1600~1900	2×2000	
变频器功率 (kW)	55	45[55,75]	2×30	
普通型标准节每节重量 (kg)(带对重则包括对重导轨重量)	207(157)	174(152)	210	
每只吊笼重量 (kg)(包括传动机构)	2300	2000[2300]	2×2050	

2. 基础形式

与普通升降机混凝土基础相比仅基础的外形尺寸不同，单笼变频调速升降机混凝土基础为 3.67m×3.68m×0.3m，双笼变频调速升降机混凝土基础为 3.67m×5.4m×0.3m。其余技术参数参见 6.10.2.1 中的普通升降机混凝土基础。

3. 附墙架形式

参见 6.10.2.1 中的普通升降机附墙架。

6.10.2.3　特殊升降机主要技术性能

特殊升降机主要有双柱式升降机、曲线式升降机、倾斜式升降机、小型升降机。双柱式大吨位施工升降机在运输大吨位、大体积的货物方面有着不可代替的优势；曲线式升降机适用于曲面上的人货运输，在电力、化工、矿产等领域广泛使用；倾斜式升降机（技术性能见表 6-75）无对重，导架按施工需要而倾斜安装（导架轴线与铅垂线夹角≤10°），但吊笼地板始终与水平面平行，在桥梁建设中广泛使用；小型升降机额定载重量可从 200~1000kg 选择，在悬空平台、工厂、桥梁、港头、码头、井道内部使用。

倾斜式升降机技术性能　　　　　　**表 6-75**

生产厂商	上海宝达工程机械有限公司	广州市京龙工程机械有限公司
型号	SCQ100/100	SCQ100/100TD
额定载重量(每只吊笼)(kg)	1500/1000	2×1000
额定安装载重量(kg)	1500/1000	2×1000
提升速度(m/min)	40	36
最大附壁间距(m)	9	
标准架设高度(m)(特殊订货最大高度)	150(300)	450
吊笼内空尺寸(长×宽×高)(m)	3.0×1.3×2.7	
标准节尺寸(长×宽×高)(m)	0.65×0.65×1.508/ 0.8×0.8×1.508	
安装吊杆额定起重量(kg)	200	
连续负载功率(kW)	7.5×2/7.5×3	2×2×11
额定电流(每只吊笼)(A)	45/65	2×63
防坠安全器型号	SAJ30-0.95/SAJ40-0.95	SAJ30-1.2
吊笼重量(kg)	1380/1540	2×2000
标准节重量(kg)	162/174	170
地面围栏重量(kg)	1230	1480

双柱式大吨位升降机产品结构坚固，承载量大，升降平稳，安装维护简单方便，运行平稳，操作简单可靠，楼层间货物传输经济便捷。

曲线式升降机适用于曲面上的人货运输，在电力、化工、矿产等领域广泛使用。曲线式升降机是一种轿厢能沿建筑物表面为斜线或曲线运行的运输机械，可运送人员物料。该机采用矩形截面导轨；轿厢的调平机构采用下固定铰点，使工作平台统一，轿厢工作平稳。

倾斜式升降机导架按施工需要而倾斜安装（导架轴线与铅垂线夹角≤10°），但吊笼地板始终与水平面平行。附墙支撑具有可变段和螺杆调整，适应各道附墙长度不同的要求（最大附墙距离 12m），传动机构有并联双传动或三传动两种供货形式，吊笼可以有驾驶室或无驾驶室。双吊笼型号为 SCQ150/150、SCQ100/100，单笼型号为 SCQ150、SCQ100，该系列升降机在上海浦东徐浦大桥、江阴长江大桥和广东虎门大桥等著名大桥的施工中，充分显示了高效优质的先进性。

小型升降机适用于狭小空间垂直运输，额定载重量可从 200~1000kg，在悬空平台、工厂、桥梁、港头、码头、井道内部使用。

6.10.3　施工升降机的使用要点

（1）施工升降机应设专人管理，施工升降机的安装、操作、维修人员必须经过专业培训，并经考试合格方准操作。

（2）使用前先检查各部位和安全装置情况，再将吊笼升高至离地面1m处停车，检查制动是否符合要求。然后继续上行检查各楼层站台、防护门、前后门及上限位，确认符合要求，做好机械例保记录方可正式投产。

（3）运行中如发现异常情况（如电气失控）时，应立即按下急停按钮，在未排除故障前不允许开门。运载货物应做到均匀分布，物料不得超出吊笼之外，严禁超载超负及打开天窗装载超长物料。

（4）运行到上、下尽端时，不准以限位停车。在运行中严禁进行保养作业。双笼升降机一只吊笼进行维修保养时，另一只吊笼不得运行。

（5）如遇雷雨、大风（六级以上）、大雾、导轨结冰等情况时，应停止运行。

（6）工作后将吊笼降到底层，切断电源，做好班后检查保养作业，关锁门窗后再离去。

6.11　物料垂直运输机械

6.11.1　物料提升机

6.11.1.1　龙门架提升机

龙门架提升机是在二根立杆及天轮梁（横梁）构成的门式架上装设滑轮、吊盘、导轨、安全装置、起重索、缆风绳等构成一个完整的垂直运输体系，普通龙门架的基本构造形式如图6-89所示。

常用龙门架吊盘及立杆的构造形式及主要参数

表6-76

名　称		立柱基本尺寸(mm)	重量(t)	最大架设高度(m)	最大起重量(t)	吊盘尺寸宽×长(m)
角钢组合立杆龙门架	矩形截面	L=5000	1.7	25	1.2	1.5×3.6
	三角形截面	L=6000	2	30	1.2	1.6×3.6
		$L_1=4500;$ $L_2=7000$	1.5	20	1	1.6×2.4; 1.6×3.6
角钢组合立杆龙门架	三角形截面	L=4000	1	20	0.8	1.6×2.4; 1.6×3.6
		$L_1=3500;$ $L_2=4500$	0.6	15	0.6	1.25×3.6; 1.6×3.6
角钢钢管组合立杆龙门架		L=4500	1.4	30	0.8	1.6×2.4; 1.6×3.6
		$L_1=4500;$ $L_2=6500$	1	20	0.8	1.6×3.6
钢管组合立杆龙门架		L=4000	1.3	20	0.8	1.33×2.4; 1.6×3.6
		$L_1=3000;$ $L_2=4000$	0.9	15	0.6	1.6×3.6
圆钢组合立杆龙门架		$L_1=4000;$ $L_2=5000$	1.3	20	0.8	1.4×3.6
		$L_1=3600;$ $L_2=4600$	1	15	0.6	1.4×3.6
钢管龙门架		D=152; L=5000	0.77	20	0.8	1.33×3.6; 1.6×3.6
		D=133; L=5000	0.54	15	0.6	1.33×3.6; 1.6×3.6
		D=89; L=5000	0.28	10	0.4	1.33×3.6; 1.6×3.6

1. 吊盘停车安全装置

吊盘停车安全装置是防止吊盘在装、卸料时卷扬机制动失灵而产生跌落事故的一种装置，有安全支杠和安全挂钩两种形式。安全支杠装置由安全杠和安全卡两部分组成。安全卡的构造有多种形式，现介绍几种如下：

（1）用耳形铁肩作安全卡的安全支杠装置。这种安全装置是用角钢做成安全杠滑道，吊盘上升到卸料平台时安全杠搁在角钢上焊有的耳形铁肩上，如图6-90所示。图6-91所示是装在龙门架上的金鱼状盖板安全卡。

（2）用活动三脚架作安全卡的安全支杠装置。这种装置的安全杠为设置在吊盘底部的两根钢管，两根安全杠之间设置拉伸弹簧，使两杠间的距离可在一定范围内变动。安全卡由活动铁三脚架构成，如图6-92（a）所示。图6-92（b）、（c）所示是装在龙门架上的另外两种活动三脚安全卡装置。

2. 吊盘钢丝绳断后安全装置

如图6-93所示的装置是用55cm长的$\phi42\times3.5$无缝钢管，内装直径32mm圆钢制成的活舌，可在吊盘钢丝绳断后的瞬间将活舌弹出管外，搁在井架或龙门架的横杆上。

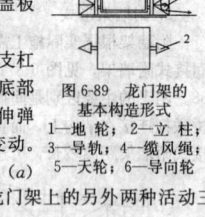

图6-89　龙门架的基本构造形式
1—地轮；2—立柱；3—导轨；4—缆风绳；5—天轮；6—导向轮

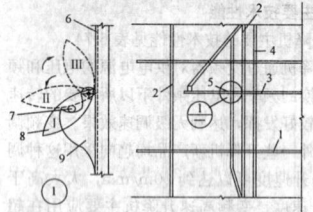

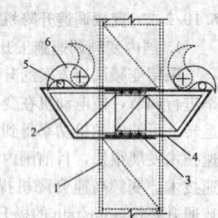

图6-90　耳形铁肩安全卡
1—横杆；2—立杆；3—吊盘；4—导轨；5—安全卡；6—角钢滑道；7—安全杠；8—铁盖板；9—耳形铁肩

图6-91　金鱼状盖板安全卡
1—龙门架立杆；2—伸缩式支架；3—连接螺栓；4—卡环；5—安全杠停留位置；6—金鱼状盖板

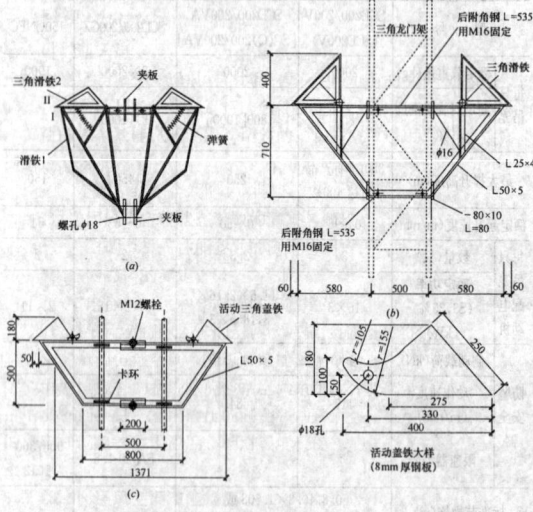

图6-92　活动三脚架安全卡

3. 新型安全装置

（1）SSE100型门式升降机的保护系统，如图6-94所示，其主要安全装置有：吊笼平层定位保护系统；断绳保护系统；防钢丝假断保护系统。

（2）钳闸型断绳保护装置，如图6-95所示，该断绳保护装置设于MSS-100型龙门架，由主安全装置和辅助安全装置组成。主安全装置是由一套杠杆增力摩擦制动式安全钳和拉簧等组成的简单的力控激发型安全装置。

（3）压挂型断绳保护装置。发生断绳时，支承槽钢在弹簧作用

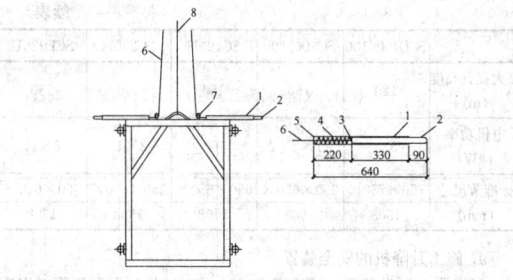

图 6-93　吊盘断绳安全装置
1—φ42×3.5 无缝钢管；2—活舌 (φ32 圆钢)；3—穿钢丝绳环；
4—弹簧；5—封口铁圈；6—活舌钢丝绳；7—导向滑轮；8—吊
盘钢丝绳

下绕支承销向下转动，顶块迅速使挂钩伸出挂钩盒，使之钩住固
定于两侧导轨上的安全制动板上，使吊架安全制动。该安全保护装
置有安全可靠、结构简单、反应迅速的特点。

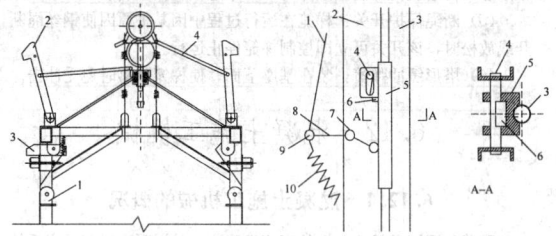

图 6-94　SSE100 型门式升降机的
保护系统
1—吊笼；2—断绳保护挂钩；3—平层
保护装置；4—连杆

图 6-95　主安全装置工作原理图
1—联动钢丝绳；2—承重架槽钢；
3—立柱节柱管；4—传力杆；5—安
全钳；6—楔块；7—杠杆件；8—杠
杆；9—杠杆联动轴；10—拉簧

6.11.1.2　井架提升机

1. 扣件式钢管井架

井式垂直运输架，通称井架或井字架，是施工中最常用的、最
为简便的垂直运输设施。它的运输量大、稳定性好，可采用型钢或
钢管加工定型架，也可采用许多种脚手架材料搭设，而且搭设高
度可以达到 50m 以上。

（1）30m 以下扣件式钢管井架有四柱、六柱和八柱三种，其
主要杆件用料要求与扣件式钢管脚手架基本相同。主要技术参数
和搭设要点见表 6-77。

扣件式钢管井架的主要技术参数和搭设要点

表 6-77

项　　目	四柱井架	六柱井架	八柱井架
井孔尺寸 (m²)	1.9×1.9	4×2	4.2×2.4
吊盘尺寸 (m²)	1.5×1.2	3.6×1.3	3.8×1.7
起重量 (kg)	500	1000	1000
附设拔杆起重量 (kg)	≤300	≤300	≤300
搭设高度 (m)	常用 20～30	常用 20～25	常用 20～30
缆风设置	高度在 15m 以下时设一道，15m 以上每增高 10m 增设一道。缆风最好用 7～9mm 的钢丝绳（或 φ8 钢筋代用），与地面成 45°夹角		
搭设要点	（1）杆件要做到方正平直，立柱垂直度偏差不得超过总高度的 1/400； （2）剪刀撑和斜撑应用整根钢管，不宜用短管，最底层的剪刀撑应落地； （3）进料口和出料口的净空高度应不小于 1.7m； （4）导轨垂直度及间距尺寸的偏差，不得大于 ±10mm		

（2）30m 以上 50m 以下扣件式钢管井架应采用四角和天轮梁
下双杆的 12 柱结构。平面尺寸为 3.6～4.0m 长，2.0～2.4m 宽，

起重量为 1000kg。

（3）50m 以上扣件式钢管井架应采用四角和天轮梁下双杆的
16 柱结构。平面尺寸为 3.6～4.0m 长，2.0～2.4m 宽，起重量
为 1000kg。

2. 型钢井架和无缆风高层井架

（1）普通型钢井架

型钢井架由立柱、斜撑、平撑等杆件组成。在房屋建筑中一般
都采用单孔四柱角钢井架。普通型钢井架和自升式外吊盘小井架的
构造和主要技术参数分别示于图 6-96、图6-97及表 6-78。

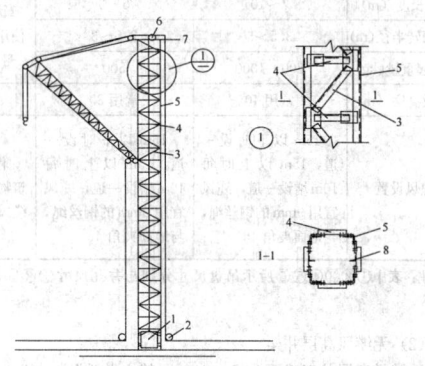

图 6-96　普通型钢井架
1—吊盘；2—地轮；3—斜撑；4—平撑；5—立柱；
6—天轮；7—缆风绳；8—导轨

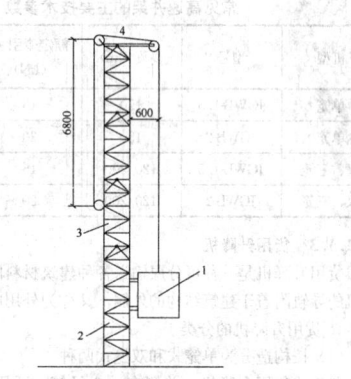

图 6-97　自升式外
吊盘小井节
1—吊盘；2—底部节；3—标准
节；4—固定缆绳

型钢井架的技术参数和搭设要点　表 6-78

项　目	普通型钢井架		自升式外吊盘小井架
	Ⅰ	Ⅱ	
构造说明尺寸 (mm)	立柱∟ 75×8； 平撑∟ 63×6； 斜撑∟ 63×6； 连接板 δ=8mm 螺栓 M16 节间尺寸 1500mm 底节尺寸 1800mm； 导轨 [5 单根杆件 螺栓连接	立柱∟ 63×6； 平撑∟ 50×5； 斜撑∟ 50×5； 连接板 δ=6mm 螺栓 M14； 节间尺寸 1500mm 底节尺寸 1800mm； 导轨∟ 50×5 单根杆件螺栓连接	立柱 [5 平撑∟ 30×4 斜撑∟ 25×3 螺栓 M12 节间尺寸 900mm
井孔尺寸 (m)	①—1.8×1.8； ②—1.6×1.6 ③—1.7×1.7； ④—1.5×1.5	⑤—1.6×1.6 ⑥—1.5×1.5	1.0×1.0

续表

项　目	普通型钢井架		自升式外吊盘小井架
	Ⅰ	Ⅱ	
吊盘尺寸宽×长(m)	①—1.46×1.6; ②—1.26×1.4 ③—1.36×1.5; ④—1.16×1.3	⑤—1.5×1.5 ⑥—1.4×1.4	1.0×1.6 1.0×1.8
起重量(kg)	1000～1500	800～1000	500～800
附设拔杆 长度(m)	7～10	5～6	安装井架使用,起重量150kg
附设拔杆 回转半径(m)	3.5～5	2.5～3	
附设拔杆 起重量(kg)	800～1000	500	
搭设高度(m)	常用40	常用30	18m
缆风设置	15m以下时设一道,15m以上时每10m增设一道,缆风宜用9mm的钢丝绳,与地面夹角45°	15m以下时设一道,15m以上时每10m增设一道,缆风宜用9mm的钢丝绳,与地面夹角45°	附着于建筑物可不设缆风

注：表中①②③④⑤⑥所示吊盘尺寸分别与井孔尺寸①②③④⑤⑥对应。

(2) 无缆风高层井架

无缆风高层井架截面为2m×2m,其主肢选用L75×8角钢,交叉和水平缀板采用L50×5角钢,水平缀板间距为1.5m;井架内装有自翻提料斗;配置3t快速卷扬机。井架基础采用现浇钢筋混凝土箱形结构。几种常见高速井架的主要技术参数列于表6-79中。

常见高速井架的主要技术参数　表6-79

机型	型号	高度(m)	额定牵引力(kN)	最大升速(m/min)
单笼	JGWB-1.5	150	15	75
单笼	JGWB-2	150	20	61
双、三笼	JGWB-1.5	120/200	15	75
双、三笼	JGWB-2	120/200	20	61

6.11.1.3 货用升降机

货用升降机是一种可分层输送各种建筑材料的货用电梯,因升降机的导轨附着于建筑结构的外侧,又称为外用电梯。

1. 货用升降机的分类

(1) 按构造分为单笼式和双笼式两种。

单笼式货用升降机,单侧有一个吊笼,适用于输送量小的建筑物。

双笼式货用升降机,双侧各有一个吊笼,适用于输送量大的建筑物。

(2) 按提升方式分为齿轮齿条式、钢丝绳式和混合式(即一个吊笼采用齿轮齿条,另一个吊笼采用钢丝绳)三种。

(3) 按架设方式分为固定式、附着式和快速安装式三种。

2. 货用升降机的组成

货用升降机由基础平台、围栏、导轨架、附墙架、吊笼及传动机构、对重装置、电缆导向装置、安装吊杆、电气设备、安全保护装置组成。

电气设备是由电动机、电气控制箱、操纵箱或操作开关箱等组成。

安全保护装置包括机械安全保护装置和电气安全保护装置。机械安全保护装置有限速器、安全钩、门锁、缓冲弹簧等。

3. 常用货用升降机的主要技术性能(表6-80)

常用货用升降机主要技术性能参数　表6-80

	SSD100/100	SC200/200	SC100H	SC230H	SCD320H
额定载重量(kg)	2×1000	2×2000	1000	2300	3200
额定起升速度(m/min)	0～38	34.4	23	23	23

续表

	SSD100/100	SC200/200	SC100H	SC230H	SCD320H
最大提升高度(m)	120	150	150	150	150
电机功率(kW)	5.5	11×3×2	11	2×11	2×11
标准节尺寸(mm)	750×750×1508	650×650×1508	650×650×1508	650×650×1508	650×650×1508

4. 施工升降机的安全装置

(1) 限速制动装置,可有效防止上升时"冒顶"和下降时出现"自由落体"坠落现象。

(2) 限位装置:由限位碰铁和限位开关构成。设在梯架顶部的为最高限位装置,可防止冒顶;设在楼层的为分层停车限位装置,可实现准确停层。

(3) 电机制动器:有内抱制动器和外抱电磁制动器等。

(4) 紧急制动器:有手动楔块制动器和脚踏液压紧急刹车等,在限速和传动机构都发生故障时,可紧急实现安全制动。

(5) 断绳保护开关:梯笼在运行过程中因某种原因使钢丝绳断开或放松时,该开关可立即控制梯笼停止运行。

(6) 塔形缓冲弹簧:装在基座下面,使梯笼降落时免受冲击。

6.12　混凝土施工机械

6.12.1　混凝土施工机械的概况

随着我国国民经济建设的高速发展,商品混凝土得到了广泛的推广使用。由于商品混凝土的高速增长,给混凝土施工机械带来了极大的商机,产品出口每年递增。

混凝土施工机械有混凝土摊铺机、混凝土振捣机、混凝土喷射机、混凝土搅拌楼(站)、混凝土搅拌运输车、混凝土泵车等发展迅速,产品系列齐全。

混凝土搅拌楼(站)是通过计算机自动控制系统完成各种配比混凝土生产的混凝土搅拌设备,称量精确,生产效率高,控制系统可储存百种以上的混凝土配方。混凝土搅拌楼(站)规格从25～240m³/h。

混凝土泵车可以一次同时完成现场混凝土的输送和布料作业,具有泵送性能好,布料范围大,特别适用于混凝土浇筑需求量大,超大体积及超厚基础混凝土的一次浇筑的高质量的工程。产品规格从24～72m。泵车采用新颖的机、电、液一体化的设计,具有优良的使用性能。

混凝土施工机械适用于建筑、水电、公路、桥梁、港口、机场等工程建设。

6.12.2　混凝土搅拌楼施工机械

6.12.2.1　混凝土搅拌楼工艺流程

混凝土搅拌楼工艺流程如图6-98所示。它由砂石供料系统和贮料系统、粉料输送系统和贮料系统、计量装置、搅拌装置、供水系统、附加剂供给系统、气路系统及电控系统等部分组成,其工艺

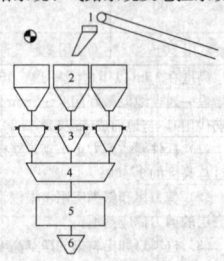

图6-98　混凝土搅拌楼工艺流程
1—输送系统;2—贮料系统;3—计量系统;4—集料系统;5—搅拌系统;6—混凝土卸料斗

流程为：粉料贮料仓内的水泥、粉煤灰掺合料通过蝶阀和旋转喂料机进入相应称量斗，砂石贮料仓中的砂、石通过其仓底的弧形门投放到其下部砂子称量斗和石子称量斗；水、附加剂则通过电泵送入到各自的称量斗中；配料完毕，进入搅拌机搅拌；搅拌后的混凝土通过混凝土卸料斗直接卸入混凝土输送车中。

搅拌楼整机性能稳定可靠，称量精确，生产效率高，质量好。具有手动和自动两种操作方式，自动化程度高。控制系统可储存百种以上的混凝土配方，配有打印机，便于生产和管理。

操作维修人员必须在使用前认真阅读随机提供的全套产品使用说明书，并接受操作培训，掌握正确的操作和维修保养方法。

混凝土搅拌楼执行《混凝土搅拌站（楼）》GB/T 10171。

6.12.2.2 搅拌楼的主要组成

混凝土搅拌楼目前是比较成熟的设备，按照搅拌生产工艺流程，其设备配置基本是定型的，变化不大。图6-99、图6-100是目前市场常用的混凝土搅拌楼的产品设计图。主要由以下几个部分组成。

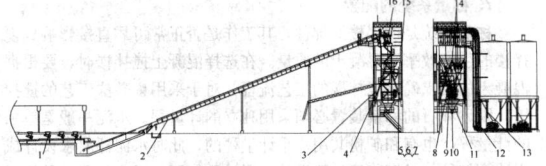

图6-99　混凝土搅拌楼（一）

1—砂石供料斗；2—皮带机；3—机架；4—砂石称量装置；5—附加剂系统；6—供水系统；7—供气系统；8—集料装置；9—搅拌主机；10—水和附加剂称量装置；11—混凝土卸料斗；12—粉料输送系统；13—粉料贮料仓；14—粉料称量装置；15—砂石仓；16—回转分料装置

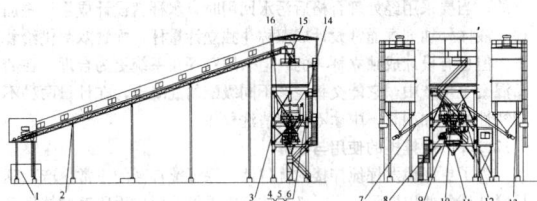

图6-100　混凝土搅拌楼（二）

1—砂石供料斗；2—皮带机；3—机架；4—外加剂系统；5—供水系统；6—供气系统；7—粉料输送螺旋机；8—集料装置；9—搅拌主机；10—砂石称量装置；11—混凝土卸料斗；12—粉料输送装置；13—粉料贮料仓；14—砂石仓；15—回转分料装置；16—水和附加剂称量装置

1. 骨料输送系统

最常用的骨料输送系统是皮带输送机，也是目前基本上一致采用的输送设备，它的作用是将粗细骨料输送到搅拌楼的贮料仓内。

2. 回转分料系统

在一座搅拌楼中，骨料的贮料仓通常配有2至8个，骨料的输送皮带通常只有一条，通过回转分料系统可以将皮带输送机送来的不同骨料分配至各自相应的贮料仓里。

3. 粉料输送系统

粉料输送系统有两种形式，一种是机械式输送系统，如斗式提升机和螺旋输送机；另一种是气力输送系统，通过压缩空气将粉料输送至贮料仓里。

4. 贮料系统

贮料系统是用于存贮石、砂、水泥和其他粉料的大的容器。一套完整的贮料系统包括贮料仓、给料门、料位计、砂含水率测定仪、粉料的破拱装置和振动器。现在的混凝土通常粉料有二至四个，砂、石骨料有二至四种。

5. 计量系统

计量系统是按混凝土的配方要求由计算机自动完成各种物料计量的配料系统。目前的搅拌楼计量系统通常至少有四台计量秤。计量秤分为独立计量秤和累计计量秤二种，最普通的搅拌楼是配置一台砂、石累计计量秤，一台水泥和其他粉料累计秤；一台水独立和一台外加剂独立计量秤。对于要求搅拌楼能生产高品质混凝土或能用裹砂法特殊工艺生产混凝土，对计量系统会进行调整，则要求砂、石各自配置一台累计计量秤；水泥为独立计量秤；粉料也是采用一台累计计量秤。每一台计量秤都有一组称重传感器，一个装料容器和一套卸料机构。

6. 集料装置

集料装置是位于计量系统下方，搅拌主机上方的物料的导料装置。它是将搅拌楼计量系统计量好的各种物料在投入到搅拌机时使物料能顺利地进入到搅拌机中搅拌。集料装置根据计量系统配置的不同有各种各样的形式。如果一座搅拌楼配置有2台或2台以上搅拌机时，在集料装置的下部还需配置相应的分料装置，将计量好的物料按序投入至对应的搅拌机内。水和外加剂液态物料由独立的管路投入至对应的搅拌机内。

7. 搅拌装置

搅拌装置是搅拌楼的主要部件，它将按要求配好的各种物料搅拌成符合要求的混凝土混合料。混凝土搅拌装置的类型可以分为自落式和强制式。双锥形、梨形为自落式搅拌机，单卧轴、双卧轴和立轴为强制式搅拌机。在一套搅拌楼内通常安装有一台强制式搅拌机。特殊情况也有安装两台或三台自落式的搅拌机。

8. 混凝土贮料斗

搅拌好的新鲜混凝土被临时贮存在混凝土贮料斗里，然后再卸到混凝土搅拌运输车内或通过混凝土贮料斗直接进入混凝土搅拌运输车内。混凝土贮料斗料口装有可调节卸料量卸料门，卸料门结构有弧形钢门和夹辊式橡胶门。配置多台主机的搅拌楼混凝土卸料斗可以是一个，根据用途也可以一台搅拌机对应一个混凝土卸料斗。

9. 机架

机架是搅拌楼的支撑结构，它构成料仓层、计量层、搅拌层和卸料层。机架有全钢结构的，也有混凝土结构的，还有的是搅拌层以下采用混凝土，计量层和料仓层采用钢结构的钢混合结构。

10. 控制系统

控制系统是搅拌楼的大脑和指挥中心，它掌管着整个搅拌楼的自动运行。搅拌楼的控制系统分为强电、弱电和计算机控制系统，强电系统驱动搅拌楼各执行机构的动作，计算机系统对搅拌楼的生产任务和客户的信息进行监控和管理，可实现客户管理，预存各级配混凝土配方，按合同要求进行全自动生产混凝土，生产数据的存贮，输出生产任务单，原材料统计报表分析输出等等。

6.12.2.3 搅拌楼的系列

搅拌楼按其配置的搅拌主机形式不同，主要分成HLZ锥形自落式主机搅拌楼、HLS卧轴强制式主机搅拌楼和HLW立轴强制式主机搅拌楼三大系列；按其搅拌主机的容量，又形成了60、90、120、150、180、200、240m³/h生产能力产品系列；按其配置的搅拌主机的数量，还可分成2HLZ锥形自落式主机搅拌楼、2HLS卧轴强制式主机搅拌楼和2HLW立轴强制式主机搅拌楼或3HLZ锥形自落式主机搅拌楼、3HLS卧轴强制式主机搅拌楼和3HLW立轴强制式主机搅拌楼等系列（表6-81、表6-82）。

上海华建混凝土搅拌楼主要技术参数　表6-81

型　号		HLS120	HLS180	HLS240
1. 搅拌机型号		JS2000b	JS3000b	JS4000b
2. 生产率（m³/h）		120	180	240
3. 出料容量（m³）		2	3	4
4. 电机功率（kW）		37×2	55×2	75×2
5. 骨料粒径（mm）		40/60	40/60	40/60
6. 称量范围及精度	骨料（kg）	50~2500±2%	100~4000±2%	100~5000±2%
	粉料（kg）	20~1200±1%	100~1800±1%	20~2400±1%
	水（kg）	10~500	10~750	20~1000
	附加剂（kg）	1~70	2~100	2~100
7. 物料输送系统	皮带机生产率（t/h）	360	480	540
8. 存料仓（m³）		100~300	100~300	100~300
9. 装机总功率（kW）		~225	~250	~310

南方路机混凝土搅拌楼主要技术参数　　表6-82

型　　号		HLS60	HLS90	HLS120	HLS180	HLS240
生产率(m³/h)		60	90	120	180	240
搅拌主机	型号	JS1000	JS1500	JS2000	JS3000	JS4000
	搅拌功率(kW)	2×18.5	2×30	2×37	2×55	2×75
	出料容量(m³)	1	1.5	2	3	4
	骨料粒径(mm)	≤80	≤100	≤120	≤150	≤150
上储料容积		120	120	200	200	200
皮带机输送能力(t/h)		200	300	400		600
称量范围及精度	骨料(kg)	2×1500± 2%	2×2000± 2%	2×2400± 2%	2×3600± 2%	2×4800± 2%
	水泥(kg)	600±1%	1000±1%	1200±1%	1800±1%	2400±1%
	粉煤灰(kg)	200±1%	300±1%	400±1%	600±1%	800±1%
	水(kg)	300±1%	500±1%	600±1%	800±1%	1000±1%
	附加剂(kg)	2×30± 1%	2×30± 1%	2×50± 1%	2×50± 1%	2×50± 1%
总功率(kW)		85	117	170	210	240
卸料高度(m)		3.9	3.9	3.9	3.9	3.9

6.12.2.4　搅拌楼的选型

搅拌楼是商品混凝土生产最合适、最有效的设备，也是大型工程施工中用于现场混凝土生产的最佳设备。在实际应用中，如何选择混凝土搅拌楼的配置，是提高混凝土生产效率，保障工程顺利进行和生产优质的商品混凝土关键。根据生产的混凝土的不同，在选择混凝土搅拌楼时通常要考虑以下几个方面：

1. 生产能力

生产能力指的是一套搅拌楼一小时能连续生产多少立方米的混凝土。它是混凝土搅拌楼选型的最基本条件。在选择搅拌楼时，对商品混凝土要根据设计的商品混凝土供应能力来选择搅拌楼的生产率。对应用于工程施工中的搅拌楼，则要根据工程混凝土的用量和施工时间来选择搅拌楼的生产率。选择搅拌楼的生产能力要大于实际混凝土需求量的30%。

2. 搅拌主机形式

在实际使用中，根据搅拌楼使用场合的不同，要选择不同类型的搅拌主机。通常在水利工程的大坝浇筑中，骨料的粒径比较大，多选用自落式搅拌机。在水泥制品行业中，其混凝土级配中骨料粒径比较小，而其混凝土比较干硬，用水量很少，多选用立轴涡浆或立轴行星强制式搅拌机。在普通建筑工程中，混凝土级配中骨料粒径最大的用到60mm，用水量也比较多，混凝土的坍落度值在50～180mm，有的甚至要达到220mm左右，这样的场合多选用单卧轴或双卧轴强制式搅拌机。

3. 粉料的种数和用量

在选择混凝土搅拌楼时还要考虑混凝土配方中粉料的种类和用量。目前，混凝土中通常使用的粉料有水泥、粉煤灰、矿粉、UEA等粉状外掺剂等等，在配方中，有些粉料用量很少。因此要根据粉料用量的不同，确定选用粉料秤的数量和量程范围。确保粉料能精确计量。用量相差很大的粉料不宜采用累计称量的方式，应当配置独立的计量秤。

4. 骨料的上料形式

搅拌楼的骨料上料形式有两种，一种是皮带机上料形式，另一种是斗式提升机上料形式。通常皮带机的工作可靠性相对较高，运行也较平稳，噪声低，维护工作量小，但占用场地大。斗式提升机结构紧凑，占地小，但噪声较大，磨损较大，维护工作量大。所以，一般有足够场地的情况下首选采用皮带机上料形式。

5. 粉料的上料形式

现在搅拌楼粉料的上料形式有多种。对上部配有粉料仓的搅拌楼，粉料的上料形式有两种方式，一种是斗式提升机，另一种是气力输送。二者比较，斗式提升机结构简单，投入成本低，但有时会

产生粉料堵塞，清除故障时产生很多的粉尘，既浪费粉料，又污染环境，现在很少采用。气力输送的方式工作可靠，效率高，维修量小。但投资略大，上部料仓要配置除尘装置，保持除尘配置清洁和通畅是本系统的关键。

目前的搅拌楼大多都不采用上部配置粉料仓结构的形式，而是一种采用螺旋输送机或空气输送斜槽，粉料贮存采用独立的贮料仓，使用螺旋输送机或空气斜槽将粉料直接输送到粉料称量斗内。这样的配置是目前搅拌楼中采用最多的方案，因为它的设备投入较小，使用简单。

6. 水的种类

普通混凝土中常用的水为清水，现在对商品混凝土搅拌站管理的要求越来越严格，很多搅拌站对清洗搅拌车和搅拌楼站收集起来的污水都采取了回用的措施，因此，在这种情况下，选择搅拌设备时还要考虑是否利用污水，这样，除考虑配置清水供水装置之外，就必须得考虑一套污水回用装置。其供水能力要根据每立方米混凝土允许掺入多少污水的比例来定。

7. 称量系统的配置

称量系统是搅拌楼的部件，其工作是否正常可靠直接影响到搅拌楼的生产效率和混凝土的质量。在选择混凝土搅拌楼时，要根据混凝土的要求确定搅拌楼的工艺流程，对于采用裹砂法工艺的搅拌楼，则砂和石的称量装置必须采用独立的计量秤。水泥一般是单独的计量秤，也有和矿粉共用一个计量秤，此时水泥秤要求设计成累计叠加秤。粉煤灰一般设计成累计叠加秤，适应二至三种粉料的累计计量。通常水泥秤的量程较大，粉煤灰秤的量程要小一些。但二种或三种粉料累计计量时，要考虑累计计量粉料的用量，用量相差很大的粉料最好采用单独的计量秤，这有利于计量的精确。所以，有时候还需要配置一个量程小的粉料秤。水秤通常是设计成独立的，当要采用经处理合格后污水回用时，水秤就设计成累计叠加秤。液体外加剂秤通常设计成双称独立计量秤，配置双套供给装置，但也有设计成独立秤斗的，但采用双秤斗系统更为合理，在商品混凝土生产中，它能交替生产不同级配的混凝土，在计量两种不同特性的外加剂时，中途不需要清洗秤斗。

6.12.2.5　搅拌楼的使用与保养

为了更好地发挥搅拌楼的优越性，保证搅拌楼的正常生产，延长搅拌楼的使用期限，平时必须按厂方提供的用户手册对搅拌楼妥善地维护和保养。

6.12.3　固定式混凝土搅拌站施工机械

6.12.3.1　混凝土搅拌站工艺流程

工艺流程如图6-101、图6-102所示。

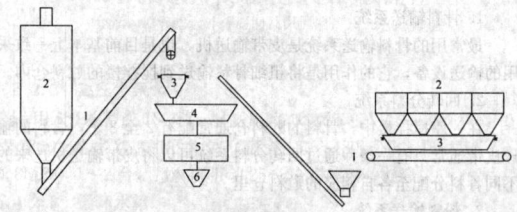

图6-101　混凝土搅拌站工艺流程（一）
1—输送系统；2—贮料系统；3—计量系统；4—集料系统；
5—搅拌系统；6—混凝土卸料

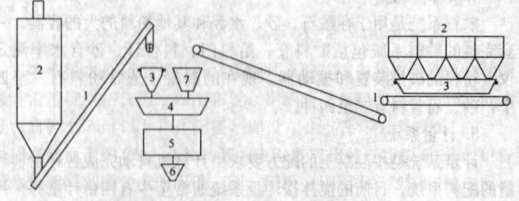

图6-102　混凝土搅拌站工艺流程（二）
1—输送系统；2—贮料系统；3—计量系统；4—集料系统；
5—搅拌系统；6—混凝土卸料斗；7—待料斗

为了正确使用混凝土搅拌站，充分发挥混凝土搅拌站的特点和工作效率，使用前，操作维修人员必须认真阅读搅拌站制造商提供的全套使用说明书，并接受操作培训，以了解和熟悉其结构性能，掌握正确的操作和维修保养方法。

6.12.3.2 固定式混凝土搅拌站的主要组成

混凝土搅拌站是目前非常成熟的混凝土生产设备，按照搅拌站生产工艺流程，其设备配置比较灵活，能适应不同的场地。图6-103是目前市场常用的混凝土搅拌站的产品设计图。主要由以下几个部分组成。

1. 骨料输送系统

搅拌站的骨料输送系统是计量好的骨料输送到搅拌机上方的骨料待料仓里。除了采用皮带输送机之外，另一种是料斗提升机，小容量的搅拌站上使用较多。用料斗提升机形式，在搅拌主机上方不配置骨料待料仓，提升上去的物料直接进入搅拌机内。

2. 骨料待料仓

在混凝土搅拌站中，通常设计了一个骨料待料仓。骨料待料仓是用于贮存搅拌一盘混凝土所需的骨料，其目的是提高搅拌站的生产率。

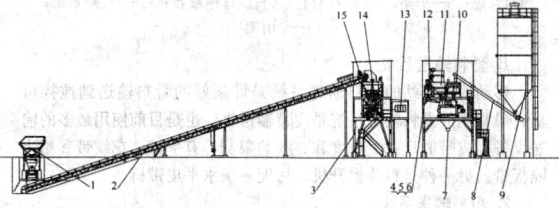

图 6-103　混凝土搅拌站
1—砂石料仓和砂石称量装置；2—皮带输送机；3—机架；4—外加剂系统；5—供水系统；6—供气系统；7—混凝土卸料斗；8—粉料输送螺旋机；9—粉料仓；10—粉料称量装置；11—待料斗；12—水和外加剂称量装置；13—控制系统；14—搅拌主机；15—集料装置

3. 粉料输送系统

在混凝土搅拌站中，粉料输送系统通常采用斗式提升机与螺旋输送机；也有采用空气斜槽输送系统，通过压缩空气将粉料输送至称量斗内。

4. 贮料系统

搅拌站的贮料系统分为两大部分，一是用于存贮石、砂的配料仓，最少有两仓，多的可以配置五仓或六仓；二是用于存贮水泥和其他粉料的大容器，数量按粉料的种类和粉料的供应状况而确定。一套完整的贮料系统包括贮料仓、给料门、料位计、砂含水率测定仪、粉料的破拱装置和振动器。

5. 计量系统

计量系统与搅拌楼配置相同，具体介绍可参照6.12.2.2。

6. 集料装置

同混凝土搅拌楼一样，搅拌站也配置一套集料装置。能将计量好的各种物料投入到搅拌机中搅拌。

7. 搅拌装置

搅拌站的搅拌装置通常采用与搅拌楼相同的搅拌装置，是搅拌站的主要部件。详细描述请参见6.12.2.2。

8. 混凝土卸料斗

参见6.12.2.2。

9. 机架

与搅拌楼相同，机架是搅拌站的支撑结构，但搅拌站与搅拌楼的差别是少了一层料层。详见6.12.2.2。

10. 控制系统

搅拌楼与搅拌站的控制系统是基本相同的。只是多了一层料仓层的控制。详见6.12.2.2。

6.12.3.3 固定式混凝土搅拌站的系列

固定式混凝土搅拌站按其配置的搅拌主机形式不同，主要分成HZZ锥形自落式主机搅拌站、HZS（D）卧轴强制式主机搅拌站和HZW立轴强制式主机搅拌站三大系列；按骨料上料方式不同，又分成提升斗上料搅拌站和皮带机上料搅拌站。固定式混凝土搅拌站

系列按其搅拌主机的容量，形成了 50、60、75、90、120、150、180m³/h 生产能力的产品系列。各混凝土搅拌站主要技术参数，见表 6-83～表 6-85。

上海华建混凝土搅拌站主要技术参数　表 6-83

型号		HZS75	HZS90	HZS120	HZS180	HZS200
1. 搅拌机型号		JS1500	JS1500	JS2000b	JS3000b	JS4000b
2. 生产率（m³/h）		75	90	120	180	200
3. 出料容量（m³）		1.5	1.5	2	3	4
4. 电机功率（kW）		30×2	30×2	37×2	55×2	75×2
5. 骨料粒径（mm）		40/60	40/60	40/60	40/60	40/60
6. 称量范围及精度	骨料（kg）	50～3000±2%	50～2000±2%	50～2500±2%	100～4000±2%	100～4500±2%
	粉料（kg）	20～800±1%	20～800±1%	20～1200±1%	20～1800±1%	20～2400±1%
	水（kg）	10～500	10～500	10～500	10～750	20～1000
	附加剂（kg）	1～40	1～40	1～70	2～100	2～100
7. 物料输送系统	皮带输送能力（t/h）	600	400	580	733	720
	斗提机型号	R143DV180L4				
	电机功率（kW）	22				
8. 贮料仓总容量（m³）		18×3 只	20×3 只	20×4 只	20×4 只	20×4 只
9. 装机总功率（kW）		～170	～200	～225	～250	～310

中联重科混凝土搅拌站主要技术参数　表 6-84

技术参数 ＼ 型号	HZS90/2HZS90/2×HZS90	HZS120/2HZS120/2×HZS120	HZS180/2HZS180/2×HZS180
理论生产率（m³/h）	90/2×90/2×90	120/2×120/2×120	180/2×180/2×180
卸料高度（m）	4	4	4
搅拌主机型号	MAO2250/1500SDSHO	MAO3000/2000SDSHO	MAO4500/3000SDSHO
搅拌功率（kW）	2×30	2×37	2×55
生产周期（s）	60	60	60
进青容量（L）	2250	3000	4500
出料容量（L）	1500	2000	3000
骨料粒径（mm）	≤80	≤80	≤80
骨料仓容量（m³）（可选）	16×3	25×4	30×4
粉料仓容量（t）（可选）	150×2+100×1	200×4	200×4
配料站配料能力（L/罐）	2400	3200	4800
斜皮带机输送能力（t/h）	600	900	900
螺旋输送机生产率（t/h）	90	90	110
装机容量（kW）	145/290/290	210/420/420	260/520/520
外形尺寸（长×宽）（m）	—	—	—
砂、石计量范围及精度（kg）	(0～2000)±2%	(0～3000)±2%	(0～4500)±2%
水泥计量范围及精度（kg）	(0～800)±1%	(0～1000)±1%	(0～1500)±1%
粉煤灰计量范围及精度（kg）	(0～400)±1%	(0～500)±1%	(0～700)±1%

续表

技术参数	型号	HZS90/2HZS90/2 ×HZS90	HZS120/2HZS120/2 ×HZS120	HZS180/2HZS180/2 ×HZS180
水计量范围 及精度(kg)		(0~350)±1%	(0~450)±1%	(0~650)±1%
外加剂计量范 围及精度(kg)		(0~20)±1%	(0~30)±1%	(0~50)±1%

南方路机混凝土搅拌站主要技术参数   表 6-85

型　号		HZS60	HZS90	HZS120	HZS180	HZS240
生产率(m³/h)		60	90	120	180	240
搅拌 主机	型号	JS1000	JS1500	JS2000	JS3000	JS4000
	搅拌功率(kW)	2×22	2×30	2×37	2×55	2×75
	出料容量(m³)	1	1.5	2	3	4
	骨料粒径(mm)	≤60	≤80	≤120	≤150	≤150
配 料 仓	仓容积(m³)	3×13	3×13	3×13	4×20	4×20
	仓格数	3	3	3	4	4
皮带机运输能力(t/h)		200	200	300	400	
称量 范围 及 精度	骨料(kg)	2500±2%	3500±2%	4500±2%	6500±2%	9000±2%
	水泥(kg)	600±1%	900±1%	1200±1%	1800±1%	2400±1%
	粉煤灰(kg)	200±1%	300±1%	400±1%	600±1%	800±1%
	水(kg)	300±1%	400±1%	600±1%	800±1%	1000±1%
	外加剂(kg)	10±1%	30±1%	30±1%	50±1%	50±1%
总功率(kW)		82	108	127	178	220
卸料高度(m)		3.8	3.8	3.8	3.8	3.8

6.12.3.4　固定式混凝土搅拌站的选型

搅拌站是商品混凝土生产经济、有效的设备，也是大型工程施工中用于现场混凝土生产的主要设备。在设备选型中有许多方面与搅拌楼的选型有相似的地方。在选型时，通常也是考虑以下几个方面：(1) 生产能力；(2) 搅拌主机形式；(3) 粉料的种类和用量；(4) 骨料的上料形式；(5) 粉料的上料形式；(6) 水的种类；(7) 称量系统的配置等。其中有差异的部分是：

1. 骨料的上料形式

搅拌站的骨料上料形式有两种，一种是皮带机上料形式，另一种是提升斗上料形式。通常皮带机连续送料，效率高，工作可靠性相对较高，运行也较平稳，噪声低，维护工作量小，但占用场地大。提升斗结构紧凑，占地小，但送料是间隙的，效率低，噪声较大，磨损较大，维护工作量大。所以，一般有足够场地的情况下首选采用皮带机上料形式。皮带机上料的形式也有很多种类，从布置上，可以是"一"字形的，"L"形的，还可以布置成"之"字形的。可以采用一条，也可以采用多条皮带机。皮带的形式有光皮带，"人"字形皮带和裙边隔板带。采用怎样形式的皮带是根据搅拌站现场条件来决定的，通常情况应当首选光面普通皮带机，它运行平稳，可靠度高，容易清扫。"人"字形皮带和裙边隔板皮带运行噪声较光面皮带大，回程易粘料，不易清扫。通常采用皮带机上料方式时，在搅拌主机上可配置一个骨料待料仓，可以提高搅拌站的生产效率。

2. 粉料的上料形式

搅拌站粉料的上料形式有三种方式，第一种是斗式提升机加螺旋输送机，第二种是螺旋输送机，第三种是空气斜槽输送。螺旋输送机对环境要求低，工作效率高，但受螺旋输送机输送角度和长度的限制，粉料仓需要提高一定的高度和保持一定的水平距离，因此，场地占用较大。空气斜槽输送方式工作可靠，成本低，维修量小，但要求环境的湿度要低一些，需要采用高置的粉料仓，这样能保持粉料输送的可靠平稳。因此，相比较目前使用最多的是螺旋输送机，其次是空气斜槽。

6.12.3.5　固定式混凝土搅拌站的使用与保养

固定式混凝土搅拌站的使用与保养可参照"6.12.2.5 搅拌楼的使用与保养"一节进行。

6.12.4　移动式混凝土搅拌站施工机械

6.12.4.1　移动式混凝土搅拌站的主要组成

移动式混凝土搅拌站是一种特殊用途的混凝土生产设备，按照搅拌站生产工艺流程，其设备配置不仅要满足各种混凝土生产要求，还要具有紧凑、灵活、快捷转移和拆装的特点。图 6-104 是移动式混凝土搅拌站的示意图。主要由以下几个部分组成。

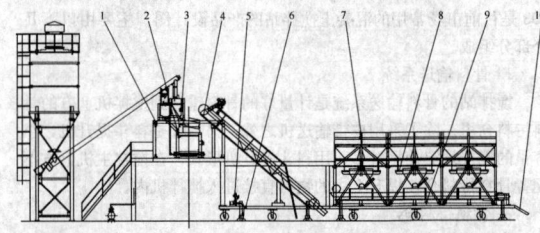

图 6-104　移动式混凝土搅拌站示意图
1—机架；2—搅拌主机；3—粉料称量装置；4—皮带机附加剂系统；5—供水系统；6—车架；7—砂石料仓；8—砂石称量装置；9—气路系统；10—牵引架

1. 骨料输送系统

移动式搅拌站的骨料输送系统是计量好的骨料输送到搅拌机里。最常用的骨料输送系统是皮带输送机，也是目前使用最多的输送设备。皮带的形式受长度和高度的限制，有平带、花纹带和裙边隔板带。另一种是斗料提升机，另配一条水平皮带机。

2. 粉料输送系统

在移动式混凝土搅拌站中，粉料输送系统通常采用螺旋输送机。将立式粉料仓或拖挂车上粉料贮料仓里的粉料输送到搅拌机上方的粉料称量斗内。

3. 贮料系统

移动式搅拌站的贮料系统分为两大部分。一是用于存贮石、砂的配料仓，通常为两仓，也有配置三仓的，这主要取决于整机长度。二是用于存贮水泥和其他粉料的大容器，数量按粉料的种类和粉料的供应状况来确定。有独立安装在外部的立式粉料筒仓或卧式粉料贮料仓，配置卧式粉料贮料仓通常在搅拌主体上还需配置过渡粉料贮料仓，用风方式先将粉料送到过渡粉料仓中。一套完整的贮料系统包括贮料仓、给料门、料位计、砂含水率测定仪、粉料的破拱装置和振动器。

4. 计量系统

计量系统是按混凝土的配方要求由计算机自动完成各种物料计量的配料系统。目前的移动式搅拌站计量系统通常至少有四台计量秤。计量秤分为独立计量秤和累计计量秤两种，最普通的移动式搅拌站是配置一台砂、石累计计量秤；一台水泥和其他粉料累计秤；一台水独立计量秤和一台外加剂独立计量秤。对于粉料有特殊要求的移动式搅拌站需要配置两台独立的计量系统。每一台计量秤都有一组称重传感器，一个装料容器和一套卸料机构。

5. 集料装置

集料装置是位于计量系统下方，搅拌主机上方的物料的导料装置。它是将搅拌站计量系统计量好的各种物料在投入到搅拌机时物料能顺利地进入到搅拌机中搅拌。集料装置除了有骨料和粉料的集料口外，还配置喷水管路，有些还配有高压清洗装置。

6. 搅拌装置

搅拌装置是搅拌站的主要部件，它将按要求配好的各种物料搅拌成符合要求的混凝土混合料。混凝土搅拌装置的类型可以分为自落式和强制式。双锥形、梨形为自落式搅拌机，单卧轴、双卧轴和立轴为强制式搅拌机。在一套移动式搅拌站内通常只安装一台搅拌机。目前通常采用的是强制式的混凝土搅拌机，容量通常为 0.5m³、1.0m³、1.5m³ 和 2.0m³。

7. 混凝土卸料斗

混凝土卸料斗是将搅拌好的新鲜混凝土导流到接料的运输装置中。移动式混凝土搅拌站不配置混凝土贮料斗。

8. 机架

机架是移动式搅拌站的支撑结构，又是用于拖行的车架。它构成计量层、搅拌层和卸料层。机架为全钢结构的，机架底部装有车轮，半拖挂的装有一组车轮，全拖挂的装有两组车轮。机架上集有砂石贮料仓、砂石计量系统、砂石输送系统、粉料螺旋输送机、粉料计量系统、水和外加剂计量和输送系统、气路系统、搅拌主机和混凝土卸料斗、控制室和电气控制系统。搅拌主机部分的机架为可拆解的，在转移工地拖行过程中卸下支撑，翻转在机架上。机架下方在搅拌主机处有主支撑外，在料仓部分还有多个辅助支撑，保证工作时的稳定性。

9. 控制系统

控制系统是搅拌站的大脑和指挥中心，它掌管着整个搅拌站的自动运行。搅拌站的控制系统分为强电、弱电和计算机控制系统，强电系统驱动搅拌站各执行机构的动作，计算机系统对搅拌站的生产任务和客户的信息进行监控和管理，可实现客户管理，预存各级配混凝土配方，按合同要求进行全自动生产混凝土，生产数据的存贮，输出生产任务单，原材料统计报表分析输出等等。

6.12.4.2 移动式混凝土搅拌站的系列

移动式混凝土搅拌站系列按其配置的搅拌主机形式不同，主要分成YHZS（D）双（单）卧轴强制式主机搅拌站和YHZW立轴强制式主机搅拌站三大系列；按骨料上料方式不同，又分成提升斗上料搅拌站和皮带机上料搅拌站；按其搅拌主机的容量，形成了25、50、75、90m³/h生产能力的产品系列；按其拖行方式，有半挂拖行式和全挂拖行式。

半挂式移动式混凝土搅拌站产品如图6-105所示。移动式混凝土搅拌站主要技术参数，见表6-86和表6-87。

图6-105 半挂式移动式混凝土搅拌站

山东鸿达移动式混凝土搅拌站主要技术参数

表6-86

型号	生产率 (m³/h)	搅拌主机		骨料仓容量 (m³)	称量系统		拖挂时速 (km/h)	转弯半径 (m)	功率 (kW)	整机质量 (kg)
		型号	功率 (kW)	容量 (m³)		骨料	水泥			
YHZD25	25	JS500	22	0.5	4×6.5	±2%	±1%	15	10	52	23000
YHZS50	50	JS1000	2×18.5	1	4×6.5	±2%	±1%	15	10	68	25000

南方路机移动式混凝土搅拌站主要技术参数

表6-87

型号	生产率 (m³/h)	搅拌主机	称量精度		整机功率 (kW)	整机质量 (kg)	拖挂时速 (km/h)	轮距 (外侧) (mm)	转弯半径 (m)
			骨料	其他					
YHZS75	75	JS1500	≤2%	≤1%	100	32000	15	3400	12
YHZS50	50	JS1000	≤2%	≤1%	70	25000	15	3400	10

6.12.4.3 移动式混凝土搅拌站的选型

移动式搅拌站是施工点多，施工期短，混凝土又较多的最经济、最有效的设备。它设备投入低，转移场地快捷，施工效率高。在实际应用中，如何选择移动式混凝土搅拌站的配置，是提高混凝土生产效率，保障工程顺利进行和生产优质的商品混凝土关键。选型时要考虑的方面可参照6.12.3.4。

6.12.4.4 移动式混凝土搅拌站的使用与保养

移动式混凝土搅拌站的使用与保养可参照"6.12.2.5 搅拌楼的使用与保养"一节进行。

6.12.4.5 混凝土搅拌机

混凝土搅拌机是混凝土搅拌楼（站）的主要配套件，主要产品有：双卧轴、行星式、涡浆式、连续式等系列。双卧轴搅拌机主要

技术参数见表6-88和表6-89；行星式搅拌机主要技术参数，见表6-90；方圆搅拌机主要技术参数，见表6-91。

上海华建双卧轴搅拌机主要技术参数

表6-88

型 号	JS1000b	JS1500b	JS2000b	JS3000b	JS4000b	JS6000b
公称容量 (L)	1000	2000	2000	3000	4000	6000
进料容量 (L)	1600	3200	3200	4800	6400	9600
生产率 (m³/h)	60	120	120	150	200	288
骨料最大粒径 (mm)	120	120	120	120	120	120
搅拌轴转速 (r/min)	27.83	24.8	23.5	22.08	22.08	18.198
工作循环次数 (次/h)	60	60	60	50	50	48
减速机型号	307R2RA/ 307R2RO	309R2RA/ 309R2RO	310R2RA/ 310R2RO	311R2RA/ 311R2RO	313R2RA/ 313R2RO	315R2RA/ 315R2RO
减速机速比	23.5	23.5	27	27	28.2	70.7
减速机扭矩 (N·m)	12500	18000	25000	40000	50000	80000
电动机功率 (kW)	2×18.5	2×30	2×37	2×55	2×75	2×110
外形尺寸 (L×W×H) (mm)	2740×2008 ×1562	2715×2320 ×1705	3233×2320 ×1839	3937×2600 ×1920	4416×2600 ×1979	4700×3890 ×2190
总重量 (kg)	4903	5662	8008	10075	11430	15540

SICOMA 双卧轴搅拌机主要技术参数

表6-89

型 号	1.0m³	1.25m³	1.5m³ 轻型	2250/ 1500	3000/ 2000	4500/ 3000	6000/ 4000
干粉容量 (L)	1500	1750	2250	2250	3000	4500	6000
密实混凝土 (L)	1000	1250	1500	1500	2000	3000	4000
拌刀 (个)	12	12	14	12	16	20	24
电机功率 (kW)	22	22	2×30	2×37	2×55	2×75	
重量 (t)	5.05	5.13	5.62	6.5	7.5	9.2	12.2

SICOMA 行星式搅拌机主要技术参数

表6-90

型 号	P500	P750	P1000	P1000TN	P1500	P2000
容积 (1t)	500	750	1000	1000	1500	2000
马达动力 (HP)	25	40	60	60	40+40	60+60
油压马达动力 (HP)	2	2	2	2	2	2
转盘运转速度	20.5	19	17.5	14.5	14.5	14
拌臂运转速度	42.5	39.05	36	43.5+43.5	30+30	28+28
外围长拌臂数量 (个)	1	1	1	1	1	1
外围短拌臂数量 (个)	1	1	1	1	1	1
长拌臂数量 (个)	1	1	1	3+3	3	3
外围方拌刀数量 (个)	4	5	5	5	7	7
拌刀数量 (个)	3	3	3	3+3	6	6
重量 (kg)	2000	2700	3700	4700	6300	8500

山东方圆搅拌机主要技术参数

表6-91

型 号	进料容量 (L)	出料容量 (L)	生产率 (m³/h)	骨料粒径，卵/碎 (mm)	外形尺寸 (L×W×H) (mm)
FJS1500	2400	1500	≥75	80/60	3600×2070×1475
FJS2000	3200	2000	≥100	80/60	3500×2320×1677
JS2000B (双螺带)	3200	2000	≥100	80/60	3810×2480×1710

续表

型 号	进料容量 (L)	出料容量 (L)	生产率 (m³/h)	骨料粒径, 卵/碎 (mm)	外形尺寸 (L×W×H) (mm)
FJS3000	4800	3000	≥150	80/60	3990×2600×1700
JS4000	6400	4000	≥200	120/100	4450×3050×2380
JS500	800	500	≥25	80/60	4486×3030×5280
JS750	1200	750	≥35	80/60	5100×2250×6700
JS1000	1600	1000	≥50	80/60	8765×3436×9540
JS1500	2400	1500	≥75	80/60	9645×3436×9700
JZC350	560	350	10~14	60	4010×2140×3340
JZC350B	560	350	10~14	60	4310×2140×4180
JZC500	800	500	18~20	60	5230×2300×5450
JZC750	1200	750	20~22.5	80	6107×2050×6070
JZC1000	1600	1000	25~30	100	7600×2200×7455
JZM350	560	350	10~14	60	4310×2140×4240
JZM750	1200	750	20~22.5	80	6107×2050×6070

6.12.5 混凝土搅拌运输车施工机械

6.12.5.1 混凝土搅拌运输车的主要组成（图6-106）

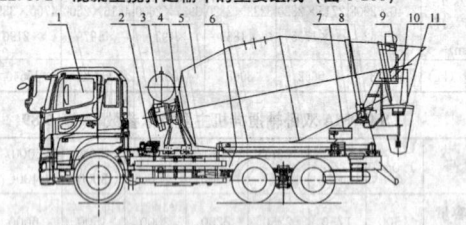

图6-106 混凝土搅拌运输车主要组成
1—汽车底盘；2—液压泵；3—水箱；4—齿轮减速器、液压马达；5—搅拌筒；6—护罩；7—操作机构；8—托轮；9—进料斗；10—溜槽；11—卸料斗

搅拌运输车的搅拌装置工作时发动机通过取力传动轴驱动油泵——液压马达——齿轮减速器终端减速驱动搅拌筒转动，搅拌筒正转时进行搅拌或装料，反转时卸料，搅拌筒的转速和转动方向是根据搅拌运输车的工序，由工作人员通过操纵装置改变液压泵换向阀的斜盘角度来实现。

1. 搅拌筒的驱动装置

搅拌运输车的搅拌筒驱动装置，目前实用的有机械式和液压-机械混合式两大类。我国生产的搅拌运输车中普遍应用的液压-机械混合式驱动装置：发动机——取力装置（PTO）——液压泵——控制阀——液压马达——齿轮减速机——搅拌筒。

2. 液压系统有两种配置

（1）三合一型配置：由斜盘式轴向柱塞变量泵和三合一减速机（PLM9，其中包括含低速大扭矩马达、减速器、带冷却风扇的冷却器）组成，具体结构见图6-107。

（2）分体型配置：由斜盘式轴向柱塞变量泵、轴向柱塞马达和带冷却风扇的冷却器组成一闭式系统，驱动减速机带动搅拌筒转

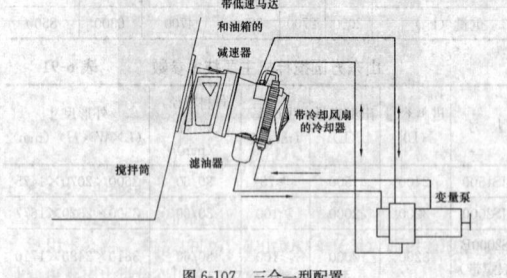

图6-107 三合一型配置

动，具体结构见图6-108。

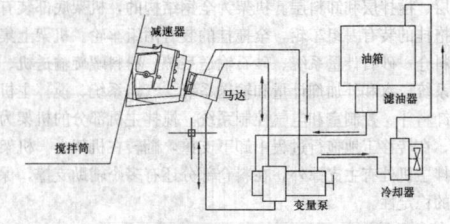

图6-108 分体型配置

3. 混凝土搅拌运输车的工作特点

搅拌运输车实际上就是在载重汽车或专用运载底盘上安装一种独特的混凝土搅拌装置的组合机械。它兼有载运和搅拌混凝土的双重功能，可以在运送混凝土的同时对其进行搅动或搅拌。因此能保证输送混凝土的质量，允许适当延长运送距离（或运送时间）。

基于搅拌运输车的上述工作特点，通常可以根据对混凝土运输距离的长短、现场施工条件以及对混凝土的配比和质量的要求等不同情况，采取下列不同的工作方法：

（1）预拌混凝土的搅动运输

这种运输方式是搅拌运输车从混凝土工厂（站）装进已经搅拌好的混凝土，在运送工地的路途中，使搅拌筒大约1~3r/min的低速转动，对载running的混凝土不停的搅动，以防止出现离析等现象，从而使运到工地的混凝土质量得到控制，并相应增长运距。但这种运输方式的运输距离（或运送时间）视混凝土配比、道路和气候等条件而定。

（2）混凝土拌合料的搅拌运输

这种运输方式又有湿料和干料搅拌运输两种情况：

1）湿料搅拌运输：搅拌运输车在配料站按混凝土配比同时装入水泥、砂石骨料和水等拌合料，然后在运送途中使搅拌筒以8~12r/min的"搅拌速度"转动，对混凝土拌合料完成搅拌作业。

2）干料注水搅拌运输：在配料站按混凝土配比分别向搅拌筒内加入水泥、砂石等干料，再向车内水箱加入搅拌用水，在搅拌运输车驶向工地途中的适当时候向搅拌筒内喷水进行搅拌，也可根据工地的浇灌要求运干料到现场再注水搅拌。

4. 用搅拌运输车拌制混凝土

如何使用搅拌运输车拌制混凝土，如不借助于搅拌站，而直接用搅拌运输车搅拌混凝土（湿拌），则请按下列步骤进行：

（1）进料

先注入总用水量2/3的水；接下来，将1/2的粗骨料、1/2的砂、全部的水泥顺次送入拌筒；随后，将余下1/2的砂送入；最后，再将余下的1/2的粗骨料和1/3的水送入。

（2）拌筒转速及搅拌时间

进料时拌筒的转速……6~10r/min。

搅拌时拌筒的转速……6~10r/min。

搅拌时间……进料后10~16min。

（3）搅动、出料

搅拌完毕的搅动和出料。

（4）注意

1）投料时，切忌只投水泥。

2）上述方法仅是一例。由于具体的搅拌方法跟随混凝土种类不同而有所不同，因此，根据试拌等的结果，来决定实际采用的方法和数值。

3）在干旱地区，需长途运送预拌混凝土时，为保证混凝土的质量，水是在运送至目的地后再加注搅拌的，所以拌车要有大容量水箱才能满足要求。

6.12.5.2 混凝土搅拌运输车的系列

它是由汽车底盘的承载能力所决定的，我国目前的容量是3、5、6、7、8、9、10、12、15、16m³。各种混凝土搅拌运输车技术参数见表6-92~表6-97。

对于拖挂式搅拌车由于转弯半径较大，倒车就位困难，所以采用多轿汽车底盘改装成搅拌运输车。

上海华建混凝土搅拌运输车技术参数（一）表 6-92

拌筒	搅动容积(m³)	10	12	15
	几何容积(m³)	15.64	19.23	22.84
	拌筒最大直径(mm)	φ2400	φ2400	φ2400
液压系统	减速箱	ZF5300 ZFP LM9 萨澳 TMG61.2 TOP P68	ZF7300 萨澳 TMG71.2	PMB 8SP
	液压泵	KYB PSV 90C(A) 萨澳 T90P075/ T90P100 力士乐 A4VTG 90HW TOP PV089	KYB PSVS 90(A) 力士乐 A4VTG 90HW 萨澳 T90P100	ARK PV090
	油马达	KYB MSF-85 萨澳 90M075/90M100 力士乐 AA2FM80/90 TOP MF089	KYB MSF-85 力士乐 AA 2FM90 萨澳 90M100	ARK PV090
	底盘	日野、欧曼、豪泺、德龙、豪运、五十铃、解放、东风	日野、欧曼、德龙、东风、豪运、五十铃	豪运、豪泺、东风

上海华建混凝土搅拌运输车技术参数（二）表 6-93

拌筒	搅动容积(m³)	5/6	8	9
	几何容积(m³)	8.9	13.1	15.64
	拌筒最大直径(mm)	φ2114	φ2308	φ2400
液压系统	减速箱	ZF3301	ZF4300 萨澳 TMG61.2 TOP P68	ZF P4300
	液压泵	KYB PSVS 90C 萨澳 T90P075 力士乐 A4VTG 71HW	KYB PSVS 90C 萨澳 T90P075 力士乐 A4VTG 71HW	KYB PSVS 90C(A)
	油马达	KYB MSF-85 萨澳 T90P075 力士乐 AA2FM63/80	KYB MSF-85 萨澳 T90P075 力士乐 AA2FM80	KYB MSF-85
	底盘	东风、黄河	五十铃	三菱、扶桑、欧曼、东风、解放、日野、豪泺、德龙、豪运、五十铃

三一重工混凝土搅拌运输车技术参数（一）表 6-94

拌筒	搅动容积(m³)	6	8	9
	几何容积(m³)	12.42	14.43	15.07
	拌筒最大直径(mm)	φ2110	φ2342	φ2342
液压系统	减速箱		PMB 6SP PMB 6.5SP	
	液压泵	ACA542337R A4VTG71(90)HW/32R -NLD10F001S	ACA542337R A4VTG71HW/32R -NLD10F001S	
	油马达		HHD543321 AA2F80/61W -VXDXX7-S	
	底盘	SYM1250T4		日野 FELV SYM1250T4

三一重工混凝土搅拌运输车技术参数（二）表 6-95

拌筒	搅动容积(m³)	10	12	15
	几何容积(m³)	17.22	19.80	25.26
	拌筒最大直径(mm)	φ2342	φ2342	φ2440
液压系统	减速箱	PMB 6.5SP	TOPP75.58OL	PMB 8SP
	液压泵	ACA542337R A4VTG90HW/32R -NLD10F001S		ACA642337R A4VTG90/61W
	油马达	HHD543321 AA2FM80/61W -VXXX7-S	HHD543321 AA2FM90/61W -VUXO27	HHD643321 AA2FM90/61W
	底盘	SYM1250T4	SYM1250T3 SYM1310T	SYMB10T

中联重科混凝土搅拌运输车技术参数 表 6-96

拌筒	装水容积(m³)	9.1/10.2	10.2
	几何容积(m³)	14.3/15.2	15.2
	适装容积(m³)	8/9	9
液压系统	减速箱	原装进口件	原装进口件
	液压泵	原装进口件	原装进口件
	油马达	原装进口件	原装进口件
	底盘	豪泺、五十铃	奔驰、日野

利勃海尔混凝土搅拌运输车技术参数 表 6-97

技术参数 \ 型号	HTM504	HTM604	HTM704	HTM804	HTM904	HTM1004	HTM1204
理论新鲜混凝土填充量(m³)	5(6)	6(7)	7(8)	8(9)	9(10)	10(11)	12(13)
水的含量(m³)	5.95	6.78	7.7	9.1	10.22	11.15	12.59
搅拌筒容量(m³)	9.66	11	12.34	14.29	15.96	17.38	18.28
无框架时的间隙高度(mm)	2305	2402	2412	2477	2531	2585	2650
无框架时的加料高度(mm)	2274	2383	2408	2437	2485	2550	2591
带独立式马达时的装配重量(kg)	3720	3840	4100	4660	4830	5380	5700
带车辆驱动机构时的装配重量(kg)	3220	3340	3520	4080	4220	4790	5090

6.12.5.3 混凝土搅拌运输车的选型

混凝土搅拌运输车是建筑工程施工中，用于现场混凝土运输的最佳设备。如何选择混凝土搅拌运输车，通常要考虑以下几个方面：

（1）建设部已于 1997 年 8 月 5 日颁布了行业标准，搅拌运输车必须经过测试鉴定后方可允许生产、销售。

（2）车辆必须经过交通部对生产厂家和产品型号进行颁布年度目录进行上牌管理，才能在全国车辆管理所申办牌照。

（3）选用搅拌运输车首要是汽车底盘的可靠性和具有良好的备配件以及维修网点。

（4）为了保养维修的方便和减少备配件的储备，一个搅拌楼（站）选购同一制造厂提供的车型为妥。

（5）选用混凝土搅拌运输车的装载量大小，要根据搅拌楼（站）的生产能力和搅拌主机出料容量来定。

6.12.5.4 混凝土搅拌运输车的使用与保养

装载混凝土时如搅拌运输车发生故障，拌筒不能旋转，应迅速将拌筒内的混凝土排出。

1. 发动机或液压泵发生故障时

搅拌运输车发生这种故障时，用救援车紧急驱动故障车排除混凝土，见图 6-109。

操作步骤详见生产厂使用说明书。

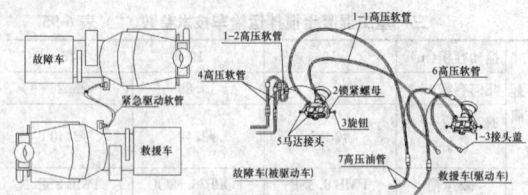

图 6-109　搅拌运输车发生故障

2. 液压马达发生故障时的处理方法

（1）换上新的液压马达，使拌筒恢复正常运转，从而将混凝土排出。

（2）打开拌筒检修孔盖，放松管接头，使混凝土从拌筒检修孔排出。

为了更好发挥混凝土搅拌运输车的优越性，延长使用期限，平时必须对其妥善保养，按厂方提供的使用说明书进行。

6.12.6　混凝土拖泵施工机械

6.12.6.1　拖式混凝土输送泵的主要组成

拖式混凝土输送泵主要由主动力系统、泵送系统、液压和电控系统组成。如图6-110、图6-111所示。

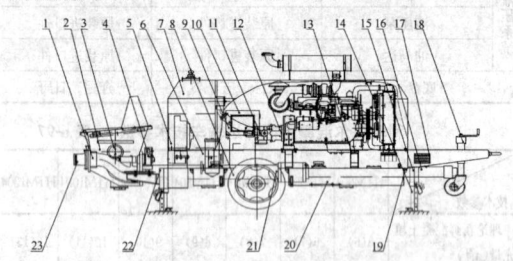

图 6-110　柴油 S 阀拖泵整机结构

1—"S"管式分配阀系统；2—料斗总成；3—搅拌系统；4—摆动油缸；5—油箱；6—底架；7—机壳；8—喇叭；9—电器箱；10—电气系统；11—液压系统；12—柴油机改装；13—动力系统；14—长支腿总成；15—支腿油缸；16—主油缸；17—整机标牌；18—导向轮；19—工具柜；20—柴油箱；21—泵送系统；22—短支腿总成；23—输送管道

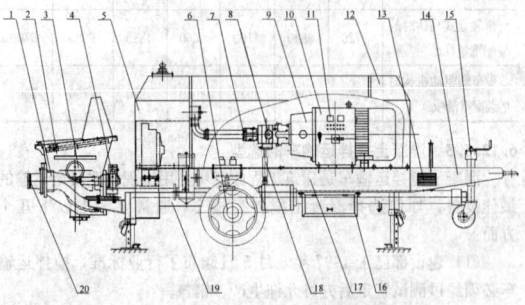

图 6-111　电动 S 阀拖泵整机结构

1—"S"阀系统；2—料斗；3—搅拌系统；4—摆缸；5—液压油箱；6—车桥；7—辅油管；8—主配管；9—动力系统；10—电器箱；11—电气系统；12—机壳；13—整机标牌；14—底架；15—导向轮；16—工具柜；17—润滑系统；18—防震器；19—泵送系统；20—输送管道

1. 主动力系统

拖式混凝土泵的原动力有柴油机和电机两种，柴油机优点是适应性强。在某些施工工地，应满足不了机器对大功率的要求，因为大排量的要求功率一般都在100kW以上，柴油机可以满足供应问题。而电动机泵优点是价格低，同时噪声也较小，对日益提高环保要求的城市施工来说，电动机泵比较合适。

2. 泵送系统

此系统是混凝土泵的执行机构，主要功能是吸入和推出物料。用于将混凝土拌合物沿输送管道连续输送至浇筑现场。

3. 液压和电控系统

液压系统有开式系统和闭式系统，开式主油泵既为主油缸提供液压油也可摆动，油缸提供液压油。开式系统具有液压油温低、清洁度高的优点；闭式系统具有液压油箱小、结构紧凑的优点，国内产品大部分采用这两种系统。电控系统一般采用 PLC 控制，当遇到异常时，系统内设的保护程序立即启动，保护混凝土泵不受损害，同时在文本显示器上显示出故障原因，可以方便故障诊断和维修。

6.12.6.2　拖式混凝土输送泵的系列

1. 按排量分类（m³/h）

按每小时泵送方量分为：20m³、30m³、40m³、50m³、60m³、70m³、80m³、90m³ 等。

2. 按功率分类（kW）

按功率分为：37kW、45kW、55kW、75kW、90kW、110kW、130kW（柴油）、132kW、162kW（柴油）、174kW（柴油）等。

3. 按动力分类

按动力可分为电机动力和柴油机动力。

中联重科拖式混凝土输送泵技术参数　　表 6-98

主要规格：60.16.174RSG、　80.14.174RSG、　110.26.390RS、105.21.286RS、180.14.161RSH、60.8.75Z、60.13.90SB、60.16.110SB、80.18.132S

	主要技术参数	HBT60.16.174RSG	HBT80.18.132S
整体性能	最大理论混凝土输送量（m³/h）	78/47	79/38
	混凝土输送压力（MPa）	16/9	18/8.3
	分配阀形式	S 管阀	S 管阀
	混凝土缸规格×行程（mm）	φ200×1800	φ200×1800
	料斗容积×上料高度 L（mm）	600×1400	600×1400
	出料口直径（mm）	φ180	φ180
动力系统	额定功率（kW）	174	132
	液压油路形式	开式回路	开式回路
标准配置	高低压切换	电动	转阀
	快换混凝土活塞	●	○
	电控显示屏	●	●
可选配置	液压系统水冷散热	○	○
	清洗装置	○	○
	无线遥控	○	○
其他参数	允许最大骨料粒径	卵石：50 碎石：40	卵石：50 碎石：40
	混凝土输送管内径	φ125/φ150	φ125/φ150
	外形尺寸：长×宽×高（mm）	6700×2100×2250	6700×2100×2300

三一重工拖式混凝土输送泵技术参数（一）表 6-99

主要规格：15-500S、16-132S、18-90S、40C-1008D、40C-1408Ⅲ、40C-1408ⅢA、40C-1410DⅢ、40C-1410DⅢC、50C-1413Ⅲ、50C-1413ⅢA、60A-1406Ⅲ、60A-1406DⅢ、60C-1413Ⅲ、60C-1413DⅢ、60C-1810Ⅲ、60C-1816Ⅲ、60C-1816ⅢA、60C-1816DⅢ、60C-1816DⅢC、80A-1808DⅢ、80C-1813Ⅲ、80C-1813DⅢ、80C-1816Ⅲ、80C-1816ⅢA、80C-1818Ⅲ、80C-1818DⅢ、80C-1818DⅢC、80C-2122Ⅲ、90CH-2122D、90CH-2128D、90CH-2135D、90CH-2135DA、90CH-2150D、100C-2118DⅢ、120A-1613D、120C-2016DⅢ、120C-2120DⅢ、120C-2120DⅢB、120C-2120DⅢC

型　　号	HBT60C-1816Ⅲ	HBT80C-1813Ⅲ	HBT80C-1816Ⅲ	HBT80C-1818Ⅲ	HBT80C-2122Ⅲ
混凝土理论输送压力（低压/高压）（MPa）	70/45	85/55	85/55	87/57	85/50
混凝土理论输送量（低压/高压）（m³/h）	45	50/33	65/40	75/45	85/55

续表

型号	HBT60C-1816Ⅲ	HBT80C-1813Ⅲ	HBT80C-1816Ⅲ	HBT80C-1818Ⅲ	HBT80C-2122Ⅲ
电动机额定功率（kW）	110	110	132	160	2×110
最大骨料尺寸（mm） 输送管径 φ150mm	50				
φ125mm	40				
混凝土坍落度（mm）	100~230				
输送缸直径×最大行程（mm）	φ200×1800	φ200×1800	φ200×1800	φ200×1800	φ200×2100
料斗容积×上料高度（m³·mm）	0.7×1320	0.7×1320	0.7×1420	0.7×1420	0.7×1420
外形尺寸 长×宽×高（mm）	6691×2068×2215	6690×2068×2215	6891×2075×2295	6891×2075×2295	7390×2100×2532
总重量（kg）	6600	6600	7300	7600	10500
类型	S阀电动机拖泵				

三一重工拖式混凝土输送泵技术参数（二）
表 6-100

型号	HBT90C-2016DⅢ	HBT100C-2118DⅢ	HBT120C-2120DⅢ	HBT120C-2120DⅢB	HBT120C-2016DⅢ
混凝土理论输送压力（低压/高压）（MPa）	10/16	10/18	13/21	13/21	9/16
混凝土理论输送量（低压/高压）（m³/h）	95/60	105/70	120/75	120/75	130/75
柴油机额定功率（kW）	181/186	181/186	273	273	273
最大骨料尺寸（mm） 输送管径 φ150mm	50				
φ125mm	40				
混凝土坍落度（mm）	100~230				
输送缸直径×最大行程（mm）	φ230×2000	φ200×2100	φ200×2100	φ200×2100	φ230×2000
料斗容积×上料高度（m³·mm）	0.7×1420	0.7×1420	0.7×1420	0.7×1420	0.7×1420
外形尺寸长×宽×高（mm）	7430×2075×2628	7390×2075×2628	7390×2099×2900	7390×2099×2900	7390×2099×2900
总重量（kg）	6800	6900	9100	9100	9100
类型	S阀柴油机拖泵				

上海鸿得利拖式混凝土输送泵技术参数（一）
表 6-101

主要规格：60-9-75Z、80-15-110S、80-18-132S、60-13-90S、60-13-132S、80-13-132S、85-15-158S、80-18-195S、85-15-174S

序号	项目	单位	HBT60-9-75Z	HBT60-13-90S
1	理论混凝土输送量（低压/高压）	m³/h	63	60/40
2	理论混凝土输出压力（低压/高压）	MPa	8.5	8/13
3	液压系统压力	MPa	32	32
4	分配阀形式		"Z"阀	"S"阀
5	输送缸缸径/行程	mm	φ205/1400	φ205/1400
6	主油泵排量	mL/r	190	190

续表

序号	项目	单位	HBT60-9-75Z	HBT60-13-90S
7	电动机功率	kW	75	90
8	上料高度	mm	≤1500	≤1450
9	料斗容积	m³	0.7	0.7
10	混凝土坍落度	mm	50~230	80~230
11	理论最大垂直高度	m	130	200

上海鸿得利拖式混凝土输送泵技术参数（二）
表 6-102

序号	项目	单位	HBT80-9-132S	HBT80-15-174S
1	理论混凝土输送量（低压/高压）	m³/h	85/55	85/50
2	理论混凝土输出压力（低压/高压）	MPa	8.4/13.5	9.2/15.6
3	液压系统压力	MPa	32	32
4	输送缸缸径/行程	mm	φ200/1800	φ200/1800
5	主油泵排量	mL/r	190	190
6	电动机功率	kW	132	174
7	上料高度	mm	≤1450	≤1450
8	料斗容积	m³	0.7	0.7
9	混凝土坍落度	mm	80~230	80~230
10	理论最大垂直高度	m	200	220

6.12.6.3 拖式混凝土输送泵的选型

（1）选择排量时首先要考虑是商品混凝土还是现场搅拌，如为现场搅拌就必须考虑，搅拌机单位时间的喂料方量和泵送距离的远近。

（2）选择电机混凝土泵，首先要考虑变压器容量，其次考虑距离混凝土泵的远近和线径大小，以免压降过大造成电流增高或跳闸停机。

（3）在供电正常地区和施工现场，电机动力较好，原因是使用成本低，柴油机动力机动性强，不受电源影响，但相对电机泵，使用成本略高。

（4）出口压力（即混凝土压力）是决定泵送距离的标志。正常情况下实际泵送，垂直高度＝出口压力（MPa）×10，即：例如16MPa混凝土泵，正常保障垂直160m，水平距离160m×3＝480m。

（5）S阀泵以其泵送距离远、扬程高为高压泵送首选。其优点为：1）泵送距离远（垂直80m以上，水平300m以上）；2）泵送完毕后，管道清洗方便。其缺点为：1）对骨料要求严；2）电机过大成本高。

闸板阀由于结构与S阀的不同，一般为中低压泵。其优点为：1）吸料更直接，对粗骨料的现场搅拌混凝土较S阀强；2）电机相对S阀泵要小。其缺点为：1）洗管不如S阀方便；2）泵送距离最好控制在垂直80m或水平300m内。

（6）泵送量与泵送混凝土压力的关系

在功率 P（kW）给定下，泵送量 Q（m³/h）取决于泵送压力 f（MPa）

$$P(\mathrm{kW}) = Q(\mathrm{m^3/h}) \times f(\mathrm{MPa})$$

对同一台泵来说，泵送的混凝土坍落度越小，泵送的压力就越大，则泵送量也越小。

（7）泵送压力与管道长度的关系

泵送压力取决于管道的长度。

泵送压力的增加与水平浇注距离成正比。混凝土在管道内壁产生摩擦，管道的长度越长，摩擦表面越大，则所需的压力越高。

（8）泵送压力与弯管的关系

在布料杆中弯管导致压力增加，这取决于弯管的度数和半径。施维英公司推荐弯管半径 $r=1$m，90°的弯管产生的阻力等于一根3m长的水平管道压力。

（9）泵送压力与管径的关系

在规定的输出量下，流速随管道口径的缩小而加快。泵送压力取决于流速（管道截面积）。

（10）泵送压力与垂直浇注的关系

泵送压力随浇注高度的提高而增加。由于垂直输送时混凝土的重力产生静压；静压的大小取决于混凝土的坍落度大小。在垂直泵送时，必须另外克服这种静压。

选什么型号的拖泵，就是要根据您的工程情况和相关因素综合考虑。

6.12.6.4　拖式混凝土输送泵的使用与保养

混凝土拖泵的故障大多属于突发性故障和磨损故障。设备出现故障，不要盲目乱拆乱查，应根据故障现象，结合液压原理图、电气原理图分析故障的原因。请使用者根据故障原因在使用说明书中的故障检查表中查找解决的办法。

6.12.7　混凝土汽车泵施工机械

混凝土汽车泵分为臂架式混凝土汽车泵（简称混凝土泵车）和车载式混凝土汽车泵（简称混凝土车载泵）两种。

6.12.7.1　混凝土汽车泵的主要组成

1. 混凝土泵车

混凝土泵车主要由底盘、泵送单元和臂架系统三大部分组成，如图6-112所示。

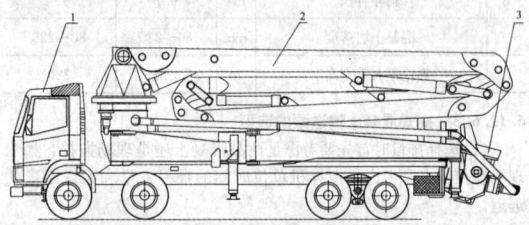

图6-112　混凝土泵车主要组成
1—底盘；2—臂架系统；3—泵送单元

（1）臂架系统的基本构造

1）作用

臂架系统用于混凝土的输送。通过臂架液压缸伸缩、转台回转，将混凝土经由附在臂架上的输送管，直接送达浇筑点。

2）结构和组成

臂架系统由多节臂架、连杆、液压缸和连接件等部分组成。

（2）泵送单元

混凝土泵车的泵送单元，动力取自于发动机，由泵送机构、分配机构、搅拌机构、液压系统等构成。

1）泵送机构主要由混凝土缸、水箱、泵送液压缸、料斗和混凝土活塞组成。

2）分配机构由换向液压缸、摇臂、换向管、切割环、眼镜板等组成。通过两个换向液压缸推动换向管的摆动，实现泵送缸的吸料和排料。

3）搅拌机构由液压马达、搅拌轴、叶片等组成。装配于料斗上；其功能主要是防止料斗内混凝土的离析。

4）液压系统主要由液压泵和液压阀等部件组成，其主要功能是驱动泵送机构中的泵送液压缸，驱动分配机构中换向液压缸和启动搅拌机构中液压马达。

常见混凝土泵车的技术性能见表6-103～表6-107。

2. 混凝土车载泵

混凝土车载泵，根据主动力的不同可分为柴油车载泵与电动车载泵，由机械系统、液压系统、电气系统、底盘四大部分组成。如图6-113、图6-114所示。常见混凝土车载泵的技术性能见表6-108～表6-110。

6.12.7.2　混凝土汽车泵的系列

1. 按臂架长度分类

短臂架：臂架垂直高度小于30m；

常规型：臂架垂直高度大于30m小于40m；

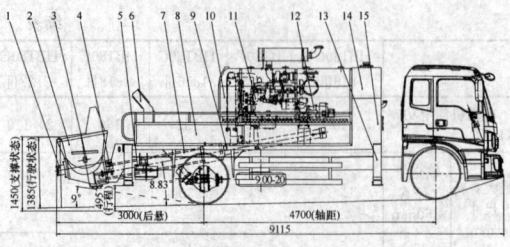

图6-113　柴油混凝土车载泵整机主要结构
1—S管系统；2—料斗；3—搅拌系统；4—摆动；5—水泵；6—控制电箱；7—输送缸；8—底架；9—主油缸；10—罩壳；11—柴油机；12—油泵组；13—支腿；14—液压油箱；15—水箱

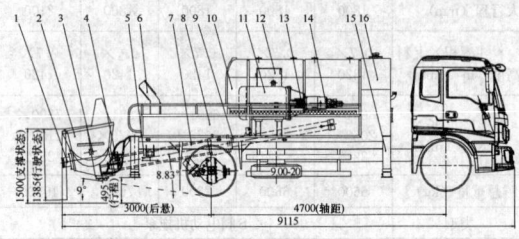

图6-114　电动混凝土车载泵整机主要结构
1—S管系统；2—料斗；3—搅拌系统；4—摆缸；5—水泵；6—控制电箱；7—输送缸；8—底架；9—主油缸；10—罩壳；11—电机；12—强电电器箱；13—联轴器；14—油泵组；15—支腿；16—液压油箱

长臂架：臂架垂直高度大于40m小于50m；

超长臂架：臂架垂直高度大于等于50m。

其主要规格有：24m、28m、32m、37（36）m、40m、42m、45（44）m、48（47）m、50m、52m、56（55）m、60（58）m、62m、66（65）、72m。

各种混凝土泵车技术参数见表6-103～表6-110。

2. 按泵送方式分类

主要有活塞式、挤压式。目前，以液压活塞为主流，挤压式主要用于灰浆或砂浆的输送。

3. 按分配类型分类

按照分配阀形式可以分为：S阀、闸板阀、裙阀和蝶阀等。目前，使用最为广泛的是S阀，具有简单可靠、密封性好、寿命长等特点。

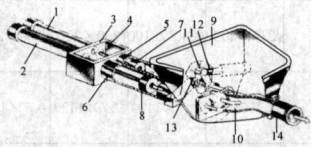

图6-115　S分配阀工作原理图
1、2—主液压缸；3—水箱；4—换向装置；5、6—混凝土缸；7、8—混凝土活塞；9—料斗；10—S分配阀；11—摆动轴；12、13—摆动液压缸；14—出料口

S分配阀混凝土泵的泵送原理（图6-115）：

泵送混凝土时，在主液压缸1、2和摆动液压缸12、13驱动下，当左侧混凝土缸6与料斗9连通，则右侧混凝土缸5与S分配阀10连通。在大气压的作用下左侧混凝土活塞8向后移动，将料斗中的混凝土吸入混凝土缸6（吸料缸），同时液压压力使右侧混凝土缸活塞7向前移动，将该侧混凝土缸5（排料缸）中的混凝土推入S分配阀，经出料口14及外接输送管将混凝土输送到浇筑现场。当左侧混凝土缸活塞8移至行程终端时，两主液压缸液压换向，摆动液压缸12、13使S分配阀10与左侧混凝土缸6连接，该侧混凝土缸活塞8向前移动，将混凝土推入分配阀，同时，右侧混凝土缸5与料斗9连通，并使该侧混凝土缸活塞7后移，将混凝土吸入混凝土缸，从而实现连续泵送。

三一重工混凝土泵车技术参数　表 6-103

主要规格 (m)：25、28、32、37、40、43、46、48、50、52、56、58、60、62、66

型　号		SY5190T HB25	SY5271T HB37D	SY5310T HB40D	SY5313T HB46	SY5422T HB52	SY5630T HB66
整车	自重 (kg)	18900	27495	31490	32800	42900	63000
	全长 (m)	10000	11800	11520	11520	14000	17560
臂架	垂直高度 (m)	25	37	40	46	52	66
	水平长度 (m)	21	33	35.8	41	48	62.2
	垂直深度 (m)	10.8	21.3	23.8	28.8	33.6	51.9
泵送系统	压力 (MPa) 低压	8	8.3	8.3	8.3	8.3	8.3
	高压	16	12	12	12	12	12
	推量 (m³/h) 低压	100	140	140	170	170	170
	高压	60	100	100	120	120	
底盘	底盘型号	SYM1160-01	ISUZU CYZ51Q	ISUZU CYZ51Q	ISUZU CYZ51Q	SYM5430	BENZ Actros 4150 12×6
	发动机功率 (kW/rpm)	240/2100	265/1800	265/1800	265/1800	306/1900	370/1800

鸿得利混凝土泵车技术参数　表 6-104

主要规格 (m)：24、37、47

型　号		HDL5160THB	HDL5270THB	HDL5380THB
整车	整车质量 (kg)	15820	26745	37900
	全长 (m)	9764	11730	12550
臂架	垂直布料高度 (m)	23.1	36.8	46.2
	水平布料半径 (m)	19.1	32.8	42.2
	布料最大的深度 (m)	12.2	20.7	32.5
泵送系统	理论输出压力 (MPa) 低压	7	7	7
	高压	12		
	理论输送量 (m³/h) 低压	110	110	135
	高压	65		
底盘	底盘型号	ZZ1161M5011C	CYZ51Q	CYH51Y
	发动机功率 (kW)	213	265	287

中联重科混凝土泵车技术参数　表 6-105

主要规格 (m)：22、37、40、42、43、44、46、47、49、52

型　号		ZLJ5281 THB125-37	ZLJ5300 THB125-40	ZLJ5381 THB125-44	ZLJ5401 THB125-46	ZLJ5335 THB 47X-5RZ
整车	整车质量 (kg)	28190	30150	37900	32800	32900
	全长 (m)	11650	11380	12630	11520	12000
臂架	最大布料高度 (m)	36.6	39.2	44	45.51	46.5
	最大布料半径 (m)	32.6	35.2	40	41.51	42.2
	最大布料深度 (m)	24.9	27	32	31.6	32.7
泵送系统	混凝土最大出口压力 (MPa)	6.5	6.5	6.5	6.5	11/7
	最大理论输送量 (m³/h)	120	120	120	120	120/70
底盘	底盘型号	CYZ51Q	FS1ERV	CYH51Y	Actros4141	CYZ51Q
	发动机功率 (kW/rpm)	265/1800	302/1800	287/1800	300/1800	265/1800

普茨迈斯特混凝土泵车技术参数　表 6-106

主要规格 (m)：20-4、24-4、28-4、31-5、32-4、36-4、38-4、42-4、46-5、47-5、52-5、58-5、62-6、63-5、70-5

型　号	M20-4	M24-4	M28-4	M31-5	M47-5	M70-5
臂架	4	4	4	5	5	5
垂直高度 (m)	19.5	23.6	27.3	30.5	46.1	69.3
水平长度 (m)	16.1	19.7	23.4	26.6	42.1	65.1
向下深度 (m)	11.1	14.5	16.6	20.4	32.2	51.4
泵送系统　压力 (无杆腔) (bar)	78	78	85	88	88	85
排量 (无杆腔) (m³/h)	90	90	110	112	112	200

施维英混凝土泵车技术参数　表 6-107

主要规格 (m)：16-2、16-3、23、24-4H、26、26-4、28、32、32XL、36、36X、42、52

型　号		施维英 KVM34X
整车	重量 (kg)	25×10³
	长度 (m)	10.9
泵送系统	最大压力 (MPa)	7
	最大排量 (m³/h)	130
支腿	支腿形式	后摆伸缩
	跨距 (前×后×前后) (m)	6.23×5.96×7.44
臂架架	折叠形式	R
	节数	4
	垂直高度 (m)	34

中联重科混凝土车载泵技术参数　表 6-108

型　号		ZLJ5120THB
整车	重量 (kg)	11980
	长×宽×高 (mm)	8800×2490×3070
底盘参数	底盘型号	EQ1126KJ1
	电机功率 (kW)	118
泵送系统	混凝土理论输送压力 (MPa) 低压	9
	高压	14
	混凝土理论输送量 (m³/h) 低压	88
	高压	57
	输送缸内径×行程 (mm)	230×1650
	理论泵送次数 (次/min) 低压	22
	高压	13

三一重工混凝土车载泵技术参数　表 6-109

型　号		SY5125THB-9012Ⅲ	SY5121THB-9014Ⅲ	SY5121THB-9018Ⅲ	SY5110THB-9016G
整车	重量 (kg)	12000	12000	11000	12000
	长×宽×高 (mm)	9185×2470×3040	8960×2470×3040	8800×2470×2935	8960×2470×3040
底盘参数	底盘品牌	东风天锦 DFL1120B	东风 EQ1126KJ1	三一 HQC1130 (带分动箱)	东风 EQ1126KJ1
	电机功率 (kW)	132	118	210	118
	最大速度 (km/h)	90	90	85	90
泵送系统	混凝土理论输送压力 (MPa) 低压	7.5	8	7	8.7
	高压	12	16	14	18
	混凝土理论输送量 (m³/h) 低压	90	95	95	94
	高压	53	51	50	50
	输送缸内径×行程 (mm)	230×1600	230×1600	230×1600	200×1600
	理论泵送次数 (次/min) 低压	22	24	23	31
	高压	13	13	12	16

鸿得利混凝土车载泵技术参数　　表 6-110

型　号		HBC85-15-158S	HBC80-18-195S	HBC110-12-158S
泵送系统	混凝土理论输送压力（MPa）低压	9.2	11.5	7
	高压	15.6	18	12
	混凝土理论输送量（m³/h）低压	85	80	112
	高压	50	50	67
	输送缸内径×行程（mm）	200×1800	200×1800	230×1800
	理论泵送次数（次/min）低压	25	23	25
	高压	15	15	15
	理论最大垂直高度（m）	220	280	180

6.12.7.3 混凝土汽车泵的选型

（1）混凝土汽车泵的选型，应根据混凝土工程对象、特点、要求的最大输送量、最大输送距离、混凝土浇筑计划、混凝土泵形式以及具体条件进行综合考虑。

（2）选用机型时除考虑混凝土浇筑量以外，还应考虑建筑的类型和结构、施工技术要求、现场条件和周围环境等。通常选用的混凝土汽车泵的主要性能参数应与施工需要相符或稍大。

（3）由于混凝土汽车泵具有灵活性，而且臂架高度越高，浇筑高度和布料半径就越大，施工适应性也越强，在施工中应尽量选用高臂架混凝土汽车泵。臂架长度 28～36m 的混凝土汽车泵是市场上量大面广的产品，约占 75%。

（4）所用混凝土汽车泵的数量，可根据混凝土浇筑量、单机的实际输送量和施工作业时间进行计算。

（5）混凝土汽车泵采用全液压技术，因此要考虑所用的液压技术是否先进，液压元件质量如何。因其动力来源于发动机，而一般汽车泵采用的是汽车底盘上的发动机，因此除考虑发动机性能与质量外，还要考虑汽车底盘的性能、承载能力及质量等。

6.12.7.4 混凝土汽车泵的使用与保养

由于不同类型的混凝土汽车泵在结构与控制上都会有不同，所以在操作前，必须仔细阅读相应的使用说明书，做好日常保养工作。使用者根据故障原因在使用说明书中的故障检查表中查找解决办法。

6.12.8 混凝土布料杆施工机械

6.12.8.1 混凝土布料杆的系列

1. 混凝土布料杆的分类

（1）移置式布料杆

移置式布料杆构造简单，可以人力推动回转，整机重量较轻，可借助塔吊搬运，在楼层上转移位置以改变布料点。移置式布料杆由布料系统、支座及底架等部件组成。

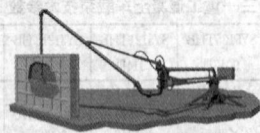

图 6-116　普茨迈斯特机械式可
提升混凝土布料系统 RV12

如图 6-116、图 6-117 所示为移置式布料杆，该布料杆通常放置在建筑物的上面，它需要平衡重以保持稳定。其位置转移一般是靠塔式起重机等来吊搬，而混凝土泵置于建筑物底部的地面上。

移置式布料杆主要由折叠式臂架（一般为大、中、小三节）、输送管道、回转支承装置、液压变幅机构、上下支座及配重等几部分组成。布料杆的动作采用液压驱动，控制方式有驾驶员室控制、线控及遥控三种。在布料杆的上部，还加配了多速起重系统，可以作为塔式起重机使用。

（2）固定式布料杆

国产固定式布料杆的布料臂架有两种做法：一种是液压曲伸式

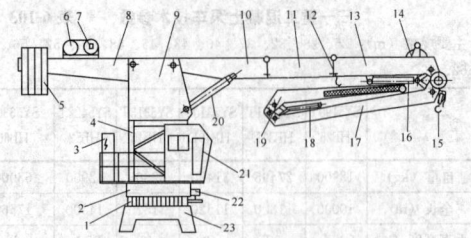

图 6-117　移置式布料杆

1—回转齿圈；2—上支座；3—电控柜；4—回转塔身；5—配重块；6—卷扬帆；7—高度限位器；8—平衡臂；9—转台；10—大臂（后）；11—大臂（中）；12—安全钩；13—大臂（前）；14—载荷限制器；15—吊钩；16—中臂油缸；17—中臂；18—小臂油缸；19—小臂；20—大臂油缸；21—驾驶员室；22—回转限位器；23—下支座

臂架；另一种是采用卷扬绳轮变幅系统实现俯仰的臂架。

图 6-118 所示固定式布料杆分别采用了俯仰式臂架和液压曲伸式臂架。固定式布料杆一般是装在管柱式或格构式塔架上，而塔架可安装在建筑物的里面或旁边，这种布料杆的结构与移置式的大体相同，当建筑物升高时，即接高塔身，布料杆也就随之升高。较高的塔身，需要用撑杆固定在建筑物上，以提高其稳定性。固定式布料杆与建筑结构的接触形式可分为附着式和内爬式两种。

（3）塔式起重布料两用机

这种布料杆亦称起重布料两用塔吊，多以重型塔吊为基础研制而成，主要用于造型复杂的大面积高层建筑综合体工程。布料系统可装设在塔帽下方经加固改装的转台上。

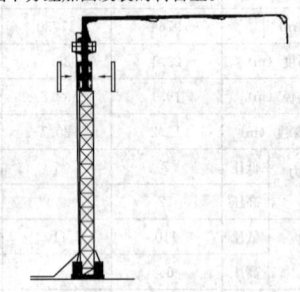

图 6-118　固定式布料杆

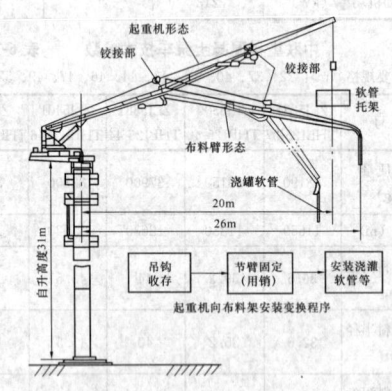

图 6-119　中联重科起重布料两用机

如图 6-119、图 6-120 所示为起重布料两用机，它是利用塔式起重机的起重臂来作布料臂的一种结构型式，其塔机与一般通用塔机不同，起重臂为铰接三节臂，臂架一侧（或内部）装有混凝土输送管。当作起重机使用时，各臂杆均伸直，铰接处用销锁定即可用钢丝绳滑轮组起吊重物。起重臂的变幅则由第一节臂的油缸来进行，第二、三节臂油缸不起作用。当作布料臂使用时，拆除节臂锁定销，并在第三节臂的前端装上软管托架，接好浇注软管，这样三节臂即变为布料杆。

图 6-120　塔式起重布料两用机

2. 各种混凝土布料杆性能的对比

固定式布料杆、移置式布料杆和塔式布料两用机之间性能对比见表 6-111：

三种混凝土布料杆性能对比　　表 6-111

	固定式布料杆	移置式布料杆	塔式起重布料两用机
优点	1. 适应塔形高层建筑和筒仓建筑施工，高度限制少。 2. 布料时不影响其他塔式起重机吊装。 3. 结构简单只需立管与爬升装置	1. 可自由地在施工楼面上按流水作业段转移。 2. 无需依赖塔式起重机或重设管柱，独立性强。 3. 制作简便，造价低	1. 充分利用塔式起重机的自升特点，使用高度扩大。 2. 自身结构简化
缺点	1. 独立设置爬升装置与机构，成本相对较高。 2. 由于立管固定而附在建筑物上，故水平输送距离受到限制	1. 上楼层要借助于塔式起重机搬运。 2. 占用楼面空间给施工作业区带来不便	1. 由于塔身是固定式，故使用的幅度有限制。 2. 布料与起重作业有矛盾

6.12.8.2　混凝土布料杆的选型

由于现场施工环境复杂，施工工艺不同，混凝土浇筑受到很多因素的制约。各种不同型式的布料杆都有其最适宜的施工环境，为了达到设备的最佳配置，充分发挥泵送效率、高效、优质、经济、可靠地完成施工任务，选型时可以着重从以下几个方面考虑：

（1）充分分析工程特点，如混凝土施工层面面积大小、平面形状特点；工地配置的设备情况（如泵的数量、塔机起重能力等）；工程结构可利用的状况（如有无电梯井）等。

（2）了解各种型式布料杆的性能结构特点及其所能发挥的优势，有无明显的限制因素，如安装在电梯井内的内爬式布料杆是否因臂架长度限制而无法实现边角部位的浇筑，起重设备的起吊能力是否能满足移动式布料杆整体转移的要求等。

（3）针对工程特点，选择最合适的布料杆。如作业面狭长的堤坝、桥梁、面积较大的车间、厂房等工程可选用车载或船载布料杆。另外，在几个型式的布料杆同时能满足一个工程需求时，应选择受限因素最少的，以便今后其他工程使用。

6.12.8.3　混凝土布料杆的使用与保养

汽车式布料杆、移置式布料杆、固定式布料杆和塔式起重料两用机这四种混凝土布料机的使用与保养相对较为简单，在使用时主要是确保在悬臂动作范围内无障碍物，无高压线，而使用完毕主要是确保布料管内混凝土残留物的清洁干净，防止下次使用时堵塞。

6.12.9　混凝土振动施工机械

6.12.9.1　混凝土振动施工机械的分类

1. 混凝土振动机械的分类及特点

按振动传递的方式可分为插入式振动器、外部式振动器。

插入式振动器又可分为软轴行星式振动器、软轴偏心式振动器和电动机内装式振动器。施工时将插入式振动器插入混凝土拌合物中，直接对混凝土拌合物进行密实。由于插入式振动器可直接插入混凝土拌合物中，所以振动密实效果好。它适合于深度或厚度较大的混凝土制品或结构，多用于振捣现浇基础、柱、梁、墙等结构构件和厚大体积混凝土。其使用非常普遍。

外部式振动器有平板式振动器、附着式振动器和混凝土振动台等几种，是将振动器安装在预制构件模板底部或侧部，振捣时将振动器放在浇好的混凝土结构表面，振动力能够通过振动器的底板传给混凝土。外部式振动器也可以安装一块底板，作为平板式振动器

（表面振动器），通过底板将振动作用于混凝土拌合物的表面。外部式振动器适用于插入式振动器使用受到限制的钢筋较密、深度或厚度较小的构件。附着式振动器主要用于柱、墙、拱等；平板式振动器主要用于振实面积大、厚度小的水泥混凝土路面、桥面及混凝土预制构件板等施工；而振动平台主要用于板条或柱形等混凝土制品。

混凝土振动台又称台式振动器，它是混凝土混合料的振动成型机械。其机架一般支承在弹簧上，机架下装有激振器，机架上安置成型钢模板，模板内装有混凝土混合料。在激振器作用下，机架连同模板及混合料一起振动，使混凝土密实成型。它是采用短线工艺生产的预制构件厂的主要设备，用于大批量生产空心板、壁板以及厚度不大的梁柱、排水管等。

混凝土振动器根据振动传递方式的分类如图 6-121 所示。

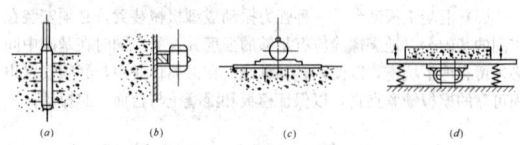

图 6-121　混凝土振动器根据振动传递方式的分类
（a）插入式振动器；（b）附着式振动器；（c）平板式（直线振动式）振动器；
（d）台架式振动器（振动台）

2. 混凝土振动机械的型号

混凝土振动机械型号的表示方法见表 6-112。

混凝土振动机械型号的表示方法　　表 6-112

机类	机型		特性	代号	代号含义	主参数
混凝土振动器 Z（振）	插入式振动器（内部振动器）		电动软轴行星式（X）	ZX	电动软轴行星插入式振动器	振动棒直径（mm）
			电动软轴偏心式（P）	ZP	电动软轴偏心插入式振动器	
			电动直联式（D）	ZD	电动直联插入式振动器	
			风动偏心式（Q）	ZQ	风动偏心插入式振动器	
			内燃行星式（R）	ZR	内燃行星插入式振动器	
	外部振动器（W）		附着式（F）	ZW（F）	外部电动附着式振动器	电动机功率（kW）
			平板式（B）	ZW（B）	外部电动平板式振动器	
			振动台（T）	ZT	电动混凝土振动台	台面尺寸（mm）

6.12.9.2　插入式振动器

插入式振动器的合理选择：振动器的振动频率是影响混凝土振捣密实效果的重要因素，只有当振动器的振动频率与混凝土颗粒的自振频率相同或相近时，才能达到最佳捣实效果。颗粒的尺寸影响颗粒的共振频率，尺寸大的自振频率较低，尺寸小的自振频率较高，在实际操作中应选用低频、振幅大的插入式振动器来振捣骨料颗粒大而光滑的混凝土。

高频振动器不适用于流动度较大的混凝土，否则混凝土将产生离析现象。干硬性混凝土则应选用高频振动器，能改善振实效果，增加液化作用，扩大捣实范围，缩短捣实时间；选用高频振动器要根据建筑施工的混凝土成分，插入式振动器的结构多采用软轴式，轻便灵活，可专人携带使用，转移十分方便，对上下楼层或通过狭隘场所通道等均能适应，很适合于基层建筑施工单位使用。

6.12.9.3　外部振动器

外部式振动器有平板式振动器、附着式振动器和混凝土振动台三种。

1. 外部式振动器的选择

混凝土较薄或钢筋稠密的结构，以及不宜使用插入式振动器的地方，可选用附着式振动器；钢筋混凝土预制构件厂生产的空心板、平板及厚度不大的梁柱构件等，则选用振动台可收到快速而有效的捣实效果。

2. 外部式振动器的操作方法

（1）操作人员应穿绝缘胶鞋、戴绝缘手套，以防触电。

（2）附着式振动器安装时应保证转轴水平或垂直，如图 6-122 所示。在一个模板上安装多台附着式振动器同时进行作业时，各振动器频率必须保持一致，相对面安装的振动器的位置应错开。振动

器所装置的构件模板，要坚固牢靠，构件的面积应与振动器的额定振动板面积相适应。

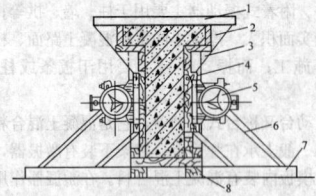

图 6-122   附着式振动器的安装示意图
1—模板面卡；2—模板；3—角撑；4—夹木枋；
5—附着式振动器；6—斜撑；7—底横枋；8—纵向底枋

(3) 混凝土振动台是一种强力振动成型机械装置，必须安装在牢固的基础上，地脚螺栓应有足够的强度并置紧。同时在基础中间必须留有地下坑道，以便调整和维修。在振捣作业中，必须安置牢固可靠的模板锁紧夹具，以保证模板和混凝土与台面一起振动。

6.13   钢筋工程施工机械设备

6.13.1   钢筋机械连接施工机械

6.13.1.1   钢筋机械连接施工机械的技术性能

1. 钢筋套筒挤压连接

带肋钢筋套筒挤压连接是将两根待连接钢筋插入钢套筒，用挤压连接设备沿径向挤压钢套筒，使之产生塑性变形，依靠变形后的钢套筒与被连接钢筋纵、横肋产生的机械咬合的钢筋连接方法（图 6-123）。

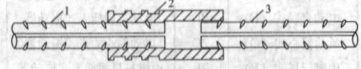

图 6-123   钢筋套筒挤压连接
1—已挤压的钢筋；2—钢套筒；3—未挤压的钢筋

这种接头质量稳定性好，能与母材等强，但操作工人工作强度大，有时液压油污染钢筋，综合成本较高。钢筋挤压连接，要求钢筋最小中心间距为 90mm。

挤压设备：钢筋挤压设备由压接钳、超高压泵站及超高压胶管等组成。其型号与参数见表 6-113。

钢筋挤压设备的主要技术参数   表 6-113

	设备型号	YJH-25	YJH-32	YJH-40	YJ-32	YJ-40
压接钳	额定压力（MPa）	80	80	80	80	80
	额定挤压力（kN）	760	760	900	600	600
	外形尺寸（mm）	φ150×433	φ150×480	φ170×530	φ120×500	φ150×520
	重量（kg）	28	33	41	32	36
	适用钢筋（mm）	20~25	25~32	32~40	20~32	32~40
超高压泵站	电机	380V，50Hz，1.5kW			380V，50Hz，1.5kW	
	高压泵	80MPa，0.8L/min			80MPa，0.8L/min	
	低压泵	2.0MPa，4.0~6.0L/min				
	外形尺寸（mm）	790×540×785（长×宽×高）			390×525（高）	
	重量（kg）	96	油箱容积（L） 20		40，油箱12	
	超高压胶管	100MPa，内径 6.0mm，长度 3.0m（5.0m）				

2. 钢筋锥螺纹套筒连接

钢筋锥螺纹套筒连接是将两根待接钢筋端头用套丝机做出锥形外丝，用带锥形内丝的套筒将钢筋两端拧紧的钢筋连接方法（图 6-124）。

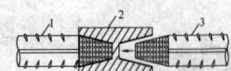

图 6-124   钢筋锥螺纹套筒连接
1—已连接的钢筋；2—锥螺纹套筒；
3—待连接的钢筋

锥螺纹接头质量稳定性一般，施工速度快，综合成本较低。在普通型锥螺纹接头的基础上，增加钢筋端头预压或锻粗工序，GK型钢筋等强锥螺纹接头，可与母材等强。

机具设备：

(1) 钢筋预压机或锻粗机

钢筋预压机用于加工 GK 型等强锥螺纹接头，以超高压泵站为动力源，配备与钢筋规格对应的模具，用于直径 16~40mm 钢筋端部的径向预压。GK40 型径向预压机的推力 1780kN，工作时间 20~60s，重量 80kg。YTDB 型超高压泵站的压力 70MPa，流量 3L/min，电机功率 3kW，重量 105kg。径向预压模具的材质 CrWMn 锻件，淬火硬度 HRC=55~60。

钢筋锻粗机可采用液压冷锻床，进行钢筋端头的锻粗。

(2) 钢筋套丝机

钢筋套丝机是加工钢筋连接端头的锥形螺纹用的一种专用设备。型号：SZ-50A、GZL-40 等。

(3) 扭力扳手

扭力扳手是保证钢筋连接质量的测力扳手。能够根据钢筋直径大小规定的力矩值，把钢筋与连接套筒拧紧，同时发出声响信号。其型号：PW360（管钳型），性能 100~360N·m；HL-02 型，性能 70~350N·m。

(4) 量规

量规主要有牙形规、卡规和锥螺纹塞规。牙形规用来检查钢筋连接端的锥螺纹牙形加工质量。卡规用来检查钢筋连接端的锥螺纹小端直径。锥螺纹塞规用来检查锥螺纹连接套筒加工质量。

3. 钢筋锻粗直螺纹套筒连接

钢筋锻粗直螺纹套筒连接方法是：将钢筋端头锻粗，切削成直螺纹，然后用带直螺纹的套筒将钢筋两端拧紧的钢筋连接方法（图 6-125）。

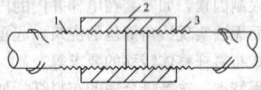

图 6-125   钢筋锻粗直螺纹套筒连接
1—已连接的钢筋；2—直螺纹套筒；3—正在拧入的钢筋

机具设备：

(1) 钢筋液压冷镦机：钢筋端头锻粗用的一种专用设备。型号有：HJC200 型（Φ18~40）、HJC250 型（Φ20~40）、GZD40、CDJ-50 型等。

(2) 钢筋直螺纹套丝机：将已锻粗或未锻粗的钢筋端头切削直螺纹的一种专用设备。其型号有：GZL-40、HZS-40、GTS-50 型等。

(3) 扭力扳手、量规（通规、止规）等。

4. 钢筋滚压直螺纹套筒连接

钢筋滚压直螺纹套筒连接是利用冷作硬化增强金属材料强度的特性，使接头与母材等强的连接方法。根据滚压直螺纹成型方式，分为直接滚压螺纹、挤肋滚压螺纹、剥肋滚压螺纹三种类型。

滚压直螺纹加工与检验：

1) 直接滚压螺纹加工

采用钢筋滚丝机（型号：GZL-32、GYZL-40、GSJ-40、HGS40 等）直接滚压螺纹。该工艺螺纹加工简单，设备投入少，但螺纹精度差，钢筋粗细不均导致螺纹直径差异，施工质量受影响。

2) 挤肋滚压螺纹加工

采用专用挤压设备，滚轮先将钢筋的横肋和纵肋进行预压平，然后滚压螺纹。以减轻钢筋肋对成型螺纹的影响。该工艺对螺纹精

度有一定提高，但仍不能根本解决钢筋直径差异对螺纹精度的影响，螺纹加工需要两套设备。

3）剥肋滚压螺纹加工

采用钢筋剥肋滚丝机（型号：GHG40、GHG50），将钢筋的横肋和纵肋进行剥切处理，使钢筋滚丝前的柱体直径达到一致，再进行螺纹滚压成型。该工艺螺纹精度高，接头质量稳定，施工速度快，价格适中。该机主要技术性能见表6-114。

GHG40 型钢筋剥肋滚丝机技术性能　表6-114

滚丝头型号	40 型［或 Z40 型（左旋）］			
滚丝轮型号	A20	A25	A30	A35
滚压螺纹螺距	2	2.5	3.0	3.5
钢筋规格	16	18、20、22	25、28、32	36、40
整机质量（kg）	590			
主电机功率（kW）	4			
水泵电机功率（kW）	0.09			
工作电压	380V			
减速机输出转速（R·P·M）	～50/60			
外形尺寸（mm）	（长×宽×高）1200×600×1200			

6.13.1.2　钢筋机械连接设备的种类及使用范围

1. 钢筋机械连接设备的种类（表6-115）

钢筋机械连接设备型号　表6-115

名　称	代号	名　称	代号
钢筋挤压连接机械	G（钢）	钢筋挤压连接机	J（挤）
钢筋螺纹连接机械	G（钢）	钢筋锥螺纹成型机	
		钢筋直螺纹成型机	
钢筋挤压连接机	GJ	钢筋最大公称直径	mm
钢筋锥螺纹成型机			
钢筋直螺纹成型机			

2. 钢筋机械连接各种方法的使用范围（表6-116）

钢筋机械连接各种方法使用范围　表6-116

机械连接方法		使 用 范 围	
		钢筋级别	钢筋直径（mm）
钢筋套筒挤压连接		HRB335、HRB400	16～40
		RRB400	16～40
钢筋锥螺纹套筒连接		HRB335、HRB400	16～40
		RRB400	16～40
钢筋滚压直螺纹套筒连接	直接滚压	HRB335、HRB400	16～40
	挤肋滚压		16～40
	剥肋滚压		16～50
钢筋镦粗直螺纹套筒连接		HRB335、HRB400	16～40

6.13.2　钢筋对焊连接施工机械

6.13.2.1　钢筋对焊连接施工机械的技术性能

钢筋焊接机械的主要技术性能见表6-117～表6-126。

点焊机的主要技术性能　表6-117

产品型号	DN-5	DN-6	DN-10	DN-10	DN-25	DN₁-75
额定容量（kVA）	5	6	10	10	25	75
电源电压（V）	220/380	380	380	220	220/380	220/380

续表

产品型号	DN-5	DN-6	DN-10	DN-10	DN-25	DN₁-75
焊接厚度（mm） 最大	1.5+1.5	1.5+1.5	2+2	0.8+0.8	4+4	5+5
焊接厚度（mm） 额定	1+1	1+1	1.5+1.5	0.5+0.5	3+3	2.5+2.5

产品型号	DN2-50	DN2-75	DN2-100	DN2-6×35	DN2-3×100	DN2-6×100
额定容量（kVA）	50	75	100	6×35	3×100	6×100
电源电压（V）	380	380	380	380	380	380
焊接厚度（mm） 最大	1.5+1.5	5+5	5+5			纵筋 φ6～12 横筋 φ6～12
焊接厚度（mm） 额定		2.5+2.5	2.5+2.5			

对焊机的主要技术性能　表 6-118

产品型号	UN-1	UN-10	UN₁-25	UN₁-75	UN₁-100	UN₂-150	UN₉-200
额定容量（kVA）	1	10	25	75	100	150	200
电源电压（V）	220/380	220/380	220/380	220/380	380	380	380
最大焊截面（mm²）	3.2	50	弹簧 120 杠杆 300	600	1000	连续闪光焊≤1000 预热闪光焊≤2000	1200

UN₁ 系列对焊机的调节级数　表 6-119

级数	插头位置			次级空载电压（V）		
	Ⅰ	Ⅱ	Ⅲ	UN₁-25	UN₁-75	UN₁-100
1	2		2	1.76	3.52	4.50
2	2			1.89	3.76	4.75
3	2			2.05	4.09	5.05
4	2			2.24	4.42	5.45
5	2		2	2.47	5.00	5.85
6	1			2.74	5.50	6.25
7	1		1	3.09	6.29	6.90
8	1			3.52	7.04	7.60

不熔化极（钨极）氩弧焊机的主要技术性能　表 6-120

产品型号	NSA-300-1	NSA-400	NSA-500-1	NSA-300	NSA₄-300-2	NSA₄-300	NSA₂-150	NSA₂-250
电源电压（V）	380	380	380	380	380	380	380	380
工作电压（V）	20	12～30	20	12～20	12～20	25～30	15	10.4～20

熔化极氩弧焊机的主要技术性能　表 6-121

产品型号	NBA₁-500	NBA₁₉-500-1	NBA₂-200	NZA₂-200
电源电压（V）	380	380	380	380
工作电压（V）	20～40	25～40	30	30
焊丝直径范围（mm）	2～3	2.5～4.5	铝 1.4～2.0 不锈钢 1.0～1.6	铝 1.5～2.5 不锈钢 1～2
送丝速度（m/h）	60～840	90～330	60～840	60～180
送丝方式	推丝	推丝	推丝	推丝

交流弧焊机的主要技术性能　表 6-122

产品型号	BP-3×1000	BX₁-1000	BX₁-1600	BX₂-1000	BX₂-2000	BX₃-120-1	BX₃-300-2
额定容量（kVA）	160	77.75	148	76	170	9	23.4
初级电压（V）	380	380	380	380	380	380	380
电流范围（A）	1000	1000	1600	400～1200	800～1200	20～160	40～400

续表

产品型号	BX3-500-2	BX3-1-400	BX10-500	SQW-1000	T225 AC	T225 AD
额定容量(kVA)	38.6	35.6	40.5	84	7.7	7.7
初级电压(V)	380	380	380	380	380	380
电流范围(A)	60~655	400	50~500	1000	225	150

直流弧焊机的主要技术性能　　表 6-123

产品型号	AX320-1	AXD320	AX1-165-1	AX4-300-1	AX5-500
输入功率(kW)	14	9.5	6	10	26
初级电压(V)	380		380	380	380

弧焊整流器的主要技术性能　　表 6-124

产品型号	ZDG-500-1	ZDG-1000R	ZP-250	ZPG1-500-1	ZXG-300N	ZXG-250R
额定容量(kVA)	37	100	10.7	37	21	19.5
初级电压(V)	380	380	380	380	380	380
产品型号	ZXG-1000R	ZXG-1600	ZXG2-400	ZXG3-300-1	ZXM-250	CP-200
额定容量(kVA)	100	160	130	18.6	37	7.44
初级电压(V)	380	380	380	380	380	380
产品型号	CP-300	DW-450	GS-300SS	GS-400SS	GS-500SS	GS-600SS
额定容量(kVA)	13.16	28	23.3	33.6	38.8	45.6
初级电压(V)	380	220/380/440	220/380/440	220/380/440	220/380/440	220/380/440

二氧化碳保护焊机的主要技术性能　　表 6-125

产品型号	NZC-500-1	NZC3-500	NZC-1000	NZAC-1	NQZCA-2×400	NBC-160
电源电压(V)	380	380	380	380	380	380
焊丝直径范围(mm)	1~2	1.5~1.6	3~5	1~2	1~1.2	0.5~1.0
送丝速度(m/h)	96~960	120~600	60~228	120~420	400	40~200
送丝方式	推丝	推丝	推丝	推丝	推丝	推丝
产品型号	NBC-250	NBC1-250	NBC-400	NBC-250	NBC1-400	
电源电压(V)	380	380	380	220	220	
焊丝直径范围(mm)	0.8~1.2	1.0~1.2	0.8~1.6	1.0~1.2	1.2~1.6	
送丝速度(m/h)	60~250	120~720	60~500	130~800	80~800	
送丝方式	推丝	推丝	推丝	推丝	推丝	

钨极脉冲氩弧焊机的主要技术性能　　表 6-126

产品型号	NZA6-30	NZA7-250-1
电源电压(V)	380	380
额定焊接电流(A)	30	250
电极直径(mm)	0.5~1	4

6.13.2.2　钢筋对焊连接施工机械的种类

(1)点焊机的分类

点焊机的种类很多，按结构形式分为固定式和悬挂式；按压力传动方式分为杠杆式、气动式和液压式；按电极类型分为单头式、双头式和多头式；按上、下电极臂的长度分为长臂式和短臂式。

(2)对焊机的分类

对焊机的种类很多，按焊接方式分为电阻对焊、连接闪光对焊和预热闪光对焊；按结构形式分为弹簧顶锻式对焊机、杠杆挤压弹簧式对焊机、电动凸轮顶锻式对焊机和气压顶锻式对焊机等。在建筑施工中常用的是UN1系列的对焊机。

(3)弧焊机的分类

弧焊机可分为交流弧焊机和直流弧焊机两类，直流弧焊机是一种将交流电变为直流电的手弧焊电源。

(4)气压焊机的分类

气压焊接有两种方法进行：一是接头闭合式，是金属在塑化状态下的气压焊接法；二是接头敞开式，是在结合面表层金属熔融状态下的气压焊接法。

(5)电渣压力焊机的分类

钢筋电渣压力焊机按控制方式分为手动式电渣压力焊机、半自动式电渣压力焊机和自动式电渣压力焊机；按传动方式分为手摇齿轮式电渣压力焊机和手压杠杆式电渣压力焊机。

6.13.3　钢筋成型施工机械

6.13.3.1　钢筋成型施工机械的主要技术性能

1. 钢筋切断机的主要技术性能

机械式钢筋切断机的主要技术性能见表 6-127；

液压式钢筋切断机的主要技术性能见表 6-128。

机械式钢筋切断机的主要技术性能　　表 6-127

产品型号	GQL40	GQ40	GQ40A	GQ40B	GQ50
切断钢筋直径(mm)	6~40	6~40	6~40	6~40	6~50
切断次数(次/min)	38	40	40	40	30
功率(kW)	3	3	3	3	5.5

液压式钢筋切断机的主要技术性能　　表 6-128

产品型号	GQ-12	GQ-20	DYJ-32	SYJ-16
切断钢筋直径(mm)	6~12	6~20	8~32	16
工作总压力(kN)	100	150	320	80
单位工作压力(MPa)	34	34	45.5	79

2. 钢筋调直机、调直切断机的主要技术性能

(1)钢筋调直机的主要技术性能

常用钢筋调直机的主要技术性能见表 6-129。

常用钢筋调直机的主要技术性能　　表 6-129

产品型号	GT4/8	GT4/14	数控钢筋调直机	GT1.6/4	GT3/8
调直钢筋直径(mm)	4~8	4~14	4~8	1.6~4	3~8
自动切断长度(m)	0.3~0.6	0.3~0.7	<10	0.2~4	0.2~6
钢筋抗拉强度(MPa)				650	650
牵引速度(m/min)				20~30	40
功率(kW)	5.5	4	2.2	9	7.5
切断长度误差(mm)	3	3	2	1	1
产品型号	GT6/12	L GT4/8	L GT6/14	GT5/7	W GT10/16
调直钢筋直径(mm)	6~12	4~8	6~14	5~7	10~16
自动切断长度(m)	0.3~12	0.3~12	1~16	0.3~7	2~10
钢筋抗拉强度(MPa)	650	800	800	1500	1000
牵引速度(m/min)	30~50	40	40	20~30	20~30
功率(kW)	15	5.5	15	11	18.5
切断长度误差(mm)	1	1	1.5	1	1.5

(2)钢筋调直切断机的主要技术性能

常用钢筋调直切断机的主要技术性能见表 6-130。

常用钢筋调直切断机的主要技术性能　　表 6-130

产品型号	GT4/14	GT4/14	GT4/8	GT3/9	GT4/14	GT4/8
调直钢筋直径(mm)	4~14	4~14	4~8	3~9	4~14	4~8
自动剪切长度(mm)	0.3~7	0.3~7	0.3~6.3	0.3~6	0.5~6	0.3~6
钢筋调直速度(r/min)	30.54	58	58	40	50.30	40
功率(kW)	4 / 5.5	4 / 5.5	3 / 2.2	7.5	15	7.5

续表

产品型号	GT4/8	GT4/8	GT6/14	GT4/8	GT4/8
调直钢筋直径（mm）	4～8	4～8	6～14	4～8	4～8
自动剪切长度（mm）	0.3～6	0.3～6	0.3～6	0.3～6	0.3～6
钢筋调直速度（r/min）	30		30.54	40	40
功率（kW）	4	5.5	11	4 5.5	3

3. 钢筋弯曲机、镦头机的主要技术性能

钢筋弯曲机的主要技术性能

钢筋弯曲机的主要技术性能见表 6-131；钢筋弯箍机的主要技术性能见表 6-132。

钢筋弯曲机的主要技术性能　表 6-131

产品型号	GW32	GW32A	GW40	GW40A	GW50
弯曲钢筋直径（mm）	6～32	6～32	6～40	6～40	25～50
钢筋抗拉强度（MPa）	450	450	450	450	450
弯曲速度（r/min）	10/20	8.8/16.7	5	9	2.5
功率（kW）	2.2	4	3	3	4

钢筋弯箍机的主要技术性能　表 6-132

产品型号	SGWK8B	GJG4/10	GJG4/12	LGW60Z
弯曲钢筋直径（mm）	4～8	4～10	4～12	4～10
钢筋抗拉强度（MPa）	450	450	450	450
工作盘转速（r/min）	18	30	18	22
功率（kW）	2.2	2.2	2.2	3

4. 钢筋镦头机的主要技术性能

电动钢筋镦头机的主要技术性能见表 6-133；液压钢筋镦头机的主要技术性能见表 6-134。

电动钢筋镦头机的主要技术性能　表 6-133

项　目	性能参数	项　目	性能参数
产品型号	GLD5	生产率（头/min）	16～18
可镦钢筋直径（mm）	4～5	电动机型号	Y132S-6
工作转数（r/min）	60	功率（kW）	3

液压钢筋镦头机的主要技术性能　表 6-134

产品型号	YLD45	LD10	LD13
可镦钢筋直径（mm）	12	5	7
最大镦头力（kN）	450	90	130
最大切断力（kN）		176	226

6.13.3.2　钢筋成型施工机械的种类及使用范围

1. 钢筋成型机械的分类及使用范围

常用的钢筋成型机械有钢筋切断机、钢筋调直机、钢筋调直切断机、钢筋弯曲机和钢筋镦头机等。

（1）钢筋切断机的分类及使用范围

1）按结构型式可分为手动式钢筋切断机、立式钢筋切断机、卧式钢筋切断机；按工作原理可分为凸轮式钢筋切断机、曲柄连杆式钢筋切断机；按传动方式可分为机械式钢筋切断机、液压式钢筋切断机；按驱动方式可分为电动式钢筋切断机、手动式钢筋切断机。

2）钢筋切断机是把钢筋原料和已矫直的钢筋切断成所需长度的专用机械。它广泛应用于施工现场和混凝土预制构件厂剪切 6～40mm 的钢筋，是施工企业的常规设备。同时也可供其他行业作为圆钢、方钢的下料使用（更换相应刀片）。

（2）钢筋调直机的分类及使用范围

1）钢筋调直机一般分为机械式钢筋调直机和简易式钢筋调直机具，简易式钢筋调直机具又可分为导轮调直机具、手绞车调直机具、蛇形管调直机具，其中手绞车调直机具一般适用于工程量较小的零星钢筋加工。

2）钢筋调直机用于将成盘的细钢筋和经冷拉的低碳钢丝调直。它具有一机多用的功能，能在一次操作完成钢筋调直、输送、切断，并兼有清除表面氧化皮和污迹的作用。

（3）钢筋调直切断机的分类及使用范围

1）按调直原理可分为孔模式钢筋调直切断机、斜辊式（双曲线式）钢筋调直切断机；按切断原理可分为锤击式钢筋调直切断机、轮剪式钢筋调直切断机；按切断机构的不同可分为下剪刀式钢筋调直切断机、旋转剪刀式钢筋调直切断机；按传动方式可分为液压式钢筋调直切断机、机械式钢筋调直切断机、数控式钢筋调直切断机；按切断运动方式可分为固定式钢筋调直切断机、随动式钢筋调直切断机。

2）钢筋调直切断机能自动调直和定尺切断钢筋，并可清除钢筋表面的氧化皮和污迹。

（4）钢筋弯曲机的分类及使用范围

1）按传动方式可分为机械式钢筋弯曲机、液压式钢筋弯曲机；按工作原理可分为蜗轮蜗杆式钢筋弯曲机、齿轮式钢筋弯曲机；按结构型式可分为台式钢筋弯曲机、手持式钢筋弯曲机。

2）钢筋弯曲机是利用工作盘的旋转对钢筋进行弯曲、弯钩、半箍、全箍等作业，以满足钢筋混凝土结构中对各种钢筋形状的要求。

（5）钢筋镦头机的分类及使用范围

1）钢筋镦头机按其固定状态可分为移动式钢筋镦头机和固定式钢筋镦头机两种；钢筋镦头机按其动力传递方式的不同可分为机械式冷镦机、液压式冷镦机和电热镦头机三种。

2）机械式冷镦机适用于镦粗直径 5mm 以下的冷拔低碳钢丝。10 型液压式冷镦机适用于冷镦直径为 5mm 的高强度碳素钢丝；45 型液压式冷镦机适用于冷镦直径为 12mm 普通低合金钢筋。直径 12mm 以上、22mm 以下的 HRB 335、HRB 400（RRB 400）级钢筋主要采用电热镦粗。

2. 钢筋成型机械的型号

钢筋成型机械的型号分类及表示方法见表 6-135。

钢筋成型机械的型号分类　表 6-135

类	组	型	特性	代号	代号含义	主参数	
						名　称	单位 表示法
钢 筋 及 预 应 力 机 械 G （钢）	钢 筋 加 工 机 械 G （钢）	钢筋切断机 Q（切）	S（手） L（立）	GQS GQ GQL	手动钢筋切断机 卧式钢筋切断机 立式钢筋切断机	公称直径	mm
		钢筋调直机 T（调）	Y（液） K（控） J（机）	GT GTY GTK GTJ	钢筋调直机 液压式钢筋调直机 数控式钢筋调直机 机械式钢筋调直机	钢筋最小 直径× 最大直径	mm× mm
		钢筋弯曲机 W（弯）	S（手） K（控）	GW GWS GWK	钢筋弯曲机 手持电动钢筋弯曲机 数控式钢筋弯曲机	钢筋最 大公称直径	mm
		钢筋镦头机 D（镦）	S（手） G（固）	GDS GDG	手动钢筋镦头机 固定钢筋镦头机	钢筋最大 直径	mm

6.14　木工工程施工机械设备

6.14.1　木工加工施工机械的技术性能

6.14.1.1　切割机具

1. 手提锯

常用于切割木方、板材、轻金属的工具，不但方便移动，同时

也适合在稳固的工作平台上锯割工作，可进行纵向、横向的直线锯割或斜角锯割，斜角锯割的最大锯角为 45°。常用手提锯规格、性能详见表 6-136。

常用手提锯规格、性能　表 6-136

厂　商	博世电动工具		
型号	GKS190	GKS235	GKS190 Upgrade
功率（kW）	1.05	2.1	1.4
转速（r/min）	5000	5000	5500
锯片尺寸（mm）	190	235	184
最大切割深度（mm）	66	85	67
重量（kg）	4.5	7.8	4.1

2. 切割机（云石锯）

主要用于石材、瓷砖等材料切割，也可用于混凝土、钢材等切割。常用切割机规格、性能详见表 6-137。

常用切割机规格、性能　表 6-137

厂　商	牧田专业电动工具		
型号	4100NH	4107R	4112HS
功率（kW）	1.2	1.4	2.4
转速（rpm）	13000	5000	5500
锯片尺寸（mm）	110	280	305
最大切割深度（mm）	34	60	100
重量（kg）	2.5	7.2	10.3

3. 木工圆锯机

常用木工圆锯机规格、性能见表 6-138。

常用木工圆锯机规格、性能　表 6-138

厂　商	北京顺义永光清洁机械厂	
型号	MJ104A 型	MJ105D 型
电机型号	Y100L-2	Y112M-4
额定电压	380V	380V
额定功率	3kW	4kW
额定频率	50Hz	50Hz
电机额定转速	2880r/min	1440r/min
主轴转速	2220r/min	1830r/min
线速度	47m/s	47m/s
锯片规格	$\phi400\times\phi25\times2mm$	$\phi500\times\phi30\times2mm$
最大切厚	85mm	120mm
整机重量	100±5kg	140±5kg

4. 曲线锯

为满足现代装饰设计师对于木饰面各类形状的要求，曲线锯的诞生很好地解决了这一问题，曲线锯能够加工出各种形状的木材基层及饰面，切割边缘光滑不毛躁，很大程度上提高了装饰工程中木材加工的质量。常用规格、性能详见表 6-139。

常用曲线锯规格、性能　表 6-139

厂　商	博世电动工具		
型号	GST 54	GST 85	GST 135 BCE
功率（kW）	0.4	0.58	0.72
割削深度（mm）	54	85	135
冲程（mm）	18	26	26
转速（r/min）	3000	3100	500～2800
重量（kg）	1.7	2.4	2.7

5. 马刀锯

又称军刀锯，适用于切割、锉削、磨光木材及轻金属材料，作业时将机器紧压在加工材料上，可进行直线、曲线及弯角的切割，

切割面光滑平整。常用规格、性能详见表 6-140。

常用马刀锯规格、性能　表 6-140

厂　商	博世电动工具	
型号	GFZ 600 E	GSA 900
功率（kW）	0.6	0.9
割削深度（mm）	165	250
往复频率（r/min）	500～2600	2700
重量（kg）	3.1	3.3

6.14.1.2 刨削机具

1. 电刨

用于木材表面刨光处理，提高木材表面平整度，不但方便移动，也可以稳固地在工作台上进行操作。常用规格、性能详见表 6-141。

常用电刨规格、性能　表 6-141

厂　商	牧田专业电动工具	
型号	N1900B	1911B
功率（kW）	0.5	0.84
刨削宽度（mm）	82	110
刨削深度（mm）	1	2
转速（r/min）	16000	16000
重量（kg）	2.5	4.2

2. 修边机

适合在木材、塑胶板和轻质建材上进行修边、开槽的工作，也可以用作铣槽、雕刻、挖长的孔，甚至借助模板进行铣挖。常用规格、性能详见表 6-142。

常用修边机规格、性能　表 6-142

厂　商	牧田专业电动工具	
型号	3703	3710
功率（kW）	0.35	0.53
夹头尺寸（mm）	6	6
转速（r/min）	30000	30000
重量（kg）	1.5	1.6

3. 雕刻机

又称电木铣，多用于木材雕刻、开槽、钻孔等工作。常用规格、性能详见表 6-143。

常用雕刻机规格、性能　表 6-143

厂　商	牧田专业电动工具		
型号	RP1800	2301FC	3612
功率（kW）	1.85	2.1	1.65
夹头尺寸（mm）	12	12	12
柱塞行程长度（mm）	70	70	60
转速（r/min）	22000	9000～22000	22000
重量（kg）	5.9	6.0	5.8

6.14.1.3 钻孔工具

1. 手电钻

用于装饰工程中各类木材、轻金属材料的开孔、钻孔、固定工作，也可根据钻头的调整作为电动螺丝刀等工具使用。常用规格、性能详见表 6-144。

常用手电钻规格、性能　表 6-144

厂　商	博世电动工具		
型号	GBM13	GBM6	GBM23-2E
功率（kW）	0.6	0.35	1.15
最大钻孔直径（mm）	30	15	50/35
转速（r/min）	2600	4000	640
重量（kg）	1.65	1.1	4.8

2. 电锤

适合在砖块、混凝土和石材上进行钻孔。另外也可以在木材、金属、陶瓷和塑料上钻孔。常用规格、性能详见表6-145。

常用电锤规格、性能　表6-145

厂　商	博世电动工具		
型号	GBH2-18E	GBH2-26E	GBH3-28E
功率（kW）	0.55	0.8	0.72
最大钻孔直径（mm）	30	30	30
最佳钻孔范围（mm）	4～10	8～18	8～18
锤击率（n/min）	4550	4000	4000
转速（r/min）	1550	9000	800
重量（kg）	1.5	2.7	3.3

6.14.1.4 钉固机具

1. 气钉枪

广泛应用于装饰木基层的制作施工，具有省时省力、高效等特点，使用时必须配备空气压缩机，通过空气压力将钉子射出。常用规格、性能详见表6-146。

常用气钉枪规格、性能　表6-146

厂　商	美国百事高（BESCO）	
型号	FS1013J	F50
使用气压（MPa）	0.6～1	0.5～0.7
可装钉数（枚）	100	100
钉子使用范围（mm）	6～13	6～13
重量（kg）	0.8	1.6

2. 电动螺丝枪

又称起子机，用于板件间的螺丝固定，相比传统螺丝刀具有高效、省力等优点。常用规格、性能详见表6-147。

常用电动螺丝枪规格、性能　表6-147

厂　商	牧田专业电动工具		
型号	6821	6823N	6824N
功率（kW）	0.57	0.57	0.57
使用螺丝（mm）	6	6	6
转速（r/min）	4000	2500	4500
重量（kg）	2.0	2.5	2.5

6.14.1.5 打磨机具

1. 角向磨光机

常用于石材、金属的切割，切缝平整光滑，不易发生爆边等现场。常用规格、性能详见表6-148。

常用角向磨光机规格、性能　表6-148

厂　商	牧田专业电动工具		
型号	9553B	9555NB	9566C
功率（kW）	0.71	0.71	1.4
适用磨光片（mm）	100	125	150
转速（r/min）	11000	10000	9000
重量（kg）	1.4	1.4	1.8

2. 盘式抛光机

主要用于木材、石材等装饰面的修整、磨光，如门扇、门套、窗帘箱、装饰木饰面等。常用规格、性能详见表6-149。

常用盘式抛光机规格、性能　表6-149

厂　商	牧田专业电动工具		
型号	GV5000	DV6010	9227CB
功率（kW）	0.4	0.44	1.2
适用砂轮片（mm）	125	150	180
转速（r/min）	4500	4500	3000
重量（kg）	2.1	1.1	3.0

6.15　其他施工机械

1. 型材切割机

可在金属板上做纵向与横向的直线切割，斜割最大角度为45°。常用规格、性能详见表6-150。

常用型材切割机规格、性能　表6-150

厂　商	博世电动工具	
型号	GCO2000	LC1230
功率（kW）	2	1.75
切片直径（mm）	355	115
转速（r/min）	3500	1300
重量（kg）	15.8	19

2. 空气压缩机

为气钉枪、电镐等气动工具提供空气压力。常用规格、性能详见表6-151。

常用空气压缩机规格、性能　表6-151

厂　商	山西省太原大汇实业有限公司					
型号	DH-7	DH-10	DH-15	DH-20	DH-25	DH-30
排气量/排气压力（m³/min/MPa）	0.8/0.8 0.5/1.2	1.2/0.8 0.8/1.2	1.6/0.8 1.2/1.2	2.3/0.8 2.0/1.2	3.0/0.8 2.4/1.2	3.6/0.8 3.1/1.2
功率（kW）	5.5	7.5	11	15	18.5	22
重量（kg）	220	240	260	350	380	420

3. 电动拉铆枪

电动拉铆枪，能将铆螺母、铆螺栓直接铆接于薄板，操作便捷、安全，铆接牢固、可靠，彻底改变了传统的薄板装配点焊工艺所存在的加工繁复、板面不平、位置不准、强度差、费工费料等不足。常用规格、性能详见表6-152。

常用拉铆枪规格、性能　表6-152

厂　商	日本 LOBSTER	
型号	BR200M	BR210M
功率（kW）	0.4	1.6
最大拉力（N）	8500	13000
适用铆钉	2.4、3.2、4.0、4.8	2.4、3.2、4.0、4.8
重量（kg）	1.4	2.2

参考文献

1. 中华人民共和国国家标准. 起重机　钢丝绳　保养、维护、安装、检验和报废 GB/T 5972—2009. 北京：中国标准出版社，2007.
2. 中华人民共和国国家标准. 起重机械安全规程 GB 6067. 1—2010. 北京：中国标准出版社，2011.
3. 中华人民共和国国家标准. 塔式起重机安全规程 GB 5144—2006. 北京：中国标准出版社，2007.
4. 中华人民共和国国家标准. 塔式起重机 GB/T 5031—2008. 北京：中国标准出版社，2009.
5. 中华人民共和国国家标准. 建筑施工塔式起重机安装、使用、拆卸安全技术规程 JGJ 196—2010. 北京：中国标准出版社，2011.
6. 中联重工科技发展股份有限公司塔机使用说明书.
7. 永茂建筑机械有限公司塔机使用说明书.
8. 上海市吴淞建筑机械厂有限公司塔机使用说明书.
9. 江麓浩利建筑机械有限公司塔机使用说明书.
10. 德国 LEBHERR 公司塔机使用说明书.
11. 朱维益. 建筑施工工程师手册. 北京：中国建筑工业出版社，2003.
12. 杜荣军. 建筑施工安全手册. 北京：中国建筑工业出版社，2007.
13. 柳春圃. 建筑施工常用数据手册（第二版）. 北京：中国建筑工业出版社，2001.
14. 建筑施工手册（第四版）编写组. 建筑施工手册（第四版）. 北京：中国建筑工业出版社，2003.
15. 高振峰. 土木工程施工机械实用手册. 济南：山东科学技术出版社，2009.

7 建筑施工测量

建筑施工测量是工程测量的重要组成部分，是为建筑工程施工提供全过程、全方位的测绘保障和服务的一项重要技术工作，对保障建筑工程施工质量具有不可替代的作用。

施工测量主要工作包括施工控制测量、建筑场地测量、基础施工测量、结构施工测量、装饰测量、设备安装测量、竣工测量以及为了解建筑工程和建筑环境在施工期间的安全所进行的变形监测等内容。

7.1 施工测量前期准备工作

施工测量前期准备工作，一般包括：施工资料的收集分析、红线点和测量控制点的交接与复测、测量方案编制以及测量仪器和工具的检验校正等。

7.1.1 施工资料收集、分析

施工测量前，应根据建设工程的要求和施工类型、规模、特点、进度计划安排等，全面收集有关的施工资料，分析其可用性和可靠性，并对数据关系等进行必要的复核。

7.1.1.1 资料收集

为了满足工程施工和施工测量的需要，一般需要收集的资料有：

1. 城市规划部门的建设用地规划审批图及说明；
2. 建设用地红线点测绘成果资料和测量平面控制点、高程控制点；
3. 总平面图、建筑施工图、结构施工图、设备施工图等施工设计图纸与有关变更文件；
4. 施工组织设计或施工方案；
5. 工程勘察报告；
6. 施工场区地形、地下管线、建（构）筑物等测绘成果。

7.1.1.2 资料分析

1. 城市规划部门的建设用地规划审批文件的分析

各类工程建设都是经过国家规划管理部门统筹规划并通过审批的。规划用地批复文件，都明确地规定了用地的使用面积、范围、性质、与周边位置关系、建筑高度限制等重要规划指标和要求，是建设用地使用时必须遵守的。因此必须认真分析和理解规划数据和要求。

2. 施工设计图纸与有关变更文件的分析

建筑施工是按设计图纸进行施工的过程，对施工设计图纸与有关变更文件的分析就是对设计要素和条件的了解、掌握与消化、分析的过程，以便指导施工测量工作。

7.1.1.3 测绘成果资料和测量控制点的交接与复测

建设用地红线点成果，既是确定建设位置详细的成果资料，同时也是施工测量的重要依据。首先要到现场通过正式交接，实地确认桩点完好情况，交接后要对其进行复测，以检核红线点成果坐标和边角关系。

测量所依据的平面和高程控制点，是施工测量放样定位的依据，一般平面坐标点不应少于三个、高程控制点不应少于两个。对测量控制点，同样通过正式交接确定桩点和测量控制点的完好性，并对平面控制点间的几何关系进行检测，其中角度限差为 $\pm 60''$，点位限差为 $\pm 50\text{mm}$，边长相对误差 1/2500，对高程控制点按附合水准路线进行检测，允许闭合差为 $\pm 10\sqrt{n}\text{mm}$（n 为测站数）。

7.1.2 施工测量方案编制

施工测量方案是编制施工方案的重要内容之一。施工测量方案应包括施工准备测量、临时设施测量、管线改移测量、主体施工测量、附属设施及配套工程施工测量、工程监控测量以及竣工验收测量等。对于特殊工程，还应编制专项测量方案。

7.1.2.1 施工测量方案编制基本要求

施工测量方案编制要遵守有依据性、全面性、合理性、针对性等基本要求。主要包括：编制施工测量方案的依据、编制施工测量方案的基本原则和施工测量方案的基本内容。

7.1.2.2 施工测量方案编制提纲

施工测量方案编制提纲内容主要包括：工程概况、任务要求、施工测量技术依据、施工测量方法、施工测量技术要求、起始依据点的检测、施工控制测量、建筑场地测量、基础施工测量、结构施工测量、装饰测量、设备安装测量、竣工测量、变形监测、安全和质量保证与具体措施、成果资料整理与提交等。

施工测量方案编制提纲内容可根据施工测量任务的大小与复杂程度，对上述内容进行选择。例如建筑小区工程、大型复杂建筑物、特殊工程的施工测量内容多，其方案编制可按上述提纲的内容编写，对于小型、简单建筑工程施工测量内容较少，可根据所涉及的工作进行施工测量方案编制。

7.2 测量仪器及其检校

7.2.1 常用测量仪器介绍

目前，在建筑施工测量中，常用测量仪器有 GPS 接收机、经纬仪、全站仪、水准仪、激光垂准仪和激光扫平仪等。

7.2.1.1 GPS 接收机

1. 概述

GPS 是 Global Positioning System 的简称，即全球卫星定位系统，通常意义上的 GPS 是指美国全球卫星定位系统。除了美国的全球卫星定位系统外，还有我国的"北斗"、欧洲的"伽利略"、俄罗斯的"格洛纳斯"等系统。

GPS 接收机有单频与双频之分，双频机最适宜于中、长基线（大于 20km）测量，具有快速静态测量的功能，可升级为 RTK 功能；单频机适宜于小于 20km 的短基线测量。RTK 系统由 GPS 接收设备、无线电通信设备、电子手簿及配套设备组成，具有操作简便、实时可靠、厘米级精度等特点，可以满足数据采集和工程放样的要求。

2. GPS 的组成

（1）空间部分：由分布在 6 个轨道面上的 24 颗卫星组成，卫星上安装了精确的原子钟、发射和接收系统等装置；

（2）地面控制部分：由主控站（负责管理、协调整个地面系统的工作）、注入站（即地面天线，在主控站的控制下向卫星注入导航电文和其他命令）、监测站（数据自动收集中心）和通信辅助系统（数据传输）组成；

（3）用户装置部分：由天线、接收机、微处理机和输入输出设备组成。

3. GPS 测量应用特点

在施工测量中，GPS 测量具有精度高、测站间无需通视、选点灵活、观测时间短、仪器操作简便、全天候作业、提供三维坐标等特点。

7.2.1.2 经纬仪和全站仪

1. 经纬仪

（1）经纬仪主要组成

经纬仪是角度测量仪器，由照准部、水平度盘和基座三部分组成。其中照准部由望远镜、竖盘、水准器、读数显微镜与横轴等部分组成；水平度盘部分由水平度盘、度盘变换手轮或复测手柄组成；基座由连接板和三个脚螺旋组成。

（2）经纬仪的主要轴及其相互关系

1）视准轴：指望远镜的物镜光心与十字丝交点的连线。视准轴应垂直于横轴。

2）横轴：望远镜的旋转轴。横轴应与竖轴垂直。

3）竖轴：照准部在水平方向的旋转轴。竖轴应垂直于管水

器轴。

4) 管水准器轴和圆水准器轴：过水准管零点的圆弧切线，即为管水准器轴；圆水准器球面顶点和球心的连线，即为圆水准器轴。管水准器轴应水平，圆水准器轴应竖直。管水准轴气泡居中，表示管水准轴水平；圆水准器气泡居中，表示圆水准器轴竖直。

(3) 经纬仪的对中和整平

1) 对中，对中目的是使水平度盘中心与测站点位于同一铅垂线上。其具体步骤为：

①安置三脚架于测站上，使其高度适宜（约与心脏部位等高），脚架头大致处于水平位置，并使架头中心尽可能对准测站点；

②在脚架头上安上经纬仪、拧紧中心螺旋。稍稍提起靠近自己的两条三脚架腿，前后左右平移，同时观察光学对中器对准测站点，平移时注意保持架头水平。当仪器整平后对中器少许偏离测站点时，可稍稍松动中心螺旋，使仪器在架头上移动，直至对中器对准测站点，然后拧紧中心螺旋。对中误差一般应小于1mm。

2) 整平，整平目的是使仪器竖轴竖直，水平度盘处于水平位置。其具体步骤为：

①当对中器对准测站点后，踩紧三脚架的三条架腿，伸缩其中两条架腿使圆水准气泡居中；

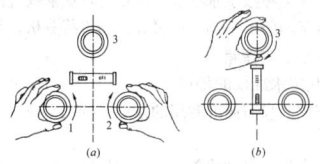

图 7-1　经纬仪的整平

②转动照准部，使水准管平行于任意两个脚螺旋的连线。两手同时相向旋转这两个脚螺旋，使水准管气泡居中（气泡移动的方向和左手拇指的转动方向相一致），如图 7-1 (a)；

③将照准部转动 90°，使水准管与前一位置相垂直，旋转第三个脚螺旋使水准管气泡再次居中，如图 7-1 (b)。

如此反复多次，直至照准部位于任何位置气泡均居中为止。

(4) 度盘变换轮或复测手柄

对于一般设有度盘变换轮的仪器，转动度盘变换轮即可变换度盘使之转到需要的读数上，以达到配置水平度盘读数的目的。对复测型经纬仪，未设度盘变换轮，但设有复测手柄。利用复测手柄可使水平度盘和游标盘或作相对转动，或一起转动，以达配置水平度盘读数和进行复测法测角。

(5) 经纬仪的读数

经纬仪目前一般有两种读数方法：分微尺读数法和测微器读数法，分述于下：

1) 分微尺读数法：先读出位于分微尺上的一根度盘分划线的整度读数，再加上分划线所指示的分微尺上的分秒数。

2) 测微器读数法：先转动测微螺旋，移动双平行丝指标线使之夹准度盘的一条分划线。然后读出此度盘分划注记的读数，再加上单指标线在测微尺上所指的分划数。

2. 全站仪简介

全站仪是一种集测角、测距、计算记录于一体的测量仪器。在实际应用中，只要将各种固定参数（如测站坐标、仪器高、仪器照准差、指标差、棱镜参数、气温、气压等）预先置入仪器，然后照准目标上的反射镜，启动仪器，就可获得水平角、水平距或目标的 X、Y、Z 坐标，且这些观测值都已经过多项改正，并显示在仪器的显示屏上。同时，数据记录在随机的存储器或外置的电子手簿当中，并利用随机的软件进行预处理，内业可直接传输到 PC（个人电脑）中，大大提高了作业的精度和效率。

全站仪大都有角度测量模式、距离测量模式、坐标测量模式、偏心测量模式等功能，其中在角度测量模式下可使仪器水平角置零、水平角读数锁定、从键盘输入设置水平角、设置倾斜改正、设置角度重复测量模式、垂直角及坡度显示等；在距离测量模式下设置距离精测或跟踪模式、偏心测量模式、放样测量模式等；在坐标测量模式下也可设置偏心测量模式等。根据测量任务和目的，利用

全站仪可以进行待定点坐标测量、导线测量、后方交会、坐标放样等。

全站仪安置与经纬仪相同，但各个厂家生产的全站仪功能和特点不一样，由于全站仪型号较多，篇幅所限不再详述，每款全站仪具体的功能和特点详见各仪器说明书。

7.2.1.3　水准仪

水准仪是进行高程测量的仪器，水准测量是采用水准仪和水准尺测定地面点高程的一种方法，该方法在高程测量中普遍采用。

随着数字技术的发展，数字电子水准仪相继出现，实现了水准标尺的精密照准、标尺读数、数据储存和处理等数据采集的自动化，从而减轻了水准测量的劳动强度，提高了测量成果质量。

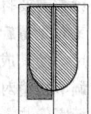

图 7-2　光学微倾式水准仪气泡

(1) 普通水准仪

普通水准仪包括 DS3 中等精度以下水准仪，主要分为光学微倾式水准仪和光学自动安平水准仪。其中光学微倾式水准仪用圆水准器进行粗略整平，水准管进行精确整平。每对准一个方向，就要调平一次水准管。水准管上安装有一组棱镜，把气泡两端各半个影像反射到望远镜左侧的观察镜中，当两半个气泡对称时，气泡居中，则仪器水平，如图 7-2 所示。由于微倾式水准仪对环境要求高，尤其是多风地区，使用难度较大，已经较少使用。

(2) 光学自动安平水准仪

光学自动安平水准仪见图 7-3 所示。

光学自动安平水准仪取消了水准管及微倾螺旋，增加了光学补偿器，以补偿视准轴微小倾斜，但光学补偿器补偿能力有限，因此在使用自动安平水准仪时，应将圆水准器气泡居中。

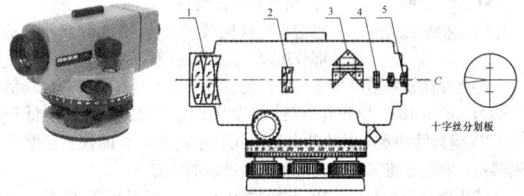

图 7-3　光学自动安平水准仪
1—物镜；2—物镜调焦透镜；3—补偿器棱镜组；4—十字丝分划板；5—目镜

1) 光学自动安平水准仪的构造

目前使用最为广泛的是 DS3 级光学自动安平的水准仪（图 7-3），它由望远镜、水准器、基座 3 部分组成。其中望远镜由物镜、目镜、十字丝分划板和调焦透镜等主要部件组成。旋转物调焦螺旋，对光（调焦）透镜可沿光轴前后移动，使远近不同距离目标反射来的光线，通过物镜构成影像落在固定的十字丝分划板上。目镜的作用是放大十字丝平面上的影像，转动目镜调焦螺旋，目镜前后移动，使不同视力的观测者能通过目镜清晰地看到放大的影像。

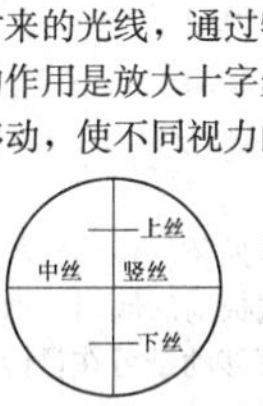

图 7-4　十字丝分划板

图 7-4 中纵横十字线称为十字线，垂直于纵轴的上下短横线，称为视距丝，视距丝可配合水准尺测定立尺点至仪器间的距离。一般水准仪，都是用上下丝读数之差乘以 100 计算仪器至尺之间的距离。十字丝分划板装在十字丝环内，并用 4 个压环螺钉固定在望远镜的镜筒上。

2) 水准仪操作

①置架

松开脚架固定螺旋，抽出三条活动架腿，使三条架腿大约等长，高度适中，张开架腿，使架头大致水平。在斜坡上置架时，应两腿置于坡下，一腿置于坡上。仪器基座三边与架头三边大致平行，拧紧连接螺旋后，将仪器的 3 个脚螺旋调到等高。架设水准仪要选坚实的地面，并将架腿尖角牢固地插入土中。

②整平

水准仪整平同经纬仪。整平时，如果气泡无法调至水准器中间的圆圈内，说明架头不水平的程度超出圆水准器的调整范围，此时应再将脚螺旋全部调至等高位置，调整与圆水准器气泡方向相同或

相反的架腿，将气泡调至靠近圆圈的位置后，再重新整平后即可使用，如图 7-5 所示。

图 7-5   自动安平水准仪整平

③照准及读数

读数前要打开补偿器锁定装置，确保补偿器处于自由状态。调节目镜对光螺旋，使十字丝清晰可见。用望远镜的照门、准星瞄准水准尺，使其成为一条直线。

调节物镜对光螺旋，使目标影像清晰，再调节水平微动螺旋，使目标影像与十字丝重合，用十字丝中央部分截取标尺读数。读数之前，要用眼睛在目镜处上下晃动，如果十字丝与目标影像相对运动，表示有视差存在，应反复调节目镜和物镜对光螺旋，仔细对光，消除视差。

图 7-6   水准尺读数

消除视差后，如果目标清晰，圆水准器气泡居中即可开始读数，图 7-6 中所对应的读数为 0.204m。

（3）精密水准仪

DS05 级和 DS1 级水准仪属精密水准仪，主要用于国家一、二级等水准测量和高精度的工程测量。

1）精密水准仪特点

精密水准仪同样由望远镜、水准器、基座 3 部分组成。此外还具有以下特点：

①为提高视线整平精度，仪器配有符合水准器，水准管分划值一般为（8″～10″）/2mm，精密水准仪的整平精度一般不低于 ±0.2″。望远镜和水准器的外套用因瓦合金铸成，有的仪器还装有隔热层，具有水准管轴与视准轴关系稳定的特点。

②为提高读数精度，望远镜的放大倍率一般不小于 40 倍，并配有最小读数为 0.05～0.1mm 的平行玻璃板测微器和楔形丝。此外，还有一对精密水准尺与精密水准仪配套使用，测量时必须使用这种水准尺，否则就不能达到精密水准测量精度要求。

③平行玻璃板测微器（图 7-7）

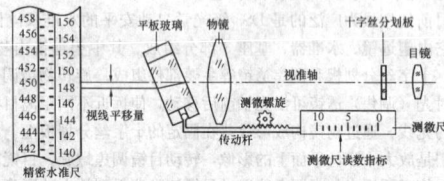

图 7-7   平行玻璃板测微器

在望远镜物镜前，有一平行玻璃板，通过带齿条的传动杆与测微分划尺和测微螺旋相连。传动杆推动平行玻璃板前后倾斜，通过平行玻璃板的水平视线在垂直面上平行移动，其移动量可在目镜旁的读数显微镜读出。分划尺上有 100 个分划，每移动一个分划，反映视线在垂直面上平移 0.1mm，100 个分划的平移总量为 10mm，恰好为测微螺旋旋转一周，即测微螺旋的周值。

2）精密水准尺

与精密水准仪配套使用的精密水准尺，称铟瓦水准尺，该尺是在木制尺身的刻槽内装厚 1mm，宽 26mm 的因瓦带，底端固定，另一端用弹簧拉紧。尺上一般有左右两排分划，右侧为基本分划，左侧为辅助分划，数字注记在木尺边上，彼此相差 K 值，供测量校核使用。有的尺没有辅助分划，而是将基本分划按左右分为基、偶两排，方便读数。因瓦水准尺以 1cm 注记，但有 1cm、0.5cm 两种分划，0.5cm 分划的实际值为读数的 1/2，而且该尺与测微螺旋周值为 5mm 的水准仪配套使用。1cm 分划的水准尺应与周值 10mm 的仪器配套使用。

3）操作程序

除了读数方法以外，精密水准仪的操作与 DS3 水准仪基本相同。读数时先转动测微螺旋，使望远镜中的楔形横丝夹住尺上的就近分划，然后在尺上读出厘米以及以上的读数。图 7-8 所示为分划值为 5mm、注记 1cm 的精密水准尺，读数为 1.73m。在望远镜旁边的读数显微镜中读出厘米以下的分微值，图 7-8 为 19 格，则该次观测的实际值为（1730mm＋19×0.05mm）/2=865.475mm。

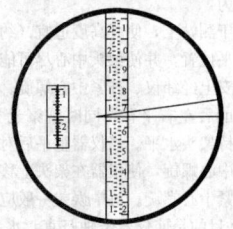

图 7-8   精密水准仪读数

（4）电子水准仪

电子水准仪也称数字水准仪，测量时，水准仪直接读取特制水准尺上代表数字的条形编码，通过处理器进行分析，并最终转化为电子数据进行显示或存储。

1）电子数字水准仪的特点

①自动读数。只需照准专用的条形码标尺，便可进行自动读数和测量。

②作业效率高。自动读数提高了测量速度和工作效率。

③操作简便。较少的操作键结合自动读数功能大大地简化了测量过程。

④无疲劳观测及操作。只要照准标尺聚焦，按测量键即可完成标尺读数和视距测量。标尺读数并不完全依赖标尺编码清晰度，即使聚焦欠佳也不会影响标尺读数，但调焦清晰后可提高测量速度。

⑤与计算机连接后，可对水准仪自动记录和存储的数据进行传输并在计算机上进行数据处理。

2）电子数字水准仪测量原理

电子数字水准仪使用的标尺与传统标尺不同，它采用条形码尺，条形码印制在尺身上。观测时，望远镜接收到标尺上的条形码信息后，探测器将采集到的标尺编码光信号转换成电信号，并与仪器内部存储的标尺编码信号进行比较，若两者信号相同，则读数可以确定。条形码在探测器内成像的"宽窄"不同，转换成的电信号也随之不同，这就需要处理器按一定的步距改变电信号的"宽窄"，同时与仪器内部存储的信号进行比较，直至相同为止，这项工作花费时间较长。

为缩短比较时间，可调节望远镜的焦距，使标尺成像清晰。传感器通过采集调焦镜的移动量，对编码电信号进行缩放，使其接近仪器内部存储的信号，因此，可以在较短的时间内确定读数。

7.2.1.4   激光垂准仪

激光垂准仪主要用于高耸建筑物的内部铅垂线的放样控制。激光垂准仪分为一般垂准仪和全自动激光垂准仪。

1. 仪器特点及用途

激光垂准仪是在光学垂准系统的基础上添加两只半导体激光器，其中之一通过上垂准望远镜将激光束发射出来，激光束光轴与望远镜视准轴同心同轴同焦，当望远镜照准目标时会在目标处出现红色小亮斑。另一只激光器通过下对点系统将激光束发射出来，利用激光束对准基准点，快速直观。

激光垂准仪主要用于要求较高的垂直测量，可广泛用于建筑施工、安装工程及变形观测。

2. 仪器外形及各部件名称

仪器外形及各部件名称如图 7-9 所示。

3. 仪器使用

（1）对中、整平：对中、整平同经纬仪。

（2）照准：在目标处放置网格激光靶，转动望远镜目镜使分划板十字丝清晰可见，转动调焦手轮使激光靶在分划板上成像清晰，

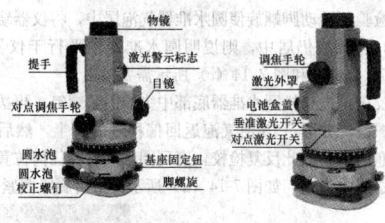

图 7-9 激光垂准仪

反复调整消除视差。

图 7-10 是与激光垂准仪配套使用的激光网格靶，该靶为边长 100mm 的方形玻璃板，网格间距为 10mm。

（3）向上垂准

1）光学垂准。仪器对中、整平好后，指挥持靶人员将激光网格靶靶心置于十字丝交点上，然后利用通过网格靶心的延长线将点投测到目标平面上。为提高垂准精度，应将仪器照准部旋转 180°，通过望远镜观测第二个点，取两点连线的中点为测量值。

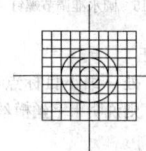

图 7-10 激光网格靶

2）激光垂准。打开垂准激光开关，激光从望远镜中射出，聚焦在激光靶上，光斑中心即为测设点。指挥持靶人员将激光网格靶靶心置于光斑中心，然后利用通过网格靶心的延长线将点投测到目标平面上。同时旋转照准部，采用对称测设的方法提高垂准精度。通过望远镜目镜观测时一定要在目镜外装上滤色片，避免激光对人眼造成伤害。

4. 全自动激光垂准仪

全自动型激光垂准仪只需居中圆水准器即可，精平由自动安平补偿器完成。它能提供向上或向下的激光铅垂线，向上和向下一测回垂准测量标准偏差为 1/100000。上、下激光的有效射程均为 150m，距激光出口 100m 处的光斑直径不大于 20mm。

7.2.1.5 激光扫平仪

激光扫平仪是一种新型的基准面定位仪器，激光扫平仪所发出的光束，在周边物体上可形成水平、铅垂或倾斜等光束基准面，实时提供一个共同的施工基准控制面。由于其工作特性，因此广泛应用于机械工程安装及建筑业等施工过程中，尤其是在建筑内部的装修中更为实用高效。

激光扫平仪扫描的工作范围可达到半径为 100～300m 的区域，能快速、持续地进行水平面测量工作。

1. 激光扫平仪分类及特点

根据激光扫平仪的工作原理，该类仪器大致可分成三类：水泡式激光扫平仪、自动安平激光扫平仪和电子式自动安平激光扫平仪。

（1）水泡式激光扫平仪，其结构简单，适宜于建筑施工、室内装饰等施工工作。

（2）自动安平激光扫平仪，利用吊丝式光机补偿器，以达到在补偿范围内自动安平的目的，这种仪器适合于振动较大的施工场地。

（3）电子式自动安平激光扫平仪，其电子自动安平系统一般由传感器、电子线路和执行机构组成。一般补偿范围都限制在十几分之一内，使安平范围得以扩大，与其他类别仪器相比，具有较高的稳定性和补偿精度。

2. 工作原理

激光扫平仪主要由激光准直器、转镜扫描装置、自动安平敏感元件和电源等部件组成。转镜扫描装置如图 7-11 所示，激光束沿五角棱镜旋转轴 oo' 入射时，出射光束为水平束；当五角棱镜在电动机驱动下水平旋转时，出射光束成为连续闪光的激光水平面，可以同时测定扫描范围内相同高程的任意点位置。

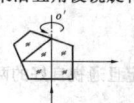

图 7-11 转镜扫描装置

3. 应用范围

激光扫平仪所建立的大范围基准面，常用于机场、广场、体育场馆等大面积的土方施工及基础扫平作业；在室内装修工程中，用于测设墙裙水平线、吊顶龙骨架水平面和检测地坪平整度等。

7.2.2 测量仪器检验和校正

7.2.2.1 全站仪（经纬仪）检验和校正

1. 水准管的检验与校正

（1）检验：将水准管与任意两个脚螺旋连线平行，旋转这两个脚螺旋使管水准器气泡居中，将水准管水平旋转 180°，若水准管气泡不居中，则需校正。

（2）校正：用校正旋具调整水准管一端的校正螺钉，将气泡向中心调整偏移量的 1/2。利用脚螺旋居中水准管气泡，将水准管再旋转 180°，若气泡仍不居中，则重复上述步骤。

2. 圆水准器的检验与校正

（1）检验：利用已经检验、校正的管水准器精确整平全站仪，如果圆水准器气泡不居中，则需要校正。

（2）校正：利用校正旋具调整圆水准器底部的 3 个校正螺钉，直至气泡居中。

3. 十字丝竖丝的检验与校正

（1）检验：将全站仪严格整平，用十字丝瞄准至少 60m 以外一点，消除视差，然后缓缓纵转望远镜，如果该点沿竖丝移动，则不需校正，否则需要校正。

（2）校正：取下十字丝护罩，松开目镜固定螺钉，轻轻旋转目镜，直至竖丝与该点重合。

4. 视准轴的检验与校正

（1）检验方法

1）选与视准轴大致处于同一水平线上的一点作为照准目标，安置好仪器后，盘左位置照准此目标并读取水平度盘读数，作为 $a_左$。

2）以盘右位置照准此目标，读取水平度盘读数，作为 $a_右$。

3）如 $a_左 = a_右 \pm 180°$，则此项条件满足。如果 $a_左 \neq a_右 \pm 180°$，则说明视准轴与仪器横轴不垂直，存在视准差 c，即 $2c$ 误差，应进行校正 $2c$ 误差的计算公式如下：

$$2c = a_左 - (a_右 - 180°)$$

（2）校正方法

1）仪器仍处于盘右位置不动，以盘右位置读数为准，计算两次读数的平均值 a，作为正确读数，即 $a = a_左 + (a_右 \pm 180°)/2$。

2）转动照准部微动螺旋，使水平度盘指标在正确读数 a 上，这时，十字丝交点偏离了原目标。

3）旋下望远镜目镜端的十字丝护罩，松开十字丝环上、下校正螺钉，拨动十字丝左右两个校正螺钉（先松左（右）边的校正螺钉，再紧右（左）边的校正螺钉），使十字丝交点回到原目标，即使视准轴与仪器横轴相垂直。

4）调整完后务必拧紧十字丝环上、下两校正螺钉，上好望远镜目标护罩。

5. 横轴的检验与校正

（1）检验方法

1）将仪器安置在一个清晰的高目标附近（望远镜仰角为 30° 左右），视准面与墙面大致垂直，如图 7-12 所示。盘左位置照准目标 P，拧紧水平制动螺旋后，将望远镜放到水平位置，在墙上（或横放的尺子上）标出 P_1 点。

2）盘右位置仍照准高目标 P，放平望远镜，在墙上（或横放

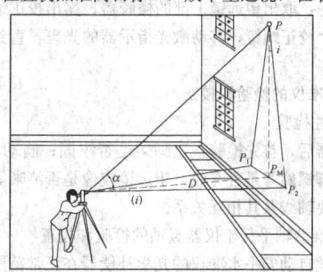

图 7-12 横轴的校正

的尺子上）标出 P_2 点。若 P_1 与 P_2 两点重合，说明望远镜横轴垂直仪器竖轴，否则需校正。

（2）校正方法

由于盘左和盘右角度是相等的，取 P_1 与 P_2 的中点 P_M，即是高目标点 P 的正确投影位置。得到 P_M 点后，用微动螺旋使望远镜照准点，再仰起望远镜看高目标点 P，此时十字丝交点将偏离 P 点。此项校正一般应由仪器专修人员进行。

6. 光学对中器的检验与校正

（1）检验：将仪器置于白色地面上，在地面上标出黑色标志，用光学对中器严格对中该点，严格整平水准管，消除对中器视差。将仪器水平旋转 180°，若对中器十字丝交点不在该点上，则需校正。

（2）校正：打开光学对中器目镜端护罩，用校正旋具旋转 4 颗校正螺钉，使其按偏移的相反方向移动偏移量的 1/2，再利用脚螺旋使十字丝交点与地面点重合，再将仪器水平旋转 180°，若不重合则继续校正，直至重合为止。

7. 竖盘指标水准管的检验与校正

（1）检验方法

1）安置仪器后，盘左位置照准某一高处目标（仰角大于 30°），用竖盘指标水准管微动螺旋使水准管气泡居中，读取竖直度盘读数，求出其竖直角 $a_左$。

2）再以盘右位置照准此目标，用同样方法求出其竖直角 $a_右$。

3）若 $a_左 \neq a_右$，说明有指标差，应进行校正。

（2）校正方法

1）计算出正确的竖直角 a：$a = a_左 + a_右$。

2）仪器仍处于盘右位置不动，不改变望远镜所照准的目标，再根据正确的竖直角与竖直度盘刻划特点求出盘右时竖直盘的正确读数值，并用竖盘指标水准管微动螺旋使竖直度盘指标对准正确读数值，这时，竖盘指标水准管气泡不再居中。

3）用拨针拨动竖盘指标水准管上、下校正螺钉，使气泡居中即消除了指标差达到了检校的目的。

8. 仪器常数的检验

仪器有棱镜模式和无棱镜模式的常数不一样，必须分开检验和校正。通常仪器常数应送专门机构检验。

9. 激光指示器光轴的检验与校正

激光指示器光轴的检验与校正如图 7-13 所示。

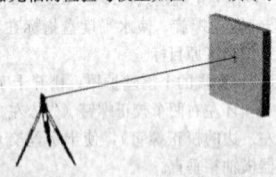

图 7-13　激光指示器光轴的检验

（1）检验：激光指示器只能指示视准轴的大致位置，不能指示精确位置。因此在 10m 距离内，激光指示器与望远镜视准轴相差在 6mm 以内，仪器不需校正。

在与仪器大致等高的墙面上画一"十"字，在距墙 10m 处安置仪器，精确整平，用望远镜精确照准十字的交叉点。打开激光指示器，检查激光中心与十字交叉点的距离，如果小于 6mm，则不需校正。

（2）校正：取出望远镜上部的橡胶盖，露出校正螺钉。用校正旋具调整 3 个校正螺钉，移动激光指示器的光斑，直到精确对准十字交叉点。

7.2.2.2　水准仪的检验和校正

1. 一般性检验

安置仪器后，首先检验：三脚架是否牢固；制动和微动螺旋、微倾螺旋、脚螺旋等是否有效；望远镜成像是否清晰等。同时了解水准仪各主要轴线及其相互关系。

2. 圆水准器轴平行于仪器竖轴的检验和校正

为使光学自动安平水准仪的光学补偿器在正常范围内调节视准轴，保证观测精度，要对圆水准器进行检验和校正。

（1）检验：转动脚螺旋使圆水准器气泡居中，将仪器绕竖轴旋转 180°后，若气泡仍居中，则说明圆水准器轴平行于仪器竖轴。否则如图 7-14（b）和图 7-14（c）所示需要校正。

（2）校正：先稍松圆水准器底部中央的固紧螺钉，再拨动圆水准器校正螺钉，如图 7-15 使气泡返回偏移量的一半，然后转动脚螺旋使气泡居中。如此反复检校，直到圆水准器在任何位置时，气泡都在刻划圈内为止，如图 7-14（d）所示。最后旋紧固紧螺旋。

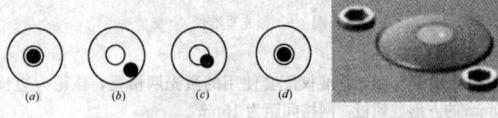

图 7-14　圆水准器的检验　　图 7-15　圆水准调节螺钉

3. 十字丝横丝垂直于仪器竖轴的检验与校正

（1）检验：以十字丝横丝一端瞄准约 20m 处一细小目标点，转动水平微动螺旋，若横丝始终不离开目标点，则说明十字丝横丝垂直于仪器竖轴。否则需要校正。

（2）校正：旋下十字丝分划板护罩，用小螺钉旋具松开十字丝分划板的固定螺钉，微略转动十字丝分划板，使转动水平微动时横丝不离开目标点。如此反复检校，直至满足要求。最后将固定螺钉旋紧，并旋上护罩。

4. 望远镜视准轴水平的检验（i 角的检验）与校正

方法一：

（1）检验：选平坦地段，将 60m 长的直线距离等分三段，直线上 4 点分别为 A、B、C、D，如图 7-16 所示。

仪器置于 A 点，同一水准尺分别立于 B、C 两点，由近及远分别读数为 b_1、c_1；仪器置于 D 点，由近及远分别读数 c_2、b_2，如果 $(b_2 - c_2) - (b_1 - c_1) > 3$mm，仪器需要校正。

（2）校正：仪器置于 D 点不动，调整后的读数 $B = b_2 - (b_2 - c_2) - (b_1 - c_1)$，取下目镜罩用校正旋具拨动分划板调节螺钉（图 7-17），使分划板的十字丝横丝与 B 值重合，旋紧目镜罩，然后按上述方法再校正一次。不同水准仪的分划板调节螺钉稍有不同，调节时要注意。

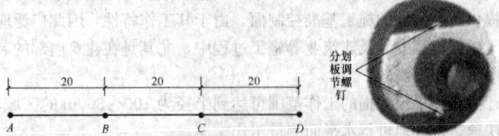

图 7-16　水准仪 i 角检验　　图 7-17　分划板调节螺钉

方法二：

在平坦地段选距离 80m 的 A、B 两点，取 AB 中点 M。置仪器于 M 点，A、B 两点分别立同一根水准尺，测得两值 a_1、b_1，测 $h_1 = a_1 - b_1$。原地改变仪器高后，测得 a_2、b_2，测 $h_2 = a_2 - b_2$，当 h_1、h_2 之差小于 2mm 时，取平均值为 A、B 两点的高差 h。将仪器沿直线移到 A 点旁边，望远镜照准 A 点测得 a_3，应读前视 $b_3 = a_3 - h$。将望远镜照准 B 尺，如读数 b'_3 与 b_3 相差大于 3mm，应校正。

5. 水准管轴与视准轴平行关系的检验与校正

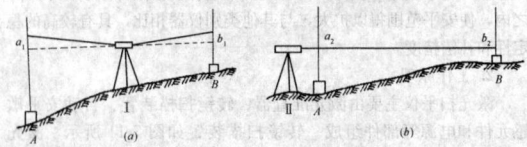

图 7-18　水准管轴的检验

（1）检验

1）如图 7-18 所示，选择相距 75～100m 稳定且通视良好的两点 A、B，在两点上各打一个木桩固定其点位。

2）水准仪置于距 A、B 两点等远处的 I 位置，用变换仪器高法测定 A、B 两点间的高差（两次高差之差不超过 3mm 时可取平

均值作为正确高差 h_{AB}）。

$$h_{AB}=（a_1'-b_1'+a_1''-b_1''）/2$$

3）在把水准仪置于离 A 点 3～5m 的 II 位置（图 7-18b），精确整平仪器后读近尺 A 上的读数 a_2。

4）计算远尺 B 上的正确读数 b_2：$b_2=a_2-h_{AB}$。

5）照准远尺 B，旋转微倾螺旋。将水准仪视准轴对准 B 尺上的 b_2 读数，这时，如果水准管气泡居中，即符合气泡影像符合，则说明视准轴与水准管平行，否则应进行校正。

（2）校正

1）重新旋转水准仪微倾螺旋，使视准轴对准 B 尺读数 b_2，这时水准管符合气泡影像错开，即水准管气泡不居中。

2）用校正针先松开水准管左右校正螺钉，再拨动上下两个校正螺钉〔先松上（下）边的螺钉，再紧下（上）边的螺钉〕，直到使符合气泡影像符合为止。此项工作要重复进行，直到符合要求为止。

6. 自动安平水准仪补偿器性能的检验与校正

（1）检验原理

自动安平水准仪"补偿器"的作用是，当视准轴倾斜时（即在"补偿器"允许的范围内），能在十字丝上读得水平视线的读数。检验"补偿器"性能的一般原理是，有意使仪器的旋转轴安置的不竖直，并测得两点间的高差，使之与正确高差相比较。如果"补偿器"的补偿性能正常，无论视线上倾或下倾，都可读得水平视线的读数，测得的高差亦是 A、B 两点间的正确高差；如果"补偿器"的补偿性不正常，由于前后视的倾斜方向不一致，实际倾斜产生的读数误差不能在高差计算中抵消。因此，测得的高差与正确的高差有明显的差异。

（2）检验方法

在较平坦的地方选择 100m 左右的 A、B 两点，在 A、B 点各定入一木桩，将水准仪置于 A、B 连线的中点，并使两个脚螺旋与 AB 连线方向一致，见图 7-19。

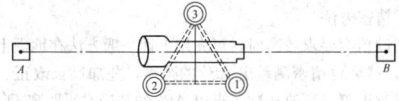

图 7-19　自动安平水准仪补偿器的检验

1）首先用圆水准气泡将仪器置平，测出 A、B 两点间的高差 h_{AB}，以此作为正确高差。

2）升高第 3 个脚螺旋，使仪器向左（或向右）倾斜，测出 A、B 两点间的高差 $h_{AB左}$。

3）降低第 3 个脚螺旋，使仪器向右（或向左）倾斜，测出 A、B 两点间的高差 $h_{AB右}$。

4）升高第 3 个脚螺旋，使圆水准气泡居中。

5）升高第 1 个脚螺旋，使后视时望远镜向上（或向下）倾斜，测出 A、B 两点间的高差 $h_{AB上}$。

6）升高第 1 个脚螺旋，使后视时望远镜向下（或向上）倾斜，测出 A、B 两点间的高差 $h_{AB下}$。

无论左、右、上、下倾斜，仪器的倾斜角度均由水准气泡位置而定，四次倾斜的角度相同，一般取"补偿器"所能补偿的最大角度。

将 h_{AB}、$h_{AB左}$、$h_{AB上}$、$h_{AB下}$ 相比较，视其差数确定"补偿器"的性能。对于普通水准测量，此差数一般应小于 5mm。

（3）补偿器的校正可按仪器使用说明书上指明的方法和步骤进行。

7.2.2.3　激光垂准仪的检验与校正

激光垂准仪应对仪器进行下述顺序的检验和校正，其中（1）、（2）项可自行检验与校正，其他各项校正应送检修单位。

（1）管水准器的检验与校正

将仪器安置在脚架或校正台上，先整平，转动仪器照准部使管水准器平行任意两个脚螺旋的中心连线。以相反或相对方向等量转动两个螺旋，使气泡居中，转动照准部 90° 旋转第三个脚螺旋使气泡居中。再转动照准部 90°，此时气泡偏离量的一半用脚螺旋校

正，另一半用校正改针转动管水准器校正旋具来校正，重复以上步骤直至仪器转到任意位置管水准器气泡都居中为止。

（2）圆水准器圆水泡的检验与校正

保持上述仪器不动，用校正旋具转动圆水准器下面的两个校正螺钉，使气泡居中。

（3）望远镜视准轴与竖轴不重合的检验

使用过程中如发现仪器照准部旋转 180° 后，目标影像偏离了望远镜十字丝中心，说明望远镜视准轴与竖轴不重合，需要调整。

（4）激光束共焦的检验

用望远镜照准目标并精确调焦后打开垂准激光开关，目标处的光斑直径应最小，否则说明激光束与望远镜光学系统不同焦，需要调整。

（5）激光束同心的调整

激光光斑中心与望远镜光孔中心重合称为同心，在仪器上方 2～3m 高度放置一张白纸，打开垂准激光开关，旋动调焦手轮使白纸上的激光斑最大，此时光斑应圆整，亮度均匀，否则需要调整。

（6）激光束同轴的检验

如激光聚焦后光斑不在望远镜分划板十字丝中心，说明激光轴与望远镜视准轴不重合，需要调整。

7.2.2.4　激光扫平仪的检验与校正

激光扫平仪几何轴的要求，类似于气泡式光学水准仪，工作过程中一是旋转轴处于铅垂状态，二是激光束垂直于旋转轴，两者的任何偏离，都将使扫描出的激光平面偏离水平面，这就是形成扫平仪的误差主要来源，前者我们称之为旋转轴倾斜误差 i，后者为锥角误差 c。如果是自动安平激光扫平仪，则补偿误差包含在 i 以内。激光扫平仪的 i 值和 c 值如图 7-20 所示。

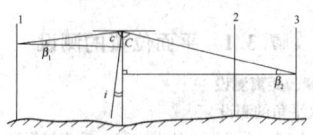

图 7-20　激光扫平仪的 i 值和 c 值关系示意

1. 水准器轴线垂直于旋转轴的检验与校正

（1）检验

根据扫平仪的工作范围，一般在相距 20m 处各立一带有毫米刻划的标尺 A 和 B，如图 7-21 所示，将扫平仪置于正中，旋转安平手轮，使水准器气泡严格居中，并使其中一个长水准器（对气泡式扫平仪而言）与标尺 A、B 方向一致，标尺 C 的位置以不妨碍观测尺 A 为宜，事先用水准仪找出标尺上同高点 O，打开激光扫平仪开关，观测激光点在标尺 A、B 上的高差 h_a 和 h_b，h_a 和 h_b 应相等，否则应进行校正。

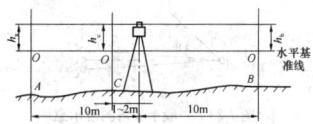

图 7-21　激光扫平仪的水准器轴线垂直于
旋转轴检验

（2）校正

转动安平手轮使两者相等为止，由于是等距离观测，这时扫平仪旋转轴严格在铅垂位置，并产生气泡偏移，根据扫平仪的几何要求，气泡式扫平仪此时在标尺 A、B 方向的长水准器应用校正工具，校正至气泡严格居中；同理自动安平扫平仪的圆水泡在 A、B 方向上也应居中，同时两侧的补偿范围应相等。

（3）将激光扫平仪转过 90°，采用相同方法，对另一水准器进行检验和校正。如果条件允许，可选择一场地，在与扫平仪等距为 0°、90°、180°、270° 四个方位安置四根标尺和距仪器 1～2m 处安置一根标尺，这时两个水准器的检验与校正可一次完成。

2. 锥角误差 c 的检测和校正

（1）与水准器轴线垂直于旋转轴的检验步骤相同，观测并比较

h_a 和 h_c 是否相等。

（2）将激光扫平仪转过 $90°$，观测 h_a 和 h_c 是否相等。如果 h_a 与 h_c 的差值超过允许的范围，仪器应送工厂检修。

3. 垂直旋转误差的检验与校正

（1）检验

将激光扫平仪平卧，如图 7-22 所示，使垂直水准器居中，激光点自 A 点向下移动，在低处为 B 点。

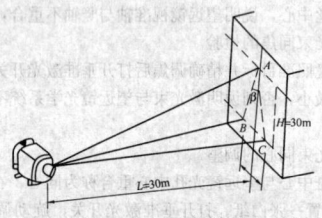

图 7-22　垂直旋转误差的检验

搬动扫平仪（调头），使垂直水准器居中，并使激光点与 A 重合，表明仪器存在垂直旋转误差。其允许值可根据说明与技术指标决定，如果超出要求，用户可自行校正。

（2）校正

1）仪器在上述状态，转动安平手轮，使激光点位于 B、C 点的中间位置。

2）调整垂直水准器校正螺钉使气泡严格居中。

7.3　测设的基本方法

7.3.1　平面位置的测设

7.3.1.1　角度、距离测设

1. 已知水平角的测设

地面上一点到两个目标点的方向线，垂直投影到水平面上所形成的角称为水平角。测设已知水平角，就是在已知顶点以一条边的方向为起始依据，按照测设的已知角度值，把该角的另一方向边测设到地面上。

测设水平角的方法按精度要求及使用仪器的不同，采用的方法亦不同。

（1）一般方法

如测设水平角精度要求不高时，可采用盘左、盘右分中法测设，如图 7-23 所示，具体步骤如下：

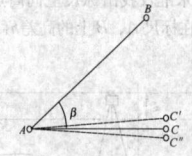

图 7-23　一般水平角测设示意图

1）在 A 点安置经纬仪，对中、整平，用盘左位置照准已知 B 点，配置水平读盘读数为 $0°00'00''$；

2）旋转照准部使读数为 β 角值，在此视线方向上定出 C' 点；

3）然后用盘右位置重复上述步骤，定出 C'' 点；

4）取 $C'C''$ 连线的中点 C 钉桩，则 AC 即为测设角值为 β 的另一方向线，$\angle BAC$ 就是要测设的 β 角。

（2）精确方法

当要求测设水平角的精度较高时，可采用测设端点的垂线改正的方法。如图 7-24 所示，操作步骤如下：

1）按前述一般方法测设出 AC 方向线，再实地标出 C 点位置。

2）用经纬仪对 $\angle BAC$ 进行多测回水平角观测，设其观测值为 β'。

3）按下式计算出垂直改正距离：

$$\Delta\beta = \beta - \beta',\quad CC_0 = D_{AC} \cdot \tan\Delta\beta = D_{AC} \cdot \frac{\Delta\beta''}{\rho} \qquad (7-1)$$

4）从 C 点起沿 AC 边的垂直方向量出垂距 CC_0，定出 C_0 点。则 AC_0 即为测设角值为 β 的另一方向线。

从 C 点起向外还是向内量垂距，要根据 $\Delta\beta$ 的正负号来决定。若 $\beta < \beta'$，即 $\Delta\beta$ 为正值，则从 C 点向外量垂距，反之则向内改正。

2. 已知水平距离的测设

已知水平距离的测设，是从地面上一个已知点出发，沿给定的方向，量出已知的水平距离，在地面上定出另一端点的位置。

已知水平距离的测设，按其精度要求和使用工具及仪器的不同，采用的方法也不同。如图 7-25 所示，欲在实地测设水平距离 $AB = D$，其中 A 为地面上已知点，D 为已知的水平距离，在地面上给定的 AB 方向上测设水平距离 D，定出线段的另一端点 B。

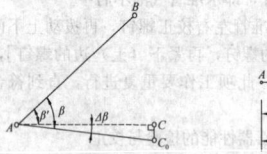 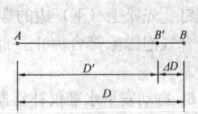

图 7-24　水平角精确测设示意图　　图 7-25　测设已知水平距离

（1）一般方法

当测设水平距离精度要求不高时，可用钢尺直接丈量并对丈量结果加以改正，具体步骤如下：

1）从 A 点开始，沿 AB 方向用钢尺拉平丈量，按已知水平距离 D 在地面上定出 B' 点的位置；

2）为了检核，应进行两次测设或进行返测。若两次丈量之差在限差之内，取其平均值作为最后结果；

3）根据实际丈量的距离 D' 与已知水平距离 D，求出改正数 $\delta = D - D'$；

4）根据改正数 δ，将端点 B' 加以改正，求得 B 点的最后位置，使 AB 两点间水平距离等于已知设计长度 D。当 δ 为正时，向外改正；当 δ 为负时，则向内改正。

（2）精密方法

当测设精度要求较高时，可先用上述一般方法在地面上概略定出 B' 点，然后再精确测出 AB' 的距离，并加尺长改正、温度改正和倾斜改正等三项改正数，求出 AB' 的精确水平距离 D'。若 D' 与 D 不相等，则按其差值 $\delta = D - D'$ 沿 AB 方向以 B' 点为准进行改正。

当 δ 为正时，向外改正；反之，向内改正。计算时尺长、温度、倾斜等项改正数的符号与量距时相反。

（3）用光电测距仪测设已知水平距离

用测距仪测设水平距离的具体操作步骤如下（见图 7-26）：

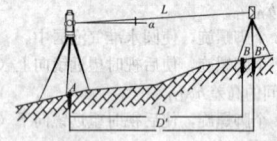

图 7-26　用测距仪测设水平距离

1）在 A 点设站，沿已知方向定出 B 点的概略位置 B' 点；

2）再以测距仪精确测出 AB' 距离为 D'，求出 $\delta = D - D'$；

3）根据 δ 的符号在实地用钢尺沿已知方向改正 B' 至 B 点；

4）为了检核，可用测距仪测量 AB 距离，如其与 D 之差在限差之内，则 AB 为最后结果。

全站仪、测距仪有跟踪功能，可在测设方向上逐渐移动反光镜进行跟踪测量，直至显示接近测设距离定出 B' 点，并改正 B' 点至 B 点。

7.3.1.2　极坐标法测设点的平面位置

极坐标法是由已知的水平角和水平距离测设地面点平面位置方法。极坐标法适用于便于量距且保证通视的场地，该方法使用灵活，是施工现场最常用的一种点位测设方法。

如图 7-27 所示，用极坐标法测设 P 点平面位置。P 点坐标已知为 (x_P, y_P)，A、B 为两已知控制点，坐标分别为 (x_A, y_A)、

(x_B, y_B)，根据给出的设计值反算出水平角 β 及水平距离 D，在实地测设出 P 点点位。

极坐标法灵活方便，安置一次仪器可以测设多点，适用于复杂形状的建筑物定位。当使用全站仪测设时，应用极坐标法的优越性更为明显。

7.3.1.3 直角坐标法测设点的平面位置

直角坐标法是根据测点已知的设计坐标值，计算出设计坐标与已布设好的控制轴线点纵横坐标之差，从而测设出地面点的平面位置。

当建筑场地的施工控制网为方格网或轴线网形式时，采用直角坐标法放线最为方便。

如图 7-28 所示，Ⅰ、Ⅱ、Ⅲ、Ⅳ为方格网点，需要在地面上测设出点 A，其中，各方格网点及 A 点坐标已知，计算出坐标差值 Δx、Δy，用直角坐标法测设 A 点。

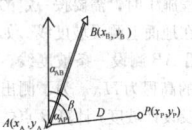
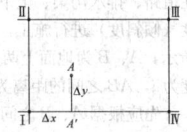

图 7-27 极坐标放线图　　图 7-28 直角坐标法测设点点位示意图

测设方法：

(1) 计算坐标增量：$\Delta x = x_A - x_I$，$\Delta y = y_A - y_I$；

(2) 置经纬仪于Ⅰ点，沿Ⅰ-Ⅱ边量取ⅠA′，使ⅠA′等于 A 与Ⅰ横坐标之差 Δx 得 A′点；

(3) 置经纬仪于 A′点，后视Ⅰ，以盘左、盘右分中法反时针测设 90°，测得Ⅰ-Ⅳ边的垂线，在垂线上取 A′A，使 A′A 等于 A 与Ⅰ纵坐标之差 Δy，则 A 点即为所求。

由此可见，用直角坐标法测设一个点的位置时，只需要按其坐标差值量取距离和测设直角，用加减法计算即可，工作方便，并便于检查。

7.3.1.4 角度交会法测设点的平面位置

角度交会法是根据两个或两个以上已知角度的方向线交会出点的平面位置。当待定点离控制点距离较远，地形复杂量距不便时，采用角度交会较为适宜。

如图 7-29 所示，用前方交会法测定 P 点，其中 M、N 为控制点，其坐标已知，P 点设计坐标已知，则可反算出方位角 α_{MP}、α_{NP}、α_{MN}，再计算出夹角 α 及 β，通过角度交会测设出 P 点。

7.3.1.5 距离交会法测设点的平面位置

距离交会法是根据两个或两个以上的已知距离交会出点的平面位置。如图 7-30 所示，A、B 为控制点，P 为待定点，其坐标已知。距离 $D_{AP} = b$，$D_{BP} = a$ 可由坐标反算或在设计图上图解得。

1. 测设时分别以 A、B 为圆心，以 $D_{AP} = b$ 和 $D_{BP} = a$ 为半径，在场地上作弧线，两弧的交点就是 P 点。在实际工作中还应采用第三个距离进行校核。

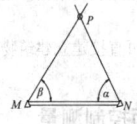
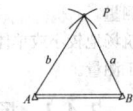

图 7-29 角度交会法　　图 7-30 距离交会法

2. 距离交会法测设点位，不需使用仪器，操作简便，测设速度快，但精度较低。如用钢尺量距离，则要求场地平整，交会距离不大于一整钢尺长，交会角度应在 30°~120°之间。

7.3.1.6 距离测量

根据不同的精度要求，距离测量有普通量距和精密量距两种方法。精密量距时所量长度一般都要加尺长、温度和高差三项改正数，有时必须考虑垂曲改正。丈量两已知点间的距离，使用的主要工具是钢卷尺，精度要求较低的量距工作，也可使用皮尺或测绳。

1. 普通量距

(1) 量距方法

一般先用经纬仪进行定线，精度要求不高时也可目估进行定线。如地面平坦，可按整尺长度逐步丈量，直至最后量出两点间的距离。若地面起伏不平，可将尺子悬空并目估使其水平。以垂球或测钎对准地面点或向地面投点，测出其距离。地面坡度较大时，则可把一整尺段的距离分成几段丈量；也可沿斜坡丈量斜距，再用水准仪测出尺端间的高差，然后按式 (7-6) 求出高差改正数，将倾斜距离改化成水平距离。

如使用经检定的钢尺丈量距离，当其尺长改正数小于尺长的 1/10000 时，可不考虑尺长改正。量距时的温度与钢尺检定时的标准温度（一般规定为 20℃）相差不大时，也可不进行温度改正。

(2) 精度要求

为了校核并提高精度，一般要求进行往返丈量。取平均值作为结果，量距精度以往测与返测距离值的差数与平均值之比表示。在平坦地区应达到 1/3000，在起伏变化较大地区要求达到 1/2000，在丈量困难地区不得大于 1/1000。

2. 精密量距

(1) 量距方法

先用经纬仪进行直线定向，清除视线上的障碍，然后沿视线方向按每整尺段（即钢尺检定时的整长）设置传距桩。最好在桩顶面钉上白铁片，并画出十字线的标记。所使用的钢尺在开始量距前应先打开，使钢尺与空气充分接触，经 10min 后方可进行量距。前尺以弹簧秤施加与钢尺检定时相同的拉力，后尺则以厘米分划线对准桩顶标志，当钢尺达到稳定时，前尺对好桩顶标志，随即读数；随后后尺移动 1~2cm 分划线重新对准桩顶标志，再次读数；一般要求读出三组读数。读数时应估读到 0.1~0.5mm，每次读数误差为 0.5~1mm。读数时应同时测定温度，温度计最好绑在钢尺上，以便反映出钢尺量距时的实际温度。

(2) 零尺段的丈量

按整尺段丈量距离，当量至另一端点时，必剩一零尺段。零尺段的长度最好采用经过检定的专门用于丈量零尺段的补尺来量度。如无条件，可按整尺长度沿视线方向将尺的一端延长，对钢尺所施拉力仍与检定时相同，然后按上述方法读出零尺段的读数。但由于钢尺刻度不均匀误差的影响，用这种方法测量不足整尺长度的零段距离，其精度有所降低，但对全段距离的影响是有限的。

(3) 量距精度

当全段距离量完之后，尺端要调头，读数员互换，按同法进行返测。往返丈量一次为一测回，一般应测量两测回以上。量距精度以两测回的差数与距离之比表示。使用普通钢尺进行精密量距，其相对误差一般可达 1/50000 以上。

3. 精密量距的几项改正

(1) 钢尺尺长改正

用钢尺测量空间两点间的距离时，因钢尺本身有尺长误差，在两点之间测量的长度不等于实际长度，此外因钢卷尺在两点之间无支托，使钢尺下挠引起垂曲误差，为使下垂垂曲小一些，需对钢尺施加一定的拉力，此拉力又势必使钢尺产生弹性变形，在尺端两桩高差为零的情况下，可列出钢尺尺长改正数理论公式的一般形式为：

$$\Delta L_i = \Delta C_i + \Delta P_i - \Delta S_i \qquad (7-2)$$

式中　ΔL_i——零尺段尺长改正数；

　　　ΔC_i——零尺段尺长误差（或刻划误差）；

　　　ΔS_i——钢尺尺长垂曲改正数；

　　　ΔP_i——钢尺尺长拉力改正数。

钢尺尺长误差改正公式：

钢尺上的刻划和注字，表示钢尺名义长度，由于钢尺制造设备、工艺流程和控制技术的影响，会有尺长误差，为了保证量距的精度，应对钢尺作检定，求出尺长误差的改正数。

检定钢尺长度（水平状态）系在野外钢尺基线场标准长度上，每隔 5m 设一托桩，以比长方法，施以一定的检定压力，检定 0~30m 或 0~50m 刻划间的长度，由此可按通用公式计算出尺长误差的改正数：

$$\Delta L_{平检} = L_基 - L_量 \qquad (7-3)$$

式中　$\Delta L_{平检}$——钢尺水平状态检定拉力 P_0、20℃时的尺长误差

改正数；

　　$L_基$——比长基线长度；

　　$L_量$——钢尺量得的名义长度。

　　当钢尺尺长误差分布均匀或存在系统误差时，钢尺尺长误差与长度成比例关系，则零尺段尺长误差的改正公式为：

$$\Delta C_i = \frac{L_i}{L} \cdot \Delta L_{平检} \tag{7-4}$$

式中　ΔC_i——零尺段尺长误差改正数；

　　　L_i——零尺段长度；

　　　L——整尺段长度。

　　所求得的尺长改正数亦可送有资质的单位去作检定。

　　（2）温度改正

　　钢尺的长度是随温度而变化的。钢尺的线胀系数 α 一般为 $1.16 \times 10^{-5} \sim 1.25 \times 10^{-5}$，为了简化计算工作，取 $\alpha = 1.2 \times 10^{-5}$。若量距时温度 t 不等于钢尺检定时的标准温度 t_0（t_0 一般为 20℃），则每一整尺段 L 的温度改正数 ΔL_t 按下式计算：

$$\Delta L_t = \alpha(t - t_0)L \tag{7-5}$$

　　（3）倾斜改正（高差改正）

　　设沿倾斜地面量得 A、B 两点之距为 L（见图 7-31），A、B 两点之间的高差为 h，为了将倾斜距离 L 改算为水平距 L_0，需要求出倾斜改正数 ΔL_h。

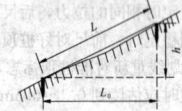

图 7-31　倾斜改正示意图

$$\Delta L_h = L_0 - L = -\frac{h^2}{2L} - \frac{h^4}{8L^3} \tag{7-6}$$

7.3.2　已知高程的测设

7.3.2.1　已知高程点测设

　　在进行施工测量时，经常要在地面上和空间设置一些已知高程点。测设已知高程是根据已知高程的水准点，将设计高程测设到实地上，并设置标志作为施工的依据，高程测设非常广泛，如进行建筑物室内地坪±0 的测设；道路工程线路中心设计高程的测设；桥墩、隧道口高程的测设；管道工程坡度钉的测设等。如图 7-32 所示，欲测设设计高程为 H_B 的 B 点，其中 A 点为已知水准点，高程 H_A。

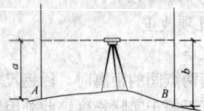

图 7-32　高程点测设示意图

测设方法：

　1. 以水准点 A 为后视，读取后视读数，并计算出视线高 $H_i = H_A + a$；

　2. 根据视线高和设计高程（H_B），计算欲测设计高程点的"应读前视读数 b"：

　　应读前视读数＝视线高－设计高程（$b = H_i - H_B$）

　3. 以应读前视读数为基准，标出设计高程的位置或在所钉木桩上注明改正数。改正数为正数，表示桩顶低于设计高，应将桩顶接木条，自桩顶向上量改正数即可得设计高位置；如改正数为负数，说明桩顶高于设计高，应自桩顶向下量取改正数，即可得设计高程位置。

7.3.2.2　高程传递

　　1. 用水准测量法传递高程

　　在施工中，常需向深坑内测设已知高程点，或在高层建筑向上引测高程，一般是利用水准测量的方法通过悬吊钢尺进行高程传递测量。

　　如图 7-33 所示，拟利用地面水准点 A 的高程 H_A，测量基坑内 B 点高程 H_B。

　　高程传递的方法：在坑边架设一吊杆，从杆顶向下挂一根钢尺（钢尺 0 点在下），在钢尺下端吊一重锤，重锤的重量应与检定钢尺时所用的拉力相同。为了将地面水准点 A 的高程 H_A 传递到坑内的临时水准点 B 上，在地面水准点和基坑之间安置水准仪，先在 A 点立尺，测出后视读数 a，然后前视钢尺，测出前视读数 b。然后将仪器搬到坑内，测出钢尺上后读数 c 和 B 点前视读数 d，则坑内临时水准点 B 之高程 H_B 按下式计算：

$$H_B = H_A + a - (b - c) - d \tag{7-7}$$

　　式中，$(b-c)$ 为通过钢尺传递的高差，如高程传递的精度要求较高时，对 $(b-c)$ 之值应进行尺长改正及温度改正。

　　上述是由地面向低处引测高程点的情况，当需要由地面向高处传递高程时，也可以采用同样方法进行。

　　2. 已知坡度线的测设

　　在道路、排水沟渠、上下水道等工程施工时，需要按一定的设计坡度（倾斜度）进行施工，这时需要在地面上测设坡度线。如图 7-34 所示，A、B 为地面上两点，要求沿 AB 测设一条坡度线。设计坡度为 i，AB 之间的距离为 L，A 点的高程为 H_A。为了测出坡度线，首先应根据 A、B 之间的距离 L 及设计坡度 i 计算 B 点的高程 H_B。

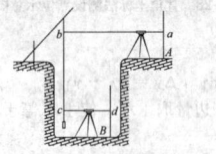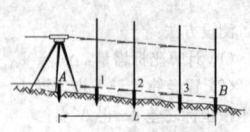

图 7-33　水准测量法传递高程　　图 7-34　已知坡度线的测设示意图

$$H_B = H_A + i \cdot L \tag{7-8}$$

　　然后按前述地面上点的高程测设方法，利用计算出的 B 点的高程值 H_B，测定出 B 点。A、B 之间的 1、2、3 各点则可以用经纬仪或水准仪来测定。如果设计坡度比较平缓时，可以直接使用水准仪来设置坡度线。方法是：将水准仪安置于 A 点，使一个脚螺旋在 AB 线上，另外两个脚螺旋之连线垂直于 AB 线，旋转在 AB 线上的那个脚螺旋，使立于 B 点的水准尺上的读数等于 A 点的仪器高，此后在 1、2、3 各点打入木桩，使立尺于各桩上时其上读数皆等于仪器高，这样就在地面上测出了一条坡度线。

　　对于坡度较大的情况，则采用经纬仪来测设。将仪器安置于 A，纵转望远镜，对准 B 点水准尺上等于仪器高的地方。其他步骤与水准仪的测法相同。

7.4　平面控制测量

　　建筑施工测量平面控制网的建立一般遵守从整体到局部的原则，在施工现场应先建立统一的场区平面控制网，以此为基础进行建筑物平面控制网的布设，然后再利用建筑物平面控制点进行建筑物施工控制测量。

　　对于建筑场地较小或单体建筑则可直接建立建筑物平面控制网进行建筑施工测量。

7.4.1　场区平面控制测量

　　场区平面控制网的布设形式应根据建筑总平面图和施工场地的地形条件、已有测量控制点等情况，选择采用导线测量、三角测量和 GPS 测量等方法进行布设。

7.4.1.1　导线测量

　　导线测量布网形式灵活，在全站仪普及的情况下，更显示出其优越性。

　　1. 导线测量的等级与导线网的布设

　　（1）导线测量等级和技术指标

　　场区导线测量一般分为两级，在面积较大场区，一级导线可作为首级控制，以二级导线加密。在面积较小场以二级导线一次布设。各级导线网的技术指标应符合表 7-1 的规定。

场区导线测量的主要技术要求　　　表 7-1

等级	导线长度(km)	平均边长(m)	测角中误差(")	测距相对中误差	测回数		方位角闭合差(")	导线全长相对闭合差
					2"级仪器	6"级仪器		
一级	2.0	100~300	5	1/30000	3	—	$10\sqrt{n}$	≤1/15000
二级	1.0	100~200	8	1/14000	2	4	$16\sqrt{n}$	≤1/10000

注：n 为测站数。

（2）导线网的布设

对于新建和扩建的建筑区，导线应根据总平面图布设，改建区应沿已有道路布网。布设的基本要求如下：

1）根据建筑物本身的重要性和建筑之间的相关性选择导线的线路，各条导线应均匀分布于整个场区，每个环形控制面积应尽可能均匀。

2）各条单一导线尽可能布成直伸导线，导线网应构成互相联系的环形。

3）各级导线的总长和边长应符合场区导线测量的有关规定。

2. 导线测量的步骤

（1）选点与标桩埋设

导线点位应选在建筑场地外围或设计中的净空地带，所选之点要便于使用、安全稳定和能长期保存。导线点选定之后，应及时埋设标桩。控制点埋石应按图 7-35 所示埋设，并绘制点之记。

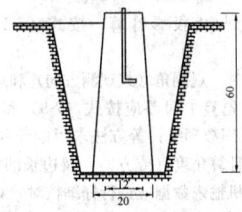

图 7-35　控制点标石埋设示意图

（2）角度观测及测量限差要求

角度观测一般采用测回法进行，但当方向大于 3 个时采用全圆测回法，各级导线网的测回数及测量限差参照表 7-2 的规定。

测回数及测量限差的规定　　　表 7-2

等级	仪器类别	测角中误差(")	测回数	半测回归零差(")	一测回中2C互差(")	各测回方向较差(")
一级	J1	5	2	≤6	≤9	≤6
	J2	5	3	≤8	≤13	≤9
二级	J2	8	3	≤12	≤18	≤12
	J6	8	4	≤18	—	≤24

（3）边长观测及测量限差要求

边长测量的方法及限差参照表 7-3 的规定。

边长测量的各项要求及限差　　　表 7-3

等级	仪器测距精度	每边测回数		一测回读数较差(mm)	单程各测回较差(mm)	往返测距较差(mm)
		往	返			
一级	5mm级仪器	2	2	≤5	≤7	$\leq 2(a+b \cdot D)$
二级	10mm级仪器	2	2	≤10	≤15	

（4）导线网的起算数据

新建场区的导线网起算数据应选择当地测量控制点。扩建、改建场区，新测导线应附合在已有施工控制网上。若原有施工控制网已被破坏，则应根据当地测量控制网或主要建筑物轴线确定起算数据。

（5）导线测量的数据处理

导线平差宜采用严密平差方法。导线网平差前，应对观测数据进行处理和精度评定，各项数据处理内容和方法如下：

1）导线测量水平距离计算要求

① 测量的斜距，须经气象改正和仪器的加、乘常数改正后才能进行水平距离计算。

② 两点间的高差测量，宜采用水准测量。当采用电磁波测距三角高程测量时，其高差应进行大气折光改正和地球曲率改正。

③ 水平距离可按式（7-9）计算：

$$D_P = \sqrt{S^2 - h^2} \qquad (7\text{-}9)$$

式中　D_P——测距边的水平距离（m）；

　　　S——经气象及加、乘常数改正后的斜距（m）；

　　　h——仪器的发射中心与反光镜的反射中心之间的高差（m）。

2）导线网水平角观测的测角中误差计算

导线网水平角观测的测角中误差按式（7-10）计算：

$$m_\beta = \sqrt{\frac{1}{N}\left[\frac{f_\beta f_\beta}{n}\right]} \qquad (7\text{-}10)$$

式中　f_β——导线环的角度闭合差或附合导线的方位角闭合差（"）；

　　　n——计算 f_β 时的相应测站数；

　　　N——闭合环及附合导线的总数。

3）测距边的精度评定

测距边的精度评定可按式（7-11）计算；当网中的边长相差不大时，可按式（7-12）计算网的平均测距中误差。

① 单位权中误差：

$$\mu = \sqrt{\frac{Pdd}{2n}} \qquad (7\text{-}11)$$

式中　d——各边往、返测的距离较差（mm）；

　　　n——测距边数；

　　　P——各边距离的先验权，其值为 $\frac{1}{\sigma_D^2}$，σ_D 为测距的先验中误差，可按测距仪器的标称精度计算。

② 任一边的实际测距中误差：

$$m_{Di} = \mu \sqrt{\frac{1}{P_i}} \qquad (7\text{-}12)$$

式中　m_{Di}——第 i 边的实际测距中误差（mm）；

　　　P_i——第 i 边距离测量的先验权。

③ 网的平均测距中误差：

$$m_{Di} = \sqrt{\frac{dd}{2n}} \qquad (7\text{-}13)$$

式中　m_{Di}——平均测距中误差（mm）。

4）测距边长度的归化投影计算，应符合以下要求：

① 归算到测区平均高程面上的测距边长度，按式（7-14）计算：

$$D_H = D_P\left(1 + \frac{H_P - H_m}{R_A}\right) \qquad (7\text{-}14)$$

式中　D_H——归算到测区平均高程面上的测距边长度（m）；

　　　D_P——测距边的水平距离（m）；

　　　H_P——测区的平均高程（m）；

　　　H_m——测距边两端点的平均高程（m）；

　　　R_A——参考椭球体在测距边方向法截弧的曲率半径（m）。

② 归算到参考椭球上的测距边长度，按式（7-15）计算：

$$D_0 = D_P\left(1 - \frac{H_m + h_m}{R_A + H_m + h_m}\right) \qquad (7\text{-}15)$$

式中　D_0——归算到参考椭球面上的测距边长度（m）；

　　　h_m——测区大地水准面高出参考椭球面的高差（m）。

③ 测距边在高斯投影面上的长度，应按式（7-16）计算：

$$D_g = D_0\left(1 + \frac{y_m^2}{2R_m^2} + \frac{\Delta y^2}{24R_m^2}\right) \qquad (7\text{-}16)$$

式中　D_g——测距边在高斯投影面上的长度（m）；

　　　y_m——测距边两端点横坐标的平均值（m）；

　　　R_m——测距边中点处在参考椭球面上的平均曲率半径（m）；

　　　Δy——测距边两端点横坐标的增量（m）。

3. 施工控制网布设示例

对于大型建筑场区，可以采用导线法与轴线法联合测设施工控制网。首先在地面上测定两条互相垂直的主轴线，作为首级控制，然后以主轴线上的已知点作为起算点，用导线网来进行加密。加密

导线可以按照建筑物施工精度不同要求或按照不同的开工时间,来分期测设。

如图 7-36 所示,纵横两条主轴线将场地分成四个象限。Ⅰ 象限内采用具有两个结点的导线网加密,Ⅱ 象限为简单的附合导线,Ⅲ、Ⅳ 象限都是具有一个结点的导线网。

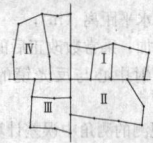

图 7-36 导线与轴线控制网示意图

7.4.1.2 三角形网测量

场区三角网测量是小地区建立测量平面控制的一种常用方法,主要用于难以直接丈量边长的建筑场地,或对网的可靠性指标有特殊要求的工程项目。

1. 场区三角形网测量等级与三角形网的布设

场区三角形网测量的等级和技术指标

场区三角网一般分为两级。面积较大场区应分两级布网,首级采用一级三角网,次级采用二级三角网加密。当场区面积较小时,可采用二级三角网一次布设。各级三角网的技术指标应符合表 7-4 的规定。

场区三角形网测量的主要技术要求   表 7-4

等级	边长 (m)	测角中误差 (″)	测边相对中误差	最弱边长相对中误差	测回数		三角形最大闭合差 (″)
					2″级仪器	6″级仪器	
一级	300~500	5	1/30000	≤1/20000	3	—	15
二级	100~300	8	1/14000	≤1/10000	2	4	24

2. 场区三角形网的布设

布设场区三角形网常用的图形有:单三角锁(图 7-37a)、中点多边形(图 7-37b)和线形三角锁(图 7-37c)等。

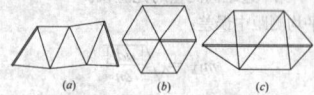

图 7-37 场区三角形网图

3. 三角形网测量的步骤及方法

(1) 踏勘选点

选点前应先在地形图上进行初步布网方案设计,然后到实地核对并修改落实点位。如果测区无地形图资料,则需到现场详细踏勘后拟定布网方案。

选定小三角点应注意以下几点:

1) 相邻三角点间应互相通视,视野开阔,便于埋设标志和观测作业,并应考虑便于加密和扩展。

2) 各三角形的边长应接近于相等,其平均边长应符合表 7-4 的规定。

3) 三角形内角一般应不小于 30°,不大于 120°,尽可能布设成 60° 的等边三角形。

(2) 埋设标桩

三角点选定后,应埋设标志,需长期保存的点要埋混凝土标石,顶面需平整,且标志明显。三角点应进行统一编号,三角点的形式和埋设如图 7-35 所示,并绘制“点之记”图。

(3) 三角形网测量的方法

三角形网中的角度宜全部观测,边长可根据需要选择部分观测或全部观测;观测的角度和边长均应作为三角形网中的观测量参与平差计算。首级控制网定向时,方位角传递宜联测 2 个已知方向。

1) 水平角观测

测角是三角形网测量外业中的一项主要工作。测角方法常用全圆测回法或测回法。三角点上观测方向多于三个时,应采用全圆测回法观测。

① 照准目标

场区三角形网点的照准目标应根据边长的长短来决定,当边较长时,观测照准花杆或悬挂大垂球,并在垂球线上绑一小花杆作为照准目标。当边长较短时,可采用悬吊垂球线作为照准目标。

② 角度观测

为了保证角度观测的质量,要选择较好的天气和成像良好的时间进行观测,观测前应检查目标是否偏心,如花杆或垂球线歪斜应校正竖直;经纬仪在测站要精确对中、置平。小三角网的角度观测应采用全圆测回法,其测回数及测量限差应符合表 7-4 的规定。

2) 距离观测

三角形边长的观测一般采用电磁波测距仪测量其平距,如用钢尺丈量,其丈量的方法按精密量距方法进行,边长测量的精度应符合表 7-3 的规定。

(4) 三角形网测量的数据处理

三角形网的测角中误差,应按式(7-17)计算:

$$m_\beta = \sqrt{\dfrac{WW}{3n}} \qquad (7-17)$$

式中 m_β——测角中误差(″);

W——三角形闭合差(″);

n——三角形的个数。

水平距离计算和测边精度评定按本章导线测量数据处理中式(7-9)和式(7-11)~式(7-13)计算。

测距边长度的归化投影计算,按式(7-14)~式(7-16)计算。

三角形网平差时,观测角(或观测方向)和观测边均应参与平差,角度和距离的先验中误差应按式(7-9)和式(7-11)~式(7-13)计算,也可用数理统计等方法求得的经验公式估算先验中误差的值,并以计算角度(或方向)及边长的权。平差计算时,对计算略图和计算机输入数据应进行仔细校对,对计算结果应进行检查。打印输出的平差成果,应包含起算数据、观测数据以及必要的中间数据。

平差后的精度评定,应包含有单位权中误差、点位误差椭圆参数或相对点位误差椭圆参数、边长相对中误差或点位中误差等。

7.4.1.3 GPS 测量

1. GPS 测量的等级与 GPS 网的布设

场区 GPS 测量一般分为两级,在面积较大场区,一级 GPS 网可作为首级控制,以二级 GPS 网加密。在面积较小厂区以二级 GPS 网一次布设。

(1) GPS 测量等级和技术指标

各级 GPS 网的技术指标应符合表 7-5 的规定。

场区 GPS 网测量的主要技术要求   表 7-5

等级	边长(m)	固定误差 A (mm)	比例误差系数 B (mm/km)	边长相对中误差
一级	300~500	≤5	≤5	≤1/40000
二级	100~300			≤1/20000

(2) GPS 网的布设

场区 GPS 网应按设计总平面图布设,布设的基本要求如下:

1) 应根据测区的实际情况、精度要求、卫星状况、接收机的类型和数量以及测区已有的测量资料进行综合设计。

2) 首级网布设时,宜联测 2 个以上高等级国家控制点或地方坐标系的高等级控制点;对控制网内的长边,宜构成大地四边形或中点多边形。

3) 控制网应由独立观测边构成一个或若干个闭合环或附合路线;各等级控制网中构成闭合环或附合路线的边数不宜多于 6 条。

4) 各等级控制网中独立基线的观测总数,不宜少于必要观测基线数的 1.5 倍。

5) 加密网应根据工程需要,在满足精度要求的前提下可采用比较灵活的布网方式。

2. GPS 网测量的步骤

(1) 选点与标桩埋设

1）点位应选在土质坚实、稳固可靠的地方，同时要有利于加密和扩展，每个控制点至少应有一个通视方向。

2）点位应选在视野开阔，高度角在 15°以上的范围内，应无障碍物；点位附近不应有强烈干扰接收卫星信号的干扰源或强烈反射卫星信号的物体。

3）充分利用符合要求的既有控制点。

4）控制点埋石应按图 7-35 所示埋设，并绘制点之记。

（2）GPS 观测

1）GPS 控制测量作业的基本技术要求，应符合表 7-6 的规定。

GPS 控制测量作业的基本技术要求　　表 7-6

等　级		一　级	二　级
接收机类型		双频或单频	双频或单频
仪器标称精度		10mm+5ppm	10mm+5ppm
观测量		载波相位	
卫星高度角（°）	静态	≥15	≥15
	快速静态	≥15	≥15
有效观测卫星数	静态	≥4	≥4
	快速静态	≥5	≥5
观测时段长度（min）	静态	≥30	≥30
	快速静态	≥15	≥15
数据采样间隔（s）	静态	10～30	10～30
	快速静态	5～15	5～15
点位几何图形强度因子 PDOP		≤8	≤8

2）GPS 控制测量测站作业，应满足下列要求：

①观测前，应对接收机进行预热和静置，同时应检查电池的容量、接收机的内存和可储存空间是否充足。

②天线安置的对中误差，不应大于 2mm；天线高的量取应精确至 1mm。

③观测中，应避免在接收机近旁使用无线电通信工具。

④作业同时，应做好测站记录，包括控制点点名、接收机序列号、仪器高、开关机时间等相关的测站信息。

3.GPS 测量数据处理

（1）基线解算，应满足下列要求：

1）解算模式可采用单基线解算模式，也可采用多基线解算模式。

2）解算成果，应采用双差固定解。

（2）GPS 控制测量外业观测的全部数据应经同步环、异步环和复测基线检核，并应满足下列要求：

1）同步环各坐标分量及全长闭合差应满足下列各式要求：

$$W_x \leqslant \frac{\sqrt{N}}{5}\sigma \tag{7-18}$$

$$W_y \leqslant \frac{\sqrt{N}}{5}\sigma \tag{7-19}$$

$$W_z \leqslant \frac{\sqrt{N}}{5}\sigma \tag{7-20}$$

$$W = \sqrt{W_x^2 + W_y^2 + W_z^2} \tag{7-21}$$

$$W \leqslant \frac{\sqrt{3N}}{5}\sigma \tag{7-22}$$

式中　N——同步环中基线边的个数；

W——环闭合差。

2）独立基线构成的独立环各坐标分量及全长闭合差应满足下列各式要求：

$$W_x \leqslant 2\sqrt{n}\sigma \tag{7-23}$$

$$W_y \leqslant 2\sqrt{n}\sigma \tag{7-24}$$

$$W_z \leqslant 2\sqrt{n}\sigma \tag{7-25}$$

$$W \leqslant 2\sqrt{3n}\sigma \tag{7-26}$$

式中　n——独立环中基线边的个数。

3）复测基线长度较差应满足下式的要求：

$$d_s \leqslant 2\sqrt{n}\sigma \tag{7-27}$$

式中　n——同一边复测的次数，通常等于 2。

（3）GPS 测量控制网的无约束平差

1）应在 WGS-84 坐标系中进行三维无约束平差，并提供各观测点在 WGS-84 坐标系中的三维坐标、各基线向量三个坐标差观测值的改正数、基线长度、基线方位及相关的精度信息等。

2）无约束平差的基线向量改正数的绝对值，不应超过相应等级的基线长度中误差的 3 倍。

（4）GPS 测量控制网的约束平差

1）应在国家坐标系或地方坐标系中进行二维或三维约束平差。

2）对于已知坐标、距离或方位，可以强制约束，也可加权约束。

3）平差结果应输出观测点在相应坐标系中的二维或三维坐标、基线向量的改正数、基线长度、基线方位角以及相关的精度信息。需要时，还应输出坐标转换参数及其精度信息。

7.4.2　建筑物平面控制测量

建筑物平面控制网通常局限于一定的施工现场及其附近，具有控制范围小、控制点密度大、精度要求高及使用频繁等特点。一般需要根据建筑物的设计形式和特点，布设成导线网、建筑方格网和建筑基线等形式，建筑物平面控制网要依据已建立的场区平面控制点为起算点，按一级或二级控制网进行布设。

1.建筑物平面控制网测量的主要技术要求

建筑物平面控制网测量的主要技术要求应符合表 7-7 的规定。

建筑物施工平面控制网的主要技术要求　　表 7-7

等　级	边长相对中误差	测角中误差
一级	≤1/30000	$7''/\sqrt{n}$
二级	≤1/15000	$15''/\sqrt{n}$

注：n 为建筑物结构的跨数。

2.水平角观测的测回数

水平角观测的测回数，应根据表 7-7 测角中误差的大小选定，如表 7-8 所示。

水平角观测的测回数　　表 7-8

测角中误差　仪器精度等级	2.5″	3.5″	4.0″	5″	10″
1″级仪器	4	3	2		
2″级仪器	6	4		4	1
6″级仪器				4	3

3.边长测量

边长测量宜采用电磁波测距的方法，作业的主要技术要求应符合表 7-3 的相关规定。

4.施工坐标系与测量坐标系的坐标换算

施工坐标系亦称建筑坐标系，其坐标轴与主要建筑物主轴线平行和垂直，以便使用直角坐标法进行建筑物的放样。

施工控制测量的建筑基线和建筑方格网一般采用施工坐标系，而施工坐标系与测量坐标系往往不一致，因此，施工测量前通常需要进行施工坐标系与测量坐标系的坐标换算。

如图 7-38 所示，设 XOY 为测量坐标系，$X'O'Y'$ 为施工坐标系，X_0、Y_0 为施工坐标系的原点 O' 在测量坐标系中的坐标，α 为施工坐标系的纵轴 $O'X'$ 在测量坐标系中的坐标方位角。

设已知 P 点的施工坐标为（x'_P、y'_P），则可按下式将其换算

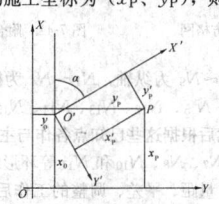

图 7-38　施工坐标系与测量坐标系的换算

为测量坐标（x_P、y_P）：

$$\begin{cases} x_P = x_0 + x'_P \cos\alpha - y'_P \sin\alpha \\ y_P = y_0 + x'_P \sin\alpha + y'_P \cos\alpha \end{cases} \quad (7\text{-}28)$$

如已知 P 的测量坐标，则可按下式将其换算为施工坐标：

$$\begin{cases} x'_P = (x_P - x_0)\cos\alpha + (y_P - y_0)\sin\alpha \\ y'_P = -(x_P - x_0)\sin\alpha + (y_P - y_0)\cos\alpha \end{cases} \quad (7\text{-}29)$$

7.4.2.1　导线网测量

由于导线测量法布网形式灵活多样，根据建筑物的设计形式和特点，建筑物平面导线控制网可布设成单一附合导线或导线网的形式，以便满足建筑物平面放样的要求。

建筑物平面导线控制网与场区平面导线控制网的测设方法大致相同，其主要技术要求和观测方法需满足表 7-7～表 7-9 的规定要求。

7.4.2.2　建筑方格网测量

建筑方格网是由正方形或矩形组成的施工平面控制网，或称矩形网，如图 7-39 所示。建筑方格网适用于按矩形布置的建筑群或大型建筑场地。

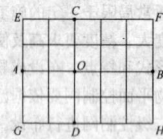

图 7-39　建筑方格网示意图

1. 建筑方格网的测设方法

（1）建筑方格网点初步定位

建筑方格网测量之前，应以建筑物主轴线为基础，对方格点的设计位置进行初步放样。要求初放样的点位误差（对方格网起算点而言）为±50mm。初步放样的点位用木桩临时标定，然后埋设永久标桩。如设计点所在位置地面标高与设计标高相差很大，这时应在方格点设计位置附近的方向线上埋设临时木桩。

（2）建筑方格网点坐标测定方法

建筑方格网点实地位置定出以后，一般采用导线测量法来建立建筑方格网。

1）采用导线测量法建立方格网一般有下列三种：

①中心轴线法

在建筑场地不大，布设一个独立的方格网就能满足施工定线要求时，则一般先行建立方格网中心轴线。如图 7-40 所示，以 AB 为纵轴，以 CD 为横轴，中心交点为 O。轴线测设调整后，再测设方格网，从轴线端点定出 N_1、N_2、N_3 和 N_4 点，组成大方格，通过测角、量边、平差、调整后构成一个四个环形的一级方格网，然后根据大方格边上点位，定出边上的内分点和交会出方格中的中间点，作为网中的二级点。

②附合于主轴线法

如果建筑场地面积较大，需按其建筑物不同精度要求建立方格网，则可以在整个建筑场地测设主轴线，在主轴线下分部建立方格网。如图 7-41 所示，为在一条三点直角形主轴线下建立由许多分部构成的一个整体建筑方格网。

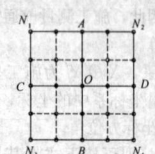

图 7-40　中心轴线方格网

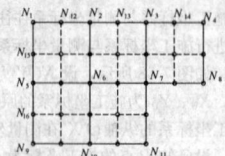

图 7-41　附合于主轴线方格网

图 7-41 中，$N_1 \sim N_9$ 为纵轴，$N_1 \sim N_4$ 为横轴。首先在主轴线上定出 N_2、N_3、N_5、N_{12}、N_{13}、N_{14}、N_{15}、N_{16} 等点作为方格网的起算数据，然后根据这些已知点各作与主轴线垂直方向线相交定出中间各 N_6、N_7、N_8、N_{10} 和 N_{11} 等环形结点，构成五个方格环形，经过测角、量距、平差、调整的工作后成为一级方格网。一级方格网布设完成后，再作内分点、中间点的加密作为二级方格网。

点，这样就形成一个有 31 个点的建筑方格网。

③一次布网法

一般在小型建筑场地和在开阔地区中建立方格网，可以采用一次布网。测设方法有两种情况，一种方法不测设纵横主轴线，尽量布成二级全面方格网，如图 7-42 所示，可以将长边 $N_1 \sim N_5$ 先行定出，再从长边作垂直方向线定出其他方格点 $N_6 \sim N_{15}$，构成八个方格环形，通过测角、量距、平差、调整等工作，构成一个二级全面方格网。另一种方法，只布设纵横轴线作为控制，不构成方格网形。

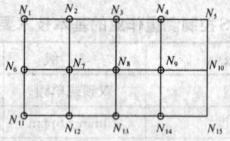

图 7-42　一次布设方格网图

2）水平角观测方法及技术要求

采用导线法建立方格网时，水平方向观测可以采用全圆测回法。水平角观测的主要技术要求应符合 7.4.1.1 中表 7-2 的规定。

3）光电测距

建筑方格网用光电仪测距时，对测距仪的精度和施测要求，应符合表 7-9 的规定。

光电测距仪测距的技术要求　　　　表 7-9

等级	平均边长(m)	测距仪精度		测回数	读数次数	单程或往返
		固定误差(mm)	比例误差(ppm)			
一级	200	5	5	2	4	往返
二级	200	10	5	2	4	单程

2. 建筑方格网的平差计算

建筑方格网的平差方法应同导线网平差一致，采用严密平差法平差。平差时权的确定与导线网平差时确定权的方法相同，即：

$$P_\beta = \frac{u^2}{m_\beta^2} \quad (7\text{-}30)$$

$$P_s = \frac{u^2}{m_s^2} \quad (7\text{-}31)$$

平差中包含有角度和边长两种不同的观测值。因此在平差前应正确地确定它们的测量精度，对于测距仪的测距精度一般采用如下公式：

$$m_s = a + b \cdot D \quad (7\text{-}32)$$

式中　a——仪器标称精度中的固定误差（mm）；

　　　　b——仪器标称精度中的比例误差系数（mm/km）；

　　　　D——测距边长度（km）。

3. 建筑方格网点的归化改正

方格网点经实测和平差计算后的实际坐标往往与设计坐标不一致，则需要在标桩的标板上进行调整，其调整的方法是先计算出方格点的实测坐标与设计坐标的坐标差，计算式是

$$\Delta x = x_{设计} - x_{实际}$$

$$\Delta y = y_{设计} - y_{实际}$$

然后以实测点位至相邻点在标板上方向线来定向，用三角尺在定向边上量出 Δx 与 Δy，如图 7-43 所示，并依据其数值平行推出设计坐标轴线，其交点 A 即为方格点正式点位并进行标定。

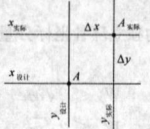

图 7-43　方格网点位改正图

4. 建筑方格网的检查

建筑方格网的归化改正和加密工作完成以后，应对方格网进行全面的实地检查测量。检查时可隔点设站测量角度并实量几条边的

长度，检查的结果应满足表 7-10 和表 7-11 的要求，如个别超出规定，应重新进行归化改正和调整。

方格网的精度要求 表 7-10

等级	主轴线或方格网	边长精度	直线角误差	主轴线交角或直角误差
一级	主轴线	1:50000	±5″	±3″
	方格网	1:40000		±5″
二级	主轴线	1:25000	±10″	±6″
	方格网	1:20000		±10″

建筑方格网的主要技术要求 表 7-11

等级	边长（m）	测角中误差（″）	边长相对中误差
一级	100～300	5	≤1/30000
二级	100～300	8	≤1/14000

7.4.2.3 建筑基线测量

建筑基线是建筑场地的施工控制基准线，即在建筑场地布置一条或几条轴线。它适用于建筑设计总平面图布置比较简单的小型建筑场地。

1. 建筑基线的布设形式和布设要求

（1）建筑基线的布设形式应根据建筑物的分布、施工场地地形等因素来确定。常用的布设形式有"一"字形、"L"形、"十"字形和"T"形，如图 7-44 所示。

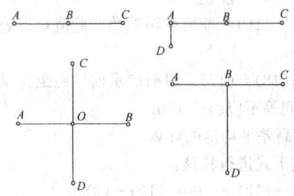

图 7-44 建筑基线的布设形式示意图

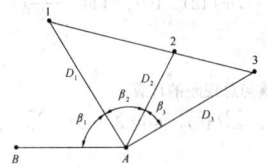

图 7-45 根据控制点测设建筑基线示意图

（2）建筑基线的布设要求

①建筑基线应尽可能靠近拟建的主要建筑物，并与其主要轴线平行，以便使用比较简单的直角坐标法进行建筑物的定位。

②建筑基线上的基线点应不少于三个，以便相互检核。

③建筑基线应尽可能与施工场地的建筑红线相联系。

④基线点位应选在通视良好和不易被破坏的地方，为能长期保存，要埋设永久性的混凝土桩。

2. 建筑基线的测设

（1）建筑基线点初步位置的测定方法及实地标定

1）建筑基线点初步位置的测定方法

在新建筑区，可以利用建筑基线的设计坐标和附近已有建筑场区平面控制点，用极坐标法测设建筑基线。如图 7-45 所示，A、B 为附近已有的建筑场区平面控制点，1、2、3 为选定的建筑基线点。

测设方法如下：

首先根据已知控制点和建筑基线点的坐标，计算出测设放样的数据 β_1、D_1、β_2、D_2、β_3、D_3。然后可采用极坐标法测设 1、2、3 点的概略位置。

测设点位的精度可按式（7-33）估算。

$$m_P = \sqrt{\frac{S^2}{\rho^2} m_\beta^2 + m_S^2} \tag{7-33}$$

式中 m_β ——测设 β 角度的中误差；

S ——控制点至测定点的距离；

m_S ——测定距离 S 的中误差。

2）建筑基线点初步位置的实地标定

建筑基线是整个场地的坚强控制，无论采用何种方法测定，都必须在实地埋设永久标桩。同时在投点埋设标桩时，务必使初步点位居桩顶的中部，以便改点时，有较大活动余地。此外在选定主轴点的位置和实地埋标时，应掌握桩顶的高程。一般的桩顶面高于地面设计高程 0.3m 为宜。否则可先埋设临时木桩，到场地平整以后，进行改点时，再换成永久性标桩。

（2）建筑基线点精确位置的测定和建筑基线方向调整

1）建筑基线点精确位置的测定

按极坐标法所测定主轴点初步位置，不会正好符合设计位置，因而必须将其联系在测量控制点上，并构成附合导线图形，然后进行测量和平差计算，求得主轴点实测坐标值，并将其与设计坐标进行比较。然后，根据它们的坐标差，将实测点与设计点相对位置展绘在透明纸上，在实地以测量控制点定向，改正至设计位置。

一般要求建筑基线定位点的点位中误差不得大于 50mm（相对于测量控制点而言）。

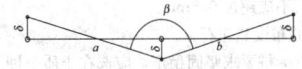

图 7-46 长轴线改点示意图

2）建筑基线方向的调整

建筑基线点放到实地上，并非严格在一条直线上，调整的方法，可以在轴线的交点上测定轴线的交角 β（图 7-46），测角中误差不应超过 ±2.5″。若交角不为 180°，则应按下列公式计算改正值 δ。

$$\delta = -\frac{a \cdot b}{a+b}\left(90° - \frac{\beta}{2}\right) \cdot \frac{1}{\rho} \tag{7-34}$$

改正的方法，是将各点位置按同一改正值 δ 沿横向移动，使各点均在一直线上，如 β 小于 180°，δ 为正值，则中间点往上移，两端点往下移，反之亦然。

改正后必须用同样方法进行检查，其结果与 180° 之差不应超过 ±5″，否则仍应进行改正。

7.5 高程控制测量

场区高程控制网一般采用三、四等水准测量的方法建立。四等也可采用电磁波测距三角高程测量。大型建筑场区的高程控制网应分两级布设，首级为三等水准，次级用四等水准加密。小型建筑场区可用四等水准一次布设。水准网的高程应从附近的高等级水准点引测，作为高程起算的依据。

7.5.1 水 准 测 量

7.5.1.1 水准测量的技术要求和方法

1. 水准测量的主要技术要求

高程控制网应布设成附合或闭合路线，水准测量的主要技术要求应符合表 7-12 的规定。

水准测量的主要技术要求 表 7-12

等级	每千米高差全中误差（mm）	路线长度（km）	水准仪型号	水准尺	观测次数		往返较差、附合或环线闭合差	
					与已知点联测	附合或环线	平地（mm）	山地（mm）
三等	6	≤50	DS1	因瓦	往返各一次	往一次	$12\sqrt{L}$	$4\sqrt{n}$
			DS3	双面		往返各一次		
四等	10	≤16	DS3	双面	往返各一次	往一次	$20\sqrt{L}$	$6\sqrt{n}$

注：1. 结点之间或结点与高级点之间，其路线的长度，不应大于表中规定的 0.7 倍。

2. L 为往返测段、附合或环线的水准路线长度（km）；n 为测站数。

3. 数字水准仪测量的技术要求和同等级的光学水准仪相同。

2. 水准观测的主要技术要求

水准观测的主要技术要求应符合表 7-13 的规定。

水准观测的主要技术要求   表 7-13

等级	水准仪的型号	视线长度(m)	前后视距较差(m)	前后视距较差累计(m)	视线离地面最低高度(m)	基本分划、辅助分划或黑、红面读数较差(mm)	基本分划、辅助分划或黑、红面所测高差较差(mm)
三等	DS1	100	3	6	0.3	1.0	1.5
三等	DS3	75	3	6	0.3	2.0	3.0
四等	DS3	100	5	10	0.2	3.0	5.0

注:三、四等水准采用变动仪器高度单面水准尺时,所测两次高差较差,应与黑面、红面所测高差之差要求相同。

3. 水准测量对水准仪及水准尺的要求

(1) 水准仪:水准仪视准轴与水准管轴的夹角 i,DS1 型不应超过 15″;DS3 型不应超过 20″;补偿式自动安平水准仪的补偿误差 $\Delta\alpha$ 对于三等水准不应超过 0.5″;

(2) 水准尺:水准尺上的米间隔平均长与名义长之差,对于木质双面水准尺,不应超过 0.5mm。

4. 水准点的布设和埋石

各级水准点标桩要求坚固稳定,应选在土质坚硬、便于长期保存和使用方便的地点;墙上水准点应选设于稳定的建筑物上,点位应便于寻找、保存和引用;各等级水准点,应埋设水准标石,并绘制点之记,必要时设置指示桩。

四等水准点也可利用已建立的场区或建筑物平面控制点,点间距离随平面控制点而定。三等水准点一般应单独埋设,点间距离一般以 600m 为宜,可在 400～800m 之间变动。三等水准点一般距离厂房或高大建筑物应不小于 25m,距振动影响范围以外不小于 5m,距回填土边线应不小于 15m。水准基点组应采用深埋水准标桩或利用稳固的建(构)筑物设立墙上水准点。

7.5.1.2 三、四等水准测量

1. 三、四等水准测量观测程序

三、四等水准测量所使用的水准尺均为 3m 长红黑两面的水准尺。其观测方法也相同,即采用中丝测高法,三丝读数。每一测站的观测程序可按"后前前后"进行。

具体观测程序如下:

(1) 按中丝和视距丝在后视尺黑色面上进行读数;

(2) 按中丝和视距丝在前视尺黑色面上进行读数;

(3) 按中丝在前视尺红色面上读数;

(4) 按中丝在后视尺红色面上读数。

2. 三、四等水准测量的记录与计算

每一测站的观测成果应在观测时直接记录于规定格式的手簿(表 7-14)中,不允许记在其他纸张上再进行转抄。每一测站观测完毕之后,应立即进行计算和检核。各项检核数值都在允许范围时,仪器方可搬站。

三、四等水准测量记录手簿   表 7-14

测线:自____至____   天气及成像:____   观测____
日期____年____月____日   尺常数 K:No.12 之 K=4787   记录____
____时____分始 ____时____分终   No.13 之 K=4687   检查____

测站编号	后尺 上丝	前尺 上丝	方向及尺号	黑面	红面	K+黑—红	平均高差
	后尺 下丝	前尺 下丝		水准尺读数			
	后视距离	前视距离					
	视距差	视距累积差					
1	(1)	(4)	后	(3)	(8)	(10)	
	(2)	(5)	前	(6)	(7)	(9)	
	(15)	(16)	后—前	(11)	(12)	(13)	(14)
	(17)	(18)					
1	157.1	073.9	后 12	1.384	6.171	0	+0.8325
	119.7	036.3	前 13	0.551	5.239	−1	
	37.5	37.6	后—前	+0.833	+0.932	+1	
	−0.2	−0.2					

续表

测站编号	后尺 上丝	前尺 上丝	方向及尺号	黑面	红面	K+黑—红	平均高差
	后尺 下丝	前尺 下丝		水准尺读数			
	后视距离	前视距离					
	视距差	视距累积差					
2	212.1	219.6	后 13	1.934	6.621	0	−0.0745
	174.7	182.1	前 12	2.008	6.796	−1	
	37.5	37.5	后—前	−0.074	−0.175	+1	
	−0.1	−0.3					

现根据三、四等水准测量记录格式,以实例表示其记录计算的方法与程序。示例表格内格中括号中的号码,表示相应的观测读数与计算的次序。现说明如下:

(1) 高差部分

(10)=(3)+K—(8),(9)=(6)+K—(7);(9)及(10)对三等不得大于 2mm,对四等不得大于 3mm。式中 K 为水准尺黑红面的常数差。本例中标尺 No.12 之 K=4787,No.13 之 K=4687。

(11)=(3)—(6),(12)=(8)—(7)±100(100 为两尺红面常数差)。

(13)=(11)—(12)±100=(10)—(9)(校核);(13)对三等不得大于 3mm,四等不得大于 5mm。

(2) 视距部分

(15)=(1)—(2)=后视距离。

(16)=(4)—(5)=前视距离。

(17)=(15)—(16)=前后视距差数,此值对三等不应超出 2m,四等不应超过 3m。

(18)=前站(18)+(17)。(18)表示前视距的累计值,对三等不应超过 5m,四等不应超过 10m。

(3) 检核与高差平均值的计算

观测后应按下式进行检核:

(13)=(11)—(12)± 100=(10)—(9)

高差平均值按下列三式计算并校核:

$(14)=\frac{1}{2}[(11)+(12)\pm100]=(11)-\frac{1}{2}(13)=(12)\pm100+\frac{1}{2}(13)$

(4) 末站检核与总视距的计算

求出 $\sum(15)$、$\sum(16)$,并用 $\sum(15)-\sum(16)=(18)$ 对末站作检核。

所测路线的总视距 $=\sum(15)+\sum(16)$。

3. 水准网的平差计算和精度评定

水准网的平差,根据水准路线布设的情况,可采用各种不同的方法。附合在已知点上构成结点的水准网,采用结点平差法。若水准网只具有 2～3 个结点,路线比较简单,则采用等权代替法。

当每条水准路线分测段施测时,应按(式 7-35)计算每千米水准测量的高差偶然中误差,其绝对值不应超过表 7-12 中相应等级每千米高差全中误差的 1/2。

$$M_\Delta=\sqrt{\frac{1}{4n}\left[\frac{\Delta\Delta}{L}\right]}   (7-35)$$

式中 M_Δ——高差偶然中误差(mm);

Δ——测段往返高差不符值(mm);

L——测段长度(km);

n——测段数。

水准测量结束后,应按式(7-36)计算每千米水准测量高差全中误差,其绝对值不应超过表 7-12 中相应等级的规定。

$$M_W=\sqrt{\frac{1}{N}\left[\frac{WW}{L}\right]}   (7-36)$$

式中 M_W——高差全中误差(mm);

W——附合或环线闭合差(mm);

L——计算各 W 时,相应的路线长度(km);

N——附合路线和闭合环的总个数。

当三等水准测量与国家水准点附合时,高山地区除应进行正常

位水准面不平行修正外，还应进行其重力异常的归算修正。

各等级水准网，应按最小二乘法进行平差并计算每千米高差全中误差。

高差成果的取值，三、四等水准应精确至1mm。

7.5.2　电磁波测距三角高程测量

电磁波测距三角高程测量一般适用于测定在山区或位于高层建筑物上控制点的高程，一般在平面控制点上布设成三角高程网或高程导线，电磁波三角高程测量在一定条件下可以代替四等水准测量。

如图7-47所示，已知 A 点的高程 H_A，欲求 B 点高程 H_B，可将全站仪安置在 A 点，量取仪器高 i，照准 B 点目标的反光镜或觇牌 B'，测得竖直角 α，量取 B 点目标高为 v。设已知两点间水平距离为 D_{AB}，则两点间的高差计算式为：

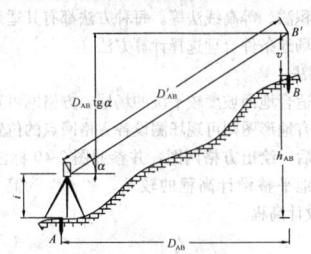

图7-47　电磁波测距三角高程测量

$$h_{AB} = D_{AB}\mathrm{tg}\alpha + i - v \qquad (7\text{-}37)$$

1. 电磁波测距三角高程测量的主要技术要求

电磁波测距三角高程测量的主要技术要求，应符合表 7-15 的规定。

电磁波测距三角高程测量的主要技术要求　表 7-15

等级	每千米高差全中误差（mm）	边长（km）	观测方式	对向观测高差较差（mm）	附合或环形闭合差（mm）
四等	10	$\leqslant 1$	对向观测	$40\sqrt{D}$	$20\sqrt{\Sigma D}$

注：1. D 为测距边的长度（km）。

　　2. 起讫点的精度等级，四等应起讫于不低于三等水准的高程点上。

　　3. 路线长度不应超过相应等级水准路线的长度限值。

2. 电磁波测距三角高程观测的技术要求

（1）电磁波测距三角高程观测的主要技术要求，应符合表 7-16 的规定。

电磁波测距三角高程观测的主要技术要求　表 7-16

等级	垂直角观测			边长测量	
	仪器精度等级	测回数	指标差较差（"）	测回较差（"）	仪器精度等级	观测次数
四等	2"级仪器	3	$\leqslant 7"$	$\leqslant 7"$	10mm级仪器	往返各一次

（2）垂直角的对向观测，当直觇完成后应即刻迁站进行返觇测量。

（3）仪器、反光镜或觇牌的高度，应在观测前后各量测一次并精确至1mm，取其平均值作为最终高度。

3. 电磁波测距三角高程测量的数据处理要求

（1）直返觇的高差，应进行地球曲率和折光差的改正。

（2）平差前，应按式（7-36）计算每千米高差全中误差。

$$M_W = \sqrt{\frac{1}{N}\left[\frac{WW}{L}\right]} \qquad (7\text{-}36)$$

式中　M_W——高差全中误差（mm）；

　　　W——附合或环线闭合差（mm）；

　　　L——计算各 W 时，相应的路线长度（km）。

N——附合路线和闭合环的总个数。

（3）各等级高程网，应按最小二乘法进行平差并计算每千米高差全中误差。

（4）高程成果的取值，应精确至1mm。

7.6　建筑施工场地测量

7.6.1　场地平整测量

场地平整是指在建筑红线范围内的自然地形现状，通过人工或机械挖填平整改造成为设计所需要的平面，以利现场平面布置和文明施工。

7.6.1.1　场地平整的依据和合理规划

场地平整以工程设计的建筑总平面图的室外地坪标高为依据，综合考虑工程施工的具体情况，按照总体规划、生产施工工艺、交通运输和场地排水等要求，并尽量使土方的挖填平衡，减少运土量和重复挖运。若基础开挖为深基坑开挖时，即挖方远大于开挖区域外的填方时，在土方调配中，还需要考虑回填土的预存计划，为以后的土方回填做长远的打算。

7.6.1.2　场地平整的工序和准备工作

一般情况下，场地平整的施工工序为：现场勘察→清除地面障碍物→标定整平范围→水准基点检核和引测→设置方格网和测量标高→计算土方挖填工程量→平整土方→场地压实处理→验收。

了解其工艺流程后，就可以根据其步骤进行测量工作。首先，在现场勘察过程中，测量人员应到现场进行勘察，了解场地地形、地貌、周围环境、平面控制和高程控制基点；然后根据建筑总平面图及施工现场平面布置规划了解并确定现场平整场地的施工工序和主次关系，必要时测绘出场区的大比例尺地形图，为改进现场平面规划提供更全面的资料；然后复核平面控制点和高程控制基点，需要时还应进行基点加密测设，为场地测量做好前期准备。

7.6.1.3　场地平整的技术要求

平整场地的一般要求如下：

1. 平整场地应做好地面排水。平整场地的表面坡度应符合设计要求，一般应向排水沟方向做成不小于 0.2‰ 的坡度。

2. 平整后的场地表面应进行检查，检查点为每 100～400m 取 1 点，但不少于 10 点；长度、宽度和边坡均为每 20m 取 1 点，每边不少于 1 点。

3. 场地平整应经常测量和校核其平面位置、水平标高和边坡坡度是否符合设计要求。平面控制桩和水准控制点应采取可靠措施加以保护，定期复测和检查。

7.6.1.4　场地平整标高的计算

对较大面积的场地平整，正确地选择场地平整标高，对节约工程成本、加快建设速度均具有重要意义。场地平整高度计算常用的方法为"挖填土方量平衡法"，因其概念直观，计算简便，精度能满足工程要求，应用最为广泛，其计算步骤和方法如下：

（1）计算场地平整标高

在建筑群的建筑总平面图中，都会反映出室外地坪标高 H' 和总体规划道路的坡度方向和标高，因此，在考虑争取一步平整到位的"效益原则"上，场地平整应以建筑总平面图的数据为依据，并结合现场施工总平面布置图，进行挖填平衡计算。场地平整标高计算如下：

如图 7-48（a），将地形图划分边长为 a 的方格网，每个方格的角点标高，一般可根据地形图上相邻两等高线的标高，用内插法求得。当无地形图时，亦可在现场布置方格网，然后用仪器直接测出。

一般应使场地内的土方在平整前和平整后相等并达到挖方和填方平衡，如图 7-48（b）。设达到挖填平衡的场地平整标高为 H_0，H_0 值可由下式求得：

$$H_0 = \frac{\sum H_1 + 2\sum H_2 + 3\sum H_3 + 4\sum H_4}{4N} \qquad (7\text{-}38)$$

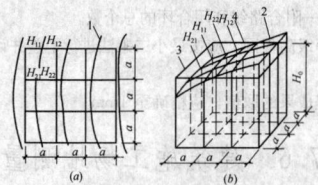

图 7-48 场地设计标高计算简图

(a) 地形图上划分方格；(b) 设计标高示意图
1—等高线；2—自然地坪；3—平整标高平面；
4—自然地面与平整标高平面的交线（零线）

式中 N——方格网数（个）；

$H_{11} \cdots H_{22}$——任一方格的四个角点的标高（m）；

H_1——一个方格共有的角点标高（m）；

H_2——二个方格共有的角点标高（m）；

H_3——三个方格共有的角点标高（m）；

H_4——四个方格共有的角点标高（m）。

此时，仅考虑基坑开挖区域外的挖填平衡计算，若 H_0 与场外地坪标高 H' 的差值在±100mm时，则可取 H_0 作为场地平整的标高。

（2）场地平整标高的适度调整值

上式计算的 H_0 为一理论数值，实际尚需考虑土的可松散系数、平整标高以下各种填方工程用土量或平整标高以上的各种挖方工程量、边坡填挖土方量不等、部分挖方就近弃土于场外或部分填方就近从场外取土、开挖方案等因素。考虑这些因素所引起的挖填土方量的变化后，可适当提高或降低平整标高。

（3）施工现场总平面布置图对场地平整标高的影响

式（7-38）计算的 H_0 未考虑场地中规划道路和排水的要求，因此，应根据规划道路和排水坡度的技术要求，增加规划道路施工和排水设施所产生的挖方量。如场地面积较大，应有 2‰ 以上排水坡度，尚应考虑排水坡度对平整标高的影响。故场地内任一点实际施工时所采用的平整标高 H_n（m）可由下式计算：

单向排水时 $H_n = H_0 + l \cdot i$ (7-39)

双向排水时 $H_n = H_0 \pm l_x i_x \pm l_y i_y$ (7-40)

式中 l——该点至 H_0 的距离（m）；

i——x 方向或 y 方向的排水坡度（不少于 2‰）；

l_x，l_y——该点于 $x-x$、$y-y$ 方向距场地中心线的距离（m）；

i_x，i_y——分别为 x 方向和 y 方向的排水坡度；

±——该点比 H_0 高则取"＋"号，反之取"－"号。

7.6.1.5 场地平整测量方法

1. 方格网测设

在建筑施工测量中，方格网法是场地平整的土方计算主要方法。

（1）方格网布设的基本原则

方格网的布设主要遵循以下几个原则：

1）场地的起伏情况是决定方格网布设最重要的依据，一般起伏不大的场地（成人站在场地中央能观测到场地各处边界），方格网边长一般为 10~40m，对于场地起伏比较大的场地，边长一般为 5~10m。具体取值还要依据对土方计算的精度要求和场地具体情况确定；

2）方格网的坐标系应尽量与建筑物坐标系相平行；

3）方格网点应布满整个施工区域；

4）地形起伏不一致的场地，应根据局部区域的场地起伏情况，适当的增大或减小方格网的边长。

（2）方格网测设的方法

方格网测设方法主要有：经纬仪测设法、全站仪测设法。

1）经纬仪测设法

经纬仪测设法是使用经纬仪测设角度和钢尺量距确定网点位置的方法。适用于地势比较平缓的地形。

操作方法：

a. 在场区一边的边界线附近选择其边界的一个角点作为测设

起始点，在起始点上架设经纬仪，选择场区的长边方向尽量平行拟建建筑物的同方向轴线，并在该方向另一边边界上定方向点；

b. 在选定的方向上，以角点为起点，用钢尺量距，经纬仪定向，按一定间距测设出此方向上的方格网点；

c. 经纬仪分别在每个网点拨设 90° 在另一方向上按同样方法测设网点；

d. 在直角长边方向的网点上，依次架设经纬仪拨设 90°，并以此方向点定向，用同样的方法测设其他直角边的网点。

2）全站仪测设法

全站仪测设法与经纬仪测设法原理相同，只是距离测量使用全站仪测量，该方法测量精度高，适用于所有的地形。

7.6.1.6 填挖土方计算

确定场地平整标高后，以此为基准进行土方挖填平衡计算，确定平衡调配方案。填挖土方计算的方法有多种，常用的方法有：方格网法、截面积法、等高线法等。每种方法都有其适用的条件和局限性，应根据场地条件合理选择计算方法。

1. 方格网法

方格网法适合地面坡度较平缓的场地。方格网可直接在地形图上绘制，如没有地形图则可现场测设各方格网点的位置和高程。方格网测设完毕后，绘出方格网图，并参照图 7-49 标注各方格网点的高程及与场地平整设计高程的较差，"＋"为高于设计高程，"－"为低于设计高程。

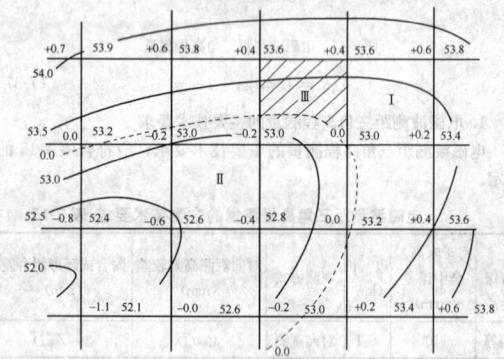

图 7-49 方格网图

方格网法的首要任务是计算出零线，零线即挖方区与填方区的交线，在该线上，施工高度为零。零线的确定方法是：在相邻角点施工高度为一挖一填的方格边线上，用插入法求出方格边线上零点的位置（图 7-50），再将各相邻的零点连接起来即得零线。

土方工程量计算方法和详细步骤详列于表 7-17 中。

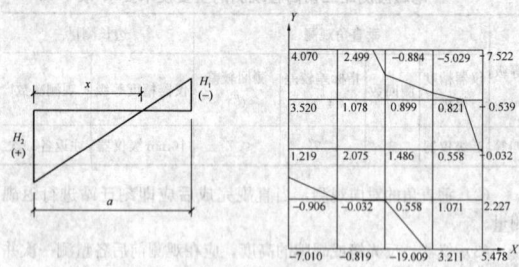

图 7-50 零点计算图

方格网土方量的图形计算   表 7-17

土方量特点	方格网示意图	计算公式
一边填方或挖方（三角形）		$V = \frac{1}{2} bc \cdot \frac{\sum h}{3} = \frac{bch_3}{6}$ 当 $b = c = a$ 时，$V = \frac{a^2 h_3}{6}$

续表

土方量特点	方格网示意图	计算公式
二点填方或挖方（梯形）		$V_- = \frac{b+c}{2} a \frac{\Sigma h}{4} = \frac{a}{8}$ $(b+c)(h_1+h_3)$ $V_+ = \frac{b+e}{2} a \frac{\Sigma h}{4} = \frac{a}{8}$ $(b+e)(h_2+h_4)$
三点填方或挖方（五角形）		$V = \left(a^2 - \frac{bc}{2}\right) \frac{\Sigma h}{5}$ $= \left(a^2 - \frac{bc}{2}\right)$ $\frac{h_1+h_2+h_3}{5}$
四点填方或挖方（正方形）		$V = \frac{a^2}{4} \Sigma h = \frac{a^2}{4} (h_1 + h_2 + h_3 + h_4)$

2. 截面积法（横截面法）

截面积法也称横截面法，适用于地形起伏变化较大地区，或者地形狭长、挖填深度较大又不规则的地区，计算方法较为简单方便，但精度较低。其计算步骤和方法如表 7-18、表 7-19 所示，土方量汇总表见表 7-20。

截面积法计算步骤　　　　表 7-18

示意图	计算步骤方法
	1. 划分横截面　根据地形图、竖向布置图或现场检测，将要计算的场地划分为若干个横截面 AA'、BB'、CC'……使截面尽量垂直等高线或建筑物边长；截面间距可取长，一般取 10m 或 20m，但最大不大于 100m。 2. 画横截面图形　按比例绘制每个横截面的自然地面和设计地面的轮廓线。自然地面轮廓线和设计地面轮廓线之间的面积，即为挖方或填方的截面积。 3. 计算横截面面积　按表 7-20 中面积计算公式，计算每个横截面的挖方或填方截面积。 4. 计算土方工程量　根据横截面面积计算土方工程量 $V = \frac{(A_1 + A_2)}{2} \cdot S$ 式中　V——相邻两截面间土方量（m³）； 　　　A_1、A_2——相邻两截面的挖方（＋）[或填方（－）] 的截面积（m²）； 　　　S——相邻两截面间的间距。 5. 汇总　按表 7-20 格式汇总全部土方工程量

常用横截面计算公式　　　　表 7-19

项次	示意图	面积计算公式
1		$A = h(b + nh)$
2		$A = h\left[b + \frac{h(m+n)}{2}\right]$
3		$A = b \cdot \frac{h_1 + h_2}{2} + nh_1 h_2$

续表

项次	示意图	面积计算公式
4		$A = h_1 \cdot \frac{a_1 + a_2}{2} + h_2 \cdot \frac{a_2 + a_3}{2}$ $+ h_3 \cdot \frac{a_3 + a_4}{2}$ $+ h_4 \cdot \frac{a_4 + a_5}{2} + h_5 \cdot \frac{a_5 + a_6}{2}$
5		$A = \frac{a}{2}(h_0 + 2h + h_7)$ $h = h_1 + h_2 + h_3 + h_4 + h_5 + h_6$

土方量汇总表　　　　表 7-20

截面	填方面积（m²）	挖方面积（m²）	截面间距（m）	填方体积（m³）	挖方体积（m³）
$A-A'$					
$B-B'$					
$C-C'$					
合　计					

3. 等高线法

如果地形起伏较大时，可以采用等高线法计算土石方量。首先从设计高程的等高线开始计算出各条等高线所包围的面积，然后将相邻等高线面积的平均值乘以等高距即得总的填挖方量。等高线所包围的面积，可采用求积仪法，方格网法等获得，如果是数字图，可在 CAD 上查询获得。以图 7-51 为例，地形图的等高距为 5m，要求平整场地后的设计高程为 492m，按等高线法计算土方量方法如下：

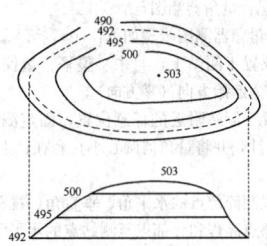

图 7-51　等高线法计算示意图

首先在地形图中内插出设计高程为 492m 的等高线（如图 7-51 中虚线），再求出 492m、495m、500m 三条等高线所围成的面积 A_{492}、A_{495}、A_{500}，即可算出每层土方的挖方量为：

$$V_{492\sim495} = \frac{1}{2}(A_{492} + A_{495}) \times 3$$

$$V_{495\sim500} = \frac{1}{2}(A_{495} + A_{500}) \times 5$$

$$V_{500\sim505} = \frac{1}{3}A_{500} \times 3$$

则总的土石方挖方量为：$V_{总} = \sum V = V_{492\sim495} + V_{495\sim500} + V_{500\sim505}$

式中　$V_{总}$——492m、495m、500m 3 条等高线围成区域的土方挖方量；

$V_{492\sim495}$——492m、495m 2 条等高线围成区域的土方挖方量；

$V_{495\sim500}$——495m、500m 2 条等高线围成区域的土方挖方量；

$V_{500\sim505}$——500m、505m 2 条等高线围成区域的土方挖方量。

7.6.2　场地地形和布置测量

7.6.2.1　场地地形测量

1. 场地地形测量的目的

在建筑施工中，为规划施工场区的现场平面布置，需要测绘场

区地形图，从地形图上了解场地详细地貌和地物的信息，以便根据拟建建筑物与场区的位置关系，根据挖填平衡原则，更经济合理地对场区进行规划。

2. 地形测量的方法

场地一般进行大比例尺地形图测量，比例尺为 1：200、1：500、1：1000 和 1：2000。地形测量控制网是在施工控制网基础上进行加密得到的。坐标系统和高程系统应与施工坐标系、高程系统相一致，有时候考虑方便施测也可以采用独立坐标系统，然后根据需要进行数据转换。地形测量图幅按正方形分幅，图式符号执行国家最新版本的相关地形图图式。地形测量由于外业数据采集和内业成图所使用的仪器和软件不同而采用不同的方法，不论采用何种方法，成图都必须满足相关规范和用户要求。

(1) 图根控制点的测量

1) 一般规定

① 图根点是直接供测图使用的平面和高程控制点，可在各等级控制点上采用经纬仪交会法、测距导线法、全站仪坐标法、三角高程、水准测量、GPS 等方法测量。

② 图根点或测站点的精度以相对于邻近控制点的中误差来衡量，其点位中误差不应超过图上±0.1mm；其高程中误差不应超过测图基本等高距的 1/10。

③ 图根点可以采用临时地面标志。

④ 图根点的密度因测图使用的仪器不同要求也不同，只要能够保证碎部点的平面高程精度即可。

⑤ 测站点可以在测图过程中根据需要随时增设。

⑥ 其他相关规定见《工程测量规范》(GB 50026)。

(2) 地形测量测绘内容及取舍

地形图应表示测量控制点、居民地和垣栅、工矿建筑物及其他设施、交通及附属设施、管线及附属设施、水系及附属设施、境界、地貌和土质、植被等各项地物、地貌要素，以及地理名称注记等，并着重显示与测图用途有关的各项要素。

(3) 地形图测量方法简介

1) 经纬仪配合量角器测图

经纬仪配合量角器测图步骤如下：

① 将经纬仪置于测站上，对中、整平、量仪器高，后视附近的一个控制点作为起始方向（零方向）。

② 小平板置于测站附近的任意位置，固定测图板，在图上测站点位置插绣花针，并将量角器圆心小孔套在针上，画出测站点至后视点的方向线。

③ 经纬仪观测碎部点的水平角、垂直角、视距。

④ 计算碎部点高程和碎部点到测站点的水平距离。

⑤ 用量角器和比例尺，按水平角、水平距离刺点，标注高程。

⑥ 重复③、④、⑤操作，完成其他碎部点测量。

⑦ 检查后视方向是否变动，勾绘，巡视检查，本站测量结束。

⑧ 用此法进行小面积测图时，可记录经纬仪野外观测数据，并绘制草图，在室内展点勾绘。

⑨ 为了解决量角器估读误差太大和量角器圆心偏心问题，可根据观测的水平角、垂直角、视距计算出碎部点的坐标和高程，用三角板和直尺或坐标尺手工展点。

⑩ 当视距较短时，用钢尺或皮尺量距代替视距，可以大大提高测距的精度。

⑪ 用经纬仪或经纬仪配钢尺（或皮尺）测量的测图数据可以计算、整理成坐标数据文件，用机助成图法成图。

2) 全站仪测记法测图

全站仪测记法测图步骤如下：

① 设站：对中整平，量仪器高，输入气温、气压、棱镜常数；建立（选择）文件名；输入测站坐标、高程和仪器高；瞄准后视目标后确定。

② 检查：测量 1 个已知坐标点的坐标并与原坐标比较（限差为图上 0.1mm）；测量 1 个已知高程点的高程并与原高程比较（限差为 1/10 基本等高距）；如果前两项检查都在限差范围内，便可开始测量，否则查找原因重新检查。

③ 立镜：依比例尺地物轮廓线的转折点、半依比例尺或不依

比例尺地物的中心位置和作为定位立镜点。

④ 观测：在建筑物的外角点、地界点、地形点上竖棱镜，回报镜高；全站仪跟踪棱镜，输入点号和棱镜高，在坐标测量状态下按测量键，显示测量数据后，输入测点类型代码后存储数据。继续下一个点的观测。

⑤ 皮尺量距：对于那些本站需要测量而仪器无法看见的点，可用皮尺量距来确定点位；半径大于 0.5m 的点状地物，如不能直接测定中心位置，应测量偏心距，并在草图上注明偏心方向；丈量的距离应标注在草图上。

⑥ 绘草图：现场绘制地形草图，标注立镜点的点号和丈量的距离，房屋结构、层次，道路铺材，植被，地名，管线走向、类别等。草图是内业编绘工作的依据之一，应尽量详细。草图的绘制应与碎部测量同步进行。

⑦ 检查：测量过程中每测量 30 点左右及收站前，应检查后视方向，也可以在其他控制点上进行方位角或坐标、高程检查。

⑧ 数据传输：连接全站仪与计算机之间的数据传输电缆；设置通信参数；在全站仪中选择要传输的文件和传输格式后按发送命令；计算机接收数据后以文本文件的形式存盘。

⑨ 数据转换：通过软件将测量数据转换为成图软件识别的格式。

⑩ 编绘：在专业软件平台下进行地形图编绘，具体操作依照相应软件使用说明进行。

⑪ 建立测区图库，图幅接边，输出成图。

⑫ 注意：每次外业观测的数据应当天输入计算机，以防数据丢失；外业绘制草图的人员与内业编绘人员最好是同一个人，且同一区域的外业和内业工作间隔时间不要太长。

3. 地形测量的精度要求

地形测量精度应该符合《工程测量规范》(GB 50026—2007) 中 "地形测量" 的相关规定。

7.6.2.2　场地布置测量

1. 布置的依据

场地布置测量应根据建筑总平面图、施工组织设计、施工现场总平面布置图进行，并应遵守各项规程、规范的相关技术要求。

(1) 确定场地布置测量依据

首先，我们要根据建筑总平面图获得室外地坪的标高和拟建建筑物的平面位置，结合场地平整标高，找出场地布置的标高和平面测量的施工依据。

(2) 场地布置测量安排

施工组织设计详细地说明了施工生产的安排工序，因此，场地布置的测量顺序应以施工组织设计为依据，根据施工生产的安排进行。

(3) 施工现场平面总布置图

施工现场平面总布置图对布置内容、尺寸和位置都有详细的表示，应结合建筑总平面布置图，测设出场地测量的平面和标高控制点，按照施工组织设计的安排，有序地进行场地布置测量。

2. 临时设施布置测量

临时设施布置测量是根据土方和基础工程规模、工期长短、施工力量安排等需要修建简易的临时性生产和生活设施（如工具库、材料库、油库、机具库、修理棚、休息棚、茶炉棚等），以及敷设管线、道路等进行的测量工作。

(1) 平面测量的依据

通常情况下，平面测量的依据主要有：现场已有建筑物的定位桩、施工控制网、测设出建筑物的轮廓线或轴线控制线等。

若施工场地比较大时，可加密施工控制网，从而测设出连接建筑物与临时设施的相对位置关系的基线，以此作为平面控制的依据。

(2) 平面测量

① 通过建筑总平面设计图与施工现场平面布置图，找出所放样的点位与拟建建筑物的相对位置关系；

② 根据平面控制线，使用全站仪，通过拨角量边的方法测设放样出临时房屋、临时道路、管线埋设和排水设施等点位。

(3) 高程测量的依据

高程测量的依据为施工场地的首级和加密高程控制点。

（4）高程测量

①临时房屋：根据施工现场平面图中的设计标高，临时房屋的高程控制可用+50cm或+1.000m标高线控制；

②临时管线：根据施工现场平面图中的设计埋设或架设标高，可用水准测量方法控制管线的埋设，管线的架设则可用+50cm或+1.000m标高线控制。

7.6.2.3 场地布置测量允许误差技术要求

施工场地测量允许误差，应符合表7-21的规定。

施工场地测量允许误差　　　　表7-21

内　容	平面位置（mm）	高程（mm）
场地平整测量方格网点	50	±20
场地施工道路	70	±50
场区临时上水管道	70	±50
场区临时下水管道	50	±50
施工临时电缆管线	50	±70
暂设建（构）筑物	50	±30

7.7 基础施工测量

7.7.1 基槽开挖施工测量

基槽开挖的基础根据结构形式可分为：条形基础、杯形基础、筏板（筏形）基础和箱形基础。其中筏板基础和箱形基础为整体开挖基础，基础形式的不同，开挖过程中的测量工作也不尽相同，下面分别介绍每种基础形式的基槽开挖测量工作。

7.7.1.1 条形基础施工测量

建筑物墙的基础通常连续设置成长条形，称为条形基础，是浅基础的一种常见形式。施工测量工作包括基槽开挖上、下口线、基槽坡度放样，基槽底面高程测量。

首先根据设计图纸和开挖方案，计算出开挖上下口线的位置，然后利用轴线控制桩和计算的数据，放样出开挖上、下口线，撒上白灰作为开挖标记。

由于条形基础是浅基础，因此一般是一次开挖到位。在开挖过程，以轴线控制桩为准测设基槽边线，两灰线外侧为槽宽；从第一开挖点开始，测量其挖点的标高，根据所测数据指挥下一个挖点的挖深。

7.7.1.2 杯形基础施工测量

当建筑物上部结构采用框架结构或单层排架及门架结构承重时，其基础常采用方形或矩形的单独基础，这种基础称独立基础或柱式基础。独立基础是柱下基础的基本形式，当柱采用预制构件时，则基础做成杯口形，然后将柱子插入并嵌固在杯口内，故称杯形基础。见图7-52。

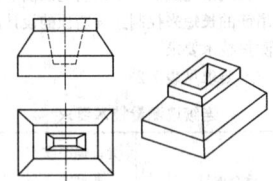

图7-52　杯形基础

测量时同样首先根据设计图纸和开挖方案，计算出开挖上下口线的位置，利用轴线控制桩和计算的数据，放样出开挖上、下口线，撒上白灰作为开挖标记。

杯形基础为独立基础，其开挖面小而浅，在开挖过程，以轴线控制桩为准测设基槽边线，两灰线外侧为槽宽；同样从第一开挖点开始，测量其挖点的标高，根据所测数据指挥下一个挖点的挖深。

7.7.1.3 整体开挖基础施工测量

当柱子或墙承载的荷载很大，地基土较软弱，用单独基础或条形基础都不能满足地基承载力要求时，往往需要把整个房屋底面

（或地下室部分）做成一片连续的钢筋混凝土板，作为房屋的基础，称为筏板基础（筏形基础）。为了增加基础板的刚度，以减小不均匀沉降，高层建筑往往把地下室的底板、顶板、侧墙及一定数量的内隔墙一起构成一个整体刚度很强的钢筋混凝土箱形结构，称为箱形基础。筏板基础与箱形基础形式在基坑开挖过程中的特征基本相同，因此，下面以梁式筏板基础为例，详细介绍开挖中的施工测量。

1. 开挖线的测设

（1）基础测量数据的获取

测设前，应熟悉建筑物的设计图纸了，了解施工建筑物与相邻地物的相互关系，以及建筑物的尺寸和施工的要求等，并仔细核对各设计图纸的有关尺寸，并从以下图纸中查找测量所需基础数据：

1）从总平面图上查取或计算设计建筑物与原有建筑物或测量控制点之间的平面尺寸和高差，作为测设建筑物总体位置的依据。

2）从建筑平面图中查取建筑物的总尺寸，以及内部各定位轴线之间的关系尺寸，作为施工测量的基本资料。

3）从基础平面图上查取基础边线与定位轴线的平面尺寸，作为测设基础轴线的必要数据。

4）从基础详图中查取基础立面尺寸和设计标高，作为基础高程测设的依据。

5）从建筑物的立面图和剖面图中查取基础、地坪、门窗、楼板、屋架和屋面等设计高程，作为高程测设的主要依据。

（2）测设数据计算

获取以上数据之后，根据施工方案，按基槽开挖线示意图7-53计算出基槽上口下口的开挖尺寸。基槽上口线＝结构外皮线＋施工面宽度＋放坡系数×基槽深度h。

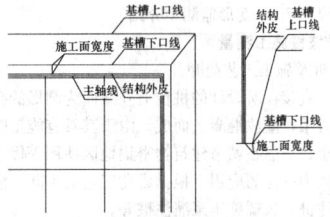

图7-53　基槽开挖线示意图

（3）开挖线的测设

依据已布设的平面控制网测设轴线控制桩，根据轴线控制线与开挖线的位置关系，用钢尺丈量出开挖线的位置，并用白灰把基槽外边线交点连在一起。

2. 开挖过程中的平面控制

不管是自然大开挖或者是有支护结构的基坑开挖，均应严格按照开挖方案进行测量控制。需要注意的是有支护结构时，要配合支护工程进行挖深控制，因此，在开挖的过程中，应根据支护工程的挖深要求，对每步开挖的下口线进行控制。

开挖过程中，根据每步开挖所撒的开挖下口线，从开挖的第一个开挖点起，根据挖深、坡度和标高严格控制其开挖的下口位置；并沿开挖路线每推进3～4m时，采用"经纬仪挑线法"等方法，在轴线控制桩上架设经纬仪，在挖深部位投测出轴线控制线，并钉桩拉线，然后通过每步挖深下口线与轴线控制线的相对关系，对下口线进行平面控制，准确放样出该挖深标高的坡脚平面位置；依此方法，一直到槽底开挖设计标高预留位置。

3. 开挖过程的标高控制

开挖过程中，通过标高控制，避免因超挖过或少挖而造成高程误差累积，从而保证按设计要求进行开挖高程控制。标高控制的重要任务是开挖过程中的标高传递，可以根据开挖深度和坡度来选择水准仪测量加悬挂钢尺等方法进行。图7-54为水准仪加钢尺标高传递的示意图。

4. 测量技术要求

（1）条形基础放线，以轴线控制桩测设基槽边线并撒灰线，两灰线外侧为槽宽，共允许误差为−10～+20mm；

（2）杯形基础放线，以轴线控制桩测设柱中心桩，再以柱中心

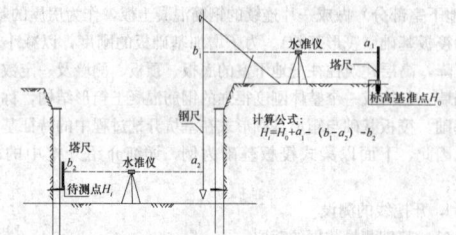

计算公式：
$$H = H_0 + a_1 - (b_1 - a_2) - b_2$$

图 7-54　高程传递示意图

桩及其轴线方向定出柱基开挖边线，中心桩的允许误差为±3mm；

（3）整体开挖基础放线，地下连续墙施工时，应以轴线控制桩测设连续墙中线，中线横向允许误差为±10mm；混凝土灌注桩施工时，应以轴线控制桩测设灌注桩中线，中线横向允许误差为±20mm；大开挖施工时应根据轴线控制桩分别测设出基槽上、下口径位置桩，并标定开挖边线，上口桩允许误差为−20～+50mm，下口桩允许误差为−10～+20mm。

（4）在条形基础与杯形基础开挖中，应在槽壁上每隔3m距离测设距槽底设计标高 500mm 或 1000mm 的水平桩，允许误差为±5mm。

（5）整体开挖基础，当挖土接近槽底时，应及时测设坡脚与槽底上口标高，并拉通线控制槽底标高。

7.7.2　支护结构施工测量

支护结构包括护坡桩、地下连续墙、土钉墙和沉井等，支护结构施工测量包括施工测量方法和监测，下面主要阐述施工测量方法，监测内容在 7.11 变形监测中介绍。

7.7.2.1　护坡桩施工测量

1. 护坡桩及施工工艺简介

护坡桩是直接在所设计的桩位上开截面为圆形的孔，然后在孔内放入钢筋骨架，灌注混凝土而成。由于其具有施工时无振动、无挤土、噪声小，一般在城市建筑物密集地区使用等优点，灌注桩在施工中得到较为广泛的应用。根据成孔工艺的不同，灌注桩可以分为干成孔灌注桩、长螺旋压浆灌注桩等。

护坡桩施工工艺流程为：场地平整→桩位放线、开挖浆池、浆沟→护筒埋设→钻机就位、孔位校正→冲击造孔、泥浆循环、清除废浆和泥渣→清孔换浆→终孔验收→下钢筋笼和钢导管→灌注水下混凝土→成桩养护。

2. 施工测量

根据护坡桩施工工艺流程，施工测量方法和技术要求如下：

（1）桩位定位

根据图纸与施工方案，确定桩位中心线与轴线控制线的位置关系，然后利用投测的轴线控制线放样出桩位中心线，并在起点桩和终点桩位置设立中心线控制桩。在条件允许的情况下，也可以通过坐标法放样起点桩和终点桩位置，设立中心线控制桩。

（2）标高控制

利用施工高程控制网，根据实际需要将水准点引测至施工现场。按照施工方案，在所测设的桩位中心线上测设其桩顶标高，以此控制标高。

（3）成桩测量技术要求

成桩实测项目允许偏差见表 7-22。

成桩实测项目允许偏差　　　　表 7-22

项　　目	检查项目	允许偏差（mm）	检验方法
主控项目	桩位	50	经纬仪测量
	孔深	0，+300	测绳测量
	混凝土强度	符合设计要求	强度试验
一般项目	桩径	−20	孔径仪测量
	垂直度	不宜大于 0.5%	测斜仪测量
	钢筋笼安装深度	±100	卷尺测量
	桩顶标高	+30，−50	水准仪测量

7.7.2.2　地下连续墙施工测量

1. 地下连续墙及施工工艺简介

地下连续墙指利用各种挖槽机械，借助于泥浆的护壁作用，在地下挖出窄而深的沟槽，并在其内浇注适当的材料而形成一道具有防渗、挡土和承重功能的连续的地下墙体。其按成墙方式可分为桩排式、槽板式和组合式；按墙的用途可分为防渗墙、临时挡土墙、永久挡土（承重）墙、作为基础用的地下连续墙。

地下连续墙施工工艺流程：场地平整→测量定位→导墙施工→成槽施工→消槽→吊放接头管（箱）→吊放钢筋笼→灌注混凝土→拔接头管（箱）。

2. 施工测量

根据地下连续墙施工工艺，施工测量方法和技术要求如下：

（1）导墙的施工

导墙土方开挖：土方开挖时，根据图纸所示关系计算出连续墙中线坐标，用极坐标法放样出中线控制点，在不影响施工的一侧测设轴线控制桩，用来控制土方的开挖，见图 7-55，轴线控制桩一般距离基坑边线 1000mm 为宜。

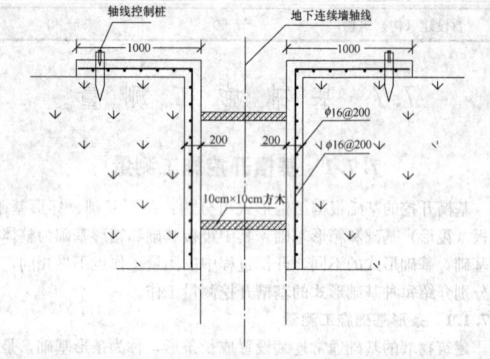

图 7-55　导墙剖面图

导墙混凝土浇筑：在模板支护好以后用中线的栓桩检查模板的相对关系，确保导墙成型后不发生偏移，影响以后连续墙的位置。

（2）连续墙的施工

连续墙施工前的准备：在导墙施工完成以后，根据图纸设计断面尺寸计算出连续墙的分段线控制坐标，一般在导墙的结构面上做控制点，根据施工技术交底，在导墙的中心位置设置控制点，用极坐标法放样。同时用水准仪测量出该段导墙顶的高程，根据设计图纸计算出每段连续墙两端的深度。并在导墙面上标注每段连续墙的编号和深度。

连续墙成槽：在成槽设备就位时，利用导墙面上的控制点调整成槽设备抓斗的中心位置。在成槽过程中利用经纬仪的铅直线观察成槽机的连接钢绳偏移垂线方向的距离来判断抓斗的偏移情况。指挥成槽机司机调整抓斗的垂直度。连续墙的深度直接用测绳丈量。

连续墙浇筑：在成槽完成后，下钢筋笼以前，计算吊点与导墙面的长度，利用吊筋的长短来控制连续墙顶的设计高度。

（3）连续墙测量技术要求

连续墙测量技术要求见表 7-23。

连续墙测量技术要求　　　　表 7-23

项目	序号	检查项目		允许偏差或允许值		检查方法
				单位	数值	
主控项目	1	墙体强度			设计要求	查试块记录或取芯试压
	2	垂直度	永久结构		1/300	声波测井仪或成槽机上的检测系统
			临时结构		1/150	
一般项目	1	导墙尺寸	宽度	mm	W+40	钢尺量，W 为设计墙厚
			墙面平整度	mm	<5	钢尺量
			导墙平面位置	mm	±10	钢尺量

续表

项目	序号	检查项目		允许偏差或允许值		检查方法
				单位	数值	
一般项目	2	沉渣厚度	永久结构	mm	≤100	重锤测或沉积物测定仪测
			临时结构	mm	≤200	
	3	槽深		mm	+100	重锤测
	4	混凝土坍落度		mm	180~220	检查计量数据
	5	钢筋笼尺寸		《建筑地基基础工程施工质量验收规范》		
	6	地下连续墙表面平整度	永久结构	mm	<100	此为均匀黏土层,松散及易坍土层由设计决定
			临时结构	mm	<150	
			插入式结构	mm	<20	
	7	永久结构的预埋件位置	水平向	mm	≤10	钢尺量水准仪
			垂直向	mm	≤20	

7.7.2.3 土钉墙施工测量

1. 土钉墙及施工工艺简介

土钉墙是一种原位土体加筋技术,是由设置在坡体中的加筋杆件与其周围土体牢固粘结形成的复合体以及面层构成的类似重力挡土墙的支护结构。土钉墙墙面坡度不宜大于1:0.1,土钉必须和面层有效连接,应设置承压板或加强钢筋等构造措施,承压板或加强钢筋应与土钉螺栓连接或钢筋焊接连接。土钉墙基坑侧壁安全等级宜为二、三级的非软土场地,基坑深度不宜大于12m。当地下水位高于基坑底面时,应采取降水或截水措施。

土钉墙施工工艺为:基坑降水→开挖修坡→初喷混凝土→成孔→土钉制作→土钉推送→注浆→编制钢筋网→终喷混凝土。

2. 施工测量

(1)平面控制

按照设计方案,基坑开挖完毕后,利用轴线控制桩对开挖面的上下口线进行严格的核实,超挖或少挖部分,均应及时采取措施处理合格后,方能进行土钉墙的下一步施工。上下口控制线可通过轴线投测法或极坐标法进行放样。

(2)标高控制

基坑开挖已经确定了开挖工作面的标高,在进行土钉墙施工时只需复核一下即可。然后利用所传递的标高点,在边坡上测设出每一排土钉的设计标高,控制土钉施工。

(3)土钉墙测量技术要求

土钉墙成孔应按设计要求定孔位,具体要求见表7-24。此外孔径允许误差在±2cm;孔深允许误差在±5cm;孔内碎土、杂物及泥浆应清除干净;成孔后用织物等将孔口临时堵塞;编号登记。

土钉墙支护工程技术要求　　表7-24

项目	序号	检查项目	允许偏差或允许值		检查方法
			单位	数值	
主控项目	1	锚杆土钉长度	mm	±30	钢尺量
	2	锚杆锁定力	设计要求		现场实例
一般项目	1	锚杆或土钉位置	mm	±100	钢尺量
	2	钻孔倾斜度		±1	测钻机倾角
	3	浆体强度	设计要求		试样送检
	4	注浆量	大于理论计算浆量		检查计量数据
	5	土钉墙面厚度	mm	±10	钢尺量
	6	墙体强度	设计要求		试样送检

7.7.2.4 沉井施工测量

沉井是修建深基础和地下深构筑物的主要基础类型。施工时先在地面或基坑内制作开口的钢筋混凝土井身,待其达到规定强度后,在井身内部分层挖土运出,随着挖土和土面的降低,沉井井身依其自重或在其他措施协助下克服与土壁间的摩擦力和刃脚反力,不断下沉,直至设计标高就位,然后进行封底。

沉井工艺一般适用于工业建筑的深坑、设备基础、水泵房、桥墩、顶管的工作井、深地下室、取水口等工程施工。

1. 沉井施工工艺

沉井的施工工艺流程为:平整场地→测量定位→基坑开挖→铺砂垫层和垫木或砌刃脚砖座→沉井浇筑→布设降水井点或挖排水沟、集水井→抽出垫木→沉井下沉封底→浇筑底板混凝土→施工内隔墙、梁、板、顶板及辅助设施。

2. 沉井施工测量

沉井施工测量主要包括沉井的定位、倾斜观测和位移观测。下面从施工工艺依次说明沉井施工测量的过程。

(1)沉井定位

首先按照设计图纸计算沉井的中心控制线,沉井平面控制测量一般采用"十字形"中心控制线,见图7-56(a)。然后用经纬仪利用施工控制网测设出该控制线,作为沉井施工的平面控制和定位依据。

在沉井施工过程中,依据"十字形"中心控制线,采用经纬仪进行沉井定位。为了确保"十字形"中心控制线稳定可靠,每次施测前要对所设设的控制线进行复核。

1)基坑开挖

开挖前,按照开挖方案根据开挖上口线与沉井控制线的位置关系,用钢尺丈量的方法放出开挖线,并撒上白灰作为开挖的依据。在开挖过程中,每步挖深均应对开挖下口线进行控制,详细操作见7.7.1相关内容。

2)模板工程

模板支设过程中,根据沉井中心控制线和沉井的设计尺寸,放出+30或+50控制线作为模板支设和验收的平面依据。

3)沉井下沉

施工中沉井下沉各阶段进行测量控制。

(2)沉井施工的标高控制

利用水准基点,在施工区域建立高程控制网,然后在每个沉井周边设置三个以上的标高控制点,作为沉井施工的各项标高测量的基准点。

1)基坑开挖

基坑开挖高程控制测量方法参照7.7.1相关内容。

2)刃脚标高测量

沉井下沉前求出刃脚假定标高,下沉接高时,将刃脚底面标返至沉井顶面。接高测量时底节顶面应高出地面0.5~1.0m,并应在下沉偏差允许范围内接高,可采用现场实时监测的方法进行操作,也可按图7-56利用下沉控制点进行接高的测量控制。

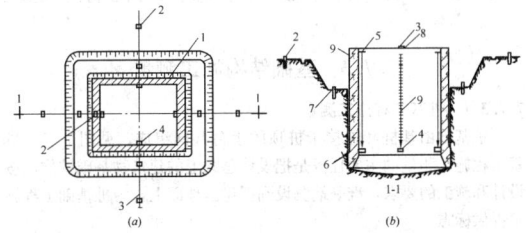

图7-56　沉井下沉测量控制方法

1—沉井;2—中心线控制点;3—沉井中心线;4—铁标板;5—铁件;6—线坠;7—下沉控制点;8—沉降观测点;9—壁外下沉标尺

(3)沉井下沉中的测量控制

因为沉井下沉的测量控制为沉井施工测量控制的重要内容,因此下面根据下沉的各阶段的特点和技术要求进行说明。

1)下沉阶段

沉井初沉阶段:即下沉深度0.3m内,为保证沉井形成稳定准确的下沉轨迹,此时应缓慢下沉,速度严格控制在0.2~0.5m/d,刃脚高差控制在20cm以内。

沉井中沉阶段:仍以缓慢为主,因沉井较高,应缓慢控制下沉,纠偏为主,保证下沉过程缓慢,防止突沉或倾斜等情况发生。

沉井终沉阶段:即距设计标高还有2.5m时,应减缓下沉速度,仍以纠偏为主,做到有偏必纠,速度一般在0.2~0.5m/d。当

下沉至设计标高还有 2m 时，停止下沉 24h，观测出预留沉降量后继续下沉至距设计标高还有 50cm，再停止下沉观察 24h，根据连续观测得出的沉降量，严格控制沉井下沉标高，使沉井终沉达到设计要求。

2）测量控制

沉井下沉过程中，自始至终对沉井高程、平面位置和垂直度进行测控，具体方法如下：

①高程控制

在不受施工影响的区域设置高程控制点（离沉井周围 40m 以外），用油漆在沉井四角井壁上画出四个相同的标尺作为沉井水平观测点，采用水准仪每隔 1h 全方位观测一次，做好记录，如发现倾斜立即纠偏；终沉严格控制刃脚标高及周边高差，控制在设计允许的范围内。

②平面位置控制

在沉井井壁上画出中线，沿中线棱线方向在不受施工影响的地方设置坐标控制点，用经纬仪及钢尺直接量测沉井中线位置，及时做好记录，按设计要求严格控制沉井平面位置。

③沉井垂直度的控制

沉井垂直度的控制，是在井筒内标出 4 或 8 条垂直轴线，定时用两台经纬仪进行垂直偏差观测，同时悬挂多条线坠分别对准下部标板（图 7-56b）。挖土时，随时观测垂直度，当线坠离墨线达 50mm，或四面标高不一致时，应及时纠正。沉井下沉的控制，系在井筒壁周围弹水平线，或在井外壁上两侧用白铅油画出标尺，用水平尺或水准仪来观测沉降。

(4) 沉井测量技术要求

沉井测量技术要求见表 7-25。

沉井测量技术要求　　　表 7-25

检查项目	允许偏差或允许值		检查方法
	单位	数值	
封底结束后的位置： 刃脚平均标高（与设计标高比）		<100	水准仪
刃脚平面中心线位移	mm	<1%H	经纬仪。H 为下沉总深度，H<10m 时，控制在100mm 之内
四角中任何两角的底面高差		<1%L	水准仪。L 为两角的距离。L<10m 时，控制在100mm 之内

注：表中三项偏差可同时存在，下沉总高度，系指下沉前、后刃脚之高差。

7.7.3 基础结构施工测量

7.7.3.1 桩基工程施工测量

桩基础由基桩和连接于桩顶的承台共同组成，见图 7-57。桩基工程施工测量的主要任务是把设计总图上的建筑物基础桩位，按设计和施工的要求，准确地测设到拟建区地面上，为桩基础工程施工提供标志。

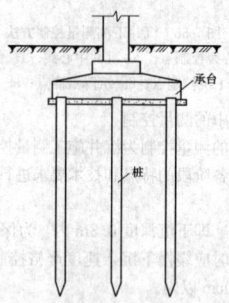

图 7-57　桩基础示意图

桩基工程施工工艺流程为：场地平整→桩位放线、开挖浆池、浆沟→护筒埋设→钻机就位、孔位校正→冲击造孔、泥浆循环、清

除废浆、泥渣→清孔换浆→终孔验收→钢筋笼和钢导管→灌注水下混凝土→成桩养护。

1. 桩基定位

建筑物桩基定位是根据设计所给定的条件，将其四周外廓主轴线的交点（简称角桩），测设到地面上，作为测设建筑物桩基定位轴线的依据。由于在桩基础施工时，所有的角桩均要因施工而被破坏无法保存，为了满足桩基础施工期间及竣工后续工序恢复建筑物桩位轴线和投测建筑物轴线的需要，所以，在建筑物定位测量时，不是直接测设建筑物外廓主轴线交点的角桩，而是在距建筑物四周外廓 5~10m，并平行建筑物处，首先测设建筑物定位矩形控制网，然后，测出桩位轴线在此定位矩形控制网上的交点桩，称之为轴线控制桩或叫引桩。桩基定位方法和技术要求简述如下。

(1) 编制桩位测量放线图及说明书

为便于桩基础施工测量，在熟悉资料的基础上，作业前需编制桩位测量放线图及说明书，说明书包括以下主要内容。

1）确定定位主轴线。为便于施测放线，对于平面成矩形，外形整齐的建筑物一般以外廓墙体中心线作为建筑物定位主轴线，对于平面成弧形，外形不规则的复杂建筑物是以十字轴线和圆心轴线作为定位主轴线。以桩位主轴线作为承台桩的定位轴线。

2）根据桩位平面图所标定的尺寸，建立与建筑物定位主轴线相互平行的施工坐标系统，一般应以建筑物定位矩形控制网西南角的控制点作为坐标系的起算点，其坐标应假设成整数。

3）为避免桩点测设时的混乱，应根据桩位平面布置图对所有桩点进行统一编号，桩点编号应由建筑物的西南角开始，从左到右，从下而上的顺序编号。

4）根据设计资料计算建筑物定位矩形网、主轴线、桩位轴线和承台桩位测设数据，并把有关数据标注在桩位测量放线图上。

5）根据设计所提供的水准点或标高基点，拟定高程测量方案。

(2) 建筑物的定位

1）建筑物定位依据

根据设计所给定的定位条件不同，建筑物的定位依据不同。实际工作中一般根据建筑施工控制点进行建筑物定位，如果没有建筑施工控制点也可利用原有建筑物、道路中心线、城市建设规划红线、三角点或导线点进行建筑物定位。

2）建筑物定位方法

在进行建筑物定位测量时，可根据设计所给的定位形式采用直角坐标法、内分法、极坐标法、角度或距离交会法、等腰三角形与勾股弦等测量方法。为确保建筑物的定位精度，对角度的测设均要经纬仪的正倒镜位置测定，距离丈量必须按精密测量方法进行。

(3) 定位点测量标志

建筑物定位点需要埋设直径 8cm，长 35cm 的大木桩，桩位既要便于作业，又要便于保存，并在木桩上钉小铁钉作为中心标志，对木桩要用水泥加固保护，在施工中要注意保护、使用前应进行检查。对于大型或较复杂、工期较长的工程应埋设顶为 10cm× 10cm，底部为 12cm×12cm，长为 80cm 的水泥桩为长期控制点。

2. 建筑物桩位轴线及承台桩位测设

(1) 桩位轴线测设

建筑物桩位轴线测设是在建筑物定位完成后进行的，一般使用经纬仪采用内分法进行桩位轴线引桩的测设。对复杂建筑物或曲线圆心点的测设一般采用极坐标法测设。对所测设的桩位轴线的引桩均要打入小木桩，木桩顶上应钉小铁钉作为桩位轴线引桩的中心点位。为了便于保存和使用，要求桩顶与地面齐平，并在引桩周围撒上白灰。

在桩位轴线测设完成后，应及时对桩位轴线间长度和桩位轴线的长度进行检测，要求实量距离与设计长度之差，对单排桩不应超过±10mm，对群桩不超过±20mm。在桩位轴线检测满足设计要求后才能进行承台桩位的测设。

(2) 建筑物承台桩位测设

建筑物承台桩位的测设是以桩位轴线的引桩为基础进行测设的，桩基础设计根据地上建筑物的需要分群桩和单排桩。规范规定 3~20 根桩为一组的称为群桩。1~2 根为一组的称为单排桩。群桩的平面几何图形分为正方形、长方形、三角形、圆形、多边

形和椭圆形等。测设时，可根据设计所给定的承台桩位与轴线的相互关系，选用直角坐标法、交会法、极坐标法等进行测设。对于复杂建筑物承台桩位的测设，往往根据设计所提供的数据经过计算后进行测设。在承台桩位测设后，应打入小木桩作为桩位标志，并撒以白灰，便于桩基础施工。在承台桩位测设后，应及时检测，对本承台桩位间的实量距离与设计长度之差不应大于±20mm，对相邻承台桩位间的实量距离与设计长度之差不应大于±30mm。在桩点位经检测满足设计要求后，才能移交给桩基础施工单位进行桩基础施工。

3. 桩基础竣工测量

桩基础竣工测量成果是桩基础竣工验收重要资料之一，其主要内容包括测出地面开挖后的桩位偏移量、桩顶标高、桩的垂直度等，有时还要协助测试单位进行单桩垂直静载实验。

（1）恢复桩位轴线。在桩基础施工中由于确定桩位轴线的引桩，往往因施工被破坏，不能满足竣工测量要求，所以首先应根据建筑物定位矩形网点恢复有关桩位轴线的引桩点，以满足重新恢复建筑纵、横桩位轴线的要求。恢复引桩点的精度要求应与建筑物定位测量时的作业方法和要求相同。

（2）桩位偏移量测定。桩位偏移量是指桩顶中心点在设计纵、横桩位轴线上的偏移量。对桩位偏移量的允许值，不同类型的桩有不同要求。当所有桩标高差别不大时，桩位偏移量的测定方法可采用拉线法，即在原有或恢复后的纵、横桩位轴线的引桩点间分别拉细尼龙绳各一条，然后用角尺分别量取每个桩顶中心点到细尼龙绳的垂直距离，即偏移量，并要标明偏移方向；当桩顶标高相差较大时，可采用经纬仪法。把纵、横桩位轴线投影到桩顶上，然后再量取桩位偏移量，或采用极坐标法测定每个桩顶中心点坐标与理论坐标之差计算其偏移量。

（3）桩顶标高测量。采用普通水准仪，以散点法测每个桩顶标高，施测时应对所用水准点进行检测，确认无误后才进行施测，桩顶标高测量精度应满足±10mm要求。

（4）桩身垂直度测量。桩身垂直度一般以桩身倾斜角来表示的，倾斜角系指桩纵向中心线与铅垂线间的夹角，桩身垂直度测量可以用自制简单测斜仪直接测定其倾斜角，要求度盘半径不小于300mm，度盘刻度不低于10′。

（5）桩位竣工图绘制。桩位竣工图的比例尺一般与桩位测量放线图一致，采用1∶500或1∶200，其主要包括内容：建筑物定位矩形网点、建筑物纵、横桩位轴线编号及其间距、承台桩点实际位置及编号、角桩、引桩点位及编号。

7.7.3.2 基础结构施工测量

基础结构施工具备条件后，以场地或建筑平面控制点为依据，在基坑边上可直接利用场地或建筑平面控制点进行地下主轴线投测。如果已有各类控制点不能满足要求，可加密施工控制点。测量前，先检查各级控制点位有无碰动后再安置仪器向下投测各控制线。每次放线每个方向应至少投测两条控制线，经闭合校核后，再以地下各层平面图为准详细放出其他各轴线，并用墨线弹出施工中需要的边界线、墙宽线、集水坑线等。施工用线必须进行多次检测，确保符合规范要求。

1. 轴线投测

垫层混凝土浇筑并凝固达到一定强度后，现场测量人员根据基坑边上的轴线控制桩，将经纬仪（或全站仪）架设在控制桩点上，经对中、整平后，后视同一方向桩（轴线标志），将控制轴线投测到作业面上。如下图7-58所示为常用的经纬仪投测法。不同的基础形式，其有不同的方法，下面分别进行介绍。

（1）条形基础轴线投测

条形基础由于其"狭长"的特点，一般采取将基础轴线投测到

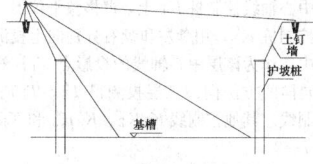

图7-58 基槽轴线投测示意图

龙门桩上，龙门桩形式见图7-59。

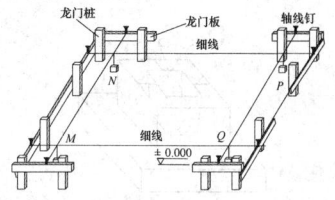

图7-59 龙门桩

1）龙门桩设置

在建筑物四角与隔墙两端，基槽开挖边线以外1.5～2m处，设置龙门桩。龙门桩要钉得竖直、牢固，龙门桩的外侧面应与基槽平行。

一般将各轴线引测到基槽外的水平龙门板上，固定龙门板的木桩称为龙门桩，如图7-59所示。设置龙门板的步骤如下：

①根据施工场地的水准点，用水准仪在每个龙门桩外侧，测设出建筑物室内地坪设计高程线（即±0.000标高线），并作出标志。

②沿龙门桩上±0.000标高线钉设龙门板，使龙门板顶面的高程在±0.000的水平面上。然后，用水准仪校核龙门板的高程，如有差错应及时纠正，其允许误差为±5mm。

③在轴线一端控制点安置经纬仪，瞄准另一端点，沿视线方向在龙门板上定出轴线点，用小钉作标志。用同样的方法，将各轴线引测到龙门板上，所钉之小钉称为轴线钉。轴线钉定位误差应小于±5mm。

④用钢尺沿龙门板的顶面，检查轴线钉的间距，其误差不超过1/2000。检查合格后，以轴线钉为准，将墙边线、基础边线、基础开挖边线等标定在龙门板上。

2）轴线投测

根据轴线控制桩或龙门板上的轴线钉，用经纬仪或用拉绳挂锤球的方法，把轴线投测到垫层上即可，见图7-60。操作时通过测量龙门板上的控制线桩点，轴线桩点连线的交点间的角度和边长的方法来检核轴线控制线的精度。

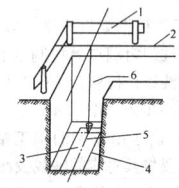

图7-60 龙门桩轴线投测示意图
1—龙门板；2—细线；3—垫层；4—基础边线；5—墙中线；6—垂线

（2）独立基础

以厂房混凝土杯形基础施工测量为例，独立基础投测方法和测量步骤如下。

1）基坑开挖后，当基坑快要挖到设计标高时，应在基坑的四壁或者坑底边沿及中央打入小木桩，在木桩上引测标高，以便根据标高拉线修整坑底和打垫层。

2）支立模板时的测量工作

垫层打好以后，根据柱基定位桩在垫层上放出基础中心线，并弹墨线标明，作为支模板的依据。支模上口还可由坑边定位桩直接拉线，用吊垂球的方法检查其位置是否正确。然后在模板的内表面用水准仪引测基础面的设计标高，并画线标明。在支杯底模板时，应注意使实际浇灌出来的杯底顶面比原设计的标高略低30～50mm，以便拆模后填高修平杯底。

3）杯口中线投点与抄平

在柱基拆模以后，根据矩形控制网上柱中心线端点，用经纬仪把柱中线投到杯口顶面，并绘标志，以备吊装柱子时使用（图7-61）。中线投点有两种方法：一种是将仪器安置在柱中心线的一个端点，照准另一端点而将中线投到杯口上，另一种是将仪器置于中

线上的适当位置,照准控制网上柱基中心线两端点,采用正倒镜法进行投点。

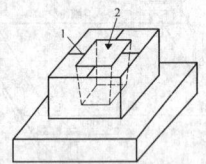

图 7-61　柱基中线投测和标高抄测
1—柱基中线;2—标高控制点

为了修平杯底,须在杯口内壁测设标高线、该标高线应比基础顶面略低 30～50mm。与杯底设计标高的距离为整分米数,以便根据该标高线修平杯底。

（3）整体开挖基础

在筏板基础和箱形基础的基础轴线投测中,一般都采用经纬仪投测法进行投测,在此不再赘述。

（4）测量技术要求

主轴线投测允许偏差如表 7-26。

主轴线投测允许偏差　　　　表 7-26

主轴线间距	允许偏差（mm）	主轴线间距	允许偏差（mm）
$L \leqslant 30m$	±5	$60m < L \leqslant 90m$	±15
$30m < L \leqslant 60m$	±10	$L > 90m$	±20

（5）细部控制线放线

轴线投测完毕验收后,即可进行细部控制线的放线。在基础施工中,集水坑、联体基坑（电梯井筒部位）和地脚螺栓等重要部位埋件的定位控制,应采取下面所述针对性措施进行放线,以保证其放线精度。

1）以轴线控制线为依据,依次放出各轴线。在此过程中,要坚持"通尺"原则,即放南北方向轴线时,要采用南北方向上距离最远的两条南北方向的轴线作为控制线,先测此两条控制线的间距,若存在误差范围允许的误差,则在各轴线的放样中逐步消除,不能累积到一跨中。

2）轴线放样完毕后,根据就近原则,以各轴线为依据,依次放样出离其较近的墙体或门窗洞口等控制线和边线。放样完毕后,务必再联测到另一控制线以作检查。若误差超限时应重新看图和检查,修正后方可进行下一步的工作。

在厂房施工中,由于吊车梁的施工精度要求较高,因此,此部位的柱子拆模后,要将其对应的轴线投测到柱身上,再根据所抄测的标高控制线找出其标高位置,以此来控制预埋件的空间位置;

4）对于电梯井筒（核心筒）,结构剪力墙一定要在放线过程中对已浇筑的楼层进行垂直度测量,发现误差偏大时,应及时采取技术措施进行弥补,避免错台等质量问题。

7.7.3.3　施工高程控制

1.施工高程控制的建立

建筑施工场地的高程控制测量在 7.5 已有论述,可按该节内容建立高程控制网。但是,在施工场地上,水准点的密度往往不够,还需加密高程控制点。加密高程控制点可以单独测设,也可以利用建筑基线点、建筑方格网点以及导线点等平面控制点兼作高程控制点。利用这些平面控制点时只要在其桩面上中心点旁边,设置一个突出的半球状标志即可。加密高程控制点是用来直接测设建筑物高程的。为了测设方便和减少误差,加密点应靠近建筑物。

此外,由于设计的建筑物常以底层室内地坪±0 标高为高程起算面,为了施工引测方便,常在建筑物内部或附近设置±0 水准点。±0 水准点的位置,一般选在稳定的建筑物墙、柱的侧面,用红漆绘成顶为水平线的"▼"形,其顶端表示±0 位置。

2.高程控制点的测设

在向基坑内引测标高时,首先应对已建立的高程控制点进行检测。经确认无误后,方可向基坑内引测标高。

（1）基坑标高基准点的引测方法

以现场高程控制点为依据,采用 S3 水准仪以中丝读数法往基坑测设附合水准路线,将高程引测到基坑施工面上。标高基准点用红油漆标注在基坑侧面上,并标明数据。

（2）施工标高点的测设

施工标高点的测设是以引测到基坑的标高基准点为依据,采用水准仪以中丝读数法进行测设。施工标高点测设在墙、柱外侧立筋上,并用红油漆作好标记。

（3）标高测量的精度

标高测量的精度应控制在表 7-27 所示允许范围内。

标高测量允许偏差　　　　表 7-27

高度 H	允许偏差（mm）	高度 H	允许偏差（mm）
每层	±3	$60m < H \leqslant 90m$	±15mm
$H < 30m$	±5	$H > 90m$	±20mm
$30m < H \leqslant 60m$	±10		

7.8　地上主体结构施工测量

7.8.1　混凝土结构施工测量

随着经济的发展和施工技术的提高,深基础和超高层的混凝土结构建筑物越来越多,对于建筑施工测量要求也越来越高。在建筑施工中,施工测量的原则依然是先整体后局部,高精度控制低精度。此外,还要根据具体建筑物的构造特点和施工难度,合理地选择施测方法、测量仪器等进行有序而科学的测量工作。下面简要介绍混凝土结构的地上建筑主体结构施工测量基本方法。

7.8.1.1　轴线竖向传递测量

主体结构施工测量中的主要工作之一是将建筑物的控制轴线准确地向上层引测,并控制竖向偏差,使轴线向上投测的偏差值满足规范规定的误差要求。轴线向上投测时,要求竖向误差在本层内不超过 5mm,全楼累计误差值不应超过 $2H/10000$（H 为建筑物总高度）,且应符合表 7-28 的规定。

轴线竖向投测的允许误差　　　　表 7-28

项目		允许误差（mm）	项目		允许误差（mm）
每层		3	每层		3
总高 (H)	$H \leqslant 30m$	5	总高 (H)	$90m < H \leqslant 120m$	20
	$30m < H \leqslant 60m$	10		$120m < H \leqslant 150m$	25
	$60m < H \leqslant 90m$	15		$H > 150m$	30

建筑物轴线的竖向投测,根据控制点与建筑物的位置关系可分为外控法和内控法两种。

1.外控法

外控法是在建筑物外部,利用经纬仪或全站仪,根据建筑物轴线控制桩等来进行轴线的竖向投测,也称作"引桩投测法",具体方法和操作步骤如下:

（1）在建筑物底部投测中心轴线位置

建筑物基础工程完后,如图 7-62 所示,将经纬仪或全站仪安置在轴线控制桩 k_1、k'_1、k_2、k'_2、k_3、k'_3、k_4、k'_4 上,把建筑物主轴线精确地投测到建筑物的底部,并设立标志,如图中的 K_1、K'_1、K_2、K'_2、K_3、K'_3、K_4、K'_4,以供下一步施工与向上投测之用。

（2）向上投测中心线

随着建筑物不断升高,要逐层将轴线向上传递。具体做法是:将仪器安置在中心轴线控制桩 K_1 上,严格整平仪器,用望远镜瞄准建筑物底部控制桩 K'_1,用盘左和盘右分别向上投测到施工层楼板上,并取其中点作为该层中心轴线的投影点 T_1;然后把仪器搬到 K'_1 上,用同样的方法向施工层投测得 T'_1,$T_1 T'_1$ 即为 $K_1 K'_1$ 投测的轴线控制线。其他控制线 $K_2 K'_2$、$K_3 K'_3$ 和 $K_4 K'_4$ 的投测方法相同,见图 7-62。

（3）增设轴线引桩

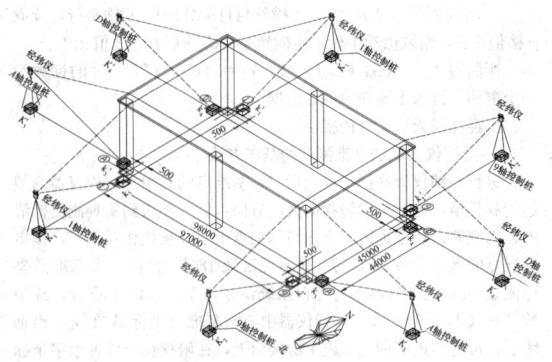

图 7-62　外控法投测示意图

当楼房逐渐增高，而轴线控制桩距建筑物又较近时，望远镜的仰角较大，操作不便，投测精度也会降低。为此，将原中心轴线控制桩引测到更远的安全地方，或者附近大楼的屋面。具体做法如下：将经纬仪安置在 K_1 上，瞄准 K'_1，用正倒镜投影法，将轴线延长到远处的 k_1、k'_1 上，并设置固定标志，k_1 和 k'_1 即为新投测的 k_1、k'_1 轴控制桩。然后在控制桩上进行（2）的操作。

（4）外控法测量要点

1）测前要对经纬仪或全站仪的轴线关系进行严格的检校，观测时要精密对中整平，全站仪则可以用其电子水准器进行精平，以减少竖轴不铅直的误差。

2）保证轴线的延长桩点的精度，标志要准确、明显，并妥善保护好，并联测两至三个控制点，避免引桩时误差累积引起轴线偏移，然后直接向施工层投测，避免逐层上投造成误差累积。

3）利用正倒镜法取投测的平均位置，以抵消仪器的视准轴不垂直横轴和横轴不垂直竖轴的误差影响。

2. 内控法

随着建筑物高度的增加，施工场地和周围建筑物的条件限制，外控法在定向、投测、仪器选择诸方面有时难以保证投测精度，在高层建筑竖向投测中有明显局限性。因此，对于高层建筑，宜选择内控法进行建筑物轴线的投测。

内控法，顾名思义就是在建筑物内建立轴线控制网，利用吊线坠法、激光垂准仪或全站仪等把点位投测到工作面的方法。

1）内控网的布设原则

（1）规则建筑控制点布设

建筑施工一般分流水作业段，为了确保每个作业段都能独立地进行施工，需要在各作业段内合理布设足够的测量控制点，保证每段都能独立地进行测量放线，且具有一定的检校条件。此外，第一流水段一般要求布设四个构成矩形或四边形的内控点；每三个构成直角或任意角度的内控点要求通视，条件限制时至少在长控制线两端的内控点分别与其构成直角关系的内控点要求通视。每相邻流水段间均应至少有相互检校的两个内控点。

2）异型建筑控制点布设

当建筑物由众多几何体组合构成特殊形状时，可根据各个几何体的特征分开进行放样，对几何体衔接点位在两次或多次独立放样的过程中同一点位的数据要一致，避免不同时间放样误差的影响。若建筑物为圆形或扇形几何体时，可根据实际情况选择其圆心为基站用极坐标法进行放样。

除以上要求外，不管建筑物是否为规则矩形几何体，构成每流水段内控点的几何图形的线元素都应与其相对应的轴线平行，并与轴线相距 500～1000mm 为宜。当然，内控点的埋设位置要避开梁和柱子，为了满足上下通视条件，间距可适当的调整。

（2）内控网的测设

合理选择内控点的埋设位置后，应按照设计要求的精度对内控网进行预埋和测设。

1）内控点预埋

在工程浇筑首层顶板混凝土前，在首层底板上按照内控点位置预埋如下图 7-63 规格为 200mm×200mm×8mm 的钢板。在钢板下

面焊接 $\phi12$ 钢筋，预埋钢板时要求与板筋进行焊接，并要求尽量水平，使预埋钢板的顶部高于底板结构 5mm 为宜，以避免预埋过低或过高而受积水浸泡、外力碰撞等外在因素的影响产生变形移位。内控点采用电钻在钢板上钻孔作为点位标记，钻孔直径应≤2mm。

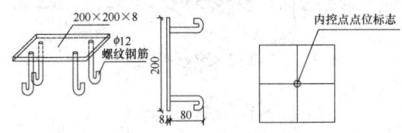

图 7-63　内控点位置预埋

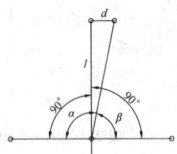

图 7-64　90°时校正示意图

2）内控点的测设

内控点的测设方法和步骤如下：

首先对首级控制网中的控制点间的角度、距离和坐标进行复测，确保控制点可靠。然后，选择合适的三个点，用双站极坐标法对内控点依次进行放样。放样过程中，通过两次放样的点位进行归化改正，在钢板上用钢钉作出点标志。然后，用双站极坐标法对其进行复核，直至满足精度要求。

3）内控网的点位几何及边长校正

考虑到建筑物的高度和结构特点，为了保证施工的精度，我们还必须对所放点位进行相对几何关系的校正。校正可按传统方法如下进行：

① 180°时的校正方法

可按照 7.4.2.3 中建筑基线方向调整的方法进行 180°的校正。

② 90°时的校正

如图 7-64，按公式 $d = l \times \dfrac{\delta}{\rho}$，$\delta = \dfrac{\beta - \alpha}{2}$（其中 l 为轴线点至轴线端点的距离，δ 为设计角为直角时的偏差值）算出改正值，然后对其进行改正，改正后检查其结果，90°之差应≤±6″。

③ 边长的校正

边长的校正方法有钢尺丈量法和全站仪（测距仪）测量法等。其操作步骤为：首先，从长轴线一端为起点架设仪器，测量其实际水平距离，然后转动仪器测量此端点的短轴线的水平距离；最后，测量对角线距离。

若实际测量值与理论值出现较大误差时，应重新进行测设，若误差不大但超过允许误差时就要进行校正。

4）轴线投测的方法

①吊线坠法

吊线坠法是传统的轴线投测方法，适用于单层和多层建筑。利用钢丝悬挂重锤球的吊线坠法进行轴线竖向投测一般用于高度在 50～100m 的高层建筑施工中，钢丝和锤球选择参数详见表 7-29。

投测方法见图 7-65，在预留孔上面安置十字架，挂上锤球，对准首层预埋标志。当锤球静止时，固定十字架，并在预留孔四周作出标记，作为以后恢复轴线及放样的依据。此时，十字架中心即为轴线控制点在该楼面上的投测点。

线锤重量和钢丝直径的要求　　表 7-29

高差 (m)	悬挂锤球重量 (kg)	钢丝直径 (mm)	高差 (m)	悬挂锤球重量 (kg)	钢丝直径 (mm)
<10	>1	0.5	60～90	>15	0.5
10～30	>5	0.5	>90	>20	0.7
30～60	>10	0.5			

②激光垂准仪

当建筑物为多层或高层时，用传统的线坠法进行轴线投测不能

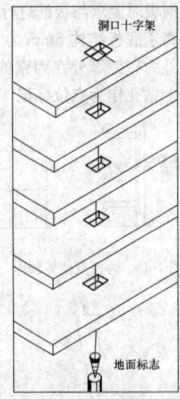

图 7-65 线坠法投测示意图

满足精度要求，一般采用激光垂准仪进行轴线投测。激光垂准仪是光、机、电集于一身的高精度激光仪器。

激光垂准仪投测轴线，测设示意图见图 7-66。实际测设步骤如下：

a. 在首层轴线控制点上安置激光垂准仪，利用激光器底端（全反射棱镜端）所发射的激光束进行对中，通过调节基座整平螺旋，使管水准器气泡严格居中。

b. 在上层施工楼面预留孔处，放置接收靶。如图 7-67。

c. 接通激光电源，启辉激光器发射铅直激光束，通过发射望远镜调焦，使激光束聚成的红色光斑投射到接收靶上。

d. 移动接收靶，使靶心与红色光斑重合，固定接收靶，并在预留孔四周作出标记，此时，靶心位置即为轴线控制点在该楼面上的投测点。

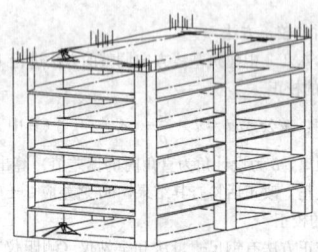

图 7-66 激光垂准仪投测示意图

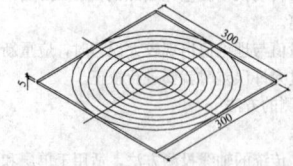

图 7-67 接收靶

③经纬仪天顶法

经纬仪天顶法垂准测量是利用带有弯管目镜的经纬仪望远镜进行天顶观测，该方法对竖轴垂直度要求较高。

经纬仪天顶法施测步骤如下：

a. 将仪器在地面测站标志上置中、整平、装上弯管棱镜。

b. 在测站天顶上方设置目标分划板，位置大致与仪器铅垂或置于已标出位置上。

c. 将望远镜指向天顶，并固定之。然后调焦，使目标分划呈现清晰。

d. 置望远镜十字丝与目标分划板上的参考坐标 X、Y 轴相平行，分别置横丝与纵丝读取 x、y 的格值 GJ 和 CJ 或置横丝与目标分划板 Y 轴重合，读取 x 格值 GJ。转动仪器照准架 $180°$ 重复上述程序，分别读取 x 格值 $G'J$ 和 y 格值 $C'J$。然后调动望远镜微动手轮，将横丝与 $(GJ+G'J)/2$ 格值相重合。

e. 将仪器照准架转 $90°$，置横丝与目标分划板 X 轴平行，读取 y 格值 $C'J$，略调微动手轮，使横丝与 $(CJ+C'J)/2$ 值相重合。

所测得 $X_J=(GJ+G'J)/2$；$Y_J=(CJ+C'J)/2$ 的读数为一个测回，计人手簿作为原始依据。

④经纬仪天底法（俯视法）

a. 经纬仪天底法垂准测量的基本方法

进行经纬仪天底法垂准测量时，基准点的对中是利用仪器的望远镜和目镜，先把望远镜指向天底方向，然后调焦到所观测目标清晰、无视差，使望远镜十字丝与基准点十字分画线相互平行，读出基准点的坐标读数 A_1，转动仪器照准架 $180°$，再读一次基准点坐标读数 A_2，由于仪器本身存在系统误差，A_1 与 A_2 不重合，故中数 $A=(A_1+A_2)/2$，这样仪器中心与基准点坐标 A 在同一铅垂线上。再将望远镜调焦至施工层楼面上，在俯视孔上放置十字坐标板（此板为仪器的必备附件），用望远镜十字丝瞄准十字坐标板，移动十字坐标板，使十字坐标板坐标轴平行于望远镜十字丝，并使 A 读数与望远镜十字丝中央重合，然后转动仪器，使望远镜与坐标板原点 O 重合，这样完成一次铅垂点的投测。

b. 垂准点的标定

按照上述方法确定的一系列的垂准点后，即可以记下每个垂准点在不同高度平面上目标分划板处 $X_J Y_J$ 坐标值或用"十"字丝刻线，把它标定在垂准点上，则一系列的垂准点标定后作为测站，即可进行测角、放样以及测设建筑物各楼层的轴线或进行垂直度控制和倾斜观测等测量工作。

c. 施测程序和操作方法

（a）依据工程的外形特点及现场情况，拟定出测量方案，并做好观测前的准备工作，定出建筑物底层天底法专用控制目标的位置以及在相应各楼层面留设天底孔；

（b）把目标分划板放置到底层控制点，使目标分划板中心与控制点上标志的中心重合；

（c）开启目标分划板附属照明设备；

（d）在天底孔位置上安置仪器；

（e）基准点对中；

（f）当垂准点标定在所测楼层面十字丝目标上后，用墨斗弹线在天底孔边上；

（g）利用标定出来的楼层十字丝目标作为测站，进行测角、放样以及测设建筑物的轴线。

5）精度控制

内控网的精度是整个竖向投测精度的保证，随着结构标高的不断增加，内控网的精度显得越来越重要。因此内控网精度的控制关系到整个建筑施工测量质量。

①影响内控网精度主要因素

影响内控网精度的主要因素有：建筑物的差异沉降、气候的变化、混凝土的特性和其他非自然力量因素。

②解决的相应措施

a. 建筑物的差异沉降

随着建筑物荷载的增加，建筑物在不同的部位会有不同的沉降。而内控点所在部位的沉降量的不同，就造成了整个内控网度的下降。经研究，差异沉降对边长的影响可以忽略不计，但对其角度的影响较大，必须对其进行校正。校正方法如下：首先，用全站仪对各点进行测量，然后选择最长边的点位偏移量满足精度要求的两个点间距最远两点作为定向点；然后对理论上在同一直线或构成直角关系的点进行改正，直到满足精度要求为止。

b. 气候的变化

日照可以引起各控制点的温差变形，所以有必要进行温差变形观测，并对其进行改正，然后总结出变化的规律，选择最佳的时间段进行投测、放线。

c. 混凝土特性

混凝土由于其特性在平面上有收缩现象，因此对内控点的点位也有不小的影响，特别是在后浇带附近的点位变化尤为明显。不同强度等级和品种的混凝土在不同的强度时收缩是有差别的，针对此现象，总结出其伸缩的规律，并在投测过程中根据测量数据对控制线进行改正，保证投测的精度。

d. 非自然力量

非自然因素的影响也不容忽视。在施工中，难免会出现内控点被外力碰撞而引起的位移。此外，如果预埋标高控制不当的话，也会出现由于积水长时间浸泡而引起的位移。因此，应对每个控制点作好防护工作，保证它们不会受到外力的剧烈冲击和长期积水。

7.8.1.2 楼层平面放线测量

1. 放线的技术要领和注意事项

轴线投测验收满足要求后，就可根据轴线控制线进行楼层细部的放线了。放线技术要领和注意事项同 7.7.3.2 中第（5）条的内容。

2. 放样方法

由于建筑物造型从单一矩形逐步向"S"形、扇面形、圆筒形、多面体形等复杂的几何图形发展，建筑物的放样定位越来越复杂，但极坐标法仍是目前比较灵活的基本放样定位方法。采用极坐标法进行放样定位时，首先要了解设计要素如轮廓坐标、曲线半径、圆心坐标等与施工控制点的关系，据此计算放样的方向角及边长，在控制点上按其计算所得的方向角和边长，逐一测定点位。

圆弧平面曲线定位有拉线法、坐标法、偏角法、矢高法等。

1) 直接拉线画弧法：根据建筑物轴线与轴线控制点确定圆弧曲线圆心 O 后，用半径 R 在实地直接拉线画弧即能放样出其圆弧曲线。

2) 圆弧曲线坐标法：根据已知弧半径、弦长，求出弦上各点坐标值，采用极坐标法进行放样。

3) 圆曲线矢高法定位：如图 7-68 所示，根据已知半径 R 及 AB 弦长，求弦中点矢高 OC，定出 C 点，再将弦 AC、BC，取弦中点矢高，得 G、F 点，逐渐加密弦上各点，然后画出弧线。

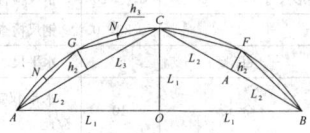

图 7-68　圆曲线矢高法定位

4) 圆弧曲线偏角法：在圆曲线上某一点做一弦 AT，该弦与该点的切线所夹角称为偏角，根据几何定理可知，偏角等于该弦所对圆心角的一半，用偏角法定位圆曲线以此原理为基础。如图 7-69 中，h 为弧长，R 为半径，则圆心角 ϕ 及偏角 σ 可由以下公式求得：

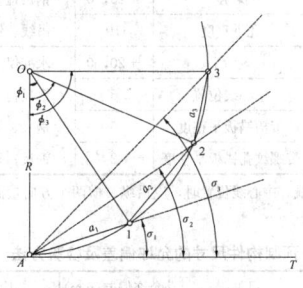

图 7-69　偏角法定位圆曲线

$$\phi = \frac{h}{R} \cdot \frac{180°}{\pi} ,$$

$$\sigma = \frac{1}{2} \phi = \frac{h}{R} \cdot \frac{180°}{2\pi}$$

圆曲线偏角法定位步骤如下：

①在 A 点安置经纬仪，照准 T 点，使读盘读数为 $0°00'00''$。

②转动照准部使视线与切线成 σ_1 角，在视线方向上量出弦长 a_1，即得出点 1。根据半径 R 和圆心角 ϕ，可计算出弦长 a_1。

③再转动照准部使视线与切线成 σ_2 角，则由点 1 量出 a_2，并使其终点落在视线 A_2 的方向线上，即得出点 2，同理根据半径 R 和圆心角 ϕ，可计算出弦长 a_2。

④用同样的方法可定出 3 点，并测量 A 点至各点长度作校核。

⑤由曲线的两端向中央定位，当曲线中点不闭合时，曲线上各点按离曲线起点（或终点）长度之比按比例进行改正。

3. 楼层放线允许误差

（1）轴线竖向投测的允许误差为：每层 ±3mm；高度（H）≤ 30m 时误差 ±5～10mm；高度（H）30m＜H≤60m 时误差 ±10mm；高度（H）60m＜H≤90m 时误差 ±15mm；总高 H＞90m 时误差为 ±20mm。

（2）各部位放线的允许误差见表 7-30。

放线允许误差　　　　　　表 7-30

序号	项 目		允许误差（mm）
1	主轴线	L≤30m	±5
		30m＜L≤60	±10
		60m＜L≤90m	±15
		90m＜L	±20
2	细部轴线		±2
3	承重墙、梁、柱边线		±3
4	非承重墙边线		±3
5	门窗洞口线		±3

控制点投测到施工层后，本流水段和相邻流水段应进行控制点闭合校核。如误差符合规范要求，即用钢尺分出细部轴线、墙（柱）位置线、墙（柱）边 50 控制线（支模控制线）门窗洞口线等。如误差不符合规范要求，则需重新投测控制点至符合规范要求后，再进行后续工作。

7.8.1.3 标高竖向传递测量

首先从高程控制点将高程引测到首层便于向上竖直量尺处，校核合格后作为起始标高线，弹出墨线，并用红油漆标明高程数据。

1. 钢尺传递

钢尺传递是传统的标高传递的方法。悬吊钢尺传递标高，应以建筑物外墙弹有的 ±0.000 水平闭合线作为向上传递标高的基准线；当利用内控点预留洞、或电梯井筒等部位用钢尺进行标高传递时，则需将标高引测到首层建筑的墙体或柱子上。采用"两站水准法"将高程传递到施工层上，即分别在首层和施工层架设两台水准仪，从内控点预留洞或能通过垂直路线能直接到达施工层的电梯井筒等部位，以钢尺作为水准尺，将标高传递到施工层上。

高程传递过程中，不管采用什么方法，每一大流水段均要保证设置 3 个水准点，并且要进行校核，保证水平面一定要闭合。高程基准点一般设置在外窗、阳台或电梯井等容易传递的地方。因为施工过程要经历夏、冬季，所以施工测量时要进行尺长校正。

在各层抄测时，先校测各流水段传递上来的标高，闭合差小于 3mm，再抄测各结构构件的水平标高线，不允许就近引用上一流水段的标高线，以防止误差积累。

2. 测距仪法

当高度不断增加时，采用测距仪法避免了因高度大于尺长而造成的误差累积。测距仪法的主要操作步骤如下：

（1）选择从首层测站点能垂直通视到施工作业层的部位作为标高竖向传递位置，可为内控点的预留洞或电梯井道均可；

（2）然后将场区高程控制点引测到所要传递的地方；

（3）在点位上架设测距仪或全站仪，严格对中整平，调整其垂直角显示为 $0°00'00''$，然后通过弯管目镜观测，使视线与反光镜或棱镜的中心重合，测量其水平距离 l，并连通棱镜参数 k 一起记录；

（4）量取仪器高 h，取棱镜的背部觇牌厚度为 h'，得到作业层棱镜中点的绝对标高 $H = l + h + h'$；

（5）在施工层架设水平仪，以棱镜中心点为测站，将标高引测到施工作业层；

使用测距仪法时，必须向施工层至少引测两个水准点，以便进行复核测量。

3. 三角高程法

三角高程也是一种很传统的传递高程的方法，但是由于受外界影响的因素甚多，不适合于高精度的水准测量。但是，在施工过程中，运用三角高程法进行标高传递时，对于精度要求不高的工程也有其优势，对于三角高程测量在建筑施工测量中应用的参考文献很

多，此处不再介绍。

7.8.1.4　楼层标高测量

1. 楼层标高点的布设

在楼层标高测量中，标高点的布设原则主要有以下几点：

(1) 独立柱宜在每个柱面抄测两个点；

(2) 剪力墙应在转角部位、有门窗洞口部位、墙体范围内每3～4m设置一个抄测点；

(3) 楼梯在休息平台、梯段板有结构墙部位均应在板内两端各设一个抄测点；

(4) 坡道标高点的布设，应根据其坡度及弧度布设；其沿坡道延伸方向的相邻两点间的高差应小于50mm，个别情况根据实际情况而定，原则上不应大于100mm。

2. 楼层标高测量

(1) 单一矩形几何建筑

每一施工段墙、柱支模后均应在上节所提部位的（暗柱）钢筋上抄测结构50cm控制点，作为墙体支模和混凝土浇筑的控制依据。墙体混凝土浇筑后及时校正结构50cm控制点，作为顶板支模、钢筋绑扎、各种预埋等控制依据；每一施工段墙体拆模后应在同样部位抄测建筑50cm线或1m线，作为装饰与安装标高依据。抄测完毕后，每一测站均应进行重点部位的抽样复查，合格后方可进行下一测站。

在高大空间框架结构的厂房标高施测中，如果有吊车梁的柱子，应在施测完毕后，对准备预埋牛腿的柱子再进行一次小范围的闭合复核，使得控制埋件的标高控制线之间的较差满足其技术要求。

(2) 复杂特殊几何建筑

对于复杂几何图形的建筑，标高抄测时，圆弧部位应在其平面控制线的上方相应部位抄测其标高，在衔接点部位以及跟建筑物轴线相交部位都应有标高控制点；若其有坡度，根据标高抄测点的布设原则，可通过计算或计算机辅助（CAD）等方法，算出其标高值，然后依次抄测即可。

抄测完毕，将所有标高点连成直线或平滑曲线，至此楼层标高抄测完毕。

7.8.1.5　混凝土结构施工测量验收

1. 验收内容

混凝土结构工程验收内容包括建筑物定位桩点、施工现场引测的水准点位、基槽平面位置及高程、各楼层平面位置及高程、建筑物各个大角的垂直度及高程等。

2. 验收程序

上述验收内容在施工单位自检合格后，填写相关表格资料报监理单位，并配合监理单位进行现场实测验收和内业资料签认验收。

3. 验收标准

验收依据《混凝土结构工程施工质量验收规范》(GB 50204)。

4. 主控项目

(1) 现浇结构不应有影响结构性能和使用功能的尺寸偏差。混凝土设备基础不应有影响结构性能和设备安装的尺寸偏差。

(2) 对超过尺寸允许偏差且影响结构性能和安装、使用功能的部位，应由施工单位提出技术处理方案，并经监理（建设）单位认可后进行处理。对经处理的部位，应重新检查验收。

5. 一般项目

现浇结构、混凝土设备基础拆模后的尺寸偏差和预制构件尺寸的允许偏差及检验方法应符合表7-31、表7-32和表7-33的规定。

现浇结构尺寸允许偏差和检验方法　表7-31

项目			允许偏差(mm)	检验方法
轴线位置	基础		15	钢尺检查
	独立基础		10	
	墙、柱、梁		8	
	剪力墙		5	
垂直度	层高	≤5m	8	经纬仪或吊线、钢尺检查
		>5m	10	经纬仪或吊线、钢尺检查
	全高(H)		H/1000且≤30	经纬仪、钢尺检查

续表

项目		允许偏差(mm)	检验方法
标高	层高	±10	水准仪或拉线、钢尺检查
	全高	±30	
截面尺寸		+8，−5	钢尺检查
电梯井	井筒长、宽对定位中心线	+25，0	钢尺检查
	井筒全高(H)垂直度	H/1000且≤30	经纬仪、钢尺检查
表面平整度		8	2m靠尺和塞尺检查
预埋设施中心线位置	预埋件	10	钢尺检查
	预埋螺栓	5	
	预埋管	3	
预留洞中心线位置		15	钢尺检查

注：检查轴线、中心线位置时，应沿纵、横两个方向量测，并取其中的较大值。

混凝土设备基础尺寸允许偏差和检验方法　表7-32

项目		允许偏差(mm)	检验方法
坐标位置		20	钢尺检查
不同平面的标高		0，−20	水准仪或拉线、钢尺检查
平面外形尺寸		±20	钢尺检查
凸台上平面外形尺寸		0，−20	钢尺检查
凹穴尺寸		+20，0	钢尺检查
平面水平度	每米	5	水平尺、塞尺检查
	全长	10	水准仪或拉线、钢尺检查
垂直度	每米	5	经纬仪或吊线、钢尺检查
	全高	10	
预埋地脚螺栓	标高(顶部)	+20，0	水准仪或拉线、钢尺检查
	中心距	±2	钢尺检查
预埋地脚螺栓孔	中心线位置	10	钢尺检查
	深度	+20，0	钢尺检查
	孔垂直度	10	吊线、钢尺检查
预埋活动地脚螺栓锚板	标高	+20，0	水准仪或拉线、钢尺检查
	中心线位置	5	钢尺检查
	带槽锚板平整度	5	钢尺、塞尺检查
	带螺纹孔锚板平整度	2	钢尺、塞尺检查

注：检查轴线、中心线位置时，应沿纵、横两个方向量测，并取其中的较大值。

预制构件尺寸的允许偏差及检验方法　表7-33

项目		允许偏差(mm)	检验方法
长度	板、梁	+10，−5	钢尺检查
	柱	+5，−10	
	墙板	±5	
	薄腹梁、桁架	+15，−10	
宽度、高(厚)度	板、梁、柱、墙板、薄腹梁、桁架	±5	钢尺量一端及中部，取其中较大值
侧向弯曲	梁、柱、板	l/750且≤20	拉线、钢尺量最大侧向弯曲处
	墙板、薄腹梁、桁架	l/1000且≤20	
预埋件	中心线位置	10	钢尺检查
	螺栓位置	5	
	螺栓外露长度	+10，−5	

续表

项 目		允许偏差(mm)	检 验 方 法
预留孔	中心线位置	5	钢尺检查
预留洞	中心线位置	15	钢尺检查
主筋保护层厚度	板	+5，-3	钢尺或保护层厚度测定仪测量
	梁、柱、墙板、薄腹梁、桁架	+10，-5	
对角线差	板、墙板	10	钢尺量两个对角线
表面平整度	板、墙板、柱、梁	5	2m靠尺和塞尺检查
预应力构件预留孔道位置	梁、墙板、薄腹梁、桁架	3	钢尺检查
翘曲	板	l/750	调平尺在两端量测
	墙板	l/1000	

注：1. l 为构件长度（mm）。
    2. 检查中心线、螺栓和孔道位置时，应沿纵、横两个方向量测，并取其中的较大值。
    3. 对形状复杂或有特殊要求的构件，其尺寸偏差应符合规程、规范和设计的要求。

7.8.2 钢结构安装测量

钢结构工程安装精度要求高，必须采用精密施工测量方法才能满足要求，根据钢结构施工工艺的过程，钢结构施工测量内容一般包括前期测量工作准备、胎架制作及构件拼装测量、地脚螺栓埋设测量、钢柱安装及校正测量、钢桁架拼装测量、采用整体提升或滑移的网架拼装测量以及安装过程中的变形监测等。

7.8.2.1 钢结构安装基本方法

钢结构安装方法多种多样，高层、超高层钢结构工程，一般采用逐节逐层柱梁拼装法。网架、网壳安装方法有高空散拼法、分条分块安装法、高空滑移法、逐条累积滑移法、整体吊装法，整体提升/顶升法。球面网壳可采用内扩法，由内向外逐圈拼装，旋转滑移法。悬索结构安装根据结构形式分为单层悬索屋盖、单向双层悬索屋盖、双层辐射状悬索屋盖、双向单层悬索屋盖，不同的悬索结构采取不同的钢索制作及张拉工艺。

7.8.2.2 钢结构安装测量方法

尽管钢结构形式多种多样，安装方法各异，但安装过程中的测控方法基本归纳为三种方法：散拼测量方法，滑移测量方法，提升/顶升测量方法。其中，散拼测量方法又分为单层和高层、超高层散拼测量方法及大型网架散拼测量方法；滑移测量方法又分为整体滑移和累积滑移测量方法；提升和顶升测量方法基本是一致的。

各种安装测量方法又是由地脚螺栓埋设、钢柱垂直校正、轴线（或内控点）竖向投测、高程传递、胎架制作与构件拼装等基本相同的工序组成的。下面根据钢结构施工工艺中各道工序施工过程，分别介绍其施工测量方法。

1. 地脚螺栓埋设

地脚螺栓埋设是钢结构安装工序的第一步，埋设精度对钢结构安装质量有重要的影响，因此，要求安装精度高，其中平面误差小于2mm，标高误差在0～+30mm之间。

(1) 地脚螺栓埋设方法

地脚螺栓施工时，根据轴线控制网，在绑扎楼板梁钢筋时，将定位控制线投测到钢筋上，再测设出地脚螺栓的中心"十"字线，用油漆作标记。拉上小线，作为安装地脚螺栓定位板的控制线。浇筑混凝土过程中，要复测定位板是否偏移，并及时调正。地脚螺栓定位见示意图7-70。埋设过程中，要用水准仪抄测地脚螺栓顶标高。

(2) 地脚螺栓埋设注意事项

1) 对于圆形的地脚螺栓，埋设时，应注意螺栓的方向和角度，见图7-71。

2) 对于不规则的地脚螺栓，如复杂的组合钢柱，见图7-72，应放样出各部分的中心线，相间距精度误差要在2mm以内。组合柱子的地脚螺栓埋设定位图，见图7-73，组合柱子的实体见图7-74。

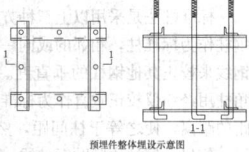

图 7-70 地脚螺栓定位示意图

图 7-71 圆形的地脚螺栓

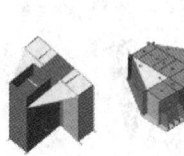
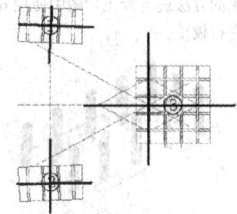

图 7-72 复杂的组合柱脚模型　　图 7-73 地脚螺栓埋设定位图

图 7-74 组合柱实体图　　图 7-75 地脚螺栓"十"字控制墨线

3) 地脚螺栓浇筑混凝土后，将柱子的"十"字控制线用墨线弹在混凝土面上，为首节钢柱安装做准备，见图7-75。

2. 钢柱垂直度的校正

钢柱垂直度的校正有多种方法，主要有以下几种：

(1) 线坠法或激光垂准仪法

线坠法是最原始而实用的方法，当单节柱子高度较低时，通过在两个互相垂直的方向悬挂两条铅垂线与立柱比较，上端水平距离与下端分别相同时，说明柱子处于垂直状态。为避免风吹铅垂线摆动，可把锤球放在水桶或油桶中。

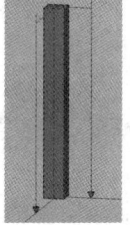

图 7-76 垂球校正钢柱垂直度

激光垂准仪法是利用激光垂准仪的垂直光束代替线坠，量取上端和下端垂直光束到柱边的水平距离是否相等，判断柱子是否垂直。见图7-76。

(2) 经纬仪法

经纬仪法是用两台经纬仪分别架在互相垂直的两个方向上，同时对钢柱进行校正，见图7-77。此方法精度较高，是施工中常用的校正方法。

(3) 全站仪法

采用全站仪校正柱顶坐标，使柱顶坐标等于柱底的坐标，钢柱就处于垂直状态。此方法适于只用一台仪器批量地校正钢柱而不用将仪器进行搬站。见图7-78。

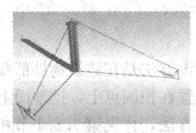
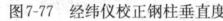

图7-77 经纬仪校正钢柱垂直度　　图7-78 全站仪校正钢柱垂直度

(4) 标准柱法

标准柱法是采用以上三种方法之一，校正出一根或多根垂直的钢柱作为标准，相邻的或同一排的柱子以此柱为基准，用钢尺、钢线来校正其他钢柱的垂直度。校正方法如图 7-79 所示，将四个角柱用经纬仪校正垂直作为标准垂直柱，其他柱子通过校正柱顶间距的距离，使之等于柱间距，然后，在两根标准柱之间拉细钢丝线，使另一侧柱边紧贴钢丝线，从而达到校正钢柱的目的。

(5) 组合钢柱的垂直度校正

某组合钢柱如图 7-80 所示。进行组合钢柱垂直度校正时，采用 (1) ～ (3) 的方法之一或多种方法同时进行校正。其中，组合钢柱结构有铅垂的构件，宜用经纬仪进行校正；若构件全为复杂异型结构，则选用全站仪法测定构件上多个关键点的坐标，从而将组合钢柱校正到位。

对于图 7-81 所示的复合钢柱垂直度，应采用对各部分分别校正的方法进行校正，图中使用 6 台经纬仪同时对该复合钢柱垂直度进行校正。

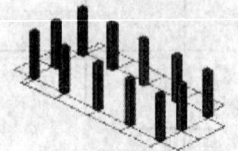

图 7-79　标准柱法校正钢柱垂直度　　图 7-80　组合钢柱实体

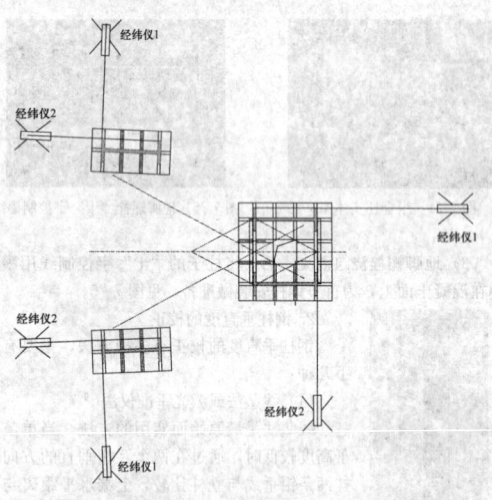

图 7-81　复合钢柱垂直度

(6) 高层、超高层钢柱的校正

不管是平行立柱，还是复合钢柱，当柱超过两节柱子时，则需要从下向上分段逐段向上安装，分段校正，校正方法可根据施工现场条件采用以上 (1) ～ (5) 的任一种方法。

(7) 复杂组合钢柱的校正

对于复杂组合钢柱立柱，例如国家体育场组合钢柱（见图 7-80）以及中央电视台新址钢斜柱（见图 7-82），宜用全站仪坐标法进行分段校正。

由于复杂组合钢柱的结构复杂，这类工程安装允许偏差在钢结构安装规范中没有明确的规定，需经专家进行专项论证，设定允许偏差，以便执行。

3. 轴线、平面控制点的竖向投测

轴线、平面控制点的竖向投测一般分为外控法、内控法、后方交会法，下面分别介绍相关方法。

(1) 外控法

外控法又分为挑直线法和坐标法。该方法是在建筑物外部布设施工测量控制网，将经纬仪或全站仪安置在控制点上，把地面上的轴线或控制线引测到较高的作业面上的方法，详见第 7.8.1 节相关内容。外控法适用于较低的建筑物。

(2) 内控法

内控法是将施工测量控制网布设在建筑物内部，在控制点的正上方的楼面上预留出 200mm×200mm 的孔洞，采用铅垂仪逐一将控制点垂直投测到上部的作业面上，再以投测上来的控制点为依据进行放样，详见第 7.8.1 节相关内容。当建筑物超过 100m 时，宜分段进行接力投测。接力楼层应选在已经浇筑过混凝土楼板的稳定的楼层。

钢柱从地下结构出首层楼面后，在首层楼板上建立的施工测量控制网的方格网精度要达到一级方格网的要求，标高控制点精度不低于±2mm，同时要将标高＋50 线抄测到钢柱上。

(3) 后方交会法

将全站仪架设在高层作业面上自由设站，分别后视地面上的三个以上的控制点，通过观测距离或角度，从而计算出测站点的坐标，并进行定向，然后再进行作业面上的测量放线工作。此方法要求地面控制点离建筑物本身较远，俯仰角较小的情况，见图 7-83。

图 7-82　中央电视台新址钢斜柱　　　图 7-83　后方交会

4. 高程传递

钢结构施工中，高程传递方法同 7.8.1 相关内容。

5. 胎架制作与构件拼装

(1) 胎架制作测量

大型钢构件每一个拼装单元进行组装时，需要制作支撑系统（简称胎架），将散件放在胎架进行拼装，然后焊接成拼装单元。胎架的制作，要根据桁架的几何结构尺寸和构件设计图，建立便于进行拼装的坐标系统（见图 7-84），利用经纬仪或全站仪在拼装场地上放出桁架的地面投影控制线和各特征点的地面投影点，然后用水准仪抄测各个杆件的控制标高等，配合胎架制作的测量工作。

不同形式的构件，其胎架的制作和构件拼装不一样，测量工作也不尽相同，下面分别进行介绍。

1) 轴线法

对于构件为直线形状，具有明显纵、横轴线的构件，宜采用轴线法制作胎架。先在拼装场地测设出各条轴线，按轴线架设胎架，在竖向支架上抄测控制标高，见图 7-85 和图 7-86。

图 7-84　胎架坐标系

图 7-85　测设轴线

2) 极坐标散拼法

对于不规则的桁架和网架，结点复杂，不便于采用轴线法进行拼装，则采用极坐标散拼法逐点测设拼装关键点。

图 7-86 搭设胎架

如图 7-87 所示，以圆球作为节点的网架，可采用全站仪测设各个钢球圆心的三维坐标（x，y，z）。对于接近地面的最下一层的钢球和桁架，则在地面放出圆心的投影点（或投影圆）；然后安装杆件，杆件上部采用全站仪三维坐标控制，位置合格后进行焊接即可。其中，钢球的圆心 z 坐标不便于直接测量，一般测量球底或球顶的三维坐标，再加或减小半径值得到球心位置三维坐标，见图 7-88 和图 7-89。球节点定位后，将连接杆与球节点焊接起来，形成完整的桁架单元，以便分节进行吊装。

（2）单元构件拼装测量

在胎架制作结束后，对于矩形和规则的单元构件，在胎架上测设各道轴线及平移控制线，然后进行构件拼装即可。

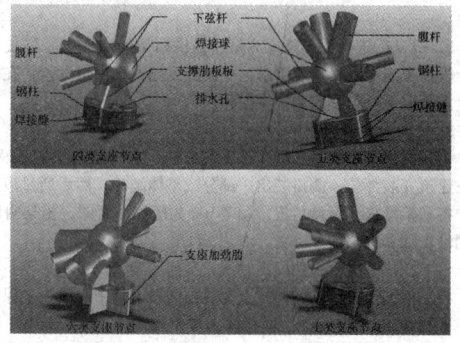

图 7-87 网架节点图

图 7-88 建立坐标系　　　图 7-89 测设球心位置

对于不规则的复杂单元构件，需要采用极坐标法根据构件空间三维位置，通过测量控制放置在胎架上的构件关键点，并调整到位。测设步骤和具体方法同胎架制作测量。图 7-90 为国家体育场现场进行复合钢桁架柱拼装的实际情况。

对于钢网架，球结点定位完成后，可采用距离交会法，由安装工人安装杆件。各个杆件安装固定后，验收各个关键节点之间的间距，符合验收规范和质量要求后，再进行焊接。

6. 大型网架散拼安装测量

大型钢结构网架结构形式多种多样，结构复杂，测量工作量非常大。

（1）超大型屋顶支撑系统测量

超大型屋顶在进行散拼拼装前首先要建立支撑系统，该支撑系统一般由支撑架组成。屋顶支撑系统测量就是根据支撑架的设计方案，将安装支撑架的位置和高度测设出来，以便在其上面进行超大型屋顶拼装。

图 7-90 复合钢桁架柱

图 7-91 是国家体育场屋顶桁架的支撑系统，图 7-92 是国家大剧院网架支撑系统。各个支撑架位置采用全站仪测设其地面位置和进行安装测量与校正；支撑架顶端标高采用水准仪抄测，最后用千斤顶将端面调整到设计标高位置，见图 7-93。

图 7-91 国家体育场屋顶桁架的
支撑系统立体图

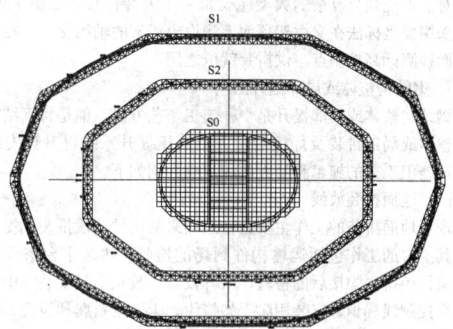

图 7-92 国家大剧院网架
支撑系统平面图

图 7-93 支撑架及顶端

（2）球形网架散拼测量

球形网架由球节点和连接球节点的杆件组成。球形网架施工测量是将复杂的网架分解成球节点定位和杆件定位测量。在球节点放样时，又采用将三维坐标分解成平面（X，Y）和高程（H）分别进行放样的方法，有效简化了放样工作，便于现场测设和安装工人操作。

实际测量时，对于地面上的最下一层的球节点和桁架，采用全站仪在地面放出其投影点（或投影圆），标高采用水准仪抄测；上部球节点，可用全站仪根据各个球节点圆心的三维坐标（x，y，z）在支撑架上放样，并标志"十"字控制线，然后安装工人根据提供的安装控制线安装球节点到位，各球节点之间的几何距离满足

要求后，连接杆件进行焊接，形成空间网架，见图 7-94。其中，钢球的圆心 z 坐标不便于直接测量，一般测量球底部（或顶部）的高程，再加上（或减去）半径值。

图 7-94 球节点测设安装控制线

对于球节点体积较大杆件与球节点连接位置不好掌握时，还需要制作特殊的辅助工具，便于现场放样正确。图 7-95 是国家游泳中心（水立方）杆件定位辅助工具，通过杆件定位辅助工具可以方便的确定杆件与球节点连接位置和方向。

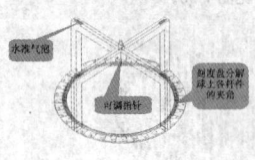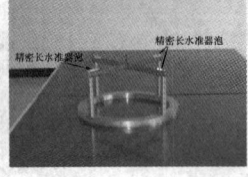

图 7-95 杆件定位辅助工具

（3）不规则且复杂散拼测量

对于不规则且复杂的大型屋架每一个安装位置，如图 7-93 所示，采用极坐标法在支撑架顶面上测设出桁架的轴线交点，在支撑架顶面抄测标高控制点，供拼装就位之用。

7. 钢结构整体或局部提升测量

钢结构整体或局部提升是一种施工工艺方法，他是将钢结构在地面整体或局部拼装及焊接后，采用液压提升系统提升到安装部位。该施工工艺的施工测量方法和步骤介绍如下。

（1）地面拼装放线

现场地面拼装的工作主要是将运输来的构件分段拼装成提升单元，其主要的工作包括运输构件到场的检验、拼装平台搭设与检验、构件组群、焊接后的检验、吊耳及对口校正卡具安装、中心线及标高控制线标识、安装用脚手架搭设、上下垂直爬梯设置，吊装单元验收等测量工作，测量放线主要的流程如下：

1）根据本区域内的内控网测设出桁架的轴线，胎架定位线；

2）拼装平台搭设结束后，用水准仪抄测胎架标高，调整标高到位；

3）安装过程中，用经纬仪、水准仪配合胎架安装，校正到位。图 7-96 为拼装放线图，图 7-97 为已拼装完的桁架；

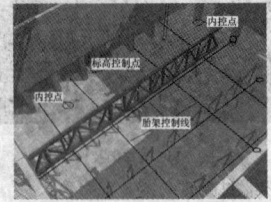

图 7-96 桁架拼装放线

图 7-97 已拼装完的桁架

图 7-98 提升牛腿和千斤顶

图 7-99 提升点部位

4）提升点的桁架安装，应以牛腿的垂直投影点位置进行提升点的桁架安装，保证上、下在同一垂线上，见图 7-98 和 7-99。

（2）提升过程测量

1）将桁架基座定位"十"字线测放到基座埋件上，供提升安装液压千斤顶定位用，见图 7-99。

2）提升前，用水准仪测量每一条桁架的挠度。

3）预提升中，复测每一条桁架挠度的变化情况，变形量是否在安全许可范围内。

4）提升过程中，除了液压提升系统能自行监控水平同步外，还应采用全站仪监测桁架的提升同步状况，保证桁架整体水平提升，发现某些部位不同步时（超过 5cm），应通知操作人员进行调整。

5）提升后进行桁架挠度测量，提供桁架的变形量，供技术人员分析是否满足结构安全要求。桁架挠度测量采用全站仪，在桁架四个大角贴上反射片监测挠度变化。

8. 桁架滑移安装测量

桁架滑移安装也是一种施工工艺方法，在桁架的拼装过程中，先在建筑安装部位一侧拼装出一部分或整体结构，然后通过液压千斤顶将桁架推移到设计位置。图 7-100 是滑移平面。桁架滑移安装测量步骤和方法如下。

（1）在拼装平台上测设出轴线，制作胎架。

（2）根据滑移区域的内控点测设出两条滑移中心线，确保中心线不平行度小于 10mm；并测放出本区域内的各条轴线，见图 7-101。

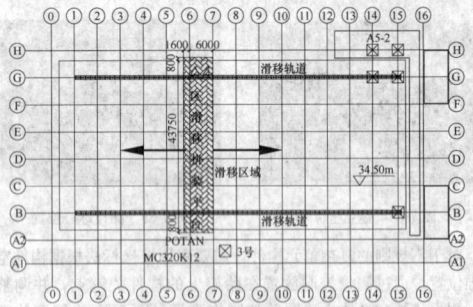

图 7-100 滑移平面图

图 7-101 滑移平台放线图

图 7-102　滑移挠度监测

（3）在拼装平台上放出桁架轴线、胎架控制线，制作第一榀桁架。

（4）用水准仪抄测标高，控制桁架安装标高。安装过程中，要按设计要求和施工经验，对桁架进行预起拱，起拱值应稍大于设计要求的起拱值。

（5）检查滑移轨道的水平度，轨道两边高差和平行度都不应大于 10mm。

（6）每安装一榀桁架后，向前滑移一榀跨距。滑移后，检测每一榀桁架的上、下挠度。桁架上沿挠度采用水准仪监测，下沿采用激光全站仪监测，见图 7-102。

（7）本区域滑移结束，卸载后，重测每条桁架的挠度值，并存档备查。

9. 高耸结构的施工测量

高耸结构工程主要包括烟囱、电视塔等建筑。由于这些建筑具有塔身超高、水平截面小，且塔身在不同的高度存在截面变径、筒体扭曲、外形变化大等特点，施工测量控制难度大。

（1）高耸结构施工测量特点及要求

高耸结构施工测量包括施工控制测量和施工测量，其特点如下：

1）施工控制测量

施工控制测量应采用外控和内控相结合的控制测量方法，外控网一般在地面上布置成田字形、圆形或辐射多边形。内控点应设置在建筑结构内部主要轴线位置。

2）施工测量

施工测量中平面控制点（内控点）向上引测时，由于相邻两点的距离较近，需要对引测的相邻两点间的边长、角度、对角线等几何要素进行校核，引测测量允许偏差不宜超过 4mm。

塔身铅垂度的控制宜采用激光铅垂仪，激光垂准仪在 100m 高处激光仪旋转 360°划出的激光点轨迹圆直径应小于 10mm。对于低于 100m 的高耸建（构）筑物，宜在塔身的中心内控点上设置铅垂仪，有条件也可以设置多台激光垂准仪；100m 以上的高耸建（构）筑物，宜在多个内控点上设置多台激光垂准仪，分段进行投测。设置激光垂准仪的内控点必须利用外控网控制点直接测定，并采用不同的测设方法进行校核。

高耸结构测量时，根据《钢结构工程施工质量验收规范》（GB 50205）相关规定，激光垂准仪投测到接收靶的测量允许误差应符合表 7-34 的要求。对于有特殊要求的塔形建筑，其允许误差应通过专家论证确定。

高耸钢结构测量允许误差　　表 7-34

项　目	允许偏差（mm）	测量允许误差（mm）
主体结构整体垂直度	（H/2500+10.0），且不应大于 50.0	10.0
主体结构总高度	H/1000，且不应大于 30.0	6.0

3）高耸结构动态变形测量

由于高耸结构对日照、风扰的敏感性较其他高层建筑结构更加明显，一般应进行日照变形观测。根据日照观测，绘制出日照变形曲线，并列出最小日照变形区间，以指导施工测量。

（2）高耸结构施工测量实例

1）工程概况

河南广播电视发射塔（图 7-103），总高度 388m，地下 1 层，地上 48 层。整体造型如五瓣盛开的梅花在空中绽放。结构形式采

用了巨型钢结构体系，分为塔座、塔身、塔楼及天线桅杆四部分。其中塔身结构由内筒、外筒和底部五个"叶片"形斜向网架构成，外筒为格构式巨型空间钢架，内筒为竖向井道空间桁架构成的巨型柱。

图 7-103　河南广播电视发射塔

2）钢结构施工测量概述

塔体钢结构测量工作主要内容包括：平面和高程控制网测量，井道安装、桉叶糖柱安装、塔楼安装等部位的测量放线及校正，超高塔桅钢结构安装轴线、标高、垂直度控制，变形观测等。

3）测量控制网建立

①平面控制网的布设

根据电视塔的施工特点，采用外控＋内控相结合的方法来控制钢构件的轴线位置和整体垂直度。平面控制网由塔中心点 O 和距塔体中心点 120m 设置的 TM_1、TM_2、TM_3、TM_4、TM_5 五个点，以及在塔体东、南、西、北四个方向距塔体中心 300m 设置的 KZ_1、KZ_2、KZ_3、KZ_4 四个点组成，见图 7-104。平面控制网采用 GPS 测量方法，并按《工程测量规范》（GB 50026）中三等卫星定位测量控制网技术要求进行观测和数据处理，精度满足规范要求。

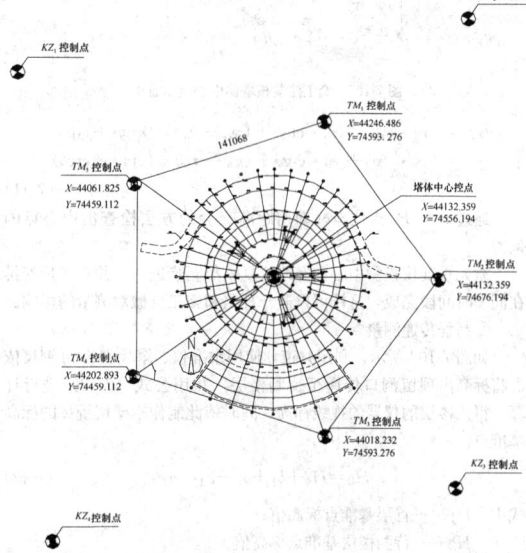

图 7-104　控制点位布置示意

②高程控制网测量

根据工程的实际情况，依据业主或总包移交的原始高程控制点，采用水准测量方法将高程引测到塔体钢柱上，并用红油漆作好标记。

施工中根据钢结构安装进度的要求加密水准点，对于布设的水准点定期进行检测，以确定高程控制点的稳定性。

4) 施工测量

①塔中心点 O 向上传递测量

每安装完成一个结构楼层，塔体的中心点就要向上传递，通过测量塔中心与一根井道柱的中心距离，就可以分析出塔体安装完成部分的整体垂直度偏差。通过整体垂直度偏差数据，及时对下一层钢柱进行调整，从而保证塔体整体垂直度。由于塔体中心有一道梁使塔体中心点不能通视，在塔座楼层另选择两个点，该两个点与塔体中心点通视，并利用其向上投测。在投测面采用距离交会法即可交会出塔体中心点，具体做法如图 7-105 所示。

与此同时，在 TM_1、TM_2（或当结构安装到 +120m 以上的时候，在 KZ_1，KZ_2）点架设两台激光经纬仪，测定 P_1 点。用同样的方法在 TM_4、TM_5 点（或当结构安装到 +120m 的时候，在 KZ_3，KZ_4）测出 P_2 点，见图 7-106。通过式（7-41）计算出 P_1，P_2 点坐标：

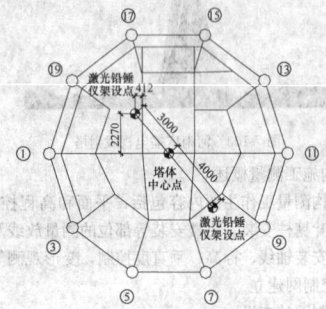

图 7-105　激光投测塔体中心示意图

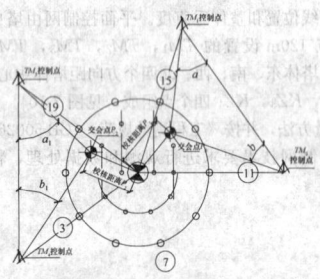

图 7-106　交汇法复核塔体中心点示意图

$$x_p = \{x_a \cdot ctgb + x_b \cdot ctga + (y_b - y_a)\}/(ctga + ctgb)$$
$$y_p = \{y_a \cdot ctgb + y_b \cdot ctga + (x_a - x_b)\}/(ctga + ctgb)$$

$$(7-41)$$

通过 P_1，P_2 点位坐标即用距离交会的方法检查出中心点的偏差。

激光垂准仪投测中心和经纬仪复核都同步进行，并且尽量安排在同一时间段完成，这样可以避开日照和施工机械对测量的影响。

②高程传递测量

如图 7-107 所示，利用井道，使用水准仪、塔尺和 50m 钢尺依次将标高由预留洞口传递至待测楼层，并用公式（7-42）进行计算，得该楼层的仪器的视线标高，同时依此制作本楼层统一的标高基准点。

$$H_2 = H_1 + b_1 + a_2 - a_1 - b_2 \qquad (7-42)$$

式中　H_1——首层基准点标高值；

　　　H_2——待测楼层基准点标高值；

　　　a_1——S1 水准仪在钢尺读数；

　　　a_2——S2 水准仪在钢尺读数；

　　　b_1——S1 水准仪在塔尺读数；

　　　b_2——S2 水准仪在塔尺读数。

标高的竖向传递应从首层起始标高线竖直量取，且每一次应由三处分别向上传递。当三个点的标高差值小于 3mm 时，应取其平均值；否则应重新引测。

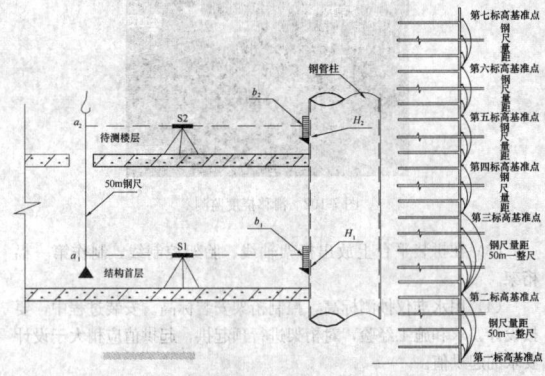

图 7-107　高程传递测量示意图

10. 索膜结构施工测量

膜结构又叫空间膜、张拉膜结构（Tensioned Membrane structure）。索膜结构是以建筑织物，即膜材料为张拉主体，与支撑构件或拉索共同组成的结构体系。它以其新颖独特的建筑造型，良好的受力特点，成为大跨度空间结构的主要形式之一，见图 7-108。

图 7-108　索膜结构图

索膜结构施工测量中的支撑结构定位、安装测量基本方法可参照 7.8.2.1 和 7.8.2.2 相关内容。

膜结构安装前应对安装位置和其本身几何尺寸进行复核测量，以满足安装要求，然后按照支撑结构与膜结构连接关系进行安装。

索膜结构施工测量中应注意的事项：

（1）受钢索拉力的影响，安装过程中，支撑结构定位应向受力相反方向预留一定的变形量；

（2）索膜结构的倾斜支撑结构较多，支撑结构上的不同位置在空间的三维坐标不一样，应采用三维坐标放样；

（3）索膜结构安装完成后，应对主要结构进行复测，检查其变形状态，避免变形过大造成安全隐患。

7.8.2.3　钢结构安装测量注意事项

1. 注意混凝土收缩对首层内控点的影响，定期检测内控点的间距；

2. 焊缝收缩影响轴线间距和标高，从而影响垂直度和总高度，柱头标高复测结果应及时返给加工厂家进行调整；

3. 三级以上的大风天气，不宜进行内控点的投点，一般在清晨或夜间投点较好；

4. 在钢梁和压型板上架设测量仪器时，支腿应落在钢梁上或制作专用仪器架，焊接在钢柱上，确保仪器稳固；

5. 采用多种方法检验钢柱的垂直度，防止仪器的系统误差影响；

6. 经常检校仪器的各项技术指标，确保仪器处于正常工作状态下；

7. 密切监视日照、风力、焊接、沉降对钢结构垂直度的影响，当影响过大时应进行垂直改正。

7.8.2.4　钢结构工程安装测量验收要求

根据《钢结构工程施工质量验收规范》（GB 50205）和《高层民用建筑钢结构技术规程》（JGJ 99），钢结构工程安装测量常用的验收指标如下：

1. 钢柱安装的允许偏差

钢柱安装的允许偏差见表 7-35。

钢柱安装的允许偏差　　表 7-35

项　　　　目		允许偏差（mm）
柱子定位轴线		1
地脚螺栓位移		2
柱脚底座中心线对定位轴线的偏移		3
柱基准点标高		±2
挠曲矢高		H/1200，且≤15
同一层柱顶标高		±5
柱轴线垂直度	单节柱（H>10m）	H/1000，且≤10
	单节柱（H≤10m）	≤5
主体结构整体平面弯曲	总高 H	3H/10000，且≤30
	总长 L	L/1500，且≤25
主体结构总高	总高 H	H/1000，且≤±30

2. 柱、桁架、梁的安装测量允许偏差

柱、桁架、梁的安装测量允许偏差见表 7-36。

柱、桁架、梁的安装测量允许偏差（mm）　　表 7-36

钢柱垫层标高	±2	梁间距	±3
钢柱±0 标高检查	±2	梁面垫板标高	±2
桁架和实腹梁、桁架和钢架的支承节点间相邻高差	±5	上柱和下柱的相对扭转	3

3. 构件预装测量的允许偏差

构件预装测量的允许偏差见表 7-37。

构件预装测量的允许偏差（mm）　　表 7-37

平台抄平	±1
纵横中心线的正交度	±0.8√l mm；l 为自交点起算的横向中心线长度（mm），不足时以 5m 计
预装过程中的抄平工作	±2

4. 压型金属板安装的允许偏差

压型金属板安装的允许偏差见表 7-38。

压型金属板安装的允许偏差　　表 7-38

项目		允许偏差（mm）
屋面	檐口与屋脊的垂直度	12
	压型金属板波纹线地屋脊的垂直度	L/800，且≤25
墙面	墙板波纹线的垂直度	L/800，且≤25
	墙板包角板的垂直度	L/800，且≤25

L 为屋面半坡或单坡长度；H 为墙面高度

7.8.2.5　钢结构工程强制验收的主要项目

根据《钢结构工程施工质量验收规范》（GB 50205），钢结构工程施工结束后，应提供如下的验收数据：

（1）挠度；

（2）整体垂直度；

（3）主体结构总高度；

（4）主体结构整体平面弯曲。

以上各项数据的内容详见《钢结构工程施工质量验收规范》（GB 50205）的具体规定。

7.9　建筑装饰施工测量

建筑装饰施工测量是建筑装饰中的一项重要工作，如果测量放线不精确或轴线距离不准，都会导致错缝、拼接不上或无法安装等诸多工程质量问题。随着大量新型建筑材料的不断涌现，高级装饰装修中对于墙面、吊顶和地面的施工和施工测量要求逐渐提高。特别是块材的对缝、复杂的吊顶造型、地面拼花以及工厂化加工现场拼装等，都对建筑装饰测量提出了较高的精度要求。

7.9.1　室内装饰测量

7.9.1.1　室内装饰测量主要内容和常用测量仪器工具

1. 室内装饰测量主要内容

室内装饰测量主要包括：楼、地面施工测量，吊顶施工测量及墙面施工测量（包括隔墙及填充墙体）等内容。

2. 常用测量仪器工具

在室内装饰测量中常用的测量仪器主要有：水准仪、水准尺、塔尺、经纬仪、激光垂准仪、激光扫平仪、激光标线仪等；测量工具主要有：水平管与水平尺、净空尺、钢尺、靠尺、角尺、塞尺等。具体使用方法请参考有关介绍，此处不再赘述。

7.9.1.2　室内装饰测量作业基本要求

室内地面、墙面、顶面等结构施工误差，往往会给装饰装修工程带来一定的影响，为了消除这些误差和不利影响，室内装饰施工前，应根据主体结构的实际情况，利用测量仪器和工具进行结构复核测量。在复核测量的基础上确定地面、墙面、吊顶及外幕墙等装饰测量控制线，作为装饰工程施工的控制依据，然后再以控制线为基础，弹出相应的基准线或位置线，室内地面、墙面、顶面等饰装测量基本技术要求如下：

1. 分间基准线测设基本要求

分间基准线测设技术要求如下：

（1）主体结构工程完成后，应对每一层的标高线、控制轴线进行复核，核查无误后，需分间弹出基准线，并将结构构件之间的实际距离标注在该层施工图上，并依此进行装饰细部弹线和水电安装的细部弹线。

（2）计算实际距离与原图标示距离的误差，并按照不同情况，研究采取消除结构误差的相应措施。消除误差应保证装饰装修和安装精度的要求，尽量将误差消化在精度要求较低的部位。例如：首先要保证电梯井的净空和垂直度，其次保证卫生间、厨房等安放定型设施和家具的房间净空要求；再次保证有消防要求的走廊、通道的净空要求。在满足上述要求的前提下，把误差调整到精度要求不高的房间或部位，并判断这些误差在该房间或部位是否影响其使用功能，若影响到使用功能，则应对结构进行剔凿、修整。在高度方向上，首先保证吊顶下的净高要求和吊顶上管道、设备的最小安装，同时兼顾地面平整和管道坡度要求，若无法满足，则需进行楼地面剔凿或改用高度较矮的管道、设备。

（3）根据调整后的误差消除方案，以每层轴线为直角坐标系，测设各间十字基准线，弹出各间的 1000mm 线或 500mm 线。

2. 墙面弹线（隔墙或外墙弹线）基本要求

（1）砌筑填充墙弹线

砌筑填充墙无论采用何种材料，也无论是隔墙还是外墙均应根据放线图，以分间十字线为基准，弹出墙体边线，在边线外侧注明门窗洞口尺寸和标高。嵌贴装饰面层的墙体，在贴饰面一侧的边线外弹出一条平行的参考线，并注明其到墙体的距离。

（2）龙骨饰面板墙弹线

首先核对龙骨饰面板墙的总厚度与龙骨宽度、两侧饰面板层数和厚度，合格后，在地面上弹出地龙骨的两侧边线，同时用线坠或接长的水平尺把地面上的龙骨边线返到顶棚上。注意当两侧饰面板层数不同时，地龙骨不可居中放线。

（3）装饰墙面弹线

首先在墙面各阴、阳角吊垂线，依线对墙面进行找直、找方的剔凿、修补，抹出底灰后，在门窗洞口两侧吊垂线，并在洞口上下弹出水平通线。在墙面底部弹出地面标高线，并在沿墙的地面弹出墙面装饰外皮线，有对称要求的弹出对称轴。从对称轴向两侧测量墙面尺寸，然后根据饰面分隔尺寸进行调整，防止出现破活或不对称。

3. 楼、地面弹线基本要求

弹线前重新测量房间地面各部分尺寸，查明房间各墙面装饰面层的种类及其厚度，预留出四周墙面装饰面层厚度并弹出地面边线。有对称要求的弹出对称轴，有镶贴图案的在相应位置弹出图案边线。楼梯踏步铺贴饰面的，在楼梯两侧墙面弹出上、下楼层平台和休息平台的设计标高，然后根据楼梯踏步详

图样式，弹出各踏步踢面的位置。

4. 吊顶弹线基本要求

吊顶弹线前，查明图纸和其他设计文件对房间四周墙面装饰面层类型及厚度要求，重新测量房间四周墙面是否规方。考虑四周墙面留出饰面层厚度，将中间部分的边线规方后弹在地面上，对于有对称要求的吊顶，先在地面上弹出对称轴，然后从对称轴向两侧量距弹线。对有高度变化的吊顶，应在地面上弹出不同高度吊顶的分界线，对有灯盒、风口和特殊装饰的吊顶，也应在地面上弹出这些设施的对应位置。用线坠或接长的水平尺将地面上弹的线返到顶棚上，对有标高变化的吊顶，在不同高度吊顶分界线的两侧标明各自的吊顶底标高。根据以上的弹线，在顶棚上弹出龙骨布置线，沿四周墙面弹出吊顶底标高线。

7.9.1.3　装饰测量误差要求

精装修工程施工测量放线应使用精密仪器，测量放线的精度一般为允许施工误差的 1/2～1/3，室内垂直度精度应高于 1/3000，在全高范围内应小于 2mm，水平线每 3m 两端高差小于 ±1mm，同一条水准线（3～50m 长）的标高允许误差为 ±2mm。具体要求如下：

1. 地面面层测量

在四周墙身与柱身上投测出 500mm 水平线，作为地面面层施工标高控制线。根据每层结构施工轴线放出各分隔墙线及门窗洞口的位置线，门窗洞口位置误差应小于 2mm。

2. 吊顶施工测量

以 1000mm 线为依据，用钢尺量至吊顶设计标高，并在四周墙上弹出水平控制线。对于装饰物比较复杂的吊顶，应在顶板上弹出十字分格线，十字线应将顶板均匀分格，以此为依据向四周扩展等距方格网来控制装饰物的位置，同时按照吊顶工程的各项允许偏差进行控制。

3. 墙面装饰施工测量

内墙面装饰控制线，竖直线的精度不应低于 1/3000，水平线精度每 3m 两端高差小于 ±1mm，同一条水平线的标高允许误差为 ±3mm。

4. 外幕墙施工测量

结构完成后，安装幕墙时，用铅垂钢丝控制竖直龙骨的竖直度，幕墙分格轴线的测量放线应以主体结构的测量放线相配合，对其误差应在分段分块内控制、分配、消化，不使其积累。幕墙与主体连接的预埋件，应按设计要求埋设，其测量放线偏差高差不大于 ±3mm，埋件轴线左右与前后偏差不大于 10mm。

7.9.1.4　室内装饰测量主要方法

1. 楼、地面施工测量

（1）标高控制

1）装饰标高基准点设置

对于结构形式复杂的工程，为了能够便于施工及标高控制，需要在给定原有标高控制点的基础上，引测装饰标高基准点。装饰标高基准点应可靠、便于施工、易于保护，且与原有标高点的标识有明显区别，如采用不同颜色、不同形状的标志。

2）标高控制线测设

在装饰施工之前，根据装饰标高基准点，采用 DS3 型水准仪（适于大开间区域使用）或 4 线激光水准仪（适于室内小开间使用）在墙体、柱体上引测出装饰用标高控制线，并用墨斗弹出控制线，通常控制线设置为 +50 线，即距装饰地面的完成面 0.5m 高的水平线。也可以根据现场情况引测 +1m 线，原则上引测的标高控制线要便于在使用时的计算，尽量取整数，并应在弹好墨线后做好标识，明确标高。

使用 DS3 型水准仪时视距一般不超过 100m，视线高度应使上、中、下三丝都能在水准尺上读数以减少大气折光影响。前、后视的距离不应相差太大。有条件时也可采用增加了激光发射系统的 DSJ3 型激光水准仪，该仪器使测量放线更直观、快捷。

由于室内标高相对独立性更高，因此在较小空间可以使用 4 线激光水准仪进行标高线的引测，一般 4 线激光水准仪在室内环境使用的有效距离不宜大于 10m，以减少折光和视线误差。

标示在墙面、柱体上的标高控制线，要注意保护，在面层施工覆盖后要及时进行恢复，保证控制线的准确性和延续性。

3）测量复核

在全部标高线引测完成后，应使用水准仪对所有高程点和标高控制线进行复测，以避免粗差。

4）施工控制

地面的标高控制是装饰施工的重点，如混凝土垫层施工、各种装饰面层施工等对标高控制都有很高的要求。一般地面施工的标高控制分为整体地面标高控制和块材楼地面标高控制。

整体地面标高控制，在混凝土地面、自流平地面等整体地面施工时，根据建筑 +50 线（或其他水平控制线），用水准仪测设出地面上的控制点（地面上为了控制标高设定的距墙 2m，间距不大于 2.5m 呈梅花状布置的标志点）的标高，检查是否存在基层超高问题，如有基层超高现象及时和相关施工单位予以沟通，及时处理解决。每个控制点用砂浆做成的灰饼表示，施工中用 3m 靠尺随时检测地面标高的控制情况。

块材楼地面标高控制，在石材地面、木地板、抗静电地板、地砖地面等块材地面施工时，标高控制方法和整体地面施工标高控制基本一致，不同的是在面层施工时用水平尺和靠尺反复检测块材的水平和标高。在有坡度要求的地面施工时，应按设计的坡度要求设置坡度控制点或使用坡度尺进行控制，使完成后的地面坡度满足设计和施工规范的要求。

（2）平面控制

1）平面坐标系确定

对于装饰地面施工来说，一般都需要进行地面的平面控制。造型相对简单的地面砖铺贴，通常在排版后需要进行纵横分格线的测设和相对墙面控制线的测设。但对于造型复杂的拼花地面来说，就需要对每个拼花的控制点进行准确的放线和定位。因此在测量放线之前，首先要根据现场情况和拼花形状建立平面控制的坐标体系，一般应遵守便于测量，方便施工控制的原则，平面控制坐标系可采用极坐标系、直角坐标系或网格坐标系等。

2）关键控制点测设

通常应先在图纸上找出需要进行控制的关键点，如造型的中心点、拐点、交接点等，通过计算得出平面拼花各个关键控制点的平面坐标，在计算室内关键控制点的坐标时，要考虑和天花吊顶造型的配合与呼应，不能只按房间几何尺寸进行计算；在计算室外关键控制点的坐标时，也要考虑与周边建筑物、构筑物的协调呼应，同样不能只考虑几何尺寸；现场关键控制点定位前还要注意检查结构尺寸偏差，并根据偏差情况调整关键控制点的坐标值，以保证造型观感效果的美观大方，并充分体现设计意图。然后用经纬仪、钢尺或全站仪根据计算出的坐标值测设现场关键控制点。直角坐标系对于多点同时施工更方便。

在布局规矩的室内地面拼花也采用平面网格坐标系。根据图纸中关键控制点与周边墙柱体的相对关系建立平面网横坐标系，网格边长可根据图形复杂程度控制在 0.5～2m 之间，根据控制点在网格中的相对位置使用钢尺进行定位。此种方法施工简便，但人工定位误差相对较大，适用于相对独立的拼花图形施工。

3）测量复核

所有控制点的定位完成之后，应根据图纸尺寸和计算得到的坐标值进行复核，确认无误后方可进行施工作业。

2. 吊顶施工测量

（1）标高控制

1）标高控制线测设

根据室内标高控制线（+50 线或其他水平控制线）弹出吊顶边龙骨的底边标高线。通常用水准仪和 3m 塔尺进行测设；也可在房间内先测设一圈标高控制线（+50cm 或 100cm 水平线），然后用钢尺量吊顶边龙骨的底边标高控制点，最后连成标高控制线。对于造型复杂的吊顶，中间部位还应测设关键标高控制点。

最后应根据各层的标高控制线拉小白线检查机电专业已施工的管线是否影响吊顶，如存在影响及时向总包、设计和监理反映，对专业管线或吊顶标高作出调整。

2）测量复核

标高控制线测设全部完成后，应进行复核检查验收，合格后方

可进行下一道工序的施工。通常应采用水准仪对标高控制线，关键标高控制点进行闭合复测。在施工过程中还应随时进行标高复测，减少施工过程中的误差。

(2) 平面控制

1) 平面坐标系确定

针对吊顶造型的特点和室内平面形状，建立平面坐标系，建立方法同地面平面坐标系。

2) 关键控制点测设

建立了坐标系之后，先在图纸上找出需要进行控制的关键点，如造型的中心点、拐点、交接点、标高变化点等，通过计算得出平面内各个关键控制点的平面坐标；然后按照吊顶造型关键控制点的坐标值在地上放线，最后用激光铅直仪将地面的定位控制点投影到顶板上，施工时再按照顶板控制点位置，吊垂线进行平面位置控制。

关键控制点的设置，还应考虑吊顶上的各种设备（灯具、风口、喷淋、烟感、扬声器、检修孔等），以便在放线时进行初步定位，施工时调整龙骨位置或采取加固措施，避免吊顶封板后设备与龙骨位置出现不合理现象。

3) 测量复核

完成所有控制点的定位之后，根据设计图纸和实际几何尺寸进行复核，确认无误后方可进行下步施工。在施工过程中还应随时进行复查，减少施工粗差。

(3) 综合放线

1) 控制坐标系确定

针对吊顶造型的复杂程度、特点和室内形状，可建立综合坐标系，综合坐标系可采用直角坐标、柱坐标、球坐标或它们的组合坐标系。

2) 综合控制点测设

综合坐标系建立后，同样在图纸上找出关键点，如造型的中心点、拐点、交接点、标高变化点等关键点，计算出各个关键点的空间坐标值；再用激光铅直仪将地面放出的关键控制点投影到顶板上，并在顶板上各关键控制点位置安装辅助吊杆。辅助吊杆安好后，根据关键点的垂直坐标值分别测设各个关键点的高度，并用油漆在辅助吊杆上做出明确标志。这样复杂吊顶的造型关键控制点的空间位置就得到了确定。

各种曲面造型的吊顶，同样根据图纸和现场实际尺寸，计算得到空间坐标值之后来进行定位。一般曲面施工采取折线近似法（将多段较短的直线相连近似成曲线），通过调整关键点（辅助吊杆）的疏密控制曲面的精确度。

3. 墙面施工测量

墙面装饰施工测量，适用于室内各种墙体位置的定位和室内外墙体垂直面上造型的测量定位。

(1) 墙面上造型控制

1) 建立控制坐标

根据图纸要求在墙面基层上画出网格控制坐标系，网格边长可根据图形复杂程度控制在 0.1~1m 之间。

2) 关键控制点测设

立体造型墙面，依据建筑水平控制线（+50 线或其他水平控制线），按照图纸上关键控制点在网格中的相对位置，用钢尺进行定位。同时标示出造型与墙体基层大面的凹凸关系（即出墙或进墙尺寸），便于施工时控制安装造型骨架。所标示的凹凸关系尺寸一般为成活面出墙或进墙尺寸。

平面内造型墙面，关键控制点一般确定为造型中心或造型的四个角。放线时先将关键控制点定位在墙面基层上，再根据网格按 1:1 尺寸进行绘制即可。也可将设计好的图样用计算机或手工按 1:1 的比例绘制在大幅面的专用绘图纸上，然后在绘好的图纸上用粗针沿图案线条刺小孔，再将刺好孔的图纸按照关键控制点固定到墙面上，最后用色粉包在图纸上擦抹，取下图纸图案线条就清晰地印到墙面基底上了。还可采用传统方法，将绘制好的 1:1 的图纸按关键控制点固定在需要放线的墙面上，然后用针沿绘好的图案线条刺扎，直接在墙面上刺出坑点作为控制线。

3) 复核

完成所有控制点的定位之后，根据设计图纸进行复核，确认无误后方可进行下步施工，并在施工过程中随时进行复查，减少施工粗差。

(2) 墙体定位控制

1) 建立控制坐标系

根据设计图纸和现场实际尺寸，在地面上测设墙体成活面的控制线和墙体中心线。一般情况下，墙体定位采用直角坐标系；有时根据复杂程度可采用极坐标或直角坐标配合网格法进行定位放线。

2) 关键控制点测设

对于简单的直墙，依据设计图纸和现场实际尺寸，按照墙体的相对位置，用钢尺进行定位，同时测出墙体的中心线和成活面的控制线。对于复杂的曲线墙体，应先确定关键控制点，然后根据设计图纸和现场实际尺寸计算相对位置坐标，再按照相对位置坐标用经纬仪和钢尺测设关键控制点，最后通过关键控制点之间连线，测设出墙体中心线和成活面控制线。

3) 复核

完成所有控制点、线的测设后，应根据图纸进行复核，确认无误后方可进行施工。在施工开始后还应进行一次复查，避免出现错误。

7.9.2　幕墙结构施工测量

幕墙结构施工测量是整个幕墙施工的基础工作，直接影响着幕墙的安装质量，因此必须对此项工作引起足够的重视，努力提高测量放线的精度。

7.9.2.1　幕墙结构工作内容和测设技术要求

1. 幕墙结构施工测量工作内容

幕墙结构施工测量工作内容包括基准点、线和轴线的测设及复核；水平标高控制线的测设及复核；测设幕墙内、外控制线；测设幕墙分格线；垂直钢丝的布设；结构预埋件的检查测量等。

2. 测量误差控制要求

幕墙结构施工测量仍遵循"由整体至局部、测量过程步步校核"的原则，其各项测量误差控制要求如下：

(1) 标高测量误差控制要求

1) ±0.000 至 1m 线≤±1mm；

2) 层与层之间 1m 线≤±2mm；

3) ±0.000 至楼顶层总标高≤±10mm。

(2) 控制线测量误差控制要求

1) 墙完成面控制线≤±2mm；

2) 外控线≤±2mm；

3) 结构封闭线≤±2mm。

(3) 投点测量误差控制要求

各层之间对应的点与点之间垂直偏差≤±1mm。

7.9.2.2　幕墙结构测设方法

1. 首层控制点、线测设

(1) 基准点、线的复核

放线之前，要通过交接确认主体结构的水准测量基准点和平面控制测量基准点，对水准基准点和平面控制基准点进行复核，并依据复核后的基准点进行放线。

一般现场提供基准点布置图和首层原始标高点图，见图 7-109，测量放线人员依据结构施工或总包单位提供的基准点、线布置图，对基准点、线和原始标高点进行复核。复核结果与原成果差异在允许范围内，一律以原有的成果为准，不作改动；对经过多次复测，证明原有成果有误或点位有较大变动时，应报总包、监理，经审批后，才能改动，使用新成果。

(2) 基准点、线的复核内容

首层基准点通常设置在首层顶板预留的方孔下方，如图 7-110 所示。

依据提供的基准点、线布置图，先检查各个基准点、线的数据是否正确；基准点、线与轴线的尺寸是否一致并符合要求；建筑物平面、对角线尺寸是否在允许误差范围内。然后结合幕墙设计图、建筑结构图对原始标高的位置及数据进行确认，经检查确认合格后，填写轴线、控制线记录表。

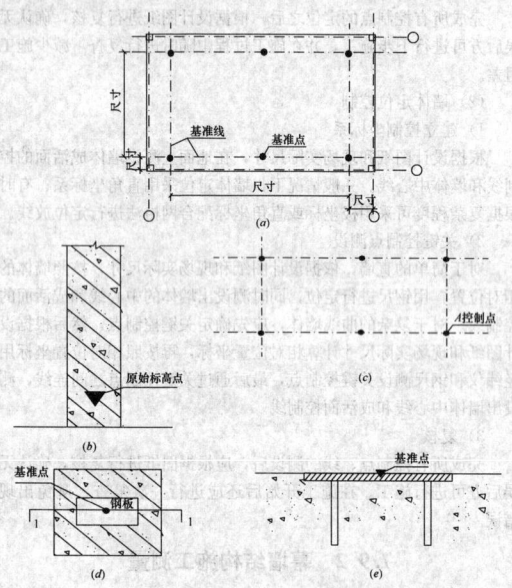

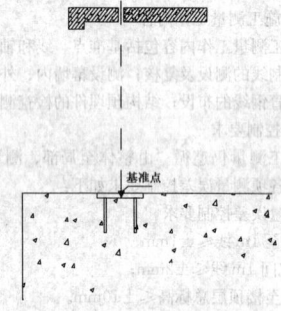

图 7-109　基准点线布置图和首层原始标高点图

(a) 基准点线布置图；(b) 原始标高点图；(c) 原始标高点图；

(d) 基准点放大图；(e) 1-1 剖面图

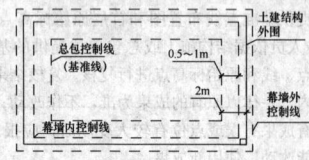

图 7-110　首层基准点

(3) 首层控制点、线测设

首层原总包控制轴线一般设定在距结构 2m 左右处，而幕墙施工需将控制线进行外移 0.5～1m。外移时，依据首层控制轴线，建立幕墙首层内控制网，再由内控制网外移形成外控制网，见图 7-111。高程控制点测设是把复核后并符合要求的既有标高控制点作为已知点，把标高引测到建筑物外表面上。根据建筑物的大小，一般间隔小于 25m 用绿油漆作标高标记，并做好保护，然后用经纬仪进行复核，复核误差应小于 ±2mm。合格后弹闭合控制线。内、外装控制网要进行复合交圈，误差应在 ±2mm 之内为合格。

图 7-111　首层控制线测设示意图

2. 测量方法

(1) 首层基准点、线测设

首层的基准点、线主要用来控制幕墙的垂直度，保证各楼层的几何尺寸，满足放样要求。首层基准控制点、线为一级基准控制，通过楼板上的预留孔用激光铅垂仪把一级基准控制点、线传递到各楼层，形成各层施工控制点、线。并应在底层和顶层分别架设全站仪进行控制基准点、线的检查复核，首先检查底层和顶层各投测点之间的距离和角度是否一致，若超过允许误差，应查找原因及时纠正。若在误差范围之内，则进行下一步对投测点之间的连线工作。

(2) 投点测量实施方法

将激光垂准仪架设在底层的基准点上对中、调平，向上投点定位，定位点必须牢固可靠（图 7-112）。投点完毕后进行连线，在全站仪或经纬仪监控下将墨线分段弹出。

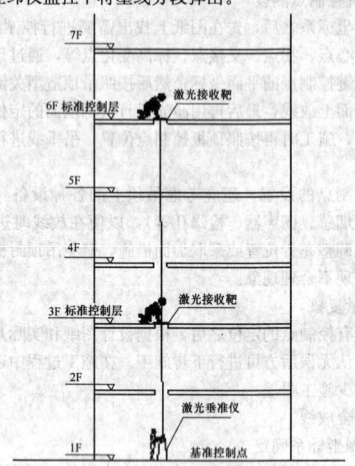

图 7-112　激光垂准仪投点示意图

(3) 内控线的测设

各层投点工作结束后，进行内控线的布控。以主控制线为准，通常把结构控制线进行平移得到幕墙内控线，内控线一般应放在离结构边缘 1000mm、避开柱子便于连线的位置，平移主控制线、弹线过程中，应使用全站仪或经纬仪进行监控。最后检查内控线与放样图是否一致，误差是否满足要求，有无重叠现象，最终使整个楼层内控线成封闭状。检查合格后再以内控线为基准，进行外围幕墙结构的测量。

(4) 外围控制线的测设

内控线测设完成后，以基准点、线为基准，用测距仪或全站仪在首层地面测出结构外围控制点。外控点应放在幕墙的外表控制线上，测设完各外控点后将各外控点之间连线并延长至交汇，形成闭合二级外控制网。

(5) 层间标高控制点测设

层间标高的测量，首先在关键轴线和控制线上用全站仪或经纬仪由下而上测设垂直线，同时在仪器的监控下，在建筑物上弹出垂直墨线，然后依据垂直线在建筑物外立面上悬挂不小于 30m 长的钢尺，上端用大力钳把钢卷尺夹紧，下端挂 10kg 重的砝码，在风力小于 4 级的气候条件下，测出各楼层的实际高度和建筑物的总高度，再用等分法分别计算出各层的实际标高，然后每层按照计算标高设 +1m 水平线作为本层的标高控制线，并将各层的标高用绿色（与结构施工的红色标记区别）油漆记录在立柱或剪力墙的同一位置。整个幕墙施工安装过程，必须保持各标高、水平标记清晰完好。层与层之间的标高测量误差应 ≤±2mm，总标高测量误差应 ≤±10mm。

(6) 钢丝控制线的设定

用 ϕ1.5 钢丝和 5×50 角钢制成的钢丝固定支架挂设钢丝控制线。角钢支架的一端用 M8 膨胀螺栓固定在建筑物外立面的相应位置，而另一端钻 ϕ1.6～1.8 的孔。支架固定时用铅垂仪或经纬仪监控，确保所有角钢支架上的小孔在同一直线上，且与控制线重合。最后把钢丝穿过孔眼，用花篮螺栓绷紧。钢丝控制线的长度较大时稳定性较差，通常水平方向的钢丝控制线应间隔 15～20m 设一角钢支架，垂直方向的钢丝控制线应每隔 5～7 层设一角钢支架，以防钢丝晃动过大，引起不必要的施工误差，见图 7-113。

(7) 控制线的布置

竖向控制线一般采用钢丝控制线，幕墙平面上的所有转角处均

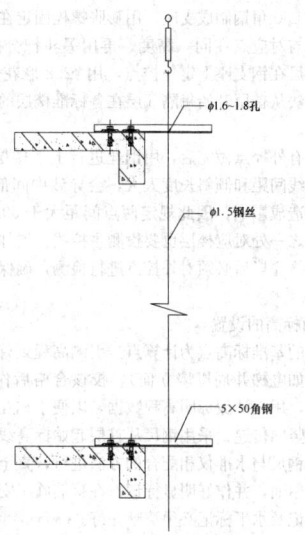

图 7-113　钢丝控制线示意图

应设置竖向控制线，并确保竖向控制线正好与幕墙的转角线重合。水平控制线每层均应设置，在长度较大的平面上还应间隔 2 层设置一道水平钢丝控制线，水平钢丝控制线应设在幕墙外表面外侧，距外表面 20～50mm 为宜。

（8）结构误差的测量

将各层水平控制线与竖向控制线连成一体就形成了立体控制网，依据控制网就可确定出幕墙基础结构的内外轮廓。同时利用立体控制网可以复核建筑结构的外围实际尺寸，对于偏差超过设计允许偏差影响幕墙结构的区域，应进行详细记录，报送相关单位和部门进行处理。

（9）各分格线及龙骨线的确定

幕墙转角的竖向钢丝控制线测设完成后，根据分格尺寸和龙骨位置尺寸，在两转角点之间进行分格，分格线一般弹在墙上或在水平钢丝控制线上作标记。根据幕墙图设计的外轮廓面距龙骨线的尺寸，通过外控线测设出龙骨线，龙骨线是安装和检验龙骨的依据。

（10）预埋件与结构误差检查

1）预埋件位置检查

在测量放样过程中，应进行预埋件位置检查与结构尺寸、方正的检查，检查时测量人员将埋件水平标高线、垂直分格线均用墨线弹在结构上，然后依据十字线用尺子进行量测，检查出预埋件上、下、左、右的偏差，并作好记录。

2）预埋件进出检查

检查埋件进出时，应从首层到顶层拉钢丝线进行检查，一般 15m 左右布置一根钢丝，为减少垂直钢丝的数量，横向挂尼龙鱼丝线检查，见图 7-114。偏差计算公式为：

$$理论尺寸－实际尺寸＝偏差尺寸$$

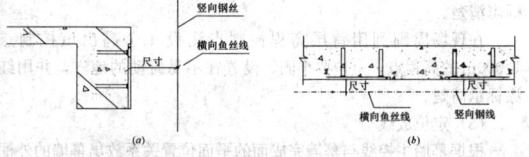

图 7-114　预埋件进出检查示意图
（a）侧向视图；（b）俯视图

3）埋件检查记录

预埋件应按埋件图进行检查，并按埋件图的埋件编号填写偏差记录表，详细记录埋件上、下、左、右、进出的偏差数据。

4）结构偏差的处理

①预埋件检查完毕后，将记录表整理成册，同时对每个埋件尺寸进行分析，依据施工图给定的尺寸，检查结构尺寸是否超过设计

尺寸偏差。

②依据测量所得的结构偏差表，经计算预埋件超过设计尺寸，首先与设计进行沟通，将检查表提交给设计进行分析，若偏差超出设计范围，则要报告业主、监理和总包，采用推移或部分剔凿、部分推移等方式进行处理。

5）预埋件偏移处理

①埋件发生偏差，因将结构检查表提供给设计，设计师依据偏差情况制订埋件偏差施工方案，以及补埋的方式，并提供施工图及强度计算书，重新埋设预埋件。

②埋件补埋施工图及强度计算书应提交给业主、监理认可，待确认后方可施工。

③当锚板预埋左右偏差大于 30mm 时，角码一端已无法焊接，如图 7-115（a）。当哈芬槽式埋件大于 45mm 时，一端则连接困难，如图 7-115（b）。预埋件超过偏差要求，应采用与预埋件等厚度、同材质的钢板进行补板。锚板埋件补埋一端采用焊接方式，另一端采用化学螺栓固定，平板埋件如图 7-116（a），哈芬式埋件如图 7-116（b）。

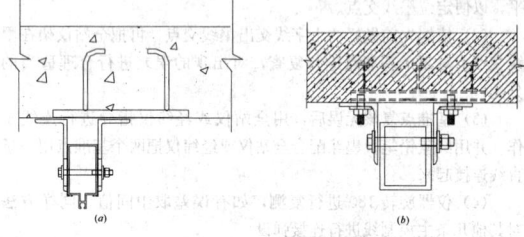

图 7-115　埋件埋设偏差示意图

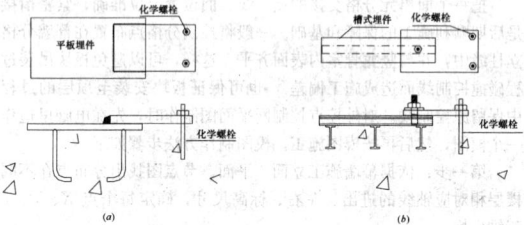

图 7-116　补埋埋件示意图

7.9.2.3　屋面装饰结构测量

屋面装饰结构测量一般随建筑立面幕墙结构施工测量进行，因此其测量内容包括建筑物幕墙结构测量和屋面装饰结构测量。

屋面装饰结构测量工艺过程为：测量基准点→投射基准点→主控线弹设→交点布置→外控制线布置→屋面标高设置→屋面外控线尺寸闭合→分格线布置→测量结构偏差。下面根据该工艺顺序进行屋面装饰结构主要环节测量介绍。

1. 首层基准点、线布置

（1）测量与复核基准点

首先施工人员应依据基准点、线布置图，进行基准点、线及原始标高点复核。采用全站仪对基准点轴线尺寸、角度进行检查校对，对出现的误差进行适当合理的分配，经检查确认后，填写轴线、控制线实测角度、尺寸、记录表。经相关负责人确认后方可再进行下一道工序的施工。

（2）首层控制线的布置

首层控制线的布置同幕墙结构首层控制点、线测设方法。

2. 投射基准点

（1）通常建筑工程外形幕墙基准点投测，一般随着幕墙施工将基准点逐步投测到各个标准控制层，直至屋面。

（2）投测基准点之前安排施工人员将测量孔部位的混凝土清理干净，然后在一层的基准点上架设激光垂准仪。以底层一级基准控制点为基准点，采用激光垂准仪向高层传递基准点。为保证轴线竖向传递的准确性，把基准点一次性分别投到各标准控制楼层，重新布设内控点（轴线控制点）在楼面上。架设垂准仪时，必须反复进行整平及对中调节，以便提高投测精度。确认无误后，分别在各

楼层的楼面上测量孔位置处把激光接收靶放在楼面上定点,再用墨斗线准确地弹十字线。十字线的交点为基准点。

(3) 内控点(轴线控制点)竖向投测

将激光经纬仪架设在首层楼面基准点,调平后,接通电源射出激光束。

1) 通过调焦,使激光束打在作业层激光靶上,并使得激光点最小而清晰。

2) 通过顺时针转动望远镜360°,检查激光束的误差轨迹。如轨迹在允许限差内,则轨迹圆心为所投轴线点。

3) 通过移动激光靶,使激光的圆心与轨迹圆心同心后固定激光靶。

(4) 所有轴线控制点投测到标准控制层后,用全站仪及钢尺对控制轴线进行角度、距离校核,满足规范或设计要求后,进行下道工序。

3. 主控线弹设

(1) 基准点投射完后,在各楼层的相邻两个测量孔位置做一个与测量通视孔相同大小的聚苯板塞入孔中,聚苯板保持与楼层面平,以便定位墨线交点。

(2) 依据先前做好的十字线交出墨线交点,再把全站仪架在墨线交点上对每个基准点进行复查,对出现的误差进行合理适当的分配。

(3) 基准点复核无误后,用全站仪或经纬仪指导进行连线工作。并用红蓝铅笔及墨斗配合全站仪或经纬仪把两个基准点用一条直线连接起来。

(4) 仪器旋转180°进行复测,如有误差取中间值。同样方法对其他几条主控制线进行连线弹设。

4. 外控点控制网平面图制作

把每个面单元分格交接的点、线、面位置定位准确、紧密衔接是后期顺利施工的保障和基础。一般将控制分格点布置在幕墙分格立柱缝中,并与竖龙骨室内表面齐平,这样,可以避免板块吊装过程碰撞控制线而造成施工偏差,也可保证板块安装至顶层的过程中保留原控制线。对外控点控制网平面图制作时,先在电脑里边做一个模图,然后再按模图施工。模图制作方法步骤如下:

第一步:依据幕墙施工立面、平面、节点图找出分布点在不同楼层相对应轴线的进出、左右、标高尺寸,确定每个点 X、Y、Z 三维坐标。

第二步:依据提供的基准点控制网以及控制网与轴线关系尺寸,将幕墙外点与轴线的关系尺寸,转换为幕墙外点与基准点控制网的关系尺寸。

第三步:依据计算出基准点与各轴线进出、左右的关系尺寸,把主控线绘制到平面图上,再依据第二步中计算出的幕墙外点与基准点控制网的关系尺寸数据,把每个点展绘到平面图上,见图7-117。同样方法绘制其余三个面的控制网平面图。

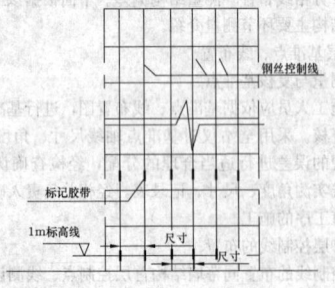

图7-117　外控点控制网平面图

5. 现场外控点、线布置

(1) 依据放线平面图,把经纬仪架设在与幕墙定点对应的楼层主控线点上,依主控线为起点旋转90°定点,定点完毕后用墨斗进行连线,再对照放线图用钢卷尺,从主控线的点上顺90°墨线取对应尺寸,进行控制幕墙立柱定位,也就是每个点 X、Y 坐标的定位。再用水平仪检查此点是否在理论的标高点上,也就是每个点 Z 坐标的定位。

(2) 用L50角钢制成支座,用膨胀螺栓固定在楼台上。每个支座必须保持与对应点在同一高度。再用墨斗把分格线延长到支座上。利用钢尺在钢支座上定外控点,用 $\phi 2.8$ 麻花钻在外点上打孔。依此方法从首层开始每隔5层在各标准楼层的每个面上做钢支座定外控点。

(3) 所有外控点做完后,用钢丝进行上下楼层对应点的连线。当外控钢丝线间距和倾斜长度太大,会导致中间部位控制线塌腰,对施工精度造成影响,因此规定两点间距大于50m的外控线,在总长度二分之一处对应楼层也要投测主线,增加控制支点。

(4) 放线完毕后必须对外控点进行检测,确保外控制线尺寸准确无误。

6. 屋面标高的设置

以提供的基准标高点为计算点。引测高程到首层便于向上竖直量尺位置(如电梯井围墙立面),校核合格后作为起始标高线,并弹出墨线,用红油漆标明高程数据,以便于相互之间进行校核。

标高的竖向传递,采用钢尺从首层起始标高线竖直向上进行量取或用悬吊钢尺与水准仪相配合的方法进行,直至达到需要投测标高的楼层和屋面,并作好明显标记。在幕墙施工安装完成之前,所有的高度标记及水平标记必须清晰完好。

另考虑到整个大楼在施工过程中位移变形,确保水平标高的准确性,在主体结构外围施工中进行复核检查。过程中的施工误差和结构变形误差,在幕墙施工允许偏差中合理分配,确保立面标高处顺畅连接。

7. 分格线的确定

屋面标高和外控线测设完成后,根据图纸分格尺寸,在轮廓范围内进行分格,分格线一般在屋面结构上或水平钢丝控制线上作标记。

8. 结构误差的测量

对于偏差超过设计允许偏差影响屋面结构的区域,应进行详细的记录,报送相关单位和部门进行处理。

对于只单独进行全面装饰的建筑,应将屋面装饰结构测量控制线和标高直接投测到屋面,并进行分格线的确定,以满足屋面装饰结构施工要求。

7.9.2.4　小型单体结构测量

1. 测量放线的程序

小型单体结构测量放线的程序为:交接主体控制线—复核主体控制线—建立幕墙外围控制线—定位测量—验线—高程定位—验线。

2. 施工测量步骤和方法

(1) 控制网检核

首先对交接的平面控制线及高程点进行检核测量。

检测时根据施工图中各轴线相对位置与间距,将仪器置于其中一点上,前视其中最远的一点,输入测站点与后视点的坐标值,对其他各点进行坐标测量,测出各网点相对于测站的方位角与距离,然后与原测值进行比较,满足要求后方可使用。

(2) 建立平面与高程控制网

根据主体结构首层外角轴线推算幕墙平面位置线,将幕墙主点测设于主体结构相对应的位置上并用不同测量方法进行检核,且标志清楚。

在现场周围利用首层高程控制点测设4个高出该控制点1.000m的高程点,点位要牢固、设置在不易碰动的地方,并用红漆标示清楚。

(3) 定位放线

根据幕墙主控线与幕墙完成面的平面位置关系放出幕墙的外框线,确定各造型的平面位置。

3. 平面位置和标高控制

平面控制,可用激光垂准仪将首层所需的平面控制点,投测到屋面,然后对投测上的各点进行校核,误差控制在±3mm以内。然后由主控线再结合各施工层图纸放出整体外围线,与主体结构一道墙皮和墙皮两侧的500mm控制线进行复核,经各级验线人员审验合格再进行下一道工序。

标高控制,根据主体结构的标高线,直接往上通尺的墙面上用

红漆做好标记，写清标高数字。对各施工层的水平控制线与该层的主体的建筑标高线要进行复核，各层标高引测均应为从首层处的基点上直接量得的水平控制线，每次引测到的各施工层（段）上的标高点要层层校核，段段闭合，确保工程的质量，便于以下各道工序的顺利完成。

7.10 设备安装施工测量

7.10.1 机械设备安装测量

7.10.1.1 机械设备安装测量准备

在机械设备安装前须对设备基础进行测量控制网复核和控制点外观检查、相对位置及标高复查，检查合格后才能进行交接工序，开始机械设备的安装。

1. 设备基础的测量控制网复核

设备基础结构施工完成后，施工的单位应在基础表面上弹出纵、横中心标记线，大型设备基础还要加弹其他必要的辅助标记线，并在设备基础的立面用油漆画出标记。设备安装单位应对现场的轴线和高程基准点，及各种标记线进行复核，凡超过规定值不可进行交接工序。

2. 设备基础的外观检查

根据《混凝土结构工程施工质量验收规范》（GB 50204）中的相关规定，对设备基础进行外观检查，检查有否蜂窝、孔洞、麻面、露筋、裂纹等缺陷，凡超过规定值不可进行交接工序。

3. 设备基础尺寸和位置允许偏差的检查

依据表 7-39 对设备基础的尺寸和位置允许偏差进行检查，凡超过规定值不可进行交接工序。

设备基础尺寸和位置的允许偏差　　表 7-39

项　　目		允许偏差（mm）
坐标位置（纵、横轴线）		±20
不同平面的标高		−20
平面外形尺寸		±20
凸台上平面外形尺寸		−20
凹穴尺寸		±20
平面的水平度（包括地平上需安装设备的部分）	每米	5
	全长	10
垂直度	每米	5
	全长	10
预埋地脚螺栓	标高（顶端）	±20
	中心距（在根部和顶部测量）	±2
预埋地脚螺栓孔	中心位置	±10
	深度	+20
	孔壁铅垂度每米	10
预埋活动地脚螺栓锚板	标高	+20
	中心位置	±5
	水平度（带槽的锚板）每米	5
	水平度（带螺纹孔的锚板）每米	2

7.10.1.2 机械设备安装测量

机械设备安装测量的目的是找出设备安装的基准线，将机械设备安放和固定在设计规定的位置上。

要保证设备安放到正确的位置，并满足设备的精度要求，可通过确定设备的中心线以保证设备在水平方向位置的正确性；通过查找设备的标高以保证设备在垂直方向位置的正确性；通过确定设备的水平度以保证设备在安装方面的精度。

1. 确定基准线和基准点

（1）利用水准仪、经纬仪等仪器，对施工单位移交的基础结构的中心线、安装基准线及标高精度是否符合规范，平面位置安装基准线与基础实际轴线，或是厂房墙柱的实际轴线、边缘线的距离偏

差等进行复核检查，各项偏差应小于表 7-39 的规定。对于超出允许偏差的应进行校正。

（2）根据已校正的中心线与标高点，测出基准线的端点及基准点的标高。

2. 确定设备中心线

（1）确定基准中心点

1）一些建筑物、尤其是厂房，在建筑物的控制网和主轴线上设有固定的水准点和中心线，这种情况下，可通过测量仪器直接定出基准中心点。

2）对于无固定水准点和中心线的建筑物，可直接利用设备基础为基准确定基准中心点。

（2）埋设中心标板

在一些大中型设备及要求坐标位置精确的设备安装中，可用预埋或后埋的方法，将一定长度的型钢埋设在基础表面，并使用经纬仪投点标记中心点，以作为设备安装时中心线放线的依据。

（3）基准线放线

基准中心点测定后，即可放线。基准线放线常用的有以下三种形式：

1）画墨线法：在设备安装精度要求 2mm 以下且距离较近时常采用画墨线法。

2）经纬仪投点：此法精度高、速度快。放线时将经纬仪架设在某一端点，后视另一点，用红铅笔在该直线上画点。点间的距离、部位可根据需要确定。

3）拉线法：拉线法为最常用的方法。但拉线法对线、线锤、线架以及使用方法都有一定的要求，现说明如下：

线：可采用直径为 0.3～0.8mm 的钢丝；

线锤：将线锤的锤尖对准中心点然后进行引测；

线架：线架上必须具备拉紧装置和调心装置。通过移动滑轮调整所拉线的位置，线架形式见图 7-118。

（4）设备中心找正的方法

设备中心找正的方法有两种：

1）钢板尺和线锤测量法：通过在所拉设的安装基准线上挂线锤和在设备上放置钢板尺测量。

2）边线悬挂法：在测量圆形物品时可采用此法，使线锤沿圆形物品表面自然下垂以测量垂线间的距离，边线悬挂法示意图见图 7-119。

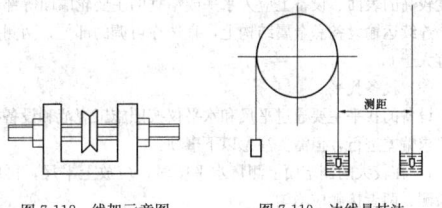

图 7-118　线架示意图　　　图 7-119　边线悬挂法

3. 确定设备的标高

（1）设备标高

1）设备标高基准点从建筑物的标高基准点引入到其他设备的基准点时，应一次完成。对一些大型、重型设备应多布置一些基准点，且基准点尽量布置在轴承部位和加工面附件上。

2）设备标高一般为相对标高。

3）设备标高基准点一般分为临时基准点和永久基准点，对一些大型、重型设备而言，永久基准点也应作为沉降观测点使用。

（2）设备标高基准点的形式

1）标记法：在设备基础上或设备附近的墙体、柱子上画出标高符号即可。

2）铆钉法：将焊有铆钉的方形铁板埋设在设备附近的基础上，作为标高基准点。

（3）埋设标高基准点要求

1）标高基准点可采用 $\phi20$ 的铆钉，牢固埋设在设备基础表面，并需露出铆钉的半圆形端。

2）如铆钉焊在基础钢筋上，应采用高强度水泥砂浆以保证灌

浆牢固。在灌浆养护期后需进行复测。

3）标高基准点应设在方便测量作业且便于保护的位置。

（4）测量标高的方法

测量标高的方法主要有以下三种：

1）利用水平仪和钢尺在不同加工面上测定标高。以加工平面为例：将水平仪放在加工平面上，调整设备使水平仪为零位，然后用钢尺测出加工平面到标高基准点之间的距离，即可测量出加工平面的标高（弧面和斜面可参考本方法）。

2）利用样板测定标高：对于一些无规则面的设备，可制作样板，置放于设备上，以样板上的平面作为测定标高的基准面，样板测定标高示意图见图7-120。

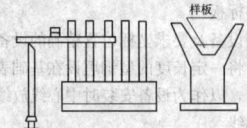

图 7-120　样板测定标高

3）利用水准仪测定标高：这种方法操作较简单，在设备上安放标尺并将测量仪器放在无建筑物影响测量视线的位置即可。

4．确定设备的水平度

（1）准备工作

按照《机械设备安装工程施工及验收通用规范》（GB 50231）中的相关规定，见表7-40，对设备的平面位置和标高对安装基准线的允许偏差进行检查，如超过允许偏差应进行调整。

设备的平面位置和标高对安装基准线的允许偏差

表 7-40

项　　　目	允许偏差（mm）	
	平面位置	标　高
与其他设备无机械联系的	±10	−10～+20
与其他设备有机械联系的	±2	±1

（2）找平工作面的确定

当设备技术文件没有规定的时候，可从设备的主要工作面、支撑滑动部件的导向面、保持转动部件的导向面或轴线、部件上加工精度较高的表面、设备上应为水平或铅垂的主要轮廓面等部位中选择，连续运输设备和金属结构上，宜选在可调的部位，两测点间距不宜大于6m。

（3）设备找平

设备的找平主要通过平尺和水平仪按照施工规范和设备技术文件要求偏差进行，但需要注意以下事项：

1）在较大的测定面上测量水平度时，应放上平尺，再用水平仪检测，两者接触应均匀。

2）在高度不同的加工面上测量水平度时，可在低的平面垫放垫铁。

3）在有斜度的测定面上测量水平度时，可采取角度水平仪进行测量。

4）平尺和水平仪使用前，应到相关单位进行校正。

5）对于一些精度要求不高的设备，可以采用液体连通器和钢板尺进行测量。

6）对于一些精度要求高和测点距离远的可采用光学仪器进行测量。

7.10.2　场区管线工程测量

7.10.2.1　管线工程测量的准备

1．熟悉设计图纸内容，了解管线布置和走向。

2．熟悉现场情况，了解管线周围已有的平面和高程控制点分部情况。

3．利用已有的资料，编制施测方案，绘制施测草图。

4．了解不同性质的各类管线，确定不同的测量精度要求和测量工作重点以控制贯通误差。

7.10.2.2　管道中线定位测量

管道中线定位测量主要是通过确定管线的交点桩、中桩，将管线位置在地面上测设出来。

1．交点桩测设

（1）交点桩主要包括转折点、起点及终点桩。

（2）交点桩测设方法

1）图解法：当管线规划设计图的比例尺较大，且管线交点附近又有明显可靠的地物，交点桩与地物有明显的几何关系，则可采用图解法。

2）解析法：根据已有管线的坐标资料，并计算相关数据利用导线点进行测设。

（3）交点桩的校核：采用极坐标法从不同的已知点进行校核。

2．中桩测设

（1）中桩测设主要指沿管线中心线由起点开始测设，用以测定管线长度和纵、横断面图。

（2）中桩测设起点的确定：对于排水管道以下游出水口、给水管道以水源、煤气管道以气源、热力管道以热源、电力电信管道以电源为起点。

3．转向角测量

管线转向角均应实测。线路密集部分或居民区的低压电力线和通信线，可选择主干线绘制；当管线直线部分的支架、线杆和附属设施密集时，可适当取舍；当多种线路在同一根杆上时，应选择其主要表示。

7.10.2.3　地下管线测量

1．地下管线测量说明

（1）地下管线测量的对象包括：给水、排水、燃气、热力管道；各类工业管道；电力、通信电缆。其中排水管道还可分为雨水、污水及雨污合流管道；工业管道主要包括油管、化工管、通风管、压缩空气、氧气、氮气、氯气和二氧化碳等管道；地下电缆有电力和电信，其中电信包括电话、广播、有线电视和各种光缆等。

（2）地下管线测量的坐标系统和高程基准，宜与原有基础资料相一致。平面和高程控制测量，可根据测区范围大小及工程要求，分别按《工程测量规范》（GB 50026）有关规定执行。

（3）地下管线测量成图比例尺，宜选用1∶500或1∶1000。

（4）地下管线图的测绘精度，应满足实际地下管线的线位与邻近地上建（构）筑物、道路中心线或相邻管线的间距中误差不超过图上0.6mm。

（5）作业前，应充分收集测区原有的地下管线施工图、竣工图、现状图和管理维修资料等。

（6）地下管线的开挖、调查，应在安全的情况下进行。电缆和燃气管道的开挖，必须有专业人员的配合。下井调查，必须确保作业人员的安全，且应采取防护措施。

2．开槽管线测量

（1）施工控制桩测设

1）地下管线施工时，各控制桩应设在引测方便、便于保存桩位的地方。

2）中线控制桩一般测设在管线起点、终点及转折点处的中线延长线上。井位控制桩则应测设在中线的垂直线上。

（2）槽口测设

根据槽口横断面坡度、埋深、土质情况、管径大小等计算开槽宽度，并在地面上定出槽边线位置，作为开槽的依据。

（3）中线及坡度控制标志测设

通过龙门板法及腰桩法等方法控制管线中线及高程。

3．顶管施工测量

（1）顶管顶进过程前测量准备工作

1）设置顶管中线桩

依据非顶管部分的管道中线桩，用经纬仪在工作坑的前后分别测设中线控制桩和开挖边界，当工作坑挖到设计深度后，根据中线控制桩将中线引测到坑壁上，并钉以大钉或木桩，这些桩称为顶管中线桩。

2）设置临时水准点

当工作坑挖到设计高度后，将高程引测到工作坑内，作为安装

导轨和管材顶进时高程和坡度控制的依据，为了相互校核，一般设置两个水准点。

(2) 顶管顶进过程中的测量工作

1) 中线测量

在顶管中线桩拉一条中线，在细线上做两条垂线，通过两条垂线的连线设置管道方向线。当距离较远可用经纬仪指向。

2) 高程测量

利用水准仪，以临时水准点为后视，进行管底高程测量。

4. 管线测量允许误差

测点相对于邻近控制点的测量点位中误差不应大于5cm，测量高程中误差不应大于2cm。

7.10.2.4 架空管线测量

1. 选线测量工作

实地选线前，先确定选线方案，选线测量主要工作是中线测量，纵、横断面测量，纵、横断面图绘制。

2. 管线施工测量

对于单杆、双杆高压线路测量工作主要控制线路方向，即拐点定位。对于塔式架线主要放样塔脚位置和抄平工作。此外还要控制每个支架的位置和支撑底座的高程，以满足设计要求。

7.10.2.5 管线工程的竣工总图编绘

1. 竣工总图的编绘

(1) 竣工总图的编绘，应收集下列资料：总平面布置图；施工设计图；设计变更文件；施工检测记录；竣工测量资料；其他相关资料。

(2) 编绘前，应对所收集的资料进行实地对照检查。

(3) 竣工总图的编制，应符合下列规定：地面建（构）筑物，应按实际竣工位置和形状进行编制；地下管道及隐蔽工程，应根据回填前的实测坐标和高程记录进行编制；施工中，应根据施工情况和设计变更文件及时编制；对实测的变更部分，应按实测资料编制；当平面布置改变超过图上面积1/3时，不宜在原施工图上修改和补充，应重新编制。

(4) 竣工总图的绘制，应满足下列要求：应绘出地面的建（构）筑物、道路、铁路、地面排水沟渠、树木及绿化地等；矩形建（构）筑物的外墙角，应注明两个以上点的坐标；圆形建（构）筑物，应注明中心坐标及接地处半径；主要建筑物，应注明室内地坪高程；道路的起终点、交叉点，应注明中心点的坐标和高程；弯道处，应注明交角、半径及交点坐标；路面，应注明宽度及铺装材料；当不绘制分类专业图时，给水管道、排水管道、动力管道、工艺管道、电力及通信线路等在总图上的绘制，还应符合《工程测量规范》（GB 50026）的规定。

(5) 给水排水管道专业图的绘制，应满足下列要求：给水管道，应绘出地面给水建筑物及各种水处理设施和地上、地下各种管径的给水管线及其附属设备；对于管道的起终点、交叉点、分支点，应注明坐标；变坡处应注明高程；变径处应注明管径及材料；不同型号的检查井应绘制详图。当图上按比例绘制管道节点有困难时，可用放大详图表示；排水管道，应绘出污水处理构筑物、水泵站、检查井、跌水井、水封井、雨水口、排出水口、化粪池以及明渠、暗渠等。检查井，应注明中心坐标，出入口管底高程、井底高程、井台高程；管道，应注明管径、材质、坡度；对不同类型的检查井，应绘出详图。

(6) 动力、工艺管道专业图的绘制，应满足下列要求：应绘出管道及有关的建（构）筑物。管道的交叉点、起终点，应注明坐标、高程、管径和材质；对于沟道敷设的管道，应在适当地方绘制沟道断面图，并标注沟道的尺寸及各种管道的位置。

(7) 电力及通信线路专业图的绘制，应满足下列要求：电力线路，应绘出总变电所、配电站、车间降压变电所、室内外变电装置、柱上变压器、铁塔、电杆、地下电缆检查井等；并应注明线径、送电导线数、电压及送变电设备的型号、容量；通信线路，应绘出中继站、交接箱、分线盒（箱）、电杆、地下通信电缆人孔等；各种线路的起终点、分支点、交叉点的电杆应注明坐标；线路与道路交叉处应注明净空高；地下电缆，应注明埋设深度或电缆沟的沟底高程；电力及通信线路专业图上，还应绘出地面有关建（构）筑

(8) 当竣工总图中图面负载较大但管线不甚密集时，除绘制总图外，可将各种专业管线合并绘制成综合管线图。综合管线图的绘制，也应满足《工程测量规范》（GB 50026）的要求。

2. 竣工总图的实测

竣工总图的实测，宜采用全站仪数字地形图测量方法。数字地形图编辑处理软件和绘图仪的选用，应分别满足《工程测量规范》（GB 50026）的要求。

7.10.3 电梯安装测量

电梯安装测量包括垂直电梯、自动扶梯和自动人行道安装测量。

7.10.3.1 垂直电梯安装测量

1. 电梯土建尺寸测量

测量人员在测量前应收集与电梯有关的建筑施工图纸。经各方复核图纸无误后，测量人员在建筑施工图或电梯图纸中找到与电梯井道相关的图纸，其中包括：电梯井道剖面图、电梯井道平面图、厅门口立面图、电梯机房平面及剖面图等。

对于电梯数量较多的施工项目，测量人员要根据电梯井道详图与建筑总平面图中的定位轴线确定每台电梯的位置及编号，才能测量。

(1) 电梯井道垂直偏差测量方法及测量要求

1) 测量方法

①激光垂准仪放线

当上样板位置确定后，在其上方约500mm两根轿厢导轨安装位置处的墙面上，临时安装两个支架用于放置激光仪。首先固定好激光仪，调整检查仪器内部圆水泡上的气泡在刻度范围内，调整仪器使光斑与孔的十字刻线对正，将光斑中心在下样板作标记。在其他支架处重复上述步骤，再按传统工艺进行检验无误后，便确定了基准线。

使用激光垂准仪进行井道放线定位时，首先将激光仪架设在井道样板架托架上并进行水平、垂直调整，按照需要，先后在几个控制点上，通过孔洞向下打出激光束，逐层对井道进行测量。对测量数据综合分析后按实际净空尺寸在最合理的位置安置稳固的样板。

②线坠放线测量

如图7-121将样板架固定在电梯井道顶板下面1m左右处，其水平度误差不大于1/1000，按照设计规定的电梯井道平面图纸尺寸，在样板架上标注2根间距为门口净宽线的厅门口线、2根间距为轿厢导轨顶面间距轨的轿厢导轨轨道线、2根间距为对重导轨顶面间距的对重导轨轨面线，共计6个放线位置点，尺寸应符合图纸规定。放线后核实各线偏差不大于0.3mm。

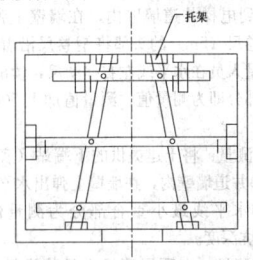

图7-121 样板架托架

在此处6个放线位置点分别放钢丝垂坠入井道，钢丝垂线中间不能与脚手架或其他物体接触，并不能使钢丝有死结。在放线位置点处用锯条垂直锯V形小槽，使V型槽顶点为放线位置点，将线放入，以防放线位置点上的基准线移位造成误差，并在放线处注明此线名称，把尾线固定在角钢上绑牢。在底坑平面高800～1000mm处将50mm×50mm的角钢定位架支架固定于井道壁上，在定位架放线位置点处同样锯V形小槽，将线放入，并把尾线固定在角钢上绑牢。定位后核实各线偏差不大于0.3mm，然后复核各尺寸无误后再进行测量。

③测量步骤

井道左墙壁、右墙壁、后墙壁共三个立面，用墨线在墙壁上弹出轿厢、对重导轨支架位置水平线，并从下向上标注每一个导轨支架编号，所有导轨支架位置应符合电梯安装图纸要求。

左、右墙壁允许偏差测量：用钢卷尺（测量上限 2m）分别测量井道左壁标注水平线到轿厢左列导轨轨面线垂直距离、对重左列导轨轨面线垂直距离、厅门口线左侧基准线垂直距离。按顺序编号测量并记录。取左墙壁每根基准线测量最小值，计算出偏差值，最小偏差值与国家相关规范规定比较，判断左墙壁是否符合允许偏差要求。依此方法判断右墙壁是否符合允许偏差要求。

后墙壁允许偏差测量：用钢卷尺（测量上限 2m）分别测量井道后壁标注水平线到对重右列和右列导轨轨面线垂直距离。按顺序编号测量并记录。取后墙壁每根基准线测量最小值，计算出偏差值，判断后墙壁是否符合允许偏差要求。

当电梯井道左墙壁、右墙壁距厅门中心线的尺寸，以及后墙壁距对重中心线的尺寸（即井道进深）大于标准布置图尺寸 200mm 以内时，可以安装电梯而不改变井道土建结构，但要将实际尺寸注明在图纸上，并通知厂家相应加长导轨支架的长度。若井道宽度或井道深度过大，可采取导轨支架处增加钢梁的补救措施或订购加长加固特制的导轨支架办法，其特制导轨支架需由厂家设计人员进行验算，验算结果必须符合相关制造规范才可采用。井道内壁的左墙壁、右墙壁、后墙壁垂直面偏差可放宽在 0～+50mm 之内。

厅门口墙壁允许偏差测量：用钢卷尺（测量上限 2m）分别测量井道厅门门口墙壁到厅门口线垂直距离。按楼层编号测量并记录。取厅门口每根基准线测量的最小值，最小值分别减去标准值得出偏差值，再从偏差之中选出最小偏差值与相关规定比较，可判断厅门口墙壁是否符合土建布置图允许偏差要求。厅门口墙壁的垂直面偏差应保证在 0～+25mm 之内较为理想。

2）测量要求

井道四壁（包括各层厅门口预留孔洞、导轨支架圈梁）应是垂直的，井道壁垂直允许偏差在不同情况下分别为：提升高度≤30m 的井道时为 0～+25mm；提升高度≥30m 且≤60m 的井道时为 0～+35mm；提升高度≥60m 且≤90m 的井道为 0～+50mm；提升高度≥90m 的井道时，允许偏差应符合土建布置图要求。

（2）井道宽度、井道进深、电梯顶层高度、提升高度、地坑深度、标准层楼梯土建尺寸测量

1）井道宽度测量：面对电梯厅门，用钢卷尺测量井道两侧壁间的净空水平尺寸。逐层测量并记录。

2）井道进深测量：用一根细长木条由电梯厅门洞口水平探入井道后壁，再将木条抽出来用钢卷尺测量探入部分长度，逐层测量并记录。

3）电梯顶层高度测量：将土建提供的上端站（顶层地面）基准线（50线）反到电梯井道墙壁内，在墙壁上弹出水平线墨线。配合人员手持钢卷尺（5m）的头部将钢卷尺沿着墙壁垂直方向拉到井道顶部，测量人员在水平线左右移动尺，读出尺上的刻度线与水平线最小重合部分即为测量值，测量值加上 500mm 为电梯顶层高度。

4）地坑深度测量：将土建提供的下端站（底层地面）基准线（50线）反到电梯井道墙壁内，在墙壁上弹出水平线墨线。同样以尺上的刻度线与水平线最小重合部分为测量值，测量值减去 500mm 为电梯地坑深度。

5）提升高度测量：在顶层测量人员将卷尺或测量绳头，缓缓放下至井道底部，配合人员接到卷尺或测量绳头部后，将卷尺或测量绳头部与反到下端站电梯井道墙壁内的水平线对齐，测量人员沿着墙壁方向垂直将卷尺或测量绳轻微拉紧到上端站电梯井道墙壁内的水平线，读出卷尺或测量绳上的刻度线与水平线最小重合部分即为提升高度。

6）标准层楼层高度测量：即测量标准层电梯井道墙壁内的水平线与标准层上一层电梯井道墙壁内的水平线的距离，方法基本同提升高度测量。

（3）安全门、检修门土建尺寸测量

1）测量方法

外观检查，必要时用钢卷尺测量。

2）测量要求

当相邻两层安全门门口地坎的间距大于 11m 时，其间应设置井道安全门。在同一井道内，两相邻轿厢间的水平距离不大于 0.75m，且大于等于 0.30m 时，可使用轿厢安全门。

检修门的高度不得小于 1.40m，宽度不得小于 0.60m。井道安全门的高度不得小于 1.80m，宽度不得小于 0.35m。检修活板门的高度不得大于 0.50m，宽度不得大于 0.50m。

（4）并列及相对电梯各层门口尺寸测量

1）测量方法

当多台电梯并列及相对时，必须采用钢尺测量电梯厅门口净宽线与土建厅门口中心线的距离、电梯厅门口中心线偏差，使所有厅门口线保持相对一致。

2）测量要求

并列电梯厅门口净宽线与土建厅门口中心线之间的距离偏差不大于 20mm。相对电梯偏差不大于 20mm。

2. 轿厢侧、对重侧导轨安装测量

（1）导轨垂直度测量

1）测量方法

①激光垂准仪测量导轨垂直度

在导轨最上端导轨支架处架设激光垂准仪，调整检查仪器水平水泡在刻度线范围内。在仪器下方150mm左右的地方将光靶靠紧导轨拧好，调整光靶定位螺钉，使光靶上面中心处的坐标点与激光束光斑对正，拧好光靶定位螺钉，并用细铅笔标好中心点，该中心点为该列导轨的测量基准点。移动光靶到下一个导轨之处，固定好光靶，在光靶坐标纸上点出激光束光斑中心点，该测量中心点与测量基准点的坐标距离即为导轨垂直偏差。依此类推测量出该列导轨所有支架处导轨顶面的垂直偏差后，再测量该列导轨侧面的垂直偏差。按此方法测量各列导轨顶面、侧面的垂直偏差。

②线坠测量导轨垂直度

未拆脚手架及样板架前，根据已放置的线坠垂线，测量人员可站在井道脚手架内的脚手板上面，手拿直角尺，从下或从上按照导轨编号，将直角尺一直角边靠在轿厢导轨左列（人站在厅门口面对电梯厅门左手位，行业内称左边）第一个导轨支架固定的导轨侧面和顶面另一直角边靠近样板垂线，直角尺慢慢向样板垂线移动，读取直角边与样板垂线接触时直角边刻度线的切点值，并记录第一个读数。以此方法逐排推量测轿厢侧（两列）、对重侧（两列）导轨支架与样板垂线间的距离，并逐排逐一记录读数。取最大值减去标准值，其差值不应超出相关技术标准。

拆脚手架及样板架后，测量人员可站在轿厢顶上，用检修控制电梯，从上按照导轨编号，选择轿厢导轨左列其中一个导轨支架，作为开始点，将磁力线坠靠在此处导轨侧面或顶面，并确认磁力线坠牢固吸附在导轨上，手持吊坠拉出 500mm，待磁力线坠吊线静止后，离出口处100mm处将直角尺一直角边靠在导轨侧面或顶面，直角尺慢慢向吊线移动，直到另一直角边靠近吊线，读取直角边与吊线接触时直角边刻度线的切点值，并记录第一个读数。在此点向下 5m 处（开始点导轨支架作为第一点，向下数第三导轨支架处约为5m）再测量出导轨支架与吊线间的距离，并记录第一个 5m 读数。以第三个导轨支架为第二个开始点，5m 处（约第五个导轨支架处）再测量出导轨支架与吊线间的距离，并记录第二个 5m 读数。以此方法逐排测量轿厢侧（两列）、对重侧（两列）导轨支架与样板垂线间的距离，并逐排逐一记录读数。取最大值减去标准值，其差值不应超出相关技术标准的两倍。

2）测量要求

有安装基准线时，每列导轨应相对基准线进行整列检测，取最大偏差值。每列导轨工作面（包括侧面与顶面）对安装基准线每 5m 的偏差均应不大于下列数值：轿厢导轨和设有安全钳的对重导轨为 0.6mm；不设安全钳的 T 形对重导轨为 1.0mm。

电梯安装完成后检验导轨时，可对每5m铅垂线分段连续检测（至少测3次），测量值间的相对最大偏差应不大于上述规定值的2倍，即轿厢导轨和设有安全钳的对重导轨为 1.2mm；不设安全钳的 T 形对重导轨为 2.0mm。

（2）导轨对向度测量

1) 测量方法

①激光校导仪测量

测量时将激光校导仪上的磁铁定位面吸附在轿厢左列导轨的侧面上,调整水泡,接通激光校导仪电源开关,使激光束射向对面轿厢右列导轨,上下调整对面轿厢右列导轨的磁力尺,使激光束打在尺面上,读取激光束光斑的中心点与尺面刻度线重合的刻度值即是导轨的扭曲度。若电梯轿厢左右列导轨的读数都为0,即表示无扭曲,调整正确(图7-122)。

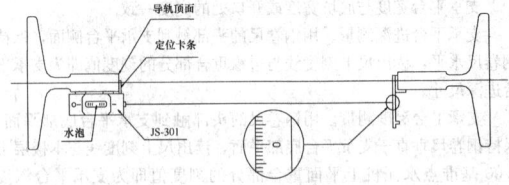

图 7-122　激光校导仪测量

②导轨尺测量

测量相对轿厢侧和对重侧的两列导轨侧面对向度(或称平行、扭曲度),按照导轨支架编号从上或从下,在第一个导轨支架处,一人手持导轨尺左端靠近轿厢侧左列导轨的侧面和顶面,另一人手持导轨尺右端靠近轿厢侧右列导轨的侧面和顶面,两人配合好将导轨尺端平(若两人无法端平可在导轨尺托板上有水平尺进行校正),并使两指针尾部侧面和导轨侧面贴平、贴严,两端指针尖端指在同一水平线上,说明无扭曲现象。为确保测量精度和准确度,用上述方法测量后,可将导轨尺反向180°,用同一方法再进行测量。如果贴不严或指针偏离扭曲误差相对指示水平线,说明有扭曲现象。对向度等于轨距乘以指针偏差值除以指针长度,对向度允许值控制在10mm以内。依此方法在每个导轨支架处逐个进行测量导轨对向度(图7-123)。

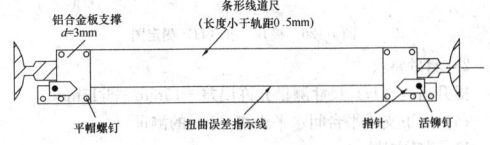

图 7-123　导轨尺测量

2) 测量要求

对向度等于轨距乘以指针偏差值除以指针长度,对向度允许值控制在10mm以内。

(3) 轿厢侧、对重侧两列导轨顶面间距测量

1) 测量方法

测量相对轿厢侧和对重侧的两列导轨顶面间距,按照导轨支架编号从上或从下,在第一个导轨支架处,配合人员手持钢卷尺顶部拉出卷尺靠近轿厢侧左列导轨顶面,测量人员手持钢卷尺右端靠近轿厢侧右列导轨顶面,配合人员手持钢卷尺顶端让出100mm(避免钢卷尺顶端磨损造成测量误差),并将钢卷尺100mm刻度线与轿厢侧左列导轨顶面对齐,测量人员在轿厢侧导轨侧面上下移动钢卷尺找出卷尺刻度线与导轨顶面对齐的最小值,最小值减去100mm即为实测的导轨顶面间距。依此方法在每个导轨支架处逐个进行测量导轨顶面间距。取最大值减去标准值,即为偏差值。

2) 测量要求及数据处理计算

两列导轨顶面间的距离偏差:轿厢导轨为0~+2mm,对重导轨为0~+3mm。

(4) 轿厢导轨与对重轨对角线测量

1) 测量方法

对轿厢中心线和对重中心线要求一致的电梯进行轿厢导轨与对重导轨对角线测量,按照导轨支架编号从上或从下,在第一个导轨支架处,配合人员手持钢卷尺顶部拉出钢卷尺靠近轿厢侧左列导轨顶面,测量人员手持钢卷尺右端靠近对重侧右列导轨顶面,配合人员手持钢卷尺顶端让出100mm(避免钢卷尺顶端磨损造成测量误差)并将钢卷尺100mm刻度线与轿厢侧左列导轨顶面对齐,测量

人员在对重侧导轨侧面上下移动钢卷尺找出钢卷尺刻度线与导轨顶面对齐的最小值,最小值减去100mm即为实测的轿厢导轨与对重导轨对角线值。依此方法在每个导轨支架处逐个进行测量轿厢导轨与对重导轨对角线值。取最大值减去标准值,即为偏差值。

2) 测量要求

对轿厢中心线和对重中心线要求一致的电梯,轿厢导轨与对重导轨两对角线偏差不大于3mm。

(5) 导轨接头处(台阶、缝隙)测量

1) 测量方法

测量人员一只手手持600mm钢直尺或刀口尺,另一只手手持塞尺,在导轨接头将钢直尺或刀口尺垂直分别靠在导轨接头连接处工作顶面和工作侧面上,并使钢直尺或刀口尺测试面与导轨接头连接处工作顶面和工作侧面紧贴平行放置,用适当塞尺上的塞尺片测量钢直尺或刀口尺与导轨接头连接处工作顶面和工作侧面两平行平面的最大空隙,读出塞尺片上数字即为导轨工作面接头处台阶。依此方法在每个导轨接头处逐一进行测量导轨工作面接头处台阶。(图7-124a、b、c、d处)。

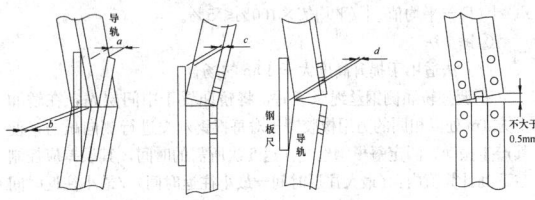

图 7-124　导轨工作面接头处测量

2) 测量要求

轿厢导轨和设有安全钳的对重导轨工作面接头处不应有连续缝隙,且局部缝隙不大于0.5mm。导轨接头处台阶用直线度为0.01/300的钢直尺或刀口尺测量,应不大于0.05mm。如超过应修平,修光长度为150mm以上,不设安全钳的对重导轨接头处缝隙不得大于1mm,导轨工作面接头处台阶应不大于0.15mm,如超差亦应校正。

3. 机房设备安装测量(承重梁、孔洞、曳引机底座、曳引轮、导向轮、制动器间隙)

(1) 承重梁的入墙测量

1) 测量方法

其两端施力点必须置于井道承重墙或承重梁上,一般要求埋入承重墙内并会同有关人员作隐蔽工程检查记录。在承重钢梁与承重墙(或梁)之间垫一块 $\delta \geqslant 16$ mm的钢板,以加大接触面积(图7-125)。

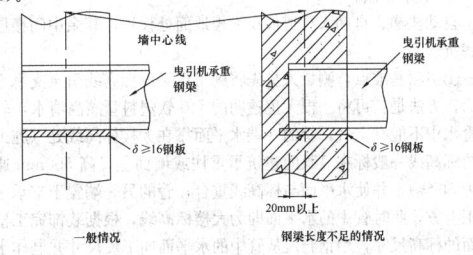

图 7-125　承重梁

2) 测量要求

当曳引机承重钢梁需埋入承重墙时,埋入端长度应超过墙厚中心至少20mm,且支承长度不应小于75mm(图7-125)。

(2) 承重梁的水平度测量

1) 测量方法

用水平尺测量梁的水平度;用尼龙线紧贴在梁的上端面测量;用钢卷尺测量承重梁两端间距偏差。

2) 测量要求

承重梁的水平误差度不超过1.5/1000,总长方向最大误差不超过3mm,相互间的水平度误差不超过1.5/1000。承重梁相互平行度误差不超过6mm(适用于有机房电梯)。

（3）钢丝绳与机房地面通孔台阶间的间隙测量

1）测量方法

用卷尺测量。

2）测量要求

机房内钢丝绳与机房楼板地面通孔台阶间的间隙为20～40mm，通向井道的孔洞四周应设置台阶，台阶高≥50mm（适用于有机房电梯）。

（4）曳引钢丝绳张力测量

1）测量方法

调整绳头弹簧高度，使其高度保持一致。用拉力计将钢丝绳逐根拉出同等距离，其相互的张力差大于5%时进行张力调整。钢丝绳张力调整后，绳头上双螺母必须拧紧，穿好开口销，并保证绳头杆上丝扣留有必要的调整量。

①拉秤测量法

此方法适用于提升高度小于40m的场合。在电梯动车后，将轿厢处于井道高度2/3的位置。用弹簧秤测量对重侧的每一钢丝绳张力（拉同一距离）。按下式计算：平均值＝$(F_1+F_2+\cdots+F_n)/n$；$|(F_i-平均值)|/平均值\times100\%\leqslant5\%$。

②锤击法

此方法适用于提升高度大于40m的场合。

a. 调整轿厢侧钢丝绳张紧时，将轿厢置于中间层站，在轿厢上方1m处以相同的力用橡胶锤子对每根钢丝绳进行侧向敲击，使其产生振动，测定每根钢丝绳往返5次所需的时间，其误差应控制在下列计算值内：（最大往返时间－最小往返时间）/最小往返时间≤0.2。

b. 对重侧钢丝绳张力调整时，将轿厢置于中间层站，用上述方法测定钢丝绳张力。

2）测量要求

各钢丝绳的张力相差值不超过5%。

7.10.3.2　自动扶梯、自动人行道安装测量

1. 自动扶梯、自动人行道土建尺寸测量

同样，测量人员在测量前应准备好与自动扶梯、自动人行道有关的建筑施工图纸。经各方复核图纸无误后，测量人员在提供的建筑施工图或电梯厂家电梯图纸中找到与自动扶梯、自动人行道井道相关的图纸和有关的参数，其中包括：自动扶梯或自动人行道井道剖面图、自动扶梯或自动人行道井道平面图、井道立面图等。

对于自动扶梯、自动人行道数量较多的施工项目，测量人员要根据自动扶梯、自动人行道土建设计布置图与建筑总平面图中的定位轴线确定每台自动扶梯、自动人行道的位置及编号后才能测量。

（1）底坑及开口尺寸的测量

1）测量方法

自动扶梯、自动人行道仅在大楼地面处设置，其余中间楼层没有底坑。

①测基准点，测量人员先将施工现场的标高线引至支承平台楼面，方法是：可将一根无色透明的φ10软塑料管灌满清水，软塑料管水中不能有空气，管的一端水平面靠在大楼标高处（施工现场的标高线一般标在显眼的建筑承重柱或墙面上，高500mm通常称为50线），并使水平面与标高线重合，管的另一端置于支承平台的正上方，此时管中的水平面即为大楼标高线，根据装饰完工楼层地面的标高尺寸，用钢卷尺从管中的水平面向下反尺寸并制作水泥桩作为本楼层±0.00基准点。

②底坑深度测量，测量人员将钢卷尺拉出，钢卷尺头部触到底坑底部地平面，保持钢卷尺垂直并沿底坑内墙壁，读出尺上刻度线与本楼层±0.00基准点水泥桩上平面重合部分的刻度值即为底坑深度尺寸。

③底坑宽度和底坑进深测量，测量时一人拉钢卷尺手持钢卷尺的头部靠在底坑宽度墙壁内侧边缘，另一人手持钢卷尺盒到底坑宽度墙壁另一内侧边缘，保持钢卷尺水平，读出尺上刻度线与边缘重合部分的刻度值即为底坑宽度尺寸。用相同方法测量出底坑进深尺寸。

④开口尺寸测量，在底坑的上一层楼面，用钢卷尺测量出开口处的宽度、长度和对角线长度尺寸。

2）测量要求

自动扶梯、自动人行道要求土建工程按照厂家提供的土建布置图进行施工，且其主要尺寸允许误差为：底坑宽度0～＋50mm；底坑进深0～＋50mm，底坑深度0～＋50mm；开口处的宽度0～＋50mm，开口处的长度0～＋50mm，对角线长度0～＋50mm；上下开口边在同一直线上。

（2）支承平台尺寸的测量

1）测量方法

支承平台宽度与底坑宽度或开口处的宽度一致。

支承平台进深测量。用钢卷尺的头部触到支承平台侧面，保持钢卷尺水平，读出尺上刻度线与边缘重合部分的刻度值即为支承平台进深尺寸。

支承平台深度测量。用钢卷尺的头部触到支承平台底部平面，保持钢卷尺垂直于支承平台底部平面，读出尺上刻度线与本楼层±0.00基准点水泥桩上平面重合部分的刻度值即为支承平台深度尺寸。

2）测量要求

支承平台宽度允许误差0～＋50mm，支承平台进深允许误差0～＋20mm，支承平台深度允许误差0～＋20mm。

（3）提升高度（H）的测量

1）测量方法

依据本楼层±0.00基准点测量，用钢卷尺测量上下支承平台处±0.00基准点水泥桩上平面之间的垂直距离即为提升高度（H），见图7-126。

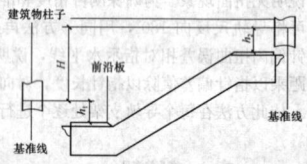

图7-126　提升高度（H）测定图

2）测量要求

提升高度（H）尺寸测量允许误差－15mm～＋15mm。

（4）上下支承平台间水平距离（L）的测量

1）测量方法

在上支承平台处用线坠挂铅垂线到下支承平台所处楼层地面，一人手持钢卷尺的头部对齐下支承平台底坑内墙边缘，另一人手持钢卷尺丈量上支承平台到铅垂线处的距离，即为上下支承平台水平距离（L）尺寸。

上下支承平台间水平距离较长，测量时要注意钢卷尺必须拉直，并在同一水平面保持水平状态，钢卷尺拉出的尺下面不应有杂物，以避免影响测量的准确度。

为确保上下支承平台间水平距离（L）测量的准确性，上下支承平台宽度方向两端角放铅垂线，分别测量出下支承平台相应两端角底坑内墙边缘到铅垂线水平距离，并测矩形对角线长度进行检核。避免出现一边支承平台间水平距离大，一边支承平台间水平距离小，或者上下支承平台宽度方向与两端水平距离测量线组成平行四边形现象。

2）测量要求

上下支承平台间水平距离（L）测量的允许误差0～＋15mm。矩形对角线测量的允许误差0～＋5mm。

（5）上下支承平台间的斜线距离（Z）的测量

1）测量方法

一人手持钢卷尺的头部对齐下支承平台底坑内墙边缘，另一人手持钢卷尺盒拉出卷尺到上支承平台底坑内墙边缘，读出尺上刻度线与支承平台底坑内墙边缘重合部分的刻度值即为上下支承平台之间的斜线距离（Z）尺寸。

上下支承平台间的斜线距离较长，测量时要注意钢卷尺拉直，为确保上下支承平台的斜线距离测量的准确性，还应测出矩形对角线长度进行检核。避免出现一边距离大，一边距离小或者平行四边形现象。

2）测量要求

上下支承平台之间的斜线距离（Z）尺寸允许误差 0～＋15mm。矩形对角线允许误差 0～＋5mm。

2. 自动扶梯、自动人行道安装就位测量

（1）桁架两端角钢支承长度的测量

1）测量方法

自动扶梯、自动人行道安装示意图见图 7-127，测量时将钢直尺水平放置支承平台上，测量桁架端部角钢与支承平台重合部分尺寸；或者将钢直尺水平放置桁架端部角钢上平面，测出桁架端部角钢边缘至支承平台内侧墙面的水平距离，用支承平台进深尺寸加此水平距离即为桁架角钢支承长度。

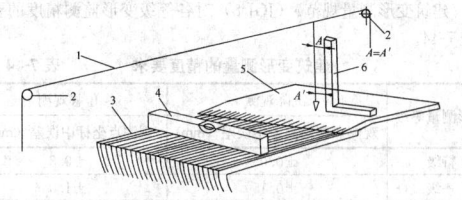

图 7-127　自动扶梯、自动人行道安装示意图
1—吊绳；2—吊绳架；3—梯级；4—精密水准尺；5—梳齿板；6—角尺

2）测量要求

桁架两端角钢支承长度应大于 100mm，并应符合产品设计要求。

（2）支承处（梳齿前沿板）水平度测量

1）测量方法

梳齿前沿板横向水平度测量：将水平尺放置到梳齿板前面第一个可见梯级或水平踏板上，水平尺尺身上镶装的水平水准器的气泡在刻度范围内。

梳齿前沿板纵向水平度测量：在梳齿前沿板与支承平台处的本楼层±0.00 基准点水泥桩上面架设直规。将水平尺（300mm）放置在直规上面，查验水平尺尺身上镶装的水平水准器的气泡在刻度范围内。

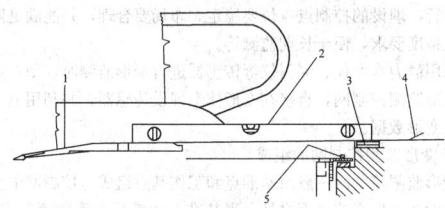

图 7-128　支撑处示意图
1—梳齿板；2—水平尺；3—找平垫片；4—基准点；5—桁架垫片

2）测量要求

两支承处应保持水平，其水平度不大于 1/1000。

支撑处示意图见图 7-128，测量时应注意去除桁架端部角钢上的调整螺栓，且桁架端部角钢与支承平台之间所垫垫片的数量不得超过 5 片，若超过 5 片可用钢板代替垫片。

（3）梳齿前沿板与楼面高度的测量

1）测量方法

用钢直尺、直规测量。一人将直规靠紧、贴实在梳齿前沿板上，另一人将钢直尺的头部垂直于楼面，钢直尺的背面靠在直规侧面，量取钢直尺刻度线与直规下平面重合的刻度值。

2）测量要求

梳齿前沿板与楼面接平或高出地面 2～5mm 应平缓过渡。

（4）段与段连接螺栓紧固力矩的测量

1）测量方法

分段桁架接头连接好后，为安全起见，必须对所有连接螺栓进行检查测量，不管拧紧时是采用哪一种施工方法，都需要用力矩扳手将螺母再拧紧 10°。检验测量完毕后，在螺母与螺栓上用油漆进行标识。

2）测量要求

段与段连接螺栓紧固力矩应符合产品设计要求。若厂家未提供10.9 级高强度螺栓的检测力矩，检测力值参考表 7-41。

检测力矩值参考表　　　　　　　　　表 7-41

螺栓（10.9 级）	检测力矩（N·m）
16	310
20	540
	320（20×90 螺栓）
22	800

（5）两台或两台以上两端前后、高低偏差的测量

1）测量方法

用钢直尺、直规测量。

两台或两台以上并排又紧靠的自动扶梯上、下两端前后偏差。以其中一台端部盖板边缘拉一条直线到另一台端部盖板边缘处，将钢直尺的头部紧靠在端部盖板的边缘，钢直尺的背面紧贴楼面或端部盖板上，在端部盖板边缘的两头分别读出钢板尺上的刻度线与拉线的重合部分的刻度值，此值即为两台或两台以上并排又紧靠的自动扶梯上、下两端前后偏差。

两台或两台以上并排又紧靠的自动扶梯上、下两端高低偏差。在其中一台较高的端部盖板上放置直规，直规紧贴、贴实较高的端部盖板上平面，并使直规伸向另一台端部盖板处，将钢直尺的头部紧靠在端部盖板的上平面，钢直尺的背面紧贴直规侧面，在端部盖板的两头分别读出钢板尺上的刻度线与直规下平面的重合部分的刻度值，此值即为两台或两台以上并排又紧靠的自动扶梯上、下两端高低偏差。

2）测量要求

两台或两台以上并排又紧靠的自动扶梯上、下两端前后偏差不大于 15mm 高低偏差不大于 8mm。

3. 自动扶梯、自动人行道扶手装置测量

自动扶梯、自动人行道扶手装置结构见图 7-129。

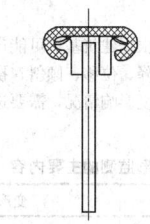

图 7-129　扶手装置结构

（1）压条或镶条凸出高度的测量

1）测量方法

用钢直尺测量。

2）测量要求

朝向梯级、踏板（或胶带）一侧的扶手装置应是光滑的，压条或镶条的装设方向与运行方向不一致时，其凸出高度不应超过3mm，且应坚固并具有圆角或倒角的边缘。此类压条或镶条不允许设在围裙板上。

（2）扶手护壁板边缘的测量

1）测量方法

用钢直尺测量。

2）测量要求

扶手护壁板边缘应是倒圆或倒角，钢化玻璃之间应有间隙，其值不大于 4mm，玻璃的厚度不应小于 6mm。

（3）扶手带开口处与导轨或扶手支架之间的距离的测量

1）测量方法

用钢直尺或游标卡尺测量。

2）测量要求

扶手带开口处与导轨或扶手支架之间的距离不得超过 8mm。

（4）玻璃护壁板夹紧座螺栓扭力的测量

1）测量方法

测量前的玻璃板接缝间隙上下一致，间隙保持 2mm，且夹紧座已紧固。用力矩扳手拧夹紧座上的螺栓，注意用力不能过猛，以免损坏玻璃。

2）测量要求

夹紧力矩一般为 35N·m。

（5）围裙板的测量

1）测量方法

围裙板测量时，在力传感器上加置一个圆形或方形的尼龙或橡胶块，其面积为 25cm²。然后用一杠杆机构或小型的千斤顶，缓慢地加力，直至 1500N 为止。

2）测量要求

围裙板应有足够的强度和刚度。对裙板的最不利部分垂直施加一个 1500N 的力于 25cm² 的面积上，其凹陷值应不大于 4mm，且不应产生永久变形。

7.11 变 形 监 测

7.11.1 变形监测的内容、等级划分及精度要求

在工程建设过程中，由于建筑场地和建筑基础岩土条件、建筑形式、结构特点、施工方法等因素和气候变化、建筑场地环境状况的影响，建筑将会产生沉降、位移、倾斜等变形现象，当这些变形量在允许范围内对建筑本身不会产生影响，但是一旦这些变形量超过允许范围，将对建筑本身的施工安全、建筑场地环境安全和质量产生影响，形成重大安全和质量隐患，为了保证建筑物在施工期间的安全和质量，预防发生重大安全事故，在建设中加强变形监测非常必要。

本节所述的变形监测包括对工业、民用及市政工程在施工阶段建（构）筑物的地基、基础、上部结构及建设场地的沉降测量、位移测量及特殊变形测量等。根据目前建筑施工单位测量仪器、技术水平等状况，本节主要介绍建筑施工中变形监测的一些常用方法。

7.11.1.1 变形监测内容

在工程建设过程中，根据建筑基坑可能产生的地基回弹、侧向位移，建筑可能产生的沉降、位移、倾斜、挠度、裂缝等以及建筑施工对建筑场地和建设环境影响情况，需要进行变形监测，变形监测的主要内容见表 7-42。

变形监测的主要内容　　　表 7-42

变形监测对象	变形监测的内容
建筑基坑	基坑回弹观测、基坑侧向位移观测、建筑场地滑坡观测等
建筑物主体	沉降观测、水平位移观测、倾斜观测、挠度观测、裂缝观测等
建设环境中的建筑场地和周边已有建筑	沉降观测等
超高层、高耸、钢结构等建筑的特殊变形监测	日照变形、风振变形等

7.11.1.2 变形监测等级划分

《建筑变形测量规范》（JGJ 8）针对监测对象的特点和对监测敏感的程度，将建筑变形测量分为特级、一级、二级和三级四个等级，每个等级主要适用范围见表 7-43。各个建筑工程应根据各自的工程特点、监测内容、监测目的和监测要求，按表 7-43 的规定，确定适当的监测等级。

建筑变形测量等级划分　　　表 7-43

变形测量等级	主要适用范围
特级	特高精度要求的特种精密工程的变形测量
一级	地基基础设计为甲级的建筑物的变形测量；重大的古建筑和特大型桥梁等变形测量等
二级	地基基础设计为甲、乙级的建筑物的变形测量；场地滑坡测量；管线变形测量；地铁施工及运营中变形测量；大型桥梁变形测量等
三级	地基基础设计为乙、丙级的建筑物的变形测量；地表、道路、管线的变形测量；中小型桥梁变形测量等

注：建筑物地基基础设计等级划分执行现行国家标准《建筑地基基础设计规范》（GB 50007）的规定。

7.11.1.3 变形监测精度要求

《建筑变形测量规范》（JGJ 8）对各等级变形监测精度的要求见表 7-44。

建筑变形测量的精度要求　　　表 7-44

变形测量等级	沉降观测	位移观测
	观测点测站高差中误差（mm）	观测点坐标中误差（mm）
特级	±0.05	±0.3
一级	±0.15	±1.0
二级	±0.5	±3.0
三级	±1.5	±10.0

注：1. 观测点测站高差中误差，系指几何水准测量的测站高差中误差或静力水准测量、电子测距三角高程测量中相邻观测点相应测段间等价的相对高差中误差；
2. 观测点坐标中误差，系指观测点相对测站点（如工作基点）的坐标中误差、坐标中误差以及等价的观测点相对基准线的偏差值中误差、建筑物或构件相对底部定点的水平位移分量中误差；
3. 观测点点位中误差为观测点坐标中误差的 $\sqrt{2}$ 倍。

7.11.2 变形监测控制测量

7.11.2.1 变形监测控制测量一般要求

采用几何测量仪器和方法进行变形监测，首先应建立变形监测控制网。变形监测控制网要根据变形监测内容及变形监测区域的监测环境和条件进行设计、布设。变形监测控制网设计的监测方法要简单易行，埋设的控制点点位要稳定，布局要合理，并能满足监测设计及精度要求，便于长期监测等。

采用静力水准仪、测斜仪等传感器进行变形监测时，则不需要布设变形监测控制网，直接在变形体上埋设传感器，并利用电子仪器采集变形数据。

1. 变形监测控制网的组成

变形监测控制网一般由基准点和工作基点组成。控制网中基准点应埋设在变形影响范围之外，当基准点能满足变形监测要求时，则直接利用基准点进行变形监测。当基准点密度不够，不能直接监测时，应加密工作基点，监测时可利用工作基点对监测对象上能反映变形状况的变形监测点进行变形监测。

变形监测控制网的标石、标志埋设完，应在其达到稳定后方可开始观测。标石、标志稳定时间要根据观测要求与地质条件确定，一般不少于 15 天。

2. 变形监测控制网布设形式

变形监测控制网一般为独立网。但有条件时应与当地测量控制网联测，通过联测以便了解监测对象在所采用的当地平面和高程系统中的变形状况。

3. 变形监测控制网的复测

在变形测量期间，变形监测控制网应定期复测，复测周期应视基准点的稳定情况确定。一般在建筑施工过程中宜 1～2 月复测一次，点位稳定后宜每季度或每半年复测一次。在变形监测过程中，当观测点的变形测量成果出现异常，或当测区受到地震、强降雨、洪水、爆破、临近场地施工等外界因素影响时，应及时进行复测，并对其稳定性、可靠性进行分析和评价。

7.11.2.2 沉降位移监测控制测量

1. 沉降位移监测高程控制网布设方法

进行垂直位移变形监测时，高程控制网布设一般采用高精度水准测量方法，对于精度要求为二、三级的变形测量，高程控制也可

采用三角高程测量方法。建立沉降位移监测高程控制网的具体做法是：在建设场地外围埋设控制点，构成闭（附）合路线（网）。由于布设的控制点是变形监测的基准点，因此在布设时基准点要选在施工变形区外、场地稳固、便于寻找、保存和引测的地方。变形监测基准点布设个数不应少于 3 个，以便在监测过程中对其稳定性进行检核。

2. 基准点标石类型和埋设

基准点标石可分为混凝土水准标石、墙脚水准标石、基岩水准标石、深桩水准标石和深层金属管基准点标石五种。基准点埋设时，应以工程的地质条件为依据，因地制宜地进行埋设。标石类型和埋设方法可参照《建筑变形测量规范》（JGJ 8）。

3. 高程控制网精度要求

采用水准测量方法建立垂直沉降监测高程控制网时，高程控制网主要技术要求应符合表 7-45 的规定。

垂直位移监测控制网的主要技术要求 表 7-45

等级	相邻基准点高差中误差（mm）	每站高差中误差（mm）	往返较差、附合或环线闭合差（mm）	检测已测高差较差（mm）
特等	0.3	0.07	$0.15\sqrt{n}$	$0.2\sqrt{n}$
一等	0.5	0.15	$0.30\sqrt{n}$	$0.4\sqrt{n}$
二等	1.0	0.30	$0.60\sqrt{n}$	$0.8\sqrt{n}$
三等	2.0	0.70	$1.40\sqrt{n}$	$2.0\sqrt{n}$

注：表中 n 为测站数。

4. 高程控制网基本测量方法

（1）水准测量方法

水准测量仪器型号和标尺类型的选择：

应用几何水准测量方法进行各等级垂直位移监测控制网测量所使用的仪器型号和标尺类型按表 7-46 选择。

水准测量仪器型号和标尺类型的选择 表 7-46

等级	仪器型号			标尺类型		
	DSZ05、DS05	DSZ1、DS1 或	DSZ3、DS3	因瓦尺	条码尺	区格式木质标尺
特级	√	×	×	√	√	×
一级	√	×	×	√	√	×
二级	√	√	×	√	√	×
三级	√	√	√	√	√	√

注："√"表示允许使用；"×"表示不允许使用。

①水准观测技术要求

水准观测的技术参数应符合以下规定：

a. 水准观测的视线长度、前后视距差和视线高度应符合表 7-47 的规定。

水准观测的视线长度、前后视距差和视线高度
表 7-47

等级	视线长度（m）	前后视距差（m）	前后视距累积差（m）	视线高度（m）
特级	≤10	≤0.3	≤0.5	≥0.8
一级	≤30	≤0.7	≤1.0	≥0.5
二级	≤50	≤2.0	≤3.0	≥0.3
三级	≤75	≤5.0	≤8.0	≥0.2

注：当采用数字水准仪观测时，前视或后视的水平视线应不低于 0.6m。

b. 水准观测的限差应符合表 7-48 的规定。

水准观测的限差 表 7-48

等级	基辅分划读数之差（mm）	基辅分划所测高差之差（mm）	往返较差及附合或环线闭合差（mm）	单程双测站所测高差较差（mm）	检测已测段高差较差（mm）
特级	0.15	0.2	$≤0.1\sqrt{n}$	$≤0.07\sqrt{n}$	$≤0.15\sqrt{n}$
一级	0.3	0.5	$≤0.3\sqrt{n}$	$≤0.2\sqrt{n}$	$≤0.45\sqrt{n}$
二级	0.5	0.7	$≤1.0\sqrt{n}$	$≤0.7\sqrt{n}$	$≤1.5\sqrt{n}$

续表

等级		基辅分划读数之差（mm）	基辅分划所测高差之差（mm）	往返较差及附合或环线闭合差（mm）	单程双测站所测高差较差（mm）	检测已测段高差之差（mm）
三级	光学测微法	1.0	1.5	$≤3.0\sqrt{n}$	$≤2.0\sqrt{n}$	$≤4.5\sqrt{n}$
	中丝读数法	2.0	3.0			

注：1. 当采用电子水准仪观测时，基辅分划的读数应为对同一尺面的两次读数；
2. 表中 n 为测站数。

②水准测量作业要求

a. 水准仪、水准标尺检验

水准仪、水准标尺应定期检验。其中 i 角对用于特级水准测量的仪器不得大于 10″，对用于一、二级水准测量的仪器不得大于 15″，对用于三级水准观测的仪器不得大于 20″。补偿式自动安平水准仪的补偿误差 Δ_α 绝对值不得大于 0.2″；水准标尺分划线的分米分划线误差和米分划间隔真长与名义长度之差，对线条式因瓦合金标尺不大于 0.1mm，对区格式木质标尺不应大于 0.5mm。

b. 水准测量作业要求

水准观测作业应在标尺分划线成像清晰和稳定的条件下进行观测，避免在日出后或日落前约半小时、太阳中天前后等成像跳动而难以照准时进行观测。晴天观测时，应打测伞。每测段往测与返测的测站数均应为偶数，否则应加入标尺零点差改正。由往测转向返测时，两标尺应互换位置，并应重新整置仪器。在同一测站上观测时，不得两次调焦。转动仪器的倾斜螺旋和测微鼓时，其最后旋转方向，均应为旋进。

③水准观测成果的重测与取舍

水准观测成果凡超出表 7-48 规定限差的成果，均应进行重测，并根据实际情况返工。

（2）电磁波测距三角高程测量方法

对采用水准测量确有困难的二、三级高程控制测量，可采用电磁波测距三角高程测量。三角高程测量可布置为中间设站观测方式，也可布置为每点设站、往返观测方式。

1）电磁波测距三角高程测量的边长要求

电磁波测距三角高程测量的视线长度一般不宜大于 300m，视线垂直角不得超过 10°，视线高度和离开障碍物的距离不得小于 1.3m。中间设站方式的前后视线长度之差，对于二级不得超过 15m，三级不得超过视线长度的 1/10；前后视距差累积，对于二级不得超过 30m，三级不得超过 100m。

2）电磁波测距三角高程测量的主要技术要求

①边长测定

三角高程测量边长的测定主要技术要求，应符合表 7-49 的规定。当采取中间设站时，前、后视各观测 2 测回。测距的各项限差和要求与电磁波测距三角高程测量要求相同。

电磁波测距的技术要求 表 7-49

等级	仪器精度（mm）	每边最少测回数		一测回读数间较差限值（mm）	单程测回间较差限值（mm）	气象数据测定的最小读数		往返或时段间较差限值
		往	返			温度（℃）	气压（mmHg）	
二级	≤3	4	4	3	5.0	0.2	0.5	$\sqrt{2}(a+b\cdot D\cdot10^{-6})$
三级	≤5	2	2	5	7.0	0.2	0.5	
	≤10	2		10	15.0	0.2	0.5	

注：1. 仪器精度，系根据仪器标称精度（$a+b\cdot D\cdot10^{-6}$），以相应级别的平均边长 D 代入计算的测距中误差划分的；
2. 一测回是指照准目标一次、读数 4 次的过程；
3. 时段是指测边的时间段，如上、下午和不同的白天。

②角度观测

垂直角观测的测回数与限差见表 7-50。

垂直角观测的测回数与限差 表 7-50

项目 \ 测量等级	二级		三级	
	DJ05	DJ1	DJ1	DJ2
测回数	4	6	4	6
两次照准目标读数差（″）	1.5	4	4	6
垂直角测回差（″）	2	5	5	5
指标差较差（″）	3			

③观测时间

垂直角观测，宜在日出后 2h 至日落前 2h 的期间内目标成像清晰稳定时进行。阴天和多云天气可以全天观测。

④仪器高、觇标高量测

仪器高、觇标高应在观测前后用经过检验的量杆或钢尺各量测一次，精确读至 0.5mm，当较差不大于 1mm 时取用中数。采用中间设站时可不用量仪器高。

⑤三角高程测量高差的计算及其限差规定

测定边长和垂直角时，由于测距仪光轴和经纬仪照准轴可能不共轴，或在不同觇牌高度上分两组观测垂直角时，必须进行边长和垂直角归算后才能计算和比较两组高差。

a. 每点设站、往返观测时，单向观测高差应按式（7-43）计算高差：

$$h = D\tan\alpha_V + \frac{1-K}{2R}D^2 + i - v \quad (7\text{-}43)$$

式中　h——三角高程测量边两端点的高差（m）；
　　　D——三角高程测量边的水平距离（m）；
　　　α_V——垂直角；
　　　K——大气折光系数；
　　　R——地球平均曲率半径（m）；
　　　i——仪器高（m）；
　　　v——觇牌高（m）。

b. 中间设站观测时应按式（7-44）计算高差：

$$h_{12} = (D_1\tan\alpha_1 - D_2\tan\alpha_2) + \left(\frac{D_1^2 - D_2^2}{2R}\right) - \left(\frac{D_1^2}{2R}K_1 - \frac{D_2^2}{2R}K_2\right) - (v_1 - v_2) \quad (7\text{-}44)$$

式中　h_{12}——后视点和前视点之间的高差（m）；
　　　α_1、α_2——后视、前视垂直角；
　　　D_1、D_2——后视、前视水平距离（m）；
　　　K_1、K_2——后视、前视大气垂直折光系数；
　　　　　R——地球平均曲率半径（m）；
　　　v_1、v_2——后视、前视觇牌高（m）。

⑥三角高程测量观测的限差

三角高程测量观测的限差按表 7-51 的要求执行。

三角高程测量的限差　　表 7-51

等级	附合线路或环线闭合差（mm）	检测已测边高差之差（mm）
二级	$\leq\pm4\sqrt{L}$	$\leq\pm6\sqrt{D}$
三级	$\leq\pm12\sqrt{L}$	$\leq\pm18\sqrt{D}$

注：D 为测距边边长，以 km 为单位；L 为附合路线或环线长度，以 km 为单位。

7.11.2.3　水平位移监测控制测量

1. 水平位移监测控制网布设要求和方法

（1）水平位移监测控制网布设要求

水平位移监测控制网同样由基准点、工作基点组成，其中基准点不得少于 3 个，工作基点可根据需要设置。基准点、工作基点设置位置应便于检核。

当水平位移监测控制网采用 GPS 测量方法时，基准点位置还要满足 GPS 测量的一些基本要求，例如要便于安置接收设备和操作；视场内障碍物的高度角不宜超过 15°；离电视台、电台、微波站等大功率无线电发射源的距离不小于 200m；离高压输电线和微波无线电信号传送通道的距离不得小于 50m，附近不应有强烈反射卫星信号的大面积水域或大型建筑物等；通视条件好，有利于其他测量手段联测等。

（2）水平位移监测控制网布设方法

平面控制测量可采用边角测量、导线测量及 GPS 测量等形式。

2. 基准点、工作基点标志的形式及埋设形式

（1）对特级、一级及有需要的二级位移观测的基准点、工作基点，应建造观测墩或埋设专门观测标石，见图 7-130，并应根据使用仪器和照准标志的类型，顾及观测精度要求，配备强制对中装

置，强制对中装置的对中误差不应超过 ±0.1mm。

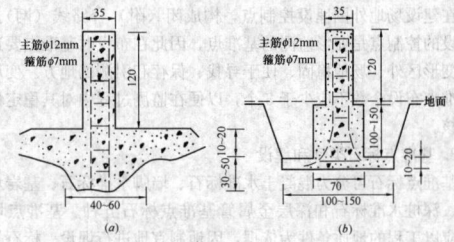

图 7-130　水平位移观测墩（单位：cm）
（a）岩层点观测墩；（b）土层点观测墩

（2）照准标志应具有明显几何中心或轴线，且图像反差大、图案对称和不变形等要求。

3. 平面控制测量精度要求

（1）平面控制测量的精度设计原则

平面控制测量的精度设计要求边角网、导线网或 GPS 网的最弱边长中误差，不应大于所选级别的观测点坐标中误差；工作点相对于邻近基准点的点位中误差，不应大于相应级别的观测点点位中误差（点位中误差约定为坐标中误差的 $\sqrt{2}$ 倍，下同）；用基准线法测定偏差值的中误差，不应大于所选等级的观测点坐标中误差。

（2）一、二、三级平面控制网技术要求

特级控制网和其他大型、复杂工程变形控制网应经专门设计论证，除此之外，对于一、二、三级平面控制网，采用边角网、导线网或 GPS 网布设时，技术要求应符合表 7-52、7-53 的规定。

平面控制网技术要求　　表 7-52

等级	平均边长（m）	测角中误差（″）	测距中误差（mm）	最弱边长相对中误差
一级	200	±1.0	±1.0	1∶200000
二级	300	±1.5	±3.0	1∶100000
三级	500	±2.5	±10.0	1∶50000

表 7-52 中最弱边边长相对中误差中未计及基线边长误差影响。当最弱边长中误差不同于表列规定和实际平均边长与表列数值相差较大时，不宜采用本规定。另各等级测角、测边平面控制网宜布设为近似等边三角形网。其三角形内角不宜小于 30°，当受地形或其他条件限制时，个别角可放宽，但不应小于 25°。边角网具有测角和测边精度的互补特性，可不受网形影响。在边角组合网中应以测边为主，加测部分角度，并合理配置测角和测边的精度。

导线测量技术要求　　表 7-53

等级	导线最弱点点位中误差（mm）	导线长度（m）	平均边长（m）	测边中误差（mm）	测角中误差（″）	导线全长相对闭合差
一级	±1.4	750C_1	150	±0.6C_2	±1.0	1∶100000
二级	±4.2	1000C_1	200	±2.0C_2	±2.0	1∶45000
三级	±14.0	1250C_1	250	±6.0C_2	±5.0	1∶17000

注：1. C_1、C_2 为导线类别系数。对附合导线，$C_1=C_2=1$；对独立单一导线，$C_1=1.2$，$C_2=2$；对导线网，导线总长系指附合点与结点或结点间的导线长度，取 $C_1\leqslant0.7$，$C_2=1$。
　2. 有下列情况之一时，不宜按本规定采用：
　1）导线最弱点点位中误差不同于表列规定时；
　2）实际平均边长与导线长度对比表列规定数值相差较大时。

7.11.3　变形监测

7.11.3.1　沉降位移监测

对某观测对象进行沉降位移监测时，应根据工程的规模、性质及预计沉降量的大小及沉降速度等，选择观测的等级和精度要求。在观测过程中由于沉降量和沉降速度的变化，可以对观测的等级和精度进行调整，以便适应沉降位移观测需要。对于深基础建筑或高

层、超高层建筑，为获取基础和主体荷载的全部沉降量，沉降监测应从基础施工开始。

沉降监测可采用几何水准测量、静力水准测量等方法。布置和埋设沉降观测点（变形点）时，应考虑观测方便、易于保存、稳固和美观。

1. 建筑场地沉降观测

为测定建筑物相邻影响范围之内的相邻地基沉降与建筑物相邻影响范围之外的场地地面沉降状况，需要对建筑场地进行沉降观测。沉降观测一般采用精密水准测量方法。

（1）相邻地基沉降观测点的设置

对相邻地基进行沉降观测的观测点可选在建筑物纵横轴线或边线的延长线上，或选在通过建筑物重心的轴线延长线上。其点位间距应视基础类型、荷载大小及地质条件确定，一般为 10～20m。点位可在以建筑物基础深度 1.5～2.0 倍距离为半径的范围内，由外墙附近向外由密到疏布设。相邻地基沉降观测点标志为浅埋标。浅埋标可采用普通水准标石或用直径 25cm 左右的水泥管现场浇灌，埋深 1～2m；深埋标可采用内管外加保护管的标石形式，埋深应与建筑物基础深度相适应，标石顶部须埋入地面下 20～30cm，并砌筑带盖的窨井加以保护。

（2）场地地面沉降观测点的设置

场地地面沉降观测点，应在相邻地基沉降观测点布设线路之外的地面上均匀布设。布设时可根据地质地形条件选用平行轴线方格网法、沿建筑物四角辐射网法或散点法等。场地地面沉降观测点的标志与埋设，应根据观测要求确定，可采用浅埋标志。

（3）建筑场地沉降观测的周期

建筑场地沉降观测的周期要根据不同任务要求、产生沉降的不同情况以及沉降速度等因素具体分析确定。对于基础施工相邻地基沉降观测，一般在基坑降水时和基坑土开挖中每天观测一次；混凝土底板浇完 10d 以后，可每 2～3d 观测一次，直至地下室顶板完工和水位恢复；此后可每周观测一次至回填土完工。

2. 基础工程沉降监测

（1）基坑支护结构监测

1）监测点布设和精度要求

基坑的支护结构一般由护坡桩、连续墙构成。基坑支护结构变形观测点的点位，应根据工程规模、基坑深度、支护结构和支护设计要求合理布设。普通建筑基坑，变形观测点点位宜布设在基坑侧壁顶部周边的冠梁上，点位间距以 10～20m 为宜。

变形监测的精度，不宜低于二等变形监测。

2）监测方法

垂直位移可采用水准测量方法、电磁波三角高程测量方法等。

3）监测周期

基坑变形监测周期，应根据施工进程确定。当开挖速度或降水速度较快引起变形速率较大时，应加密观测，当有变形量接近预警值或事故征兆时，应持续观测。

（2）基坑回弹观测

基坑回弹观测是测定深埋大型基础在基坑开挖后，由于卸除基坑土自重而引起的基坑内外影响范围内相对于开挖前的地表回弹量。

1）回弹观测点

布设回弹观测点位，应根据基坑形状及地质条件以最少的点数能测出所需各纵横断面回弹量为原则。对于矩形基坑，只沿基坑对称轴的一半的纵横断面布设，在基坑中央纵（长边）横（短边）轴线上布设，其间纵向每 8～10m、横向每 3～4m 布一点。对图形不规则的基坑，可与设计人员商定。基坑外的观测点，应在所选坑内方向线的延长线上距基坑深度 1.5～2 倍距离内布置。当所选点位遇到旧地下管道或其他构筑物时，可将观测点移至与之对应方向线的空位上。

回弹标志应埋入基坑底面以下 20～30cm，根据开挖深度和地层土质情况，可采用钻孔法或探井法埋设。根据埋设与观测方法，可采用辅助杆压入式、钻杆送入式或直埋式标志。

① 辅助杆压入式标志埋设步骤

a. 回弹标志的直径应与保护管内径相适应，可取长约 20cm 的圆钢一段，一端中心加工成半球状（$r = 15～20mm$），另一端加工成楔形；

b. 钻孔可用小口径（如 127mm）工程地质钻机，孔深应达孔底设计平面以下数厘米。孔口与孔底中心偏差不宜大于 3/1000，并应将孔底清除干净；

c. 应将回弹标套在保护管下端顺孔口放入孔底，图 7-131（a）为回弹标落底图；

d. 利用辅助杆将回弹标压入孔底，见图 7-131（b）。不得有孔壁土或地面杂物掉入，应保证观测时辅助杆与标头严密接触；

e. 先将保护管提约 10cm，在地面临时固定，然后将辅助杆立于回弹标头即可观测。测毕，将辅助杆与保护管拨出地面，先用白灰回填约厚 50cm，再填素土至填满全孔，回填应小心缓慢进行，避免撞动标志，见图 7-131（c）。

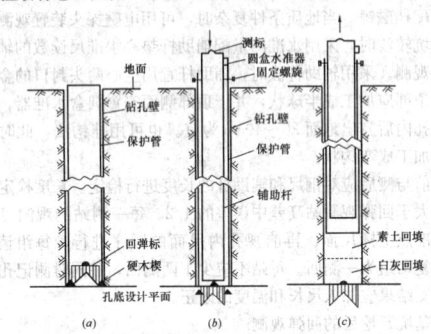

图 7-131 辅助杆压入式标志埋设步骤

② 钻杆送入式标志埋设步骤

a. 钻杆送入式标志形式见图 7-132。标志的直径应与钻杆外径相适应。标头可加工成直径 20mm、高 25mm 的半球体；连接圆盘可用直径 100mm、厚 18mm 钢板制成；标身可由断面 50mm×50mm×5mm、长 400～500mm 的角钢制成，图示四部分应焊接成整体；

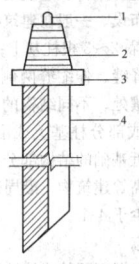

图 7-132 钻杆送入式标志
1—标头；2—连接钻杆反丝扣；
3—连接圆盘；4—标身

b. 钻杆要求应与埋设辅助杆压入式标志的要求相同；

c. 当用磁锤观测时，孔内应下套管至基坑设计标高以下，提出钻杆卸下钻头，换上标志打入土中，使标头进至低于坑底面 20～30cm 以防开挖基坑时被铲车铲掉。然后，拧动钻杆使与标志自然脱开，提出钻杆后即可进行观测；

d. 当用电磁探头观测时，在上述埋标过程中可免除下套管工序，直接将电磁探头放入钻杆内进行观测。

③直埋式标志

直埋式标志可用于浅基坑（深度在 10m 内）配合探井成孔使用。标志可用一段直径 20～24mm、长约 400mm 的圆钢或螺纹钢制成，一端加工成半球状，另一端锥尖。探井口径要小，直径不应大于 1m，挖深应至基坑底部设计标高以下约 10cm 处，标志可直接打入至其顶部低于坑底设计标高数厘米为止，即可测读。

2）回弹观测精度要求

回弹观测的精度可根据预估的最大回弹量作为变形允许值，按《建筑变形测量规范》（JGJ 8）相关规定进行观测点的测站高差中

误差估算后，选择相应精度级别。但最弱观测点相对邻近工作基点的高差中误差不得大于±1.0mm。

3）观测时机

回弹观测不应少于 3 次，其中第一次应用在基坑开挖之前，第二次在基坑挖好之后，第三次在浇灌基础混凝土之前。当基坑挖完至基础施工的间隔时间较长时，亦应适当增加观测次数。

4）观测方法

回弹观测采用水准测量方法，回弹观测路线为起讫于工作基点的闭合或附合路线。

①基坑开挖前的回弹观测

基坑较深时，采用水准测量配以铅垂钢尺读数的钢尺法进行观测。观测时，钢尺在地面的一端，应用三脚架、滑轮和重锤牵拉。在孔内的一端，应配以能在读数时准确接触回弹标志头的装置，观测时要配挂磁锤。当地质条件复杂时，可用电磁探头装置观测。

基坑较浅时，采用水准测量配辅助杆垫高水准尺读数的辅助杆法进行观测。采用辅助杆法时，辅助杆宜用空心两头封口的金属管制成，顶部加工成半球状，并于顶部侧面安置圆盒水准器，杆长以放入孔内后露出地面 20～40cm 为宜。也可用挂钩法，此时标志顶端应加工成弯钩状。

测前与测后应对钢尺和辅助杆的长度进行检定。长度检定中误差不应大于回弹观测站高差中误差的 1/2。每一测站的观测可按先后视水准点上标尺面、再前视孔内尺面的顺序进行，每组读数 3 次，重复两组为一测回。每站不应少于两测回，并同时测记孔内温度。观测结果应加入尺长和温度的改正。

②基坑开挖后的回弹观测

基坑开挖后，可先在坑底一角埋设一个临时工作点，使用与基坑开挖前相同的观测设备和方法，将高程传递到坑底的临时工作点上。然后细心挖出各回弹观测点，按所需观测精度，用几何水准测量方法测出各观测点的标高。为了防止回弹点被破坏，应挖一点测一点，当全部点挖见后，再统一观测一次。

3. 建筑物沉降观测

（1）沉降观测点埋设位置

沉降观测点应根据地质条件及建筑结构特点，在能反映建筑物及地基变形特征处进行布设。一般在建筑物的四角、大转角处及沿外墙每 10～15m 处或每隔 2～3 根柱上；高低层建筑物、新旧建筑物交接处的两侧和沉降缝、伸缩缝两侧；基础埋深相差悬殊处、人工地基与天然地基接壤处、不同结构的分界处及填充方分界处；框架结构建筑物的每个或部分柱基上或沿纵横轴线设点，片筏基础、箱形基础底板或接近基础的结构部分之四角处及其中部位置；电视塔、烟囱、水塔等高耸建筑物，沿周边在与基础轴线相交的对称位置上布点，点数不少于 4 个。

（2）沉降观测的标志

沉降观测的标志可根据不同的建筑结构类型、建筑材料和委托人要求，采用墙（柱）标志、基础标志和隐蔽式标志等形式。各类标志的立尺部位应加工成半球形或有明显的突出点，并涂上防腐剂。标志的埋设位置应避开雨水管、窗台线等有碍设标与观测的障碍物，并应视立尺需要离开墙（柱）面和地面一定距离。隐蔽式沉降观测点标志的形式见图 7-133～图 7-135。

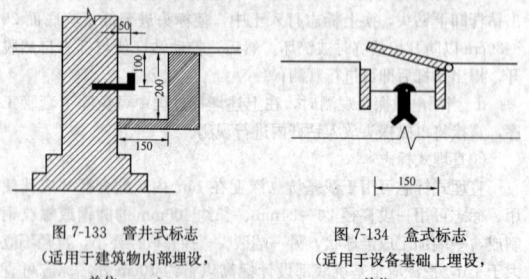

图 7-133 窨井式标志
（适用于建筑物内部埋设，单位：mm）

图 7-134 盒式标志
（适用于设备基础上埋设，单位：mm）

（3）沉降观测点的施测精度

沉降观测点的施测精度应根据观测对象特点和相关具体要求，在本手册 7.11.1.3 变形监测精度要求中的表 7-44 内进行选择。

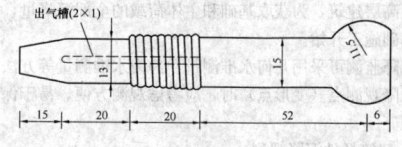

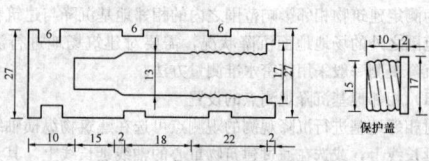

图 7-135 螺栓式标志（适用于墙体上埋设，单位：mm）

（4）沉降观测点的观测周期和观测时间

建筑物施工阶段的观测，应随施工进度及时进行。一般建筑在基础完工后或地下室砌完后开始观测，大型、高层建筑可在基础垫层或基础底部完成后开始观测。观测次数与间隔时间应视地基与加荷情况而定，民用建筑每加高 1～5 层观测一次，工业建筑可按不同施工阶段如回填基坑、安装柱子和屋架、砌筑墙体、设备安装等分别进行观测。如建筑物均匀增高，应至少在增加荷载的 25%、50%、75% 和 100% 时各测一次。施工过程中如暂停工，在停工时及重新开工时应各观测一次。停工期间可每隔 2～3 个月观测一次。

建筑物使用阶段的观测，要根据地基土类型和沉降速率大小确定，一般第一年观测 3～4 次，第二年观测 2～3 次，第三年及以后每年观测 1 次，直至稳定为止。沉降是否进入稳定阶段应由沉降量与时间关系曲线判定。对一级工程，若最后三个周期观测中每周期沉降量不大于 $2\sqrt{2}$ 倍测量中误差可认为已进入稳定阶段。对其他等级观测工程，若沉降速度小于 0.01～0.04mm/d 可认为已进入稳定阶段，具体取值宜根据各地区地基土的压缩性确定。

在观测过程中，如有基础附近地面荷载突然增减、基础四周大量积水、长时间连续降雨等情况，均应及时增加观测次数。当建筑物突然发生大量沉降、不均匀沉降或严重裂缝时，应立即进行每天或几天一次的连续观测。

（5）沉降观测点的观测方法和技术要求

对特级和一级观测点，按相应控制测量的观测方法和技术要求进行。对二级、三级观测点，除建筑物转角点、交接点、分界点等主要变形特征点外，可允许使用间视法进行观测，但视线长度不得大于相应等级规定的长度。观测时，仪器应避免安置在有空压机、搅拌机、卷扬机等振动影响的范围内，塔式起重机等施工机械附近也不宜站站。每次观测应记载施工进度、增加荷载量、仓库进货吨位、建筑物倾斜裂缝等各种影响沉降变化和异常的情况。

另外采用短边三角高程测量法进行二级、三级精度建筑物的沉降观测，其测量方法如图 7-136 所示，在建筑物上分别固定标志 1 和 2；在建筑物之间安置精密光学经纬仪，测定竖直角 α_1 及 α_2。当 α_1 和 α_2 很小的情况下，标志的高程 H 可按下式计算：

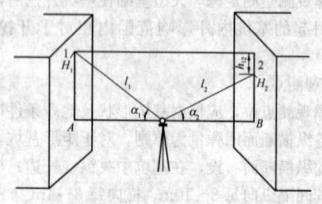

图 7-136 二、三级精度建筑物的沉降观测

$$H = l\frac{\alpha}{\rho}$$

式中 l——仪器到标志的斜距；
ρ=206265"。
则两个标志之间的高差 h_{12} 即可求得。

（6）变形特征值计算

每周期观测后，应及时对观测资料进行整理，计算观测点的沉降量、沉降差以及本周期平均沉降量和沉降速度。根据需要，可按

式（7-45）或式（7-46）计算变形特征值：

1）基础或构件倾斜度 α：

$$\alpha = (s_A - s_B)/L \qquad (7-45)$$

式中　s_A、s_B——基础或构件倾斜方向上 A、B 两点的沉降量（mm）；

　　　　L——A、B 两点间的距离（mm）。

2）基础相对弯曲度 f_c：

$$f_c = [2s_0 - (s_1 + s_2)]/L \qquad (7-46)$$

式中　s_0——基础中点的沉降量（mm）；

　　　　s_1、s_2——基础两个端点的沉降量（mm）；

　　　　L——两个端点间的距离（mm）。

注：弯曲量以向上凸起为正，反之为负。

7.11.3.2　水平位移监测

建筑水平位移观测内容包括建筑物主体倾斜观测、建筑物水平位移观测、基坑侧向位移观测、挠度观测、裂缝观测等。

1. 建筑物主体倾斜观测

建筑物主体倾斜观测是测定建筑物顶部相对于底部或各楼层间上层相对于下层的水平位移与高差，由此数据分别计算整体或分层的倾斜度、倾斜方向以及倾斜速率。对具有刚性建筑物的整体倾斜，亦可通过测量顶面或基础的相对沉降来间接确定。

（1）观测点位的布设

主体倾斜观测点位要沿建筑某一主体竖直线布设，对整体倾斜按顶部、底部上下对应布设，对分层倾斜按分层部位、底部上下对应布设。当从建筑物外部观测时，测站点或工作基点的点位应选在与照准目标中心连线呈接近正交或呈等分角的方向线上，距照准目标 1.5～2.0 倍目标高度的固定位置处。当利用建筑物内竖向通道观测时，可将通道底部中心点作为测站点。按纵横轴线或前方交会布设的测站点，每点应选设 1～2 个定向点。

（2）观测点标志设置

建筑物顶部和墙体上的观测点标志可采用埋入式照准标志形式。不便埋设标志的塔形、圆形建筑物以及竖直构件，可以照准视线所切割高边缘确定的位置或用高度角控制的位置作为观测点位。位于地面的测站点和定向点，可根据不同的观测要求，采用带有强制对中设备的观测墩或混凝土标石。对于一次性倾斜观测项目，观测点标志可采用标记形式或直接利用符合位置与照准要求的建筑物特征部位，测站点可采用小标石或临时性标志。

（3）观测点精度

主体倾斜观测的精度可根据给定的倾斜量允许值，按《建筑变形测量规范》（JGJ 8）相关规定进行观测点的坐标中误差估算后，选择相应精度级别。当由基础倾斜间接确定建筑物整体倾斜时，按沉降观测要求确定测站高差中误差估算后，选择相应精度级别。

（4）观测方法

1）从建筑物或构件的外部观测

从建筑物或构件的外部观测主体倾斜时，可采用经纬仪进行观测。

①投点法。观测时，应在底部观测点位置安置水平读尺等量测设施。在每测站安置经纬仪，应按正倒镜法以测定每对上下观测点标志间的水平位移分量见图 7-137，按矢量相加法求得水平位移值（倾斜量）和位移方向（倾斜方向）。

②测水平角法。对塔形、圆形建筑物或构件，每测站的观测应以定向点作为零方向，以所测各观测点的方向值及至底部中心的距

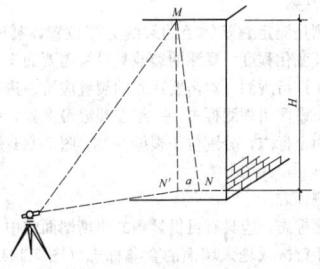

图 7-137　投点法示意图

离，计算顶部中心相对底部中心的水平位移分量。对矩形建筑物，可在每测站直接观测顶部观测点与底部观测点或上层观测点与下层观测点之间的夹角，以所测角值与距离值计算整体的或分层的水平位移分量和位移方向。

2）利用建筑物内竖向通道观测

当利用建筑物或构件的顶部与底部之间竖向通视条件进行主体倾斜观测时，可选用下列铅垂观测方法：

①激光铅直仪观测法。应在顶部适当位置安置接收靶，在其垂线下的地面或地板上安置激光铅直仪或激光经纬仪，按一定周期观测，在接收靶上直接读取或量出顶部的水平位移量和位移方向。作业中仪器应严格置平、对中。

②吊垂球法。应在顶部或需要的高度处观测点位置上，直接或支出一点悬挂适当重量的垂球，在垂线下的底部固定毫米格网读数板等读数设备，直接读取或量出上部观测点相对底部观测点的水平位移量和位移方向。

3）间接测定建筑物整体倾斜

当按相对沉降间接确定建筑物整体倾斜时，可选用下列方法：

①倾斜仪。可采用倾斜仪进行观测。监测建筑物上部面倾斜时，仪器可安置在建筑物顶层或需要观测的楼层的楼板上；监测基础倾斜时，仪器可安置在基础面上，以所测楼层或基础面的水平角变化值反映和分析建筑物倾斜的变化程度。

②测定基础沉降差法。在基础上选设观测点，采用水准测量方法，以所测各周期的基础沉降差换算求得建筑物整体倾斜度及倾斜方向。

（5）观测周期

主体倾斜观测的周期可视倾斜速度每 1～3 个月观测一次。当遇基础附近因大量堆载或卸载、场地降雨长期积水等原因而导致倾斜速度加快时，应及时增加观测次数。主体倾斜观测应避开日照和风荷载影响大的时段。

2. 建筑物水平位移观测

（1）观测点埋设位置和形式

建筑物的水平位移观测点一般选在墙角、柱基及裂缝两边等处，观测点可采用墙上标志。

（2）观测精度

水平位移观测的精度按《建筑变形测量规范》（JGJ 8）相关规定进行观测点的坐标中误差估算后，选择相应精度级别。

（3）观测方法

1）观测点在特定方向位移

观测点在特定方向位移可以采用视准线和测边角等方法。

①视准线法

由经纬仪的视准线形成基准线的基准线法，称为视准线法。当采用视准线法进行位移监测时，在视准线两端各自向外的延长线上埋设检核点，数据处理中要顾及视准线端点的偏差改正。

a. 小角法，小角法示意图见图 7-138，基准线应按平行于待测的建筑物边线布置，观测点偏视准线的偏角不应超过 30″。角度观测的精度和测回数应按要求的偏差值观测中误差估算确定，距离可按 1/2000 的精度量测。偏差值 Δ_l 按公式（7-47）计算：

$$\Delta_l = \frac{\alpha}{\rho} \cdot S_i \qquad (7-47)$$

式中　α——偏角（″）；

　　　　S_i——测站到观测点的距离（m）；

　　　　ρ——常数，值为 206265。

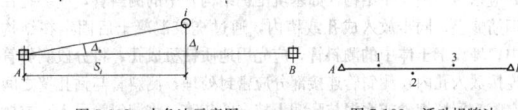

图 7-138　小角法示意图　　　图 7-139　活动觇牌法

b. 活动觇牌法，活动觇牌法见图 7-139，该方法适用于变形方向为已知的建（构）筑物，是一种常用方法。视准线的两个端点 A、B 为基准点，变形点 1、2、3…布设在 AB 的连线上，变形点相对于视准线偏移量的变化，即是建（构）筑物在垂直于视准点方向上的位移。量测偏移量的设备为活动觇牌，觇牌图案可以左右移

动，移动量可在刻划上读出。当图案中心与竖轴中心重合时，其读数应为零，这一位置称为零位。

采用活动觇牌法时基准线离开观测点的距离不应超过活动觇牌读数尺的读数范围。观测时在基准线一端安置经纬仪或视准仪，瞄准安置在另一端的固定观测标志进行定向，将活动觇牌安置在变形点上，左右移动觇牌，直至中心位于视准线上，这时的读数即为变形点相对视准线的偏移量。每个观测点应按确定的测回数进行往测与返测。

② 测边角法，对主要观测点，可以该观测点为测站测定对应基准线端点的边长和角度，求得偏差值。对其他观测点，可选适宜的主要观测点为测站，测出对应其他观测点的距离与方向值，按坐标法求得偏差值。角度观测测回数与长度的丈量精度要求，应根据要求的偏差值观测中误差确定。

2）观测点任意方向位移观测

测量观测点任意方向位移时，可视观测点的分布情况，采用前方交会、方向差交会及极坐标等方法。单个建筑物亦可采用直接量测位移分量的方向线法，在建筑物纵、横轴线的相邻延长线上设置固定方向线，定期测出基础的纵向位移和横向位移。

（4）观测的周期

水平位移观测的周期，对于不良地基土地区的观测，可与一并进行的沉降观测协调考虑确定；对于受基础施工影响的有关观测，应按施工进度的需要确定，可逐日或隔数日观测一次，直至施工结束。

3. 基坑壁侧向位移观测

基坑壁侧向位移观测是测定基坑支护结构桩墙顶水平位移和桩墙深层挠曲所进行的测量工作。

（1）观测点位置

基坑壁侧向位移观测点沿基坑周边桩墙顶每隔 $10\sim15$m 布设一点。当采用测斜管方法观测时，测斜管宜埋设在基坑每边中部和关键部位。对变形较大的区域，应适当加密观测点位和增设相应仪表。

（2）观测点的标志

基坑壁侧向位移观测点宜布置在冠梁上，可采用铆钉枪射入铝钉，亦可钻孔埋设膨胀螺栓或用环氧树脂胶粘标志。对于较高安全监测要求的基坑，变形观测点点位宜布设在基坑侧壁的顶部、中部以及变形比较敏感的部位，应加测关键断面或埋设应力和位移传感器。

采用测斜仪方法观测时，测斜管宜布设在围护结构桩墙内或其外侧的土体内。埋设时将测斜管绑扎在钢筋笼上，同步放入成孔或槽内，通过浇筑混凝土后固定在桩墙中或外侧。测斜管的埋设深度与围护结构入土深度一致。

（3）观测方法

位移测定可根据现场条件选用前述视准线法、测小角法、前方交会法、极坐标法等几何测量方法。

采用测斜仪观测方法时，要选择能连续进行多点测量的滑动式测斜仪，测头可选用伺服加速度计式或电阻应变式；接收指示器应与测头配套；电缆应有距离标记，使用时在测头重力作用下不应有伸长现象；测斜管的模量既要与土体模量接近，又不致因土压力而压偏导管，导槽须具高成型精度；在观测点上埋设测斜管之前，应按预定埋设深度配好所需测斜管和钻孔或槽。连接测斜管时应对准导槽，使之保持在一直线上。管底端应装底盖，每个接头及底盖处应密封。埋设于结构（如基坑围护结构）中的测斜管，应绑扎在钢筋笼上，同步放入成孔或槽内，通过浇筑混凝土后固定在结构中；埋设于土体中的测斜管，应先用地质钻机成孔，将分段测斜管连接放入孔内，测斜管连接部分应密封处理，测斜管与钻孔壁之间空隙宜回填细砂或水泥与膨润土拌合的灰浆。将测斜管吊入孔或槽内时，应使十字形槽口对准观测的水平位移方向。埋好管后，需停留一段时间，使测斜管与土体或结构固连为一整体；观测时，可由管底开始向上提升测头至待测位置，或沿导槽全长每隔 500mm（轮距）测读一次，测完后，将测头旋转 $180°$ 再测一次。两次测量位置（深度）应一致，合起来作为一测回。每周期观测可两测回，每个测斜导管的初测值，应测四测回，观测成果均取中数值。

（4）观测精度

基坑水平侧向位移观测的精度应根据基坑支护结构类型、基坑形状和深度、周边建筑及设施的重要程度、工程地质与水文地质条件和设计变形报警预估值等因素，按《建筑变形测量规范》（JGJ 8）相关规定进行观测点的坐标中误差估算后，选择相应精度级别，综合确定。

（5）观测周期

基坑开挖期间 $2\sim3$d 观测一次，位移量较大时应每天 $1\sim2$ 次，在观测中应视其位移速率变化，以能准确反映整个基坑施工过程中的位移及变形特征为原则相应地增减观测次数。

4. 挠度观测

挠度观测包括建筑物基础和建筑物主体以及墙、柱等独立构筑物的挠度观测，挠度值示意图见图 7-140。通过挠度观测数据按一定周期分别测定其挠度值及挠曲程度。挠度值由建筑物上不同高度点相对于底点的水平位移值确定。

（1）观测点布设

建筑基础观测点要沿基础的轴线或边线布设，每一轴线或边线上不得少于 3 点。建筑主体观测点按建筑结构类型在各不同高度或各层处沿一定竖直方向布设。

（2）观测方法

建筑物基础挠度观测可参考建筑物沉降观测方法进行。建筑主体挠度观测可参考建筑物倾斜和位移观测方法进行。独立构筑物的挠度观测，除可采用建筑物主体挠度观测要求外，当观测条件允许时，亦可用挠度计、位移传感器等设备直接测定挠度值。

（3）观测周期与精度

挠度观测的周期与观测精度应根据荷载情况并考虑设计、施工要求确定。

（4）挠度值及跨中挠度值计算

挠度值及跨中挠度值应按式 (7-48)、式 (7-49)、式 (7-50) 和式 (7-51) 计算：

1）挠度值 f_c（图 7-140）：

$$f_c = \Delta s_{AE} - \frac{L_a}{L_a + L_b}\Delta s_{AB} \tag{7-48}$$

$$\Delta s_{AE} = s_E - s_A \tag{7-49}$$

$$\Delta s_{AB} = s_B - s_A \tag{7-50}$$

式中　s_A——基础上 A 点的沉降量（mm）；

　　　s_B——基础上 B 点的沉降量（mm）；

　　　s_E——基础上 E 点的沉降量（mm）；

　　　L_a——AE 的距离（m）；

　　　L_b——EB 的距离（m）。

2）跨中挠度值 f_z：

$$f_z = \Delta s_{AE} - \frac{1}{2}\Delta s_{AB} \tag{7-51}$$

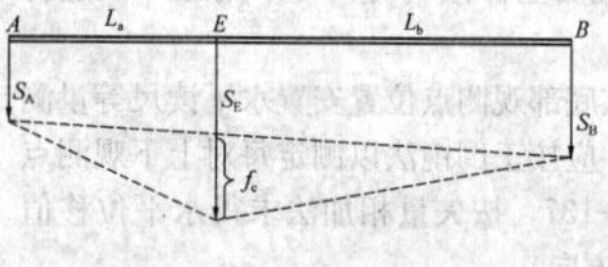

图 7-140　挠度值示意图 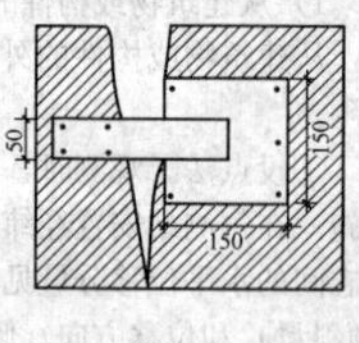　　图 7-141　镶嵌金属观测标志的裂缝

5. 裂缝观测

裂缝观测是测定建筑物上的裂缝分布位置，裂缝的走向、长度、宽度及其变化程度。观测的裂缝数量视需要而定，主要的或变化大的裂缝应进行观测。对需要观测的裂缝应统一进行编号。每条裂缝至少应布设两组观测标志，一组在裂缝最宽处，另一组在裂缝末端。每组两个标志，分别位于裂缝两侧，图 7-141 是镶嵌金属标志的裂缝。

（1）观测标志

裂缝观测标志，应具有可供量测的明晰端面或中心。观测期较长时，可采用镶嵌或埋入墙面的金属标志（图 7-141）、金属杆标志或楔形板标志。观测期较短或要求不高时可采用油漆平行线标志

或用建筑胶粘贴的金属片标志。当要求较高、需要测出裂缝纵横向变化值时，可采用坐标方格网板标志。

（2）测量方法

对于数量不多、易于量测的裂缝，可视标志形式不同采用比例尺、小钢尺或游标卡尺等工具定期量出标志间距离求得裂缝变位值，或用方格网板定期读取"坐标差"计算裂缝变化值。对于较大面积且不便于人工量测的众多裂缝可采用近景摄影测量方法；当需连续监测裂缝变化时，还可采用测缝计或传感器自动测记方法观测。

（3）观测周期

裂缝观测的周期应视其裂缝变化速度而定。通常开始可半月测一次，以后一月左右测一次。当发现裂缝加大时，应增加观测次数，直至几天或逐日一次的连续观测。

7.11.3.3 特殊变形监测

特殊变形是指建筑物或构件在日照、风荷、振动等动荷载作用下而产生的动态变形，通过特殊变形监测，测定其变形量，并分析其变化规律。

1. 日照变形观测

高耸建筑物或单柱（独立高柱）受阳光照射或辐射后，由于向阳面与背阳面的温差引起其上部结构发生位移。通过日照变形观测测定建筑物或单柱的偏移量，以了解其变化规律。

（1）观测点的设置

当利用建筑物内部竖向通道进行日照变形观测时，应以通道底部中心位置作为测站点，以通道顶部垂直对应于测站点的位置作为观测点。

当从建筑物或单柱外部进行日照变形观测时，观测点应选在受热面的顶部或受热面上部的不同高度处与底部适中位置设置照准标志，单柱亦可直接在照准顶部与底部中心线位置设置照准标志。外部观测的测站点要选在与观测点连线呈正交或近于正交的两条方向线上，其中一条宜与受热面垂直，距观测点的距离约为照准目标高度1.5倍的固定位置处，并埋设标石。

（2）观测方法

当建筑物内部具有竖向通视条件时，应采用激光铅直仪观测法。在测站点上可安置激光铅直仪或激光经纬仪，在观测点上安置接收靶。每次观测，可从接收靶读取或量出顶部观测点的水平位移值和位移方向，亦可借助附于接收靶上的标示光点设施，直接获得各次观测的激光中心轨迹图和日照变形曲线图。

从建筑物外部观测时，可采用测角前方交会法或方向差交会法。对于单柱的观测，按不同量测条件，可选用经纬仪投点法、测顶部观测点与底部观测点之间的夹角法或极坐标法。按上述方法观测时，从两个测站对观测点的观测应同步进行。所测顶部的水平位移量与位移方向，应以首次测算的观测点坐标值或顶部观测点相对底部观测点的水平位移值作为初始值，与其他各次观测的结果相比较后计算求取。

（3）观测精度

日照变形观测的精度，可根据观测对象的不同要求和不同观测方法，具体分析确定。当用经纬仪观测时，观测点相对测站点的点位中误差，对投点法不应大于±1.0mm，对测角法不应大于±2.0mm。

（4）观测时间

日照变形的观测时间，宜选在夏季的高温天进行。一般观测项目，可在白天时间段观测，从日出前开始，日落后停止，每隔约1h观测一次。在每次观测的同时，应测出建筑物向阳面与背阳面的温度，并测定风速与风向。

2. 风振观测

风振观测是在高层、超高层建筑物受强风作用的时间段内同步测定建筑物的顶部风速、风向和墙面风压以及顶部水平位移，以获取风压分布、体型系数及风振系数。

（1）风速、风向和风压观测

风速、风向观测，可在建筑物顶部天面的专设桅杆上安置两台风速仪，分别记录脉动风速、平均风速与风向，并在距建筑物约100～200m距离的一定高度（如10～20m）处安置风速仪记录平均风速，以与建筑物顶部风速比较观测风力在不同高度的变化。

风压观测，应在建筑物不同高度的迎风面与背风面外墙上，对应设置适当数量的风压盒作传感器，或采用激光光纤压力计与自动记录系统，以测定风压分布和风压系数。

（2）水平位移测量方法

顶部水平位移观测可根据要求和现场情况选用下列方法：

1）自动测记方法

①激光位移计自动测记法。位移计宜安置在建筑物底层或地下室地板上，接收装置可设在顶层或需要观测的楼层，激光通道可利用楼梯间梯井，测试室宜选在靠近顶部的楼层内。当位移计发射激光时，从测试室的光线示波器上可直接获取位移图像及有关参数，并自动记录成果。

②长周期拾振器测记法。将拾振器设在建筑物顶部天面中间，由测试室内的光线示波器记录观测结果。

③双轴自动电子测斜仪（电子水枪）测记法。测试位置应选在振动敏感的位置，仪器的x轴与y轴（水枪方向）应与建筑物的纵横轴线一致，并用罗盘定向，根据观测数据计算出建筑物的振动周期和顶部水平位移值。

④加速度计法。将加速度传感器安装在建筑物顶部，测定建筑物在振动时的加速度，通过加速度积分求解位移值。

⑤GPS实时动态差分测量法。将一台GPS接收机安置在距待测建筑物一段距离且相对稳定的基准站上，另一台接收机的天线安装在待测建筑物楼顶。接收机高度角5°以上范围应无建筑物遮挡或反射物。其他技术要求应符合本手册7.4.1.3的规定。

2）经纬仪测角前方交会法或方向差交会法

此法适用于在缺少自动测记设备和观测要求不高时建筑物顶部水平位移的测定，但作业中应采取措施防止仪器受到强风影响。

（3）位移观测精度

风振位移的观测精度，当用自动测记法时，应视所用仪器设备的性能和精确程度要求具体确定；当采用经纬仪观测时，观测点相对测站点的点位中误差不应大于±15mm。由实测位移值计算风振系数β时，可采用式（7-52）或式（7-53）计算：

$$\beta = (s + 0.5A)/s \qquad (7-52)$$

或

$$\beta = (s_s + s_d)/s_s \qquad (7-53)$$

式中　s——平均位移值（mm）；

　　　A——风力振幅（mm）；

　　　s_s——静态位移（mm）；

　　　s_d——动态位移（mm）。

3. 动荷载作用下的变形观测

建筑在动荷载作用下会产生动态变形，因此需要测定其瞬时变形量，通过对变形数据的分析，了解变形特征、变形规律和变形趋势，以便采取应对措施。

（1）观测方法

动荷载作用下的变形测量宜采用多测（摄）站自动实时的同步观测系统。观测方法可采用全站仪自动跟踪测量方法、激光测量方法、位移传感器和加速度传感器测量方法、GPS动态实时差分测量法。各种测量方法的选用，应根据工程项目的特点、精度要求、变形速率、变形周期特性以及建（构）筑物的安全性等指标灵活选用，也可同时采用多种测量方法进行综合实时观测。

1）全站仪自动跟踪测量方法

当采用全站仪自动跟踪测量方法时，测站应设立在控制点或工作基点上，并采用有强制对中装置的观测台或观测墩；测站视野应开阔无遮挡，周围应设立安全警示标志，应同时具有防水、防尘设施。观测体上的变形点宜采用观测棱镜，距离较短时也可采用反射片。数据通信电缆宜采用光纤或专用数据电缆，并应安全敷设。连接处应采取绝缘和防水措施。作业前应将自动观测成果与人工测量成果进行比对，确保自动观测成果无误后，方能进行自动观测。测站和数据终端设备应备有不间断电源。数据处理软件应具有观测数据自动检核、超限数据自动处理、不合格数据自动重测、观测目标被遮挡时可自动延时观测以及变形数据自动处理、分析、预报和预警等功能。

2）激光测量方法

当采用激光测量方法时，激光器（包括激光经纬仪、激光导向仪、激光垂准仪等）宜安置在变形区影响之外或受变形影响较小的区域。激光器应采取防尘、防水措施。安置激光器后，应同时在激光器附近的激光光路上，设立固定的光路检核标志。整个光路上应无障碍物，光路附近应设立安全警示标志。目标板（或感应器），应稳固设立在变形比较敏感的部位并与光路垂直；目标板的刻划应均匀、合理。观测时，应将接收到的激光光斑调至最小、最清晰。

3）位移传感器和加速度传感器测量方法

各种类型位移传感器使用说明、接线方法、安装、调试方法和注意事项等都有各自的特点，使用单位可根据生产厂家的相关信息的要求，进行安装和使用。

4）GPS 动态实时差分测量法

当采用 GPS 动态实时差分测量法时，应建立 GPS 参考站。GPS 参考站应设立在变形区之外或受变形影响较小的地势较高区域。参考站上空天空应开阔，无高度角超过 $10°$ 的障碍物，且周围无 GPS 信号反射物（大面积水域、大型建构物）及高压线、电视台、无线电发射源、微波站等干扰源。变形观测点，宜设置在建（构）筑物顶部变形比较敏感的部位，变形观测点的数目应依具体的项目和建（构）筑物的结构灵活布设，接收天线的安置应稳固，并采取保护措施，周围无高度角超过 $10°$ 的障碍物。卫星接收数量不应少于 5 颗，应采用固定解成果。数据通信，长期的变形观测宜采用光纤电缆或专用数据电缆，短期的也可采用无线电数据链通信等。

（2）观测点位置

动态变形观测点应选在变形体受动荷载作用最敏感并能稳定牢固地安置传感器、接收靶、反光镜等照准目标的位置。

（3）观测精度

应根据观测体建筑设计时允许的最大位移量按照本手册7.11.1.3 的规定推算变形观测的观测中误差。

7.11.4 变形监测数据处理与资料整理

当建筑变形观测结束后，首先要对各项观测数据，进行认真的检查和验算，剔除超限的观测值，并对存在的系统误差进行补偿改正。然后依据测量误差理论和统计检验原理对获得的观测数据进行处理、检查、限差验算并计算变形量，有条件时还应对观测点的变形进行几何分析，作出物理解释。

7.11.4.1 变形监测数据处理

1. 观测数据的检查和限差验算

根据测量内容按规范要求分别对水准测量、电磁波测距三角高程测量、三角测量、三边测量、导线测量和 GPS 测量观测数据进行检查和限差验算。

2. 平差计算

在检查和验算合格的基础上，应对变形观测数据进行平差计算。平差计算应使用严密的方法和经验证合格的软件系统来进行。对于多期观测成果，其平差计算应建立在一个统一的基准上。

变形测量平差计算规定：

（1）一般基准点应单独构网，每次对基准点都应进行复测，并应对其单独进行平差计算，确定基准点稳定后利用其对观测点进行监测并作为起算点。如果基准点与观测点统一构网，每期变形观测后，都应利用其中稳定的基准点作为起算点对观测网进行平差计算。

（2）对于 GPS 网，首先进行无约束平差，在基线向量检核符合要求后，以三维基线向量及其相应方差——协方差阵作为观测信息，以一个点的 WGS-84 系三维坐标作为起算依据，进行 GPS 网的无约束平差。无约束平差应提供各点在 WGS-84 系下的三维坐标，各基线向量三个坐标差观测值的改正数、基线长度、基线方位及相关的精度信息。无约束平差中，基线向量的改正数绝对值（$V_{\Delta X}$、$V_{\Delta Y}$、$V_{\Delta Z}$）应满足式（7-54）：

$$V_{\Delta X} \leqslant 3\sigma$$
$$V_{\Delta Y} \leqslant 3\sigma$$
$$V_{\Delta Z} \leqslant 3\sigma$$

(7-54)

式中，σ 为相应级别规定的精度（按该级别固定误差、比例误

差及实际平均边长计算的标准差，以下各式同）。

无约束平差后，利用其可靠观测值，选择在 WGS-84 坐标系、地方独立坐标系下进行三维约束平差或二维约束平差。平差中，对已知点坐标、已知距离和已知方位，可以强制约束，也可加权约束。平差结果应输出在相应坐标系中的三维或二维坐标、基线向量改正数、基线边长、方位、转换参数及其相应的精度信息。约束平差中，基线向量的改正数与无约束平差结果的同名基线相应改正数的较差（$dV_{\Delta X}$、$dV_{\Delta Y}$、$dV_{\Delta Z}$）应满足式（7-55）：

$$dV_{\Delta X} \leqslant 2\sigma$$
$$dV_{\Delta Y} \leqslant 2\sigma$$
$$dV_{\Delta Z} \leqslant 2\sigma$$

(7-55)

否则，认为作为约束的已知坐标、已知距离、已知方向中存在一些误差较大的值应采用自动或人工的方法剔除这些误差较大的约束值，直至上式满足。

（3）变形测量成果计算和分析中的数据取位应符合表 7-54 的规定。

观测成果计算和分析中的数据取位要求   表 7-54

等级	角度 $(")$	边长 (mm)	坐标 (mm)	高程 (mm)	沉降值 (mm)	位移值 (mm)
一、二级	0.01	0.1	0.1	0.01	0.01	0.1
三级	0.1	0.1	0.1	0.1	0.1	0.1

注：特级变形测量的数据取位，根据需要确定。

3. 变形监测分析

（1）基准点稳定性分析

不论基准点单独构网或与观测点统一构网，每次复测后，根据本次基准点复测数据与上次数据的差值，经比较进行判断。当采用相邻复测数据不能进行判断时，应通过统计检验的方法进行稳定性检测分析。

（2）观测点变化分析

1）对于观测点的变化，可依相邻两期观测成果中观测点的平差值之差与最大测量误差（取中误差的两倍）相比较进行。当平差值之差小于最大误差时，可认为观测点在这一周期内没有变动或变动不显著。

2）对多周期观测成果，如相邻周期平差值之差虽然很小，但呈现出一定的趋势，则应视为有变动。

（3）变形趋势分析

变形监测数据处理方法分为统计学方法和确定性方法两大类，其中统计学方法是以监测数据为基础，利用各种数理统计方法建立预报模型，从而达到对监测对象进行分析和预测今后变形趋势。工程中常用的监测数据处理典型方法如下：

1）监测曲线形态判断法

根据变形观测收集和记录的数据，求得监测时间、变形量（包括应力、应变）、施工状态（阶段）、荷载等参数，绘制变形过程曲线是一种最简单、直观而有效的数据处理方法。由过程曲线可找出监测对象不同时间的变形值和变形发展趋势，预测可能出现的最大变形值，由此判断出安全状态。

变形过程曲线有时间—变形曲线、时间—荷载—变形曲线等，通常将时间作为横轴，其他变形量等作为纵轴，表示方法见图7-142 和图 7-143。

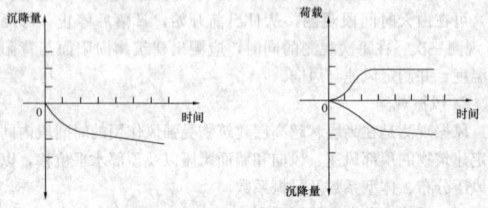

图 7-142 时间—变形曲线   图 7-143 时间—荷载—变形曲线

2）回归分析

回归分析是数理统计中处理变量之间关系的常用方法。对一组

监测数据进行处理时，通过回归分析找出引起变形原因与变形值之间的内在联系和统计规律。研究、处理两个变量之间关系的回归分析称为一元回归分析；研究、处理多个变量的回归分析称为多元回归分析。下面主要介绍一元线性回归分析。

当两个变量之间关系为线性时，则称一元线性回归分析，可用 $y=a+bx$ 函数进行回归。由于观测误差因素的影响，观测值并不符合上式要求，而产生观测误差 Δ，则

$$\Delta=y-(a+bx) \qquad (7-56)$$

对于一组观测值来说，则有 $\Delta_i=y_i-(a+bx_i)$。

按最小二乘法估计原理，应在 $[\Delta\Delta]=\min$ 的条件下求回归常数 a 和回归系数 b 的估值，

即 $M=\sum\limits_{i=1}^{n}(y_i-\bar{y_i})^2=\sum\limits_{i=1}^{n}(y_i-a-bx_i)^2=\min$ (7-57)

为此，a、b 必须满足下列方程

$$\frac{\partial M}{\partial a}=-2\sum_{i=1}^{n}\left[y_i-(a+bx_i)\right]=0 \qquad (7-58)$$

$$\frac{\partial M}{\partial b}=-2\sum_{i=1}^{n}(y_i-a-bx_i)x_i=0 \qquad (7-59)$$

由此可以计算出回归常数 a 和回归系数 b 的估值

$$a=\bar{y}-b\bar{x} \qquad (7-60)$$

$$b=\frac{\sum\limits_{i=1}^{n}x_iy_i-\frac{1}{n}\sum\limits_{i=1}^{n}x_i\sum\limits_{i=1}^{n}y_i}{\sum\limits_{i=1}^{n}x_i^2-\frac{1}{n}\left(\sum\limits_{i=1}^{n}x_i\right)^2} \qquad (7-61)$$

判断回归方程的有效性，还要计算和分析回归方程的剩余标准差 S 和相关系数 r。剩余标准差 S 和相关系数 r 可利用式（7-62）和式（7-63）计算：

$$S=\sqrt{\frac{1}{n-2}\sum_{i=1}^{n}(y_i-\bar{y_i})^2} \qquad (7-62)$$

$$r=b\sqrt{\frac{\sum\limits_{i=1}^{n}(x_i-\bar{x_i})^2}{\sum\limits_{i=1}^{n}(y_i-\bar{y_i})^2}} \qquad (7-63)$$

剩余标准差 S 越小，回归精度越高，相关系数 r 的绝对值越接近 1，则线性关系越好。

上述计算一般可用计算器来完成。

7.11.4.2 变形监测成果整理

观测数据的检查和限差验算、平差计算、变形监测分析后，对监测成果进行整理分析，最终形成监测成果。监测成果应包含如下内容：

1. 技术设计或监测方案；
2. 变形监测基准点和观测点位置图；
3. 标石和标志规格及埋设图；
4. 仪器检验与校正资料；
5. 平差计算、质量评定资料及成果表；
6. 变形体变形量随时间、荷载等变化的时态曲线图；
7. 变形监测技术报告。

7.11.5 远程自动化监测

很多情况下，由于监测对象位置不能或不适合接近，但需要实时了解变形状况和稳定状态，同时也为提高监测效率，由此发展了远程监测技术。远程实时监控就是利用现代计算机技术、现代控制技术和现代网络通信技术对监测对象的状态进行全面的监测、控制和管理。远程监测技术所形成的智能化、自动化监测系统，可以对各种物理量的测量传感器进行数据采集、实时监控、在线运算以及分析处理，及时向施工、设计、业主等单位反馈信息，为保障工程建设过程中建设项目和工程环境安全，为工程的顺利进展，远程自动化监测发挥了重要作用。

远程自动化监测方法很多，本章仅简单介绍全站仪自动跟踪测量方法、三维激光扫描测量方法及 GPS 动态实时差分测量法。

7.11.5.1 全站仪自动跟踪测量方法

当采用全站仪自动跟踪测量方法进行远程自动化监测时，应建立远程自动化监测系统，该系统包括具有自动识别目标、自动跟踪测量功能，带有马达驱动自动照准装置的全站仪；在测站和数据终端间连接的数据通信电缆以及室内控制电脑等组成，通过室内控制电脑的指令进行远程自动化监测。

1. 仪器设备要求

对于监测使用的全站仪要带有马达驱动自动照准装置，具有自动识别目标、自动跟踪测量功能，测角精度不应低于 $\pm1''$，测距精度不应低于 $\pm$（$2mm+2ppm\times D$）。角度和距离观测的测回数应根据监测精度要求进行设计。数据通信电缆宜采用光纤或专用数据电缆，为保证数据传输安全，连接处应采取绝缘和防水措施，同时测站和数据终端设备应备有不间断电源，以防电源中断。

2. 测站和变形观测点要求

安置监测仪器的测站应为基准点或工作基点，测站必须采用有强制对中装置的观测台或观测墩。为满足长时间观测要求，测站视野应开阔无遮挡，周围应设立醒目的安全警示标志。同时还要具有防水、防尘设施。观测体上的变形点应采用观测棱镜，距离较短时也可采用反射片。

3. 观测与数据处理要求

作业前应将自动观测成果与人工测量成果进行比对，确保自动观测成果无误后，方能进行自动观测。

数据处理软件应具有观测数据自动检核、超限数据自动处理、不合格数据自动重测、观测目标被遮挡时可自动延时观测以及变形数据自动处理、分析、预报和预警等功能。

7.11.5.2 三维激光扫描测量方法

三维激光扫描技术是利用激光测距的原理，通过记录被测物体表面大量的密集的点的三维坐标信息和反射率信息，将各种大实体或实景的三维数据完整地采集到电脑中，进而快速复建出被测目标的三维模型及线、面、体等各种图件数据，结合专业应用软件可进行点云数据编辑、拼接、数据点三维空间量测、点云数据可视化、空间数据三维建模、纹理分析处理和数据转换等功能。

1. 三维激光扫描系统的原理和组成

目前三维激光扫描仪包含两种类型的产品：脉冲式与相位式。脉冲式扫描仪在扫描时激光器发射出单点的激光，记录激光的回波信号。通过计算激光的传播时间，来计算目标点与扫描仪之间的距离。相位式扫描仪是发射出一束不间断的整数波长的激光，通过计算从物体反射回来的激光波的相位差，来计算目标物体的距离。这样连续地对空间以一定的取样密度进行扫描测量，就能得到被测目标物体的密集的三维彩色散点数据，称作点云（Point-Cloud）。

三维激光扫描系统包括扫描仪和一体化的处理软件。一体化的处理软件包含了数据采集、拼接、建模、纹理贴图和数据发布几大功能模块。

2. 维激光扫描成果形式

（1）原始点云数据

点云数据是实际物体的真实尺寸的复原，是目前最完整、最精细和最快捷的对物体现状进行档案保存的手段。点云数据不但包含了对象物体的空间尺寸信息和反射率信息，结合高分辨率的外置数码相机，可以逼真地保留对象物体的纹理色彩信息；结合其他测量仪器诸如全站仪、GPS，可以将整个扫描数据置于一定的空间坐标系内。通过软件，可以在点云中实现漫游、浏览和对物体尺寸、角度、面积、体积等的量测，直接将对象物体移到电脑中，利用点云在电脑中完成传统的数据测绘工作。

（2）线画图

作为传统建筑绘图件，包括平面图、立面图和剖面图等。这些图件可以表示建筑物内部的结构或构造形式、分层情况，说明建筑物的长、宽、高的尺寸，门窗洞口的位置和形式，装饰的设计形式和各部位的联系和材料等。利用点云数据，在 CAD 中使用插件，可以方便地做出所需相应图件。

（3）发布在网络上的点云数据

利用软件中的发布模块和软件，扫描的点云可以发布在互联网

上，让远端用户通过互联网有如置身于真实的现场环境之中。发布的点云不但可以网上浏览，还可以实现基于互联网的量测、标注等。

（4）模型

三维激光扫描仪扫描的数据可以利用 Cyclone 或其他第三方软件进行建模，构建 mesh 格网模型，再通过纹理映射或是导入到其他三维软件中进行纹理贴图，最终得到数字化的模型。

7.11.5.3 GPS 动态实时差分测量法

高层建筑、桥梁等大型结构在特殊环境外力，如强台风、地震等的作用下产生的运动响应，可能会产生破坏性的影响，因此对大型结构尤其是高层结构物受外力作用下运动位置的实时连续监测是高层建筑物监测中非常重要的一个环节。

GPS 动态实时差分测量方法与传统手段相比，具有直接获取运动物体的空间三维绝对位置，并可以分析得到运动的频率和振幅；独立数据采样，可以更高精度捕获建筑物的运动位置和频率；全天候、24h 连续进行高速采样率观测；对其他监测系统进行独立检核等优点。

1. 参考站设置

GPS 参考站要设置在变形区以外的地势高处，参考站上方避免高度角超过 10°的障碍物，附近不应有大面积的水域或对电磁波反射（或吸引）强烈的物体，以避开多路径效应影响，同时要远离无线电发射装置和高压输电线，避免干扰。

2. 观测点设置

观测点宜设置在建筑物的顶部变形敏感部位，变形观测点数量根据建筑结构要求布设，接收天线埋设稳固并有保护装置，周围无高度角超过 10°的障碍物，见图 7-144。

图 7-144 观测点位置

3. 系统功能

监测系统具有集成化、一体化的特征，具有遥测遥控、数据远程传输、预警、一体化网络功能。通过自动化监测系统可以对异常、潜在隐患实现实时监控。大量监测数据自动传输至监测中心，进行数据存储、查询和比较验证。借助的系统配套软件，可迅速对此数据进行分析，对既有线结构健康状态进行评估。

7.12 竣工总图的编绘与实测

建筑工程项目施工结束后，应根据工程的需要进行竣工总图的编绘和实测工作。竣工总图是提供工程竣工成果的重要组成部分，它是验收和评价工程施工质量的基本依据之一。竣工总图一般根据设计和施工资料进行编绘，当资料不全或施工变更无法完全编绘时，应进行更加翔实的测绘工作。

7.12.1 竣工总图的编绘

7.12.1.1 编绘竣工总图的一般规定

1. 建筑工程项目竣工后，应根据工程需要编绘或实测竣工总图。有条件时，宜采用数字竣工图。

竣工总图及附属资料是验收和评价工程质量的依据。竣工总图编绘完成后，应经原设计及施工单位技术负责人审核、会签。

编绘竣工总图，需要在施工过程中收集一切相关的资料，加以整理，及时进行编绘。

竣工总图的比例尺，宜选用 1/500；坐标系统、高程系统、图幅大小、图上注记、线条规格，应与原设计图一致。图例符号应采用现行国家标准《总图制图标准》（GB/T 50103）。

对于复杂场区，地上、地下管线密集，可采用计算机辅助绘图系统（CAD）或地理信息系统 GIS 进行绘制。

2. 竣工总图的编制，应符合下列规定：

（1）地面建（构）筑物，应按实际竣工位置和形状进行编制。

（2）地下管道及隐蔽工程，应根据回填前的实测坐标和高程记录进行编制。

（3）施工中，应根据施工情况和设计变更文件及时编制。

（4）对实测的变更部分，应按实测资料编制。

（5）当平面布置改变超过图上面积 1/3 时，不宜在原施工图上修改和补充，应重新编制。

3. 竣工总图的绘制，应满足下列要求：

（1）应绘出地面的建（构）筑物、道路、铁路、地面排水沟渠、树木及绿化地等。

（2）矩形建（构）筑物的外墙角，应注明两个以上点的坐标。

（3）圆形建（构）筑物，应注明中心坐标及接地处半径。

（4）主要建筑物，应注明室内地坪高程。

（5）道路的起终点、交叉点，应注明中心点的坐标和高程；弯道处，应注明交角、半径及交点坐标；路面，应注明宽度及铺装材料。

（6）当不绘制分类专业图时，给水管道、排水管道、动力管道、工艺管道、电力及通信线路等在总图上的绘制，还应符合分类专业图的相应具体规定。

7.12.1.2 编绘竣工总平面图的准备工作

1. 绘制前准备

总平面图的编绘，应收集以下各种资料：总平面布置设计图；施工设计图纸；设计变更文件；施工检测记录；竣工测量资料；其他相关资料。

2. 竣工总平面图比例尺的选择

竣工总平面图的比例尺，宜选用 1/500。也可根据建筑规模大小和密集程度参考下列规定：小区内为 1/500 或 1/1000；小区外为 1/1000～1/5000。采用 CAD 或专用软件编辑时，单位宜设为 m，比例可提前设定，也可出图时设定。

3. 绘制竣工总图图底坐标方格网

为了能长期保存竣工资料，竣工总图应采用质量较好的图纸。聚酯薄膜作为常用图纸，具有坚韧、透明、不易变形等特性，但要选用毛面颗粒大小适中、均匀，以增加绘图墨水的附着力。

编绘竣工总平面图，首先要在图纸上精确地绘出坐标方格网。一般使用坐标格网尺和比例尺来绘制。坐标格网绘好后，应立即进行检查。其精度应符合下列规定：

（1）方格网实际长度与名义长度之差不应大于 0.2mm；

（2）图廓对角线长度与理论长度之差不应大于 0.3mm；

（3）控制点间图上长度与坐标反算长度之差不应大于 0.3mm。

在当前计算机技术水平下，应尽量采用电子制图的方法绘制，常用的制图软件为计算机辅助设计（CAD）制图软件和相关地理信息系统（GIS）软件。

4. 展绘控制点

以图底上绘出的坐标方格网为依据，将施工控制网点按坐标展绘在图上。细部点展绘对所邻近的方格线而言，其允许偏差为±0.2mm。

采用电子制图的方法绘制时，应注意绘图坐标系的选择，X、Y 坐标互换等设置问题。控制点输入可采用"点"或"线"命令输入，亦可用自动展点命令批量输入所有的点。

5. 展绘设计总平面图

在编绘竣工总图之前，应根据坐标格网，先将设计总平面图的图面内容，按其设计坐标，用铅笔展绘于图纸上，作为底图。

7.12.1.3 竣工总平面图的编绘

1. 绘制竣工总图的依据

（1）设计总平面图、单体工程平面图、纵横断面图和设计变更资料；对设计总平面图，宜进行扫描数字化，便于进行电子编辑

绘图。

(2) 定位测量资料、施工检查测量及竣工测量资料。

2. 根据设计资料展点成图

凡按设计坐标定位施工的工程，应以测量定位资料为依据，按设计坐标（或相对尺寸）和标高编绘。建筑物和构筑物的拐角、起止点、转折点应根据坐标数据展点成图；对建筑物和构筑物的附属部分，如无设计坐标，可用相对尺寸绘制。

若原设计变更，则应根据设计变更资料编绘。

3. 根据竣工测量资料或施工检查测量资料展点成图

在工业与民用建筑施工过程中，在每一个单体工程完成后，应该进行竣工测量，并提出该工程的竣工测量成果。

对凡有竣工测量资料的工程，若竣工测量成果与设计值之比差不超过所规定的定位允许偏差时，按设计值编绘；否则应按竣工测量资料编绘。

4. 展绘竣工位置时的要求

根据上述资料编绘成图时，对于厂房应使用黑色墨线绘出该工程的竣工位置，并应在图上注明工程名称、坐标和标高及有关说明。对于各种地上、地下管线，应用各种不同颜色的墨线绘出其中心位置，注明转折点及井位的坐标、高程及有关注明。在一般没有设计变更的情况下，墨线绘的竣工位置与按设计原图用铅笔绘的设计位置应该重合，但坐标及标高数据与设计值比较有的会有微小出入。随着施工的进展，逐渐在底图上将铅笔线都绘成墨线。

在图上按坐标展绘工程竣工位置时，与展绘控制点的要求一样，均以坐标格网为依据进行展绘，展点对邻近的方格而言，其允许偏差为±0.3mm。

5. 当竣工总图中图面负载较大但管线不甚密集时，除绘制总图外，可将各种专业管线合并绘制成综合管线图。综合管线图的绘制，也应满足分类专业图的相应要求。

6. 分类竣工总平面图的编绘

对于大型矿企业、居民住宅小区和较复杂的工程，如将场地上、地下所有建筑物和构筑物都绘在一张总平面图上，这样将会形成图面线条密集，不易辨认。为了使图面清晰醒目，便于使用，可根据工程的密集与复杂程度，按工程性质分类编绘竣工总平面图。

电子编绘图时，复杂的总图，应按专业，分图层进行绘制。

(1) 综合竣工总平面图

综合竣工总平面图即总体竣工总平面图，包括地上地下一切建筑物、构筑物和竖向布置及绿化情况等。如地上地下管线及运输线路密集，只编绘主要的。

(2) 工业管线竣工总平面图

工业管线竣工总平面图又可根据工程性质分类编绘，如上下水道竣工总平面图、动力管道竣工总平面图等。

(3) 随工程的竣工相继进行编绘

工业企业竣工总平面图的编绘，最好的办法是：随着单位或系统工程的竣工，及时地编绘单位工程或系统工程平面图；并由专人汇总各单位工程平面图编绘竣工总平面图。这样可及时利用当时竣工测量成果进行编绘，如发现问题，能及时到现场实测查对。同时由于边竣工边编绘竣工总平面图，可以考核和反映施工进度。

7. 竣工总图的图面内容和图例

竣工总图的图面内容和图例，一般应与设计图一致。图例不足时，可补充编制，但必须加以图例说明。

7.12.1.4 竣工总图的附件

为了全面反映竣工成果，便于管理、维修和日后扩建或改建，下列与竣工总图有关的一切资料，应分类装订成册，作为竣工总图附件的保存。

1. 地下管线竣工纵断面图。

2. 建筑场地及其附近的测量控制点布置图及坐标与高程成果一览表。

3. 建筑物或构筑物沉降及变形观测资料。

4. 工程定位、检查及竣工测量的资料。

5. 设计变更文件。

6. 建筑场地原始地形图。

7.12.2 竣工总图的实测

7.12.2.1 实测范围

凡属下列情况之一者，必须进行现场实测，以编绘竣工总图：

1. 由于未能及时提出建筑物或构筑物的设计坐标，而在现场指定施工位置的工程；

2. 设计图上只标明工程与地物的相对尺寸而无法推算坐标和标高；

3. 由于设计多次变更，而无法查对设计资料；

4. 竣工现场的竖向布置、围墙和绿化情况，施工后尚保留的大型临时设施。

为了进行实测工作，可以利用施工期间使用的平面控制点和水准点进行施测。如原有控制点不够使用时，应补测控制点。

建筑物或构筑物的竣工位置应根据控制点采用极坐标法或直角坐标法实测其坐标。实测坐标与标高的精度应不低于建筑物和构筑物的定位精度。外业实测时，必须在现场绘出草图，最后根据实测成果和草图，在室内进行展绘，成为完整的竣工总平面图。

7.12.2.2 实测内容

1. 建筑小区市政测量

(1) 应绘出地面的建（构）筑物、道路、架空与地面上的管线、地面排水沟渠、地下管线等隐蔽工程、绿地园林等设施。

(2) 建筑小区道路中心线起点、终点、交叉点应测定坐标与高程，变坡点与直线段每30～40m处应测量高程；曲线应测量转弯、半径与交点坐标，路面应注明材料与宽度。

(3) 架空电力线与电信线杆（塔）中心、架空管道应测量支架中心的起点、终点、转点、交叉点坐标，注铁塔的点与变坡点应测量基座面或地面的高程，与道路交叉处应测量净空高度。

2. 建（构）筑物测量

(1) 对地上建（构）筑物外部轮廓线的测量

1) 应测量建（构）筑物外部轮廓线、规划许可证附图中标注坐标的建（构）筑物外轮廓点位。

2) 建（构）筑物外部轮廓线平面图形、次要点位及其附属、配套设施的测量可采用极坐标法或数字化成图法。采用极坐标法应记录观测数据；采用数字化成图法应符合《城市测量规范》（CJJ 8）的规定；平面图绘制可根据建筑规模选定比例尺，尽量与原施工图比例尺一致。

(2) 主要角点距四至的距离测量

建（构）筑物四至边界点坐标宜实地测量，也可利用验线的测量成果。建（构）筑物与四至的距离测量可采用实量法或解析法。建（构）筑物每幅应计算的数据，应与规划许可证附图中标注的位置、数据一一对应。

(3) 建（构）筑物的高度测量

1) 应测量建（构）筑物的高度、层数和建（构）筑物室外地坪的高程，并在建设工程竣工测量成果报告书中绘制楼高示意图。

2) 平屋顶建（构）筑物的高度，应测量女儿墙顶到室外地坪的高度；坡屋面或其他曲面屋顶建（构）筑物的高度，应测量建（构）筑物外墙皮与屋面板交点至室外地坪的高度。

3) 楼高示意图应标注整体高度、女儿墙顶至楼顶、楼顶至设计±0、设计±0至室外地坪的高度；如果室外地坪没有成形，应标注整体高度、女儿墙顶至楼顶、楼顶至设计±0、设计±0至散水的高度；如果散水也没成形，应标注整体高度、女儿墙顶至楼顶、楼顶至设计±0的高度，同时应在"说明"栏注明"现场室外地坪（散水）未成形"。

4) 阶梯式建筑应测出各楼层的高度，各楼层要标出分段高差和整体高度。一个楼高示意图表示不清的应绘制多个楼高示意图。

5) 室外地坪或散水高程应标注在楼高示意图上。

(4) 地下建（构）筑物的测量

1) 地下建（构）筑物包括地下水泵房、地下配电室、地下停车场、地下人防工程、过街地道、地下商场和地下隐蔽工程等。应测量地下建（构）筑物外部轮廓线、地下建（构）筑物高度、主要细部点位距四至的距离，外部轮廓线及主要细部点位是内墙时，应在竣工测量成果图中说明。

2）规划许可证附图中需要标注坐标的点位，其水平角应左、右角各观测一测回，圆周角闭合差不应大于±60″，其他点位可采用碎部测量方法。

（5）地下管线测量

地下管线是指埋设在道路下的给水、排水、燃气、热力、工业等各种管道、电力、电信电缆以及地下管线综合管沟（廊）等。地下管线是建筑小区重要的组成部分，对建筑小区的运营管理极为重要。

地下管线细部点应按种类顺线路编号，编号宜采用"管线代号＋线号＋顺序号"组成，管线代号按本节上表的规定执行，管线起点、交叉点和终点应注编号全称，其他点可仅注顺序号，管线交叉点仅编一个号，四通应顺干线编号，排水管道应顺水流方向编号。

地下管线细部测量应测出地下管线起点、终点、转折点、分支点、交叉点、变径点、变坡点、主要构筑物中心，直线段宜每隔150m一点和曲线段起、中、终三点的坐标与高程（相近同高的细部点可测一个高程）。对于同种类双管或多管并行的直埋管线，当两最外侧管线的中心间距不大于1m时，应测并行管线的几何中心；大于1m时，应分别测各管线的中心。有检查井的管线可测井盖中心，地下管线小室应以检查井中心为定向点测小室地下空间尺寸。

非自流管线应在回填土之前，而自流管道可在回填土之后测量其特征点的实际位置。特殊情况不能在回填土前测量时，则可先用三个固定地物用距离交会法拴出点位，测出与一个固定地物的高差，待以后还原点位再测坐标和联测高程。

7.12.2.3 竣工总图实测方法

1. 平面和高程控制测量的手段和方法与原施工控制测量方法相同，应充分利用原有的测量成果和点位。原有的控制点桩遭到破坏后，应重新建立或恢复控制网，点位精度能满足施测细部点精度要求为准。

2. 细部点的测量宜采用全站仪三维坐标法进行测定，便于数字成图和电子编辑。某些隐蔽点，可采用其他碎部点测量法进行观测，如距离交会法等。

参 考 文 献

1. 建筑施工手册（第四版）编写组．建筑施工手册（第四版）．北京：中国建筑工业出版社，2003

2. 工程测量规范（GB 50026—2007）．北京：中国计划出版社，2007

3. 建筑变形测量规范（JGJ 8—2007）．北京：中国建筑工业出版社，2007

4. 城市轨道交通工程测量规范（GB 50308—2008）．北京：中国建筑工业出版社，2008

5. 建筑施工测量技术规程（DB 11/T 446—2007）．北京市建设委员会，2007

6. 北京城建集团．建筑结构工程施工工艺标．北京：中国计划出版社，2004

7. 北京城建集团．地基与基础工程施工工艺．北京：中国计划出版社，2004

8. 全球定位系统 GPS 测量规范（GB/T 18314—2001）．北京：中国标准出版社，2001

9. 文孔越，高德慈．土木工程测量．北京：北京工业大学出版社，2002

10. 陈龙飞，金其坤．工程测量．上海：同济大学出版社，1990

11. 张正禄，李广云，潘国荣，等．工程测量学．武汉：武汉大学出版社，2005

12. 李青岳，张永奇．工程测量学（第2版）．北京：测绘出版社，1995

13. 於宗寿，鲁林成．测量平差（第二版）．北京：测绘出版社，1983

14. 秦长利．城市轨道交通工程测量．北京：中国建筑工业出版社，2008

15. 秦长利．城市轨道交通工程变形监测的精度要求和频率探讨．城市勘测，2007

16. 秦长利．城市轨道交通工程变形监测测量精度探讨．都市快轨交通，2008

17. JoelVanCranebroek，尤相骏，刘珂，张维．应用于世界最高建筑物的最小 GPS 网

18. 电梯工程施工质量验收规范（GB 50310—2002）．北京：中国建筑工业出版社，2002

19. 朱昌明，洪致育，张惠桥编著．电梯与自动扶梯原理·结构·安装·测试．上海：上海交通大学出版社，1995

20. 朱德文．电梯施工技术．北京：中国电力出版社，2005

21. 张元培．电梯与自动扶梯的安装维修．北京：中国电力出版社，2006

22. 北京城建集团编制．建筑 路桥 市政工程施工工艺标准：电梯 智能建筑施工工艺标准（第Ⅶ分册）．北京：中国计划出版社，2004

23. 城市地下管线探测技术规程（CJJ 61—2003）．北京：中国建筑工业出版社，2003

24. 钢结构工程施工质量验收规范（GB 50205—2001）．北京：中国计划出版社，2001

名称	定 义	符号	单位	表达式	测定方法	备 注
干密度	单位体积内土粒的质量	ρ_d	kg/m³ 或 g/cm³	$\rho_d = \dfrac{m_s}{V}$	试验方法测定后计算	常用它来控制填土工程的施工质量
饱和密度	孔隙完全被水充满，处于饱和状态时单位体积质量	ρ_{sat}	kg/m³ 或 g/cm³	$\rho_{sat} = \dfrac{m_s + V_v \times \rho_w}{V}$	计算求得	

8 土石方及爆破工程

8.1 土石的性质及分类

8.1.1 土石的基本性质

8.1.1.1 土的基本物理性质指标

土的物理性质就是指三相的质量与体积之间的相互比例关系及固、液两相相互作用表现出来的性质。它在一定程度上反映了土的力学性质，所以物理性质是土的最基本的工程特性。土的三相结构见图 8-1。

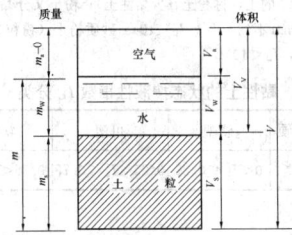

图 8-1 土的三相图

土的基本物理性质指标见表 8-1。

8.1.1.2 岩石的基本物理性质指标

1. 密度 ρ

ρ 为岩石的颗粒质量与所占体积之比。一般常见岩石的密度在 1400~3000kg/m³ 之间。

2. 孔隙率

孔隙率为岩土中孔隙体积（气相、液相所占体积）与岩土的总体积之比，也称孔隙度。常见岩石的孔隙率一般在 0.1%~30% 之间。随着孔隙率的增加，岩石中冲击波和应力波的传播速度降低。

土的基本物理性质指标　　表 8-1

名称	定 义	符号	单位	表达式	测定方法	备注
密度	土在天然状态下单位体积的质量	ρ	kg/m³ 或 g/cm³	$\rho = \dfrac{m}{V} = \dfrac{m_s + m_w + m_a}{V_s + V_w + V_a}$	采用环刀法直接测定	随着土的颗粒组成、孔隙的多少和水分含量而变化
比重	土的质量（或重量）与同体积 4℃ 时纯水的质量之比（无因次）	G_s		$G_s = \dfrac{m_s}{V_s \times (\rho_w)_4℃}$ $= \dfrac{\rho_s}{(\rho_w)_4℃}$	比重瓶法	
含水率	土中水的质量与土粒质量之比，以百分数表示	ω	%	$w = \dfrac{m_w}{m_s} \times 100\%$	烘干法	对挖土的难易、土方边坡的稳定性、填土的压实等均有影响
孔隙比	土中孔隙的体积与土粒的体积之比	e		$e = \dfrac{V_v}{V_s}$	计算求得	
孔隙率	土中的孔隙的体积与总体积之比	n	%	$n = \dfrac{V_v}{V} \times 100\%$	计算求得	
饱和度	土中孔隙水的体积与孔隙体积之比	S_r	%	$S_r = \dfrac{V_w}{V_v} \times 100\%$	计算求得	

3. 岩石波阻抗

岩石波阻抗为岩石中纵波波速（C）与岩石密度（ρ）的乘积。这一性质与炸药爆炸后传给岩石的总能量及能量传递给岩石的效率有直接关系。爆破要求炸药波阻抗与岩石波阻抗相匹配。

4. 岩石的风化程度

指岩石在地质内力和外力的作用下发生破坏疏松的程度。岩石的风化程度分为：未分化、微风化、弱风化、强风化和全风化。

8.1.1.3 土的力学性质指标

1. 压缩系数

土的压缩性通常用压缩系数（或压缩模量）来表示，其值由原状土的压缩试验确定。

压缩系数按下式计算：

$$a = 1000 \times \frac{e_1 - e_2}{p_1 - p_2} \tag{8-1}$$

式中 1000——单位换算系数；

a——土的压缩系数（MPa⁻¹）；

p_1、p_2——固结压力（kPa）；

e_1、e_2——相对应的 p_1、p_2 时的孔隙比。

评价地基压缩性时，按 p_1 为 100kPa，p_2 为 200kPa。相应的压缩系数值以 $a_{1\sim2}$ 划分为低、中、高压缩性，并应按以下规定进行评价：

(1) 当 $a_{1\sim2} < 0.1\text{MPa}^{-1}$ 时，为低压缩性土；

(2) 当 $0.1 \leqslant a_{1\sim2} < 0.5\text{MPa}^{-1}$ 时，为中压缩性土；

(3) 当 $a_{1\sim2} \geqslant 0.5\text{MPa}^{-1}$ 时，为高压缩性土。

2. 压缩模量

工程上常用室内试验，求压缩模量 E_s 作为土的压缩性指标。压缩模量按下式计算：

$$E_s = (1 + e_0)/a \tag{8-2}$$

式中 E_s——土的压缩模量（MPa）；

e_0——土的天然（自重压力下）孔隙比；

a——从土的自重应力至土的自重加附加应力段的压缩系数（MPa⁻¹）。

用压缩模量划分压缩性等级和评价土的压缩性，可按表 8-2 规定。

地基土按 E_s 值划分压缩性等级的规定　　表 8-2

室内压缩模量 E_s （MPa）	压缩等级	室内压缩模量 E_s （MPa）	压缩等级
<2	特高压缩性	7.6~11	中压缩性
2~4	易压缩性	11~15	中低压缩性
4.1~7.5	中高压缩性	>15	低压缩性

3. 抗剪强度

土在外力作用下抵抗剪切滑动的极限强度，用室内直剪、二轴剪切、十字板剪切、标准贯入、动力触探、静力触探等试验方法测定，是评价地基承载力、边坡稳定性、计算土压力的重要指标。

(1) 抗剪强度计算

土的抗剪强度一般按下式计算：

$$\tau_f = \sigma \cdot tg\varphi + c \tag{8-3}$$

式中 τ_f——土的抗剪强度（kPa）；

σ——作用于剪切面上的法向应力（kPa）；

φ——土的内摩擦角（°），剪切试验法向应力与剪应力曲线的切线倾斜角；

c——土的黏聚力(kPa)，剪切试验中土的法向应力为零时的抗剪强度，砂类土 $c=0$。

(2) 土的内摩擦角 φ 和黏聚力 c 的求法

同一土样，切取不少于 4 个环刀进行不同垂直压力作用下的剪力试验后，绘制抗剪强度 τ 与法向应力 σ 的相关直线，直线交 τ 值的截距即为土的黏聚力 c，砂类土的 $c=0$，直线的倾斜角即为土的内摩擦角 φ，见图 8-2。

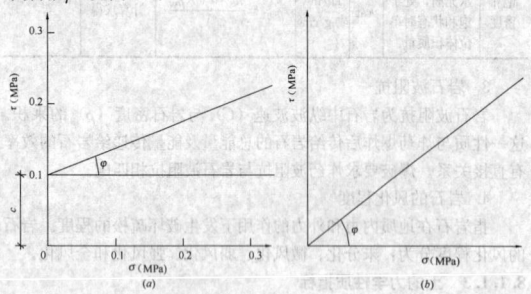

图 8-2 抗剪强度与法向应力的关系曲线
(a) 黏性土；(b) 砂土

8.1.1.4 岩石的力学性质指标

岩石的力学性质可视为其在一定力场作用下性态的反映。岩石在外力作用下将发生变形，这种变形因外力的大小、岩石物理力学性质的不同会呈现弹性、塑性、脆性性质。当外力继续增大至某一值时，岩石便开始破坏，岩石开始破坏时的强度称为岩石的极限强度。因受力方式的不同而有抗拉、抗剪、抗压等强度极限。与我们工程爆破施工相关的力学性质，如表 8-3。

岩石的主要力学性质   表 8-3

名 称		定 义
变形特征	弹性	岩石受力后发生变形，当外力解除后恢复原状的性能
	塑性	当岩石所受外力解除后，岩石没能恢复原状而留有一定残余变形的性能
	脆性	在外力作用下，不经显著的残余变形就发生破坏的性能
强度特征	单轴抗压强度	岩石试件在单轴压力下发生破坏时的极限强度
	单轴抗拉强度	岩石试件在单轴拉力下发生破坏时的极限强度
	抗剪强度 τ	岩石抵抗剪切破坏的最大能力用发生剪断时剪切面上的极限应力表示，它与对试件施加的压应力 σ，岩石的内聚力 c 和内摩擦角 φ 有关，即 $\tau=\sigma\tan\varphi+c$
	弹性模量 E	岩石在弹性变形范围内，应力与应变之比
	泊松比 μ	岩石试件单向受压时，横向应变与竖向应变之比

8.1.1.5 黏性土、砂土的性质指标

黏性土、砂土的性质指标见表 8-4、表 8-5。

黏性土的可塑性指标   表 8-4

指标名称	符号	单位	物理意义	表达式	附 注
塑限	ω_P	%	土由固态变到塑性状态时分界含水量		由试验直接测定(通常用"搓条法"进行测定)
液限	ω_L	%	土由塑性状态变到流动状态时的分界含水量		由试验直接测定(通常用锥式液限仪来测定)
塑性指数	I_P		液限和塑限之差	$I_P=\omega_L-\omega_P$	由计算求得。是进行黏土分类的重要指标
液性指数	I_L		土的天然含水量与塑限之差对塑性指数之比	$I_L=(\omega_L-\omega_P)/I_P$	由计算求得。是判别黏性土软硬程度的指标
含水比	α		土的天然含水量与液限的比值	$\alpha=\omega/\omega_L$	由计算求得

砂土的密实度指标   表 8-5

指标名称	符号	单位	物理意义	试验方法	取土要求
最大干密度	ρ_{dmax}	t/m³	土在最紧密状态下的干质量	击实法	扰动土
最小干密度	ρ_{dmin}	t/m³	土在最松散状态下的干质量	注入法、量筒法	扰动土

8.1.2 土石的基本分类

8.1.2.1 黏性土

黏性土按塑性指数分类见表 8-6；按液性指数分类见表 8-7。

黏性土按塑性指数 I_p 分类   表 8-6

黏性土的分类名称	黏 土	粉质黏土
塑性指数	$I_p>17$	$10<I_p\leq17$

注：1. 塑性指数由相应 76g 圆锥体沉入土样中深度为 10mm 时测定的液限计算而得；

2. $I_p<10$ 的土，称粉土(少黏性土)；粉土又分黏质粉土(粉粒>0.05mm 不到 50%，$I_p<10$)；砂质粉土(粉粒>0.5mm 占 50%以上，$I_p<10$)。

黏性土的状态按液性指数 I_L 分类   表 8-7

塑性状态	坚硬	硬塑	可塑	软塑	流塑
液态指数 I_L	$I_L\leq0$	$0<I_L\leq0.25$	$0.25<I_L\leq0.75$	$0.75<I_L\leq1$	$I_L>1$

8.1.2.2 砂土

砂土的密实度分为松散、稍密、中密、密实见表 8-8；砂土的分类，见表 8-9。

砂土的密实度   表 8-8

松 散	稍 密	中 密	密 实
$N\leq10$	$10<N\leq15$	$10<N\leq30$	$N>30$

砂土的分类表   表 8-9

土的名称	颗 粒 级 配
砾砂	粒径大于 2mm 的颗粒占全重的 25%~50%
粗砂	粒径大于 0.5mm 的颗粒超过全重的 50%
中砂	粒径大于 0.25mm 的颗粒超过全重的 50%
细砂	粒径大于 0.075mm 的颗粒超过全重的 85%
粉砂	粒径大于 0.075mm 的颗粒不超过全重的 50%

8.1.2.3 碎石土

碎石类土分类见表 8-10；碎石土的密实度分为松散、稍密、中密、密实，见表 8-11。

碎 石 土 分 类   表 8-10

土的名称	颗 粒 形 状	颗 粒 级 配
漂石块石	圆形及亚圆形为主棱形为主	粒径大于 200mm 的颗粒超过全重的 50%
卵石碎石	圆形及亚圆形为主棱形为主	粒径大于 20mm 的颗粒超过全重的 50%
圆砾角砾	圆形及亚圆形为主棱形为主	粒径大于 2mm 的颗粒超过全重的 50%

碎石土的密实度   表 8-11

重型圆锥动力触探锤击数 $N_{63.5}$	密实度	重型圆锥动力触探锤击数 $N_{63.5}$	密实度
$N_{63.5}\leq5$	松散	$10<N_{63.5}\leq20$	中密
$5<N_{63.5}\leq10$	稍密	$N_{63.5}>20$	密实

8.1.2.4 岩石

岩石按坚硬程度分类见表 8-12；按岩体完整程度划分见表 8-13。

岩石坚硬程度的定性划分　表 8-12

类　别		饱和单轴抗压强度标准值 f_{rk}（MPa）	定性鉴定	代表性岩石
硬质岩	坚硬岩	$f_{rk}>60$	锤击声清脆，有回弹，震手，难击碎；基本不吸水反映	未风化～微风化的花岗岩、闪长岩、辉绿岩、玄武岩、安山岩、石英岩、硅质砾岩、石英砂岩、硅质石灰岩等
硬质岩	软硬岩	$60\geqslant f_{rk}>30$	锤击声较清脆，有轻微回弹，稍震手，较难击碎；有轻微吸水反映	1. 微风化的坚硬岩；2. 未风化～微风化的大理岩、板岩、石灰岩、钙质砂岩等
软质岩	较软岩	$30\geqslant f_{rk}>15$	锤击声不清脆，无回弹，较易击碎；指甲可刻出印痕	1. 中风化的坚硬岩和较硬岩；2. 未风化～微风化的凝灰岩、千枚岩、砂质泥岩、泥岩岩等
软质岩	软岩	$15\geqslant f_{rk}>5$	锤击声哑，无回弹，易击碎；浸水后，可捏成团	1. 强风化的坚硬岩和较硬岩；2. 中风化的较软岩；3. 未风化～微风化的泥质砂岩、泥岩等
软质岩	极软岩	$f_{rk}\leqslant 5$	锤击声哑，无回弹，有较深凹痕，手可捏碎；浸水后，可捏成团	1. 风化软岩；2. 全风化的各类岩石；3. 各种半成岩

岩体完整程度的划分　表 8-13

类别	完整指数	结构面组数	控制性结构面平均间距（m）	代表性结构类型
完整	>0.75	1～2	>1.0	整体结构
较完整	0.75～0.55	2～3	0.4～1.0	块状结构
较破碎	0.55～0.35	>3	0.2～0.4	镶嵌状结构
破碎	0.35～0.15	>3	<0.2	碎裂状结构
极破碎	<0.15	无序		散体状结构

注：完整性指数为岩体纵波波速与同一岩体的岩石纵波波速之比的二次方。选定岩体、岩石测定波速时应有代表性。

8.1.3　土石的工程分类与性质

8.1.3.1　土石的工程分类

土石的工程分类见表 8-14。

土石的工程分类　表 8-14

土的分类	土的级别	土的名称	坚实系数 f	密度（t/m³）	开挖方法及工具
一类土（松软土）	I	砂土、粉土、冲积砂土层、疏松的种植土、淤泥（泥炭）	0.5～0.6	0.6～1.5	用锹、锄头开挖，少许用脚蹬
二类土（普通土）	II	粉质黏土；潮湿的黄土；夹有碎石、卵石的砂；粉土混卵（碎）石；种植土、填土	0.6～0.8	1.1～1.6	用锹、锄头开挖，少许用镐翻松
三类土（坚土）	III	软及中等密实黏土；重粉质黏土、砾石土；干黄土、粉质黏土；压实的填土	0.8～1.0	1.75～1.9	主要用镐，少许用锹、锄头挖掘，部分撬棍

续表

土的分类	土的级别	土的名称	坚实系数 f	密度（t/m³）	开挖方法及工具
四类土（砂砾坚土）	IV	坚硬密实的黏性土或黄土；含碎石卵石的中等密实的黏性土或黄土；粗卵石；天然级配砂石；软泥灰岩	1.0～1.5	1.9	整个先用镐、撬棍，后用锹挖掘，部分使用风镐
五类土（软石）	V～VI	硬质黏土；中密的页岩、泥灰岩、白垩土；胶结不紧的砾岩；软泥灰岩及贝壳石灰岩	1.5～4.0	1.1～2.7	用镐或撬棍，大锤挖掘，部分使用爆破方法
六类土（次坚石）	VII～IX	泥岩、砂岩、砾岩；坚硬的页岩、泥灰岩、密实的石灰岩；风化花岗岩、片麻岩及正常岩	4.0～10.0	2.2～2.9	用爆破方法开挖，部分用风镐
七类土（坚石）	X～XII	大理石；辉绿岩；玢岩、粗、中粒花岗岩；坚实的白云岩、砂岩、砾岩、片麻岩、石灰岩；微风化安山岩；玄武岩	10.0～18.0	2.5～3.1	用爆破方法开挖
八类土（特坚石）	XIV～XVI	安山岩；玄武岩；花岗片麻岩；坚实的细粒花岗岩、闪长岩、石英岩、辉长岩、辉绿岩、玢岩、角闪岩	18.0～25.0以上	2.7～3.3	用爆破方法开挖

注：1. 土的级别为相当于一般 16 级土石级别；
　　2. 坚实系数 f 为相当于普氏强度系数。

8.1.3.2　土石的工程性质

1. 土石的可松性

土石的可松性是经挖掘以后，组织破坏，体积增加的性质，以后虽经回填压实，仍不能恢复成原来的体积。岩石的可松性程度一般以可松性系数表示（见表 8-15）；它是挖填土方时，计算土方机械生产率、回填土方量、运输机具数量、进行场地平整规划竖向设计、土方平衡调配的重要参数。

各种岩土的可松性参考值　表 8-15

土的类别	体积增加百分比（%）		可松性系数	
	最初	最终	K_p	K'_p
一类（种植土除外）	8～7	1～2.5	1.08～1.17	1.01～1.03
一类（植物性土、泥炭）	20～30	3～4	1.20～1.30	1.03～1.04
二类	14～28	1.5～5	1.14～1.28	1.02～1.05
三类	24～30	4～7	1.24～1.30	1.04～1.07
四类（泥灰岩、蛋白石除外）	26～32	6～9	1.26～1.32	1.06～1.09
四类（泥灰岩、蛋白石）	33～37	11～15	1.33～1.37	1.11～1.15
五～七类	30～45	10～20	1.30～1.45	1.10～1.20
八类	45～50	20～30	1.45～1.50	1.20～1.30

注：最初体积增加百分比 $=\dfrac{V_2-V_1}{V_1}\times 100\%$；最后体积增加百分比 $=\dfrac{V_3-V_1}{V_1}\times 100\%$；

K_p——最初可松性系数，$K_p=V_2/V_1$；

K'_p——最终可松性系数，$K'_p=V_3/V_1$；

V_1——开挖前土的自然体积；

V_2——开挖后土的松散体积；

V_3——运至填方处压实后之体积。

2. 土的压缩性

取土回填，经运输、填压以后，均会压缩，一般土的压缩性以土的压缩率表示，见表8-16。

土的压缩率 P 的参考值　　　表8-16

土的类别	土的名称	土的压缩率(%)	每 m³ 松散土压实后的体积(m³)
一～二类土	种植土	20	0.80
	一般土	10	0.90
	砂土	5	0.95
三类土	天然湿度黄土	12～17	0.85
	一般土	5	0.95
	干燥坚实黄土	5～7	0.94

一般可按填方截面增加 10%～20% 方数考虑。

3. 土石的休止角

土石的休止角，是指在某一状态下的岩土体可以稳定的坡度，一般岩土的坡度如表8-17所示。

土石的休止角　　　表8-17

土的名称	干土		湿润土		潮湿土	
	角度(°)	高度与底宽比	角度(°)	高度与底宽比	角度(°)	高度与底宽比
砾石	40	1:1.25	40	1:1.25	35	1:1.50
卵石	35	1:1.50	45	1:1.00	25	1:2.75
粗砂	30	1:1.75	32	1:1.50	27	1:2.00
中砂	28	1:2.00	35	1:1.50	25	1:2.75
细砂	25	1:2.00	30	1:1.75	20	1:2.75
重黏土	45	1:1.00	35	1:1.50	15	1:3.75
粉质黏土、轻黏土	50	1:1.75	40	1:1.25	30	1:1.75
粉土	40	1:1.25	35	1:1.75	25	1:2.00
腐殖土	40	1:1.25	35	1:1.50	25	1:2.25
填方的土	35	1:1.50	32	1:1.00	27	1:2.00

8.1.4　岩土的现场鉴别方法

8.1.4.1　碎石土的现场鉴别

碎石土的现场鉴别，见表8-18。

碎石土密实度现场鉴别方法　　　表8-18

密实度	骨架颗粒含量和排列	可挖性	可钻性
密实	骨架颗粒含量大于总重量的70%，呈交错排列，连续接触	锹镐挖掘困难，用撬棍方能松动，坑壁一般稳定	钻进极困难，冲击钻探时，钻杆、吊锤跳动剧烈，孔壁较稳定
中密	骨架颗粒含量等于总重量的 60%～70%，呈交错排列，大部分接触	锹镐可挖掘，坑壁有掉块现象，从坑壁取出大颗粒处，能保持颗粒凹面形状	钻进较困难，冲击钻探时，钻杆、吊锤跳动不剧烈，孔壁有坍塌现象
稍密	骨架颗粒含量等于总重量的 50%～60%，排列混乱，大部分不接触	锹可以挖掘，坑壁易坍塌，从坑壁取出大颗粒后砂土立即坍落	钻进较容易，冲击钻探时，钻杆稍有跳动，孔壁易坍塌
松散	骨架颗粒含量小于总重量的55%，排列十分混乱，绝大部分不接触	锹易挖掘，坑壁极易坍塌	钻进很容易，冲击钻探时，钻杆无跳动，孔壁极易坍塌

注：1. 骨架颗粒系指与表8-10相对应粒径的颗粒；
2. 碎石土的密度应按表列各项要求综合确定。

8.1.4.2　黏性土的现场鉴别

黏性土的现场鉴别见表8-19。

黏性土的现场鉴别方法　　　表8-19

土的名称	湿润时用刀切	湿土用手捻摸时的感觉	土的状态		湿土搓条情况
			干土	湿土	
黏土	切面光滑，有黏刀阻力	有滑腻感，感觉不到有砂粒，水分较大，很黏手	土块坚硬，用锤才能打碎	易粘着物体，干燥后不易剥去	塑性大，能搓成直径小于0.5mm的长条，手持一端不易断裂
粉质黏土	稍有光滑面，切面平整	稍有滑腻感，有黏滞感，感觉到有少量砂黏	土块用力可压碎	能粘着物体，干燥后较易剥去	有塑性，能搓成直径为0.5～2mm的土条
粉土	无光滑面，切面稍粗糙	有轻微黏滞感或无黏滞感，感觉有砂粒较多，粗糙	土块用手捏或抛扔时易碎	不易粘着物体干燥后一碰就掉	塑性小，能搓成直径为 2～3mm 的短条
砂土	无光滑面，切面粗糙	无黏滞感，感觉到全是砂粒或粗糙	松散	不能粘着物体	无塑性，不能搓成土条

8.1.5　特殊土

8.1.5.1　湿陷性黄土

天然黄土在上覆土的自重应力作用下，或在上覆土自重应力和附加应力共同作用下，受水浸湿后土的结构迅速破坏而发生显著附加下沉的黄土，称湿陷性黄土。

1. 湿陷性黄土的特征

(1) 在天然状态下，具有肉眼能看见的大孔隙，孔隙比一般大于1，并常有由于生物作用形成的管状孔隙，天然剖面呈竖直节理。

(2) 颜色在干燥时呈淡黄色，稍湿时呈黄色，湿润时呈褐黄色。

(3) 土中含有石英、高岭土成分，含盐量大于 0.3%，有时含有石灰质结核（通常称为"礓石"）。

(4) 透水性较强，土样浸入水中后，很快崩解，同时有气泡冒出水面。

(5) 土在干燥状态下，有较高的强度和较小的压缩性，土质垂直方向分布的小管道几乎能保持竖立的边坡，但在遇水后，土的结构迅速破坏，发生显著的附加下沉，产生严重湿陷。

湿陷性黄土按湿陷性质的不同又分非自重湿陷性黄土和自重湿陷性黄土两种。

2. 黄土湿陷性的判定

黄土的湿陷性，应按室内压缩试验，在一定压力下测定的湿陷系数 δ_s 来判定。

根据黄土的湿陷系数的大小，可按表8-20确定湿陷性黄土地基的类别。

黄土的湿陷性判别　　　表8-20

类别	非湿陷性黄土	湿陷性黄土
湿陷系数	$\delta_s < 0.015$	$\delta_s \geqslant 0.015$

3. 湿陷性黄土场地的自重湿陷性判定

根据计算的自重湿陷量 Δ_{zs} 值，按表8-21结合场地地质条件确定黄土场地的湿陷性类别。

黄土的自重湿陷性场地判别　　　表8-21

类别	非自重湿陷性场地	自重湿陷性场地
计算自重湿陷量	$\Delta_{zs} \leqslant 7\text{cm}$	$\Delta_{zs} > 7\text{cm}$

4. 湿陷性等级的划分

湿陷性黄土地基的湿陷等级，可根据基底下各土层累计的总湿陷量 Δ_s（cm）和计算自重湿陷量 Δ_{zs}（cm）的大小等因素，按表8-22判定。

湿陷性黄土地基的湿陷等级　　表 8-22

计算自重湿陷量	湿陷类型	非自重湿陷性场地	自重湿陷性场地	
总湿陷量（cm）		$\Delta zs < 7$	$7 < \Delta zs < 35$	$\Delta zs > 35$
$\Delta s < 30$		Ⅰ（轻微）	Ⅱ（中等）	—
$30 < \Delta s < 60$		Ⅱ（中等）	Ⅱ 或 Ⅲ	Ⅲ（严重）
$\Delta s > 60$		—	Ⅲ（严重）	Ⅳ（很严重）

注：1. 当总湿陷量 30cm$<\Delta s<$50cm，计算自重湿陷量 7cm$<\Delta zs<$30cm
　　　时，可判为 Ⅱ 级。
　　2. 当总湿陷量 $\Delta s>$50cm，计算自重湿陷量 $\Delta zs>$30cm 时，可判为
　　　Ⅲ 级。

5. 湿陷性黄土地基防治措施

（1）建筑结构措施

1）在山前斜坡地带，建筑物宜沿等高线布置，填方厚度不宜过大；散水坡宜用混凝土，宽度不宜小于 1.5m，其下应设垫层，其宽宜超过散水 50cm，散水每隔 6～10m 设一条伸缩缝；

2）加强建筑物的整体刚度，如控制长宽比在 3 以内，设置沉降缝，增设钢筋混凝土圈梁等；

3）局部加强构件和砌体强度，底层横墙与纵墙交接处用钢筋拉结，宽大于 1m 的门窗设钢筋混凝土过梁等，以提高建筑物的整体刚度和抵抗沉降变形的能力，保证正常使用。

（2）地基处理

1）垫层法

将基础下的湿陷性土层全部或部分挖出，然后用黄土（灰土），在最优含水量状态下分层回填夯（压）实；垫层厚度约为 1～2 倍基础宽度，控制干密度不小于 1.6t/m³，能改善土的工程性质，增强地基的防水效果，费用较低，适于地下水位以上进行局部的处理。

2）重锤夯实法

将 2～3t 重锤，提到 4～6m 高度，自由下落，一夯挨一夯如此重复打，使土的密度增加，减小或消除地基的湿陷变形，能消除 1～2m 厚土层的湿陷性，适于地下水位以上，饱和度 $S_r < 60\%$ 的湿陷性黄土进行局部或整片的处理。

3）强夯法

一般锤重 10～12t，落距 10～18m 时，可消除 3～6m 深土层的湿陷性，并提高地基的承载能力，适于饱和度 $S_r < 60\%$ 的湿陷性黄土深层局部或整片的处理。

4）挤密法

将钢管打入土中，拔出钢管后在孔内填充素土或灰土，分层夯实，要求密实度不低于 0.95。通过桩的挤密作用改善桩周土的物理力学性能，可消除桩深度范围内黄土的湿陷性。处理深度一般可达 5～10m，适于地下水位以上局部或整片的处理。

5）灌注（预制）桩基础

将桩穿透厚度较大的湿陷性黄土层，使桩尖（头）落于承载力较高的非湿陷性黄土层上，桩的长度和入土深度以及桩的承载力，应通过荷载试验或根据当地经验确定。处理深 30m 以内。

（3）防水措施

1）做好总体的平面和竖向设计及屋面排水和地坪防洪设施，保证场地排水畅通。

2）保证水池或管道与建筑物有足够的防护距离，防止管网和水池、生活用水渗漏。

（4）施工措施

1）合理安排施工程序，先地下后地上；对体型复杂的建筑物，先施工深、重、高的部分，后施工浅、轻、低的部分；敷设管道时，先施工防洪、排水管道，并保证其畅通；

2）临时防洪沟、水池、洗料场等应距建筑物外墙不小于 12m，自重湿陷性黄土不小于 25m；

3）基础施工完毕，应及时分层回填夯实，至散水垫层底面或室内地坪垫层底面为止；

4）屋面施工完毕，应及时安装天沟、水落管和雨水管道等，将雨水引至室外排水系统。

8.1.5.2　膨胀土

1. 膨胀土的特征和判别

（1）多出现于河谷阶地、垅岗、山梁、斜坡、山前丘陵和盆池边缘，地形坡度平缓。

（2）在自然条件下，土的结构致密，多呈硬塑或坚硬状态；具有黄红、褐、棕红、灰白或灰绿等色；裂隙较发育，隙面光滑，裂隙中常充填黄绿灰白色黏土，土被浸湿后裂隙回缩变窄或闭合。

（3）自由膨胀率＞40%；天然含水量接近塑限，塑性指数大于 17，多数在 22～35 之间；液性指数小于零；天然孔隙比变化范围在 0.5～0.8 之间。

（4）含有较多亲水性强的蒙脱石、多水高岭土、伊利石等，在空气中，易干缩龟裂。

（5）低层建筑物成群开裂，常见于角端及横隔墙上，并随季节变化而变化或闭合。

2. 膨胀土地基的膨胀潜势和等级

（1）膨胀土的膨胀潜势

膨胀土的膨胀潜势，可按表 8-23 分为 3 类。

膨胀土的膨胀潜势分类　　表 8-23

自由膨胀率（%）	膨胀潜势	自由膨胀率（%）	膨胀潜势
$40 < \delta ef < 65$	弱	$\delta ef > 90$	强
$65 < \delta ef < 90$	中		

注：自由膨胀率（δef）由人工制备的烘干土，在水中增加的体积与原体积之比按下式计算：

$$\delta ef = (V_w - V_0) / V_0 \tag{8-4}$$

式中　V_w——土样在水中膨胀稳定后的体积（mL）；
　　　V_0——土样原有体积（mL）。

（2）膨胀土地基的胀缩等级

根据地基的膨胀、收缩变形对砖混房屋的影响程度，地基的膨胀等级，按表 8-24 分为 3 级。

膨胀土地基的胀缩等级　　表 8-24

地基分级变形量 S_c（mm）	级别	破坏程度
$15 < S_c < 35$	Ⅰ	轻微
$35 < S_c < 70$	Ⅱ	中等
$S_c > 70$	Ⅲ	严重

3. 膨胀土对建筑物的危害

膨胀土有受水浸湿后膨胀，失水后收缩的特性，在其上的建筑物随季节变化而反复产生不均匀沉降，可高达 10cm，使建筑物产生大量竖向裂缝，端部斜向裂缝和窗台下水平裂缝等；地坪上出现纵向长条和网格状裂缝，使建筑物开裂或损坏。成群出现，对房屋带来极大的危害，往往不易修复。

4. 膨胀土地基防治措施

（1）建筑措施

1）选择没有陡坎、地裂、冲沟不发育、地质分层均匀的有利地段设置建（构）筑物。

2）建筑物体型力求简单，不要过长，并尽可能依山就势平行等高线布置，保持自然地形。

3）山梁处、建筑结构类型（或基础）不同部位，适当设置沉降缝分隔开，减少膨胀的不均匀性。

4）房屋四周种植草皮及蒸发量小的树种、花种，减少水分蒸发。

（2）结构措施

1）基础适当埋深（＞1m）或设置地下室，减少膨胀土层厚度，使作用于土层的压力大于膨胀土的上举力，或采用墩式基础以增加基础附加荷重。或采用灌注桩穿透膨胀土层，以抵抗膨胀力。

2）加强上部结构刚度，如设置地梁、圈梁，在角端和内外墙连接处设置水平钢筋加强连接等。

（3）地基处理措施

采用换土、砂土垫层、土性改良等方法。采用非膨胀土或灰土置换膨胀土。平坦地上Ⅰ、Ⅱ级膨胀土的地基处理，宜采用砂、碎石垫层、垫层厚度不应小于 300mm。

（4）防水保湿措施

1) 在建筑物周围做好地表渗、排水沟等防水、排水设施，沟底作防渗处理，散水坡适当加宽，其下做砂或炉渣垫层，并设隔水层，防止地表水向地基渗透；

2) 对室内炉、窑、暖气沟等采取隔热措施，如做 300mm 厚的炉渣垫层，防止地基水分过多散失；

3) 严防埋设的管道漏水，使地基尽量保持原有天然湿度；

4) 屋面排水宜采用外排水。排水量较大时，应采用雨水明沟或管道排水。

(5) 施工措施

1) 合理安排施工程序，先施工室外道路、排水沟、截水沟等工程，疏通现场排水；

2) 加强施工用水管理，作好现场临时排水，防止管网漏水；

3) 分段连续快速开挖基坑，尽快施工基础，及时回填夯实，避免基槽泡水或暴晒。

8.1.5.3　软土

软土是承载力低的软塑到流塑状态的饱和黏性土，包括淤泥、淤泥质土、泥炭、泥炭质土等。

1. 软土的特征

天然含水量高，一般大于液限 ω_L（40%～90%）；天然孔隙比 e 一般大于或等于 1；压缩性高，压缩系数 $\alpha_{1\sim2}$ 大于 0.5MPa^{-1}；强度低，不排水抗剪强度小于 30kPa，长期强度更低；渗透系数小，$k=1\times10^{-6}\sim1\times10^{-8}$ cm/s；黏滞系数低，$\eta=10^9\sim10^{12}$ Pa·s。

2. 软土的工程性质

(1) 触变性：软土在未破坏时，具固态特征，一经扰动或破坏，即转变为稀释流动状态。

(2) 高压缩性：压缩系数大，大部分压缩变形发生在垂直压力为 0.1MPa 左右时，造成建筑物沉降量大。

(3) 低透水性：软土的透水性很低，软土的排水固结需要很长的时间，常在数年至 10 年以上。

(4) 不均匀性：软土土质不均匀，荷载不均匀常使建筑物产生较大的差异沉降，造成建筑物裂缝及损坏。

(5) 流变性：在一定剪应力作用下，土发生缓慢长期变形。因流变产生的沉降持续时间，可达几十年。

3. 软土地基防治措施

(1) 建筑措施

1) 建筑设计力求荷载均匀，体型复杂的建筑，应设置必要的沉降缝或在中间用连接框架隔开；

2) 选用轻型结构，如框架轻板体系、钢结构及选用轻质墙体材料。

(2) 结构措施

1) 采用浅基础，利用软土上部硬壳层作持力层，避免室内过厚的填土；

2) 选用筏片基础或箱形基础，提高基础刚度，减小不均匀沉降；

3) 增强建筑物的整体刚度，如控制建筑物的长高比，合理布置纵横墙，墙上设置圈梁等。

(3) 地基处理措施

1) 采用置换及拌入法，用砂、碎石等材料置换软弱土体，或用振冲置换法、生石灰桩法、深层搅拌法、高压喷浆法、CFG 法等进行加固，形成复合地基。

2) 对大面积厚层软土地基，采用砂井预压、真空预压、堆载预压等措施，加速地基排水固结。

(4) 施工措施

1) 合理安排施工顺序，先施工高度大、重量重的部分，使在施工期内先完成部分沉降；

2) 在坑底保留 20cm 厚左右，施工垫层时再挖除，如已被扰动，可挖出扰动部分，用砂、碎石回填处理。同时注意井点降低地下水位对邻近建筑物的影响；

3) 适当控制活载荷的施加速度，使软土逐步固结，地基强度逐步增长，以适应荷载增长的要求，同时可借以降低总沉降量，防止土的侧向挤出，避免建筑物产生局部破坏或倾斜。

8.1.5.4　盐渍土

土层中含有石膏、芒硝、岩盐等易溶盐，其含量大于 0.5%，且自然环境具有溶陷、盐胀等特性的土称为盐渍土。盐渍土多分布在气候干燥、年雨量较少、地势低洼、地下水位高的地区，地表呈一层白色盐霜或盐壳，厚度由数厘米至数十厘米。

1. 盐渍土的分类

(1) 根据含盐性质分为氯盐渍土、亚氯盐渍土、亚硫酸盐渍土、硫酸盐渍土、碱性盐渍土五类。

(2) 按盐渍土含盐量分为弱盐渍土、中盐渍土、强盐渍土和超强盐渍土。

2. 盐渍土对地基的影响

(1) 含盐量小于 0.5% 时，对土的物理力学性能影响很小；大于 0.5% 时，有一定影响；大于 3% 时，土的物理力学性能主要取决于盐分和含盐的种类，土本身的颗粒组成将居其次。含盐量越多，则土的液限、塑限越低，在含水量较小时，土就会达到液体状态，失去强度。

(2) 盐渍土在干燥时呈结晶状态，地基具有较高的强度，但在遇水后易崩解，造成土体失稳。

3. 盐渍土地基防治处理措施

(1) 防水措施

1) 做好场地的竖向设计，避免降水、洪水、生活用水及施工用水浸入地基或其附近场地，防止引起盐分向建筑场地及土中聚集，而造成建筑材料的腐蚀及盐胀；

2) 绿化带与建筑物距离应加大，严格控制绿化用水，严禁大水漫灌。

(2) 防腐措施

1) 采用耐腐蚀的建筑材料，不宜用盐渍土本身作防护层；在弱、中盐渍土区不得采用砖砌基础，管沟、踏步等应采用毛石或混凝土基础；对于强盐渍土区，地面以上 1.2m 墙体亦应采用浆砌毛石；

2) 隔断盐分与建筑材料接触的途径，采用沥青类防水涂层、沥青或树脂防腐层作外部防护措施；

3) 对强和超强盐渍土地区，在卵石垫层上浇 100mm 厚沥青混凝土，基础外部先刷冷底子油一度，再粘沥青卷材，室外贴至散水坡，室内贴至±0.00。

(3) 防盐膨胀措施

1) 清除地基含盐量超过规定的土层，使非盐渍土层或含盐类型单一和含盐低的土层，作为地基持力层，以非盐渍土类的粗颗粒土层替代含盐量多的盐渍土，隔断有害毛细水的上升；

2) 铺设隔绝层或隔离层，以防止盐分向上运移；

3) 采取降排水措施，防止水分在土表层的聚集，以避免土层中盐分含水量的变化而引起盐胀。

(4) 地基处理措施

1) 采用垫层、重锤击实及强夯法处理浅部土层，提高其密实度及承载力，阻隔盐水向上运移；

2) 对溶陷性高、土层厚及荷载很大的盐沼地，可视情况采用桩基础、灰土墩、混凝土墩或砾石墩，埋置深度应大于盐胀临界深度及蜂窝状的淋滤层或溶蚀洞穴；

3) 盐渍土边坡适当放缓；对软弱夹层破碎带及中、强风化层，应部分或全部加以防护。

(5) 施工措施

1) 做好现场排水、防洪等，各种用水点均应保持离基础 10m 以上；

2) 先施工埋置较深、荷重较大或需处理的基础；尽快施工基础，及时回填，认真夯实填土；

3) 先施工排水管道，并保证其畅通，防止管道漏水；

4) 清除含盐的松软表层，用不含盐晶、盐块或含盐植物根茎的土料分层夯实，控制干密度不小于 1.55（对黏土、粉土、粉质黏土、粉砂和细砂）～1.65t/m^3（对中砂、粗砂、砾石、卵石）；

5) 采用防腐蚀性较好的矿渣水泥或抗硫酸盐水泥配制混凝土、砂浆；不使用 pH 值≤4 的酸性水和硫酸盐含量超过 1.0% 的水；在强腐蚀的盐渍土地基中，应选用不含氯盐和硫酸盐的外加剂。

8.1.5.5　冻土

温度等于或小于0℃，含有固态冰，当温度条件改变时，其物理力学性质随之改变，并可产生冻胀、融陷、热融滑塌等现象的土称为冻土。

1. 冻土的分类

冻土按冬夏季是否冻融交替分为季节性冻土和多年冻土两大类。

2. 冻土地基的冻胀性特征与判定

根据地基土的种类、含水量和地下水位情况、地基土冻胀性大小及其对建筑物的危害程度，分类见表8-25；按融陷性特征对多年冻土进行分类。

地基土冻胀性特征及对建筑物的危害　表8-25

冻胀类别	冻胀率 η	特 征	对建筑物危害性
不冻胀土 (或称Ⅰ类土)	$\eta \leqslant 1\%$	冻结时无水分转移，在天然情况下，有时地面呈现冻缩现象	对一般浅埋基础均无危害
弱冻胀土 (或称Ⅱ类土)	$1\% < \eta \leqslant 3.5\%$	冻结时水分转移极少，冻土中的冰一般呈晶粒状。地表或散水无明显隆起，道路无翻浆现象	一般无危害，在最不利条件下建筑物可能出现细微裂缝，但不影响建筑物安全和正常使用
冻胀土 (或称Ⅲ类土)	$3.5\% < \eta \leqslant 6\%$	冻结时水分转移，并形成冰夹层，地面和散水明显隆起，道路有翻浆现象	埋置较浅的基础，建筑物将产生裂缝，在冻深较大地区，非采暖建筑物因基础侧面受切向冻胀力而破坏
强冻胀土 (或称Ⅳ类土)	$\eta > 6\%$	冻结时有大量水分转移，形成较厚或较密的冰夹层。道路严重翻浆	浅埋基础的建筑物将产生严重破坏。在冻深较大地区，即使基础埋深超过冻深，也会因切向冻胀力而使建筑物破坏

注：冻胀率 $\eta = \Delta h / \Delta H$。式中 Δh 为地表最大冻胀量 (cm)；ΔH 为最大冻结深度 (cm)。

3. 地基冻胀对建筑物的危害

基础埋深超过冻深时，基础侧面承受切向冻胀力；基础埋深浅于冻深时，基础侧面承受切向冻胀力外，基础底面承受法向冻胀力。当基础自身及其上荷载不足以平衡法向和切向冻胀力时，基础就要隆起；融化时，基础产生沉陷。当房屋结构不同时，会使房屋周边产生周期性的不均匀冻胀和沉陷，使墙身开裂，顶棚抬起，门口、台阶隆起，散水坡炸裂，严重时使建筑物倾斜或倾倒。

4. 冻害防治措施

(1) 建筑场地应尽量选择地势高、地下水位低、地表排水良好的地段。

(2) 设计前查明土质和地下水情况，正确判定土的冻胀类别、冻深，以便合理地确定基础埋深，当冻深和土的冻胀性较大时，宜采用独立基础、桩基或砂垫层等措施，使基础埋设在冻结线以下。

(3) 对低洼场地，宜在沿建筑物四周向外一倍冻深范围内，使室外地坪至少高出自然地面 300~500mm。

(4) 为避免施工和使用期间的雨水、地表水、生产废水和生活污水等浸入地基，应做好排水设施。需作好截水沟及暗沟，以排走地表水和潜水，避免因基础堵水而造成冻害。

(5) 对建在标准冻深大于2m、基底以上为强冻胀土上的采暖建筑物及标准冻深大于1.5m，基底以上为冻胀土和强冻胀土上的非采暖建筑物，为防止冻切力对基础侧面的作用，可在基础侧面回填粗砂、中砂、炉渣等非冻胀性材料或其他保温材料。

(6) 冬期开挖，随挖、随砌、随回填，严防地基受冻。对跨年度工程，采取过冬保温措施。

8.2　土石方施工

8.2.1　工程场地平整

8.2.1.1　场地平整的程序

场地平整的一般施工工艺程序如下：

现场勘察→清除地面障碍物→标定整平范围→设置水准基点→设置方格网，测量标高→计算土石方挖填工程量→平整土石方→场地碾压→验收。

1. 施工人员应到现场进行勘察，了解地形、地貌和周围环境，确定现场平整场地的大致范围。

2. 平整前把场地内的障碍物清理干净，然后根据总图要求的标高，从水准基点引进基准标高，作为确定土方量计算的基点。

3. 应用方格网法和横断面法，计算出该场地按设计要求平整需挖和回填的土石方量，作好土石方平衡调配，减少重复挖运，以节约运费。

4. 大面积平整土石方宜采用推土机、平地机等机械进行，大量挖方用挖掘机，用压路机压实。

8.2.1.2　平整场地的一般要求

参见7.6.1.3。

8.2.1.3　场地平整的土石方工程量计算

平整前，确定场地设计标高，进行土石方挖填平衡计算，确定平衡调配方案。

1. 场地平整高度的计算

场地平整高度计算常用的方法为"挖填土石方量平衡法"，其计算步骤和方法参见7.6.1.4。

2. 场地平整土石方工程量的计算

(1) 方格网法

方格网法适用于地形较平缓或台阶宽度较大的地段，计算方法较复杂，精度较高，其计算步骤参见7.6.1.6相关内容。

【例8-1】某厂房场地平整，部分方格网如图8-3所示，方格边长为10m、5m、2m，用CASS软件计算挖填总土方工程量。

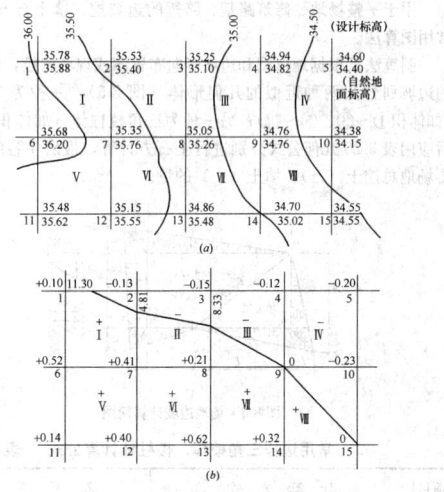

图8-3　方格网法计算土方量

解： ①划分方格网、标注高程。根据图8-3 (a) 方格各点的设计标高和自然地面标高，计算方格各点的施工高度，标注于图8-3 (b) 中各点的左角上。

② 运用CASS软件计算挖填方量步骤如下：

a. 打开CASS 7.0软件，在正交状态下，用直线命令绘制8个20m×20m方格，如题目给出的方格网图。

b. 在正交一对象捕捉状态下，根据方格网图上的高程数据，运用"交互展点"命令分别生成"自然地面标高"和"设计标高"2个数据文件 (.dat)，点位选取为各方格交点。

c. 选择"等高线"菜单下"建立DTM"命令，对话框中选择"由数据文件生成"，在复选框"坐标数据文件名"选择"设计标高.dat"数据文件；选择"三角网存取"命令，生成"设计标高.sjw"三角网文件。

d. 在"工具"菜单下，选择"画复合线"命令，沿方格网4个交点绘制闭合的"计算区域边界线"。

e. 选择"工程应用"菜单下"方格网法土方计算"命令，对

话框中，"高程点坐标数据文件"选择"自然地面标高.dat"，"设计面"点选"三角网文件"，再从文件中选择"设计标高.sjw"；方格宽度，分别选取10m、5m、2m，计算3个工程量，见图8-4。

f. 图中对比工程量可以发现，当方格越小时，软件计算精度越高。

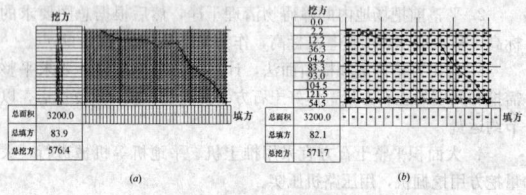

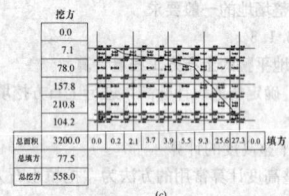

图 8-4　CASS软件计算挖填工程量图表

(a) 2m方格；(b) 5m方格；(c) 10m方格

(2) 横截面法

横截面法适用于地形起伏、狭长，挖填深度较大又不规则的地区。其计算步骤参见7.6.1.6相关内容。

3. 边坡土石方量计算

用于平整场地、修筑路基、路堑的边坡挖、填土石方量计算，常用图算法。

图算法系根据地形图和边坡竖向布置图或现场测绘，将要计算的边坡划分为两种近似的几何形体（图8-5），一种为三角棱体（如体积①～③、⑤～⑩）；另一种为三角棱柱体（如体积④），然后应用表8-26几何公式分别进行土石方计算，最后将各级汇总即得场地总挖土（—）、填土（十）的量。

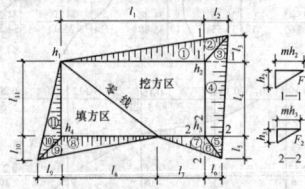

图 8-5　场地边坡计算简图

常用边坡三角棱体、棱柱体计算公式　　表 8-26

项　目	计　算　公　式	符　号　意　义
边坡三角棱体体积	边坡三角棱体体积 V 按下式计算（例如图8-5中的①）： $$V_1 = F_1 l_1 /3$$ 其中 $F_1 = h_2 (h_2 m) /2 = m h_2^2 /2$ V_2、V_3、$V_5 \sim V_{10}$ 计算方法同上	V_1、V_2、V_3、$V_5 \sim V_{10}$——边坡①～③、⑤～⑩三角棱体体积（m^3）； l_1——边坡①的边长（m）； F_1——边坡①的端面积（m^2）； h_2——角点的挖土高度（m）； m——边坡的坡度系数； V_4——边坡④三角棱柱体体积（m^3）； L_4——边坡④的长度（m）； F_1、F_2、F_0——边坡④两端及中部的横截面面积
边坡三角棱柱体体积	边坡三角棱柱体体积 V_4 可按下式计算（例如图8-5中的④）： $$V_4 = (F_1 + F_2) l_4 /2$$ 当两端横截面面积相差较大时，则 $V_4 = (F_1 + 4F_0 + F_2) l_4 /6$ F_1、F_2、F_0 计算方法同上	

【例 8-2】 场地整平工程，长80m、宽60m，土质为粉质黏土，挖方区边坡坡度为1∶1.25，填方边坡坡度为1∶1.5，平面图挖填分界线尺寸及角点标高如图8-6所示，试求边坡挖、填土石方量。

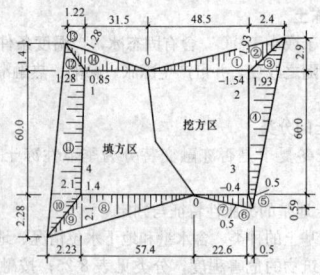

图 8-6　场地边坡平面轮廓尺寸图

解： 先求边坡角点1～4的挖、填方宽度：

角点1填方宽度 $0.85 \times 1.50 = 1.28$（m）

角点2挖方宽度 $1.54 \times 1.25 = 1.93$（m）

角点3挖方宽度 $0.40 \times 1.25 = 0.50$（m）

角点4填方宽度 $1.40 \times 1.50 = 2.10$（m）

按照场地四个控制角点的边坡宽度，利用作图法可得出边坡平面尺寸（图8-5所示），边坡土石方工程量，可划分为三角棱体和三角棱柱体两种类型，按表8-26中公式计算如下：

(1) 挖方区边坡土石方量：

$$V_1 = \frac{1}{3} \times \frac{1.93 \times 1.54}{2} \times 48.5 = -24.03 \ (m^3)$$

$$V_2 = \frac{1}{3} \times \frac{1.93 \times 1.54}{2} \times 2.4 = -1.19 \ (m^3)$$

$$V_3 = \frac{1}{3} \times \frac{1.93 \times 1.54}{2} \times 2.9 = -1.44 \ (m^3)$$

$$V_4 = \frac{1}{2} \times \left(\frac{1.93 \times 1.54}{2} + \frac{0.4 \times 0.5}{2} \right) \times 60 = -47.58 \ (m^3)$$

$$V_5 = \frac{1}{3} \times \frac{0.5 \times 0.4}{2} \times 0.59 = -0.02 \ (m^3)$$

$$V_6 = \frac{1}{3} \times \frac{0.5 \times 0.4}{2} \times 0.5 \approx -0.02 \ (m^3)$$

$$V_7 = \frac{1}{3} \times \frac{0.5 \times 0.4}{2} \times 22.6 = -0.75 \ (m^3)$$

挖方区边坡的土石方量合计：

$V_挖 = -(24.03 + 1.19 + 1.44 + 47.58 + 0.02 + 0.02 + 0.75)$
$\quad = -75.03 \ (m^3)$

(2) 填方区边坡的土石方量：

$$V_8 = \frac{1}{3} \times \frac{2.1 \times 1.4}{2} \times 57.4 = 28.13 \ (m^3)$$

$$V_9 = \frac{1}{3} \times \frac{2.1 \times 1.4}{2} \times 2.23 = 1.09 \ (m^3)$$

$$V_{10} = \frac{1}{3} \times \frac{2.1 \times 1.4}{2} \times 2.28 = 1.12 \ (m^3)$$

$$V_{11} = \frac{1}{2} \times \left(\frac{2.1 \times 1.4}{2} + \frac{1.28 \times 0.85}{2} \right) \times 60 = 60.42 \ (m^3)$$

$$V_{12} = \frac{1}{3} \times \frac{1.28 \times 0.85}{2} \times 1.4 = 0.25 \ (m^3)$$

$$V_{13} = \frac{1}{3} \times \frac{1.28 \times 0.85}{2} \times 1.22 = 0.22 \ (m^3)$$

$$V_{14} = \frac{1}{3} \times \frac{1.28 \times 0.85}{2} \times 31.5 = 5.71 \ (m^3)$$

(3) 填方区边坡的土石方量合计：

$V_填 = 28.13 + 1.09 + 1.12 + 60.42 + 0.25 + 0.22 + 5.71$
$\quad = 96.94 \ (m^3)$

4. 土石方的平衡与调配计算

计算出土石方的施工标高、挖填区面积、挖填区土石方量，并考虑各种变动因素（如土的松散率、压缩率、沉降量等）进行调整后，应对土石方进行综合平衡与调配。

进行土石方平衡与调配，必须综合考虑工程和现场情况、进度要求和土石施工方法以及分期分批施工工程的土石方堆放和调运问题，确定平衡调配的原则之后，才可着手进行土石方平衡与调配工作，如划分土石方调配区，计算平均运距、单位土石方的运价，确定土石方的最优调配方案。

土石方平衡与调配需编制相应的土石方调配图，其步骤如下：

(1) 划分调配区。在平面图上先划出挖填区的分界线，并在挖方区和填方区适当划出若干调配区，确定调配区的大小和位置。借土区或一个弃土区可作为一个独立的调配区。

(2) 计算各调配区的土石方量并标明在图上。

(3) 计算各挖、填方调配区之间的平均运距，即挖方区重心至填方区重心的距离，取场地或方格网中的纵横两边为坐标轴，以一个角作为坐标原点（图 8-7），按下式求出各挖方或填方调配区土石方重心坐标 x_0 及 y_0：

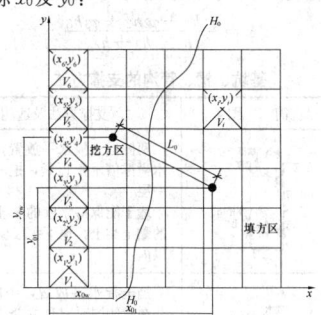

图 8-7　土石方调配区间的平均运距

$$x_0 = \sum(x_i V_i)/\sum V_i \qquad (8-5)$$
$$y_0 = \sum(y_i V_i)/\sum V_i \qquad (8-6)$$

式中　x_i、y_i——i 块方格的重心坐标；

　　　　V_i——i 块方格的土方量。

填、挖方之间的平均运距 L_0 为：

$$L_0 = [(x_{0t} - x_{0w})^2 + (y_{0t} - y_{0w})^2]^{1/2} \qquad (8-7)$$

式中　x_{0t}、y_{0t}——填方区的重心坐标；

　　　　x_{0w}、y_{0w}——挖方区的重心坐标。

一般情况下，亦可用作图法近似地求出调配区的形心位置 O 以代替重心坐标。重心求出后，标于图上，用比例尺量出每对调配区的平均运输距离（L_{11}、L_{12}、L_{13}······）。

所有填挖调配区的平均运距均一一计算，将计算结果列于土石方平衡与运距表内（表 8-27）。

土石方平衡与运距表　　表 8-27

填方区＼挖方区	B_1	B_2	B_3	B_j	······	B_n	挖方量 (m³)
A_1	L_{11} x_{11}	L_{12} x_{12}	L_{13} x_{13}	L_{1j} x_{1j}	······	L_{1n} x_{1n}	a_1
A_2	L_{21} x_{21}	L_{22} x_{22}	L_{23} x_{23}	L_{2j} x_{2j}	······	L_{2n} x_{2n}	a_2
A_3	L_{31} x_{31}	L_{32} x_{32}	L_{33} x_{33}	L_{3j} x_{3j}	······	L_{3n} x_{3n}	a_3
A_i	L_{i1} x_{i1}	L_{i2} x_{i2}	L_{i3} x_{i3}	L_{ij} x_{ij}	······	L_{in} x_{in}	a_i
······	······	······	······	······	······	······	······
A_m	L_{m1} x_{m1}	L_{m2} x_{m2}	L_{m3} x_{m3}	L_{mj} x_{mj}	······	L_{mn} x_{mn}	a_m
填方量 (m³)	b_1	b_2	b_3	b_j	······	b_n	$\sum_{i=1}^{m} a_i =$ $\sum_{j=1}^{n} b_j$

(4) 确定土方最优调配方案。对于线性规划中的运输问题，可以用"表上作业法"来求解，使总土方运输量 $W = \sum_{i=1}^{m}\sum_{j=1}^{n} L_{ij} \cdot x_{ij}$ 为最小值，即为最优调配方案。

上式中　L_{ij}——各调配区之间的平均运距（m）；

　　　　x_{ij}——各调配区的土方量（m³）。

(5) 绘出土方调配图。根据以上计算，标出调配方向、土方数

量及运距（平均运距再加施工机械前进、倒退和转弯必需的最短长度）。

8.2.2　土石方开挖及运输

8.2.2.1　土石方施工准备工作

1. 学习和审查图纸。

2. 查勘施工现场，摸清工程场地情况，收集施工需要的各项资料为施工规划和准备提供可靠的资料和数据。

3. 编制施工方案，研究制定场地整平、基坑开挖施工方案；绘制施工总平面布置图和基坑土石方开挖图；提出机具、劳动力计划。

4. 平整施工场地，清除现场障碍物。

5. 作好排水降水设施。

6. 设置测量控制网，将永久性控制坐标和水准点，引测到现场，在工程施工区域设置测量控制网，作好轴线控制的测量和校核。

7. 根据工程特点，修建进场道路，生产和生活设施，敷设现场供水、供电线路。

8. 作好设备调配和维修工作，准备工程用料，配备工程施工技术、管理和作业人员；制定技术岗位责任制和技术、质量、安全、环境管理网络；对拟采用的土石方工程新机具、新工艺、新技术、新材料，组织力量进行研制和试验。

8.2.2.2　开挖的一般要求

1. 场地开挖

边坡稳定地质条件良好，土质均匀，高度在 10m 内的边坡，按表 8-28 选取；永久性场地，坡度无设计规定时，按表 8-29 选用；对岩石边坡，根据其岩石类别、坡度，按表 8-30 采用。

土质边坡坡度允许值　　表 8-28

土的类别	密实度或状态	坡度允许值（高宽比）	
		坡高在 5m 以下	坡高为 5～10m
碎石土	密实	1:0.35～1:0.50	1:0.50～1:0.75
	中密	1:0.50～1:0.75	1:0.75～1:1.00
	稍密	1:0.75～1:1.00	1:1.00～1:1.25
黏性土	坚硬	1:0.75～1:1.00	1:1.00～1:1.25
	硬塑	1:1.00～1:1.25	1:1.25～1:1.50

永久性土工构筑物挖方边坡坡度　　表 8-29

项次	挖土性质	边坡坡度
1	天然湿度、层理均匀、不易膨胀的黏土、粉质黏土和砂土（不包括细砂、粉砂）内深度不超过 3m	1:1～1:1.25
2	土质同上，深度为 3～12m	1:1.25～1:1.50
3	干燥地区内结构未经破坏的干燥黄土及类黄土，深度不超过 12m	1:0.10～1:1.25
4	碎石土和泥灰岩土，深度≤12m，根据土的性质、层理特性确定	1:0.50～1:1.50
5	在风化岩内的挖方，根据岩石性质、风化程度、层理特性确定	1:0.50～1:1.50
6	在微风化岩石内的挖方，岩石无裂缝且无倾向挖方坡脚的岩层	1:0.10
7	在未风化的完整岩石的挖方	直立的

岩石边坡坡度允许值　　表 8-30

岩石类土	风化程度	坡度允许值（高宽比）		
		坡高在 8m 以下	坡高 8～15m	坡高 15～30m
硬质岩石	微风化	1:0.10～1:0.20	1:0.20～1:0.35	1:0.30～1:0.50
	中等风化	1:0.20～1:0.35	1:0.35～1:0.50	1:0.50～1:0.75
	强风化	1:0.35～1:0.50	1:0.50～1:0.75	1:0.75～1:1.00
软质岩石	微风化	1:0.35～1:0.50	1:0.50～1:0.75	1:0.75～1:1.00
	中等风化	1:0.50～1:0.75	1:0.75～1:1.00	1:1.00～1:1.50
	强风化	1:0.75～1:1.00	1:1.00～1:1.25	

2. 边坡开挖

(1) 边坡开挖应采取沿等高线自上而下，分层、分段依次进行。

(2) 边坡台阶开挖，应做成一定坡度，边坡下部设有护脚及排水沟时，应尽快处理台阶的反向排水坡，进行护脚矮墙和排水沟的砌筑和疏通，否则应采取临时性排水措施。

(3) 边坡开挖对软土土坡或易风化的软质岩石边坡在开挖后应对坡面、坡脚采取喷浆、抹面、嵌补、护砌等保护措施，并做好坡顶、坡脚排水，避免在影响边坡稳定的范围内积水。

8.2.2.3 浅基坑、槽和管沟开挖

1. 浅基坑（槽）开挖，应先进行测量定位，抄平放线，定出开挖长度，根据土质和水文情况，采取在四侧或两侧直立开挖或放坡，以保证施工操作安全。

当土质为天然湿度、构造均匀、水文地质条件良好，且无地下水时，开挖基坑根据开挖深度，参考表 8-31、表 8-32 中数值进行施工操作。

基坑（槽）和管沟不加支撑时的容许深度 表 8-31

项次	土 的 种 类	容许深度(m)
1	密实、中密的砂子和碎石类土（充填物为砂土）	1.00
2	硬塑、可塑的粉质黏土及粉土	1.25
3	硬塑、可塑的黏土和碎石类土（充填物为黏性土）	1.50
4	坚硬的黏土	2.00

临时性挖方边坡值 表 8-32

土 的 类 别		边坡值（高：宽）
砂土（不包括细砂、粉砂）		1:1.25~1:1.50
一般黏性土	硬	1:0.75~1:1.00
	硬塑	1:1.00~1:1.25
	软	1:1.50 或更缓
碎石类土	充填坚硬、硬塑黏性土	1:0.50~1:1.00
	充填砂土	1:1.00~1:1.50

2. 当开挖基坑（槽）的土体含水量大，或基坑较深，或受到场地限制需用较陡的边坡或直立开挖而土质较差时，应采用临时性支撑加固结构。挖土时，土壁要求平直，挖好一层，支撑一层，挡土板要紧贴土面，并用小木桩或横撑钢管顶住挡板。开挖宽度较大的基坑，当在局部地段无法放坡，或下部土方受到基坑尺寸制不能放较大的坡度时，应在下部坡脚采取加固措施，如采用短桩与横隔板支撑或砌砖、毛石或用编织袋装土堆砌临时矮挡土墙保护坡脚。

3. 基坑开挖尽量防止对地基土的扰动。人工挖土，基坑挖好后不能立即进行下道工序时，应预留 15~30cm 土不挖，待下道工序开始再挖至设计标高。采用机械开挖基坑时，应在基底标高以上预留 20~30cm，由人工挖掘修整。

4. 在地下水位以下挖土，应在基坑（槽）四侧或两侧挖好临时排水沟和集水井，或采用井点降水，将水位降低至坑、槽底以下 500mm，降水工作应持续至基础施工完成。

5. 雨期施工时，基坑槽应分段开挖，挖好一段浇筑一段垫层，并在基槽两侧围以土堤或挖排水沟，以防地面雨水流入基坑槽，同时应经常检查边坡和支撑情况，以防止坑壁受水浸泡造成塌方。

6. 基坑开挖时，应对平面控制桩、水准点、基坑平面位置、标高、边坡坡度等经常复测检查。

7. 基坑应进行验槽，作好记录，发现地基土质与勘探、设计不符，应与有关人员研究及时处理。

8.2.2.4 浅基坑、槽和管沟的支撑方法

基坑、槽和管沟的支撑方法见表 8-33，一般浅基坑的支撑方法见表 8-34。

8.2.2.5 浅基坑、槽和管沟支撑的计算

以连续水平板式支撑为例，计算简图如图 8-8（a）所示。水平挡土板与梁的作用相同，承受土的水平压力的作用，设土与挡

板间的摩擦力不计，则深度 h 处的主动土压力强度为：

$$p_n = \gamma h \, tg^2 \left(45° - \frac{\varphi}{2} \right) (kN/m^2) \qquad (8-8)$$

式中 γ——基坑槽（或管沟，下同）壁土的平均重度（kN/m³）；

$$\gamma = \frac{\gamma_1 h_1 + \gamma_2 h_2 + \gamma_3 h_3}{h_1 + h_2 + h_3} \qquad (8-9)$$

h——基坑槽深度（m）；

φ——基坑槽的平均内摩擦角（°）。

$$\varphi = \frac{\varphi_1 h_1 + \varphi_2 h_2 + \varphi_3 h_3}{h_1 + h_2 + h_3} \qquad (8-10)$$

基坑、槽、管沟的支撑方法 表 8-33

支撑方式	简 图	支撑方法及适用条件
间断式水平支撑		两侧挡土板水平放置，用工具式或木横撑借木楔顶撑，挖一层土，支顶一层 适于能保持土壁的干土或天然湿度的黏土类土，地下水很少，深度在2m以内
断续式水平支撑		挡土板水平放置，中间留有间隔，并在两侧同时对称立竖方木，再用工具式或木横撑撑上、下顶紧 适于能保持直立壁的干土或天然湿度的黏土类土，地下水该少，深度在3m以内
连续式水平支撑		挡土板水平连续放置，不留间隙，然后两侧同时对称立竖方木，上、下各顶一根撑木，端头加木楔顶紧 适于较松散的干土或天然湿度的黏土类土，地下水很少，深度为3~5m
连续或间断式垂直叉撑		挡土板垂直放置，可连续或留适当间隙，然后每侧上、下各水平顶一根方木，再用横撑顶紧 适于土质较松散或湿度很高的土，地下水较少，深度不限
水平垂直混合式叉撑		沟槽上部连续式水平支撑、下部设连续式垂直支撑 适于沟槽深度较大，下部有含水土层的情况

一般浅基坑的支撑方法 表 8-34

支撑方式	简 图	支撑方法及适用条件
斜柱支撑		水平挡土板钉在柱桩内侧，柱桩外侧用斜撑支顶，斜撑底端支在木桩上，在挡土板内侧回填土 适于开挖较大型、深度不大的基坑或使用机械挖土时
锚拉支撑		水平挡土板支在柱桩的内侧，柱桩一端打入土中，另一端用拉杆与锚桩拉紧，在挡土板内侧回填土 适于开挖较大型、深度不大的基坑或使用机械挖土，不能安设横撑时使用
型钢桩横挡板支撑		沿挡土位置预先打入钢轨、工字钢或H型钢桩，间距1.0~1.5m，然后边挖方，将3~6cm厚的挡土板塞进钢桩之间间，在挡板与型钢桩之间打上楔子，使横板与土体紧密接触 适于地下水位较低，深度不很大的一般黏性土或砂土层中使用
短桩横隔板支撑		打入小短木桩，部分打入土中，部分露出地面，钉上水平挡土板，在背面填土、夯实 适于开挖宽度大的基坑，当土部分地段下部放坡不够时使用
临时挡土墙支撑		沿坡脚用砖、石叠砌或用装水泥的聚丙烯扁丝编织袋、草袋装土、砂堆砌，使坡脚保持稳定 适于开挖宽度大的基坑，当土部分地段下部放坡不够时使用

续表

支撑方式	简　图	支撑方法及适用条件
挡土灌注桩支护	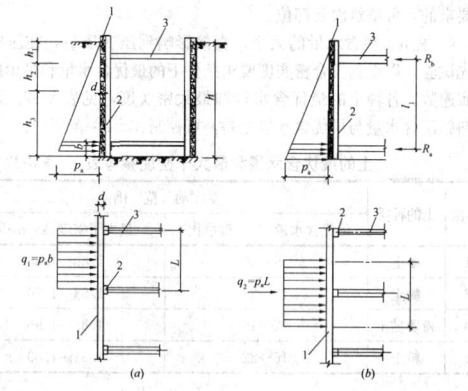	在开挖基坑的周围，用钻机或洛阳铲成孔、桩径 $\phi 400 \sim 500$mm，现场灌注钢筋混凝土桩，桩间距为 1.0～1.5m，在桩间土方挖成外拱形使之起土拱作用 适用于开挖较大，较浅（<5m）基坑，邻近有建筑物，不允许背面地基有下沉、位移时采用
叠袋式挡墙支护		采用编织袋或草袋装碎石（砂砾石或土）堆砌成重力式挡墙作为基坑的支护，在墙下部砌 500mm 厚块石基础，墙底宽 1500 ～ 2000mm，顶宽 500 ～ 1200mm，顶部适当放坡卸土 1.0～1.5m，表面抹砂浆保护 适用于一般黏性土、面积大、开挖深度应在 5m 以内的浅基坑支护

挡土板厚度按受力最大的下面一块板计算，它所受的压力图为梯形，可以简化为矩形压力图，设深度 h 处的挡土板宽度为 b，则主动土压力作用在该水平挡土板上的荷载 $q_1 = p_a \cdot b$。

将挡土板视作简支梁，当立柱间距为 L 时，则挡土板承受的最大弯矩为：

$$M_{\max} = \frac{p_a b L^2}{8} \qquad (8\text{-}11)$$

所需挡土板的截面抵抗矩 W 为：

$$W = \frac{M_{\max}}{f_m} \qquad (8\text{-}12)$$

式中　f_m——木材的抗弯强度设计值（N/mm²）。

需用木挡土板的厚度为：

$$d = \sqrt{\frac{6W}{b}} \qquad (8\text{-}13)$$

立柱为承受三角形荷载的连续梁，也按多跨简支梁计算，并按控制跨度设计其尺寸。当坑槽壁仅设两道横撑木（图 8-8b）时，其上下横撑间距为 l_1，立柱间距为 L，则下端支点处主动土压力的荷载为：

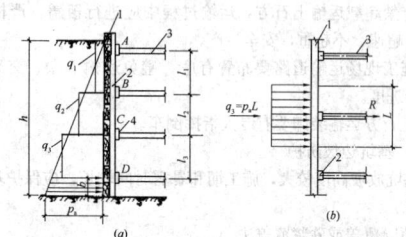

图 8-8　连续水平板式支撑计算简图
(a) 水平挡土板受力情况；(b) 立柱受力情况
1—水平挡土板；2—立柱；3—横撑

$$q_2 = p_a L \quad (\text{kN/m}) \qquad (8\text{-}14)$$

式中　p_a——立柱下端的土压力（kN/m²）。

立柱承受三角形荷载作用，下端支点反力为：$R_a = (q_2 l_1)/3$；上端支点反力为：$R_b = (q_2 l_1)/6$。

由此可求得最大弯矩所在截面与上端支点的距离为：$x = 0.578 l_1$。

最大弯矩为　　　$M_{\max} = 0.0642 q_2 l_1^2 \qquad (8\text{-}15)$

最大应力为　　　$\sigma = \frac{M_{\max}}{W} \leqslant f_m \qquad (8\text{-}16)$

图 8-9　多道横撑的立柱计算简图
(a) 多道横撑支撑情况；(b) 立柱承受荷载情况
1—水平挡土板；2—立柱；3—横撑木；4—木楔

当坑槽壁设多道横撑木（图 8-9a），可将各跨间梯形分布荷载简化为均布荷载 q_i（等于其平均值），如图中虚线所示，然后取其控制跨度求其最大弯矩：$M_{\max} = q_3 L_3^3/8$，可同上法确定立柱尺寸。

支点反力可按承受相邻两跨度上各半跨的荷载计算，如图 8-9 (b) 中间支点的反力为：

$$R = \frac{q_3 l_3 + q_2 l_2}{2} \qquad (8\text{-}17)$$

A、D 两点的外侧无支点，故计算的立柱两端的悬臂部分的荷载亦应分别由上下两个支点承受横撑木为承受点的反力的中心受压杆件，可按下式计算需用截面积：

$$A_c = \frac{R}{\varphi f_c} \qquad (8\text{-}18)$$

式中　A_c——横撑木的截面积（mm²）；
　　　R——横撑木承受的支点最大反力（N）；
　　　f_c——木材顺纹抗压及承压强度设计值（N/mm²）；
　　　φ——横撑木的轴心受压稳定系数，按下式计算：
树种强度等级为 TC17、TC15 及 TB20：

当 $\lambda \leqslant 75$ 时　　$\varphi = \dfrac{1}{1 + \left(\dfrac{\lambda^2}{80}\right)^2} \qquad (8\text{-}19)$

当 $\lambda > 75$ 时　　$\varphi = \dfrac{3000}{\lambda^2} \qquad (8\text{-}20)$

树种强度等级为 TC13、TC11、TB17 及 TB15：

当 $\lambda \leqslant 91$ 时　　$\varphi = \dfrac{1}{1 + \left(\dfrac{\lambda}{65}\right)^2} \qquad (8\text{-}21)$

当 $\lambda > 91$ 时　　$\varphi = \dfrac{2800}{\lambda^2} \qquad (8\text{-}22)$

式中　λ——横撑木的长细比。

8.2.2.6　土石方开挖和支撑施工注意事项

1. 大型挖土及降低地下水位时，注意观察附近已有建（构）筑物、管线，有无沉降和移位。

2. 发现文物或古墓，妥善保护并及时报请当地有关部门处理，妥善处理后，方可继续施工。

3. 挖掘发现地下管线应及时通知有关部门来处理。如发现测量用的永久性标桩或地质、地震部门设置的观测孔等亦应加以保护或事先取得原设置或保管单位的书面同意。

4. 支撑应边挖一层支撑好一层，并严密顶紧、支撑牢固、严禁一次将土挖好后再支撑。

5. 挡土板或板桩与坑壁间的填土要分层回填夯实，使之严密接触。

6. 经常检查支撑和观测邻近建筑物的情况，如发现支撑有松动、变形、位移等情况，应及时加固或更换，换支撑时，应先加新支撑，再拆旧支撑。

7. 支撑的拆除应按回填顺序依次进行，多层支撑应自下而上逐层

拆除，边拆除，边回填，拆除支撑时，应注意防止附近建（构）筑物产生沉降和破坏，必要时采取加固措施。

8.2.2.7 土石方运输一般要求

1. 严禁超载运输土石方，运输过程中应进行覆盖，严格控制车速，不超速、不超重，安全生产。
2. 施工现场运输道路要布置有序，避免运输混杂、交叉，影响安全及进度。
3. 土石方运输装卸要有专人指挥倒车。

8.2.2.8 基坑边坡防护

当基坑放坡高度较大，施工期和暴露时间较长，应保护基坑边坡的稳定。

1. 薄膜覆盖或砂浆覆盖法

在边坡上铺塑料薄膜，在坡顶及坡脚用编织袋装土压住或用砖压住；或在边坡上抹水泥砂浆2~2.5cm厚保护，在土中插适当锚筋连接，在坡脚设排水沟（图8-10a）。

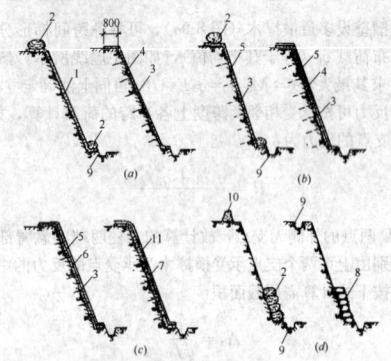

图 8-10　基坑边坡护面方法

（a）薄膜或砂浆覆盖；（b）挂网或挂网抹面；（c）喷射混凝土或混凝土护面；（d）土袋或砌石压坡

1—塑料薄膜；2—草袋或编织袋装土；3—插筋φ10~12mm；4—抹 M5
水泥砂浆；5—20 号钢丝网；6—C15 喷射混凝土；7—C15 细石混凝土；
8—M5 砂浆砌石；9—排水沟；10—土提；11—φ4~6mm钢筋网片，纵
横间距 250~300mm

2. 挂网或挂网抹面法

对施工期短，土质差的临时性基坑边坡，垂直坡面楔入直径10~20mm，长 40~60cm 插筋，纵横间距 1m，上铺 20 号铁丝网，上下用编织袋装土或砂压住，在铁丝网上抹 2.5~3.5cm 厚的 M5 水泥砂浆，在坡顶坡脚设排水沟（图8-10b）。

3. 喷射混凝土或混凝土护面法

对邻近有建筑物的深基坑边坡，可在坡面垂直楔入直径 10~12mm，长 40~50cm 插筋，纵横间距 1m，上铺 20 号铁丝网，喷射 40~60mm 厚的 C15 细石混凝土直到坡顶和坡脚（图8-10c）。

4. 土袋或砌石压坡法

深度在 5m 以内的临时基坑边坡，在边坡下部用草袋或聚丙烯扁丝编织袋装土堆码或砌石压住坡脚。边坡高 3m 以内可采用单排顶砌法，5m 以内，水位较高，用二排顶砌或一排一顶构筑法，保持坡脚稳定。在坡顶设挡水土堤或排水沟，防止冲刷坡面，在底部作排水沟，防止冲坏坡脚（图8-10d）。

8.2.2.9 土石方开挖施工中的质量控制要点

1. 对定位放线的控制

复核建筑物的定位桩、轴线、方位和几何尺寸。

2. 对土方开挖的控制

检查挖土标高、截面尺寸、放坡和排水。地下水位应保持低于开挖面 500mm 以下。

3. 基坑（槽）验收

由施工单位、设计单位、监理单位或建设单位、质量监督部门等共同进行验槽、用表面检查验槽法，必要时采用钎探检查，检查合格，填写基坑槽验收记录，办理交接手续。

4. 土石方开挖工程质量检验标准，见表8-35、表8-36。

土方开挖工程质量检验标准　　表 8-35

项	序	项 目	允许偏差或允许值(mm)					检验方法
			柱基、基坑、基槽	挖方场地平整		管沟	地(路)面基层	
				人工	机械			
主控项目	1	标高	−50	±30	±50	−50	−50	水准仪
	2	长度、宽度（由设计中心线向两边量）	+200 −50	+300 −100	+500 −100	+100	—	经纬仪、用钢尺量
	3	边坡	设计要求					观察用坡度尺检查
一般项目	1	表面平整度	20	20	50	20	20	用 2m 靠尺和楔形塞尺检查
	2	基底土性	设计要求					观察或土样分析

石方开挖工程质量检验标准　　表 8-36

类别	序号	检查项目		质量标准	单位	检验方法及器具
主控项目	1	底基岩土质		必须符合设计要求	—	观察检查及检查试验记录
	2	边坡坡度偏差		应符合设计要求，不允许偏陡，稳定无松石	—	用坡度尺检查
一般项目	1	顶面标高偏差	基坑、基槽、管沟	−200	mm	水准仪检查
			场地平整	+100 −300		
	2	几何尺寸偏差	基坑、基槽、管沟	+200	mm	从定位中心线及纵横边拉线和尺量
			场地平整	+400 −100		

8.2.3　土石方回填

8.2.3.1 填料要求与含水量控制

填料土料应符合设计要求，如设计无要求时应符合以下规定：

1. 碎石类土、砂土和爆破石渣（粒径不大于每层铺土厚度的2/3），可用于表层下的填料。
2. 含水量符合压实要求的黏性土，可作各层填料。
3. 淤泥和淤泥质土，一般不作填料，在软土层区，经处理符合要求的，可填次要部位。
4. 填土土料含水量的大小，直接影响到压实质量，在压实前应先试验，以得到符合密实度要求条件下的最优含水量和最少压实夯实遍数。各种土的最优含水量和最大密实度，见表8-37。黏性土料施工含水量与最优含水量之差，可控制在±2%范围内。

土的最优含水量和最大干密度参考表　　表 8-37

项次	土的种类	变动范围	
		最优含水量(%)（重量比）	最大干密度(kg/m3)
1	砂土	8~12	1.80~1.88
2	黏土	19~23	1.58~1.70
3	粉质黏土	12~15	1.85~1.95
4	粉土	16~22	1.61~1.80

5. 土料含水量以手握成团，落地开花为宜。含水量过大，应翻松、晾干、风干、换土回填、掺入干土或其他吸水性材料；土料过干，预先洒水润湿，每 1m³ 铺好的土层需要补充水量按下式计算：

$$V = \rho_w \cdot (\omega_{op} - \omega)/(1 + \omega) \quad (8-23)$$

式中　V——单位体积内需要补充的水量（L）；
　　　ω——土的天然含水量（%）（以小数计）；
　　　ω_{op}——土的最优含水量（%）（以小数计）；
　　　ρ_w——填土碾压前的密度（kg/m³）。

6. 当含水量小时，亦可采取增加压实遍数或使用大功率压实

机械等措施，在气候干燥时，须加快施工速度，减少土的水分散失，当填料为碎石类土时，碾压前应充分洒水湿透，以提高压实效果。

8.2.3.2 基底处理

1. 场地回填应先清除基底上垃圾、草皮、树根，排除坑穴中的积水、淤泥和杂物，并应采取措施防止地表滞水流入填方区，浸泡地基，造成基土塌陷。

2. 当填方基底为松土时，应将基底充分夯实和碾压密实。

3. 当填方位于水田、沟渠、池塘等松散土地段，应排水疏干，或作换土处理。

4. 当填土场地陡于 1/5 时，将斜坡挖成阶梯形，阶高 0.2～0.3m，阶宽大于 1m，分层填土。

8.2.3.3 填方边坡

1. 填方的边坡坡度按设计规定施工，设计无规定时，可按表 8-38 和表 8-39 采用。

2. 对使用时间较长的临时性填方边坡坡度，当填方高度小于 10m 时，可采用 1:1.5；超过 10m 可作成折线形，上部采用 1:1.5，下部采用 1:1.75。

永久性填方边坡的高度限值　　表 8-38

项次	土 的 种 类	填方高度(m)	边坡坡度
1	黏土类土、黄土、类黄土	6	1:1.50
2	粉质黏土、泥灰岩土	6～7	1:1.50
3	中砂或粗砂	10	1:1.50
4	碎石或碎石土	10～12	1:1.50
5	易风化的岩土	12	1:1.50
6	轻微风化，尺寸 25cm 内的石料	6 以内	1:1.33
		6～12	1:1.50
7	轻微风化，尺寸大于 25cm 的石料，边坡最大块石，分排整齐铺砌	12 以内	1:1.50～1:0.75
8	轻微风化，尺寸大于 40cm 内的石料，其边坡分排整齐	5 以内	1:0.50
		5～10	1:0.65
		>10	1:1.00

压实填土的边坡允许值　　表 8-39

填料类别	压实系数 λ_c	边坡允许值(高宽比)			
		填料厚度 H(m)			
		$H \leqslant 5$	$5 < H \leqslant 10$	$10 < H \leqslant 15$	$15 < H \leqslant 20$
碎石、卵石	0.94～0.97	1:1.25	1:1.50	1:1.75	1:2.00
砂夹石(其中碎石、卵石占全重的 30%～50%)	0.94～0.97	1:1.25	1:1.50	1:1.75	1:2.00
土夹石(其中碎石、卵石占全重的 30%～50%)	0.94～0.97	1:1.25	1:1.50	1:1.75	1:2.00
粉质黏土，黏粒含量 $\rho_c \geqslant 10\%$ 的粉土		1:1.50	1:1.75	1:2.00	1:2.25

8.2.3.4 人工填土方法

1. 从场地最低部分开始，由一端向另一端自下而上分层铺填。每层虚铺厚度，用打夯机械夯实时不大于 25cm。采取分段填筑，交接处应填成阶梯形。

2. 墙基及管道回填在两侧用细土同时均匀回填、夯实，防止墙基及管道中心线位移。

3. 回填用打夯机夯实时，两机平行时间距不小于 3m，在同一路线上，前后间距不小于 10m。

8.2.3.5 机械填土方法

1. 推土机填土

自下而上分层铺填，每层虚铺厚度不大于 30cm。推土机运土回填，可采用分堆集中，一次运送方法，分段距离为 10～15m，以减少运土漏失量。用推土机来回行驶进行碾压，履带重复宽度的一半，填土程序应采用纵向铺填顺序，从挖土区至填土区段，以 40～60m 距离为宜。

2. 铲运机填土

铺填区段长度不宜小于 20m，宽度不宜小于 8m，铺土应分层进行，每次铺土厚度不大于 30～50cm，铺土后，空车返回时将地表面刮平，填土尽量采取横向或纵向分层卸土。

3. 汽车填土

自卸汽车成堆卸土，配以推土机摊平，每层厚度不大于 30～50cm，汽车不能在虚土层上行驶，卸土推平和压实工作须分段交叉进行。

8.2.4 土石方的压实

8.2.4.1 压实的一般要求

1. 密度的要求

填方的密度要求和质量指标通常以压实系数 λ_c 表示。压实系数为土的实际干土密度 ρ_d 与最大干土密度 ρ_{dmax} 的比值。最大干土密度 ρ_{dmax} 是在最优含水量时，通过标准的击实方法确定的。密实度要求，由设计根据工程结构性质，使用要求确定。如未作规定，可参考表 8-40 数值。

压实填土的质量控制　　表 8-40

结构类型	填土部位	压实系数 λ_c	控制含水量(%)
砌体承重结构和框架结构	在地基主要受力层范围内	≥0.97	$\omega_{op} \pm 2$
	在地基主要受力层范围以下	≥0.95	
框架结构	在地基主要受力层范围内	≥0.96	$\omega_{op} \pm 2$
	在地基主要受力层范围以下	≥0.94	

压实填土的最大干密度 ρ_{dmax}（t/m³）宜采用击实试验确定。当无试验资料时，可按下式计算：

$$\rho_{dmax} = \eta \frac{\rho_w d_s}{1 + 0.01 \omega_{op} d_s} \qquad (8\text{-}24)$$

式中　η——经验系数，对于黏土取 0.95，粉质黏土取 0.96，粉土取 0.97；

ρ_w——水的密度（t/m³）；

d_s——土粒相对密度；

ω_{op}——最优含水量（%），可按当地经验或取 $\omega_p + 2$（ω_p—土的塑限）。

2. 含水量控制

参见 8.2.3.1。

3. 摊铺厚度和压实遍数

每层摊铺厚度和压实遍数，视土的性质、设计要求和使用的压实机具性能，通过现场碾（夯）压试验确定。表 8-41 为参考数值，如无试验依据，可参考应用。

填土施工时的分层厚度及压实遍数　　表 8-41

压实机具	分层厚度(mm)	每次压实遍数	压实机具	分层厚度(mm)	每次压实遍数
平碾	250～300	6～8	柴油打夯机	200～250	3～4
振动压实机	250～350	3～4	人工打夯	<200	3～4

8.2.4.2 填土压（夯）实方法

1. 一般要求

(1) 应尽量采用同类土填筑，并控制土的含水率在最优含水量范围内。当采用不同的土填筑时，应按土类有规则的分层填筑，不得混杂使用，边坡不得用透水性较小的土封闭，避免形成水囊和产生滑动现象。

(2) 填土应从最低处开始，由下向上整个宽度分层铺填碾压或夯实。

(3) 地形起伏之处，应做好接槎，修筑 1:2 阶梯形边坡，台阶高可取 50cm、宽 100cm。分段填筑每层接缝处应作成大于 1:1.5 的斜坡，辗迹重叠 0.5～1.0m，上下层错缝距离不应小于 1m。接缝部位不得在基础、墙角、柱墩等重要部位。

(4) 应预留一定的沉降量，以备在行车、堆重或干湿交替等自然因素作用下，土体逐渐沉降密实。预留沉降量根据工程性质、填方高度、填料种类、压实系数和地基情况等确定。当用机械分层夯

实时,其预留下沉高度(以填方高度的百分数计):对砂土为1.5%;对粉质黏土为3%~3.5%。

2. 人工夯实方法

(1)人力打夯前应将填土初步整平,按一定方向进行,一夯压半夯,夯夯相接,行行相连,两遍纵横交叉,分层夯打。夯实基槽及地坪时,行夯路线应由四边开始,然后再夯向中间。

(2)用柴油打夯机等小机具夯实时,填土厚度不宜大于25cm,均匀分布,不留间隙。

(3)基坑(槽)回填,应在相对两侧或四周同时进行回填与夯实。

(4)回填管沟时,先用人工在管子周围对称填土夯实,直至管顶0.5m以上,方可机械回填。

3. 机械压实方法

(1)碾压机械碾压之前,宜先用轻型推土机、平地机整平,低速预压,使表面平实;采用振动平碾压实,爆破石渣或碎石类土,应先静压,后振压。

(2)碾压机械压实填方时,应控制行驶速度,一般平碾、振动碾不超过2km/h,并要控制压实遍数。碾压机械与基础或管道应保持一定的距离,防止将基础或管道压坏或位移。

(3)用压路机进行填方压实,填土厚度不应超过25~30cm;碾压方向应从两边逐渐压向中间,碾轮每次重叠宽度约15~25cm,避免漏压。运行中碾压边填方边缘应大于50cm,边坡边缘压实不到之处,辅以人力夯或小型夯实机具夯实。

4. 压实排水要求

(1)填土层如有地下水或滞水时,应在四周设置排水沟和集水井,将水位降低。

(2)填土区应保持一定横坡,或中间稍高两边稍低,以利排水。当天填土,应在当天压实。

8.2.4.3 填石压(夯)实方法

1. 一般要求

(1)填石的基底处理同填土,填石应分层填筑,分层压实。逐层填筑时,应安排好石料运输路线,水平分层,先低后高、先两侧后中央卸料,大型推土机摊平。不平处人工用细石块、石屑找平。

(2)填石石料强度不应小于15MPa;石料最大粒径不宜超过层厚的2/3。

(3)分段填筑时每层接缝处应作成大于1:1.5的斜坡,碾迹重叠0.5~1.0m。上下层错缝距离不应小于1m。接缝部位不得在基础、墙角、柱墩等重要部位。

(4)应将不同岩性的填料分层或分段填筑。

2. 机械压实方法

(1)石方压实应使用重型振动压路机进行碾压;先静压,后振压。

(2)碾压时,控制行驶速度,一般振动碾不超过2km/h;碾压机械与基础或管道保持一定距离。

(3)用压路机进行石质填方压实,分层松铺厚度不宜大于0.5m;碾压时,直线段先两侧后中间,压实路线应纵向互相平行,反复碾压,曲线段,则由内侧向外侧进行。

8.2.4.4 质量控制与检验

(1)回填施工过程中应检查排水措施,每层填筑厚度、含水量控制和压实程序。

(2)对每层回填的质量进行检验,采用环刀法(或灌砂法、灌水法)取样测定土(石)的干密度,求出土(石)的密实度,或用小轻便触探仪检验干密度和密实度。

(3)基坑和室内填土,每层按100~500m²取样1组;场地平整填方,每层按400~900m²取样一组;基坑和管沟回填每20~50m²取样1组,但每层均不少于1组,取样部位在每层压实后的下半部。

(4)干密度应有90%以上符合设计要求,10%的最低值与设计值之差,不大于0.08t/m³,且不应集中。

(5)填方施工结束后应检查标高、边坡坡度、压实程度等,检验标准参见表8-42。

填土工程质量检验评定标准(mm)   表 8-42

项	序	检验项目	允许偏差或允许值					检查方法
			桩基、基坑、基槽	场地平整		管沟	地(路)面基础层	
				人工	机械			
主控项目	1	标高	−50	±30	±50	−50	−50	水准仪
	2	分层压实系数	设计要求					按规定方法
一般项目	1	回填土料	设计要求					取样检查或直观鉴别
	2	分层厚度及含水量	设计要求					水准仪及抽样检查
	3	表面平整度	20	20	30	20	20	用靠尺或水准仪

8.2.5 土石方工程特殊问题的处理

8.2.5.1 滑坡与塌方的处理

1. 滑坡与塌方原因分析

(1)斜坡土(岩)本体自身存在倾向相近、层理发达、破碎严重的裂隙,或内部夹有易滑动的软弱带,如软泥、黏土质岩层,受水浸后滑动或塌落。

(2)土层下有倾斜度较大的岩层,或软弱土夹层;或岩层虽近于水平,但距边坡过近,边坡倾度过大,堆土或堆置材料、建筑荷重,增加了土体的负担,降低了土与岩面之间的抗剪强度。

(3)边坡坡度不够,倾角过大,土体因雨水或地下水浸入,剪切应力增大,黏聚力减弱。

(4)开堑挖方,不合理的切割坡脚;或坡脚被地表、地下水掏空;或斜坡地段下部被冲沟所切,地表、地下水浸入坡体;或开挖放炮使坡脚松动,加大坡体坡度,破坏了土(岩)体的内力平衡。

(5)在坡体上不适当的堆土或填土,设置建筑物;或土工构筑物设置在尚未稳定的古(老)滑坡上,或设置在易滑动的坡积土层上,填方或建筑物增荷后,重心改变,在外力(堆载振动、地震等)和地表、地下水双重作用下,坡体失去平衡而触发古(老)滑坡复活,而产生滑坡。

2. 处理的措施和方法

(1)加强工程地质勘察,对拟建场地(包括边坡)的稳定性进行认真分析和评价;对具备滑坡形成条件或存在有古老滑坡的地段,一般不应选作建筑场地,或采取必要的措施加以预防。

(2)在滑坡范围外设置多道环形截水沟,以拦截附近的地表水,在滑坡区域内,修设或疏通原排水系统,疏导地表水及地下水,阻止其渗入滑坡体内。

(3)处理好滑坡区域附近的生活及生产用水,防止浸入滑坡地段。

(4)如因地下水活动有可能形成山坡浅层滑坡时,可设置支撑盲沟、渗水沟,排除地下水。

(5)不能随意切割坡脚。土体削成平缓的坡度,或做成台阶,以增加稳定(图8-11a);土质不同时,削成2~3种坡度(图8-11b)。在坡脚有弃土条件时,将土石方填至坡脚,起反压作用,筑挡土堆或修筑台阶,避免在滑坡地段切去坡脚或深挖方。如整平场地必须切割坡脚,且不设挡土墙时,应按切割深度,将坡脚随原自然坡度由上而下削坡,逐渐挖至要求的坡脚深度(图8-12)。

(6)避免在坡脚处取土,在坡肩上设置弃土或建筑物。在斜坡地段挖方时,应遵守自上而下分层的开挖顺序。在斜坡上填土,由下往上分层填筑,避免对滑坡体的各种振动作用。

(7)对出现的浅层滑坡,如滑坡量不大,将滑坡体全部挖除;如土方量较大,难于挖除,且表层破碎含有滑坡夹层时,对滑坡体采取深翻、推压、打乱滑坡夹层、表面压实等,减少滑坡因素。

(8)对主滑地段采取挖方卸荷,拆除已有建筑物等减重措施,对抗滑地段采取堆方加重措施。

(9)滑坡面土质松散或具有大量裂缝时,应填平、夯填,防止地表水下渗。

(10)对已滑坡工程,稳定后设置混凝土锚固排桩、挡土墙、

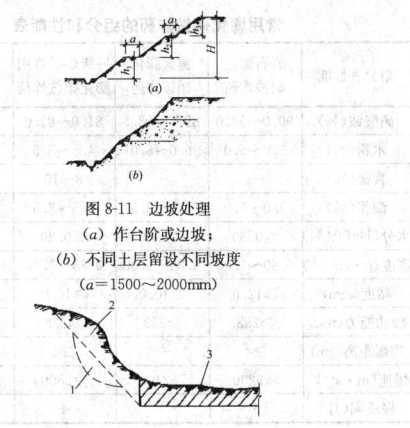

图 8-11 边坡处理
(a) 作台阶或边坡;
(b) 不同土层留设不同坡度
(a=1500~2000mm)

图 8-12 切割坡脚措施
1—滑动面;2—应削去的不稳定部分;
3—实际挖去部分

抗滑明洞、抗滑锚杆或混凝土墩与挡土墙等加固坡脚(图 8-13~图 8-17),并作截水沟、排水沟,陡坝部分去土减重,保持适当坡度。

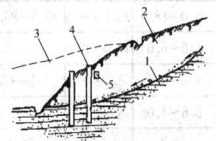

图 8-13 用钢筋混凝土
锚固桩(抗滑桩)整治滑坡
1—基岩滑坡面;2—滑动土体;3—原地面线;4—钢筋混凝土锚固排桩;5—排水盲沟

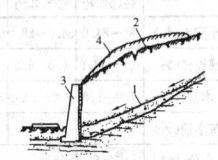

图 8-14 用挡土墙与
卸荷结合整治滑坡
1—基岩滑坡面;2—滑动土体;3—钢筋混凝土或块石挡土墙;4—卸去土体

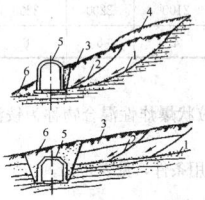

图 8-15 用钢筋混凝土明洞
(涵洞)和恢复土体
平衡整治滑坡
1—基岩滑坡面;2—土体滑动面;3—滑动土体;4—卸去土体;5—混凝土或钢筋混凝土明洞(涵洞);6—恢复土体

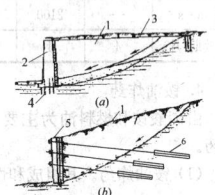

图 8-16 用挡土墙(挡土
板、柱)与岩(土层)
锚杆结合整治滑坡
(a) 挡土墙与岩石锚杆结合整治滑坡;(b) 挡土板、柱与土层锚杆结合整治滑坡 1—滑动土体;2—挡土墙;3—岩石锚杆;4—锚桩;5—挡土板、柱;6—土层锚杆

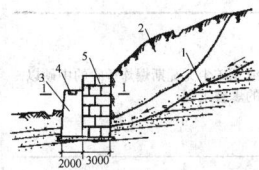
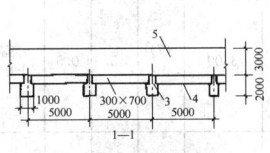

图 8-17 用混凝土墩与挡土墙结合整治滑坡
1—基岩滑坡面;2—滑动土体;3—混凝土墩;4—钢筋混凝土横梁;5—块石挡土墙

8.2.5.2 冲沟、土洞、古河道、古湖泊的处理

1. 冲沟处理

一般处理方法是:对边坡上不深的冲沟,用好土或 3:7 灰土逐层回填夯实,或用浆砌块石填砌至坡面,并在坡顶作排水沟及反水坡,对地面冲沟用土分层夯填。

2. 土洞处理

将土洞上部挖开,清除软土,分层回填好土(灰土或砂卵石)夯实,面层用黏土夯填并使之高于周围地表,同时作好地表水的截流,将地表径流引到附近排水沟中,不使下渗;对地下水采用截流改道的办法;如用作地基的深埋土洞,宜用砂、砾石、片石或混凝土填灌密实,或用灌浆挤压法加固。对地下水形成的土洞和陷穴,除先挖除软土抛填块石外,还应作反滤层,面层用黏土夯实。

3. 古河道、古湖泊处理

(1) 对年代久远的古河道、古湖泊,已被密实的沉积物填满,底部尚有砂卵石层,土的含水量小于 20%,且无被水冲蚀的可能性,可不处理;对年代近的古河道、古湖泊,土质较均匀,含少量杂质,含水量大于 20%,如沉积物填充密实,亦可不处理;

(2) 如为松软含水量大的土,应挖除后用好土分层夯实,或采取地基加固措施;用作地基部位用灰土分层夯实,与河、湖边坡接触部位做成阶梯形搭接,阶宽不小于 1m,接槎处应仔细夯实,回填应按先深后浅的顺序进行。

8.2.5.3 橡皮土处理

1. 暂停一段时间施工,避免再直接拍打,使"橡皮土"含水量逐渐降低,或将土层翻晾;

2. 如地基已成"橡皮土",可在上面铺一层碎石或碎砖后进行夯击,将表土层挤紧;

3. 橡皮土较严重的,可将土层翻起并粉碎均匀,掺加石灰粉,改变原土结构成为灰土;

4. 当为荷载大的房屋地基,采取打石桩,将毛石(块度为 20~30cm)依次打入土中;

5. 挖去"橡皮土",重新填好土或级配砂石夯实。

8.2.5.4 流砂处理

发生流砂时,土完全失去承载力,不但使施工条件恶化,而且流砂严重时,会引起基础边坡塌方,附近建筑物会因地基被掏空而下沉、倾斜,甚至倒塌。

1. 安排在全年最低水位季节施工,使基坑内动水压减小;

2. 采取水下挖土(不抽水或少抽水),使坑内水压与坑外地下水压相平衡或缩小水头差;

3. 采用井点降水,降低水位,使动水压的方向朝下,坑底土面保持无水状态;

4. 沿基坑外围打板桩,深入坑底一定深度,减小动水压力;

5. 采用化学压力注浆或高压水泥注浆,固结基坑周围粉砂层使形成防渗帷幕;

6. 往坑底抛大石块,增加土的压重和减小动水压力,同时组织快速施工;

7. 当基坑面积较小,也可采用在四周设钢板护筒,随着挖土不断加深,直到穿过流砂层。

8.2.6 土石方开挖与回填安全技术措施

1. 挖土石方不得在危岩、孤石的下边或贴近未加固的危险建筑物的下面进行。

2. 基坑开挖时,两人操作间距应大于 2.5m。多台机械开挖,挖土机间距应大于 10m。在挖土机工作范围内,不许进行其他作业。开挖应由上而下,逐层进行,严禁先挖坡脚或逆坡挖土。

3. 基坑开挖严格按要求放坡。随时注意边坡的变动情况,发现有裂纹或部分坍塌现象,及时进行支撑,并注意支撑的稳固和边坡的变化。不放坡开挖时,应通过计算设置临时支护。

4. 机械多台阶同时开挖,应验算边坡的稳定,挖土机离边坡应有一定的安全距离,以防塌方。

5. 在有支撑的基坑槽中使用机械挖土时,应防止碰坏支撑。在坑槽边使用机械挖土时,应计算支撑强度,必要时应加强支撑。

6. 基坑(槽)和管沟回填时,下方不得有人,检查打夯机的电器线路,防止漏电、触电。

7. 拆除护壁支撑时，应按照回填顺序，从下而上逐步拆除；更换支撑，必须先安后拆。

8.3　爆　破　工　程

8.3.1　爆　破　器　材

8.3.1.1　炸药及其分类

1. 凡在外部施加一定的能量后，能发生化学爆炸的物质称为炸药；应用于国民经济各个部门的炸药称为工业炸药。

（1）按主要化学成分分类

1）硝铵类炸药，以硝酸铵为主要成分，加上适量的可燃剂、敏化剂及其附加剂的混合炸药均属此类。

2）硝化甘油类炸药，以硝化甘油或硝化甘油与硝化乙二醇混合物为主要组分的混合炸药，有粉状和胶质之分。

3）芳香族硝基化合物类炸药，苯及其同系以及苯胺、苯酚和萘的硝基化合物，如梯恩梯、二硝基甲苯磺酸钠等。

（2）按使用条件分类

1）准许在一切地下和露天爆破工程中使用的炸药，是安全炸药，又叫做煤矿许用炸药。

2）准许在露天和地下工程中使用的炸药，但不包括有瓦斯和矿尘爆炸危险的矿山。

3）只准许在露天爆破中使用的炸药。

2. 工程爆破对工业炸药的基本要求

（1）具有较低的机械感度和适宜的起爆感度，既能保证生产、贮存、运输和使用过程中的安全，又能保证使用操作中方便顺利地起爆。

（2）爆炸性能好，具有足够的爆炸威力，以满足不同矿岩的爆破需要。

（3）其组分、配比应达到零氧平衡或接近于零氧平衡，不含或少含有毒成分。

（4）有适当的稳定贮存期，在规定的贮存期间内，不应变质失效。

3. 常用工业炸药

（1）膨化硝铵炸药

膨化硝铵炸药是指用膨化硝酸铵作为炸药氧化剂的一系列粉状硝铵炸药，其关键技术是硝酸铵的膨化敏化改性，膨化硝酸铵颗粒中含有大量的"微气泡"，颗粒表面被"歧性化"、"粗糙化"，当其受到外界强力激发作用时，这些不均匀的局部就可能形成高温高压的"热点"进而发展成为爆炸，实现硝酸铵的"自敏化"设计。膨化硝铵炸药的分类和性能，见表8-43。

常用膨化硝铵炸药的组分和性能表　　表8-43

组分和性能	岩石膨化硝铵炸药	露天膨化硝铵炸药	一级煤矿许用膨化硝铵炸药	二级煤矿许用膨化硝铵炸药
硝酸铵(%)	90.0~94.0	89.5~92.5	81.0~85.0	80.0~84.0
木粉(%)	3.0~5.0	6.0~8.0	4.5~5.5	3.0~4.0
食盐(%)	—	—	8~10	10~12
油相(%)	3.0~5.0	1.5~2.5	2.5~3.5	3.0~4.0
水分(H_2O)(%)	≤0.30	≤0.30	≤0.30	≤0.30
密度(g·cm^{-3})	0.80~1.00	0.80~1.00	0.85~1.05	0.85~1.05
猛度(mm)	≥12.0	≥10.0	≥10.0	≥10.0
做功能力(mL)	≥298	≥228	≥228	≥218
殉爆距离(cm)	≥4	≥4	≥4	≥3
爆速(m·s^{-1})	≥3200	≥2400	≥2800	≥2600
保质期(月)	6	4	4	4

（2）铵梯炸药

铵梯类炸药是以硝酸铵为氧化剂，木粉为可燃剂，梯恩梯为敏化剂，并按一定比例均匀混合制得的硝铵炸药，其分类和性能见下表8-44。

几种铵梯炸药的组分和性能表　　表8-44

组分和性能	1号露天铵梯炸药	2号露天铵梯炸药	3号露天铵梯炸药	2号抗水铵梯炸药	2号岩石铵梯炸药	2号抗水岩石铵梯炸药
硝酸铵(%)	80~84.0	84.0~88.0	86.0~90.0	84.0~88.0	83.5~86.5	83.5~86.5
梯恩梯(%)	9.0~11.0	4.0~6.0	2.5~3.5	4.0~6.0	10.0~12.0	10.5~11.5
木粉(%)	7.0~9.0	8.0~10.0	7.2~9.2	3.5~4.5	2.7~3.7
抗水剂(%)	—	—	—	0.6~1.0	—	0.6~1.0
水分(%)	≤0.5	≤0.5	≤0.5	≤0.3	≤0.3	≤0.3
密度(g·cm^{-3})	0.85~1.1	0.85~1.10	0.85~1.1	0.85~1.10	0.95~1.10	0.95~1.10
殉爆距离(cm)	≥4	≥3	≥2	≥3	≥5	≥5
作功能力(mL)	≥278	≥228	≥208	≥228	≥298	≥298
猛度(mm)	≥11	≥8	≥5	≥8	≥12	≥12
爆速(m·s^{-1})	—	2100	—	2100	3200	3200
有效期(月)	4	4	4	4	6	6

4. 铵油炸药

由硝酸铵和燃料油为主要成分的粒状爆炸性混合物称为铵油炸药。

（1）铵油炸药。其组成和性能及适用条件，见表8-45。

铵油炸药的组分配比、性能与适用条件　　表8-45

炸药名称	组分(%)			水分(不大于)(%)	装药密度(g·cm^{-3})	爆炸性能				炸药保证期(d)	炸药保证期内		适用条件
	硝酸铵	柴油	木粉			殉爆距离(不小于)(cm)	猛度(不小于)(mm)	爆力(不小于)(mL)	爆速(不小于)(m·s^{-1})		殉爆距离(不小于)(cm)	水分(不大于)(%)	
1号铵油炸药(粉状)	92±1.5	4±1	4±0.5	0.25	0.9~1.0	5	12	300	3300	(7)15	5	0.5	露天或无矿尘无瓦斯爆炸危险的中硬以上矿石的爆破工程
2号铵油炸药(粉状)	92±1.5	1.8±0.5	6.2±1	0.8	0.8~0.9	—	18	250	3800	15	—	1.5	露天中硬以上矿岩的爆破和硐室爆破工程
3号铵油炸药(粒状)	94.5±1.5	5.5±1.5		0.8	0.9~1.0	—	18	250	3800	15	—	1.5	露天大爆破工程和地下中深孔爆破

（2）重铵油炸药

将 W/O 型乳胶基质按一定的比例掺混到粒状铵油炸药中，形成的乳胶与铵油炸药掺混物。

（3）膨化铵油炸药

用膨化硝酸铵替代结晶硝酸铵或多孔粒状硝酸铵制备的炸药称为膨化铵油炸药。

5. 乳化炸药等含水炸药

（1）乳化炸药：外观形态是以极薄油膜包覆的硝酸铵等无机氧化剂盐结晶粉末，有较高的爆轰感度和良好的爆炸性能。具有抗水性能强，环境污染小，爆破效果好等特点。主要成分：氧化剂、油包水型乳化剂、水、油相材料、密度调整剂、少量添加剂。

（2）岩石型乳化炸药的品种和技术性能，见表 8-46。

我国几种乳化炸药的组分与性能　　表 8-46

系列或型号		EL系列	CLH系列	RJ系列	MRY-3	岩石型	煤矿许用型
组分（%）	硝酸铵	63～75	50～70	53～80	60～65	65～86	65～80
	硝酸钠	10～15	15～30	5～15	10～15	—	—
	水	10	4～12	8～15	8～13	8～13	8～13
	乳化剂	1～2	0.5～2.5	1～3	1～2.5	0.8～1.2	0.8～1.2
	油相材料	2.5	2～8	2～8	3～6	4～6	3～5
	铝粉	2～4			3～5		
	添加剂	2.1～2.2	0～4;3～15	0.5～2	0.4～1.5		5～10
	密度调整剂	0.3～0.5	—	0.1～0.7	0.1～0.5		
性能	爆速（km·s⁻¹）	4.5～5.0	4.5～5.5	5.0～5.4	5.2～5.5	3.9～5.0	3.9
	猛度（mm）	16～19	15～17	16～18	16～19	12～17	12～17
	爆力（mL）	—	295～330	—	—	—	—
	殉爆距离（cm）	8～12	8	>8	8	6～8	6～8
	贮存期（月）	>6	>8	8	—	3～4	3～4

8.3.1.2　电雷管

1. 瞬发电雷管，是一种通电即爆炸的雷管，管内装有电点火装置，由脚线、桥丝和引火药组成。

2. 秒和半秒延时电雷管，通电后延时起爆，在电引火元件与起爆药之间加入延期装置，国产秒或半秒延期雷管的延期时间和标志，见表 8-47、表 8-48。

秒延期电雷管的段别、秒量及脚线颜色　　表 8-47

段别	延期时间（s）	脚线标志颜色	段别	延期时间（s）	脚线标志颜色
1		灰红	5	4.8	绿红
2	1.2	灰黄	6	6.2	绿黄
3	2.3	灰蓝	7	7.7	绿蓝
4	3.5	灰白			

半秒延期电雷管的段别与秒量　　表 8-48

段别	延期时间（s）	标志	段别	延期时间（s）	标志
1	0	雷管壳上印有段别标志，每发雷管还有段别标签	6	2.5	雷管壳上印有段别标志，每发雷管还有段别标签
2	0.5		7	3.0	
3	1.0		8	3.5	
4	1.5		9	4.0	
5	2.0		10	4.5	

3. 毫秒延期电雷管，其组成基本上与秒和半秒延期电雷管相同，不同点在于其延期装置是毫秒级延期药，国产毫秒电雷管段别及其延期时间见表 8-49。

国内毫秒延期电雷管段别与秒量　　表 8-49

段别	第1ms系列（ms）	第2ms系列（ms）	第3ms系列（ms）	第4ms系列（ms）
1	0	0	0	0
2	25	25	25	25
3	50	50	50	45

续表

段别	第1ms系列（ms）	第2ms系列（ms）	第3ms系列（ms）	第4ms系列（ms）
4	75	75	75	65
5	110	100	100	85
6	150		128	105
7	200		157	125
8	250		190	145
9	310		230	165
10	380		280	185
11	460		340	205
12	550		410	225
13	650		480	250
14	760		550	275
15	880		625	300
16	1020		700	330
17	1200		780	360
18	1400		860	395
19	1700		945	430
20	2000		1035	470
21			1125	510
22			1225	550
23			1350	590
24			1500	630
25			1675	670
26			1875	710
27			2075	750
28			2300	800
29			2550	850
30			2800	900
31			3050	

8.3.1.3　导爆索

以黑索金或泰安为索芯，棉线、麻线或人造纤维为被覆材料的传递爆轰波的一种索状起爆器材。外观尺寸，导爆索的外径为 5.7～6.2mm，爆速标准规定不低于 6500m/s，以黑索金为药芯的药量为 12～14g/m。

8.3.1.4　导爆管雷管

1. 导爆管：是一种内壁涂有混合炸药粉末的塑料软管，管壁材料是高压聚乙烯，外径 2.95±0.15mm，内径 1.40±0.10mm。起爆感度高、传爆速度快，有良好的传爆、耐火、抗冲击、抗水、抗电和强度性能，应用普遍，和非电毫秒雷管配合使用。

2. 导爆管的连通元件主要有连接块：用于固定击发雷管和被爆导爆管的连通元件，用普通塑料制成。另一连通管直接把主爆导爆管和被爆导爆管连通导爆的装置，采用高压聚乙烯压铸而成，有分岔式和集束式。

3. 导爆管毫秒雷管：是用塑料导爆管引爆，延期时间以毫秒级计量的雷管，由塑料导爆管的爆轰波点燃延期药，导爆管毫秒雷管的段别及其延期时间，见表 8-50。

导爆管毫秒雷管的段别及延期时间　　表 8-50

段别	第一系列	第二系列	第三系列	段别	第一系列	第二系列	第三系列
1	0	0	0	16	1020	375	400
2	25	25	25	17	1200	400	450
3	50	50	50	18	1400	425	500
4	75	75	75	19	1700	450	550
5	110	100	100	20	2000	475	600
6	150	125	125	21		500	650
7	200	150	150	22			700
8	250	175	175	23			750
9	310	200	200	24			800
10	380	225	225	25			850
11	460	250	250	26			950
12	550	275	275	27			1050
13	650	300	300	28			1150
14	760	325	325	29			1250
15	880	350	350	30			1350

除非电导爆管毫秒雷管外，还有非电导爆管秒延期雷管和非电导爆管瞬发雷管。

8.3.1.5 爆破仪表

专用起爆器，是引爆电雷管和激发笔的专用电源，主要规格及性能，见表 8-51。遇复杂电爆网路时，要认真阅读起爆器说明书，严格按照要求选择联网方式，保证可靠起爆。

专用起爆器的性能与规格　　　　表 8-51

型　号	起爆能力(发)	输出峰值(V)	最大外电阻(Ω)	充电时间(s)	冲击电流持续时间(ms)	电源	质量(kg)	外形尺寸(mm)长×宽×高	生产厂家
MFB-50/100	50/100	960	170	<6	3~6	1号电池3节		135×92×75	抚顺煤炭研究所
NFJ-100	100	900	320	<12	3~6	1号电池4节	3	180×105×165	营口市无线电二厂
J20F-300-B	100/200	900	300	7~20	<6		1.25	148×82×115	营口市无线电二厂
MFB-200	200	1800	620	<6				165×105×102	抚顺煤炭研究所
QLDF-1000-C	300/1000	500/600	400/800	15/40		1号电池8节	5	230×140×190	营口市无线电二厂
GM-2000	最大4000抗杂雷管480	2000	<80			8 V(XQ1蓄电池)	8	360×165×184	湘西矿山电子仪表厂
GNDF-4000	铜4000铁2000	3600	600	10~30	50	蓄电池或干电池12V	11	385×195×360	营口市无线电二厂

8.3.1.6 电力起爆法

电力起爆法是利用电能引爆电雷管进而直接或通过其他起爆器材起爆工业炸药的起爆方法；特点是敷设起爆网路前后，能用仪表检查电雷管和对网路进行测试，保证网路的可靠性；可以远距离起爆并控制起爆时间，实现分段延时起爆。缺点是：雷雨期和存在电干扰的危险区内不能使用电爆网路。

1. 电爆网路的组成

(1) 电雷管：见第 8.3.1.2 节。

(2) 起爆电源：主要有起爆器、照明电、动力交流电源、干电池、蓄电池和移动式发电机。起爆电源的功率，应能保证流经每个雷管的电流值必须满足以下要求：一般爆破，交流电≥2.5A，直流电≥2A；硐室爆破，交流电≥4A，直流电≥2.5A。

(3) 导线：导线一般采用绝缘良好的铜和铝线，在大型电爆网路中，常将导线按其位置和作用划分为：端线、联接线、区域线和主线。

2. 电爆网路的联接方式

(1) 串联电爆网路，如图 8-18 所示，是将所有要起爆的电雷管的两根脚线或端线依次串联成一回路。串联回路的总电阻 R 为：

$$R = R_1 + nR_2 + nr \qquad (8-25)$$

式中　R_1——主线电阻（Ω）；

$\quad R_2$——药包之间的联接电阻（不计差别）（Ω）；

$\quad R$——电雷管的电阻（不计差别）（Ω）；

$\quad n$——串联回路中电雷管数目。

串联回路总电流 I 为：

$$i = I = E/(R_1 + nR_2 + nr) \qquad (8-26)$$

式中　E——起爆电源的电压（V）；

$\quad i$——通过每个雷管的电流（A）。

串联电爆网路大多采用高能起爆器，电压有 900V、1800V。

(2) 并联电爆网路，并联电爆网路典型的联接方式，如图 8-19 所示。它是将所有要起爆的电雷管两脚线分别联接到两主线上，然后再与电源相接。并联电爆网路总电阻 R 为：

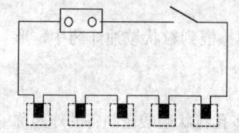

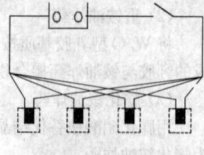

图 8-18　串联网路　　　　图 8-19　并联网路

$$R = R_1 + R_2/n + r/n \qquad (8-27)$$

式中，n 为电爆网路中并联的电雷管数目；其他符号含义同前。

并联电爆网路总电流 I 为：$I = E/(R_1 + R_2/n + r/n)$　(8-28)

通过每发电雷管的电流 i 为：$i = I/n$　　　　(8-29)

并联电爆网路联接要求每条支路的联接线电阻和雷管电阻相同，各支路的电阻值平衡。

(3) 混合联电爆网路，混合电爆网路是由串联和并联组合起来的一种网路，有串并联、并串联和并串并联等类型。

3. 电力起爆法施工

(1) 装药、堵塞：注意起爆导线的保护，特别是在深孔爆破中，孔内不宜有接头，如有接头应联接牢固，并作防水、防绝缘处理。堵塞时要防止把导线、接头碰伤或打断。

(2) 网路的连线：装药、堵塞全部完成，无关人员已全部撤到安全地方后进行，接头不要和金属导体或地面接触，导线要留有一定的伸缩量；从现场向起爆站后退方式进行。

(3) 电爆网路的导通与检测：网路敷设和联接完毕后，要对其进行导通与检测，用专用的爆破欧姆表或导通器检查网路是否接通，测量网路的电阻值是否和设计值一致，发现断路或短路，要立即找出原因，排除故障。

(4) 起爆：导通检测后，将主线与电源插头联接，控制充电时间，起爆后立即切断电源。

8.3.1.7 导爆索起爆法

导爆索起爆网路常用于深孔爆破、光面爆破、预裂爆破、水下爆破以及硐室爆破等。

1. 导爆索起爆网路：由导爆索和雷管组成；导爆索传递爆轰波的能力有一定方向性。联接网路时必须使每一支线的接法迎着主线的传爆方向，支线与主线传爆方向的夹角应小于 90°（图 8-20）。

图 8-20　导爆索分段并联微差起爆网路

1—主导爆索；2—起爆雷管；3—支导爆索；
4—导爆索继爆管；5—炮孔

导爆索之间的搭接长度不应小于 15cm。搭接方式有平行搭接、扭接、水手接及三角形联接等方式（图 8-21）。支线与干线联接之间的夹角必须符合图 8-21（a）所示角度。

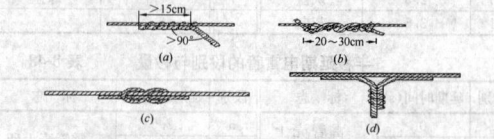

图 8-21　导爆索联接方式

(a) 平行搭接；(b) 扭接；(c) 水手接；(d) 三角形联接

2. 导爆索与炸药联接：有两种常用方式，炮孔内联接是将导爆索插入袋装药包内与药袋捆扎结实后送入炮孔内；硐室爆破的网路往往用导爆索组成辅助网路，用导爆索做成辅助起爆药包与主起爆药包联接，导爆索宜用塑料布包裹防油浸入产生拒爆。

3. 导爆索的引爆：可由炸药、雷管引爆，当用雷管引爆时，雷管聚能穴应朝向导爆索传爆方向，并绑扎在距导爆索端部 15cm 以外的位置。

8.3.1.8 导爆管起爆法

利用导爆管传递冲击波点燃雷管进而直接或通过导爆索起爆工

业炸药的一种起爆法，特点是可以在有电干扰的环境下进行操作，安全性较高；起爆的药包数量不受限制，不用进行复杂的计算，缺点是没有检测网路的有效手段。

1. 导爆管的引爆方法

(1) 导爆管引爆器引爆：导爆管引爆器形同起爆器，可远距离联接引线直接引爆导爆管。

(2) 用电雷管引爆导爆管：导爆管在雷管上应分布均匀，用雷管引爆导爆管。

2. 导爆管爆破网路的基本形式

(1) 孔内延期爆破网路：把非电延期雷管直接装入孔内，用瞬发电雷管一次引爆。

(2) 孔外延期爆破网路：地面网路中的传爆雷管用毫秒延期雷管，炮孔内用瞬发雷管（或高段别毫秒延期雷管），可以实施多孔爆破。

(3) 孔内、外延期相结合爆破网路：减少地面网路中的传爆雷管用量，孔内用不同段别雷管并实行分区分块，然后用大于孔内段别的雷管作孔外延期雷管，引爆另一分区分块的导爆管雷管，达到大方量爆破的目的。

3. 导爆管爆破网路设计原则

(1) 设计前需抽样检查导爆管雷管等起爆材料，确定雷管准爆率及延时精度。

(2) 根据起爆器材的配备情况和工程对爆破网路的要求，确定网路的类型。

(3) 控制单响药量不超过规定值。总装药量一定时，单响药量越小，分段数越多。

(4) 做到传爆顺序与炮孔前、后排起爆顺序相一致，有利于对其联接质量进行直观检查；除搭接处，网路应避免交叉，以免造成联接上的混乱与错误。

4. 导爆管爆破网路联接的主要形式

(1) 单式联接爆破网路（每个孔装一发雷管）这种路适用小爆破，见图8-22。

(2) 复式爆破网路（每个孔内装两发雷管，形成两个独立的传爆线），见图8-23。

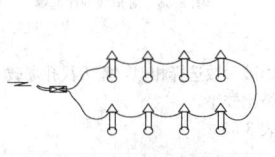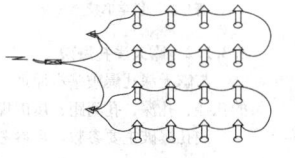

图8-22 单式联接爆破网路　　图8-23 复式爆破网路

(3) 单闭合爆破网路，各个孔内非电雷管，用塑料套管接头连成一个闭合圈，见图8-24。

(4) 多闭合爆破网路，每排孔组成一个小闭合网路，各小闭合网路之间又用一个闭合网路联接起来，见图8-25。

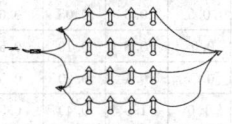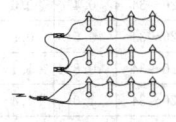

图8-24 单闭合爆破网路　　图8-25 多闭合爆破网路

(5) 并联闭合爆破网路，用3联或4联塑料套管把网路一头并在一起，使每一支路与其他支路均组成闭合网路，安全准爆性又提高了一步，见图8-26。

(6) 采用塑料套管组成孔外延期闭合网路，见图8-27。

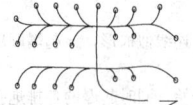

图8-26 并联闭合爆破网路　　图8-27 孔外延期闭合网路

8.3.1.9 混合网路起爆法

工程爆破中，将起爆方法组合使用，形成两套完整独立，准爆率和安全性较高的混合网路。

1. 电—导爆管混合网路：由孔外用电雷管网路引爆炮孔内导爆管雷管，拆除爆破使用较多。

2. 导爆索—导爆管混合网路：导爆管与导爆索垂直联接；将导爆管放在导爆索上，呈"十"字形，交叉点用胶布包捆好，炮孔内可装入同段导爆管雷管，也可装入不同段雷管。

3. 电—导爆索起爆网路：硐室爆破使用较多，也可用在深孔台阶爆破中。

8.3.2 露 天 爆 破

8.3.2.1 露天深孔爆破

深孔爆破一般是在台阶上或事先平整的场地上进行钻孔作业，并在孔中装入延长药包，朝向自由面的，以一排或数排炮孔进行爆破的一种作业方式。深孔爆破按孔径、孔深不同，分为深孔台阶爆破和浅孔台阶爆破。通常将孔径大于75mm，孔深大于5m的钻孔称为深孔。反之，则称为浅孔。

1. 台阶要素，钻孔形式和布孔方式

(1) 台阶要素

如图8-28所示，H为台阶高度（m）；W_1为前排钻孔的底盘抵抗线（m）；L为钻孔深度（m）；L_1为装药长度（m）；L_2为堵塞长度（m）；h为超深（m）；α为台阶坡面角（°）；a为孔距（m）；b为排距（m）。

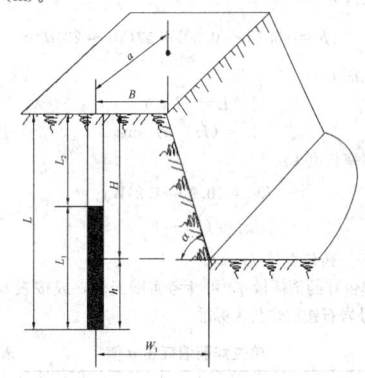

图8-28 台阶要素示意图

(2) 钻孔形式

露天深孔爆破的钻孔形式分为垂直钻孔和倾斜钻孔两种（图8-29）。特殊情况下采用水平钻孔。

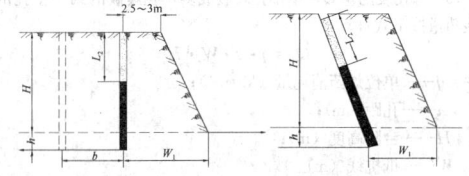

图8-29 露天深孔形式布置示意图
H—台阶高度（m）；h—超深（m）；W_1—底盘抵抗线（m）；
L_2—堵塞长度（m）；b—排距（m）

(3) 布孔方式

分为单排布孔和多排布孔两种。多排孔又分为方形、矩形及三角形3种，如图8-30所示。

2. 爆破参数设计（经验法）

(1) 孔径D，主要取决于钻机类型、台阶高度和岩石性质。孔径为76~170mm不等。

(2) 台阶高度，以$H=10\sim15m$为佳。

(3) 底盘抵抗线W_1和排距b。

1) 根据钻孔作业的安全条件计算：

$$W_1 \leqslant H \mathrm{ctg}\alpha + B \qquad (8\text{-}30)$$

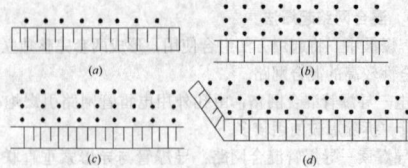

图 8-30　布孔方式
(a) 单排布孔；(b) 方形布孔；(c) 矩形布孔；(d) 三角形布孔

2) 按台阶高度和孔径计算：

$$W_1 = (0.6 \sim 0.9)H, (W_1 = k \cdot d) \qquad (8-31)$$

式中　W_1——底盘抵抗线（m）；
　　　　α——台阶坡面角，一般为 60°～75°；
　　　　H——台阶高度（m）；
　　　　B——钻孔中心至坡顶线的安全距离，$B \geqslant 2.5 \sim 3.0m$；
　　　　k——系数，为 20～40；
　　　　d——炮孔直径（mm）。

3) 排距 b 是指多排孔爆破时，相邻两排钻孔间的距离，$b = W$。W 为实际抵抗线。

(4) 孔距 a，是指同一排深孔中相邻两钻孔中心线间的距离。

$$a = mW = mb \qquad (8-32)$$

式中　m——炮孔密集系数，m 通常大于 1.0。一般为 1.0～1.2。

(5) 超深 h

$$h = (0.15 \sim 0.30)W \text{ 或}(10 \sim 20)d \qquad (8-33)$$

(6) 孔深 L

直孔：　　　　　$L = H + h \qquad (8-34)$
斜孔：　　　　　$L = (H + h)/\sin a \qquad (8-35)$

(7) 堵塞长度 L_2

$$L_2 = (0.9 \sim 1.2)W_1 \qquad (8-36)$$

或　　　　　　$L_2 = (20 \sim 30)d_0 \qquad (8-37)$

式中　d_0——药包直径（mm）。

(8) 单位炸药消耗量 q，可参考实践经验，或按表 8-52 选取。该表以 2 号岩石铵梯炸药为标准。

单位炸药消耗量 q 值　　　　表 8-52

岩石坚固性系数 f	0.8~2	3~4	5	6	8	10	12	14	16	20
$q(\text{kg} \cdot \text{m}^{-3})$	0.40	0.43	0.46	0.50	0.53	0.56	0.60	0.64	0.67	0.70

(9) 每孔装药量 Q，单排孔爆破或多排孔爆破的第一排孔的每孔装药量按下式计算：

$$Q = q \cdot a \cdot W \cdot H \qquad (8-38)$$

式中　q——单位炸药消耗量（kg/m³）；
　　　　a——孔距（m）；
　　　　H——台阶高度（m）；
　　　　W——抵抗线（m）。

多排孔爆破时，从第二排炮孔起，以后各排孔的每孔装药量按下式计算：

$$Q = k \cdot q \cdot a \cdot b \cdot H \qquad (8-39)$$

式中　k——考虑先爆排孔应力波作用和岩石碰撞作用的系数，$k = 0.95 \sim 0.90$；
　　　　b——排距（m）。

3. 装药结构

(1) 连续装药结构，沿着炮孔轴向方向连续装药，孔深超过 8m 时，布置两个起爆药包，一个置于距孔底 0.3～0.5m 处，另一个置于药柱顶端 0.5m 处。

(2) 分段装药结构，将深孔中的药柱分为若干段，用空气或岩渣间隔（图 8-31）。

(3) 孔底间隔装药结构，底部一段长度不装药，以空气或柔性材料作为间隔介质（图 8-32）。

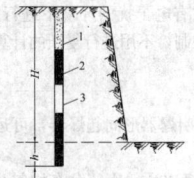
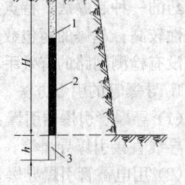

图 8-31　空气分段装药　　　图 8-32　孔底间隔装药
1—堵塞；2—炸药；3—空气　　1—堵塞；2—炸药；3—空气

4. 起爆顺序

(1) 排间顺序起爆，细分为排间全区顺序起爆和排间分区顺序起爆，见图 8-33。

(2) 排间奇偶式顺序起爆，从自由面开始，由前排至后排逐步起爆，在每一排里均按奇数孔和偶数孔分成两段起爆，见图 8-34。

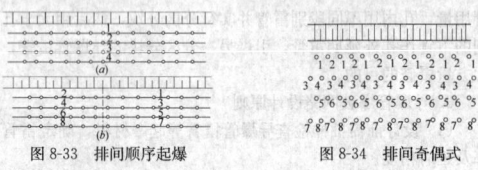

图 8-33　排间顺序起爆　　　图 8-34　排间奇偶式
(a) 排间全区顺序起爆；(b) 排间分区顺序起爆　　　顺序起爆

(3) 波浪式顺序起爆，即相邻两排炮孔的奇偶数孔相连，其爆破顺序犹如波浪，见图 8-35。

(4) V 字形顺序起爆，前后排孔同段相连，起爆顺序似 V 字形。起爆时，先从爆区中部爆出一个 V 字形的空间，为后段炮孔创造自由面，然后两侧同段起爆，见图 8-36。

图 8-35　波浪式顺序起爆　　　图 8-36　V 字形顺序起爆
(a) 小波浪式；(b) 大波浪式

(5) 梯形顺序起爆，前后排同段炮孔连线似梯形，该起爆顺序碰撞挤压效果好，见图 8-37。

(6) 对角线顺序起爆，从爆区侧翼开始，同时起爆的各排炮孔均与台阶坡顶线斜交，毫秒爆破为后爆炮孔创造了新的自由面，图 8-38。

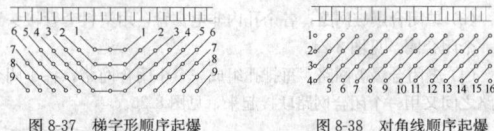

图 8-37　梯字形顺序起爆　　　图 8-38　对角线顺序起爆

8.3.2.2　露天浅孔爆破

与露天深孔爆破基本原理、爆破参数选择相似，露天浅孔爆破的孔径、孔深、孔间距、爆破规模比较小。

浅孔爆破主要参数，可参考表 8-53。

坚硬岩石浅孔爆破主要参数表　　　表 8-53

孔径(mm)	台阶高(m)	孔深(m)	抵抗线(m)	孔间距(m)	堵塞(m)	装药量(kg)	单耗(kg/m³)
26~34	0.2	0.6	0.4	0.5	0.5	0.05	1.25
26~34	0.3	0.6	0.4	0.5	0.5	0.05	0.83
26~34	0.4	0.6	0.4	0.5	0.5	0.05	0.63
26~34	0.5	0.8	0.4	0.65	0.8	0.10	0.51
26~34	0.5	1.0	0.6	0.75	0.1	0.20	0.56
26~34	1.0	1.4	0.8	1.0	1.0	0.40	0.50
51	1.0	1.4	0.8	1.0	1.1	0.40	0.50
51	1.5	2.0	1.0	1.2	1.2	0.85	0.47

续表

孔径 (mm)	台阶高 (m)	孔深 (m)	抵抗线 (m)	孔间距 (m)	堵塞 (m)	装药量 (kg)	单耗 (kg/m³)
51	2.0	2.6	1.3	1.6	1.3	1.70	0.41
51	2.5	3.2	1.5	1.9	1.5	2.70	0.38
64	1.0	1.4	0.8	1.0	1.1	0.40	0.50
64	2.0	2.7	1.3	1.6	1.5	1.90	0.46
64	3.0	3.8	1.6	2.0	1.6	3.80	0.40
64	4.0	4.9	2.1	2.6	2.0	6.50	0.30
76	1.0	1.6	1.1	1.3	1.2	0.57	0.40
76	2.0	2.6	1.3	1.6	1.5	1.70	0.41
76	3.0	3.8	1.5	1.8	1.5	3.20	0.40
76	4.0	5.0	1.7	2.1	1.7	5.60	0.39
76	5.0	6.2	2.0	2.5	2.0	10.0	0.40
76	6.0	7.4	2.6	3.2	2.6	18.1	0.36

8.3.2.3 路堑深孔爆破

铁路、公路路堑爆破与露天深孔爆破有所不同，特点是地形变化大，多在条形地带施工，爆破区域不规则，孔深、孔间距、抵抗线、每孔装药量等变化大，布孔条件复杂，通常有两种布孔方法。

1. 半壁路堑开挖布孔方式

半壁路堑开挖，多以纵向台阶法布置，平行线路方向钻孔。对于高边坡半壁路堑，应采用分层布孔，见图 8-39。复线扩建路堑，采用浅层横向台阶纵向推进法布孔，边坡用预裂爆破，见图 8-40。

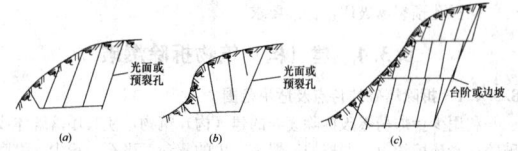

图 8-39　半壁路堑布孔
(a) 倾斜孔；(b) 垂直孔；(c) 分层布孔

2. 全路堑开挖布孔方式

全路堑开挖断面小，缺少自由面，爆破易影响边坡的稳定性。最好采用纵向浅层开挖。上层边坡可布置倾斜孔进行预裂爆破，下层靠边坡的垂直孔深度应控制在边坡线以内，如图 8-41 所示。

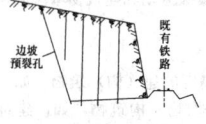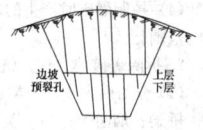

图 8-40　复线扩建路堑开挖法　　图 8-41　单线全路堑分层开挖法

8.3.2.4 沟槽爆破

1. 常规沟槽爆破

宽度小于 4m 的台阶爆破称为沟槽爆破。中间孔（单孔或双孔）布置在边孔前面，起爆顺序是先中间后两边，装药量基本相同，装药量集中于底部，见图 8-42。

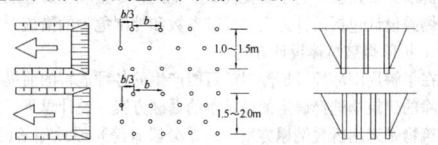

图 8-42　常规沟槽爆破炮孔布置

2. 光面沟槽爆破

光面沟槽爆破布孔是中间孔和边孔布置在一排，见图 8-43。

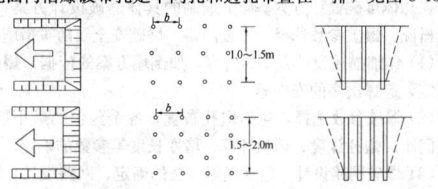

图 8-43　光面沟槽爆破孔布置方式

中间孔先响，边孔后响，周边孔与中间孔装药结构差异，光面沟槽爆破参数，见表 8-54。

光面沟槽爆破参数　　表 8-54

	沟槽深度 H(m)	1.0	1.5	2.0	2.5	3.0	3.5	4.0
	炮孔深度 L(m)	1.6	2.1	2.6	3.1	3.7	4.2	4.7
	抵抗线 W(m)	0.8	0.8	0.8	0.8	0.8	0.7	0.7
中间孔	底部装药(kg)	0.4	0.5	0.6	0.7	0.8	0.8	0.9
	上部装药(kg)	0.2	0.3	0.4	0.6	0.8	1.0	1.1
	总药量(kg)	0.6	0.8	1.0	1.3	1.6	1.8	2.0
	堵塞长度(m)	0.8	0.8	0.8	0.8	0.8	0.8	0.8
周边孔	底部装药(kg)	0.3	0.4	0.5	0.6	0.7	0.8	0.9
	上部装药(kg)	0.2	0.2	0.3	0.3	0.4	0.5	0.6
	总药量(kg)	0.5	0.6	0.8	0.9	1.0	1.2	1.3
	堵塞长度(m)	0.3	0.3	0.3	0.3	0.3	0.3	0.3
	平均单耗(kg/m³)	1.0	0.8	0.8	0.8	0.8	0.8	0.8

3. 高效沟槽爆破

采用孔径 64～75mm 炮孔，开挖宽度 3m，深度 2.0～5.0m，爆破参数，见表 8-55。

高效沟槽爆破参数　　表 8-55

沟槽深度 H(m)	2.0	2.5	3.0	3.5	4.0	4.5	5.0
炮孔深度 L(m)	2.6	3.2	3.7	4.2	4.7	5.3	5.8
抵抗线 W(m)	1.6	1.6	1.6	1.5	1.5	1.5	1.5
装药集中度(kg/m)	2.6	2.6	2.6	2.6	2.6	2.6	2.6
装药高度 L_1(m)	0.6	1.2	1.7	2.2	2.7	3.3	3.8
ANFO 装药量 Q_1(kg)	1.55	3.10	4.40	5.70	7.00	8.60	9.90
起爆药量 Q_2(kg)	1.25	1.25	1.25	1.25	1.25	1.25	1.25
堵塞长度 L_2(m)	1.5	1.5	1.5	1.5	1.5	1.5	1.5
平均单耗(kg/m³)	1.2	1.4	1.5	1.6	1.8	1.8	1.8

4. 沟槽爆破的注意事项

(1) 为保护开挖边坡，边孔位置距沟槽顶口边线的距离一般以一个炮孔直径为佳。

(2) 在沟槽边坡较缓（大于 1：0.75）的边坡上进行垂直布孔时，考虑炮孔底部距边坡的保护层厚度，见图 8-44。边坡保护层厚度 ρ，即：$\rho = (5\sim8) d_0$，式中，d_0 为底部药包直径（mm）。

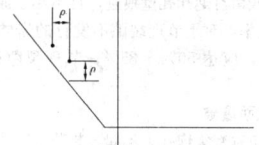

图 8-44　边坡保护层示意图

8.3.3　岩土控制爆破

为了使爆破开挖的边界尽量与设计的轮廓线符合，对临近永久边坡和堑沟、基坑、基槽的深孔爆破，常采用多种岩土控制爆破方法，来保护边坡，以确保爆破安全。

8.3.3.1　深孔预裂爆破

沿开挖边界布置密集炮孔，采用不偶合装药，在主爆区之前起爆，使爆区与保留区间形成具有一定宽度的预裂缝，减弱主爆区爆破对保留岩体的破坏和震动，形成平整轮廓面。

1. 爆破参数选择

(1) 孔径和孔距，孔径一般为 50～100mm，也可选择孔径 150～200mm。孔距取 8～15 倍的孔径。

(2) 与邻近孔的排距，预裂孔与最近一排正常主爆孔的排距，距离不得大于 1.5～2.0m。

(3) 炮孔深度，深孔预裂爆破孔原则上不得超深，最多超深不超过 0.5m。

2. 装药结构和装药量

(1) 装药结构，是将细药卷（25mm、32mm 或 35mm 等直径的标准药卷）顺次连续或间隔捆绑在导爆索上。绑在导爆索上的药串可以再绑在竹片上，缓缓送入孔中间，使竹片贴靠保留岩壁一侧。

(2) 装药量，预裂爆破孔的线装药密度一般为 0.1～1.5kg/m，孔底部 1～2m，增加装药量 1～4 倍；上部 1m 装药量减小 1/2～1/3。炮孔不偶合系数 2～5。

1) 经验公式计算法

$$（地下隧道爆破）Q_{线} = 0.034[\delta_y]^{0.63}a^{0.67} \qquad (8-40)$$
$$（露天深孔爆破）Q_{线} = 0.367[\delta_y]^{0.50}a^{0.86} \qquad (8-41)$$
$$（露天深孔爆破）Q_{线} = 0.127[\delta_y]^{0.50}a^{0.82}(d/2)^{0.24} \qquad (8-42)$$

式中　$Q_{线}$——线装药密度（kg/m）；

　　　$[\delta_y]$——岩石的极限抗压强度（MPa）；

　　　d——炮孔直径（m）；

　　　a——炮孔间距（m）。

2) 经验数据法

根据经验提出一些数据供选取，再通过试验确定合理的装药量和装药结构。见表 8-56。

预裂爆破参数经验数据　　　表 8-56

岩石性质	岩石抗压强度（MPa）	钻孔直径（mm）	钻孔间距（mm）	线装药量（g/m）
软弱岩石	<50	50	0.45～0.7	100～160
软弱岩石	<50	80	0.6～0.8	100～180
软弱岩石	<50	100	0.8～1.0	150～250
中硬岩石	50～80	50	0.4～0.65	160～260
中硬岩石	50～80	80	0.6～0.8	180～300
中硬岩石	50～80	100	0.8～1.0	250～350
次坚石	80～120	90	0.6～0.9	250～400
次坚石	80～120	100	0.8～1.0	300～450
坚 石	>120	90～100	0.8～1.0	300～700

3. 起爆网格

采用导爆索线型爆破网路，起爆药量太大时，采用导爆索微差爆破网路。

4. 质量标准

(1) 裂缝必须贯通，壁面上不应残留未爆落岩体。

(2) 相邻炮孔间岩壁面的不平整度小于±15cm。

(3) 壁面应残留有炮孔半壁痕迹，且不小于原炮孔壁的 1/2～1/3。残留的半孔率，对于节理裂隙不发育的岩体应达 85% 以上；节理裂隙发育的，应达 50%～85%；节理裂隙极发育的，应达 10%～50%。

8.3.3.2 深孔光面爆破

沿开挖边界布置密集炮孔，不偶合装药或装填低威力炸药。主爆孔后起爆，形成平整轮廓面。

1. 爆破参数选择

(1) 光面爆破最小抵抗线的确定

$$W = (10 \sim 20)d \qquad (8-43)$$

式中　W——光面爆破最小抵抗线（m）；

　　　d——钻孔直径（m）。

(2) 光面爆破炮孔间距可采用下式计算：

$$a = (0.5 \sim 0.8)W \qquad (8-44)$$

式中　a——光面爆破炮孔间距（m）；W 同上。

2. 装药结构和装药量

(1) 装药结构是将细药卷（25mm、32mm 或 35mm 等直径的标准药卷）顺次连续或间隔绑在导爆索上。绑在导爆索上的药串可以再绑在竹片上，缓缓送入孔中间，使竹片贴靠保留岩壁一侧。

(2) 装药量

1) 计算法

$$Q = q \cdot a \cdot h \cdot W \qquad (8-45)$$

式中　Q——装药量（kg）；

　　　a——炮孔间距（m）；

　　　h——炮孔深度（m）；

　　　q——炸药单耗药量（kg/m³）；

　　　W 同上。

2) 经验数据法，光面爆破装药量主要依据经验数值，可参考

表 8-57、表 8-58 数据。

隧洞光面爆破参数参考表　　　表 8-57

围岩条件 \ 钻爆参数	炮孔间距 a（m）	最小抵抗线 W（m）	线装药密度 q（kg/m）	适用条件
坚硬岩	0.55～0.70	0.60～0.80	0.30～0.35	炮孔直径 D 为 40～50mm，药卷直径为 20～25mm，炮孔深度为 1.3～3.5m
中硬岩	0.45～0.65	0.60～0.80	0.20～0.30	
软岩	0.35～0.50	0.40～0.70	0.08～0.12	

国内一些土石方工程的光面爆破参数参考表

表 8-58

工程名称	岩石种类	孔径（mm）	孔距（m）	抵抗线（m）	线装药密度（kg/m）	炸药单耗（kg/m³）
张家船路堑	矿 岩	150	1.5～2.0	3.0～3.3	0.31	0.12～0.18
前坪路堑	砂 岩	150	1.5	2.3	0.70	0.13
马颈坳路堑	石灰岩	150	1.5～1.6	1.6～1.9	0.90	0.3
休宁站场	红砂岩	150	2.0	3	1.2～2.7	0.3～0.4
凡洞铁矿	班岩、花岗岩	150	2.0～2.3	2.0～2.5	1.0	—

3. 质量标准

同深孔预裂爆破质量标准要求。

8.3.4　建（构）筑物拆除爆破

8.3.4.1　拆除爆破的特点及适用范围

利用少量炸药爆破拆除废弃的建（构）筑物，使其塌落解体或破碎；受环境约束，严格控制爆破产生的震动、飞石、粉尘、噪声等危害的影响，保护周围建筑物和设备安全的控制爆破技术。

1. 拆除爆破的特点

(1) 保证拟拆除范围塌散、破碎充分，邻近的保留部分不受损坏。

(2) 控制建（构）筑物爆破后的倒塌方向和堆积范围。

(3) 控制爆破时个别碎块的飞散方向和抛出距离。

(4) 控制爆破时产生的冲击波、爆破振动和建筑物塌落振动的影响范围。

2. 拆除爆破建（构）筑物的类别

(1) 分为两大类，一类是有一定高度的建（构）筑物，如：厂房、桥梁、烟囱等；另一类是基础结构物、构筑物，如：建筑基础、桩基等；

(2) 按材质分为钢筋混凝土、素混凝土、砖砌体、浆砌片石、钢结构等。

8.3.4.2　拆除爆破工程设计

拆除爆破工程大多数位于城市建筑物密集区，周围环境复杂，既要拆旧又要建新，为了不扰民或少扰民，尽量减小爆破危害的影响，爆破设计包括设计方案、爆破参数和控制危害的措施。

1. 拆除爆破总体设计方案

在了解周围环境及拆除爆破可能产生的各种危害的前提下，对要拆除的建筑物选择确定的最基本的爆破方案、设计思想，如对一座建筑物是采用折叠倒塌方案，还是分段（跨）原地塌落的方案；对多个楼房进行拆除爆破，是逐座分别爆破，还是一次爆破实施完成等。

2. 拆除爆破技术设计

在总体爆破设计方案基础上编制的具体爆破设计方案，包括：工程概况、爆破参数选择、爆破网路、爆破安全及防护措施等。

(1) 详细描述设计方案的内容，如倒塌方案的依据，爆破部位的确定，起爆次序的安排等。

(2) 爆破参数选择，包括炮孔布置，各个药包的最小抵抗线、药包间距、炮孔深度、药量计算、堵塞长度等参数的确定。

(3) 爆破网路设计，包括起爆方法的确定、网路设计、联接方法、起爆方式等。

(4) 爆破安全防护措施设计，根据要保护对象允许的地面振动速度，确定最大一段的起爆药量及一次爆破的总药量，采取的减振、防振措施。对烟囱、水塔类建（构）筑物爆破后可能产生的后坐、残体滚落、前冲，采取的防护措施；对爆破体表面的覆盖或防护屏障的设置。

3. 拆除爆破设计参数选择

(1) 最小抵抗线 W。

根据拆除物特点选择最小抵抗线 W，对墙、梁、柱等物，一般抵抗线 $W = 1/2B$（B 为断面厚度）；对拱形或圆形结构物，外侧的最小抵抗线 $W = (0.65 \sim 0.68) B$，内侧的最小抵抗线 $W = (0.3 \sim 0.35) B$；对大体积构筑物，混凝土基础 $W = 35 \sim 50cm$；浆砌片石 $W = 50 \sim 70cm$；钢筋混凝土墩台帽：$W = (3/4 \sim 4/5) H$，（H 为墩台帽厚度）。

(2) 炮孔间距 a 和排距 b

炮孔间排距按 $a = mW$，$b = nW$ 确定。m、n 系数一般凭经验选取。钢筋混凝土，$a = (1.2 \sim 2.0)$ W；浆砌片石，$a = (1.0 \sim 1.5)$ W；浆砌砖墙，$a = (1.2 \sim 2.0)$ W；多排炮孔排距，$b = (0.6 \sim 0.9)$ a。

(3) 炮孔直径 d 和炮孔深度 L

炮孔直径 d 采用 $38 \sim 44mm$。炮孔深度 L 不宜超过 $2m$。爆破体底部有临空面时，取 $L = (0.5 \sim 0.65) H$；底部无临空面时，取 $L = (0.7 \sim 0.8) H$。堵塞长度，$L_1 \geqslant (1.1 \sim 1.2) W$。

(4) 单位炸药消耗量 q

对重要的拆除爆破工程，或对爆破体的材质、强度和原施工质量不了解，则应对爆破体进行小范围局部试爆，摸索 q 值，也可作模拟试验。

4. 拆除爆破的药量计算

(1) 爆破破碎的药量可用下式计算：

① $Q_i = qWaH$；② $Q_i = qabH$；③ $Q_i = qBaH$。

式中 Q_i ——单个炮孔装药量（kg）；

W ——最小抵抗线（m）；

a ——炮孔间距（m）；

b ——炮孔排距（m）；

B ——爆破体的宽度或厚度（m）；

H ——爆破体的高度（m）；

q ——单孔炸药消耗量（kg/m³）。

(2) 各种不同材质及爆破条件下的 q 值，参考表 8-59、表8-60。

单位炸药消耗量 q 参考表 表 8-59

爆 破 对 象	W(cm)	q(g/m³) 一个临空面	二个临空面	三个临空面
混凝土圬工强度较低	35~50	150~180	120~150	100~120
混凝土圬工强度较高	35~50	180~220	150~180	120~150
混凝土桥墩及桥台	40~60	250~300	200~250	150~200
混凝土公路路面	45~50	300~360		
钢筋混凝土桥墩台帽	30~40	440~500	360~440	
钢筋混凝土铁路桥板梁	30~40		480~550	400~480
浆砌片石或料石	50~70	400~500	300~400	
钻孔桩的桩头直径1.00m	50			250~280
钻孔桩的桩头直径0.80m	40			300~340
钻孔桩的桩头直径0.60m	30			530~580
浆砌砖墙厚约37cm($a=1.5W$)	18.5	1200~1400	1000~1200	
$b=(0.8\sim0.9)a$	25	950~1100	800~950	
厚约50cm($a=1.5W$)				
($a=1.2W$)约厚63cm	31.5	700~800	600~750	
($a=1.2W$)约厚75cm	37.5	500~600	400~500	

钢筋混凝土梁柱爆破单位炸药消耗量 q 参考表 表 8-60

W(cm)	q(g/m³)	布筋情况	爆 破 效 果
10	1150~1300	正常布筋单箍筋	混凝土破碎、疏松、与钢筋分离、部分碎块逸出钢筋笼
	1400~1500		混凝土粉碎、疏松、脱离钢筋笼、箍筋拉断、主筋膨胀
15	500~560	正常布筋单箍筋	混凝土破碎、疏松、与钢筋分离、部分碎块逸出钢筋笼
	650~740		混凝土粉碎、疏松、脱离钢筋笼、箍筋拉断、主筋膨胀
20	380~420	正常布筋单箍筋	混凝土破碎、疏松、与钢筋分离、部分碎块逸出钢筋笼
	420~460		混凝土粉碎、疏松、脱离钢筋笼、箍筋拉断、主筋膨胀
30	300~340	正常布筋单箍筋	混凝土破碎、疏松、与钢筋分离、部分碎块逸出钢筋笼
	350~380		混凝土粉碎、疏松、脱离钢筋笼、箍筋拉断、主筋膨胀
	380~400	布筋较密双箍筋	混凝土破碎、疏松、与钢筋分离、部分碎块逸出钢筋笼
	460~480		混凝土粉碎、疏松、脱离钢筋笼、箍筋拉断、主筋膨胀
40	260~280	正常布筋单箍筋	混凝土破碎、疏松、与钢筋分离、部分碎块逸出钢筋笼
	290~320		混凝土粉碎、疏松、脱离钢筋笼、箍筋拉断、主筋膨胀
	350~370	布筋较密双箍筋	混凝土破碎、疏松、与钢筋分离、部分碎块逸出钢筋笼
	420~440		混凝土粉碎、疏松、脱离钢筋笼、箍筋拉断、主筋膨胀
50	220~240	正常布筋单箍筋	混凝土破碎、疏松、与钢筋分离、部分碎块逸出钢筋笼
	250~280		混凝土粉碎、疏松、脱离钢筋笼、箍筋拉断、主筋膨胀
	320~340	布筋较密双箍筋	混凝土破碎、疏松、与钢筋分离、部分碎块逸出钢筋笼
	380~400		混凝土粉碎、疏松、脱离钢筋笼、箍筋拉断、主筋膨胀

8.3.4.3 砖混结构楼房拆除爆破

1. 砖混结构楼房爆破拆除的特点

砖混结构楼房一般 10 层以下，有的含部分钢筋混凝土柱，拆除爆破多采用定向倒塌方案或原地塌落方案。爆破楼房要往一侧倾倒时，对爆破缺口范围的柱、墙实施爆破时，一定使保留部分的柱和墙体有足够的支撑强度，成为铰点使楼房倾斜后向一侧塌落。

2. 砖墙爆破设计参数的选取原则

一般采用水平钻孔，W 为砖墙厚度的一半，即 $W = B/2$，炮孔水平方向。间距 a，随墙体厚度及其浆砌强度而变化，取 $a = (1.2 \sim 2.0) W$。排距 $b = (0.8 \sim 0.9) a$，砖墙拆除爆破参数，见表8-61。

砖墙拆除爆破参数 表 8-61

墙厚(cm)	W(cm)	a(cm)	b(cm)	孔深(cm)	炸药单耗 V(g/m³)	单孔药量(g)
24	12	25	25	15	1000	15
37	18.5	30	30	23	750	25
50	25	40	36	35	650	45

3. 砖混结构楼房拆除爆破施工

(1) 对非承重墙和隔断墙可以进行必要的预拆除，拆除高度应与要爆破的承重墙高度一致。

(2) 楼梯段影响楼房顺利坍塌和倒塌方向，爆破前预处理或布孔装药与楼房爆破时一起起爆。

8.3.4.4 框架结构楼房拆除爆破

1. 框架结构楼房内承重构件是钢筋混凝土立柱,它们和梁构成框架,爆破拆除时,将立柱一段高度的混凝土充分爆破破碎,使之和钢筋骨架脱离开,使柱体上部失去支撑,爆破部位以上的建筑结构物在重力作用下失稳,在动力和重力矩作用下,爆破柱体以上的构件受剪力破坏,向爆破一侧倾斜塌落,若后排立柱根部和前排立柱同时或延期进行松动爆破破碎,则建筑物整体将以其支撑点转动塌落。

2. 实现定向倒塌的办法,一是在沿倾斜方向的承重墙、柱上布置不同炸高;二是安排恰当的起爆顺序,如图 8-45 所示,$h_1 \sim h_4$ 为爆破切口,并且 $h_1 > h_2 > h_3 > h_4$,起爆顺序为 1、2、3、4。

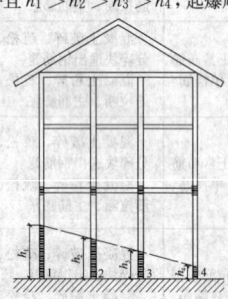

图 8-45 定向塌爆破切口示意图

3. 设计原则

(1) 少布眼:在爆破之前用手风钻、人工进行充分的预拆除,拆高 0.5~1.0m。对立柱炸除不采用连续布孔,而是下部 3~4 孔,上部节点 2~3 孔,炮孔间距可取 $a = (2 \sim 4)W$,以减少钻孔数量。

(2) 必须布孔的部位应包括:

1) 承力墙、柱,炸毁一定高度,使之失稳。

2) 承重主梁与柱的结合部,需布 2~3 个炮孔切断,使上部结构随着梁的切断而扭曲下落。

3) 室内和地下室承重构件(楼梯、电梯间)部分,应提高钻爆比例,与整体一起起爆炸毁。

4. 设计方法

(1) 确定倒塌方案。

(2) 划出爆破区段:包括炸高、破坏结构、截断各种作用的钻爆的地点范围。

(3) 布孔及药量计算:房屋从墙、柱、梁、板和基础构成,各单体分钻孔、爆破,参见 8.3.4.2。

8.3.4.5 烟囱、水塔类构筑物拆除爆破

特点是重心高,支撑面积小,最常用的是"定向倒塌"爆破拆除方案。

1. 烟囱、水塔拆除爆破设计

采用"定向倒塌"时,倒塌方向应有一定的场地,长度不小于烟囱的高度,倒塌中心线侧面的宽度,不小于其底部外径的 3 倍。若倒塌的场地小,采用分段折叠爆破的倒塌方式或提高爆破的位置。

(1) 爆破部位的确定

对其底部筒壁实施爆破,不考虑烟道口和出灰口的位置时,爆破范围是筒壁周长的 1/2~2/3。即:

$$-\frac{1}{2}\pi D \leqslant L \leqslant \frac{2}{3}\pi D \qquad (8-46)$$

式中,L 为爆破部位长度,其对应的圆心角为 180°~240°;D 为爆破部位筒壁的外径。

为了控制烟囱倒塌方位,爆破部位(爆破缺口)不是全部采用爆破完成,而是在设计的爆破缺口的两端预先开定向窗口,只对余下的一段弧长的筒体实施爆破。设计要求爆破部位的高度 h:

$$h \geqslant (3.0 \sim 5.0)S \qquad (8-47)$$

式中,S 为爆破缺口部位烟囱的壁厚,筒壁较厚时,取小值。钢筋混凝土烟囱壁较薄时取大值,同样壁厚条件下烟囱高的取小值,高度小的取大值。

(2) 定向窗的形状

定向窗有三角形、梯形、倒梯形、人字形等。常用三角形,其底角一般先取 25°~35°,三角形底边长为 2~3 倍壁厚,其高度可以和爆破高度相同,也可小于爆破高度,两侧向定向窗一定要对称。

(3) 爆破设计参数的选择可参考表 8-62,表 8-63。

钢筋混凝土烟囱爆破单位炸药消耗量 q   表 8-62

壁厚 d(cm)	q(g/m³)	$(\sum Q_i)/V$ (g/m³)
50	900~1000	700~800
60	660~730	530~580
70	480~530	380~420
80	410~450	330~360

砖烟囱爆破单位炸药消耗量 q   表 8-63

壁厚 d(cm)	径向砖块数(块)	q(g/m³)	$(\sum Q_i)/V$(g/m³)
37	1.5	2100~2500	2000~2400
49	2.0	1350~1450	1250~1350
62	2.5	830~950	840~900
75	3.0	640~690	600~650
89	3.5	440~480	420~460
101	4.0	340~370	320~350
114	4.5	270~300	250~280

2. 烟囱、水塔拆除爆破工程施工

(1) 爆破缺口中心线位置的确定和钻孔布置

准确测量定向倾倒中心线方向、位置,从中心线向两侧均匀对称布孔,炮孔应指向截面的圆心。

(2) 爆破缺口内衬的处理

爆破前采用人工方法破碎拆除或和筒壁同时进行爆破,处理范围应与爆破缺口部位一致。

(3) 定向窗的预处理

要准确测量两侧三角形底角顶点的位置,进行小药量爆破,人工剔凿,两边三角形的剔凿面要尽量对称,其连线的中垂线将是烟囱倒塌的方向,对于钢筋混凝土烟囱,定向窗部位的钢筋也要预切除。

(4) 烟囱水塔倒塌方向的地面处理

在设计倒塌的地面铺上沙土等缓冲材料,严禁堆放煤渣、块状材料。

8.3.4.6 钢筋混凝土桥梁拆除爆破

钢筋混凝土桥梁爆破拆除,其特点是处交通安全要道,建筑物、各种管道,线路多、车多、人多,工程爆破时间紧,安全要求高。

1. 设计原则

(1) 一般考虑两次爆破,即墩、台和桥面为一次坍塌,桥基和翼墙作为第二次爆破。其好处是利用桥面防护墩台,可减少防护材料,防飞石,安全性好。

(2) 作结构力学分析,只需把关键部位的结点约束力爆破解除。减少钻孔爆破工程量。

(3) 针对清渣手段,控制解体残渣合适的块度。

(4) 应当把钻孔爆破、切割爆破等爆破手段结合起来使用,根据环境情况确定一次起爆药量。

2. 炮孔布置及药量计算

(1) 基本参数

1) 最小抵抗线 W,根据结构、材质及清渣方式决定。一般 $W = 35 \sim 50$cm。

2) 孔深 L 和底部边界条件有关:有自由面时 $L = 0.6H$,是实体时 $L = 0.9H$,H 为爆破体高或厚度。

3) 孔距、排距,一般排距 $b = W$,孔距 $a = (1.0 \sim 1.8)W$,切除爆破,$a = (0.5 \sim 0.8)W$。

(2) 布孔方式

1) 桥墩、台,采用单排或多排水平孔;桥面、梁、肋用垂直孔。采用多排孔时,可采用矩形或梅花形布孔。

2) 装药量计算,用体积公式:$Q = qV$ (8-48)

q 为单耗药量，可参照表 8-64 选取。

混凝土桥梁拆除爆破 q 值参考表　表 8-64

材料种类	低强度等级混凝土	高强度等级混凝土	砌砖（石）	钢筋混凝土	密筋混凝土
临空面个数	1～2	1～2	2～3	3～4	1～2
$q(g/m^3)$	125～150	150～180	160～200	280～340	360～420

3. 安全防护

(1) 控制地震，一般用毫秒爆破技术，严格控制最大段起爆药量。

(2) 控制飞石和噪声，第一是保证钻孔质量，严格装药；第二用草袋加胶帘或荆芭帘进行密集防护覆盖。

8.3.4.7　钢筋混凝土支撑爆破

1. 高层建筑基坑开挖时用钢筋混凝土支撑作临时支护，在基础施工时要拆除掉，用爆破法拆钢是行之有效的好办法。钢筋混凝土支撑的特点是混凝土强度等级高达 C40，含钢量高达 10％ 以上，断面大（1.12～1.26m²），钢筋混凝土支撑梁爆破拆除工程量有上万 m³。

2. 爆破拆除方案

因基坑条件限制，爆破拆除钻孔采用手风钻钻孔，孔径 D=38～42mm，标准药卷 φ=32mm，导爆管毫秒雷管爆破网路进行爆破拆除。为了保证爆破后支撑中钢筋便于切割，分段爆破切口长度不应小于 2 倍的构件高度，即 $L \geqslant 2H \approx 200$cm。对于较长的支撑梁，除支点进行爆破外，还应根据吊车起吊能力，进行分段切割爆破，分段长度 10～15m 左右为宜。围檩最靠墙的炮孔距墙 0.2m。

3. 爆破孔网参数

(1) 炮孔参数：最小抵抗线 W=35cm；孔距 a=(1.2～1.4)W=45(48)cm；排距 b=W=35cm；孔深 L=2/3H=52(60)cm；回填长度 L_2=(0.8～1.0)W=28～35cm；排与排分段延期时间 t=75～100ms。

注：上述括号内数据为构件高度 H=0.9m 的参数值，括号外数据为 H=0.8m 的参数值。

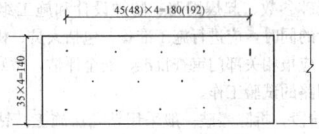

图 8-46　炮孔平面布置示意图

(2) 确定炮孔参数时应注意，孔深 L 应大于孔距 a，否则应减小孔距，采用梅花形布孔，炮孔平面布置示意，见图8-46。节点区段炮孔参数按此原则适当进行调整。

4. 药量计算：爆破拆除的药量按下式进行估算，然后行试炮校核决定。

$$Q = KabH \tag{8-49}$$

式中　Q——单孔药量（g）；

　　　K——单耗药量，1000g/m³ ～ 1300g/m³（按四面临空考虑）；

　　　a——炮孔间距（m）；

　　　b——炮孔排距（m）；

　　　H——构件高度（m）。

5. 区段划分及网路保护

(1) 一般先炸支撑，后炸围檩；或用微差爆破先切割分开围檩和支撑，再进行破碎爆破。

(2) 支撑沿纵向分段，限定一段药量，支撑的节点断面大，布筋密，应当成一个独立体爆破，由外层到内层延期起爆，见图8-47。

(3) 围檩爆破要严格单响药量，先沿纵向分成若干区，区间延时，每区从外向内再分排延期起爆，见图8-48。

(4) 由于每次起爆延期段数多达上百段，时间延期长，为了保护爆破网路，防止拒爆，采用三项措施：爆破体网路均用湿草袋覆盖保护，各区段之间采用孔外式延期雷管，同段各排之间用导爆

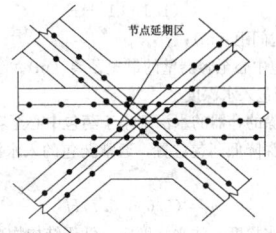

图 8-47　节点炮孔布置及延期划分示意图

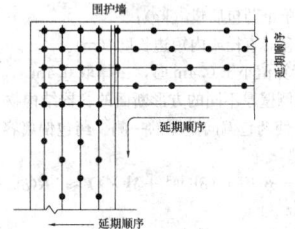

图 8-48　围檩炮孔布置及延期划分示意图

管复式闭合网路。

6. 安全技术措施

(1) 爆破振动强度用最大一段药量控制。按下式进行计算：

$$V = K \left(\frac{Q^{1/3}}{R} \right)^a \tag{8-50}$$

式中　V——爆破振动速度（cm/s），根据《爆破安全规程》（GB 6722）规定，一般砖房建筑物，取安全震动速度值不超过 V=2.0cm/s；

　　　Q——最大一段安全起爆药量（kg）；

　　　K、a——与地形、地质条件有关系数和衰减系数，取 K=300，a=1.90；

　　　R——爆源到保护物的距离（m）。

(2) 控制飞石不出基坑，除了对药量、孔深、回填质量、起爆顺序进行严格控制，使飞石向下，侧向运动外，对最上层支撑爆破拆除除了作爆破体用湿草袋主动覆盖外，对在坑口还用钢管脚手架，一层竹排，二层湿草袋进行被动防护，见图8-49。

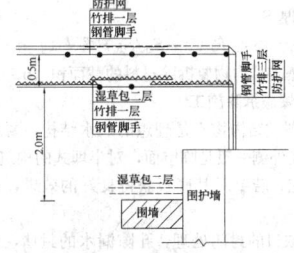

图 8-49　坑口安全防护示意图

(3) 根据基坑四周环境条件情况，酌情挖掘有一定深度，宽度 1m 左右防震沟，以减小爆破振动对四周建（构）筑物的影响。

(4) 以上防护还可以减弱空气冲击波，噪声及烟尘，保障环境安全。

8.3.5　水　压　爆　破

利用水传递炸药的爆炸能量，破坏结构物达到拆除目的的爆破称为水压拆除爆破。主要用于拆除能够充水的容器状构筑物，如水槽、水罐、蓄水池、管桩、料斗、水塔和碉堡等。

8.3.5.1　水压爆破拆除设计原则

1. 药包布置

直径高度相当的圆柱形容器的爆破体，在容器中心线下方一定高度设置一个药包；若直径大于高度，可采用对称布置多个集中药包的爆破方案；若结构物的长宽比或高宽比大于 1.2，可设置两层或多层药包，药包间距按下式计算：

$$a \leqslant (1.3 \sim 1.4)R \tag{8-51}$$

式中　a——药包间距（m）；

　　　R——药包中心至容器壁的最短距离（m）。

2. 注水与药包入水深度

（1）爆破拆除的容器的水深不小于药包中心至容器壁的最短距离 R，应根据水深降低药包位置，通常药包的入水深度 h，采用下式计算：

$$h = (0.6 \sim 0.7)H \tag{8-52}$$

式中　H——注水深度，注水深度应不低于结构物净高的 0.9 倍。

药包入水深度，最小值按下式验算：

$$H_{min} \geqslant 3Q^{1/2} \text{ 或 } h_{min} \geqslant (0.35 \sim 0.5)B \tag{8-53}$$

式中　Q——单个药包质量（kg）；

　　　B——容器直径或内短边长度（m）。

当 h_{min} 计算值小于 0.4m 时，一律取 0.4m。

（2）对两侧壁厚不同的方形断面的容器结构物，采用偏炸的药包设计方案，使药包偏向壁厚的一侧。药包偏离容器中心的距离 x 用下式计算：

$$x = R(\delta_1^{1.143} - \delta_2^{1.143})/(\delta_1^{1.143} + \delta_2^{1.143}) \approx [R(\delta_1 - \delta_2)]/(\delta_1 + \delta_2) \tag{8-54}$$

式中　x——偏炸距离（m）；

　　　R——容器中心至侧壁的距离（m）；

　δ_1、δ_2——容器两侧的壁厚（m）。

3. 药量计算

（1）水压爆破药量计算公式：

$$Q = KR^{1.41}\delta^{1.59} \tag{8-55}$$

式中　Q——炸药量（kg）；

　　　R——圆筒形结构物的半径（m）；

　　　δ——筒体的壁厚（m）；

　　　K——药量系数，与结构物的材质、结构特点、要求的破碎程度有关。一般 K 取值范围 2.5～10，对素混凝土 K =2～4，对钢筋混凝土 K=4～8，配筋密、要求破碎块小时取大值，反之取小值。

（2）对截面不是圆环形的结构物，采用等效半径和等效壁厚进行计算。

1）等效半径 R

$$R = [(S_R)/\pi]^{1/2} \tag{8-56}$$

式中　S_R——爆破结构物横断面的面积（m²）。

2）等效壁厚 S

$$S = R[(1 + S_S/S_R)^{1/2} - 1] \tag{8-57}$$

式中　S_S——爆破结构物要拆除材料的截面积（m²）。

8.3.5.2　水压爆破拆除施工

1. 通常容器类结构物不是理想的贮水结构，要对其进行防漏和堵漏处理，其外侧一般是临空面，对半埋式的构筑物，应对周边覆盖物进行开挖，若要对其底板获得良好的效果，需挖底板下的土层。

2. 注意有缺口的封闭处理，孔隙漏水的封堵，注水速度，排水，用防水炸药和电网络和导爆管网络。药包采用悬挂式或支架式，需附加配重防止上浮和移位。

3. 水压爆破引起的地面震动比一般基础结构物爆破时大，为控制震动的影响范围，应采取开挖防震沟等隔绝措施。

8.3.6　爆破工程施工作业

8.3.6.1　爆破施工工艺流程与施工组织设计

1. 爆破工程工艺流程

爆破工程的作业程序可以分为工程准备及爆破设计阶段、施工阶段、爆破实施阶段。以下介绍两个工程实例，可供实际操作时参考。

（1）拆除爆破施工工艺流程

拆除爆破施工工艺流程，见图 8-50。

1）工程准备及爆破设计阶段，收集被拆除建（构）筑物的设计、施工验收等资料，对被拆除的建（构）筑物和周围环境的了解，根据这些资料和施工要求进行可行性论证，提出爆破方案。爆

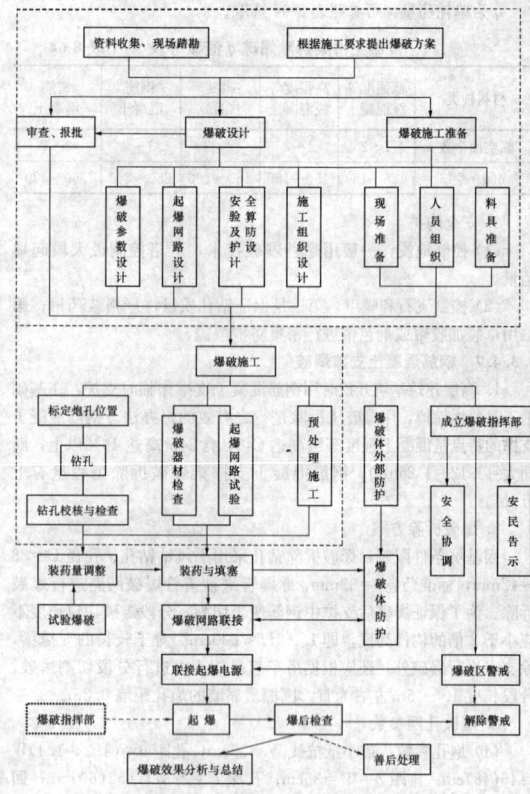

图 8-50　拆除爆破施工工艺的流程图
虚线框内的各项作业属工程准备及爆破设计阶段；中间虚线框内的各项作业属施工阶段；其余作业属施爆阶段

破设计包括爆破参数、起爆网路、防护设计和施工组织设计等内容。爆破设计的同时，应进行施工准备，包括人员、机具和现场安排。爆破设计应报相关部门审查批准、安全评估，做好爆破器材的检查和起爆网路的试验工作。

2）施工阶段，拆除爆破一般采用钻孔法施工。钻孔前，将孔位准确地标注在爆破体上；逐孔检查炮孔位置、深度、倾角等，有无堵孔、乱孔现象。预处理施工，在钻孔前进行，要保证结构稳定，而承重部位的预处理，以钻孔完毕后实施为好，即预处理与拆除爆破之间的时间应尽可能短。

3）施爆阶段，成立爆破指挥部，负责施爆阶段的管理、协调和指挥工作。爆破实施阶段中装药、填塞、防护和连线作业，进入施工现场的应是经过培训合格的爆破工程技术人员和爆破员。从爆破器材进入施工现场，就应设置警戒区，全天候配备安全警戒人员。

4）装药必须按设计编号进行，严防装错。药包要安放到位，尤其注意分层药包的安装。要选择合适的填塞材料，保证填塞质量，同时严格按设计要求进行起爆网路的联接和爆破防护工作。

（2）深孔爆破施工工艺流程

深孔爆破的施工工艺流程，见图 8-51。

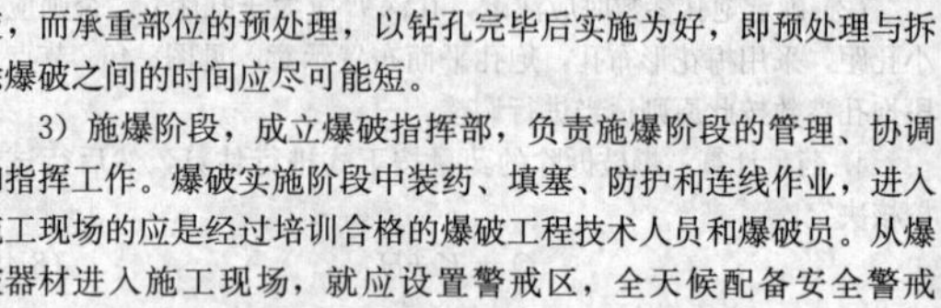

平整工作面 → 孔位放线 → 钻孔 → 孔位检查

装药 → 堵塞 → 网路联接 → 安全警戒

击发起爆 → 爆后检查 → 解除警戒

图 8-51　深孔爆破施工工艺流程图

1）爆破设计。根据选定的爆破技术参数，结合现场地形地质条件和分选装车要求，工程技术人员对爆区位置、爆破规模、布孔参数、装药结构、起爆网络、警戒界限进行设计，填写爆破技术参数表，布孔网路图，形成技术审批资料，经项目总工审核后，提供

施工。

2) 平整工作面。土石方挖装过程中尽量做到场地平整，遇个别孤石采用手风钻凿眼，进行浅孔爆破，推土机整平。台阶宽度满足钻机安全作业、并保证按设计方向钻凿炮孔。

3) 孔位放线。用全站仪进行孔位测放，从台阶边缘开始布孔，边孔与台阶边缘保留一定距离，确保钻机安全作业，炮孔避免布置在松动、节理发育或岩性变化大的岩面上。

4) 钻孔。采用潜孔钻进行凿岩造孔。掌握"孔深、方向和倾斜角度"三大要素。从台阶边缘开始，先钻边、角孔，后钻中部孔。钻孔结束后应将岩粉吹除干净，并将孔口封盖好，防止杂物掉入，保证炮孔设计深度。

5) 孔位检查。用测绳测量孔深；用长炮棍插入孔内检查孔壁及堵塞与否。测量时做好炮孔记录。

6) 装药结构。采用连续柱状或间隔柱状装药结构，药包（卷）要装到设计位置，严防药包在孔中卡住；用高压风将孔内积水吹干净，选用防水炸药，做好装药记录。

7) 堵塞。深孔爆破必须保证堵塞质量，以免造成爆炸气体逸出，影响爆破效果，产生飞石。堵塞材料首先选用石屑粉末，其次选用细砂土。

8) 网路联接。将导爆管、传爆元件和导爆雷管捆扎联接。接头必须联接牢固，传爆雷管外侧排列 8～15 根塑料导爆管为佳，要求排列均匀。导爆管末梢的余留长度≥10cm。

9) 安全警戒。火工材料运到工作面，开始设置警戒，警戒人员封锁危区，检查进出现场人员的标志和随身携带的物品。装药、堵塞、连线结束，检查正确无误后，所有人员和设备撤离工作现场至安全地点，并将警戒范围扩大到规定的范围。指挥部将按照安民告示规定的信号，发布预告，准备起爆及解除警戒信号。相关人员做好各自安全警戒记录。

10) 击发起爆。采用非电导爆管引爆器击发起爆，并做好击发起爆记录。

11) 爆破安全检查。起爆后，爆破员按规定的时间进入爆破场地进行检查，发现危石、盲炮现象要及时处理，现场设置危险警戒标志，并设专人警戒。经检查，确认安全后，方可解除警戒，做好爆破后安全检查记录。

2. 施工组织设计

（1）施工组织设计的编制依据

工程招标投标的有关文件，施工合同，爆破技术设计，有关规范、规程，施工现场的实际情况等。

（2）施工组织设计的主要内容

工程概况及施工方法、设备、机具概述，施工准备，钻孔及施工组织，装药及填塞，起爆网路敷设及起爆，安全警戒撤离区域及信号标志，主要设施和设备的安全防护措施，预防事故的措施，爆破组织机构，爆破器材的购买、运输、贮存、加工、使用的安全制度，工程进度计划等。

8.3.6.2 爆破工程的施工准备

（1）进场前后的准备

1) 调查工地及其周围环境情况。包括邻近区域的水、电、气和通信管线路的位置、埋深、材质和重要程度；邻近的建（构）筑物、道路、设备仪表或其他设施的位置、重要程度和对爆破的安全要求；附近有无危及爆破安全的射频电源及其他产生杂散电流的不安全因素。

2) 了解爆破区周围的居民情况，车流和人流的规律，做好施工的安民告示，消除居民对爆破存在的紧张心理，妥善解决施工噪声、粉尘等扰民问题。

3) 对地形地貌和地质条件进行复核；对拆除爆破体的图纸、质量资料等进行校核。

4) 组织施工方案评估，办理相关手续、证件，包括《爆炸物品使用许可证》、《爆炸物品安全贮存许可证》、《爆炸物品购买证》和《爆炸物品运输证》等。

（2）施工现场管理

1) 拆除爆破工程和城镇岩土爆破工程，应采用封闭式施工，设置施工牌，标明工程名称、主要负责人和作业期限等，并设置警戒标志和防护屏障。

2) 爆破前以书面形式发布爆破通告，通知当地有关部门、周围单位和居民，以布告形式进行张贴，内容包括：爆破地点、起爆时间、安全警戒范围、警戒标志、起爆信号等。

（3）施工现场准备

根据爆破施工组织设计，对施工场地进行规划和清理的准备工作。

（4）施工现场的通信联络

为了及时处置突发事件，确保爆破安全，有效地组织施工，项目经理部与爆破施工现场、起爆站、主要警戒哨之间应建立并保持通信联络。

8.3.6.3 爆破施工安全管理制度与运行机制

1. 爆破施工安全管理运行机制

（1）爆破工程开工前，结合具体情况，有针对性地进行爆破安全教育。工程结束，进行施工安全总结。对从事爆破作业的人员，定期组织安全教育和学习。

（2）制订爆破安全事故处理预案。发生事故时的处理工作流程，如图 8-52。

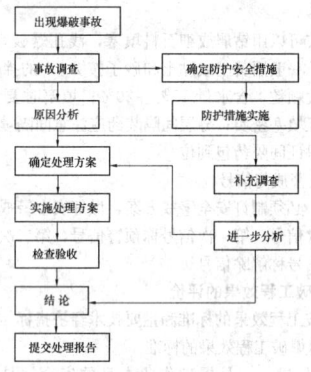

图 8-52　爆破事故处理流程图

2. 爆破施工安全管理制度

每一个爆破项目，都必须建立和健全爆破施工安全管理制度。主要包括以下内容：

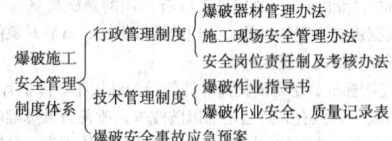

8.3.6.4 爆破施工的现场组织管理

1. 爆破器材的现场管理

（1）爆破器材保管员应建立并认真填写爆破器材收、发流水账、三联式领用单和退料单，逐项逐次登记，定期核对账目，做到账物相符；

（2）严格履行领、退签字手续，对无《爆破员作业证》和无专用运输车辆牌证人员，爆破器材保管员有权拒绝发给爆破器材；

（3）爆破班长和安全员应检查爆破器材的现场使用情况和剩余爆破器材的及时退库情况；

（4）爆破员应凭批准的爆炸物品领料单，从仓库领取爆炸物品，数量不得超过当班使用量；

（5）爆破员应保管好所领取的爆破器材，不得遗失或转交他人。不准擅自销毁或挪作他用；

（6）爆破人员领取的爆破器材后，应直接送到爆破地点，运送过程必须确保爆炸物品安全，防止发生意外爆炸事故和爆炸物品丢失、被盗、被抢事件；

（7）任何人发现爆破器材丢失、被盗以及其他安全隐患，应及时报告单位和当地公安机关；

（8）爆破器材应实行专项使用制，即审批一个工程中使用的爆破器材不得挪做另外工程中使用，不同单位爆破器材未经公安机关批准不得互相调剂使用。

2. 施工质量管理与控制

正确的贯彻设计意图，按质量要求进行施工，以保证质量目标的实现；将施工中发现的信息，及时反馈给设计人员，以便修改和完善施工质量管理。

3. 装药、填塞与爆破的基本规定

（1）装药

1）装药前应对作业场地、爆破器材堆放场地进行清理，对准备装药的全部炮孔进行检查，不合格的孔可以采取补孔、补钻、清孔等处理措施；

2）在大孔径深孔爆破中，常用导爆索联接炮孔不同起爆体。不应投掷起爆药包，起爆药包装入后应采取有效措施，防止后续药卷直接冲击起爆药包；

3）装药发生卡塞时，在雷管和起爆药包放入之前，用非金属长杆处理。装入起爆药包后，不得用任何工具冲击、挤压；装药过程中，不应拔出或硬拉起爆药包中的导爆管、导爆索和电雷管脚线。

（2）填塞

深孔爆破可以用钻屑或细石料填塞，浅孔爆破宜用炮泥填塞。拆除爆破中，一般用黄土或黏土和砂子按2∶1的拌合料，要求不含石块和较大颗粒，含水量15%～20%；填塞时要注意填塞料的干湿度，保证填塞密实；分层间隔装药应注意间隔填塞段的位置和填塞长度，保证间隔包到位。

（3）爆破警戒与信号

爆破前，必须制订安全警戒方案，做好安全警戒工作。起爆前后要发布三次信号，第一次信号称预警信号，第二次信号称起爆信号，第三次信号称解除信号。

8.3.6.5　爆破工程效果的评价

评价爆破工程效果的标准和主要技术经济指标

（1）评价爆破工程效果的标准

1）安全标准。一是爆破作业本身的安全，是否安全准爆，拆除爆破建筑物是否顺利倒塌；二是环境安全，爆破振动、冲击波、个别飞石、有害气体、噪声和粉尘等有害效应是否控制在允许的范围之内；三是爆区周围需要保护的建筑物和其他设施是否安全。

2）质量标准。不同的爆破工程有不同的爆破质量标准。质量标准是根据爆破工程的目的、采用的爆破方法、爆破对象的具体条件、周围环境情况来确定的。

3）经济标准。尽可能提高炸药能量的利用率，降低炸药单耗，降低爆破成本。但有时适当增加爆破成本，改善石方堆的破碎效果和松散程度，改善被拆除建（构）筑物的解体程度，可以提高挖装机械的施工效率和清运速度，降低其配件损耗，有利于降低整个工程项目的成本。

（2）爆破工程的主要技术经济指标

1）炸药单耗：爆破1m³或1t岩石所消耗的炸药量，单位为kg/m³或kg/t。

2）延米爆破量：1m炮孔所能崩落的岩石的平均体积或质量，单位为m³/m或t/m。

3）炮孔利用率：一般用于地下平巷和隧道掘进爆破，指一次爆破循环的进尺与炮孔平均深度之比；深孔爆破中，常常把炮孔中装药长度与孔深之比也称为炮孔利用率，单位为%。

4）大块率：指爆破产生的不合格大块占总爆破岩石量的比率，单位为%。

5）爆破成本：爆破1m³岩石所消耗的材料、人工、设备及管理等方面的费用，单位为元/m³。

6）除了上述指标外，还采用岩石松动、抛掷堆积效果，保留边坡、围岩的稳定性、爆破对周围环境的安全影响等来评价爆破的技术效果。

8.4　绿色施工技术要求

8.4.1　爆破危害控制

8.4.1.1　爆破地震的控制

爆破地震对环境的影响可能造成对周围建（构）筑物的损伤和影响，为人们所关注，是爆破危害控制的主要项目。

1. 爆破地震强度预报，我国采用保护对象所在地振动速度作为爆破振动判据的主要指标。按下式计算：

$$V = K\left(\frac{Q^{1/3}}{R}\right)^{\alpha}$$

式中符号同前；K、α 可按表8-65选取，也可通过类似工程选取或现场试验确定。

爆区不同岩性的 K、α 值与岩性的关系　表8-65

岩　性	K	α
坚硬岩石	50～150	1.3～1.5
中硬岩石	150～250	1.5～1.8
软岩石	250～350	1.8～2.0

2. 拆除爆破产生的地震波：药包数量比较多，也比较分散，计算拆除爆破产生的地面振动速度的经验公式，在上述公式的基础上，引入一个修正系数 K' 即：

$$V = K \cdot K'\left(\frac{Q^{1/3}}{R}\right)^{\alpha} \tag{8-58}$$

根据部分整体框架式建筑物拆除爆破测振资料，公式中经验系数的取值范围：K—175；α—1.5～1.8；K'—0.25～1.0，离爆源近，且爆破体临空面较少时取大值；反之取小值。

3. 爆破振动安全允许标准

爆破安全规程规定，采用保护对象所在地振动速度和主振频率。振动安全允许标准见表8-66。

爆破振动安全允许标准　表8-66

序号	保护对象类别	安全允许振速（cm·s⁻¹）		
		<10Hz	10～50Hz	50～100Hz
1	土窑洞、土坯房、毛石房屋	0.5～1.0	0.7～1.2	1.1～1.5
2	一般砖房、非抗震的大型砖块建筑物①	2.0～2.5	2.3～2.8	2.7～3.0
3	钢筋混凝土结构房屋①	3.0～4.0	3.5～4.5	4.2～5.0
4	一般古建筑与古迹②	0.1～0.3	0.2～0.4	0.3～0.5
5	水工隧道③	7～15		
6	交通隧道③	10～20		
7	矿山巷道③	15～30		
8	水电站及发电厂中心控制室设备	0.5		
9	新浇大体积混凝土④ 龄期：初凝～3d 龄期：3～7d 龄期：7～28d	2.0～3.0 3.0～7.0 7.0～12		

① 选取建筑物安全允许振速时，应综合考虑建筑物的重要性、建筑质量、新旧程度、自振频率、地基条件等因素。

② 省级以上（含省级）重点保护古建筑与古迹的安全允许振速，应经专家论证选取，并报相应文物管理部门批准。

③ 选取隧道、巷道安全允许振速时，应综合考虑构筑物的重要性、围岩状况、断面大小、爆破方向、地震振动频率等因素。

④ 非挡水新浇大体积混凝土的安全允许振速，可按本表给出的上限值选取。

4. 降低爆破地震效应的措施

（1）采用微差爆破，与齐发爆破相比，平均降振率为50%，微差段数越多，降振效果越好。

（2）采用预裂爆破，起到降振效果，降振率可达30%～50%。

（3）限制一次爆破的最大用药量。根据下式，计算一次爆破允许的最大用药量，即：

$$Q_{max} = R^3 \left(\frac{V_{KP}}{K} \right)^{3/\alpha} \qquad (8-59)$$

对被保护物爆破振动标准 V_{KP} 确定后，即可根据 R、K 和 α，计算出一次爆破允许的最大用药量。

8.4.1.2　爆破空气冲击波控制

1. 爆破冲击波的传播及危害范围，受不同地形适当增减。如峡谷地形爆破，沿沟的纵深方向或沟的出口方向增大50%～100%；山坡一侧爆破，山后影响较小，在有利的地形条件可减小30%～70%。

2. 爆破冲击波的破坏判据及安全允许距离

爆破安全规程规定：露天裸露爆破大块时，一次爆破的炸药量不应大于20kg，并应按下式确定空气冲击波对在掩体内避炮作业人员的安全允许距离。

$$R_k = 25 \sqrt[3]{Q} \qquad (8-60)$$

式中　R_k——空气冲击波对掩体内人员的最小允许距离（m）；

　　　Q——一次爆破的炸药量（kg）；秒延时爆破按最大分段药量计算；毫秒延时爆破按一次爆破的总药量计算。

3. 降低爆破冲击波的主要措施

露天爆破，合理确定爆破参数、选择微差起爆方式、保证合理的填塞长度和填塞质量等；对建筑物拆除爆破、城镇浅孔爆破，做好爆破部位的覆盖防护；井巷掘进爆破，要重视爆破空气冲击波的影响。实际工作中采用许多措施防护空气冲击波，例如在爆区附近垒砖墙、砂袋墙、砌石墙等，还可以砌筑两道混凝土墙中间注满水的"夹水墙"或街垒式挡墙。

8.4.1.3　爆破个别飞散物的控制

1. 爆破个别飞散物的安全允许距离

爆破个别飞散物主要在高速爆轰气体作用下，介质碎块自填塞不良的炮孔及介质裂隙（缝）中加速抛射所造成。爆破安全规程规定：爆破个别飞散物对人员的不应小于表8-67的规定；对设备或建筑物的安全允许距离，应由设计确定，并报单位总工程师批准。

爆破个别飞散物对人员的安全允许距离表　　表8-67

爆破类型和方法	个别飞散物的最小安全允许距离(m)
1. 露天土岩爆破①	①破碎大块岩矿：裸露药包爆破法；浅孔爆破法	400 / 300
	②浅孔爆破	200(复杂地质条件下或未形成台阶工作面时不小于300)
	③浅孔药壶爆破	300
	④蛇穴爆破	300
	⑤深孔爆破	按设计，但不小于200
	⑥深孔药壶爆破	按设计，但不小于300
	⑦浅孔孔底扩壶	50
	⑧深孔孔底扩壶	50
	⑨硐室爆破	按设计，但不小于300
2. 爆破树墩	200
3. 森林救火时，堆筑土壤防护带	50
4. 爆破拆除沼泽地的路堤	100
5. 拆除爆破、城市浅孔爆破及复杂环境深孔爆破	由设计确定

①沿山坡爆破时，下坡方向的飞石安全允许距离应增大50%。

（1）深孔爆破时，个别飞散物的飞散距离，一般按下式计算：

$$R_f = \frac{40}{2.54}d = 15.8d \qquad (8-61)$$

式中　R_f——个别飞散物的安全允许距离（m）；

　　　d——爆破炮孔直径（cm）。

（2）拆除爆破时，按下式计算：

$$R_f = 71q^{0.58} \qquad (8-62)$$

式中符号同前。

（3）施工条件对个别飞散物距离的影响很大。当单耗药量过高或抵抗线过小，以及药包位置不当时，容易产生爆破飞散物。若填

塞质量不好，或药包起爆间隔时间过大，造成后排抵抗线大小与方向失控，个别飞散物距离往往大于设计安全距离，甚至出现严重的后果。

2. 爆破个别飞散物的控制和防护

（1）精心设计，选择合理的抵抗线 W 和爆破作用指数 n；精心施工，药室、炮孔位置测量验收严格，是预防飞散物事故的基础工作。装药前，应校核各药包的抵抗线，如有变化，修正装药量；

（2）注意避免药包位于岩石软弱夹层或基础的接升面，以免薄弱面冲出飞散物。慎重对待断层、软弱张开裂隙、成组发育的节理、覆盖层等地质构造，采取间隔填塞、避免过量装药等措施；

（3）保证填塞质量、填塞长度，填塞物中不能夹杂碎石。采用不偶合装药、挤压爆破和毫秒延时爆破等措施。选择合理的延迟时间，防止前排爆破后，造成后排最小抵抗线大小与方向失控。

（4）控制爆破施工中，应对爆破体采取覆盖和对保护对象采取防护措施；覆盖范围，应大于炮孔的分布范围；覆盖时要注意保护起爆网路，捆扎牢固，防止覆盖物滑落和抛散，分段起爆时，防止覆盖物先爆药包影响，提前滑落、抛散。

（5）在重点保护物方向及飞散物抛出主要方向上，设立屏障，材料可以用木板、荆笆或铁丝网，屏障的高度和长度，应能完全挡住飞散碎块。

（6）对于高耸建筑物定向拆除爆破，应当特别注意爆破体定向倾倒冲砸地面引起的碎石飞溅，必须做好地面缓冲垫，加大对人员的安全距离。

8.4.1.4　爆破对环境影响的控制

对露天深孔爆破，有害气体、粉尘、噪声对环境、人体影响应引起重视，特别是凿岩粉尘的控制，对近体操作人员影响不可忽视，应用新技术、新设备，坚持湿式凿岩作业。隧道施工中，实行标准化施工，严格按表8-68、表8-69、表8-70中要求控制有害气体的含量，防止人员中毒。

中毒程度与CO浓度的关系表　　表8-68

中毒程度	中毒时间	CO浓度	
		mg/L	（按体积计算)%
无征兆或有轻微征兆	数小时	0.2	0.016
轻微中毒	1h以内	0.6	0.048
严重中毒	0.5～1h	1.6	0.128
致命中毒	短时间内	5.0	0.400

中毒程度与NO_2浓度的关系　　表8-69

NO_2浓度(%)	人体中毒反映
0.004	经过2～4h还不会引起中毒反映现象
0.006	短时间呼吸器官有刺激性，咳嗽，胸部疼痛
0.01	短时间内对呼吸器官起强烈刺激作用，剧烈咳嗽，声带痉挛性收缩、呕吐、神经系统麻木
0.025	短时间内很快死亡

地下爆破作业点有害气体允许浓度表　　表8-70

有害气体名称		CO	N_nO_m	SO_2	H_2S	NH_3
允许浓度	按体积(%)	0.00240	0.00025	0.00050	0.00066	0.00400
	按质量(mg/m³)	30	5	15	10	30

8.4.2　爆破安全、职业健康、环境保护评估

8.4.2.1　主要危险、有害因素辨识

根据《企业职工伤亡事故分类》（GB 6441）标准，结合爆破工程的生产实际，生产设备及设施的运行情况，分析其可能存在的主要危险，有害因素。

1. 物体打击：在边坡爆破工作面上，悬石或滚石发生滚（坠）落，会产生物体打击事故。

2. 车辆伤害：爆破开挖区有车辆进出，车辆的维护和保养不到位，均可引发车辆伤害事故。

3. 机械伤害：对设备缺乏防护，不配备或不正确穿戴劳保用品，违章操作，均可造成机械伤害。

4. 高处坠落：分台阶开挖具有一定的高度，若平台、坡面不当或悬空作业人员身体不适，注意力不集中及违规操作，均可能发生高空坠落事故。

5. 坍塌：深基坑（槽）、路堑边坡存在软弱结构面、软弱层或岩石节理裂隙发育，自然或人为外力的作用，均可能发生坍塌事故。

6. 爆炸伤害：爆炸物品贮存、运输、使用及管理不当，或在爆破作业过程中的任何不慎，均有可能导致爆炸伤害。爆炸将导致设备、设施损毁及人员伤亡。

7. 中毒窒息：爆破和设备排放大量的 CO、NO_2、SO_2 等有害有毒气体。通风不畅，未正确穿戴防护用品，擅自进入或操作，极易导致中毒、窒息事故的发生。

8. 粉尘危害：石方凿岩、挖装和运输都会产生的粉尘，长期接触，对人体健康造成一定的危害。

9. 噪声危害：凿岩、挖装、运输设备，空压机、发电机等在运行中产生噪声，对人体产生危害。

8.4.2.2　安全评估程序

安全评估的程序，见图 8-53。

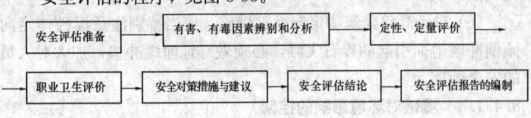

图 8-53　安全评估程序图

8.4.2.3　预先危险性分析

1. 危险性等级划分

为了衡量危险性的大小及其破坏性的影响程度，将各类危险性划为四个等级，见表 8-71。

危险性等级划分表　　表 8-71

级别	危险程序	可能导致的后果
Ⅰ	安全的	不会造成人员伤亡及系统损坏
Ⅱ	临界的	处于事故的边缘状态，暂时还不至于造成人员伤亡，系统损坏或降低系统性能，但应予以排除或采取控制措施
Ⅲ	危险的	会造成人员伤亡和系统损坏，要立即采取防范对策措施
Ⅳ	灾难性的	造成人员重大伤亡及系统严重破坏的灾难性事故，必须予以果断排除并进行重点防范

2. 预先危险性分析结论

根据石方爆破工程实践，项目实施过程中可能引起的危险源，见表 8-72。

预先危险性评价分析表　　表 8-72

序号	危险源位置	触发条件	事故模式	危险等级
1	断层、裂隙、节理、软弱层、软弱面、软弱岩层面	结构面倾向与边坡一致，倾角小于边坡角，结构面在边坡出露，结构面两端有自由面加之坡底采空、裂隙，雨水冲刷、爆破振动影响，开挖时未按设计要求进行控制和采取加固安全技术措施	岩体滑坡、塌方、人员伤亡、设备损坏	Ⅰ
2	台阶高度	台阶高度设计不合理，与挖掘设备不匹配	岩石垮落，伤人毁物，物体打击	Ⅱ～Ⅲ
3	钻孔、凿岩操作及工作面	操作或防护不当，工作平台宽度不够等	机毁人伤，粉尘危害，噪声危害，职业病，高处坠落	Ⅱ

续表

序号	危险源位置	触发条件	事故模式	危险等级
4	火工品运输	违反安全规程、程序，未使用专用的运药车辆，无专职安全员	爆炸伤害	Ⅳ
5	火工品使用	违反安全规程、程序	爆炸伤害、中毒、窒息	Ⅳ
6	装药、联接爆破网路、起爆	不按操作规程施工，爆破网路设计，施工方法不当	早爆、拒爆、盲炮、爆炸伤害	Ⅳ
7	安全警戒	警戒范围距离不够，警戒标志不全或不明显，警戒措施，时间不适当等	飞石、振动、冲击波伤人、毁物、物体打击	Ⅳ
8	开挖	操作不当，挖装设备配置与台阶高度以及运输设备不匹配	岩石滚落、岩体滑落、设备调度混乱等伤人毁物、物体打击、中毒窒息、车辆伤害	Ⅱ～Ⅲ
9	边坡结构、边坡监测、边坡作业	边坡参数设计不符合标准，规范；施工作业不符合设计要求；监测管理不到位	边坡滑落、塌方、伤人毁物、坠落	Ⅲ
10	供电线路	维护、检修不到位，负荷超限	停电、触电、失火、伤人毁物	Ⅱ
11	安管机构责任制	未建立或不完善	各种危害	Ⅲ
12	安全管理人员	未配置或数量不足，未培训或责任心不强	各种危害	Ⅲ
13	教育培训制度	无安全教育培训制度，制度不完善，不落实	各种危害	Ⅲ
14	操作规程	未制订或不完善，不规范执行	各种危害	Ⅲ
15	特种作业制度	未制订或不完善，操作人员未培训，未持证上岗，操作不规范	各种危害	Ⅲ
16	应急组织人员措施	未建立应急救援组织，未配备应急救援人员，未制订应急救援措施	各种危害	Ⅲ

根据上表可知，在土石方爆破工程施工中，可能引起危险等级为Ⅰ级1处，Ⅱ级2处，Ⅱ～Ⅲ级2处，Ⅲ级7处，Ⅳ级4处。另外，对推土机、碾压机、洒水车等辅助设备，结合实际，酌情考虑。

8.4.2.4　故障类型及影响分析

1. 分析对象及范围。以表格的形式对生产过程中的故障类型模式进行详细预测分析，并提出相应的对策措施。

2. 故障类型及措施。爆破工程主要包括：钻孔、爆破两部分，分析爆破生产过程中的故障类型及其后果，有针对性地提出如下安全技术防范措施。详见表 8-73、表 8-74。

8.4.2.5　原因—结果分析

1. 物的不安全状态。起爆器材有缺陷，没有用专车运输火工品；起爆器材与炸药混装；起爆器材运输没有采取减振措施；在水孔中接头绝缘不良，炸药受潮。

钻孔系统故障类型及影响分析　表 8-73

危险部位	作业名称	故 障 模 式	技 术 措 施
场区运输道路	钻机转移	1. 钻机碰台阶边缘； 2. 钻机倾斜； 3. 触电	1. 钻机沿边缘行走时，机架突出部分距台阶外边缘距离不得小于1.5m； 2. 钻机通过坡道时，钻架必须放下，以防钻机倾斜； 3. 如遇钻机通过高压线时，最高部分与高压线距离不得小于5m
作业台阶	钻机固定	1. 作业台阶边缘失稳，钻机滑落到下台阶； 2. 起落钻架时钻架伤人	1. 停车时，钻机司机室距崖边最小距离不得小于2m； 2. 起落钻架时，钻架上下均不能站人
作业台阶	凿岩钻孔过程	1. 设备事故处理不当引起人身伤亡，设备损坏等职业危害事故； 2. 粉尘污染及噪声引起职业病； 3. 坠落事故	1. 当机械、电气、风路安全控制装置失灵时，以及除尘装置发生故障与损坏时，应立即停止作业，及时修理、维护和更换； 2. 钻机、凿岩机进行湿式作业； 3. 钻机、凿岩机夜间作业时，照明要完善； 4. 钻机、凿岩机开始作业运行时，必须检查机械周围是否有人或障碍物； 5. 钻架或机械顶盖上不准站人； 6. 高处凿岩时，必须戴好保险装置，保险装置并固定在安全可靠的位置
作业台阶	钻孔后爆破前	1. 炮孔被经过车辆压坏； 2. 作业人员未保护而被雨水等毁坏	1. 过往车辆一律禁止通过爆区； 2. 与作业无关人员严禁进入爆区； 3. 加强作业区管理，做好有关的安全警示

爆破系统故障类型及影响分析表　表 8-74

危险部位	故 障 模 式	技 术 措 施
作业台阶	1. 根块、大块； 2. 早爆、拒爆； 3. 飞石伤人，设备损坏； 4. 爆破振动对建(构)筑物的振动破坏； 5. 爆破冲击波气浪伤人毁物； 6. 打残眼引爆盲炮； 7. 炮烟中毒； 8. 爆破产生岩石松动，产生裂缝，引起台阶或边坡失稳	1. 孔网参数设计合理，实践中不断优化调整； 2. 对过期变质的火工材料应销毁，严禁使用； 3. 爆前进行杂电检查，严禁雷雨天爆破作业； 4. 爆破15min后可进入爆区检查； 5. 爆破作业时，爆破作业人员撤到安全警戒线以外； 6. 控制最小抵抗方向和大小； 7. 堵塞长度必须不小于设计要求，并注意回填质量； 8. 盲炮处理要及时，处理方法按规范要求进行； 9. 爆破作业后，应加强对边坡(台阶)的监测和管理并采取相应的加固措施
火工品运输	1. 炸药运输车翻车引起事故； 2. 运输中振动撞击引起事故； 3. 炸药与雷管混装； 4. 未使用专用车辆运输	1. 保护好炸药包，如有散粉及时清扫； 2. 运输前及时检查运输路线、确保火工品运输车辆的安全； 3. 炸药、雷管分开运输

续表

危险部位	故 障 模 式	技 术 措 施
安全管理	1. 在不适合爆破作业下爆破导致爆炸伤人事故； 2. 爆破前没有确定危险区的边界和标志，导致爆炸伤人事故； 3. 无证作业或违反爆破安全规程导致爆炸伤人事故	1. 设计每一次爆破作业，并制订爆破组织设计方案； 2. 针对实际情况制定爆破安全操作规程； 3. 加强爆破工的安全技术知识的培训； 4. 爆破前，明确危险区的边界并设置明显的标志，但有专人安全警戒； 5. 检查，消除、避免不安全的作业条件

2. 人的不安全行为。爆破网路设计不合理，现场作业错误；装药回填不严格，堵塞时线路受破坏，多段起爆时冲断线路，网路联接时传爆方向接反；爆破警戒不严，范围不够，人和设备没有及时撤到安全区；作业人员爆后提前进入作业面；二次爆破时不按规范作业；爆破设计参数不合理，钻孔位置发生偏差，钻孔超深不够、坍孔；装药量不够或过大；炮眼没有堵塞或堵塞长度不够。

3. 自然环境因素。静电或电击，爆破时遇到雷雨天气；爆破安全警戒内有建(构)筑物；高温干燥天气作业，临近边坡爆破时，边坡预裂缝未提前形成；夜间作业时缺乏照明。

8.4.2.6　职业卫生健康评估

1. 主要有害因素。粉尘、有毒有害气体、高噪声是爆破作业危害身体健康的主要三大因素。

2. 职业卫生健康对策措施。采用湿式凿岩抑制粉尘的产生，喷雾洒水，改进爆破方法等措施抑制爆破粉尘的产生；对挖装工作面，运输道路等定期喷雾洒水抑尘；操作人员佩戴防尘罩；正确选择机型，装配尾气净化器；选用高标准优质油料，严禁超负荷，严格维修保养；爆破前关注天气、风向情况，爆破时人员撤离危险区，爆破后人员不得提前进入危险区；

露天爆破有毒有害气体的影响范围可参照下式计算：

$$R = KQ^{1/3} \tag{8-63}$$

式中　R——有毒有害气体的影响范围（m）；

　　　Q——爆破总药量（t）；

　　　K——系数，平均160。

3. 噪声的控制及对策措施。选择低噪声设备；提高安装技术，保证安装质量；改变能量结构，用液压代替电动或压缩空气动力；操作人员佩带防噪声用品。

参 考 文 献

1. 建筑施工手册(第四版)编写组．建筑施工手册(第四版)．北京：中国建筑工业出版社，2003
2. 刘殿中，杨仕春．工程爆破实用手册(第2版)．北京：冶金工业出版社，2003

9 基坑工程

9.1 基坑工程的特点和内容

9.1.1 基坑工程特点

随着城市建设的快速发展，地下空间大规模开发已成为了一种趋势。基坑工程是集地质工程、岩土工程、结构工程和岩土测试技术于一身的系统工程，其设计和施工成为了岩土工程学科的主要研究课题之一。近年来，深基坑工程的设计计算方法、施工技术、监测手段以及基坑工程计算理论在我国都有长足的发展。基坑工程具有如下特点：

(1) 基坑工程具有较大的风险性。基坑支护体系一般为临时措施，其荷载、强度、变形、防渗、耐久性等方面的安全储备相对较小。

(2) 基坑工程具有明显的区域特征。不同的区域具有不同的工程地质和水文地质条件，即使是同一城市的不同区域也可能会有较大差异。

(3) 基坑工程具有明显的环境保护特征。基坑工程的施工会引起周围地下水位变化和应力场的改变，导致周围土体的变形，对相邻环境会产生影响。

(4) 基坑工程理论尚不完善。基坑工程是岩土、结构及施工相互交叉的学科，且受多种复杂因素相互影响，其在土压力理论、基坑设计计算理论等方面尚待进一步发展。

(5) 基坑工程具有时空效应规律。基坑的几何尺寸、土体性质等对基坑有较大影响。施工过程中，每个开挖步骤中的空间尺寸、开挖部分的无支撑暴露时间和基坑变形具有一定的相关性。

(6) 基坑工程具有很强的个体特征。基坑所处区域地质条件的多样性、基坑周边环境的复杂性、基坑形状的多样性、基坑支护形式的多样性，决定了基坑工程具有明显的个性。

9.1.2 基坑工程的主要内容

基坑开挖最简单、最经济的办法是放坡大开挖，但经常会受到场地条件、周边环境的限制，所以需设计支护系统以保证施工的顺利进行，并能较好地保护周边环境。基坑工程具有一定的风险，过程中应利用信息化手段，通过对施工监测数据的分析和预测，动态地调整设计和施工工艺。基坑土方开挖是基坑工程的重要内容，其目的是为地下结构施工创造条件。基坑支护系统分为围护结构和支撑结构，围护结构是指在开挖面以下插入一定深度的板墙结构，其常用材料有混凝土、钢材、木材等，形式一般是钢板桩、钢筋混凝土板桩、灌注桩、水泥土搅拌桩、地下连续墙等。根据基坑深度不同，围护结构可以是悬臂式的，但更多采用单撑或多撑式（单锚或多锚式）结构。支撑是为围护结构提供弹性支撑点，以控制墙体弯矩和墙体截面积面积。为了给土方开挖创造适宜的施工空间，在水位较高的区域一般会采取降水、排水、隔水等措施，保证施工作业面在地下水位面以上，所以地下水位控制也是基坑工程重要的组成部分。

综上所述，基坑工程主要由工程勘察、支护结构设计与施工、基坑土方开挖、地下水控制、信息化施工及周边环境保护等构成。

9.2 基坑工程勘察

基坑工程支护设计前，应对影响设计和施工的基础资料进行全面收集和深入分析，以便正确地进行基坑支护结构设计，合理的组织基坑工程施工。这些基础资料主要包括工程地质和水文地质勘察资料、周边环境勘察资料、地下结构设计资料等。

9.2.1 工程地质和水文地质勘察

目前基坑工程的勘察很少单独进行，一般都包含在工程勘察内容中。勘察前委托方应提供基本的工程资料和设计对勘察的技术要求、建设场地及周边地下管线和设施资料及可能采用的围护方式、施工工艺要求等。勘察单位应提供勘察方案，该方案应依据主体工程和基坑工程的设计与施工要求统一制定。若勘察人员对基坑工程的特点和要求不太了解，提供的勘察成果不能满足基坑支护设计和施工要求，应进行补充勘察。

岩质基坑的勘察要求和土质基坑有较大差别，到目前为止，我国基坑工程的经验主要在土质基坑方面，岩质基坑的经验较少。对岩质基坑，应根据场地的地质构造、岩体特征、风化情况、基坑开挖深度等，按当地标准或当地经验进行勘察。

9.2.1.1 勘察内容和要求

1. 基坑工程勘察应针对以下内容进行分析，提供有关计算参数和建议：

(1) 边坡的局部稳定性、整体稳定性和坑底抗隆起稳定性；

(2) 坑底和侧壁的渗透稳定性；

(3) 挡土结构和边坡可能发生的变形；

(4) 降水效果和降水对环境的影响；

(5) 开挖和降水对邻近建筑物和地下设施的影响。

2. 岩土工程勘察报告中与基坑工程有关的部分应包括下列内容：

(1) 与基坑开挖有关的场地条件、土质条件和工程条件；

(2) 提出处理方式、计算参数和支护结构选型的建议；

(3) 提出地下水控制方法、计算参数和施工控制的建议；

(4) 提出施工方法和施工中可能遇到的问题的防治措施的建议；

(5) 对施工阶段的环境保护和监测工作的建议。

3. 勘察基本要求：

在受基坑开挖影响和可能设置支护结构的范围内，应查明岩土分布，分层提供支护设计所需的抗剪强度指标。土的抗剪强度试验方法，应与基坑工程设计要求一致，符合设计采用的标准，并应在勘察报告中说明。

深基坑工程的水文地质勘察工作不同于供水水文地质勘察工作，其目的是满足降水设计需要和对环境影响评估的需要。前者按通常供水水文地质勘察工作的方法即可满足要求，后者因涉及问题很多，要求更高。降水对环境影响评估需要对基坑外围的渗流进行分析，考虑降水延续时间很短的影响。因此，要求勘察对整个地层的水文地质特征作很详细的了解。当场地水文地质条件复杂，在基坑开挖过程中需要对地下水进行控制，且已有资料不能满足要求时，应进行专门的水文地质勘察。当基坑开挖可能产生流砂、流土、管涌等渗透性破坏时，应有针对性地进行勘察，分析评价其产生的可能性及对工程的影响。当基坑开挖过程中有渗流时，地下水的渗流作用宜通过渗流计算确定。

在特殊性岩土分布区进行基坑工程勘察时，对软土的蠕变和长期强度，软岩和极软岩的失水崩解，膨胀土的膨胀性及裂隙性及非饱和土increasing湿软化等对基坑的影响进行分析评价。

基坑工程勘察，应根据开挖深度、岩土和地下水条件以及环境要求，对基坑边坡的处理方式提出建议。

4. 勘察布孔及取样要求：

(1) 勘察点宜沿基坑周边布置，基坑主要转角处宜有勘探孔，同时尚应按基坑工程安全等级在坑内布置。相邻勘探孔间距根据基坑安全等级、地层条件确定，可在15～30m内选择，当相邻揭露的地层变化较大并影响到设计或施工时，应适当加密勘探孔。

(2) 勘察范围应根据开挖深度及场地的岩土工程条件确定，勘察的平面范围宜超出开挖边界外开挖深度的2～3倍。当开挖边界外无法布置勘探点时，应通过调查取得相应资料。对于软土，支护结构一般需穿过软土层进入相对硬层。

(3) 勘察点深度应根据支护结构设计要求确定，宜为开挖深度的2～3倍，软土地区应穿越软土层，同时还应满足不同基础类型、施工工艺及基坑稳定性验算对孔深的要求。

（4）浅层勘察宜沿基坑周边布置小螺纹钻孔，发现暗浜及厚度较大的杂填土等不良地质现象时，应加密孔距，场地条件许可时宜将范围适当外延。当场地地表下存在障碍物而无法按要求完成浅层勘察时，应在施工清障后进行施工勘察。

（5）取土数量应根据工程规模、钻孔数量、地基土层的厚度和均匀性等确定。在受环境污染的场地，勘察时应有针对性并至少取两件水样进行化验，判别其有无腐蚀性。污染严重的场地尚应查明污染源及分布范围。

（6）地下水的妥善处理是支护结构设计成功的基本条件，也是侧向荷载计算的重要指标，因此应认真查明地下水的性质，并对地下水可能影响周边环境提出相应的治理措施供设计人员参考。应查明开挖范围及邻近场地地下水含水层和隔水层的层位、埋深和分布情况，查明各含水层（包括上层滞水、潜水、承压水）的补给条件和水力联系；测量场地各含水层的渗透系数和渗透影响半径；分析施工过程中水位变化对支护结构和基坑周边环境的影响，提出应采取的措施。

（7）潜水稳定水位量测时，宜对每个钻孔在水位恢复稳定后量测稳定水位，量测稳定水位的间隔时间应根据地层的渗透性确定。需绘制地下水等水位线图时，可在勘探结束后统一量测稳定水位。对位于江边、岸边的工程，地表水、地下水应同时量测，并注明量测时间，以了解地下水与地表水之间的水力联系。当量测对工程有影响的承压水时，应采取止水措施后测其稳定水位；当有多个承压含水层时，应分别量测其稳定水位。工程需要时，宜搜集该区域的长期水位观测资料。当地下水变化或承压含水层的水文地质特性对设计及施工有重大影响、且已有勘察资料不能满足分析评价要求时，宜进行专门水文地质勘察，以获取相关的水文地质参数。当承压水对基坑有影响时，基坑内勘探孔如钻入拟开挖深度以下的砂土、粉性土时，钻探结束后应及时采用有效措施进行回填封孔。

（8）应勘察基坑范围内及围护墙附近地下障碍物的性质、规模、埋深等情况，以便采用合适的措施进行处理。地下障碍物一般包括废弃的建（构）筑物基础和桩、地下室、人防工程、水池或箱涵、设备基础、废井、驳岸、较大垃圾或树根、抛石等。

9.2.1.2　测试参数

基坑工程地质和水文地质的测试参数一般包括土的常规物理试验指标、土的抗剪强度指标、室内或原位试验测试土的渗透系数、特殊条件下所需的参数，测试参数、试验方法与参数功能见表9-1。

岩土测试参数、试验方法与参数的功能　表 9-1

试验类别	测 试 参 数	试 验 方 法	参数的功能
物理性质	ω ρ G_s	含水量试验 密度试验 比重试验	土的基本参数计算
	颗粒大小分布曲线 不均匀系数 $C_u = d_{60}/d_{10}$ 有效粒径 d_{10} 中间粒径 d_{30} 平均粒径 d_{50} 限制粒径 d_{60}	颗粒分析试验	评价流砂、管涌可能性
水理性质	渗透系数 k_v、k_h	渗透试验	土层渗透性评价，降水、抗渗计算
力学性质	$e \sim p$ 曲线 压缩系数 a 压缩模量 E_s 回弹模量 E_{ur}	固结试验	土体变形及回弹量计算
	$e \sim \log p$ 曲线 先期固结压力 p_c 超固结比 OCR 压缩指数 C_c 回弹指数 C_s	固结试验	土体应力历史评价、土体变形及回弹量计算
	内摩擦角 φ_{cq} 黏聚力 c_{cq}	直剪固结快剪试验	土压力计算及稳定性验算
	内摩擦角 φ_s 黏聚力 c_s	直剪慢剪试验	土压力计算及稳定性验算

续表

试验类别	测 试 参 数	试 验 方 法	参数的功能
力学性质	内摩擦角 φ_{cu}（总应力） 黏聚力 c_{cu}（总应力） 有效内摩擦角 φ' 有效黏聚力 c'	三轴固结不排水剪（CU）试验	土压力计算及稳定性验算
	有效内摩擦角 φ' 有效黏聚力 c'	三轴固结排水剪（CD）试验	土压力计算
	内摩擦角 φ_{uu} 黏聚力 c_{uu}	三轴不固结不排水剪（UU）试验	施工速度较快，排水条件差的黏性土的稳定性验算
	无侧限抗压强度 q_u 灵敏度 S_t	无侧限抗压强度试验	稳定性验算
	静止土压力系数 K_0	静止土压力系数试验	静止土压力计算

基坑工程勘察除提供直剪固结快剪强度指标外，尚宜提供渗透性指标，对于粉性土、砂土还宜提供土的颗粒级配曲线等。对安全等级为一、二级的基坑工程应进行三轴固结不排水压缩试验或直剪慢剪试验，并提供土的静止土压力系数，必要时还宜进行回弹再压缩试验。基坑工程勘察除应进行静力触探试验外，还应选择部分勘探孔在粉性土和砂性土中进行标准贯入试验。对安全等级为一、二级的基坑工程宜在软黏性土层进行十字板剪切试验，必要时可以进行旁压试验、扁铲侧胀试验等。对安全等级为一、二级的基坑工程宜进行现场简易抽（注）水试验综合测定土层的渗透系数。

9.2.1.3　勘察成果

勘察成果文件是基坑设计、施工的依据。勘察成果应对基坑工程影响深度范围内的土层埋藏条件、分布和特性进行综合分析评价，并分析填土、暗浜、地下障碍物等浅层不良地质现象分布情况及其对基坑工程的影响；应阐明场地浅部潜水及深部承压水的埋藏条件、水位变化幅度和与地表水间的联系，以及土层渗流条件，并对产生流砂、管涌、坑底突涌等可能性进行分析评价；应提供基坑工程影响范围内的各土层物理、力学试验指标的统计值；应对基坑工程支护类型、设计和施工中应注意的岩土问题及对基坑监测工作提出建议。

9.2.2　周 边 环 境 勘 察

基坑开挖带来的水平位移和地层沉降会影响周围邻近建（构）筑物、道路和地下管线，该影响如果超过一定范围，则会影响正常使用或带来较严重的后果。所以基坑工程设计和施工，一定要采取措施保护周围环境，使该影响限制在允许范围内。为限制基坑施工的影响，在施工前要对周围环境进行应有的调查，做到心中有数，以便采取针对性的有效措施。

9.2.2.1　基坑周边临近建（构）筑物状况调查

在大中城市建筑物稠密地区进行基坑工程施工，宜对基坑周边影响范围内的建（构）筑物进行调查，调查一般包括以下内容：

（1）建（构）筑物的分布，其与基坑边线的距离；

（2）建（构）筑物的上部结构形式、基础结构及埋深、有无桩基和对沉降差异的敏感程度，需要时要收集和参阅有关的设计图纸；

（3）建筑物是否属于历史文物或近代优秀建筑，或有精密仪器与设备的厂房等使用有特殊严格的要求；

（4）如周围建（构）筑物在基坑开挖之前已经存在倾斜、裂缝、使用不正常等情况，需通过影像、绘图等手段收集有关资料，必要时应事先进行分析鉴定；

（5）如周围有地铁隧道、地铁车站、地下车库、地下商场、地下通道、人防、箱涵等，应调查其与基坑的相对位置、埋设深度、基础形式与结构形式、对变形与沉降的敏感程度、变形控制指标或其他特殊要求。

9.2.2.2　基坑周边管线状况调查

在大中城市进行基坑工程施工，基坑周围的主要管线为燃气、上水、下水和电缆等，调查的主要内容如下：

（1）燃气管道。应调查和掌握燃气管道与基坑的相对位置、埋深、管径、管内压力、接头构造、管材、每个管节长度、埋设年代

等。燃气管道的管材一般采用钢管和铸铁管，也可采用塑料管和复合管，管节长度一般为 4～12m，管径一般为 100～800mm。铸铁管一般采用承插连接、法兰连接、机械连接，钢管一般采用焊接或法兰连接，塑料管多为电熔连接或热熔连接，复合管一般采用法兰连接或电熔连接。

（2）上水管道。应调查和掌握与基坑的相对位置、埋深、管径、管材、管内水压、管节长度、接头构造、管内水压、埋设年代等。上水管材一般采用钢管、铸铁管、塑料管、复合管等，管节长度一般为 4～12m，管径一般为 100～3000mm。铸铁管一般采用承插连接、法兰连接，钢管多采用焊接，塑料管多为电熔连接或热熔连接，复合管一般采用法兰连接或电熔连接。

（3）下水管道。应调查和掌握与基坑的相对位置、管径、埋深、管材、管节长度、基础形式、接头构造、窨井间距等。下水道多采用预制混凝土管、铸铁管，混凝土管一般采用承插式、企口式、平口式等连接方式，铸铁管多采用承插连接。

（4）电缆。应调查和掌握与基坑的相对位置、埋深（或架空高度）、规格型号、用途、使用要求、保护装置（形式）等。电缆种类很多，有高压电缆、通信电缆、照明电缆、防御设备电缆等。有的放在电缆沟内，有的架空。有的共用同沟，多种电缆放在一起。电缆有普通电缆和光缆之分，光缆的保护要求更高。

（5）基坑内的管线。坑内地下管线一般分为废弃管线和使用管线。废弃管线及其附属设施一般可作为地下障碍物进行调查和处理，但处理前必须确认废弃段已经关闭或者封堵。坑内正在使用的地下管线必须进行详细调查，除了解其平面位置、直径、材料类型、埋深、接头形式、压力、建造年代等情况外，还应在场内进行详细的标注，必要时可进行地下管线探测。基坑设计时应采取针对性的措施，并在施工前确定地下管线保护方案。

9.2.2.3 基坑周边道路及交通状况调查

在城市繁华地区进行基坑工程施工，邻近常有道路。这些道路的重要性不相同，有些是次要道路，而有些则属城市干道。为保证周边道路不因基坑变形而产生破坏，应了解基坑周边道路的性质、类型、与基坑的相对位置、路基和路面结构、路间裂缝和破损、路面沉降等情况，为基坑施工方案的确定提供参考。为保证基坑施工阶段的材料和设备进出场便利，应重点调查周边道路交通的运输能力，包括交通流量、通行能力、路面承载力、人流量、同行规则、交通管理等情况。

9.2.2.4 基坑周边施工条件调查

现场周围的条件对基坑设计和施工有直接影响，事先必须加以调查，其主要内容包括：

（1）施工现场周围的交通运输、商业规模等特殊情况，了解基坑施工期间对土方和材料、混凝土等运输有无限制，必要时是否允许阶段性封闭施工等。这对选择施工方案有影响；

（2）了解施工现场附近对施工产生的噪声和振动的限制。如对施工噪声和振动有严格的限制，则影响桩型选择和支护结构混凝土支撑的爆破拆除；

（3）了解施工场地条件，是否有足够场地供运输车辆运行、堆放材料、停放施工机械、加工钢筋等，以便确定是全面施工、分区施工还是用逆作法施工。

9.2.3 地下结构设计资料

主体结构地下工程的设计资料是基坑工程设计的重要依据。一般情况下，基坑工程设计在主体结构设计完成后、基坑工程施工前进行。一些大型的、重要的基坑工程，在主体结构设计阶段即可进行基坑工程的设计工作，以便更好地协调基坑与主体结构之间的关系，如支撑立柱桩与工程桩的结合、水平支撑与结构楼层标高的协调、地下结构换撑、分隔墙拆除与结构对接等关系的处理。支护结构与主体结构相结合的基坑工程的设计，应与主体结构设计同步进行。利用地下结构兼作基坑支护结构，基坑施工阶段与永久使用期的荷载状况和结构状况有较大差别，结构设计应同时满足各工况下的承载能力极限状态和正常使用极限状态的要求，并应考虑不同阶段的变形协调。基坑工程设计前，应主要掌握以下地下结构工程设计资料：

（1）主体地下结构的平面布置和形状。包括电梯井、集水井、管道沟等各种落深区域的平面布置和形状，地下室与建筑红线的相对位置。这些资料是选择基坑支护形式、设计支撑的重要依据。若地下室外墙与建筑红线较近，则应采用厚度较小的围护墙，或采用"两墙合一"地下连续墙；若平面尺寸较大或形状复杂，则应在支撑布置时考虑特殊的形式；若局部区域落深深大或高差较大，则应考虑在该区域采用临时支撑或土体加固措施。

（2）主体工程基础桩位布置图。支撑立柱设置时应考虑尽量利用工程桩，以节约成本。

（3）主体地下结构的层数、各层楼板和底板的布置与标高、地面标高等。根据结构标高和结构形式，可确定基坑的开挖深度，从而选择合适的支护结构形式、确定支撑布置形式和支撑标高、制定降水和土方开挖方案。根据结构形式，可选择合适的换撑形式。

（4）主体结构顶板的承载能力。施工阶段可根据地下室顶板的设计承载力，确定合理的施工平面布置，以加快施工速度。

9.3   基坑支护结构的类型和选型

9.3.1   总体方案选择

基坑支护是为满足地下结构的施工要求及保护基坑周边环境的安全，对基坑侧壁采取的支挡、加固与保护措施，基坑支护总体方案的选择直接关系到基坑及周边环境安全、施工进度、工程建设成本。总体方案主要有顺作法和逆作法两类，在同一基坑工程中，顺作法和逆作法可以在不同的区域组合使用，从而在特定条件下满足工程的经济技术要求。

9.3.1.1 顺作法

顺作法是指先施工周边围护结构，然后由上而下开挖土方并设置支撑（锚杆），挖至坑底后，再由下而上施工主体结构，并按一定顺序拆除支撑的过程。顺作法基坑支护结构通常有围护墙、支撑（锚杆）及其竖向支承结构组成。顺作法是基坑工程传统的施工方法，设计较便捷，施工工艺成熟，支护结构与主体结构相对独立，设计的关联性较低。顺作法常用的总体设计方案包括放坡开挖、水泥土挡墙、排桩与板墙、土钉墙、逆作拱墙等。基坑工程中常用的支护形式如表 9-2。

基坑支护工程中的常用支护形式   表 9-2

主要支护形式		备 注
放坡		必要时应采取护坡等措施
重力式水泥土墙或高压旋喷围护墙		依靠自重和刚度保护坑壁，一般不设内支撑
土钉墙、复合土钉墙		其中复合土钉墙有土钉墙结合隔水帷幕、土钉墙结合预应力锚杆、土钉墙结合微型桩等形式
支挡式结构	型钢横挡板	应设置内支撑
	钢板桩	可结合内支撑或锚杆系统
	混凝土板桩	可结合内支撑或锚杆系统
	灌注桩排桩	有分离式、咬合式、双排式、交错式、格栅式等；可结合内支撑或锚杆系统；可与隔水帷幕组合
	预制（钢管、混凝土）排桩	可结合内支撑或锚杆系统
	地下连续墙	有现浇和预制地下连续墙，可结合内支撑系统
	型钢水泥土搅拌墙	可结合内支撑或锚杆系统
逆作拱墙		很多情况下不用内支撑或锚杆系统

9.3.1.2 逆作法

逆作法是指利用主体地下结构水平梁板结构作为内支撑，按楼层自上而下并与基坑开挖交替进行的施工方法。逆作法围墙可与主体结构外墙结合，也可采用临时围墙。逆作法是借助地下结构自身能力对基坑产生支护作用，即利用各层水平结构的刚度、强度，使其成为基坑围护墙水平支撑点，以平衡土压力。在采用逆作法进行地下结构施工的同时，还可同步进行上部结构的施工，但上

部结构允许施工的层数（高度）须经设计计算确定。

1. 逆作法的优点

(1) 基坑变形较小，有利于周边环境保护；

(2) 地上和地下同步施工时，可缩短工期；

(3) 支护结构与主体结构相结合时，可大大节约支撑等材料；

(4) 围护墙与主体结构外墙结合时，可减少土方开挖和回填；

(5) 有利于解决特殊平面形状的支撑设置难题；

(6) 可充分利用地下室顶板作施工场地，解决施工场地狭小的难题。

2. 逆作法的不足

(1) 基坑设计与结构设计的关联度较大，设计与施工的沟通和协作紧密；

(2) 施工技术要求高，如结构构件节点复杂、中间支承柱垂直度控制要求高；

(3) 挖运设备尚有待研究，土方挖运效率受到限制；

(4) 立柱之间及立柱与围护墙之间的差异沉降较难控制；

(5) 结构局部区域需采用二次浇筑施工工艺；

(6) 施工作业环境较差。

9.3.1.3 顺逆结合

对于某些条件复杂或具有特殊技术经济要求的基坑，可采用顺作法和逆作法结合的设计方案，从而可发挥顺作法和逆作法的各自优势，满足基坑工程特定要求。工程中常用顺逆结合主要有主楼先顺作裙房后逆作、裙房先逆作主楼后顺作、中心顺作周边逆作等方案。

1. 主楼先顺作、裙房后逆作

高层和超高层建筑通常由主楼和裙房组成，若主楼为工期控制的主导因素，在施工场地紧张的情况下，可先采用顺作法施工主楼地下室基坑，裙房暂作施工场地，待主楼进入上部结构施工某一阶段，再逆作裙房地下室基坑。该方法一方面可解决施工场地狭小、作业困难的问题，另一方面由于主楼基坑面积较小，可加快施工速度；裙房逆作不会绝对工期，缩短了总工期。同时裙房逆作基坑可较好的控制基坑变形，可减少对周边环境的影响。

2. 裙房先逆作、主楼后顺作

高层和超高层建筑施工中，若裙房的工期要求非常高（如裙房作为商业建筑而需要尽快投入商业运营），而主楼的工期要求较低，裙房可先采用逆作法，且可上下同步施工，以满足工期要求，而在主楼区域可设置大空间取土口。待裙房地下结构完成后再顺作施工主楼结构。该方法由于在主楼区域设置大空间，可大大提高挖土效率，加快裙房施工速度；同时大空间也改善了逆作区域的通风和采光条件。裙房可采取上下同步施工工艺，可缩短裙房施工工期。裙房采用逆作法施工可较好地控制基坑变形。

3. 中心顺作、周边逆作

对于面积较大且周边环境保护要求不是很高的基坑，可在基坑周边先施工一圈具有一定水平刚度的环状结构梁板，然后在基坑周边被动区留土护壁，并采用多级放坡的方式使基坑中心区域开挖至坑底，在中心区域顺作地下结构，并与周边环状结构梁板贯通后，再逐层开挖和逆作周边留土区域。该方法由于周边利用结构梁板作为水平支撑，而中心区域无需临时支撑，具有较高的经济效益，且由于中部敞开，出土速度较快，可加快整体施工工期。同时由于中心区域顺作施工，可节省逆作施工中的中间支承柱。

中心顺作、周边逆作也可在施工周边环状结构梁板后，盆式开挖中心区域上方，再开挖周边环状结构梁板下土方，然后逆作周边下层结构，在强度满足要求后再逐层进行土方开挖和周边地下结构施工，开挖至坑底后浇筑基础底板，最后由下而上顺作完成中心区域地下结构。

9.3.2 基坑支护工程选型

放坡是一种最简单的基坑开挖形式，一般适用于基坑侧壁安全等级三级的基坑，施工现场场地应满足放坡条件，也可独立或与其他支护结构结合使用；当地下水位高于坡脚时，应采取降水措施。为了在基坑工程中做到技术先进，经济合理，确保基坑及周边环境安全，支护结构形式的选择应综合工程地质与水文地质条件、地下

结构设计、基础平面及开挖深度、周边环境和坑边荷载、场地条件、施工季节、支护结构使用期限等因素，选型时应考虑空间效应和受力条件的改善，采用有利于支护结构材料受力性状的形式。在软土场地可局部或整体对坑底土体进行加固，或在不影响基坑周边环境的情况下，采用降水措施提高土的抗剪强度和减小水土压力。设计时可按表9-3选用支挡式结构、土钉墙、重力式水泥土墙或采用上述形式的组合。常用的几种支护结构如图9-1。

支护结构选型 表9-3

结构类型	适 用 条 件
支挡式结构	适于一级、二级及三级的基坑安全等级；对需要隔水的基坑，挡土构件采用排桩时，应同时采用隔水帷幕，挡土构件采用地下连续墙，地下连续墙宜同时用于隔水，采用锚拉式结构时，应具备允许在土层中设置锚杆和不会受到坑边地下建筑阻碍的条件，且应有能够提供足够锚固力的地层；采用支撑式结构时，应能够满足主体结构及防渗的设计与施工的要求；基坑周边环境复杂、环境保护的要求很严格时，宜采用支护与主体结合的逆作法支护；基坑深度较深时，可采用悬臂式排桩、悬臂式地下连续墙或双排桩
土钉墙	适于二级及三级的基坑安全等级；在基坑潜在滑动体内没有永久建筑或重要地下管线时；土钉墙适于地下水位以上或经降水的非软土土层，且基坑深度不宜大于12m；不宜用于淤泥质土，不应用于淤泥或没有自稳能力的松散填土；非软土地层中，对垂直复合型土钉墙，基坑深度不宜大于12m；对坡度不大于1∶0.3的复合土钉墙，基坑深度不宜大于15m；淤泥质土层中，对垂直复合型土钉墙，基坑深度不宜大于6m；复合土钉墙不应用于基坑潜在滑动范围内的淤泥厚度大于3m的地层
重力式水泥土墙	适于二级及三级的基坑安全等级；软土地层中，基坑深度不宜大于6m；水泥土桩底以上地层的硬度，应满足水泥土桩施工能力的要求
放 坡	适于三级的基坑安全等级；具有放坡的场地；可与各类支护结构结合，在基坑上部采用放坡

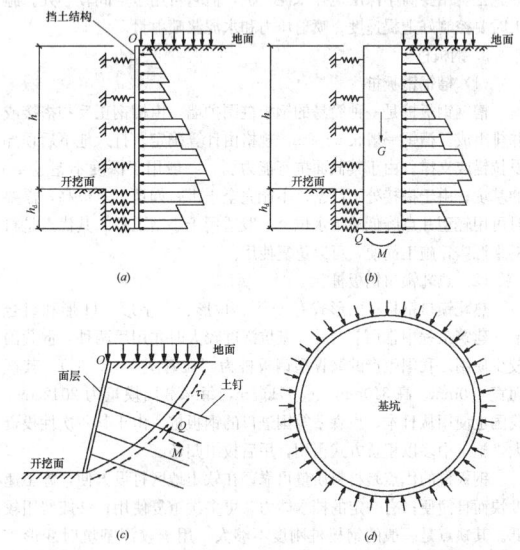

图 9-1 支护结构的几种基本类型

(a) 桩墙结构；(b) 重力式结构；(c) 土钉墙结构；(d) 拱墙结构

9.3.2.1 围护墙选型

1. 重力式水泥土墙

重力式水泥土墙结构是在基坑侧壁形成一个具有相当厚度和重量的刚性实体结构，以其重量抵抗基坑侧壁土压力，满足抗滑移和抗倾覆要求。这类结构一般采用水泥土搅拌桩，有时也采用旋喷桩，使桩体相互搭接形成块状或格栅状等形状的重力结构。重力式水泥土墙具有挡土、隔水双重功能，且坑内无支撑可方便机械化快速挖土。其缺点是不宜用于深基坑，一般不宜大于6m；位移相对较大，尤其在基坑长度较大时，一般采取中间加强、起拱等措施以限制过大位移；重力式水泥土墙厚度较大，需具备足够的场地条

件。重力式水泥土墙宜用于基坑侧壁安全等级为二、三级者；地基土承载力不宜大于 150kPa。

重力式水泥土墙的渗透系数不大于 10^{-7} cm/s，能止水防渗，可利用其本身重量和刚度进行挡土，具有双重作用。重力式水泥土墙截面有满堂布置或格栅状布置，相邻桩搭接长宽不小于 200mm，截面置换率对淤泥不宜小于 0.8，淤泥质土不宜小于 0.7，一般黏性土、黏土及砂土不宜小于 0.6。格栅长度比不宜大于 2。墙体宽度 b 和插入深度 h_d，应根据开挖深度、土层分布及物理力学性能、周围环境、地面荷载等计算确定。在软土地区当基坑开挖深度 $h \leqslant$ 5m 时，可按经验取 $b = (0.6 \sim 0.8)h$，$h_d = (0.8 \sim 1.2)h$。墙体宽度以 500mm 为一个单位进位，以双轴搅拌桩为例，常用的格栅状布置，其断面形式如图 9-2，插入深度前后排可稍有不同。

水泥土加固体的强度取决于水泥掺入比（水泥重量与加固土体重量的比值），围护墙常用水泥掺入比为 12%～14%。重力式水泥土墙强度以龄期 1 个月的无侧限抗压强度 q_u 为标准。如为改善水泥土的性能和提高早期强度，可掺入木钙、三乙醇胺、氯化钙、碳酸钠等。水泥土围护墙未达到设计强度前不得开挖基坑。

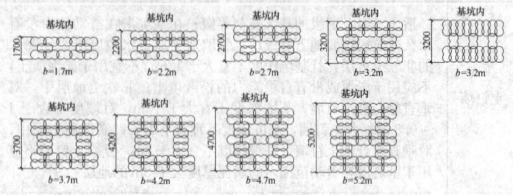

图 9-2 双轴搅拌桩格栅状平面布置示意图

高压旋喷桩所用的材料亦为水泥浆，只是施工机械和施工工艺不同。它是利用高压经过旋转的喷嘴将水泥浆喷入土层与土体混合形成水泥土加固体，相互搭接形成，用来挡土和隔水。高压旋喷桩的施工费用要高于深层搅拌水泥土桩，但它可用于空间较小处。施工时要控制好上提速度、喷射压力和水泥浆喷射量。

2. 钢板桩

（1）槽钢钢板桩

槽钢钢板桩是一种简易的钢板桩围护墙，由槽钢正反扣搭接或并排组成。槽钢一般长 6～8m，规格由计算确定。打入地下后顶部设拉锚或支撑。由于其截面抗弯能力弱，一般用于深度不超过 4m 的基坑；由于搭接处不严密，不能完全止水，如地下水位高，需要时可用轻型井点降低地下水位。一般适用于小型工程。其优点是材料来源广，施工简便，可以重复使用。

（2）热轧锁口钢板桩

热轧锁口钢板桩的形式有 U 形、L 形、一字形、H 形和组合形。建筑工程中常用前两种，基坑深度较大时才用后两种，但我国较少使用。我国生产的鞍 Ⅳ 型钢板桩为"拉森式"（U 形），其截面宽 400mm、高 310mm，重 77kg/m，每米截面模量为 2042cm³。我国也使用从日本、卢森堡等国进口的钢板桩。由于其一次性投资大，施工中多以租赁方式租用，用后拔出归还。

钢板桩的优点是材料质量可靠，在软土地区打桩方便，施工速度快而且简便；有一定的挡水能力；可多次重复使用；一般费用较低。其缺点是一般的钢板桩刚度不够大，用于较深基坑时变形较大；在透水性较好的土层中不能完全挡水；拔除时易带土，如处理不当会引起土层移动，可能危害周围环境。常用的 U 形钢板桩，多用于周围环境要求不太高的深 5～8m 的基坑，视支撑（拉锚）加设情况而定。

3. 型钢横挡板

型钢横挡板围护墙亦称桩板式支护结构。这种围护墙由工字钢（或 H 型钢）和横挡板（亦称衬板）组成，加上围檩、支撑等形成的一种支护体系。施工时先打设工字钢或 H 型钢桩，然后边挖土边加设横挡板。施工结束拔出工字钢或 H 型钢桩，并在安全允许条件下尽可能回收横挡板。横挡板直接承受水土压力，并由横挡板传给工字钢桩，再通过围檩传至支撑或拉锚。横挡板长度取决于工字钢桩间距和厚度，由计算确定。多用厚度 60mm 的木板或预制钢筋混凝土薄板。型钢横挡板围护墙多用于土质较好、地下水位较低的地区。

4. 钻孔灌注桩

根据目前的施工工艺，钻孔灌注桩为间隔排列，缝隙不小于 100mm，因此它不具备挡水功能，需另做隔水帷幕，隔水帷幕应用较多的是水泥土搅拌桩（图 9-3a、图 9-3b），水泥土搅拌桩的搭接长度一般为 200mm，也可采用高压旋喷桩作为隔水帷幕，地下水位较低地区则不需做隔水帷幕。如基坑周围狭窄，不允许在钻孔灌注桩后再施工隔水帷幕时，可考虑在水泥土桩中套打钻孔灌注桩（图 9-3c）。还有一种采用全套管灌注桩机施工形成的桩与桩之间相互咬合排列的灌注桩，即咬合桩，一般不需要另作隔水帷幕，其咬合搭接量一般为 200mm（图 9-3d）。

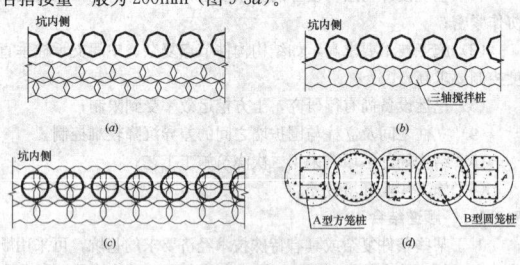

图 9-3 钻孔灌注桩布置形式
(a) 双轴水泥土搅拌桩隔水帷幕；(b) 三轴水泥土搅拌桩隔水帷幕；
(c) 套打式水泥土搅拌桩隔水帷幕；(d) 咬合桩

钻孔灌注桩施工无噪声、无振动、无挤土，刚度大，抗弯能力强，变形较小，几乎在全国都有应用。多用于深度 7～15m 的基坑工程，在土质较好地区已有 8～9m 悬臂桩的工程实践，在软土地区多加设内支撑（或拉锚），悬臂式结构不宜大于 5m，桩径和配筋通过计算确定。有些工程为简化施工不用支撑，采用相隔一定距离的双排钻孔灌注桩与桩顶横梁组成空间结构围护墙，使悬臂桩围护墙可用于深度 14m 左右的基坑。

5. 挖孔桩

挖孔桩围护墙也属桩排式围护墙，多在我国东南沿海地区使用。成孔采用人工挖土，多为大直径桩，宜用于土质较好地区。如土质松软、地下水位高时，需边挖土边施工衬圈，衬圈多为混凝土结构。在地下水位较高地区施工挖孔桩，应注意挡水问题，否则地下水流入桩内，大量抽水会引起邻近地区地下水位下降，因土体固结而出现较大的地面沉降。

挖孔桩由于人下孔开挖，便于检验土质，亦易扩孔；可多桩同时施工，施工速度可保证；大直径挖孔桩用作围护桩可不设或少设支撑。但挖孔桩劳动强度高；施工条件差；如遇有流砂还有一定危险。

6. 地下连续墙

地下连续墙是于基坑开挖之前，用特殊挖槽设备在泥浆护壁之下开挖深槽，然后下钢筋笼浇筑混凝土形成的地下混凝土墙。我国于 20 世纪 70 年代后期开始出现壁板式地下连续墙，此后用于深基坑支护结构。目前常用的厚度为 600mm、800mm、1000mm，多用于较深基坑。

地下连续墙施工时对周围环境影响小，能紧邻建（构）筑物进行施工；其刚度大、整体性好，变形小；处理好接头能较好的抗渗止水；如用逆作法施工，可实现两墙合一，能降低成本。我国一些重大、知名的高层建筑深基坑，多采用地下连续墙围护。其适用于基坑侧壁安全等级为一、二、三级者；在软土中悬臂式结构不宜大于 5m。地下连续墙如单纯用作围护墙，只为施工挖土服务则成本较高；施工过程中的泥浆需妥善处理，否则影响环境。

7. 型钢水泥土搅拌墙

即在水泥土搅拌桩内插入 H 型钢，使之成为同时具有受力和抗渗两种功能的支护结构围护墙，亦可加设支撑。型钢的布置方式通常有密插、插二跳一和插一跳一三种（图 9-4）。国外已用于坑深 20m 的基坑，我国较多应用于 8～12m 基坑。加筋水泥土桩的施工机械为三轴深层搅拌机，H 型钢靠自重可顺利下插至设计标高。加筋水泥土桩围护墙的水泥掺入比达 20%，水泥土的强度较高，

与 H 型钢粘结好，能共同作用。

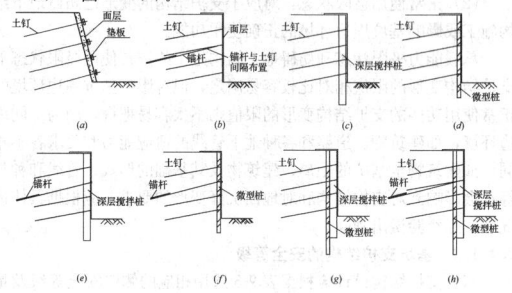

图 9-4 型钢布置方式
(a) 密插；(b) 插二跳一；(c) 插一跳一

8. 土钉墙

土钉墙是一种边坡稳定式的支护，它通过主动嵌固作用增加边坡稳定性，如图 9-5 (a)。施工时每挖深 1.0～1.5m 左右，即钻孔插入钢筋或钢管并注浆，然后在坡面挂钢筋网，喷射细石混凝土面层，依次进行直至坑底。

在土钉墙的基础上，后来又发展了复合土钉墙，即预应力锚杆、隔水帷幕、微型桩与土钉墙进行组合的形式，其组合类型如图 9-5 (b)～图 9-5 (h)。

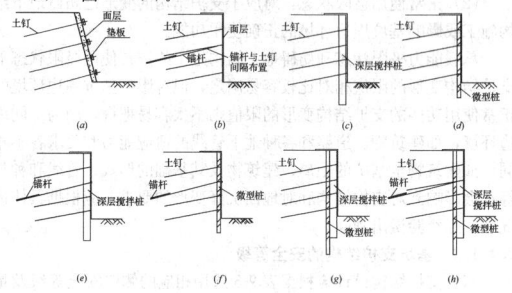

图 9-5 土钉墙
(a) 土钉墙；(b) 土钉+预应力锚杆组合；(c) 土钉+隔水帷幕组合；
(d) 土钉+微型桩组合；(e) 土钉+隔水帷幕+预应力锚杆组合；
(f) 土钉+微型桩+预应力锚杆组合；(g) 土钉+隔水帷幕+微型桩组合；(h) 土钉+隔水帷幕+微型桩+预应力锚杆组合

9. 逆作拱墙

当基坑平面形状适合时，可采用拱墙作为围护墙。拱墙有圆形闭合拱墙、椭圆形闭合拱墙和组合拱墙。对于组合拱墙，可将局部拱墙视为两铰拱。逆作拱墙宜用于基坑侧壁安全等级为三级者；淤泥和淤泥质土场地不宜应用；拱墙轴线的矢跨比不宜小于 1/8；基坑深度不宜大于 12m；地下水位高于基坑底面时应采取降水或隔水措施。

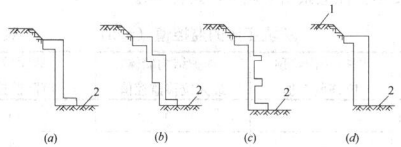

图 9-6 拱墙截面构造示意简图
1—地面；2—基坑底

拱墙截面宜为 Z 字形，拱壁上下端宜加肋梁；当基坑较深，一道 Z 字形拱墙不够时，可由数道拱墙叠合组成，或沿拱墙高度设置数道肋梁，肋梁竖向间距不宜小于 2.5m，亦可不设肋梁而采用加厚肋壁的办法（图 9-6）。圆形拱墙壁厚不宜小于 400mm，其他拱墙壁厚不宜小于 500mm。混凝土强度等级不宜低于 C25。拱墙水平方向应通长双面配筋，配筋率不于 0.7%。拱墙在垂直方向应分道施工，每道施工高度视土层直立高度而定，不宜超过 2.5m。待上道拱墙合拢且混凝土强度达到设计要求后，才可进行下道拱墙施工，上下两道拱墙的竖向施工缝应错开，错开距离不宜小于 2m。拱墙宜连续施工，每道拱墙施工时间不宜超过 36h。

9.3.2.2 支撑体系选型

对于排桩、板墙式支护结构，当基坑深度较大时，为使围护墙受力合理和受力后变形控制在一定范围内，需沿围护墙竖向增设支撑点以减小跨度。如在坑内对围护墙加设支承称为内撑；如在坑外对围护墙加设拉支承，则称为拉撑（土锚）。

内支撑受力合理、安全可靠、易于控制围护墙的变形，但内支撑的设置给基坑内挖土和地下室结构的支模和浇筑带来一些不便，

需通过换撑加以解决。用土锚拉结围护墙，坑内施工无任何阻挡，位于软土地区土锚的变形较难控制，且土锚有一定长度，在建筑物密集地区如超出红线尚需专门申请。一般情况下，在土质好的地区，如具备锚杆施工设备和技术，应发展土锚；在软土地区为便于控制围护墙的变形，应以内支撑为主。

支护结构的内支撑体系包括腰梁（围檩）或冠梁、支撑和立柱。腰梁固定在围护墙上，将围护墙承受的侧压力传给支撑（纵横两个方向），支撑是受压构件，长度超过一定限度时稳定性不好，故中间需加设立柱，立柱下端需稳固，可利用工程桩作为立柱桩，若不能利用，应另外专门设置立柱桩。

1. 内支撑类型

(1) 钢支撑

钢支撑一般分为钢管支撑和型钢支撑。钢管支撑多用 φ609 钢管，有多种壁厚（10mm、12mm、14mm）可供选择，壁厚大者承载能力高；亦有用较小直径钢管者，如 φ580、φ406 钢管等。型钢支撑多用 H 型钢，有多种规格（表 9-4）以适应不同的承载力。不过作为一种工具式支撑，要考虑能适应多种情况。在纵、横向支撑的交叉部位，可用上下叠交固定；亦可用专门加工的"十"字形定型接头，以便连接纵、横向支撑构件。前者纵、横支撑不在一个平面上，整体刚度差；后者则在一个平面上，刚度大，受力性能好。

H 型钢支撑的规格 表 9-4

尺 寸 (mm)	单位 重量 (kg/m)	断面积 (cm²)	回转半径 (cm)		截面惯性矩 (cm⁴)		截面抵抗矩 (cm³)	
$A \times B \times t_1 \times t_2$	W	A	i_x	i_y	I_x	I_y	W_x	W_y
$200 \times 200 \times 8 \times 12$	49.9	63.53	8.62	5.02	4720	1600	472	160
$250 \times 250 \times 9 \times 14$	72.4	92.18	10.8	6.29	10800	3650	867	292
$300 \times 300 \times 10 \times 15$	94.0	119.8	13.1	7.51	20400	6750	1360	450
$350 \times 350 \times 12 \times 19$	137	173.9	15.2	8.84	40300	13600	2300	776
$400 \times 400 \times 13 \times 31$	172	218.7	17.5	10.10	66600	22400	3330	1120
$594 \times 302 \times 14 \times 23$	175	222.4	24.9	6.90	137000	10600	4620	701
$⊙700 \times 300 \times 13 \times 24$	185	235.5	29.3	6.78	201000	10800	5760	722
$⊙800 \times 300 \times 14 \times 23$	210	267.4	33.0	6.62	292000	11700	7290	782
$⊙900 \times 300 \times 16 \times 28$	243	309.8	36.4	6.39	411000	12600	9140	843
$⊙600 \times 200 \times 12 \times 24$	131	166.4	24.5	4.39	99500	3210	3320	321
$⊙600 \times 200 \times 15 \times 34$	173	220.0	24.4	4.55	131000	4550	4370	456

注：A—型钢断面高度；B—型钢断面宽度；t_1—型钢腹板厚度；t_2—上、下翼缘厚度。

钢支撑的优点是安装和拆除方便、速度快，能尽快发挥支撑的作用，减小时间效应，使围护墙因时间效应增加的变形减小；可以重复使用，多为租赁方式，便于专业化施工；可以施加预紧力，还可根据围护墙变形发展情况，多次调整预紧力值以限制围护墙变形发展。其缺点是整体刚度相对较弱，支撑的间距相对较小；由于两个方向施加预紧力，使纵、横向支撑的连接处处于铰接状态。

(2) 混凝土支撑

混凝土支撑的混凝土强度等级多为 C30，截面尺寸经计算确定。腰梁截面尺寸常用 600mm×800mm（高×宽）、800mm×1000mm 和 1000mm×1200mm；支撑截面尺寸常用 600mm×800mm（高×宽）、800mm×1000mm、800mm×1200mm 和 1000mm×1200mm。支撑截面尺寸在高度方向要与腰梁高度相匹配。配筋要经计算确定。混凝土支撑是根据设计规定的位置，随挖土现场支模浇筑而成。其优点是可根据基坑平面形状，浇筑成最优化的布置形式；整体刚度大，安全可靠，可使围护墙变形小，有利于保护周围环境；灵活优化构件截面和配筋，以适应其内力变化。其缺点是支撑成型和发挥作用时间长，时间效应大，可能使围护墙产生的变形增大；不能重复利用；拆除相对困难，如采用爆破拆

除，有时周围环境不允许，如用人工拆除，时间较长、劳动强度大。

（3）钢支撑和混凝土支撑组合形式

在一定条件下的基坑可采用钢支撑和混凝土支撑组合的形式。组合的方式一般有两种，一种是分层组合方式，如第一道支撑采用混凝土支撑，第二道及以下各道支撑采用钢支撑，另一种为同层支撑平面内钢和混凝土组合支撑。

（4）支撑立柱

对平面尺寸大的基坑，在支撑交叉点处需立柱，在垂直方向支承平面支撑。立柱可为四个角钢组成的格构式钢柱、圆钢管或型钢。考虑到承台施工时便于穿钢筋，格构式钢柱较好，应用较多。立柱的下端应插入作为工程桩使用的灌注桩内，插入深度不宜小于2m，如立柱不对准作为工程桩使用的灌注桩，立柱就要作专用的灌注桩基础。

2. 内支撑的布置和形式

内支撑的布置要综合考虑基坑平面形状、尺寸、开挖深度、基坑周围环境保护要求和邻近地下工程的施工情况、主体工程地下结构的布置、土方开挖和主体工程地下结构的施工顺序和施工方法等因素。支撑布置不应妨碍主体工程地下结构的施工，为此事先应详细了解地下结构的设计图纸。对于面积较大基坑，其施工速度在很大程度上取决于土方开挖速度，故内支撑布置应尽可能便于土方开挖。相邻支撑之间的水平距离，在结构合理的前提下，尽可能扩大其间距，以便挖土机运作。

支撑体系在平面上的布置形式，有正交支撑、角撑、对撑、桁架式、框架式、圆环形等（图9-7）。有时在同一基坑中混合使用，如角撑加对撑、环梁加边桁（框）架、环梁加角撑等。根据基坑的平面形状和尺寸设置最适合的支撑。一般情况下，平面形状接近方形且尺寸不大的基坑，宜采用角撑，基坑中间较大空间可方便挖土。形状接近方形但尺寸较大的基坑，可采用环形或桁架式、边框架式支撑，其受力性能较好，亦能提供较大的空间，便于挖土。长方形的基坑宜采用对撑或对撑加角撑形式，安全可靠且便于控制变形。

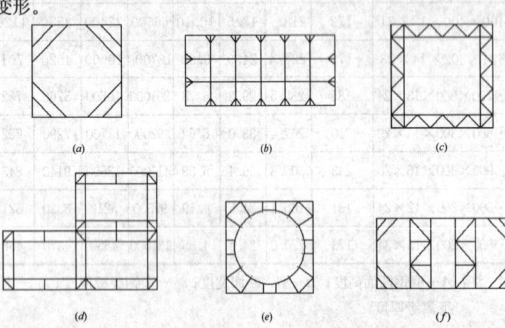

图9-7　支撑的平面布置形式
（a）角撑；（b）对撑；（c）边桁架式；（d）框架式；
（e）环梁与边框架；（f）角撑加对撑

支撑在竖向的布置，主要取决于基坑深度、围护墙种类、挖土方式、地下结构各层楼盖和底板位置等。基坑深度愈大，支撑层数愈多，围护墙受力合理，不产生过大弯矩和变形。支撑标高要避开地下结构楼盖位置，以便于支模浇筑地下结构时换撑，支撑多数布置在楼盖之下和底板之上，其净距离最好不小于600mm。支撑竖向间距还与挖土方式有关，如人工挖土，支撑竖向间距不宜小于3m，如挖土机下坑挖土，竖向间距最好不小于4m。

在支模浇筑地下结构时，在拆除上面一道支撑前，先设换撑，换撑位置都在底板上表面和楼板标高处。如靠近地下室外墙附近楼板有缺失时，为便于传力，在楼板缺失处要增设临时钢支撑。换撑时需要在换撑（多为混凝土板带或间断的条块）达到设计规定的强度，起支撑作用后才能拆除上面一道支撑。换撑工况在计算支护结构时亦需加以计算。

9.4　基坑支护工程的设计原则和方法

9.4.1　基坑支护工程的设计原则

9.4.1.1　基坑支护结构的极限状态设计

基坑支护结构设计采用可靠性分析设计方法（概率极限状态设计方法），用分项系数表示的极限状态设计表达式进行设计。基坑支护结构极限状态可分为承载能力极限状态和正常使用极限状态，前者表现为由任何原因引起的基坑侧壁破坏；后者表现为支护结构变形而影响地下室侧墙施工及周边环境的正常使用。

（1）承载能力极限状态：对应于支护结构达到最大承载能力或土体失稳、过大变形导致结构或基坑周边环境破坏；

（2）正常使用极限状态：对应于支护结构的变形已妨碍地下结构施工或影响基坑周边环境的正确使用功能。

承载能力极限状态和妨碍地下结构施工的正常使用极限状态下支护结构变形的限值相对比较容易确定，但对影响基坑周边环境的正常使用功能的支护结构变形的限值则不太容易把握，因为不同周边环境，如建筑物、道路和各种地下管线的适应能力和要求各不相同。如建筑物至基坑的距离、建筑物及其基础的形式、管线和种类等都会影响到对支护结构和对地面沉降变形的要求，应根据具体情况和实际经验做出判断。

9.4.1.2　基坑支护结构的安全等级

基坑支护结构设计应根据表9-5选用相应的侧壁安全等级及重要性系数。

基坑侧壁安全等级及重要性系数　　表9-5

安全等级	破坏后果	γ_0
一级	支护结构破坏、土体失稳或过度变形对基坑周边环境及地下结构施工影响很严重	1.10
二级	支护结构破坏、土体失稳或过度变形对基坑周边环境及地下结构施工影响一般	1.00
三级	支护结构破坏、土体失稳或过度变形对基坑周边环境及地下结构施工影响不严重	0.90

注：有特殊要求的建筑基坑侧壁安全等级可根据具体情况另行确定。

《建筑地基基础工程施工质量验收规范》（GB 50202）对基坑分级和变形监控值做出了规定，如表9-6。

基坑变形的监控值（mm）　　表9-6

基坑类别	围护结构墙顶位移监控值	围护结构墙体最大位移监控值	地面最大沉降监控值
一级基坑	30	50	30
二级基坑	60	80	60
三级基坑	80	100	100

注：1. 符合下列情况之一，为一级基坑：
　　（1）重要工程或支护结构为主体结构的一部分；
　　（2）开挖深度大于10m；
　　（3）与临近建筑物、重要设施的距离在开挖深度以内的基坑；
　　（4）基坑范围内有历史文物、近代优秀建筑、重要管线等需严加保护。
2. 三级基坑为开挖深度小于7m，且周围环境无特别要求时的基坑。
3. 除一级和三级外的基坑属二级基坑。
4. 当周围已有设施有特殊要求时，尚应符合这些要求。

支护结构设计应考虑其结构水平变形、地下水的变化对周边环境的水平与竖向变形的影响，对于安全等级为一级和对周边环境变形有限定要求的二级建筑基坑侧壁，应根据周边环境的重要性、对变形的适应能力及土的性质等因素确定支护结构的水平变形限值。具体的位移和沉降指标应由设计人员针对工程实际情况进行分析、判断和确定。

当场地内有地下水时，应根据场地及周边区域的工程地质条件、水文地质条件、周边环境情况和支护结构与基础形式等因素，确定地下水控制方法。当场地周边有地表水汇流、排泄或地下水管渗漏时，应对基坑采取保护措施。对于安全等级为一级及对支护结构变形有限定的二级基坑侧壁，应对基坑周边环境和支护结构变形

进行验算。

9.4.2 基坑支护工程设计内容

9.4.2.1 基坑支护工程破坏模式

支护结构的破坏或失效有多种形式,任何一种控制条件不能满足都有可能造成支护结构的整体破坏或支护功能的丧失。基坑支护结构设计时应全面考虑这些破坏因素,有针对性地对支护结构、边坡及土体进行计算和验算。施工过程中应观察和监测各种不同的破坏迹象,判断其发展趋势。发现问题及时采取有效措施,避免产生不良后果。

基坑有可能产生的破坏形式主要包括:基坑支护结构整体失稳破坏、基坑支护结构构件破坏、支护结构正常使用功能丧失、地下水作用下土体的渗透破坏。地下水位高于基坑面或地层中有承压含水层的场地上,当有水的渗流时,应防止坑底和侧壁土的渗流破坏。土的渗流破坏的形式主要有基坑流土、管涌破坏、坑底隔水层突涌破坏。

9.4.2.2 基坑支护工程设计内容

根据承载能力极限状态和正常使用极限状态的设计要求,基坑支护应按下列规定进行计算和验算:

(1)基坑支护结构均应进行承载能力极限状态的计算,计算内容应包括:根据基坑支护形式及其受力特点进行土体稳定性计算;基坑支护结构的受压、受弯、受剪承载力计算;当有锚杆或支撑时,应对其进行承载力计算和稳定性验算。

(2)对于安全等级为一级及对支护结构变形有限定的二级建筑基坑侧壁,尚应对基坑周边环境及支护结构变形进行验算。

(3)地下水控制计算和验算应包括:抗渗透稳定性验算;基坑底突涌稳定性验算;根据支护结构设计要求进行地下水位控制计算。

设计与施工密切配合是支护结构合理设计的根本要求。因此基坑支护设计内容应包括对支护结构计算和验算、质量检测及施工监控的要求。放坡开挖是最经济、有效的方式,坡度一般根据当地经验确定,并应进行必要的验算。

9.4.3 基坑支护结构主要荷载计算方法

9.4.3.1 水土压力计算模式

作用在基坑围护结构上的水平荷载,主要是土压力、水压力和地面超载产生的水平荷载。基坑围护结构的水平荷载受到土质、围护结构刚度、施工方法,基坑空间布置方式、开挖进度安排以及气候变化影响,精确确定存在极大的困难。目前工程上常采用的土压力计算方法有朗肯土压力、库仑土压力和各种经验土压力确定方法。基坑支护工程的土压力、水压力计算,常采用以朗肯土压力理论为基础的计算方法,根据不同的土性和施工条件,分为水土合算和水土分算两种方法。由于水土分算和水土合算的计算结果相差较大,对基坑挡土结构工程造价影响很大,故需要非常慎重的取舍,要根据具体情况合理选择。

1. 水土分算

水土分算是分别计算土压力和水压力,以两者之和为总侧压力。水土分算适用于土孔隙中存在自由的重力水的情况或土的渗透性较好的情况,一般适用于碎石土和砂土,这些土无黏聚性或弱黏聚性,地下水在土颗粒间容易流动,重力水对土颗粒中产生孔隙水压力。

对于砂土、粉性土和粉质黏土等渗透性较好的土层,应该采用水土分算的原则来确定支护结构的侧向压力。侧向土压力通常可按朗肯主动压力和被动压力公式计算。地下水无渗流时,作用于挡土结构上的水压力按静水压力三角形分布计算。地下水有稳定渗流时,作用于挡土结构上的水压力可通过渗流分析计算各点的水压力,或近似地按静水压力计算,水位以下的土的重度应采用浮重度,土的抗剪强度指标宜取有效抗剪强度指标。

2. 水土合算

地下水位以下的水压力和土压力,按有效应力原理分析时,水压力与土压力应分开计算。水土分算方法概念比较明确,但实际使用中还存在一些困难,特别是对黏性土,水压力取值的难度大,土

压力计算还应采用有效应力抗剪强度指标,在实际工程中往往难以解决。因此很多情况下黏性土往往采用总应力法计算土压力,也有了一定的工程实践经验。

水土合算是将土和土孔隙中的水看做同一分析对象,适用于不透水和弱透水的黏土、粉质黏土和粉土。通过现场测试资料的分析,黏性土中实测水压力往往达不到静水压力值,可认为土孔隙中的水主要是结合水,不是自由的重力水,因此它不宜流动而不单独考虑静水压力。然而黏性土并不是完全理想的不透水层,因此在黏性土层尤其是粉土中,采用水土合算方法只是一种近似方法。这种方法亦存在一些问题,可能低估了水压力的作用。

9.4.3.2 基坑支护结构土压力计算

采用朗肯土压力方法时,作用在支护结构外侧任意深度 z 处第 i 层土的主动土压力强度的标准值 $e_{ak,i}$ 与作用在支护结构内侧任意深度 z 处第 i 层土的被动土压力强度标准值 $e_{pk,i}$,应按下列公式计算(图 9-8):

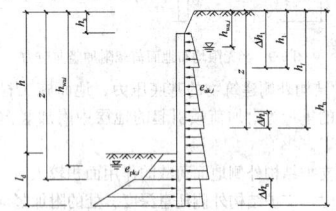

图 9-8 土压力计算

1. 采用水土合算时

$$e_{ak,i} = \left(\sigma_k + \sum_{j=1}^{i} \gamma_j \Delta h_j\right) - 2c_i\sqrt{K_{a,i}} \tag{9-1}$$

$$K_{a,i} = \tan^2\left(45° - \frac{\varphi_i}{2}\right) \tag{9-2}$$

$$e_{pk,i} = \left(\sum_{j=n_2}^{i} \gamma_j \Delta h_j\right) K_{p,i} + 2c_i\sqrt{K_{p,i}} \tag{9-3}$$

$$K_{p,i} = \tan^2\left(45° + \frac{\varphi_i}{2}\right) \tag{9-4}$$

式中 $e_{ak,i}$——支护结构外侧任意深度 z 处第 i 层土的主动土压力强度的标准值;

σ_k——由支护结构外侧建筑物的基底压力、施工材料与设备的重量、车辆的重量等附加荷载引起的深度 z 处的附加竖向应力标准值,按式(9-7)~式(9-9)计算;

γ_j——第 j 层土的天然重度;

Δh_j——第 j 层土的厚度;对第 i 层土,其厚度由该层土的顶面取至计算点深度 z 处;

$K_{p,i}$——第 i 层的被动土压力系数;计算被动土压力 $e_{pk,i}$ 时,基坑面所在的第 n_2 层土的厚度从基坑面向下算起;

$K_{a,i}$——第 i 层的主动土压力系数;

c_i——第 i 层土的黏聚力;

φ_i——第 i 层土的内摩擦角;

$e_{pk,i}$——支护结构内侧任意深度 z 处第 i 层土的被动土压力强度的标准值;

n_2——基坑底面所在的土层数。

注:土层数从地面开始向下计数,且地面下的土层数取 1。

2. 采用水土分算

$$e_{ak,i} = \left[\sigma_k + \sum_{j=1}^{i} \gamma_j \Delta h_j - (z - h_{wa,i})\gamma_w\right] K_{a,i}$$
$$- 2c_i\sqrt{K_{a,i}} + (z - h_{wa,i})\gamma_w \tag{9-5}$$

$$e_{pk,i} = \left[\sum_{j=1}^{i} \gamma_j \Delta h_j - (z - h_{wp,i})\gamma_w\right] K_{p,i}$$

$$+2c_i \sqrt{K_{p,i}}+(z-h_{wp,i})\gamma_w \qquad (9\text{-}6)$$

式中　z——计算点距离地面的深度；

　　　γ_w——地下水的重度，取 $10kN/m^3$；

　　　$h_{wa,i}$——基坑外侧第 i 层土中地下水水位距地面的深度；

　　　$h_{wp,i}$——基坑内侧第 i 层土中地下水水位距地面的深度。

注：按以上公式计算的主动土压力强度 $e_{ak,i} < 0$ 时，应取 $e_{ak,i} = 0$。

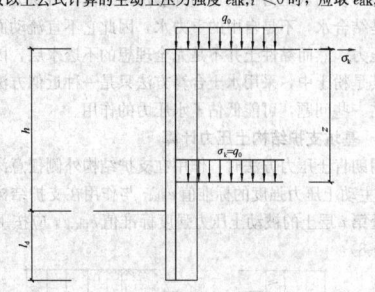

图 9-9　半无限均布地面荷载附加竖向应力

3. 支护结构外侧建筑物的基底压力、地面施工材料与设备的重量、车辆的重量等附加荷载引起的地层中附加竖向应力标准值 σ_k 的计算

（1）当支护结构外侧地面荷载的作用面积较大时，可按均布荷载考虑。此时，支护结构外侧任意深度 z 处的附加竖向应力标准值 σ_k 可按下式计算（图9-9）：

$$\sigma_k = q_0 \qquad (9\text{-}7)$$

式中　q_0——地面均布荷载标准值。

（2）当支护结构外侧地面下深度 d 处作用有条形、矩形基础荷载时，支护结构外侧任意深度 z 处的附加竖向应力标准值 σ_k 可按下式计算（图9-10）：

1）当 $d+a \leqslant z \leqslant d+(3a+b)$ 时，对于条形基础：

$$\sigma_k = (p - \gamma d)\frac{b}{2a} \qquad (9\text{-}8)$$

式中　p——基础下基底压力的标准值；

　　　d——基础埋置深度；

　　　γ——基础底面以上土的平均天然重度；

　　　b——条形基础的宽度；

　　　a——支护结构至条形基础的距离。

对于矩形基础：

$$\sigma_k = (p - \gamma d)\frac{bl}{(b+2a)(l+2a)} \qquad (9\text{-}9)$$

式中　b——与基础边垂直方向上矩形基础的宽度；

　　　l——与基础边平行方向上矩形基础的长度。

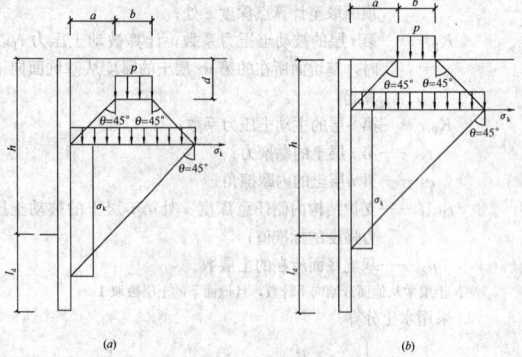

图 9-10　条形（矩形）均布荷载附加竖向应力计算

(a) 荷载作用面在地面以下；(b) 荷载作用面在地面上

2）当 $z < d+a$ 或 $z > d+(3a+b)$ 时，取 $\sigma_k = 0$。

（3）对作用在地面上的条形荷载、矩形荷载，可按上述公式计算附加竖向应力标准值 σ_k，但应取 $d=0$。

9.4.4　基坑围护结构的设计方法

9.4.4.1　支挡式结构

对于较深基坑，支挡式结构围护应用最多，其承受的荷载比较复杂，一般应考虑土压力、水压力、地面超载、影响范围内的地面上建筑物和构筑物荷载、施工荷载、邻近基础工程施工影响等。作为主体结构一部分时，应考虑上部结构传来的荷载及地震作用，需要时应结合工程经验考虑温度变化影响和混凝土收缩、徐变引起的作用以及时空效应。支挡式结构的破坏，包括强度破坏、变形过大和稳定性破坏。

1. 嵌固深度计算

支挡式结构嵌固深度设计值宜按下列规定确定：

（1）悬臂式支护结构嵌固深度设计值 h_d 宜按下式确定（图9-11）：

$$h_p \sum E_{pj} - 1.2\gamma_0 h_a \sum E_{ai} \geqslant 0 \qquad (9\text{-}10)$$

式中　$\sum E_{pj}$——桩、墙底以上基坑内侧各土层水平抗力标准值 e_{pjk} 的合力之和；

　　　h_p——合力 $\sum E_{pj}$ 作用点至桩、墙底的距离；

　　　$\sum E_{ai}$——桩、墙底以上基坑外侧各土层水平荷载标准值 e_{aik} 的合力之和；

　　　h_a——合力 $\sum E_{ai}$ 作用点至桩、墙底的距离；

　　　γ_0——基坑侧壁重要性系数。

（2）单层支点支护结构支点力及嵌固深度设计值 h_d 宜按下列规定计算（图9-12）：

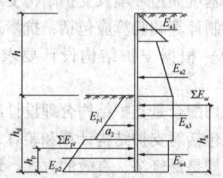

图 9-11　嵌固深度计算简图

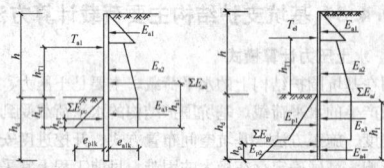

图 9-12　单层支点支护结构支点力及嵌固深度计算简图

基坑底面以下支护结构设定弯矩零点位置至基坑底面的距离 h_{c1} 可按下式确定：

$$e_{alk} = e_{plk} \qquad (9\text{-}11)$$

支点力 T_{c1} 可按下式计算：

$$T_{c1} = \frac{h_{a1}\sum E_{ac} - h_{p1}\sum E_{pc}}{h_{T1} + h_{c1}} \qquad (9\text{-}12)$$

式中　e_{alk}——水平荷载标准值；

　　　e_{plk}——水平抗力标准值；

　　　$\sum E_{ac}$——设定弯矩零点位置以上基坑外侧各土层水平荷载标准值的合力之和；

　　　h_{a1}——合力 $\sum E_{ac}$ 作用点至设定弯矩零点的距离；

　　　$\sum E_{pc}$——设定弯矩零点位置以上基坑内侧各土层水平抗力标准值的合力之和；

　　　h_{p1}——合力 $\sum E_{pc}$ 作用点至设定弯矩零点的距离；

　　　h_{T1}——支点至基坑底面的距离；

　　　h_{c1}——基坑底面至设定弯矩零点位置的距离。

嵌固深度设计值 h_d 可按下式确定：

$$h_p \sum E_{pj} + T_{c1}(h_{T1} + h_d) - 1.2\gamma_0 h_a \sum E_{ai} \geqslant 0 \qquad (9\text{-}13)$$

（3）多层支点支挡式结构嵌固深度设计值 h_d 宜按圆弧滑动简单条分法确定。当按上述方法确定的悬臂式及单支点支护结构嵌固

深度设计值 $h_d < 0.3h$ 时，宜取 $h_d = 0.3h$；多支点支护结构嵌固深度设计值小于 $0.2h$ 时，宜取 $h_d = 0.2h$。当基坑底为碎石土及砂土、基坑内排水且作用有渗透水压力时，侧向截水的支护式结构除应满足上述规定外，嵌固深度设计值尚应满足式（9-14）抗渗透稳定条件（图9-13）：

$$h_d \geqslant 1.2\gamma_0(h - h_{wa}) \qquad (9-14)$$

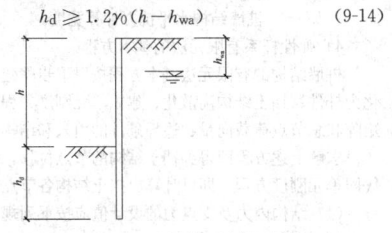

图9-13　渗透稳定计算简图

　　当嵌固深度下部存在软弱土层时，应继续验算软下卧层整体稳定性。

　　对于均质黏性土及地下水位以上的粉土或砂类土，嵌固深度 h_0 可按下式计算：

$$h_0 = n_0 h \qquad (9-15)$$

式中　n_0——嵌固深度系数，当 γ_k 取 1.3 时，可根据三轴试验（当有可靠经验时，可采用直接剪切试验）确定的土层固结不排水（快）剪内摩擦角 φ_k 及黏聚力系数 $\delta = c_k/\gamma h$，查表 9-7 取值。

嵌固深度系数 n_0 值（地面超载 $q_0 = 0$）　　表 9-7

δ＼φ_k	7.5	10.0	12.5	15.0	17.5	20.0	22.5	25.0	27.5	30.0	32.5	35.0	37.5	40.0	42.5
0.00	3.18	2.24	1.69	1.28	1.05	0.80	0.67	0.55	0.40	0.31	0.26	0.25	0.15	<0.1	
0.02	2.87	2.03	1.51	1.15	0.90	0.72	0.58	0.44	0.36	0.26	0.19	0.14	<0.1		
0.04	2.54	1.74	1.29	1.01	0.74	0.60	0.47	0.36	0.24	0.19	0.13	<0.1			
0.06	2.19	1.54	1.11	0.81	0.63	0.48	0.36	0.27	0.17	0.12	<0.1				
0.08	1.89	1.28	0.94	0.69	0.51	0.38	0.26	0.15	<0.1	<0.1					
0.10	1.57	1.05	0.74	0.52	0.35	0.25	0.13	<0.1							
0.12	1.22	0.81	0.54	0.36	0.22	<0.1	<0.1								
0.14	0.95	0.55	0.35	0.24	<0.1										
0.16	0.68	0.35	0.24	<0.1											
0.18	0.34	0.24	<0.1												
0.20	0.24	<0.1													
0.22	<0.1														

　　围护墙的嵌固深度设计值，则为

$$h_d = 1.1h_0 \qquad (9-16)$$

　　当嵌固深度下部存在软弱土层时，应继续验算软下卧层整体稳定性。

　　2. 结构计算

　　（1）支挡式结构可根据受力条件分段按平面问题计算，排桩水平荷载计算宽度可取排桩的中心距；地下连续墙可取单位宽度或一个墙段。

　　（2）结构内力与变形计算值、支点力计算值应根据基坑开挖及地下结构施工过程的不同工况进行计算。宜按弹性支点法计算，支点刚度系数 k_T 及地基土水平抗力系数 m 应按地区经验取值，当缺乏地区经验时可通过计算确定；悬臂及单层支点结构的支点力计算值 T_{c1}、截面弯矩计算值 M_c、剪力计算值 V_c 可按静力平衡条件确定。

　　（3）弹性支点法基本计算步骤

　　采用弹性杆系有限元法作为结构计算的基本模型。与各种经典计算方法相比，杆系有限元法更能体现基坑开挖过程的实际工况，边界条件可根据工程特点灵活确定和选择，能较为准确地计算结构的变形和水平位移。与二维、三维有限元法相比，涉及的计算参数少，且这些参数的确定方法简单、明确，已有大量工程经验对参数

进行验证和校对。因此，就目前理论与工程实践的发展水平，当边界条件选择合理时，杆系有限元法计算精度较高，针对基坑支护结构是比较适宜的计算方法。

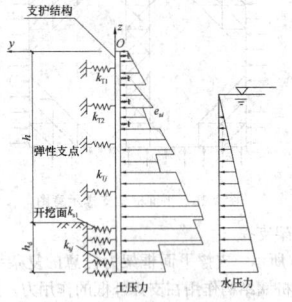

图9-14　弹性支点法基本计算模型

　　挡土结构后的土压力和水压力作为荷载作用在桩墙结构上。作为整个支护结构一部分的支撑或锚杆看作挡土结构的弹性支点，考虑到结构与土相互作用，挡土结构与土接触面上，土对结构的作用模拟为弹簧，其中开挖面以上为单向压缩型弹簧。基本计算模型如图9-14。

　　1）荷载

　　作用在挡土结构上的荷载由土的自重、地下水和附加竖向荷载产生。一般情况下认为，基坑开挖前作用在挡土结构两侧土压力相等，为静止土压力，挡土结构处于受力平衡状态。当基坑开挖，即挡土结构一侧卸荷后，力平衡状态被破坏，挡土结构和土体向基坑方向位移，挡土结构与土接触面上的侧向压力减小，按经典朗肯或库仑土压力理论，当达到一定变形后，水平荷载按主动土压力计算。假定基坑开挖全过程水平荷载不变，当有地下水压力作用时，水平荷载为土压力与水压力之和。

　　2）弹性支点

　　对于加有内支撑或锚杆的支护结构体系，支撑或锚杆是整个支护结构的一部分。但用弹性杆系有限元法计算挡土结构时，将支撑或锚杆看做桩墙结构的弹性支座。为了考虑支点预加轴力及挡土结构初始位移的影响，该弹性支座用下式表示：

$$T_i = K_i \cdot (y_i - y_{0i}) + T_{0i} \qquad (9-17)$$

式中　T_i——第 i 层支点的水平反力；

　　　K_i——第 i 层支点的水平刚度；

　　　y_i——第 i 层支点的水平位移；

　　　y_{0i}——第 i 层支点施加预加力后，挡土结构在该支点处的初始位移；

　　　T_{0i}——第 i 层支点的预加水平力。

　　支点水平刚度 K_i 应根据支撑或锚杆设置的实际情况由计算或试验确定。对不同的支点形式，K_i 值的选择方法是不同的。下面列举三种常用支点形式的水平刚度 K_i 值确定方法：

　　①简单对称

　　如图9-15所示，对墙两侧挡土结构对称，水平荷载对称。此时支撑受力后，支撑不动点在支撑长度 L 的中点 A 处。根据材料力学理论，钢支撑或钢筋混凝土支撑的刚度理论值为：

$$K_i = \frac{T_i}{y_i - y_{0i}} = \frac{2 \times F \times E}{L} \qquad (9-18)$$

式中　F——支撑的截面面积；

　　　E——支撑材料的弹性模量；

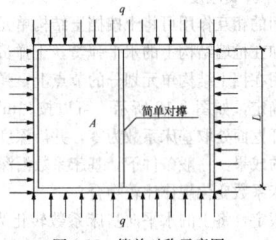

图9-15　简单对称示意图

L——支撑长度。

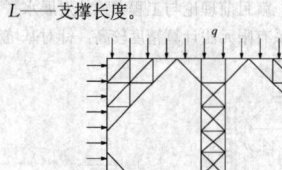

图 9-16   平面框架支撑示意图

②平面框架支撑

如图 9-16 所示，支撑平面框架为任意的复杂结构，框架四周的水平荷载为桩墙结构作用在支撑外框的作用力。严格地讲，该作用力是随挡土结构在支点处的变形而变化的。同时，作为平面问题，沿框架外缘各支点水平刚度是不同的，所以各点的变形与力的大小也是不同的。为简化分析，可假定其各边水平荷载为均布荷载，从而用有限元法计算出各支点处的弹性刚度 K_i。

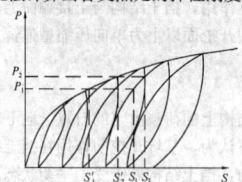

图 9-17   由锚杆拉力-变形曲线
确定支点刚度示意图

③锚杆的支点刚度

锚杆的支点刚度可根据锚杆自由段的材料刚度与锚固段的变形确定，但锚固段的变形伸长量与锚杆体和周围土体间的剪切刚度有关，其刚度难以计算得出。但通过锚杆拉伸试验，可以测出锚杆拉力-变形关系，如图 9-17 所示即为循环加荷法试验的锚杆拉力-变形曲线。对于预应力锚杆，挡土结构首先受到锚杆预加锁定拉力，当基坑向下开挖引起支点力增加时，其锚杆刚度应为锚杆拉力增量 ΔT_i 与位移增量 Δy_i 的比值，用下式计算：

$$K_i = \frac{T_i - T_{0i}}{S_i - S_{0i}} \qquad (9-19)$$

式中 T_i——锚杆计算拉力；

T_{0i}——锚杆锁定拉力；

S_i——锚杆计算拉力下的实测伸长量；

S_{0i}——锚杆锁定拉力下的实测伸长量。

对于具体工程，往往设计前无法得到锚杆拉伸曲线。因此，用试验确定锚杆的刚度 K_i 很难实现。在这种情况下，可以根据地质条件与工程条件相近的工程类比，根据经验确定锚杆的刚度 K_i。

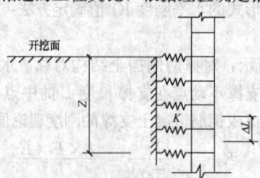

图 9-18   土弹簧刚度计算示意图

3）土的水平弹簧刚度

土与结构间的相互作用可将土按挡土结构单元的划分相应离散化后，模拟为加在桩墙结构上的水平弹簧，土弹簧为单向只压缩型弹簧。弹簧作用在挡土结构单元划分的节点上，弹簧刚度由土的水平向基床系数确定，如图 9-18 所示。可以按"m"法确定水平基床系数，基坑开挖面处取基床系数为零，并沿深度线性增加。根据其他研究资料的成果，一般条件下，基床系数沿深度线性增长假定与土的实际基床系数变化规律比较吻合。

按照上述假定，将土的水平向基床系数转化为土的弹簧刚度，可由下式求得：

$$K = m \times Z \times \Delta L \times b_0 \qquad (9-20)$$

式中 K——土的水平向单元弹簧刚度；

m——基床系数的 m 值；

Z——计算点到开挖面的距离；

ΔL——计算点处桩墙结构单元划分长度；

b_0——桩墙结构水平抗力计算宽度。

4）弹性杆系有限元法的基本方程

桩墙结构的有限元法基本方程按以下步骤建立：将挡土结构简化为杆件、挡土结构离散化、建立单元刚度方程、建立结构总刚度矩阵和总节点荷载向量、边界条件的引入和结构基本方程。

求解上述方程即得到挡土结构的节点位移，把求得的节点位移代回单元刚度方程，即可计算出挡土结构各节点的弯矩和剪力。

(4) 结构内力及支点力的设计值应按下列规定计算：

1）截面弯矩设计值 M

$$M = 1.25\gamma_0 M_c \qquad (9-21)$$

式中 M_c——截面弯矩计算值；

γ_0——基坑侧壁重要性系数。

2）截面剪力设计值 V

$$V = 1.25\gamma_0 V_c \qquad (9-22)$$

式中 V_c——截面剪力计算值。

3）支点结构第 j 层支点力设计值 T_{dj}

$$T_{dj} = 1.25\gamma_0 T_{cj} \qquad (9-23)$$

式中 T_{cj}——第 j 层支点力计算值。

3. 截面承载力计算

支挡式结构及支撑体系混凝土结构的承载力应按下列规定计算：

(1) 正截面受弯及斜截面受剪承载力计算以及纵向钢筋、箍筋的构造要求，应符合混凝土结构设计的相关规范；

(2) 沿截面受拉区和受压区周边配置局部均匀纵向钢筋或集中纵向钢筋的圆形截面钢筋混凝土桩，应计算其正截面受弯承载力，纵向受拉、受压钢筋截面面积的重心至圆心的距离、受压区圆心半角的余弦等应符合要求。配置在圆形截面受拉区的纵向钢筋的最小配筋率（按全截面面积计算）不宜小于 0.2%。在不配置纵向受力钢筋的圆周范围内应设置周边纵向构造钢筋，直径不应小于纵向受力钢筋直径的二分之一，且不应小于 10mm；纵向构造钢筋的环向间距不应大于圆截面的半径和 250mm 两者的较小值，且不得少于 1 根。

4. 支撑体系计算

(1) 支撑体系结构构件的内力计算

1）支撑体系（含冠梁）或其与锚杆混合的支撑体系应按支撑体系与排桩、地下连续墙的空间作用协同分析方法，计算支撑体系及排桩或地下连续墙的内力与变形；

2）支撑体系竖向荷载设计值应包括构件自重及施工荷载，构件的弯矩、剪力可按多跨连续梁计算，计算跨度取相邻立柱中心距；

3）当基坑形状接近矩形且基坑对边条件相近时，支点水平荷载可沿腰梁、冠梁长度方向分段简化为均布荷载，对撑构件轴向力可近似取水平荷载设计值乘以支撑点中心距；腰梁内力可按多跨连续梁计算，计算跨度取相邻支撑点中心距。

(2) 支撑构件的受压计算长度的确定

1）当水平平面支撑交汇点设置竖向立柱时，在竖向平面内的受压计算长度取相邻两立柱的中心距；在水平平面内的受压计算长度取与该支撑相交的相邻横向水平支撑的中心距。当支撑交汇点不在同一水平面时，其受压计算长度应取与该支撑相交的相邻横向水平支撑或联系构件中心距的 1.5 倍。

2）当水平平面支撑交汇点处未设立柱时，在竖向平面内的受压计算长度取支撑的全长。

3）钢支撑尚应考虑构件安装误差产生的偏心弯矩，偏心距可取计算长度的 1/1000。

(3) 钢支撑结构设计

钢支撑多为对撑或角撑，为直线形构件。所承受的支点水平荷载为由腰梁或冠梁传来的土压力、水压力和地面超载产生的水平

力；竖向荷载则为构件自重和施工荷载。为此钢支撑多按压弯杆件（单跨压弯杆件、多跨连续压弯杆件）计算。钢支撑如增加预顶紧力，则预顶紧力值不宜大于支撑力设计值的 40%～60%。

（4）混凝土支撑结构设计

混凝土支撑体系按平面封闭框架结构设计，其外荷载直接作用在封闭框架周边与围护墙连接的腰梁上。封闭框架的周边约束条件视基坑形状、地基物理力学性质和围护体系的刚度而定。对这个封闭框架结构，要计算它在最不利荷载作用下，产生的最不利内力组合和最大水平位移。因此要依据基坑的挖土方式的多种工况，对每一种工况的不利荷载，分别计算围护墙和钢筋混凝土支撑体系的内力及水平位移。

1）选择合适的结构几何参数，计算混凝土支撑的水平变形刚度 K_c。

$$K_c = \frac{1}{\delta} \tag{9-24}$$

式中　δ——混凝土支撑的变形柔度，即当混凝土支撑沿基坑周边承受单位均布支撑力 $R=1$ 时，支撑点（即腰梁）的水平位移。

实际上，由于混凝土支撑在支撑力作用下，腰梁上不同截面的水平位移不相同，所以对于不同地方的腰梁支撑刚度 K_c 并不相同，为了控制基坑边缘的最大水平位移，在设计计算中，取混凝土支撑腰梁的最大水平位移为水平变形柔度，即

$$\delta = \delta_{max} \tag{9-25}$$

这样使计算偏于安全。

2）求得刚度 K_c 后，根据工程地质勘察提供的有关数据，利用围护墙（加支撑、锚杆）的有限单元法计算程序，计算围护墙体结构的内力和基坑边缘的最大水平位移 Δ_{max}，并求混凝土支撑对围护墙体结构的支撑力 R_0。

3）判别基坑边缘最大水平位移是否满足设计要求，即

$$\Delta_{max} \leqslant [\Delta] \tag{9-26}$$

式中　$[\Delta]$——基坑边缘允许的最大水平位移。

若不满足，则重新调整钢筋混凝土支撑的几何参数，提高其水平刚度，重复计算；当 $\Delta_{max} \geqslant [\Delta]$ 时，为了调整整个基坑的刚度，通常采用三种调整方式，即调整支撑体系的高程布置或增设支撑道数；或加大支撑体系的杆件截面尺寸以增加水平面上的刚度；或加大围护墙厚度或加长入土深度。

4）用有限元法计算混凝土支撑的内力并进行配筋计算。

当基坑各侧壁荷载相差较大时，如相邻基坑同时开挖，基坑坑外附近有相邻工程在进行预制桩施工等，这时基坑侧壁的不平衡荷载可能引起整个基坑向一侧"漂移"，支撑体系的刚体位移很大，此项因素绝不可忽略。为此，要考虑围护体系外围土体的约束作用，可根据地层特性，采用适当刚度的弹簧模拟之。为了计算该刚体位移，必须将支撑体系与围护墙一同视为一空间结构。如采用钻孔灌注桩作为围护墙，可将围护桩沿基坑周边按"刚度等效"进行连续化，将整个结构体系简化为带内撑力的薄壁结构，按薄壁结构的有限元程序进行内力和位移计算。

（5）立柱的计算应符合下列规定

1）立柱内力宜根据支撑条件按空间框架计算，也可按轴心受压构件计算。轴向力设计值按下列经验公式确定：

$$N_z = N_{z1} + \sum_{i=1}^{n} 0.1 N_i \tag{9-27}$$

式中　N_{z1}——水平支撑及柱自重产生的轴力设计值；
　　　N_i——第 i 层交汇于本立柱的最大支撑轴力设计值。

2）各层水平支撑间的立柱的受压计算长度，可按各层水平支撑间距计算；最下层水平支撑下的立柱的受压计算长度，可按底层高度加 5 倍立柱直径或边长计算。

3）立柱基础应满足抗压和抗拔要求，并应考虑基坑回弹的影响。

5. 锚杆计算

在土质较好地区，以外拉方式用土层锚杆锚固支护结构的围护墙，可便利基坑土方开挖和主体结构地下工程的施工，对尺寸较大的基坑一般也较经济。

土层锚杆一般由锚头、锚头垫座、钻孔、防护套管、拉杆（拉索）、锚固体、锚底板（有时无）等组成。

土层锚杆根据潜在滑裂面，分为自由段（非锚固段）l_f 和锚固段 l_a。土层锚杆的自由段处于不稳定土层中。要使拉杆与土层脱离，一旦土层滑动，它可以自由伸缩，其作用是将锚头所承受的荷载传递到锚固段。锚固段处于稳定土层中，它通过与土层的紧密接触将锚杆所承受的荷载分布到周围土层中去。锚固段是承载力的主要来源。

（1）土层锚杆布置

锚杆的上下排垂直间距不宜小于 2m；水平间距不宜小于 1.5m；锚杆锚固体上覆土层厚度不宜小于 4m。锚杆的倾角宜为 15°～25°，且不应大于 45°。锚杆自由段长度不宜小于 5m，并应超过潜在滑裂面 1.5m。锚杆的锚固段长度不宜小于 4m。拉杆（拉索）下料长度，应为自由段、锚固段及外露长度之和。外露长度需满足锚固及张拉作业的要求。锚杆的锚固体宜采用水泥浆或水泥砂浆，其强度等级不宜低于 M10。

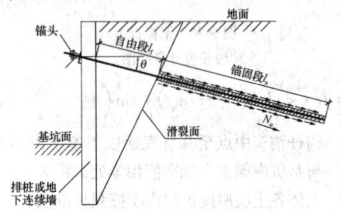

图 9-19　锚杆承载力计算

（2）土层锚杆计算

1）锚杆承载力计算，应符合下式要求（图 9-19）：

$$T_d \leqslant N_u \cos\theta \tag{9-28}$$

式中　T_d——锚杆水平向拉力设计值；
　　　N_u——锚杆轴向受拉承载力设计值；
　　　θ——锚杆与水平面的倾角。

对安全等级为一级和缺乏地区经验的二级基坑侧壁，锚杆应进行基本试验，N_u 值取基本试验确定的极限承载力除以受拉抗力分项系数 γ_s（$\gamma_s = 1.3$）；基坑侧壁安全等级为二级且有邻近工程经验时，可按式（9-29）计算锚杆轴向受拉承载力设计值，并进行锚杆验收试验：

$$N_u = \frac{\pi}{\gamma_s}[d \cdot \sum q_{sik} l_i + 2c(d_1^2 - d^2) + d_1 \sum q_{sjk} l_j] \tag{9-29}$$

式中　d_1——扩孔锚固体直径；
　　　d——非扩孔锚固或扩孔锚杆的直孔段锚固体直径；
　　　l_i——第 i 层土中直孔部分锚固段长度；
　　　l_j——第 j 层土中扩孔部分锚固段长度；
　　　q_{sik}、q_{sjk}——土体与锚固体的极限摩阻力标准值，应根据当地经验取值；
　　　γ_s——锚杆轴向受拉力分项系数，可取 1.3；
　　　c——扩孔部分土体黏聚力标准值。

基坑侧壁安全等级为三级时，亦按式（9-29）计算 N_u 值。

对于塑性指数大于 17 的黏性土层中的锚杆，应进行徐变试验。

2）拉杆（拉索）截面计算：

普通钢筋的截面面积，按下式计算：

$$A_s = \frac{T_d}{f_y \cos\theta} \tag{9-30}$$

预应力钢筋截面面积，应按下式计算：

$$A_p = \frac{T_d}{f_{py} \cos\theta} \tag{9-31}$$

式中　A_s、A_p——普通钢筋、预应力钢筋杆体截面面积；
　　　f_y、f_{py}——普通钢筋、预应力钢筋抗拉强度设计值；
　　　θ——锚杆与水平面的倾角。

3）整体稳定性验算：

进行土层锚杆设计时，不仅要研究土层锚杆的承载能力，而且要研究支护结构与土层锚杆所支护土体的稳定性，以保证在使用期间土体不产生滑动失稳。土层锚杆的稳定性，分为整体稳定性和深

部破裂面稳定性两种，需分别予以验算。

整体失稳时，土层滑动面在支护结构的下面，由于土体的滑动，使支护结构和土层锚杆失效而整体失稳。对于此种情况可按土坡稳定的验算方法进行验算。深部破裂面在基坑支护结构的下端处，这种破坏形式是德国的 E. Kranz 于 1953 年提出的，可利用 Kranz 的简易计算法进行验算。

4) 锚杆自由段长度 l_f 宜按下式计算（图 9-20）：

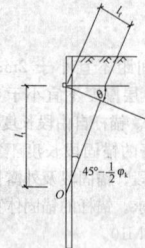

图 9-20　锚杆自由段长度计算简图

$$l_f = l_t \cdot \sin\left(45° - \frac{1}{2}\varphi_k\right) \Big/ \sin\left(45° + \frac{\varphi_k}{2} + \theta\right) \quad (9-32)$$

式中　l_t——锚杆锚头中点至基坑底面以下基坑外侧荷载标准值与基坑内侧抗力标准值相等处的距离；

φ_k——土体各土层厚度加权内摩擦角标准值；

θ——锚杆倾角。

5) 锚杆预加力值（锁定值）应根据地层条件及支护结构变形要求确定。宜取为锚杆轴向受拉承载力设计值的 0.50～0.65 倍。

6. 逆作法的计算要点

(1) 地下连续墙计算

在逆作法施工中，地下连续墙在基坑开挖阶段用作支护结构的围护墙，在使用阶段作为永久性的承重结构外墙，这种作法一般称为两墙合一结构。

两墙合一地下连续墙设计，除满足支护结构围护墙的设计要求外，还要着重解决下列三个问题：第一要使地下连续墙做到与有桩基的主体结构在垂直荷载作用下，变形协调一致，沉降基本同步，沉降差小；第二是地下连续墙墙段之间的接头，在水平和垂直荷载作用下整体性好、变形小、抗渗性能好，而且构造简单、费用低、施工方便；第三是地下连续墙与地下室楼盖结构（梁、板）和底板的接头刚度好、抗剪性能好，而且构造简单、施工方便。

1) 地下连续墙围护墙设计

在施工阶段地下连续墙用作支护结构的围护墙，所以地下连续墙先要按围护墙的要求进行设计。即设计和验算内容包括：基坑底部土体的抗隆起稳定性和抗渗流或抗管涌稳定性验算、围护墙结构的抗倾覆稳定性验算、围护墙结构和地基的整体抗滑动稳定性验算、围护墙结构的内力和变形计算、围护墙的截面强度和节点构造设计与计算、基坑外地表变形和土体移动的验算。

在荷载取值方面要考虑逆作法施工的特点。用逆作法施工的地下连续墙围护墙，由于有一定的截面厚度、采用刚性接头、利用刚度很大的地下结构楼盖作为水平支撑，只要地下楼盖布置比较合理，一般变位都较小，因此在进行围护墙计算时宜取静止土压力。

2) 地下连续墙承重墙设计

地下连续墙作为地下结构的承重墙，除按一般的结构计算方法，根据上部传下的荷载进行内力分析和截面计算之外，要解决的关键问题之一是无桩的地下连续墙与有桩的地下室底板的变形协调和基本的同步沉降。对于变形协调问题在我国还是正在深入研究探讨的问题，目前采用的设计方法之一，即根据群桩设计理论，把地下连续墙模拟折算成工程桩的方法，即把地下连续墙的垂直承载能力，通过等量代换计算方法，将地下连续墙模拟折算成若干根工程桩，布置在基础底板的周边上，将桩、土、底板三位一体视为共同结构的复合基础，利用有关的计算机程序，来计算底板的内力、桩端轴力以及总体沉降。

在进行地下连续墙和工程桩的等量代换时，可参考混凝土灌注桩设计规范计算地下连续墙的壁侧摩阻力和端阻力。

通过研究和工程观测，证明地下连续墙的壁侧摩阻力不仅取决于上层性质，还与端阻力之间存在着互相影响的关系，即端阻力的大小影响壁侧摩阻力的发挥和分布。一般在加荷初期，荷载大部分由壁侧摩阻力承担，传递到墙底的荷载很小，当壁侧摩阻力达到极限后，墙顶荷载再增加则主要由端阻力承担。当壁侧摩阻力达到极限时，端阻力约占荷载的 20%～40%。一般壁侧摩阻力全部发挥，需要的位移较小；而端阻力全部发挥，则需要较大的位移。在逆作法施工过程中，随着挖土的加深、墙体位移及土压力的变化，壁侧摩阻力亦有所降低。

在逆作法施工过程中，实际存在地下连续墙、工程桩、地下室结构和上部结构（采用封闭式逆作法时）的共同作用问题，应通过该复合结构的沉降计算，来控制施工进度。通过上海一些采用逆作法施工的工程的观测，发现在施工初期，上述复合结构的中心沉降较大，周边沉降较小，地下连续墙的沉降小于中间工程桩的沉降。而随着地下室结构及上部结构施工的进展及结构刚度的增大，地下连续墙和中间工程桩的沉降均随之增大，但差异沉降变化不大。

(2) 中间支承桩（中柱桩）设计

中间支承柱（中柱桩）是逆作法施工中，在底板未封底受力之前与地下连续墙共同承受地下结构、上部结构自重和施工荷载的承重构件。其布置、数量和结构形式都对逆作法施工有很大的影响。

1) 结构形式

目前常用的中间支承柱结构形式有底端插入灌注桩的格构柱或 H 型钢支承柱、钢管混凝土支承柱或钻孔灌注桩作支承柱（图 9-21）。

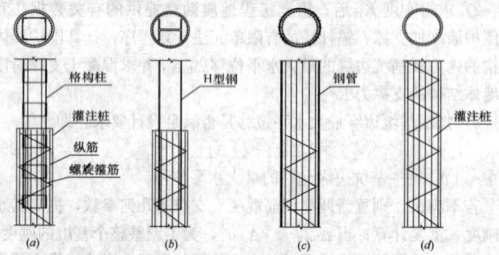

图 9-21　常见中间支承柱结构形式

(a) 格构柱式；(b) H 型钢式；(c) 钢管混凝土式；(d) 钻孔灌注桩式

在地下室开挖时中间支承柱作为临时承重柱，随后作为地下结构工程柱的一部分浇筑在工程柱内；同时中间支承柱要与楼盖梁连接，由于柱已形成，梁是否能接上去，其节点有一定的复杂性。因此在选择中间支承柱的结构形式时，一方面要考虑使其有较高的承载能力、施工方便，另一方面又要便于与梁板的连接。为此中间支承柱采用底端插入灌注桩的型钢和钢管混凝土较多。主要原因是因为型钢或钢管与楼盖梁等钢筋的连接较方便；而且承载能力亦较高，在这方面钢管混凝土更有利。

在型钢中，一般工字钢由于在 x、y 两个方向的回转半径相差较大，相应的长细比相差较大，有时要加大断面、多费材料，因而不宜采用。角钢格构柱、H 型钢和钢管具有良好的截面特性，目前的应用较为广泛。

钢管中浇筑混凝土形成钢管混凝土，具有较高的承载能力，且经济性亦较好，但钢管的内径不宜过小，以保证钢管内混凝土的浇捣质量。

中间支承柱采用灌注桩。土方开挖后，人工进行修凿，再绑扎钢筋，后包成结构柱。此法国内近几年应用不多，主要原因是灌注桩的垂直度偏差控制难度较大，可能会造成后包结构柱截面较大。

2) 设计计算

① 荷载

逆作法分"敞开式逆作法"和"封闭式逆作法"，其荷载是不同的。

采用"敞开式逆作法"时，计算地下结构自重时，视楼盖结构浇筑方式而定。如果为便于挖土和有利于通风、照明，则可先浇筑楼盖梁，待底板封底后再逐层浇筑楼板，此种情况下的结构自重和施工荷载都较小。

如果楼盖梁、板同时浇筑，则结构自重包括楼盖板的重量。如地下室顶板不作施工场地使用时，恒载和施工荷载可按现有规范规定；如地下室顶板用作施工场地时，施工荷载则应按实际情况计算。

采用"封闭式逆作法"时，恒载按实际情况计算；施工荷载则视施工内容、材料（钢筋）加工和材料、设备堆放情况等按实际情况计算。

②计算原则

当以封闭式逆作法施工时，是利用地下室的楼盖结构作支护结构的水平支撑。水平支撑的刚度可假定为无限大，因而中间支承柱假定为无水平位移，如果中间支承柱是等跨均匀布置，则地下结构上的荷载在中间支承柱上不产生弯矩，因此上部结构荷载传递到最下层中间支承柱上的弯矩较小，因而对中间支承柱可近似地按轴心受压柱简化计算。

进行逆作法施工时，当下层土方已开挖，上一层的中间支承柱一般在楼板混凝土浇筑的同时也浇筑成复合柱，其承载能力增大很多，故仅需验算最底一层的中间支承柱的承载能力。最底层的中间支承柱，上端固定在楼盖中，由于楼盖的刚度大可视为固结；下端插入工程桩内，由于工程桩周围土体的刚度小，下端认为可转动的，因而将下端视为铰接。

9.4.4.2 重力式水泥土墙

重力式水泥土墙设计应包括方案选择、结构布置、结构计算、水泥掺量与外加剂配合比确定、构造处理等。重力式水泥土墙一般宜用于基坑深度不大于6m的基坑支护，特殊情况例外。

1. 重力式水泥土墙布置

重力式水泥土墙平面布置，主要是确定支护结构的平面形状、格栅形式及局部构造等。平面布置时宜考虑下述原则：

（1）支护结构沿地下结构底板外围布置，支护结构与地下结构底板应保持一定净距，以便于底板、墙板侧模的支撑与拆除，并保证地下结构外墙板防水施工作业空间。

当地下结构外墙设计有外防水层时，支护结构离地下结构外墙的净距不小于800mm；当地下结构设计无外防水层时，该净距可适当减小，但不宜小于500mm；如施工场地狭窄，地下室设计无外防水层且基础底板不挑出墙面时，该净距还可减小，考虑到重力水泥土墙的施工偏差及支护结构的位移，净距不宜小于200mm。此时，模板可采用砖胎模、多层夹板等不拆除模板。如地下室基础底板挑出墙面，则可以使地下室底板边与重力式水泥土墙的净距控制在200mm左右。

（2）重力式水泥土墙应尽可能避免内向折角，而采用向外拱的折线形，以利减小支护结构位移，避免由两个方向位移而使重力式水泥土墙内折角处产生裂缝。

1）搭接长度 L_d：

搅拌桩桩径 $d_0 = 700mm$ 时，L_d 一般取 200mm；$d_0 = 600mm$ 时，L_d 一般取 150mm；$d_0 = 500mm$ 时，L_d 一般取 100m～150mm。水泥土桩与桩之间的搭接长度应根据挡土及止水要求设定，考虑抗渗作用时，桩的有效搭接长度不宜小于 150mm；当不考虑止水作用时，搭接宽度不宜小于 100mm。在土质较差时，桩的搭接长度不宜小于 200mm。

2）支护挡墙的组合宽度 b：

水泥土搅拌桩搭接组合成的围护墙宽度根据桩径 d_0 及搭接长度 L_d，形成一定的模数，其宽度 b 可按下式计算：

$$b = d_0 + (n-1)(d_0 - L_d) \quad (9-33)$$

式中 b——水泥土搅拌桩组合宽度（m）；

d_0——搅拌桩桩径（m）；

L_d——搅拌桩之间的搭接长度（m）；

n——搅拌桩搭接布置的单排数。

3）沿重力式水泥土墙纵向的格栅间距离 L_g：

当格栅为单排桩时，L_g 取 1500～2500mm；当格栅为双排桩时，L_g 取 2000～3000mm；当格栅为多排桩时，L_g 也可相应的放大。格栅间距应与搅拌桩纵向桩距相协调，一般为桩距的 3～6 倍。

4）根据基坑开挖深度、土压力分布、基坑周围的环境平面布置可设计成变宽度的形式。

重力式水泥土墙的剖面主要是确定挡土墙的宽度 b、桩长 h 及插入深度 L_d，根据基坑开挖深度，可按下式初步确定挡土墙宽度及插入深度：

$$b = (0.5 \sim 0.8)h \quad (9-34)$$
$$h_d = (0.8 \sim 1.2)h \quad (9-35)$$

式中 b——重力式水泥土墙的宽度（m）；

h_d——重力式水泥土墙插入基坑底以下的深度（m）；

h——基坑开挖深度（m）。

当土质较好、基坑较浅时，b、h_d 取小值；反之，应取大值。根据初定的 b、h_d 进行支护结构计算，如不满足，则重新假设 b、h_d 后再行验算，直至满足为止。按式（9-34）估算的支护结构宽度，还应考虑布桩形式，b 的取值应与按式（9-33）计算的结果吻合。

如计算所得的支护结构搅拌桩桩底标高高于有透水性较大的土层，而支护结构又兼作止水帷幕时，桩长的设计还应满足防止管涌及工程所要求的止水深度，通常可采用加长部分桩长的方法，使搅拌桩插入透水性较小的土层或加长后满足止水要求。插入透水性较小的土层的长度可取（1～2）d_0，加长部分宽度不宜小于 1/2 的加长段长度并不小于 1200mm，以防止支护结构位移造成加长段断而失去止水效果。此外，加长部分在沿支护结构纵向必须是连续的。

2. 重力式水泥土墙计算

重力式水泥土墙的计算一般包括抗倾覆稳定、抗滑动稳定、整体稳定、抗隆起稳定、抗管涌（抗渗漏）稳定、桩体强度、基底地基承载力、格栅稳定、位移等，实际应用时应根据土质条件、开挖深度、平面布置等情况选择和确定重力式水泥土墙的计算内容。

（1）嵌固深度计算

重力式水泥土墙的嵌固深度设计值 h_d 的计算，同多层支点的排桩、地下连续墙嵌固深度设计值 h_d 的计算，亦宜按圆弧滑动简单条分法进行计算。

1）按整体稳定计算嵌固深度

采用圆弧滑动简单条分法用下式计算。

$$\sum c_{ik}l_i + \sum(q_0 b_i + w_i)\cos\theta_i \tan\varphi_{ik} - \gamma_k \sum(q_0 b_i + w_i)\sin\theta_i \geqslant 0 \quad (9-36)$$

式中 c_{ik}、φ_{ik}——最危险滑动面上第 i 条滑动面上的黏聚力、内摩擦角；

l_i——第 i 条的弧长；

b_i——第 i 条的宽度；

q_0——地面荷载；

w_i——第 i 土条单位宽度的实际重量，黏性土、水泥土按饱和重度计算，砂类土按浮重度计算；

θ_i——第 i 土条弧线中点切线与水平夹角；

γ_k——整体稳定分项系数，一般取 1.3。

计算时选择的各计算滑动面应通过墙体嵌固端或在墙体以下。当嵌固深度以下存在软弱土层时，尚应验算沿软弱下卧层滑动的整体稳定性。有关资料表明，整体稳定条件是墙体嵌固深度的主要控制因素。当按圆弧滑动简单条分法计算的嵌固深度设计值 h_d（$h_d = 1.1h_0$）小于基坑开挖深度 h 的 0.4 倍时，宜取 0.4h。

2）抗渗透稳定条件验算

当基坑底为碎石土及砂土、基坑内排水且作用有渗透水压力时，重力式水泥土墙的嵌固深度设计值 h_d 尚应满足抗渗透稳定的条件，按下式进行抗渗透稳定验算：

$$h_d \geqslant 1.2\gamma_0(h - h_{wa}) \quad (9-37)$$

式中 h_d——重力式水泥土墙的嵌固深度设计值；

γ_0——基坑侧壁重要性系数；

h——基坑开挖深度；

h_{wa}——地下水位埋深。

3）抗隆起稳定验算嵌固深度

按极限承载力法验算嵌固深度是有些资料中提到的另一种方法，是将水泥土结构的底平面作为基准面，可采用如下计算模型和滑动线，如图 9-22。

根据极限承载力的平衡条件整理得验算公式为：

$$h_d \geqslant \frac{\left(1 + \dfrac{q_0}{\gamma h}\right) + \dfrac{c}{\gamma h}\left(K_p e^{\pi\tan\varphi} - 1\right)\dfrac{1}{\tan\varphi}}{K_p e^{\pi\tan\varphi} - 1} \quad (9-38)$$

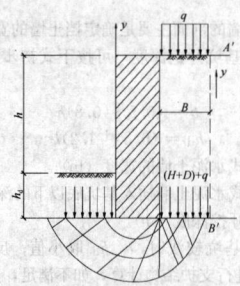

图 9-22　抗隆起稳定计算简图

式中　h_d——重力式水泥土墙嵌固深度；

　　　q_0——地面荷载；

　　　γ——土层平均厚度；

　　　h——基坑深度；

　　　c——嵌固端面以下土层黏聚力；

　　　φ——嵌固端面以下土层内摩擦角；

　　　K_p——被动土压力系数。

（2）墙体厚度计算

重力式水泥土墙厚度设计值宜按重力式结构的抗倾覆极限平衡条件来确定（图9-23）。

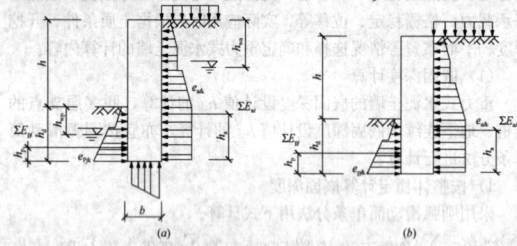

图 9-23　重力式水泥土墙体厚度计算
(a) 砂土及碎石；(b) 粉土及黏性土

1）对于墙底位于碎石土、砂土上时，根据重力式水泥土墙上各力对 0 点取矩的平衡条件，重力式水泥土墙体厚度 b 应满足：

$$b \geqslant \sqrt{\frac{10 \times (1.2\gamma_0 h_a \sum E_{ai} - h_p \sum E_{pj})}{5\gamma_{cs}(h+h_d) - 2\gamma_w(2h + 3h_d - h_{wp} - 2h_{wa})}} \quad (9-39)$$

2）对于墙底位于黏性土、粉土上时，根据平衡条件，重力式水泥土墙体厚度应满足：

$$b \geqslant \sqrt{\frac{2 \times (1.2\gamma_0 h_a \sum E_{ai} - h_p \sum E_{pj})}{\gamma_{cs}(h+h_d)}} \quad (9-40)$$

式中　$\sum E_{ai}$——基坑外侧（主动侧）水平力的总和；

　　　$\sum E_{pj}$——基坑内侧（被动侧）水平力的总和；

　　　h、h_d——分别为基坑开挖深度及重力式水泥土墙嵌固深度；

　　　h_a、h_p——分别为基坑外侧及内侧水平力合力作用点距支护结构底部的距离；

　　　h_{wa}、h_{wp}——分别为基坑外侧及内侧的地下水位埋深；

　　　γ_{cs}——重力式水泥土墙的复合重度；

　　　γ_w——水的重度；

　　　b——重力式围护结构的计算宽度。

按上述方法计算的重力式水泥土墙厚度小于 $0.4h$ 时，应取 $0.4h$。

当基坑底的土质为砂土和碎石土、而且基坑内降排水且作用有渗透水压时，重力式水泥土墙的嵌固深度除按圆弧滑动简单条分法计算外，尚应按抗渗透稳定条件进行验算。

当按上述方法计算的嵌固深度设计值 h_d 小于 $0.4h$ 时，宜取 $0.4h$。

（3）正截面承载力验算

重力式水泥土墙的强度分别以受拉及受压控制验算，根据《建筑结构荷载规范》规定，当荷载组合为有利时，结构自重荷载分项

系数取 1，重力式水泥土墙的抗拉强度类似于素混凝土，取抗压强度设计值的 0.06 倍。

重力式水泥土墙厚度设计值，除应符合上述要求外，其正截面承载力尚需符合下述要求：

1）压应力验算：

$$1.25\gamma_0\gamma_{cs}z + \frac{M}{W} \leqslant f_{cs} \quad (9-41)$$

式中　γ_{cs}——重力式水泥土墙平均重度；

　　　γ_0——重要性系数；

　　　z——由墙顶至计算截面的深度；

　　　M——单位长度重力式水泥土墙截面弯矩设计值；

　　　W——重力式水泥土墙截面模量；

　　　f_{cs}——水泥土开挖龄期抗压强度设计值。

2）拉应力验算：

$$\frac{M}{W} - \gamma_{cs}z \leqslant 0.06 f_{cs} \quad (9-42)$$

9.4.4.3　土钉墙

土钉墙由密集的土钉群、被加固的原位土体、喷射的混凝土面层和必要的防水系统组成。土钉是用来加固或同时锚固现场原位土体的细长杆件。土钉是一种原位土加筋加固技术，土钉体的设置过程较大限度地减少了对土体的扰动；从施工角度看，土钉墙是随着从上到下的土方开挖过程，逐层将土钉设置于土体中，可以与土方开挖同步施工。

1. 设计基本要求

土钉墙支护适用于可塑、硬塑或坚硬的黏性土；胶结或弱胶结（包括毛细水黏结）的粉土、砂土和角砾；填土；风化岩层等。在松散砂和夹有局部软塑、流塑黏性土的土层中采用土钉墙支护时，应在开挖前预先对开挖面上的土体进行加固，如采用注浆或微型桩托换。土钉墙支护适用于基坑侧壁安全等级为二、三级者。采用土钉墙支护的基坑，深度不宜大于12m，使用期限不宜超过 18 个月。土钉墙支护工程的设计、施工与监测应密切配合，及时根据现场测试与监控结果进行反馈、沟通。

当支护变形需要严格限制且在不良土体中施工时，宜联合使用其他支护技术，将土钉墙扩展为：土钉墙与预应力锚杆的组合；垂直土钉墙、水泥土桩及预应力锚杆的组合；土钉墙、微型桩及预应力锚杆的组合；垂直土钉墙、水泥土桩、微型桩及预应力锚杆的组合等（图9-24）。

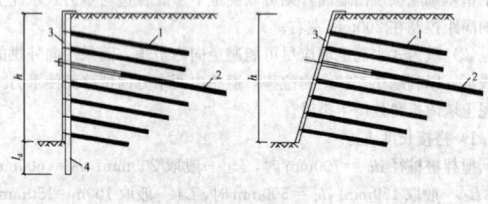

图 9-24　复合土钉墙的形式
(a) 垂直土钉墙＋微型桩或水泥土桩＋预应力锚杆；
(b) 土钉墙＋预应力锚杆
1—土钉；2—预应力锚杆；3—喷射混凝土面层；4—微型桩或水泥土桩

2. 土钉墙设计计算

（1）设计内容

根据工程情况和以往经验，初选支护各部件的尺寸和参数；分析计算主要内容有支护的内部整体稳定性分析和外部整体性分析、土钉计算、喷射混凝土面层的设计计算，以及土钉与面层的连接计算。对各部件初选尺寸和参数进行修改和调整，绘出施工图。对重要的工程，宜采用有限元法对支护的内力和变形进行分析。根据施工过程中获得的量测和监控数据以及发现的问题，进行反馈设计。

土钉支护的整体稳定性计算和土钉的设计计算采用总安全系数设计方法，其中以荷载和材料性能的标准值作为计算值，并据此确定土压力。喷混凝土面层的设计计算，采用以概率理论为基础的结构极限状态设计方法，设计时对作用于面层上的土压力，应乘以荷载分项系数 1.2 后作为计算值，在结构的极限状态设计表达式中，

应考虑结构重要性系数。

土钉支护设计应考虑的荷载除土体自重外，还应包括地表荷载如车辆、材料堆放和起重运输造成的荷载，以及附近地面建筑物基础和地下构筑物所施加的荷载，并按荷载的实际作用值作为标准值。当地表荷载小于 $15kN/m^2$ 时则按 $15kN/m^2$ 取值。此外，当施工或使用过程中有地下水时，还应计入水压对支护稳定性、土钉内力和喷混凝土面层的作用。

土钉支护设计采用的土体物理力学性能参数以及土钉与周围土体之间的界面粘结力参数均应以实测结果作为依据，取值时应考虑到基坑施工及使用过程中由于地下水位和土体含水量变化对这些参数的影响，并对其测试值作出偏于安全的调整。

土的力学性能参数 c、φ，土钉与土体界面粘结强度 τ 的计算值取标准值，界面粘结强度的标准值可取为现场实测平均值的 0.8 倍。以上参数应按不同土层分别确定。

土钉支护的设计计算可按单位长度支护按平面应变问题进行分析。对基坑平面上靠近凹角的区段，可考虑三维空间作用的有利影响，对该处的支护参数（如土钉的长度和密度）做部分调整。对基坑平面上的凸角区段，应局部加强。

土钉墙的研究在我国起步较晚，相应科研工作大落后于工程实践。目前，土钉墙的设计在理论上尚无一套完整严格的分析计算体系，但在工程实践上，技术人员根据支护结构的通常受力分析方法给出了一些实用的计算经验公式并经大部分工程实践证明是可行的。根据这些经验公式及进一步分析，土钉墙的计算主要包括局部稳定性及整体稳定性验算，这两种验算是目前在土钉墙设计中的主要计算内容。

(2) 土钉抗拉承载力计算

土钉锚固体与土体极限摩阻力标准值 q_{sik} 的确定是土钉承载力计算的重要参数。有两种取值方法，一是根据土钉抗拔试验统计给出不同的极限摩阻力；二是根据剪切试验得出的值计算确定。前者在我国已被广泛应用，类似于桩侧摩阻力的计算也采用经验公式，后者则由于 σ 与土体埋深有关，其摩阻力大小与土钉所在深度密切相关，而根据国内外的研究结果认为土钉摩阻力并不随埋置深度增加有明显提高。

单根土钉抗拉承载力计算应符合下式要求：

$$\gamma_t \gamma_0 T_{jk} \leqslant T_{uj} \tag{9-43}$$

式中　T_{jk}——第 j 根土钉受拉荷载标准值；
　　　T_{uj}——第 j 根土钉抗拉承载力设计值；
　　　γ_0——重要性系数；
　　　γ_t——土钉的抗拔安全系数，不应小于 1.3。

土钉墙在保证整体稳定性条件下，土钉墙面层与土钉的联系作用防止了沿朗肯主动土压力破裂面所产生的破坏，土钉墙面层与土钉共同承担由主动土压力所产生的荷载，由于土钉墙面层刚度较小，整个面层无法形成一个相互协同作用的刚体。为保证沿主动土压力破裂面不发生破坏，需要依靠单根土钉的抗拉能力以平衡作用于面层上的主动土压力。当土钉的水平间距为 s_x，垂直间距为 s_z 时，单根土钉受拉荷载标准值可按下式计算：

$$T_{jk} = \xi \eta_j e_{ajk} s_{xj} s_{zj} / \cos\alpha_j \tag{9-44}$$

式中　ξ——坡面倾斜时的土压力折减系数；
　　　η_j——第 j 个土钉处的主动土压力调整系数可按下式计算；
　　　e_{ajk}——第 j 个土钉位置处的基坑水平荷载标准值；
　　　s_{xj}、s_{zj}——第 j 根土钉与相邻土钉的平均水平、垂直间距；
　　　α_j——第 j 根土钉与水平面的夹角。

主动土压力分布调整系数 η_j 可按下式计算：

$$\eta_j = \left(1 - \frac{z_j}{h}\right) \frac{\sum\limits_{j=1}^{n}\left(1 - \eta_b \dfrac{z_j}{h}\right) E_{aj}}{\sum\limits_{j=1}^{n}\left(1 - \eta_b \dfrac{z_j}{h}\right) E_{aj}} + \eta_b \frac{z_j}{h} \tag{9-45}$$

式中　z_j——第 j 个土钉至基坑顶面的垂直距离；
　　　h——基坑深度；
　　　E_{aj}——第 j 根土钉在 s_{xj}、s_{zj} 所围土钉墙坡面面积内的土压力标准值；
　　　η_b——基坑底面处的主动土压力调整系数，对黏性土取

0.6，对砂土取 0.7。

坡面倾斜时的土压力折减系数 ξ 可按下式计算：

$$\xi = \tan\frac{\beta - \varphi_m}{2}\left(\frac{1}{\tan\dfrac{\beta + \varphi_m}{2}} - \frac{1}{\tan\beta}\right) \bigg/ \tan^2\left(45° - \frac{\varphi_m}{2}\right) \tag{9-46}$$

式中　β——土钉墙坡面与水平面的夹角；
　　　φ_m——基坑底面以上土体内摩擦角标准值按土层厚度加权的平均值。

对于基坑侧壁安全等级为二级的土钉抗拉承载力设计值应按试验确定，基抗侧壁安全等级为三级时可按下式计算（图 9-25a）：

$$T_{jk} = \frac{1}{\gamma_s} \pi d_{nj} \sum q_{sik} l_i \tag{9-47}$$

式中　γ_s——土钉抗拉抗力分项系数，取 1.3；
　　　d_{nj}——第 j 根土钉锚固体直径；
　　　q_{sik}——土钉穿越第 i 层土体与锚固体极限摩阻力标准值，应由现场试验或当地经验确定；
　　　l_i——第 j 根土钉在直线破裂面外穿越第 i 稳定土体内的长度，破裂面与水平面的夹角为 $\dfrac{\beta + \varphi_k}{2}$。

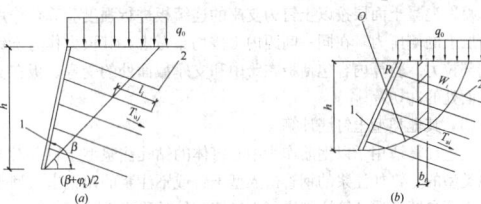

图 9-25　土钉设计计算简图
(a) 承载力计算简图；(b) 整体稳定性验算简图
1—喷射混凝土面层；2—土钉

(3) 土钉墙整体稳定性验算

土钉墙的整体稳定验算是针对土钉墙整体性失稳的破坏形式，边坡沿某弧面或平面，整体向坑内滑移或塌滑，此时土钉或者与土体一起滑入基坑，或者与土钉墙面层脱离，或者被拉断。整体稳定分析采用极限平衡状态的圆弧滑动条分法（图 9-25b）。按下式进行整体稳定性验算：

$$\sum_{i=1}^{n} c_{ik} L_i s + s \sum_{i=1}^{n} (w_i + q_0 b_i)\cos\theta_i \tan\varphi_{ik}$$
$$+ \sum_{j=1}^{m} T_{nj} \times \left[\cos(\alpha_j + \theta_j) + \frac{1}{2}\sin(\alpha_j + \theta_j)\tan\varphi_{ik}\right]$$
$$- s\gamma_k \gamma_0 \sum_{i=1}^{n} (w_i + q_0 b_i)\sin\theta_i \geqslant 0 \tag{9-48}$$

式中　n——滑动体分条数；
　　　m——滑动体内土钉数；
　　　γ_k——整体滑动分项系数，可取 1.3；
　　　γ_0——基坑侧壁重要性系数；
　　　w_i——第 i 条分条重，滑裂面位于黏性土或粉土中时，按上覆土层的饱和土重度计算；滑裂面位于砂土或碎石类土中时，按上覆土层的浮重度计算；
　　　b_i——第 i 分条宽度；
　　　c_{ik}——第 i 分条滑裂面处土体固结不排水（快）剪黏聚力标准值；
　　　φ_{ik}——第 i 分条滑裂面处土体固结不排水（快）剪内摩擦角标准值；
　　　θ_i——第 i 分条滑裂面处中点切线与水平面夹角；
　　　α_j——土钉与水平面之间的夹角；
　　　L_i——第 i 分条滑裂面处弧长；
　　　s——计算滑动体单元厚度；
　　　T_{nj}——第 j 根土钉在圆弧滑裂面外锚固体与土体的极限抗拉力。

单根土钉在圆弧滑裂面外锚固体与土体的极限抗拉力可按下式确定：

$$T_{nj} = \pi d_{nj} \sum q_{sik} L_{ni} \qquad (9\text{-}49)$$

式中　T_{nj}——第 j 根土钉在圆弧滑裂面外锚固体与土体的极限抗拉力；

d_{nj}——第 j 根土钉锚固体直径；

q_{sik}——土钉穿越第 i 层土体与锚固体极限摩阻力标准值，应由现场试验或当地经验确定；

L_{ni}——第 j 根土钉在圆弧滑裂面外穿越第 i 层稳定土体内的长度。

（4）喷射混凝土面层计算

在土体自重及地面均布荷载 q 作用下，喷射混凝土面层所受侧向压力 e_0 可按下式估算：

$$e_0 = e_{01} + e_a \qquad (9\text{-}50)$$

$$e_{01} = 0.7\left(0.5 + \frac{s-0.5}{5}\right)e_1 \leqslant 0.7 e_1 \qquad (9\text{-}51)$$

式中　e_a——地面均布荷载 q 引起的侧压力；

e_1——土钉位置处由土体自重产生的侧压力；

s——相邻土钉水平间距和垂直间距中的较大值。

荷载分项系数取 1.2。另外，按基坑侧壁安全等级取重要性系数。

喷射混凝土面层按以土钉为支座的连续板进行强度验算，作用于面层上的侧压力，在同一间距内可按均布考虑，其反力作为土钉的端部拉力。验算内容包括板在跨中和支座截面处的受弯、板在支座截面处的冲切等。

（5）其他类型土钉墙计算

上述计算适用于以钢筋为中心钉体的钻孔注浆型土钉。对于其他类型的土钉如注浆的钢管击入型土钉或不注浆的角钢击入型土钉，亦可参照上述计算原则进行土钉墙支护的稳定性分析。

至于复合型土钉墙，目前应用较多的是水泥土搅拌桩与土钉墙组合、微型桩与土钉墙组合两种形式。前者是在基坑开挖线外侧设置一排至两排（多数为一排）水泥土搅拌桩，以解决隔水、开挖后面层土体强度不足而不能自立、喷射混凝土面层与土体粘结力不足的问题；同时由于水泥土搅拌桩有一定插入深度，可避免坑底隆起、管涌、渗流等情况发生。后者是在基坑开挖线外侧击入一排或两排（多数为一排）竖向立管进行超前护护，立管内高压注入水泥浆形成微型桩。微型桩虽不能形成隔水帷幕，但可以增强土体的自立能力，并可防止坑底涌土。

由于复合型土钉墙中的水泥土搅拌桩和微型桩，主要解决基坑开挖中的隔水、土体自立和防止涌土等问题，所以在土钉墙计算中多不考虑其受力作用，仍按上述方法进行计算。

9.5　水泥土重力式挡墙施工

水泥土重力式挡墙是用于加固软黏土地基的一种围护方法。它是利用水泥材料作为固化剂，通过特制的深层搅拌机械，在地基深处就地将软土和水泥强制搅拌形成连续搭接的水泥土柱状加固体，利用水泥和软土之间所产生的一系列物理化学反应，使软土硬结成具有整体性、稳定性和一定强度的挡土、防渗墙，从而提高地基强度和增大变形模量。

9.5.1　施工机械与设施

水泥土重力式挡墙施工机械种类繁多。按机械传动方式可分为转盘式和动力头式；按喷射方式可分为中心管喷浆和叶片喷浆方式；按搅拌轴数量可分为单轴、二轴和三轴深层水泥土搅拌机。具体详见第 6 章。水泥土搅拌机的配套设备有灰浆搅拌机、灰浆泵、冷却水泵、输浆胶管等，其型号、规格、性能等应与搅拌机匹配。

9.5.2　施工准备

1. 材料和设备准备

（1）重力式水泥土墙可采用不同品种的水泥，如普通硅酸盐水泥、矿渣水泥、火山灰水泥及其他品种的水泥，也可选择不同强度等级的水泥，要求水泥新鲜无结块。

（2）重力式水泥土墙所用砂子为中砂或粗砂，要求含泥量小于

5%，搅拌用水不得影响水泥土的凝结与硬化，水泥土搅拌用水中的物质含量限值可参照素混凝土的要求。

（3）采用二轴水泥土搅拌机时，水泥掺量通常为 12%～14%；采用三轴水泥土搅拌机时，水泥掺量通常为 20% 左右；采用高压喷射注浆法时，水泥掺量通常为 25%～30% 左右。水泥掺量以每立方加固体所拌和的水泥重量与土重之比计算。为改善水泥土性能及提高早期强度，宜加入粉煤灰、木质素磺酸钙、碳酸钠、氯化钙、三乙醇胺等外掺剂。木质素磺酸钙减水剂的掺量一般为 0.2%～0.5%，碳酸钠为 0.2%～0.4%，氯化钙为 2%～5%，三乙醇胺为 0.05%～0.2%。水泥浆液的水灰比一般为 0.50～0.60。

（4）施工前应确定搅拌机械灰浆泵输送量、灰浆输送管到达搅拌喷口的时间和起吊设备提升速度等施工工艺参数。施工机械应配备电脑记录仪及打印设备，以便了解和控制水泥浆用量及喷浆均匀程度。施工机械必须具备良好及稳定的性能，所有机具开机之前应进行检修、调试，检查机器运行和输料管畅通情况，经验收合格后方可开机。

2. 场地准备

重力式水泥土墙施工前应熟悉地质资料、施工图纸等；施工前场地应先整平，应清除施工范围内的障碍物，以防止施工受阻或成桩偏斜；对影响施工机械运行的松软或不平整场地应进行适当处理，防止机架倾斜，并有排水措施；根据测量放出平面布桩图，用小木桩或竹片定位并做出醒目标志；应设置测量基准线、水准基点，并妥加保护。

3. 试桩

试桩的目的是根据实际情况确定施工方法，寻求最佳搅拌次数，确定水灰比、泵送时间及压力、搅拌机提升及下钻速度、复搅深度等参数，以指导下一步水泥土搅拌桩大规模施工。一般每个标段试桩不少于 5 根，且待试桩成功后方可进行水泥土搅拌桩的正式施工。可在 7d 后直接开挖取出，或至少 14d 后取芯，以检验水泥搅拌桩的均匀程度和水泥土强度。

9.5.3　施　工　工　艺

重力式水泥土墙施工工艺可采用三种方法：喷浆式深层搅拌（湿法）、喷粉式深层搅拌（干法）、高压喷射注浆法（也称高压喷法）。湿法施工注浆量容易控制，成桩质量好，目前绝大部分重力式水泥土墙施工中都采用湿法工艺。干法施工工艺虽然水泥土强度较高，但其喷粉量不易控制，搅拌难以均匀导致桩体均匀性差，桩身强度离散较大，目前使用较少。高压喷射注浆法是采用高压水、气切削土体并将水泥与土搅拌形成重力式水泥土墙。高压旋喷法施工简便，施工时只需在土层中钻一个 50～300mm 的小孔，便可在土中喷射成直径 0.4～2m 的水泥土桩。该法可在狭窄施工区域或邻近已有基础区域施工，但该工艺水泥用量大，造价高，一般当施工场地受到限制，湿法机械施工困难时选用。

9.5.3.1　二轴水泥土墙工程（湿法）施工工艺

1. 工艺流程

二轴水泥土墙工程施工工艺可采用"二次喷浆、三次搅拌"工艺，主要依据水泥掺入比及土质情况而定。二轴水泥土墙施工顺序如图 9-26，一般的施工工艺流程如图 9-27。

（1）定位

水泥土搅拌桩机开行到达指定桩位（安装、调试）就位。当地面起伏不平时应注意调整机架的垂直度。

（2）预搅下沉

待搅拌机的冷却水循环及相关设备运行正常后，启动搅拌机电机。放松桩机钢丝绳，使搅拌机沿导向架旋转搅拌切土下沉，下沉速度控制在 ≤1.0m/min，可由电气装置的电流监测表控制。如遇硬黏土等下沉速度太慢，可以输浆系统适当补给清水以利钻进。

（3）制备水泥浆

水泥土搅拌机预搅下沉到一定深度后，即开始按设计及试验确定的配合比拌制水泥浆，压浆前将水泥浆倾倒入集料斗中。制浆时，水泥浆拌合时间不得少于 5～10min，制备好的水泥浆不得离析、沉淀，水泥浆在倒入储浆池时，应加筛过滤以免结块。水泥浆存储时间不得超过 2h，否则应予以废弃。

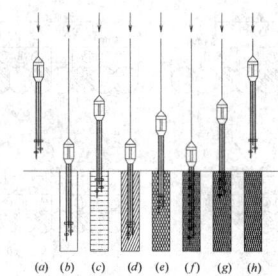

图 9-26　二轴水泥土墙施工顺序图

(a) 定位下沉；(b) 预搅下沉；(c) 提升喷浆搅拌；

(d) 重复下沉搅拌；(e) 重复提升注浆搅拌；

(f) 第三次下沉搅拌；(g) 第三次提升搅拌；

(h) 沉桩结束

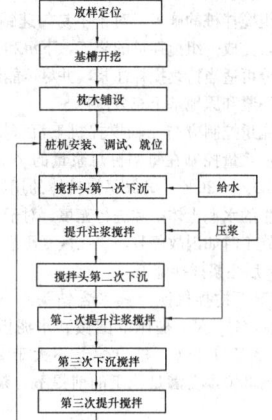

图 9-27　二轴水泥土墙施工工艺流程图

(4) 提升喷浆搅拌

水泥土搅拌机下沉到达设计深度后，开启灰浆泵将水泥浆压入地基土中，且边喷浆边搅拌、同时按上述确定的提升速度提升搅拌机，直至到达设计桩顶标高。搅拌提升速度一般应控制在 0.5m/min 以内，确保喷浆量，以满足桩身强度达到设计要求。在水泥土搅拌桩成桩过程中，如遇有故障停止喷浆时，应在 12h 内采取补浆措施，补浆重叠长度不小于 1.0m。

(5) 重复下沉、提升搅拌

为使已喷入土中的水泥浆与土充分搅拌均匀，再次沉钻进行复搅，复搅下沉速度控制在 0.5～0.8m/min，复搅提升速度控制在 0.5m/min 以内。当水泥掺量较大或因土质较密在提升时不能将应喷入土中的水泥浆全部喷完时，可在重复下沉、提升搅拌时予以补喷，但此时仍应注意喷浆的均匀性。由于过少的水泥浆很难做到沿全桩均匀分布，第二次喷浆量不宜过少，可控制在单桩总喷浆量的 40% 左右。

(6) 第三次搅拌

停浆，进行第三次搅拌，钻头搅拌下沉，钻头搅拌提升至地面停机。第三次搅拌下沉速度控制在 1m/min 以内，提升搅拌速度控制在 0.5m/min 以内。

(7) 移位

桩机移位至新的桩位，进行下一根桩的施工。移位转向时要注意桩机的稳定。相邻桩施工时间间隔保持在 16h 内，若超过 16h，在搭接部位采取加桩防渗措施。

(8) 清洗

当施工告一段落后，应及时进行清洗。向已排空的集料斗中注入适量清水，开启灰浆泵，清洗全部管道中的残留水泥浆，同时将黏附于搅拌头上的土清洗干净。

2. 二轴水泥土墙施工要点

(1) 水泥浆液应按预定配合比拌制，每根桩所需水泥浆液一次单独拌制完成；制备好的泥浆不得离析，停置时间不得超过 2h，否则予以废弃，浆液倒入时应加筛过滤，以免浆内结块，损坏泵体。供浆必须连续，搅拌均匀。一旦因故停浆，为防止断桩和缺浆，应使搅拌头下沉至停浆面以下 1.0m，待恢复供浆后再喷浆提升。如因故停机超过 3h，应先拆卸输浆管路，清洗后备用，以防止浆液结硬堵管。泵送水泥浆前管路应保持湿润，以便输浆。应定期拆卸清洗浆泵，注意保持齿轮减速箱内润滑油的清洗。

(2) 搅拌头提升速度不宜大于 0.5m/min，且最后一次提升搅拌宜采用慢速提升，当喷浆口到达桩顶标高时宜停止提升，搅拌数秒，以确保桩头均匀密实。水泥浆下沉时不宜冲水，当遇到较硬黏土层下沉太慢时，可适当冲水，但应考虑冲水成桩对桩身质量的影响。为保证水泥浆沿全桩长均匀分布，控制好喷浆速率与提升（下沉）速度的关系是十分重要的。

(3) 水泥土墙应连续搭接施工，相邻桩施工的时间间隔一般不应超过 12h，如因故停歇时间超过 12h，应对最后一根桩先进行空钻留出榫头，以待下一批桩搭接。如间隔时间太长，超过 24h 与下一根桩无法搭接时，应采取局部补桩或在后面墙体施工中增加水泥掺量及注浆等措施。前后排桩施工应错位成踏步式，以便发生停歇时，前后施工桩体成错位搭接形式，有利墙体稳定及止水效果。

9.5.3.2　三轴水泥土墙工程（湿法）施工工艺

1. 三轴水泥土墙工程施工工艺流程

三轴水泥土墙工程施工流程如图 9-28。

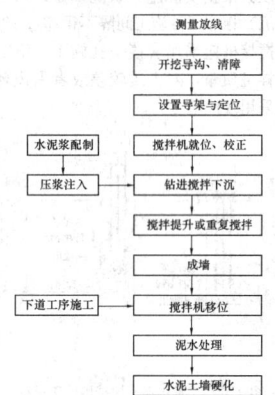

图 9-28　三轴水泥土墙工程施工流程

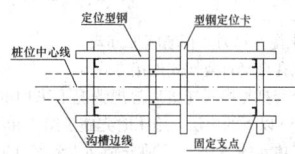

图 9-29　沟槽开挖及定位型钢放置示意图

(1) 测量放线

根据坐标基准点，按图放出桩位，设立临时控制桩，做好测量复核单，请报验收。

(2) 开挖导沟及定位型钢放置

按基坑围护边线开挖沟槽，沟槽开挖及定位型钢放置示意图如图 9-29 所示。在沟槽两侧打入若干槽钢作为固定支点，垂直方向放置两根工字钢与支点焊接，再在平行沟槽方向放置两根工字钢与下面工字钢焊接作为定位型钢。

(3) 三轴搅拌桩桩位及桩机定位

根据三轴搅拌桩中心间距尺寸在平行工字钢表面画线定位。桩机就位，移动前，移动结束后检查定位情况并及时纠正。桩机应平稳平正，并用经纬仪观测以控制钻机垂直度。三轴水泥搅拌桩桩位定位偏差应小于 20mm。

(4) 水泥土搅拌桩成桩施工

三轴水泥土墙施工按图 9-30 所示顺序施工，采用套接一孔的

工艺，保证墙体的连续性和接头的施工质量，这种施工顺序一般适用于 N 值小于 50 的地基土。三轴水泥搅拌桩的搭接以及施工设备的垂直度补救是依靠重复套钻来保证的，以达到止水的作用。

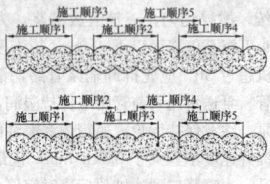

图 9-30　三轴水泥搅拌桩施工顺序

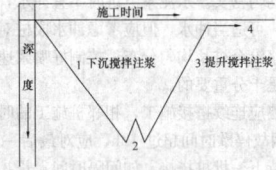

图 9-31　搅拌时间-下沉、提升关系图

三轴水泥搅拌桩在下沉和提升过程中均应注入水泥浆液，同时严格控制下沉和提升速度，下沉速度不大于 1m/min，提升速度不大于 2m/min，在桩底部分重复搅拌注浆。搅拌时间一下沉、提升关系图如图 9-31 所示。开机前应按事先确定的配合比进行水泥浆液的拌制，注浆压力根据实际施工状况确定。水泥土搅拌桩施工时，不得冲水下沉，相邻两桩施工间隔不得超过 12h。

三轴水泥土搅拌桩应采用套接一孔施工，施工过程如图 9-32 所示。为保证搅拌桩质量，对土质较差或者周边环境较复杂的工程，搅拌桩桩部采用复搅施工。

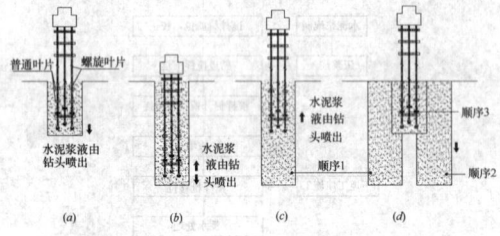

图 9-32　三轴水泥土搅拌墙施工过程
(a) 钻进搅拌下沉；(b) 桩底重复搅拌；
(c) 钻杆搅拌提升；(d) 完成一幅墙体搅拌

2. 三轴水泥土搅拌重力式挡墙施工方式

(1) 跳槽式双孔全套打复搅式连接方式

跳槽式双孔全套打复搅式连接是常规情况下采用的连续方式，一般适用于 N 值 50 以下的土层。施工时先施工第 1 单元，然后施工第 2 单元。第 3 单元的 A 轴及 C 轴分别插入到第 1 单元的 C 轴孔及第 2 单元的 A 轴孔，完成套接施工。依次类推，施工第 4 单元和套接的第 5 单元中，形成连续的水泥土搅拌体，如图 9-33 (a) 所示。

(2) 单侧挤压式连接方式

单侧挤压式连接方式适用于 N 值 50 以下的土层，一般在施工受限制时采用，如在搅拌墙体转角处或施工间断的情况下。施工顺序如图 9-33 (b) 所示，先施工第 1 单元，第 2 单元的 A 轴插入第 1 单元的 C 轴中，边孔套接施工，依次类推施工完成水泥土搅拌墙体。

(3) 先行钻孔套打方式

先行钻孔套打方式适用于 N 值 50 以上的非常密实的土层，以及 N 值 50 以下但混有 ϕ100mm 以上的卵石块的砂卵砾石层或软岩。施工时，用装备有大功率减速机的螺旋钻孔机，先行施工如图 9-33 (c)、图 9-33 (d) 所示 a_1、a_2、a_3 等孔，局部疏松和捣碎地层，然后用三轴水泥土搅拌机用跳槽式双孔全套打复搅式连接方式或单侧挤压式连接方式施工完成水泥土搅拌墙体。

3. 三轴水泥土墙施工要点

(1) 应严格控制接头施工质量，桩体搭接长度满足设计要求，

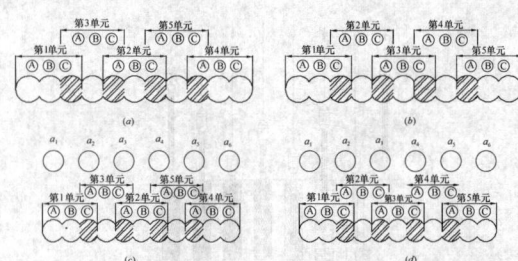

图 9-33　三轴水泥土搅拌墙施工顺序

以达到隔水作用。一般情况下搅拌桩施工必须连续不间断地进行，如因特殊原因造成搅拌桩不能连续施工，时间超过 24h 的，必须在其接头处外侧采取补做搅拌桩或旋喷桩的技术措施，以保证隔水效果。

(2) 三轴搅拌机就位后，主轴正转喷浆搅拌下沉，反转喷浆复搅提升，完成一组搅拌桩的施工。对于不易匀速钻进下沉的地层，可增加搅拌次数，完成一组搅拌桩的施工，下沉和提升速度应严格控制，在桩底部分可适当持续搅拌注浆，并尽可能做到匀速下沉和匀速提升，使水泥浆和原地基土充分搅拌。

(3) 注浆泵流量控制应与三轴搅拌机下沉（提升）速度相匹配。一般下沉时喷浆量控制在每幅桩总量的 70%～80%，提升时喷浆量控制在 20%～30%，确保每幅桩体的用浆量。提升搅拌时喷浆对可能产生的水泥土体空隙进行充填，对于饱和疏松的土体具有特别意义。施工时如因故停泵，应在恢复压浆前，先将搅拌机提升或下沉 0.5m 后注浆搅拌施工。

(4) 正常情况下搅拌机搅拌翼（含钻头）下沉喷浆、搅拌和提升喷浆、搅拌各一次，桩体范围做到水泥搅拌均匀，桩体垂直度偏差不得大于 1/200，桩位偏差不大于 20mm，浆液水灰比一般为 1.5～2.0，在满足施工的前提下，浆液水灰比可以恰当降低。

(5) 三轴水泥土搅拌桩施工前应对施工区域地下障碍物进行探测，如有障碍物应对其清理及回填素土，分层夯实后方可进行三轴水泥土搅拌施工，并应适当提高水泥掺量。

(6) 近开挖面一排水泥土桩宜采用套接一孔法施工，以确保防渗可靠性。其余桩体可以采用搭接法施工，搭接厚度不小于 200mm。

(7) 三轴水泥土搅拌桩作为隔断场地内浅部潜水层或深部承压水层，或在砂性土中进行搅拌桩施工时，施工应采取有效措施确保隔水帷幕的质量。

(8) 采用三轴水泥土搅拌桩施工时，在墙顶标高深度以上的土层被扰动区应采用低掺量水泥回掺加固。

(9) 三轴水泥土搅拌桩施工过程，搅拌头的直径应定期检查，其磨损量不应大于 10mm，水泥土搅拌桩的施工直径应符合设计要求。可以选用普通叶片与螺旋叶片交互配置的搅拌翼或在螺旋叶片上开孔，添加外掺剂等辅助方法施工，以避免较硬土层发生三轴搅拌翼大量包泥"糊钻"，影响施工质量。

9.5.4　质　量　控　制

9.5.4.1　重力式水泥土墙的质量检验

重力式水泥土墙的质量检验应分成桩施工期、开挖前和开挖期三个阶段进行。

1. 成桩施工期质量检验

检验内容主要包括机械性能、材料质量、配合比试验，以及逐根检查桩位、桩长、桩顶标高、桩架垂直度、桩身水泥掺量、上提喷浆速度、外掺剂掺量、水灰比、搅拌和喷浆起止时间、喷浆量的均匀、搭接施工间歇时间等。

2. 基坑开挖前质量检验

宜在重力式水泥土墙压顶混凝土浇筑之前进行。检验内容包括桩身强度、桩的数量。可采用钻取桩芯的方法检验桩长和桩身强度，也可采用制作水泥土试块方法。试块制作应采用立方体试模，宜每个机械台班抽查 2 根桩，每根桩不应少于 2 个取样点。每个取

样点制作 3 件水泥土试块。试块应在水下养护并测定 28d 龄期的无侧限抗压强度。

钻取桩芯宜采用 ϕ110 钻头，在开挖前或水泥土搅拌桩龄期达到 28d 后连续钻取全桩长范围内的桩芯，桩芯应呈硬塑状态并无明显的夹泥、夹砂断层。芯样应立即密封并及时进行强度试验。单根取芯数量不少于 3 组，每组 3 件试块。第一次取芯不合格应加倍取芯，取芯应随机进行。钻取桩芯得到的试块强度，宜根据钻芯过程中芯样的损伤情况乘以 1.2～1.3 的系数。钻孔取芯完成后的空隙应及时注浆填充。

3. 基坑开挖期质量检验

主要是通过外观检验开挖面桩体的质量，并查验墙体和坑底渗漏水情况。

9.5.4.2 质量检验标准

水泥土搅拌桩的质量检验标准如表 9-8 所示。

水泥土搅拌桩质量检验标准　　表 9-8

项	序	检查项目	允许偏差或允许值	检查方法
主控项目	1	水泥及外掺剂质量	设计要求	查产品合格证书或抽样送检
	2	水泥用量	参数指标	查看流量计
	3	水灰比	设计及施工工艺要求	按规定办法
	4	桩体强度	设计要求	按规定办法
	5	地基承载力	设计要求	按规定办法
一般项目	1	搅拌提升速度	≤0.5m/min	量机头上升距离及时间
	2	桩底标高	±100mm	测机头深度
	3	桩顶标高	+100mm，−50mm	水准仪（上端500mm以内）
	4	桩位偏差	<50mm	用钢尺量
	5	桩径	<0.04D	用钢尺量，D为桩径
	6	垂直度	≤1%	经纬仪
	7	搭接	≥200mm	用钢尺量
	8	搭接桩施工间歇时间	<16h	施工记录

9.6　钢板桩工程施工

钢板桩是带锁口或钳口的热轧型钢，钢板桩靠锁口或钳口相互连接咬合，形成连续的钢板桩墙，用来挡土和挡水。钢板桩作为建造水上、地下构筑物或基础施工中的围护结构，由于它具有强度高、结合紧密、不漏水性好、施工简便、速度快、减少开挖土方量、可重复使用等特点，因此在一定条件下使用会取得较好的效益。

9.6.1　常用钢板桩的种类

钢板桩断面形式很多，常用的钢板桩有 U 形和 Z 形，其他还有热轧普通槽钢、直腹板式、H 型、箱形和组合钢板桩。箱形钢板桩有拉森型箱形钢板桩、富丁汉型金属平板箱形钢板桩和富丁汉型双箱形钢板桩三种。近些年来出现了许多复合加工型钢板桩，即将钢板桩冷加工成型后，利用焊接方式将特制的锁扣焊至钢板桩，实现了钢板桩连接的灵活性和更高的防水性能。此外还出现了许多组合式的钢板桩结构，即采用截面模量较大的 H 型桩或管桩和钢板桩的组合结构，大大提高了整片桩墙的承载能力，组合钢板桩已成为大型重载或深水码头采用的一种重要结构形式。

9.6.1.1　拉森式（U形）钢板桩

拉森式（U形）钢板桩如图 9-34 所示，拉森式（U形）钢板桩规格尺寸及特征参数如表 9-9 所示。

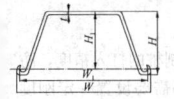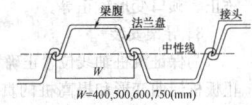

图 9-34　拉森式（U形）钢板桩

拉森式（U形）钢板桩的尺寸及特征参数　　表 9-9

型号	宽W(mm)	高H(mm)	厚t(mm)	每根桩(cm²)	每米墙宽(cm²/m)	每根桩(kg/m)	每米墙宽(kg/m)	每根桩(cm⁴)	每米墙宽(cm⁴/m)	每根桩(cm³)	每米墙宽(cm³/m)
SP-I	400	85	8	45.21	113.0	35.5	88.8	598	4500	88	529
SP-IA	400	85	8	45.2	113.0	35.5	89	598	4500	88	529
SP-II	400	100	10.5	61.2	153.0	48.0	120	1240	8740	152	874
SP-IIA	400	120	9.2	55.01	137.5	43.2	108	1460	10600	160	880
SP-IIW	600	130	10.3	78.7	131.2	61.8	103	2110	13000	203	1000
SP-III	400	125	13.0	76.4	191.0	60	150	2220	16800	223	1340
SP-IIIA	400	150	13.1	74.4	186.0	58.4	146	2790	22800	250	1520
SP-IIIAD	400	150	13.0	76.4	191.0	60	150	3060	22600	278	1510
SP-IIIAE	400	150	13.1	74.4	186.0	58.4	146	2790	22800	250	1520
SP-IIIAW	600	150	13.4	103.9	173.2	81.6	136	5220	32400	376	1800
SP-IV	400	170	15.5	96.9	242.5	76	190	4670	38600	362	2270
SP-IVA	400	185	16.1	94.21	235.1	74.0	185	5300	41600	400	2250
SP-VA	500	200	19.5	133.8	267.6	105.0	210	7960	63000	520	3150
SP-VL	500	200	24.3	133.8	267.6	105.0	210	7960	63000	520	3150
SP-VIL	500	225	27.6	153.0	306.0	120.0	240	11400	86000	680	3820
SP-SX10	600	130	10.3	78.7	131.2	61.8	103	2110	13000	203	1000
SP-SX18	600	150	13.4	103.9	173.2	81.6	136	5220	32400	376	1800
SP-SX27	600	210	18.0	135.3	225.5	106.0	177	8630	56700	539	2700
750×205	750	204	10.0	99.4	132	77.9	103.8	6590	28710	456	1410
	750	205.5	11.5	109.9	147	86.6	115.0	7110	32850	481	1600
	750	206	12.0	113.4	151	89.0	118.7	7270	34270	488	1665
750×220	750	220.5	10.5	112.1	150	88.5	118.0	8760	39300	554	1780
	750	222	12.0	123.4	165	96.9	129.2	9380	44440	579	2000
	750	222.5	12.5	127.0	169	99.7	132.9	9610	46180	589	2075
750×225	750	224.5	13.0	130.1	173	102.1	136.1	9830	50700	579	2270
	750	225	14.5	140.6	188	110.4	147.2	10390	56240	601	2500
	750	225.5	15.0	144.2	192	113.2	150.9	10580	58140	608	2580

9.6.1.2　Z形钢板桩

Z形钢板桩相对于 U 形钢板桩来说，其惯性矩更大，截面模数更大，对于在海中施工来讲，其具有更强的抗弯性能。Z形钢板桩如图 9-35 所示，其尺寸规格及相关参数见表 9-10。

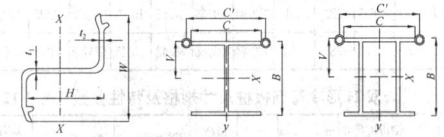

图 9-35　Z形钢板桩　　图 9-36　单H形冷弯钢板桩　　图 9-37　双H形冷弯钢板桩

Z形钢板桩尺寸规格及相关参数　　表 9-10

型 号	宽W(mm)	高H(mm)	厚t(mm)	截面积(cm²/根)	每桩单重(kg/m)	每米墙身(kg/m)	惯性矩(cm⁴/m)	截面模数(cm³/m)
WRZ14	700	420	7	111.00	61	87.1	30907	1472
WRZ18	700	420	9	140.00	77	110	38865	1842
WRZ14-650	650	320	8	127.00	64.8	99.7	22047	1378
WRZ18-635	635	380	8	138.60	69.1	108.8	34291	1805
NKSP-Z-25	400	305	13.0	9.6	94.32	74.0	185	38300	2510
NKSP-Z-32	400	344	14.2	10.4	107.70	84.5	211	55000	3200
NKSP-Z-38	400	364	17.2	11.4	122.50	96.0	240	69200	3800
NKSP-Z-45	400	367	21.9	13.2	148.80	116.0	290	83500	4550

9.6.1.3 H形钢板桩

H形钢板桩分单 H形和双 H形，如图 9-36 和图 9-37 所示，其尺寸规格及特性参数见表 9-11 和表 9-12 所示。

9.6.1.4 箱形钢板桩

一般的箱形钢板桩有拉森型箱形钢板桩、富丁汉型金属平板箱形钢板桩和富丁汉型双箱形钢板桩三种，如图 9-38、图 9-39 和图 9-40 所示。

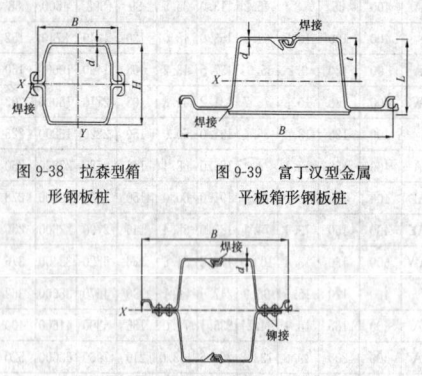

图 9-38 拉森型箱　　图 9-39 富丁汉型金属
　形钢板桩　　　　　平板箱形钢板桩

图 9-40 富丁汉型
双箱形钢板桩

单 H形冷弯钢板桩尺寸规格及特性参数　表 9-11

截面	钢板桩尺寸(mm)				截面积 (cm²)	单位重量 (kg/m)	旋转半径 (cm)		惯性矩 (cm⁴)		截面模数 (cm³)	
	B	C'	C	V			r_x	r_y	I_x	I_y	Z_x	Z_y
H50/20A	496	247.3	199	283	118.9	93.34	20.75	6.12	51210	4460	1810	302
H50/20B	500	248.3	200	282	131.8	103.46	20.87	6.02	57409	4778	2036	322
H50/20C	506	249.3	201	281	148.9	116.89	21.11	5.93	66345	5239	2361	352
H60/30A	582	348.3	300	317	192.1	150.80	24.35	8.18	113944	12868	3594	649
H60/30B	588	348.3	300	318	210.1	164.93	24.84	8.23	129607	14218	4076	717
H60/30C	594	350.3	302	318	240	188.40	24.93	8.12	149109	15842	4689	795
H60/30D	622	375.3	327	330	266	208.81	26.34	8.71	184541	20200	5592	954
H70/30A	692	348.3	300	368	229.1	179.84	28.81	7.69	190092	13537	5166	683
H70/30B	700	348.3	300	370	253.1	198.62	29.49	7.78	220159	15336	5950	773
H70/30C	708	350.3	302	372	291.1	228.51	29.66	7.74	256139	17451	6885	876
H90/40A	915	436.3	388	497	320.69	251.74	37.65	10.24	454547	33655	9146	1389
H90/40B	915	436.3	388	491	383.94	301.39	37.55	10.02	541375	38545	11026	1591
H90/40C	925	436.3	388	493	422.74	331.85	38.43	10.13	624452	43411	12666	1792

双 H形冷弯钢板桩尺寸规格及特性参数　表 9-12

截面	钢板桩尺寸(mm)				截面积 (cm²)	单位重量 (kg/m)	旋转半径 (cm)		惯性矩 (cm⁴)		截面模数 (cm³)	
	B	C'	C	V			r_x	r_y	I_x	I_y	Z_x	Z_y
H50/20A	496	446.3	398	283	220.2	172.86	20.71	12.16	94406	32561	3336	1317
H50/20B	500	448.3	400	282	246	193.11	20.81	12.10	106518	36022	3777	1451
H50/20C	506	450.3	402	281	280.2	219.96	21.04	12.05	124070	40660	4415	1631
H60/30A	582	648.3	600	317	366.6	287.78	24.45	18.10	219136	111078	6808	3189
H60/30B	588	648.3	600	318	402.6	316.04	24.76	17.22	246816	119415	7762	3429
H60/30C	594	652.3	604	318	462.4	362.98	25.02	17.40	289420	139996	9101	3996
H60/30D	622	702.3	654	330	514.4	403.80	26.27	18.91	354966	183893	10757	4900
H70/30A	692	648.3	600	368	440.6	345.87	28.83	17.18	366184	130036	9951	3733
H70/30B	700	648.3	600	370	488.6	383.55	29.48	17.19	424568	144445	11475	4154
H70/30C	708	652.3	604	372	564.6	443.11	29.64	17.23	496166	167587	13338	4784
H90/40A	915	824.3	776	497	476.14	476.60	37.62	22.08	859430	307245	17297	7042
H90/40B	915	824.3	776	491	733.64	575.91	37.51	22.29	1032438	364614	21027	8357
H90/40C	925	824.3	776	493	811.24	636.82	38.42	22.30	1197458	403573	24289	9250

9.6.1.5 组合钢板桩

近些年出现了许多复合加工型钢板桩。一些生产厂家在将钢板

桩冷加工成型后，利用焊接方式将特制的锁扣焊接至钢板桩，实现了钢板桩连接的灵活性和高防水性能。此外，还出现了许多组合式的钢板桩结构，即采用截面模量较大的 H形桩或管桩和钢板桩的组合结构，大大提高了整片桩墙的承载能力，组合钢板桩已成为大型重载或深水码头采用的一种重要结构形式。某种组合钢板桩见图 9-41 所示，冷弯钢板桩 2 根组合如图 9-42 所示。

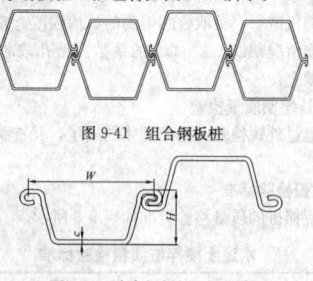

图 9-41 组合钢板桩

图 9-42 冷弯钢板桩 2 根组合

9.6.2 施 工 机 械

打设钢板桩所用机械的选择与其他桩施工相似，但以采用三支点导杆式履带打桩机较为理想，因它稳定性好、行走方便、导杆可作水平垂直和前后调节，便于每块板桩随时校正，对保证垂直度起很大作用。

桩锤应根据板桩打入阻力进行选择，即根据不同土层土质确定其侧壁摩阻力和端部阻力。打设钢板桩，自由落锤、蒸汽锤、空气锤、液压锤、柴油锤、振动锤等皆可，但使用较多的为振动锤。振动锤是以振动体上下振动而使板桩沉入，贯入效果好，但振动会使钢板桩锁口的咬合和周围土体受到影响。如使用柴油锤时，为保护桩顶因受冲击而损伤和控制打入方向，在桩锤和钢板桩之间需设置桩帽。桩锤选择还应考虑锤体外形尺寸，其宽度不大于组合打入块数的宽度之和。

9.6.3 钢 板 桩 施 工

9.6.3.1 施工准备

1. 场地平面布置

施工道路布置应利于桩架开进移出以及大量钢板桩运输。设置钢板桩堆放场地，应便于大型机械和车辆进出。应设置必要的钢板桩材料堆场。

2. 钢板桩材料准备

桩于打入前均将桩尖处的凹槽底口封闭，避免泥土挤入，锁口应涂以黄油或其他油脂。用于永久性工程的桩表面应涂红丹和防锈漆。对于年久失修、锁口变形、锈蚀严重的钢板桩，应整修矫正；弯曲变形的桩可用油压千斤顶顶压或火烘等方法进行矫正。

(1) 钢板桩检验

钢板桩进入施工现场前均需检查整理，只有完整平直的板桩可运入现场使用。钢板桩检验分为材质检验和外观检验，对焊接钢板桩，尚需进行焊接部位的检验。对用于基坑临时支护结构的钢板桩，主要进行外观检验，并对不符合形状要求的钢板桩进行矫正，以减少打桩过程中的困难。外观检验包括钢板桩长度、宽度、高度、厚度等指标，检查有无表面缺陷，端头矩形比及平直度和锁口形状等是否符合要求。材质检验包括对钢板桩母材的化学成分及机械性能进行全面试验及分析。

(2) 钢板桩的矫正

钢板桩为多次周转使用的材料，在使用过程中会发生板桩的变形、损伤，使用前应进行矫正与修补。矫正主要包括表面缺陷修补、端部平面矫正、桩体挠曲矫正、桩体扭曲矫正、桩体局部变形矫正、锁口变形矫正等。

3. 导架安装

为保证沉桩轴线位置正确和桩的竖直，控制桩的打入精度，防止板桩屈曲变形和提高桩的贯入能力，一般都需要设置一定刚度的、坚固的导架，亦称"施工围檩"，其作用为保持钢板桩打入的

垂直度和打入后板桩墙面平直。导架通常由导梁和导桩等组成，其形式在平面上有单面和双面之分，在高度上有单层、双层及多层之分，在移动方式上有锚固式和移动式之分，在刚度上有刚性和柔性之分。一般常用的是单层双面导架（图9-43）。导桩可用H型钢、工字钢或槽钢等，导桩间距一般为3～5m，双面导梁之间的间距一般比板桩墙高度大8～15mm，其打入土中深度以5m左右为宜。导梁底面距地面高度设为50mm，双层或多层导梁的层间间距按导梁刚度情况而定，但不宜过大，导梁宽度略大于桩厚度3～5cm。

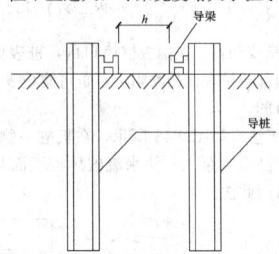

图9-43　导架

导架应结构简单、牢固和设置方便，导梁位置不得与钢板桩相碰，导桩不能随钢板桩打设而下沉或变形。导架每次设置长度按施工具体情况而定，并可考虑周转使用。导梁高度要适宜，要有利于控制钢板桩的施工高度和提高工效，导梁的位置和标高应严格控制。

4. 转角桩的制作

由于钢板桩构造的需要，需要配备改变打桩轴线方向的特殊形状的钢板桩，在矩形墙中为90°的转角桩。一般是将工程所用的钢板桩从背面中线处切断，再根据所选择的截面进行焊接或铆接组合而成为转角桩。

9.6.3.2　钢板桩打设

1. 打桩方式选择

钢板桩打设方法可分为"单独打入法"和"屏风式打入法"两种。

单独打入法是最普通的施工法，这种方法是从板桩墙的一角开始，逐块（或两块为一组）打设，直至工程结束。这种打入方法简便、施工速度快，不需要其他辅助支架。但是易使钢板桩向一侧倾斜，且误差累积后不易纠正。为此，这种方法只适用于板桩墙要求不高、且板桩长度较小（如小于10m）的情况。

屏风式打入法是将10～20根钢板桩成排插入导架内，呈屏风状，然后再分批施打。该打入法又可按屏风组立的排数，分为单屏风、双屏风和全屏风。单屏风应用最普遍；双屏风多用于轴线转角处施工；全屏风只用于要求较高的轴线闭合施工。施打时先将屏风墙两端的钢板桩打至设计标高或一定深度，成为定位板桩，然后在中间按顺序分1/3、1/2板桩高度呈阶梯状打入（图9-44）。按屏风式打入法施打时，一排钢板桩的施打顺序有多种，视施工时具体情况选择。施打顺序影响钢板桩的垂直度、位移、板桩墙的凹凸和打设效率。

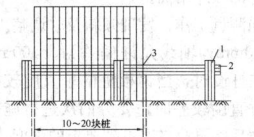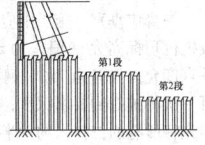

图9-44　导架及屏风法打钢板桩
1—导桩；2—导梁；3—两端先打入的定位钢板桩

2. 钢板桩的打设

先用吊车将钢板桩吊至插桩点处进行插桩，插桩时锁口要对准，每插入一块即套上桩帽轻轻加以锤击。在打桩过程中，为保证钢板桩的垂直度，用两台经纬仪在两个方向加以控制。为防止锁口中心线平面位移，可在打桩进行方向的钢板桩锁口处设卡板，阻止板桩位移。同时在围檩上预先算出每块板块的位置，以便随时检查校正。

钢板桩分几次打入，如第一次由20m高打至15m，第二次则打至10m，第三次打至导梁高度，待导架拆除后第四次才打到设计标高。打桩时开始打设的第一、二块钢板桩的打入位置和方向要确保精度，它可以起样板导向作用，一般每打入1m应测量一次。

钢板桩墙的设计水平总长度，有时并不是钢板桩标准宽度的整倍数，或者钢板桩墙的轴线较复杂，钢板桩的制作和打设有误差，均会给钢板桩墙的最终封闭合拢施工带来困难，这时候可采用异形板桩法、连接件法、骑缝搭接法、轴线调整法等方法。

若在坚实的砂层、砂砾层中沉桩，桩的阻力过大，需在打桩前对地质情况作详细分析，充分研究贯入的可能性，在施工时可伴以高压冲水或振动法沉桩，不要用锤硬打。若钢板桩连接锁口锈蚀、变形，入土阻力大，致使板桩不能顺利沿锁口而下，应在打桩前对钢板桩逐根检查，有锈蚀或变形的加以除锈、矫正，还可在锁口内涂油脂，以减少阻力。

在软土中打桩时，由于连接锁口处的阻力大于板桩与土体间的阻力，形成一个不平衡力，使板桩易向前进方向倾斜。可用卷扬机和钢丝绳将板桩反向拉住后再锤击，或改变锤击方向。当倾斜过大，靠上述方法不能纠正时，可用特制楔形板桩进行纠正。

当遇到不明障碍物或板桩倾斜，板桩阻力增大，会把相邻板桩带入。可按下列措施处理：①不是一次把板桩打到标高，留一部分在地面，待全部板桩入土后，用冲风法打设余下部分。②把相邻钢板桩焊在导梁上。③在连接锁口处涂以黄油减少阻力。④数根钢板桩用型钢连在一起。⑤运用特殊塞子，防止砂土进入连接锁口。⑥板桩被带入土中后，应在其顶部焊以同类型的板桩以补充不足的长度。

3. 钢板桩的转角和封闭

钢板桩的设计水平总长度，有时并不是钢板桩标准宽度的整倍数，或者钢板桩墙的轴线较复杂，钢板桩的制作和打设有误差，均会给钢板桩墙的最终封闭合拢施工带来困难，一般可采取下述方法：

（1）异形板桩法：异形板桩的加工质量较难保证，而且打入和拔出也较困难，特别是用于封闭合拢的异形板桩，一般是在封闭合拢前根据需要进行加工，往往影响施工进度，所以应尽量避免采用异形板桩。

（2）连接件法：此法是用特制的"ω"（Omega）和"δ"（Delta）型连接件来调整钢板桩的根数和方向，实现板桩墙的封闭合拢。钢板桩打设时，预先测定实际的板桩墙的有效宽度，并根据钢板桩和连接件的有效宽度确定板桩墙的合拢位置。

（3）骑缝搭接法：利用选用的钢板桩或宽度较大的其他型号的钢板桩作闭合桩，打设于板桩墙闭合处。闭合板桩应打设于挡土的一侧。此法用于板桩墙要求较低的工程。

（4）轴线调整法：此法是通过钢板桩墙闭合轴线设计长度和位置的调整实现封闭合拢。封闭合拢处最好选在短边的角部。轴线修正的具体做法见图9-45。先后沿直线段打至离转角桩约有8块钢板桩时暂时停止，量出至转角桩的总长度和增加的长度；根据两边水平方向增加的长度和转角桩的尺寸，将短边方向的导梁与围檩分开，用千斤顶向外顶出，进行轴线外移，经核对无误后再将导梁和围檩桩重新焊接固定；在长边方向的导梁内插桩，继续打设，插打到转角桩后，再转过来接着沿短边方向插打两块钢板桩；根据修正后的轴线沿短边方向继续向前插打，最后一块封闭合拢的钢板桩，设在短边方向从端部算起的第三块钢板桩的位置。

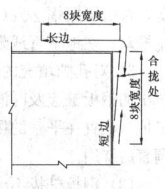

图9-45　轴线修正

9.6.3.3　钢板桩拔除

1. 钢板桩拔除方法

钢板桩拔除不论采用何种方法都是从克服钢板桩的阻力着眼，根据所用机械的不同，拔桩方法分为静力拔桩、振动拔桩和冲击拔桩三种。

静力拔桩所用的设备简单，主要为卷扬机或液压千斤顶，受设备及能力所限，这种方法一般效率较低，有时不能将桩顺利拔出，但成本较低。

振动拔桩是利用机械的振动，激起钢板桩的振动，以克服钢板桩的阻力将桩拔出。这种方法的效率较高，操作简便，是施工人员优先考虑的一种方法；由于大功率振动拔桩机的出现，使多根钢板桩一起拔出有了可能。但振动拔桩时会对桩及土体产生一定振动，如拔桩再带土过多引起土体位移、地面沉降，给已施工的地下结构带来危害，影响邻近建筑物、道路和地下管线的正常使用。

冲击拔桩是以蒸汽、高压空气为动力，利用打桩机的原理，给予钢板桩向上的冲击力，利用卷扬机将钢板桩拔出。这类机械国内不多，工程中不常运用，下面重点介绍振动拔桩。

2. 拔桩施工

钢板桩拔除的难易，取决于打入时顺利与否。如果在硬土或密实砂土中打入时困难，则钢板桩拔除时也很困难，尤其是一些板桩的咬口在打入时产生变形或垂直度很差，则拔桩时会遇到很大的阻力。

此外基坑开挖时，支撑（拉锚）不及时，使板桩产生很大的变形，拔除也很困难，这些因素必须予以充分重视。拔桩产生出的桩孔，可用振动法、挤实法和填入法，及时回填以减少对邻近建筑物等的影响。在软土地区，拔桩产生的空隙会引起土层损失和扰动，使已施工的地下结构产生沉降，亦可能引起周围地面沉降，为此拔桩时要采取措施对拔桩造成的地层空隙及时填补，往往灌砂填充法效果较差，因此在控制地层位移有较高要求时，宜进行跟踪注浆等新的填充法。

振动拔除钢板桩采用振动锤与起重机共同拔除。后者用于振动锤拔不出的钢板桩，在钢板桩上设吊架，起重机在振动锤振捣的同时向上引拔。振动锤产生强迫振动，破坏板桩与周围土体间的粘结力，依靠附加的起吊力克服拔桩阻力将桩拔出。拔桩时先用振动锤将锁口振活以减小与土的粘结，然后边振边拔。较难拔的桩可选用柴油锤先振打，然后再与振动锤交替进行振打和振拔。

（1）钢板桩拔除施工要点

1）作业前详细了解土质及板桩打入情况、基坑开挖后板桩变形情况、周边环境情况等；拔桩设备有一定的重量，要验算作业区域的承载力；由于拔桩设备的重量及拔桩时对基础的反力，会使板桩受到侧向压力，为此需使拔桩设备同拔桩保持一定距离；作业前应排除高空、地面的障碍物。

2）作业过程中要保持机械设备处于良好的工作状态；拔桩时用拔桩机卡头卡紧桩头，使起拔线与桩中心线重合；为防止邻近板桩同时拔出，可将邻近板桩临时焊死或在其上加配重；钢板桩应逐根试拔，易拔桩先拔出；钢板桩拔到可用吊车直接吊出时应停拔；振出的钢板桩及时吊出，起吊点必须在桩长 1/3 以上部位；拔桩时应随时观察吊机尾部翘起情况，防止倾覆；拔桩时应正确操作设备，拔桩机振幅达到最大负荷、振动 30min 时仍不能拔起时，应停止振动；在地下管线附近拔桩时，必须采取管线保护措施。

3）对孔隙填充的情况及时检查，发现问题随时采取措施弥补；拔出的钢板桩应及时清除土砂，涂以油脂；完整的板桩要及时运出工地，堆置在平整的场地上；拔出的钢板桩进行修整，并用冷弯法调直后待用。

（2）钢板桩拔不出时的措施

将钢板桩用振动锤或柴油锤再重复一次，以克服与土的粘结力及咬口间的铁锈等产生的阻力。按与钢板桩打设顺序相反的次序拔桩。板桩承受土压一侧的土较密实，在其附近并列打入另一根板桩，可使原来的板桩顺利拔出。也可在板桩两侧开槽，放入膨润土浆液（或黏土浆），拔桩时可减少阻力。

（3）有利于拔桩的其他辅助手段

1）膨润土泥浆槽施工法（图 9-46），膨润土泥浆随钢板桩一起跟入土层中，在板桩表面形成一薄膜，既有利于打桩又有利拔桩。

2）排除钢板桩齿口中的土砂。在砂土层中打钢板桩，板桩齿口内会进入部分砂，造成打桩阻力增大，齿口变形，以致拔桩阻力也增大。图 9-47 所示排砂器具，可将砂子排除。也可在齿口开口部放入发泡塑料以防砂土进入，有利于下一块板桩打入且可减少拔桩阻力。

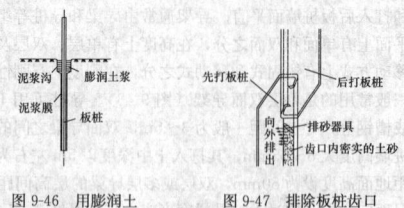

图 9-46　用膨润土　　　　图 9-47　排除板桩齿口
泥浆槽打板桩　　　　内土砂的专用器具

3）涂刷油脂或沥青。在钢板桩齿口内，桩表面涂以油脂或沥青可减少齿口内部或桩表面的摩阻力，也可防止表面锈蚀同样达到降低摩阻力的目的。

4）射水施工法。如图 9-48 所示，在板桩一侧安放 1 根管道，板桩入土同时将高压水泵入，使水流破坏板桩表面与土之间的摩阻力，拔桩时也可用此法。

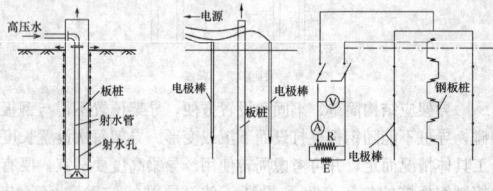

图 9-48　射水施工法　　　　图 9-49　电渗法拔板桩

5）与长螺旋钻并用。板桩施工前先用长螺旋钻孔，再将板桩插入，钻孔时已将土松动，板桩周围摩阻力亦可减少。

6）钻孔法。在钢板桩的侧面钻孔，松动土层以减小周围摩阻力。

7）电渗施工法。当黏土中含水量增加时，其抗剪强度会降低，以钢板桩作为阴极，阳极置于土层中，通电后，土中孔隙水便会集结在钢板桩周围，使其周围的黏土含水量大大增加，在板桩与土之间产生水膜并有气泡发生，起到减阻作用，如图 9-49 所示。

8）不同机械并用。板桩相互连接处锈蚀后使拔桩阻力增大，可用落锤在起拔前锤击板桩，使铁锈脱落，再用高能量拔桩机将桩拔出。

9.6.4　质　量　控　制

1. 质量控制要点

在拼接钢板桩时，两端钢板桩要对正、顶紧进行焊接，要求两钢板桩端头间缝隙不大于 3mm，断面上的错位不大于 2mm，使用新钢板桩时，要有其机械性能和化学成分的出厂证明文件，并详细丈量尺寸，检验是否符合要求。

组拼的钢板桩两端要平齐，误差不大于 3mm，钢板桩上下一致，误差不大于 30mm，全部的锁口均要涂防水混合材料，使锁口嵌缝严密。在使用拼接接长的钢板桩时，钢板桩的拼接接头不能在同一断面上，而且相邻的接头上下错开至少 2m。在组拼钢板桩时要预先配桩，插桩时按规定的顺序吊插。

桩身应垂直，施工中应加强测量工作，发现倾斜及时调整。钢板桩桩顶标高允许偏差为 ±100mm；轴线允许偏差为 ±100mm；垂直度允许偏差为 1%。钢板桩打设时，当钢板桩的垂直度较好，可一次将桩打到要求深度；当垂直度较差时，要分两次进行施打，即先将所有的桩打入约一半深度后，再第二次打到要求的深度。打桩时必须在桩顶安装桩帽，以免桩顶破坏，切忌锤击过猛，以免桩尖弯卷，造成拔桩困难。

2. 钢板桩质量检验

钢板桩均为工厂成品，新桩可按出厂标准检验，重复使用的钢板桩应符合表 9-13 的规定。

重复使用的钢板桩检验标准　　　　表 9-13

序号	检查项目	允许偏差或允许值		检查方法
		单位	数值	
1	桩垂直度	%	<1	用钢尺量

续表

序号	检查项目	允许偏差或允许值		检查方法
		单　位	数　值	
2	桩身弯曲度		<2%l	用钢尺量，l为桩长
3	齿槽平直度及光滑度	无电焊渣或毛刺		用1m长的桩段做通过试验
4	桩长度	不小于设计长度		用钢尺量

9.7 钻孔灌注排桩工程施工

排桩式围护结构又称桩排式地下墙，它是把单个桩体，如钻孔灌注桩、挖孔桩及其他混合式桩等并排连续起来形成的地下挡土结构。排桩式围护结构属板式支护体系，是以排桩作为主要承受水平力的构件，并以水泥土搅拌桩、压密注浆、高压旋喷桩等作为防渗止水措施的围护结构形式。钻孔灌注排桩即为由钻孔灌注桩为桩体组成的排桩体系。单个桩体可在平面布置上采取不同排列形式，形成连续的板式挡土结构，以支撑不同地质和施工条件下基坑开挖时的侧向水土压力。图9-50中列举了几种常用排桩式围护结构形式。

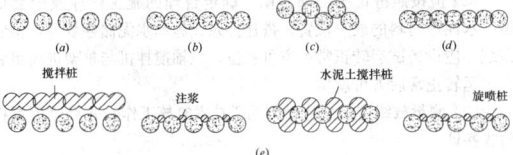

图9-50　几种常用的排桩式围护结构形式
(a)间隔排列；(b)一字形相切排列；(c)交错相切排列；
(d)一字形搭接排列；(e)间隔排列的防水措施

近年来通过大量基坑工程实践，以及防渗技术的提高，钻孔灌注排桩适用深度范围已逐渐被突破并取得了较好效果。钻孔灌注排桩应用于深基坑支护中，可减少开挖工程量，避免了因基坑施工对周边环境的影响，同时也缩短了前期的施工工期，节省了工程投资。

9.7.1 施工机械与设备

目前国内主要的钻孔机械有螺旋钻孔机、全套管钻孔机、转盘式钻孔机、回转斗式钻孔机、潜水钻孔机、冲击式钻孔机。

9.7.2 施 工 工 艺

钻孔灌注排桩施工工艺包括两部分，即钻孔灌注桩施工工艺和作为围护墙的钻孔灌注排桩的相关施工要求。

9.7.2.1 钻孔灌注桩施工工艺

钻孔灌注桩的施工工艺详见桩基工程部分，本节不作介绍。

9.7.2.2 钻孔灌注排桩施工要求

当基坑不考虑防水（或已采用降水措施）时，钻孔灌注桩可按一字形间隔排列或相切排列等形成排桩。间隔排列的间距常为2.5～3.5倍桩径。土质较好时可利用桩侧"土拱"作用适当扩大桩距。当基坑考虑防水时，可按一字形搭接排列，也可按间隔或相切排列，并设隔水帷幕。搭接排列时，搭接长度宜为保护层厚度；间隔或相切排列时需另设隔水帷幕时，桩体净距可根据桩径、桩长、开挖深度、垂直度及扩颈情况来确定，一般为100～150mm。

钻孔灌注排桩中桩径和桩长根据地质和环境条件由计算确定，一般桩径可取500～1000mm，通常可采用ϕ600mm或大于ϕ600mm为宜。密排式钻孔灌注排桩每根桩的中心线间距一般应为桩直径加100～150mm，而两根桩的净间距为100～150mm，以免钻孔时碰及邻桩。分离式钻孔灌注排桩的中心距，应由设计根据实际受力情况确定。桩的埋入深度由设计根据结构受力和基坑底部稳定以及环境要求确定。

钻孔灌注排桩施工前必须试成孔，数量不得少于2个。以便核对地质资料，检验所选的设备、机具、施工工艺以及技术是否适宜。如孔径、垂直度、孔壁稳定和沉淤等检测指标不能满足设计要求时，应拟定补救技术措施，或重新选择施工工艺。

排桩要承受地面超载和侧向水土压力，其配筋量往往比工程桩大。当挖土面及其背面配筋不同时，施工必须严格按受力要求采取技术措施保证钢筋笼的正确位置。非均匀配筋排桩的钢筋笼在绑扎、吊装和埋设时，应保证钢筋笼的安放方向与设计方向一致。

钻孔灌注排桩施工时要采取间隔跳打，隔桩施工，并应在灌注混凝土24h后进行邻桩成孔施工，防止由于土体扰动对已浇筑的桩带来影响，排桩施工顺序如图9-51。对于砂质土，可采用套打桩的形式（图9-52），即对有严重液化砂土地基先进行搅拌桩加固，然后在加固土中施工排桩以保证成孔质量，这就需要在搅拌桩结束后不久即进行排桩施工。

图9-51　排桩施工顺序
(a)隔一跳打；(b)隔二跳打

按照工程经验，当距钻孔灌注排桩外侧100mm作双钻头排列（宽度1200mm）制作搅拌桩作为隔水帷幕时，其深度应满足基坑底防管涌的要求。如采用注浆（一般对粉质土或砂质土），也应满足形成隔水帷幕的要求。

钻孔灌注排桩顶部一般需作一道顶圈梁，以形成整体，便于开挖时整体受力和满足控制变形的要求。在开挖时根据支撑设置围檩以构成整体受力。围檩要有一定刚度，防止由于围檩和支撑发生变形而导致围护墙变形过大或失稳破坏（图9-53）。

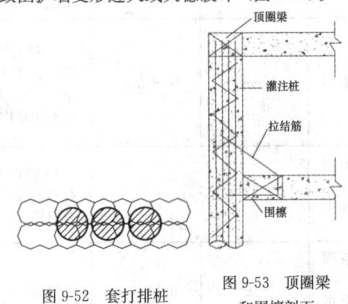

图9-53　顶圈梁和围檩剖面

图9-52　套打排桩

钻孔灌注排桩施工时要严防个别桩坍孔，致使后施工的邻桩无法成孔，造成开挖时严重流砂或涌土。钻孔灌注排桩采用泥浆护壁作业法成孔时，要特别注意泥壁护壁问题。由于通常采用跳孔法施工，当桩孔出现坍塌或扩径较大时，会导致两根已经施工的桩之间插入后施工的桩时发生成孔困难，可采取排桩轴线外移的措施。

应严格控制钻孔垂直度，避免桩间隙过大。若地下水从桩空隙渗出，应及时采取针对性的封堵措施。

因钻孔灌注桩后一般有搅拌桩作隔水帷幕，围护结构厚度加大，造成施工场地减少。今后的趋势应是选用相互搭接的结构形式，省去后面的隔水帷幕。但是施工时应间隔进行。每相邻两根桩结束后，要在其中间插入1根桩，这就要求较高的施工精度，而且钻孔机钻头需有切割刀具，对机械的扭矩要求也高，非一般的机械所能达到。国外已很普遍采用这类结构，实质上这种形式已属柱列式地下连续墙范畴了。

9.7.3 质 量 控 制

钻孔灌注桩排桩的质量检验内容包括成孔深度、桩位、桩垂直度、泥浆比重、泥浆黏度、桩径、沉渣厚度、钢筋笼长度、主筋间距、箍筋间距、混凝土保护层厚度、钢筋笼安装深度、钢筋直径、混凝土充盈系数、混凝土坍落度、桩顶标高等。

混凝土抗压强度试块每50m³混凝土不少于1组试块，且每根桩不少于一组试块。必要时可采用低应变动测法检测桩身完整性。周边环境保护要求较高的基坑，可采用坑内预降水的方法对隔水帷幕的隔水性能进行检测。

当采用低应变动测法检测桩身完整性时，检测桩数不宜少于总

桩数的20%，且不得少于5根；当根据低应变动测法判定的桩身完整性为Ⅲ类或Ⅳ类时，应采用钻芯法进行验证，并应扩大低应变动测法检测的数量。

除特殊要求外，钻孔灌注桩排桩的施工偏差应符合表9-14规定。

灌注桩质量检验标准　　　　　　　表 9-14

项序		检查项目	允许偏差或允许值		检查方法
			单 位	数 值	
主控项目	1	桩位	mm	≤100	基坑开挖前护筒，开挖后量桩中心
	2	孔深	mm	+300	只深不浅，用重锤测，或测钻杆、套管长度，嵌岩桩应确保进入设计要求的嵌岩深度
	3	桩体质量检验	按基桩检测技术规范。如钻芯取样，大直径嵌岩桩应钻至桩尖下50cm	按基桩检测技术规范
	4	混凝土强度	设计要求	试件报告或钻芯取样送检
	5	承载力	按基桩检测技术规范	按基桩检测技术规范
一般项目	1	垂直度	%	<1	测套管或钻杆，或用超声波探测，干施工时吊垂球
	2	桩径	mm	±50	井径仪或超声波检测，干施工时用钢尺量，人工挖孔桩不包括内衬厚度
	3	泥浆密度（黏土或砂性土中）		1.15～1.2	用密度计测，清孔后在距孔底50cm处取样
	4	泥浆面标高（高于地下水位）	m	0.5～1.0	目测
	5	沉渣厚度：端承桩摩擦桩	mm	≤50 ≤150	用沉渣仪或重锤测量
	6	混凝土坍落度：水下灌注干施工	mm	160～220 70～100	坍落度仪
	7	钢筋笼安装深度	mm	±100	用钢尺量
	8	混凝土充盈系数	>1	检查每根桩的实际灌浆量
	9	桩顶标高	mm	+30 −50	水准仪，需扣除桩顶浮浆层及劣质桩体

9.8　型钢水泥土搅拌墙工程施工

型钢水泥土搅拌墙通常称为 SMW 工法（Soil Mixed Wall），是一种在连续套接的三轴水泥土搅拌桩内插入型钢形成的复合挡土隔水结构。即型钢承受土侧压力，而水泥土则具有良好的抗渗性能，因此 SMW 墙具有挡土与止水双重作用。除了插入 H 型钢外，还可插入钢管、拉森板桩等。由于插入了型钢，故也可设置支撑。即利用三轴搅拌桩钻机在原地层中切削土体，同

时钻机前端低压注入水泥浆液，与切碎土体充分搅拌形成隔水性较高的水泥土柱列式挡墙，在水泥土浆液尚未硬化前插入型钢的一种地下工程施工技术。

9.8.1　施工机械与设备

型钢水泥土搅拌墙施工应根据地质条件和周边环境条件、成桩深度、桩径等选用不同形式和不同功率的三轴搅拌机，与其配套的桩架性能参数应与三轴搅拌机成桩深度和提升力相匹配，钻杆及搅拌叶片构造应满足在成桩过程中水泥和土能充分搅拌的要求。型钢水泥土搅拌墙标准施工配置主要有三轴水泥土搅拌机、全液压履带式（步履式）桩架、水泥运输车、水泥筒仓、高压洗净机、电脑计量拌浆系统、空压机、履带吊、挖掘机等。

9.8.2　施　工　工　艺

9.8.2.1　施工准备

（1）施工现场应先进行场地平整，清除施工区域表层硬物和地下障碍物，遇有浜（塘）及低洼地时应抽水和清淤，回填黏性土并分层夯实。路基承载能力应满足重型桩机和吊车平稳行走移动的要求。

（2）应按照桩位平面布置图，确定合理的施工顺序及配套机械、水泥等材料的放置位置。搭建拌浆设施和水泥储存场地，供浆系统相应设备试运转正常后方可就位。三轴搅拌机与桩架进场组装并试运转正常后方可就位。

（3）测量放线定位后应做好测量技术复核工作，并经监理复核验收签证。

（4）应根据基坑围护控制线开挖导向沟，并在沟槽边设置定位型钢。应根据内插型钢规格尺寸，制作相应的型钢定位导向架和防止下沉的悬挂构件。对进场型钢及其接头焊接质量进行验收，合格后方可使用。同时应按照产品操作规程在内插型钢表面涂抹减摩剂。

（5）三轴搅拌机与桩架进场组装并试运转正常方可就位。桩机吊至指定桩位、对中，并使桩机平台保持水平状态。

（6）搭建拌浆设施和水泥堆场，供浆系统相应设备试运转正常后方可就位。

（7）按设计确定的配合比制备水泥浆。正式施工前应通过试成桩，检验各项参数指标，用水清洗整个管道并检验管道中有无堵塞现象。

9.8.2.2　型钢水泥土搅拌墙施工流程

型钢水泥土搅拌墙施工流程如图9-54。

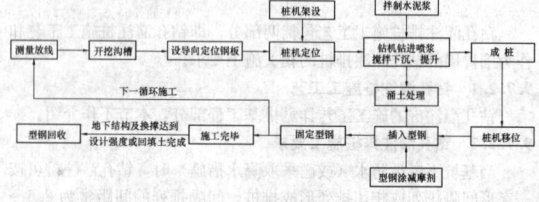

图 9-54　型钢水泥土搅拌墙施工流程图

9.8.2.3　型钢水泥土搅拌墙施工方法

型钢水泥土搅拌墙施工工况如图9-55。

1. 测量放线

根据轴线基准点、围护平面布置图，放出围护桩边线和控制线，设立临时控制标志，做好技术复核。

2. 开挖沟槽

开挖槽沟并清除地下障碍物，开挖出的土体应及时处理，以保证搅拌桩正常施工。在沟槽上部两侧设置定位导向钢板桩，标出插筋位置、间距，如图9-56。

3. 桩机就位

桩机应平稳、平正，应用线锤对龙门立柱垂直定位观测以确保桩机垂直度，并经常校核，桩机立柱导向架垂直度偏差应小于1/250。三轴水泥土搅拌桩桩位定位后应再进行定位复核，偏差值应小于20mm。

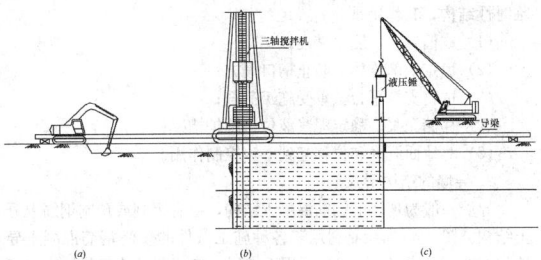

图 9-55 型钢水泥土搅拌墙施工工况

(a) 挖槽，放置定位梁；(b) 桩机定位、搅拌喷浆；(c) 成桩后插入型钢

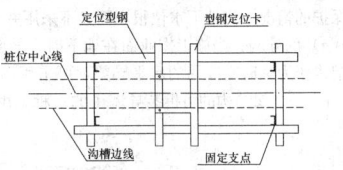

图 9-56 定位型钢示意图

4. 制备水泥浆液及浆液注入

开机前按要求进行水泥浆液的搅制。将配制好的水泥浆送入贮浆桶内备用。待三轴搅拌机启动，用空压机送浆至搅拌机钻头。应设计合理的水泥浆液及水灰比，使其在确保水泥土强度的同时，尽量使型钢能靠自重插入水泥土。水泥掺入比设计确保水泥土强度满足要求，应降低土体置换率，减轻施工对环境的不利影响。对黏性土特别是标贯值和黏聚力高的地层，水灰比控制在 1.5～2.0；对于透水性强的砂土地层，水灰比宜控制在 1.2～1.5，必要时可在水泥浆液中掺入 5%左右的膨润土，可保持孔壁稳定性和提高墙体抗渗性。

5. 钻进搅拌

(1) 型钢水泥土搅拌墙的钻进搅拌施工顺序。跳槽式双孔全套打复搅式连接是常用的方式，施工时先施工第 1 单元，然后施工第 2 单元。第 3 单元的 A 轴及 C 轴分别插入到第 1 单元的 C 轴孔及第 2 单元的 A 轴孔中，完成套接施工。依次类推，施工第 4 单元和套接的第 5 单元，形成连续墙体，如图 9-57 (a) 所示。

单侧挤压式连接方式一般在施工受限制时采用，如在墙体转角处或施工间断的情况下。施工顺序如图 9-57 (b) 所示，先施工第 1 单元，第 2 单元的 A 轴插入第 1 单元的 C 轴中，边孔套接施工，依次类推施工完成水泥土搅拌墙。

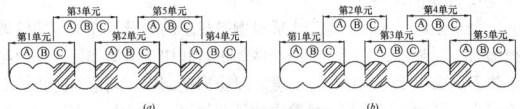

图 9-57 三轴水泥土搅拌墙施工顺序

(a) 跳槽式双孔全套打复搅式连接方式；(b) 单侧挤压式连接方式

(2) 三轴水泥土搅拌桩在下沉和提升过程中均应注入水泥浆液，并严格控制下沉和提升速度，喷浆下沉速度应控制在 0.5～1.0m/min，提升速度应控制在 1.0～2.0m/min，在桩底部分适当持续搅拌注浆，并尽可能做到匀速下沉和提升，使水泥浆和原地基土充分搅拌。

每幅水泥土搅拌桩，单位桩长内，水泥浆液的喷出量 Q 取决于三轴搅拌桩机钻头断面积、水泥掺入比、水灰比、搅拌机下沉（提升）速度，其关系如下：

$$Q = \frac{\pi}{4} D^2 \gamma_s c_p w_c / v \qquad (9-52)$$

式中 Q——水泥浆液喷出量（L）；

D——三轴搅拌机钻头断面积（m²）；

γ_s——土的重度（kN/m³）；

c_p——水泥掺入比（%）；

w_c——水灰比（%）；

v——三轴搅拌机下沉（提升）速度（m/min）。

6. 清洗、移位

将集料斗中加入适量清水，开启灰浆泵，清洗压浆管道及其他所用机具，然后移位再进行下一根桩的施工。

7. 涂刷减摩剂

应清除型钢表面的污垢及铁锈，减摩剂应在干燥条件下均匀涂抹在型钢插入水泥土的部分。减摩剂必须加热至完全熔化，搅拌均匀后方可涂敷在型钢上，否则涂层不均匀，易剥落。如遇雨天等情况造成型钢表面潮湿，应先用抹布擦干再涂刷减摩剂，不可在潮湿表面上直接涂刷，否则将剥落。浇筑围护墙压顶圈梁时，埋设在圈梁中的型钢部分应用泡沫塑料片等硬质隔离材料将其与混凝土隔开，以利于型钢的起拔回收。

8. 插入型钢

三轴水泥搅拌桩施工完毕后，吊机应立即就位，准备吊放型钢。型钢插入宜在搅拌桩施工结束后 30min 内进行，插入前应检查其规格型号、长度、直线度、接头焊缝质量等，以满足设计要求。型钢插入应采用牢固的定位导向架，先固定插入型钢的平面位置，然后起吊型钢，将型钢底部中心对正桩位中心并沿定位导向架徐徐垂直插入水泥土搅拌墙体中。必要时可采用经纬仪校核型钢插入时的垂直度，型钢插入到位后用悬挂物件控制型钢顶标高。型钢插入宜依靠自重插入，也可借助带有液压钳的振动锤等辅助手段下沉到位，严禁采用多次重复起吊型钢并松钩下落的插入方法。型钢下插至设计深度后，用槽钢穿过吊孔将其搁置在定位型钢上，待水泥搅拌桩硬化后，将吊筋及沟槽定位型钢撤除。

9. 涌土处理

由于水泥浆液的定量注入搅拌和型钢插入，一部分水泥土被置换出沟槽，采用挖土机将沟槽内的水泥土清理出沟槽，保持沟槽沿边的整洁，确保桩体硬化成型和下道工序的继续，被清理的水泥土将在 24h 之后开始硬化，随日后基坑开挖一起运出场地。

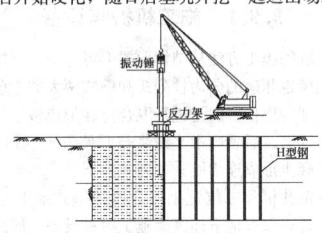

图 9-58 型钢拔除施工图

10. 型钢拔除

主体地下结构施工完毕，结构外墙与围护墙间回填密实后可拔除型钢，应采用专用夹具及千斤顶，以圈梁为反力梁，配以吊车起拔型钢。型钢拔除后的空隙应及时充填密实。型钢拔除如图 9-58。

9.8.3 质 量 控 制

型钢水泥土搅拌墙的质量包括两个方面。一方面是检验水泥土的质量，包括水泥土桩的材料质量、配合比试验、桩位、桩长、桩顶标高、桩架垂直度、桩身水泥掺量、上喷喷浆速度、外掺剂掺量、水灰比、搅拌和喷浆起止时间、喷浆量的均匀、搭接桩施工间歇时间、水泥土桩身强度、桩的数量等。另一方面是检验插入型钢的质量，包括型钢的长度、垂直度、插入标高、平面位置、型钢转向等。具体质量控制标准应符合表 9-15、表 9-16 的规定。

水泥土搅拌桩成桩允许偏差　　　表 9-15

序号	检查项目	允许偏差或允许值	检查频率	检查方法
1	桩底标高(mm)	±200	每根	测钻杆长度
2	桩顶标高(mm)	+100～-50	每根	水准仪
3	桩位偏差(mm)	<50	每根	钢尺量
4	桩径(mm)	±10	每根	钢尺量
5	桩体垂直度	1/200	每根	经纬仪测量

型钢插入允许偏差　　　　　　　表 9-16

序号	检查项目	允许偏差或允许值	检查频率	检查方法
1	型钢长度(mm)	±10	每根	钢尺量
2	型钢底标高(mm)	−30	每根	水准仪测量
3	型钢垂直度(%)	≤0.5	每根	经纬仪测量
4	型钢插入平面位置(mm)	50(平行于基坑方向)	每根	钢尺量
		10(垂直于基坑方向)	每根	
5	形心转角 ϕ(°)	3	每根	量角器测量

9.9　地下连续墙工程施工

地下连续墙是在地面上利用各种挖槽机械,沿支护轴线,在泥浆护壁条件下,开挖出一条狭长深槽,清槽后在槽内吊放钢筋笼,然后用导管法浇筑水下混凝土,筑成一个单元槽段,如此逐段进行,在地下筑成一道连续的钢筋混凝土墙,作为截水、防渗、承重、挡土结构。地下连续墙的特点是墙体刚度大、整体性好,基坑开挖过程安全性高,支护结构变形较小;施工振动小,噪声低,对环境影响小;墙身具有良好的抗渗能力,坑内降水时对坑外的影响较小;可用于密集建筑群中深基坑支护及逆作法施工;可作为地下结构的外墙;可用于多种地质条件。但由于地下连续墙施工机械的因素,其厚度具有固定的模数,不能像灌注桩一样对桩径和刚度进行灵活调整,且地下连续墙的成本较为昂贵,因此地下连续墙只有用在一定深度的基坑工程或其他特殊条件下才能显示其经济性和特有的优势。

9.9.1　施工机械与设备

地下连续墙的施工方法从结构形式上可分为柱列式和壁式两大类,其施工机械也相应的分为柱列式和壁式两大类。前者主要通过水泥浆及添加剂与原位置的土进行混合搅拌形成桩,并在横向上重叠搭接形成连续墙。后者则由水泥浆与原位置土搅拌形成连续墙,并就地灌注混凝土形成连续墙。柱列式地下连续墙施工机械设备一般采用长螺旋钻孔机和原位置土混合搅拌壁式地下连续墙(TRD工法)施工设备;壁式地下连续墙施工机械设备一般采用抓斗式成槽机、回转式成槽机以及冲击式三大类,抓斗式包括悬吊式液压抓斗成槽机、导板式液压抓斗成槽机和导杆式液压抓斗成槽机三种,回转式包括垂直多轴式成槽机和水平多轴式回转钻成槽机(铣槽机)两种。地下连续墙施工机械详见第6章。

随着地下空间开发技术的发展,地下连续墙作为一种重要的深基坑围护结构,也有越做越深、越做越厚的趋势,相应的地层条件、周边环境、作业空间也越来越复杂。大型化、一体化、组合成槽等已经成为了地下连续墙施工机械的发展方向。

9.9.2　施 工 工 艺

9.9.2.1　工艺流程

我国建筑工程中应用最多的是现浇钢筋混凝土壁板式地下连续墙,其施工工艺过程通常如图 9-59 所示。

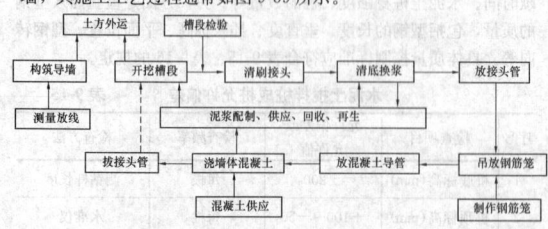

图 9-59　现浇钢筋混凝土壁板式地下连续墙的施工工艺过程

9.9.2.2　导墙制作

1. 导墙的作用

导墙也叫槽口板,是地下连续墙槽段开挖前沿墙面两侧构筑的

临时性结构,其作用是:

(1) 成槽导向、测量基准;

(2) 稳定上部土体,防止槽口塌方;

(3) 重物支撑平台,承受施工荷载;

(4) 存储泥浆、稳定泥浆液位、围护槽壁稳定;

(5) 对地面沉降和位移起到一定控制作用。

2. 导墙的结构形式

导墙一般为现浇的钢筋混凝土结构,也有钢制或预制钢筋混凝土结构。图 9-60 所示是适用于各种施工条件的现浇钢筋混凝土导墙的形式。形式(a)、(b) 适用于表层土良好和导墙荷载较小的情况;形式(c)、(d) 适用于表层土承载力较弱的土层;形式(e) 适用于导墙上的荷载很大的情况;形式(f) 适用于邻近建(构)筑物需要保护的情况;当地下水位很高而又不采用井点降水时,可采用形式(g) 的导墙;当施工作业面在地下时,导墙需要支撑于已施工的结构作为临时支撑用的水平大梁,可采用形式(h) 的导墙;形式(i) 是金属结构的可拆装导墙中的一种,由 H 型钢和钢板组成。

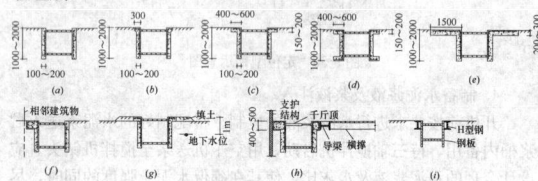

图 9-60　各种形式的导墙

3. 导墙施工

导墙混凝土强度等级多采用 C20～C30,配筋多为 $\phi8～\phi16@150～200$,水平钢筋应连接使其成为整体。导墙肋厚 150～300mm,墙底进入原土 0.2m。导墙顶面应水平,且至少应高于地面约 100mm,以防地面水流入槽内污染泥浆。导墙内墙面应垂直且应平行于地下连续墙轴线,导墙底面应与原土面密贴,以防泥浆渗入导墙后侧。墙面平整度应控制在 5mm 内,墙面垂直度不大于 1/500。内外导墙间净距比设计的地下连续墙厚度大 40～60mm,净距的允许偏差为±5mm,轴线距离的最大允许偏差为±10mm。导墙应对称浇筑,强度达到 70%后方可拆模。现浇钢筋混凝土导墙拆模后,应立即加设上、下两道木支撑(10cm 直径圆木或 10cm 见方木),防止导墙向内挤压,支撑水平间距为 1.5～2.0m,上下为 0.8～1.0m。

9.9.2.3　泥浆配制

1. 泥浆的作用

泥浆是地下连续墙施工中成槽槽壁稳定的关键。在地下连续墙挖槽时,泥浆起到护壁、携渣、冷却机具和切土滑润作用。槽内泥浆液面应高出地下水位一定高度,以防槽壁倒塌、剥落和防止地下水渗入。同时由于泥浆在槽壁内的压差作用,在槽壁表面形成一层透水性很低的固体颗粒胶结物——泥皮(图 9-61),起到护壁作用。

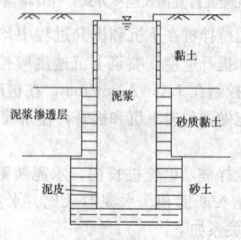

图 9-61　泥皮示意图

2. 泥浆的成分

护壁泥浆除通常使用的膨润土泥浆外,还有高分子聚合物泥浆、CMC(羧甲基纤维素)泥浆和盐水泥浆等,其主要成分和外加剂如表 9-17 所示。

高分子聚合物泥浆是以长链高分子有机聚合物和无机硅酸盐为主体的泥浆,该种泥浆一般不加(或掺很少量)膨润土,是近十多

年才研制成功的。该聚合物泥浆遇水后产生膨胀作用，提高黏度的同时可在槽壁表面形成一层坚韧的胶膜，防止槽壁坍塌。高分子聚合物泥浆无毒无害，且不与槽段开挖出的土体发生物理化学反应，不产生大量的废泥浆，钻渣含水量小，可直接装车运走，故称为环保泥浆。这种泥浆已经在北京、上海和长江堤防等工程中试用，固壁效果良好，确有环保效应，具有一定的推广价值和研究价值。目前应用最广泛的还是膨润土泥浆，其主要成分是膨润土、外加剂和水。

护壁泥浆的种类及其主要成分　　表 9-17

泥浆种类	主要成分	常用的外加剂
膨润土泥浆	膨润土、水	分散剂、增黏剂、加重剂、防漏剂
高分子聚合物泥浆	高分子聚合物、水	
CMC 泥浆	CMC、水	膨润土
盐水泥浆	膨润土、盐水	分散剂、特殊黏土

3. 泥浆质量的控制指标

在地下连续墙施工过程中，泥浆需具备物理稳定性、化学稳定性、合适的流动性、良好的泥皮形成能力和适当的比重。既要使泥浆在长时间静置情况下，不至于产生离析沉淀，又要使泥浆有良好的触变性。对新制备的泥浆或循环泥浆都应利用专用仪器进行质量控制，控制指标主要有：泥浆比重、泥浆黏度和切力、泥浆失水量和泥皮厚度、泥浆含砂量、泥浆 pH 值及泥浆稳定性等。对于一般的软土地基，泥浆质量的控制指标如表 9-18 所示。

泥浆质量的控制指标　　表 9-18

泥浆性能	新配制 黏性土	新配制 砂性土	循环泥浆 黏性土	循环泥浆 砂性土	废弃泥浆 黏性土	废弃泥浆 砂性土	检验方法
密度 (g/cm³)	1.04~1.05	1.06~1.08	<1.15	<1.25	>1.25	>1.35	比重计
黏度 (s)	20~24	25~30	<25	<35	>50	>60	漏斗黏度计
含砂率 (%)	<3	<4	<4	<7	>8	>11	含砂量杯
pH 值	8~9	8~9	8~11	8~11	>12	>12	pH 试纸
失水量	<10mL/30min	<10mL/30min	<20mL/30min	<20mL/30min			失水仪
泥皮厚度 (mm)	<1	<1	<2.5	<2.5			
胶体率 (%)	>98	>98	>98	>98			量筒法
静切力 (mg/cm²)	20~30/1min 50~100/10min	20~30/1min 50~100/10min	20~30/1min 50~100/10min	20~30/1min 50~100/10min			静切力仪或旋转黏度计

4. 泥浆的制备与处理

(1) 泥浆的配合比和需要量

确定泥浆配合比时，根据为保持槽壁稳定所需的黏度来确定各类成分的掺量，膨润土的掺量一般为 6%~10%，膨润土品种和产地较多，应通过试验选择；增黏剂 CMC（羧甲基钠纤维素）的掺量一般为 0.01%~0.3%；分散剂（纯碱）的掺量一般为 0~0.5%。不同地区、不同地质水文条件，不同施工设备，对泥浆的性能指标都有不同的要求，为达到最佳的护壁效果，应根据实际情况由试验确定泥浆最优配合比。

计算地下连续墙施工泥浆需要量主要是按泥浆损失量进行计算，作为参考，可用下式进行估算：

$$Q = \frac{V}{n} + \frac{V}{n}\left(1 - \frac{K_1}{100}\right)(n-1) + \frac{K_2}{100}V \qquad (9-53)$$

式中　Q——泥浆总需要量（m³）；

V——设计总挖土量（m³）；

n——单元槽段数量；

K_1——浇筑混凝土时的泥浆回收率（%），一般为 60%~80%；

K_2——泥浆消耗率（%），一般为 10%~20%。

(2) 泥浆制备

泥浆制备包括泥浆搅拌和泥浆贮存。制备膨润土泥浆一定要充分搅拌，否则会影响泥浆的失水量和黏度。泥浆投料顺序一般为水、膨润土、CMC、分散剂、其他外加剂。CMC 较难溶解，最好先用水将 CMC 溶解成 1%~3% 的溶液，CMC 溶液可能会妨碍膨润土溶胀，宜在膨润土之后再掺入进行拌合。

为充分发挥泥浆在地下连续墙施工中的作用，泥浆最好在膨润土充分水化之后再使用，新配制的泥浆应静置贮存 3h 以上，如现场实际条件允许静置 24h 后再使用更佳。泥浆存贮位置以不影响地下连续墙施工为原则，泥浆输送距离不宜超过 200m，否则应在适当地点位置设置泥浆回收接力池。

(3) 泥浆处理

在地下连续墙施工过程中，泥浆与地下水、砂、土、混凝土等接触，膨润土、外加剂等成分会有所消耗，而且也会混入一些土渣和电解质离子等，使泥浆受到污染而性质恶化。被污染后性质恶化了的泥浆，经过处理后仍可重复使用。如污染严重难以处理或处理不经济者则舍弃。泥浆处理方法通常因挖槽方法而异：对于泥浆循环挖槽方法，要处理挖槽过程中含有大量土渣的泥浆以及浇筑混凝土所置换出来的泥浆；对于直接出渣挖槽方法则只处理浇筑混凝土置换出来的泥浆。泥浆处理分为土渣的分离处理（物理再生处理）和污染泥浆的化学处理（化学再生处理），其中物理处理又分重力沉淀和机械处理两种，重力沉淀处理是利用泥浆与土渣的相对密度差使土渣产生沉淀的方法，机械处理是使用专用除砂除泥装置回收。泥浆再生处理用物理再生处理和化学再生处理联合进行效果更好。

从槽段中回收的泥浆经振动筛除，除去其中较大的土渣，进入沉淀池进行重力沉淀，再通过旋流器分离颗粒较小的土渣，若还达不到使用指标，再加入掺合物进行化学处理。浇筑混凝土置换出来的泥浆混入阳离子时，土颗粒就会互相凝聚，增强泥浆的凝胶化倾向。泥浆产生凝胶化后，泥浆的泥皮形成性能减弱，槽壁稳定性较差；黏性增高，土渣分离困难；在泵和管道内的流动阻力增大。对这种恶化了的泥浆要进行化学处理。化学处理一般用分散剂，经化学处理后再进行土渣分离处理。通常槽段最后 2~3m 左右浆液因污染严重而直接废弃。泥浆经过化学处理后，用控制泥浆质量的各项指标进行检验，如果需要可再补充掺入泥浆材料进行再生调制。经再生调制的泥浆，送入贮浆池（罐），待新掺入的材料与处理过的泥浆完全融合后再重复使用。化学处理的一般规则见表 9-19。

化学处理泥浆的一般规则　　表 9-19

调整项目	处理方法	对其他性能的影响
增加黏度	加膨润土	失水量减小，稳定性、静切力、密度增加
增加黏度	加 CMC	失水量减小，稳定性、静切力增加，密度不变
增加黏度	加纯碱	失水量减小，稳定性、静切力、pH 值增加，密度不变
减小黏度	加水	失水量增加，密度、静切力减小
增加密度	加膨润土	黏度、稳定性增加
减小密度	加水	黏度、稳定性减少，失水量增加
减小失水量	加膨润土和 CMC	黏度、稳定性增加
增加稳定性	加膨润土和 CMC	黏度增加，失水量减小
增加静切力	加膨润土和 CMC	黏度、稳定性增加，失水量减小
减小静切力	加水	黏度、密度减小，失水量增加

注：泥浆稳定性是指在地心引力作用下，泥浆是否容易下沉的性质。测定泥浆稳定性常用"析水性试验"和"上下相对密度差试验"。对静置 1h 以上的泥浆，从其容器的上部 1/3 和下部 1/3 处各取出泥浆试样，分别测定其密度，如两者没有差别则泥浆质量满足要求。

(4) 泥浆制备与处理设备

泥浆制备包括泥浆搅拌和泥浆贮存。泥浆搅拌可采用低速卧式搅拌机搅拌、高速回转式搅拌机搅拌、螺旋桨式搅拌机搅拌、喷射式搅拌机搅拌、压缩空气搅拌、离心泵重复循环搅拌等。常用高速回转式搅拌机和喷射式搅拌机两类。搅拌设备应保证必要的泥浆性能，搅拌效率要高，能在规定时间内供应所需泥浆，要使用和拆装方便，噪声小。亦可将高速回转式搅拌机与喷射式搅拌机组合使用进行制备泥浆，即先经过喷嘴喷射拌合后再进入高速回转搅拌机拌合，直至泥浆达到设计浓度。

高速回转式搅拌机（亦称螺旋桨式搅拌机）由搅拌筒和搅拌叶片组成，是以高速回转的叶片使泥浆产生激烈的涡流，将泥浆搅拌均匀。其主要性能如表 9-20。

高速回转式搅拌机的主要性能　　表 9-20

型号	结构形式	搅拌筒容量(m³)	搅拌筒尺寸(尺寸×高度)(mm)	搅拌叶片回转速度(r/min)	电机功率(kW)	尺寸(高×宽×长)(mm)	重量(kg)
HM-250	单筒式	0.20	700×705	600	5.5	1100×920×1250	195
HM-500	双筒并列式	0.40×2	780×1100	500	11	1720×990×1720	550
HM-8	双筒并列式	0.25×2	820×720	280	3.7	1250×1000×2000	400
GSM-15	双筒并列式	0.50×2	1400×900	280	5.5×2	2400×1700×1600	900
MH-2	双筒并列式	0.39×2	800×910	1000	3.7	1470×950×2000	450
MCE-200A	单筒式	0.20	762×710	800~1000	2.2	1000×800×1250	180
MCE-600B	单筒式	0.60	1000×1095	600	5.5	1600×990×1720	400
MCE-2000	单筒式	2.0	1550×1425	550~650	15	2100×1550×1940	1200
MS-600	双筒并列式	0.48×2	950×900	400	7.5×2	1500×1200×2200	550
MS-1000	双筒并列式	0.88×2	1150×1000	600	18.5×2	1850×1350×2600	850
MS-1500	双筒并列式	1.2×2	1200×1300	600	18.5×2	2100×1350×2600	850

将泥浆搅拌均匀所需的搅拌时间，取决于搅拌机的搅拌能力（搅拌筒大小、搅拌叶片回转速度等）、膨润土浓度、泥浆搅拌后贮存时间长短和加料方式，一般应根据搅拌试验结果确定，常用搅拌时间为 4~7min，即搅拌后贮存时间较长者搅拌时间为 4min，搅拌后立即使用者搅拌时间为 7min。

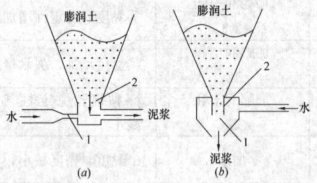

图 9-62　喷射式搅拌机工作原理
(a) 水平型；(b) 垂直型
1—喷嘴；2—真空部位

喷射式搅拌机是一种利用喷水射流进行拌合的搅拌方式，可进行大容量搅拌。其工作原理是用泵把水喷射成射流状，利用喷嘴附近的真空吸力把加料器中的膨润土吸出与射流拌合（图 9-62），在泥浆达到设计浓度之前也循环进行。我国使用的喷射式搅拌机其制备能力为 8~60m³/h，泵的压力约 0.3~0.4MPa。喷射式搅拌机的效率高于高速回转式搅拌机，耗电较少，而且达到相同黏度时其搅拌时间短。

制备膨润土泥浆一定要充分搅拌，否则如果膨润土溶胀不充分，会影响泥浆的失水量和黏度。一般情况下膨润土和水混合 3h 后就有很大的溶胀，可供施工使用，经过一天就可达到完全溶胀。膨润土比较难溶于水，如搅拌机的搅拌叶片回转速度在 200r/min 以上，则可使膨润土较快地溶于水。增黏剂 CMC 较难溶解，如用喷射式搅拌机则可提高 CMC 的溶解效率。

泥浆存贮池分搅拌池、储浆池、重力沉淀池及废浆池等，其总容积为单元槽段体积的 3~3.5 倍左右。贮存泥浆宜用钢贮浆罐或地下、半地下式贮浆池。如用立式贮浆罐或离地一定高度的卧式贮浆罐，则可自流送浆或补浆，无需送浆泵。贮浆罐容积应适应施工的需要。如用地下或半地下式贮浆池，要防止地面水和地下水流入池内。

(5) 泥浆控制要点

应严格控制泥浆液位，确保泥浆液位在地下水位 0.5m 以上，并不低于导墙顶面以下 0.3m，液位下落时补浆，以防槽壁坍塌。为减少泥浆损耗，在导墙施工中遇到的废弃管道要堵塞牢固；施工时遇到土层空隙大、渗透性强的地段应加导导墙。

在施工中定期对泥浆指标进行检查测试，随时调整，做好泥浆质量检测记录。在遇有较厚粉砂、细砂地层时，可恰当提高黏度指标，但不宜大于 45s；在地下水位较高，又不宜提高导墙顶标高的情况下，可恰当提高泥浆密度，但不宜超过 1.25g/cm³。

为防止泥浆污染，浇筑混凝土时导墙顶加盖板阻止混凝土掉入槽内；挖槽完毕应仔细用抓斗将槽底土渣清完，以减少浮在上面的劣质泥浆数量；禁止在导墙内冲洗抓斗；不得无故提拉浇筑混凝土的导管，并注意经常检查导管水密性。

9.9.2.4 成槽作业

成槽是地下连续墙施工中的主要工艺，成槽工期约占地下连续墙工期的一半，提高成槽的效率是缩短工期的关键。成槽精度决定了地下连续墙墙体的制作精度。

1. 单元槽段划分

地下连续墙通常分段施工，每一段称为地下连续墙的一个槽段，一个槽段是一次混凝土灌注单位。地下连续墙施工时，预先沿墙体长度方向把地下连续墙划分为若干个一定长度的施工单元，该施工单元称"单元槽段"，挖槽是按一个单元槽段进行挖掘，一个单元槽段内，挖槽机械挖土时可以是一个或几个挖掘段。

(1) 槽段长度的确定

槽段的划分就是确定单元槽段的长度，并按设计平面构造要求和施工的可能性，将墙划分为若干个单元槽段。单元槽段的最小长度不得小于一个挖槽段（挖槽机械的挖土工作装置的一次挖土长度）。单元槽段长度长，则接头数量少，可提高墙体整体性和隔水防渗能力，简化施工，提高工效。一般决定单元槽段长度的因素有设计构造要求、墙的深度和厚度、地质水文情况、开挖槽面的稳定性、对相邻结构物的影响、挖槽机最小挖槽长度、泥浆生产和护壁的能力、钢筋笼重量和尺寸、吊放方法和起重机能力、单位时间内混凝土供应能力、导管作用半径、拔锁口管的能力、作业空间、连续操作的有效工作时间、接头位置等，而最重要的是要保证槽壁的稳定性。单元槽段长度应是挖槽机挖槽长度的整数倍，一般采用挖槽机最小挖掘长度（即一个挖掘单元的长度）为一单元槽段。地质条件良好，施工条件允许，亦可采用 2~4 个挖掘单元组成一个槽段，槽段长度一般为 4~8m。

(2) 单元槽段的常见形式

按地下连续墙的平面形状，划分单元槽段的常见形式如图 9-63 所示。

(3) 单元槽段接缝位置

槽段分段接缝位置应尽量避开转角部位及与内隔墙连接位置，以保证地下连续墙有良好的整体性和足够的强度。图 9-64 为结构

常用的交接处理方法。

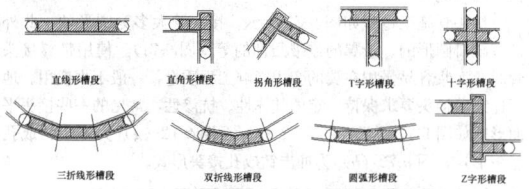

图 9-63 单元槽段的常见形式

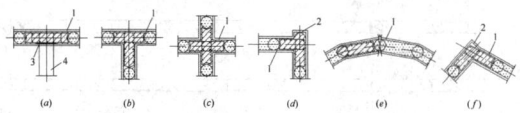

图 9-64 地下连续墙的交接处理

(a) 预留筋连接；(b) 丁字形连接；(c) 十字形连接；(d) 90°拐角连接；
(e) 圆形或多边形连接；(f) 钝角拐角连接

1—导墙；2—导墙伸出部分；3—聚苯烯板；4—后浇墙

2. 成槽施工工艺

(1) 成槽作业顺序

首先根据已划分的单元槽段长度，在导墙上标出各槽段的相应位置。一般可采用两种施工顺序：1) 顺序法，按序（顺墙）施工：顺序为 $1,2,3,4,\cdots,n$。将施工的误差在最后一单元槽段解决；2) 跳槽法，间隔施工：即 $(2n-1)-(2n+1)-(2n)$，能保证墙体的整体质量，但较费时。

(2) 单元槽段施工

采用接头管的单元槽段的施工顺序见图 9-65 所示。

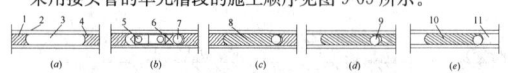

图 9-65 单元槽段施工顺序

(a) 挖槽；(b) 吊放接头管钢筋笼；(c) 浇混凝土；
(d) 拔接头管；(e) 形成半圆头接，挖下一槽段

1—已完成槽段；2—导墙；3—已挖半槽段；4—未开挖槽段；
5—混凝土导管；6—钢筋笼；7—接头管；8—混凝土；
9—拔管后形成的圆孔；10—已完成槽段；11—开挖新槽段

(3) 成槽作业施工方法

1) 多头钻施工法

下钻应使吊索保持一定张力，即使钻具与地层保持适当压力，引导钻头垂直成槽。下钻速度取决于钻渣的排出能力及土质的软硬程度，注意使下钻速度均匀。

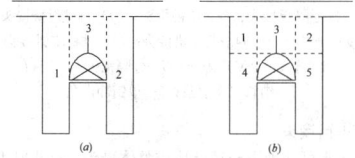

图 9-66 抓斗挖槽方法（1、2、3、4……抓槽顺序）

(a) "分条抓" 槽法；(b) "分块抓" 槽法

2) 抓斗式施工法

导杆抓斗安装在起重机上，抓斗连同导杆由起重机操纵上下、起落卸土和挖槽，抓斗挖槽通常用 "分条抓" 或 "分块抓" 两种方法（图 9-66）。

3) 钻抓式施工法

钻抓式挖槽机成槽时，采取两孔一抓挖槽法，预先在每个挖掘单元两端，用潜水钻机钻两个直径与槽段宽度相同的垂直导孔，然后用导板抓斗抓形成槽段。

4) 冲击式施工法

其挖槽方法为常规单孔桩方法，采取间隔挖槽施工。

3. 防止槽壁塌方的措施

施工时保持槽壁的稳定性是十分重要的，与槽壁稳定有关的因素主要有地质条件、地下水位、泥浆性能及施工措施等几个方面。

如采取对松散易塌土层预先槽壁加固、缩小单元槽段长度、根据土质选择泥浆配合比、控制泥浆和地下水的液位变化及地下水流动速度、加强降水、减少地面荷载、控制动荷载等。当挖槽出现坍塌迹象时，如泥浆大量漏失和液位明显下降、泥浆内有大量泡沫上冒或出现异常扰动、导墙及附近地面出现沉降、排出土量超出设计土方量、多头钻或蚌式抓斗升降困难等，应及时将挖槽机械提至地面，防止其埋入地下，然后迅速采取措施避免坍塌进一步扩大。

4. 清基

挖槽结束后清除以沉渣为主的槽底沉淀物的工作称为清基。地下连续墙槽孔的沉淀如不清除，会在底部形成夹层，可能会造成地下连续墙沉降量增大，承载力降低，减弱隔水防渗性能，会使混凝土的强度、流动性、浇筑速度等受到不利影响，还有可能造成钢筋笼上浮或不能吊放到预定深度。清基的方法有沉淀法和置换法两种。沉淀法是在土渣基本都沉至槽底之后再进行清底。置换法是在挖槽结束后，在土渣尚未沉淀之前就用新泥浆把槽内的泥浆置换出来，使槽内泥浆的相对密度在 1.15 以下。我国多用置换法清基。

9.9.2.5 钢筋笼加工与吊装

1. 钢筋笼加工

应根据地下连续墙体配筋图和单元槽段的划分制作钢筋笼，宜按单元槽段整体制作。若地下连续墙深度较大或受起重设备起重能力的限制，可分段制作，在吊放时再逐层连接；接头宜用绑条焊；纵向受力钢筋的搭接长度，如无明确规定时可采用 60 倍的钢筋直径。

钢筋笼应在型钢或钢筋制作的平台上成型。工程场地设置的钢筋笼制作安装平台应有一定的尺寸（应大于最大钢筋笼尺寸）和平整度。为便于纵向钢筋定位，宜在平台上设置带凹槽的钢筋定位条。为便于钢筋放样布置和绑扎，应在平台上根据钢筋间距、插筋、预埋件的位置画出控制标记，以保证钢筋笼和各种埋件的布设精度。

钢筋笼端部与接头管或混凝土接头面间应留有 $15\sim20\text{cm}$ 的空隙。主筋净保护层厚度通常为 $7\sim8\text{cm}$，保护层垫块厚 5cm，在垫块和墙之间留有 $2\sim3\text{cm}$ 的间隙。垫块一般用薄钢板制作，以防止吊放钢筋笼时垫块损坏或擦伤槽壁面。作为永久性结构的地下连续墙的主筋保护层，应根据设计要求确定。

制作钢筋笼时应确保钢筋的正确位置、间距及数量。纵向钢筋接长宜采用气压焊、搭接焊等。钢筋连接除四周两道钢筋的交点需全部点焊外，其余可采用 50% 交叉点焊。成型用的临时扎结铁丝焊后应全部拆除。制作钢筋笼时应预先确定浇筑混凝土用导管的位置，应保持上下贯通，周围以增设箍筋和连接筋加固，尤其单元槽段接头附近等钢筋较密集区域。为防横向钢筋阻碍导管插入，纵向主筋应放在内侧，横向钢筋放在外侧（图 9-67a）。纵向钢筋底端应距离墙底 $10\sim20\text{cm}$。纵向钢筋底端应稍向内弯折，以防止吊放钢筋笼时擦伤槽壁，但向内弯折程度亦不要影响插入混凝土导管。应根据钢筋笼重量、尺寸及起吊方式和吊点布置，在钢筋笼内布置一定数量的纵向桁架（图 9-67b）。由于钢筋笼起吊时易变形，纵向桁架上下弦断面应计算确定，一般以加大相应受力钢筋断面作桁架的上下弦。

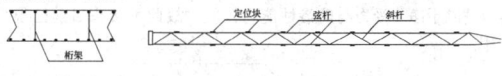

图 9-67 钢筋笼构造示意图

(a) 横剖面图；(b) 纵向桁架纵剖面图

地下连续墙与基础底板以及内部结构板、梁、柱、墙的连接，如采用预留锚固钢筋的方式，锚固筋一般用光圆钢筋，直径不超过 20mm。锚固筋布置应确保混凝土自由流动以充满锚固筋周围的空间，如采用预埋钢筋连接器则宜用直径较大钢筋。

2. 钢筋笼的吊装

钢筋笼的起吊、运输和吊放应制定施工方案，不得在此过程中产生不能恢复的变形。根据钢筋笼重量选取主、副吊设备，并进行吊点布置。应对吊点局部加强，沿钢筋笼纵横向设置桁架增强钢筋笼整体刚度。选择主、副扁担对其进行验算，应对主、副吊钢丝

绳、吊具索具、吊点及主吊巴杆长度进行验算。

钢筋笼起吊应用横吊梁或吊架。吊点布置和起吊方式应防止起吊引起钢筋笼过大变形。起吊时钢筋笼下端不得在地面拖引，以防下端钢筋弯曲变形；为防止钢筋笼吊起后在空中摆动，应在钢筋笼下端系拽引绳。钢筋笼吊装如图 9-68 所示。

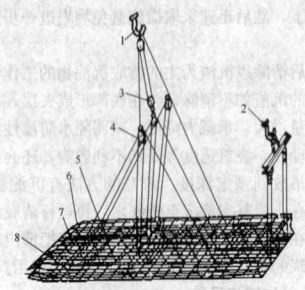

图 9-68　钢筋笼的构造与起吊方法
1、2—吊钩；3、4—滑轮；5—吊车；6—钢筋
笼底端；7—纵向桁架；8—横向架立桁架

插入钢筋笼时应使钢筋笼对准单元槽段中心，垂直而又准确的插入槽内。钢筋笼入槽时，吊点中心应对准槽段中心，然后徐徐下降，此时应注意不得因起重臂摆动或其他影响而使钢筋笼产生横向摆动，造成槽壁坍塌。钢筋笼入槽后应检查其顶端高度是否符合设计要求，然后将其搁置在导墙上。若钢筋笼分段制作，吊放时需接长，下段钢筋笼应垂直悬挂在导墙上，然后将上段钢筋笼垂直吊起，上下两段钢筋笼成直线连接。若钢筋笼不能顺利入槽，应将其吊出，查明原因加以解决；若有必要应修槽后再吊放，不能强行插放，以防止引起钢筋笼变形或使槽壁坍塌，增加沉渣厚度。

9.9.2.6　接头选择

1. 接头形式分类

地下连续墙由若干个槽段分别施工后连成整体，各槽段间的接头成为挡土挡水的薄弱部位。地下连续墙接头形式很多，一般分为施工接头（纵向接头）和结构接头（水平接头）。施工接头是浇筑地下连续墙时纵向连接两相邻单元墙段的接头；结构接头是已竣工的地下连续墙在水平向与其他构件（地下连续墙内部结构梁、柱、墙、板等）相连接的接头。

2. 施工接头

施工接头应满足受力和防渗的要求，并要求施工简便、质量可靠；对下一单元槽段的成槽不会造成困难；不会造成混凝土从接头下端及侧面流入背面；传递单元槽段之间的应力起到伸缩接头的作用，能承受混凝土侧压力不致有较大变形等。

（1）直接连接构成接头

单元槽段浇灌混凝土后，混凝土与未开挖土体直接接触，在开挖下一单元槽段时，用冲击锤等将与土体相接触的混凝土改造成凹凸不平的连接面，再浇灌混凝土形成所谓"直接接头"（图 9-69）。而粘附在连接面上的沉渣与土用抓斗的斗齿或射水等方法清除，但难以清除干净，受力与防渗性能均较差。故此种接头目前已很少使用。

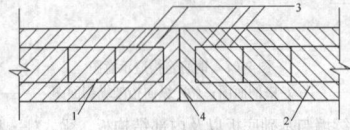

图 9-69　直接接头
1——期工程；2—二期工程；3—钢筋；4—接缝

（2）接头管（又称锁口管）接头

接头管接头是地下连续墙应用最多的形式。该类型接头构造简便，施工方便，工艺成熟，刷壁方便，槽段侧面壁泥浆易清除，下放钢筋笼方便，造价较低。但该类型接头属柔性接头，刚度、整体性、抗剪能力较差，接头呈光滑圆弧面，易产生接头渗水，接头管拔出与墙体混凝土浇筑配合要求较高，否则易产生"埋管"或"塌

槽"的情况。

接头管施工过程如图 9-70 所示。接头管大多为圆形的，此外还有缺口圆形的、带翼的或带凸榫的等（图 9-71）。使用带翼接头管时，泥浆容易淤积在翼的旁边影响工程质量，一般不太应用。地下连续墙接头要求保持一定的整体性、抗渗性，常见的一些接头平面形式如图 9-72 所示。图 9-72（a）至图 9-72（g）为多头钻成孔接头形式，图 9-72（h）为冲击钻成孔接头形式。

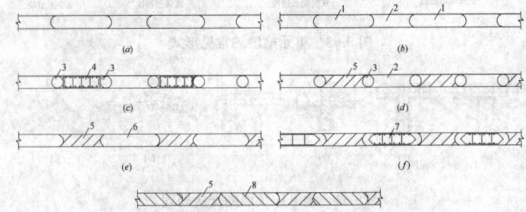

图 9-70　使用接头管的施工过程
（a）待开挖的连续墙；（b）开挖一期槽段；
（c）下接头管和钢筋笼；（d）浇筑一期槽段混凝土；
（e）拔起接头管；（f）开挖二期槽段及下钢筋笼；
（g）浇筑二期槽段混凝土
1—已开挖的一期槽段；2—未开挖的二期槽段；3—接头管；
4—钢筋笼；5—一期槽段混凝土；6—拔去接头管尚未开挖
的二期槽段；7—二期槽段钢筋笼；8—二期槽段混凝土

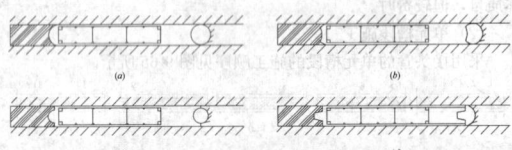

图 9-71　各式接头
（a）圆形；（b）缺口圆形；（c）带翼形；（d）带凸榫形

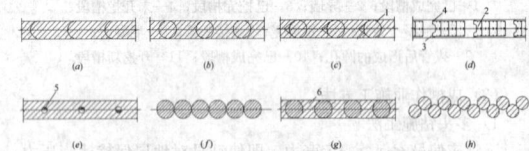

图 9-72　常见接头平面形式
（a）半圆形；（b）半圆间隔浇筑式；（c）V形隔板接头；
（d）榫形隔板接头；（e）单销接头；（f）排桩对接接头；
（g）排桩与鼓形冲击孔交错接头；（h）排桩交错接头
1—接头管；2—V形隔板；3—分隔钢板；4—罩布；
5—销管二次灌浆；6—单销冲击孔

（3）接头箱接头

接头箱接头可使地下连续墙形成整体接头，接头刚度较大，变形小，防渗效果较好。但该接头构造复杂，施工工序多，刷壁清浆困难，伸出接头钢筋易弯，给刷壁清浆和安放钢筋笼带来一定的困难。接头箱接头施工方法与接头管接头相似，只是以接头箱代接头管。其施工过程如图 9-73 所示，构造如图 9-74。

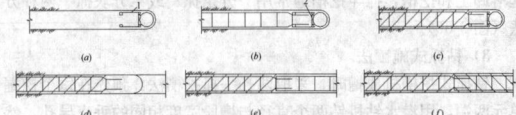

图 9-73　接头箱接头的施工过程
（a）插入接头箱；（b）吊放钢筋笼；（c）浇筑混凝土；
（d）吊出接头箱；（e）吊放另一个槽段钢筋笼；
（f）浇筑后一个槽段混凝土形成整体接头
1—接头箱；2—焊在钢筋端部的钢板

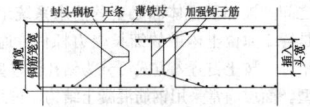

图 9-74　接头箱接头构造

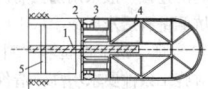

图 9-75　十字钢板接头
（滑板式接头箱）
1—接头钢板；2—封头钢板；3—滑板式
接头箱；4—U形接头管；5—钢筋笼

（4）隔板式接头

隔板式接头按隔板形状分为平隔板（图 9-76a）、十字钢板隔板（图 9-75）、工字形钢隔板、榫形隔板（图 9-76b）和 V 形隔板（图 9-76c）等。

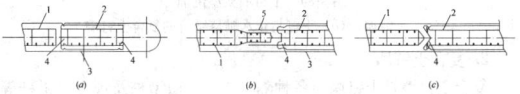

图 9-76　隔板式接头
（a）平隔板；（b）榫形隔板；（c）V 形隔板
1—钢筋笼（正在施工地段）；2—钢筋笼（完工地段）；
3—化纤布铺盖；4—钢制隔板；5—连接钢筋

（5）铣接头

铣槽机成槽槽段间的连接有一种特有的方法，称为"铣接法"，如图 9-77 所示。即在一期槽段开挖时，超挖槽段接缝中心线 10～25cm，二期槽段开挖时在两个一期槽段中间入铣槽机，铣掉一期槽段超出部分混凝土，形成锯齿形搭接的混凝土接触面，再浇筑二期槽段混凝土。由于铣刀齿的打毛作用，使二期槽段混凝土可较好地与一期槽段混凝土结合，密水性能好，是一种较理想的接头形式。

铣接头是利用铣槽机可直接切削硬岩的能力直接切削已成槽段的混凝土，在不采用锁口管、接头箱的情况下形成止水良好、致密的地下连续墙。铣槽机切削形成的一期混凝土表面如图 9-78 所示。

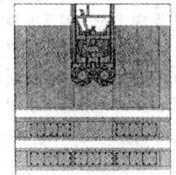
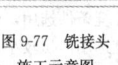
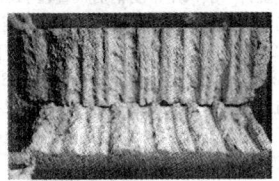

图 9-77　铣接头　　　　图 9-78　铣槽机切削形成
施工示意图　　　　　　的一期混凝土表面

对比其他传统式接头，套铣接头主要优点如下：

1）施工中不需要其他配套设备，如吊车、锁口管等。

2）可节省昂贵的工字钢或钢板等材料费用，同时钢筋笼重量减轻，可采用吨数较小的吊车，降低施工成本。

3）不论一期或二期槽段挖掘或浇筑混凝土时，均无预挖区，且可全速浇筑无扰流问题，确保接头质量和施工安全性。

4）挖掘二期槽段时双轮铣套铣掉两侧一期槽段已硬化的混凝土，新鲜且粗糙的混凝土面在浇筑二期槽段时形成水密性良好的混凝土套铣接头。

3. 结构接头

（1）直接连接接头

在浇筑墙体混凝土之前，在连接部位预先埋设连接钢筋。即将该连接筋一端直接与地下连续墙主筋连接，另一端弯折后与地下连续墙面平行且紧贴墙面。待开挖地下连续墙内侧土体露出该部位墙面时，凿除该处混凝土面层，露出预埋钢筋，再弯成所需形状与后浇筑的主体结构受力筋连接（图 9-79）。

（2）间接接头

间接接头是通过钢板或钢构件连接地下连续墙和地下工程内部构件的接头。一般有预埋连接钢板（图 9-80）、预埋剪力连接件（图 9-81）和预埋钢筋连接器（图 9-82）三种方法。

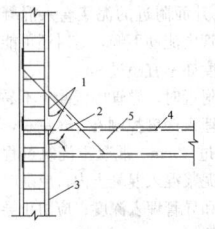
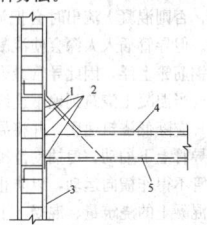

图 9-79　预埋钢筋连接头　　　图 9-80　预埋连接钢板接头
1—预埋的连接钢筋；2—焊　　1—预埋连接钢板；2—焊接处；
接处；3—地下连续墙；4—后　　3—地下连续墙；4—后浇结构；
浇结构中受力钢筋；5—后浇结构　　5—后浇结构中受力钢筋

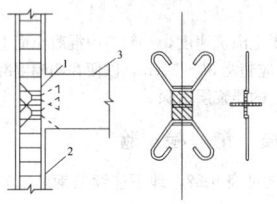
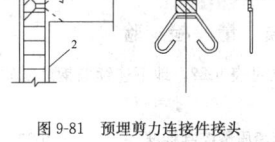
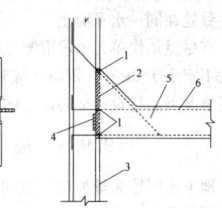

图 9-81　预埋剪力连接件接头　　图 9-82　预埋钢筋连接器接头
1—预埋剪力连接件；2—地下连续墙；　　1—接驳器；2—泡沫塑料；
3—后浇结构　　　　　　　　3—地下连续墙；4—剪力
槽；5—后浇结构；6—后
浇结构中受力钢筋

9.9.2.7　水下混凝土浇筑

地下连续墙所用混凝土的配合比除满足设计强度要求外，还应考虑导管法在泥浆中浇筑混凝土应具有的和易性好、流动性大、缓凝的施工特点和对混凝土强度的影响。

混凝土除满足一般水工混凝土要求外，尚应考虑泥浆中浇筑混凝土的强度随施工条件变化较大，同时在整个墙面上的强度分散性亦大，因此混凝土应按照结构设计规定的强度提高等级进行配合比设计。若无试验情况下，上海地区对水下混凝土强度比设计强度提高的等级作了相应的规定，如表 9-21。

水下混凝土强度等级对照　　　　　表 9-21

设计强度等级	C25	C30	C35	C40	C45	C50
水下混凝土强度等级	C30	C35	C40	C50	C55	C60

混凝土应具有黏性和良好的流动性。若缺乏流动性，浇筑时会围绕导管堆积成一个尖顶的锥形，泥渣会滞留在导管中间（多根导管浇筑时）或槽段接头部位（1 根导管浇筑时），易卷入混凝土内形成质量缺陷（图 9-83），尤其在槽段端部连接钢筋密集处更易出现。

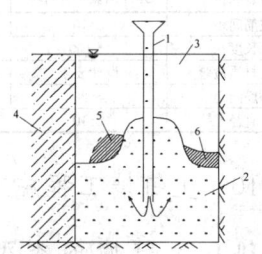

图 9-83　混凝土围绕导管形成锥形
1—导管；2—正在浇灌的混凝土；3—泥浆；
4—已浇筑混凝土的槽段；5—易卷入混凝土内
的泥渣；6—滞留泥渣

地下连续墙混凝土用导管法进行浇筑，导管在首次使用前应进行气密性试验，保证密封性能。浇筑混凝土时，导管应距槽底0.5m。浇筑过程中导管下口总是埋在混凝土内1.5m以上，使从导管下口流出的混凝土将表层混凝土向上推动而避免与泥浆直接接触，否则混凝土流出时会把混凝土上升面附近的泥浆卷入混凝土内。但导管插入太深会使混凝土在导管内流动不畅，有时还可能产生钢筋笼上浮，因此导管最大插入深度亦不宜超过9m。

当混凝土浇筑到地下连续墙顶部附近时，导管内混凝土不易流出，应降低浇筑速度，并将导管最小埋入深度控制在1m左右，可将导管上下抽动，但抽动范围不得超过30cm。混凝土浇筑过程中导管不得作横向运动，以防止沉渣和泥浆混入混凝土内；应随时掌握混凝土的浇筑量、混凝土上升高度和导管埋入深度；应防止导管下口暴露在泥浆内，造成泥浆涌入导管。

导管的间距一般为3～4m，导管距槽段端部的距离不宜超过2m；若管距过大，易使导管中间部位的混凝土面低，泥浆易卷入；若一个槽段内用两根及以上导管同时浇筑，应使各导管处的混凝土面大致处在同一水平面上。

宜尽量加快单元槽段混凝土浇筑速度，一般槽内混凝土面上升速度不宜小于2m/h。混凝土应超浇30～50cm，以便在明确混凝土强度情况下，将设计标高以上的浮浆层凿除。

9.9.3 质 量 检 验

地下连续墙质量控制标准见表9-22，地下连续墙钢筋笼质量控制标准见表9-23。

地下连续墙质量控制标准 表9-22

项	序	检查项目		允许偏差或允许值		检查方法
				单位	数值	
主控项目	1	墙体强度		设计要求		查试块记录或取芯试压
	2	垂直度		永久结构	1/300	声波测斜仪或成槽机上的监测系统
				临时结构	1/150	
一般项目	1	导墙尺寸	宽度	mm	W+40	钢尺量，W为设计墙厚
			墙面平整度	mm	<5	钢尺量
			导墙平面位置	mm	±10	钢尺量
	2	沉淀厚度		永久结构	≤100	重锤测或沉积物测定仪测
				临时结构	≤200	
	3	槽深		mm	+100	重锤测
	4	混凝土坍落度		mm	180～220	坍落度测定器
	5	钢筋笼尺寸		见表9-23		
	6	地下连续墙表面平整度		永久结构	≤100	此为均匀黏土层，松散及易坍土层由设计决定
				临时结构	≤150	
				插入式结构	≤20	
	7	永久结构的预埋件位置		水平向	≤10	钢尺量
				垂直向	≤20	水准仪

地下连续墙钢筋笼质量控制标准（mm） 表9-23

项	序	检查项目	允许偏差或允许值	检查方法
主控项目	1	主筋间距	±10	钢尺量
	2	长度	±100	钢尺量
一般项目	1	钢筋材质检验	设计要求	抽样送检
	2	箍筋间距	±20	钢尺量
	3	直径	±10	钢尺量

9.10 土钉墙工程施工

9.10.1 土 钉 墙 的 类 型

1. 土钉墙

土钉墙是用于土体开挖时保持基坑侧壁或边坡稳定的一种挡土结构，主要由密布于原位土体的土钉、粘附于土体表面的钢筋混凝

土面层、土钉之间的被加固土体和必要的防水系统组成，如图9-84（a）。土钉是置于原位土体中的细长受力杆件，通常可采用钢筋、钢管、型钢等。按土钉置入方式可分为钻孔注浆型、直接打入型、打入注浆型。面层通常采用钢筋混凝土结构，可采用喷射工艺或现浇工艺。面层与土钉通过连接件进行连接，连接件一般采用钉头筋或垫板，土钉之间的连接一般采用加强筋。土钉墙支护一般需设置防排水系统，基坑侧壁有透水层或渗水土层时，面层可设置泄水孔。土钉墙的结构较合理，施工设备和材料简单，操作方便灵活，施工速度快捷，对施工条件要求不高，造价低；但其不适合变形要求较为严格或较深的基坑，对用地红线有严格要求的场地具有局限性。

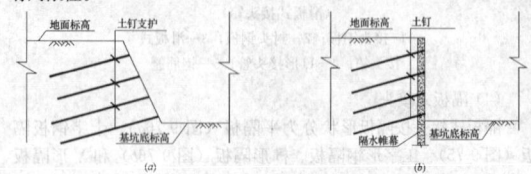

图9-84 土钉墙典型剖面
（a）土钉墙；（b）土钉与止水帷幕结合的复合土钉墙

2. 复合土钉墙

复合土钉墙是土钉墙与各种隔水帷幕、微型桩及预应力锚杆等构件的结合，可根据工程具体条件选择与其中一种或多种组合，形成了复合土钉墙。它具有土钉墙的全部优点，克服了其较多的缺点，应用范围大大拓宽，对土层的适用性更广，整体稳定性、抗隆起及抗渗流性能大大提高，基坑风险相应降低。土钉与隔水帷幕结合的复合土钉墙，如图9-84（b）。

9.10.2 施工机械与设备

土钉墙施工主要机械设备包括钻孔机具、注浆泵、混凝土喷射机、空气压缩机，详见第6章。其中空气压缩机是提供钻孔机械和注浆泵的动力设备。钻孔机具包括锚杆钻机、地质钻机和洛阳铲。

9.10.3 施 工 工 艺

9.10.3.1 施工准备

1. 材料准备

土钉一般采用带肋钢筋（直径$\phi18\sim\phi32mm$）、钢管、型钢等，使用前应调直、除锈、除油；面层混凝土水泥应优先选用强度等级为42.5的普通硅酸盐水泥；砂应采用干净的中粗砂，含水量应小于5%；钢筋网采用钢筋（直径$\phi6\sim\phi8mm$）绑扎成目；速凝剂应做与水泥相溶性试验及水泥浆凝结效果试验；土钉注浆采用水泥浆或强度等级不低于M10的水泥砂浆。

2. 施工机具准备

（1）成孔机具和工艺视场地地质特点及环境条件选用，要保证进钻和抽出过程中不引起坍孔的机具，一般宜选用体积较小、重量较轻、装拆移动方便的机具。常用的有锚杆钻机、地质钻机、洛阳铲等，在易坍孔的土体中钻孔时宜采用套管成孔或挤压成孔工艺。

（2）注浆泵规格、压力和输浆量应满足设计要求。宜选用小型、可移动、可靠性好的注浆泵，压力和输浆量应满足施工要求。工程中常用灰浆泵和注浆泵。

（3）混凝土喷射机应密封良好，输料连续均匀，输送距离应满足施工要求，输送水平距离不宜小于100m，垂直距离不宜大于30m。

（4）空压机应满足喷射机工作风压和风量要求。作为钻孔机械和混凝土喷射机械的动力设备，一般选用风量$9m^3/min$以上、压力大于0.5MPa的空压机。若1台空压机带动2台以上钻机或混凝土喷射机时，要配备储气罐。

（5）宜采用商品混凝土，若现场搅拌混凝土，宜采用强制式搅拌机。

（6）输料管应能承受0.8MPa以上的压力，并应有良好的耐磨性。

（7）供水设施应有足够的水量和水压（不小于0.2MPa）。

3. 其他准备工作

充分理解设计及施工方案，掌握工程质量、施工监测的内容和要求、基坑变形控制和周边环境控制要求；根据设计图纸确定和设置基坑开挖线、轴线定位点、水准基点、基坑及周边环境监测点等，并采取保护措施；编制基坑工程施工组织设计，确定支护施工与土方开挖的关键技术方案；地下水位降低至基坑底以下，设置合理的坑内外明排水系统；组织合理的施工资源，包括满足工程要求的施工材料、施工机具、劳动力及相关的管理资源。

9.10.3.2 土钉墙施工工艺流程

1. 土钉墙施工流程

开挖工作面→修整坡面→施工第一层面层→土钉定位→钻孔→清孔检查→放置土钉→注浆→绑扎钢筋网→安装泄水管→施工第二层面层→养护→开挖下一层工作面→重复上述步骤直至基坑设计深度。

2. 复合土钉墙施工流程

止水帷幕与微型桩施工→开挖工作面→修整坡面→施工第一层混凝土面层→土钉或锚杆定位→钻孔→清孔检查→放置土钉或锚杆→注浆→绑扎面层钢筋网及腰梁钢筋→安装泄水管→施工第二层混凝土面层及腰梁→养护→锚杆张拉→开挖下一层工作面→重复上述步骤直至基坑设计深度。

9.10.3.3 土钉墙主要施工方法及操作要点

1. 土方开挖

基坑土方应分层开挖，且应与土钉支护施工作业紧密协调和配合。挖土分层厚度应与土钉竖向间距一致，开挖标高宜为相应土钉位置下 200mm，逐层开挖并施工土钉，严禁超挖。每层土开挖完成后应进行修整，并在坡面施工第一层面层，若土质条件良好，可省去该道面层，开挖后应及时完成土钉安设和混凝土面层施工；在淤泥质土层开挖时，应限时完成土钉安设和混凝土面层。完成上一层作业面土钉和面层后，应待其达到 70% 设计强度以上后，方可进行下一层作业面的开挖。开挖应分段进行，分段长度取决于基坑侧壁的自稳能力，且与土钉支护的流程相互衔接，一般每层的分段长度不宜大于 30m。有时为保持侧壁稳定，保护周边环境，可采用划分小段开挖的方法，也可采用跳段同时开挖的方法。基坑土方开挖应提供土钉成孔施工的工作面宽度，土方开挖和土钉施工应形成循环作业。

2. 土钉施工

土钉施工根据选用的材料不同可分为两种，即钢筋土钉施工和钢管土钉施工。

钢筋土钉施工是按设计要求确定孔位标高后成孔。成孔可分机械成孔和人工成孔，其中人工成孔一般采用洛阳铲，目前应用较少。机械成孔一般采用小型钻孔机械，保持其与面层的一定角度先采用合金钻头钻进，放入护壁套管，再冲水钻进。钻到设计位置后应继续用水洗孔，待孔口溢出清水为止。机械成孔采用钻机应符合土层特点，在进给及抽出钻杆过程中不得引起土体坍孔。易塌孔土体中钻孔时宜采用套管成孔或挤压成孔。成孔过程中应按土钉编号逐一记录取出土体的特征、成孔质量等，并将取出土体与设计认定的土质对比，发现有较大的偏差时要及时修改土钉的设计参数。

钢管土钉施工一般采用打入法，即在确定孔位标高处将管壁留孔的钢管保持与面层一定角度打入土体中。打入最早用大锤、简易滑锤，目前一般采用气动潜孔锤或钻探机。

施工前应完成土钉杆件的制作加工。钢筋土钉和钢管土钉的构造如图 9-85。

图 9-85　土钉杆体构造
(a) 钢筋土钉；(b) 钢管土钉

插入土钉前应清孔和检查。土钉置入孔中前，先在其上安装连接件，以保证钢筋处于孔位中心位置且注浆后保证其保护层厚度。连接件一般采用钢筋或垫板（图 9-86）。

3. 注浆

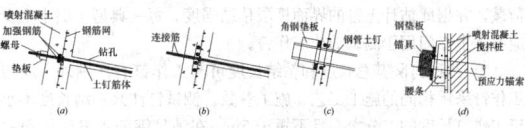

图 9-86　土钉（锚索）与面层连接构造
(a) 螺母垫板连接；(b) 钢筋连接；
(c) 角钢连接；(d) 锚索与腰梁、面层连接

钢筋土钉注浆前应将孔内残留或松动的杂土清除。根据设计要求和工艺试验，选择合适的注浆机具，确定注浆材料和配合比。注浆材料一般采用水泥浆或水泥砂浆。一般采用重力、低压（0.4～0.6MPa）或高压（1～2MPa）注浆。水平注浆多采用低压或高压，注浆时应在孔口或规定位置设置止浆塞，注满后保持压力 3～5min；斜向注浆则采用重力或低压注浆，注浆导管底端插至距孔底 250～500mm 处，在注浆时将导管匀速缓慢地撤出，过程中注浆导管始终埋在浆体表面下。有时为提高土钉抗拔能力还可采用二次注浆工艺。每批注浆所用砂浆至少取 3 组试件，每组 3 块，立方体试块经标准养护后测定 3d 和 28d 强度。

4. 混凝土面层施工

应根据施工作业面分层分段铺设钢筋网，钢筋网之间的搭接可采用焊接或绑扎，钢筋网可用插入土中的钢筋固定。钢筋网宜随壁面铺设，与坡面间隙不小于 20mm。土钉与面层钢筋网的连接可通过垫板、螺帽及端部螺纹杆、井字加强钢筋焊接等方式固定。

喷射混凝土一般采用混凝土喷射机，施工时应分段进行，同一分段内喷射顺序应由下而上，喷头运动一般按螺旋式轨迹一圈压半圈均匀缓慢移动；喷头与受喷面应保持垂直，距离宜为 0.6～1.0m，一次喷射厚度不宜小于 40mm；在钢筋部位宜先喷钢筋后方以防其背面出现空腔；混凝土上下层及相邻段搭接结合处，搭接长度一般为厚度的 2 倍以上，接缝应错开。混凝土终凝 2h 后应喷水养护，保持混凝土表面湿润，养护期视当地环境条件而定，宜为 3～7d。喷射混凝土强度可用试块进行测定，每批至少取 3 组试件，每组 3 块。

5. 排水系统的设置

基坑边若含有透水层或渗水土层时，混凝土面层上应做泄水孔，即按间距 1.5～2.0m 均布设长 0.4～0.6m、直径不小于 40mm 的塑料排水管，外管口略向下倾斜，管壁上半部分可钻透水孔，管中填满粗砂或圆砾作为滤水材料，以防土颗粒流失。也可在喷射混凝土面层施工前预先沿土坡壁面每隔一定距离设置一条竖向排水带，即用带状皱纹滤水材料夹在土壁与面层之间形成定向导流带，使土坡中渗出的水有组织地导流到坑底后集中排除。

9.10.3.4　质量控制

1. 土钉墙工程质量控制标准

土钉支护成孔、注浆、喷混凝土等工艺可参照《基坑土钉支护技术规程》（CECS 96）、《建筑基坑支护技术规程》（JGJ 120）、《喷射混凝土施工技术规程》（YBJ 226）、《建筑地基基础工程施工质量验收规范》（GB 50202）等。土钉钻孔孔距允许偏差为 ±100mm；孔径允许偏差为 ±5mm；孔深允许偏差为 ±30mm；倾角允许偏差为 ±1°。

2. 土钉墙工程质量检验

（1）材料

所使用原材料（钢筋、钢管、水泥、砂、碎石等）质量应符合有关规范规定标准和设计要求，并要具备出厂合格证及试验报告书。材料进场后应按有关标准进行抽样质量检验。

（2）土钉现场测试

土钉支护设计与施工应进行土钉现场抗拔试验，包括基本试验和验收试验。

通过基本试验可取得设计所需的有关参数，如土钉与各层土体之间的界面粘结强度等，以保证设计的正确、合理性，或反馈信息以修改初步设计方案；基本试验往往在大面积土钉施工前进行。验收试验是检验土钉支护工程质量的有效手段。

1）土钉现场测试应采用接近于土钉实际工作条件的试验方法，应在专门设置的非工作钉上进行抗拔试验直至破坏，用来确定极限

荷载，并据此估计土钉的界面极限粘结强度。每一典型土层中至少应有 3 个专门用于测试的非工作钉。

2）测试钉除其总长度和粘结长度可与工作钉有区别外，应与工作钉采用相同的施工工艺、施工参数。测试钉注浆粘结长度不小于工作钉长度的二分之一且不短于 5m，在满足钢筋不发生屈服并最终发生拔出破坏的前提下宜取较长的粘结段，必要时适当加大土钉钢筋直径。为消除加载试验时支护面层变形对粘结界面强度的影响，测试钉在距孔口处应保留不小于 1m 长的非粘段。在试验结束后，非粘结段再用浆体回填。

3）土钉的现场抗拔试验宜用穿孔液压千斤顶加载，土钉、千斤顶、测力计三者应在同一轴线上，千斤顶反力支架可置于混凝土面层上，加载时用油压表大体控制加载值并由测力计校正确计量。土钉拔出位移量用百分表测量。

4）测试钉进行抗拔试验时的注浆体抗压强度不应低于 6MPa。试验采用分级连续加载。根据试验得出的极限荷载，可算出界面粘结强度的实测值。这一试验平均值应大于设计计算所用标准值的 1.25 倍，否则应进行反馈修改设计。极限荷载下的总位移必须大于测试钉非粘结长度段土钉弹性伸长理论计算值的 80%，否则这一测试数据无效。

5）上述试验也可不进行到破坏，但此时所加的最大试验荷载值应使土钉界面粘结应力的计算值（按粘结应力沿粘结长度均匀分布算出）超出设计计算所用标准值的 1.25 倍。

(3) 混凝土面层的质量检验

混凝土应养护 28d 后进行抗压强度试验。试块数量为每 500m² 面层取一组，且不少于 3 组；墙面喷射混凝土厚度应采用钻孔检测，钻孔数宜按每 100m² 墙面取 1 组，每组不应小于 3 点。合格条件为全部检查孔处的厚度平均值不小于设计厚度，厚度达不到设计要求的面积不大于 50%，最小厚度不应小于设计厚度的 60% 并不小于 50mm；混凝土面层外观检查应符合设计要求，无漏喷现象。

(4) 施工质量检验

根据《建筑地基基础工程施工质量验收规范》（GB 50202），土钉墙工程质量检验标准应符合表 9-24 的要求。

土钉墙支护工程质量检验标准　　表 9-24

项目	序	检查项目	允许偏差或允许值		检查方法
			单　位	数　值	
主控项目	1	土钉长度	mm	±30	钢尺量
一般项目	1	土钉位置	mm	±100	钢尺量
	2	钻孔倾斜度	°	±1	测钻机倾角
	3	浆体强度	设计要求		试样送检
	4	注浆量	大于理论计算浆量		检查计量数据
	5	土钉墙面厚度	mm	±10	钢尺量
	6	墙体强度	设计要求		试样送检

9.11　土层锚杆工程施工

土层锚杆简称土锚杆，它是在深开挖的地下室墙面（排桩墙、地下连续墙或挡土墙）或地面，或已开挖的基坑立壁土层钻孔（或掏孔），达到一定设计深度后，或再扩大孔的端部，形成柱状或其他形状，在孔内放入钢筋、钢管或钢丝束、钢绞线或其他抗拉材料，灌入水泥浆或化学浆液，使之与土层结合成为抗拉（拔）力强的锚杆。锚杆是一种新型受拉杆件，它的一端与工程结构物或挡土桩墙连接，另一端锚固在地基的土层或岩层中，以承受结构物的上托力、拉拔力、倾侧力或挡土墙的土压力、水压力等作用力。其特点是能与土体结合在一起承受很大的拉力，以保持结构的稳定；可用高强钢材，并可施加预应力，可有效地控制建筑物的变形量；施工所需钻孔孔径小，不用大型机械；用它代替横撑作侧壁支护，可节省大量钢材；能为地下工程施工提供开阔的工作面；经济效益显著，可大量节省劳力，加快工程进度。土层锚杆施工适用于深基坑支

护、边坡加固、滑坡整治、水池、泵站抗浮、挡土墙锚固及结构抗倾覆等工程。

锚杆由锚头、锚具、锚筋、塑料套管、分割器、腰梁及锚固体等组成，如图 9-87～图 9-90。锚头是锚杆体的外露部分，锚固体通常位于钻孔的深部，锚头与锚固间一般还有一段自由段，锚筋是锚杆的主要部分，贯穿锚杆全长。

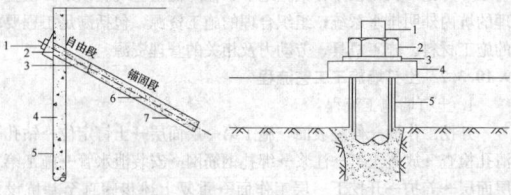

图 9-87　锚杆示意图
1—锚夹；2—腰梁；3—塑料管；
4—挡土桩墙；5—基坑；6—锚
筋；7—灌浆锚杆

图 9-88　钢筋锚杆、锚头装置
1—钢筋；2—螺帽；3—垫圈；
4—承载板；5—混凝土土墙

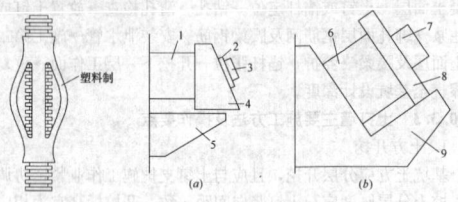

图 9-89　定位分隔器

图 9-90　腰梁种类
(a) 直梁式腰梁；(b) 斜梁式腰梁
1—钢腰梁；2—承压板；3—锚具；
4—锚座；5—腰梁支板；6—腰梁；
7—锚具；8—张拉支座；9—异形板

锚杆有三种基本类型，第一种锚杆类型如图 9-91 (a) 所示，系一般注浆（压力为 0.3～0.5MPa）圆柱体，孔内注水泥浆或水泥砂浆，适用于拉力不高、临时性锚杆。第二种锚杆类型如图 9-91 (b) 所示，为扩大的圆柱体或不规则体，系用压力注浆，压力从 2MPa（二次注浆）到高压注浆 5MPa 左右，在黏土中形成较小的扩大区，在无黏性土中可以扩大较大区。第三种锚杆类型如图 9-91 (c) 所示，是采用特殊的扩孔机具，在孔眼内沿长度方向扩一个或几个扩大头的圆柱体，这类锚杆用特制扩孔机械，通过中心杆压力将扩张式刀刃缓缓张开削土成型，在黏土及无黏性土中都可适用，可以承受较大的拉拔力。

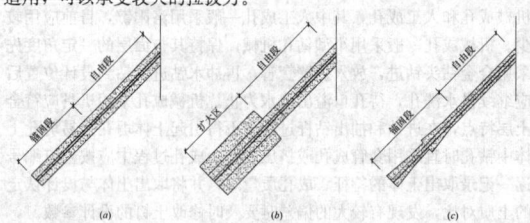

图 9-91　锚杆的基本类型
(a) 圆柱体注浆锚杆；(b) 扩孔注浆锚杆；(c) 多头扩孔注浆锚杆

9.11.1　施工机械与设备

锚杆钻孔机械有多种不同类型，每种类型有不同施工工艺特点与适用条件。按工作原理可分为回转式钻机、螺旋钻机、旋转冲击钻及潜孔冲击钻等，主要根据土层的条件、钻孔深度和地下水情况进行选择。

灌浆机具设备有灰浆泵、灰浆搅拌机等。锚杆灌浆宜选用小型、可移动、安全可靠的注浆泵。主要有 UBJ 系列挤压式灰浆泵、BMY 系列锚杆注浆泵等。

张拉设备包括穿心式千斤顶锚具和电动油泵。根据锚杆、锚索的直径、张拉力、张拉行程选择穿心式千斤顶，然后选择与千斤顶配套的电动油泵和锚具。

9.11.2　施　工　工　艺

9.11.2.1　施工准备

（1）预应力杆体材料宜选用钢绞线、高强度钢丝或高强螺纹钢筋。当预应力值较小或锚杆长度小于20m时，预应力筋也可采用HRB335级或HRB400级钢筋。

（2）水泥浆体所需的水泥应选用普通硅酸盐水泥，必要时可采用抗硫酸盐水泥，不得使用高铝水泥；骨料应选用粒径小于2mm的中细砂。

（3）塑料套管材料应具有足够的强度，具有抗水性和化学稳定性，与水泥砂浆和防腐剂接触不良反应。隔离架应用钢、塑料或其他对杆体无害的材料制作，不得使用木质隔离架。

（4）防腐材料应具有耐久性，在规定的工作温度内或张拉过程中不开裂、变脆或成为流体，应保持其化学稳定性和防水性，不得对锚杆自由段的变形产生任何限制。

（5）锚杆施工必须掌握施工区域的工程地质和水文地质条件。

（6）应查明锚杆施工区域的地下管线、构筑物等的位置和情况，慎重研究锚杆施工对其产生的不利影响。

（7）应根据设计要求、土层条件和环境条件，合理选择施工设备、器具和工艺。相关的电源、注浆机泵、注浆管钢索、腰梁、预应力张拉设备等准备就绪。

（8）根据设计要求和机器设备的规格、型号，平整场地以保证安全和有足够的施工场地。

（9）工程锚杆施工前，按锚杆尺寸宜取两根锚杆进行钻孔、穿筋、灌浆、张拉与锁定等工艺的试验性作业，检验锚杆质量，考核施工工艺和施工设备的适应性。掌握锚杆排数、孔位高低、孔距、孔深、锚杆及锚固件形式。清点锚杆及锚固件数量。定出挡土墙、桩基线和各个锚杆孔的孔位，锚杆的倾斜角。

9.11.2.2　孔位测量校正

钻孔前按设计要求及土层定出孔位作出标记。钻机就位时应测量校正孔位的垂直、水平位置和角度偏差，钻进应保证垂直于坑壁平面。钻进时应控制钻进速度、压力及钻杆的平直。钻进速度一般以0.3～0.4m/min为宜。对于自由段钻进速度可稍快；对锚固段，尤其是扩孔时，钻进速度宜适当降低。遇有砂层应适当加快钻进速度提高孔内水头压力，成孔后应尽快灌浆。应保证钻孔位置正确，随时调整锚杆位置及角度。锚杆水平方向孔位误差不大于50mm，垂直方向孔距误差不大于100mm。钻孔底部偏斜尺寸不大于长度的3%。

9.11.2.3　成孔

由于土层锚杆的施工特点，要求孔壁不得松动和坍陷，以保证钢拉杆安放和锚杆承载力；孔壁要求平直以便于安放钢拉杆和浇筑水泥浆；为了保证锚固体与土体间的摩阻力，钻孔时不得使用膨润土循环泥浆护壁，以免在孔壁上形成泥皮；应保证钻孔的准确方向和线性。常用的钻进成孔方法有螺旋干作业钻孔法、潜钻成孔法和清水循环钻进法等。

螺旋干作业钻孔法用于无地下水、处于地下水位以上或呈非浸水状态时的黏土、粉质黏土、砂土等地层。该方法利用回转螺旋钻杆，在一定钻压和钻速下，在向土体钻进的同时将切削下来的土体排出孔外。采用该方法应根据不同土质选用不同的回转速度和扭矩。

潜钻成孔法主要用于孔隙率大，含水量低的土层，它采用风动成孔装置，由压缩空气驱动，利用活塞的往复运动作定向冲击，使成孔器挤压土层向前运动成孔。该方法具有成孔效率高、噪声低、孔壁光滑而坚实、孔壁无坍落和堵塞等特点。冲击器有较好的导向作用，即使在卵石、砾石的土层中成孔亦较直。成孔速度可达1.3m/min。

清水循环钻进法是锚杆施工应用较多的一种钻孔工艺，适合于各种软硬地层，可采用地质钻机或专用钻机，但需要配备供排水系统。对于土质松散的粉质黏土、粉细砂以及有地下水的情况下应采用护壁套管。该方法可把钻孔过程中的钻进、出渣、固结、清孔等工序一次完成，可防坍孔，不留残土。但此法施工应具有良好的排水系统。

扩孔主要有机械法扩孔、爆破法扩孔、水力法扩孔和压浆法扩孔四种方法。机械法扩孔多适用于黏性土，需要用专门的扩孔装置。爆破法扩孔是引爆预先放置在钻孔内的炸药，把土向四侧挤压形成球形扩大头，多适用于砂性土，但在城市中不推广。水力法扩孔虽会扰动土体，但施工简易，常与钻进并举。压浆法扩孔是用10～20个大气压，使浆液渗入土中充满土隙与土结成共同工作块体，提高土的强度，在国外广泛采用，但需有堵浆设施。我国多用二次灌浆法来达到扩大锚段直径的目的。

9.11.2.4　杆体组装安放

锚杆用的拉杆常用的有钢筋、钢丝束和钢绞线，主要根据锚杆承载力和现有材料情况选择。承载能力较小时，多用粗钢筋；承载能力较大时，多用钢绞线。

1. 钢筋拉杆

钢筋拉杆（包括各种钢筋、精轧螺纹钢筋、中空螺纹钢管）的制作较简单。预应力筋前部常焊有导向帽以便于预应力筋的插入，在预应力筋长度方向每隔1～2m焊有对中支架。自由段需外套塑料管隔离，对防腐有特殊要求的锚固段钢筋应提供具有双重防腐作用的波形管并注入灰浆或树脂。钢筋拉杆长度一般都在10m以上，为了将拉杆安置在钻孔的中心，防止其自由段挠度过大，插入时土壁不扰动、增加拉杆与锚固体的握裹力，需在拉杆表面设置定位器（或撑筋环）。定位器的外径宜小于钻孔直径1cm，定位器示意如图9-92所示。

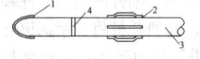

图9-92　粗钢筋拉杆用的定位器
(a) 中信投资大厦用的定位器；(b) 美国用的定位器；
(c) 北京地下铁道用的定位器
1—挡土板；2—支承滑条；3—拉杆；4—半圆环；5—ϕ38钢管内穿
ϕ32拉杆；6—35×3钢带；6—2ϕ32拉杆；8—ϕ65钢管
l＝60，间距1～1.2m；9—灌浆胶管

2. 钢丝束拉杆

钢丝束拉杆在施工时将灌浆管与钢丝束绑扎在一起同时沉放。钢丝束拉杆的自由段需进行防腐处理，可用玻璃纤维布缠绕两层，外面再用粘胶带缠绕，也可将自由段插入特制护管内，护管与孔壁间的空隙可与锚固段同时进行灌浆。钢丝束拉杆的锚固段亦需定位器，该定位器为撑筋环，如图9-93。钢丝束外层钢丝绑扎在撑筋环上，撑筋环的间距为0.5～1.0m，锚固段形成一连串菱形，使钢丝束与锚固体砂浆的接触面积增大，增强粘结力。

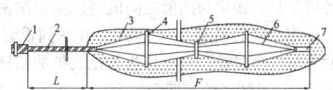

图9-93　钢丝束拉杆的撑筋环
1—锚头；2—自由段及防腐层；3—锚固体砂浆；
4—撑筋环；5—钢丝束结；6—锚固段的外层钢丝；
7—小竹筒

3. 钢绞线拉杆

钢绞线分为有粘结钢绞线和无粘结钢绞线，有粘结钢绞线锚杆制作时应在锚杆自由段的每根钢绞线上做防腐层及隔离层。由于钢绞线拉杆的柔性好，在向钻孔中沉放时较方便，因此在国内外应用较多，常用于承载能力大的锚杆。锚固段的钢绞线要清除其表面油脂，以防止其与锚固体砂浆粘结不良。自由段的钢绞线应套聚丙烯防护套等进行防腐处理。钢绞线拉杆还需用特制的定位架。钢丝束或钢绞线一般在现场装配，下料时应对各股长度精确控制，每股长度误差不大于50mm，以保证受力均匀和同步工作，组装方式见图9-94。

9.11.2.5　灌浆

灌浆用水泥砂浆的成分及拌制、注入方法决定了灌浆体与周围土体的粘结强度和防腐效果。灌浆浆液为水泥砂浆或水泥浆。水泥通常采用质量良好的普通硅酸盐水泥，不宜用高铝水泥，氯化物含量不应超过水泥重的0.1%。压力型锚杆宜采用高强度水泥。拌合水泥浆或水泥砂浆所用的水，一般应避免采用含高浓度氯化物

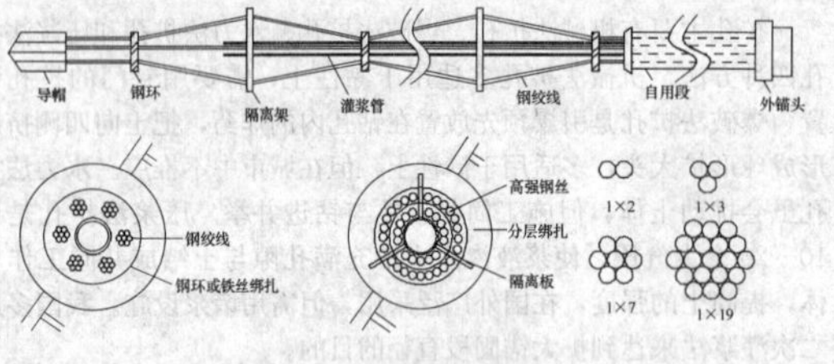

图 9-94 锚索组装示意图

的水。

一次灌浆法宜选用砂灰比 0.8~1.0、水灰比 0.38~0.45 的水泥砂浆，或水灰比 0.40~0.50 的纯水泥浆；二次灌浆法中的二次高压灌浆，宜用水灰比 0.45~0.55 的水泥浆。浆体强度一般 7d 不应低于 20MPa，28d 不应低于 30MPa；压力型锚杆浆体强度 7d 不应低于 25MPa，28d 不应低于 35MPa。二次灌浆法是在一次灌浆形成注浆体的基础上，对锚杆锚固段进行二次高压劈裂注浆，使浆液向周围地层挤压渗透，形成直径较大的锚固体并提高周围地层力学性能，可提高锚杆承载能力。二次灌浆通常在一次注浆后 4~24h 进行，具体间隔时间由浆体强度达到 5MPa 左右而加以控制。二次灌浆适用于承载力低的土层中的锚杆。

9.11.2.6 腰梁安装

腰梁是传力结构，将锚头轴拉力进行有效传递，分成水平力及垂直力。腰梁设计应考虑支护结构特点、材料、锚杆倾角、锚杆垂直分力以及结构形式等。直梁式腰梁是利用普通托板将工字钢组合梁横置，如图 9-90 (a) 所示，其特点是垂直分力较小，由腰梁托板承受，制作简单，拆装方便。斜梁式腰梁是通过异形支承板，将工字钢组合梁斜置，如图 9-90 所示，其特点是由工字钢组合梁承受轴压力，由异形钢板承受垂直分力，结构受力合理，节约钢材，加工简单。腰梁的加工安装应使异形支承板承压面在一个平面内，以保证梁受力均匀。安装腰梁应考虑围护墙的偏差。一般是通过实测桩偏差，现场加工异形支撑板，锚杆尾部也应进行标高实测，找出最大偏差和平均值，用腰梁的两根工字钢间距进行调整。

腰梁安装有直接安装法和整体吊装法。直接安装法是把工字钢放置在围护墙上，垫平后焊板组成箱梁，安装较为方便，但后焊缀板的焊缝质量较难控制。整体吊装法是在现场将梁分段组装焊接，再运到坑内整体吊装安装；该方法质量可靠，可与锚杆施工流水作业，但安装时要有吊装机具，较费工时。

9.11.2.7 张拉和锁定

锚杆压力灌浆后，养护一段时间，按设计和工艺要求安装好腰梁，并保证各段平直，腰梁与挡墙之间的空隙要紧贴密实，并安装好支承平台。待锚固段的强度大于 15MPa 并达到设计强度等级的 70%~80% 后方可进行张拉。对于作为开挖支护的锚杆，一般施加设计承载力的 50%~100% 的初期张拉力。初期张拉力并非越大越好，因为当实际荷载较小时，张拉力作为反向荷载可能过大而对结构不利。

锚杆宜张拉至设计荷载的 0.9~1.0 倍后，再按设计要求锁定。锚杆张拉控制应力，不应超过拉杆强度标准值的 75%。锚杆张拉时，其张拉顺序要考虑对邻近锚杆的影响。

锚体养护一般达到水泥（砂浆）强度的 70%~80%，锚固体与台座混凝土强度均大于 15MPa 时（或注浆后至少有 7d 养护时间），方可进行张拉。正式张拉前应取设计拉力的 10%~20%，对锚杆预拉 1~2 次，使各部位接触紧密和杆体完全平直，保证张拉数据准确。

正式张拉宜分级加载，每级加载后，保持 3min，记录伸长值。锚杆张拉至 1.1~1.2 设计轴向拉力值 Nt 时，土质为砂土时保持 10min，为黏性土时保持 15min，且不再有明显伸长，然后卸荷至锁定荷载进行锁定作业。锚杆张拉荷载分级观测时间遵守表 9-25 的规定。

锚杆锁定工作，应采用符合技术要求的锚具。当拉杆预应力没有明显衰减时，即可锁定拉杆，锁定预应力以设计轴向拉力的 75% 为宜。锚杆锁定后，若发现有明显预应力损失时，应进行补偿张拉。

锚杆张拉荷载分级观测时间　　　表 9-25

张拉荷载分级	观测时间(min)	
	砂质土	黏性土
0.1Nt	5	5
0.25Nt	5	5
0.50Nt	5	5
0.75Nt	5	5
1.0Nt	5	10
1.1~1.2Nt	10	15
锁定荷载	10	10

9.11.3 试 验 和 检 测

锚杆工程常用的试验主要有基本试验、验收试验和蠕变试验。

9.11.3.1 基本试验

基本试验亦称极限抗拔试验，用以确定设计锚杆是否安全可靠，施工工艺是否合理，并根据极限承载力确定允许承载力，掌握锚杆抗破坏的安全程度，揭示锚杆在使用过程中可能影响其承载力的缺陷，以便在正式使用锚杆前调整锚杆结构参数或改进锚杆制作工艺。任何一种新型锚杆或已有锚杆用于未曾应用的土层时，必须进行基本试验。试验应在有代表性的土层中进行，所有锚杆的材料、几何尺寸、施工工艺、土的条件等应与工程实际使用的锚杆条件相同。

1）基本试验锚杆数量不得少于 3 根。

2）基本试验最大的试验荷载不宜超过锚杆杆体承载力标准值的 0.9 倍。

3）锚杆基本试验应采用分级加、卸载法。拉力型锚杆的起始荷载为计划最大试验荷载的 10%，压力分散型或拉力分散型锚杆的起始荷载为计划最大试验荷载的 20%。

4）锚杆破坏标准：后一级荷载产生的锚头位移增量达到或超过前一级荷载产生位移增量的 2 倍时；锚头位移不稳定；锚杆杆体拉断。

5）试验结果宜按循环荷载与对应的锚杆位移读数列表整理，并绘制锚杆荷载-位移（$Q-s$）曲线，锚杆荷载-弹性位移（$Q-s_e$）曲线和锚杆荷载-塑性位移（$Q-s_p$）曲线。

6）锚杆弹性变形不应小于自由段长度变形计算值的 80%，且不应大于自由段长度与 1/2 锚固段长度之和的弹性变形计算值。

7）锚杆极限承载力取破坏荷载的前一级荷载，在最大试验荷载下未达到基本试验中第 3 条规定的破坏标准时，锚杆极限承载力取最大试验荷载值。

9.11.3.2 验收试验

验收试验是检验现场施工的锚杆的承载能力是否达到设计要求，确定在设计荷载作用下的安全度，并对锚杆的拉杆施加一定的预应力。加荷设备亦用穿心式千斤顶在原位进行。检验时的加荷方式，依次为设计荷载的 0.5、0.75、1.0、1.2、1.33、1.5 倍，然后卸载至某一荷载值，接着将锚头的螺帽紧固，此时即对锚杆施加了预应力。验收试验锚杆数量不少于锚杆总数的 15%，且不得少于 3 根。

1）锚杆验收试验加荷等级及锚头位移测读间隔时间应符合下列规定：

①初始荷载宜取锚杆轴向拉力设计值的 0.5 倍；

②加荷等级与观测时间宜按表 9-26 规定进行；

验收试验锚杆加荷等级及观测时间　　　表 9-26

加荷等级	$0.5N_u$	$0.75N_u$	$1.0N_u$	$1.2N_u$	$1.33N_u$	$1.5N_u$
观测时间(min)	5	5	5	10	10	15

③在每级加荷等级观测时间内，测读锚杆位移不应少于 3 次；

④达到最大试验荷载后观测 15min，并测读锚头位移。

2）试验结果宜按每级荷载对应的锚头位移列表整理，绘制锚杆荷载-位移（$Q-s$）曲线。

3）锚杆验收标准：在最大试验荷载作用下，锚头位移稳定，应符合上述基本试验中第 5 条的规定。

9.11.3.3 蠕变试验

为判明永久性锚杆预应力的下降，蠕变可能来自锚固体与地基之间的蠕变特性，也可能来自锚杆区间的压密收缩，应在设计荷载下长期测量张拉力与变位量，以便决定什么时候需要做再张拉，这就是蠕变试验。对于设置在岩层和粗粒土里的锚杆，没有蠕变问题。但对于设置在软土里的锚杆必须作蠕变试验，判定可能发生的蠕变变形是否在容许范围内。

蠕变试验需要能自动调整压力的油泵系统，使作用于锚杆上的荷载保持恒量，不因变形而降低，然后按一定时间间隔（1、2、3、4、5、10、15、20、25、30、45、60min）精确测读 1h 变形值，在半对数坐标纸上绘制蠕变时间关系图，曲线（近似为直线）的斜率即锚杆的蠕变系数 K_s。一般认为，$K_s \leqslant 0.4$mm，锚杆是安全的；$K_s > 0.4$mm 时，锚固体与土之间可能发生滑动，使锚杆丧失承载力。

9.11.3.4 永久性锚杆及重要临时性锚杆的长期监测

锚杆监测的目的是掌握锚杆预应力或位移变化规律，确认锚杆的长期工作性能。必要时，可根据检测结果，采取二次张拉锚杆或增锚杆等措施，以确保锚固工程的可靠性。

永久性锚杆及用于重要工程的临时性锚杆，应对其预应力变化进行长期监测。永久性锚杆的监测数量不应少于锚杆数量的 10%，临时性锚杆的监测数量不应少于锚杆数量的 5%。预应力变化值不宜大于锚杆设计拉力值的 10%，必要时可采取重复张拉或恰当放松的措施以控制预应力值的变化。

1. 锚杆预应力变化的外因因素

温度变化、荷载变化等外部因素会使锚杆的应力变化，影响锚杆的性能。爆破、重型机械和地震力发生的冲击引起的锚杆预应力损失量，较之长期静荷载作用引起的预应力损失量大得多，必须在受冲击范围内定期对锚杆重复施加应力。车辆荷载、地下水位变化等可变荷载，对保持锚杆预应力和锚固体的锚固力具有不利影响。温度变化会使锚杆和锚固结构产生膨胀或收缩，被锚固结构的应力状态变化对锚杆预应力产生较大影响，土体内部应力增大也会使锚杆预应力增加。

2. 锚杆预应力随时间的变化

随着时间的推移，锚杆的初始预应力总是会有所变化。一般情况下，通常表现为预应力的损失。在很大程度上，这种预应力损失是由锚杆钢材的松弛和受荷地层的徐变造成的。长期受荷的钢材预应力松弛损失量通常为 5%～10%。钢材的应力松弛与张拉荷载大小密切相关，当施加的应力大于钢材强度的 50% 时，应力松弛就会明显加大。地层在锚杆拉力作用下的徐变，是由于岩层或土体在受荷影响区域内的应力作用下产生的塑性压缩或破坏造成的。对于预应力锚杆，徐变主要发生在应力集中区，即靠近自由段的锚固区域及锚头以下的锚固结构表面处。

3. 锚杆预应力的测量仪器

对预应力锚杆荷载变化进行观测，可采用按机械、液压、振动、电气和光弹原理制作的各种不同类型的测力计。测力计通常都布置在传力板与锚具之间。必须始终保证测力计中心受荷，并定期检查测力计的完好程度。

9.11.4　锚　杆　防　腐

土层锚杆要进行防腐处理，锚杆的防腐主要有如下三个方面：

1. 锚杆锚固段的防腐处理

（1）一般腐蚀环境中的永久锚杆，其锚固段内杆体可采用水泥浆或砂浆封闭防腐，但杆体周围必须有 2.0cm 厚的保护层。

（2）严重腐蚀环境中的永久锚杆，其锚固段内杆体宜采用波纹管外套，管内孔隙用环氧树脂水泥浆或水泥砂浆充填，套管周围保护层厚度不得小于 1.0cm。

（3）临时性锚杆锚固段应采用水泥浆封闭防腐，杆体周围保护层厚度不得小于 1.0cm。

2. 锚杆自由段的防腐处理

（1）永久性锚杆自由段内杆体表面宜涂润滑油或防腐漆，然后

包裹塑料布，在塑料布面再涂润滑油或防腐漆，最后装入塑料套管中，形成双层防腐。

（2）临时性锚杆的自由段可采用涂润滑油或防腐漆，再包裹塑料布等简易防腐措施。

3. 外露锚杆部分的防腐处理

（1）永久锚杆采用外露头时，必须涂上沥青等防腐材料，再采用混凝土密封，外露钢板和锚具的保护层厚度不得小于 2.5cm。

（2）永久锚杆采用盒具密封时，必须用润滑油填充盒具的空隙。

（3）临时性锚杆的锚头宜采用沥青防腐。

9.11.5　质　量　控　制

1. 锚杆工程所用材料，钢材、水泥、水泥浆、水泥砂浆强度等级，必须符合设计要求，锚具应有出厂合格证和试验报告。水泥、砂浆及接驳器必须经过试验，并符合设计和施工规范的要求，有合格的试验资料。

2. 锚固体的直径、标高、深度和倾角必须符合设计要求。

3. 锚杆的组装和安放必须符合《土层锚杆设计与施工规范》（CECS 22）的要求。在进行张拉和锁定时，台座的承压面应平整，并与锚杆的轴线方向垂直。

4. 锚杆的张拉、锁定和防锈处理必须符合设计和施工规范的要求。

5. 土层锚杆的试验和监测必须符合设计和施工规范的规定。进行基本试验时，所施加最大试验荷载（Q_{max}）不应超过钢丝、钢绞线、钢筋强度标准值的 0.8 倍。基本试验所得的总弹性位移应超过自由段理论弹性伸长的 80%，且小于自由段长度与 1/2 锚固段长度之和的理论弹性伸长。

6. 允许偏差

锚杆水平方向孔距误差不应大于 50mm，垂直方向孔距误差不应大于 100mm。钻孔底部的偏斜尺寸不应大于锚杆长度的 3%。锚杆孔深不应小于设计长度，也不宜大于设计长度的 1%。锚杆锚头部分的防腐处理应符合设计要求。土层锚杆施工尺寸和允许偏差见表 9-27。

土层锚杆施工质量检验标准　　表 9-27

项	序	检查项目	允许偏差或允许值		检查方法
			单　位	数　值	
主控项目	1	锚杆土钉长度	mm	±30	用钢尺量
	2	锚杆锁定力	设计要求		现场实测
一般项目	1	锚杆或土钉位置	mm	±100	用钢尺量
	2	钻孔倾斜度	°	±1	测钻机仰角
	3	浆体强度	设计要求		试样送检
	4	注浆量	大于理论计算浆量		检查计量数据
	5	土钉墙面厚度	mm	±10	用钢尺量
	6	墙体强度	设计要求		试样送检

9.12　基坑支撑系统施工

9.12.1　支撑系统的主要形式

基坑支撑系统是增大围护结构刚度，改善围护结构受力条件，确保基坑安全和稳定性的构件。目前支撑体系主要有钢支撑和混凝土支撑。支撑系统主要由围檩、支撑和立柱组成。根据基坑的平面形状、开挖面积及开挖深度等，内支撑可分为有围檩和无围檩两种，对于圆形围护结构的基坑，可采用内衬墙和围檩两种方式而不设置内支撑。

9.12.1.1 圆形围护结构采用内衬墙方式

圆形围护结构的内衬墙方式一般由圆形基坑的地下连续墙与内衬墙相结合（图 9-95）。圆形结构的"拱效应"可将结构体上可能出现的弯矩转化成轴力，充分利用了结构的截面尺寸和材料的抗压

性能，支护结构较安全经济。同时圆形围护结构无内支撑方式可在坑内提供一个良好的开挖空间，适合大型挖土机械的施工，缩短工期。

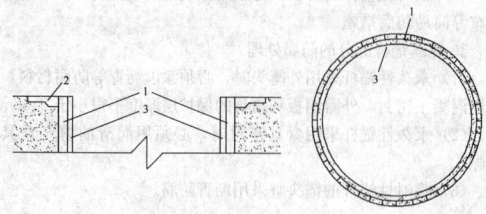

图 9-95 内衬方式的圆形围护剖面图及俯视图
1—围护墙；2—导墙；3—内衬墙

9.12.1.2 圆形围护结构采用围檩方式

圆形围护结构采用围檩方式一般由圆形基坑的地下连续墙与围檩相结合（图 9-96）。该方式与内衬墙方式相比，在施工便利性、成本、工期上更具有优势。

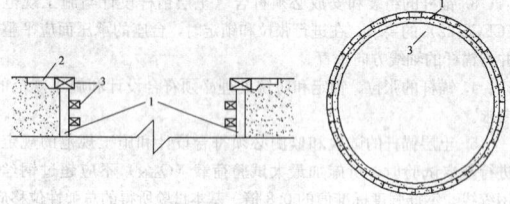

图 9-96 围檩式的圆形围护剖面图及俯视图
1—围护墙；2—导墙；3—顶圈梁及围檩

9.12.1.3 内支撑有围檩方式

内支撑有围檩方式从空间结构上可分为平面支撑体系和竖向斜撑体系。根据工程的不同平面形状，水平支撑可采用对撑、角撑以及边桁架和八字撑等组成的平面结构体系；对于方形基坑也可以采用内环形平面结构体系。支撑布置形式目前常用的主要有正交支撑、角撑结合边桁架、圆形支撑、竖向斜撑等布置形式。

正交支撑系统（图 9-97）具有刚度大、受力直接、变形小、适应性强的特点，工程应用较为广泛，较适合敏感环境下面积较小基坑工程。但该支撑形式的支撑杆件较密集，工程量较大，出土空间较小，土方开挖效率受到一定影响。

对撑、角撑结合边桁架支撑体系（图 9-98）近年来在深基坑工程中得到了广泛的应用，设计和施工经验较成熟。该支撑体系受力简单明确，各块支撑受力相对独立，可实现支撑与土方开挖的流水作业，可缩短绝对工期，同时该支撑体系无支撑空间较大，有利于出土，可在对撑及角撑区域结合栈桥设计。

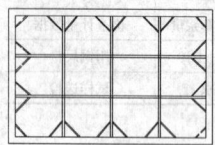

图 9-97 正交支撑示意图

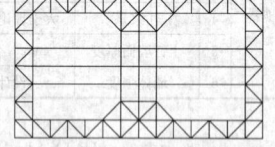

图 9-98 对撑、角撑结合边桁架支撑示意图

圆环形支撑体系（图 9-99）可充分利用混凝土抗压能力高的特点，基坑周边的侧压力通过围护墙传给围檩和边桁架腹杆，最后集中传递至圆环。中部无支撑，空间大，有利于出土。圆形支撑体系适用于面积较大基坑。

采用竖向斜撑体系的基坑，先开挖基坑中部土方，施工中部基础底板或地下结构，然后安装斜撑，再挖除周边土方。该体系适用于平面尺寸较大、形状不规则、深度较浅、周边环境较好的基坑，其施工较简单，可节省支撑材料。竖向斜撑体系通常由斜撑、腰梁和斜撑基础等构件组成，斜撑基础一般为基础底板，也可以地下室结构作为斜撑基础。斜撑长度较长时宜在中部设置立柱，如图 9-100 所示。采用该支撑体系应考虑基坑周边土方变形、斜撑变形、

斜撑基础变形等因素可能造成的围护墙位移。

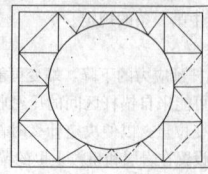

图 9-99 圆环形支撑示意图

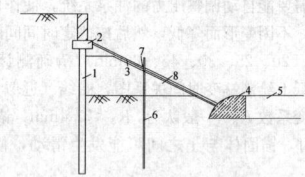

图 9-100 竖向斜撑体系
1—围护墙；2—顶圈梁；3—斜撑；4—斜撑基础；
5—基础；6—立杆；7—系杆；8—土堤

9.12.1.4 内支撑无围檩方式

地铁等狭长形基坑的施工中常采用无围檩支撑体系，该支撑体系在地下连续墙每幅槽段应有不少于 2 个支撑点，且墙体内设置暗梁。该支撑体系与有围檩的内支撑体系较相似，施工方便，材料节省，且在支撑拆除过程中对围护墙影响较小；但该支撑体系在结构受力方面要求较高，在支撑端头会产生较大集中力，可能会造成围护墙局部破坏。

9.12.2 支撑体系布置

9.12.2.1 支撑体系的平面布置

支撑结构的总体布置应根据基坑平面形状和开挖深度、竖向围护结构特性、周边环境保护要求或邻近地下工程施工情况、工程地质和水文地质条件、主体工程地下结构设计、施工顺序和方法、当地工程经验和资源情况等因素综合确定。

长条形基坑工程可设置短边方向的对撑体系，两端可设置水平角撑体系；短边方向的对撑体系可根据基坑长边长度、土方开挖、工期等要求采用钢支撑或混凝土支撑，两端角撑体系从基坑工程的稳定性及控制变形的角度上，宜采用混凝土支撑的形式。若基坑周边环境保护要求较高，基坑变形控制要求较为严格时，或基坑面积较小、基坑边长大致相等时，宜采用相互正交的对撑布置方式。若基坑面积较大、平面不规则，且支撑平面中需留设较大作业空间时，宜采用角部设置角撑、长边设置沿短边方向的对撑结合边桁架的支撑体系。基坑平面为规则的方形、圆形或者平面虽不规则但基坑边长尺寸大致相等时，可采用圆环形支撑或多圆环形支撑体系。基坑平面有向坑内折角（阳角）时，可在阳角的两个方向上设置支撑点，或可根据实际情况将该位置的支撑杆件设置为现浇板，还可对阳角处的坑外地基进行加固，提高坑外土体的强度，以减少围护墙侧向压力。

一般情况下平面支撑体系由腰梁、水平支撑和立柱组成。根据工程具体情况，水平支撑可用对撑、对撑桁架、斜角撑、斜撑桁架以及边桁架和八字撑等形式组成的平面结构体系，如图 9-101。支撑平面位置应避开主体工程地下结构的柱网轴线。当采用混凝土围

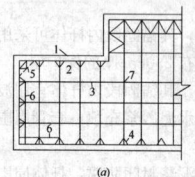
(a)

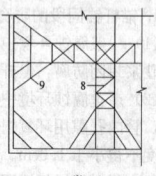
(b)

图 9-101 水平支撑体系
1—围护墙；2—腰梁；3—对撑；4—八字撑；5—角撑；
6—系杆；7—立柱；8—对撑桁架；9—斜撑桁架

檩时，沿围檩方向支撑点的间距不宜大于 9m，采用钢围檩时支撑点间距不宜大于 4m。采用无围檩支撑体系时，每幅槽段墙体上应设 2 个以上对称支撑点。若相邻水平支撑间距较大，可在支撑端部两侧与围檩间设置八字撑，八字撑宜对称设置。基坑平面有阳角时，应在阳角两个方向上设支撑点，地下水位较高的软土地区尚宜对阴角处的坑外地基进行处理。

9.12.2.2 支撑体系的竖向布置

在竖向平面内布置水平支撑的层数，应根据开挖深度、工程地质条件、环境保护要求、围护结构类型、工程经验等确定。上下层水平支撑轴线应布置在同一竖向平面内，竖向相邻水平支撑的净距不宜小于 3m，当采用机械坑下开挖及运输时，尚应适当放大。设定的各层水平支撑标高，不得妨碍主体地下结构的施工。一般情况下围护墙顶水平圈梁可与第一道围檩结合，当第一道水平支撑标高低于墙顶圈梁时可另设腰梁，但不宜低于自然地面以下 3m。当为多层支撑时，最下一层支撑的标高在不影响主体结构底板施工的条件下，应尽可能降低。立柱应布置在纵横向支撑的交点处或桁架式支撑的节点位置，并应避开主体结构梁、柱及承重墙的位置，立柱的间距一般不宜超过 15m；立柱下端一般应支撑在较好土层上或锚入钻孔灌注桩中，开挖面以下埋入深度应满足支撑结构对立柱承载力和变形的要求。

竖向斜撑体系的斜撑长度大于 15m 时，宜在中部设置立柱（图9-100）。斜撑宜采用型钢或组合型钢。竖向斜撑宜均匀对称布置，水平间距不宜大于 6m；斜撑与坑底间的夹角不宜大于 35°，在地下水位较高的软土地区不宜大于 26°，并应与基坑周边土体边坡一致。斜撑基础与围护墙间的水平距离不宜小于围护墙在开挖面以下插入深度的 1.5 倍。斜撑与腰梁、斜撑与基础以及腰梁与围护墙间的连接应满足斜撑水平分力和垂直分力的传递要求。

9.12.3 支 撑 材 料

作为水平支撑的材料主要有木材、钢管和型钢、钢筋混凝土结构。

木材支撑以圆木为主，一般用于简单的小型基坑。采用木材作为支撑材料施工十分方便，还可用于抢险辅助支撑。

钢管和型钢是工厂定型生产的规格化材料，钢管一般有 $\phi 609mm \times 16mm$、$\phi 609mm \times 14mm$、$\phi 580mm \times 14mm$、$\phi 580mm \times 12mm$、$\phi 406mm$ 等型号，H 型钢有焊接 H 型钢和轧制 H 型钢。钢支撑质量轻、强度高、稳定性好、可施加预应力、施工速度快、可重复使用，已广泛应用。

钢筋混凝土支撑一般在现场浇筑。该类型支撑杆件设计灵活、整体性好、可靠度高、节点易处理，但施工工序多，后期支撑拆除费工费时。

9.12.4 支撑系统构造措施

9.12.4.1 钢支撑

钢支撑结构形式较多，结构形式的选择应考虑地质及环境条件、平面尺寸、深度及地下结构特点和施工要求等诸多因素，常见结构形式的构造措施如以下节点构造图所示。

图 9-102 为钢管支撑与围檩、立柱连接节点详图。

图 9-103 为 H 型钢支撑与围檩连接节点详图。

钢支撑构件连接可采用焊接或高强螺栓连接；腰梁连接节点宜设置在支撑点附近且不应超过支撑间距的 1/3；钢腰梁与围护墙间宜采用细石混凝土填充，钢腰梁与钢支撑的连接节点宜设加劲板；支撑拆除前应在主体结构与围护墙之间设置换撑传力构件或回填夯实。

9.12.4.2 混凝土支撑

混凝土支撑在达到一定强度后具有较大刚度，变形控制可靠度高，制作方便，对基坑形状要求不高，对基坑周边环境具有较好的保护作用，已被广泛采用。钢筋混凝土支撑构件的混凝土强度等级不应低于 C20，同一平面内宜整体浇筑。

图 9-104 为钢筋混凝土支撑与围檩连接节点的详图。

图 9-105 为钢筋混凝土支撑与立柱连接节点的详图。

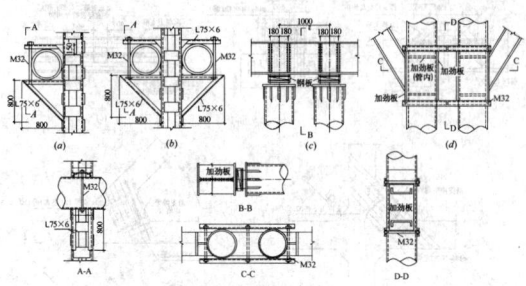

图 9-102 钢管支撑节点详图
(a) 单肢钢管支撑与格构式立柱连接节点构造详图；
(b) 双肢钢管支撑与格构式立柱连接节点构造详图；
(c) 钢管支撑与 H 型钢围檩连接节点构造详图；
(d) 双肢钢管与八字撑连接节点构造详图

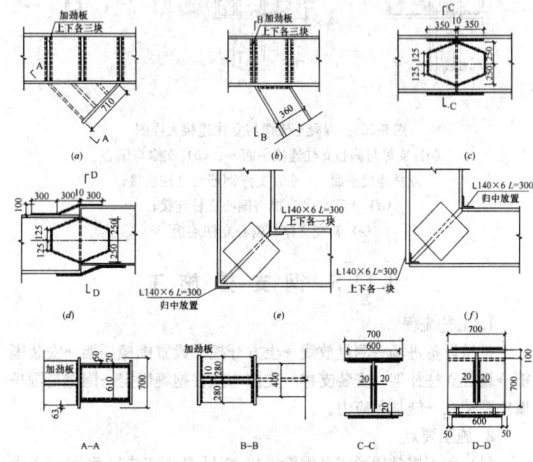

图 9-103 H 型钢支撑节点详图
(a) 斜撑与围檩连接节点牛腿详图；
(b) 八字撑与围檩连接节点详图；
(c) 钢围檩连接节点详图；
(d) 钢围檩异形连接节点详图；
(e) 钢围檩转角处连接节点详图一；
(f) 钢围檩转角处连接节点详图二

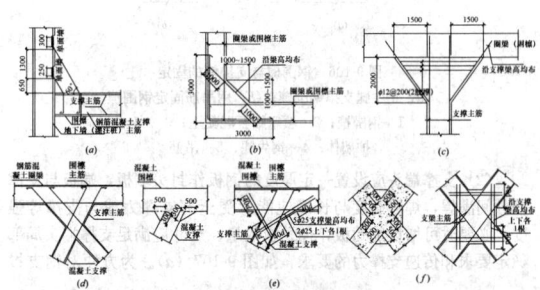

图 9-104 混凝土支撑与围檩连接大样图
(a) 围檩与围檩结构连接大样；
(b) 圈梁或围檩折角加强筋构造；
(c) 支撑扩大头与圈梁围檩连接大样；
(d) 双支撑与围檩的连接大样；
(e) 单支撑与围檩的连接大样；
(f) 支撑相交处倒角处理

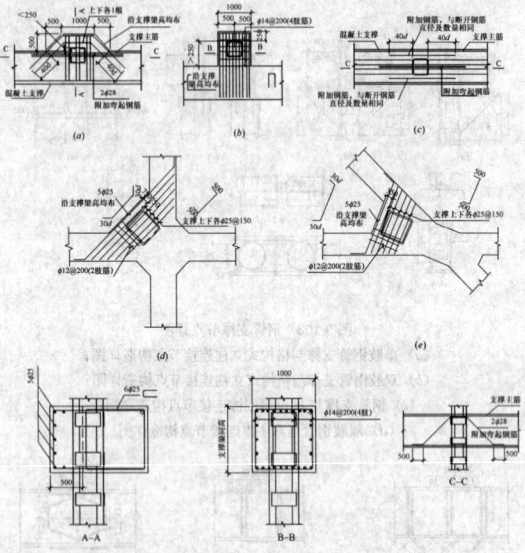

图 9-105　混凝土支撑与立柱连接大样图
(a) 支撑与偏心立柱连接平面一；(b) 支撑与偏心
立柱连接平面二；(c) 支撑钢筋与立柱连接；
(d) 十字交叉支撑与偏心立柱连接；
(e) 斜交支撑与偏心立柱连接

9.12.5　钢支撑施工

1. 工艺流程

机械设备进场→测量放线→土方开挖→设置围檩托架→安装围檩→设置立柱托架→安装支撑→支撑与立柱抱箍固定→围檩与围护墙空隙填充→施加预应力。

2. 施工要点

(1) 钢支撑常用形式有钢管支撑和 H 型钢支撑。钢围檩多采用 H 型钢或双拼工字钢、双拼槽钢等，截面宽度一般不小于 300mm。可通过设置在围护墙上的钢牛腿与墙体连接，或通过墙体伸出的吊筋予以固定，围檩与墙体间的空隙用细石混凝土填塞，如图 9-106。

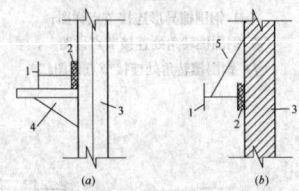

图 9-106　钢围檩与支护墙的固定
(a) 钢牛腿支撑钢围檩；(b) 用吊筋固定钢围檩
1—钢围檩；2—填塞细石混凝土；3—支护墙体；4—钢牛腿；5—吊筋

(2) 支撑端头应设置一定厚度的钢板作封头端板，端板与支撑杆件间满焊，焊缝高度与长度应能承受全部支撑力或与支撑等强度。必要时可增设加劲板，加劲板数量、尺寸应满足支撑端头局部稳定要求和传递支撑力的要求，如图 9-107 (a)。为方便对钢支撑

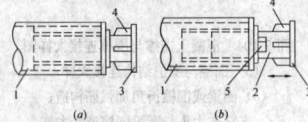

图 9-107　钢支撑端部构造
(a) 固定端头；(b) 活络端头
1—钢管支撑；2—活络头；3—端头封板；4—肋板；5—钢楔

预加压力，端部可做成"活络头"，活络头应考虑液压千斤顶的安装及千斤顶顶压后钢楔的施工。"活络头"的构造如图 9-107 (b)。钢支撑轴线与围檩不垂直时，应在围檩上设置预埋铁件或采取其他构造措施以承受支撑与围檩间的剪力。

(3) 水平纵横向钢支撑宜设置在同一标高，宜采用定型的十字接头连接，该种连接整体性好，节点可靠。采用重叠连接施工方便，但整体性较差。纵横向水平支撑采用重叠连接时，相应围檩在基坑转角处不在同一平面内相交，也需采用重叠连接，此时应在围檩端部采取加强构造措施，防止围檩端部产生悬臂受力状态，可采用如图 9-108 的连接形式。

(4) 立柱间距应根据支撑稳定与竖向荷载大小确定，一般不大于 15m。常用截面形式及立柱底部支承桩的形式如图 9-109，立柱穿过基础底板时应采取止水构造措施。

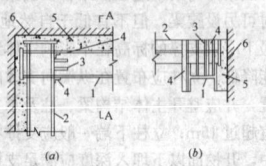

图 9-108　围檩叠接示意图
(a) 平面图；(b) A—A 剖面图
1—下围檩；2—上围檩；3—连接肋板；4—连接角钢；5—细石混凝土；6—围护桩

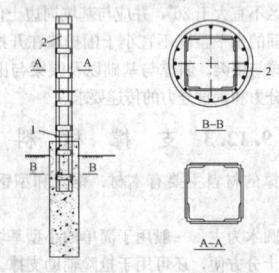

图 9-109　角钢拼接格构柱
1—止水片；2—格构柱

(5) 钢支撑应按要求施加预应力，预应力一般为设计应力的 50%～75%。钢支撑预应力施加可减少围护墙体的侧向位移，并使支撑受力均匀。施加预应力的方法有两种，一种是用千斤顶在围檩与支撑交接处加压，在缝隙处塞钢楔锚固，然后撤去千斤顶；另一种是用特制的千斤顶作为支撑部件，安装在各支撑上，预加应力后保留至支撑拆除。支撑安装完毕后应及时检查各节点的连接情况，经确认符合要求后方可施加预压力，预压力施加宜在支撑两端同步对称进行；预压力应分级施加，重复进行，加至设计值时，再次检查各连接点的情况，必要时应对节点进行加固，待额定压力稳定后锁定。

9.12.6　混凝土支撑施工

混凝土支撑体系宜在同一平面内整体浇筑，支撑与支撑、支撑与围檩相交处宜采用加腋等构造措施，使其形成刚性节点。支撑施工时宜采用开槽浇筑的方法，底模板可用素混凝土、木模、小钢模等铺设，土质条件较好时也可利用槽底做土模；侧模多用木模或钢模板。混凝土支撑浇筑前应保持基槽平整，底模支立牢固。

支撑与立柱的连接，在顶层支撑处可采用钢板承托方式，其余支撑位置一般可由立柱直接穿过，如图 9-110。中间腰梁与围护墙间应浇筑密实，悬吊钢筋直径不宜小于 20mm，间距一般为 1～1.5m，两端应弯起，吊筋插入腰梁的长度不小于 40d。应清理与腰梁接触部位的围护墙，凿除钢筋保护层，在围护墙主筋上焊接吊筋，如图 9-110。

挖土时必须坚持先撑后挖的原则，上层土方开挖至围檩或支撑下沿位置时，应立即施工支撑系统，且需待支撑达到设计强度方可

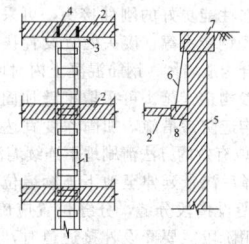

图 9-110 支撑与立柱、围护墙的连接
1—钢立柱；2—支撑；3—承托钢板；4—插筋；
5—支护墙；6—悬吊钢筋；7—冠梁；8—腰梁

进入下道工序，若工期较紧时可采取提高混凝土强度等级的措施。

应保证围檩与内支撑配筋方位与设计规定的方位一致，同时面层钢筋和构造钢筋布置应满足设置爆破孔位的要求。钢筋绑扎时应将监测所需的传感器及时预埋且做好保护工作。采用地下连续墙围护时，围檩施工缝应设置在地下连续墙的中间位置，禁止设置在接缝处。

9.12.7 支撑立柱施工

支撑立柱用于承受支撑自重等荷载，支撑立柱通常采用钢立柱插入立柱桩的形式。立柱一般采用角钢格构式钢柱、H型钢式立柱或者钢管式立柱。立柱桩通常采用灌注桩，该灌注桩可利用工程桩，也可新增立柱桩。角钢格构柱构造简单、便于加工、承载力较大，在各种基坑工程中广泛应用，常见的角钢格构柱采用4根角钢拼接通过缀板拼接，最常用的角钢格构柱断面边长为420mm、440mm和460mm，所适用的最小立柱桩桩径分别为700mm、750mm和800mm。立柱拼接钢缀板应采用平行、对称分布，在满足设计计算间距要求的基础上，应尽量设置在能够避开支撑钢筋的标高位置。各道支撑位置需设置抗剪构件以传递相应的竖向荷载。立柱一般插入立柱桩桩顶以下3m左右。

格构柱吊装施工应选用合适的吊装机械，吊点位于格构柱上部，格构柱固定采用钢筋笼部分主筋上部弯起，与格构柱缀板及角钢焊接固定，固定时格构柱应居于钢筋笼正中心，定位偏差小于20mm，垂直度偏差要求≤1/200。焊接时吊装机械始终吊住格构柱，避免其受力。格构柱吊装后应采取固定措施，防止其沉降。立柱在穿越底板的范围内应设置止水片。格构柱四个面中的一个面应保证与支撑轴线平行，施工中应有防止立柱转向的技术措施。

9.12.8 支撑系统质量控制

支撑系统施工应符合《钢结构工程施工质量验收规范》（GB 50205）和《混凝土结构工程施工质量验收规范》（GB 50204）的有关规定，且应符合表9-28的要求。

钢及混凝土支撑系统工程质量检验标准 表 9-28

项目	序	检查项目	允许偏差或允许值		检查方法
			单位	数值	
主控项目	1	支撑位置：标高 平面	mm mm	30 100	水准仪 用钢尺量
	2	预加顶力	kN	±50	油泵读数或传感器
一般项目	1	围檩标高	mm	30	水准仪
	2	立柱桩	参见桩基部分		参见桩基部分
	3	立柱位置：标高 平面	mm mm	30 50	水准仪 用钢尺量
	4	开挖超深（开槽放支撑除外）	mm	<200	水准仪
	5	支撑安装时间	设计要求		用钟表估测

9.13 地下结构逆作法施工

逆作法施工时，先沿地下室轴线（两墙合一）或周边（围护墙作临时结构）施工围护墙；在结构柱或墙体处施工中间支承柱（临时或永久立柱），作为施工期承受永久结构、施工荷载的支撑；然后开挖土方，顺作施工梁板结构，作为基坑水平支撑兼作逆作阶段作业层；逐层向下开挖土方，施工各层地下结构，直至结构底板完成。逆作法施工可根据设计要求、进度及场地条件，同时施工上部结构。逆作法施工时，两墙合一地下连续墙、中间支承柱、基坑土方开挖及地下结构施工、施工环境改善等技术均有别于传统的顺作法施工。

9.13.1 逆作法施工分类

（1）全逆作法：利用地下各层永久水平结构对四周围护结构形成水平支撑，自逆作面向下依次施工地下结构的施工方法。

（2）半逆作法：利用地下室各层永久水平结构中先期浇筑的肋梁，对四周围护结构形成水平支撑，待土方开挖完成后，再二次浇筑楼板的施工方法。

（3）部分逆作法：基坑部分采取顺作法，部分采用逆作法的施工方法。部分逆作法一般有主楼先顺作裙房后逆作、裙房先逆作主楼后顺作、中间顺作周边逆作等。

（4）分层逆作法：针对基坑围护采取土钉支护、土层锚杆等方式，由上往下进行施工，各层采用先开挖周边土方，施工土钉或锚杆后再大面积开挖中部土方，继而完成该层地下结构的施工方法。分层逆作法造价较低，施工进度较快，一般应用在土质较好的地区。

9.13.2 逆作法施工基本流程

各种逆作法施工原理基本相同，但施工步骤有所不同，以全逆作法为例，其典型施工流程如图9-111。

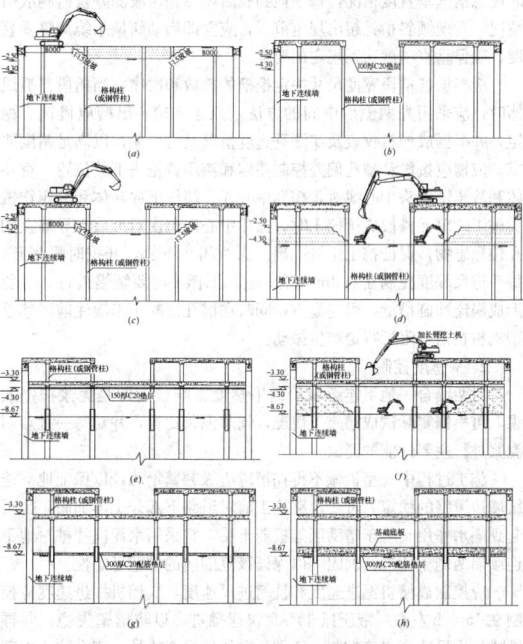

图 9-111 全逆作法基坑施工流程
(a) 第一层土方盆式开挖；(b) 施工垫层及首层梁板；
(c) 盆式开挖第二层土方；(d) 开挖第二层周边土方；
(e) 施工 B1 层梁板；(f) 盆式开挖第三层土；
(g) 施工配筋垫层；(h) 施工基础底板

9.13.3 围护墙与结构外墙相结合的工艺

地下连续墙作为主体地下室外墙与围护墙相结合的方式通常称

为"两墙合一"。其结合的方式又分为单一墙、分离墙、重合墙、混合墙（如图9-112）。单一墙构造简单，但地下连续墙与主体结构连接节点需满足结构受力要求，且防渗要求较高；一般需在地下连续墙内侧设置内衬墙，两墙之间设置排水沟以解决渗漏问题。分离墙结构也较简单且受力明确，地下连续墙只有挡土和防渗功能，主体结构外墙承受竖向荷载；若结构层高较高，可在层间加设支点，并对外墙结构采取加强措施。重合墙由于中间填充了隔绝材料，地下连续墙与主体结构外墙所产生的竖向变形互不影响，但水平方向的变形则相同；若地下结构深度较大，在地下连续墙厚度不变的条件下，可通过增大外墙厚度等措施承受较大应力；但由于地下连续墙表面不平整，不利于隔绝材料的铺设施工，且可能导致应力传递不均。复合墙即把地下连续墙和主体结构外墙形成整体，刚度大大提高，防渗性能较好，但是结合面的施工较为复杂，且新老混凝土不同收缩产生的应变差可能会影响复合墙的受力效果。

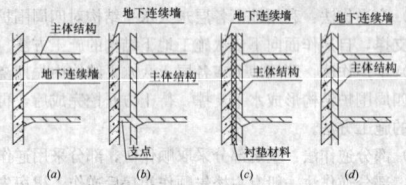

图 9-112　地下连续墙的结合方式
(a) 单一墙；(b) 分离墙；(c) 重合墙；(d) 混合墙

与临时的地下连续墙相比，"两墙合一"地下连续墙的施工时垂直度控制、平整度控制、接头防渗、墙底注浆具有较高的要求。

9.13.3.1　两墙合一地下连续墙施工控制

1. 垂直度控制

成槽所采用的成槽机或铣槽机均需具有自动纠偏装置，以便在成槽过程中适时监测偏斜情况，并且可以自动调整。成槽过程须随时注意槽壁垂直度情况，每一抓到底后，用超声波测井仪检测成槽情况，发现倾斜指针超出规定范围，应立即启动纠偏系统调整垂直度，确保垂直度达到规定的要求。

应根据各槽段宽度尺寸决定挖槽的抓数和次序，当槽段三抓成槽时，应采用先两侧后中间的方法，抓斗入槽、出槽应慢速、稳定，并根据成槽机仪表及实测垂直度情况及时纠偏，以满足精度要求。成槽应按设计槽孔偏差控制斗体和液压铣铣头下放位置，将斗体和液压铣铣头中心线对正槽孔中心线，缓慢下放斗体和液压铣铣头施工。单元槽段成槽挖土时，抓斗中心应每次对准放在导墙上的孔位标志物，保证挖土位置准确。抓斗闭斗下放，开挖时再张开，每斗进尺深度控制在0.3m左右，上、下抓斗时要缓慢进行，避免形成涡流冲刷槽壁，引起塌方，同时在槽孔混凝土未灌注前严禁重型机械在槽孔附近走产生振动。

2. 平整度控制

对两墙合一地下连续墙墙面平整度影响最大的是泥浆护壁效果，可根据实际试成槽施工情况，调节泥浆比重，并对每一批新制泥浆进行主要性能的测试。

施工过程中大型机械不得在槽段边缘频繁走动，以保证地下连续墙边道路的稳定，可在道路施工前对道路下部分土体加固，也可起到隔水作用。对于暗浜段等极弱土层，宜采用水泥搅拌桩对地下连续墙两侧土体进行加固，以保证该范围内的槽壁稳定性。

应控制成槽机掘进速度和铣槽进尺速度，成槽机掘进速度应控制在15m/h左右，液压抓斗不宜快速掘进，以防槽壁失稳，同样铣槽机进尺速度也应控制，特别是在软硬层交接处，应有防止出现偏移、被卡等现象的技术措施。泥浆应随着出土及时补入，保证泥浆液面在规定高度上，以防槽壁失稳。

3. 接头防渗技术

由于地下连续墙采用泥浆护壁成槽，接头混凝土面上附着一定厚度的泥皮，基坑开挖后，在水压作用下接头部位可能产生渗漏水及冒砂，所以两墙合一地下连续墙的防水防渗要求极高，接头连接需满足受力和防渗要求。两墙合一地下连续墙接头形

式应优先选用防水性能更好的刚性接头，可采用圆形接头、十字钢板接头、H型钢接头等。接头处宜设置扶壁式构造柱或框架柱、排水沟结合构造墙体、钢筋混凝土内衬墙结合防水材料、排水管沟等的防渗构造措施。可采取槽壁加固、槽段接头外侧高压喷射注浆等构造防渗措施，加固深度宜达基坑开挖面以下1m。施工中应采取有效的方法清刷地下连续墙混凝土壁面。

主体结构沉降后浇带延伸至地下连续墙位置时，宜在对应沉降后浇带位置留设槽段分缝，分缝位置应确保止水可靠性；地下连续墙在使用阶段需要开设外接通道时，应根据开洞位置采取加强措施和可靠的防水措施；地下连续墙与主体结构连接的接缝位置（如顶板、底板）可根据防水等级要求设置刚性止水片、膨胀止水条或预埋注浆管等构造措施。

4. 墙底注浆技术

两墙合一地下连续墙与主体工程桩不处于同一持力层，且上部荷重的分担不均，会对变形协调有较大的影响；而且由于施工工艺的因素，地下连续墙墙底和工程桩端受力状态的差异会产生两者的差异沉降。故两墙合一地下连续墙可通过墙底注浆消除墙底沉淤、加固墙侧和墙底附近的土层，以减少地下连续墙沉降量、协调槽段间和地下连续墙与桩基的差异沉降，还可以使地下连续墙墙底端承力和侧壁摩阻力充分发挥，提高其竖向承载能力。

地下连续墙成槽时，在槽段内预设注浆管，待墙体浇筑并达到一定强度后对槽底进行注浆。注浆管采用钢管，宜设置在墙厚中部，且沿槽段长度方向均匀布置；单幅槽段注浆管数量不应少于2根，槽段长度大于6m宜增设注浆管；注浆管下段应伸至槽底200～500mm；注浆应在混凝土浇筑后的7～8h内进行清水开塞；注浆量应符合设计要求，注浆压力控制在0.2～0.4MPa。

9.13.3.2　两墙合一地下连续墙施工质量控制

两墙合一地下连续墙施工过程中应全数检测槽段垂直度、沉渣厚度等指标。墙面垂直度应符合设计要求，一般须控制在1/300；沉渣厚度不应大于100mm；墙面平整度应小于100mm；预埋件位置水平向偏差不大于10mm，垂直向偏差不大于20mm。

两墙合一地下连续墙应采用超声波透射法对墙体混凝土质量进行检测，同类型槽段的检测数量不应少于10%，且不应少于3幅；必要时可采用钻孔取芯方法进行检测，单幅墙身的钻孔取芯数量不少于2个；钻孔取芯完成后应对芯孔进行注浆填充。

9.13.4　立柱桩与工程桩相结合的工艺

考虑到基坑支护体系成本及主体结构体系的具体情况，竖向承载结构立柱一般尽量设置于主体结构柱位置，并应利用结构柱下工程桩作为立柱桩。立柱可采用角钢格构柱、H型钢柱或钢管混凝土柱等形式。竖向支承结构宜采用1根结构柱位置布置1根立柱和立柱桩的形式（一柱一桩），也可采用1根结构柱位置布置多根立柱和立柱桩的形式（一柱多桩）。与临时立柱相比，利用主体结构的立柱，其定位和垂直度控制、沉降控制是施工的关键。

9.13.4.1　一柱一桩施工控制

1. 一柱一桩定位与调垂施工控制技术

首先应严格控制工程桩的施工精度，精度控制贯穿于定位放线、护筒埋设、校验复核、机架定位、成孔全过程，必须对每一个环节加强控制。立柱的施工必须采用专用的定位调垂装置。目前柱的垂直度控制有机械调垂法、导向套筒法等方法。

机械调垂系统主要由传感器、纠正架、调节螺栓等组成。在立柱上端X和Y方向上分别安装1个传感器，支撑柱固定在纠正架上，支撑柱上设置2组调节螺栓，每组共4个，两两对称，两组调节螺栓有一定的高差以形成扭矩。测斜传感器和上下调节螺栓在东西、南北各设置1组。若支承柱下端X正方向偏移，X方向的两个上调螺栓一松一紧，使支撑柱绕下调螺栓旋转，当支撑柱进入规定的垂直度范围时，即停止调节螺栓；同理Y方向通过Y方向的调节螺栓进行调节。

导向套筒法是把校正立柱转化为导向套筒。导向套筒的调垂可采用气囊法和机械调垂法。待导向套筒调垂结束并固定后，从导向套筒中间插入支撑柱，导向套筒内设置滑轮以利于支撑柱的插入，然后浇筑立柱桩混凝土，直至混凝土能固定支撑柱后拔出导向

套筒。

2. 钢管混凝土立柱一柱一桩不同强度等级混凝土施工控制技术

竖向支撑体系采用钢管混凝土立柱时，一般钢管内混凝土强度等级高于工程桩混凝土，此时在一柱一桩混凝土施工时应严格控制不同强度等级的混凝土施工界面，确保混凝土浇捣施工。水下混凝土浇灌至钢管底标高时，即更换高强度等级混凝土进行浇筑。典型的钢管混凝土柱不同强度等级混凝土浇筑流程如图 9-113 所示。

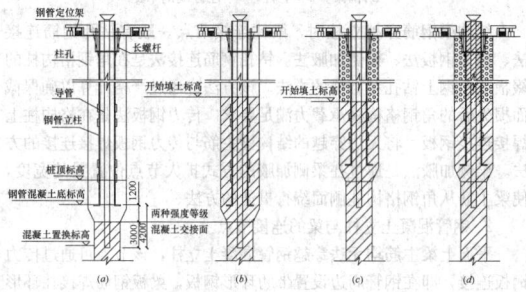

图 9-113　钢管混凝土柱不同强度等级混凝土浇筑流程示意图
(a) 置换开始；(b) 土置换至回填高度；(c) 碎石回填；(d) 浇筑至顶面

3. 立柱桩差异沉降控制技术

立柱桩在上部荷载及基坑开挖土体应力释放的作用下，发生竖向变形，同时立柱桩承载的不均匀，增加了立柱桩间及立柱桩与围护结构之间产生较大沉降差的可能。控制整个结构的不均匀沉降是支护结构与主体结构相结合工程施工的关键技术之一，差异沉降控制一般可采取桩端后注浆、坑内增设临时支撑、坑内外土体的加固、立柱间及立柱与围护墙间增设临时剪刀撑、快速完成永久结构、局部节点增加压重等措施。

桩端后注浆施工技术可提高一柱一桩的承载力，有效解决差异沉降的问题。施工前应通过现场试验来确定注浆量、压力等施工参数进而掌握桩端后注浆和工程桩的实际承载力。注浆管应采用钢管，注浆管应沿桩周均匀布置且伸入桩端 200～500mm。灌注桩成桩后的 7～8h，应对注浆管进行清水开塞，注浆宜在成桩 48h 后进行。若注浆量达到设计要求，或注浆量达到设计要求的 80% 以上，且压力达到 2MPa 时，可视为注浆合格，可终止注浆。

9.13.4.2　一柱一桩施工质量控制

立柱和立柱桩定位偏差不应大于 10mm；成孔后灌筑前的沉渣厚度不应大于 100mm；立柱桩成孔垂直度一般不大于 1/150；立柱的垂直度偏差不应大于 1/300；格构柱、H 型钢柱的转向不宜大于 5°。每根立柱桩的抗压强度试块数量不少于 1 组；立柱桩成孔垂直度应全数检查；桩身完整性应全数检测，可采用低应变测法，也可采用超声波透射法检测桩身完整性。

9.13.5　支撑体系与结构楼板相结合的工艺

1. 出土进料口

逆作法施工即是地下结构施工由上而下进行，在土方开挖和地下结构施工时，需进行施工设备、土方、模板、钢筋、混凝土等的上下运输，需预留若干上下贯通的施工孔洞作为竖向运输通道口，其尺寸大小根据施工需要设置，且应满足进出材料、设备及结构件的尺寸要求。地下结构梁板与基坑内支撑系统相结合的逆作法施工工程中，水平结构一般采用梁板结构体系和无梁楼盖结构体系。梁板结构体系的孔洞一般开设在梁间，并在首层孔洞边梁周边预留止水片，逆作法结束后再浇筑封闭；在无梁楼盖上设置施工孔洞时，一般需设置边梁并在首层孔洞边梁周边附加止水构造。

2. 模板体系

地下室结构浇筑方法有两种，即利用土模浇筑和利用支模方式浇筑。施工通常采用土胎模或架立模板形式，采用土胎模时应避免超挖，并确保降水深度在开挖面以下 1m，确保地基土具有一定的承载能力；采用架立矮排架模板体系时，应验算排架整体稳定性。

(1) 利用土模浇筑梁板

开挖至设计标高后，将土面整平夯实，浇筑素混凝土垫层（土质好抹一层砂浆亦可），然后设置隔离层，即成楼板模板。对于梁模板，如土质好可用土胎模，挖出槽穴即可，土质较差时可采用支模或砖砌梁模板。所浇筑的素混凝土层，待下层挖土时一同挖去。

对于结构柱模板，施工时先把结构柱处的土挖出至梁底下 500mm 左右，设置结构柱的施工缝模板，为使下部的结构柱易于浇筑，该模板宜呈斜面安装，柱子钢筋穿通模板向下伸出接头长度，在施工缝模板上将立柱模板与梁模板相连接。施工缝处常用的浇筑方法有三种，即直接法、充填法和注浆法（图 9-114）。直接法是在施工缝下部继续浇筑相同的混凝土，或添加一些铝粉以减少收缩；充填法是在施工缝处留出充填接缝，待混凝土面处理后，再在接缝处充填膨胀混凝土或无浮浆混凝土；注浆法是在施工缝处留出缝隙，待后浇混凝土硬化后用压力压入水泥浆充填。施工时可对接缝处混凝土进行二次振捣，以进一步排除混凝土中的气泡，确保混凝土密实和减少收缩。

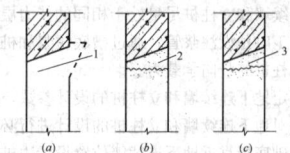

图 9-114　上下混凝土连接
(a) 直接法；(b) 充填法；(c) 注浆法
1—浇筑混凝土；2—填充无浮浆混凝土；
3—压入水泥浆

(2) 利用支模方式浇筑梁板

先挖去地下结构一层高的土层，然后按常规方法搭设梁板模板，浇筑梁板混凝土，再向下延伸竖向结构（柱或墙板）。为此需对梁板支撑的沉降和结构的变形进行控制，并确保竖向构件上下连接和混凝土浇筑便利。采用盆式开挖方式的较大基坑，在开挖形成的临时边坡的高差区域，模板支撑系统应采取加固措施；在基坑周边的矮排架高度应考虑土方超挖可能造成的基坑变形过大，并应满足矮排架的作业净空要求。为减少模板支撑的沉降和结构变形，施工时需对土层采取措施进行临时加固。加固方法一般为浇筑素混凝土以提高土层承载力，该方法需额外耗费少量混凝土；也可铺设砂垫层并上铺枕木以扩大支撑面积，且竖向结构钢筋可插入砂垫层，以便与下层后浇结构的钢筋连接。

有时也可采用悬吊模板的方式，即模板悬吊在上层已浇筑水平结构上，用吊杆悬吊模板，模板骨架采用刚度较大的型钢，悬吊模板也可在下层土方开挖后通过动力系统下降至下层结构标高。悬吊支模施工速度快，不受底土质影响，但构造复杂，成本较高。

(3) 竖向结构的浇筑

逆作法工程竖向结构大部分待结构底板施工完成后再由下往上浇筑。由于水平结构已经完成，竖向结构的施工较为困难，一般通过留设浇捣孔或搭设顶部开口喇叭形模板的方式。浇捣孔一般设置在柱四周楼板的位置，采用 150～200mm 的 PVC 管材或钢管，可根据施工需要设置垂直竖向或斜向以满足浇捣要求，浇捣孔可兼作振捣孔使用。顶部开口喇叭形模板施工竖向结构时，由于混凝土是从顶部的侧面进入，为便于浇筑和保证连接处质量，除对竖向钢筋间距适当调整外，应将模板开口面标高设置高出竖向结构的水平施工缝。为防止竖向结构施工缝处存在缝隙，可在施工缝处的模板上预留若干压浆孔，必要时可采取压力灌浆的方式消除缝隙，保证竖向结构连接处的密实。

9.13.6　逆作法施工中临时的支撑系统施工

逆作法施工中遇到水平结构体系出现过多的开口或高差、斜坡、局部开挖作业深度较大等情况，将不利于侧向水土压力的传

递，也难以满足结构安全、基坑稳定以及保护周边环境要求。对于该类问题常通过对开口区域采取临时封板、增设临时支撑等加固措施解决。逆作法中临时支撑主要作用是增强已有支撑系统的水平刚度，加固局部薄弱结构等，其主要形式有钢管支撑、型钢支撑、钢筋混凝土支撑等，其中钢支撑应用较广泛。临时支撑系统的施工通常是在支撑两端的架设位置预设预埋件，埋件埋设在已完成混凝土结构中，再将临时钢支撑两端与埋件焊接牢固。逆作法施工中，后浇带位置亦有临时支撑系统。通常做法是在后浇带两侧水平结构间设置水平型钢临时支撑，在水平肋梁下距后浇带1m左右处设置竖向支承以确保结构稳定。具体施工方法及相关节点构造与临时支撑基本相同。

9.13.7 逆作法结构施工措施

9.13.7.1 协调地下连续墙与主体结构沉降的措施

两墙合一地下连续墙和主体结构桩基之间可能会产生差异沉降，尤其是当地下连续墙作为竖向承重墙体时。一般需采取如下的措施控制差异沉降：

（1）地下连续墙和立柱桩尽量处于相同的持力层，或在地下连续墙和立柱桩施工时预设注浆管，通过槽底注浆和桩端后注浆提高地下连续墙和立柱桩的竖向承载力。

（2）合理确定地下连续墙和立柱桩的设计参数，选择承载力较高的持力层，并对地下连续墙和立柱桩的设计进行必要的协调。

（3）可在基础底板靠近地下连续墙位置设置边桩，或对基坑内外土体进行加固；为增加地下结构刚度，可采用增设水平临时支撑、周边设置斜撑、增设竖向剪力撑、局部结构构件加强等措施。

（4）成槽结束后及入桩前，往槽底投放适量碎石，使碎石面标高高出设计墙底5～10cm左右，依靠墙段的自重压实槽底碎石层及土体，以提高墙端承载力，改善墙端受力条件。

（5）应严格控制地下连续墙、立柱及立柱桩的施工质量；合理确定土方开挖和地下结构的施工顺序，适时调整施工工况；若上部结构同时施工，应根据监测数据适时调整上部结构的施工区域和施工速度。

（6）为增强地下连续墙纵向整体刚度，协调各槽段间的变形，可在墙顶设置贯通、封闭的压顶圈梁。压顶圈梁上预留与上部后浇筑结构墙体连接的插筋。此外压顶圈梁与地下连续墙、后浇筑结构外墙之间应采取止水措施，也可在底板与地下连续墙连接处设置嵌入地下连续墙的底板环梁，或采用刚性施工接头等措施，将各幅地下连续墙槽段连成整体。

9.13.7.2 后浇带与沉降缝位置的构造处理

1. 施工后浇带

地下连续墙在施工后浇带位置时通常的处理方法是将相邻的两幅地下连续墙槽段接头设置在后浇带范围内，且槽段之间采用柔性连接接头，即为素混凝土触面，不影响底板在施工阶段的各自沉降。同时为确保地下连续墙分缝位置的止水可靠性以及与主体结构连接的整体性，施工分缝位置设置的旋喷桩及壁柱待后浇带浇捣完毕后再施工。

2. 永久沉降缝

在沉降缝处结构永久设缝位置，两侧两墙合一地下连续墙也应完全断开，但考虑到在施工阶段地下连续墙起到挡土和止水的作用，在断开位置需要采取一定的构造措施。设缝位置在转角处时，一侧连续墙应做成转角槽段，与另一侧平直段墙体相切，两幅槽段空档在坑外采用高压旋喷桩进行封堵止漏，地下连续墙内侧应预留接驳器和止水钢板，与内部后接结构墙体形成整体连接。设缝位置在平直段时，两侧地下连续墙间空开一定宽度，在外侧增加一副直槽段解决挡土和止水的问题；或直接在沉降缝位置设置槽段接头，该接头应采用柔性接头，另外在正常使用阶段必须将沉降缝两侧地下连续墙的压顶梁完全分开。

9.13.7.3 立柱与结构梁施工构造措施

1. 角钢格构柱与梁的连接节点

角钢格构柱与结构梁连接节点处的竖向荷载，主要通过立柱上的抗剪栓钉或钢牛腿等抗剪构件承受（图9-115）。

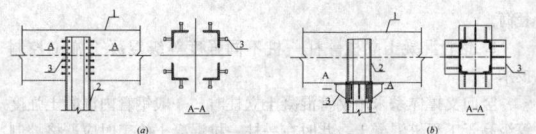

图9-115　钢立柱设置抗剪构件与结构梁板的连接节点
(a) 设置栓钉；(b) 设置钢牛腿
1—结构梁；2—立柱；3—栓钉或钢牛腿

结构梁钢筋穿越立柱时，梁柱连接节点一般有钻孔钢筋连接法、传力钢板法、梁侧加腋法。钻孔钢筋连接法是在角钢格构柱的缀板或角钢上钻孔穿钢筋的方法。该方法应通过严格计算以确保截面损失后的角钢格构柱承载力满足要求。传力钢板法是在格构柱上焊接连接钢板，将无法穿越的结构梁主筋与传力钢板焊接连接的方法。梁侧加腋法是通过在梁侧加腋的方式扩大节点位置梁的宽度，使梁主筋从角钢格构柱侧面绕行贯通的方法。

2. 钢管混凝土立柱与梁的连接节点

平面上梁主筋均无法穿越钢管混凝土立柱，该节点可通过传力钢板连接，即在钢管周边设置带肋环形钢板，梁板钢筋焊接在环形钢板上（图9-116）；也可采用钢筋混凝土环梁的形式。结构梁宽度与钢管直径相比较小时，可采用双梁节点，即将结构梁分成两根梁从钢管立柱侧面穿越。

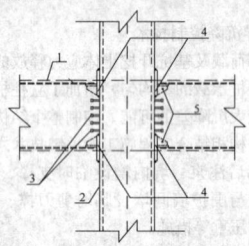

图9-116　钢管立柱环形钢板传力件节点
1—结构框架梁；2—钢管立柱；3—栓钉；
4—弧形钢板；5—加劲环板

9.13.7.4 水平结构与围护墙的构造措施

1. 水平结构与两墙合一地下连续墙的连接

结构底板和地下连续墙的连接一般采用刚性连接。常用连接方式主要有预埋钢筋接驳器连接和预埋钢筋连接等形式。地下结构楼板和地下连续墙的连接通常采用预埋钢筋和预理剪力连接件的形式；也可通过边环梁与地下连续墙连接，楼板钢筋进入边环梁，边环梁通过地下连续墙内预埋钢筋的弯出和地下连续墙连接。

2. 水平结构与临时围护墙的连接

水平结构与临时围护墙的连接需解决水平传力和接缝防水问题。临时围护墙与地下结构之间水平传力支撑体系一般采用钢支撑、混凝土支撑或型钢混凝土组合支撑等形式。地下结构周边一般应设置通长闭合的边环梁，可提高逆作阶段地下结构的整体刚度，改善边跨结构楼板的支承条件；水平支撑应尽量对应地下结构梁中心，若不能满足，应进行必要的加固。边跨结构存在二次浇筑的工序要求，逆作阶段先施工的边梁与后浇筑的边跨结构接缝处应采取止水措施。若顶板有防水要求，可先凿毛边梁与后浇筑结构顶板的接缝面，然后通长布置遇水膨胀止水条；也可在接缝处设注浆管，待结构达到强度后注浆充填接缝处的微小缝隙。周边设置的临时支撑穿越外墙，应在对临时支撑穿越外墙位置采取设置止水钢板或止水条的措施，也可在临时支撑处留洞，洞口设置止水钢板，待支撑拆除后再封闭洞口。

3. 底板与钢立柱连接处的止水构造

钢立柱在底板位置应设置止水构件以防止地下水上渗，通常采用在钢立柱周边焊加止水钢板的形式。

9.13.8 逆作法施工的监测

由于逆作法施工采用永久结构与支护结构相结合的工艺，除了常规的基坑工程施工监测外，尚应进行针对性的施工监测。

采用两墙合一地下连续墙的墙顶监测点布设间距应较临时围护墙稍密。布点宜按立柱桩轴线与围护墙的交叉点布置，既可以监测围护墙顶部的变形，又可掌握围护墙与立柱桩之间的变形差。同样围护墙位移监测点布设间距较顺作法基坑稍密，布点宜与围护墙压顶梁垂直及水平位移监测点协调。与永久结构相结合的围护墙应考虑施工阶段和使用阶段的内力情况，故应在围护墙内布设钢筋应力测孔，每个监测孔中宜分两个剖面埋设，分别为迎土面、迎坑面，每个监测孔在竖向范围埋设若干应力计。应在围护墙外侧设置土压力计，实测坑外土压力的变化，其埋设的位置宜与围护结构深层侧向变形监测点一致。通过在坑内外埋设分层沉降观测孔，利用分层沉降仪可量测基坑开挖过程中土层的沉隆量及坑外土体的沉降量。立柱桩与工程桩结合时，应对每根立柱桩的垂直位移进行监测，监测点一般设置在立柱桩的顶部。同时应监测立柱桩桩身应力，应根据立柱桩设计荷载分布和立柱桩平面分布特点，宜根据立柱桩荷载大小确定设点比例，荷载越大，设点比例越高，布点时还应考虑压力差较大的立柱桩。水平结构与支撑相结合时，梁板结构的应力监测涉及结构安全，一般在梁的上下皮钢筋各布1只应力计，测试时按预先标定的率定曲线，根据应变频率推算梁板轴向力；设点应考虑楼板或土口等结构相对薄弱区域。逆作法施工中，在基础底板浇筑以前，围护结构、各层梁板、立柱桩、剪力墙等构件通过相互作用承担了来自侧向水、土压力、坑底的隆起和上部结构荷载等外力，因此有必要监测剪力墙的应力。若采用地下结构和上部结构双向同步的施工工艺，还应在上部结构的典型位置设置沉降观测点。

9.13.9　逆作法施工通风与照明

逆作法施工地下结构时，尤其在已施工楼板下进行土方开挖，由于暗挖阶段作业条件差，照明和通风设施的布置非常关键。在浇筑地下室各层楼板时，按挖土行进路线预先留设通风口。根据柱网轴线和实际送风量的要求，通风口间距控制在8.5m左右。随着地下挖土工作面的推进，当露出通风口后即应及时安装大功率涡流风机，并启动风机向地下施工操作面送风，将清新空气从各送风口流入，经地下施工操作面再从两个送土孔中流出，形成空气流通循环，保证施工作业面的安全。地下施工动力、照明线路设置专用的防水线路，并埋设在楼板、梁、柱等结构中，专用的防水电箱应设置在柱上，不得随意挪动。随着地下工作面的推进，自电箱至各电器设备的线路均需采用双层绝缘电线，并架空铺设在楼板底。施工完毕应及时收拢架空线，并切断电箱电源。

9.14　地　下　水　控　制

9.14.1　地下水控制主要方法和原则

9.14.1.1　地下水控制主要方法

基坑工程施工中为避免产生流砂、管涌、坑底突涌，防止坑壁土体坍塌，减少开挖对周边环境的影响，便于土方开挖和地下结构施工作业，当基坑开挖深度内存在饱和软土层和含水层，坑底以下存在承压含水层时，需选择合适的方法对地下水进行控制。

地下水控制是基坑工程的重要组成部分，主要方法包括集水明排、井点降水、隔水和回灌，其适用条件大致如表9-29所示，选择时根据土层情况、降水深度、周围环境、支护结构类型等综合考虑后优选。根据降水目的不同，分为疏干降水和减压降水。井点类型主要包括轻型井点、喷射井点、电渗井点、管井井点和真空管井井点。当因降水而危及基坑及周边环境安全时，宜采用隔水或回灌方法。

9.14.1.2　地下水控制主要原则

（1）应根据基坑围护设计方案和环境条件，制定有效的地下水控制方案，疏干降水后的坑内水位线宜低于基坑开挖面及基坑底面0.5～1.0m。

（2）满足承压水稳定性要求。当承压含水层顶板埋深小于基坑开挖深度，或按式（9-54）验算抗承压水稳定性不满足要求时，应

通过有效的减压降水措施，将承压水水头降低至安全埋深以下。

地下水控制方法适用条件　　　表 9-29

方法名称		土质类别	渗透系数 (cm/s)	降水深度 (m)	水文地质特性
降水	集水明排			<5	上层滞水或水量不大的潜水
	轻型井点	填土、粉土、黏土、砂土	$1\times10^{-7}\sim$ 2×10^{-4}	<6	
	多层轻型井点			<20	
	喷射井点			<20	
	降水管井	黏土、粉土、砂土、砾砂、卵石	$>1\times10^{-5}$	>5	含水丰富潜水、承压水、裂隙水
	真空降水井管		$>1\times10^{-6}$		
隔水		黏土、粉土、砂土、砾砂、卵石	不限	不限	
回灌		填土、粉土、砂土、砾砂、卵石	$1\times10^{-7}\sim$ 2×10^{-4}	不限	

$$\gamma_y P_{wyk} \leqslant \frac{1}{\gamma_{Ry}} \sum \gamma_{tki} h_i \qquad (9\text{-}54)$$

式中　γ_y ——承压水作用分项系数，取 1.0；

P_{wyk} ——承压水层顶部的水压力标准值（kPa）；

γ_{tki} ——承压水层顶面至坑底间各土层的重度（kN/m³）；

h_i ——承压水层顶面至坑底间各土层的厚度（m）；

γ_{Ry} ——抗承压水分项系数，取 1.05～1.2。

（3）对于涉及承压水控制的基坑工程，应进行专门的基坑降水设计。降水设计前应进行专门的水文地质勘察，通过现场水文地质抽水试验，获取降水影响范围内的含水层或含水层组的水文地质参数。

（4）降低承压水应按照按需降水的原则，即在降水方案设计中按式（9-54）计算出每层土方开挖需降低的承压水高度，在土方开挖前通过群井抽水试验确定降水井运行方案，在土方开挖及降水井运行过程中通过观测井监测承压水水位，严格按照降水方案和群井抽水试验中规定的要求抽水，严禁超抽，从而把因降水引起的周边地表沉降降到最低。观测井在坑内可以利用备用井，坑外观测井需另外打设。

（5）可组合采用多种地下水控制措施，如轻型井点结合管井点降水，即在浅层采用轻型井点，开挖深度大于 6m 后采用管井井点。

9.14.1.3　涌水量计算

根据水井理论，水井分为潜水（无压）完整井、潜水（无压）非完整井、承压完整井和承压非完整井。这几种井的涌水量计算公式不同。

1. 均质含水层潜水完整井基坑涌水量计算

根据基坑是否邻近水源，分别计算如下：

（1）基坑远离地面水源时（图 9-117a）

$$Q = 1.366K \frac{(2H-S)S}{\lg\left(1 + \dfrac{R}{r_0}\right)} \qquad (9\text{-}55)$$

式中　Q ——基坑涌水量；

K ——土的渗透系数；

H ——潜水含水层厚度；

S ——基坑水位降深；

R ——降水影响半径；宜通过试验或根据当地经验确定，当基坑安全等级为二、三级时，对潜水含水层按下式计算：

$$R = 2S\sqrt{kH} \qquad (9\text{-}56)$$

对承压含水层按下式计算：

$$R = 10S\sqrt{k} \qquad (9\text{-}57)$$

式中　k ——土的渗透系数；

r_0 ——基坑等效半径。

当基坑为圆形时，基坑等效半径取圆半径。当基坑非圆形时，对矩形基坑的等效半径按下式计算：

$$r_0 = 0.29(a+b) \tag{9-58}$$

式中 a、b——分别为基坑的长、短边。

对不规则形状的基坑，其等效半径按下式计算：

$$r_0 = \sqrt{\frac{A}{\pi}} \tag{9-59}$$

式中 A——基坑面积。

(2) 基坑近河岸（图 9-117b）

$$Q = 1.366k\frac{(2H-S)S}{\lg\frac{2b}{r_0}} \quad (b < 0.5R) \tag{9-60}$$

(3) 基坑位于两地表水体之间或位于补给区与排泄区之间时（图 9-117c）

$$Q = 1.366k\frac{(2H-S)S}{\lg\left[\frac{2(b_1+b_2)}{\pi r_0}\cos\frac{\pi}{2}\frac{(b_1-b_2)}{(b_1+b_2)}\right]} \tag{9-61}$$

(4) 当基坑靠近隔水边界时（图 9-117d）

$$Q = 1.366k\frac{(2H-S)S}{2\lg(R+r_0)-\lg r_0(2b+r_0)} \tag{9-62}$$

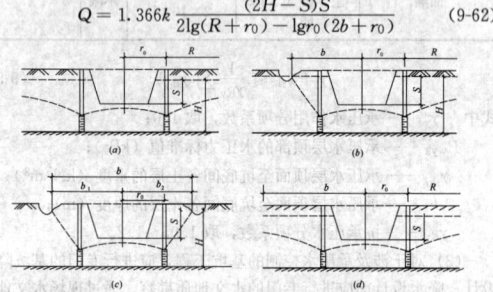

图 9-117　均质含水层潜水完整井基坑涌水量计算简图
(a) 基坑远离地面水源；(b) 基坑近河岸；
(c) 基坑位于两地表水体之间；(d) 基坑靠近隔水边界

2. 均质含水层潜水非完整井基坑涌水量计算

(1) 基坑远离地面水源（图 9-118a）

$$Q = 1.366k\frac{H^2-h_m^2}{\lg\left(1+\frac{R}{r_0}\right)+\frac{h_m-l}{l}\lg\left(1+0.2\frac{h_m}{r_0}\right)} \quad \left(h_m = \frac{H+h}{2}\right) \tag{9-63}$$

(2) 基坑近河岸，含水层厚度不大时（图 9-118b）

$$Q = 1.366ks\left[\frac{l+s}{\lg\frac{2b}{r_0}}+\frac{l}{\lg\frac{0.66l}{r_0}+0.25\frac{l}{M}\cdot\lg\frac{l^2}{M^2-0.14l^2}}\right] (b > M/2) \tag{9-64}$$

式中 M——由含水层底板到滤头有效工作部分中点的长度。

(3) 基坑近河岸（含水层厚度很大时，图 9-118c）：

$$Q = 1.366ks\left[\frac{l+s}{\lg\frac{2b}{r_0}}+\frac{l}{\lg\frac{0.66l}{r_0}-0.22\text{arsh}\frac{0.44l}{b}}\right] (b > l) \tag{9-65}$$

$$Q = 1.366ks\left[\frac{l+s}{\lg\frac{2b}{r_0}}+\frac{l}{\lg\frac{0.66l}{r_0}-0.11\frac{l}{b}}\right] (b < l) \tag{9-66}$$

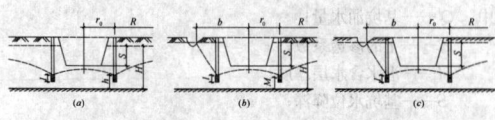

图 9-118　均质含水层潜水非完整井基坑涌水量计算简图
(a) 基坑远离地面水源；(b) 基坑近河岸，含水层厚度不大；(c) 基坑近河岸，含水层厚度很大

3. 均质含水层承压水完整井基坑涌水量计算

(1) 基坑远离地面水源（图 9-119a）：

$$Q = 2.73k\frac{MS}{\lg\left(1+\frac{R}{r_0}\right)} \tag{9-67}$$

式中 M——承压含水层厚度。

(2) 基坑近河岸（图 9-119b）：

$$Q = 2.73k\frac{MS}{\lg\left(\frac{2b}{r_0}\right)} (b < 0.5r_0) \tag{9-68}$$

(3) 基坑位于两地表水体之间或位于补给区与排泄区之间（图 9-119c）：

$$Q = 2.73k\frac{MS}{\lg\left[\frac{2(b_1+b_2)}{\pi r_0}\cos\frac{\pi}{2}\frac{(b_1-b_2)}{(b_1+b_2)}\right]} \tag{9-69}$$

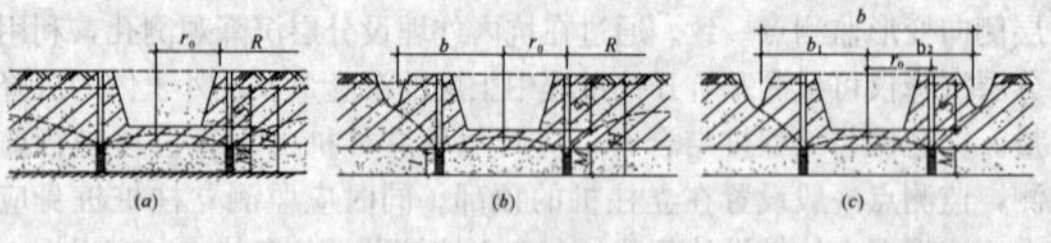

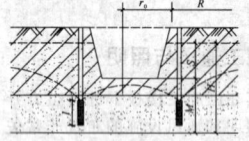

图 9-119　均质含水层承压水完整井基坑涌水量计算简图
(a) 基坑远离地面水源；(b) 基坑近河岸；(c) 基坑位于两地表水体之间

4. 均质含水层承压水非完整井基坑涌水量计算（图 9-120）

$$Q = 2.73k\frac{MS}{\lg\left(1+\frac{R}{r_0}\right)+\frac{M-l}{l}\lg\left(1+0.2\frac{M}{r_0}\right)} \tag{9-70}$$

5. 均质含水层承压-潜水非完整井基坑涌水量计算（图 9-121）

$$Q = 1.366k\frac{(2H-M)M-h^2}{\lg\left(1+\frac{R}{r_0}\right)} \tag{9-71}$$

图 9-120　均质含水层承压水
非完整井基坑涌水量计算简图

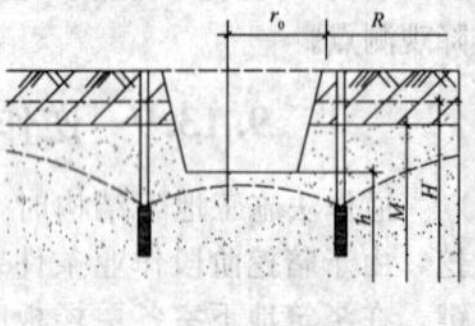

图 9-121　均质含水层承压-潜水
非完整井基坑涌水量计算简图

9.14.2　集 水 明 排

1. 基坑外侧集水明排

应在基坑外侧场地设置集水井、排水沟等组成的地表排水系统，避免坑外地表水流入基坑。集水井、排水沟宜布置在基坑外侧一定距离，有隔水帷幕时，排水系统宜布置在隔水帷幕外侧且距隔水帷幕的距离不宜小于 0.5m；无隔水帷幕时，基坑边从坡顶边缘起计算。

2. 基坑内集水明排

应根据基坑特点，沿基坑周围合适位置设置临时明沟和集水井（图 9-122），临时明沟和集水井应随土方开挖过程适时调整。土方开挖结束后，宜在坑内设置明沟、盲沟、集水井。基坑采用多级放坡开挖时，可在放坡平台上设置排水沟。面积较大的基坑，还应在基坑中部增设排水沟。当排水沟从基础结构下穿过时，应在排水沟内填碎石形成盲沟。

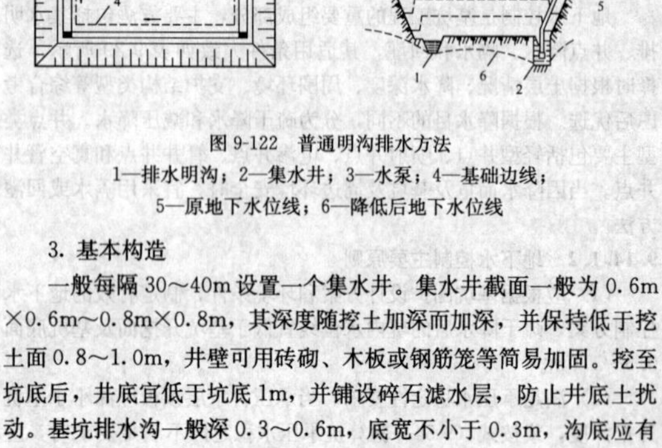

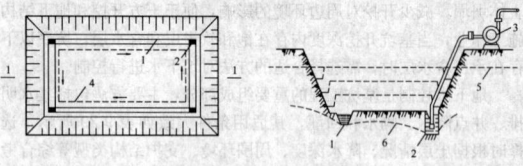

图 9-122　普通明沟排水方法
1—排水明沟；2—集水井；3—水泵；4—基础边线；
5—原地下水位线；6—降低后地下水位线

3. 基本构造

一般每隔 30～40m 设置一个集水井。集水井截面一般为 0.6m×0.6m～0.8m×0.8m，其深度随挖土加深而加深，并保持低于挖土面 0.8～1.0m，井壁可用砖砌、木板或钢筋笼等简易加固。挖至坑底后，井底宜低于坑底 1m，并铺设碎石滤水层，防止井底土扰动。基坑排水沟一般深 0.3～0.6m，底宽不小于 0.3m，沟底应有

一定坡度，以保持水流畅通。排水沟、集水井的截面应根据排水量确定。

若基坑较深，可在基坑边坡上设置2～3层明沟及相应的集水井，分层阻截地下水（图9-123）。排水沟与集水井的设计及基本构造，与普通明沟排水相同。

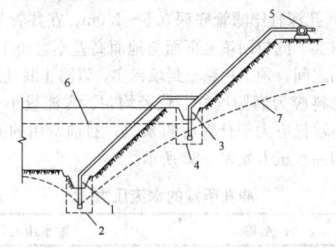

图 9-123　分层明沟排水方法
1—底层排水沟；2—底层集水井；3—二层排水沟；
4—二层集水井；5—水泵；6—原地下水位线；
7—降低后地下水位线

4. 排水机具的选用

排水所用机具主要为离心泵、潜水泵和泥浆泵。选用水泵类型时，一般取水泵排水量为基坑涌水量的1.5～2.0倍。排水所需水泵功率按下式计算：

$$N = \frac{K_1 QH}{75 \eta_1 \eta_2} \qquad (9-72)$$

式中　K_1——安全系数，一般取2；

　　　Q——基坑涌水量（m^3/d）；

　　　H——包括扬水、吸水及各种阻力造成的水头损失在内的总高度（m）；

　　　η_1——水泵功率，0.4～0.5；

　　　η_2——动力机械效率，0.78～0.85。

5. 集水明排施工和维护

为防止排水沟和集水井在使用过程中出现渗透现象，施工中可在底部浇筑素混凝土垫层，在沟两侧采用水泥砂浆护壁。土方施工过程中，应注意定期清理排水沟中的淤泥，以防止排水沟堵塞。另外还要定期观测排水沟是否出现裂缝，及时进行修补，避免渗漏。

9.14.3 基 坑 隔 水

基坑工程隔水措施可采用水泥土搅拌桩、高压喷射注浆、地下连续墙、咬合桩、小齿口钢板桩等。有可靠工程经验时，可采用地层冻结技术（冻结法）阻隔地下水。当地质条件、环境条件复杂或基坑工程等级较高时，可采用多种隔水措施联合使用的方式，增强隔水可靠性。如搅拌桩结合旋喷桩、地下连续墙结合旋喷桩、咬合桩结合旋喷桩等。

隔水帷幕在设计深度范围内应保证连续性，在平面范围内宜封闭，确保隔水可靠性。其插入深度应根据坑内潜水降水要求、地基土抗渗流（或抗管涌）稳定性要求确定。隔水帷幕的自身强度应满足设计要求，抗渗性能应满足自防渗要求。

基坑预降水期间可根据坑内、外水位观测结果判断止水帷幕的可靠性；当基坑隔水帷幕出现渗水时，可设置导流管、导水沟等构成明排系统，并应及时封堵。水、土流失严重时，应立即回填基坑后再采取补救措施。

9.14.4 基 坑 降 水

9.14.4.1 基坑降水井点的选型

基坑降水应根据场地的水文地质条件、基坑面积、开挖深度、各土层的渗透性等，选择合理的降水井类型、设备和方法。常用降水井类型和适用范围见表9-30。

应根据基坑开挖深度和面积、水文地质条件、设计要求等，制定和采用合理的降水方案，并宜参照表9-31中的规定施工。

降水井类型及适用条件　　　表 9-30

降水类型	渗透系数（cm/s）	可能降低的水位深度（m）
轻型井点 多级轻型井点	$10^{-2} \sim 10^{-5}$	3～6 6～12
喷射井点	$10^{-3} \sim 10^{-6}$	8～20
电渗井点	$< 10^{-6}$	宜配合其他形式降水使用
深井井管	$\geqslant 10^{-5}$	＞10

降水井布置要求　　　表 9-31

水位降深（m）	适用井点	降水布置要求
≤6	轻型井点	井点管排距不宜大于20m，滤管顶端宜位于坑底以下1～2m。井管内真空度应不小于65kPa
	电渗井点	利用轻型井点，配合采用电渗法降水
6～10	多级轻型井点	井点管排距不宜大于20m，滤管顶端宜位于坡底和坑底以下1～2m。井管内真空度应不小于65kPa
8～20	喷射井点	井点管排距不宜大于40m，井点深度与井管排距有关，应比基坑设计开挖深度大3～5m
>6	降水管井	井管轴心间距不宜大于25m，井径不宜小于600mm，坑底以下的滤管长度不宜小于5m，井底沉淀管长度不宜小于1m
	真空降水管井	利用降水管井采用真空降水，井管内真空度应不小于65kPa
	电渗井点	利用喷射井点或轻型井点，配合采用电渗法降水

9.14.4.2 轻型井点降水

轻型井点降低地下水位，是按设计要求沿基坑周围埋设井点管，一般距基坑边0.7～1.0m，铺设集水总管（并有一定坡度），将各井点与总管用软管（或钢管）连接，在总管中选适当位置安装抽水水泵或抽水装置。

1. 轻型井点构造

井点管为$\phi 38 \sim 55mm$的钢管，长度5～7m，井点管水平间距一般为1.0～2.0m（可根据不同土质和预降水时间确定）。管下端配有滤管和管尖。滤管直径与井点管相同，管壁上渗水孔直径为12～18mm，呈梅花状排列，孔隙率应大于15%；管壁外应设两层滤网，内层滤网宜采用30～80目的金属网或尼龙网，外层滤网宜采用3～10目的金属网或尼龙网；管壁与滤网间应采用金属丝绕成螺旋形隔开，滤网外面应再绕一层粗金属丝。滤管下端装一个锥形铸铁头。井点管上端用弯管与总管相连。

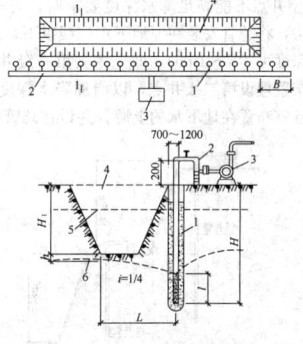

图 9-124　单排线状井点布置
1—井点管；2—集水总管；3—抽水设备；4—基坑；
5—原地下水位线；6—降低后地下水位线
H—井管长度；H_1—井点埋设水面距离；
l—滤管长度；h—降低后水位至坑底安全距离；
L—井点至坑边水平距离

连接管常用透明塑料管。集水总管一般用直径75～110mm的

钢管分节连接，每节长 4m，每隔 0.8～1.6m 设一个连接井点管的接头。根据抽水机组的不同，真空井点分为真空泵真空井点、射流泵真空井点和隔膜泵真空井点，常用者为前两种。

2. 轻型井点设计

轻型井点的布置主要取决于基坑的平面形状和基坑开挖深度，应尽可能将要施工的建筑物基坑面积内各主要部分都包围在井点系

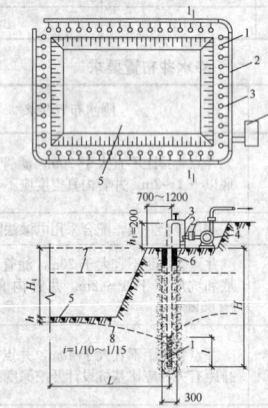

图 9-125 环形井点布置图
1—井点；2—集水管；3—弯联管；4—抽水设备；
5—基坑；6—填黏土；7—原地下水位线；
8—降低后地下水位线

统之内。开挖窄而长的沟槽时，可按线状井点布置。如沟槽宽度大于 6m，且降水深度不超过 6m 时，可用单排线状井点，布置在地下水流的上游一侧，两端适当加以延伸，延伸宽度以不小于槽宽为宜，如图 9-124 所示。当因场地限制不具备延伸条件时可采取沟槽两端加密的方式。如开挖宽度大于 6m 或土质不良，则可用双排线状井点。当基坑面积较大时，宜采用环状井点（图 9-125），有时亦可布置成 "U" 形，以利于挖土机和运土车辆出入基坑。井点管距离基坑壁一般可取 0.7～1.0m 以防局部发生漏气。在确定井点管数量时应考虑在基坑四角部分适当加密。当基坑采用隔水帷幕时，为方便挖土，坑内也可采用轻型井点降水。

一套机组携带的总管最大长度：真空泵不宜超过 100m；射流泵不宜超过 80m；隔膜泵不宜超过 60m。当主管过长时，可采用多套抽水设备；井点系统可以分段，各段长度应大致相等，宜在拐角处分段，以减少弯头数量，提高抽吸能力；分段宜设阀门，以免管内水流紊乱，影响抽水效果。

真空泵由于考虑水头损失，一般降低地下水深度只有 5.5～6m。当一级轻型井点不能满足降水深度要求时，可采用明沟排水结合井点的方法，将总管安装在原地下水位线以下，或采用二级井点排水（降水深度可达 7～10m），即挖去第一级井点排干的土，然后再在坑内布置埋设第二级井点，以增加降水深度，如图 9-126 所示。抽水设备宜布置在地下水的上游，并设在总管的中部。

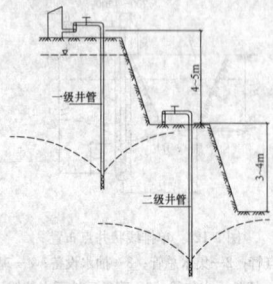

图 9-126 二级轻型井点布置图

3. 轻型井点施工

（1）轻型井点的施工工艺

定位放线→挖井点沟槽，敷集水总管→冲孔（或钻孔）→安装

井点管→灌填滤料、黏土封口→用弯联管连通井点管与总管→安装抽水设备并与总管连接→安装排水管→真空泵排气→离心水泵试抽水→观测井中地下水位变化。

（2）井点管的埋设

井点管埋设可用射水法、钻孔法和冲孔法成孔，井孔直径不宜小于 300mm，孔深宜比滤管底深 0.5～1.0m。在井管与孔壁间应用滤料回填密实，滤料回填至顶面与地面高差不宜大于 1.0m。滤料顶面至地面之间，须采用黏土封口密实，以防止漏气。填砾石过滤器周围的滤料应为磨圆度好、粒径均匀、含泥量小于 3% 的砂料，投入滤料数量应大于计算值的 85%。目前常用的方法是冲孔法，冲孔时的冲水压力如表 9-32 所示。

冲孔所需的水流压力 表 9-32

土 的 名 称	冲水压力（kPa）
松散的细砂	250～450
软质黏土、软质粉土质黏土	250～500
密实的腐殖土	500
原状的细砂	500
松散中砂	450～550
黄土	600～650
原状的中粒砂	600～700
中等密实黏土	600～750
砾石土	850～900
塑性粗砂	850～1150
密实黏土、密实粉土质黏土	750～1250
中等颗粒的砾石	1000～1250
硬黏土	1250～1500
原状粗砾	1350～1500

9.14.4.3 喷射井点降水

喷射井点是利用循环高压水流产生的负压把地下水吸出。喷射井点主要适用于渗透系数较小的含水层和降水深度较大（8～20m）的降水工程。其工作原理如图 9-127、图 9-128 所示。喷射井点的主要工作部件是喷射井点内管底端的扬水装置——喷嘴的混合室（图 9-128）。当喷射井点工作时，由地面高压离心水泵供应的高压工作水，经过内外管之间的环形空间直达底端，在此处高压工作水由特制内管的两侧进水孔进入至喷嘴喷出，在喷嘴处由于过水断面突然收缩变小，使工作水流具有极高的流速（30～60m/s），在喷口附近造成负压（形成真空），因而将地下水经滤管吸入，吸入的地下水在混合室与工作水混合，然后进入扩散室，水流从动能逐渐转变为位能，即水流的流速相对变小，而水流压力相对增大，把地下水连同工作水一起扬升出地面，经排水管道系统排至集水池或水箱，由此再用排水泵排出。

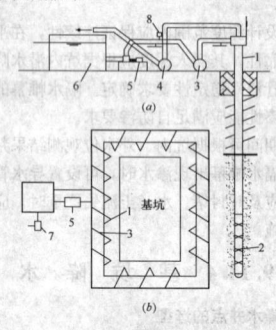

图 9-127 喷射井点布置示意图
（a）井点立面图；（b）井点平面图
1—喷射井管；2—滤管；3—供水总管；
4—排水总管；5—高压离心水泵；
6—水池；7—排水泵；8—压力表

1. 喷射井点布置

喷射井点降水设计方法与轻型井点降水设计方法基本相同。基坑面积较大时，井点采用环形布置（图9-129）；基坑宽度小于10m时采用单排线型布置。喷射井管间距一般为2~4m。当采用环形布置时，进出口（道路）处的井点间距可扩大为5~7m。冲孔直径为400~600mm，深度比滤管底深1m以上。

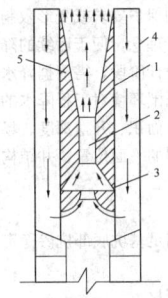

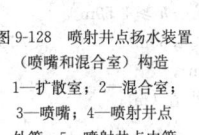

图9-128 喷射井点扬水装置
（喷嘴和混合室）构造
1—扩散室；2—混合室；
3—喷嘴；4—喷射井点
外管；5—喷射井点内管

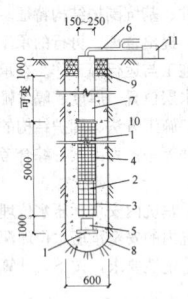

图9-129 管井井点构造示意图
1—滤水井管；2—钢筋焊接管架；
3—铁环；4—管架外包铁丝网；
5—沉砂管；6—吸水管；7—钢
管；8—井孔；9—黏土封口；
10—填充砂砾；11—抽水设备

2. 喷射井点降水施工

（1）工艺流程

设置泵房，安装进排水总管→水冲法或钻孔法成井→安装喷射井点管、填滤料→接通过水、排水总管，与高压水泵或空气压缩机接通→各井点管外管与排水管接通，通到循环水箱→启动高压水泵或空气压缩机抽水→离心泵排除循环水箱中多余水→观测地下水位。

（2）施工要点

井点管的外管直径宜为73~108mm，内管直径宜为50~73mm，滤管直径为89~127mm。井孔直径不宜大于400mm，孔深应比滤管底深1m以上。滤管的构造与真空井点相同。扬水装置（喷射器）的混合室直径可取14mm，喷嘴直径可取6.5mm，工作水箱不应小于10m³。井点使用时，水泵的启动泵压不宜大于0.3MPa。正常工作水压为$0.25P_0$（扬水高度）。

井点管与孔壁之间灌滤料（粗砂）。孔口到填灌滤料之间用黏土填实，封填高度为0.5~1.0m。每套喷射井点的井点数不宜超过30根。总管直径宜为150mm，总长不宜超过60m。每套井点应配备相应的水泵和进、回水总管。如果由多套井点组成环圈布置，各套进水总管宜用阀门隔开，自成系统。

每根喷射井点管埋设完毕，必须及时进行单井试抽，排出的浑浊水不得回入循环管路系统，试抽时间要持续到水由浑浊变清为止。喷射井点系统安装完毕，亦需进行试抽，不应有漏气或翻砂冒水现象。工作水应保持清洁，在降水过程中应视水质浑浊程度及时更换。

9.14.4.4 用于疏干降水的管井井点

1. 疏干降水管井构造

用于疏干降水的管井降水一般由井管、抽水泵、泵管、排水总管、排水设施等组成（图9-129）。

井管由滤水管、吸水管和沉砂管三部分组成。可用钢管、铸铁管、塑料管或混凝土管制成。管径一般为300mm，内径宜大于潜水泵外径50mm。

在降水过程中，含水层中的水通过滤网将土、砂过滤在网外，使地下清水流入管内。滤水管长度取决于含水层厚度、透水层的渗透速度和降水的快慢，一般为5~9m。通常在钢管上分段抽条或开孔，在抽条或开孔后的管壁上焊垫筋与管壁点焊，在垫筋外螺旋形缠绕铁丝，或外包镀锌铁丝网两层或尼龙网。当土质较好，深度在15m内，亦可采用外径380~600mm、壁厚50~60mm、长1.2~1.5m的无砂混凝土管作滤水管，或在外再包棕榈皮两层作滤网。有时可根据土质特点，在管井不同深度范围设置多滤头。

沉砂管在降水过程中可起到沉淀作用，一般采用与滤水管同径钢管，下端用钢板封底。

抽水设备常用长轴深井泵或潜水泵。每井1台，并带吸水铸铁管或胶管，配置控制井内水位的自动开关，在井口安装阀门以便调节流量的大小，阀门用夹板固定。每个基坑井点群应有备用泵。管井井点抽出的水一般利用场内的排水系统排出。

2. 疏干降水管井布置

在以黏性土为主的松散弱含水层中，疏干降水管井数量一般按地区经验进行估算。如上海、天津地区的单井有效疏干降水面积一般为200~300m²，坑内疏干降水井总数约等于基坑开挖面积除以单井有效疏干降水面积。

在以砂质粉土、粉砂等为主的疏干降水含水层中，考虑到砂性土的易流动性以及触变液化等特性，管井间距宜适当减小，以加强抽排水力度、有效减小土体的含水量，便于机械挖土、土方外运，避免坑内流砂、提供坑内干作业施工条件等。尽管砂性土的渗透系数相对较大，水位下降较快，但含水量的有效降低标准高于黏性土层，重力水的释放需较高要求的降排条件（降水时间以及抽水强度等），该类土层中的单井有效疏干降水面积一般以120~180m²为宜。

除根据地区经验确定疏干降水管井数量以外，也可按以下公式确定：

封闭型疏干降水：
$$n = \frac{Q}{q_{\text{w}}t} \tag{9-73}$$

半封闭或敞开型疏干降水：$n = \dfrac{Q}{q_{\text{w}}}$ (9-74)

式中 Q——基坑涌水量（疏干降水抽水总量，m³）；

q_{w}——单口管井的流量（m³/d）；

t——基坑开挖前的预留水时间（d）。

管井深度与基坑开挖深度、水文地质条件、基坑围护结构类型等密切相关。一般情况下，管井底部埋深应大于基坑开挖深度6.0m。

3. 疏干降水管井施工

（1）现场施工工艺流程

准备工作→钻机进场→定位安装→开孔→下护口管→钻进→终孔后冲孔换浆→下井管→稀释泥浆→填砂→止水封孔→洗井→下泵试抽→合理安排排水管路及电缆电路→试抽水→正式抽水→水位与流量记录。

（2）成孔工艺

成孔工艺即管井钻进工艺，指管井井身施工所采用的技术方法、措施和施工工艺过程。管井钻进方法分为冲击钻进、回转钻进、前气锤钻进、反循环钻进、空气钻进等。选择降水管井钻进方法时，应根据钻进地层的岩性和钻进设备等因素进行选择，一般以卵石和漂石为主的地层，宜采用冲击钻进或潜孔锤钻进，其他第四系地层宜采用回转钻进。

钻进过程中为防止井壁坍塌、掉块、漏失以及钻进高压含水、气层时可能产生的喷涌等井壁失稳事故，需采取井孔护壁措施。可采用泥浆护壁钻进成孔，钻进中保持泥浆密度为1.10~1.15g/cm³，宜采用地层自然造浆。护孔管中心、磨盘中心、大钩应成一垂线，要求护孔管进入原状土中200mm左右。应采用减压钻进的方法，避免孔内钻具产生一次弯曲。钻孔孔斜应不超过1%，要求钻孔孔壁圆正、光滑。终孔后应彻底清孔，直到返回泥浆内不含泥块。

（3）成井工艺

管井成井工艺包括安装井管、填砾、止水、洗井、试验抽水等工序。

安装井管前应对井身和井径的质量进行检查，以保证井管顺利安装和滤料厚度均匀。应根据井管结构设计进行配管，井管焊接应确保完整无隙，避免井管脱落或渗漏。井管安装应准确到位，井管应平稳入孔，自然落下，避免损坏过滤结构。为保证井管周围填砾厚度基本一致，应在滤水管上下部各加1组扶正器。过滤器应刷洗干净，过滤器缝隙应均匀。

填砾前应确保井内泥浆稀释至密度小于1.05g/cm³；滤料应徐

徐填入，并随填随测填砾顶面高度。在稀释泥浆时井管管口应密封，使泥浆从过滤器经井管与孔壁的环状空间返回地面。

为防止泥皮硬化，下管填砾之后，应立即进行洗井。管井洗井方法较多，一般分为水泵洗井、活塞洗井、空压机洗井、化学洗井和二氧化碳洗井以及两种以上洗井方法组合的联合洗井。洗井方法应根据含水层特性、管井结构及管井强度等因素选用，一般采用活塞和空气压缩机联合洗井方法洗井。

4. 真空管井点

真空管井点是上海等软土地基地区深基坑施工应用较多的一种深层降水设备，主要适用土层渗透系数较小情况下的深层降水。真空管井井点即在管井井点系统上增设真空泵抽气集水系统（图9-130）。所以它除遵守管井井点的施工要点外，还需增加下述施工要点：

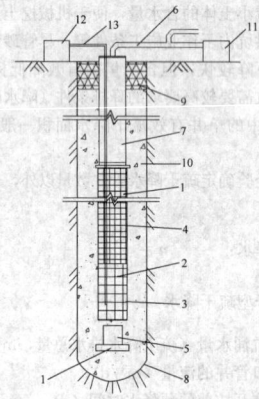

图 9-130　真空管井井点构造示意图
1—滤水井管；2—钢筋焊接管架；3—铁环；
4—管架外包铁丝网；5—沉砂管；6—吸水管；
7—钢管；8—井孔；9—黏土封口；10—填充砂砾；
11—抽水设备；12—真空机；13—真空管

（1）真空管井点系统分别用真空泵抽气集水和长轴深井泵或井用潜水泵排水。井管除滤管外应严密封闭，保持井管内真空度均不小于65kPa，并与真空泵吸气管相连。吸气管路和各接头均应不漏气。对于分段设置滤管的真空管井，开挖后暴露的滤管、填砾层等采取有效封闭措施。

（2）孔径一般为650mm，井管外径一般为273mm。孔口在地面以下1.5m用黏土夯实。单井出水口与总出水管的连接管路中应设单向阀。

（3）真空管井点的有效降水面积，在有隔水帷幕的基坑内降水，每个井点的有效降水面积约为250m²。由于挖土后井点管的悬空长度较长，在有内支撑的基坑内布置井点管时，宜使其尽可能靠近内支撑。在进行基坑挖土时，要采取保护管井的措施。

9.14.4.5　用于减压降水的管井井点

1. 减压降水管井构造

减压降水管井构造与疏干降水管井构造相同，只是滤管应位于承压含水层。

2. 减压降水管井设计

（1）设计原则

在大多数自然条件下，软土地区的承压水要离与其上覆土层的自重应力相平衡或小于上覆土层的自重应力。当基坑开挖到一定深度后，导致基坑底面下的土层自重应力小于下覆承压水压力，承压水将会冲破上覆土层涌向坑内，坑内发生突水、涌砂或涌土，即形成所谓的基坑突涌。基坑突涌往往具有突发性，导致基坑围护结构严重损坏或倒塌、坑外大面积地面下沉或坍塌、危及周边建筑物及地下管线的安全，以及施工人员伤亡等。基坑突涌引起的工程事故是无可挽回的灾难性事故，经济损失巨大，社会负面影响严重。

深基坑工程中必须十分重视承压水对基坑稳定性的重要影响。由于基坑突涌的发生是承压水的高水头压力引起的，通过承压水减压降水降低承压水位（通常亦称之为"承压水头"），达到降低承压

水压力的目的，已成为最直接、最有效的承压水控制措施之一。基坑工程施工前，应认真分析工程场地的承压水特性，制定有效的承压水降水设计方案。在基坑工程施工中，应采取有效的承压水降水措施，将承压水位严格控制在安全埋深以下。

承压水降水设计是指综合考虑基坑工程场区的工程地质与水文地质条件、基坑围护结构特征、周围环境的保护要求或变形限制条件等因素，提出合理、可行的承压水降水设计理念，便于后续的降水设计、施工与运行等工作。在承压水降水设计阶段，需根据降水目的、含水层位置、厚度、隔水帷幕深度、周围环境对工程降水的限制条件、施工方法、围护结构的特点、基坑面积、开挖深度、场地施工条件等一系列因素，综合考虑减压井群的平面位置、井结构及井深等。

（2）基坑内安全承压水位埋深

基坑内的安全承压水位埋深必须同时满足基坑底部抗渗稳定与抗突涌稳定性要求，按下式计算：

$$D \geqslant H_0 - \frac{H_0 - h}{f_w} \cdot \frac{\gamma_s}{\gamma_w} \begin{cases} h \leqslant H_d \\ H_0 - h \geqslant 1.50 \text{m} \end{cases}$$

或　　　　　$D \geqslant h + 1.0 (H_0 - h \leqslant 1.50 \text{m})$　　　（9-75）

式中　D——坑内安全承压水位埋深（m）；

H_0——承压含水层顶板埋深的最小值（m）；

h——基坑开挖面深度（m）；

H_d——基坑开挖深度（m）；

f_w——承压水分项系数，取值为1.05～1.2；

γ_s——坑底至承压含水层顶板之间的土的天然重度的层厚加权平均值（kN/m³）；

γ_w——地下水重度。

（3）单井最大允许涌水量

单井出水能力取决于工程场地的水文地质条件、井点过滤器的结构、成井工艺和设备能力等。承压水降水管井的出水量可按下式估算：

$$Q = 130\pi r_w l \sqrt[3]{k}$$　　　（9-76）

式中　Q——单井涌水量(m³/d)（单井涌水量还要通过现场单井抽水试验验证并确定）；

l——过滤管长度（m）；

r_w——井壁半径（m）；

k——土的渗透系数。

（4）减压降水管井布置

减压降水管井可布置在坑内也可以布置在坑外，当现场客观条件不能完全满足完全布置在坑内或坑外时也可以坑内-坑外联合布置。当布置在坑内时，在具体施工时应避开支撑、工程桩和坑底的抽条加固，同时尽量靠近支撑以便井口固定。井的深度应根据相应的区域的基坑开挖深度来定。降水工作应与开挖施工密切配合，根据开挖的顺序、开挖的进度等情况及时调整降水井的运行数量。

1）坑内减压降水

对于坑内减压降水而言，不仅要将减压降水井布置在基坑内部，而且必须保证减压井过滤器底端的深度不超过隔水帷幕底端的深度，才是真正意义上的坑内减压降水。坑内井群抽水后，坑外的承压水需绕过隔水帷幕的底端，绕流进入坑内，同时下部含水层中的水经坑底流入基坑，在坑内承压水位降到安全埋深以下时，坑外的水位降深相对下降较小，从而因降水引起的地面变形也较小。

如果仅将减压降水井布置在坑内，但降水井过滤器底端的深度超过隔水帷幕底端的深度，伸入承压含水层下部，则抽出的大量地下水来自于隔水帷幕以下的水平径向流，不但使坑外侧承压含水层的水位降深增大，降水引起的地面变形也增大，失去了坑内减压降水的意义，成为"形式上的坑内减压降水"。换言之，坑内减压降水必须合理设置减压井过滤器的位置，充分利用隔水帷幕的挡水（屏蔽）功效，以较小的抽水流量，是基坑范围内的承压水水头降低到设计标高以下，并尽量减小坑外水头降低，即减少因降水而引起的地面变形。

满足以下条件之一时，应采用坑内减压降水方案：

①当隔水帷幕部分插入减压降水承压含水层中，隔水帷幕进入承压含水层顶板以下的长度 L 不小于承压含水层厚度的 1/2，如图 9-131（a）所示，或不小于 10.0m，如图9-131（b）所示，隔水帷幕对基坑内外承压水渗流具有明显的阻隔效应。

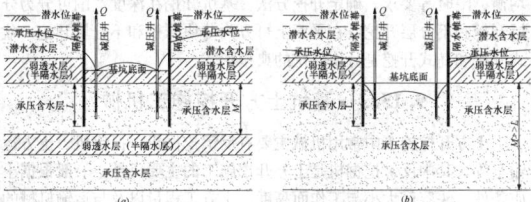

图 9-131　承压含水层不封闭条件下的坑内减压降水示意图
（a）坑内承压含水层半封闭；（b）悬挂式止水帷幕

②当隔水帷幕进入承压含水层，并进入承压含水层底板以下的半隔水层或弱透水层中，隔水帷幕已完全阻断了基坑内外承压含水层之间的水力联系，如图 9-132 所示。隔水帷幕底端均已进入需要进行减压降水的承压含水层顶板以下，并在承压含水层形成了有效隔水边界。由于隔水帷幕进入承压含水层顶板以下长度的差异及减压降水井结构的差异性，在群井抽水影响下形成的地下水渗流场形态也具有较大差异。地下水运动不再是平面流或以平面流为主的运动，而是形成三维地下水非稳定渗流场，渗流计算时应考虑含水层的各向异性，无法应用解析法求解，必须借助三维数值方法求解。

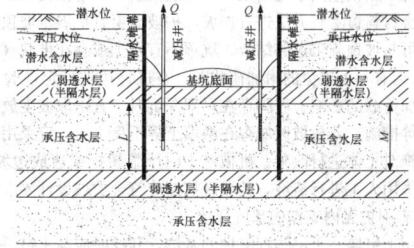

图 9-132　承压含水层全封闭条件下坑内减压降水示意图

2）坑外减压降水

对于坑外减压降水而言，不仅要减压降水井布置在基坑围护体外侧，而且要使减压井过滤器底端的深度不小于隔水帷幕底端的深度，才能保证坑外减压降水效果。

如果坑外减压降水井过滤器埋藏深度小于隔水帷幕深度，则坑内地下水需绕过隔水帷幕底端后才能进入坑外降水井内，抽出的地下水大部分来自于坑外的水平径向流，导致坑内水位下降缓慢或降水失效，不但使基坑外侧承压含水层的水位降深增大，降水引起的地面变形也增大。换言之，坑外减压降水必须合理设置减压井过滤器的位置，减小隔水帷幕的挡水（屏蔽）功效，以较小的抽水流量，使基坑范围内的承压水水头降低到设计标高以下，尽量减小坑外水头降深与降水引起的地面变形。

满足以下条件之一时，隔水帷幕未在降水目的承压含水层中形成有效的隔水边界，宜优先选用坑外减压降水方案：

①当隔水帷幕未进入下部降水目的承压含水层中，如图 9-133（a）所示。

②隔水帷幕进入降水目的承压含水层顶板以下的长度 L 远小于承压含水层厚度，且不超过 5.0m，如图 9-133（b）所示。隔水帷幕底端未进入需要进行减压降水的承压含水层顶板以下或进入含水层中的长度有限，未在承压含水层形成人为的有效隔水边界，即隔水帷幕对减压降水引起的承压水渗流的影响极小，可以忽略不计。因此可采用承压水渗流理论的解析公式，计算、预测承压水渗流场内任何点的水位降深，但其适用条件应与现场水文地质实际条件基本一致。

3）坑内-坑外联合减压降水

当现场客观条件不能完全满足前述关于坑内减压降水或坑外减压降水的选用条件时，可综合考虑现场施工条件、水文地质条件、

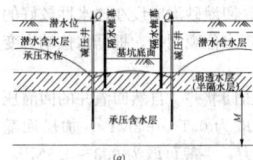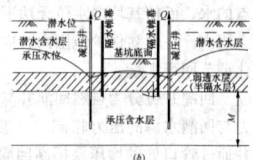

图 9-133　坑外减压降水示意图
（a）坑内外承压含水层全连通；（b）坑内外承压含水层几乎全连通

隔水帷幕特征，以及基坑周围环境特征与保护要求等，选用合理的坑内-坑外联合减压方案。

3. 管井施工

减压降水管井施工与疏干降水管井施工相同。

4. 减压降水运行控制

减压降水运行应满足承压水位控制在安全埋深以下的要求，同时应考虑其对周边环境的不利影响。主要的控制原则如下：

（1）应严格遵守"按需减压降水"的原则，综合考虑环境因素、安全承压水位埋深与基坑施工工况之间的关系，确定各施工区段的阶段性承压水位控制标准，制定详细的减压降水运行方案；降水运行过程中，应严格执行减压降水运行方案。如基坑施工工况发生变化，应及时调整或修改降水运行方案；

（2）所有减压井抽出的水应排到基坑影响范围以外或附近天然水体中。现场排水能力应考虑所有减压井（包括备用井）全部启用时的排水量。每个减压井的水泵出口宜安装水量计量装置和单向阀；

（3）减压井全部施工完成、现场排水系统安装完毕后，应进行一次抽水试验或减压降水试运行，对电力系统（包括备用电源）、排水系统、井内抽水泵、量测系统、自动监控系统等进行一次全面检验；

（4）不同含水层中的地下水位观测井应单独分别设置，坑外同一含水层中观测井之间的水平间距宜为 50m，坑内水位观测井（兼备用井）数量宜为同类型降水井总数的 5%～10%。

5. 封井

停止降水后，应对降水管井采取可靠的封井措施。封井时间和措施应符合设计要求。

对于基础底板浇筑前已停止降水的管井，浇筑底板前可将井管切割至垫层面附近，井管内采用黏性土充填密实，然后采用钢板与井管管口焊接、封闭。

对于基础底板浇筑后仍需保留并持续降水的管井，应采取专门的封井措施如图 9-134 所示。封井时应考虑承压水风险和基础底板的防水。

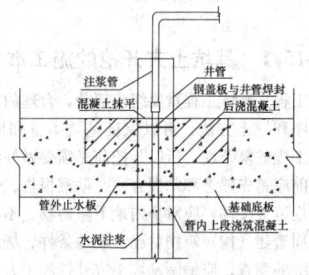

图 9-134　封井措施

9.14.5　回　灌

当基坑外地下水位降幅较大、基坑周围存在需要保护的建（构）筑物或地下管线时，宜采用地下水人工回灌措施。回灌措施包括回灌井、回灌砂井、回灌砂沟和水位观测井等。回灌砂井、回灌砂沟一般用于浅层潜水回灌，回灌井用于承压水回灌。

对于坑内减压降水，坑外回灌井深度不宜超过承压含水层中基坑截水帷幕的深度，以免影响坑内减压降水效果。对于坑外减压降水，回灌井与减压井的间距宜通过计算确定，回灌砂井或回灌砂沟与降水井点的距离一般不宜小于 6m，以防降水井点仅抽吸回灌井

点的水，而使基坑内水位无法下降。回灌砂井沟应设在透水性较好的土层内。在回灌保护范围内，应设置水位观测井，根据水位动态变化调节回灌水量。

回灌井可分为自然回灌井与加压回灌井。自然回灌井的回灌压力与回灌水源的压力相同，一般可取为 $0.1 \sim 0.2$MPa。加压回灌井通过管口处的增压泵提高回灌压力，一般可取为 $0.3 \sim 0.5$MPa。回灌压力不宜超过过滤管顶端以上的覆土重量，以防止地面处回灌水或泥浆混合液的喷溢。

回灌井施工结束到开始回灌，应至少有 $2 \sim 3$ 周的时间间隔，以保证井管周围止水封闭层充分密实，防止或避免回灌水沿井管周围向上反渗、地面泥浆水喷溢。井管外侧止水封闭层顶至地面之间，宜用素混凝土充填密实。

为保证回灌畅通，回灌井过滤器部位宜扩大孔径或采用双层过滤结构。回灌过程中为防止回灌井堵塞，每天应进行至少 $1 \sim 2$ 次回扬，至出水由浑浊变清后，恢复回灌。

回灌水必须是洁净的自来水或利用同一含水层中的地下水，并应经常检查回灌设施，防止堵塞。

9.14.6 质 量 控 制

降水与排水施工质量检验标准如表 9-33 所示。

降水与排水施工质量检验标准   表 9-33

序	检查项目	允许值或允许偏差		检查方法
		单位	数值	
1	排水沟坡度	‰	$1 \sim 2$	目测：沟内不积水，沟内排水畅通
2	井管(点)垂直度	%	1	插管时目测
3	井管(点)间距(与设计相比)	mm	≤150	钢尺量
4	井管(点)插入深度(与设计相比)	mm	≤200	水准仪
5	过滤砂砾料填灌(与设计值相比)	%	≤5	检查回填料用量
6	井点真空度：真空井点 喷射井点	kPa kPa	>60 >93	真空度表 真空度表
7	电渗井点阴阳极距离：真空井点 喷射井点	mm mm	$80 \sim 100$ $120 \sim 150$	钢尺量 钢尺量

9.15 基坑土方工程施工

9.15.1 基坑土方开挖的施工准备

基坑土方工程是基坑工程重要组成部分，合理的土方开挖施工组织、开挖顺序和挖土方法，可以保证基坑本身和周边环境的安全。由于基坑工程的复杂性，所以开挖前必须要做好相关的施工准备工作。施工前应首先熟悉和掌握合同、勘察报告、设计图纸、法律法规和标准规范等文件；应对场内地下障碍物、不良土质、场内外地下管线、周边建（构）筑物状况、场地条件、场外交通状况及弃土点等做详细的调查；应编制基坑土方开挖施工方案，在对设计文件和周边环境进行分析的基础上，确定土方开挖的平面布置、机械选型、施工测量、挖土顺序和流程、场内交通组织、挖土方法及相关技术措施，并编制基坑开挖应急预案；应对施工场地进行必要的平整，做好测量放线工作；合理调配临时设施、物料、机具、劳动力等资源。

土方开挖前应确保工程桩、围护结构等施工完毕，且强度达到设计要求；应通过降水等措施，保证坑内水位低于基坑开挖面及基坑底面 $0.5 \sim 1.0$m，同时开挖前应完成排水系统的设置；应对相关的基坑监测数据进行必要的分析，以确定前期施工的基坑支护体系的变形情况及对周边环境的影响，并进一步复核相关监测点。

9.15.2 基坑土方开挖方案的选择

挖土通常针对基坑工程支护设计、周边环境和场地条件等情况进行组织，在控制基坑变形、保护周边环境的原则下，根据对称、均衡、限时等要求，确定开挖方法。基坑开挖在深度范围内可分为分层开挖和不分层开挖，在平面上可分为分块开挖和不分块开挖，盆式开挖和岛式开挖是分块开挖的典型形式。

9.15.3 基坑土方开挖施工机械

土方开挖施工中常用机械主要有反铲挖掘机、抓铲机、土方运输车等。其中反铲挖掘机是土方开挖施工的主要机械，一般根据土质条件、斗容量大小与工作面高度、土方工程量以及与运输机械的匹配等条件进行选型。

9.15.4 基坑土方开挖的基本原则

1. 放坡开挖

当场地允许并经验算能保证土坡稳定性时，可采用放坡开挖；开挖较深时应采用多级放坡；多级放坡的平台宽度不宜小于 1.5m。采用放坡开挖的基坑，应按照圆弧滑动简单条分法验算边坡整体稳定性；多级放坡时应同时验算各级和多级的边坡整体稳定性。

放坡坡脚位于地下水位以下时，应采取降水或隔水帷幕的措施。放坡坡顶、放坡平台和坡脚位置的明水应及时排除，排水系统与坡脚的距离宜大于 1.0m。土质较差或留置时间较长的放坡坡体表面，宜采用钢丝网水泥砂浆、喷射混凝土、插筋挂网喷浆、土工布、聚合材料覆盖等方法进行护坡，护坡面层宜扩展至坡顶一定距离，也可与坡顶施工道路结合。坑顶不宜堆土或存在堆载（材料或设备），遇有不可避免的附加荷载时，在进行边坡稳定性验算时应计入附加荷载的影响。坡脚存在局部深坑时，宜采取坡度放缓、土体加固等措施。若放坡区域存在浜填土等不良土质，宜采用土体加固等措施对土体进行改善。机械挖土时严禁超挖或造成边坡松动。边坡宜采用人工进行清坡，其坡度控制应符合放坡设计要求。

2. 有围护无内支撑的基坑开挖

采用土钉墙、土层锚杆支护的基坑，开挖时应与土钉、锚杆施工相协调，应提供成孔施工的工作面宽度，开挖和支护施工应形成循环作业。开挖应分层分段进行，每层开挖深度宜为相应土钉、锚杆的竖向间距，每层分段长度不宜大于 30m。每层每段开挖后应及时进行支护施工，尽量缩短无支护暴露时间。采用重力式水泥土墙、板墙悬臂围护的基坑开挖，开挖前围护结构的强度及龄期均应满足设计要求。面积较大的基坑可采取平面分块、均匀对称的开挖方式，并及时浇筑垫层。采用钢板桩拉锚的基坑开挖前，应确保拉锚体系设置完毕且预应力施加达到设计要求；锚桩与锚筋在土方开挖过程中应采取保护措施。

3. 有内支撑的基坑开挖

开挖的方法及顺序应遵循"先撑后挖、限时支撑、分层开挖、严禁超挖"的原则，尽量减少基坑无支撑暴露时间和空间。应根据基坑工程等级、支撑形式、场内条件等因素，确定基坑开挖的分区及其顺序，并及时设置支撑或基础底板。挖土机械和车辆不得直接在支撑上行走或作业，可在支撑上覆土并铺设路基箱。挖土机械和车辆严禁在底部已挖空的支撑上行走或作业。

4. 逆作法基坑开挖的原则

当采用逆作法、盖挖法进行暗挖施工时，基坑开挖方法的确定必须与主体结构设计、支护结构设计相协调，主体结构在施工期间的变形、不均匀沉降均应满足设计要求。应根据基坑设计工况、平面形状、结构特点、支护结构、土体加固、周边环境等情况设置取土口，分层、分块、对称开挖，并及时进行水平结构施工。以主体结构作为取土平台、土方车辆停放及运行路线的，应根据施工荷载要求对主体结构、支撑立柱等进行加固专项设计。施工设备应按照规定的线路行走。面积较大的基坑宜采用盆式开挖，先形成中部结构，再分块、对称、限时开挖周边土方和进行结构施工。取土平台、施工机械和土方车辆停放及行驶区域的结构平面尺寸和净空高度应满足施工机械及车辆的要求。暗挖作业区域可利用取土口作为自然通风采光，并应采取强制通风的措施。暗挖作业区域、通道等

应配置足够的照明设施，照明采用防爆、防潮灯具，照明系统应采用防水电线电缆和防水电箱。应有备用应急照明线路，照明设施应根据挖土的进度及时配置。

9.15.5 基坑土方开挖常用施工方法

9.15.5.1 盆式开挖

先开挖基坑中部土方，过程中在基坑中部形成类似盆状土体，再开挖基坑周边土方，这种方式称为盆式土方开挖（图9-135）。盆式开挖由于保留基坑周边土方，减少了基坑围护暴露时间，对控制围护墙变形和减小周边环境影响较为有利，而基坑中部土方可在支撑系统养护阶段进行开挖。盆式土方开挖适用于基坑中部支撑较为密集的大面积基坑。采用盆式土方开挖时，盆边土体高度、盆边宽度、土体坡度等应根据土质条件、基坑变形和环境保护等因素确定。基坑中部盆状土体形成的边坡应满足相应的构造要求，以保证挖土过程中盆边土体的稳定。盆边土体应按照对称的原则进行开挖，并应结合支撑系统的平面布置，先行开挖与对撑相对应的盆边分块土体，以使支撑系统尽早形成。

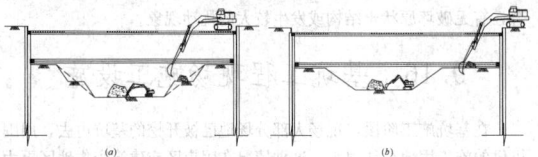

图9-135 盆式开挖典型剖面图
(a) 盆状土体二级放坡；(b) 盆状土体一级放坡

9.15.5.2 岛式开挖

先开挖基坑周边土方，过程中在基坑中部形成类似岛状的土体，再开挖基坑中部的土方，这种挖土方式称为岛式土方开挖（图9-136）。岛式土方开挖可在较短时间内完成基坑周边土方开挖及支撑系统施工，这种开挖方式对基坑变形控制较为有利。基坑中部大面积无支撑空间的土方开挖较为方便，可在支撑养护阶段进行开挖。岛式开挖适用于支撑系统沿基坑周边布置且中部留有较大空间的基坑，边桁架与角撑相结合的支撑体系、圆环形桁架支撑体系、圆形围檩体系的基坑采用岛式土方开挖较为典型，土钉支护、土层锚杆支护的基坑也可采用岛式土方开挖方式。

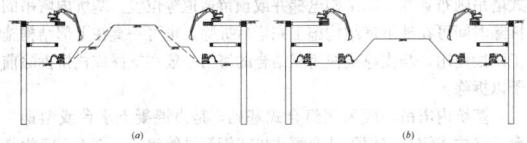

图9-136 岛式开挖典型剖面
(a) 中心岛状土体二级放坡；(b) 中心岛状土体一级放坡

在开挖基坑中部岛状土方阶段，可先将土方挖出或驳运至基坑边，再由基坑边驳掘机取外运；也可先将土方挖出或驳运至基坑中部，由基坑中部岛状土体顶面的挖掘机进行取土，再由基坑中部土方运输车通过内外相连的土坡或栈桥将土方外运。

采用岛式土方开挖时，基坑中部岛状土体大小、岛状土体高度、土体坡度应根据土质条件、支撑位置等因素确定，岛状体的大小不应影响整个支撑系统的形成。基坑中部岛状土体形成的边坡应满足相应的构造要求，以保证挖土过程中岛状土体的稳定。挖掘机、土方运输车在岛状土体顶部进行挖运作业，须在基坑中部与基坑边部之间设置栈桥或土坡用于土方运输。栈桥或土坡的坡度应严格控制，采用内外联系通道时，一般可采用先开挖土坡区域，后支撑进行回填筑路再次形成土坡，作为后续土方外运行走通道。土坡运作业的土坡，自身的稳定性有较高的要求，一般可采用护坡、土体加固等措施，土坡路面的承载力还应满足土方运输车辆、挖掘机作业要求。

9.15.5.3 分块挖土方法

若基坑不同区域开挖的先后顺序会对基坑变形和周边环境产生不同程度的影响时，需划分区域，并确定各区域开挖顺序，以达到控制变形、减小周边环境影响的目的。区域划分及其开挖顺序的确

定是土方开挖的关键。在基坑竖向上进行合理的土方分层，在平面上进行合理的土方分块，并合理确定各分块开挖的先后顺序，这种挖土方式通常称为分层分块土方开挖。岛式土方开挖和盆式土方开挖属于分层分块土方开挖中较为典型的方式。分层分块土方开挖可用于大面积无内支撑的基坑，也可用于大面积有内支撑的基坑。分层分块土方开挖方法是基坑土方工程中应用最为广泛的方法之一，为复杂环境条件下的超大超深基坑工程所普遍采用。

应在控制基坑变形和保护周边环境的要求下确定基坑土方分块的大小和数量，制定分块施工先后顺序，并确定土方开挖的施工方案。土方分块开挖后，与相邻的土方分块形成高差，应根据土质条件和周边保护要求进行必要的限制，并进行相关的稳定性验算。以对撑系统为主的基坑，通常情况下应先开挖对撑系统区域的土体，及时施工对撑系统，减少无支撑暴露时间，土体在纵向应采用间隔开挖的方式。对于设置角撑系统的基坑，通常情况下可先开挖角撑系统区域的角部土体，及时施工角撑系统，控制基坑角部变形。一般情况下，环境要求相对较低的基坑侧宜先行开挖，然后再开挖环境要求相对较高的基坑侧，并采用减小分块面积、对称开挖、限时完成支撑或垫层的方式进行施工，以保护周边环境；分块开挖的顺序还应考虑现场条件，由于场地狭小造成部分区域无法形成施工道路，或主要出入口数量较少或存在较多的客观限制，均会影响土方开挖出土的便利性。

9.15.6 基坑土方回填

1. 基底处理

基坑回填应先清除基底上垃圾，排除坑穴中积水、淤泥和杂物，并应采取措施防止地表滞水流入填方区，浸泡地基，造成基土下陷。回填前应确认基坑内结构外防水层、保护层等施工完毕，防止回填后地下水渗漏。

2. 基坑土方回填方法

基坑土方回填方法主要有人工填土和机械回填方法。人工回填一般适用于工作量较小的基坑回填，或机械回填无法实施的区域。机械回填一般适用于回填工作量较大且场地条件允许的基坑回填。

人工回填一般用铁锹等工具将回填料填至基坑。若基坑较深，可设置简易滑槽入坑。回填过程中应注意对防水层等已完工程的保护。一般从场地最低处开始，由一端向另一端自下而上分层铺填。基坑回填应在相对两侧或四周同时进行回填；对于设置混凝土或型钢换撑的基坑，在换撑下方的回填应采取人工对称回填的方式。

机械回填可采用推土机、铲运机、装载机、翻斗运输车等机械，回填均应由下而上分层回填，分层厚度一般控制在300mm。回填可采取纵向铺填顺序，推土机作业应分堆集中，一次运送，应选择合适的分段距离，一般可控制在10m左右。若存在机械回填不能实施的区域，应以人工回填配合。

3. 填土的压实

应严格控制分层厚度、每层压实遍数，其主要控制参数见表9-34。

回填施工时的分层厚度及压实遍数　　　表9-34

压实机具	每层铺土厚度(mm)	每层压实遍数
平碾	200～300	6～8
羊足碾	200～350	8～16
蛙式打夯机	200～250	3～4
振动碾	60～130	6～8
振动压路机	120～150	10
推土机	200～300	6～8
人工打夯	不大于200	3～4

采用平板或冲击打夯机等小型机具压实时，打夯之前对填土初步平整，打夯机应依次夯打，均匀分布，不留间隙。在打夯机具工作不到的地方应采用人力打夯，虚铺厚度不大于200mm，人力打夯前应将填土初步整平，打夯要按一定方向进行，一夯压半夯，夯夯相连，行行相连，两遍纵横交叉，分层夯打。行夯路线应由四边开始，然后夯向中间。

采用各种压路机械压实时，为保证回填土压实的均匀性及密实度，避免碾轮下陷，提高碾压效率，在碾压机械碾压之前，宜先用轻型推土机推平，低速预压 4~5 遍，使平面平实。碾压机械压实回填土时，应控制行驶速度，一般平碾和振动碾不超过 2km/h，并要控制压实遍数。压实机械要与基础结构保持一定的距离，防止将基础结构压坏或使之位移。用平碾压路机进行回填压实，应采用"薄填、慢驶、多次"的方法，填土厚度均不应超过 250~300mm，每层压实遍数 6~8 遍，碾压方向应从两边逐渐压向中间，碾轮每次重叠宽度约 15~25cm，避免漏压。运行中碾轮应距填方边缘应大于 500mm，以防发生溜坡倒角。边角、边坡边缘压实不到之处，应辅以人力夯实或小型夯实机具配合夯实。压实密实度除另有规定外，一般应压至轮子下沉量不超过 10~20mm 为宜。平碾碾压一层完后，应用人工或推土机将表面拉毛，土层表面太干时，应洒水湿润后继续回填，以保证上下层结合良好。

9.15.7 基坑土方开挖注意事项

(1) 深基坑土方开挖施工应安排 24h 专人巡视；应采取信息化施工措施对附近已有建筑或构筑物、道路、管线实施不间断监测。如发现位移超过报警值，应及时与设计和建设单位联系，采取应急措施。施工中应经常检查支撑和观测邻近建筑物的情况，如发现支撑有松动、变形、位移等情况，应及时采取加固或更换措施。

(2) 土方开挖顺序、方法必须与设计工况一致，并遵循"先撑后挖，分层开挖，严禁超挖"的原则，严格控制基坑无支撑暴露时间，尽早形成基坑对撑，支撑强度达设计强度后再开挖下一层土方。

(3) 支撑的拆除应按设计工况依次进行，拆除支撑时，应注意防止附近建筑物或构筑物产生下沉和破坏，必要时采取加固措施。

(4) 应制定应急方案，落实相关应急资源，包括人、材、物、机。

(5) 开挖过程中应注意对降水井点、工程桩、监测点、支护结构的保护，控制坑边堆载和栈桥的施工荷载。在群桩基础的桩打设后，宜停留一定时间，待土中应力有所释放，孔隙水压力有所降低，被扰动的土体重新固结后，再开挖基坑土方，且土方开挖宜均匀、分层，尽量减少开挖时的土压力差，以保证桩位正确和边坡稳定。

(6) 逆作法基坑开挖过程中应调整开挖施工流程，控制工程桩间差异沉降。

(7) 开挖施工前，应设置地表水排水设施；开挖过程中，在坑底边应设置排水沟槽和集水井，并保持对坑内外水位的控制，坑内水位应保持在坑底下 0.5~1m 处。

(8) 对于两个深浅不一的邻近基坑，宜采用先深后浅的施工方法；对于设置分隔墙分区开挖的情况，应注意坑与坑之间开挖过程中的相互影响。

(9) 深基坑土体开挖后，会使基坑底面产生一定的回弹变形（隆起）。施工中应采取减少基坑回弹变形的措施，在基坑开挖过程中和开挖后均应保证井点降水正常进行，并在挖至设计标高后，尽快浇筑垫层和底板。必要时可对基础结构下部土层进行加固。

(10) 应严格控制开挖过程中形成的临时边坡，尤其是边坡坡度、坡顶堆载、坡脚排水等，避免造成边坡失稳。

9.15.8 基坑周边环境保护

基坑开挖施工中必须对基坑周围各类建（构）筑物、地下管道等进行有效的保护，使其免受或少受施工所引起的不利影响。

(1) 可在临近基坑的管线底部和建（构）筑物地基基础下采取注浆加固，无桩建（构）筑物还可采用锚杆静压桩基础托换技术。

(2) 加强施工监测，开挖前可根据管线的管节长度、建（构）筑物基础尺寸及其对差异沉降的承受力确定监测位置，开挖过程中可根据监测信息跟踪注浆，以控制其位移及变形。

(3) 在保护建筑物及重要管线与基坑间打设隔离桩，并在隔离桩与基坑围护结构间跟踪注浆。

(4) 在无桩坑下设施上方（如隧道）开挖时，可采取土方抽条开挖等措施防止地下结构上浮；基坑减压降水应按需开挖，避免多抽引起水土流失过多而造成对周边建筑物的影响。

(5) 对相邻且同期或相继施工的工程（包括基坑开挖、降水、打桩、爆破等），宜事先协调施工进度，避免相互产生影响或危害。

(6) 应按照周边环境的重要性，合理确定分块的大小及其开挖顺序。

9.15.9 基坑土方开挖质量控制

应严格复核建筑物的定位桩、轴线、方位和几何尺寸。按设计平面对基坑、槽的灰线进行轴线和几何尺寸的复核，工程轴线控制桩设置离建筑物的距离一般应大于两倍的挖土深度；水准点标高可引测在已建成的沉降已稳定的建（构）筑物上并妥加保护。挖土过程中要定期进行复测。在接近设计坑底标高或边坡边界时应预留 200~300mm 厚的土层，用人工开挖和修整，边挖边修，以保证不扰动土和标高符合设计要求。挖土应做好地表和坑内排水、地面截水和地下降水，地下水位应保持低于开挖面 500mm 以下。

基坑开挖完毕应由施工单位、设计单位、勘察单位、监理单位或建设单位等有关人员共同到现场进行检查、鉴定验槽，核对地质资料，检查地基土与工程地质勘察报告、设计图纸要求是否相符合，有无破坏原状土结构或发生较大的扰动现象。

9.16 基坑工程现场施工设施

在基坑施工阶段，现场大部分场地已被开挖的基坑占去，周围可供的施工用地往往很小，这种情况在闹市区或建筑密集地区更为突出。因此施工时应根据现场条件、工程特点及施工方案，合理进行施工场地布置，如塔吊、坡道或栈桥、临时施工平台、临时扶梯、行车道路、大型设备停放点、冲洗设备等，以保证施工的顺利进行。

9.16.1 塔吊及其基础设置

基坑工程的塔吊可布置在基坑外或基坑内。塔吊基础可采用桩基、混凝土或型钢基础，也可设在地下室底板上。

1. 基坑内塔吊的设置

基坑内塔吊的布置位置除满足基坑施工阶段的需求外，还应与上部结构施工需要相协调。附着式塔吊应避开地下室外墙、支护结构支撑、换撑等部位，布置在上部结构外墙外侧的合适位置；内爬式塔吊则布置在上部结构电梯井或预留通道等位置。基坑内塔吊的拆除时间可在地下室结构施工完毕后拆除，也可一直在上部结构施工阶段使用，与支撑或栈桥相结合的塔吊一般在支撑或栈桥拆除前予以拆除。

基坑内塔吊一般采用组合式基础，是由混凝土承台或型钢平台、格构式钢柱或钢管柱及灌注桩或钢管桩组成。图 9-137 为常见的组合形式。

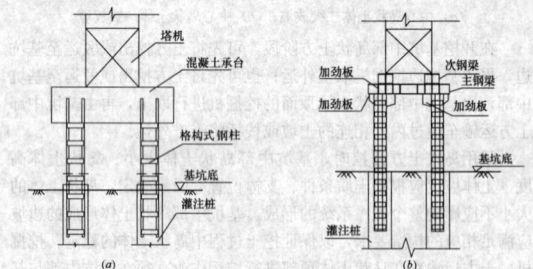

图 9-137 独立式塔吊基础示意图
(a) 混凝土承台、格构式钢柱、灌注桩组合基础；
(b) 型钢基础、格构式钢柱、灌注桩组合基础

塔吊在基坑内的基桩宜避开底板的基础梁、承台、后浇带或加强带等区域。格构式钢柱的布置应与下端的基桩轴线重合且宜采用焊接四肢组合式对称构件，截面轮廓尺寸不宜小于 400mm×400mm，主肢宜采用等边角钢，且不宜小于 90mm×8mm；缀件宜采用缀板式，也可采用缀条（角钢）式。格构式钢柱上端伸入混凝土承台的锚固长度应满足抗拔要求。下端伸入灌注桩的锚固长度不

宜小于2.0m，且应与基桩纵筋焊接，灌注桩在该部位的箍筋应加密。

近年来，塔吊基础与支撑或栈桥相结合的形式也开始出现。这种组合式基础形式主要是利用支撑或栈桥立柱桩及立柱作为塔吊基桩，利用栈桥梁或支撑梁作为塔吊基础承台。承台与栈桥梁或支撑梁相结合时，一般应通过计算对栈桥梁或支撑梁等进行加固。承台宜设计为方形板式或十字形梁式，基桩宜按均匀对称布置，且不宜少于4根，以满足塔吊任意方向倾翻力矩的作用。

随着基坑土方分层开挖，在格构式钢柱外侧四周应及时用型钢设置支撑，焊接于主肢，将承台基础下的格构式钢柱连接为整体，如图9-138所示。当格构式钢柱较高时，宜再设置型钢水平剪刀撑，以利于抗塔吊回转产生的扭矩。基坑开挖到设计标高后，应立即浇筑垫层，宜在组合式基础的混凝土承台投影范围加厚垫层并掺入早强剂。由于格构柱穿越基础底板，故格构柱在底板范围的中央位置，应在分肢型钢上焊接止水钢板。

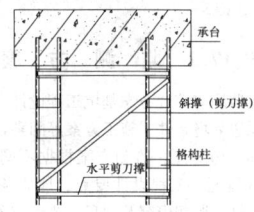

图9-138　型钢支撑加固

有时在坑内栈桥施工完毕且强度满足要求后在其上面设置行走式塔吊。在拆除栈桥前进行塔吊拆除。栈桥上设置的行走式塔吊主要是满足支撑和基础结构施工需要，该形式的塔吊具有覆盖面较大、拆装简便等优点。栈桥上行走式塔吊的设置应综合考虑基坑形状和大小、栈桥布置形式、现场条件等因素，并在栈桥设计时一并考虑。

2. 基坑外塔吊的设置

对于面积不大的基坑，考虑到后续结构的施工需要，在基坑土方开挖阶段的塔吊可设置在基坑外侧，其安装的时间较为灵活，可在基坑开挖前或开挖过程中，甚至开挖完毕后进行安装。按基础形式不同，可分为有桩基承台基础和无桩基承台基础形式。

（1）有桩基承台基础的塔吊设置

当地基土为软弱土层，采用浅基础不能满足塔吊对地基承载力和变形要求；或基坑变形控制有较严格要求，周边环境保护要求较高，不允许基坑边有较大的附加荷载，可采用桩基。基桩可选择预制钢筋混凝土桩、混凝土灌注桩或钢管桩等，一般塔吊基础的基桩可随同工程桩或围护桩的桩型，塔吊的桩基应根据要求进行设计和计算。

塔吊基础的桩身和承台混凝土强度等级不得小于C35。基桩应按计算和构造要求配置钢筋。纵向钢筋不应小于6φ12，且应沿桩周边均匀布置，其净距不应小于60mm。箍筋应采用螺旋式，直径不应小于6mm，间距宜为200～300mm，桩顶以下5d（d为纵向钢筋直径）范围内箍筋间距应加密至不大于100mm。当基桩属抗拔桩或端承桩，应等截面或变截面通长配筋。承台宜设计成方形板式（图9-139）。或十字形梁式，截面高度不宜小于1000mm，基桩宜按均匀对称式布置，且不宜少于4根。边桩中心至承台边缘的距离应不小于桩的直径或边长，且桩的外边缘至承台边缘的距离应不小于200mm。板式承台基础上、下面均应根据计算或构造要求配筋，直径不小于12mm，间距不大于200mm，上下层钢筋之间设置架立筋，宜沿对角线配置暗梁。十字形承台应按梁式配筋，宜按对称式配置正、负弯矩筋，箍筋不宜小于φ8@200。

对于排桩式围护墙或地下连续墙，塔吊位置也可位于围护墙顶上，如直接设置塔吊基础，会造成基底软硬严重不均的现象，在塔吊工作时产生倾斜。故一般在支护墙外侧另行布置桩基，一般布置2根即可。该桩设计时应考虑与围护墙的沉降差异。

（2）无桩基承台基础的塔吊设置

若地基土较好，能满足塔吊地基承载要求，且基坑开挖深度较浅，坑底标高与塔吊基础底标高基本一致；或周边环境较好且围护

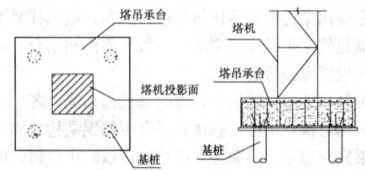

图9-139　塔吊基础和承台构造图

设计时已经考虑塔吊区域的附加荷载，可在坑外采用无桩基承台基础的塔吊，即塔吊基础位于天然或复合地基上（图9-140）。混凝土基础的构造应根据塔吊说明书及现场工程地质等要求确定，宜选用板式或十字形式。基础埋置深度应综合考虑工程地质、塔吊荷载大小以及相邻环境条件等因素。采用重力式或悬臂式支护结构的基坑边不宜设置无桩基承台基础的塔吊。重力式支护结构的基坑可采用加宽水泥土墙与加大其入土深度，且宜在塔吊基础部位下方及塔吊基础对应的基坑内采取加固措施，以减小塔吊和基坑之间产生相互不影响。同时在土方开挖时特别是开挖初期应加强对塔吊监测，包括位移、沉降及垂直度等。

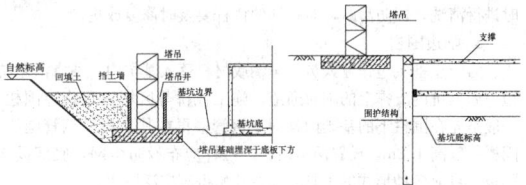

图9-140　无桩基承台塔吊基础形式

若地基土较好，能满足塔吊地基承载要求，周边环境较好，且围护设计时已经考虑塔吊区域的附加荷载，可在坑外采用行走式塔吊。这种布置形式适用于长方形基坑，或与其他塔吊组合使用以减少吊运盲区。

9.16.2　运输车辆施工道路设置

1. 坑外道路的设置

坑外道路的设置一般沿基坑四周布置，其宽度应满足机械行走和作业要求。若条件允许，坑外道路应尽量环形布置。对于设置坑内栈桥的基坑，坑外道路的设置还应与栈桥相连接。由于施工道路上荷载较大，且属动荷载，坑外道路应进行必要的加强措施，如铺设路基箱或浇筑一定厚度的刚性路面，以分散荷载，减小对围护墙的不利影响。

2. 坑内土坡道路的设置

坑内土坡道路的宽度应能满足机械行走的要求。由于坑内土坡道路行走频繁，土坡易受扰动，通常情况下土坡应进行必要的加固。土坡面层加强可采用浇筑钢筋混凝土和铺设路基箱等方法；土坡两侧坡面加强可采用护坡、降水等方法；土坡土体加固可采用高压旋喷、压密注浆等加固方法。

3. 坑内栈桥道路的设置

城市中心的基坑一般距离红线较近，场内交通组织较为困难，需结合支撑形式、场内道路、施工工期等设置施工栈桥道路。坑内栈桥道路的宽度应能满足机械行走和作业要求。一般第一道混凝土支撑梁及支撑下立柱进行加强后可兼作施工栈桥道路。逆作法施工基坑一般以取土作业层作为施工机械作业和行走道路，施工机械应严格按照规定区域进行作业。坑内栈桥道路也可采用在支撑系统上铺设路基箱，通过这种组合结构形成栈桥道路。坑内栈桥道路也可作为土方装车挖掘机的作业平台。

9.16.3　施工栈桥平台的设置

施工栈桥平台有钢筋混凝土栈桥平台、钢结构栈桥平台、钢结构与钢筋混凝土结构组合式栈桥平台。钢结构栈桥平台一般由立柱、型钢梁、箱型板等组成；钢结构与钢筋混凝土结构组合式栈桥平台一般可采用钢立柱、钢筋混凝土梁和钢结构面板组合而成，也可采用钢立柱、型钢梁和钢筋混凝土板组合而成，组合式挖土栈桥

平台在实际应用中可根据具体情况进行选择。施工栈桥平台的平面尺寸应能满足施工机械作业要求，一般与支撑相结合，可设置在基坑边，也可设置在栈桥道路边。

当基坑外场地或道路偏小，需向基坑内拓宽，若拓宽的宽度不大时，可采用悬挑式平台。悬挑式平台可用钢结构或钢筋混凝土结构。悬挑梁宜与冠梁、路面等连成整体，以防止倾覆。由于施工堆载及车辆等荷载较大，悬挑平台外挑不宜过大，一般不宜大于1.5m。

9.16.4　其 他 设 施

1. 临时扶梯

基坑工程施工期间，现场施工人员必须通过基坑上下通道进入基坑施工作业，同时为满足消防要求，应制作安全规范的上下通道楼梯，以保证施工人员的安全。扶梯可采用钢管或型钢制作，宽度一般为1～1.2m，踏步可采用花纹钢板、钢管、木板等，踏步宽度宜为250～300mm。扶梯应具有足够的稳定性和刚度。扶梯应设置临边栏杆；楼梯的坡度一般不超过60°；扶梯的一个楼梯段内踏步级数一般不超过15级。扶梯要做定期清洁保养，对油污等应及时进行清洗，以防滑跌，对损坏的栏杆要及时修复或更换。

2. 临边围栏

为防止基坑边作业人员、车辆或材料落入基坑内，通常沿基坑边一周、坑内支撑上的临时通道、施工栈桥等区域设置临边围栏。一般是先在围栏下的基础内预埋短钢管，再在其上搭设钢管围栏，围栏一般高1.2m，设置两道横杆，栏杆应布设防尘网，底部设踢脚板。目前各种形式的工具式围栏开始得到广泛应用。

3. 冲洗设备

施工现场大门口设置冲洗设备是文明施工的需要，目前全国各地均有较严格的要求。采用高压水枪人工冲洗车辆是最常见的方式，一般须在门口设置高压水泵、高压水枪、排水沟槽、沉淀池及其他附属设施。近年来在上海等地出现了一种新型的循环自动冲洗系统（图9-141）。该系统通过优化冲洗排放沟槽布置，使废水能汇流收集；采用合适的路面构造，使泥浆水彻底及时回收，防止路面二次污染；建立循环储水装置和泵吸喷水再利用装置，使冲洗用水能重复利用。该系统具有水资源消耗较少、利用率高、冲洗效率提高、冲洗用时短，盖板的设置可疏干路面，减少了二次污染。

图 9-141　循环自动冲洗系统

9.17　基坑工程施工监测

基坑支护工程的实践性很强，岩土的复杂性使工程中的设计分析与现场实测存在一定差异。为准确掌握和预测基坑工程施工过程中的受力和变形状态及其对周边环境的影响，科学的组织基坑工程施工，必须进行施工监测。我国各地区近年来均相继编写并颁布实施了各种基坑设计和施工的规范标准，其中都特别强调了基坑监测与信息化施工的重要性，甚至有些城市专门颁布了基坑工程监测规范，如《上海市基坑工程施工监测规程》等。国家标准《建筑基坑工程监测技术规范》（GB50497）明确规定"开挖深度超过5m或开挖深度未超过5m但现场地质情况和周围环境较复杂的基坑工程均应实施基坑工程监测"。

9.17.1　监测的目的和原则

1. 监测目的

使参建各方能够完全客观真实地把握工程质量，掌握工程各部分的关键性指标，确保工程安全；在施工过程中通过实测数据检验工程设计所采取的各种假设和参数的正确性，及时改进施工技术或调整设计参数以取得良好的工程效果；对可能发生危及基坑工程本体和周围环境安全的隐患进行及时、准确的预报，确保基坑结构和相邻环境的安全；积累工程经验，为提高基坑工程的设计和施工整体水平提供基础数据支持。

2. 监测原则

监测数据必须可靠真实，数据的可靠性由测试元件安装或埋设的可靠性、监测仪器的精度及监测人员的素质来保证；监测数据必须及时，监测数据需在现场或计算机处理，发现有问题及时复测，做到当天测当天反馈；埋设于土层或结构中的监测元件应尽量减少对结构正常受力的影响，埋设监测元件时应注意与岩土介质的匹配；对所有监测项目，应按照工程具体情况预先设定预警值和报警制度，预警体系包括变形或内力累积值及其变化速率；监测应整理完整的监测记录、数据报表、图表和曲线，监测结束后整理出监测报告。

9.17.2　监 测 方 案

建筑基坑工程监测应综合考虑基坑工程设计方案、建设场地的岩土工程条件、周围环境条件、施工方案等因素，制定合理的监测方案，精心组织和实施监测。监测方案根据不同需要会有不同内容，一般包括工程概况、工程设计要点、地质条件、周边环境概况、监测目的和依据、监测内容及项目、测点布置和保护措施、监测人员配置、监测方法及精度、数据整理方法、监测期及频率、监测报警值及异常情况下的监测措施、主要仪器设备及检定要求、拟提供的监测成果以及监测信息反馈、作业安全等，且基坑工程的现场监测应采用仪器监测与巡视检查相结合的方法。

9.17.3　监测项目和监测频率

1. 基坑工程监测的对象

基坑工程监测对象包括：支护结构、地下水、坑底及周边土体、周边建（构）筑物、周边管线及设施、周边道路等。从基坑边缘以外1～3倍基坑开挖深度范围内需要保护的周边环境应作为监测对象，必要时尚应扩大范围。监测项目应与基坑工程设计、施工方案相匹配，应抓住关键部位，做到重点观测、项目配套，形成有效和完整的监测系统。

2. 基坑工程仪器监测项目

基坑工程监测项目，可根据支护结构的重要程度、周围环境的复杂性和施工要求而定。要求严格则监测项目增多，否则可减之。应根据表9-35进行选择仪器监测项目。

3. 巡视检查

基坑工程施工和使用期内，每天均应由专人进行巡视检查。巡视检查一般包括支护结构、施工工况、周边环境、监测设施等。

基坑工程监测项目			表9-35
监测项目＼基坑类型	一级	二级	三级
围护墙（边坡）顶部水平位移	应测	应测	应测
围护墙（边坡）顶部竖向位移	应测	应测	应测
深层水平位移	应测	应测	宜测
立柱竖向位移	应测	宜测	宜测
围护墙内力	宜测	可测	可测
支撑内力	应测	宜测	可测
立柱内力	可测	可测	可测
锚杆内力	应测	宜测	可测
土钉内力	宜测	可测	可测
坑底隆起（回弹）	宜测	可测	可测
围护墙侧向土压力	宜测	可测	可测
空隙水压力	宜测	可测	可测
地下水位	应测	应测	应测

续表

监测项目 \ 基坑类型	一级	二级	三级
土体分层竖向位移	宜测	可测	可测
周边地表竖向位移	应测	应测	宜测
周边建筑竖向位移	应测	应测	应测
周边建筑倾斜	应测	宜测	可测
周边建筑水平位移	应测	宜测	可测
周边建筑、地表裂缝	应测	应测	应测
周边管线变形	应测	应测	应测

对支护结构的巡视主要包括：支护结构成型质量、支撑及围檩的裂缝情况，支撑及立柱变形情况，止水帷幕开裂或渗漏情况，墙后土体裂缝及变形情况，基坑流砂或管涌情况等。

对各施工工况的巡视检查包括：开挖后暴露的土质情况与岩土勘察报告有无差异，基坑开挖分段长度、分层厚度及支锚设置是否与设计要求一致，场地地表水、地下水排放状况是否正常，基坑降水、回灌设施是否运转正常，基坑周边地面有无超载等。

对周边环境的巡视检查包括：周边管道有无破损、泄漏情况，周边建筑有无新增裂缝出现，周边道路（地面）有无裂缝、沉陷，邻近基坑及建筑的施工变化情况。

对监测设施的巡视检查包括：基准点、监测点完好状况，监测元件的完好及保护情况，有无影响监测工作的障碍物。

巡视检查宜以目测为主，可辅以锤、钎、量尺、放大镜等工具、器具以及摄像、摄影等设备进行。对自然条件、支护结构、施工工况、周边环境、监测设施等的巡视检查情况应做好记录。检查记录应及时整理，并与仪器监测数据进行综合分析。巡视检查如发现异常和危险情况，应及时通知建设方及其他相关单位。

4. 基坑工程监测频率

基坑工程监测频率应以能系统反映监测对象所测项目的重要变化过程，而又不遗漏其变化时刻为原则。基坑工程监测工作应贯穿于基坑工程和地下工程施工全过程。监测工作一般应从基坑工程施工前开始，直至地下工程完成为止。对有特殊要求的周边环境的监测应根据需要延续至变形趋于稳定后才能结束。对于应测项目，在无数据异常和事故征兆的情况下，开挖后仪器监测频率的确定可参照表 9-36。

现场仪器监测的监测频率 表 9-36

基坑类别	施工进程		基坑设计开挖深度			
			≤5m	5~10m	10~15m	>15m
一级	开挖深度(m)	≤5	1次/1d	1次/2d	1次/2d	1次/2d
		5~10		1次/1d	1次/1d	1次/1d
		>10			2次/1d	2次/1d
	底板浇筑后时间(d)	≤7	1次/1d	1次/1d	2次/1d	2次/1d
		7~14	1次/3d	1次/3d	1次/2d	1次/1d
		14~28	1次/5d	1次/5d	1次/3d	1次/2d
		>28	1次/7d	1次/7d	1次/5d	1次/3d
二级	开挖深度(m)	≤5	1次/2d	1次/2d		
		5~10		1次/1d		
	底板浇筑后时间(d)	≤7	1次/2d	1次/2d		
		7~14	1次/3d	1次/3d		
		14~28	1次/7d	1次/5d		
		>28	1次/10d	1次/10d		

注：当基坑工程等级为二级时，监测频率可视具体情况要求适当降低；
　　基坑工程施工至开挖前的监测频率视具体情况确定；宜测、可测项目的仪器监测频率可视具体情况要求适当降低；有支撑的支护结构各道支撑开始拆除到拆除完后3d内监测频率应为1次/1d。

监测频率应综合考虑基坑类别、基坑及地下工程的不同施工阶段以及周边环境、自然条件的变化和当地经验而确定，并可根据施工进程、施工工况、外部环境因素等的变化适时作出调整。一般在开挖阶段，土体处于卸载状态，支护结构处于逐步加荷状态，应适当加密监测；当监测值相对稳定时，可适当降低监测频率。当出现异常情况和数据临近或达到报警值、存在勘察中未发现的不良地质、未按照设计和施工方案施工等情况时，应提高监测频率，并及时向委托方及相关单位报告监测结果。

9.17.4 监测点布置和监测主要方法

1. 墙顶（坡顶）位移

基坑围护墙（边坡）顶部的水平和竖向位移监测点应沿基坑周边布置，基坑周边中部、阳角处应布置监测点，监测点间距不宜大于20m，每边监测点数目不应少于3个。为便于监测，水平位移监测点宜同时作为垂直位移监测点。监测点宜设置在基坑冠梁或边坡坡顶上（图9-142）。

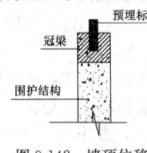

图9-142 墙顶位移点布设

测定特定方向上的水平位移时可采用视准线法、小角度法、投点法；测定监测点任意方向水平位移时可采用前方交会法、自由设站法、极坐标法等；当基准点距基坑较远时，可采用GPS测量法或三角、三边、边角测量与基准线法相结合的综合测量方法。水平位移监测基准点应埋设在基坑开挖深度3倍范围以外不受施工影响的稳定区域，或利用已有稳定的施工控制点，不应埋设在低洼积水、湿陷、冻胀、胀缩等影响范围内；宜设置有强制对中的观测墩上；采用精密光学对中装置，对中误差不宜大于0.5mm。

2. 围护（土体）水平位移

围护墙或土体深层水平位移监测点宜布置在基坑周边的中部、阳角处及有代表性的部位。监测点水平间距为20~50m，每边监测点数目不应少于1个。用测斜仪观测深层水平位移，当测斜管埋设在围护墙体内时，测斜管长度不宜小于围护墙的深度；当测斜管埋设在土体中时，测斜管长度不宜小于基坑开挖深度的1.5倍，并应大于围护墙的深度。以测斜管底为固定起算点时，管底应嵌入到稳定的土体中。

测斜管宜采用塑料管或金属管，直径宜为45~90mm，管内应有两组相互垂直的纵向导槽。测斜管应在基坑开挖1周前埋设，测斜管连接时应保证上下管段的导槽相互对准顺畅，接头处应密封处理，并注意保证管口的封盖；当以下部管端作为位移基准点时，应保证测斜管进入稳定土层2~3m；测斜管埋设主要采用钻孔埋设和绑扎埋设（图9-143），一般测围护墙挠曲采用绑扎埋设，测土体深层位移时采用钻孔埋设。测斜管与钻孔之间孔隙应填充密实；埋设时测斜管应保持竖直无扭转，其中一组导槽方向应与所需测量的方向一致。

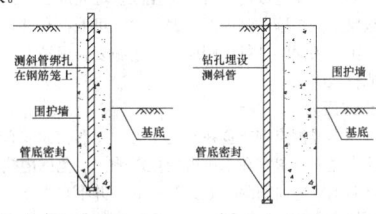

图9-143 测斜管埋设示意图

3. 立柱竖向位移

立柱竖向位移监测点宜布置在基坑中部、多根支撑交汇处、施工栈桥下、地质条件复杂处的立柱上。监测点不应少于立柱总根数的5%，逆作法施工的基坑不应少于10%，且均不应少于3根。立柱的内力监测点宜布置在受力较大的立柱上，位置宜设在坑底以上各层立柱下部的1/3部位。

4. 支护结构内力

围护墙内力监测点应布置在受力、变形较大且有代表性的部位，监测点数量和水平间距视具体情况而定，每边至少应设1处监测点。竖直方向监测点应布置在弯矩极值处，竖向间距宜为2~4m。

支撑内力监测点宜设置在支撑内力较大或在整个支撑系统中起

关键作用的杆件上；每道支撑内力监测点不应少于 3 个，各道支撑监测点位置宜在竖向保持一致。钢支撑的监测截面宜布置在支撑长度的 1/3 部位或支撑端头处；混凝土支撑监测截面宜布置在支撑长度的 1/3 部位，并避开节点位置。每个监测点截面内传感器的设置数量及布置应满足不同传感器测试要求。支护结构内力监测值应考虑温度变化的影响，对混凝土支撑尚应考虑混凝土收缩、徐变以及裂缝开展的影响。应力计或应变计的量程宜为最大设计值的 1.2 倍。围护墙等的内力监测元件宜在相应工序施工时埋设并在开挖前取得稳定初始值。

基坑开挖过程中支护结构内力变化可通过在结构内部或表面安装应变计或应力计进行量测。对于钢筋混凝土支撑，宜采用钢筋应力计（钢筋计）或混凝土应变计进行量测；对于钢结构支撑，宜采用轴力计进行量测。围护墙等内力宜在围护墙钢筋制作时，在主筋上焊接钢筋应力计的预埋方法进行量测。

5. 锚杆拉力（土钉内力）

锚杆内力监测点应选择在受力较大且有代表性的位置，基坑每边跨中部位、阳角处和地质条件复杂区域宜布置监测点。每层锚杆内力监测点数量应为该层锚杆总数的 1%～3%，并不少于 3 根。各层监测点位置在竖向上宜保持一致。每根杆体上的测试点宜设置在锚头附近和受力有代表性的位置。

锚杆拉力量测宜采用专用的锚杆测力计，钢筋锚杆可采用钢筋应力计或应变计，当使用钢筋束时应分别监测每根钢筋的受力。

土钉的内力监测点应选择在受力较大且有代表性的位置，应沿基坑周边布置，基坑每边中部、阳角处和地质条件复杂的区段宜布置监测点。各层监测点在竖向上的位置宜保持一致，每根杆体上的测试点应设置在受力、变形有代表性的位置。

6. 坑底隆起（回弹）

坑底隆起监测点宜按纵向或横向剖面布置，剖面应选择在基坑中央、距坑底边约 1/4 坑底宽度处以及其他能反映变形特征的位置，数量不应少于 2 个。纵横向有多个监测剖面时，其间距宜为 20～50m。同一剖面上监测点横向间距宜为 10～30m，数量不应少于 3 个。

7. 围护墙侧向土压力

围护墙侧向土压力监测点应布置在受力、土质条件变化较大或有代表性的部位；平面布置上基坑每边不宜少于 2 个测点。在竖向布置上，测点间距宜为 2～5m，测点下部宜密。当按土层分布情况布设时，每层应至少布设 1 个测点，且布置在各层土的中部。

土压力盒应紧贴围护墙布置，宜预埋设在围护墙的迎土面一侧。根据土压力计的结构形式和埋设部位不同，埋设的方法有挂布法、顶入法、弹入法、插入法、钻孔法等。土压力计埋设可在围护墙施工阶段和围护墙完成后进行。若在围护墙完成后埋设，由于土压力计无法紧贴围护墙，测得的数据与实际可能存在差异；若土压力计埋设与围护墙同时进行，则应采取措施妥善保护土压力计，防止其受损或失效。

8. 孔隙水压力

孔隙水压力监测点宜布置在基坑受力、变形较大或有代表性的部位。监测点竖向布置宜在水压力变化影响深度范围内按土层分布情况布设，监测点竖向间距一般为 2～5m，并不宜少于 3 个。

孔隙水压力宜通过埋设钢弦式、应变式等孔隙水压力计，采用频率计或应变计量测。孔隙水压力计埋设可采用压入法、钻孔法等。孔隙水压力计应在事前 2～3 周埋设，应浸泡饱和。采用钻孔法埋设孔隙水压力计时，钻孔直径宜为 110～130mm，不宜使用泥浆护壁成孔，钻孔应圆直、干净；封口材料宜采用直径 10～20mm 的干燥膨润土球。孔隙水压力计埋设应量测初始值，且宜逐日量测 1 周以上并取得稳定初始值。应在孔隙水压力监测的同时测量孔隙水压力计埋设位置附近的地下水位。

9. 地下水位

当采用管井降水时，水位监测点宜布置在基坑中央和两相邻降水井的中间部位；当采用轻型井点、喷射井点降水时，水位监测点宜布置在基坑中央和周边拐角处，监测点数量视具体情况确定；水位监测管的埋置深度应在最低设计水位之下 3～5m。对于需要降低承压水水位的基坑工程，水位监测管埋置深度应满足降水设计

要求。

基坑外地下水位监测点应沿基坑周边、保护对象周边或在两者之间布置，监测点间距宜为 20～50m。相邻建（构）筑物、重要地下管线或管线密集处应布置水位监测点；如有隔水帷幕，宜布置在其外侧约 2m 处。回灌井点观测井应设置在回灌井点与被保护对象之间。

地下水位监测宜采用通过孔内设置水位管，采用水位计等方法进行测量，监测精度不宜低于 10mm。检验降水效果的水位观测井宜布置在降水区内，采用轻型井点管降水时可布置在总管的两侧，采用管井降水时应布置在两孔管井之间，水位孔深度宜在最低设计水位下 2～3m。潜水水位管应在基坑施工前埋设，滤管长度应满足测量要求。水位管埋设后，应逐日连续观测水位并取得稳定初始值。

10. 周边建（构）筑物沉降

基坑工程的施工会引起周围地表的下沉，从而导致地面建筑物的沉降，这种沉降一般都是不均匀的，因此将造成地面建筑物的倾斜甚至开裂破坏，应给以严格控制。建筑物变形监测需进行沉降、倾斜、裂缝三种监测。在建筑物变形观测前，应掌握建筑物结构和基础设计资料，如受力体系、基础类型、基础尺寸和埋深、结构物平面布置及其与基坑围护的相对位置等；应掌握地质勘测资料，包括土层分布及各土层的物理力学性质、地下水分布等；应了解基坑工程的围护体系、施工计划、地基处理情况和坑内外降水方案等。

建筑物沉降监测采用精密水准仪监测。测出观测点高程，计算沉降量。建筑物倾斜监测采用经纬仪测定监测对象顶部相对于底部的水平位移，结合建筑物沉降相对高差，计算监测对象的倾斜度、倾斜方向和倾斜速率。建筑物裂缝监测采用直接量测方法进行。将裂缝进行编号并画出裂缝位置，采用游标卡尺进行裂缝宽度测读。对裂缝深度较小时采用凿出法和单面接触超声波法监测；深度较大裂缝采用超声波法监测。

建筑物监测点直接用电锤在建筑物外侧墙体上打洞，并将膨胀螺栓或道钉打入，或利用其原有沉降监测点，如图 9-144 所示。

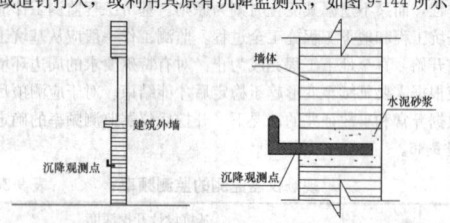

图 9-144　建筑物沉降监测点示意图

建筑物竖向位移监测点应布置在建筑物四角、沿外墙每 10～15m 处或每隔 2～3 根柱基上，距每边不少于 3 个监测点；不同地基或基础分界处、建筑物不同结构分界处、变形缝及抗震缝、严重开裂处两侧、新旧建筑物或高低建筑物交接处两侧等位置均应布置监测点，烟囱、水塔和大型储仓罐等高耸构筑物基础轴线的对称部位，每一构筑物不少于 4 点布置监测点。建筑水平位移监测点应布置在建筑的外墙墙角、外墙中间部位的墙上或柱上、裂缝两侧以及其他有代表性的部位，监测点间视具体情况而定，一侧墙体的监测点不宜少于 3 点。

建筑物倾斜监测点宜布置在建筑物角点、变形缝或抗震缝两侧的承重柱或墙上；监测点应沿主体顶部、底部对应布设，上、下监测点布置在同一竖直线上。

裂缝监测点应选择有代表性的裂缝进行布置，在基坑施工期间当发现新裂缝或原有裂缝有增大趋势时，要及时增设监测点。每一条裂缝的测点至少设 2 组，裂缝的最宽处及裂缝末端宜设置测点。

裂缝宽度监测可在裂缝两侧贴石膏饼、划平行线或贴埋金属标志等，采用千分尺或游标卡尺等直接量测的方法；也可采用裂缝计、粘贴安装千分表法、摄影量测等方法。当裂缝深度较小时宜采用凿出法和单面接触超声波法监测；深度较大裂缝采用超声波法监测。

基坑开挖引起建筑物沉降可以分为四个阶段，即围护施工阶段、开挖阶段、回筑阶段和后期沉降。围护施工阶段一般占总变形的 10%～20%，沉降量在 5～10mm 左右，但如果不加以控制，也

会造成较大的沉降。开挖阶段引起的沉降占总沉降量的80%左右，而且和围护侧向变形有较好的对应关系，所以注重开挖阶段的变形控制是减少周围建筑物沉降的一个重要因素。结构回筑阶段和后期沉降占总沉降的5%～10%左右，在结构封顶后，沉降基本稳定。

在饱和含水地层中，尤其在砂层、粉砂层、砂质粉土或其他透水性较好的夹层中，止水帷幕或围护墙有可能产生开裂、空洞等不良现象，造成围护结构的止水效果不佳或止水结构失效，致使大量的地下水夹带粉粒涌入基坑，坑外产生水土流失。严重的水土流失可能导致支护结构失稳以及在基坑外侧发生严重的地面沉陷，周边环境监测点（地表沉降、房屋沉降、管线沉降）也随即产生较大变形。

11. 周边管线监测

深基坑开挖引起周围地层移动，地下管线亦随之移动。如管线变位过大或不均，将使管线挠曲变形而产生附加的变形及应力，若在允许范围内，则保持正常使用，否则将导致泄漏、通信中断、管道断裂等恶性事故。施工过程中应根据地层条件和既有管线种类、形式及其使用年限，制定合理的控制标准，以保证施工影响范围内管线的安全和正常使用。

管线的观测分为直接法和间接法。当采用直接法时，常用的测点设置方法有抱箍法和套管法（图9-145）。间接法就是不直接观测管线本身，而是通过观测管线周边的土体，分析管线变形，此法观测精度较低。当采用间接法时，常用的测点设置方法有底面观测和顶面观测。

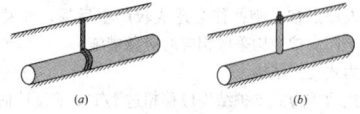

图9-145　直接法测管线变形
(a) 抱箍式埋设方案；(b) 套筒式埋设方案

底面观测是将测点设在靠近管线底面的土体中，观测底面的土体位移。此法常用于分析管线纵向弯曲受力状态或跟踪注浆、调整管道差异沉降。顶面观测是将测点设在管线轴线相对应的地表或管线的窨井盖上观测。由于测点与管线本身存在介质，因而观测精度较差，但可避免破土开挖，只有在设防标准较低的场合采用，一般情况下不宜采用。

应根据管线修建年份、类型、材料、尺寸及现状等情况，确定监测点设置；监测点宜布置在管线的节点、转角点和变形曲率较大的部位，监测点平面间距宜为15～25m，并宜延伸至基坑边缘以外1～3倍基坑开挖深度范围内的管线；供水、煤气、暖气等压力管线宜设置直接监测点，在无法埋设直接监测点的部位，可设置间接监测点。

管线的破坏模式一般有两种情况：一是管段在附加应力作用下出现裂缝，甚至发生破裂而丧失工作能力；一是管段完好，但管段接头转角过大，接头不能保持封闭状态而发生渗漏。地下管线应按柔性管和刚性管分别进行考虑。

对于采用焊接或机械连接的煤气管、上水管以及钢筋混凝土保护的重要通信电缆，一般均属刚性管道。当土体移动不大时，它们可以正常使用，但土体移动幅度超过一定极限时就会发生断裂破坏。柔性管道的接头构造，均设有可适应一定接缝张开度的接缝填料。对于这类管道在地层下沉时的受力变形研究，可从管节接缝张开值、管节纵向受弯曲及横向受力等方面分析每节管道可能承受的管道地基差异沉降值，或沉降曲线的曲率。

9.18　基坑工程特殊问题的处理

9.18.1　特殊地质条件

1. 暗浜、浜填土

若基坑工程中遇暗浜、浜填土等极软弱土层，会对支护围护结构、土方开挖等施工造成不利影响。若暗浜、浜填土较浅且范围较小时，可采取土体置换的措施。若暗浜、浜填土较深或范围较大

时，可通过土体改良（如土体加固）的措施。水泥土搅拌桩施工时可采取增加水泥掺量、调整施工参数的措施；地下连续墙施工时可采取槽壁加固、调整泥浆指标等措施，钻孔灌注桩施工时可采取在水泥土搅拌桩内套打的方式；混凝土支撑施工时应采取设置垫层等措施保证支撑的质量；放坡坡体区域若有暗浜、浜填土时，应采取设置临时围护墙或土体加固等保持边坡稳定的措施；基坑土方开挖时，应采取临时边坡稳定措施，同时应在开挖面设置路基箱等防止土方机械失稳的措施。

2. 岩石基坑

岩石基坑根据地层组成情况可分为纯岩石基坑和土岩组合基坑。基坑的稳定性主要受岩体的风化程度和岩石成因类型的影响。岩质基坑可根据工程地质与水文地质条件、周边环境保护要求、支护形式等情况，选择合理的开挖顺序和开挖方式。

岩质基坑应采取分层分段的开挖方法，遇不良地质、不稳定或欠稳定的基坑，应采取分层分段间隔开挖的方法，并限时完成支护。岩石的开挖一般采用爆破法，强风化的硬质岩石和中风化的软质岩石，在现场试验满足的条件下，也可采用机械开挖方式。施工中遇中风化、微风化的岩石部分，须进行爆破开挖，爆破开挖宜先在基坑中间进行开槽爆破，再向基坑周边进行台阶式爆破开挖；在接近支护结构或坡脚附近的爆破开挖，应采取减小对基坑边坡岩体和支护结构影响的措施；爆破后的岩石坡面或基底，应采用机械进行修整。周边环境保护要求较高的基坑，基坑爆破开挖应采取静力爆破等控制振动、冲击波、飞石的爆破方式。岩石基坑爆破参数可根据现场条件和当地经验确定，地质复杂或重要的基坑工程，宜通过试验确定爆破参数；单位体积耗药量一般取$0.3～0.8 kg/m^3$，炮孔直径一般取36～42mm。施工中应根据岩体条件和爆破效果，及时调整和优化爆破参数。

9.18.2　特殊环境条件下的处理

城市中心区域的基坑规模越来越大，开挖深度越来越深，且市区建筑物密集、管线繁多、地铁车站密布、地铁区间隧道纵横交错，在这种复杂城市环境条件下的深基坑工程，除了需关注基坑本身安全以外，尚需重点关注其实施对周边已有建（构）筑物及管线的影响。在这种情况下，基坑设计的稳定性及承载力仅是必要条件，变形往往成为主要的控制条件，从而使得基坑工程的设计从强度控制转向变形控制。基坑工程施工对环境的影响主要分如下三类：围护结构施工过程中产生的挤土效应或土体损失引起的相邻地面隆起或沉降；长时间、大幅度降低地下水可能引起地面沉降，从而引起邻近建（构）筑物及地下管线的变形与开裂；基坑开挖时产生的不平衡力、软黏土发生蠕变和坑外水土流失而导致周围土体及围护墙向开挖区发生侧向移动、地面沉降及坑底隆起，从而引起紧邻建（构）筑物及地下管线的侧移、沉降或倾斜。因此除从设计方面采取有关环境保护措施外，还应从围护结构施工、降水及开挖三个方面分别采取相关措施保护周围环境。

1. 围护结构施工

围护墙施工时应采用适当的工艺和方法减少沉桩时的挤土与振动影响；板桩拔出时应采用边拔边注浆等措施；在粉性土或砂土层中进行地下连续墙施工宜采用减小单幅槽段宽度、调整泥浆配合比、槽壁预加固及降水等措施；灌注排桩施工可选用在搅拌桩中套打、提高泥浆密度、采用优质泥浆护壁等措施提高灌注桩成孔质量以及控制孔壁坍塌；搅拌桩施工过程中应通过控制施工速度、优化施工流程，减少搅拌桩挤土效应对周围环境的影响；邻近古树名木进行有泥浆污染的围护墙施工时，宜采取钢板桩等有效隔离措施。

2. 基坑降水

应利用经验公式或通过抽水试验对降水的影响范围进行估算，并采取有效的控制措施；在降水系统的布置和施工方面，应考虑尽量减少保护对象下地下水位变化的幅度；井点降水系统宜远离保护对象，相距较近时应采取适当布置方式及措施减少降水深度；降水井施工时，应避免采用可能危害保护对象的施工方法；宜设置隔水帷幕减小降水对保护对象的影响；宜设置回灌水系统以保持对象下的地下水位。

3. 基坑开挖

基坑工程开挖方法、支撑和拆撑顺序应与设计工况相一致，并遵循及时支撑、先撑后挖、分层开挖、严禁超挖的原则。对面积较大的基坑，土方宜采用分区、对称开挖和分区安装支撑的施工方法，尽量缩短基坑无支撑暴露时间。同时开工或相继开工的相邻基坑工程，施工前应事先协调双方的施工进度、流程等，避免或减少相互干扰与影响；相邻基坑宜先开挖较深基坑，后开挖较浅的基坑；相邻工程中出现打桩、开挖同时进行的情况时，应控制打桩至基坑的距离。相邻基坑应根据相应最不利工况，选择合适的支护结构形式。

在基坑开挖前，对邻近基坑的建（构）筑物和地下设施等采用树根桩或锚杆静压桩进行基础托换，也可在基坑和保护对象之间设置隔离桩等隔离措施；对于基坑周围埋深较浅的管线，可采取暴露、架空等措施；可在保护对象的侧面和底部设置注浆管，对其土体注浆预先固。可在基坑与保护对象之间预先设置注浆管，基坑开挖期间根据监测情况采用跟踪注浆保护。跟踪注浆宜采用双液注浆。

9.18.3　特殊使用条件下的处理

基坑工程的辅助设施诸如坑边道路、坑内栈桥、机械停放点和材料堆场等，会对施工产生一定的影响，其主要特点是在基坑附近局部区域存在较大荷载，对围护结构或坑内支撑系统产生一定的作用，当荷载作用大于结构正常使用极限状态时，可能发生基坑安全事故。为此，首先应根据基坑施工各工况对机械、设备、材料堆放安置进行预安排，施工中动态调整以满足安全需要；施工中应严格控制大型机械设备的作业荷载；应对荷载较大区域的支护结构进行验算，如坑边重车道路，施工栈桥下支承柱和支撑板等，并采取钢筋混凝土道路加强、加大竖向支承柱截面等措施；应在荷载较大位置设置相应监测点，观测该位置的位移，一旦发生变形值过大或监测值报警的情况，应及时采取有效措施进行加固，必要时停工，待变形趋缓或受损结构修复后再施工。

9.18.4　基坑地下障碍物的处理

一般开挖深度范围内存在的地下障碍物主要有老建筑物地基基础、桩基、各类地下管线、废弃管材、岩石块、砖瓦块、各类建筑垃圾等。对于地下障碍物的处理一般根据障碍物的保留和废弃实际需要进行处置。多数障碍物经确认废弃后，清除后外运，其中一般废弃物由挖掘机开挖土方时随带一起清除，部分钢筋混凝土结构、大石块等，可采用镐头机将其凿碎成小块后吊出外运；基坑范围内若存在市政管线需保留或使用，为保证基坑工程正常施工，通常的做法是将位于基坑范围的管线部分迁移至基坑外，待地下结构施工完毕后视情况决定是否搬离，有时也可采取设置临时加固、箱涵、吊架等措施，在管线不搬迁的情况下进行基坑施工，该种情况的施工应密切关注管线的位移和变形情况。基坑开挖过程中，若开挖出历史文物、遗址等，应向有关部门反映，现场应采取临时保护措施。

9.19　基坑工程突发事件及应急预案

基坑工程施工中有时会引起围护墙或邻近建筑物、管线等产生一些异常现象。比较常见的突发事件及相应的应急预案如下：

1. 土方边坡位移过大

挖土速度过快会改变原状土的平衡状态，降低了土体的抗剪强度，呈流塑状态的软土对水平位移极为敏感，易造成滑坡。基坑开挖深度大，卸荷快速，土方边坡不加以控制，加上机械的振动和坑边的堆载，易于造成边坡失稳。为了防止边坡失稳，土方开挖应在降水达到要求后，采用分层开挖的方式施工，宜设置多级平台开挖，在坡顶和坑边不宜进行堆载，不可避免时，应在设计时予以考虑；工期较长的基坑，宜对边坡进行护面。挖土过程中如果出现边坡位移过大的现象，应及时对坑外土体进行卸载处理，同时视情况采取坑内加固或增设临时支撑等措施。必要时可在变化趋势变缓后再进行坡体加固处理。

2. 围护墙渗水与漏水

土方开挖后支护墙出现渗水或漏水，对基坑施工带来不便，如渗漏严重时则往往会造成土颗粒流失，引起支护墙背地面沉陷甚至坍塌。在基坑开挖过程中，一旦出现渗水或漏水应及时处理，常用的方法如下：

（1）对渗水量较小，不影响施工也不影响周边环境的情况，可采用坑底设沟排水的方法。对渗水量较大，但没有泥砂带出，造成施工困难但对周围影响不大的情况下，可采用"引流一修补"方法。即在渗漏较严重部位先在围护墙上打入一根钢管，内径20～30mm，使其穿透围护墙进入墙背土体内，由此将水从该管引出，而后将管边围护墙薄弱处用防水混凝土或砂浆修补封堵，待封堵的混凝土或砂浆达到一定强度后，再将钢管出水口封住。如封住管口后出现二次渗漏，可继续进行"引流一修补"。如果引流出的水为清水，周边环境较简单或出水量不大，则不作修补也可，只需将引入基坑的水设法排出即可。

（2）若渗漏水量很大，且漏水位置离地面不深处，可将围护墙背开挖至漏水位置下500～1000mm，在墙后用混凝土封堵。如漏水位置埋深较大，则可在墙后采用压密注浆等方法，浆液中应掺入水玻璃，使其能尽早凝结，也可采用高压喷射注浆方法。采用压密注浆时应注意其对围护墙会产生一定压力，有时会引起围护墙向坑内的侧向位移，这在重力式或悬臂支护结构中更应注意，必要时应在坑内局部回填土后进行，待注浆达到效果后再重新开挖。

3. 围护墙侧向位移过大

基坑开挖后，支护结构发生一定的位移是正常的，但如位移过大，或位移发展过快，则往往会造成较严重后果。如发生这种情况，应针对不同支护结构采取相应的应急措施。

（1）重力式支护结构

如果开挖后重力式支护结构位移超过1/100或设计估计值，首先应做好位移的监测，绘制位移——时间曲线，掌握发展趋势。一般在刚开始挖土阶段的位移发展迅速，以后仍会有所发展，但位移增长速率明显下降。如果位移超过估计值不太多但又趋于稳定，一般不必采取特殊措施，但应注意尽量减小坑边堆载，严禁动荷载作用于围护墙或坑边区域，并加快垫层浇筑与地下室底板施工的速度，以减少基坑暴露时间；应将墙背裂缝用水泥砂浆或细石混凝土灌满，防止明水进入基坑及浸泡围护墙背土体。对位移超过估计值较多，且数天后仍无减缓趋势，或基坑周围环境较复杂的情况下，应采取重力式水泥土墙背后卸荷、加快垫层施工速度、设置加强垫层、加设支撑等措施。

（2）悬臂式支护结构

悬臂式支护结构发生位移主要是其上部向基坑内倾斜，也有一定的深层滑动。防止悬臂式支护结构上部位移过大的应急措施较简单，加设支撑或拉锚都是十分有效的，也可采用支护墙背卸土的方法。防止深层滑动也应及时浇筑垫层，必要时也可设置加强垫层。

（3）支撑式支护结构

带有支撑的支护结构一般位移较小，其位移主要是插入坑底部分的支护桩墙向坑内变形。为了满足基础底板施工需要，最下一道支撑离坑底总有一定距离，对一道支撑的支护结构，其支撑离坑底距离更大，支护墙下段的约束小，因此在基坑开挖后，围护墙下段位移较大，往往由此造成墙背土体的沉陷。因此对于支撑式支护结构，如发生墙背土体的沉陷，主要应设法控制围护墙嵌入部分的位移，着重加固坑底部位。一般可采用增设坑内降水设备（也可在坑外降水）、坑底加固、合理调整挖土分块及其施工顺序、支撑快速形成、设置加强垫层（加厚垫层、配筋垫层或垫层内设置型钢支撑等）。

对于周围环境保护要求很高的工程，若开挖后发生较大变形，可在坑底加厚垫层，并采用配筋垫层，使坑底形成可靠的支撑，同时加厚配筋垫层对抑制坑内土体隆起也非常有利。减少了坑内土体隆起，也就控制了支护墙下段位移。必要时还可在坑底设置支撑，如采用型钢，或在坑底浇筑钢筋混凝土暗支撑（其顶面与垫层面相同）以减少位移，此时在支护墙根处应设置围檩，否则单根支撑对整个围护墙的作用不大。

若由于围护墙刚度不够而产生较大侧向位移，则应加强支护墙体，如在其后加设树根桩或钢板桩，或对土体进行加固等。

4. 流砂及管涌

对轻微的流砂现象，在基坑开挖后可采用加快垫层浇筑或加厚垫层的方法"压住"流砂。对较严重的流砂应增加坑内降水措施，使地下水位降至坑底以下 0.5～1m 左右。降水是防治流砂的最有效的方法。造成管涌的原因一般是由于坑底下部位的支护排桩中出现断桩，或施打未至标高，或地下连续墙出现较大的孔洞，或由于排桩净距较大，其后止水帷幕又出现漏桩、断桩或孔洞，造成管涌通道所致。如果管涌十分严重，可在支护墙前再打设一排钢板桩，在钢板桩与支护墙间进行注浆，钢板桩标应与支护墙底标高相同，顶面与坑底标高相同，钢板桩的打设宽度应比管涌范围宽 3～5m。

5. 坑底隆起的处理

坑底隆起是地基卸荷后，坑底土体产生向上的竖向变形。在开挖深度不大时，坑底为弹性隆起；随着开挖深度的增大，坑内外高差所形成的加载和地面各种超载的作用会使围护墙外侧土体向坑内移动，使坑底产生向上的塑性变形，同时引起基坑周边地面沉降。施工中减少坑底隆起的有效措施是设法减少土体中有效应力的变化，提高土的抗剪强度和刚度。在基坑开挖过程中和开挖后，应保证井点降水正常进行，减少坑底暴露时间，尽快浇筑垫层和底板，也可对坑底土层进行搅拌桩和旋喷桩加固。

6. 邻近建筑与管线位移的控制

基坑开挖后，土体平衡发生很大变化，对坑外建筑或地下管线往往也会引起较大的沉降或位移，有时还会造成建筑倾斜，并由此引起房屋裂缝，管线断裂、泄漏。基坑开挖时必须加强观察，当位移或沉降值达到报警值后，应立即采取措施。如果条件许可，在基坑开挖前对邻近建筑物下的地基或支护墙背土体先进行加固处理，如采用压密注浆、搅拌桩、静力锚杆压桩等加固措施，此时施工较为方便，效果更佳。

对建筑的沉降控制一般可采用跟踪注浆的方法。根据基坑开挖进程，连续跟踪注浆。注浆孔布置可在围护墙前及建筑物前各布置一排，两排注浆孔间则适当布置。注浆深度应在地表至坑底以下 2～4m 范围，具体可根据工程条件确定。注浆压力控制不宜过大，否则不仅对围护墙会造成较大侧压力，对建筑本身也不利。注浆量可根据围护墙的估算位移量及土的空隙率来确定。采用跟踪注浆时应严密观察建筑的沉降状况，防止由注浆引起土体扰动而加剧建筑物的沉降或将建筑物抬起。

对坑周围管线保护的应急措施一般可采取打设封闭桩或挖隔离沟、管线架空的方法。

若地下管线离开基坑较远，但开挖后引起的位移或沉降又较大的情况下，可在管线靠基坑一侧设置封闭桩，为减小打桩挤土，封闭桩宜选用树根桩，也可采用钢板桩、槽钢等，施打时应控制打桩速率，封闭板桩离管线应保持一定距离，以免影响管线。在管线边开挖隔离沟也对控制位移有一定作用，隔离沟应与管线有一定距离，其深度宜与管线埋深接近或略深，在靠管线一侧还应做出一定坡度。

若地下管线离基坑较近的情况下，设置隔离桩或隔离沟既不易行也无明显效果，此时可采用管线架空的方法。管线架空后与围护墙后的土体基本分离，土体的位移与沉降对它影响很小，即使产生一定位移或沉降后，还可对支承架进行调整复位。管线架空前应先将管线周围的土挖空，在其上设置支承架，支承架的搁置点应可靠牢固，能防止过大位移与沉降，并应便于调整其搁置位置。然后将管线悬挂于支承架上，如管线发生较大位移或沉降，可对支承架进行调整复位，以保证管线的安全。

7. 支护结构失稳

基坑土方开挖过快、坑边堆载过大、支撑非正常作业等都会对支护结构产生影响，造成支护结构失稳、严重时支护产生裂缝甚至损坏。一般可对支护结构变形过大处采取局部卸载并控制坑边道路大型机械设备的使用时间，避免局部区域集中作业；应合理安排土方开挖施工节奏，支撑结构未达设计要求时严禁开挖下一层土，减缓支撑位移速度；可对支撑采取加固措施，如采取在支撑下搭设临时支架等；当支撑产生裂缝时，通常是采用比原强度等级高一级的混凝土进行注浆修补。

8. 降水失效或效果不佳的处理

降水失效或效果不佳，主要是由于降水井或降水设备故障或损坏，围护结构止水帷幕深度不足或未封闭等。处理方法是先检查降水井及降水设备是否正常使用，确定降水井抽水量，及时修复损坏设备、打设新降水井、启用备用降水井等措施；在基坑渗漏水的围护结构外侧加打旋喷桩加固，对围护结构与旋喷桩之间缝隙采取压密注浆，保证止水效果。

9.20 特殊基坑工程施工

9.20.1 沉井施工

9.20.1.1 原理和特点

沉井是修筑地下结构和深基础的一种结构形式。施工时先在地面或基坑内制作一个井筒状的钢筋混凝土结构物，待其达到规定强度后，在井身内部分层挖土运出，随着挖土和土面的降低，沉井身在其自重及上部荷载或在其他措施协助下克服与土壁间的摩阻力和刃脚反力，不断下沉，直至设计标高就位，然后进行封底。

沉井施工工艺具有如下特点：沉井结构整体刚度大，整体性好，抗震性好；沉井施工法工艺成熟，与其他地下施工相比更优越；沉井施工地质适用范围广，对周围环境影响小，适用于对土体变形敏感的地区；沉井结构本身兼做围护结构，不需另加设支撑和防水措施。

沉井由井壁、刃脚、内隔墙、井孔凹槽、底板、顶盖等组成。井壁是井体的主要受力部位，必须具备一定的强度以承受井壁周围的水、土压力。刃脚的作用是切土下沉，故必须有足够的强度，以免破损。其构造如图 9-146 所示。内墙为井身内纵横设置的内隔墙，井壁与内墙，或者内墙和内墙间所夹的空间即为井孔。凹槽位于刃脚内侧上方，目的在于更好地将井壁与底板混凝土连接。通常底板为两层浇筑的混凝土，下层为素混凝土，上层为钢筋混凝土。顶盖即为沉井封底后根据实际需要，井体顶端设置的板，通常为钢筋混凝土或钢结构。

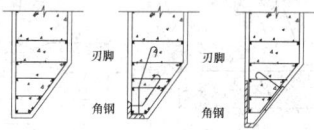

图 9-146 刃脚构造示意图

9.20.1.2 沉井类型

按沉井的横截面形状可分为：圆形、方形、矩形、椭圆形、端圆形、多边形及多孔井字形等，如图 9-147 所示。

沉井按竖向剖面形状分：有圆柱形、阶梯形及锥形等，如图 9-148 所示。

按构成材料：可分为素混凝土沉井、钢筋混凝土沉井及钢沉井。

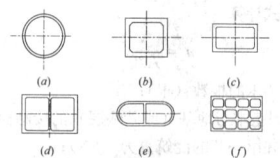

图 9-147 沉井平面图
(a) 圆形单孔沉井；(b) 方形单孔沉井；
(c) 矩形单孔沉井；(d) 矩形双孔沉井；
(e) 椭圆形双孔沉井；(f) 矩形多孔沉井

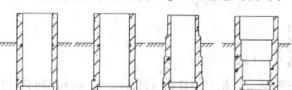

图 9-148 沉井剖面图
(a) 圆柱形；(b) 外壁单阶梯形；
(c) 外壁多阶梯形；(d) 内壁多阶梯形

9.20.1.3 沉井施工技术

1. 沉井施工的准备工作

应对施工场地进行勘察，查清和排除地面及以下 3m 内障碍物，提供土层变化、地下水位、地下障碍物及有无承压水等情况，对各土层要提供详细的物理力学指标。应编制技术上先进、经济上合理的切实可行的施工方案，在方案中要重点解决沉井制作、下沉、封底等技术措施及保证质量的技术措施。事先要设置测量控制网和水准基点，作为定位放线、沉井制作和下沉的依据。

2. 沉井刃脚垫层及垫木的设计

在松软地基上制作沉井应对地基进行处理，以防由于地基不均匀下沉引起身身开裂。处理方法一般采用砂垫层和垫木。

(1) 砂垫层

1) 砂垫层的厚度计算

当地基强度较低、经计算垫木需用量较多，铺设过密时，应在垫木下设砂垫层加固，以减少垫木数量，如图 9-149 所示。砂垫层厚度应根据第一节沉井重量和垫层底部地基土的承载力进行计算，计算公式如下：

$$P \geqslant \frac{G_s}{l + 2h_s \tan \varphi} + \gamma_s h_s \qquad (9-77)$$

式中　h_s ——砂垫层厚度（m）；
　　　G_s ——沉井单位长度的重量（kN/m）；
　　　P ——地基土的承载力（kPa）；
　　　γ_s ——砂的密度，一般为 1.8t/m³。
　　　φ ——砂垫层压力扩散角（°），不大于 45°；
　　　l ——承垫木长度（m）。

2) 砂垫层宽度的计算

砂垫层的底面尺寸（即基坑坑底宽度），如图 9-150 所示，可由承垫木边缘向下作 45°的直线扩大确定。为了抽换承垫木的需要，砂垫层的宽度应不小于井壁内外侧各有 1 根承垫木长度。即：

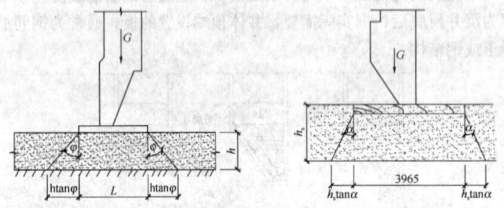

图 9-149　砂垫层计算简图　　图 9-150　砂垫层的宽度

$$B > b + 2l \qquad (9-78)$$

式中　B ——砂垫层的底面宽度（m）；
　　　b ——刃脚踏面或隔墙的宽度（m）；
　　　l ——承垫木的长度（m）。

(2) 刃脚下承垫木的计算

承垫木数量根据沉井第一节浇筑的重量及地基承载力而定，承垫木的根数按下式计算：

$$n = \frac{G}{A \lceil f \rceil} \qquad (9-79)$$

式中　n ——承垫木的根数（根）；
　　　A ——1 根垫木与地基（或砂垫层）的接触面积（m²）；
　　　G ——沉井第一节的浇筑重力（kN）；
　　　$\lceil f \rceil$ ——地基土（或砂垫层）的容许承载力（kPa）。

垫木的间距一般为 0.5~1.0m。当沉井为分节浇筑一次下沉时，在允许产生沉降时，砂浆垫层的承载力可以提高，但不得超过木材强度。

3. 沉井制作

(1) 沉井制作方式

沉井的制作有一次制作和多节制作、地面制作及基坑制作等方案，如沉井高度不大时宜采用一次制作，可减少增高作业，加快施工进度；高度较大时分节制作，但尽量减少分节节数。沉井制作可在修建建筑物的地面上进行，亦可在基坑中进行，如在水中施工还可在人工筑岛上进行。应用较多的是在基坑中制作。

采取在基坑中制作，基坑应比沉井宽 2~3m，四周设排水沟、

集水井，使地下水位降至比基坑底面低 0.5m，挖出的土方在周围筑堤挡水，要求护堤宽不少于 2m，如图 9-151 所示。沉井过高，常常不够稳定，下沉时易倾斜，一般高度大于 12m 时，宜分节制作；在沉井下沉过程中或在井筒下沉各个阶段间歇时间，继续加高井筒。

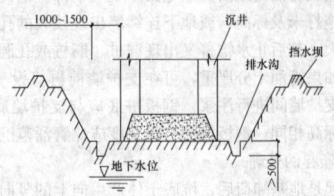

图 9-151　制作沉井的基坑图

(2) 刃脚的支设

沉井下部为刃脚，其支设方式取决于沉井重量、施工荷载和地基承载力。常用的方法有垫架法、砖砌垫座和土底模等。在软弱地基上浇筑较重的沉井，常用垫架法。沉井较小，直径或边长不超过 8m 且土质较好时可采用砖砌垫座。在土质较好时，重量轻的小型沉井，甚至可用土底模。

(3) 模板支设

沉井模板与一般现浇混凝土结构的模板基本上相同，应具有足够的强度、刚度、整体稳定性和缝隙严密不漏浆。井壁模板采用钢组合式定型模板或木定型模板组装而成。采用木模时，外模朝混凝土的一面应刨光，内外模均采取竖向分节支设，每节高 1.5~2.0m，用 ϕ12~16mm 对拉螺栓拉槽钢圈固定，如图 9-152 所示。有抗渗要求的，在螺栓中间设止水板。第一节沉井筒壁应按设计尺寸周边加大 10~15mm，第二节相应缩小一些，以减少下沉摩阻力。对高度大的大型沉井，亦可采用滑模方法制作。用滑动模板浇筑混凝土，可不必搭设脚手架，也可避免在高空进行模板安装及拆除工作。

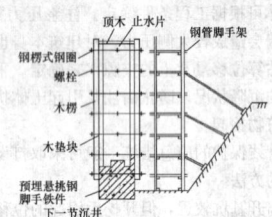

图 9-152　沉井井壁钢模板支设

(4) 钢筋绑扎

沉井钢筋可用吊车垂直吊装就位，用人工绑扎，或在沉井附近预先绑扎钢筋骨架或网片，用吊车进行大块安装。竖筋可一次绑好，按井壁竖向钢筋的 50%接头配置。水平筋分段绑扎。在分不清是受拉区或受压区时，应按照受拉区的规定留出钢筋的搭接长度。与前一节井壁连接处伸出的插筋采用焊接连接方法，接头错开 l/4。沉井内隔墙可采取与井壁同时浇筑或在井壁与内隔墙连接部位预留插筋，下沉完后，再施工隔墙。

(5) 混凝土浇筑和养护

沉井混凝土浇筑，可根据沉井高度及下沉工艺的要求采用不同方法浇筑。高度在 10m 以内的沉井可一次浇筑完成，浇筑混凝土时应分层对称地进行施工，且应在混凝土初凝时间内浇筑完一层，避免出现冷缝。沉井拆模时对混凝土强度有一定要求，当达到设计强度的 25%以上时，可拆除不承受混凝土重量的侧模；当达到设计强度的 70%或设计强度的 90%以上时，可拆除刃脚斜面的支撑及模板。分节浇筑时，第一节混凝土的浇筑与单式混凝土的浇筑相同，第一节混凝土强度达到设计强度的 70%以上，可浇筑第二节沉井的混凝土，混凝土接触面必须进行凿毛、吹洗等处理。

混凝土浇筑完毕后 12h 内对混凝土表面覆盖和浇水养护，井壁侧模拆除后应悬挂草袋并浇水养护，每天浇水次数应能保持混凝土处于湿润状态。浇水养护时间，当混凝土采用硅酸盐水泥、普通硅酸盐水泥或矿渣硅酸盐水泥时不得少于 7d，当混凝土内掺用缓凝

型外加剂或有抗渗要求时不得少于14d。

4. 沉井下沉

沉井下沉按其制作与下沉的顺序，有三种形式：①一次制作，一次下沉。一般中小型沉井，高度不大，地基很好或者经过人工加固后获得较大的地基承载力时，最好采用一次制作，一次下沉方式；②分节制作，多次下沉。将井墙沿高度分成几段，每段为一节，制作一节，下沉一节，循环进行；③分节制作，一次下沉。这种方式的优点是脚手架和模板可连续使用，下沉设备一次安装，有利于滑模。沉井下沉应具有一定的强度，第一节混凝土或砌体砂浆应达到设计强度的100%，其上各节达到70%以后，方可开始下沉。

(1) 凿除混凝土垫层

沉井下沉之前，应先凿除素混凝土垫层，使沉井刃脚均匀地落入土层中，凿除混凝土垫层时，应分区域对称按顺序凿除。凿断线应与刃脚底板齐平，凿断之后的碎渣应及时清除，空隙处应立即采用砂或砂石回填，回填时采用分层洒水夯实，每层20～30cm。

(2) 下沉方法选择

沉井下沉有排水下沉和不排水下沉两种方法。前者适用于渗水量不大（每平方米渗水不大于1m³/min）、稳定的黏性土或在砂砾层中渗水量虽很大，但排水不困难时使用；后者适用于流砂严重的地层和渗水量大的砂砾地层，以及地下水无法排除或大量排水会影响附近建筑物的安全的情况。

1) 排水下沉挖土方法

①普通土层。从沉井中间开始逐渐挖向四周，每层挖土厚0.4～0.5m，在刃脚处留1～1.5m的台阶，然后沿沉井壁每2～3m一段向刃脚方向逐层全面、对称、均匀开挖土层，每次挖去5～10cm，当土层经不住刃脚的挤压而破裂，沉井便在自重作用下均匀地破土下沉，如图9-153（a）所示。当沉井下沉很少或不下沉时，可再从中间向下挖0.4～0.5m，并继续按图9-153（a）向四周均匀掏挖，使沉井平稳下沉。

②砂夹卵石或硬土层。可按图9-153（a）所示方法挖土，当土埂挖至刃脚，沉井仍不下沉或下沉不平稳，则须按平面布置分段的次序逐段对称地将刃脚下挖空，并挖出刃脚外壁约10cm，每段挖完用小卵石填塞夯实，待全部挖空回填后，再分层去掉回填的小卵石，可使沉井均匀减少承压面而平衡下沉，如图9-153（b）所示。

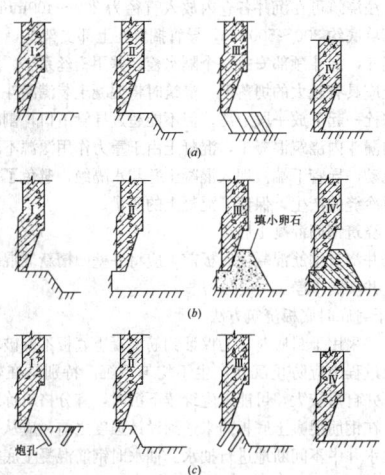

图9-153　沉井下沉挖土方法
(a) 普通挖土；(b) 砂夹卵石或硬土层；(c) 岩石放炮

③岩层。风化或软质岩层可用风镐或风铲等按图9-153（a）的次序开挖。较硬的岩层可按图9-153（c）所示的顺序进行，在刃口打炮孔，进行松动爆破，炮孔深1.3m，以1×1m梅花形交错排列，使炮孔伸出刃脚口外15～30cm，以便开挖宽度可超出刃口5～10cm。下沉时，顺刃脚分段顺序，每次挖1m宽进行回填，如此逐段进行，至全部回填后，再去除土堆，使沉井平稳下沉。

2) 不排水下沉挖土方法

①抓斗挖土。用吊车吊住抓斗挖掘井底中央部分的土，使沉井底形成锅底。在砂或砾石类土中，一般当锅底比刃脚低1～1.5m时，沉井即可靠自重下沉，而将刃脚下的土挤向中央锅底，再从井孔中继续抓土，沉井即可继续下沉。在黏质土或紧密土中，刃脚下的土不易向中央坍落，则应配以射水管松土，如图9-154所示。

②水力机械冲土。使用高压水泵将高压水流通过进水管分别送进沉井内的高压水枪和水力吸泥机，利用高压水枪射出高压水流冲刷土层，使其形成一定稠度的泥浆，汇流至集泥坑，然后用水力吸泥机（或空气吸泥机）将泥浆吸出，从排泥管排出井外，如图9-155所示。

3) 沉井的辅助下沉方法

①射水下沉法

用预先安设在沉井外壁的水枪，借助高压水冲刷土层，使沉井下沉。射水所需水压在砂土中，冲刷深度在8m以下时，需要0.4～0.6MPa；在砂砾石层中，冲刷深度在10～12m以下时，需要0.6～1.2MPa；在砂卵石层中，冲刷深度在10～12m时，需要8～20MPa。冲刷管的出水口径为10～12mm，每一管的喷水量不得小于0.2m³/s，如图9-156所示。

②触变泥浆护壁下沉法

沉井外壁制成宽度为10～20cm的台阶作为泥浆槽。泥浆是用泥浆泵、砂浆泵或气压罐通过预埋在井壁体内或设在井内的垂直压浆管压入，如图9-157所示，使外井壁泥浆槽内充满触变泥浆，其液面接近于自然地面。

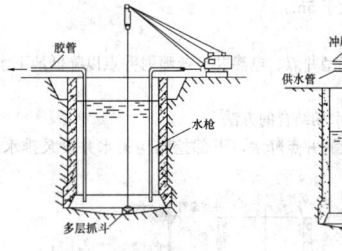

图9-154　水枪冲土、抓斗在水中抓土　　图9-155　用水力吸泥机水中冲土

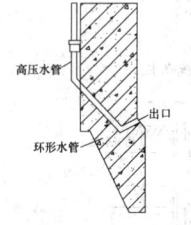
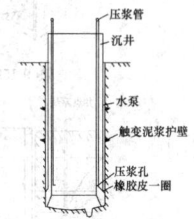

图9-156　沉井预埋冲刷管组　　图9-157　触变泥浆护壁下沉方法

③抽水下沉法

不排水下沉的沉井，抽水降低井内水位，减少浮力，可使沉井下沉。

④井外挖土下沉法

若上层土中有砂砾或卵石层，井外挖土下沉就很有效。

⑤压重下沉法

可利用灌水、铁块，或用草袋装砂土以及接高混凝土筒壁等加压配重，使沉井下沉。

⑥炮震下沉法

当沉井内的土已经挖出掏空而沉井不下沉时，可在井中央的泥土面上放药起爆，一般用药量为0.1～0.2kg。同一沉井，同一地层不宜多于4次。

(3) 降水措施

基坑底部四周应挖出一定坡度的排水沟与基坑四周的集水井相通。集水井比排水沟底低500mm以上，将汇集的地面水和地下水及时用潜水泵、离心泵等抽除。基坑中应防止雨水积聚，保持排水通

畅。基坑面积较小，坑底为渗透系数较大的砂质含水土层时可布置土井降水。土井一般布置在基坑周围，其间距根据土质而定。一般用 800～900mm 直径的渗水混凝土管，四周布置外大内小的孔眼，孔眼一般直径为 40mm，用木塞塞住，混凝土管下沉就位后由内向外敲去木塞，用旧麻袋布填塞。在井内填 150～200mm 厚的石料和 100～150mm 厚的砾石砂，使抽吸时细砂不被带走。

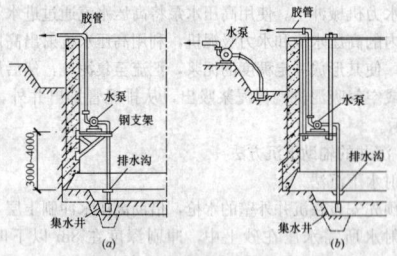

图 9-158　明沟直接排水法
(a) 钢支架上设水泵排水；(b) 吊架上设水泵排水

1) 明沟集水井排水

在沉井周围距离其刃脚 2～3m 处挖一圈排水明沟，设置 3～4 个集水井，深度比地下水深 1～1.5m，在井内或井壁上设水泵，将水抽出井外排走。为了不影响井内挖土操作和避免经常搬动水泵，采取在井壁上预埋铁件，焊接钢结构操作平台安设水泵，或设木吊架安设水泵，用草垫或橡皮承垫，避免震动，如图 9-158 所示，水泵抽吸高度控制在不大于 5m。

2) 井点排水

在沉井周围设置轻型井点、电渗井点或喷射井点以降低地下水位，如图 9-159 所示。

3) 井点与明沟排水相结合的方法

在沉井上部周围设置井点降水，下部挖明沟集水井设泵排水，如图 9-160 所示。

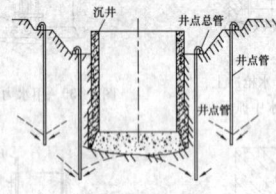

图 9-159　井点系统降水

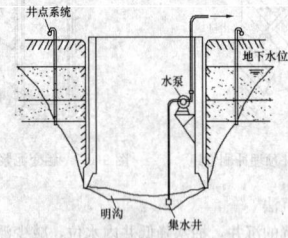

图 9-160　井点与明沟相结合的方法

(4) 空气幕措施

沉井下沉深度越深，其侧壁摩阻力越大，采用空气幕措施可减少井壁与土层之间的摩阻力，使沉井顺利下沉到设计标高。该法是在沉井井壁内预设一定数量的管路，管路上预留小孔，之后向管内压入一定压力的压缩空气，通过小孔内向沉井井壁外喷射，形成一层空气帷幕，从而降低井壁与土层之间的摩阻力。

5. 沉井封底

当沉井下沉到距设计标高 0.1m 时，应停止井内挖土和抽水，使其靠自重下沉至设计或接近设计标高，再经 2～3d 下沉稳定，经过观测在 8h 内累计下沉量不大于 10mm 或沉降率在允许范围内，沉井下沉已经稳定时，即可进行沉井封底。封底方法有排水封底和不排水封底两种，宜尽可能采用排水封底。

(1) 排水封底时的干封底

该方法是将新老混凝土接触面冲刷干净或打毛，对井底进行修整，使之成锅底形，由井脚向中心挖成放射形排水沟，填以卵石做成滤水暗沟，在中部设 2～3 个集水井，深 1～2m，井间用盲沟相互连通，插入 ϕ600～800mm 四周带孔眼的钢管或混凝土管，管周填以卵石，使井底的水流汇集在井中，用潜水泵排出，如图 9-161 所示。

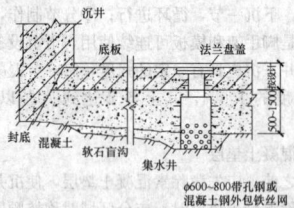

图 9-161　沉井封底构造

浇筑封底混凝土前应将基底清理干净。清理基底要求将基底土层作成锅底坑坑，便于封底，各处清底深度均应满足设计要求。在不扰动刃脚下面土层的前提下，清理基底土层可采用人工清理、射水清理、吸泥或抓泥清理。清理基底风化岩可用高压射水、风动凿岩工具，以及小型爆破等办法，配合吸泥机清除。

封底一般先浇一层 0.5～1.5m 的素混凝土垫层，达到 50% 设计强度后，绑扎钢筋，两端伸入刃脚或凹槽内，浇筑上层底板混凝土。浇筑应在整个沉井面积上分层，同时不间断地进行，由四周向中央推进，每层厚 300～500mm，并用振捣器捣实。当井内有隔墙时，应前后左右对称地逐孔浇筑。混凝土采用自然养护，养护期间应继续抽水。待底板混凝土强度达到 70% 后，对集水井逐个停止抽水，逐个封堵。封堵方法是，将滤水井中的水抽干，在套筒内迅速用干硬性的高强度等级混凝土进行堵塞并捣实，然后上法兰盘盖，用螺栓拧紧或焊牢，上部再用混凝土填实捣平。

(2) 不排水封底时的水下封底

不排水封底即在水下进行封底。要求将井底浮泥清除干净，新老混凝土接触面用水冲刷干净，并铺碎石垫层。封底混凝土用导管法浇筑。待水下底封底混凝土达到所需的强度后，即一般养护 7～10d，方可从沉井中抽水，按排水封底法施工其上部钢筋混凝土底板。

导管法浇筑可在沉井各仓内放入直径为 200～400mm 的导管，管底距离坑底约 300～500mm，导管搁置在上部支架上，在导管顶部设置漏斗，漏斗颈部安放一个隔水栓，并用铅丝系牢。水下封底的混凝土应具有较大的坍落度，浇筑时将混凝土装满漏斗，随后将其与隔水栓一起下放一段距离，但不能超过导管下口，割断铅丝之后不断向漏斗内浇筑混凝土，混凝土由于重力作用源源不断由导管底向外流动，导管下端被埋入混凝土中与水隔绝，避免了水下浇筑混凝土时冷缝的产生，保证了混凝土的质量。

(3) 浇筑钢筋混凝土底板

在沉井浇筑钢筋混凝土底板前，应将井壁凹槽新老混凝土接触面凿毛，并洗刷干净。

1) 干封底时底板浇筑方法

当沉井采用干封底时，为保证钢筋混凝土底板不受破坏，在浇筑混凝土过程中应防止沉井产生不均匀下沉。特别是在软土中施工，如沉井自重较大，可能发生继续下沉时，宜分格对称地进行封底工作。在钢筋混凝土底板尚未达到设计强度之前，应从井内底板以下的集水井中不间断地进行抽水。抽水时钢筋混凝土底板上预留孔，如图 9-162 所示。待沉井钢筋混凝土底板达到设计强度，停止抽水后，集水井用素混凝土填满。集水井的上口标高应比钢筋混凝

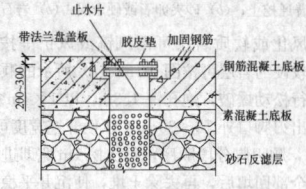

图 9-162　封底时底板的集水井

土底板顶面标高低 200～300mm，待集水井封口完毕后用混凝土找平。

2）水下封底时底板浇筑方法

当沉井采用水下混凝土封底时，从浇筑完最后一格混凝土至井内开始抽水的时间，须视水下混凝土的强度（配合比、水泥品种、井内水温等均有影响），并根据沉井结构（底板跨度、支承情况）、底板荷载（地基反力、水压力），以及混凝土的抗裂计算决定。但为了缩短施工工期，一般约在混凝土达到设计强度的 70%后开始抽水。

9.20.1.4　沉井施工质量的控制措施

1．沉井井位偏差及纠偏

沉井井位倾斜偏转的原因：人工筑岛被水流冲坏，或沉井一侧的土被水流冲空；沉井刃脚下土层软硬不均匀；没有对称地抽除承垫木，或没有及时回填夯实；没有均匀抽土下沉，使井孔内土面高低相差很多；刃脚下掏空过多，沉井突然下沉，易于产生倾斜；刃脚一角或一侧被障碍物搁住，没有及时发现和处理；由于井外弃土或其他原因造成对沉井井壁的偏压；排水下沉时，井内产生大量流砂等。

根据沉井产生倾斜偏转的原因，可以用下述的一种或几种方法来进行纠偏。

（1）偏除土纠偏：如系排水下沉，可在沉井刃脚高的一侧进行人工或机械除土，如图 9-163 所示。如系不排水下沉的沉井，一般可靠近刃脚高的一侧吸土或抓土，必要时可由潜水员在刃脚下除土。

（2）井外射水、井内偏除土纠偏：当沉井下沉深度较大时，若纠正沉井的偏斜，关键在于降低土层的被动土压力，如图 9-164 所示。高压射水管沿沉井高的一侧井壁外面插入土中，破坏土层结构，使土层的被动土压力大为降低。这时再采用上述的偏除土方法，可使沉井的倾斜逐步得到纠正。

（3）增加偏土压或偏心压重纠偏：在沉井倾斜低的一侧回填砂或土，并进行夯实，使低的一侧产生土偏的作用。如在沉井高的一侧压重，最好使用钢锭或生铁块，如图 9-165 所示。

（4）沉井位置扭转纠正：沉井位置如发生扭转，如图 9-166 所示。可在沉井的 A、C 二角偏除土，B、D 二角偏填土，借助刃脚下不相等的土压力所形成的扭矩，使沉井在下沉过程中逐步纠正其位置。

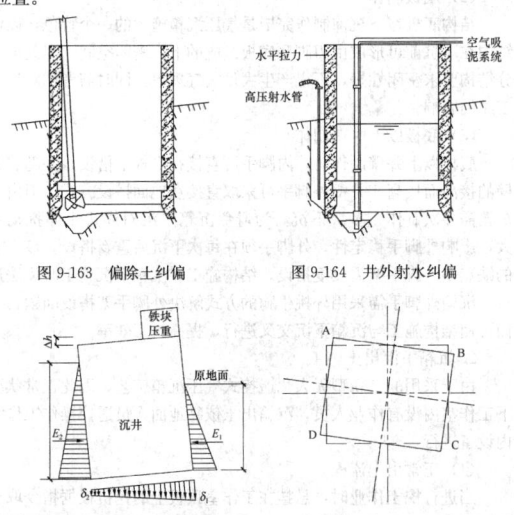

图 9-163　偏除土纠偏　　　图 9-164　井外射水纠偏

图 9-165　偏心压重纠偏　　　图 9-166　平面扭转的纠偏

2．井内流砂及处理措施

沉井井内出现流砂的原因是由于井内锅底开挖过深，井外松散涌入井内；井内表面排水后，井外地下水动水压力把土压入井内；爆破处理障碍物，井外土受振进入井内；挖土深超过地下水位 0.5m 以上。

一般采用排水法下沉，水头宜控制在 1.5～2.0m；挖土避免在

刃脚下掏挖，以防流砂大量涌入，中间挖土也不宜挖成锅底形；穿过流砂层应快速，最好加荷，如抛大块石增加土的压重，使沉井刃脚切入土层；采用深井或井点降低地下水位，防止井内流淤；深井宜安置在井外，井点则可设置在井外或井内；采用不排水法下沉沉井，保持井内水位高于井外水位，以避免流砂涌入。

3．沉井突沉的预防措施

可适当加大下沉系数，可沿井壁注一定水，减少与井壁摩阻力；控制挖土，锅底不要挖太深；刃脚下避免掏空过多；在沉井梁中设置一定数量的支撑，以承受一部分土反力。

4．沉井终沉时的超沉预防措施

沉井至设计标高，应加强观测；在井壁底梁交接处设置承台（砌砖），在其上面铺方木，使梁底压在方木上，以防止大下沉；沉井下沉至距设计标高 0.1m 时，停止挖土和井内抽水，使其完全靠自重下沉至设计标高或接近设计标高，避免涌砂发生。

5．沉井下沉对周边环境的保护措施

按沉井施工特点进行工程地质与水文勘探，为制定安全合理的施工方法提供必需的地质资料。通过现场水文地质勘察，查清各层土的渗透系数和各层土间的相互水力联系、承压水压力，特别查清有无通向附近暗浜、河道和大体积水源的通道。大型沉井在建筑物和地下管线附近施工时，利用监控指导施工是十分必要的，依靠监控和数据的不断反馈可避免盲目施工、冒险施工，有利于对周边环境的保护。应查明周边环境条件，按保护周边环境的要求，确定井周地面沉降的控制要求和相应的施工方案。

9.20.1.5　质量控制

沉井制作时的质量控制如表 9-37 所示。

沉井制作时的质量控制　　　表 9-37

项	序	检 查 项 目	允许偏差或允许值	
			单位	数值
主控项目	1	混凝土强度		满足设计要求（下沉前必须达到 70%设计强度）
	2	封底前，沉井（箱）的下沉稳定	mm/8h	<10
	3	封底结束后的位置： 刃脚平均标高（与设计标高比） 刃脚平面中心线位差 四角中任何两角的底面高差	mm	<100 <1%H（H 为下沉总深度） <1%L（L 为两角的距离）
一般项目	1	钢材、对接钢筋、水泥、骨料等原材料检查		符合设计要求
	2	结构体外观		无裂缝，无风窝、空洞，不露筋
	3	平面尺寸：长与宽	%	±0.5，且不得大于 100
		曲线部分半径	%	±0.5，且不得大于 50
		两对角线差	% mm	1.0 20
	4	沉井井壁厚度	mm	±15
	5	井壁、隔墙垂直度	%	1
	6	下沉过程中的偏差	高差 %	1.5～2.0
			平面轴线	<1.5%H（H 为下沉深度）
	7	封底混凝土坍落度	cm	18～22

沉井下沉结束，刃脚平均标高与设计标高的偏差不得超过 100mm；沉井水平位移不得超过下沉总深度的 1%，当下沉总深度小于 10m 时，其水平位移不得超过 100mm。矩形沉降刃脚底面四角（圆形沉井为相互垂直两直径与圆周的交点）中的任何两角的高差，不得超过该两角间水平距离的 1%，且最大不得超过 300mm。如两角间水平距离小于 10m，其刃脚底面高差允许为 100mm。

9.20.2　气压沉箱施工

9.20.2.1　原理和特点

1．气压沉箱施工的原理是在沉箱下部预先构筑底板，在沉箱下部形成一个气密性高的混凝土结构工作室，向工作室内注入压力

与刃口处地下水压力相等的压缩空气，在无水的环境下进行取土排土，箱体在本身自重以及上部荷载的作用下沉到指定深度，然后进行封底施工。由于工作室内气压的气垫作用，可使沉箱平稳下沉；同时由于工作室气压可平衡外界水压力，因此下沉过程中可防止基坑隆起，涌水涌砂现象，尤其是在含承压水层中施工时工作室内气压可平衡水头压力，无需地面降水，从而可减轻施工对周边环境的影响。

2. 气压沉箱施工工艺与步骤（图 9-167）如下：

场地平整→作业室的构筑→运输出入口的设置→下沉开挖与沉箱体的浇筑→基底混凝土的浇筑与竖井的撤去。

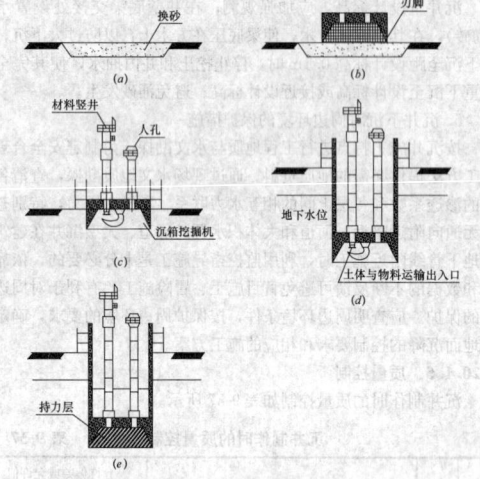

图 9-167　气压沉箱施工步骤
(a) 场地平整；(b) 作业室构筑；(c) 运输出入口设置；
(d) 下沉及制作；(e) 基底混凝土浇筑

3. 气压沉箱施工优点。气压沉箱施工方法与传统施工方法相比，气压沉箱施工在深基础（深基坑）等地下建（构）筑物施工中具有诸多的独特优点：

(1) 气压沉箱的侧壁可以兼作挡土结构，与地下连续墙明挖法相比，工程量减少而结构刚度大，且用气压沉箱施工减少了临时设施用地，可以充分利用狭小的施工空间资源。

(2) 由于连续地向沉箱底部的工作室内注入与地下水压力相等的压缩空气，因而可以避免坑底隆起和流砂管涌现象从而控制周围地基的沉降。

(3) 现代化的气压沉箱技术可以在地面上通过远程控制系统，在无水的地下作业室内实现排土的无人机械自动化。

(4) 相比沉井施工，可以较快地处理地下障碍物，使工程能顺利进行。沉箱顶板封闭后，在下沉的同时可继续在顶板往上施工内部结构，不需向沉井那样过多受地基承载力限制。

(5) 工作室内的压缩空气起到了气垫作用，可以消除急剧下沉的危险情况，同时容易纠偏和控制下沉速度及防止超沉，保证了安全和施工质量。

(6) 气压沉箱利用气压平衡箱外水压力，作业空间处于无水状态，不需要对箱外高水头地下水及承压水进行降水和降压处理。

(7) 由于沉箱以气压平衡高水头压力差，相比一般的板式围护体系如地下连续墙、排桩等，可显著减少插入深度，并能有效起到反压作用，对控制承压水破坏有利，性价比可观。

(8) 适用于各种地质条件，诸如软土、黏土、砂性土、碎（卵）石类土及软硬岩等。

9.20.2.2 施工机械与设备

气压沉箱的施工工艺具有其特殊性，因此相应的施工机械设备也比较特殊，有些机械设备比较复杂，多种设备相互配合使用才能形成系统。这些设备与系统都需与工程实际相结合，满足工程结构的条件，因此所有的设备参数都应满足实际工程的实施。

(1) 沉箱遥控液压挖机。遥控液压挖是气压沉箱施工中最关键的设备之一，该设备的挖土作业代替了以往的人力挖土，能在地面操作室内用遥控的方法进行机械挖掘作业。

(2) 远程遥控系统。在远控室内加一套远程控制阀、比例阀，分别控制挖机的行走油马达、回转油马达、斗铲油缸、斗杆油缸、动臂油缸的动作。

(3) 液压升降皮带出土机。可以配合螺旋出土机出土的要求；满足气压沉箱内设备布置的空间要求；符合遥控挖机的装土、卸土动作的空间尺寸的要求。

(4) 物料出土塔。物料塔由气闸门、塔身标准接高段、气密门、预埋段、上部的工作平台及其他附属装置，如液压启闭设备、放排气阀、消声器、压力表、电气控制设备等组成。

(5) 人员出入塔。人员出入塔由过渡舱段、气密门舱段、塔身标准段接高段、工作平台及预埋舱段等组成。

(6) 螺旋出土机。螺旋出土机由螺旋机的活塞筒、螺旋机叶杆、储土舱、出泥门、螺旋机旋转的驱动装置及螺旋机活塞筒上下运动的驱动装置等组成。

(7) 地下（挖掘操作）监视系统。地下监视系统由前端和监视端组成。

(8) 供排气系统。供排气系统主要用于气压沉箱下沉时的所需的平衡气压，同时也供给人员出入塔的过渡舱。

(9) 三维地貌显示系统。三维地貌显示系统主要功能：将激光扫描传感送来的数据处理后，显示三维地貌；控制报警；显示挖掘机位置；查看高差和地貌高度。

9.20.2.3 气压沉箱施工技术

气压沉箱施工技术是利用供气装置通过箱体内预置的送气管路向沉箱底部的工作室内持续压入压缩空气，使箱内气压与箱外地下水压力相等，起到排开水体作用，从而使工作室内的土体在无水干燥状态下进行挖排土作业，箱体在本身自重以及上部荷载的作用下下沉到指定深度，最后将沉箱作业室填充混凝土进行封底的一种施工方法。

1. 沉箱结构制作

(1) 刃脚制作

在软弱土层上进行沉井、沉箱结构制作时，一般需采用填砂置换法改善下部地基承载力，随后沉箱结构在地面制作。在基坑深挖后，沉箱结构在基坑内制作。在完成刃脚、底板制作后，在结构外围可回填黏性土。

(2) 底板制作

结构底板在下沉前制作完毕是气压沉箱施工的一个特色，以便结构在下沉前可形成由刃脚和底板组成的下部密闭空间。因此该部分结构要求密闭性好，不得产生大量漏气现象，同时需考虑对后续工序的影响。

(3) 底板以上井壁制作

底板以上井壁制作时，内脚手可直接在底板上搭设，并随着井壁的接高而接高。井壁外脚手可采取直接在地面搭设方式。但由于沉箱需多次制作、多次下沉，为避免沉箱下沉对周边土体扰动较大，影响外脚手稳定性，外脚手须在每次下沉后重新搭设。该工艺的缺点是外脚手架需反复搭设，结构施工在沉箱下沉施工时无法进行。沉箱外脚手需采用外挑牛腿的方式解决外脚手架搭设问题，从而可使结构施工与沉箱下沉交叉进行，提高施工效率。

2. 沉箱下沉出土施工

由于采用的是新型无人化遥控式气压沉箱工艺，因此正常状况下工作室内没有作业人员，沉箱出土依靠地面人员遥控操作工作室内设备进行。

(1) 正常出土流程

当进行挖土作业时，悬挂在工作室顶板上的挖机根据指令取土放入皮带运输机的皮带上，当皮带机装满后，地面操作人员遥控皮带机将土倾入螺旋出土机的底部储土筒内。待螺旋出土机的底部储土筒装满土后，地面操作人员启动螺旋机油泵，开动千斤顶将螺旋机螺杆（外设套筒）逐渐旋转并压入封底钢管内，保持螺旋头部有适度压力，通过螺杆转动使土在螺杆与外套筒之间的空隙内上升。最后从设置在外套筒上方的出土口涌出，落入出土箱内，出土箱满后，由行车或吊车将出土箱提出，并运至井外。

(2) 备用出土措施

考虑到采用螺旋机出土，螺旋机体积大，维修不方便，因此实际施工工程中还可将物料塔作为备用出土方式。

（3）沉箱挖土下沉

沉箱挖土下沉是一个多工种联合作业的过程，沉箱内挖土、出土由地面操作人员遥控完成。工作室内挖机挖土时按照分层取土的原则，按每层 30~40cm 左右在工作室内均匀取土。同时遵循由内向外，层层剥离的原则。开始取土时位置应集中在底板中心区域，逐步向外扩展，使工作室内均匀、对称地形成一个全刃脚支承的锅底，使沉箱安全下沉，并应注意锅底不应过深。

3. 沉箱下沉控制措施

（1）沉箱下沉施工过程的气压控制

气压沉箱施工时，由于底部气压的气垫作用，可使沉箱较平稳下沉，对周边土体的扰动较小。因此在沉箱下沉过程中，应首先保证工作室内气压的相对稳定。

工作室内气压的设定应根据沉箱下沉深度以及施工区域的地下水位，土质情况等因素来进行设定，以保证气压可与地下水头压力相平衡。在沉箱外侧设置水位观测井，根据地下水位情况，沉箱入土深度，承压水头大小，穿越土质情况等因素决定工作室气压的大小。

（2）沉箱下沉施工的支撑及压沉系统

沉箱下沉初期因结构自重较重，而刃脚入土深度浅，工作室内气压反托力及沉箱周边摩阻力均较小，导致沉箱初期下沉系数较大。在沉箱下沉后期，随着下沉深度的增加，沉箱所受下沉阻力相应逐渐增大，导致沉箱下沉困难。在国内的沉箱施工中，如沉箱需调整下沉姿态或助沉时，常规往往通过偏挖土，地面局部堆载，加配重物等方式进行，施工繁琐，施工精度和时效性均较差。在沉箱外部设置方便调节的外加荷载系统，可较方便的对沉箱进行支撑（初沉时）及压沉（后期下沉时），可对沉箱下沉速度做到及时控制。

（3）沉箱下沉施工其余助沉措施

1）触变泥浆减阻

当沉箱外围设置泥浆套后，可显著减小侧壁摩阻力。沉箱外围泥浆套的存在，可填充沉箱外壁与周边土体之间的可能空隙，阻止气体沿此通道外泄，尤其在沉箱入土深度不深的情况下，由于沉箱下沉姿态不断变化，外井壁与周边土体间可能不断出现地下水来不及补充的空隙，因此有必要采取泥浆套形式作为沉箱外壁的封闭挡气手段，如图 9-168 所示。

2）灌水压沉

当沉箱下沉系数较小，下沉困难时，除采取上述措施压沉，还可采取底板上灌水压重的方式进行助沉。可通过在底板上接高内隔墙的方式在底板两侧形成若干混凝土隔舱，需要时可通过向舱中灌水进行压重。采用水作为压重材料的主要原因，是考虑一定高度的压重水对底板上的预留孔可起到平衡上下压力差，减小预留孔处漏气的可能，如图 9-169 所示。

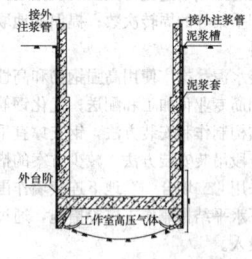

图 9-168　触变泥浆减阻示意图

4. 沉箱封底措施

沉箱下沉到位后，其工作室内部空间需填充，即须进行封底施工。

以往国内的封底施工采取人工在工作室内进行封底作业，现今的气压沉箱考虑采取混凝土自动浇捣的工艺，不需人工进入工作室作业。沉箱封底施工借鉴水工工程中常用的水下封底施工形式。即在底板施工时按一定间距预埋与泵车导管口径相匹配的导管，在底板上端采用闸门封闭，上端并留有接头，便于以后的接高。

进行封底施工时将泵车导管与预埋管上口相连，打开闸门，利

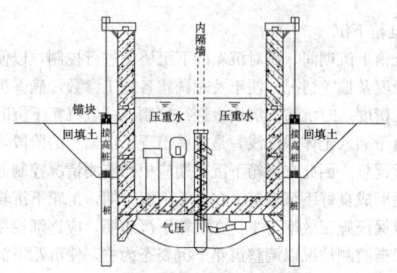

图 9-169　灌水压沉示意图

用泵车压力将混凝土压入工作室内。由于混凝土自重大，且从地面浇筑，可克服工作室内高压气体压力进入工作室内。当一处浇筑完毕后，将闸门关闭。然后将混凝土导管移至下一处进行浇筑。

施工时要求封底混凝土具有足够的流动性，以保证混凝土在工作室内均匀摊铺。施工中应利用多辆泵车连续浇筑，并须保证混凝土浇筑的连续性。向工作室内浇筑混凝土时，由于工作室内气体空间逐渐缩小，可通过底板上排气装置适当放气，以维持工作室内气压稳定，如图 9-170 所示。

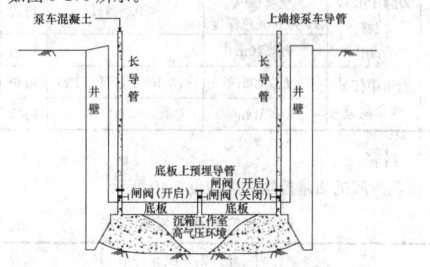

图 9-170　沉箱封底施工示意图

5. 气压施工的生命保障措施

由于气压沉箱施工过程中工作室内的设备、通信、供电系统可能需要调试维修，在沉箱下沉至底标高时工作室内主要设备还需进行拆除并运出井外。因此施工过程中仍需维修人员在必要时进入工作室内气压环境内。

由于本施工设备涉及人员高气压下作业，为保证作业人员的健康与安全，除人员进出高气压环境时按规定执行增减压程序外，还须在现场设置专门的医疗减压舱，以保证气压作业人员的身体恢复和应对紧急事件。

9.20.2.4　质量控制

1. 沉箱制作

在沉箱结构制作期间，需对结构制作偏差等内容进行控制，以便控制沉箱制作质量。沉箱制作时的质量控制见表 9-38 所示。

沉箱制作质量控制　　表 9-38

序号	检查项目		允许偏差或允许值	检查数量	
				范围	点数
1	平面尺寸	长度（mm）	±0.5%L 且≤100（L 为设计沉箱长度）	每边	1
2		宽度（mm）	±0.5%B 且≤50（B 为设计沉箱长度）	每边	1
3		高度（mm）	±30	每边	1
				圆形沉箱	4 点
4		直径（圆形沉箱）（mm）	±0.5%D 且≤100（D 为设计沉箱直径）		2
5		对角线（mm）	±0.5%线长且≤100		2
6	箱壁厚度（mm）		±15	每边	3
				圆形沉箱	4 点
7	箱壁、隔墙垂直度（mm）		≤1%H（H 为设计沉箱高度）	每边	3
				圆形沉箱	4 点
8	预埋件中心线位置（mm）		±20	每件	1
9	预留孔（洞）位移（mm）		±20	每边	1
				每孔	1（洞）

2. 沉箱下沉

在沉箱下沉期间，需对沉箱的下沉姿态进行控制，以便掌握沉箱下沉深度及偏差情况，便于及时调整各施工参数，确保沉箱最终下沉施工精度，对沉箱下沉质量进行控制。一般沉箱下沉时，在初期阶段由于插入土体深度浅，是容易出现下沉偏差的阶段，但是也容易进行调整。因此在沉箱下沉初期应根据监测情况控制好沉箱姿态，以便形成良好下沉轨道。在沉箱下沉中期，沉箱下沉轨道已形成，应以保证施工效率为主。在沉箱下沉后期，应逐渐控制下沉速度，而根据监测情况以调整沉箱下沉姿态为主。使沉箱下沉至设计标高时能够满足施工精度要求。

当沉箱下沉至设计标高，准备封底施工时，一般应进行 8h 连续观察，如下沉量小于 10mm，即可进行封底混凝土浇筑施工。沉箱下沉结束后，其质量控制指标应符合表 9-39 所示：

沉箱下沉结束后质量控制标准　　　　表 9-39

序号	检查项目		允许偏差或允许值	检查数量	
				范围	点数
1	刃脚平均标高（mm）		±50	每个	4
2	刃脚中心线位移（mm）	$H \geq 10m$（H 为下沉总深度）	$<0.5\%H$	每边	1
		$H<10m$	50	每边	1
3	四角中任何两角高差	$L \geq 10m$	$<0.5\%L$，且≤150	每角	2
		$L<10m$	50	每角	2

3. 封底

沉箱封底的质量控制标准如表 9-40 所示

沉箱封底的质量控制标准　　　　表 9-40

检查项目	允许偏差或允许值		备　注
	单位	数值	
封底前，沉井（箱）的下沉稳定	mm/8h	<10	
刃脚平均标高（与设计标高比）	mm	<100	
刃肢平面中心线位移	mm	$<1\%H$	H 为下沉总深度，$H<10m$ 时控制在100mm之内
四角中任何两角的底面高差		$<1\%L$	L为两角的距离，且不超过 300mm，$L<10m$时控制在 100mm内
封底混凝土坍落度	cm	$18\sim22$	

4. 沉箱监测

在沉箱施工的过程中，有必要对沉箱的结构内力、基坑周围土体和基坑周边的环境进行全面和系统的监测。一方面，通过监测对沉箱的变形及内力进行实时监控，从而确保结构本身的安全并保证周边的环境的变形在可控范围内；另一方面，监测的结果可以验证设计时所采取的假设和参数的正确性，评价相关的施工技术措施的效果，指导沉箱的施工。

在沉箱结构制作及下沉过程中，需对沉箱各施工阶段进行监测。主要内容包括：由于沉箱工艺是采取先在地面进行结构制作，随后进行下沉的施工工艺，在结构制作期间，需对结构制作偏差、制作阶段结构的地面沉降情况等内容进行监测。在沉箱下沉期间，需对沉箱的下沉姿态进行控制。

施工监测数据应具备概括性强，能及时反映施工进展情况的特点。结合相关施工经验，在沉箱下沉阶段监测内容主要包括沉箱姿态情况、沉箱下沉深度、工作室内气压大小等数据。

9.21　基坑工程的绿色施工

1. 环境保护技术要点

(1) 扬尘控制

运送土方、垃圾、设备及建筑材料等，不污损场外道路。运输容易散落、飞扬、流漏物料的车辆，必须采取措施封闭严密，保证车辆清洁。施工现场出口应设置洗车槽；土方作业阶段，采取洒水、覆盖等措施；对粉末状材料应封闭存放；机械剔凿作业时可用局部遮挡、掩盖、水淋等防护措施；清理垃圾应搭设封闭性临时专用道或采用容器吊运；对现场易飞扬物质采取有效措施，如洒水、地面硬化、围挡、密网覆盖、封闭等，防止扬尘产生；改进施工工艺，采用逆作法施工地下结构可以降低施工扬尘对大气环境的影响，降低基础施工阶段噪声对周边的干扰。

(2) 噪声与振动控制

在施工场界对噪声进行实时监测与控制。使用低噪声、低振动的机具，采取隔声与隔振措施，避免或减少施工噪声和振动。

(3) 光污染控制

尽量避免或减少施工过程中的光污染。夜间室外照明灯加设灯罩，透光方向集中在施工范围；电焊作业采取遮挡措施，避免电焊弧光外泄。

(4) 水污染控制

施工现场污水排放应达到相关标准；施工现场应针对不同的污水，设置相应的处理设施，如沉淀池、隔油池、化粪池等；污水排放应委托有资质的单位进行废水水质检测，提供相应的污水检测报告；在缺水地区或地下水位持续下降的地区，基坑降水尽可能少地抽取地下水；当基坑开挖抽水量大于 50 万 m³时，应进行地下水回灌，并避免地下水被污染。

(5) 土体保护

保护地表环境，防止土体侵蚀、流失。因施工造成的裸土，及时覆盖砂石或种植速生草种，以减少土体侵蚀；因施工造成容易生地表径流土体流失的情况，应采取设置地表排水系统、稳定斜坡、植被覆盖等措施，减少土体流失；沉淀池、隔油池、化粪池等不发生堵塞、渗漏、溢出等现象，及时清掏各类池内沉淀物，并委托有资质的单位清运；对于有毒有害废弃物如电池、墨盒、油漆、涂料等应回收后交有资质的单位处理，不能作为建筑垃圾外运，避免污染土体和地下水。

(6) 建筑垃圾控制

碎石类、土石方类建筑垃圾可采用地基填埋、铺路等方式提高再利用率。

(7) 地下设施、文物和资源保护

施工前应调查清楚地下各种设施，做好保护计划，保证施工场地周边的各类管道、管线、建筑物、构筑物的安全运行；施工过程中一旦发现文物，立即停止施工，保护现场并通报文物部门并协助做好工作；避让、保护施工场地区及周边的古树名木。

2. 节材与材料资源利用技术要点

(1) 节材措施

材料运输工具适宜，装卸方法得当，防止损坏和遗洒，根据现场平面布置情况就近卸载，避免和减少二次搬运；采取技术和管理措施提高模板、脚手架等的周转次数；提倡就地取材。

(2) 结构材料

尽量使用散装水泥；推广使用高强钢筋和高性能混凝土，减少资源消耗；推广钢筋专业化加工与配送；优化钢筋配料和钢构件下料方案；优化钢结构制作和安装方法，钢支撑宜采用工厂制作，现场拼装；宜采用分段吊装安装方法，减少方案的措施用材量；基坑逆作法施工时，采用"二墙合一"地下连续墙作围护结构，一柱一桩竖向支承，地下水平结构兼作支撑等措施，通过一料多用的方法减少结构材料的投入。

(3) 周转材料

应选用耐用、维护与拆卸方便的周转材料和机具；优先选用制作、安装、拆除一体化的专业队伍进行模板工程施工；模板应以节约自然资源为原则，推广使用定型钢模、钢框竹模、竹胶板；在施工过程中注重钢构件材料的回收，包括围护工法桩和逆作施工阶段的一柱一桩所采用的钢材料。

3. 节水与水资源利用技术要点

(1) 提高用水效率

施工现场喷洒路面、绿化浇灌不宜使用市政自来水。现场搅拌用水、养护用水应采取有效的节水措施，严禁无措施浇水养护混凝土；现场机具、设备、车辆冲洗用水必须设立循环用水装置。施工

现场建立可再利用水的收集处理系统,使水资源得到梯级循环利用。

(2) 非传统水源利用

处于基坑降水阶段的工地,宜优先采用地下水作为混凝土搅拌用水、养护用水、冲洗用水和部分生活用水;现场机具、设备、车辆冲洗、喷洒路面、绿化浇灌等用水,优先采用非传统水源,尽量不使用市政自来水;大型施工现场,尤其是雨量充沛地区的大型施工现场建立雨水收集利用系统,充分收集自然降水用于施工和生活中适宜的部位。

4. 节能与能源利用的技术要点

(1) 节能措施

优先使用国家、行业推荐的节能、高效、环保的施工设备和机具,如选用变频技术的节能施工设备等;在施工组织设计中,合理安排施工顺序、工作面,以减少作业区域的机具数量,相邻作业区充分利用共有的机具资源;安排施工工艺时,应优先考虑耗用电能的或其他能耗较少的施工工艺,避免设备额定功率远大于使用功率或超负荷使用设备的现象。

(2) 机械设备与机具

选择功率与负载相匹配的施工机械设备,避免大功率施工机械设备低负载长时间运行。机械安装可采用节能型机械设备,如逆变式电焊机和能耗低、效率高的手持电动工具等,以利节电;机械设备宜使用节能型油料添加剂,在可能的情况下,考虑回收利用,节约油量;合理安排工序,提高各种机械的使用率和满载率,降低各种设备的单位能耗。

(3) 施工用电及照明

临时用电优先选用节能电线和节能灯具,临电线路合理设计、布置,临电设备宜采用自动控制装置。采用声控、光控等节能照明灯具;照明设计以满足最低照度为原则。

5. 节地与施工用地保护的技术要点

(1) 临时用地指标

要求平面布置合理、紧凑,在满足环境、职业健康与安全及文明施工要求的前提下尽可能减少废弃地和死角。

(2) 临时用地保护

应对深基坑施工方案进行优化,减少土方开挖和回填量,最大限度地减少对土地的扰动,保护周边自然生态环境;红线外临时占地应尽量使用荒地、废地,少占用农田和耕地;工程完工后,及时对红线外占地恢复原地形、地貌,使施工活动对周边环境的影响降至最低;利用和保护施工用地范围内原有绿色植被。对于施工周期较长的现场,可按建筑永久绿化的要求,安排场地新建绿化。

(3) 施工总平面布置

施工总平面布置应做到科学、合理,充分利用原有建筑物、构筑物、道路、管线为施工服务;基坑土方施工组织时应合理布置土方堆场和进出土运输线路,科学控制出土方量,优化运距节省油耗;施工现场搅拌站、仓库、加工厂、作业棚、材料堆场等布置应尽量靠近已有交通线路或即将修建的正式或临时交通线路,缩短运输距离。

9.22 基坑工程施工管理

9.22.1 信息化施工

信息化施工,即是采用监测手段对工程施工过程进行实时监控,在现代化多功能软件的模拟计算下,通过分析监测数据来完善设计、调整施工参数以达到控制施工质量、保护周边环境的过程。

基坑工程由于地质条件复杂,变化因素多,开挖施工过程中往往会引起支护结构内力和位移以及基坑内外土体变形发生等种种意外变化,传统的设计方法难以事先设定或事后处理。有鉴于此,人们不断总结实践经验,针对深基坑工程,萌发了信息化设计和动态设计的新思想,结合施工监测、信息反馈、临界报警、应变(或应急)措施设计等一系列理论和技术,制定相应的设计标准、安全等级、计算图式、计算方法等,对开挖过程实施跟踪监测,并将信息及时反馈。总之,基坑工程施工总过程逐渐呈现出"动态设计、信息施工"的新局面。

建立完善的信息化施工监测体系。通过对基坑各阶段施工的跟踪监测,将监测信息及时反馈,不断完善设计,调整施工参数,确保施工顺利。根据监测信息,对基坑支护进行优化设计,动态调整施工参数。基坑开挖施工过程中通常会存在设计预期与现场实际的偏差,出现偏差的主要原因是设计和施工参数的选取,现场地质土的变化。根据反馈的监测信息和现场开挖的实际情况,全面了解基坑支护和周边环境变化的情况,动态优化设计,调整施工参数,指导施工,并且根据监测信息和施工参数的变化规律预测下一步施工工况,及时提出应对措施。做好信息化施工还应保证信息通畅,需要业主、设计、施工、监理、监测各方面加强合作,及时沟通信息;还要重视监测数据在设计、施工中的地位,使其作为一个优化设计和施工的依据。

9.22.2 施工安全技术措施

1. 土方开挖安全技术措施

(1) 基坑开挖前,应在顶部四周设排水沟,并保持畅通,防止集水灌入而引发坍塌事故,基坑四周底部设置集水坑;放坡开挖时,应对坡顶、坡面、坡脚采取降排水措施。

(2) 基坑开挖临边及栈桥两侧应设置防护栏杆,且坑边严禁超堆荷载。

(3) 机械挖土严禁无关人员进入场地内,挖掘机工作半径范围内不得站人或进行其他作业。应采取措施防止机械碰撞支护结构、工程桩、降水设备等。

(4) 采用人工挖土时,两人操作间距应大于3m,不得对头挖土;挖土面积较大时,每人工作面不小于6m²。

(5) 土方开挖后,应及时设置支撑,并观察支撑的变形情况,发现异常及时处理。

(6) 夜间土方开挖施工应配备足够的照明设施,主干道交通不留盲点。

(7) 土方回填应按要求由深至浅分层进行,填好一层拆除一层支撑。

2. 支撑施工安全技术措施

(1) 吊装钢支撑时,严禁人员进入挖土机回转半径内。

(2) 吊装长构件时必须加强指挥,避免因惯性等原因发生碰撞事故。

(3) 经常检查起吊钢丝绳损坏情况,如断丝超出要求立即更换。

(4) 吊车司机、指挥、电焊工、电工必须持证上岗。严格遵守吊装"十不吊"规定。

(5) 拆除钢筋混凝土支撑下模板时,应搭设排架进行拆除作业,下方严禁站人。

(6) 钢筋混凝土支撑拆除时,应分段、分块逐步拆除,并注意对已有结构的保护。

3. 施工用电安全技术措施

(1) 施工现场的电气设备设施必须制定有效的安全管理制度,现场电线、电气设备设施必须应由专业电工定期检查整理,发现问题必须立即解决。夜班施工后,第二天整理和收集,凡是触及或接近带电体的地方,均应采取绝缘保护以及保持安全距离等措施。

(2) 现场施工用电采用三相五线制。照明与动力用电分开,插座上标明设备使用名称。配电箱设置总开关,同时做到一机一闸一漏一箱用电保护。

(3) 配电箱的电缆应有套管,电线进出不混乱。

(4) 照明导线应用绝缘子固定。严禁使用花线或塑料胶质线。导线不得随地拖拉或绑在脚手架上。照明灯具的金属外壳必须接地或接零。单相回路内的照明开关必须装设漏电保护器。

(5) 电箱内开关电器必须完整无损,接线正确。电箱内应设置漏电保护器,选用合理的额定漏电动作电流进行分级配合。配电箱应设总熔丝,分熔丝,分开关。

(6) 配电箱的开关电器应与配电或开关箱一一对应配合,作分路设置,以确保专路专控;总开关电器与分路开关电器的

额定值相适应。熔丝应和用电设备的实际负荷相匹配。

(7) 现场移动的电动工具应具有良好的接地，使用前应检查其性能，长期不用的电动工具其绝缘性能应经过测试方可使用。

(8) 设备及临时电气线路接电应设置开关或插座，不得任意搭挂，露天设置的电气装置必须有可靠的防雨、防潮措施，电气箱内须设置漏电开关。

(9) 电线和设备安装完毕以后，由动力部门会同安全部门对施工现场进行验收，合格后方可使用。

9.22.3 文明施工与环境保护

1. 文明施工

(1) 现场文明布置

施工现场四周设置施工围挡和进出口，在大门出入口处设洗车槽、沉淀池、高压冲水枪。工地的施工道路、出入口、材料堆放场、加工地、办公及仓库等施工临房地面均作地坪硬化处理。施工过程中产生的泥浆、废水和生活污水等进行沉淀过滤后再排入市政管网。施工现场的水准基点、轴线控制桩、埋地电缆、架空电线有醒目的明显标志，并加以保护，任何人不得损坏、移动。施工现场的设备、材料、构件、机具必须按平面指定的位置摆放或堆放整齐并挂牌标识；材料标识包括名称、品种、规格等有关内容的标识。易燃、易爆物品进行分类堆放。现场施工垃圾采用专人管理，活完场清，层层清理，集中堆放，统一运输的方法。施工现场设置吸烟区，严禁在非吸烟区吸烟。施工现场和场内建筑物按面积或高度要求设置一定数量的灭火器或消防栓。

(2) 施工现场防尘措施

运输车辆进出的主干道应定期洒水清扫，保持车辆出入口清洁，以减少由于车辆行驶引起的地面扬尘污染。运输车辆应控制载重量，不过分超载，车厢顶部应设盖封闭，以避免运输过程中的扬撒、颠落，污染运输沿线的环境。现场内的堆土、堆砂用帆布或密目网等进行重叠式覆盖。清理施工垃圾时，采用容器吊运的办法，严禁任何人随意凌空抛洒。采用封闭垃圾站存放垃圾，并将生活垃圾和建筑垃圾区分存放，及时清运。施工现场设专人清扫保洁，使用洒水设备定时洒水降尘。木工加工棚内产生的木屑有专人收集装袋，集中清理。对水泥、白灰等易扬尘材料，实行轻卸慢放，用封闭式库存的方法，以减少扬尘的产生。施工作业面做到及时清理，及时将建筑垃圾装入容器。

(3) 噪声防护

为了减少和避免对周围居民、行人的干扰，从减低噪声源的发声强度、控制噪声源的发声时间段、采用隔声措施、减少噪声源等几个方面，将噪声控制在规定范围内。对混凝土振动机、混凝土固定泵、木工圆锯、型材切割机等噪声源进行噪声强度限制，优先选取低噪声设备，定期监测，发现超标设备应及时更换或修复。要求施工班组拆钢板和清理、堆放时应小心轻放。如确有特殊原因必须夜间施工时，应事先向有关主管部门申办夜间施工许可证，并事先通过居委会征得当地居民和业主的同意。尽量采用外加工成型，场内加工时应采取搭设加工棚等隔声措施。施工现场不设砂石料堆场，减少车辆进出及卸料所发生的噪声。

2. 对建（构）筑物、地下管线的保护

对有环境保护要求的基坑工程，不宜在围护墙外侧采用井点降水。必须设置时应采取地基加固、回灌和隔水帷幕等措施进行保护。开挖前发现围护墙体质量不符合要求时，应采用注浆等方法进行抗渗补强；开挖期发现墙体渗漏，则应及时分析原因，堵塞渗漏通道。应按基坑工程等级确定地面沉降和墙体侧向位移的控制标准。考虑变形的时空效应，控制监测值的变化速率。当变化速率突然增加或连续保持高速率时，应及时分析原因，采取相应对策。相继或同时开工的相邻基坑工程，必须事先协调施工进度，以确定设计工况，避免相互产生危害。邻近建筑物或地下管线进行搅拌桩施工时，应严格控制喷浆时钻头提升速度和水灰比，并根据监测资料调节施工速度和合理安排工序，采取合适的技术措施进行事先的加固或隔离。

参 考 文 献

1. 中华人民共和国国家标准. 建筑地基基础工程施工质量验收规范(GB 50202—2002). 北京：中国计划出版社，2002.
2. 中华人民共和国国家标准. 岩土工程勘察规范(GB 50021—2001). 北京：中国计划出版社(2009年修订版).
3. 中华人民共和国国家标准. 建筑地基基础设计规范(GB 50007—2002). 北京：中国计划出版社，2002.
4. 中华人民共和国国家标准. 建筑基坑工程监测技术规范(GB 50497—2009). 北京：中国计划出版社，2009.
5. 中华人民共和国行业标准. 建筑基坑支护技术规程(JGJ 120—99). 北京：中国建筑工业出版社，1999.
6. 中华人民共和国行业标准. 湿陷性黄土地区建筑基坑工程安全技术规程(JGJ 2009). 北京：中国建筑工业出版社，2009.
7. 刘建航，侯学渊. 基坑工程手册. 北京：中国建筑工业出版社，1997.
8. 刘国彬、王卫东. 基坑工程手册(第二版). 北京：中国建筑工业出版社，2009.
9. 刘宗仁. 基坑工程. 哈尔滨：哈尔滨工业大学出版社，2008.
10. 肖捷. 地基与基础工程施工. 北京：机械工业出版社，2006.
11. 史佩栋、高大钊、桂业琨主编. 高层建筑基础工程手册. 北京：中国建筑工业出版社，2000.
12. 曾宪明、黄久松、王foa民. 土钉支护设计与施工手册. 北京：中国建筑工业出版社，2000.
13. 徐至钧、赵锡宏. 逆作法设计与施工. 北京：机械工业出版社，2002.
14. 姚天强、石振华. 基坑降水手册. 北京：中国建筑工业出版社，2006.
15. 吴睿、夏才初等编著. 软土水利基坑工程的设计与应用. 北京：中国水利水电出版社，2002.
16. 龚晓南. 地基处理手册(第三版). 北京：中国建筑工业出版社，2008.
17. 高振峰主编. 土木工程施工机械实用手册. 山东：山东科学技术出版社，2005.
18. 注册岩土工程师专业考试复习教程(第五版). 中国建筑工业出版社，2010.
19. 《建筑施工手册》(第三版)编写组. 建筑施工手册(第三版). 北京：中国建筑工业出版社，1997.
20. 《建筑施工手册》(第四版)编写组. 建筑施工手册(第四版). 北京：中国建筑工业出版社，2003.

L (m) \ $N'_{63.5}$	5	10	15	20	25	30	35	40	≥50
12	0.85	0.79	0.75	0.70	0.67	0.64	0.61	0.59	0.55
14	0.82	0.76	0.71	0.66	0.62	0.58	0.56	0.53	0.50
16	0.79	0.73	0.67	0.62	0.57	0.54	0.51	0.48	0.45
18	0.77	0.70	0.63	0.57	0.53	0.49	0.46	0.43	0.40
20	0.75	0.67	0.59	0.53	0.48	0.44	0.41	0.39	0.36

注：表中 L 为杆长。

10 地基与桩基工程

10.1 地 基

10.1.1 地基土的工程特性

地基是指建筑物下面支承基础承受上部结构荷载的土体或岩体。相对于岩体而言，构成地基的土体对上部结构的作用更加复杂，承受上部结构荷载的能力取决于地基土的工程特性：物理性质、压缩性、强度、稳定性、均匀性、动力特性和水理性等。

10.1.1.1 地基土的物理性质

土是由固体颗粒、水和气体三部分组成的三相体系。土的固体颗粒，一般由矿物质组成，有时含有有机质，构成土的骨架。土颗粒间相互贯通的孔隙中充填着水和气体。当土中孔隙完全被水充满时，称为饱和土；一部分充填着水、一部分充填着气体时，称为非饱和土；完全被气体充满时，称为干土。这三种组成部分本身的性质和相互之间的比例关系决定了地基土的物理性质。

工程中常用的地基土物理性质指标有：密度 ρ、比重、含水量 w、孔隙比 e 或孔隙度 n、饱和度 S_r，这些指标可以通过室内试验取得。

碎石土、砂土、粉土物理状态的指标是密实度，《岩土工程勘察规范》GB 50021—2001（2009 年版）规定：碎石土的密实度可根据圆锥动力触探锤击数按表 10-1、表 10-2 确定；砂土的密实度应根据标准贯入试验锤击数实测值 N 按表 10-5 划分；粉土的密实度应根据孔隙比 e 按表 10-6 划分。

黏性土通过稠度反映土的软硬程度，稠度指标液限 w_s、塑限 w_p、液性指数 I_L、塑性指数 I_p 可以通过室内试验取得。

碎石土密实度按 $N_{63.5}$ 分类　　表 10-1

重型动力触探锤击数 $N_{63.5}$	密实度	重型动力触探锤击数 $N_{63.5}$	密实度
$N_{63.5} \leq 5$	松散	$10 < N_{63.5} \leq 20$	中实
$5 < N_{63.5} \leq 10$	稍密	$N_{63.5} > 20$	密实

注：本表适用于平均粒径等于或小于 50mm，且最大粒径小于 100mm 的碎石土。对于平均粒径大于 50mm 或最大粒径大于 100mm 的碎石土，可用超重型动力触探或用野外观察鉴别。

碎石土密实度按 N_{120} 分类　　表 10-2

超重型动力触探锤击数 N_{120}	密实度	超重型动力触探锤击数 N_{120}	密实度
$N_{120} \leq 3$	松散	$11 < N_{120} \leq 14$	密实
$3 < N_{120} \leq 6$	稍密	$N_{120} > 14$	很密
$6 < N_{120} \leq 11$	中密		

当采用重型圆锥动力触探确定碎石土密实度时，锤击数 $N_{63.5}$ 应按下式修正：

$$N_{63.5} = a_1 \cdot N'_{63.5}$$

式中　$N_{63.5}$——修正后的重型圆锥动力触探锤击数；

　　　a_1——修正系数（按表 10-3 取值）；

　　　$N'_{63.5}$——实测重型圆锥动力触探锤击数。

重型圆锥动力触探锤击数修正系数 a_1　　表 10-3

L (m) \ $N'_{63.5}$	5	10	15	20	25	30	35	40	≥50
2	1.00	1.00	1.00	1.00	1.00	1.00	1.00	1.00	
4	0.96	0.95	0.93	0.92	0.90	0.89	0.87	0.86	0.84
6	0.93	0.90	0.88	0.85	0.83	0.81	0.79	0.78	0.75
8	0.90	0.86	0.83	0.80	0.77	0.75	0.73	0.71	0.67
10	0.88	0.83	0.79	0.75	0.72	0.69	0.67	0.64	0.61

当采用超重型圆锥动力触探确定碎石土密实度时，锤击数 N_{120} 应按下式修正：

$$N_{120} = a_1 \cdot N'_{120}$$

式中　N_{120}——修正后的超重型圆锥动力触探锤击数；

　　　a_1——修正系数，按表 10-4 取值；

　　　N'_{120}——实测超重型圆锥动力触探锤击数。

超重型圆锥动力触探锤击数修正系数 a_1　　表 10-4

L (m) \ N_{120}	1	3	5	7	9	10	15	20	25	30	35	40
1	1.00	1.00	1.00	1.00	1.00	1.00	1.00	1.00	1.00	1.00	1.00	1.00
2	0.96	0.92	0.91	0.90	0.90	0.90	0.89	0.89	0.88	0.88	0.88	
3	0.94	0.88	0.86	0.85	0.84	0.84	0.83	0.82	0.82	0.82	0.81	0.81
5	0.92	0.82	0.79	0.78	0.77	0.76	0.75	0.74	0.73	0.73	0.72	0.72
7	0.90	0.78	0.75	0.72	0.71	0.70	0.69	0.68	0.67	0.67	0.66	0.66
9	0.88	0.75	0.72	0.69	0.67	0.66	0.65	0.64	0.63	0.63	0.62	0.62
11	0.87	0.73	0.69	0.66	0.64	0.63	0.61	0.60	0.59	0.59		0.53
13	0.86	0.71	0.67	0.64	0.61	0.60	0.58	0.57	0.56	0.56		0.55
15	0.84	0.69	0.65	0.62	0.59	0.58	0.56	0.54	0.53	0.53		0.50
17	0.85	0.68	0.64	0.61	0.57	0.56	0.54	0.52	0.51	0.50		0.50
19	0.84	0.66	0.62	0.60	0.55	0.54	0.52	0.50	0.49	0.48		0.48

注：表中 L 为杆长。

砂土密实度分类　　表 10-5

标准贯入锤击数 N	密实度	标准贯入锤击数 N	密实度
$N \leq 10$	松散	$15 < N \leq 30$	中密
$10 < N \leq 15$	稍密	$N > 30$	密实

粉土密实度分类　　表 10-6

孔隙比 e	密实度
$e < 0.75$	密实
$0.75 \leq e \leq 0.9$	中密
$e > 0.9$	稍密

10.1.1.2 地基土的压缩性

地基土的压缩性是指在压力作用下体积缩小的性能。从理论上，土的压缩变形可能是：土粒本身的压缩变形；孔隙中不同形态的水和气体或流体的压缩变形；孔隙中水和气体有一部被挤出，土的颗粒相互靠拢使孔隙体积减小。

反映土的压缩性的参数，包括土体压缩模量 E_s、体积压缩系数 m_v、变形模量 E_0、切线模量 E_t 和割线模量 E_q、回弹变形模量 E_{ur} 一般勘察成果中包括压缩模量、压缩系数和回弹模量。

压缩模量 E_s 是土体在无侧向变形条件下，竖向应力 σ_z 与竖向应变 ε_z 之比值，可通过压缩试验测定。体积压缩系数 m_v 是土体在压缩时竖向应变与竖向应力之比，其数值等于压缩模量的倒数。

回弹模量 E_c 为无侧向变形条件下，土体卸荷或重复加荷阶段，即土体处于超固结状态时，竖向应力 σ_z 与竖向应变 ε_z 之比值，通常可通过回弹试验测定。

变形模量 E_0 是在固定的围压下侧向自由变形条件时，竖向应力增量 $\Delta\sigma_z$ 与竖向应变增量 $\Delta\varepsilon_z$ 之比值。变形模量可采用切线模量或割线模量形式表示。

回弹变形模量 E_{ur} 是侧向自由变形条件下，土体卸荷回弹时或重复加荷时竖向应力与竖向回弹应变之比值。

10.1.1.3　地基土的强度与承载力

地基土的强度问题，实质上就是土的抗剪强度问题。土的抗剪强度与法向压力 σ_n、土的内摩擦角 φ 和土的内聚力 c 三者有关。

无黏性土的抗剪强度来源于土粒之间的摩擦力。因为摩擦力存在于土体内部颗粒间的作用，故称内摩擦力。内摩擦力包含两部分：一部分是由于土颗粒粗糙产生的表面摩擦力；另一部分是粗颗粒之间互相镶嵌、联锁作用产生的咬合力。黏性土的抗剪强度，除内摩擦力外，还有内聚力。内聚力主要来源于：土颗粒之间的电分子吸引力和土中天然胶结物质（如硅、铁物质和碳酸盐等）对土粒的胶结作用。

地基承受荷载的能力称为地基承载力。地基承载力是地基土在基础的形状、尺寸、埋深及加载条件等外部因素确定下的固有属性，但在实际应用过程中，地基实际承载力的大小则与地基的变形相适应。地基承载力的确定可参照"10.2.1.3 天然地基的承载力计算与评价"。

10.1.1.4　地基土的稳定性

广义的地基稳定性问题包括地基土承载力不足而失稳，作用有水平荷载和地震作用的构筑物基础的倾覆和滑动失稳以及边坡失稳。地基土的稳定性评价可参照"10.2.1.1 天然地基的稳定性评价"。

10.1.1.5　地基土的均匀性

地基土的均匀性即为基底以下分布地基土的物理力学性质均匀性，这体现在两个方面，一是地基承载力差异较大；二是地基土的变形性质差异较大。地基土不均匀性评价可参照"10.2.1.2 天然地基的均匀性评价"。

由于不均匀地基的地基土在纵向和横向上物理力学性质均有不同程度的差异，地基反力的集中现象比均匀地基更为明显，基础设计若不采取某些结构措施易给建筑物埋下安全隐患。

10.1.1.6　地基土的动力特性

土体在动荷载作用下的力学特性称为地基土的动力特性。动荷载作用对土的力学性质的影响可以导致土的强度减低，产生附加沉降、土的液化和触变等结果。

影响土的动力变形特性的因素包括周期压力、孔隙比、颗粒组成、含水量等，最为显著是应变幅值的影响。应变幅值在 $10^{-6}\sim 10^{-4}$ 及以下的范围内时，土的变形特性可认为是属于弹性性质。一般由火车、汽车的行驶以及机器基础等所产生的振动的反应都属于这种弹性范围。应变幅值在 $10^{-4}\sim 10^{-2}$ 范围内时，土表现为弹塑性性质，在工程中，如打桩、地震等所产生的土体振动反应即属于此。当应变幅值超过 10^{-2} 时，土将破坏或产生液化、压密等现象。

土在动荷载下的抗剪强度存在速度效应和循环效应，以及动静应力状态的组合问题。循环荷载作用下土的强度有可能高于或低于静强度，由土的类别、所处的应力状态以及加载速度、循环次数等而定。对于一般的黏土，在地震或其他动荷载作用下，破坏时的应力与静强度比较，并无太大的变化。但是对于软弱的黏性土，如淤泥和淤泥质土等。则动强度会有明显降低，所以在路桥工程遇到此类地基土时，必须考虑地震作用下的强度降低问题。土的动强度亦可如静强度一样通过动强度指标 c_d、φ_d 得到反映。

10.1.1.7　地基土的水理性

地基土的水理性是指地基土在水的作用下工程特性发生改变的性质，施工过程中必须充分了解这种变化，避免地基土的破坏。黏性土的水理性主要包括三种性质，黏性土颗粒吸附水能力的强弱称为活性，由活性指标 A 来衡量；黏性土含水量的增减反映在体积上的变化称胀缩性；黏性土由于浸水而发生崩散解体的特性称崩解性，通常由崩解时间、崩解特征、崩解速度三项指标来评价。对于岩石的水理性，包括吸水性、软化性、可溶性、膨胀性等性质。

10.1.2　地基土的工程地质勘察

地基土的工程地质勘察工作内容是要查明建设场地的岩土工程条件，提供地基土的物理力学性质指标，评价场地岩土工程问题，并提出针对该问题的方法与建议。工程地质勘察可用技术手段。包括工程地质测绘和调查、勘探和取样、各种原位测试技术、室内土工试验、检验和现场监测等。

10.1.2.1　工程钻探

工程钻探是工程地质勘察中最为常用且有效的手段，钻探方法种类及适用范围见表 10-7。

钻探方法的适用范围　　　　　表 10-7

钻探方法		钻进地层					勘察要求	
		黏性土	粉土	砂土	碎石土	岩石	直观鉴别，采取不扰动土样	直观鉴别，采取扰动土样
回转	螺旋钻探	++	++	+	—	—	++	++
	无岩芯钻探	++	++	++	+	+	—	—
	岩芯钻探	++	++	++	++	++	—	++
冲击	冲击钻探	—	—	++	++	—	—	—
	锤击钻探	++	++	++	+	—	+	++
振动钻探		++	++	++	+	—	+	++
冲洗钻探		+	++	++	—	—	—	—

注：++ 适用；+ 部分适用；— 不适用。

10.1.2.2　原位测试

原位测试技术是在工程地质勘察现场进行岩土体物理力学性质测试和岩土层划分的重要勘察技术。选择原位测试方法应根据岩土条件、设计对参数的要求、地区经验和测试方法的适用性等因素选用。原位测试的试验项目、测定参数、主要试验目的可参照表 10-8 的规定。

10.1.2.3　室内试验

工程地质勘察室内试验主要目的是测定土的物理力学性质指标。室内土工试验项目、方法以及指标应用见表 10-9。

原位测试项目　　　　　　表 10-8

试验项目	适用范围	测定参数	主要试验目的
载荷试验	各类地基土	比例界限压力 p_0 (kPa)、极限压力 p_u (kPa) 和压力与变形关系	1. 评定岩土承载力；2. 估算土的变形模量；3. 计算土的基床系数
静力触探试验	软土、一般黏性土、粉土、砂土和含少量碎石的土	单桥比贯入阻力 p_s (MPa)，双桥锥尖阻力 q_c (MPa)、侧壁摩阻力 f_s (kPa)、摩阻比 R_f (%)，孔压静力触探的孔隙水压力 u (kPa)	1. 判别土层均匀性和划分土层；2. 选择桩基持力层、估算单桩承载力；3. 估算地基承载力和压缩模量；4. 判断沉桩可能性；5. 判别地基土液化可能性及等级
标准贯入试验	砂土、粉土和一般黏性土	标准贯入击数 N (击)	1. 判别土层均匀性和划分土层；2. 判别地基液化可能性及等级；3. 估算地基承载力和压缩模量；4. 估算砂土密实度及内摩擦角；5. 选择桩基持力层、估算单桩承载力；6. 判断沉桩的可能性
圆锥动力触探试验	浅部填土、黏性土、粉土、砂土、碎石土、残积土、极软岩和软岩	动力触探击数 N_{10}、$N_{63.5}$、N_{120} (击)	1. 判别土层均匀性和划分土层；2. 估算地基承载力和压缩模量；3. 选择桩基持力层、估算单桩承载力；4. 地基检验

续表

试验项目	适用范围	测定参数	主要试验目的
十字板剪切试验	饱和软黏性土	不排水抗剪强度峰值 c_u(kPa)和残余值 c'_u(kPa)	1. 测求饱和黏性土的不排水抗剪强度和灵敏度; 2. 估算地基土的承载力和单桩承载力; 3. 计算边坡稳定性; 4. 判断软黏性土的应力历史
现场渗透试验	粉土、砂土、碎石土等富水地层	岩土层渗透系数 k (cm/s),必要时测定释水系数 μ 等	为重要工程或深基础工程的设计提供的渗透系数、影响半径、单井涌水量等
旁压试验	黏性土、粉土、砂土、碎石土、残积土、极软岩和软岩	初始压力 p_0 (kPa)、临塑压力 p_f (kPa)、极限压力 p_L (kPa)和旁压模量 E_m (kPa)	1. 测求地基土的临塑荷载和极限荷载强度,从而估算地基土的承载力; 2. 测求地基土的变形模量,从而估算沉降量; 3. 估算桩基承载力; 4. 计算土的侧向基床系数; 5. 自钻式旁压试验可确定土的原位水平应力和静止侧压力系数
扁铲侧胀试验	软土、一般黏性土、粉土、黄土和松散~中密的砂土	侧胀模量 E_D (kPa)、侧胀土性指数 I_D、侧胀水平应力指数 K_D 和侧胀孔压指数 U_D	1. 划分土层和区分土类; 2. 计算土的侧向基床系数; 3. 判别地基土液化可能性
波速测试	各类岩土体	压缩波速 v_P(m/s)、剪切波速 v_S(m/s)	1. 划分场地类别; 2. 提供地震反应分析所需的场地土动力参数; 3. 评价岩体完整性; 4. 估算场地卓越周期
场地微振动测试		场地卓越周期 T (s)和脉动幅值	确定场地卓越周期

室内土工试验的主要项目、方法及指标应用

表 10-9

试验项目	方法	测得指标	应用
含水量	烘干法,酒精燃烧法,比重法,炒干法,实容积法	含水量 w	1. 计算孔隙比等其他指标; 2. 物理性质指标; 3. 评价土的承载力; 4. 评价土的冻胀性
密度	环刀法、蜡封法、灌水法、灌砂法	密度 ρ 干密度 ρ_d	计算孔隙比、重度等其他物理性质指标
土的相对密度(比重)	密度试验、密度瓶法、浮称法、虹吸筒法	密度 G_s	计算孔隙比等其他物理指标
界限含水率	圆锥式法、碟式法、联合测定法 / 滚搓法、联合测定法	液限 w_L 塑限 w_p 液性指数 塑性指数 含水比 活动度	1. 黏性土的分类定名; 2. 划分黏性土状态; 3. 评价土的承载力; 4. 估计土的最优含水量; 5. 评价土的胀缩性; 6. 评价黏性和红黏土的承载力(含水比); 7. 评价含水量变化时土的体积变化(活动度)

续表

试验项目	方法	测得指标	应用
颗粒级配	筛分法;比重计法;移液管法	有效粒径 d_{10} 平均粒径 d_{50} 不均匀系数 C_u 曲率系数 C_c	1. 砂土分类定名和级配情况; 2. 计算反滤层或计算过滤器孔径; 3. 评价砂土和粉土液化可能性; 4. 评价砂土和粉土液化的可能性
砂土的相对密实度	最小干密度试验,最大干密度试验	最大孔隙比 e_{max} 最小孔隙比 e_{min} 相对密度 D_r	1. 评价砂土密度; 2. 估计砂土体积变化; 3. 评价砂土液化可能性
击实	轻型击实试验,重型击实试验	最大干密度 ρ_{dmax} 最优含水量 w_y	控制填土地基质量及夯实效果
压缩(固结)	标准法,快速法,回弹试验,再压缩试验	压缩系数 a_{1-2} 压缩模量 E_s 压缩指数 C_c 体积压缩系数 m_v 固结系数 C_s 先期固结压力 p_c 超固结比 OCR	1. 计算地基变形; 2. 评价土的承载力; 3. 计算沉降时间及固结度; 4. 判断土的应力状态和压密状态
渗透	常水头,变水头	渗透系数 K	1. 计算基坑涌水量; 2. 设计排水构筑物; 3. 施工降水设计
无侧限抗压强度	原状土试验,重塑土试验	无侧限抗压强度 q_u 灵敏度 S_r	1. 估计(算)土的承载力; 2. 估计算土的抗剪强度; 3. 评价土的结构性
直接剪切	慢剪,固结快剪,快剪,反复剪	黏聚力 c 内摩擦角 φ	1. 评价地基的稳定性、计算承载力; 2. 计算斜坡的稳定性; 3. 计算挡土墙的土压力
承载比	贯入法	承载比 CBR	计算公路、机场跑道
水土化学试验	电测法,比色法	酸碱度 pH值	评价水土腐蚀性
	包括易溶盐,中溶盐,难溶盐,总量测定可用烘干法,各离子含量用化学分析法	易溶盐总量 W 中溶盐含量 W_{csh} 难溶盐含量 W_{cc}	
	重铬酸钾容量法,烧失法	有机质含量 W_u	

10.1.2.4　其他方法

工程地质勘察中,当钻探方法难以准确查明地下情况时,可采用探井、探槽详细探明深部岩层性质、构造特征等。常见的还有地球物理勘探方法,是利用物探仪器探测地下天然的或人工的物理场变化,借以查明地层、构造,测定岩、土的物理力学性质及水文地质参数的一种勘探方法。

10.1.3　地基承载力的现场静载试验

10.1.3.1　现场静载荷试验

静力载荷试验是通过一定垂直压力测定土在天然产状条件下的

变形模量、土的变形随时间的延续性及在载荷板接近于实际基础条件下估计地基承载力等。

10.1.3.2 仪器设备

地基土静载荷试验仪器设备主要包括承压板、加荷系统、反力系统，观测系统等组成，如图 10-1 所示。

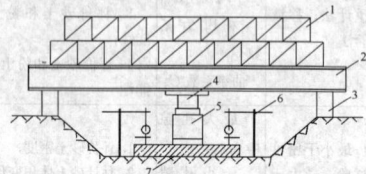

图 10-1　地基土现场载荷试验图
1—堆载；2—平台；3—支墩；4—荷载传感器；
5—千斤顶；6—百分表；7—承压板

10.1.3.3 现场试验操作

以平板载荷试验为例，介绍一下静载荷试验的操作步骤。

（1）试验场地准备

在有代表性的地点，整平场地，开挖试坑。试坑底面宽度不小于承压板直径（或宽度）的 3 倍。试验前应保持试坑土层的天然状态。在开挖试坑及安装设备中，应将坑内地下水位降至坑底以下，并防止因降低地下水位而可能产生破坏土体的现象。试验前应在试坑边取原状土样 2 个，以测定土的含水率和密度。

（2）仪器设备安装

1）安装承压板。安装承压板前应整平试坑底面，铺约 1cm 厚的中砂垫层，并用水平尺找平，承压板与试验面平整接触。

2）安放载荷台架或加荷千斤顶反力构架，其中心应与承压板中心一致。当调整反力构架时，应避免对承压板施加压力。

3）安装沉降观测装置，其固定点应设在不受变形影响的位置处。沉降观测点应对称设置。

（3）试验应避免冰冻、暴晒、雨淋，必要时设置工作棚。

（4）荷载一般按等量分级施加，并保持静力条件和沿承压板中心传递。每级荷载增量一般取预估试验土层极限压力的 1/10~1/8。当不易预估其极限压力时，可按表 10-10 所列选用不同土层的荷载增量。

不同土层的荷载增量表　　　　表 10-10

试验土层特征	荷载增量（kPa）
淤泥、流塑状黏质土、饱和或松的粉细砂	≤15
软塑状黏质土、疏松的黄土、稍密的粉细砂	15~25
可塑~硬塑状黏质土、一般黄土、中密~密实的粉细砂	25~100
坚硬的黏质土、中粗砂、碎石类土、软质岩石	50~200

（5）稳定标准：一般采用相对稳定法，即每增加一级荷载，待沉降速率达到相对稳定后再加下一级荷载。当连续两小时每小时沉降量小于等于 0.1mm 时，可认为沉降已达相对稳定标准，施加下一级荷载；当试验对象是岩体时，当连续三次读数差小于等于 0.01mm 时，可认为沉降已达相对稳定标准，施加下一级荷载。

（6）应按时、准确观测沉降量。每级荷载下观测沉降的时间间隔一般采用下列标准：

自加荷开始，按 10min、10min、10min、15min、15min 观测一次，以后每隔 30~60min 观测 1 次（岩体试验时间隔 1min、2min、2min、5min 测读 1 次沉降，以后每隔 10min 测读一次），直至 1h 的沉降量不大于 0.1mm 为止。

（7）参照前面叙述的标准终止试验。

（8）当需要卸载观测回弹时，每级卸载量可为加载增量的 2 倍，历时 1h，每隔 15min 观测一次。荷载安全卸除后继续观测 3h。

10.1.3.4 成果整理及应用

1. 成果资料整理

（1）相对稳定法（常规慢速法）

根据原始记录数据绘制 p-s、s-t 曲线草图，见图 10-2。

p-s 曲线存在拐点，第一拐点对应压力为比例界限压力 p_0，第

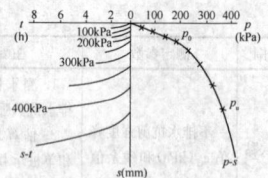

图 10-2　静载荷试验 p-s、s-t 曲线

二拐点对应压力为极限承载力 p_u。

（2）非稳定法（快速法）

根据试验记录按外推算法推算各级荷载下，沉降速率达到相对稳定标准时所需的时间和沉降量，然后以推算的沉降量绘制 p-s 曲线。

2. 成果应用

（1）确定地基土承载力特征值

1）强度控制法（比例界限作为承载力特征值）

①p-s 曲线上有明显的直线段时，一般取直线段终点对应的荷载值为比例界限 p_0，该值作为地基土承载力特征值。

当 p-s 曲线上无明显的直线段时，可用下述方法确定比例界限 p_0：

a. 在某一荷载下，其沉降增量超过前一级荷载下沉降增量的两倍，即 $\Delta s_n > 2\Delta s_{n-1}$ 的点所对应的压力即为比例界限。

b. 绘制 $\lg p$-$\lg s$ 曲线，曲线上转折点所对应的压力即为比例界限。

c. 绘制 p-$\Delta s/\Delta p$ 曲线，曲线上的转折点所对应的压力即为比例界限，其中 Δp 为荷载增量，Δs 为相应的沉降增量。

②当极限荷载能确定时，且该值小于 p_0 的 1.5 倍时，取极限承载力 p_u 的一半。

2）相对沉降控制法

当不能按比例界限和极限荷载确定时，承压板面积为 0.25~0.50m^2，可根据沉降量和承压板宽度的比值 s/b 确定。对于一般黏性土、粉土宜采用相对沉降量 $s/b < 0.02$ 对应的压力为地基承载力特征值；对砂土宜采用 0.010~0.015 对应的压力为地基承载力特征值。

同一层参加统计的试验点不应少于 3 点，当试验实测值的极差不超过平均值的 30% 时，取此平均值为该层的地基承载力特征值。

（2）确定地基土的变形模量

载荷试验一般以比例界限点以前的 p-s 曲线段，按加权线性斜率 s/p 值代入下列基于弹性理论推导的变形模量计算公式，即可求得地基土变形模量 E_0 值。

$$E_0 = I_0(1-\nu^2)d \cdot p/s \quad (10-1)$$

式中　E_0——土的变形模量（MPa）；

I_0——刚性承压板的形状系数，圆形承压板取 0.785；方形板取 0.886；

ν——土的泊松比，碎石土取 0.27，砂土取 0.30，粉土取 0.35，粉质黏土取 0.35，黏土取 0.42；

p——p-s 曲线线性段的压力（kN）；

s——与荷载 p 对应的沉降量（cm）；

d——承压板直径或边长（cm）。

10.2 天 然 地 基

10.2.1 天然地基的评价与防护

10.2.1.1 天然地基的稳定性评价

天然地基稳定性问题包括地基承载力不足而失稳，以及地基变形过大造成建筑物失稳，还有经常作用有水平荷载的构筑物基础的倾覆和滑动失稳以及边坡失稳。地基土的稳定性评价是岩土工程问题分析与评价中的一项重要内容。

作为天然地基，应有足够的强度，即地基单位面积上允许承受最大的压力，相当于地基极限承载力值的 1/2。地基承载力的确定

及修正在本手册中有详细介绍。

评价地基土变形量，是确定天然地基应用的条件。各级建（构）筑物按其结构特点和使用上的要求，允许地基适当下沉，称为允许变形值，可分为沉降量、沉降差、倾斜、局部倾斜。当地基基础下沉量超过允许变形值时（见表 10-11），建（构）筑物将遭破坏或影响正常使用。

建筑物的地基变形允许值　表 10-11

变形特征	地基土类别	
	中、低压缩性土	高压缩性土
砌体承重结构基础的局部倾斜	0.002	0.003
工业与民用建筑相邻柱基的沉降差		
(1) 框架结构	0.002l	0.003l
(2) 砖石墙填充的边排柱	0.0007l	0.001l
(3) 当基础不均匀沉降时不产生附加应力的结构	0.005l	0.005l
单层排架结构（柱距为 6m）柱基的沉降量（mm）	(120)	200
桥式吊车轨面的倾斜（按不调整轨道考虑）		
纵向		0.004
横向		0.003
多层和高层建筑基础的倾斜　　Hg≤24		0.004
24＜Hg≤60		0.003
60＜Hg≤100		0.0025
Hg＞100		0.002
体型简单的高层建筑基础的平均沉降量（mm）		200
高耸结构基础的倾斜　　Hg≤20		0.008
20＜Hg≤50		0.003
50＜Hg≤100		0.006
100＜Hg≤150		0.005
150＜Hg≤200		0.004
200＜Hg≤250		0.002
高耸结构基础的沉降量（mm）　　Hg≤100		400
100＜Hg≤200		300
200＜Hg≤250		200

注：1. 本表数值为建筑地基实际最终变形允许值；
2. 有括号者仅适用于中压缩性土；
3. l 为相邻柱基的中心距离（mm）；Hg 为自室外地面起算的建筑物高度（m）；
4. 倾斜指基础倾斜方向两端点的沉降差与其距离的比值；
5. 局部倾斜指砌体承重结构沿纵向 6～10m 内基础两点的沉降差与其距离的比值。

计算地基变形时，地基内的应力分布，可采用各向同性均质的直线变形体理论。其最终沉降量可按下式计算：

$$s = \psi_s s' = \sum_{i=1}^{n} \frac{p_0}{E_{si}}(z_i \alpha_i - z_{i-1} \alpha_{i-1}) \qquad (10\text{-}2)$$

式中　s——地基最终沉降量（mm）；
s'——按分层总和法计算出的地基沉降量；
ψ_s——沉降计算经验系数，根据地区沉降观测资料及经验确定，也可采用表 10-12 数值；
n——地基沉降计算深度范围内所划分的土层数；
p_0——对应于荷载标准值时的基础底面处的附加压力（kPa）；
E_{si}——基础底面下第 i 层土的压缩模量，按实际应力范围取值（MPa）；
z_i, z_{i-1}——基础底面至第 i 层土、第 $i-1$ 层土底面的距离（m）；
α_i, α_{i-1}——基础底面计算点至第 i 层土、第 $i-1$ 层土底面范围内平均附加应力系数。

沉降计算经验系数 ψ_s　表 10-12

$\overline{E}_s$ (MPa)　基底附加压力	2.5	4.0	7.0	15.0	20.0
$p_0 \geq f_{ak}$	1.4	1.3	1.0	0.4	0.2
$p_0 \leq 0.75 f_{ak}$	1.1	1.0	0.7	0.4	0.2

注：$\overline{E}_s$ 为沉降计算深度范围内压缩模量的当量值，应按式 $\overline{E}_s = \sum A_i / \overline{E}_s$ 计算，式中 A_i 为第 i 层土附加应力系数沿土层厚度的积分值。

当地基受力层范围内存在软弱下卧层时，确定基础底面尺寸后需进行变形验算，要求作用在软弱下卧层顶面处的附加应力与自重应力之和不超过它的承载力设计值。

位于斜坡地段的高层建筑，其场地稳定性评价应符合下列规定：

(1) 高层建筑场地不应选在滑坡体上，对选在滑坡体附近的建筑场地，应对滑坡进行专门勘察，验算滑坡稳定性，论证建筑场地的适宜性，并提出治理措施；

(2) 位于坡顶或临近边坡下的高层建筑，应评价边坡整体稳定性、分析判断整体滑动的可能性；

(3) 当边坡整体稳定时，尚应验算基础外边缘至坡顶的安全距离；

(4) 位于边坡下的高层建筑，应根据边坡整体稳定性论证分析结果，确定离坡脚的安全距离。

按照《建筑地基基础设计规范》GB 50007，地基稳定性可采用圆弧滑动面法进行验算。

10.2.1.2　天然地基的均匀性评价

天然地基均匀性评价标准：

(1) 当地基持力层层面坡度大于 10% 时，可视为不均匀地基；

(2) 建筑物基础底面跨两个以上不同的工程地质单元时为不均匀地基；

(3) 建筑物基础底面位于同一地质单元、土层属于相同成因年代时，地基不均匀性用建筑物基础平面范围内，其中两个钻孔所代表的压缩最大、最小的压缩模量当量值 $\overline{E}_s$ 之比，即地基不均匀系数 β 来判定．当 β 大于表 10-13 规定的数值时，为不均匀地基。

不均匀系数 β　表 10-13

压缩模量当量值 $\overline{E}_s$ (MPa)	≤4	7.5	15	＞15
地基不均匀系数 β	1.3	1.5	1.8	2.5

注：1. 土的压缩模量当量值 $\overline{E}_s$；
2. 地基不均匀系数 β 为 $\overline{E}_{smax}$ 与 $\overline{E}_{smin}$ 之比，其中 $\overline{E}_{smax}$ 为该地基某一钻孔所代表的低压土层在压缩层深度内最大的压缩模量当量值，$\overline{E}_{smin}$ 为另一钻孔所代表的第几土层在压缩层深度内最小的压缩模量当量值；
3. 土的压缩模量按实际应力段取值。

(4) 地基持力层和第一下卧层在基础宽度方向上，地层厚度的差值小于 0.05b（b 为基础宽度）时，可视为均匀地基。

当按上述标准判定为不均匀地基时，应进行变形验算，并采取相应的结构和地基处理措施。

10.2.1.3　天然地基的承载力计算与评价

确定地基承载力时，应结合当地建筑经验按下列方法综合考虑：

(1) 对一级建筑物采用载荷试验、理论公式计算及原位测试方法综合确定。

(2) 对二级建筑物可按有关规范查表，或原位测试确定，有些二级建筑物尚应结合理论公式计算确定。

(3) 对三级建筑物可根据邻近建筑物的经验确定。

依据《建筑地基基础设计规范》GB 50007，地基承载力特征值可由载荷试验或其他原位测试、公式计算、并结合工程实践经验等方法综合确定。

当基础宽度大于 3m 或埋置深度大于 0.5m 时，从浅层载荷试验或其他原位测试、经验值等方法确定的地基承载力特征值，尚应按下式修正：

$$f_a = f_{ak} + \eta_b \gamma (b-3) + \eta_d \gamma_m (d-0.5) \quad (10\text{-}3)$$

式中　f_a——修正后的地基承载力特征值；

f_{ak}——地基承载力特征值；

η_b、η_d——基础宽度和埋深的地基承载力修正系数，按基底下土的类别查表 10-14 取值；

γ——基础底面以下土的重度，地下水位以下取浮重度；

b——基础底面宽度（m），当基础底面宽度小于 3m 时按 3m 取值，大于 6m 时按 6m 取值；

γ_m——基础底面以上土的加权平均重度，位于地下水位以下的土层取有效重度；

d——基础埋置深度（m），自室外地面标高算起。在填方整平地区，可自填土地面标高算起，但填土在上部结构施工后完成时，应从天然地面标高算起。对于地下室，如采用箱形基础或筏形基础时，基础埋置深度自室外地面标高算起；当采用独立基础或条形基础时，应从室内地面标高算起。

当偏心距 e 小于或等于 0.033 倍基础底面宽度时，根据土的抗剪强度指标确定地基承载力可按下式计算，并应满足变形要求：

$$f_a = M_b \gamma b + M_d \gamma_m d + M_c c_k \quad (10\text{-}4)$$

式中　f_a——由土的抗剪强度指标确定的地基承载力设计值（kPa）；

M_b, M_d, M_c——承载力系数，按表 10-15 确定；

b——基础底面宽度，大于 6m 时按 6m 考虑，对于砂土小于 3m 时按 3m 取值；

c_k——基底下一倍短边宽度的深度范围内土的黏聚力标准值（kPa）。

承载力修正系数　　　　　　表 10-14

土的类别		η_b	η_d
淤泥和淤泥质土		0	1.0
人工填土，e 或 I_L 大于等于 0.85 的黏性土		0	1.0
红黏土	含水比 $a_w \geq 0.8$	0	1.2
	含水比 $a_w < 0.8$	0.15	1.4
大面积压实填土	压实系数大于 0.95，黏粒含量 $\rho_c \geq 10\%$ 的粉土	0	1.5
	最大干密度大于 2100kg/m³ 的级配砂石	0	2.0
粉土	黏粒含量 $\rho_c \geq 10\%$ 的粉土	0.3	1.5
	黏粒含量 $\rho_c < 10\%$ 的粉土	0.5	2.0
e 及 I_L 均小于 0.85 的黏性土		0.3	1.6
粉砂、细砂（不包括很湿与饱和时的稍密状态）		2.0	3.0
中砂、粗砂、砾砂和碎石土		3.0	4.4

注：1. 强风化和全风化的岩石，可参照所风化成的相应土类取值，其他状态下的岩石不修正；

2. 地基承载力特征值按《建筑地基基础设计规范》GB 50007—2011 附录 D 深层平板载荷试验要点确定时 η_d 取 0；

3. 含水比是指土的天然含水量与液限的比值；

4. 大面积压实填土是指填土范围大于两倍基础宽度的填土。

承载力系数 M_b, M_d, M_c　　　表 10-15

土的内摩擦角标准值 φ_k (°)	M_b	M_d	M_c
0	0	1.00	3.14
2	0.03	1.12	3.32
4	0.06	1.39	3.51
6	0.10	1.55	3.71
8	0.14	1.73	3.93
10	0.18	1.94	4.17
12	0.23	2.17	4.42
14	0.29	2.43	4.69
16	0.36	2.72	5.00
18	0.43	3.06	5.31
20	0.51	3.44	5.66
22	0.61	3.87	6.04
24	0.80	4.37	6.45
26	1.10	4.93	6.90
28	1.40	5.59	7.40
30	1.90	6.35	7.95
32	2.60	7.21	8.55
34	3.40	8.25	9.22
36	4.20	9.44	9.97
38	5.00	10.84	10.80
40	5.80	12.49	11.73

注：φ_k 为基底下一倍短边宽度的深度范围内土的内摩擦角标准值 (°)。

岩石地基承载力特征值，可按《建筑地基基础设计规范》GB 50007—2011 录 H 岩基载荷试验要点确定。对完整、较完整和较破碎的岩石地基承载力特征值可根据室内饱和单轴抗压强度按下式计算：

$$f_a = \psi_r f_{rk} \quad (10\text{-}5)$$

式中　f_a——岩石地基承载力特征值（kPa）；

f_{rk}——岩石饱和单轴抗压强度标准值（kPa），可按《建筑地基基础设计规范》附录 J 确定；

ψ_r——折减系数。根据岩体完整程度以及结构面的间距、宽度、产状和组合，由地区经验确定。无经验时，对完整岩体可取 0.5；对较完整岩体可取 0.2～0.5；对较破碎岩体可取 0.1～0.2。

注：①上述折减系数未考虑施工因素及建筑物使用后风化作用的继续；②对于黏土质岩，在确保施工期及使用期不致遭水浸泡时，也可采用天然湿度的试样，不进行饱和处理；③对较破碎、极破碎的岩石地基承载力特征值，可根据地区经验取值，无地区经验时，可根据平板载荷试验确定。

10.2.1.4　天然地基的防护

天然地基的防护主要是指在基槽施工时应保持地基土的天然状态，避免对地基扰动、受水浸泡、冻胀等。具体做法如下：

（1）开槽时应预留 20～30cm 保护层，保护层应采用人工清除，防止对地基土扰动，禁止超挖。

（2）雨期施工时应有必要的排水设施，防止泡槽。

（3）冬期施工时应采取必要的防冻措施，现场应配置草垫、麻袋等材料，防止对地基土冻胀。

10.2.2　地基局部处理[49]

10.2.2.1　松土坑、古墓、坑穴处理

松土坑、古墓、坑穴处理方法参见表 10-16。

松土坑、古墓、坑穴处理方法　　表 10-16

地基情况	处理简图	处理方法
松土坑在基槽中范围内		将坑中松软土挖除，使坑底及四壁均见天然土为止，回填与天然土压缩性相近的材料。当天然土为砂土时，用砂或级配砂石级回填；当天然土为较密实的黏性土时，用 3：7 灰土分层回填夯实；天然土为中密可塑的黏性土或新近沉积黏性土时，可用 1：9 或 2：8 灰土分层回填夯实，每层厚度不大于 20cm
松土坑在基槽中范围较大，且超过基槽边沿时		因条件限制，槽壁挖不到天然土层时，则应将该范围内的基槽适当加宽，加宽部分的宽度可按下述条件确定：当用砂或砂石回填时，基槽壁边均应按 $l_1：h_1 = 1：1$ 坡度放宽；用 1：9 及 2：8 灰土回填时，基槽每边应按 b：$h = 0.5：1$ 坡度放宽，用 3：7 灰土回填时，如坑的长度 ≤2m，基槽可不放宽，但灰土与槽壁接触处应夯实
松土坑范围较大，且长度超过 5m 时		如坑底土质与一般槽底土质相同，可将此部分基础加深，做 1：2 踏步与两端相接。每步高不大于 50cm，长度不小于 100cm，如深度较大，用灰土分层回填夯实至坑（槽）底齐平

续表

地基情况	处理简图	处理方法
松土坑较深，且大于槽宽或1.5m时		按以上要求处理挖到老土，槽底处理完毕后，还应当考虑加强上部结构的强度，方法是在灰土基础上1~2皮砖处（或混凝土基础内）、防潮层下1~2皮砖处及首层顶板处，加配4ф8~12mm钢筋跨过该松土坑两端各1m，以防产生过大的局部不均匀沉降
松土坑下水位较高时		当地下水位较高，坑内无法夯实时，可将坑（槽）中软弱的松土挖去后，用砂土、砂石或混凝土代替灰土回填，如坑底在地下水位以下时。回填前须先用粗砂与碎石（比例为1:3）分层回填夯实；地下水位以上用3:7灰土回填夯实至要求高度
基础下压缩土层范围内有古墓、地下坑穴		(1)墓坑开挖时，应沿坑边四周每边加宽50cm，加宽深入到自然地面下50cm，重要建筑物应将开挖范围扩大，沿四周每边加宽50cm；开挖深度：当墓坑深度小于基础压缩土层深度时，应挖到坑底；如墓坑深度大于基础压缩土层深度时，开挖深度应不小于基础压缩土层深度 (2)墓坑和坑穴用3:7灰土回填夯实；回填前应先打2~3遍底夯，回填土料宜选用粉质黏土分层回填，每层厚20~30cm，每层夯实后用环刀逐点取样检查，土的密度应不小于1.55t/m³
基础外有古墓、地下坑穴		(1)将墓室、墓道内全部充填物清除，对侧壁和底部清理后要切入原土150mm左右，然后分别以纯素土或3:7灰土分层回填夯实 (2)墓室、坑穴位于墓坑平面轮廓外时，如l/h>1.5，则可不作专门处理
基础下有古墓、地下坑穴		(1)墓穴中填充物如已恢复原状结构的可不处理 (2)墓穴中填充物如为松土，应将松土杂物挖出，分层回填素土或3:7灰土夯实到土的密度达到规定要求 (3)如古墓中有文物，应及时报主管部门或当地政府处理

10.2.2.2 土井、砖井、废矿井处理

土井、砖井、废矿井处理方法参见表10-17。

土井、砖井、废矿井处理方法　表10-17

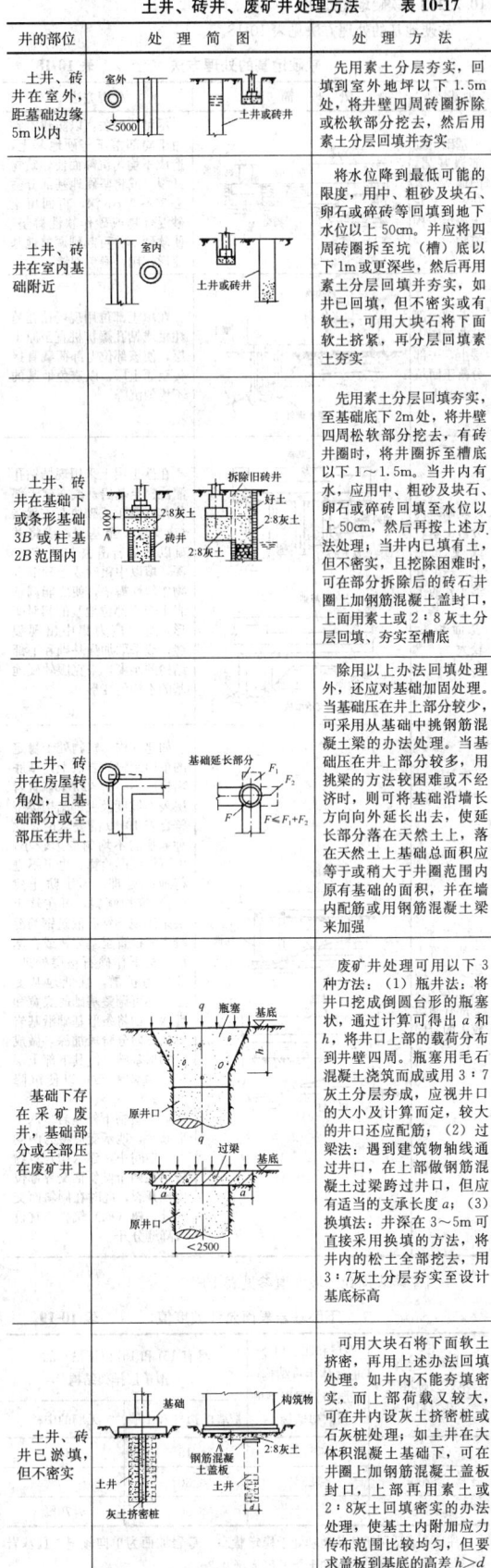

井的部位	处理简图	处理方法
土井、砖井在室外，距墓础边缘5m以内		先用素土分层夯实，回填到室外地坪以下1.5m处，将井壁四周砖圈拆除或松软部分挖去，然后用素土分层回填并夯实
土井、砖井在室内基础附近		将水位降到最低可能的限度，用中、粗砂及块石、卵石或碎砖等回填到地下水位以上50cm。并应将四周砖圈拆至坑（槽）底以下1m或更深些，然后再用素土分层回填夯实，如井已回填，但不密实或有软土，可用大块石将下面软土挤紧，再分层回填素土夯实
土井、砖井在基础下或条形基础3B或柱基2B范围内		先用素土分层回填夯实，至基础底2m处，将井壁四周松软部分挖去，有砖井圈时，将砖圈拆至槽底以下1~1.5m。遇到有水，应用中、粗砂及块石、卵石或碎砖回填至水位以上50cm，然后再按上述方法处理；当井内已填实，但不密实，且挖除困难时，可在部分拆除后的砖石井圈上加钢筋混凝土盖封口，上面用素土或2:8灰土分层回填，夯实至槽底
土井、砖井在房屋转角处，且基础部分或全部压在井上		除用以上办法回填处理外，还应对基础加固处理。当基础压在井上部分较少，可采用从基础中挑钢筋混凝土梁的办法处理。当基础压在井上部分较多，用挑梁的方法较困难或不经济时，则可将基础沿墙长方向向外延长出去，使延长部分落在天然土上，落在天然土上基础总面积应等于或稍大于井圈范围内原有基础的面积，并在墙内配筋或用钢筋混凝土梁来加强
基础下存在采矿废井，基础部分或全部压在废矿井上		废矿井处理可用以下3种方法：(1)瓶塞法：将井口挖成倒圆台形的瓶塞状，通过计算可得出a和h，将井口上部的载荷分布到井壁四周。瓶塞用毛石混凝土浇筑而成或用3:7灰土分层夯实而成，应视井口的大小及计算而定，较大的井口还应配筋；(2)过梁法：遇到建筑物轴线通过井口，在上部做钢筋混凝土过梁跨井口，但应有适当的支承长度a；(3)换填法：井深在3~5m时，直接采用换填的方法，将井内的松土全部挖去，用3:7灰土分层夯实至设计基底标高
土井、砖井已淤实，但不密实		可用大块石将下面软土挤密，再用上述办法回填处理。如井内不能夯填密实，而上部荷载又较大，可在井内设灰土挤密桩或石灰桩处理；如土井在大体积混凝土基础时，可在井圈上加钢筋混凝土盖板封口，上部再用素土或2:8灰土回填密实的办法处理，使基土内附加应力传布范围比较均匀，但要求盖板到基底的高差h>d

10.2.2.3　软硬地基处理

软硬地基的处理方法见表10-18。

软硬地基的处理方法　　　　　　　表 10-18

地基情况	处 理 简 图	处 理 方 法
基础下局部遇基岩、旧墙基、大孤石、老灰土或坟工构筑物		尽可能挖去，以防建筑物由于局部落于坚硬地基上，造成不均匀沉降而使建筑物开裂；或将坚硬地基部分凿去 30～50cm 深，再回填土砂混合料或砂作软性褥垫，使软硬部分可起到调整地基变形作用，避免裂缝
基础一部分落于原土层上，一部分落于回填土地基上		在填土部位用现场钻孔灌注桩或钻孔爆扩桩直至原土层，使该部位上部荷载直接传至原土层，以避免地基的不均匀沉降
基础一部分落于基岩或硬土层上，一部分落于软质土层上，基岩表面坡度较大		在软土层上采用现场钻孔灌注桩至基岩，或在软土部位作混凝土或砌块石支承墙（或支墩）至基岩；或将基础以下基岩凿去 30～50cm 深，填以中粗砂或砂石垫层处理作软性褥垫，使之能调整岩土交界部位地基的相对变形，避免应力集中出现裂缝；或采取加强基础和上部结构的刚度，来克服软硬地基的不均匀变形
基础落于厚度不一的软土上，下部有倾斜较大的岩层		如建（构）筑物处于稳定的单向倾斜的岩层上，基底离岩面不小于 300mm，且岩层表面坡度及上部结构类型符合表 10-19 的要求时，此种地基的不均匀变形较小，可不作变形验算，也可不进行地基处理。为了防止建（构）筑物倾斜，可在软土层采用现场钻孔灌钢筋混凝土短桩直至基岩，或在基础底板下作砂石垫层处理，使应力扩散，减低地基变形；亦可调整基础的底宽和埋深，如将条形基础沿基岩倾斜方向分阶段加深，做成阶梯形基础，使其下部土层厚度基本一致，以使沉降均匀。如建筑物下外基岩呈八字形倾斜，地基变形将为两侧大，中间小，建（构）筑物较易在两个倾斜面交界部位出现开裂，此时在倾斜面交界处，建（构）筑物还宜设沉降缝分开

下卧基岩表面允许坡度值参见表10-19。

下卧基岩表面允许坡度值　　　表 10-19

上覆土层的承载力标准值 f_k（kPa）	四层和四层以下的砌体承重结构，三层和三层以下的框架结构		具有 15t 和 15t 以下吊车的一般单层排架结构	
			带墙的边柱和山墙	无墙的中柱
≥150	≤15%	≤15%		≤30%
≥200	≤25%	≤30%		≤50%
≥300	≤40%	≤50%		≤70%

注：本表适用于建筑地基处于稳定状态，基岩坡面为单向倾斜，且基岩表面距基础底面的土层厚度大于 0.3m 时。

10.2.3　天然地基的检验与验收

1. 天然地基的检验方法

（1）基坑（基槽）的土质检验，应采用以下方法进行：

1）基坑（基槽）开挖后，对新鲜的未扰动的岩土直接观察，并与勘察报告核对，注意坑（槽）内是否有填土、坑穴、古墓、古井等分布，是否有因施工不当而使土质扰动、因排水不及时而使土质软化、因保护不当而使土体冰冻等现象。

2）在进行直接观察时，可用袖珍贯入仪作为辅助手段。

3）应在坑（槽）底普遍进行：①地基持力土层的强度和均匀性；②是否有浅部埋藏的软弱下卧层；③是否有浅部埋藏直接观察难以发现的坑穴、古墓、古井等。

轻型动力触探有人工与机械两种形式，采用直径为 $\phi 22 \sim 25mm$ 钢筋制成的钢钎，钎头呈 60° 尖锥形状，钎长 1.8～2.0m，8～10磅大锤。轻型动力触探孔布置方式见表10-20。

轻型动力触探孔布置形式　　　表 10-20

排列方式	基槽宽度（m）	检验深度（m）	检验间距（m）
中心一排	<0.8	1.2	1.5
两排错开	0.8～2.0	1.5	1.5
梅花形	>2.0	2.0	2.0
梅花形	柱基	1.5～2.0	1.5，且不小于基础宽度

轻型动力触探操作工艺如图 10-3 所示。

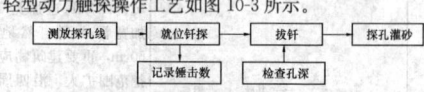

图 10-3　轻型动力触探操作工艺流程

4）基坑（基槽）底部深处有承压水层，轻型动力触探可能造成冒水涌砂时，不宜进行轻型动力触探；持力层为砾石或卵石时，且厚度符合设计要求时，一般不需进行轻型动力触探。

（2）在观察基坑（基槽）内是否有填土、坑穴、古墓、古井时，除了采用观察土的结构、构造、含有物等常规勘察的鉴别手段，还应注意以下情况：

1）局部岩土的颜色与周围土质颜色不同或有深浅变化；

2）局部含水量与其他部位有差异；

3）坑（槽）内是否有条带状、圆形等异常带。

（3）基坑（基槽）开挖后，为防止地基土的松动或软化，应采取下列保护措施：

1）严防基坑（基槽）积水；

2）用机械开挖时，应在设计基坑（基槽）底标高以上保留300～500mm 厚的保护层，保护层用人工开挖清理，严禁局部超挖后用虚土回填；

3）地基土为干砂时，在基础施工前应适当洒水夯实；

4）很湿及饱和的黏性土不宜拍打，不宜将砖石等材料直接抛入基坑，如地基土因践踏、积水而软化，应将软化和扰动部分清除。

（4）基坑（基槽）内有房基、压实路面等局部硬土时，宜全部挖除，如厚度很大，全部挖除有困难时，一般情况下可挖除 0.6m，做软垫层，使地基沉降均匀。

（5）基坑（基槽）内原有的上下水管道，宜予拆除，妥善处理，防止因漏水而浸湿地基。

（6）基坑（基槽）内有坑穴、古墓、古井或局部分布填土等松软土时，处理方法详见第 10.2.2 条。

2. 天然地基的验收内容

（1）核对工程性质。基础的施工位置、平面形状、平面尺寸及基础深埋；

（2）检验槽底土质，可配合使用轻便触探等简单工具；

（3）注意防止基底土质的扰动，注意防冻，防积水；

（4）根据检验结果，提出对勘察成果的修改意见，对设计和施工处理提出建议，检验结果与勘察报告出入较大时应进行补充勘察

测试工作。

(5) 基坑检验后，应填写验收报告。对用轻型动力触探检验的工程，应将触探检验位置标在图上，注明编号，将检验击数填入相应的表内备查。

10.3　地 基 处 理 技 术

10.3.1　地基处理技术概述

1. 地基处理的目的[18]

地基处理的目的是采取各种地基处理方法以改善地基条件，这些措施包括以下五个方面内容：

(1) 改善剪切特性；(2) 改善压缩特性；(3) 改善透水特性；(4) 改善动力特性；(5) 改善特殊土的不良地基特性。

2. 地基处理方法分类及适用范围

地基处理方法，可以按地基处理原理、地基处理的目的、处理地基的性质、地基处理的时效、动机等不同角度进行分类[19]。一般多采用根据地基处理原理进行分类方法，可分为换土垫层处理、预压（排水固结）处理、夯实（密实）法、深层挤密（密实）处理、化学加固处理、加筋处理、热学处理等。将地基处理方法进行严格分类是很困难的，不少地基处理方法具有几种不同的作用。例如：振冲法具有置换作用还有挤密作用；又如各种挤密法中，同时也有置换作用。此外，还有一些地基处理方法的加固机理、计算方法目前还不是十分明确，尚需进一步探讨[19]。随着地基处理技术的不断发展，功能不断地扩大，也使分类变得更加困难。因此下述分类仅供读者参考。在介绍地基处理方法分类的同时，将扼要介绍各种地基处理方法的适用范围（表 10-21）。

地基处理方法分类及适用范围一览表　　表 10-21

分类	处理方法	原理及作用	适用范围
换填垫层法	灰土垫层	挖除浅层软弱土或不良土，回填灰土、砂、石等材料再分层碾压或夯实。它可提高持力层的承载力，减少变形量，消除或部分消除土的湿陷性和胀缩性，防止土的冻胀作用以及改善土的抗液化性，提高地基的稳定性	一般适用于处理浅层软弱地基、不均匀地基、湿陷性黄土地基、膨胀土地基、季节性冻土地基、素填土和杂填土地基
	砂和砂石垫层		
	粉煤灰垫层		
预压（排水固结）法	堆载预压法	通过布置垂直排水竖井、排水垫层等，改善地基的排水条件，采取加载、抽气等措施，以加速地基的固结，增大地基土强度，提高地基土的稳定性，并使地基变形提前完成	适用于处理厚度较大的、透水性低的饱和淤泥质土、淤泥和软黏土地基，但堆载预压法需要有预压的荷载和时间的条件。对泥炭土等有机质沉积物地基不适用
	真空预压法		
夯实法	强夯法	强夯法系利用强大的夯击能，迫使深层土压密，以提高地基承载力，降低其压缩性	适用于处理碎石土、砂土、低饱和度的粉土与黏性土、湿陷性黄土、素填土和杂填土等地基
	强夯置换法	采用边强夯、边填块石、砂砾、碎石、边挤淤的方法，在地基中形成碎石墩体，以提高地基承载力和减小地基变形	适用于高饱和度的粉土与软塑～流塑的黏性土等地基上对变形控制要求不严的工程

续表

分类	处理方法	原理及作用	适用范围
深层挤密法	振冲法	挤密法系通过挤密或振动挤密过程中，回填砂、砾石、灰土、土或石灰等形成砂桩、碎石桩灰土桩、二灰桩、土桩或石灰桩，与桩间土一起组成复合地基，减少沉降量，消除或部分消除土的湿陷性或液化性	适用于处理砂土、粉土、粉质黏土、素填土和杂填土等地基。对于处理不排水抗剪强度不小于 20kPa 的饱和黏性土和饱和黄土地基，应在施工前通过现场试验确定其适用性。不加填料振冲加密适用于处理黏粒含量不大于 10% 的中砂、粗砂地基
	砂石桩复合地基		适用于挤密松散砂土、粉土、黏性土、素填土、杂填土等地基。对饱和黏土地基上对变形控制要求不严的工程也可采用砂石桩置换处理。砂石桩复合地基也可用于处理可液化地基
	水泥粉煤灰碎石桩法		适用于处理黏性土、粉土、砂土和已自重固结的素填土等地基。对淤泥质土应按地区经验或通过现场试验确定其适用性
	夯实水泥土桩法		适用于处理地下水位以上的粉土、素填土、杂填土、黏性土等地基。处理深度不宜超过 10m
	石灰桩法		适用于处理饱和黏性土、淤泥、淤泥质土、素填土和杂填土等地基；用于地下水位以上的土层时，宜增加掺合料的含水量并减少生石灰用量，或采取土层浸水等措施
	灰土挤密桩法和土挤密桩法		适用于处理地下水位以上的湿陷性黄土、素填土和杂填土等地基，可处理地基的深度为 5～15m。当以消除地基土的湿陷性为主要目的时，宜选用土挤密桩法。当以提高地基土的承载力或增强其水稳性为主要目的时，宜选用灰土挤密桩法。当地基土的含水量大于 24%、饱和度大于 65% 时，不宜选用土桩、灰土桩复合地基

续表

分类	处理方法	原理及作用	适用范围
化学（注浆）加固法	水泥土搅拌法	分湿法（亦称深层搅拌法）和干法（亦称粉体喷射搅拌法）两种。湿法是利用深层搅拌机，将水泥浆与地基土在原位拌合；干法是利用喷粉机，将水泥粉或石灰粉与地基土在原位拌合。搅拌后形成柱状水泥土体，可提高地基承载力，减少地基变形，防止渗透，增加稳定性	适用于处理正常固结的淤泥与淤泥质土、粉土、饱和黄土、素填土、黏性土以及无流动地下水的饱和松散砂土等地基。当地基土的天然含水量小于30%（黄土含水量小于25%）、大于70%或地下水的 pH 值小于4时不宜采用干法
	旋喷桩法	将带有特殊喷嘴的注浆管通过钻孔置入要处理的土层的预定深度，然后将浆液（常用水泥浆）以高压冲切土体。在喷射浆液的同时，以一定速度旋转、提升，即形成水泥土圆柱体；若喷嘴提升不旋转，则形成墙状固化体可用以提高地基承载力，减少地基变形，防止砂土液化、管涌和基坑隆起，建成防渗帷幕	适用于处理淤泥、淤泥质土、流塑、软塑或可塑黏性土、粉土、砂土、黄土、素填土和碎石土等地基。当土中含有较多的大粒径块石、大量植物根茎或有较高的有机质时，以及地下水流速过大和已涌水的工程，应根据现场试验结果确定其适用性
	硅化法和碱液法	通过注入水泥浆液或化学浆液的措施。使土粒胶结。用以改善土的性质，提高地基承载力，增加稳定性减少地基变形，防止渗透	适用于处理地下水位以上渗透系数为0.10～2.00m/d的湿陷性黄土等地基。在自重湿陷性黄土场地，当采用碱液法时，应通过试验确定其适用性
	注浆法		适用于处理砂土、粉土、黏性土和人工填土等地基
加筋法	土工合成材料	通过在土层中埋设强度较大的土工聚合物、拉筋、受力杆件等达到提高地基承载力，减少地基变形，或维持建筑物稳定的地基处理方法，使这种人工复合土体，可承受抗拉、抗压、抗剪和抗弯作用，借以提高地基承载力，增加地基稳定性和减少地基变形。	适用于砂土、黏性土和软土
	加筋土		适用于人工填土地基
	树根桩法		适用于淤泥、淤泥质土、黏性土、粉土、砂土、碎石土、黄土和人工填土等地基
托换	锚杆静压桩法	在原建筑物基础下设置钢筋混凝土桩以提高承载力，减少地基变形达到加固目的，按设置桩的方法，可分为锚杆静压桩法和坑式静压桩法	适用于淤泥、淤泥质土、黏性土、粉土和人工填土等地基。
	坑式静压桩法		适用于淤泥、淤泥质土、黏性土、粉土、人工填土和湿陷性黄土等地基

3. 地基处理方案确定步骤[18]

（1）在选择地基处理方案前应具备的资料

1）选择地基处理方案应有必要的勘察资料，如果勘察资料不全，则必须根据可能采用的地基处理方法所需的勘察资料作必要的补充勘察；并须搜集地下管线和地下障碍物分布情况的资料；并对地基处理施工时可能对周围环境造成影响进行评估。

2）地基处理设计时，必须满足地基土强度、变形、抗液化和抗渗等要求，同时应确定地基处理的范围。

3）某一地区常用的地基处理方法往往是该地区的设计和施工

经验的总结，它综合体现了材料来源、施工机具、工期、造价和加固效果，故应重视类似场地上同类工程的地基处理经验至为重要。

（2）在确定地基处理方案时，可按下列步骤进行：[18]

根据搜集的上述资料，初步选定可供考虑的几种地基处理方案。

1）对初步选定的几种地基处理方案，应分别从预期处理效果、材料来源和消耗、施工机具和进度、对周围环境影响等各种因素，进行技术、经济、安全性分析和对比，从中选择最佳的地基处理方案。

2）选择地基处理方案时，尚应同时考虑加强上部结构的整体性和刚度。

3）对已选定的地基处理方案，根据建筑物的地基基础设计等级和场地复杂程度，可在有代表性的场地上进行相应的现场实体试验，以检验设计参数、选择合理的施工方法（其目的是为了调试机械设备，确定施工工艺、用料及配比等各项施工参数）和确定处理效果。

4. 地基处理效果检验

加固后地基必须满足有关工程对地基土的强度和变形要求，因此必须对地基处理效果进行检验。对地基处理效果检验，应在地基处理施工结束后经一定时间的休止恢复后再进行检验。效果检验的方法有：钻孔取样、静力触探试验、轻便触探试验、标准贯入试验、载荷试验、取芯试验等措施。有时需要采用多种手段进行检验，以便综合评价地基处理效果[18]。

10.3.2 换 填 垫 层

换填垫层法是将基础底面下一定范围内的软弱土层挖去，然后分层填入质地坚硬、强度较高、性能较稳定、具有抗腐蚀性的砂、碎石、素土、灰土、粉煤灰及其他性能稳定和无侵蚀性的材料，并同时以人工或机械方法夯实（或振实）使之达到要求的密实度，成为良好的人工地基。[19]按换填材料的不同，将垫层分为砂垫层、碎石垫层、灰土垫层和粉煤灰垫层等。不同材料的垫层，其应力分布稍有差异，但根据实验结果及实测资料，垫层地基的强度和变形特性基本相似，因此可将各种材料的垫层设计都近似地按砂垫层的设计方法进行计算。

10.3.2.1 砂和砂石垫层设计施工

1. 加固原理及适用范围

砂和砂石地基（垫层）采用砂或砂砾石（碎石）混合物，经分层夯（压）实，作为地基的持力层，提高基础下部地强度，并通过垫层的压力扩散作用，降低地基的压实力，减少变形量，同时垫层可起排水作用，地基土中孔隙水可通过垫层快速地排出，能加速下部土层的压缩和结固。适于处理3.0m以内的软弱、透水性强的地基土；不宜用于加固湿陷性黄土地基及渗透系数小的黏性土地基。

2. 设计

砂和砂石垫层的设计应符合下列规定：

（1）材料选择

宜采用颗粒级配良好的中砂、粗砂、砾砂、圆砾、角砾、卵石、碎石等，砂石的最大粒径不宜大于50mm。采用细砂时应掺入碎石或卵石，掺量按设计规定或不少于总重的30%。应去除草根、垃圾等有机杂物，有机物含量不应超过5%，兼作排水垫层时，含泥量不得超过3%。对湿陷性黄土地区，不得选用砂石等透水材料。

（2）施工设计及验算[19][20]

砂垫层的设计原则是既要有足够的厚度以置换可能受剪切破坏的软弱土层，又要有足够的宽度以防止砂垫层向两侧挤出，见图10-4。作为排水垫层还要求形成一个排水层面，以利于软土的排水。

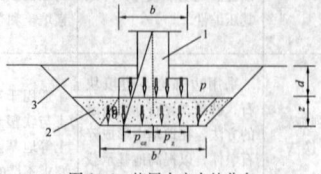

图 10-4 垫层内应力的分布
1—基础；2—砂垫层；3—回填土

固结。

1) 垫层的厚度

垫层的厚度 z 应根据需置换软弱土的深度或下卧土层的承载力确定，如图 10-4 所示，并应符合下式要求：

$$p_z + p_{cz} \leqslant f_{az} \qquad (10\text{-}6)$$

式中　p_z——相应于荷载效应标准组合时，垫层底面处的附加压力值（kPa）；

　　　p_{cz}——垫层底面处土的自重压力值（kPa）；

　　　f_{az}——经深度修正后垫层底面处土层的地基承载力特征值（kPa）。

$$f_{az} = f_k + \eta_b \cdot \gamma(b-3) + \eta_d \cdot \gamma_0(d-0.5) \text{[15]} \qquad (10\text{-}7)$$

式中　f_k——软弱下卧层地基承载力特征值（kPa）；

　　　η_d——基础宽度和埋深的承载力修正系数；

　　　γ——垫层底面下土的重度，地下水位以下取浮重度（kN/m³）；

　　　b——基础底面宽度（m），基宽小于 3m 时按 3m 考虑，大于 6m 时按 6m 考虑；

　　　γ_0——基础底面以上土的加权平均重度（kN/m³）；

　　　d——基础埋置深度（m）。

p_z 可根据基础不同形式分别按以下简化式计算：

条形基础　　$$p_z = \frac{b(p_k - p_c)}{b + 2z\tan\theta} \qquad (10\text{-}8)$$

矩形基础　　$$p_z = \frac{bl(p_k - p_c)}{(b + 2z\tan\theta)(l + 2z\tan\theta)} \qquad (10\text{-}9)$$

式中　b——条形基础或矩形基础底面的宽度（m）；

　　　l——矩形基础底面的长度（m）；

　　　p_k——相应于荷载效应标准组合时，基础底面处的平均压力值（kPa）；

　　　p_c——基础底面处土的自重压力值（kPa）；

　　　z——基础底面下垫层的厚度（m）；

　　　θ——垫层的压力扩散角（°），宜通过试验确定，当无试验资料时，可按表 10-22 采用；

压力扩散角 θ（°）　表 10-22

z/b	换填材料 中砂、粗砂、砾砂、圆砾、角砾、石屑、卵石、碎石、矿渣
0.25	20
≥0.50	30

注：1. 当 $z/b<0.25$ 时，除灰土外 $\theta=28°$ 外，其余材料。均取 $\theta=0°$，必要时，宜由试验确定。

　　2. 当 $0.25<z/b<0.5$ 时，θ 值可内插求得。

垫层的厚度一般为 0.5～3.0m，不宜大于 3.0m，施工比较困难，也不够经济，小于 0.5m 则作用不明显。

2) 垫层的宽度[20]

垫层的宽度应满足基础底面应力扩散的要求，可按下式计算：

$$b' = b + 2 \cdot z \cdot \tan\theta \qquad (10\text{-}10)$$

式中　b'——垫层底面宽度；

　　　θ——垫层的压力扩散角，可按表 10-22 采用；当 $z/b<0.25$ 时，仍按表中 $z/b=0.25$ 取值。

其他符号意义同上。

垫层顶面每边宜超出基础底边不小于 300mm，或从垫层底面两侧向上按当地基坑开挖经验的要求放坡，向上延伸至地表面。大面积整片垫层的底面宽度，常按自然倾斜角控制适当加宽（图 10-5）。当垫层两侧土质较好时，垫层顶部与底部可以等宽，其宽度可沿基础两边各放出 300mm，侧面土质较差时，应增加垫层底部的宽度，具体计算时可根据侧面土的承载力按表 10-23 中的规定计算。

垫层的承载力宜通过现场试验确定，当无试验资料时，可按表 10-24 选用，并验算下卧层的承载力。

砂垫层断面确定后，对比较重要的建筑物还要验算基础的沉降，沉降值应小于建筑物的地基变形允许值。砂垫层地基的变形由垫层自身变形和下卧层变形组成。

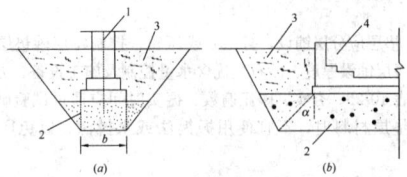

图 10-5　砂及砂石垫层[49]

（a）柱基础垫层；（b）设备基础垫层

1—柱基础；2—砂或砂石垫层；3—回填土；4—设备基础

α—砂或砂石垫层自然倾斜角（休止角）；b—基础宽度

软土地基垫层加宽的规定[18]　表 10-23

垫层侧面土的承载力标准值（kPa）	垫层底部宽度（m）	备注
$f_k \geqslant 200$	$b' = b + (0～0.36) \cdot z$	b——基础宽度；
$120 \leqslant f_k < 200$	$b' = b + (0.6～1.0) \cdot z$	
$f_k < 120$	$b' = b + (1.6～2.0) \cdot z$	z——垫层厚度

砂石垫层自身的沉降仅考虑其压缩变形，垫层的压缩模量，应由荷载试验确定，当无试验资料时，砂可选用 20～30MPa，碎石、卵石可选用 30～50MPa。下卧层的变形值可由分层总和法求得。对于超出原地面标高的垫层或换填材料的密度高于天然土层的密度的垫层，宜早换填并应考虑附加的荷载对建筑物及邻近建筑沉降的影响[18][21]。

砂和砂石垫层的承载力[20][21][51]　表 10-24

施工方法	换填材料	压实系数 λ_c	承载力 f_k（kPa）
碾压振密夯实	碎石、卵石	0.94 ～ 0.97	200～300
	砂夹石（其中碎石、卵石占全重的 30%～50%）		200～250
	土夹石（其中碎石、卵石占全重的 30%～50%）		150～200
	中砂、粗砂、砾砂		150～200

注：1. 压实系数小的垫层，承载力取低值，反之取高值；

　　2. 压实系数 λ_c 为土的控制干密度 ρ_d 与最大干密度 ρ_{max} 的比值；土的最大干密度宜采用击实试验确定，碎石或卵石的最大干密度可取 $2.2t/m^3$；

　　3. 当采用轻型击实试验时，压实系数 λ_c 应取高值，采用重型击实试验时，压实系数 λ_c 可取低值。

3. 施工

（1）施工设备[20]

砂垫层一般采用平板式振动器、插入式振捣器等设备，砂石垫层一般采用振动碾、木夯或机械夯。

（2）施工程序及注意事项[19][20][49]

1) 基坑开挖时应避免坑底土层受扰动，可保留约 200mm 厚的土层暂不挖去，待铺填垫层前再开挖至设计标高。

2) 铺设垫层前应验槽，并清除基底表面浮土、杂物，两侧应设一定坡度，防止振捣时塌方。

3) 垫层铺设时，严禁扰动垫层下卧层及侧壁的软弱土层，防止被践踏、受冻或受泡，降低其强度。

4) 垫层下有厚度较小的淤泥或淤泥质土层，在碾压荷载下抛石能挤入该层底面时，可采用挤淤处理。先在软弱土面上堆填块石、片石等，然后将其压入以置换和挤出软弱土，再做垫层。基底为软弱土时应在与土面接触处先铺一层 150～300mm 厚的细砂层或铺一层土工织物。

5) 垫层底面标高不同时，土面应挖成阶梯或斜坡搭接，并按先深后浅的顺序施工，搭接处应夯压密实。分层铺设时，接头应做成斜坡或阶梯形搭接，每段错开 0.5～1.0m，并注意充分捣实。

6) 人工级配的砂砾石，应先将砂砾石拌合均匀后，再铺夯

压实。

7) 垫层应分层铺设，分层夯或压实，控制每层砂垫层的铺设厚度。每层铺设厚度、砂石最优含水量控制及施工设备、方法的选用参见表10-25。夯实、碾压遍数、振实时间应通过试验确定。用细砂作垫层材料时，不宜使用振捣法或水撼法，以免产生液化现象。

砂垫层和砂石垫层铺设厚度及施工最优含水量　表 10-25

捣实方法	每层铺设厚度(mm)	施工时最优含水量(%)	施工要点	备注
平振法	200～250	15～20	1. 用平板式振动器往复振捣，往复次数以简易测定密实度合格为准 2. 振动器移动时，每行应搭接三分之一，以防振动面积不搭接	不宜使用干细砂或含泥量较大的砂铺筑砂垫层
插振法	振捣器插入深度	饱和	1. 用插入式振捣器 2. 插入间距可根据机械振幅大小决定 3. 不应插至下卧黏性土层 4. 插入振捣完毕，所留的孔洞应用砂填实 5. 应有控制地注水和排水	不宜使用干细砂或含泥量较大砂铺筑砂垫层
水撼法	250	饱和	1. 注水高度略超过铺设面层 2. 用钢叉摇撼捣实，插入点间距100mm左右 3. 有控制地注水和排水 4. 钢叉分四齿，齿的间距30mm，长300mm，木柄长900mm	湿陷性黄土、膨胀土、细砂地基上不得使用
夯实法	150～200	8～12	1. 用木夯或机械夯 2. 木夯重40kg，落距400～500mm 3. 一夯压半夯，全面夯实	适用于砂石垫层
碾压法	150～350	8～12	6～10t压路机往复碾压；碾压次数以达到要求密实度为准，一般不少于4遍，用振动压实机械，振动3～5min	适用于大面积的砂石垫层，不宜用于地下水位以下的砂垫层

8) 地下水高于基坑底面时，宜采取排降水措施，注意边坡稳定，以防止塌土混入砂石垫层中。

9) 当采用水撼法或插振法施工时，以振捣棒振幅半径的1.75倍为间距（一般为400～500mm）插入振捣，依次振实，以不再冒气泡为准，直至完成；同时应采取措施做到有控制地注水和排水。垫层接头应重复振捣，插入式振动棒振完所留孔洞应用砂填实；在振动首层的垫层时，不得将振动棒插入原土层或基槽边部，以避免使软土混入砂垫层而降低砂垫层的强度。

10) 垫层铺设完毕，应即进行下道工序施工，严禁小车及人在砂层上面行走，必要时应在垫层上铺板行走。

10.3.2.2　素土、灰土垫层设计施工

1. 加固原理及适用范围

素土、灰土地基是将基础底面下要求范围内的软弱土层挖去，用素土或一定比例的石灰与土，在最优含水量情况下，充分拌合，分层回填夯实或压实而成。具有一定的强度、水稳性和抗渗性，施工工艺简单，费用较低，是一种应用广泛、经济、实用的地基加固方法。适用于加固深1～3m厚的软弱土、湿陷性黄土、杂填土等，还可用作结构的辅助防渗层。

2. 设计

素土、灰土垫层的设计应符合下列规定：

(1) 材料选择[19][20]

1) 素土地基料可采用黏土或粉质黏土，有机物含量不应超过5%，不应含有冻土或膨胀土，严禁采用地表耕植土、淤泥及淤泥质土、杂填土等土料，当含有碎石时，其粒径不宜大于50mm。

用于湿陷性黄土或膨胀土地基的粉质黏土垫层，土料中不得夹有砖、瓦和石块。

2) 灰土地基的土料采用粉质黏土，不宜使用块状黏土和砂质粉土，有机物含量不应超过5%，其颗粒不得大于15mm；石灰宜采用新鲜的消石灰，含氧化钙、氧化镁越高越好，越高其活性越大，胶结力越强。使用前1～2d消解并过筛，其颗粒不得大于5mm，且不应夹有未熟化的生石灰块粒及其他杂质，也不得含有过多的水分。

(2) 施工设计及验算

1) 厚度确定

垫层厚度的确定与砂垫层相同，可参考10.3.2.1的相关内容。

对非自重湿陷性黄土地基上的垫层厚度应保证天然黄土层所受的压力小于其湿陷起始压力值。根据试验结果，当矩形基础的垫层厚度0.8～1.0倍基底宽度，条形基础的垫层厚度为1.0～1.5倍底宽度时，能消除部分至大部分非自重湿陷性黄土地基的湿陷性。当垫层厚度为1.0～1.5倍柱基底宽度或1.5～2.0倍条基底宽度时，可基本消除非自重湿陷性黄土地基的湿陷性。在自重湿陷性黄土地基上，垫层厚度应大于非自重湿陷性黄土地基上垫层的厚度，或控制剩余湿陷量不大于20cm才能取得好的效果[22]。

2) 宽度确定[20]

灰土垫层的宽度的确定与砂垫层相同，可参考10.3.2.1的相关内容。θ可按表10-26确定。

压力扩散角 θ (°)　表 10-26

z/b	粉质黏土、粉煤灰	灰土
0.25	6	28
≥0.50	23	

注：1. 当 $z/b<0.25$ 时，除灰土仍取 $\theta=28°$ 外，其余材料均取 $\theta=0°$；

2. 当 $0.25<z/b<0.5$ 时，θ 值可内插求得。

3) 平面处理范围

素土、灰土垫层可分为局部垫层和整片垫层。

整片素土、灰土垫层宽度可取 $b'\geqslant b+3.0$（m），当 $z>2.0$m 时，b' 还可适当放宽[18]。

在湿陷性黄土场地，宜采用局部或整片灰土垫层，以消除基底下处理土层的湿陷性，提高土的承载力或水稳定性。

局部垫层的平面处理范围，其宽度 b' 可按下式计算[23]：

$$b'=b+2\cdot z\cdot \tan\theta+c,\ b'\geqslant z/2 \qquad (10-11)$$

式中　c——考虑施工机具影响而增加的附加宽度，宜为200mm。

整片垫层的平面处理范围，每边超出建筑物外墙基础的外缘的宽度不应小于垫层的厚度，并不应小于2m[18]。

4) 垫层的承载力宜通过现场试验确定，当无试验资料时，可按表10-27选用，并验算下卧层的承载力。

素土、灰土的承载力[20][21]　表 10-27

施工方法	换填材料	压实系数 λ_c	承载力 f_k (kPa)
碾压或振密	黏性土和粉土（8<I_p<14）	0.94～0.97	130～180
	灰土	0.95	200～250
夯实	土或灰土	0.93～0.95	150～200

注：1. 压实系数小的垫层，承载力取低值，反之取高值；

2. 夯实土的承载力取低值，灰土取高值；

3. 压实系数 λ_c 为土的控制干密度 ρ_d 与最大干密度 ρ_{max} 的比值，当采用轻型击实试验时，压实系数 λ_c 应取高值，采用重型击实试验时，压实系数 λ_c 可取低值；土的最大密度宜采用击实试验确定。

3. 施工

(1) 施工设备[20]

一般采用平碾、振动碾或羊足碾，中小型工程也可采用蛙式夯、柴油夯。

(2) 施工程序及注意事项[19][20][49]

1) 施工前准备工作参见砂石垫层施工程序及注意事项第1)

～3）条。

2）场地有积水应晾干；局部有软弱土层或孔洞，应及时挖除后用灰土分层回填夯实。

3）灰土体积配合比一般用3：7或2：8，垫层强度随含灰量的增加而提高。但含灰量超过一定值后，灰土强度增加很慢。多用人工翻拌，不少于3遍，使达到均匀，颜色一致，并适当控制含水量，一般控制在最优含水量 $w_{op}\pm2\%$ 的范围内，最优含水量可通过击实试验确定，也可按当地经验取用。如含水过多或过少时，应稍晾干或洒水湿润，现场以手握成团，两指轻捏即散为宜；如有球团应打碎，要求随拌随用。

4）铺灰应分段分层筑筑，每层虚铺厚度可参见表10-28，夯实机具可根据工程大小和现场机具条件用人力或机械夯打或碾压，遍数按设计要求的干密度由试夯（或碾压）确定，一般不少于4遍。

5）灰土分段施工时，不得在墙角、柱基及承重窗间墙下接缝，上下两层的接缝距离不得小于500mm，接缝处应夯压密实。当灰土地基高度不同时，应做成阶梯形，每阶宽不少于500mm；对作辅助防渗层的灰土，应将地下水位以下结构包围，并处理好接缝，同时注意接缝质量，每层虚铺从留缝处往前延伸500mm，夯实时应夯过接缝300mm以上；接缝时，用铁锹在留缝处竖直切齐，再铺下段夯实。

灰土最大虚铺厚度　　表10-28

夯实机具种类	重量(t)	虚铺厚度(mm)	备　注
石夯、木夯	0.04～0.08	200～250	人力送夯，落距400～500mm，一夯压半夯，夯实后约80～100mm厚
轻型夯实机械	0.12～0.4	200～250	蛙式夯机、柴油打夯机，夯实后约100～150mm厚
压路机	6～10	200～300	双轮

6）灰土应当日铺填夯压，入槽（坑）灰土不得隔日夯打。夯实后的灰土3d内不得受水浸泡，并及时进行基础施工与基坑回填，或在灰土表面作临时性覆盖，避免日晒雨淋。雨期施工时，应采取适当防雨、排水措施，以保证灰土在基槽（坑）内无积水的状态下进行。刚打完的灰土，如突然遇雨，应将松软灰土除去，并补填夯实；稍受湿的灰土可在晾干后补夯。

7）冬期施工，必须在基层不冻的状态下进行，土料应覆盖保温，冻土及夹有冻块的土料不得使用；已熟化的石灰应在次日用完，以充分利用石灰熟化时的热量，当日拌合灰土应当日铺填夯完，表面应用塑料面及草袋覆盖保温，以防灰土垫层早期受冻降低强度。

10.3.2.3　粉煤灰垫层设计施工[20][24]

1. 加固原理及适用范围

粉煤灰是火力发电厂的工业废料，有良好的物理力学性能，用它作为处理软弱土层的换填材料，已在许多地区得到应用。其压实曲线与黏性土相似，具有相对较宽的最优含水量区间，即其干密度对含水量的敏感性小于黏性土小[18]，同时具有可利用废料、施工方便、快速，质量易于控制，技术可行，经济效果显著等优点。可用于作各种软弱土层换填地基的处理，以及用作大面积地坪的垫层等。

2. 设计

粉煤灰垫层的设计应符合下列规定：

（1）材料选择

1）粉煤灰垫层的特性

根据化学分析，粉煤灰中含有大量 SiO_2、Al_2O_3、Fe_2O_3，有类似火山灰的特性，有一定活性，在压实功能作用下能产生一定的自硬强度。粉煤灰垫层具有遇水后强度降低的特性，其经验数值是：对压实系数 $\lambda_c=0.90\sim0.95$ 的浸水垫层，其容许承载力可采用120～200kPa，但尚应满足软弱下卧层的强度与变形要求。

2）粉煤灰质量要求

用一般电厂Ⅲ级以上粉煤灰，含 SiO_2、Al_2O_3、Fe_2O_3 总量尽量选用高的，颗粒粒径宜0.001～2.0mm，烧失量宜低于12%，含 SO_3 宜小于0.4%，以免对地下金属管道等产生一定的腐蚀性。

粉煤灰中严禁混入植物、生活垃圾及其他有机杂质。

（2）施工设计及验算

粉煤灰垫层的设计可参照砂垫层设计方法和有关的技术要求进行。在缺少资料和没有工程经验的情况下采用粉煤灰垫层，应对使用的材料进行物理、化学和力学性质试验，为设计提供资料及技术参数。

在确定粉煤灰垫层厚度时，压力扩散角取值可参考表10-31，计算方法可参考10.3.2.1的相关内容。

粉煤灰垫层的承载力一般应通过现场试验确定，当无试验资料时，可参考以下数据：

1）经过人工压实（夯实）的粉煤灰垫层，当压实系数控制在0.90及其干密度为 $0.90\rho_{dmax}$（t/m^3）时，其承载力可达120～150kPa。

2）当压实系数控制在0.95及其干密度为 $0.95\rho_{dmax}$（t/m^3）时，其承载力可达300kPa，但应进行下卧层强度验算。

3. 施工

（1）施工设备

一般采用平碾、振动碾、平板振动器、蛙式夯。

（2）施工程序及注意事项

1）施工前准备工作参见砂石垫层施工程序及注意事项第1）～3）条。

2）垫层应分层铺设与碾压，并设置泄水沟或排水盲沟。垫层四周宜设置具有防冲刷功能的帷幕。虚铺厚度和碾压遍数应通过现场小型试验确定。若无试验资料时，可选用铺筑厚度200～300mm，压实厚度150～200mm。小型工程可采用人工分层摊铺，在整平后用平板振动器或蛙式打夯机进行压实。施工时须一板压1/3～1/2板往复压实，由外围向中间进行，直至达到设计密实度要求；大中型工程可采用机械摊铺，在整平后用履带式机具初压二遍，然后用中、重型压路机碾压。施工时须一轮压1/3～1/2轮往复碾压，后轮必须超过两施工段的接缝。碾压次数一般为4～6遍，碾压至达到设计密实度要求。

3）粉煤灰铺设含水量应控制在最优含水量 $w_{op}\pm4\%$ 的范围内；如含水量过大时，需摊铺晾干后再碾压。施工时宜当天铺设，当天压实。若压实时呈松散状，则应洒水湿润再压实，洒水的水质应不含油质，pH值=6～9；若出现"橡皮"土现象，则应暂缓压实，采取开槽、翻开晾晒或换灰等方法处理。

4）每层当天即铺即压完成，铺完经检测合格后，应及时铺筑上层，以防干燥、松散、起尘、污染环境，并应严禁车辆在其上行驶；全部粉煤灰垫层铺设完经验收合格后，应及时进行浇筑混凝土垫层或上覆300～500mm土进行封层，以防日晒、雨淋破坏。

5）冬期施工，最低气温不得低于0℃，以免粉煤灰受水冻胀。

6）粉煤灰地基不宜采用水沉法施工，在地下水位以下施工时，应采取降排水措施，不得在饱和浸水状态下施工。基底为软土时宜先铺填200mm左右厚的粗砂或高炉干渣。

10.3.2.4　质量检验与验收[20][26]

1. 施工期质量检验

施工期质量检验应包括以下内容：

（1）施工前应检查原材料，应检查粉质黏土、砂、石、灰土、粉煤灰等原材料质量；灰土的配合；比砂、石、灰土拌合均匀程度；对基槽清底状况、地质条件予以检验。

（2）施工过程中应检查分层铺设厚度，分段施工时上下两层的搭接长度，施工含水量控制、夯压遍数等。

（3）每层施工结束后应分层对垫层的质量进行检验，检查地基的压实系数。一般可采用环刀法、贯入测定法。

①环刀法：用容积不小于 $200cm^3$ 的环刀压入每层2/3的深度处取样，测定其干密度，干密度应不小于该砂石料在中密状态的干密度值（中砂为1.55～1.60t/m³，粗砂为1.70t/m³，碎石、卵石为2.00～2.20t/m³）。检验点数量，对大基坑每50～100m²不应少于1个检验点；对基槽每10～20m不应少于1个点；每个独立柱基不应少于1个点。粉煤灰垫层对大中型工程检测点布置要求：环刀法按100～400m²布置3个测点；贯入测定法按20～50m²布置一个测点。

②贯入测定法：先将砂垫层表面 3cm 左右厚的砂刮去，然后用贯入仪、钢钎或钢筋以贯入度的大小来定性地检查砂垫层质量。在检验前应先根据砂石垫层的控制干密度进行相关性试验，以确定贯入度值。

a. 钢筋贯入法：用直径为 20mm，长度 1250mm 的平头钢筋，自 700mm 高处自由落下，插入深度以不大于根据该砂的控制干密度测定的深度为合格。

b. 钢钎贯入法：用水撼法使用的钢钎，自 500mm 高处自由落下，其插入深度以不大于根据该砂控制干密度测定的深度为合格。

当使用贯入仪或钢筋检验垫层的质量时，检验点的间距应小于4m。当取土样检验时，大基坑每 50~100m² 不应小于一个检验点；对基槽每 10~20m 不应少于一点；每个单独柱基不应少于一点。

（4）对素土、灰土、砂石、粉煤灰垫层还可采用静力触探、轻型动力触探或标准贯入试验检验。砂石垫层可采用重型动力触探检验，并均应通过现场试验以设计压实系数所对应的贯入度为标准检验垫层的施工质量。

2. 竣工后质量验收[26]

竣工验收采用载荷试验检验垫层承载力，每单位工程不应少于3点，1000m² 以上工程，每 100m² 至少应有 1 点，3000m² 以上工程，每 300m² 至少应有 1 点。每一独立基础下至少应有 1 点，基槽每 20 延米应有 1 点。

3. 检验与验收标准

（1）砂及砂石地基的质量验收标准如表 10-29 所示。

砂及砂石地基质量检验标准　　　表 10-29

项	序	检查项目	允许偏差或允许值		检查方法
			单位	数值	
主控项目	1	地基承载力	设计要求		载荷试验或按规定方法
	2	配合比	设计要求		检查拌合时的体积比或重量比
	3	压实系数	设计要求		现场实测
一般项目	1	砂石料有机质含量	%	≤5	焙烧法
	2	砂石含泥量	%	≤5	水洗法
	3	石料粒径	mm	100	筛分法
	4	含水量（与最优含水量比较）	%	±2	烘干法
	5	分层厚度（与设计要求比较）	mm	±50	水准仪

（2）灰土地基的质量验收标准如表 10-30 所示。

灰土地基质量检验标准　　　表 10-30

项	序	检查项目	允许偏差或允许值		检查方法
			单位	数值	
主控项目	1	地基承载力	设计要求		载荷试验或按规定方法
	2	配合比	设计要求		检查拌合时的体积比或重量比
	3	压实系数	设计要求		现场实测
一般项目	1	石灰粒径	mm	≤5	筛分法
	2	土料有机质含量	%	≤5	试验室焙烧法
	3	土颗粒粒径	mm	≤15	筛分法
	4	含水量（与要求的最优含水量比较）	%	±2	烘干法
	5	分层厚度偏差（与设计要求比较）	mm	±50	水准仪

（3）粉煤灰地基质量检验标准如表 10-31 所示。

粉煤灰地基质量检验标准　　　表 10-31

项	序	检查项目	允许偏差或允许值		检查方法
			单位	数值	
主控项目	1	压实系数	设计要求		按规定方法
	2	地基承载力	设计要求		按规定方法
一般项目	1	粉煤灰粒径	mm	0.001~2.0	过筛
	2	氧化铝及二氧化硅含量	%	≥70	试验室化学分析
	3	烧失量	%	≤12	试验室烧结法
	4	每层铺筑厚度	mm	±50	水准仪
	5	含水量（与最优含水量比较）	%	±2	取样后试验室确定

10.3.3　预　压　法

10.3.3.1　堆载预压法设计施工

1. 加固原理及适用范围

堆载预压法就是对地基进行堆载，使土体中的水通过砂井或塑料排水带排出，土体孔隙比减小，使地基土固结的地基处理方法，这种方法可有效减少工后变形和提高地基稳定性。对于在持续荷载下体积发生很大压缩且强度会增长的土，而又有足够时间进行压缩时，这种方法特别适用。为了加速压缩过程，可采用比建筑物重量大的所谓超载进行预压。根据排水系统的不同又可以分为砂井堆载预压法、袋装砂井堆载预压法、塑料排水带堆载预压法。

不同排水系统的堆载预压法的特点及适用范围如表 10-32 所示。

2. 设计

堆载预压法的设计应符合下列规定：

（1）竖向排水体尺寸[20]

1）砂井或塑料排水带直径

堆载预压法的特点及适用范围一览表　　表 10-32

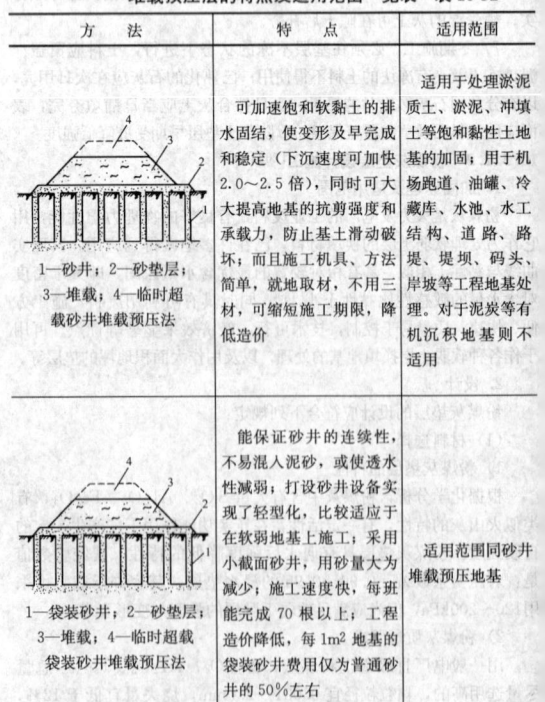

方　法	特　点	适用范围
1—砂井；2—砂垫层；3—堆载；4—临时超载砂井堆载预压法	可加速饱和软黏土的排水固结，使变形及早完成和稳定（下沉速度可加快 2.0~2.5 倍），同时可大大提高地基的抗剪强度和承载力，防止基土滑动破坏；而且施工机具、方法简单，就地取材，不用三材，可缩短施工期限，降低造价	适用于处理淤泥质土、淤泥、冲填土等饱和黏性土地基的加固；用于机场跑道、油罐、冷藏库、水池、水工结构、道路、路堤、堤坝、码头、岸坡等工程地基处理。对于泥炭等有机质沉积地基则不适用
1—袋装砂井；2—砂垫层；3—堆载；4—临时超载袋装砂井堆载预压法	能保证砂井的连续性，不易混入泥砂，或使透水性减弱；打设砂井设备实现了轻型化，比较适应于在软弱地基上施工；采用小截面砂井，用砂量大为节省，施工速度快，每班能完成 70 根以上；工程造价降低，每 1m² 地基的袋装砂井费用仅为普通砂井的 50%左右	适用范围同砂井堆载预压地基

续表

方　法	特　点	适用范围
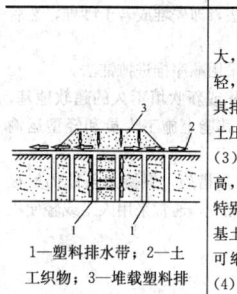 1—塑料排水带；2—土工织物；3—堆载塑料排水带堆载预压法	(1) 板单孔过水面积大，排水畅通；(2) 质量轻，强度高，耐久性好；其排水沟槽截面不易因受土压力作用而压缩变形；(3) 用机械埋设，效率高，运输省，管理简单；特别用于大面积超软弱地基土上进行机械化施工，可缩短地基加固周期；(4) 加固效果与袋装砂井相同，承载力可提高 70%～100%，经 100d，固结度可达到 80%；加固费用比袋装砂井节省 10% 左右	适用范围与砂井堆载预压、袋装砂井堆载预压相同

注：对塑性指数大于 25 且含水量大于 85% 的淤泥，应通过现场试验确定其适用性。

砂井直径主要取决于土的固结性和施工期限的要求。砂井分普通砂井和袋装砂井，普通砂井直径可取 300～500mm，袋装砂井直径可取 70～120mm。塑料排水带的当量换算直径可按下式计算：

$$d_p = \frac{2(b+\delta)}{\pi} \qquad (10\text{-}12)$$

式中　d_p——塑料排水带当量换算直径；

　　　b——塑料排水带宽度；

　　　δ——塑料排水带厚度。

2）砂井或塑料排水带间距

砂井或塑料排水带的间距可根据地基土的固结特性和预定时间内所要求达到的固结度确定。通常砂井的间距可按井径比 n（$n=d_e/d_w$，d_e 为砂井的有效排水圆柱体直径，d_w 为砂井直径，对塑料排水带可取 $d_w=d_p$）确定。普通砂井的间距可按 $n=6～8$ 选用；袋装砂井或塑料排水带的间距可按 $n=15～22$ 选用。

3）砂井排列方式

砂井的平面布置可采用等边三角形或正方形排列（图 10-6）。一根砂井的有效排水圆柱体的直径 d_e 和砂井间距 l 的关系按下列规定取用：

等边三角形布置 $d_e=1.05l$；正方形布置 $d_e=1.13l$。

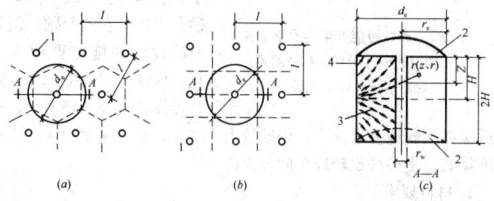

图 10-6　砂井平面布置及影响范围土柱体剖面

(a) 正三角形排列；(b) 正方形排列；(c) 土柱体剖面

1—砂井；2—排水面；3—水流途径；4—无水流经过此界线

4）砂井深度

砂井的深度应根据建筑物对地基的稳定性和变形要求确定。对以地基抗滑稳定性控制的工程，砂井深度至少应超过最危险滑动面 2.0m。对以沉降控制的建筑物，如压缩土层厚度不大，砂井宜贯穿压缩土层；对深厚的压缩土层，砂井深度应根据在限定的预压时间内消除的变形量确定，若施工设备条件达不到设计深度，则可采用超载预压等方法来满足工程要求。

若软土层厚度不大或软土层含较多的薄粉砂夹层，预计固结速率能满足工期要求时，可不设置竖向排水体。

（2）确定加载的数量、范围和速率[18][20]

1）加载数量

预压荷载的大小，应根据设计要求确定，通常可与建筑物的基底压力大小相同。对于沉降有严格限制的建筑，应采用超载预压法

处理地基，超载数量应根据预定时间内要求消除的变形量通过计算确定，并宜使预压荷载下受压土层各点的有效竖向压力等于或大于建筑荷载所引起的相应点的附加压力。

2）加载范围

预压荷载顶面的范围应等于或大于建筑物基础外缘所包围的范围，以保证建筑物范围内的地基得到均匀加固。

3）加荷速率

加荷速率应根据地基土的强度确定。当天然地基土的强度满足预压荷载下地基的稳定性要求时，可一次性加载，否则应分级逐渐加荷，待前期预压荷载下地基土的强度增长满足下一级荷载下地基的稳定性要求时方可加荷。特别是在加载后期，更需严格控制加荷速率。加荷速率应通过对地基抗滑稳定计算来确定，以确保工程安全。但更为直接而可靠的方法是通过各种现场观测来控制，对竖井地基，最大竖向变形量不应超过 15 mm/d；对天然地基，最大竖向变形量不应超过 10 mm/d；边缘处水平位移不应超过 5 mm/d。

（3）计算地基的固结度、强度增长、抗滑稳定和变形[20]

1）地基固结度

地基固结度一级或多级等速加载条件下，当固结时间为 t 时，对应总荷载的地基平均固结度可按下式计算：

$$\overline{U}_t = \sum_{i=1}^{n} \frac{\dot{q}_i}{\sum \Delta p}\left[(T_i - T_{i-1}) - \frac{\alpha}{\beta}e^{-\beta t}(e^{\beta T_i} - (e^{\beta T_{i-1}}))\right]$$
$$(10\text{-}13)$$

式中　$\overline{U}_t$——t 时间地基的平均固结度；

　　　$\dot{q}_i$——第 i 级荷载的加荷速率（kPa/d）；

　　　$\sum \Delta p$——各级荷载的累加值（kPa）；

　　　T_{i-1}、T_i——分别为第 i 级荷载加荷的起始和终止时间（从零点起算）(d)，当计算第 i 级荷载加荷过程中某一时间的固结度时，T_i 改为 t；

　　　α、β——参数，按表 10-33 采用。

α、β 值　　　　表 10-33

排水固结条件 参数	竖向排水固结 $\overline{U}_z > 30\%$	向内径向排水固结	竖向和向内径向排水固结（竖井穿透受压土层）	说　明
α	$\dfrac{8}{\pi^2}$	1	$\dfrac{8}{\pi^2}$	$F_n = \dfrac{n^2}{n^2-1}\ln(n)$ $-\dfrac{3n^2-1}{4n^2}$ C_h——土的径向排水固结系数（cm²/s）； C_v——土的竖向排水固结系数（cm²/s）； H——土层竖向排水距离（cm）； $\overline{U}_z$——双面排水土层或固结应力均匀分布的单面排水土层平均固结度
β	$\dfrac{\pi^2 C_v}{4H^2}$	$\dfrac{8C_h}{F_n d_e^2}$	$\dfrac{8C_h}{F_n d_e^2} + \dfrac{\pi^2 C_v}{4H^2}$	

注：对排水竖井未穿透受压土层之地基，应分别计算竖井范围土层的平均固结度和竖井底面以下受压土层的平均固结度，通过预压使该两部分固结度和所完成的变形量满足设计要求。

对竖井长径比（长度与直径之比）大、纵向通水量 q_w 与天然土层水平向渗透系数 k_h 的比值较小的袋装砂井或塑料排水带，应考虑井阻作用。当采用挤压方式施工时，尚应考虑土的涂抹和扰动影响。

瞬时加载条件下，考虑涂抹和井阻影响时，竖井地基径向排水平均固结度可按下式计算：

$$\overline{U}_r = 1 - e^{-\frac{8c_h}{Fd_e^2}t} \qquad (10\text{-}14)$$

$$F = F_n + F_s + F_r \qquad (10\text{-}15)$$

$$F_n = \ln(n) - 3/4 \qquad n \geqslant 15 \qquad (10\text{-}16)$$

$$F_s = (k_h/k_s - 1)\ln s \tag{10-17}$$

$$F_r = \frac{\pi^2 L^2}{4} \frac{k_h}{q_w} \tag{10-18}$$

式中　$\overline{U}_r$——固结时间 t 时竖井地基径向排水平均固结度；

　　k_h——天然土层水平向渗透系数（cm/s）；

　　k_s——涂抹区土的水平向渗透系数，可取 $k_s =$ $(1/5 \sim 1/3)k_h$（cm/s）；

　　s——涂抹区直径 d_s 与竖井直径 d_w 的比值，可取 $s=2.0 \sim 3.0$，对中等灵敏黏性土取低值，对高灵敏黏性土取高值；

　　L——竖井深度（cm）；

　　q_w——竖井纵向通水量，为单位水力梯度下单位时间的排水量（cm³/s）。

一级或多级等速加荷条件下，考虑涂抹和井阻影响时竖井穿透受压土层地基之平均固结度可按式（10-13）计算，其中 $\alpha = 8/\pi^2$，$\beta = 8C_h/(F_n d_e^2) + \pi^2 C_v/(4H^2)$。

　　2）抗滑稳定

预压荷载下，正常固结饱和黏性土地基中某一点某一时间的抗剪强度可按下式计算：

$$\tau_{ft} = \tau_{f0} + \Delta \sigma_z \cdot U_t \tan \varphi_{cu} \tag{10-19}$$

式中　τ_{ft}——t 时刻，该点土的抗剪强度（kPa）；

　　τ_{f0}——地基土的天然抗剪强度，由十字板剪切试验测定（kPa）；

　　$\Delta \sigma_z$——预压荷载引起的该点的附加竖向压力；

　　U_t——该点土的固结度；

　　φ_{cu}——三轴固结不排水压缩试验求得的土的内摩擦角（°）。

　　3）竖向变形

预压荷载下地基的最终竖向变形量可按下式计算：

$$s_f = \xi \sum_{i=1}^{n} \frac{e_{0i} - e_{li}}{1 + e_{0i}} h_i \tag{10-20}$$

式中　s_f——最终竖向变形量；

　　e_{0i}——第 i 层中点土自重应力所对应的孔隙比，由室内固结试验所得的孔隙比 e 和固结压力 p（即 e—p）关系曲线查得；

　　e_{li}——第 i 层中点土自重应力和附加应力之和所对应的孔隙比，由室内固结试验所得的 e—p 关系曲线查得；

　　h_i——第 i 层土层厚度；

　　ξ——经验系数，对正常固结饱和黏性土地基可取 $\xi = 1.1 \sim 1.4$，荷载较大，地基土较软弱时取较大值，否则取较小值。

变形计算时，可取附加应力与土自重应力的比值为 0.1 的深度作为受压层计算深度。

　　4）水平排水垫层

预压法处理地基时，为了使砂井排水有良好的通道，必须在地表铺设排水砂垫层，其厚度不小于 500mm，以连通各砂井将水引到预压区以外。

砂垫层砂料宜用中粗砂，黏粒含量不宜大于 3%，砂料中可混有少量粒径小于 50mm 的石粒。砂垫层的干密度应大于 1.5×10^3 kg/m³，其渗透系数宜大于 1×10^{-2} cm/s。

在预压区中宜设置与砂垫层相连的排水盲沟，并把地基中排出的水引出预压区。

　　3. 施工

　　（1）施工设备

　　1）砂井施工机具可采用振动锤、射水钻机、螺旋钻机等机具或选用灌注桩的成孔机具。

　　2）袋装砂井施工机具可采用 EHZ-8 型袋装砂井打设机，也可采用各种导管式的振动打设机械。

　　3）塑料排水带施工主要设备为插带机，基本上可与袋装砂井打设机械共用，只需将圆形导管改为矩形导管，每次可同时插设塑料排水带两根。

　　（2）施工程序及注意事项

　　1）水平排水垫层施工

水平排水砂垫层施工目前有四种方法：

　　①当地基表层有一定厚度的硬壳层，其承载力较好，能上一般运输机械时，一般采用机械分堆摊铺法，即先堆成若干砂堆，然后用机械或人工摊平。

　　②当硬壳层承载力不足时，一般采用顺序推进摊铺法。

　　③当软土地基表面很软，如新沉积或新吹填不久的超软地基，首先要改善地基表面的持力条件，使其能上施工人员和轻型运输工具。

　　④尽管对超软地基表面采取了加强措施，但持力条件仍然很差，一般轻型机械上不去，在这种情况下，通常采用人工或轻便机械顺序推进铺设。

　　2）竖向排水体施工

　　①砂井施工[19]

砂井施工一般先在地基中成孔，再在孔内灌砂形成砂井。砂井的灌砂量，应按砂孔的体积和砂在中密时的干密度（应大于 1.5×10^3 kg/m³）计算，其实际灌砂量不得小于计算值的 95%。

砂井成孔施工方法有振动沉管法、射水法、螺旋钻成孔法和爆破法四种。

　　a. 振动沉管法，是以振动锤为动力，将套管沉到预定深度，灌砂后振动、提管形成砂井。

　　b. 射水法，是指利用高压水通过射水管形成高速水流的冲击和环刀的机械切削，使土体破坏，而形成一定直径和深度的砂井孔，然后灌砂而成砂井。射水法适用于土质较好且均匀的黏性土地基。

　　c. 螺旋钻成孔法，是用动力螺旋钻钻孔，属于干钻法施工，提钻后孔内灌砂成形。此法适用于砂井长度在 10m 以内，土质较好，不会出现缩颈和塌孔现象的软弱地基。

　　d. 爆破法，是先用直径 73mm 的螺纹钻成一个砂井所要求设计深度的孔，在孔内放置由传爆线和炸药组成的条形药包，爆破后将孔扩大，然后往孔内灌砂形成砂井。这种方法施工简易，不需要复杂的机具，适用于深度为 6~7m 的浅砂井。

以上各种成孔方法，必须保证砂井的施工质量，以防缩颈、断颈或错位现象，如图 10-7 所示。

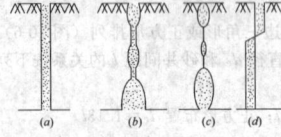

图 10-7　砂井可能产生的质量事故

（a）理想的砂井形状；（b）缩颈；

（c）断颈；（d）错位

　　②袋装砂井施工[19]

袋装砂井是用具有一定伸缩性和抗拉强度很高的聚丙烯或聚乙烯编织袋装满砂子，它基本上解决了大直径砂井中所存在的问题，使砂井的设计和施工更加科学化，保证了砂井的连续性；打设设备实现了轻型化，比较适应在软弱地基上施工；用砂量大为减少；施工速度加快，工程造价降低，是一种比较理想的竖向排水体。

　　a. 材料要求

砂袋要满足排水要求，透水、透气性应良好，要具有一定的耐腐蚀、抗老化性能及足够的抗拉强度，能承受袋内装砂自重和弯曲所产生的拉力，装砂不易漏失。国内多采用聚丙烯编织布。

　　b. 袋装砂井施工工艺（图 10-8）

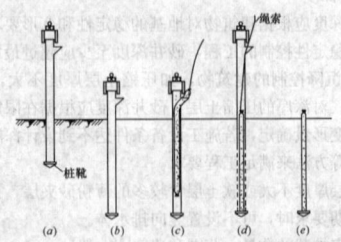

图 10-8　袋装砂井的施工过程

（a）打入成孔套管；（b）套管到达规定标高；（c）放下

砂袋；（d）拔套管；（e）袋装砂井施工完毕

施工工艺方法要点如下：

（a）袋装砂井的施工程序是：定位、整理桩尖，沉入导管，将砂袋放入导管，往管内灌水（减少砂袋与管壁的摩擦力），拔管。

（b）袋装砂井在施工过程中应注意以下几点：

a）定位要准确，要保证砂井的垂直度，以确保排水距离与理论计算一致；

b）袋中装砂宜用风干砂，不宜采用潮湿砂，以免干燥后，体积减小，造成袋装砂井缩短与排水垫层不搭接或缩颈、断颈等质量事故；

c）聚丙烯编织袋，在施工时应避免太阳曝晒老化。

d）砂袋入口处的导管口应装设滚轮，下放砂袋要仔细，防止砂袋破损漏砂；

e）施工中要经常检查桩尖与导管口的密封情况，避免管内进泥过多，造成管阻，影响加固深度；

f）砂袋埋入砂垫层中的长度不应小于500mm。确定袋装砂井施工长度时，应考虑砂井内砂体积减小、因饱水沉实而减少、袋装砂井在井内的弯曲、超深以及伸入水平排水垫层内的长度等因素，杜绝砂井全部沉入孔内，造成顶部与排水垫层不连接事故发生。

g）拔管后带上砂袋的长度不应超过500mm，回带根数不应超过总根数的5％。

③塑料排水带施工[19][49]

塑料排水带堆载预压地基，是将带状塑料排水带用插板机将其插入软弱土层中，组成垂直和水平排水体系，然后在地基表面堆载预压，土中孔隙水沿塑料带的沟槽上升溢出地面，从而加速了软弱地基的沉降过程，使地基得到压密加固。

a.塑料排水带的性能和规格

塑料排水带由芯带和滤膜组成。芯带是由聚丙烯和聚乙烯塑料加工而成两面有间隔沟槽的带体，滤膜为化纤材料无纺胶粘而成，土层中的固结渗流水通过滤膜渗入到沟槽内，并通过沟槽从排水垫层中排出。根据塑料排水带的结构，要求滤网膜渗透性好，与黏土接触后，其渗透系数不低于中粗砂，排水沟槽输水畅通，不因受土压力作用而减小。塑料排水带的结构由所用材料不同，结构形式也各异，主要有图10-9所示几种。

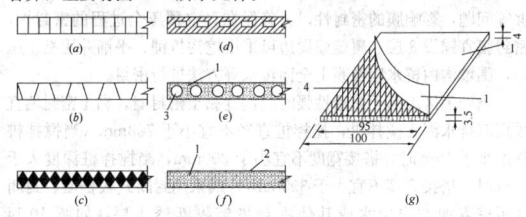

图10-9 塑料排水带结构形式、构造
(a) 门形塑料带；(b) 梯形槽塑料带；(c) Δ形槽塑料带；(d) 硬透水膜塑料带；(e) 无纺布螺栓孔排水带；(f) 无纺布柔性排水带；(g) 结构构造
1—滤膜；2—无纺布；3—螺栓排水孔；4—芯板

带芯材料：沟槽型排水带，如图10-9（a）、（b）、（c），国内外多采用聚丙烯或聚乙烯塑料带芯，聚氯乙烯制作的质较软，延伸率大，在土压作用下易变形，使过水截面减小。多孔型带芯如图10-9（d）、（e）、（f），一般用耐腐蚀的涤纶丝无纺布。

滤膜材料：一般用耐腐蚀的涤纶衬布，涤纶布不低于60号，含胶量适当（不小于35％），以保证涤纶布泡水后的强度满足要求，又有较好的透水性。

排水带的厚度应符合表10-34要求，排水带的性能应符合表10-35要求。

不同型号塑料排水带的厚度[49]　　　　表10-34

型号	A	B	C	D
厚度（mm）	>3.5	>4.0	>4.5	>6

塑料排水带的性能[49]　　　　表10-35

项目	单位	A型	B型	C型	条件
纵向通水量	cm³/s	≥15	≥25	≥40	侧压力

续表

项目	单位	A型	B型	C型	条件
滤膜渗透系数	cm/s	≥15×10⁻⁴	≥15×10⁻⁴	≥15×10⁻⁴	试件在水中浸泡24h
滤膜等效孔径	μm	<75	<75	<75	以D_{98}计，D为孔径
复合体抗拉强度（干态）	kN/10cm	≥1.0	≥1.3	≥1.5	延伸率10％时
滤膜抗拉强度	干态　N/cm	≥15	≥25	≥30	延伸率15％时
	湿态　N/cm	≥10	≥20	≥25	试件在水中浸泡24h
滤膜重度	N/m²		0.8		

注：A型排水带适用于插入深度小于15m；B型排水带适用于插入深度小于25m；C型排水带适用于插入深度小于35m。

b.工艺方法要点

（a）打设塑料排水带的导管有圆形和矩形两种，其管靴也各异，一般采用桩尖与导管分离设置。桩尖主要作用是防止打设塑料带时淤泥进入管内，并对塑料带起锚固作用，同时避免淤泥进入导管内，增加管靴内壁与塑料带的摩阻力，提管时将塑料的带出。桩尖常用形式有圆形、倒梯形和倒梯楔形三种，如图10-10所示。

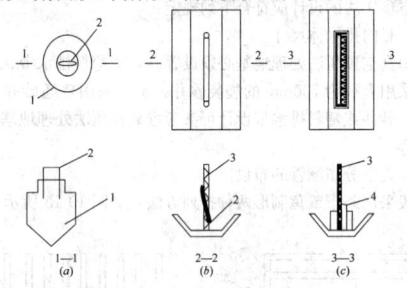

图10-10 塑料排水带用桩尖形式[49]
(a) 混凝土圆形桩尖；(b) 倒梯形桩尖；(c) 楔形固定桩尖
1—混凝土桩尖；2—塑料带固定架；3—塑料带；4—塑料楔

（b）塑料排水带打设程序是：定位，将塑料排水带通过导管从管下端穿出，将塑料排水带与桩尖连接贴紧管下端并对准桩位，打设桩管插入塑料排水带，拔管、剪断塑料排水带。工艺流程如图10-11所示。

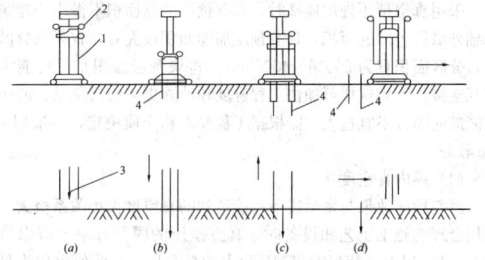

图10-11 塑料排水带插带工艺流程[49]
(a) 准备；(b) 插设；(c) 上拔；(d) 切断移动
1—套管；2—塑料带卷筒；3—钢靴；4—塑料带

（c）塑料排水带在施工过程中应注意以下几点：

a）塑料带滤水膜在搬运、开包和打设过程中应避免损坏，防止淤泥进入带芯堵塞输水孔，影响塑料带的排水效果；

b）塑料带与桩尖要牢固连接，以免拔管时脱离，将塑料带拔出；

c）桩尖平端与导管下端要紧密连接，防止错缝，使淤泥在打设过程中进入导管，增大对塑料带的阻力，或将塑料带拔出，如塑料排水带拔出超过1m以上，应立即查找原因并进行补打；

d）当塑料排水带需接长时，应采用滤膜内芯带平搭接的连接

方法，搭接长度宜大于 200mm，以减小带与导管的阻力，保证输水畅通和有足够的搭接强度；

e）塑料排水带埋入砂垫层中的长度不应小于 500mm；

f）拔管后带上塑料排水带的长度不应超过 500mm，回带根数不应超过总根数的 5%。

10.3.3.2　真空预压法设计施工

1. 加固原理及适用范围

真空预压法是在饱和软土地基中设置竖向排水通道（砂井或塑料排水带等）和砂垫层，

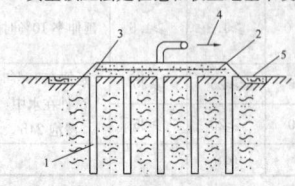

图 10-12　真空预压地基
1—砂井；2—薄膜；3—砂垫层；
4—抽水；气；5—黏土

在其上覆盖不透气塑料薄膜或橡胶布。通过埋设于砂垫层的渗水管道与真空泵连通进行抽气，使砂垫层和砂井中产生负压，而使软土排水固结的方法，如图 10-12 所示。

真空预压法适于饱和均质黏性土及含薄层砂夹层的黏性土，特别适于新淤填土、超软土地基的加固。但不适于在加固范围内有足够的水源补给的透水土层，以及施工场地狭窄的工程进行地基处理。

2. 设计[18][19][20]

真空预压法的设计应符合下列规定：

（1）竖向排水体尺寸

采用真空预压法处理地基必须设置砂井或塑料排水带。竖向排水体可采用直径为 700mm 的袋装砂井，也可采用普通砂井或塑料排水带。砂井或塑料排水带设计可参考堆载预压法处理地基设计的相关内容。

（2）真空分布滤管的布设

一般采用条形或鱼刺形两种排列方法，如图 10-13 所示。

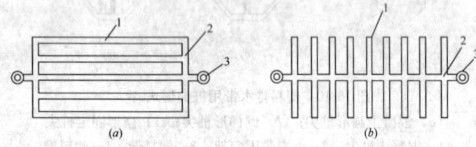

图 10-13　真空分布管排列示意图
（a）条形排列；（b）鱼刺形排列
1—真空压力分布管；2—集水管；3—出膜口

（3）预压区面积和分块大小

采用真空预压处理地基时，真空预压的总面积不得小于建筑物基础外缘所包围的面积，真空预压加固面积较大时，宜采取分区加固，分区面积宜为 20000～40000m² 。每块预压面积宜尽可能大且相互连接，因为这样可加快工程进度和消除更多的沉降量。两个预压区的间隔也不宜过大，需根据工程要求和土质决定，一般以 2～6m 较好。

（4）膜内真空度

真空预压效果与密封膜下所能达到的真空度大小关系极大。当采用合理的施工工艺和设备时，真空预压的膜下真空度应保持在 650mmHg 以上，相当于 95kPa 以上的真空压力，此值可作为最小膜下设计真空度。真空预压所需抽真空设备的数量，可按加固面积的大小和形状、土层结构特点，以一套设备可抽真空的面积为 1000～1500m² 确定，且每块预压区至少应设置两台真空泵。

（5）平均固结度

加固区压缩土层的平均固结度应大于 90%。

（6）变形计算

先计算加固前建筑物荷载下天然地基的沉降量，再计算真空预压期间所完成的沉降量，两者之差即为预压后在建筑物使用荷载下可能发生的沉降。预压期间的沉降可根据设计所要求达到的固结度推算加固区所增加的平均有效应力，从固结度—有效应力曲线上查出相应的孔隙比进行计算。真空预压地基最终竖向变形可按式（10-29）计算，其中 ξ 可取 0.8～0.9。

3. 施工

（1）施工设备

真空预压主要设备为真空泵，一般宜用射流真空泵。排水通道的施工设备同堆载预压法施工。

（2）施工程序及注意事项

1）排水通道施工

首先在软基表面铺设砂垫层和在土体中埋设袋装砂井或塑料排水带，其施工工艺参见堆载预压法施工。

2）膜下管道施工

真空滤水管一般设在排水砂垫中，其上宜有厚 100～200mm 砂覆盖层。滤水管可采用钢管或塑料管，外包尼龙纱或土工织物等滤水材料。滤水管在预压过程中应能适应地基的变形。水平向分布滤水管可采用条状、鱼刺状等形式，布置宜形成回路。如图 10-14 所示。

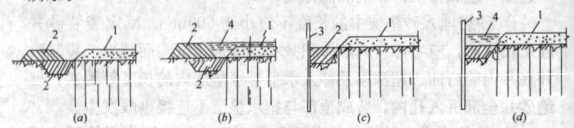

图 10-14　薄膜周边密封方法
（a）挖沟折铺；（b）钢板桩密封；（c）围埝内面覆水密封；
（d）钢板桩墙加沟内覆水
1—密封膜；2—填土压实；3—钢板桩；4—覆水

3）密封膜施工

①密封膜材料

密封膜应采用抗老化性能好、韧性好、抗穿刺能力强的不透气材料，如线性聚乙烯等专用薄膜。

②密封膜热合

密封膜热合时宜采用双热合缝的平搭接，搭接长度应大于 15mm。在热合时，应根据密封膜材料、厚度，选择合适的热温度、刀的压力和热合时间，使热合缝粘结牢而不熔。

③密封膜铺设

由于密封膜系大面积施工，有可能出现局部热合不好、搭接不够等问题，影响膜的密封性。为确保在真空预压全过程的密封性，密封膜宜铺设 3 层，覆盖膜周边可采用挖沟折铺、平铺并用黏土压边，围埝沟内覆水以及膜上全面覆水等方法进行密封。

当处理区地基土渗透性强时应设置黏土密封墙。黏土密封墙可采用双排水泥土搅拌桩，搅拌桩直径不宜小于 700mm（当搅拌桩深度小于 15m 时，搭接宽度不宜小于 200mm，当搅拌桩深度大于 15m 时，搭接宽度不宜小于 300mm）；或采用封闭式板桩墙、封闭式板桩墙加沟内覆水或其他密封措施隔断透水层，如图 10-14 所示。

4）管路连接

真空管路的连接点应严格进行密封，以保证密封膜的气密性。由于射流真空泵的结构特点，射流真空泵经管路进入密封膜内，形成连接密封，但系敞开系统，真空泵工作时，膜内真空度很高，一旦由于某种原因，射流泵全部停止工作，膜内真空度随之全部解除，这将直接影响地基加固效果，并延长预压时间。为避免膜内空度在停泵后很快降低，在真空管路中应设置止回阀和截门。

10.3.3.3　真空和堆载联合预压法设计施工

真空和堆载联合预压设计和施工可参考堆载预压和真空预压的有关内容，但还要注意下列事项：

（1）采用真空和堆载联合预压时，先进行抽真空，当真空压力达到设计要求并稳定后，再进行堆载，并继续抽真空。对于一般软黏土，当膜下真空度稳定地达到 650mmHg 后，抽真空 10 天左右可进行上部堆载施工，即边抽真空，边堆载加载。对于高含水量的淤泥类土，当膜下真空度稳定地达到 650mmHg 后，一般抽真空 20～30d 可进行堆载施工。

（2）堆载体的坡肩线宜与真空预压边线一致，堆载前需在膜上铺设土工编织布等保护层。保护层可采用编织布或无纺布等，其上铺设 100～300mm 厚的砂垫层。

（3）当堆载较大时，若天然地基土的强度不满足预压荷载下地

基的稳定性要求时应分级逐渐加载。

（4）真空和堆载联合预压法地基以真空预压为主时最终竖向变形可按式（10-29）计算，ξ可取0.9。

（5）堆载加载过程中地基向加固区外的侧移速率应不大于5mm/d；地基沉降速率应不大于30mm/d。

10.3.3.4　质量检验与验收[20][26]

1. 施工期质量检验

施工期质量检验应包括以下内容：

（1）竖向排水体施工质量检测，包括材料质量、允许偏差、垂直度等；砂井或袋装砂井的砂料必须取样进行颗粒分析和渗透性试验。

（2）水平排水体砂料按施工分区进行检测单元划分，或以每10000m² 的加固面积为一检测单元，每一检测单元的砂料检测数量应不少于3组。

（3）堆载施工应检查堆载高度、沉降速率。堆载分级荷载的高度偏差不应大于本级荷载折算高度的2%，最终堆载高度不应小于设计总荷载的折算高度。堆载高度按每25m² 一个点进行检测。

（4）堆载分级堆高结束后应在现场进行堆料的重度检测，检测数量宜为每1000m² 一组，每组3个点。

（5）真空预压施工中应检查密封膜的密封性能，真空表读数等。抽真空期间真空管内真空度应大于90kPa，膜下真空度宜大于80kPa。

2. 竣工后质量验收

竣工后质量检验应包括以下内容：

（1）排水竖井处理深度范围内和竖井底面以下受压土层，经预压所完成的竖向变形和平均固结度应满足设计要求。

（2）应对预压的地基土进行原位十字板剪切试验和室内土工试验。必要时，尚应进行现场载荷试验，试验数量不应少于3点。

3. 检验与验收标准

堆载预压地基质量标准如表10-36所示。

预压地基和塑料排水带质量检验标准[26] 表10-36

项	序	检查项目	允许偏差或允许值		检查方法
			单位	数值	
主控项目	1	预压载荷	%	≤2	水准仪
	2	固结度（与设计要求比）	%	≤2	根据设计要求采用不同方法
	3	承载力或其他性能指标	设计要求		按规定方法
一般项目	1	沉降速率（与控制值比）	%	±10	水准仪
	2	砂井或塑料排水带位置	mm	±100	用钢尺量
	3	砂井或塑料排水带插入深度	mm	±200	插入时用经纬仪检查
	4	插入塑料排水带时的回带长度	mm	≤500	用钢尺量
	5	塑料排水带或砂井高出砂垫层距离	mm	≥200	用钢尺量
	6	插入塑料排水带的回带根数	%	<5	目测

注：1. 本表适用于砂井堆载、袋装砂井堆载、塑料排水带堆载预压地基及真空预压地基的质量检验；
2. 砂井堆载、袋装砂井堆载预压地基检查一般项中的4、5、6项；
3. 如真空预压，主控中预压载荷的检查为真空度降低值<2%。

10.3.4　夯　实　法

10.3.4.1　强夯法设计施工

1. 加固原理及适用范围

强夯法是反复将夯锤提到高处使其自由落下，给地基以冲击和振动能量，将地基土夯实的地基处理方法，属于夯实地基。强大的

夯击能给地基一个冲击力，并在地基中产生冲击波，在冲击力作用下，夯锤对上部土体进行冲切，土体结构破坏，形成夯坑，并对周围土进行动力挤压。

根据地基土的类别和强夯施工工艺的不同，强夯法加固地基有两种不同的加固机理：动力密实和动力固结。

（1）动力密实机理

强夯加固多孔隙、粗颗粒、非饱和土是基于动力密实机理，即强大的冲击能强制压密地基，使土中气体体积大幅度减小。

（2）动力固结机理

强夯加固细粒饱和土是基于动力固结机理，即强大的冲击能在土中产生很大的应力波，破坏土的结构，使土体局部液化并产生许多裂隙，作为孔隙的排水通道，加速土体固结土体发生触变，强度逐步恢复。

强夯法适用于处理碎石土、砂土、低饱和度的粉土与黏性土、湿陷性黄土、素填土和杂填土等地基。

2. 设计[19][20][49]

强夯法的设计应符合下列规定：

（1）有效加固深度

有效加固深度既是选择地基处理方法的重要依据，又是反映处理效果的重要参数。影响有效加固深度的因素很多，除了和锤重和落距有关外，还与地基土的性质、不同土层的厚度和埋置顺序、地下水位以及其他强夯的设计参数等都与有效加固深度有着密切的关系。因此，强夯法的有效加固深度应根据现场试夯或当地经验确定。在缺少试验资料或经验时可按表10-37预估。

强夯的有效加固深度（m） 表10-37

单击夯击能（kN·m）	碎石土、砂土等粗颗粒土	粉土、黏性土、湿陷性黄土等细颗粒土
1000	4.0~5.0	3.0~4.0
2000	5.0~6.0	4.0~5.0
3000	6.0~7.0	5.0~6.0
4000	7.0~8.0	6.0~7.0
5000	8.0~8.5	7.0~7.5
6000	8.5~9.0	7.5~8.0
8000	9.0~9.5	8.0~9.0
10000	10.0~11.0	9.5~10.5
12000	11.5~12.5	11.0~12.0
14000	12.5~13.5	12.0~13.0
15000	13.5~14.0	13.0~13.5
16000	14.0~14.5	13.5~14.0
18000	14.5~15.5	——

注：强夯法的有效加固深度应从最初起夯面算起。

（2）单位夯击能

锤重 M 与落距 h 的乘积称为单击夯击能 $E(=Mh)$，可根据工程要求的加固深度确定。强夯的单位夯击能（指单位面积上所施加的总夯击能），其大小与地基土类别、结构类型、荷载大小和要求处理的深度有关，一般通过现场试夯确定。由于锤重 $M(t)$ 与落距 $h(m)$ 直接决定每一击的夯击能量。夯击过小，加固效果差；夯击能过大，不仅浪费能源，相应也增加费用（图10-15），而且，对饱和黏性土还会破坏土体，形成橡皮土，降低强度。

（3）夯击点布置及间距[20]

夯击点布置可根据基础的平面形状，采用等边三角形、等腰三角形或正方形（图10-16）；对

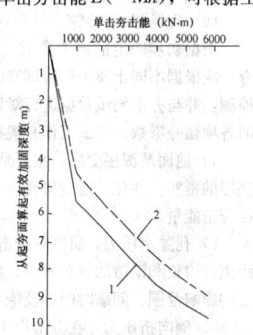

图10-15 单击夯击能与有效加固深度的关系
1—碎石土、砂土等；2—粉土、黏性土、湿陷性黄土

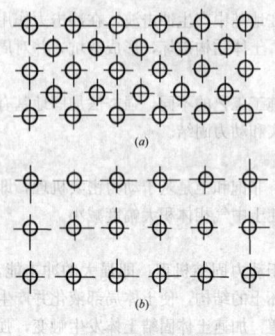

图 10-16　夯点布置
(a) 梅花形布置；(b) 方形布置

夯击点间距受基础布置、加固土层厚度和土质等条件影响。对于加固土层厚、土质差、透水性差、含水率高的黏性土，夯点间距宜大，否则夯击点太密，会导致相邻夯击点的加固效应在浅处叠加而形成硬壳层，影响夯击能向深部传递；加固土层薄、透水性好、含水量低的砂质土，间距宜小些。通常第一遍夯击点间距可取夯锤直径的 2.5～3.5 倍（通常为 5～15m），第二遍夯击点位于第一遍夯击点之间，以后各遍夯击点间距可适当缩小。对处理深度较深或单点夯击能较大的工程，第一遍夯击点间距宜适当增大[20]。

(4) 单点的夯击次数与夯击遍数

1) 夯击击数。每遍每夯点的夯击击数可通过试验确定，且应同时满足下列条件：

①最后两击的平均夯沉量不大于下列数值：当单击夯击能小于 3000kN·m 时为 50mm；当单击夯击能为 3000～6000kN·m 时为 100mm；当单击夯击能为 6000～10000kN·m 时为 200mm；当单击夯击能为 10000～15000kN·m 时为 250mm；当单击夯击能大于 15000kN·m 时为 300mm。

②夯坑周围地面不应发生过大隆起。

③不因夯坑过深而发生起锤困难。

总之，各夯击点的夯击数，应使土体竖向压缩最大，而侧向位移最小为原则，一般为 4～10 击。

2) 夯击遍数。夯击遍数应根据地基土的性质确定，一般情况下，可采用点夯 2～4 遍，最后再以低能量（为前几遍能量的 1/5～1/4，锤击数为 2～4 击）满夯 1～2 遍，满夯可采用轻锤或低落距锤多次夯击，锤印搭接。对于渗透性较差的细颗粒土，必要时夯击遍数可适当增加。

(5) 间歇时间

两遍夯击之间应有一定的时间间隔，间隔时间取决于土中超静孔隙水压力的消散时间。当缺少实测资料时，可根据地基土的渗透性确定，对于渗透性较差的黏性土地基，间隔时间不应少于 3～4 周；对于渗透性好的地基可连续夯击。目前国内有的工程对黏性土地基的现场埋设了袋装砂井（或塑料排水带），以便加速孔隙水压力的消散，缩短间歇时间。

(6) 现场测试（试夯）

根据初步确定的强夯参数，提出强夯试验方案，进行现场试夯。应根据不同土质条件待夯结束一至数周后，对试夯场地进行检测，并与夯前测试数据进行对比，检验强夯效果，确定工程采用的各项强夯参数。测试工作一般有以下几个方面内容：

1) 地面及深层变形，主要是为了了解地表隆起的影响范围及垫层的密实度变化；通过研究夯击能与夯沉量的关系，确定单点最佳夯击能量。

2) 孔隙水压力，研究在夯击作用下孔隙水压力沿深度和水平距离的增长和消散的分布规律。从而确定两个夯击点间的夯距、夯击的影响范围、间歇时间以及饱和夯击能等参数。

3) 侧向挤压力，在夯击作用下，可测试每夯击一次的压力增量沿深度的分布规律。

4) 振动加速度，通过测试地面振动加速度可以了解强夯振动的影响范围。

5) 根据试夯夯沉量确定起夯面标高和夯坑回填方式。

条形基础，夯点可成行布置；对独立柱基础，可按柱网设置采取单点或成组布置，在基础下面必须布置夯点。强夯处理范围应大于建筑物基础范围，具体的放大范围，可根据建筑物类型和重要性等因素考虑决定。对一般建筑物，每边超出基础外缘的宽度宜为设计处理深度的 1/3～1/2，并不宜小于 3m；对可液化地基，扩大范围不应小于可液化土层厚度的 1/2，并不小于 5m。

3. 施工[20][49]

(1) 施工设备

1) 夯锤

用钢板作外壳，内部焊接钢筋骨架后浇筑 C30 混凝土（图 10-17），或用钢板做成组合成的夯锤（图 10-18），以便于使用和运输。夯锤底面有圆形和方形两种，圆形定位方便，稳定性和重合性好，采用较广；锤底面积宜按土的性质和锤重确定，锤底静压力值可取 25～80kPa 或 20～80kPa，单击夯击能高时取大值，单击夯击能低时取小值，对于细颗粒土锤底静接地压力宜取较小值。对于粗颗粒土（砂质土和碎石类土）选用较大值，一般锤底面积为 3～4m²；对于细颗粒土（黏性土或淤泥质土）宜取较小值，锤底面积不宜小于 6m²。锤重一般为 10～60t。夯锤中宜设 4～6 个直径 300～400mm 或 250～500mm 上下贯通的排气孔，以利空气迅速排走，减小起锤时，锤底与土面间形成真空产生的强吸气附力和夯锤下落时的空气阻力，以保证夯击能的有效性。

2) 起重设备

施工机械宜采用带有自动脱钩装置的履带式起重机或其他专用设备。采用履带式起重机时，可在臂杆端部设置辅助门架，或采取其他安全措施，防止落锤时机架倾覆。

3) 脱钩装置

国内目前使用较多的是通过动滑轮组用脱钩装置来起落夯锤。脱钩装置要求有足够的强度，使用灵活，脱钩快速、安全。常用的工地自制自动脱钩器由吊环、耳板、销环、吊钩等组成（图 10-19），系由钢板焊接制成。拉动脱钩器的钢丝绳，其一端固定在销柄上，另一端穿过转向滑轮，固定在悬臂杆底部横轴上，以钢丝绳的长短控制夯锤的落距，夯锤挂在脱钩器的钩上，当吊钩提升到要求的高度时，张紧的钢丝绳将脱钩器的伸臂拉转一个角度，致使夯锤突然下落，同时可控制每次夯击落距一致，可自动复位，使用灵活方便，也较安全可靠。

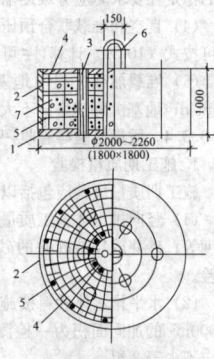

图 10-17　混凝土夯锤图
（圆柱形重 12t；方形重 8t）
1—30mm 厚钢板底板；
2—18mm 厚钢板外壳；
3—6×φ159mm 钢管；
4—水平钢筋网片 φ16@200mm；
5—钢筋骨架 φ14@400mm；
6—φ50mm 管环；7—C30 混凝土

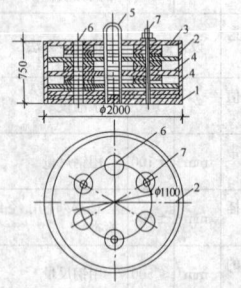

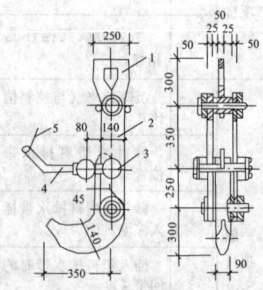

图 10-18　装配式钢夯锤
（可组合成 6、8、10、12t）
1—50mm 厚钢板底盘；2—15mm 厚钢板外壳；3—30mm 厚钢板顶板；4—中间块（50mm 厚钢板）；5—φ50mm 吊环；6—φ200mm 排气孔；7—M48mm 螺栓

图 10-19　强夯自动脱钩器[50]
1—吊环；2—耳板；3—销环轴辊；4—销柄；5—拉绳

(2) 施工程序及注意事项

1) 施工程序[20]

①清理并平整施工场地；

②铺设垫层，在地表形成硬层，用以支承起重设备，确保机械通行和施工。同时可加大地下水和表层面的距离，防止夯击的效率降低；

③标出第一遍夯击点的位置，并测量场地高程；

④起重机就位，使夯锤对准夯点位置；

⑤测量夯前锤顶标高；

⑥将夯锤起吊到预定高度，待夯锤脱钩自由下落后放下吊钩，测量锤顶高程；若发现因坑底倾斜而造成夯锤歪斜时，应及时将坑底整平；

⑦重复步骤⑥，按设计规定的夯击次数及控制标准，完成一个夯点的夯击；

⑧重复步骤④～⑦，完成第一遍全部夯点的夯击；

⑨用推土机将夯坑填平，并测量场地高程；

⑩在规定的间隔时间后，按上述步骤逐次完成全部夯击遍数，最后用低能量满夯，将场地表层土夯实，并测量夯后场地高程。

2）施工中的注意事项[49]

①做好强夯地基的地质勘察，对不均匀土层适当增多钻孔和原位测试工作，掌握土质情况，作为制定强夯方案和对比夯前、夯后加固效果之用。必要时进行现场试验性强夯，确定强夯施工的各项参数。同时应查明强夯范围内的地下构筑物和各种地下管线的位置及标高，并采取必要的防护措施，以免因强夯施工而造成损坏。

②强夯前应平整场地，周围做好排水沟，沟网最大间距不宜超过15m，按夯点布置测量放线确定夯位。地下水位较高时，应在表面铺0.5～2.0m中（粗）砂或砂砾石、碎石垫层，以防设备下陷和便于消散强夯产生的孔隙水压力，或采取降低地下水位后再强夯。

③强夯应分段进行，顺序从边缘夯向中央（图10-20）。对厂房柱基亦可一排一排夯，起重机直线行驶，从一边向另一边进行，每夯完一遍，用推土机整平场地，放线定位即可接着进行下一遍夯击。强夯法的加固顺序是：先深后浅，即先加固深层土，再加固中层土，最后加固表层土。最后1遍夯完后，再以低能量满夯2遍，如有条件可采用小夯锤夯击为佳。

16	13	10	7	4	1
17	14	11	8	5	2
18	15	12	9	6	3
18'	15'	12'	9'	6'	3'
17'	14'	11'	8'	5'	2'
16'	13'	10'	7'	4'	1'

图10-20 强夯顺序

④回填土应控制含水量在最优含水量范围内，如低于最优含水量，可钻孔灌水或洒水浸渗。

⑤夯击时应按试验和设计确定的强夯参数进行，落锤应保持平稳，夯位应准确，夯击坑内积水应及时排除。坑底上含水量过大时，可铺砂石后再进行夯击。在每一遍夯击之后，要用新土或周围的土将夯击坑填平，再进行下一遍夯击。强夯后，基坑应及时修整，浇筑混凝土垫层封闭。

⑥雨季填土区强夯，应在场地四周设排水沟、截洪沟，防止雨水流入场内；填土应使中间稍高，土料含水率应符合要求；认真分层回填，分层推平、碾压，并使表面保持1%～2%的排水坡度；当班土当班推平压实；雨后抓紧排除积水，推掉表面稀泥和软土，再碾压；夯后夯坑立即推平、压实，使高于四周。

⑦冬期施工应清除地表的冻土层再强夯，当最低温度在−15℃以上、冻深在800mm以内时，夯击次数要适当增加，如有硬壳层，要适当增加夯次或提高夯击功能；冬季点夯处理的地基，满夯应在解冻后进行，满夯能级应适当增加；强夯施工完成的地基在冬季来临时，应覆盖层保护，覆盖层厚度不应低于当地标准冻深。

⑧做好施工过程中的监测和记录工作，包括检查夯锤重和落距，对夯点放线进行复核，检查夯坑位置，按要求检查每个夯点的夯击次数和每击的夯沉量等，并对各项参数及施工情况进行详细记录，作为质量控制的根据。

⑨软土地区及地下水位埋深较浅地区可采用降水联合低能量强夯施工，施工前应先安装降排水系统，降水系统宜采用真空井点系统，在加固区以外3～4m宜设置外围封闭井点；夯击区降水设备的拆除应待地下水位降至设计水位并稳定不少于2d后进行；低能级强夯原则为少击多遍、先轻后重；每遍强夯间歇时间宜根据超孔隙水压力消散不低于80%所需时间确定。

⑩当强夯施工时所产生的振动，对邻近建筑物或设备产生有害影响时，应采取防振或隔振措施。

10.3.4.2 强夯置换法设计施工

1. 加固原理及适用范围

强夯置换法是近年来从强夯加固法发展起来的一种新的地基处理方法，属于夯实地基，它主要适用于软弱黏性土地基的加固处理。加固机理为动力置换，即强夯将碎石整体挤入软弱黏性土成整式置换或间隔夯入淤泥成桩式碎石墩。

按强夯置换方式的不同，强夯置换法又可分为桩式置换和整式置换两种不同的形式。整式置换是采用强夯将碎石整体挤入软弱黏性土中，其作用机理类似于换土垫层。桩式置换是通过强夯将碎石填筑成土体中，部分碎石桩（或墩）间隔夯入软弱黏性土中，形成桩式（或墩式）的碎石墩（或桩）。其作用机理类似于振冲法等形成的碎石桩，它主要是靠碎石内摩擦角和墩间土的侧限来维持桩体的平衡，并与墩间土起复合地基的作用。

2. 设计[20][49]

强夯置换法的设计应符合下列规定：

(1) 桩式置换施工设计参数

1) 桩式置换中，置换深度的大小由土质条件决定，除厚层饱和粉土外，应穿透软土层，到达较硬土层上。深度不宜超过10m。

2) 置换深度又与强夯置换的夯击能量和夯锤的底面积密切相关。试验表明，单击夯击能量越大，强夯产生的有效加固深度也越深，强夯挤密区域也越大，夯坑深度相应也较深。同时，在一定范围内，提高单点夯击，也能大大改善置换加固的效果。在夯击能量和地质条件一定的情况下，夯坑夯击深度同单位底面积的夯击能量与单位面积锤底静压力密切相关，夯与夯锤底面积。夯锤底面积越小，对地基的楔入效果和贯入力就越大，夯击后获得的置换深度就越深。因此，强夯置换与普通强夯相比，宜采用锤底面积较小的夯锤，一般夯锤底面直径宜控制在2m以内。

3) 夯点的夯击次数应通过现场试夯确定，且应同时满足下列条件[20]：

①墩底穿透软弱土层，且达到设计墩长；

②累计夯沉量为设计墩长的1.5～2.0倍；

③最后两击的平均夯沉量参见强夯法的要求。

4) 桩式置换的夯点布置宜采用等边三角形或正方形。夯点的间距应视被置换土体的性质（承载力）和上部结构的荷载大小而定，当满堂布置时可取夯锤直径的2.0～3.0倍。对独立基础或条形基础可取夯锤直径的1.5～2.0倍。墩的计算直径可取夯锤直径的1.1～1.2倍。当土质较差、要求置换深度较深及承载力要求较高时，夯点间距宜适当加密。对独立基础或条形基础可根据基础形状与宽度相应布置。对于办公楼、住宅楼等，可根据承重墙位置布置较密的置换点，一般可采用等腰三角形布点，这样可保证承重墙以及纵、横墙交接处墙基下有夯点，对于一般堆场、水池、仓库、储罐等地基，夯点间距可适当加大些。

为防止夯击时吸锤现象，强夯置换前，可在软土表面铺设1～2m的砂石垫层，同时也利于强夯机械在软土表面上的行走。

5) 桩式置换材料要求

桩式置换形成的桩体，主要依靠自身骨料的内摩擦角和桩间土的侧限来维持桩身的平衡。桩体材料，必须选择具有较高抗剪性能、级配良好的石渣等粗颗粒骨料。可采用级配良好的块石、碎石、矿渣、建筑垃圾或坚硬粗颗粒材料，粒径大于300mm的颗粒含量不宜超过全重的30%，含泥量不得超过10%。

(2) 整式置换法施工设计参数

1) 单击夯击能

整式置换由于需要将淤泥挤向四周而使填筑材料挤至淤泥底层，因而其单击能量应大于普通的强夯加固能量。单击夯能可采用Menard公式估算。

$$H = \sqrt{M \cdot h}^{[28]} \tag{10-21}$$

式中 H——有效加固深度（m）；

M——夯锤重（t）；

h——落距（m）。

国内外大量工程实测结果表明，按Menard公式计算加固深度偏大很多，需经修正才能符合实际加固深度，即有

$$H = \alpha \sqrt{M \cdot h} \tag{10-22}$$

式中 α ——修正系数。

王成华收集整理了我国 40 项强夯工程和试验实测的 Menard 公式修正系数的值，α 值范围为 $0.2\sim0.95$，α 在 $0.40\sim0.70$ 之间的频数约为 80%[29]。

2）单位面积的单击能

强夯时，强夯动应力的扩散随夯锤底面积的变化而变化，夯锤底面积小时，动应力扩散小，应力等值线呈柱状分布，有利于挤淤；夯锤底面积大时，应力等值线呈灯泡状分布，有利于压实而不利于挤淤。杨光煦等通过现场原位对比试验也揭示出，单位面积单击击能越大挤淤效果越显著，单位面积单击夯击能或锤底静压力过小，挤淤效果就较差。因此，强夯挤淤应提高夯锤锤底单位面积的静压力和单位面积的单击夯击能，单位面积单击夯击能不宜小于 $1500\text{kN}\cdot\text{m/m}^2$。

3）夯击次数

强夯挤淤与强夯加固的目的不同，因此，夯击时宜利用淤泥的触变性连续夯击挤淤，不宜间歇，一般宜一遍接底。夯击次数宜控制在最后一击下沉量不超过 5cm。当坑深度超过 2.5m 后，挂钩会发生困难，因此，当夯坑深度超过 2.5m 时，如仍击接底，可推平后再进行夯击。

4）夯点间距

整体置换挤淤的间距可根据强夯抛填体实测应力扩散角，按式（10-23）计算，并参照强夯试验结果，要求夯坑顶连成一片，且夯坑间夹壁应比周围未强夯部位低 0.5m 以上。

$$S = D + 2H\tan\alpha \quad[30] \qquad (10\text{-}23)$$

式中 S——夯点间距；

D——夯锤直径；

H——抛填体厚度；

α——应力扩散角，块石可取 $8°\sim11°$。

5）加固宽度

整式挤淤置换除了要满足建筑物基础应力扩散要求和建筑施工期间车辆往来的宽度要求外，还要满足整式挤淤沉堤的整体稳定性和局部稳定性。整式挤淤沉堤的宽度 L 应满足式（10-24）和式（10-25），的要求。

$$L \geqslant \frac{\gamma H^2}{C_u}\tan\left(45° - \frac{\varphi}{2}\right) + 2H\tan\left(45° - \frac{\varphi}{2}\right)^{[30]}$$
$$(10\text{-}24)$$

式中 L——整式置换的宽度；

γ、φ——沉堤填料的重度及内摩擦角；

H——施工期间沉堤厚度；

C_u——淤泥的不排水抗剪强度。

式中第一项为整体稳定的宽度要求，第二项为局部稳定的安全储备。

$$B' = B + 2z\tan\theta^{[30]} \qquad (10\text{-}25)$$

式中 B'——接底宽度；

B——基础底面宽度；

z——强夯置换地基深度。

3. 施工

（1）施工设备

施工机具参见强夯法。锤底静压力值宜大于 100kPa。

（2）施工程序及注意事项

1）施工程序[20]

①清理并平整施工场地，当表土松软时可铺设一层厚度为 1.0～2.0m 的砂石施工垫层。

②标出夯点位置，并测量场地高程。

③起重机就位，夯锤置于夯点位置。

④测量夯前锤顶高程。

⑤夯击并逐击记录夯坑深度。当夯击过深而发生起锤困难时停夯，向坑内填料直至与坑顶平，记录填料数量，如此重复直至满足规定的夯击次数及控制标准完成一个墩体的夯击。当夯点周围软土挤出影响施工时，可随时清理并在夯点周围铺垫碎石，继续施工。

⑥按由内而外，隔行跳打原则完成全部夯点的施工。

⑦整式挤淤置换宜采用一排施工方式，如图 10-21 所示，排夯

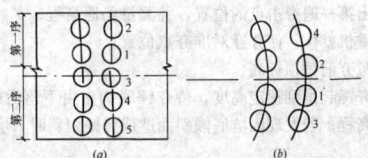

图 10-21 整式挤淤置换的强夯顺序
（a）二序施工法；（b）一序施工法

击顺序必须由抛填体中心向两侧逐点夯击。采用 50t 夯机时，为避免形成扇形布点，分二序施工；先夯一侧，再夯击另一侧。采用 100t 夯机时，可一序施工。如两边孔夯击一遍有残夯淤泥，须进行第二遍填。

⑧推平场地，用低能量满夯，将场地表层松土夯实，并测量夯后场地高程。

⑨铺设垫层，并分层碾压密实。

2）施工注意事项

施工中的注意事项参见强夯法。

10.3.4.3   重锤夯实法设计施工

1. 加固原理及适用范围

重锤夯实是利用起重机械将夯锤提升到一定高度，然后自由落下，重复夯击基土表面，使地基表面形成一层比较密实的硬壳层，从而使地基得到加固。（重锤）夯实法主要适用于稍湿的杂填土、黏性土、砂性土、湿陷性黄土和碎石土、砂土、粗粒土与低饱和度细粒土的分层填土等地基。

2. 设计[20]

重锤夯实法设计应符合下列规定：

（1）施工前应进行试夯，试夯的层数不宜小于两层，确定有关技术参数，如夯锤重量、底面直径及落距，最后下沉量及相应的夯击遍数和总下沉量。常用锤重为 1.5～3.2t，落距为 2.5～4.5m，夯打遍数一般取 6～10 遍。当最后两遍的平均夯沉量对于黏性土和湿陷性黄土一般不大于 10～20mm，对于砂性土等一般不大于 5～10mm。最后下沉量对细颗粒土不宜超过 10～20mm。土被夯实的有效影响深度，一般约为重锤直径的 1.5 倍。

（2）夯实前，槽、坑底面的标高应高出设计标高，预留土层的厚度可为试夯时的总下沉量再加 50～100mm；基槽、坑的坡度应适当放缓。

（3）重锤夯实地基的质量以压实系数控制，应根据结构类型和压实填土所在部位按表 10-38 的数值确定。

重锤夯实地基的质量控制   表 10-38

结构类型	填土部位	压实系数 c	控制含水量（%）
砌体承重结构和框架结构	在地基主要受力层范围内	$\geqslant0.97$	$w_{op}\pm2$
	在地基主要受力层范围以下	$\geqslant0.95$	
	在地基主要受力层范围内	$\geqslant0.96$	
排架结构	在地基主要受力层范围以下	$\geqslant0.94$	

3. 施工[20][49]

（1）施工设备

1）夯锤

用 C20 钢筋混凝土制成，外形为截头圆锥体，底直径 1.0～1.5m，锤底面单位静压力宜为 15～20kPa。吊钩宜采用自制半自动脱钩器，以减少吊索的磨损和机械振动。

2）起重机

可采用配置有摩擦式卷扬机的履带式起重机、打桩机、悬臂式桅杆式起重机或龙门式起重机等。其起重能力：当采用自动脱钩时，应大于夯锤重量的 1.5 倍；当直接用钢丝绳悬吊夯锤时，应大于夯锤重量的 3 倍。

（2）施工程序及注意事项

1）夯实前检查地基土的含水量，控制在最优含水量范围以内，现场以手捏紧后，松手土不散，易变形而不挤出，抛在地上即呈碎

裂为合适；如表层含水量过大，可采取撒干土、碎砖、生石灰粉或换土等措施；如土含水量过低，应适当洒水，加水后待全部渗入土中，一昼夜后方可夯打。

2）大面积基坑或条形基槽内夯实时，应一夯换一夯顺序进行［图10-22（a）］；在独立柱基夯打时，可采用先周边后中间或先外后里的跳打法［图10-22（b）、（c）］；当采用悬臂式桅杆式起重机或龙门式起重机夯实时，可采用［图10-22（d）］顺序，以提高功效。

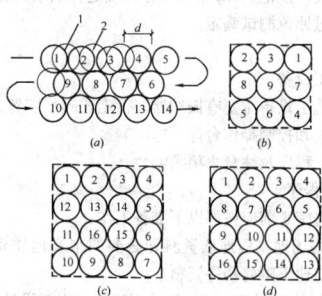

图10-22　重锤夯打顺序
1—夯位；2—重叠夯；d—重锤直径

3）基底标高不同时，应按先深后浅的程序逐层挖土夯实，不宜一次挖成阶梯形，以免夯打时在高低相交处发生坍塌。夯打做到落距正确，落锤平稳，夯位准确，基坑的夯实宽度应比基坑每边宽0.2～0.3m。基槽底面边角不易夯实部位应适当增大夯实宽度。

4）重锤夯实填土地基时，应分层进行，每层的虚铺厚度以相当于锤底直径为宜。夯实层数不宜少于2层。夯实完后，应将基坑、槽表面修整至设计标高。

5）重锤夯实在10～15m以外对建筑物振动影响较小，可不采取防护措施，在10～15m以内，应挖防振沟等作隔振处理。

6）冬期施工，如土已冻结，应将冻土层铲去或通过烧热法将土层融解。若基坑挖好后不能立即夯实，应采取防冻措施，如在表面覆盖草垫、锯屑或松土保温。

7）夯实结束后，应及时将夯松的表层浮土清除或将浮土在接近最优含水量状态下重新用1m的落距夯实至设计标高。

10.3.4.4　质量检验与验收[20][26]

1. 施工期质量检验

施工期质量检验应包括以下内容：

（1）施工前应检查夯锤质量、尺寸，落距控制手段，排水设施及被夯地基的土质。

（2）在每一遍夯击前，应对夯点放线进行复核，夯完后检查夯坑位置，发现偏差或漏夯应及时纠正。

（3）施工中应检查落距、夯击遍数、夯点位置、夯击范围和每击的夯沉量、最后两级的平均夯沉量和总夯沉量。对强夯置换尚应检查置换深度。

（4）检查施工过程中的各项测试数据和施工记录，不符合设计要求时应补夯或采取其他有效措施。强夯置换施工中可采用超重型或重型圆锥动力触探检查置换着底情况。

（5）重锤夯实地基的施工质量检验应分层进行，应分层取样检验土的干密度和含水量，每50～100m²面积内应有一个检测点，压实系数不得低于表10-38的规定，对碎石土干密度不得低于2.0t/m³。

（6）重锤夯实的质量验收，除符合试夯最后下沉量的规定要求外，同时还要求基坑（槽）表面的总下沉量不小于试夯总下沉量的90%为合格。如不合格应进行补夯，直至合格为止。

2. 竣工后质量验收[20][26]

竣工后质量检验应包括以下内容：

（1）强夯处理后的地基竣工验收承载力检验，应在施工结束后间隔一定时间方能进行，对于碎石土和砂土地基，其间隔时间可取7～14d；粉土和黏性土地基可取14～28d。强夯置换地基间隔时间可取28d。

（2）强夯处理后的地基竣工验收时，承载力检验应采用原位测试和室内土工试验。强夯置换后的地基竣工验收时，承载力检验除应采用单墩载荷试验检验外，尚应采用动力触探等有效手段查明置换墩着底情况及承载力与密度随深度的变化，对饱和粉土地基允许采用单墩复合地基载荷试验代替单墩载荷试验。

（3）竣工验收承载力检验的数量，应根据场地复杂程度和建筑物的重要性确定，对于简单场地上的一般建筑物，每个建筑地基的载荷试验检验点不应少于3点；对于复杂场地或重要建筑地基应增加检验点数。强夯置换地基荷载试验检验和置换墩着底情况检验数量均不应少于墩点数的1%，且不应少于3点。

3. 检验与验收标准

强夯、强夯置换法及重锤夯实地基质量标准如表10-39所示。

强夯、强夯置换法及重锤夯实地基质量检验标准[26]

表10-39

项	序	检查项目	允许偏差或允许值		检查方法
			单位	数值	
主控项目	1	地基强度	设计要求		按规定方法
	2	地基承载力	设计要求		按规定方法
一般项目	1	夯锤落距	mm	±300	钢尺量、钢索设标志
	2	夯锤定位	mm	±150	钢尺量
	3	锤重	kg	±100	称重
	4	夯击遍数及顺序设计要求计数法	设计要求		计数法
	5	夯点间距	mm	±500	用钢尺量
	6	满夯后场地平整度	mm	±500	水准仪
	7	夯击范围（超出基础范围距离）	设计要求		用钢尺量
	8	最后两击平均夯沉量	设计要求		水准仪
	9	前后两遍间歇时间设计要求	设计要求		

10.3.5　振　冲　法

10.3.5.1　振冲法设计施工

1. 加固原理及适用范围

振冲法加固地基的基本原理是对原地基土进行挤密和置换，分为振冲置换法和振冲密实法两类。前者是在地基土中借振器成孔，振密填料置换，形成由碎石、砂砾等散粒材料组成的桩体，与原地基土一起构成复合地基，使地基承载力提高，减少地基变形，此方法又称为振冲置换碎石桩法；后者主要是利用振动和压力水使砂层液化，砂颗粒相互挤密，重新排列，孔隙减少，从而提高砂层的承载力和抗液化能力，它又称为振冲挤密砂桩法，这种桩根据砂土性质的不同，又有加填料和不加填料两种。

振冲法适用于处理砂土、粉土、粉质黏土、素填土和杂填土等地基。在砂性土中，振冲起挤密作用，称振冲挤密。不加填料的振冲挤密仅适用于处理黏粒含量小于10%的中、粗砂地基。在黏性土中，振冲主要起置换作用，称振冲置换。主要适用于处理不排水抗剪强度不小于20kPa的黏性土、粉土、饱和黄土和人工填土等地基。

对于处理不排水抗剪强度不小于20kPa的饱和黏性土和饱和黄土地基，应在施工前通过现场试验确定其适用性。对于大型的、重要的或者场地地质条件复杂的工程，在正式施工前应通过现场试验确定其处理效果。

2. 设计[20]

振冲法的设计应符合下列规定：

（1）振冲桩处理范围：振冲桩处理范围应根据建筑物的重要性和场地条件确定，当用于多层建筑和高层建筑时，宜在基础外缘扩大1～3排桩。当要求消除地基液化时，在基础外缘扩大宽度不应小于基底下可液化土层厚度的1/2，并不应小于5m。

（2）桩位布置方式：对大面积满堂处理，宜用等边三角形布置；对单独基础或条形基础，宜用正方形、矩形或等腰三角形布置。

（3）振冲桩间距：振冲桩的间距应根据上部结构荷载大小和场地土质情况，并结合所采用的振冲器功率大小综合考虑。30kW 振冲器布桩间距可采用 1.3～2.0m；55kW 振冲器布桩间距可采用 1.4～2.5m；75kW 振冲器布桩间距可采用 1.5～3.0m。荷载大或对黏性土宜采用较小的间距，荷载小或对砂土宜采用较大的间距。

（4）桩长的确定：当相对硬层埋深不大时，应按相对硬层埋深确定；当相对硬层埋深较大时，按建筑物地基变形允许值确定；在可液化地基中，桩长应按要求的抗震处理深度确定。桩长不宜小于 4m。

（5）振冲桩直径的确定：振冲桩的平均直径可按每根桩所用填料量计算。振冲桩直径通常为 0.8～1.2m。

（6）桩体所用材料：桩体材料可用含泥量不大于 5% 的碎石、卵石、矿渣或其他性能稳定的硬质材料，不宜使用风化易碎的石料。常用的填料粒径为：30kW 振冲器 20～80mm；55kW 振冲器 30～100mm；75kW 振冲器 40～150mm。填料的作用，一方面是填充在振冲器上拔后在土中留下的孔洞，另一方面是利用其作为传力介质，在振冲器的水平振动下通过连续加料将桩间土进一步振挤加密。

（7）碎石垫层的铺设：在桩顶和基础之间宜铺设一层 300～500mm 厚的碎石垫层，碎石垫层起水平排水的作用，有利于施工后土层加快固结，更大的作用是基础顶部采用碎石垫层可以起到明显的应力扩散作用，降低碎石桩和桩周围土的附加应力，减少碎石桩侧向变形，从而提高复合地基承载力，减少地基变形量。在大面积振冲处理的地基中，如局部基础下有较薄的软土，应考虑加大垫层厚度。

（8）承载力的确定：振冲桩复合地基承载力特征值应通过现场复合地基载荷试验确定，初步设计时也可用单桩和处理后桩间土承载力特征值按下式估算：

$$f_{spk} = mf_{pk} + (1-m)f_{sk} \qquad (10\text{-}26)$$

式中　f_{spk}——振冲桩复合地基承载力特征值（kPa）；
　　　f_{pk}——桩体承载力特征值（kPa），宜通过单桩静载荷试验确定；
　　　f_{sk}——处理后桩间土承载力特征值（kPa），宜按当地经验取值，如无经验时，可取天然地基承载力特征值。

$$m = d^2/d_e^2 \qquad (10\text{-}27)$$

式中　m——桩土面积置换率；
　　　d——桩身平均直径（m）；
　　　d_e——每根桩分担的处理地基面积的等效圆直径。

等边三角形布桩：$d_e = 1.05s$
正方形布桩：$d_e = 1.13s$
长方形布桩：$d_e = 1.13\sqrt{s_1 s_2}$

s、s_1、s_2 分别为桩间距、纵向间距和横向间距。

对小型工程的黏性土地基如无现场载荷试验资料，初步设计时复合地基的承载力特征值，也可按下式估算：

$$f_{spk} = [1 + m(n-1)]\alpha f_{ak} \qquad (10\text{-}28)$$

式中　n——桩土应力比，在无实测资料时，可取 2～4，原土强度低取大值，原土强度高取小值；
　　　f_{ak}——天然地基承载力特征值（kPa）；
　　　α——桩间土承载力提高系数，应按静载荷试验确定。

（9）地基变形计算：振冲处理地基的变形计算应符合现行国家标准《建筑地基基础设计规范》GB 50007 有关规定。复合土层的压缩模量可按下式计算：

$$E_{sp} = [1 + m(n-1)]E_s \qquad (10\text{-}29)$$

式中　E_{sp}——复合土层压缩模量（MPa）；
　　　E_s——桩间土压缩模量（MPa），宜按当地经验取值，如无经验时，可取天然地基压缩模量。

（10）不加填料振冲法设计

1）不加填料振冲加密宜在初步设计阶段进行现场工艺试验，确定不加填料振密的可能性、孔距、振密电流值、振冲水压力、振

后砂层的物理力学指标等。用 30kW 振冲器振密深度不宜超过 7m，75kW 振冲器不宜超过 15m。

2）不加填料振冲加密孔距可为 2～3m，宜用等边三角形布孔。

3）不加填料振冲加密地基承载力特征值应通过现场载荷试验确定，初步设计时也可根据加密后原位测试指标按现行国家标准《建筑地基基础设计规范》GB 50007 有关规定确定。

4）不加填料振冲加密地基变形计算应符合现行国家标准《建筑地基基础设计规范》GB 50007 有关规定。加密深度内土层的压缩模量应通过原位测试确定。

3. 施工

（1）施工设备

振冲法施工设备主要有振冲器、行走式起吊装置、泵送输水系统、加料机具和控制操作台等。

（2）施工程序及注意事项[20]

1）施工程序

①振冲法施工前应做好以下准备工作：

a. 建筑物场地工程地质资料和必要的水文地质资料，建筑场地地下管线与地下障碍物等资料。

b. 振冲桩施工图纸，振冲桩工程的施工组织设计或施工方案。

c. 施工前应根据复合地基承载力的大小，设计桩长，原状土强度的高低与设计桩径等条件，选用不同功率的振冲器。施工前，在施工现场（处理范围以外）进行两三个孔的试验，确定振冲施工参数，水压、清孔次数、填料方式、振密电流和留振时间等。

d. 清理平整施工场地，在施工场地四周用土筑起 0.5～0.8m 高的围堰，修排泥浆沟及泥浆存放池，布置振冲桩的桩位。

e. 成孔设备组装完成后，为准确控制成孔深度，在桩管上应设置控制深度的标志，以便在施工中进行观察记录。

②振冲桩的施工

a. 振冲器的选择。应根据振冲桩的直径、原状土的强度等选用不同规格的振冲器。30kW 振冲器一般成孔直径 0.6～0.9m；55kW 振冲器一般成孔直径 0.7～1.1m；75kW 振冲器一般成孔直径 0.9～1.5m。

b. 成孔方法。施工机具就位，振冲器对准桩位，即振冲器喷水中心与孔径中心偏差小于 50mm。启动水泵和振冲器，成孔时振冲器应保持 0.5～2.0m/min 的速度下沉，水压为 200～600kPa，水量为 200～400L/min。

c. 清孔。当成孔达到设计深度，以 1m/min 的速度边振冲器边冲水（水压 0.2～0.3MPa），将振冲器提至孔口，再以 5～6m/min 的速度边下沉振冲器边冲水至孔底。如此重复 2～3 次，最后将振冲器停留在设计加固深度以上 30～50cm 处，用循环水将孔中比较稠的泥浆冲出，清孔时间大约 1～2min。

d. 填料振密。清孔后开始填料制桩，每次倒入孔中的填料 0.2～0.5m³（即填料厚度不宜大于 500mm），然后将振冲器沉入到填料中进行振密。振冲直至达到密实电流并留振（保持密实电流）30s。将振冲器提升 300～500mm，重复填料、振密等以上步骤，自下而上逐段制作桩体直至完成整个桩体，每米振密时间宜为 1min。上述这种不提出振冲器，在孔口投料的方法称为连续下料法。当采用小功率振冲器下料困难时可采用间断下料法，将振冲器提出孔口，再将振冲器沉入到填料中进行振密，如此反复进行，也是自下而上逐段制作桩体直至完成整个桩体。

e. 每根桩每倒一次料，都必须记录桩体深度、填料量、密实电流和留振时间等。

f. 密实电流：30kW 振冲器密实电流一般为 45～55A；55kW 振冲器密实电流一般为 75～85A；75kW 振冲器密实电流一般为 95～105A。

g. 施工现场应事先开设泥水排放系统，或组织好运泥车辆将泥浆运至预先安排的存放地点，应尽可能设置沉淀池重复使用上部清水。

h. 桩体施工完毕后应将顶部预留的松散桩体挖除，如无预留应将松散桩头压实，随后铺设并压实垫层。

i. 不加填料振冲加密宜采用大功率振冲器，为了避免造孔中塌砂将振冲器抱住，下沉速度宜快，造孔速度宜为 8～10m/min，到

达深度后将射水量减至最小，留振至密实电流达到规定时，上提0.5m，逐段振密直至孔口，一般每米振密时间约1min。在粗砂中施工如遇下沉困难，可在振冲器两侧增焊辅助水管，加大造孔水量，但造孔水压宜小。

j．振密孔施工顺序宜沿直线逐点逐行进行。

2）施工中的注意事项

①振冲施工时，要特别注意清孔问题。如果孔内黏土颗粒较多，不仅影响振冲桩的强度，而且桩体透水性差，尤其是对于处理液化地基，振冲桩起不到排水通道的作用，因此在施工中注意以下几点：

a．清孔必须清到底，否则桩体底部将充满成孔时带下来的小颗粒土；

b．清孔时上提振冲器的速度不宜过快，否则小颗粒土还没有清除孔外，振冲器的振冲水流又将它们冲回孔内；

c．成孔后应及时清孔，否则孔内泥浆沉淀在桩体下部，对振冲桩强度有较大的影响；

d．上下反复清孔2~3次，并保证最后振冲器在孔底清孔时间不少于1min。

②监控台至振冲器的电缆不宜太长，过长电缆的电压降使振冲器的工作电压达不到设计要求的电压，影响振冲器正常工作，即影响振冲桩的施工质量。

③一般成孔时的水压应根据土质情况而定，对强度低的土水压要小一些；强度高的土水压要大一些。成孔时的水压与水量要比加料振密过程中的大，当成孔接近设计加固深度时，要降低水压，避免破坏桩底以下的土。

④在填料振密制桩施工时，不要把振冲器刚接触填料瞬间的电流值作为密实电流。只有振冲器在某一个固定深度上达到并保持密实电流持续一段时间（称为留振时间），才能保证该段桩体的密实，一般留振时间为10~20s。为确保桩体的密实，每制成300~500mm的桩，留振30~50s。

⑤对于抗剪强度低的黏性土地基，为防止串孔并减少制桩时对原状土的扰动，应采用间隔施工方法。

10.3.5.2　质量检验与验收[20][26]

1．施工期质量检验

施工期质量检验应包括以下内容：

（1）施工前应检查振冲器的性能，电流表、电压表的准确度及填料的性能。

（2）施工中应检查密实电流、供水压力、供水量、填料量、孔底留振时间、振冲点位置、振冲器施工参数等（施工参数由振冲试验或设计确定）。

2．竣工后质量验收

竣工后质量检验应包括以下内容：

（1）检验时间，振冲施工结束，粉土地基14~21d后进行检验；黏性土地基21~28d后进行检验，对砂土和杂填土地基，不宜少于7d。

（2）检验方法，振冲桩的施工质量检验可采用单桩载荷试验，或采用重型（Ⅱ）动力触探。单桩载荷试验的数量为总桩数的0.5%，并且不少于3根；对桩体可采用动力触探试验检测，对桩间土可采用标准贯入、静力触探、动力触探或其他原位测试等方法进行检测。桩间土质量的检测位置应在等边三角形或正方形的中心。检测数量不应少于桩孔总数的2%。

（3）液化地基的检验，如果振冲地基还需要消除地基地震液化，应采用桩间土标准贯入试验进行判别。标准贯入试验的数量，按《岩土工程勘察规范》GB 50021详细勘察要求的勘探点布置标准贯入试验孔。孔深应大于所处理的液化层深度。

（4）采用复合地基载荷试验，载荷试验的数量为总桩数的0.5%，且每个单体工程不应少于3点。

（5）对不加填料振冲挤密处理的砂土地基，竣工验收承载力检验应采用标准贯入、动力触探、载荷试验或其他合适的试验方法。检验点应选择在有代表性或地基土质较差的地段，并位于振冲点围成的单元形心处及振冲点中心处。检验数量可为振冲点数量的1%，总数不应少于5点。

（6）经质量检验不符合设计或规范要求的振冲地基，应进行补桩或采取其他有效的补救措施后，再进行质量检验。

3．检验与验收标准

振冲地基质量检验标准应符合表10-40的规定。

振冲地基质量检验标准　　表10-40

项目	序	检查项目	允许偏差或允许值		检查方法
			单位	数值	
主控项目	1	填料粒径	设计要求		抽样检查
	2	密实电流（黏性土）密实电流（砂性土或粉土）（以上为功率30kW振冲器）密实电流（其他类型振冲器）	AAA	50~5540~50(1.5~2.0)A₀	电流表读数，A₀为空振电流
	3	地基承载力	设计要求		按规定方法
一般项目	1	填料含泥量	%	<5	抽样检查
	2	振冲喷水中心与孔径中心偏差	mm	≤50	用钢尺量
	3	成孔中心与设计孔位中心偏差	mm	≤100	用钢尺量
	4	桩体直径	mm	<50	用钢尺量
	5	孔深	mm	±200	用钻杆或重锤测
	6	垂直度	%	≤1	经纬仪检查

10.3.6　砂石桩复合地基

10.3.6.1　砂石桩复合地基设计施工

1．加固原理及适用范围

砂石桩复合地基是指使用振动或冲击荷载在地基中成孔，再将砂石挤入土中，而形成的密实的砂（石）质桩体。其加固的基本原理是对原性质较差的土进行挤密和置换，达到提高地基承载力，减小沉降的目的。适用于以下地质条件：

（1）挤密松散的砂土、粉土、素填土和杂填土地基。

（2）对饱和黏土地基上对变形控制要求不严的工程也可采用砂石桩置换处理。

（3）可以处理饱和粉土、砂土的液化问题。

2．设计[20]

砂石桩复合地基设计应符合下列规定：

（1）设计所需资料

进行砂石桩复合地基设计需提供以下资料：

1）拟建建筑物对承载力和变形的要求，特别需注意对变形的要求。

2）对砂土和粉土应有地基土的天然孔隙比、相对密实度或标准贯入击数，对于黏性土地基，应有地基土的不排水抗剪强度指标。

3）所用砂石料特性。

4）施工机具及性能等资料。

（2）桩的布置方式及范围

桩位布置，对大面积满堂处理，可采用三角形、正方形、矩形布桩；对条形基础，可沿基础轴线布桩，当单排桩不能满足设计要求时，可采用多排布桩；对单独基础，可采用三角形、正方形、矩形或混合型布桩。

砂石桩处理范围应大于基底范围，处理宽度宜在基础外缘扩大1~3排桩。对可液化地基，在基础外缘扩大宽度不应小于可液化土层厚度的1/2，并不应小于5m。

（3）桩直径的选择和布桩间距的确定

砂石桩直径可采用300~800mm，对饱和黏性土地基宜选用较大的直径。砂石桩的间距应通过现场试验确定。对粉土和砂土地基，不宜大于砂石桩直径的4.5倍；对黏性土地基不宜大于砂石桩直径的3倍。初步设计时，砂石桩的间距也可按下列公式估算。

1）松散粉土和砂土地基

等边三角形布置：
$$s = 0.95 \xi d \sqrt{\frac{1+e_0}{e_0 - e_1}} \qquad (10\text{-}30)$$

正方形布置：
$$s = 0.89 \xi d \sqrt{\frac{1+e_0}{e_0 - e_1}} \qquad (10\text{-}31)$$

$$e_1 = e_{max} - D_{r1}(e_{max} - e_{min}) \qquad (10\text{-}32)$$

式中　　s——砂石桩间距（m）；

$\quad\quad d$——砂石桩直径（m）；

$\quad\quad \xi$——修正系数，当考虑振动下沉密实作用时，可取 1.1～1.2；不考虑振动下沉密实作用时，可取 1.0；

$\quad\quad e_0$——地基处理前砂土的孔隙比，可按原状土样试验确定，也可根据动力或静力触探等对比试验确定；

$\quad\quad e_1$——地基挤密后要求达到的孔隙比；

$\quad\quad e_{max}$、e_{min}——分别为砂土的最大、最小孔隙比，可按现行国家标准《土工试验方法标准》GB/T 50123 的有关规定确定；

$\quad\quad D_{r1}$——地基挤密后要求砂土达到的相对密实度，可取 0.70～0.85。

2）黏性土地基

等边三角形布置：
$$s = 1.08\sqrt{A_e} \qquad (10\text{-}33)$$

正方形布置：
$$s = \sqrt{A_e} \qquad (10\text{-}34)$$

式中　A_e——1 根砂石桩承担的处理面积（m²），$A_e = A_p/m$；

$\quad\quad m$——面积置换率，同式（10-27）。

（4）桩长的确定

砂石桩桩长可根据工程要求和工程地质条件通过计算确定：

1）当松软土层厚度不大时，砂石桩桩长宜穿过松软土层；

2）当松软土层厚度较大时，对按稳定性控制的工程，砂石桩桩长应不小于最危险滑动面以下 2m 的深度；对按变形控制的工程，砂石桩桩长应满足处理后地基变形量不超过建筑物的地基变形允许值并满足软弱下卧层承载力的要求；

3）对可液化的地基，砂石桩桩长应按现行国家标准《建筑抗震设计规范》GB 50011 的有关规定采用；

4）桩长不宜小于 4m。

（5）桩体材料的选用及填料量的控制

桩体材料可用碎石、卵石、角砾、圆砾、砾砂、粗砂、中砂或石屑等硬质材料，含泥量不得大于 5%，最大粒径不宜大于 50mm。

砂石桩桩孔内的填料量应通过现场试验确定，估算时可按设计桩孔体积乘以充盈系数 β 确定，β 可取 1.2～1.4。如施工中地面有下沉或隆起现象，则填料数量应根据现场具体情况予以增减。

（6）承载力的确定

砂石桩复合地基的承载力特征值，应通过现场复合地基载荷试验确定，初步设计时，也可通过下列方法估算：

1）对于采用砂石桩处理的复合地基，可按式（10-36）估算，估算承载力时，桩间土承载力提高系数，宜按当地经验取值，如无经验，对于松散的砂土、粉土可取 1.2～1.5，原土强度低取大值，原土强度高取小值；复合地基桩土应力比 n，在无实测资料时，可取 1.5～2.5，原土强度低取大值，原土强度高取小值。

2）对于采用砂桩处理的砂土地基，可根据挤密后砂土的密实状态，按现行国家标准《建筑地基基础设计规范》GB 50007 的有关规定确定。

（7）变形计算

砂石桩处理地基的变形计算，应按第 10.3.5.2 节第 9 条的规定计算，对砂桩处理的砂土地基，应按现行国家标准《建筑地基基础设计规范》GB 50007 的有关规定确定。

当砂石桩用于处理堆载地基时，应按现行国家标准《建筑地基基础设计规范》GB 50007 有关规定进行抗滑稳定性验算。

（8）砂石垫层的设置要求

砂石桩顶部宜铺设一层厚度为 300～500mm 的砂石垫层。

3. 施工

（1）施工设备

砂石桩采用振动沉管打桩机（KM2－1200A 型振动打桩机，图 10-22）或锤击沉管打桩机进行施工，参见桩基设备部分。配套机具有桩管、吊斗、1t 机动翻斗车等。

（2）施工程序及注意事项 [19][49][20]

1）施工程序

①施工前应进行成孔挤密试验，试验目的是确定施工工艺、填砂量、提升高度、挤压次数和时间、电机工作电流等。以此作为控制质量的标准，以保证挤密均匀和桩身的连续性。试验桩孔不得少于 7～9 个，以便核对地层资料，检验施工机具及施工工艺，发现问题及时通知设计单位调整设计或改进工艺。

②砂石桩的施工顺序，应从外围或两侧向中间进行，砂石桩的施工顺序：对砂土地基宜从外围或两侧向中间进行，在既有建（构）筑物邻近施工时，应背离建（构）筑物方向进行。如砂石桩间距较大，亦可逐排进行，以挤密为主的砂石桩同一排应间隔进行。

③砂石桩复合地基施工，成桩施工工艺有振动成桩法和锤击成桩法两种。

振动法系采用振动沉桩机将带活瓣桩尖的砂石桩同直径的钢管沉下，往桩管内灌砂后，可采用一次拔管、逐步拔管、重复压拔管三种方法，拔管宜在管内灌入砂料高度大于 1/3 管长后开始，拔管速度要均匀，不宜过快。一次拔管是边振动边慢慢拔出桩管，拔管速度 1～2m/min；逐步拔管是在振动拔管的过程中，每拔 0.5m 后停拔振动 10～20s；重复压拔管是将桩管压下然后再拔，以便将落入桩孔内的砂石压实，并可使桩径扩大。振动力以 30～70kN 为宜，不应太大，以防过分扰动土体。本法机械化、自动化水平和生产效率较高（150～200m/d），但因振动是垂直方向的，所以桩径扩大有限，适用于松散砂土和软黏土。

锤击法是带带有活瓣桩靴或混凝土桩尖的桩管，用锤击沉桩机打入土中，往桩管内灌砂后缓慢拔出，或在拔出过程中低锤击管，或将桩管压下再拔，砂石从桩管内排入桩孔成桩并使密实。由于桩管对土的冲击力作用，使桩周围土得到挤密，并使桩径向外扩展。但拔管不能过快，以免形成中断、缩颈而造成事故。对特别软弱的土层，亦可采取二次打入桩管灌砂石工艺，形成扩大砂石桩。如缺乏锤击沉管机，亦可采用蒸汽锤、落锤或柴油打桩机沉桩管，另配一台起重机拔管。本法适用于软弱黏性土。

④砂石桩施工后，应将基底标高下的松散层挖除或夯压密实，随后铺设并压实砂石垫层。

2）施工中的注意事项

①施工时桩位水平偏差不应大于 0.3 倍套管外径；套管垂直度偏差不应大于 1%。

②砂石桩桩孔内材料填料量应通过现场试验确定，估算时可按设计桩孔体积乘以充盈系数确定，充盈系数可取 1.2～1.4。如施工中地面有下沉或隆起现象，则填料数量应根据现场具体情况予以增减。

③由于砂石的挤入，打砂石桩地基表面会产生松动或隆起，因此，砂石桩施工标高要比基础底面高 1～2m，以便在开挖基坑时消除表层松土；如基坑底仍不够密实，可辅以人工夯实或机械碾压。

④灌砂石时含水量应加控制，对饱和土层，砂石可采用饱和状态，对非饱和土或杂填土，或能形成直立的桩孔壁的土层，含水量可采用 7%～9%。

⑤砂石桩应控制填砂石量。砂石桩孔内的填砂石量可按下式计算 [19]：

$$S = \frac{A_p \cdot l \cdot d_s}{1+e}(1+0.01w)\gamma_w \qquad (10\text{-}35)$$

式中　S——填砂石量（以重量计）；

$\quad\quad A_p$——砂石桩的截面积；

$\quad\quad l$——桩长；

$\quad\quad d_s$——砂石料的相对密度；

$\quad\quad e$——地基挤密后要求达到的孔隙比；

$\quad\quad w$——砂石料的含水量（%）；

$\quad\quad \gamma_w$——水的重度。

⑥砂石桩的灌砂量通常按桩孔的体积和砂在中密状态时的干密度计算（一般取 2 倍桩管入土体积）。砂石桩实际灌砂石量（不包括水重），不得少于设计值的 95%。如发现砂石量不够或砂石桩中

断等情况，可在原位进行复打灌砂石[49]。

10.3.6.2　质量检验与验收[20][26]

1. 施工期质量检验

施工期质量检验应包括以下内容：

（1）施工前应检查砂、砂石料的含泥量及有机质含量、样桩的位置等。

（2）施工中检查每根砂桩、砂石桩的桩位、灌砂、砂石量、标高、垂直度等。

（3）对套管法及沉管法，尚应检查套管往复挤压振动次数与时间、套管升降幅度和速度、每次填砂量及电流等项施工记录。

2. 竣工后的质量检验

竣工后质量检验应包括以下内容：

（1）砂桩、砂石桩地基竣工质量检验标准见表10-41。

砂桩、砂石桩地基竣工质量检验标准　表10-41

部位	检测标准		试验位置	试验数量
砂桩	动力触探	符合设计要求	砂桩中心	≥0.5%×桩数，且不少于3根，单体建筑不少于3点
	单桩载荷试验	符合设计要求		
桩间土	动力触探	符合设计要求	三角形或正方形的中心	≥2%×桩数
	标贯	符合设计要求		
	静力触探	符合设计要求		
可液化判别	实际标贯击数大于土层临界击数			

（2）竣工后的质量检验的时间。

砂桩施工结束后的质量检验时间应根据土性类别区别对待。对于饱和黏性土时间间隔不宜少于28d，饱和粉土和杂填土时间间隔不宜少于14～21d，饱和砂性土时间间隔不宜少于7d；对非饱和土一般可在施工后3～5d进行。

3. 检验与验收标准

砂石桩地基施工期间的质量检验标准如表10-42所示。

砂石桩地基施工期的质量检验标准[26]　表10-42

项目	序	检查项目	允许偏差或允许值		检查方法
			单位	数值	
主控项目	1	灌砂、砂石量	%	≥95	实际用砂、砂石量与计算体积比
一般项目	1	砂、砂石料的含泥量	%	≤3	试验室测定
	2	砂、砂石料的有机质含量	%	≤5	焙烧法
	3	桩位	mm	≤50	用钢尺量
	4	砂桩、砂石桩标高	mm	±150	水准仪
	5	垂直度	%	≤1.5	经纬仪检查桩管垂直度

10.3.7　水泥粉煤灰碎石桩复合地基（CFG桩）

10.3.7.1　水泥粉煤灰碎石桩复合地基（CFG桩）设计施工

1. 加固原理及适用范围

水泥粉煤灰碎石桩（简称CFG桩）是由水泥、粉煤灰、碎石、石屑或砂加水拌合形成的高粘结强度桩，和桩间土、褥垫层一起形成复合地基，共同承担上部结构荷载。

水泥粉煤灰碎石桩适用于处理黏性土、粉土、砂土和已自重固结的素填土等地基。对淤泥质土应按地区经验或通过现场试验确定其适用性。就基础形式而言，既可用于扩展基础，又可用于箱形基础、筏形基础。

2. 设计[20][51]

水泥粉煤灰碎石桩的设计应符合下列规定：

（1）水泥粉煤灰碎石桩应选择承载力相对较高的土层作为桩端持力层。

（2）桩径：长螺旋钻中心压灌、干成孔和振动沉管成桩宜取

350～600mm；泥浆护壁钻孔灌注素混凝土成桩宜取600～800mm；钢筋混凝土预制桩宜取300～600mm。

（3）桩距应根据基础形式、设计要求的复合地基承载力和复合地基变形、土性、施工工艺确定。箱形基础、筏形基础和独立基础，桩距宜取3～5倍桩径；墙下条形基础单排布桩宜取3～6倍桩径。桩长范围内有饱和粉土、粉细砂、淤泥、淤泥质土层，采用长螺旋钻中心压灌成桩施工可能发生窜孔时宜采用大桩距或采用跳打措施。

（4）水泥粉煤灰碎石桩只在基础内布桩，应根据建筑物荷载分布、基础形式、地基土性状，合理确定布桩参数：

1）对框架核心筒结构形式，核心筒部位布桩，宜减小桩距、增加桩长或加大桩径，提高复合地基承载力和模量；

2）对设有沉降缝或抗震缝的建筑物，宜在沉降缝或抗震缝部位，采用减小桩距、增加桩长或加大桩径布桩，以防止建筑物发生较大相向变形；

3）对相邻柱荷载水平相差较大的独立基础，应按变形控制进行复合地基设计，荷载水平高的宜采用较高承载力确定布桩参数；

4）对筏形基础，筏板厚度与跨距之比小于1/6，梁板式基础、梁的高跨比大于1/6以及板的厚跨比（筏板厚度与梁的中心距之比）小于1/6时，基底压力不满足线性分布，不宜采用均匀布桩，应主要在柱边（平板式筏形基础）和梁边（梁板式伐形基础）外扩2.5倍板厚的面积范围内布桩；

5）墙下条形基础，当荷载水平不高时，可采用墙下单排布桩。

（5）桩顶和基础之间应设置褥垫层，褥垫层厚度宜取0.4～0.6倍桩径。褥垫材料宜用中砂、粗砂、级配砂石和碎石等，最大粒径不宜大于30mm。

（6）水泥粉煤灰碎石桩复合地基承载力特征值，应通过现场复合地基荷载试验确定，初步设计时也可按下式估算：

复合地基承载力特征值：

$$f_{spk} = \lambda m \frac{R_a}{A_p} + \beta(1-m)f_{sk} \tag{10-36}$$

式中　f_{spk}——复合地基承载力特征值（kPa）；

　　　m——面积置换率；

　　　R_a——单桩竖向承载力特征值（kN）；

　　　A_p——桩的截面积（m²）；

　　　β——桩间土承载力折减系数，宜按地区经验取值，如无经验时可取0.75～0.95，天然地基承载力较高时取大值；

　　　λ——单桩承载力发挥系数，宜按当地经验取值，无经验值可取0.7～0.9；

　　　f_{sk}——处理后桩间土承载力特征值（kPa），宜按当地经验取值，如无经验时，可取天然地基承载力特征值（kPa）。

（7）单桩竖向承载力特征值R_a的取值，应符合下列规定：

1）当采用单桩载荷试验时，应将单桩竖向极限承载力除以安全系数2；

2）当无单桩载荷试验资料时，可按下式估算：

单桩承载力特征值：

$$R_a = u_p \sum_{i=1}^{n} q_{si}l_i + q_pA_p \tag{10-37}$$

式中　u_p——桩身周长（m）；

　　　n——桩长范围内所划分的土层；

　　　q_{si}、q_p——桩周第i层土的侧阻力、桩端端阻力特征值（kPa），可按现行国家标准《建筑地基基础设计规范》GB 50007的有关规定确定；

　　　l_i——第i层土的厚度（m）。

（8）桩体试块抗压强度平均值应满足下式要求：

$$f_{cu} \geqslant 3\frac{R_a}{A_p} \tag{10-38}$$

式中　f_{cu}——桩体混合料试块（边长150mm立方体）标准养护28d立方体抗压强度平均值（kPa）。

（9）地基处理后的变形计算应按现行国家标准《建筑地基基础

设计规范》GB 50007 的有关规定执行。复合土层的分层与天然地基相同，各复合土层的压缩模量等于该层天然地基压缩模量的 ζ 倍，ζ 值可按下式确定：

$$E_{sp} = \zeta \cdot E_s \qquad (10\text{-}39)$$

$$\xi = \frac{f_{spk}}{f_{ak}} \qquad (10\text{-}40)$$

式中 f_{ak}——基础底面下天然地基承载力特征值（kPa）。

变形经验系数 ψ_s 根据当地沉降观测资料及经验确定，也可采用表 10-43 数值。

变形计算经验系数 ψ_s[51]　　　表 10-43

$\bar{E}_s$ (MPa)	4.0	7.0	15.0	20.0	35
ψ_s	1.0	0.7	0.4	0.25	0.2

注：$\bar{E}_s$ 为变形计算深度范围内压缩模量的当量值，应按下式计算：

$$\bar{E}_s = \sum A_i / \sum (A_i / E_{si}) \qquad (10\text{-}41)$$

式中 A_i——第 i 层土附加应力系数沿土层厚度的积分值；
　　　E_{si}——基础底面下第 i 层土的压缩模量（MPa），桩长范围内的复合土层按复合土层的压缩模量取值。

（10）地基变形计算深度应大于复合土层的厚度，并符合现行国家标准《建筑地基基础设计规范》GB 50007 中地基变形计算深度的有关规定。

3. 施工[20]

（1）施工设备

水泥粉煤灰碎石桩的施工设备常用的为长螺旋钻机、振动沉管打桩机。常用的长螺旋钻机的钻头可分为四类：尖底钻头、平底钻头、耙式钻头及筒式钻头，各类钻头的适用地层见表 10-44。

钻头适用地层表　　　表 10-44

钻头类型	适　用　地　层
尖底钻头	黏性土层，在刃口上镶焊硬质合金刀头，可钻硬土及冻土层
平底钻头	松散土层
耙式钻头	含有大量砖瓦块的杂填土层
筒式钻头	混凝土块、条石等障碍物

长螺旋钻头直径与钻孔直径的匹配关系见表 10-45。

钻头直径与钻孔直径匹配关系表　　　表 10-45

成孔直径（mm）	300	400	500	600	700	800	1000
钻头直径（mm）	296	396	495	594	693	792	990

（2）施工程序及注意事项[19][20][49]

1）施工程序

①施工前应按设计要求由实验室进行配合比试验，施工时按配合比配制混合料。长螺旋钻孔、管内泵压混合料成桩施工的混合料坍落度宜为 160～200mm；振动沉管灌注成桩施工的混合料坍落度宜为 30～50mm。振动沉管灌注成桩后，桩顶浮浆厚度小于 200mm。

②根据桩位平面布置图及测量基准点，进行桩位施放。桩位定位点应明显且不易破坏。对满堂布桩基础，桩位偏差不应大于 0.4 倍桩径；对条形基础，桩位偏差不应大于 0.25 倍桩径，对单排布桩桩位偏差不应大于 60mm。

③水泥粉煤灰碎石桩复合地基施工，成桩工艺包括长螺旋钻孔灌注成桩、长螺旋钻孔、管内泵压混合料灌注成桩、振动沉管灌注成桩、泥浆护壁成孔灌注成桩、锤击或静压预制桩等。

a. 长螺旋钻孔灌注成桩，适用于地下水位以上的黏性土、粉土、素填土、中等密实以上的砂土。

b. 长螺旋钻孔、管内泵压混合料灌注成桩，适用于黏性土、粉土、砂土、粒径不大于 60mm 土层厚度不大于 4m 的卵石（卵石含量不大于 30%），以及对噪声或泥浆污染要求严格的场地。

c. 振动沉管灌注成桩，适用于粉土、黏性土及素填土地基。

d. 泥浆护壁成孔灌注成桩，适用土性应满足《建筑桩基技术规范》JGJ 94 的有关规定。对桩长范围和桩端有承压水的土层，应首选该工艺。

e. 锤击、静压预制桩，适用土性应满足《建筑桩基技术规范》JGJ 94 的有关规定。

④水泥粉煤灰碎石桩复合地基施工时应合理安排打桩顺序，宜从一侧向另一侧或由中心向两边顺序施打，以避免桩机碾压已施工完成的桩，或使地面隆起，造成断桩。

⑤水泥粉煤灰碎石桩施工完成后，待桩体达到一定强度后（一般为桩体设计强度的 70%），方可进行开挖。开挖时，宜采用人工开挖，也可采用小型机械和人工联合开挖，但应有专人指挥，保证小型机械不碰撞桩头，同时避免挖动桩间土。

⑥挖至设计标高后，应剔除多余的桩头。剔除桩头时，应在距设计标高 2～3cm 的同一平面按同一角度对称放置 2 个或 3 个钢钎，用大锤同时击打，将桩头截断。桩头截断后，用手锤、钢钎剔至设计标高并凿平桩顶表面。

⑦桩头剔至设计标高以下，或发现浅部断裂桩时，应提出上部断桩并采取补救措施。

⑧褥垫层施工，当厚度大于 200mm 时，宜分层铺设，每层虚铺厚度 $H = h/\lambda$，其中 h 为褥垫层设计厚度，λ 为夯实度，一般取 0.87～0.90。虚铺完成后宜采用静力压实至设计厚度；褥垫层铺设宜采用静力压实法，当基础底面下桩间土的含水量较小时，也可以采用动力夯实法。对较干的砂石材料，虚铺后可适当洒水再进行碾压或夯实。

2）施工中的注意事项

①施工时应调整钻杆（沉管）与地面垂直，保证垂直度偏差不大于 1%；桩位偏差符合前述有关规定。控制钻孔或沉管入土深度，保证桩长偏差在 ±100mm 范围内。

②长螺旋钻孔、管内泵压混合料成桩施工在钻至设计深度后，应掌握提拔钻杆时间，混合料泵送量应与拔管速度相配合，遇到饱和砂土或饱和粉土层，不得停泵待料；沉管灌注成桩施工拔管速度应匀速控制，拔管速度应控制在 1.2～1.5m/min 左右，如遇淤泥或淤泥质土，拔管速度应适当放慢；对遇有松散饱和粉土、粉细砂、淤泥、淤泥质土，当桩距较小时，防止窜孔宜采用隔桩跳打措施。

③施工时，桩顶标高应高出设计标高，高出长度应根据桩距、布桩形式、现场地质条件和施工顺序等综合确定，一般不宜小于 0.5m；当施工作业面与有效桩顶标高距离较大时，宜增加混凝土灌注量，提高施工桩顶标高，防止缩径。

④成桩过程中，抽样做混合料试块，每台机械每台班应做一组（3 块）试块（边长 150mm 立方体），标准养护，测定其立方体 28d 抗压强度。施工中应抽样检查混合料坍落度。

⑤冬期施工时，混合料入孔深度不得低于 5℃，对桩头和桩间土应采取保温措施。

⑥清土和截桩时，不得造成桩顶标高以下桩身断裂和扰动桩间土。

10.3.7.2　质量检验与验收[20][26]

1. 施工期质量检验

施工期质量检验应包括以下内容：

（1）水泥、粉煤灰、砂及碎石等原材料应符合设计要求。

（2）施工中应检查施工记录、桩数、桩位偏差、混合料的配合比、坍落度、提拔钻杆速度（或提拔套管速度）、成孔深度、混合料灌入量、褥垫层厚度、夯填度和桩体试块抗压强度等。

2. 竣工后质量验收

竣工后质量检验应包括以下内容：

（1）施工结束后，应对桩顶标高、桩位、桩体质量、地基承载力以及褥垫层的质量做检查。

（2）水泥粉煤灰碎石桩复合地基，其承载力检验应采用复合地基载荷试验，宜在施工结束 28d 后进行。试验数量宜为总桩数的 0.5%～1%，但不应少于 3 处。有单桩强度检验要求时，数量为总数的 0.5%～1%，且每个单体工程不应少于 3 点。

（3）应抽取不少于总桩数的 10% 的桩进行低应变动力试验，检测桩身完整性。

（4）褥垫层夯填度，检验数量，每单位工程不应少于 3 点，

1000m² 以上工程，每 100m² 至少应有 1 点，3000m² 以上工程，每 300m² 至少应有 1 点。每一独立基础下至少应有 1 点，基槽每 20 延米应有 1 点。

3. 检验与验收标准

水泥粉煤灰碎石桩复合地基的质量检验标准应符合表 10-46 的规定。

水泥粉煤灰碎石桩复合地基质量检验标准

表 10-46

项	序	检查项目	允许偏差或允许值		检查方法
			单位	数值	
主控项目	1	原材料	设计要求		查产品合格证或抽样检查
	2	桩径	mm	-20	用钢尺量或计算填料量
	3	桩身强度	设计要求		查 28d 试块强度
	4	地基承载力	设计要求		按规定方法
一般项目	1	桩身完整性	按《建筑基桩检测技术规范》JGJ 106		按《建筑基桩检测技术规范》JGJ 106
	2	桩位偏差	mm	满堂布桩≤0.40D 条基布桩≤0.25D	用钢尺量，D 为桩径
	3	桩垂直度	%	≤1.5	用经纬仪检查测桩管
	4	桩长	mm	±100	测桩管长度或垂球测孔深
	5	褥垫层夯填度	≤0.9		用钢尺量

注：1. 夯填度指夯实后的褥垫层厚度与虚铺厚度的比值。
2. 桩径允许偏差负值是指个别断面。

10.3.8 夯实水泥土桩复合地基

10.3.8.1 夯实水泥土桩复合地基设计施工

1. 加固原理及适用范围

夯实水泥土桩是指利用机械成孔（挤土、不挤土）或人工挖孔，然后将土与不同比例的水泥拌合，将它们夯入孔内而形成的桩。由于夯实中形成的高密度及水泥本身的强度，夯实水泥土桩桩体有较高桩强度。在机械挤土成孔与夯实的同时可将桩周土挤密，提高桩间土的密度和承载力。夯实水泥土桩法适用于处理地下水位以上的粉土、素填土、杂填土、黏性土等地基。处理深度不宜超过 10m。

2. 设计[20]

夯实水泥土桩的设计应符合下列规定：

（1）岩土工程勘察应查明土层的厚度和组成、土的含水量、有机质含量和地下水的腐蚀性等。

（2）夯实水泥土桩处理地基的厚度，应根据土质情况、工程要求和成孔设备等因素确定。当采用洛阳铲成孔工艺时，深度不宜超过 6m。

（3）夯实水泥土桩只应在基础范围内布置。桩孔直径宜为 300～600mm，可根据设计及所选用的成孔方法确定。桩孔宜按等边三角形布置，桩孔之间的中心距离，可为桩孔直径宜为 2～4 倍。

（4）夯实水泥土桩设计前必须进行配比试验，针对现场地基土的性质，选择合适的水泥品种，为设计提供各种配比的强度参数。夯实水泥土桩体强度宜取 28d 龄期试块的立方体抗压强度平均值。水泥与土的体积配合比，宜为 3∶7 或 2∶8。

（5）当相对硬层的埋藏深度不大时，应按相对硬层埋藏深度确定；当相对硬层的埋藏深度较大时，应按建筑物地基的变形允许值确定。

（6）夯实水泥土桩的材料应满足下列要求：

①土料有机质含量不应大于 5%，严禁使用含有冻土和膨胀土的土料，使用时应过 2mm 的筛，混合料含水量应满足最优含水量的偏差不大于 2%，土料和水泥应拌合均匀。

②混合料中水泥的品种及掺合量应按配合比试验确定。一般情

况混合料设计强度不宜大于 C5。

（7）孔内填料应分层回填夯实，填料的平均压实系数不应低于 0.97，其中压实系数最小值不应低于 0.94。

（8）在桩顶面应铺设 100～300mm 厚的褥垫层，垫层材料可采用中砂、粗砂或碎石等，最大粒径不宜大于 20mm。褥垫层的夯填度不应大于 0.9。

（9）夯实水泥土桩复合地基承载力特征值应按现场复合地基载荷试验确定。初步设计时也可按式（10-44）估算，公式中 R_a 为单桩竖向承载力特征值（kN），可按式（10-45）确定；β 为桩间土的承载力折减系数，可取 0.9～1.0；f_{sk} 为处理后桩间土承载力特征值（kPa），可取天然地基承载力特征值。

（10）地基处理后的变形计算应按现行国家标准《建筑地基基础设计规范》GB 50007 的有关规定执行。计算深度必须大于复合土层的深度。复合土层的压缩模量可按第 10.3.7.2 节规定确定。

3. 施工[20]

（1）施工设备

成孔机具采用洛阳铲或螺旋钻机；夯实机具用偏心轮夹杆式夯实机。

（2）施工程序及注意事项[19][20][49]

1）施工程序

①应根据设计要求、现场土质、周围环境等情况选择适宜的成桩设备和夯实工艺。设计标高上的预留土层应不小于 500mm，垫层施工时将多余桩头凿除，桩顶面应水平。

②夯实水泥土桩混合料的拌合。夯实水泥土桩混合料的拌合可采用人工和机械两种。人工拌合不得少于 3 遍；机械拌合宜采用强制式搅拌机，搅拌时间不得少于 1min。

③采用人工或机械洛阳铲成孔在达到设计深度后要进行孔底虚土的夯实，在确保孔底虚土密实后再倒入混合料进行成桩施工。

④夯实水泥土桩复合地基施工。分段夯填时，夯锤落距及填料厚度应满足夯填密实度的要求，水泥土的铺设厚度应根据不同的施工方法按表 10-47 选用。夯击遍数应根据设计要求，通过现场干密度试验确定。

采用不同施工方法虚铺水泥土的厚度控制

表 10-47

夯实机械	机具重量（t）	虚铺厚度（cm）	备注
石夯、木夯（人工）	0.04～0.08	20～25	人工，落距 60cm
轻型夯实机	1～1.5	25～30	夯实机或孔内夯实机
沉管桩机		30	40～90kW 振动锤
冲击钻机	0.6～3.2	30	

2）施工中的注意事项

①水泥土料应按设计体积比要求拌合均匀，颜色一致。施工时使用的混合料含水量应接近最优含水量。最优含水量通过配合比试验确定。一般控制土的含水量为 16% 左右，施工现场检验的方法是用手将土或灰土紧握成团，轻捏即碎为宜，如果含水量过多或不足时，应晒干或洒水湿润。拌合后的混合料不宜超过 2h 使用。

②雨期施工时，应采取防雨及排水措施，刚夯实完的水泥土，如受水浸泡，应将积水及松软的土挖除，再进行补夯；受浸泡的混合料不得使用。

③夯实水泥土桩在冬期施工时，应对混合料采取有效的防冻措施，确保其不受冻害。

④采用人工洛阳铲或螺旋钻机成孔时，按梅花形布置进行并及时成桩，以避免大面积成孔后再成桩。

10.3.8.2 质量检验与验收[20][26]

1. 施工期质量检验

施工期质量检验应包括以下内容：

（1）水泥及夯实用土料的质量应符合设计要求。

土的质量标准主要指标应满足表 10-48 的要求。

土的质量标准　　　　　表 10-48

部位	压实系数 λ_c	控制含水量
夯实水泥土桩	≥0.93	人工夯实 w_{op} + (1~2)% 机械夯实 w_{op} - (1~2)%

　　夯实水泥土桩复合地基的现场质量检验，宜采用环刀取样，测定其干密度，水泥土的最小干密度要求列于表 10-49。

水泥土的质量标准　　　　　表 10-49

部位	土的类别	最小干密度 ρ_d (t/m³)
夯实水泥土桩	细砂	1.75
	粉土	1.73
	粉质黏土	1.59
	黏土	1.49

　　(2) 施工中应检查孔位、孔深、孔径、水泥和土的配比、混合料含水量等。

　　(3) 当采用轻型动力触探 N_{10} 或其他手段检验夯实水泥土桩复合地基质量时，使用前，应在现场做对比试验（与控制干密度对比）。

　　(4) 桩孔夯填质量检验应随机抽样检测，抽查的数量不应少于桩总数的 1%。其他方面的质量检测应按设计要求执行。对于干密度试验或轻型动力触探 N_{10} 质量不合格的夯实水泥桩复合地基，可开挖一定数量的桩体，检查外观尺寸，取样做无侧限抗压强度试验。如仍不符合要求，应与设计部门协商，进行补桩。

　　2. 竣工后质量验收

　　夯实水泥土桩地基竣工验收时，承载力检测应采用单桩复合地基载荷试验，对于重要或大型工程，尚应进行多桩复合地基载荷试验。检测数量为总桩数的 0.5%，且每个单体工程不应少于 3 点。

　　3. 检验与验收标准

　　夯实水泥土桩复合地基的质量检测内容及标准应符合表 10-50 的要求。

夯实水泥土桩复合地基质量检验标准　　　　　表 10-50

项目	序	检查项目	允许偏差或允许值 单位	允许偏差或允许值 数值	检查方法
主控项目	1	桩径	mm	-20	用钢尺量
	2	桩长	mm	+500	测桩孔深度
	3	桩体干密度		设计要求	现场取样检查
	4	地基承载力		设计要求	按规定的方法
一般项目	1	土料有机质含量	%	≤5	焙烧法
	2	含水量（与最优含水量比）	%	±2	烘干法
	3	土料粒径	mm	≤20	筛分法
	4	水泥质量		设计要求	查产品质量合格证书或抽样送检
	5	桩位偏差		满堂布桩≤0.4D 条基布桩≤0.25D	用钢尺量，D 为桩径
	6	桩垂直度	%	≤1.5	用经纬仪测桩管
	7	褥垫层夯填度		≤0.9	用钢尺量

10.3.9　水泥土搅拌复合地基

10.3.9.1　水泥土搅拌复合地基设计施工

　　1. 加固原理及适用范围

　　水泥土搅拌桩复合地基是指利用水泥（或水泥系材料）为固化剂，通过特制的搅拌机械，在地基深处对原状土和水泥强制搅拌，形成水泥土圆柱体，与原地基土构成的地基。水泥土搅拌桩除作为竖向承载的复合地基外，还可用于基坑工程围护挡墙、被动区加

固、防渗帷幕等。加固体形状可分为柱状、壁状、格栅状或块状等。根据固化剂掺入状态的不同，分为湿法（浆液搅拌）和干法（粉体喷射搅拌）。

　　水泥土搅拌桩适用于处理正常固结的淤泥与淤泥质土、粉土、饱和黄土、素填土、黏性土以及无流动地下水的饱和松散砂土等地基。当地基土的天然含水量小于 30%（黄土含水量小于 25%）、大于 70% 或地下水的 pH 值小于 4 时不宜采用干法。冬期施工时，应注意负温对处理效果的影响。当用于处理泥炭土、有机质含量较高或 pH 值小于 4 的酸性土、塑性指数大于 25 的黏土或在腐蚀性环境中以及无工程经验的地区采用水泥土搅拌法时，必须通过现场和室内试验确定其适用性。

　　2. 设计[20][49]

　　水泥土搅拌桩的设计应符合下列规定：

　　(1) 确定处理方案前应搜集拟处理区域内详尽的岩土工程资料。尤其是填土层的厚度和组成；软土层的分布范围、分层情况；地下水位及 pH 值；土的含水量、塑性指数和有机质含量等。

　　(2) 设计前应进行拟处理土的室内配比试验。针对现场拟处理的最弱层软土的性质，选择合适的固化剂、外掺剂及其掺量，为设计提供各种龄期、各种配比的强度参数。对竖向承载的水泥土强度宜取 90d 龄期试块的立方体抗压强度平均值；对承受水平荷载的水泥土强度宜取 28d 龄期试块的立方体抗压强度平均值。

　　(3) 固化剂宜选用强度等级不低于 42.5 级的普通硅酸盐水泥（型钢水泥土搅拌墙不低于 P.O42.5 级）。水泥掺量应根据设计要求的水泥土强度经试验确定；块状加固时水泥掺量不应小于被加固天然土质量的 7%，作为复合地基增强体时不应小于 12%，型钢水泥土搅拌墙（桩）不应小于 20%。一般每加固 1m³ 土体掺入水泥约 110~160kg。

　　湿法的水泥浆水灰比可选用 0.45~0.55，外掺剂可根据工程需要和土质条件选用具有早强、缓凝、减水以及节省水泥等作用的材料，但应避免污染环境；干法可掺加二级粉煤灰等材料。

　　某些深层搅拌机（如：SJB-1 型）还可用水泥砂浆作固化剂，其配合比为 1:1~2（水泥:砂），为增强流动性，可掺入水泥重量 0.20%~0.25% 的木质素磺酸钙减水剂，另加 1% 的硫酸钠和 2% 的石膏以促进速凝、早强。水灰比为 0.43~0.50，水泥砂浆稠度为 11~14cm。

　　(4) 水泥土搅拌法的设计，主要是确定搅拌桩的置换率和长度。竖向承载搅拌桩的长度应根据上部结构对承载力和变形的要求确定，并穿透软弱土层到达承载力相对较高的土层；为提高抗滑稳定性而设置的搅拌桩，其桩长应超过危险滑弧以下 2m。

　　干法的加固深度不宜大于 15m；湿法及型钢水泥土搅拌墙（桩）的加固深度应考虑机械性能的限制。单头、双头加固深度不宜大于 20m，多头及型钢水泥土搅拌墙（桩）的深度不宜超过 35m。水泥土搅拌桩的桩径不应小于 500mm。

　　(5) 竖向承载水泥土搅拌桩复合地基的承载力特征值应通过现场单桩或多桩复合地基荷载试验确定，但不宜大于 180kPa。初步设计时也可按式（10-36）估算，公式中 f_{sk} 为桩间土承载力特征值（kPa），可取天然地基承载力特征值；β 为桩间土承载力折减系数。当桩端土未经修正的承载力特征值大于桩周土的承载力特征值的平均值时，可取 0.1~0.4，差值大时取低值；当桩端土未经修正的承载力特征值小于或等于桩周土的承载力特征值的平均值时，可取 0.5~0.9，差值大时或设置褥垫层时取高值。

　　(6) 单桩竖向承载力特征值应通过现场载荷试验确定。初步设计时也可按式（10-37）估算，并应同时满足式（10-42）的要求，应使由桩身材料强度确定的单桩承载力大于（或等于）由桩周土和桩端土的抗力所提供的单桩承载力：

$$R_a = u_p \sum_{i=1}^{n} q_{si} l_i + \alpha q_p A_p$$

$$R_a = \eta f_{cu} A_p \qquad (10-42)$$

式中　f_{cu}——与搅拌桩桩身水泥土配合比相同的室内加固土试块（边长为 70.7mm 立方体，也可为 50mm 的立方体）在标准养护条件下 90d 龄期的立方体抗压强度平均值（kPa）；单头、双头搅拌桩不宜小于 1MPa；型

钢水泥土搅拌桩不宜小于 0.8MPa；

η——桩身强度折减系数，干法可取 $0.2\sim0.3$，湿法可取 $0.25\sim0.33$；

u_p——桩的周长（m）；

n——桩长范围内所划分的土层；

q_{si}——桩周第 i 层土的侧阻力特征值（kPa），对淤泥可取 $4\sim7$kPa；对淤泥质土可取 $6\sim12$kPa；对软塑状态的黏性土可取 $10\sim15$kPa；对可塑状态的黏性土可取 $12\sim18$kPa；对稍密砂类土可取 $15\sim20$kPa；对中密砂类土可取 $20\sim25$kPa；

l_i——第 i 层土的厚度（m）；

q_p——桩端地基土未经修正的承载力特征值（kPa），可按现行国家标准《建筑地基基础设计规范》GB 50007 的有关规定确定；

α——桩端天然地基土的承载力折减系数，可取 $0.4\sim0.6$，承载力高时取低值。

（7）竖向承载水泥土搅拌桩复合地基宜在基础和桩之间设置褥垫层，刚性基础下褥垫层厚度可取 $150\sim300$mm。褥垫层材料可选用中粗砂、级配砂石等，最大粒径不宜大于 20mm，褥垫层的压实系数不应小于 0.94。

（8）竖向承载搅拌桩复合地基中的桩长超过 10m 时，可采用变掺量设计。在全桩水泥总掺量不变的前提下，桩身上部三分之一桩长范围内可适当增加水泥掺量及搅拌次数；桩身下部三分之一桩长范围内可适当减少水泥掺量。

（9）竖向承载搅拌桩的平面布置可根据上部结构特点及对地基承载力和变形的要求，采用柱状、壁状、格栅状或块状等加固形式。桩可只在基础平面范围内布置，独立基础下的桩数不宜少于 3 根。柱状加固可采用正方形、等边三角形等布桩形式。

（10）当搅拌桩处理范围以下存在软弱下卧层时，应按现行国家标准《建筑地基基础设计规范》GB 50007 的有关规定进行下卧层承载力验算。

（11）竖向承载搅拌桩复合地基的变形包括搅拌桩复合土层的平均压缩变形 s_1 与桩端下未加固土层的压缩变形 s_2：

1）搅拌桩复合土层的压缩变形 s_1 可按下式计算：

$$s_1 = (p_z + p_{zl})l/2E_{sp} \tag{10-43}$$

$$E_{sp} = mE_p + (1-m)E_s \tag{10-44}$$

式中　p_z——搅拌桩复合土层顶面的附加压力值（kPa）；

p_{zl}——搅拌桩复合土层底面的附加压力值（kPa）；

E_{sp}——搅拌桩复合土层的压缩模量（kPa）；

E_p——搅拌桩的压缩模量（kPa），可取 $(100\sim120)f_{cu}$。对桩较短或桩身强度较低者可取低值，反之可取高值；

E_s——桩间土的压缩模量（kPa）；

l——桩长。

2）桩端以下未加固土层的压缩变形 s_2 可按现行国家标准《建筑地基基础设计规范》GB 50007 的有关规定进行计算。

（12）对堆载场地柔性基础下的水泥土桩复合地基应进行稳定性验算，计算参数可按下式估算：

$$\tan\varphi_{sp} = m\tan\varphi_p + (1-m)\tan\varphi_s \tag{10-45}$$

$$c_{sp} = mc_p + (1-m)c_s \tag{10-46}$$

式中　φ_{sp}，c_{sp}——复合土层的内摩擦角及凝聚力；

φ_p，c_p——水泥土加固体的内摩擦角及黏聚力，重要工程应通过直剪试验确定，并应考虑桩身受弯按地区经验以折减：一般工程可取 $\varphi_p=0$，$c_p=80\sim100$kPa；

φ_s，c_s——桩间土的内摩擦角及黏聚力；

m——面积置换率。

3. 施工[19][20][49]

（1）施工设备[19][49]

水泥土搅拌桩的主要施工设备为深层搅拌机，有中心管喷浆方式的 SJB-1 型搅拌机和叶片喷浆方式的 GZB-600 型搅拌机两类。

SJB-1 型深层搅拌机外形和构造如图 10-23（a）所示；GZB-

600 型深层搅拌机是利用进口钻机改装的单搅拌轴、叶片喷浆方式的搅拌机，其外形和构造如图 10-23（b）所示。

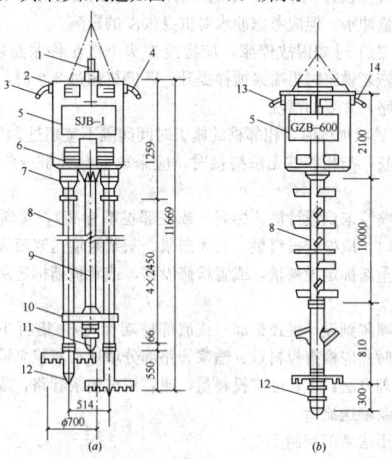

图 10-23　深层搅拌机外形和构造

（a）SJB-1 型深层搅拌机；（b）GZB-600 型深层搅拌机

1—输浆管；2—外壳；3—出水口；4—进水口；5—电动机；6—导向滑块；7—减速器；8—搅拌轴；9—中心管；10—横向系板；11—球形阀；12—搅拌头；13—电缆接头；14—进浆口

（2）施工程序及注意事项[19][20][49]

1）施工程序

①施工现场事先应予以平整，必须清除地上和地下的障碍物。遇有明浜、池塘及洼地时应抽水和清淤，回填土料应压实，不得回填生活垃圾。

②在制定水泥土搅拌施工方案前，应做水泥土的配比试验，测定各水泥土的不同龄期，不同水泥土配比试块强度，确定施工时的水泥土配比。

③水泥土搅拌桩施工前应根据设计进行工艺性试桩，数量不得少于 3 根，多头搅拌不得少于 3 组，确定水泥土搅拌施工参数及工艺。即水泥浆的水灰比、喷浆压力、喷浆量、旋转速度、提升速度、搅拌次数等。

④搅拌机械就位、调平，为保证桩位准确使用定位卡，桩位对中偏差不大于 20mm，导向架和搅拌轴应与地面垂直，垂直度的偏差不大于 1.5%。

⑤预搅下沉至设计加固深度后，边喷浆（粉）、边搅拌提升直至预定的停浆（灰）面。

⑥重复钻进搅拌，按前述操作要求进行，如喷粉量或喷浆量已达到设计要求时，只需复搅不再送浆或只需复搅不再送粉。

⑦根据设计要求，喷浆（粉）或仅搅拌提升直至预定的停浆（灰）面，关闭搅拌机械。

⑧在预（复）下沉时，也可采用喷浆（粉）的施工工艺，必须确保全桩长上下至少再重复搅拌一次。

⑨对地基进行干法咬合加固时，如复搅困难，可采用慢速搅拌，保证搅拌的均匀性。

2）施工中的注意事项

①湿法施工控制要点

a. 水泥浆液到达喷浆口的出口压力不应小于 10MPa。

b. 施工前应确定灰浆泵输浆量、灰浆经输浆管到达搅拌机喷浆口的时间和起吊设备提升速度等施工参数，并根据设计要求通过工艺性成桩试验确定施工工艺。

c. 所使用的水泥都应过筛，制备好的浆液不得离析，泵送必须连续。拌制水泥浆液的罐数、水泥和外掺剂用量以及泵送浆液的时间等应有专人记录；喷浆量及搅拌深度必须采用经国家计量部门认证的监测仪器进行自动记录。

d. 搅拌机喷浆提升的速度和次数必须符合施工工艺的要求，并应有专人记录。

e. 当水泥浆液到达出浆口后，应喷浆搅拌 30s，在水泥浆与桩

端土充分搅拌后，再开始提升搅拌头。

f. 搅拌机预搅下沉时不宜冲水，当遇到硬土层下沉太慢时，方可适量冲水，但应考虑冲水对桩身强度的影响。

g. 施工时如因故停浆，应将搅拌头下沉至停浆点以下 0.5m 处，待恢复供浆时再喷浆搅拌提升。若停机超过 3 小时，宜先拆卸输浆管路，并妥加清洗。

h. 壁状加固时，相邻桩的施工时间间隔不宜超过 24h。如间隔时间太长，与相邻桩无法搭接时，应采取局部补桩或注浆等补强措施。

i. 喷浆未到设计桩顶标高（或底部桩端标高），集料斗中浆液已排空时，应检查投料量、有无漏浆、灰浆输送浆液流量。处理方法：重新标定投料量，或者检修设备，或者重新标定灰浆泵输送流量。

j. 喷浆到设计桩顶标高（或底部桩端标高），集料斗中浆液剩浆过多时。应检查投料量、输浆管路部分堵塞、灰浆泵输送浆液流量。处理方法：重新标定投料量，或者清洗输浆管路，或者重新标定灰浆泵输送流量。

②干法施工控制要点

a. 喷粉施工前应仔细检查搅拌机械、供粉泵、送气（粉）管路、接头和阀门的密封性、可靠性。送气（粉）管路的长度不宜大于 60m。

b. 水泥土搅拌法（干法）喷粉施工机械必须配置经国家计量部门确认的具有能瞬时检测并记录出浆体计量装置及搅拌深度自动记录仪。

c. 搅拌头每旋转一周，其提升高度不得超过 16mm。

d. 搅拌头的直径应定期复核检查，其磨耗量不得大于 10mm。

e. 当搅拌头到达设计桩底以上 1.5m 时，应即开启喷粉机提前进行喷粉作业。当搅拌头提升至地面下 500mm 时，喷粉应停止喷粉。

f. 成桩过程中因故停止喷粉，应将搅拌头下沉至停灰面以下 1m 处，待恢复喷粉时再喷粉搅拌提升。

③搅拌机预搅下沉不到设计深度，但电流不高，可能是土质黏性大，搅拌机自重不够造成的。应采取增加搅拌机自重或开动加压装置。

④搅拌钻头与混合土同步旋转，是由于灰浆浓度过大或者搅拌叶片角度不适宜造成的。可重新确定浆液的水灰比，或者调整叶片角度、更换钻头等措施。

10.3.9.2 质量检验与验收[20][26]

1. 施工期质量检验

施工期质量检验应包括以下内容：

（1）水泥土搅拌施工时，应随时检查施工中的各项记录，如发现地质条件发生变化，或有遗漏，或水泥土搅拌桩（水泥土搅拌点）施工质量不符合规定要求，应进行补桩或采取其他有效的补救措施。

（2）重点检查输浆量（水泥用量）、输浆速度、总输浆时间、桩长、搅拌头转数和提升速度、复搅次数和复搅深度、停浆处理方法等。

2. 竣工后质量验收

竣工后质量验收应包括以下内容：

（1）水泥土搅拌施工结束 28 天后进行检验。

（2）水泥土搅拌桩桩体的主要检测内容如下：

1）成桩 7d 后，采用浅部开挖桩头进行检查，开挖深度宜超过停浆（灰）面下 0.5m，目测检查搅拌的均匀性，量测成桩直径。检查量为总桩数的 5%。

2）成桩后 3d 内，可用轻型动力触探（N_{10}）检查上部桩身的均匀性。检验数量为施工总桩数的 1%，且不少于 3 根。

3）桩身强度检验应在成桩 28d 后，用双管单动取样器钻取芯样作搅拌均匀性和水泥土抗压强度检验，检验数量为施工总桩（组）数的 0.5%，且不少于 6 点。钻芯有困难时，可采用单桩抗压静载荷试验检验桩身质量。

（3）承载力检测

竖向承载水泥土搅拌桩复合地基竣工验收时，承载力检验应采

用复合地基载荷试验和单桩载荷试验。载荷试验必须在桩身强度满足试验荷载条件时，并宜在成桩 28d 后进行。验收检测检验数量为桩总数的 0.5%～1%，其中每项单项工程单桩复合地基载荷试验的数量不应少于 3 根（多头搅拌为 3 组），其余可进行单桩静载试验或单桩、多桩复合地基载荷试验。

（4）基槽开挖后，应检验桩位、桩数与桩顶质量，如不符合设计要求，应采取有效补强措施。

3. 检验与验收标准

水泥土搅拌桩复合地基的质量检验内容及标准应符合表 10-51 的要求。

水泥土搅拌桩复合地基质量检验标准 表 10-51

项	序	检查项目	允许偏差或允许值		检查方法
			单位	数值	
主控项目	1	水泥及外掺剂质量	设计要求		查产品合格证或抽样送检
	2	水泥用量	参数指标		查看流量计
	3	桩体强度	设计要求		按规定方法
	4	地基承载力	设计要求		按规定方法
一般项目	1	机头提升速度	m/min	≤0.50	量机头上升距离和时间
	2	桩底标高	mm	±200	测机头深度
	3	桩顶标高	mm	+200 −50	水准仪（最上部 500mm 不计入）
	4	桩位偏差	mm	<50	用钢尺量
	5	桩径		<0.04D	用钢尺量，D 为桩径
	6	垂直度	%	≤1.50	经纬仪
	7	搭接	mm	>200	用钢尺量

注：水泥土搅拌法（湿法）喷浆量和搅拌深度必须采用经国家计量部门认证的监测仪器进行自动记录。同理，水泥土搅拌法（干法）喷粉量和搅拌深度必须采用经国家计量部门确认的具有能瞬时检测并记录出粉量的粉体计量装置及搅拌深度自动记录仪。

10.3.10 旋喷桩复合地基

10.3.10.1 旋喷桩复合地基设计施工

1. 加固原理及适用范围

旋喷桩复合地基是利用钻机成孔，再把带有喷嘴的注浆管进至土体预定深度后，用高压设备以 20～40MPa 高压把混合浆液或水从喷嘴中以很高的速度喷射出来，土颗粒在喷射流的作用下（冲击力、离心力、重力），与浆液搅拌混合，待浆液凝固后，便在土中形成一个固结体，与原地基土构成新的地基。

根据使用机具设备的不同，分为单管法、二重管法和三重管法，如表 10-52 所示。

旋喷桩法分类[19] 表 10-52

分类	单管法	二重管法	三重管法
喷射方法	浆液喷射	浆液、空气喷射	水、空气喷射、浆液注入
硬化剂	水泥浆	水泥浆	水泥浆
常用压力（MPa）	15.0～20.0	15.0～20.0	高压 20.0～40.0 低压 0.5～3.0
喷射量（L/min）	60～70	60～70	高压 60～70 低压 80～150
压缩空气（kPa）	不使用	500～700	500～700
旋转速度（rpm）	16～20	5～16	5～16
桩径（mm）	300～600	600～1500	800～2000
提升速度（cm/min）	15～25	7～9	5～20

旋喷桩适用于处理砂土、粉土、黏性土（包括淤泥和淤泥质土）、黄土、素填土和杂填土等地基。但对于砾石直径过大，砾石含量高以及含有大量纤维质的腐殖土，喷射质量较差。强度较高的黏性土中喷射直径受到限制。

对于地下水流速过大、无填充物的岩溶地段、永久冻土和对水泥有严重腐蚀的地基，均不宜采用旋喷桩地基。

当土中含有较多的大粒径块石、大量植物根茎或有较高的有机质时，以及地下水流速过大和已涌水的工程，应根据现场试验结果确定其适用性。

旋喷桩法既可用于新建建筑物地基加固，也可用于既有建筑物地基加固。

旋喷桩法不仅仅用于提高地基承载力，还可用于整治局部地基下沉、防止基坑底部隆起、防止小型塌方滑坡、防止地基冻胀、防止砂土液化、减少设备基础振动、止水帷幕等，应用范围很广。

2. 设计[20]

旋喷桩复合地基的设计应符合下列规定：

（1）旋喷桩法分旋喷、定喷和摆喷三种类别。根据工程需要和土质条件，可分别采用单管法、双管法和三管法。加固形状可分为柱状、壁状、条状和块状。

（2）对既有建筑物在制定旋喷桩方案时应搜集有关的历史和现状资料，邻近建筑物和地下埋设物等资料。

（3）旋喷桩方案确定后，应结合工程情况进行现场试验、试验性施工或根据工程经验确定施工参数及工艺。

（4）旋喷桩形成的加固体强度和范围，应通过现场试验确定。当无现场试验资料时，亦可参照相似土质条件的工程经验。

（5）竖向承载旋喷桩复合地基承载力特征值应通过现场复合地基载荷试验确定。初步设计时，也可按本章式（10-45）估算，公式中 β 为桩间土承载力折减系数，可根据试验或类似土质条件经验确定，当无试验资料或经验时，可取 0.33，承载力较低时取低值。

（6）单桩竖向承载力特征值可通过现场单桩载荷试验确定。也按式（10-37）和式（10-42）估算，桩身强度折减系数 η 可取 0.33。

（7）当旋喷桩处理范围以下存在软弱下卧层时，应按现行国家标准《建筑地基基础设计规范》GB 50007 的有关规定进行下卧层承载力验算。

（8）竖向承载旋喷桩复合地基宜在基础和桩顶之间设置褥垫层。褥垫层厚度可取 200～300mm，其材料可选用中砂、粗砂、级配砂石等，最大粒径不宜大于 30mm。

（9）竖向承载旋喷桩的平面布置可根据上部结构和基础特点确定。独立基础下的桩数一般不应少于 4 根。

（10）桩长范围内复合土层以及下卧层地基变形值应按现行国家标准《建筑地基基础设计规范》GB 50007 有关规定计算，其中，复合土层的压缩模量可根据地区经验确定。

（11）旋喷桩法用于深基坑、地铁等工程形成连续体时，相邻桩搭接不宜小于 300mm，并应符合设计要求和国家现行的有关规范的规定。

3. 施工

（1）施工设备[49]

旋喷桩法主要机具设备包括：高压泵、钻机、浆液搅拌器等；辅助设备包括操纵控制系统、高压管路系统、材料储存系统以及各种管材、阀门、接头安全设施等。

旋喷桩法施工常用主要机具设备规格、技术性能要求见表10-53。

三重管系以三根互不相通的管子，按直径大小在同一轴线上重套在一起，用于向土体内分别压入水、气、浆液。内管由泥浆泵压送 2MPa 左右的浆液；中管由高压泵压送 20MPa 左右的高压水；外管由空压机压送 0.5MPa 以上的压缩空气。空气喷嘴套在高压水喷嘴外，在同一圆心上。三重管由回转器、连接管和喷头三部分组成。回转器指三重管的上段，内安有支承轴承，当钻机转盘带动三重管旋转时，回转器外部不转内部转；连接管是指三重管的中段，为连接水、气、浆液的通道，旋转是由钻机转盘直接带动连接管使

旋喷桩法施工常用主要机具设备参考表　　表 10-53

设备名称		规 格 性 能	用 途
单管法	高压泥浆泵	1. SNC-H300 型黄河牌压浆车 2. ACF-700 型压浆车，柱塞式、带压力流量仪表	旋喷注浆
	钻机	1. 无锡 30 型钻机 2. XJ100 型振动钻机	旋喷用
	旋喷管	单管、直径 42mm 地质钻杆，旋喷管直径 3.2～4.0mm	注浆成桩
	高压胶管	工作压力 31MPa、9MPa，内径 19mm	高压水泥浆用
三重管法	高压泵	1. 3W-TB，高压柱塞泵，带压力流量仪表 2. SNC-H300 型黄河牌压浆车 3. ACF-700 型压浆车	高压水助喷
	泥浆泵	1. BW250/50 型，压力 3～5MPa，排量 150～250L/min 2. 200/40 型，压力 4MPa，排量 120～200L/min 3. ACF-700 型压浆车	旋喷注浆
三重管法	空压机	压力 0.55～0.70MPa，排量 6～9m³/min	旋喷用气
	钻机	1. 无锡 30 型钻机 2. XJ100 振动钻机	旋喷用、成孔用
	旋喷管	三重管，泥浆压力 2MPa，水压 20MPa，气压 0.5MPa	水、气、浆成桩
	高压胶管	工作压力 31MPa、9MPa，内径 19mm	高压水泥浆用
	其他	搅拌管，各种压力、流量仪表等	控制压力流量用

注：1. 钻机的转速和提升速度，根据需要可附设调速装置，或增设慢速卷扬机；
　　2. 二重管法选用高压泥浆泵、空压机和高压胶管等可参照上列规格选用；
　　3. 三重管法尚需配备搅拌罐（一次搅拌量 3.5m³），旋转及提升装置、吊车、集流箱、指挥信号装置等；
　　4. 其他尚需配备各种压力、流量仪表等。

整根三重管旋转，根据旋喷深度可将多节连接管接长；喷头是指三重管的下段，其上装有喷嘴（图 10-24），是旋喷时向土层中喷射水、气、浆液的装置，也随连接管一起转动。喷嘴制造材料为硬质合金管，$D_0 \approx 2mm$ 左右。

浆液搅拌可采用污水泵自循环式的搅拌罐或水力混合器。

辅助设备包括操纵控制系统、高压管路系统、材料储存、运输系统以及各种管件、阀门、接头、压力流量仪表、安全设施等。

（2）施工程序及注意事项[49]

1）施工程序

①旋喷桩法施工工艺流程如图 10-25、图 10-26 所示。

②施工前先进行场地平整，挖好排浆沟，做好钻机定位。要求钻机安放保持水平，钻杆保持垂直，其倾斜度不得大于 1.5%。

③旋喷桩施工程序为：机具就位→贯入注浆管→试喷射→喷射注浆→拔管与冲洗。

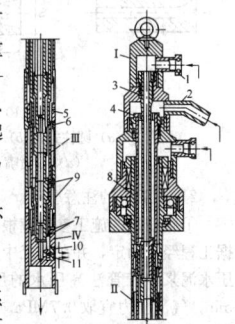

图 10-24　三重管构造

Ⅰ—头部；Ⅱ—主杆；
Ⅲ—钻杆；Ⅳ—喷头

1—快速接头；2—锯齿形接头；
3—高压密封装置；4—鸡心形；
5—凸接头；6—凹接头；
7—圆柱面加"〇"形圈；8—转轴；9—半圆环；10—螺栓塞；
11—喷嘴

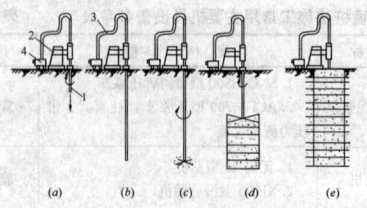

图 10-25 单管旋喷桩法施工工艺流程

(a) 钻机就位钻孔; (b) 钻孔至设计标高;
(c) 旋喷开始; (d) 边旋喷边提升; (e) 放喷结束成桩
1—旋喷管; 2—钻孔机械; 3—高压胶管; 4—超高压脉冲泵

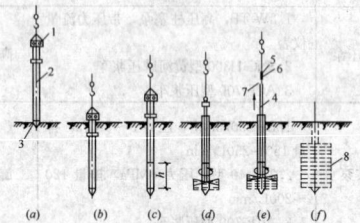

图 10-26 三重管旋喷桩法施工工艺流程

(a) 振动沉桩机就位, 放桩靴, 立套管, 安振动锤;
(b) 套管沉入设计深度; (c) 拔起一段套管, 卸上段套管,
使下段露出地面 (使 h 大于要求的旋喷长度); (d) 套管
中插入三重管, 边旋、边喷、边提升; (e) 自动提升旋喷管;
(f) 拔出旋喷管与套管, 下部形成圆柱喷射桩加固体
1—振动锤; 2—钢套管; 3—桩靴; 4—三重管; 5—浆液胶管;
6—高压水胶管; 7—压缩空气胶管; 8—旋喷桩加固体

④单管法和二重管法可用注浆管喷射水成孔至设计深度后, 再一边提升一边进行喷射注浆。三重管法施工须预先用钻孔或振动打桩机钻成直径 150~200mm 的孔, 然后将三重注浆管插入孔内, 按旋喷、定喷或摆喷的工艺要求, 由下而上进行喷射注浆, 注浆管分段提升的搭接长度不得小于 200mm。喷嘴形式如图 10-27 所示。

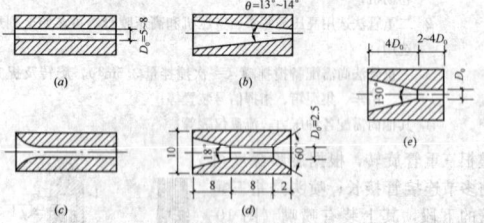

图 10-27 喷嘴形式

(a) 圆柱式; (b) 收敛圆锥型; (c) 流线型;
(d) 双喷嘴; (e) 三重管用喷嘴

2) 施工中的注意事项

①旋喷桩的施工参数应根据土质条件、加固要求通过试验或根据工程经验确定, 并在施工中严格加以控制。单管法及双管法的高压水泥浆和三重法高压水的压力宜大于 30MPa, 流量大于 30L/min, 气流压力宜取 0.7MPa, 提升速度可取 0.1~0.2m/min。

②对于无特殊要求的工程宜采用强度等级为 P.O42.5 级及以上的普通硅酸盐水泥, 根据需要可加入适量的外加剂及掺合料。外加剂和掺合料的用量, 应通过试验确定。水泥浆液的水灰比应按工程要求确定, 可取 0.8~1.2, 常用 0.9。

③喷射孔与高压注浆泵的距离不宜大于 50m。钻孔的位置与设计位置的偏差不得大于 50mm。垂直度偏差不大于 1%。实际孔位、孔深和每个钻孔内的地下障碍物、洞穴、涌水、漏水及岩土工程勘察报告不符等情况均应详细记录。

④当喷射注浆管贯入土中, 喷嘴达到设计标高时, 即可喷射注浆。在喷射注浆参数达到规定值后, 随即按旋喷的工艺要求, 提升喷射管, 由下而上旋转喷射注浆。喷射分段提升的搭接长度不得小于 100mm。

⑤在插入旋喷管前先检查高压水与空气喷射情况, 各部位密封圈是否封闭, 插入后先作高压水射水试验, 合格后方可喷射浆液。如因塌孔插入困难时, 可用低压 (0.1~2MPa) 水冲孔喷下, 但须把高压水喷嘴用塑料布包裹, 以免泥土堵塞。

⑥喷嘴直径、提升速度、旋喷速度、喷射压力、排量等旋喷参数见表 10-54 或根据现场试验确定。

旋喷桩法施工主要机具和参数   表 10-54

项 目		单管法	二重管法	三重管法
参数	喷嘴孔径 (mm)	$\phi2\sim\phi3$	$\phi2\sim\phi3$	$\phi2\sim\phi3$
	喷嘴个数	2	1~2	1~2
	旋转速度 (r/min)	20	10	5~15
	提升速度 (mm/min)	200~250	100	50~150
机具性能	高压泵 压力 (MPa)	20~40	20~40	20~40
	高压泵 流量 (L/min)	60~120	60~120	60~120
	空压机 压力 (MPa)		0.7	0.7
	空压机 流量 (L/min)		1~3	1~3
	泥浆泵 压力 (MPa)			3~5
	泥浆泵 流量 (L/min)			100~150
浆液配合比	水:水泥:陶土:碱	(1~1.5):1:0.03:0.0009		

注: 高压泵喷射的 (单管法、二重管法) 是浆液或 (三重管法) 水。

⑦当采用三重管法旋喷, 开始时, 先送高压水, 再送水泥浆和压缩空气, 在一般情况下, 压缩空气可晚送 30s。在桩底部边旋转边喷射 1min 后, 再进行边旋转、边提升、边喷射。

⑧喷射时, 先应达到预定的喷射压力、喷浆量后再逐渐提升注浆管。中间发生故障时, 应停止提升和旋喷, 以防桩体中断, 同时立即进行检查排除故障; 如发现有浆液喷射不足, 影响桩体的设计直径时, 应进行复核。

⑨当处理既有建筑地基时, 应采取速凝浆液或大间隔孔旋喷和冒浆回灌等措施, 以防旋喷过程中地基产生附加变形和地基与基础间出现脱空现象, 影响被加固建筑及邻近建筑。

⑩桩喷浆量 Q (L/根) 可按下式计算:

$$Q = \frac{H}{v}q(1+\beta) \qquad (10\text{-}47)$$

式中 H——旋喷长度 (m);
v——旋喷管提升速度 (m/min);
q——泵的排浆量 (L/min);
β——浆液损失系数, 一般取 0.1~0.2。

旋喷过程中, 冒浆量应控制在 10%~25% 之间。对需要扩大加固范围或提高强度的工程, 可采取复喷措施, 即先喷一遍清水, 再喷一遍或两遍水泥浆。

⑪喷到桩高后应迅速拔出注浆管, 用清水冲洗管路, 防止凝固堵塞。相邻两桩施工间隔时间应不小于 48h, 间距应不小于 4~6m。

10.3.10.2 质量检验与验收[26]

1. 施工期质量检验

施工期质量检验应包括以下内容:

(1) 施工前应检查水泥、外掺剂等的质量, 桩位、压力表、流量表的精度和灵敏度、高压喷射设备的性能等。

(2) 施工中应检查施工参数 (压力、水泥浆量、提升速度、旋转速度等) 的应用情况及施工程序。

2. 竣工后质量验收

竣工后质量检验应包括以下内容:

(1) 旋喷桩施工结束 28d 后进行检验。

(2) 旋喷桩的施工质量检验主要内容:

1) 桩体的完整性。桩体的完整性检查, 在施工完成的桩体上, 钻孔取岩芯来观察桩体的完整性, 并可将所取岩心做成标准试件进行室内压力试验, 获得强度指标, 是否满足设计要求。

2) 桩体的有效直径。桩体的有效直径检查, 当旋喷桩具有一定强度后, 将桩顶部挖开, 检查旋喷桩的直径、桩体施工质量 (均

匀性）等。

3）桩体的垂直度。桩体的垂直度，可以检查钻孔的垂直度，代替桩体的垂直度。在施工中经常测量钻机钻杆的垂直度，或测量孔的倾斜度。

4）桩体的强度。桩体的强度，可以采用钻孔取芯检查桩体强度，也可以采用标准贯入度试验、单桩载荷试验等方法检查桩体的强度。

（3）施工质量的检验数量，应为喷射孔数量的 2%，并不少于 5 点。

（4）承载力的检测

竖向承载旋喷桩地基竣工验收时，承载力检验应采用复合地基载荷试验和单桩载荷试验。载荷试验的数量为总桩数的 0.5%～1%，并且每个单体工程不少于 3 根。

3. 检验与验收标准

旋喷桩（高压喷射注浆）复合地基质量检验标准如表 10-55 所示。

旋喷桩（高压喷射注浆）复合地基质量检验标准

表 10-55

项	序	检查项目	允许偏差或允许值		检查方法
			单位	数值	
主控项目	1	水泥及外掺剂质量	符合出厂要求		查产品合格证书或抽样送检
	2	水泥用量	设计要求		查看流量表及水泥浆水灰比
	3	桩体抗压强度及完整性检验	设计要求		按规定方法
	4	地基承载力	设计要求		按规定的方法
一般项目	1	钻孔位置	mm	≤50	用钢尺量
	2	钻孔垂直度	%	≤1.5	经纬仪测钻杆或实测
	3	孔深	mm	±200	用钢尺量
	4	注浆压力	按设定参数指标		查看压力表
	5	桩体搭接	mm	>200	用钢尺量
	6	桩体直径	mm	≤50	开挖后用钢尺量
	7	桩身中心允许偏差	≤0.2D		开挖后桩顶下500mm处用尺量，D为设计桩径

10.3.11　石灰桩复合地基

10.3.11.1　石灰桩复合地基设计施工

1. 加固原理及适用范围

石灰桩的主要固化剂为生石灰，与粉煤灰、火山灰、炉渣、黏性土等掺合料按一定的比例均匀混合后，在桩孔中经机械或人工分层振压或夯实所形成的密实桩体，为提高桩身强度，还可添加石膏、水泥等外加剂。生石灰与掺合料的配合比宜根据地质情况确定，生石灰与掺合料的体积比可选用 1:1 或 1:2，对于淤泥、淤泥质土等软土可适当增加生石灰用量，桩顶附近生石灰用量不宜过大。当掺石膏和水泥时，掺加量为生石灰用量的 3%～10%。

石灰桩的主要作用机理是通过生石灰的吸水膨胀挤密桩周土，继而通过离子交换和胶凝反应使桩间土强度提高，同时桩身生石灰与活性掺料经过水化、胶凝反应，使桩身具有 0.3～1.0MPa 的抗压强度。由于生石灰的吸水膨胀作用，特别适用于新填土和淤泥的加固，生石灰吸水后还可使淤泥产生自重固结，形成强度后的密集的石灰桩身与经加固的桩间土结合为一体，使桩间土欠固结状态消失。

石灰桩法适用于处理饱和黏性土、淤泥、淤泥质土、素填和

杂填土等地基；用于地下水位以上的土层时，宜增加掺合料的含水量和减少生石灰用量，或采取土层浸水等措施。

石灰桩不适用于地下水位下的砂类土。

2. 设计

根据《建筑地基处理技术规范》JGJ 79 石灰桩的设计应符合下列规定：

（1）对重要工程或缺少经验的地区，施工前应进行桩身材料配合比、成桩工艺及复合地基承载力试验。桩身材料配合比试验应在现场地基土中进行。

（2）当地基需要排水通道时，可在桩顶以上设 200～300mm 厚的砂石垫层。

（3）石灰桩宜留 500mm 以上的孔口高度，并用含水量适当的黏性土封口，封口材料必须夯实，封口标高应略高于原地面。石灰桩桩顶施工标高应高出设计桩顶标高 100mm 以上。

（4）石灰桩成孔直径应根据设计要求及所选用的成孔方法确定，常用 300～400mm，可按等边三角形或矩形布桩，桩中心距可取 2～3 倍成孔直径。石灰桩可仅布置在基础底面下，当基底土的承载力特征值小于 70kPa 时，宜在基础以外布置 1～2 排围护桩。

（5）洛阳铲成孔桩长不宜超过 6m；机械成孔管外投料时，桩长不宜超过 8m；螺旋钻成孔及管内投料时可适当加长。

（6）石灰桩桩端宜选在承载力较高的土层中。在深厚的软弱地基中采用"悬浮桩"时，应减少上部结构重心与基础形心的偏心，必要时宜加强上部结构及基础的刚度。

（7）地基处理的深度应根据岩土工程勘察资料及上部结构设计要求确定。应按现行国家标准《建筑地基基础设计规范》GB 50007 验算下卧层承载力和地基的变形。

（8）石灰桩复合地基承载力特征值不宜超过 160kPa，当土质较好并采取保证桩身强度的措施，经过试验后可以适当提高。

（9）石灰桩复合地基承载力特征值应通过单桩或多桩复合地基载荷试验确定。初步设计时，也可按式（10-36）估算，公式中 f_{spk} 为石灰桩桩身抗压强度比例界限值，由单桩竖向载荷试验测定，初步设计时可取 350～500kPa，土质软弱时取低值；f_{sk} 为桩间土承载力特征值，取天然地基承载力特征值的 1.05～1.20 倍，土质软弱或置换率大时取高值；m 为面积置换率，桩面积按 1.1～1.2 倍成孔直径计算，土质软弱时宜取高值。

（10）处理后地基变形应按现行国家标准《建筑地基基础设计规范》GB 50007 有关规定进行计算。变形经验系数 ψ_s 可按地区沉降观测资料及经验确定。

石灰桩复合土层的压缩模量宜通过桩身及桩间土压缩试验确定，初步设计时可按式（10-36）估算。

3. 施工

（1）施工设备

成孔机械主要为螺旋钻机、洛阳铲（人工或机械），夯实机具用偏心轮夹杆式夯实机。

（2）施工程序及注意事项

1）施工程序

材料质量要求：

① 生石灰的膨胀率大于生石灰粉，同时生石灰粉易污染环境。为使生石灰与掺合料反应充分，应将块状生石灰粉碎，其粒径 30～50mm 为佳，最大不宜超过 70mm。

② 掺合料含水量过少则不易夯实，过大时在地下水位以下易引起放炮。使用粉煤灰或炉渣时含水量控制在 30% 左右，无经验时宜进行成桩工艺试验。

2）施工技术要求

① 施工准备。应根据设计要求、现场土质、周围环境等情况选择适宜的成桩设备和夯实工艺。

② 混合料的拌合。夯实水泥土桩混合料的拌合可采用人工和机械两种。人工拌合不得少于 3 遍；机械拌合宜采用强制式搅拌机，搅拌时间不得少于 1min。

③ 采用人工或机械洛阳铲成孔在达到设计深度后要进行孔底虚土的夯实，在确保孔底虚土密实后再倒入混合料进行成桩施工。

3）施工中的注意事项

① 雨期施工时，应采取防雨及排水措施，刚夯实完的石灰桩，如受水浸泡，应将积水及松软的土挖除，再进行补夯；受浸泡的混合料不得使用。

② 管外投料或人工挖孔时，孔内常有积水，此时应采用小型软抽水泵或潜水泵排干孔内积水，方能向孔内投料。在向孔内投料的过程中如孔内渗水严重，则影响夯实桩料的质量，此时应采用降水或增打围护桩隔水的措施。

③ 施工顺序宜由外围或两侧向中间进行，在软土中宜间隔成桩。

④ 石灰桩施工期间的放炮现象应引起重视，其主要原因是在于孔内进水或存水使生石灰和水迅速反应。其温度高达 200～300ºC，空气预热膨胀，不易夯实，桩身孔隙大，孔隙内空气在高温下迅速膨胀，将上部夯实的桩料冲出孔口。应采取减少掺料含水量，排干孔内积水或降水，加强夯实等措施，确保安全。

10.3.11.2　质量检验与验收

1. 施工期间质量检验

石灰桩施工检测宜在 7～10d 后进行，具体标准按表 10-56 的要求。可采用静力触探、动力触探或标准贯入试验。

石灰桩复合地基质量检验标准　　表 10-56

项	序	检查项目	允许偏差或允许值		检查方法
			单位	数值	
主控项目	1	桩径	mm	−20	用钢尺量
	2	桩长	mm	+500	测桩孔深度
	3	桩体干密度	设计要求		现场取样检查
	4	地基承载力	设计要求		按规定的方法
	5	桩位偏差	满堂布桩≤0.4D 条基边桩≤0.25D		用钢尺量，D 为桩径
	6	桩垂直度	%	≤1.5	用经纬仪测桩管
	7	褥垫层夯填度	≤0.9		用钢尺量

2. 竣工后质量验收

竣工后应进行桩体检测和承载力检测，载荷试验数量应为每 200m² 左右一个点，每个单体工程不少于 3 个点。

10.3.12　土桩、灰土桩复合地基

10.3.12.1　土桩、灰土桩复合地基设计施工

1. 加固原理及适用范围

土桩、灰土桩复合地基通过成桩过程的横向挤压作用，桩孔内的土被挤向周围，使桩间土得以密实，然后将准备好的灰土或素土（黏土）分层填入桩孔内，并分层捣实至设计标高，用灰土分层夯实的桩体，称为灰土挤密桩；用素土夯实的桩体称为土挤密桩。

土桩、灰土桩复合地基适用于处理地下水位以上的湿陷性黄土、素填土和杂填土等地基，可处理地基的深度为 5～15m。当以消除地基土的湿陷性为主要目的时，宜选用土挤密桩法。当以提高地基土的承载力或增强其水稳性为主要目的时，宜选用灰土挤密桩法。当地基土的含水量大于 24%、饱和度大于 65% 时，不宜选用土桩、灰土桩复合地基。

2. 设计

土桩、灰土桩复合地基的设计应符合下列规定：

（1）对重要工程或在缺乏经验的地区，施工前应按设计要求，在现场进行试验。如土性基本相同，试验可在一处进行，如土性差异明显，应在不同地段分别进行试验。

（2）土桩、灰土桩复合地基处理地基的面积，应大于基础或建筑物底层平面的面积，并应符合下列规定：

1）当采用局部处理时，超出基础底面的宽度：对非自重湿陷性黄土、素填土和杂填土等地基，每边不应小于基底宽度的 0.25 倍，并不应小于 0.50m；对自重湿陷性黄土地基，每边不应小于基底宽度的 0.75 倍，并不应小于 1.00m。

2）当采用整片处理时，超出建筑物外墙基础底面外缘的宽度，

每边不宜小于处理土层厚度的 1/2，并不应小于 2m。

（3）土桩、灰土桩复合地基处理厚度宜为 3～15m，应根据建筑场地的土质情况、工程要求和成孔及夯实设备等综合因素确定。对湿陷性黄土地基，应符合现行国家标准《湿陷性黄土地区建筑规范》GB 50025 的有关规定。

（4）桩孔直径宜为 300～450mm，并可根据所选用的成孔设备或成孔方法确定。桩孔宜按等边三角形布置，桩孔之间的中心距离，可为桩孔直径的 2.0～2.5 倍，也可按下式估算：

$$s = 0.95d\sqrt{\frac{\bar{\eta}_c\rho_{d\max}}{\bar{\eta}_c\rho_d d_{\max} - \bar{\rho}_d}} \tag{10-48}$$

式中　s ——桩孔之间的中心距离（m）；

d ——桩孔直径（m）；

$\rho_{d\max}$ ——桩间土的最大干密度（t/m³）；

$\bar{\rho}_d$ ——地基处理前平均干密度（t/m³）；

$\bar{\eta}$ ——桩间土经成孔挤密后的平均挤密系数，对重要工程不小宜为 0.93，对一般工程不应小于 0.9。

（5）桩间土的平均挤密系数 $\bar{\eta}_c$ 应按下式计算：

$$\bar{\eta}_c = \bar{\rho}_{d1}/\rho_{d\max} \tag{10-49}$$

式中　$\bar{\rho}_{d1}$ ——在成孔挤密深度内，桩间土的平均干密度（t/m³），平均试样数量不少于 6 组。

（6）桩孔的数量可按下式估算：

$$n = A/A_e \tag{10-50}$$

式中　n ——桩孔的数量；

A ——拟处理地基的面积（m²）；

A_e ——1 根土或灰土挤密桩所承担的处理地基面积（m²），

即：

$$A_e = \pi d_e^2/4 \tag{10-51}$$

式中　d_e ——1 根桩分担的处理地基面积的等效圆直径（m）；

等边三角形布桩：$d_1 = 1.05s$；正方形布桩：$d_e = 1.13s$。

（7）桩孔内的填料，应根据工程要求或处理地基的目的确定，采用素土、灰土、二灰（粉煤灰与石灰）或水泥土等。对于灰土，消石灰与土的体积配合比宜为 2:8 或 3:7；对于水泥土，水泥与土的体积配合比宜为 1:9 或 2:8。孔内填料均应分层回填夯实，填料的平均压实系数 $\lambda_c \geqslant 0.97$，其中压实系数最小不应小于 0.94。

（8）桩顶标高以上应设置 300～600mm 厚的 2:8 灰土垫层，其压实系数不应小于 0.95。

（9）土桩、灰土桩复合地基承载力特征值，应通过单桩静载荷试验或复合地基载荷试验确定。初步设计当无试验资料时，可按当地经验确定，但对灰土挤密桩复合地基的承载力特征值，不宜大于处理前的 2.0 倍，并不宜大于 250kPa；对土挤密桩复合地基的承载力特征值，不宜大于处理前的 1.4 倍，并不宜大于 180kPa。

（10）土桩、灰土桩复合地基的变形计算，应符合现行国家标准《建筑地基基础设计规范》GB 50007 的有关规定，其中复合土层的压缩模量，可采用载荷试验的变形模量代替。

3. 施工

（1）施工设备

施工机具包括成孔设备和夯实机具。

一般采用 0.6t 或 1.2t 柴油打桩机或自制锤击式打桩机，亦可采用冲击钻孔成孔。

常用夯实机具有偏心轮夹杆式夯实机和卷扬机提升式夯实机两种，后者工程中应用较多。夯锤用铸钢制成，重量一般选用 100～300kg，其竖向投影面积的静压力不小于 20kPa。

夯锤最大部分的直径应较桩孔直径小 100～150mm，以便填料顺利通过夯锤 4 周。夯锤形状下端应为抛物线形锥体或尖锥形锥体，上段成弧形。

（2）施工程序及注意事项

1）施工程序

①施工准备。应根据设计要求、现场土质、周围环境等情况选择适宜的成桩设备和施工工艺。设计标高上的预留土层应满足下列要求：沉管（锤击、振动）成孔，宜不小于 1.0m；冲击、钻孔扩法，宜不小于 1.50m。

②土或灰土的铺设厚度应根据不同的施工方法按表 10-57 选用。夯击遍数应根据设计要求，通过现场干密度试验确定。

采用不同施工方法虚铺土或灰土的厚度控制   表 10-57

夯实机械	机具重量 (t)	虚铺厚度 (cm)	备注
石夯、木夯（人工）	0.04～0.08	20～25	人工，落距 40～50cm
轻型夯实机	1～1.5	25～30	夯实或孔内夯实机
沉管桩机		30	40～90kW 振动锤
冲击钻机	0.6～3.2	30	

③成孔和孔内回填夯实的施工顺序。当整片处理时，宜从里（或中间）向外间隔 1～2 孔进行，对大型工程可采用分段施工；当局部处理时，宜从外向里间隔 1～2 孔进行。

2）施工中的注意事项

①土桩、灰土桩复合地基的土料宜采用有机质含量不大于 5% 的素土，严禁使用膨胀土、盐碱土等活动性较强的土。使用前应过筛，最大粒径不得大于 15mm。石灰宜用消解（闷透）3～4d 的新鲜石灰块，使用前应过筛，粒径不得大于 5mm，熟石灰中不得夹有未熟的生石灰块。

②灰土料应按设计体积比要求拌合均匀，颜色一致。施工时使用的土或灰土含水量应接近最优含水量。最优含水量应通过击实试验确定。一般控制土的含水量为 16% 左右，灰土的含水量为 10% 左右，施工现场检验的方法是用手将土或灰土紧握成团，轻捏即碎为宜，如果含水量过多或不足时，应晒干或洒水湿润。拌合后的土或灰土料应当日使用。

③施工时地基土的含水量也应接近近的最优含水量，当地基土的含水量小于 12% 时，应进行增湿处理。增湿处理宜在地基处理前 4～6d 进行，将需增湿的水通过一定数量和一定深度的渗水孔，均匀地浸入拟处理范围的土层中。

10.3.12.2 质量检验与验收

1. 施工期质量检验

施工期质量检验应包括以下内容：

（1）施工过程中分层取样检验的取样位置及数量不应少于以下规定：

对于桩间土干密度取样：取样位置自桩顶 0.5m 起，每一米不应少于 2 点（1 组），即：桩孔外 100mm 处 1 点，桩孔之间中心距（1/2 处）1 点。桩长大于 6m，全部深度内取样点不应少于 12 点（6 组）；桩长小于 6m 时，全部深度内取样点不应少于 10 点（5 组）。

对于桩体土干密度取样：取样位置自桩顶下 0.5m 起，每一米不应少于 2 点（1 组），即：桩孔内距桩孔边缘 50mm 处 1 点，桩孔中心（1/2 处）1 点。桩长大于 6m 时，全部深度内取样点不应少于 12 点（6 组）；桩长小于 6m 时，全部深度内取样点不应少于 10 点（5 组）。

抽样检验的数量为：重要工程不少于总桩数的 1.5%；一般工程不少于总桩数的 15%，且每台班不得少于 1 孔，桩间土检测与其相对应。其他方面的质量检测应按设计要求执行。

（2）土桩、灰土桩复合地基或灰土的质量指标按表 10-58 及表 10-59 选用。

土桩或灰土桩的质量标准   表 10-58

部位	压实系数 λ_c	挤密系数 η_c	控制含水量
土和灰土挤密桩	≥0.96		
桩间土		重要工程≥0.93 一般工程≥0.90	$w_{op}\pm2\%$
湿陷性判别	满足设计及相关规范的要求		

复合地基或灰土的质量标准   表 10-59

部位	土的类别	最小干密度 ρ_d (t/m³)
土挤密桩	粉土	1.73
	粉质黏土	1.59
	黏土	1.49

续表

部位	土的类别	最小干密度 ρ_d (t/m³)
灰土挤密桩	粉土	1.55
	粉质黏土	1.50
	黏土	1.45
桩间土 （重要工程）	粉土	1.68
	粉质黏土	1.54
	黏土	1.45
桩间土 （一般工程）	粉土	1.62
	粉质黏土	1.49
	黏土	1.40

2. 竣工后质量验收

竣工后质量验收应包括以下内容：

（1）土桩、灰土桩复合地基的现场质量检验，宜采用环刀取样，测定其干密度。

（2）当采用量力仪或其他手段检验土和灰土挤密桩复合地基质量时，使用前，应在现场作对比试验（与控制干密度对比）。

（3）桩孔夯填质量检验应随机抽样检测，抽检的数量不应少于桩总数的 1%；且总计不得少于 6 根桩。

（4）土桩、灰土桩复合地基的载荷试验检验数量不应少于桩总数的 0.5%，且每项单体工程不应少于 3 点。

3. 检验与验收标准

土桩、灰土桩复合地基的质量检测内容及标准应符合表 10-60 的要求。

土桩和灰土桩复合地基质量检验标准   表 10-60

项目	序	检查项目	允许偏差或允许值		检查方法
			单位	数值	
主控项目	1	桩体及桩间土干密度	设计要求		现场取样检查
	2	桩长	mm	+500	测桩管长度或垂球测孔深
	3	桩径	mm	-20	用钢尺量
	4	地基承载力	设计要求		按规定方法
一般项目	1	土料有机质含量	%	≤5	试验室灼烧法
	2	石灰粒径	mm	≤5	筛分法
	3	桩位偏差	满堂布桩≤0.40D 条基布桩≤0.25D		用钢尺量，D 为桩径
	4	桩径	mm	-20	用钢尺量
	5	垂直度		≤1.50	经纬仪测桩管

10.3.13 柱锤冲扩桩复合地基

10.3.13.1 柱锤冲扩桩复合地基设计施工

1. 加固原理及适用范围

柱锤冲扩地基是利用直径 300～500mm、长 2～6m 圆柱形重锤冲击成孔，再向孔内添加填料（碎砖三合土、级配砂石、矿渣、灰土、水泥混合土等）并夯实制成桩体，与原地基土构成的地基。

柱锤冲扩复合地基适用于处理地下水位以上的杂填土、粉土、黏性土、素填土和黄土等地基，对地下水位以下饱和松软土层，应通过现场试验确定其适用性。地基处理深度不宜超过 10m，复合地基承载力特征值不宜超过 160kPa。

用柱锤冲扩桩法处理可液化地基，处理范围为基础外缘扩大的宽度不应小于基底下可液化土层厚度的一半。对于上部荷载较小的室内非承重墙及单层砖房可仅在基础范围内布桩，其余适当加大处理宽度。

2. 设计

柱锤冲扩桩的设计应符合下列规定：

(1) 对大型的、重要的或场地复杂的工程，在正式施工前，应在有代表性的场地上进行试验。

(2) 处理范围应大于基底面积。对一般地基，在基础外缘应扩大 1～3 排桩，并不应小于基底下处理土层厚度的 1/2。对可液化地基，处理范围可按上述要求适当加宽。

(3) 桩位布置可采用正方形、矩形、三角形布置。常用桩距为 1.2～2.5m，或取桩径的 2～3 倍。

(4) 桩径可取 500～800mm，桩孔内填料量应通过现场试验确定。

(5) 地基处理深度可根据工程地质情况及设计要求确定。对相对硬层埋藏较浅的土层，应深达相对硬土层；当相对硬层埋藏较深时，应按下卧层地基承载力及建筑物地基的变形允许值确定；对可液化地基，应按现行国家标准《建筑抗震设计规范》GB 50011 的有关规定确定。

(6) 在桩顶部应铺设 200～300mm 厚砂石垫层。

(7) 桩体材料可采用碎砖三合土、级配砂石、矿渣、灰土、水泥混合土等。当采用碎砖三合土时，其配合比（体积比）可采用生石灰：碎砖：黏性土为 1：2：4。当采用其他材料时，应经试验确定其适用性和配合比。

(8) 柱锤冲扩桩复合地基承载力特征值应通过现场复合地基载荷试验确定，初步设计时，也可按式（10-36）估算，公式中 f_{spk} 为柱锤冲扩桩复合地基承载力特征值（kPa）；m 为面积置换率，可取 0.2～0.5；n 为桩土应力比，无实测资料时可取 2～4，桩间土承载力低时取大值；f_{sk} 为处理后桩间土承载力特征值（kPa），宜按当地经验取值，如无经验时，可取天然地基承载力特征值。

(9) 地基处理后变形计算应按现行国家标准《建筑地基基础设计规范》GB 50007 的有关规定执行。初步设计时复合土层的压缩模量可按式（10-47）估算，公式中 E_{sp} 为复合土层的压缩模量（MPa）；E_s 为加固后桩间土的压缩模量（MPa），可按当地经验取值。

(10) 当柱锤冲扩桩处理深度以下存在软弱下卧层时，应按现行国家标准《建筑地基基础设计规范》GB 50007 的有关规定进行下卧层地基承载力验算。

(11) 所用材料配合比见表 10-61。

碎砖三合土、级配砂石、灰土、水泥混合土常用配合比

表 10-61

填料材料	碎砖三合土	级配砂石	灰土	水泥混合土
配合比	生石灰：碎砖：黏性土 1：2：4	石子：砂 1：0.6～0.9	石灰：土 1：3～4	水泥：土 1：7～9

3. 施工

(1) 施工设备

柱锤冲扩桩法宜用直径 300～500mm、长度 2～6m、质量 1～8t 的柱状锤（柱锤）进行施工。起重机具可用起重机、步履式夯扩桩机或其他专用机具设备。

(2) 施工程序及注意事项

1) 施工程序

①清理平整施工场地，布置桩位；

②施工机具就位，使柱锤对准桩位；

③柱锤冲孔：根据土质及地下水情况可分别采用下述三种成孔方式：

a. 冲击成孔：将柱锤提升一定高度（一般 5～10m），自动脱钩下落冲击土层，如此反复冲击，接近设计成孔深度时，可在孔内填少量粗骨料继续冲击，夯送的锤体瞬间沉入很小时（一般每一击下沉量不大于 100mm），认为孔底已被夯密实。

b. 填料冲击成孔：成孔时出现缩颈或塌孔时，可分次填入碎砖和生石灰块，边冲击边将填料挤入孔壁及孔底，当孔底接近设计成孔深度时，夯入部分碎砖挤密桩端土。

c. 复打成孔：当成孔较难以成孔时，可提锤反复冲击至设计孔深，然后分次填入碎砖和生石灰块（配合比一般为 1：1），待

孔内生石灰吸水膨胀、桩间土性质有所改善后，再进行二次冲击复打成孔。

d. 当采用上述方法仍难以成孔时，也可以采用套管成孔，即用柱锤边冲击边将套管压入土中，直至桩底设计标高。

④成桩：用标准料斗或运料车将拌合好的填料分层填入桩孔夯实。当采用套管成孔时，边分层填料夯实，边将套管拔出。锤的质量、锤长、落距、分层填料量、分层夯填度、夯击次数、总填料量等应根据试验或按当地经验确定。每个桩孔应夯填至桩顶设计标高以上至少 0.5m，其上部桩孔宜用原槽土夯封。施工中应作好记录，并对发现的问题及时进行处理。

⑤施工机具移位，重复上述步骤进行下一根桩施工。

⑥成孔和填料夯实的施工顺序，宜间隔进行。

⑦基槽开挖后，应进行瞭槽拍底或碾压，随后进行褥垫层的施工，夯填度不大于 0.9。

2) 施工中的注意事项

①夯锤的质量、锤长、落距、分层填料量、分层夯填度、夯击次数、总填料量等应根据施工前现场试验确定。

②当试成桩时发现孔内积水较多且塌孔严重，宜采取措施降低地下水位。

③柱锤冲扩桩施工时，如果出现缩颈和塌孔，采取分次填碎砖和生石灰，边冲击边将填料挤入孔壁及孔底。此时，柱锤的落距应适当降低，冲孔速度也应适当放慢，使碎砖和生石灰与孔内松软土层强行拌合，生石灰吸水膨胀，改善孔壁土的性质。

④当采用填料冲击成孔或二次复打成孔仍难以成孔时，也可以采用套管成孔，即用柱锤边成孔边将套管压入土中，直至桩底设计标高。

⑤成桩顺序依土质情况决定。当地基土为新近沉积土或比较松软，施工柱锤冲扩桩后地面不隆起，采用自外向内成桩；当地基土为稍密，施工柱锤冲扩桩后地面有轻微隆起，采用自内向外成桩；当地基土为中密，施工柱锤冲扩桩后地面隆起严重，先用长螺旋钻引孔，再施工柱锤夯扩桩。

⑥第二次复打成孔既可在原桩位，也可在桩间进行。

⑦柱锤夯扩桩施工质量关键在桩体密实度，即分层填料量、分层夯实厚度及总填料量。施工时应随时计算每分层夯实厚度的充盈系数 K 是否大于 1.5（或设计要求），如果密实度达不到设计要求，应空夯直至密实。

⑧当柱锤冲扩桩夯实桩体施工至设计桩顶标高以上时，为了防止倒锤，余下桩体夯实可改用平锤夯封。

⑨柱锤夯扩桩成桩是由下向上夯实加固，即由地下向地表进行夯实加固，由于地表约束减少以及桩间土隆起，造成桩头松散和槽底土松动。为保证地基处理效果，对低于基底标高的松散桩头和松软基底土应挖除，换填碎砖三合土或碎石垫层，也可以采用压实处理。

10.3.13.2 质量检验与验收

1. 施工期质量检验

施工期质量检验应包括以下内容：

(1) 柱锤冲扩桩施工时，应随时检查施工中的各项记录，如发现地基条件发生变化，或有遗漏，或柱锤冲扩桩施工质量不符合规定要求，应进行补桩或采取其他有效的补救措施。

(2) 桩体的有效直径检查，应将桩顶部挖开，检查柱锤夯扩桩的直径、桩位等。

(3) 桩体的垂直度，可以检查桩孔的垂直度，代替桩体的垂直度。在施工中经常测量桩孔的倾斜度。

2. 竣工后质量验收

竣工后质量验收应包括以下内容：

(1) 柱锤冲扩桩施工结束 7～14d 后进行检验。

(2) 桩间土轻便触探检验，触探点按 4～10m 方格网布置，触探深度不小于 1.8m。

(3) 柱锤冲扩桩密实度检查，采用重型（Ⅱ）动力触探。重型（Ⅱ）动力触探检测的数量为总桩数的 2%，并且不少于 6 根。对于柱锤冲扩桩密实程度判别标准参考当地勘察规范标准。对于碎砖三合土也可参考表 10-62。

碎砖三合土密实度与 $\overline{N}_{63.5}$ 关系表　表 10-62

$\overline{N}_{63.5}$	6	8	10	12	14	16	18	20
密实程度	稍密		中密				密实	

注：1. 碎砖三合土配合比为，生石灰：碎砖：土＝1：2：4；
　　2. $\overline{N}_{63.5}$ 计算时应去掉 10% 极大值。当触探深度大于 4m 时，$N_{63.5}$ 应乘以 0.9 折减系数。

（4）如果柱锤冲扩桩还需要消除地基地震液化，应采用桩间土标准贯入试验进行判别。标准贯入试验的数量，按《岩土工程勘察规范》GB 50021 详细勘察要求的勘探点布置标准贯入试验孔。孔深应大于所处理的液化层深度。

（5）柱锤夯扩桩地基竣工验收时，承载力检验应采用复合地基载荷试验。载荷试验的数量为总桩数的 0.5%，并且每个单体工程不少于 3 点，载荷试验应在成桩 14d 后进行。

（6）经质量检验不符合设计或规范要求的柱锤冲扩桩地基，应进行补桩或采取其他有效的补救措施后，再进行质量检验。

10.3.14　多桩型复合地基

10.3.14.1　多桩型复合地基设计施工

1. 加固原理及适用范围

多桩型复合地基是指由两种及两种以上不同材料增强体或由同一材料增强体而桩长不同时形成的复合地基，适用于处理存在浅层欠固结土、湿陷性土、液化土等特殊土，或场地土层具有不同深度持力层以及存在软弱下卧层，地基承载力和变形要求较高时的地基处理。

2. 设计

多桩型复合地基的设计应符合下列要求：

（1）多桩形复合地基设计应考虑土层情况、承载力与变形控制要求、经济性、环境要求等选择合适的桩形及施工工艺。

（2）多桩型复合地基中，两种桩可选择不同直径、不同持力层；对复合地基承载力贡献较大或用于控制复合土层变形的长桩，应选择相对更好的持力层并应穿越软弱下卧层；对处理欠固结土的桩，桩长应穿越欠固结土层；对需要消除湿陷性的桩，应穿越湿陷性土层；对处理液化土的桩，桩长应穿越液化土层。

（3）对浅部存有较好持力层的正常固结土选择多桩型复合地基方案时，可采用刚性长桩与刚性短桩、刚性长桩与柔性短桩的组合方案。

（4）对浅部存在欠固结土，宜先采用预压、压实、夯实、挤密方法或柔性桩等处理浅层地基，而后采用刚性或柔性长桩进行处理的方案．

（5）对湿陷性黄土应根据《湿陷性黄土地区建筑规范》。对湿陷性的处理要求，选择压实、夯实或土桩、灰土桩、夯实水泥土桩等处理湿陷性，再采用刚性长桩进行处理的方案。

（6）对可液化地基，应根据《建筑抗震设计规范》对可液化地基的处理设计要求，采用碎石桩等方法处理液化土层，再采用刚性或柔性长桩进行处理的方案。

（7）对膨胀土地基采用多桩型复合地基方案时，应采用灰土桩等处理膨胀性，长桩宜穿越膨胀土层及大气影响层以下进入稳定土层，且不应采用桩身透水性较强的桩。

（8）多桩型复合地基的布桩宜采用正方形或三角形间隔布置；刚性桩可仅在基础范围内布置，柔性桩布置要求应满足《建筑抗震设计规范》、《湿陷性黄土地区建筑规范》、《膨胀土地区建筑技术规范》对不同性质土处理的规定。

（9）对刚性长短桩复合地基应选择砂石垫层，垫层厚度宜取对复合地基承载力贡献较大桩直径的二分之一；对刚性桩与柔性桩组合的复合地基，垫层厚度宜取刚性桩直径的二分之一；对柔性长短桩复合地基及长桩采用微型桩的复合地基，垫层厚度宜取 100~150mm。对未完全消除湿陷性的黄土及膨胀土，宜采用灰土垫层，其厚度宜为 300mm。

（10）多桩型复合地基承载力特征值应采用多桩复合地基承载力载荷试验确定，初步设计时可采用以下方式估算，但应考虑施工顺序对承载力的相互影响；对刚性桩施工较为敏感的土层，不宜采用刚性桩与静压桩的组合，刚性桩与其他桩组合时，应对其桩

的单桩承载力进行折减。

1）由具有粘结强度的 A 桩、B 桩组合形成的多桩型复合地基（含长短桩复合地基、等长桩复合地基）承载力特征值采用下式：

$$f_{spk} = m_1 \frac{\lambda_1 R_{a1}}{A_{p1}} + m_2 \frac{\lambda_2 R_{a2}}{A_{p2}} + \beta(1 - m_1 - m_2)f_{sk}$$

(10-52)

式中　m_1、m_2——分别为 A 桩、B 桩的面积置换率；

λ_1、λ_2——分别为 A 桩、B 桩单桩承载力发挥度；应由单桩复合地基试验按等变形准则或多桩复合地基载荷试验确定，有地区经验时也可按地区经验确定；

R_{a1}、R_{a2}——分别为 A 桩、B 桩单桩承载力特征值；

A_{p1}、A_{p2}——分别为 A 桩、B 桩的横截面面积；

β——桩间土承载力发挥系数；

f_{sk}——A 桩、B 桩处理后复合地基桩间土承载力特征值。

2）由具有粘结强度的 A 桩与散体材料 B 桩组合形成的复合地基承载力特征值采用下式：

$$f_{spk} = m_1 \frac{\lambda_1 R_{a1}}{A_{p1}} + \beta[1 + m_2(n-1)]f_{sk}$$
(10-53)

式中　β——仅由 B 桩加固处理形成的复合地基承载力发挥系数；

n——仅由 B 桩加固处理形成复合地基的桩土应力比；

f_{sk}——仅由 B 桩加固处理后桩间土承载力特征值。

（11）多桩型复合地基面积置换率的计算应根据基础面积与该面积范围内实际的布桩数进行计算，当基础面积较大或条形基础较长时，也可按单元面积置换率替代。单元面积置换率的计算模型如图 10-28 所示。

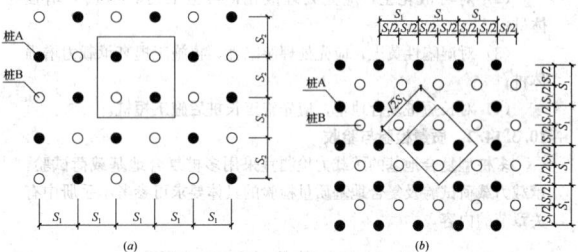

图 10-28　多桩型复合地基面积置换率计算模型
(a) 模型一；(b) 模型二

（12）多桩型复合地基变形计算可按下列规定进行：

1）具有粘结强度的长短桩复合地基宜采用以下方法

①将总变形量视为三部分组成，即长短桩复合加固区压缩变形、短桩桩端至长桩桩端的加固区压缩变形、复合土层下卧土层压缩变形。其中加固区的压缩变形计算可采用复合模量法计算，复合土层下卧土层变形宜按现行国家标准《建筑地基基础设计规范》GB 50007 的规定，采用分层总和法计算。

$$s = s_1 + s_2 + s_3$$
(10-54)

式中　s——长短桩复合地基变形量；

s_1——长、短复合土层产生的压缩变形；

s_2——短桩桩端至长桩桩端复合土层产生的压缩变形；

s_3——下卧土层的压缩变形。

②采用复合模量法计算复合地基变形：

$$s = \psi_{sp}\left[\sum_{i=1}^{n_1} \frac{P_b}{\zeta_1 E_{si}}(z_i \bar{\alpha}_i - z_{i-1}\bar{\alpha}_{i-1}) \right.$$
$$+ \sum_{i=n+1}^{n_2} \frac{P_b}{\zeta_2 E_{si}}(z_i \bar{\alpha}_i - z_{i-1}\bar{\alpha}_{i-1})$$
$$\left. + \sum_{j=n+1}^{n_3} \frac{P_b}{E_{si}}(z_j \bar{\alpha}_j - z_{j-1}\bar{\alpha}_{j-1}) \right]$$
(10-55)

式中　n_1、n_2——分别为长短桩复合加固区、短桩桩端至长桩桩端加固区土层分层数；

n_3——变形计算深度内下卧土层分层；

ζ_1、ζ_2——长短桩复合加固区、短桩桩端至长桩桩端加固区
各土层的模量提高系数，分别按下式计算：

$$\zeta_1 = f_{spk}/f_{ak} \tag{10-56}$$

$$\zeta_2 = f_{spk1}/f_{ak} \tag{10-57}$$

式中　f_{spk1}——仅由长桩处理形成复合地基承载力特征值；

f_{spk}——长短桩复合地基承载力特征值；

f_{ak}——天然地基承载力特征值。

2) 由具有粘结强度的 A 桩与散体材料 B 桩组合形成的复合地基变形计算，宜采用水泥粉煤灰碎石桩复合地基变形计算方法，其中散体材料桩与有粘结强度桩共同形成的复合土层模量计算采用下式：

$$\zeta_1 E_{si} = \frac{f_{spk}}{f_{sk}} [m_2 E_{p2} + (1-m_2)E_{si}] \text{ 或 } \zeta_1 E_{si}$$

$$= \frac{f_{spk}}{f_{sk}} [1 + m_2(n-1)]\alpha E_s \tag{10-58}$$

式中　f_{sk}——仅由 B 桩加固处理后间土承力特征值；

E_{p2}——散体材料桩桩身材料压缩模量。

n——桩土应力比，可按第 10.3.6.1 节的有关内容选取；

α——桩间土承力提高系数，可按第 10.3.6.1 节的有关规定选取。

3) 复合地基变形计算深度必须大于复合土层的厚度，并应满足现行国家标准《建筑地基基础设计规范》GB 50007 中地基变形计算深度的有关规定。

3. 施工

(1) 后施工桩不应对先施工桩产生使其降低或丧失承载力的扰动；

(2) 对可液化土，应先处理液化，再施工提高承载力增强体桩；

(3) 对湿陷性黄土，应先处理湿陷性，再施工提高承载力增强体桩；

(4) 对长短桩复合地基，应先施工长桩后施工短桩。

10.3.14.2　质量检验与验收

多桩型复合地基的承载力检测宜采用多桩复合地基载荷试验，承载力载荷试验及复合地基质量检验的具体要求可参考本手册中有关章节的内容。

10.3.15　硅化法和碱液法

10.3.15.1　硅化法设计施工

1. 加固原理及适用范围

硅化加固法是指采用硅酸钠溶液注入地基土层中，使土粒之间及其表面形成硅酸凝胶薄膜，增强了土颗粒间的联结，赋予土耐水性、稳定性和不湿陷性，并提高土的抗压和抗剪强度的地基处理方法[20]，亦称硅化灌浆法。

硅化法根据浆液注入的方式分为压力硅化、电动硅化、加气硅化和溶液自渗四类。压力硅化根据溶液的不同，又可分为压力双液硅化、压力单液硅化和压力混合液硅化三种。

各种硅化方法适用范围，根据被加固土的种类、渗透系数而定，可参见表 10-63。硅化法多用于局部加固新建或已建的建 (构) 筑物基础、稳定边坡以及作防渗帷幕等。对酸性土和已渗入沥青、油脂及石油化合物的地基上，不宜采用硅化法。

各种硅化法的适用范围及化学溶液的浓度[49]　表 10-63

硅化方法	土的种类	土的渗透系数 (m/d)	溶液的密度 ($t=18$℃)	
			水玻璃（模扩 2.5～3.3）	氯化钙
压力双液硅化	砂类土和黏性土	0.1～10.0	1.35～1.38	1.26～1.28
		10.0～20.0	1.38～1.41	—
		20.0～80.0	1.41～1.44	—
压力单液硅化	地下水位以上的湿陷性黄土	0.1～2.0	1.13～1.25	—

续表

硅化方法	土的种类	土的渗透系数 (m/d)	溶液的密度 ($t=18$℃)	
			水玻璃（模扩 2.5～3.3）	氯化钙
压力混合液硅化	粗砂、细砂	—	2.4～2.8	—
电动双液硅化	各类土	≤0.1	1.13～1.21	1.07～1.11
加气硅化	砂土、湿陷性黄土、一般黏性土	0.1～2.0	1.09～1.21	—
无压单液硅化	自重湿陷性黄土	0.1～2.0	1.13～1.25	—

注：1. 防渗注浆加固用的水玻璃模数不宜小于 2.2；

2. 水玻璃浆液温度为 13～15℃，凝胶时间为 13～15s，浆液初期黏度为 4×10^{-3} Pa·s，不溶于水的杂质含量不得超过 2%；

3. 氯化钙溶液的 pH 值不得小于 5.5，每一升溶液中杂质不得超过 0.06%（即 60g），悬浮颗粒不得超过 1%；

4. 铝酸钠：含铝量为 180g/L，苛化系数为 2.4～2.5；

5. 二氧化碳：采用工业用二氧化碳（压缩瓶装）。

2. 设计

(1) 加固半径

硅化注浆加固的加固半径应根据孔隙比、浆液黏度、凝固时间、灌浆速度、灌浆压力、灌浆量等通过试验确定。无试验资料时可按土的渗透系数参数表 10-64 确定。

压力硅化加固半径　表 10-64

土的类型及加固方法	渗透系数 (m/d)	加固半径 (m)
砂土（双液硅化法）	2～10	0.3～0.4
	10～20	0.4～0.6
	20～50	0.6～0.8
	50～80	0.8～1.0
粉砂（单液硅化法）	0.3～0.5	0.3～0.4
	0.5～1.0	0.4～0.6
	1.0～2.0	0.6～0.8
	2.0～5.0	0.8～1.0
黄土（单液硅化法）	0.1～0.3	0.3～0.4
	0.3～0.5	0.4～0.6
	0.5～1.0	0.6～0.8
	1.0～2.0	0.8～1.0

(2) 注浆管的各排间距可取加固半径的 1.5 倍；注浆管的间距可取加固半径的 1.5～1.7 倍；注浆孔超出基础底面宽度不得少于 0.5m；分层注浆时，加固层的厚度可按注浆管带孔部分的长度上下各 0.25 倍加固半径计算。

(3) 灌浆溶液的总用量 Q (L) 可按下式确定：

$$Q \approx K \cdot V \cdot n \cdot 1000 \tag{10-59}$$

式中　V——硅化土的体积（m^3）；

n——土的孔隙率；

K——经验系数：对淤泥、黏性土、细砂，$K=0.3～0.5$；中砂、粗砂，$K=0.5～0.7$；砾砂，$K=0.7～1.0$；湿陷性黄土，$K=0.5～0.8$。采用双液硅化时，两种溶液用量应相等。

(4) 单液硅化法应由浓度为 10%～15% 的硅酸钠（$Na_2O \cdot nSiO_2$）溶液，掺入 2.5% 氯化钠组成。加固湿陷性黄土的溶液用量，可按下式估算：

$$Q = Vnd_{N1}\alpha \tag{10-60}$$

式中　Q——硅酸钠溶液的用量（m^3）；

V——拟加固湿陷性黄土的体积（m^3）；

$\overline{n}$——加固前土的平均孔隙率；

d_{N1}——灌注时，硅酸钠溶液的相对密度；

α——溶液填充孔隙的系数，可取 0.60～0.80。

(5)当硅酸钠溶液的浓度大于加固湿陷性黄土所要求的浓度时，应将其加水稀释，加水量可按下式估算：

$$Q' = \frac{d_N - d_{N1}}{d_{N1} - 1} \times q \qquad (10\text{-}61)$$

式中　Q'——稀释硅酸钠溶液的加水量(t)；

d_N——稀释前，硅酸钠溶液的相对密度；

q——拟稀释硅酸钠溶液的质量(t)。

(6)采用单液硅化法加固湿陷性黄土地基，灌注孔的布置应符合下列要求：

1) 灌注孔的间距：压力灌注宜为 0.80～1.20m；溶液自渗宜为 0.40～0.60m。

2) 加固拟建的设备基础和建(构)筑物的地基，应在基础底面下按等边三角形满堂布置，超出基础底面外缘的宽度，每边不得小于1m。

3) 加固既有建(构)筑物和设备基础的地基，应沿基础侧向布置，每侧不宜少于 2 排。当基础底面宽度大于 3m 时，除在基础每侧布置 2 排灌注孔外，必要时，可在基础两侧布置斜向基础底面中心以下的灌注孔或在其台阶上布置穿透基础的灌注孔，以加固基础底面下的土层。

3. 施工[20][49]

(1)施工设备

硅化灌浆主要机具设备有：振动打拔管机(振动钻或三脚架穿心锤)、注浆花管、压力胶管、ϕ42mm 连接钢管、齿轮泵或手摇泵、压力表、磅秤、浆液搅拌机、贮液罐、三脚架、倒链等。

(2)施工程序及注意事项

1)施工程序

① 施工前应具有岩土工程勘察报告、基础施工图、地下埋设物位置资料及设计对地基加固的要求等。

② 机具设备已经备齐，并经试用处于良好状态。

③ 进行现场试验，已确定各项施工工艺参数，包括注浆孔间距、平面布置、注浆打管(钻)深度、注浆量、浆液浓度、灌浆压力、灌浆速度、灌浆方法、加固体的物理力学性质等。

④ 先将钻机或三脚架安放于预定孔位，调好高度和角度，然后将注浆泵及管路(包括出浆管、吸浆管、回浆管)连接好；再安装压力表，并检查是否完好，然后进行试运转。

⑤ 向土中打入灌注管和灌注溶液，应自基础底面标高向下分层进行，达到设计深度后，将管拔出，清洗干净可继续使用。

⑥ 土的加固程序，一般自上而下进行，如土的渗透系数随深度而增大时，则应自下而上进行。如相邻土层的土质不同时，渗透系数较大的土层应先进行加固。灌注溶液次序，根据地下水的流速而定，当地下水流速在1m/d时，向每个加固层自上而下地灌注水玻璃，然后再自下而上地灌注氯化钙溶液，每层厚 0.6～1.0m；当地下水流速为 1～3m/d 时，轮流将水玻璃和氯化钙溶液均匀地注入每个加固层；当地下水流速大于3m/d时，应同时将水玻璃和氯化钙溶液注入，以减低地下水流速，然后再轮流将两种溶液注入每个加固层。采用双液硅化法灌注，先由单数排的灌浆管压入，然后从双数排的灌浆管压入；采用单液硅化法时，溶液应逐排灌注。灌注水玻璃与氯化钙溶液的间隔时间不得超过表 10-59 规定。溶液灌注速度宜按表 10-60 的范围进行。

⑦ 计算溶液量全部注入土中后，所有注浆孔宜用 2∶8 灰土分层回填夯实。

2)施工中的注意事项

①压力灌注溶液施工中的注意事项

a. 灌注管可采用内径为 20～50mm，壁厚不小于 5mm 的无缝钢管。它由管尖、有孔管、无孔接长管及管头等组成。管尖做成25°～30°圆锥体，尾部带有丝扣与有孔管连接；有孔管长一般为 0.4～1.0m，每米长度内有 60～80 个直径为 1～3mm 向外扩大成喇叭形的孔眼，分 4 排交错排列；无孔接长管一般长 1.5～2.0m，两端有丝扣。灌浆管网系统包括输送溶液和输送压缩空气的软管、泵、软管与注浆管的连接部分、阀等，其规格应能适应灌注溶液所

采用的压力。泵或空气压缩设备应能以 0.2～0.6MPa 的压力，向每个灌浆管供应 1～5L/min 的溶液压入土中，灌浆管的管排列及构造如图 10-29 所示。灌浆管间距为 1.73R，各行间距为 1.5R(R 为一根灌浆管的加固半径，其数值见表 10-64)。

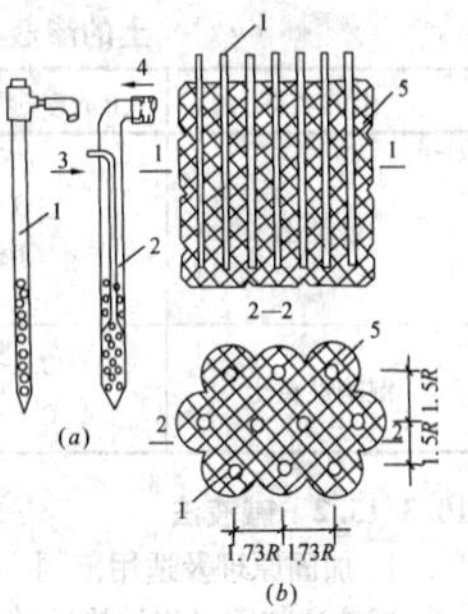

图 10-29　压力硅化注浆
管排列及构造
(a)灌浆管构造；(b)灌浆的
排列与分层加固
1—单液灌浆管；2—双液灌浆管；
3—第一种溶液；4—第二种溶液；
5—硅化加固区

b. 根据注浆深度及每根管的长度进行配管；再根据钻或三角架的高度，将配好的管用打入法或钻孔法逐节沉入土中，保持垂直和距离正确，管子四周也用土填塞夯实。

c. 加固既有建筑物地基时，在基础侧向应先施工外排，后施工内排。

d. 灌注溶液的压力值由小逐渐增大，一般在 0.2～0.4MPa(始)和 0.8～1.0MPa(终)范围内。

②溶液自渗施工中的注意事项

a. 在基础侧向，将设计布置的灌注孔分批或全部打(或钻)至设计深度。

b. 将配好的硅酸钠溶液注满各灌注孔，溶液宜高出基础底面标高 0.50m，使溶液自渗渗入土中。

c. 在溶液自渗过程中，每隔 2～3h，向孔添加一次溶液，防止孔内溶液渗干。

③电动硅化法施工中的注意事项

a. 向土中打入电极，可用打入法或先钻孔 2～3m 再打入。电极采用直径不小于22mm 的钢筋或直径 33mm 钢管。通过不加固土层的注浆管和电极表面，须涂沥青绝缘，以防电流的损耗和作防腐。电极沿每行注液管设置，间距与灌浆管相同。土的加固可分层进行，砂类土每一加固层的厚度为灌浆管有孔部分的长度加 0.5R，湿陷性黄土及黏土类土按试验确定。

b. 电动硅化系在灌注溶液的时候，同时通入直流电，电压梯度采用 0.50～0.75V/cm。电源可由直流发电机或直流电焊机供给。灌注溶液与通电工作要连续进行，通电时间最长不超过 36h。为了提高加固的均匀性，可采取每隔一定时间后变换电极改变电流方向的办法。加固地区的地表水，应注意疏干。

c. 电动硅化法灌注溶液的压力不超过 0.3MPa(表压)。

④加气硅化法施工中的注意事项

a. 加气加量用二氧化碳流量计称量；

b. 放气时将二氧化碳容器放到磅秤上，接通减压阀后，按要求的数量放气。

c. 排放压力：第一次排气压力 P_1 不控制，第二次排气压力 P_2＝0.1～0.2MPa；

d. 排气时间：第一次二氧化碳排气时间 t_1 不控制，第二次排气时间 t_2；当加固饱和度＜0.6 时，$t_2 \geq 18min$；当加固饱和度≥0.6 时(包括地下水位以下)，$t_2 \geq 45min$。

e. 加气硅化在注浆管周围挖一高 150mm、直径 150～250mm 倒锥圆台形填封孔桩，用水泥加水玻璃快速搅拌填满封孔坑，硬化后即可加气注浆。

⑤硅化加固的土层以上应保留 1m 厚的不加固土层，以防溶液上冒，必要时须夯实原素土或灰土。

⑥配锥浆液程序是：先用波美计量测原液密度和波美度，并作好记录；然后根据设计配制使其达到要求的密度。

向注液管中灌注水玻璃和氯化钙溶液的间隔时间

表 10-65

地下水流速(m/d)	0.0	0.5	1.0	1.5	3.0
最大间隔时间(h)	24	6	4	2	1

注：当加固土的厚度大于 5m，且地下水流速小于 1m/d，为避免超过上述间隔时间，可将加固的整体沿竖向分成几段进行。

土的渗透系数和灌注速度　　表 10-66

土的名称	土的渗透系数(m/d)	溶液灌注速度(L/min)
砂类土	<1	1～2
	1～5	2～5
	10～20	2～3
	20～80	3～5
湿陷性黄土	0.1～0.5	2～3
	0.5～2.0	3～5

10.3.15.2　碱液法

1. 加固原理及适用范围

碱液法加固是将加热后的碱液(即氢氧化钠溶液),以无压自流方式注入土中,使土粒表面溶合胶结形成难溶于水的,具有高强度的钙、铝硅酸盐络合物,从而达到提高地基承载力的地基处理方法。当土粒周围有充分的钙离子存在时,与产生的硅酸钠发生化学反应生成强度高和难溶的硅酸钙($CaO \cdot mSiO_2 \cdot xH_2O$)及石灰硅土状凝结材料($CaO \cdot xNa_2O \cdot ySiO_2$),使土粒相互牢固地粘结在一起,增强土颗粒附加黏着力的作用,从而使土体得到加固。反应是在固——液相间进行,在常温下反应速度缓慢,而提高温度则能加速反应过程。对于钙镁离子含量较高的土(大于 10mg 当量/1000g土),仅灌入碱液即可得到较好的加固效果。对于钙、镁离子含量较少的土,可采用双液法,即在灌完碱液后,再灌入氯化钙溶液,从而生成加固土所需要的氢氧化钙与水硬性的胶结物($nSiO_2 \cdot xH_2O$),与土颗粒起到一定胶结作用,即所谓的硅化加固作用。

2. 设计

(1) 材料要求

碱液加固所用 NaOH 溶液可用浓度大于 30%或固体烧碱加水配制;对于 NaOH 含量大于 50g/L 的工业废碱液和用土碱及石灰烧煮的土烧碱,经试验加固有效时亦可使用。配制好的碱液中,其不溶性杂质含量不宜超过 1g/L,Na_2CO_3 含量不应超过 NaOH 的 5%。$CaCl_2$ 溶液要求杂质含量不超过 1g/L,而悬浮颗粒不超过 1%,pH 值不得小于 5.5～6.0。

(2) 当 100g 干土中可溶性和交换性钙镁离子含量大于 10mg·eq 时,可采用单液法,即只灌注氢氧化钠一种溶液加固;否则,应采用双液法,即需采用氢氧化钠溶液与氯化钙溶液轮番灌注加固。

(3) 碱液加固地基的深度应根据场地的湿陷类型、地基湿陷等级和湿陷性黄土层厚度,并结合建筑物类别与湿陷事故的严重程度等综合因素确定。加固深度宜为 2～5m;对非自重湿陷性黄土地基,加固深度可为基础宽度的 1.5～2.0 倍;对 Ⅱ 级自重湿陷性黄土地基,加固深度可为基础宽度的 2.0～3.0 倍。

(4) 碱液加固土层的厚度 h,可按下式估算:

$$h = l + r \tag{10-62}$$

式中　l——灌注孔长度,从注液管底部到灌注孔底部的距离(m);

　　　r——有效加固半径(m)。

(5) 碱液加固地基的半径 r,宜通过现场试验确定。也可按下式估算:

$$r = 0.6\sqrt{\frac{V}{nl \times 10^3}} \tag{10-63}$$

式中　V——每孔碱液灌注量(L),试验前可根据加固要求达到的有效加固半径按式(10-64)进行估算;

　　　n——拟加固土的天然孔隙率。

当无试验条件或工程量较小时,可取 0.40～0.50m。

(6) 当采用碱液加固既有建(构)筑物的地基时,灌注孔的平面布置,可沿条形基础两侧或单独基础周边各布置一排。当地基湿陷较严重时,孔距可取 0.7～0.9m,当地基湿陷较轻时,孔距可适当加大至 1.2～2.5m。

(7) 每孔碱液灌注量可按下式估算:

$$V = \alpha\beta\pi r^2 (l+r)n \tag{10-64}$$

式中　α——碱液充填系数,可取 0.6～0.8;

　　　β——工作条件系数,考虑碱液流失影响,可取 1.1。

3. 施工

(1) 施工设备

碱液加固机具设备包括:贮浆桶、注液管、输浆胶管及阀门以及加热设备等。

(2) 施工程序及注意事项

1) 施工程序

①加固前,应在原位进行单孔灌注试验,以确定单孔加固半径、溶液灌注速度、温度及灌注量等技术参数。

②灌注孔可用洛阳铲、螺旋钻成孔或用带有尖端的钢管打入土中成孔,孔径为 60～100mm,孔中填入粒径为 20～40mm 的石子,直到注液管下端标高处,再将内径 20mm 的注液管插入孔中,管底以上 300mm 高度内填入粒径为 2～5mm 的小石子,其上用 2:8 灰土填入并夯实。

③碱液加固多采用不加压的自渗方式灌注,溶液宜采取加热(温度 90～100℃)和保温措施。灌注顺序为:

a. 单液法先:灌注浓度较大(100%～130%)的 NaOH 溶液,接着灌注较稀(50%)的 NaOH 溶液,灌注应连续进行,不应中断。

b. 双液法:按单液法灌完 NaOH 溶液后,间隔 4h 至 1d 再灌注 $CaCl_2$ 溶液。$CaCl_2$ 溶液同样先浓(100% ～ 130%)后稀(50%)。为加快渗透硬化,灌注完后,可在灌注孔中通入 1～1.5个大气压的蒸气加温约 1h。

2) 施工中的注意事项

①当灌注孔深度(石子填充部分)小于 3m 时,注液管底部以上 30cm 周围应用粒径 0.5～20mm 小石子填充;大于 3m 时高度应适当加大,以上用素土填充夯实直到地表为止。加固深度大于 5m,可采用分层灌注,以保证加固的均匀性。

②加固时,灌注孔应分期分批间隔打设和灌注,同一批打设的灌注孔的间距为 2～3m,每个孔必须灌注完全部溶液后,才可打设相邻的灌注孔。碱液可用固体烧碱或液体烧碱配制,加固 $1m^3$ 黄土需要 NaOH 量约为干土质量的 3%,即 35～45kg。碱液浓度不应低于 90g/L,常用浓度为 90～100g/L。双液加固时,氯化钙溶液的浓度为 50～80g/L。

③加固时,用蒸汽保温可使碱液与地基地层作用得快而充分,即在 70～100kPa 的压力下通蒸汽 1～3h,如需灌 $CaCl_2$ 溶液,在通汽后随即灌注。应注意的是,对自重湿陷性显著的黄土而言,需用挤密成孔方法,并且注浆和注汽要交叉进行,使地基尽快获得加固强度,以消除灌浆过程中所产生的附加沉陷。

④加固已湿陷基础,灌对孔设在基础两侧或周边各布置一排。如要求将加固体连成一体,孔距可取 0.7～0.8m。单孔的有效加固半径 R 可达 0.4m,有效厚度为孔长加 0.5R。如不要求加固体连接成片,加固体可视作桩体,孔距为 1.2～1.5m,加固土柱体强度可按 300～400kPa 使用。

⑤配溶液时,应先放水,而后徐徐放入碱块或浓碱液。溶液加碱量可按下列公式计算:

a. 采用固体烧碱配制每立方米浓度为 M 的碱液时,每立方米水中的加碱量为:

$$G_s = \frac{1000M}{P} \tag{10-65}$$

式中　G_s——每立方米碱液中投入的固体烧碱量(kg);

　　　M——配制碱液的浓度(g/L),计算时将 g 化为 kg;

　　　P——固体烧碱中,NaOH 含量的百分数(%)。

b. 采用液体烧碱配制每立方米浓度为 的碱液时,投入的液体烧碱量为:

$$V_1 = 1000\frac{M}{d_N N} \tag{10-66}$$

加水量为:

$$V_2 = 1000\left(1 - \frac{M}{d_N N}\right) \tag{10-67}$$

式中　V_2——加水的体积(L);

　　　d_N——液体烧碱的相对密度;

　　　N——液体烧碱的质量分数。

⑥应在盛溶液桶中将碱液加热到 90℃以上才能进行灌注,灌注过程中桶内溶液温度应保持不低于 80℃。

⑦灌注碱液的速度，宜为 2～5L/min。

⑧碱液加固施工，应合理安排灌注顺序和控制灌注速率。宜间隔 1～2 孔灌注，并分段施工，相邻两孔灌注的间隔时间不宜少于3d。同时灌注的两孔间距不应小于 3m。

⑨当采用双液加固时，应先灌注氢氧化钠溶液，间隔 8～12h后，再灌注氯化钙溶液，后者用量为前者的 1/2～1/4。

10.3.15.3　质量检验与验收[20][26]

1. 施工期质量检验

施工期质量检验应包括以下内容：

（1）施工前应掌握有关技术文件（注浆点位置、浆液配比、注浆施工参数、检测要求等）。浆液组成材料的性能应符合设计要求，注浆设备应确保正常运转。

（2）施工中应经常抽查浆液的配比及主要性能指标、注浆顺序、注浆过程的压力控制等。

（3）施工应作好施工记录，施工中每间隔 1～3d，应对既有建筑物的附加沉降进行观测。

2. 竣工后质量验收

竣工后质量验收应包括以下内容：

（1）硅化法

1）硅酸钠溶液灌注完毕，应在 7～10d 后，对加固的地基土进行检验。

2）硅化法处理后的地基竣工验收时，应检查注浆体强度、承载力及其均匀性采用动力触探或其他原位测试试验，检查孔数为总量的 2%～5%，不合格率大于或等于 20%时应进行二次注浆。必要时，尚应在加固土的全部深度内，每隔 1m 取土样进行室内试验，测定其压缩性和湿陷性。

3）地基加固结束后，尚应对已加固地基的建（构）筑物或设备基础进行沉降观测，直至沉降稳定，观测时间不应少于半年。

（2）碱液法

1）碱液加固地基的竣工验收，应在加固施工完毕 28d 后进行。可通过开挖或钻孔取样，对加固土体进行无侧限抗压强度试验和水稳性试验。取样部位应在加固土体中部，试块数不少于 3 个，28d龄期的无侧限抗压强度平均值不得低于设计值的 90%。将试块浸泡在自来水中，无崩解。当需要查明加固土体的外形和整体性时，可对有代表性加固土体进行开挖，量测其有效加固半径和加固深度。

2）地基经碱液加固后应继续进行沉降观测，观测时间不得少于半年，按加固前后沉降观测结果或用触探法检测加固前后土中阻力的变化，确定加固质量。

3. 检验与验收标准

硅化法及碱液法的部分质量检验标准可参考第 10.3.17 节注浆法的相关检验标准。

10.3.16　土工合成材料地基处理工程

土工合成材料是指以聚合物为原料的材料名词的总称，它是岩土工程领域中一种新型建筑材料。土工合成材料的主要功能为反滤、排水、加筋、隔离等作用，不同材料的功能不尽相同，但同一种材料往往兼有多种功能。土工合成材料可分为土工织物、土工膜、特种土工合成材料和复合型土工合成材料四大类，目前在实际工程中广泛使用的主要是土工织物和加筋土。

10.3.16.1　土工织物地基设计施工[49]

1. 加固原理及适用范围

通过在土层中埋设强度较大的土工聚合物达到提高地基承载力，减少地基变形，使用这种人工复合体，可承受抗拉、抗压、抗剪和抗弯作用，借以提高地基承载力、增加地基稳定性和减少地基变形。适用于砂土、黏性土和软土地基。

土工聚合物在岩土工程中应用的主要作用有排水、反滤、隔离和加固、补强等。

2. 设计

土工织物可以采用聚酯纤维（涤纶）、聚丙纤维（腈纶）和聚丙烯纤维（丙纶）等高分子化合物（聚合物）经加工后合成。根据其加工制造的不同分为：有纺型、编织型、无纺型、组合型。

一般采用无纺土工织物，将聚合物原料投入经过熔融挤压喷出纺丝，直接平铺成网，然后粘合剂粘合（化学方法或湿法）、热压粘合（物理方法或干法）或针刺结合（机械方法）等方法将网联结成布。土工织物产品因制造方法和用途不一，其宽度和重量的规格变化甚大，用于岩土工程的宽度由 2～18m；重量大于或等于 0.1kg/m²；开孔尺寸（等效孔径）为 0.05～0.5mm，导水性不论垂直向或水平向，其渗透系数 $k \geqslant 10^{-2}$ cm/s（相当于中、细砂的渗透系数）；抗拉强度为 10～30kN/m（高强度的达 30～100kN/m）。

3. 施工

（1）施工程序及注意事项

1）施工程序

①铺设土工织物前，应将基土表面压实、修整平顺均匀，清除杂物、草根，表面凹凸不平的可铺一层砂找平。当作路基铺设，表面应有 4%～5%的坡度，以利排水。

②铺设应从一端向另一端进行，端部应先铺填，中间后铺填，端部必须精心铺设锚固，铺设松紧应适度，防止绷拉过紧或褶皱，同时需保持连续性、完整性。避免过量拉伸超过其强度和变形的极限而发生破坏、撕裂或局部爆破等。在斜坡上施工，应注意均匀和平整，并保持一定的松紧度；避免石块使其变形超出聚合材料的弹性极限；在护岸工程坡面上铺设时，上坡段土工织物应搭在下坡段土工织物上。

3）土工织物连接一般可采用搭接、缝合、胶合或 U 形钉钉合等方法（图 10-30）。采用搭接时，应有足够的宽（长）度，一般为 0.3～0.9m，在坚固和水平的路基上，一般为 0.3m，在软的和不平的地面，则需 0.9m。在搭接处

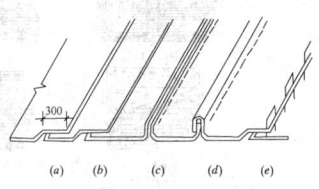

图 10-30　土工织物连接方法
(a) 搭接；(b) 胶合；(c)、(d) 缝合；(e) 钉接

尽量避免受力，以防移动；缝合采用缝合机面对面或折叠结合，用尼龙或涤纶线，针距 7～8mm，缝合处的强度一般可达缝合强度的80%；胶结法是用胶粘剂将两块土工织物胶结在一起，最少搭接长度为 100mm，胶结后应停 2h 以上。其接缝处的强度与土工织物的原强度相同；用 U 形钉连接是每隔 1.0m 用一 U 形钉插入连接，其强度低于缝合法和胶结法。一般多采用搭接和缝合法施工方法。

2）施工中的注意事项

①为防止土工织物在施工中产生顶破、穿刺、擦伤和撕破等，一般在土工织物下面宜设置砾石或碎石垫层，在其上面设置砂卵石护层，其中碎石层承受顶应力，土工织物承受拉应力，充分发挥织物的约束作用和抗拉效应，铺设方法同砂、砾石垫层。

②铺设一次不宜过长，以免下雨渗水难以处理，土工织物铺好后应随即铺设上面砂石材料或土料，避免长时间曝晒和暴露，使材料劣化。

③土工织物用于作反滤层时应作到连续，不得出现扭曲、褶皱和重叠。土工织物上抛石时，应先铺一层 30mm 厚卵石层，并限制高度在 1.5m 以内，对于重而带棱角的石料，抛掷高度不大于 50cm。

④土工织物上铺垫层时，第一层铺垫厚度应在 50cm 以下，用推土机铺垫时，应防止刮土板损坏土工织物，在局部不应加有重集中应力。

⑤铺设时，应注意端头位置和锚固，在护坡顶可使土工织物末端绕在管子上，埋设于坡顶沟槽中，以防土工织物下落；在堤坝，应使土工织物终止在护坡块石之内，避免冲刷时加速坡脚冲刷成坑。

⑥对于有水位变化的斜坡，施工时直接堆置于土工织物上的大块石之间的空隙，应填塞或设垫层，以避免水位下降时，上坡中的饱和水因来不及渗出形成显著水位差，使土挤向没有压载空隙，引起土工织物鼓胀而造成损坏。

⑦现场施工中发现土工织物受到损坏时，应立即修补好。

10.3.16.2　加筋土地基设计施工[49]

1. 加固机理及适用范围

松散土的抗拉能力很小，甚至为零，抗剪强度也很有限，若在土体中放置一定数量水平带状筋材，构成土—筋材的复合体，当受外力作用时，将会产生体变，引起筋材与其周围土之间的相对位移趋势，因而使土和拉筋之间的摩擦充分起作用，在拉筋方向获得和拉筋的抗拉强度相适用的黏聚力，阻止土颗粒的移动，限制了土的侧向位移。其横向变形等于拉筋的伸长变形，一般拉筋的弹性系数比土的变形系数大得多，故侧向变形可忽略不计，因而能使土体保持直立和稳定。

加筋土适用于山区或城市道路的挡土墙、护坡、路堤、桥台、河坝以及水工结构和工业结构等工程上，图10-31为加筋土的部分应用，此外还可用于处理滑坡。

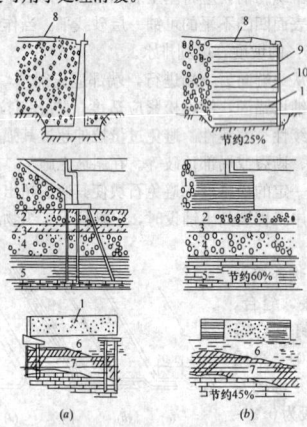

图10-31　加筋土的应用
(a) 常规深基处理方法；(b) 加筋土处理方法（不用深基）
1—填土；2—矿渣；3—粉土；4—砾石；5—泥灰岩；
6—近代冲积层；7—白垩土；8—公路；
9—面板；10—拉筋

2. 设计[49]

加筋土地基的设计应符合下列规定：

(1) 材料要求

1) 土工合成材料加筋垫层所用土工合成材料的品种与性能及填料的土类应根据工程特性和地基土条件，按照现行国家标准《土工合成材料应用技术规范》GB 50290 的要求，通过现场试验后确定其适用性。

2) 作为加筋的土工合成材料应采用抗拉强度较高、受力时伸长率不大于 4%～5%、耐久性好、抗腐蚀的土工格栅、土工格室、土工垫或土工织物等土工合成材料，多采用镀锌带钢（截面 5mm×40mm 或 5mm×60mm）、锗合金钢带和不锈带钢、Q235 钢条、尼龙绳、玻璃纤维等。

垫层填料宜用碎石、角砾、砾砂、粗砂、中砂或粉质黏土等材料。当工程要求垫层具有排水功能时，垫层材料应具有良好的透水性。但不得使用腐殖土、冻土、白垩土及硅藻土等，以及对拉筋有腐蚀性的土。

(2) 构造要求

面板一般采用钢筋混凝土预制构件，其厚度应不小于 80mm，混凝土强度等级不应低于 C18；简易的面板亦可采用半圆形油桶或椭圆形钢管。面板设计应满足坚固、美观、运输方便和安装容易等要求，同时要求能承受拉筋一定距离的内部土引起的局部应力集中。面板的形式有十字形、槽形、六角形、L 形、矩形、Z 形等，一般多用十字形，其高度和宽度由 50～150mm；厚度 80～250mm。面板上的拉筋结点，可采用预锚拉环、钢板锚头或留穿筋孔等形式。钢拉环采用直径不小于 10mm 的 I 级钢筋，钢板锚头采用厚度不小于 3mm 的钢板，露于混凝土外部分应做防锈处理；土工聚合物与钢拉环的接触面应做隔离处理。十字形面板与拉筋连接多在两侧预留小孔，内插销子，将面板竖向互相连锁起来（图10-

32）。面板与拉筋的连接处必须能承受施工设备和面板附近回填土压密时所产生的应力。

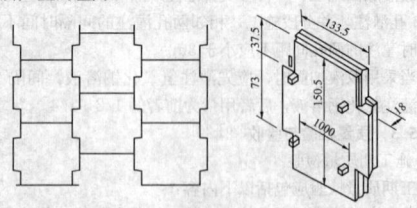

图10-32　预制混凝土面板的拼装

拉筋的锚固长度 L，一般由计算确定，但是还要满足 $L \geqslant 0.7H$（H 为挡土墙高度）的构造要求。

(3) 加筋垫层所用土工合成材料应进行材料强度验算，并符合下列规定：

$$T_\mathrm{p} \leqslant T_\mathrm{a} \tag{10-68}$$

式中　T_p——土工合成材料作用力（MPa），对于筋材可按下式确定：

$$T_\mathrm{p} \leqslant P_z f_s / m_c \tag{10-69}$$

式中　f_s——筋带的似摩擦系数，由试验确定；
　　　m_c——土工合成材料筋材综合影响系数，宜控制在 3～8 之间，一般取 4～6；
　　　T_a——土工合成材料筋材的允许抗拉强度（kN/m）。

(4) 拉筋的拉力和截面计算

在土体的主动土压力作用时，每根拉筋除通过摩擦阻止部分填土水平位移外，还应能拉紧一定范围内的面板，使得在土中的拉筋与主动土压力维持平衡。因此，每根拉筋所受到的拉力随深度的增加而增大，最下面的一根拉筋拉力 T_1 受力最大，其可按下式计算：

$$T_1 = \gamma (H + h_e) K_a \cdot s_x \cdot s_y \tag{10-70}$$

式中　γ——填土的重量（kN/m³）；
　　　H——挡土墙高度（m）；
　　　h_e——地面超载换算成土层厚度（m）；
　　　K_a——主动土压力系数，$K_a = \tan^2 (45° - \varphi/2)$；
　　　φ——土的内摩擦角（°）；
　　　s_x、s_y——拉筋的水平和垂直距离（m）。

拉筋需要的横截面面积 A 按下式计算：

$$A = \frac{T_1}{[f_g]} \tag{10-71}$$

式中　$[f_g]$——拉筋的抗拉强度设计值（kPa）。

(5) 拉筋需要总长度计算

拉筋在锚固区内由于摩擦作用产生的抗拉力 T_b 可由下式计算：

$$T_b = 2L_0 \cdot b \cdot \gamma (H + h_e) \cdot f \tag{10-72}$$

在同一深度处抗拉板的安全系数 K_b 为：

$$K_b = \frac{T_b}{T_1} = \frac{2 \cdot L_0 \cdot b \cdot f}{K_a \cdot s_x \cdot s_y} \tag{10-73}$$

式中　K_b——拉筋抗拉板安全系数，一般取 1.5～2.0；
　　　L_0——拉筋的锚固长度，可由下式得到：

$$L_0 = \frac{K_b \cdot K_a \cdot s_x \cdot s_y}{2 \cdot b \cdot f} \tag{10-74}$$

所以拉筋的总长度可由下式计算：

$$L = \frac{H}{\tan \left(45° + \dfrac{\varphi}{2} \right)} + \frac{K_b \cdot K_a \cdot s_x \cdot s_y}{2 \cdot b \cdot f} \tag{10-75}$$

(6) 加筋土体的外部稳定性验算

加筋土体的外部稳定性验算包括：考虑地基的沉降、地基承载力、抗滑稳定性以及深层滑动稳定性等。验算时可将拉杆末端的连续与墙面板间视为整体结构，其他与一般重力式挡土墙的计算方法相同。

验算抗滑稳定性时，将加筋土结构物视作一个整体，如图10-33所示，再将其后面作用的主动土压力用以验算加筋土结构物底部的抗滑稳定性，基底摩擦系数可按表10-67取用，抗滑稳定系数一般可取 1.2～1.5。

基底摩擦系数 μ 值　表 10-67

地基土的种类	摩擦系数 μ 值
黏质粉土、粉质黏土、半干硬的黏土	$0.30\sim0.40$
砂类土、碎石类土、软质和硬质岩石	0.40
软塑黏土	0.25
硬塑黏土	0.30

注：加筋体材料为黏质粉土、粉质黏土、半干硬的黏土时，可按同名地基土采用 μ 值。

由于加筋结构物是柔性结构，并且它能承受很大的沉降而不致对加筋土结构产生危害，如法国一道路的加筋土挡墙，采用钢筋混凝土面板，结果在 15m 长度内差异沉降量达 140mm 而并不影响使用，可见加筋土结构物能容许较大的差异沉降，但一般应控制在 1% 范围内。地基的极限承载力求得后，其安全系数不需像通常的刚性结构取 3，而取 2 即可。

由于加筋土挡墙具有柔性，一般不产生倾覆破坏，但应验算深层滑动稳定性，滑动时可能穿越加筋土结构物，滑动破坏面可考虑是圆的，滑动安全系数取大于或等于 15。如图 10-33 所示，滑动破坏面越是接近垂直于加筋的层面以及离开加筋土结构的端部越

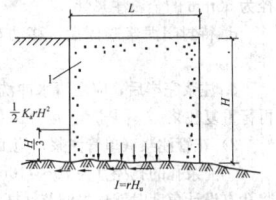

图 10-33　加筋土挡墙底部的滑动稳定性验算
1—加筋土

远，表示加筋土结构内发挥的内部阻抗力越大，相反则表示加筋的抗拉强度没有得到发挥，如图 10-34 中②、③。

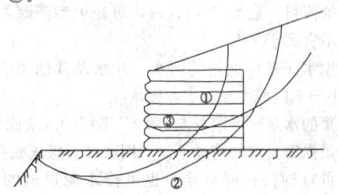

图 10-34　加筋土挡墙的深层滑动

3. 施工

（1）加筋土工程结构物的施工程序是：基础施工、构件预制→面板安装→填料摊铺、压密和拉筋铺设→地面设施施工。

（2）基础开挖时，基槽（坑）底平面尺寸一般应大于基础外缘 0.3m，基底应整平夯实。基底必须平整，使面板能够直立。

（3）面板可在工厂或附近就地预制。安装可用人工或机械进行。每块板布置有安装的插销和插销孔。拼装时由一端向另一端自下而上逐块吊装就位，拼装最下一层面板时，应把半尺寸的和全尺寸的面板相间地、平衡地安装在基础上。安装时单块面板倾斜度一般宜内倾 1/150 左右，作为填料压实时面板外倾的预留度。为防止填土时面板向内外倾斜而不成一垂直面，宜用夹木螺栓或支架撑撑住，水平误差用软木条或低强度砂浆调整，水平及倾斜误差应逐块调整，不将误差累积到最后再进行调整。

（4）拉筋应铺设在已经压实的填土上，并与墙面垂直，拉筋与填土间的空隙，应用砂垫平，以防拉筋断裂。采用钢条作拉筋时，要用螺栓将它与面板连接。钢筋或钢筋混凝土带与面板拉环的连接

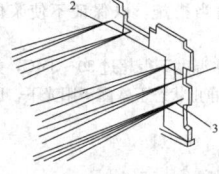

图 10-35　聚丙烯土工聚合物带拉筋穿孔法
1—上下穿筋；2—左右穿筋；3—单孔穿筋

以及钢带、钢筋混凝土带间的连接，可采用电焊、扣环或螺栓连接。聚丙烯土工聚合物带与面板的连接，可将带一端从面板预埋拉环或预留孔中穿过，折回与另一端对齐。聚合物可采用单孔穿过、上下穿过或左右环孔合拼穿过，并绑扎防止抽动（图 10-35），但避免土工聚合物带在环（孔）上缠成死结。

（5）填土的铺设与压实，可与拉筋的安装同时进行，在同一水平层内，前面铺设和绑拉筋，后面即可随填土和进行压密。当拉筋的垂直间距较大时，填土可分层进行。每层填土厚度应根据上下两层拉筋的间距和碾压机具性能确定。一般一次铺设厚度不应小于 200mm。压实时一般应先轻后重，但不得使用羊足碾。压实作业应先从拉筋中部开始，并平行墙面板方向逐步驶向尾部，而后再向面板方向进行碾压，严禁平行拉筋方向碾压，直压到最佳密实度为止。土料运输、铺设、碾压离板面不应小于 2.0m。在近面板区域内使用轻型压密机械，如平板式振动器或手扶式振动压路机压实。

（6）加劲土挡墙内填土的压实度，距面板 1.0m 以外，路槽底面以下 0～80cm 深度，对高速一级公路应≥95%，对二、三、四级公路应≥93%，路槽底面 80cm 以下深度，对高速一级公路及二、三、四级公路均应大于 90%，距面板 1.0m 以内，全部墙高，对高速一级公路及二、三、四级公路均应≥90%。

10.3.16.3　质量检验与验收[26]

1. 施工期质量检验

施工期质量检验应包括以下内容：

（1）土工织物地基

1）施工前应对土工织物的物理性能（单位面积的质量、厚度、比重）、强度、延伸率以及土、砂石料等进行检验。土工织物以 100m² 为一批，每批抽查 5%。

2）施工过程中应检查清基、回填料铺设厚度及平整度、土工织物的铺设方向、搭接搭接长度或缝接状况、土工织物与结构的连接状况等。

（2）加筋土地基

1）施工前应对拉筋材料的物理性能（单位面积的质量、厚度、相对密度）、强度、延伸率以及土、砂石料等进行检验。拉筋材料以 100m² 为一批，每批抽查 5%。

2）施工过程中应检查清基、回填料铺设厚度、拉筋（土工合成材料）的铺设方向、搭接长度或缝接状况、拉筋与结构的连接状况等。

2. 竣工后质量验收

施工结束后，应作承载力检验或检测。

3. 检验与验收标准

土工织物及加筋土地基质量检验标准参照表 10-68 所示。

土工织物（土工合成材料）地基质量检验标准　表 10-68

项目	序	检查项目	允许偏差或允许值 单位	允许偏差或允许值 数值	检查方法
主控项目	1	土工合成材料强度	%	≤5	置于夹具上作拉伸试验（结果与设计标准相比）
	2	土工合成材料延伸率	%	≤3	置于夹具上作拉伸试验（结果与设计标准相比）
	3	地基承载力	设计要求		按规定方法
一般项目	1	土工合成材料搭接长度	mm	≥300	用钢尺量
	2	土石料有机质含量	%	≤5	焙烧法
	3	层面平整度	mm	≤20	用 2m 靠尺
	4	每层铺设厚度	mm	±25	水准仪

10.3.17　注　浆　加　固

10.3.17.1　注浆加固设计施工

1. 加固原理及适用范围

注浆加固的原理是用压送设备将具有充填和胶结性能的浆液材

料注入地层中土颗粒的间隙、土层的界面或岩层的裂隙内，使其扩散、胶凝或固化，以增加地层强度、降低地层渗透性、防止地层变形和进行托换技术的地基处理技术。注浆法可防止或减少渗透和不均匀的沉降，在建筑工程中应用较为广泛。

注浆法适用于加固砂土、淤泥质黏土、粉质黏土、黏土和一般填土层。

2. 设计[18][49]

注浆加固设计应包括下述内容：

(1) 注浆有效范围

注浆有效范围应根据工程的不同要求，通过现场注浆试验确定，同时必须充分满足防渗堵漏、提高土体强度和刚度、充填空隙等的目的。注浆点的覆盖土一般应大于2m。

(2) 注浆材料

1) 水泥

宜用 P.O.42.5 普通硅酸盐水泥；在特殊条件下亦可使用矿渣水泥、火山灰质水泥或抗硫酸盐水泥，要求新鲜无结块。

2) 水

用一般饮用淡水，但不应采用含硫酸盐大于0.1%、氯化钠大于0.5%以及过量糖、悬浮物质、碱类的水。

一般用净水泥浆，水灰比变化范围为0.6~2.0，常用水灰比从8:1到1:1；要求快凝时，可采用快硬水泥或在水中掺入水泥用量1%~2%的氯化钙；如要求缓凝，可掺加水泥用量0.1%~0.5%的木质素磺酸钙；亦可掺入其他外加剂以调节水泥浆性能。在裂隙或孔隙较大、可灌性好的地层，可在浆液中掺入适量细砂，或粉煤灰比例为1:0.5~1:3，以节约水泥，更好地充填，并可减少收缩。对不以提高固结强度为主的松散土层，亦可在水泥浆中掺加细粉质黏土配成水泥黏土浆，灰泥比为1:3~8（水泥:土，体积比），可以提高浆液的稳定性，防止沉淀和析水，使填充更加密实。

(3) 凝胶时间

凝胶时间必须根据地基条件和注浆目的决定。在砂土地基注浆中，一般使用的浆液胶凝时间为5~20min；在黏土中劈裂注浆时，浆液凝固时间一般为1~2h。对人工填土，应采用多次注浆，间隔时间按浆液的初凝时间根据试验结果确定一般不应大于4h。

(4) 注浆量

注浆量因受注浆对象的地基土性质、浆液渗透性的影响，故必须在充分掌握地基条件的基础上才能决定。进行大量注浆施工时，宜进行试验性注浆以决定注浆量。一般情况下，黏性土地基中的浆液充填率为15%~20%左右。

(5) 注浆压力

对劈裂注浆的注浆压力，在砂土中，宜选用0.2~0.5MPa；在黏性土中，宜选用0.2~0.3MPa。对压密注浆，当采用水泥砂浆浆液时，坍落度宜为25~75mm，注浆压力为1~7MPa。当坍落度较小时，注浆压力可取上限值。当采用水泥-水玻璃双液快凝浆液时，注浆压力应小于1MPa。注浆压力因地基条件、环境影响、施工目的等不同而不能确定时，也可参考类似条件下成功的工程实例来决定。

(6) 注浆孔布置

注浆孔的布置原则，应能使被加固土体在平面和深度范围内连成一个整体，宜通过试验结果确定，一般可取1.0~2.0m。

(7) 注浆顺序

注浆顺序必须采用适合于地基条件、现场环境及注浆目的的方法进行，一般不宜采用自注浆地带一端开始单向推进压注方式的施工工艺，应按隔孔注浆，以防止窜浆，提高注浆孔与时俱增的约束性。注浆时采用先外围、后内部的注浆施工方式，以防止浆液流失。如注浆范围外，有边界约束条件时，也可采用自内侧开始顺次往外侧注浆的方法。

3. 施工

(1) 施工设备

灌浆设备主要是压浆泵，其选用原则是：能满足灌浆压力的要求，一般为灌浆实际压力的1.2~1.5倍；应能满足岩土吸浆量的要求；压力稳定，能保证安全可靠地运转；机身轻便，结构简单，

易于组装、拆卸、搬运。

水泥压浆泵多用泥浆泵或砂浆泵代替。国产泥浆泵、砂浆泵类型较多，常用于灌浆的有 BW-250/50 型、TBW-200/40 型、TBW-250/40 型、NSB-100/30 型泥浆泵以及 100/15（C-232）型砂浆泵等。配套机具有搅拌机、灌浆管、阀门、压力表等，此外还有钻孔机等机具设备。

(2) 施工程序及注意事项

1) 花管注浆（单管注浆）施工程序

①施工场地应预先平整，并沿钻孔位置开挖沟槽和集水坑。

②注浆施工时，宜采用自动流量和压力记录仪，并应及时对资料进行整理分析。

③花管注浆法施工可按下列步骤进行：

a. 钻机与注浆设备就位。

b. 钻孔或采用振动法将花管置入土层。

c. 当采用钻孔法时，应从钻杆内注入封闭泥浆，然后插入孔径为50mm的金属注浆管。

d. 待封闭泥浆凝固后，移动花管自下向上或自上向下进行注浆。

e. 注浆完毕后，应用清水冲洗花管中的残留浆液，以利下次再行重复注浆。

2) 花管注浆（单管注浆）施工中的注意事项

①注浆孔的孔径宜为70~110mm，垂直度偏差应小于1%，注浆孔有设计角度时须预先调节钻杆角度，此时机械必须用足够的锚栓等特别牢固地固定。

②注浆开始前应充分作好准备工作，包括机械器具、仪表、管路、注浆材料、水和电等的检查及必要的试验，注浆一经开始即应连续进行，力求避免中断。

③注浆的流量一般为7~10L/s，对充填型灌浆，流量可适当加快，但也不宜大于20L/s。

④注浆用水应是可饮用的河水、井水及其他清洁用水，不宜采用，pH值小于4的酸性水和工业废水。

⑤水泥浆的水灰比可取0.6~2.0，常用的水灰比为1.0。

⑥在满足强度要求的前提下，可用磨细粉煤灰或粗灰部分替代水泥，掺入量宜通过试验确定，也可按水泥重量的20%~50%掺入。

⑦注浆使用的原材料及制成的浆体应符合下列要求：

a. 制成浆体应能在适宜的时间内凝固成具有一定强度的结石，其本身的防渗性和耐久性应满足设计要求。

b. 浆体在硬结时其体积不应有较大的收缩。

c. 所制成的浆体短时间内不应发生离析现象。

⑧为了改善浆液性能，应在浆液拌制时加入如下外加剂：

a. 加速浆体凝固的水玻璃，其模数应为3.0~3.3。当为3.0时，密度应大于1.41。不溶于水的杂质含量应不超过2%，水玻璃掺量应通过试验确定。

b. 提高浆液扩散能力和可泵性的表面活性剂（或减水剂），其掺量为水泥用量的0.3%~0.5%。

c. 提高浆液均匀性和稳定性，防止固体颗粒离析和沉淀而掺加的膨润土，其掺入量不宜大于水泥用量的5%。

⑨浆体应经过搅拌机充分搅拌均匀后才能开始压注，并应在注浆过程中不停缓慢搅拌，搅拌时间应小于浆液初凝时间。浆液在泵送前液压经过筛网过滤。

⑩在冬季，当日平均温度低于5℃或最低温度低于-3℃的条件下注浆时，应在施工现场采取适当措施，以保证不使浆体冻结。

⑪在夏季炎热条件下注浆时，用水温度不得超过30~35℃，并应避免将盛浆桶和注浆管路在注浆体静止状态下暴露于阳光下，以免浆体凝固。

⑫每次上拔或下钻高度宜为0.5m。

3) 压密注浆（套管注浆）施工程序

压密注浆施工可按下列步骤进行（如图10-36和图10-37所示）：

①钻机与注浆设备就位；

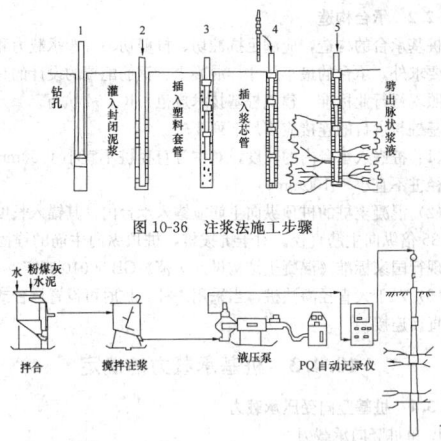

图 10-36　注浆法施工步骤

图 10-37　压密注浆（套管注浆）注浆工艺流程图

②钻孔或采用振动法将金属注浆管压入土层；

③采用钻孔法时，应从钻杆内注入封闭泥浆，然后插入孔径为 50mm 的塑料或金属注浆管；

④待封闭泥浆凝固后，捅去注浆管的活络堵头，然后提升注浆管自下向上或自上向下对地层注入水泥—砂浆液或水泥—水玻璃双液快凝浆液；

⑤注浆完毕后，应用清水冲洗塑料注浆管中的残留浆液，以利下次再行重复注浆。对于不宜用清水冲洗的场地，可考虑用纯水玻璃浆或陶土浆灌满阀管内。

4）压密注浆（套管注浆）施工中的注意事项

①为了保证浆液分层效果，当钻到设计深度后，必须通过钻杆注入封闭泥浆，直到孔口溢出泥浆方可提杆，当提杆至中间深度时，应再次注入封闭泥浆，最后完全提出钻杆。

②封闭泥浆的试块（边长为 70.7mm），7 天无侧限抗压强度宜为 $q_u = 0.3 \sim 0.5$MPa，浆液黏度 $80'' \sim 90''$。

③塑料单向阀管每一节均应检查，要求管口平整无收缩，内壁光滑。事先将每六节塑料阀管对接成 2m 长度作备用，准备插入钻孔时应再复查一遍，必须旋紧每一节螺纹。

④注浆芯管的聚氨酯密封圈使用前要进行检查，应无残缺和大量气泡现象。上部密封圈裙边向下，下部密封裙边向上，且都应抹上黄油。所有注浆管接头螺纹均应保持有充分的油脂，这样既可保证丝牙寿命，又可避免浆液凝固在丝牙上，造成拆卸困难。

⑤其他注意事项同花管注浆。

10.3.17.2　质量检验与验收[26]

1. 施工期质量检验

施工期质量检验应包括以下内容：

（1）施工前应检查有关技术文件（注浆点位置、浆液配合比、注浆施工技术参数，检测要求等），对有关浆液组成材料的性能及注浆设备也应进行检查。

（2）施工中应经常抽查浆液的配合比及主要性能指标、注浆的顺序、注浆过程中的压力控制等。

2. 竣工后质量验收

竣工后质量验收应包括以下内容：

（1）注浆检验时间应在注浆结束 28d 后进行，对砂土、黄土应在 15d，对黏性土应在 60d 进行。可选用标准贯入、轻型动力触探或静力触探对加固地基均匀性进行检测。

（2）应在加固土的全部深度范围内每隔 1m 取样进行室内试验，测定其压缩性、强度及渗透性。

（3）施工结束后应检查注浆体强度、承载力等。注浆检验点可为注浆孔数的 2%～5%。当检验点合格率小于或等于 80%，或虽大于 80% 但检验点的平均值达不到强度或防渗的设计要求时，应对不合格的注浆区实施重复注浆。

3. 检验与验收标准

注浆加固的质量检验标准如表 10-69 所示。

注浆地基质量检验标准　　表 10-69

项	序	检查项目		允许偏差或允许值		检查方法
				单位	数值	
主控项目	1	原材料检验	水泥	设计要求		查产品合格证书或抽样送检
			注浆用砂：粒径	mm	<2.5	试验室试验
			细度模数		<2.0	
			含泥量及有机物含量	%	<3	
			粉煤灰：细度	不粗于同时使用的水泥		试验室试验
			烧失量	%	<3	
			水玻璃：模数	2.5～3.3		抽样送检
			其他化学浆液	设计要求		查出厂质保书或抽样送检
	2	注浆体强度		设计要求		取样检验
	3	地基承载力		设计要求		按规定的方法
一般项目	1	各种注浆材料称量误差		%	<3	抽查
	2	注浆孔位		mm	±20	用钢尺量
	3	注浆孔深		mm	±100	量测注浆管长度
	4	注浆压力（与设计参数比）		%	±10	检查压力表读数

10.4　桩 基 工 程

10.4.1　桩的分类与桩型选择

10.4.1.1　桩的分类

1. 按承载性状分类

（1）摩擦型桩：

摩擦桩，在极限承载力状态下，桩顶竖向荷载全部或主要由桩侧阻力承担；根据桩侧阻力承担荷载的份额，或桩端有无较好的持力层，摩擦桩又分为摩擦桩和端承摩擦桩。

（2）端承型桩：

端承桩，在极限承载力状态下，桩顶竖向荷载全部或主要由桩端阻力承担；根据桩端阻力承担荷载的份额，端承桩又分为端承桩和摩擦端承桩。

2. 按成桩方法与工艺分类

（1）非挤土桩：成桩过程中，将与桩体积相同的土挖出，因而桩周围的土体较少受到扰动，但有应力松弛现象。如干作业法桩、泥浆护壁法桩、套管护壁法桩、人工挖孔桩。

（2）部分挤土桩：成桩过程中，桩周围的土仅受到轻微的扰动。如部分挤土灌注桩、预钻孔打入式预制桩、打入式开口钢管桩、H 型钢桩、螺旋成孔桩等。

（3）挤土桩：成桩过程中，桩周围的土被压密或挤开，因而使周围土层受到严重扰动。如挤土灌注桩、挤土预制混凝土桩（打入式桩、振入式桩、压入式桩）。

3. 按桩的使用功能分类

（1）竖向抗压桩：桩承受荷载以竖向荷载为主，由桩端阻力和桩侧摩阻力共同承受。

（2）竖向抗拔桩：承受上拔力的桩，其桩侧摩阻力的方向与竖向抗压桩的情况相反，单位面积的摩阻力小于抗压桩。

（3）水平受荷桩：承受水平荷载为主的桩，或用于防止土体或岩体滑动的抗滑桩，桩的作用主要是抵抗水平力。

（4）复合受荷桩：同时承受竖向荷载和水平荷载之间共同作用的桩。

10.4.1.2　桩型的选择

桩的类型的选择应从技术经济多方面入手，综合考虑多方面的因素，包括建筑结构类型、荷载性质、桩的使用功能、穿越土层、桩端持力层土类、地下水位、施工设备、施工环境、施工经验、制

桩材料供应条件等，概括为以下几方面：

（1）建筑物特点及荷载要求，选择桩型必须考虑桩将要承受的荷载性质和大小。

（2）工程地质和水文地质条件，各种类型的桩均有其适用的土层条件。因此，应查明场地的地层分布，持力层的深度，不良的地质现象，地面水和地下水的流速和腐蚀性等。

（3）施工对周围环境的影响，应对场地周围的环境污染的限制，污水处理，施工和周围建筑物的相互影响等进行分析。

（4）设备、材料和运输条件，打入桩和机械成孔桩都需要采用大中型施工设备，必须先做好临时道路等设施。同时应考虑桩型材料、设备供应的可能性。

（5）施工安全，施工安全是评价设计施工方案的一个至关重要的因素。特别是，人工挖孔桩在施工过程中常会产生有毒气体或硅尘，或通风不良、孔底隆起、涌水，须特别审慎。

（6）经济分析与施工工期，在满足上述条件的基础上确定可供选择桩型，最终应从经济及工期要求确定桩型。

下面介绍我国应用的几种主要桩型，见表10-70。

常用桩型　　　表10-70

成桩方法	制桩材料或工艺	桩身与桩尖形状		施工工艺
预制桩	钢筋混凝土	方桩	传统桩尖桩尖型钢加强	锤击沉桩振动沉桩静力压桩
		三角形桩		
		空心方桩	传统桩尖平底	
		管桩	尖底平底	三角形桩传统桩尖平底
		预应力管桩		
	钢筋	钢管桩	开口闭口	
		H型钢桩		
灌注桩	沉管灌注桩	直桩身-预制锥形桩		压浆不压浆
		扩底	内击式扩底无桩端夯扩预制平底人工扩底	
	钻（冲、挖）孔灌注桩	直身桩扩底桩多节挤扩灌注桩嵌岩桩	钻孔冲孔人工挖孔	

10.4.2　桩　基　构　造

10.4.2.1　基桩构造

根据成桩方法并考虑材料性质，工程中的常用桩型可分成灌注桩、预制混凝土桩和钢桩三种主要类型。

灌注桩构造与预制桩一致，均需按照配筋率及混凝土保护层厚度设计确定基桩构造。灌注桩只是配筋问题，不需考虑运输、吊运、锤击沉桩等因素。灌注桩桩身直径为300～2000mm，正截面配筋率可取0.65%～0.2%（小直径桩取高值），箍筋直径不应小于6mm，采用螺旋式，间距宜为200～300mm。桩身混凝土强度等级不得小于C25，混凝土预制桩尖强度等级不得小于C30。

钢筋混凝土预制桩的截面边长不小于200mm，其中预应力混凝土预制桩的截面边长不小于350mm。预制桩的主筋直径不宜小于14，箍筋一般采用I级钢筋，采用封闭式；混凝土强度等级不宜低于C30，预应力混凝土实心桩的混凝土强度等级不宜低于C40。

钢桩在我国过去很少采用，仅从20世纪70年代末起，对海洋平台基础和建造在深厚软土地基上少量的高重建筑物，才开始采用大直径开口钢管桩，在个别工程中也有采用宽翼板H型钢桩或其他异型桩。使用钢桩时，需根据环境条件考虑防腐蚀问题，防腐蚀的措施有：①外壁包覆防腐蚀涂层或其他覆盖层；②增加管壁的腐蚀厚度；③水下采用阴极保护；④选用耐腐蚀钢材。

10.4.2.2　承台构造

桩基承台的构造，应满足抗冲切、抗剪切、抗弯承载力和上部结构要求外，承台的最小尺寸、混凝土、钢筋配置的设计的具体要求参照现行行业标准《建筑桩基技术规范》JGJ 94执行。

基桩与承台的连接应满足下列要求：

（1）桩嵌入承台内的长度，对中等直径桩不宜小于50mm；对大直径桩不宜小于100mm。

（2）混凝土桩的桩顶纵向主筋应锚入承台内，其锚入长度不宜小于35倍纵向主筋直径。对于抗拔桩，桩顶纵向主筋的锚固长度应按现行国家标准《混凝土结构设计规范》GB 50010确定。

（3）对于大直径灌注桩，当采用一柱一桩时可设置承台或将桩与柱直接连接。

10.4.3　桩基承载力的确定

10.4.3.1　桩基竖向受压承载力

1. 单桩竖向承载力

单桩竖向承载力特征值以 R_a 表示，可按下式确定：

$$R_a = \frac{1}{K}Q_{uk} \tag{10-76}$$

式中　Q_{uk}——单桩竖向极限承载力标准值，由总极限桩侧摩阻力 Q_{sk} 和总极限桩端阻力 Q_{pk} 组成；

K——安全系数，取 $K=2$。

《建筑桩基技术规范》JGJ94中规定，设计采用的单桩竖向极限承载力标准值应符合下列规定：

（1）设计等级为甲级的建筑桩基，应通过单桩静载试验确定；

（2）设计等级为乙级的建筑桩基，当地质条件简单时，可参照地质条件相同的试桩资料，结合静力触探等原位测试和经验参数综合确定；其余均应通过单桩静载试验确定；

（3）设计等级为丙级的建筑桩基，可根据原位测试和经验参数确定。

《建筑桩基技术规范》JGJ94中列出单桩竖向极限承载力的标准值计算方法如下：

（1）常规桩基单桩极限承载力

1）原位测试法

①根据单桥探头静力触探资料确定：

$$Q_{uk} = Q_{sk} + Q_{pk} = u\sum q_{sik}l_i + \alpha p_{sk}A_p \tag{10-77}$$

当 $p_{sk1} \leqslant p_{sk2}$ 时，$p_{sk} = \frac{1}{2}(p_{sk1} + \beta \cdot p_{sk2})$ （10-78）

当 $p_{sk1} > p_{sk2}$ 时，$p_{sk} = p_{sk2}$ （10-79）

式中　Q_{sk}、Q_{pk}——分别为总极限侧阻力标准值和总极限端阻力标准值；

u——桩身周长；

q_{sik}——用静力触探比贯入阻力值估算的桩周第 i 层土的极限侧阻力；

l_i——桩周第 i 层土的厚度；

α——桩端阻力修正系数，可按表10-71取值；

p_{sk}——桩端附近的静力触探比贯入阻力标准值（平均值）；

A_p——桩端面积；

p_{sk1}——桩端全截面以上8倍桩径范围内的比贯入阻力平均值；

p_{sk2}——桩端全截面以下4倍桩径范围内的比贯入阻力平均值，如桩端持力层为密实的砂土层，其比贯入阻力平均值 p_s 超过20MPa时，则需乘以表10-72中系数 C 予以折减后，再计算 p_{sk2} 及 p_{sk1} 值；

β——折减系数，按表10-73选用。

桩端阻力修正系数 α 值　　表10-71

桩长（m）	$l<15$	$15 \leqslant l \leqslant 30$	$30 < l \leqslant 60$
α	0.75	0.75～0.90	0.90

系数 C 值			表 10-72	
p_s（MPa）	20～30	35	≥40	
系数 C	5/6	2/3	1/2	

折减系数 β 值			表 10-73	
p_{sk2}/p_{sk1}	≤5	7.5	12.5	≥15
β	1	5/6	2/3	1/2

系数 η_s 值			表 10-74	
p_{sk}/p_{sl}	≤5	7.5	≥10	
η_s	1.00	0.50	0.33	

注：1. 桩长 $15≤l≤30$m，α 值按 l 值直线内插（l 为桩长，不包括桩尖高度）；

2. 表 10-71、表 10-72 可内插取值。

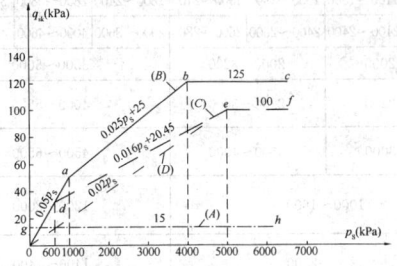

图 10-38　q_{sk}-p_s 曲线

注：①q_{sik} 值应结合土工试验资料，依据土的类别、埋藏深度、排列次序，按图 10-38 折线取值；图 10-38 中，直线（A）（线段 gh）适用于地面下 6m 范围内的土层；折线（B）（$oabc$）适用于粉土及砂土土层以上（或无粉土及砂土土层地区）的黏性土；折线（C）（线段 $odef$）适用于粉土及砂土土层以下的黏性土；折线（D）（线段 oef）适用于粉土、粉砂、细砂及中砂；②p_{sk} 为桩端穿过的中密～密实砂土、粉土的比贯入阻力平均值；p_{sl} 为砂土、粉土的下卧软土层的比贯入阻力平均值；③采用的单桥探头，圆锥底面积为 15cm²，底部带 7cm 高滑套，锥角 60°；④当桩端穿过粉土、粉砂、细砂及中砂且桩底面时，折线（D）估算的 q_{sik} 值（表 10-75）需乘以表 10-74 中系数 η_s 值。

桩的极限侧阻力标准值 q_{sik}（kPa）　表 10-75

土的名称	土的状态		混凝土预制桩	泥浆护壁钻（冲）孔桩	干作业钻孔桩
填土			22～30	20～28	20～28
淤泥			14～20	12～18	12～18
淤泥质土			22～30	20～28	20～28
黏性土	流塑	$I_L>1$	24～40	21～38	21～38
	软塑	$0.75<I_L≤1$	40～55	38～53	38～53
	可塑	$0.50<I_L≤0.75$	55～70	53～68	53～66
	硬可塑	$0.25<I_L≤0.50$	70～86	68～84	66～82
	硬塑	$0<I_L≤0.25$	86～98	84～96	82～94
	坚硬	$I_L≤0$	98～105	96～102	94～104
红黏土	$0.7<\alpha_w≤1$		13～32	12～30	12～30
	$0.5<\alpha_w≤0.7$		32～74	30～70	30～70
粉土	稍密	$e>0.9$	26～46	24～42	24～42
	中密	$0.75≤e≤0.9$	46～66	42～62	42～62
	密实	$e<0.75$	66～88	62～82	62～82
粉细砂	稍密	$10<N≤15$	24～48	22～46	22～46
	中密	$15<N≤30$	48～66	46～64	46～64
	密实	$N>30$	66～88	64～86	64～86

续表

土的名称	土的状态		混凝土预制桩	泥浆护壁钻（冲）孔桩	干作业钻孔桩
中砂	中密	$15<N≤30$	54～74	53～72	53～72
	密实	$N>30$	74～95	72～94	72～94
粗砂	中密	$15<N≤30$	74～95	74～95	76～98
	密实	$N>30$	95～116	95～116	98～120
砾砂	稍密	$5<N_{63.5}≤15$	70～110	50～90	60～100
	中密（密实）	$N_{63.5}>15$	116～138	116～130	112～130
圆砾、角砾	中密、密实	$N_{63.5}>10$	160～200	135～150	135～150
碎石、卵石	中密、密实	$N_{63.5}>10$	200～300	140～170	150～170
全风化软质岩		$30<N≤50$	100～120	80～100	80～100
全风化硬质岩		$30<N≤50$	140～160	120～140	120～150
强风化软质岩		$N_{63.5}>10$	160～240	140～200	140～220
强风化硬质岩		$N_{63.5}>10$	220～300	160～240	160～260

注：1. 对于尚未完成自重固结的填土和以生活垃圾为主的杂填土，不计算其侧阻力；

2. α_w 为含水比，$\alpha_w=w/w_L$，w 为土的天然含水量，w_L 为土的液限；

3. N 为标准贯入击数；$N_{63.5}$ 为重型圆锥动力触探击数；

4. 全风化、强风化软质岩和全风化、强风化硬质岩系指其母岩分别为 $f_{rk}≤15$MPa、$f_{rk}>30$MPa 的岩石。

②根据双桥探头静力触探资料可按下式计算：

$$Q_{uk}=Q_{sk}+Q_{pk}=u\sum l_i\cdot\beta_i\cdot f_{si}+\alpha\cdot q_c\cdot A_p \quad(10\text{-}80)$$

式中　f_{si}——第 i 层土的探头平均侧阻力（kPa）；

q_c——桩端平面上、下探头阻力，取桩端平面以上 $4d$（d 为桩的直径或边长）范围内按土层厚度的探头阻力加权平均值（kPa），再和桩端平面以下 $1d$ 范围内的探头阻力进行平均；

α——桩端阻力修正系数，对于黏性土、粉土取 2/3，饱和砂土取 1/2；

β_i——第 i 层土桩侧阻力综合修正系数：

黏性土、粉土：　$\beta_i=10.04\,(f_{si})^{-0.55}$　　(10-81)

砂土：　　　　$\beta_i=5.05\,(f_{si})^{-0.45}$　　(10-82)

注：双桥探头的圆锥底面积为 15cm²，锥角 60°，摩擦套筒高 21.85cm，侧面积 300cm²。

2）经验法确定单桩极限承载力

当根据土的物理指标与承载力参数之间的经验关系确定单桩竖向极限承载力标准值时，宜按下式估算：

$$Q_{uk}=Q_{sk}+Q_{pk}=u\sum q_{sik}l_i+q_{pk}A_p \quad(10\text{-}83)$$

式中　q_{sik}——桩侧第 i 层土的极限侧阻力标准值，如无当地经验时，可按表 10-75 取值；

q_{pk}——极限端阻力标准值，如无当地经验时，可按表 10-76 取值。

桩的极限端阻力标准值 q_{pk}（kPa）

表 10-76

土名称	土的状态	混凝土预制桩桩长 l(m)				泥浆护壁钻(冲)孔桩桩长 l(m)				干作业钻孔桩桩长 l(m)		
		$l\leqslant9$	$9<l\leqslant16$	$16<l\leqslant30$	$l>30$	$5\leqslant l<10$	$10\leqslant l<15$	$15\leqslant l<30$	$30\leqslant l$	$5\leqslant l<10$	$10\leqslant l<15$	$15\leqslant l$
黏性土	软塑 $0.75<I_L\leqslant1$	210~850	650~1400	1200~1800	1300~1900	150~250	250~300	300~450	300~450	200~400	400~700	700~950
	可塑 $0.50<I_L\leqslant0.75$	850~1700	1400~2200	1900~2800	2300~3600	350~450	450~600	600~750	750~800	500~700	800~1100	1000~1600
	硬可塑 $0.25<I_L\leqslant0.50$	1500~2300	2300~3300	2700~3600	3600~4400	800~900	900~1000	1000~1200	1200~1400	850~1100	1500~1700	1700~1900
	硬塑 $0<I_L\leqslant0.25$	2500~3800	3800~5500	5500~6000	6000~6800	1100~1200	1200~1400	1400~1600	1600~1800	1600~1800	2200~2400	2600~2800
粉土	中密 $0.75<e\leqslant0.9$	950~1700	1400~2100	1900~2700	2500~3400	300~500	500~650	650~750	750~850	800~1200	1200~1400	1400~1600
	密实 $e<0.75$	1500~2600	2100~3000	2700~3600	3600~4400	650~900	750~950	900~1100	1100~1200	1200~1700	1400~1900	1600~2100
粉砂	稍密 $10<N\leqslant15$	1000~1600	1500~2300	1900~2700	2100~3000	350~500	450~600	600~700	650~750	500~950	1300~1600	1500~1700
	中密、密实 $N>15$	1400~2200	2100~3000	3000~4500	3800~5500	600~750	750~900	900~1100	1100~1200	900~1000	1700~1900	1700~1900
细砂	中密、密实 $N>15$	2500~4000	3600~5000	4400~6000	5000~7000	650~850	900~1200	1200~1500	1500~1800		2200~2400	2400~2700
中砂		4000~6000	5500~7000	6500~8000	7500~9000	850~1050	1100~1500	1500~1900	1900~2100	1800~2400	2800~3800	3600~4400
粗砂		5700~7500	7500~8500	8500~10000	9500~11000	1500~1800	2100~2400	2400~2600	2600~2800	2900~3600	4000~4600	4600~5200
砾砂	$N>15$	6000~9500		9000~10500		1400~2200		2000~3200		3500~5000		
角砾、圆砾	中密、密实 $N_{63.5}>10$	7000~10000		9500~11500		1800~2200		2200~3600		4000~5500		
碎石、卵石	$N_{63.5}>10$	8000~11000		10500~13000		2000~3000		3000~4000		4500~6500		
全风化软质岩	$30<N\leqslant50$	4000~6000				1000~1600				1200~2000		
全风化硬质岩	$30<N\leqslant50$	5000~8000				1200~2000				1400~2400		
强风化软质岩	$N_{63.5}>10$	6000~9000				1400~2200				1600~2600		
强风化硬质岩	$N_{63.5}>10$	7000~11000				1800~2800				2000~3000		

注：1. 砂土和碎石类土中桩的极限端阻力取值，宜综合考虑土的密实度，桩端进入持力层的深径比 h_b/d，土愈密实，h_b/d 愈大，取值愈高；
　2. 预制桩的岩石极限端阻力指桩端支承于中、微风化基岩表面或进入强风化岩、软质岩一定深度条件下极限值；
　3. 全风化、强风化软质岩和全风化、强风化硬质岩指其母岩分别为 $f_{rk}\leqslant15MPa$、$f_{rk}>30MPa$ 的岩石。

（2）非常规桩基单桩极限承载力

1）大直径桩

根据土的物理指标与承载力参数之间的经验关系，确定大直径桩单桩极限承载力标准值时，可按下式计算：

$$Q_{uk} = Q_{sk} + Q_{pk} = u\sum \psi_{si}q_{sik}l_i + \psi_p q_{pk}A_p \qquad (10\text{-}84)$$

式中 q_{sik}——桩侧第 i 层土极限侧阻力标准值，如无当地经验值时，可按表 10-75 取值，对于扩底桩变截面以上 $2d$ 长度范围不计侧阻力；

q_{pk}——桩径为 800mm 的极限端阻力标准值，对于干作业挖孔（清底干净）可采用深层载荷板试验确定；当不能进行深层载荷板试验时，可按表 10-77 取值；

ψ_{si}、ψ_p——大直径桩侧阻、端阻尺寸效应系数，可按表 10-78 取值。

u——桩身周长，当人工挖孔桩桩周护壁为振捣密实的混凝土时，桩身周长可按护壁外直径计算。

干作业挖孔桩（清底干净，D=800mm）
极限端阻力标准值 q_{pk}（kPa）

表 10-77

土名称	状态		
黏性土	$0.25<I_L\leqslant0.75$	$0<I_L\leqslant0.25$	$I_L\leqslant0$
	800~1800	1800~2400	2400~3000
粉土		$0.75<e\leqslant0.9$	$e<0.75$
		1000~1500	1500~2000
砂土碎石类土		稍密	中密	密实
粉砂	500~700	800~1100	1200~2000
细砂	700~1100	1200~1800	2000~2500
中砂	1000~2000	2200~3200	3500~5000
粗砂	1200~2200	2500~3500	4000~5500

续表

土名称	状态		
砂土碎石类土	砾砂	1400~2400	2600~4000	5000~7000
	圆砾、角砾	1600~3000	3200~5000	6000~9000
	卵石、碎石	2000~3000	3300~5000	7000~11000

注：1. 当桩进入持力层的深度 h_b 分别为：$h_b\leqslant D$，$D<h_b\leqslant4D$，$h_b>4D$ 时，q_{pk} 可相应取低、中、高值；
　2. 砂土密实度可根据标贯击数判定，$N\leqslant10$ 为松散，$10<N\leqslant15$ 为稍密，$15<N\leqslant30$ 为中密，$N>30$ 为密实；
　3. 当桩的长径比 $l/d\leqslant8$ 时，q_{pk} 宜取较低值；
　4. 当对沉降要求不严时，q_{pk} 可取高值。

大直径灌注桩侧阻尺寸效应系数 ψ_{si}、
端阻尺寸效应系数 ψ_p

表 10-78

土类型	黏性土、粉土	砂土、碎石类土
ψ_{si}	$(0.8/d)^{1/5}$	$(0.8/d)^{1/3}$
ψ_p	$(0.8/D)^{1/4}$	$(0.8/D)^{1/3}$

注：当为等直径桩时，表中 $D=d$。

2）钢管桩单桩极限承载力

当根据土的物理指标与承载力参数之间的经验关系确定钢管桩竖向极限承载力标准值时，可按下列公式计算：

$$Q_{uk} = Q_{sk} + Q_{pk} = u\sum q_{sik}l_i + \lambda_p q_{pk}A_p \qquad (10\text{-}85)$$

式中 q_{sik}、q_{pk}——分别按表 10-75、表 10-76 取，与混凝土预制桩相同值；

λ_p——桩端土塞效应系数，对于闭口钢管桩 $\lambda_p=1$，对于敞口钢管桩：当 $h_b/d<5$ 时，$\lambda_p=0.16h_b/d$，当 $h_b/d\geqslant5$ 时，$\lambda_p=0.8$；

h_b——桩端进入持力层深度；

d——钢管桩外径。

对于带隔板的半敞口钢管桩，应以等效直径 d_e 代替 d 确定 λ_p；$d_e = d/\sqrt{n}$；其中 n 为桩端隔板分割数。

3）混凝土空心桩单桩极限承载力

当根据土的物理指标与承载力参数之间的经验关系确定敞口预应力混凝土空心桩竖向极限承载力标准值时，可按下列公式计算：

$$Q_{uk} = Q_{sk} + Q_{pk} = u\sum q_{sik}l_i + q_{pk}(A_j + \lambda_p A_{p1}) \quad (10\text{-}86)$$

当 $h_b/d < 5$ 时，$\lambda_p = 0.16 h_b/d$

当 $h_b/d \geq 5$ 时，$\lambda_p = 0.8$

式中　q_{sik}、q_{pk}——分别按表10-75、表10-76取与混凝土预制桩相同值；

A_j——空心桩桩端净面积；管桩：$A_j = \frac{\pi}{4}(d^2 - d_1^2)$；空心方桩：$A_j = b^2 - \frac{\pi}{4}d_1^2$；

A_{p1}——空心桩敞口面积；$A_{p1} = \pi d_1^2/4$；

λ_p——桩端土塞效应系数；

d、b——空心桩外径、边长；

d_1——空心桩内径。

4）嵌岩桩单桩极限承载力

桩端置于完整、较完整基岩的嵌岩桩单桩竖向极限承载力，可按下式计算：

$$Q_{uk} = Q_{sk} + Q_{rk} = u\sum q_{sik}l_i + \zeta_r f_{rk}A_p \quad (10\text{-}87)$$

式中　Q_{sk}、Q_{rk}——分别为土的总极限侧阻力标准值、嵌岩段总极限阻力标准值；

q_{sik}——桩周第 i 层土的极限侧阻力标准值，无当地经验时，可根据成桩工艺按表10-75取用；

f_{rk}——岩石饱和单轴抗压强度标准值，黏土岩取天然湿度单轴抗压强度标准值；

ζ_r——嵌岩段侧阻和端阻综合系数，可按表10-79采用；表中数值适用于泥浆护壁成桩，对于干作业成桩（清底干净）和泥浆护壁成桩后注浆，ζ_r 应取表列数值的1.2倍。

嵌岩段侧阻和端阻综合系数 ζ_r　　表10-79

嵌岩深径比 h_r/d	0	0.5	1.0	2.0	3.0	4.0	5.0	6.0	7.0	8.0
极软岩、软岩	0.60	0.80	0.95	1.18	1.35	1.48	1.57	1.63	1.66	1.70
较硬岩、坚硬岩	0.45	0.65	0.81	0.90	1.00	1.04	—	—	—	—

注：1. 极软岩、软岩指 $f_{rk} \leq 15MPa$，较硬岩、坚硬岩指 $f_{rk} > 30MPa$，介于二者之间可内插取值。

2. h_r 为桩身嵌岩深度，当岩面倾斜时，以坡下方嵌岩深度为准；当 h_r/d 为非表列值时，ζ_r 可内插取值。

5）后注浆灌注桩单桩极限承载力

后注浆灌注桩的单桩极限承载力，应通过静载试验确定。在后注浆技术实施规定的条件下，其后注浆单桩极限承载力标准值可按下式估算：

$$Q_u = Q_{sk} + Q_{gsk} + Q_{gpk} = u\sum q_{sjk}l_j + u\sum \beta_{si}q_{sik}l_{gi} + \beta_p q_{pk}A_p \quad (10\text{-}88)$$

式中　Q_{sk}——后注浆非竖向增强段的总极限侧阻力标准值；

Q_{gsk}——后注浆竖向增强段的总极限侧阻力标准值；

Q_{gpk}——后注浆总极限端阻力标准值；

u——桩身周长；

l_j——后注浆非竖向增强段第 j 层土厚度；

l_{gi}——后注浆竖向增强段内第 i 层厚度；对于泥浆护壁成孔灌注桩，当为单一桩端后注浆时，竖向增强段为桩端以上12m；当为桩端、桩侧复式注浆时，竖向增强段为桩端以上12m及各桩侧注浆断面以上12m，重叠部分应扣除；对于干作业灌注桩，竖向增强段为桩端以上、桩侧注浆断面上下各6m；

q_{sik}、q_{sjk}、q_{pk}——分别为后注浆竖向增强段第 i 土层初始极限侧阻力标准值、非竖向增强段第 j 土层初始极限侧阻力标准值、初始极限端阻力标准值；

β_{si}、β_p——分别为后注浆侧阻力、端阻力增强系数，无当地经验时，可按表10-80取值。

后注浆侧阻力增强系数 β_{si}、端阻力增强系数 β_p　　表10-80

土层名称	淤泥、淤泥质土	黏性土、粉土	粉砂、细砂	中砂	粗砂、砾砂	砾石、卵石	全风化岩、强风化岩
β_{si}	1.2~1.3	1.4~1.8	1.6~2.0	1.7~2.1	2.0~2.5	2.4~3.0	1.4~1.8
β_p		2.2~2.5	2.4~2.8	2.6~3.0	3.0~3.5	3.2~4.0	2.0~2.4

注：干作业钻、挖孔桩，β_p 按表列值乘以小于1.0的折减系数。当桩端土层为黏性土或粉土时，折减系数取0.6；为砂土或碎石土时，取0.8。

后注浆钢导管注浆后可替代等截面、等强度的纵向主筋。

2. 桩基竖向受压承载力

《建筑桩基技术规范》JGJ 94规定：对于端承型桩基、桩数少于4根的摩擦型柱下独立桩基、或由于地层土性、使用条件等因素不宜考虑承台效应时，桩基竖向受压承载力特征值应取单桩竖向承载力特征值。

对于符合下列条件之一的摩擦型桩基，宜考虑承台效应确定其桩基竖向受压承载力特征值：

(1) 上部结构整体刚度较好、体形简单的建（构）筑物；

(2) 对差异沉降适应性较强的排架结构和柔性构筑物；

(3) 按变刚度调平原则设计的桩基刚度相对弱化区；

(4) 软土地基的减沉复合疏桩基础。

考虑承台效应的桩基竖向受压承载力特征值可按下列公式确定：

不考虑地震作用时 $R = R_a + \eta_c f_{ak}A_c$　　(10-89)

考虑地震作用时 $R = R_a + \dfrac{\zeta_a}{1.25}\eta_c f_{ak}A_c$　　(10-90)

$$A_c = (A - nA_{ps})/n \quad (10\text{-}91)$$

式中　η_c——承台效应系数，可按表10-81取值，当承台底为可液化土、湿陷性土、高灵敏度软土、欠固结土、新填土时，沉桩引起超孔隙水压力和土体隆起时，不考虑承台效应，取 $\eta_c = 0$；

f_{ak}——承台下1/2承台宽度且不超过5m深度范围内各层土的地基承载力特征值按厚度加权的平均值；

A_c——计算基桩所对应的承台底净面积；

A_{ps}——为桩身截面面积；

A——为承台计算域面积。对于柱下独立桩基，A 为承台总面积；对于桩筏基础，A 为柱、墙筏板的1/2跨距和悬臂段2.5倍筏板厚度所围成的面积；桩集中布置于单片墙下的桩筏基础，取墙两边各1/2跨距围成的面积，按条基计算 η_c；

ζ_a——地基抗震承载力调整系数，应按现行国家标准《建筑抗震设计规范》GB 50011采用；

n——总桩数。

承台效应系数 η_c　　表10-81

B_c/l ＼ s_a/d	3	4	5	6	>6
≤0.4	0.06~0.08	0.14~0.17	0.22~0.26	0.32~0.38	0.50 ~ 0.80
0.4~0.8	0.08~0.10	0.17~0.20	0.26~0.30	0.38~0.44	
>0.8	0.10~0.12	0.20~0.22	0.30~0.34	0.44~0.50	
单排桩条形承台	0.15~0.18	0.25~0.30	0.38~0.45	0.50~0.60	

注：1. 表中 s_a/d 为桩中心距与桩径之比；B_c/l 为承台宽度与桩长之比。当计算基桩为非正方形排列时，$s_a = \sqrt{A/n}$，A 为承台计算域面积，n 为总桩数。

2. 对于桩布置于墙下的箱、筏承台，η_c 可按单排桩条基值取值。

3. 对于单排桩条形承台，当承台宽度小于 $1.5d$ 时，η_c 按非条形承台取值。

4. 对于采用后注浆灌注桩的承台，η_c 宜取低值；

5. 对于饱和黏性土中的挤土桩基、软土地基上的桩基承台，η_c 宜取低值的0.8倍。

10.4.3.2 桩基水平承载力

1. 单桩水平承载力

《建筑桩基技术规范》JGJ 94 中规定，确定单桩的水平承载力特征值应符合下列规定：

（1）对于受水平荷载较大的设计等级为甲级、乙级的建筑桩基，单桩水平承载力特征值应通过单桩水平静载试验确定，试验方法可按现行行业标准《建筑基桩检测技术规范》JGJ 106 执行。

（2）对于钢筋混凝土预制桩、钢桩、桩身配筋率不小于 0.65% 的灌注桩，可根据静载试验结果取地面处水平位移为 10mm（对于水平位移敏感的建筑物取水平位移 6mm）所对应的荷载的 75% 为单桩水平承载力特征值。

（3）对于桩身配筋率小于 0.65% 的灌注桩，可取单桩水平静载试验的临界荷载的 75% 为单桩水平承载力特征值。

（4）当缺少单桩水平静载试验资料时，可按下列公式估算桩身配筋率小于 0.65% 的灌注桩的单桩水平承载力特征值：

$$R_{ha} = \frac{0.75 \alpha \gamma_m f_t W}{\nu_M}(1.25 + 22\rho_g)\left(1 \pm \frac{\zeta_N \cdot N_k}{\gamma_m f_t A_n}\right)$$

$$(10\text{-}92)$$

式中 α ——桩的水平变形系数，$\alpha = \sqrt[5]{\dfrac{mb_0}{EI}}$，$m$ 为桩侧土水平抗力系数的比例系数，b_0 为桩身的计算宽度，圆形桩：当直径 $d \le 1\text{m}$ 时，$b_0 = 0.9(d+1)$；方形桩：当边宽 $b \le 1\text{m}$ 时，$b_0 = 1.5b + 0.5$，当边宽 $b > 1\text{m}$ 时，$b_0 = b + 1$。

EI ——桩身抗弯刚度，对于钢筋混凝土桩，$EI = 0.85E_c I_0$，其中 I_0 为桩身换算截面惯性矩：圆形截面为 $I_0 = W_0 d_0/2$；矩形截面为 $I_0 = W_0 d_0/2$；

R_{ha} ——单桩水平承载力特征值，$\pm$ 号根据桩顶竖向力性质确定，压力取"+"，拉力取"−"；

γ_m ——桩截面模量塑性系数，圆形截面 $\gamma_m = 2$，矩形截面 $\gamma_m = 1.75$；

f_t ——桩身混凝土抗拉强度设计值；

W_0 ——桩身换算截面受拉边缘的截面模量，圆形截面为：$W_0 = \dfrac{\pi d}{32}[d^2 + 2(\alpha_E - 1)\rho_g d_0^2]$；方形截面为：$W_0 = \dfrac{b}{6}[b^2 + 2(\alpha_E - 1)\rho_g b_0^2]$，其中 d 为桩直径，d_0 为扣除保护层厚度的桩直径，b 为方形截面边长，b_0 为扣除保护层厚度的桩截面宽度，α_E 为钢筋弹性模量与混凝土弹性模量的比值；

ν_M ——桩身最大弯矩系数，按表 10-82 取值，当单桩基础和单排桩基纵向轴线与水平力方向相垂直时，按桩顶铰接考虑；

ρ_g ——桩身配筋率；

A_n ——桩身换算截面积。

桩顶（身）最大弯矩系数 ν_M 和桩顶水平位移系数 ν_x

表 10-82

桩顶约束情况	桩的换算埋深（αh）	ν_M	ν_x
铰接、自由	4.0	0.768	2.441
	3.5	0.750	2.502
	3.0	0.703	2.727
	2.8	0.675	2.905
	2.6	0.639	3.163
	2.4	0.601	3.526
固接	4.0	0.926	0.940
	3.5	0.934	0.970
	3.0	0.967	1.028
	2.8	0.990	1.055
	2.6	1.018	1.079
	2.4	1.045	1.095

注：1. 铰接（自由）的 ν_M 系桩身的最大弯矩系数，固接的 ν_M 系桩顶的最大弯矩系数；2. 当 $\alpha h > 4$ 时取 $\alpha h = 4.0$。

圆形截面为：$A_n = \dfrac{\pi d^2}{4}[1 + (\alpha_E - 1)\rho_g]$；方形截面为：$A_n = b^2[1 + (\alpha_E - 1)\rho_g]$

ζ_N ——桩顶竖向力影响系数，竖向压力取 0.5；竖向拉力取 1.0；

N_K ——在荷载效应标准组合下桩顶的竖向力（kN）。

（5）当桩的水平承载力由水平位移控制，且缺少单桩水平静载试验资料时，可按下式估算预制桩、钢桩、桩身配筋率不小于 0.65% 的灌注桩单桩水平承载力特征值：

$$R_{ha} = 0.75\frac{\alpha^3 EI}{\nu_x}x_{0a}$$

$$(10\text{-}93)$$

式中 EI ——桩身抗弯刚度，对于钢筋混凝土桩，$EI = 0.85E_c I_0$；其中 E_c 为混凝土弹性模量，I_0 为桩身换算截面惯性矩：圆形截面为 $I_0 = W_0 d_0/2$；矩形截面为 $I_0 = W_0 d_0/2$；

x_{0a} ——桩顶允许水平位移；

ν_x ——桩顶水平位移系数，按表 10-82 取值，取值方法同 ν_M。

2. 桩基水平承载力

《建筑桩基技术规范》JGJ 94 中规定，桩基水平承载力特征值应考虑由承台、桩群、土相互作用产生的群桩效应，可按下列公式确定：

$$R_h = \eta_h R_{ha}$$

$$(10\text{-}94)$$

考虑地震作用且 $s_a/d \le 6$ 时：$\eta_h = \eta_i \eta_r + \eta_l$

$$(10\text{-}95)$$

$$\eta_i = \frac{\left(\dfrac{s_a}{d}\right)^{0.015n_2 + 0.45}}{0.15n_1 + 0.10n_2 + 1.9}$$

$$(10\text{-}96)$$

$$\eta_l = \frac{m \cdot x_{0a} \cdot B'_c \cdot h_c}{2 \cdot n_1 \cdot n_2 \cdot R_{ha}}$$

$$(10\text{-}97)$$

其他情况：$\eta_h = \eta_i \eta_r + \eta_l + \eta_b$

$$(10\text{-}98)$$

$$\eta_b = \frac{\mu \cdot P_c}{n_1 \cdot n_2 \cdot R_h}$$

$$(10\text{-}99)$$

$$B'_c = B_c + 1(m)$$

$$(10\text{-}100)$$

$$P_c = \eta_c f_{ak}(A - nA_{ps})$$

$$(10\text{-}101)$$

式中 η_h ——群桩效应综合系数；

η_i ——桩的相互影响效应系数；

η_r ——桩顶约束效应系数（桩筋嵌入承台长度 50～100mm 时），按表 10-83 取值；

η_l ——承台侧向土抗力效应系数（承台侧面回填土为松散状态时取 $\eta_l = 0$）；

η_b ——承台底摩阻效应系数；

s_a/d ——沿水平荷载方向的距径比；

n_1, n_2 ——分别为沿水平荷载方向与垂直水平荷载方向每排桩中的桩数；

m ——承台侧面土水平抗力系数的比例系数，当无试验资料时可按表 10-84 取值；

x_{0a} ——桩顶（承台）的水平位移允许值，当以位移控制时，可取 $x_{0a} = 10\text{mm}$（对水平位移敏感的结构物取 $x_{0a} = 6\text{mm}$）；当以桩身强度控制（低配筋率灌注桩）时，可近似 $x_{0a} = \dfrac{R_{ha} \cdot \nu_x}{\alpha^3 \cdot EI}$ 确定；

B'_c ——承台受侧向土抗力一边的计算宽度；

B_c ——承台宽度；

h_c ——承台高度；

μ ——承台底与基土间的摩擦系数，可按表 10-85 取值；

P_c ——承台底地基土分担的竖向总荷载标准值；

η_c ——与前面意义相同；

A ——承台总面积；

A_{ps} ——桩身截面面积。

桩顶约束效应系数 η_r   表 10-83

换算深度 αh	2.4	2.6	2.8	3.0	3.5	≥ 4.0
位移控制	2.58	2.34	2.20	2.13	2.07	2.05
强度控制	1.44	1.57	1.71	1.82	2.00	2.07

注：$\alpha = \sqrt[5]{mb_0/(EI)}$，$h$ 为桩的入土长度。

地基土水平抗力系数的比例系数 m 值　　表 10-84

序号	地基土类别	预制桩、钢桩		灌注桩	
		m (MN/m⁴)	相应单桩在地面处水平位移 (mm)	m (MN/m⁴)	相应单桩在地面处水平位移 (mm)
1	淤泥；淤泥质土；饱和湿陷性黄土	2~4.5	10	2.5~6	6~12
2	流塑（$I_L > 1$）、软塑（$0.75 < I_L \leqslant 1$）状黏性土；$e > 0.9$ 粉土；松散细砂；松散、稍密填土	4.5~6.0	10	6~14	4~8
3	可塑（$0.25 < I_L \leqslant 0.75$）状黏性土、湿陷性黄土；$e = 0.75 \sim 0.9$ 粉土；中密填土；稍密细砂	6.0~10	10	14~35	3~6
4	硬塑（$0 < I_L \leqslant 0.25$）、坚硬（$I_L \leqslant 0$）状黏性土、湿陷性黄土；$e < 0.75$ 粉土；中密的中粗砂；密实老填土	10~22	10	35~100	2~5
5	中密、密实的砾砂、碎石类土			100~300	1.5~3

注：1. 当桩顶水平位移大于表列数值或灌注桩配筋率较高（$\geqslant 0.65\%$）时，m 值应适当降低；当预制桩的水平向位移小于 10mm 时，m 值可适当提高。

2. 当水平荷载为长期或经常出现的荷载时，应将表列数值乘以 0.4 降低采用。

3. 当地基为可液化土层时，应将表列数值乘以表 10-86 中相应的系数 ψ_l。

承台底与地基土间的摩擦系数 μ　　表 10-85

土的类别		摩擦系数 μ
黏性土	可塑	0.25~0.30
	硬塑	0.30~0.35
	坚硬	0.35~0.45
粉土	密实、中密（稍湿）	0.30~0.40
中砂、粗砂、砾砂		0.40~0.50
碎石土		0.40~0.60
软岩、软质岩		0.40~0.60
表面粗糙的较硬岩、坚硬岩		0.65~0.75

土层液化折减系数 ψ_l　　表 10-86

$\lambda_N = \dfrac{N}{N_{cr}}$	自地面算起的液化土层深度 d_L (m)	ψ_l
$\lambda_N \leqslant 0.6$	$d_L \leqslant 10$	0
	$10 < d_L \leqslant 20$	1/3
$0.6 < \lambda_N \leqslant 0.8$	$d_L \leqslant 10$	1/3
	$10 < d_L \leqslant 20$	2/3
$0.8 < \lambda_N \leqslant 1.0$	$d_L \leqslant 10$	2/3
	$10 < d_L \leqslant 20$	1.0

注：1. N 为饱和土标贯击数实测值；N_{cr} 为液化判别标贯击数临界值；λ_N 为土层液化指数；

2. 对于挤土桩当桩距小于 $4d$，且桩的排数不少于 5 排、总桩数不少于 25 根时，土层液化系数可取 $2/3 \sim 1$；桩间土标贯击数达到 N_{cr} 时，则 $\psi_l = 1$。

10.4.3.3　桩的抗拔承载力

桩基的抗拔极限承载力值应通过现场单桩抗拔静载荷试验测定。设计等级为丙级建筑桩基，采用下压桩的静力计算公式先算出下压桩侧摩阻力计算值，然后乘以拔桩折减系数，即得等截面桩的抗拔承载力。对于一般性工程桩基，可按下列规定计算桩基抗拔极限承载力标准值。

群桩呈非整体破坏时，桩基的抗拔极限承载力标准值可按下式计算：

$$T_{uk} = \sum \lambda_i q_{sik} u_i l_i \tag{10-102}$$

式中　T_{uk}——基桩抗拔极限承载力标准值；

　　　u_i——桩身周长，对于等直径桩取 $u = \pi d$；对于扩底桩按表 10-87 取值；

　　　q_{sik}——桩侧表面第 i 层土的抗压极限侧阻力标准值，可按表 10-75 取值；

　　　λ_i——抗拔系数，可按表 10-88 取值。

扩底桩破坏表面周长 u_i　　表 10-87

自桩底起算的长度 l_i	$\leqslant (4 \sim 10) d$	$> (4 \sim 10) d$
u_i	πD	πd

注：l_i 对于软土取低值，对于卵石、砾石取高值；l_i 取值按内摩擦角增大而增加。

抗拔系数 λ_i　　表 10-88

土类	λ 值
砂土	0.50~0.70
黏性土、粉土	0.70~0.80

注：桩长 l 与桩径 d 之比小于 20 时，λ 取小值。

群桩呈整体破坏时，桩基的抗拔极限承载力标准值可按下式计算：

$$T_{gk} = \frac{1}{n} u_l \sum \lambda_i q_{sik} l_i \tag{10-103}$$

式中　u_l——桩群外围周长；

　　　n——总桩数。

等截面桩依据桩周土体破裂面的形状，桩的抗拔承载力计算公式如下：

（1）圆柱状剪切破坏时的桩抗拔承载力：

$$P_u = W + \pi d \int_0^L K \overline{\gamma} \tan \overline{\varphi} dz \tag{10-104}$$

式中　P_u——桩的极限抗拔承载力；

　　　W——钻孔桩的有效重量；

　　　d——钻孔桩直径；

　　　L——钻孔桩长度（入土深度）；

　　　K——土的侧压力系数，破坏时 $K = K_u$；

　　　$\overline{\gamma}$——土的有效重度平均值；

　　　$\overline{\varphi}$——桩周土的平均有效内摩擦角。

（2）对于锥形破坏面的抗拔承载力计算公式为：

$$P_u = \pi \overline{\gamma} L \left[\frac{d^2}{4} + \frac{dL \tan \theta}{2} + \frac{L^2 \tan \theta}{3} \right] + W_c \tag{10-105}$$

对于曲线倒锥滑动面的抗拔承载力计算公式为：

$$P_u = \pi \overline{\gamma} d \frac{L^2}{2} S k \tan \overline{\varphi} + W_c \tag{10-106}$$

式中　γ——土的有效重量；

　　　W_c——桩基础的有效重量；

　　　S——形状系数；

　　　k——土侧压力系数；

　　　$\overline{\varphi}$——土的有效内摩擦角。

扩底桩的极限抗拔承载力 P_u 由桩体侧摩阻力 Q_s、扩底部分抗拔承载力 Q_B 和桩与倒锥形土体的有效自重 W_c 组成。桩扩底部分的抗拔承载力可分两大不同性质的土类（黏性土和砂性土）分别求得

黏性土（按不排水状态考虑）：$Q_B = \dfrac{\pi}{4} (d_B^2 - d_S^2) N_C \cdot \omega \cdot C_u$

$$\tag{10-107}$$

砂性土（按排水状态考虑）：$Q_B = \dfrac{\pi}{4} (d_B^2 - d_S^2) \overline{\sigma} \cdot N_q$

$$\tag{10-108}$$

式中　d_B——扩大头直径；

　　　d_S——桩杆直径；

　　　ω——扩底扰动引起的抗剪强度折减系数；

　　　N_C、N_q——承载力因素；

C_u——不排水抗剪强度；

$\bar{\sigma}$——有效上覆压力。

10.4.3.4　桩的负摩擦力

当桩周土层产生的沉降超过桩基的沉降时，在计算基桩承载力时应计入桩侧负摩阻力：

（1）桩穿越较厚松散填土、自重湿陷性黄土、欠固结土、液化土层进入相对较硬土层时；

（2）桩周存在软弱土层，邻近桩侧地面承受局部较大的长期荷载，或地面大面积堆载（包括填土）时；

（3）由于降低地下水位，使桩周土有效应力增大，并产生显著压缩沉降时。

桩侧负摩阻力及其引起的下拉荷载，当无实测资料时可按下列规定计算。

1）中性点以上单桩桩周第 i 层土负摩阻力标准值，可按下列公式计算：

$$q_{si}^n = \xi_{ni}\sigma_i' \tag{10-109}$$

当填土、自重湿陷性黄土湿陷、欠固结土层产生固结和地下水降低时：$\sigma_i' = \sigma_{\gamma i}'$

当地面满布荷载时：$\sigma_i' = p + \sigma_{\gamma i}'$

$$\sigma_{\gamma i}' = \sum_{m=1}^{i-1} \gamma_m \Delta z_m + \frac{1}{2}\gamma_i \Delta z_i \tag{10-110}$$

式中　q_{si}^n——第 i 层土桩侧负摩阻力标准值；当按上式计算值大于正摩阻力标准值时，取正摩阻力标准值进行设计；

　　　　ξ_{ni}——桩周第 i 层土负摩阻力系数，可按表 10-89 取值；

　　　　$\sigma_{\gamma i}'$——由土自重引起的桩周第 i 层土平均竖向有效应力，桩群外围桩自地面算起，桩群内部桩自承台底算起；

　　　　σ_i'——桩周第 i 层土平均竖向有效应力；

　　　　γ_i、γ_m——分别为第 i 计算土层和其上第 m 土层的重度，地下水位以下取浮重度；

　　　　Δz_i、Δz_m——第 i 层土、第 m 层土的厚度；

　　　　p——地面均布荷载。

负摩阻力系数 ζ_n　　　　表 10-89

土类	ζ_n
饱和软土	0.15～0.25
黏性土、粉土	0.25～0.40
砂土	0.35～0.50
自重湿陷性黄土	0.20～0.35

注：1. 在同一类土中，对于挤土桩，取表中较大值，对于非挤土桩，取表中较小值；

　　2. 填土按其组成取表中同类土的较大值。

2）考虑群桩效应的桩基下拉荷载可按下式计算：

$$Q_g^n = \eta_n \cdot u \sum_{i=1}^n q_{si}^n l_i \tag{10-111}$$

$$\eta_n = s_{ax} \cdot s_{ay} / \left[\pi d \left(\frac{q_s^n}{\gamma_m} + \frac{d}{4} \right) \right] \tag{10-112}$$

式中　n——中性点以上土层数；

　　　　l_i——中性点以上第 i 层土的厚度；

　　　　η_n——负摩阻力群桩效应系数；

　　　　s_{ax}、s_{ay}——分别为纵横向桩的中心距；

　　　　q_s^n——中性点以上桩周土层厚度加权平均负摩阻力标准值；

　　　　γ_m——中性点以上桩周土层厚度加权平均重度（地下水位以下取浮重度）。

对于单桩基础或按上式计算的群桩效应系数 $\eta_n > 1$ 时，取 $\eta_n = 1$。

3）中性点深度 l_n 应按桩周土层沉降与桩沉降相等的条件计算确定，也可参照表 10-90 确定。

中性点深度 l_n　　　　表 10-90

持力层性质	黏性土、粉土	中密以上砂	砾石、卵石	基岩
中性点深度比 l_n/l_0	0.5～0.6	0.7～0.8	0.9	1.0

注：1. l_n、l_0——分别为自桩顶算起的中性点深度和桩周软弱土层下限深度；

　　2. 桩穿过自重湿陷性黄土层时，l_n 可按表列值增大 10%（持力层为基岩除外）；

　　3. 当桩周土层固结与桩基固结沉降同时完成时，取 $l_n = 0$；

　　4. 当桩周土层计算沉降量小于 20mm 时，l_n 应按表列值乘以 0.4～0.8 折减。

10.4.4　桩基成桩工艺的选择

桩型与成桩工艺应根据建筑结构类型、荷载性质、桩的使用功能、穿越地层、桩端持力层性质、地下水位、工程环境、施工设备、施工经验、制桩材料供应条件等，按安全适用、经济合理的原则选择，施工时可参考表 10-91 选用。

10.4.5　灌 注 桩 施 工

10.4.5.1　施工准备

（1）应有建筑场地岩土工程勘察报告；

（2）应对桩基工程施工图进行设计交底及图纸会审；设计交底及图纸会审记录连同施工图等应作为施工依据，并应列入工程档案；

（3）应对建筑场地和邻近区域内的地下管线、地下构筑物、地面建筑物等进行调查；

（4）应有主要施工机械及其配套设备的技术性能资料；成桩机械必须经鉴定合格，不得使用不合格机械；

（5）应有桩基工程的施工组织设计（或施工方案）和保证工程质量、安全和季节性施工的技术措施；

（6）应有水泥、砂、石、钢筋等原材料及其制品的质检报告；

（7）应有有关试桩或桩试验的参考资料；

（8）桩基施工用的供水、供电、道路、排水、临时房屋等临时设施，必须在开工前准备就绪，施工场地应进行平整处理，保证施工机械正常作业；

（9）基桩轴线的控制点和水准点应设在不受施工影响的地方。开工前，经复核后应妥善保护，施工中应经常复测；

（10）用于施工质量检验的仪表、器具的性能指标，应符合现行国家相关标准的规定。

10.4.5.2　常用机械设备

按成孔方法不同分为正反循环钻机、旋挖钻机、冲（抓）式钻机、长螺旋钻机、锤击、振动等，常用灌注桩钻孔机械型号及技术性能见本手册第 6.2.4、6.4.9 节中相应内容。

10.4.5.3　泥浆护壁成孔灌注桩

1. 护壁泥浆

（1）泥浆的功能

1）泥浆有防止孔壁坍塌的功能

在天然状态下，若竖直向下挖掘处于稳定状态的地基土，就会破坏土体的平衡状态，孔壁往往有发生坍塌的危险，泥浆则有防止发生这种坍塌的作用。主要表现在：

①泥浆的静侧压力可抵抗作用在壁上的土压力和水压力，并防止地下水的渗入。

②泥浆在孔壁上形成不透水的泥皮，从而使泥浆的静压力有效地作用在孔壁上，同时防止孔壁的剥落。

③泥浆从孔壁表面向地层内渗透到一定的范围就粘附在土颗粒上，通过这种粘附作用可降低孔壁坍塌性和透水性。

2）泥浆有悬浮排出土渣的功能

在成孔过程中，土渣混在泥浆中，合理的泥浆密度能够将悬浮于泥浆当中的土渣，通过泥浆循环排出至泥浆池沉淀。

3）泥浆有冷却施工机械的功能

钻进成孔时，钻具会同地基土作用产生很大热量，泥浆循环能够携带排出热量，延长施工机具的寿命。

桩型成桩工艺选择表[44]　　　　表10-91

桩类			桩径		最大桩长(m)	穿越地层						黄土					桩端进入持力层				地下水位		对环境影响		孔底有无挤密
			桩身(mm)	扩大头(mm)		一般黏性土及其填土	淤泥和淤泥质土	粉土	砂土	碎石土	季节性冻土	非自重湿陷性黄土	自重湿陷性膨胀土	中间有硬夹层	中间有砂夹层	中间有砾石夹层	硬黏性土	密实砂土	碎石土	软质岩石和风化岩石	以上	以下	振动和噪声	排浆	
非挤土成桩	干作业法	长螺旋钻孔灌注桩	300~800	—	28	○	×	○	○	△	×	○	○	×	△	×	△	×	×	×	○	△	无	无	无
		短螺旋钻孔灌注桩	300~800	—	20	○	×	○	△	△	×	○	△	×	△	×	△	△	×	×	○	△	无	无	无
		钻孔扩底灌注桩	300~600	800~1200	30	○	×	○	△	△	×	○	△	△	△	×	○	△	×	×	○	△	无	无	无
		机动洛阳铲成孔灌注桩	300~500	—	20	○	×	○	△	×	×	○	△	×	△	×	△	×	×	×	○	△	无	无	无
		人工挖孔扩底灌注桩	800~2000	1600~3000	30	○	×	○	△	△	×	○	△	△	△	△	○	△	△	△	○	△	无	无	无
	泥浆护壁法	潜水钻成孔灌注桩	500~800	—	50	○	○	○	○	△	×	△	△	△	○	△	○	○	△	△	△	○	无	有	无
		反循环钻成孔灌注桩	600~1200	—	80	○	○	○	○	△	×	△	△	△	○	△	○	○	△	△	△	○	无	有	无
		正循环钻成孔灌注桩	600~1200	—	80	○	○	○	○	△	×	△	△	△	○	△	○	○	△	△	△	○	无	有	无
		旋挖成孔灌注桩	600~1200	—	50	○	○	○	○	△	×	○	△	△	○	△	○	○	△	△	△	○	无	有	无
		钻孔扩底灌注桩	600~1200	1000~1600	30	○	○	○	○	△	×	△	△	△	○	△	○	○	△	△	△	○	无	有	无
	套管护壁	贝诺托灌注桩	800~1600	—	50	○	○	○	○	△	×	△	△	△	○	△	○	○	△	△	△	○	无	有	无
		短螺旋钻孔灌注桩	300~800	—	20	○	×	○	△	△	×	○	△	×	△	×	△	△	×	×	○	△	无	无	无
部分挤土成桩	灌注桩	冲击成孔灌注桩	600~1200	—	50	○	○	○	○	○	×	△	△	△	○	○	○	○	○	△	△	○	有	有	无
		长螺旋钻孔压灌桩	300~800	—	25	○	×	○	○	△	×	○	△	×	△	×	△	△	×	×	○	△	无	有	无
		钻孔挤扩多支盘桩	700~900	1200~1600	40	○	×	○	△	△	×	○	△	△	△	×	○	△	×	×	○	△	无	有	无
	预制桩	预钻孔打入式预制桩	500	—	50	○	△	○	△	△	△	○	△	△	△	×	○	△	×	×	○	○	有	无	有
		静压混凝土(预应力混凝土)敞口管桩	800	—	60	○	△	○	△	△	△	○	△	△	△	×	○	△	×	×	○	○	无	无	有
		H型钢桩	规格	—	80	○	△	○	○	△	△	○	△	△	○	△	○	○	△	×	○	○	有	无	有
		敞口钢管桩	600~900	—	80	○	△	○	○	△	△	○	△	△	○	△	○	○	△	×	○	○	有	无	有
挤土成桩	灌注桩	内夯沉管灌注桩	325,377	460~700	28	○	○	○	△	×	△	○	△	×	△	×	△	△	×	×	○	○	有	无	有
	预制桩	打入式混凝土预制桩闭口钢管桩、混凝土管桩	500×500 1000	—	60	○	○	○	○	△	△	○	△	△	△	×	○	○	△	×	○	○	有	无	有
		静压桩	1000	—	60	○	○	○	△	△	×	○	△	△	△	×	○	△	△	×	○	○	无	无	有

注：表中符号○表示比较合适；△表示有可能采用；×表示不宜采用。

（2）泥浆的制备和处理

除能自行造浆的黏性土层外，均应制备泥浆。泥浆制备应选用高塑性黏土或膨润土。泥浆应根据施工机械、工艺及穿越土层情况进行配合比设计。施工期间护筒内的泥浆面应高出地下水位1.0m以上，在受水位涨落影响时，泥浆面应高出最高水位1.5m以上；在清孔过程中，应不断置换泥浆，直至灌注水下混凝土。

（3）泥浆试验

在灌注桩工程中所使用的泥浆，必须经常保持地层和施工条件等所要求的性质。为此施工中不仅在制备泥浆时，而且在施工的各个阶段都必须测定泥浆的性质并进行质量管理。灌注混凝土前，应对泥浆相对密度、含砂率、黏度等进行测定。孔底500mm以内的泥浆比重应小于1.25，含砂率不得大于8%，黏度不得大于28s；这里也仅对一些常用的测定试验作一介绍。

1）密度测定

密度测定可用下面两种方法的任一种方法进行密度测定，取值为小数点后2位数。

①泥浆比重计；

②把泥浆放入已知容积的容器内测定泥浆的质量。泥浆相对密度计由台座上的泥浆杯和样杆组成泥浆杯内装满要测定的泥浆，盖上杯盖，刮去由盖上的小孔溢出的泥浆，把刀口支撑放在台座上。移动码码秤杆为水平状态时的刻度读数表示泥浆密度。泥浆相对密度计必须经常用测定清水的方法进行校正。校正的办法是增减秤杆端部的砝码。

2）含砂率测定

测定泥浆的含砂量时，可用含砂量测定器。

其方法如下：

①在量筒内装入泥浆75ml；然后加入水至250ml，堵住量筒口，仔细晃动量筒使泥浆混合均匀。

②把量筒内的泥浆倒在筛网（74μm）上，并用清水洗净量筒内的泥浆残渣，全部倒在筛网上。然后按压筛网上面的残渣，不能硬性地使其通过筛网。

③将斗颠倒过来插在筛网上，斗出口插入量筒口内。将整体慢慢地转动，然后用少量的水冲洗筛网内侧，使筛网上的土砂全部冲洗到量筒内，在这种状态下，使砂在量筒内沉淀。

④量筒里的沉淀物为土砂，量筒上的刻度为土砂容积，用%表示出来，作为含砂率。

3）黏度测定

漏斗黏度计主要用于现场测定泥浆的黏度。

将斗放在试验架子上，用手指堵住下面的出口，将一定量的泥浆从上面注入漏斗黏度计内。这时泥浆先通过0.25mm金属丝网，除去大的固体颗粒，然后移开堵住下口的手指，用秒表测定泥浆全部流出的时间。

2．正、反循环钻孔灌注桩的适用范围

正、反循环钻孔灌注桩宜用于地下水位以下的黏性土、粉土、砂土、填土、碎石土及风化岩层；对孔深较大的端承型桩和粗粒土层中的摩擦型桩，宜采用反循环工艺成孔或清孔，也可根据土层情况采用正循环钻进，反循环清孔。

3．正、反循环钻孔灌注桩的工艺原理

使用钻头或切削刀具成孔属于泥浆循环方式，在孔内充满泥浆的同时，用泵使泥浆在孔底与地面之间进行循环，把土渣排出地面，即泥浆除了起稳定孔壁的作用之外，还被用作排渣的手段。通过管道把泥浆压送到孔底，浆在管道的外面上升，把土渣携出地面，为正循环方式。泥浆从管道的外面自然流入或泵入孔内，然后和土渣一起被抽吸到地面上来，即反循环方式。

4．施工工艺

（1）材料要求

1）混凝土宜采用和易性、泌水性较好的预拌混凝土，强度等级符合设计及相关验收规范要求，初凝时间不少于6h。灌注前坍落度宜为180~220mm。

2）水泥强度等级不应低于P.O.42.5，质量符合《通用硅酸盐水泥》GB 175的规定，并具有出厂合格证明文件和检测报告。

3）砂应选用洁净中砂，含泥量不大于3%，质量符合《普通混凝土用砂、石质量及检验方法标准》JGJ 53的规定。

4）石子宜优先选用质地坚硬的粒径不宜大于30mm的豆石或

碎石，含泥量不大于 2%，质量符合《普通混凝土用砂、石质量及检验方法标准》JGJ 53 的规定。

5）煤灰宜选用 Ⅰ 级或 Ⅱ 级粉煤灰，细度分别不大于 12% 和 20%，质量检验合格，掺量通过配比试验确定。

6）外加剂宜选用液体速凝剂，质量符合相关标准要求，掺量和种类根据施工季节通过配比试验确定。

7）搅拌用水应符合《混凝土用水标准》JGJ 63 的规定。

8）钢筋品种、规格、性能符合现行国家产品标准和设计要求，并有出厂合格证明文件及检测报告。主筋及加强筋规格不宜低于 HRB335 级，箍筋可选用 HPB300 级钢筋。

（2）机具设备

主要机具设备为回转钻机，多用转盘式。钻架多用龙门式（高 6～9m），钻头常用三翼或四翼式钻头、牙轮合金钻头或钢粒钻头，以前者使用较多；配套机具有钻杆、卷扬机、泥浆泵（或离心式水泵）、空气压缩机（6～9m³/h）、测量仪器以及混凝土配制、钢筋加工系统设备等。

（3）工艺流程（图 10-39）

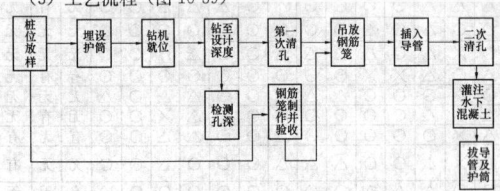

图 10-39　泥浆护壁成孔灌注桩工艺流程图

（4）主要施工方法

1）测量放线。要由专业测量人员根据给定的控制点用"双控法"测量桩位，并用标桩标定准确。

2）埋设护筒。泥浆护壁成孔时，宜采用孔口护筒，护筒设置应符合下列规定：

①护筒埋设应准确、稳定，护筒中心与桩位中心的偏差不得大于 50mm；

②护筒可用 4～8mm 厚钢板制作，其内径应大于钻头直径 100mm，上部宜开设 1～2 个溢浆孔；

③护筒的埋设深度：在黏性土中不宜小于 1.0m；砂土中不宜小于 1.5m。护筒下端外侧应采用黏土填实；其高度尚应满足孔内泥浆面高度的要求；

④受水位涨落影响或水下施工的钻孔灌注桩，护筒应加高加深，必要时应打入不透水层。

3）钻机就位。钻机就位前，先平整场地，铺好枕木并用水平尺校正，保证钻机平稳、牢固。成孔设备就位后，必须平正、稳固，确保在施工过程中不发生倾斜、移动。使用双向吊锤球校正调整钻杆垂直度，必要时可使用经纬仪校正钻杆垂直度。为准确控制钻孔深度，应在桩架上作出控制深度的标尺，以便在施工中进行观测、记录。

4）钻进。钻进参数应根据地层、桩径、砂石泵的合理排量和钻机的经济钻速等因素加以选择和调整。

①正循环钻进

a. 常用正循环回转钻机的规格、型号及技术性能见表 10-92。

b. 钻头的选择

正循环钻机钻头有鱼尾钻头、笼式刮刀钻头、四翼阶梯式定心钻头、刺猬钻头、牙轮、滚刀钻头。

（a）鱼尾钻头结构简单，与孔底接触面积小，以较小的钻压即能获得较高的钻进效率。但该钻头导向性差，遇局部阻力或侧向挤压力易偏斜。可在鱼尾钻头翼板上方加焊导向笼，形成笼式鱼尾钻头。

（b）笼式刮刀式钻头适用于黏土、粉砂、细砂、中粗砂和含少量砾石（不多于 10%）的土层，钻孔的垂直精度较高，钻头工作平稳，摆动小，扩孔率较小，破岩效率高，应用最为广泛。

（c）四翼阶梯式定心钻头在翼板上用螺丝固定镶有硬合金片，提高了钻头的寿命和钻进效率。适用于中等风化基岩或硬土层钻进。

（d）刺猬钻头阻力很大，只适用于孔深在 50m 以内的黏性土、砂类土和夹有砾径在 25mm 以下的砾石土层。

（e）牙轮、滚刀钻头可用于大直径、风化、中风化基岩中钻进。

c. 成孔施工要点

（a）钻头回转中心对准护筒中心，偏差不大于允许值。开动泥浆泵使冲洗液循环 2～3min，然后再开动钻机，慢慢将钻头放孔底。在护筒刃脚处应低压慢速钻进，使刃脚处的地层能稳固地支撑护筒，待钻至刃脚以下 1m 以后，可根据土质情况以正常速度钻进。

（b）在黏土地层钻进时，由于土层本身的造浆能力强，钻屑成泥块状，易出现钻头包泥、憋泵现象，因此要选用尖底且翼片少的钻头，采用低钻压、快转速、大泵量的钻进工艺。

（c）在砂层钻进时，应采用较大密度、黏度和静切力的泥浆，以提高泥浆悬浮、携带砂粒的能力。在坍塌段，必要时可向孔内投入适量黏土球，以帮助形成泥壁，避免再次坍塌。要控制钻具的升降速度和适当降低回转速度，减轻钻头上下运动对孔壁的冲刷。

（d）在碎石土层钻进时，易引起钻具跳动、憋车、憋泵、钻头切削具崩刃、钻孔偏斜等现象，宜用低档慢速、优质泥浆、慢进尺钻进。

（e）为保证冲洗液在外环空间的上返流速在 0.25～0.3m/s，以能够携带出孔底泥砂和岩屑，要有足够的冲洗液量。

已知钻孔和钻具的直径，可按下式计算冲洗液量：

$$Q = 4.71 \times 10^4 (D^2 - d^2) v \qquad (10\text{-}113)$$

式中　Q——冲洗液量（L/min）；

　　　D——钻孔直径，通常按钻头直径计算（m）；

　　　d——钻具外径（m）；

　　　v——冲洗液上返流速（m/s）。

（f）钻速的选择除了满足破碎岩土的扭矩的需要，还要考虑钻头不同部位的磨耗情况，按下式计算：

$$n = 60V/\pi D \qquad (10\text{-}114)$$

式中　n——转速（rpm）；

　　　D——钻头直径（m）；

　　　V——钻头线速度，0.8～2.5m/s。

式中钻头线速度的取值如下：在松散的第四系地层和软土中钻进时取大值；在硬岩中钻进时取小值；钻头直径大时取小值，钻头直径小时取大值。

根据经验数据，一般地层钻进时，转速范围 40～80 r/min，钻孔直径小、黏性土层取高值，钻孔直径大、砂性土层取低值；较硬或非匀质土层转速可相应减少到 20～40 r/min。

（g）钻压的确定原则：

a）在土层中钻进时，钻进压力应保证冲洗液畅通、钻渣清除及时为前提，灵活加以掌握。

b）在基岩钻进时，要保证每颗（或每组）硬质合金切削具上具有足够的压力。在此压力下，硬质合金钻头能有效地切入并破碎岩石，同时又不会过快的磨钝、损坏。应根据钻头上硬质合金片的数量和每颗硬质合金片的允许压力计算出总压力。

②反循环钻进

a. 常用反循环回转钻机的规格、型号及技术性能见表 6-13。

b. 钻头的选择

反循环钻机钻头有锥形三翼钻头、筒式捞石钻头、牙轮钻头等。

（a）锥形三翼钻头结构简单，回转稳定，聚渣作用好，适用于土层、砂层、砂砾层，是大口径反循环桩孔施工中最广泛使用的一种钻头。同时还可以根据需要，适当加以改进。

（b）筒式捞石钻头适用于砂砾、砂卵石层。细小的砂砾在冲洗液的作用下，沿活动棚进入筒内上升排往地面；大块的卵石则被暂时积存在筒内，最后随钻头一起提至地面倒出。

（c）牙轮钻头适用于硬岩层或非均质地层。

c. 成孔施工要点

（a）钻头回转中心对准护筒中心，偏差不大于允许值。先启动砂石泵，待泥浆循环正常后，开动钻机慢速回转下放钻头至孔底，

开始钻进时应轻压慢转，待钻头正常工作后，逐渐加大转速，调整压力，并使钻头不产生堵水。在护筒刃脚处应低压慢速钻进，使刃脚处的地层能稳固地支撑护筒，待钻至刃脚以下1m以后，可根据土质情况以正常速度钻进。

(b) 在钻进时，要仔细观察进尺情况和砂石泵排水出渣的情况，排量减少或出水中含钻渣量较多时，要控制钻进速度，防止因循环液比重过大而中断循环。

(c) 采用反循环在砂砾、砂石卵地层中钻进时，为防止钻渣过多，卵砾石堵塞管路，可采用间断钻进、间断回转的方法来控制钻进速度。

(d) 加接钻杆时，应先停止钻进，将机具提离孔底80～100mm，维持冲洗液循环1～2min，以清洗孔底并将管道内的钻渣携出排净，然后停泵加接钻杆。

(e) 钻杆连接应拧紧上牢，防止螺栓、螺母、拧卸工具等掉入孔内。

(f) 钻进时如孔内出现坍孔、涌砂等异常情况，应立即将钻具提离孔底，控制泵量，保持冲洗液循环，吸除坍落物和涌砂，同时向孔内补充性能符合要求的泥浆，保持水头压力以抑制涌砂和塌孔，恢复钻进后，泵排量不宜过大，以防吸坍孔壁。

(g) 钻进达到要求孔深停钻时，仍要维持冲洗液正常循环，直到返回冲洗液的钻渣含量小于4%时为止。起钻时应注意操作轻稳，防止钻头拖刮孔壁，并向孔内补入适量冲洗液，稳定孔内水头高度。

5) 清孔

①正循环清孔

a. 抽浆法：

(a) 空气吸泥机清孔（空气升液排渣法）是利用灌注水下混凝土的导管作为吸泥管，高压风作动力将孔内泥浆抽排走。高压风管可设在导管内也可设在导管外。将送风管通过导管插入到孔底，管子的底部插入水下至少10m，气管与导管顶部的最小距离为2m左右。压缩空气从气管底部喷出，搅起沉渣，沿导管排出孔外，直到达到清孔要求。为不降低孔内水位，必须不断地向孔内补充清水。

(b) 砂石泵或射流泵清孔。利用灌注水下混凝土的导管作为吸泥管，砂石泵或射流泵作动力将孔内泥浆抽排走。

b. 换浆法：

(a) 第一次沉渣处理：在终孔时停止钻具回转，将钻头提离孔底10～20cm，维持冲洗液的循环，并向孔中注入含砂量小于4%（相对密度1.05～1.15）的新泥浆或清水，令钻头在原位空转10～30min左右，直至达到清孔要求为止。

(b) 第二次沉渣处理：在钢筋笼和下料导管放入孔内至灌注混凝土以前进行第二次沉渣处理，通常利用混凝土导管向孔内压入相对密度1.15左右的泥浆，把孔底在下钢筋笼和导管的过程中再次沉淀的钻渣置换出。

②反循环清孔

a. 第一次沉渣处理：在终孔时停止钻具回转，将钻头提离孔底10～20cm，维持冲洗液的循环，并向孔中注入含砂量小于4%（相对密度1.05～1.15）的新泥浆或清水，令钻头在原位空转10～30min左右，直至达到清孔要求为止。

b. 第二次沉渣处理：（空气升液排渣法）是利用灌注水下混凝土的导管作为吸泥管，高压风作动力将孔内泥浆抽排走。基本要求与正循环法清孔相同。

孔底沉渣厚度

灌注混凝土之前，孔底沉渣厚度指标应符合下列规定：

a. 对端承型桩，不应大于50mm。

b. 对摩擦型桩，不应大于100mm。

c. 对抗拔、抗水平力桩，不应大于200mm。

6) 钢筋笼加工及安放

①钢筋笼制作

a. 钢筋笼的加工场地应选择在运输和就位比较方便的场所，最好设置在现场内。

b. 钢筋的种类、型号及规格尺寸要符合设计要求。

c. 钢筋进场后应按钢筋的不同型号、直径、长度分别堆放。

d. 钢筋笼绑扎顺序应先在架立筋（加强箍筋）上将主筋等间距布置好，再按规定的间距绑扎箍筋。箍筋、架立筋和主筋之间的接点可用电焊焊接等方法固定。在直径大于2m的大直径钢筋笼中，可使用角钢或扁钢作为架立筋，以增大钢筋笼刚度。

e. 钢筋笼长度一般在8m左右，当采取辅助措施后，可加长到12m左右。

f. 钢筋笼下端部的加工应适应钻孔情况。

g. 为确保桩身混凝土保护层的厚度，一般应在主筋外侧安设钢筋定位器或滚轴垫块。

h. 钢筋笼堆放应考虑安装顺序，钢筋笼变形和防止事故等因素，以堆放两层为好，如果采取措施可堆放三层。

②钢筋笼安放

a. 钢筋笼安放要对准孔位，扶稳、缓慢，避免碰撞井壁，到位后立即固定。

b. 大直径桩的钢筋笼要使用吨位适应的吊车将钢筋笼吊入孔内。在吊装过程中，要防止钢筋笼发生变形。

c. 当钢筋笼需要接长时，要先将第一段钢筋笼放入孔中，利用其上部架立筋暂时固定在护筒上部，然后吊起第二段钢筋笼对准位置后用绑接或焊接等方法接长后放入孔中，如此逐段接长后放入到预定位置。

d. 待钢筋笼安放完成后，要检查确认钢筋顶端的高度。

7) 混凝土灌注

①灌注混凝土的导管直径宜为200～250mm，壁厚不小于3mm，分节长度视工艺要求而定，一般由2.0～2.5m，导管与钢筋应保持100mm距离，导管使用前应试拼装，以水压力0.6～1.0MPa进行试压。

②开始灌注水下混凝土时，管底至孔底的距离宜为300～500mm，并使导管一次埋入混凝土面以下0.8m以上，在以后的浇筑中，导管埋深宜为2～6m。

③桩顶灌注高度不能偏高，应使在凿除泛浆层后，桩顶混凝土要达到强度设计值。

10.4.5.4 旋挖成孔灌注桩

1. 适用范围

旋挖成孔灌注桩适宜用于黏性土、粉土、砂土、填土、碎石土及风化岩层。旋挖钻成孔灌注桩应根据不同的地层情况及地下水位埋深，采用干作业成孔和泥浆护壁成孔工艺，本节主要介绍泥浆护壁旋挖钻机成孔。

2. 工艺原理

利用钻杆和钻头的旋转与重力使土屑进入钻斗，土屑装满钻斗后，提升钻斗出土，这样通过钻斗的旋转、削土、提升和出土，多次反复而成孔。

3. 施工工艺

(1) 材料要求

1) 混凝土宜采用和易性、泌水性较好的预拌混凝土，强度等级符合设计和相关验收规范要求，初凝时间不少于6h。灌注前坍落度宜为180～200mm。

2) 水泥强度等级不应低于P.O.42.5，质量符合现行国家标准《通用硅酸盐水泥》GB 175的规定，并具有出厂合格证明文件和检测报告。

3) 砂应选用洁净中砂，含泥量不大于3%，质量符合现行行业标准《普通混凝土用砂、石质量及检验方法标准》JGJ 53的规定。

4) 石子宜优先选用质地坚硬的粒径不宜大于30mm的豆石或碎石，含泥量不大于2%，质量符合现行行业标准《普通混凝土用砂、石质量及检验方法标准》JGJ 53的规定。

5) 煤灰宜选用Ⅰ级或Ⅱ级粉煤灰，细度分别不大于12%和20%，质量检验合格，掺量通过配比试验确定。

6) 外加剂宜选用液体速凝剂，质量符合相关标准要求，掺量和种类根据施工季节通过配比试验确定。

7) 搅拌用水应符合现行行业标准《混凝土用水标准》JGJ 63的规定。

8) 钢筋品种、规格、性能符合现行国家产品标准和设计要求，

并有出厂合格证明文件及检测报告。主筋及加强筋规格不宜低于 HRB335 级，箍筋可选用 HPB300 级钢筋。

(2) 施工机具

旋挖钻机由主机、钻杆和钻头三部分组成。主机有履带式、步履式和车装式底盘。常用旋挖钻机的规格、型号及技术性能见表 6-39。

钻头种类很多，常见的几种钻头如图 10-40 所示。

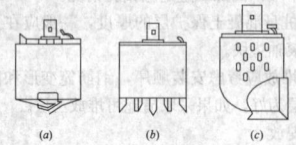

图 10-40　旋挖钻头
(a) 锅底式钻头；(b) 多刃切削式钻头；(c) 锁定式钻头

对于一般土层选用锅底式钻头，对于卵石或者密实的砂砾层则用多刃切削式钻头。对于虽被多刃切削式钻头破碎还进不了钻头中的卵石、孤石等，可采用抓斗抓取上来，为取出大孤石就要用锁定式钻头。

(3) 工艺流程（图 10-41）

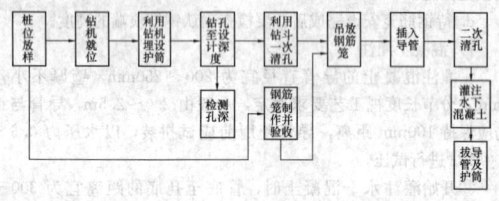

图 10-41　旋挖成孔灌注桩工艺流程图

(4) 主要施工方法

1) 测量放线。要由专业测量人员根据给定的控制点用"双控法"测量桩位，并用标桩标定准确。

2) 钻机就位。安装旋挖钻机，成孔设备就位后，必须平正、稳固，确保在施工过程中不发生倾斜、移动。使用双向吊锤球校正调整钻杆垂直度，必要时可使用经纬仪校正钻杆垂直度。为准确控制钻孔深度，应及时用测绳量测孔深以校核钻机操作室内所显示成孔深度，同时也便于在施工中进行观测、记录。旋挖钻机施工时，应保证机械稳定、安全作业，必要时可在场地铺设能保证其安全行走和操作的钢板或垫层（路基板）。

3) 钻头着地，旋转，开孔。以钻头自重加加液压作为钻进压力。

4) 当钻头内装满土、砂后，将其提升上来，开始灌水。

5) 旋转钻机，将钻斗中的土倾斜到翻斗车上。

6) 关闭钻头的活门。将钻头转回钻进地点，并将旋转体的上部固定住。

7) 降落钻头。

8) 埋设护筒。采用旋挖钻机成孔时，必须设置护筒。护筒埋设应准确、稳定，护筒中心与桩位中心的偏差不得大于 50mm；护筒可用 4～8mm 厚钢板制作，其内径应大于钻头直径 100mm，上部宜开设 1～2 个溢浆孔；护筒的埋设深度：在黏性土中不宜小于 1.0m；砂土中不宜小于 1.5m。护筒下端外侧应采用黏土填实；其高度尚应满足孔内泥浆面高度的要求；受水位涨落影响或水下施工的钻孔灌注桩，护筒应加高加深，必要时应打入不透水层。在埋设过程中，一般采用十字拴桩法确保护筒中心与桩中心重合。

9) 泥浆制备。泥浆护壁旋挖钻机成孔应配备成孔和清孔用泥浆及泥浆池（箱），在容易产生泥浆渗漏的土层可采取提高泥浆相对密度、掺入锯末、增黏剂提高泥浆黏度等维持孔壁稳定的措施。泥浆制备的能力应大于钻孔时的泥浆需求量，每台套钻机的泥浆储备量不应少于单桩体积。

10) 将侧面铰刀安装在钻头内侧，开始钻进。旋挖钻机成孔应采用跳挖方式，钻斗倒出的土距桩孔口的最小距离应大于 6m，并应及时清除。应根据钻进速度同步补充泥浆，保持所需的泥浆面高度不变。成孔前和每次提出钻斗时，应检查钻斗和钻杆连接销子、钻斗门门连接销子以及钢丝绳的状况，并应清除钻斗上的渣土。

11) 清孔。钻孔达到设计深度时，应采用清孔钻头进行清孔，并测定深度。

12) 测定孔壁。

13) 插入钢筋笼。

14) 插入导管。

15) 二次清孔。

16) 水下灌注混凝土。

由上述可知，12) 以后同泥浆护壁成孔灌注桩。

10.4.5.5　冲（抓）成孔灌注桩

1. 适用范围

冲（抓）成孔灌注桩宜用于黏性土、粉土、砂土、填土、碎石土及风化岩层。除上述地质情况外，还能穿透旧基础、建筑垃圾填土或大孤石等障碍物。在岩溶发育地区应慎重使用，采用时，应适当加密勘察钻孔。

2. 工艺原理

冲击成孔灌注桩系用冲击式钻机或卷扬机悬吊一定重量的冲击钻头（又称冲锤）上下往复冲击，将硬质土或岩层破碎成孔，部分碎渣和泥浆挤入孔壁中，大部分成为泥渣，用掏渣筒掏出成孔，然后再灌筑混凝土成桩。

3. 施工工艺

(1) 材料要求

1) 混凝土宜采用和易性、泌水性较好的预拌混凝土，强度等级符合设计及相关验收规范要求，初凝时间不少于 6h。灌注前坍落度宜为 180～220mm。

2) 水泥强度等级不应低于 P. O. 42.5，质量符合现行国家标准《通用硅酸盐水泥》GB 175 的规定，并具有出厂合格证明文件和检测报告。

3) 砂应选用洁净中砂，含泥量不大于 3%，质量符合现行行业标准《普通混凝土用砂、石质量及检验方法标准》JGJ 53 的规定。

4) 石子宜优先选用质地坚硬的粒径不宜大于 30mm 的豆石或碎石，含泥量不大于 2%，质量符合现行行业标准《普通混凝土用砂、石质量及检验方法标准》JGJ 53 的规定。

5) 煤灰宜选用 I 级或 II 级粉煤灰，细度分别不大于 12% 和 20%，质量检验合格，掺量通过配比试验确定。

6) 外加剂宜选用液体速凝剂，质量符合相关标准要求，掺量和种类根据施工季节通过配比试验确定。

7) 搅拌用水应符合《混凝土用水标准》JGJ 63 的规定。

8) 钢筋品种、规格、性能符合现行国家产品标准和设计要求，并有出厂合格证明文件及检测报告。主筋及加强筋规格不宜低于 HRB335 级，箍筋可选用 HPB300 级钢筋。

(2) 机具设备

国内外常用的冲击钻机可分为钻杆冲击式和钢丝绳冲击式两种，钢丝绳冲击式应用广泛。主要设备为冲击钻孔机。冲击钻孔机主要由钻机或桩架、冲击钻头、掏渣筒、转向装置和打捞装置组成。

1) 冲击钻头

冲击钻头是最主要的施工机具，它由上部接头、钻头体、导向环和底刃脚组成。钻头体提供钻头所必需的重量和冲击动能，并起导向作用；底刃脚为直接冲击破碎岩土的部件；上部接头与转向装置相连接。冲击钻头形式有十字形、一字形、工字形、人字形、圆形和管式等。其中以十字形钻头应用最广，其接触压力最大，冲击孔形较好，适用于各类土层和岩层钻头自重与钻机匹配。刃脚直径取决于设计孔径的大小。为了保证顺利成孔，钻头应具备下列性能：

① 钻头重量应略小于钻机最大容许吊重，以使单位长度底刃脚上的冲击压力最大。

② 有高强的耐磨底刃脚，为此钻刃必须采用工具钢或者弹簧钢，并用高锰焊条补焊。

③ 根据不同土质选用不同的钻头系数（表 10-92）。

钻头系数表				表 10-92
土层	α (°)	β (°)	γ (°)	φ (°)
黏土、细砂	70	40	12	160
堆积层砂卵石	80	50	15	170
坚硬漂卵石	90	60	15	170

注：本表中 α、β、γ、φ 角的位置见相关规程。

④钻头截面变化要平缓，使冲击应力不集中，不易开裂折断，水口大，阻力小，冲击力大。

⑤钻头上应焊有便于打捞的装置。

2）掏渣筒

掏渣筒的主要作用是捞被冲击钻头破碎后的孔内钻渣，主要由提梁、管体、阀门和管靴等组成。

（3）工艺流程（图 10-42）

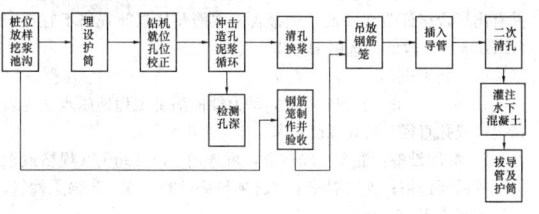

图 10-42　冲（抓）成孔灌注桩工艺流程图

（4）主要施工方法

1）埋设护筒。

护筒内径应比钻头直径大 200mm，直径大于 1m 的护筒如果刚度不够时，可在顶端焊接加强圆环，在筒身外壁焊竖向加肋筋；埋设可用加压、振动、锤击等方法。

2）安装冲击钻机。

冲击钻成孔冲击钻头的质量，一般按其冲孔直径每 100mm 取 100～140kg 为宜，一般正常悬距可取 0.5～0.8m；冲击行程一般为 0.78～1.5m，冲击频率为 40～48 次/min 为宜。

3）冲击钻进。

①大直径桩孔可分级成孔，第一级成孔直径应为设计桩径的 0.6～0.8 倍。开孔时，应低锤密击，当表土为淤泥、细砂等软弱土层时，可加黏土块夹小片石反复冲击造壁，孔内泥浆面应保持稳定；

②在各种不同的土层、岩层成孔时，可按照表 10-93 的操作要点进行；

冲击成孔操作要点[1]　　　表 10-93

项目	操作要点
在护筒刃脚以下 2m 范围内	小冲程 1m 左右，泥浆相对密度 1.2～1.5，软弱土层投入黏土块夹小片石
黏性土层	中、小冲程 1～2m，泵入清水或稀泥浆，经常清除钻头上的泥块
粉砂或中粗砂层	中冲程 2～3m，泥浆相对密度 1.2～1.5，投入黏土块，勤冲、勤掏渣
砂卵石层	中、高冲程 3～4m，泥浆相对密度 1.3 左右，勤掏渣
软弱土层或塌孔回填重钻	小冲程反复冲击，加黏土块夹小片石，泥浆相对密度 1.3～1.5

注：1. 土层不好时提高泥浆比重或加黏土块；

2. 防粘钻可投入碎砖石；

3. 进入基岩后，应采用大冲程、低频率冲击，当发现成孔偏移时，应回填至偏差上 300～500mm 后重新冲击；

4. 当遇到孤石时，可预爆或采用高低冲程交替冲击，将大孤石击碎或挤入孔壁；

5. 应采取有效的技术措施防止扰动孔壁、塌孔、扩孔、卡钻和掉钻及泥浆流失等事故；冲孔中遇到斜孔、弯孔、梅花孔、塌孔及护筒周围冒浆、失稳等情况时，应停止施工，采取措施后方可继续施工；

6. 每钻进 4～5m 应验孔一次，在更换钻头前或容易缩径处，均应验孔；

7. 进入基岩后，非桩端持力层每钻进 300～500mm 和桩端持力层每钻进 100～300m 时，应清孔取样一次，并做作记录。

4）清除沉渣。

排渣可采用泥浆循环或抽渣筒等方法。前者是将输浆管插入孔底，泥浆在孔内向上流动，将残渣带出孔外，本法造孔工效高，护壁效果好，泥浆较易处理，但对孔深时，循环泥浆的压力和流量要求高，较难实施，故只适于在浅孔应用。抽渣筒法，是用一个下部带活门的钢筒，将其放到孔底，作上下来回活动，提升高度在 2m 左右，当抽筒向下活动时，活门打开，残渣进入筒内；向上运动时，活门关闭，可将孔内残渣抽出孔外。排渣时，必须及时向孔内补充泥浆，以防亏浆造成孔内坍塌。

5）清孔。

①不易塌孔的桩孔，可采用空气吸泥清孔；

②稳定性差的孔壁应采用泥浆循环或抽渣筒排渣，清孔后灌注混凝土之前的泥浆指标：孔底 500mm 以内的泥浆相对密度应小于 1.25；含砂率不得大于 8%；黏度不得大于 28s；

③清孔时，孔内泥浆面应高出地下水位 1.0m 以上，在受水位涨落影响时，泥浆面应高出最高水位 1.5m 以上；

④灌注混凝土前，孔底沉渣允许厚度应符合下列规定：

a. 对端承型桩，不应大于 50mm；

b. 对摩擦型桩，不应大于 100mm；

c. 对抗拔、抗水平力桩，不应大于 200mm。

此后施工程序基本上与泥浆护壁灌注桩相同，此处不再叙述。

10.4.5.6　长螺旋干作业钻孔灌注桩

1. 适用范围

长螺旋干作业钻孔灌注桩宜用于地下水位以上的黏性土、粉土、填土、中等密实以上的砂土、风化岩层。

2. 工艺原理

用长螺旋钻机的螺旋钻头，在桩位处就地切削土层，被切削土块钻屑随钻头旋转，沿着带有长螺旋叶片的钻杆上升，输送到出土器后自动排出孔外，然后卸料翻斗车（或手推车）中运走，其成孔工艺可实现全部机械化。

3. 施工工艺

（1）材料要求

1）混凝土宜采用和易性、泌水性较好的预拌混凝土，强度等级符合设计及相关验收规范要求，初凝时间不少于 6h。灌注前坍落度宜为 180～220mm。

2）水泥强度等级不应低于 P.O.42.5，质量符合现行国家标准《通用硅酸盐水泥》GB 175 的规定，并具有出厂合格证明文件和检测报告。

3）砂应选用洁净中砂，含泥量不大于 3%，质量符合现行行业标准《普通混凝土用砂、石质量及检验方法标准》JGJ 53 的规定。

4）石子宜优先选用质地坚硬的粒径不宜大于 30mm 的豆石或碎石，含泥量不大于 2%，质量符合现行行业标准《普通混凝土用砂、石质量及检验方法标准》JGJ 53 的规定。

5）粉煤灰宜选用 I 级或 II 级粉煤灰，细度分别不大于 12% 和 20%，质量检验合格，掺量通过配比试验确定。

6）外加剂宜选用液体速凝剂，质量符合相关标准要求，掺量和种类根据施工季节通过配比试验确定。

7）搅拌用水应符合现行行业标准《混凝土用水标准》JGJ 63 的规定。

8）钢筋品种、规格、性能符合现行国家产品标准和设计要求，并有出厂合格证明文件及检测报告。主筋及加强筋规格不宜低于 HRB335 级，箍筋可选用 HPB300 级钢筋。

（2）施工机具

根据工程桩设计参数和工程地质、水文地质条件确定施工工艺，选择钻机型号及配套设备。长螺旋钻机的规格、型号及技术性能见表 6-11。

（3）工艺流程（图 10-43）

（4）主要施工方法

1）钻孔机就位：现场放线、抄平后，移动长螺旋钻机至钻孔桩位置，完成钻孔机就位。钻孔机就位时，必须保持平稳，确保施工中不发生倾斜、位移。使用双向吊锤球校正调整钻杆垂直度，必

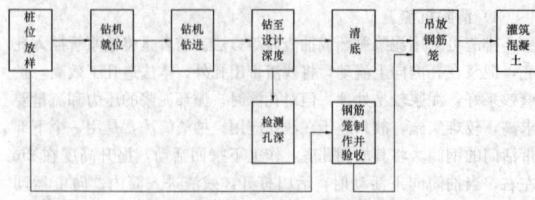

图 10-43　长螺旋干作业钻孔灌注桩工艺流程图

要时可使用经纬仪校正钻杆垂直度。

2) 钻进：调直机架挺杆，对好桩位（用对位圈），开动机器钻进、出土。螺旋钻应根据地层情况，合理选择和调整钻进参数，并可通过电流表来控制进尺速度，电流值增大，说明孔内阻力增大，应降低钻进速度。开始钻进及穿过软硬土层交界处，应保持钻杆垂直，控制速度缓慢进尺，以免扩大孔径。钻进遇有砖头瓦块卵石较多的土层，或含水量较大的软塑黏土层时，应控制钻杆跳动与机架擦晃，以免引起孔径扩大，致使孔壁附着扰动土和孔底增加回落土。当钻进中遇到卡钻、不进尺或钻进缓慢时，应停机检查，找出原因，采取措施，避免盲目钻进，导致桩体严重倾斜、跨孔甚至卡钻、折断钻具等恶性孔内事故。遇孔内渗水、跨孔、缩颈等异常情况时，须立即采取相应的技术措施；上述情况不严重时，可调整钻进参数，投入适量黏土球，经常上下活动钻具等，保证钻进顺畅；冻土层、硬土层施工，宜采用高转速，小进尺，恒钻压钻进。钻杆在砂卵石层中钻进时，钻具易发生跳动、晃动现象，影响成孔的垂直度，该过程必须用经纬仪严密监测，并建立控制系统，做到及时控制成孔垂直度。

3) 停止钻进，读钻孔深度：为了准确控制钻孔深度，钻进中应观测挺杆上的深度控制标尺或钻杆长度，当钻至设计孔深时，需再次观测并做好记录。

4) 孔底土清理：钻到预定的深度后，必须在孔底处进行空转清土，然后停止转动。孔底的虚土厚度超过质量标准时，要分析原因，采取措施进行处理。

5) 提起钻杆：提起钻杆时，不得曲转钻杆。

6) 检查成孔质量：用测深绳（坠）或手提灯测量孔深及虚土厚度，成孔的控制深度应符合下列要求：

①摩擦型桩：摩擦桩以设计桩长控制成孔深度。

②端承型桩：必须保证桩孔进入持力层的深度。

③端承摩擦桩：必须保证设计桩长及桩端进入持力层深度。

检查成孔垂直度、桩径、检查孔壁有无胀缩、塌陷等现象。

7) 复核桩位，移动钻机：经成孔检查后，填好桩钻孔施工记录，并将钻机移动到下一桩位。

8) 下放钢筋笼。

9) 放混凝土溜筒。

10) 灌注混凝土。

11) 拔出混凝土溜筒。

10.4.5.7　长螺旋钻孔压灌桩

1. 适用范围

长螺旋钻孔压灌桩宜用于黏性土、粉土、砂土、填土、非密实的碎石类土、强风化岩。当需要穿越老黏土、厚层砂土、碎石土以及塑性指数大于 25 的黏土时，应进行试钻。

2. 工艺原理

利用长螺旋钻孔机钻孔至设计深度，在提钻的同时利用混凝土泵通过钻杆中心通道，以一定压力将混凝土压至桩孔中，混凝土灌注到设定标高后，再借助钢筋笼自重或专用振动设备将钢筋笼插入混凝土中至设计标高，形成的钢筋混凝土灌注桩。

3. 施工工艺

(1) 材料要求

1) 混凝土宜采用和易性、泌水性较好的预拌混凝土，强度等级符合设计及相关验收规范要求，初凝时间不少于 6h。灌注前坍落度宜为 180～220mm。

2) 水泥强度等级不应低于 P.O42.5，质量符合现行国家标准《通用硅酸盐水泥》GB 175 的规定，并具有出厂合格证明文件和检

测报告。

3) 砂应选用洁净中砂，含泥量不大于 3%，质量符合现行行业标准《普通混凝土用砂、石质量及检验方法标准》JGJ 53 的规定。

4) 石子宜优先选用质地坚硬的粒径不宜大于 30mm 的豆石或碎石，含泥量不大于 2%，质量符合现行行业标准《普通混凝土用砂、石质量及检验方法标准》JGJ 53 的规定。

5) 粉煤灰宜选用 I 级或 II 级粉煤灰，细度分别不大于 12% 和 20%，质量检验合格，掺量通过配比试验确定。

6) 外加剂宜选用液体速凝剂，质量符合相关标准要求，掺量和种类根据施工季节通过配比试验确定。

7) 搅拌用水应符合现行行业标准《混凝土用水标准》（JGJ 63）的规定。

8) 钢筋品种、规格、性能符合现行国家产品标准和设计要求，并有出厂合格证明文件及检测报告。主筋及加强筋规格不宜低于 HRB335 级，箍筋可选用 HPB300 级钢筋。

(2) 施工机具

1) 成孔设备：长螺旋钻机，动力性能满足工程地质水文地质情况、成孔直径、成孔深度要求。

2) 灌注设备：混凝土输送泵，可选用 45～60m³/h 规格或根据工程需要选用；连接混凝土输送泵与钻机的钢管、高强柔性管，内径不宜小于 150mm。

3) 钢筋笼加工设备：电焊机、钢筋切断机、直螺纹机、钢筋弯曲机等。

4) 钢筋笼置入设备：振动锤、导入管、吊车等。

5) 其他满足工程需要的辅助工具。

(3) 工艺流程（图 10-44）

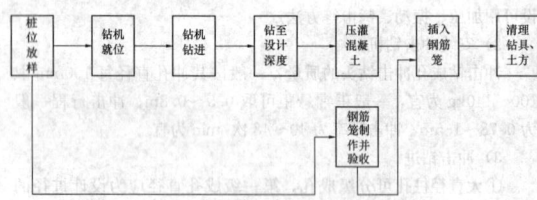

图 10-44　长螺旋钻孔压灌桩工艺流程图

(4) 主要施工方法

1) 放线定位：按桩位设计图纸要求，测设桩位轴线、定位点，并做好标记。

2) 钻机就位：钻机就位后，保持钻机平稳、调整钻塔垂直，钻杆的连接应牢固。钻机定位后，应进行复检，钻头与桩位点偏差不得大于 20mm，开孔时下钻速度应缓慢。钻机启动前应将钻杆、钻尖内的土块、残留的混凝土等清理干净。

3) 钻进成孔：钻进速度根据地层情况按成桩工艺试验确定的参数进行控制。钻机钻进过程中，不宜反转或提升钻杆，如需提升钻杆或反转必将钻杆提至地面，对钻尖开启门须重新清洗、调试、封口。桩间距小于 1.3m 的饱和粉细砂及软土层部位，宜采取跳打的方法，防止发生串孔。钻进过程中，当遇到卡钻、钻机摇晃、偏斜或发生异常声响时，应立即停钻，查明原因，采取相应措施后方可继续作业。

4) 压灌混凝土：达到设计桩底标高终孔验收后，应先泵入混凝土并停顿 10～20s，再缓慢提升钻杆。混凝土泵应根据桩径选型，混凝土输送泵管布置宜减少弯道，混凝土泵与钻机的距离不宜超过 60m。混凝土的泵送宜连续进行，边泵送混凝土边提钻，提钻速度应根据土层情况确定，且应与混凝土泵送量相匹配，保证管内有一定高度的混凝土，保持料斗内混凝土的高度不低于 400mm，并保证钻头始终埋在混凝土面以下不小于 1000mm。

5) 冬期施工应采取有效的冬施方案。压灌混凝土时，混凝土入孔温度不得低于 5℃。气温高于 30℃时，宜在输送泵管上覆盖隔热材料，每隔一段时间应洒水降温。

6) 钢筋笼制作：按设计要求的规格、尺寸制作钢筋笼，刚度应满足振插钢筋笼的要求，钢筋笼底部应有加强构造，保证振动力

有效传递至钢筋笼底部。

7) 插入钢筋笼：混凝土压灌结束后，应立即将钢筋笼插至设计深度。钢筋笼插设宜采用专用插筋器。将振动用钢管在地面水平穿入钢筋笼内，并与振动装置可靠连接，钢筋笼顶部与振动装置应进行连接。钢筋笼吊装时，应采取措施，防止变形，安放时对准孔位，并保证垂直、居中。在插入钢筋笼时，先依靠钢筋笼与导管的自重缓慢插入，当依靠自重不能继续插入时，开启振动装置，使钢筋笼下沉到设计深度，断开振动装置与钢筋笼的连接，缓慢连续振动拔出钢管的方法。钢筋笼应连续下放，不宜停顿，下放时禁止采用直接脱钩的方法。

8) 压灌桩的充盈系数宜为 1.0～1.2。桩顶混凝土超灌高度不宜小于 0.3～0.5m。

9) 成桩后，应及时清除钻杆及泵（软）管内残留混凝土。长时间停置时，应采用清水将钻杆、泵管、混凝土泵清洗干净。

10.4.5.8　人工挖孔灌注桩

1. 适用范围

人工挖孔灌注桩宜用于地下水位以上的黏性土、粉土、填土、中等密实以上的砂土、风化岩层，也可在黄土、膨胀土和冻土中使用，适应性较强。在地下水位较高，有承压水的砂土层、滞水层、厚度较大的流塑状淤泥、淤泥质土层中不得选用人工挖孔灌注桩。人工挖孔桩的孔径（不含护壁）不得小于 0.8m，且不宜大于 2.5m；孔深不宜大于 30m。当桩净距小于 2.5m 时，应采用间隔开挖。相邻排桩跳挖的最小施工净距不得小于 4.5m。

2. 工艺原理

人工挖孔灌注桩是指在桩径采用人工挖掘方法成孔（或端部扩大），然后安放钢筋笼、灌注混凝土而成桩。

3. 施工工艺

(1) 施工机具

人工挖孔桩的机具比较简单，主要有：

1) 吊架。可用木头或钢架构成。

2) 电动葫芦（或手摇辘轳）和提土筒。用于材料和弃土的垂直运输以及施工工人上下。使用的电动葫芦、吊笼等应安全可靠，并配有自动卡紧保险装置，不得使用麻绳和尼龙绳吊挂或脚踏井壁凸缘上下。电葫芦宜用按钮式开关，使用前必须检验其安全起吊能力。

3) 短柄铁锹、镐、锤、钎等挖土工具。

4) 护壁钢模板。

5) 鼓风机和送风机。用于向桩孔中强制送入新鲜空气。当桩孔开挖深度超过 10m 时，应有专门向井下送风的设备，风量不宜少于 25L/s。

6) 应急软爬梯。桩孔内必须设置应急软爬梯供人员上下。

7) 潜水泵。用于抽除桩孔中的积水。其绝缘性应良好，电缆不应漏电，检查是否有划破。有地下水应配潜水泵及胶皮软管等。

8) 混凝土浇筑机具、小直径插入式振动器、串筒等。当水下浇筑混凝土时，尚应配导管、吊斗、混凝土储料斗、提升装置（卷扬机或起重机等）、浇筑架、测锤。

(2) 工艺流程（图 10-45）

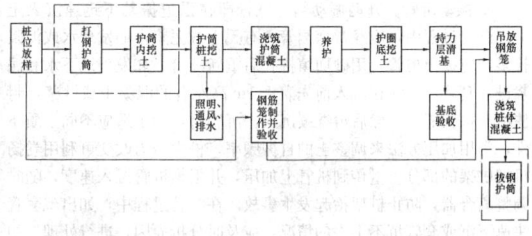

图 10-45　人工挖孔灌注桩

(3) 主要施工方法

1) 混凝土护壁施工

混凝土护壁的施工是人工挖孔灌注桩成孔的关键，大量人工挖孔桩事故，大都是在灌注护壁混凝土时发生的，顺利地将护壁混凝土灌注完成，人工挖孔桩的成孔也就完成了。人工挖孔桩混凝土护

壁的厚度不应小于 100mm，混凝土强度等级不应低于桩身混凝土强度等级，并应振捣密实；护壁应配置直径不小于 8mm 的构造钢筋，竖向筋应上下搭接或拉结。

①混凝土护壁厚度计算

混凝土护壁厚度 t 可按下式计算：

$$T \geqslant \frac{KN}{f_c} \ \text{或} \ t \geqslant \frac{KpD}{2f_c} \tag{10-115}$$

式中　t——护壁厚度（m）；

N——作用在混凝土护壁截面上的压力（N/m²），$N = p \times D/2$；

K——安全系数，一般取 $K = 1.65$；

f_c——混凝土轴心抗压强度（MPa）；

p——土和地下水对护壁的最大侧压力（MPa）。

②混凝土护壁形式

混凝土护壁形式分为外齿式和内齿式两种，如图 10-46 所示。

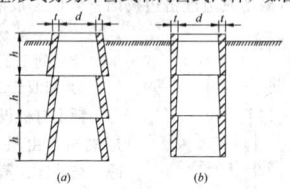

图 10-46　混凝土护壁形式

(a) 外齿式；(b) 内齿式

开孔前，桩位应准确定位放样，在桩孔外设置定位基准桩，安装护壁模板必须用桩中心点校正模板位置，并应由专人负责。第一节孔圈护壁井圈中心线与设计轴线的偏差不得大于 20mm；孔圈顶面应比场地高出 100～150mm，壁厚应比下面井壁厚度增加 100～150mm。

③孔圈护壁施工的基本规定

孔圈护壁施工应符合下列规定：

a. 护壁的厚度、拉结钢筋、配筋、混凝土强度等级均应符合设计要求；

b. 上下节护壁的搭接长度不得小于 50mm；

c. 每节护壁均应在当日连续施工完毕；

d. 护壁混凝土必须保证振捣密实，应根据土层渗水情况使用速凝剂；

e. 护壁模板的拆除应在灌注混凝土 24h 之后；

f. 发现护壁有蜂窝、漏水现象，应及时补强；

g. 同一水平面上的孔圈任意直径的极差不得大于 50mm；

h. 当遇有局部或厚度不大于 1.5m 的流动性淤泥和可能出现涌土涌砂时，护壁施工可按下列方法处理：

(a) 将每节护壁的高度减小到 300～500mm，并随挖、随验、随灌注混凝土；

(b) 采用钢护筒或有效的降水措施。

2) 桩体混凝土灌注

挖至设计标高，终孔后应清除护壁上的泥土和孔底残渣、积水，并应进行隐蔽工程验收。验收合格后，应立即封底和灌注桩身混凝土。灌注桩身混凝土时，混凝土必须通过溜槽；当落距超过 3m 时，应采用串筒，串筒末端距孔底高度不宜大于 2m；也可采用导管泵送；混凝土宜采用插入式振动器振实。当渗水量过大时，应采取场地截水、降水或水下灌注混凝土等有效措施。严禁在桩孔中边抽水边开挖边灌注，包括相邻桩的灌注。

(4) 安全措施

1) 孔内必须设置应急软爬梯供人员上下；使用的电动葫芦、吊笼等应安全可靠，并配有自动卡紧保险装置，不得使用麻绳和尼龙绳吊挂或脚踏井壁凸缘上下。电动葫芦宜用按钮式开关，使用前必须检验其安全起吊能力；

2) 每日开工前必须检测孔下的有毒、有害气体，并应有足够的安全防范措施。当桩孔开挖深度超过 10m 时，应有专门向井下送风的设备，风量不宜少于 25L/s；

3) 孔口四周必须设置护栏，护栏高度宜为 0.8m；

4）挖出的土石方应及时运离孔口，不得堆放在孔口周边 1m 范围内，机动车辆的通行不得对井壁的安全造成影响；

5）施工现场的一切电源、电路的安装和拆除必须遵守现行行业标准《施工现场临时用电安全技术规范》JGJ 46 的规定。

10.4.5.9　沉管灌注桩和内夯沉管灌注桩

1. 沉管灌注桩

沉管灌注桩又称套管成孔灌注桩，是国内广泛采用的一种灌注桩。按其成方法可分为锤击沉管灌注桩、振动沉管灌注桩和振动冲击沉管灌注桩。

（1）适用范围

沉管灌注桩宜用于黏性土、粉土和砂土。

（2）工艺原理

采用锤击沉管打桩机或振动沉管打桩机，将带有活瓣式桩尖、或锥形封口桩尖、或预制钢筋混凝土桩尖的钢管沉入土中，然后边灌注混凝土、边振动或边锤击边拔出钢管而形成灌注桩（图 10-47）。

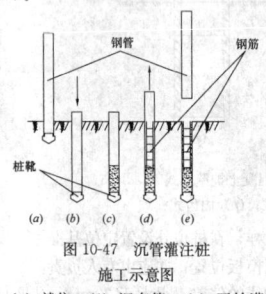

图 10-47　沉管灌注桩施工示意图

(a) 就位；(b) 沉套管；(c) 开始灌注混凝土；(d) 下钢筋骨架继续浇灌混凝土；(e) 拔管成型

配套机具设备：有下料斗、1t 机动翻斗车、强制式混凝土搅拌机、钢筋加工机械、交流电焊机、氧割装置、50 型装载机等。

（3）施工工艺

1）机具设备

锤击打桩设备为一般锤击打桩机，由桩架、桩锤、落锤、柴油锤、蒸汽锤、桩管等组成，桩管直径为 270～370mm，长 8～15m。

振动沉桩设备有 DZ60 或 DZ90 型振动锤，DJB25 型步履式桩架、卷扬机、加压装置、桩管、桩尖或钢筋混凝土预制等，桩管直径为 220～370mm，长 10～28m。

2）工艺流程

放线定位→钻机就位→锤击（振动）沉管→灌注混凝土→边拔管、边锤击（振动）、边灌注混凝土→下放钢筋笼→成桩。

3）主要施工方法

①锤击沉管灌注桩

a. 锤击沉管灌注桩施工应根据土质情况和荷载要求，分别选用单打法、复打法或反插法。打沉桩机就位时，应垂直、平稳架设在打（沉）桩部位，桩锤（振动箱）对准工程桩位，同时在桩架或套管上标出控制深度标记，以便在施工中进行套管深度观测。成桩施工顺序一般从中间开始，向两侧边或四周进行，对于群桩基础或桩的中心距小于或等于 3.5d（d 为桩径）时，应间隔施工，中间空出的桩，须待邻桩混凝土达到设计强度的 50% 后，方可施工。群桩基础的基桩施工，应根据土质、布桩情况，采取消减负面挤土效应的技术措施，确保成桩质量。

b. 桩机就位：就位后吊起桩管，对准预先埋制的预制钢筋混凝土桩尖，放置麻（草）绳垫于桩管与桩尖连接处，以作缓冲层和防地下水进入，然后缓慢放入桩管，套入桩尖压入土中；桩管、混凝土预制桩尖或钢桩尖的加工质量和埋设位置置与设计相符，桩管与桩尖的接触应有良好的密封性。采用活瓣式桩尖时，应先将桩尖活瓣用麻绳或铁丝捆紧合拢，活瓣间隙应紧密。当桩尖对准桩基中心，并核查高速套管垂直度后，利用锤击及套管自重将桩尖压入其中。采用预制混凝土桩尖时，应先在桩基中心预埋好桩尖，在套管下端与桩尖接触处垫好缓冲材料。桩机就位后，吊起套管，对准桩尖，使套管、桩尖、桩锤在一条垂直线上，利用锤重及套管自重将桩尖压入土中。

c. 锤击沉管。开始沉管时应轻打慢振。锤击沉管时，可用收紧钢绳加压或加配重的方法提高沉管速率。当水或泥浆有可能进入桩管时，应事先在管内灌入 1.5m 左右的封底混凝土。应按设计要求和试桩情况，严格控制沉管最后贯入度。锤击沉管应测量最后二阵十击贯入度。在沉管过程中，如出现套管快速下沉或套管沉不下去的情况，应及时分析原因，进行处理。如快速下沉是因桩尖穿过硬土层进入软土层引起的，则应继续沉管作

业。如沉不下去是因桩尖顶住孤石或遇到硬土层引起的，则应放慢沉管速度（轻锤低击或慢振），待越过障碍后再正常沉管。如仍

硬土层进入软土层引起的，则应继续沉管作业。如沉不下去是因桩尖顶住孤石或遇到硬土层引起的，则应放慢沉管速度（轻锤低击），待越过障碍后再正常沉管。如仍沉不下去或沉管过深，最后贯入度不能满足设计要求，则应核对地质资料，会同建设单位研究处理。

d. 灌注混凝土。沉管至设计标高后，应立即检查和处理桩管内的进泥、进水和吞钻尖等情况，并立即灌注混凝土。当桩身配置局部长度钢筋笼时，第一次灌注混凝土应先灌至笼底标高，然后放置钢筋笼，再灌至桩顶标高。第一次拔管高度应以能容纳第二次灌入的混凝土量为限，不应拔得过高。在拔管过程中应采用测锤和浮标检测混凝土面的下降情况。

e. 边拔管、边锤击、边继续灌注混凝土。拔管速度应保持均匀，对一般土层拔管速度宜为 1m/min，在软弱土层和软硬土层交界处拔管速度宜控制在 0.3～0.8m/min；采用倒打拔管的打击次数，单动汽锤不得少于 50 次/min，自由落锤小落距轻击不得少于 40 次/min；在管底未拔至桩顶设计标高之前，倒打和轻击不得中断。第一次拔管高度不宜过高，应控制在能容纳第二次需要灌入的混凝土数量为限，以后始终保持使管内混凝土量略高于地面。

f. 下放钢筋笼。当混凝土灌至钢筋笼底标高时，放入钢筋骨架，继续浇筑混凝土及拔管，直到全管拔完为止；

g. 全长复打施工时应符合下列规定：

(a) 第一次灌注混凝土应达到自然地面；

(b) 拔管过程中应及时清除粘在管壁上和散落在地面上的混凝土；

(c) 初打与复打的桩轴线应重合；

(d) 复打施工必须在第一次灌注的混凝土初凝之前完成。

②振动、振动锤击沉管灌注桩

a. 振动、振动冲击沉管灌注桩应根据土质情况和荷载要求，分别选用单打法、复打法、反插法等。单打法可用于含水量较小的土层，且宜采用预制桩尖；反插法及复打法可用于饱和土层。打沉桩机就位时，应垂直、平稳架设在打（沉）桩部位，桩锤（振动箱）对准工程桩位，同时在桩架或套管上标出控制深度标记，以便在施工中进行套管深度观测。成桩施工顺序一般从中间开始，向两侧边或四周进行，对于群桩基础或桩的中心距小于或等于 3.5d（d 为桩径）时，应间隔施工，中间空出的桩，须待邻桩混凝土达到设计强度的 50% 后，方可施工。群桩基础的基桩施工，应根据土质、布桩情况，采取消减负面挤土效应的技术措施，确保成桩质量。

b. 桩机就位：将桩管对准桩位中心，桩尖活瓣合拢，放松卷扬钢绳，利用振动机及桩管自重，把桩尖压入土中；桩管、混凝土预制桩尖或钢桩尖的加工质量和埋设位置置与设计相符，桩管与桩尖的接触应有良好的密封性。采用活瓣式桩尖时，应先将桩尖活瓣用麻绳或铁丝捆紧合拢，活瓣间隙应紧密。当桩尖对准桩基中心，并核查高速套管垂直度后，利用锤击及套管自重将桩尖压入其中。采用预制混凝土桩尖时，应先在桩基中心预埋好桩尖，在套管下端与桩尖接触处垫好缓冲材料。桩机就位后，吊起套管，对准桩尖，使套管、桩尖、桩锤在一条垂直线上，利用锤重及套管自重将桩尖压入土中。

c. 振动沉管。开动振动箱，桩管即在强迫振动下迅速沉入土中。沉管过程中，应经常探测管内有无水或泥浆，如发现水或泥浆较多，应拔出桩管，用砂回填桩孔后重新沉管；如发现地下水和泥浆进入套管，一般在沉入前先灌入 1m 高左右的混凝土或砂浆，封住活瓣桩尖缝隙，然后再继续沉入。沉管时，为了适应不同土质条件，常用加压方法来调整土的自振频率，桩尖压力改变可利用卷扬机把桩架的部分重量传到桩管上加压，并根据桩管沉入速度，随时调整离合器，防止桩架抬起发生事故。在沉管过程中，如出现套管快速下沉或套管沉不下去的情况，应及时分析原因，进行处理。如快速下沉是因桩尖穿过硬土层进入软土层引起的，则应继续沉管作业。如沉不下去是因桩尖顶住孤石或遇到硬土层引起的，则应放慢沉管速度（轻锤低击或慢振），待越过障碍后再正常沉管。如仍沉不下去或沉管过深，最后贯入度不能满足设计要求，则应核对地质资料，会同建设单位研究处理。振动沉管应测量最后 2min 贯入度。

d. 振动、振动冲击沉管灌注桩单打法施工：

(a) 必须严格控制最后 30s 的电流、电压值，其值按设计要求或根据试桩当地经验确定；

(b) 桩管内灌满混凝土后，应先振动 5~10s，再开始拔管，应边振边拔，每拔出 0.5~1.0m，停拔，振动 5~10s；如此反复，直至桩管全部拔出；

(c) 在一般土层内，拔管速度宜为 1.2~1.5m/min，用活瓣桩尖时宜慢，用预制桩尖时可适当加快；在软弱土层中宜控制在0.6~0.8 m/min。

e. 振动、振动冲击沉管灌注桩反插法施工：

(a) 桩管灌满混凝土后，先振动再拔管，每次拔管高度 0.5~1.0m，反插深度 0.3~0.5m；在拔管过程中，应分段添加混凝土，保持管内混凝土面始终不低于地表面或高于地下水位 1.0~1.5m 以上，拔管速度应小于 0.5m/min；

(b) 在距桩尖处 1.5m 范围内，宜多次反插以扩大桩端部断面；

(c) 穿过淤泥夹层时，应减慢拔管速度，并减少拔管高度和反插深度，在流动性淤泥中不宜使用反插法。

f. 下放钢筋笼。当混凝土灌至钢筋笼底标高时，放入钢筋骨架，继续浇筑混凝土及拔管，直到全管拔完为止。

2. 内夯沉管灌注桩

(1) 适用范围

内夯沉管灌注桩，又称夯扩桩，宜用于黏性土、粉土和砂土。

(2) 工艺原理

内夯沉管灌注桩是在普通锤击沉管灌筑桩的基础上加以改进发展起来的一种新型桩，由于其扩底作用，增大了桩端支撑面积，能够充分发挥桩端持力层的承载潜力，具有较好的技术经济指标，在国内许多地区得到广泛的应用（图 10-48）。

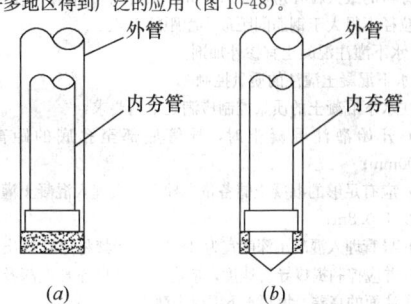

图 10-48 内夯沉管灌注桩示意图
(a) 平底；(b) 锥底内夯管

(3) 施工工艺

1) 机具设备

沉管机械采用锤击式沉桩机或 D16~D32 筒式柴油打桩机、静力压桩机，并配有 2 台 2t 慢速卷扬机，用于拔管。

桩管由外管和内管组成。内夯管应比外管短 100mm，内夯管底端可采用闭口平底或闭口锥底。

①外管封底可采用干硬性混凝土、无水混凝土配料，经夯击形成阻水、阻泥管塞，其高度可为 100mm。当内、外管间不会发生间隙涌水、涌泥时，亦可不采用上述封底措施。

②桩端夯扩头平均直径可按下列公式估算：

一次夯扩 $D_1 = d_0 \sqrt{\dfrac{H_1 + h_1 - C_1}{h_1}}$ (10-116)

二次夯扩 $D_2 = d_0 \sqrt{\dfrac{H_1 + H_2 + h_2 - C_1 - C_2}{h_2}}$ (10-117)

式中 D_1、D_2——第一次、第二次夯扩头平均直径 (m)；
d_0——外管直径 (m)；
H_1、H_2——第一次、第二次夯扩工序中，外管内灌注混凝土面从桩底算起的高度 (m)；
h_1、h_2——第一次、第二次夯扩工序中，外管从桩底算起的上拔高度 (m)，分别可取 $H_1/2$，$H_2/2$；
C_1、C_2——第一次、第二次夯扩工序中，内外管同步下沉至离桩底的距离，均可取为 0.2m。

③桩身混凝土宜分段灌注；拔管时内夯管和桩锤应施压于外管中的混凝土顶面，边压边拔。

④施工前宜进行试成桩，并应详细记录混凝土的分次灌注量、外管上拔高度、内管夯击次数、双管同步沉入深度，并应检查外管的封底情况，有无进水、涌泥等，经核定后可作为施工控制依据。

2) 工艺流程

放线定位→桩机就位→内、外管同步夯入土中→提升内夯管、除去防淤套管，灌筑第一批混凝土→插入内夯管，提升外管→夯扩→拔出内夯管在外管内灌注第二批混凝土。

3) 主要施工方法

①放线定位。按基础平面图测放出各桩的中心位置，并用套板和撒白灰标出桩位；

②桩机就位。机架就位，在桩位垫一层 150~200mm 厚与灌注桩同强度等级的干硬性混凝土，放下桩管，紧压在其上面，以防回淤；

③内、外管同步夯入土中。将外桩管和内套管套叠同步打入设计深度；

④拔出内夯管并在外桩管内灌入第一批混凝土，混凝土量一般为 0.1~0.3m³；

⑤插入内夯管，提升外管。将内夯管放回外桩管中压在混凝土面上，并将外管拔起 h 高度，一般为 0.6~1.0m；用桩锤通过内夯管将外桩管中灌入的混凝土挤出外管；

⑥夯扩。将内外管再同时打至设计要求的深度（h 深处），迫使其内混凝土向下部和四周基土挤压，形成扩大的端部，完成一次夯扩。或根据设计要求，可重复以上施工程序进行二次夯扩；

⑦拔出内夯管在外管内灌第二批混凝土，一次性浇筑桩身所需的高度；

⑧再插入内夯管紧压管内的混凝土，边夯边徐徐拔起外桩管，直至拔出地面。

10.4.5.10 三岔双向挤扩灌注桩（DX桩）

1. 适用范围

DX 桩可作为高层建筑、一般工业与民用建筑及高耸构筑物的桩基。

承力盘应设置在可塑~硬塑状态的黏性土中，或稍密~密实状态（$N<40$）的粉土和砂土中；还可设置在密实状态（$N \geqslant 40$）的粉土和砂土或中密~密实状态的卵砾石层的上层面上；底承力盘也可设置在强风化岩或残积土层的上层面上。设置承力盘的土层厚度宜大于 $3d$（d 为桩身设计直径），且除底承力盘外各承力盘下 $2d$ 深度范围内不应有软弱下卧层。当底承力盘下存在软弱下卧层时，其持力层厚度不宜小于 $4d$。

淤泥与淤泥质土层、松散状态的砂土层、可液化土层、湿陷性黄土层、大气影响深度以内的膨胀土层、遇水丧失承载力的强风化岩层不得作为抗压三岔双向挤扩灌注桩的承力盘和承力岔的持力土层。

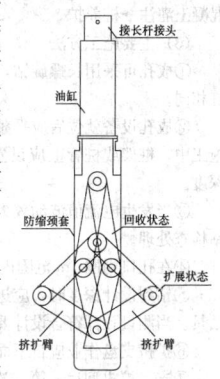

图 10-49 挤扩支盘机

承力岔设置时，选择地层的原则基本上与承力盘相同，但设置承力岔的土层厚度宜大于 $2d$，且承力岔以下 $1d$ 深度范围内不应有软弱下卧层。

在无成直孔条件或在桩长范围内无适合挤扩盘（岔）的土层时不应采用 DX 桩。

2. 工艺原理

三岔双向挤扩灌注桩是在预钻（冲）孔内，放入专用的三岔双缸双向液压挤扩装置，按承载力要求和地层性质条件在桩身的适当部位，通过挤扩装置双向油缸的内外活塞杆作大小相等方向相反的竖向位移，带动三对等长挤扩臂对土体进行水平向挤扩，挤扩出互成 120° 夹角的三岔状或 $3n$ 岔（n 为同一水平面上的转位挤扩次数）状的上下对称的扩大腔，成腔后提出三岔双缸双向液压挤扩装置，

放入钢筋笼，灌注混凝土，制成由桩身、承力岔、承力盘和桩根共同承载的钢筋混凝土灌注桩。

3. 施工工艺

(1) 机具设备

YZJ 型液压挤扩支盘成型机由接长管、液压缸、主机、液压胶管和液压站 5 个部分组成，由液压站提供动力，驱动主机的平面连杆机构作往复运动，实现钻孔中支盘空间的挤扩成型（见表 10-94）。

DX 挤扩装置主要技术参数表[48]　　表 10-94

设备型号 技术参数	98-400 型	98-500 型	98-600 型	06-800 型	06-1000 型
适应挤扩的直孔直径（mm）	450～500	500～650	600～800	800～1200	1200～1500
承力盘公称直径（mm）	1000	1200	1550	2050	2550
承力盘设计直径（mm）	900	1000	1400	1900	2400
挤扩最大尺寸时两臂夹角（°）	70	70	70	70	70
液压系统额定工作压力（MPa）	25	25	25	25	25
油缸公称输出压力（kN）	1256	1256	2198	4270	4270
油泵流量（L/min）	25	25	63	63	63
电机功率（kW）	18.5	18.5	37	37	37

(2) 工艺流程

定位放线→桩位复核→钻机就位→钻进成孔→检测孔深→放置挤扩支盘机→挤扩支盘→盘径抽检→放置钢筋笼→测定沉渣厚度→混凝土灌注→桩养护。

(3) 主要施工方法

①成孔可采用长螺旋钻，其施工工艺与长螺旋干作业钻孔灌注桩相同。

②成孔设备就位后应平整、稳固，不得发生倾斜、移动情况。施工中，桩架或桩管上应设置控制深度标尺，并观测和记录成孔深度。

③当发生电流值波动较大、钻进缓慢、钻具摇晃时，应立即提钻检查处理。

④在孔口周围 1m 范围内不得堆放积土，并随时清理。

⑤钻到设计深度时，应进行空钻留土。清土后提钻时不得回钻钻具。当测量孔深符合设计要求后，方可继续施工。

⑥扩挤支盘作业应自下而上进行。

⑦支、扩成型后，第二次测量孔深时，如孔底虚土厚度大于 100mm，应处理。

⑧灌注混凝土必须通过溜筒。当灌注深度超过 3m 时，宜用串筒，且串筒末端离孔底高度不宜大于 2m。混凝土宜采用插入式振捣器振实。当桩径较小时，可采取其他有效措施，确保混凝土灌注的质量。混凝土采用 C25 以上级别。

⑨在渗透性能较好、地下水位较高的粗粒土中钻进时，应避免泥浆流失，防止塌孔。

⑩钻进过程中应复核各土层的层位和厚度，并检查泥浆的相对密度，终孔后应检查孔深、孔径、垂直度、沉渣厚度和泥浆相对密度。

10.4.5.11　水下混凝土的灌注

水下混凝土灌注的方法主要有以下四种：①预填骨料的灌浆混凝土；②箱底张开法灌注混凝土；③用混凝土泵法；④用导管法。

灌注桩最常用的方法就是用导管法，本节主要介绍导管法灌注

水下混凝土施工。

1. 导管法的主要机具

向水下输送混凝土用的导管；导管进料用的漏斗；初存量大时，还应配备储料斗；首批混凝土填充导管的隔离混凝土与导管内水所用的器具，如划阀、隔水栓和底盖等；升降安装导管、漏斗的设备，如灌注平台或者吊车。

2. 导管与隔水塞的设计

(1) 导管一般采用无缝钢管或者钢板卷制焊成。导管壁厚不宜小于 3mm，直径宜为 200～250mm；直径制作偏差不应超过 2mm，导管的分节长度可视施工工艺要求确定，底管长度不宜小于 4m，接头宜采用双螺纹方扣快速接头；

(2) 导管使用前应试拼装、试压，试水压力可取为 0.6～1.0MPa；

(3) 每次灌注后应对导管内外进行清洗；

(4) 使用的隔水栓应有良好的隔水性能，并应保证顺利排出；隔水栓宜采用球胆或与桩身混凝土强度等级相同的细石混凝土制作。

3. 水下混凝土灌注

(1) 钢筋笼吊装完毕后，应安置导管或气泵管二次清孔，并进行孔位、孔径、垂直度、孔深、沉渣厚度等检验，合格后应立即灌注混凝土。

(2) 水下灌注的混凝土应符合下列规定：

1) 水下灌注混凝土必须具备良好的和易性，配合比应通过试验确定，坍落度宜为 180～220mm；水泥用量不应少于 360kg/m³（当掺入粉煤灰时水泥用量可另行确定）；

2) 水下灌注混凝土的含砂率宜为 40%～50%，并宜选用中粗砂；粗骨料的最大粒径应小于 40mm；粗骨料可选用卵石或碎石，其骨料粒径不得大于钢筋间距最小净距的 1/3；

3) 水下灌注混凝土宜掺外加剂。

4. 水下混凝土灌注的质量控制

灌注水下混凝土的质量控制应满足下列要求：

(1) 开始灌注混凝土时，导管底部至孔底的距离宜为 300～500mm；

(2) 应有足够的混凝土储备量，导管一次埋入混凝土灌注面以下不应少于 0.8m；

(3) 导管埋入混凝土深度宜为 2～6m。严禁将导管提出混凝土灌注面，并应控制提拔导管速度，应有专人测量导管埋深及管内外混凝土灌注面的高差，填写水下混凝土灌注记录；

(4) 灌注水下混凝土必须连续施工，每根桩的灌注时间应按首盘混凝土的初凝时间控制，对灌注过程中的故障应记录备案；

(5) 应控制最后一次灌注量，超灌高度宜为 0.8～1.0m，凿除泛浆高度后必须保证暴露的桩顶混凝土强度达到设计等级。

10.4.5.12　灌注桩后注浆技术

(1) 灌注桩后注浆工法可用于各类钻、挖、冲孔灌注桩及地下连续墙的沉渣（虚土）、泥皮和桩底、桩侧一定范围土体的加固。

(2) 后注浆装置的设置应符合下列规定：

1) 后注浆导管应采用钢管，且应与钢筋笼加劲筋绑扎固定或焊接；

2) 桩端后注浆导管及注浆管数量宜根据桩径大小设置。对于直径不大于 1200mm 的桩，宜沿钢筋笼圆周对称设置 2 根；对于直径大于 1200mm 而不大于 2500mm 的桩，宜对称设置 3 根；

3) 对于桩长超过 15m 且承载力增幅要求较高者，宜采用桩端桩侧复式注浆。桩侧后注浆管阀设置数量应综合地层情况、桩长和承载力增幅要求等因素确定，可在离桩底 5～15m 以上、桩顶 8m 以下，每隔 6～12m 设置一道桩侧注浆阀，当有粗粒土时，宜将注浆阀设置于粗粒土层下部，对于干作业成孔灌注桩宜设于粗粒土层中部；

4) 对于非通长配筋桩，下部应有不少于 2 根与注浆管等长的主筋组成的钢筋笼通底；

5) 钢筋笼应沉放到底，不得悬吊，下笼受阻时不得撞笼、墩笼、扭笼。

(3) 后注浆阀应具备下列性能：

1) 注浆阀应能承受1MPa以上静水压力；注浆阀外部保护层应能抵抗砂石等硬水物的刮撞而不致使管阀受损；

2) 注浆阀应具备逆止功能。

(4) 浆液配比、终止注浆压力、流量、注浆量等参数设计应符合下列规定：

1) 浆液的水灰比应根据土的饱和度、渗透性确定，对于饱和土水灰比宜为0.45～0.65，对于非饱和土水灰比宜为0.7～0.9（松散碎石土、砂砾宜为0.5～0.6）；低水灰比浆液宜掺入减水剂；

2) 桩端注浆终止注浆压力应根据土层性质及注浆点深度确定，对于风化岩、非饱和黏性土及粉土，注浆压力宜为3～10MPa；对于饱和土层注浆压力宜为1.2～4MPa，软土宜取低值，密实黏性土宜取高值；

3) 注浆流量不宜超过75L/min；

4) 单桩注浆量的设计应根据桩径、桩长、桩端桩侧土层性质、单桩承载力增幅及是否复式注浆等因素确定，可按下式估算：

$$G_c = \alpha_p d + \alpha_s nd \qquad (10\text{-}118)$$

式中 α_p、α_s——分别为桩端、桩侧注浆量经验系数，$\alpha_p = 1.5\sim 1.8$，$\alpha_s = 0.5\sim 0.7$；对于卵、砾石、中粗砂取较高值；

n——桩侧注浆断面数；

d——基桩设计直径（m）；

G_c——注浆量，以水泥质量计（kg）。

对独立单桩、桩距大于6d的群桩和群桩初始注浆的数根基桩的注浆量应按上述估算值乘以1.2的系数；

5) 后注浆作业开始前，宜进行注浆试验，优化并最终确定注浆参数。

(5) 后注浆作业起始时间、顺序和速率应符合下列规定：

1) 注浆作业宜于成桩2d后开始；

2) 注浆作业与成孔作业点的距离不宜小于8～10m；

3) 对于饱和土中的复式注浆顺序宜先桩侧后桩端；对于非饱和土宜先桩端后桩侧；多断面桩侧注浆应先上后下；桩侧桩端注浆间隔时间不宜少于2h；

4) 桩端注浆应对同一根桩的各注浆导管依次实施等量注浆；

5) 对于桩群注浆宜先外围、后内部。

(6) 当满足下列条件之一时可终止注浆：

1) 注浆总量和注浆压力均达到设计要求；

2) 注浆总量已达到设计值的75%，且注浆压力超过设计值。

(7) 当注浆压力长时间低于正常值或地面出现冒浆或周围桩孔串浆，应改为间歇注浆，间歇时间宜为30～60min，或调低浆液水灰比。

(8) 后注浆施工过程中，应经常对后注浆的各项工艺参数进行检查，发现异常应采取相应处理措施。当注浆量等主要参数达不到设计值时，应根据工程具体情况采取相应措施。

(9) 后注浆桩基工程质量检查和验收应符合下列要求：

1) 后注浆施工完成后应提供水泥材质检验报告、压力表检定证书、试注浆记录、设计工艺参数、后注浆作业记录、特殊情况处理记录等资料；

2) 在桩身混凝土强度达到设计要求的条件下，承载力检验应在后注浆20d后进行，浆液中掺入早强剂时可于注浆15d后进行。

10.4.5.13 质量控制

1. 成孔深度控制

成孔的控制深度应符合下列要求：

(1) 摩擦型桩：摩擦桩以设计桩长控制成孔深度；端承摩擦桩必须保证设计桩长及桩端进入持力层深度。

(2) 端承型桩：当采用钻（冲）、挖掘成孔时，必须保证桩端进入持力层的设计深度；当采用沉管深度控制以贯入度为主，以设计持力层标高对照为辅。

2. 灌注桩质量控制

(1) 灌注桩的桩位偏差必须符合表10-95规定，桩顶标高至少要比设计标高高出0.5m；每灌注50m³混凝土必须有1组试块。对于小于50m³的单柱单桩或每个承台下的桩，至少有1组试块。

灌注桩的平面位置和垂直度的允许偏差[44]   表10-95

序号	成孔方法		桩径允许偏差（mm）	垂直度允许偏差（%）	桩位允许偏差（mm）	
					1～3根、单排桩基垂直于中心线方向和群桩基础的边桩	条形桩基沿中心线方向和群桩基础的中间桩
1	泥浆护壁钻孔桩	$d \le 1000$mm	±50	<1	$d/6$，且不大于100	$d/4$，且不大于150
		$d > 1000$mm	±50		$100+0.01H$	$150+0.01H$
2	沉管成孔灌注桩	$d \le 500$mm	−20	<1	70	150
		$d > 500$mm			100	150
3	干成孔灌注桩		−20	<1	70	150
4	人工挖孔桩	混凝土护壁	+50	<0.5	50	150
		钢套管护壁	+50	<1	100	200

注：1. 桩径允许偏差的负值是指个别断面；

2. 采用复打、反插法施工的桩允许偏差不受上表限制；

3. H为施工现场地面标高与桩顶设计标高的距离，d为设计桩径。

(2) 灌注桩的沉渣厚度：对摩擦型桩，不应大于100mm；对端承型桩，不应大于50mm。

(3) 桩的静载荷载试验根数应不少于总桩数的1%，且不少于3根，当总桩数少于50根时，应不少于2根。

(4) 桩身完整性检测的抽检数量：柱下三桩或三桩以下承台抽检桩数不得少于1根；设计等级为甲级，或地质条件复杂，成桩可靠性较差的灌注桩，抽检数量不应少于总桩数的30%，且不少于20根，其他桩基工程的抽检数量不应少于总桩数的20%，且不少于10根。

(5) 对砂子、石子、钢材、水泥等原材料的质量，检验项目、批量和检验方法，应符合国家现行有关标准的规定。

(6) 施工中应对成孔、清渣、放置钢筋笼、灌注混凝土等全过程检查；人工挖孔桩尚应复验孔底持力层土（岩）性。嵌岩桩必须有桩端持力层的岩性报造。

(7) 施工结束后，应检查混凝土强度，并应做桩体质量及承载力检验。

(8) 混凝土灌注桩的质量检验标准见表10-96、表10-97和表10-98。

混凝土灌注桩钢筋笼质量检验标准[44]   表10-96

项	序	检查项目	允许偏差或允许值		检查方法
			单位	数值	
主控项目	1	主筋间距	mm	±10	用钢尺量
	2	长度	mm	±100	用钢尺量
一般项目	1	钢筋材质检验	设计要求		抽样送检
	2	箍筋间距	mm	±20	用钢尺量
	3	直径	mm	±10	用钢尺量

(9) 桩基工程桩位验收应按下列规定进行：

1) 当桩顶设计标高与施工场地标高相同时，或桩基施工结束后，有可能对桩位进行检查时，桩基工程的验收应在施工结束后进行。

2) 当桩顶设计标高低于施工场地标高时，可对护筒位置作中间验收，待承台或底板开挖到设计标高后，再作最终验收。

混凝土灌注桩质量检验标准[44]　表 10-97

项序		检查项目	允许偏差或允许值		检查方法
			单位	数值	
主控项目	1	桩位	同表 10-98 数值		基坑开挖前量护筒，开挖后量桩中心
	2	孔深	mm	+300	只深不浅，用重锤测，或测钻杆、套管长度，嵌岩桩应确保进入设计要求的嵌岩深度
	3	桩体质量检验	按《桩基检测技术规范》。如岩芯取样，大直径嵌岩桩应钻至桩尖下 50cm		按基桩检测技术规范
	4	混凝土强度	设计要求		试块报告或钻芯取样送检
	5	承载力	按基桩检测技术规范		按基桩检测技术规范
一般项目	1	垂直度	同表 10-98 数值		测套管或钻杆，或用超声波探测。干施工时吊垂球
	2	桩径	同表 10-98 数值		井径仪或超声波检测，干施工时用尺量，人工挖孔桩不包括内衬厚度
	3	泥浆相对密度（黏土和砂性土中）	1.15~1.20		用相对密度计测，清孔后于距孔底 50cm 处取样
	4	泥浆面标高（高于地下水位）	m	0.5~1.0	目测
	5	混凝土坍落度（水下灌注）（干施工）	mm mm	160~220 70~100	坍落度仪
	6	钢筋笼安装深度	mm	±100	尺量
	7	混凝土充盈系数	>1		检查每根桩的实际灌注量
	8	桩顶标高	mm	+30 −50	水准仪，需扣除桩顶浮浆层及劣质桩体
	9	沉渣厚度：端承型桩 摩擦型桩	mm	≤50 ≤100	用沉渣仪或重锤测量

挤扩支盘桩质量检验标准[48]　表 10-98

	检查项目	允许偏差或允许值		检查方法
		单位	数值	
成孔	桩位			按现行国家标准执行
	泥浆护壁成孔			井径仪或超声波井壁测定仪
	干作业成孔			钢尺或井径仪
	孔深			重锤测量或测钻杆长度
	成孔垂直度			挤扩装置或测斜仪
清孔	虚土厚度（抗压桩）	mm	<100	重锤测量
	虚土厚度（抗拔桩）	mm	<200	重锤测量
成腔	盘径	%	4	用承力盘腔直径检测器测量
	泥浆相对密度		<1.25	用比重计
钢筋笼制作				按现行国家标准执行
混凝土灌注	混凝土坍落度（泥浆护壁）	mm	160~220	坍落度仪
	混凝土坍落度（干法）	mm	70~100	坍落度仪
	混凝土强度			符合设计要求
	混凝土充盈系数	—	>1	检查混凝土实际灌注量
	桩顶标高	mm	−50、+30	水准仪测量

（10）桩基工程验收时应提交下列资料：

1）岩土工程勘察报告、桩基施工图、图纸会审纪要、设计变更单及材料代用通知单等；

2）经审定的施工组织设计、施工方案及执行中的变更单；

3）桩位测量放线图，包括工程桩位线复核签证单；

4）原材料的质量合格和质量鉴定书；

5）半成品如预制桩、钢桩等产品的合格证；

6）施工记录及隐蔽工程验收文件；

7）成桩质量检查报告；

8）单桩承载力检测报告；

9）基坑挖至设计标高的基桩竣工平面图及桩顶标高图；

10）其他必须提供的文件和记录。

10.4.5.14　施工安全技术措施

1. 安全操作要求

（1）进入施工现场必须佩戴安全帽，并系下颌带，戴安全帽不系下颌带视同违章。

（2）凡从事 2m 以上无法采用可靠防护设施的高处作业人员必须系安全带。安全带应高挂低用，不得低挂高用，操作中应防止摆动碰撞，避免意外事故发生。

（3）冬、雨期施工时必须有必要的劳保用品。

（4）特殊工种包括钻机司机、装载司机、电工、信号工等必须持证上岗。

（5）施工现场的临时用电必须严格遵守现行行业标准《施工现场临时用电安全技术规范》JGJ 46 要求。

（6）遇有大雨、雪、雾和 6 级以上大风等恶劣气候，应停止作业。

（7）登高检查时挺杆下严禁站人。

（8）不能改移的地下障碍物应在地面做出标识。

2. 桩基工程安全技术措施

（1）进场前应对参施人员作好技术、安全、环保等方面的书面交底。

（2）钻机周围 5m 以内应无高压线路，作业区应有明显标志或围栏，严禁闲人入内。

（3）电缆尽量架空设置；钻机行走时一定要有专人提起电缆同行；不能架起的绝缘电缆通过道路时应采取保护措施，以免机械车辆压坏电缆，发生事故。

（4）施工场地应按坡度不大于 1%，地基承载力小于 83kPa 的要求时应进行整平压实。

（5）钻机所配置的电动机、卷扬机、内燃机、液压装置等应按有关安全操作规定执行。

（6）钻机应安装漏电保护器，并保持完好状态。

（7）钻机要站在平整坚实的平面上，其平坦度和承载力要满足钻机施工的要求。

（8）启动前应将操纵杆放在空挡位置，启动后应空挡运转试验，检查仪表、制动等各项工作正常，方可作业。

（9）在成孔施工前，认真查清邻近建（构）筑物情况，采取有效的防振安全措施，以避免成孔施工时，振坏邻近建（构）筑物，造成裂缝、倾斜，甚至倒塌事故。

（10）成孔机械操作时安放平稳，防止作业时突然倾倒，造成人员伤亡或机械设备损坏。

（11）钻孔时若遇卡钻，应立即切断电源，停止进钻，未查明原因前不得强行启动。

（12）钻孔时若遇机架晃动、移动、偏斜或钻头内发生有节奏声响时，应立即停钻，经处理后方可继续下钻。

（13）钻机作业中，电缆应有专人负责收放，如遇停电，应将控制器放置零位，切断电源，将钻头接触地面。

（14）灌注桩成孔后在不灌注混凝土之前，用盖板封严，以免掉土或发生人身安全事故。

（15）恶劣气候停止成孔作业，休息或作业结束时，应切断电源总开关。

10.4.5.15　文明施工与环境保护

1. 文明施工措施

（1）文明施工管理目标

做到"五化"：亮化、硬化、绿化、美化、净化。

（2）文明施工管理措施

1）成立由项目经理部管理负责人为首的现场文明施工领导小组，组织领导施工现场的文明施工管理工作。

2）根据要求设立围墙和大门，同时对现场办公区、施工区、生活区进行统一标识，做到标识书写规范、美观，现场各类标识齐全、清楚。施工现场钢筋笼加工棚等临时设施要合理布置使之符合整体布局要求，做到既有利于现场施工，又有利于现场的文明整洁。

3）现场设置五板二图（即：施工现场安全生产管理制度板、施工现场消防保卫管理制度板、施工现场管理制度板、施工现场环境保护管理制度板、施工现场行政卫生管理制度板、施工现场总平布置图、施工现场卫生区域划分图）。

4）现场各种料具按照施工现场总平面布置图指定位置存放，做到分类规范存放、干净整洁。施工现场所有机械设备和建筑设备应做到定位并归类码放整齐，现场道路应平整畅通。

5）施工现场内的各种材料，根据材料性能妥善保管，采取有效的防雨、防晒、防潮、防火、防冻、防损坏等措施，易燃、易爆危险品和贵重物品要专库专管。

6）车辆进出场地前要清好车辆轮胎，每天作业后工人将工地清扫干净。

7）施工现场严禁不文明现象发生，严禁泥浆沿地面外流。

8）严禁施工期间钻机碾压破坏和泥浆污染路面。

9）强化企业职工敬业精神并进行预防教育，做到内外协作友善，保证企业的良好形象，所有施工人员应严格要求自己，讲文明，讲礼貌，工地上严禁发生打架斗殴，酗酒闹事等不良现象，争做文明的施工人员。

10）做好施工的宣传工作，要求施工中悬挂一定数量的文明施工宣传标语标牌。

11）施工过程，现场安排劳务工专门负责清扫现场，保持工地环境整洁。

12）钢筋加工场地应清洁无污水；搬运时要轻拿轻放，减少噪声扰民。

13）施工现场严禁随地大小便，严禁吸烟，应保持清洁。

14）施工现场严禁打架斗殴，大声喧哗。

2. 环境保护管理

（1）环保目标

1）噪声排放达标：昼间<70dB，夜间<55dB。

2）防大气污染达标：施工现场扬尘、生活用锅炉烟尘的排放符合要求（扬尘达到国家二级排放规定，烟尘排放浓度<350mg/nm³）。

3）生活及生产污水达标：污水排放符合国家、省、市的有关规定。

4）施工垃圾分类处理，尽量回收利用。

5）节约水、电、纸张等资源消耗，节约资源，保护环境。

（2）环境保护的教育与监督

1）加强对现场人员的培训与教育，提高现场人员的环保意识。根据环境管理体系运行的要求，结合环境管理方案，对所有可能对环境产生影响的人员进行相应的培训。

①符合环境方针与程序和符合环境管理体系要求的重要性。

②个人工作对环境可能生产的影响。

③在实现环境保护要求方面的作用与职责。

④违反规定的运行程序和规定产生的不良后果。

2）加强信息交流与传送，实施有力监督

①建立项目内部环境保护信息的传递与沟通渠道，以便确认环境保护方案是否被实施，以及环境保护工作中存在的问题，从而对下一步工作及时作出决策。

②建立项目与企业总部，项目与外部主管部门的信息交流与传递渠道。按规定要求接收、传递、发放有关文件，对需回复的文件，按规定要求审核后予以回复。

3）加强文件控制，不断了解有关环保知识与法律法规

①文件要有专人负责保管，并设置专门的有效工具。

②对文件定期进行评审，与现行法律和规定不符时，及时修改。

③确保与环保有关的人员，都能得到有关文件的现行版本。

④失效文件要从所有发放和使用场所撤回或采取其他有效措施。

4）监测和测量：组织有关人员，通过定期或不定期的安全文明施工大检查来落实环境管理方案的执行情况，对环境管理体系的运行实施监督检查。

5）不符合项的纠正与预防：对安全文明施工大检查中发现的环境管理的不符合项，由安全环境管理部门开出不符合报告，技术部门根据不符合项分析产生的原因，制定纠正措施，交专业工程师负责落实实施，安全环境管理部责跟踪检查，对实施结果要加以确认。

（3）噪声污染控制措施

桩基施工期间，施工机械噪声较大，为了尽量降低对办公的影响，制定措施如下：

1）选用符合环保标准的施工机械。

2）加强施工机械的保养维修，尽可能地降低施工噪声的排放。

3）合理组织施工，尽量将大噪声作业安排在非上班时间和节假日。

（4）大气污染控制措施

对扬尘控制要求严格，为了避免大气污染，制定措施如下：

1）现场临时道路和加工场地进行硬化。对临时道路设专人负责每日洒水和清扫，保持道路清洁湿润。

2）对于现场其他土壤裸露场地，进行绿化。

3）施工全部采用商品混凝土，不在现场搅拌混凝土。

4）搅拌砂浆时，为防止水泥在搅拌过程中的泄漏扬尘，现场设封闭的水泥库，并采取封闭措施将搅拌机封闭处理。

5）水泥和其他易飞扬颗粒建筑材料应密闭存放或采取覆盖等措施，工地必须设置降尘设备，尽量采取湿式作业，现场空气尘埃含量不得超过当地环保要求规定。

（5）固体废弃物控制措施

1）建筑垃圾的控制

①建筑垃圾可分为可利用建筑垃圾和不可利用建筑垃圾。

②按现场平面布置图确定的建筑垃圾存放点分类堆放建筑垃圾。

③施工过程中产生的渣土、弃土、弃料、余泥、泥浆等垃圾按"可利用"、"不可利用"、"有毒害"等字样分开堆放，并进行标识。

④不可用建筑垃圾应设置垃圾池存放，稀料类垃圾采用桶类容器存放；可利用的建筑垃圾分类存放并按平面布置图中规定存放。

⑤建筑垃圾在施工现场内装卸运输时，将用水喷洒，卸到堆场地后及时覆盖或用水喷洒，以防扬尘。遵照当地有关规定将建筑垃圾运出施工现场。

⑥有毒有害垃圾严禁任意排放，单独存放，由项目经理部与焚烧处置单位签订协议书，按协议处理。

2）生活垃圾的控制

①生活垃圾存放在桶类容器内，不随意抛弃垃圾；有毒害垃圾将单独存放在容器内。

②生活垃圾的清运将委托合法单位承运并签订清运协议，自运时将取得外运手续如《生活弃物处置证》，按指定路线、地点倾倒。出现场前覆盖严实，不出现遗洒。

（6）水污染控制措施

1）开工前，在做现场总平面规划时，设计现场排水管网，并将其与市政雨水管网连接。

2）设计现场污水管网时，确保不得与雨水管网连接。由环保管理员通知进入现场的所有单位和人员，不得将非雨水类污水排入雨水管网。

3）污水管理：施工现场的所有施工污水经过沉淀后，再排入市政污水管网。

4）施工前制定技术先进、安全有效的施工方案，制定防坍塌污染环境的措施，加强监察施工过程，及时处理隐患。施工现场泥

浆和污水未经处理不得直接排入城市排水设施。

5) 现场设置沉淀池,门口设置洗车槽,避免污水外流和车辆带泥上路。

(7) 节约水电、纸张措施

1) 节水

①施工现场安装水表,现场使用的所有水阀门均为节水型。

②对现场人员进行节水教育。

③办公区、施工区均明确一名责任人员,检查水泄漏等,杜绝长流水现象。

④施工养护用水及现场道路喷洒等用水,在降水期间,一律使用地下水;在非降水期间,喷洒者注意节约用水。

2) 节电

①施工现场安装总电表,施工区及生活区安装分电表,并设专人定期抄表。

②对现场人员进行节电教育。

③在保证正常施工及安全的前提下,尽量减少夜间不必要的照明。

④办公区使用节能型照明器具,下班前,做到人走灯灭。

⑤夏季控制使用空调,在无人办公或气候适宜的情况下,不开空调。

⑥现场照明禁止使用碘钨灯,生活区严禁使用电炉。

⑦施工机械操作人员,尽量控制机械操作,减少设备的空转。

3) 节约纸张

①要制定办公用品(纸张)的节约措施,通过减少浪费,节约能源达到保护环境的目的。

②推广无纸化和网上办公,须打印的文件采用双面打印。

10.4.5.16　常见施工问题及处理

1. 成孔过程中出现的问题

(1) 塌孔、漏浆、流砂

产生原因:

1) 护筒周围黏土封填不紧密或者护筒搁置深度不够。

2) 泥浆质量不符合地层特性和施工要求,孔内泥浆面低于或过高于孔外水位。

3) 在易塌孔地层内钻进,进尺太快或停在一处空转时间太长。

4) 遇到透水性强或地下水流动地层

处理措施:

护筒周围必须用黏土封填紧密;钻进时及时添加泥浆,使泥浆面高于地下水位;当遇到松散地层时,依据现场试验调整泥浆密度;进尺适宜,不快不慢;如遇轻度塌孔,加大泥浆密度和提高水位。严重塌孔,用黏土泥浆投入,待孔壁稳定后采用低钻切进。

(2) 钻孔偏移倾斜

产生原因:

1) 桩架不稳,钻杆导架不垂直,钻杆弯曲接头不直;

2) 土层软硬不均,或有孤石或大颗粒存在。

处理措施:

安装钻机时,对钻杆进行水平和垂直校正,检查钻进设备,如有钻杆弯曲,及时更换。遇软硬地层时降低进尺,低速掘进。偏斜过大时,填入黏土、碎石重新掘进,慢速上下提升,往复扫孔。如有孤石,可使用钻机钻透或击碎。如遇倾斜基岩,可投入块石,用锤高频低幅密打。

(3) 缩颈

产生原因:

由于黏性土层有较强的造浆能力和遇水膨胀的特性,使钻孔易于缩颈。

处理措施:

除严格控制泥浆的黏度增大外,还应适当向孔内投入部分砂砾,钻头宜采用肋骨的钻头,边钻进边上下反复扩孔,防治缩颈。

2. 钢筋笼安装过程中的问题

(1) 钢筋笼偏位、变形、上浮

产生原因:

1) 钢筋笼过长,未设加箍筋,刚度过低;

2) 钢筋笼上未设垫块或耳环控制保护层厚度;

3) 钢筋笼未垂直吊放缓慢入底;

4) 孔地沉渣未清除干净;

5) 混凝土导管埋深不够,当混凝土面至钢筋笼底时,造成钢筋笼上浮。

处理措施:

1) 钢筋过长,应分 2~3 节制作,分段吊放,分段焊接或加设箍筋加强;

2) 每隔一定距离设置垫块控制灌注混凝土保护层厚度;

3) 孔底沉渣应置换清水或适当密度泥浆清除;

4) 浇灌混凝土时,应将钢筋笼固定在孔壁上或者压住,使混凝土导管买入钢筋笼底面以下 1.5m 以上。

(2) 吊脚桩

产生原因:

1) 清孔后泥浆密度过小,孔壁坍塌或孔底涌进泥浆或未立即灌混凝土。

2) 沉渣未清净,残留石渣过厚。

3) 吊放钢筋骨架导管等物碰撞孔壁,使泥土塌落。

处理措施:

做好清孔工作,达到要求立即灌注混凝土,注意泥浆密度并使孔内水位经常保持高于孔外水位 0.5m 以上,施工注意保护孔壁,不让重物碰撞,造成孔壁坍塌。

3. 浇筑成桩过程中发生的问题

断桩

产生原因:

1) 因混凝土多次浇灌不成功,出现泥质夹层而造成断桩。

2) 孔壁塌方将导管卡住,强力拔管时,使泥水混入混凝土内或导管接头不良,泥水进入管内。

3) 施工时因雨水等原因造成泥浆冲入管内。

处理措施:

力争混凝土一次浇灌成功,钻孔选用较大密度和黏度、胶体率好的泥浆护壁,控制进尺速度,保持孔壁稳定;导管接头应用方丝扣连接,并设橡皮圈密封严密;孔口护筒不使埋置太浅,下钢筋笼骨架过程中,不使碰撞孔壁;施工如遇下雨,争取一次性浇筑完毕,灌注桩严重塌方或导管无法拔出形成断桩,如有一侧补桩;深部不大可挖出;对断桩处做适当处理后,支模重新浇筑混凝土。如桩体实际情况较好,可采取在断桩或夹渣部位进行注浆加固的处理措施。

10.4.6　混凝土预制桩与钢桩施工

10.4.6.1　混凝土预制桩的制作

1. 预制桩的制作流程

现场布置→场地整平与处理→场地地坪作三七灰土或浇筑混凝土→支模→绑扎钢筋骨架、安装吊环→浇筑混凝土→养护至 30% 强度拆模,再支上层模,涂刷隔离层→重叠生产浇筑第二层桩混凝土→养护至 70% 强度起吊→达 100% 强度后运输、堆放→沉桩。

2. 预制桩的制作

(1) 混凝土预制桩可在工厂或施工现场预制,预制场地必须平整、坚实。工厂预制利用成组拉模生产、且不小于桩截面高度的槽钢安装在一起组成。现场预制宜采用钢模板,模板应具有足够刚度,并应平整,尺寸应准确。

(2) 混凝土预制桩的截面边长不应小于 200mm;预应力混凝土预制实心桩的截面边长不宜小于 350mm。

(3) 预制桩的混凝土强度等级不宜低于 C30;预应力混凝土实心桩的混凝土强度等级不应低于 C40;预制桩纵向钢筋的混凝土保护层厚度不宜小于 30mm。

(4) 预制桩的桩身配筋应按吊运、打桩及桩在使用中的受力等条件计算确定。采用锤击法沉桩时,预制桩的最小配筋率不宜小于 0.8%。静压法沉桩时,最小配筋率不宜小于 0.6%,主筋直径不宜小于 ϕ14,打入桩桩顶以下 4~5 倍桩身直径长度范围内箍筋加密,并设置钢筋网片。

(5) 长桩可分节制作,预制桩的分节长度应根据施工条件及运输条件确定;每根桩的接头数量不宜超过 3 个。

(6) 预制桩的桩尖可将主筋合拢焊在桩尖辅助钢筋上，对于持力层为密实砂和碎石类土时，宜在桩尖处包以钢桩桩靴，加强桩尖。

(7) 钢筋骨架的主筋连接宜采用对焊和电弧焊，当钢筋直径不小于20mm时，宜采用机械接头连接。主筋接头配置在同一截面内的数量，应符合下列规定：

1) 当采用对焊或电弧焊时，对于受拉钢筋，不得超过50%；

2) 相邻两根主筋接头截面的距离应大于35d_g（主筋直径），并不应小于500mm；

3) 必须符合现行行业标准《钢筋焊接及验收规程》JGJ 18和《钢筋机械连接通用技术规程》JGJ 107的规定。

(8) 预制桩钢筋骨架的允许偏差应符合表10-99的规定。

预制桩钢筋骨架的允许偏差 表10-99

	项　目	允许偏差（mm）	检查方法
主控项目	桩顶预埋件位置	±3	
	多节桩锚固钢筋位置	5	
	主筋距桩顶距离	±5	
	主筋保护层厚度	±5	
一般项目	主筋间距	±5	
	桩尖中心线	10	
	桩顶钢筋网片位置	±10	
	箍筋间距或螺旋筋的螺距	±20	

(9) 确定桩的单节长度时应符合下列规定：

1) 满足桩架的有效高度、制作场地条件、运输与装卸能力；

2) 避免在桩尖接近或处于硬持力层中时接桩。

(10) 灌注混凝土预制桩时，宜从桩顶开始灌筑，并应防止另一端的砂浆积聚过多。

(11) 锤击预制桩的骨料粒径宜为5~40mm。

(12) 锤击预制桩时，应在强度与龄期均达到要求后，方可锤击。

(13) 重叠法制作预制桩时应符合下列规定：

1) 桩与邻桩及底模之间的接触面不得粘连；

2) 上层桩或邻桩的浇注，必须在下层桩或邻桩的混凝土达到设计强度的30%以上时，方可进行；

3) 桩的重叠层数不应超过4层。

(14) 预应力混凝土桩的其他要求及离心混凝土强度等级评定方法，应符合国家现行标准《先张法预应力混凝土管桩》DBJ T08—1992、《先张法预应力混凝土薄壁管桩》JC 888和《预应力混凝土空心方桩》08SG 360的规定。

10.4.6.2　混凝土预制桩的起吊、运输和堆放

1. 混凝土预制桩的起吊

混凝土预制桩出厂前应作出厂检查，其规格、批号、制作日期应符合所属的验收批号内容。混凝土设计强度达到70%及以上方可起吊，桩起吊时应采取相应措施，保证安全平稳，保护桩身质量，在吊运过程中应轻吊轻放，避免剧烈碰撞。吊点位置和数目应符合设计规定。单节桩长在20m以下可以采用两点起吊，为20~30m时可采用3点起吊。当吊点多于3个时，其位置应该按照反力相等的原则计算确定，见图10-50。

2. 混凝土预制桩的运输

桩的运输通常可分为预制厂运输、场外运输、施工现场运输。

预制桩达到设计强度的100%方可运输。运输前，应按照验收规范要求，检查桩的混凝土质量，尺寸、预埋件、桩靴或桩帽的牢固性以及打桩中使用的标志是否备齐全。水平运输时，应做到桩身平稳放置，严禁在场地上直接拖拉桩体。运至施工现场时应进行检查验收，严禁使用质量不合格及在吊运过程中产生裂缝的桩。

3. 混凝土预制桩的堆放

堆放场地应平整坚实，不得产生过大的或不均匀沉陷，最下层与地面接触的垫木应有足够的宽度和高度。

堆放时应稳固，不得滚动，并应按不同规格、长度及施工流水顺序分别堆放。

当场地条件许可时，宜单层堆放；当叠层堆放时，外径为

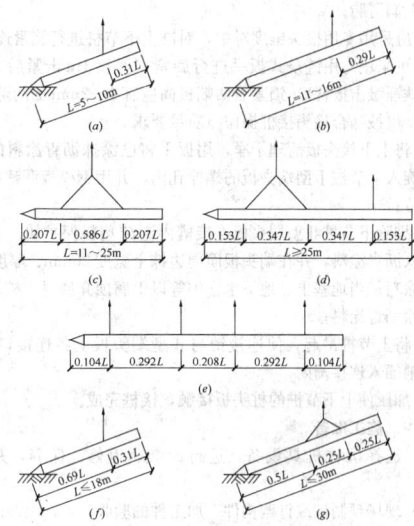

图10-50　预制桩吊点位置

(a)、(b) 一点吊法；(c) 二点吊法；(d) 三点吊法；
(e) 四点吊法；(f) 预应力管桩一点吊法；
(g) 预应力管桩两点吊法

500~600mm的桩不宜超过4层，外径为300~400mm的桩不宜超过5层。

叠层堆放桩时，应在垂直于桩长度方向的地面上设置两道垫木，垫木应分别位于距桩端0.2倍桩长处；底层最外缘的桩应在垫木处用木楔塞紧。

垫木宜选用耐压的长木枋或枕木，不得使用有棱角的金属构件。

10.4.6.3　混凝土预制桩的接桩

当施工设备条件对桩的限制长度小于桩的设计长度时，需要用多节桩组成设计桩长。接头的构造分为焊接、法兰连接或机械快速连接（螺纹式、啮合式）三类形式。

1. 接桩材料

(1) 焊接接桩：钢板宜采用低碳钢，焊条宜用E43；并应符合现行行业标准《建筑钢结构焊接技术规程》要求。接头宜采用探伤检测，同一工程检测量不得少于3个接头。

(2) 法兰接桩：钢板和螺栓宜采用低碳钢。

2. 接桩操作与质量要求

(1) 焊接接桩操作与质量要求

采用焊接接桩除应符合现行行业标准《建筑钢结构焊接技术规程》的有关规定外，尚应符合下列规定：

1) 下节桩段的桩头宜高出地面0.5m；

2) 下节桩的桩头处宜设导向箍。接桩时上下节桩段应保持顺直，错位偏差不宜大于2mm。接桩就位纠偏时，不得采用大锤横向敲打；

3) 桩对接前，上下端板表面应采用铁刷子清刷干净，坡口处应刷至露出金属光泽；

4) 焊接宜在桩四周对称地进行，待上下桩节固定后拆除导向箍再分层施焊；焊接层数不得少于2层，第一层焊完后必须把焊渣清理干净，方可进行第二层（的）施焊，焊缝应连续、饱满；

5) 焊好后的桩接头应自然冷却后方可继续锤击，自然冷却时间不宜少于8min；严禁用水冷却或焊好即施打；

6) 雨天焊接时，应采取可靠的防雨措施；

7) 焊接接头的质量检查，对于同一工程探伤抽样检验不得少于3个接头。

(2) 机械快速螺纹连接操作与质量要求

1) 安装前应检查桩两端制作的尺寸偏差及连接件，无受损后方可吊起施工，其下节桩端宜高出地面0.8m；

2) 接桩时，卸下上下节桩两端的保护装置后，应清理接头残

物，涂上润滑脂；

　　3) 应采用专用接头锥度对中，对准上下节桩进行旋紧连接；

　　4) 可采用专用链条式扳手进行旋紧（臂长 1m 卡紧后人工旋紧再用铁锤敲击扳臂），锁后两端板尚应有 1～2mm 的间隙。

　　(3) 机械啮合接头接桩操作与质量要求

　　1) 将上下接头板清理干净，用扳手将已涂抹沥青涂料的连接销逐根旋入上节桩 I 型端头板的螺栓孔内，并用钢模板调整好连接销的方位；

　　2) 剔除下节桩 II 型端头板连接槽内泡沫塑料保护块，在连接槽内注入沥青涂料，并在端头板面周边抹上宽度 20mm、厚度 3mm 的沥青涂料；当地基土、地下水含中等以上腐蚀介质时，桩端板面应满涂沥青涂料；

　　3) 将上节桩吊起，使连接销与 II 型端头板上各连接口对准，将连接销插入连接槽内；

　　4) 加压使上下节桩的桩头板接触，接桩完成。

10.4.6.4　施工准备

　　(1) 选择沉桩机具设备，进行改装、返修、保养，并准备运输。

　　(2) 现场预制桩或订购构件、加工件的验收。

　　(3) 组织现场作业班组的劳动力进场。

　　(4) 进入施工现场的运输道路的拓宽、加固、平整。

　　(5) 检查桩的质量，将需用的桩按平面布置图堆放在打桩机附近，不合格的桩不能运至打桩现场。

　　(6) 沉桩前处理空中和地下障碍物，场地应平整，排水应畅通，并应满足打桩所需的地面承载力。采用静压沉桩时，场地地基承载力不应小于压桩机接地压强的 1.2 倍。

　　(7) 学习、熟悉桩基施工图纸，并进行会审；做好技术交底，特别是地质情况、设计要求、操作规程和安全措施的交底。

　　(8) 布置测量控制网、水准基点，按平面图进行测量放线，定出桩基轴线，先定出中心，再引出两侧。设置的控制点和水准点的数量不少于 2 个，并应设在受打桩影响范围以外，以便随时检查桩位。

　　(9) 准备好桩基工程沉桩记录和隐蔽工程验收记录表格，并安排好记录和监理人员。

10.4.6.5　桩锤的选择

　　桩锤的选用应根据地质条件、桩型、桩的密集程度、单桩竖向承载力及现有施工条件等因素确定，具体参见第 6.2.2 节相应内容。

10.4.6.6　锤击法施工

　　1. 锤击桩的工作机理

　　工作机理是利用桩锤自由下落时的瞬时冲击力锤击桩头所产生的冲击机械能，克服土体对桩的桩侧摩阻力和桩端阻力，其静力平衡状态遭受破坏，导致桩体下沉，达到新的静力平衡状态。

　　2. 锤击桩的施工设备

　　打桩设备包括桩锤、桩架、动力装置、送桩器及衬垫。

　　(1) 桩锤

　　桩锤是锤击沉桩的主要设备，有落锤、蒸汽锤、柴油锤和液压锤等类型。目前，应用最多的是柴油锤。用锤击沉桩时，力求采用"重锤轻击"。

　　(2) 桩架

　　桩架由支架、导向架、起吊设备、动力设备、移动设备等组成。其主要功能包括起吊桩锤、吊桩和插桩、导向沉桩。是支持桩身和桩锤，在打桩过程中引导桩的方向，并保证桩锤能沿着所要求方向冲击的打桩设备。

　　常用的桩架：多功能桩架和履带式桩架。

　　①多功能桩架：沿轨道行驶，可作 360°回转。

　　优点：可适应各种预制桩，也可用于灌注桩施工。

　　缺点：机构较庞大，现场组装和拆卸比较麻烦。

　　②履带式桩架：以履带式起重机为底盘，增加立柱和斜撑用以打桩。

　　优点：性能比多功能桩架灵活，移动方便，可适应各种预制桩施工，目前应用最多。

　　(3) 动力装置

　　动力装置的配置取决于所选的桩锤，包括启动桩锤用的动力设施。当选用蒸汽锤时，则需配备蒸汽锅炉和卷扬机。

　　(4) 送桩器及衬垫

　　送桩器及衬垫设置应符合下列规定：

　　1) 送桩器宜做成圆筒形，并应有足够的强度、刚度和耐打性。送桩器长度应满足送桩深度的要求，弯曲度不得大于 1/1000；

　　2) 送桩器上下两端面应平整，且与送桩器中心轴线相垂直；

　　3) 送桩器下端面应开孔，使空心桩内腔与外界连通；

　　4) 送桩器应与桩匹配。套筒式送桩器下端的套筒深度宜取 250～350mm，套筒内径应比桩外径大 20～30mm，插销式送桩器下端的插销长度宜取 200～300mm，杆销外径应比（管）桩内径小 20～30mm。对于腔内存有余浆的管桩，不宜采用插销式送桩器；

　　5) 送桩作业时，送桩器与桩头之间应设置 1～2 层麻袋或硬纸板等衬垫。内填弹性衬垫压实后的厚度不宜小于 60mm。

　　3. 打桩顺序

　　制定打桩顺序时，应先研究现场条件和环境、桩区面积和位置、邻近建筑物和地下管线的状况、地基土质性质、桩型、布置、间距、桩长和桩数、堆放场地、采用的施工机械、台数及使用要求、施工工艺和施工方法等，然后结合施工条件选用打桩效率高、对环境污染小的合理打桩顺序，打桩顺序要求应符合下列规定：

　　(1) 对于密集桩群，自中间向两个方向或四周对称打；

　　(2) 当一侧imminent邻建筑物时，由毗邻建筑物处向另一方向施打；

　　(3) 根据基础的设计标高，宜先深后浅；

　　(4) 根据桩的规格，宜先大后小，先长后短；

　　(5) 施打大面积密集桩群时，可采取下列辅助措施：

　　1) 对预钻孔沉桩，预钻孔孔径可比桩径（或方桩对角线）小 50～100mm，深度可根据桩距和土的密实度、渗透性确定，宜为桩长的 1/3～1/2；施工时应随钻随打；桩架宜具备钻孔锤击双重性能；

　　2) 应设置袋装砂井或塑料排水板。袋装砂井直径宜为 70～80mm，间距宜为 1.0～1.5m，深度宜为 10～12m；塑料排水板的深度、间距与袋装砂井相同；

　　3) 应设置隔离板桩或地下连续墙；

　　4) 可开挖地面防震沟，并可与其他措施结合使用。防震沟沟宽可取 0.5～0.8m，深度按土质情况决定；

　　5) 应限制打桩速率；

　　6) 沉桩结束后，宜普遍实施一次复打；

　　7) 沉桩过程中应加强邻近建筑物、地下管线等的观测、监护。

　　4. 打桩与送桩

　　(1) 打桩

　　1) 将桩锤控制箱的各种油管与导线与动力装置连接好；

　　2) 启动动力装置，并逐渐加速；

　　3) 打开控制板上的开关，并把行程开关调节到适当的位置；

　　4) 当人工控制时，只需按动手控阀按钮，即可提起冲击块，松掉按钮，即冲击下落；

　　5) 当进行连续作业时，须将"提升"和"停止"控制装置调整到所要求位置，并把"输出"开关扳到"自动控制"位置；

　　6) 对首次使用的液压锤，需添加液压油；

　　7) 停锤时，把"输出开关"扳回关闭位置；

　　8) 桩打入时应符合下列规定：

　　①桩帽或送桩帽与桩周围的间隙应为 5～10mm；

　　②锤与桩帽、桩帽与桩之间应加设硬木、麻袋、草垫等弹性衬垫；

　　③桩锤、桩帽或送桩器应和桩身在同一中心线上；

　　④桩插入时的垂直度偏差不得超过 0.5%。

　　(2) 送桩

　　当桩顶设计标高在地面以下，或由于桩架导杆结构及桩机平台高度等原因而无法将桩直接打至设计标高时，需要使用送桩。锤击沉桩送桩应符合下列规定：

　　1) 送桩深度不宜大于 2.0m；

　　2) 当桩顶打至接近地面，应测出桩的垂直度并检查桩顶质量，

合格后应及时送桩；

3）送桩的最后贯入度应参考相同条件下不送桩时的最后贯入度并修正；

4）送桩后遗留的桩孔应立即回填或覆盖；

5）当送桩深度超过 2.0m 且不大于 6.0m 时，打桩机应为三点支撑履带自行式或步履式柴油打桩机；桩帽和桩锤之间应用竖纹硬木或盘圆层叠的钢丝绳绳"锤垫"，其厚度宜取 150～200mm。

5. 桩终止锤击控制标准

在捶击法沉桩施工过程中，如何确定沉桩已符合设计要求可以停止施工打是施工中必须解决的首要问题，在沉桩施工中，确定最后停打标准有两种控制指标，即设计预定的"桩尖标高控制"和"最后贯入度控制"，采用单一的桩的"最后贯入度控制"或"预定桩尖标高控制"是不恰当的，也是不合理的，有时甚至是不可能的。桩终止锤击的控制应符合下列规定：

（1）当桩端位于一般土层时，应以控制桩端设计标高为主，贯入度为辅；

（2）桩端达到坚硬、硬塑的黏性土、中密以上粉土、砂土、碎石类土及风化岩时，应以贯入度控制为主，桩端标高为辅；

（3）贯入度已达到设计要求而桩端标高未达到时，应继续锤击 3 阵，并按每阵 10 击的贯入度不应大于设计规定的数值确认，必要时，施工控制贯入度应通过试验确定；

（4）当遇到贯入度剧变，桩身突然发生倾斜、位移或有严重回弹、桩顶或桩身出现严重裂缝、破碎等情况时，应暂停打桩，并分析原因，采取相应措施。

10.4.6.7 静压法施工

1. 静压桩的施工机理

在桩压入过程中，以桩机本身的重量（包括配重）作为反作用力，克服压桩过程中的桩侧摩阻力和桩端阻力。当预制桩在竖向静压力作用下沉入土中时，桩周土体发生急速而激烈的挤压，土中孔隙水压力急剧上升，土的抗剪强度大大降低，桩身很容易下沉。

2. 适用范围

通常应用于高压缩性黏土层或砂性较轻的软黏土地层。当桩需贯穿一定厚度的砂性土夹层时，必须根据桩机的压桩力与终压力及土层的性状、厚度、密度、组合变化特点与上下土层的力学指标，桩型、桩的构造、强度、桩截面规格大小与布桩形式，地下水位高低，以及终压前的稳压时间与稳压次数等综合考虑其适用性。

3. 静压桩机具设备

（1）静压压桩宜选择液压式和绳索式压桩工艺；宜根据单节桩的长度选用顶压式液压压桩机和抱压式液压压桩机。选择压桩机的参数应包括下列内容：

1）压桩机型号、桩机质量（不含配重）、最大压桩力等；

2）压桩机的外形尺寸及拖运尺寸；

3）压桩机的最小边桩距及最大压桩力；

4）长、短船型履靴的接地压强；

5）夹持机构的形式；

6）液压油缸的数量、直径、率定后的压力表读数与压桩力的对应关系；

7）吊桩机构的性能及吊桩能力。

静压压桩机的主要技术参数见表 10-100～表 10-102。

（2）压桩机的每件配重必须用量具核实，并将其质量标记在该件配重的外露表面；液压式压桩机的最大压桩力应取压桩机的机架重量和配重之和乘以 0.9。

（3）当边桩空位不能满足中置式压桩机施工条件时，宜利用压边桩机构或选用前置式液压压桩机进行压桩，但此时应估计最大压桩能力减少造成的影响。

（4）当设计要求或施工需要采用引孔法压桩时，应配备螺旋钻孔机，或在压桩机上配备专用的螺旋钻。当桩端持力层需进入较坚硬的岩层时，应配备可入岩的钻机或冲压桩机。

（5）最大压桩力不得小于设计的单桩竖向极限承载力标准值，也可由现场试验确定。

YZY 系列液压静力压桩机主要技术参数

表 10-100

参数 \ 型号		200	280	400	500	600	650
最大压入力	kN	2000	2800	4000	5000	6000	6500
边桩距离	m	3.9	3.5	3.5	4.5	4.2	4.2
接地压强（长船/短船）	MPa	0.08/0.09	0.094/0.120	0.097/0.125	0.090/0.137	0.100/0.136	0.108/0.147
适用桩截面	方桩 最小 m×m	0.35×0.35	0.35×0.35	0.35×0.35	0.40×0.40	0.35×0.35	0.35×0.35
	方桩 最大 m×m	0.50×0.50	0.50×0.50	0.50×0.50	0.60×0.60	0.50×0.50	0.50×0.50
	圆桩最大直径 m	0.50	0.50	0.50	0.60	0.60	0.50
配电功率	kW	96	112	112	132	132	132
工作吊机	起重力矩 kN·m	460	460	480	720	720	720
	用桩长度	13	13	13	13	13	13
整机重量	自重 kg	80000	90000	130000	150000	158000	165000
	配重 kg	130000	210000	290000	350000	462000	505000
拖运尺寸（宽×高）	m×m	3.38×4.20	3.38×4.30	3.39×4.40	3.38×4.40	3.38×4.40	3.38×4.40

ZYJ 系列液压静力压桩机主要技术参数（一）

表 10-101

名称	单位	ZYJ180-Ⅱ	ZYJ120	ZYJ150	ZYJ200
压桩力	kN	800	1200	1500	2000
压力桩规格	mm	300×300×600	350×350	400×400	450×450
压圆桩规格	mm	ϕ250，ϕ300	ϕ250，ϕ300，ϕ350	ϕ300，ϕ350，ϕ400	ϕ450
压柱最大行程	mm	800	1200	1200	1200
压桩速度	mm/min	0.9（满载）	0.9（满载）	1.5（满载）	1.5（满载）
边桩距离	m	25	3	3	3
接地比压 大船/小船	t/m²	7.2/6.8	9.2/8.8	10.3/10.5	10.5/11.2
横向步履行程	mm	500	600	600	600
行程速度	m/min	1.5	2.8	2.5	2.1
纵向步履行程	mm	1500	1500	2000	2000
行程速度	m/min	1.5	2.2	2.5	2.5
工作吊机 起重力矩	kN·m	限吊 1.5t	360	460	460
电机总功率	kW	42	56	92	96
外形尺寸（长×宽×高）	mm	8×5.2×10.2	10.2×5.1×6.2	10.8×5.7×6.4	10.8×5.7×6.5
整机质量+配重	kg	25500+5500	5200+7000	5800+9500	7000+13000
压桩方式	/	顶压式	夹桩式	夹桩式	夹桩式

ZYJ系列液压静力压桩机主要技术参数（二）

表 10-102

参数 ＼ 型号		ZYJ240	ZYJ320	ZYJ380	ZYJ420	ZYJ500	ZYJ600	ZYJ680
额定压桩力（kN）		2400	3200	3800	4200	5000	6000	6800
压桩速度（m/min）	高速	2.76	2.76	2.3	2.8	2.2	1.8	1.8
	低速	0.9	1.0	0.9	0.95	0.75	0.65	0.6
一次压桩行程（m）		2.0	2.0	2.0	2.0	2.0	1.8	1.8
适用方桩（mm）	最小	□300		□350		□400		□400
	最大	□500		□500		□550		□600
最大圆桩（mm）		φ500		φ500		φ550		φ600
边桩距离（mm）		600		600		650		680
角桩距离（mm）		920		935		1000		1100
起吊重量（kN）		120		120		120		120
变幅力矩（kN·m）		600		600		600		600
功率（kW）	压桩	44		60		74		74
	起重	30		37		37		37
主要尺寸（mm）	工作长	11000		12000		13000		13800
	工作宽	6630	6900	6950	7100	7200	7600	7700
	运输高	2920		2940		2940		3020
总重量（kg）		245000	325000	383000	425000	500000	602000	680000

静力压桩机的选择应综合考虑桩的截面、长度穿越土层和桩端土的特性，单桩极限承载力及布桩密度等因素，表10-103可供参考。

静压桩机选择参考

表 10-103

压桩机型号		160~180	240~280	300~360	400~460	500~600
最大压桩力（kN）		1600~1800	2400~2800	3000~3600	4000~4600	5000~6000
适用桩径（mm）	最小	300	300	400	400	400
	最大	400	450	500	550	600
单桩极限承载力（kN）		1000~2000	1700~3000	2100~3800	2800~4600	3500~5500
桩端持力层		中密~密实，砂层、硬塑~坚硬黏土层，残积土层	密实砂层，坚硬黏土层，全风化岩层	密实砂层，坚硬黏土层，全风化岩层	密实砂层，坚硬黏土层，全风化岩层，强风化岩层	密实砂层，坚硬黏土层，全风化岩层，强风化岩层
桩端持力层标准值（N）		20~25	20~35	30~40	30~50	30~55
穿透中密~密实砂层厚度（m）		约2	2~3	3~4	5~8	5~8

4. 压桩顺序与压桩程序

(1) 压桩顺序

压桩顺序宜根据场地工程地质条件确定，并应符合下列规定：

1) 对于场地地层中局部含砂、碎石、卵石时，宜先对该区域进行压桩；

2) 当持力层埋深或桩的入土深度差别较大时，宜先施压长桩后施压短桩。

(2) 压桩程序

静压法沉桩一般都采取分段压入，逐段接长的方法。其程序为：

测量定位→压桩机就位、对中、调直→压桩→接桩→再压桩→送桩→终止压桩→切桩头。

压桩的工艺程序如图 10-51 所示。

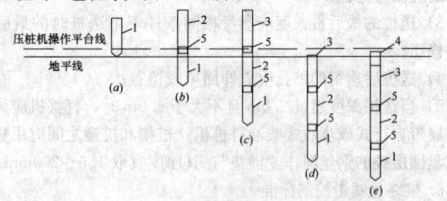

图 10-51　压桩程序图
(a) 准备压第一段桩；(b) 接第二段桩；(c) 接第三段桩；
(d) 整根桩压平至地面；(e) 采用送桩压桩完毕
1—第一段；2—第二段；3—第三段；4—送桩；5—接桩处

1) 测量定位。

通常在桩位中心打1根短钢筋，如在较软的场地施工，由于桩机的行走会挤走预定短钢筋，故当桩机大体就位之后要重新测定桩位。

2) 桩尖就位、对中、调直。

对于 YZY 型压桩机，通过启动纵向和横向行走油缸，将桩尖对准桩位；开动压桩油缸将桩压入土中1m左右后停止压桩，调正桩在两个方向的垂直度。第一节桩是否垂直，是保证桩身质量的关键。

3) 压桩。

通过夹持油缸将桩夹紧，然后使压桩油缸压桩。在压桩过程中要认真记录桩入土深度和压力表读数的关系，以判断桩的质量及承载力。

4) 接桩。

桩的单节长度应根据设备条件和施工工艺确定。当桩贯穿的土层中夹有薄层砂土时，确定单节桩的长度时应避免桩端停在砂土层中进行接桩。当下一节桩压到露出地面0.8~1.0m，便可接上一节桩。

5) 送桩或截桩。

如果桩顶接近地面，而压桩力尚未达到规定值，可以送桩。如果桩顶高出地面一段距离，而压桩力已达到规定值时则要截桩，以便压桩机移位。

6) 压桩结束。

当压力表读数达到预先规定值时，便可停止压桩。

5. 终止压桩的控制原则

静压法沉桩时，终止压桩的控制原则与压桩机大小、桩型、桩长、桩周土灵敏性、桩端土特性、布桩密度、复压次数以及单桩竖向设计极限承载力等因素有关。终压条件应符合下列规定：

1) 应根据现场试压桩的试验结果确定终压标准；

2) 终压连续复压次数应根据桩长及地质条件等因素确定。对于入土深度大于或等于8m的桩，复压次数可为2~3次；对于入土深度小于8m的桩，复压次数可为3~5次；

3) 稳压压桩力不得小于终压力，稳定压桩的时间宜为5~10s。

10.4.6.8　钢桩施工

1. 钢桩的特点及适用范围

(1) 钢桩的特点

钢桩通常指钢管桩或型钢桩，可采用管型、H型或其他异型钢材。有以下特点：

1) 由于钢材强度高，能承受强大的冲击力，穿透硬土层的性能好，能有效地打入坚硬的地层，获得较高的承载能力，有利于建筑物的沉降控制。

2) 能承受较大的水平力。

3) 桩长可任意调节，特别是当持力层深度起伏较大时，接桩、截桩、调整桩的长度比较容易。

4) 重量轻、刚性好，装卸运输方便。

5) 桩顶端与上部承台、板结构连接简单。

6) 钢桩截面小，打入时挤土量少，对土的扰动小，对邻近建筑物的影响亦小。

7) 在干湿经常变化的情况下，钢桩须采取防腐处理。

（2）钢桩的适用范围

钢桩一般适用于码头、水中结构的高桩承台、桥梁基础、超高层公共与住宅建筑桩基、特重型工业厂房等基础工程。

2. 钢桩的制作

（1）制作钢桩的材料应符合设计要求，并应有出厂合格证和试验报告。

（2）现场制作钢桩应有平整的场地及挡风防雨措施。

（3）钢桩的分段长度应满足桩架的有效高度、制作场地条件、运输与装卸能力，避免在桩尖接近或处于硬持力层中时接桩，且不宜大于15m。钢桩制作的允许偏差应符合表10-104的规定。

钢桩制作的允许偏差 表 10-104

项　目		容许偏差（mm）
外径或断面尺寸	桩端部	±0.5%外径或边长
	桩身	±0.1%外径或边长
长　度		>0
矢　高		≤1‰桩长
端部平整度		≤2（H型桩≤1）
端部平面与桩身中心线的倾斜值		≤2

（4）钢管桩制作，钢管桩一般用普通碳素钢，抗拉强度为402MPa，屈服强度为235.2MPa，或按设计要求选用。按加工工艺区分，有螺旋缝钢管和直缝钢管两种，由于螺旋缝钢管刚度大，工程上使用较多。为便于运输和受桩架高度所限，钢管桩常分别由一根上节桩，一根下节桩和若干根中节桩组合而成，每节的长度一般为13m或15m，钢管桩的下口有开口和闭口之分。

钢管桩的直径自 φ406.4～φ2032.0mm，壁厚自 6～25mm 不等，常用钢管桩的规格、性能见表 10-105，应根据工程地质、荷载、基础平面、上部荷载以及施工条件综合考虑后加以选择。国内常用的有 φ406.4mm、φ609.6mm 和 φ914.4mm 等几种，壁厚以 10、11、12.7、13mm 等几种。一般上、中、下节桩常采用同一壁厚。有时，为使桩顶能承受巨大的锤击应力，防止径向失稳，可把上节桩的壁厚适当增大，或在桩管外圈加焊一条宽 200～300mm、厚 6～12mm 的扁钢加强箍，为减少桩管下沉的摩阻力，防止贯入硬土层时端部因变形而破损，在钢管桩的下端亦设置加强箍，对 φ406.4～φ914.4mm 钢管，高度为 200～300mm，厚度 6～12mm。

常用钢管桩规格 表 10-105

钢管桩尺寸			重量		面积			断面特性		
外径(mm)	厚度(mm)	内径(mm)	(kg/m)	(m/t)	断面积(cm²)	外包面积(m²)	外表面积(m²/m)	断面系数(cm³)	惯性矩(cm⁴)	惯性半径(cm)
406.4	9	388.4	88.2	11.34	112.4	0.130	1.28	109×10	222×10²	14.1
	12	382.4	117	8.55	148.7			142×10	289×10²	14.0
508	9	490	111	9.01	141	0.203	1.60	173×10	439×10²	17.6
	12	484	147	6.8	187.0			226×10	575×10²	17.5
	14	480	171	5.85	217.3			261×10	663×10²	17.5
609.6	9	591.6	133	7.52	169.8	0.292	1.92	251×10	766×10²	21.2
	12	585.6	177	5.65	225.3			330×10	101×10³	21.1
	14	581.6	206	4.85	262.0			381×10	116×10³	21.1
	16	577.6	234	4.27	298.4			432×10	132×10³	21.0

续表

钢管桩尺寸			重量		面积			断面特性		
外径(mm)	厚度(mm)	内径(mm)	(kg/m)	(m/t)	断面积(cm²)	外包面积(m²)	外表面积(m²/m)	断面系数(cm³)	惯性矩(cm⁴)	惯性半径(cm)
711.2	9	693.2	156	6.41	198.5	0.397	2.23	344×10	122×10³	24.8
	12	687.2	207	4.83	263.6			453×10	161×10³	24.7
	14	683.2	241	4.15	306.6			524×10	186×10³	24.7
	16	679.2	274	3.65	349.4			594×10	212×10³	24.6
812.8	9	794.8	178	5.62	227.3	0.519	2.55	452×10	184×10³	28.4
	12	788.8	237	4.22	301.9			596×10	242×10³	28.3
	14	784.8	276	3.62	351.3			690×10	280×10³	28.2
	16	780.8	314	3.18	400.5			782×10	318×10³	28.2
914.4	12	890.4	311	3.75	340.2	0.567	2.87	758×10	346×10³	31.9
	14	886.4	351	3.22	396.0			878×10	401×10³	31.8
	16	882.4	420	2.85	451.6			997×10	456×10³	31.8
	19	876.4	297	2.38	534.5			117×10²	536×10³	31.7
1016	12	992	346	3.37	378.5	0.811	3.19	939×10	477×10³	35.5
	14	988	395	2.89	440.7			109×10²	553×10³	35.4
	16	984	467	2.51	502.7			124×10²	628×10³	35.4
	19	978	311	2.14	595.4			146×10²	740×10³	35.2

（5）H型钢桩制作，H型钢桩采用钢厂生产的热轧 H型钢打（沉）入土中成桩。这种桩在南方较软的土层中应用较多，除用于建筑物桩基外，还可用作基坑支护的立柱，而且还可拼成组合桩以承受更大的荷载。H型钢桩常用规格如表 10-106 所示。

H型钢桩常用规格表 表 10-106

H型钢桩规格 h×b (mm×mm)	每米重量 (kg/m)	尺　寸				
		h (mm)	b (mm)	a (mm)	e (mm)	R (mm)
HP200×200 HP250×250	43	200	205	9	9	10
	53	204	207	11.3	11.3	10
	53	243	254	9	9	13
	62	246	256	10.5	10.7	13
	85	254	260	14.4	14.4	13
HP310×310	64	295	304	11	11	15
	79	299	306	11	11	15
	93	303	308	13.1	13.1	15
	110	308	310	15.5	15.5	15
	125	312	312	17.4	17.4	15

续表

H型钢桩规格 $h \times b$ (mm×mm)	每米重量 (kg/m)	尺　寸				
		h (mm)	b (mm)	a (mm)	e (mm)	R (mm)
HP360×370	84	340	367	10	10	15
	108	346	370	12.8	12.8	15
	132	351	373	15.6	15.6	15
	152	356	376	17.9	17.9	15
	174	361	378	20.4	20.4	15
HP360×410	105	344	384	12	12	15
	122	348	390	14	14	15
	140	352	392	16	16	15
	158	356	394	18	18	15
	176	360	396	20	20	15
	194	364	398	22	22	15
	213	368	400	24	24	15
	231	372	402	26	26	15

3. 钢桩的焊接

钢桩的焊接应符合下列规定：

(1) 必须清除桩端部的浮锈、油污等脏物，保持干燥；下节桩顶经锤击后变形的部分应割除；

(2) 上下节桩焊接时应校正桩垂直度，对口的间隙宜为2~3mm；

(3) 焊丝(自动焊)或焊条应烘干；

(4) 焊接应对称进行；

(5) 应采用多层焊，钢管桩各层焊缝的接头应错开，焊渣应清除；

(6) 当气温低于0℃或雨雪天无可靠措施确保焊接质量时，不得焊接；

(7) 每个接头焊接完毕，应冷却1min后方可锤击；

(8) 焊接质量应符合国家现行标准《钢结构工程施工质量验收规范》GB 50205和《建筑钢结构焊接技术规程》JGJ 81的规定，每个接头除应按表10-107规定进行外观检查外，还应按接头总数的5%进行超声或2%进行X射线拍片检查，对于同一工程，探伤抽样检验不得少于3个接头。

接桩焊缝外观允许偏差　表 10-107

项目		允许偏差 (mm)
上下节 桩错口	①钢管桩外径≥700mm	3
	②钢管桩外径<700mm	2
	H型钢桩	1
咬边深度 (焊缝)		0.5
加强层高度 (焊缝)		2
加强层宽度 (焊缝)		3

4. 钢桩的运输和堆放

钢桩的运输与堆放应符合下列规定：

(1) 堆放场地应平整、坚实，排水通畅；

(2) 桩的两端应有适当保护措施，钢管桩应设保护圈；

(3) 搬运时应防止桩体撞击而造成桩端、桩体损坏或弯曲；

(4) 钢桩应按规格、材质分别堆放，堆放层数：Φ900mm的钢桩，不宜大于3层；Φ600mm的钢桩，不宜大于4层；Φ400mm的钢桩，不宜大于5层；H型钢桩不宜大于6层。支点设置应合理，钢桩的两侧应采用木楔塞住。

5. 钢桩的沉桩

(1) 当钢桩采用锤击沉桩时，可参照混凝土桩。

(2) 对敞口钢管桩，当锤击沉桩有困难时，可在管内取土助沉。

(3) 锤击H型钢桩时，锤重不宜大于4.5t级(柴油锤)，且

在锤击过程中桩架前应有横向约束装置。

(4) 当持力层较硬时，H型钢桩不宜送桩。

(5) 当地表层遇有大块石、混凝土块等回填物时，应在插入H型钢桩前进行触探，并应清除桩位上的障碍物。

10.4.6.9　钢桩的防腐蚀

用于有地下水侵蚀的地区或腐蚀性土层的钢桩，应按设计要求作防腐处理。钢桩的防腐处理应符合下列规定：

(1) 钢桩的腐蚀速率当无实测资料时可按表10-108确定；

(2) 钢桩防腐处理可采用外表面涂防腐层、增加腐蚀余量及阴极保护；当钢管桩内壁同外界隔绝时，可不考虑内壁防腐。

钢桩年腐蚀速率　表 10-108

钢桩所处环境		单面腐蚀率 (mm/y)
地面以上	无腐蚀性气体或腐蚀性挥发介质	0.05~0.1
地面以下	水位以上	0.05
	水位以下	0.03
	水位波动区	0.1~0.3

10.4.6.10　质量控制

1. 一般规定

(1) 桩位的放样允许偏差如下：

群桩20mm；单排桩10mm。

(2) 桩基工程的桩位验收，除设计有规定外，应按下述要求进行：

1) 当桩顶设计标高与施工现场标高相同时，或桩基施工结束后，有可能对桩位进行检查时，桩基工程的验收应在施工结束后进行。

2) 当桩顶设计标高低于施工场地标高，送桩后无法对桩位进行检查时，对打入桩可在每根桩桩顶沉至自然地标高时，进行中间验收，待全部桩施工结束，承台或底板开挖到设计标高后，再做最终验收。

(3) 打(压)入桩(预制凝土方桩、先张法预应力管桩、钢桩)的桩位偏差，必须符合表10-109的规定。斜桩倾斜度的偏差不得大于倾斜角正切值的15%(倾斜角系桩的纵向中心线与铅垂线间夹角)。

预制桩(钢桩)桩位的允许偏差 (mm)　表 10-109

项	项　目	允许偏差
1	带有基础梁的桩： (1) 垂直基础梁的中心线 (2) 沿基础梁的中心线	100+0.01H 150+0.01H
2	桩数为1~3根桩基中的桩	100
3	桩数为4~16根桩基中的桩	1/2桩径或边长
4	桩数大于16根桩基中的桩： (1) 最外边的桩 (2) 中间桩	1/3桩径或边长 1/2桩径或边长

注：H为施工现场地面标高与桩顶设计标高的距离。

(4) 工程桩应进行承载力检验。对于地基基础设计等级为甲级或地质条件复杂，成桩质量可靠性低的灌注桩，应采用静载荷试验的方法进行检验，检验桩数不应少于总数的1%，且不应少于3根，当总桩数不少于50根时，不应少于2根。

(5) 桩身质量应进行检验。对设计等级为甲级或地质条件复杂，成桩质量可靠性低的灌注桩，抽检数量不应少于总数的30%，且不应少于20根；其他桩基工程的抽检数量不应少于总数的20%，且不应少于10根；对混凝土预制桩及地下水位以上且终孔后经过核验的灌注桩，检验数量不应少于总桩数的10%，且不得少于10根。每个柱子承台下不得少于1根。

(6) 对砂、石子、钢材、水泥等原材料的质量、检验项目、批量和检验方法，应符合国家现行标准的规定。

2. 混凝土预制桩

(1) 桩在现场预制时，应对原材料、钢筋骨架(表10-110)、混凝土强度进行检查；采用工厂生产的成品桩，桩进场后应进行外观及尺寸检查。

预制桩钢筋骨架质量检验标准　表 10-110

项	序	检查项目	允许偏差或允许值		检查方法
			单位	数值	
主控项目	1	主筋距桩顶距离	mm	±5	用钢尺量
	2	多节桩锚固钢筋位置	mm	5	用钢尺量
	3	多节桩预埋铁件	mm	±3	用钢尺量
	4	主筋保护层厚度	mm	±5	用钢尺量
一般项目	1	主筋间距	mm	±5	用钢尺量
	2	桩尖中心线	mm	10	用钢尺量
	3	箍筋间距	mm	±20	用钢尺量
	4	桩顶钢筋网片	mm	±10	用钢尺量
	5	多节桩锚固钢筋长度	mm	±10	用钢尺量

（2）施工中应对桩体垂直度、沉桩情况、桩顶完整状况、接桩质量等进行检查，对电焊接桩，重要工程应做 10% 的焊缝探伤检查。

（3）施工结束后，应对承载力及桩体质量做检验。

（4）对长桩或总锤击数超过 500 击的锤击桩，应符合桩体强度及 28d 龄期的两项条件才能锤击。

（5）钢筋混凝土预制桩的质量检验标准见表 10-111。

钢筋混凝土预制桩的质量检验标准　表 10-111

项	序	检查项目	允许偏差或允许值		检查方法
			单位	数值	
主控项目	1 2 3	桩体质量检验 桩位偏差 承载力	按《基桩检测技术规范》 同表 10-115 数值 按《基桩检测技术规范》		按《基桩检测技术规范》 用钢尺量 按《基桩检测技术规范》
一般项目	1	砂、石、水泥、钢筋等原材料（现场预制时）	符合设计要求		查出厂质保文件或抽样送检
	2	混凝土配合比及强度（现场预制时）	符合设计要求		检查称量及查试块记录
	3	成品桩外形	表面平整，颜色均匀，掉角深度<10mm，蜂窝面积小于总面积 0.5%		直观
	4	成品桩裂缝（收缩裂缝或起吊、装运、堆放引起的裂缝）	深度<20mm，宽度<0.25mm，横向裂缝不超过边长的一半		裂缝测定仪，该项在地下水有侵蚀地区及锤击数超过 500 击的长桩不适用
	5	成品桩尺寸：横截面边长 桩顶对角线差 桩尖中心线 桩身弯曲矢高 桩顶平整度	mm mm mm mm	±5 <10 <10 <1/1000l （l 为桩长）	用钢尺量 用钢尺量 用钢尺量 用钢尺量 水平尺量
	6	电焊接桩：焊缝质量 电焊结束后停歇时间 上下节平面偏差 节点弯曲矢高	按《建筑基桩检测技术规范》 min mm	>1.0 <10 <1/1000l	按《建筑基桩检测技术规范》 秒表测定 用钢尺量（l 为两桩节长）
	7	硫磺胶泥接桩：胶泥浇筑时间 浇筑后停歇时间	min min	<2 >7	秒表测定 秒表测定
	8	桩顶标高	mm	±50	水准仪
	9	停锤标准	设计要求		现场实测或查沉桩记录

3. 静力压桩

（1）静力压桩包括锚杆静压桩及其他各种非冲击力沉桩。

（2）施工前应对成品桩（锚杆压桩成品桩一般均由工厂制造，

运至现场堆放）做外观及强度检验，按桩用焊条或半成品硫磺胶泥应有产品合格证书，或送有关部门检验，压桩用压力表、锚杆规格及质量也应进行检查、硫磺胶泥半成品每 100kg 做一组试件（3 件）。

（3）压桩过程中应检查压力、桩垂直度、接桩间歇时间、桩的连接质量及压入深度、重要工程应对电焊接桩的接头做 10% 的探伤检查。对承受反力的结构应加强观测。

（4）施工结束后，应做桩的承载力及桩体质量检验。

（5）锚杆静压桩质量检验标准应符合表 10-112 的规定。

锚杆静压桩质量检验标准　表 10-112

项	序	检查项目	允许偏差或允许值		检查方法
			单位	数值	
主控项目	1	桩体质量检验	按《建筑基桩检测技术规范》		按《建筑基桩检测技术规范》
	2	桩位偏差	按《桩基施工规程》		用钢尺量
	3	承载力	按《建筑基桩检测技术规范》		按《建筑基桩检测技术规范》
一般项目	1	成品桩质量：外观外形尺寸强度	表面平整，颜色均匀，掉角深度<10mm，蜂窝面积小于总面积 0.5% 按桩基施工规程 满足设计要求		直观 钢尺，卡尺 查出厂质保证明或钻芯试压
	2	硫磺胶泥质量（半成品）	设计要求		查出厂质保证明或抽样送检
	3	接桩	电焊接桩：焊缝质量	按《桩基施工规程》		超声波检测
			电焊结束后停歇时间	min	>1.0	秒表测定
			硫磺胶泥接桩：胶泥浇筑时间 浇筑后停歇时间	min min	<2 >7	秒表测定 秒表测定
	4	电焊条质量	设计要求		查产品合格证书
	5	压桩压力（设计有要求时）	%	±5	查压力表读数
	6	接桩时上下节平面偏差 接桩时节点弯曲矢高	mm 	<10 <l/1000	用钢尺量 l 尺量（l 为两节桩长）
	7	桩顶标高		±50	水准仪

4. 先张法预应力管桩

（1）施工前应检查进入现场的成品桩，接桩用电焊条等产品质量。

（2）施工过程中应检查桩的贯入情况、桩顶完整状况、电焊接桩质量、桩体垂直度、电焊后的停歇时间。重要工程应对电焊接头做 10% 的焊缝探头检查。

（3）施工结束后，应做承载力检验及桩体质量检验。

（4）先张法预应力管桩的质量检验应符合表 10-113 的规定。

5. 钢桩

（1）施工前应检查进入现场的成品钢桩，成品桩的质量标准应符合表 10-114。

（2）施工中应检查钢桩的垂直度、沉入过程、电焊连接质量、电焊后的停歇时间、桩顶锤击后的完整状况、电焊质量除常规检查外，应做 10% 的焊缝探伤检查。

（3）施工结束后应做承载力检验。

（4）钢桩施工质量检验标准应符合表 10-114 及表 10-115 的规定。

先张法预应力管桩质量检验标准　　表 10-113

项	序	检查项目	允许偏差或允许值		检查方法
			单位	数值	
主控项目	1	桩体质量检验	按《建筑基桩检测技术规范》		按《建筑基桩检测技术规范》
	2	桩位偏差	按《桩基施工规程》		用钢尺量
	3	承载力	按《建筑基桩检测技术规范》		按《建筑基桩检测技术规范》
一般项目	1	成品桩质量	外观	无蜂窝、露筋、裂缝、色感均匀、桩顶处无孔隙	直观
			桩径 mm ±5		用钢尺量
			管壁厚度 mm ±5		用钢尺量
			桩尖中心线 mm <2		用钢尺量
			顶面平整度 mm 10		用水平尺量
			桩体弯曲 <1/1000l		用钢尺量，l 为桩长
	2	接桩：焊缝质量电焊结束后停歇时间上下节平面偏差节点弯曲矢高	按桩基施工规程		超声波检测
			min >1.0		秒表测定
			<10		用钢尺量
			mm <1/1000l		用钢尺量，l 为桩长
	3	停锤标准	设计要求		现场实测或查沉桩记录
	4	桩顶标高	mm ±50		水准仪

成品钢桩质量检验标准　　表 10-114

项	序	检查项目	允许偏差或允许值		检查方法
			单位	数值	
主控项目	1	钢桩外径或断面尺寸：桩端桩身		±0.5%D ±1D	用钢尺量，D 为外径或边长
	2	矢高		<1/1000l	用钢尺量，l 为桩长
一般项目	1	长度	mm	+10	用钢尺量
	2	端部平整度	mm	≤2	用水平尺量
	3	H 钢桩的方正度	mm	T+T′≤8	用钢尺量，h、T、T′见图示
		h>300			
		h<300	mm	T+T′≤6	
	4	端部平面与桩中心线的倾斜值	mm	≤2	用水平尺量

钢桩施工质量检验标准　　表 10-115

项	序	检查项目	允许偏差或允许值		检查方法
			单位	数值	
主控项目	1	桩位偏差	按《桩基施工规程》		用钢尺量
	2	承载力	按《建筑基桩检测技术规范》		按《建筑基桩检测技术规范》
一般项目	1	电焊接桩焊缝：(1) 上下节端部错口（外径≥700mm）（外径<700mm）(2) 焊缝咬边深度(3) 焊缝加强层高度(4) 焊缝加强层宽度	mm ≤3 mm ≤2 mm ≤0.5 mm 2 mm 2		用钢尺量 用钢尺量 焊缝检查仪 焊缝检查仪 焊缝检查仪
		(5) 焊缝电焊质量外观	无气孔、无焊瘤、无裂缝		直观
		(6) 焊缝探伤检验	满足设计要求		按设计要求
	2	电焊结束后停歇时间	min	>1.0	秒表测定
	3	节点弯曲矢高		<1/1000l	用钢尺量（l 为两节桩长）
	4	桩顶标高	mm	±50	水准仪
	5	停锤标准	设计要求		用钢尺量或沉桩记录

10.4.6.11　施工安全技术措施

（1）打桩前，应对邻近施工范围内的原有建筑物、地下管线等进行检查，对有影响的工程，应采取有效的加固措施或隔振措施，以确保施工安全。

（2）机具进场要注意危桥、陡坡、陷地和防止碰撞电杆、房屋等，以免造成事故。

（3）打桩机行走道路必须平整、坚实，必要时宜铺设道碴，经压路机碾压密实。场地四周应挖排水沟以利排水，保证移动桩机时的安全。

（4）在施工前应先全面检查机械，发现有问题时及时解决，检查后要进行试运转，严禁带病作业。机械操作必须遵守安全技术操作要求，由专人操作，并加强机械的维护保养，保证机械各项设备和部件、零件的正常使用。

（5）吊装就位时，起吊要慢，拉住溜绳，防止桩头冲击桩架，撞坏桩身；加强检查，发现不安全情况，及时处理。

（6）在打桩过程中遇有地坪隆起或下陷时，应随时对机架及路轨调平或垫平。

（7）机械司机，在施工操作时要集中精力，服从指挥信号，不得随便离开岗位，并经常注意机械运转情况，发现异常情况要及时纠正。要防止机械倾斜、倾倒，桩锤不工作时，突然下落等事故的发生。

（8）打桩时严禁用手拨正桩垫，不要在桩锤未打到桩顶即起锤或过早刹车，以免损坏设备。

（9）钢管桩打桩后必须及时加盖临时桩帽；预制混凝土桩送桩入土后的桩孔，必须及时用砂子或其他材料填灌，以免发生人身事故。

（10）冲抓锥或冲孔锤操作时，不准任何人进入落锤区施工范围内，以防砸伤。

（11）成孔钻机操作时，注意钻机安定平稳，以防止钻架突然倾倒或钻具突然下落。

（12）施工现场的一切电源、电路的安装和拆除必须由持证电工操作；电器必须严格接地、接零和使用漏电保护器。

10.4.6.12　文明施工与环境保护

参见第 10.5.5.15 节内容。

10.4.6.13 常见事故及处理

1. 锤击法常见问题及处理

(1) 桩顶移位及倾斜

产生原因：

1) 桩入土后，由于桩身不正、钻孔倾斜过大、群桩沉桩次序不当引起土体受到挤压，造成邻近桩产生横向位移或桩身上涌。

2) 桩入土后，遇到大块孤石或坚硬障碍物，或遇流砂等不良地质情况。

处理措施：

施工前探明地下障碍物情况，预先采取排出、钻透或爆碎进行处理；钻孔插桩成孔过程要严格执行规程保证钻孔垂直，插桩时吊线保证桩身垂直。对于软土地基尤其注意桩间距并按照设计打桩顺序进行施工，如位移过大，应拔出，移位再打，位移不大，可用木架顶正，再慢锤打入；障碍物不深，可挖去回填后再打；浮起量大的桩应重新打入。

(2) 桩头击碎

产生原因：

1) 桩顶的混凝土强度等级设计偏低，钢筋网片不足，造成强度不够。预制桩混凝土配合比不准确、养护不好，未达到设计要求。桩外形制作没达到设计要求。

2) 施工机具选择不当，桩锤选用过大或过小；桩顶与桩帽接触不平，造成应力集中；沉桩时未加缓冲垫或桩垫不合要求，失去缓冲作用，使桩直接承受冲击荷载。

3) 遇到砂层或者大块石等不良地质情况。

处理措施：

桩设计应根据工程地质条件和施工机具性能合理设计桩头，保证有足够的强度；桩制作时混凝土配合比要正确，振捣密实，充分养护。沉桩前，应复核所选锤重，必要时进行试桩。如桩顶不平或不垂直于桩轴线，应修补后才能使用；桩顶应加草垫、纸袋或胶皮等缓冲垫，如发现损坏，应及时更换；如桩顶已破碎，应更换或加垫桩垫，如破碎严重，可把桩顶剔平补强，必要时加钢板箍，再重新沉桩；遇砂夹层或大块石，可采用小钻孔再插预制桩的办法施打。

(3) 断桩

产生原因：

1) 桩细长比过大。

2) 桩制作质量差，局部强度过低；弯曲度过大；吊运过程产生裂缝或断裂。

3) 桩在反复施打时，桩身受拉大于混凝土的抗拉强度时，产生裂缝，剥落而导致断裂。

处理措施：

桩细长比应控制不大于40；桩制作时，应保证混凝土配合比正确，振捣密实，强度均匀；桩在堆放、起吊、运输过程中，应严格按操作规程，发现桩超过有关验收规定不得使用；施工前查清地下障碍物并清除，检查桩外形尺寸，发现弯曲超过规定或桩尖不在桩纵轴线上时，不得使用；已断桩，可采取在一旁补桩的办法处理。

(4) 沉桩达不到设计控制要求

产生原因：

1) 地质勘察资料不明，致使设计桩尖标高与实际不符；或持力层过高。

2) 沉桩遇地下障碍物，如大块石、混凝土坑等，或遇坚硬土夹层、砂夹层。

3) 桩锤选择太小或太大，使桩沉不到或超过设计要求的控制标高。

4) 桩顶击碎或桩身击断，致使桩不能继续打入，打桩间歇时间过长，摩阻力增大。

处理措施：

详细探明工程地质情况，必要时应作补勘；探明地下障碍物，并清除掉，或钻透或爆碎；正确选择持力层或标高，根据地质情况和桩重，合理选择施工机械、桩锤大小、施工方法和桩混凝土强度；在新近代砂层沉桩，注意打桩次序，减少向一侧挤密的现象。

打桩应连续打入，不宜间歇时间过长；防止桩顶打碎和桩身打断。

(5) 桩急剧下沉或回弹

产生原因：

1) 遇软土层或土洞、断桩；

2) 桩尖遇树根、坚硬土层。

处理措施：

遇软土层或土洞应进行补桩或填洞处理；沉桩前检查桩垂直度和有无裂缝情况，发现弯曲或裂缝，处理后再沉桩；落锤不要过高，将桩拔起检查，改正后重打，或靠近原桩位作补桩处理。

2. 静力压桩常见事故及处理

(1) 桩压不下去

原因分析：

1) 桩端停在砂层中接桩，中途间断时间过长；

2) 压桩机部分设备工作失灵，压桩停歇时间过长。

处理措施：

1) 避免桩端停在砂层中接桩；

2) 及时检查压桩设备、做好设备维护保养，维修。

(2) 桩达不到设计标高

原因分析：

1) 勘察报告不明确或有错误；

2) 桩压至接近设计标高时过早停压，在补压时压不下去。

处理措施：

1) 变更设计桩长；

2) 改变过早停压的做法。

(3) 桩身倾斜或位移

原因分析：

1) 桩不保持轴心受压；

2) 上下节桩轴线不一致；

3) 遇障碍物。

处理措施：

及时调整；加强测量；障碍物不深时，可挖除回填后再压；歪斜较大，可利用压桩油缸回程，将土中的桩拔出，回填后重新压桩。

3. 钢桩常见事故及处理

(1) 桩达不到设计标高或沉桩困难

原因分析：

1) 桩锤大小与桩的形状、断面和地层不匹配；

2) 或遇到坚硬土夹层；或桩端持力层深度与勘察报告不符。

处理措施：

需更换合适的桩锤，依据重新勘察结果变更桩设计和施工方法。

(2) 桩破损

原因分析：

1) 制作瑕疵或运输问题；

2) 地质情况，如遇到孤石和局部硬质地层造成桩身屈曲破损；

3) 桩锤、桩帽还有锤垫不匹配造成沉桩过程出现桩损。

处理措施：

需更换桩，依据重新勘察结果变更桩设计和施工方法。检查桩部件匹配性，及时调整。

(3) 贯入度突然增大

原因分析：

1) 桩在土中失稳；

2) 桩发生倾斜；

3) 桩截面刚度过小，锤击时桩自由度较大；

4) 桩下有空洞。

处理措施：

搞好测量控制，做到垂直地插入H型钢桩；预先对不良地质情况作处理。

(4) 钢桩加工质量问题，夹渣、漏焊、裂纹等

原因分析：

焊接电流不匹配，焊接速度过快或者过慢，焊接工序工艺存在问题。

处理措施：

严格按照加工工艺说明进行焊接施工。

10.4.7　特殊用途的桩

10.4.7.1　抗拔桩

在建筑工程中，尤其是无上部结构的地下室以及地下停车场、污水处理池、深井泵房、船坞、人防和地铁工程；高耸结构：如输电线铁塔、电视塔、烟囱的基础；锚锭基础以及在水平力作用下出现上拔力的建（构）筑物基础，如码头、挡土墙等，都有可能遇到工程结构的抗浮抗拔问题。

抗浮抗拔措施视具体情况而定且型式多样，最常见的是设置抗拔桩，抗拔桩的形式一般常用的为等截面的抗拔桩，为了获得最大的抗拔承载力，其入土深度一般不宜小于20倍桩径；为了提高桩的承载力，也可将抗拔桩做成非等截面，如扩底桩（夯扩、爆扩、机扩、掏扩），这种形式不仅能发挥桩的侧摩阻力，而且还能充分发挥桩的扩大部分的抗拔阻力。抗拔桩的设置方向主要取决于荷载的性质及作用方向，如竖桩、斜桩和叉桩等形式。

常用的抗拔桩型式主要有钻（冲）孔灌注桩、混凝土预制桩和钢桩等。

10.4.7.2　微型桩

微型桩是通过一定的方法在地基中先成孔，再在孔中下入设计所要求的钢筋笼和注浆用的注浆管，经清孔后在孔中投入一定规格的石料或细石混凝土，再用水泥浆液替代出孔中的水，进行压力注浆所形成的直径为90～300mm的同径或异径的桩。微型桩复合地基是由桩间改良后的土与注浆微型桩桩体组成的人工"复合地基"。微型桩因其对打桩设备及施工场地的要求低，而承载力较高，安全可靠等性质，所以得到了广泛的应用。其主要应用于基础托换、基坑支护、公路工程、边坡加固以及新建工程。

按照注浆微型桩的施工工艺，注浆微型桩在最后成桩前要进行静力压浆，并进行稳压工作，这样原来桩壁与周围土层接触不好的地方就会被进行压入的水泥浆强制充填，从而使桩侧与桩周土体接触良好。同时在水泥浆的水解、水化作用，黏土颗粒与水泥水化物的作用、碳酸化作用下，更增强了注浆微型桩与其桩周土之间胶结力，从而提高了注浆微型桩桩周土的摩阻力。

通过静力压浆后，大部分浆液会被压入到桩间土体的孔隙中去，在一定的压力下，浆液会沿阻力最小的方向流动，并充填于桩间土体中的空隙中，使密度增大，地基土的承载力提高。

这对于人工填土和砂性土尤为明显。由于注浆微型桩桩体的变形模量远远大于桩间土的变形模量，这样当注浆微型桩与周围土体共同承担上部基底应力时，基底应力会向注浆微型桩桩体集中，静载荷试验资料表明，仅占承压板面积约10%的微型桩承担了总荷载的50%～60%，而占承压板面积约90%的桩间土仅承担了总荷载的40%～50%。因此，注浆微型桩降低了基底下一定深度范围内土层中的附加应力，从而也减小了持力层内可能产生的大量压缩变形。此外，注浆微型桩对桩间土也能起侧向约束作用，限制桩间土的侧向位移。对于一定的基底应力而言，注浆微型桩承担的基底应力份额大了，其桩间土所承担的基底应力份额自然减小，这样一来，地基土的承载力自然也就提高了。

1. 微型桩的优点

微型桩直径一般在150～300mm，桩长不超过30m，布置形式有各种排列的直桩和网状结构的斜桩。与其他地基加固或基础托换方法相比微型桩具有以下优点：

（1）所需施工场地较小，一般平面尺寸为0.6m×1.8m，净空高度为2.1～2.7m即可施工；

（2）施工时噪声和振动小，施工也较方便；

（3）压力注浆使微型桩与地基土紧密结合，桩和墙身连接一体；

（4）施工时桩孔径小，因而对基础和地基土几乎都不产生附加应力，施工时对原有基础影响小；也不干扰建筑物的正常使用；

（5）能穿透各种障碍物，适用于各种不同的土质条件；

（6）桩和桩间土通过褥垫层形成复合地基。

2. 微型桩的设计

在设计中首先要评价建筑场地土的工程性能，选用并确定设计计算模式，确定复合地基或单桩的承载力，最后布置桩位，并绘出施工图。

（1）桩径设计

根据不同的工程条件、结构要求、地质特征选用不同的桩径，桩径一般为90～300mm。

（2）桩长设计

对于按刚性桩理论进行设计的注浆微型桩，其桩长设计应满足两个条件：一是满足单桩承载力的要求；二是满足进入相对较好持力层的要求。对于按复合地基理论进行设计的注浆微型桩主要是要满足复合地基承载力的要求，但不宜将桩端置于软弱土层上，以免日后沉降偏大。

1）对于受水平力较小的桩，可按配筋率0.40%～0.65%配筋。

2）钢筋笼外径宜小于设计桩径40～60mm。主筋保护层的厚度不小于30mm。

3）主筋规格一般不少于3根，有3ϕ10、3ϕ12、3ϕ14、4ϕ18mm等几种，箍筋可采用ϕ6.5mm、间隔200～350mm的形式。对软弱地基，主要承受竖向荷载时的钢筋长度不得小于1/2桩长；主要承受水平荷载时应全长配筋。

4）桩身混凝土强度等级应不小于C20。

5）注浆压力以0.5～3.0MPa为宜，砂性土和杂填土可小于0.5MPa，若对地基承载力有较高的要求，压力可适当大些。

6）浆液的配合比，水灰比可取0.55：1.00、0.60：1.00、0.65：1.00、0.70：1.00、0.80：1.00；外加剂可用Na_2SiO_3、FDN（减水剂）、$CaCl_2$等。对作为承重桩的微型桩，宜注水泥浆，配合比为水：水泥：砂＝0.5：1.0：0.3（重量比），砂粒粒径不宜大于0.5mm。

7）注浆量，取充盈比K为1.5～2.0，砂性土和杂填土取高值，黏性土取低值。桩径300mm时，注浆量可取75kg/m。

3. 微型桩的施工

微型桩的施工一般按以下工序进行：成孔→清孔→安放钢筋笼→注浆成桩。

（1）定位和校正垂直度

桩位偏差应控制在20mm以内，直桩的垂直度偏差应不超过1%，斜桩的倾斜度应按设计要求作相应调整。

（2）成孔

一般采用钻机成孔，分干作业和湿作业两种。

干作业钻孔是取出天然土，无泥浆处理问题。适用于地下水位较低的地区，一般采用工程地质钻机成孔，有的地区甚至用洛阳铲。

在地下水位高的饱和黏土地区，普遍采用湿作业钻孔。除端承桩的钻孔必须下套以确保桩身截面均匀外，一般只在孔口附近下1～2m的套管防止孔口坍塌。钻孔时可采用泥浆护壁或清水护壁。钻孔到设计标高后下100～200mm停钻，然后清孔，直至孔口泛水为止；钻机经改造后，桩孔距建筑物墙（柱）边最近可为350mm，必要时也可采用斜桩。

（3）吊放钢筋笼和注浆管

钢筋笼宜整根吊放，因为钻孔暴露时间越长就越容易造成塌孔和缩径。当受到净空和起吊设备限制时可采用分步吊放钢筋笼，节间钢筋搭接焊缝长度双面焊不小于5倍钢筋直径，双面焊不小于10倍钢筋直径。预留钢筋段长度不小于35倍主筋直径。注浆管可采用直径20mm铁管，直插孔底。施工时应尽量缩短吊放和焊接时间。

（4）填灌碎石

碎石粒径宜在10～25mm范围内，并用水冲洗后计量填放，填入量应不小于计算体积的0.9倍。在填灌过程中应始终利用注浆管注水清孔，并不断摇晃和轻锤钢筋笼，以防止碎石架桥和泥砂沉积孔口，当填入量过小时，应分析原因，采取相应的措施。

（5）注浆

注浆材料可采用水泥浆液、水泥砂浆或细石混凝土，当采用碎石填灌时，注浆应采用水泥浆。

当采用一次注浆时，泵的最大工作压力不应低于 1.5MPa，开始注浆时，需要 1MPa 的起始压力，将浆液经注浆管从孔底压出，接着注浆压力宜为 0.1～0.3MPa，使浆液逐渐上冒，直至浆液泛出孔口停止注浆。

当采用二次注浆时，泵的最大工作压力不应低于 4MPa。待第一次注浆的浆液初凝时方可进行第二次注浆，浆液的初凝时间根据水泥品种和外加剂掺量确定，可控制在 45～60min 范围。第二次注浆压力宜为 2～4MPa，二次注浆不宜采用水泥砂浆和细石混凝土。

注浆施工时应采用间隔施工、间歇施工或增加速凝剂掺量等措施，以防止出现相邻桩冒浆和窜孔现象。树根桩施工不应出现缩颈和塌孔。

(6) 拔注浆管、移位

拔管后按质量要求在顶部取混凝土制成试块，拔管后应立即在桩顶填充碎石，并在 1～2m 范围内补充注浆。

4. 质量检验

(1) 施工过程中应作好现场验收记录，包括钢筋笼制作、成孔和注浆等各项工序指标。

(2) 每 3～6 根桩做一组试块，测定抗压强度，桩身强度应符合设计要求。

(3) 对承受垂直荷载的微型桩，应采用载荷试验检验树根桩的竖向承载力，有经验时也可采用动测法检验桩身质量，两者均应符合设计要求。在建造上部结构前应检验桩位、桩数和桩头强度。

10.4.8 承台施工

10.4.8.1 基坑开挖和回填

(1) 桩基承台施工顺序宜先深后浅。

(2) 当承台埋置较深时，应对邻近建筑物及市政设施采取必要的保护措施，在施工期间应进行监测。

(3) 基坑开挖前应对边坡支护型式、降水措施、挖土方案、运土路线及堆土位置编制施工方案，若桩基施工引起超孔隙水压力，宜待超孔隙水压力大部分消散后开挖。

(4) 当地下水位较高需降水时，可根据周围环境情况采用内降水或外降水措施。

(5) 挖土应均衡分层进行，对流塑状软土的基坑开挖，高差不应超过 1m。

(6) 挖出的土方不得堆置在基坑附近。

(7) 机械挖土时必须确保基坑内的桩体不受损坏。

(8) 基坑开挖结束后，应在基坑底做出排水盲沟及集水井，如有降水设施仍应维持运转。

(9) 在承台和地下室外墙与基坑侧壁间隙回填土前，应排除积水，清除虚土和建筑垃圾，填土应按设计要求选料，分层夯实，对称进行。

10.4.8.2 钢筋和混凝土施工

1. 钢筋和混凝土施工

(1) 绑扎钢筋前应将灌注桩桩头浮浆部分和预制桩桩顶锤击面破碎部分去除，桩体及其主筋伸入承台的长度应符合设计要求，钢管桩尚应焊好桩顶连接件，并应按设计施作桩头和垫层防水。

(2) 承台混凝土应一次浇注完成，混凝土入槽宜采用平铺法。对大体积混凝土施工，应采取有效措施防止温度应力引起裂缝。

2. 承台工程验收

(1) 承台钢筋、混凝土的施工与检查记录；

(2) 桩头与承台的锚筋、边桩离承台边缘距离、承台钢筋保护层记录；

(3) 桩头与承台防水构造及施工质量；

(4) 承台厚度、长度和宽度的量测记录及外观情况描述等；

(5) 承台工程验收除符合本节规定外，尚应符合现行国家标准《混凝土结构工程施工质量验收规范》GB 50204 的规定。

10.4.9 桩的检测

10.4.9.1 桩的静载试验

静载试验是获得桩的竖向抗压、抗拔以及水平承载力的最基本而可靠的桩基检测方法。通过现场静载试验确定单桩的竖向极限承

载力，作为设计依据，或对工程桩的承载力进行抽样检验和评价。

桩的静载试验，是模拟实际荷载情况，通过静载加压，得出一系列关系曲线，综合评定确定其许可承载力，它能较好地反映单桩的实际承载力。荷载试验有多种类型，通常采用的是单桩竖向抗压静载试验、单桩竖向抗拔静载试验和单桩水平静载试验。

受检桩的混凝土龄期达到 28d 或预留同条件养护试块强度达到设计强度。当无成熟的地区经验时，尚不应少于表 10-116 规定的时间。

不同土类型的休止时间　　表 10-116

土的类型		休止时间（d）
砂土		7
粉土		10
黏性土	非饱和	15
	饱和	25

注：对于泥浆护壁灌注桩，宜适当延长休止时间。

检测数量：在同一条件下不应少于 3 根，且不宜少于总桩数的 1%；当工程桩总数在 50 根以内时，不应少于 2 根。

1. 单桩竖向抗压静载试验法

(1) 基本规定

1) 当设计有要求或满足下列条件之一时，施工前应采用静载试验确定单桩竖向抗压承载力特征值：

①设计等级为甲级、乙级的桩基；

②地质条件复杂、桩施工质量可靠性低；

③本地区采用的新桩型或新工艺。

2) 对单位工程内且在同一条件下的工程桩，当符合下列条件之一时，应采用单桩竖向抗压承载力静载试验进行验收检测：

①设计等级为甲级的桩基；

②地质条件复杂、桩施工质量可靠性低；

③本地区采用的新桩型或新工艺；

④挤土群桩施工产生挤土效应。

(2) 试验设备仪器及安装

1) 试验加载装置

单桩竖向抗压静载试验一般采用油压千斤顶加载，当采用两台及两台以上千斤顶加载时应并联同步工作，应采用同型号、同规格的千斤顶，千斤顶的合力中心应与桩轴线重合。千斤顶的加载反力装置可根据现场实际条件采取下述四种方法之一：

①锚桩横梁反力装置

锚桩横梁反力装置由四根锚桩、主梁、次梁、油压千斤顶以及测量仪表等组成。锚桩、反力梁装置能提供的反力应不得小于最大加载量的 1.2 倍。应对主次梁进行强度和变形验算。应对锚桩抗拔力（地基土、抗拔钢筋、桩的接头）进行验算；采用工程桩作锚桩时，锚桩数量不应少于 4 根，并应监测锚桩上拔量。压重宜在检测前一次加足，并均匀稳固地放置于平台上。

②压重平台反力装置

压重平台反力装置由支墩（或垫木）、钢横梁、钢锭、油压千斤顶及测量仪表等组成。堆载量不得小于预估试桩破坏荷载的 1.2 倍。压重应在试验开始前一次加上，并均匀稳固的放置于平台上。压重宜在检测前一次加足，并均匀稳固地放置于平台上。压重施加于地基的压应力不大于地基承载力特征值的 1.5 倍，有条件时宜利用工程桩作为堆载支点。

③锚桩压重联合反力装置

当试桩最大加载量超过锚桩的抗拔能力时，可在锚桩上或主次梁上配重，由锚桩和堆重共同承受千斤顶加压的反力。

为了避免加荷过程中的相互影响，试桩、锚桩（压重平台支墩边）和基准桩之间的中心距离应符合表 10-117 规定。

④地锚反力装置

对于单桩承载力较小的摩擦桩可采用土锚作反力，对于岩层面浅的嵌岩桩，可采用岩锚提供反力。

常见单桩竖向抗压静载试验装置见图 10-52。

试桩、锚桩（或压重平合支墩边）和墓准桩之间的中心距离

表 10-117

距离 反力装置	试桩中心与锚桩中心（或压重平台支墩边）	试桩中心与基准桩中心	基准桩中心与锚桩中心（或压重平台支墩边）
锚桩横梁	≥4 (3) d 且 >2.0m	≥4 (3) d 且 >2.0m	≥4 (3) d 且 >2.0m
压重平台	≥4d 且 >2.0m	≥4 (3) d 且 >2.0m	≥4d 且 >2.0m
地锚装置	≥4d > 2.0m	≥4 (3) d 且 >2.0m	≥4d 且 >2.0m

注：1. d 为试桩、锚桩或地锚的设计直径或边宽，取其较大者；

2. 如试桩或锚桩为扩底桩或多支盘桩时，其中心距不应小于 2 倍扩大端直径；

3. 括号内数值可用于工程桩验收检测时多排桩设计桩中心距离小于 4d 的情况；

4. 软土场地堆重量较大时，宜增加支墩边与基准桩中心和试桩中心之间的距离，并在试验过程中观测基准桩的竖向位移。

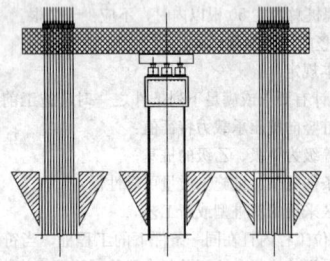

图 10-52 单桩竖向抗压静载试验装置图

2) 仪表和测试元件

荷载测量可用放置在千斤顶上的荷重传感器直接测定；或采用并联于千斤顶油路的压力表或压力传感器测定油压，根据千斤顶率定曲线换算荷载。传感器的测量误差不应大于 1%，压力表精度应优于或等于 0.4 级。试验用压力表、油泵、油管在最大加载时的压力不应超过规定工作压力的 80%。

试桩沉降一般宜采用位移传感器或大量程百分表，并应符合下列规定：测量误差不大于 0.1%FS，分辨力优于或等于 0.01mm；直径或边宽大于 500 mm 的桩，应在其两个方向对称安装 4 个位移测试仪表，直径或边宽小于等于 500mm 的桩可对称安装 2 个位移测试仪表；沉降测定平面宜在桩顶 200mm 以下位置，测点应牢固地固定于桩身；基准梁应具有一定的刚度，梁的一端应固定在基准桩上，另一端应自由地搁置于基准桩上；固定和支撑位移计（百分表）的夹具及基准梁应避免气温、振动及其他外界因素的影响。

(3) 单桩的静载荷试验要点

载荷试验时，为设计提供依据的试验桩，应加载至破坏；当桩的承载力以桩身强度控制时，可按设计要求的加载量进行。对工程桩抽样检测时，加载量不应小于设计要求的单桩承载力特征值的 2.0 倍。

1) 荷载分级

试验时加载分级荷载宜为最大加载量或预估极限承载力的 1/10，其中第一级可取分级荷载的 2 倍。卸载应分级进行，每级卸载量取加载时分级荷载的 2 倍，逐级等量卸载。

2) 试验加载方式

采用慢速维持荷载法，即逐级加载，每级荷载达到相对稳定后加下一级荷载，直到试桩破坏，然后逐级等量卸载到零。加、卸载时应使荷载传递均匀、连续、无冲击，每级荷载在维持过程中的变化幅度不得超过分级荷载的 ±10%。当桩顶沉降速率达到相对稳定标准时，再施加下一级荷载。当考虑结合实际工程桩的荷载特征，也可采用多循环加、卸载法（每级荷载达到相对稳定后卸载到零）或用等速率贯入法。当考虑缩短试验时间，对于工程桩的检验性试验，可采用快速维持荷载法，即一般每隔 1h 加一级荷载。

3) 测读桩沉降量的间隔时间

每级荷载施加后按第 5、15、30、45、60min 测读桩顶沉降量，以后每隔 30min 测读一次，每次测读值记入试验记录表。

4) 稳定标准

在每级荷载作用下，每 1h 内的桩顶沉降量不超过 0.1mm，并连续出现两次（从分级荷载施加后第 30min 开始，按 1.5h 连续三次每 30min 的沉降观测值计算），认为已达到相对稳定，可加下一级荷载。

5) 终止加荷的条件

①某级荷载作用下，桩顶沉降量大于前一级荷载作用下沉降量的 5 倍。

②某级荷载作用下，桩顶沉降量大于前一级荷载作用下沉降量的 2 倍，且经 24h 尚未达到相对稳定标准。

③已达到设计要求的最大加载量。

④当工程桩作锚桩时，锚桩上拔量已达到允许值。

⑤当荷载—沉降曲线呈缓变型时，可加载至桩顶总沉降量 60～80mm；在特殊情况下，可根据具体要求加载至桩顶累计沉降量超过 80mm。

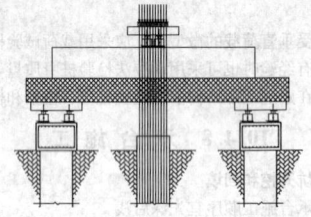

图 10-53 单桩竖向抗拔静载试验装置图

6) 卸载与卸载沉降观测

卸载时，每级荷载维持 1h，按第 15、30、60min 测读桩顶沉降量后，即可卸下一级荷载。卸载至零后，应测读桩顶残余沉降量，维持时间为 3h，测读时间为第 15、30min，以后每隔 30min 测读一次，每次测读值记入试验记录表。

2. 单桩竖向抗拔静载试验方法

在拔力作用下桩的破坏形式有两种：一是地基变形带动周围的土体被拔出；二是桩身强度不够，被拉裂或拉断。

(1) 试验加载装置

一般采用油压千斤顶加载，千斤顶的加载反力装置宜采用反力桩（或工程桩）提供支座反力，也可根据现场情况采用天然地基提供支座反力。试验设备主要用油压千斤顶，把试桩的主筋连接到传力架上，当千斤顶上升时，产生上拔力把试桩拔升。

(2) 加载方法

一般采用慢速维持荷载法。需要时，也可采用多循环加、卸载方法。慢速维持荷载法可参照抗压静载试验方法。

(3) 终止加载条件

当出现下列情况之一时，即可终止加载：

1) 在某级荷载作用下，桩顶上拔量大于前一级上拔荷载作用下的上拔量 5 倍。

2) 按桩顶上拔量控制，当累计桩顶上拔量超过 100mm 时。

3) 按钢筋抗拉强度控制，桩顶上拔荷载达到钢筋强度标准值的 0.9 倍。

4) 对于验收抽样检测的工程桩，达到设计要求的最大上拔荷载值。

3. 单桩水平静载试验方法

桩的水平静载荷试验是采用接近于桩的实际工作条件进行试验，以确定单桩的水平承载力和地基土的水平抗力系数。当桩身埋设有应力测量元件时，可测出桩身应力变化，并由此求得桩身弯矩分布。

(1) 试验设备与仪表装置

进行单桩水平静载荷试验时，常采取互推法，在两根桩中间放置千斤顶施加水平荷载，水平作用线应通过地面标高处（地面标高应与实际工作桩基承台底面标高一致）（图 10-54）。在千斤顶与试桩接触处宜安置一球形铰座，以保证千斤顶作用力能水平通过桩身轴

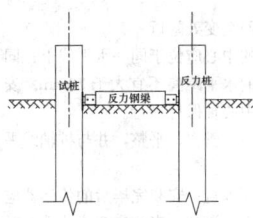

图 10-54　单桩水平静载试验装置图

线。用电动油泵加荷，用电阻应变式传感器和电子秤控制荷载。在桩外侧地面及地面以上 500～1000mm 设置双层大量程百分表（下表测量桩身在地面处的水平位移，上表测量桩顶水平位移，根据两表位移差可求得地面以上桩身转角），以测定桩的水平位移。百分表的基准桩宜打设在桩侧面靠位移的反方向，与试桩的净距不少于 1 倍试桩直径。

（2）加载方法

对于承受反复作用的水平荷载的桩基，一般采用单向多循环加、卸载方法，视受力情况和设计要求也可采取慢速维持荷载法及其他加载方法。

单向多循环加载法的分级荷载应小于预估水平极限承载力或最大试验荷载的 1/10。每级荷载施加后，恒载 4min 后可测读水平位移，然后卸载至零，停 2min 测读残余水平位移，至此完成一个加卸载循环。如此循环 5 次，完成一级荷载的位移观测。试验不得中间停顿。

对承受长期作用的水平荷载的桩基，宜采用分级连续的加载方式，各级荷载的增量同上所述，各级荷载维持 10min，并记录百分表读数后即进行下一级荷载的试验，如到 10min 时的水平位移还未稳定，则应延长该荷载的维持时间，直至稳定为止。其稳定标准可参照竖向静载试验方法。

（3）终止加荷的条件

1）桩身折断；

2）水平位移超过 30～40mm（软土取 40mm）；

3）水平位移达到设计要求的水平位移允许值。

10.4.9.2　桩的动测

1. 低应变法

在基桩动态无损检测中，国内外广泛使用的方法是应力波反射法，是低应变法的一种。

（1）原理

根据一维杆件弹性波反射理论（波动理论）采用锤击振动力法检测桩体的完整性，即以波在不同阻抗和不同约束条件下的传播特性来判别桩身完整性。

（2）适用范围

本方法适用于检测混凝土桩的桩身完整性，判定桩身缺陷的程度及位置。

（3）检测仪器设备

1）瞬态激振设备

瞬态激振试验设备由力锤、锤垫、检测仪、速度传感器和加速度传感器和绘图仪组成。

2）稳态激振试验设备

稳态激振试验设备由激振器、拾振器和记录三部分组成。激振器和桩顶连接有悬吊式和半刚性座式两种方式。拾振器为安装在桩顶的速度传感器。

（4）现场检测

1）桩头处理

①混凝土桩应先凿掉桩顶部的破碎层和软弱混凝土。

②桩头顶面应平整，桩头中轴线与桩身上部的中轴线应重合。

③桩头主筋应全部直通至桩顶混凝土保护层之下，各主筋应在同一高度上。

④距桩顶 1 倍桩径范围内，宜用厚度为 3～5mm 的钢板围裹或距桩顶 1.5 倍桩径范围内设置箍筋，间距不宜大于 100mm。桩顶应设置钢筋网片 2～3 层，间距 60～100mm。

⑤桩头混凝土强度等级宜比桩身混凝土提高 1～2 级，且不得低于 C30。

2）传感器安装和激振操作

①传感器安装应与桩顶面垂直；用耦合剂粘结时，应具有足够的粘结强度。

②实心桩的激振点位置应选择在桩中心，测量传感器安装位置宜为距桩中心 2/3 半径处；空心桩的激振点与测量传感器安装位置宜在同一水平面上，且与桩中心连线形成的夹角宜为 90°，激振点和测量传感器安装位置宜为桩壁厚的 1/2 处。

③激振点与测量传感器安装位置应避开钢筋笼的主筋影响。

④激振方向应沿桩轴线方向。

⑤瞬态激振通过现场敲击试验，选择合适重量的激振力锤和锤垫，宜用宽脉冲获取桩底或桩身下部缺陷反射信号，宜用窄脉冲获取桩身上部缺陷反射信号。

⑥稳态激振应在每一个设定频率下获得稳态响应信号，并应根据桩径、桩长及桩周约束情况调整激振力大小。

⑦一根桩应敲击多少次合适，假如信号重复性较好，一般一根桩敲击三次即可，若重复性不好应查明原因。

3）信号的采集与筛选

①根据桩径大小，桩心对称布置 2～4 个检测点；每个检测点记录的有效信号数不宜少于 3 个。

②检查判断实测信号是否反映桩身完整性特征。

③不同检测点及多次实测时域信号一致性较差，应分析原因，增加检测点数量。

④信号不应失真和产生零漂，信号幅值不应超过测量系统的量程。

（5）检测结果分析

1）桩身波速平均值判定

①当桩长已知、桩底反射信号明确时，在地质条件、设计桩型、成桩工艺相同的基桩中，选取不少于 5 根 I 类桩的桩身波速值按下式计算其平均值：

$$c_m = \frac{1}{n} \sum_{i=1}^{n} c_i \qquad (10\text{-}119)$$

$$c_i = \frac{2000L}{\Delta T} \qquad (10\text{-}120)$$

$$c_i = 2L \cdot \Delta f \qquad (10\text{-}121)$$

式中　c_m——桩身波速的平均值（m/s）；

c_i——第 i 根受检桩的桩身波速值（m/s），且 $|c_i - c_m| / c_m \leqslant 5\%$；

L——测点下桩长（m）；

ΔT——速度波第一峰与桩底反射波峰间的时间差（ms）；

Δf——幅频曲线上桩底相邻谐振峰间的频差（Hz）；

n——参加波速平均值计算的基桩数量（$n \geqslant 5$）。

②当无法按上款确定时，波速平均值可根据本地区相同桩型及成桩工艺的其他基桩工程的实测值，结合桩身混凝土的骨料品种和强度等级综合确定。

2）桩身缺陷位置判定

桩身缺陷位置应按下列公式计算：

$$x = \frac{1}{2000} \cdot \Delta t_x \cdot c \qquad (10\text{-}122)$$

$$x = \frac{1}{2} \cdot \frac{c}{\Delta f'} \qquad (10\text{-}123)$$

式中　x——桩身缺陷至传感器安装点的距离（m）；

Δt_x——速度波第一峰与缺陷反射波峰间的时间差（m）；

c——受检桩的桩身波速（m/s），无法确定时用 c_m 值替代；

$\Delta f'$——幅频信号曲线上缺陷相邻谐振峰间的频差（Hz）。

3）桩身完整性类别判定

桩身完整性判定应根据实测波形的特征、信号衰减特性、缺陷所处深度及成桩工艺、施工记录、地质条件以及个人经验综合判定。判定标准如表 10-118。

2. 高应变法

目前我国常用的高应变动测法有 Case 法和波形拟合法，下面主要介绍 Case 法。

（1）适用范围

本方法适用于检测基桩的竖向抗压承载力和桩身完整性；监测预制桩打入时的桩身应力和锤击能量传递比，为沉桩工艺参数及桩长选择提供依据。进行灌注桩的竖向抗压承载力检测时，应具有现场实测经验和本地区相近条件下的可靠对比验证资料。对于大直径扩底桩和 Q-s 曲线具有缓变型特征的大直径灌注桩，不宜采用本方法进行竖向抗压承载力检测。

桩身完整性判断　　　　　　　　表 10-118

类别	时域信号特征	幅频信号特征
I	$2L/c$ 时刻前无缺陷反射波，由桩底反射波	桩底接诊缝排列基本等距，其相邻频差 $\Delta f \approx c/2L$
II	$2L/c$ 时刻前出现轻微缺陷反射波，有桩底反射波	桩底接诊缝排列基本等距，其相邻频差 $\Delta f \approx c/2L$，轻微缺陷产生的谐振峰与桩底谐振峰之间的频差 $\Delta f' > c/2L$
III	有明显缺陷反射波，其他特征介于 II 类和 IV 类之间	
IV	$2L/c$ 时刻前出现严重缺陷反射波或周期性反射波，无桩底反射波；或因桩身浅部严重缺陷使波形呈现低频大振幅衰减振动，无桩底反射波	缺陷谐振峰排列基本等距，相邻频差 $\Delta f' > c/2L$，无桩底谐振峰；或因桩身浅部严重缺陷只出现单一谐振峰，无桩底谐振峰

注：对同一场地、地质条件相近、桩型和成桩工艺相同的基桩，因桩端部分桩身阻抗与持力层阻抗相匹配导致实测信号无桩底反射波时，可按本场地同条件下有桩底反射波的其他桩实测信号判定桩身完整性类别。

(2) 检测仪器设备

检测仪器设备由锤击设备、传感器组成。

锤击设备宜具有稳固的导向装置；打桩机械或类似的装置（导杆式柴油锤除外）都可作为锤击设备。重锤应材质均匀、形状对称、锤底平整。高径（宽）比不得小于 1，并采用铸铁或铸钢制作。当采取自由落锤安装加速度传感器的方式实测锤击力时，重锤应整体铸造。且高径（宽）比应在 1.0～1.5 范围内。进行高应变承载力检测时，锤的重量应大于预估单桩极限承载力的 1.0%～1.5%，混凝土桩的桩径大于 600mm 或桩长大于 30m 时取高值。

高应变法是距离桩顶一定距离的桩的两侧对称各安装两只速度传感器和两个应变式力传感器。

(3) 现场检测

1) 桩头处理

①混凝土桩应先凿掉桩顶部的破碎层和软弱混凝土。

②桩头顶面应平整，桩头中轴线与桩身上部的中轴线应重合。

③桩头主筋应全部直通至桩顶混凝土保护层之下，各主筋应在同一高度上。

④距桩顶 1 倍桩径范围内，宜用厚度为 3～5m 的钢板围裹或距桩顶 1.5 倍桩径范围内设置箍筋，间距不宜大于 100mm。桩顶应设置钢筋网片 2～3 层，间距 60～100 mm。

⑤桩头混凝土强度等级宜比桩身混凝土提高 1～2 级，且不得低于 C30。

⑥高应变法检测的桩头测点处截面尺寸应与原桩身截面尺寸相同。

2) 传感器安装

①检测时至少应对称安装冲击力和冲击响应（质点运动速度）测量传感器各两个。冲击力和响应测量可采用以下方式：

a. 在桩顶下的桩侧表面分别对称安装加速度传感器和应变式力传感器，直接测量桩身测点处的响应和应变，并将应变换算成冲击力。

b. 在桩顶下的桩侧表面对称安装加速传感器直接测量响应，在自由落锤锤体 0.5m 处（为锤体高度）对称安装加速度传感器直接测量冲击力。

②传感器宜分别对称安装在距桩顶不小于 $2d$ 的桩侧表面处（d 为试桩的直径或边长）；对于大直径桩，传感器与桩顶之间的距离可适当减小，但不得小于 $1d$。安装面处的材质和截面尺寸应与

原桩身相同，传感器不得安装在截面突变处附近。

③应变传感器与加速度传感器的中心应位于同一水平线上；同侧的应变传感器和加速度传感器间的水平距离不宜大于 80mm。安装完毕后，传感器的中心轴线与桩中心轴线保持平行。

④各传感器的安装面材质应均匀、密实、平整，并与桩轴线平行，否则应采用磨光机将其磨平。

⑤安装螺栓的钻孔应与桩侧表面垂直；安装完毕后的传感器应紧贴桩表面，锤击时传感器不得产生滑动。安装应变式传感器时应对其初始应变值进行监视，安装后的传感器初始应变值应能保证锤击时的可测轴向变形余量为：

a. 混凝土桩应大于 $\pm 1000\mu\varepsilon$；

b. 钢桩应大于 $\pm 1500\mu\varepsilon$。

⑥当连续锤击监测时，应将传感器连接电缆有效固定（图 10-55）。

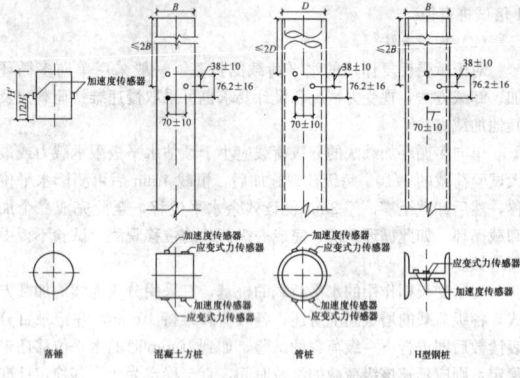

图 10-55　传感器安装示意图

3) 计算参数设定

①采样时间间隔宜为 50～200μs，信号采样点数不宜少于 1024 点。

②传感器的设定值应按计量检定结果设定。

③自由落锤安装加速度传感器测力时，力的设定值由加速度传感器设定值与重锤质量的乘积确定。

④测点处桩截面尺寸应按实际测量确定，波速、质量密度和弹性模量应按实际情况设定。

⑤测点以下桩长和截面积可采用设计文件或施工记录提供的数据作为设定值。

⑥桩身材料质量密度应按表 10-119 取值。

桩身材料质量密度（g/cm³）　　　表 10-119

钢桩	混凝土预制桩	离心管桩	混凝土灌注桩
7.85	2.45～2.50	2.55～2.60	2.40

⑦桩身波速可结合本地经验或按同场地同类型已检桩的平均波速初步设定，现场检测完成后调整。

⑧桩身材料弹性模量应按下式计算：

$$E = \rho c^2 \qquad (10\text{-}124)$$

式中　E——桩身材料弹性模量（kPa）；

　　　c——桩身应力波传播速度（m/s）；

　　　ρ——桩身材料质量密度（g/cm³）。

4) 现场检测应符合下列要求：

①交流供电的测试系统应良好接地；检测时测试系统应处于正常状态。

②采用自由落锤为锤击设备时，应重锤低击，最大锤击落距不宜大于 2.5m。

③试验目的为确定预制桩打桩过程中的桩身应力、沉桩设备匹配能力和选择桩长时，应按《建筑基桩检测技术规范》JGJ 106—2003 附录 G 执行。

④检测时应及时检查采集数据的质量；每根受检桩记录的有效锤击信号应根据桩顶最大动位移、贯入度以及桩身最大拉、压应力和缺陷程度及其发展情况综合确定。

⑤发现测试波形紊乱，应分析原因；桩身有明显缺陷或缺陷程度加剧，应停止检测。

⑥承载力检测时宜实测桩的贯入度，单击贯入度宜在 2～6mm 之间。

参 考 文 献

1. 常士骠，张苏民. 工程地质手册（第四版）[M]. 北京：中国建筑工业出版社，2007.
2. 王珊. 岩土工程新技术实用全书[M]. 长春：银声音像出版社，2005.
3. 林在贵，高大钊，顾宝和等. 岩土工程手册[M]. 北京：中国建筑工业出版社，1994.
4. 林宗元. 岩土工程勘察设计手册[M]. 沈阳：辽宁科学技术出版社，1996.
5. 张有良. 最新工程地质手册[M]. 北京：中国知识出版社，2006.
6. 龚晓南. 高等土力学[M]. 浙江：浙江大学出版社，1998.
7. 陈希哲. 土力学地基基础[M]. 北京：清华大学出版社，2004.
8. 顾晓鲁，钱鸿缙，刘惠珊，汪时敏. 地基与基础（第三版）[M]. 北京：中国建筑工业出版社，2003.
9. 郑水敏，何珊儒，朱石稳. 岩土工程勘察报告中地基均匀性及稳定性评价[J]. 西部探矿工程，2006，1，60～62.
10. 中华人民共和国行业标准. 高层建筑岩土工程勘察规程 JGJ 72—2004[S]. 北京：中国建筑工业出版社，2004.
11. 中华人民共和国国家标准. 岩土工程勘察规范（2009 年版）GB 50021—2001[S]. 北京：中国建筑工业出版社，2009.
12. 中华人民共和国国家标准. 铁路工程地质原位测试规程 TB 10018—2003[S]. 北京：中国铁道出版社，2003.
13. 四川省地方标准. 成都地区建筑地基基础设计规范 DB 51/T5026—2001[S].
14. 中华人民共和国国家标准. 土工试验方法标准 GB/T 50123—1999[S]. 北京：中国计划出版社，1999.
15. 中华人民共和国国家标准. 建筑地基基础设计规范 GB 50007—2002[S]. 北京：中国建筑工业出版社，2002.
16. 北京市标准. 北京地区建筑地基基础勘察设计规范 DBJ 11—501—2009[S]. 北京：中国计划出版社，2009.
17. 中华人民共和国国家标准. 建筑抗震设计规范（2008 年版）GB 50011—2001[S]. 北京：中国建筑工业出版社，2008.
18. 李昂. 建筑地基处理技术及地基基础工程标准规范实施手册[M]. 北京：金版电子出版社，2003.
19.《地基处理手册》编写委员会. 地基处理手册（第三版）[M]. 北京：中国建筑工业出版社，2008.
20. 中华人民共和国行业标准. 建筑地基处理技术规范 JGJ 79—2002[S]. 北京：中国建筑工业出版社，2002.
21. 中华人民共和国行业标准. 建筑地基处理技术规范条文说明 JGJ 79—2002[S]. 北京：中国建筑工业出版社，2002.
22. 黄生根. 地基处理与基坑支护工程（第三版）.[M]. 北京：中国地质大学出版社，2004
23. 中华人民共和国国家标准. 湿陷性黄土地区建筑规范 GB 50025—2004[S]. 北京：中国建筑工业出版社，2004.
24. 上海市标准. 地基处理技术规范 DBJ 08—40—94[S]. 上海：同济大学出版社，1994.
25. 罗宇生. 湿陷性黄土地基处理[M]. 北京：中国建筑工业出版社，2008.
26. 中华人民共和国国家标准. 建筑地基基础工程施工质量验收规范 GB 50202—2002[S]. 北京：中国计划出版社，2002.
27. 广东省标准. 建筑地基处理技术规范 DBJ 15—38—2005[S]. 北京：中国建筑工业出版社，2005.
28. Menard L，Boroise Y. Theoretical and Practical Aspects of Dynamic Consolidation [J]Geotecnique，1975，25(1)：3～18.
29. 王成华. 强夯地基加固深度估算的等效拟静力法. 第六届全国土力学及基础工程学术会议文集[c]. 上海：同济大学出版社，1991.
30. 杨光煦. 强夯挤淤的原理、方法及工程实践[J]. 建筑技术，1992(1).
31. 中国建筑工业出版社. 建筑地基基础规范选编[M]. 北京：中国建筑工业出版社，1993.
32. 王琨等. 强夯法地基加固深度的估算分析[J]. 山东交通学院学报，2005，13(2).
33. 中国建筑科学研究院. 既有建筑地基基础加固技术规范 JGJ 123—2000[S]. 北京：中国建筑工业出版社，2000.
34. 王恩远，吴迈. 工程实用地基处理手册[M]. 北京：中国建材工业出版社，2005.
35. 上海市工程建设规范. 地基基础设计规范 DGJ 08—11—2010[S]. 上海：1999.
36. 广东省标准. 建筑地基基础设计规范 DBJ 15—31—2003[S]. 北京：中国建筑工业出版社，2003.
37. 湖北省地方标准. 建筑地基基础技术规范 DB 42/242—2003[S]. 2003.
38. 江正荣. 建筑施工工程师手册（第三版）[M]. 北京：中国建筑工业出版社，2009.
39. 史佩栋. 桩基工程手册（桩和桩基础手册）[M]. 北京：人民交通出版社，2008.
40. 曾国熙，叶政青，冯国栋，周镜，刘金砺，陈竹昌，彭大用. 桩基工程手册[M]. 北京：中国建筑工业出版社，1995.
41. 中国建筑科学研究院. 建筑桩基技术规范 JGJ 94—2008[S]. 北京：中国建筑工业出版社，2008.
42. 徐维钧. 桩基施工手册[M]，北京：人民交通出版社，2007.
43. 沈保汉. 桩基与深基坑支护技术进展（沈保汉论文集）[M]. 北京：知识产权出版社，2006.
44. 上海市基础工程公司. 建筑地基基础工程施工质量验收规范 GB 50202—2002[S]. 北京：中国计划出版社，2002.
45. 中国建筑科学研究院. 建筑基桩检测技术规范 JGJ 106—2003[S]. 北京：中国建筑工业出版社，2003.
46. 北京交通大学. 挤扩支盘灌注桩技术规程 CECS192：2005[S]. 北京：中国建筑工业出版社，2005.
47. 北京城建科技促进会. 长螺旋钻孔压灌混凝土后插钢筋笼灌注桩施工技术规程 DB11T 582—2008[S]. 北京，2008.
48. 北京中阔地基基础技术有限公司. 三岔双向挤扩灌注桩设计规程 JGJ 171—2009[S]. 北京：中国建筑工业出版社，2009.
49. 江正荣. 建筑地基与基础施工手册（第二版）[M]. 北京：中国建筑工业出版社，2005.
50. 岩土工程施工方法编写组. 岩土工程施工方法. 沈阳：辽宁科学技术出版社，1990.

11 脚手架工程

11.1 脚手架的分类

脚手架是指施工现场为工人操作并解决垂直和水平运输而搭设的各种支架。主要为了施工人员上下操作或外围安全网围护及高空安装构件等作业。脚手架的种类较多，可按照用途、构架方式、设置形式、支固方式、脚手架平杆与立杆的连接方式以及材料来划分种类。

11.1.1 按用途划分

(1) 操作用脚手架。它又分为结构脚手架和装修脚手架。其架面施工荷载标准值分别规定为 $3kN/m^2$ 和 $2kN/m^2$。

(2) 防护用脚手架。架面施工（搭设）荷载标准值可按 $1kN/m^2$ 计。

(3) 承重—支撑用脚手架。架面荷载按实际使用值计。

11.1.2 按构架方式划分

(1) 杆件组合式脚手架。

(2) 框组组合式脚手架（简称"框组式脚手架"）。它由简单的平面框架（如门架、梯架、"日"字架和"目"字架等）与连接、撑拉杆组合而成的脚手架，如门式钢管脚手架、梯式钢管脚手架和其他各种框式构件组装的鹰架等。

(3) 格构件组合式脚手架。它由桁架梁和格构柱组合而成的脚手架，如桥式脚手架（又分提升（降）式和沿齿条爬升（降）式两种）。

(4) 台架。它是具有一定高度和操作平面的平台架，多为定型产品，其本身具有稳定的空间结构，可单独使用或立拼增高与水平连接扩大，并常带有移动装置。

11.1.3 按脚手架的设置形式划分

(1) 单排脚手架：只有一排立杆，横向平杆的一端搁置在墙体上的脚手架。

(2) 双排脚手架：由内外两排立杆和水平杆构成的脚手架。

(3) 满堂脚手架：按施工作业范围满设的，纵、横两个方向各有三排以上立杆的脚手架。

(4) 封圈型脚手架：沿建筑物或作业范围周边设置并相互交圈连接的脚手架。

(5) 开口型脚手架：沿建筑周边非交圈设置的脚手架，其中呈直线型的脚手架为一字型脚手架。

(6) 特型脚手架：具有特殊平面和空间造型的脚手架，如用于烟囱、水塔、冷却塔以及其他平面为圆形、环形、"外方内圆"形、多边形以及上扩、上缩等特殊形式的建筑施工脚手架。

11.1.4 按脚手架的支固方式划分

(1) 落地式脚手架：搭设（支座）在地面、楼面、墙面或其他平台结构之上的脚手架。

(2) 悬挑脚手架（简称"挑脚手架"）：采用悬挑方式支固的脚手架。

(3) 附墙悬挂脚手架（简称"挂脚手架"）：在上部或（和）中部挂设于墙体挂件上的定型脚手架。

(4) 悬吊脚手架（简称"吊脚手架"）：悬吊于悬挑梁或工程结构之下的脚手架。当采用篮式作业架时，称为"吊篮"。

(5) 附着式升降脚手架（简称"爬架"）：搭设一定高度附着于工程结构上，依靠自身的升降设备和装置，可随工程结构逐层爬升或下降，具有防倾覆、防坠落装置的悬空外脚手架。

(6) 整体式附着升降脚手架：有三个以上提升装置的连跨升降的附着式升降脚手架。

(7) 水平移动脚手架：带行走装置的脚手架或操作平台架。

11.1.5 按脚手架平、立杆的连接方式划分

(1) 承插式脚手架：在平杆与立杆之间采用承插连接的脚手架。

(2) 扣接式脚手架：使用扣件箍紧连接的脚手架，即靠拧紧扣件螺栓所产生的摩擦作用构架和承载的脚手架。

(3) 销栓式脚手架：采用对穿螺栓或销杆连接的脚手架，此种形式已很少使用。

此外，还按脚手架的材料划分为传统的竹、木脚手架，钢管脚手架或金属脚手架等。

11.2 脚手架工程的技术要求

11.2.1 脚手架构架的组成部分和基本要求

脚手架的构架由构架基本结构、整体稳定和抗侧力杆件、连墙件和卸载装置、作业层设施、其他安全防护设施五部分组成。

11.2.1.1 构架的基本结构

脚手架构架的基本结构为直接承受和传递脚手架垂直荷载作用的构架部分，在多数情况下，构架基本结构由基本结构单元组合而成。

构架基本结构的一般要求：

(1) 杆部件的质量和允许缺陷应符合规范和设计要求。

(2) 节点构造尺寸和承载能力应符合规范和设计规定。

(3) 具有稳定的结构。

(4) 具有可满足施工要求的整体、局部和单肢的稳定承载力。

(5) 具有可将脚手架荷载传给地基基础或支承结构的能力。

11.2.1.2 整体稳定和抗侧力杆件

此构件是附加在构架基本结构上的、加强整体稳定和抵抗侧力作用的杆件，如剪刀撑、斜杆、抛撑以及其他撑拉杆件。

这类构件设置的基本要求为：

(1) 设置的位置和数量应符合规定和需要。

(2) 必须与基本结构杆件可靠连接，以保证共同作用。

(3) 抛撑以及其他连接脚手架体和支承物的支、拉杆，应保杆件和其两端的连接能满足撑、拉的受力要求。

(4) 撑拉件的支承物应具有可靠的承受能力。

11.2.1.3 连墙件、挑挂和卸载设施

1. 连墙件

采用连墙件实现的附壁联结，对于加强脚手架的整体稳定性，提高其稳定承载力和避免出现倾倒或坍塌等重大事故具有很重要的作用。

连墙件构造的形式：

(1) 柔性拉结件：采用细钢筋、绳索、双股或多股铁丝进行结、只承受拉力和主要起防止脚手架外倾的作用，而对脚手架稳定性能（即稳定承载力）的帮助甚微。此种方式一般只能用于 10 层以下建筑的外脚手架中，且必须相应设置一定数量的刚性拉结件，以承受水平压力的作用。

(2) 刚性拉结件：采用刚性拉杆或构件，组成既可承受拉力、又可承受压力的连接构造。其附墙端的连接固定方式可视工程条件确定，一般有以下几种形式：

1) 拉杆穿过墙体，并在墙体两侧固定。

2) 拉杆通过门窗洞口，在墙内两侧用横杆夹持和背楔固定。

3) 在墙体结构中设预埋铁件，与装有花篮螺栓的拉杆固接，用花篮螺栓调节拉结间距和脚手架的垂直度。

4) 在墙体中预埋铁件，与定长拉杆固结。

对附墙连接的基本要求如下：

1) 确保连墙点的设置数量，一个连墙点的覆盖面为 $20\sim40m^2$。脚手架越高，则连墙点的设置应越密，连墙点的位置遇到

洞口、墙体构件、墙边或窄的窗间墙等时，应在近处补设，不得取消。

2）连墙件及其两端连墙点，必须满足抵抗最大计算水平力的需要。

3）在设置连墙件时，必须保持脚手架立杆垂直，避免产生不利的初始侧向变形。

4）设置连墙件处的建筑结构必须具有可靠的支承能力。

2. 挑、挂设施

（1）悬挑设施的构造形式。一般有三种形式：

1）上拉下支式：即简单的支挑架，水平杆穿墙后锚固，承受拉力；斜支杆上端与水平杆连接、下端支在墙体上，承受压力。

2）双上拉底支式：常见于插口架，它的两根拉杆分别从窗洞的上下边沿伸入室内，用竖杆和别杆固定于墙体的内侧，插口架底部伸出横杆支顶于外墙面上。

3）底锚斜支立式：底部用悬挑梁式杆件（其里端固定到楼板上），另设斜支杆和带花篮螺栓的拉杆，与挑脚手架的中上部联结。

（2）靠挂式设施：即靠挂脚手架的悬挂件，其里端预埋于墙体中或穿过墙体后予以锚固。

（3）悬吊式设施：用于吊篮，即在屋面上设置悬挑梁，用绳索或吊杆将吊篮悬吊于悬挑梁之下。

（4）挑、挂设施的基本要求：

1）应能承挑、挂脚手架所产生的竖向力、水平力和弯矩。

2）可靠地固结在工程结构上，且不会产生过大的变形。

3）确保脚手架不晃动（对于挑脚手架）或者晃动不大（对于挂脚手架和吊篮）。吊篮需要设置定位绳。

3. 卸载设施

卸载设施是指将超过搭设限高的脚手架荷载部分地卸给工程结构承受的措施。

11.2.1.4 作业层设施

作业层设施包括扩宽架面构造、铺板层、侧面防（围）护设施（挡脚板、栏杆、维护栏网）以及其他设施，如梯段、之桥等。

作业层设施的基本要求：

（1）采用单横杆挑出的扩宽架面的宽度不宜超过300mm，否则应进行构造设计或采用定型扩宽构件。扩宽部分一般不堆放物料并限制其使用荷载。外立杆一侧扩宽时，防（围）护设施应相应外移。

（2）铺板一定要满铺，不得花铺，且脚手板必须铺放平稳，必要时还要加以固定。

（3）防（围）护设施应按规定的要求设置，间隙要合适，固定要牢固。

11.2.2 脚手架产品或材料的要求

（1）杆配件、连接件材料和加工的质量要求。

（2）构架方式和节点构造。

（3）杆配件、连接件的工作性能和承载能力。

（4）搭设、拆除的程序，操作要求和安全要求。

（5）检查验收标准和使用中的维护要求。

（6）应用范围和对不同应用要求的适用性。

（7）运输、储存和保养要求。

11.2.3 脚手架的技术要求

（1）满足使用要求的构架设计。

（2）特殊部位的技术处理和安全保证措施（加强构造、拉结措施等）。

（3）整架、局部构架、杆配件和节点承载能力的验算。

（4）连墙件和其他支撑、约束措施的设置及其验算。

（5）安全防（围）护措施的设置要求及其保证措施。

（6）地基、基础和其他支撑物的设计与验算。

（7）荷载、天然因素等自然条件变化时的安全保障措施。

11.3 脚手架构架与设置及其使用的一般规定

11.3.1 脚手架构架和设置要求的一般规定

脚手架的构架设计应充分考虑工程的使用要求、使用环境、各种实施条件和因素，并符合以下各项规定：

11.3.1.1 构架尺寸规定

（1）双排结构脚手架和装修脚手架的立杆纵距和平杆步距应≤2.0m。

（2）外脚手架作业层铺板的宽度不应小于750mm，里脚手架不小于500mm。

11.3.1.2 连墙点设置规定

当架高>6m时，必须设置均匀分布的连墙点，其设置应符合以下规定：

（1）门式钢管脚手架：应进行计算确定连墙点设置间距，并且满足表11-1要求：

连墙件最大间距或最大覆盖面积　　表11-1

序号	脚手架搭设方式	脚手架高度(m)	连墙件间距(m) 竖向	连墙件间距(m) 水平向	每根连墙件覆盖面积(m²)
1	落地、密目式安全网全封闭	≤40	3h	3l	≤40
2			3h	3l	≤27
3		>40	3h	3l	≤27
4	悬挑、密目式安全网全封闭	≤40	3h	3l	≤40
5		40～60	2h	3l	≤27
6		>60	2h	2l	≤27

注：1. 序号4～6为架体位于地面上高度；

2. 按每根连墙件覆盖面积选择连墙件设置时，连墙件的竖向间距不应大于6m；

3. 表中h为步距，l为跨距。

（2）其他落地（或底支托）式脚手架：当架高≤20m时，不大于40m²一个连墙点，且连墙点的竖向间距应≤6m；当架高>20m时，不大于30m²一个连墙点，且连墙点的竖向间距应≤4m。

（3）脚手架上部未设置连墙点的自由高度不得大于6m。

（4）单片或非连续的脚手架两端连墙点应加密设置。

（5）架体高度≤20m时，连墙件必须采用可同时承受拉力和压力的构造，采用拉筋必须配用顶撑；架体高度>20m时，连墙件必须采用刚性构造形式。

（6）当设计位置及其附近不能装设连墙件时，应采取其他可行的刚性拉结措施予以弥补。

11.3.1.3 整体性拉结杆件设置规定

脚手架应根据确保整体稳定和抵抗侧力作用的要求，按以下规定设置剪刀撑或其他有相应作用的整体性拉结杆件：

（1）周边交圈设置的单、双排扣件式钢管脚手架，当架高为6～24m时，应于外侧面的两端和其间按≤15m的中心距并由下而上连续设置剪刀撑；当架高>24m时，应于外侧面满设剪刀撑。

（2）碗扣式钢管脚手架，当高度≤24m时，每隔5跨设置一组竖向通高斜杆；脚手架高度>24m时，每隔3跨设置一组竖向通高斜杆；脚手架拐角处及端部必须设置竖向通高斜杆；斜杆必须对称设置。

（3）门式脚手架高度≤24m，在脚手架的转角处、两端及中间间隔不超过15m的外侧立面必须各设置一道剪刀撑，并应由底至顶连续设置；脚手架高度>24m时，应在脚手架外侧连续设置剪刀撑；悬挑脚手架外立面必须设置连续剪刀撑。当架高≤40m时，水平框架允许间隔一层设置；当架高>40m时，每层均满设水平框架；此外，门式脚手架在顶层、连墙件层必须设置。

（4）一字形单双排脚手架按上述相应要求增加50%的设置量。

（5）满堂脚手架应按构架稳定要求设置适量的竖向和水平整体

拉结杆件。

(6) 剪刀撑的斜杆与水平面的交角宜在 45°～60°之间，水平投影宽度应不小于 4 跨且不应小于 6m。斜杆应与脚手架基本构架杆件加以可靠连接。

(7) 横向斜撑的设置应符合下列规定：高度在 24m 以下的封闭型双排脚手架可不设横向斜撑，高度在 24m 以上的封闭型脚手架，除拐角处设置横向斜撑外，中间应每隔 6 跨设置一道；横向斜撑应在同一节间，由底至顶层呈之字形连续布置；一字型、开口型双排脚手架的两端均必须设置横向斜撑。

(8) 在脚手架立杆底端之上 100～300mm 处一律遍设纵向和横向扫地杆，并与立杆连接牢固。

11.3.1.4　杆件连接构造规定

脚手架的杆件连接构造应符合以下规定：

(1) 多立杆式脚手架左右相邻立杆和上下相邻平杆的接头应相互错开并置于不同的构架框格内。

(2) 扣件式钢管脚手架各部位杆件连接应符合下列规定：

1) 纵向水平杆宜采用对接扣件连接，也可采用搭接。

2) 立杆接长除顶层顶步可采用搭接外，其余各层各步接头必须采用对接扣件连接。

3) 剪刀撑斜杆接长采用搭接或对接。

4) 搭接杆件接头长度应≥1m；搭接部分的固定点应不少于 2 道，且固定点间距应≤0.6m。

(3) 杆件在固定点处的端头伸出长度应不小于 0.1m。

(4) 一般情况下，禁止不同材料和连接方式的脚手架杆配件混用。特殊情况可参见地方标准规定。

11.3.1.5　安全防（围）护规定

脚手架必须按以下规定设置安全防护措施，以确保架上作业和作业影响区域内的安全。

(1) 作业层距地（楼）面高度≥2.0m 时，在其外侧边缘必须设置挡身高度≥1.2m 的栏杆和挡脚板，且栏杆间的净空高度应不大于 0.5m。

(2) 临街脚手架，架高≥25m 的外脚手架以及在脚手架高空落物影响范围内同时进行其他施工作业或有行人通过的脚手架，应视需要采用外立面全封闭、半封闭以及搭设通道防护棚等适合的防护措施。封闭围护材料应采用阻燃式密目安全立网、竹笆或其他板材。

(3) 架高 9～24m 的外脚手架，除执行 (1) 规定外，可视需要加设安全立网维护。

(4) 挑脚手架、吊篮和悬挂脚手架的外侧面应按防护需要采用立网围护或执行 (2) 的规定；挑脚手架、附着升降脚手架和悬挂脚手架，其底部应采用密目安全网加小眼网封闭，并宜采用可翻转的闸板将脚手架体和建筑物之间的空隙封闭。

(5) 遇有下列情况时，应按以下要求加设安全网：

1) 架高≥9m，未作外侧面封闭、半封闭或立网封护的脚手架，应按以下规定设置首层安全（平）网和层间（平）网：

① 首层网距地面 4m 设置，悬挑出安全宽度≥3m。

② 层间网自首层网每隔 3 层设一道，悬出高度应≥3m。

2) 外墙施工作业采用栏杆或立网围护的吊篮，架设高度≤6m 的挑脚手架、挂脚手架和附着升降脚手架时，应于其 4～6m 起设置两道相隔 3m 的随层安全网，其距外墙面的支架宽度应≥3m。

(6) 门洞、通道口构造和防护要求：

脚手架遇电梯、井架或其他进出洞口时，洞口和临时通道周边均应设置封闭防护措施，脚手架体构造应符合下列要求：

1) 扣件式单、双排钢管脚手架和木脚手架门洞宜采用上升斜杆、平行弦杆桁架结构形式，斜杆与地面的倾角 α 应在 45°～60°之间。

2) 门式脚手架洞口构造规定：通道洞口高不宜大于 2 个门架，宽不宜大于 1 个门架跨距。当通道洞口高大于 2 个门架跨距时，在通道口上方应设置经专门设计和制作的托架梁。

3) 双排碗扣式钢管脚手架通道设置时，应在通道上部架设专用梁，通道两侧脚手架应加设斜杆，通道宽度应≤4.8m。

(7) 上下脚手架的梯道、坡道、栈桥、斜梯、爬梯等均应设置扶手、栏杆、防滑措施或其他安全防（围）护措施并清除通道中的

障碍，确保人员上下的安全。

采用定型的脚手架产品时，其安全防护配件的配备和设置应符合以上要求；当无相应安全防护配件时，应按上述要求增配和设置。

11.3.1.6　搭设高度限制

脚手架的搭设高度一般不应超过表 11-2 的限值。

脚手架搭设高度的限值　　　　　表 11-2

序次	类别	形式	高度限值 (m)	备　注
1	扣件式钢管脚手架	单排	24	视连墙件间距、构架尺寸通过计算确定
		双排	50	
2	附着式升降脚手架	双排整体	20m 或不超过 5 个层高	—
3	碗扣式钢管脚手架	单排	20	视连墙件间距、构架尺寸通过计算确定
		双排	60	
4	门式钢管脚手架	落地	55	施工荷载标准值≤3.0 (kN/m²)
			40	5.0≥施工荷载标准值>3.0 (kN/m²)
		悬吊	24	施工荷载标准值≤3.0 (kN/m²)
			18	5.0≥施工荷载标准值>3.0 (kN/m²)

当需要搭设超过表 11-2 规定高度的脚手架时，可采取下述方式及其相应的规定解决。

(1) 在架高 20m 以下采用双立杆（钢管扣件式）和在架高 30m 以上采用部分卸载措施。

(2) 架高 50m 以上采用分段全部卸载措施。

(3) 采用挑、挂、吊形式或附着式升降脚手架。

11.3.1.7　单排脚手架的设置规定

单排扣件式脚手架的横向水平杆支撑在建筑物的外墙上，外墙需要具有一定的宽度和强度，因为单排脚手架的整体刚度较差，承载能力较低，因而在下列条件下不应使用：

(1) 单排脚手架不得用于以下砌体工程中：

1) 墙体厚度小于或等于 180mm。

2) 空斗砖墙、加气块墙等轻质墙体。

3) 砌筑砂浆强度等级小于或等于 M2.5 时的砖墙。

(2) 在砌体结构墙体的以下部位不得留脚手眼：

1) 设计上不允许留脚手眼的部位。

2) 过梁上与过梁两端成 60°的三角形范围内及过梁净跨度 1/2 的高度范围内。

3) 宽度小于 1m 的窗间墙。

4) 梁或梁垫下及其两侧各 500mm 的范围内。

5) 砖砌体的门窗洞口两侧 200mm 和转角处 450mm 的范围内，其他砌体的门窗洞口两侧 300mm 和转角处 600mm 的范围内。

6) 墙体厚度小于或等于 180mm。

7) 独立或附墙砖柱，空斗砖墙、加气块墙等轻质墙体。

8) 砌筑砂浆强度等级小于或等于 M2.5 的砖墙。

11.3.2　脚手架杆配件的一般规定

脚手架的杆件、构件、连接件、其他配件和脚手板必须符合以下质量要求，不合格者禁止使用。

11.3.2.1　脚手架杆件

钢管件采用镀锌焊管，钢管的端部切口应平整。禁止使用有明显变形、裂缝和严重锈蚀的钢管。使用普通焊管时，应内外涂刷防锈层并定期复涂以保持其完好。

11.3.2.2　脚手架连接件

应使用与钢管管径相配合的、符合我国现行标准的可锻铸铁扣件。使用铸钢和合金钢扣件时，其性能应符合相应可锻铸铁扣件的规定指标要求。严禁使用加工不合格、锈蚀和有裂纹的扣件。

11.3.2.3　脚手架配件

(1) 加工应符合产品的设计要求。

(2) 确保与脚手架主体构架杆件的可靠连接。

11.3.2.4　脚手板

(1) 各种定型冲压钢脚手板、焊接钢脚手板、钢框镶填脚手板以及自行加工的各种形式金属脚手板，自重均不宜超过0.3kN，性能应符合设计使用要求，且表面应具有防滑、防积水构造。

(2) 使用大块铺面板材（如胶合板、竹笆板等）时，应进行设计和验算，确保满足承载和防滑要求。

11.3.3　脚手架搭设、使用和拆除的一般规定

11.3.3.1　脚手架的搭设规定

脚手架的搭设作业应遵守以下规定：

(1) 搭设场地应平整、夯实并设置排水措施。

(2) 立于土地面之上的立杆底部应加设宽度≥200m、厚度≥50mm的垫木、垫板或其他刚性垫块，每根立杆的支垫面积应符合设计要求且不得小于0.15m²。

(3) 在搭设之前，必须对进场的脚手架杆配件进行严格的检查，禁止使用规格和质量不合格的杆配件。

(4) 脚手架的搭设作业，必须在统一指挥下，严格按照以下规定程序进行：

1) 按施工设计放线、铺垫板、设置底座或标定立杆位置。

2) 周边脚手架应从一个角部开始并向两边延伸交圈搭设；一字型脚手架应从一端开始并向另一端延伸搭设。

3) 应按定位依次竖起立杆，将立杆与纵、横向扫地杆连接固定，然后装设第1步的纵向和横向平杆，随校正立杆垂直之后予以固定，并按此要求继续向上搭设。

4) 在设置第一排连墙件前，一字型脚手架应设置必要数量的抛撑，以确保构架稳定和架上作业人员的安全。边长＞20m的周边脚手架亦应适量设置抛撑。

5) 剪刀撑、斜杆等整体拉结杆件和连墙件应随搭升的架子一起及时设置。

(5) 脚手架处于顶层连墙点之上的自由高度不得大于6m。当作业层高出其下连墙件2步或4m以上，且其上尚无连墙件时，应采取适当的临时撑拉措施。

(6) 脚手板或其他作业层铺板的铺设应符合以下规定：

1) 脚手板或其他铺板应铺平铺稳，必要时应予绑扎固定。

2) 作业层距地（楼）面高度＞2.0m的脚手架，作业层铺板的宽度不应小于：外脚手架为750mm，里脚手架为500mm。铺板边缘与墙面的间距应为300mm，与挡脚板的间隙应为100mm。当边横向脚手板不贴靠立杆时，应予可靠固定。

3) 脚手板采用对接平铺时，在对接处，与其下两侧支承横杆的距离应控制在100～200mm；采用挂扣式定型脚手板时，其两端挂扣必须可靠地接触支承横杆并与其扣紧。

4) 脚手板采用搭设铺放时，其搭接长度不得小于200mm，且应在搭接段的中部设有支承横杆。铺板严禁出现端头超出支承横杆250mm以上未作固定的探头板。

5) 长脚手板采用纵向铺设时，其下支承横杆的间距不得大于：竹串片脚手板为0.75m；木脚手板为1.0m；冲压钢脚手板和钢框组合脚手为1.5m（挂扣式定型脚手板除外）。纵铺脚手板应按下规定部位与其下支承横杆绑扎固定：脚手架的两端和拐角处；沿长方向每隔15～20m；坡道的两端；其他可能发生滑动和翘起的部位。

6) 采用以下板材铺设架面时，其支承杆件的间距不得大于：竹笆板为400mm，七夹板为500mm。

(7) 当脚手架下部采用双立杆时，主立杆应沿其竖向线搭设到顶，辅立杆与主立杆之间的中心距不得大于200mm，且主辅立杆必须与相交的全部平杆进行可靠连接。

(8) 用于支托挑、吊、挂脚手架的悬挑梁、架必须与支承结构可靠连接。其悬臂端应有适当的架起拱量，同一层各挑梁、架上表面之间的水平误差应不大于20mm，并应视需要在其间设置整体拉结构件，以保持整体稳定。

(9) 装设连墙件或其他撑拉杆件时，应注意掌握撑拉的松紧程度，避免引起杆件和架体的显著变形。

(10) 工人在架上进行搭设作业时，作业面上宜铺设必要数量的脚手板并予临时固定。工人必须戴安全帽和佩挂安全带。不得单人进行装设较重杆配件和其他易发生失衡、脱手、碰撞、滑跌等不安全的作业。

(11) 搭设中不得随意改变构架设计、减少杆配件设置和对立杆纵距作≥100mm的构架尺寸放大。确有实际情况，需要对构架作调整和改变时，应提交或请示技术主管人员解决。

11.3.3.2　脚手架搭设质量的检查验收规定

脚手架搭设质量的检查验收工作应遵守以下规定：

(1) 脚手架的验收标准规定：

1) 构架结构符合前述的规定和设计要求，个别部位的尺寸变化应在允许的调整范围之内。

2) 节点的连接可靠。其中扣件的拧紧程度应控制在扭力矩达到40～60N·m；碗扣应盖扣牢固（将上碗扣拧紧）；8号钢丝十字交叉扎点应拧1.5～2圈后箍紧，不得有明显扭伤，钢丝在扎点外露的长度应≥80mm。

3) 钢脚手架立杆的垂直度偏差应≤l/300，且应同时控制其最大垂直偏差值：当架高≤20m时为不大于50mm；当架高＞20m时为不大于75mm。

4) 纵向钢平杆的水平偏差应≤l/250，且全架长的水平偏差值应不大于50mm。木脚手架的搭接平杆按全长的上皮走向线（即各杆上皮线的折中位置）检查，其水平偏差应控制在2倍钢平杆的允许范围内。

5) 作业层铺板、安全防护措施等均应符合前述要求。

(2) 脚手架及其地基基础应在下列阶段进行检查与验收，检查合格后，方允许投入使用或继续使用：1) 基础完工后及脚手架搭设前；2) 作业层上施加荷载前；3) 每搭设完10～13m高度后；4) 达到设计高度后；5) 停用超过一个月；6) 连续使用达到6个月；7) 在遭受暴风、六级大风、大雨、大雪、地震等强力因素作用之后；寒冷地区开冻后；8) 在使用过程中，发现有显著的变形、沉降、拆除杆件和拉结以及安全隐患存在的情况时。

11.3.3.3　脚手架的使用规定

脚手架的使用应遵守以下规定：

(1) 作业层每1m架面上实际的施工荷载（人员、材料和机具重量）不得超过以下的规定值或施工设计值：

施工荷载（作业层上人员、器具、材料的重量）的标准值，结构脚手架取3kN/m²；装修脚手架取2kN/m；吊篮、桥式脚手架等工具式脚手架按实际值取用，但不得低于1kN/m²。

(2) 在架板上堆放的砂浆和容器总重不得大于1.5kN；施工设备单重不得大于1kN；使用人力在架上搬运和安装的构件的自重不得大于2.5kN。

(3) 在架面上设置的材料应码放整齐稳固，不得影响施工操作和人员通行。按通行手推车要求搭设的脚手架应确保车道畅通。严禁上架人员在架面上奔跑、退行或倒退开车。

(4) 作业人员在架上的最大作业高度应以可进行正常操作为度，禁止在架板上加垫器物或单块脚手板以增加操作高度。

(5) 在作业中，禁止随意拆除脚手架的基本构架杆件、整体性杆件、连接紧固件和连墙件。确因操作要求需要临时拆除时，必须经主管人员同意，采取相应弥补措施，并在作业完毕后，及时予以恢复。

(6) 工人在架上作业中，应注意自我安全保护和他人的安全，避免发生碰撞、闪失和落物。严禁在架上嬉闹和坐在栏杆等不安全处休息。

(7) 人员上下脚手架必须走设安全防护的出入通（梯）道，严禁攀援脚手架上下。

(8) 每班工人上架作业时，应先行检查有无影响安全作业的问题存在，在排除和解决后方可开始作业。在作业中发现有不安全的情况和迹象时，应立即停止作业进行检查，解决以后才能恢复正常作业；发现有异常和危险情况时，应立即通知所有架上人员撤离。

(9) 在每步架的作业完成之后，必须将架上剩余材料物品移至

上（下）步架或室内；每日收工前应清理架面，将架面上的材料物品堆放整齐，垃圾清运出去；在作业期间，应及时清理落入安全网内的材料和物品。在任何情况下，严禁自架上向下抛掷材料物品和倾倒垃圾。

11.3.3.4　脚手架的拆除规定

脚手架的拆除作业应按确定的拆除程序进行。连墙件应在位于其上的全部可拆杆件都拆除之后才能拆除。墙面装饰施工时，其工序应与脚手架拆除相协调，避免任意拆除脚手杆件和连墙件，如确有矛盾，应采取相应措施后方可拆除脚手架。

在拆除过程中，凡已松开连接的杆配件应及时拆除运走，避免误扶和误靠已松脱连接的杆件。拆下的杆配件应以安全的方式运出和吊下，严禁向下抛掷。在拆除过程中，应作好配合、协调动作，禁止单人进行拆除较重杆件等危险性的作业。

11.3.3.5　特种脚手架的规定

凡不能按一般要求搭设的高耸、大悬挑、曲线形、提升以及吊篮和移动式等特种脚手架，应遵守下列规定：

（1）特种脚手架只有在满足以下各项规定要求时，才能按所需高度和形式进行搭设：

1）按确保承载可靠和使用安全的要求经过严格的设计计算，在设计时必须考虑风荷载的作用。

2）有确保达到构架要求质量的可靠措施。

3）脚手架的基础或支撑结构物必须具有足够的承受能力。

4）有严格确保安全使用的实施措施和规定。

（2）特种脚手架中用于挂扣、张紧、固定、升降的机具和专用加工件，必须完好无损和无故障，且应有适量的备用品，在使用前和使用中应加强检查，以确保其工作安全可靠。

11.3.3.6　脚手架对基础的要求

良好的脚手架底座和基础、地基，对于脚手架的安全极为重要，在搭设脚手架时，必须加设底座、垫木（板）或基础并作好对地基的处理。

（1）一般要求

1）脚手架地基应平整夯实。

2）脚手架的钢立柱不能直接立于土地面上，应加设底座和垫板（或垫木），垫板（木）厚度不小于50mm。

3）遇有坑槽时，立杆应下到槽底或在槽上加设底梁（一般可用枕木或型钢梁）。

4）脚手架地基应有可靠的排水措施，防止积水浸泡地基。

5）脚手架旁有开挖的沟槽时，应控制外立杆距沟槽边的距离。当架高在30m以内时，不小于1.5m；架高为30～50m时，不小于2.0m；架高在50m以上时，不小于2.5m。当不能满足上述距离时，应核算土坡承受脚手架的能力，不足时可加设挡土墙或其他可靠支护，避免槽壁坍塌危及脚手架安全。

6）位于通道处的脚手架底部垫木（板）应低于其两侧地面，并在其上加设盖板；避免扰动。

（2）一般做法

1）30m以下的脚手架其内立杆大多处在基坑回填土之上。回填土必须严格分层夯实。垫木宜采用长2.0～2.5m、宽不小于200mm、厚50～60mm的木板，垂直于墙面放置（长4.0m左右，亦可平行于墙面放置），并应在脚手架外侧开挖排水沟排除积水。

2）架高超过30m的高层脚手架的基础做法为：

① 采用道木支垫。

② 在地基上加铺20cm厚道渣后铺混凝土预制块或硅酸盐砌块，在其上沿纵向铺放12～16号槽钢，将脚手架立杆坐于槽钢上。

3）若脚手架地基为回填土，应按规定分层夯实，达到密实度要求，并自地面以下1m深度采用三七灰土加固。

11.4　脚手架的设计和计算

11.4.1　脚手架的计算规定

11.4.1.1　脚手架和支撑架设计的基本要求

（1）设置高度、作业面、防（围）护和跟进施工配合等满足施工作业要求。

（2）具有稳定的构架结构。

（3）具有符合安全保证要求的承载能力，特别是抗失稳能力。

（4）具有应对施工中改动情况（例如变更杆件位置，临时拆除杆件等）的预案弥补措施。

（5）确保拆装和使用安全的技术与管理措施。

11.4.1.2　脚手架设计注意事项

在实现以上设计的基本要求时，应特别注意以下环节：

（1）地基和支承结构的承载能力。

（2）安装偏差。

（3）节点连接的构造和承载能力。

（4）整体性和加强刚度杆构件的设置。

（5）控制荷载和可能出现的不利作用。

（6）监控措施及其落实程度。

（7）脚手架材料和设备的质量。

（8）隐患的检查和整改要求。

11.4.1.3　脚手架设计的内容

建筑施工脚手架的设计包含以下内容：

（1）脚手架设置方案的选择，包括：1）脚手的类别；2）脚手架构架的形式和尺寸；3）相应的设置措施（基础、支承、整体拉结和附墙连接、进出（或上下）措施等）。

（2）承载可靠性的验算，包括：1）构架结构验算；2）地基、基础和其他支承结构的验算；3）专用加工件验算。

（3）安全使用措施，包括：1）作业面的防（围）护措施；2）整架和作业区域（涉及的空间环境）的防（围）护措施；3）进行安全搭设、移动（升降）和拆除的措施；4）安全使用措施。

（4）脚手架的施工图。

（5）必要的设计计算资料。

11.4.2　脚手架设计计算的统一规定

11.4.2.1　脚手架设计计算要求和方法

1. 脚手架设计的计算项目

（1）按承载力极限状态的计算项目。

（2）按正常使用极限状态的计算项目。

（3）一般计算项目。由于脚手架的一些杆配件在通常使用条件下具有足够的承受荷载作用的能力而不必逐项计算，因此，脚手架的一般计算项目为：

1）构架的整体稳定性计算（可转化为立杆稳定性计算）。

2）单肢立杆的稳定性计算。当单肢立杆稳定性计算已包括在整体稳定性计算中，且立杆未显著超出构架的计算长度和使用荷载时，可以略去此项计算。

3）水平杆的抗弯强度和挠度计算。

4）连墙杆的强度和稳定验算。

5）抗倾覆验算。

6）地基基础和支承结构的验算，主要是悬挂件、挑支撑拉件的验算（根据其受力状态确定验算项目）。

当脚手架的结构和设置设计都符合相应规范的不必计算的要求时，可不进行计算；当作业层施工荷载和构架尺寸不超过规范的限定时，一般可不进行水平杆件的计算。脚手架失稳（包括整体、局部和单肢）破坏是其最大的危险所在，一般必须进行计算；当脚手架的局部或单肢无显著的荷载或长度增大时，可不进行局部或单肢立杆的失稳验算。总之，在上述规定的计（验）算项目中，凡没有不必计算的可靠依据时，均应进行计算。

2. 脚手架结构设计采用的方法

各类脚手架结构体系都属于临时性建筑结构体系，因此，采用《建筑结构设计统一标准》（GBJ 68）规定的"概率极限状态设计法"。结构的极限状态有承载能力极限状态与正常使用极限状态两类。

对于建筑脚手架结构来说，由于对构架杆配件的质量和缺陷都作了规定，且在出现正常使用极限状态时会有明显的征兆和发展过程，有时间采取相应措施而不会出现突发性事故。因此，在脚手架设计时可只考虑其承载能力极限状态，而不考虑正常使用极限状态。

在承载能力极限状态中，倾覆问题可通过加强结构的整体性和附墙拉结来解决（对拉结件进行抗水平力作用的计算）；转变为机动体系的问题也可用合理的构造（如加设适量的斜杆和剪刀撑）来解决而不必计算。因此，应主要考虑强度和稳定的计算。而脚手架整体或局部失稳破坏是造成脚手架的破坏主要危险，因而是最主要的设计计算项目。

脚手架结构的安全等级采用三级，即次要建筑物，破坏后果不严重。建筑脚手架结构可靠度的校核方法可规定为：按概率极限状态设计法计算的结果，在总体效果上应与脚手架使用的历史经验大体一致。亦即按新方法设计的脚手架结构，如按原《工业与民用建筑荷载规范》（TJ 9—74）与原《薄壁型钢结构技术规范》（TJ 18—5）进行安全度校核，其单一安全系数应满足下列要求：

强度计算　$K \geqslant 1.5$；稳定计算　$K \geqslant 2.0$。

当不能满足上述要求时，主要应通过调整材料强度附加分项系数 γ_m（γ_a'、γ_i'、γ_b'）来解决。必要时，也可采取其他有效措施（调整构架结构、卸载等）。

11.4.2.2　脚手架结构设计基本计算模式和实用设计表达式

1. 脚手架结构设计基本计算模式

根据概率极限状态设计法的规定，脚手架结构设计的基本计算模式如下：

$$\gamma_0 S \leqslant R \qquad (11\text{-}1)$$

式中　荷载效应　$S = \gamma_G S_{GK} + \gamma_Q \psi (S_{Qk} + S_{wk}) \qquad (11\text{-}2)$

结构抗力　$R = R\left(\dfrac{f_{mk}}{\gamma_m \cdot \gamma_m'}, a_k, \cdots\cdots\right)$

$$= R\left(\dfrac{f_{md}}{\gamma_m'}, a_k, \cdots\cdots\right) \qquad (11\text{-}3)$$

总的荷载效应 S（即荷载作用下所产生的内力——轴力、弯矩、剪力扭矩等）等于所有恒载作用效应 S_{Gk} 和活荷载作用效应 S_{Qk} 的组合。组合时分别乘以相应的荷载分项系数 γ_G、γ_Q 和荷载效应组合系数 ψ。

荷载分项系数按《建筑结构荷载规范》（GB 50009）规定：对恒荷载，一般情况下取 $\gamma_G = 1.2$；但抗倾覆验算时 $\gamma_G = 0.9$；对施工荷载和风荷载等活荷载，取 $\gamma_Q = 1.4$。

对于荷载效应组合系数 ψ，当不考虑风荷载而仅考虑施工荷载时，取 $\psi = 1.0$；当同时考虑风荷载与施工荷载时，取 $\psi = 0.9$。

结构抗力 R 为结构材料的强度设计值 $f_{md} = \dfrac{f_{mk}}{\gamma_m}$（$f_{mk}$ 是材料强度的标准值，γ_m 是相应的抗力分项系数，其脚标 m，相应于钢材和竹材分别取 a 和 b）。

对用于脚手架的钢管，其强度设计值 $f_{ad} = \dfrac{f_{ak}}{\gamma_a}$ 按《冷弯薄壁型钢结构技术规范》（GB 50018）采用；对于竹材，其强度设计值 $f_{bd} = \dfrac{f_{bk}}{\gamma_b}$ 按试验资料经统计并参照国外标准确定（相应安全技术规范颁布后，按规范的规定）。

材料强度附加分项系数 γ_m' 考虑脚手架露天重复使用的不利条件并满足上述可靠度的要求，因此，亦可称为"脚手架的可靠度系数"。γ_m' 可从两种设计方法的系数比较中加以确定。

钢管脚手架 γ_m' 的取值或计算式列于表 11-3 中：

钢管脚手架 γ_m' 的取值或计算式列表　　表 11-3

构件类别	荷载组合情况	
	不组合风荷载	组合风荷载
受弯构件	$\gamma_m' = 1.19\,\dfrac{1+\eta}{1+1.17\eta}$	$\gamma_m' = 1.19\,\dfrac{1+0.9(\eta+\lambda)}{1+\eta+\lambda}$
轴心受压构件	$\gamma_m' = 1.59\,\dfrac{1+\eta}{1+1.17\eta}$	$\gamma_m' = 1.59\,\dfrac{1+0.9(\eta+\lambda)}{1+\eta+\lambda}$

注：表中 η、λ 分别为活载、风荷载标准值作用效应与恒载标准值作用效应的比值。

在 1997 年制订的"编制建筑施工脚手架安全技术标准的统一规定"（修订稿）中明确，当各地认为有必要规定脚手架实用搭设

高度 H_J（其值由各地相应标准确定），以确保其结构可靠性的标准，即当 $H \leqslant H_J$ 时，仍采用 $K = 2.0$；而当 $H > H_J$ 时，采用一个新的搭设高度调整系数 K_H'，使 $K > 2.0$（并随高度的增加而增加）。K_H' 的计算式为：

$$K_H' = \dfrac{1}{1+0.005(H-H_J)} \qquad (11\text{-}4)$$

2. 钢管脚手架结构的实用设计表达式

(1) 受弯构件

不组合风荷载：

$$1.2 S_{Gk} + 1.4 S_{Qk} \leqslant \dfrac{fW}{0.9\gamma_m'} \qquad (11\text{-}5)$$

组合风荷载：

$$1.2 S_{Gk} + 1.4 \times 0.85 (S_{Qk} + S_{wk}) \leqslant \dfrac{fW}{0.9\gamma_m'} \qquad (11\text{-}6)$$

(2) 轴心受压构件

$$1.2 S_{Gk} + 1.4 S_{Qk} \leqslant \dfrac{\varphi f A}{0.9\gamma_m'} \qquad (11\text{-}7)$$

$$1.2\,\dfrac{S_{Gk}}{\varphi} + 1.4 \times 0.85 \left(\dfrac{S_{Qk}}{\varphi} + S_{wk}\right) \leqslant \dfrac{fA}{0.9\gamma_m'} \qquad (11\text{-}8)$$

式中　S_{Gk}、S_{Qk}、S_{wk}——分别为永久荷载、可变荷载、风荷载标准值的作用效应（受弯构件为弯矩 M_{Gk}、M_{Qk}、M_{wk}，轴心受压构件为 N_{Gk}、N_{Qk}、N_{wk}）；

　　　　f——材料强度的设计值；

　　　　W——杆件的截面模量；

　　　　A——杆件的截面面积；

　　　　0.9——结构重要性系数（脚手架按临时结构，取 $\gamma_0 = 0.9$）。

在计算时，可取 $\gamma_R = 0.9\gamma_m'$，称 γ_R 为"抗力附加分项系数"。

式（11-5）、式（11-8）为脚手架结构的通用设计表达式，将相应的荷载作用效应 N 和 M 代入后，即可转化为实用设计表达式。在组合风荷载情况下，因 φ 只能调整轴力，而不能调整弯矩，因而，将 φ 移入左端相应项中。$\gamma_R = 0.9\gamma_m'$ 的作用是调整抗力设计值，在公式的转化中，应注意不要改变其调整的效果，即达到相当于"单一系数设计法"中 $K \geqslant 2.0$（稳定验算）的要求。

11.4.3　脚手架荷载的分类与取值

11.4.3.1　荷载的分类

作用于脚手架的荷载可分为永久荷载（恒荷载）与可变荷载（活荷载）。

永久荷载（恒荷载）可分为：

(1) 脚手架结构自重，包括立杆、纵横向水平杆、横向水平杆、剪刀撑、横向斜撑和扣件等的自重。

(2) 构、配件自重，包括脚手板、栏杆、挡脚板、安全网等防护设施的自重。

可变荷载（活荷载）：包括施工荷载（作业层上人员、材料、机具的重量）和风荷载。计算时不考虑雪荷载、地震作用等其他活荷载。

11.4.3.2　荷载标准值的取值

1. 永久荷载标准值 G_k

(1) 脚手架结构自重标准值 g_{k1}

1) 扣件式钢管脚手架立杆承受的每米结构自重标准值 g_{k1}

① 单、双排脚手架立杆承受的每米结构自重标准值 g_{k1}，可按表 11-4 采用。

单、双排脚手架立杆承受的每米结构自重标准值 g_{k1}（kN/m）　　表 11-4

步距 (m)	脚手架类型	纵距 (m)				
		1.2	1.5	1.8	2.0	2.1
1.20	单排	0.1642	0.1793	0.1945	0.2046	0.2097
	双排	0.1538	0.1667	0.1796	0.1882	0.1925

续表

步距(m)	脚手架类型	纵距(m)				
		1.2	1.5	1.8	2.0	2.1
1.35	单排	0.1530	0.1670	0.1809	0.1903	0.1949
	双排	0.1426	0.1543	0.1660	0.1739	0.1778
1.50	单排	0.1440	0.1570	0.1701	0.1788	0.1831
	双排	0.1336	0.1444	0.1552	0.1624	0.1660
1.80	单排	0.1305	0.1422	0.1538	0.1615	0.1654
	双排	0.1202	0.1295	0.1389	0.1451	0.1482
2.00	单排	0.1238	0.1347	0.1456	0.1529	0.1565
	双排	0.1134	0.1221	0.1307	0.1365	0.1394

上表中立杆承受的每米结构自重标准值的计算条件如下：

a. 构配件取值：

每个扣件自重是按抽样408个的平均值加两倍标准差求得；

直角扣件：按每个主节点处二个，每个自重13.2N/个；

旋转扣件：按剪刀撑每个扣接点一个，每个自重14.6N/个；

对接扣件：按每6.5m长的钢管一个，每个自重18.4N/个；

横向水平杆每个主节点一根，取2.2m长；

钢管尺寸：φ48.3×3.6mm，每米自重39.7N/m。

b. 计算图形见图11-1所示。

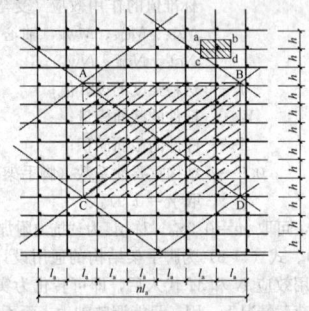

图11-1 立杆承受的每米结构自重标准值计算图

c. 由于单排脚手架立杆的构造与双排的外立杆相同，故立杆承受的每米结构自重标准值可按双排的外立杆等值采用。

d. 为简化计算，双排脚手架立杆承受的每米结构自重标准值是采用内、外立杆的平均值。

e. 由钢管外径或壁厚引起的钢管截面尺寸小于φ48.3×3.6mm，脚手架立杆承受的每米结构自重标准值，也可按表11-4取值计算，计算结果偏安全。步距、纵距中间值可按线性插入计算。

②满堂脚手架立杆承受的每米结构自重标准值与满堂支撑架立杆承受的每米结构自重标准值，可按表11-5、表11-6采用。

满堂脚手架立杆承受的每米结构自重标准值 g_{k1} (kN/m)   表11-5

步距 h(m)	横距 l_b(m)	纵距 l_a(m)						
		0.6	0.9	1.0	1.2	1.3	1.35	1.5
0.6	0.4	0.1820	0.2086	0.2176	0.2353	0.2443	0.2487	0.2620
	0.6	0.2002	0.2273	0.2362	0.2543	0.2633	0.2678	0.2813
0.90	0.6	0.1563	0.1759	0.1825	0.1955	0.2020	0.2053	0.2151
	0.9	0.1762	0.1961	0.2027	0.2160	0.2226	0.2260	0.2359
	1.0	0.1828	0.2028	0.2095	0.2226	0.2295	0.2328	0.2429
	1.2	0.1960	0.2162	0.2230	0.2365	0.2432	0.2466	0.2567
1.05	0.9	0.1615	0.1792	0.1851	0.1970	0.2029	0.2059	0.2148
1.20	0.6	0.1344	0.1503	0.1556	0.1662	0.1715	0.1742	0.1821
	0.9	0.1505	0.1666	0.1719	0.1827	0.1882	0.1908	0.1988
	1.0	0.1558	0.1720	0.1775	0.1883	0.1937	0.1964	0.2045
	1.2	0.1665	0.1829	0.1883	0.1993	0.2048	0.2075	0.2156
	1.3	0.1719	0.1883	0.1939	0.2049	0.2103	0.2130	0.2213

续表

步距 h(m)	横距 l_b(m)	纵距 l_a(m)						
		0.6	0.9	1.0	1.2	1.3	1.35	1.5
1.35	0.9	0.1419	0.1568	0.1617	0.1717	0.1766	0.1791	0.1865
1.50	0.9	0.1350	0.1489	0.1535	0.1628	0.1674	0.1697	0.1766
	1.0	0.1396	0.1536	0.1583	0.1675	0.1721	0.1745	0.1815
	1.2	0.1488	0.1629	0.1676	0.1770	0.1817	0.1840	0.1911
	1.3	0.1535	0.1676	0.1723	0.1817	0.1864	0.1887	0.1958
1.60	0.9	0.1312	0.1445	0.1489	0.1578	0.1622	0.1645	0.1711
	1.0	0.1356	0.1489	0.1534	0.1623	0.1668	0.1690	0.1757
	1.2	0.1445	0.1580	0.1624	0.1714	0.1759	0.1782	0.1849
1.80	0.9	0.1248	0.1371	0.1413	0.1495	0.1536	0.1556	0.1618
	1.0	0.1288	0.1413	0.1454	0.1537	0.1579	0.1599	0.1661
	1.2	0.1371	0.1496	0.1538	0.1621	0.1663	0.1683	0.1747

注：φ48.3×3.6钢管，步距、纵距中间值可按线性插入计算。

满堂支撑架立杆承受的每米结构自重标准值 g_{k1} (kN/m)   表11-6

步距 h(m)	横距 l_b(m)	纵距 l_a(m)							
		0.4	0.6	0.75	0.9	1.0	1.2	1.35	1.5
0.60	0.4	0.1691	0.1875	0.2012	0.2149	0.2241	0.2424	0.2562	0.2699
	0.6	0.1877	0.2062	0.2201	0.2341	0.2433	0.2619	0.2758	0.2897
	0.75	0.2016	0.2203	0.2344	0.2484	0.2577	0.2765	0.2905	0.3045
	0.9	0.2155	0.2344	0.2486	0.2627	0.2722	0.2910	0.3052	0.3194
	1.0	0.2248	0.2438	0.2580	0.2723	0.2818	0.3008	0.3150	0.3292
	1.2	0.2434	0.2626	0.2770	0.2914	0.3010	0.3202	0.3346	0.3490
0.75	0.6	0.1636	0.1791	0.1907	0.2024	0.2101	0.2256	0.2372	0.2488
0.90	0.4	0.1341	0.1474	0.1574	0.1674	0.1740	0.1874	0.1973	0.2073
	0.6	0.1476	0.1610	0.1711	0.1812	0.1880	0.2014	0.2115	0.2216
	0.75	0.1577	0.1712	0.1814	0.1916	0.1984	0.2120	0.2221	0.2323
	0.9	0.1678	0.1815	0.1917	0.2020	0.2088	0.2225	0.2328	0.2430
	1.0	0.1745	0.1883	0.1986	0.2089	0.2158	0.2295	0.2398	0.2502
	1.2	0.1880	0.2019	0.2123	0.2227	0.2297	0.2436	0.2540	0.2644
1.05	0.9	0.1541	0.1663	0.1755	0.1846	0.1907	0.2029	0.2121	0.2212
1.20	0.4	0.1166	0.1274	0.1355	0.1436	0.1490	0.1598	0.1679	0.1760
	0.6	0.1275	0.1384	0.1466	0.1548	0.1603	0.1712	0.1794	0.1876
	0.75	0.1357	0.1467	0.1550	0.1632	0.1687	0.1797	0.1880	0.1962
	0.9	0.1439	0.1550	0.1633	0.1716	0.1771	0.1882	0.1965	0.2048
	1.0	0.1494	0.1605	0.1689	0.1772	0.1828	0.1939	0.2023	0.2106
	1.2	0.1603	0.1715	0.1800	0.1884	0.1940	0.2053	0.2137	0.2221
1.35	0.9	0.1359	0.1462	0.1538	0.1615	0.1666	0.1768	0.1845	0.1921
1.50	0.4	0.1061	0.1154	0.1224	0.1293	0.1340	0.1433	0.1503	0.1572
	0.6	0.1155	0.1249	0.1319	0.1390	0.1436	0.1530	0.1601	0.1671
	0.75	0.1225	0.1320	0.1391	0.1462	0.1509	0.1604	0.1674	0.1745
	0.9	0.1296	0.1391	0.1462	0.1534	0.1581	0.1677	0.1748	0.1819
	1.0	0.1343	0.1438	0.1510	0.1582	0.1630	0.1725	0.1797	0.1869
	1.2	0.1437	0.1533	0.1606	0.1678	0.1726	0.1823	0.1895	0.1968
	1.35	0.1507	0.1604	0.1677	0.1750	0.1799	0.1896	0.1969	0.2042
1.80	0.4	0.0991	0.1074	0.1136	0.1198	0.1240	0.1323	0.1385	0.1447
	0.6	0.1075	0.1158	0.1221	0.1284	0.1326	0.1409	0.1472	0.1535
	0.75	0.1137	0.1222	0.1285	0.1348	0.1390	0.1475	0.1538	0.1601
	0.9	0.1200	0.1285	0.1349	0.1412	0.1455	0.1540	0.1603	0.1667
	1.0	0.1242	0.1327	0.1391	0.1455	0.1498	0.1583	0.1647	0.1711
	1.2	0.1326	0.1412	0.1476	0.1541	0.1584	0.1670	0.1734	0.1799
	1.35	0.1389	0.1475	0.1540	0.1605	0.1648	0.1735	0.1800	0.1864
	1.5	0.1452	0.1539	0.1604	0.1669	0.1713	0.1800	0.1865	0.1930

注：φ48.3×3.6钢管，步距、纵距中间值可按线性插入计算。

满堂脚手架与满堂支撑架立杆承受的每米结构自重标准值计算图形见图 11-2。

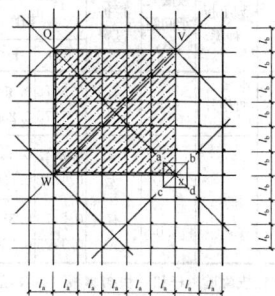

图 11-2　立杆承受的每米结构自重标准值计算图（平面图）

钢管截面尺寸小于 φ48.3×3.6mm 时，脚手架立杆承受的每米结构自重标准值也可按表 11-5、表 11-6 取值计算。

2）碗扣式钢管脚手架立杆承受的每米结构自重标准值 g_{k1} 表（表 11-7）

碗扣式钢管脚手架的 g_{k1} 值　　表 11-7

步距 h (m)	立杆横距 l_b (m)	立杆类别	\multicolumn{7}{c}{g_{k1} (kN/m)，当 l_a (m) 为}						
			0.3	0.6	0.9	1.2	1.5	1.8	2.4
0.9	0.3	角	0.0845	0.0939	0.1033	0.1127	0.1221	0.1315	0.1503
	0.6	中	0.1305	0.1493	0.1681	0.1869	0.2057	0.2246	0.2622
		边	0.1075	0.1263	0.1451	0.1639	0.1827	0.2015	0.2392
		角	0.0939	0.1033	0.1127	0.1220	0.1315	0.1409	0.1597
	0.9	中	0.1493	0.1681	0.1869	0.2057	0.2246	0.2434	0.2622
		边	0.1169	0.1357	0.1545	0.1732	0.1922	0.2110	0.2485
		角	0.1033	0.1127	0.1220	0.1314	0.1409	0.1503	0.1691
1.2	0.6	中	0.0939	0.1033	0.1127	0.1220	0.1315	0.1409	0.1597
		边	0.0824	0.0917	0.1011	0.1105	0.1200	0.1294	0.1482
		角	0.0755	0.0802	0.0849	0.0896	0.0944	0.0991	0.1084
	0.9	中	0.1033	0.1127	0.1220	0.1315	0.1409	0.1503	0.1691
		边	0.0870	0.0964	0.1058	0.1152	0.1247	0.1341	0.1529
		角	0.0802	0.0849	0.0896	0.0944	0.0991	0.1038	0.1131
	1.2	中	0.1127	0.1220	0.1315	0.1409	0.1503	0.1597	0.1785
		边	0.0917	0.1011	0.1105	0.1200	0.1294	0.1388	0.1576
		角	0.0849	0.0896	0.0944	0.0991	0.1038	0.1084	0.1178
	1.5	中	0.1220	0.1315	0.1409	0.1503	0.1597	0.1691	0.1879
		边	0.0965	0.1059	0.1153	0.1248	0.1342	0.1435	0.1623
		角	0.0896	0.0944	0.0991	0.1038	0.1084	0.1131	0.1226
1.8	0.9	中	0.0879	0.0942	0.1004	0.1067	0.1130	0.1193	0.1318
		边	0.0771	0.0834	0.0896	0.0959	0.1022	0.1085	0.1210
		角	0.0726	0.0757	0.0788	0.0819	0.0851	0.0882	0.0945
	1.2	中	0.0942	0.1004	0.1067	0.1130	0.1193	0.1255	0.1381
		边	0.0802	0.0865	0.0928	0.0990	0.1053	0.1116	0.1241
		角	0.0757	0.0788	0.0819	0.0851	0.0882	0.0914	0.0976
	1.5	中	0.1004	0.1067	0.1130	0.1193	0.1255	0.1318	0.1444
		边	0.0834	0.0896	0.0959	0.1022	0.1085	0.1147	0.1273
		角	0.0788	0.0819	0.0851	0.0882	0.0914	0.0945	0.1008
	1.8	中	0.1067	0.1130	0.1193	0.1255	0.1318	0.1381	0.1506
		边	0.0865	0.0928	0.0990	0.1053	0.1116	0.1179	0.1304
		角	0.0819	0.0851	0.0882	0.0914	0.0945	0.0976	0.1039

续表

步距 h (m)	立杆横距 l_b (m)	立杆类别	\multicolumn{7}{c}{g_{k1} (kN/m)，当 l_a (m) 为}						
			0.3	0.6	0.9	1.2	1.5	1.8	2.4
2.4	0.9	中	0.0802	0.0849	0.0896	0.0943	0.0991	0.1038	0.1131
		边	0.0721	0.0768	0.0815	0.0862	0.0909	0.0956	0.1050
		角	0.0687	0.0711	0.0734	0.0758	0.0781	0.0805	0.0852
	1.2	中	0.0849	0.0896	0.0943	0.0991	0.1038	0.1084	0.1178
		边	0.0745	0.0792	0.0839	0.0886	0.0933	0.0980	0.1074
		角	0.0711	0.0734	0.0758	0.0781	0.0805	0.0828	0.0875
	1.5	中	0.0896	0.0943	0.0991	0.1038	0.1084	0.1131	0.1226
		边	0.0768	0.0815	0.0862	0.0909	0.0956	0.1004	0.1098
		角	0.0734	0.0758	0.0781	0.0805	0.0828	0.0852	0.0899
	1.8	中	0.0943	0.0991	0.1038	0.1084	0.1131	0.1178	0.1273
		边	0.0792	0.0839	0.0886	0.0933	0.0980	0.1027	0.1121
		角	0.0758	0.0781	0.0805	0.0828	0.0875	0.0875	0.0922

注：1. 立杆重量按 57.17N/m 取，纵、横杆重量 g_{1a}、g_{1b} 按实际取；

2. g_{k1} 算式：

中立柱　$g_{k1} = 1/h(0.0572h + g_{1a} + g_{1b})$　　(11-9)

边立柱　$g_{k1} = 1/h(0.0572h + g_{1a} + g_{1b}/2)$　　(11-10)

角立柱　$g_{k1} = 1/h[0.0572h + (g_{1a}+g_{1b})/2]$　　(11-11)

3）门式钢管脚手架立杆承受的每米结构自重标准值 g_{k1} 表（表 11-8）

门式钢管脚手架的 g_{k1} 值　　表 11-8

门架高度 h (m)	门架宽度 l_b (m)	水平架重 g_p (N)	门架重 g_m (N)	\multicolumn{2}{c}{g_{k1} (kN/m)，当 n_2' 为}	
				0.5	1.0
0.9	0.9	118	136	0.0563	0.0733
		141	168	0.0688	0.0891
1.7	1.2	128	146	0.0606	0.0790
			159	0.0643	0.0828
		162	192	0.0788	0.1021
			198	0.0805	0.1039
1.8			200	0.0765	0.0986
1.9			203	0.0733	0.0942
		128	215	0.0720	0.0885

注：表中仅为几种门架和水平架组合的 g_{k1}，当实用构件与表中不一致时，可直接用式（11-12）计算。

标准型门架宽 1.2m，高 1.7m 或 1.9m，门架间距 1.8m。另有窄型门架，宽 0.9m。通常单排单层或多层叠高架设，在设置形式上相当于双排脚手架。计算其构架自重荷载时，可将门架和水平架计入构架基本结构杆部件，将交叉支撑（十字拉杆）和水平加强杆计入整体拉结杆部件。两排以上的满堂脚手架和交错叠布构架形式的荷载计算见本手册的 11.5.3 节。

普通构造门式钢管脚手架 g_{k1} 的计算涉及相应的门架高度 h、门架宽度 l_b、门架的单位自重 g_m（kN）、水平架的单位自重 g_p 及其设置数量系数 n_2'。n_2' 的取值为：水平架每层设置时，$n_2' = 1.0$；隔层设置时，$n_2' = 0.5$。g_{k1} 的计算式为：

$$g_{k1} = \frac{1}{2h}(g_m + n_2' g_p) \qquad (11-12)$$

4）竹脚手架的 g_{k1} 表

竹竿的平均自重依其中径和相应杆长而变，如表 11-9 所示。竹脚手架的 g_{k1} 可按下式计算：

$$g_{k1} = \frac{g_{b0}}{h}(\beta_{ba}\beta_a l_a + \beta_{bb}\beta_b l_b)$$
$$= \frac{0.0097}{h}(\beta_{ba}\beta_a l_a + \beta_{bb}\beta_b l_b) \qquad (11-13)$$

式中　　g_{b0}——长 2m、中径 40mm 竹竿的每米平均自重

(0.0097kN/m)，见表11-9；

β_{ba}、β_{bb}——分别为纵向平杆和横向平杆自重的直径调整系数，见表11-10（脚标符号中首位的"b"代表竹材，次位的a、b分别代表纵向和横向平杆）；

β_a、β_b——分别为纵向平杆和横向平杆自重的杆长调整系数，见表11-11。

竹竿自重表 g_{b0}　　　　表11-9

中径 (mm)	每米长平均自重 (N)，当中径位于以下杆高部位的 (m)						
	1	2	3	4	5	6	7
40	9.3	9.7					
50	11.6	12.1	12.4				
60	13.9	14.6	14.8	14.9			
70	16.2	17.0	17.3	17.4	17.7		
80	18.5	19.4	19.8	19.9	20.2	20.3	
90	20.8	21.9	22.2	22.4	22.6	22.9	23.1
100	23.1	24.3	24.7	24.9	25.3	25.4	25.9
110	25.5	26.8	27.2	27.4	27.8	27.9	28.3
120	27.8	29.2	29.6	29.9	30.3	30.5	30.8
130	30.1	31.7	32.1	32.4		33	33.4
140	32.4	34.1	34.6	34.9	35.4	35.5	36
150	34.7	36.5	37.0	37.4	37.9	38.1	38.6

β_{ba} (β_{bb}) 值　　　　表11-10

中径 (mm)	40	50	60	70	80	90	100	110	120	130	140	150
β_{ba} (β_{bb})	1.0	1.25	1.50	1.74	1.99	2.24	2.48	2.74	2.99	3.24	3.48	3.73

注：β_{ba} (β_{bb}) 可使用以下简式计算：

$$\beta_b = \frac{d_i}{40} \tag{11-14}$$

d_i——竹竿直径 (mm)。

β_a (β_b) 值　　　　表11-11

杆长 (m)	2	4	6	8	10	12	14
β_a (β_b)	1.00	1.051	1.067	1.076	1.092	1.097	1.112

(2) 作业层面材料自重标准值 g_{k2} （表11-12）

作业层面材料自重计算基数 g_{k2} 值　　　　表11-12

序次	脚手架类别	脚手板种类	板底支承间距 (m)	拦护设置	g_{k2} (kN/m)，当立杆横距 l_b (m) 为			
					0.9	1.2	1.5	1.8
1	扣件式钢管脚手架	竹串片	0.75	有	0.3587	0.4112	0.4637	0.5162
2				无	0.2087	0.2612	0.3137	0.3662
3		木，其他	1.0	有	0.3459	0.3984	0.4509	0.5034
				无	0.1959	0.2484	0.3009	0.3534
4		冲压钢	1.5	有	0.3331	0.3856	0.4381	0.4906
				无	0.1831	0.2356	0.2881	0.3406
5	碗扣式钢管脚手架　无间横杆	挂扣式	l_a	有	0.2625	0.3000	0.3375	0.3750
				无	0.1125	0.1500	0.1875	0.2250
6		其他		有	0.3075	0.3600	0.4125	0.4650
				无	0.1575	0.2100	0.2625	0.3150
7	碗扣式钢管脚手架　有间横杆	竹串片	0.75	有	0.3608	0.4133	0.4658	0.5183
8				无	0.2108	0.2633	0.3158	0.3683
9		木，其他	1.0	有	0.3475	0.4000	0.4525	0.5050
				无	0.1975	0.2500	0.3025	0.3550
10		冲压钢	1.5	有	0.3117	0.3567	0.4017	0.4467
				无	0.1617	0.2067	0.2517	0.2967
11	门式钢管脚手架	挂扣式	1.8	木挡板 钢网	0.2025	0.2700	—	—
					0.1325	0.1767		
					0.1125	0.1500		

（续表）

序次	脚手架类别	脚手板种类	板底支承间距 (m)	拦护设置	g_{k2} (kN/m)，当立杆横距 l_b (m) 为			
					0.9	1.2	1.5	1.8
12	竹脚手架	竹串片	0.5	有	0.2975	0.3500	0.4025	0.4550
				无	0.1975	0.2500	0.3025	0.3550
13		木	0.75	有	0.2842	0.3467	0.3892	0.4417
				无	0.1842	0.2367	0.2892	0.3417
14			1.0	有	0.2775	0.3300	0.3825	0.4350
				无	0.1775	0.2300	0.2825	0.3350

注：1. 拦护设置按两道栏杆和一块挡脚板（以及随作业层的安全立网）计；
　　2. 间横杆是钢管两端焊有插卡装置的横杆，为在构架结构横杆之外增加的支撑杆。
　　3. 单件自重分别取：挂扣式钢管脚手板 0.25kN/m²；木脚手板、竹串片脚手板和其他脚手板 0.35kN/m²；钢、木间横杆 0.08kN/m；竹间横杆 0.04kN/m；钢、木栏杆和挡脚板拦护取 0.15kN/m，栏杆和挡脚板拦护取 0.10kN/m；钢网栏板取 0.02kN/m；
　　4. 门式脚手架按不设栏杆，只有挡脚板计。

(3) 整体拉结和防护材料自重计算基数 g_{k3} 表

g_{k3} 计算按满高连续设置于脚手架外立面上的整体拉结杆件（剪刀撑、斜杆、水平加强杆）和封闭杆件、材料的自重，列于表11-13。

整体拉结和防护材料自重计算基数 g_{k3} 值　　　　表11-13

序次	脚手架类别	整体拉结杆件设置情况	围护材料	封闭类型	g_{k3} (kN/m²)，当 l_a (m) 为			
					1.2	1.5	1.8	2.1
1	扣件式钢管脚手架	剪刀撑，增加一道横杆固定封闭材料	安全网，塑料编织布	半	0.0602	0.0753	0.0904	0.1054
				全	0.0614	0.0768	0.0922	0.1075
2			席子	半	0.0638	0.0798	0.0958	0.1117
				全	0.0686	0.0858	0.1030	0.1201
3			竹笆	半	0.0890	0.1113	0.1336	0.1558
				全	0.1190	0.1488	0.1786	0.2083
4	碗扣式钢管脚手架	不设斜杆，增加一道横杆固定封闭材料	安全网，编织布	半	0.0281	0.0351	0.0421	0.0491
				全	0.0293	0.0366	0.0439	0.0512
5			席子	半	0.0317	0.0396	0.0475	0.0554
				全	0.0365	0.0456	0.0547	0.0638
6			竹笆	半	0.0569	0.0711	0.0853	0.0995
				全	0.0869	0.1086	0.1303	0.1520
7		1/3框格设斜杆，增加一道横杆固定封闭材料	安全网，编织布	半	0.0423	0.0531	0.0637	0.0743
				全	0.0437	0.0546	0.0655	0.0764
8			席子	半	0.0461	0.0576	0.0691	0.0806
				全	0.0509	0.0636	0.0763	0.0890
9			竹笆	半	0.0713	0.0891	0.1069	0.1247
				全	0.1013	0.1266	0.1519	0.1772
10	门式钢管脚手架	交叉支撑，6步一道水平加强杆	安全网，编织布	半	—	—	0.0342	—
				全	—	—	0.0360	—
11			席子	半	—	—	0.0396	—
				全	—	—	0.0468	—
12			保护网板	半	—	—	0.1224	—
				全	—	—	0.2124	—
13			竹笆	半	—	—	0.0774	—
				全	—	—	0.1224	—
14	竹脚手架	剪刀撑，增加一道横杆固定封闭材料	安全网，编织布	半	0.0455	0.0569	0.0682	0.0796
				全	0.0467	0.0584	0.0700	0.0817
15			席子	半	0.0491	0.0614	0.0736	0.0859
				全	0.0539	0.0674	0.0808	0.0943
16			竹笆	半	0.0742	0.0929	0.1114	0.1300
				全	0.1043	0.1304	0.1564	0.1825

注：1. 单件和材料的自重分别取：安全网、塑料编织布 0.002kN/m²；席子 0.008kN/m²；竹笆 0.05kN/m²；交叉支撑 0.021kN/m²；
　　2. 剪刀撑或斜杆的覆盖率取：扣件式钢管脚手架，0.67m/m²（即1m²架立面上有0.67m长剪刀撑）；竹脚手架 0.67m/m²；碗扣式钢管脚手架，当1/3框格时取 0.3m/m²，占1/2框格时取 0.45m/m²；门式脚手架的交叉支撑取 0.68m/m²；设一道横杆另计 0.56m/m²。

2. 施工荷载标准值 Q_k 表

(1) 施工均布荷载标准值（表 11-14）

施工均布荷载标准值　　　　表 11-14

类　别	标准值（kN/m²）
装修脚手架	2.0
混凝土、砌筑结构脚手架	3.0
轻型钢结构及空间网格结构脚手架	2.0
普通钢结构脚手架	3.0

注：斜道上的施工均布荷载标准值不应低于 2.0kN/m²。

(2) 当在双排脚手架上同时有 2 个及以上操作层作业时，在同一个跨距内各操作层的施工均布荷载标准值总和不得超过 5.0kN/m²。在施工中，当脚手架的实用施工荷载超过以上规定时，应按可能出现的最大值进行计算。

(3) 对于满堂支撑架上荷载标准取值应符合下列规定：

1) 当永久荷载与可变荷载（不含风荷载）标准值总和不大于 4.2kN/m² 时，施工均布荷载标准值可按表 11-14 取用；

2) 当永久荷载与可变荷载（不含风荷载）标准值总和大于 4.2kN/m² 时，须符合下列要求：

①作业层上的人员及设备荷载标准值取 1.0kN/m²；大型设备、结构构件等可变荷载按实际计算；

②用于混凝土结构施工时，作业层上荷载标准值的取值应符合现行行业标准《建筑施工模板安全技术规范》（JGJ 162）的规定。

3. 风荷载标准值 ω_k

垂直于脚手架外表面的风压标准值 w_k，应按下式计算：

$$w_k = \mu_z \mu_s w_0 \qquad (11\text{-}15)$$

式中　μ_s——风荷载体型系数，按表 11-15 选用；

脚手架风荷载体型系数 μ_s　　　表 11-15

背靠建筑物的状况	全封闭墙	敞开、框架和开洞墙
脚手架状况　全封闭、半封闭	1.0φ	1.3φ
敞开		μ_{stw}

注：1. μ_{stw} 为按桁架确定的脚手架本身构架结构的风荷载体型系数，可参照《建筑结构荷载规范》（GB 50009—2001）表 7.3.1 中第 31、32 项和第 36 项计算。

2. φ 为按脚手架封闭情况确定的挡风系数，$\varphi = 1.2 A_n/A_w$，其中：A_n 为挡风面积，A_w 为迎风面积。

3. 各种封闭情况包括全封闭、半封闭和局部封闭。

μ_z——风压高度变化系数，按现行国家标准《建筑结构荷载规范》GB 50009—2001 规定采用；

w_0——基本风压值（kN/m²），应按现行国家标准《建筑结构荷载规范》GB 50009—2001 附表 D.4 的规定采用，取重现期 $n=10$ 对应的风压值。

现行国家标准《建筑结构荷载规范》（GB 50009）规定的风荷载标准值还应乘以风振系数 β_z，以考虑风压脉动对高层结构的影响。由于脚手架是附着在主体结构上的，故取 $\beta_z = 1.0$。

4. 荷载效应组合

(1) 设计脚手架的承重构件时，应根据使用过程中可能出现的荷载取其最不利组合进行计算，荷载效应组合宜按表 11-16 采用。

脚手架荷载效应组合　　　　表 11-16

计 算 项 目	荷载效应组合
纵向、横向水平杆强度与变形	永久荷载+施工荷载
脚手架立杆地基承载力型钢悬挑梁的强度、稳定与变形	①永久荷载+施工荷载 ②永久荷载+0.9（施工荷载+风荷载）
立杆稳定	①永久荷载+可变荷载（不含风荷载） ②永久荷载+0.9（可变荷载+风荷载）
连墙件强度与稳定	单排架，风荷载+2.0kN 双排架，风荷载+3.0kN

(2) 在基本风压小于 0.35kN/m² 的地区，对于敞开式脚手架，当搭设高度小于 50m，连墙件均匀设置且每点覆盖面积不大于 30m²，构造符合规范规定时，验算脚手架的稳定性，可以不考虑风荷载的作用。在其他情况下，设计中均应考虑风荷载。

11.4.4　脚手架的整体稳定性计算

脚手架整体和局部的稳定性是设计计算中的关键项目。在计算时，由于常把整架稳定问题转化成对立柱的稳定性进行计算，故总称为"整体（立柱）稳定性计算。"下面在详述扣件式钢管脚手架整体稳定性计算的基础上，兼述其他脚手架形式的这项计算。

11.4.4.1　扣件式钢管脚手架的整体（立杆）稳定性计算

1. 计算方法的确定

扣件式钢管脚手架整体稳定性的计算方法，系通过对多种常用构架尺寸和连墙点设置的 1:1 原型单、双排脚手架段进行整体加荷试验，得到其整体失稳时的临界荷载 P_{cr}，由 $\varphi_0 = \dfrac{P_{cr}}{A f_y}$（$A$ 为立杆的毛截面积，f_y 为立杆钢材的屈服强度）得到的 φ_0 为脚手架段的整体稳定系数，将 φ_0 视为立杆段（长度为步距 h）的稳定系数，从《冷弯薄壁型钢结构技术规范》（GB 50018—2002）附表 3.1.1 中反查出长细比 λ_0，由 λ 求得计算长度，$l_0 = \lambda i$（i 为杆件截面的回转半径），而计算长度 l_0 又等于 μl，由此得到计算长度系数 $\mu = l_0/l$。经对试验数据的综合整理以后，确定了计算扣件式钢管脚手架整体稳定性的立杆计算长度系数 μ 的取值，从而将复杂的脚手架整体性验算，转为简单的对立杆稳定性的验算。

按上述方法确定的计算长度系数 μ 值列于表 11-17 中。在这一结果中，也已经包括了立杆偏心受压和初弯曲等初始缺陷的影响。计算和使用结果表明，此表可以满足一般施工要求的需要，但也需在今后的使用中进一步予以完善。

单、双排扣件式钢管脚手架立杆的计算长度系数 μ　　　表 11-17

类　　别	立杆横距（m）	连墙件布置	
		二步三跨	三步三跨
双排架	1.05	1.50	1.70
	1.30	1.55	1.75
	1.55	1.60	1.80
单排架	≤1.50	1.80	2.00

注：μ 值已综合考虑了整架作用、连墙点作用以及荷载偏心和初弯曲等初始缺陷的影响。

2. 立杆整架稳定性计算公式：

(1) 不组合风荷载时：

$$\frac{N}{\varphi A} \leqslant f_c \qquad (11\text{-}16)$$

组合风荷载时：

$$\frac{N}{\varphi A} + \frac{M_w}{W} \leqslant f_c \qquad (11\text{-}17)$$

式中　N——计算立杆段的轴向力设计值（N），应按式（11-19）、（11-20）计算；

φ——轴心受压杆件的稳定系数，根据长细比 λ，由表 11-19 查得；

λ——长细比，按下式计算：$\lambda = \dfrac{l_0}{i}$　　　(11-18)

l_0——计算长度（mm），应按式（11-21）的要求计算；

i——截面回转半径（mm），可按表 11-18 采用；

A——立杆的截面面积（mm²），可按表 11-18 要求采用；

M_w——计算立杆段由风荷载设计值产生的弯矩（N·mm），可按式（11-22）计算；

f_c——钢材的抗压强度设计值（N/mm²），应按表 11-20 采用。

(2) 计算立杆段的轴向力设计值 N，应按下列公式计算：

不组合风荷载时：

$$N = 1.2(N_{G1k} + N_{G2k}) + 1.4\Sigma N_{Qk} \qquad (11\text{-}19)$$

组合风荷载时:

$$N = 1.2(N_{G1k} + N_{G2k}) + 0.9 \times 1.4\Sigma N_{Qk} \quad (11\text{-}20)$$

式中 N_{G1k}——脚手架结构自重产生的轴向力标准值;

     N_{G2k}——构配件自重产生的轴向力标准值;

     ΣN_{Qk}——施工荷载产生的轴向力标准值总和,内、外立杆各按一纵距内施工荷载总和的1/2取值。

(3) 立杆计算长度 l_0 应按下式计算:

$$l_0 = k\mu h \quad (11\text{-}21)$$

式中 k——立杆计算长度附加系数,其值取 1.155,当验算立杆允许长细比时,取 $k=1$;受压、受拉构件的容许长细比按表 11-18 选用;

     μ——考虑单、双排脚手架整体稳定因素的单杆计算长度系数,应按表 11-17 采用;

     h——步距。

(4) 由风荷载产生的立杆段弯矩设计值 M_w,可按下式计算:

$$M_w = 0.9 \times 1.4 M_{wk} = \frac{0.9 \times 1.4 w_k l_a h^2}{10} \quad (11\text{-}22)$$

式中 M_{wk}——风荷载产生的弯矩标准值(kN·m);

     w_k——风荷载标准值(kN/m²),应按式(11-15)计算;

     l_a——立杆纵距(m)。

受压、受拉构件的容许长细比与钢管截面几何特性   表 11-18

受压、受拉构件的容许长细比		
构件类别		容许长细比 [λ]
立杆	双排架、满堂支撑架	210
	单排架	230
	满堂脚手架	250
横向斜撑、剪刀撑中的压杆		250
拉杆		350

钢管截面几何特性						
外径 φ, d (mm)	壁厚 t (mm)	截面积 A (cm²)	惯性矩 I (cm⁴)	截面模量 W (cm³)	回转半径 i (cm)	每米长质量 (kg/m)
48.3	3.6	5.06	12.71	5.26	1.59	3.97

Q235 钢轴心受压构件的稳定系数 φ   表 11-19

λ	0	1	2	3	4	5	6	7	8	9
0	1.000	0.997	0.995	0.992	0.989	0.987	0.984	0.981	0.979	0.976
10	0.974	0.971	0.968	0.966	0.963	0.960	0.958	0.955	0.952	0.949
20	0.947	0.947	0.944	0.941	0.938	0.936	0.930	0.927	0.924	0.921
30	0.918	0.915	0.912	0.909	0.906	0.903	0.899	0.896	0.893	0.889
40	0.886	0.882	0.879	0.875	0.872	0.868	0.864	0.861	0.858	0.855
50	0.852	0.849	0.846	0.4843	0.839	0.836	0.832	0.829	0.825	0.822
60	0.818	0.814	0.810	0.806	0.802	0.797	0.793	0.789	0.784	0.779
70	0.775	0.770	0.765	0.760	0.755	0.750	0.744	0.739	0.733	0.728
80	0.722	0.716	0.710	0.704	0.798	0.692	0.686	0.680	0.673	0.667
90	0.661	0.654	0.648	0.641	0.634	0.626	0.618	0.611	0.603	0.595
100	0.588	0.580	0.573	0.566	0.558	0.551	0.544	0.537	0.530	0.523
110	0.516	0.509	0.502	0.496	0.489	0.483	0.476	0.470	0.464	0.458
120	0.452	0.446	0.440	0.434	0.428	0.423	0.417	0.412	0.406	0.401
130	0.396	0.391	0.386	0.381	0.376	0.371	0.367	0.362	0.357	0.353
140	0.349	0.344	0.340	0.336	0.332	0.328	0.324	0.320	0.316	0.312
150	0.308	0.305	0.301	0.298	0.294	0.291	0.287	0.284	0.281	0.277
160	0.274	0.271	0.268	0.265	0.262	0.259	0.256	0.253	0.251	0.248

续表

λ	0	1	2	3	4	5	6	7	8	9
170	0.245	0.243	0.240	0.237	0.235	0.232	0.230	0.277	0.225	0.223
180	0.220	0.218	0.216	0.214	0.211	0.209	0.207	0.205	0.203	0.201
190	0.199	0.197	0.195	0.193	0.191	0.189	0.188	0.186	0.184	0.182
200	0.180	0.179	0.177	0.175	0.174	0.172	0.171	0.169	0.167	0.166
210	0.164	0.163	0.161	0.160	0.159	0.157	0.156	0.154	0.153	0.152
220	0.150	0.149	0.180	0.146	0.145	0.144	0.143	0.141	0.141	0.139
230	0.138	0.137	0.135	0.133	0.132	0.131	0.130	0.219	0.218	
240	0.129	0.128	0.123	0.122	0.121	0.120	0.119	0.118		
250	0.117	—	—	—	—	—	—	—	—	—

注:当λ>250时,$\varphi = \dfrac{7320}{\lambda^2}$。

Q235 钢钢材的强度设计与弹性模量   表 11-20

抗拉、抗弯 f (kN/mm²)	抗压 f_c (kN/mm²)	弹性模量 E (kN/mm²)
0.205	0.205	2.06×10⁵

3. 单、双排脚手架立杆稳定性计算部位的确定应符合以下规定:

(1) 当脚手架搭设尺寸采用相同步距、立杆纵距、立杆横距、连墙件间距时,应计算底层立杆段。

(2) 当脚手架搭设尺寸中的步距、立杆纵距、立杆横距和连墙件间距有变化时,除计算底层立杆段外,还必须对出现最大步距或最大立杆纵距、立杆横距、连墙件间距等部位的立杆段进行验算。

(3) 双管立杆变截面处主立杆上部单根立杆的稳定性计算可按式(11-16)或式(11-17)进行计算。

4. 有关搭设高度的计算

单、双排脚手架允许搭设高度 [H] 应按下列公式计算,并应取较小值。

不组合风荷载时:

$$[H] = \frac{\varphi A f - (1.2N_{G2k} + 1.4\Sigma N_{Qk})}{1.2g_{k1}} \quad (11\text{-}23)$$

组合风荷载时:

$$[H] = \frac{\varphi A f - \left[1.2N_{G2k} + 0.9 \times 1.4\left(\Sigma N_{Qk} + \dfrac{M_{wk}}{W}\varphi A\right)\right]}{1.2g_{k1}} \quad (11\text{-}24)$$

式中 [H]——脚手架允许搭设高度(m);

     g_{k1}——立杆承受的每米结构自重标准值(kN/m),可表 11-4 采用;

     M_{wk}——风荷载标准值产生的弯矩。

11.4.4.2 其他脚手架的整体稳定性计算

1. 碗扣式钢管脚手架

碗扣式钢管脚手架由于其杆件之间采用轴心连接,碗扣节点的承载能力和约束作用大以及斜杆设置的有利作用等,使其承载能力比扣件式钢管脚手架约提高15%以上。故可采用表11-21所列的计算长度系数的建议值,其他计算均可沿用扣件式钢管脚手架的计算方法。

碗扣式钢管脚手架稳定性计算长度系数 μ 的建议值   表 11-21

立杆横距 l_b (m)		μ值,当连墙件布置为	
		2步3跨	3步3跨
双排架	0.9	1.37	1.56
	1.2	1.43	1.61
	1.5	1.50	1.67
单排架		1.73	

注:当不小于1/3的框格有斜杆设置时,按表中数值乘以 0.95 使用。

2. 门式钢管脚手架

门式钢管脚手架的整体稳定性以单榀门架计算，其门架立杆的稳定系数 φ 按组合杆件确定，并取更为简便的作用于门架立柱的轴心力设计值 N 小于等于其承载力设计值 N_d 的计算式，即：

$$N \leqslant N_d \tag{11-25}$$

式中　N——作用于一榀门架的轴心力设计值，取式（11-26）和式（11-27）计算结果的较大值；不组合风荷载时：

$$N = 1.2(N_{Gk1} + N_{Gk2})H + 1.4\Sigma N_{Qk} \tag{11-26}$$

式中　N_{Gk1}——每米高度脚手架构配件自重产生的轴向力标准值；

　　　N_{Gk2}——每米高度脚手架附重产生的轴向力标准值；

　　　ΣN_{Qk}——各施工层施工荷载作用于一榀门架的轴向力标准值总和；

　　　H——以米为单位的脚手架高度值。

组合风荷载：

$$N = 1.2(N_{Gk1} + N_{Gk2})H + 0.9 \times 1.4\left(\Sigma N_{Qk} + \frac{2M_k}{b}\right) \tag{11-27}$$

$$M_k = \frac{q_k H_1^2}{10}$$

式中　M_k——风荷载产生的弯矩标准值；

　　　q_k——风荷载标准值；

　　　H_1——连墙件的竖向间距。

一榀门架的稳定承载力设计值 N_d 按下式计算：

$$N_d = \varphi \cdot A \cdot f \tag{11-28}$$

$$i = \sqrt{\frac{I}{A_1}} \tag{11-29}$$

$$I = I_0 + I_1 \frac{h_1}{h_0} \tag{11-30}$$

式中　A——一榀门架两根立柱的毛截面积（=$2A_1$）；

　　　f——门架钢材的强度设计值；

　　　φ——门架立柱的稳定系数，按 $\lambda = kh_0/i$ 查表 11-19；

　　　h_0——门架的高度（几何尺寸）；

　　　i——门架组合立杆（包括加强杆）的回转半径；

　　　I——门架组合立杆的等效截面惯性矩；

　　　I_0、A_1——门架柱立杆的毛截面惯性矩和毛截面积；

　　　h_1、I_1——门架柱加强杆的高度和毛截面积。

采用上述方法计算的门式钢管脚手架，均应符合以下构造要求：

（1）脚手架的两个侧立面必须满设交叉支撑。

（2）水平架的设置，当搭设高度 $\leqslant 45m$ 时，间隔一个门架设置一层；当搭设高度 $>45m$ 时，应层层设置。

（3）当脚手架高度大于 20m 时，在外侧立面应连续设置长剪刀撑；并每隔 3～5 步设置一道水平加固杆。

（4）应符合交圈整体性构造要求。

（5）首层门架底部应设置封口杆。

其他设计计算事项，可参照前述扣件式钢管脚手架的计算方法和原则，并依据门式脚手架的设计和使用情况予以具体解决。

11.4.5　水平杆件、脚手板、扣件抗滑、立杆底座和地基承载力的验算

1.4.5.1　水平杆件和脚手板

横向（水）平杆在立杆以外无铺板时，按简支梁计算；立杆以外伸出部分有铺板时，按带悬臂的单跨梁计算；纵向（水）平杆宜按三跨连续梁计算。定型挂扣式钢管脚手板按简支梁计算；3～4m 的木脚手板和钢脚手板一般可按两跨连续梁计算；而长度 5～6m 的木脚手板，则可按三跨或四跨连续梁计算。计算时，可以忽略平杆的自重，但脚手板的自重不能忽略。脚手板和横向平杆一般受均布施工荷载的作用（当荷载不均匀分布时，可化为几种荷载分布情况的叠加）；而纵向平杆则一般受由横向平杆传来的集中荷载（或均匀荷载）作用。

1. 抗弯强度验算

$$\frac{1.2}{W}(M_{Gk} + 1.4M_{Qk}) \leqslant f \tag{11-31}$$

式中　W——平杆或脚手板的毛截面抵抗矩；

　　　M_{Gk}——由脚手板自重标准值产生的最大弯矩值；

　　　M_{Qk}——由施工荷载标准值产生的最大弯矩值；

　　　f——杆件材料的抗弯强度设计值。

2. 挠度验算

$$w_{Qk} \leqslant [w] \tag{11-32}$$

式中　w_{Qk}——施工荷载标准值产生的挠度；

　　　$[w]$——容许变形，横向平杆和脚手板为 $l/150$（l 为受弯跨度），纵向平杆为 10mm；卸载构件为 $l/400$。

　　　M 和 w（挠度）均可按《建筑结构静力计算手册》进行计算。

11.4.5.2　扣件抗滑移承载力计算

$$R \leqslant R_c \tag{11-33}$$

式中　R——扣件节点处的支座反力的计算值（计算时，取结构的重要性系数 $\gamma_0 = 1.0$，荷载分项系数依前规定）；

　　　R_c——扣件抗滑移承载力设计值，每个直角扣件和旋转扣件取 8kN。

碗扣节点的承载力由于远远大于它可能受到的作用力，因而不必对其进行验算。

11.4.5.3　连墙件计算

连墙件所受的轴力 N_l 按下式确定：

$$N_l = N_w + N_s \tag{11-34}$$

式中　N_w——风荷载引起的连墙件轴压力设计值，按下式计算：

$$N_w = 1.4S_w w_k \tag{11-35}$$

　　　S_w——连墙件的作用（覆盖）面积：$S_w = l_w \times h_w$

　　　l_w——连墙件横距

　　　N_s——由脚手架平面外变形在连墙件中引起的轴压力，取值不小于 3kN。

由于连墙件的构造各异，其验算项目可根据设计情况确定，并按《冷弯薄壁型钢结构技术规范》（GB 50018）的有关规定进行验算。当采用扣件连接的杆件时，尚应验算扣件抗滑移承载力。

11.4.5.4　立杆底座和地基承载力验算

立杆底座验算　　　　　$N \leqslant R_b$ 　　　（11-36）

立杆地基承载力验算　$\dfrac{N}{A_d} \leqslant K \cdot f_k$ 　（11-37）

式中　N——上部结构传至立杆底部的轴心力设计值；

　　　R_b——底座承载力（抗压）设计值，一般取 40kN；

　　　f_k——地基承载力标准值，按《建筑地基基础设计规范》（GB 50007）的规定确定；

　　　K——调整系数，按以下规定采用：碎石土、砂土、回填土取 0.4；黏土取 0.5；岩石、混凝土取 1.0；

　　　A_d——立杆基础的计算底面积，可按以下情况确定：

（1）仅有立杆支座（支座直接放于地面上）时，A 取支座板的底面积。

（2）在支座下设厚度为 50～60mm 的木垫板（或木脚手板），则 $A = a \times b$（a 和 b 为垫板的两个边长，且不小于 200mm），当 A 的计算值大于 $0.25m^2$ 时，则取 $0.25m^2$ 计算。

（3）在支座下采用枕木作垫木时，A 按枕木的底面积计算。

（4）当一块垫板或垫木上支承 2 根以上立杆时，$A = \dfrac{1}{n}a \times b$（$n$ 为立杆数）。用木垫板时应符合（2）的取值规定。

（5）当承压面积 A 不足而需要作适当基础以扩大其承压面积时，应按式（11-38）的要求确定基础或垫层的宽度和厚度：

$$b \leqslant b_0 + 2H_0\tg\alpha \tag{11-38}$$

式中　b_0——立杆支座或垫板（木）的宽度；

　　　b——基础或垫层的宽度；

　　　H_0——基础或垫层的厚（高）度；

　　　$\tg\alpha$——基础台阶宽高比的允许值，按表 11-22 选用。

$$\tau \leqslant 0.7f_c A \tag{11-39}$$

式中　τ——剪力设计值；

　　　f_c——混凝土轴心抗压强度设计值；

　　　A——台阶高度变化处的剪切断面。

刚性基础台阶高宽比的允许值　　表 11-22

基础材料	质量要求		台阶宽高比的允许值		
			$P\leqslant1000$	$100<P\leqslant200$	$200<P\leqslant300$
混凝土基础	C10 混凝土		1：1.00	1：1.100	1：1.25
	C7.5 混凝土		1：1.00	1：1.25	1：1.50
毛石混凝土基础	C7.5～C10 混凝土		1：1.00	1：1.25	1：1.50
砖基础	砖不低于 MU7.5	M5 砂浆	1：1.50	1：1.50	
		M2.5 砂浆	1：1.50	1：1.50	
毛石基础	M2.5～M5 砂浆		1：1.25	1：1.50	
	M1 砂浆		1：1.50		
灰土基础	体积比为 3：7 或 2：8 的灰土，其最小干密度：粉土 1.55t/m³；粉质黏土 1.50t/m³；黏土 1.45t/m³		1：1.25	1：1.50	
三合土基础	体积比 1：2：4～1：3：6（石灰：砂：骨料），每层约虚铺 220mm，夯至 150mm		1：1.50	1：2.00	

注：1. P 为基础底面处的平均应力（kN/m²）；

　　2. 阶梯形毛石基础的每阶伸出宽度，不宜大于 200mm；

　　3. 当基础由不同材料叠合组成时，应对接触部分作抗压验算；

　　4. 对混凝土基础，当基础底面处的平均应力超过 300kN/m² 时，尚应按上式进行抗剪验算。

11.4.6　脚手架挑支构造和设施的计算

11.4.6.1　挑支构造的分类及其设置和构造要求

脚手架的挑支构造可按其用途划分为：

1. 扩宽作业平台

扩宽作业平台按其设置部位可分为一侧挑扩和两侧挑宽；按其挑出跨度可分为小挑跨（300～500mm）和大挑跨（600～1200mm），挑跨大于 1200mm 时，脚手架的自身结构就难以承受其悬挑荷载的作用，需要另外加设撑拉构造。

扩宽作业平台的设置和构造要求：

（1）协调考虑施工要求和自脚手架上设置挑扩构造的能力，采取可靠的方案和给以适当的安全储备。

（2）采用 $\phi48.3\times3.6$ 钢管单杆挑扩时，其挑跨不宜超过 500mm；当挑跨大于 500mm 时，应加设斜撑杆或采用三角形桁架的挑扩结构，并在脚手架的挑扩部位加强整体性构造。

2. 改变脚手架外形

在搭设烟囱、水塔、凉水塔等外形尺寸变化的构筑物以及造型独特的房屋建筑的外脚手架时，常需采用挑扩构造，随应用工程外形而变的上扩式或上收（缩）式脚手架，其设置和构造的一般要求如下：

（1）必须保持至少有一跨（两排立杆）以上的主体构架立杆为满高设置（即自地面搭至挑扩部分的传力部位，应绝对避免出现单排架挑扩（即使仅为一小段）的情况，见图11-3（a）。

（2）当落地的主体构架的

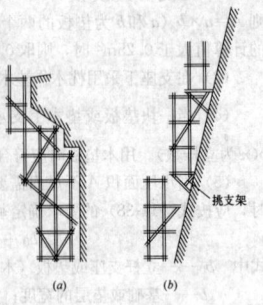

图 11-3　变形脚手架的设置

（a）主体构造立杆满高设置；

（b）分段搭设

立杆不能再向上升高时，可在工程结构上设置悬挑支撑架，在悬挑支撑架上另行搭设，并与下部脚手架在受力上截然分开，分段设计和搭设，见图11-3（b）。

3. 用于高层脚手架的卸载

当高层建筑外脚手架超过 30m 时，常需考虑卸载要求而设置挑支构造。其卸载方式有不明确卸载和明确卸载两种：前者的脚手架立杆在卸载装置处不断开，一直搭上去，卸载装置一般采用撑拉杆件体系，可分担一部分上部荷载，但分配数量不明确；后者的脚手架立杆在卸载装置处断开，往上另行搭设，卸载装置承受上架段的全部荷载，受力明确，见图11-4。

卸载装置的设置和构造一般应满足以下要求：

（1）挑支构造及其与脚手架和墙体的连接点必须经过严格的设计，使其具有足够的承载力。

（2）不明确卸载装置按其承载能力的一半分配上部荷载且不超过上部荷载的 1/3，其撑拉节点必须满足传力要求。

（3）必须经过荷载试验并确保其安全可靠，方能应用到工程上。

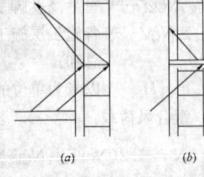
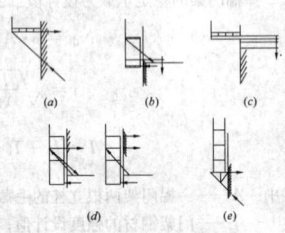

图 11-4　卸载装置类型

（a）不明确卸载装置；

（b）明确卸载装置

4. 用于构造挑脚手架

挑脚手架的形式根据工程条件和施工要求确定，其常见形式可见图11-5。一般可分为三类：

（1）单层轻荷载挑脚手架：由于荷载较小且悬挑跨度不大（一般＜1.0m），故多采用单拉撑式或悬挑梁式。前者的水平杆为拉杆，穿过墙体后用螺栓或其他方式固定到墙体内壁上；斜撑杆为压杆，直接顶到外墙上。在上平杆上铺设脚手板，且在水平杆外端焊有短钢管，以便插入栏杆柱与外侧防护；后者采用刚度较大的悬挑梁，其里端与楼板锚固。

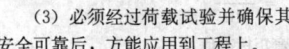

图 11-5　挑脚手架形式

（a）单拉撑式；（b）单拉挑梁式；

（c）悬挑梁式；（d）双拉单撑式；

（e）三角形挑架拉固式

（2）双层挑脚手架：由于荷载较大，其支挑构造比单层脚手架相应加强，一般采用双拉单撑式或单拉挑梁式。前者采用双水平拉杆或一根水平拉杆加一根带花篮螺栓、可张紧的斜拉杆，再加斜撑杆构成；后者由挑梁和带花篮螺栓的斜拉杆构成。双层挑脚手架底部靠墙一侧宜设置可调距短顶杆（可采用丝杆构造，旋紧后顶于墙体上），使墙体承受一部分挑脚手架的倾覆力矩，提高支挑构造的安全性。

（3）挑脚手架段：架段的高度根据施工需要和支挑构造的承载能力协调决定。一般为 4～6 步架，即承担 2～3 个楼层的施工之用，以便减少拆装倒用次数。此种挑脚手架的构造与前述明确卸载措施的那种脚手架相同，只是架段高度低于后者。

挑脚手架的设置和构造应符合以下一般要求：

1）尽可能减小悬挑的跨度；

2）确保挑脚手的稳定；

3）解决好施工人员安全上、下架的措施。

5. 用于支托挂脚手架

挂脚手架与挑脚手架的区别在于：在挂脚手架上部靠墙一侧有挂钩（或挂环），在墙体上预埋或留孔装设挂环（或挂钩），将脚手架悬挂于墙体上，同时在其底部靠墙一侧设置顶杆与墙体接触，其挂靠构造承受拉弯作用。因此，其设置和构造的一般要求为：

（1）挂靠构造及其支撑墙体必须具有足够的承载能力，在使用中不会脱出。

（2）挂装和吊运（升、降）时操作要方便。

6. 用于悬挂吊篮

悬挂吊篮的支挑构造一般设于屋顶之上，并多采用杠杆构造

挑梁（梁可以是水平的或外端向上翘起一定角度），支点位于外墙之上，支点以内的梁段较长，其端部固定在屋面结构上或加设足以承受悬挑荷载（吊篮）的配重；在支点以外的悬挑梁段挂置吊篮。其设置和构造的一般要求为：

（1）在各悬挑梁之间应设置水平拉杆或剪刀撑，以确保其整体稳定；

（2）在支点之下应设置垫块或垫木，以分散支点的集中压力。

此外，还可按挑支构造的结构将其划分为：

1）单独的悬挑梁、拉杆、压杆和拉弯杆件；

2）三角形桁架。

11.4.6.2　挑支构造的内力计算

尽管挑支构造的形式多种多样，但就其受力的基本构造而言，大致有单独的拉杆或压杆、带悬臂单跨梁、拉杆和撑杆体系以及三角形桁架4种，其内力分析和验算项目分述如下：

1. 带悬臂的单跨梁

用于悬挂吊篮的屋顶杠杆梁和固定在楼板结构的一端悬出的单跨梁，其悬出端 C 受吊篮或挑脚手架荷载 N 的作用；里端 B 点为锚固点或压重点（在锚固构造能力不足时，可增压重），对 N 的作用产生平衡力 N_1（$=-R_B$），在支点（座）A 处产生向上的支座反力 R_A。此外，还有梁的全长均布自重荷载 q，而挑脚手架荷载也可能为两个集中力或两个集中力加上作业层的均布荷载 q_1。因此，带悬臂单跨梁挑支构造的荷载情况大致有三种，如图11-6所示。对于每一种情况，将单荷载的内力值相加即可得到组合荷载作用下的内力。

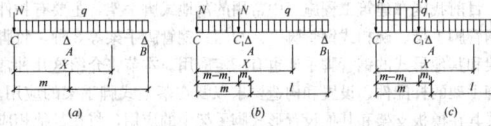

图 11-6　带悬臂梁的荷载

2. 简单的拉撑杆件体系

简单的拉撑杆件体系由作为承载主体的水平梁式杆件与支拉杆件（斜杆）组成。水平杆件在不同的支座构造上呈受拉或受拉弯作用，或者受压弯作用；起支拉作用的斜杆相当于设在水平杆件悬挑一端的支座。简单的拉撑杆件体系的拉撑杆件节点所形成的这种支座只有1~2个，因此，可以把其转化为受拉、压作用的单跨梁或两跨连续梁（一般为不等跨）来分析其内力。

（1）由水平梁式杆件和斜支顶杆组成的单跨梁体系

由处于上部的水平梁式杆件和支于其外端的斜顶（压）杆组成，在斜杆的支顶处形成了水平梁式杆件的外端支座。它又可分为在支座外无伸出段和有伸出段两种情况，按不同荷载作用下分别计算内力。

（2）其他形式的简单拉撑杆件体系

其他形式的简单拉撑杆件体系有：1）由水平梁式杆件和斜拉杆组成的单跨梁体系；2）由水平梁式杆件与斜支顶杆和斜拉杆组成的单跨梁体系；3）由双根或多根斜支斜杆与水平梁式杆件组成的双跨或多跨梁体系，而位于梁杆之上的各斜拉杆和位于梁杆之下的各斜支杆之间可以是平行的或成角度的，后者可以减少在固定结构上的拉、支固定点。上述杆件体系见图11-7和图11-8（图中仅绘出一种荷载）。

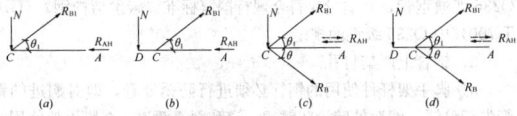

图 11-7　其他形式单跨梁式拉撑杆件体系

（a）斜拉杆简支梁体系；（b）斜拉杆带悬臂单跨梁体系；
（c）斜拉、支杆简支梁体系；（d）斜拉、支杆带悬臂单跨梁体系

当采用双跨或多跨梁体系时，各梁段宜采用等跨布置。

3. 几种挑支体系的内力分析

（1）由斜拉杆和水平梁式杆件组成的单跨梁体系

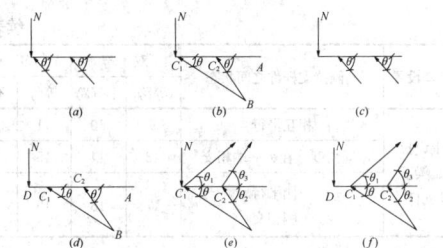

图 11-8　其他形式双跨或多跨梁式拉撑杆件体系

（a）、（b）斜支杆双跨梁体系；（c）、（d）斜支杆双跨带悬臂双跨梁体系；（e）斜支、拉杆双跨梁体系；（f）斜支、拉杆带悬臂双跨梁体系

如图11-7，斜拉杆 CB 受拉力 R_{B1} 的作用，R_{B1} 在支点 C 处的垂直分力和水平分力分别形成 C 点的支座反力 R_C 和水平杆 AC（或 AD）所受的压力 R_{AH}，即：

$$R_c = R_{B1}\sin\theta_1 \tag{11-40}$$

$$R_{AH} = R_{B1}\cos\theta_1 \tag{11-41}$$

$$R_{B1} = R_C\csc\theta_1 \tag{11-42}$$

则

$$R_{AH} = R_C\cos\theta\csc\theta \tag{11-43}$$

因此，由斜拉杆与水平梁式杆件组成的单跨梁体系的杆件内力和由斜支杆与水平梁式杆件组成的单跨梁体系的相应杆件的内力，在数值上相等而符号相反，可以按照上拉下支撑杆件体系的内力计算公式来计算。当只有集中荷载 N 作用于支点 C 处时，水平杆的 A 端只有水平反力 R_{AH} 的作用；当 AC（或 AD）杆沿线有其他竖向荷载（集中力或分布力）作用时，在 A 端支座还有垂直反力 R_{AV} 的作用。

（2）由斜拉杆、斜支杆和水平梁式杆件组成的单跨梁体系

确定其杆件内力的计算步骤如下：

1）根据实用荷载，按水平杆件相应的简支梁或带悬臂单跨梁确定支座反力 R_C 和 R_{AV}（但当只有集中荷载 N 作用在支、拉点 C 时，$R_{AV}=0$）；

2）计算确定 AC（或 AD）杆的轴力 R_{AH} 和 CB、CB_1 杆的轴力 R_B、R_{B1}；

由

$$R_{AH} = R_{B1}\cos\theta_1 - R_B\cos\theta$$

$$R_B\sin\theta + R_{B1}\sin\theta_1 = R_c$$

$$\frac{R_B}{R_{B1}} = \frac{\cos\theta_1}{\cos\theta}$$

得到

$$R_B = \frac{R_C\cos\theta_1}{\sin\theta\cos\theta_1 + \cos\theta} \tag{11-44}$$

$$R_{B1} = \frac{R_C\cos\theta}{\sin\theta_1\cos\theta + \cos\theta_1} \tag{11-45}$$

$$R_{AH} = R_c\cos\theta\cos\theta_1$$
$$\left(\frac{1}{\sin\theta\cos\theta_1 + \cos\theta_1} - \frac{1}{\sin\theta_1\cos\theta_1 + \cos\theta}\right) \tag{11-46}$$

由上式可知，当 $R_{AH}>0$ 时，AC（或 AD）杆受压；当 $R_{AH}<0$ 时，AC（或 AD）杆受拉。

（3）由双根或多根拉支斜杆与水平梁式杆件组成的双跨梁或多跨梁体系

这一类挑支构造比前述几种体系复杂一些，由跨数多少、等跨与不等跨、同侧拉支杆件平行（斜角相同）或相交（斜角不同）等不同状态可组成20种情况，见表11-23，但其内力的分析仍可通过以下步骤将其转化为上述简单的情况来计算。

双跨和多跨梁支拉体系组合表　　表 11-23

拉支杆设置	同侧拉支杆件之间状态	双跨		多跨	
		等跨	不等跨	等跨	不等跨
单侧设置拉杆或支杆	相互平行	1	2	3	4
	不同角度（在另一端相交）	5	6	7	8

续表

拉支杆设置	同侧拉支杆件之间状态	双　　跨		多　　跨	
		等跨	不等跨	等跨	不等跨
梁上设拉杆、梁下设支杆	相互平行	9	10	11	12
	不同角度（在另一端相交）	13	14	15	16
	一侧平行一侧相交	17	18	19	20

1) 根据实用荷载，按水平梁式杆件相应的双跨等跨梁、双跨不等跨梁、多跨等跨梁或多跨不等跨梁确定支座反力 R_{AV}（水平梁式杆件里端支点的垂直反力）和水平梁式杆件上各拉支点 C_i 的垂直反力 R_{Ci}。支座反力按每种荷载分别计予以叠加，包括直接作用于支点的集中力（脚手架荷载 N_{Ci-1} 和支拉杆件自重的垂直分力 N_{Ci-2}）、由跨中集中荷载和水平梁的线分布荷载（其中水平梁式杆件的自重沿梁全长分布；由脚手架传来的分布荷载则可能为局部分布或全长分布）在支点处引起的支座反力，不要遗漏（但自重荷载与脚手架荷载相比小于 0.05 时，可以忽略自重荷载）。

不等跨双跨梁和不等跨三跨梁在均布荷载作用下的内力可由建筑结构静力计算图表查得。

2) 按以下公式计算确定水平杆 AC（或 AD）的轴力 R_{AH} 和拉杆、支杆的轴力 R_{Bi}、R_{Bi+1}：

$$R_{AH} = \sum_{i=1}^{n} R_{Bi} \cdot \cos\theta_i - \sum_{i=1}^{n} R_{Bi+1} \cos\theta_{i+1} \qquad (11\text{-}47)$$

式中 "i" 取奇数 1、3、5、…n。$\sum_{i=1}^{n} R_{Bi} \cdot \cos\theta_i$ 为所有拉杆的拉力对水平杆产生的轴压力之和；$\sum_{i=1}^{n} R_{Bi+1} \cos\theta_{i+1}$ 为所有支顶杆的顶力对水平杆产生的轴力之和。当 $R_{AH} > 0$ 时，AC 杆受压；当 $R_{AH} < 0$ 时，AC 杆受拉；当 $R_{AH} = 0$ 时，AC 杆无轴力作用。

由　　$R_{Ci} = R_{Bi}\sin\theta_i + R_{Bi}\sin\theta_{i+1}$　　$i = 1,3,5,\cdots n$

$$\frac{R_{Bi}}{R_{Bi}+1} = \frac{\cos\theta_i + 1}{\cos\theta_i}$$

得到　　$R_{Bi} = \dfrac{R_{Ci}\cos\theta_i + 1}{\sin\theta_i\cos\theta_{i+1} + \cos\theta_i}$　　$(11\text{-}48)$

$$R_{Bi+1} = \frac{R_{Ci}\cos\theta_i}{\sin\theta_{i+1}\cos\theta_i + \cos\theta_{i+1}} \qquad (11\text{-}49)$$

4. 三角形桁架

(1) 三角形桁架支挑构造的应用形式

在建筑施工中，使用三角形桁架作为支挑构造的情况较为普遍，其一般形式示于图 11-9 中，在需要时也可带一段悬臂杆。

(2) 三角形桁架支挑构造的内力计算

以上所述各种三角形桁架支挑构造的内力分析和计算可按以下步骤进行：

1) 按桁架的一般计算方法，视各杆件之间的节点为铰接点，各杆件只承受轴力作用。在计算时，将作用于水平杆上的均布荷载都转化为作用于杆件节点的集中力。

2) 求支座反力。根据外力的平衡条件（即 $\Sigma X = 0$、$\Sigma Y = 0$ 和 $\Sigma M = 0$）求出桁架在荷载作用下的支座反力。当无拉杆设置时，上弦支座 A 在水平方向受拉，下撑支座（下弦斜杆的底端）B 沿斜杆方向受压。当有拉杆设置时，上拉支座（拉杆上端支座）B_1 受拉，下撑支座 B 受压，上弦支座 A 在水平方向可能受拉、受压或反力为零。

3) 计算各杆件的轴力。自三角形桁架的外端节点 C 开始，用节点力系平衡（$\Sigma X_i = 0$、$\Sigma Y_i = 0$）条件，依次求出各杆件的内力。

三角形桁架是较简单的桁架结构，按上述步骤可方便地确定出其支座反力和杆件的内（轴）力。

11.4.6.3 挑支构造的杆件和连接验算

挑支构造的杆件内力和支座的反力与弯矩通过内力分析确定

后，按杆件和支座（点）的受力和构造情况分别进行设计和验算，支挑构造杆（构）件的类型大致划分如下：

(1) 受弯构件当支挑构造的梁式杆件有跨间集中荷载和均布（或线分布）荷载作用、而支拉杆件对梁式杆件所产生的水平分力（压力和拉力）之和为零时，则梁式杆件为只受弯矩作用的受弯构件。

(2) 轴心受力构件在支挑构造中，当没有或不考虑风荷载等垂直于杆件轴线的水平荷载（即横向荷载）作用时，则可按轴心受力构件设计，主要有以下几种：

1) 支挑构造的支顶杆（压杆）和拉杆。

2) 只受轴力作用的桁架杆件。

3) 无跨间集中荷载和线分布荷载，只有支拉杆的水平分力作用的梁式杆件。

(3) 拉弯和压弯构件大多数挑支构造中的梁式杆件为同时承受轴力和弯矩作用的拉弯或压弯构件；而考虑风荷载等垂直于杆件轴线的水平荷载（即横向荷载）作用时，则这类轴心受力杆件将成为拉弯或压弯构件。

此外，支挑构造的连接点、支座和支拉点也应根据其受力和构造情况进行有关的设计验算。挑支构造杆件和连接的设计验算按《钢结构设计规范》的有关规定进行。

11.5　常用落地式脚手架的设置、构造和设计

目前我国在建筑工程施工中常用的落地式脚手架，主要有扣件式钢管脚手架、碗扣式钢管脚手架和门式钢管脚手架等 3 种，竹手架及其他形式的钢管脚手架也有一定应用。本节将介绍这几种常用脚手架的杆配件、设置和构造要求以及在落地式脚手架的应用。有关其在模板支架和其他设置形式脚手架中的应用，将在其他相应节段中阐述。

11.5.1　扣件式钢管脚手架

扣件式钢管脚手架由钢管杆件用扣件连接而成的临时结构架，具有工作可靠、装拆方便和适应性强等优点，是目前我国使用最为普遍的脚手架品种。

11.5.1.1　材料规格及用途

1. 钢管杆件

(1) 脚手架钢管宜采用 $\phi 48.3 \times 3.6$ 钢管。每根钢管的最大质量不应大于 25.8kg，尺寸应按表 11-24 采用。

脚手架钢管尺寸（mm）　　表 11-24

钢管类别	截面尺寸		最大长度	
	外径 ϕ, d	壁厚 t	双排架横向水平杆	其他杆
低压流体输送用焊接钢管、直缝电焊钢管	48.3	3.6	2200	6500

(2) 钢管要求

1) 脚手架钢管应采用现行国家标准《直缝电焊钢管》（GB/T 13793）或《低压流体输送用焊接钢管》（GB/T 3091）中规定的 Q235 普通钢管，其质量应符合现行国家标准《碳素结构钢》（GB/T 700）中 Q235 级钢的规定。

2) 钢管上严禁打孔。

3) 脚手架杆件使用的钢管必须进行防锈处理，即对购进的钢管先行除锈，然后外壁涂防锈漆一道和面漆两道。在脚手架使用一段时间以后，由于防锈层会受到一定的损伤，因此需重新进行防锈处理。

(3) 钢管用途

按钢管在脚手架上所处的部位和所起的作用，可分为：

1) 立杆，又叫冲天、立柱和竖杆等，是脚手架主要传递荷载的杆件。

2) 纵向水平杆，又称牵杆、大横杆等，是保持脚手架纵向稳

定的主要杆件。

3) 横向水平杆，又称小横杆、横楞、横担、楞木等，是脚手架直接受荷载的杆件。

4) 栏杆，又称扶手，是脚手架的安全防护设施，又起着脚手架的纵向稳定作用。

5) 剪刀撑，又称十字撑、斜撑，是防止脚手架产生纵向位移的主要杆件。

6) 抛撑，用脚手架外侧与地面呈斜角的斜撑，一般在开始搭设脚手架时作临时固定之用。

以上杆件如图 11-10 所示。

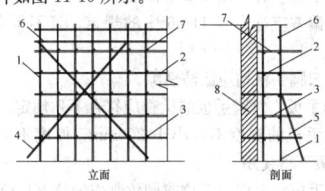

图 11-10 外脚手架示意图
1—立柱；2—大横杆；3—小横杆；4—剪刀撑；
5—抛撑；6—栏杆；7—脚手架；8—墙身

(4) 低合金钢管技术指标

近年来，强度较高、耐腐蚀性较好的低合金钢管在扣件式钢管脚手架中已有试点应用，其与普碳钢管的技术经济指标列于表 11-25 中。其与扣件连接的性能（扣件抗滑力等）要符合要求。当脚手架的使用要求仅按其强度条件控制时，$\phi48\times2.5$ 的低合金钢管的强度承载能力大致相当于 $\phi48.3\times3.6$ 普碳钢管，但钢管截面积之比为 $0.71:1.00$，可使单位重量降低 29%，相同重量的长度增加 41%，但其失稳承载力却不到后者的 80%，其应用需经验算合格才可。

低合金钢管与普通碳钢管技术经济参数比较

表 11-25

序号	钢材类别		低合金钢管		普碳钢管	比值
			STK-51	SM490A	Q235	(2)/(3)
1	钢号					
	代号		(1)	(2)	(3)	
2	外径(mm)×壁厚 (mm)		$\phi48.6\times2.4$	$\phi48\times2.5$	$\phi48.3\times3.6$	—
3	屈服点 σ_s (N/mm²)		353	345	235	1.47
4	抗拉强度 σ_b (N/mm²)		500	490	400	1.23
5	截面积 A (mm²)		348.3	357.2	506	0.71
6	截面特性	惯性矩 I(cm⁴)	9.32	9.278	12.71	0.73
7		回转半径(cm)	1.636	1.645	1.59	1.03
8	按强度计的受压承载能力 P_N(kN)		—	≤87.52	≤84.79	1.03
9	可承受的最大弯矩 M(kN·m)		—	≤0.94	≤0.88	1.1
10	耐大气腐蚀性		—	1.20~1.38	1	1.2~1.38
11	每吨长度(m/t)		—	357	252	1.42

2. 扣件和底座

(1) 扣件和底座的基本形式

1) 直角扣件（十字扣）：用于两根呈垂直交叉钢管的连接（图 11-11）；

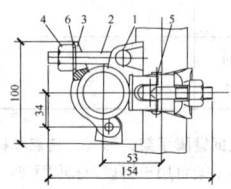

图 11-11 直角扣件
1—直角座；2—螺栓；3—盖板；4—螺栓；5—螺母；6—销钉

2) 旋转扣件（回转扣）：用于两根呈任意角度交叉钢管的连接（图 11-12）；

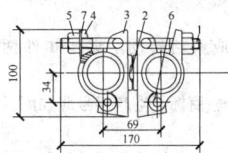

图 11-12 旋转扣件
1—螺栓；2—铆钉；3—旋转座；4—螺栓；5—螺母；6—销钉；7—垫圈

3) 对接扣件（筒扣、一字扣）：用于两根钢管对接连接（图 11-13）。

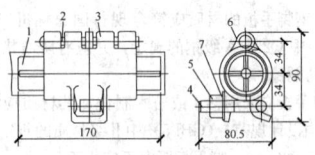

图 11-13 对接扣件
1—杆芯；2—铆钉；3—对接座；4—螺栓；
5—螺母；6—对接盖；7—垫圈

4) 底座：扣件式钢管脚手架的底座用于承受脚手架立杆传递下来的荷载，用可锻铸铁制造的标准底座的构造见图 11-14。底座亦可用厚 8mm、边长 150mm 的钢板作底板，外径 60mm、壁厚 3.5mm、长 150mm 的钢管作套筒焊接而成（图 11-15）。

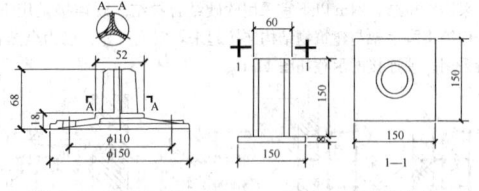

图 11-14 标准底座　　　图 11-15 焊接底座

(2) 扣件和底座的技术要求

1) 扣件式钢管脚手架应采用可锻铸铁制作的扣件，其材质应符合现行国家标准《钢管脚手架扣件》（GB 15831）的规定；采用其他材料制作的扣件，应经试验证明其质量符合该标准的规定后方可使用。

2) 扣件应经过 60N·m 扭力矩试压，扣件各部位不应有裂纹，在螺栓拧紧扭力矩达 65N·m 时，不得发生破坏。

3) 扣件用脚手架钢管应采用 GB/T 3091 中公称外径为 48.3mm 的普通钢管，其他公称外径、壁厚的允许偏差及力学性能应符合 GB/T 3091 的规定。

4) 扣件用 T 形螺栓、螺母、垫圈、铆钉采用的材料应符合 GB/T 700 的有关规定。螺栓与螺母连接的螺纹均应符合 GB/T196 的规定，垫圈的厚度应符合 GB/T 95 的规定，铆钉应符合 GB/T867 的规定。T 形螺栓 M12，其总长应为 (72±0.5) mm，螺母对边宽应为 (22±0.5) mm，厚度应为 (14±0.5) mm；铆钉直径应为 (8±0.5) mm，铆钉头应大于铆孔直径 1mm；旋转扣件中心铆钉直径应为 (14±0.5) mm。

5) 外观和附件质量要求：

① 扣件各部位不应有裂纹。

② 盖板与底座的张开距离不小于 50mm；当钢管公称外径为 51mm 时，不得小于 55mm。

③ 扣件表面大于 10mm² 的砂眼不应超过 3 处，且累计面积不应大于 50mm²。

④ 扣件表面粘砂累计不应大于 150mm²。

⑤ 错缝不应大于 1mm。

⑥ 扣件表面凹（或凸）的高（或深）值不应大于 1mm。

⑦ 扣件与钢管接触部位不应有氧化皮，其他部位氧化皮面积累计不应大于 150mm²。

⑧ 铆接处应牢固，不应有裂纹。

⑨ T 形螺栓和螺母应符合 GB/T 3098.1、GB/T 3098.2 的规定。

⑩ 活动部位应灵活转动，旋转扣件两旋转面间隙应小于 1mm。

⑪ 产品的型号、商标、生产年号应在醒目处铸出，字迹、图案应清晰完整。

⑫ 扣件表面应进行防锈处理（不应采用沥青漆），油漆应均匀美观，不应有堆漆或露铁。

3. 脚手板

1）脚手板可采用钢、木、竹材料制作，每块质量不宜大于 30kg。

2）冲压钢脚手板的材质应符合现行国家标准《碳素结构钢》（GB/T 700）中 Q235-A 级钢的规定，并应有防滑措施。新、旧脚手板均应涂防锈漆。

3）木脚手板应采用杉木或松木制作，其材质应符合现行国家标准《木结构设计规范》（GBJ 5）中Ⅱ级材质的规定。木脚手板的宽度不宜小于 200mm，脚手板厚度不应小于 50mm，两端应各设直径为 4mm 的镀锌钢丝箍两道，腐朽的脚手板不得使用。

4）竹脚手板宜采用由毛竹或楠竹制作的竹串片板、竹笆板。

4. 连接杆

又称固定件、附墙杆、连接点、拉结点、拉撑点、附墙点、连墙杆等。连接一般有软连接与硬连接之分。软连接是用 8 号或 10 号镀锌铁丝将脚手架与建筑物结构连接起来，软连接的脚手架在受荷载后有一定程度的晃动，其可靠性较硬连接差，故规定 24m 以上采用硬拉结，24m 以下宜采用软硬结合拉结。硬连接是用钢管、杆件等将脚手架与建筑物结构连接起来，安全可靠，已为全国各地所采用。硬连接的示意如图 11-16。

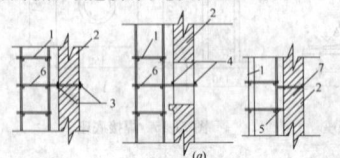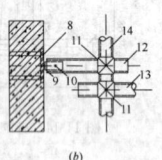

图 11-16　连接杆剖面示意图
(a) 用扣件钢管做的硬连接；(b) 预埋件式硬连接
1—脚手架；2—墙体；3—两只扣件；4—两根短管用扣件连接；5—此小横杆顶墙；6—此小横杆进墙；7—连接用镀锌钢丝，埋入墙内；8—埋件；9—连接角铁；10—螺栓；11—直角扣件；12—连接用短钢管；13—小横杆；14—立柱

5. 杆配件、脚手板的质量检验要求和允许偏差

(1) 钢管质量检验要求

1）新钢管的检查应符合下列规定。

① 应有产品质量合格证。

② 应有质量检验报告，钢管材质检验方法应符合现行国家标准《金属拉伸试验方法》（GB/T 228）的有关规定。

③ 钢管表面应平直光滑，不应有裂缝、结疤、分层、错位、硬弯、毛刺、压痕和深的划道。

④ 钢管外径、壁厚、端面等的偏差，应分别符合表 11-26 的规定。

⑤ 钢管必须进行防锈处理。

2）旧钢管的检查应符合下列规定：

① 表面锈蚀深度应符合表 11-26 中的规定。锈蚀检查应每年一次。检查时，应在锈蚀严重的钢管中抽取 3 根，在每根锈蚀严重的部位横向截断取样检查，当锈蚀深度超过规定值时不得使用。

② 钢管弯曲变形应符合表 11-26 中的规定。

(2) 扣件的验收应符合下列规定：

1）新扣件应有生产许可证、法定检测单位的测试报告和产品质量合格证。当对扣件质量有怀疑时，应按现行国家标准《钢管脚手架扣件》（GB 15831）的规定抽样检测。

2）扣件进入施工现场应检查产品合格证，并应进行抽样复试，技术性能应符合现行国家标准《钢管脚手架扣件》（GB 15831）的

规定。扣件在使用前应逐个挑选，有裂缝、变形、螺栓出现滑丝的严禁使用。

3）扣件活动部位应能灵活转动，旋转扣件的两旋转面间隙应小于 1mm。

4）当扣件夹紧钢管时，开口处的最小距离应不小于 5mm。

5）扣件表面应进行防锈处理。

6）新、旧扣件均应进行防锈处理。

(3) 脚手板的检查应符合下列规定：

1）冲压钢脚手板的检查应符合下列规定：

① 新脚手板应有产品质量合格证。

② 尺寸偏差应符合表 11-26 中的规定，且不得有裂纹、开焊与硬弯；

③ 新、旧脚手板均应涂防锈漆。

2）木脚手板、竹脚手板的检查应符合下列规定：

① 木脚手板的宽度不宜小于 200mm，厚度不应小于 50mm；腐朽的脚手板不得使用。

② 竹脚手板宜采用由毛竹或楠竹制作的竹串片板、竹笆板。

(4) 扣件式钢管脚手架的杆配件的质量检验要求分别列于表 11-26。

构配件的允许偏差　　　　表 11-26

序号	项　目		允许偏差 Δ (mm)	示　意　图	检查工具
1	焊接钢管尺寸 (mm)	外径 48.3	±0.5		游标卡尺
		壁厚 3.6	±0.36		
2	钢管两端面切斜偏差		1.70		塞尺、拐角尺
3	钢管外表面锈蚀深度		≤0.18		游标卡尺
4	钢管弯曲	①各种杆件钢管的端部弯曲 l≤1.5m	≤5		钢板尺
		②立杆钢管弯曲 3m<l≤4m 4m<l≤6.5m	≤12 ≤20		
		③水平杆、斜杆的钢管弯曲 l≤6.5m	≤30	—	
5	冲压钢脚手板	①板面挠曲 l≤4m l>4m	≤12 ≤16	—	钢板尺
		②板面扭曲（任一角翘起）	≤5		

11.5.1.2　扣件式钢管脚手架的形式、特点和构造要求

扣件式钢管脚手架可用于搭设单排脚手架、双排脚手架、满堂脚手架、支撑架以及其他用途的架子。以下分别介绍其构架的形式、特点和构造要求。

1. 单、双排外脚手架

（1）常用密目式安全立网全封闭双排脚手架结构的设计尺寸见表11-27。

常用密目式安全立网全封闭式双排脚手架的设计尺寸（m）　表11-27

连墙件设置	立杆横距 l_b	步距 h	下列荷载时的立杆间距 l_a（m）				脚手架允许搭设高度 (H)
			$2+4\times0.35$ (kN/m^2)	$2+2+4\times0.35$ (kN/m^2)	$3+4\times0.35$ (kN/m^2)	$3+2+4\times0.35$ (kN/m^2)	
二步三跨	1.05	1.20~1.35	2.0	1.8	1.5	1.5	50
		1.80	2.0	1.8	1.5	1.5	50
	1.30	1.20~1.35	1.8	1.5	1.5	1.5	50
		1.80	1.8	1.5	1.5	1.2	50
	1.55	1.20~1.35	1.8	1.5	1.5	1.5	50
		1.80	1.5	1.5	1.5	1.2	37
三步三跨	1.05	1.20~1.35	2.0	1.8	1.5	1.5	50
		1.80	2.0	1.5	1.5	1.2	34
	1.30	1.20~1.35	1.8	1.5	1.5	1.5	50
		1.80	1.0	1.5	1.5	1.2	30

注：1. 表中所示 $2+2+4\times0.35$ (kN/m^2)，包括下列荷载：$2+2$ (kN/m^2) 是二层装修作业层施工荷载；

　　　4×0.35 (kN/m^2) 包括二层作业层脚手板和另两层脚手板荷载；

　　2. 作业层横向水平杆间距，应按不大于 $l_a/2$ 设置。

（2）双排脚手架的构造情况示于图11-17中。

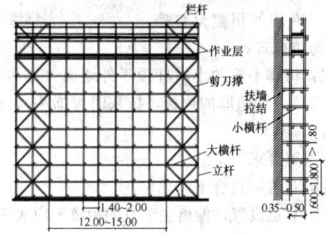

图11-17　扣件式钢管外脚手架（单位：m）

（3）常用密目式安全立网全封闭式单排脚手架的设计尺寸见表11-28。

常用密目式安全立网全封闭式单排脚手架的设计尺寸（m）　表11-28

连墙件设置	立杆横距 l_b	步距 h	下列荷载时的立杆距 l_a（m）		脚手架允许搭设高度 (H)
			$2+0.35$ (kN/m^2)	$3+0.35$ (kN/m^2)	
二步三跨	1.20	1.5	2.0	1.8	24
		1.80	1.5	1.2	24
	1.40	1.5	1.8	1.5	24
		1.80	1.5	1.2	24
三步三跨	1.20	1.5	2.0	1.8	24
		1.80	1.2	1.2	24
	1.40	1.5	1.8	1.5	24
		1.80	1.2	1.2	24

注：同表11-27。

（4）立杆。双排脚手架的搭设限高为50m，当需要搭设50m以上的脚手架时，应采取调整立杆间距或分段卸载等措施，并应通

过计算复核，脚手架从上面下24m允许单立杆，24m以下为双立杆。相邻立杆的接头位置应错开布置在不同的步距内，与相近大横杆的距离不宜大于步距的三分之一（图11-18）。立杆与大横杆必须用直角扣件扣紧（大横杆对立杆起约束作用，对确保立杆承载能力的作用很大），不得隔步设置或遗漏。当采用双立杆时，必须都用扣件与同一根大横杆扣紧，不得只扣紧1根，以避免其计算长度成倍增加。立杆采用上单下双的高层脚手架，单双立杆的连接构造方式式有两种，如图11-19所示。

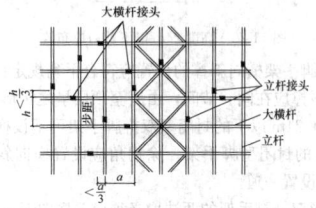

图11-18　立杆、大横杆的接头位置

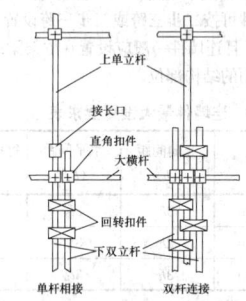

图11-19　单立杆和双立杆的连接方式

1）单立杆与双立杆之中的一根对接。

2）单立杆同时与两根双立杆用不少于3道旋转扣件搭接，其底部支于小横杆上，在立杆与大横杆的连接扣件之下加设两道扣件（扣在立杆上），且三道扣件紧接，以加强对大横杆的支持力。

3）立杆的垂直偏差应不大于架高的1/300，并同时控制其绝对偏差值：当架高≤20m时，为不大于50mm；20m＜架高≤50m时，为不大于75mm；＞50m时应不大于100mm。

（5）大横杆。大横杆步距为1.5~1.8m。上下横杆的接长位置应错开布置在不同的立杆纵距中，与相近立杆的距离不大于纵距的三分之一（图11-18）。同一排大横杆的水平偏差不大于该片脚手架总长度的1/250，且不大于50mm。相邻步架的大横杆应错开布置在立杆的里侧和外侧，以减少立杆偏心受力情况。

（6）小横杆贴近立杆布置（对于双立杆，则设于双立杆之间），搭于大横杆之上并用直角扣件扣紧。在相邻立杆之间根据需要加设1根或2根。在任何情况下，均不得拆除作为基本构架结构杆件的小横杆。

（7）单、双排脚手架剪刀撑的设置应符合下列规定：

1）每道剪刀撑跨越立杆的根数应按表11-29的规定确定。每道剪刀撑宽度不应小于4跨，且不应小于6m，斜杆与地面的倾角应在45°~60°之间。

剪刀撑跨越立杆的最多根数　表11-29

剪刀撑斜杆与地面的倾角 a	45°	50°	60°
剪刀撑跨越立杆的最多根数 n	7	6	5

2）剪刀撑斜杆的接长应采用搭接或对接，剪刀撑斜杆应用旋转扣件固定在与之相交的横向水平杆的伸出端或立杆上，旋转扣件中心线至主节点的距离不应大于150mm。

3）高度在24m及以上的双排脚手架应在外侧全立面连续设置剪刀撑；高度在24m以下的单、双排脚手架，均必须在外侧两端、转角及中间间隔不超过15m的立面上，各设置一道剪刀撑，并应

由底至顶连续设置（图11-20）。

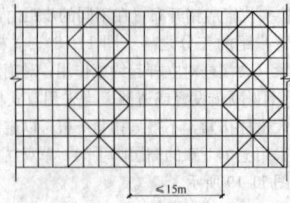

图11-20　高度24m以下剪刀撑布置

（8）双排脚手架横向斜撑的设置应符合下列规定：

1）横向斜撑应在同一节间，由底至顶层呈之字形连续布置；

2）高度在24m以下的封闭型双排脚手架可不设横向斜撑，高度在24m以上的封闭型脚手架，除拐角应设置横向斜撑外，中间应每隔6跨距设置一道。

3）开口形双排脚手架的两端均必须设置横向斜撑。

（9）连墙件

1）连墙件布置：脚手架连墙件设置的位置、数量应按专项施工方案确定。连墙件可按二步三跨或三步三跨设置，其间距应不超过表11-30的规定，且连墙件一般应设置在框架梁或楼板附近等具有较好抗水平力作用的结构部位。

连墙件最大设置要求表　　　　　表11-30

脚手架高度		竖向间距（h）	水平间距（l_a）	每根连墙件覆盖面积（m²）
双排	≤50m	3h	3l_a	≤40m
	>50m	2h	3l_a	≤27m
单排	≤24m	3h	3l_a	≤50m

注：h—步距；l_a—纵距。

2）刚性连墙构造的形式

扣件式钢管脚手架的刚性连墙构造的几种常用形式如图11-21所示，具体如下：

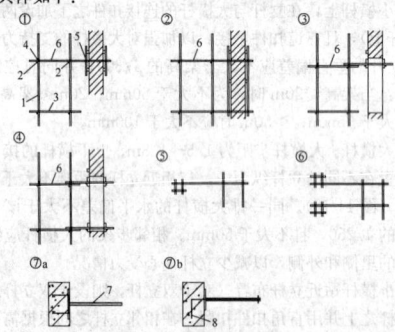

图11-21　刚性连墙构造形式

1—立杆；2—纵向平杆（大横杆）；3—横向平杆（小横杆）；
4—直角扣件；5—短钢管；6—适长钢管（或用小横杆）；
7—带短钢管预埋件；8—带长弯头的预埋螺栓

① 单杆穿墙夹固式：单根小横杆穿过墙体，在墙体两侧用短钢管（长度≥0.6m，立放或平放）塞以垫木（6cm×9cm或5cm×10cm方木）固定。

② 双杆穿墙夹固式：一对上下或左右相邻的小横杆穿过墙体，在墙体的两侧用小横杆塞以垫木固定。

③ 单杆窗夹固式：单杆小横杆通过门窗洞口，在洞口墙体两侧用适长的钢管（立放或平放）塞以垫木固定。

④ 双杆窗夹固式：一对上下或左右相邻的小横杆通过门窗洞口，在洞口墙体两侧用适长的钢管塞以垫木固定。

⑤ 单杆箍柱式：单杆适长的横向平杆紧贴结构的柱子，用3根短横杆将其固定于柱侧。

⑥ 双杆箍柱式：用适长的横向平杆和短钢管各2根抱紧柱子固定。

⑦ 埋件连固式：在混凝土墙体（或框架的柱、梁）中埋设连墙件，用扣件与脚手架立杆或纵向水平杆连接固定。预埋的连墙件有以下两种形式：

a. 带短钢管埋件：在普通埋件的钢板上焊以适长的短钢管，钢管长度以能与立杆或大横杆可靠联结为度。拆除时需用气割从钢管焊接处割开。

b. 预埋螺栓和套管：将一端带适长弯头的M12～M16螺栓垂直埋入混凝土墙体结构中，套入底端带中心孔支承板的套管，在另一端加垫板并以螺母拧紧固定。

⑧ 绑挂连固式：即采用绑或挂的方式固定螺栓套管连墙件：

a. 绑式：采用适长的双股8号钢丝，一端套入短钢筋横杆后埋入墙体（或穿入墙体贴靠在墙体里表面上），伸出外墙面足够长度，穿入套管（套管的里端焊有带中心孔的支承板，外端带有可卡置短钢筋的半圆形槽口）后，加φ16短钢筋绑扎固定。

b. 挂式：在墙体中埋入用φ6圆钢制作的挂环件（或另一端弯起、钩于里墙面上），伸出外墙面形成适合的挂环，将M12～M16螺栓带弯头的一端卡入挂环，穿入带支承板的套管后，另一端加垫板以螺母拧紧固定。这种形式，既可用于混凝土墙体，亦可用于砖砌墙体。

⑨ 插杆绑固式：在使用单排脚手架的墙体中设预埋件，在墙周则设短钢管，塞以垫木用双股8号钢丝绑扎固定。亦可使用短钢筋将双股8号铁丝一端埋入墙体或贴固于里墙面。

3）柔性连墙构造

扣件式钢管脚手架的柔性连墙构造有以下形式（图11-22）。

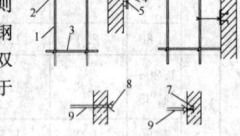

图11-22　柔性连墙构造形式

1—立杆；2—纵向平杆（大横杆）；3—横向平杆（小横杆）；4—直角扣件；5—短钢管；6—适长钢管（或用小横杆）；7—预埋件；8—短钢筋；9—双股8号钢丝

① 单拉式：只设置仅抵抗拉力作用的拉杆或拉绳。前述采用单杆（或双杆）穿墙（或通过窗口）的夹固构造，如果只在墙的里侧设置挡杆时，则成为单拉式。

② 拉顶式：将脚手架的小横杆顶于外墙面（亦可根据外墙装修施工操作的需要，加适厚的垫板，抹灰时可撤去），同时设双股8号钢丝拉结。

4）连墙件设置要求

① 连墙件的布置应符合下列规定：

a. 宜靠近主节点设置，偏离主节点的距离不应大于300mm。

b. 应从底层第一步纵向水平杆处开始设置，当该处设置有困难时，应采用其他可靠措施固定。

c. 宜优先采用菱形布置，也可采用方形、矩形布置。

d. 开口形脚手架的两端必须设置连墙件，连墙件的垂直间距不应大于建筑物的层高，并不应大于4m（2步）。

② 连墙件必须采用可承受拉力和压力的构造。对高度24m以上的双排脚手架，应采用刚性连墙件与建筑物连接。

③ 采用拉筋必须配用顶撑，顶撑应可靠地顶在混凝土圈梁、柱等结构部位。拉筋应采用两根以上直径4mm的钢丝拧成一股，使用的不应少于2股；亦可采用直径不小于6mm的钢筋。

④ 当脚手架下部暂不能设连墙件时应采取防倾覆措施。当搭设抛撑时，抛撑应采用通长杆件，并用旋转扣件固定在脚手架上，与地面的倾角应在45°～60°之间；连接点中心至主节点的距离不应大于300mm。抛撑应在连墙件搭设后再拆除。

⑤ 架高超过40m且有风涡流作用时，应采取抗上升翻流作用的连墙措施。

5）连墙构造设置的注意事项

① 确保杆件间的连接可靠。扣件必须拧紧；垫木应夹持稳固，防止脱出。

② 装设连墙件时，应保持立杆的垂直度要求，避免拉固时产生变形。

③ 当连墙件轴向荷载（水平力）的计算值大于6kN时，应增设扣件以加强其抗滑动能力。特别是在遇有强风袭来之前，应检查

和加固连墙措施，以保证架子安全。

④ 连墙构造中的连墙杆或拉筋应垂直于墙面设置，并呈水平位置或稍可向脚手架一端倾斜，但不容许向上翘起（图11-23）。

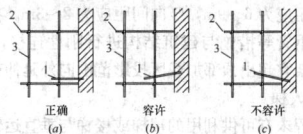

图 11-23　连墙杆的构造
(a) 连墙杆水平设置；(b) 连墙杆稍向下斜；
(c) 连墙杆上翘
1—连墙杆；2—横向水平杆；3—立杆

(10) 门洞构造

扣件式单、双排钢管脚手架和木脚手架门洞宜采用上升斜杆、平行弦杆桁架结构形式，斜杆与地面的倾角 α 应在 $45°\sim60°$ 之间，如图11-24所示。

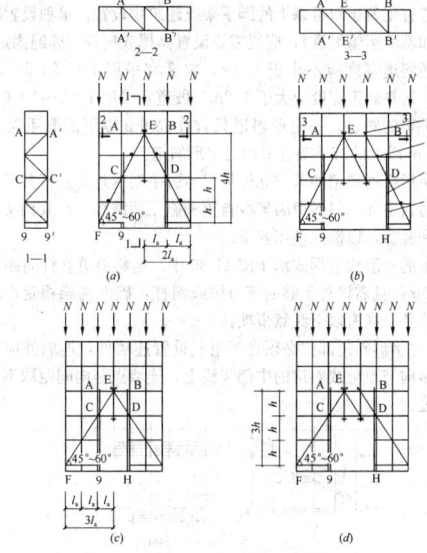

图 11-24　门洞处上升斜杆、平行弦杆桁架
(a) 挑空一根立杆 A 型；(b) 挑空二根立杆 A 型；
(c) 挑空一根立杆 B 型；(d) 挑空二根立杆 B 型
1—防滑扣件；2—增设的横向水平杆；3—副立杆；4—主立杆

(11) 护栏和挡脚板

在铺脚手板的操作层上必须设挡脚板和2道护栏。上栏杆≥1.2m。挡脚板亦可用加设一道低栏杆（距脚手板面0.2～0.3m）代替。

(12) 里脚手架

里脚手架为室内作业架。里脚手架依作业要求和场地条件搭设，常为一字形的分段脚手架，可采用双排或单排架。为装修作业架时，铺板宽度不少于2块板或0.6m；为砌筑作业时，铺板3～4块，宽度应不小于0.9m。当作业层高>2.0m时，应按高处作业规定，在架子外侧设栏杆防护；用于高大厂房和厅堂的高度大于等于4.0m的里脚手架应参照外脚手架的要求搭设。用于一般层高墙体的砌筑作业架，亦应设置必要的抛撑，以确保架子稳定。单层抹灰脚手架的构架要求虽较砌筑架为低，但仍必须保证稳定、安全和操作的需要。砌筑用里脚手架的构架形式如图11-25所示。

2. 满堂脚手架

满堂扣件式钢管脚手架：指在纵、横方向，由不少于三排立杆并与水平杆、水平剪刀撑、竖向剪刀撑、扣件等构成的脚手架。该架体顶部作业层施工荷载通过水平杆传递给立杆，顶部立杆呈偏心受压状态，简称满堂脚手架。

满堂脚手架，用于天棚安装和装修作业以及其他大面积的高处

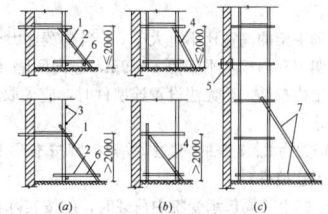

图 11-25　砌筑里脚手架形式
(a) 单层单排架；(b) 单层双排架；(c) 多层双排架
1—抛撑；2—扫地杆；3—栏杆；4—视需要设置的斜杆
和抛撑；5—连墙点；6—纵向联结杆；7—无连墙件的
设置的抛撑

作业，荷载除本身自重外，还有作业面上的施工荷载。

满堂脚手架的一般构造形式如图11-26中。满堂脚手架也需设置一定数量的剪刀撑或斜杆，以确保在施工荷载偏于一边时，整个架子不会出现变形。

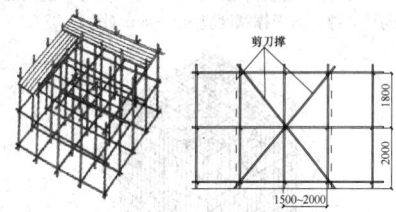

图 11-26　满堂脚手架

(1) 常用满堂脚手架结构的设计尺寸，可按表11-31采用。

常用敞开式满堂脚手架结构的设计尺寸　　表 11-31

序号	步距（m）	立杆间距（m）	支架高宽比不大于	下列施工荷载时最大允许高度（m）	
				2（kN/m²）	3（kN/m²）
1	1.7~1.8	1.2×1.2	2	17	9
2		1.0×1.0	2	30	24
3		0.9×0.9	2	36	36
4	1.5	1.3×1.3	2	18	9
5		1.2×1.2	2	23	16
6		1.0×1.0	2	36	31
7		0.9×0.9	2	36	36
8	1.2	1.3×1.3	2	20	13
9		1.2×1.2	2	24	19
10		1.0×1.0	2	36	32
11		0.9×0.9	2	36	36
12	0.9	1.0×1.0	2	33	33
13		0.9×0.9	2	36	36

注：1. 最少跨数应符合《建筑施工扣件式钢管脚手架安全技术规范》（JGJ 130—2011）附录 C 表 C-1 的规定；
2. 脚手板自重标准值取 0.35kN/m²；
3. 地面粗糙度为 B 类，基本风压 $W_0=0.35$kN/m²；
4. 立杆间距不小于 1.2m×1.2m，施工荷载标准值不小于 3kN/m² 时，立杆上应增设防滑扣件，防滑扣件应安装牢固，且顶紧立杆与水平杆连接的扣件。

(2) 满堂脚手架搭设高度不宜超过36m；满堂脚手架施工层不得超过1层。

(3) 满堂脚手架应在架体外侧四周及内部纵、横向每6m至8m由底至顶设置连续竖向剪刀撑。当架体搭设高度在8m以下时，应在架顶部设置连续水平剪刀撑；当架体搭设高度在8m及以上时，应在架体底部、顶部及竖向间隔不超过8m分别设置连续水平剪刀撑。水平剪刀撑宜在竖向剪刀撑斜杆相交平面设置。剪刀撑宽

度应为 6~8m。

（4）满堂脚手架的高宽比不宜大于 3，当高宽比大于 2 时，应在架体的外侧四周和内部水平间隔 6~9m，竖向间隔 4~6m 设置连墙件与建筑结构拉结，当无法设置连墙件时，应采取设置钢丝绳张拉固定等措施。

（5）最少跨数为 2、3 跨的满堂脚手架，宜按本章 11.5.1.2-1-（9）的规定设置连墙件。

（6）当满堂脚手架局部承受集中荷载时，应按实际荷载计算并应局部加固。

3. 满堂支撑架

（1）满堂支撑架当步距 1.5m 时，立杆间距不宜超过 1.2m×1.2m，当步距 1.8m 时，立杆间距不宜超过 1.0m×1.0m，立杆伸出顶层水平杆中心线至支撑点的长度 a 不应超过 0.5m。满堂支撑架搭设高度不宜超过 30m。

（2）满堂支撑架应根据架体的类型设置剪刀撑，并应符合下列规定：

1）普通型剪刀撑：

① 在架体外侧周边及内部纵、横向每 5~8m，应由底至顶设置连续竖向剪刀撑，剪刀撑宽度应为 5~8m（图 11-27）。

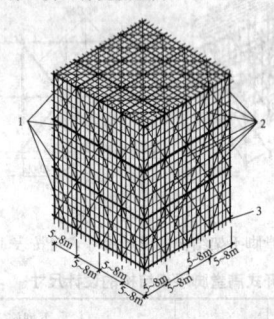

图 11-27　普通型水平、竖向剪刀撑布置图
1—水平剪刀撑；2—竖向剪刀撑；3—扫地杆设置层

② 在竖向剪刀撑顶部交点平面应设置连续水平剪刀撑。当支撑高度超过 8m，或施工总荷载大于 15kN/㎡，或集中线荷载大于 20kN/m 的支撑架，扫地杆的设置层应设置水平剪刀撑。水平剪刀撑至架体底平面距离与水平剪刀撑间距不宜超过 8m（图 11-27）。

2）加强型剪刀撑：

① 当立杆纵、横间距为 0.9m×0.9m~1.2m×1.2m 时，在架体外侧周边及内部纵、横向每 4 跨（且不大于 5m），应由底至顶设置连续竖向剪刀撑，剪刀撑宽度应为 4 跨。

② 当立杆纵、横间距为 0.6m×0.6m~0.9m×0.9m（含 0.6m×0.6m，0.9m×0.9m）时，在架体外侧周边及内部纵、横每 5 跨（且不小于 3m），应由底至顶设置连续竖向剪刀撑，剪刀撑宽度应为 5 跨。

③ 当立杆纵、横间距为 0.4m×0.4m~0.6m×0.6m（含 0.4m×0.4m）时，在架体外侧周边及内部纵、横向每 3~3.2m 应由底至顶设置连续竖向剪刀撑，剪刀撑宽度应为 3~3.2m。

④ 在竖向剪刀撑顶部交点平面应设置水平剪刀撑，扫地杆的设置层水平剪刀撑的设置应符合前述"1）普通型剪刀撑"的第②条的规定，水平剪刀撑至架体底平面距离与水平剪刀撑间距不宜超过 6m，剪刀撑宽度应为 3~5m（图 11-28）。

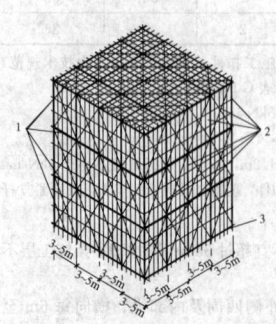

图 11-28　加强型水平、竖向剪刀撑构造布置图
1—水平剪刀撑；2—竖向剪刀撑；3—扫地杆设置层

（3）满堂支撑架的可调底座、可调托撑螺杆伸出长

度不宜超过 300mm，插入立杆内的长度不得小于 150mm。

（4）满堂支撑架高宽比不应大于 3，当满堂支撑架高宽比大于 2 时，满堂支撑架应在支架的四周和中部与结构柱进行刚性连接，连墙件水平间距应为 6~9m，竖向间距应为 2~3m。在无结构柱部位应采取预埋钢管等措施与建筑结构进行刚性连接，在有空间部位，满堂支撑架宜超出顶部加载区投影范围向外延伸布置 2~3 跨。

4. 斜道和人梯

当在施工程中未有可供利用的楼道或楼梯与垂直运输设施不能满足施工人员上下和材料运输的需要时，可考虑在脚手架中（或外附）设置斜道和人梯（踏步梯）。

（1）斜道

斜道分人行、运料兼用斜道（简称"斜道"、"坡道"）和专用运料斜道（简称"运料斜道"或"运料坡道"）。前者的设计荷载可取 3kN/m²（以斜道面计，即取 $q = 3\sec\theta$，图 11-29），后者多作为拖拉重载运料推车或抬运较重构件、设备之用，荷载应按实际取用。

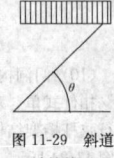

图 11-29　斜道计算简图

斜道宜附着于双排以上的脚手架或建筑物设置。单独设置的斜道（例如基坑运输坡道），应视需要设置抛撑或拉杆、缆绳固定。

普通斜道宽度应不小于 1.0m，坡度宜采用 1：（2.5~3.5）（高长）；运料斜道宽度应大于 1.2m，坡度宜采用 1：5~1：6。附着于脚手架的斜道，一字形斜道只宜在高 6m 以下的脚手架上采用，高 6m 以上的脚手架宜采用之字形斜道。

一字形普通斜道的里排立杆可以与脚手架的外排立杆共用，之字形普通斜道和运料斜道因架体自重和施工荷载较大，其构架应单独设计和验算，以确保使用安全。

斜道的一般构造形式示于图 11-30 中。运料斜道立杆间距不宜大于 1.5m，且需设置足够的剪刀撑或斜杆，确保构架稳定、承载可靠。此外，尚有以下注意事项：

1）之字形斜道部位必须自下至上设置连墙件，连墙件应设置在斜道转向节点处或斜道的中部竖线上，连墙点竖向间距取不大于楼层高度。

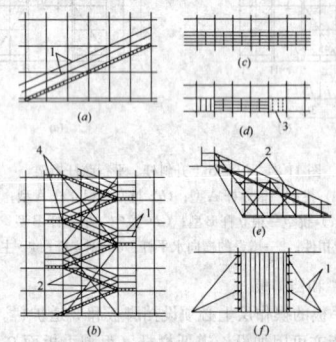

图 11-30　斜道的构造形式
（a）附脚手架一字形斜道立面；（b）附脚手架之字形斜道立面；（c）附脚手架一字形斜道平面；（d）附脚手架之字形斜道平面；（e）基坑运料斜道立面；（f）基坑运料斜道侧面
1—栏杆；2—剪刀撑；3—休息平台；4—连墙件

2）斜道两侧和休息平台外围均按规定设置挡脚板和栏杆。

3）脚手板的支承跨度，普通斜道为 0.75~1.0m；运料斜道为 0.5~0.75m。

4）脚手板顺铺时，接头采用搭接时，板下端与脚手架横杆绑扎固定，以下脚手板的顶板头压上脚手板的底板头，起始脚手板的底端应靠顶面，以避免下滑。板头棱台用三角木填顺；接头采用平接时，接头部位用双横杆，间距 200~300mm。

5）斜道面上应每隔 250~300mm 设置防滑条一道。

（2）人梯

采用斜道供操作人员上下，固然安全可靠，但工料用量较多，因此，在一般中小建筑物上大多不用斜道而用人梯。根据建筑物和

所用脚手架的情况，分别采用不同类型的梯子。

1) 高梯

高度不大的架子（10m 以内）可用高梯上下。梯子要坚实，不得有缺层，梯阶高度不大于 40cm，梯子架设的坡度以 60°为宜，底端应支设稳固，上端应绳绑在架子上。两梯连接使用时，连接处要绑扎牢固，必要时可设支撑加固。

2) 短梯

当脚手架为多立杆式、框式或桥式脚手架时，可在脚手架或支承架上设置短爬梯；在单层工业厂房上采用吊脚手架和挂脚手架时，也可以专门搭设一孔上人井架设置短爬梯。爬梯上端用挂钩挂在脚手架的横杆上，底部支在脚手架上，并保持 60°~80°的倾角。

爬梯一般长 2.5~2.8m，宽 40cm，阶距 30cm。可用 $\phi 25 \times 2.5$ 钢管作梯帮，$\phi 14$ 钢筋作梯步焊接而成，并在上端焊 $\phi 16$ 挂钩。

(3) 踏步梯

如图 11-31 所示，用短钢管和花纹钢板焊成踏步板，用扣件将其扣结到斜放的钢管上，构成踏步梯，梯宽 700~800mm。供施工人员上下，相当方便。

5. 节点构造

(1) 交汇杆件节点

1) 正交节点

立杆与纵向平杆或横向平杆的正交节点采用直角扣件。对于由立杆、纵向平杆和横向平杆组成的节点，当脚手板铺于横向平杆之上时，立杆应与纵向平杆连接，

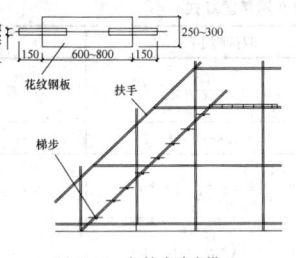

图 11-31 扣结式踏步梯

横向平杆置于纵向平杆之上（贴近立杆）并与纵向平杆连接（图 11-32）；当脚手板铺于纵向平杆之上时，横向平杆与立杆连接，纵向平杆与横向平杆连接；无铺板要求时，可视情况确定。

2) 斜交节点

杆件之间的斜交节点采用旋转扣件。凡计算简图中由平杆、立杆和斜杆交汇的节点，其旋转扣件轴心距平、立杆交汇点应≤150mm（图11-33）。无三杆交汇要求的斜交节点，可不受此限制，但宜尽量靠近平面杆件节点。

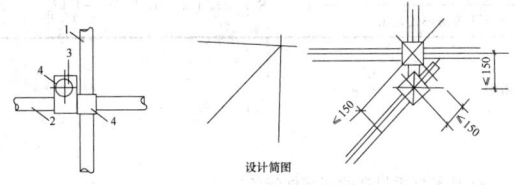

图 11-32 扣件式脚手架的中心节点   图 11-33 斜交节点

1—立杆；2—纵向平杆；3—横向平杆；4—直角扣件

(2) 杆件的接长接点

1) 立杆的对接

错开布置，相邻立杆接头不得设于同步内，错开距离≥500mm，立杆接头与中心节点相距不大于 $h/3$（图 11-34）。

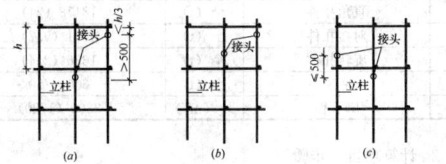

图 11-34 立柱接头的作用

(a) 正确做法；(b) 错误做法一；(c) 错误做法二

2) 立杆的搭接

立杆接长顶层顶步可采用搭接处，其余各层各步接头必须采用对接扣件连接。对接、搭接应符合下列规定：

① 立杆上的对接扣件应交错布置：两根相邻立杆的接头不应设置在同步内，同步内隔一根立杆的两个相隔接头在高度方向错开的距离不宜小于 500mm；各接头中心至主节点的距离不宜大于步距的 1/3。

② 搭接长度不应小于 1m，应采用不少于 2 个旋转扣件固定，端部扣件盖板的边缘至杆端距离不应小于 100mm。

3) 单、双立柱连接

高层建筑脚手架下部采用双立杆，上部为单立杆的连接形式有两种：① 并杆，主辅杆间旋转扣件连接，底部需采用双杆底座加工件，如图 11-35 所示；② 不并杆，主箱杆中心距为 150~300mm，在搭接部位增设纵向平杆连接加强（图 11-36）。

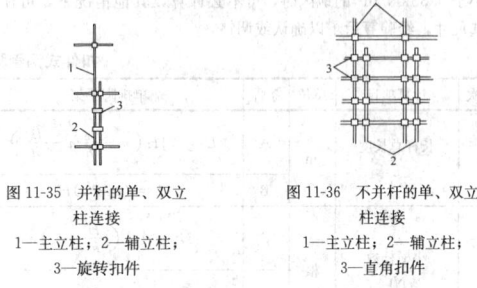

图 11-35 并杆的单、双立   图 11-36 不并杆的单、双立
柱连接   柱连接

1—主立柱；2—辅立柱；   1—主立柱；2—辅立柱；
3—旋转扣件   3—直角扣件

4) 平杆的接长

平杆（主要是纵向平杆）的接长一般应采用对接，对接接头应错开，上下邻接头不得设在同跨内，相距≥500mm，且应避开跨中（图 11-37）。

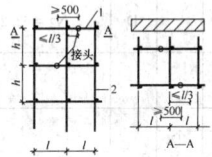

图 11-37 纵向平杆的对接构造

1—纵向平杆；2—立杆

(3) 不等高构架连接

1) 基地不等高情况下的构架方式

当脚手架的基地有坡面、错台、坑沟等不等高情况时，其构架应注意以下三点：① 立杆底端必须落在可靠的基地（或结构物）上，若遇土坡，则应离开坡上沿≥500mm，以确保立杆基底稳定（图 11-38），无可靠基地部位可采用前述洞口构造、悬空一二根立柱的做法；② 在不等高基地区段，相接上扫地杆应至少向下扫地杆方向延伸 1 跨固定；③ 严格控制首步架步距≤2000mm，否则应增设纵向平杆及相应的横向平杆，以确保立杆承载稳定和操作要求。

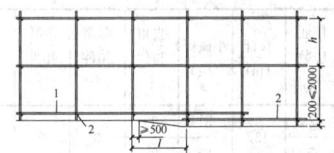

图 11-38 纵横向扫地杆构造

1—纵向扫地杆；2—横向扫地杆

2) 不等步构架连接

由于工程结构和施工要求，必须搭设不同步脚手架时，其交接部位应采取以下措施：

① 平杆向前延伸一跨。

② 视需要在交接部增加或加强剪刀撑设置。

③ 增设梯杆，方便不等高作业层间通行联系（图 11-39）。

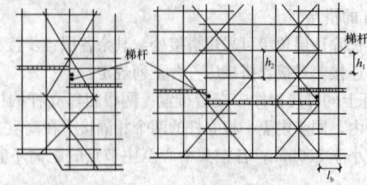

图 11-39 不等步构架连接

11.5.1.3 设计计算及常用资料

1. 常用设计计算资料

(1) 常用构架尺寸

常用敞开式（仅有作业层栏杆防护、无封闭围护）单排、双排扣件式钢管脚手架的常用构架尺寸列于表 11-32 中。当所采用脚手架的构架尺寸和实用荷载不大于该表的规定值，且工程处于基本风压小于 0.35kN/m^2 的地区时，可不必计算，其他情况下，可作为初选尺寸，经验算后予以确认或调整。

扣件式脚手架常用几何尺寸（m）　表 11-32

脚手架类型	排距（宽度）	步距 h	柱距 l	连墙件间距 H_1	连墙件间距 H_2
单排架	1.20	1.20	1.20		
	1.45 * *	1.35	1.50		
双排架	0.90～1.05 *	1.50	1.80	3.0～6.0	4.0～7.0
	1.30	1.80	2.00		
	1.55 * *	2.00	—		

注：带 * 号者多用于高架；* * 用于砌筑，目前国内采用较少。

(2) 杆配件配备量的匡算资料

扣件式钢管脚手架的杆配件备量需有一定的富余量，以适应构架时变化需要，因此可采用匡算方法。

1) 按立柱根数得到的匡算式

当已知脚手架立柱总数 n、搭设高度 H、步距 h、立杆纵距 l_a、排数 n_1 和作业层数 n_2 时，其杆配件用量的匡算式列于表 11-33 中。

扣件式钢管脚手架杆配件用量匡算式　表 11-33

序次	计算项目	单位	条件	单排脚手架	双排脚手架	满堂脚手架
1	长杆总长度 L	m	A	$L = 1.1H\left(n + \dfrac{l_a}{h}n - \dfrac{l_a}{h}\right)$	$L = 1.1H\left(n + \dfrac{l_a}{h}n - 2\dfrac{l_a}{h}\right)$	$L = 1.2H\left(n + \dfrac{l_a}{h}n - \dfrac{l_a}{h}n_1\right)$
			B	$L = (2n-1)H$	$L = (2n-2)H$	$L = (2.2n - n_1)H$
2	小横杆数 N_1	根	C	$N_1 = 1.1\left(\dfrac{H}{h} + 2\right)n$	$N_1 = 1.1\left(\dfrac{H}{2h} + 1\right)n$	
			D	$N_1 = 1.1\left(\dfrac{H}{h} + 3\right)n$	$N_1 = 1.1\left(\dfrac{H}{2h} + 1.5\right)n$	
3	直角扣件数 N_2	个	C	$N_2 = 2.2\left(\dfrac{H}{h} + 1\right)n$	$N_2 = 2.2\left(\dfrac{H}{h} + 1\right)n$	$N_2 = 2.4n\dfrac{H}{h}$
			D	$N_2 = 2.2\left(\dfrac{H}{h} + 1.5\right)n$	$N_2 = 2.2\left(\dfrac{H}{h} + 1.5\right)n$	
4	对接扣件数 N_3	个		$N_3 = \dfrac{L}{l}$（l：长杆的平均长度）		
5	旋转扣件数 N_4	个		$N_2 = 0.3\dfrac{L}{l}$（l：长杆的平均长度）		
6	脚手板面积 S	m²	C	$S = 2.2(n-1)l_a l_b$	$S = 1.1(n-2)l_a l_b$	$S = 0.55\left(n - n_1 + \dfrac{n}{n_1} + 1\right)l_a^2$
			D	$S = 3.3(n-1)l_a l_b$	$S = 1.6(n-2)l_a l_b$	

注：1. 长杆包括立杆、纵向平杆和剪刀撑（满堂脚手架也包括横向水平杆）；
2. A 为原算式，B 为 $\dfrac{l_b}{h} = 0.8$ 时的简算式，表中 l_a 为立杆纵距，l_b 为立杆横距；
3. C 为二层作业；D 为三层作业（但满堂架为一层作业）；
4. 满堂脚手架为一层作业，且按一半作业层面积计算脚手板。

2) 按面积或体积计的杆配件用量参考表

当取 $l_a = 1.5\text{m}$，$l_b = 1.2\text{m}$ 和 $h = 1.8\text{m}$ 时，每 100m^2 单、双排脚手架和每 100m^3 满堂脚手架的杆配件用量列于表 11-34 中。

按面积或体积计的扣件式钢管脚手架
杆配件用量参考表　表 11-34

类别	作业层数 n_2	长杆 (m)	小横杆（根）	直角扣件（个）	对接扣件（个）	旋转扣件（个）	底座（个）	脚手板（m²）
单排脚手架 (100m² 用量)	2	137	51	93	28	9	(4)	14
	3		55	97				20
双排脚手架 (100m² 用量)	2	273	51	187	55	17	(7)	14
	3		55	194				20
满堂脚手架 100m² 用量	0.5	125	—	81	25	8	(6)	8

注：1. 满堂脚手架按一层作业且铺占一半面积的脚手板；
2. 长杆的平均长度取 5m；
3. 底座数量取决于 H，表中（　）内数字的依据为：单、双排架 H 取为 20m，满堂架取 10m，所给数字仅供参考。

3) 按长杆重量计的杆配件配备量表

当企业拥有长 4～6m 的扣件钢管时，其相应的杆配件的配备量（参考值）列于表 11-35 中。在计算时取加权平均值，单排架、双排架和满堂架的使用比例（权值）分别取 0.1、0.8 和 0.1。该表可作为企业购进和补充杆配件时估算之用。当按重量计而杆件的装备量为 1 时，扣件的装备量大致为 0.26～0.27。

扣件式钢管脚手架杆配件的
参考配备量　表 11-35

序号	杆配件名称	单位	数量
1	4～6m 长杆	t	100
2	1.8～2.1m 小横杆	根（t）	4770（34～41）
3	直角扣件	个（t）	18178（24）
4	对接扣件	个（t）	5271（9.7）
5	旋转扣件	个（t）	1636（2.4）
6	底座	个（t）	600～750
7	脚手板	块（m²）	2300（1720）

2. 计算项目、步骤

(1) 计算项目

扣件式钢管脚手架的计算项目、要求和不需进行计算的情况

（条件）列于表 11-36 中。此外，在确定计算项目时，尚应注意：1）有挑支构造者，需验算挑支构造；2）满堂脚手架和特形脚手架按单肢稳定计算；3）连墙、支撑和悬挑等构造中的专用加工件按照钢结构规范的有关规定进行计算。

扣件式钢管脚手架的计算项目、要求和
不需进行计算的情况　　　表 11-36

序号	计算项目	计算要求	不需要进行计算的情况（条件）
1	脚手架（立杆）整体稳定承载力	转化为验算立杆的稳定承载力，验算截面一般取立杆底部	（1）在基本风压小于 0.35kN/m² 地区、高 50m 以上敞开式脚手架、构造符合要求者，可不计算风载作用；（2）符合表 11-30 或表 11-31 构造规定者，可不进行计算
2	横向平杆、纵向平杆，脚手板	在"跨度界值"之内验算抗弯强度；在"跨度界值"之外验算挠度	在"控制跨度"或"控制荷载"之内（及其相应条件）者，可不计算
3	连墙件、扣件抗滑	按相应公式验算	无
4	地基	按相应公式根据实际荷载进行设计计算	无
5	单肢稳定	按相应公式验算	无局部构造和荷载的不利性变化者不计算

（2）计算步骤

1）根据施工要求，参考表 11-32，初选构架设计参数，确定以下脚手架的计算参数。

2）计算荷载：

① 计算恒荷载标准值 G_k；

② 计算作业层施工荷载标准值 Q_k；

③ 计算风荷载标准值 w_k；

④ 计算横向平杆、纵向平杆、脚手板、连墙件、立杆地基等项的验算荷载，按相应验算要求分别确定。

3）脚手架整体稳定计算：

① 确定材料强度附加分项系数 γ_m；

② 计算轴心力设计值 N（或 N'）；

③ 计算风荷载弯矩；

④ 确定稳定系数 φ：先计算长细比 λ（$\lambda = \mu h / i$，μ 查表），然后查表得到 φ；

⑤ 验算脚手架的整体稳定。

具体计算公式详见 11.4.4.1。

4）验算其他需要验算的项目；

5）若验算不合格时，应适当调整构架设计参数，重新验算并达到要求。

3. 满堂脚手架计算

（1）立杆的稳定性计算可按式（11-16）或式（11-17）进行计算，由风荷载产生的立杆段弯矩设计值 M_w 可按照式（11-22）计算。

（2）计算立杆段的轴向力设计值 N，可按式（11-19）、式（11-20）计算。施工荷载产生的轴向力标准值总和 ΣN_{Qk} 可按所选取计算部位立杆负荷面积计算。

（3）立杆稳定性计算部位的确定应符合下列规定：

1）当满堂脚手架采用相同的步距、立杆纵距、立杆横距时，应计算底层立杆段。

2）当架体的步距、立杆纵距、立杆横距有变化时，除计算底层立杆段外，还必须对出现最大步距、最大立杆纵距、立杆横距等部位的立杆段进行验算；

3）当架体上有集中荷载作用时，尚应计算集中荷载作用范围内受力最大的立杆段。

（4）满堂脚手架立杆的计算长度应按下式计算：

$$l_0 = k\mu h \qquad (11\text{-}50)$$

式中　k——满堂脚手架立杆计算长度附加系数，应按表 11-37 采用。

　　　h——步距；

　　　μ——考虑满堂脚手整体稳定因素的单杆计算长度系数，应按表 11-38 采用。

满堂脚手架立杆计算长度附加系数　　表 11-37

高度 H（m）	$H \leqslant 20$	$20 < H \leqslant 30$	$30 < H \leqslant 36$
k	1.155	1.191	1.204

注：当验算立杆允许长细比时，取 $k=1$。

满堂脚手架计算长度系数　　表 11-38

步距 (m)	立杆间距（m）			
	1.3×1.3	1.2×1.2	1.0×1.0	0.9×0.9
	高宽比不大于 2	高宽比不大于 2	高宽比不大于 2	高宽比不大于 2
	最少跨数 4	最少跨数 4	最少跨数 4	最少跨数 5
1.8	—	2.176	2.079	2.017
1.5	2.569	2.505	2.377	2.335
1.2	3.011	2.971	2.825	2.758
0.9			3.571	3.482

注：1. 步距两级之间计算长度系数按线性插入值；

　　2. 立杆间距两级之间，纵向间距与横向间距不同时，计算长度系数按较大间距对应的计算长度系数取值。立杆间距两级之间值，计算长度系数取两级对应的较大的 μ 值。要求高宽比相同；

　　3. 高宽比超过表中规定时，按 11.5.1.2-2-（4）执行。

（5）满堂脚手架纵、横水平杆可按式（11-31）~式（11-33）计算。

（6）当满堂脚手架立杆间距不大于 1.5m×1.5m，架体四周及中间与建筑物结构进行刚性连接，并且刚性连接点的水平间距不大于 4.5m，竖向间距不大于 3.6m 时，可按式（11-16）~式（11-22）双排脚手架的规定进行计算。

4. 满堂支撑架计算

（1）满堂支撑架顶部施工层荷载应通过可调托撑传递给立杆。

（2）满堂支撑架立杆的稳定性可按式（11-16）或式（11-17）进行计算，由风荷载产生的立杆段弯矩设计值 M_w 可按照式（11-22）计算。

（3）计算立杆段的轴向力设计值 N，应按下列公式计算：

不组合风荷载时：

$$N = 1.2\Sigma N_{Gk} + 1.4\Sigma N_{Qk} \qquad (11\text{-}51)$$

组合风荷载时：

$$N = 1.2\Sigma N_{Gk} + 0.9 \times 1.4\Sigma N_{Qk} \qquad (11\text{-}52)$$

式中　ΣN_{Gk}——永久荷载对立杆产生的轴向力标准值总和（kN）。

　　　ΣN_{Qk}——可变荷载对立杆产生的轴向力标准值总和（kN）。

（4）立杆稳定性计算部位的确定应符合下列规定：

1）当满堂支撑架采用相同的步距、立杆纵距、立杆横距时，应计算底层与顶层立杆段；

2）当架体的步距、立杆纵距、立杆横距有变化时，除计算底层立杆段外，还必须对出现最大步距、最大立杆纵距、立杆横距等部位的立杆段进行验算；

3）当架体上有集中荷载作用时，尚应计算集中荷载作用范围内受力最大的立杆段。

（5）满堂支撑架立杆的计算长度应按下式计算，取整体稳定计算结果最不利值：

顶部立杆段：　　　$l_0 = k\mu_1 (h + 2a)$ 　　（11-53）

非顶部立杆段：　　$l_0 = k\mu_2 h$ 　　　　　　（11-54）

式中　k——满堂支撑架计算长度附加系数，应按表 11-39 采用；

　　　h——步距；

a——立杆伸出顶层水平杆中心线至支撑点的长度；应不大于0.5m，当0.2m＜*a*＜0.5m时，承载力可按线性插入值；

μ_1、μ_2——考虑满堂支撑架整体稳定因素的单杆计算长度系数，普通型构造可按表11-40、表11-41采用；加强型构造可按表11-42、表11-43采用。

(6) 当满堂支撑架小于4跨时，宜设置连墙件将架体与建筑结构刚性连接。当架体未设置连墙件与建筑结构刚性连接，立杆计算长度系数 μ 按表11-40～表11-43采用时，应符合如下规定：

1) 支撑架高度不应超过一个建筑楼层高度，且不应超过5.2m；

2) 架体上永久荷载与可变荷载（不含风荷载）总和标准值不大于7.5kN/m²；

3) 架体上永久荷载与可变荷载（不含风荷载）总和的均布线荷载标准值不大于7kN/m。

满堂支撑架计算长度附加系数 *k* 取值   表 11-39

高度 *H* (m)	*H*≤8	8＜*H*≤10	10＜*H*≤20	20＜*H*≤30
k	1.155	1.185	1.217	1.291

注：当验算立杆允许长细比时，取 *k*=1。

满堂支撑架（剪刀撑设置普通型）立杆计算长度系数 μ_1 表 11-40

步距 (m)	立杆间距 (m)											
	1.2×1.2		1.0×1.0		0.9×0.9		0.75×0.75		0.6×0.6		0.4×0.4	
	高宽比不大于2		高宽比不大于2		高宽比不大于2		高宽比不大于2		高宽比不大于2.5		高宽比不大于2.5	
	最少跨数4		最少跨数4		最少跨数5		最少跨数5		最少跨数5		最少跨数8	
	a=0.5 (m)	*a*=0.2 (m)	*a*=0.5 (m)	*a*=0.2 (m)	*a*=0.5 (m)	*a*=0.2 (m)	*a*=0.5 (m)	*a*=0.2 (m)	*a*=0.5 (m)	*a*=0.2 (m)	*a*=0.5 (m)	*a*=0.2 (m)
1.8	—	—	1.165	1.432	1.131	1.388	—	—	—	—	—	—
1.5	1.298	1.649	1.241	1.574	1.215	1.54	—	—	—	—	—	—
1.2	1.403	1.869	1.352	1.799	1.301	1.719	1.257	1.669	—	—	—	—
0.9	—	—	1.532	2.153	1.473	2.066	1.422	2.005	1.599	2.251	—	—
0.6	—	—	1.699	2.622	1.629	2.526	1.839	2.846	1.839	2.846		

注：1. 同表11-38注1、注2；
    2. 立杆间距0.9×0.6m计算长度系数，同立杆间距0.75×0.75m计算长度系数，高宽比不变，最小宽度4.2m；
    3. 高宽比超过表中规定时，按11.5.1.2-3-（4）执行。

满堂支撑架（剪刀撑设置普通型）立杆计算长度系数 μ_2 表 11-41

步距 (m)	立杆间距 (m)					
	1.2×1.2	1.0×1.0	0.9×0.9	0.75×0.75	0.6×0.6	0.4×0.4
	高宽比不大于2	高宽比不大于2	高宽比不大于2	高宽比不大于2	高宽比不大于2.5	高宽比不大于2.5
	最少跨数4	最少跨数4	最少跨数5	最少跨数5	最少跨数5	最少跨数8
1.8	—	1.750	1.697	—	—	—
1.5	2.089	1.993	1.951	—	—	—
1.2	2.492	2.399	2.292	2.225	—	—
0.9	—	3.109	2.985	2.896	3.251	—
0.6	—	—	4.371	4.211	4.744	4.744

注：同表11-40注。

满堂支撑架（剪刀撑设置加强型）立杆计算长度系数 μ_1 表 11-42

步距 (m)	立杆间距 (m)											
	1.2×1.2		1.0×1.0		0.9×0.9		0.75×0.75		0.6×0.6		0.4×0.4	
	高宽比不大于2		高宽比不大于2		高宽比不大于2		高宽比不大于2		高宽比不大于2.5		高宽比不大于2.5	
	最少跨数4		最少跨数4		最少跨数5		最少跨数5		最少跨数5		最少跨数8	
	a=0.5 (m)	*a*=0.2 (m)	*a*=0.5 (m)	*a*=0.2 (m)	*a*=0.5 (m)	*a*=0.2 (m)	*a*=0.5 (m)	*a*=0.2 (m)	*a*=0.5 (m)	*a*=0.2 (m)	*a*=0.5 (m)	*a*=0.2 (m)
1.8	1.099	1.355	1.059	1.305	1.031	1.269	—	—	—	—	—	—
1.5	1.174	1.494	1.123	1.427	1.091	1.386	—	—	—	—	—	—
1.2	1.269	1.685	1.233	1.636	1.204	1.596	1.168	1.546	—	—	—	—
0.9	—	—	1.377	1.940	1.352	1.903	1.285	1.806	1.294	1.818	—	—
0.6	—	—	1.556	2.395	1.477	2.284	1.497	2.3	1.497	2.3		

注：同表11-40注。

满堂支撑架（剪刀撑设置加强型）立杆计算长度系数 μ_2 表 11-43

步距 (m)	立杆间距 (m)					
	1.2×1.2	1.0×1.0	0.9×0.9	0.75×0.75	0.6×0.6	0.4×0.4
	高宽比不大于2	高宽比不大于2	高宽比不大于2	高宽比不大于2	高宽比不大于2.5	高宽比不大于2.5
	最少跨数4	最少跨数4	最少跨数5	最少跨数5	最少跨数5	最少跨数8
1.8	1.656	1.595	1.551	—	—	—
1.5	1.893	1.808	1.755	—	—	—
1.2	2.247	2.181	2.128	2.062	—	—
0.9	—	2.802	2.749	2.608	2.626	—
0.6	—	—	3.991	3.806	3.833	3.833

注：同表11-40注。

11.5.1.4 搭设要求

1. 地基处理和底座安装

按一般要求或设计计算结果进行搭设场地的平整、夯实等地基处理，确保立杆有稳固可靠的地基。然后按构架设计的立杆间距 l_a 和 l_b 进行放线定位，铺设垫板（块）和安放立杆底座，并确保位置准确、铺放平稳，不得悬空。使用双立杆时，应相应采用双底座、双管底座或将双立杆焊于1根槽钢底座板上（槽口朝上）。

2. 搭设作业

(1) 搭设作业程序

放置纵向扫地杆→自角部起依次向两边竖立底（第1根）立杆，底端与纵向扫地杆扣接固定后，装设横向扫地杆并与立杆固定（固定立杆底端前，应吊线确保立杆垂直），每边竖起3～4根立杆后，随即装设第一步纵向平杆（与立杆扣接固定）和横向平杆（小横杆，靠近立杆并与纵向平杆扣接固定）、校正立杆垂直和平杆水平使其符合要求后，按40～60N·m力矩拧紧扣件螺栓，形成构架的起始段→按上述要求依次向前延伸搭设，直至第一步架交圈完成。交圈后，再全面检查一遍构架质量和地基情况，严格确保设计要求和构架质量→设置连墙件（或加抛撑）→按第一步架的作业程序和要求搭设第二步、第三步→随搭设进程及时装设连墙件和剪刀撑→装设作业层间横杆（在构架横向平杆之间加设的、用于缩小铺板支承跨度的横杆），铺设脚手板和装设作业层栏杆、挡脚板或围护、封闭措施。

(2) 搭设作业注意事项

1) 严禁不同规格钢管及其相应扣件混用。

2) 底立杆应按立杆接长要求选择不同长度的钢管交错设置，至少应有两种适合不同长度的钢管作立杆。

3) 在设置第一排连墙件前，应约每隔6跨设一道抛撑，以确保架子稳定。

4) 一定要采取先搭设起始段从后向前延伸的方式，当两组作业时，可分别从相对角开始搭设。

5) 连墙件和剪刀撑应及时设置，滞后不得超过2步。

6) 杆件端部伸出扣件之外的长度不得小于100mm。

7) 在顶排连墙件之上的架高（以纵向平杆计）不得多于3步，否则应每隔6跨加设1道撑拉措施。

8) 剪刀撑的斜杆与基本构架结构件之间至少有3道连接，其中斜杆的对接或搭接接头部位至少有1道连接。

9) 周边脚手架的纵向平杆必须在角部交圈并与立杆连接固定，因此，东西两面和南北两面的作业层（步）有一交汇搭接固定所形成的小错台，铺板时应处理好交汇处的构造。当要求周边铺板高度一致时，角部应增设立杆和纵向平杆（至少与3根立杆连接），如图11-40所示。

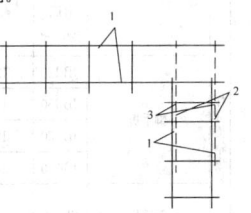

图11-40 平层时角部纵向平杆交圈设置做法
1—平层纵向平杆；2—角部下层纵向平杆；3—增设立杆

10) 对平板脚手板时，对接处的两侧必须设置间横杆。

作业层的栏杆和挡脚板一般应设在立杆的内侧。栏杆接长亦应符合对接或搭接的相应规定。

3. 脚手架搭设质量的检查与验收

(1) 搭设的技术要求、允许偏差与检验方法见表11-44。

脚手架搭设技术要求、允许偏差与检验方法 表11-44

项次	项 目		技术要求	允许偏差 Δ(mm)	示意图	检验方法与工具
1	地基基础	表面	坚实平整	—		观察
		排水	不积水			
		垫板	不晃动			
		底座	不滑动			
			降沉	−10		

续表

项次	项 目	技术要求	允许偏差 Δ(mm)	示意图	检验方法与工具
2	立杆垂直度	最后验收垂直度 20～80m	—	±100		用经纬仪或吊线和卷尺

下列脚手架允许水平偏差(mm)

搭设中的检查偏差的高度(m)	总高度 50m	40m	20m
H=2	±7	±7	±7
H=10	±20	±25	
H=20	±40	±50	±50
H=30	±60		
H=40	±80	±100	±100
H=50	±100		

中间档次用插入法

3	间距	步距纵距横距	—	±20 ±50 ±20		钢板尺
4	纵向水平杆高差	一根杆的两端	—			水平仪或水平尺
		同跨内两根纵向水平杆高差	—	±10		
5	双排脚手架横向水平杆外伸长度偏差	外伸500mm	—	−50		钢板尺
6	扣件安装	主节点处各扣件中心点相互距离	a ≤150mm			钢板尺
		同步立杆上两个相隔对接扣件的高差	a ≥150mm			钢卷尺
		立杆上的对接扣件至主节点的距离	a≤ $h/3$			钢卷尺
		纵向水平杆上的对接扣件至主节点的距离	a≤ $l_a/3$			钢卷尺
		扣件螺栓拧紧扭力矩	40～5N·m			扭力扳手
7	剪刀撑斜杆与地面的倾角	45°～60°				角尺

续表

项次	项目		技术要求	允许偏差 Δ(mm)	示意图	检验方法与工具
8	脚手板外伸长度	对接	$a=130\sim150mm$ $l\leqslant300mm$	—		卷尺
		搭接	$a\geqslant100mm$ $l\geqslant200mm$			卷尺

注：图中1—立杆；2—纵向水平杆；3—横向水平杆；4—剪刀撑。

(2) 扣件连接质量检查

扣件紧固质量用扭力扳手检查，抽样按随机均布原则确定，检查数量与质量判定标准按表11-45的规定，不合格者必须重新拧紧并达到紧固要求。

扣件紧固质量抽样数量及判定标准　表11-45

项次	检查项目	安装扣件数量（个）	抽检数量（个）	允许不合格数量（个）
1	连接立杆与纵（横）向水平杆或剪刀撑的扣件；接长立杆、纵向水平杆或剪刀撑的扣件	51～90	5	0
		91～150	8	1
		151～280	13	1
		281～500	20	2
		501～1200	32	3
		1201～3200	50	5
2	连接横向水平杆与纵向水平杆的扣件（非主节点处）	51～90	5	1
		91～150	8	2
		151～280	13	3
		281～500	20	5
		501～1200	32	7
		1201～3200	50	10

(3) 拆卸作业

拆卸作业按搭设作业的相反程序进行，并应特别注意以下几点：

1) 连墙件待其上部杆件拆除完毕（伸上来的立杆除外）后才能松开拆去。

2) 松开扣件的平杆件应随即撤下，不得松挂在架上。

3) 拆除长杆件时应两人协同作业，以避免单人作业时的闪失事故。

4) 拆下的杆配件应吊运到地面，不得向下抛掷。

11.5.2 碗扣式钢管脚手架

碗扣式钢管脚手架是一种杆件轴心相交（接）的承插锁固式钢管脚手架，采用带连接件的定型杆件，组装简便，具有比扣件式钢管脚手架更强的稳定承载能力，不仅可以组装各式脚手架，而且更适合构造各种支撑架，特别是重载支撑架。

11.5.2.1 材料规格及用途

碗扣式钢管脚手架的原设计杆配件，共计有23类、56种规格，按其用途可分为主构件、辅助构件、专用构件三类，见表11-46。

1. 主构件

主构件系构成脚手架主体的杆部件，共有6类25种规格。

碗扣式钢管脚手架构件种类与规格　表11-46

类别	名称	型号	规格（mm）	单重（kg）	用途
主构件	立杆	LG-120	φ48×3.5×1200	7.41	构架垂直承力杆
		LG-180	φ48×3.5×1800	10.67	
		LG-240	φ48×3.5×2400	13.34	
		LG-300	φ48×3.5×3000	17.31	

续表

类别	名称		型号	规格（mm）	单重（kg）	用途
主构件	顶杆		DG-90	φ48×3.5×900	5.30	支撑架（柱）顶端垂直立杆
			DG-150	φ48×3.5×1500	8.62	
			DG-210	φ48×3.5×2100	11.93	
	横杆		HG-30	φ48×3.5×300	1.67	立杆横向连接杆，框架水平承力杆
			HG-60	φ48×3.5×600	2.82	
			HG-90	φ48×3.5×900	3.97	
			HG-120	φ48×3.5×1200	5.12	
			HG-150	φ48×3.5×1500	6.82	
			HG-180	φ48×3.5×1800	7.43	
			HG-240	φ48×3.5×2400	9.73	
	单排横杆		DHG-140	φ48×3.5×1400	7.51	单排脚手架横向水平杆
			DHG-180	φ48×3.5×1800	9.05	
	斜杆		XG-170	φ48×2.2×1697	5.47	1.2m×1.2m框架斜撑
			XG-216	φ48×2.2×2160	6.63	1.2m×1.8m框架斜撑
			XG-234	φ48×2.2×2343	7.07	1.5m×1.8m框架斜撑
			XG-255	φ48×2.2×2546	7.58	1.5m×1.8m框架斜撑
			XG-300	φ48×2.2×3000	8.72	1.8m×2.4m框架斜撑
	立杆底座	立杆底座	LDZ	150×150×150	1.7	立杆底部垫板
		立杆可调座	KTZ-30	0-300	6016	立杆底部可调高度支座
			KTZ-60	0-300	7.86	
		粗细调座	CXZ-60	0-300	6.1	立杆底部有粗细可调高度支座
辅助构件	作业面辅助构件	间横杆	JHG-120	φ48×3.5×1200	6.43	水平框架之间连在两横杆间的横杆
			JHG-120+30	φ48×3.5×(1200+300)	7.74	同上，有0.3m挑梁
			JHG-120+60	φ48×3.5×(1200+600)	9.96	同上，有0.6m挑梁
		脚手板	JB-120	1200×270	9.05	用于施工作业层面的台板
			JB-150	1500×270	11.15	
			JB-180	1800×270	13.24	
			JB-240	2400×270	17.03	
		斜道板	XB-190	1897×540	28.24	用于搭设栈桥或斜道的铺板
		挡板	DB-120	1200×220	7.18	施工作业层防护板
			DB-150	1600×220	8.93	
			DB-180	1800×220	10.68	
		挑梁	窄挑梁 TL-30	φ48×3.5×300	1.68	用于扩大作业面的挑梁
			宽挑梁 TL-60	φ48×3.5×600	9.3	
		架梯	JT-225	2546×540	26.32	人员上、下楼梯
	用于连接的构件	立杆连接销	LLX	φ10	0.104	立杆之间连接锁定用
		直角撑	ZJC	125	1.62	两相交叉的脚手架之间的连接件
		连墙撑	碗扣式 WLC	415～625	2.04	脚手架同建筑物之间连接件
			扣件式 KLC	415～625	2	
		高层卸荷拉结杆	GLC	—	—	高层脚手架卸荷用构件
	其他用途辅助构件	立托支撑	立托支撑 LTC	200×150×5	2.39	支撑架顶部托梁座
			立托可调支撑 KTC-60	0～600	8.49	支撑架顶部可调托梁座
		横拖带	横拖带 HTC	400	3.13	支撑架横向支托撑
			可调横拖带 KHC-30	400～700	6.23	支撑架横向可调支托撑
		安全网支架	AWJ	—	18.69	悬挂安全网支承架

续表

类别	名　　称	型号	规格（mm）	单重（kg）	用　　途
专用构件	专用构件支撑柱 支撑柱垫座	ZDZ	300×300	19.12	支撑柱底部垫块
	支撑柱转角座	ZZZ	0°~10°	21.54	支撑柱斜向支撑垫块
	支撑柱可调座	ZKZ-30	0~300	40.53	支撑柱可调高度支座
	提升滑轮	THL	—	1.55	插入宽挑梁提升小件物料
	悬挑板	TYL-140	ϕ48×3.5×1400	19.24	用于搭设挑脚手架
	爬升挑梁	PTL-90+65	ϕ48×3.5×1500	8.7	用于搭设爬升脚手架

（1）立杆

立杆是脚手架的主要受力杆件，由一定长度的 ϕ48×3.5，Q235 钢管上每隔 0.60m 安装一套碗扣接头，并在其顶端焊接立杆连接管制成。立杆有 3.0m 和 1.8m 两种规格。

（2）顶杆

顶杆即顶部立杆，其顶端没有立杆连接管，便于在顶端插入托撑或可调托撑等，有 2.1m、1.5m、0.9m 三种规格。主要用于支撑架、支撑柱、物料提升架等的顶部，以解决由于立杆顶部有内销管，无法插入托撑的问题，但也相应增加了杆件的种类，而且立杆、顶杆不通用，利用率低。有的模板脚手架公司将立杆的内销管改为下套管，取消了顶杆，实现了立杆和顶杆的统一，使用效果很好，改进后立杆规格为 1.2m、1.8m、2.4m、3.0m。两种立杆的基本结构如图 11-41 所示。

（3）横杆

组成框架的横向连接杆件，由一定长度的 ϕ48×3.5、Q235 钢管两端焊接横杆接头制成，有 2.4m、1.8m、1.5m、1.2m、0.9m、0.6m、0.3m 等 7 种规格。为适应模板早拆支撑的要求（模数为 300mm 的两个早拆模板间一般留 50mm 宽迟拆条），增加了规格为 950mm、1250mm、1550mm、1850mm 的横杆。

（4）单排横杆

主要用作单排脚手架的横向水平横杆，只在 ϕ48×3.5 钢管一端焊接横杆接头，有 1.4m、1.8m 两种规格。

（5）斜杆

斜杆是为增强脚手架稳定强度而设计的系列构件，在 ϕ48×2.2、Q235 钢管两端铆接斜杆接头制成，斜杆接头可转动，同横杆接头一样可装在下碗扣内，形成节点斜杆。有 1.69m、2.163m、2.343m、2.546m、3.00m 五种规格，分别适用于 1.20m×1.20m、1.20m×1.50m、1.50m×1.80m、1.80m×1.80m、1.80m×2.40m 五种框架平面。

（6）底座

底座是安装在立杆根部，防止其下沉，并将上部荷载分散传递给地基基础的构件，有以下三种：

1）垫座。只有一种规格（LDZ），由 150mm×150mm×8mm 钢板和中心焊接连接杆制成，立杆可直接插在上面，高度不可调。

2）立杆可调座。由 150mm×150mm×8mm 钢板和中心焊接螺杆并配手柄螺母制成，按可调范围分为 0.3m 和 0.6m 的两种规格。

3）立杆粗调座。基本上同立杆可调座，只是可调方式不同，由 150mm×150mm×8mm 钢板、立杆管、螺管、手柄螺母等制成，只有 0.6m 一种规格。

2. 辅助构件

辅助构件系用于作业面及附壁拉结等的杆部件，共有 13 类 24 种规格。按其用途又可分成 3 类：

（1）用于作业面的辅助构件

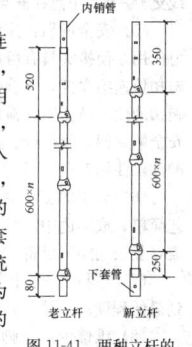

图 11-41　两种立杆的基本结构

1）间横杆

为满足其他普通钢脚手板和木脚手板的需要而设计的构件，由 ϕ48×3.5、Q235 钢管两端焊接"Ⅱ"形钢板制成，可搭设于主架横杆之间的任意部位，用以减小支撑间距或支撑挑头脚手板。有 1.2m、（1.2+0.3）m 和（1.2+0.6）m 三种规格。

2）脚手板

配套设计的脚手板由 2mm 厚钢板制成，宽度为 270mm，其面板上冲有防滑孔，两端焊有挂钩，可牢靠地挂在横杆上，不会滑动。有 1.2m、1.5m、1.8m 和 2.4m 四种规格。

3）斜道板

用于搭设车辆及行人栈道，只有一种规格，坡度为 1：3，由 2mm 厚钢板制成，宽度为 540mm，长度为 1897mm，上面焊有防滑条。

4）挡脚板

挡脚板可设在作业层外侧边缘相邻两立杆间，以防止作业人员踏出脚手架。用 2mm 厚钢板制成，有 1.2m、1.5m、1.8m 三种规格。

5）挑梁

为扩展作业平台而设计的构件，有窄挑梁和宽挑梁。窄挑梁由一端焊有横杆接头的钢管制成，悬挑宽度为 0.3m，可在需要位置与碗扣接头连接。宽挑梁由水平杆、斜杆、垂直杆组成，悬挑宽度为 0.6m，也是用碗扣接头同脚手架连成一整体，其外侧垂直杆上可再接立杆。

6）架梯

用于作业人员上下脚手架通道，由钢踏步板焊在槽钢上制成，两端有挂钩，可牢固地挂在横杆上，只有 JT-255 一种规格。其长度为 2546mm，宽度为 540mm，可在 1800mm×1800mm 框架内架设。普通 1200mm 廊道宽的脚手架刚好装两组，可成折线上升，并可用斜杆、横杆作栏杆扶手。

（2）用于连接的辅助构件

1）立杆连接销

立杆连接销是立杆之间连接的锁定件，为弹簧钢销扣结构，由 ϕ10mm 钢筋制成。有一种规格（LLX）。

2）直角撑

为连接两交叉的脚手架而设计的构件，由 ϕ48×3.5 钢管一端焊接横杆接头，另一端焊接"门"形卡制成，只有 ZJC 一种规格。

3）连墙撑

连墙撑是使脚手架与建筑物的墙体结构等牢固连接，加强脚手架抵御风荷载及其他水平荷载的能力，防止脚手架倒塌且增强稳定承载力的构件。为便于施工，分别设计了碗扣式连墙撑和扣件式连墙撑两种形式。其中碗扣式连墙撑可直接用碗扣接头同脚手架连在一起，受力性能好；扣件式连墙撑是用钢管和扣件同脚手架相连，位置可随意设置，不受碗扣接头位置的限制，使用方便。

4）高层卸荷拉结杆

高层卸荷拉结杆是高层脚手架卸荷专用构件，由预埋件、拉杆、索具螺旋扣、管卡组成，其一端用预埋件固定在建筑物上，另一端用管卡同脚手架立杆连接，通过调节中间的索具螺旋扣，把脚手架吊在建筑物上，达到卸荷目的。

（3）其他用途辅助构件

1）立杆托撑

插入顶杆上端，用作支撑架顶托，以支撑横梁等承载物。由 U 形钢板焊接连接管制成，只有 LTC 一种规格。

2）立杆可调托撑

作用同立杆托撑，只是长度可调，有 0.6m 长一种规格（KTC-60），可调范围为 0~600mm。

3）横托撑

用作重载支撑架横向限位，或墙模板的侧向支撑构件。由 ϕ48×3.5、Q235 钢管焊接横杆接头，并装配托撑组成，可直接用碗扣接头同支撑架连在一起，只有一种规格（HTC）。其长度为 400mm，也可根据需要加工。

4）可调横托撑

把横托撑中的托撑换成可调托撑（或可调底座）即成可调横托撑，可调范围为0～300mm，只有 KHC-30 一种规格。

5）安全网支架

安全网支架是固定于脚手架上，用以绑扎安全网的构件，由拉杆和撑杆组成，可直接用碗扣接头连接固定，只有 AWJ 一种规格。

3. 专用构件

专用构件是用作专门用途的构件，共有 4 类、6 种规格。

（1）支撑柱专用构件

由 0.3m 长横杆和立杆、顶杆连接可组成支撑柱，作为承重构杆单独使用或组成支撑柱群。为此，设计了支撑柱垫座、支撑柱转角座和支撑柱可调座等专用构件。

1）支撑柱垫座

支撑柱垫座是安装于支撑柱底部，均匀传递其荷载的垫座。由底板、筋板和焊于底板上的四个柱销制成，可同时插入支撑柱的四个立杆内，从而增强支撑柱的整体受力性能，只有 ZDZ 一种规格。

2）支撑柱转角座

作用同支撑柱垫座，但可以转动，使支撑柱不仅可用作垂直方向支撑，而且可以用作斜向支撑，其可调偏角为±10°，只有 ZZZ 一种规格。

3）支撑柱可调座

对支撑柱底部和顶部均适用，安装于底部作用同支撑柱垫座，但高度可调，可调范围为 0～300mm；安装于顶部即为可调托撑，同立杆可调托撑不同的是，它作为一个构件需要同时插入支撑柱 4 根立杆内，使支撑柱成为一体。

（2）提升滑轮

提升滑轮是为提升小物料而设计的构件，与宽挑梁配套使用。由吊柱、吊篮和滑轮等组成，其中吊柱可直接插入宽挑梁的垂直杆中固定，只有 THL 一种规格。

（3）悬挑架

悬挑架是为悬挑脚手架专门设计的一种构件，由挑杆和撑杆等组成，挑杆和撑杆用碗扣接头固定在楼内支承架上，可直接从楼内挑出，在其上搭设脚手架，不需要埋设预埋件。挑出脚手架宽度设计为 0.90m，只有 TYJ-140 一种规格。

（4）爬升挑梁

爬升挑梁是为爬升脚手架而设计的一种专用构件，可用它作依托，在其上搭设悬空脚手架，并随建筑物升高而爬升。它由 φ48×3.5、Q235 钢管、挂销、可调底座等组成，爬升脚手架宽度为 0.90m，只有 PTL-90+65 一种规格。

11.5.2.2 碗扣式钢管脚手架形式、特点和构造要求

1. 碗扣式钢管脚手架功能特点

碗扣式钢管脚手架采用每隔 0.6m 设 1 套碗扣接头的定型立杆和两端带有接头的定型横杆，并实现杆件的系列标准化。

碗扣接头是该脚手架系统的核心部件，它由上、下碗扣、横杆接头和上碗扣的限位销等组成（图 11-42）。

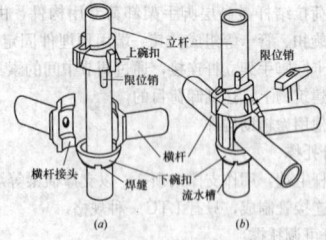

图 11-42　碗扣接头详图
(a) 连接前；(b) 连接后

上、下碗扣和限位销按 60cm 间距设置在钢管立杆之上，其中下碗扣和限位销则直接焊在立杆上。将上碗扣的缺口对准限位销后，即可将上碗扣向上抬起（沿立杆向上滑动），把横杆接头插入下碗扣圆槽内，随后将上碗扣沿限位销滑下并顺时针旋转以扣紧横杆接头（可使用锤子敲击几下即可达到扣紧要求）。碗扣式接头的

拼接完全避免了螺栓作业。

碗扣接头可同时连接 4 根横杆，可以相互垂直或偏转一定角度。

此外，该脚手架还配有多种不同功能的辅助构件，如可调的底座和托撑、脚手板、架梯、挑梁、悬挑架、提升滑轮、安全网支架等。

性能特点：

（1）多功能：能根据具体施工要求，组成不同组架尺寸、形状和承载能力的单、双排脚手架，支撑架，支撑柱，物料提升架，爬升脚手架，悬挑架等多种功能的施工装备。也可用于搭设施工棚、料棚、灯塔等构筑物，特别适合于搭设曲面脚手架和重载支撑架。

（2）高功效：该脚手架常用杆件中最长为 3130mm，重 17.07kg。整架拼拆速度比常规快 3～5 倍，拼拆快速省力，工人用一把铁锤即可完成全部作业，避免了螺栓操作带来的诸多不便。

（3）通用性强：主构件均采用普通的扣件式钢管脚手架的钢管，可用扣件同普通钢管连接，通用性强。

（4）承载力大：立杆连接是同轴心上承插，横杆同立杆靠碗扣接头连接，接头具有可靠的抗弯、抗剪、抗扭力学性能，而且各杆件轴心线交于一点，节点在框架平面内，因此，结构稳固可靠，承载力大。

（5）安全可靠：接头设计时，考虑到上碗扣螺旋摩擦力和自重力作用，使接头具有可靠的自锁能力。作用于横杆上的荷载通过下碗扣传递给立杆，下碗扣具有很强的抗剪能力（最大 199kN），上碗扣即使没被压紧，横杆接头也不致脱出而造成事故。同时配备有安全网支架、间横杆、脚手板、挡脚板、架梯、挑梁、连墙撑等杆配件，使用安全可靠。

（6）易于加工：主构件用 φ48×3.5、Q235 焊接钢管，制造工艺简单，成本适中，可直接对现有扣件式脚手架进行加工改造，不需要复杂的加工设备。

（7）不易丢失：该脚手架无零散易丢失扣件，把构件丢失减少到最低程度。

（8）维修少：该脚手架构件消除了螺栓连接，构件耐碰、耐磕，一般锈蚀不影响拼拆作业，不需特殊养护、维修。

（9）便于管理：构件系列标准化，构件外表涂以橘黄色，美观大方，构件堆放整齐，便于现场材料管理，满足文明施工要求。

（10）易于运输：该脚手架最长构件 3130mm，最重构件 40.53kg，便于搬运和运输。

2. 碗扣式钢管脚手架形式

（1）双排外脚手架

用碗扣式钢管脚手架可方便地搭设双排外脚手架，拼装快速省力，且特别适用于搭设曲面脚手架和高层脚手架。

1）构造类型

用于构造双排外脚手架时，一般立杆横距（即脚手架廊道宽度）取 1.2m（用 HG-120），步距取 1.8m，立杆纵距依建筑物结构、脚手架搭设高度及荷载等具体要求确定，可选用 0.9m、1.2m、1.5m、1.8m、2.4m 等多种尺寸。根据使用要求，有以下几种构造形式：

① 重型架

这种结构脚手架取较小的立杆纵距（0.9 或 1.2m），用于重载作业或作为高层外脚手架的底部。对于高层脚手架，为了提高其承载力和搭设高度，采用上、下分段，每段立杆纵距不等的组架方式，见图 11-43。组架时，下段立杆纵距取 0.9m（或 1.2m），上段则用 1.8m（或 2.4m），即每隔一根立杆取消一根，用 1.8m（HG-180）或 2.4m（HG-240）的横杆取代 0.9m（HG-90）或 1.2m（HG-120）横杆。

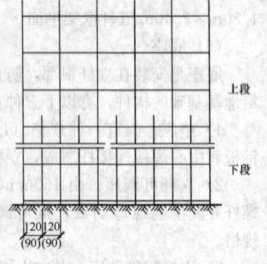

图 11-43　分段组架布置

② 普通架

普通架是最常用的一种，构造尺寸为 1.5m（立杆纵距）× 1.2m（立杆横距）×1.8m（横杆步距）（以下表示同）或 1.8m×

1.2m×1.8m，作为砌墙、模板工程等结构施工用脚手。

③ 轻型架

主要用于装修、维护等作业荷载要求的脚手架，构架尺寸为 2.4m×1.2m×1.8m。另外，也可根据场地和作业荷载要求搭设窄脚手架和宽脚手架。窄脚手架构造形式为立杆横距取 0.9m，即有 0.9m×0.9m×1.8m，1.2m×0.9m×1.8m，1.5m×0.9m×1.8m，1.8m×0.9m×1.8m，2.4m×0.9m×1.8m 等五种构造尺寸。

宽脚手架即立杆横距取为 1.5m，有 0.9m×1.5m×1.8m，1.2m×1.5m×1.8m，1.5m×1.5m×1.8m，1.8m×1.5m×1.8m，2.4m×1.5m×1.8m 等五种构造尺寸。

2）组架构造

① 斜杆设置

斜杆设置可增强脚手架结构的整体刚度，提高其稳定承载能力。

斜杆同立杆连接的节点构造如图 11-44 所示，可装成节点斜杆（即斜杆接头同横杆接头装在同一碗扣接头内）或非节点斜杆（即斜杆接头同横杆接头不装在同一碗扣接头内），但一般斜杆应尽量布置在框架节点上。根据荷载情况，高度在 20m 以下的脚手架，设置斜杆的面积为整架立面面积的 1/2～1/5；高度超过 20m 的高层脚手架，设置斜杆的框架面积要不小于整架面积的 1/2。在拐角边缘及端部必须设置斜杆，中间则应均匀间隔布置。

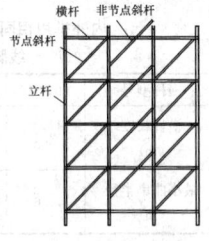

图 11-44　斜杆构造布置图

由于横向框架失稳是脚手架的主要破坏形式，因此，在横向框架内设置斜杆即廊道斜杆，对于提高脚手架的稳定强度尤为重要。对于一字形及开口形脚手架，应在两端横向框架内沿全高连续设置节点斜杆；30m 以下的脚手架，中间不设廊道斜杆；20m 以上的脚手架，中间应每隔 5～6 跨设置一道沿全高连续设置的廊道斜杆；高层和重载脚手架，除按上述构造要求设置廊道斜杆外，荷载达到或超过 25kN 的横向平面框架应增设廊道斜杆。用碗扣式斜杆设置廊道斜杆时，除脚手架两端框架可以设于节点外，中间框架只能设成非节点斜杆。

当设置高层卸荷拉结时，须在拉结点以上第一层加设廊道水平斜杆，以防止水平框架变形。斜杆既可用碗扣脚手系列斜杆，也可用钢管和扣件代替，这样可使斜杆的设置更加灵活，而不受接头内所装杆件数量的限制。特别是用钢管和扣件设置大剪刀撑（包括竖向剪刀撑以及纵向水平剪刀撑），既可减少碗扣式斜杆的用量，又能使脚手架的受力性能得到改善。

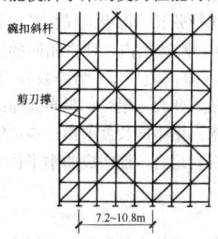

图 11-45　剪刀撑设置构造

竖向剪刀撑的设置应与碗扣式斜杆的设置相配合，一般高度在 20m 以下的脚手架，可每隔 4～6 跨设置一组沿全高连续搭设的剪刀撑，每道剪刀撑跨越 5～7 根立杆，设剪刀撑的跨内不再设碗扣式斜杆；对于高度在 20m 以上的高层脚手架，应沿脚手架外侧以及全高方向连续设置，两组剪刀撑之间用碗扣式斜杆。其设置构造见图 11-45。

纵向水平剪刀撑可增强水平框架的整体性和均匀传递连墙撑的作用。对于 20m 以上的高层脚手架，应每隔 3.5 步架设置一层连续、闭合的纵向水平剪刀撑。

② 连墙撑布置

连墙撑是脚手架与建筑物之间的连接件，除防止脚手架倾倒、承受偏心荷载和水平荷载作用外，还可加强稳定约束、提高脚手架的稳定承载能力。

一般情况下，对于高度在 20m 以下的脚手架，可四跨三步设置一个（约 40m²）；对于高层及重载脚手架，则要适当加密，60m 以下的脚手架至少应三跨三步布置一个（约 25m²）；60m 以上的脚手架至少应三跨二步布置一个（约 20m²）。

连墙撑设置应尽量采用梅花形布置方式。另外，当设置宽挑梁、提升滑轮、安全网支架、高层卸荷拉结等构件时，应增设连

墙撑，对于物料提升架也要相应地增设连墙撑数量。

连墙撑应尽量连接在横杆层碗扣接头内，同脚手架、墙体保持垂直，并随建筑物及架子的升高及时设置，设置时要注意调整间隔，使脚手架竖向平面保持垂直。碗扣式连墙撑同脚手架连接与横杆同立杆连接相同，其构造如图 11-46 所示。

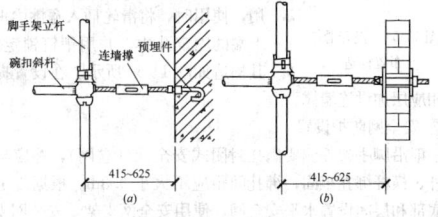

图 11-46　碗扣式连墙撑的设置构造
(a) 混凝土墙固定连墙撑；(b) 砖墙固定用连墙撑

③ 脚手板设置

脚手板可以使用碗扣式脚手架配套设计的钢制脚手板，也可使用其他普通脚手板、木脚手板、竹脚手板等。使用配套的钢脚手板时，必须将其两端的挂钩牢固地挂在横杆上，不得浮放；其他类型脚手板应配合同横杆一块使用，即在未处于构架横杆之上的脚手板端设间横杆作支撑。

在作业层及其下面一层要满铺脚手板。当架设梯子时，在每一层架梯拐角处铺设脚手板作为休息平台。

④ 斜脚板及人行梯设置

斜脚手板可作为行人及车辆的栈道，一般限在 1.8m 跨距的脚手架上使用，升坡为 1:3，在斜道板框架两侧，应该设置横杆和斜杆作为扶手和护栏。构造如图 11-47 所示。

架梯设在 1.8m×1.8m 框架内，其上有挂钩，直接挂在横杆上。梯子宽为 540mm，一般 1.2m 宽脚手架正好布置两个，可在一个框架高度内折线布置。人行梯转角处的水平框架要铺设脚手板，在立面框架上安装斜杆和横杆作为扶手。其构造如图 11-48 所示。

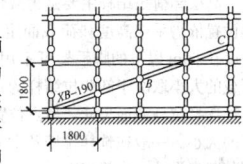

图 11-47　斜脚手板布置

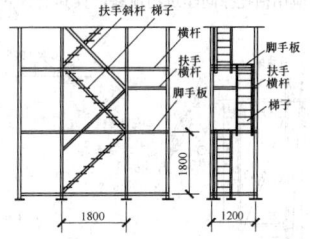

图 11-48　架梯设置

⑤ 挑梁的设置

当遇到某些建筑物有倾斜或凹进凸出时，窄挑梁上可铺设一块脚手板；宽挑梁上可铺设两块脚手板，其外侧立杆可用立杆接长，以便装防护栏杆。挑梁一般只作为作业人员的工作平台，不容许堆放重物。在设置挑梁的上、下两层框架的横杆层上要加设连墙撑，见图 11-49。把窄挑梁连续设置在同一立杆内侧每个碗扣接头内，可组成爬梯，爬梯步距为 0.6m，其构造如图 11-50 所示。设置时在立杆左右两跨内要增加护栏杆和安全网等安全设施，以确保人员上下安全。

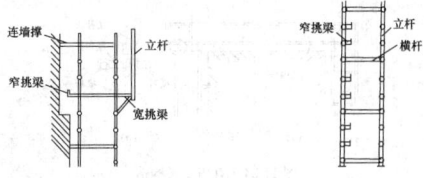

图 11-49　挑梁设置构造　　图 11-50　窄挑梁组成爬梯构造

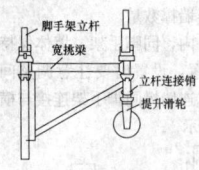

图 11-51 提升滑轮
布置构造

⑦ 安全网防护设置

一般沿脚手架外侧要满挂封闭式安全网（立网），并应与脚手架立杆、横杆绑扎牢固，绑扎间距应不大于 0.3m。根据规定在脚手架底部和层间设置水平安全网，使用安全网支架。安全网支架可直接用碗扣接头固定在脚手架上，其结构布置如图 11-52 所示。

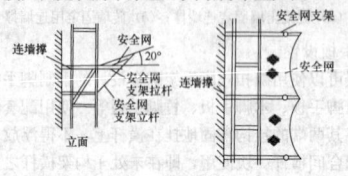

图 11-52 挑出安全网布置

⑧ 高层卸荷拉结杆设置

高层卸荷拉结杆主要是为减轻脚手架荷载而设计的一种构件，其设置依脚手架高度和荷载而定，一般每 30m 高卸荷一次，但总高度在 60m 以下的脚手架可不用卸荷（注：高层卸荷拉结杆所卸荷载的大小取决于卸荷拉结杆的几何性能及其装配的预紧力，可以通过选择拉杆截面尺寸、吊点位置以及调整索具螺旋扣等来调整卸荷的大小。一般在选择拉杆及索具螺旋扣时，按能承受卸荷载以上全部荷载来设计；在确定脚手架卸荷层及其位置时，按能承受卸荷层以上全部荷载的 1/3 来计算）。

卸荷层应将拉结杆同每一根立杆连接卸荷，设置时，将拉结杆一端用预埋件固定在墙体上，另一端固定在脚手架横杆层下碗扣底下，中间用索具螺旋调节拉力，以达到悬吊卸荷目的，其构造形式如图 11-53 所示。卸荷层要设置水平廊道斜杆，以增强水平框架刚度。此外，尚应用横托撑同建筑物顶紧，且其上、下两层均应增设连墙撑。

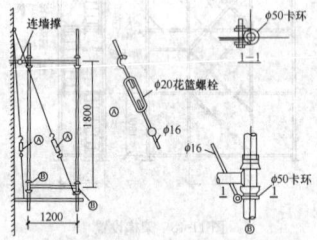

图 11-53 卸荷拉结杆布置

⑨ 直角交叉

对一般方形建筑物的外脚手架，在拐角处两直角交叉的排架要连在一起，以增强脚手架的整体稳定性。

连接形式有两种：一种是直接拼接法，即当两排脚手架刚好整框垂直相交时，可直接将两垂直方向的横杆连接在一碗扣接头内，从而将两排脚手架连在一起，构造如图 11-54（a）所示；另一种是直角撑搭接，当受建筑物尺寸限制，两垂直方向脚手架非整框垂

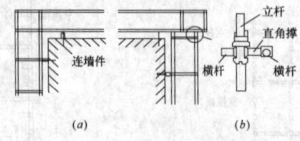

图 11-54 直角交叉构造
（a）直接拼接；（b）直角撑搭接

⑥ 提升滑轮设置

随着建筑物的升高，当人递料不太方便时，可采用物料提升滑轮来提升小物料及脚手架物件，其提升重量应不超过 100kg。提升滑轮要与宽挑梁配套使用，使用时，将滑轮插入宽挑梁垂直杆下端的固定孔中，并用销钉锁定即可。其构造如图 11-51 所示。在设置提升滑轮的相应层加设连墙撑。

直相交时，可用直角撑 ZJC 实现任意部位的直角交叉。连接时将一端同脚手架横杆装在同一接头内，另一端卡在相垂直的脚手架横杆上，如图 11-54（b）所示。

⑩ 曲线布置

同一碗扣接头内，横杆接头可以插在下碗扣的任意位置，即横杆方向是任意的，因此，可进行曲线布置。两横杆轴线最小夹角为 75°，内、外排用同样长度的横杆可以实现 0°～15°的转角，不同长度的横杆所组成的曲线脚手架曲率半径也不同（转角相同时）。当立杆横距为 1.2m，内外排用相同的横杆时，不同长度的横杆组成的曲线脚手架的内弧排架的最小曲率半径见表 11-47。

内外排用相同横杆时各种横杆组成的曲线脚手架曲率半径   表 11-47

横杆型号	HG-240	HG-180	HG-150	HG-120	HG-90
横杆长度（m）	2.4	1.8	1.5	1.2	0.9
最小曲率半径（m）	4.6	3.5	2.9	2.3	1.7

内、外排用不同长度的横杆可组装成不同转角、不同曲率半径的曲线脚手架。表 11-48 列出了当立杆横向间距为 1.2m 时，内、外排用不同横杆组成的曲线脚手架其内弧排架的最大转角度数和最小曲率半径。

内外排用不同横杆时各种横杆组成的曲线脚手架最大转角及最小曲率半径   表 11-48

组合杆件名称	每组最大转角（°）	最小曲率半径（m）
HG-240，HG-180	28	3.7
HG-180，HG-150	14	6.1
HG-180，HG-120	28	2.5
HG-150，HG-120	14	4.8
HG-150，HG-90	28	1.9
HC-120，HG-90	14	3.6

曲线脚手架的平面布置构造如图 11-55 所示。

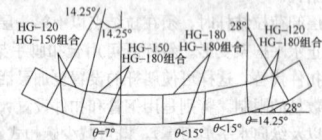

图 11-55 曲线脚手架平面布置

实际布架时，可根据曲线曲率，选择弦长（即纵向横杆长）和弦切角 θ（即横杆转角），如果 $\theta < 15°$，则选用内、外排相同的横杆，每跨转角 θ，当转角累计达 15°时（即 $n\theta \leqslant 15°$，n 为跨数），则选择内外排不同长度横杆实现不同转角，此为一组；如果布架曲线曲率相同，则由几组组合即可满足要求。用不同长度的横杆梯形框与不同长度的横杆平行四边形组框混合组合，能组成曲率半径大于 1.70m 的任意曲线布架。

3）组装方法及要求

根据布架设计，在已处理好的地基上安放立杆底座（立杆垫座或立杆可调座），然后将立杆插在其上，采用 3.0m 和 1.8m 两种不同长度立杆相互交错、参差布置，如图 11-56 所示，上面各层均采用 3.0m 长立杆接长，顶部再用 1.8m 长立杆找齐（或同一层用同一种规格立杆，最后找齐）以避免立杆接头处于同一水平平面上。架设在坚实平整的地基基础上的脚手架，其立杆底座可直接用立杆垫座；地势不平或高层及重载脚手架底部应用立杆可调座；当相邻立杆地基高差小于 0.6m，可直接用立杆可调座调整立杆高度，使立杆碗扣接头处于同一水平平面内；当相邻立杆地基高差大于 0.6m 时，则先调整立杆节间，即对于高差超过 0.6m 的地基，立杆相应增长一个节间（0.6m），使同一层碗扣接头高差小于 0.6m，再用立杆可调座调整高度，使其

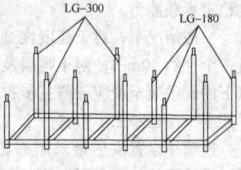

图 11-56 立杆平面布置

处于同一水平面内,如图 11-57 所示。

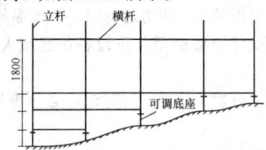

图 11-57 地基不平时立杆及其底座的设置

在装立杆时应及时设置扫地横杆,将所装立杆连成一整体,以保证立杆的整体稳定性。立杆同横杆的连接是靠碗扣接头锁定,连接时,先将上碗扣滑至限位销以上并旋转,使其搁在限位销上,将横杆接头插入下碗扣,待应装横杆接头全部装好后,落下上碗扣预锁紧。

碗扣式脚手架的底层组架最为关键,其组装的质量直接影响到整架的质量,因此,要严格控制搭设质量。当组装完两层横杆后,首先应检查并调整水平框架的直角度和纵向直线度(对曲线布置的脚手架应保证立杆的正确位置);其次应检查横杆的水平度,并通过调整立杆可调座使横杆间的水平误差小于 $L/400$;同时应逐个检查立杆底脚,并确保所有立杆不浮地不松动。当底层架子符合搭设要求后,检查所有碗扣接头,并锁紧。在搭设过程中,应随时注意检查上述内容,并调整。

立杆的接长是靠焊于立杆顶端的连接管承插而成,立杆插好后,使上部立杆底端连接孔同下部立杆顶端连接孔对齐,插入立杆连接销并锁定。

(2)直线和曲线单排外脚手架

1)组架结构及构造

搭设单排脚手架的单排横杆长度有 1.4m(DHG-140)和 1.8m(DHF-180)两种,立杆与建筑物墙体之间的距离可根据施工具体要求在 0.7~1.5m 范围内调节。脚手架步距一般取 1.8m,立杆纵距则根据荷载选取。单排脚手架斜杆、剪刀撑、脚手板及安全防护设施等杆部件设置参见双排脚手架。

单碗扣式脚手架最易进行曲线布置,横杆转角在 0°~30° 之间任意设置(即两纵向横杆之间的夹角为 180°~150°),特别适用于烟囱、水塔、桥墩等圆形构筑物。当进行圆曲线布置时,两纵向横杆之间的夹角最小为 150°,故搭设成的圆形脚手架最少为 12边形。实际使用时,只需根据曲线及荷载要求,选择适当的弦长(即立杆纵距)即

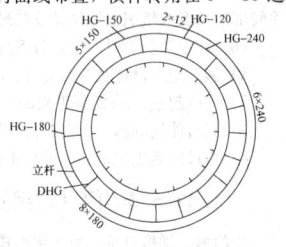

图 11-58 圆曲线单排脚手架

可,圆曲线脚手架的平面构造形式见图 11-58。曲线脚手架的斜杆应用碗扣式斜杆,其设置密度应不小于整架的 1/4;对于截面沿高度变化的圆形建筑物,可以用不同单排横杆以适应立杆至墙间距离的变化,其中 1.4m 单横杆,立杆至墙间距离由 0.7~1.1m 可调,1.8m 的单横杆,立杆至墙间距离由 1.1~1.5m 可调,当这两种单横杆不能满足要求时,可以增加其他任意长度的单排横杆,其长度可按两端铰接的简支梁计算设计。

2)组架方法

单排横杆一端焊有横杆接头,可用碗扣接头与脚手架连接固定,另一端带有活动夹板,用夹板将横杆与整体夹紧。构造见图 11-59。

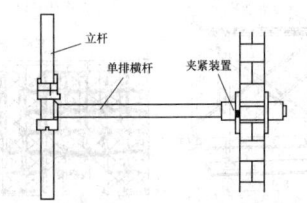

图 11-59 单排横杆设置构造

11.5.2.3 设计计算方法及常用资料

1. 双排脚手架的结构计算

(1)无风荷载时,单肢立杆承载力计算

单肢立杆承载力按式(11-19)计算,单肢立杆稳定性按下式计算:

$$N \leqslant \varphi A f \qquad (11-55)$$

式中 A——立杆横截面积;

φ——轴心受压杆件稳定系数;

f——钢材强度设计值。

(2)组合风荷载时单肢立杆承载力计算

组合风荷载时单肢立杆承载力按 11.4.4.1 小节中的式(11-21)计算。

(3)连墙件计算

连墙件的具体计算详见 11.4.5.3。

2. 双排外脚手架的搭设高度

(1)双排外脚手架的搭设高度主要受以下因素影响:

1)最不利立杆的单肢承载力(应为立杆最下段)。

2)施工荷载及层数和脚手板铺设层数。

3)立杆的纵向和横向间距及横杆的步距。

4)拉墙件间距。

5)风荷载等的影响。

(2)计算最不利立杆的单肢承载力,确定单肢立杆承载能力:$N \leqslant \varphi A f$。

(3)计算立杆的轴向力,根据施工条件确定荷载等级和层数以及脚手板的层数,计算立杆的轴向力(图 11-60)。

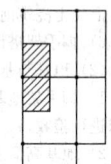

图 11-60 搭设高度计算图

1)脚手板、挡脚板、防护栏杆及外挂密目式安全立网等荷载产生的轴向力 N_{G2}:

$$N_{G2} = m\left(g_2 \frac{l_a l_b}{2} + 0.14 \times l_a\right) + 0.01 l_a H \qquad (11-56)$$

式中 m——脚手板层数;

g_2——脚手板单位面积自重(kN/m²);

l_a——双排脚手架立杆纵距(m);

l_b——双排脚手架立杆横距(m)。

2)施工荷载

$$N_{Q1} = n_c Q \frac{l_a l_b}{2} \qquad (11-57)$$

式中 n_c——作业层层数;

Q——脚手架作业层均布施工荷载标准值(kN/m)。

(4)每步脚手架自重计算

$$N_{g1} = h t_1 + 0.5 t_2 + t_3 + 0.5 t_4 + 0.5 t_5 \qquad (11-58)$$

式中 h——步距(m);

t_1——立杆每米重量(N/m);

t_2——横向(小)横杆单件重量(N);

t_3——纵向横杆单件重量(N);

t_4——内外立杆间斜杆重量(N);

t_5——水平斜杆及扣件等重量(N)。

(5)搭设高度计算

不组合风荷载时按下式计算:

$$H \leqslant \frac{\left[\varphi A f - (1.2 N_{G2} + 1.4 N_{Q1})\right] h}{1.2 N_{g1}} \qquad (11-59)$$

组合风荷载时的 H 按下式计算:

$$H \leqslant \frac{\left[N_w - (1.2 N_{G2} + 0.9 \times 1.4 N_{Q1})\right] h}{1.2 N_{g1}} \qquad (11-60)$$

$$N_w = \varphi A\left(f - 0.9 \frac{M_w}{W}\right) \qquad (11-61)$$

3. 地基承载力计算

(1)立杆最小底面积的计算

$$A_g = \frac{N}{f_g} \qquad (11-62)$$

式中 A_g——支撑单肢立杆底座面积(m²);

f_g——地基承载力设计值(kPa),按地基勘报告选用,当地基为回填土时乘以地基承载系数。

(2) 当地基为岩石或混凝土时，可不进行计算，但应保证立杆底座与基底均匀传递荷载。

(3) 当地基为回填土时，必须分层夯实，并应考虑雨水渗透的影响。地基承载系数：对碎石土、砂土、回填土应取 0.4；对黏土应取 0.5。

(4) 当脚手架搭设在结构的楼板、挑台上时，立杆底座应铺设垫板，并应对楼板或挑台等的承载力进行验算。

11.5.2.4 搭设要求

1. 搭设与拆除

(1) 施工准备

1) 脚手架施工前必须制定施工设计或专项方案，保证其技术可靠和使用安全。经技术审查批准后方可实施。

2) 脚手架搭设前工程技术负责人应按脚手架施工设计或专项方案的要求对搭设和使用人员进行技术交底。

3) 对进入现场的脚手架构配件，使用前应对其质量进行复检。

4) 构配件应按品种、规格分类放置在堆料区内或码放在专用架上，清点好数量备用。脚手架堆放地排水应畅通，不得有积水。

5) 连墙件如采用预埋方式，应提前与设计协商，并保证预埋件在混凝土浇筑前埋入。

6) 脚手架搭设场地必须平整、坚实、排水措施得当。

(2) 地基与基础处理

1) 脚手架地基基础必须按施工设计进行施工，按地基承载力要求进行验收。

2) 地基高低差较大时，可利用立杆 0.6m 节点位差调节。

3) 土壤地基上的立杆必须采用可调底座。

4) 脚手架基础经验收合格后，应按施工设计或专项方案的要求放线定位。

(3) 脚手架搭设

1) 底座和垫板应准确地放置在定位线上；垫板宜采用长度不少于 2 跨、厚度不小于 50mm 的木垫板；底座的轴心线位与地面垂直。

2) 脚手架搭设应按立杆、横杆、斜杆、连墙件的顺序逐层搭设，每次上升高度不大于 3m。底层水平框架的纵向直线度偏差应 ≤$L/200$；横杆间水平度偏差应 ≤$L/400$。

3) 脚手架的搭设应分阶段进行，第一阶段的搂底高度一般为 6m，搭设后必须经检查验收后方可正式投入使用。

4) 脚手架的搭设应与建筑物的施工同步上升，每次搭设高度必须高于即将施工楼层 1.5m。

5) 脚手架全高的垂直度偏差应小于 $L/500$，最大允许偏差应小于 100mm。

6) 脚手架内外侧加挑梁时，挑梁范围内只允许承受人行荷载，严禁堆放物料。

7) 连墙件必须随架子高度上升及时在规定位置处设置，严禁任意拆除。

8) 作业层设置应符合下列要求：

① 必须满铺脚手板，外侧应设挡脚板及护身栏杆。

② 护身栏杆可横杆在立杆的 0.6m 和 1.2m 的碗扣接头处搭设两道。

③ 作业层下的水平安全网应按《建筑施工扣件式钢管脚手架安全技术规范》(JGJ 130) 的规定设置。

9) 采用钢管扣件加固件、连墙件、斜撑时应符合《建筑施工扣件式钢管脚手架安全技术规范》(JGJ 130) 的有关规定。

10) 脚手架搭设到顶时，应组织技术、安全、施工人员对整个架体结构进行全面的检查和验收，及时解决存在的结构缺陷。

(4) 脚手架拆除

1) 应全面检查脚手架的连接、支撑体系等是否符合构造要求，经按技术管理程序批准后方可实施拆除作业。

2) 脚手架拆除前现场工程技术人员应对在岗操作工人进行有针对性的安全技术交底。

3) 脚手架拆除时必须划出安全区，设置警戒标志，派专人看管。

4) 拆除前应清理脚手架上的器具及多余的材料和杂物。

5) 拆除作业应从顶层开始，逐层向下进行，严禁上下层同时

拆除。

6) 连墙件必须拆到该层时方可拆除，严禁提前拆除。

7) 拆除的构配件应成捆用起重设备吊运或人工传递到地面，严禁抛掷。

8) 脚手架采取分段、分立面拆除时，必须事先确定分界处的技术处理方案。

9) 拆除的构配件应分类堆放，以便于运输、维护和保管。

2. 检查与验收

(1) 进入现场的碗扣架构配件应具备以下证明资料：

1) 主要构配件应有产品标识及产品质量合格证。

2) 供应商应配套提供管材、零件、铸件、冲压件等材质、产品性能检验报告。

(2) 构配件进场质量检查的重点：

钢管壁厚；焊接质量；外观质量；可调底座和可调托撑丝杆直径、与螺母配合间隙及材质。

(3) 脚手架搭设质量应按阶段进行检验：

1) 首段以高度为 6m 进行第一阶段 (搂底阶段) 的检查与验收。

2) 架体应随施工进度定期进行检查；达到设计高度后进行全面的检查与验收。

3) 遇 6 级以上大风、大雨、大雪后特殊情况的检查。

4) 停工超过一个月恢复使用前。

(4) 对整体脚手架应重点检查以下内容：

1) 保证架体几何不变性的斜杆、连墙件、十字撑等设置是否完善。

2) 基础是否有不均匀沉降，立杆底座与基础面的接触有无松动或悬空情况。

3) 立杆上碗扣是否可靠锁紧。

4) 立杆连接销是否安装、斜杆扣接点是否符合要求、扣件拧紧程度。

(5) 搭设高度在 20m 以下 (含 20m) 的脚手架，应由项目负责人组织技术、安全及监理人员进行验收；对于高度超过 20m 的脚手架、超高、超重、大跨度的模板支撑架，应由其上级安全生产主管部门负责人组织架体设计及监理等人员进行检查验收。

(6) 脚手架验收时，应具备下列技术文件：

1) 施工组织设计及变更文件。

2) 高度超过 20m 的脚手架的专项施工设计方案。

3) 周转使用的脚手架构配件使用前的复验合格记录。

4) 搭设的施工记录和质量检查记录。

11.5.3 门 (框组) 式钢管脚手架

以门形、梯形以及其他变化形式钢管框架为基本构件，与连接杆 (构) 件、辅件和各种功能配件组合而成的脚手架，统称为"框组式钢管脚手架"。采用门形架 (简称"门架") 者称为"门式钢管脚手架"，采用梯形架 (简称"梯架") 者称为"梯式钢管脚手架"。可用来搭设各种用途的施工作业架子，如外脚手架、里脚手架、满堂脚手架、模板和其他承重支撑架、工作台等。

11.5.3.1 材料规格及用途

1. 基本结构和主要部件

门式钢管脚手架由门式框架 (门架)、交叉支撑 (十字拉杆) 和水平架 (平行架、平架) 或脚手板构成基本单元 (图 11-61)。将基本单元相互联结起来并增加梯子、栏杆等部件构成整片脚手架 (图 11-62)。

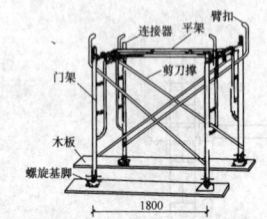

图 11-61   门式脚手架的基本组成单元

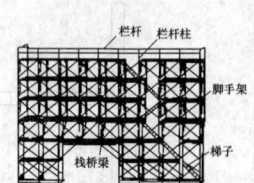

图 11-62   门式外脚手架

门式钢管脚手架的部件大致分为三类:
(1) 基本单元部件包括门架、交叉支撑和水平架等(图11-63)。

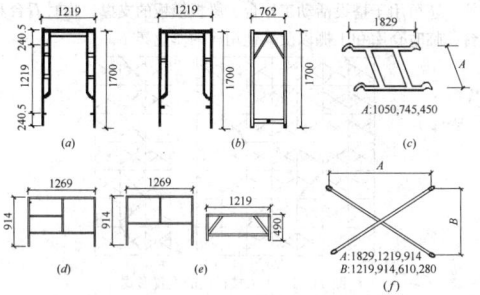

图 11-63　基本单元控制
(a) 标准门架;(b) 简易门架;(c) 水平架;(d) 轻型梯形门架;
(e) 接高门架;(f) 交叉支撑

门架是门式脚手架的主要部件,有多种不同形式。标准型是最基本的形式,主要用于构成脚手架的基本单元,一般常用的标准型门架的宽度为1.219m,高度有1.9m和1.7m。门架的重量,当使用高强薄壁钢管时为13~16kg;使用普通钢管时为20~25kg。

梯形框架(梯架)可以承受较大的荷载,多用于模板支撑架、活动操作平台和砌筑里脚手架,架子的梯步可供操作人员上下平台之用。简易门架的宽度较窄,用于窄脚手板。还有一种调高架,用于调节作业层高度,以适应层高变化时的需要。

门架之间的连接,在垂直方向使用连接棒和锁臂,在脚手架纵向使用交叉支撑,在脚手顶水平面使用水平架或脚手板。交叉支撑和水平架的规格根据门架的间距来选择,一般多采用1.8m。

(2) 底座和托座底座有三种:可调底座可调高200~550mm,主要用于支模架以适应不同支模高度的需要,脱模时可方便地将架子降下来。用于外脚手架时,能适应不平的地面,可用其将各门架顶部调节到同一水平面上。简易底座只起支承作用,无调高功能,使用它时要求地面平整。带脚轮底座多用于操作平台,以满足移动的需要。

托座有平板和U形两种,置于门架竖杆的上端,多带有丝杠以调节高度,主要用于支模架。底座和托座见图11-64。

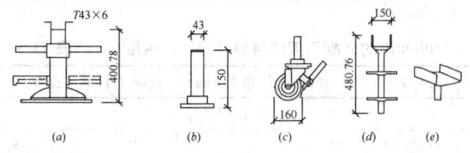

图 11-64　底座与托座
(a) 可调底座;(b) 简易底座;(c) 脚轮;
(d) 可调U形顶托;(e) 简易U形托

(3) 其他部件有脚手板、梯子、扣墙器、栏杆、连接棒、锁臂和脚手板托架,如图11-65所示。

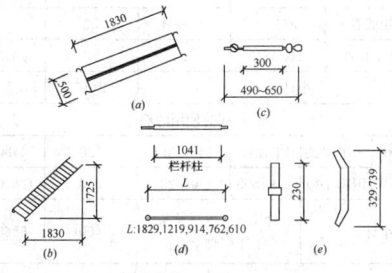

图 11-65　其他部件
(a) 钢脚手板;(b) 梯子;(c) 扣墙管;
(d) 栏杆和栏杆柱;(e) 连接棒和锁臂

脚手板一般为钢脚手板,其两端带有挂扣,搁置在门架的横梁上并扣紧。在这种脚手架中,脚手板还是加强脚手架水平刚度的主

要构件,脚手架应每隔3~5层设置一层脚手板。

梯子为设有踏步的斜梯,分别挂扣在上下两层门架的横梁上。

扣墙器和扣墙管都是确保脚手架整体稳定的拉结件。扣墙器为花篮螺栓构造,一端带有扣件与门架竖管扣紧,另一端以螺杆锚入墙中,旋紧花篮螺栓,即可把扣墙器拉紧;扣墙管为管式构造,一端的扣环与门架拉紧,另一端埋锚螺栓或夹墙螺栓,锚入或夹紧墙壁。托架分定长臂和伸缩臂两种形式,可伸出宽度0.5~1.0m,以适应脚手架距墙面较远时的需要。小桁架(栈桥梁)用来构成通道。

连接扣件亦分三种类型:回转扣、直角扣和筒扣,相同管径或不同管径杆件之间的连接扣件规格见表11-49。

扣 件 规 格　　　　表 11-49

类型		回转扣			直角扣			筒扣	
规格		ZK-4343	ZK-4843	ZK-4848	JK-4343	JK-4843	JK-4848	TK-4343	TK-4848
扣径	D_1	43	48	48	43	43	48	43	48
(mm)	D_2	43	43	48	43	43	48	43	48

2. 自锚连接构造

门式钢管脚手架部件之间的连接基本不用螺栓结构,而是采用方便可靠的自锚结构。主要形式包括:

(1) 制动片式。在作为挂扣的固定片上,铆上主制动片和被制动片,安装前使二者居于脱开位置,开口尺寸大于门架横梁直径,就位后,将被制动片推至实线位置,主制动片即自行落下,将被制动片

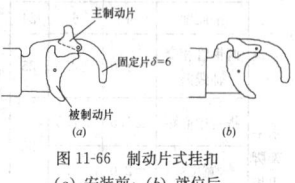

图 11-66　制动片式挂扣
(a) 安装前;(b) 就位后

卡住,使脚手板(或水平梁架)自锚于门架上(图11-66)。

(2) 滑动片式。在固定片上设一滑动片,安装前使滑动片位于虚线位置,就位后利用滑动片的自重,将其推下(图11-67),使开口尺寸缩小以锚住横梁。

另一种滑动片式构造示于图11-68。挂钩式联结片上设一限位片,安装前置于虚线位置,就位后顺槽滑至实线位置,因限位片受力方向异于滑槽方向达到自锚。这种构造多用于梯子与门架横梁的连接上。

图 11-67　滑动片式挂扣(一)　　　图 11-68　滑动片式挂扣(二)

(3) 弹片式。在门架竖管的连接部位焊一外径为12mm的薄壁钢管,其下端开槽,内设刀片式固定片和弹簧片(图11-69)。安装时将两端钻有孔洞的剪力撑推入,此时因孔的直径小于固定片外突尺寸而将固定片向内挤压至虚线位置,直至通过后再行弹出,达到自锚。

(4) 偏重片式。在门架竖管上焊一段端头开槽的φ12圆钢,槽呈坡形,上口长23mm,下口长20mm,槽内设一偏重片(用φ10圆钢制成厚2mm,一端保持原直径),在其近端处开一椭圆形孔,安装时置于虚线位置,其端部斜面与槽内斜面相合,不会转动,就位后将偏重片稍向外拉,自然旋转到实线位置达到自锚(图11-70)。

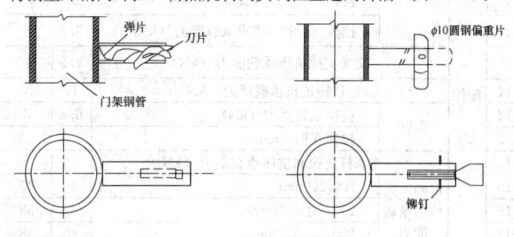

图 11-69　弹片式连接扣　　　　　图 11-70　偏重片式锚扣

3. 杆配件的质量和性能要求

(1) 杆配件的一般要求

国产门架及其配件的规格、性能和质量应符合现行行业标准《门式钢管脚手架》（JG13）的规定进行质量类别判定、维修和使用。

(2) 构配件基本尺寸的允许偏差（表 11-50）

门架、配件基本尺寸的允许偏差　　表 11-50

构配件	项目	允许偏差(mm)		序次	构配件	项目	允许偏差(mm)	
		优良	合格				优良	合格
门架	高度 h	±1.0	±1.5	17	连接棒	长度	±3.0	±5.0
	高度 b（封闭端）			18		套环高度	±1.0	±1.5
	立杆端面垂直度	0.3	0.3	19		套环端面垂直度	0.3	0.3
	销锁垂直度	±1.0	±1.5	20	锁臂	两孔中心距	±1.5	±2.0
	销锁间距			21		宽度	±1.5	±2.0
	销锁直径	±0.3	±0.3	22		孔径	±1.5	±2.0
	对角线差	4	6	23	底座托盘	长度	±3.0	±5.0
	平面度	4	6	24		螺杆的直线度、手柄端面垂直度插管、螺杆与底面的垂直度	±1.0	±1.0
	两钢管相交轴线差	±1.0	±2.0	25			L/200	L/200
水平架脚手板钢梯	搭钩中心距	±1.5	±2.0	26				
	宽度	±2.0	±3.0					
	平面度	4	6					
交叉支撑	两孔中间距离	±1.5	±2.0					
	孔至销钉距离							
	孔直径	±0.3	±0.5					
	孔与钢管轴线	±1.0	±1.5					

(3) 门架及配件的性能要求（表 11-51）

门架及配件的性能要求　　表 11-51

项次	名称	项目	规定值	
			平均值	最小值
1	门架	立杆抗压承载能力（kN）	高度 h=1900mm	70	65
2			高度 h=1700mm	75	70
3			高度 h=1500mm	80	75
4		横杆跨中挠度（mm）		10
5		锁销承载能力（kN）	6.3	6
6	水平架、脚手板	抗弯承载能力（kN）	5.4	5
7		跨中挠度（mm）		10
8		搭钩（4个）承载能力（kN）	20	18
9		挡板（4个）抗脱承载能力（kN）	3.2	3
10	配件	交叉支撑抗压承载能力（kN）	7.5	7
11		连接棒抗拉承载能力（kN）	10	10
12		锁臂 抗拉承载能力（kN）	6.3	6
13		拉伸变形（mm）		2
14		连墙杆抗拉和抗压承载能力（kN）	10	9
15	可调底座抗压承载能力（kN）	$l_1 \leqslant 200mm$	45	40
16		$200 < l_1 \leqslant 250mm$	42	38
17		$250 < l_1 \leqslant 300mm$	40	36
18		$l_1 > 300mm$	38	34

11.5.3.2　门（框组）式钢管脚手架的形式、特点和构造要求

门（框组）式钢管脚手架有许多用途，除用于搭设内、外脚手架外，还可用于搭设活动工作台、梁板模板的支撑、临时看台和观礼台、临时仓库和工棚以及其他用途的作业架子。

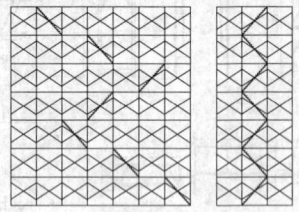

图 11-71　上人楼梯段的设置形式

1. 外脚手架

外脚手架的一般形式见图 11-62，门架立杆离墙面净距不宜大于150mm，否则应采取内挑架板或其他安全封盖措施。上人楼梯段的架设可以集中设置，亦可分开设置（图 11-71）。当施工场地狭窄时，最初几步脚手架可采用宽度较窄的简易门架，使用托架或挑架过渡到标准门架（图 11-72）。脚手架下部需要留门洞时，可使用栈桥梁搭设，但最多不得超过 3 跨，且架高不宜超过 15 层，并应复算栈桥梁的承载能力。需要设置垂直运输井字架时，井字架应设在脚手架的外侧，进入建筑物的通道可采用扣件式钢管脚手架搭设（图 11-73）。

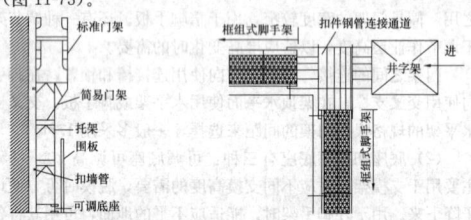

图 11-72　下窄上宽脚手架和托架　　图 11-73　框组式脚手架与井字架的连接

一般外脚手架每 1000m² 墙面的材料用量列于表 11-52（计算标准用量部件时取架长 36.6m，架高 27.3m，即每层用 21 榀门架，共搭设 16 层）。折合为每平方米部件用量为 3.23～4.0 件，重量为 19.44～28.07kg。

1000m² 的外脚手架的材料（部件）用量　　表 11-52

序号	部件名称	规格	单重（kg）	数量（件）	总重（kg）
		一、标准用量部位			
1	标准门架	MJ-1217	16～24.5	336	5376～8232
2	交叉拉杆	JG-1812	5.2～5.7	640	3328～3648
3	连接棒	JF-2	0.6～0.7	630	410～504
4	锁臂	CB-7	0.65～0.8	630	1229
5	长剪刀撑	φ48-80	30.72	40	168
6	回转扣件	ZK-4843	1.4	120	75～120
7	扣墙管	KG-10	2.5～4	30	42
8	直角扣件	TK-4343	1.4	30	11006～14242
	小计			2456	
		二、同时使用的部件			
9	单独使用 水平梁架	PJ-1810	14～18.5	320	4480～5920
10	钢脚手板	TB-1805	20～22	640	12800～14080
	小计	合用 3/4 水平梁架 1/4 钢脚手板		400	6560～7960
		三、数量不定的部件			
11	梯子	T-1817	32～41	9～28	288～1148
12	底座	T-25	4.3	13～36	56～155
13	栏杆柱	LZ-12	3.4	13～36	44～122
14	栏杆	LG-18	1.8	24～70	43～126

续表

序号	部件名称	规格	单重（kg）	数量（件）	总重（kg）
15	水平加圆杆	$\phi48-40$	15.36	54～180	829～2765
16	直角扣件	TK-4848	1.4	126～420	176～588
17	接长扣件	$\phi48$	1.4	48～160	67～244
18	辅助支撑	$\phi48-25$	9.6	30～60	288～576
19	回转扣件	ZK-4843	1.4	60～120	84～168
小计				377～1110	1875～5872
总计			3323～3966		19441～28074

2. 里脚手架

作为砌筑用里脚手，一般只需搭设一层。采用高度为 1.7m 的标准型门架，能适应 3.3m 以下层高的墙体砌筑，当层高大于 3.3m 时，可加设可调底座。使用 DZ-40 可调底座时，可调高 0.25m，能满足 3.6m 层高的砌筑作业；使用 DZ-78 可调底座时，可调高 0.6m，能满足 4.2m 层高作业要求。当层高大于 4.2m 时，可再设一层高 0.9～1.5m 的梯形门架（图 11-74）。由于房间墙壁的长度不一定是门架标准间距 1.83m 的整倍数，一般不能使用交叉拉杆，可使用脚手钢管横杆，其门架间距为 1.2～1.5m，且需铺一般的脚手板。

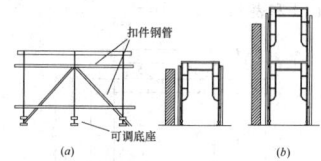

图 11-74 里脚手架
(a) 普通里脚手架；(b) 高里脚手架

3. 满堂脚手架

将门架按纵排和横排均匀排开，门架间的间距在一个方向上为 1.83m，用剪刀撑连接；另一个方向为 1.5～2.0m，用脚手钢管连接，其上再铺脚手板，其高度的调节方法同里脚手架。当层高大于 5.2m 时，可使用 2 层以上的标准门架搭起，用于宾馆、饭店、展览馆等建筑物的高大的厅堂天棚装修，非常方便（图 11-75）。

4. 活动工作台

使用梯形门架可以搭设组装方便、使用灵活的操作平台，利用门架上的梯步上下，不用搭设上人梯。图 11-76 所示为用二榀架组成，底部设有带丝杠千斤顶的行走轮，可以调节高度。当小平台的操作面积不够时，也可用几排平行梯形门架组成大平台。

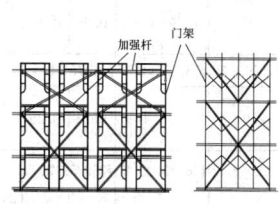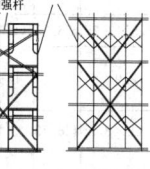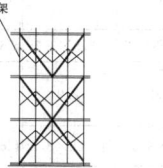

图 11-75 满堂脚手架　　　图 11-76 活动操作平台

5. 搭设技术要求和注意事项

(1) 基底处理

应确保地基具有足够的承载力，在脚手架荷载作用下不发生塌陷和显著的不均匀沉降。当采用可调底座时，其地基处理和加设垫板（木）的要求同扣件式钢管脚手架。当不采用可调底座时，必须采取以下三项措施，以确保脚手架的构造和使用要求。

1) 基底必须严格夯实抄平。当基底处于较深的填土层之上或者架高超过 40m 时，应做厚度不小于 400mm 的灰土层或厚度不小于 200mm 的钢筋混凝土基础梁（沿纵向），其上再加设垫板或垫木。

2) 严格控制第一步门架顶面的标高，其水平误差不得大于 5mm（超出时，应塞垫铁板予以调整）。

3) 在脚手架的下面加设通常的大横杆（$\phi48$ 脚手管，用异径

扣件与门架连接），并不少于 3 步（图 11-77），且内外侧均需设置。

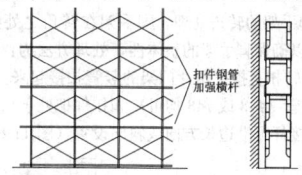

图 11-77 防止不均匀沉降的整体加固做法

(2) 分段搭设与卸载构造的做法

当不能落地架设或搭设高度超过规定（45m 或轻载的 60m）时，可分别采用从楼板伸出支挑构造的分段搭设方式或支挑卸载方式，如图 11-78 所示，或与前述相适合的支挑方式，并经过严格设计（包括对支承建筑结构的验算）后予以实施。

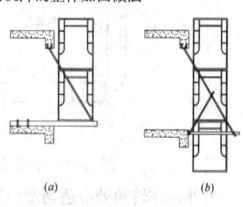

图 11-78 架设的非落地支承形式
(a) 分段搭设构造；(b) 分段卸载构造

(3) 脚手架搭设程序

一般门式钢管脚手架按以下程序搭设：铺放垫木（板）→拉线、放底座→自一端起立门架并随即装交叉支撑→装水平架（或脚手板）→装梯子→（需要时，装设作加强用的大横杆）装设连墙杆→按照上述步骤，逐层向上安装→装加强整体刚度的长剪刀撑→装设顶部栏杆。

上、下榀门架的组装必须设置连接棒和锁臂，其他部件（如栈桥梁等）则按其所处部位相应装上。

(4) 脚手架垂直度和水平度的调整

脚手架的垂直度（表现为门架竖管轴线的偏移）和水平度（门架平面方向和水平方向）对于确保脚手架的承载性能至关重要（特别是对于高层脚手架），其注意事项为：

1) 严格控制首段门架的垂直度和水平度。在装上以后要逐片地、仔细地调整好，使门架竖杆在两个方向的垂直偏差都控制在 2mm 以内，门架顶部的水平偏差控制在 5mm 以内。随后在门架的顶部和底部用大横杆和扫地杆加以固定。

2) 接门架时上下门架竖杆之间要对齐，对中的偏差不宜大于 3mm。同时，注意调整门架的垂直度和水平度。

3) 及时装设连墙杆，以避免在架子横向发生偏斜。

(5) 确保脚手架的整体刚度

1) 门架之间必须满设交叉支撑。当架高≤45m 时，水平架应至少两步设一道；当架高＞45m 时，水平架必须每步设置（水平架可用挂扣式脚手板和水平加固杆替代），其间连接应可靠。

2) 因进行作业需要临时拆除脚手架内侧交叉拉杆时，应先在该层里端上部加设大横杆，以后再拆除交叉拉杆。作业完毕后应立即将交叉拉杆重新装上，并将大横杆移到下一或上一作业层上。

3) 整片脚手架必须适量设置水平加固杆（即大横杆），前三层宜隔层设置，二层以上则每隔 3～5 层设置一道。

4) 在架子外侧面设置长剪刀撑（$\phi48$ 脚手钢管，长 6～8m），其高度和宽度为 3～4 个步距（或架距），与地面夹角为 45°～60°，相邻长剪刀撑之间相隔 3～5 个架距。

5) 使用连墙管或连墙器将脚手架和建筑结构紧密连接，连墙点的最大间距，在垂直方向为 6m，在水平方向为 8m。一般情况下，在垂直方向每隔 3 个步距和在水平方向每隔 4 个架距设一点，高层脚手架应增加布设密度，低层脚手架可适当减少布设密度，连墙点间距规定见表 11-1。

连墙点应与水平加固杆同步设置。连墙点的一般做法如图 11-79

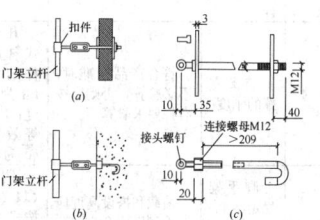

图 11-79 连墙点的一般做法
(a) 夹固式；(b) 锚固式；(c) 预埋连墙件

所示。

6) 作好脚手架的转角处理。脚手架在转角之处必须作好连接和与墙拉结，以确保脚手架的整体性，处理方法为：

① 利用回转扣直接把两片门架的竖管扣接起来。

② 利用钢管（$\phi48$ 或 $\phi43$ 均可）和扣件把处于角部两边的门架连接起来，连接杆可沿边长方向或斜向设置（图 11-80）。

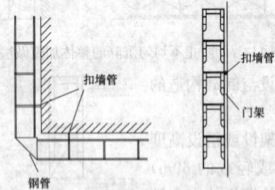

图 11-80　框组式脚手架的转角连接

另外，在转角处应当适当增加连墙点的布设密度。

11.5.3.3　设计计算及常用资料

1. 受力特点和计算要求

（1）主要构件的受力特点

1）脚手板。受自重和施工荷载作用，为受弯构件（按简支梁计算），并传力给门架横梁。

2）门架。门架横梁受脚手板挂扣传来的集中荷载作用，为受弯构件；门架立杆受横梁及其上门架传下来的荷载以及风荷载作用，是压弯构件，但以受轴心压力作用为主。由于门架本身的框架结构，其实际内力情况较为复杂。

3）连墙件。承受风荷载（水平力）、由施工荷载偏心作用引起的倾覆力以及门架平面内整体失稳时的屈曲剪力，后二者不易确定，按 3kN 水平力计算。

4）交叉支撑。它是确保形成稳定构架的支撑件，其设置情况直接影响脚手架的破坏形式和承载能力，必须按构造要求满设，但不必计算。

5）水平架、加固件等。均有其重要作用，按规定设置，也不必计算。

（2）计算项目和要求

门式钢管脚手架的计算项目和要求列于表 11-53 中。

门式钢管脚手架的计算项目和要求　表 11-53

序次	项目	计算要求	按承载能力极限状态验算	按正常使用极限状态验算
1	挂扣式脚手板	一般不要求验算，但使用荷载（标准值）需满足右栏要求	均布荷载 $\leq 3kN/m^2$；跨中集中荷载 $\leq 2kN$	挠度 $\leq 10mm$
2	门架横梁	当门架符合 JG13 产品标准时，不必计算，否则应按右栏要求验算	1）跨中受力 P 的作用：Q235 钢管：$P \leq 12kN$；STK51 钢管：$P \leq 12kN$ 2）加强杆上各受力 $P/2$ 作用 Q235 钢管：$P \leq 28kN$；STK51 钢管：$P \leq 35kN$	挠度 $\leq 10mm$
3	交叉支撑和加固杆件	—	—	长细比 ≤ 220
4	交叉支撑的刚度	符合产品标准时，不必验算，否则应按右栏要求验算	$I_b/L_b \geq 0.3I/h_0$ 式中 I_b 为交叉支撑杆的截面惯性矩；L_b 为交叉支撑杆长度；I 为门架立杆的等效截面惯性矩；h_0 为门架高度	—
5	脚手架稳定	荷载和搭设高度应符合表 11-2 规定，N_d 按式（11-28）计算	按式（11-25）、（11-26）验算	长细比 ≤ 150
6	搭设高度	—	按式（11-59）、（11-60）验算	—

续表

序次	项目	计算要求	按承载能力极限状态验算	按正常使用极限状态验算
7	可调底座	螺杆伸出长度（mm）≤ 200、$>200,\leq 250$、$>250,\leq 300$、>300	底座轴心力设计值 N $\leq 35kN$、$\leq 32kN$、$\leq 30kN$、$\leq 29kN$	长细比 ≤ 150

注：脚手架的搭设高度按式（11-63）及式（11-64）计算并且取小值。

A. 不组合风荷载时

$$H = \frac{\varphi Af - 1.4\Sigma N_{Qik}}{1.2(N_{Gk1} + N_{Gk2})} \tag{11-63}$$

B. 组合风荷载时

$$H = \frac{\varphi Af - 0.9 \times 1.4 \left(\Sigma N_{Qk} + \dfrac{2M_k}{b} \right)}{1.2(N_{Gk1} + N_{Gk2})} \tag{11-64}$$

式中符号见式（11-26）、式（11-27）注释。

（3）设计指标和计算用表

宽 1219mm、高 1700mm 的标准型门架各杆件采用的管材规格和架重见图 11-81 和表 11-54。

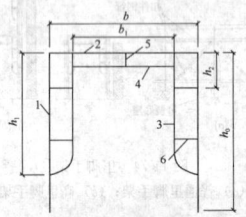

图 11-81　标准型门架杆件

注：图中 1～6 见表 11-54

标准型门架的杆件材料和架重　表 11-54

类别			杆件编号						架重（kg）
			1	2	3	4	5	6	
日产钢管	普通型（A）	材料	$\phi42.7\times2.2$	$\phi34\times2.2$	$\phi27.2\times1.9$		$\phi27.2\times1.9$		15.58
		单重（kg）	4.06	2.08	1.79	0.95	0.09	0.19	
	重型（A）	材料	$\phi48.6\times2.4$	$\phi27.2\times1.9$	$\phi27.2\times1.9$		$\phi27.2\times1.9$		17.57
		单重（kg）	4.66	2.87	1.79	1.28	0.09	0.19	
国产钢管	普通型（A）	材料	$\phi42.25\times3.25$	$\phi33.5\times3.25$	$\phi26.75\times2.75$		$\phi26.75\times2.75$		20.87
		单重（kg）	5.32	2.9	2.45	1.3	0.13	0.25	
	重型（A）	材料	$\phi48\times3.5$	$\phi42.25\times3.25$	$\phi26.75\times3.25$		$\phi26.75\times2.75$		24.15
		单重（kg）	6.53	3.76	2.45	1.3	0.13	0.25	

2010 年颁布实施的《建筑施工门式钢管脚手架安全技术规范》（JGJ 128—2010）（以下简称"门架规范"）在其附录 B 中给出的典型的门架几何尺寸及杆件规格如表 11-55 所示。

典型的门架 MF1219 的几何尺寸及杆件规格　表 11-55

类别	几何尺寸（mm）					杆件规格（mm）			
	h_0	h_0	h_0	b_0	b_0	1	2	3	4
$\phi42$ 立杆	1930	1536	80	1219	750	$\phi42\times2.5$	$\phi26.8\times2.5$		
$\phi48$ 立杆	1900	1550	100	1200	800	$\phi48\times3.5$	$\phi26.8\times2.5$		

钢材的力学性能及设计指标见表 11-56，国产门架的材质、杆

件单重和几何特性见表 11-57。

钢材的力学性能及设计指标　表 11-56

钢材牌号	力学性能			设计指标		
	抗拉强度 (N/mm²)	屈服点 (N/mm²)	伸长率 (%)	抗拉、抗压抗弯强度设计值 (N/mm²)	抗剪强度设计值 (N/mm²)	端面承压强度设计值 (N/mm²)
Q235(3 号钢)	370～460	235	≥26	205	120	310
STK41	≥410	≥235	≥23	205	120	310
STK51	≥510	≥350	≥15	300	175	425

注：STK41、STK51 系引入日本钢材的牌号，因在我国有厂家采用，故列入本表。STK41 钢的强度等级与 Q235 相当，STK51 钢的强度等级则与我国的 16Mn（16 锰）钢相当。

国产门架用钢材牌号、钢管单重及钢管截面几何特性　表 11-57

钢管外径 (mm)	壁厚 (mm)	钢材牌号	单重 (kg/m)	截面积 (cm²)	截面惯性矩 (cm⁴)	截面抵抗矩 (cm³)	截面回转半径 (cm)
48	3.5	Q235	3.83	4.89	12.19	5.08	1.58
48.6	2.4	STK51	2.73	3.48	9.32	3.83	1.64
42.7	2.4	STK51	2.39	3.04	6.19	2.90	1.43
42.0	2.5	Q235	2.30	3.10	6.08	2.83	1.42
34.0	2.2	STK51	1.73	2.20	2.79	1.64	1.13
27.2	1.9	STK41	1.18	1.51	1.22	0.89	0.90
26.8	2.5	Q235	1.50	1.91	1.42	1.06	0.86

2. "门架规范"（JGJ 128—2010）对 N_d 的计算规定

(1) N_d 计算的规定及其效果

"门架规范"（JGJ 128—2010）也和"扣件架规范"一样，采用将 $\gamma_R=0.9\gamma_m'$ 转化为对 ϕ 的调整，即门架立杆的稳定系数 ϕ 按 $\lambda=kh_0/i$ 计算，i 按式（11-29）确定，k 值列于表 11-58 中，N_d 计算公式如下：

$$N_d = \phi A_i \qquad (11-65)$$

门架立杆 ϕ 值计算中的调整系数 k　表 11-58

脚手架高度 (m)	≤30	>30 且 ≤45	>45 且 ≤55
k	1.13	1.17	1.22

"门架规范"（JGJ 128—2010）在确定 k 值的推导中取不组合风载情况，γ_G 与 γ_Q 以其加权平均值 γ_s（>1.2）取代，通过对概率极限状态和容许应力两种计算表达式的比较，得到安全系数 K 与材料强度附加分项系数 γ_m' 的关系式（11-66）：

$$\begin{cases} 0.9(\gamma_G N_{Gk} + \gamma_\theta \Sigma N_{Qik}) \leqslant \varphi \dfrac{f_k}{\gamma_R} \cdot A \cdot \dfrac{1}{\gamma_m} \text{（概率极限状态设计）} \\ \\ N_{Gk} + \Sigma N_{Qik} \leqslant \varphi \dfrac{f_k}{K} \cdot A \quad \text{（容许应力设计）} \end{cases}$$

即

$$\begin{cases} 0.9\gamma_s(N_{Gk} + \Sigma N_{Qik}) \leqslant \varphi \dfrac{f_k}{\gamma_R} \cdot A \cdot \dfrac{1}{\gamma_m} \\ \\ \gamma_s = \dfrac{\gamma_G N_{Gk} + \gamma Q \Sigma N_{Qik}}{N_{Gk} + \Sigma N_{Qik}} \\ \\ N_{Gk} + \Sigma N_{Qik} \leqslant \varphi \dfrac{f_k}{K} \cdot A \end{cases}$$

则

$$\gamma_m' = \dfrac{K}{0.9\gamma_R \cdot \gamma_s}$$

$$K = 0.9\gamma_R \cdot \gamma_s \cdot \gamma_m' = \gamma_R \cdot \gamma_s \cdot \gamma_R' \qquad (11-66)$$

式中　γ_R——抗力分项系数，$\gamma_R=1.165$（"门架规范"中为 γ_m）；

γ_m'——材料强度附加分项系数（"门架规范"中为 γ_R）。

按表 11-58 的 k 值，其所得结果达到 K 值的情况列于表 11-59 中。

门式钢管脚手架设计计算达到的安全系数 K 值　表 11-59

H (m)	k	活载 Q_k (kN/m²)	恒载产生的轴力标准值 (kN)		活载产生的轴力标准值 ΣN_{qik} (kN)	γ_s	K
			结构自重 N_{Gk1}	附加重 N_{Gk2}			
45	1.17	2	0.276×45 =12.42	0.079×45 =3.56	4.39	1.243	1.931
		3			6.59	1.258	1.954
		4			8.79	1.271	1.974
		5			10.98	1.281	1.99
55	1.22	2	0.276×55 =15.18	0.079×55 =4.345	4.39	1.234	2.054
		3			6.59	1.247	2.075

"门架规范"按以上计算给出的一榀门架的稳定承载力设计值列入表 11-60 中。

一榀 MF1219 门架的稳定承载力设计值 N_d'　表 11-60

门架代号		MF1219	
项 目		设计参数	
		$\phi 42 \times 2.5$ 立杆门架	$\phi 48 \times 2.5$ 立杆门架
门架高度 h_0 (mm)		1930	1900
立杆加强杆高度 h_1 (mm)		1536	1550
立杆换算截面回转半径 i (cm)		1.525	1.652
立杆长细比 λ	H≤45m	148	135
	45<H≤55m	154	140
立杆稳定系数 ϕ	H≤45m	0.316 (0.235)	0.371 (0.280)
	45<H≤55m	0.294 (0.218)	0.349 (0.261)
钢材强度设计值 f (N/mm²)		205 (300)	205 (300)
门架稳定承载力设计值 N_d (kN)	H≤45m	40.16 (43.71)	74.38 (82.15)
	45m<H≤55m	37.37 (40.55)	69.97 (76.58)

(2) k 的调整效果

k 对于 φ 的调整效果，应相当于 $\gamma_R=0.9\gamma_m'$ 对于 $f=\dfrac{f_k}{\gamma_R}$ 的调整效果。当取门架立杆 $\lambda=kh_0/i$ 时的稳定系数为 φ，取 φ_1 为 $\lambda=h_0/i$ 时的稳定系数，则有 $k=\lambda/\lambda_1$ 和 $\gamma_R=\varphi_1/\varphi_2$。将相应于表 11-59 计算的 k、φ、γ_R 和 K 值列入表 11-61 中。由表中可以看出，k 值按三个高度段的取值依 1.13、1.17 和 1.22 的顺序，对 $K \geqslant 2.0$ 的要求由不足到满足。若将 1.13 和 1.17 分别调为 1.15 和 1.18，则更加符合安全情况。但上述推导未考虑组合风荷载的情况，当考虑风荷载时，还会存在变化的误差情况。

由于取系数 k 是为了对应"统一规定"中的系数 γ_m，只是计算进行简化，且可能出现 $K<2.0$ 的情况，故在计算时应保留适当余地，使其达到 $K \geqslant 2.0$ 的要求。

门式钢管脚手架计算参数和效果分析表　表 11-61

f_k (N/mm²)	搭设高度 H (m)	k	立杆	λ	φ	λ_1	φ_1	γ_R	K	γ_s 的最低值
205	≤30	1.13	$\phi 42$	143	0.336	126.56	0.414	1.232	$1.435\gamma_S$	1.394
			$\phi 48$	130	0.396	115	0.483	1.22	$1.421\gamma_S$	1.408
	31～45	1.17	$\phi 42$	148	0.316	126.56	0.414	1.31	$1.526\gamma_S$	1.311
			$\phi 48$	135	0.371	115	0.483	1.301	$1.516\gamma_S$	1.319
	46～55	1.22	$\phi 42$	154	0.294	126.56	0.414	1.408	$1.640\gamma_S$	1.22
			$\phi 48$	140	0.34	115	0.483	1.421	$1.655\gamma_S$	1.208

续表

f_k (N/mm²)	搭设高度 H (m)	k	立杆	λ	φ	λ_1	φ_1	γ_R	K	γ_S 的最低值
300	≤30	1.13	$\phi42$	143	0.251	126.56	0.315	1.255	$1.462\gamma_S$	1.368
			$\phi48$	130	0.3	115	0.375	1.25	$1.456\gamma_S$	1.374
	31~45	1.17	$\phi42$	148	0.235	126.56	0.315	1.34	$1.561\gamma_S$	1.281
			$\phi48$	135	0.28	115	0.375	1.399	$1.560\gamma_S$	1.282
	46~55	1.22	$\phi42$	154	0.218	126.56	0.315	1.445	$1.683\gamma_S$	1.188
			$\phi48$	140	0.261	115	0.375	1.437	$1.674\gamma_S$	1.195

注：1. $K = \gamma_R \cdot \gamma_S$；$\gamma_S = 1.165\gamma_R \cdot \gamma_S$；
　　2. γ_S 的最低值为 $K = 2.0$ 时的 γ_S 值。

11.5.3.4　搭设要求

1. 搭设与拆除

（1）施工准备

1）脚手架搭设前，工程技术负责人应按本规程和施工组织设计要求向搭设和使用人员做技术和安全作业要求的交底。

2）对门架、配件、加固件应按要求进行检查、验收；严禁使用不合格的门架、配件。

3）对脚手架的搭设场地应进行清理、平整，并做好排水措施。

4）地基基础施工应按规定和施工组织设计要求进行。基础上应先弹出门架立杆位置线，垫板、底座安放位置应准确。

（2）搭设

1）搭设门架及配件应符合下列规定：

① 交叉支撑、水平架、脚手板、连接棒和锁臂的设置应符合要求。

② 不配套的门架与配件不得混合使用于同一脚手架。

③ 门架安装应自一端向另一端延伸，并逐层改变搭设方向，不得相对进行。搭完一步架后，应按要求检查并调整其水平度与垂直度。

④ 交叉支撑、水平架或脚手板应紧随门架的安装及时设置。

⑤ 连接门架与配件的锁臂、搭钩必须处于锁住状态。

⑥ 水平架或脚手板应在同一步内连续设置，脚手板应满铺。

⑦ 底层钢梯的底部应加设钢管并用扣件扣紧在门架的立杆上，钢梯的两侧均应设置扶手，每段梯可跨越两步或三步门架再行转折。

⑧ 栏板（杆）、挡脚板应设置在脚手架操作层外侧、门架立杆的内侧。

2）加固杆、剪刀撑等加固件的搭设除应符合要求外，尚应符合下列规定：

① 加固杆、剪刀撑必须与脚手架同步搭设。

② 水平加固杆应设于门架立杆内侧，剪刀撑应设于门架立杆外侧并连牢。

3）连墙件的搭设除应符合要求外，尚应符合下列规定：

① 连墙件的搭设必须随脚手架搭设同步进行，严禁滞后设置或搭设完毕后补做。

② 当脚手架操作层高出相邻连墙件以上两步时，应采用确保脚手架稳定的临时拉结措施，直到连墙件搭设完毕后方可拆除。

③ 连墙件宜垂直于墙面，不得向上倾斜，连墙件埋入墙身的部分必须锚固可靠。

④ 连墙件应连于上、下两榀门架的接头附近。

4）加固件、连墙件等与门架采用扣件连接时应符合下列规定：

① 扣件规格应与所连钢管外径相匹配。

② 扣件螺栓拧紧扭力矩宜为50~60N·m，并不得小于40N·m。

③ 各杆件端头伸出扣件盖板边缘长度不应小于100mm。

5）脚手架应沿建筑物周围连续、同步搭设升高，在建筑物周围形成封闭结构；如不能封闭时，在脚手架两端应增设连墙件。

2. 检查与验收

（1）脚手架搭设完毕或分段搭设完毕，应按规定对脚手架工程

的质量进行检查，经检查合格后方可交付使用。

（2）高度在20m及20m以下的脚手架，应由单位工程负责人组织技术安全人员进行检查验收。高度大于20m的脚手架，应由上一级技术负责人随工程进行分阶段组织单位工程负责人及有关的技术人员进行检查验收。

（3）验收时应具备下列文件：

1）根据要求所形成的施工组织设计文件。

2）脚手架构配件的出厂合格证或质量分类合格标志。

3）脚手架工程的施工记录及质量检查记录。

4）脚手架搭设过程中出现的重要问题及处理记录。

5）脚手架工程的施工验收报告。

（4）脚手架工程的验收，除查验有关文件外，还应进行现场检查，检查应着重以下各项，并记入施工验收报告。

1）构配件和加固件是否齐全，质量是否合格，连接和挂扣是否紧固可靠。

2）安全网的张挂及扶手的设置是否齐全。

3）基础是否平整坚实、支垫是否符合规定。

4）连墙件的数量、位置和设置是否符合要求。

5）垂直度及水平度是否合格。

（5）脚手架搭设的垂直度与水平度允许偏差应符合表11-62的要求。

脚手架搭设垂直度与水平度允许偏差　表 11-62

项　目		允许偏差（mm）
垂直度	每步架	$h/1000$ 及 ±2.0
	脚手架整体	$H/600$ 及 ±50
水平度	一跨距内水平架两端高差	$±l/600$ 及 ±3.0
	脚手架整体	$±L/600$ 及 ±50

注：h—步距；H—脚手架高度；l—跨距；L—脚手架长度。

3. 拆除

（1）脚手架经单位工程负责人检查验证并确认不再需要时，方可拆除。

（2）拆除脚手架前，应清除脚手架上的材料、工具和杂物。

（3）拆除脚手架时，应设置警戒区和警戒标志，并由专职人员负责警戒。

（4）脚手架的拆除应在统一指挥下，按后装先拆、先装后拆的顺序及下列安全作业的要求进行：

1）脚手架的拆除应从一端走向另一端、自上而下逐层地进行。

2）同一层的构配件和加固件应按先上后下、先外后里的顺序进行，最后拆除连墙件。

3）在拆除过程中，脚手架的自由悬臂高度不得超过两步，当必须超过两步时，应加设临时拉结。

4）连墙杆、通长水平杆和剪刀撑等，必须在脚手架拆卸到相关的门架时方可拆除。

5）工人必须站在临时设置的脚手板上进行拆卸作业，并按规定使用安全防护用品。

6）拆除工作中，严禁使用榔头等硬物击打、撬挖，拆下的连接棒应放入袋内，锁臂应先传递至地面再放室内堆存。

7）拆卸连接部件时，应先将锁座上的锁板与卡钩上的锁片旋转至开启位置，然后开始拆除，不得硬拉，严禁敲击。

8）拆下的门架、钢管与配件，应成捆用机械吊运或由井架传送至地面，防止碰撞，严禁抛掷。

11.5.4　盘扣式脚手架

承插型盘扣式钢管支架由立杆、水平杆、斜杆、可调底座及可调托座等构配件构成。立杆采用套管插销连接，水平杆采用盘扣、插销方式快速连接（简称速接），并安装斜杆，形成结构几何不变体系的钢管支架（图11-82）。

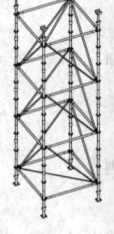

图11-82　盘扣式钢管支架

11.5.4.1 材料规格及用途

1. 材料规格及组成

承插型盘扣式钢管支架由立杆、水平杆、斜杆、可调底座及可调托座等构配件构成。立杆采用套管插销连接，水平杆采用盘扣、插销方式快速连接（简称速连），并安装斜杆，形成结构几何不变体系的钢管支架（图 11-83）。盘扣式脚手架的规格见表 11-63。

承插型盘扣式钢管支架主要构、
配件种类及规格　　　　　　表 11-63

名称	型　号	规格（mm）	材质	设计重量（kg）
立杆	A-LG-500	$\phi60\times3.2\times500$	Q345A	3.40
	A-LG-1000	$\phi60\times3.2\times1000$	Q345A	6.36
	A-LG-1500	$\phi60\times3.2\times1500$	Q345A	9.31
	A-LG-2000	$\phi60\times3.2\times2000$	Q345A	12.27
	A-LG-2500	$\phi60\times3.2\times2500$	Q345A	15.23
	A-LG-3000	$\phi60\times3.2\times3000$	Q345A	18.19
	B-LG-500	$\phi48\times3.2\times500$	Q345A	2.70
	B-LG-1000	$\phi48\times3.2\times1000$	Q345A	5.03
	B-LG-1500	$\phi48\times3.2\times1500$	Q345A	7.36
	B-LG-2000	$\phi48\times3.2\times2000$	Q345A	9.69
	B-LG-2500	$\phi48\times3.2\times2500$	Q345A	12.02
	B-LG-3000	$\phi48\times3.2\times3000$	Q345A	14.35
水平杆	A-SG-300	$\phi48\times2.5\times240$	Q235B	1.67
	A-SG-600	$\phi48\times2.5\times540$	Q235B	2.58
	A-SG-900	$\phi48\times2.5\times840$	Q235B	3.50
	A-SG-1200	$\phi48\times2.5\times1140$	Q235B	4.41
	A-SG-1500	$\phi48\times2.5\times1440$	Q235B	5.33
	A-SG-1800	$\phi48\times2.5\times1740$	Q235B	6.24
	A-SG-2000	$\phi48\times2.5\times1940$	Q235B	6.85
	B-SG-300	$\phi42\times2.5\times240$	Q235B	2.23
	B-SG-600	$\phi42\times2.5\times540$	Q235B	3.04
	B-SG-900	$\phi42\times2.5\times840$	Q235B	3.84
	B-SG-1200	$\phi42\times2.5\times1140$	Q235B	4.65
	B-SG-1500	$\phi42\times2.5\times1440$	Q235B	5.45
	B-SG-1800	$\phi42\times2.5\times1740$	Q235B	6.25
	B-SG-2000	$\phi42\times2.5\times1940$	Q235B	6.78
竖向斜杆	A-XG-300×1000	$\phi48\times2.5\times1058$	Q195	2.88
	A-XG-300×1500	$\phi48\times2.5\times1555$	Q195	3.82
	A-XG-600×1000	$\phi48\times2.5\times1136$	Q195	3.03
	A-XG-600×1500	$\phi48\times2.5\times1609$	Q195	3.92
	A-XG-900×1000	$\phi48\times2.5\times1284$	Q195	3.31
	A-XG-900×1500	$\phi48\times2.5\times1715$	Q195	4.12
	A-XG-900×2000	$\phi48\times2.5\times2177$	Q195	4.99
	A-XG-1200×1000	$\phi48\times2.5\times1481$	Q195	3.68
	A-XG-1200×1500	$\phi48\times2.5\times1866$	Q195	4.40
	A-XG-1200×2000	$\phi48\times2.5\times2297$	Q195	5.22
	A-XG-1500×1000	$\phi48\times2.5\times1709$	Q195	4.11
	A-XG-1500×1500	$\phi48\times2.5\times2050$	Q195	4.75
	A-XG-1500×2000	$\phi48\times2.5\times2411$	Q195	5.43
	A-XG-1800×1000	$\phi48\times2.5\times1956$	Q195	4.57
	A-XG-1800×1500	$\phi48\times2.5\times2260$	Q195	5.15
	A-XG-1800×2000	$\phi48\times2.5\times2626$	Q195	5.84
	A-XG-2000×1000	$\phi48\times2.5\times2129$	Q195	4.90
	A-XG-2000×1500	$\phi48\times2.5\times2411$	Q195	5.55
	A-XG-2000×2000	$\phi48\times2.5\times2756$	Q195	6.34
	B-XG-300×1000	$\phi33\times2.3\times1057$	Q195	2.88
	B-XG-300×1500	$\phi33\times2.3\times1555$	Q195	3.82
	B-XG-600×1000	$\phi33\times2.3\times1131$	Q195	3.02
	B-XG-600×1500	$\phi33\times2.5\times1606$	Q195	3.91
	B-XG-900×1000	$\phi33\times2.3\times1277$	Q195	3.29
	B-XG-900×1500	$\phi33\times2.3\times1710$	Q195	4.11
	B-XG-900×2000	$\phi33\times2.3\times2173$	Q195	4.99
	B-XG-1200×1000	$\phi33\times2.3\times1472$	Q195	3.66
	B-XG-1200×1500	$\phi33\times2.3\times1859$	Q195	4.39
	B-XG-1200×2000	$\phi33\times2.3\times2291$	Q195	5.21
	B-XG-1500×1000	$\phi33\times2.3\times1699$	Q195	4.09
	B-XG-1500×1500	$\phi33\times2.3\times2042$	Q195	4.74
	B-XG-1500×2000	$\phi33\times2.3\times2402$	Q195	5.42
	B-XG-1800×1000	$\phi33\times2.3\times1946$	Q195	4.56

续表

名称	型　号	规格（mm）	材质	设计重量（kg）
竖向斜杆	B-XG-1800×1500	$\phi33\times2.3\times2251$	Q195	5.13
	B-XG-1800×2000	$\phi33\times2.3\times2618$	Q195	5.83
	B-XG-2000×1000	$\phi33\times2.3\times2119$	Q195	4.88
	B-XG-2000×1500	$\phi33\times2.3\times2411$	Q195	5.53
	B-XG-2000×2000	$\phi33\times2.3\times2756$	Q195	6.32
水平斜杆	A-SXG-900×900	$\phi48\times2.5\times1224$	Q235B	4.67
	A-SXG-900×1200	$\phi48\times2.5\times1452$	Q235B	5.36
	A-SXG-900×1500	$\phi48\times2.5\times1701$	Q235B	6.12
	A-SXG-1200×1200	$\phi48\times2.5\times1649$	Q235B	5.96
	A-SXG-1200×1500	$\phi48\times2.5\times1873$	Q235B	6.64
	A-SXG-1500×1500	$\phi48\times2.5\times2073$	Q235B	7.25
	B-SXG-900×900	$\phi42\times2.5\times1224$	Q235B	4.87
	B-SXG-900×1200	$\phi42\times2.5\times1452$	Q235B	5.48
	B-SXG-900×1500	$\phi42\times2.5\times1701$	Q235B	6.15
	B-SXG-1200×1200	$\phi42\times2.5\times1649$	Q235B	6.01
	B-SXG-1200×1500	$\phi42\times2.5\times1873$	Q235B	6.61
	B-SXG-1500×1500	$\phi42\times2.5\times2073$	Q235B	7.14
可调托座	A-ST-500	$\phi48\times6.3\times500$	Q235B	7.12
	A-ST-600	$\phi48\times6.3\times600$	Q235B	7.60
	B-ST-500	$\phi38\times5.0\times500$	Q235B	4.38
	B-ST-600	$\phi38\times5.0\times600$	Q235B	4.74
可调底座	A-XT-500	$\phi48\times6.3\times500$	Q235B	5.67
	A-XT-600	$\phi48\times6.3\times600$	Q235B	6.15
	B-XT-500	$\phi38\times5.0\times500$	Q235B	3.53
	B-XT-600	$\phi38\times5.0\times600$	Q235B	3.89

注：1. 立杆规格为 $\phi60\times3.2$mm 的为 A 型承插型盘扣式钢管支架；立杆规格为 $\phi48\times3.2$mm 的为 B 型承插型盘扣式钢管支架；

2. A-SG、B-SG 为水平杆，适用于 A 型、B 型承插型盘扣式钢管支架；

3. A-SXG、B-SXG 为斜杆，适用于 A 型（B 型）承插型盘扣式钢管支架。

2. 用途

根据具体施工要求，能组成多种组架尺寸的单排、双排脚手架、支撑架、支撑柱、物料提升架施工装备，尤其在户外大型临时舞台、体育场、大型观看台、大型广告架、会展施工中遇曲线布置时，更突显出模块式拼装灵活多变。

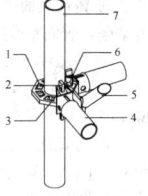

3. 主要构配件及材质性能

（1）主要构配件

1）盘扣节点构成：由焊接于立杆上的八角盘、水平杆杆端扣接头和斜杆杆端扣接头组成（图 11-83）。

2）水平杆和斜杆的杆端扣接头的插销必须与八角盘具有防滑脱构造措施。

3）立杆盘扣节点宜按 0.5m 模数设置。

4）每节段立杆上端应设有接长用立杆连接套管及连接销孔。

（2）材质性能

1）承插型盘扣式钢管支架的构配件除有特殊要求外，其材质应符合《低合金高强度结构钢》（GB/T 1591）、《碳素结构钢》（GB/T 700）以及《一般工程用铸造碳钢件》（GB/T 11352）的规定，各类支架主要构配件材质应符合表 11-64 的规定。

图 11-83　盘扣节点
1—八角盘；2—扣接头插销；3—水平杆杆端扣接头；4—水平杆；5—斜杆；6—斜杆杆端扣接头；7—立杆

承插型盘扣式钢管支架主要构
配件材质表　　　　表 11-64

型号	立杆	水平杆	竖向斜杆	水平斜杆	八角盘、调节手柄、扣接头、插销	连接套管	可调底座可调托座
A型 ── B型	Q345A	Q235B	Q195	Q235B	ZG230-450	ZG230-450 或 20号无缝钢管	Q235B

2) 所用钢管允许偏差应符合表11-65的规定。

钢管允许偏差（mm）   表 11-65

公称外径 D	管体外径允许偏差	壁厚允许偏差
$D \leqslant 48$	$+0.2$ -0.1	± 0.1
$D > 48$	$+0.3$ -0.1	

3) 八角盘、扣接头、插销以及调节手柄采用碳素铸钢制造，其材料机械性能不得低于《一般工程用铸造碳钢件》（GB/T 11352）中牌号为 ZG230－450 的屈服强度、抗拉强度、延伸率的要求。八角盘的厚度不得小于 8mm，允许尺寸偏差±0.5mm。铸钢件应符合 GB/T 11352 规定要求。

4) 八角盘、连接套管应与立杆焊接连接，横杆扣接头以及水平斜杆扣接头应与水平杆焊接连接，竖向斜杆扣接头应与立杆八角盘扣接连接。杆件焊接制作应在专用工装上进行，各焊接部位应牢固可靠。焊丝应采用符合《气体保护电弧焊用碳钢、低合金钢焊丝》（GB/T 8110）中气体保护电弧焊用碳钢、低合金钢焊丝的要求，有效焊缝高度不应小于 3.5mm。

5) 立杆连接套管有铸钢套管和无缝钢管套管两种形式。对于铸钢套管形式，立杆连接套长度不应小于 90mm，外伸长度不应小于 75mm；对于无缝钢管套管形式，立杆连接套长度不应小于 160mm，外伸长度不应小于 110mm。套管内径与立杆钢管外径间隙不应大于 2mm。

6) 立杆与立杆连接的连接套上应设置立杆防退出销孔，承插型盘扣式钢管支架销孔直径为 $\phi14$mm，立杆连接销直径为 $\phi12$mm。

7) 构配件外观质量应符合以下规定要求：

① 钢管应无裂缝、凹陷、锈蚀，不得采用接长钢管。

② 钢管应平直，直线度允许偏差为管长的 1/500，两端面应平整，不得有斜口、毛刺。

③ 铸件表面应光整，不得有砂眼、缩孔、裂纹、浇冒口残余等缺陷，表面粘砂应清除干净。

④ 冲压件不得有毛刺、裂纹、氧化皮等缺陷。

⑤ 各焊缝有效焊缝高度应符合规定，且焊缝应饱满，焊药清除干净，不得有未焊透、夹砂、咬肉、裂纹等缺陷。

⑥ 可调底座和可调托座的螺牙宜采用梯形牙，A 型管宜配置 $\phi48$ 丝杆和调节手柄，B 型管宜配置 $\phi38$ 丝杆和调节手柄。可调底座和可调托座的表面应镀锌，镀锌表面应光滑，在连接处不得有毛刺、滴瘤和多余结块。架体杆件及构配件表面应镀锌或涂刷防锈漆，涂层应均匀、牢固。

⑦ 主要构配件上的生产厂标识应清晰。

8) 可调底座及可调托座丝杆与螺母旋合长度不得小于 4～5 牙，可调托座插入立杆内的长度必须符合规定，可调底座插入立杆内的长度应符合规定。

11.5.4.2 盘扣式脚手架的形式、特点和构造要求

1. 模板支撑架

（1）模板支撑架应根据施工方案计算得出的立杆排架尺寸选用水平杆，并根据支撑高度组合套插的立杆段、可调托座和可调底座。

（2）搭设高度不超过 8m 的满堂模板支架时，支架架体四周外立面向内的第一跨每层均应设置竖向斜杆，架体整体最底层以及最顶层均应设置竖向斜杆，并在架体内部区域每隔 4～5 跨由底至顶均应设置竖向斜杆（图 11-84）或采用扣件钢管搭设的大剪刀撑（图 11-85）。满堂模板支架的架体高度不超过 4m 时，可不设置顶层水平杆，架体高度超过 4m 时，应设置顶层水平杆和钢管剪刀撑。

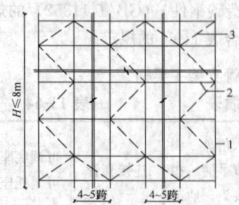

图 11-84 满堂架高度不大于 8m
斜杆设置立面图
1—立杆；2—水平杆；3—斜杆

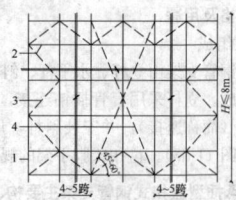

图 11-85 满堂架高度不大于 8m 剪刀撑
设置立面图
1—立杆；2—水平杆；3—斜杆；4—大剪刀撑

（3）搭设高度超过 8m 的满堂模板支架时，竖向斜杆应满布设置，并控制水平杆的步距不得大于 1.5m，沿高度每隔 3～4 个标准步距设置水平层斜杆或钢管大剪刀撑（图 11-86），并应与周边结构形成可靠拉结。对于长条状的独立高支模架，应控制架体总高度与架体的宽度之比 H/B 不大于 5（图 11-87），否则应扩大下部架体宽度，或者按有关规定验算，并按照验算结果采取设置缆风绳等加固措施。

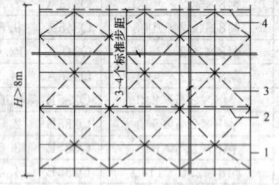

图 11-86 满堂架高度大于 8m 水平斜杆
设置立面图
1—立杆；2—水平杆；3—斜杆；
4—水平层斜杆或大剪刀撑

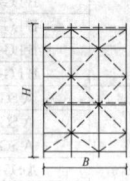

图 11-87 条状
模架的高宽比

（4）模板支撑架搭设成独立方塔架时，每个侧面每步均应设竖向斜杆。当有防扭转要求时，可在顶层及每隔 3～4 步增设水平层斜杆或钢管剪刀撑（图 11-88）。

（5）模板支撑架必须严格控制立杆可调托座的伸出顶层水平杆的悬臂长度（图 11-89），严禁超过 650mm，架体最顶层的水平杆步距应比标准步距缩小一个盘扣间距。

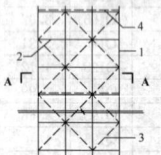

图 11-88 独立支模塔架
1—立杆；2—水平杆；3—斜杆；
4—水平层斜杆

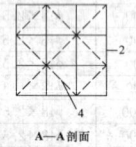

图 11-89 立杆带可调
托座伸出顶层水平杆的
悬臂长度
1—可调托座；2—立杆
悬臂端；3—顶层水平杆

（6）模板支撑架应设置扫地水平杆，可调底座调节螺母离地高度不得大于 300mm，作为扫地杆的水平杆离地高度应小于 550mm，架体底部的第一层步距应比标准步距缩小一个盘扣间距，并可间隔抽除第一层水平杆形成施工人员进入通道。

（7）模板支撑架应与周围已建成的结构进行可靠连接。

（8）模板支撑架体内设置人行通道时，应在通道上部架设支撑横梁，横梁截面大小应按跨度以及承受的荷载确定。通道两侧支撑架的立杆间距应根据计算结果设置，通道周围的模板支撑架应连成整体（图 11-90）。洞口顶部应铺设封闭的防护板，两侧应设置安全网。通行机动车的洞口，必须设置安全警示和防撞设施。

2. 双排外脚手架

（1）用承插型盘扣式钢管支架搭设双排脚手架时可根据使用要求选择架体几何

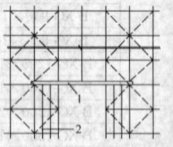

图 11-90 模板支撑架人行
通道设置图
1—支撑横梁；2—立杆加

尺寸，相邻水平杆步距宜选用 2m，立杆纵距宜选用 1.5m，立杆横距宜选用 0.9m。

（2）脚手架首层立杆应采用不同长度的立杆交错布置，错开应不小于 500mm，底部水平杆严禁拆除，当需要设置人行通道时，立杆底部应配置可调底座。

（3）承插型盘扣式钢管支架是由塔式单元扩大组合而成，在拐角为直角部位应设置立杆间的竖向斜杆。作为外脚手架使用时，通道内可不设置斜杆。

（4）设置双排脚手架人行通道时，应在通道上部架设支撑横梁，横梁截面大小应按跨度以及承受的荷载计算确定，通道两侧脚手架应加设斜杆。洞口顶部应铺设封闭的防护板，两侧应设置安全网。通行机动车的洞口，必须设置安全警示和防撞设施。

（5）连墙件的设置应符合下列规定：

1）连墙件必须采用可承受拉、压荷载的刚性杆件。连墙件与脚手架立面及墙体应保持垂直，同一层连墙件应在同一平面，水平间距不应大于 3 跨。

2）连墙件应设置在有水平杆的盘扣节点处旁，连接点至盘扣节点距离不得大于 300mm；采用钢管扣件作连墙杆时，连墙杆应采用直角扣件与立杆连接。

3）当脚手架下部暂不能搭设连墙件时应用扣件钢管搭设抛撑。抛撑杆与脚手架通长杆件可靠连接，与地面的倾角在 45°～60°之间，抛撑应在连墙件搭设后方可拆除。

（6）脚手板设置应符合下列规定：

1）钢脚手板的挂钩必须完全落在水平杆上，挂钩必须处于锁住状态，严禁浮放；作业层脚手板应满铺。

2）作业层的脚手板架外侧应设挡脚板和防护栏，护栏应设两道横杆，并在脚手架外侧立面满挂密目安全网。

（7）人行梯架宜设置在尺寸不小于 0.9m×1.5m 的脚手架框架内，梯子宽度为廊道宽度的 1/2，梯架可在一个框架高度内折线上升，梯架拐弯处应设置脚手板及扶手。

11.5.4.3　设计计算及常用资料

1. 基本设计规定

（1）本结构设计按概率极限状态设计法要求，以分项系数设计表达式进行设计。

（2）承插型盘扣式钢管支架的架体结构设计应保证整体结构形成几何不变体系。

（3）受弯构件的挠度不应超过表 11-66 中规定的容许值。

受弯构件的容许挠度　　表 11-66

构件类别	容许挠度
受弯构件	$l/150$ 和 10mm

（4）立杆的长细比 $[\lambda]$ 不得大于 210，水平杆、斜杆 $[\lambda]$ 不应大于 250。

（5）当杆件变形量有控制要求时，应按照正常使用极限状态验算其变形量。

（6）双排脚手架搭设高度不宜大于 24m。沿架体外侧纵向应每层设一根斜杆（图 11-91）或安装钢管剪刀撑（图 11-92），以保证沿纵轴方向形成两片几何不变体系的网格结构，在横轴方向应按与连墙件支撑作用共同计算分析。

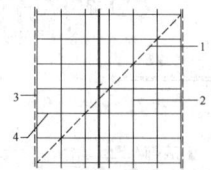

图 11-91　双排脚手架每层
设一根斜杆
1—斜杆；2—立杆；3—两端竖
向斜撑；4—水平杆

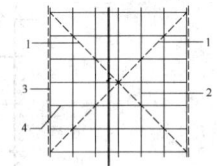

图 11-92　双排脚手架扣件钢
管剪刀撑
1—钢管剪刀撑；2—立杆；3—两端
竖向斜撑；4—水平杆

（7）双排脚手架不考虑风荷载时，立杆应按承受垂直荷载杆件计算，当考虑风荷载作用时应按压弯杆件计算。

（8）脚手架不挂密目网或帆布时，可不进行风荷载计算；当脚手架采用密目安全网、帆布或其他方法封闭时，应按挡风面积进行计算。

2. 专项施工方案设计

（1）专项施工方案设计应包括以下内容：

1）工程概况：应说明所应用对象的主要情况，模板支撑架应按结构设计平面图说明需支模的结构情况以及支架需要搭设的高度；外脚手架应说明所接主体结构形式及高度，平面形状及尺寸。

2）架体结构设计和计算应按以下步骤进行：

第一步：制定架体方案。

第二步：荷载计算及架体验算。架体验算应包括立杆稳定性验算，脚手架连墙件承力验算以及基础承力验算。

第三步：绘制架体结构布置的平面图、立面图、剖面图，模板支撑架应绘制支撑顶部架、板模板支撑架节点构造图及支撑架与已建结构的拉结或水平支撑构造详图。脚手架应绘制连墙件构造详图。

3）说明混凝土浇筑程序及方法。

4）说明结构施工流水步骤，并编制构配件用料表及供应计划。

5）说明架体搭设、使用和拆除方法。

6）保证质量安全的技术措施。高大支模架另应通过专家组论证和编制相应的应急预案。

（2）架体的构造设计尚应符合有关规定。

3. 地基承载力计算

地基承载力具体计算详见 11.4.5.4 小节。

4. 双排外脚手架计算

（1）无风荷载时，单立杆承载验算应按下列公式计算：

1）立杆轴向力设计值应按下式计算：

$$N = 1.2(N_{G1k} + N_{G2k}) + 1.4\Sigma N_{Qk} \tag{11-67}$$

式中　N_{G1k}——脚手架结构自重标准值产生的轴力；

N_{G2k}——构配件自重标准值产生的轴力；

ΣN_{Qk}——施工荷载标准值产生的轴力总和，内外立杆可按一纵距（跨）内施工荷载总和的 1/2 取值。

2）立杆计算长度 l_0 应按下式计算：

$$l_0 = \mu h \tag{11-68}$$

式中　h——脚手架立杆步距；

μ——考虑脚手架整体稳定因素的单杆计算长度系数，应按表 11-67 的规定确定。

脚手架立杆计算长度系数　　表 11-67

类　别	连墙件布置	
	2 步 3 跨	3 步 3 跨
双排架	1.48	1.72

3）单立杆稳定性应按下式计算：

$$N \leqslant \varphi A f \tag{11-69}$$

式中　N——计算立杆段的轴向力设计值；

φ——轴心受压构件的稳定系数；

f——钢材的抗拉、抗压和抗弯强度设计值。

（2）组合风荷载时单肢立杆承载力应按下列公式计算：

1）立杆轴向力设计值应按下式计算：

$$N = 1.2(N_{G1k} + N_{G2k}) + 0.9 \times 1.4\Sigma N_{Qk} \tag{11-70}$$

2）立杆压弯强度应按下式计算：

$$\frac{N}{\varphi A} + \frac{M_w}{W} \leqslant f \tag{11-71}$$

3）立杆段风荷载弯矩设计值应按下式计算：

$$M_W = 0.9 \times 1.4 M_{Wk} = \frac{0.9 \times 1.4 \omega_k l_a h^2}{10} \tag{11-72}$$

式中　M_W——由风荷载设计值产生的立杆段弯矩；

ω_k——风荷载标准值；

l_a——立杆纵距；

W——立杆截面模量。

（3）连墙件计算

连墙件的具体计算详见 11.4.5.3 小节。

11.5.4.4　盘扣式脚手架的操作要求

1. 施工准备

(1) 模板支撑架及脚手架施工前应根据施工对象情况、地基承载力、搭设高度,按照规程编制专项施工方案,保证架体构造合理,荷载传力路线直接明确,技术可靠和使用安全,并应经审核批准后方可实施。

(2) 搭设操作人员必须经过专业技术培训及专业考试合格,持证上岗。模板支撑架及脚手架搭设前工程技术负责人应按专项施工方案的要求对搭设作业人员进行技术和安全作业交底。

(3) 应对进入施工现场的钢管支架及构配件进行验收,使用前应对其外观进行检查,并检验其检验报告以及出厂合格证,严禁使用不合格的产品。

(4) 经验收合格的构配件应按品种、规格分类码放,宜标挂数量、规格铭牌备用。构配件堆放场地排水应畅通,无积水。

(5) 采用预埋方式设置脚手架连墙件时,应确保预埋件在混凝土浇筑前埋入。

2. 地基与基础处理

(1) 模板支撑架及脚手架搭设场地必须平整,且必须坚实,排水措施得当。支架地基与基础必须结合搭设场地条件综合考虑支架承担荷载、搭设高度的情况,应按现行国家标准《建筑地基基础工程施工质量验收规范》(GB 50202) 的有关规定进行。

(2) 直接支承在土体上的模板支撑架及脚手架,立杆底部应设置可调底座,土体应采取压实、铺设块石或浇筑混凝土垫层等加固措施防止不均匀沉陷;也可在立杆底部垫设垫板,垫板宜采用长度不少于 2 跨、厚度不小于 50mm 的木垫板,也可采用槽钢、工字钢等型钢。地基高低差较大时,可利用立杆八角盘盘位差配合可调底座进行调整,使相邻立杆上安装的同一根水平杆的八角盘在同一水平面。

3. 双排外脚手架搭设与拆除

(1) 脚手架立杆应定位准确,搭设必须配合施工进度,一次搭设高度不应超过相邻连墙件以上两步。

(2) 连墙件必须随架子高度上升在规定位置处设置,严禁任意拆除。

(3) 作业层设置应符合下列要求:

1) 必须满铺脚手板,脚手架外侧应设挡脚板及护身栏杆,护身栏杆可用水平杆在立杆的 0.5m 和 1.0m 的盘扣接头处搭设两道,并在外侧满挂密目安全网。

2) 作业层与主体结构间的空隙应设置马槽网。

(4) 加固件、斜杆必须与脚手架同步搭设。采用扣件钢管为加固件、斜撑时,应符合《建筑施工扣件式钢管脚手架安全技术规程》(JGJ 130) 有关规定。

(5) 架体搭设至顶层时,立杆高出搭设架体平台面或混凝土楼面的长度不应小于 1000mm,用作顶层的防护立杆。

(6) 脚手架可分段搭设、分段使用,应由工程项目技术负责人组织相关人员进行验收,符合专项施工方案后方可使用。

(7) 脚手架应经单位工程负责人确认不再需要并签署拆除许可令后方可拆除。

(8) 脚手架拆除时必须划出安全区,设置警戒标志,派专人看管。

(9) 拆除前应清理脚手架上的器具及多余的材料和杂物。

(10) 脚手架拆除必须按照后装先拆、先装后拆的原则进行,严禁上下同时作业。连墙件必须随脚手架逐层拆除,严禁先将连墙件整层或数层拆除后再拆脚手架,分段拆除高度差应不大于两步,如高度差大于两步,必须增设连墙件加固。

(11) 拆除的脚手架构件应保证安全地传递至地面,严禁抛掷。

11.6　常用非落地式与移动式脚手架的设置、构造、设计和使用

非落地式脚手架包括悬挑式脚手架、附着式升降脚手架、吊篮等脚手架,这些类型脚手架由于主要采用悬挑、附着、吊挂方式设置,避免了落地式脚手架用材多、搭设工作量大的缺点,因而特别适合高层建筑的结构与外装饰施工使用,以及不便或是不必搭设落地式脚手架的情况。

11.6.1　悬挑式脚手架

悬挑式脚手架系利用建筑结构外边缘向外伸出的悬挑构架作施工上部结构,或作外装修用的外脚手架。脚手架的荷载全部或大部分传递给已施工完的下部建筑物承受。它是由钢管悬挑或型钢支架、扣件式钢管脚手架及连墙件等组合而成。这种脚手架要求必须有足够的强度、刚度和稳定性,并能将脚手架的荷载有效传给建筑结构。

11.6.1.1　悬挑式脚手架的形式、特点和构造要求

1. 悬挑式脚手架的形式与特点

悬挑式脚手架的形式构造,大致可分为四类:

(1) 钢管式悬挑脚手架

采用钢管在每层楼搭设外伸钢管施工上部结构,包括支模、绑钢筋、浇筑混凝土,并且可用于外墙砌筑以及外墙装修作业。图 11-93 为钢管搭设悬挑脚手架的三种型式。其中 a 型系在已完结构楼层上设悬挑钢管,下层设钢管斜撑形成外伸的悬挑架以施工上层结构的形式,可挑设 1~2 层向上周施工;b 型利用支模钢管架将横杆外挑出柱外,下部加设钢管斜撑,组成挑架形成双排外架,进行边梁及边柱的支模和现浇混凝土,可挑设 2~3 层并周转向上;c 型系在建筑物边部门窗洞口位置搭设钢管悬挑架,主要用作外装饰施工使用。

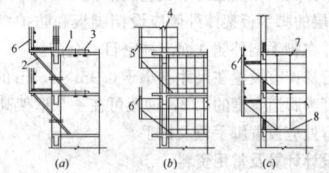

图 11-93　钢管式悬挑外脚手架
(a) a 型;(b) b 型;(c) c 型
1—悬挑脚手钢管;2—钢管斜撑;3—锚固用 U 形螺栓或
钢筋拉环;4—现浇钢筋混凝土;5—悬挑管架;
6—安全网;7—木垫板;8—木楔

钢管搭设的悬挑脚手架的优点是:材料简单,利用常规脚手钢管材料即可;搭设方便,每次只搭设 2~3 层流水作业,可节省大量材料。

(2) 悬臂钢梁式悬挑脚手架

系用一根型钢(工字钢、槽钢)作悬挑梁,内伸入端部通过连接件同楼面预埋件固定。在钢梁外伸的悬挑段上方搭设双排外脚手架以施工上部结构的脚手架形式,上部脚手架搭设方法与一般扣件式钢管外脚手架相同,并按要求设置连墙件(图 11-94)。型钢挑梁的布置可按照立杆的纵距布置,也可在挑钢梁上立杆位置设置连梁,再搭设上部脚手架。脚手架的高度(或分段搭设高度)不宜超过 20m。这种形式的悬挑脚手架其优点在于搭设简便,节省材料,便于周转使用。存在问题主要是外挑悬臂钢梁为压弯杆件,需要有

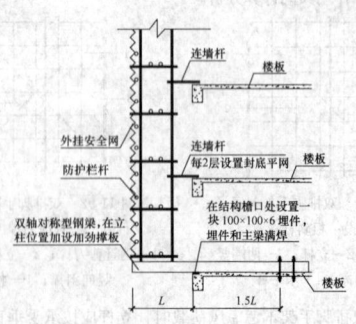

图 11-94　悬臂钢梁式悬挑脚手架

较大的承载能力，故选用型钢截面较大，钢材用量较多，且笨重。

（3）下撑式钢梁悬挑脚手架

系采用型钢（工字钢、槽钢）焊接三角桁架作为悬挑支承架，支架的上下支点与建筑主体结构连接固定，以形成悬挑支承结构。在支架的上部搭设双排外脚手架（图 11-95），脚手架搭设方法与一般扣件式钢管外脚手架相同，并按要求设置连墙点，脚手架的高度（或分段搭设高度）不宜超过 24m。支架水平钢梁可按照悬臂钢梁式悬挑脚手架的钢梁伸入结构楼板的锚固方式，也可在结构边缘预埋钢板将钢梁端部与之点焊连接，也可随结构混凝土浇筑直接将钢梁浇进结构柱、墙内锚固。这种脚手架受力合理，安全可靠，节省材料。存在问题主要是三角架的斜撑为受压杆件其承载能力由压杆的稳定性控制，因而需用较大截面的型钢，钢材用量较多，且较为笨重。

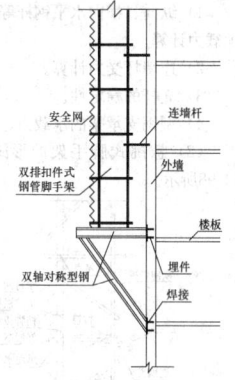

图 11-95　下撑式钢梁悬挑脚手架

（4）斜拉式钢梁悬挑脚手架

系采用型钢（工字钢、槽钢）作梁挑出，外挑端部加设钢丝绳或硬拉杆（钢筋法兰螺栓拉杆或型钢）斜拉，组成悬挑支承结构，在其上方搭设双排扣件式钢管脚手架（图 11-96），脚手架搭设方法与一般扣件式钢管外脚手架相同，并按要求设置连墙点，脚手架的高度（或分段搭设高度）不超过 24m。这种脚手架搭设较下撑式悬挑脚手架简便、快速，由于其挑出端支承杆件是斜拉索（或硬立杆），其承载能力由拉杆的强度控制，因此，型钢挑梁截面较小，拖节省 35% 钢材，且自重轻，装、拆省工省时。但应注意采用钢丝绳作斜拉的形式，由于钢丝绳为柔性材料，受力不均匀，变形较大，难以保证上部架体的垂直度以及与型钢梁的协同工作效能。

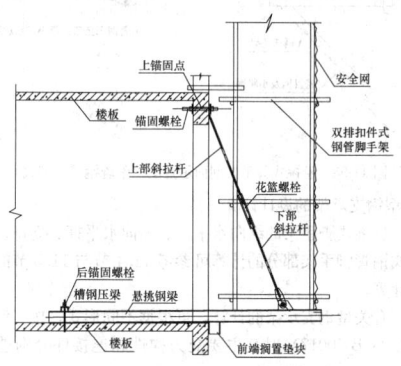

图 11-96　斜拉式钢梁悬挑脚手架

2. 悬挑脚手架的构造要求

（1）悬挑脚手架的悬挑梁制作采用的型钢，其型号、规格、锚固端和悬挑端尺寸的选用应经设计计算确定，与建筑结构连接应采用水平支承于建筑梁板结构上的形式，锚固端长度应不小于 2.5 倍的外挑长度。

（2）钢梁悬挑脚手架的型钢支承架与主体混凝土结构连接必须可靠，其固定可采用预埋件焊接固定、预埋螺栓固定等方式（如由不少于两道的预埋 U 形螺栓与压板采用双螺母固定，螺杆露出端应不少于 3 扣），连接强度应经计算确定。预埋 U 形螺栓宜采用冷弯成型，螺栓丝扣应采用机床加工和冷弯成型，不得使用板牙套丝或挤压滚丝，长度不小于 120mm。

（3）悬挑钢梁锚固位置设置在楼板上时，楼板的厚度不得小于 120mm；楼板上应预先配置用于承受悬挑梁锚固端作用引起负弯矩的受力钢筋，否则应采取支顶卸载措施，平面转角处悬挑梁末端固定位置应相互错开。

（4）为保证钢梁悬挑脚手架的稳定，悬挑钢梁宜采用双轴对称截面的构件，如工字钢等。

（5）悬挑钢梁采用焊接接长时，应按等强标准连接，焊缝质量满足一级焊缝的要求。

（6）悬挑钢梁宜按上部脚手架体立杆位置对应设置，每一纵距设置一根。若型钢支承架纵向间距与立杆纵距不相等时，可在支承架上方设置纵向钢梁（连梁）将支承架连成整体，以确保立杆上的荷载通过连梁传递到型钢支承架及主体结构。

（7）斜拉式钢梁悬挑脚手架的斜拉杆宜采用钢筋法兰螺栓拉杆或型钢等硬拉杆。

（8）钢梁悬挑脚手架的型钢支承架间应设置保证水平向稳定的构造措施。可以采用型钢支承架间设置横杆斜杆的方式，也可以采用在型钢支承架上部扫地杆位置设置水平斜撑的办法。

（9）悬挑脚手架架体立杆的底部必须支托在牢靠的地方，并有固定措施确保底部不发生位移。架体底部应设置纵向和横向扫地杆，扫地杆应贴近悬挑梁（架），纵向扫地杆距悬挑梁（架）不得大于 20cm；首步架纵向水平步距不得大于 1.5m。

11.6.1.2　悬挑式脚手架的搭设要求

（1）悬挑脚手架依附的建筑结构应是钢筋混凝土结构或钢结构，不得依附在砖混结构或石结构上。在悬挑式脚手架搭设时，连墙件、型钢支承架对应的主体结构混凝土必须达到设计计算要求的强度，上部脚手架搭设时型钢支承架对应的混凝土强度不应低于 C15。

（2）钢梁悬挑式脚手架立杆接长应采用对接扣件连接。两根相邻立杆接头不应设置在同步内，且错开距离不应小于 500mm，与最近主节点的距离不宜大于步距的 1/3。

（3）悬挑架架体应采用刚性连墙件与建筑物牢靠连接，并应设置在与悬挑架相对应的建筑物结构上，并宜靠近主节点设置，偏离主节点的距离不应大于 300mm；连墙件应从脚手架底部第一步纵向水平杆开始设置，设置有困难时，应采用其他可靠措施固定。主体结构阳角或阴角部位，两个方向均应设置连墙件。

（4）连墙件宜采取二步二跨设置，竖向间距 3.6m，水平间距 3.0m。具体设置点宜优先采用菱形布置，也可采用方形、矩形布置。连墙件中的连墙杆宜与主体结构面垂直设置，当不能垂直设置时，连墙杆与脚手架连接的一端不应高于与主体结构连接的一端。在一字形、开口形脚手架的端部应增设连墙件。

（5）脚手架应在外立面整个长度和高度上设置连续剪刀撑，每道剪刀撑跨越立杆根数为 5～7 根，最小距离不得小于 6m，剪刀撑水平夹角为 45°～60°，将构架与悬挑梁（架）连成一体。

（6）剪刀撑在交接处必须采用旋转扣件相互连接，并且剪刀撑斜杆应用旋转扣件与立杆或伸出的横向水平杆进行连接，旋转扣件中心线至主节点的距离不宜大于 150mm；剪刀撑斜杆接长应采用搭接方式，搭接长度不应小于 1m，应采用不少于 2 个旋转扣件固定，端部扣件盖板的边缘至杆端距离不应小于 100mm。

（7）一字形、开口形脚手架的端部必须设置横向斜撑；中间应每隔 6 根立杆纵距设置一道，同时该位置应设置连墙件；转角位置可设置横向斜撑予以加固。横向斜撑应由底至顶层呈之字形连续布置。

（8）悬挑式脚手架架体结构在平面转角处应采取加强措施。

（9）钢管式悬挑架体的单层搭设高度不得超过 5.4m，双层不得超过 7.2m。搭设应符合下列要求：

1）斜撑杆及其顶支稳立杆件不得与模板支架连接。

2）斜撑杆必须与内外立杆及水平挑杆用扣件连接牢固，每一连接点均应为双向约束。斜撑杆按每一纵距设置，斜撑杆上相邻两扣件节点之间的长度不得大于 1.8m，底部应设置扫地杆；斜撑杆应为整根钢管，不得接长。

3）斜撑杆的底部应支撑在楼板上，其与架体立杆的夹角不应大于 30°。

4）水平挑杆应通过扣件与焊于楼面上的短管牢固连接，出结构面处应垫实，与斜撑杆、内外立杆均应通过扣件连接牢固。

5）立杆接长必须采用搭接。

6）外立杆距主体结构面的距离不应大于 1.0m。

（10）悬挑架宜采取钢丝绳保险体系；钢丝绳不得参与架体的

受力计算。

(11) 悬挑式脚手架的防护

1) 沿架体外围必须用密目式安全网全封闭，密目式安全网宜设置在脚手架外立杆的内侧，并顺扣逐个与架体绑扎牢固。安装时，密目网上的每个环扣都必须穿入符合规定的纤维绳，允许使用强力及其他性能不低于标准规定的其他绳索（如钢丝绳或金属线）代替。

2) 架体底层的脚手板必须铺设牢靠、严实，且应用平网及密目式安全网双层兜底。

3) 在每一个作业层架体外立杆内侧应设置上下两道防护栏杆和挡脚板（挡脚笆），上道栏杆高度为 1.2m，下道栏杆高度为 0.6m，挡脚板高度为 0.18m（挡脚笆高度不小于 0.5m）。塔式起重机处或开口的位置应密封严实。

4) 施工现场暂时停工时，应采取相应的安全防护措施。

11.6.1.3　设计计算方法

1. 荷载

详见 11.4.3 节。

2. 设计指标

(1) 钢材宜采用 Q235 钢，钢材强度设计值与弹性模量按表 11-68 采用。

钢材强度设计值与弹性模量　表 11-68

厚度或直径（mm）	抗拉、抗弯、抗压 f (N/mm²)	抗剪 f_v (N/mm²)	端面承压（刨平顶紧）f_{ce} (N/mm²)	弹性模量 E (N/mm²)
≤16	215	125	320	$2.06×10^5$
17～40	200	115		

(2) 扣件承载力设计值可按表 11-69 采用。

单个扣件抗滑力 N_v^c 设计值 (kN)　表 11-69

项　目	承载力设计值
对接扣件抗滑力	3.2
直角扣件、旋转扣件抗滑力	8.0

注：扣件螺栓紧扣力矩值不应小于 40N·m，且不应大于 65N·m。

(3) 焊缝强度设计值按表 11-70 采用。

焊缝强度设计值 (N/mm²)　表 11-70

焊接方法和焊条型号	钢号	厚度或直径（mm）	对接焊缝			角焊缝
			抗拉和抗弯 f_t^w	抗压 f_c^w	抗剪 f_v^w	抗拉、抗压、抗剪 f_f^w
自动焊、半自动焊和 E43 型焊条的手工焊	Q235	≤16	185	215	125	160
		17～40	175	205	120	

(4) 螺栓连接强度设计值按表 11-71 采用。

螺栓连接强度设计值 (N/mm²)　表 11-71

钢　号	抗　拉	抗　剪
Q235	170	130

(5) 型钢支承架受压构件的长细比不应超过表 11-72 规定的容许值。

型钢支承架受压构件的容许长细比 [λ]　表 11-72

构件类型	容许长细比 [λ]
受压构件	150

(6) 型钢支承受弯构件的容许挠度不应超过表 11-73 规定的容许值。

型钢支承受弯构件的容许挠度值 [υ]　表 11-73

构件类型		容许挠度 [υ]
型钢支承	悬臂式	L/400
	非悬臂式	L/250

注：L 为受弯构件的跨度（对悬臂式为悬伸长度的 2 倍）。

3. 计算模型

(1) 悬挑式脚手架的架体和型钢支承架结构应按照概率理论为基础的极限状态设计方法进行设计计算，主要包括：

1) 纵向、横向水平钢杆等受弯构件的强度和连接扣件的抗滑承载力计算。

2) 连墙杆受力计算。

3) 立杆的稳定性。

4) 型钢支承架的承载力、变形和稳定性计算。

(2) 悬挑式脚手架的形式及其力学模型，如图 11-97 及图 11-98 所示。

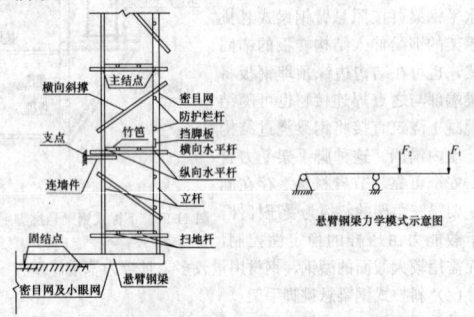

图 11-97　悬挑式脚手架剖面示意图（悬臂钢梁式）

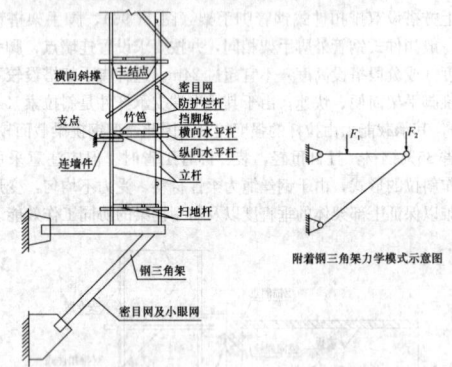

图 11-98　悬挑式脚手架剖面示意图（附着钢三角架式）

4. 型钢支承架的设计计算

(1) 悬挑式脚手架的纵向水平杆、横向水平杆、立杆、连墙件等扣件式钢管脚手架部分的计算可参考 11.4 节与 11.5 节的有关内容进行计算。

(2) 有关型钢支承架的计算，可根据不同形式，按《钢结构设计规范》（GB 50017）对其主要受力构件和连接件分别进行以下验算：

1) 抗弯构件应验算抗弯强度、抗剪强度、挠度和稳定性。

2) 抗压构件应验算抗压强度、局部承压强度和稳定性。

3) 抗拉构件应验算抗拉强度。

4) 当立杆纵距与型钢支承架纵向间距不相等时，应在型钢支承架间设置纵向钢梁，同时计算纵向钢梁的挠度和强度。

5) 型钢支承架采用焊接或螺栓连接时，应计算焊接或螺栓连接强度。

6) 预埋件的抗拉、抗压、抗剪强度。

7) 型钢支承架对主体结构相关位置的承载能力验算。

(3) 对传递到型钢支承架上的立杆轴向力设计值 N，可按下列公式计算：

1) 不组合风荷载时：

$$N = 1.35(N_{G1k} + N_{G2k}) + 1.4\sum N_{Qk} \quad (11-73)$$

2) 组合风荷载时：

$$N = 1.35(N_{G1k} + N_{G2k}) + 0.8×1.4(\sum N_{Qk} + N_w) \quad (11-74)$$

式中　N_{G1k}——脚手架结构自重标准值产生的轴向力；

N_{G2k}——构配件自重标准值产生的轴向力；

N_{Qk}——施工荷载标准值产生的轴向力总和，内、外立杆可分别按一纵距（跨）内施工荷载总和的 1/2 取值；

N_w——风荷载标准值作用下产生的轴向力。

（4）型钢支承架的抗弯强度可按下式计算；

$$\sigma = \frac{M_{max}}{W} \leqslant f \qquad (11\text{-}75)$$

式中 M_{max}——计算截面弯矩最大设计值；

W——截面模量，按实际采用型钢型号取值；

f——钢材的抗弯强度设计值。

（5）型钢支承架的抗剪强度可按下式计算：

$$\tau = \frac{V_{max}S}{It_w} \leqslant f_v \qquad (11\text{-}76)$$

式中 V_{max}——计算截面沿腹板平面作用的剪力最大值；

S——计算剪应力处毛截面面积矩；

I——毛截面惯性矩；

t_w——型钢腹板厚度；

f_v——钢材的抗剪强度设计值。

（6）当型钢支承架同时受到较大的正应力及剪应力时，应根据最大剪应力理论进行折算应力验算：

$$\sqrt{\sigma^2 + 3\tau^2} \leqslant \beta_1 f \qquad (11\text{-}77)$$

式中 σ、τ——腹板计算高度边缘同一点上同时产生的正应力、剪应力；

β_1——取 1.1 值；

τ——按式 11-76 计算；

σ——应按下式计算：

$$\sigma = \frac{M}{I_n} \leqslant y_1 \qquad (11\text{-}78)$$

式中 I_n——梁净截面惯性矩；

y_1——计算点至型钢中和轴的距离。

（7）型钢支承架受压构件的稳定性可按下式计算：

$$\sigma = \frac{N}{\varphi A} \leqslant f \qquad (11\text{-}79)$$

式中 N——计算截面轴向压力最大设计值；

φ——稳定系数，按《钢结构设计规范》（GB 50017）规定采用；

A——计算截面面积。

5. 有关钢管式悬挑脚手架的计算见 11.4.6 小节的相关计算。

11.6.2 附着式升降脚手架

在高层、超高层建筑的施工中，凡采用附着于工程结构、依靠自身提升设备实现升降的悬空脚手架，统称为附着式升降脚手架，附着式升降脚手架也是工具式脚手架，其主要架体构件为工厂制作的专用的钢结构的产品，在现场按特定的程序组装后，将其固定（附着）在建筑物上，脚手架本身带有升降机构和升降动力设备，随着工程的进展，脚手架沿建筑物整体或分段升降，满足结构和外装修施工的需要；外脚手架的材料用量与建筑物的高度无关，仅与建筑物的周长有关。材料用量少，工时用量省，造价较低，技术经济效果良好，当建筑物高度在 80m 以上时，其经济性则更为显著。

11.6.2.1 附着式升降脚手架的形式、特点及构造要求

1. 附着式升降脚手架的形式

（1）按附着支承方式划分

附着支承系将脚手架附着于工程结构（墙体、框架）之边侧并支承和传递脚手架荷载的附着构造，按附着支承方式可划分为 7 种，如图 11-99 所示。

1）套框（管）式附着升降脚手架。即由交替附着于墙体结构的固定和滑动框架（可沿固定框架滑动）构成的附着升降脚手架。

2）导轨式附着升降脚手架。即架体沿附着于墙体结构的导座升降的脚手架。

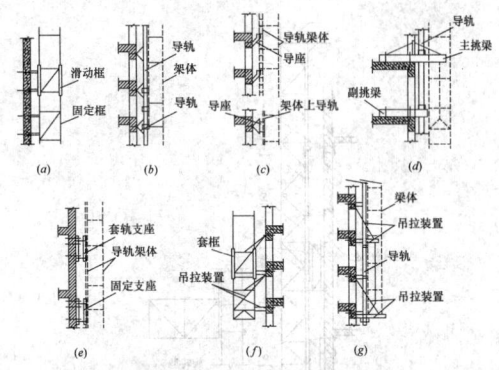

图 11-99 附着支承结构的 7 种形式

（a）套框式；（b）导轨式；（c）导座式；（d）挑轨式；（e）套轨式；（f）吊套式；（g）吊轨式

3）导座式附着升降脚手架。即带有导轨架体沿附着于墙体结构的导座升降的脚手架。

4）挑轨式附着升降脚手架。即架体悬吊于带防倾导轨的挑梁架（固定于工程结构）下并沿导轨升降的脚手架。

5）套轨式附着升降脚手架。即架体与固定支座相连并沿套轨支座升降、固定支座与套轨支座交替与工程结构附着的升降脚手架。

6）吊套式附着升降脚手架。即采用吊拉式附着支承的、架体可沿套框升降的脚手架。

7）吊轨式附着升降脚手架。即采用设导轨的吊拉式附着支承、架体沿导轨升降的脚手架。

图 11-100～图 11-102 分别示出了导轨式、导座式和套轨式附着升降脚手架的基本构造情况。

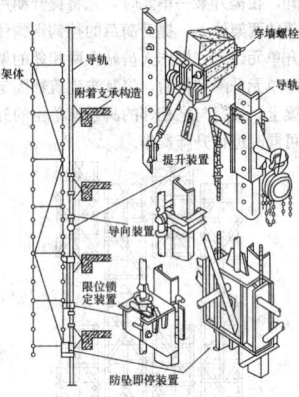

图 11-100 导轨式附着升降脚手架

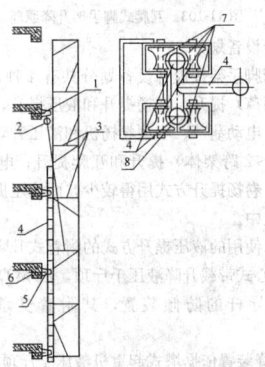

图 11-101 导座式附着升降脚手架

1—吊挂支座；2—提升设备；3—架体；4—导轨；5—导座；6—固定螺栓；7—滚轴；8—导轨立杆

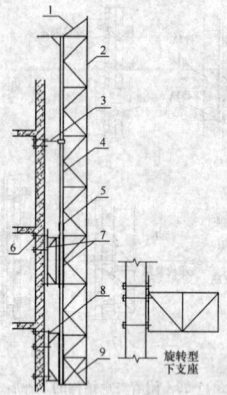

图 11-102 套轨式附着升降脚手架
1—三角挂架；2—架体；3—滚动支座；4—导轨；5—防坠装置；
6—穿墙螺栓；7—滑动支座；8—固定支座；9—架底框架

（2）按升降方式划分

附着式升降脚手架都是由固定或悬挂、吊挂于附着支承上的各节（跨）3～7层（步）架体所构成，按各节架体的升降方式可划分为：

1）单跨（片）升降的附着式升降脚手架。即每次单独升降一节（跨）架体的附着升降脚手架。

2）整体升降的附着式升降脚手架。即每次升降 2 节（跨）以上架体，乃至四周全部架体的附着升降脚手架。

3）互爬升降的附着式升降脚手架。即相邻架体互为支托并交替提升（或落下）的附着升降脚手架。

互爬式爬升脚手架的升降原理如图 11-103 所示。每一个单元脚手架单独提升，在提升某一单元时，先将提升葫芦的吊钩挂在与被提升单元相邻的两架体上，提升葫芦的挂钩则钩住被提升单元底部，解除被提升单元约束，操作人员站在两相邻的架体上进行升降操作；当该升降单元升降到位后，将其与建筑物固定好，再将葫芦挂在该单元横梁上，进行与之相邻的脚手架单位的升降操作。相隔的单元脚手架可同时进行升降操作。

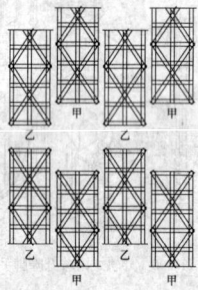

图 11-103 互爬式脚手架升降原理

（3）按提升设备划分

附着式升降脚手架按提升设备划分共有 4 种，即手动（葫芦）提升、电动（葫芦）提升、卷扬提升和液压提升，其提升设备分别使用手动葫芦、电动葫芦、小型卷扬机和液压升降设备。手动葫芦只用于分段（1～2 跨架体）提升和互爬提升；电动葫芦可用于分段和整体提升；卷扬提升方式用得较少，而液压提升方式则仍处在技术不断发展之中。

目前国内已使用的液压提升方式的附着式升降脚手架有 3 种：

1）采用穿心式带载升降液压千斤顶，沿 $\phi48 \times 6$ 爬杆爬升，爬杆也是架体的导杆的防倾装置，其附着支承构造为吊拉式（图11-104）。

2）液压升降装置依据塔式起重机液压千斤顶的原理进行设计，液压缸活塞杆与设于架体上的导轨以锁销相连，采用单跨提升方式，一套液压提升装置（泵站、高压软管和 2 个液压缸）在完成一跨提升后，转移到另一跨进行提升（图11-105）。

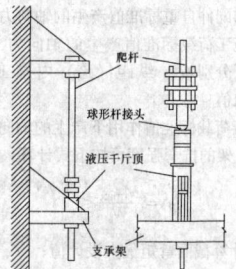

图 11-104 千斤顶型液压提升装置

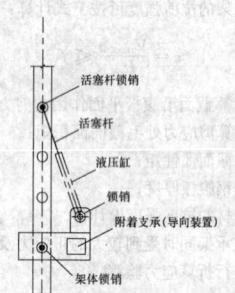

图 11-105 临设型液压提升装置

3）升降机构由带有升降踏步块和导向板的导轨与附着其上的上下爬杆箱和液压油缸组成。爬升箱内设有能自动导向的凸轮摆块和联动式导向轮，其上端的连接轴则与爬架的主连接架连接。

启动油泵后，通过油缸的伸缩，上下爬升箱内的凸轮摆块和导向轮就自动沿着 H 形导轨的导向板和踏步块实现升降，并实现自动导向、自动复位和自动锁定，这种液压升降装置用于图 11-106所示的导轨式带模板的附着升降脚手架。

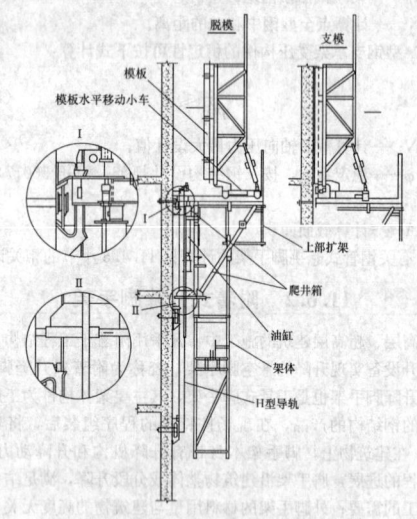

图 11-106 带模液压升降脚手架

此外，还可按其用途划分带模板的附着式升降脚手架。

2. 附着式升降脚手架的特点

（1）采用附着式升降脚手架施工速度快、工效高、明显降低造价。

（2）附着式升降脚手架是围绕建筑物整体升降，也可分段提升。施工简单且快捷，从准备到提升一层到就位固定大约只需要 3～4h 就完成了主体结构的安全围护，与主体结构的施工配合比较紧密。

（3）在严密的施工顺序下，附着式升降脚手架与其他类型相比更安全可靠。

（4）因组成附着式升降脚手架的各种钢结构构件、提升设备、

控制设备及安全防护系统的成本较高，因此，附着式升降脚手架的施工成本较高，但在超高层建筑施工时，其成本是最低的，也是最安全的一种脚手架。

3. 附着式升降脚手架的基本组成部分

附着式升降脚手架由架体、附着支承、提升机构和设备、安全装置和控制系统等基本部分构成。

(1) 架体

附着式升降脚手架的架体由竖向主框架、水平梁架（也称作水平支承桁架）和架体板（或架体构架）构成，如图 11-107 所示。竖向主框架既是构成架体的边框架，也是与附着支承构造连接，并将架体荷载传给工程结构承受的架体主承传载构造。带导轨体的导轨一般都设计为竖向主框架的内侧立杆。竖向主框架的形式可为单片框架或为由两个片式框架（分别为相邻跨的边框架）组成的格构柱式框架，后者多用于采用挑梁悬吊架体的附着升降脚手架。水平梁一般设于底部，承受架体板传下来的架体荷载并将其传给竖向主框架，水平梁架的设置也是加强架体的整体性和刚度的重要措施，因而要求采用定型焊接或组装的型钢结构。除竖向主框架和水平梁架的其余架体部分为架体构架，即采用钢管件搭设的位于相邻两竖向主框架之间和水平支承桁架之上的架体，是附着升降脚手架架体结构的组成部分，也是操作人员的作业场所。

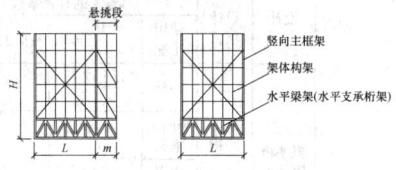

图 11-107　附着升降脚手架的架体构成

对架体进行设计时，按竖向荷载传给水平梁架，再传给竖向主框架和水平荷载直接由架体板、水平梁架传给竖向主框架进行验算，这是偏于安全的算法。实际上，部分架体构架上的竖向荷载可以直接传给竖向主框架，而水平梁架的竖杆如亦为架体板的立杆时（例如水平梁亦采用脚手架杆件搭设且与立杆共用时），将会提高其承载能力（相关试验表明，可提高 30% 左右）。因此，当水平梁架采用焊接桁架片组装时，其竖杆宜采用 $\phi 48 \times 3.5$ 钢管并伸出其上弦杆，相邻杆的伸出长度应相差不小于 500mm，以便向上接架体板的立杆，使水平梁和架体板形成整体。

(2) 附着支承

附着支承的形式虽有图 11-99 所示的 7 种，但其基本构造却只有挑梁、拉杆、导轨、导座（或支座、锚固件）和套框（管）等 5 种，并视需要组合使用。为了确保架体在升降时处于稳定状态，避免晃动和抵抗倾覆作用，要求达到以下两项要求：

1) 架体在任何状态（使用、上升、下降）下，与工程结构之间必须有不少于 2 处的附着支承点。

2) 必须设置防倾装置。也即在采用非导轨或非导座附着方式（其导轨或导座既起支承和导向作用，也起防倾作用）时，必须另外附设防倾导杆。而挑梁式和吊拉式附着支承构造，在加设防倾导轨后，就变成挑轨式和吊轨式。

即使在附着支承构造完全满足以上两项要求的情况下，架体在提升阶段多会出现上部自由高度过大的问题，解决的途径有以下两个：①采用刚度大的防倾导轨，使其增加支承点以上的设置高度（即悬臂高度），以减少架体在接近每次提升最大高度时的自由高度；②在外墙模板顶部外侧设置支、拉座构造，利用模板及其支撑体系建立上部附着支承点，这需要进行严格的设计和验算，包括增加或加强模板体系的撑拉杆件。

(3) 提升机构和设备

附着式升降脚手架的提升机构取决于提升设备，共有吊升、顶升和爬升等 3 种。

1) 吊升。在梁架（或导轨、导座、套管架等）挂设电动葫芦，以链条或拉杆（竖向或斜向）吊着架体，实际为沿导轨滑动的吊升。提升设备为小型卷扬机时，则采用钢丝绳，经导向滑轮实现对架体的吊升。

2) 顶升。即图 11-105 所示的方式，通过液压缸活塞杆的伸长，使导轨上升并带动架体上升。

3) 爬升。即图 11-106 所示的方式。其上下爬升箱带着架体沿导轨自动向上爬升。

(4) 安全装置和控制系统

附着式升降脚手架必须具有防倾覆、防坠落和同步升降控制的安全装置。防倾覆装置采用防倾导轨及其他适合的控制架体水平位移的构造。防坠装置则为防止架体坠落的装置，即一旦因断链（绳）等造成架体坠落，能立即动作，及时将架体制停在防坠杆等支持构造上。防坠装置的制动有棘轮棘爪、楔块斜面自锁、摩擦轮斜面自锁、楔块套管、偏心凸轮、摆针等多种类型（图 11-108），一般都能达到制停的要求，已有几种防坠产品面市，如广西某建筑外架技术开发部研制出的限载连动防坠装置，采用凸轮构造防坠器（图 11-109），广西某建筑公司开发的"爬架防坠器"采用楔块套管构造（图 11-110）。

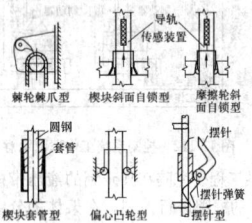

图 11-108　防坠装置的制动类型分类

附着式升降脚手架采用整体提升方式时，其控制系统应确保实现同步提升和限载保安全的要求。由于同步和限载要求之间有密切的内在联系，不同步时则荷载的差别亦大，因此，也常用限载来实现同步升降的要求。对升降同步性的控制应实现自动显示、自动调整和遇故障自停的要求。这些年来在这方面已经取得了重要的技术进展，例如：

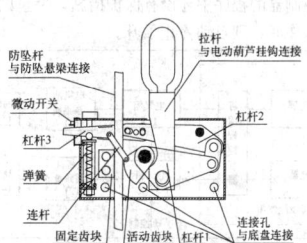

图 11-109　凸轮式防坠器构造

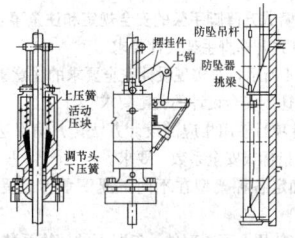

图 11-110　采用楔块套管构造的防坠器

1) 江苏省某研究所研制出的"预警安全保护系统"，由串联于电动葫芦机位上的机械式载荷传感器、中继站和自动检测显示仪组成，每 4 只传感器并联为一组连至中继站，各中继站用 1 根电源线和信号线合一的电缆线串联至自动显示仪（图 11-111），将各机位的荷载限定在 10～40kN 的范围内。当机位荷载超出上述范围时，传感器立即向中央自动

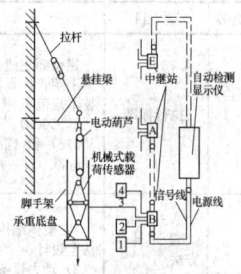

图 11-111　预警安全保护系统

检测显示仪发出报警信号并指示异常及情况类型、切断电源并发出声、光报警信号。

2）一种如图 11-112 所示的控制系统，它由荷载增量控制与防坠安全制动器组成，通过荷载监控系统抓住吊点荷载的变化（超载和失载）及时报警，自动切断电源，并使防坠装置动作、锁住架体。防坠安全制动器采用了电磁铁吸合形式与机械形式兼容，既可分别控制，也可同时控制。当吊点荷载超过设定值时，控制器发出指令使电磁铁吸合，作防坠前的准备。机械式的作用为在发生断链时可快速制动。而制动器则是采用凸轮与 $\phi25$ 制动刹杆接触时，其压力角小于其摩擦角的原理设计的，凸轮的另一面（即非摩擦面）则与电磁铁连接。

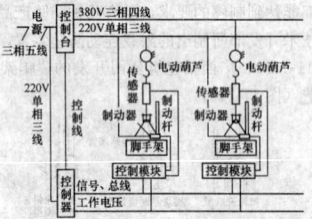

图 11-112　控制系统工作框图示意

3）北京市某工程研究院在其研制的液压带模附着升降脚手架中，按图 11-113 的框图进行控制。在架体的分组爬升时，采用便携式油缸和泵站，油缸压力按设计预先调定，并设有相应的液压锁，手动控制；当整体爬升时，在油缸内加设位移传感器，使用由可编程控制器组成的自动控制系统。该系统由位移传感器测出油缸的顶升距离、传入信号处理器整理传送到编程控制器中进行位移差处理（记录各油缸顶升位移值，随时进行位移值比较，并判断其位移差值是否超过设定的允许差值）。将超过允许位移差的油缸停止动行，并在降下来后又重新启动，以确保达到同步提升要求。此外，可编程控制器的程序中还设有保护措施，一旦因某一油缸停止工作或爬架卡住时，则自动停止顶升。

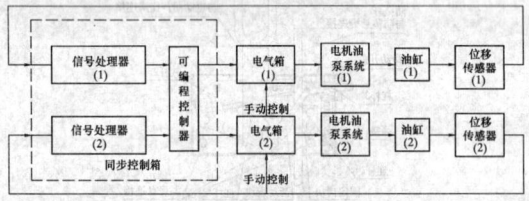

图 11-113　控制系统框图

11.6.2.2　附着式升降脚手架的安全规定和注意事项

1. 对附着式升降脚手架设计要求

如表 11-74 所示，对实现设计安全要求的注意事项如下：

（1）确保达到安全设计的关键要求

1）各设计项目使用相应的设计方法，并确保达到规定的安全保证度（可靠指标或安全系数）要求。

2）正确确定各种架型在不同工况下承传载受力情况的分析模式。

3）按规定使用在不同部件、工况下的计算系数。

附着式升降脚手架设计要求的主要规定　表 11-74

序次	项 目	主 要 规 定
1	执行标准	建设部建建〔2000〕230 号《建筑施工附着式升降脚手架管理暂行规定》、《建筑施工工具式脚手架安全技术规范》（JGJ 202）以及《建筑结构荷载规范》（GB 50009）、《冷弯薄壁型钢结构技术规范》（GB 50018）和《混凝土结构设计规范》（GB 50010）等相关标准（注：应按相应的新标准）
2	设计计算方法	1）架体结构和附着支承结构采用"概率极限状态法"设计； 2）动力设备、吊具、索具按"容许应力法"设计

序次	项 目	主 要 规 定
3	计算简图和验算要求	按使用、升降和坠落三种状态确定计算简图，按最不利受力情况进行计（验）算，必要时通过实架试验确定其设计承载能力
4	永久荷载标准值 G_k	应包括整个架体结构，围护设施、作业层设施以及固定于加体结构上的升降机构和其他设备、装置的自重，应按实际计算
5	活载标准值 Q_k	应包括施工人员、材料及施工机具，应根据施工具体情况，按使用、升降和坠落三种工况确定控制荷载标准值。可按设计的控制值采用，但其取值不得小于以下规定：1）结构施工按二层同时作业；装修施工按三层作业；2）使用工况结构作业按 3kN/m² 计，装修作业按 2kN/m² 计；3）升降工况按 0.5kN/m² 计；4）结构施工阶段使用工况下坠落时，其瞬间标准荷载为 3.0kN/m²；升降工况下坠落时其标准荷载应为 0.5kN/m²；5）装修施工阶段使用工况下坠落时，其瞬间标准荷载为 2.0kN/m²；升降工况下坠落时其标准荷载应为 0.5kN/m²

序次	项目			主要规定		
6	荷载计算系数	设计方法	设计项目		计入的计算系数	
					使用工况	升降、坠落工况
		概率极限状态设计法	架体结构	构架	γ_G、γ_Q、φ、γ_m	—
				竖向主框架	$\gamma_1 \times (\gamma_G,$ $\gamma_Q, \varphi)$	$\gamma_2 \times (\gamma_G,$ $\gamma_Q, \varphi)$
				水平梁架		
			附着支承结构			
			防倾、防坠装置	工程结构		
		容许应力设计法		机械设备		γ_2
			动力设备			
			吊具、索具		γ_1	

注：1）γ_G、γ_Q、φ、γ_m 执行《统一规定》；
　　2）γ_1、γ_2 为荷载变化系数，取 $\gamma_1 = 1.3$，$\gamma_2 = 2.0$

序次	项 目	主 要 规 定
7	容许应力法中安全系数和容许荷载的取值	1）荷载值应小于升降动力设备的额定值；2）吊具安全系数 K 应取 5；3）钢丝绳索具安全系数 $K = 6 \sim 8$，当建筑物层高 3m（含）以下时应取 6，3m 以上时应取 8
8	受压杆件的长细比 λ 和受弯杆件的容许挠度	1）$\lambda \geqslant 150$；2）容许挠度：水平杆 $\dfrac{L}{150}$，水平支撑结构 $\dfrac{L}{250}$，其他受弯构件 $\dfrac{L}{400}$（L 为受弯杆件跨度）
9	支承（机位）的平面布置	控制跨度和悬挑长度，避免超过其设计（或试验）承载能力
10	架体尺寸	1）高度≤5 倍楼层高；2）宽度≤1.2m；3）支撑跨度≤7m（直线架体）或 5.4m（曲线、折线）架体；4）架体的全高×跨度≤110m²；5）架体的水平悬挑长度≤$\dfrac{1}{2}$ 跨度，且≯2m
11	设计应达到安全可靠（有效）的项目	1）架体结构；2）附着支承结构；3）防倾、防坠装置；4）监控荷载和确保同步升降的控制系统；5）动力设备；6）安全防护设施
12	架体结构和构造设计	1）竖向主框架应为定型加强的、并采用焊接或螺栓连接结构，不得使用脚手架杆件组装；2）竖向主框架与附着支承的导向构造间不得采用扣接或脚手架连接方式；3）水平梁架应采用焊接或螺栓连接的桁架梁式结构，局部采用脚手架杆连接，但其长度不得大于 2m；4）架体外产面沿全高设置剪刀撑，其跨度应≤6.0m；5）悬挑端应以竖向主框架为中心对称的斜拉杆；6）分段提升的架体必须为直线形架体

续表

序次	项目	主要规定
13	架体应采取加强构造措施的部位	1) 与附墙支座的连接处；2) 架体上提升机构的设置处；3) 架体上防倾、防坠装置的设置处；4) 架体吊拉点设置处；5) 架体平面的转角处；6) 架体因碰塔式起重机、施工升降机、物料平台等设施而需要断开或开洞处；7) 其他需要加强的部位
14	物料平台布置	1) 必须将荷载独立地传递给工程结构；2) 平台所在跨的架段应单独升降；3) 在使用工况下，确保平台荷载不传递给架体
15	附着支承设置和构造要求	1) 在升降和使用工况下，确保设于每一竖向主框架并单独承受该跨全部设计荷载和倾覆作用的附着支承构造均不得小于 2 套；2) 穿墙螺栓应采用双螺母固定。螺母外螺杆长度不得小于 3 扣，垫板尺寸由设计确定，且不得小于 100mm×100mm×10mm，采用单根螺栓锚固时，应有防扭转措施；3) 附着构造应具有适应误工误差的调整功能，避免出现过大的安装应力和变形；4) 位于建筑物凸出或凹进处的附着支承构造应单独设计；5) 对连接处工程结构混凝土强度的要求，应按计算确定，且不小于 C10
16	防倾装置设置	1) 防倾覆装置中应包括导轨和两个以上与导轨连接的可滑动的导向件；2) 在防倾导向件的范围内应设置防倾覆导向件，且应与竖向主框架可靠连接；3) 在升降和使用两种工况下，最上和最下两个导向件之间的最小间距不得小于 2.8m 或架体高度的 1/4；4) 应具有防止竖向主框架倾斜的功能；5) 应采用螺栓与附墙制作连接，其装置与导轨之间的间隙应小于 5mm
17	防坠装置设置	1) 防坠落装置应设置在竖向主框架处并附着在建筑结构上，每一升降点不得少于一个防坠落装置，防坠落装置在使用和升降工况下都必须起作用；2) 防坠落装置必须采用机械式的全自动装置，严禁使用每次升降需要重组的手动装置；3) 防坠落装置应具有防尘、防污染的措施，并应灵敏可靠和运转自如；其制动距离应不大于 80mm（整体提升）或 150mm（分段提升）；4) 防坠落装置与竖向主框架应分别独立固定在建筑结构上；采用钢吊杆式防坠落装置，钢吊杆规格应由计算确定，且不应小于 φ25
18	动力设备	1) 应满足升降工作的性能要求；手拉葫芦只能用于单跨升降（即升降点不超过 2 个）；3) 升降设备应与建筑结构和架体有可靠连接；4) 固定电动升降动力设备的建筑结构应安全可靠；5) 设置电动液压设备的架体部位应有加强措施
19	控制系统	1) 确保达到同步和荷载的控制要求；2) 具有超载报警、停机和负载报警的功能
20	安全保护措施	1) 架体外侧必须采用≥2000 目/100cm² 密目安全网围挡，并可靠固定；2) 底层脚手板铺设严密，并用密目网兜底；3) 设置防止物料坠落，在升降时可折起的底层翻板或网；4) 每一作业层的外侧应设置高 1.2m 和 0.6m 的两道防护栏杆和 180mm 高挡脚板
21	加工制作	1) 必须具有完整的设计图纸、工艺文件、产品标准和产品质量检测规则；2) 制作单位应有完善的质量管理体系，确保产品质量；3) 对材料、辅料的材质、性能进行验证、检验；4) 构配件按工艺要求和检验标准进行检验，附着支承构造、防倾防坠装置等重要加工件必须 100% 进行检验，并可有追测性标志

4) 按规定确定设置、构造和连接的设计要求。

5) 全面确定对安全保险（防倾、防坠）装置和保护设施的设置与设计要求。

6) 确定对实架试验和其他试验、检测、检查及其监控管理的要求。

（2）确保达到设计的安全保证度要求

非脚手架杆件组装的工程结构部分执行普钢或薄钢设计规范的规定，并取结构重要性系数 $\gamma_0 = 0.9$。采用容许应力法设计的动力和机械设计项目，手拉葫芦的 $K \geqslant 4.0$（国内电动葫芦产品，因多系在手拉葫芦基础上设计制作的，故亦应考虑相同的安全系数），其他无相应标准的动力设备可取 $K \geqslant 3.0$，机械部件取 $K \geqslant 2.0$。

（3）正确确定计算简图

虽然附着式升降脚手架的设置要求确保其在任何情况下都必须有两处（套）附着支承构造，但在设计时，必须按每套均可独立承受全部荷载作用进行计算，并建立相应的计算简图，8 种附着支撑方式的承传载情况可分为 4 组，见图 11-114，可供确定计算简图时参考。

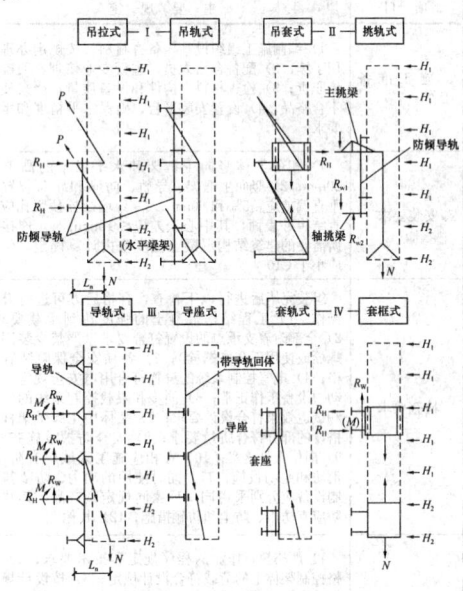

图 11-114　附着支承与架体间的承传载简图

（4）控制升降同步、限制超载和确保坠落时制停的设计要求

在严格控制架上施工荷载均匀分布且不超过设计规定值的情况下，升起机位出现超载的原因主要来自以下两个方面：1) 升降阻碍和提升设备故障（如电动葫芦翻链、卡链等）；2) 因荷载分布不均或架子倾斜造成的机位荷载的增加。前者会造成荷载的异常变化（急剧增高），若不立即停机，会引起断链和架体坠落。一旦发生坠落，这部分超载亦随即消失；后者一般不会超过设计（平均）荷载 P 的 30%，即 $0.3P$，这部分超载会增加其坠落时的冲击力，需要在防坠装置等的设计中认真考虑。当取 A 机位荷载为 $1.3P$，与其相邻的 $B_{左}$ 和 $B_{右}$ 机位的荷载为 $0.85P$。其他机位的荷载为 P，并取发生坠落到制停住架体所产生的冲击系数为 $1.5 \sim 1.8$ 时，可分别绘出 A 机位、B 机位和 C 机位发生坠落时各机位荷载的变化情况（图 11-115）。其中，坠落点的冲力等于机位原荷载乘以冲击系数，相邻机位则承担冲力的一半和自身的原有荷载，相隔机位则假定其不受影响（实际有影响，即可能起一些帮忙作用）。故从这一分析结果出发，不仅应在设计中考虑 1.3 和 2.0 的计算系数，而且还必须严格控制同步升降、超载和防坠器的制停时间。由于冲击系数值随制停时间的延长而急剧增大，因此，必须尽量缩小制停时间及其距离。

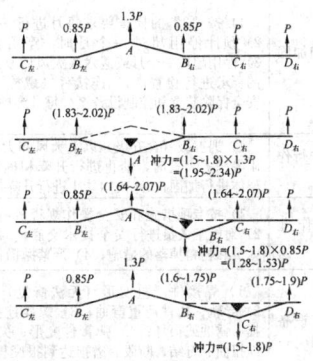

图 11-115　不同机位发生坠落时的荷载变化

2. 附着式升降脚手架施工安全管理的规定

对附着式升降脚手架施工安全管理要求的主要规定列入表11-75中。

对附着式升降脚手架施工安全管理要求的主要规定　表11-75

序次	项　目	主　要　规　定
1	施工准备工作	1）编制施工组织设计，备齐材料，按规定办理使用手续；2）配备合格人员，进行专业培训、明确岗位职责；3）检查材料、构件和设备质量，严禁使用不合格品；4）设置安装平台，确保水平精度和承载要求
2	安装要求	1）相邻架体竖向主框架和水平梁架的高差≤20mm；2）竖向主框架、导轨、防倾和导向装置的垂直偏差应≤5‰和60mm；3）穿墙螺栓预留孔应垂直结构外表面，其中心误差应≤15mm；4）连接处所需要的建筑结构混凝土强度应由计算确定，但不应小于C10
3	检查要求	组装完毕后进行以下检查，合格后方可进行升降操作：1）工程结构混凝土的强度达到承载要求；2）全部附着支承点的设置符合要求（严禁少装固定螺栓或使用不合格螺栓）；3）各项安全保险装置合格；4）电气控制系统的设置符合用电安全要求；5）动力设备工作正常；6）同步和限载控制系统的设置和试运效果符合设计要求；7）架体中用脚手架杆件搭设的部分符合质量要求；8）安全防护设施齐备；9）岗位人员落实；10）在相应施工区域应有防雷、消防和照明设施；11）同时使用的动力、防坠与控制设备应分别采用同一厂家同规定型产品，其装设应有防雨、防尘和防砸措施；12）其他
4	升降操作要求	1）严格执行作业的程序规定和技术要求；2）严格控制架体上的荷载符合设计规定；3）按设计规定拆除影响架体升降的障碍物和约束；4）严禁操作人员停留在架体上。确属需要上人时，必须采取可靠措施，并由建筑安全监管部门审查认可；5）设置安全警戒线和专人监护；6）严格按设计规定进行同步升降，相邻提升点的高差应≤30mm，整board最大升降差应≤80mm；7）规范指令，统一指挥。有异常情况时，任何人均可发出停止指令；8）严密监视环链葫芦运行情况，及时发现和排除可能出现的翻链、铰链和其他故障；9）升降到位后及时按设计要求进行附着固定。未完成固定工作时，施工人员不得擅离岗位或下班，未办交付使用手续者，不得投入使用
5	交付使用的检查项目	1）附着支承、架体按设计要求进行固定及螺栓拧紧和承力件预紧程度情况；2）碗扣和扣件接头的紧固情况（无松动）；3）安全防护设施齐备与否；4）其他
6	使用规定	1）遵守其设计性指标，不得随意扩大使用范围（架体超高、超跨度等）；2）严禁超载；3）严禁在架上集中堆放施工材料、机具；4）及时清除架上垃圾和杂物
7	使用中严禁进行的作业和出现的情况	1）利用架体吊运物料；2）在架体上拉结吊缆绳（索）；3）在架上推车；4）任意拆除结构件和松动连接件；5）拆除或减少架体上的安全防护措施；6）吊运物料碰撞或扭动架体；7）利用架体支顶模板；8）使用中的物料平台与架体仍连接在一起；9）其他影响架体安全的作业
8	检查和加固规定	1）按"3"的检查要求每月进行一次全面检查；2）预计停用超过一个月时，停用前进行加固；3）停用超过一个月或遇六级大风后复工时，按"4"的要求进行检查；4）连接件（螺栓）、动力设备、安全保险装置和控制设备至少每月维护保养一次
9	禁止进行作业规定	1）遇五级（含五级）以上大风和大雨、大雷、雷雨等恶劣天气时，禁止进行升降和拆卸作业，并对架体进行加固；2）夜间禁止进行升降作业
10	拆除作业规定	1）按专项措施和安全操作规程的有关要求进行；2）对施工人员进行安全交底；3）有可靠防止人员和物料掉落的措施；4）严禁抛扔物料
11	材料、设备报废规定	1）焊接件严重变形（无法修复）或严重锈蚀；2）导轨、构件严重弯曲；3）螺栓连接件变形、磨损、锈蚀或损坏；4）弹簧件变形、失效；5）钢丝绳扭曲、打结、断股、磨损达到报废程度；6）其他不符合设计要求的情况

11.6.3　吊　篮

高处作业吊篮应用于高层建筑外墙装修、装饰、维护、检修、清洗、粉饰等工程施工。

11.6.3.1　吊篮的形式、特点和构造要求

1. 吊篮的分类

（1）按用途划分：可分为维修吊篮和装修吊篮。前者为篮长≤4m，载重量≤5kN的小型吊篮，一般为单层；后者的篮长可达8m左右，载重量5～10kN，并有单层、双层、三层等多种形式，可满足装修施工的需要。

（2）按驱动形式划分：可分为手动、气动和电动三种。

（3）按提升方式划分：可分为卷扬式（又有提升机设于吊箱或悬挂机构之分）和爬式（又有α式卷绳和S式卷绳之分）两种。

2. 吊篮的型号和性能

吊篮的型号按图11-116所示规定顺序编排。表11-76和表11-77则分别列出了LGZ-300-3.6A型高层维修吊篮（图11-117）和其他几种常用吊篮的性能参数。

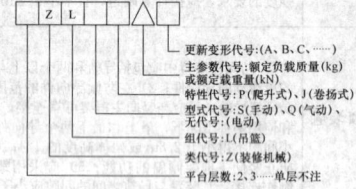

图11-116　吊篮的型号

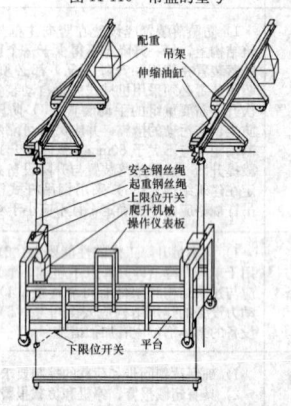

图11-117　LGZ-300-3.6A型高层维修吊篮

LGZ-300-3.6A型吊篮的主要技术参数　表11-76

机构名称	项目名称	单　位	规格性能
吊篮	额定荷载	kN	3.0
	自重	kg	450
	升降速度	m/min	5
	吊篮面积	m×m	3.6×0.7
	操作方式		电动或手动
吊架	自重	kg	690
	占地面积	m×m	4.8×3.9
	油缸工作压力	kN/cm²	0.16
	油缸流量	L/min	2.94
	油缸行程	mm	600
升降机构	钢丝绳绕法		"S"式回绕
	载荷	kN	4.0
	电机功率	kW	0.8
	电压（三相交流）	V	380
	额定转速	r/min	1400
	频率	Hz	50
	温度	℃	40

续表

机构名称	项目名称	单 位	规格性能
其他	配重	kg	470
	钢丝绳规格	mm	YB261-73的8.25航空钢丝绳
	钢丝绳拉断力	kN	44.60

几种常见吊篮的性能参数　　表 11-77

型　号	ZLP800	ZLP630	ZLP500	ZLP300	ZLS300
额定负载质量(kg)	800	630	500	300	300
升降速度(m/min)	8～11	8～11	6～11	6～11	3
作业平台尺寸(长度,m)	2.5～7.5	2.0～6.0	2～6	2～4	2
钢丝绳直径(mm)	$\phi 8.6$	$\phi 8.3$	$\phi 8.3$	$\phi 7$	$\phi 7$
电机功率(kW)	2.2	1.5	1.1	0.55	(手动)
安全锁 锁绳速度(离心式)(m/min)	18～22				(手动断绳保护锁)
安全锁 锁角度(摆臂式)(°)	3～8				
整机自重(kg)	2010	1715	1525	1160	950

3. 吊篮的设置和升降方法

吊篮吊挂设置于屋面的悬挂机构上,图 11-118 所示为吊篮的常见设置情况。

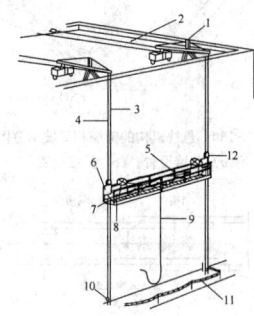

图 11-118　吊篮的设置全貌
1—悬挂机构;2—悬挂机构安全锁;3—工作钢丝绳;4—安全钢丝绳;5—安全带及安全绳;6—提升机;7—悬吊平台;8—电器控制柜;9—供电电缆;10—绳坠铁;11—安全锁

吊篮的升降方式有以下 3 种:

(1) 手扳葫芦升降

手扳葫芦携带方便、操作灵活,牵引方向和距离不受限制,水平、垂直、倾斜均可使用。常用手扳葫芦的规格性能列于表 11-78 中。

手扳葫芦的规格性能　　表 11-78

额定负荷(kN)	8	15	30
额定负荷的最大手扳力(kN)	<0.35	0.45	0.45
手扳一次钢丝绳最大行程(mm)	50	50	25～30
手柄长度(mm)	800	1070	1200
机体重量(kg)	5.5	9.5	14.5
钢丝绳规格	$\phi 7.7(6\times 19+1)$	$\phi 9(7\times 7)$	$\phi 13.5(7\times 19)$
钢丝绳长度(m)	10	20	20

用手扳葫芦升降时,在每根悬吊钢丝绳上各装一个手扳葫芦。将钢丝绳通过手扳葫芦的导向孔向吊钩方向穿入,压紧。往复扳动前进手柄,即可进行起吊和牵引;而往复扳动倒退手柄时,即可下落或放松,但必须增设 1 根 $\phi 12.5$mm 保险钢丝绳,以确保葫芦出现打滑或断绳时的安全。

为避免钢丝绳打滑脱出,可将钢丝绳头弯起,与导绳孔上部的钢丝绳合在一起用轧头夹紧,同时在导绳孔上口增设 1 个压片,葫芦停止升降时,用止动螺栓通过压片压紧钢丝绳(图 11-119)。

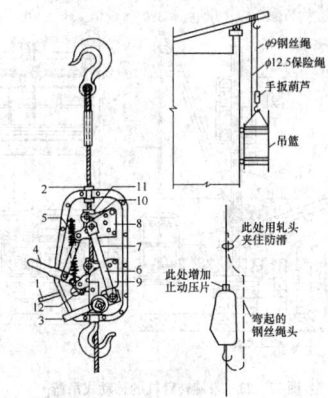

图 11-119　手扳葫芦构造及升降示意图
1—松卸手柄;2—导绳孔;3—前进手柄;4—倒退手柄;5—拉伸弹簧;6—左连杆;7—右连杆;8—前夹钳;9—后平钳;10—偏心板;11—夹子;12—松卸曲柄

(2) 卷扬升降

卷扬升降采用的卷扬提升机与常用的卷扬机属同一类型,通过钢丝绳的收卷和释放,带动吊箱升降。其体积小,重量轻,并带有多重安全装置。卷扬提升机可设于悬吊平台的两侧(图 11-120)或屋顶之上(图 11-121)。后者常需增设移动装置,成为电动吊篮传动车(图 11-122)。在此基础上又出现了一种带有旋转臂杆,并在轨道上行走的移动式吊篮(图 11-123),其技术性能列于表 11-79 中。

移动式吊篮的技术性能　　表 11-79

项　目	甲　型	乙　型
载重量(kg)	250	300
提升高度(m)	80	100
提升速度(m/min)	10	10
沿轨道行驶速度(m²/min)	12	12
轨距(mm)	800	1000
电动机总功率(kW)	3	3
吊篮重(kN)	1200	1200
总重(不计轨道)(kN)	3250	2860

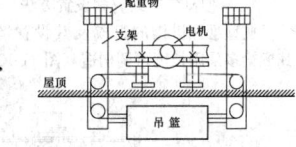

图 11-120　提升机设于吊箱的卷扬式吊篮　　图 11-121　提升机设于屋顶的卷扬式吊篮

(3) 爬升升降

爬升提升机为沿钢丝绳爬升的提升机。其与卷扬提升机的区别在于提升机不是收卷或释放钢丝绳,而是靠绳轮与钢丝绳的特形缠

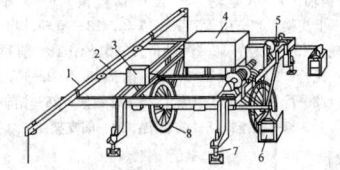

图 11-122　电动吊篮传动车示意图
1—钢丝绳;2—活动横担;3—电闸箱;4—电动机防护罩;5—钢丝绳卷筒;6—配重箱;7—丝杠支脚;8—行走车

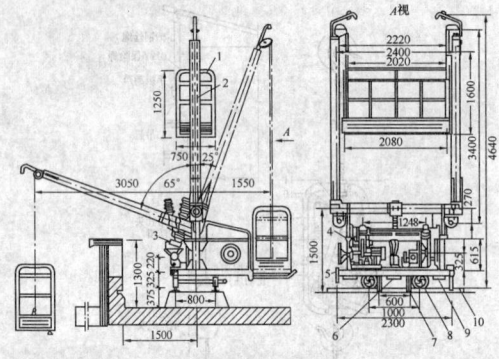

图 11-123 带旋转臂杆的移动式吊篮
1—吊篮；2—臂杆；3—调臂装置；4—卷扬机；5—制动器；
6—配重；7—夹具；8—行走机构；9—车架；10—轨道

绕所产生的摩擦力提升吊篮。

由不同的钢丝绳缠绕方式形成了"S"形卷绕机构（图 11-124）、"3"形卷绕机构（图 11-125）和"α"形卷绕机构（图 11-126）。"S"形机构为一对靠齿轮啮合的槽轮，靠摩擦带动其槽中的钢丝绳一起旋转，并依旋转方向的改变实现提升或下降；"3"形机构只有 1 个轮子，钢丝绳在卷筒上缠绕 4 圈后从两端伸出，分别接至吊篮和排挂支架上；"α"形机构采用行星齿轮机构驱动绳轮旋转，带动吊篮沿钢丝绳升降。

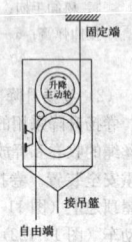

图 11-124 "S"形卷绕机构

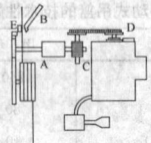

图 11-125 "3"形卷绕机构
A—制动器；B—安全锁；C—蜗轮蜗杆减速装置；
D—电机过热保护装置；E—棘爪式刹车装置

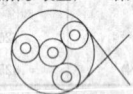

图 11-126 "α"形卷绕机构

4. 悬挂机构的组成和设置方法

典型悬挂机构的组成及其设置情况见图 11-127～图 11-130，其挑梁多采用长度可调构造（图 11-131）。

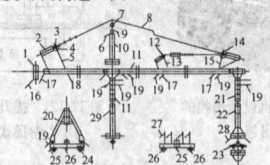

图 11-127 悬挂机构示意图
1—挂板；2—拉拽板；3—绳卡；4—垫片；5—螺栓；
6—销轴；7—小导轮；8—拉纤钢丝绳；9—销轴；
10—上支架；11—中梁；12—隔套；13—销轴；14—
销轴；15—螺栓；16—销轴；17—上梁；18—销轴；
19—螺栓；20—内插架 I；21—内插架 II；22—后支
架；23—配重铁；24—脚轮；25—后底架；26—销轴；
27—螺栓；28—前底架；29—前支架

5. 安全锁

安全锁是吊篮的防坠装置。当提升机构的钢丝绳突然折断或吊篮因其他故障出现超速下滑时，安全锁立即动作，并在瞬间将吊箱锁定在安全钢丝绳上。

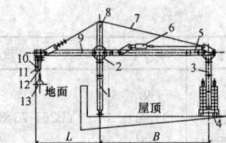

图 11-128 悬挂机构组装示意图（一）
1—前导向支柱；2—前后支柱；3—后导向支柱；4—配重
小车；5—中间连接梁；6—开式索具螺旋扣；7—拉纤钢丝
绳；8—拉纤立柱；9—悬臂挑梁；10—上限位块；11—安
全钢丝绳；12—工作钢丝绳；13—绳坠铁

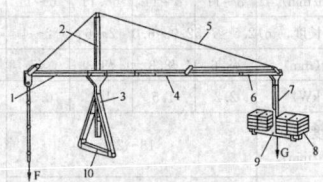

图 11-129 悬挂机构组装示意图（二）
1—前梁；2—上支柱；3—三角形支座；4—中梁；
5—拉纤钢丝绳；6—后梁；7—后座；8—配重；9—
后底座；10—前底座

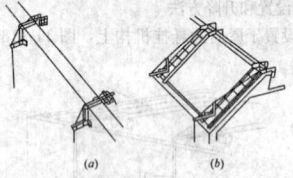

图 11-130 悬挂机构的骑墙和斜坡示意图
(a) 骑墙设置；(b) 斜坡设置

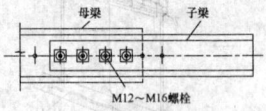

图 11-131 伸缩式挑梁

安全锁按其工作原理，可分为离心触发式（简称"离心式"）和摆臂防倾式（简称"摆臂式"）两类。前者具有绳速检测和离心触发机构（图 11-132a），当吊篮的下降速度超过一定数值，飞块产生的离心力克服弹簧的约束力外甩到一定程度时，触动等待作中的执行元件，带动锁绳机构动作，将锁块锁紧在安全钢丝绳上；后者具有锁绳角度探测机构，当吊篮发生倾斜或工作绳断裂、松弛时，其锁绳角度探测机构即发生角度位置变化，带动执行元件使锁绳机构动作，将吊篮锁住（图 11-132b）。

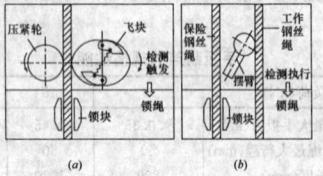

图 11-132 安全锁的工作原理示意图
(a) 离心式；(b) 摆臂式

6. 非标吊篮

如图 11-121 所示的为标准吊篮，但某些高度超高或是造型独特、构造复杂的建（构）筑物的外立面装饰或维护，如广州电视塔异型外筒钢结构的涂装作业（图 11-133）、浙江宁海电厂海水冷却塔双曲面内壁的清洗（图 11-134）等高危作业，难以使用标准吊篮进行施工操作，因此，需要根据建（构）筑物的构造特点专门设计制作一些非标准的吊篮。以江苏某某建筑机械有限公司和上海某某建筑机械厂为代表的一批高处作业吊篮行业的龙头企业，以雄厚的技术实力为基础，以快速反应的应变能力为手段，逐步将吊篮推广应

用到建桥、筑坝、造船、电厂、电站和高塔等高大构筑物施工领域。

图 11-133 非标吊篮在外筒钢结构进行涂装作业

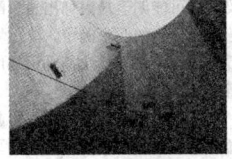

图 11-134 冷却塔内沿双曲面作强制内倾牵引施工的非标吊篮

(1) 烟囱维护专用吊篮

江苏某建筑机械有限公司为电厂烟囱内筒壁防腐维护施工，专门研制的 ZLP（F）2000 型高处作业圆弧复式烟囱、井道施工吊篮（图 11-135），已在近千个电厂烟囱脱硫改造工程中发挥了重要作用。其与搭设脚手架施工方式相比较，可以缩短施工工期 2～4 倍，减少钢材占用量 90% 以上；降低施工成本 30% 以上，符合节能减排的产业政策。

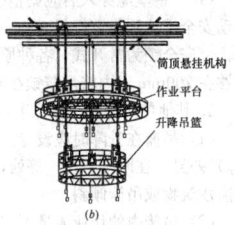

筒顶悬挂机构
作业平台
升降吊篮

图 11-135 圆弧复式烟囱、井道专用吊篮外形及结构
(a) 外形；(b) 结构简图

如图 11-135 (b) 所示，圆弧复式烟囱、井道专用吊篮由作业平台、升降吊篮、筒顶悬挂机构三大部件组成。作业平台底板呈环形，外圈口靠近筒壁，设有高 300mm 的盘边；内圈设有高 800mm 的护栏。整个作业平台依靠三吊点悬挂，每吊点各配备两台 LTD8 型提升机作为上下移动的动力。其主要功能是载人、载物接近作业面进行施工。升降吊篮底板呈圆形，外圈设有高 800mm 的护栏；圆周均布三个吊点，每吊点各配备一台 LTD8 型提升机作为升降运行的动力。其主要功能是为作业平台输送物料或操作人员。作业平台和升降吊篮均采用爬升式提升机牵引。每台提升机均配备一根安全钢丝绳和一具安全锁。筒顶悬挂机构是作业平台及升降吊篮的承载结构。作业平台及升降吊篮的所有牵引钢丝绳和安全钢丝绳均牢固地固结在筒顶悬挂机构上。悬挂机构由悬梁、吊点和连接副梁等组成。筒顶悬梁一般采用工字钢制作而成，安全系数应在 5 倍以上。

(2) 电梯安装专用吊篮

江苏某建筑机械有限公司和广东某建筑机械有限公司，先后研制成功电梯安装专用吊篮（图 11-136、图 11-137）。该吊篮取代脚手架用于电梯安装，高效、省时、安全、便捷，优点十分突出，被越来越多的专业电梯安装公司认可，已批量用于电梯安装工程施工。

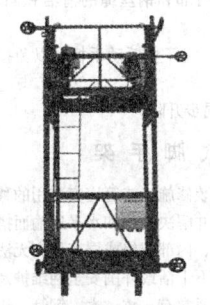

图 11-136 双层电梯安装专用吊篮外形图

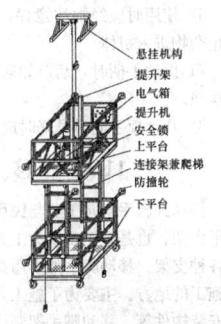

悬挂机构
提升架
电气箱
提升机
安全锁
上平台
连接架兼爬梯
防撞轮
下平台

图 11-137 双层单吊点电梯安装吊篮结构简图

电梯安装专用吊篮按照平台结构不同，有单层和双层之分；按照吊点设置不同，有单吊点和双吊点之分，以满足电梯安装施工的不同需求。

以双层单吊点电梯安装吊篮为例，电梯安装专用吊篮主要由平台（上、下）、提升机、安全锁、悬挂机构和电控系统组成，再辅以提升架、连接架和防撞导向轮等功能性构件，来实现电梯安装施工所需全部功能。

11.6.3.2 吊篮设计、制作和使用的安全要求

1. 国家与行业标准的主要规定

国家标准《高处作业吊篮》（GB 19155）以及行业标准《建筑施工工具式脚手架安全技术规范》（JGJ202）规定了吊篮在设计、制作、安装、使用、维修保养等方面的安全要求，其中一些主要规定归纳列入表 11-80 中。

吊篮设计、制作、安装、使用、维修保养的安全要求   表 11-80

序次	项目	安全要求和规定
1	一般要求	1）工作环境温度为 $-20\sim40℃$，工作平台处阵风风速 $\leqslant 8.3$m/min（五级风）；2）质量不合格的产品不得出厂和使用；3）产品必须有符合要求的标牌和齐全的技术文件（合格证、说明书、有关图纸等）；4）吊篮作业人员必须适合高处作业并培训、考核合格
2	结构安全系数	1）承载结构件为塑性材料时，按材料的屈服点计算，其安全系数不应小于 2；2）承载结构件为非塑性材料时，按材料的强度极限计算，其安全系数不应小于 5；3）结构安全系数 K_1 按下式确定：$K_1 = \dfrac{\sigma}{(\sigma_1+\sigma_2)f_1f_2}$，式中 σ 为材料的屈服点或强度极限；σ_1、σ_2 分别为结构质量和额定载荷引起的应力；应力集中系数 f_1 取 $\geqslant1.0$，动载系数 f_2 取 $\geqslant1.25$
3	吊篮平台的要求	1）出厂前必须做平台试验；2）平台底板有效面积不小于 0.25m^2/人，且必须有防滑措施；3）平台最小通道宽度 $\geqslant0.4$m；4）装有固定式安全护栏，靠建筑一侧高度 $\geqslant0.8$m，其他各侧高度 $\geqslant1.1$m；5）平台四周装设高度不小于 150mm 挡脚板；6）平台若装门时，则不得向外开，并设电气联锁装置
4	提升机构的要求	1）卷扬式提升机的卷筒必须设挡绳盘，吊篮提升至最大高度时，挡绳盘高出钢丝绳上表面不小于 2 倍绳径。卷筒的最小名义直径 D 与钢丝绳名义直径 d 之比应不小于 20；2）爬升式提升机滑轮的名义直径 D 与钢丝绳名义直径 d 之比应不小于 12。当 $D/d = 12\sim18$ 时，应采用航空用钢丝绳；3）提升传动机构禁止采用摩擦装置、离合器和皮带传动，其外露部分必须装机罩或保护装置；4）装在电气应失效时，不超过两个人就可以操作的手驱动装置；5）制动器必须使带有动力试验载荷的吊篮平台，在不大于 100mm 制动距离内停止运行；6）卷扬提升机的卷筒设于屋面运行小车上时，必须配备制动器；7）提升机构额定速度不大于 18m/min
5	安全保护装置的要求	1）一般须配制动器，行程限位和安全锁等，检验合格才能安装；2）吊篮必须装有上下限位开关，并以吊篮平台自身去触动；3）每根安全钢丝绳上必须装有不能自动复位的安全锁；4）安全锁应在吊篮平台下滑速度大于 25m/min 时动作，在不超过 100mm 的距离内停止；5）安全锁必须在其有效期内使用，超期者必须由专业厂检测合格后方可使用；6）吊篮上须有防倾装置，并宜设超载保护装置
6	钢丝绳的要求	1）钢丝绳的直径不应小于 6mm；2）钢丝绳安全系数 n 按下式确定，且不应小于 9；$n = \dfrac{sa}{W}$；式中 s 为单根钢丝绳的额定破断拉力（kN），a 为钢丝绳根数，W 为吊篮的全部荷载（含自重）；3）不允许用连接两根或多根钢丝绳的方法去加长或修补；4）除随时对钢丝绳可见的部分、与设备连接部位、绳端固定装置等进行检查外，每月至少按《起重机械用钢丝绳检验和报废实用规范》（GB 5972）中 2.4.1 条的规定检查两次，检查部位应符合 2.4.2 条的规定，报废执行 2.5 条的规定

续表

序次	项　目	安全要求和规定
7	悬挂机构的要求	1) 必须使用钢材或其他适合金属材料制作，可采用焊接、铆接或螺栓连接，结构应具有足够的强度和刚度；2) 受力构件必须进行质量检查并达到设计要求；3) 悬挂吊篮支架支撑点部位结构的承载能力应大于所选择吊篮各工况的荷载最大值；4) 悬挂机构前支架严禁支撑在女儿墙上、女儿墙外或建筑物挑檐边缘，并且应与支撑面保持垂直，脚轮不得受力
8	配重的要求	1) 配重应准确，并经安全检查员核实后才能使用；2) 抗倾覆系数（＝配重矩/前倾力矩）不得小于3，按下式计算：$K = \dfrac{G \cdot b}{F \cdot a} \geqslant 3$，式中 G、F 分别为配重和吊篮的总荷载，b 和 a 分别为配重中心和承重钢丝绳中心到支点的距离；3) 配重件应稳定可靠地安放在配重架上，并有防止随意移动的措施。严禁使用破损的配重件或其他替代物。配重件的重量应符合设计规定
9	电气系统的要求	1) 电气控制系统供电应采用三相五线制。接地、接零线始终分开，接地线应采用黄绿相间线；2) 电气控制系统的工作接地，接地电阻不应大于4Ω；3) 电气元件必须安装在电器控制箱内的绝缘板上，其绝缘电阻不得小于2MΩ；4) 吊篮的电源和电缆应单设，并有保护措施；5) 电器控制箱应有防水、防振、防尘措施；6) 电气系统应有可靠接零和过热、短路、漏电保护等装置，电气元件必须灵敏可靠；7) 在吊篮上使用的便携式电动工具的额定电压不得超过220V；8) 必须设置紧急状态下切断主电源控制回路的急停按钮，该电路独立于各控制电路，急停按钮为红色，并有明显的"急停"标记，不能自动回位
10	其他要求	1) 作业人员应配置独立于悬吊平台的安全绳或安全带（或其他安全装置）；2) 应严格遵守操作规程，严禁超载使用；3) 作业时，作业人员不得凌空俯身；4) 在作业区域内设围栏防护

2. 吊篮平面布置与施工流程

(1) 吊篮悬挂高度在 60m 及其以下的，宜选用长边不大于7.5m 的吊篮平台；悬挂高度在 100m 及其以下的，宜选用长边不大于5.5m 的吊篮平台；悬挂高度在 100m 以下的，宜选用不大于2.5m 的吊篮平台。

(2) 吊篮设计平面布局宜从外墙大角的一端开始，沿建筑物外墙满排排列，按最大组拼长度不大于7.5m 进行标准篮组拼，两作业吊篮之间的距离不得小于 300mm。为施工方便，弧形外檐可以考虑优先使用弧形或折线形吊篮。

(3) 施工工艺流程：吊篮拼接→悬挂机构及配重块安装→安装起重钢丝绳及安全钢丝绳→挂配重锤→连接电源→吊篮平台就位→检查提升装置、电气控制箱及安全装置→调试及荷载试验→安装跟踪绳→投入使用→拆除。

3. 吊篮安装

(1) 采用吊篮进行外装修作业时，一般应选用设备完善的吊篮产品。自行设计、制作的吊篮应达到标准要求，并严格审批制度。使用境外吊篮设备时应有中文说明书；产品的安全性能应符合我国的行业标准。

(2) 进场吊篮必须具备符合要求的生产许可证或准用证、产品合格证、检测报告以及安装使用说明书、电气原理图等技术性文件。

(3) 吊篮安装前，根据工程实际情况和产品性能，编制详细、合理、切实可行的施工方案，并根据施工方案和吊篮产品使用说明书，对安装及上篮操作人员进行安全技术培训。

(4) 吊篮标准篮进场后按吊篮平面布置图在现场拼装成作业平台，在离使用部位最近的地点组拼，以减少人工倒运。作业平台拼装完毕，再安装电动提升机、安全锁、电气控制箱等设备。

(5) 使用吊篮的工程应对屋面结构进行复核，确保工程结构的安全。

(6) 悬挂机构安装时调节前支座的高度使梁的高度略高于女儿墙，且使悬挑梁的前端比后端高出 50～100mm。对于伸缩式悬挑梁，尽可能调至最大伸出量。配重数量应满足抗倾覆力矩大于2倍倾覆力矩的要求确定，配重块在悬挂机构后座两侧均匀放置。放置完毕后，将配重块销轴顶端用铁销穿过拧死，以防止配重被随意搬动。

(7) 吊篮组拼完毕后，将起重钢丝绳和安全钢丝绳挂在挑梁前端的悬挂点上，紧固钢丝绳的马牙卡不得少于4个。从屋面向下垂放钢丝绳时，先将钢丝绳自由盘放在楼面，然后将绳头仔细抽出后沿墙面缓慢滑下。

(8) 连接二级配电箱与提升机电气控制箱之间的电缆，电源和电缆应单设，电器控制箱应有防水措施，电气系统应有可靠接零，并配备灵敏可靠的漏电保护装置。接通电源，检查提升机，按动电钮提升机空转，看转动是否正常，不得有杂声或卡阻现象。

(9) 将钢丝绳穿入提升机内，启动提升机，绳头应自动从出绳口内出现。再将安全钢丝绳穿入安全锁，并挂上配重锤。检查安全锁动作是否灵活，扳动滑轮时应轻快，不得有卡阻现象。

(10) 钢丝绳穿入后应调整起重钢丝绳与安全锁的距离，通过移动安全锁达到吊篮倾斜 300～400mm，安全锁能锁住安全钢丝绳为止。安全锁为常开式，各种原因造成吊篮坠落或倾斜，安全锁能够在 200mm 以内将吊篮锁在安全钢丝绳上。

4. 其他使用与安全注意事项

(1) 吊篮在升降时应设专人指挥，升降操作应同步，防止提升（降）差异。在阳台、窗口等处，设专人负责推动吊篮，预防吊篮碰撞建筑物或吊篮倾斜。

(2) 吊篮内的作业人员不应超过2个。吊篮正常工作时，人员应从地面进入吊篮内，不得从建筑物顶部、窗口等处或其他孔洞处出入吊篮。

(3) 不得将吊篮作为垂直运输设备，不得采用吊篮运送物料。

(4) 在吊篮内的作业人员应佩戴安全帽、系安全带，并应将安全锁扣正确挂置在独立设置的安全绳上。

(5) 吊篮作升降运行时，不得将两个或三个吊篮连在一起升降，并且工作平台高差不得超过 150mm。

(6) 发现吊篮工作不正常时，应及时停止作业、检查和消除隐患。严禁在带病吊篮上继续进行作业。

(7) 当吊篮提升到使用高度后，应将保险安全绳拉紧卡牢，并将吊篮与建筑物锚拉固牢。吊篮下降时，应先拆除与建筑物拉接装置，再将保险安全绳放长到要求下降的高度后卡牢，再用机具将吊篮降落到预定高度（此时保险钢丝绳刚好拉紧），然后再将吊篮与建筑物拉接牢固、方可使用。

(8) 使用手扳葫芦升降时，在操作中应注意以下事项：

1) 切切勿超载使用，必要时增设适当的滑轮组。

2) 前进手柄和倒退手柄绝对不可同时扳动。

3) 工作中严禁扳动松卸手柄（拉簧手柄）以免葫芦下滑。

4) 在任何情况下，机内结构不能发生纵向阻塞，务必使钢丝绳能顺利通过机体中心，机壳不得有变形现象。

5) 选用钢丝绳长度应比建筑物高度长 2～3m，并注意使绳子脱离地面一小段距离，以利于保护钢丝绳。

6) 使用时应经常注意保持机体内部及钢丝绳的清洁和润滑，防止杂物进入机体。

7) 扳动手柄时，葫芦如遇阻碍，应停止扳动手柄，以免损坏钢丝绳。

8) 几台扳手同时升降时应注意同步升降。

11.6.4 移动式脚手架

移动式脚手架是工业与民用建筑装修施工或管道安装用的移动式平台架，也是施工现场为工人操作并解决垂直和水平运输而搭设的各种支架。移动脚手架多用在外墙、内部装修或层高较高无法直接施工的地方。主要为施工人员上下干活或外围安全网维护及高空安装构件等。移动脚手架制作材料通常有：竹、木、钢管、铝合金或合成材料等。此外在广告业、市政、交通路桥、矿山等部门也被广泛使用。

11.6.4.1　移动式脚手架的形式、特点

目前建筑市场使用的移动脚手架，多采用钢管或铝合金管材制作，主要有扣件式钢管移动脚手架、门式移动脚手架、盘扣式移动脚手架、承插式钢管移动脚手架、碗扣式钢管移动脚手架，还有采用钢管等材料拼装的高空桥式悬挂移动脚手架等形式。有关移动式脚手架的设计、搭扣及使用无直接的施工标准，可按相应的类脚手架的安全技术规范以及《建筑施工高处作业安全技术规范》（JGJ 80）的有关规定执行。

1. 扣件式钢管移动式脚手架

（1）构造：由钢管、扣件、滚轮组合而成，立杆间距1800mm，水平连杆跨距1800mm，操作面均布荷载250kg/m²，见图11-138。

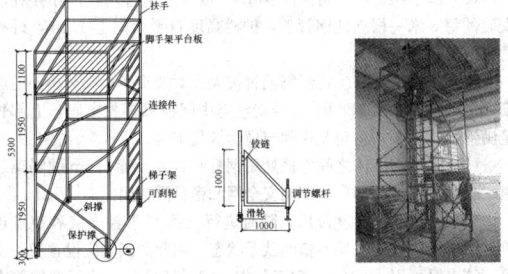

图 11-138　扣件式钢管移动式脚手架

（2）适用高度5m以下。

（3）现场作业要求：地面与空中施工要求交替进行；施工区域不可有大面积堆物；施工场地需平整，移动过程中的沟渠、地坑等留孔要有临时便桥，迎风六级以上需停止施工。

这种移动脚手架的优点：1）承载力较大；2）装拆方便，搭设灵活；3）比较经济：加工简单，一次投资费用较低；如果精心设计几何尺寸，注意提高钢管周转使用率，则材料用量也可取得较好的经济效果。

主要缺点：1）扣件（特别是它的螺杆）容易丢失；2）节点处的杆件为偏心连接，靠抗滑力传递荷载和内力，因而降低了其承载能力；3）扣件节点的连接质量受扣件本身质量和工人操作的影响显著。

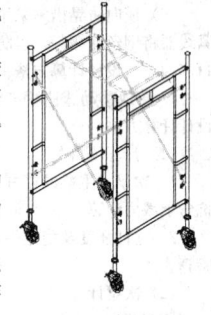

图 11-139　门架式移动脚手架

2. 门架式移动脚手架

（1）构造：由门架、交叉支撑、可调底座、可调托座、调节杆、链销以及滚轮组合成工具式操作平台（图11-139），架体自重一般为12.5kg/m³，操作面均布荷载200kg/m²。

（2）适用高度10m以下。

（3）现场作业要求：地面与空中施工要求交替进行；施工区域不可有大面积堆物；施工场地需平整，移动过程中的沟渠、地坑等留孔要有临时便桥；迎风六级以上需停止施工。

这种移动脚手架的优点：1）门式钢管脚手架几何尺寸标准化；2）结构合理，受力性能好，充分利用钢材强度，承载能力高；3）施工中装拆容易、架设效率高，省工省时、安全可靠、经济适用。

主要缺点：1）构架尺寸无任何灵活性，构架尺寸的任何改变都要换用另一种型号的门架及其配件；2）交叉支撑易在中铰点处折断；3）定型脚手板较重；4）价格较贵。

3. 盘扣式移动脚手架

（1）构造：由定加工钢管、固定销、定型楼梯、三角撑、立杆上的盘扣（立杆每60cm一个圆盘，见图11-140）、顶盘、滚轮等组合而成的移动式脚手架（图11-141）。其立杆间距1800mm，水平连杆跨距

图 11-140　盘扣构造图

1800mm 及部分斜拉杆，架体自重 13.5kg/m³ 操作面均布荷载200kg/m²。此类型脚手架在欧美先进国家和地区已经普及使用；在国内 20 世纪 90 年代开始生产销售此类产品，但由于大多数用户只看到成本昂贵，没有考虑整体效益，盘扣脚手架在中国的普及率一直不高。

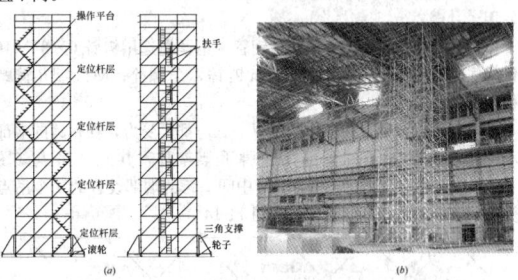

图 11-141　盘扣式移动脚手架
（a）立面示意图；（b）实景图

插口设计，横杆是主受力部件，连接横杆的插孔对称分布于盘面，连接横杆的孔较小，故能获得更大的约束；连接斜杆的孔较大，故在连接斜杆的时候比较灵活，或在曲线布置的时候，横杆能有一定角度的灵活性。

插销采用自锁设计，即使插销未被敲紧，插销因自锁与重力，也不会松弛与脱落。

（2）适用高度25m以下。

（3）现场作业要求：地面与空中施工要求交替进行；施工区域不可有大面积堆物；施工场地需平整，移动过程中的沟渠、地坑等留孔要有临时便桥；搭设高度 10m 以上、迎风六级以上需停止施工。

盘扣式脚手架具有以下几个特点：1）轻松快捷：搭建轻松快速，并具有很强的机动性，可满足大范围的作业要求；2）灵活安全可靠：可根据不同的实际需要，搭建多种规格、多排移动的脚手架，各种完善安全配件，在作业中提供牢固、安全的支持；3）储运方便：拆卸储存占地小，并可推动，方便转移，部件能通过各种窄小通道。

4. 高空悬挂移动脚手架

高空悬挂移动脚手架适用于 20m 以上高度，或是地面难以搭设满堂脚手架的高空吊顶及机电设备安装作业。高空悬挂移动脚手架为桥式脚手架，悬挂于顶部结构，操作人员站在脚手架内进行操作，架体可利用顶棚结构进行移动。该类型操作平台无直接的施工标准可依，可参阅国家及地方相关标准。

（1）结构形式：高空悬挂移动脚手架的结构形式采用桥式，由桥面与两边护栏组成，桥面采用纵、横梁形式，护栏采用平面桁架结构。为适应不同工况，架体平面尺寸与结构有所调整，单榀架体规格宽度为 2.5m、3m、4m 不等，长度为 6m，一般三跨连续设置，总的拼接长度按实际需要（宜控制在 20m 以内）。

考虑到顶棚架构边缘部位的施工以及部分区域因结构阻挡无法安装脚手架，则可在架体的两侧采用 3m 两联活页翻板向外挑1.5m 操作平台，在脚手架移动状态下，翻板向上折叠作为护栏使用，工作状态时一联翻板翻下来作为操作平台使用，二联翻板翻上来作为护栏使用。

（2）材料：架体一般采用轻型薄钢结构制作成工具式操作平台，其中包括 C 型槽钢、钢管护栏、起吊钢丝绳、毛竹走道筋、上人竹笆等组合而成（图 11-142）。

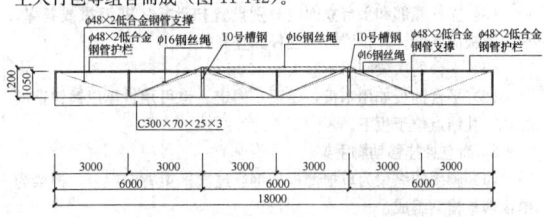

图 11-142　高空悬挂移动式脚手架（2.5m×18m）架体示意图

为满足结构强度，架体所有 C 型槽钢和节点连接板均采用 Q345 钢板加工制作，其中纵、横梁槽钢可选用 300mm×70mm×25mm×3mm 和 160mm×50mm×20mm×2mm 的冷拔或冷弯卷边薄板材料。其各种铁件和螺栓均必须符合国家标准，采购的材料要求有出厂合格证，并抽样进行力学性能试验，对不合格的材料严禁使用。

护栏采用 φ48×2mm 低合金钢管；钢丝绳选用镀锌 6×37×16 钢丝绳；节点连接螺栓采用 12mm 镀锌六角螺栓，M22 型花篮螺栓；2.1D 型卸扣。

(3) 吊点设置：在工作状态下，三跨都要受力，在每跨的端部利用顶棚结构悬挂钢丝绳卡住脚手架架体，共八个吊点（图 11-143）；在高空移动状态下，只有中间一跨的端部设置的 4 个吊点受力，其余两跨处于悬臂状态（图 11-144）。

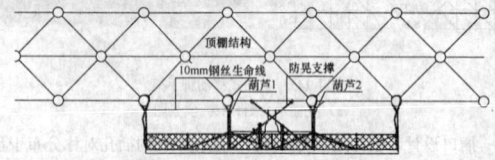

图 11-143　高空悬挂脚手架工作状态吊点设置示意图

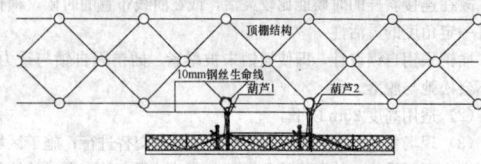

图 11-144　高空悬挂脚手架移动状态

(4) 适用高度：由于悬挂在顶棚结构上，因此，可按顶棚结构高度进行安装作业。

(5) 现场作业要求：地面与空中施工要求交替进行；施工区域需有组拼脚手架的空间；移动区域不能有固定遮挡物；施工区域需有承载桥式悬移脚手架受力点；同一部位的安装施工需同步进行；配备人员就位和进入架体的登高设施；悬移架拆除后吊点部位的施工收尾和大面积完成后的零星修补操作架；迎风六级及以上需停止施工。

(6) 高空悬挂移动脚手架具有以下几个特点：1) 采用新材料，重量轻，组装方便，灵活，并具有很强的机动性，可满足大范围的作业要求；2) 采用新工艺，整体脚手架可移动，拆装只需一次，减少了许多满堂脚手架中存在的危险因素和大量的周转材料，减少了搭拆脚手架出现的重复劳动，确保了立体交叉施工，加快了进度，降低了造价；3) 采用高空桥式悬挂脚手架只占空间一部分，保证其他各工种正常施工不受影响。

11.6.4.2 移动式脚手架的主要构造要求

1. 落地移动式脚手架

(1) 移动脚手架的构造一般采用梁板结构形式。以 φ22～φ48×(1.5～3.5) 钢管作为立杆、主梁和次梁形成框架，立杆间距不宜大于 1.5m，采用扣件连接进行制作，也可采用门式钢管脚手架或碗扣式钢管脚手架的部件，按其适应要求进行组装。上铺厚度不小于 30mm 的木板作铺板。

(2) 装设轮子的移动脚手架，轮子与平台的接合处应牢固可靠，立杆底离地面不得超过 80mm。对于行走宜采用钢脚轮配橡胶实心轮胎并附制动装置。脚轮应选用合格厂家生产的产品，应附合格证和检定证书。

(3) 立杆底部和平台立面应分别设置扫地杆、剪刀撑或斜撑，平台铺板应满铺，并设置防护栏杆和登高扶梯。

(4) 平台的次梁间距不应大于 400mm。

(5) 平台铺板如用木板，要逐一固定。也可用竹笆以镀锌钢丝绑扎，扎结点位于板下。

2. 高空悬挂移动脚手架

(1) 脚手的纵梁为单根薄板槽钢通过次横梁背向组合，横梁为单根薄板槽钢组成。

(2) 为增加纵、横梁的刚度，对各节点和中间部位均加了腹板

和夹板进行加固。凡是铁件与薄板槽钢连接时必须加夹板或垫块进行连接，严禁螺栓在薄板槽钢上直接挤压受力。薄板槽钢刚度较差，为了悬移不变形，在架体底部和两侧部位应设剪力斜撑。

(3) 在施工荷载作用下，纵梁的挠度较大，为了克服这一薄弱环节，在两侧设置上弦钢丝绳，并用 φ48×2mm 低合金钢管设置 1.2m 高护栏，同时设置斜向支撑组成桁架，从而有效地增加架子的纵向刚度。

(4) 钢丝绳端头均采用机械压接吊装鼻子，吊装鼻子在压接时均设置鸡心线镶框。施工前应按图纸要求上好上弦钢丝绳，而且要拉紧受力。选用的毛竹必须新鲜，毛竹大头直径 100mm，小头直径不应小于 60mm，毛竹搁置间距不得大于 300mm，且用 10 号钢丝固定牢固。

(5) 脚手架的护栏可采用 φ48×2 低合金钢管用扣件扣接在已安装的每 3 米一根立柱钢管上，护栏高度自平台向上 1.1m，外挂密目网围护。

(6) 按脚手架要求将新鲜毛竹按大头对大头、小头对小头的原则，排列整齐、平整。用 10 号钢丝与中间横梁绑扎牢固，上部竹笆满铺，竹笆必须将角及中间与横愣绑扎牢固。

(7) 架体与架体之间空档处用钢管和竹笆设置 1.5m 硬隔离通道，除通道以外的部位全部用安全网和密目网封闭。

(8) 在架体吊装就位后，随时进行支撑 U 形箍安装和节点连接，由于架体处于摇晃不稳的秋千状态，因此两侧均应设置剪刀支撑，该支撑可用 φ48×3.5 钢管制作，脚手架吊装前将下端铰接在架体外侧预留的支点上，并将支撑钢管搁置在架子上，架体吊装结束后，根据支撑钢管的长度，将支撑 U 形箍安装在上部骨架钢梁上，并将支撑钢管和卡箍连接起来，安装人员在脚手架上操作，操作时必须按要求操作，螺母既不要太紧，又不要太松，用力适度，确保安装质量。

(9) 横向防晃措施采用两根直径 10mm 钢丝绳组成十字形，用紧线器将钢丝绳绷紧，以防止架体横向晃动（图 11-145）。

11.6.4.3 设计计算方法

1. 落地移动式脚手架设计计算方法

(1) 计算项目

1) 次梁、主梁的横杆抗弯承载力计算。

2) 立杆强度及稳定性验算。

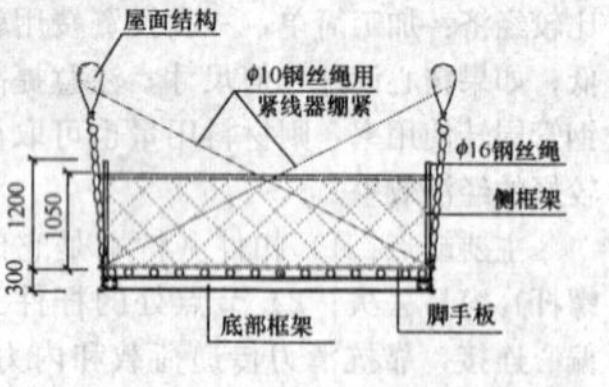

(2) 次梁计算

1) 荷载

① 恒荷载（永久荷载）中的自重，φ48×3.5 钢管以 38.4N/m 计，30mm 厚板以 0.30kN/m² 计。

② 施工活荷载（可变荷载）以 2kN/m² 计。

2) 按次梁为单跨简支梁，承受均布荷载计算：

$$M = (1/8)ql^2 \qquad (11-80)$$

式中　M——弯矩设计值（N·m）；

　　　q——次梁上的等效均布荷载设计值（N·m）；

　　　l——次梁计算跨度（m）。

3) 按次梁承受集中荷载计算：

$$M = (1/8)ql^2 + (1/4)pl \qquad (11-81)$$

式中　q——次梁上仅依恒荷载计算的均布荷载设计值（N/m）；

　　　p——次梁上的集中活荷载。

4) 取以上两项弯矩值中的较大值按下式验算次梁强度：

$$\sigma = \frac{M}{W} \leqslant f \qquad (11-82)$$

式中　M——弯矩设计值（N·m）；

　　　W——截面模量；

　　　f——钢材抗弯强度设计值（N/mm²）。

(3) 主梁计算

1) 荷载。主梁以立柱为支承点。将次梁传递的恒荷载和施工活荷载，加上主梁自重的恒荷载，按等效均布荷载计算。

2) 内力计算。立杆为 3 根时，位于中间立杆支点处的弯矩值

图 11-145　悬挂架体横向防晃设置示意图

较大，故可按结构静力计算双跨简支梁公式，按下式计算中间立杆上部的主梁负弯矩：

$$M = -\frac{1}{8}ql^2 \qquad (11\text{-}83)$$

式中　q——主梁上的等效均布荷载设计值（N/m）；
　　　　l——次梁计算跨度（m）。

3）强度计算。按式（11-82）计算。

（4）立杆计算

1）强度。由于双跨梁的中间立杆受力较大，取中间立杆计算，按照轴心受压杆件用下式计算：

$$\sigma = \frac{N}{A_n} \leqslant f \qquad (11\text{-}84)$$

式中　σ——受压正应力（N/mm²）；
　　　　N——轴心压力设计值（N）；
　　　　A_n——立杆净截面面积（mm²）；
　　　　f——抗压强度设计值（N/mm²）。

2）稳定性。

$$\frac{N}{\varphi A} \leqslant f \qquad (11\text{-}85)$$

式中　φ——受压构件的稳定系数；
　　　　A——立柱的毛截面面积（mm²）。

注：在计算荷载设计值时，恒荷载应按标准值乘以荷载分项系数1.2；活荷载应按标准值乘以可变荷载分项系数1.4。

2. 高空悬挂移动脚手架设计计算方法

高空悬挂移动脚手架的使用应根据现场实际作业条件，包括作业面积、作业高度、上部结构情况以及场地条件等进行专项设计。架体本身应确保承载可靠与使用安全的要求，构成架体的材料应选用轻质材料，底部及侧框架纵横梁应具有相应刚度，底部框架纵梁应满足于移动状态主梁两端挑出部分的承载要求。悬挂脚手架上方的工程结构构件应满足所承担吊点在各种工况下承载力要求。

（1）高空悬挂移动脚手架的设计计算项目主要包括：

1）构成架体框架的主梁、次梁的抗弯承载力计算。

2）架体立柱强度及稳定性验算。

3）吊挂钢丝绳的受力计算。

（2）计算荷载包括：

脚手架的荷载包括脚手架自重、施工材料荷载、施工人员荷载和吊装荷载以及风荷载。按6m三跨架体形式（图11-142），其中，脚手架自重可按0.35kN/m²计算；施工材料荷载是指施工中在架体内堆放的所需材料的重量，可按9kN计算；施工人员荷载，按工作状态6人（按6kN计算），高空移动状态5人考虑（按5kN计算）。吊装荷载考虑在工作状态下8个吊点，高空移动状态下4个吊点，并考虑最不利工况下吊绳受力不均匀时只有三点受力，每个吊点的荷载设计值为10kN。

综合上述分析，高空悬挂移动脚手架的荷载设计分为工作状态和高空移动状态两种情况，其工作状态下均布荷载设计值为15kN，移动状态下均布荷载设计值5kN，其中移动状态下的两边跨架体为悬挑结构，其末端的集中总荷载设计值为1.5kN。

在计算荷载设计值时，永久荷载应按标准值乘以荷载分项系数1.2；活荷载应按标准值乘以可变荷载分项系数1.4。

（3）高空悬挂移动脚手架主框架纵横梁与立柱的设计应包括在工作状态、初始滑移状态以及移动中间状态的承载力计算与稳定性验算。有关设计计算可参照行业标准《建筑施工工具式脚手架安全技术规范》JGJ202附着着升降脚手架与高处作业吊篮设计计算的相关规定。

11.7　卸料平台的设计与施工

11.7.1　概　　述

在施工过程中，为保证建筑结构施工材料的进出，常在建筑物外立面设置平台作为施工材料、器具、设备的周转平台，将无法用电梯、井架提运的大件材料、器具、设备用塔式起重机先吊运至卸料平台上，再转运至使用或安装地点。

目前常用的卸料平台分为采用钢管落地搭设的卸料平台和采用悬挑方式搭设的卸料平台，见图11-146。

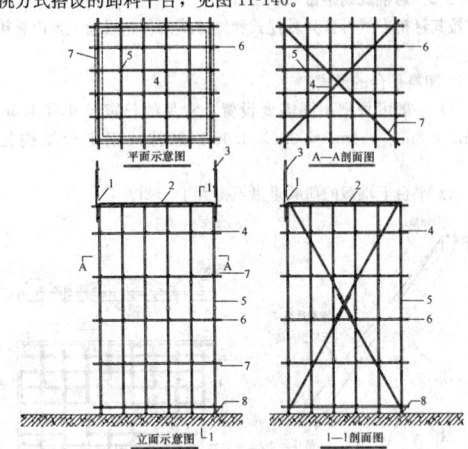

平面示意图　　　　　A—A剖面图

立面示意图　　　　　1—1剖面图

图11-146　落地搭设卸料平台示意图
1—挡脚板；2—竹笆板；3—防护栏杆；4—纵向水平杆；
5—立杆；6—横向水平杆；7—水平剪刀撑；8—垫木

11.7.2　材料规格及用途

11.7.2.1　材料规格

（1）落地搭设的卸料平台：一般采用 $\phi48\times3.5$ 钢管的扣件连接方式搭设，也可采用其他规格的钢管和碗扣式连接的方式搭设。平面板宜采用钢板或大于 1.8cm 厚的木质夹板。

（2）悬挑搭设的卸料平台：一般采用钢平台，钢平台的材料全部为 Q235，平台骨架一般由型钢和钢板焊接而成，平面板宜采用花纹钢板，拉索、保险钢丝绳的直径不小于 20mm。

11.7.2.2　用途

卸料平台是作为施工材料、器具、设备垂直运输的周转平台，它可以灵活地适用于各类施工工地。

（1）落地搭设的卸料平台常用于多层建筑物的施工中。

（2）悬挑搭设的卸料平台一般用于高层建筑物的施工中。

11.7.3　卸料平台的形式及构造要求

11.7.3.1　落地式脚手架搭设的卸料平台

1. 卸料平台的形式

（1）一般情况下，搭设高度不宜超过 12m，高宽之比控制在 2.5：1 以内，面积一般不超过 6m×6m=36m²。

（2）单位面积的荷载应控制在 4kN/m²，集中荷载不大于 10kN，原则上总荷载不能大于 20kN。

2. 构造要求

（1）立杆的间距宜为 600～900mm，步高宜在 1.5～1.8m 之间。

（2）外侧四个立面由底至顶连续设置剪刀撑。

（3）水平剪刀撑间距不大于 4.0m。

（4）拉结点应直接和建筑物结构连接，每层设置。连接采用刚性连接。形式可选用埋件、钢管直接抱箍。钢管抱箍与结构柱之间需用防滑垫木顶紧，避免抱箍因受力不均产生滑动。拉结杆必须与平台立杆牢固扣接，且拉结点与平台主结点之间的距离不大于 2000mm；拉结杆与柱抱箍用旋转扣件扣牢。拉结方式如图 11-147

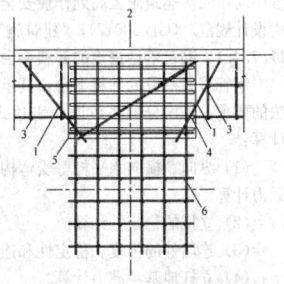

图11-147　落地搭设卸料平台拉结点示意
1—拉结杆；2—建筑物（墙体）；3—脚手架；4—木格栅；5—过桥板；6—卸料平台

所示。

11.7.3.2 悬挑式钢平台

按其悬挑方式可分为悬挂式和斜撑式两种，目前主要以悬挑式为主。

1. 卸料平台的形式

（1）一般可根据不同需要设置，常见的长宽尺寸有 4.5m×2.4m、4.8m×2.4m、5.0m×1.6m；悬挂式钢平台结构见图 11-148。

（2）平台上堆载的荷载重量不得大于 1.2t。

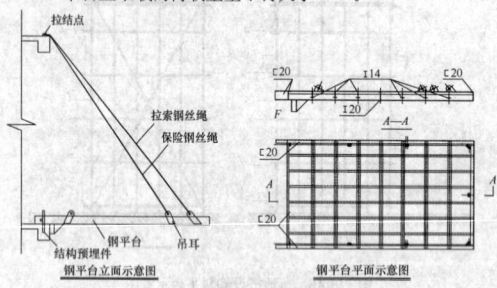

图 11-148 悬挂式钢平台结构示意图

2. 构造要求

应满足《建筑施工扣件式钢管脚手架安全技术规范》（JGJ 130）、《建筑施工安全检查标准》（JGJ 59）、《建筑施工高处作业安全技术规范》（JGJ 80）的相关规定。

（1）平台要求

应设置 4 个经过验算的吊环，吊运平台时应使用卡环，不得使吊钩直接钩挂吊环。吊环应用甲类 3 号沸腾钢制作。吊耳详图见图 11-149。

图 11-149 悬挂式钢平台吊耳详图

（2）拉索钢丝绳要求

斜拉杆或钢丝绳，构造上宜两边各设前后两道，两道中的每一道均应作单道受力计算。

（3）围护栏杆要求

平台三面均应设置防护栏杆，当需要吊运长度超过卸料平台的材料时，其端部护栏可做成格栅门。人员上卸料平台时，必须采取可靠的安全防护措施。

3. 材料要求

制作卸料平台的钢材应采用国家标准材料，制作严格，按图施工，尺寸正确，点焊接点牢固，达到安全防护之目的。

11.7.4 卸料平台的设计

由于卸料平台的悬挑长度和所受荷载都远大于挑脚手架，故必须严格地进行设计和验算，并按设计要求进行加工和安装。设计过程中需参照《建筑施工高处作业安全技术规程》（JGJ 80）、《钢结构设计规范》（GB 50017）、《建筑施工安全检查标准》（JGJ 59）。

11.7.4.1 钢管落地搭设的卸料平台

钢管落地搭设的卸料平台，其承载能力应按概率极限状态设计法的要求，采用分项系数设计表达式进行设计。应进行下列设计计算：

（1）纵向、横向水平杆等受弯构件的强度和连接扣件的抗滑承载力计算。

（2）立杆的稳定性计算。

（3）连墙件的强度、稳定性和连接强度的计算。

（4）立杆地基承载力计算。

（5）平台面板厚度及刚度计算。

11.7.4.2 悬挑搭设的卸料平台

悬挑式钢平台可用槽钢作次梁与主梁，上铺厚度不小于 50mm

的木板，并以螺栓与槽钢相固定。荷载设计值与强度设计值的取用按《建筑施工高处作业安全技术规程》（JGJ 80）附录。钢丝绳的取用应按现行的《结构安装工程施工操作规程》YSJ 404 的规定执行。杆件计算可按下列步骤进行。

（1）次梁计算：

1）恒荷载（永久荷载）中的自重，采用 10 号槽钢时以 100N/m 计、铺板以 400N/m² 计；施工活荷载（可变荷载）以 1500N/m² 计。按次梁承受均布荷载考虑，采用式（11-85）计算弯矩。

$$M = \frac{1}{8}ql^2 \qquad (11-86)$$

当次梁带悬臂时，按下式计算弯矩：

$$M = \frac{1}{8}ql^2(1-\lambda^2)^2 \qquad (11-87)$$

式中 λ——悬臂比值，$\lambda=m/l$；

m——悬臂长度（m）；

l——次梁两端搁置点间的长度（m）。

2）以上弯矩值按式（11-88）计算次梁抗弯强度。

$$M \leqslant W_n f \qquad (11-88)$$

式中 M——上杆的弯矩（N·m）；

W_n——上杆净截面抵抗矩（cm³）；

f——上杆抗弯强度设计值（N/mm²）。

（2）主梁计算：

1）按外侧主梁以钢丝绳吊点作支承点计算。为安全计，按里侧第二道钢丝绳不起作用，里侧槽钢亦不起作用计算。将次梁传递的恒荷载和施工活荷载，加上主梁自重的恒荷载，按式（11-86）计算外侧主梁弯矩值。主梁采用 20 号槽钢时，自重以 260N/m 计。当次梁带悬臂时，先按式（11-89）计算次梁所传递的荷载；再将此荷载换算为等效均布荷载设计值，加上主梁自重的荷载设计值，按式（11-86）计算外侧主梁弯矩值：

$$R_外 = \frac{1}{2}ql(1+\lambda)^2 \qquad (11-89)$$

式中 $R_外$——次梁搁置于外侧主梁上的支座反力，即传递于主梁的荷载（N）。

2）将上面弯矩值按式（11-88）计算外侧主梁弯曲强度。

（3）钢丝绳验算：

1）为安全计，钢平台每侧两道钢丝绳均以一道受力作验算。钢丝绳按下式计算其所受拉力：

$$T = \frac{ql}{2\sin\alpha} \qquad (11-90)$$

式中 T——钢丝绳所受拉力（N）；

q——主梁上的均布荷载标准值（N/m）；

l——主梁计算长度（m）；

α——钢丝绳与平台面的夹角：当夹角为 45°时，$\sin\alpha$=0.707；为 60°时，$\sin\alpha$=0.866。

2）以钢丝绳拉力按下式验算钢丝绳的安全系数 K：

$$K = \frac{F}{T} \geqslant [K] \qquad (11-91)$$

式中 F——钢丝绳的破断拉力，取钢丝绳的破断拉力总和乘以换算系数（N）；

$[K]$——作吊索用钢丝绳的法定安全系数，定为 10。

11.7.5 卸料平台的施工

（1）采用扣件式钢管脚手架，平台搭设、拆除及使用过程中的技术要求必须符合《建筑施工扣件式钢管脚手架安全技术规范》（JGJ 130）中的相关规定要求。

（2）卸料平台应设置在有大开孔的部位，台面与楼板取平或搁置在楼板上。

（3）悬挑搭设的卸料平台在建筑物的垂直方向应错开设置，不得设在同一平面位置上，以避免上层的卸料平台阻碍其下层卸料平台吊运物品材料。

（4）卸料平台搭设完成，必须经过安全验收，挂牌后才能正式使用。

11.7.5.1 钢管落地搭设的卸料平台

1. 搭设

(1) 地基：处理应牢固可靠，要满足计算承载力的要求，并设置垫木或型钢。应铺设平稳，不能有悬空。

(2) 搭设顺序：严格按照方案要求进行搭设。

(3) 材质要求：严禁将不同外径的钢管混合使用。

(4) 立杆搭设要求：相邻立杆的对接扣件不得在同一高度内，错开距离应符合《建筑施工扣件式钢管脚手架安全技术规范》(JGJ 130) 的相关规定；当搭至有连墙件的构造点时，在搭设完该处的立杆、纵向水平杆、横向水平杆后，应立即设置连墙件。

(5) 横杆搭设要求：应符合《建筑施工扣件式钢管脚手架安全技术规范》(JGJ 130) 中的相关规定。架横向水平杆的靠墙一端至墙装饰面的距离不宜大于 2000mm。

(6) 纵向、横向扫地杆搭设应符合《建筑施工扣件式钢管脚手架安全技术规范》(JGJ 130) 规范的相关构造规定。

(7) 连墙件、剪刀撑、横向斜撑等的搭设应符合下列规定：

1) 连墙件搭设应符合《建筑施工扣件式钢管脚手架安全技术规范》(JGJ 130) 规范 6.4 节的构造规定。施工操作层不应超出楼层的顶部。

2) 剪刀撑、横向斜撑搭设应符合《建筑施工扣件式钢管脚手架安全技术规范》(JGJ 130) 规范第 6.6 节的规定，并应随立杆、纵向和横向水平杆等同步搭设，各底层斜杆下端均必须支承在垫块或垫板上。

(8) 扣件安装应符合下列规定：

1) 扣件规格必须与钢管外径 (ϕ48 或 ϕ51) 相同。

2) 螺栓拧紧扭力矩不应小于 40N·m，且不应大于 65N·m。

3) 在主节点处固定横向水平杆、纵向水平杆、剪刀撑、横向斜撑等用的直角扣件、旋转扣件的中心点的相互距离不应大于 150mm。

4) 对接扣件开口应朝上或朝内。

5) 各杆件端头伸出扣件盖板边缘的长度不应小于 100mm。

(9) 搭设时要及时与建筑物结构拉结，或采用临时支顶，以确保搭设过程中的安全，并随搭随校正杆件的垂直度和水平偏差，同时适度拧紧扣件，螺栓的根部要放正，当用力矩扳手检查，应在 40~50N·m 之间，最大不能超过 80N·m。连接杆的对接扣件，开口应朝架子内侧，螺栓要向上，以防雨水进入。

(10) 拉结杆安装时必须避开脚手架各杆件（无联结），防止脚手架受到附加外力，影响脚手架体系的安全。

2. 验收、维护和管理

(1) 卸料平台搭设完成必须按照《建筑施工安全检查标准》(JGJ 59) 以及《建筑施工高处作业安全技术规范》(JGJ80) 的有关内容进行检查，验收合格后方可使用。

(2) 卸料平台应设专人管理，定期维护：对卸料平台的杆件、扣件等定期检测，发现松动及时加固。

(3) 卸料平台必须挂设限载牌，严格按照其要求限载堆放。

3. 拆除

(1) 架子拆除时应划分作业区，周围设置围栏或竖立警戒标志。

(2) 拆除顺序应遵循由上而下、先搭后拆、后搭先拆的原则。即先拆脚手板、斜拉杆，后拆横杆、纵杆、立杆等，并按一步一清的原则依次进行，要严禁上下同时进行拆除作业。

(3) 拆立杆时，应先抱住立杆再开最后两个扣。

(4) 连墙件应随拆除进度逐层拆除。

(5) 拆除时如附近有外电线路，要采取隔离措施，严禁架杆接触电线。

(6) 拆下的材料，应用绳索拴住，利用滑轮徐徐下运，严禁抛掷，运至地面的材料应按指定地点，随拆随运，分类堆放，当天拆当天清，拆下的扣件或钢丝要集中回收处理。

11.7.5.2 悬挑搭设的卸料平台

1. 搭设

(1) 挑式钢平台的搁置点与上部拉结点，必须位于建筑物上，不得设置在脚手架等施工设备上。

(2) 钢平台加工制作完成，必须经过验收合格，方可安装使用。

(3) 平台安装时，钢丝绳应采用四角四根拉设，每根的承载力不小于设计计算值；卸卡和夹具应采用定型的专业产品。建筑物锐角利口围系钢丝绳处应加衬软垫物，钢平台外口应略高于内口。

(4) 搭设完成必须按照《建筑施工高处作业安全技术规范》(JGJ 80) 的有关内容进行检查，验收合格后方可使用。

2. 验收、周转使用、维护

(1) 平台吊装翻转时，需将横梁支撑点电焊固定，接好钢丝绳，调整完毕，经过检查验收，方可松卸起重吊钩，进行上翻操作。

(2) 每次安装完毕必须经过安全验收合格方可使用。使用过程中必须挂设限载牌，严格按照其要求限载堆放。

(3) 卸料平台应设专人管理，定期维护，发现问题及时整改加固。

3. 拆除

(1) 钢平台的拆除过程与安装过程相反。

(2) 钢平台拆除前必须将钢平台上物料清除干净，同时拆除时在吊车未吊住钢平台前不允许松卸钢丝绳。吊车将钢平台吊紧后方可松卸钢丝绳并拆除钢平台与预埋钢管的连接。

(3) 拆除钢平台时，地面应设围栏和警戒标志，并派专人看守，严禁非操作人员入内。

11.7.6 卸料平台的安全施工要求

(1) 卸料平台搭设和制作的各种材料，必须符合规范要求，不合格的材料严禁使用。

(2) 钢管式卸料平台在搭设之前，确定搭设位置已清理，尽量避开外防护架的剪刀撑，以防通道与剪刀撑冲突。

(3) 工人在搭设钢管式卸料平台时，应严格按照技术交底和安全操作规程进行作业，夜间施工必须有足够照明。

(4) 搭设完毕后，必须由生产部门组织，技术、质量、安全等部门相关人员参加，按要求对平台进行验收，合格后方可投入使用，并填写必要的资料。

(5) 钢管式卸料平台在向上搭设时，必须由专人监督，按技术交底和安全操作规程要求进行拆改，搭设到需要的高度时，同样必须经过验收合格后，方可投入使用。

(6) 悬挑式卸料平台制作过程中，严格按照技术交底和操作规程进行作业，焊缝的长度、高度和强度必须满足规范要求。制作完毕后，必须由生产部门组织技术、质量、安全等部门相关人员参加，对平台进行验收，合格后方可投入使用。

(7) 悬挑式卸料平台在首次吊装时，生产、技术、质量、安全等相关人员必须到场，对吊装和安装过程进行监控，信号工、塔式起重机司机和安装工人紧密配合，严格按照操作规程作业。在吊装就位、钢丝绳拉紧后，要对平台和各种相关防护进行验收，并做荷载试压试验，合格后方可投入使用，并填写必要的资料。平台在倒运过程中，必须由专人进行监督，按照安全操作规程进行作业，安装就位后，必须再次经过验收合格，方可投入使用。

(8) 吊装时，利用平台四角的吊环将平台吊至安装位置，平行移动使主龙骨工字钢穿过外防护架（注意不要磕碰外防护架）就位，使定位角卡在结构边梁上（角钢下垫软物），然后拉结受力钢丝绳和保险绳，两道受力钢丝绳受力平衡后，慢慢放下平台，确认钢丝绳受力后，松去塔式起重机吊绳。钢绳要有防剪切保护，钢绳穿墙杆必须双垫双帽，平台倒运时，先用塔式起重机将平台四角吊起，使平台拉结钢丝绳松弛、拆卸，然后慢慢平行向外移动，待平台工字钢完全伸出外防护架后，再向上吊装。向上吊装时，平台严禁上人。

(9) 施工负责人要组织相关人员定期和不定期的检查，掌握平台的使用、维护情况，尤其是在大风大雨过后，要对卸料平台进行检查，对不合格的部位进行修复或更换，合格后方可继续使用。

(10) 平台上要挂设限重标牌，标明吨位和卸料数量，严禁超载或长期堆放材料，随堆随运；堆放材料高度不得超过平台护栏高度；工人限数 1~2 人，严禁将平台作为休息平台。

11.8　脚手架工程的绿色施工

脚手架总的趋势是向着轻质高强结构、标准化、装配化和多功能方向发展。材料由木、竹发展为金属制品；搭设工艺将逐步采用组装方法，尽量减少或不用扣件、螺栓等零件；脚手架的主要杆件，不宜采用木、竹材料。其材质宜采用强度高、重量轻的薄壁型钢、铝合金制品等。

随着我国大量现代化大型建筑体系的出现，应大力开发和推广应用新型脚手架。其中新型脚手架是指碗扣式脚手架、门式脚手架；在桥梁施工中推广应用方塔式脚手架；在高层建筑施工中推广整体爬架和悬挑式脚手架。

各地有关部门首先应制定政策鼓励施工企业采用新型脚手架，尤其是高大空间的脚手架，保证施工安全，避免使用扣件式钢管脚手架，尽快淘汰竹（木）脚手架。同时对扣件式钢管脚手架和碗扣式脚手架的产品质量及使用安全问题，应大力开展整治工作，引导施工企业采用安全可靠的新型脚手架。插销式脚手架是国际主流脚手架，这种脚手架结构合理，技术先进，安全可靠，当前在国内一些重大工程已得到大量应用。

脚手架工程的绿色施工应以扩大使用功能及其应用的灵活程度为方向。各种先进的脚手架系列已不仅是局限于满足搭设几种常用的脚手架，而是作为一种常备的多功能的施工工具设备，力求适应现代施工各个领域中不同项目的要求和需要。

努力提升脚手架的环保要求，成立制作、安装、拆除一体化与专业化的脚手架承包公司等。

11.9　脚手架工程的安全技术管理

11.9.1　脚手架安全管理工作的基本内容

(1) 制定对脚手架工程进行规范管理的文件（规范、标准、工法、规定等）。

(2) 编制施工组织设计、技术措施以及其他指导施工的文件。

(3) 建立有效的安全管理机制和办法。

(4) 对脚手架搭、拆操作人员（上岗资格、安全装备、必要培训）进行管理。

(5) 脚手架各类构配件质量控制。

(6) 对脚手架搭、拆和使用过程中对周边环境影响因素的控制。

(7) 对影响脚手架使用安全因素的控制。

(8) 搭设过程中的安全监管。

(9) 检查验收的实施措施。

(10) 及时处理和解决施工中所发生的问题。

(11) 施工总结。

11.9.2　防止事故发生的措施

脚手架设计必须确保脚手架的构架和防护设施达到承载可靠和使用安全的要求。在编制施工组织设计、技术措施和施工应用中，必须对以下方面作出明确的安排和规定。

(1) 对脚手架杆配件的质量和允许缺陷的规定。

(2) 脚手架的构架方案、尺寸以及对控制误差的要求。

(3) 连墙点的设置方式、布点间距，对支承物的加固要求（需要时）以及某些部位不能设置时的弥补措施。

(4) 在工程体型和施工要求变化部位的构架措施。

(5) 作业层铺板和防护的设置要求。

(6) 对脚手架中荷载大、跨度大、高空间部位的加固措施。

(7) 对搭设人员安全的保障措施。

(8) 对实际使用荷载（包括架上人员、材料机具以及多层同时作业）的限制。

(9) 对施工过程中需要临时拆除杆部件和拉结件的限制，以及在恢复前的安全弥补措施。

(10) 安全网及其他防（围）护措施的设置要求。

(11) 脚手架地基或其他支承物的技术要求和处理措施。

(12) 与其他施工设备、设施交接处的加固和封闭措施。

(13) 避免受其他施工设备，尤其是大型施工机械影响的措施。

(14) 临街搭设脚手架时，外侧应有防止坠物伤人的防护措施。

(15) 在脚手架上进行电、气焊作业时，必须有防火措施。

(16) 脚手架接地、避雷措施。

11.9.3　脚手架工程技术与安全管理措施

(1) 施工企业和现场项目部必须加强以确保安全为基本要求的规范管理，健全规章制度、制定相应的管理细则和配备相应的管理人员、制止和杜绝违章指挥和违章作业、尽快完善有关脚手架方面的施工安全标准。

(2) 施工企业和现场项目部必须完善防护措施和提高施工人员、管理人员的自我保护意识和素质。

(3) 加强脚手架工程的技术与管理中值得注意的问题：

1) 高层、超高层以及复杂体型的建筑大量出现，对脚手架设计和应用提出了更高的要求。对于这些高难度工程，不能仅仅满足规范的基本要求和依靠过去的传统做法来应用脚手架，必须根据工程具体形式、使用要求和使用环境来进行针对性的设计，并让施工和管理人员充分掌握其搭设和使用要求。

2) 对于首次使用的高、难、新脚手架，在周密设计的基础上，还需要进行必要的型式试验，检验其承载能力和安全储备，在确保可靠后才能正式使用。

3) 对于高层、高耸、大跨建筑以及有其他特殊要求的脚手架，由于在安全防护方面的要求相应提高，因此，必须对其设置、构造和使用要求加以严格的限制，并认真监控。

4) 按提高综合管理水平的要求，除了技术的可靠性和安全保证性外，还要考虑进度、工效、材料的周转与消耗等综合性管理要求。

5) 对已经落后或较落后的脚手架形式的更新要求。比如，近年来，我国多个省市已对竹脚手架的使用范围作出了限制或禁止使用，仍在使用竹脚手架的地区应认真调研，严格规定，慎重使用。

12 吊装工程

12.1 吊装工程特点及基本要求

12.1.1 吊装工程特点

吊装工程是施工结构装配式部分的主要工序。所谓结构的装配式部分，是指建筑物的某些构件在工厂或施工现场预制成各个单体构件或单元，然后利用起重机械按图纸要求在施工现场完成组装。与现浇钢筋混凝土结构施工方法相比，它具有设计标准化、构件定型化、生产工厂化、安装机械化的优点，是建筑业施工现代化的重要途径之一。

目前，超高层、大跨度钢结构的施工在我国比比皆是，吊装工程的突出特点可总结为：

(1) 为减少吊装次数，吊装构件朝大型化、单元化发展。

(2) 吊装构件受力复杂。在构件安放和起吊过程中，其受力的大小、性质不断改变，因而须对构件在施工全过程中的承载力和变形进行验算，并采取相应的措施。

(3) 构件预制和拼装质量要求严格。构件制作的外观尺寸及吊装单元的拼装精度是否达到设计要求，将直接影响安装的效率。

12.1.2 吊装基本要求

(1) 必须编制吊装作业施工组织设计，并应充分考虑施工现场的环境、道路、架空电线等情况。作业前应进行技术交底；作业中，未经技术负责人批准，不得随意更改。

(2) 起重吊装操作人员必须身体健康，凭证上岗，作业时应穿防滑鞋、戴安全帽，高处作业应佩挂安全带，并应系挂可靠和严格遵守高挂低用的规定。

(3) 吊装作业区四周应设明显标志，严禁非操作人员入内，夜间施工须有足够照明。

(4) 绑扎所用的吊索、卡环、绳扣等的规格应按计算确定。起吊前，应对起重机钢丝绳及连接部位和索具设备进行检查。

(5) 吊装大、重、新结构构件和采用新的吊装工艺时，应先进行试吊，确认无问题后，方可正式起吊。

(6) 高空吊装屋架、梁和斜吊法吊装柱时，应在构件两端绑扎溜绳，由操作人员控制构件的平衡和稳定。

(7) 构件吊装和翻身扶直时的吊点必须符合设计规定。异形构件或无设计规定时，应经计算确定，并保证使构件起吊平稳。

(8) 开始起吊时，应先将构件吊离地面200～300mm后停止起吊，并检查起重机的稳定性、制动装置的可靠性、构件的平衡性和绑扎的牢固性等，待确认无误后，方可继续起吊。已吊起的构件不得长久停滞在空中。

(9) 起吊时不得忽快忽慢和突然制动。回转时动作应平稳，当回转未停稳前不得做反向动作。

(10) 起吊过程中，在起重机行走、回转、俯仰吊臂、起落吊钩等动作前，起重司机应鸣声示意。一次只宜进行一个动作，待前一动作结束后，再进行下一动作。

(11) 因故（天气、下班、停电等）对吊装中未形成空间稳定体系的部分，应采取有效的加固措施。

(12) 对起吊物件进行移动、吊升、停止、安装时的全过程应用旗语或通用手势信号进行指挥，信号不明不得起动，上下相互协调联系应采用对讲机。

12.2 起重设备选择

进行起重设备选择时，主要考虑以下几个因素：

(1) 场地环境。要根据现场的施工条件，包括道路、邻近建筑物、障碍物等，来确定选择起重设备的类型。

(2) 安装对象。要根据待安装对象的高度、半径和重量来确定起重设备。

(3) 起重性能。要根据起重机的主要技术参数确定起重设备的选型。

(4) 资源情况。要根据自有设备和市场的实际情况来选择起重设备。

(5) 经济效益。要根据工期、整体吊装方案等综合考虑经济效益来决定起重设备的类型和大小。

12.2.1 塔式起重机

12.2.1.1 塔式起重机的选择原则

1. 塔式起重机的分类和特点

按架设方式、变幅方式、回转方式、起重量大小，塔式起重机可分为多种类型，其分类和相应的特点见表12-1。

塔式起重机的分类和特点　　　　表 12-1

分类方法	类型	特　点
按架设方式	轨道行走式	底部设行走机构，可沿轨道两侧进行吊装，作业范围大，非生产时间少，并可替代履带式和汽车式等起重机。需铺设专用轨道，路基工作量大、占用施工场地大
	固定式	无行走机构，底座固定，能增加标准节，塔身可随施工进度逐节提高。缺点是不能行走，作业半径较小，覆盖范围很有限
	附着自升式	须将起重机固定，每隔16～36m设置一道锚固装置与建筑结构连接，保证塔身稳定性。其特点是可自行升高，起重高度大、占地面积小。需增设爬架，对建筑结构会产生附加力，必须进行相关验算并采取相应的施工措施
	内爬式	特点是塔身长度不变，底座通过附着架支承在建筑物内部（如电梯井等），借助爬升系统随着结构的升高而升高，一般每隔1～3层爬升一次。优点是节约大量塔身，体积小，既不需要铺设轨道，又不占用施工场地；缺点是对建筑物产生较大的附加力，附着所需的支承架及相应的预埋件有一定的用钢量；工程完成后，拆除下楼需要辅助起重设备
按变幅方式	动臂式	当塔式起重机运转受周围环境的限制，如邻近的建筑物、高压电线的影响以及群塔作业条件下，塔式起重机运转空间比较狭窄时，应尽量采用动臂式塔式起重机，起重灵活性更好。塔臂采用"杆"结构，相对于平臂"梁"结构稳定性更好。因此，常规大型动臂式塔式起重机起重能力都能够达到30～100t，有效解决了大起重能力的要求
	平臂式	小车变幅式的起重小车在臂架下弦杆上移动，变幅就位快，可同时进行变幅、起吊、旋转三个作业。由于臂架平直，与变幅形式相比，起重高度的利用范围受到限制
按回转方式	上回转式	回转机构位于塔身顶部，驾驶室位于回转台上部，司机视野广。均采用液压顶升接高（自升）、平臂小车变幅装置。通过更换辅助装置，可改成固定式、轨道行走式、附着自升式、内爬式等，实现一机多用
	下回转式	回转机构在塔身下部，塔身与起重臂同时旋转。重心低，运转灵活，伸缩塔身可自行架设，采用整体搬运，转移方便
按起重量	轻型	起重量0.5～3t
	中型	起重量3～5t
	重型	起重量15～40t

2. 塔式起重机的选型

塔式起重机的选型见表12-2。

塔式起重机的选型 表 12-2

结构形式	常用塔式起重机类型	说　明
普通建筑	固定式	因不能行走，作业半径较小，故用于高度及跨度都不大的普通建筑施工
大跨度场馆	轨道行走式	因可行走，作业范围大，故常用于大跨度、体育场馆及长度较大的单层工业厂房的钢结构施工
高层建筑	附着自升式	因通过增加塔身标准节的方式可自行升高，故常用于高度在100m左右的高层建筑施工。国内使用的附着自升式塔式起重机多采用平臂式设计
超高层建筑	内爬式	常规的附着自升式塔式起重机，塔身最大高度只能达到200m左右。 内爬式因塔身高度固定，依赖爬升框固定于结构，与结构交替上升。特别适用于施工现场狭窄的200m以上的超高层施工。 与附着自升式相比，内爬式不占用建筑外立面空间，使得幕墙等围护结构的施工不受干扰。 国内内爬式起重机多采用平臂式设计，国外产品多为动臂式

12.2.1.2 塔式起重机相关计算

1. 塔式起重机基础计算

塔式起重机的基础是保证起重机正常工作的前提，根据起重机类型不同，基础形式主要有：轨道基础（轨道行走式塔式起重机）、钢筋混凝土基础（固定式塔式起重机）、支撑架（附着自升式、内爬式塔式起重机）。安装前，需根据塔式起重机的作用特点设计计算。

固定式塔式起重机一般宜采用钢筋混凝土基础，其常用的形式有整体式（如X形整体式、整体式方块基础）、分离式（如双条块分离式、四块分离式）、灌注桩承台式等。表12-3为几种常用固定式混凝土基础特点及适用范围。

几种常用固定式混凝土基础特点及适用范围 表 12-3

名称	构造特点	适用范围	图例
X形整体基础	形状及平面尺寸大致与塔式起重机X形底架相似，起重机底架通过预埋地脚螺栓固定	多用于轻型自升式塔式起重机	
长条形基础	由两条或四条并列平行的钢筋混凝土底架组成，支撑起重机底架的四个支腿	多用于直接安装在原有混凝土地面上的塔式起重机	
分块式基础	由四个独立的钢筋混凝土块体组成，支撑起重机底架的四个支腿，块体的构造尺寸视底架支反力及地耐力而定	构造简单，混凝土及钢筋用量少。适用于设置于建筑物外部的塔式起重机基础或装有行走底架但无台车的基础	

续表

名称	构造特点	适用范围	图例
独立式整体基础	通过塔身基础节、预埋塔身框架等将塔身固定在混凝土基础上，将上部荷载传递到地基上。对塔身嵌固作用好，可防整机倾覆	适用于无底架固定自升式塔式起重机	 1—预埋塔身标准节； 2—钢筋； 3—架设钢筋

（1）分离式基础验算

1）确定基础预埋深度

根据施工场地的地基情况而定，一般塔式起重机基础埋设深度为1~1.5m。

2）基础面积 F 的估算

塔式起重机所需基础的底面积 F 按地基需用承载力估算如下：

$$F = \frac{N+G}{[\sigma_d] - \gamma_d \cdot d} \qquad (12\text{-}1)$$

式中　N——每个基础承担的垂直载荷；

　　　G——基础自重，可按 $0.06N$ 估算；

　　$[\sigma_d]$——地基容许承载力（具体取值需根据地质报告确定），常用灰土处理后的地基承载力为 200kN/m^2；

　　　γ_d——20kN/m^3；

　　　d——基础埋深（从基础顶面到地面高度，m）。

3）基础平面尺寸的确定

当基础浇筑成正方形，其边长为：

$$a = \sqrt{F} \qquad (12\text{-}2)$$

4）初步确定基础高度

按 KTNC 公式估算：

$$H = x(a - a_0) \qquad (12\text{-}3)$$

式中　x——系数，取为 0.38；

　　　a——基础的边长；

　　　a_0——柱顶垫板的边长。

基础的有效高度：

$$h_0 = H - \delta$$

式中　δ——基础配筋的保护层厚度，一般不少于70mm。

5）验算混凝土基础的冲切强度

混凝土基础的冲切强度应满足下式

$$\sigma_t < \frac{R_L A_2}{k \cdot A_1} \qquad (12\text{-}4)$$

式中　σ_t——垂直载荷在基础底板上产生的应力，$\sigma_t = \frac{N}{a^2}$；

　　　R_L——混凝土抗拉强度；

　　　k——安全系数，一般取 1.3；

　　　A_1——当 $a \geqslant a_0 + 2h_0$ 时，$A_1 = \left(\frac{a}{2} - \frac{a_0}{2} - h_0\right) \cdot a - \left(\frac{a}{2} - \frac{a_0}{2} - h_0\right)^2$；当 $a < a_0 + 2h_0$ 时，$A_1 = \left(\frac{a}{2} - \frac{a_0}{2} - h_0\right) \cdot a$；

　　　A_2——当 $a \geqslant a_0 + 2h_0$ 时，$A_2 = (a_0 + h_0)h_0$；当 $a < a_0 + 2h_0$ 时，$A_2 = (a_0 + h_0)h_0 - \left(h_0 + \frac{a_2}{2} - \frac{a}{2}\right)^2$。

当 $\sigma > \frac{0.75R_2 A_2}{k \cdot A_1}$ 时，需要放大 H 重新确定基础高度，一般为便于施工以 50mm 为单位放大。

6）配筋计算

地基反力对基础底板产生的弯矩 M：

$$M = \frac{\sigma_t}{24}(a - a_0)^2(2a + a_0) \qquad (12\text{-}5)$$

所需钢筋截面面积 F_g 为：

$$F_g = \frac{k \cdot M}{\sigma_s \times 0.875 h_0} \tag{12-6}$$

式中　k——安全系数，取为 2.0；

　　　σ_s——钢筋屈服强度。

所配钢筋面积尚应满足以下要求：

$$\frac{F_g}{a \cdot H} > 0.15\% \tag{12-7}$$

（2）整体式基础计算

根据起重机在倾覆力矩作用下的稳定性条件和土壤承载条件确定基础的尺寸和质量，计算时不考虑和基础接触的侧壁的影响。

1）确定基础预埋深度

根据施工现场地基情况而定，一般塔式起重机基础埋设深度为 1～1.5m，但应注意须将基础整体埋住。

2）基础面积的估算

所需基础的底面积的估算见式（12-1），但此处 N 为基础承担的垂直载荷。

3）基础平面尺寸的确定

当基础浇筑为正方形时，应满足以下两个条件：

$$\frac{N + G + \gamma_d \cdot d \cdot a^2}{a^2} + \sigma_M < [\sigma_d] \tag{12-8}$$

$$\frac{N + G + \gamma_d \cdot d \cdot a^2}{a^2} - \varepsilon \cdot \sigma_M > 0 \tag{12-9}$$

式中　a——基础边长，可按式 $a = 1.4\sqrt{F}$ 初步估算；

　　　σ_M——由弯矩作用产生的压应力，$\sigma_M = \frac{M}{W_d}$；

　　　M——起重机的倾覆力矩（kN·m）；

　　　W_d——基础底面对垂直于弯曲作用平面的截面模量（m³），$W_d = \frac{1}{6}a^3$；

　　　ε——安全系数，取为 1.5。

4）初步确定基础高度

基础高度的初步确定，见式（12-3）。根据稳定性条件验算基础质量：

$$\frac{2M \cdot k}{a} < V \cdot \gamma \tag{12-10}$$

式中　M——起重机的倾覆力矩（kN·m）；

　　　a——基础边长（m）；

　　　k——最小稳定系数（空载时），不考虑惯性力、风力和离心力时，取为 1.4；

　　　V——基础体积（m³）；

　　　γ——混凝土的重度（kN/m³），$\gamma = 25$kN/m³。

5）验算基础抗冲切强度和配筋计算

同分离式基础，但在进行冲切强度验算时，式（12-4）中的安全系数 k 应取为 2.2。

2. 附着式塔式起重机的附着计算

附着式塔式起重机在使用过程中，常会出现超高使用或超附着距离使用，此时需对附着架重新计算，不能随意套用原设计。下面简要介绍其计算原则和计算步骤。

（1）附着方案制定

附着方案需根据最大附着高度（即最大悬臂高度）、附着距离等制定。一般地，设置 2～4 道锚固装置即可满足施工需要。第一道锚固装置约距基础表面 30～50m 处，此后每隔 16～25m 设一道锚固。重型塔式起重机的锚固间距可达 32～50m，甚至更大。图 12-1 代表某塔式起重机的附着方案。

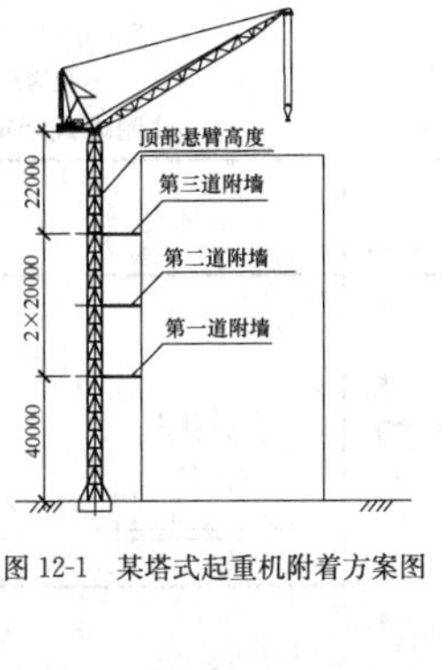

（2）塔身的内力及支反力计算

一般附着杆件可视为刚性约

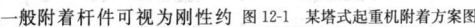

图 12-1　某塔式起重机附着方案图

束，因此可将塔身视为带一悬臂端的多支承连续梁，图 12-2 为其计算模型简图。具体计算方法参见本手册第 4 章施工常用结构计算内容。

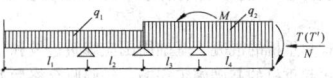

图 12-2　塔身内力及支反力计算简图

（3）附着杆的内力计算

附着杆的内力计算应考虑两种计算工况：

计算工况 1：塔式起重机满载工作，起重臂顺塔身 x-x 轴或 y-y 轴，风向垂直于起重臂，如图 12-3（a）所示。

计算工况 2：塔式起重机非满载工作，起重臂处于塔身对角线方向，风由起重臂吹向平衡臂，如图 12-3（b）所示。

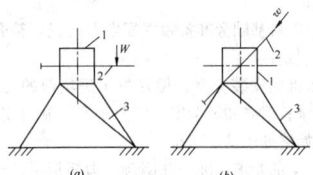

图 12-3　两种附着杆内力计算示例

(a) 计算工况 1；(b) 计算工况 2

1—锚固环；2—起重臂；3—附着杆；w—风力

可将附着杆视为二力杆件（即只考虑附着杆承受杆轴方向拉力或压力），按力矩平衡原理计算附着杆内力。

（4）附着杆设计

1）附着杆长细比计算

对于实腹式附着杆：

$$\lambda = \frac{l_0}{i} \tag{12-11}$$

式中　λ——附着杆长细比，不应大于 100；

　　　l_0——附着杆计算长度，取为附着杆的实际长度；

　　　i——附着杆截面的最小惯性半径。

对于格构式附着杆长细比计算，可参阅《钢结构设计规范》（GB 50017），此处从略。

2）稳定计算

$$\frac{N}{\varphi A} \le f \tag{12-12}$$

式中　N——附着杆所承受的轴向力，按使用说明书取用或由计算取得；

　　　A——附着杆的毛截面面积；

　　　φ——轴心受压构件的稳定系数，按《钢结构设计规范》（GB 50017）取用；

　　　f——钢材的抗拉强度设计值，按《钢结构设计规范》（GB 50017）取用。

12.2.1.3　外附塔式起重机的安装、附着、拆除

外附塔式起重机一般采用附着自升式，可为平臂式或动臂式塔式起重机。本节以平臂式塔式起重机为例，阐述外附塔式起重机的安装、附着及拆除技术。

1. 安装前基础准备

外附塔式起重机的塔身着地，由于塔身超高，基础竖向荷载较大，因此一般采用独立承台桩基础。混凝土基础应符合下列要求：

（1）混凝土强度等级不低于 C35；

（2）基础表面平整度允许偏差 1/1000；

（3）埋设件的位置、标高和垂直度以及施工工艺符合出厂说明书要求；

（4）当塔式起重机安装在建筑物基坑内底板上时，须对底板进行抗冲切强度验算，一般应加密纵横向配筋，并增加底板厚度；

（5）当塔式起重机安装在坑侧支护结构上，必须对支护结构的强度和稳定性进行验算，如不满足安全要求，须对支护结构进行加固；

（6）当塔式起重机安装在坑侧土地面上时，安装地点须与基坑保持一定安全距离，并应对坑侧土体进行抗滑动、抗倾覆验算和抗整体滑动验算，如不满足安全要求，须采取支护措施或采用桩基础；

（7）塔式起重机的混凝土基础周围应修筑边坡和排水设施；

（8）塔式起重机的基础施工完毕，经验收合格后方可使用。

2. 塔式起重机的安装

（1）安装准备工作

1）在塔式起重机基础周围，清理出场地，要求平整、无障碍物；

2）留出塔式起重机进出场和堆放场地，起重机、汽车进出道路及汽车式起重机安装位置，路基必须压实、平整；

3）塔式起重机安装范围内上空所有障碍物及临时施工电线必须拆除或改道；

4）塔式起重机基础旁准备独立配电箱一只，符合一机一闸一漏一箱一锁的规定；

5）按照审批的安装方案，做好员工进场前的三级安全教育，并做好书面记录；建立和健全安全应急预案，制定安全应急措施，确保安全工作始终处于受控状态；

6）按照方案的要求，准备好捯链、力矩扳手、气动扳手、起重用钢丝绳、吊环、电工工具、机修工具、经纬仪、铅垂仪、水准仪、水平管（尺）、对讲机、电焊机、楔铁、撬棍、麻绳、冲锤等工具，对进场起重设备和特殊工种人员进行报验。

（2）安装操作顺序

图 12-4 为某典型塔式起重机的组成示意图。对于外附式塔式起重机，初始安装高度一般较低，塔身只需安装到满足爬升套架工作需要的高度即可。

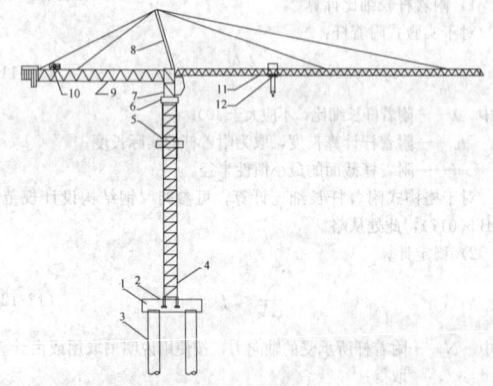

图 12-4 某典型塔式起重机组成示意图

1—承台基础；2—预埋基脚；3—桩基础；4—基础节和标准节；
5—套架总成；6—回转支承总成；7—驾驶室节总成；8—撑架
组件；9—平衡臂总成；10—起升机构；11—起重臂；12—小
车总成

在塔式起重机桩承台底筋绑扎完毕后，应及时预埋固定支脚并加校正框定位和埋设避雷接地镀锌角铁，在基础混凝土达到 70% 强度要求后，取下校正框，按照以下顺序进行安装。

1）安装基础节和标准节；

2）安装顶升套架，装好油缸、平台、顶升横梁及爬梯；

3）安装回转支承总成；

4）安装塔头总成附驾驶室；

5）安装平衡臂总成；

6）安装起重臂附变幅小车总成；

7）穿引变幅小车牵引钢丝绳、主卷扬机钢丝绳和吊钩；

8）安装平衡配重并锁牢；

9）安装电气系统通车试车，同时检查供电电源是否正常；

10）如果安装完毕后塔式起重机即投入使用，则必须按有关规定的要求调整好安全装置；

11）根据施工需要顶升；

12）调试各限位、限制器等安全保险装置；

13）验收合格后挂牌使用；

14）埋设附墙预埋件；

15）埋件混凝土强度达到设计强度的 80% 后开始安装塔式起重机附着装置；

16）塔式起重机一次顶升到自由高度；

17）重复 14）～16）步，塔式起重机逐步顶升。

（3）安装注意事项

1）塔式起重机安装工作应在塔式起重机最高处风速不大于 8m/s 时进行；

2）注意吊点的选择，根据吊装部件选用长度适当、质量可靠的吊具；

3）塔式起重机各部件所有可拆的销轴，塔身连接螺栓、螺母均是专用特制零件；

4）必须安装并使用安全和保护措施，如扶梯、平台、护栏等；

5）必须根据起重臂长，正确确定配重数量；

6）装好起重臂后，平衡臂上未装够规定的平衡重前，严禁起重臂吊载；

7）标准节的安装不得任意交换方位；

8）顶升前，应将小车开到规定的顶升平衡位置，起重臂转到引进横梁的正前方，然后用回转制动器将塔式起重机的回转锁锁；

9）顶升过程中，严禁旋转起重臂或开动小车使吊钩起升和放下；

10）标准节起升（或放下）时，必须尽可能靠近塔身。

3. 塔身附着

（1）锚固装置及形式

自升塔式起重机的塔身接高到设计规定的独立高度后，须使用锚固装置将塔身与建筑物拉结（附着），以减少塔身的自由高度，改善塔式起重机的稳定性。同时，可将塔身上部传来的力矩，以水平力的形式通过附着装置传给已施工的结构。

锚固装置的多少与建筑物高度、塔身结构、塔自由高度有关。一般设置 2～4 道锚固装置即可满足施工需要。进行超高层建筑施工时，不必设置过多的锚固装置。因为锚固装置受到塔身传来的水平力，自上而下衰减很快，所以随着建筑物的升高，在验算塔身稳定性的前提下，可将下部锚固装置周转到上部使用，以便节省锚固装置费用。

锚固装置由附着框架、附着杆和附着支座组成，如图 12-5 所示。塔身中心线至建筑物外墙之间的水平距离称为附着距离，多为 4.1～6m，有时大至 10～15m。附着距离小于 10m 时，可用三杆式或四杆式附着形式，否则宜采用空间桁架，见表 12-4。

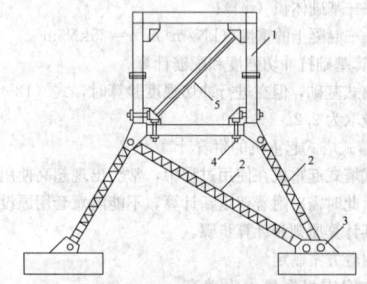

图 12-5 锚固装置的构造

1—附着框架；2—附着杆；3—支座；
4—顶紧螺栓；5—加强撑

外附塔式起重机附着形式示意　　表 12-4

附着形式	示意图
三杆式附着	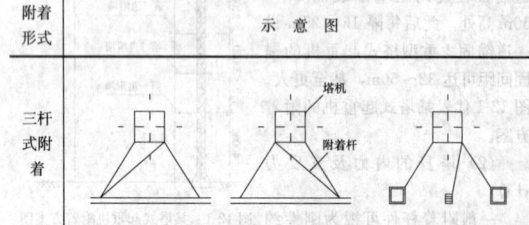

续表

附着形式	示意图
四杆式附着	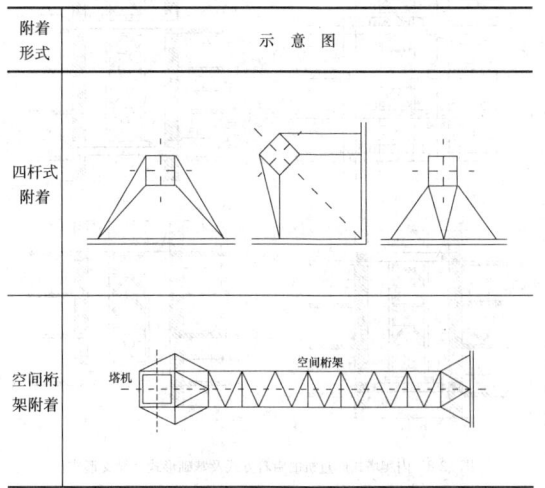
空间桁架附着	空间桁架 塔机

（2）锚固装置安拆注意事项

塔式起重机的附着（锚固装置）的安装与拆卸，应按使用说明书的规定进行，切实注意下列几点：

1）起重机附着的建筑物，其锚固点的受力强度应满足起重机的设计要求。附着杆的布置方式、相互间距和附着距离等，应按出厂使用说明书规定执行。有变动时，应另行设计。

2）装设附着框架和附着杆件，应采用经纬仪测量塔身垂直度，并应采用附着杆进行调整，在最高锚固点以下垂直度允许偏差为2/1000；在附着框架和附着支座布设时，附着杆倾斜角不得超过10°。

3）附着框架宜设置在塔身标准节连接处，箍紧塔身。塔架对角处在无斜撑时应加固。

4）塔身顶升接高到规定锚固间距时，应及时增设与建筑物的锚固装置。塔身高出锚固装置的自由端高度，应符合出厂规定。

5）起重机作业过程中，应经常检查锚固装置，发现松动或异常情况时，应立即停止作业，故障未排除，不得继续作业。

6）拆卸起重机时，应随着降落塔身的进程拆除相应的锚固装置。严禁先拆锚固装置，再逐节拆卸塔身，以避免突然刮大风造成塔身扭曲或倒塌事故。

7）遇有六级及以上大风时，严禁安装或拆卸锚固装置。

8）应对布设附着支座的建筑物构件进行强度验算（附着荷载的取值，一般塔式起重机使用说明书均有规定），如强度不足，须采取加固措施。构件在布设附着支座处应加配钢筋并适当提高混凝土的强度等级。

9）附着支座须固定牢靠，其与建筑物构件之间的空隙应嵌塞紧密。

4. 顶升加节

（1）顶升前的准备

1）按液压泵站要求给油箱加油。

2）清理好各个标准节，在标准节连接处涂上黄油，将待顶升加高用的标准节在顶升位置时的吊臂下排成一排，这样在整个顶升加节过程中不用回转机构，节省时间。

3）放松电缆长度略大于总的顶升高度，并紧固好电缆。

4）将吊臂旋转至顶升套架前方，平衡臂处于套架的后方（顶升油缸位于平衡臂下方）。

5）在引进平台上准备好引进滚轮，套架平台上准备好塔身高强度螺栓（连接销轴）。

（2）顶升前塔式起重机的配平

1）塔式起重机配平前，必须先将小车运行到参考位置，并吊起一节标准节或其他重物，然后拆除下支座4个支脚与标准节的连接螺栓。

2）将液压顶升系统操纵杆推至"顶升方向"，使套架顶升至下支座支脚刚刚脱离塔身的主弦杆的位置。

3）通过检验下支座支脚与塔身主弦杆是否在一条垂直线上，并观察套架导轮与塔身主弦杆间隙是否基本相同，来确定塔式起重机是否平衡，若不平衡，则微调小车的配平位置，直至平衡，使得塔式起重机上部重心落在顶升油缸梁的位置上。

4）操纵液压系统使套架下降，连接好下支座和塔身标准节间的连接螺栓。

（3）顶升作业步骤

自升式塔式起重机的顶升接高系统由顶升套架、引进轨道及小车、液压顶升机组三部分组成。顶升接高的步骤如下（图12-6）：

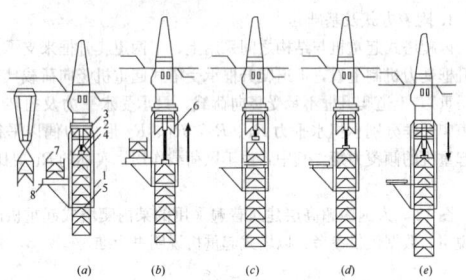

图12-6 自升式塔式起重机的顶升接高过程
（a）准备状态；（b）顶升塔顶；（c）推入塔身标准节；
（d）安装塔身标准节；（e）塔顶与塔身连成整体
1—顶升套架；2—千斤顶；3—承座；4—顶升横梁；5—定位销；
6—过渡节；7—标准节；8—摆渡小车

1）回转起重臂使其朝向与引进轨道一致并加以锁定。吊运一标准节至摆渡小车上，并将过渡节与塔身标准节相连的螺栓松开，准备顶升。

2）开动液压千斤顶，将塔式起重机上部结构包括顶升套架约上升到超过一个标准节的高度；然后用定位销将套架固定，于是塔式起重机上部结构的质量就通过定位箱传递到塔身。

3）液压千斤顶缩回，形成引进空间，此时将装有标准节的摆渡小车开到引进空间内。

4）利用液压千斤顶稍微提起待接高的标准节，退出摆渡小车；然后将待接高的标准节平稳地落在下面的塔身上，并用螺栓连接。

5）拔出定位销，下降过渡节，使之与已接高的塔身连成整体。塔身降落与顶升方法相似，仅程序相反。

5. 外附式塔式起重机拆除

与内爬式塔式起重机相比，附着自升式塔式起重机的拆除相对比较容易。通过自升的逆过程完成自降，到地面后由地面起重机拆除塔式起重机的其他部件，关键问题是塔式起重机附着的位置要避开建筑物，能进行自降。

（1）塔式起重机拆除流程

将塔式起重机旋转至拆卸区域，保证该区域无影响拆卸作业的障碍，严格执行说明书的规定，按程序操作，拆卸步骤与立塔组装的步骤相反。拆塔具体程序如下：

1）降塔身标准节（如有附着装置，相应地拆卸）；2）拆下平衡臂配重；3）起重臂的拆卸；4）平衡臂的拆卸；5）拆卸塔顶；6）拆卸回转塔身；7）拆卸回转总成；8）拆卸套架及塔身加强节；9）拆除附墙机构。

（2）拆卸注意事项

1）塔式起重机拆出工地之前，顶升机构由于长期停止使用，应对顶升机构进行保养和试运转。

2）在试运转过程中，应有目的地对限位器、回转机构的制动器等进行可靠性检查。

3）在塔式起重机标准节已拆出，但下支座与塔身还没有用高强度螺栓连接好之前，严禁使用回转机构、变幅机构和起升机构。

4）塔式起重机拆卸对顶升机构来说是重载连续作业，所以应对顶升机构的主要受力件经常检查。

5）顶升机构工作时，所有操作人员应集中精力观察各种相对运动件的相对位置是否正常（如滚轮与主弦之间，套架与塔身之间），如果套架在上升时，套架与塔身之间发生偏斜，应停止上升。

立即下降。

6) 拆卸时风速应低于 8m/s。由于拆卸塔式起重机时,建筑物已建完,工作场地受限制,应注意工件程序和吊装堆放位置。不可马虎大意,否则容易发生人身安全事故。

12.2.1.4　内爬塔式起重机的安装、爬升、拆除

一般地,内爬塔式起重机均附在核心筒结构上,当布置多台塔式起重机时,往往相距较近,为避免碰撞,常采用动臂式塔式起重机。下面以动臂式塔式起重机为例,介绍内爬塔式起重机的相关技术。

1. 附着方式及基础

内爬塔式起重机与结构之间采用上、下两道爬升框来支承。从爬升框受力机制上看,下道爬升框承受塔式起重机竖向荷载(自重及吊重),上道爬升框不承受竖向荷载,只承受水平力及扭转 M_t。两道爬升框分别承担水平力 R_1、R_2,R_1、R_2 形成力偶以平衡塔式起重机的倾覆力矩。其中,由于风荷载作用,实际的 R_1 要比 R_2 大。

图 12-7 为国内超高层建筑普遍采用的某内爬塔式起重机的荷载说明,数据仅供参考,以塔式起重机说明书为准。

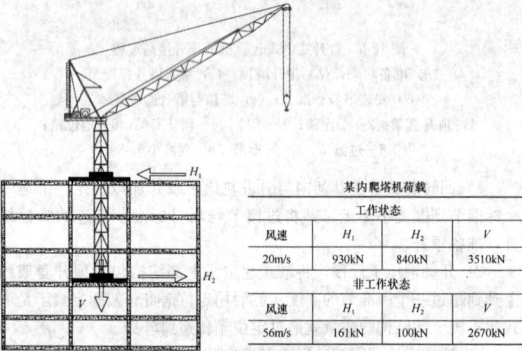

某内爬塔机荷载			
工作状态			
风速	H_1	H_2	V
20m/s	930kN	840kN	3510kN
非工作状态			
风速	H_1	H_2	V
56m/s	161kN	100kN	2670kN

图 12-7　某内爬塔式起重机荷载

内爬塔式起重机的基础,与其附着形式密切相关。由于内爬塔式起重机一般用于超高层建筑的施工,按附着方式的不同,大致可分为简支形式和悬挂形式。附着方式及相应的基础形式见表 12-5。

内爬塔式起重机附着方式及基础形式　表 12-5

附着方式	基础形式	说　明
简支形式	直接支承	直接支承即爬升梁直接搁置在结构上: 直接搁置于钢框架结构的梁面上,见图 12-8 (a); 直接搁置在混凝土核心筒结构墙体上,但需开洞,见图 12-8 (b)
	间接支承	间接支承是指通过设置临时牛腿等措施转换,通常在混凝土核心筒结构上爬升时多用此做法: 临时牛腿可采用钢耳板,并与爬升梁端头的耳板销接,钢耳板应与核心筒墙体同步施工,待施工完成后再割掉,见图 12-8 (c); 临时牛腿也可采用钢牛腿形式,爬升梁搁置在牛腿上,此时应在墙体施工时预埋埋件,后焊钢牛腿,见图 12-8 (d)
悬挂形式	间接支承	塔式起重机一般悬挂在混凝土核心筒墙体上,此时基础形式只能采用牛腿转换,属间接支承; 悬挂形式有多种,见图 12-9

2. 内爬塔式起重机安装

(1) 安装工况

内爬塔式起重机的安装分两种情况:悬臂工况和爬升工况,其

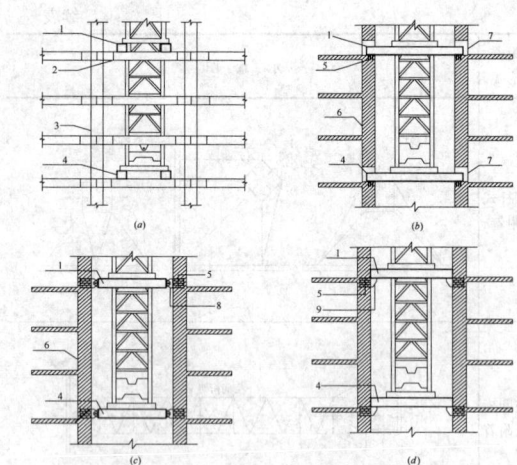

图 12-8　内爬塔式起重机的附着方式及基础形式(简支形式)
(a) 搁置于钢框架上; (b) 搁置于核心筒墙体洞口中;
(c) 核心筒墙体上设置钢耳板; (d) 核心筒墙体上设置钢牛腿
1—上道爬升梁;2—钢梁;3—钢柱;4—下道爬升梁;5—预埋件;
6—核心筒剪力墙;7—剪力墙留洞;8—钢耳板(与爬升梁销接);
9—钢牛腿

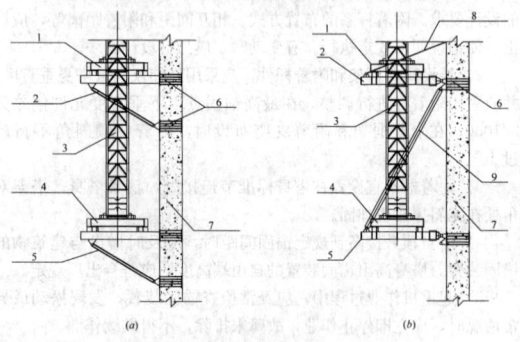

图 12-9　悬挂形式的爬升支承系统
1—上道爬升框;2—上支架;3—塔身;4—下道爬升框;
5—下支架;6—预埋件;7—核心筒墙体;8—稳定索;
9—支架钢棒

安装要点可见表 12-6。

内爬塔式起重机的安装　表 12-6

安装工况	说　明	安装考虑
悬臂	悬臂工况即内爬塔式起重机初次安装采用固定悬臂状态,待主体结构施工满足内爬要求后,改为内爬式。 这种安装工况需要在结构底板上预埋塔身连接件,供塔式起重机固定	在地下室施工完成后进行安装时,结构应满足内爬塔式起重机支承及附着的要求,塔式起重机安装可以使用汽车式起重机,利用加固后的地下室顶板作为通道,进入塔楼区域进行安装。 在条件允许的情况下,应优先考虑使用地下室施工阶段的塔式起重机进行安装。 塔式起重机安装宜采用基坑施工阶段的塔式起重机进行安装。如果因为吊装所使用的塔式起重机起重能力不足,则应考虑采用履带式起重机或汽车式起重机进入基坑进行安装。 当起重机不能下到基坑时,可以采用搭设临时栈桥进入基坑吊装。
爬升	爬升工况即直接将内爬塔式起重机安装在上、下两道爬升框上,塔式起重机安装后即可爬升	

（2）安装顺序

以某内爬塔式起重机为例，当采用悬挂的附墙形式时，其安装顺序一般可分为八步。第一步：安装悬挂支架；第二步：安装塔身；第三步：安装回转机构；第四步：安装机械平台；第五步：安装桅杆；第六步：安装卷扬机系统；第七步：安装主臂；第八步：安装配重。

3. 内爬塔式起重机爬升

内爬塔式起重机爬升时，需先设置第三道爬升框，利用塔式起重机自带的爬升系统将塔式起重机整体顶升，原上道爬升框变成下道爬升框，新增的第三道爬升框则作为上道爬升框，原下道爬升框拆除，供下次爬升时周转使用。以下分别介绍爬升过程和爬升系统作业。

（1）爬升过程

内爬塔式起重机的爬升过程如图 12-10 所示。

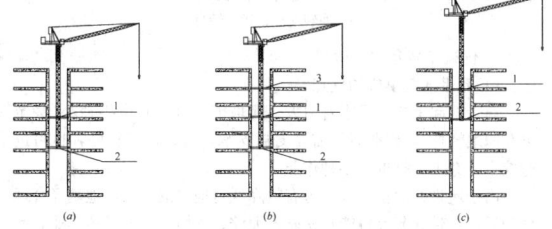

图 12-10　内爬塔式起重机爬升过程
（a）第一步：原始状态；（b）第二步：安装第三道爬升框；
（c）第三步：爬升到位
1—上道爬升框；2—下道爬升框；3—第三道爬升框

（2）爬升系统

塔式起重机爬升主要通过布置在塔式起重机标准节内的千斤顶和固定在上下爬升框（套架）之间的爬升梯的相对运动来实现，其爬升系统作业过程见表 12-7。

内爬塔式起重机爬升系统作业过程　　表 12-7

步骤	说　明
第一步	安装第三道爬升框，千斤顶开始顶升
第二步	塔式起重机标准节固定在爬升梯孔内，千斤顶回缩
第三步	千斤顶重复步骤一、二，塔式起重机标准节向上移动
第四步	塔式起重机爬升到位，千斤顶缩回，爬升梯向上移动，完成一次爬升动作

（3）爬升作业注意事项

1）内爬升作业应在白天进行。风力在五级及以上时，应停止作业。

2）内爬升时，应加强机上与机下之间的联系以及上部楼层与下部楼层之间的联系，遇有故障及异常情况，应立即停机检查，故障未排除，不得继续爬升。

3）内爬升过程中，严禁进行起重机的起升、回转、变幅等各项动作。

4）起重机爬升到指定楼层后，应立即拔出塔身底座的支承梁或支腿，通过内爬升框架固定在楼板上，并应顶紧导向装置或用楔块塞紧。

5）内爬升塔式起重机的固定间隔应符合设备制造商的要求。

6）对固定内爬升框架的楼层楼板，在楼板下面应增设支柱作为临时加固。搁置起重机底座支承梁的楼层下方两层楼板，也应设置支柱作临时加固。

7）每次内爬升完毕后，楼板上遗留下来的开孔，应立即封闭。

8）起重机完成内爬升作业后，应检查内爬升架的固定、底座支承梁的紧固以及楼板临时支撑的稳固等，确认可靠后，方可进行吊装作业。

4. 内爬塔式起重机拆除

（1）拆除方法概述

内爬塔式起重机无法实现自降节至地面，其拆除工序比较复杂且是高空作业。国内比较成熟的方法是先另设一台屋面起重机，利用屋面起重机拆除大型内爬塔式起重机，然后用桅杆式起重机（或人字拔杆），逐步拆除屋面起重机。拆除后的屋面起重机组件通过电梯运至地面。

屋面起重机也称为便携式塔式起重机、救援塔式起重机，其起重能力较小，组件质量和尺寸都比较小。使用时，一般安装于屋面开阔部位，利用主体结构作为基础，其安装高度、臂长、起重能力和起重钢丝绳卷筒容绳量应满足拆除内爬塔式起重机的需要。

屋面起重机应能实现人工拆解和搬运。拆解后的组件的体积、质量应适合人工搬运和电梯运输。当不能满足人工拆解的要求时，应采用多台屋面起重机，逐级拆除，吊至地面，以实现最后一部人工拆除和电梯搬运的要求。

（2）拆除前的现场准备工作

1）清除现场内影响塔式起重机拆除工作的所有障碍物，清理屋面层，并封闭塔式起重机安装位置的电梯井，检查并做好相关的防护工作。

2）对塔式起重机所在的各楼层洞口处预留的钢筋等进行清理，保证预留洞口的畅通无阻。

3）检查塔式起重机各主要机构部分的机械性能是否良好，回转机构制动装置是否可靠。

4）检查液压顶升机构，包括油泵、油缸、顶升横梁及保险锁。检查液压油位是否符合规定要求，油液是否变质，并按规定要求加足或更换。

5）内爬塔式起重机在拆除前应降低高度，方便拆除。应在塔式起重机降节前，检查液压系统的工作状况是否完好。

6）将屋面起重机安装在预定位置，进行调试，检查验收；另外，需对屋面起重机所在位置楼板下方进行加固。

7）拆除平台由脚手架搭设，上面铺设 10mm 厚钢板，主要承受内爬塔式起重机臂在拆除过程中产生的竖向压力。

8）准备好拆除所需工具，在屋面预定堆放构件的区域作标记，铺设枕木。

（3）内爬式塔式起重机拆除

拆卸步骤与立塔组装的步骤相反，即按以下顺序进行：配重→起重臂→桅杆→卷扬机系统→机械平台→回转机构→塔身标准节。

12.2.1.5　塔式起重机使用要点

（1）作业前检查：

1）轨道基础应平直无沉陷，接头连接螺栓及道钉无松动；

2）各安全装置、传动装置、指示仪表、主要部件连接螺栓、钢丝绳磨损情况、供电电缆等必须符合相关规定；

3）应按有关规定进行试验及试运转。

（2）吊运重物时，不得猛起猛落，以防吊运过程中发生散落、松绑、偏斜等情况。起吊时必须先将重物吊起，离地面 0.5m 左右停住，确定制动、物料捆扎、吊点和吊具无问题后，方可继续操作。

（3）不允许起重机超载和超风力作业，在特殊情况下如需超载，不得超过额定载荷的 10%，并由使用部门提出超载使用的可行性分析及超载使用申请报告。

（4）在起升过程中，当吊钩滑轮组接近起重臂 5m 时，应用低速起升，严防与起重臂顶撞。

（5）提升重物，严禁自由下降。重物就位时，可采用慢就位机构或使用制动器使之缓慢下降。

（6）作业中平移起吊重物时，重物高出其所跨越障碍物的高度不得小于 1m。

（7）作业中，临时停歇或停电时，必须将重物卸下，升起吊钩。将各操作手柄（钮）置于"零位"。如因停电无法升、降重物，则应根据现场具体情况，由有关人员研究，采取适当的措施。

（8）起重机在作业中，严禁对传动部分、运动部分以及运动件所及区域做维修、保养、调整等工作。

（9）多机作业时，应避免各起重机在回转半径内重叠作业。在特殊情况下，需要重叠作业时，必须符合《塔式起重机安全规程》（GB 5144）的规定。

(10) 凡是回转机构带有止动装置或常闭式制动器的起重机，在停止作业后，司机必须松开制动器。绝对禁止限制起重臂随风转动。

(11) 动臂式起重机将起重臂放到最大幅度位置，小车变幅起重机把小车开到说明书中规定的位置，并且将吊钩起升到最高点，吊钩上严禁吊挂重物。

12.2.2 履带式起重机

12.2.2.1 履带式起重机的特点

1. 型号分类及表示

履带式起重机是以履带及其支承驱动装置为运行部分的自行式起重机，因可负载行走，工作范围大，在装配式结构特别是大跨度场馆的钢结构施工中应用广泛。

履带式起重机是在单斗挖掘机上装设起重机臂架而形成的，后来逐渐发展成为独立的机种。按传动方式，履带式起重机可分为机械式、液压式和电动式三种。目前常用液压式，电动式不适用于需要经常转移作业场地的建筑施工。履带式起重机的发展趋势是重型化、微型化、液压化、一机多用化和监控完善化。表 12-8 为履带式起重机的型号分类及表示方法。

履带式起重机的型号分类及表示方法   表 12-8

组		型	代号	代号含义	主参数代号		
名称	代号				名称	单位	表示法
履带式起重机	QU（起履）	机械式	QU	机械式履带起重机	最大额定起重量	t	主参数
		液压式 Y（液）	QUY	液压式履带起重机			
		电动式 D（电）	QUD	电动式履带起重机			

2. 构造特点

一般履带式起重机主要由行走装置、回转机构、机身及起重臂等部分组成（图 12-11），具体特点见表 12-9。习惯上，把取物装置、吊臂、配重和上车回转部分统称为上车，其余部分统称为下车。

履带起重机构造特点   表 12-9

组成部分	构 造 特 点
吊钩	也称取物装置，取物装置一般为吊钩，仅在抓泥土、黄砂或石料时才使用抓斗。
动臂	一般履带式起重臂为多节装桁架结构，也称桁架臂，桁架臂由只受轴向力的弦杆和腹杆组成。 由于变幅拉力作用于起重臂的前端，使桁架主要受轴向压力，自重引起的弯矩很小，因此有桁架臂自重较轻。 一套桁架臂可由多节桁架组成，作业时可根据需要组合，调整节数后可改变长度，其下端铰接于转台前部，顶端用变幅钢丝绳滑轮组悬挂支承，可改变其倾角。 也有在动臂顶端加装副臂的，副臂与动臂成一定夹角。起升机构有主、副两卷扬系统，主卷扬系统用于动臂吊重，副卷扬系统用于副臂吊重
转台	也称上车回转部分，通过回转支承装在底盘上，其上装有动力装置、传动系统、卷扬机、操纵机构、平衡重和机棚等。 动力装置通过回转机构可使转台台360°回转。回转支承由上、下滚盘和其间的滚动件（滚球、滚柱）组成，可将转台上的全部质量传递给底盘，并保证转台的自由转动
底盘	包括行走机构和行走装置，前者使起重机作前后行走和左右转向；后者由履带架、驱动轮、导向轮、支重轮、托链轮和履带轮等组成。 动力装置通过垂直轴、水平轴和链条传动使驱动轮旋转，从而带动导向轮和支重轮，使整个履带沿履带滚动而行走
平衡重	也称配重，配重是在起重机平台尾部所挂的适当质量的铁块，以保证起重机工作稳定。大型起重机行驶时，可卸下配重，另车装运。 中、小型起重机的配重包括在上车回转部分内。部分大型履带式起重机还配有外挂配重，也称超级配重，以提高起重性能

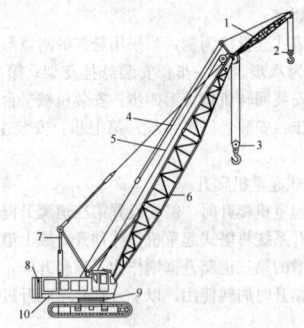

图 12-11   一般履带式起重机构造简图
1—副臂；2—副吊钩；3—主吊钩；4—副臂固定索；
5—起升钢丝绳；6—动臂；7—门架；8—平衡重；
9—回转支承；10—转台

3. 优缺点简介

（1）履带式起重机的优点

履带式起重机地面附着力大、爬坡能力强、转弯半径小（甚至可在原地转弯），作业时不需要支腿支承，可以吊载行驶，也可进行挖土、夯土、打桩等多种作业。

由于履带的面积较大，可有效降低对地面的压强，地基合理处理后，履带式起重机能在松软、泥泞、坎坷不平的场地作业。此外，其通用性强，适应性强，可借助附加装置实现一机多用。

近年来，履带式起重机还具有起重量大、提升高度高、吊装距离远几大优点，目前世界上起重量最大的履带式起重机的起重量可达 3200t，最大起升高度达到 160m，最远吊装距离超过 130m。

（2）履带式起重机的缺点

履带式起重机行走时易啃路面，可铺设石料、枕木、钢板或特制的钢木路基箱等提高地面承载能力。

履带式起重机机身稳定性较差，在正常条件不宜超负荷吊装。在超负荷吊装或由于施工需要接长起重臂时，需进行稳定性验算，保证吊装作业中不发生倾覆事故。

履带式起重机行驶速度慢且履带易损坏路面，因而装运比较困难，多用平板拖车装运。履带式行走装置也容易损坏，须经常加油检查，清除污秽。

12.2.2.2 履带式起重机的选用

1. 履带式起重机的技术参数

选择履带式起重机进行起重吊装作业中，除考虑履带式起重机的优缺点外，还要从起重能力、工作半径、起升高度、起重臂杆长度等条件进行综合分析，具体见表 12-10。

履带式起重机技术参数选择   表 12-10

技术参数	说 明
起重量	起重量必须大于所吊装构件的质量与索具质量之和； 起重量与吊装幅度相关，图 12-12 中虚线为 CC1200 型履带式起重机的起重性能曲线，当原机起重能力不足时，可通过增加配重提高其起重能力，见图 12-12 实线
起重高度	起重高度必须满足所吊装构件的吊装高度要求
起重半径	当起重机可不受限制地开到所安装构件附近时，可不验算起重半径； 当起重机受限不能靠近吊装位置作业时，则应验算当起重半径为一定值时，其起重量与起重高度是否满足吊装构件要求
起重臂杆长度	当起重臂须跨过已安装好的结构去吊装构件时，例如跨过屋架安装屋面板时，为不与屋架碰撞，需求出其最小起重臂长度

2. 履带式起重机工况及工作范围

经过近年发展，履带式起重机衍生出多种不同工况，如：主臂工况（SH）、固定副臂工况（LF）、塔式工况（SW）、带超级配重主臂工况（SSL）等多种工况形式。对不同的工况，同型号起重机的起

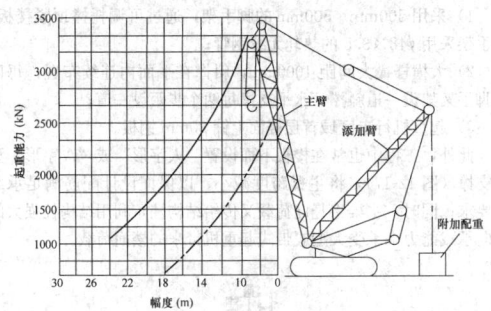

图 12-12　一般履带式起重机起重能力与幅度关系曲线

重量、工作半径和起吊高度均不相同。各工况的选用原则见表 12-11。

履带式起重机的工况　表 12-11

工况名称	选用说明
主臂工况 (SH)	主臂工况为履带式起重机的最常用工况，即主臂工况即可满足吊装作业要求，包括起重量、起升高度、作业半径
固定副臂工况 (LF)	当起重半径不足时，可采用固定副臂工况，增大工作范围
塔式工况 (SW)	若采用固定副臂工况仍然不能满足工作半径要求时，可采用塔式工况，进一步增大作业范围
带超级起重主臂工况 (SSL)	带超级起重主臂工况主要针对的是原机配重不足的情形，是在起重机尾部增加独立配重，以使起重机获得更大的起重量

以国外 DEMAG CC-2800-1 型履带式起重机为例，给出工作范围曲线（图 12-13），详细需参见厂家的专用设备手册。

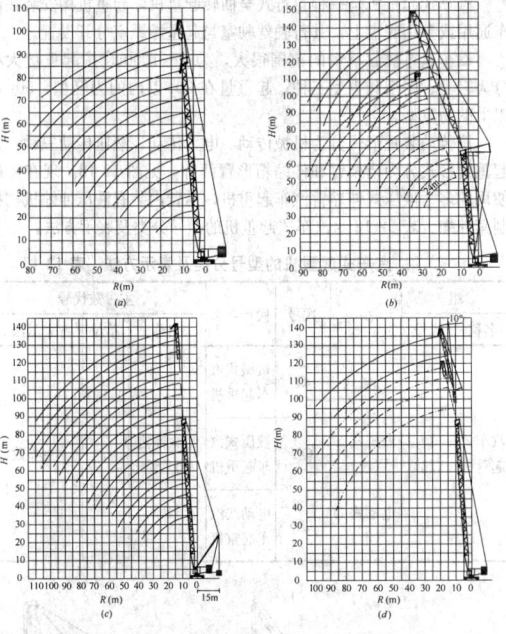

图 12-13　履带式起重机各工况工作范围
(a) 主臂工况；(b) 塔式工况；(c) 超起工况；(d) 固定副臂工况

3. 履带式起重机的使用与转移

（1）履带式起重机的使用要点

1）起重机应在平坦坚实的地面上作业、行走和停放。在正常作业时，坡度不得大于 3°，并应与沟渠、基坑保持安全距离。

2）起重机启动前重点检查各项目应符合下列要求：

① 各安全防护装置及各指示仪表齐全完好；

② 钢丝绳及连接部位符合规定；

③ 燃油、润滑油、液压油、冷却水等添加充足；

④ 各连接件无松动。

3）起重机启动前应将主离合器分离，各操纵杆放在空挡位置，并应按照规定启动内燃机。

4）内燃机启动后，应检查各仪表指示值，待运转正常再接合主离合器，进行空载运转，顺序检查各工作机构及其制动器，确认正常后，方可作业。

5）作业时，起重臂的最大仰角不得超过出厂规定。当无资料可查时，不得超过 78°。

6）起重机变幅应缓慢平稳，严禁在起重臂未停稳前变换挡位；起重机载荷达到额定起重量的 90% 及以上时，严禁下降起重臂。

7）在起吊载荷达到额定起重量的 90% 及以上时，升降动作应慢速进行，并严禁同时进行两种及以上动作。

8）起吊重物时应先稍离地面试吊，当确认重物已挂牢、起重机的稳定性和制动器的可靠性均良好后，再继续起吊。在重物升起过程中，操作人员应把脚放在制动踏板上，密切注意上升重物，防止吊钩冒顶。当起重机停止运转而重物仍在空中时，即使制动踏板被固定，仍应脚踩在制动踏板上。

9）采用双机抬吊作业时，应选用起重性能相似的起重机进行。抬吊时应统一指挥，动作应配合协调，载荷应分配合理，单机的起吊载荷不得超过允许载荷的 80%。在吊装过程中，两台起重机的吊钩滑轮组应保持垂直状态。

10）当起重机如需带载行走时，载荷不得超过允许起重量的 70%，行走道路应坚实平整，重物应在起重机正前方向，重物离地面不得大于 500mm，并应拴好拉绳，缓慢行驶。严禁长距离带载行驶。

11）起重机行走时，转弯不应过急；当转弯半径过小时，应分次转弯；当路面凹凸不平时，不得转弯。

12）起重机上下坡道时应无载行走，上坡时应将起重臂仰角适当放小，下坡时应将起重臂仰角适当放大。严禁下坡空挡滑行。

13）作业后，起重臂应转至顺风方向，并降至 40°~60° 之间，吊钩应升提到接近顶端的位置，关停内燃机，将各操纵杆放在空挡位置，各制动器加保险固定，操纵室和机棚应关门加锁。

（2）履带式起重机的转移

履带式起重机行走慢，对路面损坏大，转移需用平板拖车或铁路运输运送，只在特殊情况且运距不长时才自行转移。具体可见表 12-12。

履带式起重机的转移方式　表 12-12

转移方式	说明
自行转移	起重机自行转移，在行驶前应对行走机构进行检查，并做好润滑、紧固、调整等保养工作； 应卸去配套、拆短副臂，主动轮在后面，机身、起重臂、吊钩等必须处于制动位置，并加保险固定； 每行驶 500~1000m 时，应对行走机构进行检查和润滑；自行转移前，要察看沿途空中电线架设情况，要保证起重机通过时，其机体、起重臂与电线的距离符合安全要求
平板拖车运输	采用平板拖车运输时应注意下列几点： 1. 首先了解所运输的起重机的自重、外形尺寸、运输路线和桥梁的安全承载能力、桥洞高度等情况； 2. 选用相应载重量的平板拖车； 3. 起重机上、下平板必须由经验丰富的人指挥并由熟悉该起重机性能、操作技术良好的驾驶员操作，所用跳板坡度不得大于 15°； 4. 起重机上平板时，拖车驾驶员必须离开驾驶室，拖车和平板均必须将制动器制动牢固，前后车轮用三角木掩牢，平板尾部用道木垫实； 5. 起重机在平板上的停放位置，应使起重机的重心大致在平板载重面的中心上，以使起重机的全部质量均匀分布在平板的各个轮胎上； 6. 应将起重臂和配重拆下，并将回转制动器刹住，再将插销销牢，在履带两端加上垫木并扒钉钉牢，履带左右两面用钢丝绳或其他可靠绳索绑牢。如运距远、路面差，尚须用高凳或搭道木垫将尾部垫实。为了降低高度，可将起重机上部人字架放下

续表

转移方式	说　明
铁路运输	1. 采用铁路运输时，必须注意将支垫起重臂的高凳或道木垛搭在起重机停放的同一个平板上，固定起重臂的绳索也绑在这个平板上； 　　2. 如起重臂长度超出装载起重机的平板，须另挂一个辅助平板，但起重臂在此平板上不设支垫，也不用绳索固定，吊钩钢丝绳应抽掉，见图 12-14； 　　3. 另外，铁路运输大型起重机时，可向铁路运输部门申请凹形平板装载，以便顺利通过隧道

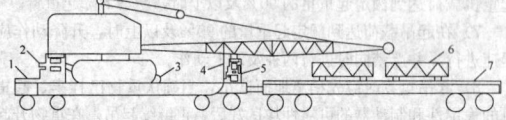

图 12-14　铁路平板车转移履带式起重机
1—载重平板；2—道木垛；3—三角木；4—绳索；
5—高凳；6—中间起重臂；7—辅助平板

4. 履带式起重机的轨道处理

（1）地基加固

由于履带式起重机行走时易啃路面，而且当采用大中型履带式起重机时，容易因地基处理不好而发生倾覆事故。尽管有覆带将荷载进行扩散，但作业时对地基的荷载仍然较大（尤其是大中型起重机），所以常需对地基进行适当处理，以满足履带式起重机对路面的要求。其常见措施如下：

1）直接推平夯实；

2）铺设碎石或钢板；

3）铺设路基箱。经过匹配的路基箱进行荷载扩散后，300t 履带起重机作业时对地基最大压强小于 0.12MPa，600t 履带式起重机对地基最大压强小于 0.16MPa。

若铺设路基箱仍不能满足地基承载力，如上海等软土区域，则应根据实际地质条件，对地基进行适当加固处理。以上海地区为例，典型地质条件下，300t 履带起重机软土地基可按图 12-15 中的方法加固。

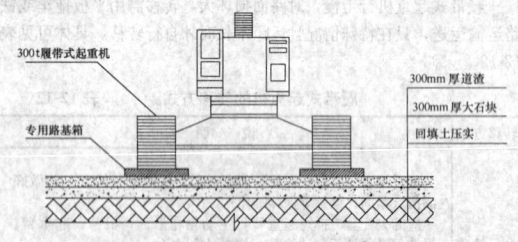

图 12-15　300t 履带式起重机软土地基加固示意

（2）楼板加固

工程中常遇到大型履带式起重机上楼面情形，若楼板承受能力不满足要求，则需对楼板进行加固处理。

比如广州歌剧院结构吊装时，混凝土楼板强度等级为 C30，厚度 200mm，200t 履带式起重机对楼板均布荷载约为 40kN/m²，大于楼板的承载能力，加固对策如下（图 12-16）：

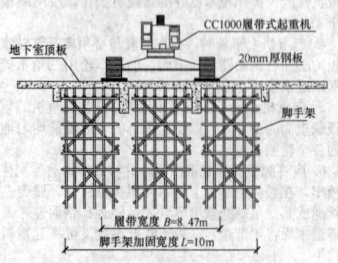

图 12-16　200t 履带式起重机上楼面加固示意

1）采用 500mm×500mm 的脚手架，通过可调托撑顶紧楼板，脚手架采用 φ48×3.5 的热轧无缝钢管；

2）大横杆最大间距 1000mm，斜撑在平面内连续布置，每四排脚手架设一道斜撑，水平支撑每两个步距设一道；

3）起重机行走区域首层楼面上铺 20mm 钢板。

此外，工程中也常在楼板下面设置"人字形"或"A 字形"型钢支撑（图 12-17），将主梁跨度减小，以保证设计配筋满足承载力要求；同时，主梁将竖向荷载又传给结构柱，利用结构柱强大的竖向承载能力来承受大型履带式起重机带来的楼面荷载。

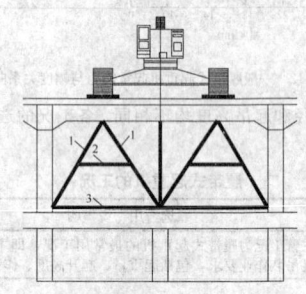

图 12-17　地下室楼板加固示意
1—斜撑；2—拉杆（增强斜撑稳定）；
3—拉杆（承担斜撑水平推力）

这种加固方式传力路径很明确，计算简明，施工方便，且避免了采用满堂脚手架的作业量。

12.2.3　汽车式起重机

12.2.3.1　汽车式起重机的特点

1. 型号分类及表示

汽车式起重机是一种自行式全回转起重机，起重机构安装在汽车通用或专用底盘上，其行驶驾驶室与起重操纵室分开设置。

汽车起重机起重量的范围很大，为 8～1000t，按起重量大小分为轻型、中型和重型三种；起重量在 20t 以内的为轻型，50t 及以上的为重型。

按传动装置形式分为机械传动、电力传动、液压传动三种。按起重臂形式分为桁架臂和伸缩箱形臂两种，见图 12-18。现在普遍使用的多为液压式伸缩臂汽车起重机，吊臂内装有液压伸缩机构控制其伸缩。表 12-13 为汽车式起重机的型号分类及表示方法。

汽车式起重机的型号分类及表示方法　表 12-13

组		型	代号	代号含义	主参数代号		
名称	代号				名称	单位	表示法
汽车式起重机	Q（起）	机械式	Q	机械式汽车起重机	最大额定起重量	t	主参数
		液压式 Y（液）	QY	液压式汽车起重机			
		电动式 D（电）	QD	电动式汽车起重机			

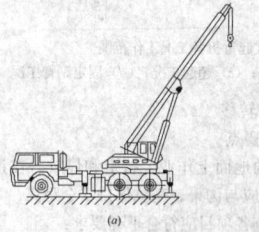

图 12-18　汽车式起重机
(a) 伸缩式；(b) 桁架式

2. 主要特点

这种起重机的优点有行驶速度快、机动性好、转移迅速、对地面破坏性小等，特别适合于流动性大、经常变换地点的作业。缺点是工作时须支腿，不能负荷行驶；另外由于汽车式起重机机身长，所以行驶时转弯半径较大。

12.2.3.2 汽车式起重机的选用

1. 起重机的类型选择

近年来，随着汽车载重能力的不断提高，各种专用底盘相继产生，带动了大吨位汽车式起重机的不断发展，起重量达到上百吨的汽车式起重机已不在少数。在建筑钢结构领域，各种起重级别的汽车式起重机得到广泛应用。同时，随着液压机构及高强度钢的使用，使得汽车式起重机无论是操作还是使用性能都具备了更多的优势，是目前使用最广泛的起重机。

按起重量来看，轻型起重机主要用于装卸作业，大型汽车式起重机则用于结构吊装。国内建筑工程常用的中小型起重机以 QY 系列为主；大型起重机以进口为主，如 LTM（德国）、ATF（日本）、GMK（美国）系列等。

2. 起重机型号与起重臂长度的选择

起重机类型确定之后，还要确定起重机的型号与起重臂长度。起重机的型号主要根据起重量、起升高度和工作幅度三个技术参数来选择。而且，与履带式起重机的工况类似，汽车式起重机也有多种工况，如为了获得更高的起升高度或更远的作业半径，汽车式起重机可附带副臂装置。

以德国某汽车式起重机为例，给出了各种工况的起升高度及作业范围，见图 12-19，详细起重性能可参见厂家的专用设备手册。

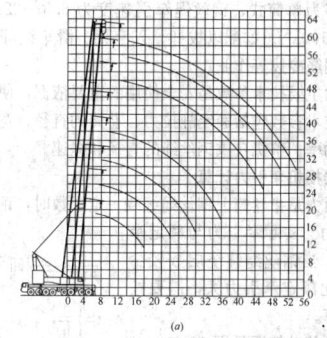

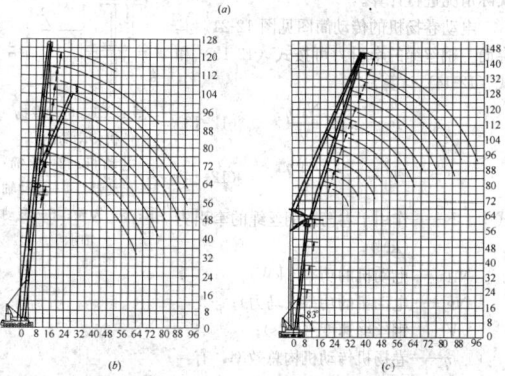

图 12-19 汽车式起重机各工况起升高度及作业范围
(a) 主臂工况；(b) 副臂工况；(c) 塔式工况

3. 汽车式起重使用规定

(1) 起重作业注意事项

1) 起重作业时，起重臂下严禁站人；下车驾驶室不得坐人，重物不得超越驾驶室上方，也不得在车前方起吊；

2) 一般整体倾斜度不得大于 1.5，底盘车的手制器必须锁死；

3) 内力大于 6 级，应停止工作；

4) 起重作业时，不要扳动支腿操纵阀手柄。如需要调整支腿，必须将重物放至地面，吊臂位于正前方或正后方，再进行调整；

5) 重物在空中需较长时间停留时，应将卷筒制动，司机不允许离开操纵室；

6) 操作应平衡、缓和，严禁猛拉、猛推、猛操作；

7) 不要用起重机吊拔埋在地下或冻住的物体；

8) 起升卷扬筒上的钢丝绳圈数，在任何吊重情况下不得少于 3 圈；

9) 起重机在雨雪天气作业，应先经过试吊，证明制动器灵敏后方可进行作业；

10) 起重机在满载或接近满载作业时，不得同时进行两种操作动作；

11) 当起吊重、大、高物体时，当重物吊离地面 0.2~0.5m 时，应停车检查起重机的稳定性、制动器的可靠性、重物的平稳性、绑扎的牢固性，确认无误后方可再起吊；

12) 当出现倾翻迹象时，应快速下落使重物着地，严禁中途制动。

(2) 重物的上升和下降操作

1) 起重机的额定起重量是根据机件的承受能力及整体的稳定性确定的，因此，在任何时候不得超载作业，以免发生事故；

2) 过载超重、横向拖拉、前吊以及急剧的转换操作等，都是非常危险的，应严格禁止；

3) 操作重物下降时，应使重物有控制的下降，逐渐减速，最后停止。

(3) 吊臂的伸缩操作

1) 吊臂伸缩时，吊钩会随之上升，在伸长吊臂之前，应先使吊钩下降到适当的位置；

2) 吊臂伸出后，出现前节臂杆长度大于后节伸出长度时，必须经过调整，消除不正常情况后方可作业；

3) 吊臂作业接近满负荷时，应注意检查臂杆的挠度；

4) 伸缩式臂杆伸缩时，应按规定顺序进行。在伸缩的同时要相应下降吊钩，当限制器发出警报时，应立即停止伸臂。臂杆缩回时，角度不得太小。

(4) 回转操作

1) 作业中应平稳操作，避免急剧回转、停止或换向；

2) 从后方向侧方回转时，注意支腿情况，以免发生翻车事故；

3) 对起重机的关键部位，如起重臂等要定期检查是否有裂缝、变形及连接螺栓的紧固情况，产生任何不良情况都不得继续使用；

4) 作业中发现起重机倾斜、支腿变形等不正常现象时，应立即放下重物，空载进行调整，正常后，方能继续作业；

5) 对起重机的各项安全装置，必须检查其可靠性和准确性。

12.2.4 液压油缸系统

12.2.4.1 液压油缸系统简介

液压系统广泛应用在各行业的各种机械设备中。作为一种传动技术，液压方式比传统的机械方式，具有以下优点：尺寸小、出力大，力的输出简单准确，可远程控制；容易防止过载，安全性大，且安装位置可自由选择。

液压油缸是液压系统中的一种执行机构，其工作原理是液压传递过程中压强不变的原理，受力面积越大，压力越大，面积越小，压力越小。一般由缸体、缸杆（活塞杆）及密封件组成，缸体内由活塞分成两个部分，分别通一个油孔。由于液体的压缩性很小，所以当其中一个油孔进油时，活塞将被推动使另一个油孔出油，活塞带动活塞杆作伸出（缩回）运动，反之亦然。

千斤顶其实就是个最简单的油缸。通过手动增压杆（液压手动泵）使液压油经过一个单向阀进入油缸，这时进入油缸的液压油因为单向阀的原因不能再倒退回来，迫使缸杆向上，然后再做功继续使液压油不断进入液压缸，就这样不断上升，要降的时候就打开液压阀，使液压油回到油箱。

12.2.4.2 液压油缸系统在建筑施工中的应用

1. 应用背景

随着建筑钢结构的快速发展，基于计算机控制的液压千斤顶集群作业的整体安装技术也得到进一步发展，应用范围日益拓宽，见表 12-14。

液压系统工程应用　　　表 12-14

连接形式	应用形式	说　明
柔性连接	垂直提升（或下降） 折叠展开提升 整体起扳 水平直线牵引	指利用穿心式千斤顶作为动力来源，通过柔性的钢绞线作为动力传输媒介，带动需安装的结构按既定方向运动，最终到达设计位置
刚性连接	水平直线顶推	与柔性连接的整体安装技术不同，刚性连接摒弃了钢绞线，而改用刚性连接杆直接与液压千斤顶及待滑移结构，或千斤顶直接作用在结构上的一种安装技术。 与柔性连接相比，在水平移位上，刚性技术可伸可退，对结构运动姿态的控制更容易，特别适用于应用在曲面滑移中

2. 选用原则

无论提升或滑移，整体安装采用的主要液压设备有：液压提升器、液压爬行器、液压千斤顶。目前，国内应用在建筑钢结构整体移位安装工程中的液压千斤顶有 50t、100t、200t、250t 和 350t 等级别。其选用原则可见表 12-15。

选用原则　　　表 12-15

液压设备分类	主要应用范围	选用理由
液压提升系统	整体提升或牵引	提升安装也可采用卷扬机、捯链或人工绞盘提供提升力，由钢丝绳承重。 但对于同步要求较高的结构，特别是大跨度体育馆的结构（顶棚），宜采用液压机控制的液压千斤顶群提供提升力，钢绞线承重。采用此技术时，各提升点的高差能得到控制。 除了同步性可控外，与卷扬机相比，计算机控制的液压千斤顶集群作业还可实时监控各点的提升（顶升）力。
液压千斤顶系统	整体顶升	总的来说，液压同步提升（顶升）系统采用计算机控制后，通过跳频扩频通信技术传递控制指令，能全自动完成同步动作、负载均衡、姿态矫正、应力控制、操作锁定、过程显示以及故障报警等多种功能。是集机、电、液、传感器、计算机控制于一体的现代化设备
液压爬升系统	直线或曲线滑移	液压爬行系统由液压爬行器、液压泵站、传感器和计算机组成，它们之间通过液压油管和通信线连接。 与爬升器相比，提升器或牵引器通过钢绞线与随动结构相连，一般只能直线运行。爬行器则一般放置在轨道上，沿轨道运行；轨道可是直线或曲率半轻较大的曲线。 同样，爬行器也可采用计算机控制，同步性较好，可在远离施工点处进行力和位移的监控

3. 工程应用实例

采用液压提升系统完成整体提升的技术已得到普遍应用，如 2003 年完成的广州新白云国际机库，见图 12-20。

图 12-20　液压整体提升技术的工程应用（广州新白云国际机场机库）

12.2.5　卷　扬　机

12.2.5.1　卷扬机特点及选用

卷扬机又称绞车，按驱动方式可分为手动和电动。手动卷扬机因重牵引力小，劳动强度大，在实际结构吊装中已很少使用。现在以电动卷扬机为主。

电动卷扬机是由电动机、减速部分、滚轴筒、电涡流制动及电磁抱死制动组合而成的一个设备，是建筑施工土法吊装作业中常用的动力设备。其优点是能够适应于作业空间相对狭小的位置，使用灵活方便；缺点是吊装速度较慢，对工期进展速度有一定影响。了解了卷扬机的优缺点之后，现场施工过程中选取卷扬机时应把握以下原则：

1. 现场吊装环境

主吊装设备无法直接将构件吊装到位时，可利用卷扬机将构件牵引至恰当位置后，再用主吊设备吊装。如内爬塔式起重机爬升后遗留的支架转运等。

2. 构件质量

根据吊装构件的质量选择相应吨位的卷扬机。一般卷扬机的吨位为 5~10t。微型卷扬机又叫同轴卷扬机，吨位有 200~1000kg。

12.2.5.2　电动卷扬机的技术参数

电动卷扬机速度可快可慢，按其牵引速度可分为快速、中速、慢速等。

快速卷扬机又分为单筒和双筒，其钢丝绳牵引速度为 25~50m/min，单头牵引力为 4.0~80kN。如配以井架、龙门架、滑车等可用作垂直、水平运输以及打桩作业等。

慢速卷扬机多为单筒式，钢丝绳牵引速度为 6.5~22m/min，单头牵引力为 5~100kN。如配以拔杆、人字架、滑车组等可用于大型构件吊装及钢筋冷拔等作业。

电动卷扬机的主要技术参数是安全使用的重要依据，使用过程中，关心的主要技术参数包括额定静拉力、卷筒的直径、宽度和容绳量、电动机的功率、整机自重钢丝绳的直径和绳速。

12.2.5.3　电动卷扬机牵引力计算

卷扬机的牵引力是指卷筒上钢丝绳缠绕一定层数时，钢丝绳所具有的实际牵引力。实际牵引力与额定牵引力有时不一致，当钢丝绳缠绕层数较少时，实际牵引力比额定牵引力大，需要按实际情况进行计算。

电动卷扬机的传动简图见图 12-21。其卷筒上钢丝绳的牵引力可按式（12-13）和式（12-14）计算。

$$F = 1.02 \frac{N_H \eta}{V} \qquad (12\text{-}13)$$

$$F = 0.75 \frac{N_P \eta}{V} \qquad (12\text{-}14)$$

图 12-21　电动卷扬机传动简图
1—电动机；2—卷筒；3—止动器；4—滚动轴承；5—齿轮；6—滚动轴承

式中　F——作用于卷筒上钢丝绳的牵引力（kN）；

N_H——电动机的功率（kW）；

N_P——电动机的功率（马力）；

V——钢丝绳速度（m/s）；

η——卷扬机传动机构总效率，有：

$$\eta = \eta_0 \eta_1 \eta_2 \cdots \eta_n \qquad (12\text{-}15$$

式中　η_0——卷筒效率，当卷筒装在滑动轴承上时，$\eta_0 = 0.94$；当卷筒装在滚动轴承上时，$\eta_0 = 0.96$；

$\eta_1, \eta_2, \eta_3, \cdots, \eta_n$——分别为第 1、2、3、…、$n$ 组等传动机构的效率，可见表 12-16。

各种传动机构的效率表　　　表 12-16

项次	传动机构名称	传动效率
1	平皮带传动三角皮带传动	0.92~0.97
2		0.90~0.94

续表

项次	传动机构名称			传动效率 η
3	卷筒		滑动轴承	0.93~0.95
4			滚动轴承	0.93~0.96
5	齿轮	开式传动	滑动轴承	0.93~0.95
6	（圆柱）		滚动轴承	0.93~0.96
7	传动	闭式传动	滑动轴承	0.95~0.97
8		（稀油润滑）	滚动轴承	0.96~0.98
9	涡轮		单头	0.70~0.75
10	蜗杆		双头	0.75~0.80
11	传动		三头	0.80~0.85
12			四头	0.85~0.92

钢丝绳速度计算：

$$V = \pi D \times n_n \tag{12-16}$$

式中　D——卷筒直径（m）；

n_n——卷筒转速（r/s），有：

$$n_n = \frac{n_H i}{60} \tag{12-17}$$

式中　n_H——电动机转速（r/s）；

i——传动比，有：

$$i = \frac{T_Z}{T_B} \tag{12-18}$$

式中　T_Z——所有主动轮齿数的乘积；

T_B——所有被动轮齿数的乘积。

12.2.5.4　卷扬机的固定、布置和使用注意事项

1. 卷扬机的固定

电动卷扬机的安装效果将直接影响到设备的安全运行。起重运输现场安装的电动卷扬机，所选择的位置对于司机和指挥人员来说应视野宽广，便于观察和安全瞭望。

卷扬机与支撑面的安装定位应平整牢固，露天设置时应有防雨棚。为防止起吊或搬运设备时卷扬机产生滑动、颠覆、振动，须对卷扬机加以安全固定。固定方法有：基础固定、平衡配重法固定及地锚法固定三种。

（1）基础固定［图12-22（a）］。将卷扬机安放在水泥基础上，用地脚螺栓将卷扬机底座固定，但这指的是长期使用状况，例如码头、仓库、矿井等，短期使用的情况不适合此法。

（2）平衡配重法固定［图12-22（b）］。将卷扬机固定在木垫板上，前端设置挡木，后端加压重物，既防滑移，又防倾覆。

（3）地锚法固定［图12-22（c）、（d）］。利用地锚将卷扬机固定，又可分为水平地锚和桩式地锚，这是工地普遍使用的方法。

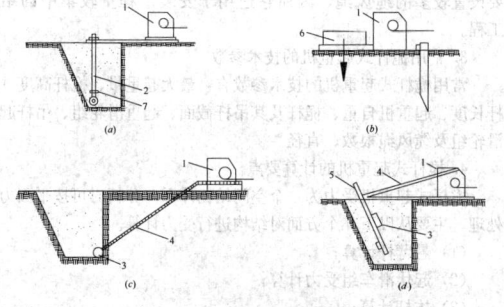

图12-22　卷扬机的固定

（a）基础固定法；（b）平衡配重固定法；
（c）水平地锚固定法；（d）立桩固定法

1—卷扬机；2—地脚螺栓；3—横木；4—拉索；5—木桩；
6—压重；7—压板

2. 卷扬机的布置

卷扬机的布置（即安装位置）应注意以下几点：

（1）卷扬机安装位置周围必须排水通畅并应搭设工作棚，防止电气部分受潮失灵。

（2）卷扬机的安装位置应能使操作人员看清指挥人员和起吊或拖动的物件。卷扬机至构件安装位置的水平距离应大于构件的安装高度，即当构件被吊到安装位置时，操作者视线仰视角应小于45°。

（3）钢丝绳绕入卷筒的方向应与卷筒轴线垂直，这样才能使钢丝绳排列整齐，不致斜绕和相互错叠挤压。

（4）在卷扬机正前方设置导向滑车，导向滑车至卷筒轴线的距离应不小于卷筒长度的15倍，但倾斜角不大于2°，以免钢丝绳与导向滑车槽缘产生过分的摩擦。见图12-23。

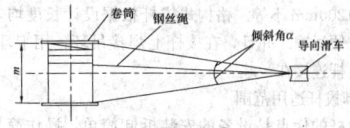

图12-23　卷筒与导向滑轮间的安全间距

3. 卷扬机使用注意事项

（1）卷扬机使用前必须有可靠的固定，以防使用中滑移或倾覆。

（2）为保证卷扬机安全工作，在使用前，应针对卷扬机的相关项目进行严格验收。

（3）缠绕在卷筒上的钢丝绳至少应保留2圈的安全储存长度，不可全部拉出，以防绳松脱钩发生事故。

（4）钢丝绳引入卷筒时应接近水平，并应从卷筒的下面引入，以减少卷扬机的倾覆力矩。

（5）卷扬机操作时，周围严禁站人。工作中严禁任何人跨越或停留在导向滑轮的钢丝绳夹角内。

（6）运行中突然停电时，应立即切断电源，手柄扳回零位，并将重物固定。

（7）停机后，要切断电源，将控制器放到零位，用保险闸自动刹紧，并使跑绳放松。

（8）长期不使用时，要做好定期保养和维修工作。其内容包括：测验定电动机绝缘电阻，拆洗检查零件，更换润滑油等。

12.2.6　非标准起重装置

非标准起重装置，主要指独脚拔杆、人字拔杆及桅杆式起重机。由于现代起重机械的快速发展和普及，非标准起重装置的应用相对较少。但作为一种传统实用的起重设备，非标准起重装置在现代建筑施工中仍有用武之地，比如：

（1）超高层结构的施工中，结构封顶后，大型内爬塔式起重机最后需要利用非标准起重机协助，以进行高空拆除；

（2）在一些场地极为狭小的场合，也常利用非标准起重机进行吊装作业，弥补其他大型起重机无法进场的不足；

（3）在一些重型构件吊装时，经常利用具有大吨位起重特点的非标准起重装置辅助吊装。

12.2.6.1　独脚拔杆

1. 拔杆构造及分类

独脚拔杆是由拔杆、起重滑轮组、卷扬机、缆风绳等组成（图12-24），其中拔杆可用木料或金属制成。使用时，拔杆顶部应保持一定的倾角（$\beta \leqslant 10°$），以保证吊装构件时不致撞击拔杆。

拔杆的稳定主要依靠缆风绳，绳的一端固定在桅杆顶端，另一端固定在锚碇上。缆风绳在安装前须经过计算，且要用卷扬机或捯链施加初拉力进行试验，合格后方可安装。缆风绳一般采用钢丝绳，常设4～8根。与地面夹角 α 为30°～45°。

根据制作材料的不同，独脚拔杆又可分为：木独脚

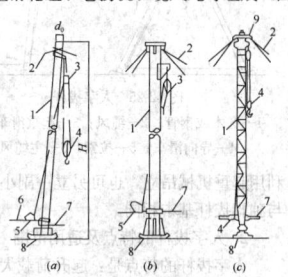

图12-24　独脚拔杆构造与组成

（a）木独脚拔杆；（b）钢管独脚拔杆；
（c）型钢格构式独脚拔杆

1—拔杆；2—缆风绳；3—定滑轮；4—动滑轮；5—导向滑车；6—通向卷扬机；7—拉索；8—底座或拖子；9—活动顶板

拔杆、钢管独脚拔杆和格构式独脚拔杆。

(1) 木独脚拔杆常用独根圆木做成，圆木梢径 20～32cm，起重高度一般为 8～15m，起重量为 3～10t。

(2) 钢管独脚拔杆常用钢管直径 200～400mm，壁厚 8～12mm，起重高度可达 30m，起重量可达 45t。

(3) 金属格构式独脚拔杆起重高度达 75m，起重量可达 100t 以上。格构式独脚拔杆一般用四个角钢作主肢，并用横向和斜向缀条联系而成，截面多成正方形，常用截面为 450mm×450mm～1200mm×1200mm 不等。格构式拔杆根据设计长度均匀制作成若干节，以方便运输。并且，在拔杆上焊接吊环，用卡环把缆风绳、滑轮组、拔杆连接在一起。

2. 独脚拔杆适用范围

独脚桅杆的优点是设备的安装拆卸简单，操作简易，节省工期，施工安全等；缺点是侧向稳定性较差，需要拉设多根缆风绳。独脚拔杆在工程中主要用于吊装塔类结构构件，还可以用于整体吊装高度大的钢结构槽罐容器设备。吊装塔类构件时可将独脚拔杆系在塔类结构的根部，利用独脚拔杆作支柱，将拟竖立的塔体结构当作悬臂杆，用卷扬机通过滑轮组拉绳整体拔起就位。

3. 独脚拔杆的技术参数

独脚拔杆的主要技术参数是安全吊装的重要依据，在吊装工程中，关心的主要技术参数包括拔杆起重力、拔杆高度、缆风绳直径、起重滑轮组（钢丝绳直径、滑车门数）及卷扬机起重力。

4. 独脚拔杆计算要点

独脚拔杆的计算步骤及方法是：

(1) 先根据结构吊装的实际需要，定出基本参数（起重量和起升高度）；

(2) 然后初步选择拔杆尺寸（包括型钢规格）；

(3) 最后通过验算确定拔杆尺寸及用料规格。

需要注意的是，独脚拔杆由于有多根缆风，实际受力情况较为复杂，分析时应作以下假定：

1) 吊重情况下，与起吊构件同一侧的缆风拉力设定为零；电算时，则应将缆风定义为只拉不压的索单元；

2) 在起吊构件另一侧的缆风，其空间合力与起重滑轮及拔杆轴线作用在同一平面内；

3) 拔杆两端均视为铰接。

12.2.6.2 人字拔杆

1. 概述

人字拔杆一般是由两根圆木或钢管以钢丝绳绑扎或铁件铰接而成（图 12-25）。其底部设有拉杆或拉绳以平衡水平推力，两秆夹角以 30°为宜。上部应有缆风绳，且一般不少于 5 根。人字拔杆起重时拔杆向前倾斜，在后面有两根缆风绳。为保证起重时拔杆底部的稳固，在一根拔杆底部装一导向滑轮，起重索通过它连到卷扬机上，再用另一根钢丝绳连接到锚碇上。

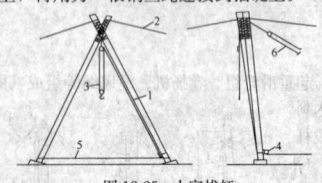

图 12-25　人字拔杆
1—圆木或钢管；2—缆风；3—起重滑车组；
4—导向滑车；5—拉索；6—主缆风

人字拔杆的优点是侧向稳定性比独脚拔杆好，所用缆风绳数量少，但构件吊后活动范围小。一般仅用于安装重型构件或作为辅助设备用于吊装厂房屋盖体系上的轻型构件。

人字拔杆的竖立可利用起重机械吊立，也可另立一副小的人字拔杆起扳。其移动方法与独脚拔杆基本相同。

2. 人字拔杆的特点及适用范围

人字拔杆的特点是：起升荷载大，稳定性好，但构件吊起后活动范围小，适用于吊装重型柱子等构件。在建筑施工中吊装环境受到限制时，大型起重设备无法进入，难以发挥机械效能，此时一般多采用在构件根部设置木或钢构人字拔杆，借助卷扬机在地面旋转整体垂直吊起的方法吊装。

3. 人字拔杆技术参数

人字拔杆的主要技术参数包括：

圆木人字拔杆的木杆长度、直径及起重量；钢管人字拔杆的起重量及钢管规格。

4. 人字拔杆的计算要点

(1) 确定吊点位置和数量。吊装时，构件的吊点位置，根据构件形式、高度、重心和吊装环境等的不同，可采用 1～4 点绑扎起吊。

(2) 计算构件的重心位置。

(3) 计算拔杆内力和斜拉绳内力。

12.2.6.3 桅杆式起重机

1. 桅杆式起重机的构造

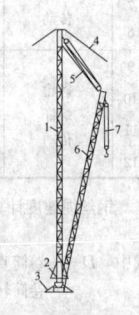

桅杆式起重机亦称牵缆式起重机，它是在独脚拔杆下端安装一根可以回转和起伏的吊杆拼装而成。如图 12-26 所示。桅杆式起重机的缆风绳至少 6 根，根据缆风最大的拉力选择钢丝绳和地锚，地锚必须安全可靠。

起重量在 5t 的桅杆式起重机，大多用圆木做成，起重量在 10t 左右的，大多用无缝钢管做成，桅杆高度可达 25m；大型桅杆式起重机，其起重量可达 60t，桅杆高度可达 80m。桅杆和吊杆都是用角钢组成的格构式截面。

桅杆式起重机的起重臂可起伏，机身可全回转，故可把起重半径范围内的构件吊到任意位置，适用于构件多且集中的工程。

在大型桅杆式起重机的下部，一般还设有专门行走装置，中小型桅杆式起重机则在下面设滚筒。移动桅杆，多用卷扬机加滑车组牵动桅杆底脚。移动时，将吊杆收拢，并随时调整缆风。

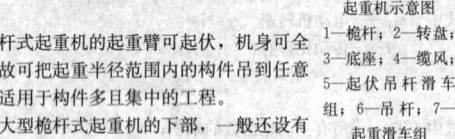

图 12-26　桅杆式起重机示意图
1—桅杆；2—转盘；3—底座；4—缆风；5—起伏吊杆滑车组；6—吊杆；7—起重滑车组

随着吊装构件的大型化和标准起重机械的重型化，对桅杆式起重机的起重量也提出了越来越高的要求。现代桅杆式起重机也不局限于利用传统的卷扬机配合钢丝绳作为起重动力，出现了大量用刚性撑杆替代缆风绳的例子，以形成刚性的三角稳定体系，提高安全性。

2. 桅杆式起重机的优缺点及使用范围

桅杆式起重机的优点是：构造简单、装拆方便、起重能力较大。它适合在以下几种情况中应用：

(1) 场地比较狭窄的工地；

(2) 缺少其他大型起重机械或不能安装其他起重机械的特殊工程；

(3) 没有其他相应起重设备的重大结构工程；

(4) 在无电源情况下，可使用人工绞磨起吊。

其不足之处是：作业半径小，移动较为困难，施工速度慢且需要设置较多的缆风绳，因而它适用于安装工程量较集中的结构工程。

3. 常用桅杆式起重机的技术参数

常用桅杆式起重机的技术参数有：最大起重量、桅杆高度、吊杆长度、起重机自重、桅杆及其吊杆截面、起重滑轮组、吊杆起伏滑轮组及缆风绳根数、直径。

4. 桅杆式起重机的计算要点

桅杆式起重机受力为一个空间结构体系，分析时可按平面力系处理。主要从以下几个方面对结构进行受力计算。

(1) 悬臂杆计算；

(2) 起伏滑车组受力计算；

(3) 拔杆计算；

(4) 拔杆底座上的受力计算；

(5) 缆风绳所受的张力计算。

5. 桅杆式起重机安装注意事项

(1) 起重机的安装和拆除应划出警戒区，清除周围的障碍物等，在专人统一指挥下，按照出厂说明书或制定的拆装技术方案进行。

(2) 安装起重机的地基应平整夯实，底座与地面之间应垫两层枕木，并应采用木块楔紧缝隙，使起重机所承受的全部力量能均匀地传给地面，以防在吊装中发生沉陷和偏斜。

(3) 缆风绳的规格、数量及地锚的拉力、埋设深度等，按照起重性能经过计算确定。桅杆式起重机缆风绳与地面的夹角关系到起重机的稳定性能，夹角小，缆风绳受力小，起重机稳定性好，但要增加缆风绳长度和占地面积。因此，缆风绳与地面的夹角应在30°～45°之间，缆绳与桅杆和地锚的连接应牢固。

(4) 缆风绳的架设应避开架空电线。在靠近电线的附近，应装有绝缘材料制作的护线架。

(5) 提升重物时，吊钩钢丝绳应垂直，操作应平稳，当重物吊起刚离开支承面时，应检查并确认各部无异常时，方可继续起吊。

(6) 桅杆式起重机结构简单，起重能力大，完全是依靠各根缆风绳均匀地拉牢主杆使之保持垂直。只要有一个地锚稍有松动，就能造成主杆倾斜而发生重大事故。因此，在起吊满载重物前，应有专人检查各地锚的牢固程度。各缆风绳都应均匀受力，主杆应保持直立状态。

(7) 作业时，起重机的回转钢丝绳应处于拉紧状态。回转装置应有安全制动控制器。

(8) 起重作业在小范围移动时，可以采用调整缆绳长度的方法使主杆在直立情况下稳定移动。起重机移动时，其底座应垫以足够承重的枕木排和滚杠，并将起重臂收至处于移动方向的前方。移动时，主杆不得倾斜，缆风绳的松紧应配合一致。距离较远时，由于缆风绳的限制，只能采用拆卸转运后重新安装。

6. 现代桅杆式起重机的工程应用

以昆明机场钢彩带基座的安装为例说明。

(1) 应用背景

钢彩带基座质量达50t，小型起重机无法进行吊装，若选择大型起重机又受到现场施工情况限制。因为彩带基座的施工须在楼板上施工，由于混凝土达到100%强度的时间长，施工工期紧，土建与钢结构交叉施工等条件的限制，无法使用大型机械设备进入现场吊装。经过反复研究和广泛讨论后决定采用桅杆起重机进行彩带基座吊装。

(2) 桅杆式起重机的设计

为了方便桅杆式起重机的转运，增强支撑的整体稳定性，减小支撑长细比，故采用斜撑、双横钢横向连系将吊装彩带基座的2台桅杆式起重机连成整体。考虑到现场楼板混凝土强度未达到要求强度，且为了保证桅杆式起重机的移动，将楼板上架设工字钢梁为行走轨道。图12-27为吊装示意图及现场施工情况。

图 12-27 桅杆式起重机应用
(a) 桅杆式起重机附着轨道；(b) 缆风绳固定；
(c) 拔杆旋转轴；(d) 桅杆式起重机吊构件

12.3 吊装索具、工具

12.3.1 钢 丝 绳

钢丝绳是由高强度钢丝搓捻而成的。它具有自重轻、强度高、耐磨损、弹性大、寿命长、在高速下运转平衡、没有噪声、安全可靠等优点。而且能承受冲击荷载，磨损后外部产生许多毛刺，容易

检查，便于预防事故，是结构吊装作业中常用的绳索之一。

12.3.1.1 钢丝绳的构造和种类

结构吊装中常用的钢丝绳采用六股钢丝绳（图12-28），每股由19根、37根、61根直径为0.4～3.0mm的高强度钢组成。通常表示方法是：6×19+1、6×37+1、6×61+1；前两种使用最多，6×19钢丝绳多用作缆风绳和吊索；6×37钢丝绳多用于穿滑车组和作吊索。

按捻制方向或外形，可分为以下三类（图12-29）：

(1) 顺绕钢丝绳。其特征是钢绕成股与股捻成绳的方向相同，表面较平滑。它与滑轮或卷筒凹槽的接触面较大，磨损较轻，但容易松散和产生扭结卷曲，吊装重物时易打转，不宜吊装，一般用于缆风绳。

(2) 交绕钢丝绳。其特征是钢丝绳绕成股和捻成绳的方向相反，这种钢丝绳较硬，吊装时不易松散扭结，广泛应用于起重吊装中。

(3) 混绕钢丝绳。其特征是相邻层股的绕捻方向相反，它同时具有前两种钢丝绳的优点。

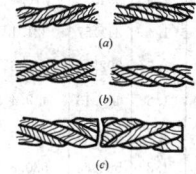

图 12-28 普通钢丝绳截面 　　图 12-29 钢丝绳按捻制方向或外形分类
(a) 顺绕钢丝绳；(b) 交绕钢丝绳；
(c) 混绕钢丝绳

12.3.1.2 钢丝绳的技术性能

国产钢丝绳早已标准化生产，常用钢丝绳的直径为6.2～65mm，其抗拉强度分别为1400N/mm²、1550N/mm²、1700N/mm²、1850N/mm²和2000N/mm²五个等级。实际选用时，主要规格和技术参数见表12-17和表12-18。

6×19 钢丝绳的主要数据表　　　　表 12-17

直　　径		钢丝总断面积	参考质量	钢丝绳公称抗拉强度（N/mm²）				
钢丝绳	钢 丝			1400	1550	1700	1850	2000
				钢丝破坏拉力总和				
(mm)		(mm²)	(kg/100m)	(kN) 不小于				
6.2	0.4	14.32	13.53	20.0	22.1	24.3	26.4	28.6
7.7	0.5	22.37	21.14	31.3	34.6	38.0	41.3	44.7
9.3	0.6	32.22	30.45	45.1	49.9	54.7	59.6	64.4
11.0	0.7	43.85	41.44	61.3	67.9	74.5	81.1	87.7
12.5	0.8	57.27	54.12	80.1	88.7	97.3	105.5	114.5
14.0	0.9	72.49	68.50	101.0	112.0	123.0	134.0	144.5
15.5	1.0	89.49	84.57	125.0	138.5	152.0	165.5	178.5
17.0	1.1	103.28	102.3	151.5	167.5	184.0	200.0	216.5
18.5	1.2	128.87	121.8	180.0	199.5	219.0	238.0	257.5
20.0	1.3	151.24	142.9	211.5	234.0	257.0	279.5	302.0
21.5	1.4	175.40	165.8	245.5	271.5	298.0	324.0	350.5
23.0	1.5	201.35	190.3	281.5	312.0	342.0	372.0	402.5
24.5	1.6	229.09	216.5	320.5	355.0	389.0	423.5	458.5
26.0	1.7	258.63	244.4	362.0	400.5	439.5	478.0	517.0
28.0	1.8	289.95	274.0	405.5	449.0	492.5	536.0	579.5
31.0	2.0	357.96	338.3	501.0	554.5	608.5	662.0	715.5
34.0	2.2	433.13	409.3	306.0	671.0	736.0	801.0	
37.0	2.4	515.46	487.1	721.5	798.5	876.0	953.5	
40.0	2.6	604.95	571.7	846.5	937.5	1025.0	1115.0	
43.0	2.8	701.61	663.0	982.0	1085.0	1190.0	1295.0	
46.0	3.0	805.41	761.1	1125.0	1245.0	1365.0	1490.0	

注：表中粗线左侧，可供应光面或镀锌钢丝绳，右侧只供应光面钢丝绳。

6×37 钢丝绳的主要数据表　　　表 12-18

直径		钢丝总断面积	参考质量	钢丝绳公称抗拉强度（N/mm²）				
钢丝绳	钢丝			1400	1550	1700	1850	2000
				钢丝破坏拉力总和				
（mm）		（mm²）	（kg/100m）	（kN）不小于				
8.7	0.4	27.88	26.21	39.0	43.2	47.3	51.5	55.7
11.0	0.5	43.57	40.96	60.9	67.5	74.0	80.6	87.1
13.0	0.6	62.74	58.98	87.8	97.2	106.5	116.0	125.0
15.0	0.7	85.39	80.57	119.5	132.0	145.0	157.5	170.5
17.5	0.8	111.53	104.8	156.0	172.5	189.5	206.0	223.0
19.5	0.9	141.16	132.7	197.5	213.5	239.5	261.0	282.0
21.5	1.0	174.27	163.3	243.5	270.0	296.0	322.0	348.5
24.0	1.1	210.87	198.2	295.0	326.5	358.0	390.0	421.5
26.0	1.2	250.95	235.9	351.0	388.5	426.5	464.0	501.5
28.0	1.3	294.60	276.8	412.0	456.5	500.5	544.5	589.0
30.0	1.4	241.57	321.1	478.0	529.0	580.5	631.5	683.0
32.5	1.5	392.11	368.6	548.5	607.5	666.5	725.0	784.0
34.5	1.6	446.13	419.4	624.5	691.5	758.0	825.0	892.0
36.5	1.7	503.64	473.4	705.0	780.5	856.0	931.5	1005.0
39.0	1.8	564.63	530.8	790.0	875.0	959.5	1040.0	1125.0
43.0	2.0	697.08	655.3	975.5	1080.5	1185.0	1285.0	1390.0
47.5	2.2	843.47	792.9	1180.5	1305.5	1430.0	1560.0	
52.0	2.4	1003.80	943.6	1405.0	1555.0	1705.0	1855.0	
56.0	2.6	1178.07	1107.4	1645.0	1825.0	2000.0	2175.0	
60.5	2.8	1366.28	1234.3	1910.0	2115.0	2320.0	2525.0	
65.0	3.0	1568.43	1474.8	2195.0	2430.0	2665.0	2900.0	

注：表中粗线左侧，可供应光面或镀锌钢丝绳，右侧只供应光面钢丝绳。

12.3.1.3　钢丝绳的许用拉力计算

（1）静荷载

钢丝绳的强度校核，主要是按钢丝绳的规格和使用条件所得出的许用拉力来确定。许用拉力按式（12-19）计算。

$$[S] \leq \frac{\alpha P}{K} \qquad (12-19)$$

式中　$[S]$——钢丝绳的许用拉力（kN）；

P——钢丝绳的钢丝破坏拉力总和（kN）；

α——破断拉力换算系数，按表 12-19 取用；

K——钢丝绳的安全系数，按表 12-20 取用。

钢丝绳破断拉力换算系数 α　　表 12-19

钢丝绳结构	换算系数
6×19	0.85
6×37	0.82
6×61	0.80

钢丝绳的安全系数 K　　表 12-20

用途	安全系数	用途	安全系数
作缆风绳	3.5	作吊索、无弯曲时	6～7
用于手动起重设备	4.5	作捆绑吊索	8～10
用于机动起重设备	5～6	用于载人的升降机	14

【例】　用一根全新的直径 20mm、公称抗拉强度为 1550N/mm² 的 6×19 钢丝绳作吊索，求它的允许拉力。

【解】　由表 12-17 查得 $P=234$kN，由表 12-19 查得 $\alpha=0.85$，由表 12-20 查得 $K=6$。

许用拉力为：

$$[S] \leq \frac{\alpha P}{K} = \frac{0.85 \times 1 \times 234}{6} = 33.15\text{kN}$$

（2）冲击荷载（图 12-30）

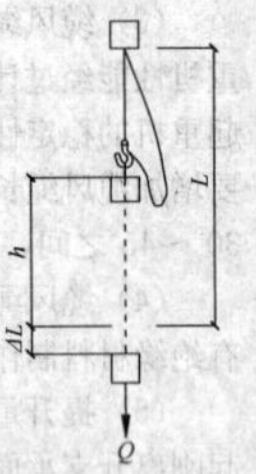

使用钢丝绳进行起重吊装作业时，钢丝绳不可避免会有冲击作用。与静荷载相比，冲击作用下，重物对钢丝绳的拉力会有不同程度的放大。冲击荷载可按式（12-20）进行计算：

$$F_s = Q\left(1 + \sqrt{1 + \frac{2EAh}{QL}}\right) \qquad (12-20)$$

式中　F_s——冲击荷载（N）；

Q——静荷载（N）；

E——钢丝绳的弹性模量（N/mm²）；

A——钢丝绳截面积（mm²）；

h——落下高度（mm）；

L——钢丝绳的悬挂长度（mm）。

图 12-30　冲击荷载计算简图

【例】　采用一根直径为 17.5mm 的 6×37 钢丝绳进行吊装作业，钢丝总截面积 $A=111.53$mm²，钢丝绳的弹性模量 $E=7.84 \times 10^4$N/mm²，吊重（静荷载）$Q=20.5$kN，悬挂长度 $L=5$m，落下距离 $h=250$mm，试求其冲击荷载。

【解】　由式（2-20）得到：

$$F_s = Q\left(1 + \sqrt{1 + \frac{2EAh}{QL}}\right)$$

$$= 2.05 \times 10^4 \left(1 + \sqrt{1 + \frac{2 \times 7.84 \times 10^4 \times 111.54 \times 250}{2.05 \times 10^4 \times 5000}}\right)$$

$$= 2.05 \times 10^4 (1 + 6.6)$$

$$= 15.58 \times 10^4 \approx 156\text{kN}$$

从计算中可以看出冲击荷载为 156kN，是静荷载的 7.6 倍。

12.3.1.4　钢丝绳的安全检查

钢丝绳使用一段时间后，就会产生断丝、腐蚀和磨损现象，其承载力降低。一般规定钢丝绳在一个节距内断丝数量超过表 12-21 的数字时就应当报废，以免造成事故。

钢丝绳的报废标准（一个节距内的断丝数）　　表 12-21

采用的安全系数	钢丝绳种类					
	6×19		6×37		6×61	
	交互捻	同向捻	交互捻	同向捻	交互捻	同向捻
6 以上	12	6	22	11	36	18
6～7	14	7	26	13	38	19
7 以上	16	8	30	15	40	20

当钢丝绳表面锈蚀或磨损使钢丝绳的直径显著减少时应将表 12-21 报废标准按表 12-22 折减并按折减后的断丝数报废。

钢丝绳锈蚀或磨损时报废标准的折减系数　　表 12-22

钢丝绳表面锈蚀或磨损量（%）	10	15	20	25	30～40	大于40
折减系数	85	75	70	60	50	报废

12.3.1.5　钢丝绳的使用注意事项

（1）钢丝绳解开使用时，应按正确的方法进行，以免钢丝绳产生扭结。钢丝绳切断前应在切口两侧用细铁丝绑扎，以防切断后绳头松散。

（2）钢丝绳穿过滑轮时，滑轮槽的直径应比绳的直径大 1～3.5mm。滑轮槽过大钢丝绳容易压扁；过小则容易磨损。滑轮的直径不得小于钢丝绳直径的 10～12 倍，以减小绳的弯曲应力。禁止使用轮缘破损的滑轮。

（3）钢丝绳使用一段时间（4个月左右）后应进行保养，保养用油膏配方可干黄油 90%，牛油或石油沥青 10%。

（4）存放在仓库里的钢丝绳应成卷排列，避免重叠堆置，库中应保持干燥，以防钢丝锈蚀。

（5）绑扎边缘锐利的构件时，应使用半圆钢管或麻袋、木板等

物予以保护。

（6）使用中，如绳股间有大量的油挤出，表明钢丝绳的荷载已相当大，这时必须勤加检查，以防发生事故。

12.3.2 绳　夹

12.3.2.1 绳夹类型

绳夹又称绳卡、卡头，是用来夹紧钢丝绳末端，或将两根钢丝绳固定在一起的一种索具，见图12-31。用它来固定和夹紧钢丝绳不但牢固，而且装拆方便。绳夹通常用骑马式、压板式（U形）、拳握式（L形）三种类型，其中骑马式绳夹最为常见，见图12-32。

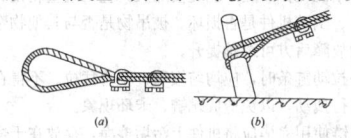

图12-31　钢丝绳卡的使用

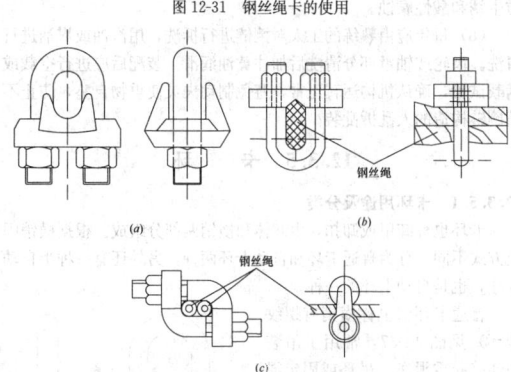

图12-32　绳夹分类示意
(a) 骑马式钢丝绳卡；(b) U形钢丝绳卡；(c) L形钢丝绳卡

12.3.2.2 构造要求

吊装作业中，一定直径的钢丝绳须绳卡个数及间距相匹配，见图12-33及表12-23。

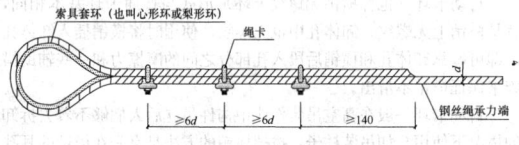

图12-33　绳卡间距要求

绳卡数量与钢丝绳直径关系　　表12-23

钢丝绳直径（mm）	$\leqslant 19$	$19 < d \leqslant 32$	$32 < d \leqslant 38$	$38 < d \leqslant 44$
绳卡数量（个）	3	4	5	6

12.3.2.3 使用注意事项

（1）钢丝绳夹必须有出厂合格证和质量证明书。螺母与螺栓的配合应符合要求，螺母应能用手拧入，但无松旷现象，螺纹部位应加润滑油。

（2）作用时，应根据所夹钢丝绳的直径大小选择相应规格的钢丝绳夹，严禁代用（大代小或小代大）或采用在钢丝绳中加垫料的方法拧紧绳夹。

（3）每个钢丝绳夹都要拧紧，以压扁钢丝绳直径1/3左右为宜，并应将压板式绳夹部分卡在绳头（即活头）的一边，见图12-34。这是因为压板式绳夹与钢丝绳的接触面小，容易使钢丝绳产生弯曲，如有松动或滑移，绳头也不会从压板式绳夹中滑出，只是钢丝绳夹与主绳滑动，有利于安全。

（4）卡绳时，应将两根钢丝理顺，使其紧密相靠，不能一根

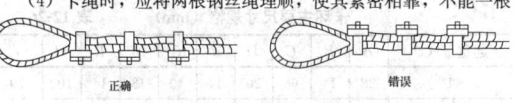

图12-34　钢丝绳卡的安放

紧一根松，否则钢丝绳夹不能同时起作用，将会影响安全使用。

（5）钢丝绳受力后，应立即检查绳夹是否走动。由于钢丝绳受力后会产生变形，因此，绳夹在实际使用中受荷1～2次后，要对绳夹要进行二次拧紧。

（6）离套环最近的绳夹尽可能地紧靠套环，紧固绳夹时要考虑每个绳夹的合理受力，离套环最远的绳夹不得首先单独紧固。

（7）吊装重要的设备或构件时，为了便于检查，可在绳头的尾部加一保险绳卡，并放出一个"安全弯"（图12-35）。

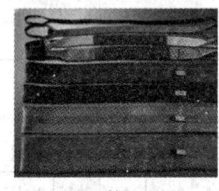

图12-35　保险钢丝卡

当接头的钢丝绳发生滑动时，"安全弯"即被拉直，可及时采取相应措施，保证作业安全。

（8）钢丝绳夹使用后，要检查螺栓的螺纹有无损坏。暂时不用时，应在螺纹处涂上防锈油，并存放于干燥处备用。

12.3.3 吊 装 带

12.3.3.1 吊装带的规格

吊装带为钢结构施工常用的吊装工具，一般在吊装外表圆滑的钢构件时使用，严禁使用吊装带吊装有锋利边缘的钢构件。

按照吊装带外形分为扁平吊装带和圆形吊装带两种（图12-36）。

图12-36　吊装带外形分类
(a) 扁平吊装带；(b) 圆形吊装带

12.3.3.2 吊装带的选用

1. 扁平吊装带选用

根据吊装构件的质量选用吊带。工程使用中，可根据吊装带缝制织带部件的颜色按表12-24的规定辨别吊装带的极限工作载荷。

吊装带或组合多肢吊装带的极限载荷应等于缝制织带部件垂直提升时的极限工作载荷乘以相应的方式系数 M（按表12-24选用）。

扁平吊装带极限工作载荷和颜色标记　　表12-24

吊装带垂直提升时的极限工作载荷(t)	缝制织带部件颜色	极限工作载荷 (t)							
		垂直提升	扼圈式提升	吊篮式提升				三肢和四肢吊索	
				$\beta=0°\sim 45°$ 平行	$\beta=0°\sim 45°$	$\beta=45°\sim 60°$	$\beta=0°\sim 45°$	$\beta=45°\sim 60°$	$\beta=0°\sim 45°$	$\beta=45°\sim 60°$
		$M=1$	$M=0.8$	$M=2$	$M=1.4$	$M=1$	$M=1.4$	$M=1$	$M=2.1$	$M=1.5$
1.0	紫色	1.0	0.8	2.0	1.4	1.0	1.4	1.0	2.1	1.5
2.0	绿色	2.0	1.6	4.0	2.8	2.0	2.8	2.0	4.2	3.0
3.0	黄色	3.0	2.4	6.0	4.2	3.0	4.2	3.0	6.3	4.5
4.0	灰色	4.0	3.2	8.0	5.6	4.0	5.6	4.0	8.4	6.0
5.0	红色	5.0	4.0	10.0	7.0	5.0	7.0	5.0	10.5	7.5
6.0	棕色	6.0	4.8	12.0	8.4	6.0	8.4	6.0	12.6	9.0
8.0	蓝色	8.0	6.4	16.0	11.2	8.0	11.2	8.0	16.8	12.0
10.0	橙色	10.0	8.0	20.0	14.0	10.0	14.0	10.0	21.0	15.0
>10.0	橙色									

注：1. M—对称承载的方式系数，吊装带或吊装带零件的安装公差：垂直方向为6°；
　　2. 表中未列出的极限工作载荷的吊装带，其颜色应与表中颜色不同。

按照端头的连接构造将连接形式分为 W01 型（环眼型）、W02 型（重型环眼型）、W03 型（环型）、W04 型（重型环型）、W05 型（宽体型）。

2. 圆形吊装带选用

圆形吊装带选用国际上最优质的合成纤维为原料，采用国际上最先进的织造设备与工艺加工而成，其主要由承载芯、吊装带保护套组成。承载芯无级环绕平行排列，保护套用特制耐磨套管对接成环型，以警示、保护承载芯安全使用。圆形吊装带具有质量轻、承载能力强、柔软、不导电等特点，为用户提供一种安全、轻便的吊装工具。

根据不同吊装环境要求，可分为：普通型、防火型、荧光型、光检型、高强型、组合型等系列。

按照端头的连接构造将连接形式分为 R01 型（环型）、R02 型（防护型）、R03 型（环眼型）、R04 型（花辫型）、RH01 型（高强环型）、RH02 型（高强环眼型）、RK01 型（防火环型）、RK02 型（防火环眼型）。

对于某一组合形式或使用方式，吊装带或组合多肢吊装带的极限工作载荷应等于垂直提升时吊装带的极限工作载荷乘以相应的方式系数 M。圆形吊装带的极限工作载荷和颜色标记见表 12-25。

圆形吊装带极限工作载荷和颜色标记　表 12-25

吊装带垂直提升时的极限工作载荷(t)	吊装带部件颜色	极限工作载荷(t)							
		垂直提升	扣圈式提升	吊篮式提升		两肢吊索		三肢成四肢吊索	
		平行		$\beta=0°$ ~45°	$\beta=45°$ ~60°	$\beta=0°$ ~45°	$\beta=45°$ ~60°	$\beta=0°$ ~45°	$\beta=45°$ ~60°
		$M=1$	$M=0.8$	$M=2$	$M=1.4$	$M=1$	$M=1.4$	$M=2.1$	$M=1.5$
1.0	紫色	1.0	0.8	2.0	1.4	1.0	1.4	2.1	1.5
2.0	绿色	2.0	1.6	4.0	2.8	2.0	2.8	4.2	3.0
3.0	黄色	3.0	2.4	6.0	4.2	3.0	4.2	6.3	4.5
4.0	灰色	4.0	3.2	8.0	5.6	4.0	5.6	8.4	6.0
5.0	红色	5.0	4.0	10.0	7.0	5.0	7.0	10.5	7.5
6.0	棕色	6.0	4.8	12.0	8.4	6.0	8.4	12.6	9.0
8.0	蓝色	8.0	6.4	16.0	11.2	8.0	11.2	16.8	12.0
10.0	橙色	10.0	8.0	20.0	14.0	10.0	14.0	21.0	15.0
12.0	橙色	12.0	9.6	24.0	16.8	12.0	16.8	25.2	18.0
15.0	橙色	15.0	12.0	30.0	21.0	15.0	21.0	31.5	22.5
20.0	橙色	20.0	16.0	40.0	28.0	20.0	28.0	30.0	30.0
25.0	橙色	25.0	20.0	50.0	35.0	25.0	35.0	52.5	37.5
30.0	橙色	30.0	24.0	60.0	42.0	30.0	42.0	63.0	45.0
40.0	橙色	40.0	32.0	80.0	56.0	40.0	56.0	84.0	60.0
50.0	橙色	50.0	40.0	100.0	70.0	50.0	70.0	105.0	75.0
60.0	橙色	60.0	48.0	120.0	84.0	60.0	84.0	126.0	90.0
80.0	橙色	80.0	64.0	160.0	112.0	80.0	112.0	168.0	120.0
100.0	橙色	100.0	80.0	200.0	140.0	100.0	140.0	210.0	150.0

注：1. M—对称承载的方式系数，吊装带或吊装带零件的安装公差：垂直方向为 6°；

2. 表中未列出的极限工作载荷的吊装带，其颜色应与表中颜色不同。

12.3.4 捣　链

12.3.4.1 捣链用途及分类

捣链又称"手拉葫芦"、"神仙葫芦"，起重能力在 20t 以内，提升距离在 2.5～12m 之间。常常配合三脚架或单轨桁车使用，作简易短距离垂直吊装机械使用，吊运平稳，操作方便，还可作短距离水平或倾斜收紧牵引绳、缆风绳用。

从构造来分，捣链主要有蜗杆传动和齿轮传动两种。蜗杆传动捣链不仅省力而且灵活稳定，但由于结构笨重、效率低、零件易磨损、吊重不宜超过 10t 等缺点，其应用逐渐减少。齿轮传动捣链自重轻、体积小、搬运方便，广泛应用于小型设备和重物短距离起重

安装及搬运工作。

12.3.4.2 使用注意事项

(1) 使用前应仔细检查吊钩、链条、轮轴及制动器等是否有损伤，传动部分是否灵活，并在传动部分加润滑油。挂上重物后，先慢慢拉动链条，等起重链条受力后再检查一次，看齿轮咬合是否妥当，链条自锁装置是否起作用。

(2) 起重前应弄清重物质量，严禁超负荷使用，在气温低于－10℃ 的条件下工作时，捣链的额定负荷减半。

(3) 捣链一般一个人即可以拉动，两个人拉感觉很轻松，如拉不动时，不能硬拉，更不能随便加人，应检查重物是否超载、链环是否被卡、捣链机件是否损坏、被吊物是否与其他物牵连，弄清原因、排除故障后方可继续提升。

(4) 手拉动链条时，应均匀缓和，不得猛拉。不得在与链条不同平面内进行拨动，以免造成跳链、卡环现象。

(5) 捣链使用完毕应将机件上污垢擦净，存放在干燥场所，严防生锈和酸性腐蚀。

(6) 每年应由熟练的工人对捣链进行拆洗，用汽油或煤油进行清洗。齿轮或轴承部分清洗后加涂黄油润滑。装配后应进行空载或满载试验，确认机构运转正常，避免制动失灵使重物自坠，防止不懂捣链构造的人乱拆乱改。

12.3.5 卡　环

12.3.5.1 卡环用途及分类

卡环也称卸甲或卸扣，由卸体和横销两部分组成。根据横销固定方式不同，分为普通卡环和自动卡环两种，另外还有一种半自动卡环，也是自动卡环的一种。

普通卡环（也称横销有螺纹卡环）见图 12-37，常用于吊装中连接起重滑车、吊环或固定绳索、连接绳索。当横销插入卸体，把螺纹拧紧之后，卡环便成了可靠的封闭圆环，绳索或吊环都不能滑出，在起重作业中非常安全。

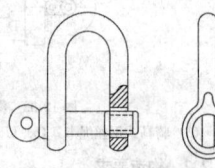

图 12-37　普通卡环

自动卡环（也称横销无螺纹卡环）形式与普通卡环基本相同，就是横销上无螺纹，卸体孔中也无螺纹，使用时将横销插入卸体孔中即可，靠卸体孔和横销后段入孔部分之间的摩擦力和一些辅助措施来保证横销不滑出。

自动卡环一般在高空吊装作业中构件吊立后人们够不着去拆卸的情况下使用。如吊装柱子，拔掉横销的方法是事先在横销的耳孔上拴一根麻绳，麻绳绕过事先在起重机吊钩或横吊梁上挂的导向滑车后垂到地面，柱子就位后，拉动麻绳横销即可拔出，锁具自动拆除。

半自动卡环（图 12-38）具有自动卡环拆卸方便的优点，也用于高空吊装中人们够不着拆卸卡环的地方，而且由于横销不容易自动滑出，所以使用比较安全可靠。使用方法与自动卡环相同。

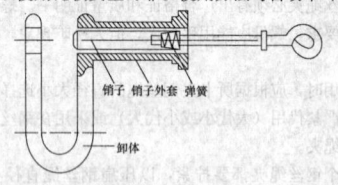

销子　销子外套　弹簧
卸体

图 12-38　半自动卡环

12.3.5.2 卡环规格

卡环主要尺寸规格见表 12-26，表中字母所表示部位详见图 12-39。

卡环主要尺寸规格（mm）　表 12-26

起重量(t)	A	B	C	D	d	d_1	M	R	H	l
1	28	14	68	20	14	40	18	14	102	79
2	36	18	90	25	20	48	22	18	132	103

续表

起重量 (t)	A	B	C	D	d	d₁	M	R	H	l
3	44	24	107	33	24	65	30	22	164	128
4	56	28	118	37	28	72	33	25	182	145
5	64	32	138	40	32	80	36	25	210	150
8	72	36	149	43	36	80	38	25	225	154
10	50	38	148	48	38	84	42	25	228	174
15	60	46	178	54	46	100	52	30	274	214
20	70	52	205	62	52	114	60	35	314	246
25	80	60	230	70	60	130	68	40	355	245
30	90	65	258	78	65	144	76	45	395	270
35	100	70	280	85	70	156	80	50	428	295
40	110	76	300	90	76	166	85	55	459	320
45	120	82	320	96	82	178	95	60	491	346
50	130	88	343	104	88	192	100	65	527	371

注：产品出厂前均按本表额定能力1.5倍进行拉力试验。

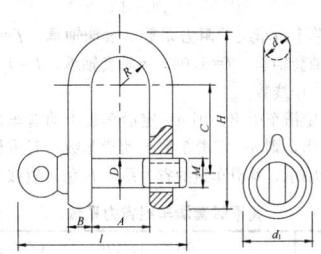

图 12-39　卡环主要尺寸示意图

现场施工时，若查不到卡环的性能参数，也可根据销子的直径按式 (12-21) 估算出卡环的允许载荷。

$$Q = 0.035d^2 \quad\quad (12-21)$$

式中　Q——卡环的估算允许荷载（kN）；

d——卡环的销子直径（mm）。

12.3.5.3　使用注意事项

(1) 卡环必须是锻造的，并应经过热处理，禁止使用铸造卡环。

(2) 严格按照卡环安全使用负荷，不准超负荷使用。

(3) 卡环表面应光洁，不能有毛刺、切纹、尖角、裂纹、夹层等缺陷。不能利用焊接或补强法修补卡环缺陷。

(4) 无制造标记或合格证明的卡环，需进行拉伸强度试验，合格后才能使用。

(5) 卡环连接的两根绳索或吊环，应该一根套在横销上。一根套在卸体上，而不能分别套在卸体的两个直段，使卸甲受横向力。

(6) 吊装完毕后，卸下卡环，要随时将横销插入卸体，拧好丝扣，严禁将横销乱扔，以防破坏丝扣，防止使卸甲体和横销螺纹处粘上泥污，并定时涂黄油润滑。存放时应放在干燥处，用木方、木板垫好，以防锈蚀。

(7) 除特别吊装外不得使用自动卡环。使用时，要有可靠的保障措施，防止横销滑出，如吊柱时应使横销带有耳孔的一端朝上。

(8) 使用时，应考虑横销拆卸方便，且拉出落下伤人。

(9) 不允许在高空将拆除的卡环向下抛甩，以防伤人以及卡环碰撞变形和内部产生不易发觉的损伤和裂纹。

(10) 工作完毕后，要将卡环收回擦干净，并将横销插入弯环内上满螺纹，存放在干燥处，以防表面生锈影响使用。

(11) 当卡环任何部位产生裂纹、塑性变形、螺纹脱扣、销轴和扣体断面磨损达原尺寸的3%～5%时，应报废处理。

12.3.6　吊　钩

12.3.6.1　吊钩用途及分类

吊钩为结构吊装作业中勾挂绳索或构件吊环的必需工具，取物方便，工作安全可靠。一般用20号优质钢经锻造后退火制成，锻

成后要进行后火处理，以消除其残余应力，增加韧性，要求硬度达到95～135HB。

吊钩按其使用不同分双吊钩和单吊钩两种（图12-40）。前者主要用于起重设备，一般作为起重机的附件，吊装工程上应用最广泛的是带环单吊钩。

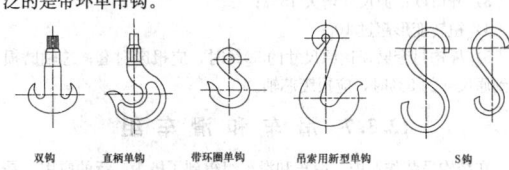

| 双钩 | 直柄单钩 | 带环圈单钩 | 吊索用新型单钩 | S钩 |

图 12-40　吊钩的类别

(1) 单钩。单钩构造简单、使用方便，因而被广泛使用，但其受力性能不如双钩好。单钩一般由20号优质碳素钢或16号锰钢锻制而成。

(2) 双钩。起重量大的吊装机械大多配用双钩，它受力均匀对称，能充分利用钩体材料，在起重量相同的情况下，一般双钩比单钩自重要轻。双钩材质通常与单钩相同。

12.3.6.2　吊钩规格

工程上应用最广泛的是带环单吊钩，其常用规格及起重量见表12-27。

带环单吊钩起重量及规格（mm）　　　　表 12-27

简　图	起重量 (t)	A	B	C	D	E	F	适用钢丝绳直径 (mm)	每只自重 (kg)
	0.5	7	114	73	19	19	19	6	0.34
	0.75	9	133	86	22	25	25	6	0.45
	1	10	146	98	25	29	27	8	0.79
	1.5	12	171	109	32	32	35	10	1.25
	2	13	191	121	35	35	37	11	1.54
	2.5	15	216	140	38	38	41	13	2.04
	3	16	232	152	41	41	48	14	2.90
	3.75	18	257	171	44	48	51	16	3.86
	4.5	19	282	193	51	51	54	18	5.00
	6	22	330	206	57	57	65	19	7.40
	7.5	24	356	227	64	64	70	22	9.76
	10	27	394	255	70	70	77	25	12.30
	12	33	419	279	76	78	89	29	15.20
	14	34	456	308	83	83	95	32	19.10

12.3.6.3　使用注意事项

(1) 吊钩应有制造单位的合格证等技术文件，方可投入使用。否则，应经检验合格后方可使用。

(2) 在使用过程中，应对吊钩定期进行检查，保证其表面光滑，不能有剥裂、刻痕、锐角、毛刺和裂纹等缺陷，对缺陷部分不得进行补焊。

(3) 结构吊装作业中使用吊钩时，应将吊索挂到钩底，吊钩上的防脱钩装置应安全可靠。

(4) 起重吊装作业不得使用铸造的吊钩。

(5) 吊钩与重物吊环相连接时，挂钩方式要正确，必须保证吊钩的位置和受力符合安全要求（图12-41）。

(6) 在勾挂吊索时，要将吊索挂至钩底；直接勾在构件吊环中

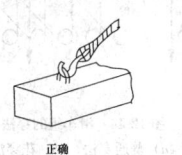

正确

错误

图 12-41　挂钩方法示意

时，不能使吊钩硬别或歪扭，以免吊钩产生变形或脱钩。

　　(7) 当吊钩出现下列任何一种情况时，应予以报废。

　　1) 表面有裂纹时；

　　2) 吊钩危险断面磨损达到原尺寸的 10%；

　　3) 开口度比原尺寸增大 15%；

　　4) 扭转变形超过 10°；

　　5) 板钩衬套磨损达原尺寸的 50% 时，应报废衬套；芯轴磨损达到原尺寸的 5% 时，应报废芯轴。

12.3.7　滑车和滑车组

　　在结构吊装作业中，滑车和滑车组得到了极为广泛的应用，是非常重要的起重吊装工具。滑车与卷扬机配合使用能起吊和搬运很重的物体。

12.3.7.1　滑车

　　滑车按用途一般分为定滑车、动滑车、导向滑车、平衡滑车等，如图 12-42 所示。定滑车用来改变用力的方向，亦可用作平衡滑车或转向滑车，但不省力。动滑车可省力，但不改变力的方向。

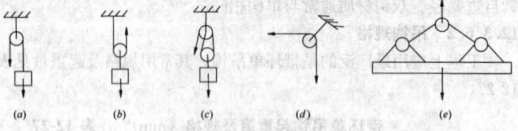

图 12-42　滑车的类型

　　(a) 定滑车；(b) 动滑车；(c) 滑轮车；(d) 导向滑车；(e) 平衡滑车

　　按滑车的多少，又可分为单门、双门和多门等；按连接件的结构形式不同，可分为吊钩型、链环型、吊环型和吊梁型四种；按滑车的夹板是否可以打开来分，有开口滑车和闭口滑车两种。

　　滑车的允许荷载，根据滑轮和轴的直径确定，使用时应按其标定的数量选用，不能超载。

　　常用钢滑车的允许荷载见表 12-28。

常用钢滑车的允许荷载　　表 12-28

轮滑直径(mm)	允许荷载 (kN)								适用钢丝直径 (mm)	
	单门	双门	三门	四门	五门	六门	七门	八门	适用	最大
70	5	10							5.7	7.7
85	10	20	30						7.7	11.0
115	20	30	50	80					11.0	14.0
135	30	50	80	100					12.5	15.5
165	50	80	100	160	160				15.5	18.5
185		100	160	200		320			17.0	20.0
210	80		200	320					20.0	23.5
245	100	160		320		500			23.5	25.0
280		200		500			800		26.5	28.0
320	160			500		800		1000	30.5	32.5
360	200				800	1000		1400	32.5	35.0

12.3.7.2　滑车组

　　1. 特性及使用范围

　　滑车组是由若干个定滑车和动滑车以及绳索组成。它既可省力，又可根据需要改变用力方向 (图 12-43)。滑车组中，绳索有普通穿法和花穿法两种，见图 12-44。

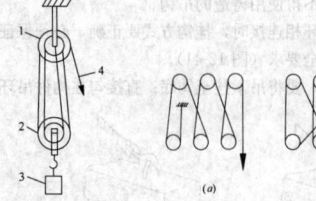

图 12-43　滑车组

1—定滑车；2—动滑车；
3—重物；4—绳索

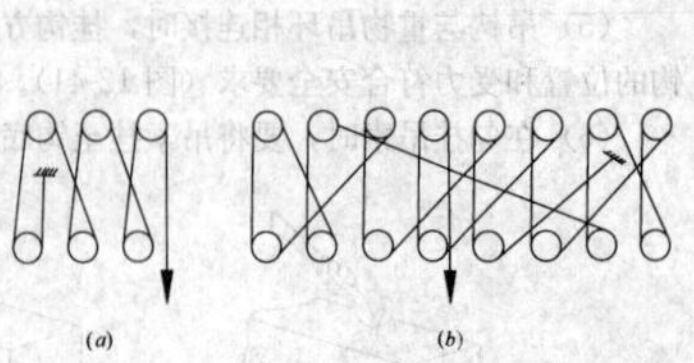

图 12-44　滑车组的穿法

(a) 普通穿法；(b) 花穿法

　　普通穿法是将绳索自一侧滑车开始，顺序地穿过中间滑车，最后从另一侧滑车引出。这种穿法在滑车组工作时，由于两侧钢丝绳的拉力相差较大，滑车组在工作中不平稳，甚至会发生自锁现象（即重物不能靠自重下落）。

　　花穿法的跑头从中间滑车引出，两侧钢丝绳的拉力相差较小，在用"三三"以上的滑车组时，宜用花穿法。

　　在实际施工过程中，由于现场的构件多，位置狭窄，导致无法使用其他起重机械时，往往用滑车组配合桅杆在条件差的现场操作，以解决现场施工作业面狭窄的问题，这是滑车组在施工现场运用的最大优点之一。

　　2. 滑轮车绳索拉力计算

　　滑轮车可作简单的起重工具，也是起重机械不可缺少的组成部分。滑轮车的绳索拉力为：

$$P = KQ \qquad (12-22)$$

式中　P——绳索拉力 (kN)；

　　　　Q——构件自重 (kN)；

　　　　K——滑车组的省力系数，有：

$$K = \frac{f^n(f-1)}{f^n - 1} \qquad (12-23)$$

式中　f——单个滑车组的阻力系数（滚珠轴承，$f=1.02$；青铜轴套轴承，$f=1.04$；无轴套轴承，$f=1.06$）；

　　　　n——工作线数。

　　若绳索从定滑车引出，则 $n=$ 定滑车数＋动滑车数＋1；若绳索从动滑车引出，则 $n=$ 定滑车数＋动滑车数；起重机的滑车组，常用青铜轴套轴承，其滑车组的省力系数 K 值可直接查表 12-29。

青铜轴套滑车组省力系数　　表 12-29

项　目	$K = f^n(f-1)/(f^n-1)$　$(f=1.04)$									
工作线数 n	1	2	3	4	5	6	7	8	9	10
省力系数 k	1.040	0.529	0.360	0.275	0.224	0.190	0.116	0.148	0.134	0.123
工作线数 n	11	12	13	14	15	16	17	18	19	20
省力系数 k	0.114	0.106	0.100	0.095	0.090	0.086	0.082	0.079	0.076	0.074

12.3.8　千斤顶

　　千斤顶结构简单，质量小，便于搬运，操作方便，易于维护。在起重运输行业中得到普遍应用，利用它可校正构件的安装偏差及矫正构件的变形。在钢结构工程中，常用于顶升和提升大跨度桁架或屋盖等。

12.3.8.1　分类及技术规格

　　千斤顶分为液压式千斤顶、螺旋式千斤顶和齿条式千斤顶三种。

　　1. 液压式千斤顶

　　这种千斤顶起重能力大，操作省力，工作平稳，自重较轻。它的起重能力可达 500t，顶升高度为 130～250mm。安装工程常用的 YQ 型液压式千斤顶是一种手动液压式千斤顶。

　　2. 螺旋式千斤顶

　　与液压式千斤顶相比，螺旋式千斤顶有许多优越性：①不受环境清洁度和温度的影响；起升高度较高；②自锁性能好，安全可靠，可长时间作业不下沉等。

　　3. 齿条式千斤顶

　　齿条式千斤顶是由手柄、棘轮、齿轮、齿条等组成。它的起重量是 3t、5t、8t、10t、15t、20t 等。起升高度可达 40cm。用 1～2 人操作转动手柄，以顶起重物，在千斤顶的手柄上备有制动时需要的齿轮。

　　当起重量在 3～15t 时，可用齿条顶端，顶也位于高处的重物，同时还可以用齿条的下脚，拉起低处的重物。它的特点是升降速度快，能顶升离地面比较低的重物。

12.3.8.2　操作技术

　　1. 千斤顶的基础

　　千斤顶的基础应平稳、坚实、可靠。在地面设置千斤顶时应垫上道木或其他适当的材料，以扩大受力面积。

2. 千斤顶的放置

在松软的地面上放置千斤顶时，应在千斤顶下垫好木块，以免受力后倾斜歪倒。当重物升高时，重物下面也要随即放入支撑垫木，但手不能误入危险区，放置方法如图12-45所示。

在千斤顶的放置过程中，保持荷载重心作用线与千斤顶轴线一致，顶升过程中要严防由于千斤顶地基偏沉或荷载水平位移而发生千斤顶偏歪、倾斜的危险。要防止千斤顶与重物的金属面或混凝土光滑面接触发生滑动，必要时要垫以硬木块。

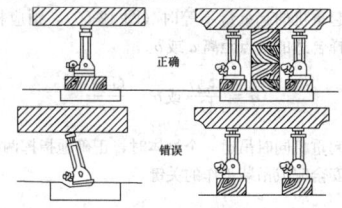

图 12-45　千斤顶的放置方法

3. 顶升操作

千斤顶的顶升高度应不超过有效顶程。起升大型物体时（如大梁）应两端分开起落，一端起落，另一端必须垫实、垫牢、放稳。千斤顶不准超负荷使用。

启动千斤顶不宜急促，应有节奏匀速上升。下降时要缓慢。多台千斤顶同时使用时，要同步操作。千斤顶操作完毕，要进行认真检查，检查油压和隐患情况，并进行维护保养，放置在适当的地方。

12.3.8.3　使用注意事项

(1) 对齿条式千斤顶先要检查下面有无销子，否则千斤顶支撑面不够稳定。对于螺旋式千斤顶预先要检查棘轮和齿条是否变形，动作是否灵活，丝母与丝杠的磨损是否超过允许范围。

(2) 液压式千斤顶重点要看油路连接是否可靠，阀门是否严密，以免承重时油发生回漏。在使用时不要站在保险塞对面。

(3) 千斤顶应放在坚实平坦的地面上，若土质松软则应铺设垫板，以扩大承压面积；构件被顶部位应平整坚实，并加垫木板，载荷应与千斤顶轴线一致。

(4) 应严格按照千斤顶的标定起重量顶重，每次顶升高度不得超过有效顶程。

(5) 千斤顶开始工作时，应先将构件稍微顶起后暂停，检查千斤顶、枕木垛、地面和物件等情况是否良好，如发现偏斜和枕木垛不稳等情况，进行处理后才能继续工作。

(6) 顶升过程中应设保险垫，并应随顶随垫，其脱空距离应小于50mm，以防千斤顶倾倒或突然回油而造成安全事故。

(7) 用两台或两台以上千斤顶同时顶升一个构件时，应统一指挥，动作一致。不同类型的千斤顶应避免放在同一端使用。

12.3.9　垫　铁

垫铁分斜垫铁和平垫铁两种，主要用于钢结构安装及设备安装的调整。斜垫铁的材料可采用普通碳素钢；平垫铁的材料可采用普通碳素钢或铸铁。

12.3.9.1　垫铁的规格要求

垫铁类型见图12-46，规格和尺寸应符合表12-30的规定。

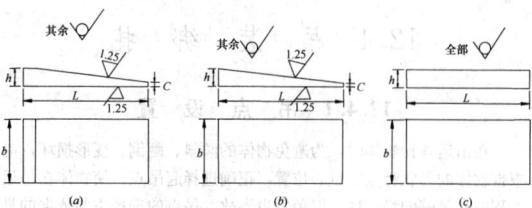

图 12-46　垫铁类型

(a) 斜垫铁A型；(b) 斜垫铁B型；(c) 斜垫铁C型

12.3.9.2　使用注意事项

(1) 采用斜垫铁时，斜垫铁的代号宜与同代号的平垫铁配合使用。

(2) 斜垫铁应成对使用，成对的斜垫铁应采用同一斜度。

(3) 承受载荷的垫铁组，应使用成对斜垫铁，且在调平后灌浆前，取出垫铁。

(4) 每一垫铁组的块数不宜超过5块，且不宜采用薄垫铁；放置平垫铁时，厚的宜放在下面，薄的宜放在中间。

(5) 每一垫铁组应放置整齐平稳，接触良好。钢柱调平后，每组垫铁均应压紧，并应用手锤逐组轻击听音检查。当采用0.05mm塞尺检查垫铁之间和垫铁与钢柱底座面之间的间隙时，在垫铁同一断面两侧塞入的总长度不应超过垫铁长度或宽度的1/3。

(6) 调平后，垫铁端面应露出钢柱底座外缘；平垫铁宜露出10～30mm；斜垫铁宜露出10～50mm。垫铁组伸入底座底面的长度应超过地脚螺栓的中心。

(7) 当钢柱等构件的载荷由垫铁组承受时，垫铁组的位置和数量，应符合下列要求：

1) 每个地脚螺栓旁边至少应有一组垫铁；

2) 垫铁组在能放稳和不影响灌浆的情况下，应放在靠近地脚螺栓和底座主要受力部位的下方；

3) 相邻两垫铁组间的距离宜为500～1000mm。

12.3.10　撬　棍

12.3.10.1　常用撬棍规格

撬棍是一种利用杠杆原理让重物从地面掀起并发生位移的工具，撬棍分为六棱棍，圆棍和扁撬，其规格选用见表12-31。

常用撬棍规格表　表12-31

编号	a	L	L_1	L_2	d	d_1	b
1	45°	1500	65	170	30	8	2.0
2	45°	1200	60	150	25	6	2.0
3	45°	1000	50	150	22	6	2.0
4	40°	800	45	100	20	4	1.5
5	35°	600	40	100	16	4	1.5

12.3.10.2　使用注意事项

(1) 撬棍工作时要承受较大的弯矩，选用时其形状、大小应便于操作；不要用其他杆件替代，以免难以操作或造成折断、压扁、变形等的后果。

(2) 拨重物时，支点要选用坚固构件，不要用易滑动、易破碎或不规则物体，以免打滑而伤人。

(3) 在使用撬棍作业时，其临近危险处禁止操作。防止撬棍滑脱，人体重心失控，造成人员坠落。

(4) 用撬棍时，不可随意加长和松手，防止滑倒，掉落伤人，多人同时作业须有统一指挥。

(5) 使用撬棍时应选择好力点，保持身体平衡，移动或滚动物件前方严禁站人。

(6) 撬棍时，必须统一口号，同时用力，并且不能用肩扛用力。

斜垫铁和平垫铁的规格和尺寸　表12-30

斜垫铁									平垫铁		
A型				B型				C型			
代号	L (mm)	B (mm)	C (mm) 最小	C (mm) 最大	代号	L (mm)	B (mm)	C最小 (mm)	代号	L (mm)	B (mm)
斜1A	100	50	3	6	斜1B	90	50	3	平1	90	50
斜2A	140	70	4	8	斜2B	120	70	4	平2	120	70
斜3A	180	90	6	12	斜3B	160	90	6	平3	160	90
斜4A	220	110	8	16	斜4B	200	110	8	平4	200	110
斜5A	300	150	10	20	斜5B	280	150	10	平5	280	150
斜6A	400	200	12	24	斜6B	380	200	12	平6	380	200

12.4 吊装绑扎

12.4.1 吊点设置

在吊运各种物体时，为避免物体的倾斜、翻倒、变形损坏，应根据物体的形状特点、重心位置，正确选择起吊点，使物体在吊运过程中有足够的稳定性，以免发生事故。吊点的选择主要依据的是构件的重心，尽可能使吊点与被吊物体重心在同一条铅垂线上。

1. 竖直构件吊点设置

竖直构件吊点一般设置在构件的上端，吊耳方向与构件长度方向一致，钢柱吊点通常设置在柱上端对接的连接板上，在螺栓孔上部，吊装孔径大于螺栓孔径。

如图 12-47 所示，工形、箱形截面吊点设置在上下柱对接的连接板上方。其中 H 形截面设置在翼缘垂直于腹板的方向上；箱形截面吊点对称设置在构件的两个面上，若截面较大，构件较重，可在四个面上均设置吊点。

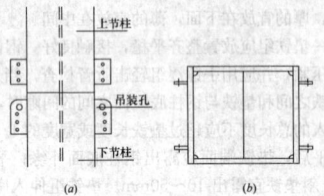

图 12-47 工形及箱形截面构件吊点设置示意
(a) 工形截面吊点设置；(b) 箱形截面吊点设置

2. 水平构件吊点设置

水平构件的吊点设置，应遵循以下原则：

(1) 水平吊装长形构件，可按照吊点数量分以下几种情况（图 12-48）：一个吊点时，吊点的位置拟在距起吊端的 0.3L（L 为构件长度）处；两个吊点时，吊点分别距杆件两端的距离为 0.2L 处；三个吊点时，其中两端的两个吊点位置距各端的距离为 0.13L，而中间的一个吊点位置则在杆件的中心。

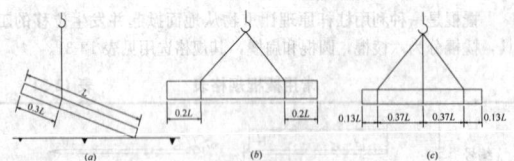

图 12-48 水平构件起吊位置
(a) 单吊点起吊位置；(b) 双吊点起吊位置；(c) 三个吊点起吊位置

(2) 起吊箱形构件，杆件的中心和重心基本一致时，吊耳对称布置在距离杆件端头 1/3 跨位置。

(3) 杆件的中心与重心差别较大时，即构件存在偏心时，先估计构件的重心位置，采用低位试吊的方法来逐步找到重心，确定吊点的绑扎位置。也可用几何方法求出构件的重心，以中心为圆心画圆，圆半径大小根据构件尺寸而定，吊耳对称设置在圆周上，偏心构件一般对称设置四个吊耳。

(4) 拖拉构件时，应顺长度方向拖拉，吊点应在重心的前端，横拉时，两个吊点应在距重心等距离的两端。

3. 复杂节点吊点设置

随着建筑结构不断向新、高、大的方面发展，对节点的构造要求也相应地提高，节点类型复杂多样化给吊装带来了诸多不利，吊点的设置准确与否直接影响吊装的安全性和安装的精确度。

若节点上有吊耳或吊环，其吊点要用原设计的吊点；若节点需要设置吊耳，需先估计节点的重心位置，低位试吊找出重心位置。若有条件建立节点三维模型，可采用 CAD 软件将节点重心找出，方便吊点设置。

4. 双机抬吊吊点设置

物体的质量超过一台起重机的额定起重量时，通常采用两台起重机使用平衡梁调运物体的方法。此方法应满足两个条件：

(1) 被吊装物体的质量与平衡梁质量之和应小于两台起重机额定起重量之和，并且每台起重机的起重量应留有 1.2 倍的安全系数。

(2) 利用平衡梁抬吊时，应合理分配荷载，使两台起重机均不能超载。

当两台起重机起重量相等时，即 $G_{n1}=G_{n2}$，则吊点应选在平衡梁中点处，如图 12-49 所示。

当两台起重机的起重量不等时（图 12-50），则应根据力矩平衡条件，选择合适的吊点距离 a 或 b。

$$a=\frac{G_{n2}l}{G} \text{ 或 } b=\frac{G_{n1}l}{G} \qquad (12-24)$$

在两台起重机同时吊运一个物体时，正确地指挥两台起重机统一动作也是安全完成吊装工作的关键。

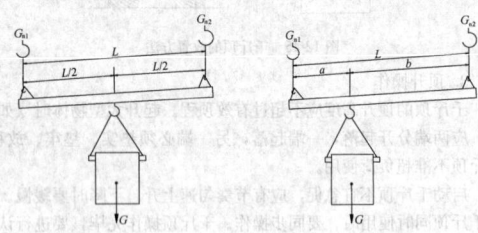

图 12-49 起重量相同时的吊点　　图 12-50 起重量不同时的吊点

5. 物体翻转吊点的选择

让物体翻转的常见方法有兜翻，将吊点选择在物体重心之下，或将吊点选择在物体重心一侧，见图 12-51。物体兜翻时应根据需要加护绳，护绳的长度略长于物体不稳定状态时的长度，同时应指挥吊车，使吊钩顺向移动，避免物体倾倒后的碰撞冲击。

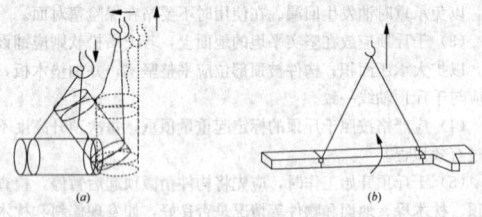

图 12-51 物体兜翻吊点设置

对于大型物体翻转，一般采用绑扎后利用几组滑车或主副钩或两台起重机在空中完成翻转作业。翻转绑扎时，应根据物体的重心位置、形状特点选择吊点，使物体在空中能顺利安全翻转。

例如（图 12-52）：用主副钩对大型封头的空中翻转，在略高于封头重心、相隔 180°位置选两个吊装点 A 和 B，在略低于封头重心与 A、B 中线垂直位置选一吊点 C。主钩吊 A、B 两点，副钩吊 C 点，起升主钩使封头处在翻转作业空间内。副钩上升，用改变其重心的方法使封头开始翻转，直至封头重心越过 A、B 点，翻转完成 135°，副钩再下降，使封头水平完成封头 180°空中翻转作业。

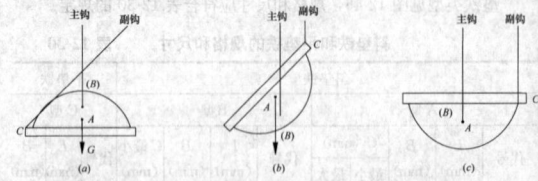

图 12-52 封头翻转示意
(a) 选点挂钩；(b) 主钩不动副钩上升；(c) 降副钩至水平

物体翻转或吊运中时，每个吊环、节点承受的力应满足物体的总质量要求。对大直径薄壁型物体和大型桁架结构吊装，应特别注意选择吊点是否满足被吊物件整体刚度或构件结构的局部稳定性要

求，避免起吊后发生整体变形或局部变形造成的损坏，必要时应采用临时加固法或采用辅助吊具法，如图 12-53 所示。

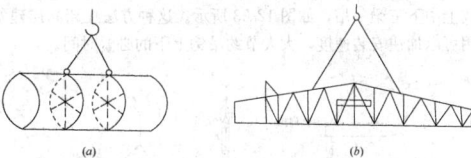

图 12-53　辅助吊具法
(a) 薄壁构件临时加固吊装；(b) 大型屋架临时加固吊装

12.4.2　钢丝绳绑扎

为保证物体在吊装过程中安全可靠，吊装之前应根据物体的质量、外形特点、安装要求、吊装方法，综合考虑钢丝绳绑扎方法。绑扎方法很多，应尽量选择已规范化的绑扎方法。此外，钢丝绳绑扎形式很多，其受力大小也有所变化。为避免事故，将以吊装作业中常见形式来说明绳的受力变化。

12.4.2.1　绑扎方法

1. 柱形物体绑扎法

(1) 平行吊装绑扎法

平行吊装绑扎法一般有两种：一种是仅用一个吊点，根据所吊物体的整体及松散性，选用单圈或双圈结索法，见图 12-54。另一种是两个吊点，常采用双支穿套结索法和吊篮式结索法，见图 12-55。

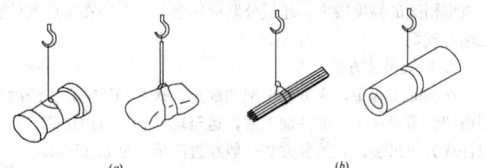

图 12-54　单、双圈穿套结索法（一点绑扎）
(a) 单圈；(b) 双圈

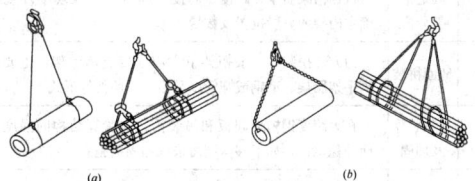

图 12-55　单、双圈穿套及吊篮结索法（两点绑扎）
(a) 双支穿套结索法；(b) 吊篮式结索法

(2) 垂直斜形吊装绑扎法

垂直斜形吊装绑扎法多用于外形较长的构件，绑扎时多为一点绑扎（也可两点绑扎），绑扎位置在构件端部，并采用双圈或双圈以上穿套结索法，防止构件吊起后发生滑落，见图 12-56。

2. 矩形物体绑扎法

矩形物体通常采用平行吊装、两点绑扎法。若物体重心居中，可不绑扎，采用兜挂法直接吊装，见图 12-57。

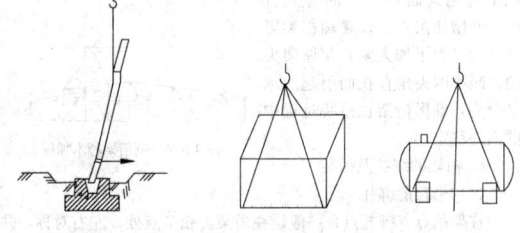

图 12-56　垂直吊装绑扎　　　图 12-57　兜挂法

12.4.2.2　绑扎安全要求

(1) 用于绑扎的钢丝绳吊索不得用插接、打结或卡绳固定连接的方法缩短或加长。绑扎时锐角处应加防护衬垫，以防钢丝绳

损坏。

(2) 采用穿套结索法，应选用足够长的吊索，以确保挡套处角度不超过 120°，且在挡套处不得向下施加损坏吊索的压紧力。

(3) 吊索绕过吊重的曲率半径应不小于该绳径的 2 倍。

(4) 绑扎吊运大型或薄壁物体时，应采取加固措施。

(5) 注意风载荷对物体受力的影响。

12.4.3　卡环绑扎

在现场的施工过程中，对构件进行转运及吊装作业时广泛使用卡环进行构件的绑扎，操作简单方便。

12.4.3.1　卡环的选用

卡环是结构吊装过程广泛使用的连接器具。其种类多，绑扎方式也不尽相同。吊装时主要根据以下几点进行卡环的选择：

(1) 根据构件的吨位及吊点设置情况选择相应规格的卡环；

(2) 卡环不能超吨位使用；

(3) 普通卡环的承载力较小，使用时要注意。

活络式卡环拆卸较方便，不需要人攀爬解扣，减少了高空作业，节省了吊装时间。

12.4.3.2　卡环的使用方法

(1) 活络式卡环在建筑施工中常用于吊装钢柱，如图 12-58 所示。

柱子就位后，吊点距地面很高，如果使用螺旋式卡环，需要高空作业才能解开吊索，这样既不安全，效率又低。而使用活络式卡环，由于销子可以直接抽出，故只需在地面用白棕绳拉出销子（此时销子尾部必须朝下），即可方便地解开吊索。

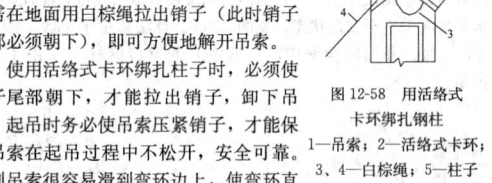

图 12-58　用活络式
卡环绑扎钢柱
1—吊索；2—活络式卡环；
3、4—白棕绳；5—柱子

使用活络式卡环绑扎柱子时，必须使销子尾部朝下，才能拉出销子，卸下吊索。起吊时务必使吊索压紧销子，才能保证吊索在起吊过程中不松开，安全可靠。否则吊索很容易滑到弯环边上，使弯环直接受力，导致销子脱落，造成重大安全事故。为预防此类事故，可将活络式卡环的尾部加长并配以弹簧，使销子在工作时自动压进弯环孔内，需要卸下时，只要在地面用白棕绳拉出（克服弹簧力）销子即可。

(2) 设置吊装耳板，利用卡环销子插入耳板孔进行连接，这样可以避免用钢丝绳绑扎破坏构件边角。

(3) 一些轻型工字钢梁吊装时可采用翼缘板穿孔，利用卡环穿孔连接进行绑扎。但此法不适宜绑扎较重构件。

12.4.4　吊带绑扎

吊带在现场施工过程中主要用来绑扎轻质易损构件，比如彩色压型钢板、屋面板、采光板等。

12.4.4.1　吊带的选用理由

吊带的种类很多，广泛应用于工厂、施工现场吊装构件。根据吊带的特点选用时应注意以下几点：有棱角构件用吊带绑扎时，应加保护铁，以防割伤吊带造成安全事故；圆形构件绑扎时要合理选择吊带的绑扎位置，以防构件受力不均滑脱；根据构件的质量选择吊带的规格，禁止超限吊装。

12.4.4.2　吊带的使用方法

(1) 吊带缠绕构件后直接挂于吊钩上，即单圈绑扎。这种绑扎方法多用于构件的转运。

(2) 吊带打结后挂于吊钩上，即双圈绑扎。此法主要用于几根构件绑扎后一起吊装或屋面板吊装等。

12.5　主要构件吊装方法

12.5.1　一般柱的吊装方法

构件吊装时与使用受力状态不同，可能导致构件损坏，应进行必要的构件吊装验算。钢柱的吊装，其工艺过程主要有绑扎、起

吊、就位等几道工序。

1. 单机旋转回直法

其特点是起吊时将柱回转成直立状态,其底部必须垫实,不可拖拉。吊点一般设在柱顶,对于钢柱宜利用临时固定连接板上螺孔作为吊点。柱起吊后,通过吊钩的起升、变幅及吊臂的回转,逐步将柱扶直,柱停止晃动后再继续提升。此法适用于质量较轻的柱,如轻钢厂房柱等,见图12-59。

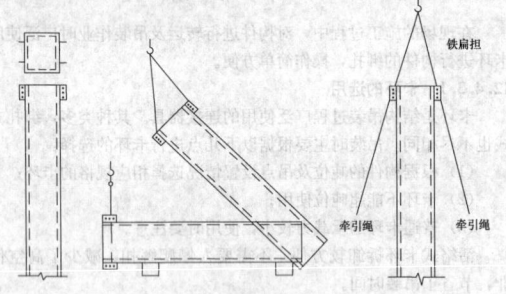

图 12-59 单机起吊示意

此外,为确保吊装平稳,常在柱底端拴两根溜绳牵引,单根绳长可取柱长的1.2倍。

2. 双机抬吊法

其特点是采用两台起重机将柱起吊、悬空,柱底部不着地。起吊时,双机同时将柱水平起吊,离地面一定高度后暂停,然后主机提升吊钩、副机停止上升,面向内侧旋转或适当开行,使柱逐渐由水平转向垂直至安装状态,见图12-60。此法适用于一般大型、重型柱,如广州国际金融中心(西塔)的重型钢柱就采用了双机抬吊。

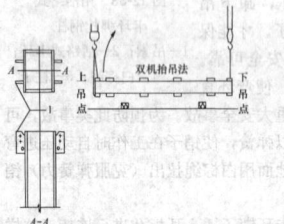
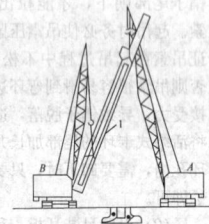

图 12-60 柱双机抬吊示意

12.5.2 一般梁的吊装方法

1. 单机及双机抬吊

重型钢梁一般采用整体吊装法,钢梁部件在地面拼装胎架上将全部连接部件调整找平,用螺栓栓接或焊接成整体。验收合格后,一般采用单机或双机抬吊法进行吊装,见图12-61。

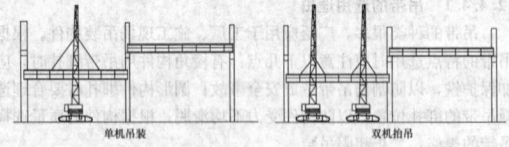

图 12-61 钢梁的吊装方法

当吊装斜梁时,如斜撑杆件,可通过捯链调整斜梁的角度,以便在高空就位,见图12-62。

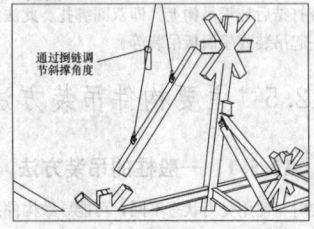

图 12-62 斜梁吊装示意

2. 三层串吊

对于次梁,根据小梁的质量和起重机的起重能力,实行两梁一吊或上中下三梁一吊,如图12-63所示。这种方法在超高层建筑中使用可以加快安装速度,大大节约吊钩上下的必要时间。

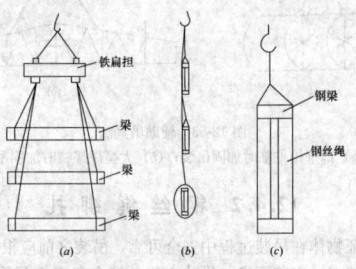

图 12-63 钢梁绑扎示意图
(a) 正面图;(b) 侧面图;(c) 绑扎方法

12.5.3 特殊钢结构的吊装方法

12.5.3.1 桁架的吊装方法

1. 桁架分类

钢桁架一般有平面和立体两种形式,主要杆件截面为角钢、H形、箱形和圆管。按质量则又可分为轻型桁架和重型桁架。大多数轻型桁架自重为10t,其截面高度在3m以内,可以进行分段运输;而重型桁架的高度较大,超过公路运输条件,需要在工厂散件加工运输至现场。

2. 桁架吊装方法

在实际工程中,为方便桁架的翻身、扶直和运输,大跨度或重型桁架常需要在工厂散件加工后,运至现场进行地面拼装,然后再散件或分段吊装。其吊装方法一般经过四步,见表12-32。

桁架吊装步骤   表 12-32

步骤	具体内容	说 明
1	确定桁架分段	根据桁架质量、跨度、高度、起重设备及现场环境来确定桁架的分段位置及数量
2	地面拼装	为方便拼装,一般桁架下方需设置支承胎架,主要有脚手架胎架、型钢或圆管以及格式胎架等形式
3	吊装验算及加固	在大跨度钢桁架起扳和吊装前,应验算结构的强度和面外稳定性,如不够,则需采取加固措施
4	绑扎及吊装	桁架的绑扎点应合理选择,尽量在不加固绑扎点的情况下保证屋架吊装的稳定性;桁架吊装则采用单机或双机抬吊

3. 桁架的吊装验算及加固

桁架平面刚度较弱,稳定性较差,桁架吊点的具体位置和绑扎数量初步确定后,若计算表明其平面外稳定不能满足或挠度较大,则需反复选取绑扎点及数量或对桁架采取临时加固处理。

常用的增强面外稳定的方法是利用杉木加固,见图12-64。另外,加大索具与桁架之间的夹角也是避免其面外失稳的有效方法,而增加吊点、设置扁担梁等措施也是为了加大索具与屋架夹角,减小因夹角存在而引起的水平分力,确保桁架在吊装过程中的面外稳定。

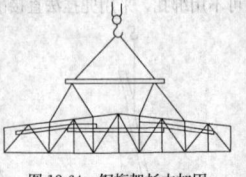

图 12-64 钢桁架杉木加固

4. 桁架的绑扎及吊装

(1) 桁架的绑扎

桁架吊点(绑扎点)一般设在桁架上弦节点处,左右对称,并高于屋架重心,使桁架起吊后基本保持水平,不晃动,不倾翻。

吊点数目、位置与形式与桁架的形式、跨度有关,通常由设计确定。绑扎时,吊索与水平线夹角不宜小于45°,以免屋架弦杆承受过大的横向压力。为使桁架在起吊后不致发生摇晃及与其他构件

碰撞，起吊前可在屋架两端绑扎溜绳，随吊随放，以此保持其合理位形。

一般当跨度小于 18m 时，取两点绑扎；当跨度大于 18m 而小于 30m 时，取四点绑扎；当跨度大于 30m 时，宜采用铁扁担；如图 12-65 所示。

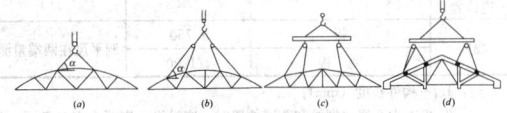

图 12-65　钢桁架的绑扎

(a) 跨度小于 18m；(b) 跨度大于 18m 小于 30m；
(c) 跨度大于 30m；(d) 三角组合屋架

(2) 桁架的吊装

按照桁架质量以及现场吊装条件分类，桁架吊装常用的方法有单机吊装、双机抬吊或多机抬吊，见图 12-66。

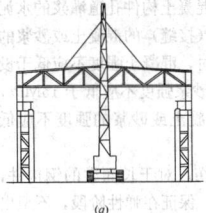 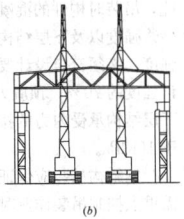

图 12-66　吊装示意图

(a) 单机吊装；(b) 双机抬吊

双机或多机抬吊时，应按照《建筑施工起重吊装工程安全技术规范》(JGJ 276) 对吊机的起重荷载进行合理分配，每台起重机分担的质量不得大于该机额定起重量的 80%。两机应协调起吊和就位，起吊的速度应平稳缓慢。

12.5.3.2　网架及网壳的吊装方法

网架及网壳结构统称空间网格结构，是由很多杆件从两个或多个方向有规律地组成的高次超静定结构，跨度大、结构轻，多用于体育场馆、展览馆、车站候车大厅等大型公共建筑。

1. 网架及网壳结构的类型

(1) 网架结构类型

在钢结构工程中，常见的多为双层平板网架，其结构类型见表 12-33。

双层平板网架结构类型　　　　表 12-33

基本单元	结 构 形 式
平面桁架	(1) 两向正交正放；(2) 两向正交斜放；(3) 两向斜交斜放；(4) 单向折线形
四角锥	(1) 正放四角锥；(2) 正放抽空四角锥；(3) 棋盘形四角锥；(4) 斜放四角锥；(5) 星形四角锥
三角锥	(1) 三角锥；(2) 抽空三角锥；(3) 蜂窝形三角锥

(2) 网壳结构类型

网壳的分类通常有按层数划分、按高斯曲率划分、按曲面外形划分等，具体见表 12-34。

网壳结构类型　　　　表 12-34

划分方式	结 构 形 式
按层数	(1) 单层网壳；(2) 双层网壳
按高斯曲率	(1) 零高斯曲率；(2) 正高斯曲率；(3) 负高斯曲率
按曲面外形	(1) 球面网壳；(2) 双曲扁网壳；(3) 柱面网壳；(4) 圆锥面网壳；(5) 扭曲面网壳；(6) 单块扭网壳；(7) 双曲抛物面网壳；(8) 切割或组合成形曲面网壳

2. 网架及网壳结构吊装验算

网架及网壳结构在吊装过程中，均应进行吊装验算，严格控制拼装单元的变形，以免就位后改变原结构的设计位形。另外，必须保证在吊装及就位的全过程中，除了单元各杆件的稳定应力比小于 1.0 外，拼装单元还必须保持在弹性。

3. 网架及网壳结构吊装

吊装是指在网架或网壳结构在地面完成拼装后（单元拼装或整体拼装），采用单根或多根拔杆、一台或多台起重机进行吊装就位的施工方法。

现在看来，当采用整体吊装方案时，其关键是保证各吊点起升及下降的同步性，使用拔杆或起重机提供动力系统的技术手段相对落后，而计算机控制、钢绞线承重、集群千斤顶提供动力整体提升的技术容易保证提升的同步性。

但当液压千斤顶集群作业因各种原因不能采用时，拔杆或起重机提供动力系统仍然是可行的选择。

(1) 分条（块）吊装

采用分块或分条吊装方法时，其施工重点是吊装单元的合理划分。图 12-67 为分块吊装示意图，图 12-68 为分条吊装示意图。

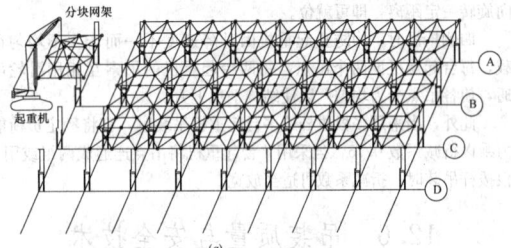

图 12-67　网架及网壳分块吊装

(a) 网架分块吊装；(b) 网壳分块吊装

(2) 整体提升法

采用整体吊装时，其施工重点是结构同步上升的控制和空中移动的控制。大致可分为拔杆吊装法（图 12-68）和多机抬吊法两类，当采用 4 台起重机联合作业时，将地面错位拼装好的网架整体

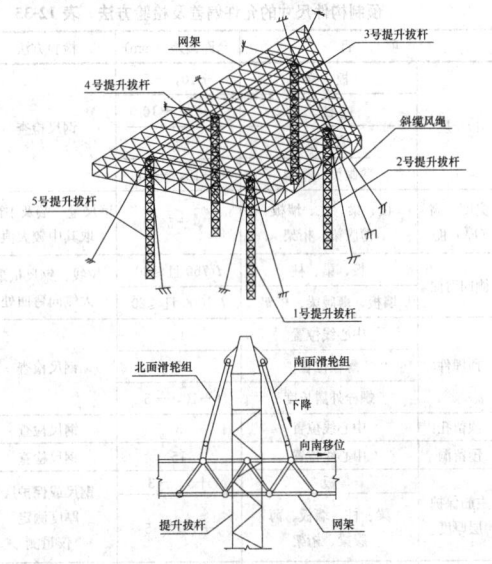

图 12-68　整体吊装（拔杆提供动力）

吊升到柱顶后，在空中进行移动落下就位安装，一般有四侧抬吊和两侧抬吊两种方法，见图12-69。

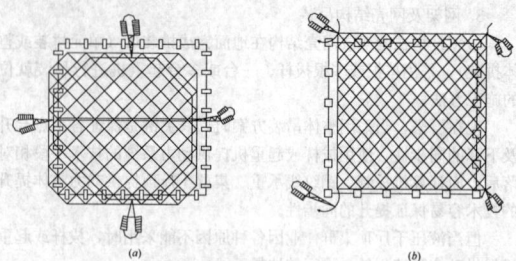

图 12-69　整体吊装（起重机提供动力）
(a) 四侧抬吊；(b) 两侧抬吊

两侧抬吊系用四台起重机网架或网壳吊过柱顶，同时向一个方向旋转一定距离，即可就位。

四侧抬吊时，为防止起重机因升降速度不一而产生不均匀荷载，每台起重机设两个吊点，每两台起重机的吊索互相用滑轮串通，使各吊点受力均匀，以使结构平稳上升。

此外，当采用多根拔杆或多台起重机吊装时，宜将额定负荷能力乘以折减系数0.75，当采用4台起重机将吊点连通成两组或用3根拔杆吊装时，折减系数可适当放宽。

12.6　吊装质量与安全技术

12.6.1　吊装工程质量

1. 吊装质量要求

（1）吊装件应严格执行工序内自检和工序间交接检验制度，吊装前应对吊装件进行质量复查，合格后方可进行吊装作业。

混凝土预制构件复查内容包括构件的混凝土强度和构件的观感质量。混凝土强度检查主要通过查阅附带的混凝土试块的试验报告单，看其强度是否符合设计、运输、吊装等要求。观感质量检查，主要包括裂缝及裂缝宽度、混凝土密实度（蜂窝、孔洞、露筋）和外形尺寸偏差等。混凝土预制构件外形尺寸允许偏差及检验方法如表12-35所示。

钢结构吊装前复查内容主要包括焊缝质量、吊装耳板规格质量、螺栓孔加工质量、摩擦面的抗滑移性能及构件外形尺寸等的检查（一般在构件进场时进行验收），具体要求和检查方法参见本手册第17章"钢结构工程"相关内容。

预制构件尺寸的允许偏差及检验方法　表 12-35

项　目		允许偏差（mm）	检验方法
长　度	板、梁	+10，−5	钢尺检查
	柱	+5，−10	
	墙板	±5	
	薄腹梁、桁架	+15，−10	
宽度、高（厚）度	板、梁、柱、墙板、薄腹梁、桁架	±5	钢尺量一端及中部，取其中较大值
侧向弯曲	板、梁、柱	$l/750$ 且≤20	拉线、钢尺量最大侧向弯曲处
	墙板、薄腹梁、桁架	$l/1000$ 且≤20	
预埋件	中心线位置	10	钢尺检查
	螺栓位置	5	
	螺栓外露长度	+10，−5	
预留孔	中心线位置	5	钢尺检查
预留洞	中心线位置	15	钢尺检查
主筋保护层厚度	板	+5，−3	钢尺或保护层厚度测定仪量测
	梁、柱、墙板、薄腹梁、桁架	+10，−5	
对角线差	板、墙板	10	钢尺量两个对角线

续表

项　目		允许偏差（mm）	检验方法
表面平整度	板、墙板、柱、梁	5	2m靠尺和塞尺检查
预应力构件预留孔道位置	梁、墙板、薄腹梁、桁架	3	钢尺检查
翘曲	板	$l/750$	调平尺在两端量测
	墙板	$l/1000$	

注：1. l—构件长度（mm）；
2. 检查中心线、螺栓和孔道位置时，应沿纵、横两个方向量测，并取其中的较大值；
3. 对形状复杂或有特殊要求的构件，其尺寸偏差应符合标准图或设计的要求。

（2）吊装前宜进行吊力学计算，合理设置吊点，或对待吊构件进行加固，以保证构件具备足够的强度、刚度和稳定性。

混凝土预制吊装时应保证混凝土不至出现裂纹甚至断裂。为此，吊装时构件的混凝土强度、预应力混凝土构件孔道灌浆的水泥砂浆强度以及下层结构承受内力的接头（接缝）的混凝土或砂浆的强度，必须符合设计要求。设计无规定时，混凝土强度不应低于设计强度的70%，预应力混凝土构件孔道砂浆强度不应低于15MPa，下层结构承受内力的接头（接缝）的混凝土或砂浆的强度不应低于10MPa。

钢结构吊装应保证钢构件不出现损伤。对于长而柔的钢构件，需重点控制吊装作业时构件的变形量值，保证在弹性阶段，不至出现不可恢复的变形。对于片状构件（如钢屋架），吊装时应重点控制构件的稳定性，不至失稳破坏。

2. 安装质量要求

构件吊装就位后即进行测量、校正、固定等安装作业。混凝土预制构件安装的允许偏差及检验方法如表12-36所示。钢结构安装允许偏差及检验方法等参见本手册第17章"钢结构工程"相关内容。

混凝土预制构件安装允许偏差及检验方法
表 12-36

项次	项　目			允许偏差（mm）	检验方法
1	杯形基础	中心线对轴线位置偏移		10	尺量检查
		杯底安装标高		+0，−10	水准仪检查
2	柱	中心线对定位轴线位置偏移		5	尺量检查
		上下柱接口中心线位置偏移		3	
		垂直度	≤5m	5	用经纬仪或吊线与尺量检查
			>5m	10	
			≥10m，多节柱	1/1000柱高，且不大于20	
		牛腿上表面和柱顶标高	≤5m	+0，−5	用水准仪或尺量检查
			>5m	+0，−8	
3	梁或吊车梁	中心线对定位轴线位置偏移		5	尺量检查
		梁上表面标高		+0，−5	用经纬仪或吊线与尺量检查
4	屋架	下弦中心线对定位轴线位置偏移		5	
		垂直度	桁架拱形屋架	1/250屋架高	尺量检查
			薄腹梁	5	用经纬仪或吊线与尺量检查
5	天窗架	构件中心线对定位轴线位置偏移		5	尺量检查
		垂直度		1/300天窗架高	用经纬仪或吊线与尺量检查

续表

项次	项 目		允许偏差 (mm)	检验方法
6	托架梁	底座中心线对定位轴线位置偏移	5	尺量检查
		垂直度	10	用经纬仪或吊线及尺量检查
7	板	相邻板下表面平整度	抹灰 5	用直尺或锲形塞尺检查
			不抹灰 3	
8	楼梯 阳台	水平位置偏移	10	尺量检查
		标高	±5	用水准仪或尺量检查
9	工业厂房墙板	标高	±5	
		墙板两端高低差	±5	

12.6.2 吊装安全技术

1. 防止起重机事故措施

(1) 使用合格的起重作业人员。起重作业人员（包括司机、指挥、司索工、维修工等）除具备本工种的作业技能要求外，尚须进行严格的安全技术培训，具备安全意识和熟练的安全操作技术。

(2) 吊装机具安全检查。对使用的起重机和吊装工具、辅件进行安全检查，如吊索的质量状况、起重机安全保护装置可靠性等，发现问题，及时处理。

(3) 采用合理的吊点设置与绑扎。可参考本手册第 12.4 节"吊装绑扎"的相关要求。

(4) 保证行走式起重设备行走线路的坚实平整。软土地面宜作硬化处理或采取铺设路基箱、钢板和其他有效措施。在混凝土楼面上行走和作业时，可视情况采用楼板下设置型钢支撑、脚手架支撑或楼面上设置架空转换构件等加固措施，以避免破坏既有结构。

(5) 尽量避免超载吊装。当无法避免时，可采取在起重机吊杆上拉设缆风或在其尾部增加平衡重等措施。起重机增加平衡重后，卸载或空载时，吊杆必须落到与水平线夹角 60° 以内，操作时应缓慢进行。

(6) 禁止直接吊装起重机吊杆覆盖范围以外的重物。吊起的构件应确保在起重机吊杆顶的正下方，严禁采用斜拉、斜吊，严禁吊埋于地下或粘结在地面上的构件。

(7) 应尽量避免载重行走。当需作短距离带载行走时，载荷不得超过允许起重量的 70%，构件离地面不得大于 50cm，并将构件转至正前方，拉好溜绳，控制构件摆动。

(8) 双机抬吊。宜选用同类型或性能相近的起重机，负载分配应合理，单机载荷不得超过额定起重量的 80%。两机应协调起吊和就位，起吊的速度应平稳缓慢。

(9) 明确待吊物件质量。严禁超载吊装和起吊质量不明的重大构件和设备。

(10) 严控吊装作业环境。大雨天、雾天、大雪天及六级以上大风天等恶劣天气应停止吊装作业。事后应及时清理冰雪并应采取防滑和防漏电措施。雨雪过后作业前，应先试吊，确认制动器灵敏可靠后方可进行作业。

(11) 严格执行安全操作技术规范。起重机的安全操作，应严格按照《建筑施工起重吊装工程安全技术规范》（JGJ 276）、《塔式起重机安全规程》（GB 5144）等国家标准的要求执行。

2. 防止高空坠落措施

(1) 操作人员进行高处作业（3m 以上即可视为高处作业）时，必须正确使用安全带，一般应高挂低用，即安全绳端钩环挂于高处，而人在低处操作。

(2) 雨天和雪天进行高处作业时，必须采取可靠的防滑、防寒、防冻措施。作业处与构件上有水、冰、霜、雪均应及时清除。

(3) 登高梯子的上端应予固定，立梯工作角度以 75°±5° 为宜，踏板上下间距以 30cm 为宜，不得有缺档。高空用的吊篮和临时工作台应绑扎牢靠，吊篮和工作台的脚手板应铺平绑牢，严禁出现探头板。吊移操作平台时，平台上面严禁站人。

(4) 在高处独根横梁、屋面、屋架以及在其他危险边缘进行工作时，在临空一面应装设栏杆和安全网。

(5) 进行高空构件安装时，需搭设牢固可靠的操作平台。需在梁上行走时，应设置护栏横杆或绳索。

3. 防止高空落物伤人措施

(1) 地面操作人员必须佩带安全带。

(2) 高处作业所使用的工具和零配件等，必须放在工具袋（盒）内，严防掉落，并严禁上下抛掷。

(3) 高处安装中的电、气焊作业，应严格采取安全防火措施，在作业处下面周围 10m 范围内不得有人。

(4) 严禁在已吊起的构件下面或起重臂下旋转范围内作业或行走。

(5) 构件吊装就位后进行临时固定，必须保证固定的可靠性，检查无误后方可松钩。

4. 防止触电措施

(1) 吊装方案中应涵盖现场电器线路及设备位置平面布置图。现场电器线路和设备应由专人负责安装、维护与管理，严禁非电工人员随意拆改。

(2) 施工现场架设的低压线路不得采用裸导线。所架设的高压线应距建筑物 10m 以外，距地面 7m 以上。跨越交通要道时，需加安全保护装置。施工现场夜间照明、电线及灯具高度不应低于 2.5m。

(3) 起重机靠近架空输电线路作业或在架空输电线路下行走时，必须与架空输电线始终保持不小于表 12-37 所示的安全距离。当需要在小于规定的安全距离范围内进行作业时，必须采取严格的安全保护措施，并应经供电部门审查批准。

(4) 使用塔式起重机或长起重臂的其他类型起重机时，应有诸如接地、接零、熔断等避雷防触电设施。

(5) 在雨天或潮湿环境中作业时，应穿戴绝缘手套和绝缘鞋。大风雪后，应对供电线路进行检查，防止断线造成触电事故。

(6) 根据具体情况，电器设备和机械设备标志牌上应有"禁止合闸，有人工作"，"止步"，"高压危险"，"禁止攀登，高压危险"等字样，并规定标牌的尺寸，颜色及悬挂位置。

起重机与架空输电线的安全距离　　表 12-37

电压（kV） 安全距离	<1	1~15	20~40	60~110	220
沿垂直方向（m）	1.5	3.0	4.0	5.0	6.0
沿水平方向（m）	1.0	1.5	2.0	4.0	6.0

12.7 有关绿色施工的技术要求

(1) 充分利用现有结构进行钢结构吊装。根据现有环境资源，特别是现有建筑结构资源的充分利用，从而节约大量的物质资源。

(2) 设备改造的重组和循环利用。通过对老旧闲置设备、既有结构部件和动力装置的灵活组合，开发和研制了新式机械设备，最大限度地实现有限资源的循环利用。

(3) 合理优化吊装方案，最大限度满足其他工种交叉施工，节约施工工期，从而节约工程成本。

(4) 可减少大型设备的使用，节约机械台班费用，节约施工成本。例如：广州新白云国际机库、广州天建花园等项目采用多吊点同步控制、整体提升的施工技术，减低了大型设备的使用。

(5) 可减少吊装辅助措施的使用，周转使用，节约措施用钢量，节约成本和资源。例如：在吊装构件时，吊装耳板的设置应尽量优化，避免承载力的过度富余。

(6) 对于机械设备的油缸等用油部位应进行定期检查，避免漏油产生不必要的浪费，同时防止污染环境。

(7) 对于工程施工过程中和完工后的吊装耳板、扭剪型螺栓梅花头等进行回收。

(8) 吊装用钢丝绳等有油污的吊具、工具严禁随意丢放，避免污染环境。

(9) 钢丝绳、绳卡、吊带、卡环等吊具，千斤顶、垫铁、撬棍

等工具不得随意乱扔、乱放、丢弃，如有损坏应进行回收、修理。

(10) 低能耗，低噪声。采用先进的动力源，具有良好的社会效益和环境效益。由于移位技术采用的是计算机控制的液压系统作为动力源，完全能够做到低能耗，低噪声。

(11) 当使用电动或其他噪声较大的工具时，要尽量避免夜间施工，以免噪声扰民。

(12) 利用虚拟仿真现实技术建立虚拟模型，对施工方案进行模拟、验证、对比和优化，进而采用数字化手段制定和修改施工方案可以缩短决策时间，避免资金、人力和时间的浪费，而且安全可靠。并且计算机可以为施工提供确的理论和计算依据，可以保障整个施工过程中的安全性。

参 考 文 献

1. 中华人民共和国国家标准. 钢结构工程施工质量验收规范(GB 50205—2001). 北京：中国计划出版社，2001.

2. 吴欣之. 现代建筑钢结构安装技术. 北京：中国电力出版社，2009.

3. 本手册编委会. 塔式起重机设计计算与安装拆除及使用维护实用手册. 北京：北方工业出版社，2007.

4. 卜一德. 起重吊装计算及安全技术. 北京：中国建筑工业出版社，2008.

5. 江正荣. 建筑施工计算手册. 北京：中国建筑工业出版社，2001.

6. 本手册编委会. 最新起重机械设计、制造、安装调试、维护新工艺新技术与常用数据及质量检验标准实用手册. 广州：广州音像出版社，2004.

7. 谢亚力. 建筑施工起重、吊装安全技术. 北京：中国劳动社会保障出版社，2006.

8. 杨文柱. 重型设备吊装工艺与计算(第二版). 北京：中国建筑工业出版社，1984.

9.《建筑施工手册》(第四版)编写组. 建筑施工手册(第四版). 北京：中国建筑工业出版社，2003.

13 模板工程

混凝土结构依靠模板系统成型。直接与混凝土接触的是模板面板，一般将模板面板、主次龙骨（肋、背楞、钢楞、托梁）、连接撑拉锁固件、支撑结构等统称为模板；亦可将模板与其支架、立柱等支撑系统的施工称为模架工程。

现浇混凝土施工，每1立方米混凝土构件，平均需用模板4～5m²。模架工程所耗费的资源，在一般的梁板，框架和板墙结构中，费用约占混凝土结构工程总造价的30%左右，劳动量占28%～45%；在高大空间、大跨、异形等难度大和复杂的工程中的比重则更大。某些水平构件模架施工项目还存在较大的施工风险。

近年来，随着多种功能混凝土施工技术的开发，模架施工技术不断发展。采用安全、先进、经济的模架技术，对于确保混凝土构件的成型要求、降低工程事故风险、提高劳动生产率、降低工程成本和实现文明施工，具有十分重要的意义。

13.1 通用组合式模板

通用组合式模板，系按模数制设计，工厂成型，有完整的、配套使用的通用配件，具有通用性强、装拆方便、周转次数多等特点，包括组合钢模板、钢框竹（木）胶合板模板、塑料模板、铝合金模板等。在现浇钢筋混凝土结构施工中，用它能事先按设计要求组拼成梁、柱、墙、楼板的大型模板整体吊装就位，也可采用散装、散拆方法。

13.1.1 55型及中型组合钢模板

13.1.1.1 55型钢模板

组合钢模板的部件，主要由钢模板、连接件和支承件三大部分组成。

（1）钢模板包括平板模板、阴角模板、阳角模板、连接角模等通用模板及倒棱模板、梁腋模板、柔性模板、搭接模板、可调模板、嵌补模板等专用模板。见表13-1。

钢模板材料、规格（mm） 表13-1

序号	名称		宽度	长度	肋高	材料	备注
1	平板模板		600、550、500、450、400、350、300、250、200、150、100	1800、1500、1200、900、750、600、450	55	Q235钢板 δ=2.5 δ=2.75	通用模板
2	阴角模板		150×150、100×150				
3	阳角模板		100×100、50×50				
4	连接角模		50×50				
5	倒棱模板	角棱模板	17、45	1500、1200、900、750、600、450		Q235钢板 δ=2.5 δ=2.75	专用模板
		圆棱模板	R20、R35				
6	梁腋模板		50×150、50×100				
7	柔性模板		100				
8	搭接模板		75				
9	可调模板	双曲可调	300、200	1500、900、600	55		
		变角可调	200、160				
10	嵌板模板	平面嵌板	200、150、100	300、200、150			
		阴角嵌板	150×150、100×150				
		阳角嵌板	100×100、50×50				
		连接角模	50×50				

（2）连接件包括U形卡、L形插销、对拉螺栓、钩头螺栓、紧固螺栓、扣件。

（3）支承件包括钢管支架、门式支架、碗扣式支架、盘销（扣）式脚手架、钢支柱、四管支柱、斜撑、调节托、钢楞、方木等。见表13-2。

支承件规格（mm） 表13-2

名称		规格	材料	备注
钢管支架		φ48×3.5，l=2000～6000	Q235钢管	
门式架		φ48×3.5，φ48×2.5（低合金钢管）宽度b=1200，900	Q235钢管	
承插式支架	碗扣架	l=3000、2400、1800、1200、900、600	Q235钢管	
	盘销（扣）架	l=3000、2400、1800、1200、900、600	Q235钢管	
方塔式支架		φ48×3.5、φ48×2.5（低合金钢管）	Q235钢管	
钢支柱	C-18型	l=1812～3112，φ48×2.5、φ60×2.5	Q235钢管 Q235钢板、δ=8	
	C-22型	l=2212～3512，φ48×2.5、φ60×2.5		
	C-27型	l=2712～4012，φ48×2.5、φ60×2.5		
四管支柱	GH-125型	l=1250	Q235钢管 Q235钢板、δ=8	
	GH-150型	l=1500		
	GH-175型	l=1750		
	GH-200型	l=2000		
	GH-300型	l=3000		
斜撑		φ48×3.5	Q235钢管	
调节托、早拆柱头		l=600、500	Q235圆钢 δ=8、6	
钢楞	圆钢管	φ48×3.5、φ48×3.0	Q235钢管	
	矩形钢管	□80×40×2.0、□100×50×3.0	Q235钢管	
	轻型槽钢	80×40×2.0、100×50×3.0	Q235钢板	
	内卷边槽钢	80×40×15×3.0、100×50×20×3.0	Q235钢板	
	轧制槽钢	80×43×5.0	Q235槽钢	
木方		100×100、100×50	方木	
钢木组合背楞		100×50	Q235钢板	

13.1.1.2 特点及用途

1. 钢模板的用途

钢模板的用途 表13-3

名称	图示	用途
平板模板		用于基础、柱、墙体、梁和板等多种结构平面部位
阴角模板		用于结构的内角及凹角的转角部位
阳角模板		用于结构的外角及凸角的转角部位
倒棱模板	角棱模板	用于结构阳角的倒棱部位
	圆棱模板	用于结构圆棱部位

续表

名称	图 示	用 途
柔性模板		用于圆形筒壁、曲面墙体等部位
可调模板	双曲可调模板	用于结构的曲面部位
连接角模		用于结构的外角及凸角的转角部位
嵌板模板	同平板横板、阴阳角模板、连接角模	用于梁、柱、墙、板等结构接头部位
梁腋模板		用于渠道、沉箱和各种结构的梁腋部位
搭接模板		用于调节 50mm 以内的拼装模板尺寸
变角可调模板		用于展开面为扇形及梯形结构部位

2. 连接件的用途

连接件的用途 表 13-4

序号	名 称	图 示	用 途
1	U形卡		用于钢模板纵横向拼接，将相邻钢模板卡紧固定
2	L形插销		用来增强钢模板的纵向刚度，保证接缝处板面平整
3	对拉螺栓	内拉杆 顶帽 外拉杆 L 混凝土壁厚 L	用于拉结两侧模板，保证两侧模板的间距，使模板具有足够的刚度和强度，能承受混凝土的侧压力及其他荷载
4	钩头螺栓		用于钢模板与内、外龙骨之间的连接固定
5	紧固螺栓		用于紧固内外钢楞，增强拼接模板的整体刚度
6	扣件	碟式扣件 3形扣件	用于钢楞与钢模板或钢楞之间的紧固连接，与其他配件一起将钢模板拼装连接成整体

3. 支承件

(1)钢管脚手架

主要用于层高较大的梁、板等水平构件模板的垂直支撑。目前常用的有扣件式钢管脚手架、碗扣式钢管脚手架、盘销(扣)式脚手架、门式脚手架。

1)扣件式钢管脚手架

一般采用外径 φ48、厚壁 3.5mm 的焊接钢管，长有 2000mm、3000mm、4000mm、5000mm、6000mm 几种，另配有短钢管，供接长调距使用。

2)碗扣式钢管脚手架

碗扣式脚手架是一种常规的承插式钢管脚手架，节点主要由上碗扣、下碗扣、横杆插头、限位销构成，立杆连接方式一般有外套管式和内接式。立杆型号主要为 LG-300、LG-240、LG-180、LG-120。

3)门式脚手架

①基本结构和主要部件：

门式脚手架由门式框架、交叉支撑(及斜拉杆)和水平架或脚手板构成基本单元(图 13-1)。将基本单元相互连接，并增加梯子、栏杆等部件构成整片脚手架，并可通过上架(及接高门架)达到调整门式架高度、适应施工需要的目的。

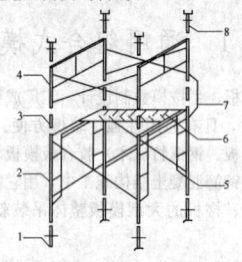

图 13-1 内装修式门式脚手架构造
1—可调底座；2—下架；3—连接销；4—上架；5—斜拉杆；6—脚踏板；7—连接臂；8—可调 U 形顶托

②基本单元部件包括门架、交叉支撑和水平架。

③底座和托座：

a. 底座有三种：可调底座、简易底座和带脚轮底座。可调底座的可调高度范围为 200~550mm，主要用于支模架以适应不同支模高度的需要；简易底座只起支撑作用，无调高功能，使用时要求地面平整；带脚轮底座多用于操作平台，以满足移动的需要。

b. 托座有平板和 L 形两种，置于门架竖杆的上端，带有丝杠以调节高度，主要用于支模架。

④其他部件：包括脚手板、梯子、扣墙器、栏杆、连接棒、锁臂和脚手板托架等。其中脚手板一般为钢脚手板，其两端带有挂扣，置于门架的横梁上并扣紧，脚手板也是加强门式架水平刚度的主要构件。

⑤门式架之间的连接构造：门式架连接不采用螺栓结构，而是用方便可靠的自锚结构。主要形式包括制动片式、滑片式、弹片式和偏重片式。

(2)钢支柱

用于大梁、楼板等水平模板的垂直支撑，采用 Q235 钢管制作，有单管支柱和四管支柱多种形式(图 13-2)。单管支柱分 C-18 型、C-22 型和 C-27 型三种，其规格(长度)分别为 1812~3112mm、2212~3512mm 和 2712~4012mm，其截面特征见表 13-5。

单管钢支柱的截面特征 表 13-5

类型	项目	直径(mm) 外径	直径(mm) 内径	壁厚 (mm)	截面积 (cm²)	截面惯性矩 I(cm⁴)	截面抵抗矩 W(cm³)	回转半径 r(cm)
CH	插管	48	43	2.5	3.57	9.28	3.87	1.16
CH	套管	60	55	2.5	4.52	18.70	3.87	2.03
YJ	插管	48	41	3.5	4.89	12.19	5.08	1.58
YJ	套管	60	53	3.5	6.21	24.88	5.08	2.00

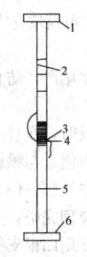

图 13-2 钢支柱
1—顶板；2—插管；3—插销；
4—转盘；5—套管；6—底板

四管支柱为 GH-125、GH-150、GH-175、GH-200、GH-300，四管支柱截面特征见表 13-6。

四管支柱截面特征　　　　　　　表 13-6

规　格	中心距	截面积 (cm²)	截面惯性矩 I(cm⁴)	截面抵抗矩 W(cm³)	回转半径 r(cm)
$\phi48\times3.5$	200	19.57	2005.34	121.24	10.12
$\phi48\times3.0$		16.96	1739.06	105.14	10.13

（3）斜撑

用于承受墙、柱等侧模板的侧向荷载和调整竖向支模的垂直度。

（4）调节托、早拆柱头

用于梁和楼板模板的支撑顶托。见图 13-3。

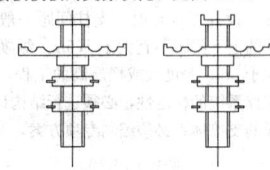

图 13-3 早拆柱头

（5）龙骨

龙骨包括钢楞、木楞及钢木组合楞。主要用于支承模板并加强整体刚度。钢楞包括圆钢管、矩形钢管、轻型槽钢、内卷边槽钢及轧制槽钢。木楞主要有 100mm×100mm、100mm×50mm 方木。钢木组合楞是由方木与冷弯薄壁型钢组成的可共同受力的模板背楞，主要包括"U"形及"几"字形。常用各种龙骨的力学性能见表 13-7。

常用各种龙骨的力学性能　　　　表 13-7

名　称	规格 (mm)	截面积 A (cm²)	截面惯性矩 I_x(cm⁴)	截面最小抵抗矩 W_x(cm³)	重　量 (kg/m)
圆钢管	$\phi48\times3.0$	4.24	10.78	4.49	3.33
	$\phi48\times3.5$	4.89	12.19	5.08	3.84
矩形钢管	□80×40×2.0	4.52	37.13	9.28	3.55
	□100×50×3.0	8.54	112.12	22.42	6.78
轻型槽钢	80×40×3.0	4.5	43.92	10.98	3.53
	100×50×3.0	5.7	88.52	12.20	4.47
内卷边槽钢	80×40×15×3.0	5.08	48.92	12.23	3.99
	100×50×20×3.0	6.58	100.28	20.06	5.16
轧制槽钢	80×43×5.0	10.24	101.30	25.30	8.04

13.1.1.3 施工设计

（1）施工前，应根据结构施工图、施工组织设计及施工现场实际情况，编制模板工程施工方案。模板工程专项施工方案应包括以下内容：

1）工程概况：施工平面布置、施工要求和技术保证条件。包括结构形式、层高、主要构件截面尺寸等。

2）编制依据：相关法律、法规、规范性文件、标准、规范及图纸（国标图集）、施工组织设计等。

3）施工计划：包括施工进度计划、材料与设备计划。编制模板

数量明细表，包括模板、构配件及支承件的规格、品种；制定模板及配件的周转使用计划，编制分批进场计划。

4）施工工艺技术：技术参数、工艺流程、施工方法、检查验收等。根据结构形式和施工条件，确定模板及支架类型、荷载，对模板和支承系统等进行力学计算。

5）施工安全保证措施：制定模板安装和拆模工艺，明确质量验收标准，以及技术安全措施。

6）劳动力计划：专职安全生产管理人员、特种作业人员等。

7）计算书及相关图纸：绘制配板设计图、加固和支承系统布置图，以及细部结构、异形和特殊部位的模板详图；模架荷载计算书。

（2）模板的强度和刚度验算，应按照下列要求进行：

1）模板承受的荷载参见《混凝土结构工程施工规范》（GB 50666—2011）的有关规定进行计算。

2）组成模板结构的钢模板、钢楞和支柱应采用组合荷载验算其刚度，其容许挠度应符合规范要求。

（3）配板设计和支承系统的设计，应遵守以下规定：

1）要保证构件的形状尺寸及相互位置的正确。

2）要使模板具有足够的强度、刚度和稳定性，能够承受新浇混凝土的重量和侧压力，以及各种施工荷载。

3）力求构造简单，装拆方便，不妨碍钢筋绑扎，保证混凝土浇筑时不漏浆。柱、梁、墙、板的各种模板面的交接部分，应采用连接简便、结构牢固的专用模板。

4）配制的模板，应优先选用通用、大块模板，使其种类和块数最小，木模镶拼量最少。设置对拉螺栓的模板，为了减少钢模板的钻孔损耗，可在螺栓部位用 100mm 宽钢模。

5）相邻钢模板的边肋，都应用 U 形卡插卡牢固，U 形卡的间距不应大于 300mm，端头接缝上的卡孔，也应插上 U 形卡或 L 形插销。

6）模板长向拼接宜采用错开布置，以增加模板的整体刚度。

7）模板的支承系统应根据模板的荷载和部件的刚度进行布置。

（4）配板步骤

1）根据施工组织设计对施工工期的安排，施工区段和流水段的划分，首先明确需要配制模板的层、段数量。

2）根据工程情况和现场施工条件，决定模板的组装方法。

3）根据已确定配板的层段数量，按照施工图纸中柱、墙、梁、板等构件尺寸，进行模板组配设计。

4）确定支撑系统的类型，明确支撑系统的布置、连接和固定方法。

5）进行夹箍和支撑件等的设计计算和选配工作。

6）确定预埋件的固定方法、管线埋设方法以及特殊部位（如预留孔洞等）的处理方法。

7）根据所需钢模板、连接件、支撑及架设工具等列出统计表，以便备料。

13.1.1.4 模板工程的施工及验收

1. 施工前的准备工作

（1）安装前，要做好模板的定位基准工作，其工作步骤是：

1）进行中心线和位置的放线。

2）做好标高量测工作。

3）进行找平工作：模板衬垫底部应预先找平，以保证模板位置正确，防止模板底部漏浆。常用的找平方法是沿模板边线（构件边线外侧）用 1∶3 水泥砂浆抹找平层。

4）设置模板定位基准：

采用钢筋定位：墙体模板可根据构件断面尺寸切割一定长度的钢筋焊成定位梯子支撑筋（钢筋端头刷防锈漆），绑（焊）在墙体两根竖筋上，起到支撑作用，间距 1200mm 左右；柱模板可在基础和柱模上口用钢筋焊成井字形套箍撑紧模板并固定竖向钢筋，也可在竖向钢筋靠模板一侧焊一短截钢筋，以保持钢筋与模板的位置（图 13-4）。

5）合模前要检查构件竖向接槎处面层混凝土是否已经凿毛。

（2）按施工需用的模板及配件对其规格、数量逐项清点检查，未经修复的部件不得使用。

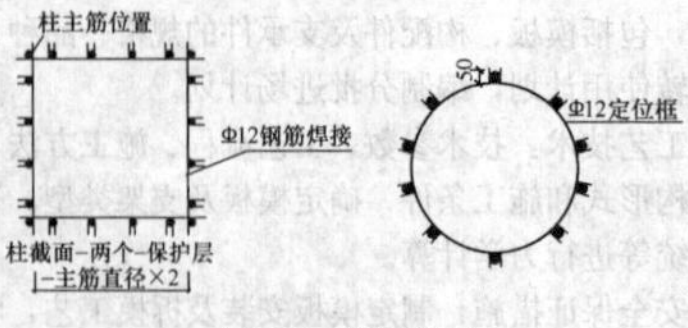

图 13-4　柱定位框

(3)采取预组装模板施工时，顶板组装工作应在组装平台或经平整处理的地面上进行，要求逐块检验后进行试吊，试吊后再进行复查，并检查配件数量、位置和紧固情况。

(4)经检查合格的模板，应按照安装程序进行堆放或装车运输。重叠平放时，每层之间应加垫木，模板与垫木均应上下对齐，底层模板应垫离地面不小于 10cm。运输时，要避免碰撞，防止倾倒。应采取措施，保证稳固。

(5)模板安装前，应做好下列准备工作：

1)向施工班组进行技术交底，并且做样板，经监理等有关人员认可后，再大面积展开。

2)支承支柱的土体地面，应事先夯实整平，并做好防水、排水设置，准备支柱底垫木。

3)竖向模板安装的底面应平整坚实，并采取可靠的定位措施，按施工设计要求预埋支承锚固件。

4)模板应涂刷脱模剂。结构表面需作处理的工程，严禁在模板上涂刷废机油或其他油类。

2. 模板的支设安装

(1)模板的支设安装，应遵守下列规定：

1)按配板设计循序拼装，以保证模板系统的整体稳定。

2)配件必须装插牢固。支柱和斜撑下的支承面应平整垫实，要有足够的受压面积。支承件应着力于外钢楞。

3)预埋件与预留孔洞必须位置准确，安设牢固。

4)基础模板必须支撑牢固，防止变形，侧模斜撑的底部应加设垫木。

5)墙和柱子模板的底面应找平，下端应与事先做好的定位基准靠紧垫平，在墙、柱子上继续安装模板时，模板应有可靠的支承点，其平直度应进行校正。

6)楼板模板支模时，应先完成一个格构的水平支撑及斜撑安装，再逐渐向外扩展，以保持支撑系统的稳定性。

7)预组装墙模板吊装就位后，下端应垫平，紧靠定位基准；两侧模板均应利用斜撑调整和固定其垂直度。

8)支柱所设的水平撑与剪刀撑，应按构造与整体稳定性要求布置。

9)多层支设的支柱上下应设置在同一竖向中心线上，下层楼板应具有承受上层荷载的承载能力或加设支架支撑。下层支架的立柱应铺设垫板。

(2)模板安装时，应符合下列要求：

1)同一条拼缝上的 U 形卡，不宜向同一方向卡紧。

2)墙模板的对拉螺栓孔应平直相对，穿插螺栓不得斜拉硬顶。钻孔应采用机具，严禁采用电、气焊灼孔。

3)钢楞宜采用整根杆件，接头应错开设置，搭接长度不应少于 200mm。

(3)对现浇混凝土梁、板，当跨度不小于 4m 时，模板应按设计要求起拱；当设计无具体要求时，起拱高度宜为跨度的1/1000～3/1000。

(4)曲面结构可用双曲可调模板，模板组装时，应使模板面与设计曲面的最大差值不超过设计的允许值。

(5)模板安装及注意事项：

模板的支设方法基本上有两种，即单块就位组拼(散装)和预组拼，其中预组拼又可分为分片组拼和整体组拼两种。采用预组拼方法，可以加快施工速度，提高工程和模板的安装质量，但必须具备相适应的吊装设备和有较大的拼装场地。

1)柱模板

①保证柱模的长度符合模数，不符合的部分放到节点部位处理；或以梁底标高为准，高度在 4m 和 4m 以上时，一般应四面支撑。当柱高超过 6m 时，不宜单根柱支撑，宜几根柱同时支撑连成构架。

②柱模根部要用水泥砂浆堵严，防止跑浆；配模时留置浇筑口和清扫口。

③梁、柱模板分两次支设时，在柱子混凝土达到拆模强度时，最上一段柱模先保留不拆，以便于与梁模板连接。

④柱模的清渣口应留置在柱脚一侧，如果柱子断面较大，为了便于清理，亦可两面留设。清理完毕，立即封闭。

⑤柱模安装就位后，立即用四根支撑或有张紧器花篮螺栓的缆风绳与柱顶四角拉结，并校正其中心线和偏斜，全面检查合格后，再群体固定。

2)梁模板

①梁柱接头模板的连接特别重要，一般可按图 13-5 处理；或用专门加工的梁柱接头模板。

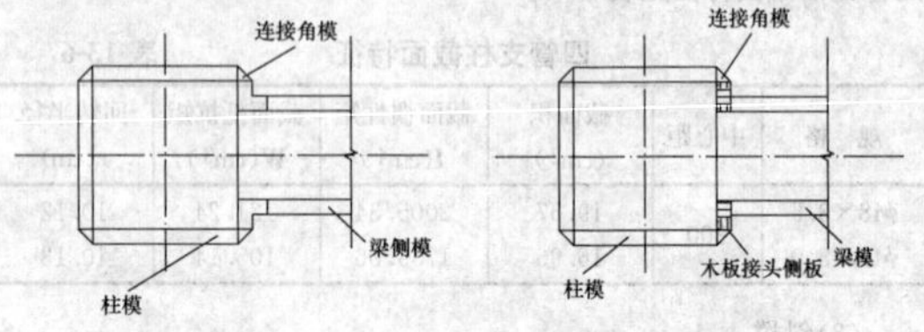

图 13-5　梁柱接头模板

②梁模支柱的设置，应经模板设计计算决定，一般情况下采用双支柱时，间距以600～1000mm 为宜。

③模板支柱纵、横方向的水平拉杆、剪刀撑等，均应按设计要求布置；一般工程当设计无规定时，支柱间距一般不宜大于 2m，纵横方向水平拉杆的上下间距不宜大于 1.5m，纵横方向的垂直剪刀撑的间距不宜大于 6m；跨度大或楼层高的工程，必须认真进行设计，尤其是对支撑系统的稳定性，必须进行结构计算，按设计精心施工。高大模板的支撑体系必须编制专项方案，并应按有关规定组织专家论证。

④采用扣件钢管脚手架或碗扣式脚手架作支架时，扣件要拧紧，杯口要紧扣，要抽查扣件的扭力矩。横杆的步距要按设计要求设置。

⑤由于空调等各种设备管道安装的要求，需要在模板上预留孔洞时，应尽量使穿梁管道孔分散，穿梁管道孔的位置应设置在梁中，以防削弱梁的截面，影响梁的承载能力。

3)墙板模板

①组装模板时，要使两侧穿孔的模板对称放置，确保孔洞对准，以便穿墙螺栓与墙模保持垂直。见图 13-6。

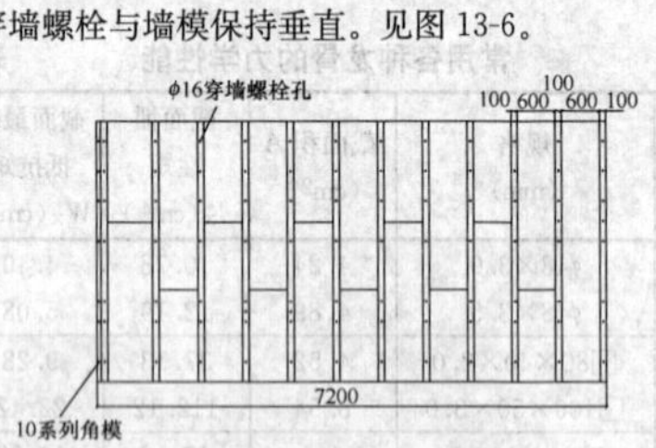

图 13-6　墙体模板拼装图

②相邻模板边肋用 U 形卡连接的间距不得大于 300mm，预组拼模板接缝处每一个边孔均宜用 U 形卡连接。

③预留门窗洞口的模板应有锥度，安装要牢固，既不变形，又便于拆除。

④墙模板上预留的小型设备孔洞，当遇到钢筋时，应设法确保钢筋位置正确，不得将钢筋移向一侧。

⑤优先采用预组装的大块模板，必须要有良好的刚度，以便于整体装、拆、运。

⑥墙模板上口必须在同一水平面上，严防墙顶标高不一。

4)楼板模板

①采用立柱作支架时，从边跨一侧开始逐排安装立柱，并同时安装外钢楞(大龙骨)。立柱和钢楞(龙骨)的间距，根据模板设计荷

载计算决定，调平后即可铺设模板。在模板铺设完，并校正标高后，立柱之间应加设水平拉杆，其道数根据立柱高度决定。离地面200～300mm处设置扫地杆。

②当采用单块就位组拼楼板模板时，宜以每个节间从四周先用阴角模板与墙、梁模板连接，然后向中央铺设。相邻模板边肋应按设计要求用U形卡连接，也可用钩头螺栓与钢楞连接，亦可采用U形卡预拼大块再吊装铺设。

③采用钢管脚手架作支撑时，在支柱高度方向每隔1.2～1.3m设一道双向水平拉杆。

④要优先采用直撑系统的快拆体系，加快模板周转速度。

⑤楼板后浇带模板。楼板、梁后浇带模板要求独立支设，宽度为后浇带宽度每边加5cm，待后浇带施工时把后浇带模板单独拆下，后浇带两侧模板作为支撑体系不动，然后在后浇带两侧混凝土面上弹线剔除施工缝上的混凝土及钢丝网，处理干净后在后浇带两侧混凝土楼板底面上粘上薄海绵条，把原先拆下的模板再重新支上，浇筑后浇带混凝土。对于楼板上的后浇带在上层施工时应加盖废旧多层板以防止上层施工时落灰污染后浇带钢筋。

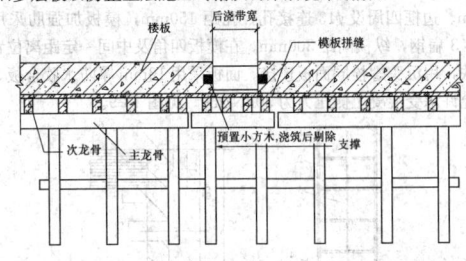

图13-7 后浇带模板支设

13.1.1.5 中型组合钢模板

中型组合钢模板是针对55型组合钢模板而言，一般模板的肋高有70mm、75mm等，模板规格尺寸也比55型加大，采用的薄钢板厚度也加厚，使板的刚度增大。下面介绍G-70组合钢模板。

1. 组成

(1)模板块

全部采用厚度2.75～3mm厚优质薄钢板制成；四周边肋呈L形，高度为70mm，弯边宽度为20mm，模板块内侧每300mm高设一条横肋，每150～200mm设一条纵肋。

模板边肋及纵、横肋上的连接孔为蝶形，孔距为50mm，采用板销连接，也可以用一对楔板或螺栓连接。规格分别见表13-8、表13-9。

G-70 组合钢模板材料、规格(mm) 表13-8

序号	名 称	宽 度	长 度	肋高	材料
1	平板模板	600、300、250、200、150、100	1500、1200、900	70	Q235钢板 $\delta=3.0$、$\delta=2.75$
2	阴角模	150×150	1500、1200、900		
3	阳角模	150×150	1500、1200、900		
4	铰链角模	150×150	900、600		$\delta=4-5$
5	可调阴角模	280×280	3000、2700		$\delta=4$
6	L形调节板	74×80、74×130	3000、2700		$\delta=5$
7	连接角钢	70×70	1500、1200、900		$\delta=4$

(2)模板配件

G-70组合钢模板的配件，见表13-9。

G-70 组合钢模板配件规格(mm) 表13-9

名 称	规 格	图 示	用 途
楔板	一对楔板		锁紧相邻模板

续表

名 称	规 格	图 示	用 途
小钢卡	卡$\phi48$钢管		固定模板背楞
大钢卡	卡2$\phi48$钢管 卡50×100矩形钢管 卡8号槽钢		固定模板背楞
双环钢卡	卡2根50×100矩形钢管 卡2根8号槽钢		固定模板背楞
模板卡			
板销	1个楔板、1个销键		连接模板
平台支架	40×40方钢管、50×26槽钢		
斜支撑	50×26槽钢		模板支撑
外墙挂架	$\phi48$钢管、8号槽钢、T25高强螺栓		
钢爬梯	$\phi16$钢筋		

2. 特点

G-70组合钢模板由于采用2.75～3mm厚钢板制成，肋高为70mm，边肋增加卷边，提高了模板的刚度。模板接缝严密，浇筑的混凝土表面平整、光洁，能达到清水混凝土的要求。

3. 施工工艺

G-70组合钢模板的安装施工工艺参见"55组合钢模板"有关内容。

13.1.2 钢框木（竹）胶合板模板

13.1.2.1 75系列钢框胶合板模板

75系列模板是由胶合板或竹胶合板的面板与高度为75mm的钢框构成的模板。见图13-8。

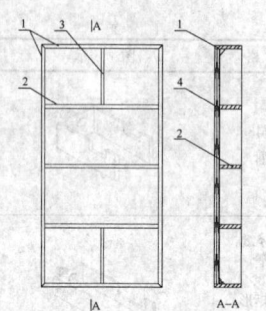

图 13-8   钢框木(竹)胶合板模板
1—边肋;2—主肋;3—次肋;4—面板

1. 组成

(1) 平面模板

平面模板以 600mm 为最宽尺寸,作为标准板,级差为 50mm 或其倍数,宽度小于 600mm 的为补充板。长度以 2400mm 为最长尺寸,级差为 300mm。见表 13-10。

(2) 连接模板

有阴角模、连接角钢与调缝角钢三种。

(3) 配件

有连接件、支承架两部分。

1) 连接件:有楔形销、单双管背楞卡、L 形插销、扁杆对拉、厚度定位板等。可采用"一把锤头"或一插就能完成拼装,操作快捷、安全可靠。

2) 支承件:有脚手架、钢管、背楞、操作平台、斜撑等。

75 钢框胶合板模板材料、规格(mm) 表 13-10

序号	名称	宽度	长度	肋高	材料
1	平板模板	600、450、300、250、200	2400、1800、1500、1200、900		胶合板或竹胶合板、钢肋
2	阴角模	150×150、100×150	1500、1200、900	75	热轧型钢
3	阳角模	75×75			角钢
4	调缝角钢	150×150、200×200	1500、1200、900		角钢

2. 模板工程的施工及要求

(1) 施工设计

1) 根据工程结构情况及施工设备和料具供应的条件,对模板进行选配,并编制模板施工设计。

施工设计应包括模板排列图、连接件和支承件布置图以及细部结构、异型模板和特殊部位详图,图中应标明预埋件、预留孔洞、清扫孔、浇筑孔等位置,并注明其固定方法等。对于预组装模板,还应绘出其分界线位置。

2) 尽量减少在模板上钻孔。当需要在模板上钻孔时,应使钻孔的模板能多次周转使用。

3) 模板组拼采取错缝布置,以增强模板的整体刚度。

4) 根据配模图编制配模表,进行备料。

(2) 施工准备

1) 钢筋绑扎完毕,水电管线及预埋件已安装,并办完隐预检手续。

2) 支搭操作用的脚手架和安全防护设施。

(3) 安装与拆除要求

1) 预组装的模板,为防止模板块碰角,连接件应交叉对称由外向内安装。经检查合格后的预组装模板,应按安装顺序堆放,其堆放层数不宜超过 6 层,各层间用方木垫实,上下对齐。

2) 墙、柱模板的底面应找平,下端应设置定位基准,靠紧垫平。向上继续安装模板时,模板应有可靠的支承点,其平直度应进行校正。墙模的对拉螺栓孔应平直,穿对拉螺栓时,不得斜拉硬顶,钢楞宜用整根杆件,接头应错开,搭接长度不少于 200mm。柱模组装就位后,应立即安装柱箍,校正垂直度。对于高度较大的独立柱模,应用钢丝绳在四角进行拉结固定。

3) 墙、柱模板根部及上部应留清扫口和观察孔、振捣孔。在浇筑混凝土之前应将洞口堵死。

4) 模板的安装,必须经过检查验收后,方可进行下一道工序施工。

模板安装过程中除应按国家现行标准《混凝土结构工程施工质量验收规范》(GB 50204)的有关规定进行质量检查外,尚应检查下列内容:

① 立柱、支架、水平撑、剪刀撑、钢楞、对拉螺栓的规格、间距以及零配件紧固情况。

② 立柱、斜撑在基底的支撑面积、坚实情况和排水措施。

③ 预埋件和预留孔洞的固定情况。

④ 模板拼缝的严密程度。拼缝缝隙不得大于 2mm。

13.1.2.2   55 型和 78 型钢框胶合板模板

1. 55 型钢框胶合板模板

这种模板可以与组合钢模板通用。

(1) 构造:模板由钢边框、加强肋和防水胶合板模板组成。边框采用带有面板承托肋的异型钢,宽 55mm,厚 5mm,承托肋宽 6mm。边框四周设 φ13 连接孔,孔距 150mm,模板加强肋采用 43×3 扁钢,纵横间距 300mm。在模板四角及中间一定距离位置设斜铁,用沉头螺栓同面板连接。面板采用 12mm 厚防水胶合板。模板允许承受混凝土侧压力为 30kN/m²。见图 13-9。

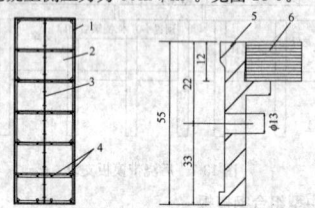

图 13-9   55 型钢框胶合板模板
1—钢边框;2—防水胶合板;3—加强肋;4—面板连接孔;5—异形钢边框;6—防水胶合板框

(2) 55 型钢框胶合板模板的规格:

长度:900mm、1200mm、1500mm、1800mm、2100mm、2400mm。

宽度:300mm、450mm、600mm、900mm。

常用规格为 600mm×1200mm(1800mm、2400mm)。

2. 重型(78 型)钢框胶合板模板

该模板刚度大,面板平整光洁,可以整装整拆,也可散装散拆。

(1) 构造:模板由钢边框、加强肋和防水胶合板面板组成。边框采用带有面板承托肋的异型钢,宽 78mm,厚 5mm,承托肋宽 6mm。边框四周设 17mm×21mm 连接孔,孔距 300mm。模板加强肋采用钢板压制成型的 60mm×30mm×3mm 槽钢,肋距 300mm,在加强肋两端设节点板,节点板上留有与背楞相连的 17mm×21mm 连接孔,面板上有 φ25 穿墙孔。在模板四角斜铁及加强位置用沉头螺栓同面板连接。面板采用 18mm 厚防水胶合板。模板允许承受混凝土侧压力为 50kN/m²。

(2) 78 型钢框胶合板模板的规格:

长度:900mm、1200mm、1500mm、1800mm、2100mm、2400mm。

宽度:300mm、450mm、600mm、900mm、1200mm。

3. 支撑系统及施工工艺

有关模板施工工艺内容可参见本手册"75 系列钢框胶合板模板"。

13.1.3   54 型铝合金模板

铝合金模板是新一代的建筑模板,在世界发达国家越来越多的地方可以见到它们的应用。铝合金模板具有重量轻、拆装灵活、刚度高、使用寿命长、板面大、拼缝少、精度高、浇筑的水泥平整光洁、施工对机械依赖程度低、能降低人工和材料成本、应用范围广、维护费用低、施工效率高、回收价值高等特点。

13.1.3.1 部件组成及特点

(1) 铝合金模板的部件，主要由铝合金面板、连接件和支承件三大部分组成。

铝合金模板由 3.15mm 厚铝合金板制成，36″×（9′、8′、7′、6′、5′）等五个规格为标准主板，最大板面为 914mm×2743mm（英制为 36″×9′），54 型铝合金模板共有 135 种规格（图 13-10），连接件主要由销钉构成，见图 13-11。

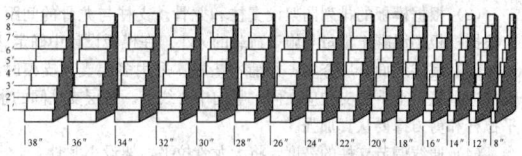

图 13-10 模板组合图

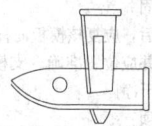

图 13-11 销钉连接图

(2) 特点：

铝合金建筑模板具有重量轻、拆装方便、施工高效、密封性能好、不易跑浆、混凝土成型品质好、周转使用次数多、回收价值高、综合经济效益好的特点。

13.1.3.2 模板施工

54 型铝合金建筑模板适合墙体模板、水平楼板、柱子、梁、爬模、桥梁模板等模板的使用，可以拼成小型、中型或大型模板。连接主要采用圆柱体插销和楔型插片。模板背后支撑可采用专用斜支撑，也可采用 φ48mm 钢管或方管等作为背撑。施工工艺参见"55 型组合钢模板"有关内容。

13.1.4 模板的运输、维修和保管

13.1.4.1 运输

(1) 不同规格的钢模板不得混装、混运。运输时，必须采取有效措施，防止模板滑动、倾倒。长途运输时，应采用简易集装箱，支承件应捆扎牢固，连接件应分类装箱。

(2) 预组装模板运输时，应分隔垫实，支捆牢固，防止松动变形。

(3) 装卸模板和配件应轻装轻卸，严禁抛掷，并应防止碰撞损坏。严禁用钢模板作其他非模板用途。

13.1.4.2 维修和保管

(1) 模板和配件拆除后，应及时清除粘结的灰浆，对变形和损坏的模板和配件，宜采用机械整形和清理。

(2) 维修质量不合格的模板及配件不得使用。

(3) 对暂不使用的钢模板，板面应涂刷脱模剂或防锈油。背面油漆脱落处，应补刷防锈漆，焊缝开裂时应补焊，并按规格分类堆放。

(4) 钢模板宜存放在室内或棚内，板底支垫离地面 100mm 以上。露天堆放，地面应平整坚实，有排水措施，模板底支垫离地面 200mm 以上，两点距模板两端长度不大于模板长度的 1/6。

(5) 入库的配件，小件要装箱入袋，大件要按规格分类，整数成垛堆放。

13.2 现场加工、拼装模板

13.2.1 木模板

13.2.1.1 木模板选材及优缺点

(1) 现阶段木模板主要用于异型构件。木模板选用的木材品种，应根据它的构造及工程所在地区来确定，多数采用红松、白松、杉木。

(2) 木模板的主要优点是制作拼装随意，尤其适用于浇筑外形复杂、数量不多的混凝土结构或构件。另外，因木材导热系数低，混凝土冬季施工时，木模板具有保温作用，但由于木材消耗量大，重复利用率低，本着绿色施工的原则，我国从 20 世纪 70 年代初开始"以钢代木"，减少资源浪费。目前，木模板在现浇钢筋混凝土结构施工中的使用率已大大降低，逐步被胶合板、钢模板代替。

13.2.1.2 木模板配置注意事项

(1) 木模板的配置应以节约为原则，并考虑可持续使用，提高周转使用率。

(2) 定制模板尺寸时，要考虑模板拼装结合的需要，根据实际情况适当加长或缩短模板的长度。

(3) 拼装模板时，板边要刨平刨直，接缝严密，不漏浆。不得将木料上有节疤、缺口等疵病的部位与混凝土面直接接触，应放在反面或截去。

(4) 木模板厚度：侧模一般采用 20～30mm 厚，底模一般采用 40～50mm 厚。

(5) 直接与混凝土接触的木模板（侧模）宽度不宜大于 200mm；梁和拱的底模木模板宽度不加限制。

(6) 钉子长度应为木板厚度的 2～2.5 倍，每块木板与木档相叠处至少钉 2 只钉子。

(7) 配制好的模板应在反面编号并写明规格，分类堆放保管，以免错用。备用模板要加以遮盖保护，以免变形。

13.2.1.3 木模板适用范围

木模板常用于基础、墙、柱、梁板、楼梯等部位。

1. 基础模板

(1) 阶形基础模板

安装顺序：放线→安底阶模→安底阶支撑→安上阶模→安上阶围箍和支撑→搭设模板吊架→检查、校正→验收。

根据图纸尺寸制作每一阶模板，支模顺序由下至上逐层向上安装，先安底阶模板，用斜撑和水平撑钉稳撑牢；核对模板墨线及标高，配合绑扎钢筋及混凝土（或砂浆）垫块，再进行上一阶模板安装，重新核对各部位墨线尺寸和标高，并把斜撑、水平支撑以及拉杆加以钉紧、撑牢，最后检查斜撑及拉杆是否稳固，校核基础模板几何尺寸、标高及轴线位置，见图 13-12。

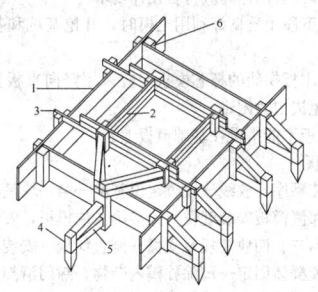

图 13-12 阶形基础模板
1—第一阶侧板；2—第二阶侧板；3—轿杠木；
4—木桩；5—撑木；6—木档

(2) 杯形基础模板

安装顺序：放线→安底阶模→安底阶支撑→安上阶模→安上阶围箍和支撑→搭设模板吊架→（安杯芯模）→检查、校正→验收。

杯形基础模板与阶形基础模板基本相似，在模板的顶部中间装杯芯模，见图 13-13。

杯芯模板分为整体式和装配式。尺寸较小者一般采用整体式，如图 13-14、图 13-15 所示。

(3) 条形基础模板

根据土质的情况分为两种情况：土质较好时，下半段利用原土削铲平整不支设模板，仅上半段采用吊模；土质较差，其上下两段均支设模板。侧板和端头板制成后，应先在基础底弹出基础边线和中心线，再把侧板和端头板对准边线和中心线，用水平尺校正侧板顶面水平，经检测无误差后，用斜撑、水平撑及拉撑钉牢，最后校核基础模板几何尺寸及轴线位置。

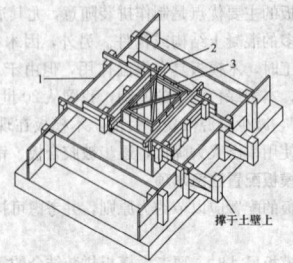

图 13-13　杯形基础模板
1—底阶模板；2—轿杠木；3—杯芯模板；

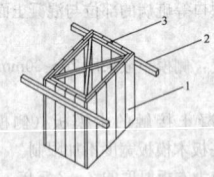

图 13-14　整体式杯芯模板
1—杯芯侧板；2—轿杠木；3—木档

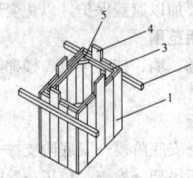

图 13-15　装配式杯芯模板
1—杯芯侧板；2—轿杠木；3—木档；
4—抽芯板；5—三角板

(4) 施工要点

1) 安装模板前先复查地基垫层标高及中心线位置，弹出基础边线。基础模板板面标高应符合设计要求。

2) 基础下段土质良好利用土模时，开挖基坑和基槽尺寸必须准确。

3) 采用木板拼装的杯芯模板，应采用竖向直板拼钉，不宜用横板，以免拔出时困难。

4) 脚手板不能搭设在基础模板上。

2. 柱模板

(1) 安装顺序：放线→设置定位基准→第一块模板安装就位→安装支撑→邻侧模板安装就位→连接第二块模板，安装第二块模板支撑→安装第三、四块模板及支撑→调直纠偏→安装柱箍→全面检查校正→柱模群体固定→清除柱模内杂物、封闭清扫口。

(2) 根据图纸尺寸制作柱侧模板后，测放好柱的位置线，钉好压脚板后再安装柱模板，两垂直向加斜拉顶撑。柱模安完后，应全面复核模板的垂直度、对角线长度差及截面尺寸等项目。柱模板支撑必须牢实，预埋件、预留孔洞严禁漏设且必须准确、稳牢。

(3) 安装柱箍：柱箍的安装应由下向上，柱箍应根据柱模尺寸、柱高及侧压力的大小等因素进行设计选择（有木箍、钢箍、钢木箍等），柱箍间距一般在 40～60cm，柱截面较大时应设置柱中穿心螺栓，由计算确定螺栓的直径、间距。

3. 梁模板

(1) 安装顺序：放线→搭设支模架→安装梁底模→梁模起拱→绑扎钢筋与垫块→安装两侧模板→固定梁夹→检查校正→安装口卡→相邻模板固定。

(2) 弹出轴线、梁位置线和水平标高线，钉柱头模板。

(3) 梁底模板：按设计标高调整支柱的标高，然后安装梁底模板，并拉线找平。按照设计要求或规范要求起拱，先主梁起拱，后次梁起拱。

(4) 梁下支柱支承在基土面上时，应将基土整平夯实，满足承载力要求，并加木垫板或混凝土垫板等有效措施，确保混凝土在浇

筑过程中不会发生支顶下沉等现象。

(5) 梁侧模板：根据墨线安装梁侧模板、压脚板、斜撑等。

(6) 当梁高超过 70cm 时，梁侧模板宜加穿梁螺栓加固。

4. 顶板

(1) 安装顺序：复核板底标高→搭设支模架→安放龙骨→安装模板（铺放密肋楼板模板）→安装柱、梁、板节点模板→安放预埋件及预留孔模板→检查校正→交付验收。

(2) 根据模板的排列图架设支柱和龙骨。支柱与龙骨的间距，应根据模板的混凝土重量与施工荷载的大小，在模板设计中确定。

(3) 底层地面分层夯实，并铺木垫板。采用多层支顶支模时，支柱应垂直，上下层支柱应在同一竖向中心线上。各层支柱间的水平拉杆和剪刀撑要认真加强。

(4) 通线调节支柱的高度，将大龙骨拉平，架设小龙骨。

(5) 铺模板时可从四周铺设，在中间收口。若压梁（墙）侧模时，角位模板应通线钉固。

(6) 楼面模板铺完后，应复核模板面标高和板面平整度，预埋件和预留孔洞不得漏设并应位置准确。支模顶架必须稳定、牢固。模板梁面、板面应清扫干净。

13.2.1.4　施工注意事项

(1) 模板安装前，先检查模板的质量，不符合质量标准的不得投入使用。

(2) 带形基础要防止沿基础通长方向出现模板上口不直、宽度不准、下口陷入混凝土内、拆模时上段混凝土缺损、底部上模不牢的现象。

(3) 杯形基础应防止中心线不准，杯口模板位移；混凝土浇筑时芯模浮起，拆模时芯模起不出的现象。

(4) 梁模板要防止梁身不平直、梁底不平及下挠、梁侧模炸模、局部模板嵌入柱梁间，拆除困难的现象。

(5) 柱模板要防止柱模板炸模、断面尺寸鼓出、漏浆、混凝土不密实，或蜂窝麻面、偏斜、柱身扭曲的现象。

(6) 板模板：防止板中部下挠，板底混凝土面不平的现象。

13.2.2　土　　模

13.2.2.1　适用范围

土模是指在基础或垫层施工时利用地槽的土壁作为模板。主要适用于地下连续墙、桩、承台、地基梁、逆作施工楼板。采用土模可以提高工效，保证质量，并能节约大量木材。

13.2.2.2　土模的种类

土模施工分现浇式和预制式两种。

(1) 现浇式是指在地基上浇筑拱桥及建筑物基础。

(2) 预制式又可分为以下几种：

1) 地下式，即按构件的外形挖地槽浇筑。

2) 半地下式。

3) 地上式。

13.2.2.3　施工注意事项

(1) 一般土模选用黏土较为适宜，不能用淤泥或砂土，含水量宜控制在 20%～24%之间，且应严格控制地下水位，如果含水量大，土质稀软易变形；如果含水率低，土模容易剥落难密实。

(2) 土模要有一定的密实度，一般在 80%左右，具体数据以试验来定。

13.2.3　胶合板模板

混凝土模板用胶合板有木胶合板和竹胶合板两种。胶合板用作混凝土模板具有以下优点：

(1) 板幅大，自重轻，板面平整。既可减少安装工作量，节省现场人工费用，又可减少混凝土外露表面的装饰及磨去接缝的费用。

(2) 承载能力大，特别是经表面处理后耐磨性好，能多次重复使用。

(3) 材质轻，18mm 厚的木胶合板单位面积重量为 50kg，模板的运输、堆放、使用和管理等都较为方便。

(4) 保温性能好，能防止温度变化过快，冬期施工有助于混凝

土的保温。

(5) 锯截方便，易加工成各种形状的模板。

(6) 便于按工程的需要弯曲成型，用作曲面模板。

13.2.3.1 木胶合板模板

1. 木胶合板的分类

木胶合板模板分为三类：

(1) 素板：未经表面处理的混凝土模板用胶合板。

(2) 涂胶板：经树脂饰面处理的混凝土模板用胶合板。

(3) 覆膜板：经浸渍胶膜纸贴面处理的混凝土模板用胶合板。

2. 木胶合板规格尺寸

混凝土用胶合板的规格尺寸应符合表 13-11 的规定。

木胶合板规格尺寸（mm）　　表 13-11

幅　面　尺　寸				厚　度
模　数　制		非模数制		(h)
宽　度	长　度	宽　度	长　度	
—	915	1830		$12 \leqslant h < 15$
900	1800	1220	1830	$15 \leqslant h < 18$
1000	2000	915	2135	$18 \leqslant h < 21$
1200	2400	1220	2440	$21 \leqslant h < 24$
—		1250	2500	

3. 物理力学性能

木胶合板物理力学性能指标见表 13-12。

木胶合板物理力学性能指标值表　　表 13-12

项　　目	单位	厚　　度（mm）			
		$12 \leqslant h < 15$	$15 \leqslant h < 18$	$18 \leqslant h < 21$	$21 \leqslant h < 24$
含水率	%		6～14		
胶合强度	MPa		$\geqslant 0.70$		
静曲强度	顺纹	MPa	$\geqslant 50$	$\geqslant 45$	$\geqslant 40$	$\geqslant 35$
	横纹		$\geqslant 30$	$\geqslant 30$	$\geqslant 30$	$\geqslant 25$
弹性模量	顺纹	MPa	$\geqslant 6000$	$\geqslant 6000$	$\geqslant 5000$	$\geqslant 5000$
	横纹		$\geqslant 4500$	$\geqslant 4500$	$\geqslant 4000$	$\geqslant 4000$
浸渍剥离性能		浸渍胶膜纸贴面与胶合板表层上的每一边累计剥离长度不超过 25mm			

13.2.3.2 竹胶合板模板

1. 竹胶合板规格尺寸

竹胶合板是由竹席、竹帘、竹片等多种坯结构，以及与木单板等其他材料复合，专用于混凝土施工的竹胶合板。其规格、尺寸见表 13-13。

竹胶合板规格尺寸（mm）　　表 13-13

长　度	宽　度	厚　度
1830	915	
1830	1220	
2000	1000	9、12、15、18
2135	915	
2440	1220	
3000	1500	

注：竹模板规格也可根据用户需要生产。

我国竹材资源丰富，且竹材具有生长快、生产周期短（一般 2～3 年成材）的特点。另外，一般竹材顺纹抗拉强度为 18N/mm²，为松木的 2.5 倍，红松的 1.5 倍；横纹抗压强度为 6～8kN/mm²，是杉木的 1.5 倍，红松 2.5 倍；静曲强度为 15～16N/mm²。

因此，在我国木材资源短缺的情况下，以竹材为原料制作混凝土模板用竹胶合板，具有收缩率小、膨胀率和吸水率低，以及承载能力大的特点，是一种具有发展前途的新型建筑模板。

2. 物理力学性能

竹胶合板物理力学性能指标见表 13-14。

竹胶合板物理力学性能指标值　　表 13-14

项　　目		单　位	优 等 品	合 格 品
含水率		%	$\leqslant 12$	$\leqslant 14$
静曲弹性模量	板长向	N/mm²	$\geqslant 7.5 \times 10^3$	$\geqslant 6.5 \times 10^3$
	板短向	N/mm²	$\geqslant 5.5 \times 10^3$	$\geqslant 4.5 \times 10^3$
静曲强度	板长向	N/mm²	$\geqslant 90$	$\geqslant 70$
	板短向	N/mm²	$\geqslant 60$	$\geqslant 60$
冲击强度		kJ/m²	$\geqslant 60$	$\geqslant 50$
胶合性能		mm/层	$\leqslant 25$	$\leqslant 50$
水煮、冰冻、干燥后的保存强度	板长向	N/mm²	$\geqslant 60$	$\geqslant 50$
	板短向	N/mm²	$\geqslant 40$	$\geqslant 35$
折减系数			0.85	0.80

13.2.3.3 安装要点

1. 胶合板模板的配制方法和要求

(1) 胶合板模板的配制方法

1) 按设计图纸尺寸直接配制模板。形体简单的结构构件，可根据结构施工图直接按尺寸列出模板规格和数量进行配制。模板厚度、横档和楞木的断面和间距，以及支撑系统的配置，都可按支承要求通过计算选用。

2) 利用计算机辅助配制模板。形体复杂的结构构件，按结构图的尺寸可用计算机进行辅助画图或模拟构件尺寸，进行模板的制作。

(2) 胶合板模板配制要求

1) 应整张直接使用，尽量减少随意锯截，以免造成胶合板浪费。

2) 木胶合板常用厚度一般为 12 或 18mm，竹胶合板常用厚度一般为 12mm，内、外楞的间距可随胶合板的厚度及构件种类和尺寸，通过设计计算进行调整。

3) 支撑系统可以选用钢管脚手架，也可采用木材。采用木支撑时，不得选用脆性、严重扭曲和受潮后容易变形的木材。

4) 钉子长度应为胶合板厚度的 1.5～2.5 倍，每块胶合板与木楞相搭处至少钉 2 个钉子。第二块板的钉子要转向第一块模板方向斜钉，使拼缝严密。

5) 配制好的模板应在反面编号并写明规格，分别堆放保管，以免错用。

2. 墙体和楼板模板

采用胶合板作现浇混凝土墙体和楼板的模板，是目前常用的一种模板技术，与采用组合式模板相比，可以减少混凝土外露表面的接缝，满足清水混凝土的要求。

(1) 墙体模板

常规的支模方法是：胶合板面板外侧的立档用 50mm×100mm 方木，横档（又称牵杠）用 ϕ48×3.5 脚手钢管或方木（一般为边长 100mm 方木），两侧胶合板模板用穿墙螺栓拉结。

1) 钢筋绑扎完毕后，进行墙模板安装时，根据边线先立一侧模板，临时用支撑撑住，用线锤校正模板的垂直，然后固定牵杠，再斜撑固定。大块侧模拼时，上下竖向拼缝要互相错开，先立两端，后立中间部分，再按同样方法安装另一侧模板及斜撑等。

2) 为了保证墙体的厚度正确，在两侧模板之间可用小方木撑头（小方木长度等于墙厚），小方木要随浇筑混凝土逐个取出。为了防止浇筑混凝土时墙身鼓胀，可用直径 12～16mm 螺栓拉结两

侧模板，间距不大于 1m。螺栓要纵横排列，并可增加穿墙螺栓套管，以便在混凝土凝结后取出。如墙体不高，厚度不大，在两侧模板上口钉上搭头木即可。

（2）楼板模板

1）板顶标高线依 1m 线引测到柱筋上，在施工过程中随时对板底、板顶标高进行复测、校正。

2）排板：根据开间的尺寸，确定顶板的排板尺寸，以保证顶板模板最大限度地使用整板。

3）根据立杆支撑位置图放线，保证以后每层立杆都在同一条垂直线上，应确保上下支撑在同一竖向位置。

4）立杆排好后，进行主次龙骨的铺设，按排板图进行配板，为以后铺板方便，可适当编号，尽量使模板周转到下一层相同位置。

5）模板安装完毕后先进行自检，再报监理预检，合格后方可进行下道工序。

6）严格控制顶板模板的平整度，两块板的高低差不大于 1mm。主、次木楞刨平直，过刨使其薄厚尺寸一致，用可调 U 形托调整高度。

7）梁、板、柱接头处，阴阳角、模板拼接处要严密，模板边要用电刨刨齐整，拼缝不超过 1mm，并且在板缝底下必须加木楞支顶。

8）按规范要求起拱：先按照墙体及柱子上弹好的标高控制线和模板标高全部支好模板，然后将跨中的可调支托丝扣向上弹动，调到要求的起拱高度，起拱应由班组长、放线员、专业工长严格控制，在保证起拱高度的同时还要保证梁的高度和板的厚度。

9）板过刨后必须用厂家提供的专用漆封边，以减少模板吸水。

13.2.4　塑　料　模　板

塑料模板指适用于一些异型、不规则构件以及现场加工较有困难的模板，只进行现场拼装的模板。塑料模板是一种节能的绿色环保产品，模板在使用上"以塑代木"、"以塑代钢"是节能环保的发展趋势。

13.2.4.1　塑料模板的种类

塑料模板的种类如表 13-15 所示。

塑料模板的种类　　　　表 13-15

种　类	组　成
木塑建筑模板	由废塑料 PP、ABS、PVC、PE 等再生粒子组成，里面掺有木粉或者秸秆粉末为填充料生产而成（颜色为黑色）
粉煤灰塑料建筑模板	由最差的废塑料 PP、PE、PVC、ABS 等再生粒子组成，里面填充物为粉煤灰、石粉
玻璃纤维塑料建筑模板	中等废塑料 PP、PE、PVC、ABS 等再生粒子组成，填充物为三层玻纤布压塑而成

13.2.4.2　塑料模板的优缺点

1. 优点

（1）有较好的物理性能，使用温度 -5～65℃，不吸潮、不吸水，防腐蚀，并且有足够的机械强度，可多次使用，节约混凝土浇筑成本。

（2）可塑性强，允许设计者有较大的设计自由，能根据设计要求，通过不同模具形式，生产出各种不同形状和不同规格的模板，模板表面可以形成装饰图案，使模板工程与装饰工程相结合。塑料模板可锯、钻，纵、横向可以任意连接组合，卸模设有楔型模板，转角接点设有 90°阴、阳角模板，施工十分方便。

（3）塑料模板重量轻，铺设 1m² 模板约 16±0.5kg，省工、省时、省圆钉，施工轻便。

（4）塑料模板表面光洁，容易脱模，操作方便（与木模、竹胶板施工方法一样），不需要脱模剂，板接缝处不需要贴胶带；弥补了一般塑料模板和木模板的种种缺陷，有助于实现清水混凝土效果。

（5）可以回收利用，经处理后可以再生塑料模板或其他产品。

2. 缺点

（1）模板的强度和刚度较小

目前塑料模板主要为用作顶板和楼板的平板形式模板，承载量较低，需适当控制木方间距才能满足施工要求。

（2）热胀冷缩系数大

塑料板材的热胀冷缩系数比钢铁、木材均要大，因此塑料模板受气温影响较大，如夏季高温期，昼夜温差达 40℃，木塑建筑模板夏季在阳光的照射之下大量变形；冬季在 0℃时钉子会开裂；在脱模时高空摔落容易破裂，冬季周转次数为 0 次。粉煤灰塑料建筑模板在夏季气温高达 30℃以上时，混凝土浇筑容易有波浪形，方木间距大于 150mm 也会出现此类情况，增加了方木费用及木工人工费用。

（3）电焊渣易烫坏板面

塑料模板主要用作楼板模板，在铺设钢筋时，由于钢筋连接时电焊的焊渣温度很高，落在塑料模板上，易烫坏板面，影响成型混凝土的表面质量。

13.2.4.3　施工工艺

1. 工艺流程

弹线→铺垫板→支设架子支撑→安主次龙骨、墙体四周加贴海绵条并用 50mm×100mm 单面刨光方木顶紧→大于 4m 时支撑起拱→铺模板→校正标高→安装顶板周边侧模→验收。

2. 弹线

墙体拆模后，在每面墙上弹出 1m 标高水平线和顶板模板底线。

3. 铺垫板

垫板采用 400mm×50mm×100mm 方木，垫在立杆底部，木方的方向应保持一致。

4. 安装支撑体系

顶板支撑采用钢管支撑，立杆高度依楼层确定，立杆上设丝托，支撑边柱顶墙皮为 150～250mm，中间立柱采用均分的方法，尽量采用 1.2m 的间距，不足处用 0.9m 及 0.6m 的补足，可预先在地面上弹出位置线，第一层间距确定后，往上每层应保持一致，以保证上下层立柱对齐。上下至少设 2 道水平横杆，下横杆距地 450mm，上下横杆间距随碗扣定。

5. 安装主次龙骨

主龙骨采用 100mm×100mm 方木，其间距和立杆的间距保持一致，主龙骨应放置在丝托的托槽内，并根据墙体水平线调整高度。主龙骨完成后，在主龙骨上面设置次龙骨，次龙骨采用 50mm×100mm 方木，间距为 300mm，次龙骨应根据标高拉线调平，不平处应在次龙骨下垫木楔调平。房间四周靠墙应紧贴一根 50mm×100mm 方木（过刨）。

6. 塑料模板板面铺设

次龙骨铺设完成且调平后，即可进行塑料模板铺设，铺设时按照排板图进行，先铺设塑料模板，最后多层板补齐。安装时顺着塑料模板长边方向顺序进行，拼缝直接硬拼，不需设置胶条，板缝要挤严。板位置和拼缝调整合适后，立即将板沿长边方向用钉子固定，钉钉只能从板眼处钉（玻璃纤维塑料模板比较硬，不能直接钉钉，但可用钻头钻孔钉钉），模板四角宜都有钉，中间部位可根据实际情况按适当间距下钉。最后一块不足以使用塑料模板的地方，根据实际尺寸用 12mm 厚竹多层板补齐、挤严。

当顶板上有需要开洞的地方需用多层板替换，以减少对模板的破坏。塑料模板也能切割，可是切断后模板剩余的部分拆模后无法修复用在下一个工程，而且模板价格较高，所以不建议切割。顶板板面与梁或墙体侧模相接时，应压在梁侧模或墙体侧模上，但不得吃进梁内，必须与侧模一平。板四周靠墙时应在墙面上粘贴胶条，海绵条要求与板面平齐，不得突出模板表面，与墙体挤严，防止漏浆。

7. 起拱

跨度大于 4m 的板，应按 10mm 要求起拱，起拱线要顺直，不得有折线。要保证中间起，四边不起。起拱方法：先按照墙体上及柱子上弹好的标高控制线和模板标高全部支好模板，然后将跨中的可调支托向上弹动丝扣，调到要求的起拱高度，在保证起拱高度的

同时还要保证梁的高度和板的厚度。

8. 模板清洁

塑料模板表面光滑，多次使用后，光滑度仍然很好，不需要使用脱模剂，板面安装完成后，直接用清水擦洗干净即可。

9. 模板使用注意事项

(1) 施工前，应根据设计图纸要求，按施工流水段备好材料、工具的准备工作，配好模板，按尺寸裁割（考虑 2mm 的加工余量）。

(2) 因塑料模板尺寸特别准确，厚度没有太多偏差，补边用的多层板或其他材料应确保厚度与其一致，拼缝不错台。

(3) 清理时应注意清理侧边，以免粘附有杂质，导致拼缝不严。

(4) 次龙骨木方一定要过刨，使其表面平整，以保证表面铺设的平整度。

(5) 因模板材质为塑料，不得直接在板面进行电气焊施工，以免烧坏模板。

(6) 模板边设有钉子眼，钉钉时，只能从眼内下钉，不得随意下钉。

(7) 塑料模板在现场搬运时要轻拿轻放，不得乱砸乱摔。堆放时要码放整齐。

(8) 拆模时，注意不得用铁件翘边，避免砸坏模角。要轻拆轻放，分类码放，专模专用，提高周转次数。

13.3 大 模 板

13.3.1 大 模 板 构 造

13.3.1.1 大模板的分类

1. 按板面材料分类：大模板按板面材料分为木质模板、金属模板、化学合成材料模板。

2. 按组拼方式分类：大模板按组拼方式分为整体式模板、模数组合式模板、拼装式模板。

3. 按构造外形分类：大模板按构造外形分为平模、小角模、大角模、筒子模。

13.3.1.2 大模板的板面材料

大模板的板面是直接与混凝土接触的部分，它承受着混凝土浇筑时的侧压力，要求具有足够的刚度，表面平整，能多次重复使用。钢板、木（竹）胶合板以及化学合成材料面板等均可作为面板的材料，其中常用的为钢板和木（竹）胶合板。

1. 整块钢板面

一般以 4~6mm（以 6mm 为宜）钢板拼焊而成。这种面板具有良好的强度和刚度，能承受较大的混凝土侧压力及其他施工荷载，重复利用率高，一般周转次数在 200 次以上。另外，由于钢板面平整光洁，耐磨性好，易于清理，这些均有利于提高混凝土表面的质量。缺点是耗钢量大，重量大（40kg/m²），易生锈，不保温，损坏后不易修复。

2. 组合式钢模板组拼板面

这种面板一般以 2.75~3.0mm 厚的钢板为面板，虽然亦具有一定的强度和刚度，耐磨，自重较整块钢板面要轻，能做到一模多用，但拼缝较多，整体性差，周转使用次数不如整块钢板面多，在面质量要求不严的情况下可以采用。用中型组合钢模板拼制而成为大模板，拼缝较少。

3. 木胶合板面

大模板用木胶合板是由木料旋切单板或由木方刨切成薄木，再用胶粘剂胶合而成的三层或多层的板状材料，通常用奇数层单板，并使相邻层单板的纤维方向互相垂直胶合而成。胶合板面板常用7层或9层胶合板，板面用树脂处理，一般周转次数在 50 次以上。以木材为主要原料生产的胶合板，由于其结构的合理性和生产过程中的精细加工，可大体上克服木材的缺陷，大大改善和提高木材的物理力学性能。木胶合板的厚度为 12、15、18 和 21mm。大模板用木胶合板的胶合强度指标如表 13-16 所示，纵向弯曲强度和弹性模量指标如表 13-17 所示。

大模板用木胶合板的胶合强度指标值　　表 13-16

树　种	胶合强度（单个试件指标值）（N/m²）
桦　木	≥1.00
克隆、阿必东、马尾松、云南松、荷木、枫香	≥0.80
柳安、拟赤杨	≥0.70

大模板用木胶合板纵向弯曲强度和弹性模量指标
　　　　　　　　　　　　　　　　　　　表 13-17

树　种	弹性模量（N/mm²）	静弯曲强度（N/mm²）
柳　安	3.5×10^3	25
马尾松、云南松、落叶松	4.0×10^3	30
桦木、克隆、阿必东	4.5×10^3	35

4. 竹胶合板面

竹胶板是以毛竹材作主要架构和填充材料，经高压成坯的建材，组织紧密，质地坚硬而强韧，板面平整光滑，可锯、可钻、耐水、耐磨、耐撞击、耐低温；收缩率小、吸水率低、导热系数小、不生锈。其厚度一般有 9、12、15、18mm。

5. 化学合成材料面

采用玻璃钢或硬质塑料板等化学合成材料作板面，其优点是自重轻、板面平整光滑、易脱模、不生锈、遇水不膨胀；缺点是刚度小、怕撞击。

13.3.1.3 大模板的构造形式

大模板主要是由板面系统、支撑系统、操作平台和附件组成，分为桁架式大模板、组合式大模板、拆装式大模板、筒形模板以及外墙大模板。

1. 组合式大模板

组合式大模板是目前最常用的一种模板形式。它通过固定于大模板板面的角模，能把纵横墙的模组装在一起，房间的纵横墙体混凝土可以同时浇筑，故房屋整体性好。它还具有稳定，拆装方便，墙体阴角方正，施工质量好等特点，并可以利用模数条模板加以调整，以适应不同开间、进深的需要。

组合式大模板由板面系统、支撑系统、操作平台及附件组成，如图 13-16 所示。

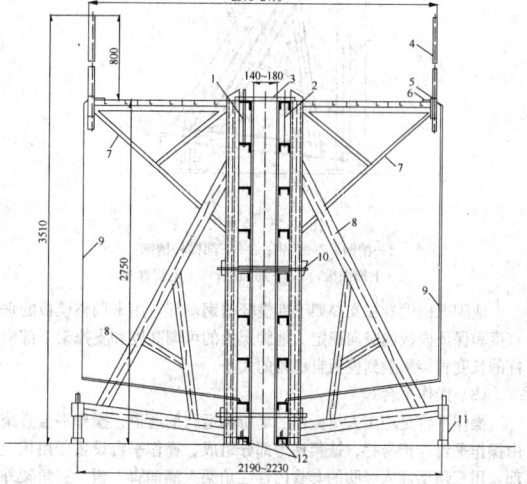

图 13-16　组合式大模板构造

1—反向模板；2—正向模板；3—上口卡板；4—活动护身栏；5—爬梯横担；6—螺栓连接；7—操作平台斜撑；8—支撑架；9—爬梯；10—穿墙螺栓；11—地脚螺栓；12—地脚

(1) 板面系统

板面系统由面板、竖肋、横肋以及龙骨组成。

面通常采用 4~6mm 的钢板，面板骨架由竖肋和横肋组成，

直接承受由面板传来的浇筑混凝土的侧压力。竖肋，一般采用60mm×6mm扁钢，间距400～500mm。横肋，一般采用8号槽钢，间距为300～350mm。保证了板面的双向受力。竖龙骨采用12号槽钢成对放置，间距一般为1000～1400mm（图13-18）。

横肋与板面之间用断续焊缝焊接在一起，其焊点间距不得大于20cm。竖肋与横肋满焊，形成一个结构整体。竖肋兼作支撑架的上弦。

为加强整体性，横、纵向大模板的两端均焊接边框（横墙边框采用扁钢，纵墙边框采用角钢）以使得整个板面系统形成一个封闭结构，并通过连接件将横墙模板与纵墙模板有机地结合在一起（图13-17）。

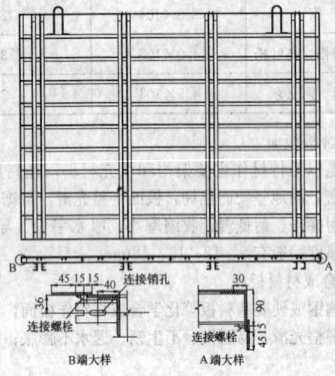

图13-17 组合式大模板板面系统构造

（2）支撑系统

支撑系统由支撑架和地脚螺栓组成，其功能是保持大模板在承受风荷载和水平力时的竖向稳定性，同时用以调节板面的垂直度。

支撑架一般用槽钢和角钢焊接制成（图13-18）。每块大模板设置2个以上支撑架。支撑架通过上、下两个螺栓与大模板竖向龙骨相连接。

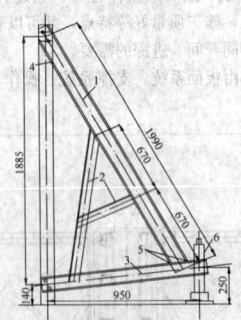

图13-18 支撑架
1—槽钢；2—角钢；3—下部横杆槽钢；
4—上加强杆；5—下加强板；6—地脚螺栓

地脚螺栓设置在支撑架下部横杆槽钢端部，用来调整模板的垂直度和保证模板的竖向稳定。地脚螺栓的可调高度和支撑架下部横杆的长度直接影响到模板自稳角的大小。

（3）操作平台

操作平台是施工人员操作的场所和运行的通道，操作平台系统由操作平台、护身栏、铁爬梯等部分组成。操作平台设置于模板上部，用三角架插入竖肋的套管内，三角架上满铺脚手板。三角架外端焊有φ37.5mm的钢管，以插放护身栏的立杆。铁爬梯供操作人员上下平台之用，附设于大模板上，用φ20钢筋焊接而成，随大模板一道起吊。

（4）附件

1）穿墙螺栓与塑料套管

模板连接用穿墙螺栓与塑料套管。穿墙螺栓是承受混凝土侧压力、加强板面结构的刚度、控制模板间距的重要配件，它把墙体两

侧大模板连接为一体。为了防止墙体混凝土与穿墙螺栓粘结，在穿墙螺栓外部套一根硬质塑料管，其长度与墙厚相同，两端顶住墙模板，内径比穿墙螺栓直径大3～4mm，这样在拆除时可保证穿墙螺栓的顺利脱出。穿墙螺栓用45号钢加工而成，一端为梯形螺纹，长约120mm，以适应不同墙体厚度的施工。另一端在螺栓杆上上销孔，支模时用板销打入销孔内，以防止模板外涨。板销厚6mm，做成斜头，以方便拆卸。详见图13-19。

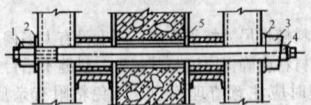

图13-19 穿墙螺栓连接构造
1—螺母；2—垫板；3—板销；4—螺杆；5—塑料套管

2）上口卡子

在模板顶端与穿墙螺栓上下对直位置处利用槽钢或钢板焊制好卡子支座，并在支模完成后将上口卡子卡入支座内。上口卡子直径为φ30mm，其上根据不同的墙厚设置多个凹槽，以便与卡子支座相连接，达到控制墙厚的目的。详见图13-20。

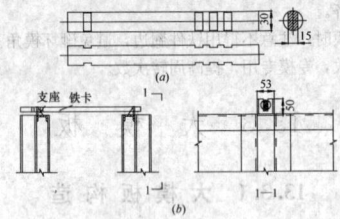

图13-20 上口卡子
（a）铁卡子大样；（b）支座大样

2. 拆装式大模板

拆装式大模板（图13-21）与组合式大模板的最大区别在于其板面与骨架以及骨架中各钢杆件之间的连接全部采用螺栓组装而非焊接连接，这样比组合式大模板便于拆改，也可减少因焊接而变形的问题。

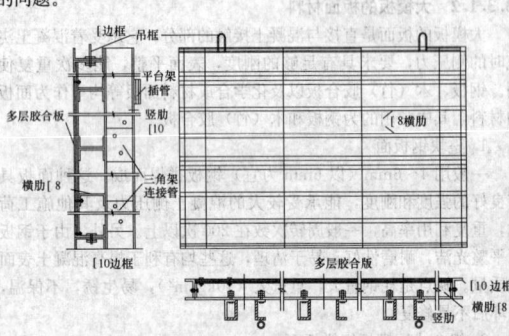

图13-21 拼装式大模板

（1）板面：板面采用钢板或胶合板，通过M6螺栓将板面与横肋连接固定，其间距为350mm。为了保证板面平整，板面材料在高度方向拼接时，应拼接在横肋上；在长度方向拼接时，应在接缝处后面铺设一道木龙骨。

（2）骨架：横肋以及周边边框全部用M16螺栓连接成骨架，连接螺孔直径为18mm。如采用木质面板，则在木质面板四周加钢边框，槽钢型号应比中部槽钢大一个板面厚度，能够有效地防止木质面板四周损伤。例如当面板采用20mm厚胶合板时，普通横肋为8号槽钢，则边框应采用10号槽钢；当面板采用钢板时，其边框槽钢与中部槽钢尺寸相同。各边框之间焊以8mm厚钢板，钻φ18mm螺孔，用以互相连接。

（3）竖向龙骨：采用两根10号槽钢成对放置，用螺栓与横肋相连接。

（4）吊环：直径为20mm，通过螺栓与板面上边框槽钢连接

吊环材质一般为 Q235A，不允许使用冷加工处理。

骨架与支撑架及操作平台的连接方法与组合式模板相同。

3. 筒形模板

最初采用的筒形模板是将一个房间的三面现浇墙体模板，通过挂轴悬挂在同一钢架上，墙角用小角模封闭而构成的一个筒形单元体。

其优点是由于模板的稳定性好，纵横墙体混凝土同时浇筑，故结构整体性好，施工简单，减少了模板的吊装次数，操作安全，劳动条件好。

其缺点是模板每次都要落地，且模板自重大，需要大吨位起重设备，加工精度要求高，灵活性差，安装时必须按房间弹出的十字中线就位，施工起来比较麻烦，所以导致了其通用性差，目前已经很少采用。

用于电梯井的筒形模板在 13.3.2 节单独进行介绍。

4. 外墙模板

外墙大模板的构造与组合式大模板基本相同，但由于对外墙面的垂直平整度要求更高，特别是需要做清水混凝土或装饰混凝土的外墙面，对外墙大模板的设计、制作也有其特殊的要求。主要需解决以下几个方面的问题：

(1) 门窗洞口的设置：

这个问题的习惯做法是：将门窗洞口部位的模板骨架取掉，按门窗洞口的尺寸，在骨架上做一边框，与大模板焊接为一体（图 13-22）。门窗洞口宜在内侧大模板上开设，以便在振捣混凝土时便于进行观察。

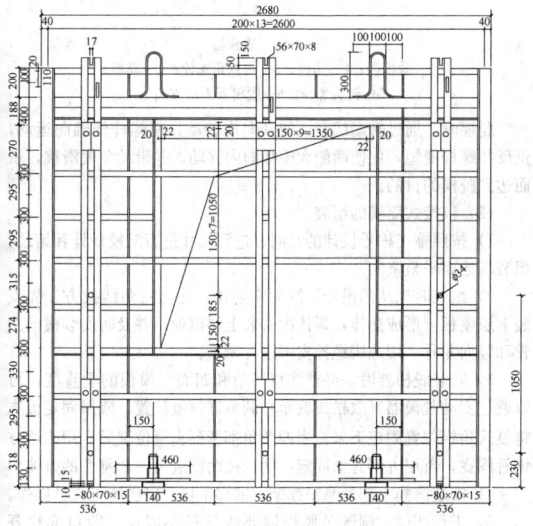

图 13-22　外墙大模板门窗洞口

另一种做法是：保存原有的大模板骨架，将门窗洞口部位的钢板面取掉。同样做一个型钢边框，并采取以下两种方法支设门洞模板。

1) 散装散拆方法：按门窗洞口尺寸加工好洞口的侧模和角模，钻好连接销孔。在大模板的骨架上按门窗洞口尺寸焊接角钢边框，其连接销孔位置要与门窗洞口模板上的销孔一致（图 13-23）。支模时将两片模板和角模按门窗洞口尺寸组装好，并用连接销将门窗洞口模板与钢边框连接固定。拆模时先拆侧帮模板，上口模板应保留至规定的拆模强度时才可能拆除，或在拆除后加设临时支撑。

2) 板角结合方法：在模板板面门、窗洞口各个角的部位设专用角模，门、窗洞口的各面设条形模板，各板模用铰链固定在大模板板面上。支模时钢筋钩将其支撑就位，然后安装角模。角模与侧模用企口缝连接。

目前最新的做法是：大模板板面不再开门洞口，门洞和窄窗采用假洞口框固定在大模板上，拆拆方便。

(2) 外墙采用装饰混凝土时，要选用适当的衬模：装饰混凝土是利用混凝土浇筑时的塑性，依靠衬模形成有花饰线条和纹理质感

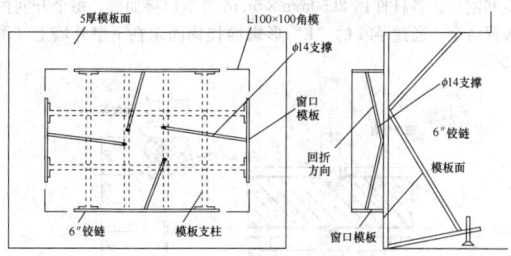

图 13-23　外墙窗洞口模板固定方法

的装饰图案，是一种新的饰面技术。它的成本低，耐久性好，能把结构与装修结合起来施工。

目前国内应用的衬模材料及其做法如下：

1) 铁木衬模：用 2mm 厚铁皮加工成凹凸形图案，与大模板用螺栓固定。在铁皮的凸槽内，用木质填塞严实（图 13-24）。

2) 角钢衬模：用 L30 角钢，按设计图案焊接在外墙外侧大模板板面即可。焊缝须磨光。角钢端部接头、角钢与模板的缝隙及板面不平处，均应用环氧砂浆嵌填、刮平、磨光，干后再涂刷环氧清漆两遍。

3) 橡胶衬模：若采用油类脱模剂，应选用耐热、耐油橡胶作衬模。一般在工厂按图案要求辊轧成型（图 13-25），在现场安装固定。线条的端部应做成 45°斜角，以利于脱模。

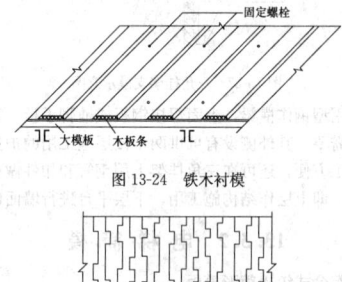

图 13-24　铁木衬模

图 13-25　橡胶衬模

4) 梯形塑料条：将梯形塑料条用螺栓固定在大模板上。横向放置时要注意安装模板的标高，使其水平一致；竖向放置时，可长短不等，疏密相同。

(3) 保证外墙上下层不错台、不漏浆和相邻模板平顺：为了解决外墙竖向条纹上下层不顺直的问题，防止上、下楼层错台和漏浆，要在外墙外侧大模板的上端固定一条宽 175mm、厚 30mm、长度与模板宽度相同的硬塑料条；在其下部固定一条宽 145mm、厚 30mm 的硬塑料条。为了能使下层墙体作为上层模板的导墙，在其底部连接固定一条 [12 槽钢，槽钢外面固定一条宽 120mm、厚 32mm 的橡胶板。浇筑混凝土后，墙体水平缝处形成两道腰线，可以作为外墙的装饰线。上部腰线的主要功能是在支模时将下部的橡胶板和硬塑料板卡在里边当导墙，橡胶板又起封浆条的作用。所以浇筑混凝土时，既可保证墙面平整，又可防止漏浆。

为保证相邻模板平整，要在相邻模板垂直缝处用梯形橡胶条、硬塑料条或 L30×4 角钢作堵缝条，用螺栓固定在两大模板中间（图 13-26），这样既可防止接缝处漏浆，又使相邻外墙中间有一个过渡带，拆模后可以作为装饰线或抹平。

(4) 外墙大角的处理：外墙大角处相邻的大模板，采取在边框上钻连接销孔，将 1 根 80mm×80mm 的角模固定在一侧大模板上。两侧模板安装后，用 "U" 形卡与另一侧模板连接固定。

(5) 外墙外侧大模板的支设：一般采用外侧安装平台方法。安装平台由三角挂架、平台板、安全护栏和安全网所组成，是安放外墙大模板、进行施工操作和安全防护的重要设施。在有阳台的地方，外墙大模板安装在阳台上。

三角挂架是承受模板和施工荷载的构件，必须保证有足够的强

度和刚度。各杆件用 2L50mm×5mm 角钢焊接而成，每个开间内设置两个，通过 φ40 的"L"形螺栓挂钩固定在下层外墙上（图13-27）。

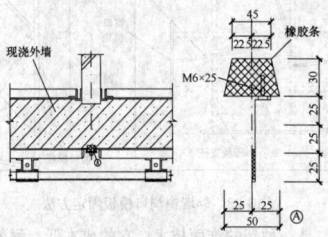

图 13-26　外墙外侧大模板垂直接缝构造处理

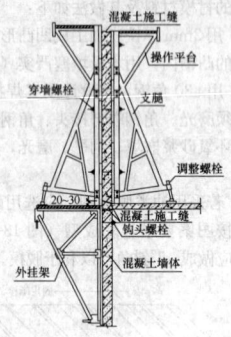

图 13-27　三角挂架支模示意图

平台板用型钢作横梁，上面焊接钢板或铺脚手板，宽度要满足支模和操作需要。其外侧设有可供两个楼层施工用的护身栏和安全网。为了施工方便，还可在三角挂架上用钢管和扣件做出上、下双层操作平台，即上层作结构施工用，下层平台进行墙面修补用。

13.3.2　电梯筒模

13.3.2.1　组合式铰接筒形模板

组合式铰接筒形模板，以铰链式角模作连接，各面墙体配以钢框胶合板大模板，如图 13-28 所示。

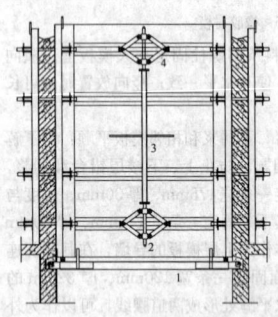
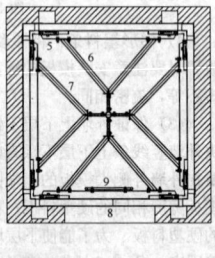

图 13-28　组合式铰接筒形模板构造
1—底盘；2—下部调节杆；3—旋转杆；4—上部调节杆；5—角模连接杆；6—支撑架 A；7—支撑架 B；8—墙板；9—钢爬梯

（1）铰接筒形模板的构造：组合式铰接筒模是由组合式模板组合成大模板、铰接式角模、脱模器、横竖龙骨、悬吊架和紧固件组成。

1）大模板：大模板采用组合式模板，用铰接角模组合成任意规格尺寸的筒形大模板（如尺寸不合适时，可配以木模板条）。每块模板周边用 4 根螺栓相互连接固定，在模板背面用 50mm×100mm 方钢横龙骨连接，在龙骨外侧再用同样规格的竖向方钢管龙骨连接。模板两端与角模连接，形成整体筒模。

2）铰接角模：铰接式角模除作为筒形模的角部模板外，还具有进行支模和拆模的功能。支模时，角模张开，两翼呈 90°；拆模时，两翼收拢。角模有三个铰链轴，即 A、B1、B2，如图 13-29 所示。脱模时，脱模器牵动相邻的大模板，使大模板脱离墙面并带动内链板的 B1、B2 轴，使外链板移动，从而使 A 轴也脱离墙面，这样就完成了脱模工作。

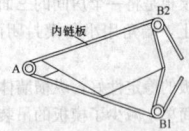

图 13-29　铰链角模

角模按 0.3m 模数设计，每个高 0.9m 左右，通常由三个角模连接在一起，以满足 2.7m 层高施工的需要，也可根据需要加工。

3）脱模器：脱模器由梯形螺纹正反扣螺杆和螺套组成，可沿轴向往复移动。脱模器每个角安设 2 个，与大模板通过连接支架固定，如图 13-30 所示。

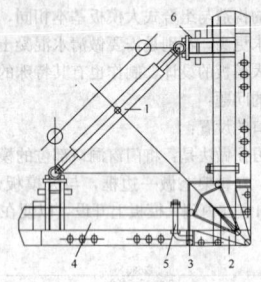

图 13-30　脱模器
1—脱模器；2—角模；3—内六角螺栓；4—模板；
5—钩头螺栓；6—脱模器固定支架

脱模时，通过转动螺套，使其向内转动，使螺杆作轴向运动，正反扣螺杆变短，促使两侧大模板向内移动，并带动角模滑移，从而达到脱模的目的。

（2）铰接式筒模的组装

1）按照施工栋号设计的开间、进深尺寸进行配模设计和组装。组装场地要平整坚实。

2）组装时先从角模开始按顺序连接，注意对角线找方。先安装下层模板，形成筒体，再依次安装上层模板，并及时安装横向龙骨和竖向龙骨。用地脚螺栓支脚进行调平。

3）安装脱模器时，必须注意四角和四面大模板的垂直度，可以通过变动脱模器（放松或旋紧）调整好模板位置，或用固定板将复式角模位置固定下来。当四个角都调到垂直位置后，用四道钢管围拢，再用方钢管卡固定，使铰接筒模成为一个刚性的整体。

4）安装筒模上部的悬吊撑架，铺脚手板，以供施工人员操作。

5）进行调试。调试时脱模器要收到最小限位，即角部移开42.5mm，四面墙模可移进 141mm。待运行自如后再行安装。

13.3.2.2　滑板平台骨架筒模

滑板平台骨架筒模，是由装有连接定位滑板的型钢平台骨架，将井筒四周大模板组成单元筒体，通过定位滑板上的斜孔与大模板上的销钉相对滑动，来完成筒模的支拆工作，如图 13-31 所示。

滑板平台骨架筒模，由滑板平台骨架、大模板、角模和模板支承平台等组成。根据梯井墙体的具体情况，可设置三面大模板或四面大模板。

（1）滑板平台骨架：滑板平台骨架是连接大模板的基本构架，也是施工操作平台，它设有自动脱模的滑动装置。平台骨架由 12 号槽钢焊接而成，上盖 1.2mm 厚钢板，出入人孔旁挂有爬梯，骨架四角焊有吊环，如图 13-32 所示。

连接定位滑板是筒模整体支拆的关键部位。

（2）大模板：采用 8 号槽钢或口 50mm×100mm×2.5mm 薄壁型钢做骨架，焊接 5mm 厚钢板或用螺栓连接胶合板。

（3）角模：按一般大模板的角模配置。

（4）支承平台：支承平台是井筒中支承筒模的承重平台，用螺栓固定于井壁上。

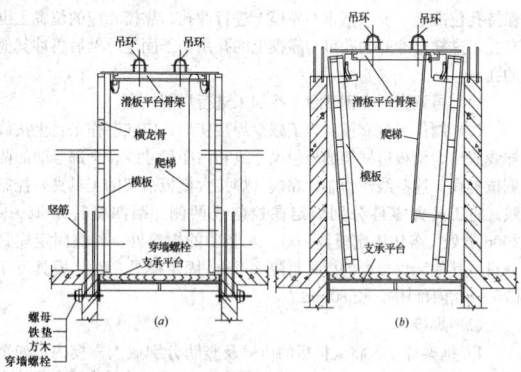

图 13-31 滑板平台骨架筒模安装示意
(a) 安装就位；(b) 拆模

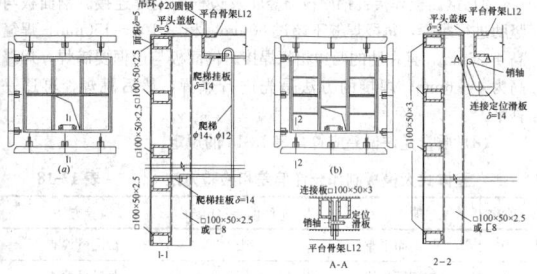

图 13-32 滑板平台骨架筒模构造
(a) 三面大模板；(b) 四面大模板

13.3.2.3 组合式提模

组合式提模由模板、定位脱模架和底盘平台组成，将电梯井内侧四面模板固定在一个支撑架上。整体安装模板时，支撑伸长，模板就位；拆模时，吊装支撑架，模板收缩位移，脱离混凝土墙体，即可将模板连同支撑架同时吊出。电梯井内底盘平台可做成工具式，伸入电梯间筒壁内的支撑杆可做成活动式，拆除时将活动支撑杆缩入套筒内即可。图 13-33 为组合式提模及工具式支模平台。

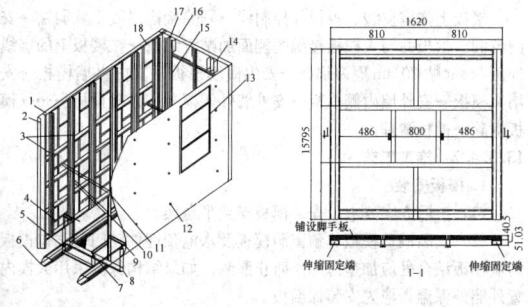

图 13-33 组合式提模及工具式支模平台

1—大模板；2—角模；3—角模骨架；4—拉杆；5—千斤顶；6—单向铰搁脚；7—底盘及钢板网；8—导向条；9—承力小车；10—门形钢梁；11—可调卡具；12—拉杆螺栓孔；13—门洞；14—搁脚预留位置；15—角模骨架吊链；16—定位架；17—定位架压板螺杆；18—吊环

组合式提模的特点是，把四面（或三面）模板及角模和底盘平台通过定位脱模架有机地连接在一起。三者随着模板整体提升，安装时随着底盘搁脚伸入预留孔内而恢复水平状态，因而可以提高工效。这样，减少了电梯井内作业时需逐层搭设施工平台的工序，同时底盘平台由于全部封闭，也提高了施工的安全度。

组合式提模的构造如下：

1. 大模板与角模

大模板可以做成整体式，也可以用组合钢模板进行拼装。角模要设置加劲肋，并在中部的加劲肋上设一吊钩，与三脚架的吊链连在一起。角模与大模板采用压板连接。

在大模板上采用开洞的办法留出电梯井的门洞模板，并通过开洞口供施工人员出入作业。在开洞处的大模板上设置两根 $\phi48$ 的钢管，以增加洞口的刚度，又可与电梯井筒外模连在一起。

2. 底盘平台架

底盘平台架由底盘架及门形架两部分组成。底盘架用 2 根 12 号槽钢横梁与 4 根 12 号槽钢纵梁组成井字状，上面满铺钢板网。纵、横梁端部装焊导向条，单向伸缩的搁脚放在纵梁两端。门形架焊接在底盘的横梁上，用 10 号槽钢焊接而成。

定位脱模装置由安装在门形架上的 8 个千斤顶和承力小车及可调卡具组组成，用千斤顶调整高低。每面模板用两个承力小车和两个可调卡具支承，进行水平与竖向调整。在门形架四个角上还装有可调三角架，用于悬吊角模。铁链与角模的夹角成 5°，当大模板移动时，角模被铁链吊住，使竖向无大的移动。这样既满足了大模板水平方向的调整，又解决了角模吊挂和拆除的问题。

13.3.2.4 电梯井自升筒模

这种模板的特点是将模板与提升机具及支架结合为一体，具有构造简单合理、操作简便和适用性强等特点。

自升筒模由模板、托架和立柱支架提升系统两大部分组成，如图 13-34 所示。

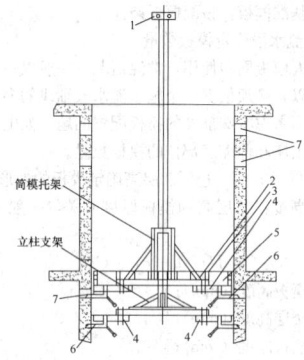

图 13-34 电梯井筒模自升结构

1—吊具；2—面板；3—方木；4—托架调节梁；
5—调节丝杆；6—支腿；7—支腿洞

1. 模板

模板采用组合式模板及铰链式角模，其尺寸根据电梯井结构大小决定。在组合式模板的中间，安装一个可转动的直角形铰接式角模，在装、拆模板时，使四侧模板可进行移动，以达到安装和拆除的目的。模板中间设有花篮螺栓退模器，供安装、拆除模板时使用。

2. 托架

筒模托架由型钢焊接而成，如图 13-35 所示。托架上面设置方木和脚手板，托架是支承筒模的受力部件，必须坚固耐用。托架与托架调节梁用 U 形螺栓组装在一起，并通过支腿撑于墙体的预留孔中，形成一个模板的支承平台和施工操作平台。

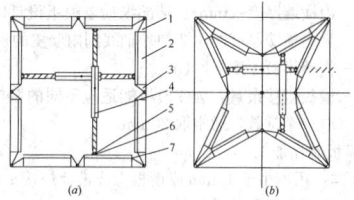

图 13-35 自升式筒模支拆示意图
(a) 支模；(b) 拆模

1—四角模；2—模板；3—直角形铰接式角模；
4—退模器；5—3 形扣件；6—竖龙骨；7—横龙骨

3. 立柱支架及提升系统

立柱支架用型钢焊接而成。其构造形式与筒模托架相似，它是由立柱、立柱支架、支架调节梁和支腿等部件组成。支架调节梁的

调节范围必须与托架调节梁相一致。立柱上端起吊梁上安装一个捯链，起重量为2～3t，用钢丝绳与简模托架相连接，形成简模的提升系统。

13.3.3 模板设计

13.3.3.1 设计原则

(1) 模板的设计应与建筑设计配套。规格类型要少，通用性要强，能满足不同平面组合需要。

(2) 要力求构造简单，制作和装拆灵便。

(3) 要使模板组合方便，设缝合理、协调，尽量做到纵、横墙体能同时浇筑混凝土。

(4) 还要保证模板坚固耐用，并且经济合理。大模板的设计首先要满足刚度要求，确保大模板在堆放、组装、拆除时的自身稳定，以增强其周转使用次数。同时应采用合理的结构，并恰当地选用钢材规格，以减少一次投资量。

13.3.3.2 大模板的配制

1. 按建筑平面确定模板型号

根据建筑平面和轴线尺寸，凡外形尺寸和节点构造相同的模板均可列为同一型号。当节点相同，外形尺寸变化不大时，则以常用的开间尺寸为基准模板，另配模板条。

2. 按施工流水段确定模板数量

为了便于大模板周转使用，常温情况下一般以一天完成一个流水段为宜。所以，必须根据一个施工流水段轴线的多少来配置大模板。同时还必须考虑特殊部位的模板配置问题，如电梯间墙体、全现浇工程中的山墙和伸缩缝部位的模板数量。

3. 根据房间的开间、进深、层高确定模板的外形尺寸

(1) 模板高度：与层高和模板厚度有关，一般可以通过下式确定：

$$H = h - h_1 - C_1$$

式中 H——模板高度（mm）；

　　h——楼层高度（mm）；

　　h_1——楼板厚度（mm）；

　　C_1——余量，考虑到模板找平层砂浆厚度及模板安装不平等因素而采用的一个常数，通常取20～30mm。

(2) 横墙模板长度：横墙模板长度与进深轴线、墙体厚度及模板搭接方法有关，按下式计算：

$$L = L_1 - L_2 - L_3 - C_2$$

式中 L——内横墙模板长度（mm）；

　　L_1——进深轴线尺寸（mm）；

　　L_2——外墙轴线至外墙内表面的尺寸（mm）；

　　L_3——内墙轴线至墙面的尺寸（mm）；

　　C_2——为拆模方便，外端设置一角模，其宽度通常取50mm。

(3) 纵墙模板长度：纵墙模板长度与开间轴线尺寸、墙厚、横墙模板厚度有关，按下式确定：

$$B = b_1 - b_2 - b_3 - C_3$$

式中 B——纵墙模板长度（mm）；

　　b_1——开间轴线尺寸（mm）；

　　b_2——内横墙厚度（mm）。端部纵横墙模板设计时，此尺寸为内横墙厚度的1/2加外轴线到内墙皮的尺寸；

　　b_3——横墙模板厚度×2（mm）；

　　C_3——模板搭接余量，为使模板能适应不同的墙体厚度，故取一个常数，通常取20mm。

4. 大模板制作加工

(1) 放样：用不小于16mm厚钢板做成模板焊接平台，按1：1划在平台上，根据放样尺寸下料。

(2) 调直：所有型钢都要先进行冷加工调直。

(3) 下料

1) 型钢下料：型钢（竖肋及边框）下料均采用剪板机剪切。

2) 钢板下料：钢板必须表面平整，不允许钢上有局部凹陷。画线后剪板机下料，误差为1mm。出现边角翘曲的地方，应冷加工校正，用砂轮打磨毛刺再使用。

(4) 冲孔：边框上模板拼装用各种连接孔，用冲床冲出。为了

保持孔位准确，要求型钢在靠模上进行冲孔。靠模相应的位置上也有孔，这样已冲好的孔可与靠模上的孔用销子固定，然后再冲其他的孔。

(5) 再调直：在钢平台上冷加工进行局部校直。

(6) 制作平台靠模：为了减少焊接变形，应在制作平台上按放样线放出大模板边框架的外包尺寸线和内净尺寸线、全部竖肋的两侧位置线。这些线作为制作靠模（焊接大模板框架的工具夹）控制线。将工具夹零件分别固定在控制线两侧。距四侧转角150～200mm处，各边固定模具一对。在竖肋的焊接处，外侧固定模具一只。其他无焊接处的模具每隔800mm固定模具一对。模具可用L75×8角钢制作，长80mm左右。

(7) 焊接：

1) 框架焊接：将大模板的边框与竖肋分别放入靠模内，如个别型钢料截面有误差，用薄铁垫片将框架垫平。然后先用点焊将大模板框架焊在一起，至少用2个人（最好用4个人）同时进行对称焊接。

2) 钢面板焊接：钢面板与竖肋及边框用电焊连接。钢面板与竖肋进行跳焊，每段焊缝不超过80mm，相距100～150mm，焊缝高4～6mm，且在肋的两边相间焊接。钢面板与边框要满焊，焊缝高为4～6mm。焊接的方法是先进行点焊，然后跳焊，再逐一补平。

(8) 质量允许偏差应符合表13-18的规定。

整体式大模板制作允许偏差和检验方法　　表13-18

项次	项　目	允许偏差（mm）	检验方法
1	板面平整	±3	卷尺量检查
2	模板长度	-2	卷尺量检查
3	模板板面对角线差	≤3	卷尺量检查
4	板面平整度	2	2m靠模板及塞尺检查
5	相邻面板拼缝高低差	≤0.5	平尺及塞尺量检查
6	相邻面板拼缝间隙	≤0.8	塞尺检查

注：本表引自《建筑工程大模板技术规程》（JGJ 74—2003）。

13.3.4 施工要点及注意事项

13.3.4.1 施工顺序

楼板上弹墙皮线、模板外控制线→剔除接槎混凝土软弱层→安门窗洞口模板并与大模板接触的侧面加贴海绵条→在楼板上的墙体外侧5mm贴20mm厚海绵条→安内横墙模板→安内纵墙模板→安堵头模板→安外墙内侧模板→安外墙外侧模板→办理预检……→模板拆除→模板清理。

13.3.4.2 施工工艺

1. 模板安装

(1) 按照方案要求，安装模板支架平台架。

(2) 安装洞口模板、预留洞口模板及水电预埋件。门窗洞口模板与墙模板结合处应加垫海绵条防止漏浆。如果结构保温采用大模内置外墙外保温，应先安装保温板。

(3) 安装内横墙、内纵墙模板，根据纵横墙之间的构造关系安排安装顺序，将一个流水段的正号模板用塔式起重机按位置吊至安装位置初步就位，用撬棍按墙位置先调整模板位置，对称调整模板的对角线或斜杆螺栓。用2m靠模板测垂直校正标高，使模板垂直度、水平度、标高符合设计要求，立即拧紧螺栓。

(4) 合模前检查钢筋、水电预埋管件、门窗洞口模板、穿墙管是否遗漏，位置是否准确，安装是否牢固或是否削凿混凝土断面过多等，合反号模板前将墙内杂物清理干净。

(5) 安装反号模板，经校正垂直后用穿墙螺栓将两块模板锁紧。

(6) 正反模板安装完后检查角模与墙模，模板与墙面间隙必须严密，防止漏浆、错台现象。检查每道墙上口是否平直，用扣件与螺栓将两块模板上口固定。办完模板工程预检验收，才准浇筑混凝土。

(7) 在流水段分段处，墙体模板的端头安装卡槎子模板，它可

以用木板或用胶合板根据墙厚制作,模板要严密,防止浇筑内墙混凝土时,混凝土从外头部分流出。

(8) 安装外墙内侧模板,按模板的位置线将大模板安装就位找正。

(9) 安装外墙外侧模板,模板放在支撑平台架上(为保证上下接缝平整、严密,模板支撑尽量利用下层墙体的穿墙螺栓紧固模板),将模板就位找正,穿螺栓,与外墙内模连接紧固校正。注意施工缝模板的连接严密,牢固可靠,防止出现错台和漏浆的现象。

(10) 穿墙螺栓与顶撑可在一侧模立好后先安,也可以两边立好从一侧穿入。

2. 大模板的拆除

(1) 模板拆除时,结构混凝土强度应符合设计和规范要求,混凝土强度应以保证表面及棱角不因拆除模板而受损,且混凝土强度达到 1.2MPa。

冬期施工中,混凝土强度达到 1.2MPa 可松动螺栓,当采用综合蓄热法施工时待混凝土达到 4MPa 方可拆模,且应保证拆模时混凝土温度与环境温度之差不大于 20℃,且混凝土冷却到 5℃ 及以下。拆模后的混凝土表面应及时覆盖,使其缓慢冷却。

(2) 拆除模板:首先拆下穿墙螺栓,再松开地脚螺栓使模板向后倾斜与墙体脱开。如果模板与混凝土墙面吸附或粘接不能离开时,可用撬棍撬动模板下口。但不得在墙体上撬模板,或用大锤砸模板。且应保证拆模时不晃动混凝土墙体,尤其在拆门窗洞口模板时不能用大锤砸模板。

(3) 拆除全现浇混凝土结构模板时,应先拆墙外侧模板,再拆除内侧模板。

(4) 清除模板平台上的杂物,检查模板是否有钩挂兜绊的地方,调整吊臂至被拆除模板的上方,将模板吊出。

(5) 大模板吊至存放地点时,必须一次放稳,其自稳角应根据模板支撑体系的形式确定,中间留 500mm 工作面,及时进行模板清理,涂刷隔离剂,保证不漏刷、不流淌。每块模板后面挂牌,标明清理、涂刷人名单。

(6) 大模板应定期进行检查和维修,在大模板上后的孔洞应打磨平整,不用者应补堵后磨平,保证使用质量。冬季大模板背后做好保温,拆模后发现有脱落及时补修。

(7) 为保证墙筋保护层准确,大模板上口顶部应配合钢筋工安装控制竖向钢筋位置、间距和钢筋保护层工具式的定距框。

(8) 当风力大于 5 级时,停止对墙体模板的拆除。

3. 大模板清理

拆下的大模板,必须先用扁铲将模板内、外和周边灰浆清理干净,模板外侧和零部件的灰浆和残存混凝土也应清理干净,然后用拖把将吸附在板面的浮灰擦净,擦净后的大模板再用滚刷均匀涂刷隔离剂。

13.3.4.3　安全要求

1. 大模板堆放的安全要求

(1) 筒模可用拖车整体运输,也可拆成平模用拖车水平堆放运输,平模叠放运输时,垫木必须上下对齐,绑扎牢固,车上严禁坐人。

(2) 平模存放时,必须满足各地区条件要求的自稳角。大模板存放在施工楼层上,必须有可靠的防倾倒措施,并垂直于外墙存放。在地面存放模板时,两块大模板应采用板面对板面的存放方法,长期存放将模板连成整体。对没有支撑或自稳角不足的大模板,应存放在专用的堆放架上,或者平卧堆放,严禁靠放到其他模板或构件上,以防下脚滑移倾翻伤人。

2. 大模板安装安全要求

(1) 大模板组装或拆除时,指挥、拆除和挂钩人员,必须站在安全可靠的地方才可操作,严禁任何人员随大模板起吊,安装外模板的操作人员应挂安全带。

(2) 大模板必须设有操作平台、上下梯道、防护栏杆等附属设施。如有损坏,应及时修好。大模板安装就位后为便于浇筑混凝土,两道墙模板平台间应搭设临时走道或其他安全措施,严禁操作人员在外模板上行走。

(3) 大模板起吊前,应将吊机的位置调整适当,并检查吊装用绳索、卡具及每块模板上的吊环是否牢固可靠,然后将吊钩挂好,拆除一切临时支撑,经检查无误后方可起吊。模板起吊前,应将吊车的位置调整适当,做到稳起稳吊不得斜牵起吊,就位要准确,禁止用人力搬动模板。吊运安装过程中,严防模板大幅度摆动或碰倒其他模板。

(4) 吊装大模板时,如有防止脱钩装置,可吊运同一房间的两块板,但禁止隔着墙同时吊运另一面的一块模板。

(5) 大模板安装时,应先内后外,单面模板就位后,应用支架固定并支撑牢固。双面模板就位后用拉杆和螺栓固定,未就位和固定前不得摘钩。

(6) 组装平模时,用卡或花篮螺栓将相邻模板连接好,防止倾倒;安装外墙外模板时,必须将悬挑扁担固定,位置调好方可摘钩。外墙外模板安装好后要立即穿好销杆,紧固螺栓。

(7) 有平台的大模板起吊时,平台上禁止存放任何物料。里外角模和临时摘挂的板面与大模板必须连接牢固,防止脱开和断裂坠落。

(8) 模板安装就位后,要采取防止触电的保护措施,应设专人将大模板串联起来,并与避雷网接通,防止漏电伤人。

(9) 清扫模板和刷隔离剂时,必须将模板支撑牢固,两板中间保持不应少于 60cm 的走道。

3. 大模板拆除安全要求

(1) 在大模板拆装区域周围,应设置围栏,并挂明显的标志牌,禁止非作业人员入内。

(2) 拆模起吊前,应复查穿墙销杆是否拆净,在确无遗漏且模板与墙体完全脱离后方可起吊,拆除外墙模板时,应先挂好吊钩,紧绳索,再行拆除销杆和担。吊钩应垂直模板,不得斜吊,以防碰撞相邻模板和墙体。摘钩时手不离钩,待吊钩吊起超过头部方可松手,超过障碍物以上的允许高度,才能行车或转臂。模板就位和拆除时,必须设置缆风绳,以利模板吊装过程中的稳定性。在大风情况下,根据安全规定,不得作高空运输,以免在拆除过程中发生模板间或与其他障碍物之间的碰撞。

(3) 起吊时应先稍微移动一下,证明确属无误后,方可正式起吊。

(4) 大模板的外模板拆除前,要用吊机事先吊好,然后才准拆除悬挂扁担及固定件。

(5) 大模板拆除后,及时清除模板上的残余混凝土,并涂刷脱模剂,在清扫和涂刷脱模剂时,模板要临时固定好,板面相对停放的模板间,应留出人行道,模板上方要用拉杆固定。

13.4　滑 动 模 板

滑动模板施工是以滑模千斤顶、电动提升机或手动提升器为提升动力,带动模板(或滑框)沿着混凝土(或模板)表面滑动而成型的现浇混凝土结构的施工方法的总称,简称滑模施工。

我国在 20 世纪 50 年代第一个五年计划时期,开始应用滑模工艺建造了一批筒仓类工程。经过几十年的发展,滑模工程、提升机具、滑模施工工艺等方面不断进步,并相继颁布了《滑动模板工程技术规范》(GBJ 50113)、《液压滑动模板施工安全技术规程》(JGJ 65)、《滑模液压提升机》(JJ 80)等国家标准和行业标准。

目前,滑模施工工艺不仅广泛应用于贮仓、水塔、烟囱、桥墩、立井筑壁、框架等工业构筑物,而且在高层和超高层民用建筑也得到了广泛的应用。滑模施工由单纯狭义的滑模工艺向广义的滑模工艺发展,包括与爬模、提模、翻模、倒模等工艺相结合,以取得最佳的经济效益和社会效益。

13.4.1　滑模工程的基本要求

采用滑升模板施工的现浇混凝土结构工程,称为滑模工程。一般可分为:仓筒(或筒壁)结构滑模工程(如烟囱、凉水塔贮仓等);框架或框剪(框架-剪力墙)结构滑模工程;框筒和筒中筒结构滑模工程以及板墙结构滑模工程等,它们又可以大致分为以下三类:以竖向结构为主的滑模工程,可称为"主竖结构滑模";以横向结构(框架梁)为主的滑模工程,可称为"主横结构滑模";以

竖向与横向结构并重的滑模工程，可称为"全结构滑模"或"横竖结构滑模"。"为主"系指其相应的模板工程量占总模板工程量的绝大部分（例如70%以上），且"主竖滑模"以竖向连续滑升的工程量为主，"主横滑模"以竖向间隔滑升（中间有大段空滑）的工程量为主，"全平面滑模"则为竖向连续和间隔滑升的工程量相当或相差不多。

采用滑模施工的工程，一般应满足以下要求：①工程的结构平面应简洁，各层构件沿平面投影应重合（或者虽具有变径和变截面设计，但也适合采用滑模施工），且没有阻碍、影响滑升的突出构造。②当工程平面面积较大、采用整体滑升有困难或者有分区施工流水安排时，可分区段进行滑模施工。当区段分界与变形缝不一致时，应对分界处做设计处理。③直接安装设备的梁，当地脚螺栓的定位精度要求较高时，该梁不宜采用滑模施工，或者必须采取能确保定位精度的可靠措施；对有设备安装要求的电梯井等小型筒壁结构，应适当放大其平面尺寸，一般每边放大不小于50mm。④尽量减少结构沿滑升方向截面（厚度）的变化（可采用改换混凝土强度等级或配筋设计来实现）。⑤宜采用胀锚螺栓或锚枪射钉等后设措施代替结构上的预埋件。必须采用预埋件时，应准确定位、可靠固定且不得突出混凝土表面。⑥各种管线、预埋件和预留洞等，宜沿垂直或水平方向集中布置（排列）。⑦二次施工构件预留孔洞的宽度，应比构件截面每边增大30mm。⑧结构截面尺寸、混凝土强度等级、混凝土保护层和配筋等宜符合表13-19的规定或要求。

使用滑模的一般规定　　　　表13-19

项　　目	规　定　事　项
对结构截面的要求	1. 直形墙厚应大于或等于140mm，圆形变截面筒壁厚度应大于或等于160mm，素混凝土和轻骨料混凝土墙厚应大于或等于180mm；2. 框架柱的边长应大于或等于300mm，独立柱的边长应大于或等于400mm；3. 梁宽应大于或等于200mm
对混凝土等级的要求	1. 普通混凝土应大于或等于C20；2. 轻骨料混凝土应大于或等于C15；3. 同一标高段的结构（件）宜采用同一等级混凝土
对混凝土保护层的要求	1. 墙体应大于或等于20mm；2. 连续变截面筒壁应大于或等于30mm；3. 梁、柱应大于于30mm
对结构配筋的要求	1. 应能在提升架横梁下的净空内进行绑扎；2. 交汇于节点处的钢筋排列应适应设支承杆的要求；3. 宜利用结构受力筋作支承杆，但其设计强度应降低10%～25%，且其焊接接头应与钢筋等强；4. 与横向结构的连接筋应采用Ⅰ级钢筋，直径不宜大于8mm，外露部分不应先设弯钩

注：本表用于"体内滑模"，"体外滑模"时需酌情考虑。

13.4.2　滑模装置的组成

滑模装置主要由模板系统、操作平台系统、液压系统、施工精度控制系统和水电配套系统等部分组成（图13-36）。

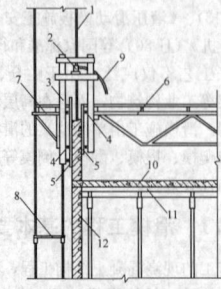

图13-36　液压滑动模板装置
1—支承杆；2—千斤顶；3—提升架；4—围圈；5—模板；6—操作平台及桁架；7—外挑架；8—吊脚手架；9—油管；10—现浇楼板；11—楼板模板；12—墙体

13.4.2.1　模板系统

1. 模板

模板又称围板，固定于围圈上，用以保证构件截面尺寸及结构的几何形状。模板随着提升架上滑且直接与新浇混凝土接触，承受新浇混凝土的侧压力和模板滑动时的摩阻力。

模板按其所在部位及作用不同，可分为内模板、外模板、堵头模板以及变截面工程的收分模板等。模板可采用钢材、木材或钢木混合制成，也可采用胶合板等其他材料制成。

图13-37为一般墙体钢模板，也可采用组合模板改装。

当施工对象的墙体尺寸变化不大时，宜采用围圈与模板组合成一体的"围圈组合大模板"（图13-38）。

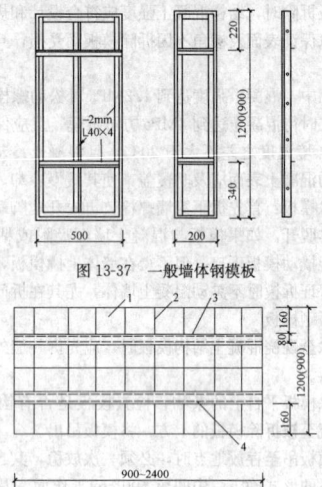

图13-37　一般墙体钢模板

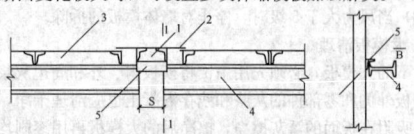

图13-38　围圈组合大模板

墙体与框架结构的阴阳角处，宜采用同样材料制成的角模。角模的上下口倾斜度应与墙体模板相同。

图13-39为收分模板，系应用于变断面结构的异型模板。模板面两侧延长的"飞边"（又称"舌板"），用来适应变断面的缩小或扩大的需要，但"飞边"尺寸不宜过大，一般不宜大于250mm。当结构断面变化较大时，可设置多块伸缩模板加以解决。

图13-39　收分模板使用示意图
1—收分模板；2—延长边缘（飞边）；3—模板；4—围圈；5—悬挂件

对于圆锥形变截面工程，模板在滑升过程中，要按照设计要求的斜度及壁厚，不断调整内外模板的直径，使收分模板与活动模板的重叠部分逐渐增加，当收分模板与活动模板完全重叠且其边缘与另一块模板搭接时，即可拆去重叠的活动模板。收分模板必须沿圆周对称成双布置，每对的收分方向应相反。收分模板的搭接边必须严密，不得有间隙，以免漏浆。

为了防止混凝土浇筑时外溅，以及采用滑空方法来处理建（构）筑物水平结构施工时，外模板上端应比内模板高出S距离，下端应比内模板长出T距离（图13-40）。

2. 围圈

它是模板的支撑构件，又称作腹梁，用以保证模板的几何形状。模板的自重、模板承受的摩阻力、侧压力以及操作平台直接传来的自重和施工荷载，均通过围圈传递至提升架的立柱。

围圈一般设置上、下两道。当提升架的距离较大时，或操作平台的桁架直接支承在围圈上时，可在上下围圈之间加设腹杆，形成平面桁架，以提高承受荷载的能力。模板与围圈的连接，一般采用挂在围圈上的方式，当采用横卧工字钢作围圈时，可用双爪钩将模板与围圈钩牢，并用顶紧螺栓调节位置。围圈构造见图13-41～图13-43。

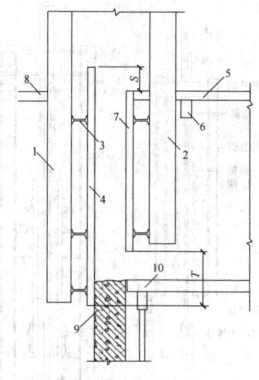

图 13-40 外模板示意图

1、2—提升架立柱；3—围圈；4—外模板；5—作业
平台；6—作业平台梁（或桁架）；7—内模板；8—
外挑平台；9—墙体混凝土；10—水平结构模板；
S—外模高出长度（100～150mm）；T—外模长出长
度（水平结构厚度+150mm）

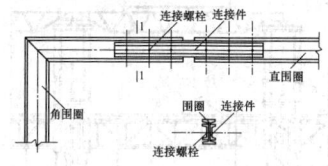

图 13-41 围圈及连接件

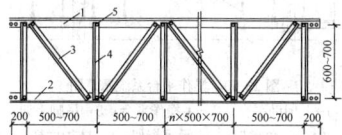

图 13-42 围圈桁架

1—上围圈；2—下围圈；3—斜腹杆；
4—垂直腹杆；5—连接螺栓

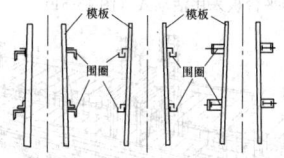

图 13-43 模板与围圈的连接

3. 提升架

提升架又称作千斤顶架。它是滑模装置的主要受力构件，用以固定千斤顶、围圈和保持模板的几何形状，并直接承受模板、围圈和操作平台的全部垂直荷载和混凝土对模板的侧压力。

提升架的立面构造形式，一般可分为单横梁"Ⅱ"形，双横梁的"开"形或双横梁单立柱的"Ⅱ"形等几种（图 13-44）。

提升架的平面布置形式，一般可分为"I"形、"Y"形、"X"形、"Ⅱ"形和"□"形等几种（图 13-45）。

对于变形缝双墙、圆弧形墙壁交叉处或厚墙壁等摩阻力及局部荷载较大的部位，可采用双千斤顶提升架。双千斤顶提升架可沿横梁布置（图 13-46），也可垂直于横梁布置（图 13-47）。

提升架一般可设计成适用于多种结构施工的通用型，对于结构的特殊部位也可设计成专用型。提升架必须具有足够的刚度，应按实际的水平荷载和垂直荷载进行计算。对多次重复使用的提升架，宜设计成装配式。

提升架的横梁与立柱必须刚性连接，两者的轴线应在同一平面内，在使用荷载作用下，立柱的侧向变形应不大于2mm。

提升架横梁至模板顶部的净高度，对于配筋结构不宜小于

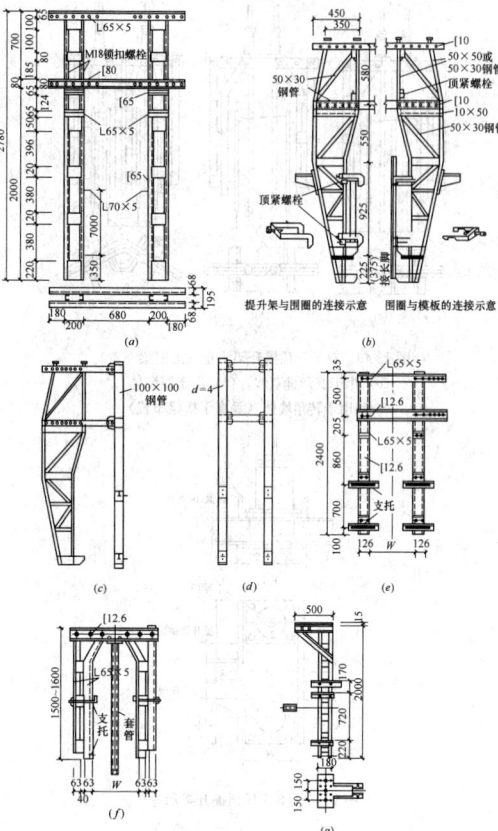

图 13-44 提升架立面构造图

(a)"开"形提升架；(b)"钳"形提升架；(c)转角处提升架；
(d)十字交叉处提升架；(e)变截面处提升架；(f)"Ⅱ"形提升架；
(g)"I"形提升架

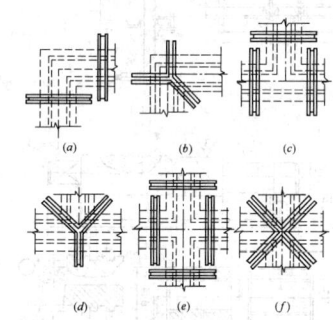

图 13-45 提升架平面布置图

(a)"I"形提升架；(b)"L"形墙用"Y"形提升架；
(c)"Ⅱ"形提升架；(d)"T"形墙用"Y"形提升架；
(e)"□"形提升架；(f)"X"形提升架

500mm，对于无筋结构不宜小于250mm。

用于变截面结构的提升架，其立柱上应设有调整内外围圈间距和倾斜度的装置（图 13-48）。

提升架的横梁，必须保证模板能满足壁厚（柱截面）的要求，并留出能适应结构截面尺寸变化的余量。提升架立柱的高度，应使模板上口到提升架横梁下皮间的净空能满足施工操作和固定围圈的需要。

如果采用工具式可回收支承杆时，应在提升架横梁下支承杆外侧加设内径大于支承杆直径2～5mm的套管，套管的上端与提升架横梁底部固定，套管的下端至模板底平，套管外径最好有上大下小的锥度，以减少滑升时的摩阻力。套管随千斤顶和提升架同时上

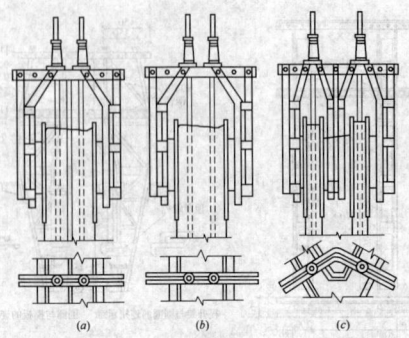

图 13-46 双千斤顶提升架示意（沿横梁布置）
(a) 用于变形缝双墙；(b) 用于厚墙体；
(c) 用于转角墙体（垂直于横梁布置）

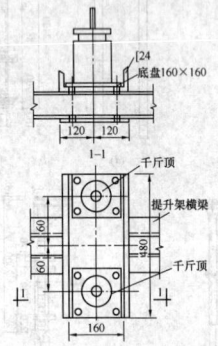

图 13-47 双千斤顶提升架示意

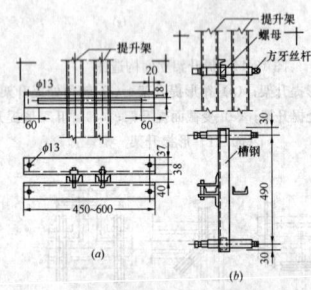

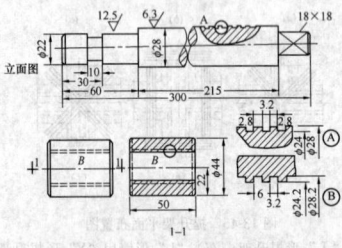

图 13-48 围圈调整装置
(a) 固定围圈调整装置；(b) 活动围圈调整装置

升，在混凝土内形成管孔，以便最后拔出支承杆，见图 13-49。

13.4.2.2 操作平台系统

操作平台系统是滑模施工的主要工作面，主要包括主操作平台、外挑操作平台、吊脚手架等，在施工需要时，还可设置上辅助平台（图 13-50），它是供材料、工具、设备堆放和施工人员进行操作的场所。

1. 主操作平台

主操作平台既是施工人员进行绑扎钢筋、浇筑混凝土、提升模板的操作场所，也是材料、工具、设备等堆放的场所。因此，承受的荷载基本上是动荷载，且变化幅度较大，应安放平稳牢靠。但

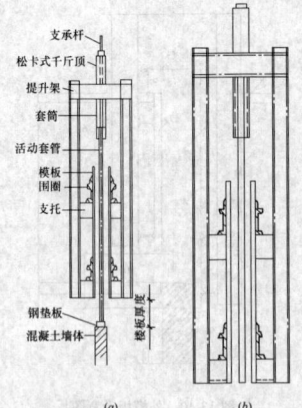

图 13-49 工具式支承杆回收装置
(a) 活动套管伸出至楼板底部墙体；
(b) 活动套管缩回，下端与模板下口相平

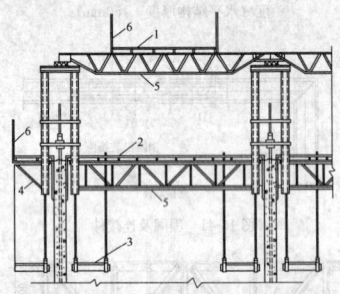

图 13-50 操作平台系统示意图
1—上辅助平台；2—主操作平台；3—吊脚手架；
4—三角挑架；5—承重桁架；6—防护栏杆

是，在施工中要求操作平台板采用活动式，便于反复揭开进行楼板施工，故操作平台的设计，要考虑既要揭盖方便，又要结构牢固可靠。一般将提升架立柱内侧、提升架之间的平台板采用固定式，提升架立柱外侧的平台板采用活动式（图 13-51）。

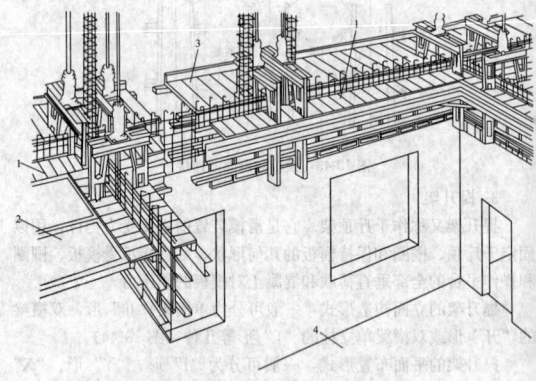

图 13-51 操作平台平台板
1—固定式；2—活动式；3—外挑操作平台；
4—下一层已完的现浇楼板

按结构平面形状的不同，操作平台的平面可组装成矩形、圆形等各种形状（图 13-52、图 13-53）。

2. 外挑操作平台

外挑操作平台一般由三角挑架、楞木和铺板组成。外挑宽度为 0.8～1.0m。为了操作安全起见，在其外侧需设置防护栏杆。防护栏杆立柱可采用承插式固定在三角挑架上，该栏杆亦可作为夜间施工架设照明的灯杆。

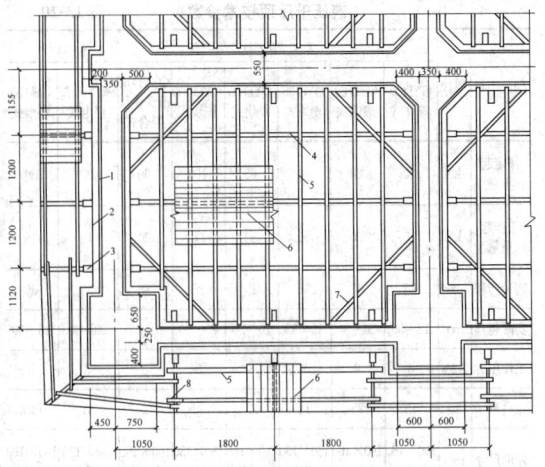

图 13-52　外挑矩形操作平台

1—模板；2—围圈；3—提升架；4—承重桁架；
5—楞木；6—平台板；7—围圈斜撑；8—三角挑架

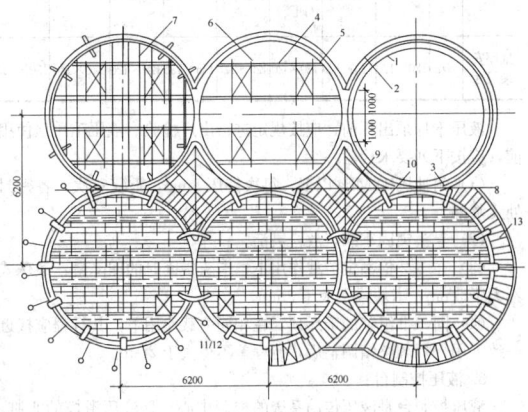

图 13-53　圆形操作平台

1—模板；2—围圈；3—提升架；4—平台桁架；5—桁架支托；6—桁架支撑；
7—楞木；8—平台板；9—星仓平台板；10—千斤顶；11—人孔；12—三角挑架；13—外挑平台

三角挑架可支承在提升架立柱上或挂在围圈上。三角挑架应用钢材制作，其构造与连接方法如图 13-54 所示。

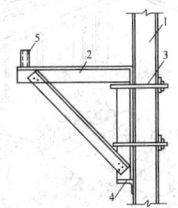

图 13-54　三角挑架

1—立柱；2—角钢三角挑架；3—U 形螺栓；
4—支托；5—钢管

3. 吊脚手架

吊脚手架又称下辅助平台或吊架子，是供检查墙（柱）体混凝土质量并进行修饰、调整和拆除模板（包括洞口模板）、引设轴线、高程以及支设梁底模板等操作之用。外吊脚手架悬挂在提升架外侧立柱和三角挑架上，内吊脚手架悬挂在提升架内侧立柱和操作平台上。外吊脚手架可根据需要悬挂一层或多层（也可局部多层）。

吊脚手架的吊杆可用 $\phi 16 \sim \phi 18$ 的圆钢制成，也可采用柔性链条。吊脚手架的铺设宽度一般为 600～800mm，每层高度 2m 左右。为了保证安全，每根吊杆必须安装双螺母予以锁紧，其外侧应设防

护栏杆挂设安全网（图 13-55）。内、外吊脚手架设置两层及两层以上时，除需验算吊杆本身强度外，尚应考虑提升架的刚度，防止变形。

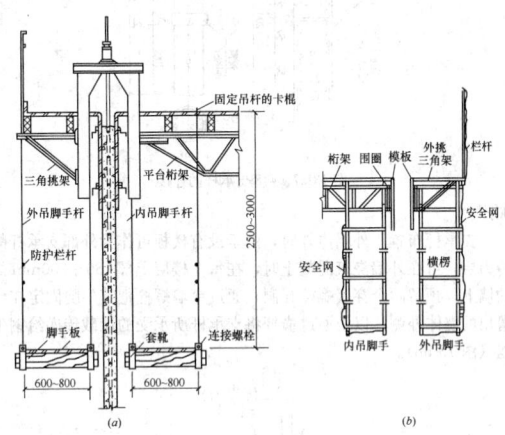

图 13-55　吊脚手架

(a) 吊在提升架上；(b) 吊在围圈上

13.4.2.3　液压提升系统

液压提升系统主要由支承杆、液压千斤顶、液压控制台和油路等部分组成。

1. 支承杆

支承杆又称爬杆、千斤顶杆或钢筋轴等，是千斤顶运动的轨道，并支承着作用于千斤顶的全部荷载。为了使支承杆不产生压屈变形，应采用一定强度的圆钢或钢管制作。

近年来，我国研制的额定起重量为 60～100kN 的大吨位千斤顶得到广泛应用（其型号见表 13-20），与之配套的支承杆采用 $\phi 48 \times 3.5$ 钢管。

当采用 $\phi 48 \times 3.5$ 钢管作支承杆且处于混凝土体外时，其最大脱空长度不能超过 2.5m（采用 60kN 的大吨位千斤顶工作起重量为 30kN），最好控制在 2.4m 以内，支承杆的稳定性才是可靠的。

$\phi 48 \times 3.5$ 钢管为常用脚手架钢管，由于其允许脱空长度较大，且可采用脚手架扣件进行连接，因此作为工具式支承杆而在混凝土体外布置时，比较容易处理。

支承杆布置于内墙体外时，在逐层空滑楼板并进法施工中，支承杆穿过楼板部位时，可通过加设扫地横向钢管和扣件与其连接，并在横杆下部加设垫块或垫板（图 13-56）。为了保证楼板和扣件横杆有足够的支承力，使每个支承杆的荷载分别由三层楼板来承担，支承杆要保留三层楼的长度，支承杆的倒换在三层楼板以下才能进行，每次倒换的量不应大于支承杆总数的 1/3，以确保总体支承杆承载力不受影响。

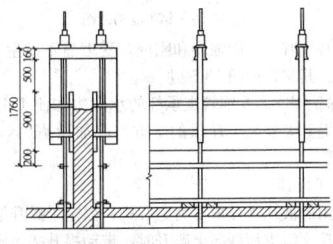

图 13-56　内墙钢管支承杆体外布置

$\phi 48 \times 3.5$ 支承杆的接长，既要确保上、下中心重合在一条垂直线上，以便千斤顶爬升时顺利通过；又要使接长处具有相当的支承垂直荷载能力和抗弯能力。同时要求支承杆接头装拆方便，便于周转使用（图 13-57）。

支承杆布置在框架柱结构体外时，可采用钢管脚手架进行

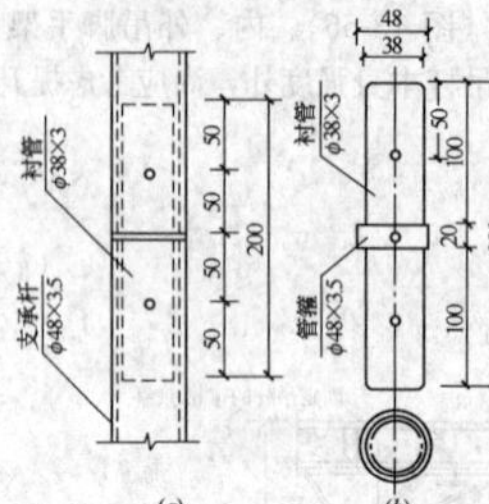

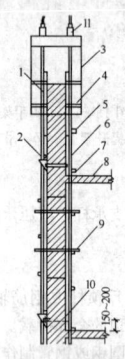

图 13-57 φ48 支承杆的连接

加固。

支承杆布置于外墙体外时，由于没有楼板可作为外部支承杆的传力层，可在外墙浇筑混凝土时，在每个楼层上部 150～200mm 处的墙上，预留两个穿墙螺栓孔洞，通过穿墙螺栓把钢牛腿固定在已滑出的墙体外侧，以便通过横杆将支承杆所承受的荷载传递给钢牛腿（图 13-58）。

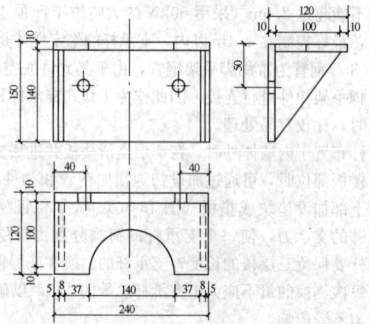

图 13-58 外墙支承杆体外布置
1—外模板；2—钢牛腿；3—提升架；4—内模板；5—横向钢管；6—支承杆；7—垫块；8—楼板；9—横向杆；10—穿墙螺栓；11—千斤顶

图 13-59 钢牛腿构造图

钢牛腿必须有一定的强度和刚度，受力后不发生变形和位移，且便于安装。其构造如图 13-59 所示。

为了提高 φ48×3.5 钢管支承杆的承载力和便于工具式支承杆的抽拔，在提升架安装千斤顶的下方，应加设 φ60×3.5 或 φ63×3.5 的钢套管。

2. 液压千斤顶

滑模采用的液压千斤顶都为穿心式，固定于提升架上，中心穿支承杆，千斤顶沿支承杆向上爬升时，带动提升架、操作平台和模板一起上升。

液压千斤顶已由过去采用单一的 3t 级 GYD-35 型滚珠式千斤顶，发展为 3t、6t、9t、10t、16t、20t 级等系列产品，其中包括：采用滚珠卡具的 GYD-35、GYD-60、GSD-35（GYD-35 的改进型，增加了由上下卡头组成的松卡装置）；采用楔块卡具的 QYD-35、QYD-60、QYD-100、松卡式 SQD-90-35 型和滚珠楔块混合式 QGYD-60 型等型号。其主要技术参数见表 13-20。

液压千斤顶技术参数 表 13-20

项 目	单位	型 号 与 参 数							
		GYD-35 滚珠式	GYD-60 滚珠式	QYD-35 楔块式	QYD-60 楔块式	QYD-100 楔块式	QGYD-60 滚珠楔块混合式	SQD-90-35 松卡式	GSD-35 松卡式
额定起重量	kN	30	60	30	60	100	60	90	30
工作起重量	kN	15	30	15	30	50	30	45	15
理论行程	mm	35	35	35	35	35	35	35	35
实际行程	mm	16～30	20～30	19～32	20～30	20～30	20～30	20～30	16～30
工作压力	MPa	8	8	8	8	8	8	8	8
自重	kg	13	25	14	25	36	25	31	13.5
外形尺寸	mm	160×160×245	160×160×400	160×160×280	160×160×430	180×180×440	160×160×420	202×176×580	160×160×300
适用支承杆	mm	φ25 圆钢	φ48×3.5 钢管	φ25（三瓣）F28（四瓣）	φ48×3.5 钢管	φ48×3.5 钢管	φ48×3.5 钢管	φ48×3.5 钢管	φ25 圆钢
底座安装尺寸	mm	120×120	120×120	120×120	120×120	135×135	120×120	140×140	120×120

液压千斤顶出厂前，应按规定进行出厂检验。液压千斤顶使用前，应按下列要求检验：

(1) 耐油压 12MPa 以上，每次持压 5min，重复三次，各密封处无渗漏。

(2) 卡头锁固牢靠，放松灵活。

(3) 在 1.2 倍额定荷载作用下，卡头锁固时的回降量：滚珠式不大于 5mm，卡块式不大于 3mm。

(4) 同一批组装的千斤顶，在相同荷载作用下，其行程应接近一致，用行程调整帽调整后，行程差不得大于 2mm。

3. 液压控制台

液压控制台是液压传动系统的控制中心，是液压滑模的心脏。它主要由电动机、齿轮油泵、换向阀、溢流阀、液压分配器和油箱等组成（图 13-60）。

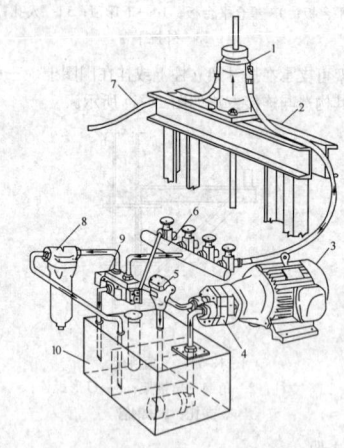

图 13-60 液压传动系统示意图
1—液压千斤顶；2—提升架；3—电动机；4—齿轮油泵；5—溢流阀；6—液压分配器；7—油管；8—滤油器；9—换向阀；10—油箱

液压控制台按操作方式的不同，可分为手动和自动控制等形式；按油泵流量（L/min）的不同，可分为 15、36、56、72、100、120 等型号。常用的型号有 HY-36、HY-56 以及 HY-72 型等。其基本参数如表 13-21 所示。

液压控制台基本参数表　　表 13-21

项目	单位	基本参数						
		HYS-15	HYS-36	HY-36	HY-56	HY-72	HY-80	HY-100
公称流量	L/min	15	36	56		72	80	100
额定工作压力	MPa	8						
配套千斤顶数量	只	20	60	40	180	250	280	360
控制方式		HYS		HY	HY	HY	HY	HY
外形尺寸	mm	700×450×1000	850×640×1090	850×695×1090	950×750×1200	1100×1000×1200	1100×1050×1200	1100×1100×1200
整机重量	kg	240	280	300	400	620	550	670

注：1. 配套千斤顶数量是额定起重量为 30kN 滚珠式千斤顶的基本数量，如配备其他型号千斤顶，其数量可适当增减；
　　2. 控制方式：HYS—代表手动，HY—同时具有自动和手动功能。

每台液压控制台供给多少只千斤顶，可以根据每台千斤顶用油量和齿轮泵送油能力及时间计算。如果油箱容量不足，可以增设副油箱。对于工作面大、安装千斤顶较多的工程并采用同一操作平台时，可一起安装两套以上液压控制台。

液压系统安装完毕，应进行试运转，首先进行充油排气，然后加压至 12N/mm²，每次持压 5min，重复 3 次，各密封处无渗漏，进行全面检查，待各部分工作正常后，插入支承杆。

液压控制台应符合下列技术要求：

(1) 液压控制台带电部位对机壳的绝缘电阻不得低于 0.5MΩ。

(2) 液压控制台带电部位（不包括 50V 以下的带电部位）应能承受 50Hz、电压 2000V，历时 1min 耐电试验，无击穿和闪烁现象。

(3) 液压控制台的液压油管路和电路应排列整齐统一，仪表在台面上的安装布置应美观大方，固定牢靠。

(4) 液压系统在额定工作压力 10MPa 下保压 5min，所有管路、接头及元件不得漏油。

(5) 液压控制台在下列条件下应能正常工作：

1) 环境温度为 —10~40℃。

2) 电源电压为 380±38V。

3) 液压油污染度不低于 20/18（注：液压油液样抽取方法按《液压油液液样抽取法》（JG/T 69），污染度测定方法按《油液中固体颗粒污染物的显微镜计数法》（JG/T 70）进行；

4) 液压油的最高油温不得超过 70℃，油温温升不得超过 30℃。

4. 油路系统

油路系统是连接控制台到千斤顶的液压通路，主要由油管、管接头、液压分配器和截止阀等元、器件组成。

油管一般采用高压无缝钢管及高压橡胶管两种，根据滑升工程面积大小和荷载决定液压千斤顶的数量及编组形式。

主油管内径应为 14~19mm，分油管内径应为 10~14mm，连接千斤顶的油管内径应为 6~10mm。高压橡胶管的耐压力标准如表 13-22 所示。

钢丝增强液压橡胶软管和软管组合件（GB/T 3683—2011）　　表 13-22

内径 (mm)	设计工作压力（MPa）		内径 (mm)	设计工作压力（MPa）	
	1型、1T型	2、3型 2T、3T型		1型、1T型	2、3型 2T、3T型
5	21.0	35.0	19	9.0	16.0
6.3	20.0	35.0	22	8.0	14.0
8	17.5	32.0	25	7.0	14.0
10	16.0	28.0	31.5	4.4	11.0
10.3	16.0		38	3.5	9.0
12.5	14.0	21.0	51	2.6	8.0
16	10.5	20.0			

注：1. 1型：一层钢丝编织的液压橡胶软管；

　　2. 2型：二层钢丝编织的液压橡胶软管；

　　3. 3型：二层钢丝缠绕加一层钢丝编织的液压橡胶软管；

　　4. 1T、2T、3T型软管增强层结构与 1、2、3型对应相同，在组装管接头时不切除或部分切除外胶层；

　　5. 软管的试验压力与设计工作压力比率为 2，最小爆破压力与设计工作压力比率为 4。

无缝钢管一般采用内径为 8~25mm，试验压力为 32MPa。与液压千斤顶连接处最好用高压胶管。油管耐压力应大于油泵压力的 1.5 倍。

油路的布置一般采取分级方式，即从液压控制台通过主油管到分油器，从分油器经注管到支分油器，从支分油器经胶管到千斤顶，如图 13-61 所示。

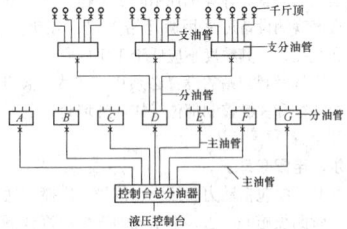

图 13-61　油路布置示意图

由液压控制台到各分油器及由分、支分油器到各千斤顶的管线长度，设计时应尽量相近。

油管接头的通径、压力应与油管相适应。胶管接头的连接方法是用接头外套将软管与接头芯子连成一体，然后再用接头芯子与其他油管或元件连接，一般采用扣压式胶管接头或可拆式胶管接头；钢管接头可采用卡套式管接头。

截止阀又叫针形阀，用于调节管路及千斤顶的液体流量，控制千斤顶的升差。一般设置于分油器上或千斤顶与管路连接处。

液压油应具有适当的黏度，当压力和温度改变时，黏度的变化不应太大。一般可根据气温条件选用不同黏度等级的液压油，其性能见表 13-23。

L-HM 矿物油型液压油主要指标（摘自 GB 11118.1）　　表 13-23

项目		质量指标												试验方法
		优等品					一等品							
质量等级（按 GB/T 3141）		15	22	32	46	68	15	22	32	46	68	100	150	
运动黏度 (mm²/s)	0℃	—		140		300		420	780		1400		2560	GB/T 265
	不大于 40℃	13.5~16.5	19.8~24.2	28.8~35.2	41.4~50.6	61.2~74.8	13.5~16.5	19.8~24.2	28.8~35.2	41.4~50.6	61.2~74.8	90~110	135~165	
黏度指数 不小于		95	95	95	95	95	95	95	95	95	95	90	90	GB/T 2541
闪点（℃） 开口不低于		140	140	160	180	180	140	140	160	180	180	180	180	GB/T 3536 GB/T 261
闭口不低于		128		128		148		168			168			
倾点（℃） 不高于		—18	—15	—15	—9	—9	—18	—15	—15	—9	—9	—9	—9	GB/T 3535

续表

项　目	质量指标												试验方法
质量等级	优等品					一等品							
空气释放值（50℃）（min）不大于	5	5	6	10	12	5	5	6	10	12	报告	报告	SH/T 0308
密封适应性指数不大于	15	13	12	10	8	15	13	12	10	8	报告	报告	SH/T 0305
氧化安定性 氧化1000h后，酸值（mgKOH/g）不大于	—			2.0		—				2.0			GB/T 12581
水分（%）不大于	痕迹					痕迹							GB/T 260
机械杂质（%）不大于	无					无							GB/T 511

液压油在使用前和使用过程中均应进行过滤。冬季低温时可用22号液压油，常温用32号液压油，夏季酷热天气用46号液压油。

13.4.2.4　施工精度控制系统

施工精度控制系统主要包括：提升设备本身的限位调平装置、滑模装置在施工中的水平度和垂直度的观测和调整控制设施等。精度控制仪器、设备的选配应符合下列规定：

（1）千斤顶同步控制装置，可采用限位卡挡、激光水平扫描仪、水杯自动控制装置、计算机控制同步整体提升装置等。

（2）垂直度观测设备可采用激光铅直仪、自动安平激光铅直仪、经纬仪和线锤等，其精度不应低于1/10000。

（3）测量靶标及观测站的设置必须稳定可靠，便于测量操作，并应根据结构特征和关键控制部位（如：外墙角、电梯井、筒壁中心等）确定其位置。

13.4.2.5　水、电配套系统

水、电配套系统包括动力、照明、信号、广播、通信、电视监控以及水泵、管路设施等。水、电系统的选配应符合下列规定：

（1）动力及照明用电、通信与信号的设置均应符合现行的《液压滑动模板施工安全技术规程》（JGJ 65）的规定。

（2）电源线的规格选用应根据平台上全部电器设备总功率计算确定，其长度应大于从地面起滑开始至滑模终止所需的高度再增加10m。

（3）平台上的总配电箱、分区配电箱均应设置漏电保护器，配电箱的插座规格、数量应能满足施工设备的需要。

（4）平台上的照明应满足夜间施工所需的照度要求，吊脚手架上及便携式的照明灯具，其电压不应高于36V。

（5）通信联络设施应保证声光信号准确、统一、清楚，不扰民。

（6）电视监控应能监视全面、局部和关键部位。

（7）向操作平台上供水的水泵和管路，其扬程和供水量应能满足滑模施工高度、施工用水及局部消防的需要。

13.4.3　滑模装置的设计与制作

13.4.3.1　总体设计

1. 滑模装置设计的主要内容

（1）绘制滑模初滑结构平面图及中间结构变化平面图。

（2）确定模板、围圈、提升架及操作平台的布置，进行各类部件和节点设计，提出规格和数量；当采用滑框倒模时，应专门进行模板与"滑轨"的构造设计。

（3）确定液压千斤顶、油路及液压控制台的布置，提出规格和数量。

（4）制定施工精度控制措施，提出设备仪器的规格和数量。

（5）进行特殊部位处理及特殊措施（附着在操作平台上的垂直和水平运输装置等）的布置与设计。

（6）绘制滑模装置的组装图，提出材料、设备、构件一览表。

2. 滑模装置设计的荷载项目及其取值

（1）操作平台上的施工荷载标准值

施工人员、工具和备用材料：

设计平台铺板及檩条时，2.5kN/m²；

设计平台桁架时，2.0kN/m²；

设计围圈及提升架时，1.5kN/m²；

计算支承杆数量时，1.5kN/m²。

平台上临时集中存放材料，放置手推车、吊罐、液压操作台，以及电、气焊设备，随升井架等特殊设备时，应按实际重量计算设计荷载。

吊脚手架的施工荷载标准值（包括自重和有效荷载）按实际重量计算，且不得低于2.0kN/m²。

（2）模板与混凝土的摩阻力标准值

钢模板1.5～3.0kN/m²；

当采用滑框倒模法施工时，模板与滑轨间的摩阻力标准值按模板面积计取1.0～1.5kN/m²。

（3）操作平台上设置的垂直运输设备运转时的额定附加荷载，包括垂直运输设备的起重量及柔性滑道的张紧力等，按实际荷载计算。

垂直运输设备制动时的刹车力按式（13-1）计算：

$$W = (A/g + 1)Q = KQ \qquad (13\text{-}1)$$

式中　W——刹车时产生的荷载（N）；

A——刹车时的制动减速度（m/s²）；

g——重力加速度（9.8m/s²）；

Q——料罐总重（N）；

K——动力荷载系数。

式中A值与安全卡的制动灵敏度有关，其数值应根据经验确定，为防止因刹车过急对平台产生过大荷载，A值一般取g值的1～2倍；K值在2～3之间，如K值过大，则对平台不利，而取值过小，则在离地面较近时容易发生事故。

（4）混凝土对模板的侧压力：对于浇灌高度为80cm左右的侧压力分布如图13-62所示。其侧压力合力取5.0～6.0kN/m，合力作用点约在2/5H处（H为混凝土浇灌高度），如图13-62所示。

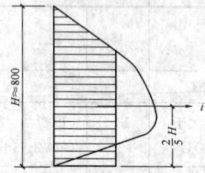

图13-62　模板侧压力分布

H—混凝土浇灌高度

倾倒混凝土时模板承受的冲击力：用溜槽串筒或0.2m³的运输工具向模板内倾倒混凝土时，作用于模板面的水平集中荷载标准值为2.0kN。

（5）当采用料斗向平台上直接卸混凝土时，混凝土对平台卸料点产生的集中荷载按实际情况确定，且不应低于式（13-2）计算的

标准值 W_k（kN）：

$$W_k = \gamma[(h_m + h)A_1 + B] \qquad (13\text{-}2)$$

式中　γ——混凝土的重力密度（kN/m³）；

　　　h_m——料斗内混凝土上表面至料斗上表面的最大高度（m）；

　　　h——卸料时料斗口至平台卸料点的最大高度（m）；

　　　A_1——卸料口的面积（m²）；

　　　B——卸料口下方可能堆存的最大混凝土量（m³）。

（6）风荷载按《建筑结构荷载规范》（GB 50009）的规定采用。模板及其支架的抗倾倒系数不应小于 1.15。

（7）可变荷载的分项系数取 1.4。

3. 千斤顶数量的确定

液压提升系统所需的千斤顶和支承杆的最少数量可按式（13-3）计算：

$$n = N/P_0 \qquad (13\text{-}3)$$

式中　N——总垂直荷载（kN），按上述 2 第（1）（2）（3）项之和，或 2 第（1）（2）（5）项之和，取其中较大者；

　　　P_0——单个千斤顶的计算承载力（kN），按支承杆允许承载力，或千斤顶的允许承载能力（为千斤顶额定承载力的 1/2），两者取其较小者。

4. 支承杆允许承载力的计算

（1）当采用 ϕ25 圆形支承杆，模板处于正常滑升状态时，即从模板上口以下，最多只有一个浇灌层高度尚未浇灌混凝土的条件下，支承杆的允许承载力按式（13-4）计算：

$$P_0 = \alpha \cdot 40EI/[K(L_0 + 95)^2] \qquad (13\text{-}4)$$

式中　P_0——支承杆的允许承载力（kN）；

　　　α——工作条件系数，取 0.7～1.0，视施工操作水平、滑模平台结构情况确定。一般整体式刚性平台取 0.7，分割式平台取 0.8；

　　　E——支承杆弹性模量（kN/cm²）；

　　　I——支承杆截面惯性矩（cm⁴）；

　　　K——安全系数，取值应不小于 2.0；

　　　L_0——支承杆脱空长度，从混凝土上表面至千斤顶下卡头距离（cm）。

（2）当采用 $\phi48\times3.5$ 钢管作支承杆时，支承杆的允许承载力，按下式计算：

$$P_0 = \alpha/K(99.6 - 0.22L) \qquad (13\text{-}5)$$

式中　P_0——$\phi48\times3.5$ 钢管支承杆的允许承载力（kN）；

　　　L——支承杆长度（cm）。当支承杆在结构体内时，L 取千斤顶下卡头到浇筑混凝土上表面的距离；当支承杆在结构体外时，L 取千斤顶下卡头到模板下口第一个横向支撑扣件节点的距离。

5. 千斤顶的布置原则

千斤顶的布置应使千斤顶受力均衡，布置方式应符合下列规定：

（1）筒壁结构宜沿筒壁均匀布置或成组等间距布置。

（2）框架结构宜集中布置在柱子上。当成串布置千斤顶或在梁上布置千斤顶时，必须对其支承杆进行加固；当选用大吨位千斤顶时，支承杆也可布置在柱、梁的体外，但应对支承杆进行加固。

（3）墙板结构宜沿墙体布置，并应避开门、窗洞口；洞口部位必须布置千斤顶，支承杆应进行加固。

（4）平台上设有固定的较大荷载时，应按实际荷载增加千斤顶数量。

6. 提升架的布置原则

提升架的布置应与千斤顶的位置相适应。其间距应根据结构部位的实际情况、千斤顶和支承杆允许承载能力以及模板和围圈的刚度确定。

7. 操作平台的设计原则

操作平台结构必须保证足够的强度、刚度和稳定性。其结构布置宜采用下列形式：

（1）连续变截面筒壁结构可采用辐射梁、内外环梁以及下拉环和拉杆（或随升井架和斜撑）等组成的操作平台。

（2）等截面筒体结构可采用桁架（平行或井字形布置）、小梁和支撑等组成操作平台，或采用挑三角架、中心环、拉杆及支撑等组成的环形操作平台。

（3）框架、墙板结构可采用桁架、梁与支撑组成桁架式操作平台，或采用桁架和带边框的活动平台板组成可拆装的围梁式活动操作平台。

（4）柱子或排架的操作平台，可将若干个柱子的围圈、柱间桁架组成整体稳定结构。

13.4.3.2　部件的设计与制作

1. 模板

模板应具有通用性、耐磨性、拼缝紧密、装拆方便和足够的刚度，并应符合下列规定：

（1）模板高度宜采用 900～1200mm，对筒体结构宜采用 1200～1500mm；滑框倒模的滑轨高度宜为 1200～1500mm，单块模板宽度宜为 300mm。

（2）框架、墙板结构宜采用围圈组合大模板，标准模板宽度为 900～2400mm；对筒体结构宜采用小型组合钢模板，模板宽度宜为 100～500mm，也可以采用弧形带肋定形模板。

（3）异形模板，如转角模板、收分模板、抽拔模板等，应根据结构截面的形状和施工要求设计。

（4）围模合一大钢模的板面采用 4～5mm 厚的钢板，边框为 5～7mm 厚扁钢，竖肋为 4～6mm 厚、60mm 宽扁钢，水平加强肋宜为 [8 槽钢，直接与提升架相连，模板连接孔为 ϕ18mm、间距 300mm；模板焊接除节点外，均为间断焊；小型组合钢模板的面板厚度宜采用 2.5～3mm；角钢肋条不宜小于 L40×4，也可采用定型小钢模板。

（5）模板制作必须板面平整，无卷边、翘曲、孔洞及毛刺等，阴阳角模板的单面倾斜度应符合设计要求。

（6）滑框倒模施工所使用的模板宜选用组合钢模板，当混凝土外表面为直面时，组合钢模板应横向组装，若为弧面时宜选用长 300～600mm 的模板竖向组装。

2. 围圈

围圈的构造应符合下列规定：

（1）围圈截面尺寸应根据计算确定，上、下围圈的间距一般为 450～750mm，上围圈距模板上口的距离不宜大于 250mm。

（2）当提升架间距大于 2.5m 或操作平台的承重骨架直接支承在围圈上时，围圈宜设计成桁架式。

（3）围圈在转角处应设计成刚性节点。

（4）固定式围圈接头应用等刚度型钢连接，连接螺栓每边不得少于 2 个。

（5）在使用荷载作用下，两个提升架之间围圈的垂直与水平方向的变形不应大于跨度的 1/500。

（6）连续变截面筒体结构的围圈宜采用分段伸缩式。

（7）设计滑框倒模的围圈时，应在围圈内挂竖向滑轨，滑轨的断面尺寸及安放间距应与模板的刚度相适应。

（8）高耸烟囱筒壁结构上、下直径变化较大时，应按优化原则配置多套不同曲率的围圈。

3. 提升架

提升架宜设计成适用于多种结构施工的形式。对于结构的特殊部位，可设计专用的提升架。对多次重复使用或通用的提升架宜设计成装配式。提升架的横梁、立柱和连接支腿应具有可调性。

提升架应有足够的刚度，设计时应按实际的受力荷载验算，其构造应符合下列规定：

（1）提升架宜用钢材制作，可采用单横梁"Ⅱ"形架、双横梁的"开"形架或单立柱的"Γ"形架，横梁与立柱必须刚性连接，两者的轴线应在同一平面内，在使用荷载作用下，立柱的侧向变形应不大于 2mm。

（2）模板上口至提升架横梁底部的净高度，对于 $\phi48\times3.5$ 支承杆宜为 500～900mm。

（3）提升架立柱上应设有调整内外模板间距和倾斜度的调节

装置。

（4）当采用工具式支承杆设在结构体内时，应在提升架横梁下设置内径比支承杆直径大 2~5mm 的套管，其长度应到模板下缘。

（5）当采用工具式支承杆设在结构体外时，提升架横梁相应加长，支承杆中心线距模板距离应大于 50mm。

4. 操作平台

操作平台、料台和吊脚手架的结构形式应按所施工工程的结构类型和受力情况确定，其构造应符合下列规定：

（1）操作平台由桁架或梁、三角架和铺板等主要构件组成，与提升架或围圈连成整体，当桁架的跨度较大时，桁架间应设置水平和垂直支撑，当利用操作平台作为现浇顶盖、楼板的模板或模板支承结构时，应根据实际荷载对操作平台进行验算和加固，并应考虑与提升架脱离的措施。

（2）当操作平台的桁架或梁支承于围圈上时，必须在支承处设置支托或支架。

（3）外挑脚手架或操作平台的外挑宽度不宜大于 800mm，并应在其外侧设安全防护栏杆。

（4）吊脚手架铺板的宽度，宜为 500~800mm，钢吊杆的直径不应小于 16mm，吊杆螺栓必须采用双螺帽。吊脚手架的双侧必须设安全防护栏杆，并应满挂安全网。

5. 液压控制台

液压控制台的设计应符合下列规定：

（1）液压控制台内，油泵的额定压力不应小于 12MPa，其流量可根据所带动的千斤顶数量、每只千斤顶油缸的容积及一次给油时间确定，可在 15~100L/min 内选用。大面积滑模施工时可多个控制台并联使用。

（2）液压控制台内，换向阀和溢流阀的流量及额定压力均应等于或大于油泵的流量和液压系统最大工作压力，阀的公称内径不应小于 10mm，宜采用通流能力大、动作速度快、密封性能好、工作可靠的三通逻辑换向阀。

（3）液压控制台的油箱应易散热、排污，并应有油液过滤的装置，油箱的有效容量应为油泵排油量的 2 倍以上。

（4）液压控制台供电方式应采用三相五线制，电气控制系统应保证电动机、换向阀等按滑模千斤顶爬升的要求正常工作，并应加设多个控制台并联使用的插座。

（5）液压控制台应设有油压表，漏电保护装置，电压、电流指示表，工作信号灯和控制加压、回油、停滑报警、滑升次数及时间的控制器等。

6. 油路

油路设计应符合下列规定：

（1）输油管应采用高压耐油胶管或金属管，其耐压力不得低于 25MPa。主油管内径不得小于 16mm，二级分油管内径宜用 10~16mm，连接千斤顶的油管内径宜为 6~10mm。

（2）油管接头、针形阀的耐压力和通径应与输油管相适应。

（3）液压油应定期进行过滤，并应有良好的润滑性和稳定性，其各项指标应符合国家现行有关标准的规定。

7. 千斤顶

液压千斤顶使用前必须逐个编号经过检验，并应符合下列规定：

（1）液压千斤顶在液压系统额定压力为 8MPa 时的额定提升能力分别为 35kN、60kN、90kN 等。

（2）液压千斤顶空载启动压力不得高于 0.3MPa。

（3）液压千斤顶最大工作油压为额定压力的 1.25 倍时，卡头应锁固牢靠、放松灵活、升降过程连续平稳。

（4）液压千斤顶的试验压力为额定油压的 1.5 倍时，保压 5min，各密封处必须无渗漏。

（5）液压千斤顶在额定压力提升荷载时，下卡头锁固时的回降量对滚珠式千斤顶应不大于 5mm，对楔块式或滚楔混合式千斤顶应不大于 3mm。

（6）同批组装的千斤顶应调整其行程，使其在施工设计荷载作用下的爬升行程差不大于 1mm。

8. 支承杆选材和加工要求

支承杆的选材和加工应符合下列规定：

（1）支承杆的制作材料为 HPB235 级圆钢、HRB335 级钢筋或外径壁厚精度较高的低硬度焊接钢管，对于热轧退火钢管，表面不得有冷硬加工层。

（2）支承杆直径应与千斤顶的要求相适应，长度宜为 3~6m。

（3）采用工具式支承杆时应用螺纹连接：圆钢 ϕ25mm 支承杆连接螺纹宜为 M18，螺纹长度不宜小于 20mm；钢管 ϕ48 支承杆连接螺纹宜为 M30，螺纹长度不宜小于 40mm。任何连接螺纹接头中心位置处公差均为 ±0.15mm，支承杆借助连接螺纹对接后支承杆轴线偏斜度允许偏差为 (2/1000) L（L 为单根支承杆长度）。

（4）HPB235 级圆钢和 HRB335 级钢筋支承杆采用冷拉调直时，其延伸率不得大于 3%。支承杆表面不得有油漆和铁锈。

（5）工具式支承杆的套管与提升架之间的连接构造宜做成可使套管转动并能有 50mm 以上的上下移动量。

（6）对兼作结构钢筋的支承杆，应按国家现行有关标准的规定进行抽样检验。

13.4.3.3 滑模构件制作的允许偏差

滑模装置的各种构件的制作应符合有关钢结构制作的规定，其允许偏差应符合表 13-24 的规定。构件表面除支承杆及接触混凝土的模板表面外，均应刷防锈涂料。

构件制作的允许偏差　　　　　　表 13-24

名　称	内　容	允许偏差（mm）
钢模板	高度	±1
	宽度	−0.7~0
	表面平整度	±1
	侧面平直度	±1
	连接孔位置	±0.5
围圈	长度	−5
	弯曲长度≤3m	±2
	＞3m	±4
	连接孔位置	±0.5
提升架	高度	±3
	宽度	±3
	围圈支托位置	±2
	连接孔位置	±0.5
支承杆	弯曲	小于(1/1000)L
	ϕ25	−0.5~+0.5
	ϕ48×3.5 钢管	−0.2~+0.5
	圆度公差	−0.25~+0.25
	对接焊缝凸出母材	＜+0.25

注：L 为支承杆加工长度。

13.4.4　滑模装置的组装与拆除

13.4.4.1　滑模装置的组装

滑模施工的特点之一，是将模板一次组装好，一直到施工完毕，中途一般不再变化。因此，要求滑模基本构件的组装工作，一定要认真、细致、严格地按照设计要求及有关操作技术规定进行。否则，将给施工带来很多困难，甚至影响工程质量。

1. 准备工作

滑模装置组装前，应做好各组装部件编号、操作平台水平标记，弹出组装线，做好墙、柱保护层标准垫块及有关的预埋铁件等工作。

2. 组装顺序

滑模装置的组装应根据施工组织设计的要求，并按下列顺序进行：

（1）安装提升架。所有提升架的标高应满足操作平台水平度的要求，对带有辐射梁或辐射桁架的操作平台，应同时安装辐射梁或辐射桁架及其环梁。

(2) 安装内外围圈，调整其位置，使其满足模板倾斜度正确和对称的要求。

(3) 绑扎竖向钢筋和提升架横梁以下钢筋，安设预埋件及预留孔洞的胎膜，对体内工具式支承杆套管下端进行包扎。

(4) 当采用滑框倒模工艺时，安装框架式滑轨，并调整倾斜度。

(5) 安装模板，宜先安装角模后再安装其他模板。

(6) 安装操作平台的桁架、支撑和平台铺板。

(7) 安装外操作平台的支架、铺板和安全栏杆。

(8) 安装液压提升系统，垂直运输系统及水、电、通信、信号精度控制和观测装置，并分别进行编号、检查和检验。

(9) 在液压系统试验合格后，插入支承杆。

(10) 安装内外吊脚手架及挂安全网，当在地面或横向结构面上组装滑模装置时，应待模板滑至适当高度后，再安装内外吊脚手架，挂安全网。

3. 组装要求

模板的安装应符合下列规定：

(1) 安装好的模板应上口小、下口大，单面倾斜度宜为模板高度的 0.1%～0.3%，对带坡度的筒壁结构如烟囱等，其模板倾斜度应根据结构坡度情况适当调整。

(2) 模板上口以下 2/3 模板高度处的净间距应与结构设计截面等宽。

(3) 圆形连续变截面结构的收分模板必须沿圆周对称布置，每对的收分方向应相反，收分模板的搭接处不得漏浆。

(4) 液压系统组装完毕，应在插入支承杆前进行试验和检查，并符合下列规定：

1) 对千斤顶逐一进行排气，并做到排气彻底。

2) 液压系统在试验油压下持压 5min，不得渗油和漏油。

3) 整体试验的指标（如空载、持压、往复次数、排气等）应调整适宜，记录准确。

(5) 液压系统试验合格后方可插入支承杆，支承杆轴线应与千斤顶轴线保持一致，其偏斜度允许偏差为 2/1000。

4. 滑模装置组装的允许偏差

滑模装置组装完毕，必须按表 13-25 所列各项质量标准进行认真检查，发现问题应立即纠正，并做好记录。

滑模装置组装的允许偏差 表 13-25

内　容		允许偏差（mm）
模板结构轴线与相应结构轴线位置		3
围圈位置偏差	水平方向	3
	垂直方向	3
提升架的垂直偏差	平面内	3
	平面外	2
安放千斤顶的提升架横梁相对标高偏差		5
考虑倾斜度后模板尺寸的偏差	上　口	−1
	下　口	+2
千斤顶位置安装的偏差	提升架平面内	5
	提升架平面外	5
圆筒直径、方筒边长的偏差		−2～+3
相邻两块模板平面平整偏差		1.5

13.4.4.2　滑模系统的拆除

滑模系统的拆除主要分整体分段拆除和高空解体散拆。无论哪种拆除方法，均必须先做到以下几点：

(1) 切断全部电源，撤掉一切机具。

(2) 拆除液压设施，但千斤顶及支承杆必须保留。

(3) 揭去操作平台板，拆除平台梁或桁架。

(4) 高空解体散拆时，还必须先将挂架子及外挑架拆除。

1. 整体分段拆除，地面解体

这种方法可以充分利用现场起重机械，既快又比较安全。整体分段拆除前，应作好分段方案设计。主要考虑以下几点：

(1) 现场起重机械的吊运能力，做到既充分利用起重机械的起吊能力，又避免超载。

(2) 每一房间墙壁（或梁）的整段两侧模板作为一个单元同时吊运拆除；外墙（外围轴线墙）模板连同外挑梁、挂架亦可同时吊运；筒壁结构模板应按均匀分段设计。

(3) 外围模板与内墙（梁）模板间围圈连接点不能过早松开（如先松开，必须对外围模板进行拉结，防止模板向外倾覆，待起重设备挂好吊钩并绷紧钢丝绳后，再及时将连接点松开。

(4) 若模板下脚有较可靠的支承点，内墙（梁）提升架上的千斤顶可提前拆除，否则需待起重设备挂好吊钩并绷紧钢丝绳时，将支承杆割断，再起吊、运下。

(5) 模板吊运前，应挂好溜绳，模板落地前用溜绳引导，平稳落地，防止模板系统部件损坏。外围模板有挂架子时，更需如此。

(6) 模板落地解体前，应根据具体情况作好拆解方案，明确拆解顺序，制定好临时支撑措施，防止模板系统部件出现倾倒事故。

2. 高空解体散拆

高空散拆模板虽不需要大型吊装设备，但占用工期长，耗用劳动力多，且危险性较大，故无特殊原因尽量不采用此方法。若必须采用高空解体散拆时，必须编制出详细、可行的施工方案，并在操作层下方设置卧式安全网防护，高空作业人员系好安全带。一般情况下，模板系统解体前，拆除提升系统及操作平台系统的方法与分段整体拆除相同，模板系统解体散拆的施工顺序如下：

拆除外吊架脚手架、护身栏（自外墙无门窗洞口处开始，向后倒退拆除）→拆除外吊架吊托及外挑架→拆除内固定平台、拆除外墙（柱）模板→围圈→拆除外墙（柱）提升架→将外墙（柱）千斤顶从支承杆上端抽出→拆除内墙模板→拆除一个轴线段围圈，相应拆除一个轴线段提升架→千斤顶从支承杆上端抽出。

高空解体散拆模板必须掌握的原则是：在模板散拆的过程中，必须保证模板系统的总体稳定和局部稳定，防止模板系统整体或局部倾倒塌落。因此，制订方案、技术交底和实施过程中，务必有专职人员统一组织、指挥。

13.4.5　滑模工艺与滑模工程

13.4.5.1　滑模工艺的类别与基本特点

滑模工艺已由高耸筒体构筑物逐步推广应用到包括框架、框剪、框筒、筒中筒和板墙等结构形式的高层、超高层建筑工程中，滑模工艺主要包括以下几类。

按提升设备分类，可分为液压千斤顶滑模和升板机滑模。前者又可分为密机位滑模和疏机位滑模，目前主要采用较大吨位液压千斤顶的疏机位滑模。

按支承杆的设置，可分为体内滑模和体外滑模。前者是将支撑杆设置于混凝土或柱子之中，后者将支承杆设于墙或主体之外。

按楼层结构的施工安排，可分为空滑楼层并进滑模工艺和空滑楼层跟进滑模工艺。空滑楼层并进滑模工艺即梁、柱、墙滑模空滑过楼层后并随即支模和浇筑楼板混凝土后，再继续向上滑升施工；空滑楼层跟进滑模工艺即滑模空滑过楼层，在柱、墙敷设梁板的钢筋后，继续向上滑升施工，楼层板则错后跟进施工。

此外，还可按施工的平面流水安排分为整体滑模工艺和分区（段）滑模工艺，按施工的立面进度分为同步（等高）滑模工艺和不同步滑模工艺（即按施工需要，在滑升高度上保证规定的高差）等。

几种主要滑模工艺的基本特点列入表 13-26 中。

主要滑模工艺的基本特点 表 13-26

工艺名称	工艺的基本特点
密机位液压千斤顶滑模工艺	1. 采用小吨位（≤3t）液压千斤顶；2. 机位设置较密，较易布置，比较灵活；3. 提升架和围梁一般采用相对轻型设计；4. 使用千斤顶多，油路较多，增加施工管理难度

续表

工艺名称	工艺的基本特点
疏机位液压滑模工艺	1. 采用大吨位（≥6t）液压千斤顶；2. 机位设置较疏，因机位荷载较大，对机位布置要求严格；3. 提升架和围圈一般采用相对轻型设计；4. 使用千斤顶较少，油路较少，较易进行施工管理
升板机滑模工艺	使用升板机提升装置和粗径支承杆（承重导杆），采用体内或体外滑模工艺
体内滑模工艺	1. 支承杆设在柱、墙混凝土中，承重稳定性较好，其外露部分一般不需要进行（或只做少许）稳定性加固；2. 在不抽拔支承杆时，支承杆的耗用量大；在抽拔支承杆时，有相当难度
体外滑模工艺	1. 支承杆设在柱子和墙体之外，基本无损耗，使用完毕后可移作他用；2. 支承杆需有严格的确保其稳定承载的构造措施
空滑楼层并进滑模工艺	1. 楼层结构随竖向结构同层施工，确保结构整体的及时形成；2. 滑模作业平台的铺装需反复揭（移）开铺装；3. 单条流水线施工，施工速度相对较慢
空滑楼层跟进滑模工艺	1. 楼板结构甩后施工（但一般拖后不宜超过3层）；2. 柱、墙悬空部位需验算并视需要加快；3. 竖向结构滑模和两条流水线施工，速度较快

滑模的一般工艺流程见图 13-63。

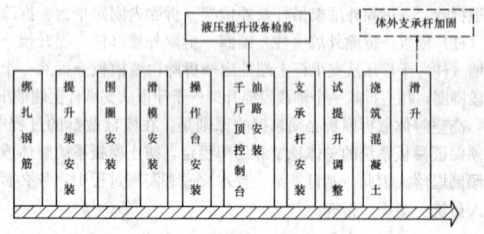

图 13-63 滑模施工的一般工艺流程

13.4.5.2 各类工程滑模施工工艺

滑模技术在各类工程的应用中，为适应不同的工程情况和施工要求，在工艺和技术方面不断地有所创新和发展，从而形成了众多的、各具特色的滑模工艺技术，见表 13-27。

在各类工程中采用的滑模工艺   表 13-27

工程类别	采用的滑模工艺
框剪和板墙结构工程	1. 墙、柱、梁同步滑升工艺；2. 滑框倒模工艺；3. 楼板层空滑随滑工艺（也称"逐层空滑楼板并进工艺"、"逐层封闭工艺"、"滑-浇工艺"）；4. 先滑框架和墙体、楼板跟进工艺；5. 先滑框架和墙体、楼板降模浇筑工艺
筒体结构工程	1. 无井架液压滑模工艺；2. 滑框倒模工艺；3. 外滑内提同步施工工艺；4. 外滑内砌工艺；5. 桥墩液压自升平台施工工艺；6. 圆形仓结构滑模工艺；7. 筒身滑模和水箱提升工艺；8. 双曲线冷却塔滑升井架直立滑模工艺；9. 提升架倾斜滑模工艺
其他结构工程	1. 立井拉杆式滑模筑壁工艺；2. 立井压杆式滑模筑壁工艺；3. 墙体加厚滑模筑壁工艺；4. 桁架导轨筒体滑模工艺；5. 柱子滑模与网架屋盖同步施工工艺；6. 爬轨器液压油缸牵引滑模工艺

其中的一些工艺简述如下：

1. 与框架、剪力墙滑模配合的楼板施工工艺

与框架、墙体滑模配合的楼板施工共有三种工艺作法：并进工艺为每滑一层后，接着浇筑（或安装）楼板，按一条流水线组织施工；跟进工艺为滑模先行，楼板施工后跟；滑模和楼板为两条流水线，楼板模板浇一层、往上倒一层；降模工艺为滑模滑至 10 层左右后，自最上一层楼板开始支模，浇筑一层后，降模至下一层，往下走，亦是两条流水线，或者为三条流水线（楼板有两个降模段、交替上升）。

（1）并进工艺。并进工艺中的楼板为现浇时，当将滑模装置空滑过楼板层后，只需吊开活动平台板，即可按常规方法（包括支撑支模、桁架支模和采用早拆模板体系）进行支模和浇筑楼板混凝土。当楼板（有时也有梁）为预制时，则需将滑模的模板空滑至楼面约一个楼板层厚度，形成足够的孔隙，以便吊装（插入）楼板。其作业平台沿墙体两侧设置，中间留空，以利楼板（及梁）的安装。在承重墙空滑时，不支承楼板的非承重墙应浇筑一段（高约500mm）的混凝土，以利于保持作业平台的稳定。在安装楼板时，墙体混凝土应达到不低于 2.5MPa 的强度（为加快施工速度，每层墙体的最上浇筑层可改用早强混凝土或提高混凝土的等级。也可采用临时支架使楼板暂不压在墙上，待其达到要求强度后，将其落于墙上，并撤去临时支架）。在楼板浇筑完毕，继续滑模上层墙体时，滑模底的悬空部分应加设挡板。

（2）跟进工艺。采用楼板自下而上的跟进施工，需要解决好支架方案和模板、支架方便地倒到上一层的施工作法。通常可在梁、柱、墙上留洞或设置临时牛腿、挂钩、穿销作为支点，采用桁架支模、散装拆卸和向上翻倒。还有一种整体折叠式模板做法：将每个房间的楼板模板做成中间（分布筋的跨中）以铰链连接的两块，在其铰链位置留出适当的宽板缝（将分布筋改为在中间搭接或焊接，连接前暂时先弯起），拆模后可从此宽板缝中将折叠在一起的两块模板及桁架支架等吊至上层，随后补齐板缝。

（3）降模工艺。系自上而下降模施工楼板的工艺。当墙体连续滑升到顶或滑 8～10 层高度后，将先在底层按每个房间组装好的模板提升到顶部楼层，用吊杆（其上部支挂于墙体的预留洞中）吊于最上层楼板底标高处，即可进行该层楼板的施工。待楼板混凝土达到拆模强度（一般应大于或等于 15MPa）后，将模板降至下一层，直至施工到最后一层。当层数较少时，只需配备一套模板或将滑模作业平台改为模板；当楼层较多时，可按 10 层左右分段，配二至数套模板（依滑升墙体和降模施工楼板的速度，考虑倒模要求，确定配备套数）。

跟进和降模工艺虽有方便和优越之处，但由于墙体结构处于缺少水平结构支持（结构未完全形成）的状态，刚度较差，特别是在降模工艺下，凌空作业带来的安全要求较高，因此，一般只在有快速完成外壳结构要求的情况下采用。三种滑模工程中楼板施工工艺的主要构造情况如图 13-64 所示。

2. 圆形筒壁结构滑模工艺

筒体结构一般采用圆形平面或由两端圆弧与中间为直线段组成的平面，其竖平面可为矩形、梯形和双曲线梯台形，筒壁截面则有等截面或变截面，圆弧或曲线外形、变径和变截面是筒体结构的共同特点。

无井架液压滑模工艺为不在筒体内设置落地式井架，将作业平台、提升架、随升井架、吊笼和模板等全部荷载都传给支承杆承受的滑模工艺（图 13-65）。其作业平台结构由内、外钢圈、适量的中间钢圈（包括固定提升架的钢圈）和辐射梁构成。设上、下内钢圈者，其间设拉杆形成鼓圈，在鼓圈底部设带花篮螺栓的悬索拉杆与平台拉结。提升架、随升平台、扒杆（用于吊运钢筋等不能使用吊笼的物品）、外护栏和吊架等均装于（或挂置于）作业平台之上。随升井架一般均采用双井架，以提高垂直运输的供应能力和速度。在井架内设吊笼，吊笼上部设安全抱闸。作业平台应设避雷装置，可将不抽拔的支承杆作为永久避雷导线，其做法为：在已作的永久避雷接地线上沿烟囱筒身外侧的对称四分点引 4 根扁钢（一60×8）至筒身标高 1.0m 左右处，分别用不锈钢螺母（M18，带平垫圈）固定于筒身壁内预埋的暗榫上，将暗榫上的扁钢延长至筒身留孔上

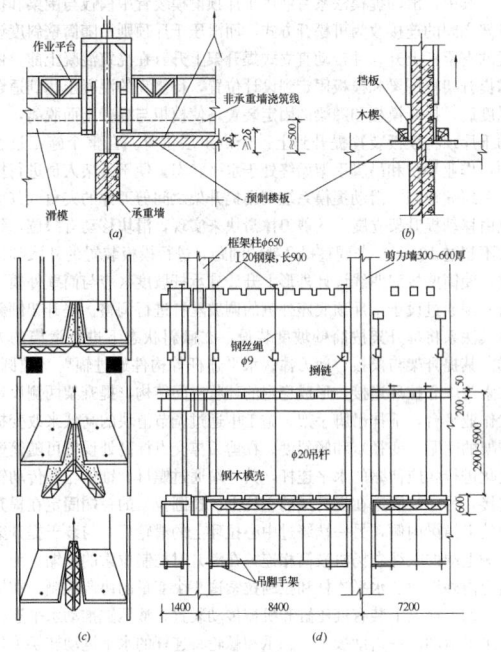

图 13-64 滑模中楼板施工做法的主要构造

(a) 并进工艺中预制楼板的安装；(b) 空滑的墙体段补模背楔；
(c) 跟进工艺中采用铰接模板的支模、折叠和吊至上层的情形；
(d) 降模工艺中的吊挂装置

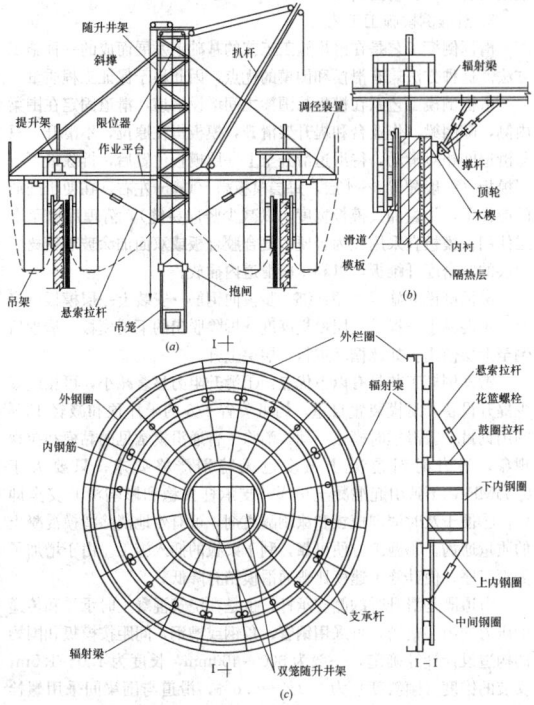

图 13-65 筒体结构滑模装置构造

(a) 无井架液压滑模装置；(b) 烟囱滑框倒模的内衬支顶措施；
(c) 作业平台的基本构造

部，用 3 道环向扁钢将支承杆与其焊接牢固，待滑模到顶时，按同样做法将永久避雷针与支承杆进行整体连接，且其连接焊缝均应达到以下要求：扁钢之间的搭接焊缝长度应大于 2b（b 为扁钢宽度）；扁钢与支承杆之间的焊缝长度应大于 6d（d 为圆钢支承杆的直

径）；支承杆之间采用榫接对接和坡口焊接。

烟囱的筒壁和内衬都采用滑模施工时，称为"双滑"，并需做好牛腿、内衬竖向伸缩缝和隔热层预制块的固定等相关处理：可采用在内模面上焊竖向切割板，以将伸缩缝滑（割）出来；隔热预制块可采用梳子挡板临时固定法（挡板用扁钢焊成，高450mm左右，悬挂于相邻千斤顶之间，随提升架上升，过牛腿时需暂时取下）或红砖固定法（即用 100 号红机砖置于预制块和内模之间，浇筑时先筒壁、后内衬，将红砖浇于内衬混凝土之中，不再取出）。筒壁采用滑模、内衬为砌筑的工艺称为"外滑内砌"工艺；而筒壁采用滑框倒模、内衬砌筑的工艺，则称为"外倒内砌滑模工艺"，其滑框倒模的安装顺序为：搭设筒底施工平台→焊接内衬砌筑平台→随升井架安装→作业平台安装→安装提升架和收分装置→绑扎钢筋、砌内衬、装第二层模板→浇筑混凝土→安装垂直运输和信号系统。其工艺流程如图 13-66 所示。

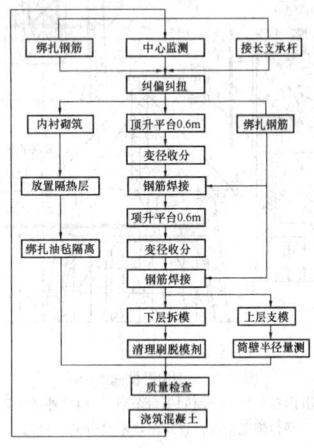

图 13-66 烟囱筒壁滑框倒模工艺流程

套筒式烟囱（双筒结构：外筒为承重筒，内筒为自承重排烟筒）的"外滑内提同步施工工艺"为外筒采用常规滑模、内筒采用提模的工艺。在渭河电厂 240/7m 套筒式烟囱施工中采用此项工艺，其做法的要点为：外筒每滑升 250mm 高、内筒也相应在模板内砌筑 250mm 高耐火砖，当外筒连续滑升 3 个提升层后，内筒也相应浇筑水玻璃耐酸陶粒混凝土 750mm 高，其矿棉板和镀锌钢板也紧跟内筒提升完成。而依附于外筒的旋转钢梯和筒间钢平台、信号平台等也随滑升同步进行。当外筒滑升至筒间平台标高以上 1.5m 处时，停止滑升，拆除内筒外模与斜支柱相碰处的模板，先施工斜支柱（装劲性骨架、挂模板和浇筑混凝土），然后挂环梁底模、安放石棉布和厚钢板、绑扎钢筋和浇筑混凝土，待其混凝土（C40）达 50%以上设计强度时，安装水平钢梁。将外筒滑升 750mm 后停滑，再绑扎 420mm×1200mm 环梁钢筋、浇筑水玻璃耐酸混凝土，从而完成一个层段（25m）的施工，再进入上一层段的施工（图 13-67a）。

烟囱根部一定高度处为出灰平台和烟道口，可采用滑模、提模或倒模施工出灰平台下筒壁混凝土。当到达除灰平台底部牛腿时，继续提升滑模平台并将筒壁混凝土浇筑至烟道口上部，停滑并开始施工除灰平台（图 13-67b）。

烟囱滑模作业平台装置的拆除一般采用平台部分散拆散落（将散件分别吊下）和随升井架（包括鼓圈）整体降落的做法，即在烟囱内壁顶部相对井架部位预埋 4 副槽钢，在槽钢上挂 5t 捯链，吊住井架鼓圈下用，用 4 根缆绳和 1t 的捯链拉着井架顶部，在鼓圈的上、下各装一道井字形钢管顶撑，撑住烟囱内壁。在平台拆除完毕后，开始整体降落井架：第一步降低井架，通过徐徐放松 5t 捯链和收紧缆绳，以及同时调整井架垂直度和顶紧井字撑（上道井字撑随井架的下降而逐步上移）。待将井架顶部降至与烟囱上口持平时，使用 1 台 5t 双筒卷扬机并用 2 根 φ18.5 钢丝绳，绕过 2 副槽

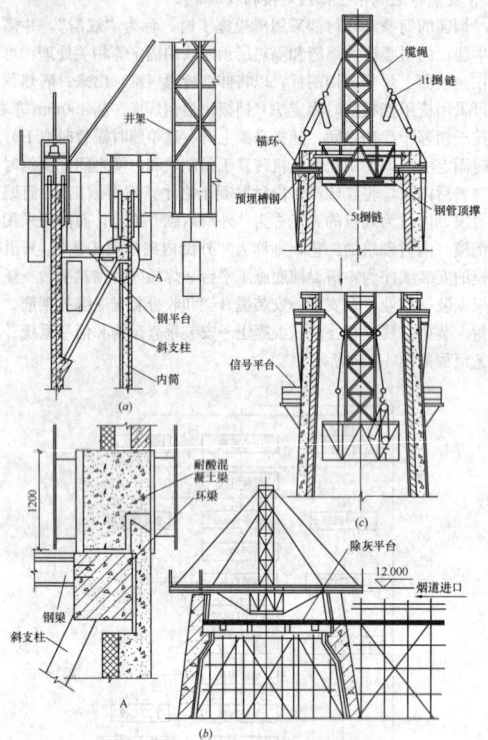

图 13-67 烟囱滑模施工图示
(a)"外滑内提"装置及筒间平台节点;(b)"外滑内砌"除灰
平台施工情况;(c)作业平台分两步拆除

钢上的 2 个滑轮,其中 1 根钢丝绳(接吊索)吊住鼓圈下口的两点,另 1 根钢丝绳(亦接吊索)并通过 2 个 3t 捯链也吊住鼓圈下口(用于调整井架的垂直度)。放松 4 副 5t 捯链,使卷扬机及运转部件处于受力状态,检查设备、地锚等,确认安全可靠后,拆去 5t 捯链和顶部缆绳;第二步为开动卷扬机、降落井架,待降至除灰平台,即可解体运出(图 13-67c)。

双曲线外形的凉水塔(冷却塔),在其环梁(标高 +3.0~5.0m)以上的筒体部分可采用滑模技术进行施工,有提升架直立滑动提模和提升架倾斜滑模两种工艺做法,其装置情况如图 13-68 所示。

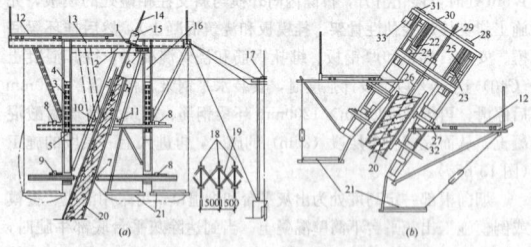

图 13-68 双曲线冷却塔的滑模装置
(a)提升架直立滑动提模装置;(b)提升架斜置滑模装置
1—千斤顶调坡铰座和调坡丝杠;2—千斤顶滑模剪刀撑;3—提升架剪刀撑;4—提升架固定座;5—剪刀撑滑动铰座;6—千斤顶铰座的推拉丝杠;7—顶轮;8—调整丝杠;9—限位卡;10—外活动围梁;11—内活动围梁;12—作业平台;13—提升架横梁;14—支承杆;15—千斤顶;16—提升架立柱;17—激光靶;18—提升架;19—剪刀撑;20—筒壁;21—吊脚手;22—外立柱滑块;23—内立柱滑块;24—剪刀撑;25—控坡、控径丝杠;26—支承杆套管;27—顶紧丝杠顶头板;28—上横梁部轴承座;29—推力连杆;30—液压缸;31—棘轮扳手;32—围梁支承槽钢滑道;33—收绳卷扬机

其中,滑动提模法系将液压千斤顶滑模装置中模板与围梁和提升架之间的连接改为可松开方式,而滑压千斤顶则沿随筒壁斜度设置的支承杆上升,并带动直立式提升架上升。在浇筑混凝土前,依靠提升架将围梁和模板固定到设计位置,待浇完的混凝土达到适合强度后,松开模板和圈梁的固定装置,使模板与混凝土面脱离,启动千斤顶将模板装置提升到上一个浇筑层位置。在整个施工过程中,作业平台和吊脚手架始终处于水平状态,便于上架人员进行操作和纠偏控制。滑动提模系统利用提升架之间剪刀撑的夹角(其变化由移动提升架立腿上的剪刀撑滑块来实现,滑块移动有限位,每次不超过 10mm)来调整提升架的间距,进行模板装置的外张和内收,使筒壁按双曲线设计外形上升。支承杆坡度(应与筒壁外模平行)则通过设于千斤顶底座外侧的调坡丝杠进行调整;提升架倾斜滑模法系将提升架按筒壁坡度装设,在倾斜状态下进行滑模的方式。其提升架与模板、剪刀撑、水平连杆等构件通过辐射(拉圆)拉索与中心拉环连接,形成稳定的环状空间结构,提升架两侧设环状作业平台,下挂吊脚手架。施工中通过调节滑块的高低来改变提升架的间距(变径)和倾斜度。在剪刀撑交点标高处设置可随筒壁变化进行相应伸缩的水平连杆,其一端通过螺母、锥齿轮和传动轴连接,另一端固定在提升架的立柱上。拉圆拉索的一端固定在提升架的上横梁内侧,另一端绕过中心拉环上的滑轮,与装于提升架外侧上端的收绳卷扬机鼓筒相连,在滑升时控制拉索的伸缩。为了适应内外滑块、水平连杆和拉圆拉索这 4 个变量的协调控制,在提升架的上横梁上装有液压缸和机械传动装置,液压缸推动水平连杆作水平运动,并借助扳手、棘爪和棘轮将连杆的水平运动转换为丝杠、竖轴和收绳卷扬机鼓筒的转动,完成其相应变量(都需事先经过严格的计算确定)的规定动作。在棘轮扳手上装有电磁铁离合器,可使 4 个变量分别动作,操作时计算确定的各变量的动作次数,在控制盘上集中进行控制,并用记录器记下操作次数。模板滑升时混凝土的脱模强度应控制在 0.2~0.3MPa。

3. 滑框倒模施工工艺

滑框倒模工艺是在滑模施工工艺的基础上发展而成的一种施工方法。这种方法兼有滑模和倒模的优点,因此易于保证工程质量。

滑框倒模工艺系在模板与围梁之间增设滑道,滑道固定在围梁内侧,随围梁、作业台和提升架滑升,模板留在原位,不滑升,只与滑道间相对滑动,待滑道滑升至上一层模板位置后,拆除最下一层模板(一般配置 3~4 层,每层模板高 500mm 左右,在便于插放的前提下,尽量加大模板宽度,以减少竖向拼缝),清理后倒至上层使用。模板宜采用较为轻便的复合胶合板或双面加涂玻璃钢树脂面层的中密度纤维板,以利于向滑道内插放。

滑框倒模的施工程序:绑一步横向钢筋→安装上一层模板→浇灌一步混凝土→提升一层模板高度→拆除脱出的下层模板,清理后倒至上层使用。如此循环进行,层层上升。

滑框倒模工艺具有以下优点:①滑升阻力显著减小,可相应减少提升设备和滑模装置自重,约可节省 1/6 的千斤顶和减轻 15% 的用钢量;②滑框时模板不动,消除了普通滑模常见的黏模和拉裂现象,滑升时对混凝土强度也无特别严格要求,只要大于 0.05MPa,不致引起混凝土坍塌、支承杆失稳和影响滑升安全即可;③便于及时清理模板和涂刷隔离剂,可有效地消除滑模混凝土的质量通病;④施工方便可靠,便于梁板的插入施工。由于增加了倒模工序,使其施工速度比普通滑模稍有降低。

滑道既是滑升时的侧支承杆,也是在浇筑混凝土时承受和传递侧压力的内层格栅,可采用钢管、角钢或槽钢,间距按模板和围梁的构造设计计算确定,一般为 300~400mm,长度为 1.0~1.5m,安装的锥度(倾斜度)为 0.3%~0.6%,滑道与围梁间采用螺栓连接,对于变厚墙体,可用加垫方木解决。围梁一般采用 10 号工字钢加腹杆形成的桁梁,在大梁处可采用门型围梁,以将被大梁截断的两侧围梁连接起来;变截面墙体的滑道可采用加长滑道臂(用 4mm 厚钢板制作)解决;当变截面处的最后一步混凝土浇筑完毕、并将提升架(底部)空滑至变截面处时,将原滑道与滑道臂拆下,换上加长臂滑道,即可倒模施工。滑框倒模的一些主要构造做法示于图 13-69 中。

4. 其他滑模工艺

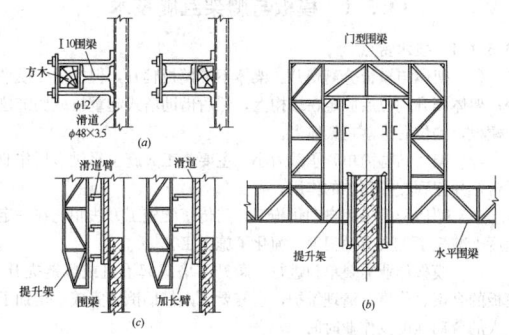

图 13-69 滑框倒模装置的一些构造做法
(a) 滑道与围梁的连接；(b) 大梁处的门型围梁；
(c) 变径和变截面处的做法

(1) 滑柱同步提升网架工艺

利用柱子或框架滑模的装置实现网架屋盖同步顶升的工艺，分别称为"柱子滑模同步提升网架工艺"和"框架滑模同步提升网架工艺"。后者只是多了框架梁的滑模，而工艺原理是相同的，即将在地面组装好的钢网架屋盖结构支承于柱子滑模装置的承力架上，网架与柱滑模装置一起同步上升。采用此法施工时，需首先确定兼顾柱子、框架滑升和网架顶升的机位设置，即一般取柱子和框架梁上的网架支座位置，计算出机位承力架的荷载（包括滑模施工荷载和网架屋盖的顶升荷载），确定包括"体内滑模"和"体外滑模"选用的液压千斤顶的型号、数量及其承力架装置的设计，已知工程案例中，每根柱子按其不同的荷载情况，布置 4 台、8 台、12 台、甚至 24 台 GYD-35 型千斤顶，在梁中部网架支座的两侧布置体外滑升提升架，使用 QYD-60 型和 QYD-100 型千斤顶。在设计承力架及其整体组合时，同时考虑网架顶升支座的设置，可视情况采取以下作法：①在柱子滑模承力架的顶部设一块与柱子断面尺寸相同的 20mm 厚钢板，用于固定千斤顶，同时也承托网架支座。当网架被滑模装置带升至设计标高后，利用钢板上的浇注孔补浇千斤顶下的柱头混凝土。千斤顶支座钢板留在柱头上，将支承杆的多余部分切去后，与支座板焊牢；②用槽钢将柱子或框架梁滑升机位处"开"字形承力架的下横梁连在一起，在槽钢上设置千斤顶支座、网架支座和抬升，将网架顶（提）升至设计标高后，按设计要求予以固定。其主要构造如图 13-70 所示。

(2) 单侧滑模筑壁工艺

采用单侧面滑模板施工只需一侧支模的筑壁工程（如立式矿井的井壁、罐体衬壁以及挡土墙和坝体的护面工程等）的工艺，称为"单侧滑模筑壁工艺"。内侧滑模需要解决好支承杆、提升架和作业平台的设置及其承载稳定问题。对于有圆周或四面墙壁的井筒类工程，可通过对称设置支承杆、提升架和利用作业平台的整体性（构架与环向或双向的水平支撑）作用来解决；而对于开敞型的长直高墙工程，则可视工程情况采取设置水平锚拉、加强单侧支撑等适当措施。支承杆的设置可采用内设（置于单侧墙体之内）或外设。内设支承杆的提升架采用"冂"形构造，而外设又有落地和悬吊两种方式，其提升架的形式可选用包括门形、"开"字形、"冂"形以及其他适合形式。内设和落地式的支承杆受压，悬挂外设的支承杆受拉，故在用于立井筑壁施工时又分别称为"立井压杆式滑模筑壁工艺"和"立井拉杆式滑模筑壁工艺"，并根据立井掘进和护壁的施工要求设计滑模装置和施工工艺，形成了独具特色的立井滑模工艺。如某矿深 342m 的风井，基岩段为单层井壁，采用地面注浆法施工，230m 冻结地层段为双层钢筋混凝土井壁（净内径 5m，壁厚 0.4m），内外井壁均采用拉杆式滑模筑壁工艺，外井壁由上向下分段浇筑，内井壁则由下向上连续浇筑。外井壁滑模装置由刃脚、模板、围圈、上下盘、滑柱（作用相当于提升架）、拉杆（支承杆）、千斤顶和控制台等组成。拉杆和悬吊圈、钢丝绳、凿井绞车等一起构成悬吊设施。刃脚高 1153mm，用 3mm 厚钢板和 L50×6 角钢焊成圆弧形，共 8 块，上设竖筋安放孔。用伸缩螺栓调径

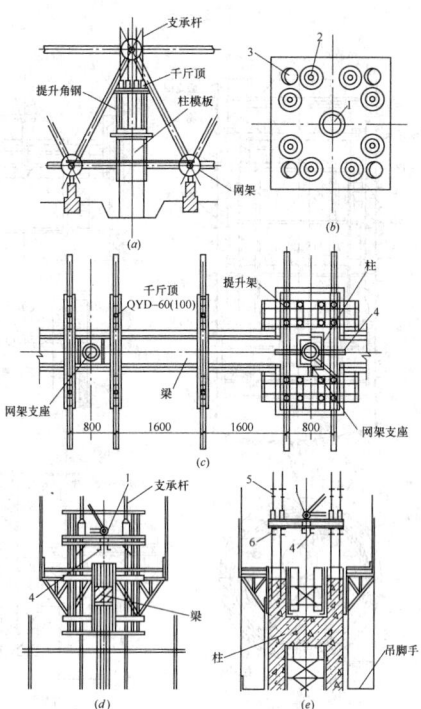

图 13-70 滑柱（框架）同步提升网架工艺的主要构造
(a) 滑框同步提升网架工艺；(b) 柱上千斤顶支座板的
设置；(c) 滑框架同步提升网架装置平面；(d) 框架梁
上的滑模及提升装置；(e) 框架柱上的滑模及提升装置
1—网架支座；2—千斤顶；3—柱头混凝土浇灌孔；4—
支座抬升；5—提升架上横杠；6—提升架下横梁

（径向可调范围为 200mm）。拉柱用 [10 槽钢和扁钢焊接而成，两侧设千斤顶支座，每根拉柱上装 2 台 GYD-35 千斤顶。在用于外井壁施工时，按掘进和筑壁平行作业的要求，共设五层吊盘（全高 15m，总重达 41.5t），原滑模装置的上下盘为第三层（滑模盘）和第四层（辅助盘、装控制台等），第一层为保护盘（防护上空落物），第二层为浇筑盘，而第五层为掘进盘（在盘上安装刃脚、悬吊柔性掩护筒和中心回转式抓岩机）。在各层吊盘上均设有圆形吊筒孔和方形人孔。其作业程序的要点为：①当掘进深度达到筑壁段要求高度后，先整体下送第五层平台，达预定标高后予以固定，借助激光指向仪安设刃脚。②在五层吊盘下送前，先将模板沿径向收缩 30mm，使其与井壁脱离，同时将钢筋下送到吊盘，由二层吊盘传到三层吊盘存放。③在绑扎钢筋前，先用 5t 捯链将三层和四层吊盘下降 2m 左右，安设全部竖筋（其上端与上段井壁的竖筋绑扎连接，下端插入刃脚的钢筋孔内），绑扎横筋，待横筋绑扎高度超过刃脚后，将三层和四层吊盘落到预定位置。④待模板随吊盘落到刃脚后，再将模板向外撑 30mm，并以激光指向仪校正。⑤混凝土用平板车送到井口，再用绞车下送到二层吊盘，卸入 1.5m³ 的分灰器，经串筒入模。⑥每浇筑井壁的一个段高后，下放一次固定圈，下放前应先松开千斤顶的固定圈和支承杆的螺母，将支承杆下放一个段高。待固定圈下放固定后，再将千斤顶固定和装上支承杆螺帽（固定在固定圈的下缘）。上端支承杆长 3.0m，穿心支承杆长 1.0m，其他中间接长段长 0.5～3.0m。内井壁在外井壁全部完成后开始施工，拆除第五层吊盘，将三、四层吊盘与一、二层脱离，自下而上进行连续施工。

立井压杆式滑模筑壁工艺的支承杆设于新浇混凝土中，其作法同传统滑模工艺。

罐体衬壁滑模和墙体加厚滑模，一般都采用悬挂支承杆的单侧滑模筑壁工艺，在金属罐体顶部或建（构）筑物顶部设三角形挑架，以千斤顶倒提支承杆，实现向上滑升。

以上单侧滑模筑壁工艺装置的主要构造情况见图 13-71。

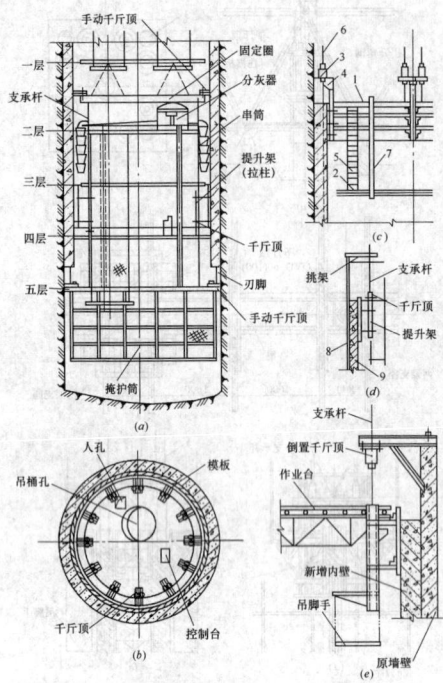

图 13-71 单侧滑模筑壁工艺装置的基本构造情况

(a) 五层吊盘立井拉杆式滑模筑壁工艺装置；(b) 四层吊盘平面；
(c) 立井压杆式滑模筑壁工艺装置；(d) 罐体衬壁滑
模装置；(e) 墙体加厚滑模装置

1—滑模上盘；2—滑模下盘；3—千斤顶；4—提升架；5—铁爬
梯；6—支承杆；7—立柱；8—金属罐体；9—内衬壁或外衬壁

13.5 爬升模板

爬升模板简称爬模，是通过附着装置支承在建筑结构上，以液压油缸或千斤顶为爬升动力，以导轨为爬升轨道，随建筑结构逐层爬升、循环作业的施工工艺。施工的一种模板工艺，它是钢筋混凝土竖向结构施工继大模板、滑升模板之后的一种较新工艺。

爬升模板，由于它综合了大模板和滑升模板的优点，已形成了一种施工中模板不落地，混凝土表面质量易于保证的快捷、有效的施工方法，特别适用于高耸建（构）筑物竖向结构浇筑施工。爬升模板既有大模板施工的优点，如：模板块尺寸大，成型的混凝土表面光滑平整，能够达到清水混凝土质量要求；又有滑升模板的特点，如：自带模板、操作平台和脚手架随着的增高而升高，抗风能力强，施工安全，速度快等；同时又比大模板和滑升模板有所发展和进步，施工精度更高，施工速度和节奏更快更有序，施工更加安全，适用范围更广阔。

爬升模板施工工艺一般具有以下特点：

(1) 施工方便，安全。爬升模板顶升（或提升）脚手架和模板，在爬升过程中，全部施工静荷载及活荷载都由建筑结构承受，从而保证安全施工。

(2) 可减少耗工量。架体爬升、楼板施工和绑扎钢筋等各工序互不干扰。

(3) 工程质量高，施工精确度高。

(4) 提升高度不受限制，就位方便。

(5) 通用性和适用性强，可用于多种截面形状的结构施工，还可用于有一定斜度的构物施工，如桥墩、塔身、大坝等。

目前爬升模板技术有多种形式，常用的有：模板与爬架互爬技术、新型导轨式液压爬模（提升或顶升）技术、新型液压钢平台爬升（提升或顶升）技术。

13.5.1 模板与爬架互爬技术

13.5.1.1 技术特点

(1) 架体与模板分离爬升。架体不带模板爬升，但提供支模平台；架体爬升到位后固定在结构上，然后借助塔式起重机或捯链拉升模板，到位后坐落在架体上。

(2) 架体结构简单，承载力小，主要为工人施工提供多层作业平台，并起到支撑防护的作用。

(3) 架体爬升采用自动化施工，与传统的施工方法相比在一定程度上减轻了工人劳动强度，简化了施工工艺。

(4) 模板作业需要单独进行，爬升靠塔式起重机或捯链提升，模板的合模、分模、清理维护，也需要工人借助捯链完成，增加了工人的劳动强度及作业时间。

(5) 架体通用性好，可重复使用。

13.5.1.2 结构组成及原理

现有的模板与爬架互爬技术，按爬升动力不同分为液压顶升式爬升、电动葫芦提升式爬升，不论哪一种技术，其核心组成包括附着装置、升降机构、防坠装置架体系统、模板系统。

1. 附着装置

附着在建（构）筑物结构上，与架体的竖向主框架连接并将架体固定，承受并传递架体荷载的连接结构，由预埋件和固定套（承力件）组成，具有附着、导向、防倾功能。预埋件埋在结构中，其位置的准确性保证了架体的爬升定位准确，因此预埋件起到导向、定位的作用；固定套承受整个架体的自重及架体上的施工荷载，并将架体固定在附着装置上，起到防止架体倾覆作用。

2. 升降机构

由导轨、爬升动力设备组成，可自动爬升并锁定架体，通过爬升动力作用，可以实现导轨沿附着装置、架体沿导轨的互爬过程。

3. 架体系统

架体系统由竖向主框架、水平连接桁架、各作业平台组成，架体系统的主要作用是为工人施工提供多层作业平台，为模板作业提供支模平台。

4. 模板系统

模板系统由模板及其提升装置组成，架体爬升到位后模板通过塔式起重机或起吊葫芦提升至上一层作业平台，人工操作完成合模、分模作业。

13.5.1.3 施工工艺及要点

(1) 模板与爬架互爬技术施工工艺流程见图 13-72。

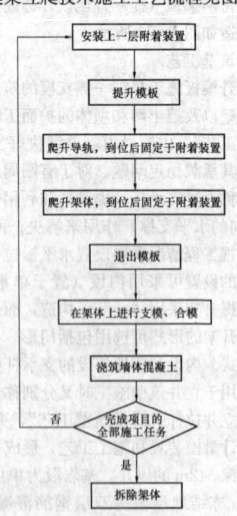

图 13-72 典型的模板与爬架互爬
技术施工工艺流程图

(2) 模板与爬架互爬技术施工要点：

1) 架体与模板安装使用前应制定施工组织方案，对相关施工人员进行技术交底和安全技术培训。

2) 架体设计、安装应由有资质的单位施工。

3) 架体使用前进行安全检查, 对于液压动力设备检查是否有漏油现象, 对于电动葫芦应理顺提引捯链, 不得出现翻链、扭接现象。

4) 架体爬升前, 要清理架体杂物, 墙体混凝土强度应达到设计要求后方可爬升。

5) 爬升时应实行统一指挥、规范指令, 爬升指令只能由一人下达, 但当有异常情况出现时, 任何人均可立即发出停止指令。

6) 架体爬升到位后, 必须及时进行附着固定和防护, 检查无误后方可进行模板提升作业。

7) 模板提升到位后应靠近墙体, 并用模板对拉螺栓将模板与墙体进行刚性拉结, 确保架体上端有足够的稳定性。

8) 当遇到 6 级以上大风、雷雨、大雪、浓雾等恶劣天气时禁止爬升和装拆作业, 大风天气要对架体进行拉结, 夜间严禁进行升降和装拆作业。

9) 架体施工荷载 (限两层同时作业) 小于 $3kN/m^2$, 与爬升无关的物体均不应在脚手架上堆放, 严格控制施工荷载, 不允许超载。

10) 架体施工区域内应有防雷设施, 并应设置消防设施。

11) 当完成架体施工任务时, 对架体进行拆除, 先清理架上杂物及各种材料, 并在拆除范围内做醒目标识, 同时对拆除区域进行警戒, 经检查符合拆除要求后方可进行。

13.5.2　新型导轨式液压爬升 (顶升、提升) 模板

13.5.2.1　导轨式液压顶升模板

1. 技术特点

(1) 结构设计遵循: 《液压爬升模板工程技术规程》 (JGJ 195—2010), 《液压升降整体脚手架安全技术规程》 (JGJ 183—2009), 《建筑施工安全检查标准》 (JGJ 59) 和建建 [2000] 230 号关于颁布《建筑施工附着升降脚手架管理暂行规定》的通知、《建筑结构荷载规范》 (GB 50009)、《钢结构设计规范》 (GB 50017) 等标准、规范、规定的有关要求。

(2) 采用架体与模板一体化式爬升方式。架体爬升时带动模板一起爬升, 架体既是模板爬升的动力系统, 也是支撑体系。

(3) 爬升动力为顶升力。动力设备通常采用液压油缸、液压千斤顶; 操作简单、顶升力大、爬升速度快, 具有过载保护。

(4) 采用同步控制器, 架体爬升同步性好, 爬升平稳、安全。

(5) 模板作业简单。模板随架体爬升, 省时省力; 模板支撑系统中设计模板移动滑车及调节支腿, 可方便地完成合模、分模及模板多方位微调, 有助于模板施工; 架体提供模板作业平台, 可进行模板的清理与维护。

(6) 架体设计多层绑筋施工作业平台, 满足不同层高绑筋需求, 方便工人施工。

(7) 架体结构合理, 强度高, 承载力大, 高空抗风性好, 安全性高。

(8) 带模板自动爬升, 节省塔式起重机吊次和现场施工用地, 施工工艺简单, 施工进度快, 劳动强度低。

(9) 架体一次性投入较大, 但周转使用次数多, 综合经济性好。

2. 结构组成及原理

导轨式液压顶升模板技术由模板系统、架体与操作平台系统、液压爬升系统、电气控制系统组成 (图 13-73)。

(1) 模板系统

模板系统由模板、模板调节支腿、模板移动滑车组成。模板爬升完全借助架体, 不需要单独作业; 模板的合模、分模采用水平移动滑车, 带动模板沿架体主梁水平移动, 模板到位后用楔铁进行定位锁紧。模板垂直度及位置调节通过模板支腿和高低调节器完成。

(2) 架体与操作平台系统

架体与操作平台系统一般竖跨 4 个半层高, 由上支撑架、架体主框架、防坠装置、挂架、水平桁架、各层作业平台和脚手板组成。上支撑架一般为 2 个层高, 提供 3~4 层绑筋作业平台, 可以

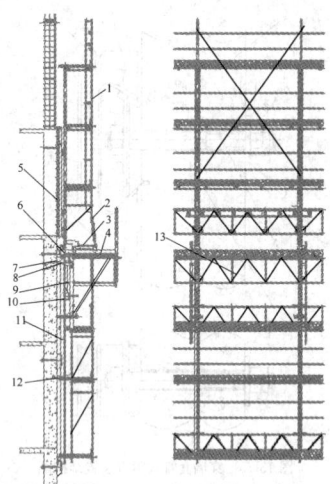

图 13-73　典型的导轨式液压油缸顶升模板架体
1—上支撑架; 2—模板调节支腿; 3—模板移动滑车; 4—架体主框架; 5—模板; 6—防坠装置; 7—附着装置; 8—上爬升箱; 9—油缸; 10—下爬升箱; 11—导轨; 12—挂架; 13—水平桁架

满足建筑结构不同层高绑筋需求。主框架是架体的主支撑和承力部分, 主框架提供模板作业平台和爬升操作平台。防坠装置采用新型的钢绞线锚夹具结构 (图 13-74)。

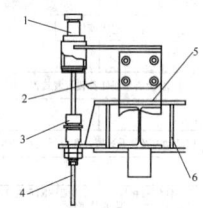

图 13-74　钢绞线锚夹具式防坠装置结构示意图
1—防坠装置 (上); 2—安装板; 3—防坠装置 (下); 4—防坠钢绞线; 5—导轨; 6—架体主梁

防坠装置上端固定端在导轨的上部, 下端 (又称为锁紧端) 安装在架体主承力架的主梁上, 预应力钢绞线一端锚固在上端部, 另一端从下端 (锁紧端) 穿过, 当出现架体突然下坠时, 下端 (锁紧端) 内的弹簧会自动推动钢绞线夹片进行楔紧, 使架体立刻停止下坠, 达到防坠落的目的。挂架提供清理维护平台, 主要用于拆除下一层已使用完毕的附着装置。水平桁架与脚手板主要起到连接和安全防护目的。

(3) 液压爬升系统

液压爬升系统由附着装置、H 型导轨、上下爬升箱和液压油缸等组成, 具有自动爬升、自动导向、自动复位和自动锁定的功能。通过爬升机构的上下爬升箱、液压油缸、H 型导轨上的踏步承力块和导向板以及电控液压系统的相互动作, 可以实现 H 型导轨沿着附着装置升降, 架体沿着 H 型导轨升降的互爬功能。附着装置 (图 13-75) 采用预埋式或穿墙套管式, 直接承受传递全套设备自重及施工荷载和风荷载, 具有附着、承力、导向、防倾功能。

(4) 电气控制系统

电气控制系统由电动机、主控制器、分控制器、传递线路等部分组成, 控制方式为多点同步式, 具有同步性、精确性、爬升动力大等特点。

3. 施工工艺及要点

(1) 导轨式液压顶升模板技术总体施工工艺流程 (图 13-76)。

(2) 导轨式液压顶升模板技术施工要点:

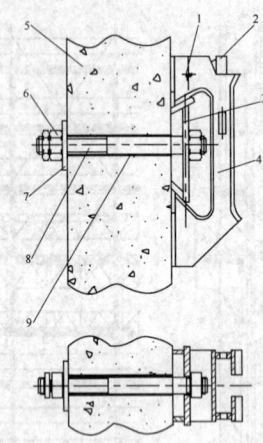

图 13-75　穿墙套管式附着装置结构图

1—销轴；2—导轨挂座；3—固定座；4—附着套；5—墙体；6—螺母；7—垫板；8—穿墙螺杆；9—穿墙套管

图 13-76　典型的导轨式液压顶升模板施工工艺流程图

1）架体与模板安装使用前应制定施工组织方案，且必须经专家论证，对相关施工人员进行技术交底和安全技术培训。

2）架体设计、安装应由有资质的单位施工。

3）安装前需要完成主承力架、导轨及上下爬升箱的组装，借助塔式起重机整体安装，安装完成后应检查验收，并作记录，合格后方可使用。

4）架体使用前进行安全检查，检查液压油缸是否有漏油现象。

5）架体爬升前，要清理架体杂物，解除相邻分段架体之间、架体与建（构）筑物之间的连接，确认各部件处于爬升工作状态，墙体混凝土强度应达到设计要求后方可爬升。

6）启动电控液压升降装置先爬升导轨，导轨爬升到位后固定在附着装置的导轨挂板上，再次启动升降装置顶升架体，到位后固定在附着装置上。

7）爬升时应实行统一指挥、规范指令，爬升指令只能由一人下达，但当有异常情况出现时，任何人均可立即发出停止指令。

8）非标准层层高大于标准层层高时，爬升模板可多爬升一次或在模板上口支模接高，定位预埋件必须同标准层一样在模板上口下规定位置预埋。

9）对于爬模面积较大或不宜整体爬升的工程，可分区段爬升施工，在分段部位要有施工安全措施。

10）油缸同步爬升，整体升差应控制在50mm以内。相邻机位升差应控制在机位间距的1/100以内。

11）模板应采取分段整体脱模，宜采用脱模器脱模，不得采用撬、砸等手段脱模。

12）楼板滞后施工应根据工程结构和爬模工艺确定，应有楼板滞后施工技术安全措施。

13）当遇到6级以上大风、雷雨、大雪、浓雾等恶劣天气时禁止升降和装拆作业，大风天气要对架体进行拉结，夜间严禁进行升降和装拆作业。

14）架体施工区域内应有防雷设施，并设置消防设施。

15）架体施工荷载（限两层同时作业）小于3kN/m²，应保持均匀分布，与爬升无关的其他东西均不应在脚手架上堆放，严格控制施工荷载，不允许超载。

16）当完成架体施工任务时，对架体进行整体拆除。

4. 适用范围

适合任何结构形式的高层、超高层建筑结构施工，能够快速、安全、高质量完成墙体结构施工。

13.5.2.2　导轨式（穿心式）液压提升模板

1. 技术特点

（1）采用架体与模板一体化式爬升方式。与前节中介绍的导轨式液压顶升模板类似，架体爬升时带动模板一起爬升，架体既是模板爬升的动力系统，也是支撑体系。

（2）爬升动力为提升力。动力设备一般采用穿心式液压千斤顶，操作简单、顶升力大、具有过载保护，但爬升速度慢、行程短。

（3）可带单侧模板或双面模板爬升，使用方便。

（4）模板随架体爬升，不需要单独作业；模板合模、分模过程采用模板滚轮，即在模板顶端与架体连接处安装滚轮，推动模板依靠滚轮在相应的架体支架轨道上滚动，完成模板进、退模作业。

（5）架体结构简单，但模板采用滚轮方式在一定程度上限制了利用架体进行绑筋作业，给施工带来不便。

（6）带模板自动爬升，可有效节省塔式起重机吊次和现场施工用地，加快施工进度。

（7）架体一次性投入较大，但周转使用次数多，综合经济性好。

2. 结构组成及原理

导轨式液压提升模板技术由模板系统、架体与操作平台系统、液压提升系统、电气控制系统组成（图13-77）。

（1）模板系统

模板系统由模板、模板支腿组成，内外模板通过模板支腿连接

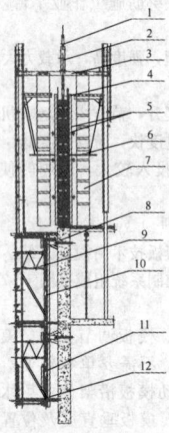

图 13-77　典型导轨式液压提升模板结构示意图

1—限位卡；2—液压千斤顶；3—主梁；4—支撑杆；5—模板；6—模板支腿；7—内外提升架；8—附着向导架；9—外挂架；10—导轨；11—水平桁架；12—脚手板

在内外提升架上，并随主梁一起爬升；进行墙体混凝土施工时，模板合模、退模通过模板支腿进行调节。

（2）架体与操作平台系统

架体与操作平台系统由内外提升架、外挂架、水平桁架、脚手板组成。内外提升架通常一个半到两个层高，提供模板作业、提升作业操作平台；提升架上端与主梁连接处安装滚轮，可以沿主梁前后移动（图13-78），并通过销轴定位，能够满足变截面墙厚施工；外挂架提供导向作业平台。

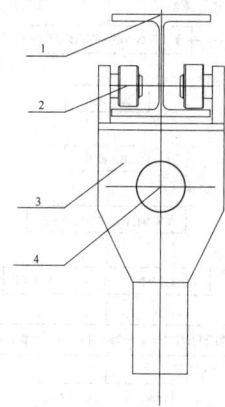

图 13-78 提升架与主梁连接结构示意图
1—架体主梁；2—滚轮；3—模板挂架；4—销轴

（3）液压提升系统

液压提升系统由限位卡、支撑杆、液压千斤顶、主梁、附着导向座、导轨等组成，支撑杆是爬升过程的主要承力部件，单次爬升最大距离由限位卡控制，附着导向座和导轨具有爬升导向作用。在结构施工中，支撑杆埋在墙体结构中，模板及施工作业架挂在主梁上，在液压油压的作用下，千斤顶提升主梁、模板、架体系统一起沿支撑杆爬升，到位后固定在支撑杆上。

（4）电气控制系统

电气控制系统由电动机、控制器、传输线路等部分组成，控制方式为单点式，具有控制简单、爬升动力大等特点。

3. 施工工艺及要点

（1）导轨式液压提升模板技术总体施工工艺流程如图13-79所示。

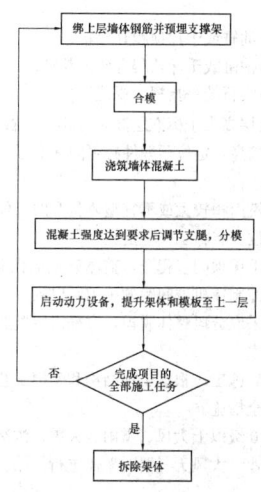

图 13-79 典型的导轨式液压提升
模板施工工艺流程图

（2）导轨式液压提升模板技术施工要点：

1）在架体与模板安装使用之前应制定施工组织方案，对相关施工人员进行技术交底和安全技术培训。

2）安装前首先在墙体结构中埋设支撑架。

3）借助塔式起重机对架体、模板、提升设备整体安装。

4）架体爬升前，要清理架体杂物，墙体混凝土强度应达到设计要求后方可爬升。

5）启动液压千斤顶整体爬升架体及导轨，到位后固定在支撑杆上。

6）千斤顶的支撑杆上应设限位卡，每隔500～1000mm调平一次，整体升差值宜在50mm以内。

7）对于爬升面积较大或不宜整体爬升的工程，可分区段爬升施工，在分段部位要有施工安全措施。

8）模板应采取分段整体脱模，宜采用脱模器脱模，不得采取撬、砸等手段脱模。

9）爬升时应实行统一指挥、规范指令。

10）当遇到6级以上大风、雷雨、大雪、浓雾等恶劣天气时禁止爬升和装拆作业，大风天气要对架体进行拉结，夜间严禁进行升降和装拆作业。

11）架体内外挂架上施工荷载（限两层同时作业）小于$3kN/m^2$，应保持均匀分布，与爬升无关的物体均不应在脚手架上堆放，严格控制施工荷载，不允许超载。

12）当完成架体施工任务时，对架体进行整体拆除。

4. 适用范围

适合筒仓、柱形结构墙体施工。

13.5.3 新型液压钢平台爬升（顶升、提升）模板

13.5.3.1 液压钢平台顶升模板

1. 技术特点

（1）形成核心筒筒体内组合式钢物料平台技术，功能完善，集多面模板作业、绑筋、堆放施工物料、工人作业平台于一体。

（2）满足不同跨距、不同结构形式的核心筒筒体内结构施工要求。

（3）爬升动力为顶升力，爬升设备为液压油缸或液压千斤顶，顶升力大、爬升速度快、爬升平稳、具有过载保护。

（4）采用大吨位多点同步控制技术，可以实现架体单独、分段、整体爬升。

（5）模板作业更加方便简单，可带多面模板一起爬升，不需要塔式起重机反复进行吊装拆除。架体提供了模板操作平台，可进行模板作业。

（6）与立体交叉式施工工艺相结合，充分利用高层建筑竖向空间上的优势，施工中进行空间分区、分层流水作业，有效地拓展施工作业面，可以更加合理地安排施工工序，显著提高施工工效。

（7）架体强度高，承载力大，使用周期长，综合性能好。

（8）自动化程度高、劳动强度低、施工速度快、效率高，使用安全，操作简单。有效节省塔式起重机吊次和现场施工用地，加快施工进度。

（9）使用中无噪声、无扬尘、无污染、无扰民，节能环保。

2. 结构组成及原理

液压钢平台顶升模板技术由模板系统、架体与操作平台系统、液压爬升系统、电气控制系统组成，如图13-80、图13-81所示。

（1）模板系统

模板系统由模板、模板移动装置组成。液压钢平台顶升模板技术目前采用两种支模体系：一是采用水平移动滑车，带动模板沿架体主梁水平移动，到位后用楔铁进行锁紧；二是采用滚轮与倒链相结合的方式进行模板的合模、退模作业，模板退出后用丝杠（或固定螺栓）进行锁紧。这两种支模体系均保证工人在可爬模架作业平台上即可以进行合模、退模、模板清理等工作，有效减少塔式起重机吊次。

（2）架体与操作平台系统

架体与操作平台由附着装置、架体主框架（或内外框架）、防坠装置、挂架、钢平台支撑、水平桁架、各层作业平台和脚手板组成。架体钢平台支撑一般2个层高，可以满足不同层高绑筋作业要求，钢平台承载力达0.5kg/m²；架体主梁承担并传递整个施工荷

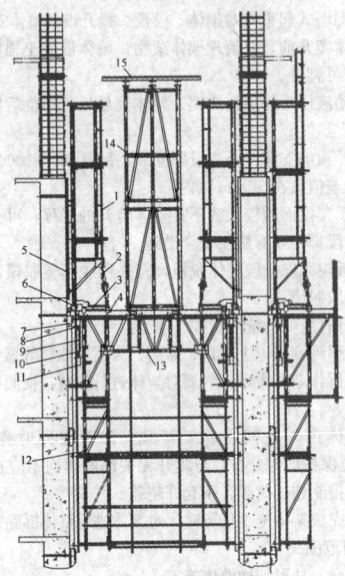

图 13-80 典型液压油缸钢平台顶升
模板结构示意图

1—上支撑架；2—模板调节支腿；3—模板移动滑车；4—架
体主框架；5—模板；6—架体主框梁；7—附着防坠装置；8—
上爬升箱；9—油缸；10—下爬升箱；11—导轨；12—挂架；
13—连梁；14—钢平台支架；15—钢平台横梁

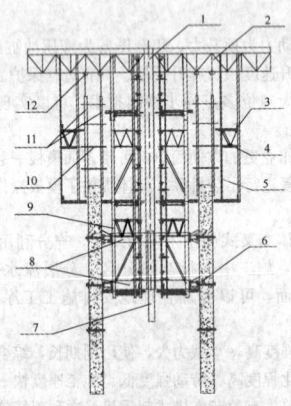

图 13-81 典型液压千斤顶钢平台顶升
模板结构示意图

1—导轨；2—钢平台支架；3—脚手架；4—水
平桁架；5—外框架；6—附着防坠装置；7—液
压千斤顶；8—架体主梁；9—内挂架；10—对
拉螺栓；11—模板；12—模板移动装置

载及自重；架体下层作业平台是爬升过程控制平台，并为拆除下层使用完毕的附着装置提供的作业平台。附着装置采用预埋式或穿墙套管式，直接承受传递全套设备自重及施工荷载和风荷载，是爬模施工中唯一需要周转使用的部件。

(3) 液压爬升系统

液压爬升系统由导轨、爬升箱和液压油缸（或液压千斤顶）等组成，具有自动爬升、自动导向、自动复位和自动锁定的功能。通过爬升机构的上下爬升箱、液压动力设备、导轨以及电控液压系统的相互动作，可以实现导轨沿着附着装置升降、架体沿着导轨升降的互爬功能。液压顶升设备放在架体两侧中间部位（如图 13-80 所示，此时爬升过程为两端顶升架体），或放在整个架体中间下端（如图 13-81 所示，此时爬升过程为中间集中顶升架体）。

(4) 电气控制系统

电气控制系统由电动机、主控制器、分控制器、传输线路等部分组成，控制方式为多点同步式，具有同步性、精确性、爬升动力大等特点。

3. 施工工艺及要点

(1) 液压钢平台顶升模板技术施工流程如图 13-82 所示。

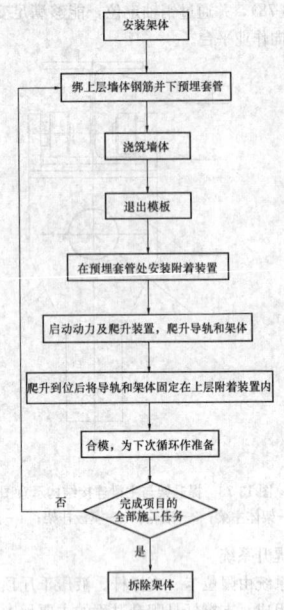

安装架体
↓
绑上层墙体钢筋并下预埋套管
↓
浇筑墙体
↓
退出模板
↓
在预埋套管处安装附着装置
↓
启动动力及爬升装置，爬升导轨和架体
↓
爬升到位后将导轨和架体固定在上层附着装置内
↓
合模，为下次循环作准备
↓
完成项目的全部施工任务 ——否——
↓是
拆除架体

图 13-82 典型的液压钢平台顶升模板
技术施工工艺流程图

(2) 液压钢平台顶升模板技术施工要点：

1) 架体与模板安装使用前应制定施工组织方案，对相关施工人员进行技术交底和安全技术培训。

2) 架体设计、安装应由有资质的单位施工。

3) 借助塔式起重机整体安装架体系统和模板系统。

4) 借助塔式起重机整体安装钢平台体系。

5) 架体爬升前，要清理架体杂物，墙体混凝土强度应达到设计要求后方可爬升，架体爬升时施工荷载（限两层同时作业）小于 $0.5kN/m^2$。

6) 启动液压油缸或千斤顶爬升导轨。

7) 启动液压油缸或千斤顶爬升架体及模板。

8) 爬升时应实行统一指挥、规范指令。

9) 非标准层高大于标准层高时，爬升模板可多爬升一次或在模板上口支模接高，定位预埋件必须同标准层一样在模板上口以下规定位置预埋。

10) 对于爬模面积较大或不宜整体爬升的工程，可分区段爬升施工，在分段部位要有施工安全措施。

11) 油缸、千斤顶同步爬升，整体升差应控制在 50mm 以内；相邻机位升差应控制在机位间距的 1/100 以内。

12) 模板应采取分段整体脱模，宜采用脱模器脱模，不得采用撬、砸等手段脱模。

13) 楼板滞后施工应根据工程结构和爬模工艺确定，应有楼板滞后施工技术安全措施。

14) 当遇到 6 级以上大风、雷雨、大雪、浓雾等恶劣天气时禁止爬升和装拆作业，大风天气要对架体进行拉结，夜间不宜进行升降和装拆作业。

15) 架体主框架（或内外框架）施工荷载（限两层同时作业）小于 $3kN/m^2$，应保持均匀分布，物料钢平台施工荷载小于 $0.5kN/m^2$，严格控制施工荷载，不允许超载。

16) 架体施工区域内应有防雷设施，并应设置消防设施。

17) 当完成架体施工任务时，对架体进行整体拆除。

4. 适用范围

适合任何结构形式高层、超高层建筑的核心筒筒体、塔台、筒仓、桥墩结构施工。

13.5.3.2 液压钢平台提升模板

1. 技术特点

（1）功能完善，提供绑筋作业及堆放施工物料的平台，架体与模板分开爬升。

（2）架体结构整体性好，但通用性差，当结构平面发生变化时，需要进行部分架体二次拆装，因此适合截面变化不大的筒体结构施工。

（3）爬升动力为提升力，爬升设备放置在整个结构上方，一般采用升板机，速度快、结构简单、操作方便，但提升力小、提升钢平台需要升板机数量多，采用链条拉拽平台，容易出现卡链、断链等现象。

（4）模板爬升、合模、分模作业需要借助倒链完成；架体提供支模平台，可进行模板的清理与维修。

（5）架体强度高，承载力大，使用周期长。

（6）钢平台耗钢量大，通用性差，使用安全，施工速度快。

（7）一次性投入大，特别是爬升承力及导向用的格构柱，需要埋设在墙体结构中，造成了一定的浪费。

2. 结构组成及原理

液压钢平台提升模板技术由模板系统、架体与操作平台系统、液压爬升系统、电气控制系统组成（图13-83）。

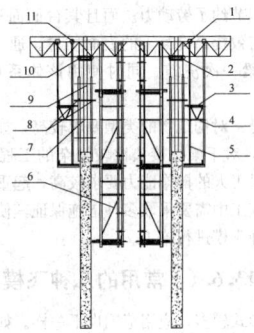

图13-83 典型液压钢平台提升模板结构示意图

1—钢平台；2—附着固定座；3—脚手板；4—水平桁架；5—外框架；6—内框架；7—模板对拉螺栓；8—模板；9—格构柱；10—模板提升倒链；11—升板机

（1）模板系统

由模板、模板施工倒链组成。

液压钢平台提升模板作业是通过倒链实现，架体爬升到位后，借助倒链拉升模板，到位后通过模板对拉螺栓固定，架体提供支模平台，减少塔式起重机吊次。

（2）架体与操作平台系统

由附着装置、钢平台、内挂架、外挂架、水平桁架、各层作业平台、脚手板组成。钢平台支架一般为2个层高，可以满足不同层高绑筋作业要求，钢平台承载力达0.5kN/m²；内外挂架提供多层施工作业平台。

（3）液压爬升系统

由格构柱、爬升动力设备（升板机）组成。格构柱既是爬升的导向装置，也是爬升的定位装置，在整个建筑结构施工中需要多根格构柱，这些格构柱将埋设在墙体中，分段拼接，一直到爬升完毕；爬升时架体在爬升动力设备的作用下，沿格构柱爬升，到位后通过附着固定座将架体锁定在格构柱中，并进行墙体施工。

（4）电气控制系统

电气控制系统由电动机、控制器、传输线路等部分组成，控制方式为多点同步式，具有同步性、精确性、爬升动力大等特点。

3. 施工工艺及要点

（1）液压钢平台提升模板技术施工流程如图13-84所示。

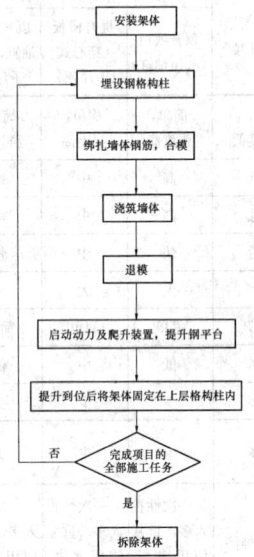

图13-84 典型的液压钢平台提升模板技术施工工艺流程图

（2）液压钢平台提升模板技术施工要点：

1）架体与模板安装使用前应制定施工组织方案，对相关施工人员进行技术交底和安全技术培训。

2）架体设计、安装应由有资质的单位施工。

3）安装架体前首先在墙体中埋设格构柱。

4）借助塔式起重机整体安装架体系统和模板系统，并用附着固定座将架体固定在格构柱中。

5）安装升板机。

6）架体爬升前，要清理架体杂物，墙体混凝土强度应达到设计要求后方可爬升。

7）同步启动升板机电控装置，整体提升架体系统，到位后固定在上一层格构柱中。

8）借助导链提升模板，到位后用模板对拉螺栓固定。

9）爬升时应实行统一指挥、规范指令。

10）非标准层层高大于标准层高时，爬升模板可多爬升一次或在模板上口支模接高，定位预埋件必须同标准层一样在模板上口以下规定位置预埋。

11）对于爬模面积较大或不宜整体爬升的工程，可分区段爬升施工，在分段部位要有施工安全措施。

12）模板应采取分段整体脱模，宜采用脱模器脱模，不得采取撬、砸等手段脱模。

13）楼板滞后施工应根据工程结构和爬模工艺确定，应有楼板滞后施工技术安全措施。

14）当遇到6级以上大风、雷雨、大雪、浓雾等恶劣天气时禁止爬升和装拆作业，大风天气要对架体进行拉结，夜间严禁进行升降和装拆作业。

15）架体主框架（或内外框架）施工荷载（限两层同时作业）小于3kN/m²，应保持均匀分布，物料钢平台施工荷载小于500kg/m²，严格控制施工荷载，不允许超载。

16）架体施工区域内应有防雷设施，并应设置消防设施。

17）当完成架体施工任务时，对架体进行整体拆除。

4. 适用范围

适合结构形式变化不大的高层、超高层建筑筒体、塔台、筒仓结构施工。

13.5.4 各类型爬模对比

上述各种爬模技术特点的对比如表13-28所示。

各种爬模技术特点对比　　　表 13-28

参数 \ 类型	模板与架体互爬	导轨式液压爬模		液压钢平台	
	模板与架体互爬（液压油缸）	顶升模板（液压油缸）	提升模板（穿心式千斤顶）	顶升（液压油缸、液压千斤顶）	提升（升板机）
结构形式	简单，强度低	简单，强度高	简单，强度高	简单，强度高	简单，强度高
技术水平	低	高	中	高	中
自动化程度	低	高	中	高	中
施工速度	慢	快	中	快	快
爬升动力	小	大	大	大	大
施工工艺	复杂	简单	简单	简单	复杂
劳动强度	高	低	中	低	中
占用场地	多	少	少	少	少
占用塔式起重机	多	少	少	少	较少
经济性	综合经济性差	一次性投入多，重复使用率高，综合经济性好	一次性投入多，重复使用率高，综合经济性好	一次性投入多，重复使用率高，综合经济性好	一次性投入多，可重复使用

13.5.5　爬升模板的安全规定与使用

（1）爬模施工应按照《建筑施工高处作业安全技术规范》（JGJ 80）的要求进行。

（2）爬模工程在编制施工组织设计时，必须制定施工安全措施。

（3）爬模工程使用应设专职安全员，负责爬模施工安全和检查爬模装置的各项安全设施，每层填写安全检查表。

（4）操作平台上应在显著位置标明允许荷载值，设备、材料和人员等荷载应均匀分布，人员、物料不得超过允许荷载；爬模装置爬升时不得堆放钢筋等施工材料，非操作人员应撤离操作平台。

（5）爬模施工临时用电线路架设及架体接地、避雷措施等应按《施工现场临时用电安全技术规范》（JGJ 46）的有关规定执行。

（6）机械操作人员应执行机械安全操作技术规程，定期对机械、液压设备等进行检查、维修，确保使用安全。

（7）操作平台上必须设置灭火器，施工消防供水系统应随爬模施工同步设置。在操作平台上进行电、气焊作业时应有防火措施和专人看护。

（8）上下架体操作平台均应满铺脚手板，脚手板铺设应按《建筑施工扣件钢管脚手架安全技术规范》（JGJ 130）的有关规定执行；上、下架体全高范围及下端平台底部均应安装防护栏及安全网；主操作平台及下架体下端平台与结构表面之间应设置翻板和兜网。

（9）遇有六级以上强风、雨雪、浓雾、雷电等恶劣天气，禁止进行爬模施工及装拆作业，并应采取可靠的加固措施。

（10）爬模装置拆除前，必须编制拆除技术方案，明确拆除部件的先后顺序，规定拆除安全措施，进行安全技术交底。爬模装置拆除时应做到先装的后拆，后装的先拆，独立高空作业宜用塔式起重机进行分段整体拆除。

（11）爬模装置的安装、操作、拆除必须在有资质的专业厂家指导下进行，专业操作人员应进行技术安全培训，并应取得爬模施工培训合格证。

13.5.6　环保措施

（1）模板选用钢模板或优质竹木胶合板和木工字梁模板，提高周转使用次数，减少木材资源消耗和环境污染。

（2）平台栏杆宜采用脚手架钢管。

（3）模板和爬模装置应做到模数化、标准化，可在多项工程使用，减少能源消耗。

（4）爬模装置加工过程中应降低材料和能源消耗，减少有害气体排放。

（5）混凝土施工时，应采用低噪声环保型振捣器，以降低城市噪声污染。

（6）及时清运施工垃圾，严禁随意凌空抛撒。

（7）液压系统采用耐腐蚀、防老化、具备优良密封性能的油管，防止漏油造成环境污染。

13.6　飞　模

飞模又称台模，因其形状像一个台面，使用时利用起重机械将该模板体系直接从浇筑完毕的楼板下整体吊运飞出，周转到上层布置而得名。

飞模是一种水平模板体系，属于大型工具式模板，主要由台面、支撑系统（包括纵横梁、各种支架支腿）、行走系统（如升降和滑轮）和其他配套附件（如安全防护装置）等组成。其适用于大开间、大柱网、大进深的现浇钢筋混凝土楼板施工，对于无柱帽现浇板柱结构楼盖尤其适用。

飞模的规格尺寸主要根据建筑物的开间和进深尺寸以及起重机械的吊装能力来确定。飞模使用的优点是：只需一次组装成型，不再拆开，每次整体运输吊装就位，简化了支拆脚手架模板的程序，加快了施工进度，节约了劳动力。而且其台面面积大，整体性好，板面拼缝好，能有效提高混凝土的表面质量。通过调整台面尺寸，还可以实现板、梁一次浇筑。同时使用该体系可节约模架堆放场地。

飞模的缺点是：对构筑物的类型要求较高，如不适用于框架或框架-剪力墙体系，对于梁柱接头比较复杂的工程，也难以采用飞模体系。由于它对工人的操作能力要求较高，起重机械的配合也同样重要，而且在施工中需要采取多种措施保证其使用安全性。故施工企业应灵活选择飞模进行施工。

13.6.1　常用的几种飞模

飞模的种类形式较多，应用范围也不一样。如按照飞模的构架材料分类，可分为钢架飞模、铝合金飞模和铝木结合飞模等。

如按照飞模的结构形式分类，飞模可分为立柱式飞模、桁架式飞模和悬空式飞模等。

13.6.1.1　立柱式飞模

立柱式飞模结构简单，制作和应用也不复杂，所以在施工中最为常见，是飞模最基本的形式。立柱式飞模的基本结构可描述为：使用伸缩立柱做支腿支撑主次梁，最后铺设面板。支腿间有连接件相连，支腿、梁和板通过连接件连接牢固，成为整体。

立柱式飞模又分为多种形式：

1. 钢管组合式飞模

这种飞模结构比较简单，可满足多种工程的需要，而且它可由施工人员自行设计搭设，十分方便。钢管组合式飞模的立柱为普通钢管，底部使用丝杠作伸缩调节。主次梁一般采用型钢。面板则可根据情况灵活选择组合钢模、钢边框胶合板模板或普通竹木胶合板。

钢管组合式飞模的关键在于各部分选材规范，同时各部分连接的强度足够牢固，整体结构稳定耐用，其具体构造为：

（1）立柱：柱体可采用脚手管 $\phi48\times3.5$ 或无缝钢管 $\phi38\times4$。柱脚一般使用螺纹丝杠或插孔式伸缩支腿，用于调节高低，适应楼层变化。立柱之间使用水平支撑和斜拉杆连接。一般使用脚手管、扣件连接。

（2）主梁：如采用组合钢模板，可用方钢 $70\times50\times3$。主次梁采用U形扣件连接。主梁与立柱同样可采用U形扣件，如图 13-85 所示。

（3）次梁：如采用组合钢模板，可用方钢 $60\times40\times2.5$；如用其他面板，可使用 $\phi48\times3.5$ 脚手管，并用勾头螺栓与蝶形扣件与面板连接。

（4）面板：如采用组合钢模板，应用 U 卡和 L 销连接。如采

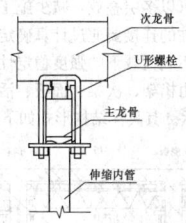

图 13-85　主梁与立柱连接节点

用竹（木）多层复合板材，应尽量选择幅面较大的板，以减少拼缝。

钢管组合式飞模的一种形式，如图 13-86 所示。

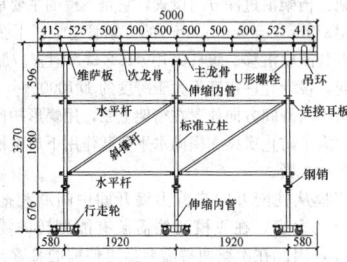

图 13-86　钢管组合式飞模的一种形式

钢管组合式飞模的优点：①结构简单，材料普遍，无特殊构件，一般现场均可自行制作，普及面较广；②结构形式灵活，可自由设计开间进深，满足不同结构尺寸的需要，应用范围较广；③部件均采用常用件，搭设方便快捷，可在短期内见出效益。

钢管组合式飞模的缺点：①虽然其组合方式简便，但稳定性也受到相应影响，需要经常检查各部件的功能和连接稳定性；②其自重较大，移动时要借助专门工具，且高低调节较为吃力。

2. 构架式飞模

构架式飞模由构架、主次梁和面板组成。有的构架底部装有可调节升降的丝杆。构架式飞模的支架体系由一榀榀专用构架组成，每榀宽 1～1.4m，榀间距根据荷载设置为 1.2～1.5m。构架的高度，应与建筑物层高相符。

构架式飞模与钢管组合式飞模的主要区别在于其构架支柱形式，构架式飞模的构架为定制，在规定的尺寸部位焊接有专用连接件，然后各榀构架再通过横杆、剪刀撑等连接在一起。其具体构造如下：

（1）构架：分为竖杆、水平杆和斜杆。采用薄壁钢管。竖杆一般采用 $\phi 42 \times 2.5$，其他连杆可适当缩减用材。竖杆上的连接一般为焊接碗扣型连接件，使各连杆连接稳固可靠。

（2）剪刀撑：各榀构架之间采用剪刀撑相连。剪刀撑可使用薄壁管或钢片制作。每两根中心铰接。剪刀撑与构架竖杆采用装配式插销连接。

（3）主次梁：主梁一般采用标准型材，为减轻自重，可采用铝合金工字梁，在强度允许的范围内，还可采用质量较好的木工字梁，主梁间隔即构架竖杆宽度。次梁一般采用标准方木，次梁间隔根据荷载决定。

（4）面板：采用普通竹木胶合板，平整光滑，可钉可锯，易于更换。

这种构架式飞模比钢管组合式飞模更为专业，各部分连接更加可靠。其拆装也方便，重量相对较小，安装一次成型后，可连续可靠地使用。构架式飞模的缺点是，需要专门的设计人员进行设计，并专门加工，制作需要周期。部分材料（如铝合金型材）成本稍高。

3. 门架飞模

门架飞模，是利用门式脚手架作支撑架，将其按构筑物所需要的尺寸进行组装而成的飞模。门架飞模由采用了成熟的门架技术，使其构造简单，组装简便，稳定耐用。其基本构造是：

（1）架体：使用标准门式脚手架。其规格丰富，连接可靠，承载力较高。门架下端插入可调底托，方便高度调整。门架之间

使用 $\phi 48 \times 3.5$ 脚手管进行拉结，以保证整体刚度。同时设置交叉拉杆，把支撑飞模的门式架组成一个整体。拉杆同样使用脚手管，扣件相连。

（2）主梁：使用 45mm×80mm×3mm 方钢管，使用蝶形扣件固定在门架顶托上。

（3）次梁：使用 50×100mm 方木。根据荷载可选择间距在 800mm 左右。其基本形式如图 13-87 所示。

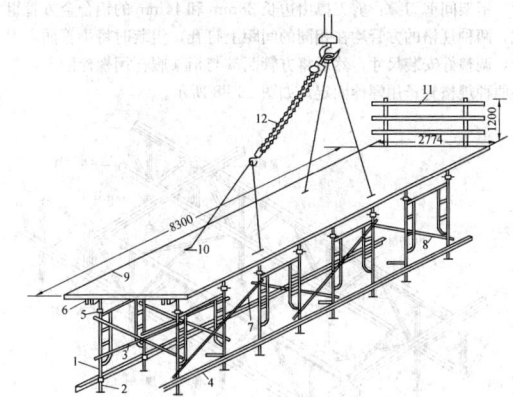

图 13-87　门架式飞模的结构形式

1—门架；2—底托；3—交叉拉杆；4—通长角钢；5—顶托；
6—大龙骨；7—人字支撑；8—水平拉杆；9—面板；
10—吊环；11—护栏杆；12—电动环链

门式脚手架飞模的优点：①选用成熟的门式脚手架作为构架支撑，一方面可使用现成的材料，减少了加工步骤，缩短了工期。同时门式脚手架连接件配套比较成熟，使用起来较为方便；②门架受力合理，形式简单，可减少杆件使用量，减轻飞模重量，提高飞模承载能力；③门架飞模结束使用后，拆卸完毕，门架可继续单独使用，提高了利用效率，使方案经济可行。

门架式飞模的缺点：对建筑物的层高要求较为苛刻，层高变化过大，将影响飞模的使用效率。

13.6.1.2　桁架式飞模

桁架式飞模与立柱式飞模的区别在于其支撑体系从简单的立柱架换为结构稳定的桁架。桁架上下弦平行，中间连有腹杆，可两榀拼装，也可多榀连接。桁架材料可根据情况灵活选用，具体有铝合金和型钢等，各有其特点。

1. 铝木桁架式飞模

这是一种引进型的成熟的工具式飞模体系，其制造商在美国。桁架的主要构件用铝合金制作。重量轻，每平方米自重约 41kg。承载力高，整体刚度好，可拼装成较大的整体飞模，适用于大开间、大进深的楼面工程，是一种比较先进的飞模体系。

这种飞模引进后，最早在北京贵宾楼饭店工程中得到应用，其具体结构如下：

（1）桁架：使用槽型铝合金作材料，分为上弦、下弦和腹杆。上下弦断面由两根槽型铝合金组成，中留间隙夹入腹杆。桁架长度最短为 1.5m，最长可达 10 余米。高度可随建筑物层高而选择。桁架宽度可根据开间大小设置。桁架可接长，使用铝合金方管和螺栓作连接构件，但要注意上下弦接缝处错开。

组装好的桁架承载能力较强，一般支撑间距为 3m 时，可承受 49kN/m² 的荷载。当支撑间距在 4.5m 时，可承载 27kN/m²。间距 6m 时，承载力约为 21kN/m²。

（2）梁：由于桁架上弦可作主梁，只需再配备次梁即可。铝木桁架飞模使用中空铝合金工字梁。可依据飞模的宽度选择多种长度。使用专用卡板与桁架上弦相连。中空铝梁内嵌有方木，方便与面板钉接。铝梁单重 6.8kg/m。

（3）面板：使用 18mm 厚多层板。面板表面覆膜，光滑耐水，可锯可钉。

（4）支腿：使用专用支腿组件支撑飞模，便于调节飞模高低及入模脱模。支腿组件由内套管、外套管及螺旋起重器组成，使用高

碳钢制作。支腿内套管的高度与桁架高度基本相同，支腿的外套管一般较短，并于桁架下弦做固定连接。支模时，支腿可在其长度范围内任意调节。支腿下部放置螺栓起重器，以便支模时找平及脱模时落模作微调。

护身栏及吊装盒：在飞模的最外端设护身栏插座，与桁架的上弦连接。另外每榀飞模有四个吊点，设在飞模中心两边大致对称布置的桁架节点上，四个吊装点设有钢制吊装盒。

桁架间剪刀撑：剪刀撑由边长38mm和44mm的铝合金方管组成，两种规格的方管均在相同的间距上打孔，组装时将小管插入大管，调整好安装尺寸，然后将方管两端与桁架腹杆用螺栓固定，再将两种规格管子用螺栓固定。如图13-88所示。

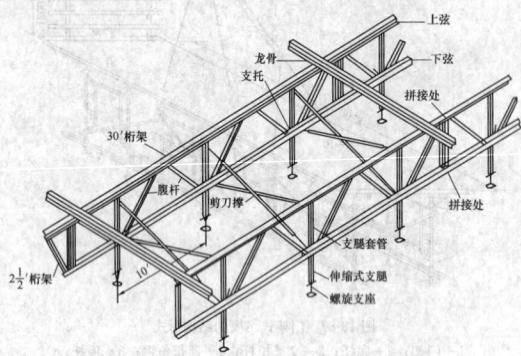

图13-88 铝木桁架式飞模的形式

该飞模体系的优点是结构成熟，整体重量轻，承载力高，工具性强，操作简便。

缺点是成本较高，在国外应用较为广泛，但并不适合国情，难以大面积推广。

2. 跨越式钢管桁架飞模

跨越式钢管桁架飞模，是一种适用于有反梁的现浇楼盖施工的工具式飞模，其特点与钢管组合式飞模相同。具体结构形式如下：

(1) 钢管组合桁架：采用 $\phi48 \times 3.5$ 钢管用扣件相连。每台飞模由三榀平面桁架拼接而成。两边的桁架下弦焊有导轨钢管，导轨至模板面高按实际情况确定。

(2) 龙骨：桁架上弦铺设 $50mm \times 100mm$ 方木龙骨，间距350mm，使用U形卡扣将龙骨与桁架上弦连接。

(3) 面板：采用18mm厚胶板，用木螺钉与木龙骨固定。

(4) 前后撑脚和中间撑脚：每榀桁架设前后撑脚和中间撑脚各一根，均采用 $\phi48 \times 3.5$ 钢管。它们的作用是承受飞模自重和施工荷载，且将飞模支撑到设计标高。

撑脚上端用旋转扣件与桁架连接。当飞模安装就位后，在撑脚中间用十字扣件与桁架连接。当飞模跨越台阶时，可打开十字扣件，将撑脚移离楼面向后旋转收起，并用钢丝临时固定在桁架的导轨上方。

(5) 窗台边梁滑轮：是把飞模送出窗口的专用工具，由滑轮和角钢架组成。吊运飞模时，将窗台边梁滑轮角钢架子固定在窗边梁上，当飞模导轨前端进入滑轮槽后，即可将飞模平稳推出楼外。

(6) 升降行走杆：是飞模升降和短距离行走的专用工具。支模时将其插入前后撑脚钢管内。脱模后，当飞模推出窗口时，可从撑脚钢管中取出。

(7) 操作平台：由栏杆、脚手板和安全网组成，主要用于操作人员通行和进行窗边梁支模、绑扎钢筋。

13.6.1.3 悬架式飞模

悬架式飞模与前两类飞模的区别在于其不设立柱，支撑设在钢筋混凝土建筑结构的柱子或墙体所设置的托架上。这样，模板的支设不需要考虑到楼面的承载力或混凝土结构强度发展的因素，可以减少模板的配置量。

而且，由于没有支撑，其使用不受建筑物层高的影响，从而能适应层高变化较多的建筑物施工，并且飞模下部有空间可供利用，有利于立体交叉施工作业。

飞模的体积小，可以多层叠放，减少施工现场堆放场地。

缺点是托架与墙柱的连接要通过计算确定，并且要复核施工中支撑飞模的结构在最不利荷载下的强度稳定性。

悬架式飞模主要由桁架、次梁、面板、活动翻转翼板和剪刀撑组成，如图13-89所示。其具体结构形式如下：

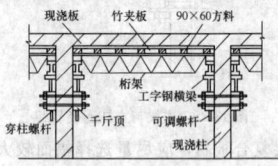

图13-89 悬架式飞模的形式

(1) 桁架：桁架沿进深方向设置，它是飞模的主要承重件。一般上下弦采用 $70mm \times 50mm \times 3mm$ 的方钢管组成。下弦表面要求平整光滑，以利滚轮滑移。腹杆采用 $\phi48 \times 3.5$ 钢管。加工时桁架上弦应稍拱起，设计允许挠度不大于跨度的 $1/1000$。

(2) 次梁：沿开间方向放置在桁架上弦，用蝶形扣件和筋骨螺栓紧密连接。为了防止次梁在横向水平荷载作用下产生松动，可在腹杆上焊接螺栓扣紧。

为了使飞模从柱网开间或剪力墙开间中间顺利拖出，尽量减少柱间拼缝的宽度，在飞模两侧需装有能翻转的翼板。翼板需用次梁支撑，因此在次梁两端需要做可伸缩的悬臂。

(3) 面板：可采用组合钢模板，亦可采用钢板、胶合板等。

(4) 活动反转翼板：活动翻转翼板与面板应用同一种模板，两者之间可用活动钢铰链连接，这样易于装拆，便于交换，并可作90°向下翻转。

(5) 阳台模板：阳台模板搁置在桁架下弦挑出部分的伸缩支架上，伸缩支架用来调节标高。

(6) 剪刀撑：包括水平和垂直剪刀撑，设置在每台飞模的两端和中部，选用与腹杆同样规格的钢管，用扣件与腹杆相连。

(7) 支设点：支撑悬架式飞模的托架，可采用钢牛腿。钢牛腿采用预埋在柱子中的螺栓固定。如果将螺栓插入预理的塑料管内，螺栓还可以抽出重复利用。螺栓和钢牛腿的截面需根据飞模支点的荷载计算确定。

柱箍设在楼板底部标高附近的位置，在相对两个方向分别用一副角钢以螺栓连接，固定在柱子上。飞模就位后，柱子之间的空隙部位用钢盖板铺盖。

13.6.2 升降、行走和吊运工具

为了便于飞模施工，需配套相应的辅助机具。飞模的辅助机具主要包括升降、行走和吊运三大类。

13.6.2.1 升降机具

升降机具，就是在台模就位后，调整台模台面上升的预定高度，并在拆模时，使台面下降，方便飞模运出的辅助机械。常见的形式有以下几种：

1. 立柱台模升降车

升降车既能控制台模升降，又能移动飞模，非常便利。它以液压为动力传动，由多个功能部分构成（图13-90）。其顶升荷载可达5～10kN，升降调节高度达 0.5m，顶升速度为 0.5m/min，下降速度最快可达5m/min，重量200kg。

2. 悬架飞模升降车

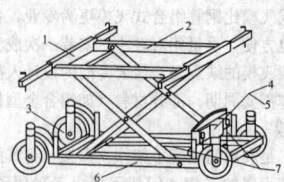

图13-90 立柱台模升降车
1—伸缩臂架；2—升降架；3—行走铁轮；4—升降
机构；5—千斤顶；6—底座；7—提升钢丝绳

由行走转向轮、立柱、手摇千斤顶、伸缩构架和导轮等部分组成。伸缩构架为门形悬臂横梁，上装有导轮，承载飞模和滑移飞模。当飞模升降承载后，将手摇绳筒的钢丝绳取出，固定在飞模出口处，然后摇动绞筒手柄，使飞模行走。其顶升荷载较大，可达10~20kN，但升降幅度较小，只有30mm，重约400kg。

3. 螺旋起重器

螺旋起重器顶部设 U 形托板，托住桁架。中部为螺杆、调节螺母及套管，套管上留有一排销孔，便于固定位置。升降时，旋动调节螺母即可。下部放置在底座上，可根据施工的具体情况选用不同底座。通常一台飞模用 4~6 个起重器。

4. 杠杆式液压升降器

简单方便的液压升降装置，多使用在桁架飞模上。可使用操纵杆非常方便地通过液压装置，将托板提升，使飞模就位。

13.6.2.2 行走装置

1. 行走轮

它是最常见的行走工具。一般是在轮上装上杆件，当飞模需要移动时，将其插入飞模的立杆中，从而实现飞模的各向行走。

2. 滚轴

常见于桁架飞模的移动。滚轴的形式分为单轴、双轴和组合轴。使用时，将飞模降落在滚轴上，用人工将飞模推动。

3. 滚杠

滚杠也常见于桁架式飞模，即用普通脚手架钢管滚动来移动飞模。这种方法虽然简便操作，但其移动难以控制，也存在不安全因素，所以不推荐使用。

13.6.2.3 吊运装置

1. 电动葫芦

可用于调节飞模飞出建筑物后的平衡，使其保持水平，保证飞模安全上升。

2. 外挑平台

形同外挑料台。飞模从外挑料台使用吊车吊走，可减少飞模的飞出动作，降低不安全因素。该操作平台使用型钢制作，根部与建筑物锚固，端部使用钢丝拉绳拉住建筑物的上方可靠部位。

3. C 型平衡起吊架

由起重臂、上下部构件和紧固件组成。上下部构架的截面可做成立体三角形桁架形式，上下弦和腹杆用钢管焊接而成，起重臂与上部构架用避震弹簧和销轴连接，起重臂可随上部构架灵活平稳地转动。

13.6.3 飞模的选用和设计布置原则

13.6.3.1 选用原则

(1) 飞模的选用，主要取决于建筑物的结构形式。板柱结构最适于使用飞模施工，而框架、框剪和剪力墙体系，由于结构形式复杂，飞模施工较为困难。

(2) 十层以上的民用建筑使用飞模在经济上会比较合理。另外，层高及开间大的建筑，也可考虑使用飞模。

(3) 飞模的选择一方面要考虑经济成本，能否因地制宜使用现有资源，降低成本。另外要结合施工项目的规模，如相同的建筑结构较多，可选择相对定型的飞模，可取得较好的经济效果。

13.6.3.2 飞模的设计布置原则

(1) 飞模的结构设计，必须按照国家现行有关规范进行计算。引进型飞模或以前使用过的飞模，也需对关键部位和改动部分进行结构校核。各种临时支撑、操作平台都需通过设计计算才可使用。在飞模组装完毕后，应先进行荷载试验。

(2) 飞模的布置应着重考虑飞模的自重和尺寸，必须适应吊装设备的起重能力。另外，为了便于飞模的飞出，应尽量减少飞模的侧向移动。

13.6.4 施 工 工 艺

13.6.4.1 飞模施工的准备工作

飞模施工准备工作主要包括：平整场地；弹出飞模位置线；预留的洞口必须盖好；验收飞模的部件和零配件。面板使用木胶合板时，要准备好板面封边料及模板脱模剂等。另外，飞模施工必需的

量具，如钢卷尺、水平尺以及吊装所用的钢丝绳、安全卡环等及其他手工用具，如扳手、锤子、螺丝刀等，均应事先准备好。

13.6.4.2 立柱式飞模施工工艺

1. 钢管组合式飞模施工工艺

(1) 组装

钢管组合式飞模根据飞模设计图纸的规格尺寸按以下步骤组装：

首先装支架片：将立柱、主梁与水平支撑组装成支架片。一般顺序为先将主梁与立柱用螺栓连接，再将水平支撑与立柱用扣件连接，最后再将斜撑与立柱用扣件连接。

拼装骨架：将拼装好的两片支架片用水平支撑与支架立柱扣件相连，再用斜撑将支架片用扣件相连。应当校正已经成型的骨架，并用紧固螺栓在主梁上安装次梁。

拼装面板：按飞模设计面板排列图，将面板直接铺设在次梁上，面板之间用 U 形卡连接，面板与次梁用勾头螺栓连接。

(2) 吊装就位

1) 先在楼（地）面上弹出飞模支设的边线，并在墨线相交处分别测出标高，标出标高的误差值。

2) 飞模应按预先编好的序号顺序就位。

3) 飞模就位后，即将面板调至设计标高，然后垫上垫块，并用木楔楔紧。当整个楼层标高调整一致后，在用 U 形卡将相邻的飞模连接。

4) 飞模就位，经验收合格后，方可进行下道工序。

(3) 脱模

1) 脱模前，先将飞模之间的连接件拆除，然后由升降运输车推至飞模水平支撑下部合适位置，拔出伸缩臂架，并伸缩构架上的钩头螺栓与飞模水平支撑临时固定。

2) 退出支垫木楔。

3) 脱模时，应有专人统一指挥，使各道工序顺序、同步进行。

(4) 转移

1) 飞模由升降运输车用人力运至楼层出口处（图 13-91）。

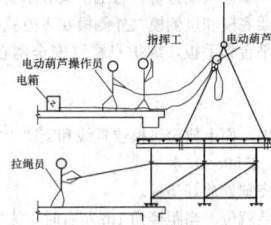

图 13-91 钢管组合飞模转移示意图

2) 飞模出口处可根据需要安设外挑操作平台。

3) 当飞模运抵外挑操作平台上时，可利用起重机械将飞模调至下一流水段就位。

2. 门架式飞模施工工艺

(1) 组装

平整场地，铺垫板，放足线尺寸，安放底托。将门式架插入底托内，安装连接件和交叉拉杆。安装上部顶托，调平后安装大龙骨。安装下部角铁和上部连接件。在大龙骨上安装小龙骨，然后铺放木板，并将面板刨平，接着安装水平和斜拉杆，安装剪刀撑。最后加工吊装孔，安装吊环及护身栏。

(2) 吊装就位

1) 飞模吊装就位前，先在楼（地）面上准备好 4 个已调好高度的底托，换下飞模上的 4 个底托。待飞模在楼（地）面上落实后，再安放其他底托。

2) 一般一个开间（柱网）采用两吊飞模，这样形成一个中缝和两个边缝。边缝考虑柱子的影响，可将面板设计成折叠式。较大的缝隙在缝上盖厚5mm、宽150mm的钢板，钢板锚固在边龙骨下面。较小的缝隙可用麻绳堵严，再用砂浆抹平，以防止漏浆而影响脱模。

3) 飞模应按照事先在楼层上弹出的位置线就位，并进行找平、调直、顶实等工序。调整标高应同步进行。门架支腿垂直偏差应小

于 8mm。另外，边角缝隙、板面之间及孔洞四周要严密。

（3）将加工好的圆形铁筒临时固定在板面上，作为安装水暖立管的预留洞。

（3）脱模和转移

1）拆除飞模外侧护身栏和安全网。

2）每架飞模除留 4 个底托，松开并拆除其他底托。在 4 个底托处，安装 4 个飞模。

3）用升降装置勾住飞模的下角铁，启动升降装置，使其上升顶住飞模。

4）松开底托，使飞模脱离混凝土楼板底面，启动升降机构，使飞模降落到地滚轮上。

5）将飞模向建筑物外推到能挂在外部（前部）一对吊点处，用吊钩挂好前吊点。

6）在将飞模继续推出的过程中，安装电动环链，直到挂好后部吊点，然后启动电动环链使飞模平衡。

7）飞模完全推出建筑物后，调整飞模平衡，将飞模吊往下一个施工部位。

13.6.4.3 铝木桁架式飞模施工工艺

1. 组装

（1）平整组装场地，支搭拼装台。拼装台由 3 个 800mm 高的长凳组成，间距为 2m 左右。

（2）按图纸尺寸要求，将两根上弦、下弦槽铝用弦杆接头夹板和螺栓连接。

（3）将上弦、下弦槽铝与方铝管腹杆用螺栓拼成单片桁架，安装钢支腿组件，安装吊装盒。

（4）立起桁架并用方木作临时支撑。将两榀或三榀桁架用剪刀撑组装成稳定的飞模骨架。安装梁模、操作平台的挑梁及护身栏（包括立杆）。

（5）将方木镶入工字铝梁中，并用螺栓拧牢，然后将工字铝梁安放在桁架的上弦上。

（6）安装边模龙骨，铺好面板，在吊装盒处留活动盖板。面板用电钻打孔，用木螺栓（或钉子）与工字梁方木固定。

（7）安装边梁底模和里侧模（外侧模在飞模就位后组装）。

（8）铺操作平台脚手板，绑护身栏（安全网在飞模就位后安装）。

2. 吊装就位

（1）在楼（地）面上放出飞模位置线和支腿十字线，在墙体或柱子上弹出 1m（或 50cm）水平线。

（2）在飞模支腿处放好垫板。

（3）飞模吊装就位。当距楼面 1m 左右时，拔出伸缩支腿的销钉，放下支腿套管，安好可调支座，然后飞模就位。

（4）用可调支座调整板面标高，安装附加支撑。

（5）安装四周的接缝模板及边梁、柱头或柱帽模板。

（6）模板面板上刷脱模剂。

3. 脱模和转移

（1）脱模时，应拆除边梁侧模、柱头或柱帽模板，拆除飞模之间、飞模与墙柱之间的模板和支撑，拆除安全网。

（2）每榀桁架分别在桁架前方、前支腿下和桁架中间各放置一个滚轮。

（3）在紧靠四个支腿部位，用升降机构托住桁架下弦并调节可调支腿，使升降机构承力。

（4）将伸缩支腿收入桁架内，可调支座插入支座夹板缝隙内。

（5）操纵升降机构，使面板脱离混凝土，并为飞模挂好安全绳。

（6）将飞模人工推出，当飞模的前两个吊点超出边梁后，锁紧滚轮，将塔式起重机钢丝绳和卡环把飞模前面的两个吊装盒内的吊点卡牢，将装有平衡吊具电动环链的钢丝绳把飞模后面的两个吊点卡牢。

（7）松开滚轮，继续将飞模推出，同时放松安全绳，操纵平衡吊具，调整环链长度，使飞模保持水平状态。

（8）飞模完全推出建筑物后，拆除安全绳，提升飞模，如图 13-92 所示。

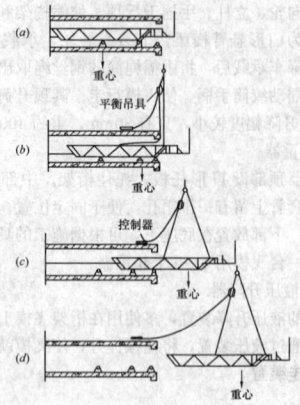

图 13-92　铝木桁架飞模转移示意图

13.6.4.4 悬架式飞模施工工艺

1. 组装

悬架飞模可在施工现场设专门拼装场地组装，亦可在建筑物底层内进行组装，组装方法可参考以下程序：

（1）在结构柱子的纵横向区域内分别用 $\phi 48 \times 3.5$ 钢管搭设两个组装架，高约 1m。为便于能够重复组装，在组装架两端横杆上安装四只铸铁扣件，作为组装飞模桁架的标准。铸铁扣件的内壁净距即为飞模桁架下弦的外壁间距。

（2）组装完毕应进行校正，使两端横杆顶部的标高处于同一水平，然后紧固所有的节点扣件，使组装架牢固、稳定。

（3）将桁架用吊车起吊安放在组装架上，使桁架两端分别紧靠铸铁扣件。安放稳妥后，在桁架两端各用一根钢管将两榀桁架作临时扣接，然后校正桁架上下弦垂直度、桁架中心间距、对角线等尺寸，无误后方可安装次梁。

（4）在桁架两端先安放次梁，并与桁架紧固。然后放置其他次梁在桁架节点处或节点中间部位，并加以紧固。所有次梁挑出部分均应相等，防止因挑出的差异而影响翻转翼板正常工作。

（5）全部次梁经校正无误后，在其上铺设面板，面板之间用 U 形卡卡紧。面板铺设完毕后，应进行质量检查。

（6）翻转翼板由组合钢模板与角钢、铰链、伸缩套管等组合而成。翻转翼板应单块设置，以便翻转。铰链的角钢与面板用螺栓连接。伸缩套管的底面焊上承力支块，当装好翼板后即将套管插入次梁的端部。

（7）每座飞模在其长向两端和中部分别设置剪刀撑。在飞模底部设置两道水平剪刀撑，以防止飞模变形。剪刀撑用 $\phi 48 \times 3.5$ 钢管，用扣件与桁架腹杆连接。

（8）组装阳台梁、板模板，并安装外挑操作平台。

2. 飞模支设

（1）待柱墙模板拆除，且强度达到要求后，方可支设飞模。

（2）支设飞模前，先将钢牛腿与柱墙上的预埋螺栓连接，并在钢牛腿上安放一对硬木楔，使木楔的顶面符合标高要求。

（3）吊装飞模入位，经校正无误后，卸除吊钩。

（4）支起翻转翼板，处理好梁板柱等处的节点和缝隙。

（5）连接相邻飞模，使其形成整体。

（6）面板涂刷脱模剂。

3. 脱模和转移

拆模时，先拆除柱子节点处柱箍，推进伸缩内管，翻下反转翼板和拆除盖缝板。然后卸下飞模之间的连接件，拆除连接阳台梁、板的 U 形卡，使阳台模板便于脱模。

在飞模四个支撑柱子内侧，斜撑上梯架，梯架备有吊钩，将电动葫芦悬于吊钩下。待四个吊点将靠柱梯架与飞模桁架连接后，用电动葫芦将飞模同步微微受力，随即退出钢牛腿上的木楔及钢牛腿。

降前前，先在承接飞模的楼面预先放置六只滚轮，然后用电动葫芦将飞模降落在楼面的地滚轮上，随后将飞模推出。

待部分飞模推至楼层口外约1.2m时，将四根吊索与飞模吊耳扣牢，然后使安装在吊车主钩下的两只捯链收紧。

起吊时，先使靠外两根吊索受力，使飞模处于外略高于内的状态，随着主吊钩上升，要使飞模一直保持平衡状态外移。

13.6.5 施工质量与安全要求

13.6.5.1 飞模施工的质量要求

1. 质量要求

(1) 采用飞模施工，除应遵照现行的《混凝土结构工程施工质量验收规范》等国家标准外，还需要对飞模的稳定性进行设计计算，并进行试压试验，以保证飞模各部件有足够的强度和刚度。

(2) 飞模组装应严密，几何尺寸要准确，防止跑模和漏浆，允许偏差如下：

面板标高与设计标高偏差±5mm；面板方正≤3mm（对角线）；面板平整≤5mm（塞尺）；相邻面板高差≤2mm。

2. 保证质量措施

(1) 组装时要对照图纸设计检查零部件是否合格，安装位置是否正确，各部位的紧固件是否拧紧。

(2) 各类飞模面板要求拼接严密。竹木类面板的边缘和孔洞的边缘，要涂刷模板的封边剂。

(3) 立柱式飞模组装前，要逐件检查门式架、构架和钢管是否完整无缺陷，所用紧固件、扣件是否工作正常，必要时做荷载试验。

(4) 所用木材应无劈裂、槽朽等现象。

(5) 面板使用多层板类材料时，要及时检查有无破损，必要时翻面使用。

(6) 飞模模板之间、模板与柱和墙之间的缝隙一定要堵严，并要注意防止堵缝物嵌入混凝土中，造成脱模时卡住模板。

(7) 各类面板在绑钢筋之前，要涂刷有效的脱模剂。

(8) 浇筑混凝土前要对模板进行整体验收，质量符合要求后方能使用。

(9) 飞模上的弹线，要用两种颜色隔层使用，以免两层线混淆不清。

13.6.5.2 飞模施工的安全要求

采用飞模施工时，除应遵照现行的安全技术规范的规定外，还需要采取以下安全措施：

(1) 组装好的飞模，在使用前最好进行一次试压试验，以检验各部件无隐患。

(2) 飞模就位后，飞模外侧应立即设置护身栏，高度可根据需要确定，但不得小于1.2m，其外侧需加设安全网，同时设置好楼层的护身栏。

(3) 施工上料前，所有支撑都应支设好，同时要严格控制施工荷载。上料不得太多或过于集中，必要时应作核算。

(4) 升降飞模时，应统一指挥，步调一致，信号明确，最好采用步话机联系。所有操作人员必须经专门培训上岗操作。

(5) 上下信号工应分工明确。下面的信号工可负责飞模推出、控制地滚轮、挂安全绳和挂钩、拆除安全绳和起吊等信号；上面的信号工可负责平衡吊具的调整，指挥飞模就位和摘钩的信号。

(6) 飞模采用地滚轮推出时，前面的滚轮应高于后面的滚轮1～2cm，防止飞模向外滑移。可采取将飞模的重心标画于飞模旁边的办法。严禁外侧吊点未挂钩时将飞模向外倾斜。

(7) 飞模外推时，必须挂好安全绳，由专人掌握。安全绳要慢慢松放，其一端要固定在建筑物的可靠部位上。

(8) 挂钩工人在飞模上操作时，必须系好安全带，并挂在上层的预埋件上。挂钩工人操作时，不得穿塑料鞋或硬底鞋，以防滑倒摔伤。

(9) 飞模起吊时，任何人不准站在飞模上，操作电动平衡吊具的人员也应站在楼面上操作。要等飞模完全平衡后再起吊，塔式起重机转臂要慢，不允许倾斜吊模。

(10) 五级以上的大风或大雨时，应停止飞模吊装工作。

(11) 飞模吊装时，必须使用安全卡环，不得使用吊钩。起吊时，所有飞模的附件应事先固定好，不准在飞模上存放自由物料，

以防高空物体坠落伤人。

(12) 飞模出模时，下层需设安全网。尤其使用滚杠出模时，更应注意防止滚杠坠落。

(13) 在竹木板面上使用电气焊时，要在焊点四周放置石棉布，焊后消灭火种。

(14) 飞模在施工一定阶段后，应仔细检查各部件有无损坏现象，同时对所有的紧固件进行一次加固。

13.7 模 壳

钢筋混凝土现浇密肋楼板能很好地适应大空间、大跨度的需要，密肋楼板是由薄板和间距较小的双向或单向密肋组成的，其薄板厚度一般为60～100mm，小肋高一般为300～500mm，从而加大了楼板截面有效高度，减少了混凝土的用量，用大型模壳施工的现浇双向密肋楼板结构，省去了大梁，减少了内柱，使得建筑物的有效空间大大增加，层高也相应降低，在相同跨度的条件下，可减少混凝土30%～50%，钢筋用量也有所降低，使楼板的自重减轻。密肋楼板能取得好的技术经济效益，关键因素决定于模壳和支撑系统。单向密肋楼板如图13-93所示，双向密肋楼板如图13-94所示。

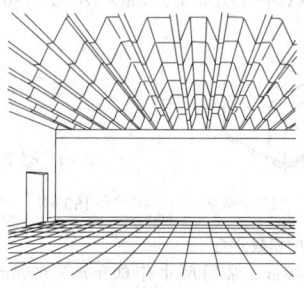

图13-93 单向密肋楼板

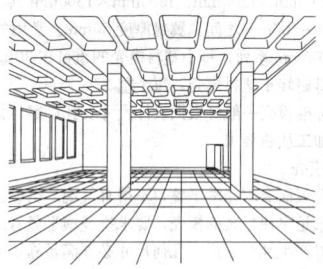

图13-94 双向密肋楼板

13.7.1 模壳的种类、特点和质量要求

13.7.1.1 模壳的种类

1. 按材料分类

(1) 塑料模壳：以改性聚丙烯塑料为基材注塑而成，现发展到大型组合式模壳，采用多块（四块）组装成钢塑结合的整体大型模壳，在模壳四周增加L36×3角钢便于连接，能够灵活组合成多种规格，适用于空间大、柱网大的工业厂房、图书馆等公用建筑（图13-95）。

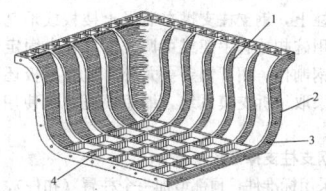

图13-95 聚丙烯塑料模壳
1—纵横模板；2—边肋用角钢加固；
3—螺栓孔；4—肋高40mm

(2) 玻璃钢模壳: 采用不饱和聚酯树脂作粘接材料, 用中碱方格玻璃丝布增强, 采用薄壁加肋构造形式, 刚度大, 使用次数较多, 周转率高, 可采用气动拆模, 但生产成本较高。模壳的几何尺寸、外观质量和力学性能, 均应符合国家和行业有关标准以及设计的需要, 应有产品出厂合格证 (图 13-96)。

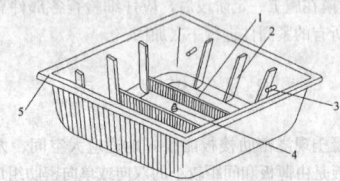

图 13-96　玻璃钢模壳
1—底肋; 2—侧肋; 3—手动拆模装置;
4—气动拆模装置; 5—边肋

2. 按模壳的形状分类

(1) "T" 形模壳, 适用于单向密肋楼板, 规格多为 112cm×52.5cm×(35~43)cm, 见图 13-97。

(2) "M" 形模壳, 适用于双向结构密肋楼板, 规格多为 120cm×90cm×(30~45)cm 和 120cm×120cm×(30~45)cm, 见图 13-98。

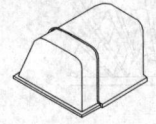

图 13-97　"T" 形模壳

图 13-98　"M" 形模壳

3. 按模壳的模数分类

(1) 标准模壳, 常用尺寸有 600mm×600mm、800mm×800mm、900mm×900mm、1000mm×1000mm、1100mm×1100mm、1200mm×1200mm、1500mm×1500mm 共 7 种系列, 模壳高度在 300~500mm 之间, 翼缘厚度 50mm。常用的标准模壳为 1200mm×1200mm 系列, 每个塑料模壳的重量在 30kg 左右, 玻璃钢模壳的重量略轻于塑料模壳, 每个重 27~28kg。

(2) 非标准模壳一般可根据设计尺寸委托厂家订做。

13.7.1.2　加工质量要求

1. 塑料模壳

(1) 模壳表面要求光滑平整, 不得有气泡、空鼓。

(2) 如果是多块拼装的模壳, 要求拼缝横平竖直。模壳的顶部和底边, 不得产生翘曲变形, 几何尺寸必须满足施工要求。

2. 玻璃钢模壳

(1) 模壳表面光滑平整, 不得有气泡、空鼓、裂纹、纤维外露, 任何部位不得有毛刺。

(2) 装置拆模的部位, 要按图纸的要求制作牢固, 气动拆模装置孔周围要密实, 不得有透气现象, 气孔本身要通畅; 模壳底边光滑平整, 不得有凹凸现象。

13.7.2　支　撑　系　统

支撑的布置与模壳的施工速度、工程质量密切相关, 设计时应考虑标准化、通用化、易组装、拆卸施工方便、经济合理等问题。支撑力的传递路径为: 模壳支撑在龙骨的角模上, 龙骨支撑在钢柱上, 钢支柱支撑在混凝土楼板或地基土上, 支撑柱一般可采用碗扣式脚手架或可调式支撑柱, 固定铁件一般采用槽钢或角钢制作, 用于固定主龙骨。模壳模板还可根据现场施工情况, 采取早拆模系统, 缩短模壳单次使用时间, 提高周转率。

13.7.2.1　钢支柱支撑系统

钢支柱采用标准件, 顶部增加一个柱冒 (扣件), 防止主龙骨位移。支柱在主龙骨方向的间距一般为 1.2~2.4m, 异形部位支柱的间距视具体情况增减。支撑系统因龙骨和支撑件不同可分为四种, 图 13-99 为其中一种。施工时采取 "先拆模壳、后拆支柱" 的

方法, 即当混凝土强度达到设计强度的 50% 时, 可松动螺栓卸下角钢, 先拆下模壳, 该种支撑的主龙骨采用 3mm 厚钢板压制成方管, 其截面尺寸为 150mm×75mm, 在静载作用下垂直变形 $\leqslant 1/300$, 如静载过大, 钢梁不能满足要求时, 则应加大钢梁截面或缩小支柱间距。主龙骨每隔 400mm 穿一销钉, 在穿销钉处预埋 $\phi20mm$ 钢管, 这样不仅便于安装销钉, 而且能在销紧角钢的过程中防止主龙骨的侧面变形。角钢采用 L50×5, 用 $\phi18$ 销钉固定在主龙骨上, 作为模壳支撑点。其余三种钢支柱柱头采用槽钢、角钢或方木。

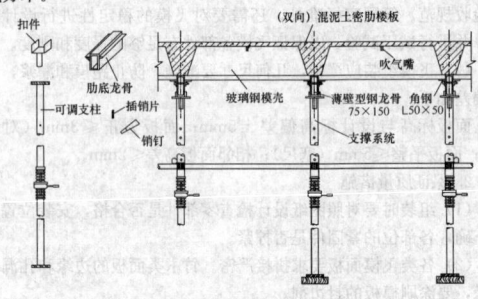

图 13-99　模壳钢支柱支撑系统

13.7.2.2　门式架支撑系统

采用定型组合门式架, 将其组成整体式架子, 顶部有顶托, 底部有底托, 顶托上放置 100mm×100mm 的方木作主梁, 主梁上放置 70mm×100mm 方木作次梁, 间距与密肋的间距相同, 次梁两侧钉 L50×5 角钢作模壳的支托。这种支撑系统同样采取先拆除模壳、后拆肋底支撑的方法。该方法的缺点是: 主梁上再放次梁, 用料增多, 两道木梁易受潮变形, 密肋肋底不易平整。

13.7.2.3　早拆柱头支撑系统

由支柱、柱头、模板主梁、次梁、水平撑、斜撑、调节地脚螺栓组成, 这种支撑系统是在钢支柱顶部安置快拆柱头, 见图 13-100。采用这种系统, 脱模后密肋楼板小肋底部光滑平整。

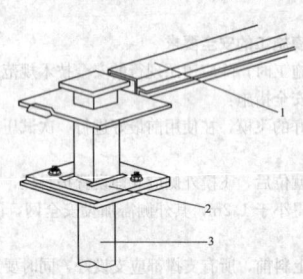

图 13-100　早拆柱头支撑系统
1—桁架梁; 2—柱头板; 3—支柱

13.7.3　施　工　工　艺

13.7.3.1　工艺流程

弹线→立支柱→安放支撑件→安放主、次龙骨→安放模壳→胶带粘贴缝隙→堵气孔→刷隔离剂→绑钢筋→安装电气管线及预埋件→隐蔽工程验收→浇筑混凝土→养护→拆角钢 (次龙骨边木) →拆模壳→拆除支撑系统。

13.7.3.2　模壳的支设

(1) 模板及支架系统设计: 根据工程结构类型和特点, 确定流水段划分; 确定模壳的平面布置, 纵横木楞的规格、数量和排列尺寸; 确定模壳与次木楞及其他结构构件的连接方式, 同时确定模壳支架系统的组合方式, 验算模壳和支架的强度、刚度及稳定性。绘制全套模壳模板及支架系统的设计图, 其中包括模板平面布置总图、分段平面图、模板及支架的组装图、节点大样图、零件加工图。

(2) 模壳进厂堆放要套叠成垛, 轻拿轻放。模壳排列原则, 均由轴线、中间向两边排列, 以免出现两边的边肋不等的现象, 凡不能用模壳的部位可用木模代替。

(3) 安装主龙骨时要拉通线，间距要准确，要横平竖直。模壳加工时允许有负差，因此模壳铺好后均有一定缝隙，需用布基胶带将缝隙粘贴封严，以免漏浆。

(4) 拆模气孔要用布基胶布贴，防止浇筑混凝土时灰浆流入气孔。在涂刷脱模剂前先把充气孔周围擦干净，并检查气孔是否畅通，然后粘贴不小于 50mm×50mm 的布基胶布堵住气孔。这项工作要作为预检检查，浇筑混凝土时应设专人看管。

13.7.3.3 模壳的拆除

(1) 模壳拆除时，混凝土的强度必须达到 10MPa。先将支撑角钢拆除，然后用小撬棍将模壳撬起相对两侧面中点，模壳即可拆下。密肋梁较高时，模壳不易拆除，可采用气动拆模工艺。拆模不可用力过猛，不乱扔乱撬，要轻拿轻放，防止损坏。

(2) 拆除支架：混凝土的强度必须达到规定的拆模强度，才允许拆除支架。

13.7.3.4 质量标准

(1) 主控项目：楼板及其支架必须有足够的强度、刚度和稳定性；其支架的支撑部分须有足够的支撑面积。如安装在基土上，基土必须坚实并有排水措施。对湿陷性黄土，必须有防水措施；对冻胀性土必须有防冻融措施。检查方法：对照模板设计，现场观察或尺量检查。

(2) 一般项目：

1) 模板接缝宽度不得大于 1.5mm。检查方法：观察和用楔形塞尺检查。

2) 模板接触面清理干净，并采取隔离措施。梁的模板上粘浆和漏刷隔离剂累计面积应不大于 400cm²。检查方法：观察和尺量检查。允许偏差项目，见表 13-29。

模壳支模允许偏差 表 13-29

项 目	允许偏差		检查方法
	单层、多层	高层框架	
梁轴线位移	5	3	尺量检查
梁板截面尺寸	+4－5	+2－5	尺量检查
标高	±5	+2，－5	用水准仪或拉线和尺量检查
相邻两板表面高低差	2	2	用直尺或尺量检查
表面平整度	5	5	用2m靠尺和塞尺检查
预留钢板中心线位移	3	3	尺量检查
预留管、预留孔中心线位移	3	3	尺量检查

13.7.3.5 成品保护

(1) 在层高 1/2 处左右的支架系统的水平栏杆上宜固定一层水平安全网，用于防止人员坠落，同时拆模壳时，使之坠入安全网，以保护模壳。

(2) 拆除模壳要用小撬棍，以木楞为支点，先撬模壳相对两侧帮中点，模壳松动后，依然以木楞为支点，撬模壳底脚的内肋，轻轻向下扔掉模壳。切忌硬撬或用铁锤硬砸，也不能使用大撬棍以肋梁混凝土为支点进行撬动，以保护模壳和密肋混凝土。

(3) 吊运模壳、木楞、钢楞或钢筋时，不得碰撞已安装好的模壳，以防模板变形。

(4) 要严格遵循混凝土强度达到 10MPa 时方可拆模壳；混凝土强度达到 75%，肋跨<8m 时，可拆除支柱；但肋跨>8m 时，混凝土强度必须达 100% 方可拆除支柱。

13.7.3.6 应注意的质量问题

(1) 密肋楼板模壳面较薄，一般为 5～10cm，因此要防止水分过早蒸发，早期宜采取塑料薄膜覆盖的养护方法，以利混凝土早期强度的提高和防止裂缝的产生。

(2) 密肋梁侧面凸出，梁身不顺直，梁底不平。防治的方法：支架系统应有足够强度、刚度和稳定性；支柱底脚垫通长板，支撑在坚实地面上；模壳下端和侧面应水平和侧向支撑，补足模壳的刚度；密肋梁底楞按设计和施工规范起拱；角钢与次楞弹平线安装，销固牢靠。

(3) 单向密肋板底部局部下挠。防治的方法：模壳安装应由跨中向两边安装，减少模壳搭接长度的累计误差。安装后要调整模壳搭接长度，不得小于 10cm，保证接口处的刚度。

(4) 密肋梁轴线位移，两端出肋不等。防治的方法是，主楞安装调平后，要放出次楞边线再安装次楞，并进行找方校核。安装次楞要严格跟线，并与主楞连接牢靠。

(5) 模壳安装不严密：模壳加工的负公差所致。检查安装缝隙，钉塑料条或橡胶条补严。

13.8 柱 模

13.8.1 玻璃钢圆柱模板

随着国内建筑市场对施工工艺水平和质量要求的不断提高，模板技术在多样化、标准化、系列化和商品化等方面取得了可喜的成绩。

玻璃钢圆柱模板是现浇钢筋混凝土圆柱施工的专用模板，主要由翻边单开口玻璃钢筒体、带钢箍、对开接口槽钢箍、定位柱、固定件、牵索等构成，采用玻璃钢和一般钢材制作。该圆柱模板利用槽钢箍安装活动梯，利用定位柱（兼脚手架）搭设操作平台，即可形成一个独立的操作单元。玻璃钢圆柱模板装拆轻便，尤其利于用起重设备直接提升脱模；浇筑的混凝土表面平整光亮，可满足清水混凝土质量标准；且造价低廉，重复利用率高，适用于不同直径的现浇钢筋混凝土圆柱施工。

玻璃钢圆柱模板，是采用不饱和聚酯树脂为胶结材料和无碱玻璃布为增强材料，按照拟浇筑柱子的圆周周长和高度制成的整块模板。以直径为700mm，厚 3mm 圆柱模板为例，模板极限拉应力为194N/mm²，极限弯曲应力为178N/mm²。产品技术参数举例见表 13-30。

产品技术参数举例 表 13-30

板面平整度（mm）	≤2.5
板面尺寸误差（mm）	≤2
板面对角线误差（mm）	≤3
模板厚度（mm）	3±0.5 闭合处 5
法兰平直度（mm）	2
螺栓孔距（mm）	200±5
拉伸强度（MPa）	≥300
工作面巴氏硬度	≥48
正常使用周转次数（次）	≥30

13.8.1.1 特点

(1) 重量轻、强度高、韧性好、耐磨、耐腐蚀。

(2) 可按不同的圆柱直径加工制作，比采用木模、钢模模板易于成型。

(3) 模板支拆简便，用它浇筑成型的混凝土柱面平整光滑。

13.8.1.2 构造

玻璃钢圆柱模板，一般由柱体和柱帽模板组成。

1. 柱体模板

(1) 柱体模板一般是按柱的圆周长和高度制成整张卷曲式模板，也可制成两个半圆卷曲式模板。

(2) 整张和半张卷曲式模板拼缝处，均设置用于模板组拼的拼接翼缘，翼缘用扁钢加强。扁钢设有螺栓孔，以便于模板组拼后的连接。

(3) 为了增强模板支设后的整体刚度和稳定性，在柱体外一般须设置上、中、下三道柱箍，柱箍采用 L40×4 或 L56×6 制作，一般可设计成两个半圆形，拼接处用螺栓连接。

(4) 柱模的厚度，根据混凝土侧压力的大小，通过计算确定，一般为 3～5mm。考虑模板在承受侧压力后，模板断面会膨胀变形，因此，模板的直径应比圆柱直径小 0.6% 为妥。

2. 柱帽模板

(1) 一般设计成两个半圆锥体，周边及接缝处用角钢加强。

(2) 为了增强悬挑部分的刚度，一般在悬挑部位还应增设环

梁，以承受浇筑混凝土时的荷载。

13.8.1.3 加工质量要求

（1）模板内侧表面应平整、光滑，无气泡、皱纹、外露纤维、毛刺等现象。

（2）模板拼接部位的边肋和加强肋，必须与模板连成一体，安装牢固。

（3）模板拼接的接缝，必须严密，无变形现象。

13.8.1.4 施工工艺

1. 玻璃钢圆柱模板的安装（以平板玻璃钢圆柱模板为例）

玻璃钢圆柱模板的支设如图 13-101 所示：

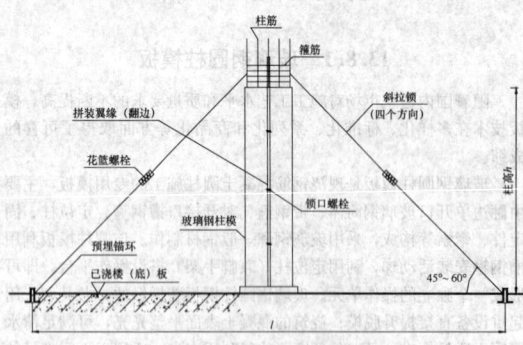

图 13-101　玻璃钢模板支模示意图

（1）工艺流程：

埋设锚环→放置垫块→粘海绵条→柱模就位→拧锁口螺栓→勾斜拉索并初调垂直→根部堵浆→浇筑混凝土→复调复振→清理柱根→拆模刷油。

（2）玻璃钢模板在搬运和组装过程中，严禁扭曲磕碰，防止损伤玻璃钢模板。

（3）埋设锚环：浇筑混凝土楼板时，沿梁的轴线并居中预埋钢筋。

（4）放置垫块：每根圆柱分两层放 8 个垫块（以塑料垫块为宜），上下层各 4 块，按十字布设。

（5）粘海绵条：将 3～5mm 海绵条粘在圆柱模锁口缝处，防止漏浆。

（6）柱模就位：将模板竖立，围裹闭合模板。

（7）拧锁口螺栓：柱身从上到下不加柱箍，逐个拧紧锁口螺栓。

（8）勾斜拉索并初调垂直：斜拉锁由 φ6 钢筋（或钢丝绳）与花篮螺栓组成。

（9）根部堵浆：在柱模根部外侧留置 20～30mm 的间隙，外箍方形钢框或木框，浇筑混凝土时在其间隙填入砂浆，防止底部漏浆。

（10）浇筑混凝土：确保垂直下料，并正确控制混凝土坍落度。

（11）复调复振：混凝土初凝前，吊线坠检查柱子垂直偏差，微调花篮螺栓进行校正。

（12）清理柱根：浇筑完毕撤除柱根外部的箍框，并将外侧砂浆铲平。

（13）拆模刷油：1 根柱模每天可周转 1～2 次。

2. 玻璃钢圆柱模板的拆除

（1）拆除的顺序：卸下斜拉锁→松开锁口螺栓→拆模板。

（2）板拆除的要求

1）在常温条件下竖向结构混凝土强度必须达 1.2MPa，在冬施条件下墙体混凝土强度必须达 4.0MPa，方可进行拆模。

2）拆模的流向为先浇先拆，后浇后拆，与施工流水方向一致，拆除模板的顺序与安装模板正好相反。

3）当局部有吸附或粘结时，可在模板下口撬模用撬棍撬动，但不得在墙上口晃动或用大锤砸模板，拆下的穿墙螺栓、垫片、销板应清点后放入工具箱内，以备周转使用。

4）起吊模板前，必须认真检查穿墙杆是否全部拆完，有钩、挂、兜、拌的地方及时清理，并清除模板及平台上的杂物，起吊时吊环应落在模板重心部位，并应垂直慢速确认无障碍后，方可提升吊环。

走，注意不得碰撞墙体。

3. 玻璃钢圆柱模施工注意事项

（1）柱筋下口按线设置十字顶模筋或定位筋，以确保模板位置，上口设定位箍筋，地面用砂浆找平。

（2）2～3 人将模板抬至柱筋一侧竖起，沿柱筋闭合，逐个拧紧螺栓，检查下口缝隙。

（3）设置缆风绳，上端固定于玻璃钢柱模边的角钢上，下端固定于地面锚筋上，调节缆风绳长度，以调整模板垂直度至允许偏差范围内。

（4）浇筑混凝土，并随时用线坠检查垂直度，浇筑完毕后再校核，然后做好看模和保护工作，避免重物撞击缆风绳。

13.8.2　圆柱钢模

（1）在某些工程中，从施工方便和成活效果的角度考虑，圆柱模板采用定型钢制模板。层高不合模数的圆柱则据各层图纸配置接高模板。

圆柱定型钢模板高度规格一般为 3.2m、0.9m、1.2m 等，具体组拼可见厂家设计。圆柱模加固剖面图、立面图见图 13-102。

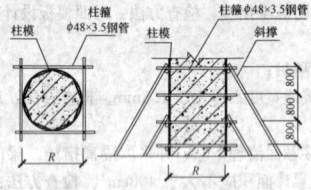

图 13-102　圆柱模加固剖、立面示意图

（2）大直径圆柱钢模，采用 1/4 圆柱钢模组拼，圆柱钢模面采用 δ=4mm 钢板，竖肋为 δ=5mm 钢板，横肋为 δ=6mm 钢板，竖龙骨采用 [10 槽钢；梁柱节点面板，竖肋和横肋均采用 δ=4mm 钢板。每根柱模均配有 4 个斜支撑，且沿柱高每 1.5m 增设 δ=6mm 加强肋。

小直径圆柱钢模，采用 1/2 圆柱钢模组拼（图 13-103）。柱子模板采用全钢定型模板，模板由两片拼接而成，模板采用 6mm 厚的钢板作为板面，钢板弯成 180°。用 10 号槽钢作为背楞，竖向背楞间距 30cm。用槽钢作柱箍进行柱子加固，柱箍间距 60cm。见图 13-103。

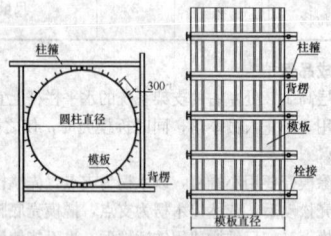

图 13-103　小直径 1/2 圆柱模加固剖、立面示意图

（4）工艺流程：施工准备→模板吊装→临时固定并就位→模板加固→加斜支撑→二次校正→验收。

（5）施工要点：

1）找平，在浇筑底板混凝土时，在柱子四边压光找平 200mm。

2）弹好柱边 50cm 控制线、柱边线。

3）防止跑模，在柱子根部锁一根 100mm×100mm 方木。

4）在楼地面不平的模板下口，用干硬性水泥砂浆堵实。

5）斜撑用 φ48×3.5 钢管，用 U 形托调节长度，柱子每侧上下各一道，拉杆采用 8 号钢丝绳，中间用花篮螺栓调节长度。见图 13-104。

6）为了固定斜撑和拉杆，在柱子四周的楼板上每侧预埋 φ16mm 地锚和 φ16 锚环。

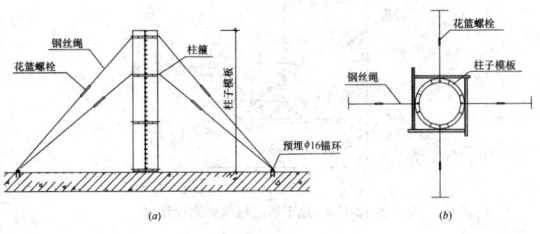

图 13-104　圆柱斜撑示意图
(a) 立面图；(b) 剖面图

13.8.3　无柱箍可变截面钢柱模

（1）框架柱采用可调定型钢模板。其模板投入量以施工流水段划分为依据，应合理配备。施工工艺流程为：弹柱位置线→安装柱模板→安柱箍→安拉杆和斜撑→验收。

钢模板安装示意图如图 13-105。

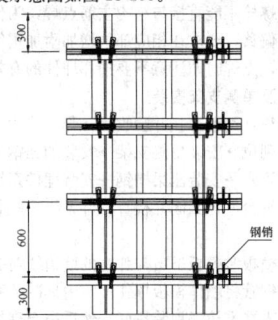

图 13-105　矩形柱材钢模板安装平面示意图

（2）梁柱节点处理

梁柱节点定型模板见图 13-106，梁柱接头平面拼装大样见图 13-107。

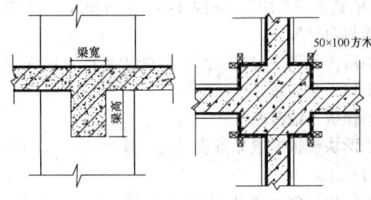

图 13-106　梁柱节点定型模板

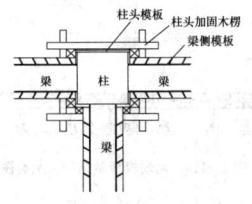

图 13-107　梁柱接头平面拼装大样

（3）柱垂直度控制：某些工程中，结构空间高，为保证框架柱的垂直度及稳定性，将采取有效措施进行加固及支撑。

1）模板用带锥度式穿墙螺栓，模板螺栓安装时可直接采用穿墙螺栓，不但方便取出，而且可节约大量塑料套管的费用投入，降低工程成本。

2）柱模的拉杆或斜撑：如果柱截面过大，为避免过多孔洞，不能采用过多的穿墙螺栓。可在柱模每边设 2 根拉杆，固定于事先

预埋在大放脚或楼板内的插筋或预埋钢筋环上，用吊线坠和拉通线的方法控制垂直度，用花篮螺栓调节校正模板的垂直度，拉杆与地面夹角不大于 45°。柱垂直度控制见图 13-108。

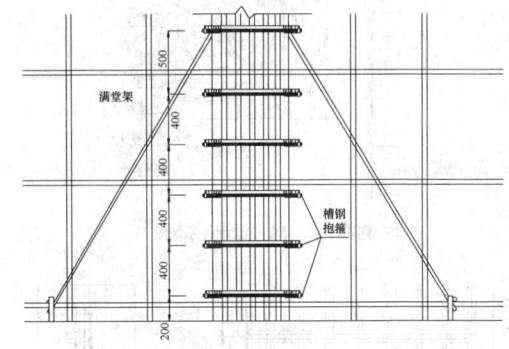

图 13-108　柱垂直度控制

13.9　三角桁架单面支模

13.9.1　三角桁架单面支模的传力体系及配件

13.9.1.1　单面模板产生的背景

（1）城市中心场地狭窄，地下室外墙采用双侧支模变得很困难，传统单侧模板施工方法问题层出不穷；很多污水处理厂和地下隐蔽工程要求墙体绝对防水，不能拉穿墙螺栓。

（2）由于条件限制而采用单侧支模时，一般有两种方式，一种采用钢管（$\phi48\times3.5$）扣件式体系，另一种为桁架支撑体系。对两种方式进行经济分析，工料等成本基本持平，而桁架体系的周转次数多，结构稳定性对受力明确，能满足支撑强度、有效控制整体刚度的要求，而且施工方便、灵活、速度快，位移范围较小，易于控制，利于材料周转和节约成本。

（3）桁架式支撑体系减少了现场拼装，在模板加工场拼装到位，使拼装调差降到最低，提高施工质量，桁架式支撑整体性强，可在支模时预留模板上端位移，满足施工质量标准。

13.9.1.2　单面模板工作原理

（1）单面支架为单面墙体模板的受力支撑系统，采用单侧支架后，模板无需再拉穿墙螺栓。

（2）单面支架通过一个 45° 的高强受力螺栓，一端与地脚螺栓连接，另一端斜拉住单侧模板支架，因斜拉螺栓受斜拉锚力 F 后分为一个垂直方向的力 F_2 和一个水平方向的力 F_1，其中 F_2 抵抗了支架的上浮力，水平力 F_1 则保证支架不会产生侧移（图 13-109）。

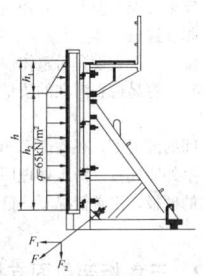

图 13-109　单侧模板受力分析图

13.9.1.3　单面模板支架组成

（1）单侧支架由埋件系统和钢桁架组成。钢桁架系统包括：支架、背楞扣件、挑架；埋件系统包括：地脚螺栓、内连杆、连接螺母、外连杆、外螺母、垫片和双槽钢压梁（图 13-110）。

（2）架体系统：架体部分按高度分为标准节和加выс节。

（3）模板系统模板面板为 18mm 厚胶合板，竖肋为 15cm 高的铝梁，横肋为双 $[10$ 号槽钢（图 13-111）。

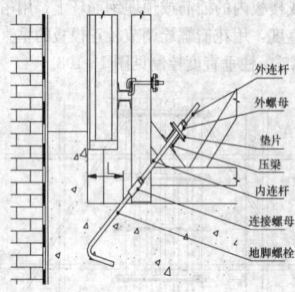

图 13-110　单侧支架埋件系统图

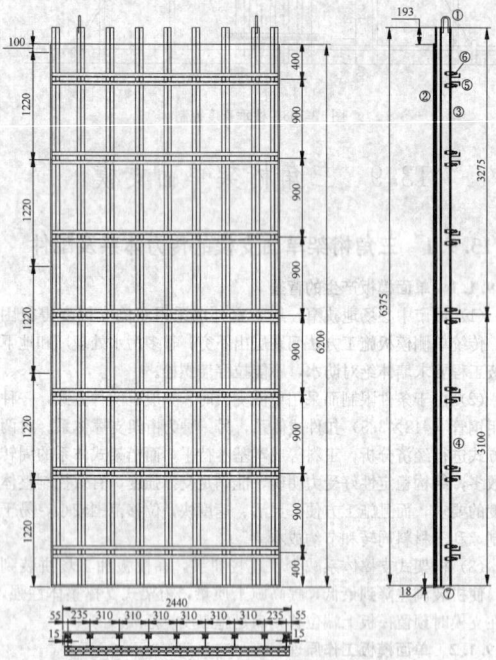

图 13-111　单侧模板系统图
①模板吊钩；②18mm厚胶合板；③、④铝梁竖肋；⑤双槽钢背楞；
⑥横肋与竖肋的连接扣件；⑦端头护板

13.9.1.4 支架特点

(1) 单侧支架具有刚度大，能保证模板不侧移，模板下口基本不漏浆；操作简单；

(2) 施工方便，支架支设方便明了，不易出现漏支少支现象；安全性高，刚度大，相互连成整体；

(3) 质量容易保证，支架支设完后整体效果壮观，工作人员可以在支架之间方便穿行，容易检查潜在的质量隐患。

13.9.1.5 适用范围

在保证有操作空间的前提下，在高度 7.5m 内可适于任何单侧墙体模板，包括地下室外墙模板，污水处理厂墙体模板，道桥边坡护墙模板和与此类同的模板。正常情况下，最高单侧支架须占用宽度约 4m 的操作空间。

13.9.2　三角桁架单面支模施工

13.9.2.1 地脚螺栓预埋

(1) 地下室底板有边梁，边梁超出外墙为 250mm，地下室底板地脚螺栓预埋见图 13-112，地脚螺栓出板面处与墙面距离为 20mm，地脚螺栓裸露长度为 150mm。其他各层地脚螺栓出板面处与外墙距离为 270mm，地脚螺栓裸露端与水平面成 45°，见图 13-113。

(2) 现场埋件预埋时要求拉通线，保证埋件在同一条直线上。地脚螺栓在预埋前应对螺纹采取保护措施，用塑料布包裹并绑牢，

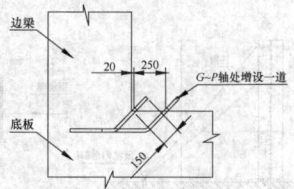

图 13-112　地下室底板地脚螺栓预埋

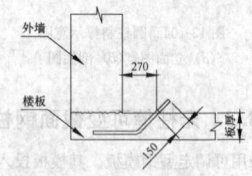

图 13-113　其他各层地脚螺栓预埋

以免施工时混凝土粘附在丝扣上影响上连接螺母。

(3) 因地脚螺栓不能直接与结构主筋点焊，为保证混凝土浇筑时埋件不跑位或偏移，要求在相应部位增加附加钢筋，地脚螺栓点焊在附加钢筋上，点焊时请注意不要损坏埋件的有效直径。

13.9.2.2 模板及单侧支架安装

(1) 安装流程：钢筋绑扎并验收后→弹外墙边线→合外墙模板→单侧支架吊装到位→安装单侧支架→安装加强钢管（单侧支架斜撑部位的附加钢管）→安装压梁槽钢→安装埋件系统→调节支架垂直度→安装操作平台→再紧固并检查埋件系统→验收合格后浇筑混凝土。

(2) 合墙体模板时模板下口与弹好的墙边线对齐，然后安装钢管背楞，临时用钢管将墙体模板撑住。需由标准节和加高节组装的单侧支架，应预先在堆放场地装拼好，然后吊运至现场。

(3) 在直面墙体段，每安装五至六榀单侧支架后，穿插埋件系统的压梁槽钢。底板有反梁时，应根据实际情况确定。

(4) 支架安装完后，安装埋件系统。用钩头螺栓将模板背楞与单侧支架部分连成一个整体。

(5) 调节单侧支架后支座，直至模板面板上口向墙内倾约 10mm（当单侧支架无加高节时，内倾约 5mm），因为单侧支架受力后，模板将向后位移。

(6) 最后再紧固并检查一次埋件受力系统，确保混凝土浇筑时，模板下口不会漏浆。

13.9.2.3 模板拼缝节点

(1) 当两块模板贴紧靠齐拼接时，按图 13-114 所示的模板拼缝节点进行施工。

(2) 当模板与模板之间有较宽的缝时，当缝宽小于 480mm 时，可按图 13-115 所示的拼缝节点施工。

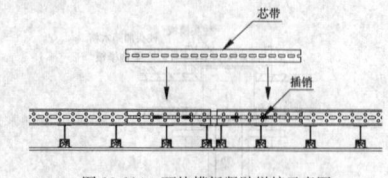

图 13-114　两块模板紧贴拼接示意图

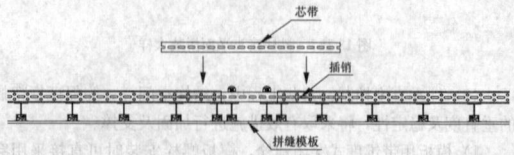

图 13-115　两块模板宽缝拼接示意图

(3) 当模板拼缝宽度大于 480mm、小于 840mm 时，则在标准模板两侧加拼缝模板，确保每个拼缝均在 480mm 以内（图 13-116）。

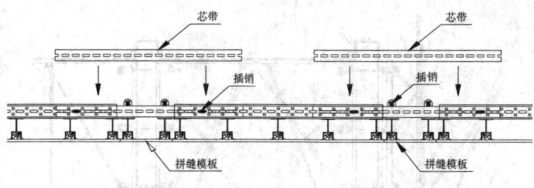

图 13-116 两块模板宽缝 480～840mm 拼接示意图

（4）在遇有内墙与外墙交接点处，则在交接点部位留置施工缝，模板连接按常规施工，芯带穿过内隔墙钢筋（图 13-117）。

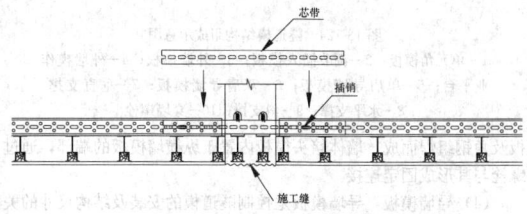

图 13-117 内墙与外墙交接点处拼接示意图

（5）外墙与柱相连处，形成两个阴角，为保证阴模板不跑模，可按图 13-118 设对拉螺栓杆。

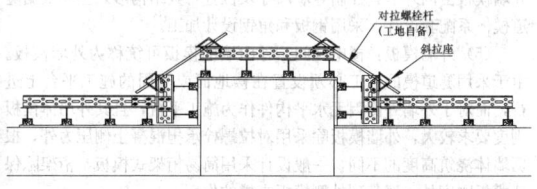

图 13-118 外墙与柱相连处拼接示意图

13.9.2.4 模板及单侧支架拆除

（1）外墙混凝土浇筑完 24h 后，先松动支架后支座，后松动埋件部分。

（2）彻底拆除埋件部分，并分类码放保存好。

（3）吊走单侧支架，模板继续贴靠在墙面上，临时用钢管撑上。

（4）混凝土浇筑完 48h 后拆模板，混凝土拆模后应加强养护。

13.9.3 异型结构单面支模施工

13.9.3.1 阴角处施工缝的留设

因单侧支架宽度大（3～4m 不等），在阴角处布置支架时，支架后座冲突，因此需在外墙阴角处附近留置施工缝，先施工完阴角一侧墙后，再施工另一侧墙，图 13-119 所示为阴角处施工缝的留设方法。

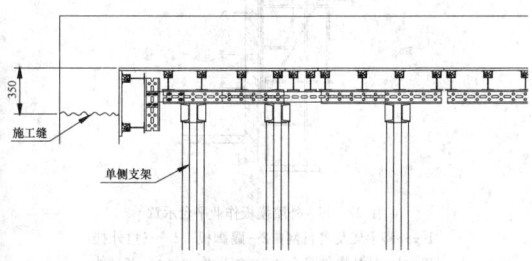

图 13-119 阴角处施工缝留设

13.9.3.2 汽车坡道处单侧支架支设

汽车坡道墙体为弧形墙，坡道楼板与各层楼板不在同一个平面，考虑模板支设方便，坡道处墙体水平施工缝留在各层楼板的位置，坡道板筋折弯留在墙体内，待施工坡道楼板时将折弯钢筋剔

出，见图 13-120，在图示位置留施工缝，先施工与外墙相接的汽车坡道墙体，后施工剩下的外墙。

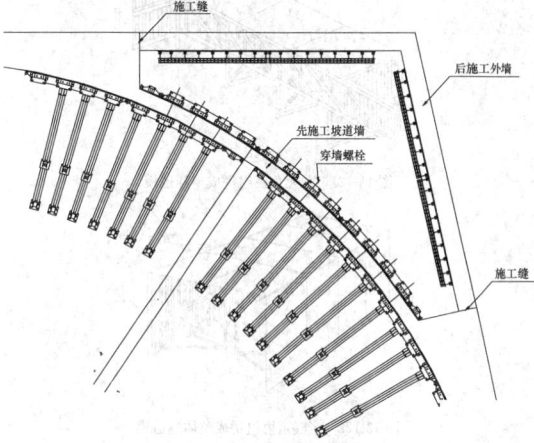

图 13-120 汽车坡道弧形墙墙体施工缝留设

13.10 隧 道 模

隧道模是一种组合式定型钢制模板，是用来同时施工浇筑房屋的纵横墙体、楼板及上一层的导墙混凝土结构的模板体系。若把许多隧道模排列起来，则一次浇灌就可以完成一个楼层的楼板和全部墙体。对于开间大小都统一的建筑物，这种施工方法较为适用。该种模板体系的外形结构类似于隧道形式，故称之为隧道模。采用隧道模施工的结构构件其表面光滑，能达到清水混凝土的效果，与传统模板相比，隧道模的穿墙孔位少，稍加处理即可进行油漆、贴墙纸等装饰作业。

采用隧道模施工对建筑的结构布局和房间的开间、进深、层高等尺寸要求较严格，比较适用于标准开间。隧道模是适用于同时整体浇筑竖向和水平结构的大型工具式模板体系，进行建筑物墙与楼板的同步施工，可将各标准开间沿水平方向逐段、逐层整体浇筑。对于非标准开间，可以通过加入插入式调节模板或与台模结合使用，还可以解体改装作其他模板使用。因其使用效率较高，施工周期短，用工量较少，隧道模与常用的组合钢模板相比，可节省一半以上的劳动力，工期缩短 50%以上。

总体上隧道模有断面呈Ⅱ字形的整体式隧道模和断面呈Γ形的双拼式隧道模两种。整体式隧道模自重大、移动困难，目前已很少应用。双拼式隧道模应用较广泛，特别在内浇外挂和内浇外砌的多、高层建筑中应用较多。

13.10.1 双 拼 式 隧 道 模

13.10.1.1 隧道模构造

隧道模体系由墙体大模板和顶板台模组合而构成，用作现浇墙体和楼板混凝土的整体浇筑施工，它由顶板模板系统、墙体模板系统、横梁、结构支撑和移动滚轮等组成单元隧道角模，若干个单元隧道角模连接成半隧道模（图 13-121），再由两个半隧道模拼成门型整体隧道模（图 13-122），脱模后形成矩形模板结构构件。单元隧道角模用后通过可调节支撑杆件，使墙、板模板回缩脱离，脱模后可从开间内整体移出。

1. 隧道模的基本构件

隧道模的基本构件为单元角模。单元角模由以下基本部件组合而成：水平模板、垂直模板、调节插板、堵头模板、螺旋（液压）千斤顶、移动滚轮（与底梁连接）、顶板斜支撑、垂直支撑杆、穿墙螺栓、定位块等组成，如图 13-123 所示。

2. 隧道模的主要配件

隧道模的主要配件为：支卸平台、外墙工作平台、楼梯间墙工作平台、导墙模板、垂直缝伸缩模板、吊装用托梁及悬托装置、配套小型用具等。

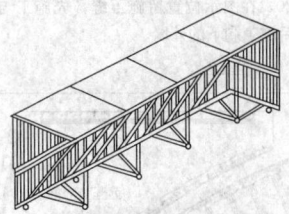

图 13-121　单元角模组拼成半隧道模

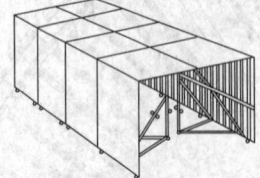

图 13-122　半隧道模组拼成整体隧道模

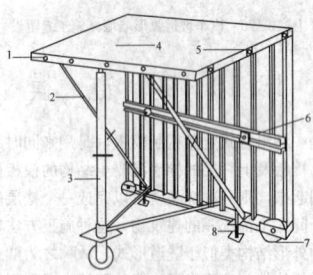

图 13-123　单元角模构造示意图
1—连接螺栓；2—斜支撑；3—垂直支撑；4—水平模板；5—定位块；6—穿墙螺栓；7—滚轮；8—螺旋千斤顶

3. 隧道模的工作过程

双拼式隧道模由两个半隧道模和一道独立的调节插板组成。根据调节插板宽度的变化，使隧道模适应于不同的开间，在不拆除中间模板及支撑的情况下，半隧道模可提早拆除，增加周转次数。半隧道模的竖向墙体模板和水平楼板模板间用斜支撑连接。在半隧道模下部设行走装置，一般是在模板纵向方向，沿墙体模板下部设置两个移动滚轮。在行走装置附近设置两个螺旋或液压顶升装置，模板就位后，顶升装置将模板整体顶起，使行走装置离开楼板，施工荷载全部由顶升装置承担。脱模时，松动顶升装置，使半隧道模在自重作用下，完成下降脱模，移动滚轮落至楼板面。半隧道模脱模后，将专用支卸平台从半隧道模的一端插入墙模板与斜撑之间，将半隧道模吊升至下一工作面。

13. 10. 1. 2　隧道模模板配置

1. 隧道模的配置及组成

隧道模的组成如图 13-124 所示。

（1）单元角模：主要由 4～5mm 厚热轧钢板作为模板面板，采用轻型槽钢或"几"字型钢作为模板次肋，采用 10～12 号槽钢作为主肋，焊接成顶板模板（水平模板）和纵、横墙模板（竖直模板），水平模板和竖直模板间联结简易可靠，一般采用连接螺栓组装，模板间互相用竖直立杆、斜支撑杆和水平撑杆联结成三角单元，使其成为整体单元模。

（2）调节插板：调节插板根据单元的结构尺寸设计，结构形式同角模的组成模板。两个角模单元顶板模板及墙体模板间一般采用压板连接，对于单元开间和进深变化的结构，一般在角模单元模板间设置调节插板。调节插板面板根据拆模顺序先后，可设计成企口的拼接方式，调节插板肋板的连接采用压板连接，压板一端安装于一侧角模水平模板上，另一侧插板就位后，采用螺栓紧固压板，必要时根据情况设置加强背楞，以保证插板位置的整体刚度。

（3）堵头模板：分为纵、横墙和楼板堵头模板，堵头模板由钢

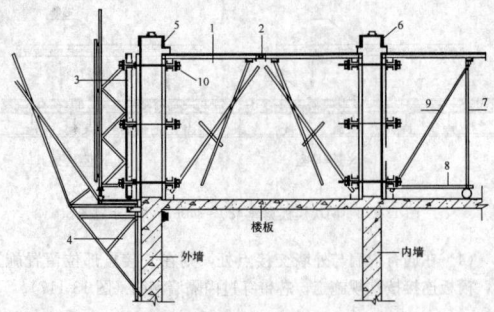

图 13-124　隧道模结构组成示意图
1—单元角模板；2—调节插入模板；3—外墙模板；4—外墙模作业平台；5—单肩导墙模板；6—双肩导墙模板；7—垂直支撑；8—水平支撑；9—斜支撑；10—穿墙螺栓

板及角钢组焊而成，墙体堵头模板内置于纵横墙模板的端部，通过螺栓与其形成固定连接。

（4）导墙模板：导墙模板是控制隧道模的安装及结构尺寸的关键，进行墙板混凝土浇筑施工前，该施工层的导墙应在上一层浇筑时完成，导墙模板高度根据导墙的高度确定，一般控制在 100～150mm，导墙模板根据内外墙划分为单肩导墙模板及双肩导墙模板，外墙施工采用单肩导墙模板，内墙施工采用双肩导墙模板，导墙模板用内外卡具控制导墙尺寸及位置，其结构形式主要根据隧道模体系配套设计，采用钢板和角钢设计加工。

（5）外墙模板：楼电梯间，外山墙的模板可统称为外墙模板。由于采用隧道模的施工必须设置在楼地面或坚固的施工平台上进行，而对于外墙外侧因无水平构件作为施工平台，且其外墙体模板刚度要求较大，外墙模板除采用对拉螺栓承担混凝土侧压力外，根据墙体浇筑高度的不同，一般设计采用简易桁架式模板，桁架除保证模板刚度外，还起到外侧模板支撑的作用。

（6）门窗洞口模板：采用隧道模施工，门窗洞口模板须预先安装就位。洞口模板一般采用带调节伸缩装置的定制钢制洞口模板，脱模后整体吊装至下一作业段。也可根据施工作业条件的不同采用现场加工的木质洞口模板拼装，并采用钢制连接角模组合，以便于人工搬运。

（7）外墙模板作业平台：楼电梯间及外山墙的模板的施工承重平台由外墙作业平台承担，作业平台根据所处位置的不同分为外山墙作业平台和楼梯间作业平台，其结构形式均为简易三角外挂架方式，外挂架通过穿墙螺栓与已浇筑墙体连接，外挂架根据设置位置的不同，外围附加水平挑架和密目网等组成安全封闭围护装置（图 13-125）。

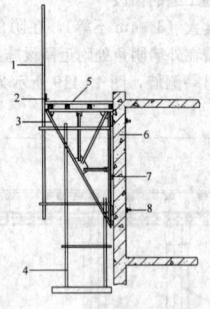

图 13-125　外墙模板作业平台示意
1—外脚手架及密目网；2—踢脚板；3—三角外挂架；4—外挂操作平台；5—施工作业平台；6—外墙体；7—挂架垫板；8—外挂架连接螺栓

（8）支卸平台：也称为吊装平台架，由于半隧道模体积大、作业面长，其流水吊装过程中必须设计专用的支卸平台进行隧道模的周转和吊装工作。支卸平台分为简易型桁架或格构式钢桁架，一般根据隧道模的结构尺寸进行专用设计配置，其设计必须满足扭转刚

度和整体稳定，一般大型隧道模均采用格构式钢桁架支卸平台（图13-126），平台由上下两个空间桁架经端部的格构式短柱焊接形成Ⅱ形构件。支卸平台利用其下部桁架插入半隧道模的顶板模板，下部进行固定，利用吊装机械缓慢平移出，完成隧道模的周转就位。

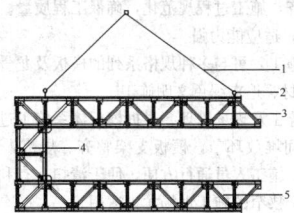

图 13-126　格构式钢桁架支卸平台
1—拉索；2—焊接卡具；3—上部钢桁架；
4—格构式短柱；5—下部钢桁架

（9）变形缝模板：采用隧道模施工遇到结构的变形缝位置时，可采用变形缝模板配置。变形缝模板根据建筑物垂直构件间的尺寸确定，采用双侧模板，一侧模板固定，一侧模板可收缩形式，利用穿墙螺栓和隧道模构件完成模板定位，混凝土达到拆模强度后，通过收缩装置使两侧模板脱模。

2. 其他辅配件

采用隧道模施工，其模板安装组合过程中，需要配置标准配件完成辅助定位及加固工作，如穿墙螺栓、连接压板、稳定支撑、临时支撑等。

13.10.1.3　隧道模的设计

隧道模的设计根据建筑物的单元开间尺寸及数量，水平及垂直流水段的划分进行。一般根据单元开间及进深的变化确定标准角模的水平模板和垂直模板的单元尺寸，及顶板与墙体模板的调节插板的规格形式；根据水平构件与垂直构件的尺寸确定导墙板、堵头模板；根据水平构件与垂直构件的施工荷载确定模板的结构体系、穿墙螺栓布置间距、承重支撑的布置形式；根据隧道模的整体规格和重量设计支卸平台的结构尺寸及吊点位置。

在隧道模设计过程中应注意以下几点：

（1）隧道模各组成模板的强度及刚度必须通过设计验算，其模板组合拼接的位置及连接应安全可靠。

（2）隧道角模单元间及调节插板的拼接位置及导墙、堵头板位置须进行模板结构的细化设计和定位装置。

（3）隧道模支撑系统的设计须进行稳定承载力验算，模板整体组拼刚度须有构造措施予以保证。

（4）隧道模的支卸平台的设计须进行杆件的稳定性验算，保证整体抗扭转刚度，吊点位置的选择须满足支卸平台与隧道模重心位置重合。

（5）隧道模的各模板组成部分的设计尺寸须根据建筑构件的结构尺寸制定，模板单元设计应满足通用标准模数，设计加工过程中应控制累计误差。

13.10.1.4　施工要点及注意事项

1. 隧道模施工工艺流程如图 13-127 所示。

2. 隧道模施工要点：

（1）施工前，对施工作业人员先进行技术交底和操作工艺的安全交底，并根据施工作业人员水平进行必要的技术安全培训。

（2）在施工中，根据提升能力合理安排垂直运输设备，合理划分流水段，采用流水作业施工。

（3）根据施工段进度安排，合理组织好钢筋绑扎、模板拆立、混凝土浇筑振捣等流水程序及作业人员用工。

（4）隧道模的墙体模板安装，在墙体钢筋绑扎后，安装半隧道模要间隔进行，以便检查预埋管线及预留孔洞的位置、数量及模板安装质量。隧道模合模后应及时调整，检查整体模板的定位尺寸、平整度、垂直度是否满足安装质量要求，并着重检查施工缝位置、导墙位置、堵头板位置的模板安装质量，经检查合格并做好隐蔽检查记录后，方可进行混凝土浇筑作业。

（5）模板拆除。拆模时，应首先检查支卸平台的安装是否平稳

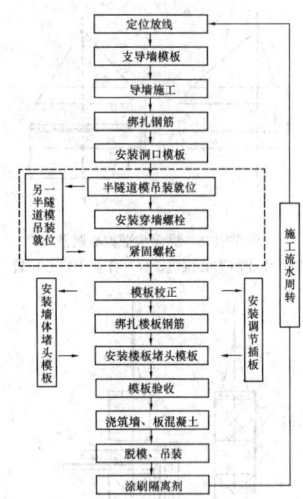

图 13-127　隧道模施工工艺流程

牢固，然后放下支卸平台上的护栏。拆除调节插板和穿墙螺栓，旋转可调节支撑丝杆，使顶板模板下落，垂直支撑底端滑轮落地就位。脱模完成后借助人工或机械将半隧道模推出到支卸平台上，当露出第一个吊点时，即应挂绳，绷紧吊绳，但模板的滚轮不得离开作业面，以利于模板继续外移。在模板完全脱离构件单元前，应立即挂上另一吊点，起吊到新的工作面上。按此步骤，再将另一个半隧道模推出。当拆除第一块半隧道模时，应在跨中用顶撑支紧。

（6）隧道模进入下一标准单元后，应及时清除模板表面混凝土，并进行隔离剂涂刷，涂刷过程中注意避免污染钢筋。

3. 隧道模施工注意事项

（1）导墙的施工

导墙是保证隧道模施工质量的重要基础，导墙是指为隧道模安装所必须先浇筑的墙体下部距楼地面 100～150mm 高度范围内的一段混凝土墙。导墙是控制隧道模的安装质量和保证结构尺寸的标准和依据，它的质量直接影响隧道模的混凝土成型质量。为此施工时必须严格要求。施工时应注意以下几点：

1）每个单元层施工前均应用经纬仪将纵横轴线投放在楼地面上，并认真弹好各墙边线及门洞位置线。

2）导墙模板单元应方正、顺直，表面粘附的水泥浆应清理干净，并在安装前刷一遍隔离剂。导墙模板内撑及外夹具应对称设置，撑夹牢固。

3）认真检查校正混凝土墙插筋的间距，清除模内的垃圾杂物和松散混凝土块。

4）浇混凝土前必须洒水湿润模板。混凝土振捣应密实，操作过程中必须控制模板外移、变形和垂直度偏差。

5）拆模时应避免损伤构件边角，及时清除墙与楼地面阴角处的混凝土浆，以便下一单元隧道模的安装和拆除。

6）用水平仪将楼层控制标高线投放在导墙两侧并弹线，以利于模板安装时控制标高。

（2）隧道模的吊装周转

隧道模吊装周转前，详细检查隧道模板的安装位置是否可靠，支卸平台的吊点设置是否合理，插入支卸平台后，隧道模与平台间须有刚性连接装置，隧道模脱模平移过程中，应在吊装的外力牵引和人工辅助作用下，借助隧道模的下部滑动滚轮使其缓慢水平滑移撤出。同时根据作业前后的偏移重心位置不同，设置钢丝绳辅助吊点调整，确保吊装过程重心平稳，重力平衡（图 13-128、图 13-129）。

（3）隧道模冬期施工养护

隧道模冬期施工，采用蒸汽排管加热器、红外线辐射加热器、辐射对流加热装置均可。其中红外线辐射加热养护方法效果较好。其拆模强度须同条件养护试块达到规范强度要求，对于开间较大结构顶板须设置必要的临时支撑，以保证混凝土水平构件的拆模强度

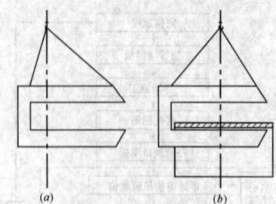

图 13-128 纵向水平重心调整
(a) 作业前重心位置; (b) 作业中重心位置

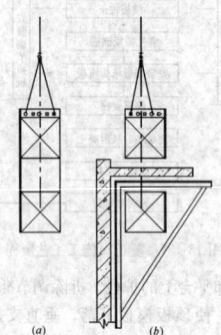

图 13-129 横向水平重心调整
(a) 作业前重心位置; (b) 作业中重心位置

及跨度满足规范要求。

13.10.2 其他形式隧道模

其他形式的隧道模体系主要有以下几种: 法国的乌的诺和巴蒂门塔隧道模、德国的胡纳贝克隧道模、英国的赛克托隧道模、美国的伯德隧道模, 各种形式的隧道在细节上虽各有不同, 但在机械和运用方面都大同小异。

通过研究和实践, 隧道模施工工艺简单, 各技术工种的劳动强度较低, 无需预制, 装修湿作业少。用隧道模施工的建筑房屋是按水平方向逐渐连续浇筑成型, 具有整体性好、抗震性强的特点, 使用隧道模可一次浇筑出墙体、楼板结构, 特别适用于高层和超高层建筑, 国外用隧道模施工的建筑已达 70 层。目前采用隧道模的施工速度和大模板的施工速度相近, 已建隧道模建筑工程造价高于内浇外砌工程, 但高层和超高层建筑中采用这种体系经济性较好。

13.11 早拆模板体系

20 世纪 80 年代中期, 我国从国外引进了早拆模板体系, 并应用成功。进入 90 年代初期, 早拆模板体系在国内开始在建筑工程施工中推广应用, 由于多年的工程应用和施工经验的积累, 该施工技术不断走向成熟和规范, 是建设部十项推广新技术之一。早拆模板体系利用结构混凝土早期形成的强度和早拆装置、支架格构的布置, 在施工阶段人为把结构构件跨度缩小, 拆时实施两次拆除, 第一次拆除部分模架, 形成单向板或双向板支撑布局, 所保留的模架待混凝土构件达到《混凝土结构工程施工质量验收规范》(GB 50204)拆模条件时再拆除。早拆模板体系是在确保现浇钢筋混凝土结构施工安全度不受影响、符合施工规范要求、保证施工安全及工程质量的前提下, 减少投入、加快材料周转, 降低施工成本以及提高工效、加快施工进度, 具有显著的经济效益和良好的社会效益。

13.11.1 早拆模板施工特点及原理

13.11.1.1 施工特点

1. 操作便捷、工作效率高

支持快捷, 工作效率高。早拆模板支架构造简单, 操作方便、灵活, 施工工艺容易掌握, 与常规模工艺相比较, 工作效率可提高 2~3 倍左右, 可加快施工速度, 缩短施工工期。对施工工人的技术水平、技术素质要求不高, 适合国内当前建筑业劳动力市场的

基本状况。

2. 施工安全可靠、保证工程质量

早拆模板体系支撑尺寸规范, 减少了搭设时的随意性, 避免出现不稳定结构和节点可变状态的可能性, 施工安全可靠; 结构受力明确, 支架整齐, 施工过程规范化, 确保工程质量。

3. 功能多, 适应能力强

早拆模板施工, 可与多种规格系列的模板及龙骨配合使用。

4. 降低耗材、追求绿色文明施工

利于文明施工及现场管理。早拆模板体系施工过程中, 避免了周转材料的中间堆放环节, 模板支架整齐、规范, 立、横杆用量少, 没有斜杆, 施工人员通行方便, 便于清扫, 有利于文明施工及现场管理。对于狭窄的施工现场尤为适用。

5. 有利于环境保护, 社会效益良好

龙骨、模板材料的用量大量减少, 有利于绿色植被的保护。同时运输量的减少, 工人劳动强度的减轻, 有利于施工现场的管理, 使之产生良好的社会效益。

6. 加快材料周转, 投资少, 见效快, 经济效益显著

早拆模板体系与传统支模方式比较, 材料周转快, 投入少, 模板及龙骨可比常规的投入减少 30%~50%, 同时降低了材料进出场运输费、损坏和丢失所支出的费用, 经济效益显著。

13.11.1.2 早拆模板施工原理

根据现行的国家标准《混凝土结构工程施工及验收规范》(GB 50204)中规定, 板的结构跨度≤2.0m 时, 混凝土强度达到设计强度的 50%方可拆模; 结构跨度在 2.0~8.0m 时, 混凝土强度达到 75%方可拆模; 大于 8.0m 时, 混凝土强度达到设计强度的 100%方可拆模。因此, 早拆模板施工的基本原理是: 在施工阶段把楼板的结构跨度人为控制在 2m 以内, 通过降低楼板自重荷载, 在混凝土强度达到设计强度的 50%时实现提早拆模。

13.11.2 基本构造及适用范围

13.11.2.1 基本构造

1. 支撑构件

早拆模板支撑可采用插卡式、碗扣式、独立钢支撑、门式脚手架等多种形式, 但必须配置早拆装置, 以符合早拆的要求。

2. 早拆装置

早拆装置是实现模板和龙骨早拆的关键部件, 它是由支撑顶板、升降托架、可调节丝杠组成。图 13-130~图 13-133 为常见的形式。支撑顶板平面尺寸不宜小于 100mm×100mm, 厚度不应小于 8mm。早拆装置的加工应符合国家或行业现行的材料加工标准及焊接标准。

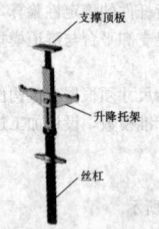

图 13-130 早拆装置一

图 13-131 早拆装置二

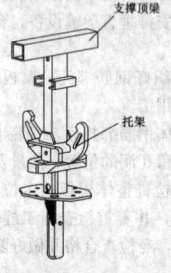

图 13-132 早拆装置三

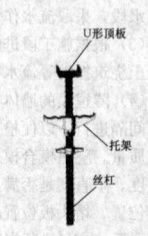

图 13-133 早拆装置四

3. 模板及龙骨

模板可根据工程需要及现场实际情况，选用组合钢模板、钢框竹木胶合板、塑料板模板等。龙骨可根据现场实际情况，选用专用型钢、方木、钢木复合龙骨等。

4. 早拆模板施工示意

早拆模板施工如图 13-134 所示。

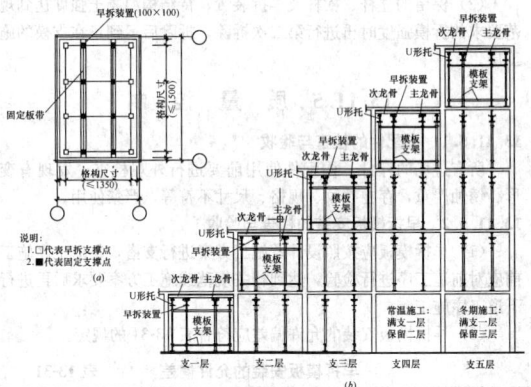

图 13-134　早拆模板施工示意图
(a) 平面格构；(b) 施工工艺

13.11.2.2　适用范围

早拆模板适用于工业与民用建筑现浇钢筋混凝土楼板施工，适用条件为：①楼板厚度不小于 100mm，且混凝土强度等级不低于 C20；②第一次拆除模架后保留的竖向支撑间距≤2000mm。早拆模板不适用于预应力楼板的施工。

13.11.3　早拆模板施工设计原则及要点

13.11.3.1　设计原则

(1) 早拆模板应根据施工图纸及施工组织设计，结合现场施工条件进行设计。

(2) 模板及其支撑设计计算必须保证足够的强度、刚度和稳定性，满足施工过程中承受浇筑混凝土的自重荷载和施工荷载，确保安全。

(3) 参照楼板厚度、混凝土设计强度等级及钢筋配置情况，确定最大施工荷载，进行受力分析，设计竖向支撑间距及早拆装置的布置。

(4) 早拆模板设计应明确标注第一次拆除模架时保留的支撑，并应保证上下层支撑位置对准准确。

(5) 根据楼层的净空高度，按照支撑杆件的规格，确定竖向支撑组合，根据竖向支撑结构受力分析确定横杆步距。

(6) 确定需保留的横杆，保证支撑架体的空间稳定性。

(7) 第一次拆除模架后保留的竖向支撑间距≤2m。

(8) 根据上述确定的控制数据（立杆最大间距及早拆装置的型号、横杆步距等），制定早拆模板支撑体系施工方案，明确模板的平面布置。

(9) 根据早拆模板施工方案图及流水段的划分，对材料用量进行分析计算，明确周转材料的动态用量，并确定最大控制用量，以保证周转材料的及时供应及退场。

(10) 安装上层楼板模架时，常温施工在施层下应保留不少于两层支撑，特殊情况可经计算确定。

13.11.3.2　设计要点

(1) 模板、龙骨提早拆除的目的是在下一个流水段施工中使用，实现这个目的要做到合理使用材料，以减少投入，便于操作，提高工效及利于文明施工及现场管理。同时，要保证模板、龙骨及早拆支架在新浇筑混凝土和施工操作等荷载作用下，具有足够的强度、刚度和确保早拆支架的稳定。

(2) 早拆模板设计前，要备齐所需的各种资料，如有关结构施工图、施工组织设计或相关的施工技术方案等。

(3) 根据现场情况，确定模板、龙骨所用材料，并备齐有关施

工规范、设计规范及技术资料，以确定各种材料的力学性能指标，如弹性模量、强度指标及计算截面力学特性等。

(4) 早拆模板施工方案编制时，应进行各种必要的设计计算（如模板体系的设计计算、拆模强度及时间的确定、后拆支撑配置层数的计算等），为模板施工图的绘制提供各种控制数据。

(5) 根据结构施工平面图，对各房间的平面尺寸进行计算、分析、统计、归纳、编号，平面尺寸一样的房间编相同的号，并绘制出总平面图。如图 13-135 所示。

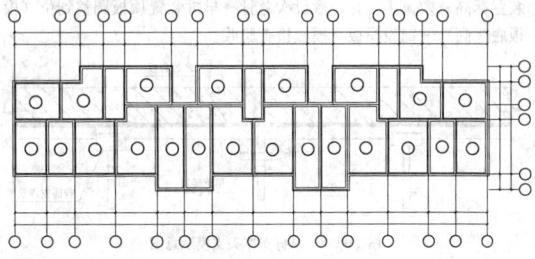

图 13-135　总平面示意图

(6) 根据计算确定的水平支撑格构及各房间的平面尺寸，绘制各不同编号的房间施工（支模）大样图及材料用量表（图 13-136）。

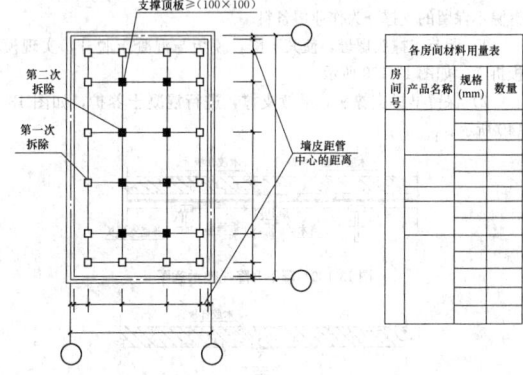

图 13-136　模板的平面布置及材料用量统计

(7) 绘制竖向剖面结点大样，注明模板、龙骨及支架竖向、水平支撑的组合情况，如下图 13-137 所示。

(8) 绘制规范化竖向施工模式图，标明不同施工季节所需支撑层数及模板材料的施工流水，如图 13-134 所示。

(9) 为了掌握资金的投入数额及材料总供应量，要进行动态用

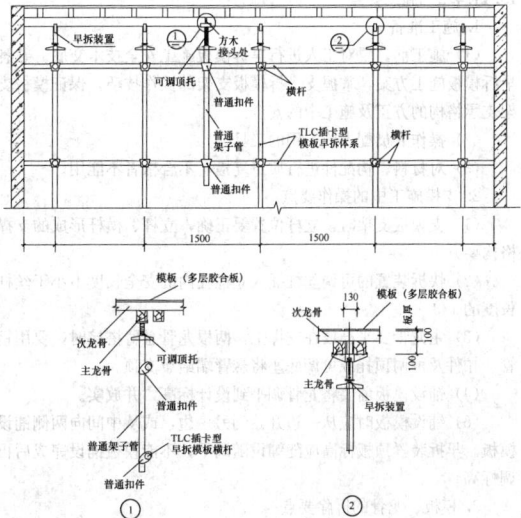

图 13-137　早拆模板体系剖面示意图

量分析计算，并编制出材料总用量供应表。

13.11.4　早拆模板施工工艺

13.11.4.1　工艺流程

（1）模板安装：模板施工图设计→材料准备、技术交底→弹控制线→确定角立杆位置并与相邻的立杆支搭，形成稳定的四边形结构→按设计展开支搭→整体支架搭设完毕→第一次拆除部分放入托架，保留部分放入早拆装置（图13-138）→调整早拆托架和早拆装置标高→敷设主龙骨、敷设次龙骨→早拆装置顶板调整到位（模板底标高）→铺设模板→模板检查验收。

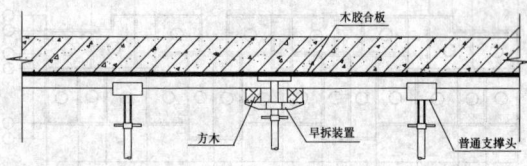

图13-138　早拆支撑头支模示意图

（2）拆模拆除：楼板混凝土强度达到设计强度的50%，且上层墙体结构大模板吊出，施工层无过量堆积物时，拆除模板顺序如下：

降下早拆升降托架→拆除模板→拆除主、次龙骨→拆除托架→拆除不保留的支撑→为作业层备料。

1）调节支撑头螺母，使其下降，模板与混凝土脱开，实现模板拆除，如图13-139所示。

2）保留早拆支撑头，继续支撑，进行混凝土养护，如图13-140所示。

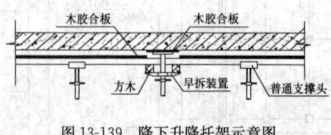

图13-139　降下升降托架示意图

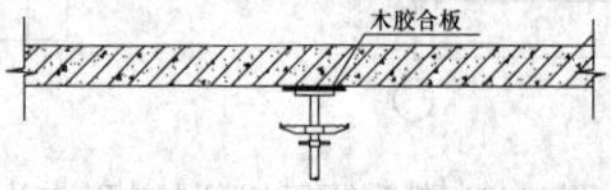

图13-140　保留早拆支撑头示意图

3）模板第一次拆除：检测混凝土达到拆模时规定的强度→按模板施工图要求拆除模板、龙骨及部分支撑杆件→将拆除的模板及配件垂直运输到下一层段→到符合设计或规范规定的拆模要求时，拆除保留的立杆及早拆装置→垂直搬运到下一个施工层段。

13.11.4.2　施工要点

1．施工准备

（1）施工前，要对工人进行早拆模板施工安全技术交底。熟悉早拆模板施工方案，掌握支、拆模板支架的操作技巧，保证模板支架支承结构的方正及施工中的安全。

（2）操作人员配齐施工用的工具。

（3）对材料、构配件进行质量复检，不合格者不能用。

2．支模施工中的操作要点

（1）支模板支架时，立杆位置要正确，立杆、横杆形成的支撑格构要方正。

（2）快拆装置的可调丝杠插入立杆孔内的安全长度不小于丝杠长度的1/3。

（3）主龙骨要平稳放在支撑上，两根龙骨悬臂搭接时，要用钢管、扣件及可调顶托或可调底座将悬臂端给予支顶。

（4）铺设模板前要将龙骨调平到设计标高，并放实。

（5）铺设模板时应从一边开始到另一边，或从中间向两侧铺设模板。早拆装置顶板标高应随铺设随调平，不能模板铺设完成后再调标高。

3．模板、龙骨的拆除要点

（1）模板、龙骨第一次拆除要具备的条件：首先是混凝土强度

达到50%及以上（同条件试块试压数据）；其次是上一层墙、柱模板（尤其是大模板）已拆除并运走后，才能拆除其模板、龙骨、横杆等（保留立杆除外）。

（2）要从一侧或一端按顺序轻轻敲击早拆装置，使模板、龙骨降落一定高度，而后可将模板、龙骨及不保留的杆部件同步拆除并从通风窗或外脚手架上运到上一层。

（3）保留的立杆、横杆及早拆装置，待结构混凝土强度达到规范要求的拆模强度时再进行第二次拆除，拆除后运到正在支模的施工层。

13.11.5　质　量　控　制

13.11.5.1　构配件的检查与验收

所有进场的杆件、构配件使用前要进行外观检查，发现有变形、锈蚀严重，存在裂纹、规格、尺寸不符等，严禁使用。

13.11.5.2　早拆模板安装的检查与验收

（1）早拆模板应按照设计及施工方案进行支搭，每道工序施工前应对前道工序进行检验，达到相关规范或施工方案要求后再进行下道工序施工。

（2）早拆模板安装的允许偏差应符合表13-31的规定。

早拆模板安装的允许偏差　　　　　　　　表13-31

序号	项　目	允许偏差	检验方法
1	支撑立柱垂直度允许偏差	≤层高的1/300	吊线、钢尺检查
2	上下层支撑立杆错移允许偏差	≤30mm	钢尺检查
3	支撑顶板与次龙骨间高差	≤2mm	水平尺＋塞尺检查

13.11.5.3　早拆模板拆除的检查与验收

（1）模板支撑第一次拆除必须达到有关规范或施工方案规定的拆模条件，并经项目技术负责人批准后方可拆除。

（2）第一次拆除模板后，保留的支撑应满足有关规范或施工方案的要求。

（3）模架的第二次拆除应按《混凝土结构工程施工质量验收规范》（GB 50204）等相关规定执行。

13.12　清水混凝土模板施工

清水混凝土分为：普通清水混凝土、饰面清水混凝土和装饰混凝土。普通清水混凝土为表面颜色无明显色差，对饰面效果无特殊要求的清水混凝土。饰面清水混凝土为表面颜色基本一致，由规律排列的对拉螺栓孔眼、明缝、禅缝、假眼等组合形成的，以自然质感为饰面效果的清水混凝土。装饰清水混凝土为表面形成装饰图案、镶嵌装饰片或彩色的清水混凝土（表13-32）。

清水混凝土分类和做法要求　　　　　　　表13-32

序号	清水混凝土分类	清水混凝土表面做法要求	备　注
1	普通清水混凝土	拆模后的混凝土有本身的自然质感	—
2	饰面清水混凝土	混凝土表面自然质感	禅缝、明缝清晰、孔眼排列整齐，具有规律性
		混凝土表面上直接做保护透明涂料	孔眼按需设置
		混凝土表面砂磨平整	禅缝、明缝清晰、孔眼排列整齐，具有规律性
3	装饰清水混凝土	混凝土有本身的自然质感以及表面形成装饰图案或预留装饰物	装饰物按需设置

13.12.1　清水混凝土模板施工特点、适用范围

13.12.1.1　清水混凝土模板施工特点

（1）它属于一次浇筑成型，不做任何外装饰，表面平整光滑。

色泽均匀，棱角分明，无碰损和污染，只是在表面涂一层或两层透明的保护剂。

（2）清水混凝土施工前期，着重于模板配置、模板拼缝、螺栓孔设置、节点控制等方面的深化设计。清水混凝土的模板配置，是清水混凝土成型施工中的一个重要环节。

13.12.1.2　清水混凝土模板施工适用范围

清水混凝土适用于民用建筑、公共建筑、构筑物、园林等工程中，同时也适用于清水混凝土装饰造型、景观造型施工。

13.12.2　清水模板的深化设计

模板的深化设计应根据工程结构形式和特点及现场施工条件，对模板进行设计，确定模板选用的形式，平面布置，纵横龙骨规格、数量、排列尺寸、间距、支撑间距、重要节点等。同时还应验算模板和支撑的强度、刚度及稳定性。模板的数量应在模板设计时按流水段划分，并进行综合研究，确定模板的合理配制数量、拼装场地的要求（条件许可时可设拼装操作平台）。按模板设计图尺寸提出模板加工要求。

13.12.2.1　一般规定

（1）清水混凝土施工前，应根据规范和规程的有关要求，制定专项施工方案。同时还应进行重要部位和关键节点的深化设计。

（2）模板和支撑体系应根据清水混凝土工程的结构形式、造型特点、荷载大小、施工设备和材料供应等条件进行设计。

（3）模板必须具有足够的刚度，在混凝土侧压力作用下不允许有一点变形，以保证结构物的几何尺寸均匀、断面的一致，防止浆体流失；对模板的材料也有很高的要求，表面要平整光洁，强度高、耐腐蚀，并具有一定的吸水性；对模板的接缝和固定模板的螺栓等，则要求接缝严密，要加密封条防止跑浆。

（4）模板支撑完成后，应对模板工程进行验收。在浇筑混凝土时，要随时对模板和支撑体系进行观察。

（5）在设计模板的分隔线时，布置要合理而有规律，以保证整体的外观效果。

（6）模板应尽可能扩大，现场的接缝要少，且接缝位置必须有规律，尽可能隐蔽。暴露在外的接缝，如工程允许，接缝处应设压缝条。

13.12.2.2　模板体系的选用

随着清水混凝土施工的发展和领域的拓宽，清水混凝土不仅用于建筑中，还被更多的用于装饰和造型中。因此，模板设计应根据建筑的特性和类型分别进行。对模板应进行详尽周到的设计，使其在满足特性和类型的前提下，用清水混凝土的表面质感来表现设计意图。所设计的模板块连接处要有足够的刚度，经得起反复装拆。

对于不同类型造型的清水混凝土构件应选择不同体系的模板，一般外形整齐、几何形状简单的造型构件宜选择钢木结构模板。不规则形状、周转次数要求不高，可选用木模板。几何形状特别复杂且周转次数较多的宜选用定型钢模板。

1. 钢模板

钢模板分为大钢模和定型钢模。大钢模一般用于形状规则的墙体，如剪力墙结构，墙体模板设计应根据墙面大小，尽量根据"一面墙、一块板"的原则进行设计，一般墙体在不超过 6m 的时候只需用一块模板，如果墙体过长时，可采取拼装的形式。如图13-141所示。

定型钢模一般用于形状不规则的构件，如饰面和装饰清水混凝土。模板设计应根据构件的特点、饰面和装饰的个性化进行定型制作，以确保其个性的效果。

2. 木模板

木模板也是清水混凝土常用的模板。它适用于墙体和一些不规则构件，装拆比较灵活方便，但对于木模板的材质要求较高。

3. 钢框木模板

清水混凝土对模板面要求很高。应选用强度高、平整度好、表面光滑、模板周转率较高的模板。

大钢模体系的施工进度快，模板拼缝整齐，但是钢模板重量大，混凝土表面气泡较多，表面的锈蚀和脱模剂容易引起混凝土表面色差，生产出来的建筑产品表面光亮、生硬、冷涩，无法满足要

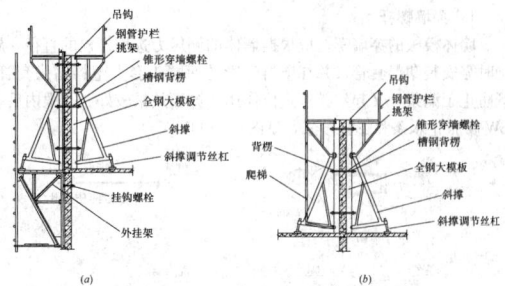

图 13-141　全钢大模板外墙、内墙图
(a) 全钢大模板外墙图；(b) 全钢大模板内墙图

求较高的清水混凝土的柔和的质感效果。木模板虽然质量轻但是整体刚度较低，对于混凝土侧压力较大的构件，有时不能满足设计的对拉螺栓孔位置要求。钢框木模板是克服两者弱点的结合物，故应用较为广泛。

4. 其他模板

其他模板的选用是根据结构特点和受力需要，保证施工质量而选用。

13.12.2.3　节点设计

清水混凝土模板设计，应根据构件的大小，尽量做到不同的构件都应有设计方案。各种构件连接部位必须做节点设计，针对不同的情况逐个画出节点图，以保证连续严密，牢固可靠，保证施工时有据可依，避免施工的随意性。

1. 拼缝与明缝设计

（1）拼缝

利用模板或面板拼缝的缝隙在混凝土表面上留下的有规则的隐约可见的印迹叫做"拼缝"又名"禅缝"，见图 13-142。配模设计时根据设计的意图应考虑设缝的合理性、均匀对称性、长宽比例协调的原则，确定模板分块、面板分割尺寸。

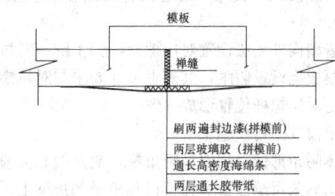

刷两遍封边漆(拼模前)
两层玻璃胶（拼模前）
通长高密度海绵条
两层通长胶带纸

图 13-142　禅缝

（2）明缝

明缝是凹入混凝土表面的分格线，它是清水混凝土重要的装饰之一。明缝可根据设计要求，将压缝条镶嵌在模板上经过混凝土浇筑脱模而自然形成。明缝条可选用硬木、铝合金等材料，截面宜为梯形。见图 13-143。

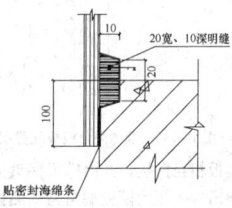

20宽、10深明缝
贴密封海绵条

图 13-143　明缝

模板设计时分隔线布置要合理而有规律，以给施工带来方便；否则当设计上要求模板严丝合缝，施工却很困难，需要花更多的人力与物力，甚至要求模板有过分大的刚度与精度，这就增大了不必要的模板费用及整个施工费用，因此制定模板方案十分重要。

（3）螺栓孔设计

螺栓孔眼的排布应纵横对称、间距均匀，在满足设计的排布时，对拉螺栓应满足受力要求。

1) 穿墙螺杆

墙体模板的穿墙螺杆应根据墙体的侧压力选用螺栓的直径，施工时需安装塑料套管，并在塑料套管的两端头套上塑料堵头套管，既防止了漏浆，又起到模板定位作用，饰面效果较好。孔眼内后塞BW膨胀止水条和膨胀砂浆，见图13-144。

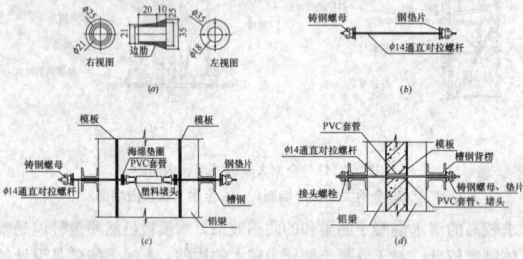

图 13-144　清水混凝土构件穿墙螺栓示意图

(a) 塑料堵头剖面；(b) 对拉螺栓配件；
(c) 对拉螺栓组装示意；(d) 对拉螺栓安装成品示意

2) 假孔和堵头

如果达不到对称、间距均匀的要求，或设计有要求时，考虑建筑外观的需要，可排放一些堵头和假眼（图13-145）。

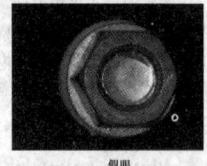

堵头　　　　　　　　假眼

图 13-145　堵头与假眼

堵头：用于固定模板和套管，设置在穿墙套管的端头对拉螺杆两边的配件，拆模后形成统一的孔洞作为混凝土重要的装饰效果之一。

假眼：造型构件无法设置对拉螺栓，为了统一对拉螺栓孔的美学效果，在模板上设置假眼，其外观尺寸要求与对拉螺栓孔堵头相同，拆模后与对拉螺栓位置形成一致。

(4) 阴角模及阳角模施工

清水墙体阴角部位采用定型阴角模，阴角模和大模板分别与明缝条搭接，明缝条用螺栓拉接在模板和阴模的边框上，以达到调节缝的目的，如图13-146所示。

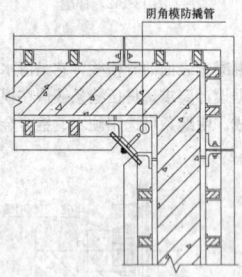

图 13-146　墙体阴角模板配置图

阳角部位的模板相互搭接，并由模板夹具夹紧；为防止水泥砂浆从阳角接缝处渗出，一侧的模板端与另一侧模板面的结合处需贴上密封条，以防漏浆。如图13-147所示。

(5) 模板交接处理

墙体上下层施工时，若模板搭接不当，接头处理不严密，极易出现错台。缝的留设也影响着整体的外观观感。节点设计极为重要。见图13-148。

(6) 梁柱接头

根据施工经验，从清水混凝土结构施工结果及有关部门的评价方法来看，首先强调的是观感，即梁柱线条是否通顺、结构表面是否平整、色泽是否一致、气泡是否较少、各处接缝是否干净利

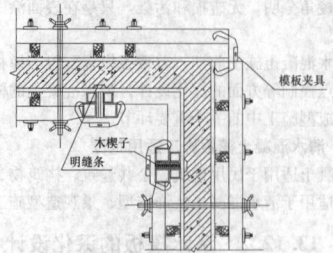

图 13-147　墙体阳角模板配置图

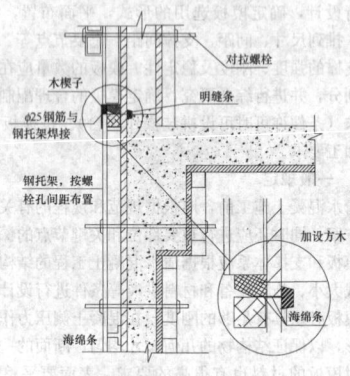

图 13-148　模板交接局部错台处理详图

落等。

梁柱节点模板、主次梁交接处模板设计及安装质量是框架结构梁柱节点施工质量的直接表现。本工程不同类型的梁柱节点形式，将通过精心设计，制作专用节点模板，并通过变化其高度尺寸，以调节同层高柱子的模板安装。梁柱节点采用多层板配制成工具式或定型专用模板，与柱、梁模配套安装。

(7) 门窗洞口

门窗洞口采用后塞口做法，模板设计为企口型，一次浇筑成型，确保门窗洞口尺寸和窗台排水坡度，如图13-149所示。

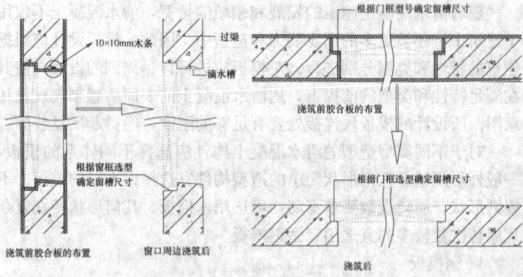

图 13-149　清水门窗洞口模板——滴水、企口、拔水等细部节点图

13.12.3　模板的加工与验收

13.12.3.1　模板加工制作

(1) 模板的加工制作在加工厂完成，模板下料应准确，切口平整，组装前应调平、调直。按设计要求在现场进行安装。模板的设计需根据模板周转使用部位和设计要求出具完整的加工图、现场安装图，每块墙模板要进行编号。

(2) 选择模板面板时，模板材料应干燥。需注意板的表面是否平滑，有无破损，夹板层有无空隙、扭曲，边口是否整洁，厚度、长度公差是否符合要求等。

(3) 为达到清水混凝土墙面的设计效果，需对面板进行模板分割设计，即出分割图。依据墙面的长度、高度、门窗洞口的尺寸和模板的配置高度、模板配置位置，计算确定在模板上的分割线位置；必须保证在模板安装就位后，模板分割线位置与建筑立面设计的禅缝、明缝完全吻合。

（4）面板后的受力竖肋采用型材，其布置间距严格按照受力计算的间距进行。

（5）模板龙骨不宜有接头。当确需接头时，有接头的主龙骨数量不应超过主龙骨总数量的50%。模板背面与主肋（双槽钢）间的连接用专用的钩头螺栓，钩头螺栓须交错布置，且须保证螺栓紧固。坡墙模板后的双8号槽钢连接前须确保平直，不扭曲；连接时要确保连接件的紧固。

13.12.3.2　模板制作验收

（1）模板制作尺寸的允许偏差与检验方法应符合表13-33的规定。检查数量：全数检查。

（2）模板版应干净，隔离剂应涂刷均匀。模板间的拼缝应平整、严密，模板支撑应设置正确、连接牢固。检查方法：观察。检查数量：全数检查。

清水混凝土模板制作尺寸允许偏差与检验方法

表 13-33

项次	项　目	允许偏差（mm）		检验方法
		普通清水混凝土	饰面清水混凝土	
1	模板高度	±2	±2	尺量
2	模板宽度	±1	±1	尺量
3	整块模板对角线	≤3	≤3	塞尺、尺量
4	单块模面对角线	≤3	≤2	塞尺、尺量
5	板面平整度	3	2	2m靠尺、塞尺
6	边肋平直度	2	2	2m靠尺、塞尺
7	相邻面板拼缝高低差	≤1.0	≤0.5	平尺、塞尺
8	相邻面板拼缝间隙	≤0.8	≤0.8	塞尺、尺量
9	连接孔中心距	±1	±1	游标卡尺
10	边框连接孔与面板距离	±0.5	±0.5	游标卡尺

13.12.4　施工工艺及模板安拆

13.12.4.1　施工工艺

根据图纸结构形式设计计算模板强度和板块规格→结合留洞位置绘制组合展开图→按实际尺寸放大样→加工配制标准和非标准模板块→模板块检测验收→编排顺序号码、涂刷隔离剂→放线→钢筋绑扎、管线预埋→排架搭设→焊定位筋→模板组装校正、验收→浇筑混凝土→混凝土养护→模板拆除后保养模板周转使用。

13.12.4.2　模板安装

（1）模板进场卸车时，应水平将模板吊到车辆上，并在吊绳与模板的接触部位垫方木或角钢护角，避免吊绳伤及面板。吊点位置应作用于背楞位置，确保有四个吊点且均匀受力。

（2）吊离车辆后，平放在平整坚实的地面上，下面垫方木，避免产生变形。平放时背楞向下，面对面或背对背地堆放，严禁将面板朝下接触地面。模板面板之间加毡子以保护面板。模板吊装时一定要在设计的吊钩位置挂钢丝绳，起吊前一定要确保吊点的连接稳固，严禁吊钩挂在几字型材或背楞上。注意模板面板不能与地面接触，必要时在模板底部位置垫毡子或海绵。模板施工中必须慢起轻放，吊装模板时需注意避免模板随意旋转或撞击脚手架、钢筋网等物体，造成模板的机械性损坏和变形及安全事故的发生，影响其正常使用；严格保证两根吊索夹角小于5°；严禁单点起吊；四级风（含）以上不宜吊装模板。

（3）入模时下方应有人用绳子牵引以保证模板顺利入位，模板下口应避免与混凝土墙体发生碰撞摩擦，防止"飞边"。调整时，受力部位不能直接作用于面板，需要支顶或撬动时保证模板背楞龙骨受力位置受力，并且必须加方木垫块。

（4）套穿墙螺栓时，必须在调整好位置后轻轻入位，保证每个孔位都加塑料垫圈，避免螺栓损伤穿墙孔位。模板紧固之前，应保证面板对齐。浇筑过程中，严禁振动棒与面板、穿墙套管接触。

13.12.4.3　模板拆除

模板拆卸应与安装顺序相反，即先装后拆、后装先拆。拆模

时，轻轻将模板上口撬离墙体，然后整体拆离墙体，严禁直接用撬棍挤压面板。拆模过程中必须做好对清水墙面的保护工作。拆下的模板轻轻吊离墙体，放在存放位置准备周转使用。装车运输时，最下层模板背楞朝下，模板面对面或背对背叠放，叠放不能超过六层，面板之间垫棉毡保护。

13.12.4.4　安装尺寸允许偏差与检验

模板安装尺寸允许偏差与检验方法应符合表13-34的规定。检查数量：全数检查。

清水混凝土模板安装尺寸允许偏差与检验方法

表 13-34

项次	项　目		允许偏差（mm）		检验方法
			普通清水混凝土	饰面清水混凝土	
1	轴线位移	墙、柱、梁	4	3	尺量
2	截面尺寸	墙、柱、梁	±4	±3	尺寸
3	标高		±5	±3	水准仪、尺量
4	相邻版面高低差		3	2	尺量
5	模板垂直度	不大于5m	4	3	经纬仪、线坠、尺量
		大于5m	6	5	
6	表面平整度		3	2	塞尺、尺量
7	阴阳角	方正	3	3	方尺、塞尺
		顺直	3	3	线尺
8	预留洞口	中心线位移	8	8	拉线、尺量
		孔洞尺寸	+8，0	+4，0	
9	预埋件、管、螺栓		3	2	拉线、尺量
10	门窗洞口	中心线位移	8	8	拉线、尺寸
		宽、高	±6	±4	
		对角线	8	6	

13.12.4.5　模板施工质量通病

模板质量通病的防治及质量保证措施，详见表13-35。

模板质量通病的防治及质量保证措施　　表 13-35

序号	项　目	防　治　措　施
1	混凝土墙底烂根	模板下口缝隙用木条、海绵条塞严，或抹砂浆找平层，切忌将其伸入混凝土墙体位置内
2	墙面不平、粘连	墙体混凝土强度达到1.2MPa方可拆模板，清理模板和涂刷隔离剂必须认真，要有专人检查验收，不合格的要重新涂刷
3	墙体垂直偏差	支模时要反复用线坠吊垂，支模完毕经校正后如遇较大的冲撞，应重新校正，变形严重的模板不得继续使用
4	墙面凸凹不平	加强模板的维修，每次浇筑混凝土前将模板检修一次；板面有缺陷时，应随时进行修理；不得用大锤或振动器猛振模板，撬棍击打模板面板
5	墙体阴角不垂直，不方正	及时修理好模板；支撑时要控制其垂直偏差，并且模内用顶固件加固，保证阴角部位模板的每个翼缘至少设有一个顶件，顶件不得使用易生锈的钢筋或角铁；阴角部位的模板两侧边须粘有海绵条，以防漏浆
6	墙体外角不垂直	阳角部位的模板确定位准确，夹具紧固，使角部线条顺直，棱角分明
7	墙体厚度不一致	使用坚固的塑料撑具直接顶在两侧大模板上，保证模板间距；穿墙螺栓需按设计要求上紧

13.13 楼 梯 模 板

现浇钢筋混凝土楼梯，由梯段和休息平台组成。休息平台模板施工与楼板大致相同。而楼梯段与水平面有一定的夹角，模板支搭有差异。楼梯结构有板式和梁式。梯段常见形式有双折直跑式、连续直跑式和旋转楼梯。楼梯的模板施工主要包括架架选择，楼梯段、休息平台模板位置确定，荷载统计、模架配置，造型与构造处理，安装拆除施工等。

13.13.1 直跑板式楼梯模板施工

设计图纸一般给出成型以后的楼梯踏步、休息平台的结构位置尺寸，而梯段、休息平台模板的支模位置，则需要施工时推算确定。直跑梁式楼梯的楼梯段、休息平台支模位置，以及设有休息平台梁的楼梯支模位置，从施工图纸上可以方便地反算出来。不设休息平台梁的直跑板式楼梯的楼梯段、休息平台支模位置，则需根据楼梯板厚，进行一定的计算。

13.13.1.1 板式双折楼梯模板位置的确定

1. 首段楼梯板支模位置确定

首段楼梯板支模长度示意图如图 13-150 所示。

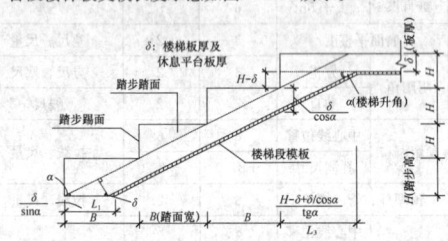

图 13-150　首段楼梯板支模长度示意图

图 13-150 中 α 为梯段升角，$\alpha=\mathrm{arctg}\dfrac{H}{B}$。

从图 13-163 可以看出，模板支设起步位置比第一级楼梯踏步的踢面结构后退 $\dfrac{\delta}{\sin\alpha}$，

令
$$L_1=\frac{\delta}{\sin\alpha} \tag{13-6}$$

由 L_1 即可确定楼梯段模板支设起步位置。

2. 由休息平台起步的楼梯模板位置

如图 13-151 所示，从休息平台起步的楼梯模板，应该按建筑图所示第一级踏步的起步位置向楼梯段方向延伸。延伸的距离，是从楼梯第一级踏步的结构踢面向楼梯段方向延伸

$$L_2=\delta\times\mathrm{tg}\frac{\alpha}{2} \tag{13-7}$$

考虑到装修踢面面层的构造厚度，休息平台应向上一跑梯段延伸

(L_2)＋踢面面层构造厚度

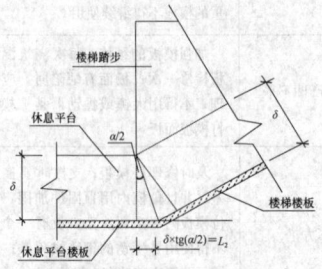

图 13-151　休息平台处模板起步示意图

3. 楼梯模板上部与休息平台相交的支模位置

楼梯最上一级的踢面，是休息平台的边缘，而最上面一级的踏面（图 13-150），与休息平台面重合。从平台上表面，无法分出哪个部位是踏面，哪个部位是休息平台。一般木工支这个部位的模板，是按向平台方向推一个踏面宽度来掌握。从图 13-150 分析，

梯段模板实际上应该比一级踏面尺寸要长。当楼梯陡时，伸出多一些；楼梯坡缓，支模短一些。

由图 13-150，楼梯模板应从楼梯最上一级踏面位置向上延伸

$$L_3=\frac{H-\delta+\dfrac{\delta}{\cos\alpha}}{\mathrm{tg}\alpha} \tag{13-8}$$

这段距离是将最上一级踏步中扣除板厚（本例休息平台板厚与梯段板厚相同），到该位置楼梯模板的垂直距离是根据楼梯升角算出来的。这段距离为

踏步高（H）－休息平台板厚（δ）＋$\dfrac{\text{楼梯段厚}（\delta）}{\cos\alpha}$

用这段距离除以 $\mathrm{tg}\alpha$，就是楼梯模板应从最上一级楼梯踏面向休息平台方向延伸的水平投影距离。这段距离的支模板长度为

$$\frac{H-\delta+\dfrac{\delta}{\cos\alpha}}{\sin\alpha}$$

4. 梯段模板的水平投影长度

(1) 首段楼梯模板的水平投影长度为

首段楼梯建筑图的投影长度（各踏面宽度之和）$-L_1+L_3$

(2) 其余段楼梯模板的水平投影长度为

该段楼梯建筑图的投影长度（各踏面宽度之和）$-L_2+L_3$

需要说明的是，(2) 仅适用于上下梯段在休息平台处折转方向的情况。如果休息平台上下两梯段沿同一方向延伸，若下一段楼梯支模时考虑了踢面的面层厚度，上一跑楼梯支模时就不考虑了。因为休息平台整体前移了一个踢面厚度。同理，沿同一方向的多段直跑楼梯，只在首段增加踢面厚度，其他段不增加。

以上两个水平投影长度用于确定休息平台支模的平面位置。

5. 楼梯段支模长度

其支模长度为：$\dfrac{\text{楼梯段的水平投影长度}}{\cos\alpha}$

对于标准层，楼梯坡度基本固定，上述计算简单一些。而层高变化频繁、楼梯坡度不一的工程，每一跑坡度（升角）不一致的楼梯，均需单独进行上述计算。

13.13.1.2 板式折线形楼梯支模计算

折线形（连续直跑）板式楼梯的施工图纸一般也只表示构件成型以后的尺寸。此类楼梯模板关键是确定休息平台的模板位置。较为复杂的是上下跑梯段和休息平台厚均不相同的情况，可根据图 13-152 所示的相似三角形原理推出计算公式。

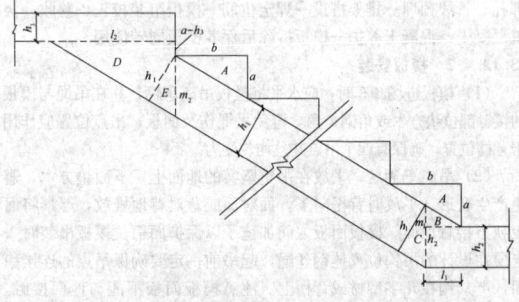

图 13-152　折线形板式楼梯支模示意

下面是根据相似三角形的原理推导休息平台模板位置参数的公式以及计算过程。

由 $\triangle A \backsim \triangle B$，$m_1/a=l_1/b\rightarrow m_1\times b=l_1\times a$　　　（Ⅰ）

由 $\triangle A \backsim \triangle C$，$h_1/b=(m_1+h_2)/\sqrt{a^2+b^2}\rightarrow$

$h_1\sqrt{a^2+b^2}=m_1\times b+h_2\times b\rightarrow m_1\times b=h_1\sqrt{a^2+b^2}-h_2\times b$
　　　（Ⅱ）

将（Ⅰ）式代入（Ⅱ）式得到休息平台板前进一侧的支模参数 l_1。

$$l_1=(h_1\sqrt{a^2+b^2}-h_2\times b)/a \tag{13-9}$$

由 $\triangle A \backsim \triangle E$，$h_1/b=m_2/\sqrt{a^2+b^2}\rightarrow m_2b=h_1\sqrt{a^2+b^2}$　（Ⅲ）

由 $\triangle A \backsim \triangle C$，$l_2/b=(m_2+a-h_3)/a\rightarrow l_2=[m_2b+b(a-h_3)]/a$
　　　（Ⅳ）

将（Ⅲ）式代入（Ⅳ）式得到休息平台板到达一侧的支模参数 l_2。

$$l_2 = [h_1 \sqrt{a^2+b^2} + b(a-h_3)]/a \quad (13-10)$$

只要将楼梯图纸上的踏步高度、宽度及板的厚度代入公式内，就可算出折线形栈式楼梯模板起步位置，即从踏步向前延伸的尺寸 l_1、l_2，从而确定其支模位置。

13.13.1.3　模板施工

双跑板式楼梯包括楼梯段（梯板和踏步）、休息平台板，如图13-153、图13-154所示。休息平台梁和平台板模板与楼板模板基本相同，不再赘述。

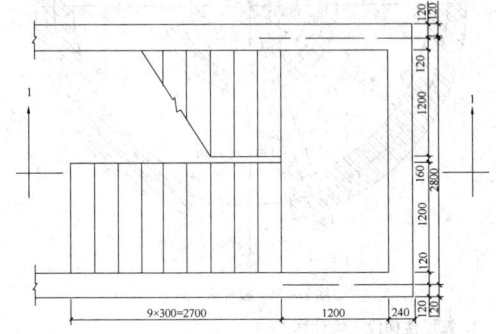

图 13-153　双跑板式楼梯示意图

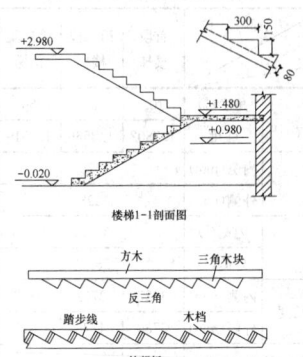

楼梯 1-1 剖面图

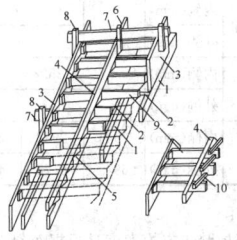

图 13-154　楼梯及休息平台

楼梯段模板以采用木模为例，由底模、格栅、牵杠、牵杠撑、外帮板、踏步侧板、反三角木等组成（图13-155）。

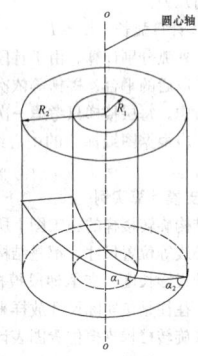

图 13-155　楼梯模板构造
1—楞木；2—底板；3—外帮板；
4—反三角木；5—三角板；
6—吊木；7—横楞；8—立木；
9—踏步侧板；10—顶木

踏步侧板两端钉在梯段侧板（外帮板）的木档上，如先施工墙体，则靠墙的一端可钉在反三角木上。梯段侧板的宽度至少要等于梯段板厚及踏步高，板的厚度为30mm（使用多层板应加木肋），长度按梯段长度确定。在梯段侧板上划出踏步形状，并在踏步高度线一侧留出踏步侧板厚度钉上木档，用于钉踏步侧板。反三角木是由若干三角木块钉在方木上，用以控制踏步的准确成型。

三角木块两直角边长分别等于踏步的高和宽，板的厚度为50mm（亦可使用多层板加钉木肋）；方木断面为50mm×100mm。每一梯段反三角木至少要配一条。楼梯较宽时，可多配。反三角木用横楞及立木支吊。

模板配制，应按上述计算法或采用放大样法（在平整的水泥地坪上，用1:1或1:2的比例，按照图纸尺寸弹线，按所放大样配模）。

13.13.2　旋转楼梯模板施工

旋转楼梯模板板面采用木材，次龙骨为螺旋弧形（类似于弹簧的一段），同时承担模板荷载和楼梯面成型作用；主龙骨呈水平射线布置，只在节点向立杆传递竖向荷载。龙骨和支撑立杆均采用 $\phi48$ 钢管。

旋转楼梯的楼梯板内外两侧为同一圆心，但半径不同；楼梯板的内外两侧升角不同（图13-156）。楼梯板沿着贯穿楼梯两侧曲线的水平射线，绕圆心上旋，形成螺旋曲面；其上的楼梯踏步以一定角度分级，一般转360°达到一个楼层高度。由于梯面荷载集度随半径而不同，使得其自重荷载统计和对模架的作用力较为复杂。

13.13.2.1　旋转楼梯支模位置计算

1. 旋转楼梯位置、尺寸关系

图13-156为旋转楼梯空间示意。其内侧与外侧边缘的水平投影是两个同心圆。等厚度梯段表面，半径相同的截面展开图都是直角三角形，但半径不同的三角形斜边与地面的夹角均不相同，所以旋转楼梯梯段是一个旋转曲面，在这个旋转曲面上的每一条水平线都过圆心。

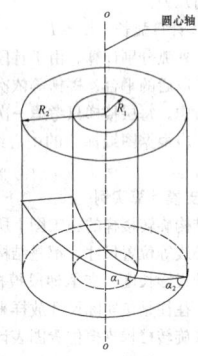

图 13-156　旋转楼梯示意图

假设在圆心位置，有一条垂线 OO'，这条线就是该旋转楼梯的圆心轴。距圆心轴半径相等的点的连线其水平投影是同心圆。

由于旋转楼梯的梯段在每个不同半径的同心圆上升角是固定的，所以，垂直于圆心轴的某个半径 R，所截断的楼梯板表面，其断面是圆柱螺线，如图13-157（a）所示。将圆柱螺线展开后，就得到一个三角形，如图13-157（b）所示。

旋转楼梯梯段的水平投影是扇面的一部分，其实际形状为曲面扇面，梯面面积的精确计算可用积分；亦可采用楼梯中心线（即梯段的平均值）简化计算。

2. 旋转楼梯内、外侧边缘水平投影长度

一般施工图在旋转楼梯上仅标出内侧、外侧边缘的半径、楼梯步数和中心线尺寸等。施工所需梯段内、外侧边缘的投影长度，支承梯段模板的弧形底楞长度等，均须换算。

可先按中心线半径和楼梯段中心线尺寸，反算出该段楼梯所夹的圆心角。将圆心角换算为弧度制，即可方便地计算任意半径长梯段、休息平台的投影弧长。

已知夹角为 β（弧度），半径长为 R 的弧长投影为：$R \times \beta$。

3. 计算旋转楼梯内、外侧边缘升角

普通直跑楼梯，其全段坡度是一样的，而旋转楼梯，半径不等的位置，升角不同，只能通过计算确定。所以像内、外侧边缘，弧形底楞钢管等，均需单独进行计算。若升角用 α 表示，则

$$\mathrm{arctg}\alpha_i = \frac{\text{楼梯段两端高差}}{\text{楼梯段任一半径}(R_i)\text{水平投影长度}}$$

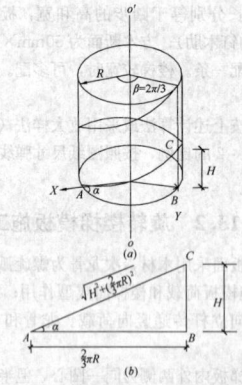

图 13-157　圆柱螺旋及其展开

(a) 圆柱螺旋；(b) 展开图

4. 确定楼梯支模起始位置

旋转楼梯梯段模板的起、终点位置，与前述普通直跑楼梯，在方法上没有差异。只是因为楼梯内、外侧升角不同，所以 L_1、L_2、L_3 的计算，应根据内、外侧各自的升角分别计算。上下两侧四个端点的起、终点位置确定了，休息平台的位置也就确定了。

5. 休息平台支模位置、踏步、尺寸

根据下楼梯起、终点位置，确定两个端点位置，然后算出休息平台内侧与外侧的弧长。此长度是根据图纸数据直接算得的，实际支模尺寸（长度方向）为：

$$计算弧长 + L_2 - L_3$$

旋转楼梯平台内、外弧分别计算。由于首段楼梯支模时考虑了踏步踢面的面层厚度，以后的平台、楼梯等依次后移，故不必在计算平台支模尺寸中再考虑。每层楼梯只考虑一次。

旋转楼梯的踏步，应根据图标注的中心线尺寸，转换为内、外弧边缘的实际尺寸。

13.13.2.2　旋转楼梯支模计算实例

现浇钢筋混凝土结构旋转楼梯的施工图上所标出内外侧边缘的半径、楼梯步数和中心线等位置尺寸，都是结构成型尺寸。施工所需梯段内、外侧边缘的投影长度，支承梯段模板的弧形底楞长度，休息平台定位尺寸等，往往是按实际尺寸放样来确定。以下通过一个施工实例，介绍板式旋转楼梯支模位置图表计算方法。

计算实例：某工程地下二层设备机房（建筑标高 −11.80m）到地下一层（建筑标高 −4.50m）为：内弧半径 2.15m、外弧半径为 3.8m 的旋转楼梯，中间设三个梯段两个休息平台。

设计每 6° 为一级楼梯踏步，允许施工时取整数，作适当调整。

楼梯施工简图见图 13-158，楼梯段支模数据列表计算见表

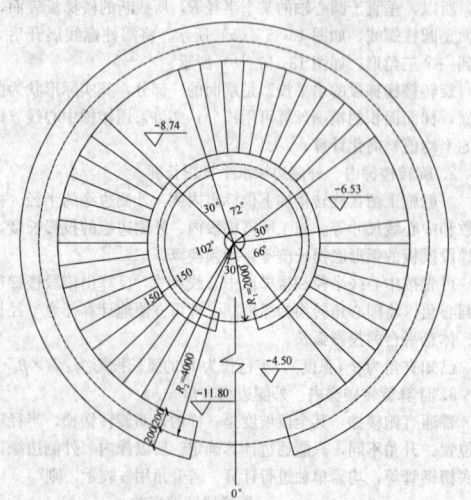

图 13-158　楼梯建筑平面图

13-36，休息平台支模数据计算见表 13-37，图 13-159 为下达给施工班组的模板施工图。

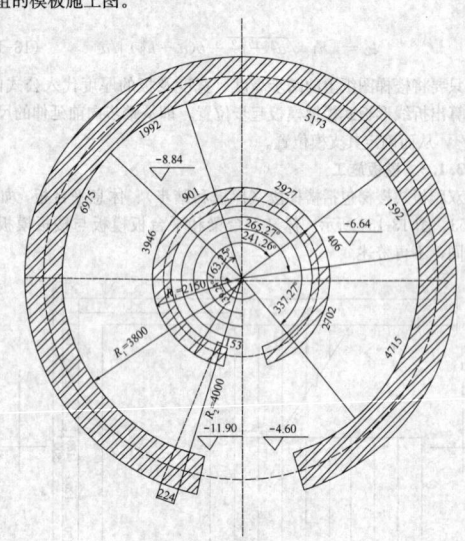

图 13-159　模板施工图

1. 弧形楼梯段支模计算表

弧形楼梯段支模计算表　　　　　表 13-36

数　值　　部　位 计算项目		首段 楼梯	第二段 楼梯	第三段 楼梯	备　注
梯段水平 投影夹角	角度(°)	102	72	66	弧度=角度值 ×π/180°
	弧度	1.7802	1.2566	1.1519	
楼梯踏步 支模宽度	内侧(mm)	225			按每级踏步 夹角为 6°计算
	外侧(mm)	398			
梯段升角 （角度）	内侧(°)	37.07			—
	外侧(°)	23.13			
图示梯段投影长度	内侧(mm)	3827	2702	2477	
	外侧(mm)	6765	4775	4377	
楼梯段高差 （mm）		3060	2210	2030	每级踏步高 H=170
模板起步 后退尺寸	内侧(mm)	133			
	外侧(mm)	204			
由休息平台起步尺寸	内侧(mm)	—	27		
	外侧(mm)		16		
梯段上部模板 延伸距离	内侧(mm)	252			—
	外侧(mm)	414			
梯段模板水平 投影长度	内侧(mm)	3946	2927	2702	
	外侧(mm)	6975	5173	4775	

表 13-37 说明：

(1) 本例的楼梯踏步支模宽度是根据每级踏步圆心角为 6°计算出来的。

(2) 梯段升角：梯段上距圆心轴不同半径处升角不一。确切地说，本计算项目应称为梯段指定部位升角。

(3) L_1 计算

由：板厚 $\delta = 80$mm，$\alpha_{内} = 37.06°$，$\alpha_{外} = 23.13°$，得：

$$L_{1内侧} = \frac{板厚(\delta)}{\sin\alpha_{内}} = \frac{80}{\sin 37.06°} = 133\text{mm}$$

$$L_{1外侧} = \frac{板厚(\delta)}{\sin\alpha_{外}} = \frac{80}{\sin 23.13°} = 204\text{mm}$$

(4) L_2 计算

$$L_{2内侧} = \delta \times tg\frac{\alpha_{内}}{2} = 80 \times tg\frac{37.07°}{2} = 27\text{mm}$$

$$L_{2外侧}=\delta\times tg\frac{\alpha外}{2}=80\times tg\frac{23.13°}{2}=16mm$$

（5）L_3 计算：

踏步高 $H=170mm$

$$L_{3内侧}=\frac{H-\delta+\dfrac{\delta}{\cos\alpha内}}{tg\alpha内}=\frac{170-80+\dfrac{80}{\cos37.06°}}{tg37.06°}=252mm$$

$$L_{3外侧}=\frac{H-\delta+\dfrac{\delta}{\cos\alpha外}}{tg\alpha外}=\frac{170-80+\dfrac{80}{\cos23.13°}}{tg23.13°}=414mm$$

梯段模板水平投影长度（以首段为例）：

由：内侧踏面长度之和＝3827mm，$L_1=133mm$，$L_3=252mm$，

得：梯段内侧模板水平投影长度＝3827−133＋252＝3946mm

由：外侧踏面长度之和＝6765mm，$L_1=204mm$，$L_3=414mm$，

得：梯段外侧模板水平投影长度＝6765−204＋414＝6975mm

（6）在计算首段模板投影长度时，并没有考虑楼梯面的面层厚度。因为这个尺寸，只是使楼梯模板整体前移。它的影响，将在楼梯模板及休息平台模板定位时再作考虑。

（7）本例中三个楼梯段踏步尺寸相等。所以，像梯段升角、L_2、L_3，各梯段无差别。若不同，则上述数据均需单独计算。

2. 休息平台支模计算表

休息平台支模计算见表 13-37。

休息平台支模计算表 　　表 13-37

数值　　　部位 计算项目		−8.74m 休息平台	−6.53m 休息平台	−4.50m 休息平台
图纸平台长度 （mm）	内弧	1126	1126	—
	外弧	1990	1990	—
实际支模长度 （mm）	内弧	901	901	—
	外弧	1592	1592	—
平台模板夹角 （角度值）	内弧	24°	24°	—
	外弧	24°	24°	—
平台内侧端点 弧长坐标（mm）	下侧	5225	9053	12656
	上侧	6126	9954	—
平台外侧端点 弧长坐标（mm）	下侧	9189	15954	22321
	上侧	10781	17546	—
平台内侧端点角度坐标 （角度值）	下侧	139.24°	241.26°	337.27°
	上侧	163.25°	265.27°	—
平台外侧端点角度坐标 （角度值）	下侧	138.55°	240.55°	336.55°
	上侧	162.55°	264.56°	—
平台模板板面标高（m）		−8.84	−6.64	−4.60

表 13-37 说明：

（1）实际支模尺寸：

图纸平台尺寸＋L_2−L_3。如平台内侧支模尺寸为：1126＋27−252＝901mm。

（2）平台弧长端点坐标：

以图 13-158 所标 0°位置为圆心角 0°及梯段内、外弧两个同心圆的 O 起点位置。

因考虑踢面面层构造厚度为 20mm，故首段楼梯起步位置为：

30°弧长＋L_1＋踢面面层厚度

内侧：1126＋133＋20＝1279mm

外侧：1990＋204＋20＝2214mm

上述尺寸加上梯段模板投影长即平台端点。

（3）造成平台处与上、下梯板交点不在同一圆心射线的原因有两个：一是内侧升角大，探入平台的模板长；二是内、外侧同时平推20mm厚踢面层，使得内弧一侧弧长的圆心角比外侧大一

些。这两个原因造成的差异，在后续的支楼梯踏步模板和楼梯面层抹灰完成以后，在楼梯上表面就会消除。

综合表 13-36、表 13-37 数据即可画出模板施工图（图 13-159）。

3. 模板受力计算

梯板与平台板均为 80mm 厚，踏步按中心线尺寸折算为80mm。梯板的背楞钢管为支座，梯板长度 $l=1.25m$，梯板两端各伸出支座 $m=0.20m$。

（1）荷载统计

①荷载标准值

背楞钢管＋模板	$0.13+0.05\times6=0.43kN/m^2$
钢筋混凝土楼梯板	$0.08\times25.1=2.01kN/m^2$
混凝土楼梯踏步	$0.08\times25.1=2.01kN/m^2$
Σ	$4.45kN/m^2$
施工均布荷载	$2.0kN/m^2$

②荷载设计值

$$q=1.2\times4.45+1.4\times2.0=8.14kN/m^2$$

$$q组合=1.35\times4.45+1.4\times0.9\times2=8.52kN/m^2$$

取荷载设计值：$q=1.2\times4.45+1.4\times2.0=8.52kN/m^2$

验算模板变形取固定荷载标准值：

$$q'=4.45kN/m^2$$

（2）模板面板强度验算（按单块模板）：

$$M_{支座}=1/2\times0.2q\times0.2^2$$

$$=1/2\times1.704\times0.04=0.0341kN\cdot m$$

$$M_{跨中}=\frac{ql^2}{8}\left(1-\frac{4m^2}{l^2}\right)$$

$$=1/8\times0.2q\times1.25^2(1-4\times0.2^2/1.25^2)$$

$$=0.2987kN\cdot m$$

$$W_{模板}=(200\times40^2)/6=53333mm^3$$

$$\delta_{模板}=\frac{M_{跨中}}{W_{模板}}=\frac{0.2987\times10^6}{53333}=5.6MPa$$

一般松木板 $[\delta]=13\sim17MPa$，故模板强度满足要求。

从模板受力合理角度，两根底楞还应向中间靠拢，但模板边上可能不稳，特别是外弧一侧首先集中受荷时，内弧一侧模板容易翘起。一般边楞的位置可在距梯板边缘 $l/8\sim l/6$ 之间找个整数即可。

（3）模板变形验算（按单块模板）：

$$\omega_{max}=\frac{ql^4}{384EI}(5-24\lambda^2)$$

$$=\frac{0.2\times4.45\times1250^4}{384\times9000\times1.067\times10^6}\left[5-24\left(\frac{0.2}{1.25}\right)^2\right]$$

$$=2.584mm<\frac{l}{400}=\frac{1250}{400}=3.125mm（可）$$

13.13.2.3 楼梯段螺旋面面积折算

1. 作用于弧形次龙骨的荷载取值

图 13-160 所示阴影面积是外弧的次龙骨在一个受力单元所负担的荷载区域的水平投影。此区域荷载，通过次龙骨，经主龙骨（只承受节点传递荷载，不必计算；如用扣件与立杆连接，只计算扣件锁固能力）与立杆的结点，从立杆、斜撑传下。

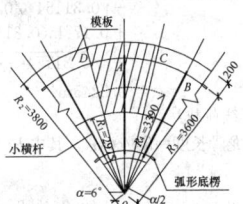

图 13-160　外侧底楞受荷面积投影
（一级楼梯踏步）

作用在次龙骨上的均布荷载，可分解为法向荷载（垂直于钢管）$q\cos\alpha$，以及沿钢管方向的切向荷载 $q\sin\alpha$。其中，法向荷载使

钢管受弯、受剪、受扭；切向荷载使管子受压（可忽略不计）。

2. 次龙骨受荷面积计算

每一个微小角度的曲面扇面上的荷载，对扇面区域次龙骨的作用值可以用一个区域的荷载之和除以该区域次龙骨长度来表示。

$$次龙骨线荷载 = \frac{曲面扇形面积荷载之和}{曲面区域内底楞钢管长度}$$

由于内弧段与外弧段半径相差较大，两根弧管负担的面积差异较大。所以，外弧段次龙骨所受荷载作用，可作为计算校核控制载面。以两根次龙骨之间为界，计算外弧段荷载。

如图 13-160，作用在外弧次龙骨上阴影部分的曲面扇形面积为：

$$1/2(R_2^2\phi - R_1^2\phi) \div \cos\alpha = \phi(R_2^2 - R_1^2)/(2\cos\alpha) \quad (13-11)$$

上式中 α 为梯段升角。对整个梯段来说，α 随半径变化，不是一个固定的值。为了求得精确解，对曲面进行积分。

在楼梯表面，距圆心轴为 R 的点的连线是圆柱螺线，其在梯段上的长度可表示为 $\sqrt{(R\phi)^2 + H^2}$。我们以梯段上每一个确定半径 R 的圆柱螺线长和 dR 的长方形面积代替微小的部分圆环面积，对半径 R 方向积分，可列出：

$$楼梯模板面积 = \int_{R_1}^{R_2} \sqrt{(R\phi)^2 + H^2}\, dR \quad (13-12)$$

式中　R_1、R_2——待求区域上、下界；

　　　　ϕ——待求区域的圆心角（用弧度表示）；

　　　　H——该楼梯段两边高差。

【解】　令 $R\phi = t$，则 $R = \dfrac{t}{\phi}$，$dR = \dfrac{1}{\phi}dt$

积分上下限为：$R_1\phi = t_1$　$R_2\phi = t_2$ 则有：

$$\begin{aligned}楼梯模板面积 &= \int_{t_1}^{t_2} \frac{1}{\phi}\sqrt{t^2 + H^2}\, dt \\ &= \frac{1}{2\phi}\{[t_2\sqrt{t_2^2 + H^2} + H^2\ln(t_2 + \sqrt{t_2^2 + H^2})] \\ &\quad - [t_1\sqrt{t_1^2 + H^2} + H^2\ln(t_1 + \sqrt{t_1^2 + H^2})]\}\end{aligned}$$

代入图 13-160，作用在外弧次龙骨上阴影部分的曲面扇形面积计算如下：

图 13-160 中，阴影范围扇形面积（一级踏步）水平投影夹角 $\phi = \dfrac{6° \times \pi}{180°} = 0.1047$，高差 $H = 170\text{mm}$，$t_1 = R_1 \times \phi = 2.975 \times 0.1047 = 0.31154$；$t_2 = R_2 \times \phi = 3.8 \times 0.1047 = 0.39794$；

则阴影部分楼梯模板面积 $= \int_{t_1}^{t_2} \dfrac{1}{\phi}\sqrt{t^2 + H^2}\, dt$

$$\begin{aligned}&= \frac{1}{2\phi}\{[t_2\sqrt{t_2^2 + H^2} + H^2\ln \\ &\quad (t_2 + \sqrt{t_2^2 + H^2})] \\ &\quad - [t_1\sqrt{t_1^2 + H^2} + H^2\ln \\ &\quad (t_1 + \sqrt{t_1^2 + H^2})]\} \\ &= \frac{1}{2 \times 0.1047}\{[0.39794 \\ &\quad \sqrt{0.39794^2 + 0.17^2} \\ &\quad + 0.17^2\ln(0.39794 \\ &\quad + \sqrt{0.39794^2 + 0.17^2})] \\ &\quad - [0.31154\sqrt{0.31154^2 + 0.17^2} \\ &\quad + 0.17^2\ln(0.31154 \\ &\quad + \sqrt{0.31154^2 + 0.17^2})]\} \\ &= 0.3245\text{m}^2\end{aligned}$$

3. 外弧次龙骨线荷载：

对应的外弧次龙骨长度 $= R_3/\cos\alpha_3$，其中 $R_3 = 3600\text{mm}$，该钢管升角为：

$$\alpha_3 = \text{arctg}\frac{H}{R_3 \times \frac{6° \times \pi}{180°}} = \text{arctg}0.4509 = 24.27°$$

外弧次龙骨所负担阴影范围梯段中线 $R_中 = 3390\text{mm}$，该钢管升角为：

$$\alpha_中 = \text{arctg}\frac{H}{R_中 \times \frac{6° \times \pi}{180°}} = \text{arctg}0.4789 = 25.59°$$

梯段中心线升角为：

$$\alpha_1 = \text{arctg}\frac{H}{R_1 \times \frac{6° \times \pi}{180°}} = \text{arctg}0.5457 = 28.62°$$

模板荷载作用于次龙骨时，应分解为垂直于钢管的法向荷载 $q\cos\alpha_3$（α_3 为次龙骨升角）和沿钢管方向的切向荷载 $q\sin\alpha_3$。

由此，可以得到次龙骨上的法向线荷载为：

$$q_法 = q\frac{\cos^2\alpha_3\int_{R_1}^{R_2}\sqrt{(R\phi)^2 + H^2}\, dR}{R_3\phi} \quad (13-13)$$

将前面计算的结果代入式 (13-13)，可得到次龙骨上的法向线荷载：

$$\begin{aligned}q_法 &= q\frac{\cos^2\alpha_3\int_{R_1}^{R_2}\sqrt{(R\phi)^2 + H^2}\, dR}{R_3\phi} \\ &= 8.52 \times \frac{\cos^2 24.27°}{3.6 \times 0.1047} \times 0.3245 \\ &= 6.094\text{kN/m}\end{aligned}$$

亦可用扇形面积内外端半径的平均值，计算次龙骨上法向线荷载的近似值：

$$q_法 = q\frac{\cos^2\alpha_3}{\cos\alpha_中} \times \frac{R_2^2\phi - R_1^2\phi}{2R_3\phi} = q\frac{\cos^2\alpha_3}{\cos\alpha_中} \times \frac{R_2^2 - R_1^2}{2R_3}$$

$$(13-14)$$

将计算的结果代入式 (13-14)，可得到次龙骨上的法向（近似）线荷载：

$$\begin{aligned}q_法 &= q\frac{\cos^2\alpha_3}{\cos\alpha_中} \times \frac{R_2^2 - R_1^2}{2R_3} \\ &= 8.52\frac{\cos^2 24.27°}{\cos 25.59°} \times \frac{3.8^2 - 2.975^2}{2 \times 3.6} \\ &= 6.092\text{kN/m}\end{aligned}$$

由上面计算，把扇形范围的平均半径所对应的 $\cos\alpha$ 及楼梯的相应数据，代入式 (13-11)，求得数值比精确解小不到万分之四；用楼梯段中线所对应的 $\cos\alpha$ 代入式 (13-14)，得到的结果比用式 (13-11) 小 3‰左右；所以，对于精度要求不是很高的情况，可用式 (13-14) 计算，再略予放大。

13.13.2.4　弧形次龙骨的受力计算

1. 弧形次龙骨的受力分析

弧形次龙骨一般用较长的钢管加工。假定每根管有 4 个以上的支点，其计算简图为三～五跨连续梁，按四跨梁受均布荷载的内力系数进行分析，如图 13-161 所示。

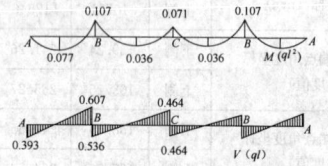

图 13-161　四跨连续梁（直梁）内力系数

(1) 在均布竖向荷载作用下，B 支座处处负弯矩和剪力最大。

(2) 弧形次龙骨在两支点（水平小横杆）之间，偏离支点连线，因此会产生扭矩。若各支点间距相等，则扭矩所产生的支座剪力亦相等。

(3) 弧形次龙骨两支座之间的高差，致使竖向荷载在每个节点处累积的沿次龙骨方向的压应力最大。

综上所述，各结点为弯、剪、扭、压组合受力状态，其中 B 支座受力最大（图13-162）。

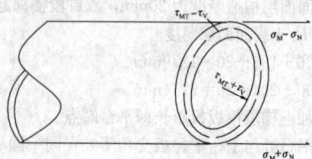

图 13-162　B 支座管子局部组合受力

2. 次龙骨强度计算

由于旋转楼梯次龙骨（材料 $\phi48$ 钢管为低碳钢）受力较复杂，可按第三强度理论验算其强度。其压应力最大值为：

$$\delta_{max} = \frac{1}{2}(\delta + \sqrt{\delta^2 + 4\tau^2}) \tag{13-15}$$

其剪应力最大值为：

$$\tau_{max} = \frac{1}{2}\sqrt{\delta^2 + 4\tau^2} \tag{13-16}$$

（1）弧形次龙骨的弯曲应力

立杆间距为 18° 圆心角，对应的外弧次龙骨长度为：

$$L = \frac{R_3}{\cos\alpha_3} \times \frac{18° \times \pi}{180°} = \frac{3.6 \times \pi}{\cos24.27° \times 10} = 1.24 \text{m}$$

次龙骨弯曲应力：

$$\sigma = \frac{M_W}{W} = \frac{0.107 \times q_{法} \times L^2}{5078}$$

$$= \frac{0.107 \times 6.094 \times 1240^2}{5078} = 197.44 \text{MPa}$$

（2）弧形次龙骨的扭矩和相应剪力

在图 13-160 的受力单元上，作用在外弧次龙骨上的荷载，分别从 C 点、D 点沿次龙骨向支点立杆传递。由于弧管偏离两支点连线（AB），对弧管产生了扭矩。为了推导扭矩数值，可将 ABC 弧放大，如图 13-163 所示。

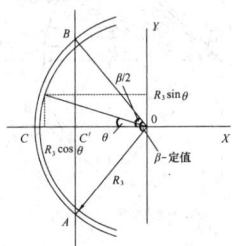

图 13-163　底楞扭矩示意

从图 13-163 可以看出，作用在次龙骨 ACB 上的任一点荷载对 AB 两点连线的偏心距（即扭矩力臂）为：

$$R_3\cos[-R_3\cos(\beta/2)] = R_3[\cos\theta - \cos(\beta/2)] \tag{13-17}$$

上式中，θ 为变量，β 是已知量。需要说明的是以下几点：

1）图 13-160 所示为实际梯面和弧管的水平投影，但次龙骨弧管上任一点到圆心轴之距 R_3，与水平投影无异。

2）次龙骨 ABC 弧线，与 AB 连线，只是两端点和弧线中点的水平投影。所以式（13-17）给出的偏心距（扭矩力臂）也仅是实际力臂与连线轴的投影，偏心荷载与连线轴的力臂恰好是投影长度。

3）为了和扭矩力臂相统一，扭矩计算在水平投影平面进行。用于计算的次龙骨法向线荷载，应该除以次龙骨升角的余弦，折算为作用于次龙骨的水平投影荷载。

4）弧形次龙骨对应于 $d\theta$ 的水平投影长度应为 $R_3 d\theta$，作用于这段长度上的法向线荷载为：

$$\frac{q_{法} \times R_3 d\theta}{\cos\alpha_3}$$

基于以上分析，楼梯段上每一微小面积荷载的水平投影作用于次龙骨所产生的扭矩为：

$$M_T = \int_{\frac{\beta}{2}}^{\frac{\beta}{2}} \frac{q_{法}}{\cos\alpha_3} \times R_3 d\theta \times R_3 \left(\cos\theta - \cos\frac{\beta}{2}\right)$$

即：

$$M_T = \frac{q_{法} \times R_3^2}{\cos\alpha_3} \int_{\frac{\beta}{2}}^{\frac{\beta}{2}} \left(\cos\theta - \cos\frac{\beta}{2}\right)d\theta \tag{13-18}$$

代入已知数值：$q_{法} = 6.094 \text{kN/m}$；$R_3 = 3600\text{mm}$；$\alpha_3 = 24.27°$；$\beta = 18°$；因 $\cos\frac{\beta}{2} = \cos9°$ 为常数，故可得到弧管偏心对 A、B 点（支撑点）处的扭矩：

$$M_T = \frac{q_{法} \times R_3^2}{\cos\alpha_3} \int_{\frac{\beta}{2}}^{\frac{\beta}{2}} \left(\cos\theta - \cos\frac{\beta}{2}\right)d\theta$$

$$= \frac{6.094 \times 3.6^2}{\cos24.27°} \left(\int_{-\frac{\beta}{2}}^{\frac{\beta}{2}} \cos\theta d\theta - \cos9° \int_{-\frac{\beta}{2}}^{\frac{\beta}{2}} d\theta\right)$$

$$= 86.6352 \left(\sin9° - \sin(-9°) - \cos9°[9° - (-9°)]\frac{\pi}{180}\right)$$

$$= 86.6352 \left(2\sin9° - \cos9° \times \frac{\pi}{10}\right) = 0.226 \text{kN·m}$$

A、B 点（支撑点）处所受扭转剪力及转角分别为：

$$\tau_{MT} = \frac{M_T}{W_T}$$

由 $\phi48$ 钢管 $W_T = \frac{\pi(D^4 - d^4)}{16D} = 10156\text{mm}^3$，可计算本例：

$$\tau_{MT} = \frac{M_T}{W_T} = \frac{0.226 \times 10^6}{10156} = 22.25 \text{MPa}$$

（3）按第三强度理论验算次龙骨材料 $\phi48$ 钢管（支撑点处）强度。

其压应力最大值为：

$$\sigma_{max} = \frac{1}{2}(\sigma + \sqrt{\sigma^2 + 4\tau^2})$$

$$= \frac{1}{2}(197.44 + \sqrt{197.44^2 + 4 \times 22.25^2})$$

$$= 199.92 \text{MPa} < [\sigma] = 205 \text{MPa}$$

其剪应力最大值为：

$$\tau_{max} = \frac{1}{2}\sqrt{\sigma^2 + 4\tau^2} = \frac{1}{2}\sqrt{197.44^2 + 4 \times 22.25^2}$$

$$= 101.20 \text{MPa} < [\tau] = 120 \text{MPa}$$

3. 弧形次龙骨的刚度计算

次龙骨中点挠度，由两部分内力的作用叠加而成。其一是法向荷载作用产生的弯矩；其二是扭矩引起的结点转角 θ 致使弧管偏转，中点下垂。中点挠度为两项变形之和。

由于模板及支撑系统在弹性范围工作，其对混凝土结构成型的挠度影响，是由混凝土养护期间的荷载产生的，所以模板及支撑系统的刚度计算不考虑振捣等施工活荷载的作用，且荷载取标准值，比强度计算荷载小很多，一般强度条件可满足，刚度可不校核。

13.13.2.5　支撑立杆计算

立杆承受弧形次龙骨法向荷载，外侧受荷面积大。校核外侧立杆承载能力：

每根立杆负担 18° 范围楼板，由前面计算，荷重为 $1.24 \times 6.094 = 7.56 \text{kN}$；

立杆步距 1.5m，计算长细比

$$\lambda = L_0/i = 1.155 \times 1.8 \times 1500/15.8 = 197.4$$

查表得稳定性系数：$\varphi = 0.185$

则立杆稳定承载力设计值：$f = F/(\varphi A) = 7560/(0.185 \times 489) = 83.57 \text{N/mm}^2 < 205 \text{N/mm}^2$

由于楼梯板存在较大的水平方向荷载：$7.56 \times \text{tg}24.27° = 3.41 \text{kN}$，故需设与楼板垂直的斜撑，计算从略。

13.13.2.6　地基承载力核算

与常规计算无差异，此处从略。

13.13.3　旋转楼梯模架施工

13.13.3.1　旋转楼梯施工

1. 旋转楼梯施工步骤

施工步骤以 13.13.2.2 所介绍的板式旋转楼梯为例。支模材料：模板板面采用木模板；竖向支撑及主次龙骨采用扣件、$\phi48$ 钢管。

熟悉图纸→确定支模材料→放楼梯内、外侧两个控制圆及过圆心射线的线→计算楼梯段、休息平台、楼梯踏步尺寸→确定支模位置→加工楼梯段弧形底楞钢管（次龙骨）→确定休息平台水平投影位置及标高→支平台模板→支楼梯段控制点放射状水平小横杆→安放楼梯段弧形底楞钢管→铺楼梯段模板→加固支撑→封侧帮模板→绑钢筋→吊楼梯踏步模板→浇混凝土。

（1）备料

1）立柱

采用扣件、$\phi48$ 钢管，根据相应踏步的底标高确定钢管的不同

长度，相同长度的各截 2 根为 1 组。长度为相应踏步的底标高减去梯段底板厚及楞木、底板木模的厚度。

2）主龙骨

主龙骨 $\phi48$ 钢管采用扣件与立柱锁固，如外侧立杆一只扣件不满足要求，可再增加一只；长度为楼梯宽度加 600mm，即每边长出 300mm，以供固定边模板用。

3）模板面板

可按楼梯的图纸尺寸，锯出梯形板，亦可用 50mm×50mm 方木加楔，沿着弧面铺设。由于弧形底楞间距较大，板厚不宜小于 40mm。

4）侧帮

侧帮是指踏步两端头的模板。侧帮应能弯成一定弧度，由于材料较薄刚度差，除了在主龙骨处加固外，尚需以扁铁等材料作径向约束。

5）立帮

因为踏步的高度和长度一致，故按正常板式楼梯的支模方法准备立帮即可。

（2）放线

放线是支旋转楼梯模板的最重要的工作，具体按下述步骤进行：

1）定出中心点

根据图纸尺寸，定出楼梯中心点位置，然后在中心点处做出标志；中空的旋转楼梯中心点较为直观，中间为结构筒时需将中心点引测上来。

2）划圆定轮廓

以中心点为圆心，分别以中心点至内外弧的距离为半径，在地面上画出两条半圆线，即为旋转楼梯轮廓的水平投影基准线。

3）建立中垂线

在中心点处设一根垂直线。在楼梯位置的上方放一根固定的 100mm×100mm 方木，并在方木的中间部位上定出一个点，使该点与地面中心点重合。然后用一根 16～20 号的钢丝，将地面中心点桩钉与木方中心点连通拉紧。

4）画点线

按图示尺寸，画出分隔点、踏步线、找踏步交点、确定梯段板线。

（3）支模

放好线后，即可按线支模。

1）立支柱、主龙骨、弧形次龙骨，形成支撑骨架。

2）安装梯段底板。在立好的骨架上钉牢事先配好的小块梯形底板。

3）钉侧帮。按内外圆弧的不同尺寸选取已准备好的梯形侧模板，分别安装在同一踏步的两端。要把每个侧帮靠紧，两相邻侧帮用短木方钉牢，但必须钉在踏步外侧。

4）模板支到一定程度后，需检查楼梯的尺寸和标高，不妥之处要进行调整。如底板的平整、侧帮所组成圆弧的棱角等。当确认没有问题后，再对楼梯模板进行整体加固。

5）立踏步板。与常规做法相同，但应待钢筋绑扎完毕后方能进行。

6）钉上口拉条。方法与普通楼梯一样。

2. 弧形底楞钢管的加工

弧形底楞钢管（次龙骨）是旋转楼梯的梯段模板成型的重要杆件。它的形状是螺旋线。为了保证加工精度，直钢管在加工前调直、在预定的顶面弹通长直线，以便于量测、画线；加工高差。一般加工时，先按弧形管与弦长处在同一水平面弯曲成水平投影夹角的圆弧形，然后再按所支撑的梯段高差加工弧形管竖向弧度。加工弧形管两端高差的方法是以该管中点为中心，将管子两端分别垂直于加工平面（弹通长直线的一面朝上）向上和向下按弧长比例逐点弯曲，弯曲角度要均匀。见图 13-164 弧形底楞投影示意图。

高差偏离（该管中点）平面的尺寸 Δ 的具体计算公式如下：

$$\Delta = 弧管实长 \times \sin\alpha$$

弧管加工前要仔细计算。然后绘制加工尺寸图，按图下料。弯制亦可使用手工。

计算步骤：先算出水平投影尺寸及各控制点投影位置，然后按底楞钢管所在位置的升角（α）折算为实长加工尺寸。

下面以图 13-165 旋转楼梯的第二段楼梯外侧弧形底楞的加工尺寸计算为例，进行具体说明，并绘制加工图（计算数据见图 13-160 和表 13-36）。弧管 $R_3=3600$mm，$\alpha_3=24.27°$。

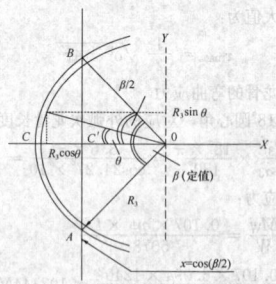

图 13-164　弧形底楞投影示意图

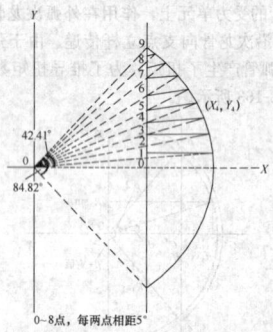

图 13-165　弧形底楞加工尺寸推导

【解】

1）以弧形管平面投影弦长为基线（Y 轴平行于基线，过圆心），做直角坐标系。以 R_3 为半径，从圆心每 5°间隔画射线。射线与圆弧交点坐标：$X=R_3\cos\theta$，$Y=R_3\sin\theta$，以此作为加工的控制点。具体计算详见图 13-159、图 13-164 和表 13-38，加工图见图 13-165。

2）列表计算加工控制点数值。

加工控制点数值（mm）　　　表 13-38

项目	水平投影			加工尺寸	
数值 点编号	X_i 坐标 $R_3\cos\beta$	Y_i 坐标 $R_3\sin\beta$	本点高差 (X_i-X_9)	本点至 O 点距离 (Y_i)	本点矢高	本点至 O 点距离 $(Y_i/\cos\alpha_3)$
0	2658	2428	0	2428	0	2663
1	3600	0	942	0	942	0
2	3586	314	928	314	928	344
3	3545	625	887	625	887	686
4	3477	932	819	932	819	1022
5	3383	1231	725	1231	725	1350
6	3263	1521	605	1521	605	1668
7	3118	1800	460	1800	460	1975
8	2949	2065	291	2065	291	2265
9	2758	2314	100	2314	100	2538
弦长投影	$2R_3\sin42.41°$ $=4856$			加工后 弦长		$\sqrt{4856^2+2403^2}$ $=5418$
弧长投影	$R_3\dfrac{82.82°\times\pi}{180°}$ $=5329$			下料弧 管实长		5846

弧管两端均匀偏离下料平面中点距离为：弧管实长 × $\sin\alpha/2$
$=1201$mm

13.13.3.2 定位问题

为了防止积累误差，休息平台端点和梯段控制点，一般应直接从楼梯水平投影位置直接引测上去。在楼梯根部，弹出两个水平投影范围以外的同心控制圆线和圆心射线。同心控制圆比旋转楼梯水平投影半径大（小）200mm 左右。圆心射线的密度，根据立杆间距定，一般每15°～20°放一根。定位的校核，应作为一道工序，严格掌握。若不使用经纬仪，也可计算各点之间的弦长距离，用弦长来确定弧长点位置。

(1) 支撑弧形底楞钢管的小模杆，安放位置一定要准确。所有小模杆安放时，必须垂直地指向圆心。如果梯板是等厚的，小模杆安装必须水平。

(2) 由于旋转楼梯支撑系统的荷载所产生的水平力在方向上是连续变化的，特别是浇筑混凝土时，产生的水平力极易使支撑及模板系统发生扭转，严重的甚至造成模板坍塌，所以除了竖向支撑必须满足强度和刚度要求外，还应增加与模板板面相垂直的斜支撑和侧向支撑。

(3) 坡度靠尺：用于检查弧形底楞及模板的铺设是否满足要求，靠尺用容易弯曲的三合板或纤维板制作。其下料尺寸见图13-166 (a)。长度分别是内弧和外弧两根底楞钢管位置的三级踏步宽，高度是三级踏步高。靠尺上口钉制3-166 (c) 形状木条固定。斜边两角之间可用细铁丝拉弓弦，使其与上口木条一致。用此尺检查时，放尺的位置要准确，见图13-166 (b)，若靠尺斜边与模板（弧管）无缝、直角垂直、水平，则为合格。

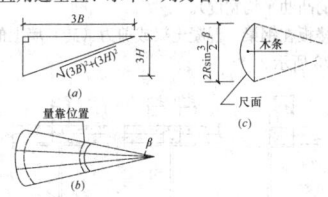

图 13-166 坡度靠尺加工示意

H—踏步高；β—每段踏步夹角；B—弧管位置踏步宽；
R—对应于弧管位置的半径

13.13.3.3 注意事项

(1) 旋转楼梯（亦称螺旋楼梯）依传递荷载的路径不同，其梯板的受力形式有很大区别。本例所述的梯板是向两侧的内外筒墙上传力，故为简支板；向单侧传力时，梯板为悬挑结构。若梯段中间无支点，仅在上下两端传力时，楼梯为空间结构，梯板受力较复杂。但无论哪种形式，对支模板来说，都没有太大区别，在模板的强度校核和支撑系统的受力计算方面方法一致。

计算时，从施工实际出发，进行了一些简化。比如梯面模板，虽然分块很小，但每一块在支点的高度和水平方向上都有一点变化，由于量值较小，我们视为水平放置的简支板受竖向荷载作用。弧形底楞与模板之间，可以认为是点接触，受力简化为只受垂直于管的正压力和模板与管子之间传递的摩擦力。这两种力作用于弧管应产生剪力、弯矩、扭矩、扭转剪力以及截面拉（压）应力产生的切向弯矩。由于最后一项值较小，计算时予以忽略。

(2) 常见的双折直跑楼梯，在楼梯板与休息平台相交处，一般设有楼梯梁。因此，前面分析的 L_1、L_2 的推算，显得没有什么意义。但往往在这个部位，由于楼梯模板就位不准，给钢筋的合理就位造成很大麻烦，也影响了结构的安全，建议在施工休息平台处带有楼梯梁的楼梯时，也需要计算一下梯板模板应该在什么位置与楼梯梁相交。同时核定梯板钢筋与楼梯梁钢筋在位置上是否矛盾。

(3) 大多数楼梯的梯板厚与休息平台板厚是一致的，所以本例的分析也是建立在这个基础上的。如果这两种板的板厚不同，在计算 L_2、L_3 时，应做适当的调整。如将 L_3 改为：

$$L_3 = \frac{H - \delta_{平台板} + \frac{\delta_{梯板}}{\cos\alpha}}{\mathrm{tg}\alpha}$$

L_2 的情况复杂一些，需另作图分析。

(4) 某些楼梯，楼梯踏面的面层厚度与休息平台面层厚度不一致，一般是后者稍厚一些，如图13-167 所示，在支楼梯板时，

应整体将梯模向下侧休息平台水平推移（$H-h$）÷tgα。式中 H 为休息平台建筑构造厚度，h 为楼梯踏步踏面面层厚度，α 为楼梯升角。楼梯踏步第一级的支模位置仍应该是原设计位置。这样，就会有一小段梯板斜面暴露在休息平台根部。在做平面面层时，切不可剔凿该部位，只能在面层上采取措施，把局部做薄一点。同时，楼梯最上一级踢面位置是与图纸尺寸一致的，但踏步高比其他踏步低 $H-h$。

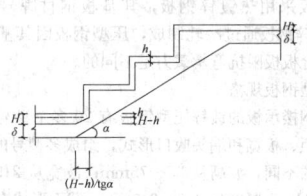

图 13-167 踏面与休息平台板厚
不一致时支模尺寸示意

(5) 同心圆汽车坡道模板施工，亦可参考本法进行受力分析。

13.14 永 久 性 模 板

永久性模板是一种建筑钢结构楼板的永久性支承模板，它是楼盖的永久性支承模板。根据设计要求可以与现浇混凝土层共同工作，形成建筑物的永久组成部分，习惯称之为结构楼承板。

结构楼承板的材质一般为镀锌压型钢板，根据受力的特性又称为楼承板、钢承板、镀锌楼承板、镀锌钢承板、镀锌楼层板等；因其能够与现浇混凝土层共同工作，从结构形式上又称为组合楼板、组合楼层板、组合楼承板、压型钢板组合楼板等，其分类见表 13-39、表 13-40。

永久性模板的分类　　　　　　表 13-39

永久性模板	压型钢板模板	
	各种配筋的混凝土薄板	预应力混凝土空心底板模板
		预应力混凝土实心底板模板
		螺旋肋钢筋混凝土底板模板
		冷轧带肋钢筋混凝土底板模板

典型压型钢板截面示意图　　　　　表 13-40

型号	截面简图	板厚 (mm)	单位重量 (kg/m²)
M 型		0.8	9.68
M 型		0.9	10.5
闭口型		1.0	12.17
V 型			14.6
V 型		1.6	19.3
W 型		1.6	21.7

压型钢板作为楼承板，其特点为施工快捷、方便、工期短、节约钢筋、可兼做模板，具有造价低、强度高的特点。

13.14.1 压 型 钢 板

13.14.1.1 种类、规格和使用原则

1. 种类

以压型钢板作永久性模板，与压型钢板上浇筑的混凝土形成组合楼板，根据压型钢板是否与混凝土共同作用分为组合式和非组合式两种。

（1）组合式：压型钢板既起到模板的作用，又作为现浇楼板底面受拉钢筋，不但在施工阶段承受施工荷载和现浇混凝土层自重，而且在使用阶段还承受使用荷载。

（2）非组合式：只起到模板功能，承受施工阶段的所有荷载，不承受使用阶段的荷载。

2. 材料和规格

（1）压型钢板材料

压型钢板采用热镀锌钢板，其基板钢材牌号 Q215、Q235、Q345。热镀锌钢板通过冷轧制成，压型钢板因其基板钢材材质的不同，其组合板极限抗弯承载力是不同的。

（2）压型钢板规格

现用作钢楼承板的镀锌压型钢板有 20 多个型号，分别由不同的波高、波距、板宽和端头收口形式，组成多型号的组合板；其中因生产厂家的不同，波高从 35～75mm；波宽从 215～305mm；板宽从 125～344m；厚度从 0.7～2.3m，截面形式有开口型、闭口型、缩口型。

（3）压型钢板的基本形式

组合楼板中采用的压型钢板的基本形式见图 13-168。

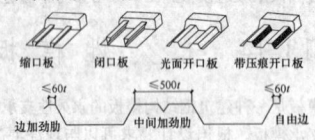

图 13-168　压型钢板组合楼板的基本形式

（4）压型钢板的堵头板：压型钢板的边缘收边有三种形式可供选择，分别有堵头板、泡绵及端头压扁处理等方法。

1）压型钢板端头用堵头板进行收边，且根据不同板型，采用相应的堵头板，其选用的材质和厚度与压型钢板相同（图 13-169）。

2）压型钢板端头用梯形泡绵堵塞，见图 13-170。

3）压型钢板端头压扁进行收边处理，见图 13-171。

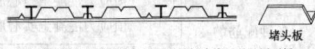

注：1 压型钢板收边构造仅适用于楼板边缘，以及压型板沟肋走向改变处；
2. 应根据不同板型，采用相应的堵头板

图 13-169　压型钢板端头堵头板收边

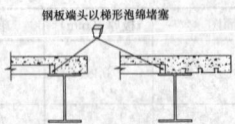

图 13-170　压型钢板端头泡绵收边

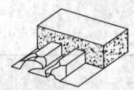

图 13-171　压型钢板端头压扁收边

（5）材料标准：《碳素结构钢》（GB/T 700）、《低合金高强结构钢》（GB/T 1591）、《连续热镀锌薄钢板》（GB/T 5218）、《圆柱头焊钉》（GB/T 10433）。

3. 使用原则

（1）压型钢板模板在施工阶段必须进行强度和变形验算，跨中变形应控制在 $L/200$，且 $\leqslant 20mm$，如超过变形控制量，应铺板后在板下设临时支撑。

（2）压型钢板模板使用时，应作构造处理，其构造形式与现浇混凝土叠合后是否组合成共同受力构件有关。

1）组合楼板中压型钢板的选型要求：对组合板压型钢板选材宜采用带有特殊凹槽和压痕的开口、缩口及闭口板。

2）组合楼板的形状及构造要求

①组合楼板的形状应满足图 13-172 所示的构造要求。

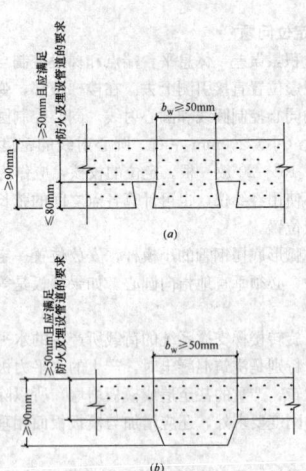

图 13-172　组合楼板形状的构造要求
(a) 缩口或闭口型板；(b) 开口型板

②混凝土强度等级不宜低于 C25。

③混凝土的粗骨料最大粒径不应超过以下数值中的较小值：$0.4h_{cl}$，$b_w/3$ 及 30mm（h_{cl}：压型钢板板肋以上混凝土高度；b_w：浇筑混凝土的凸肋平均宽度）。

④组合楼板在钢梁、混凝土梁或剪力（砖）墙上的支承长度要求如图 13-173 所示。

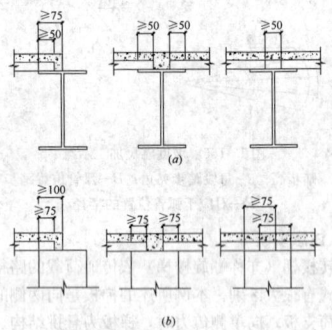

图 13-173　组合楼板支承长度要求
(a) 支承于钢梁上；(b) 支承于混凝土或砌体上

（3）组合楼板端部设置栓钉锚固件，栓钉在压型钢板凹肋处要穿透压型钢板焊牢在钢梁上。

（4）组合楼板采用光面开口压型钢板时需配置横向钢筋，有较高的防火要求时需配置纵向受拉钢筋，在连续组合板或悬臂组合板需配置支座负钢筋。

（5）组合楼板受力钢筋的保护层厚度应满足表 13-41 的要求。

（6）受拉钢筋的锚固长度、搭接长度及保护层厚度应遵循《混凝土结构设计规范》GB 50010 中的有关规定，受拉钢筋的锚固长度见表 13-42。

组合楼板受力钢筋保护层厚度表　　表 13-41

环境等级	保护层厚度（mm）	
	受拉钢筋	非受拉钢筋
一类环境	15	10
二类环境	20	10

受拉钢筋的锚固长度　　表 13-42

	C25	C30	C35	C40
HPB235	27d	24d	22d	20d
HPB335	34d	30d	27d	25d

（7）对组合楼板的防火要求：

1）组合板的耐火等级应根据《高层民用建筑设计防火规范》（GB 50010）中的有关条文确定，楼板的耐火极限见表13-43。

冷轧扭钢筋混凝土薄板模板规格尺寸　表13-43

厚度（mm）	跨度（mm）	宽度
根据跨度由设计确定。当叠合后的楼板厚度为板跨（L）的$1/35\sim1/40$时，薄板厚度取$L/100+10$	一般为 $4000\sim6000$，经多块横向拼接最大可达 5400×6000	由于多块薄板横向拼接成双向叠合楼板，因此单板宽度的确定后，能使模板的拼缝置于受力最小位置，即楼板弯矩最小的四分点处

2）组合板当耐火极限为 1.5h 的厚度不能满足图 13-187 中的要求时，应采取相应的防火保护措施，如图 13-174 所示。

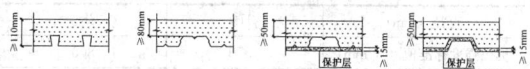

图 13-174　耐火极限为 1.5h 的组合板构造要求

（8）对非组合板压型钢板选材不需采取特殊波槽、压痕的板型或采取其他构造措施，非组合板可不考虑压型钢板的防火要求。

13.14.1.2　压型钢板模板的安装

1. 施工技术准备工作

（1）在设计图的基础上，进行压型钢板模板平面布置图的深化设计，尽量避免在栓钉位置进行压型钢板的搭接，并完成安装前的方案编制、技术交底、操作工艺交底和安全生产交底。

（2）与梁、柱交接处和预留孔洞处的异形压型钢板模板，应先放出大样再进行切割。

（3）对组合式压型钢板模板，在安装前制定好栓钉施焊工艺。

2. 施工材料准备工作

（1）检查压型钢板模板的型号、规格是否符合设计要求，检查外观是否存在变形、扭曲、压扁、裂痕和锈蚀等质量缺陷，有关材质复验和试验鉴定已经完成。

（2）压型钢板进场后，按轴线、房间及安装顺序配套码垛、分层、分区、分规格按加工订货单放整齐，并注明编号，区分清楚层、区、号，用记号笔标明，并准确无误地运至施工指定部位。

（3）吊运时采用专用软吊索，以保证压型钢板板材整体不变形、局部不卷曲。安装压型钢板时最好与钢结构柱、梁同步施工。

（4）准备好临时支撑工具，直接支承压型钢板模板的龙骨宜采用木龙骨。

3. 钢结构压型钢板模板的安装

（1）操作工艺流程

弹线→清板→按轴线、房间位置吊运→模板拆捆、布板→支设模板临时支撑→切割→压合→侧焊→端头焊接→留洞→洞边加固→封堵→验收→栓钉焊接→清理模板表面→验收。

（2）操作工艺要点

1）先在铺设区的钢梁上弹出中心线，以此作为铺设压型钢板固定位置的控制线。确定压型钢板搭接钢梁的搭接宽度及压型钢板与钢梁熔透焊接的焊点位置。

2）因压型钢板长度方向与次梁平行，铺板后难以观测到次梁翼缘的具体位置，因此要先将次梁的中心线及次梁翼缘宽度反弹在主梁的翼缘板上，固定栓钉时应将次梁的中心线及次梁翼缘宽度再反弹到次梁上面的压型钢板上。

3）压型钢板模板铺设时，相邻跨度模板端头的槽口应对齐贯通。采用等离子切割机或剪板钳剪剪边角，裁切放线时富余量应控制在5mm 范围内，浇筑混凝土时应采取措施，防止漏浆，且布料不宜太集中，采用平板振动器及时分摊振捣。

①组合楼板开孔时，根据开孔大小要对洞口边缘的压型钢板进

行补强，当洞口≤750mm 时，要对压型钢板垂直于沟肋方向的板边采用角钢或沿洞口四周采用钢筋进行补强，补强钢筋总面积应不小于压型钢板被削弱部分的面积如图 13-175、图 13-176 所示。

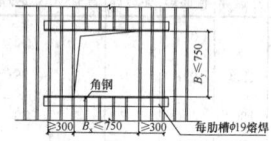

图 13-175　组合楼板开孔≤750
时的加强措施之一

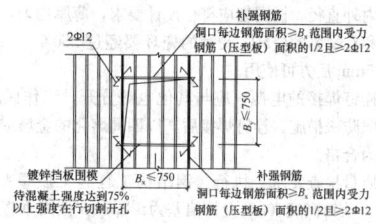

图 13-176　组合楼板开孔≤750时的加强措施之二

②组合楼板开孔时洞口在 750～1500mm 时，洞口四边均要采用角钢进行补强。

③混凝土楼面板预留孔洞，尺寸大于 750mm×750mm 者采用先开洞措施，即在钢梁上加焊型钢托梁分隔，增加洞口刚度，网片钢筋在洞口断开，并与型钢焊接；洞口尺寸小于 750mm×750mm 者采用后开洞措施，即在压型钢板上增加堵头分割板，网片钢筋贯通，混凝土浇筑成型后剪断钢筋。

4）模板应随铺设，随校正、调直、压实，随点焊，以防止模板松动、滑脱。压型钢板与压型钢板侧面间连接采用咬口钳压合，使单片压型钢板间连成整板。先点焊压型钢板侧边，再固定两端头，最后采用栓钉固定。

5）楼板与钢梁的搭接支承长度不得少于 75mm，栓钉直径根据板的跨度按设计要求采用。

6）压型钢板模板底部应设置临时支撑和木龙骨。支撑应垂直于模板跨度方向设置，其数量按模板在施工前变形控制计算量及有关规定确定。

7）组合楼板悬挑收边按《钢与混凝土组合楼（屋）盖结构构造》05SG522 国家建筑标准设计图集中节点做法施工。

8）组合板在按简支设计时，要在支座上部的混凝土叠合层中布置楼板抗裂钢筋。

9）组合式模板与钢梁栓钉焊接时，栓钉的规格、型号和焊接位置，应按设计要求确定。焊前，根据弹出栓钉位置线，处理压型钢板表面的镀锌层。栓钉施焊前，必须对不同材质、不同规格、不同厂家、不同批号生产的栓钉，采用不同型号的焊机及焊枪进行严格的与现场同条件的工艺参数试验。

①静拉伸试验：采用 20°斜拉法检查拉断时的位移及抗拉强度、延伸及屈服点。

②反复弯曲试验：在一个纵向平面内反复弯曲 45°以上，要求焊缝周围无任何断裂现象。

③弯 90°角试验：要求在焊缝的薄弱部位不裂。

10）一般常用的栓钉规格见表 13-44。

一般常用的栓钉规格表　　表 13-44

板跨度	栓钉直径（mm）	简图
板跨<3m	13～16	
3m≤板跨≤6m	16～19	
板跨>6m	19	

11）栓钉焊接工艺参数参考表见表 13-45。

栓钉焊接工艺参数   表 13-45

栓钉规格 (mm)	电流 (A)		时间 (s)		伸长度 (mm)		提升高度 (mm)	
	普通焊	穿透焊	普通焊	穿透焊	普通焊	穿透焊	普通焊	穿透焊
$\phi 13$	950	—	0.7	—	4	—	2.0	—
$\phi 16$	1250	1500	0.8	1.0	5	78	2.5	3.0
$\phi 19$	1500	1800	1.0	1.2	5	79	2.5	3.0
$\phi 22$	1800	—	1.2	—	6	—	3.0	—

12) 焊接磁环：焊接瓷环是栓钉焊的一次性辅助焊接材料，其中心孔的内外直径、椭圆度应符合设计要求，薄厚均匀，不得使用已经破裂和有缺陷的瓷环，受潮的瓷环要经过 250℃、1h 的烘焙，且放潮气 5min 后方可使用。

13) 栓钉焊接的电源，应与其他电源分开，工作区应远离磁场，或采取防磁措施。栓钉焊接后，以四周熔化的金属成均匀小圈且无缺陷为合格。

14) 质量检查要求：执行《钢结构工程施工质量验收规范》BG 50205。栓钉高度（L）允许偏差为±2mm，偏离垂直方向的倾角（θ）应≤5°。目测合格后，再按规定进行冲力弯曲试验，弯曲 15°时焊接面不得有任何缺陷。合格的栓钉，可在弯曲状态下使用。

4. 混凝土结构压型钢板模板的安装

(1) 工艺流程

找平放线→支设支承龙骨→吊运压型钢板模板捆置在支承龙骨上→人工拆捆→铺放压型钢板模板→模板就位调整、校正→模板与支承龙骨钉牢→模板纵向搭接点焊连接→清理模板表面。

(2) 工艺要点

1) 支撑系统，应按模板在施工阶段的变形量控制要求及有关规定设置。支承龙骨应垂直于模板跨度方向布置，模板搭接处和端部均应放置龙骨。端部不允许有悬臂现象。

2) 模板应随铺放，随校正，随与支承龙骨固定，然后将搭接部位点焊牢固。

5. 安装注意事项

(1) 安装施工用照明动力设备的电线，应采用绝缘线，并用绝缘支撑使电线与压型钢板楼面隔离开。要经常检查线路，防止电线损坏漏电。照明行灯电压一般不得超过 36V，潮湿环境不得超过 12V。

(2) 安装中途停歇时，应对已拆捆未安装的模板与结构做临时固定，不得单摆浮搁。每个层段，必须待模板全部铺设连接牢固并经检查后，方可进行下道工序施工。

(3) 已安装好的压型钢板模板，如设计无规定时，施工荷载一般不得超过 2.5kN/m²，更不得对模板施加冲击荷载。

(4) 上、下层连续施工时，支撑系统应设置在同一垂直线上。

13.14.2 混凝土薄板模板

薄板是现浇楼（顶）板的永久性模板，又与楼（顶）板现浇混凝土叠合形成组合板，构成楼（顶）板的受力结构，适用于不设置吊顶和一般装饰标准的工程，可以大量减少顶棚的抹灰作业。组合式模板适用于抗震设防地区和非地震区，不适用于承受动力荷载。当用于结构表面温度高于 60°，或工作环境有酸碱等侵蚀性介质时，应采取有效的防护措施。

13.14.2.1 品种、构造和规格

1. 品种

叠合板用预应力底板模板分为两类，预应力混凝土实心底板模板和预应力混凝土空心底板模板，有些生产厂家又称为 SP 预应力空心板。

(1) 预应力混凝土实心底板模板见图 13-177。

(2) 预应力混凝土空心底板模板见图 13-178。

组合式底板其预应力主筋即为叠合成现浇楼（顶）板的主筋，具有与现浇预应力混凝土楼（顶）板同样的功能。

叠合底板按采用的钢筋来分类，有冷轧带肋钢筋混凝土底板模板、螺旋肋钢丝混凝土底板模板，见表 13-46。

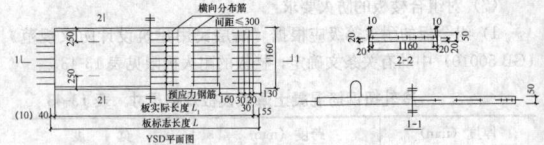

图 13-177 预应力混凝土实心底板示例

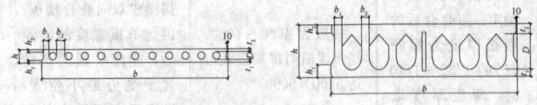

图 13-178 预应力混凝土空心底板示例

b—板宽；h—板高；D—孔高；b1—边肋宽度；h1—下齿肋高度；t1—板底厚度；b2—中肋宽度；h2—上齿肋高度；t2—板面厚度

预应力实心板钢筋规格   表 13-46

预应力钢筋种类	螺旋肋钢丝	冷轧带肋钢筋
直径（mm）	$\phi H 5$	$\phi R 5$
抗拉强度标准值（N/mm）	1570	800
抗拉强度设计值（N/mm）	1110	530
底板构造钢筋种类	冷轧带肋钢筋 CRB400 级钢筋，也可采用 HPB235、HRB335 级钢筋	
支座负钢筋种类	HRB335、HRB400 级钢筋	
吊　钩	HRB235 级钢筋	

1) 冷轧带肋钢筋是采用普通低碳钢筋或低合金钢筋圆盘条为母材，经冷轧或冷拔减径后在其表面冷轧成具有三面或二面月牙形横肋，并在轧制过程中消除内应力的钢筋，一般直径为 4~12mm。

2) 冷轧带肋钢筋分为 550、650、800 三个级别，抗拉强度标准值分别为 550MPa、650MPa、800MPa。其中 550 级的冷轧带肋钢筋在预应力薄板中用于取代冷拔低碳钢丝，作预应力混凝土空心板预制件的受力钢筋。

3) 冷轧带肋钢筋因表面有牙形横肋，与混凝土握裹锚固效果好，改善了构件弹塑性阶段的性能，提高了构件的强度和刚度。但因冷轧带肋钢筋延伸率较小，构件承受动力荷载的性能较差，在制作、运输、安装、设计使用时需采取有效措施。

2. 板面抗剪的构造要求

(1) 当要求叠合面承受的抗剪能力较小时，可在板的上表面加工成具有粗糙划毛的表面，用辊筒压成小凹坑。凹坑的长、宽一般在 50~80mm，深度在 6~10mm，间距在 150~300mm 或用网状滚轮辊压成 4~6mm 深的网状压痕表面，见图 13-179。

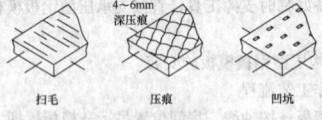

图 13-179 板面表面处理

(2) 当要求叠合面承受较大的剪应力时（大于 0.4N/mm²），薄板表面除要求粗糙外，还要增设抗剪钢筋，其规格和间距由设计计算确定，抗剪钢筋见图 13-180。

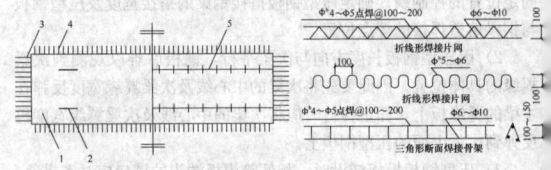

图 13-180 板面抗剪钢筋

1—薄板；2—吊环；3—主筋；4—分布筋；5—抗剪钢筋

3. 规格尺寸

(1) 预应力混凝土空心底板厚度以 50mm 为主，当标志长度小

于 3600mm 的板，为便于运输板厚可取 40mm。标志长度以 3000～4800mm 为主，标志宽度以 600mm、1200mm 为主，实际需要时也可增加 500mm、900mm、1000mm、1500mm、1800mm、2400mm 等规格。预应力混凝土空心底板主要规格尺寸见表 13-47。

预应力混凝土空心底板主要规格　表 13-47

厚度（mm）	100	120	150	180	200
标志长度（mm）	4500～6000	5400～7200	6000～9000	8100～10500	9000～11100
空心率	≥25%	≥30%		≥34%	

注：板长模数为 300mm。

（2）预应力混凝土实心板模板，板厚与叠合层厚度相组合后，形成的主要规格尺寸见表 13-48。

预应力混凝土实心板主要规格尺寸　表 13-48

板厚（mm）	叠合层厚度（mm）	板跨度
50	60	3000、3300、3600、3900、4200、4500
50	70	3600、3900、4200、4500、4800
50	80	3900、4200、4500、4800、5100
60	80	4500、4800、5100、5400、5700
60	90	4800、5100、5400、5700、6000

13.14.2.2　薄板制作、运输和堆放

1. 预应力空心混凝土底板模板

（1）材料：预应力钢筋宜采用直径 5mm 的高强螺旋肋钢丝或中强冷轧带肋钢筋 CRB550，吊钩应采用未经冷加工的 HPB235（Q235）级钢筋制作。薄板混凝土强度等级不应低于 C30。

（2）制作要求

1）薄板宜在构件预制厂采用台座法生产。固定台座预应力筋的放张部位宜设在台座中部，放张预应力钢筋时应采取缓慢放张措施，放张时的混凝土强度应不低于设计混凝土强度值的 75%。

2）板制作过程中的模板、钢筋、预应力和混凝土等分项质量应符合《混凝土结构工程施工质量验收规范》（GB 50204）的有关规定。

3）预应力钢筋下料长度应由计算确定。底板钢筋水平净距不宜小于 15mm，排列有困难时可 2 根并列。采用镦头夹具多根钢筋同时张拉，钢筋有效长度相对差值不得超过 1/5000，且不得大于 5mm。长度不大于 6m 的构件，当钢筋成组张拉时，下料长度的相对差值不得大于 2mm。

4）冬期施工（不宜低于-15℃）预应力张拉后，如超过 2d 未能浇筑混凝土时，需重新补张。

5）薄板预应力张拉时与混凝土浇筑时的温差，不得超过 20℃。

6）薄板出池起吊混凝土强度，如设计无要求时，应不低于设计强度的 80%。

7）板制作允许偏差，见表 13-49。

薄板制作的允许偏差　表 13-49

项次	项目	允许偏差（mm）	检测方法
1	板长度	+10，-5	尺检：5m 或 10m 钢尺
2	板宽度	±5	尺检：2m 钢尺
3	板高度	+5，-3	尺检：2m 钢尺
4	对角线	+10	尺检：5m 或 10m 钢尺
5	侧向弯曲	l/750，且 ≯20	小线拉、钢板尺量
6	翘曲	L/750	小线拉、钢板尺量
7	表面平整	5	2m 靠尺靠、楔形尺量
8	板底平整度	4，5	2m 靠尺靠、楔形尺量
9	预应力钢筋间距	5	尺量

续表

项次	项目	允许偏差（mm）	检测方法
10	预应力钢筋在板宽方向的中心位置与规定位置偏差	<10	钢板尺量
11	预应力钢筋保护层厚度	+5，-3	钢板尺量
12	预应力钢筋外伸长度	+30，-10	钢板尺量
13	预埋件位置	中心位置偏移：10	钢板尺量
		与混凝土面平整：5	
14	吊环位置	中心位置偏移：10	钢板尺量
		规格尺寸：+10，0	
15	板自重	±7%	—

注：1. 第 15 项仅用于型式试验；
　　2. L 为板长。

（3）运输和堆放要点

1）板装运时的支撑位置和方法应符合板的受力状态，并要固定牢固。

2）进入施工现场后，板应分类、分规格堆放，并注意受力方向，码放高度不多于 6 块。

3）堆放场地应平整夯实，堆放时应使板与地面之间留有一定空隙，并有排水措施。

4）板堆放按受力情况设置支撑垫木，垫木要上下对齐，距板端 200～300mm，垫平垫实。

2. 预应力实心混凝土底板模板

（1）材料

薄板混凝土强度等级不低于 C30，叠合层混凝土强度等级为 C40。

（2）制作要求

1）预应力钢筋宜沿板宽均匀布置，其预应力钢筋中心宜设置在距底板截面中心处或稍偏板底位置，底板钢筋水平净距不宜小于 25mm，排列有困难时可采用 2 根并列。

2）预应力主筋及非预应力的混凝土保护层厚度应符合《混凝土结构设计规范》（GB 50010）的规定，当不足时可采用增加抹灰等保护措施。

3）板端伸出的预应力钢筋长度以及侧向分布筋伸出长度，应符合设计要求，不得弯折及折断。

4）预应力实心底板应配置横向分布筋，分布筋在预应力钢筋上绑扎或预先点焊成网片再安装。

5）底板面结合用构造钢筋的设置，其下半部应埋入底板混凝土内并与预应力钢筋绑扎，上部露出板面的高度不宜小于 2/3 叠合层厚度，结合筋的混凝土保护层不应小于 10mm。

6）吊钩的直径、数量应按设计及图纸配置，最小直径不宜小于 8mm，其埋入混凝土的深度不应小于 30d，并应焊接或绑扎在预应力钢筋上。

7）薄板制作允许偏差，除主筋外伸长度的允许偏差为 5mm 外，其他可参见表 13-49。

（3）运输和堆放要点

1）薄板出池起吊的混凝土强度，如设计无要求时，均不得低于 75%。

2）薄板吊运时应慢起慢落，并防止与其他物体相撞。

3）堆放场地平整坚实，板与地面应有一定空隙，板两端（至板端 200mm）及跨中位置均应设置垫木，当板标志长度≤3.6m 时跨中设一条垫木，当板标志长度>3.6m 时跨中设两条垫木，垫木要上下对齐，堆放高度不宜多于 6 层，储存期不宜超过 2 个月。

4）混凝土强度达到设计要求后方可出厂。运输时在支点处要绑扎牢固，以防移动和跳动。在板的边部与绳索接触处的混凝土应采用衬垫进行防护。

5）冷轧带肋钢筋延伸率较小，构件承受动力荷载的性能较差，在制作、运输、安装、使用中应加以注意。

13.14.2.3　安装工艺

1. 准备工作

（1）薄板进场后，要核对出厂合格证明及其型号、规格、几何

尺寸、预埋件留置情况，下表面是否平整，有无裂缝、缺棱掉角、翘曲等现象，不合格产品不得使用。预应力混凝土薄板单向板如出现纵向裂缝，必须征得设计单位同意后才可使用。

(2) 清理薄板周边毛刺，上表面尘土、浮渣。

(3) 将支承薄板的墙（梁）顶部伸出的钢筋调整好。检查墙（梁）标高是否符合安装标高要求。

一般墙（梁）顶面标高应比板底设计标高低20mm为宜，否则应提前处理，弹出墙（梁）安装标高控制线，分别划出安装位置线，并注明板号。

(4) 按照板跨度设计支撑，当板跨度 $L \leqslant 9m$ 时，在跨中设置一道支撑；跨度 $L > 9m$ 时，在跨中的 $L/4$ 处设置一道支撑；多层建筑中，上层支柱必须对准下层支柱。

(5) 直接支承薄板的龙骨，宜采用 $50mm \times 100mm$ 或 $100mm \times 100mm$ 方木，立柱宜采用可调钢支柱或 $100mm \times 100mm$ 木柱，拉杆可采用钢管脚手架或 $50mm \times 100mm$ 方木。支撑安装后，要检查龙骨上表面是否平直，标高是否符合板底设计标高要求。

(6) 准备好板缝模板，宜做成与板缝宽度相适应的几种规格尺寸的木模。

(7) 配备好各种工具。

2. 模板安装

(1) 工艺流程

在墙（梁）上弹出安装水平线和位置线→搭设临时支撑→检查和调整支撑龙骨上口水平标高→吊运薄板就位→板底平整检查、校正、处理（整平相邻板面）→整理板周边伸出钢筋）→板缝模板安装→绑扎板缝钢筋→绑扎叠合层钢筋→薄板表面清理→叠合层混凝土浇筑、养护→达到设计要求强度后，拆除板底支撑。

(2) 预应力混凝土空心板安装

1) 吊装前先堵板端孔，便于混凝土灌缝。

2) 薄板搁置在预制梁上，搁置点应坐浆处理；薄板搁置在现浇梁（叠合层与梁同时浇筑）上，现浇梁侧模上口宜贴泡沫胶带，以防止漏浆，并确保板在梁上的搭接长度。

3) 吊装时，吊点与板端距离控制在 $20 \sim 30mm$ 内，吊索与板夹角不得小于 $50°$，防止吊索内滑。

4) 当板反拱值差别较大时，应在灌缝前将相邻板调平，根据具体情况在板跨中设置1至2道夹具。薄板尽可能一次就位，以防止撬动时损坏薄板。

(3) 预应力混凝土实心板安装

1) 预应力混凝土实心板中板端外伸钢筋要向上弯曲90°，弯曲直径必须大于20mm。

2) 底板就位前在跨中及紧贴支座部位均应设置临时支撑，当轴跨 $L \leqslant 3.6m$ 时跨中设置一道支撑，当轴跨 $3.6m < L \leqslant 5.4m$ 时跨中设置两道支撑，当 $L > 5.4m$ 时跨中设置三道支撑。

3) 施工均布荷载不应大于 $1.5kN/m^2$，荷载不均匀时，单板范围内折算为布荷载不宜大于 $1.0kN/m^2$，否则需采取加强措施。

4) 临时支撑拆除要符合施工规范要求，一般保持连续两层支撑。

3. 浇筑混凝土

(1) 浇筑叠合层混凝土前，薄板表面必须清扫干净，并浇水充分湿润（冬期施工除外），但不能有积水。

(2) 浇筑叠合层混凝土时，应特别注意用平板振动器振捣密实，以保证与薄板结合成整体。

4. 灌缝

(1) 灌缝前清除板缝之间的杂物，将板缝打湿，但不得有积水。

(2) 板缝一般采用C25的细石混凝土灌实。

(3) 当板面有叠合层时，先浇筑板缝混凝土，再浇筑叠合层。为保证后浇层与板粘结牢固，板缝混凝土应低于板面 $30 \sim 40mm$。

(4) 在灌缝混凝土或砂浆强度达到50%前，严禁撬动板。

5. 叠合层及圈梁施工

(1) 叠合层施工时应设可靠支撑。当跨度 $L \leqslant 9m$ 时，在跨中设一道支撑。

(2) $\phi 6$ 钢筋网片铺设。钢筋双向 $\phi 6@200$。板拼缝内吊1根

$\phi 12$ 钢筋。钢筋绑扎搭接，接头相互错开，搭接长度大于 $10d$。

(3) 栓钉焊接，栓钉规格为D16，长110mm，栓钉由供货厂家采用专用焊接设备现场熔焊，见图13-181、图13-182。

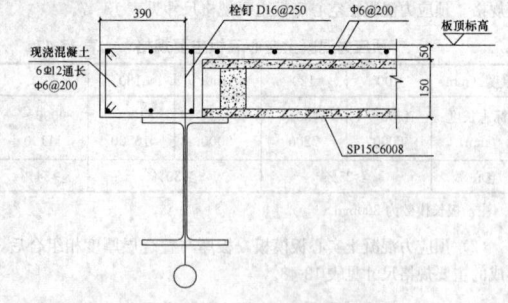

图 13-181　板与圈梁连接示意之一

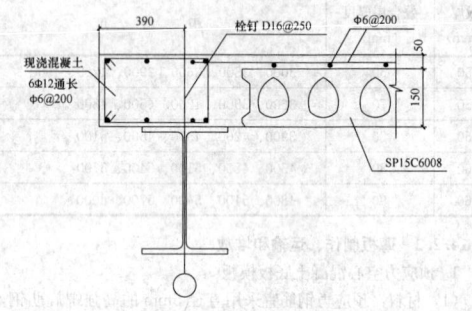

图 13-182　板与圈梁连接示意之二

(4) 混凝土薄板与叠合层支座节点构造。

1) 叠合板与混凝土梁或砌体墙连接时，中间两相邻板端空隙不应小于40mm，底板和支座之间设置20mm水泥砂浆垫层，当圈梁与叠合层整体浇筑时不设。

2) 叠合板与钢梁连接时中间支座处两相邻板端空隙不应小于80mm，底板和支座之间设置20mm水泥砂浆垫层，钢梁上抗剪连接件根据设计要求设置。

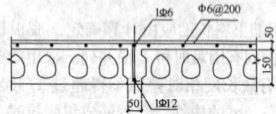

图 13-183　板与板留缝和配筋

6. 填补拼缝

(1) 拼缝内应用钢丝刷清理干净。

(2) 填缝材料可选用掺纤维丝的混合砂浆，亦可使用其他材料。

(3) 填缝材料应分两次压实填平，两次施工时间间隔不小于6h，见图13-183。

7. 支撑的拆除

(1) 预应力混凝土薄板模板，须待叠合层混凝土强度达到设计强度标准值的70%。

(2) 冷轧扭钢筋混凝土薄板模板，须待叠合层混凝土强度达到设计强度的70%。

8. 薄板安装质量要求

(1) 允许偏差见表13-50。

薄板安装质量允许偏差　　表 13-50

序号	项　目	允许偏差 (mm)	检验方法
1	相邻两板底高差	高级 $\leqslant 2$	在板底与硬架龙骨之间用塞尺检查
		中级 $\leqslant 4$	
		有吊顶或抹灰 $\leqslant 5$	
2	板的支撑长度偏差	5	用尺量
3	安装位置偏差	$\leqslant 10$	用尺量

(2) 薄板如需开凿管道等设备孔洞时，应征得设计单位的同意。开洞时，不得扩大孔洞面积及切断钢筋，并应对薄板采取补强措施。

9. 吊装相关计算

(1) 钢丝绳验算：钢丝绳强度符合吊装要求。

(2) 卡环的验算：卡环满足要求。

(3) 起重机验算：汽车式起重机起重量、起吊高度、起重机工作半径满足施工要求。

10. 安全措施

(1) 预应力钢丝张拉时，应扣上安全链条，生产线两端不得有人，防止钢丝断裂伤人。

(2) 薄板厂内吊装转运时，应注意车间内操作人员的安全并保持桁车运行平稳。

(3) 现场吊装时，应用对讲机指挥，起重机臂下不得站人。

(4) 支撑搭设牢固，并架设人行通道。

(5) 高空施工，当风速达 10m/s 时，吊装作业应停止。

13.15　现浇混凝土结构模板的设计计算

13.15.1　模板设计的内容和原则

13.15.1.1　设计的内容

模板设计的内容，主要包括模板和支撑系统的选型；支撑格构和模板的配置；计算简图的确定；模架结构强度、刚度、稳定性核算；附墙柱、梁柱接头等细部节点设计和绘制模板施工图等。各项设计内容的详尽程度，根据工程的具体情况和施工条件确定。

13.15.1.2　设计的主要原则

1. 实用性

主要应保证混凝土结构的质量，具体要求是：

(1) 保证构件的形状尺寸和相互位置的正确。

(2) 接缝严密，不漏浆。

(3) 模架构造合理，支拆方便。

2. 安全性

保证在施工过程中，不变形，不破坏，不倒塌。

3. 经济性

针对工程结构的具体情况，因地制宜，就地取材，在确保工期、质量的前提下，尽量减少一次性投入，降低模板在使用过程中的消耗，提高模板周转次数，减少支拆用工，实现文明施工。

13.15.2　模板结构设计的基本内容

13.15.2.1　荷载及荷载组合

1. 荷载

梁板等水平构件的底模板以及支架所受的荷载作用，一般为重力荷载；墙、柱等竖向构件的模板及其支架所受的荷载作用，一般为侧向压力荷载。荷载的物理数值称为荷载标准值，考虑到模板材料差异和荷载分布的不均匀性等不利因素的影响，将荷载标准值乘以相应的荷载分项系数，即荷载设计值进行计算。

(1) 水平构件底模荷载标准值

1) 模板及支架自重标准值，应根据设计图纸确定，常用材料可以查阅相应的图集、手册。

2) 新浇混凝土自重标准值，对普通混凝土，可采用 24kN/m³；对其他混凝土，可根据实际重力密度确定。

3) 钢筋自重标准值，按设计图纸计算确定。一般可按每立方米混凝土的钢筋含量计算：框架梁为 1.5kN/m³，楼板为 1.1kN/m³。

4) 施工人员及设备荷载标准值：

①计算模板及直接支承模板的次龙骨时，对工业定型产品（如组合钢模）按均布荷载取 2.5kN/m²，另应以集中荷载 2.5kN 再行验算，比较两者所得的弯矩值，按其中较大者采用；现场拼装模板按均布荷载取 2.5kN/m²，集中荷载按实际作用数值选取。

②计算直接支承次龙骨的主龙骨时，均布活荷载取 1.5kN/

m²；考虑到主龙骨的重要性和简化计算，亦可直接取次龙骨的计算值。

③计算支架立柱时，均布活荷载取 1.0kN/m²；考虑到立柱的重要性和简化计算，亦可直接取主龙骨的计算值。

5) 振捣混凝土时产生的荷载标准值：每个振捣器对水平面模板作用，可采用 2.0kN/m²。

(2) 竖向构件侧模荷载标准值

1) 新浇筑混凝土对模板侧面的压力标准值，采用插入式振捣器，且浇筑速度不大于 10m/h、混凝土坍落度不大于 180mm 时，可按以下两式计算，并取其较小值：

$$F = 0.28\gamma_c t_0 \beta \sqrt{V} \qquad (13\text{-}19)$$

$$F = \gamma_c \times H \qquad (13\text{-}20)$$

当浇筑速度大于 10m/h，或混凝土坍落度大于 180mm 时，侧压力标准值可按式（13-20）计算。

式中　F——新浇筑混凝土对模板的最大侧压力（kN/m²）；

γ_c——混凝土的重力密度（kN/m³）；

t_0——新浇筑混凝土的初凝时间（h），可经试验确定。当缺乏试验资料时，可采用 $t_0 = 200/(T+15)$ 计算（T 为混凝土的温度℃）；

V——混凝土的浇筑速度（m/h）；

β——混凝土坍落度影响修正系数，当坍落度大于 50mm 且不大于 90mm 时，取 0.85；坍落度大于 90mm 且不大于 130mm 时，β 取 0.9；坍落度大于 130mm 且不大于 180mm 时，β 取 1.0；

H——混凝土侧压力计算位置处至新浇筑混凝土顶面的总高度（m）；

混凝土侧压力的计算分布图形，见图 13-184。

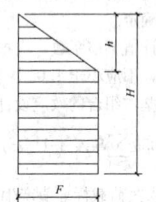

图 13-184　侧压力
计算分布图

注：h 为有效压头高度；
　　H 为混凝土浇筑高度

2) 倾倒混凝土时产生的荷载标准值：倾倒混凝土时对垂直面模板产生的水平荷载标准值，可按表 13-51 采用。

倾倒混凝土时产生的荷载标准值　　　表 13-51

向模板内供料的方法	水平荷载（kN/m²）
溜槽、串筒或导管	2
容积小于 0.2m³ 的运输器具	2
容积 0.2～0.8m³ 的运输器具	4
容积大于 0.8m³ 的运输器具	6

3) 振捣混凝土时产生的荷载标准值：对垂直面模板可采用 4.0kN/m²。

4) 竖向构件采用坍落度大于 250mm 的免振自密实混凝土时，模板侧压力承载能力确定以后，应按 $F = \gamma_c \times H$ 核定其可承担混凝土初凝前的浇筑高度 H，再按 $H = t_0 \times V$ 对浇筑速度或混凝土初凝时间进行控制（H 计算值≤竖向构件浇筑高度）。

(3) 荷载设计值

1) 计算模板及支架结构或构件的强度、刚度、稳定性和连接强度时，应采用荷载设计值（荷载标准值乘以荷载分项系数）。

2) 计算正常使用极限状态的变形时，应采用荷载标准值。

3) 荷载分项系数应按表 13-52 采用。

荷载分项系数 (γ_i)　　　表 13-52

荷载类别	分项系数 γ_i
模板及支架自重标准值 (G_{1k})	永久荷载的分项系数: (1) 当其效应对结构不利时: 对由可变荷载效应控制的组合, 应取 1.2; 对由永久荷载效应控制的组合, 应取 1.35; (2) 当其效应对结构有利时: 一般情况应取 1; 对结构的倾覆、滑移验算, 应取 0.9
新浇混凝土自重标准值 (G_{2k})	
钢筋自重标准值 (G_{3k})	
新浇混凝土对模板的侧压力标准值 (G_{4k})	
施工人员及施工设备荷载标准值 (Q_{1k})	可变荷载的分项系数: 一般情况下应取 1.4; 对标准值大于 4kN/m² 的活荷载应取 1.3. 对 3.7kN/m² ≤标准值≤ 4kN/m², 按标准值为 4kN/m² 计算
振捣混凝土时产生的荷载标准值 (Q_{2k})	
倾倒混凝土时产生的荷载标准值 (Q_{3k})	
风荷载 (W_k)	1.4

4) 钢面板及支架作用荷载设计值可乘以系数 0.95 进行折减。当采用冷弯薄壁型钢时, 其荷载设计值不应折减。

(4) 荷载组合

1) 按极限状态设计时, 其荷载组合应符合下列规定:

对于承载能力极限状态, 应按荷载效应的基本组合采用, 并应采用下列设计表达式进行模板设计:

$$\gamma_0 S \leq \frac{R}{\gamma_R} \qquad (13-21)$$

式中　γ_0——结构重要性系数, 对重要的模板及支架宜取 $\gamma_0 \geq$ 1.0; 对一般的模板及支架应取 $\gamma_0 \geq 0.9$;

S——荷载效应组合的设计值;

R——结构构件抗力的设计值, 应按各有关建筑结构设计规范的规定确定。

γ_R——承载力设计值调整系数, 应根据模板及支架重复使用情况取用, 不应小于 1.0。

模板及支架的荷载基本组合的效应设计值, 可按下式计算:

$$S = 1.35\alpha \sum_{i \geq 1} S_{Gik} + 1.4\varphi_{cj} \sum_{j \geq 1} S_{Qjk} \qquad (13-22)$$

式中　S_{Gik}——第 i 个永久荷载标准值产生的效应值;

S_{Qjk}——第 j 个可变荷载标准值产生的效应值;

α——模板及支架的类型系数; 对侧面模板, 取 0.9; 对底面模板及支架, 取 1.0;

φ_{cj}——第 j 个可变荷载的组合系数, 宜取 $\varphi_{cj} \geq 0.9$。

2) 对于正常使用极限状态应采用标准组合, 并应按下列设计表达式进行设计:

$$S \leq C \qquad (13-23)$$

式中　C——模板结构或结构构件达到正常使用要求的规定限值, 应符合表 13-52 有关变形值的规定。

对于标准组合, 荷载效应组合设计值 S 应按下式采用:

$$S = \sum_{i=1}^{n} G_{ik} \qquad (13-24)$$

3) 参与计算模板及其支架荷载效应组合的各项荷载的标准值组合应符合表 13-53 的规定。

模板及其支架荷载效应组合的各项荷载标准值组合　表 13-53

项　目	参与组合的荷载类别	
	计算承载能力	验算挠度
1　平板和薄壳的模板及支架	$G_{1k}+G_{2k}+G_{3k}+Q_{1k}$	$G_{1k}+G_{2k}+G_{3k}$
2　梁和拱模板的底及支架	$G_{1k}+G_{2k}+G_{3k}+Q_{2k}$	$G_{1k}+G_{2k}+G_{3k}$
3　梁、拱、柱 (边长不大于 300mm)、墙 (厚度不大于 100mm) 的侧面模板	$G_{4k}+Q_{2k}$	G_{4k}

续表

项　目	参与组合的荷载类别	
	计算承载能力	验算挠度
4　大体积结构、柱 (边长大于 300mm)、墙 (厚度大于 100mm) 的侧面模板	$G_{4k}+Q_{3k}$	G_{4k}

注: 验算挠度应采用荷载标准值; 计算承载能力应采用荷载设计值。

4) 非满跨的荷载组合

水平构件模板尚应考虑荷载分布为非满跨时的最不利情况。

(5) 模板的变形值规定

1) 当验算模板及其支架的刚度时, 其最大变形值不得超过下列容许值:

①对结构表面外露的模板, 为模板构件计算跨度的 1/400;

②对结构表面隐蔽的模板, 为模板构件计算跨度的 1/250;

③支架的压缩变形或弹性挠度, 为相应的结构计算跨度的 1/1000。

2) 组合钢模板结构或其构配件的最大变形值不得超过表 13-54 的规定。

组合钢模板及构配件的容许变形值 (mm)　　表 13-54

部件名称	容许变形值
钢模板的面板	≤1.5
单块钢模板	≤1.5
钢楞	$L/500$ 或≤3.0
柱箍	$B/500$ 或≤3.0
桁架、钢模板结构体系	$L/1000$
支撑系统累计	≤4.0

注: L 为计算跨度, B 为柱宽。

3) 液压滑模装置的部件, 其最大变形值不得超过下列容许值:

①在使用荷载下, 两个提升架之间围圈的垂直与水平方向的变形值均不得大于其计算跨度的 1/500。

②在使用荷载下, 提升架立柱的侧向水平变形值不得大于 2mm。

③支承杆的弯曲度不得大于 $L/500$。

4) 爬模及其部件的最大变形值不得超过下列容许值:

① 爬架立柱的安装变形值不得大于爬架立柱高度的 1/1000。

②爬模结构的主梁, 根据重要程度的不同, 其最大变形值不得超过计算跨度的 $1/800 \sim 1/500$。

③支点间轨道变形值不得大于 2mm。

13.15.2.2　模板结构的受力分析

1. 模板面板的受力特点和功能分析

模板面板直接约束着塑性混凝土材料, 承受与板面相垂直的压力, 是结构构件的成型工具。模板面板一般较薄, 需要其背部纵横相交的受弯构件向穿墙螺栓、支撑点、边框传递荷载。此类受弯构件, 在散支散拆工艺中称为次龙骨、主龙骨; 在定型模板中称为钢楞或 (钢) 肋等, 在本章中统称为龙骨。

(1) 墙柱等竖向构件

模板面板, 在混凝土成型过程中大体经历以下几个阶段: 混凝土初凝前, 塑性状态的构件所产生的侧压力完全作用在模板上。在振捣作用下, 混凝土会呈现液态性状, 此时所产生的侧压力是模板受力的最大值。模板材料随之发生弹性变形, 振捣停止后变形随之得到恢复 (模板的弹性变形需要拆模后才得以全部恢复); 如果模板材料在构件成型过程中超过了材料的弹性变形能力, 则会造成不可恢复的塑性变形, 木材类材料还可能断裂损坏。随着混凝土水化, 侧向压力逐渐减小, 结构全部截面均能够承受构件自重以后, 竖向构件的模板就失去了成型作用 (只是在保水、保温方面还在继续起作用)。混凝土强度继续增长, 表面与模板形成一定的吸附力。

施工中要求墙柱混凝土要分层、分步浇筑, 是从振捣棒的作用范围考虑的, 但也起到了降低模板侧压力的作用; 一般来说, 混凝

土浇筑高度与混凝土初凝时间的乘积，不应超过模板设计侧压力值的有效压头。自密实混凝土虽然无振捣，但在初凝时间较长，浇筑高度较高的情况下，会产生比普通混凝土高得多的侧压力。高大桥墩采用高抛混凝土入模，模板面板尚应考虑混凝土重力加速度的影响。

(2) 梁板等水平构件模板

在混凝土强度没有形成之前，构件自重完全由模板的底模承担。随着混凝土强度的增长，构件在成型方面不再依赖于模板，并可随混凝土强度的逐步增长，沿设计荷载传递路线向梁、柱、墙体、基础卸载。混凝土水平构件的强度条件由弯曲拉应力控制，达到满足自身所受重力作用下抗弯能力的时间相对长一些，在模板板面逐渐失去作用的过程中，模架在一定阶段还承担着卸荷作用。

(3) 模板应力分布

模板板面的强度，应考虑受到如混凝土入模位置的集中堆积、振捣作用等超荷现象的短时作用时，不出现破坏。超荷的短时现象消失后，模板在材料弹性力作用下，随即得到恢复。同一水平面模板板面一般受与之垂直的均布荷载。在次龙骨支撑处的上截面和次龙骨支撑跨中的下截面弯曲应力最大，在次龙骨支撑处截面剪切应力最大。

(4) 模板材质还需要保证构件的外观效果。一般木质模板刚度好，强度较低；金属模板涂敷的脱模剂易吸附气泡；塑料、橡胶模板较易变形；需要采取不同措施予以克服。不同材质模板对水泥浆体的吸附作用差异很大。天然木材表面较为粗糙，其木纤维吸水膨胀时侵入水泥浆表面形成一定的粘连；但过一段时间，水分通过毛细管转移出去后，模板干缩后自然与构件表面脱离。有的覆膜竹、木质多层板基本不产生粘连。金属模板表面光洁，有真空吸附现象，需涂敷脱模剂。塑料类模板表面会产生薄膜转移，脱模较容易。

(5) 底模强度应满足构件所受的重力作用，对其进行强度计算时的取值与侧模板有区别。模板面板的刚度应满足构件在养护期间的变形控制指标，所以，其计算取值可不考虑施工振捣等作用，但应考虑浇筑混凝土时自由降落的冲击影响和不均匀堆载影响。

2. 模板主次龙骨的受力特点和功能分析

次龙骨承托模板板面的一侧，集中面板传来的面荷载，传递到其支撑点——主龙骨；它是具有一定强度和刚度的受弯杆件。次龙骨布置均匀，可使其所支撑的面板受力和变形均匀一致。如果次龙骨初始的变形较大（如方木边材一侧和芯材一侧收缩变形不一致，致使方木弯曲、扭曲变形），超过了所支撑的面板极限挠度，会使支顶不实处的面板发生断裂或挠度超标。主龙骨支承次龙骨，也是典型的受弯杆件，将所受次龙骨的集中荷载传递到支撑节点。

具有三个以上支座的主、次龙骨支座处截面弯曲应力最大；主次龙骨在支撑点截面均有较大的剪力传递。

3. 模板撑拉锁固件的受力特点和功能分析

散拼模板的安装需要配件相互联结、固定、卸荷。传统木模板靠铁钉固定。一般墙、梁帮、柱模板常用螺栓等对拉卸荷，用斜纤绳拉顶调整垂直；组合钢（铝）模采用U形卡、穿墙扁铁及楔形卡连接固定；柱模板常用柱箍相向中平衡侧压力；单面支撑桁架将所受水平荷载转为对地面的拉、压作用；承担联结和固定模板、约束模板系统水平向力的部件、设施，称之为模板撑拉锁固件。

模板撑拉锁固件是指常用于模板之间、模板与主次龙骨、主龙骨与支撑结点的荷载传递部件。其中穿墙螺栓，一定要控制在弹性范围内工作并充分考虑部件的弹性恢复力影响。如：侧向模板面板的强度应满足混凝土呈液态时的侧压力作用，但长时间的液态侧力，会使穿墙螺栓的弹性伸长得不到恢复，而造成构件表面的凸凹。

4. 模板支撑架体的受力特点和功能分析

现浇混凝土水平构件在没有形成自身的卸荷能力之前，全部重量都由模架支撑系统承担。模板系统的功能、受力形态与竖向构件无区别。但其支撑体系，承担由底板、地面传递混凝土水平构件所受的重力，是典型的按稳定性控制的受力结构。采用对顶方法对撑两侧墙体的模架，其支撑体系承担两侧墙体

混凝土侧压力，也是按稳定性控制的受力结构。

水平构件支撑体系处理不当，会发生失稳垮塌事故。当荷载达到受压杆件稳定承载极限时，支撑架体在短向发生"S"形压缩变形，此种情况架体虽未垮塌，但已失去承载能力。继续加荷架体节点处会发生扣件崩扣，引发连锁反应，致使支撑体系整体垮塌。对撑两侧墙体的支撑失稳，会造成崩模。

支撑系统结点：目前所普遍使用的扣件式脚手架，其连接结点扣件锁固能力，靠钢管的摩擦力传递。它受施工人员操作影响较大，容易存在系统性的差异，而降低了支撑系统整体协调受力能力。新型架体如碗扣式结点为旋转拧紧；插卡式结点为楔形片重力自锁；锁孔楔卡、圆盘楔卡等结点靠重力自锁；结点的锁固程度受操作人员人为影响较小，受力较为均衡，锁固方式也相对可靠。

竖向构件的模板往往需要侧向斜撑。由于斜撑与水平侧力有角度差，因此斜撑在承受模板侧压力时，会产生向上的分力，因而使模板受到上浮作用，必须加拉杆或钢丝绳予以平衡。

13.15.3 设计计算公式

设计计算公式见表13-55和表13-56。

连续梁的最大弯矩、剪力与挠度 表 13-55

荷 载 图 示	剪力 V	弯矩 M	挠度 W
	$0.688P$	$0.188Pl$	$\dfrac{0.911 \times Pl^3}{100EI}$
	$1.333P$	$0.333Pl$	$\dfrac{1.466 \times Pl^3}{100EI}$
	$0.650P$	$0.175Pl$	$\dfrac{1.146 \times Pl^3}{100EI}$
	$1.267P$	$0.267Pl$	$\dfrac{1.883 \times Pl^3}{100EI}$
	$0.625ql$	$0.125ql$	$\dfrac{0.521 \times ql^4}{100EI}$
$a=0.41$挠度相等	$0.50ql$	$0.105ql^2$	$\dfrac{0.273 \times ql^4}{100EI}$
	$0.60ql$	$0.10ql^2$	$\dfrac{0.677 \times ql^4}{100EI}$
	$0.50ql$	$0.084q^2$	$\dfrac{0.273 \times ql^4}{100EI}$

悬臂梁与简支梁的最大弯矩、剪力与挠度 表 13-56

荷 载 图 示	剪力 V	弯矩 M	挠度 ω
	P	Pl	$\dfrac{Pl^3}{3EI}$
	$\dfrac{P}{2}$	$\dfrac{Pl}{4}$	$\dfrac{Pl^3}{48EI}$
	$\dfrac{Pa}{l}$	$\dfrac{Pab}{l}$	$\dfrac{Pb}{EI}\left(\dfrac{l^3}{16}-\dfrac{b^2}{12}\right)$
	P	Pa	$\dfrac{Pa}{6EI}\left(\dfrac{3}{4}l^3-a^2\right)$
	$\dfrac{3P}{2}$	$P\left(\dfrac{l}{4}-a\right)$	$\dfrac{P}{48EI}(l^3+6al^2-8a^3)$
	P	Pa	$\dfrac{Pa^2l}{6EI}(3+2\lambda)$

续表

荷载图示	剪力 V	弯矩 M	挠度 ω
	ql	$\dfrac{ql^2}{2}$	$\dfrac{ql^4}{8EI}$
	$\dfrac{ql}{2}$	$\dfrac{ql^2}{8}$	$\dfrac{5ql^4}{384EI}$
	$\dfrac{qc}{2}$	$\dfrac{qc(al-c)}{8}$	$\dfrac{qc}{384EI}(8l^3+6c^3l-c^3)$
	qa	$\dfrac{qa^3}{2}$	$\dfrac{qa^2}{48EI}(3l^2-2a^2)$
	$\dfrac{ql}{2}$	$\dfrac{qm^2}{2}$	$\dfrac{qn}{24EI}(-l^3+6m^2l+3m^3)$

13.15.4　模板结构设计示例

13.15.4.1　采用组合式钢模板组拼模板结构

由于模板的受力情况各异，现以两种常用模板结构构件的计算举例如下：

1. 墙模板

【例1】　某工程墙体高 3m，厚 180mm，宽 3.3m，采用组合钢模板组拼，验算条件如下。

钢模板采用 P3015（1500mm×300mm）分两行竖排拼成。内龙骨采用 2 根 $\phi48\times3.5$ 钢管，间距为 750mm，外龙骨采用同一规格钢管，间距为 900mm。对拉螺栓采用 M20，间距为 750mm（图 13-185）。

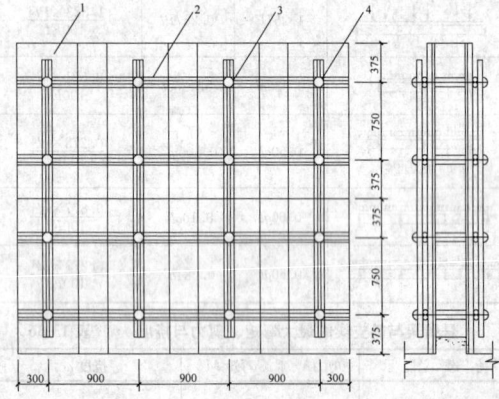

图 13-185　组合钢模板拼装图
1—钢模；2—内龙骨；3—外龙骨；4—对拉螺栓

混凝土自重（γ_c）为 24kN/m³，强度等级 C20，坍落度为 70mm，采用泵管下料，浇筑速度为 1.8m/h，混凝土温度为 20℃，用插入式振动器振捣。

钢材抗拉强度设计值：Q235 钢为 215N/mm²，普通螺栓为 170N/mm²。面板钢模的允许挠度为 1.5mm，纵横肋钢板厚度为 3mm。

试验算：钢模板、钢楞和对拉螺栓是否满足设计要求。

【解】

(1) 荷载设计值

1) 混凝土侧压力标准值：

其中 $t_0=\dfrac{200}{20+15}=5.71h$

$$F_1=0.28\gamma_c t_0\beta\sqrt{V}$$

$$F_1=0.28\times24000\times5.71\times0.85\times\sqrt{1.8}$$
$$=43.76kN/m^2$$

$$F_2=\gamma_c\times H=24\times3=72kN/m^2$$

取两者中小值，即 $F_1=43.76kN/m^2$

考虑荷载折减系数：

$$F_1\times折减系数=43.76\times0.9=39.38kN/m^2$$

2) 倾倒混凝土时产生的水平荷载

查表 13-51 为 2kN/m²；

荷载标准值为 $F_2=2\times折减系数$
$$=2\times0.9=1.8kN/m^2。$$

3) 混凝土侧压力设计值：

按式（13-22）进行荷载组合：$F'=1.35\times0.9\times39.38+1.4\times0.9\times1.8=50.11kN/m^2$

(2) 验算

1) 钢模板验算

P3015 钢模板（$\delta=2.5mm$）截面特征，$I_{xj}=26.97\times10^4mm^4$，$W_{xj}=5.94\times10^3mm^3$。

① 计算简图如图 13-186、图 13-187 所示。

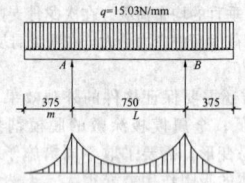

图 13-186　钢模板计算简图

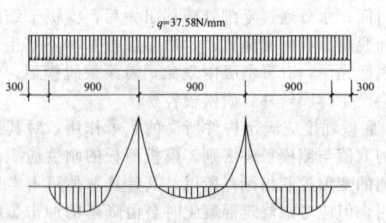

图 13-187　内龙骨计算简图

化为线均布荷载：$q_1=F'\times0.3/1000=\dfrac{50.11\times1000\times0.3}{1000}=$ 15.03N/mm（用于计算承载力）；$q_2=F_1\times0.3/1000=\dfrac{43.76\times100\times0.3}{1000}=13.13N/mm$（用于验算挠度）。

② 抗弯强度验算：

$$M=\frac{q_1m^2}{2}=\frac{15.03\times375^2}{2}=1.06\times10^6N\cdot mm$$

小钢模受弯状态下的模板应力为：

$$\sigma=\frac{M}{W}=\frac{1.06\times10^6}{5.94\times10^3}=178.45N/mm^2<f_m=215N/mm^2（可）$$

③ 挠度验算：

$$\omega=\frac{q_2m}{24EI_{xj}}(-l^3+6m^2l+3m^3)$$
$$=\frac{13.13\times375(-750^3+6\times375^2\times750+3\times375^3)}{24\times2.06\times10^5\times26.97\times10^4}$$
$$=1.36mm<[\omega]=1.5mm（可）$$

2) 内龙骨（双根 $\phi48\times3.5mm$ 钢管）验算

2 根 $\phi48\times3.5mm$ 的截面特征为：$I=2\times12.19\times10^4mm^4$，$W=2\times5.08\times10^3mm^3$

① 计算简图：

化为线均布荷载：$q_1=F'\times0.75/1000=\dfrac{51.11\times1000\times0.75}{1000}=37.58N/mm$（用于计算承载力）。

$$q_2=F_1\times0.75/1000=\frac{43.76\times1000\times0.75}{1000}$$
$$=32.82N/mm（用于验算挠度）。$$

② 抗弯强度验算：由于内龙骨两端的伸臂长度（300mm）与基本跨度（900mm）之比，300/900=0.33<0.4，则伸臂端头挠度比基本跨度挠度小，故可按近似三跨连续梁计算。

$$M=0.1q_1l^2=0.1\times37.58\times900^2$$

抗弯承载能力：$\sigma=\dfrac{M}{W}=\dfrac{0.1\times37.58\times900^2}{2\times5.08\times10^3}=299.60\text{N/mm}^2$

$>f_\text{m}=215\text{N/mm}^2$（不可）

改用 2 根 $60\times40\times2.5$ 方钢作内龙骨后，$I=2\times21.88\times10^4\text{mm}^4$，$W=2\times7.29\times10^3\text{mm}^3$

抗弯承载能力：$\sigma=\dfrac{M}{W}=\dfrac{0.1\times37.58\times900^2}{2\times7.29\times10^3}=208.78\text{N/mm}^2$

$<f_\text{m}=215\text{N/mm}^2$（可）

　　③挠度验算：

$$\omega=\frac{0.677\times q_2l^4}{100EI}=\frac{0.677\times32.82\times900^4}{100\times2.06\times10^5\times2\times21.88\times10^4}$$

$$=1.62\text{mm}<3.0\text{mm}（可）$$

3）对拉螺栓验算

T20 螺栓净截面面积 $A=241\text{mm}^2$

　　①拉螺栓的拉力：

$N=F'\times$内龙骨间距×外龙骨间距$=50.11\times0.75\times0.9=33.82\text{kN}$

　　②对拉螺栓的应力：

$\sigma=\dfrac{N}{A}=\dfrac{33.82\times10^3}{241}=140.35\text{N/mm}^2<170\text{N/mm}^2$（可）

2. 柱箍

　　柱箍是柱模板面板的横向支撑构件，其受力状态为拉弯杆件，应按拉弯杆件进行计算。

【例2】　框架柱截面尺寸为 600mm×800mm，侧压力和倾倒混凝土产生的荷载合计为 60kN/m²（设计值），采用组合钢模板（图 13-188），选用［$80\times43\times5$ 槽钢作柱箍，柱箍间距 l_1 为 600mm，试验算其强度和刚度。

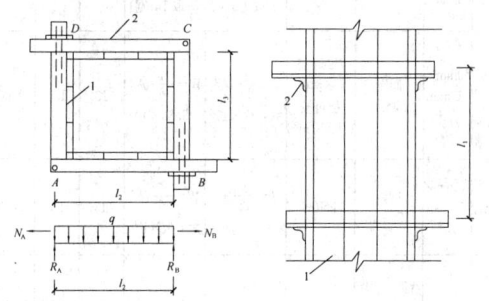

图 13-188　组合钢模板柱箍
1—钢模板；2—柱箍

【解】

（1）计算简图

$$q=FL_1\times0.95$$

式中　q——柱箍 AB 所承受的均布荷载设计值（kN/m）；

　　　　F——侧压力和倾倒混凝土荷载（kN/m²）；

　　　　0.95——折减系数。

则：$q=\dfrac{60\times10^3}{10^6}\times600\times0.95=34.2\text{N/mm}$

（2）强度验算

$$\frac{N}{A_\text{n}}+\frac{M_\text{x}}{\gamma_\text{x}W_\text{nx}}\leqslant f$$

式中　N——柱箍承受的轴向拉力设计值（N）；

　　　　A_n——柱箍杆件净截面面积（mm²）；

　　　　M_x——柱箍杆件最大弯矩设计值（N·mm）；

$$M_\text{x}=\frac{ql_2^2}{8}$$

　　　　γ_x——弯矩作用平面内，截面塑性发展系数，因受震动荷载，取 $\gamma_\text{x}=1.0$；

　　　　W_nx——弯矩作用平面内，受拉纤维净截面抵抗矩（mm³）；

　　　　f——柱箍杆件抗拉强度设计值（N/mm²），$f=215\text{N/mm}^2$。

由于组合钢模板面板肋高为 55mm，故：

$$l_2=b+(55\times2)=800+110=910\text{mm}$$

$$l_3=a+(55\times2)=600+110=710\text{mm}$$

$$l_1=600\text{mm}$$

$$N=\frac{a}{2}q=\frac{600}{2}\times34.2=10260\text{N}$$

$$M_\text{x}=\frac{1}{8}ql_2^2=\frac{34.2\times910^2}{8}=3540127.5\text{N}\cdot\text{m}$$

［$80\times43\times5$：$A_\text{n}=1024\text{mm}^2$，［$80\times43\times5$：$W_\text{nx}=25.3\times10^3\text{mm}^3$

则　$\dfrac{N}{A_\text{n}}+\dfrac{M_\text{x}}{\gamma_\text{x}W_\text{nx}}=\dfrac{10260}{1024}+\dfrac{3540127.5}{25.3\times10^3}$

$$=10.02+139.93=149.95<f=215\text{N/mm}^2（可）$$

（3）挠度验算

$$\omega=\frac{5q'l_2^4}{384EI}\leqslant[\omega]$$

式中　$[\omega]$——柱箍杆件允许挠度（mm）；

　　　　E——柱箍杆件弹性模量（N/mm²），$E=2.05\times10^5\text{N/mm}^2$；

　　　　I——弯矩作用平面内柱箍杆件惯性矩（mm⁴），可查表 13-7；

　　　　q'——柱箍 AB 所承受侧压力的均布荷载设计值（kN/m），计算挠度扣除活载作用。假设采用串筒倾倒混凝土，水平荷载为 2kN/m²，则其设计荷载为 $2\times1.4=2.8\text{kN/m}^2$，故

$$q'=\left(\frac{60\times10^3}{10^6}-\frac{2.8\times10^3}{10^6}\right)\times600\times0.95=32.6\text{N/mm}$$

则：$\omega=\dfrac{5\times32.6\times910^4}{384\times2.05\times10^5\times101.3\times10^4}=\dfrac{1.118\times10^{14}}{7.974\times10^{13}}$

$$=1.4\text{mm}<[\omega]=\frac{l_2}{500}=\frac{910}{500}=1.82\text{mm}（可）$$

13.15.4.2　模板支架计算

【例3】　现浇框架钢筋混凝土梁板，架体搭设高度 14.9m，纵横向轴线 8m。框架梁 400mm×1000mm，楼板厚 150mm，施工采用扣件、$\phi48\times3.5$ 钢管搭设满堂脚手架作模板支承架。施工地区为北京市郊区。图 13-189、图 13-190 为示意图，模板设计基本数据见表 13-57，验算模板支架。

模板设计基本数据　　表 13-57

位置	楼板	梁侧	梁底
模板面板	15mm 厚木质覆膜多层板	15mm 厚木质覆膜多层板	15mm 厚木质覆膜多层板
次龙骨	50mm×100mm 方木，间距 b=250mm	50mm×100mm 方木纵向通长，上下间距 267mm	3 根 100mm×100mm 方木纵向通长，计算间距 200mm
主龙骨	100mm×100mm 方木，间距 1200mm	50mm×100mm 方木双根，（左右）中心距 750mm	$\phi48$ 钢管横向放置，纵向间距 1200mm
可调顶托	长度≥550mm，伸出立杆长度≤300mm；悬臂部分（顶部水平杆中心距主龙骨下皮）长度 a≤400mm	—	长度≥550mm，伸出立杆长度≤300mm；悬臂部分（顶部水平杆中心距主龙骨下皮）长度 a≤400mm
穿墙螺栓	—	2Φ14 加于主龙骨，距梁底 200mm、650mm 处	—

续表

位 置	楼 板	梁 侧	梁 底
立杆纵横距	纵距、横距相等，即 $L_a = L_b = 1.2$m	梁两侧距楼板立杆分别为400mm	梁下正中横向设2根立杆，即 $L_{a1} = 450 + 300 + 450$ (mm)，纵距 $L_{b1} = L_b = 1.2$m
立杆步距	步距1.2m	—	步距1.2m
模架基底	200mm厚C30现浇混凝土楼板（有卸荷支撑）		

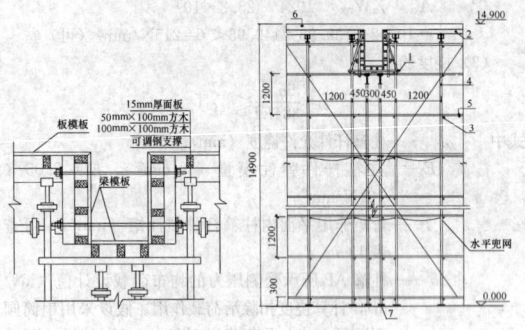

图 13-189 现浇框架钢筋混凝土梁板模架示意之一
1—小横向水平杆；2—方木；3—纵向水平杆；4—立杆；
5—大横向水平杆；6—混凝土楼板；7—木垫板

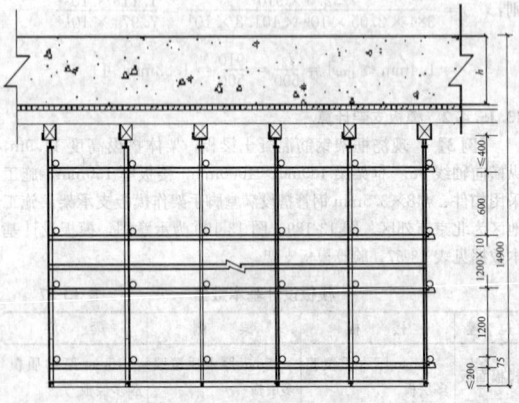

图 13-190 现浇框架钢筋混凝土楼板模架示意之二

【解】

1. 计算参数、荷载统计

（1）顶板支撑体系的荷载传递：荷载→多层板→方木次龙骨→方木主龙骨→调节螺栓顶托→扣件钢管脚手架支撑系统→楼面地面。

（2）本算例的结构重要性系数 γ_0 为0.9。

（3）模板及支架的荷载基本组合的效应设计值按

$$S = 1.2 \sum_i S_{Gi} + 1.4 \sum_i S_{Qi}$$

$$S = 1.35\alpha \sum_i S_{Gi} + 1.4\psi_{cj} \sum_j S_{Qj}$$

两式计算后取大值。

式中 α ——模板及支架的类型系数。侧面模板取0.9；底面模板及支架取1.0。

ψ_{cj} ——活荷载组合系数，取0.9。

（4）荷载标准值、分项系数，见表13-58。

荷载标准值、分项系数　　　表 13-58

荷载类型		分项系数	荷载标准值
固定荷载	混凝土	1.2 (1.35α)	24kN/m³
	楼板钢筋单位重量		1.1kN/m³
	梁钢筋单位重量		1.5kN/m³
活荷载	作用于面板、次龙骨的施工均布活荷载	1.4 (1.4×ψ)	2.5kN/m²
	作用于面板、次龙骨的施工集中活荷载		集中：2.5kN（与均布荷载作用相比较，取大值）
	作用于主龙骨的施工均布活荷载		1.5kN/m²
	作用于立杆的施工均布活荷载		1kN/m²
	振捣混凝土		2kN/m²
	风荷载（北京地区，重现期 $n = 10$ 年）		0.3kN/m²

（5）模板系统计算参数，见表13-59。

模板系统计算参数　　　表 13-59

部件名称	规格	设置	自重	惯性矩 (mm⁴)	抗弯截面系数 (mm³)	抗弯设计强度 (N/mm²)	抗剪强度 (N/mm²)	弹性模量 (N/mm²)
面板	15mm厚多层板	—	0.24kN/m²	$I = \frac{1}{12}bh^3$ $=281250$ (b 取 1m 宽)	$W = \frac{1}{6}bh^2$ $=37500$ (b 取 1m 宽)	11.5	1.4	6425
次龙骨	50mm×100mm方木	间距250mm	7kN/m³（本例模板可按0.14kN/m²）	$I = \frac{1}{12}bh^3$ $=4.17×10^6$	$W = \frac{1}{6}bh^2$ $=8.33×10^4$	13	1.3	9000
主龙骨	100mm×100mm方木	间距1200mm	7kN/m³	$I = \frac{1}{12}bh^3$ $=8.33×10^6$	$W = \frac{1}{6}bh^2$ $=1.67×10^5$	13	1.3	9000
立杆 $\phi48$ 钢管	$\phi48$×3.5mm钢管	纵距=横距=1200mm，步距=1200mm	按0.0384 kN/m	$I = 12.19$ $×10^4$	$W = 5080$	205	120	2.05× 10^5

（6）立杆支撑架自重标准值，见表13-60。

立杆支撑架自重标准值　　　表 13-60

楼板底（计算单元内）模板支架自重	计算过程及结果(kN)
立杆(14.9−0.15−0.015−0.1×2)×0.0384 =14.535×0.0384	=14.685×0.0384=0.558
横杆 1.2×13×0.0384	=0.599
纵杆 1.2×13×0.0384	=0.599
直角扣件 26×0.0132	=0.343
对接扣件 2×0.0184	=0.0368
调节螺栓及U形托	0.035
剪刀撑（每隔四排垂直、水平两个方向设置剪刀撑，计算支架自重时，考虑含剪刀撑计算单元，剪刀撑斜杆与地面的倾角近似取为 $\alpha=45°$）	=1.2×2×2 ×0.0384/（4cos45°） =0.0652
旋转扣件 2×4×0.0146/4（剪刀撑（每隔四排）每步与立杆相交处或与水平杆相交处均有旋转扣件扣接）	=0.0292
合计	=2.234

(7) 梁底（计算单元内）模板支架自重，见表13-61。

梁底（计算单元内）模板支架自重　表 13-61

梁底（计算单元内）模板支架自重	计算结果（kN）
立杆 (14.9－1－0.015－0.1×2)×0.0384	＝0.5255
横杆 (0.375×12)×0.0384	＝0.1728
纵杆 (1.2×12)×0.0384	＝0.553
直角扣件 24×0.0132	＝0.317
对接扣件 2×0.0184	＝0.0368
调节螺栓及U形托	＝0.035
剪刀撑（梁下立杆）1.2×2×2×0.0385/4cos45°	＝0.0652
旋转扣件 2×4×0.0146/4	＝0.0292
合计	＝1.735

2. 楼板模板验算

(1) 模板面板计算

多层板按三跨连续板受力，采用 50mm×100mm 方木作为次龙骨，间隔 250mm 布置，跨间距 $b=250mm=0.25m$，取 $c=1m$ 作为计算单元，按三跨连续梁为计算模型进行验算。计算单元简图如图 13-191 所示。

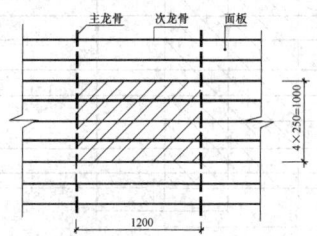

图 13-191　模板面板计算简图

1) 荷载统计

强度计算的设计荷载取值，按固定荷载分项系数取 $\gamma_i=1.2$，可变荷载分项系数取 $\gamma_{Qi}=1.4$；固定荷载分项系数取 $\gamma_i=1.35$，$\alpha=1.0$，可变荷载分项系数取 $\gamma_{Qi}=1.4$，$\psi=0.9$；两种荷载组合计算，取大值。刚度计算的设计荷载取值，只考虑固定均布荷载（标准值）作用。结构重要性系数 $\gamma_0=0.9$。

①强度计算的线荷载：

$$q_{11} = \gamma_0[\gamma_i \times (G_{1k}+G_{2k}+G_{3k}) + \gamma_{Qi} \times (Q_{1k}+Q_{2k})] \times c$$
$$= 0.9 \times [1.2 \times (0.24+3.6+0.165)$$
$$+ 1.4 \times (2.5+2)] \times 1.0$$
$$= 10.00kN/m$$

$$q_{12} = \gamma_0[\gamma_{Qi} \times \alpha \times (G_{1k}+G_{2k}+G_{3k})$$
$$+ \gamma_{Qi} \times \psi \times (Q_{1k}+Q_{2k})] \times c$$
$$= 0.9 \times [1.35 \times (0.24+3.6+0.165)$$
$$+ 1.4 \times 0.9 \times (2.5+2)] \times 1.0$$
$$= 9.97kN/m$$

取 $q_1 = q_{11} = 10.00kN/m$

②当作用于模板施工荷载为集中荷载作用时的均布荷载：

$$q_2 = \gamma_0 \times \gamma_i(G_{1k}+G_{2k}+G_{3k}) \times c$$
$$= 0.9 \times 1.2 \times (0.24+3.6+0.165) \times 1.0$$
$$= 4.325kN/m$$

③刚度计算的荷载值：

$$q_2 = \gamma_0(G_{1k}+G_{2k}+G_{3k}) \times c$$
$$= 0.9 \times (0.24+3.6+0.165) \times 1.0$$
$$= 3.60kN/m$$

2) 模板板面弯曲强度计算：

①如图 13-192 所示，当作用于模板的施工荷载为均布荷载作用时：

$$M_{11} = K_M q_1 b^2$$
$$= 0.101 \times 10.00 \times 0.25^2 = 0.063kN \cdot m$$

注：K_M 取 0.101，为可能出现的非满跨时的弯矩最大值。以下凡三跨连续梁同。

②当作用于模板施工荷载为集中荷载作用时（图 13-193）：

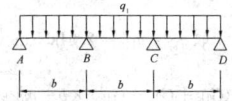

图 13-192　考虑荷载均布作用的
楼板模板强度计算简图

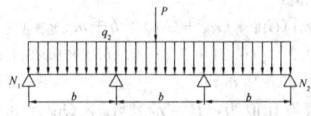

图 13-193　当荷载集中作用跨中时，
楼板模板强度计算简图

模板中间最大跨中弯矩

$$M_{12} = K_M q_2 b^2 + K_M Pb$$
$$= 0.08 \times 4.325 \times 0.25^2 + 0.175 \times 3.15 \times 0.25$$
$$= 0.1594kN \cdot m$$

式中　P——作用于模板面板、次龙骨的施工集中活荷载设计值。

$$P = \gamma_0 \times \gamma_{Qi} \times Q_i = 0.9 \times 1.4 \times 2.5 = 3.15kN$$

③模板弯曲强度

$$\delta = \frac{M_{max}}{W} = \frac{0.1594 \times 10^6}{37500}$$
$$= 4.25N/mm^2 < [f] = 11.5N/mm^2，故满足要求。$$

式中　K_M——弯矩系数，由《建筑结构静力计算手册》查得。

3) 模板抗剪强度计算

当次龙骨采用钢管时，面板跨中两侧分别传到支座的剪力值 Q 按面板所承担的全跨荷载考虑；当次龙骨采用方木时，面板跨中两侧分别传到支座的剪力值 Q，按面板所承担全跨荷载的一半考虑。

$$Q = \frac{1}{2} q_1 \times 0.25 = 1.25kN$$

$$\tau = \frac{3Q}{2bh} = \frac{3 \times 1250}{2 \times 1000 \times 15}$$
$$= 0.125N/mm^2 < [\tau] = 1.4N/mm^2，满足要求。$$

4) 模板挠度验算：

$$\omega = \frac{K_w q_3 b^4}{100EI}$$
$$= \frac{0.677 \times 3.60 \times 250^4}{100 \times 6425 \times 281250}$$
$$= 0.053mm$$

$\omega = 0.053mm < [\nu] = \frac{b}{400} = \frac{250}{400} = 0.63mm$，满足要求。

式中　K_w——挠度系数，由《建筑结构静力计算手册》查得。

(2) 次龙骨强度、挠度验算

按照三等跨连续梁进行验算，计算单元简图如图 13-194 所示。

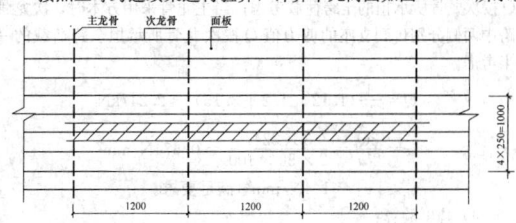

图 13-194　楼板次龙骨计算简图

1) 荷载计算：

$q_{11} = \gamma_0\{[\gamma_i \times (G_{1k}+G_{2k}+G_{3k})+\gamma_{Qi} \times Q_{1k}] \times b + \gamma_i \times m_{次龙骨}\}$

$= 0.9 \times \{[1.2 \times (0.24+3.6+0.165)+1.4 \times (2.5+2)] \times 0.25 + 1.2 \times 0.035\}$

$= 2.54 \text{kN/m}$

$q_{12} = \gamma_0\{[\gamma_i \times \alpha \times (G_{1k}+G_{2k}+G_{3k})+\gamma_{Qi} \times \psi \times Q_{1k}] \times b + \gamma_i \times \alpha \times m_{次龙骨}\}$

$= 0.9 \times \{[1.35 \times 1 \times (0.24+3.6+0.165)+1.4 \times 0.9 \times (2.5+2)] \times 0.25 + 1.35 \times 1 \times 0.035\}$

$= 2.53 \text{kN/m}$

$$取 q_1 = q_{11} = 2.54 \text{kN/m}$$

恒载设计值：

$q_2 = \gamma_0 \times \gamma_i[(G_{1k}+G_{2k}+G_{3k}) \times b + m_{次龙骨}]$

$= 0.9 \times 1.2 \times [(0.24+3.6+0.165) \times 0.25 + 0.035]$

$= 1.12 \text{kN/m}$

恒载标准值：

$q_3 = \gamma_0[(G_{1k}+G_{2k}+G_{3k}) \times b + m_{次龙骨}]$

$= 0.9 \times [(0.24+3.6+0.165) \times 0.25 + 0.035]$

$= 0.933 \text{kN/m}$

集中荷载设计值为：$P = \gamma_0 \times \gamma_{Qi} \times Q_{1k'} = 0.9 \times 1.4 \times 2.5 = 3.15 \text{kN}$

2) 弯曲强度计算：

按照三跨连续梁进行分析计算。

① 当施工荷载为均布荷载作用时（图 13-195）：

$M_{11} = K_M q_1 l^2$

$= 0.101 \times 2.54 \times 1.2^2 = 0.3694 \text{kN} \cdot \text{m}$

② 当施工荷载为集中荷载时（图 13-196）：

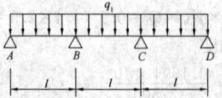

图 13-195　当荷载均布作用时，
楼板次龙骨强度计算简图

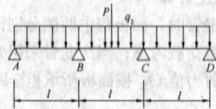

图 13-196　楼板次龙骨考虑施工荷载为
集中力的计算简图

中间最大跨中弯矩

$M_{12} = K_M q_2 l^2 + K_M P l$

$= 0.08 \times 1.12 \times 1.2^2 + 0.213 \times 3.15 \times 1.2$

$= 0.9342 \text{kN} \cdot \text{m}$

取两者中最大的弯矩 $M_{12} = 0.9342 \text{kN} \cdot \text{m}$ 为强度计算值，则

$$\delta = \frac{M_{max}}{W} = \frac{0.9342 \times 10^6}{83333} = 11.21 \text{N/mm}^2$$

$< [f_m] = 13 \text{N/mm}^2$，故验算满足要求。

3) 抗剪强度验算：

当主龙骨采用钢管时，次龙骨跨中两侧分别传到支座的剪力值 Q 按次龙骨所承担的全跨荷载考虑；当主龙骨采用方木时，次龙骨跨中两侧分别传到支座的剪力值 Q 按次龙骨所承担全跨荷载的一半考虑。

$$Q = \frac{1}{2}(1.12 \times 1.2 + 3.15) = 2.247 \text{kN}$$

$$\tau = \frac{3Q}{2bh} = \frac{3 \times 2247}{2 \times 50 \times 100} = 0.674 \text{N/mm}^2$$

$< [\tau] = 1.4 \text{N/mm}^2$，满足要求。

4) 挠度验算：

按照三跨连续梁进行计算，最大跨中挠度：

$$\omega = \frac{K w q_3 l^4}{100EI}$$

$$= \frac{0.677 \times 0.933 \times 1200^4}{100 \times 9000 \times 4.17 \times 10^6}$$

$$= 0.35 \text{mm}$$

取 $\omega = 0.35 \text{mm} < [\omega] = \dfrac{l}{400} = \dfrac{1200}{400} = 3 \text{mm}$，故满足要求。

(3) 主龙骨强度、挠度验算

1) 受力分析：

计算单元简图如图 13-197 所示。

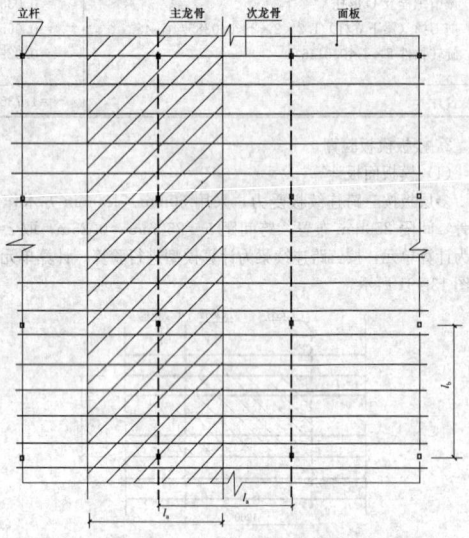

图 13-197　楼板主龙骨计算简图

2) 荷载计算

由于次龙骨间距较密，可化为均布线荷载：

$q_{11} = \gamma_0\{[\gamma_i \times (G_{1k}+G_{2k}+G_{3k})+\gamma_{Qi} \times Q_{1k}] \times l_a + \gamma_i \times m_{主龙骨}\}$

$= 0.9 \times \{[1.2 \times (0.24+0.14+3.6+0.165)+1.4 \times (1.5+2)] \times 1.2 + 1.2 \times 0.07\}$

$= 10.74 \text{kN}$

$q_{12} = \gamma_0\{[\gamma_i \times \alpha \times (G_{1k}+G_{2k}+G_{3k})+\gamma_{Qi} \times \psi \times Q_{1k}] \times l_a + \gamma_i \times \alpha \times m_{主龙骨}\}$

$= 0.9 \times \{[1.35 \times 1 \times ((0.24+0.14)+3.6+0.165) \times 1.2 + 1.4 \times 0.9 \times (1.5+2)] + 1.35 \times 1 \times 0.07\}$

$= 10.89 \text{kN}$

取 $q_1 = q_{12} = 10.89 \text{kN/m}$

恒载设计值：

$q_2 = \gamma_0 \times \gamma_i[(G_{1k}+G_{2k}+G_{3k}) \times l_a + m_{主龙骨}]$

$= 0.9 \times 1.2 \times \{[(0.24+0.14)+3.6+0.165] \times 1.2 + 0.07\}$

$= 5.45 \text{kN/m}$

恒载标准值：

$q_3 = \gamma_0[l_a \times (G_{1k}+G_{2k}+G_{3k}) + m_{主龙骨}]$

$= 0.9 \times \{1.2 \times [(0.24+0.14)+3.6+0.165]+0.07\}$

$= 4.54 \text{kN/m}$

3) 弯曲强度计算：

按照三跨连续梁进行分析计算，次梁所施加的施工荷载简化为均布荷载作用，如图 13-198 所示。

$M_1 = K_M q_1 l^2$

$= 0.101 \times 10.89 \times 1.2^2 = 1.584 \text{kN} \cdot \text{m}$

则 $\delta = \dfrac{M_{max}}{W} = \dfrac{1.584 \times 10^6}{166666} = 9.5 \text{N/mm}^2 < [f_m] = 13 \text{N/mm}^2$，故满足要求。

4) 抗剪强度验算：

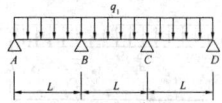

图 13-198　楼板主龙骨
强度计算简图

当主龙骨采用钢管且与立杆用扣件连接时，主龙骨跨中两侧分别传到支座的剪力值 Q 按全跨荷载考虑；当采用 U 形托支顶主龙骨时，次龙骨跨中两侧分别传到支座的剪力值 Q 按主龙骨所承担全跨荷载的一半考虑。

$$Q = \frac{1}{2}(1.2 \times 10.89) = 6.53\text{kN}$$

$$\tau = \frac{3Q}{2bh} = \frac{3 \times 6530}{2 \times 100 \times 100} = 0.98\text{N/mm}^2$$

$$< [\tau] = 1.4\text{N/mm}^2，故满足要求。$$

5）挠度验算：

按照三跨连续梁进行计算，最大跨中挠度：

$$\omega = \frac{Kwq_3 l^4}{100EI}$$

$$= \frac{0.677 \times 4.54 \times 1200^4}{100 \times 9000 \times 8.33 \times 10^6}$$

$$= 0.85\text{mm}$$

取 $\omega = 0.85\text{mm} < [\omega] = \frac{l}{400} = \frac{1200}{400} = 3\text{mm}$，故满足要求。

（4）楼板模板立杆稳定性验算

1）计算参数：

楼板部分模架支撑高度为：14.69m

活荷载标准值：$N_Q = 1.0\text{kN/m}^2$

立杆根部承受压力值：

$m_{主龙骨}$、$m_{支架}$ 由表 13-59 和表 13-60 查得。

$$N_{11} = \gamma_0 \times \{l_a \times l_b \times [\gamma_i \times (G_{1k} + G_{2k} + G_{3k}) + \gamma_{Qi} \times Q_{1k}] + \gamma_i \times (l_b \times m_{主龙骨} + m_{支架})\}$$

$$= 0.9 \times \{1.2 \times 1.2 \times [1.2 \times (0.24 + 0.14 + 3.6 + 0.165) + 1.4 \times (1.0 + 2)] + 1.2 \times [1.2 \times 0.07 + 2.234]\}$$

$$= 14.39\text{kN}$$

$$N_{12} = \gamma_0 \times \{l_a \times l_b \times [\gamma_i \times \alpha \times (G_{1k} + G_{2k} + G_{3k}) + \gamma_{Qi} \times \psi \times Q_{1k}] + \gamma_i \times \alpha \times (l_b \times m_{主龙骨} + m_{支架})\}$$

$$= 0.9 \times \{1.2 \times 1.2 \times [1.35 \times 1 \times (0.24 + 0.14 + 3.6 + 0.165) + 1.4 \times 0.9 \times (1.0 + 2)] + 1.35 \times 1 \times [1.2 \times 0.07 + 2.234]\}$$

$$= 14.97\text{kN}$$

取 $N = N_{12} = 14.97\text{kN}$

由风荷载设计值产生的立杆段弯矩 M_w，按下式计算：

$$M_w = 0.9 \times 1.4 M_{wk} = 0.9 \times \frac{1.4 \times W_k \times l_a \times h^2}{10}$$

式中　M_{wk}——风荷载标准值产生的弯矩；

W_k——风荷载标准值，$W_k = \mu_z \cdot \mu_s \cdot W_0$；

μ_z——风压高度变化系数，当 $H = 15\text{m}$，$\mu_z = 1.14$

μ_s——风荷载体型系数，$\mu_s = 1.3\varphi$；

挡风系数 $\varphi = 1.2A_n/A_w$，查《建筑施工扣件式钢管脚手架安全技术规范》附录 A 表 A.0.5 得 $\varphi = 0.106$，$\mu_s = 1.3$，$\mu_s = 1.3 \times 0.106 = 0.138$

W_0——基本风压，按 10 年重现期取值。北京地区 W_0 取 0.3kN/m²。

$$W_k = \mu_z \cdot \mu_s \cdot W_0 = 1.14 \times 0.138 \times 0.3 = 0.047$$

$$M_w = 0.9 \times \frac{1.4 \times W_k \times l_a \times h^2}{10}$$

$$= \frac{0.9 \times 1.4 \times 0.047 \times 1.2 \times 1.2^2}{10}$$

$$= 0.0102\text{kN} \cdot \text{m}$$

截面惯性矩：$\phi 48 \times 3.5$ 脚手管的截面惯性矩
$I = 12.19 \times 10^4 \text{mm}^4$

回转半径：按 $\phi 48 \times 3.5$ 脚手管计算

$$i = \frac{\sqrt{D^2 + d^2}}{4} = \frac{\sqrt{48^2 + 41^2}}{4} = 15.8\text{mm}$$

根据《建筑施工扣件式钢管脚手架安全技术规范》JGJ 130—2011 规定，本模架支撑属于满堂支撑架。满堂支撑架立杆整体稳定计算按支撑高度取计算长度附加系数 k 值（本例按支撑高度 10~20m，$k = 1.217$）；立杆顶部和底部计算长度系数 μ，分别按相应规则（模架剪刀撑的设置按加强型构造做法，查附录列表中表 C-3、表 C-5）查表插值计算；按计算出的长度较大值立杆长细比，查计算立杆稳定承载能力的系数 φ（注：竖向荷载按立杆根部承受的荷载，风荷载按立杆顶部所受的风荷载进行整体稳定性计算）。

按顶部计算长细比：$\lambda = \frac{l_0}{i} = k\mu_1 \frac{h + 2a}{i} = 1.217 \times 1.408 \times \frac{1200 + 2 \times 400}{15.8} = 216.9$

按非顶部计算长细比：$\lambda = \frac{l_0}{i} = k\mu_2 \frac{l_1}{i} = 1.217 \times 2.247 \times \frac{1200}{15.8} = 207.7$

根据 $\lambda = 216.9$，查《建筑施工扣件式钢管脚手架安全技术规范》JGJ 130—2011 附录 A.0.6 轴心受压构件的稳定系数 φ（Q235 钢），得 $\varphi = 0.154$。

2）不组合风荷载时，取 $N = 14.97\text{kN}$；

$$\sigma = \frac{N}{\varphi A} = \frac{14.97 \times 10^3}{0.154 \times 4.89 \times 10^2} = 198.79$$

$$< f = 205\text{MPa}，满足稳定性要求。$$

3）立杆稳定性计算在不组合风荷载时，立杆根部截面承受压力值所采用的 $N = N_{12} = 14.97\text{kN}$ 由下列荷载组合求得

$$N_{12} = \gamma_0 \times \{l_a \times l_b \times [\gamma_i \times \alpha \times (G_{1k} + G_{2k} + G_{3k}) + \gamma_{Qi} \times \psi \times Q_{1k}] + \gamma_i \times \alpha \times (l_b \times m_{主龙骨} + m_{支架})\}$$

而在考虑风荷载作用时，由风荷载设计值产生的立杆段压应力应乘以组合系数 ψ：

$$\sigma'_w = \psi \times \frac{M_w}{W} = 0.9 \times \frac{0.0102 \times 10^6}{5080} = 1.81\text{MPa}$$

立杆稳定性 $\sigma = \sigma + \sigma'_w = 198.79 + 1.81 = 200.6 < f = 205\text{MPa}$，满足稳定性要求。

（5）楼板模架基底结构验算

因脚手管单位面积所受压力为 $14970/489 = 30.61\text{MPa}$，大于 C30 混凝土承压能力，故需在其根部垫钢板卸荷。卸荷面积应不小于 $0.2 \times 0.2 = 0.04\text{m}^2$，楼板抗冲切能力（近似）按两侧截面考虑 $2 \times 200 \times 200 = 80000\text{mm}^2$，$80000\text{mm}^2 \times 1.43\text{N/mm}^2 = 114.4\text{kN}$，大于立杆根部承受压力值 14.97kN（可）。

3. 框架梁模板验算

梁侧、梁底面板采用 15mm 厚木质覆膜多层板，梁侧次龙骨采用 50mm×100mm 方木，间距 267mm；主龙骨采用双根 50mm×100mm 方木，间距 750mm；双根 $\phi 14$ 穿墙螺栓对拉阻荷。梁底纵向采用 3 根 100mm×100mm 方木作为次龙骨，跨间距 133mm；主龙骨采用 $\phi 48$ 钢管，间距 1200mm；主龙骨面板按两跨连续板考虑。

（1）梁侧模板计算

1）模板板面计算：

①荷载统计：

a. 混凝土侧压力标准值

$$t_0 = \frac{200}{20 + 15} = 5.71$$

$$F_1 = 0.28\gamma_c t_0 \beta \sqrt{V}$$

$$= 0.28 \times 24000 \times 5.71 \times 0.85 \times \sqrt{1.8}$$

$$= 43.76\text{kN/m}^2$$

$$F_2 = \gamma_c \times H = 24 \times 1 = 24\text{kN/m}^2$$

混凝土侧压力标准值（表 13-53）取两者中小值，$G_{4k} = 24\text{kN/m}^2$

倾倒混凝土时产生的水平荷载，查表 13-51，$Q_3 = 2\text{kN/m}^2$。

b. 计算框架梁混凝土侧压力设计值：

$$F_{11} = \gamma_0 \times (\gamma_{Gi} \times F_1 + \gamma_{Qi} \times Q_i)$$

$$= 0.9 \times (1.2 \times 24 + 1.4 \times 2) = 28.44 \text{kN/m}^2$$
$$F_{12} = \gamma_0 \times (\gamma_{Gi} \times \alpha \times F_1 + \gamma_{Qi} \times \psi \times Q_i)$$
$$= 0.9 \times (1.35 \times 0.9 \times 24 + 1.4 \times 0.9 \times 2)$$
$$= 28.51 \text{kN/m}^2$$

取 $F = F_{12} = 28.51 \text{kN/m}^2$

c. 面板强度计算的线荷载：

$q_1 = l_b \times F = 0.75 \times 28.51 = 21.38 \text{kN/m}$（$l_b$ 为主龙骨间距 750mm 时）

d. 刚度计算的设计荷载：

$$q_2 = \gamma_0 \times G_{4k} \times l_b$$
$$= 0.9 \times 24 \times 0.75$$
$$= 16.2 \text{kN/m}$$

②模板板面弯曲强度计算：计算简图如图 13-199 所示。

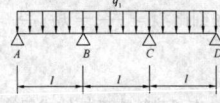

图 13-199 梁侧模板强度计算简图

$$M_{11} = K_M q_1 b^2$$
$$= 0.101 \times 21.38 \times 0.267^2 = 0.154 \text{kN} \cdot \text{m}$$

模板截面特性：

$$I = \frac{bh^3}{12} = \frac{750 \times 15^3}{12} = 210938 \text{mm}^4;$$

$$W = \frac{bh^2}{6} = \frac{750 \times 15^2}{6} = 28125 \text{mm}^3$$

$$\delta = \frac{M_{max}}{W} = \frac{0.154 \times 10^6}{28125} = 5.48 \text{N/mm}^2$$

$$< [f] = 11.5 \text{N/mm}^2，故满足要求。$$

③模板板面抗剪强度计算：

$$Q = \frac{1}{2} q_1 \times c = \frac{1}{2} \times 21.38 \times 0.267$$
$$= 2.85 \text{kN}（c 为次龙骨间距）$$

$$\tau = \frac{3Q}{2bh} = \frac{3 \times 2850}{2 \times 750 \times 15} = 0.38 \text{N/mm}^2$$

$$< [\tau] = 1.4 \text{N/mm}^2，故满足要求。$$

④模板板面挠度验算：

$$\omega = \frac{K_w q_2 b^4}{100EI}$$

$$= \frac{0.677 \times 16.2 \times 267^4}{100 \times 6425 \times 210938}$$

$$= 0.41 \text{mm}$$

$$\omega = 0.41 \text{mm} < [\omega] = \frac{b}{400} = \frac{267}{400}$$

$$= 0.67 \text{mm}，故满足要求。$$

2）次龙骨强度、挠度验算

①荷载计算：

a. 强度计算的设计荷载取值：

$q_1 = F \times c = 28.51 \times 0.267 = 7.61 \text{kN/m}$（$c$ 为次龙骨间距 267mm 时）

b. 刚度计算的设计荷载：

$$q_2 = \gamma_0 \times G_{4k} \times c$$
$$= 0.9 \times 24 \times 0.267$$
$$= 5.77 \text{kN/m}$$

②弯曲强度计算：

施工荷载为均布荷载，按照三跨连续梁进行分析计算，如图 13-200 所示。

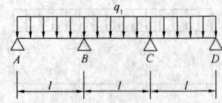

图 13-200 梁侧模板次龙骨强度
计算简图

$$M_{11} = K_M q_1 l^2$$
$$= 0.101 \times 7.61 \times 0.75^2 = 0.4323 \text{kN} \cdot \text{m}$$

$$则 \delta = \frac{M_{max}}{W} = \frac{0.4323 \times 10^6}{83333} = 5.19 \text{N/mm}^2$$

$$< [f_m] = 13 \text{N/mm}^2，故满足要求。$$

③抗剪强度验算：

主龙骨采用方木，次龙骨跨中两侧分别传到支座的剪力值 Q，按次龙骨所承担全跨荷载的一半考虑。

$$Q = \frac{1}{2} \times 7.61 = 3.805 \text{kN}$$

$$\tau = \frac{3Q}{2bh} = \frac{3 \times 3805}{2 \times 50 \times 100} = 1.14 \text{N/mm}^2$$

$$< [\tau] = 1.4 \text{N/mm}^2，故满足要求。$$

④挠度验算：

按照三跨连续梁进行计算，最大跨中挠度：

$$\omega = \frac{K_w q_2 l^4}{100EI} = \frac{0.677 \times 5.77 \times 750^4}{100 \times 9000 \times 4.17 \times 10^6} = 0.33 \text{mm}$$

取 $\omega = 0.33 \text{mm} < [\omega] = \frac{l}{400} = \frac{1200}{400} = 3 \text{mm}$，故满足要求。

3）主龙骨强度、挠度验算

①受力分析：

由于楼板厚度为 150mm，实际梁侧模高度 850mm；对拉螺栓距梁底模 200mm，间隔 450mm 再设一道。作用在主龙骨上的次龙骨集中力为 $7.61 \times 0.75 = 5.71 \text{kN}$，计算单元简图如图 13-201 所示。

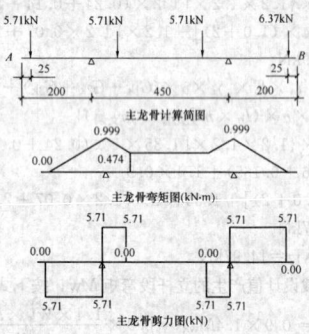

图 13-201 梁侧主龙骨内力图

②强度计算：

由弯矩图：

$$\delta = \frac{M_{max}}{W}$$

$$= \frac{0.999 \times 10^6}{166666}$$

$$= 5.99 \text{N/mm}^2 < [f_m]$$

$$= 13 \text{N/mm}^2，故满足要求。$$

③抗剪强度验算：

对拉螺栓两侧分别有一根 50mm×100mm 方木作主龙骨，主龙骨在对拉螺栓处一般加有钢垫板；本例螺栓上下两侧传到垫板边缘的剪力 Q 相等，主龙骨抗剪能力按此荷载考虑。

$$Q = 5.71 \text{kN}，$$

$$\tau = \frac{3Q}{2bh}$$

$$= \frac{3 \times 5710}{2 \times 100 \times 100}$$

$$= 0.86 \text{N/mm}^2 < [\tau]$$

$= 1.4\text{N/mm}^2$，故满足要求。

④挠度验算：

如果精确计算图 13-202 所示主龙骨挠度，手算的计算量较大。可以按照不计跨中荷载，只计算两侧外伸部分荷载作用的挠度和不计两侧荷载只计算跨中荷载作用的挠度分别进行计算，以计算出的挠度与控制值进行比较，校核变形是否符合要求。

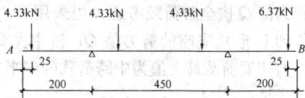

图 13-202 梁侧主龙骨变形计算受力图

主龙骨刚度计算取荷载标准值：

$$q_2 = \gamma_0 G_{4k} cl = 0.9 \times 24 \times 0.67 \times 0.75 = 4.33\text{kN}$$

a. 不计跨中荷载时的主龙骨两端头挠度（表 13-56）：

$$\begin{aligned}\omega &= \frac{Pa^2 l}{6EI}(3 + 2\lambda)\\&= \frac{4330 \times 175^2 \times 450}{6 \times 9000 \times 8.33 \times 10^6}\left(3 + 2 \times \frac{175}{450}\right)\\&= 0.50\text{mm}\end{aligned}$$

式中，$\lambda = \dfrac{a}{l} = \dfrac{175}{450}$

b. 不计两侧外伸部分荷载时的主龙骨跨中挠度（表 13-56）：

$$\begin{aligned}\omega &= \frac{Pal^2}{24EI}(3 - 4a^2)\\&= \frac{4330 \times 92 \times 450^2}{24 \times 9000 \times 8.33 \times 10^6}\left[3 - 4 \times \left(\frac{92}{450}\right)^2\right]\\&= 0.127\text{mm}\end{aligned}$$

式中，$a = 92\text{mm}$；$\alpha = \dfrac{m}{l} = \dfrac{92}{450}$

因两种变形方向相反，互有抵消，故实际变形小于两者中的大值 0.5mm。

即：$\omega < 0.5\text{mm} < [\omega] = \dfrac{l}{400} = \dfrac{450}{400} = 1.13\text{mm}$，故满足要求。

(2) 梁底模板

对梁底模板及支架，荷载统计按 GB 50666—2011 规定：强度计算的设计荷载取值，按固定荷载分项系数取 $\gamma_i = 1.2$，可变荷载分项系数取 $\gamma_{Qi} = 1.4$；荷载组合：固定荷载分项系数取 $\gamma_i = 1.35$，$\alpha = 1.0$；可变荷载分项系数取 $\gamma_{Qi} = 1.4$，组合系数 $\psi = 0.9$ 两种荷载组合计算，取大值。刚度计算的设计荷载取值只考虑固定均布荷载作用。

1) 梁底模面板计算

① 梁底模面板荷载

a. 面板强度计算的线荷载：

作用于梁横截面模板自重：$G_{1k} = 0.24\text{kN/m}$

作用于梁横截面混凝土：$G_{2k} = 24\text{kN/m}$

作用于梁横截面钢筋：$G_{3k} = 1.5\text{kN/m}$

$$\begin{aligned}q_{11} &= \gamma_0[\gamma_{Gi} \times (G_{1k} + G_{2k} + G_{3k}) + \gamma_{Qi} \times Q_{2k}] \times c\\&= 0.9 \times [1.2 \times (0.24 + 24 + 1.5) + 1.4 \times (2 + 2.5)] \times 1.0\\&= 33.47\text{kN/m}\end{aligned}$$

$$\begin{aligned}q_{12} &= \gamma_0[\gamma_{Gi} \times \alpha \times (G_{1k} + G_{2k} + G_{3k}) + \gamma_{Qi} \times \varphi \times Q_{2k}] \times c\\&= 0.9 \times [1.35 \times 1 \times (0.24 + 24 + 1.5) + 1.4\\&\quad \times 0.9 \times (2 + 2.5)] \times 1.0\\&= 36.38\text{kN/m}\end{aligned}$$

取 $q_1 = q_{12} = 36.38\text{kN/m}$

（验算模板时，线荷载方向一般与梁长度方向垂直（次龙骨与梁长同向）；令 c 为 1.0m 宽，梁底模受荷范围就在一延米上）。

b. 面板刚度计算的设计荷载：

$$\begin{aligned}q_2 &= \gamma_0(G_{1k} + G_{2k} + G_{3k}) \times c\\&= 0.9 \times (0.24 + 24 + 1.5) \times 1.0\\&= 23.17\text{kN/m}\end{aligned}$$

② 模板板面弯曲强度计算：

施工荷载为均布作用，按照双跨连续梁进行分析计算，计算简图见图 13-203。

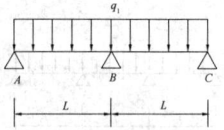

图 13-203 当荷载均布作用时
梁底模板强度计算简图

$$M_{11} = K_M q_1 b^2 = 0.125 \times 36.38 \times 0.2^2 = 0.1819\text{kN} \cdot \text{m}$$

模板截面特性：

$$I = \frac{bh^3}{12} = \frac{1000 \times 15^3}{12} = 281250\text{mm}^4;$$

$$W = \frac{bh^2}{6} = \frac{1000 \times 15^2}{6} = 37500\text{mm}^3$$

$$M_{\max} = M_{11}$$

$$\delta = \frac{M_{\max}}{W} = \frac{0.1819 \times 10^6}{37500} = 4.85\text{N/mm}^2$$

$$< [f] = 11.5\text{N/mm}^2，故满足要求。$$

③ 模板板面抗剪强度计算：

$$Q = \frac{1}{2} q_1 \times 0.2 = 3.64\text{kN}$$

$$\tau = \frac{3Q}{2bh} = \frac{3 \times 3640}{2 \times 1000 \times 15} = 0.364\text{N/mm}^2$$

$$< [\tau] = 1.4\text{N/mm}^2，故满足要求。$$

④ 模板板面挠度验算：

查表 13-55 可知，$K_W = 0.521$，则

$$\begin{aligned}\omega &= \frac{K_W q_2 b^4}{100EI}\\&= \frac{0.521 \times 23.17 \times 200^4}{100 \times 6425 \times 281250}\\&= 0.11\text{mm}\end{aligned}$$

$$\omega = 0.11\text{mm} < [\omega] = \frac{b}{400} = \frac{200}{400}$$

$$= 0.5\text{mm}，故满足要求。$$

2) 次龙骨强度、挠度验算

① 荷载计算：

a. 强度计算的设计荷载取值

梁支撑承担梁本身以及两侧部分楼板楼架（梁侧 175mm 范围）及构件的荷载，计有：每延米模板及主次龙骨：$G_{1k} = $ 楼板、梁模板面板＋梁侧主、次龙骨＋楼板、梁底次龙骨 $G_{1k} = 0.24 \times (2 \times 0.175 + 2 \times 0.85 + 0.4) + 7 \times 0.1 \times 0.05 \times [2 \times 4 + (2 \times 2 \times 0.85 / 0.75)] + (2 \times 0.175 \times 0.14 + 7 \times 0.1 \times 0.1 \times 3) = 0.588 + 0.439 + 0.259 = 1.29\text{kN/m}$。

作用于梁横截面混凝土：$G_{2k} = 24 \times (2 \times 0.175 \times 0.15 + 1) = 25.26\text{kN/m}$

作用于梁横截面钢筋：$G_{3k} = 1.1 \times 2 \times 0.175 \times 0.15 + 1.5 \times 1 = 1.56\text{kN/m}$

$$\begin{aligned}q_{11} &= \gamma_0[\gamma_{Gi} \times (G_{1k} + G_{2k} + G_{3k}) + \gamma_{Qi} \times Q_{2k}] \times c\\&= 0.9 \times [1.2 \times (1.29 + 25.26 + 1.56)\\&\quad + 1.4 \times (2 + 2.5)] \times 0.2\\&= 7.21\text{kN/m}\end{aligned}$$

$$\begin{aligned}q_{12} &= \gamma_0[\gamma_{Gi} \times \alpha \times (G_{1k} + G_{2k} + G_{3k}) + \gamma_{Qi} \times \psi \times Q_{2k}] \times c\\&= 0.9 \times [1.35 \times 1 \times (1.29 + 25.26 + 1.56) + 1.4\\&\quad \times 0.9 \times (2 + 2.5)] \times 0.2\\&= 7.85\text{kN/m}\end{aligned}$$

取 $q_1 = q_{12} = 7.85\text{kN/m}$，$c$ 为次龙骨间距。

b. 刚度计算的设计荷载：

$$\begin{aligned}q_2 &= \gamma_0(G_{1k} + G_{2k} + G_{3k}) \times c\\&= 0.9 \times (1.29 + 25.26 + 1.56) \times 0.2\\&= 5.1\text{kN/m}\end{aligned}$$

② 弯曲强度计算：

施工荷载为均布荷载，按照三跨连续梁进行分析计算，计算简图见图 13-204。

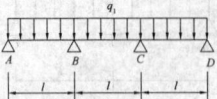

图 13-204　当荷载均布作用时
梁底次龙骨强度计算简图

$$M_{11} = K_M q_1 l^2$$
$$= 0.101 \times 7.85 \times 1.2^2 = 1.142 \text{kN} \cdot \text{m}$$

则 $\delta = \dfrac{M_{max}}{W} = \dfrac{1.142 \times 10^6}{1.67 \times 10^5} = 6.84 \text{N/mm}^2 < [f_m] = 13 \text{N/mm}^2$，强度满足要求。

③抗剪强度验算：

因主龙骨采用钢管，次龙骨跨中两侧分别传到支座的剪力值 Q 按次龙骨所承担的全跨荷载考虑：

$$Q = 7.85 \times 1.2 = 9.42 \text{kN}$$

$$\tau = \frac{3Q}{2bh} = \frac{3 \times 9420}{2 \times 100 \times 100} = 1.413 \text{N/mm}^2 > [\tau] = 1.4 \text{N/mm}^2,$$

不满足要求，但考虑到实际受荷最大的中龙骨，不承担梁侧楼板及梁侧模板荷载，即实际受荷为：

$$Q = 0.9 \times \{0.2 \times [1.35 \times (25.5 + 0.24) + 1.4 \times 0.9 \times (2 + 2.5)] + 1.35 \times 7 \times 0.1 \times 0.1\} \times 1.2 = 8.83 \text{kN}，则 \tau = \frac{3Q}{2bh} =$$

$$\frac{3 \times 8830}{2 \times 100 \times 100} = 1.325 \text{N/mm}^2 < [\tau] = 1.4 \text{N/mm}^2，满足要求。$$

④挠度验算：

按照三跨连续梁进行计算，最大跨中挠度：

$$\omega = \frac{K w q_2 l^4}{100 EI}$$
$$= \frac{0.677 \times 5.1 \times 1200^4}{100 \times 9000 \times 8.33 \times 10^6}$$
$$= 0.95 \text{mm}$$

取 $\omega = 0.95 \text{mm} < [\omega] = \dfrac{l}{400} = \dfrac{1200}{400} = 3 \text{mm}$，故满足要求。

3) 主龙骨强度、挠度验算

①荷载及弯矩

梁下横向布置两根立杆，位置见图 13-205 (a)。由力矩分配法（计算从略）可算出主龙骨弯矩如图 13-205 (b)。

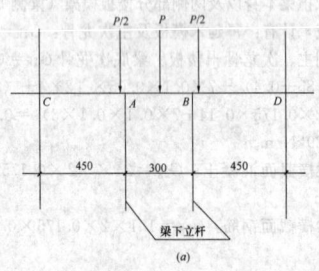

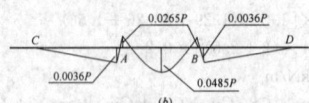

图 13-205　梁底主龙骨弯矩图
(a) 立杆位置；(b) 主龙骨弯矩图

用于强度计算（取次龙骨传递下的结点荷载）：$P = 1.2 \times 7.85 = 9.42 \text{kN}$

用于刚度计算（取次龙骨传递下的结点荷载）：$P = 1.2 \times 5.1 = 6.12 \text{kN}$

②弯曲强度计算：

由图 13-205，主龙骨弯矩最大值在跨中，则

$$\delta = \frac{M_{max}}{W} = \frac{0.0485 \times 9.42 \times 10^6}{5080}$$
$$= 89.94 \text{N/mm}^2 < [f_m]$$
$$= 205 \text{N/mm}^2，故满足要求。$$

③抗剪强度验算

当主龙骨采用钢管且与立杆用扣件连接时，主龙骨跨中两侧分别传到支座的剪力值 Q 按全跨荷载考虑；当采用 U 形托支顶主龙骨时，主龙骨传到 U 形托支座的剪力值 Q，按主龙骨两侧分别向支座传递考虑，剪切面荷载最大值为中跨荷载的一半。

$$Q = \frac{1}{2} P = \frac{1}{2} \times 7.85 \times 1.2 = 4.71 \text{kN}$$

$$\tau = \frac{2Q}{A} = \frac{2 \times 4710}{489} = 19.26 \text{N/mm}^2$$

$$< [\tau] = 120 \text{N/mm}^2，故满足要求。$$

④挠度验算：

三跨连续梁上，作用有对称集中荷载。为简化计算，不考虑边跨集中力对中跨跨中挠度的有利影响，按梁中跨为两端固定的单跨梁，计算跨中挠度：

$$\omega = \frac{Pl^3}{192EI}$$
$$= \frac{1.2 \times 5100 \times 300^3}{192 \times 2.05 \times 10^5 \times 1.219 \times 10^5}$$
$$= 0.034 \text{mm}$$

因为 $\omega = 0.034 \text{mm} < [\omega] = \dfrac{l}{400} = \dfrac{300}{400}$
$$= 0.75 \text{mm}，故满足要求。$$

(3) 梁下模板立杆稳定性验算

梁底部分净高 13.685m；

立杆根部承受竖向荷载压力值：

$$N = 7.85 \times 1.2 + 1.35 \times 1.735 = 11.76 \text{kN}$$

截面惯性矩：按 $\phi 48 \times 3.5$ 脚手管的截面惯性矩：

$$I = 12.19 \times 10^4 \text{mm}^4$$

根据《建筑施工扣件式钢管脚手架安全技术规范》JGJ 130—2011 规定，本模板支撑属于满堂支撑架。本例题模板用于混凝土结构施工时，剪刀撑的设置按普通型构造做法。由于《建筑施工扣件式钢管脚手架安全技术规范》JGJ 130—2011 没有给出符合本算例的立杆排列相应数据，故按列表中（表 C-2、表 C-4）中间步距 μ_1、μ_2 的大值核定。满堂支撑架立杆整体稳定计算，分别按顶部和底部相应规则计算立杆计算长度，取计算大值，求长细比，查出模架支撑立杆稳定承载能力的计算系数 φ。按立杆根部实际承受的荷载进行整体稳定性计算：

按顶部计算长细比：$\lambda = \dfrac{l_0}{i} = k\mu_1 \dfrac{l_1 + 2d}{i} = 1.217 \times 1.558 \times$

$$\frac{1200 + 2 \times 400}{15.8} = 240$$

按非顶部计算长细比：$\lambda = \dfrac{l_0}{i} = k\mu_2 \dfrac{l_1}{i} = 1.217 \times 2.492 \times$

$$\frac{1200}{15.8} = 230.34$$

根据 $\lambda = 240$，查《建筑施工扣件式钢管脚手架安全技术规范》JGJ 130—2011 附录 A.0.6 表 A.0.6 轴心受压构件的稳定系数 φ（Q235 钢），得 $\varphi = 0.127$。

1) 不组合风荷载时，取 $N = 11.76 \text{kN}$；

$$\sigma = \frac{N}{\varphi A} = \frac{11.76 \times 10^3}{0.127 \times 4.89 \times 10^2} = 189 \text{MPa}$$
$$< f = 205 \text{MPa}，满足稳定性要求。$$

2) 立杆稳定性计算在不组合风荷载时，立杆根部截面承受压力值由以下荷载组合计算求得：

$$N = 7.85 \times 1.2 + 1.35 \times 1.735 = 11.76 \text{kN}$$

故在考虑风荷载作用时，由风荷载设计值产生的立杆段压力应乘以组合系数 ψ：

$$\sigma_w = \psi \times \frac{M_w}{W} = 0.9 \times \frac{0.0102 \times 10^6}{5080} = 1.81 \text{MPa}$$

立杆稳定性 $\sigma = \sigma + \sigma'_w = 189 + 1.81 = 190.8 < f = 205 \text{MPa}$，满足稳定性要求。

13.16 脱 模 剂

13.16.1 脱模剂基本性能及要求

脱模剂又称隔离剂，是涂刷（喷涂）在模板表面，起隔离作用，在拆模时能使混凝土与模板顺利脱离，保持混凝土形状完整及模板无损的材料。脱模剂对于防止模板与混凝土的粘结，保护模板，延长模板的使用寿命，以及保持混凝土墙面的洁净与光滑，起到了重要作用。脱模剂的施工性能指标见表13-62。

脱模剂的施工性能指标　　表13-62

检验项目		指　　标
施工性能	干燥成膜时间	10～15min
	脱模性能	能顺利脱模，保持棱角完整无损，表面光滑；混凝土粘附量不大于5g/m²
	耐水性能	按试验规定水中浸泡后不出现溶解、粘手现象
	对钢模板锈蚀作用	对钢模板无锈蚀危害
	极限使用温度	能顺利脱模，保持棱角完整无损，表面光滑；混凝土粘附量不大于5g/m²

注：上述施工性能指标适用于除纯油类物质外的化学脱模剂。

脱模剂应满足以下基本要求：

(1) 容易脱模，不粘结和污染墙面，保持混凝土表面光滑、平整，棱角整齐无损。

(2) 涂刷方便，成膜快，易于干燥和清理。

(3) 对模板和混凝土均无侵蚀，不影响混凝土表面的装饰效果，不污染钢筋，不含有对混凝土性能有害的物质；能够保护模板，延长模板使用寿命。

(4) 具有较好的稳定性、耐水性、耐候性和适应性。

(5) 无毒、无刺激性气味。

(6) 材料来源广泛，价格相对便宜。

13.16.2 脱模剂的种类

混凝土脱模剂种类繁多，不同的脱模剂对混凝土与模板的隔离效果不尽相同。在选用脱模剂时，应主要根据脱模剂的特点、模板的材料、施工条件、混凝土表面装饰的要求，以及成本等因素综合考虑，同时还要注意脱模剂不应导致混凝土表面风化起灰，不妨碍洒水养护时混凝土表面的湿润，不损害构件的正常性能，不污染混凝土。

脱模剂一般可分为以下几类：

(1) 海藻酸钠1.5kg，滑石粉20kg，洗衣粉1.5kg，水80kg，将海藻酸钠先浸泡2～3d，再与其他材料混合，调制成白色脱模剂。常用于涂刷钢模。缺点是每涂一次不能多次使用，在冬期、雨期施工时，缺少防冻防雨的有效措施。

(2) 乳化机油（又名皂化石油）50%～55%，水（60～80℃）40%～45%，脂肪酸（油酸、硬脂酸或棕榈酸）1.5%～2.5%，石油产物（煤油或汽油）2.5%，磷酸（85%浓度）0.01%，苛性钾0.02%，按上述质量比，先将乳化机油加热到50～60℃，并将硬脂酸稍加粉碎然后倒入已加热的乳化机油，加以搅拌，使其溶解（硬脂酸溶点为50～60℃）。再加入一定量的热水（60～80℃），搅拌至成为白色乳液为止。最后将一定量的磷酸和苛性钾溶液倒入乳化液中，并继续搅拌，改变其酸度或碱度。使用时用水冲淡，按乳液与水的质量比为1：5用于钢模，按1：5或1：10用于木模。

(3) 长效脱模剂。

1) 不饱和聚酯树脂：甲基硅油：丙酮：环己酮：萘酸钴=1：(0.01～0.15)：(0.30～0.50)：(0.03～0.04)：(0.015～0.02)，每平方米模板用料则依次为(g)：60：6：30：2：1。

2) 6101号环氧树脂：甲基硅油：苯二甲酸二丁酯：丙酮：乙二胺=1：(0.10～0.15)：(0.05～0.06)：(0.05～0.08)：(0.10～0.15)，每平方米模板用料依次为(g)：60：9：3：3：6。

3) 低沸水质有机硅，按有机硅水解物：汽油＝1：10调制，每平方米模板用50g。采用长效脱模剂，必须预先进行配合比试验。底层必须干透，才能刷第二层。涂刷一次脱模剂，一般模板可以使用10次左右，不用清理，但价格较贵，涂刷也较复杂。

13.16.3 脱模剂涂刷注意事项

(1) 在首次涂刷脱模剂前，应对模板进行检查和清理。板面的缝隙应用环氧树脂腻子或其他材料进行补缝。清除掉模板表面的污垢和锈蚀后，才能涂刷脱模剂。

(2) 涂刷脱模剂可以采用喷涂或刷涂，操作要迅速，涂层应薄而均匀，结膜后不要回刷，以免起胶。涂刷时所有与混凝土接触的板面均应涂刷，不可只涂大面而忽略小面及阴阳角。在阴角处不得涂刷过多，否则会造成脱模剂积存或流坠。

(3) 在首次涂刷甲基硅树脂脱模剂前，应将板面彻底底擦洗干净，打磨出金属光泽，擦去浮锈，然后用棉纱沾酒精擦洗。板面处理越干净，则成膜越牢固，周转使用次数越多。采用甲基硅树脂脱模剂，模板表面不准刷防锈漆。当钢模重刷脱模剂时，要趁拆模后板面潮湿，用扁铲、棕刷、棉丝将浮渣清理干净，否则干固后清理较困难。

(4) 不管用何种脱模剂，均不得涂刷在钢筋上，以免影响钢筋的握裹力。

(5) 现场配制脱模剂时要随用随配，以免影响脱模剂的效果和造成浪费。

(6) 涂刷时要注意周围环境，防止污染。

(7) 脱模后应及时清理板面的浮渣，并用棉丝擦净，然后再涂刷脱模剂。

(8) 涂刷脱模剂后的模板不能长时间放置，以防雨淋或落上灰尘，影响脱模效果。

(9) 冬雨期施工不宜使用水性脱模剂。

13.17 模 板 拆 除

13.17.1 拆模时机与控制要求

混凝土结构浇筑后，达到一定强度方可拆模。模板拆卸时间应按照结构特点和混凝土所达到的强度来确定。拆模要掌握好时机，应保证混凝土达到必要的强度，同时又要及时，以便于模板周转和加快施工进度。

(1) 侧模拆除时，混凝土强度应能保证其表面及棱角不因拆模而受损坏，预埋件或外露钢筋插铁不因拆模碰挠而松动。冬期施工时，应视其施工方法和混凝土强度增长情况及测温情况决定拆模时间。

(2) 底模及其支架的拆除，结构混凝土强度应符合设计要求。当设计无要求时，同条件养护试件的混凝土强度应符合表13-63的规定：

拆模时混凝土强度要求　　表13-63

构件类型	构件跨度（m）	达到设计的混凝土立方体抗压强度标准值的百分率（%）
板	≤2	≥50
	>2、≤8	≥75
	>8	≥100
梁、拱、壳	≤8	≥75
	>8	≥100
悬臂构件	—	≥100

(3) 位于楼层间连续支模层的底层支架的拆除时间，应根据各支架层已浇筑混凝土强度的增长情况以及顶部支模层的施工荷载在连续支模层及楼层间的荷载传递计算确定。模板支架拆除后，应对

其结构上部施工荷载及堆放料具进行严格控制，或经验算在结构底部增设临时支撑。悬挑结构按施工方案加临时支撑。

（4）采用快拆支架体系时，且立杆间距不大于2m时，板底模板可在混凝土强度达到设计强度等级值的50%时，保留支架体系并拆除模板板块；梁底模板应在混凝土强度达到设计强度等级值的75%时，保留支架体系并拆除模板板块。

（5）后张预应力混凝土结构的侧模宜在施加预应力前拆除，底模及支架的拆除应按施工技术方案执行，并不应在预应力建立前拆除。

（6）大体积混凝土的拆模时间除应满足混凝土强度要求外，还应使混凝土内外温差降低到25℃以下时方可拆模。否则应采取有效措施防止产生温度裂缝。

13.17.2 拆模顺序与方法

13.17.2.1 一般要求

（1）模板拆除的顺序和方法，应按照配板设计的规定进行，遵循先支后拆，后支先拆，先非承重部位，后承重部位以及自上而下的原则。拆模时，严禁用大锤和撬棍硬砸硬撬。

（2）组合大模板宜大块整体拆除。

（3）支承件和连接件应逐件拆卸，模板应逐块拆卸传递，拆除时不得损伤模板和混凝土。

（4）拆下的模板和配件不得抛扔，均应分类堆放整齐，附件应放在工具箱内。

13.17.2.2 支架立柱拆除

（1）当拆除钢楞、木楞、木桁架时，应在其下面临时搭设防护支架，使所拆楞梁与桁架先落在临时防护支架上。

（2）当立柱的水平拉杆超过2层时，应首先拆除2层以上的拉杆。当拆除最后一道水平拉杆时，应与拆除立柱同时进行。

（3）当拆除4～8m跨度的梁下立柱时，应先从跨中开始，对称地分别向两端拆除。拆除时，严禁采用连梁底板向旁侧一片拉倒的拆除方法。

（4）对于多层楼板模板的立柱，当上层及以上楼板正在浇筑混凝土时，下层楼板立柱的拆除，应根据下层楼板结构混凝土强度的实际情况，经过计算确定。

（5）阳台模板应保持三层原模板支撑，不宜拆除后再加临时支撑。

（6）后浇带模板应保持原支撑，如果因施工方法需要也应先加临时支撑支顶后再拆模。

13.17.2.3 普通模板拆除

（1）拆除条形基础、杯形基础、独立基础或设备基础的模板时，应符合下列要求：

1）拆除前应先检查基槽（坑）土壤的安全状况，发现有松软、龟裂等不安全因素时，应采取安全防范措施后，方可进行作业。

2）模板和支撑应随拆随运，不得在离槽（坑）上口边缘1m以内堆放。

3）拆除模板时，应先拆内外木楞，再拆木面板；钢模板应先拆钩头螺栓和内外钢楞，后拆U形卡和L形插销。

（2）拆除柱模应符合下列要求：

1）柱模拆除可分别采用分散拆和分片两种方法。

2）分散拆的顺序为：拆除拉杆或斜撑→自上而下拆除柱箍或横楞→拆除竖楞→自上而下拆除配件及模板→运走分类堆放→清理→拔钉→钢模维修→刷防锈油或脱模剂→入库备用。

3）分片拆的顺序为：拆除全部支撑系统→自上而下拆除柱箍及横楞→拆除柱角U形卡→分片拆除模板→原地清理→刷防锈油或脱模剂→分片运至新支模地点备用。

（3）拆除墙模应符合下列要求：

1）墙模分散拆除顺序为：拆除斜撑或对拉杆→自上而下拆除外楞及对拉螺栓→分层自上而下拆除木楞或钢楞及零配件和模板→运走分类堆放→拔钉清理或清理检修后刷防锈油或脱模剂→入库备用。

2）预组拼大块墙模拆除顺序为：拆除全部支撑系统→拆卸大块墙模接缝处的连接型钢及零配件→拧去固定埋设件的螺栓及大部

分对拉螺栓→挂上吊装绳扣并略拉紧吊绳后拧下剩余对拉螺栓→用方木均匀敲击大块墙模立楞及钢模板，使其脱离墙体→用撬棍轻轻外撬大块墙模板使全部脱离→起吊、运走、清理→刷防锈油或脱模剂备用。

3）拆除每一大块墙模的最后2个对拉螺栓后，作业人员应撤离大模板下侧，以后的操作均应在上部进行。个别大块墙板拆除后产生局部变形者应及时整修好。

4）大块模板起吊时，速度要慢，应保持垂直，严禁模板碰撞墙体。

（4）拆除梁、板模板应符合下列要求：

1）梁、板模板应先拆梁侧模，再拆板底模，最后拆除梁底模，并应分段分片进行，严禁成片落地或成片拉拆。

2）拆除模板时，严禁用铁棍或铁锤乱砸，已拆下的模板应妥善传递或用绳钩放至地面。

3）待分片、分段的模板全部拆除后，将模板、支架、零配件等按指定地点运出堆放，并进行拔钉、清理、整修、刷防锈油或脱模剂，入库备用。

13.17.2.4 特殊模板拆除

（1）对于拱、薄壳、圆穹屋顶和跨度大于8m的梁式结构，应按设计规定的程序和方式从中心沿环圈对称向外或从跨中对称向两边均匀放松模板支架立柱。

（2）拆除圆形屋顶、筒仓下漏斗模板时，应从结构中心处的支架立柱开始，按同心圆层次对称地拆向结构的周边。

（3）拆除带有拉杆拱的模板时，应在拆除前先将拉杆拉紧。

13.17.3 模板拆除安全技术措施及注意事项

模板及支架拆除工作的安全，包括吊落地面和转运、存放的安全。要注意防止顶模板掉落、支架倾斜、落物和碰撞等伤害事故的发生。模板拆除应有可靠的技术方案和安全保证措施，并应经过技术主管部门或负责人批准。

（1）拆模前应检查所使用的工具是否有效和可靠，扳手等工具必须装入工具袋或系挂在身上，并应检查拆模场所范围内的安全措施。

（2）模板的拆除工作应设专人指挥。作业区应设围栏，其内不得有其他工种作业，并应设专人负责监护。

（3）多人同时操作时，应明确分工、统一信号或行动，应具有足够的操作面，人员应站在安全处。

（4）高处拆除模板时，应符合有关高处作业的规定，应搭脚手架，并设防护栏杆，防止上下在同一垂直面操作。搭设临时脚手架必须牢固，不得用拆下的模板作脚手板。

（5）操作层上临时拆下的模板不得集中堆放，要及时清运。高处拆下的模板及支撑应用垂直升降设备运至地面，不得乱抛乱扔。

（6）在提前拆除互相搭连并涉及其他后拆模板的支撑时，应补设临时支撑。拆除时，应逐块拆卸，不得成片撬落或拉倒。

（7）拆模必须拆除干净彻底，如遇特殊情况需中途停歇，应将已拆松动、悬空、浮吊的模板或支架进行临时支撑牢固或相互连接稳固。对活动部件必须一次拆除。

（8）已拆了模板的结构，应在混凝土强度达到设计强度值后方可承受全部设计荷载。若未达到设计强度以前，需在结构上加置施工荷载时，应另行核算，强度不足时，应加设临时支撑。

（9）遇6级或6级以上大风时，应暂停室外的高处作业。雨、雪、霜后应先清扫施工现场，方可进行工作。

（10）拆除有洞口的模板时，应采取防止操作人员坠落的措施。洞口模板拆除后应随时进行防护。

（11）拆除平台、楼板下的立柱时，作业人员应站在安全处，严禁站在已拆或松动的模板上进行拆除作业，严禁站在悬臂结构边缘敲拆下面的底模。

13.18 模板工程施工质量及验收要求

13.18.1 一 般 规 定

（1）模板及其支架应根据工程的结构形式、荷载大小、地基土

类别、施工设备和材料供应等条件进行设计。模板及其支架应具备足够的承载能力、刚度和稳定性，能可靠地承受浇筑混凝土的重量、侧压力以及施工荷载。

(2) 在浇筑混凝土之前，应对模板工程进行验收。模板安装和浇筑混凝土时，应对模板及其支架进行观察和维护。发生异常情况时，应按施工技术方案及时进行处理。

(3) 模板及其支架拆除的顺序及安全措施应按施工技术方案执行。

13.18.2　模　板　安　装

13.18.2.1　主控项目

(1) 安装现浇混凝土的上层模板及其支架时，下层楼板应具有承受上层荷载的承载能力，或加设支撑；上、下层支架的立柱应对准，并铺设垫板。

检查数量：全数检查。

检验方法：对照模板设计文件和施工技术方案观察。

(2) 在涂刷模板隔离剂时，不得沾污钢筋和混凝土接槎处。

检查数量：全数检查。

检验方法：观察。

13.18.2.2　一般项目

(1) 模板安装应满足下列要求：

模板的接槎不应漏浆；在浇筑混凝土前，木模板应浇水湿润，但模板内不应有积水；模板与混凝土的接触面应清理干净并涂刷隔离剂，但不得采用影响结构性能或妨碍装饰工程施工的隔离剂。

浇筑混凝土前，模板内的杂物应清理干净；对清水混凝土工程及装饰混凝土工程，应使用能达到设计效果的模板。

检查数量：全数检查。

检验方法：观察。

(2) 用作模板的地坪、胎膜等应平整光洁，不得产生影响构件质量的下沉、裂缝、起砂或起鼓。

检查数量：全数检查。

检验方法：观察。

(3) 对跨度不小于 4m 的现浇钢筋混凝土梁、板，其模板应按设计要求起拱；当设计无具体要求时，起拱高度宜为跨度的 1/1000～3/1000。

检查数量：在同一检验批内，对于梁应抽查构件数量的 10%，且不少于 3 件；对于板应按有代表性的自然间抽查 10%，且不少于 3 间；对大空间结构，板可按纵横轴线划分检查面，抽查 10%，且不少于 3 面。

检验方法：水准仪或拉线、钢尺检查。

(4) 固定在模板上的预埋件、预留孔和预留洞均不得遗漏，且应安装牢固，其偏差应符合表 13-64 的规定。

检查数量：在同一检验批内，对梁、柱和独立基础，应抽查构件数量的 10%，且不少于 3 件；对墙和板，应按有代表性的自然间抽查 10%，且不少于 3 间；对大空间结构，墙可按相邻轴线间高度 5m 左右划分检查面，板可按纵横轴线划分检查面，抽查 10%，且均不少于 3 面。

检验方法：钢尺检查。

预埋件和预留孔洞的允许偏差　　表 13-64

项　目		允许偏差（mm）
预埋钢板中心线位置		3
预埋管、预留孔中心线位置		3
插　筋	中心线位置	5
	外露长度	+10，0
预埋螺栓	中心线位置	10
	外露长度	+10，0
预留洞	中心线位置	10
	尺寸	+10，0

注：检查中心线位置时，应沿纵、横两个方向量测，并取其中的较大值。

(5) 现浇结构模板安装的偏差应符合表 13-65 的规定。

检查数量：在同一检验批内，对梁、柱和独立基础，应抽查构件数量的 10%，且不少于 3 件；对墙和板，应按有代表性的自然间抽查 10%，且不少于 3 间；对大空间结构，墙可按相邻轴线间高度 5m 左右划分检查面，板可按纵横轴线划分检查面，抽查 10%，且均不少于 3 面。

现浇结构模板安装的允许偏差及检验方法　　表 13-65

项　目		允许偏差（mm）	检验方法
轴线位置（纵、横两个方向）		5	钢尺检查
底模上表面标高		±5	水准仪或拉线、钢尺检查
截面内部尺寸	基础	±10	钢尺检查
	柱、墙、梁	+4，-5	钢尺检查
层高垂直度	不大于 5m	6	经纬仪或吊线、钢尺检查
	大于 5m	8	经纬仪或吊线、钢尺检查
相邻两板表面高低差		2	钢尺检查
表面平整度		5	2m 靠尺和塞尺检查

(6) 预制构件模板安装的偏差应符合表 13-66 的规定。

检查数量：首次使用及大修后的模板应全数检查；使用中的模板应定期检查，并根据使用情况不定期抽查。

预制结构模板安装的允许偏差及检验方法　　表 13-66

项　目		允许偏差（mm）	检验方法
长　度	梁、板	±5	钢尺量两边，取其中较大值
	薄腹梁、桁架	±10	
	柱	0，-10	
	墙板	0，-5	
宽度	板、墙板	0，-5	钢尺量一端及中部，取其中较大值
	梁、薄腹梁、桁架、柱	+2，-5	
高（厚）度	板	+2，-3	钢尺量一端及中部，取其中较大值
	墙板	0，-5	
	梁、薄腹梁、桁架、柱	+2，-5	
侧向弯曲	梁、板、柱	$l/1000$ 且 ≤ 15	拉线、钢尺量最大弯曲处
	墙板、薄腹梁、桁架	$l/1500$ 且 ≤ 15	
板的表面平整度		3	2m 靠尺和塞尺检查
相邻两板表面高低差		1	钢尺检查
对角线差	板	7	钢尺量两个对角线
	墙板	5	
翘曲	板、墙板	$l/1500$	调平尺在两端量测
设计起拱	薄腹梁、桁架、梁	±3	拉线、钢尺量跨中

注：l 为构件长度。

13.18.3　模　板　拆　除

13.18.3.1　主控项目

(1) 底模及其支架拆除时的混凝土强度应符合设计要求；当设计无具体要求时，混凝土强度应符合表 13-66 的规定。

检查数量：全数检查。

检验方法：检查同条件养护试件强度试验报告。

(2) 对后张法预应力混凝土结构构件，侧模宜在预应力张拉前拆除；底模支架的拆除应按施工技术方案执行，当无具体要求时，不应在结构构件建立预应力前拆除。

检查数量：全数检查。

检验方法：观察。

(3) 后浇带模板的拆除和支顶应按施工技术方案执行。

检查数量：全数检查。

检验方法：观察。

13.18.3.2 一般项目

(1)侧模拆除时的混凝土强度应能保证其表面及棱角不受损伤。

检查数量:全数检查。

检验方法:观察。

(2)模板拆除时,不应对楼层形成冲击荷载。拆除的模板和支架宜分散堆放并及时清运。

检查数量:全数检查。

检验方法:观察。

13.19 绿 色 施 工

绿色施工的宗旨是四节一环保(节能、节地、节水、节材和环境保护)。体现在模架施工中,同样是以最大限度地节约资源和减少对环境的负面影响为目的。在保证工程质量、施工安全基础上,通过科学管理和技术进步来实现。

模架施工是建筑结构施工中的一个重要环节。作为大宗的工具型的周转材料,模板占用资源量大,垂直和水平运输量大;施工过程中,噪声和脱模剂的使用对环境产生一定的污染;在施工、倒运、清理过程中形成一些建筑垃圾。现浇混凝土结构的项目要实施绿色施工,模架具有举足轻重的地位,应首先在工程总体方案中进行策划。在施工组织设计阶段,就充分考虑绿色施工的总体要求,在施工方法上为模板、支撑系统的绿色施工提供基础条件。

13.19.1 水电、天然资源的节约和替代

降低资源占用,减少资源消耗,是模板绿色施工第一要务;建筑工地节能是一个系统的、延续的过程,从工程的规划设计阶段开始,直至工程竣工验收。在施工过程中,合理制定施工组织设计并严格实施则可以使各类机械和劳动力资源的效率发挥到最大化。目前,建筑施工现场的窝工、机械闲置时有发生,一方面资源紧张,另一方面却又普遍存在浪费。这些问题可以通过优化施工方案、合理安排人力物力资源得到解决。例如实行一定程度的立体交叉流水作业、细化施工进度计划、大力开发和使用环保型工程机械、开展施工废弃物(建设固体废弃物、建筑垃圾)的再生利用、努力提高工程机械及零部件的可重复使用、可循环使用、可再生使用率等。

模板施工不直接消耗水电,但施工工艺有些与水电消耗密切相关。比如木模板,如果拼缝不严,往往需要浇水,使木板膨胀将板缝涨严;模板堆放不合理,二次搬运会浪费机械工时和电力。合理的规划和管理,能产生节约潜力。

13.19.1.1 技术措施

(1)适当延迟模板拆除时间,起码在混凝土水化剧烈反应阶段(即混凝土持续温升阶段),暂不拆除模板;在已拆除模板的构件表面及时覆盖塑料薄膜或涂刷混凝土养护剂,不但可以减少构件表面水分的蒸发,减少表面龟裂;还可以减少养护用水的消耗,为绿色施工的节水指标作出贡献。

(2)木模板板面拼缝须严密,不得采用浇水膨胀板缝的方法解决模板接缝漏浆的问题。

(3)我国森林资源贫乏,造林绿化、改善环境是基本国策。支模龙骨所用的板材、方材,模板面所用的木质胶合板,大量消耗宝贵的森林资源。而相对于生长较慢的木材,南方的竹子生长迅速,资源较丰富。国家技术政策倡导多采用竹胶合板,少使用天然木质材料,以从根本上保护森林绿化。当然,竹材模板在加工性能和成型效果方面,与木质模板还有一定差距。基于竹资源存量丰富的国情,我国的竹材模板的加工制造水平还有待提高。

(4)坚持以钢代木的技术政策。20世纪70年代,国家提出在模板材料上以钢代木的技术政策。钢模成型准确、强度高、抗老化、防火、防水,周转次数多。钢模体系均为工业产品,所用辅助支撑配套,操作相对简单。虽然钢铁生产中消耗焦炭矿石、排放污染气体,但废旧钢模可回收再利用,属可循环利用的再生资源。在绿色环保方面,与其他材料模板相比,其技术经济指标与环境影响等方面综合性能具有优势。

13.19.1.2 管理措施

(1)图纸会审时,应审核节材与材料资源利用的相关内容,制定为达到材料损耗率所应采取的措施。

(2)在模架系统的选择上,在满足施工工期、质量、机械、工艺水平和经济承受能力等条件限制基础上,充分考虑节能要求。

(3)材料运输工具适宜,装卸方法得当,防止损坏和遗撒。根据现场平面布置情况就近卸载,避免和减少二次搬运。

(4)采取技术和管理措施提高模板、脚手架的周转次数。

(5)制定相应的模板施工节能考核指标和相应的奖罚制度,将责任落实到具体管理和操作岗位。

13.19.2 可再生资源的循环利用

13.19.2.1 使模板成为再生资源的可能性

(1)目前,一些单位为了充分利用废旧方木,使用开榫、胶粘的方法,将散碎木材接起来重复使用;将破损断裂的木制胶合板破成木条,拼制为再生模板,都为木质模板的再生利用提供了一种开拓性的思维,进行的有益尝试也取得了实质性的进展。当然这项工作绝不是一蹴而就,距离木质模板成为可再生资源还需要进行艰苦的探索。

(2)在钢制、塑料、玻璃钢等模板的再生利用上,不应只限于回用到模板上。目前的再生资源的循环利用,评价指标集中在使用过的模架材料,经过简单的修整、改制,仍然用于模板。其实模板材料作为再生资源的循环利用,应当有一个下游产业链。比如塑料、玻璃钢板重新解体加工可在原制造厂进行,回收模板中不能重复使用的玻璃纤维要进行妥善的无害化处理;而金属模板则需要重新冶炼。

(3)需要研制、采用可降解的(如蜂窝纸板模板)、可回收的材料(刚度好、温度稳定性好的塑料模板),作为模板材料。

13.19.2.2 模板设计思路与理念

在现浇混凝土结构施工中,建筑模板是成本较高的消耗性材料。除了本身的使用损耗之外,运输、现场倒运、垂直运输机械、场地占用、清洗、装拆工时等方面的费用,对于不同的模板体系有很大差异。因此在模板设计时应综合考虑上述影响,选择高强轻质材料;少消耗材料,少污染环境。

(1)合理选用模板体系:如筒仓、烟囱、水塔采用滑模;平面布局基本一致的高层剪力墙住宅采用大模板;地铁、输水管道等连续结构采用隧道模;剪力墙旅馆建筑采用飞模;圆柱采用玻璃钢模等。

(2)施工前应对模板工程的方案进行优化。多层、高层建筑使用可重复利用的模板体系,模板支撑宜采用工具式支撑。

(3)推广早拆模板体系,利用混凝土结构早期强度增长迅速的特点,充分利用混凝土早期自身形成的强度,加快模板周转,减少施工过程投入。

(4)模板选用以节约自然资源为原则,推广使用定型钢模、钢框竹模、竹胶板。采用非木质的新材料或人造板材代替木质板材。

(5)改善模板的耐久性能,延长模板确保施工质量的使用年限。重视模板对混凝土早期的保温、保湿、防裂的养护功能。

(6)应选用耐用、维护与拆卸方便的周转材料和机具。优先选用制作、安装、拆除一体化的专业队伍进行模板工程施工。

(7)采用新型免拆模板——保温砌模的混凝土网格式剪力墙施工体系,改革传统的支模工艺。推广采用外墙保温板替代混凝土施工模板的技术。

13.19.3 施工降噪和减少污染

模板施工的污染源,主要有钢模板、金属模板在装卸、安装拆除过程中敲击碰撞或在清理粘连混凝土等污染物的过程中所产生的噪声和粉尘;废弃的塑料、玻璃钢模板对环境所形成的不可降解的建筑垃圾污染。

钢、铝等金属模板与混凝土形成的吸附力较强,因此必须使用化学脱模剂,故而产生了污染的问题。在模板表面涂刷脱模剂时,还可能出现所涂刷脱模剂粘附到钢筋上,影响了混凝土与钢筋之间粘结握裹力。脱模剂对环境的次生影响发生在水洗残留在模板表面的化学脱模剂时,不仅浪费大量宝贵水资源,还会污染现场或直接污染地下水资源等。

除了污染问题，脱模剂还会渗入到混凝土墙体表面，影响混凝土的观感以及后续装饰工程做法。比如造成粘贴瓷砖空鼓、腻子开裂等装饰质量问题。

13.19.3.1　技术措施

（1）推行文明施工，杜绝野蛮作业。提高施工操作人员的文明素质。充分利用农民工夜校等宣教阵地，向施工人员宣讲绿色施工的社会意义，建立社会公德和社会责任感，为创建社会主义的和谐社会承担起历史责任。

（2）进行周密的施工环境保护策划，分析施工过程中可能产生污染的环节，研究对策制定措施，利用技术交底等文件贯彻到施工管理层和作业层，在可能产生污染的环节明确相关责任，落实到人。

（3）解决脱模剂污染问题可以采用非金属类模板，如木质纤维类层压板、塑料类高分子建筑模板，可在允许的周转次数内，实现无需涂刷或少量涂刷建筑脱模隔离剂，即可在现浇混凝土施工与水泥等胶凝材料制品生产中实现易脱模的实用功效。使用钢模板和金属模板也可以采用一些专利技术实现无脱模剂的自脱模。

1）采用电作用自脱模器实现自脱模。其原理为：通过插入新浇混凝土的电极棒与钢模板之间的电效应作用，在钢模板与新浇混凝土紧密接触的表面之间，形成的水汽等混合物的润滑隔离层，完成现浇混凝土成品表面与模板之间易于脱模的效果。此法可减轻劳动强度，节约时间、材料，保证混凝土成型质量。

2）喷涂坚韧防腐涂料饰面实现自脱模。其原理为：通过在被处理的钢模板表面喷涂坚韧防腐涂料，固化后所形成的饰面涂料膜坚韧，不怕碰撞不易破损，形成一种长效脱模隔离壳体。实现无须在钢模板表面重复涂刷常规的传统建筑脱模剂而实现自脱模效能的目的。

13.19.3.2　管理措施

（1）降低污染，节能减排，实施绿色施工。这是一项系统工作，应对施工策划、材料采购、现场施工、工程验收等各阶段进行控制，加强对整个施工过程的管理和监督。

（2）按照总体控制要求，分解到模板施工各个环节，制定具体指标（如噪声分贝值、粉尘控制值、垃圾利用率、循环材料使用率等）以及节材措施，在保证工程安全与质量的前提下，进行施工方案的节材优化，建筑垃圾减量化，尽量利用可循环材料等。

（3）严格控制脱模剂的品种和消耗量。

（4）合理规划模板占用地，组织流水施工，争取做到模板不落地。落实节地与施工用地保护措施，制定临时用地指标、严格控制施工总平面布置规划及临时用地节地措施等。

13.19.4　改善施工作业条件

提倡绿色施工是人类文明和技术进步的结果，必然对施工环境、操作条件、劳动卫生具有积极的推动作用。

13.19.4.1　提高机械化水平

（1）目前在所有模板体系中，机械化程度最高、劳动强度最低

的模板是电动爬模。由于技术所限，电动爬模还仅限应用于剪力墙、筒体结构，不适于所有混凝土结构。且由于使用成本较高，一般使用在混凝土超高层建筑。随着电动爬模技术的发展，这项技术会在更大的范围得到利用。

（2）滑模应用早于爬模，也是机械化程度较高的模板体系。特别适用于连续、高大、周长很长的筒仓、水塔。施工速度快，省去了搭设脚手架的工序。

（3）采用免拆永久模板、保温砌模等模板，简化施工工艺，提高建筑物综合性能。

（4）对大量性、较为定型的楼板、楼梯等水平构件，采用预制混凝土构件，可大量减少施工现场的模板工作量。工厂化生产的预制混凝土构件，产品质量稳定、模板消耗量小、减少现场污染、加快工程进度，应适度发展。

13.19.4.2　促进施工标准化

建筑业相对于其他工业体系，工作环境艰苦，施工技术在不同企业存在较大差异。模板和支撑材料的工业化生产，使得在材料上有了较为统一的局面，为促进施工工艺的统一和标准化奠定了基础。在国家绿色施工战略目标的原则基础和政策引导下，重新评估和规划模架施工系统在建筑施工过程中的角色，在材料、工艺等方面无疑会进一步促进模板施工的技术进步。

脚手架工程，由于扣件钢管的应用，使施工工艺在标准化方面有了全国统一的共识。竹胶合板、木质多层板、钢制大模板、滑模、电动爬模等模板的应用以及相关配套规程规范的指导，会在宏观上使模板施工过程在操作、使用、安装和拆除等方面实现施工的标准化。

绿色施工在我国还是一个全新的概念，它在中国的倡导和推行虽然还有一个过程，但走绿色施工之路势在必行，不容置疑。2007年9月，建设部发布了《绿色施工导则》，对建筑工程实施绿色施工提供指导，积极推动建筑业发展绿色施工，使建筑业肩负起可持续发展的社会责任。相信随着绿色施工在我国的逐步推行，我国模板行业也会逐渐改变资源消耗型的发展模式。

参　考　文　献

1. 叠合板用预应力混凝土底板. GB/T 16727—2007.
2. 预应力混凝土叠合板. 06SG4391—1.
3. 钢与混凝土组合楼（屋）盖结构构造. 05SG522.
4. 建筑施工手册缩写组. 建筑施工手册（第四版）. 北京：中国建筑工业出版社，2003.
5. 胡裕新. 钢筋混凝土旋转楼梯支模计算. 中国模架学会三届二次年会中国模架学会三届二次年会论文汇编（2000年）
6. 杨嗣信，余志成，侯君伟. 建筑工程模板施工手册（第二版）. 北京：中国建筑工业出版社.
7. 王怀岭，牛喜良. 折线形板式楼梯支模的计算. 建筑工人，2007（9）.

14 钢筋工程

14.1 材　　料

14.1.1 钢筋品种与规格

钢筋混凝土用钢筋主要有热轧光圆钢筋、热轧带肋钢筋、余热处理钢筋、冷轧带肋钢筋、冷轧扭钢筋、冷拔螺旋钢筋、冷拔低碳钢丝等。钢筋工程施工宜应用高强度钢筋及专业化生产的成型钢筋。

常用钢筋的强度标准值应具有不小于95％的保证率。钢筋屈服强度、抗拉强度的标准值及极限应变应满足表14-1的要求。

钢筋强度标准值及极限应变　　表14-1

钢筋种类	抗拉强度设计值 f_y 抗压强度设计值 f_y' (N/mm^2)	屈服强度 f_{yk} (N/mm^2)	抗拉强度 f_{stk} (N/mm^2)	极限变形 ε_{su} (%)
HPB235	210	235	370	不小于10.0
HPB300	270	300	420	
HRB335、HRBF335	300	335	455	不小于7.5
HRB335E、HRBF335E	300	335	455	不小于9.0
HRB400、HRBF400	360	400	540	不小于7.5
HRB400E、HRBF400E	360	400	540	不小于9.0
RRB400	360	400	540	不小于7.5
HRB500、HRBF500	435	500	630	不小于7.5
HRB500E、HRBF500E	435	500	630	不小于9.0
RRB500	435	500	630	不小于7.5

注：表中屈服强度的符号 f_{yk} 在相关钢筋产品标准中表达为 R_{eL}，抗拉强度的符号 f_{stk} 在相关钢筋产品标准中表达为 R_m。

施工过程中应采取防止钢筋混淆、锈蚀或损伤的措施。在同一工程中不应同时应用HPB235和HPB300两种光圆钢筋，以避免错用。

当需要进行钢筋代换时，应办理设计变更文件。

14.1.1.1 热轧（光圆、带肋）钢筋

热轧光圆钢筋是经热轧成型，横截面通常为圆形，表面光滑的成品钢筋。

热轧带肋钢筋是经热轧成型，横截面通常为圆形，且表面带肋的混凝土结构用钢材，包括普通热轧钢筋和细晶粒热轧钢筋。

普通热轧钢筋是按热轧状态交货的钢筋，其金相组织主要是铁素体加珠光体，不得有影响使用性能的其他组织存在。

细晶粒热轧钢筋是在热轧过程中，通过控轧和控冷工艺形成的细晶粒钢筋，其金相组织主要是铁素体加珠光体，不得有影响使用性能的其他组织存在，晶粒度不粗于9级。

1. 牌号及化学成分

（1）热轧钢筋的牌号的构成及其含义见表14-2。

热轧钢筋牌号及其含义　　表14-2

产品名称	牌号	牌号构成	英文字母含义
热轧光圆钢筋	HPB235	由HPB+屈服强度的特征值构成	HPB-热轧光圆钢筋的英文（Hot rolled Plain Bars）缩写
	HPB300		

续表

产品名称	牌号	牌号构成	英文字母含义
普通热轧带肋钢筋	HRB335	由HRB+屈服强度的特征值构成	HRB-热轧带肋钢筋的英文（Hot rolled Ribbed Bars）的缩写 E-有较高抗震要求的钢筋在已有牌号后加E
	HRB400		
	HRB500		
	HRB335E	由HRB+屈服强度的特征值＋E构成	
	HRB400E		
	HRB500E		
细晶粒热轧带肋钢筋	HRBF335	由HRBF+屈服强度的特征值构成	HRBF-在热轧带肋钢筋的英文缩写后加"细"的英文（Fine）首位字母 E-有较高抗震要求的钢筋在已有牌号后加E
	HRBF400		
	HRBF500		
	HRBF335E	由HRBF+屈服强度的特征值＋E构成	
	HRBF400E		
	HRBF500E		

（2）热轧钢筋的化学成分见表14-3。

热轧钢筋化学成分　　表14-3

牌号	化学成分（质量分数）(%)，不大于					
	C	Si	Mn	P	S	Ceq
HPB235	0.22	0.30	0.65	0.045	0.050	—
HPB300	0.25	0.55	1.50			
HRB335 HRB335E HRBF335 HRBF335E						0.52
HRB400 HRB400E HRBF400 HRBF400E	0.25	0.80	1.6	0.045	0.045	0.54
HRB500 HRB500E HRBF500 HRBF500E						0.55

注：1. 热轧光圆钢筋中残余元素铬、镍、铜含量应不大于0.30%，供方如能保证可不作分析。

2. 碳当量Ceq（百分比）值：Ceq=C+Mn/6+（Cr+V+Mo）/5+（Cu+Ni）/15；

3. 钢的氮含量应不大于0.012%，供方如能保证可不作分析。钢中如有足够数量的氮结合元素，含氮量的限制可适当放宽；

4. 钢筋的成品化学成分允许偏差应符合GB/T 222的规定，碳当量Ceq的允许偏差为+0.03%。

2. 尺寸、外形、重量及允许偏差

（1）公称直径范围及推荐直径

钢筋的公称直径范围为6～50mm，《钢筋混凝土用钢》(GB1499)推荐的钢筋公称直径为6mm、8mm、10mm、12mm、16mm、20mm、25mm、32mm、40mm、50mm。

（2）公称横截面积与理论重量

钢筋公称截面面积与理论重量见表14-4。

钢筋公称截面面积及理论重量　　表14-4

公称直径（mm）	公称截面面积（mm^2）	理论重量（kg/m）
6 (6.5)	28.27 (33.18)	0.222 (0.260)
8	50.27	0.395
10	78.54	0.617
12	113.1	0.888
14	153.9	1.21
16	201.1	1.58
18	254.5	2.00
20	314.2	2.47
22	380.1	2.98
25	490.9	3.85
28	615.8	4.83
32	804.2	6.31
36	1018	7.99
40	1257	9.87
50	1964	15.42

注：表中的理论重量按密度7.85g/cm^{3}计算。公称直径6.5mm的产品为过渡性产品。

（3）钢筋的表面形状及允许偏差

1）光圆钢筋的界面形状为圆形。

2）带有纵肋的月牙肋钢筋，其外形见图14-1。

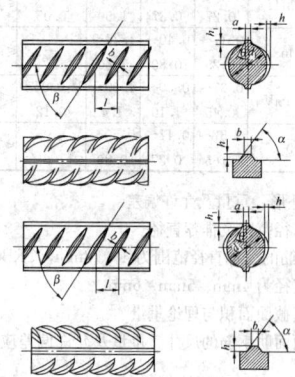

图 14-1　月牙肋钢筋（带纵肋）表面及截面形状

d_1—钢筋内径；a—横肋斜角；h—横肋高度；β—横肋与轴线夹角；h_1—纵肋高度；θ—纵肋斜角；a—纵肋顶宽；l—横肋间距；b—横肋顶宽

3）光圆钢筋的直径允许偏差和不圆度应符合表14-5的规定，钢筋实际重量与理论重量的偏差符合表14-6规定时，钢筋直径允许偏差不作交货条件。

光圆钢筋直径允许偏差　表 14-5

公称直径 （mm）	允许偏差 （mm）	不圆度 （mm）
6 (6.5) 8 10 12	±0.3	≤0.4
14 16 18 20 22	±0.4	

**钢筋实际重量与理论重量
的允许偏差　表 14-6**

公称直径（mm）	实际重量与理论重量的偏差（%）
6～12	±7
14～22	±5

4）带肋钢筋横肋设计原则应符合下列规定：

①横肋与钢筋轴线的夹角 β 不应小于 45°；当夹角大于 70°时，钢筋相对两面上横肋的方向应相反。

②横肋公称间距不得大于钢筋公称直径的 0.7 倍。

③横肋侧面与钢筋表面的夹角 β 不应小于 45°。

④钢筋相邻两面上横肋末端之间的间隙（包括纵肋宽度）总和不应大于钢筋公称周长的 20%。

⑤当钢筋公称直径不大于 12mm 时，相对肋面积不应小于 0.055；公称直径为 14mm 和 16mm 时，相对肋面积不应小于 0.060；公称直径大于 16mm 时，相对肋面积不应小于 0.065。

⑥带有纵肋的月牙肋钢筋，其尺寸允许偏差应符合表14-7 的规定，钢筋实际重量与理论重量的偏差符合表14-8规定时，钢筋直径允许偏差不作交货条件。

（4）长度及允许偏差

钢筋可以盘卷交货，每盘应是一条钢筋，允许每批有 5% 的盘数（不足两盘时可有两盘）由两条钢筋组成。其盘重及盘径由供需双方协商确定。

带肋钢筋允许偏差（mm）　表 14-7

公称直径 d	内径 d_1 公称尺寸	内径 d_1 允许偏差	横肋高 h 公称尺寸	横肋高 h 允许偏差	纵肋高 $h1$（不大于）	横肋宽 b	纵肋宽 a	间距 l 公称尺寸	间距 l 允许偏差	横肋末端最大间隙（公称周长的10%弦长）
6	5.8	±0.3	0.6	±0.3	0.8	0.4	1.0	4.0	±0.5	1.8
8	7.7		0.8	+0.4 −0.3	1.1	0.5	1.5	5.5		2.5
10	9.6		1.0	±0.4	1.3	0.6	1.5	7.0		3.1
12	11.5	±0.4	1.2		1.6	0.7	1.5	8.0		3.7
14	13.4		1.4	+0.4 −0.5	1.8	0.8	1.8	9.0		4.3
16	15.4		1.5		1.9	0.9	2.0	10.0		5.0
18	17.3		1.6		2.0	1.0	2.0	10.0		5.6
20	19.3		1.7		2.1	1.2	2.0	10.0		6.2
22	21.3	±0.5	1.9	±0.5	2.4	1.3	2.5	10.5	±0.8	6.8
25	24.2		2.1	±0.6	2.6	1.5	2.5	12.5		7.7
28	27.2		2.2		2.7	1.7	3.0	12.5		8.6
36	31.0	±0.6	2.4	+0.8 −0.7	3.0	1.9	3.0	14.0	±1.0	9.9
36	35.0		2.6	+1.0 −0.8	3.2	2.1	3.5	15.0		11.1
40	38.7	±0.7	2.9	±1.1	3.5	2.4	3.5	15.0		12.4
50	48.5	±0.8	3.2	±1.2	3.8	2.5	4.0	16.0		15.5

注：1. 纵肋斜角 θ 为 0°～30°；

2. 尺寸 a、b 为参考数据。

带肋钢筋实际重量与理论重量的允许偏差　表 14-8

公称直径（mm）	实际重量与理论重量的偏差（%）
6～12	±7
14～20	±5
22～50	±4

钢筋通常按定尺长度交货。光圆钢筋按定尺长度交货的直条钢筋其长度允许偏差范围为 0～+50mm。带肋钢筋按定尺交货时的长度允许偏差为 ±25mm，当要求最小长度时，其偏差为 +50mm；当要求最大长度时，其偏差为 −50mm。

（5）弯曲度和端部

直条钢筋的弯曲度应不影响正常使用，总弯曲度不大于钢筋总长度的 0.4%。

钢筋端部应剪切正直，局部变形应不影响使用。

14.1.1.2　余热处理钢筋

余热处理钢筋是热轧后立即穿水，进行表面控制冷却，然后芯部余热自身完成回火处理所得的成品钢筋。

1. 牌号及化学成分

余热处理钢筋的牌号及化学成分应符合表14-9 的规定。

余热处理钢筋的化学成分　表 14-9

表面形状	强度代号	牌号	化学成分（%）				
			C	Si	Mn	P	S
月牙肋	KL400	20MnSi	0.17～ 0.25	0.40～ 0.80	1.20～ 1.60	不大于	
						0.045	0.045

钢中的铬、镍、铜的残余含量各不大于 0.30%，其总量不大于 0.60%。经需方同意，铜的残余含量可不大于 0.35%。供方保证可不作分析。

氧气转炉的氮含量不应大于 0.008%，采用吹氧复合吹炼工艺冶炼的钢，氮含量不大于 0.012%。供方保证可不作分析。

2. 尺寸、外形、重量及允许偏差

（1）钢筋的公称直径范围为 8～40mm。

（2）公称横截面面积和理论重量与热轧钢筋相同，见表14-4。

（3）余热处理钢筋采用月牙肋表面形状，如图 14-1，其尺寸及允许偏差应符合表14-10的规定。

月牙肋钢筋允许偏差（mm）　　表 14-10

公称直径 d	内径 d 公称尺寸	内径 d 允许偏差	横肋高 h 公称尺寸	横肋高 h 允许偏差	纵肋高 h1 公称尺寸	纵肋高 h1 允许偏差	横肋宽 b	纵肋宽 a	间距 l 公称尺寸	间距 l 允许偏差	横肋末端最大间隙（公称周长的10%弦长）
8	7.7		0.8	+0.4 −0.2	0.8		0.5	1.5	5.5		2.5
10	9.6		1.0	+0.4 −0.3	1.0	±0.5	0.6	1.5	7.0		3.1
12	11.5	±0.4	1.2		1.2		0.7	1.5	7.0		3.7
14	13.4		1.4		1.4		0.8	1.5	9.0	±0.5	4.3
16	15.4		1.5		1.5	+0.8	0.9	1.5	10.0		5.0
18	17.3		1.6		1.6		1.0	1.5	10.0		5.6
20	19.3		1.7	+0.5	1.7		1.2	2.0	10.0		6.2
22	21.3	±0.5	1.9		1.9		1.3	2.0	10.5		6.8
25	24.2		2.1	+0.4	2.1	±0.9	1.5	2.0	12.5	±0.8	7.7
28	27.2		2.2		2.2		1.7	3.0	12.5		8.6
32	31.0	±0.6	2.4	+0.8 −0.7	2.4		1.9	3.0	14.0		9.9
36	35.0		2.6	+1.0 −0.8	2.6	±1.1	2.1	3.0	15.0	1.0	11.1
40	38.7	±0.7	2.9	±1.1	2.9		2.3	3.5	15.0		12.4

注：1. 纵肋斜角 θ 为 0°～30°。
　　2. 尺寸 a、b 为参考数据。

（4）余热处理钢筋的重量允许偏差见表 14-11。

余热处理钢筋的重量允许偏差　　表 14-11

公称直径（mm）	实际重量与公称重量的偏差（%）
8～12	±7
14～20	±5
22～24	±4

（5）长度及允许偏差

钢筋按直条交货时，其通常长度为 3.5～12m。其中长度为 3.5m 至小于 6m 之间的钢筋不应超过每批重量的 3%。

带肋钢筋以盘卷钢筋交货时每盘应是一整条钢筋，其盘重及盘径应由供需双方协商。

钢筋按定尺或倍尺长度交货时，应在合同中注明。其长度允许偏差不应大于＋50mm。

（6）弯曲度和端部

钢筋每米弯曲度不应大于 4mm，总弯曲度不应大于钢筋总长度的 0.4%。

14.1.1.3　冷轧带肋钢筋

冷轧带肋钢筋是热轧盘条经过冷轧后，在其表面带有沿长度方向均匀分布的三面或二面横肋的钢筋。

1. 牌号及化学成分

CRB550、CRB650、CRB800、CRB970 钢筋用盘条的参考牌号及化学成分（熔炼分析）见表 14-12，60 钢的 Ni、Cr、Cu 含量（质量分数）各不大于 0.25%。

冷轧带肋钢筋用盘条的参考牌号和化学成分　　表 14-12

钢筋牌号	盘条牌号	化学成分（质量分数）（%）					
		C	Si	Mn	V, Ti	S	P
CRB550	Q215	0.09～0.15	≤0.30	0.25～0.55	—	≤0.05	≤0.045
CRB650	Q235	0.14～0.22	≤0.30	0.30～0.65	—	≤0.05	≤0.045

（续表右栏上方）
续表

钢筋牌号	盘条牌号	化学成分（质量分数）（%）					
		C	Si	Mn	V, Ti	S	P
CRB800	24MnTi	0.19～0.27	0.17～0.37	1.20～1.60	Ti: 0.01～0.05	≤0.045	≤0.045
	20MnSi	0.17～0.25	0.40～0.80	1.20～1.60	—	≤0.045	≤0.045
CRB970	41MnSiV	0.37～0.45	0.60～1.10	1.00～1.4	V: 0.05～0.12	≤0.045	≤0.045
	60	0.57～0.65	0.17～0.37	0.50～0.80	—	≤0.035	≤0.035

2. 尺寸、外形、重量及允许偏差

（1）公称直径范围及推荐直径

CRB550 钢筋的公称直径范围为 4～12mm，CRB650 及以上牌号钢筋的公称直径为 4mm、5mm、6mm。

（2）公称横截面面积与理论重量

三面肋和两面肋钢筋的尺寸、重量及允许偏差应符合表 14-13 的规定。

三面肋和两面肋钢筋的尺寸、重量及允许偏差　　表 14-13

公称直径 d (mm)	公称横截面面积 (mm²)	重量 理论重量 (kg/m)	重量 允许偏差 (%)	横肋中点高 h (mm)	横肋中点高 允许偏差 (mm)	横肋 1/4 处高 h1/4 (mm)	横肋顶宽 b (mm)	横肋间隙 l (mm)	横肋间隙 允许偏差 (%)	相对肋面积 fr 不小于
4	12.6	0.099		0.30		0.24		4.0		0.036
4.5	15.9	0.125		0.32		0.26		4.0		0.039
5	19.6	0.154		0.32		0.26		4.0		0.039
5.5	23.7	0.186		0.40	+0.10 −0.05	0.32		4.0		0.039
6	28.3	0.222		0.40		0.32		5.0		0.039
6.5	33.2	0.261		0.46		0.37		5.0		0.045
7	38.5	0.302		0.46		0.37		5.0		0.045
7.5	44.2	0.347		0.55		0.44		6.0		0.045
8	50.3	0.395	±4	0.55		0.44	−0.2d	6.0	±15	0.045
8.5	56.7	0.445		0.55		0.44		7.0		0.045
9	63.6	0.499		0.75		0.60		7.0		0.052
9.5	70.8	0.556		0.75		0.60		7.0		0.052
10	78.5	0.617		0.75	+0.10 −0.05	0.60		7.0		0.052
10.5	86.5	0.679		0.75		0.60		7.4		0.052
11	95.0	0.746		0.85		0.68		7.4		0.056
11.5	103.8	0.815		0.95		0.76		8.4		0.056
12	113.1	0.888		0.95		0.76		8.4		0.056

（3）其他要求

1）钢筋通常按盘卷交货，CRB550 钢筋也可按直条交货。钢筋按直条交货时，其长度及允许偏差按供需双方协商确定。

2）盘卷钢筋的重量不小于 100kg，每盘应由一根钢筋组成，CRB650 及以上牌号钢筋不得有焊接接头。

3）直条钢筋的每米弯曲度不大于 4mm，总弯曲度不大于钢筋总长度的 0.4%。

14.1.1.4　冷轧扭钢筋

冷轧扭钢筋是低碳钢热轧圆盘条经过专用钢筋冷轧扭机调直、冷轧并冷扭一次成型，具有规定截面形状和节距的连续螺旋状钢筋。其形状见图 14-2。

1. 原材料

生产冷轧扭钢筋用的原材料宜优先选用符合《低碳钢无扭控冷热轧盘条》（YB4027）规定的低碳钢无扭控冷热轧盘条（高速线材），也可选用符合《低碳钢热轧圆盘条》（GB/T701）规定的低碳钢热轧圆盘条。

2. 分类、型号与标志

冷轧扭钢筋按其截面形状不同分为三种类型：近似矩形截面为 I 型，近似正方形截面为 II 型，近似圆形截面为 III 型。

3. 尺寸、外形、重量及允许偏差

（1）冷轧扭钢筋的截面控制尺寸、节距应符合表 14-14 的规定。

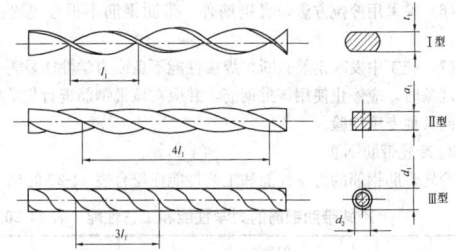

图14-2　冷轧扭钢筋形状及截面控制尺寸
l_1—节距；t_1—轧扁厚度；a_1—边长；
d_1—外圆直径；d_2—内圆直径

截面控制尺寸、节距　　　　表14-14

强度级别	型号	标志直径 d (mm)	截面控制尺寸(mm)，不小于				节距 l_1 (mm) 不大于
			轧扁厚度 (t_1)	正方形边长 (a_1)	外圆直径 (d_1)	内圆直径 (d_2)	
CTB550	I	6.5	3.7				75
		8	4.2				95
		10	5.3				110
		12	6.2				150
	II	6.5		5.40			30
		8		6.50			40
		10		8.10			50
		12		9.60			80
	III	6.5			6.17	5.67	40
		8			7.59	7.09	60
		10			9.49	8.89	70
CTB650	III	6.5			6.00	5.50	30
		8			7.38	6.88	50
		10			9.22	8.67	70

（2）冷轧扭钢筋的公称横截面面积和理论质量应符合表14-15的规定。

公称横截面面积和理论质量　　　表14-15

强度级别	型号	标志直径 d (mm)	公称横截面面积 A_s (mm²)	公称重量 (kg/m)
CTB550	I	6.5	29.50	0.232
		8	45.30	0.356
		10	68.30	0.536
		12	96.14	0.755
	II	6.5	29.20	0.229
		8	42.30	0.332
		10	66.10	0.519
		12	92.74	0.728
	III	6.5	29.86	0.234
		8	45.24	0.355
		10	70.69	0.555
CTB650	III	6.5	28.20	0.221
		8	42.73	0.335
		10	66.76	0.524

（3）冷轧扭钢筋定尺长度允许偏差：单根长度大于8m时为±15mm；单根长度不大于8m时为±10mm。

（4）重量偏差：冷轧扭钢筋实际重量和公称重量的负偏差不应大于5%。

（5）冷轧扭钢筋外观质量：冷轧扭钢筋表面不应有影响钢筋力学性能的裂纹、折叠、结疤、压痕、机械损伤或其他影响使用的

缺陷。

14.1.1.5　冷拔螺旋钢筋

1. 原材料

制造钢筋的盘条应符合《低碳钢热轧圆盘条》（GB/T 701）或《低碳钢无扭控冷热轧盘条》（YB4027）的有关规定。

牌号和化学成分（熔炼分析）应符合表14-16的规定。Cr、Ni、Cu各残余含量不大于0.30%，若供方保证，可不做检验。

冷拔螺旋钢筋的化学成分　　　表14-16

级别代号	牌号	化学成分(%)					
		C	Si	Mn	Ti	P	S
LX550	Q215	0.00~0.15	≤0.30	0.25~0.55	—	≤0.050	≤0.045
LX650	Q235	0.14~0.22	≤0.30	0.30~0.65	—	≤0.050	≤0.045
LX800	24MnTi	0.19~0.27	0.17~0.37	1.20~1.60	0.01~0.55	≤0.045	≤0.045

2. 分类、代号与标志

（1）分类：螺旋钢筋按抗拉强度分为3级：LX550、LX650、LX800。

（2）代号：冷拔螺旋钢筋代号：LX"×××"（L为"冷"字的汉语拼音字头，X为"旋"字的汉语拼音字头；后面"×××"为三位阿拉伯数字，表示钢筋抗拉强度等级的数值）。

3. 尺寸、外形、重量及允许偏差

螺旋钢筋公称直径范围为4~12mm，推荐螺旋钢筋LX550和LX650的公称直径为（4）、5、6、7、8、9、10、12mm。LX800的公称直径为5mm。

冷拔螺旋钢筋的尺寸、重量及允许偏差应符合表14-17的规定。

冷拔螺旋钢筋的尺寸、重量及允许偏差　表14-17

公称直径 d (mm)	公称截面积 (mm²)	重量		槽深		槽顶宽	螺旋角		相对槽面积 f_r
		理论重量 (kg/m)	允许偏差不大于(%)	h (mm)	允许偏差不大于(mm)	b (mm)	α (°)	允许偏差(°)	
4	12.56	0.0986	±4	0.17	−0.05 +0.10	0.2D~0.3D	72	±5	0.030
5	19.63	0.1541		0.18					
6	28.27	0.2219		0.20					
7	38.48	0.3021		0.22					
8	50.27	0.3946		0.24					
9	63.62	0.4994		0.26					
10	78.54	0.6165		0.30					

14.1.1.6　冷拔低碳钢丝

1. 原材料

（1）拔丝用热轧圆盘条应符合《低碳钢热轧圆盘条》（GB/T 701）的规定。

（2）甲级冷拔低碳钢丝应采用《低碳钢热轧圆盘条》（GB/T 701）规定的供拉丝用盘条进行拔制。

（3）热轧圆盘条经机械剥壳或酸洗除去表面氧化皮和浮锈后，方可进行拔丝操作。

（4）每次拉拔操作引起的钢丝直径减缩率不应超过15%。

（5）允许热轧圆盘条对焊后进行冷拔，但必须是同一钢号的圆盘条，甲级冷拔低碳钢丝成品中不允许有焊接接头。

（6）在冷拔过程中，不得酸洗和退火，冷拔低碳钢丝成品不允许对焊。

2. 分类、型号与标记

（1）分类：冷拔低碳钢丝分为甲、乙两级。甲级冷拔低碳钢丝适用于作预应力筋；乙级冷拔低碳钢丝适用于作焊接网、焊接骨架、箍筋和构造筋。

（2）代号：冷拔低碳钢丝的代号为CDW（"CDW"为Cold-DrawnWire的英文字头）。

（3）标记：标记内容包含冷拔低碳钢丝名称、公称直径、抗拉强度、代号及标准号。

3. 直径、横截面积及表面质量

（1）冷拔低碳钢丝的公称直径、允许偏差及公称横截面面积应符合表 14-18 的规定。

冷拔低碳钢丝的公称直径、允许偏差及公称横截面面积

表 14-18

公称直径 d（mm）	直径允许偏差（mm）	公称横截面积 s（mm²）
3.0	±0.06	7.07
4.0	±0.08	12.57
5.0	±0.10	19.63
6.0	±0.12	28.27

（2）冷拔低碳钢丝的表面不应有裂纹、小刺、油污及其他机械损伤。表面允许有浮锈，但不得出现锈皮及肉眼可见的锈蚀麻坑。

14.1.2　钢　筋　性　能

14.1.2.1　钢筋力学性能

1. 热轧钢筋

（1）热轧钢筋的屈服强度 R_{eL}、抗拉强度 R_m、断后伸长率 A、最大力总伸长率 A_{gt} 等力学性能特征值应符合表 14-19 的规定。表 14-19 所列各力学特征值，可作为交货检验的最小保证值。

热轧钢筋力学性能

表 14-19

牌　号	R_{eL}（MPa）	R_m（MPa）	A（%）	A_{gt}（%）
	不　小　于			
HPB235	235	370	25.0	10.0
HPB300	300	420		
HRB335 HRBF335	335	455	17.0	7.5
HRB335E HRBF335E	335	455	17.0	9.0
HRB400 HRBF400	400	540	16.0	7.5
HRB400E HRBF400E	400	540	16.0	9.0
HRB500 HRBF500	500	630	15.0	7.5
HRB500E HRBF500E	500	630	15.0	9.0

（2）根据供需双方协议，伸长率类型可从 A 或 A_{gt} 中选定。如伸长率类型未经协议确定，则伸长率采用 A，仲裁检验时采用 A_{gt}。

（3）直径 28~40mm 各牌号钢筋断后伸长率 A 可降低 1%，直径大于 40mm 各牌号钢筋的断后伸长率 A 可降低 2%。

（4）对有抗震要求的结构，其纵向受力钢筋的性能应满足设计要求；当设计无具体要求时，对按一、二、三级抗震等级设计的框架和斜撑构件（含梯段）中的纵向受力钢筋应采用 HRB335E、HRB400E、HRB500E、HRBF335E、HRBF400E、HRBF500E 钢筋（GB 1499.2 规定，对有较高要求的抗震结构，其适用的钢筋牌号为在表 14-9 中已有带肋钢筋牌号后加 E）。其强度和最大力下总伸长率的实测值应符合下列规定：

1）钢筋的抗拉强度实测值与屈服强度实测值的比值不应小于 1.25；

2）钢筋的屈服强度实测值与屈服强度标准值的比值不应大于 1.30；

3）钢筋的最大力下总伸长率不应小于 9%。

（5）对没有明显屈服强度的钢，屈服强度特征值 R_{eL} 应采用规定非比例延伸强度 $R_{p0.2}$。

（6）除采用冷拉方法调直钢筋外，带肋钢筋不得经过冷拉后使用。

（7）施工中发现钢筋脆断、焊接性能不良或力学性能显著不正常等现象时，应停止使用该批钢筋，并应对该批钢筋进行化学成分检验或其他专项检验。

2. 冷轧带肋钢筋

冷轧带肋钢筋的力学性能和工艺性能应符合表 14-20 的规定。

冷轧带肋钢筋的力学性能和工艺性能　表 14-20

牌　号	$R_{p0.2}$（MPa）不小于	R_m（MPa）不小于	伸长率（%）不小于 $A_{11.3}$	伸长率（%）不小于 A_{100}	弯曲试验 180°	反复弯曲次数	应力松弛 初始应力相当于公称抗拉强度的 70% 1000h 松弛率（%）不大于
CRB550	500	550	8.0	—	$D=3d$		—
CRB650	585	650	—	4.0		3	8
CRB800	720	800	—	4.0		3	8
CRB970	875	970	—	4.0		3	8

注：表中 D 为弯芯直径，d 为钢筋公称直径。

3. 冷轧扭钢筋

冷轧扭钢筋力学性能应符合表 14-21 规定。

力学性能和工艺性能指标　表 14-21

强度级别	型号	抗拉强度 σ_b（N/mm²）	伸长率 A（%）	180°弯曲试验（弯心直径 $=3d$）	应力松弛率（%）（当 $\sigma_{con}=0.7f_{ptk}$）10h	应力松弛率（%）（当 $\sigma_{con}=0.7f_{ptk}$）1000h
CTB550	I	≥550	$A_{11.3}≥4.5$	受弯曲部位钢筋表面不得产生裂纹	—	—
	II	≥550	$A≥10$		—	—
	III	≥550	$A≥12$		—	—
CTB650	III	≥650	$A_{100}≥4$		≤5	≤8

注：1. d 为冷轧扭钢筋标志直径。

2. A、$A_{11.3}$ 分别表示以标距 $5.65\sqrt{S_0}$ 或 $11.3\sqrt{S_0}$（S_0 为试样原始截面面积）的试样拉断伸长率，A_{100} 表示标距为 100mm 的试样拉断伸长率。

3. σ_{con} 为预应力冷轧扭钢筋张拉控制应力；f_{ptk} 为预应力冷轧扭钢筋抗拉强度标准值。

4. 冷拔螺旋钢筋

（1）冷拔螺旋钢筋的力学性能应符合表 14-22 的规定。

冷拔螺旋钢筋力学性能　表 14-22

级别代号	屈服强度 $\sigma_{0.2}$（MPa）不小于	抗拉强度 σ_b（MPa）不小于	伸长率不小于（%）δ_{10}	伸长率不小于（%）δ_{100}	冷弯 180° $D=$ 弯心直径	应力松弛 $\sigma_{con}=0.7\sigma_b$ 1000h 不大于（%）	应力松弛 $\sigma_{con}=0.7\sigma_b$ 10h 不大于（%）
LX550	500	550	8	—	$D=3d$	受弯曲部位表面不得产生裂缝	—
LX650	520	650	—	4	$D=4d$	8	8
LX800	540	800	—	4	$D=5d$	8	8

注：1. 抗拉强度值应按公称直径 d 计算；

2. 伸长率测量标距 $\delta_{10}=10d$；$\delta_{100}=100$mm；

3. 对成盘供应的 LX650 和 LX800 级钢筋，经调直后的抗拉强度仍符合表中规定。

（2）螺旋钢筋的力学性能和工艺性能应符合表 14-22 的规定。当其进行冷弯试验时，受弯曲部位表面不得产生裂纹。

（3）钢筋的强屈比 $\sigma_b/\sigma_{0.2}$ 应不小于 1.05。

（4）生产厂在保证 1000h 应力松弛率合格的基础上，经常性试验可进行 10h 应力松弛试验。

5. 冷拔低碳钢丝

冷拔低碳钢丝的力学性能应符合表 14-23 的规定。

冷拔低碳钢丝的力学性能			表 14-23
级别	公称直径 d (mm)	抗拉强度 R (MPa) 不小于	断后伸长率 A_{100} (%) 不小于	反复弯曲次数/(次/180°) 不小于
甲级	5.0	650 600	3.0	
甲级	4.0	700 650	2.5	4
乙级	3.0、4.0、5.0、6.0	550		

注：甲级冷拔低碳钢丝作预应力筋用时，如经机械调直则抗拉强度标准值应降低 50MPa。

14.1.2.2 钢筋锚固性能

在混凝土中的钢筋，由于混凝土对其具有粘结、摩擦、咬合作用，形成一种握裹力，使钢筋不容易被轻易地拔出，钢筋和混凝土便能够共同受力，从而使钢筋混凝土结构具有一定的承载能力。

根据《混凝土结构设计规范》（GB 50010），当计算中充分利用钢筋的抗拉强度时，受拉钢筋的锚固应符合下列要求：

(1) 基本锚固长度应按式 (14-1)、式 (14-2) 计算：

钢筋
$$l_{ab} = \alpha \frac{f_y}{f_t} d \qquad (14-1)$$

预应力筋
$$l_{ab} = \alpha \frac{f_{py}}{f_t} d \qquad (14-2)$$

(2) 当采取不同的埋置方式和构造措施时，锚固长度应按式 (14-3) 计算：

$$l_a = \zeta_a l_{ab} \qquad (14-3)$$

式中 l_{ab}——受拉钢筋的基本锚固长度；

　　l_a——受拉钢筋的锚固长度，不应小于 $15d$，且不小于 200mm；

　　f_y、f_{py}——钢筋、预应力筋的抗拉强度设计值；

　　f_t——混凝土轴心抗拉强度设计值；当混凝土强度等级高于 C60 时，按 C60 取值；

　　d——钢筋的公称直径；

　　ζ_a——锚固长度修正系数，多个系数可以连乘计算；

　　α——锚固钢筋的外形系数，按表 14-24 取用。

锚固钢筋的外形系数					表 14-24
钢筋类型	光面钢筋	带肋钢筋	螺旋肋钢筋	三股钢绞线	七股钢绞线
α	0.16	0.14	0.13	0.16	0.17

(3) 纵向受拉带肋钢筋的锚固长度修正系数应根据钢筋的锚固条件按下列规定取用：

1) 当钢筋的公称直径大于 25mm 时，修正系数取 1.10；

2) 对环氧树脂涂层钢筋，修正系数取 1.25；

3) 施工过程中易受扰动的钢筋，修正系数取 1.10；

4) 当纵向受力钢筋的实际配筋面积大于其设计计算面积时，修正系数取设计计算面积与实际配筋面积的比值，但对有抗震设防要求及直接承受动力荷载的结构构件，不应考虑此项修正；

5) 锚固区混凝土保护层厚度较大时，锚固长度修正系数可按表 14-25 确定。

保护层厚度较大时的锚固长度修正系数 ζ_a		表 14-25
保护层厚度	不小于 $3d$	不小于 $5d$
侧边、角部	0.8	0.7

14.1.2.3 钢筋冷弯性能

1. 热轧钢筋

(1) 热轧钢筋按表 14-26 规定的弯芯直径弯曲 180°后，钢筋受弯曲部位表面不得产生裂纹。

钢筋弯芯直径		表 14-26
牌　号	公称直径 d (mm)	弯芯直径
HPB235 HPB300	6～22	d
HRB335 HRB335E HRBF335 HRBF335E	6～25	$3d$
HRB335 HRB335E HRBF335 HRBF335E	28～40	$4d$
HRB335 HRB335E HRBF335 HRBF335E	>40～50	$5d$
HRB400 HRB400E HRBF400 HRBF400E	6～25	$4d$
HRB400 HRB400E HRBF400 HRBF400E	28～40	$5d$
HRB400 HRB400E HRBF400 HRBF400E	>40～50	$6d$
HRB500 HRB500E HRBF500 HRBF500E	6～25	$6d$
HRB500 HRB500E HRBF500 HRBF500E	28～40	$7d$
HRB500 HRB500E HRBF500 HRBF500E	>40～50	$8d$

注：d 为钢筋直径。

(2) 根据需方要求，钢筋可进行反向弯曲性能试验。

1) 反向弯曲试验的弯芯直径比弯曲试验相应增加一个钢筋公称直径。

2) 反向弯曲试验：先正向弯曲 90°后再反向弯曲 20°，两个弯曲角度均应在去载之前测量。经反向弯曲试验后，钢筋受弯曲部位表面不得产生裂纹。

2. 冷轧带肋钢筋

(1) 冷轧带肋钢筋进行弯曲试验时，受弯曲部位表面不得产生裂纹。反复弯曲试验的弯曲半径应符合表 14-27 的规定。

冷轧带肋钢筋反复弯曲试验的弯曲半径 (mm)			表 14-27
钢筋公称直径	4	5	6
弯曲半径	10	15	15

(2) 钢筋的强屈比 $R_m/R_{p0.2}$ 比值不应小于 1.03，经供需双方协议可用 $A_{gt} \geqslant 2.0\%$ 代替 A。

(3) 供方在保证 1000h 松弛率合格基础上，允许使用推算法确定 1000h 松弛。

14.1.2.4 钢筋焊接性能

(1) 钢筋的焊接工艺及接头的质量检验与验收应符合相关行业标准的规定。

(2) 普通热轧钢筋在生产工艺、设备有重大变化及新产品生产时进行型式检验。

(3) 细晶粒热轧钢筋的焊接工艺应经试验确定。

(4) 余热处理钢筋不宜进行焊接。

14.1.3　钢　筋　质　量　控　制

14.1.3.1 检查项目和方法

1. 主控项目

(1) 钢筋进场时，应按国家现行相关标准的规定抽取试件作力学性能和重量偏差检验，检验结果必须符合有关标准的规定。

检查数量：按进场的批次和产品的抽样检验方案确定。

检验方法：检查产品合格证、出厂检验报告和进场复验报告。

(2) 对有抗震设防要求的结构，其纵向受力钢筋的性能应满足设计要求；当设计无具体要求时，对按一、二、三级抗震等级设计的框架和斜撑构件（含梯段）中的纵向受力钢筋应采用 HRB335E、HRB400E、HRB500E、HRBF335E、HRBF400E 或 HRBF500E 钢筋，其强度和最大力下总伸长率的实测值应符合下列规定：

1) 钢筋的抗拉强度实测值与屈服强度实测值的比值不应小于 1.25；

2) 钢筋的屈服强度实测值与强度标准值的比值不应大于 1.30；

3) 钢筋的最大力下总伸长率不应小于 9%。

检查数量：按进场的批次和产品的抽样检验方案确定。

检验方法：检查进场复验报告。

(3) 当发现钢筋脆断、焊接性能不良或力学性能显著不正常等现象时，应对该批钢筋进行化学成分检验或其他专项检验。

检验方法：检查化学成分等专项检验报告。

2. 一般项目

钢筋应平直、无损伤，表面不得有裂纹、油污、颗粒状或片状老锈。

检查数量：进场时和使用前全数检查。

检验方法：观察。

14.1.3.2 热轧钢筋检验

钢筋的检验分为特征值检验和交货检验。

1. 特征值检验

特征值检验适用于下列情况：

(1) 供方对产品质量控制的检验。

(2) 需方提出要求，经供需双方协议一致的检验。

(3) 第三方产品认证及仲裁检验。

特征值检验规则应按《钢筋混凝土用钢》（GB 1499）的规定进行。

2. 交货检验

交货检验适用于钢筋验收批的检验。

(1) 组批规则

钢筋应按批进行检查和验收，每批由同一牌号、同一炉罐号、同一规格的钢筋组成。每批重量通常不大于 60t。超过 60t 部分，每增加 40t（或不足 40t 的余数），增加一个拉伸试验试样和一个弯曲试验试样。

允许由同一牌号、同一冶炼方法、同一浇筑方法的不同炉罐号组成混合批，但各炉罐号含碳量之差不大于 0.02%，含锰量之差不大于 0.15%。混合批的重量不大于 60t。

(2) 检验项目和取样数量

检验项目和取样数量应符合表 14-28 的规定。

热轧钢筋检验项目及取样数量 表 14-28

序号	检验项目	取样数量	取样方法	试验方法
1	化学成分（熔炼分析）	1	GB/T 20066	GB/T 223 GB/T 4336
2	拉伸	2	任选两根钢筋切取	GB/T 228、GB 1499
3	弯曲	2	任选两根钢筋切取	GB/T 232、GB 1499
4	反向弯曲	1		YB/T 5126、GB 1499
5	疲劳试验		供需双方协议	
6	尺寸	逐支		GB 1499
7	表面	逐支		目视
8	重量偏差			GB 1499
9	晶粒度	2	任选两根钢筋切取	GB/T 6394

注：1. 对化学分析和拉伸试验结果有争议时，仲裁试验分别按《黑色金属国家标准》（GB/T 223）、《金属材料室温拉伸试验方法》（GB/T 228）进行；

2. 第 4、5、9 项检验项目仅适用于热轧带肋钢筋。

(3) 检验方法

1) 表面质量

钢筋应无有害表面缺陷。只要经过钢丝刷刷过的试样的重量、尺寸、横截面积和拉伸性能不低于相关要求，锈皮、表面不平整或氧化铁皮不作为拒收的理由。当带有以上规定的缺陷以外的表面缺陷的试样不符合拉伸性能或弯曲性能要求时，则认为这些缺陷是有害的。

2) 拉伸、弯曲、反向弯曲试验

①拉伸、弯曲、反向弯曲试样不允许进行车削加工。

②计算钢筋强度用截面面积采用表 14-4 所列公称横截面积。

③最大总伸长率 A_{gt} 的检验，除按表 14-28 规定及采用《金属材料室温拉伸试验方法》（GB/T 228）的有关试验方法外，也可采

用《钢筋混凝土用钢》（GB 1499）附录 A 的方法。

④反向弯曲试验时，经正向弯曲的试样，应在 100℃ 温度下保温不少于 30min，经自然冷却后再反向弯曲。当供方能保证钢筋经人工时效后的反向弯曲性能时，正向弯曲后的试样亦可在室温下直接进行反向弯曲。

3) 尺寸测量

①钢筋直径的测量精确到 0.1mm。

②带肋钢筋纵肋、横肋高度的测量采用测量同一截面两侧横肋中心高度平均值的方法，即测取钢筋最大外径，减去该处内径，所得数值的一半为该处肋高，应精确到 0.1mm。

③带肋钢筋横肋间距采用测量平均肋距的方法进行测量。即测取钢筋一面上第 1 个与第 11 个横肋的中心距离，该数值除以 10 即为横肋间距，应精确到 0.1mm。

4) 重量偏差的测量

①测量钢筋重量偏差时，试样应从不同钢筋上截取，数量不少于 5 支，每支试样长度不小于 500mm。长度应逐支测量，应精确到 1mm。测量试样总重量时，应精确到不大于总重量的 1%。

②钢筋实际重量与理论重量的偏差（%）按式（14-4）计算：

$$重量偏差 = \frac{试样实际总重量 - (试样总长度 \times 理论重量)}{试样总长度 \times 理论重量} \times 100$$

$$(14-4)$$

14.1.3.3 冷轧带肋钢筋检验

1. 组批规则

冷轧带肋钢筋应按批进行检查和验收，每批应由同一牌号、同一外形、同一规格、同一生产工艺和同一交货状态钢筋组成，每批不大于 60t。

2. 检查项目和取样数量

冷轧带肋钢筋检验的取样数量应符合表 14-29 的规定。

冷轧带肋钢筋检验项目、取样数量及试验方法 表 14-29

序号	试验项目	试验数量	取样数量	试验方法
1	拉伸试验	每盘 1 个		GB/T 228
2	弯曲试验	每批 2 个	在每（任）盘中随机切取	GB/T 232
3	反复弯曲试验	每批 2 个		GB/T 238
4	应力松弛试验	定期 1 个		GB/T 10120、GB 13788
5	尺寸	逐盘	—	GB 13788
6	表面	逐盘	—	目视
7	重量偏差	每盘 1 个		GB13788

注：表中试验数量栏中的"盘"指生产钢筋的"原料盘"。

14.1.3.4 冷轧扭钢筋检验

1. 检验分类

(1) 出厂检验

冷轧扭钢筋的出厂检验以验收批为基础，冷轧扭钢筋交货时应按表 14-30 的规定进行检验。

(2) 型式检验

凡属下列情况之一者，冷轧扭钢筋应进行型式检验：

1) 新产品或老产品转厂生产的试制定型鉴定（包括技术转让）；

2) 正式生产后，当结构、材料、工艺有改变而可能影响产品性能时；

3) 正常生产每台（套）钢筋冷轧扭机累积产量达 1000t 后周期性进行；

4) 长期停产后恢复生产时；

5) 出厂检验与上次型式检验有较大差别时；

6) 国家质量监督机构提出进行型式检验要求时。

冷轧扭钢筋的出厂检验和型式检验的项目内容、取样数量和测试方法应符合表 14-30 的规定。

冷轧扭钢筋的检验项目、取样数量和测试方法

表 14-30

序号	检验项目	取样数量		测试方法	备　注
		出厂检验	型式检验		
1	外观	逐根	逐根	目测	
2	截面控制尺寸	每批 3 根	每批 3 根	JG 190	
3	节距	每批 3 根	每批 3 根	JG 190	
4	定尺长度	每批 3 根	每批 3 根	JG 190	
5	质量	每批 3 根	每批 3 根	JG 190	
6	化学成分	—	每批 3 根	GB 223.69	仅当材料的力学性能指标不符合 JG 190 时进行
7	拉伸试验	每批 2 根	每批 3 根	JG 190	可采用前五项同批试样
8	180°弯曲试验	每批 1 根	每批 3 根	GB/T 232	

2. 验收分批规则

冷轧扭钢筋验收批应由同一型号、同一强度等级、同一规格尺寸、同一台（套）轧机生产的钢筋组成，且每批不应大于 20t，不足 20t 按一批计。

3. 判定规则

(1) 当全部检验项目均符合《冷轧扭钢筋》（JG 190）规定时，则该批型号的冷轧扭钢筋判定为合格。

(2) 当检验项目中一项或几项检验结果不符合《冷轧扭钢筋》（JG 190）相关规定时，则应从同一批钢筋中重新加倍随机抽样，对不合格项目进行复检。若试样复检后合格，则可判定该批钢筋合格。否则应根据不同项目按下列规则判定：

1) 当抗拉强度、伸长率、180°弯曲性能不合格或质量负偏差大于 5％时，判定该批钢筋为不合格。

2) 当钢筋力学与工艺性能合格，但截面控制尺寸（轧扁厚度、边长或内外圆直径）小于《冷轧扭钢筋》（JG 190）规定值或节距大于《冷轧扭钢筋》（JG 190）规定值时，该批钢筋应复验后降直径规格使用。

14.1.3.5　冷拔螺旋钢筋检验

1. 钢筋试验项目及方法

(1) 冷拔螺旋钢筋的试验项目、取样方法、试验方法应符合表 14-31 的规定。

冷拔螺旋钢筋的试验方法　　表 14-31

序号	试验项目	试验数量	取样方法	试验方法
1	化学成分（熔炼分析）	每炉 1 个	GB 222	GB 222
2	拉伸试验	逐盘 1 个	在每（任）盘中的任意一端去 300mm 后切取	GB 228、GB 6397
3	弯曲试验	每批 2 个		GB 232
4	松弛试验	定期 1 个		冷拔螺旋钢筋产品标准
5	尺寸	逐盘 1 个		卡尺、投影仪
6	表面	逐盘		肉眼
7	重量误差	逐盘 1 个		冷拔螺旋钢筋产品标准

(2) 钢筋松弛试验要点

1) 试验期间试样的环境温度应保持在 20±2℃。

2) 试样可进行机械校直，但不得进行任何热处理和其他冷加工。

3) 加在试样上的初始荷载为试样实际强度的 70％乘以试样的工程面积。

4) 加荷载速度为 200±50MPa/min，加荷完毕保持 2min 后开始计算松弛值。

5) 试样长度不小于公称直径的 60 倍。

2. 尺寸测量及重量偏差的测量

1) 槽深及筋顶宽通过取 10 处实测，取平均值得。尺寸测量精度精确到 0.02mm。

2) 重量偏差的测量。测量钢筋重量偏差时，试样长度应不小于 0.5m。钢筋重量偏差值按式（14-5）计算：

$$重量偏差 = \frac{实际重量 - （总长度 \times 公称重量）}{总长度 \times 公称重量} \times 100 \quad (14\text{-}5)$$

3. 检验规则

(1) 钢筋的质量

由供方进行检查和验收，需方有权进行复查。

(2) 组批规则

钢筋应成批验收。每批应由同一牌号、同一规格和同一级别的钢筋组成，每批重量不大于 50t。

(3) 取样数量

钢筋的取样数量应符合表 14-30 的规定。

供方在保证屈服强度合格的条件下，可以不逐盘进行屈服强度试验。如用户有特殊要求，应在合同中注明。

供方应定期进行应力松弛测定。如需方要求，供方应提供交货批的应力松弛值。

14.1.3.6　冷拔低碳钢丝检验

1. 检验方法

(1) 冷拔低碳钢丝的表面质量用目视检查。

(2) 冷拔低碳钢丝的直径应采用分度值不低于 0.01mm 的量具测量，测量位置应为同一截面的两个垂直方向，试验结果为两次测量值的平均值，修约到 0.01mm。

(3) 拉伸试验应按《金属材料室温拉伸试验方法》（GB/T 228）的规定进行。计算抗拉强度时应取冷拔低碳钢丝的公称横截面面积值。

(4) 断后伸长率的测定应按《金属材料室温拉伸试验方法》（GB/T 228）的规定进行。在日常检验时，试样的标距划痕不得导致断裂发生在划痕处。试样长度应保证试验机上下钳口之间的距离超过原始标距 50mm。测量断后标距的量具最小刻度不应小于 0.1mm。测得的伸长率应修约到 0.5％。

2. 检验规则

(1) 组批规则

冷拔低碳钢丝应成批进行检查和验收，每批冷拔低碳钢丝应由同一钢厂、同一钢号、同一压缩率、同一直径组成，甲级冷拔低碳钢丝每批质量不大于 30t，乙级冷拔低碳钢丝每批质量不大于 50t。

(2) 检查项目和取样数量

冷拔低碳钢丝的检查项目为表面质量、直径、抗拉强度、断后伸长率及反复弯曲次数。

冷拔低碳钢丝的直径每批抽查数量不少于 5 盘。

甲级冷拔低碳钢丝拉伸强度、断后伸长率及反复弯曲次数应逐盘进行检验；乙级冷拔低碳钢丝抗拉强度、断后伸长率及反复弯曲次数每批抽查数量不少于 3 盘。

(3) 复检规则

冷拔低碳钢丝的表面质量检查时，如有不合格者应予以剔除。

甲级冷拔低碳钢丝的直径、抗拉强度、断后伸长率及反复弯曲次数如有某检验项目不合格时，不得进行复检。

乙级冷拔低碳钢丝的直径、抗拉强度、断后伸长率及反复弯曲次数如有某检验项目不合格时，可从该批冷拔低碳钢丝中抽取双倍数量的试样进行复检。

(4) 判定规则

甲级冷拔低碳钢丝如有某检验项目不合格时，该批冷拔低碳钢丝判定为不合格。

乙级冷拔低碳钢丝所检项目合格或复检合格时，则该批冷拔低碳钢丝判定为合格；如复检中仍有某检验项目不合格，则该批冷拔低碳钢丝判定为不合格。

14.1.4　钢筋现场存放与保护

(1) 施工现场的钢筋原材料及半成品存放及加工场地应采用混凝土硬化，且排水效果良好。对非硬化的地面，钢筋原材料及半成品应架空放置。

（2）钢筋在运输和存放时，不得损坏包装和标志，并应按牌号、规格、炉批分别堆放整齐，避免锈蚀或油污。

（3）钢筋存放时，应挂牌标识钢筋的级别、品种、状态，加工好的半成品还应标识出使用的部位。

（4）钢筋存放及加工过程中，不得污染。

（5）钢筋轻微的浮锈可以在除锈后使用。但锈蚀严重的钢筋，应在除锈后，根据锈蚀情况，降规格使用。

（6）冷加工钢筋应及时使用，不能及时使用的应做好防潮和防腐保护。

（7）当钢筋在加工过程中出现脆裂、裂纹、剥皮等现象，或施工过程中出现焊接性能不良或力学性能显著不正常等现象时，应停止使用该批钢筋，并重新对该批钢筋的质量进行检测、鉴定。

14.2　配　筋　构　造

14.2.1　一　般　规　定

14.2.1.1　混凝土保护层

1. 混凝土结构的环境类别

混凝土建筑结构暴露的环境类别应按表14-32进行划分。

混凝土结构的环境类别　　　　表14-32

环境类别	条　　件
一	室内干燥环境；无侵蚀性静水浸没环境
二 a	室内潮湿环境；非严寒和非寒冷地区的露天环境；非严寒和非寒冷地区与无侵蚀性的水或土壤直接接触的环境；严寒和寒冷地区的冰冻线以下与无侵蚀性的水或土壤直接接触的环境
二 b	干湿交替环境；水位频繁变动环境；严寒和寒冷地区的露天环境；严寒和寒冷地区冰冻线以上与无侵蚀性的水或土壤直接接触的环境
三 a	严寒和寒冷地区冬季水位变动区环境；受除冰盐影响环境；海风环境
三 b	盐渍土环境；受除冰盐作用环境；海岸环境
四	海水环境
五	受人为或自然的侵蚀性物质影响的环境

注：1. 室内潮湿环境是指构件表面经常处于结露或湿润状态的环境；
2. 严寒和寒冷地区的划分应符合现行国家标准《民用建筑热工设计规程》GB 50176的有关规定；
3. 海岸环境和海风环境宜根据当地情况，考虑主导风向及结构所处迎风、背风部位等因素的影响，由调查研究和工程经验确定；
4. 受除冰盐影响环境指受除冰盐盐雾影响的环境；受除冰盐作用环境指被除冰盐溶液溅射的环境以及使用除冰盐地区的洗车房、停车楼等建筑；
5. 暴露的环境是指混凝土结构表面所处的环境。

2. 混凝土保护层的最小厚度

（1）构件中受力钢筋的保护层厚度（钢筋外边缘至构件表面的距离）不应小于钢筋的公称直径。设计使用年限为50年的混凝土结构，最外层钢筋的保护层厚度应符合表14-33的规定。

纵向受力钢筋的混凝土保护层最小厚度（mm）

表14-33

环境类别	一 a	二 a	二 b	三 a	三 b
板、墙、壳	15	20	25	30	40
梁、柱、杆	20	25	35	40	50

注：1. 混凝土强度等级不大于C25时，表中保护层厚度数值增加5mm；
2. 钢筋混凝土基础宜设置混凝土垫层，基础中钢筋的保护层厚度应从垫层顶面算起，且不应小于40mm。

（2）当有充分依据并采取下列有效措施时，可适当减小混凝土保护层的厚度：

1）构件表面有可靠的防护层；

2）采用工厂化生产的预制构件；

3）在混凝土中掺加阻锈剂或采用阴极保护处理等防锈措施；

4）当地下室墙体采取可靠的建筑防水做法或防护措施时，与土层接触一侧钢筋的保护层厚度可适当减少，但不应小于25mm。

（3）当梁、柱、墙中纵向受力钢筋的混凝土保护层厚度大于50mm时，宜对保护层采取有效的构造措施。当在保护层内配置防裂、防剥落的钢筋网片时，网片钢筋的保护层厚度不应小于25mm，其直径不宜大于8mm，间距不应大于150mm。对于梁，网片应配置在梁底和梁侧，梁侧的网片钢筋应延伸至梁的2/3处，两个方向上表层网片钢筋的截面面积均不应小于相应混凝土保护层（图14-3阴影部分）面积的1%，见图14-3。

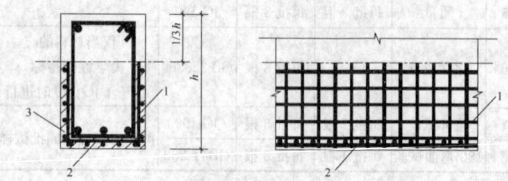

图14-3　配置表层钢筋网片的构造要求

1—梁侧表层钢筋网片；2—梁底表层钢筋网片；3—配置网片钢筋区域

（4）特殊条件下的混凝土保护层。

1）设计使用年限为100年的混凝土结构，最外层钢筋的混凝土保护层厚度不应小于表14-33数值的1.4倍。

2）机械连接套筒的保护层厚度宜满足有关钢筋最小保护层厚度的规定。

3）防水混凝土结构钢筋保护层厚度应根据结构的耐久性和工程环境选用，迎水面钢筋保护层厚度不应小于50mm。

14.2.1.2　钢筋锚固

（1）当计算中充分利用钢筋的抗拉强度时，受拉钢筋的锚固长度按式（14-1）、式（14-3）计算，不应小于表14-34规定的数值，且不应小于200mm。

受拉钢筋的最小锚固长度 l_a（mm）　　表14-34

混凝土强度	钢筋直径	HPB235 普通钢筋	HPB300 普通钢筋	HRB335 普通钢筋	HRB335 环氧树脂涂层钢筋	HRB400 普通钢筋	HRB400 环氧树脂涂层钢筋	HRB500 普通钢筋	HRB500 环氧树脂涂层钢筋
C20	$d\leqslant25$	31d	39d	38d	48d	—	—	—	—
	$d>25$	31d	39d	42d	53d	—	—	—	—
C25	$d\leqslant25$	27d	34d	33d	42d	40d	50d	48d	60d
	$d>25$	27d	34d	37d	46d	44d	55d	53d	66d
C30	$d\leqslant25$	24d	30d	29d	37d	35d	44d	43d	54d
	$d>25$	24d	30d	32d	41d	39d	48d	47d	59d
C35	$d\leqslant25$	22d	28d	27d	34d	33d	40d	39d	49d
	$d>25$	22d	28d	30d	34d	36d	44d	43d	54d
C40	$d\leqslant25$	20d	25d	25d	31d	29d	37d	37d	46d
	$d>25$	20d	25d	28d	35d	32d	41d	41d	50d
C45	$d\leqslant25$	19d	24d	23d	29d	31d	37d	34d	43d
	$d>25$	19d	24d	26d	32d	34d	42d	38d	47d
C50	$d\leqslant25$	18d	23d	22d	27d	29d	37d	32d	40d
	$d>25$	18d	23d	24d	30d	32d	37d	36d	45d
C55	$d\leqslant25$	18d	22d	21d	27d	26d	32d	31d	39d
	$d>25$	18d	22d	24d	30d	29d	36d	34d	43d
≥C60	$d\leqslant25$	17d	21d	21d	25d	25d	31d	30d	38d
	$d>25$	17d	21d	23d	29d	28d	34d	33d	41d

注：1. 当光圆钢筋受拉时，其末端应做180°弯钩，弯后平直段长度不应小于3d，当为受压时，可不做弯钩；
2. 混凝土结构中的纵向受压钢筋，当计算中充分利用其抗压强度时，锚固长度不应小于相应受拉锚固长度的70%；
3. d为锚固钢筋的直径。

（2）当符合下列条件时，表 14-34 的锚固长度应进行修正。

1）当钢筋在混凝土施工过程中易受扰动（如滑模施工）时，其锚固长度应乘以修正系数 1.10；

2）当纵向受力钢筋的实际配筋面积大于其设计计算面积时，其锚固长度修正系数取设计计算面积与实际配筋面积的比值，但对有抗震设防要求及直接承受动力荷载的结构构件，不应考虑此项修正；

3）锚固钢筋的保护层为 $3d$ 时修正系数可取 0.80，保护层厚度为 $5d$ 时修正系数可取 0.70，中间按内插取值，此处 d 为锚固钢筋的直径；

4）当纵向受拉普通钢筋末端采用弯钩或机械锚固措施时（图 14-4），锚固长度修正系数取 0.60。

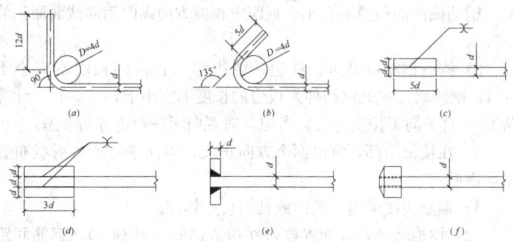

图 14-4　钢筋机械锚固的形式及构造要求

(a) 90°弯钩；(b) 135°弯钩；(c) 一侧贴焊锚筋；
(d) 两侧贴焊锚筋；(e) 穿孔塞焊锚板；(f) 螺栓锚头

采用机械锚固措施时，焊缝和螺纹长度应满足承载力要求，螺栓锚头和焊接锚板的承压净面积不应小于锚固钢筋截面积的 4 倍；螺栓锚头的规格应符合相关标准的要求；螺栓锚头和焊接锚板的钢筋净间距不宜小于 $4d$，否则应考虑群锚效应对锚固的不利影响；截面角部的弯钩和一侧贴焊锚筋的布筋方向宜向截面内侧偏置。受压钢筋不应采用末端弯钩和一侧贴焊锚筋的锚固措施。

（3）当锚固钢筋的保护层厚度不大于 $5d$ 时，锚固长度范围内应配置横向构造钢筋，其直径不应小于 $d/4$；对梁、柱、斜撑等构件构造钢筋间距不应大于 $5d$，对板、墙等平面构件构造钢筋间距不应大于 $10d$，且均不大于 100mm，此处 d 为锚固钢筋的直径。

（4）承受动力荷载的预制构件，应将纵向受力钢筋末端焊接在钢板或角钢上，钢板或角钢应可靠地锚固在混凝土中。钢板或角钢的尺寸应按计算确定，其厚度不宜小于 10mm。其他构件中的受力普通钢筋的末端也可通过焊接钢板或型钢实现锚固。

14.2.1.3 钢筋连接

1. 接头使用规定

（1）绑扎搭接宜用于受拉钢筋直径不大于 25mm 以及受压钢筋直径不大于 28mm 的连接；轴心受拉及小偏心受拉杆件（如桁架和拱的拉杆）的纵向受力钢筋不得采用绑扎搭接。

（2）细晶粒热轧带肋钢筋以及直径大于 28mm 的带肋钢筋，其焊接应经试验确定；余热处理钢筋不宜焊接。

（3）直接承受动力荷载的结构构件中，其纵向受力钢筋不得采用绑扎搭接接头，也不宜采用焊接接头，除端部锚固外不得在钢筋上焊有附件。当直接承受吊车荷载的钢筋混凝土吊车梁、屋面梁及屋架下弦的纵向受力钢筋采用焊接接头时，应采用闪光对焊，并去掉接头的毛刺及卷边。

（4）混凝土结构中受力钢筋的连接接头宜设置在受力较小处。在同一根受力钢筋上宜少设接头。在结构的重要构件和关键传力部位，纵向受力钢筋不宜设置连接接头。

（5）同一构件中相邻纵向受力钢筋的绑扎搭接接头或机械连接接头宜相互错开，焊接接头应相互错开。

2. 接头面积允许百分率

（1）钢筋绑扎搭接接头连接区段的长度为 $1.3l_l$（l_l 为搭接长度），凡搭接接头中点位于该连接区段长度内的搭接接头均属于同一连接区段（图 14-5）。同一连接区段内，纵向受拉钢筋搭接接头面积百分率应符合设计要求；当设计无具体要求时，应符合下列规定：

图 14-5　同一连接区段内的纵向
受拉钢筋绑扎搭接接头

1）对梁类、板类及墙类构件，不宜大于 25%；

2）对柱类构件，不宜大于 50%；

3）当工程中确有必要增大接头面积百分率时，对梁类构件不应大于 50%；对板、墙、柱及预制构件的拼接处，可根据实际情况放宽；

4）纵向受压钢筋搭接接头面积百分率，不宜大于 50%；

5）并筋采用绑扎连接时，应按每根单筋错开搭接的方式连接。接头面积百分率应按同一连接区段内所有的单根钢筋计算。

（2）钢筋机械连接接头连接区段的长度为 $35d$（d 为连接钢筋的较小直径）。凡接头中点位于该连接区段长度内的机械连接接头均属于同一连接区段。同一连接区段内，纵向受力钢筋的接头面积百分率应符合设计要求，当设计无具体要求时，应符合下列规定：

1）纵向受拉钢筋接头面积百分率不宜大于 50%，但对板、墙、柱及预制构件的拼接处，可根据实际情况放宽。纵向受压钢筋的接头百分率不受限制；

2）设置在有抗震设防要求的框架梁端、柱端的箍筋加密区的机械连接接头，不应大于 50%；

3）直接承受动力荷载的结构构件中，当采用机械连接接头时，不应大于 50%。

（3）钢筋焊接接头连接区段的长度为 $35d$（d 为连接钢筋的较小直径）且不小于 500mm，凡接头中点位于该连接区段长度内的焊接接头均属于同一连接区段。纵向受拉钢筋接头面积百分率不宜大于 50%，但对预制构件的拼接处，可根据实际情况放宽。纵向受压钢筋的接头百分率不受限制。

（4）当直接承受吊车荷载的钢筋混凝土吊车梁、屋面梁及屋架下弦的纵向受拉钢筋必须采用焊接接头时，接头百分率不应大于 25%，焊接接头连接区段的长度应取为 $45d$（d 为纵向受力钢筋的较大直径）。

3. 绑扎接头搭接长度

（1）纵向受拉钢筋绑扎搭接接头的搭接长度，应根据位于同一连接区段内的钢筋搭接接头面积百分率按表 14-35 中的公式计算，且不应小于 300mm。

纵向受拉钢筋绑扎搭接长度计算表　　表 14-35

纵向受拉钢筋绑扎搭接长度 l_l	注：1. 当不同直径钢筋搭接时，其值按较小的直径计算 2. 并筋中钢筋的搭接长度应按单筋分别计算 3. 式中 ζ_l 为搭接长度修正系数，按表 14-36 取用，中间值按内插取值
抗震 　　　　 **非抗震**	
$l_{lE}=\zeta_l l_{aE}$　　$l_l=\zeta_l l_a$	

纵向受拉钢筋搭接长度修正系数　　表 14-36

纵向钢筋搭接接头面积百分率（%）	≤25	50	100
ζ_l	1.2	1.4	1.6

（2）构件中的纵向受压钢筋采用搭接连接时，其受压搭接长度不应小于纵向受拉钢筋搭接长度的 0.7 倍，且不应小于 200mm。

（3）在梁、柱类构件的纵向受力钢筋搭接长度范围内应按设计要求配置横向构造钢筋。当设计无具体要求时，应符合下列规定：

1）构造钢筋直径不应小于搭接钢筋较大直径的 0.25 倍；

2）对梁、柱、斜撑等构件构造钢筋间距不应大于 $5d$，对板、墙等平面构件构造钢筋间距不应大于 $10d$，且均不大于 100mm，此处 d 为搭接较大钢筋的直径；

3）当受压钢筋直径大于 25mm 时，应在搭接接头两个端面外 100mm 范围内各设置两道箍筋。

14.2.2　板

14.2.2.1　受力钢筋

（1）采用绑扎钢筋配筋时，板中受力钢筋的直径选用见表14-37。

板中受力钢筋的直径（mm）　　表14-37

项　目	支撑板			悬臂板	
	板　厚			悬挑长度	
	$h<100$	$100\leqslant h\leqslant150$	$h>150$	$l\leqslant500$	$l>500$
钢筋直径	6～8	8～12	12～16	8～10	8～12

（2）板中受力钢筋的间距要求见表14-38。

板中受力钢筋的间距（mm）　　表14-38

序号	项　　目		最大钢筋间距	最小钢筋间距
1	跨中	板厚 $h\leqslant150$	200	70
		1000>板厚 $h>150$	$\leqslant1.5h$ 且$\leqslant250$	70
		板厚 $h\geqslant1000$	$1/3h$ 且$\leqslant500$	70
2	支座	下　部	400	70
		上　部	200	70

注：1. 表中支座处下部受力钢筋截面面积不应小于跨中受力钢筋截面面积的1/3；

2. 板中受力钢筋一般距墙边或梁边50mm开始配置。

（3）单向板和双向板可采用分离式配筋或弯起式配筋。分离式配筋因施工方便，已成为工程中主要采用的配筋方式。

采用分离式配筋的多跨板，板底钢筋宜全部伸入支座，支座负弯矩钢筋向跨内的延伸长度应覆盖负弯矩图并满足钢筋锚固的要求（图14-6）。

简支板或连续板下部纵向受力钢筋伸入支座的锚固长度不应小于钢筋直径的5倍，且宜伸过支座中心线。当连续板内温度、收缩应力较大时，伸入支座的长度宜适当增加。

对与边梁整浇的板，支座负弯矩钢筋的锚固长度应不小于 l_a，如图14-6所示。

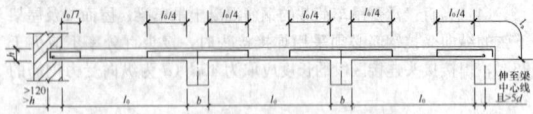

图14-6　连续板的分离式配筋

（4）在双向板的纵横两个方向上均需配置受力钢筋。承受弯矩较大方向的受力钢筋，应布置在受力较小钢筋的外层。

（5）板与墙或梁整体浇筑或连续板下部纵向受力钢筋各跨单独配置时，伸入支座内的锚固长度 l_{as}，宜伸至墙或梁中心线且不应小于 $5d$（如图14-7所示），当连续板内温度、收缩应力较大时，伸入支座的锚固长度宜适当增加。

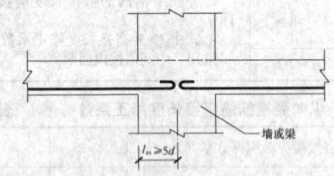

图14-7　板与墙或梁整体现浇时下
部受力钢筋的锚固长度

（6）现浇混凝土空心楼盖中的非预应力纵向受力钢筋可分区均匀布置，也可在肋宽范围内适当集中布置，在整个楼板范围内的钢筋间距均不宜大于250mm。

当内模为筒模时，顺筒方向的纵向受力钢筋与筒芯的净距不得小于10mm，在肋宽范围内，宜根据肋宽大小设置构造钢筋；内模为箱体时，纵向受力钢筋与箱体的净距不得小于10mm，肋宽范围内应布置箍筋。

14.2.2.2　分布钢筋

（1）单向板中单位长度上分布钢筋的截面面积不宜小于单位宽度上受力钢筋截面面积的15%，且不宜小于该方向板截面面积的0.15%；分布钢筋的间距不宜大于250mm，直径不宜小于6mm。

对集中荷载较大的情况或对防止出现裂缝要求较严时，分布筋的截面面积应适当增加，其间距不宜大于200mm。

（2）分布钢筋应配置在受力钢筋的转折处及直线段，在梁截面范围内可不配置。

14.2.2.3　构造钢筋

（1）对与梁、墙整体浇筑或嵌固在承重砌体墙内的现浇混凝土板，应沿支承周边配置上部构造钢筋，其直径不宜小于8mm，间距不宜大于200mm，并应符合下列规定：

1）单位宽度内的配筋面积不宜小于跨中相应方向板底钢筋截面面积的1/3。与混凝土梁或混凝土墙整体浇筑单向板的非受力方向，钢筋截面面积尚不宜小于板跨中相应方向纵向钢筋截面面积的1/3。

2）构造钢筋自梁边、柱边、墙边伸入板内的长度不宜小于 $l_0/4$，砌体墙支座处钢筋伸入板边的长度不宜小于 $l_0/7$，其中计算跨度 l_0 对单向板按受力方向考虑，对双向板按短边方向考虑。

3）在楼板角部，宜沿两个方向正交、斜向平行或放射状布置附加钢筋。

4）钢筋应在梁内、墙内或柱内可靠锚固。

4）挑檐转角处应配置放射性构造钢筋（图14-8）。钢筋间距沿 $l/2$ 处不宜大于200mm（l 为挑檐长度）；钢筋埋入长度不应小于挑檐宽度，即 $l_a\geqslant l$。构造钢筋的直径与边跨支座的负弯矩筋相同且不宜小于8mm。阴角处挑檐，当挑檐因为按要求设置伸缩缝（间距≤12m）时，宜在板上下面各设置3根 $\phi10\sim\phi14$ 的构造钢筋（图14-9）。

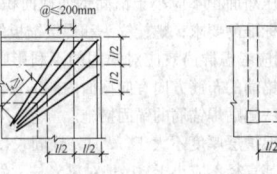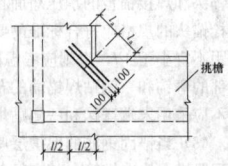

图14-8　挑檐转角处板　　　图14-9　挑檐阴角处板
的构造钢筋　　　　　　　的构造钢筋

（3）在温度、收缩应力较大的现浇板区域，应在板的表面双向配置防裂构造钢筋。配筋率不宜小于0.1%，间距不宜大于200mm。防裂构造钢筋可利用原有钢筋贯通布置，也可另行设置钢筋与原有钢筋按受拉钢筋的要求搭接或在周边构件中锚固。

（4）混凝土厚板及卧置于地基上的基础筏板，当板的厚度大于2m时，除应沿板的上下表面布置纵、横方向钢筋外，尚宜在板厚度不超过1m范围内设置与板面平行的构造钢筋网片，网片钢筋直径不宜小于12mm，纵横方向的间距不宜大于300mm。

（5）当混凝土板的厚度不小于150mm时，对板的无支承边的端部，宜设置U形构造钢筋，并与板顶、板底的钢筋搭接，搭接长度不宜小于U形构造钢筋直径的15倍且不宜小于200mm，也可采用板面、板底钢筋分别向下、上弯折搭接的形式。

（6）现浇混凝土空心楼盖构造钢筋应符合下列规定：

1）楼盖角部空心楼板、顶板底均应配置构造钢筋，配筋的范围从支座中心算起，两个方向的延伸长度均不小于所在角区格板边跨度的1/4，构造钢筋在支座处应按受拉钢筋锚固。

2）构造钢筋可采用正交钢筋网片，板顶、板底构造钢筋在两个方向的配筋率均不应小于0.2%，且直径不宜小于8mm，间距不宜大于200mm。

3）边支承空心楼盖中，墙或梁边每侧的实心板带宽度宜取 $0.2h_s$（h_s 为楼板厚度），且不应小于50mm，实心板带内应配置构造钢筋。

4）柱支承板楼盖中区格板周边的楼板实心区域应配置构造钢筋。

14.2.2.4　板上开洞

（1）圆洞或方洞垂直于板跨方向的边长（直径）小于300mm时，可将板的受力钢筋绕过洞口，并可不设孔洞的附加钢筋，见图14-10。

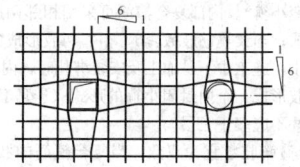

图 14-10　矩形洞边长和圆形洞直径
不大于 300mm 时钢筋构造

（2）当 $300 \leqslant d\,(b) \leqslant 1000$mm 时，且在孔洞周边无侧向荷载时，应沿洞边每侧配置加强钢筋，其面积不小于洞口宽度内被切断的受力钢筋面积的 1/2，且根据板面荷载大小选用 $2\phi8 \sim 2\phi12$。

（3）当 $d\,(b) > 300$mm 且孔洞周边有集中荷载时或 $d\,(b) > 1000$mm 时，应在孔洞边加设边梁。

（4）当现浇混凝土空心楼板需要开洞时，洞口的周边应保证至少 100mm 宽的实心混凝土带，并应在洞边布置补偿钢筋，每个方向的补偿钢筋面积不应小于切断钢筋的面积。

14.2.2.5　板柱节点

在板柱节点处，为提高板的冲切强度，可配置抗冲切箍筋或弯起钢筋，并应符合下列构造要求：

（1）板的厚度不小于 150mm。

（2）箍筋及相应的架立钢筋应配置在与 45°冲切破坏锥面相交的范围内，且从集中荷载作用面或柱截面边缘向外的分布长度不应小于 $1.5h_0$，箍筋应做成封闭式，直径不应小于 6mm，其间距不应大于 $h_0/3$，且不应大于 100mm（图 14-11a）。

（3）弯起钢筋的弯起角度可根据板的厚度在 30°~45°之间选取；弯起钢筋的倾斜段应与冲切破坏锥面相交（图 14-11b），其交点应在集中荷载作用面或柱截面边缘以外 $h/2 \sim 2/3h$ 的范围内。弯起钢筋直径不宜小于 12mm，且每一方向不宜小于 3 根。

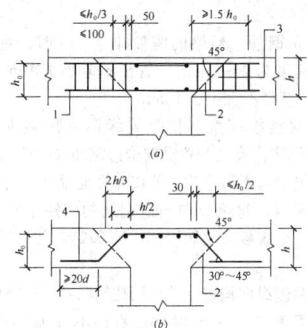

图 14-11　板柱节点处的加强配筋
(a) 配置箍筋；(b) 配置弯起钢筋
1—架立钢筋；2—冲切破坏锥面；3—箍筋；4—弯起钢筋

14.2.3　梁

14.2.3.1　受力钢筋

（1）纵向受力钢筋的直径：当梁高 $h \geqslant 300$mm 时，不应小于 10mm；当梁高 $h < 300$mm 时，不应小于 8mm。

（2）纵向受力钢筋的最小净距要求见表 14-39。

梁纵向受力钢筋的最小净间距（mm）　表 14-39

间距类型	水平净距		垂直净距
钢筋类型	上部钢筋	下部钢筋	
最小净距	30 且 1.5d	25 且 d	25 且 d

注：1. 净间距为相邻钢筋外边缘之间的最小距离。
　　2. 当下部钢筋配置多于 2 层时，2 层以上钢筋水平方向的中距比下层 2 层的中距增大一倍；各层钢筋之间的净距不应小于 25mm 和 d，d 为钢筋的最大直径。

（3）在梁的配筋密集区域宜采用并筋的配筋形式。

（4）简支梁和连续梁简支端的下部纵向受力钢筋伸入支座的锚固长度 l_{as}，应符合下列规定：

1）当梁端混凝土能担负全部剪力时，$l_{as} \geqslant 5d$；当梁端剪力大于混凝土担负能力时，对带肋钢筋 $l_{as} \geqslant 12d$，对光圆钢筋 $l_{as} \geqslant 15d$。

2）当下部纵向受力钢筋伸入梁支座范围内不足 l_{as} 时，可采取弯钩或机械锚固措施。

3）支撑在砌体结构上的钢筋混凝土独立梁，在纵向受力钢筋的锚固长度 l_{as} 范围内应配置不少于 2 个箍筋，其直径不宜小于纵向受力钢筋最大直径的 0.25 倍，间距不宜大于纵向受力钢筋最小直径的 10 倍，当采取机械锚固措施时，钢筋间距尚不宜大于钢筋最小直径的 5 倍。

（5）框架梁上部纵向钢筋伸入中间层端节点的锚固长度，当采用直线锚固形式时不应小于 l_a，且应伸过柱中心线不宜小于 $5d$（d 为梁上部纵向钢筋的直径）。当柱截面尺寸不满足直线锚固要求时，可采用钢筋端部加机械锚头的锚固方式，上部纵向钢筋伸至柱外侧纵向钢筋内边，包括机械锚头在内的水平投影锚固长度不应小于 $0.4l_{ab}$；梁上部纵向钢筋也可采用 90°弯折锚固的方式，此时，梁上部纵向钢筋应伸至柱外侧纵向钢筋内边并向节点内弯折，其包含弯弧段在内的水平投影长度不应小于 $0.4l_{ab}$，弯折钢筋在弯折平面内包含弯弧段的投影长度不应小于 $15d$，此处 l_{ab} 为钢筋的基本锚固长度。

（6）钢筋混凝土梁支座截面负弯矩纵向受拉钢筋不宜在受拉区截断。当必须截断时，应符合以下规定：

1）当梁端混凝土能担负全部剪力时，应延伸至按正截面受弯承载力计算不需要该钢筋的截面以外不小于 $20d$ 处截断，且从该钢筋强度充分利用截面伸出的长度不应小于 $1.2l_a$。

2）当梁端剪力大于混凝土担负能力时，应延伸至按正截面受弯承载力计算不需要该钢筋的截面以外不小于 h_0 且不小于 $20d$ 处截断，且从该钢筋强度充分利用截面伸出的长度不应小于 $1.2l_a + h_0$。

3）若按上述规定确定的截断点仍位于负弯矩受拉区内，则应延伸至按正截面受弯承载力计算不需要该钢筋的截面以外不小于 $1.3h_0$ 且不小于 $20d$ 处截断，且从该钢筋强度充分利用截面伸出的延伸长度不应小于 $1.2l_a + 1.7h_0$。

（7）在悬臂梁中，应有不少于两根上部钢筋伸至悬臂梁外端，并向下弯折不小于 $12d$；其余钢筋不应在梁的上部截断，而应按规定的弯起点位置向下弯折，并锚固在梁的下边。

（8）沿梁截面周边布置的受扭纵向钢筋的间距不应大于 200mm 及梁截面短边长度；除应在梁截面四角设置受扭纵向钢筋外，其余受扭纵向钢筋宜沿截面周边均匀对称布置。受扭钢筋应按受拉钢筋锚固在支座内。

14.2.3.2　弯起钢筋

（1）弯起钢筋一般是由纵向钢筋弯起而成。弯起钢筋的弯起角度一般宜为 45°；当梁高 >800mm 时，可弯起 60°；梁截面高度较小，并有集中荷载时，可为 30°。

（2）弯起钢筋的弯终点外应留有平行于梁轴线方向的锚固长度，在受拉区不应小于 $20d$，在受压区不应小于 $10d$，d 为弯起钢筋的直径，对光圆钢筋在末端应设置弯钩。

（3）弯起钢筋应在同一截面中与梁轴线对称对弯起，当两个截面中各弯起一根钢筋时，这两根钢筋也应沿梁轴线对称弯起。梁底（顶）层钢筋中的角部钢筋不应弯起。

（4）在梁的受压区中，弯起钢筋的弯起点可设在按正截面受弯承载力计算不需要该钢筋的截面之前；但弯起钢筋与梁中心线交点应在不需要该钢筋的截面之外，同时，弯起点与计算充分利用该钢筋的截面之间的距离不应小于 $h_0/2$，见图 14-12。设置弯起钢筋时，从支座起前一排的弯起点至后一排的弯终点的距离 S_{max} 应符合表 14-40 的规定。

S_{max} 的取值（mm）　表 14-40

梁高 h	$150 < h \leqslant 300$	$300 < h \leqslant 500$	$500 < h \leqslant 800$	$h > 800$
S_{max}	150	200	250	300

（5）当纵向受力钢筋不能在需要的位置弯起，或弯起钢筋不足

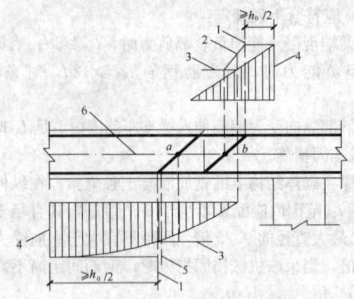

图 14-12 弯起钢筋弯起点与弯矩图形的关系
1—受拉区的弯起点；2—按计算不需要钢筋"b"的截面；
3—正截面受弯承载力图；4—按计算充分利用钢筋强度的截面；
5—按计算不需要钢筋"a"的截面；6—梁中心线

以承受剪力时，需增设附加斜钢筋，且其两端应锚固在受压区内（鸭筋），且不得采用浮筋，见图 14-13。

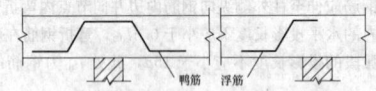

图 14-13 附加斜钢筋（鸭筋）的设置

14.2.3.3 箍筋

(1) 梁的箍筋设置：对梁高 $h > 300\text{mm}$，应沿梁全长设置；对梁高为 $150 \sim 300\text{mm}$，可仅在构件两端各 1/4 跨度范围内设置，但当在构件中部 1/2 跨度范围内有集中荷载作用时，则应沿梁全长设置；对梁高 $h < 150\text{mm}$，可不设置箍筋。

梁支座处的箍筋从梁边（或墙边）50mm 开始设置，支座范围内每隔 $100 \sim 200\text{mm}$ 设置箍筋，并在纵向钢筋的端部宜设置一道箍筋。

(2) 梁中箍筋的直径：对梁高 $h \leqslant 800\text{mm}$，不宜小于 6mm；对梁高 $h > 800\text{mm}$，不宜小于 8mm。梁中配有计算需要的纵向受压钢筋时，箍筋直径还不应小于纵向受压钢筋最大直径的 0.25 倍。

(3) 梁中箍筋的最大间距宜符合表 14-41 的规定。

梁中箍筋的最大间距（mm）   表 14-41

序　号	梁　高	按计算配置箍筋	按构造配置箍筋
1	$150 < h \leqslant 300$	150	200
2	$300 < h \leqslant 500$	200	300
3	$500 < h \leqslant 800$	250	350
4	$h > 800$	300	400

注：1. 当梁中配有按计算需要的纵向受压钢筋时，箍筋应做成封闭式，箍筋的间距不应大于 15d（d 为纵向受压钢筋的最小直径），同时不应大于 400mm；当一层内的纵向受压钢筋多于 5 根且直径大于 18mm 时，箍筋的间距不应大于 10d；

2. 梁中纵向受力钢筋搭接长度范围内的箍筋间距应符合 14.2.1.3 条的规定。

(4) 箍筋的形式有开口式和封闭式。一般应采用封闭式箍筋；开口式箍筋只能用于无振动荷载且计算不需要配置受压钢筋的现浇 T 形截面梁的跨中部分。抗扭箍筋应做成封闭式，且应沿截面周边布置；当采用复合箍筋时，位于截面内部的箍筋不应计入抗扭箍筋面积。

封闭式箍筋的末端应做成 135°弯钩，对于抗扭结构弯钩端头平直段长度不应小于 10d，一般结构不宜小于 5d。

(5) 箍筋的基本形式为双肢箍筋。当梁的宽度不大于 400mm 但一层内的纵向受压钢筋多于 4 根，或梁的宽度大于 400mm 且一层内的纵向受压钢筋多于 3 根，应设置复合箍筋。当梁箍筋为双肢箍时，梁上部纵筋、下部纵筋及箍筋的排布无关联，各自独立排布。当梁箍筋为复合箍时，梁上部纵筋、下部纵筋及箍筋的排布有关联，钢筋排布应符合下列要求：

1) 梁上部纵筋、下部纵筋及复合箍筋排布时应遵循对称均匀原则。

2) 梁复合箍筋应采用截面周边外封闭大箍加内封闭小箍的组

合方式（大箍套小箍）。内部复合箍筋可采用相邻两肢形成一个内封闭小箍的形式；当梁箍筋肢数≥6，相邻两肢形成的内封闭小箍水平端尺寸较小，施工中不易加工及安装绑扎时，内部复合箍筋也可采用非相邻肢形成一个内封闭小箍的形式（连环套），但沿外封闭周边箍筋重叠不应多于三层。

3) 梁复合箍筋肢数宜为双数，当复合箍筋的肢数为单数时，设一个单肢箍。单肢箍应同时钩住纵向钢筋和外封闭箍筋。

4) 梁箍筋转角处应有纵向钢筋，当箍筋上部转角处的纵向钢筋未能贯通全跨时，在跨中上部可设置架立筋（架立筋的直径：当梁的跨度小于 4m 时，不宜小于 8mm；当梁的跨度为 4～6m 时，不宜小于 10mm；当梁的跨度大于 6m 时，不宜小于 12mm。架立筋与梁纵向钢筋搭接长度为 150mm）。

5) 梁上部通长筋应对称均匀设置，通长筋宜置于箍筋转角处。

6) 梁同一跨内各组箍筋的复合方式应完全相同。当同一组内复合箍筋各肢位置不能满足对称性要求时，此跨内每相邻两组箍筋各肢的安装绑扎位置应沿梁纵向交错对称排布。

7) 梁横截面纵向钢筋与箍筋排布时，除考虑本跨内钢筋排布关联因素外，还应综合考虑相邻跨之间的关联影响。

8) 内部复合箍筋应紧靠外封闭箍筋一侧绑扎。当有水平拉筋时，拉筋在外封闭箍筋的另一侧绑扎。

(6) 封闭箍筋弯钩位置：当梁顶部有现浇板时，弯钩位置设置在梁顶；当梁底部有现浇板时，弯钩位置设置在梁底；当梁顶部或底部均无现浇板时，弯钩位置设置于梁顶部。相邻两组复合箍筋平面及弯钩位置沿梁纵向对称排布。

14.2.3.4 纵向构造钢筋

(1) 当梁端按简支计算但实际受到部分约束时，应在支座区上部设置纵向构造钢筋，其截面面积不应小于梁跨中下部纵向受力钢筋计算所需截面面积的 1/4，且不应少于两根，该纵向构造钢筋自支座边缘向跨内伸出的长度不应小于 $0.2l_0$（l_0 为该跨的计算跨度）。

(2) 对架立钢筋，当梁的跨度小于 4m 时，直径不宜小于 8mm；当梁的跨度为 4～6m 时，直径不应小于 10mm；当梁的跨度大于 6m 时，直径不宜小于 12mm。

(3) 当梁的腹板高度（扣除翼缘厚度后截面高度）$h_w \geqslant 450\text{mm}$ 时，梁侧应沿高度配置纵向构造钢筋（腰筋），按构造设置时，一般伸至梁端，不做弯钩；若按计算配置时，则在梁端应满足受拉时的锚固要求。每侧纵向构造钢筋的间距不宜大于 200mm，截面面积不应小于腹板截面面积 bh_w 的 0.1%，但当梁宽较大时可以适当放松。

(4) 梁的两侧纵向构造钢筋宜用拉筋联系，拉筋应同时钩住纵筋和箍筋。当梁宽≤350mm 时拉筋直径不宜小于 6mm，梁宽>350mm 时拉筋直径不宜小于 8mm。拉筋间距一般为非加密区箍筋间距的两倍，且≤600mm。当梁侧向拉筋多于一排时，相邻上下排拉筋错开设置。

(5) 对钢筋混凝土薄腹梁或需作疲劳验算的钢筋混凝土梁，应在下部 1/2 梁高的腹板内沿两侧配置直径为 8～14mm、间距为 100～150mm 的纵向构造钢筋，并应按下密上疏的方式布置；在上部 1/2 梁高的腹板内，纵向构造钢筋按一般规定配置。

14.2.3.5 附加横向钢筋

(1) 在梁下部或截面高度范围内有集中荷载作用时，应在该处设置附加横向钢筋（吊筋、箍筋）承担。附加横向钢筋应布置在长度 s（$s = 2h_1 + 3b$）的范围内（图 14-14）。附加横向钢筋宜优先采用箍筋，间距为 8d（d 为箍筋直径），最大间距应小于正常箍筋间距。当采用吊筋时，其弯起段应伸至梁上边缘，且末端水平段长度在受拉区不应小于 20d，在受压区不应小于 10d（d 为吊筋直径）。

(2) 当构件的内折角处于受拉区时，应增设箍筋（图 14-15）。该箍筋应能承受未在受压区锚固的纵向受拉钢筋 A_{s1} 的合力，且在任何情况下不应小于全部纵向钢筋 A_s 合力的 35%。

梁内折角处附加箍筋的配置范围 s，可按式（14-6）计算。

$$s = h\tan\frac{3}{8}\alpha \qquad (14\text{-}6)$$

式中　h——梁内折角处高度（mm）；

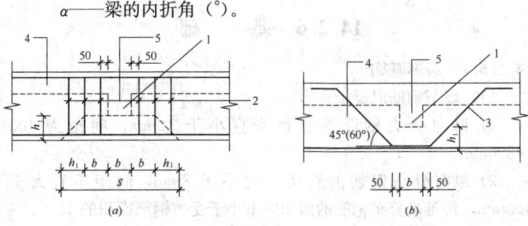

α——梁的内折角（°）。

图 14-14 集中荷载作用处的附加横向钢筋

(a) 附加箍筋；(b) 附加吊筋

1—传递集中荷载的位置；2—附加箍筋；3—附加吊筋；4—主梁；5—次梁

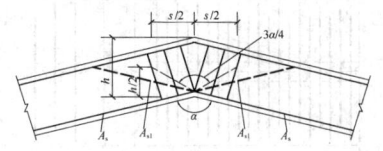

图 14-15 钢筋混凝土梁内折角处配筋

14.2.4 柱

14.2.4.1 纵向受力钢筋

(1) 柱中纵向受力钢筋的配置，应符合下列规定：

1) 纵向受力钢筋的直径不宜小于12mm，全部纵向钢筋的配筋率不宜大于5%；圆柱中纵向钢筋宜沿周边均匀布置，根数不宜少于8根，且不应少于6根。

2) 柱中纵向受力钢筋的净间距不应小于50mm，且不宜大于300mm；对水平浇筑的预制柱，其纵向钢筋的最小净间距可按梁的有关规定取用。

3) 在偏心受压柱中，垂直于弯矩作用平面的侧面上的纵向受力钢筋以及轴心受压柱中各边的纵向受力钢筋，其中距不宜大于300mm。

4) 当偏心受压柱的截面高度不小于600mm时，在柱的侧面上应设置直径不小于10mm的纵向构造钢筋，并相应设置复合箍筋或拉筋。

(2) 现浇柱中纵向钢筋的接头，应优先采用焊接或机械连接。接头宜设置在柱的弯矩较小区段。

(3) 柱变截面位置纵向钢筋构造应符合下列规定：

1) 下柱伸入上柱搭接钢筋的根数及直径，应满足上柱受力的要求；当上下柱内钢筋直径不同时，搭接长度应按上柱内钢筋直径计算。

2) 下柱伸入上柱的钢筋折角不大于1:6时，下柱钢筋可不切断而弯伸至上柱（图14-16a）；当折角大于1:6时，应设置插筋或将上柱钢筋锚在下柱内（图14-16b）。

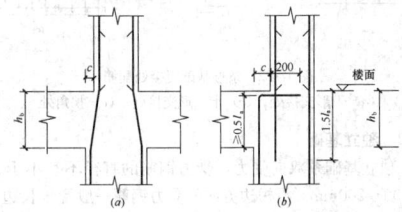

图 14-16 柱变截面位置纵向钢筋构造

(a) $c/h_b \leqslant 1/6$；(b) $c/h_b > 1/6$

(4) 顶层柱中纵向钢筋的锚固，应符合下列规定：

1) 顶层中间节点的柱纵向钢筋及顶层端节点的内侧柱纵向钢筋可用直线方式锚入顶层节点，其自梁底标高算起的锚固长度不应小于l_a，且柱纵向钢筋必须伸至柱顶。当截面尺寸不满足直线锚固要求时，宜采用90°弯折锚固措施，此时包括弯弧在内的钢筋竖直投影锚固长度不应小于$0.5l_{ab}$，在弯折平面内包含弯弧段的水平投影长度不宜小于$12d$（d为纵向钢筋直径）；也可采用带锚头的机械锚固措施，此时包含锚头在内的竖向锚固长度不应小于$0.5l_{ab}$。

当柱顶有现浇板且板厚不小于100mm时，柱纵向钢筋也可向外弯折，弯折后的水平投影长度不宜小于$12d$。此处，l_{ab}为纵向钢筋的基本锚固长度。

2) 框架顶层端节点处，可将柱外侧纵向钢筋的相应部分弯入梁内作梁上部纵向钢筋使用（图14-17a），其搭接长度不应小于$1.5l_{ab}$；其中，伸入梁内的外侧纵向钢筋截面面积不宜小于外侧纵向钢筋全部截面面积的65%。梁宽范围以外的柱外侧纵向钢筋宜沿节点顶部伸至柱内边，并向下弯折不小于$8d$后截断；当柱纵向钢筋位于柱顶第二层时，可不向下弯折。当有现浇板且板厚不小于100mm时，梁宽范围以外的纵向钢筋可伸入现浇板内，其长度与伸入梁的柱纵向钢筋相同。

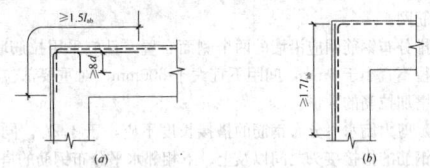

图 14-17 顶层端节点梁柱纵向钢筋在节点内的锚固与搭接

(a) 搭接接头沿顶层端节点外侧及梁端顶部布置；

(b) 搭接接头沿节点外侧直线布置

3) 框架梁顶点处，也可将梁上部纵向钢筋弯入柱内与柱外侧纵向钢筋搭接（图14-17b），其搭接长度竖直段不应小于$1.7l_{ab}$。当梁上部纵向钢筋的配筋率大于1.2%时，弯入柱外侧的梁上部纵向钢筋应满足以上规定的搭接长度，且宜分两批截断，其截断点之间的距离不宜小于$20d$（d为梁上部纵向钢筋直径）。柱外侧纵向钢筋伸至柱顶后宜向节点内水平弯折，弯折段的水平投影长度不宜小于$12d$（d为柱外侧纵向钢筋直径）。

4) 当梁的截面高度较大，梁、柱纵向钢筋相对较小，从梁底算起的直线搭接长度未延伸至柱顶即已满足$1.5l_{ab}$的要求时，应将搭接长度延伸至柱顶并满足$1.7l_{ab}$的要求；或者从梁底算起的弯折搭接长度未延伸至柱内侧边缘即已满足$1.5l_{ab}$的要求时，其弯折后包括弯弧在内的水平段的长度不应小于$15d$，d为柱纵向钢筋的直径。

14.2.4.2 箍筋

(1) 柱及其他受压构件中的周边箍筋应做成封闭式；对圆柱中的箍筋，末端应做成135°弯钩，弯钩末段平直段长度不应小于箍筋直径的5倍。

(2) 箍筋间距不应大于400mm及构件截面的短边尺寸，且不应大于$15d$（d为纵向受力钢筋的最小直径）。

(3) 箍筋直径不应小于$d/4$，且不应小于6mm（d为纵向受力钢筋的最大直径）。

(4) 当柱中全部纵向受力钢筋的配筋率大于3%时，箍筋直径不应小于8mm，间距不应大于纵向受力钢筋最小直径的10倍，且不应大于200mm；箍筋末端应做成135°弯钩，弯钩端头平直段长度不应小于$10d$（d为箍筋直径），箍筋也可焊成封闭环式。

(5) 当柱截面短边尺寸大于400mm且各边纵向钢筋多于3根时，或当柱截面短边尺寸不大于400mm但各边纵向钢筋多于4根时，应设置复合箍筋（图14-18）。

(6) 柱中纵向受力钢筋搭接长度内的箍筋间距应符合本手册

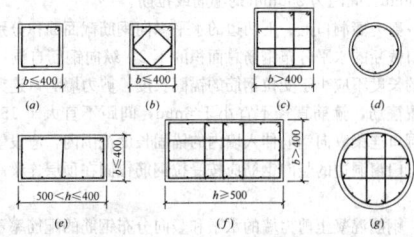

图 14-18 矩形与圆形截面柱的箍筋形式

(a) 方形箍筋；(b)、(c) 方柱复合箍筋；(d) 圆柱箍筋；

(e)、(f) 矩形柱复合箍筋；(g) 圆柱复合箍筋

14.2.1.3 条的规定。

（7）柱净高最下一组箍筋距底部梁顶 50mm，最上一组箍筋距顶部梁底 50mm，节点区最下、最上一组箍筋距节点梁底、梁顶不大于 50mm，当顶层柱与梁顶标高相同时，节点区最上一组箍筋距梁顶不大于 150mm。

14.2.5　剪　力　墙

（1）钢筋混凝土剪力墙水平及竖向分布钢筋的直径不应小于 8mm，间距不应大于 300mm。

（2）厚度大于 160mm 的剪力墙应配置双排分布钢筋网；结构中重要部位的剪力墙，当其厚度不大于 160mm 时，也宜配置双排分布钢筋网。

双排分布钢筋网应沿墙的两个侧面布置，且应采用拉筋联系；拉筋直径不宜小于 6mm，间距不宜大于 600mm；对重要部位的墙宜适当增加拉筋的数量。

（3）剪力墙水平分布钢筋的搭接长度不应小于 $1.2l_a$。同排水平分布钢筋的搭接接头之间以及上、下相邻水平分布钢筋的搭接接头之间沿水平方向的净距不宜小于 500mm。剪力墙竖向分布钢筋可在同一高度搭接，搭接长度不应小于 $1.2l_a$。带边框的墙，水平和竖向分布钢筋宜贯穿柱、梁或锚固在柱、梁内。

（4）剪力墙水平分布钢筋应伸至墙端，并向内水平弯折 10d 后截断（d 为水平分布钢筋直径），见图 14-19（a）。当剪力墙端部有翼墙或转角的墙时，水平分布钢筋应伸至翼墙或转角外边，并向两侧水平弯折 15d 后截断，见图 14-19（b）。

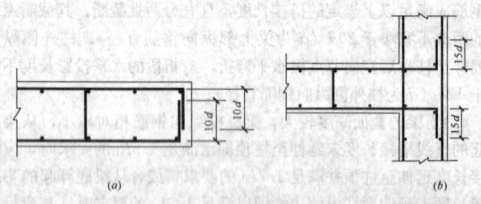

图 14-19　端部水平分布钢筋的锚固
(a) 无翼墙时的锚固；(b) 有翼墙时的锚固

在房屋角部，沿剪力墙外侧的水平分布筋宜沿外墙边连续弯入翼墙内，见图 14-20（a）；当需要在纵横墙转角处设置搭接接头时，沿外墙边的水平分布钢筋的总搭接长度不应小于 $1.3l_a$，见图 14-20（b）。

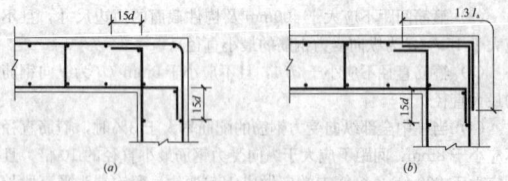

图 14-20　转角处水平分布钢筋的配筋构造
(a) 外侧水平钢筋连续通过转角；
(b) 外侧水平钢筋设搭接接头

（5）剪力墙墙肢两端的竖向受力钢筋不应少于 4 根直径 12mm 的钢筋或 2 根直径 16mm 的钢筋，且沿该竖向钢筋方向宜配置直径不小于 6mm、间距为 250mm 的箍筋或拉筋。

（6）剪力墙洞口上、下两边的水平纵向钢筋截面面积分别不宜小于洞口截断的水平分布钢筋总面积的 1/2。纵向钢筋自洞口边伸入墙内的长度不应小于受拉钢筋的锚固长度。剪力墙洞口连梁应沿全长配置箍筋，箍筋直径不宜小于 6mm，间距不宜大于 150mm。在顶层洞口连梁纵向钢筋伸入墙内的锚固长度范围内，应设置相同的箍筋。门窗洞边的竖向钢筋应按受拉钢筋锚固在顶层连梁高度范围内。

（7）钢筋混凝土剪力墙的水平和竖向分布钢筋的配筋率不应小于 0.2%。结构中重要部位的剪力墙，其水平和竖向分布钢筋的配筋率宜适当提高。剪力墙中温度、收缩应力较大的部位，水平分布钢筋的配筋率可适当提高。

14.2.6　基　　础

14.2.6.1　条形基础

（1）墙下钢筋混凝土条形基础：

1）横向受力钢筋的直径不宜小于 10mm，间距为 100～200mm。

2）纵向分布钢筋的直径不宜小于 8mm，间距不宜大于 300mm，每延米分布钢筋的面积应不小于受力钢筋面积的 15%。

3）条形基础的宽度 $b \geqslant 2500$mm 时，横向受力钢筋的长度可减至 $0.9l$，并宜交错布置（图 14-21）。

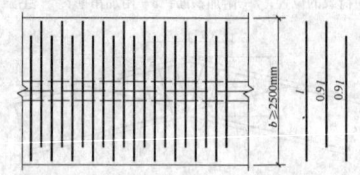

图 14-21　条形基础底板配筋减短 10% 构造
注：进入底板交接区的受力钢筋和
无交接底板时端部第一根钢筋不应减短。

（2）柱下条形基础：

1）柱下条形基础顶面受力钢筋按计算配筋全部贯通，底面钢筋中的通长钢筋不应小于底面受力钢筋截面总面积的 1/3。纵向受力钢筋的直径不应小于 12mm。

2）肋梁箍筋应采用封闭式，其直径不应小于 8mm，间距不应小于 15d（d 为纵向受力钢筋直径），也不应大于 500mm。肋梁宽度 $b \leqslant 350$mm 时，采用双肢箍筋；$350 < b \leqslant 800$mm 时，采用四肢箍筋；$b > 800$mm 时，采用六肢箍筋。

3）当肋梁板高 $h_w \geqslant 450$mm 时，应在腹板两侧配置直径不小于 12mm 的纵向构造钢筋，间距不宜大于 200mm，其截面面积不应小于腹板截面面积的 0.1%。

4）翼板的横向受力钢筋直径不小于 10mm，间距不应大于 200mm。纵向分布钢筋的直径为 8～10mm，间距不大于 250mm。

（3）条形基础在 T 形及十字形交接处底板横向受力钢筋仅沿一个主要受力方向通长布置，另一方向的横向受力钢筋可布置到主要受力方向底板宽度 1/4 处（图 14-22a、b）；在拐角处底板横向受力钢筋应沿两个方向布置（图 14-22c）。

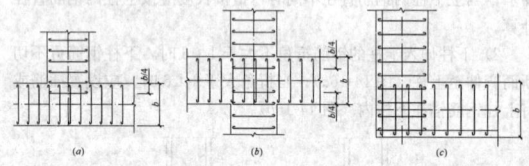

图 14-22　条形基础交接处配筋
(a) T 形交接处；(b) 十字形交接处；(c) 拐角处

14.2.6.2　独立基础

（1）独立基础系双向受力，受力钢筋的直径不宜小于 10mm，间距为 100～200mm。沿短边方向的受力钢筋一般置于长边受力钢筋的上面。当基础边长 $B \geqslant 2500$mm 时（除基础支承在桩上外），受力钢筋的长度可缩减 10%，交错布置。

（2）现浇柱下独立基础的插筋的数量、直径、间距以及钢筋种类应与柱中纵向受力钢筋相同，下端宜做成直弯钩，放在基础的钢筋网上（图 14-23）；当柱为轴心受压或小偏心受压、基础高度 $h \geqslant 1200$mm，或柱为大偏心受压、基础高度 $h \geqslant 1400$mm 时，可仅将四角的插筋伸至底板钢筋网上，其余插筋锚固在基础顶面下 l_a 或 l_{aE}（有抗震设防要求时）处。插筋的箍筋与柱中箍筋相同，基础内设置二个。

（3）预制柱下杯形基础，当 $t/h_2 < 0.65$ 时（t 为杯口宽度，h_2 为杯口外壁高度），杯口需要配筋，见图 14-24。

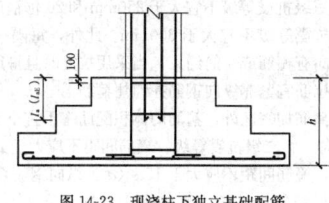

图 14-23 现浇柱下独立基础配筋

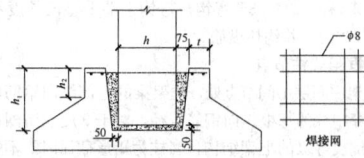

图 14-24 杯形基础配筋

14.2.6.3 筏板基础

(1) 筏板基础的钢筋间距不应小于 150mm，宜为 200～300mm，受力钢筋直径不宜小于 12mm。采用双向钢筋网片配置在板的顶面和底面。

(2) 当筏板的厚度 $h \geqslant 1000mm$ 时，端部宜设置直径为 12～20mm 的钢筋网，间距为 250～300mm；当 $500mm < h < 1000mm$ 时宜将上部和下部钢筋端部弯折 20d；当 $h \leqslant 500mm$ 时，顶、底部钢筋端部可弯折 12d。

(3) 当筏板的厚度大于 2m 时，宜沿板厚度方向间距不超过 1m 设置与板面平行的构造钢筋网片，其直径不宜小于 12mm，纵横方向的间距不宜大于 300mm。

(4) 对梁板式筏基，墙柱的纵向钢筋要贯通基础梁而插入筏板底部（或中部钢筋网的位置），并且应从梁上皮起满足锚固长度的要求。

14.2.6.4 箱形基础

(1) 箱形基础的顶板、底板及墙体均应采用双层双向配筋。墙体的竖向和水平钢筋直径均不应小于 10mm，间距均不应大于 200mm。内、外墙的墙顶处宜配置两根直径不小于 20mm 的通长构造钢筋，如上部为剪力墙，则可不配置通长构造钢筋。

(2) 上部结构底层柱纵向钢筋伸入箱形基础墙体的长度应符合下列要求：

1) 柱下三面或四面有箱形基础墙的内柱，除柱四角纵向钢筋直通到基底外，其余钢筋可伸入顶板底面以下 40 倍纵向钢筋直径处；

2) 外柱、与剪力墙相连的柱及其他内柱的纵向钢筋应直通到基底。

14.2.6.5 桩基承台

矩形承台钢筋应按双向均匀通长布置，钢筋直径不宜小于 10mm，间距不宜大于 200mm；三桩承台钢筋应按三向板带均匀布置，且最里面的三根钢筋围成的三角形应在柱截面范围内。承台梁的主筋直径不宜小于 12mm，架立筋不宜小于 10mm，箍筋直径不宜小于 6mm。

14.2.7 抗震配筋要求

根据设防烈度、结构类型和房屋高度，抗震等级分为一、二、三、四级。

14.2.7.1 一般规定

(1) 结构构件中的纵向受力钢筋宜选用 HRB335、HRB400、HRB500 级钢筋。按一、二、三级抗震等级设计时，框架结构中纵向受力钢筋应符合 14.1.2.1 的要求。

(2) 抗震区受拉钢筋锚固长度。纵向受拉钢筋的抗震锚固长度 l_{aE} 应按式 (14-7) ～式 (14-9) 计算：

一、二级抗震等级 $l_{aE} = 1.15 l_a$ (14-7)
三级抗震等级 $l_{aE} = 1.05 l_a$ (14-8)
四级抗震等级 $l_{aE} = l_a$ (14-9)

式中 l_{aE}——纵向受拉钢筋的抗震锚固长度；

l_a——纵向受拉钢筋的锚固长度。

由此可计算有抗震要求的纵向受拉钢筋的锚固长度，见表 14-42。

纵向受拉钢筋抗震锚固长度 l_{aE}
表 14-42

钢筋种类与直径	HPB235	HPB300	HRB335				HRB400				HRB500			
	普通钢筋	普通钢筋	普通钢筋		环氧树脂涂层钢筋		普通钢筋		环氧树脂涂层钢筋		普通钢筋		环氧树脂涂层钢筋	
混凝土强度与抗震等级			$d\leqslant25$	$d>25$	$d\leqslant25$	$d>25$	$d\leqslant25$	$d>25$	$d\leqslant25$	$d>25$	$d\leqslant25$	$d>25$	$d\leqslant25$	$d>25$
C20 一、二级抗震等级	36d	45d	44d	49d	55d	61d	—	—	—	—	—	—	—	—
C20 三级抗震等级	33d	41d	40d	45d	51d	56d	—	—	—	—	—	—	—	—
C25 一、二级抗震等级	31d	39d	38d	42d	48d	53d	46d	51d	58d	63d	55d	61d	69d	76d
C25 三级抗震等级	28d	36d	35d	39d	44d	48d	42d	46d	53d	58d	50d	55d	63d	69d
C30 一、二级抗震等级	29d	35d	33d	37d	42d	46d	40d	44d	51d	56d	49d	54d	62d	68d
C30 三级抗震等级	25d	32d	31d	34d	39d	43d	37d	41d	47d	51d	45d	50d	56d	62d
C35 一、二级抗震等级	25d	32d	31d	34d	39d	43d	37d	41d	47d	51d	45d	50d	56d	62d
C35 三级抗震等级	23d	29d	28d	31d	35d	39d	34d	37d	43d	47d	41d	45d	51d	56d
C40 一、二级抗震等级	23d	29d	29d	32d	35d	39d	33d	37d	42d	46d	41d	45d	51d	56d
C40 三级抗震等级	21d	26d	26d	29d	32d	36d	30d	34d	38d	42d	38d	42d	47d	52d
C45 一、二级抗震等级	22d	28d	26d	30d	34d	37d	32d	34d	40d	44d	43d	49d	54d
C45 三级抗震等级	20d	25d	24d	27d	30d	33d	29d	32d	37d	40d	36d	39d	45d	49d
C50 一、二级抗震等级	21d	26d	25d	29d	32d	36d	31d	34d	39d	43d	37d	41d	46d	51d
C50 三级抗震等级	19d	24d	23d	25d	29d	32d	28d	31d	35d	39d	34d	38d	42d	47d
C55 一、二级抗震等级	20d	25d	24d	27d	31d	34d	30d	33d	37d	41d	36d	40d	44d	50d
C55 三级抗震等级	18d	23d	22d	25d	28d	31d	27d	30d	34d	38d	33d	36d	40d	45d
≥C60 一、二级抗震等级	19d	24d	24d	27d	30d	33d	29d	31d	39d	42d	36d	43d	48d
≥C60 三级抗震等级	17d	22d	22d	24d	28d	30d	26d	29d	33d	36d	32d	35d	40d	44d

注：1. 当钢筋在混凝土施工过程中易受扰动（如滑模施工）时，其锚固长度乘以修正系数 1.1；

2. 在任何情况下，锚固长度不得小于 250mm；

3. d 为纵向钢筋直径。

（3）采用搭接接头时，纵向受拉钢筋的抗震搭接长度 l_{lE}，应按表 14-35 的要求计算。

（4）纵向受力钢筋连接接头的位置宜避开梁端、柱端箍筋加密区；当无法避开时，应采用满足等强度要求的高质量机械连接或焊接，且钢筋接头面积百分率不应超过 50%。

（5）箍筋宜采用焊接封闭箍筋、连续螺旋箍筋或连续复合螺旋箍筋。当采用非焊接封闭箍筋时，其末端应做成 135° 弯钩，弯钩端头平直段长度不应小于箍筋直径的 10 倍；在纵向受力钢筋搭接长度范围内的箍筋间距不应大于搭接钢筋较小直径的 5 倍，且不宜大于 100mm。

14.2.7.2 框架梁

（1）框架梁梁端截面的底部和顶部纵向受力钢筋截面面积的比值，除按计算确定外，一级抗震等级不应小于 0.5；二、三级抗震等级不应小于 0.3。

（2）梁端箍筋的加密区长度、箍筋最大间距和箍筋最小直径应按表 14-43 采用。

梁端箍筋加密区的构造要求 表 14-43

抗震等级	箍筋加密区长度（二者取大值）	箍筋最大间距（三者取最小值）	箍筋最小直径（mm）
一	$2h$，500mm	$6d$，$h/4$，100mm	10
二		$8d$，$h/4$，100mm	8
三	$1.5h$，500mm	$8d$，$h/4$，150mm	8
四			6

注：1. d 为纵向钢筋直径；h 为梁的高度。梁端纵向钢筋配筋率 >2% 时，表中箍筋最小直径增加 2mm；

　　2. 箍筋直径大于 12mm，数量不少于 4 肢且肢距不大于 150mm 时，一、二级的最大间距应允许适当放宽，但不得大于 150mm。

（3）沿梁全长顶面和底面至少应各配置两根通长的纵向钢筋。对一、二级抗震等级，钢筋直径不应小于 14mm，且分别不应少于梁两端顶面和底面纵向受力钢筋中较大截面面积的 1/4；对三、四级抗震等级，钢筋直径不应小于 12mm。

（4）梁箍筋加密区长度内的箍筋间距；对一级抗震等级，不宜大于 200mm 和 20 倍箍筋直径的较大值；对二、三级抗震等级，不宜大于 250mm 和 20 倍箍筋直径的较大值；各抗震等级下，均不宜大于 300mm。

（5）梁端设置的第一个箍筋应距框架节点边缘不应大于 50mm；非加密区的箍筋间距不宜大于加密区间距的 2 倍。

14.2.7.3 框架柱与框支柱

（1）框架柱与框支柱上、下两端箍筋应加密。加密区的箍筋最大间距和箍筋最小直径应符合表 14-44 的规定。

柱端箍筋加密区的构造要求 表 14-44

抗震等级	箍筋最大间距（mm）（两者取最小值）	箍筋最小直径（mm）
一	$6d$，100	10
二	$8d$，100	8
三	$8d$，150（柱根 100）	8
四	$8d$，150（柱根 100）	6（柱根 8）

注：柱根系指底层柱下端的箍筋加密区范围。

（2）框支柱和剪跨比不大于 2 的框架柱应在柱全高范围内加密箍筋，且箍筋间距不应大于 100mm。

（3）一级抗震等级框架柱的箍筋直径大于 12mm 且箍筋肢距不大于 150mm 及二级抗震等级的框架柱的箍筋直径不小于 10mm 且箍筋肢距不大于 200mm 时，除底层柱下端外，箍筋间距应允许采用 150mm；四级抗震等级框架柱剪跨比不大于 2 时，箍筋直径不应小于 8mm。

（4）框架柱的箍筋加密区长度，应取柱截面长边尺寸（或圆形截面直径）、柱净高的 1/6 和 500mm 中的最大值。一、二级抗震等级的角柱应沿柱全高加密箍筋。底层柱根箍筋加密区长度应取不小于该层柱净高的 1/3；当有刚性地面时，除柱端箍筋加密区外尚应在刚性地面上、下各 500mm 的高度范围内加密箍筋。

（5）柱箍筋加密区内的箍筋肢距：一级抗震等级不宜大于

200mm；二、三级抗震等级不宜大于 250mm 和 20 倍箍筋直径中的较大值；四级抗震等级不宜大于 300mm。此外，每隔一根纵向钢筋宜在两个方向有箍筋或拉筋约束；当采用拉筋且箍筋与纵向钢筋有绑扎时，拉筋宜紧靠纵向钢筋并勾住箍筋。

（6）在柱箍筋加密区外，箍筋的体积配筋率不宜小于加密区配筋率的 1/2；对一、二级抗震等级，箍筋间距不应大于 10d；对三、四级抗震等级，箍筋间距不应大于 15d（d 为纵向钢筋直径）。

（7）螺旋箍筋的搭接长度不应小于锚固长度 l_{aE}，且不小于 300mm，且末端应做成 135° 弯钩，弯钩末端平直段长度不应小于箍筋直径的 10 倍，并钩住纵筋。

14.2.7.4 框架梁柱节点

（1）框架中间层中间节点处，框架梁的上部纵向钢筋应贯穿中间节点。贯穿中柱的每根纵向钢筋直径，对于 9 度设防烈度的各类框架和一级抗震等级的框架结构，当柱为矩形截面时，不宜大于柱在该方向截面尺寸的 1/25，当柱为圆形截面时，不宜大于纵向钢筋所在位置柱截面弦长的 1/25；对一、二、三级抗震等级，当柱为矩形截面时，不宜大于柱在该方向截面尺寸的 1/20，对圆柱截面，不宜大于纵向钢筋所在位置柱截面弦长的 1/20。

（2）对于框架中间层中间节点、中间层端节点、顶层中间节点以及顶层端节点，梁、柱纵向钢筋在节点部位的锚固和搭接，应符合图 14-25 的相关构造规定。

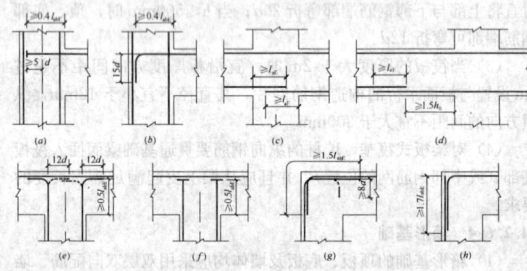

图 14-25　梁和柱的纵向受力钢筋在节点区的锚固和搭接
（a）中间层端节点梁加弯头（锚板）锚固；（b）中间层端节点梁筋 90°弯折锚固；（c）中间层中间节点梁筋在节点内直锚固；（d）中间层节点梁筋在节点外搭接；（e）顶层中间节点柱筋 90°弯折锚固；（f）顶层中间节点柱筋加锚头（锚板）锚固；（g）钢筋在顶层端节点外侧和梁端顶部弯折搭接；（h）钢筋在顶层端节点外侧直线搭接

14.2.7.5 剪力墙及连梁

（1）一、二、三级抗震等级的剪力墙的水平和竖向分布钢筋配筋率均不应小于 0.25%；四级抗震等级剪力墙不应小于 0.2%，分布钢筋间距不宜大于 300mm；其直径不应小于 8mm，且不宜大于墙厚的 1/10；竖向分布钢筋直径不宜小于 10mm。

部分框支剪力墙结构的剪力墙加强部位，水平和竖向分布钢筋配筋率不应小于 0.3%，钢筋间距不应大于 200mm。对高度小于 24m 且剪压比很小的四级抗震等级剪力墙，其竖向分布筋最小配筋率应允许按 0.15% 采用。

（2）剪力墙厚度大于 140mm 时，其竖向和水平向分布钢筋不应少于双排布置。在底部加强部位，边缘构件以外的墙体中，拉筋间距应适当加密。

（3）剪力墙端部设置的构造边缘构件（暗柱、端柱、翼墙和转角墙）（图 14-26）的纵向钢筋除应满足计算要求外，尚应符合表 14-45 的要求。

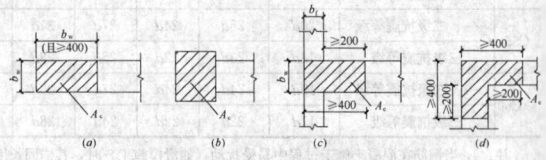

图 14-26　剪力墙的构造边缘构件
（a）暗柱；（b）端柱；（c）翼墙；（d）转角墙

构造边缘构件的构造配筋要求 　　**表 14-45**

抗震等级	底部加强部位			其他部位		
	纵向钢筋最小配筋量（取较大值）	箍筋、拉筋		纵向钢筋最小配筋量（取较大值）	箍筋、拉筋	
		最小直径(mm)	最大间距(mm)		最小直径(mm)	最大间距(mm)
一	0.01A_c, 6ϕ16	8	100	0.008A_c, 6ϕ14	8	150
二	0.008A_c, 6ϕ14	8	150	0.006A_c, 6ϕ12	8	200
三	0.006A_c, 6ϕ12	6	150	0.005A_c, 4ϕ12	6	200
四	0.005A_c, 4ϕ12	6	200	0.004A_c, 4ϕ12	6	250

注: 1. A_c 为图 14-26 所示中的阴影面积;
　　2. 对其他部位, 拉筋的水平间距不应大于纵向钢筋间距的 2 倍, 转角处宜设置箍筋;
　　3. 当端柱承受集中荷载时, 应满足框架柱的配筋要求。

(4) 剪力墙约束边缘构件的箍筋或拉筋沿竖向的间距, 对一级抗震等级不宜大于 100mm, 对二、三级抗震等级不宜大于 150mm。

(5) 连梁沿上、下边缘单侧纵筋的最小配筋率不应小于 0.15%, 且配筋不宜少于 2ϕ12; 交叉斜筋配筋连梁单向对角斜筋不宜少于 2ϕ12, 单组折线筋的截面面积可取为单向对角斜筋截面面积的一半, 且直径不宜小于 12mm, 集中对角斜筋配筋连梁和对角暗撑连梁中每组对角斜筋应至少由 4 根直径不小于 14mm 的钢筋组成。

(6) 交叉斜筋配筋连梁的对角斜筋在梁端部位应设置不少于 3 根拉筋, 拉筋的间距不应大于连梁宽度和 200mm 的较小值, 直径不应小于 6mm; 集中对角斜筋配筋连梁应在梁截面内沿水平方向及竖直方向设置双向拉筋, 拉筋应勾住外侧纵向钢筋, 间距不应大于 200mm, 直径不应小于 8mm; 对角暗撑配筋连梁中暗撑箍筋的外缘沿梁截面宽度方向不宜小于梁宽的一半, 另一方向不宜小于梁宽的 1/5; 对角暗撑约束箍筋的间距不宜大于暗撑钢筋直径的 6 倍, 当计算间距小于 100mm 时可取 100mm, 箍筋肢距不应大于 350mm。除集中对角斜筋配筋连梁以外, 其余连梁的水平钢筋及箍筋形成的钢筋网之间应采用拉筋拉结, 拉筋直径不宜小于 6mm, 间距不宜大于 400mm。

(7) 连梁纵向受力钢筋、交叉斜筋伸入墙内的锚固长度不应小于 l_{aE}, 且不应小于 600mm; 顶层连梁纵向钢筋伸入墙体的长度范围内, 应配置间距不大于 150mm 的构造箍筋, 箍筋直径应与该连梁的箍筋直径相同。

(8) 剪力墙的水平分布钢筋可作为连梁的纵向构造钢筋在连梁范围内贯通。当梁的腹板高度 h_w 不小于 450mm 时, 其两侧面沿梁高范围设置的纵向构造钢筋的直径不小于 10mm, 间距不应大于 200mm; 对跨高比不大于 2.5 的连梁, 梁两侧的纵向构造钢筋的面积配筋率尚不应小于 0.3%。

14.2.8 钢筋焊接网

钢筋焊接网具有相同或不同直径的纵向和横向钢筋分别以一定间距垂直排列, 全部交叉点均用电阻点焊焊在一起的钢筋网片。

14.2.8.1 钢筋焊接网品种与规格

(1) 钢筋焊接网宜采用 CRB 550 级冷轧带肋钢筋或 HRB 400 级热轧带肋钢筋制作, 也可采用 CRB 550 级冷拔光面钢筋制作。

(2) 钢筋焊接网可分为定型焊接网和定制焊接网两种。

1) 定型焊接网在两个方向上的钢筋间距和直径可以不同, 但在同一方向上的钢筋宜有相同的直径、间距和长度。

2) 定制焊接网的形状、尺寸应根据设计和施工要求, 由供需双方协商确定。

(3) 钢筋焊接网的规格, 应符合下列规定:

1) 钢筋直径: 冷轧带肋钢筋或冷拔光面钢筋为 4~12mm, 冷加工钢筋直径在 4~12mm 范围内可采用 0.5mm 晋级, 受力钢筋宜采用 5~12mm; 热轧带肋钢筋宜采用 6~16mm。

2) 焊接网长度不宜超过 12m, 宽度不宜超过 3.3m。

3) 焊接网制作方向的钢筋间距宜为 100mm、150mm、200mm, 与制作方向垂直的钢筋间距宜为 100~400mm, 且应为 10mm 的整倍数。焊接网的纵向、横向钢筋可以采用不同种类的钢筋。

4) 焊接网钢筋强度设计值: 对冷轧带肋钢筋、热轧带肋钢筋和冷拔光圆钢筋 $f_y = 360N/mm^2$, 轴心受拉和小偏心受拉构件的钢筋抗拉强度设计值大于 $300N/mm^2$ 时, 仍应按 $300N/mm^2$ 取用。

14.2.8.2 钢筋焊接网锚固与搭接

(1) 对受拉钢筋焊接网, 其最小锚固长度 l_a 应符合表 14-46 的规定。

钢筋焊接网的最小锚固长度 　　**表 14-46**

焊接网钢筋类别		混凝土强度等级				
		C20	C25	C30	C35	≥C40
CRB550 级钢筋焊接网	锚固长度内无横筋	40d	35d	30d	28d	25d
	锚固长度内有横筋	30d	26d	23d	21d	20d
HRB400 级钢筋焊接网	锚固长度内无横筋	45d	40d	35d	32d	30d
	锚固长度内有横筋	35d	31d	28d	25d	25d
冷拔光面钢筋焊接网		35d	30d	27d	25d	23d

注: 1. 当焊接网中的纵向钢筋为并筋时, 其锚固长度应按表中数值乘以系数 1.4 后取用;
　　2. 当锚固区内无横筋、焊接网的纵向钢筋净距不小于 5d (d 为纵向钢筋直径) 且纵向钢筋保护层厚度不小于 3d 时, 表中钢筋的锚固长度可乘以 0.8 的修正系数, 但不应小于本表注 3 规定的最小锚固长度值;
　　3. 在任何情况下, 锚固区内有横筋的焊接网的锚固长度不应小于 200mm; 锚固区内无横筋时焊接网钢筋的锚固长度, 对冷轧带肋钢筋不应小于 200mm, 对热轧带肋钢筋不应小于 250mm;
　　4. d 为纵向受力钢筋。

(2) 钢筋焊接网的搭接接头, 应设置在受力较小处, 且应符合下列规定:

1) 两片焊接网末端之间钢筋搭接接头的最小搭接长度 (采用叠搭法或扣搭法), 不应小于最小锚固长度 l_a 的 1.3 倍, 且不应小于 200mm, 在搭接区内每张焊接网片的横向钢筋不得少于一根, 两网片最外一根横向钢筋之间搭接长度不应小于 50mm (图 14-27a)。

2) 当搭接区内两张网片中有一片横向钢筋 (采用平搭法) 时, 带肋钢筋焊接网的最小搭接长度不应小于锚固区无横筋时的最小锚固长度 l_a 的 1.3 倍, 且不应小于 300mm。当搭接区纵向受力钢筋的直径 d≥10mm 时, 其搭接长度再增加 5d。

3) 冷拔光面钢筋焊接网在搭接长度范围内每张网片的横向钢筋不应少于二根, 两片焊接网最外边横向钢筋间的搭接长度 (采用叠搭法或扣搭法) 不应少于一个网格加 50mm (图 14-27b), 也不应小于 l_a 的 1.3 倍, 且不应小于 200mm。当搭接区内一张网片无横向钢筋且无附加钢筋、网片或附加锚固构造措施时, 不得采用搭接。

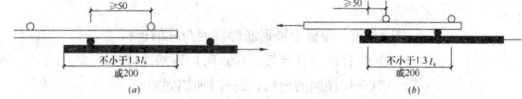

图 14-27　钢筋焊接网搭接接头
(a) 冷轧带肋钢筋; (b) 冷拔光面钢筋

4) 钢筋焊接网在受压方向的搭接长度, 应取受拉钢筋搭接长度的 0.7 倍, 且不应小于 150mm。

5) 钢筋焊接网在非受力方向的分布钢筋的搭接, 当采用叠搭法 (图 14-28a) 或扣搭法 (图 14-28b) 时, 在搭接范围内每个网片至少应有一根受力主筋, 搭接长度不应小于 20d (d 为分布钢筋直径), 且不应小于 150mm; 当采用平搭法 (图 14-28c) 一张网片在搭接区内无受力钢筋时, 其搭接长度不应小于 20d 且不应小于 200mm。当搭接区纵向受力钢筋的直径 d≥8mm 时, 其搭接长度不应小于 25d。

6) 带肋钢筋焊接网双向配筋的面网宜采用平搭法。搭接宜设

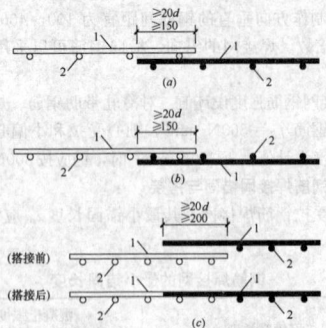

图 14-28 钢筋焊接网在非受力方向的搭接
(a) 叠搭法; (b) 扣搭法; (c) 平搭法
1—分布钢筋; 2—受力钢筋

置在距梁边 1/4 净跨区段以外, 其搭接长度不应小于 30d (d 为搭接方向钢筋直径), 且不应小于 250mm。

14.2.8.3 楼板中的应用

(1) 板中受力钢筋的直径不宜小于 5mm。当板厚 h≤150mm 时, 其间距不宜大于 200mm; 当板厚 h>150mm 时, 其间距不宜大于 1.5h, 且不宜大于 250mm。

(2) 板的钢筋焊接网应按板的梁系区格布置, 尽量减少搭接。单向板底网的受力主筋和现浇双向板短跨方向下部钢筋焊接网不宜设置搭接。双向板长跨方向底网搭接宜布置于梁边 1/3 净跨区段内 (图 14-29)。满铺面网的搭接宜设置在梁边 1/4 净跨区段以外且面网与底网的搭接宜错开。

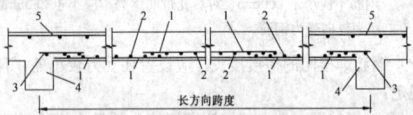

图 14-29 钢筋焊接网在双向板长跨方向的搭接
1—长跨方向钢筋; 2—短跨方向钢筋; 3—伸入支座的附加网片;
4—支承梁; 5—支座上部钢筋

(3) 网片最外侧钢筋距板边的距离不应大于该方向钢筋间距的 1/2, 且不宜大于 100mm。

(4) 楼板面网与柱的连接可采用整张网片套在柱上 (图 14-30a), 然后再与其他网片搭接; 也可将面网在两个方向铺至柱边, 其余部分采用附加钢筋补足 (图 14-30b)。

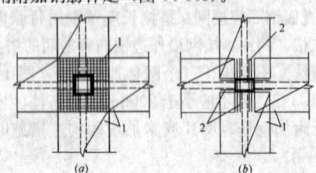

图 14-30 楼板上层钢筋焊接网与柱的连接
(a) 焊接网套柱连接; (b) 附加钢筋连接
1—焊接网的面网; 2—附加锚固筋

(5) 当楼板开洞时, 可将通过洞口的钢筋切断, 按等强度设计原则增设附加绑扎短钢筋加强。

14.2.8.4 墙板中的应用

(1) 剪力墙中作为分布钢筋的焊接网可按一楼层为一个竖向单元, 其竖向搭接可设置在楼层面之上, 搭接长度不应小于 400mm 或 40d (d 为竖向分布钢筋直径)。在搭接范围内, 下层的焊接网不设水平分布钢筋, 搭接时应将下层网的竖向钢筋与上层网的钢筋绑扎牢固 (图 14-31)。

(2) 墙体中钢筋焊接网在水平方向的搭接可采用平搭法或扣搭法。

(3) 当墙体端部无暗柱或端柱时, 可用现场绑扎的 "U" 形附加钢筋连接。附加钢筋的间距宜与钢筋焊接网水平钢筋的间距相

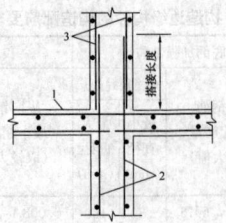

图 14-31 钢筋焊接网的竖向搭接
1—楼板; 2—下层焊接网; 3—上层焊接网

同, 其直径可按等强度设计原则确定 (图 14-32a), 附加钢筋的锚固长度不应小于最小锚固长度。焊接网水平分布钢筋末端宜有垂直于墙面的 90°直钩, 直钩长度为 5d~10d, 且不小于 50mm。

(4) 当墙体端部设有暗柱时, 焊接网的水平钢筋可伸入暗柱内锚固, 该伸入部分可不焊接竖向钢筋, 或将焊接网设在暗柱外侧, 并将水平分布钢筋弯成直钩 (直钩长度为 5d~10d, 不小于 50mm) 锚入暗柱内 (图 14-32b); 对于相交墙体及设有端柱的情况, 可将焊接网的水平钢筋直接伸入墙体相交处的暗柱或端柱中。

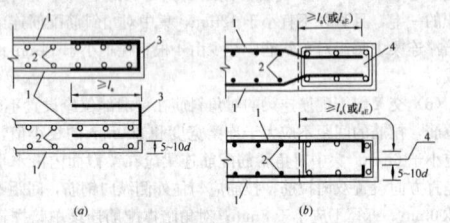

图 14-32 钢筋焊接网在墙体端部的构造
(a) 墙端无暗柱; (b) 墙端设有暗柱
1—焊接网水平钢筋; 2—焊接网竖向钢筋; 3—附加连接钢筋; 4—暗柱

(5) 墙体内双排钢筋焊接网之间应设置拉筋连接, 其直径不小于 6mm, 间距不应大于 700mm; 对重要部位的剪力墙宜适当加拉筋的数量。

14.2.8.5 梁柱箍筋笼中的应用

焊接箍筋笼是梁、柱箍筋附加纵筋连接先焊成平面网片, 然后用弯折机弯成设计形状尺寸的焊接箍筋骨。箍筋笼的钢筋采用带肋钢筋制作时, 应符合以下规定:

(1) 柱箍筋笼长度应根据柱高可采用一段或分成多段, 并应考虑焊网机和弯折机的工艺参数确定。箍筋直径不应小于 d/4 (d 为纵向受力钢筋的最大直径), 且不应小于 5mm。

(2) 对一般结构的梁, 箍筋应做成封闭式, 应在角部弯成稍大于 90°的弯钩, 箍筋末端平直段的长度不应小于 5 倍箍筋直径。

14.2.9 预埋件和吊环

14.2.9.1 预埋件

预埋件由锚板和直锚筋或锚板、直锚筋和弯折锚筋组成, 见图 14-33。

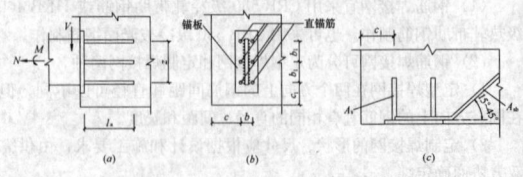

图 14-33 预埋件的形式与构造
(a)(b) 由锚板和直锚筋组成的预埋件;
(c) 由锚板、直锚筋和弯折锚筋组成的预埋件

(1) 受力预埋件的锚筋应采用 HRB400 或 HPB300 钢筋, 不应采用冷加工钢筋。

(2) 预埋件的受力直锚筋不宜少于 4 根, 且不宜多于 4 排; 其

直径不宜小于8mm，且不宜大于25mm。受剪预埋件的直锚筋可采用2根。预埋件的锚筋应位于构件外层主筋内侧。

(3) 受力预埋件的锚板宜采用Q235、Q345级钢。直锚筋与锚板应采用T形焊。当锚筋直径不大于20mm时，宜采用压力埋弧焊；当锚筋直径大于20mm时，宜采用穿孔塞焊。当采用手工焊时，焊缝高度不宜小于6mm和$0.5d$（HPB300级）或$0.6d$（HRB400级钢筋），d为锚筋直径。

(4) 锚板厚度宜大于锚筋直径的0.6倍，受拉和受弯预埋件的锚板厚度尚宜大于$b/8$（b为锚筋间距），见图14-33（a）。锚筋中心至锚板边缘的距离不应小于$2d$和20mm。

对受拉和受弯预埋件，其锚筋的间距b、b_1和锚板至构件边缘的距离c、c_1，均不应小于$3d$和45mm（图14-33b）。

对受剪预埋件，其锚筋的间距b及b_1不应大于300mm，且b_1不应小于$6d$和70mm；锚筋至构件边缘的距离c_1不应小于$6d$和70mm，b、c不应小于$3d$和45mm（图14-33b）。

(5) 受拉直锚筋和弯折锚筋的锚固长度应不小于受拉钢筋锚固长度l_a；当锚筋采用HPB300级钢筋时末端应有弯钩。当无法满足锚固长度的要求时，应采取其他有效的锚固措施。受剪和受压直锚筋的锚固长度不应小于$15d$（d为锚筋直径）。

弯折锚筋与钢板间的夹角不宜小于15°，也不宜大于45°（图14-33c）。

(6) 考虑地震作用的预埋件，其实配的锚筋截面面积应比计算值增大25%，且应相应调整锚板厚度。锚筋的锚固长度应不小于$1.1l_a$。在靠近锚板处，宜设置一根直径不小于10mm的封闭箍筋。预埋件不宜设置在塑性铰区；当不能避免时应采取有效措施。

铰接排架柱顶预埋件的直锚筋：对一级抗震等级应为4根直径16mm，对二级抗震等级应为4根直径14mm。

14.2.9.2 吊环

(1) 吊环的形式与构造，见图14-34所示。其中：图（a）为吊环用于梁、柱等截面高度较大的构件；图（b）为吊环用于截面高度较小的构件；图（c）为吊环焊在受力钢筋上，埋入深度不受限制；图（d）为吊环用于构件较薄且无焊接条件时，在吊环上压几根短钢筋或钢筋网片加固。

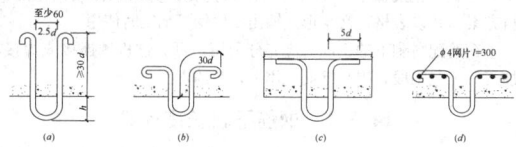

图 14-34 吊环形式

吊环的弯心直径为$2.5d$（d为吊环钢筋直径），且不得小于60mm。

吊环锚入混凝土的深度不应小于$30d$，并应焊接或绑扎在钢筋骨架上，d为吊环钢筋的直径。埋深不够时，可焊在受力钢筋上。

吊环露出混凝土的高度，应满足穿卡环的要求；但也不宜太长，以免遭到反复弯折。

(2) 吊环的设计计算，应满足下列要求：

1) 吊环应采用HPB300级钢筋制作，严禁使用冷加工钢筋；

2) 在构件自重标准值作用下，每个吊环按2个截面计算的吊环应力不大于$65N/mm^2$（已考虑超载系数、吸附系数、动力系数、钢筋弯折引起的应力集中系数、钢筋角度影响系数等）。

3) 构件上设有4个吊环时，设计时仅取3个吊环进行计算。吊环的应力计算公式：

$$\sigma = \frac{9800G}{n \cdot A_s} \tag{14-10}$$

式中　A_s——一个吊环的钢筋截面积（mm^2）；

　　　G——构件重量（t）；

　　　σ——吊环的拉应力（N/mm^2）；

　　　n——吊环截面个数；2个吊环时为4，4个吊环时为6。

根据上式算出吊环直径与构件重量的关系，列于表14-47。

吊环选用表　　表14-47

吊环直径 (mm)	构件重量 (t)		吊环露出混凝土的高度 h (mm)
	二个吊环	四个吊环	
6	0.75	1.12	50
8	1.33	2.00	50
10	2.08	3.12	50
12	3.00	4.50	50
14	4.08	6.12	60
16	5.33	8.00	60
18	6.75	10.12	70
20	8.33	12.50	80
22	10.08	15.12	90
25	13.02	19.52	100
28	16.33	24.49	110

14.2.10 结构配筋图

14.2.10.1 一般规定

(1) 按平法设计绘制的施工图，一般是由各类结构构件的平法施工图和标准构造详图两大部分构成。但对于复杂的房屋建筑，尚需增加模板、开洞和预埋件等平面图。只有在特殊情况下，才需增加剖面配筋图。

(2) 按平法设计绘制结构施工图时，必须根据具体工程设计，按照各类构件的平法制图规则，在按结构（标准）层绘制的平面布置图上直接表示各构件的尺寸、配筋。

(3) 在平法施工图上表示各构件尺寸和配筋的方式，分为平面注写方式、列表注写方式和截面注写方式等三种。

(4) 在平法施工图上，应将所有构件进行编号，编号中含有类型代号和序号等。其中，类型代号应与标准构造详图上所注类型代号一致，使两者结合构成完整的结构设计图。

(5) 在平法施工图上，应注明包括地下和地上各结构层楼地面标高、结构层高及相应的结构层号等。

(6) 为了确保施工人员准确无误地按平法施工图进行施工，在具体工程施工图中必须注明所选用平法标准图的图集号，以免图集升版后在施工中用错版本。

14.2.10.2 梁平法施工图

(1) 梁平法施工图是在梁平面布置图上，采用平面注写方式或截面注写方式表达。

对于轴线未居中的梁应标注其偏心定位尺寸（贴柱边的梁可不注）。

(2) 平面注写方式，系在梁平面布置图上分别在不同编号的梁中各选一根表达。

平面注写分为集中标注与原位标注两类。集中标注表达梁的通用数值，原位标注表达梁的特殊数值。当集中标注中的某项数值不适用于梁的某部位时，则将该项数值原位标注。施工时，原位标注取值优先。

(3) 梁集中标注的内容有五项必注值及一项选注值（集中标注可以从梁的任意一跨引出），规定如下：

1) 梁编号为必注值，由梁类型代号、序号、跨数及有无悬挑代号组成。例KL3（2A）表示第3号框架梁，两跨，一端有悬挑（A为一端悬挑，B为两端悬挑）。

2) 梁截面尺寸为必注值，等截面梁用$b \times h$表示；加腋梁用$b \times h$，$yc_1 \times c_2$表示，其中c_1为腋长，c_2为腋高；当有悬挑梁且根部和端部的高度不同时，用斜线分隔根部与端部的高度值，即为$b \times h_1/h_2$。

3) 梁箍筋为必注值，包括钢筋级别、直径、加密区与非加密区间距及肢数。箍筋加密区与非加密区的不同间距及肢数需用斜线"/"分隔。箍筋肢数应写在括号内。

例：$\phi10@100/200$（2）表示箍筋为HPB300钢筋，直径10mm，加密区间距100mm，非加密区间距200mm，均为两肢箍。

抗震结构中的非框架梁、悬挑梁、井字梁，及非抗震结构中的

各类梁，采用不同的箍筋间距及肢数时，也可用斜线"/"隔开，先注写支座端部的箍筋，在斜线后注写梁跨中部的箍筋。

例：13φ10@100/200 (4) 表示箍筋为 HPB300 级钢筋，直径10mm，梁的两端各有 13 个四肢箍，间距 100；梁跨中部分间距为200mm，均为四肢箍。

4) 梁上部通长筋或梁立筋配置为必注值，所注规格与根数应根据结构受力要求及箍筋肢数等构造要求而定。当同排纵筋中既有通长筋又有架立筋时，应用加号"+"将通长筋和架立筋相连。注写时须将角部纵筋写在加号的前面，架立筋写在加号后面的括号内，以示不同直径及与通长筋的区别。

例：2 Φ 22 + (4φ12) 用于六肢箍，其中 2 Φ 22 为通长筋，4φ12 为架立筋。

当梁的上部纵筋和下部纵筋均为贯通筋，且多数跨配筋相同时，此项可加注下部钢筋的配筋值，用分号";"隔开。

例：3 Φ 22；3 Φ 20 表示梁的上部配置 3 Φ 22 的通长筋，梁的下部配置 3 Φ 20 的通长筋。

5) 梁侧面纵向构造钢筋或受扭钢筋配置为必注值。构造钢筋以大写字母 G 开头，接续注写设置在梁两个侧面的总配筋值，且对称配置。

例：G4φ12 表示梁的两个侧面共配置 4φ12 纵向构造钢筋，每侧各配置 2 根。

受扭纵向钢筋以大写字母 N 开头，接续注写配置在梁两个侧面的总配筋值，且对称配置。

例：N6 Φ 22 表示梁的两个侧面共配置 6 Φ 22 的受扭纵向钢筋，每侧各配置 3 根。

6) 梁顶面标高高差为选注值。

梁顶面标高的高差，系指相对于结构层楼面标高的高差值。有高差时，须将其写入括号内，无高差时不注。

(4) 梁原位标注的内容规定如下：

1) 梁支座上部纵筋含通长筋在内的所有纵筋，当上部纵筋多于一排时，用斜线"/"将各排纵筋自上而下分开；当同排纵筋有两种直径时，用加号"+"将两种直径的纵筋相连，角部纵筋在前；当梁中间支座两边的上部纵筋不同时，须在支座两边分别标注。

2) 梁下部纵筋多于一排时，用斜线"/"隔开；当同排纵筋有两种直径时，用加号"+"相连；当梁下部纵筋不全部伸入支座时，将梁支座下部纵筋减少的数量写在括号内。

3) 附加箍筋或吊筋，将其直接画在平面图中的主梁上，用线引注总配筋值。

4) 当梁上集中标注的内容不适用于某跨或某悬挑部分时，将其不同数值原位标注在该跨或该悬挑部位。

(5) 截面注写方式

1) 截面注写方式是在标准层绘制的梁平面布置图上，分别在不同编号的梁中各选择一根梁用剖面号引出配筋图，并在其上注写截面尺寸和配筋具体数值的方式。

2) 在截面配筋详图上注写截面尺寸、上部筋、下部筋、侧面构造筋或受扭筋以及箍筋的具体数值，其表达形式与平面注写方式相同。

14.2.10.3　柱平法施工图

(1) 柱平法施工图是在柱平面布置图上采用列表注写方法或截面注写方式表达。

(2) 列表注写方式，是在柱平面布置图上，分别在同一编号的柱中选择一个（有时需要选择几个）截面标注几何参数代号；在柱表中注写柱号、柱段起止标高、几何尺寸（含柱截面对轴线的偏心情况）与配筋的具体数值，并配以各种柱截面形状及其箍筋类型图。

注写柱纵筋。当柱纵筋直径相同，各边根数也相同时（包括矩形柱、圆柱和芯柱），将纵筋注写在"全部纵筋"一栏中；除此之外，柱纵筋分角筋、截面 b 边中部筋和 h 边中部筋三项分别注写（对于采用对称配筋的矩形截面柱，可仅注写一侧中部筋）。

注写箍筋类型号及箍筋肢数。具体工程所设计的各种箍筋类型图以及箍筋复合的具体方式，需画在表的上部或图中的适当位置，

并在其上标注与表中相对应的 b、h 和类型号。

注写箍筋级别、直径和间距等。当为抗震设计时，用斜线"/"区分柱端箍筋加密区与柱身非加密区长度范围内箍筋的不同间距。

(3) 截面注写方式，是在柱平面布置图的柱截面上，分别在同一编号的柱中选择一个截面，直接注写截面尺寸 b×h，角筋或全部纵筋、箍筋具体数值，以及在柱截面配筋图上标注柱截面与轴线关系的具体数值。

当纵筋采用两种直径时，需再注写截面各边中部筋的具体数值（对于采用对称配筋的矩形截面柱，可仅在一侧注写中部筋）。

14.2.10.4　剪力墙平法施工图

剪力墙平法施工图是在剪力墙平面布置图上采用列表注写方式或截面注写方式表达。

采用列表注写方式时，分别列出剪力墙柱、剪力墙身和剪力墙梁表，对应于剪力墙平面布置图上的编号，绘制截面配筋图并注写几何尺寸具体数值。

采用截面注写方式时，以直接在墙柱、墙身、墙梁上注写截面尺寸和配筋具体数值。

剪力墙的洞口表示方法。在剪力墙平面布置图上绘制洞口示意，并标注洞口中心的平面定位尺寸；在洞口中心位置引注洞口编号、洞口几何尺寸、洞口中心相对标高、洞口每边补强钢筋等四项内容。

14.3　钢　筋　配　料

钢筋配料是现场钢筋的深化设计，即根据结构配筋图，先绘出各种形状和规格的单根钢筋简图并加以编号，然后分别计算钢筋下料长度和根数，填写配料单。

钢筋配料时应优化配料方案。钢筋配料优化可采用编程法和非编程法，编程法钢筋配料优化是运用计算机编程软件，通过编制钢筋优化配料程序，寻找用量最省的下料方法，快速而准确地提供钢筋利用率最佳的优化下料方案，并以表格、文字形式输出，供钢筋加工时使用；非编程法钢筋配料优化是通过电子表格软件（如 Excel）中构造钢筋截断方案，进行配料优化计算，选择较优化的下料方案，并以表格、文字形式输出，供钢筋加工时使用。

钢筋配料剩下的钢筋头应充分利用，可通过机械连接或焊接、加工等工艺手段，提高钢筋利用率，节约资源。

14.3.1　钢筋下料长度计算

钢筋因弯曲或弯钩会使其长度变化，在配料中不能直接根据图纸中尺寸下料；必须了解混凝土保护层、钢筋弯曲、弯钩等规定，再根据图中尺寸计算其下料长度。

各种钢筋下料长度计算如下：

直钢筋下料长度＝构件长度－保护层厚度＋弯钩增加长度

弯起钢筋下料长度＝直段长度＋斜段长度－弯曲调整值＋弯钩增加长度

箍筋下料长度＝箍筋周长＋箍筋调整值

上述钢筋如需搭接，应增加钢筋搭接长度。

1. 弯曲调整值

(1) 钢筋弯曲后的特点：一是沿钢筋轴线方向会产生变形，主要表现为长度的增加或减小，即以轴线为界，往外凸的部分（钢筋外皮）受拉伸而长度增加，而往里凹的部分（钢筋内皮）受压缩而长度减小；二是弯曲处形成圆弧（如图 14-35）。而钢筋的量度方法一般沿直线量外包尺寸（如图 14-36），因此，弯曲钢筋的量度尺寸大于下料尺寸，而两者之间的差值称为弯曲调整值。

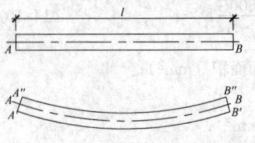

图 14-35　钢筋弯曲变形示意图
$A'B' \geqslant AB \geqslant A''B''$

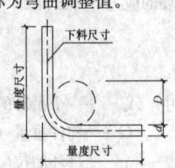

图 14-36　钢筋弯曲时的量度方法

（2）对钢筋进行弯折时，图14-36中用D表示弯折处圆弧所属圆的直径，通常称为"弯弧内直径"。钢筋弯曲调整值与钢筋弯弧内直径和钢筋直径有关。

（3）光圆钢筋末端应作180°弯钩，其弯弧内直径不应小于钢筋直径的2.5倍；当设计要求钢筋末端需作135°弯钩时，HRB335、HRB400、HRB500级钢筋的弯弧内直径不应小于钢筋直径的4倍；钢筋作不大于90°弯折时，弯折处的弯弧内直径不应小于钢筋直径的5倍。据理论推算并结合实践经验，钢筋弯曲调整值列于表14-48。

钢筋弯曲调整值　　表14-48

钢筋弯曲角度	30°	45°	60°	90°	135°
光圆钢筋弯曲调整值	0.3d	0.54d	0.9d	1.75d	0.38d
热轧带肋钢筋弯曲调整值	0.3d	0.54d	0.9d	2.08d	0.11d

注：d为钢筋直径。

（4）对于弯起钢筋，中间部位弯折处的弯曲直径D不应小于5d。按弯弧内直径$D=5d$推算，并结合实践经验，可得常见弯起钢筋的弯曲调整值见表14-49。

常见弯起钢筋的弯曲调整值　　表14-49

弯起角度	30°	45°	60°
弯曲调整值	0.34d	0.67d	1.22d

2. 弯钩增加长度

钢筋的弯钩形式有三种：半圆弯钩、直弯钩及斜弯钩（图14-37）。半圆弯钩是最常用的一种弯钩。直弯钩一般用在柱钢筋的下部、板面负弯矩筋、箍筋和附加钢筋中。斜弯钩只用在直径较小的钢筋中。

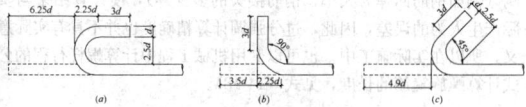

图14-37　钢筋弯钩计算简图
(a) 半圆弯钩；(b) 直弯钩；(c) 斜弯钩

光圆钢筋的弯钩增加长度，按图14-37所示的简图（弯弧内直径为2.5d、平直部分为3d）计算：对半圆弯钩为6.25d，对直弯钩为3.5d，对斜弯钩为4.9d。

在生产实践中，由于实际弯弧内直径与理论弯弧内直径有时不一致，钢筋粗细和机具条件不同等而影响平直部分的长短（手工弯钩时平直部分可适当加长，机械弯钩时可适当缩短），因此在实际配料计算时，对弯钩增加长度常根据具体条件，采用经验数据，见表14-50。

半圆弯钩增加长度参考表（用机械弯）　　表14-50

钢筋直径（mm）	≤6	8～10	12～18	20～28	32～36
一个弯钩长度（mm）	40	6d	5.5d	5d	4.5d

3. 弯起钢筋斜长

弯起钢筋斜长计算简图，见图14-38。弯起钢筋斜长系数见表14-51。

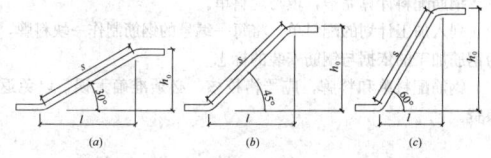

图14-38　弯起钢筋斜长计算简图
(a) 弯起角度30°；(b) 弯起角度45°；(c) 弯起角度60°

弯起钢筋斜长系数　　表14-51

弯起角度	$\alpha=30°$	$\alpha=45°$	$\alpha=60°$
斜边长度s	2h_0	1.41h_0	1.15h_0
底边长度l	1.732h_0	h_0	0.575h_0
增加长度$s-l$	0.268h_0	0.41h_0	0.575h_0

注：h_0为弯起高度。

4. 箍筋下料长度

箍筋的量度方法有"量外包尺寸"和"量内皮尺寸"两种。箍筋尺寸的特点是一般以量内皮尺寸计值，并且采用与其他钢筋不同的弯钩大小。

（1）箍筋形式

一般情况下，箍筋做成"闭式"，即四面都是封闭。箍筋的末端一般有半圆弯钩、直弯钩、斜弯钩三种。用热轧光圆钢筋或冷拔低碳钢丝制作的箍筋，其弯钩的弯曲直径应大于受力钢筋直径，且不小于箍筋直径的2.5倍；弯钩平直部分的长度：对一般结构，不宜小于箍筋直径的5倍，对有抗震要求的结构，不应小于箍筋直径的10倍和75mm。

（2）箍筋下料长度

按量内皮尺寸计算，并结合实践经验，常见的箍筋下料长度见表14-52。

箍筋下料长度　　表14-52

式样	钢筋种类	下料长度
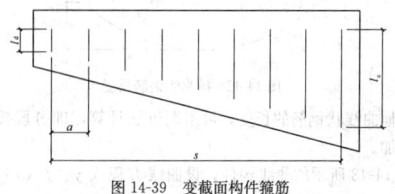	光圆钢筋	2a+2b+16.5d
	热轧带肋钢筋	2a+2b+17.5d
	光圆钢筋 热轧带肋钢筋	2a+2b+14d
	光圆钢筋	有抗震要求：2a+2b+27d 无抗震要求：2a+2b+17d
	热轧带肋钢筋	有抗震要求：2a+2b+28d 无抗震要求：2a+2b+18d

14.3.2　钢筋长度计算中的特殊问题

1. 变截面构件箍筋

根据比例原理，每根箍筋的长短差数Δ，可按式（14-11）计算（图14-39）：

图14-39　变截面构件箍筋

$$\Delta = \frac{l_c - l_d}{n-1} \qquad (14-11)$$

式中　l_c——箍筋的最大高度；

l_d——箍筋的最小高度；

n——箍筋个数，等于$s/a+1$（s/a不一定是整数，但n应为整数，所以，s/a要从带小数的数值进为整数）；

s——最长箍筋和最短箍筋之间的总距离；

a——箍筋间距。

2. 圆形构件钢筋

在平面为圆形的构件中，配筋形式有两种：按弦长布置、按圆形布置。

（1）按弦长布置　先根据下式算出钢筋所在处弦长，再减去两端保护层厚度，得出钢筋长度。

当配筋为单数间距时（图 9-40a）：

$$l_i = a \sqrt{(n+1)^2 - (2i-1)^2} \qquad (14\text{-}12)$$

当配筋为双数间距时（图 9-40b）：

$$l_i = a \sqrt{(n+1)^2 - (2i)^2} \qquad (14\text{-}13)$$

式中　l_i——第 i 根（从圆心向两边计数）钢筋所在的弦长；

　　　　a——钢筋间距；

　　　　n——钢筋根数，等于 $D/a-1$（D——圆直径）；

　　　　i——从圆心向两边计数的序号数。

（2）按圆形布置

一般可用比例方法先求出每根钢筋的圆直径，再乘圆周率算得钢筋长度（图 14-41）。

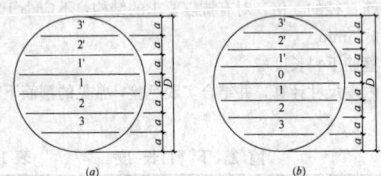

图 14-40　圆形构件钢筋（按弦长布置）

(a) 单数间距；(b) 双数间距

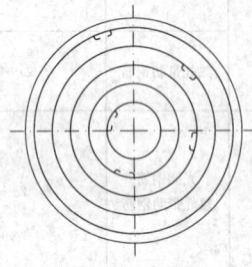

图14-41　圆形构件钢筋（按圆形布置）

3. 曲线构件钢筋

（1）曲线钢筋长度，根据曲线形状不同，可分别采用下列方法计算。

圆曲线钢筋的长度，可用圆心角 θ 与圆半径 R 直接算出。

抛物线钢筋的长度 L 可按式（14-14）计算（图 14-42）。

$$L = \left(1 + \frac{8h^2}{3l^2}\right)l \qquad (14\text{-}14)$$

式中　l——抛物线的水平投影长度；

　　　　h——抛物线的矢高。

图 14-42　抛物线钢筋长度

其他曲线状钢筋的长度，可用渐近法计算，即分段按直线计，然后总加。

图 14-43 所示的曲线构件，设曲线方程式 $y=f(x)$，沿水平

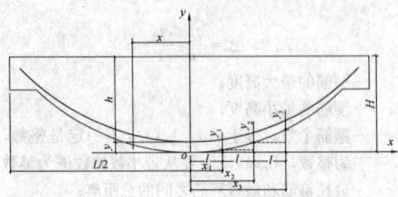

图 14-43　曲线钢筋长度

方向分段，每段长度为 l（一般取为 0.5m），求已知 x 值时的相应 y 值，然后计算每段长度。例如，第三段长度为

$$\sqrt{(y_3 - y_2)^2 + l^2}$$

（2）曲线构件箍筋高度，可根据已知曲线方程求解。其法是先根据箍筋的间距确定 x 值，代入曲线方程式求 y 值，然后计算该处的梁高 $h=H-y$，再扣除上下保护层厚度，即得箍筋高度。

4. 螺旋箍筋长度

在圆形截面的构件（如桩、柱等）中，经常配置螺旋状箍筋，这种箍筋绕着主筋圆表面缠绕，如图 14-44 所示。

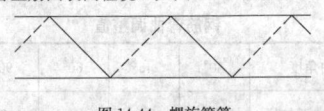

图 14-44　螺旋箍筋

用 p、D 分别表示螺旋箍筋的螺距、圆直径，则下料长度（以每米长的钢筋骨架计）按式（14-15）计算：

$$l = \frac{2\pi a}{p}\left(1 - \frac{t}{4} - \frac{3}{64}t^2\right) \qquad (14\text{-}15)$$

其中　l——每米长钢筋骨架所缠绕的螺旋箍筋长度（m）；

　　　　p——螺距（mm）；

　　　　a——按下式取用（mm）：

$$a = \frac{1}{4}\sqrt{p^2 + 4D^2} \qquad (14\text{-}16)$$

　　　　D——螺旋箍筋的圆直径（取箍筋中心距）（mm）；

　　　　t——按式（14-17）取用：

$$t = \frac{4a^2 - D^2}{4a^2} \qquad (14\text{-}17)$$

　　　　π——圆周率。

考虑在钢筋施工过程中对螺旋箍筋下料长度并不要求过高，一般是用盘条状钢筋直接放盘卷成），而且还受到某些具体因素的影响（例如钢筋回弹力大小、钢筋接头的多少等），使计算结果与实际产生人为的误差，因此，过分强调计算精确度也并不具有实际意义，所以在实际施工中，也可以套用机械工程中计算螺杆行程的公式计算螺旋箍筋的长度，见式（14-18）。

$$l = \frac{1}{p}\sqrt{(\pi D)^2 + p^2} \qquad (14\text{-}18)$$

式中　$1/p$——每 1m 长钢筋骨架缠多少圈箍筋；将螺旋线展开成一直角三角形，其高为螺距 p，底宽为展开的圆周长，便得等号右边的第二个因式。

对一些外形比较复杂的构件，用数学方法计算钢筋长度有困难时，也可利用 CAD 软件进行电脑放样的办法求钢筋长度。

14.3.3　配料计算的注意事项

（1）在设计图纸中，钢筋配置的细节问题没有注明时，一般可按构造要求处理。

（2）配料计算时，应考虑钢筋的形状和尺寸在满足设计要求的前提下有利于加工安装。

（3）配料时，还要考虑施工需要的附加钢筋。例如，基础双层钢筋网中保证上层钢筋网位置用的钢筋撑脚，墙板双层钢筋网中固定钢筋间距用的钢筋撑铁，柱钢筋骨架增加四面斜撑，后张预应力构件固定预留孔道位置的定位钢筋等。

14.3.4　配料单与料牌

钢筋配料计算完毕，填写配料单。

列入加工计划的配料单，将每一编号的钢筋制作一块料牌，作为钢筋加工的依据与钢筋安装的标志。

钢筋配料单和料牌，应严格校核，必须准确无误，以免返工浪费。

14.4　钢　筋　代　换

当钢筋的品种、级别或规格需作变更时，应办理设计变更

文件。

14.4.1　代　换　原　则

钢筋的代换可参照以下原则进行:

(1) 等强度代换: 当构件受强度控制时,钢筋可按强度相等的原则进行代换。

(2) 等面积代换: 当构件按最小配筋率配筋时,钢筋可按面积相等的原则进行代换。

(3) 当构件受裂缝宽度或挠度控制时,代换后应进行裂缝宽度或挠度验算。

14.4.2　等 强 代 换 方 法

建立钢筋代换公式的依据为:代换后的钢筋强度≥代换前的钢筋强度,按式(14-19)、式 (14-20)、式 (14-21)计算。

$$A_{S2} f_{y2} n_2 \geq A_{S1} f_{y1} n_1 \qquad (14-19)$$

$$n_2 \geq A_{S1} f_{y1} n_1 / A_{S2} f_{y2} \qquad (14-20)$$

即:

$$n_2 \geq \frac{n_1 d_1^2 f_{y1}}{d_2^2 f_{y2}} \qquad (14-21)$$

式中　A_{S2}——代换钢筋的计算面积;
$\quad A_{S1}$——原设计钢筋的计算面积;
$\quad n_2$——代换钢筋根数;
$\quad n_1$——原设计钢筋根数;
$\quad d_2$——代换钢筋直径;
$\quad d_1$——原设计钢筋直径;
$\quad f_{y2}$——代换钢筋抗拉强度设计值,见表14-1;
$\quad f_{y1}$——原设计钢筋抗拉强度设计值,见表14-1。

式 (14-21) 有两种特例:

(1) 当代换前后钢筋牌号相同,即 $f_{y1} = f_{y2}$,而直径不同时,简化为式 (14-22):

$$n_2 \geq n_1 \frac{d_1^2}{d_2^2} \qquad (14-22)$$

(2) 当代换前后钢筋直径相同,即 $d_1 = d_2$,而牌号不同时,简化为式 (14-23):

$$n_2 \geq n_1 \frac{f_{y1}}{f_{y2}} \qquad (14-23)$$

14.4.3　构件截面的有效高度影响

对于受弯构件,钢筋代换后,有时由于受力钢筋直径加大或钢筋根数增多,而需要增加排数,则构件的有效高度 h_0 减小,使截面强度降低。通常对这种影响可凭经验适当增加钢筋面积,然后再作截面强度复核。

对矩形截面的受弯构件,可根据弯矩相等,按式 (14-24) 复核截面强度。

$$N_2 \left(h_{02} - \frac{N_2}{2 f_c b} \right) \geq N_1 \left(h_{01} - \frac{N_1}{2 f_c b} \right) \qquad (14-24)$$

式中　N_1——原设计的钢筋拉力 (N),即 $N_1 = A_{s1} f_{y1}$;
$\quad N_2$——代换钢筋拉力 (N),即 $N_2 = A_{s2} f_{y2}$;
$\quad h_{01}$——代换前构件有效高度 (mm),即原设计钢筋的合力点至构件截面受压边缘的距离;
$\quad h_{02}$——代换后构件有效高度 (mm),即代换钢筋的合力点至构件截面受压边缘的距离;
$\quad f_c$——混凝土的抗压强度设计值 (N/mm²),对 C20 混凝土为 9.6N/mm², 对 C25 混凝土为 11.9N/mm², 对 C30 混凝土为 14.3N/mm²;
$\quad b$——构件截面宽度 (mm)。

14.4.4　代 换 注 意 事 项

(1) 钢筋代换时,要充分了解设计意图、构件特征和代换材料性能,并严格遵守现行混凝土结构设计规范的各项规定;凡重要结构中的钢筋代换,应征得设计单位同意。

(2) 代换后,仍能满足各类极限状态的有关计算要求及必要的配筋构造规定(如受力钢筋和箍筋的最小直径、间距、锚固长度、

配筋百分率以及混凝土保护层厚度等);在一般情况下,代换钢筋还必须满足截面对称的要求。

(3) 对抗裂要求高的构件(如吊车梁、薄腹梁、屋架下弦等),不得用光圆钢筋代替 HRB335、HRB400、HRB500 带肋钢筋,以免降低抗裂度。

(4) 梁内纵向受力钢筋与弯起钢筋应分别进行代换,以保证正截面与斜截面强度。

(5) 偏心受压构件或偏心受拉构件(如框架柱、受力吊车荷载的柱、屋架上弦等)钢筋代换时,应按受力状态和构造要求分别代换。

(6) 吊车梁等承受反复荷载作用的构件,应在钢筋代换后进行疲劳验算。

(7) 当构件受裂缝宽度控制时,代换后应进行裂缝宽度验算。如代换后裂缝宽度有一定增大(但不超过允许的最大裂缝宽度,被认为代换有效),还应对构件作挠度验算。

(8) 当构件受裂缝宽度控制时,如以小直径钢筋代换大直径钢筋,强度等级低的钢筋代替强度等级高的钢筋,则可不作裂缝宽度验算。

(9) 同一截面内配置不同种类和直径的钢筋代换时,每根钢筋拉力差不宜过大(同品种钢筋直径差一般不大于 5mm),以免构件受力不匀。

(10) 进行钢筋代换的效果,除应考虑代换后仍能满足结构各项技术性要求之外,同时还要保证用料的经济性和加工操作的要求。

(11) 对有抗震要求的框架,不宜以强度等级较高的钢筋代替原设计中的钢筋;当必须代换时,应按钢筋受拉承载力设计值相等的原则进行代换,并应满足正常使用极限状态和抗震构造措施要求。

(12) 受力预埋件的钢筋应采用未经冷拉的 HPB300、HRB335、HRB400 级钢筋;预制构件的吊环应采用未经冷拉的 HPB300 级钢筋制作,严禁用其他钢筋代换。

14.5　钢　筋　加　工

14.5.1　钢　筋　除　锈

(1) 钢筋的表面应洁净。油渍、漆污和用锤敲击时能剥落的浮皮、铁锈等应在使用前清除干净。在焊接前,焊点处的水锈应清除干净。钢筋除锈可采用机械除锈和手工除锈两种方法:

1) 机械除锈可采用钢筋除锈机或钢筋冷拉、调直过程除锈;

对直径较细的盘条钢筋,通过冷拉和调直过程自动去锈;粗钢筋采用圆盘铁丝刷除锈机除锈。

除锈机如图 14-45 所示。该机的圆盘钢丝刷有成品供应,其直径为 200~300mm,厚度为 50~100mm,转速一般为 1000r/min,电动机功率为 1.0~1.5kW。为了减少除锈时灰尘飞扬,应装设排尘罩和排尘管道。

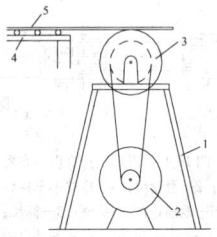

图 14-45　电动除锈机

1—支架;2—电动机;3—圆盘钢丝刷;
4—滚轴台;5—钢筋

2) 手工除锈可采用钢丝刷、砂盘、喷砂等除锈或酸洗除锈。

工作量不大或在工地设置的临时工棚中操作时,可用麻袋布擦或用钢刷子刷;对于较粗的钢筋,用砂盘除锈法,即制作钢槽或木槽,槽内放置干燥的粗砂和细石子,将有锈的钢筋穿进砂盘中来回

抽拉。

（2）对于有起层锈片的钢筋，应先用小锤敲击，使锈片剥落干净，再用砂轮或除锈机除锈；对于因麻坑、斑点以及锈皮去层而使钢筋截面损伤的钢筋，使用前应鉴定是否降级使用或另做其他处置。

14.5.2　钢筋调直

钢筋应平直，无局部曲折。对于盘条钢筋在使用前应调直，调直可采用调直机调直和卷扬机冷拉调直两种方法。

14.5.2.1　机具设备

1. 钢筋调直机

钢筋调直机的技术性能，见表14-53。

钢筋调直机技术性能　表14-53

机械型号	钢筋直径 （mm）	调直速度 （m/min）	断料长度 （mm）	电机功率 （kW）	外形尺寸（mm） 长×宽×高	机重 （kg）
GT 3/8	3～8	40、65	300～6500	9.25	1854×741×1400	1280
GT 4/10	4～14	30、54	300～8000	5.5	1700×800×1365	1200
GT 6/12	6～12	36、54、72	300～6500	12.6	1770×535×1457	1230

注：表中所列的钢筋调直机断料长度误差均≤3mm。

2. 数控钢筋调直切断机

数控钢筋调直切断机是在原有调直机的基础上，采用光电测长系统和光电计数装置，准确控制断料长度，并自动计数。该机的工作原理，如图14-46所示。在该机摩擦轮（周长100mm）的同一轴上装一个穿孔光电盘（分为100等分），光电盘的一侧装有一只小灯泡，另一侧装有一只光电管。当钢筋通过摩擦轮带动光电盘时，灯泡光线通过每个小孔照射光电管，就被光电管接收而产生脉冲讯号（每次讯号为钢筋长1mm），控制仪长度部位数字上立即示出相应读数。当信号积累到给定数字（即钢丝调直到所指定长度）时，控制仪立即发出指令，使切断装置切断钢丝。与此同时长度部位数字回到零，根数部位数字显示出根数，这样连续作业，当根数信号积累至给定数字时，即自动切断电源，停止运转。

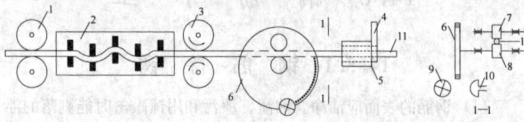

图 14-46　数控钢筋调直切断机工作简图
1—送料辊；2—调直装置；3—牵引辊；4—上刀口；5—下刀口；
6—光电盘；7—压轮；8—摩擦轮；9—灯泡；10—光电管

钢筋数控调直切断机断料精度高（偏差仅约1～2mm），并实现了钢丝调直切断自动化。

3. 卷扬机拉直设备

卷扬机拉直设备见图14-47所示。该法设备简单，宜用于施工现场或小型构件厂。

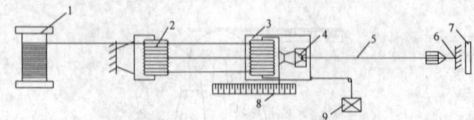

图 14-47　卷扬机拉直设备布置
1—卷扬机；2—滑轮组；3—冷拉小车；4—钢筋夹具；
5—钢筋；6—地锚；7—防护架；8—标尺；9—荷重架

钢筋夹具常用的有：月牙式夹具和偏心式夹具。

月牙式夹具主要靠杠杆力和偏心力夹紧，使用方便，适用于HPB235级、HPB300级及HRB335级粗细钢筋。

偏心式夹具轻巧灵活，适用于HPB235级盘圆钢筋拉直，特别是当每盘最后不足定长长度时，可将其钩在挂链上，使用方便。

14.5.2.2　调直工艺

（1）要根据钢筋的直径选用牵引辊和调直模，并要正确掌握牵引辊的压紧程度和调直模的偏移量。

牵引辊槽宽，一般在钢筋穿过辊间之后，保证上下压辊间有3mm以内的间隙为宜。压辊的压紧程度要做到既保证钢筋能顺利地被牵引前进，却无明显的转动，而在被切断的瞬时钢筋和压辊间又能允许发生打滑。

调直模的偏移量（图14-48），根据其磨耗程度及钢筋品种通过试验确定；调直筒两端的调直模一定要在调直前后导孔的轴心线上，这是钢筋能否调直的一个关键。

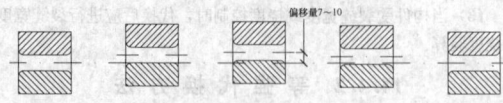

图 14-48　调直模的安装

应当注意：冷拔低碳钢丝经调直机调直后，其抗拉强度一般要降低10%～15%。使用前应加强检验，按调直后的抗拉强度选用。

（2）当采用冷拉方法调直盘圆钢筋时，可采用控制冷拉率方法。HPB235级及HPB300级钢筋的冷拉率不宜大于4%；HRB335级、HRB400级及RRB400级冷拉率不宜大于1%。

钢筋伸长值 Δl 按式（14-25）计算。

$$\Delta l = rL \qquad (14-25)$$

式中　r——钢筋的冷拉率（%）；

　　　L——钢筋冷拉前的长度（mm）。

1）冷拉后钢筋的实际伸长值应扣除弹性回缩值，一般为0.2%～0.5%。冷拉多根连接的钢筋，冷拉率可按总长计，但冷拉后每根钢筋的冷拉率应符合要求。

2）钢筋应先拉直，然后量其长度再行冷拉。

3）钢筋冷拉速度不宜过快，一般直径6～12mm盘圆钢筋控制在6～8m/min，待拉到规定的冷拉率后，须稍停2～3min，然后再放松，以免弹性回缩值过大。

4）在负温下冷拉调直时，环境温度不应低于−20℃。

14.5.3　钢筋切断

14.5.3.1　机具设备

钢筋切断机具有断线钳、手压切断器、手动液压切断器、钢筋切断机等。

1. 手动液压切断器

SYJ-16型手动液压切断器（图14-49）的工作原理：把放油阀按顺时针方向旋紧，撬动压杆6使柱塞5提升，吸油阀8被打开，工作油进入油室；提起压杆，工作油便被压缩进入缸体内腔，压力油推动活塞3前进，安装在活塞杆前部的刀片2即可断料。切断完毕后立即按逆时针方向旋开放油阀，在回位弹簧的作用下，压力油又流回油室，刀头自动缩回缸内，如此重复动作，以实现钢筋的切断。

SYJ-16型手动液压切断器的工作总压力为80kN，活塞直径为36mm，最大行程30mm，液压泵柱塞直径为8mm，单位面积上的工作压力79MPa，压杆长度438mm，压杆作用力220N，切断长度为680mm，总重6.5kg，可切断直径16mm以下的钢筋。这种机具体积小、重量轻，操作简单，便于携带。

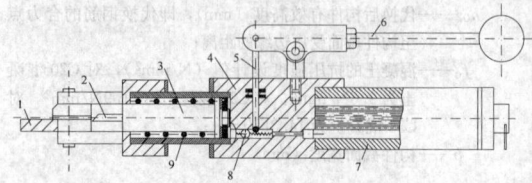

图 14-49　SYJ-16型手动液压切断器
1—滑轨；2—刀片；3—活塞；4—缸体；5—柱塞；
6—压杆；7—贮油筒；8—吸油阀；9—回位弹簧

SYJ-16型手动液压切断器易发生的故障及其排除方法见表14-54。

SYJ-16 型手动液压切断器易发生的故障及其排除

表 14-54

故障现象	故障原因	排除方法
撅动压杆，活塞不上长升	1. 没有旋紧开关 2. 液压油黏度太大或没有装入液压油 3. 吸油钢球被污物堵塞	1. 按顺时针方向旋紧开关 2. 调换或装入液压油 3. 清除污物
撅动压杆，活塞上一下	1. 进油钢球渗漏或被污物垫起 2. 连接不良，开关没旋紧	1. 修磨阀门线口或清除污物 2. 更换零件，旋紧开关
活塞上升后不回位	1. 超载过大，活塞杆弯曲 2. 回位弹簧失灵 3. 滑道与刀头间夹住铁物	1. 拆修更换活塞 2. 拆修更换弹簧 3. 清除铁屑及杂物
漏油和渗油	1. 密封失效 2. 连接处松动	1. 换新密封环 2. 检修、旋紧

2. 电动液压切断机

DYJ-32 型电动液压切断机（图 14-50）的工作总压力为 320kN，活塞直径为 95mm，最大行程 28mm，液压泵柱塞直径为 12mm，单位面积上的工作压力 45.5MPa，液压泵输油率为 4.5L/min，电动机功率为 3kW，转数 1440r/min。机器外形尺寸为 889mm（长）×396mm（宽）×398mm（高），总重 145kg。

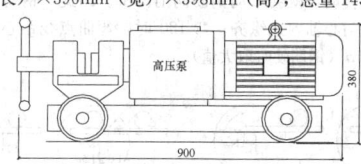

图 14-50　DYJ-32 型电动液压切断机

3. 钢筋切断机

常用的钢筋切断机（表 14-55）可切断钢筋最大公称直径为 40mm。

钢筋切断机主要技术性能　　表 14-55

参数名称	型号				
	GQL40	GQ40	GQ40A	GQ40B	GQ50
切断钢筋直径(mm)	6～40	6～40	6～40	6～40	6～50
切断次数(次/min)	38	40	40	40	30
电动机型号	Y100L2-4	Y100L-2	Y100L-2	Y100L-2	Y132S-4
功率(kW)	3	3	3	3	5.5
转速(r/min)	1420	2880	2880	2880	1450
外形尺寸 长(mm)	685	1150	1395	1200	1600
宽(mm)	575	430	556	490	695
高(mm)	984	750	780	570	915
整机重量(kg)	650	600	720	450	950
传动原理及特点	偏心轴	开式、插销离合器曲柄	凸轮、滑键离合器	全封闭曲柄连杆转键离合器	曲柄连杆传动半开式

GQ40 型钢筋切断机的外形见图 14-51。

14.5.3.2　切断工艺

在切断过程中，如发现钢筋有劈裂、缩头或严重的弯头等必须切除。

（1）将同规格钢筋根据不同长度长短搭配，统筹排料；一般应先断长料，后断短料，以减少短头接头和损耗。

（2）断料应避免用短尺量长料，以防止在量料中产生累计误

图 14-51　GQ40 型钢筋切断机

差。宜在工作台上标出尺寸刻度并设置控制断料尺寸用的挡板。

（3）钢筋切断机的刀片应由工具钢热处理制成，刀片的形状可参考图 14-52。使用前应检查刀片安装是否正确、牢固，润滑及空车试运转应正常。固定刀片与冲切刀片的水平间隙以 0.5mm～1mm 为宜；固定刀片与冲切刀片刀口的距离：对直径≤20mm 的钢筋宜重叠 1～2mm，对直径>20mm 的钢筋宜留 5mm 左右。

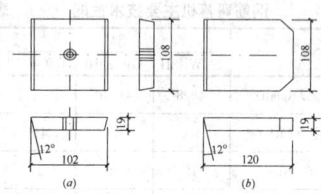

图 14-52　钢筋切断机的刀片形状
(a) 冲切刀片；(b) 固定刀片

（4）如发现钢筋的硬度异常（过硬或过软，与钢筋牌号不相称），应及时向有关人员反映，查明情况。

（5）钢筋的断口，不得有马蹄形或起弯等现象。

（6）向切断机送料时，应将钢筋摆直，避免弯成弧形。操作者应将钢筋握紧，并应在冲切刀片向后退时送进钢筋；切断较短钢筋时，宜将钢筋套在钢管内送料，防止发生人身或设备安全事故。

（7）在机器运转时，不得进行任何修理、校正工作；不得触及运转部位，不得取下防护罩，严禁将手置于刀口附近。

（8）禁止切断机切断技术性能规定范围以外的钢材以及超过刀刃硬度的钢筋。

（9）使用电动液压切断机时，操作前应检查油位是否满足要求，电动机旋转方向是否正确。

14.5.4　钢筋弯曲

14.5.4.1　机具设备

1. 钢筋弯曲机

常用弯曲机、弯箍机型号及技术性能见图 14-53 和表 14-56、表 14-57。

图 14-53　GW40 型钢筋弯曲机

钢筋弯曲机主要技术性能　　表 14-56

参数名称	型号				
	GW32	GW32A	GW40	GW40A	GW50
弯曲钢筋直径 d (mm)	6～32	6～32	6～40	6～40	25～50
钢筋抗拉强度(MPa)	450	450	450	450	450
弯曲速度 (r/min)	10/20	8.8/16.7	5	9	2.5
工作盘直径 d (mm)	360		350		320

续表

参数名称		型		号		
		GW32	GW32A	GW40	GW40A	GW50
电动机	功率 (kW)	2.2	4	3	3	4
	转速 (r/min)	1420		1420	1420	1420
外形尺寸	长 (mm)	875	1220	870	1050	1450
	宽 (mm)	615	1010	760	760	800
	高 (mm)	945	865	710	828	760
整机重量 (kg)		340	755	400	450	580
结构原理及特点		齿轮传动,角度控制半自动双速	全齿轮传动,半自动化双速	蜗轮蜗杆传动单速	齿轮传动,角度控制半自动单速	蜗轮蜗杆传动,角度控制半自动单速

钢筋弯箍机主要技术性能　　　表 14-57

参数名称		型		号	
		SGWK8B	GJG4/10	GJG4/12	LGW60Z
弯曲钢筋直径 d (mm)		4~8	4~10	4~12	4~10
钢筋抗拉强度 (MPa)		450	450	450	450
工作盘转速 (r/min)		18	30	18	22
电动机	功率 (kW)	2.2	2.2	2.2	3
	转速 (r/min)	1420	1430	1420	
外形尺寸	长 (mm)	1560	910	1280	2000
	宽 (mm)	650	710	810	950
	高 (mm)	1550	860	790	950

2. 手工弯曲工具

手工弯曲成型所用的工具一般在工地自制,可采用手摇扳手弯制细钢筋、卡盘与扳头弯制粗钢筋。手动弯曲工具的尺寸,见表14-58与表14-59。

手摇扳手主要尺寸 (mm)　　表 14-58

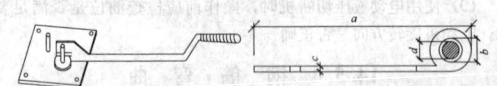

项 次	钢筋直径	a	b	c	d
1	φ6	500	18	16	16
2	φ8~10	600	22	18	20

卡盘与扳头 (横口扳手) 主要尺寸 (mm)　　表 14-59

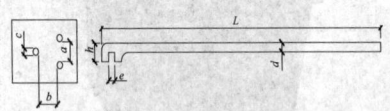

项次	钢筋直径	卡盘			扳头			
		a	b	c	d	e	h	L
1	φ12~16	50	80	20	22	18	40	1200
2	φ18~22	65	90	25	28	24	50	1350
3	φ25~32	80	100	30	38	34	76	2100

14.5.4.2 弯曲成型工艺

1. 画线

钢筋弯曲前,对形状复杂的钢筋(如弯起钢筋),根据钢筋料牌上标明的尺寸,用石笔将各弯曲点位置画出。画线时应注意:

(1) 根据不同的弯曲角度扣除弯曲调整值,其扣法是从相邻两段长度中各扣一半;

(2) 钢筋端部带半圆弯钩时,该段长度画线时增加 0.5d(d 为钢筋直径);

(3) 画线工作宜从钢筋中线开始向两边进行;两边不对称的钢筋,也可从钢筋一端开始画线,如画到另一端有出入时,则应重新调整。

2. 钢筋弯曲成型

钢筋在弯曲机上成型时(图14-54),心轴直径应是钢筋直径的 2.5~5.0 倍,成型轴宜用偏心轴套,以便适应不同直径的钢筋弯曲需要。弯曲细钢筋时,为了使弯弧一侧的钢筋保持平直,挡铁轴宜做成可变挡架或固定挡架(加铁板调整)。

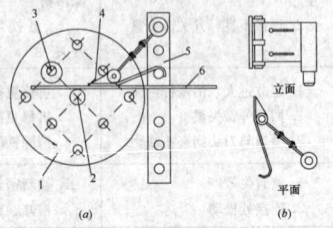

图 14-54　钢筋弯曲成型
(a) 工作简图;(b) 可变挡架构造
1—工作盘;2—心轴;3—成型轴;
4—可变挡架;5—插座;6—钢筋

钢筋弯曲点线和心轴的关系,如图14-55所示。由于成型轴和心轴在同时转动,就会带动钢筋向前滑移。因此,钢筋弯 90°时,弯曲点线约与心轴内边缘齐;弯 180°时,弯曲点线距心轴内边缘为 1.0~1.5d(钢筋硬时取大值)。

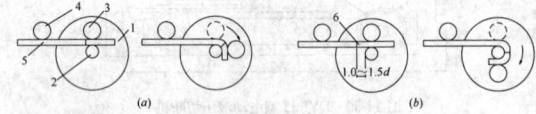

图 14-55　弯曲点线与心轴关系
(a) 弯 90°;(b) 弯 180°
1—工作盘;2—心轴;3—成型轴;4—固定挡铁;5—钢筋;6—弯曲点线

注意:对 HRB335、HRB400、HRB500 钢筋,不能过量弯曲再回弯,以免弯曲点处发生裂纹。

第1根钢筋弯曲成型后与配料表进行复核,符合要求后再成批加工;对于复杂的弯曲钢筋(如预制柱牛腿、屋架节点等)宜先弯1根,经过试组装后,方可成批弯制。

3. 曲线形钢筋成型

弯制曲线形钢筋时(图14-56),可在原有钢筋弯曲机的工作盘中央,放置一个十字架和钢套;另外在工作盘四个孔内插上短轴和成型钢套(和中央钢套相切)。插座板上的挡轴钢套尺寸,可根据钢筋曲线形状选用。钢筋成型过程中,成型钢套起顶弯作用,十字架只协助推进。

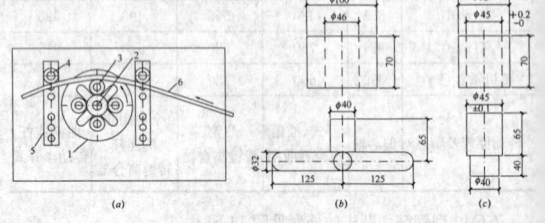

图 14-56　曲线形钢筋成型
(a) 工作简图;(b) 十字撑及圆套详图;(c) 桩柱及圆套详图
1—工作盘;2—十字撑及圆套;3—桩柱及圆套;
4—挡轴钢套;5—插座板;6—钢筋

4. 螺旋形钢筋成型

螺旋形钢筋成型,小直径钢筋一般可用手摇滚筒成型(图14-

57)，较粗钢筋（φ16～30mm）可在钢筋弯曲机的工作盘上安设一个型钢制成的加工圆盘，圆盘外直径相当于需加工螺旋筋（或圆箍筋）的内径，插孔相当于弯曲机板柱间距。使用时将钢筋一端固定，即可按一般钢筋弯曲加工方法弯成所需要的螺旋形钢筋。由于钢筋有弹性，滚筒直径应比螺旋筋内径小。

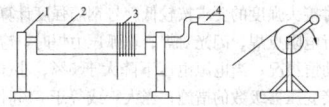

图 14-57　螺旋形钢筋成型
1—支架；2—卷筒；3—钢筋；4—摇把

14.5.5　钢筋加工质量检验

1. 主控项目

受力钢筋的弯钩和弯折应符合现行规范的规定；

检查数量：按每工作班同一类型钢筋、同一加工设备抽查不应少于 3 件。

检查方法：钢尺检查。

2. 一般项目

（1）钢筋宜采用机械调直方法，也可采用冷拉调直方法。当采用冷拉方法调直钢筋时，钢筋调直冷拉延伸率应符合 14.5.2.2 条第 2 点的规定。

（2）钢筋加工的形状、尺寸应符合设计要求，其偏差应符合表 14-60 的规定。

检查数量与方法，与主控项目相同。

钢筋加工的允许偏差　　　表 14-60

项　　　　目	允许偏差（mm）
受力钢筋顺长度方向全长的净尺寸	±10
弯起钢筋的弯折位置	±20
箍筋内净尺寸	±5

14.5.6　现场钢筋加工场地的布置

1. 布置原则

（1）应根据本单位所承担的工作任务特点、设备情况、施工处所的场地、原材料供应方式、运输条件等确定布置方案。

（2）工艺布置应能使各加工工序实现流水作业，减少场内二次搬运；应使各加工工序流程短、运输便利；各工序之间应有合理的堆放场地。

（3）应考虑服务对象的施工要求，区别集中或分散供应钢筋成品的必要性，按任务大小划分。

（4）应根据本单位的实际条件确定机械化水平，按现有设备或有可能力添置的设备情况，力求减轻操作人员的劳动强度、改善劳动环境，并要结合加工质量和生产效率的提高、料耗的降低以及操作安全等因素统筹安排。

（5）如施工场地狭窄或没有加工条件，可委托专业加工厂（场）进行加工。

2. 布置方案

（1）场地位置选择

钢筋加工场地宜设置在施工现场各单体工程的周边，并应在塔吊覆盖区域之内。

（2）场地布置

1）场地布置应按照原材→加工→半成品的加工流程，将场地分成钢筋原材存放区、钢筋加工成型区和半成品钢筋存放区。在不同施工阶段，对钢筋施工场地进行适当调整，以满足结构施工需要。

2）多单体同时施工的工程或单体建筑较大的工程，钢筋加工地应设置明显的标志；比如：1 号加工场地或者 4 号楼加工场地。

3）钢筋加工场地应作混凝土硬化处理，通水通电，并应有良好的排水设施。钢筋堆场、加工地、成品堆放场地有紧密的联系，保证最大程度减少二次用工。

4）场地布置时，应根据施工需要，充分考虑钢筋的调直、切断、弯曲、对焊、机械连接等加工场地，并应根据钢筋机械的布置确定钢筋原材料的堆放位置。

5）钢筋原材料不得直接放置在地面上，直条钢筋原材料堆场通常设置条形基础。条形基础可以是砖基础，也可以是钢筋混凝土基础，应符合下列要求：

①条形基础的地基必须进行处理，保证具有足够的承载力。

②条形基础必须具有足够的抗压、抗拉强度。一般如果是砖基础，应在其顶部设置钢筋混凝土圈梁或设置型钢作为圈梁用。

③条形基础间距以 2m 为宜，条形基础之间部分应作简单的硬化，并设置好排水坡度。条形基础的长度根据阶段性需要进场的钢筋数量确定，空间上必须保证各种规格的钢筋能够很好地标识。

6）圆盘钢筋堆场可和调直场地一并考虑布设，并应做硬化处理。

7）在钢筋的加工区应搭设钢筋棚。钢筋棚应安全、合理和适用，宜工具化、定型化，并应做好安全防护。

14.6　钢筋焊接连接

14.6.1　一般规定

钢筋采用焊接连接时，各种接头的焊接方法、接头形式和适用范围见表 14-61。

钢筋焊接方法的运用范围　　　表 14-61

焊接方法		接头形式	适用范围	
			钢筋牌号	钢筋直径（mm）
电阻点焊			HPB300	6～16
			HRB335 HRBF335	6～16
			HRB400 HRBF400	6～16
			CRB550	5～12
闪光对焊			HPB300	8～22
			HRB335 HRBF335	8～32
			HRB400 HRBF400	8～32
			HRB500 HRBF500	10～32
			RRB400	10～32
箍筋闪光对焊			HPB300	6～16
			HRB335 HRBF335	6～16
			HRB400 HRBF400	6～16
电弧焊	帮条焊	双面焊	HPB300	6～22
			HRB335 HRBF335	6～40
			HRB400 HRBF400	6～40
			HRB500 HRBF500	6～40
		单面焊	HPB300	6～22
			HRB335 HRBF335	6～40
			HRB400 HRBF400	6～40
			HRB500 HRBF500	6～40
	搭接焊	双面焊	HPB300	6～22
			HRB335 HRBF335	6～40
			HRB400 HRBF400	6～40
			HRB500 HRBF500	6～40
		单面焊	HPB300	6～22
			HRB335 HRBF335	6～40
			HRB400 HRBF400	6～40
			HRB500 HRBF500	6～40
	熔槽帮条焊		HPB300	20～22
			HRB335 HRBF335	20～40
			HRB400 HRBF400	20～40
			HRB500 HRBF500	20～40
	坡口焊	平焊	HPB300	18～40
			HRB335 HRBF335	18～40
			HRB400 HRBF400	18～40
			HRB500 HRBF500	18～40
		立焊	HPB300	18～40
			HRB335 HRBF335	18～40
			HRB400 HRBF400	18～40
			HRB500 HRBF500	18～40

续表

焊接方法		接头形式	适用范围	
			钢筋牌号	钢筋直径(mm)
电弧焊	钢筋与钢板搭接焊		HPB300	8～40
			HRB335 HRBF335	8～40
			HRB400 HRBF400	8～40
			HRB500 HRBF500	8～40
	窄间隙焊		HPB300	16～40
			HRB335 HRBF335	16～40
			HRB400 HRBF400	16～40
	预埋件电弧焊	角焊	HPB300	6～25
			HRB335 HRBF335	6～25
			HRB400 HRBF400	6～25
			HRB500 HRBF500	6～25
		穿孔塞焊	HPB300	20～25
			HRB335 HRBF335	20～25
			HRB400 HRBF400	20～25
			HRB500 HRBF500	20～25
		预埋件钢筋埋弧压力焊 埋弧螺柱焊	HPB300	6～25
			HRB335 HRBF335	6～25
			HRB400 HRBF400	6～25
			HRB500 HRBF500	6～25
电渣压力焊			HPB300	12～32
			HRB335 HRBF335	12～32
			HRB400 HRBF400	12～32
			HRB500 HRBF500	12～32
气压焊	固态		HPB300	12～40
			HRB335 HRBF335	12～40
	熔态		HRB400 HRBF400	12～40
			HRB500 HRBF500	12～40

注：1. 电阻点焊时，适用范围的钢筋直径指两根不同直径钢筋交叉叠接中较小钢筋的直径；
　　2. 电弧焊含焊条电弧焊和 CO_2 气体保护电弧焊；
　　3. 在生产中，对于有较高要求的抗震结构用钢筋，在牌号后加 E（例如：HRB400E，HRBF400E）可参照同级别钢筋施焊；
　　4. 生产中，如果有 HPB235 钢筋需要进行焊接时，可参考采用 HPB300 钢筋的焊接工艺参数。

钢筋焊接应符合下列规定：

（1）细晶粒热轧钢筋 HRBF335、HRBF400、HRBF500 施焊时，可采用与 HRB335、HRB400、HRB500 钢筋相同的或者近似的，并经试验确认的焊接工艺参数。直径大于 28mm 的带肋钢筋，焊接参数应经试验确定；余热处理钢筋不宜焊接。

（2）电渣压力焊适用于柱、墙、构筑物等现浇混凝土结构中竖向受力钢筋的连接；不得在竖向焊接后横置于梁、板等构件中作水平钢筋使用。

（3）在工程开工正式焊接之前，参与该项施焊的焊工应进行现场条件下的焊接工艺试验，并经试验合格后，方可正式生产。试验结果应符合质量检验与验收时的要求。焊接工艺试验的资料应存于工程档案。

（4）钢筋焊接施工之前，应清除钢筋、钢板焊接部位以及钢筋与电极接触处表面上的锈斑、油污、杂物等；钢筋端部当有弯折、扭曲时，应予以矫直或切除。

（5）带肋钢筋闪光对焊、电弧焊、电渣压力焊和气压焊，宜将纵肋对纵肋安放和焊接。

（6）焊剂应存放在干燥的库房内，若受潮时，在使用前应经 250～350℃烘焙 2h。使用中回收的焊剂应清除熔渣和杂物，并应与新焊剂混合均匀后使用。

（7）两根同牌号、不同直径的钢筋可进行闪光对焊、电渣压力焊或气压焊，闪光对焊时直径差不得超过 4mm，电渣压力焊或气

压焊时，其直径差不得超过 7mm。焊接工艺参数可在大、小直径钢筋焊接工艺参数之间偏大选用，两根钢筋的轴线应在同一直线上。对接头强度的要求，应按较小直径钢筋计算。

（8）两根同直径、不同牌号的钢筋可进行电渣压力焊或气压焊，其钢筋牌号应在表 14-61 的范围内，焊接工艺参数按较高牌号钢筋选用，对接头强度的要求按较低牌号钢筋强度计算。

（9）进行电阻点焊、闪光对焊、埋弧压力焊时，应随时观察电源电压的波动情况；当电源电压下降大于 5%、小于 8%时，应采取提高焊接变压器级数的措施；当大于或等于 8%时，不得进行焊接。

（10）在环境温度低于 −5℃条件下施焊时，焊接工艺应符合下列要求：

1）闪光对焊，宜采用预热—闪光焊或闪光—预热—闪光焊；可增加调伸长度，采用较低变压器级数，增加预热次数和间歇时间。

2）电弧焊时，宜增大焊接电流，减低焊接速度。电弧帮条焊或搭接焊时，第一层焊缝应从中间引弧，向两端施焊；以后各层控温施焊，层间温度控制在 150～350℃之间。多层施焊时，可采用回火焊道施焊。

（11）当环境温度低于 −20℃时，不宜进行各种焊接。雨天、雪天不宜在现场进行施焊；必须施焊时，应采取有效遮蔽措施。焊后未冷却接头不得碰到冰雪。在现场进行闪光对焊或电弧焊，当超过四级风力时，应采取挡风措施。进行气压焊，当超过三级风力时，应采取挡风措施。

（12）焊机应经常维护保养和定期检修，确保正常使用。

14.6.2　钢筋闪光对焊

14.6.2.1　对焊设备

闪光对焊的设备为闪光对焊机。闪光对焊机的种类很多，型号复杂。在建筑工程中常用的是 UN 系列闪光对焊机。外观如图 14-58 所示。

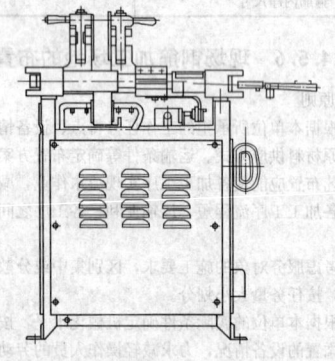

图 14-58　闪光对焊机

常用对焊机有 UN$_1$-75、UN$_1$-100、UN$_2$-150、UN$_{17}$-150-1 型号，根据钢筋直径和需用功率选用，常用对焊机技术性能见表 14-62。

常用对焊机技术性能　　　　表 14-62

项次	项目	单位	焊机型号			
			UN$_1$-75	UN$_1$-100	UN$_2$-150	UN$_{17}$-150-1
1	额定容量	kVA	75	100	150	150
2	初级电压	V	220/380	380	380	380
3	次级电压调整范围	V	3.52～7.94	4.5～7.6	4.05～8.1	3.8～7.6
4	次级电压调整级数		8	8	15	15
5	额定持续率	%	20	20	20	50

续表

项次	项目		单位	焊机型号			
				UN1-75	UN1-100	UN2-150	UN17-150-1
6	钳口夹紧力		kN	20	40	100	160
7	最大顶锻力		kN	30	40	65	80
8	钳口最大距离		mm	80	80	100	90
9	动钳口最大行程		mm	30	50	27	80
10	动钳口最大烧化行程		mm				20
11	焊件最大预热压缩量		mm				10
12	连续闪光焊时钢筋最大直径		mm	12~16	16~20	20~25	20~25
13	预热闪光焊时钢筋最大直径		mm	32~36	40	40	40
14	生产率		次/h	75	20~30	80	120
15	冷却水消耗量		L/h	200	200	200	500
16	压缩空气	压力	N/mm²			5.5	6
		消耗量	m³/h			15	5
17	焊机重量		kg	445	465	2500	1900
18	外形尺寸	长	mm	1520	1800	2140	2300
		宽	mm	550	550	1360	1100
		高	mm	1080	1150	1380	1820

14.6.2.2 对焊工艺

闪光对焊工艺可以分为连续闪光焊、预热—闪光焊、闪光—预热—闪光焊。采取的焊接工艺应根据焊接的钢筋直径、焊机容量、钢筋牌号等具体情况而定。连续闪光焊的钢筋直径上限见表14-63。

连续闪光焊钢筋直径上限   表 14-63

焊机容量（kVA）	钢筋牌号	钢筋直径（mm）
160（150）	HPB300	22
	HRB335HRBF335	22
	HRB400HRBF400	20
	HRB500HRBF500	20
100	HPB300	20
	HRB335HRBF335	20
	HRB400HRBF400	18
	HRB500HRBF500	16
80（75）	HPB300	16
	HRB335HRBF335	14
	HRB400HRBF400	12

注：对于有较高要求的抗震结构用钢筋在牌号后加 E（例如：HRB400E、HRBF400E），可参照同级别钢筋进行闪光对焊。当超过表中规定，钢筋断面平整的采用预热—闪光焊；钢筋端面不平整的闪光-预热-闪光焊。

1. 连续闪光焊

连续闪光焊的工艺过程包括：连续闪光和顶锻过程（图14-59a）。施焊时，先闭合一次电路，使两根钢筋端面轻微接触，此时端面的间隙中即喷射出火花般熔化的金属微粒——闪光，接着徐徐移动钢筋使两端面仍保持轻微接触，形成连续闪光。当闪光到预定的长度，使钢筋端头加热到将近熔点时，就以一定的压力迅速进行顶锻。先带电顶锻，再无电顶锻到一定长度，焊接接头即告完成。

2. 预热—闪光焊

预热—闪光焊是在连续闪光焊前增加一次预热过程，以扩大焊接热影响区。其工艺过程包括：预热、闪光和顶锻过程（图14-59b）。施焊时先闭合电源，然后使两根钢筋端面交替地接触和分开，这时钢筋端面的间隙中即发出断续的闪光，而形成预热过程。当钢筋达到预热温度后进入闪光阶段，随后顶锻而成。

3. 闪光-预热-闪光焊

闪光-预热闪光焊是在预热闪光焊前加一次闪光过程，目的是使不平整的钢筋端面烧化平整，使预热均匀。其工艺过程包括：一次闪光、预热、二次闪光及顶锻过程（图 14-59c）。施焊时首先连续闪光，使钢筋端部闪平，然后同预热闪光焊。

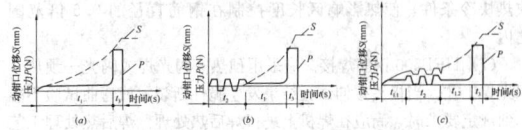

图 14-59 钢筋闪光对焊工艺过程图解

(a) 连续闪光焊；(b) 预热闪光焊；(c) 闪光-预热-闪光焊

t_1—闪光时间；$t_{1.1}$——一次闪光时间；$t_{1.2}$—二次闪光时间；
t_2—预热时间；t_3—顶锻时间

14.6.2.3 对焊参数

1. 纵向钢筋闪光对焊

闪光对焊参数包括：调伸长度、闪光留量（图 14-60）、闪光速度、顶锻留量、顶锻速度、顶锻压力及变压器级次。采用预热闪光焊时，还要有预热留量与预热频率等参数。

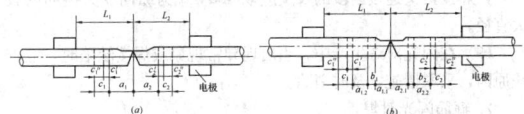

图 14-60 钢筋闪光对焊留量图

(a) 连续闪光焊：L_1、L_2—调伸长度；a_1+a_2—烧化留量；c_1+c_2—顶锻留量；$c_1'+c_2'$—有电顶锻留量；$c_1''+c_2''$—无电顶锻留量；(b) 闪光—预热闪光焊：L_1、L_2—调伸长度；$a_{1.1}+a_{2.1}$——一次烧化留量；$a_{1.2}+a_{2.2}$—二次烧化留量；b_1+b_2—预热留量；c_1+c_2—有电顶锻留量；$c_1'+c_2'$—无电顶锻留量

（1）调伸长度。调伸长度的选择，应随着钢筋牌号的提高和钢筋直径的加大而增长。主要是减缓接头的温度梯度，防止在热影响区产生淬硬组织。一般调伸长度取值：HRB335 级钢筋为 1.0～1.5d（d—钢筋直径）。当焊接 HRB400、HRB500 钢筋时，调伸长度宜在 40～60mm 内选用。

（2）烧化留量与闪光速度。烧化留量的选择，应根据焊接工艺方法确定。当连续闪光焊接时，烧化过程应较长。烧化留量应等于两根钢筋在断时刀口切断机刀口严重咬伤部分（包括端面的不平整度），再加 8mm。预热—闪光焊时的烧化留量不应小于 10mm。闪光—预热—闪光焊时，应区分一次烧化留量和二次烧化留量。一次烧化留量不应小于 10mm。闪光速度由慢到快，开始时近于零，而后约 1mm/s，终止时达 1.5～2mm/s。

（3）预热留量与预热频率。需要预热时，宜采用电阻预热法。预热留量取值：预热留量应为 1～2mm，预热次数应为 1～4 次；每次预热时间应为 1.5～2s，间歇时间应为 3～4s。

（4）顶锻留量、顶锻速度与顶锻压力。顶锻留量应为 4～10mm，并应随钢筋直径的增大和钢筋牌号的提高而增加。其中，有电顶锻留量约占 1/3，无电顶锻留量约占 2/3，焊接时必须控制得当。焊接 HRB500 钢筋时，顶锻留量宜稍为增大，以确保焊接质量。

顶锻速度应越快越好，特别是顶锻开始的 0.1s 应将钢筋压缩 2～3mm，使焊口迅速闭合不致氧化，而后断电并以 6mm/s 的速度继续顶锻至结束。

顶锻压力应足以将全部的熔化金属从接头内挤出，而且还要使邻近接头处（约 10mm）的金属产生适当的塑性变形。

（5）变压器级次。变压器级次用以调节焊接电流大小。要根据钢筋牌号、直径、焊机容量以及不同的工艺方法，选择合适变压器级数。若变压器级数太低，次级电压也低，焊接电流小，就会使闪光困难，加热不足，更不能利用闪光保护焊口免受氧化；相反，如果变压器级数太高，闪光过强，也会使大量热量被金属微粒带走，钢筋端面温度升不上去。

钢筋级别高或直径大，其级次要高。焊接时如火花过大并有强

烈声响，应降低变压器级次。当电压降低 5% 左右时，应提高变压器级次 1 级。

（6）RRB400 钢筋闪光对焊。与热轧钢筋比较，应减小调伸长度，提高焊接变压器级数，缩短加热时间，快速顶锻，形成快热快冷条件，使热影响区长度控制在钢筋直径的 0.6 倍范围之内。

（7）HRB500 钢筋焊接。应采用预热—闪光焊或闪光—预热—闪光焊工艺。当接头拉伸试验结果发生脆性断裂，或弯曲试验不能达到规定要求时，尚应在焊机上进行焊后热处理。焊后热处理工艺应符合下列要求：

1）待接头冷却至常温，将电极钳口调至最大间距，重新夹紧；

2）应采用最低的变压器级数，进行脉冲式通电加热；每次脉冲循环，应包括通电时间和间歇时间，并宜大 3s；

3）焊后热处理温度应在 750~850℃ 之间，随后在环境温度下自然冷却。

（8）当直接承受吊车荷载的钢筋混凝土吊车梁、屋面梁及屋架下弦的纵向受力钢筋采用闪光对焊接头时，应去掉接头的毛刺及卷边；同一连接区段内纵向受拉钢筋焊接接头面积百分率不应大于 25%，焊接接头连接区段的长度应取 45d，d 为纵向受力钢筋的较大直径。

（9）在闪光对焊生产中，当出现异常现象或焊接缺陷时，应查找原因，采取措施，及时消除。

2. 箍筋闪光对焊

（1）箍筋闪光对焊的焊点位置宜设在箍筋受力较小一边。不等边的多边形柱箍筋对焊点位置宜设在两个边上。箍筋下料长度应预留焊接总留量 Δ，其中包括烧化留量 A、预热留量 B 和顶端留量 C。当采用切断机下料时，增加压痕长度，采用闪光—预热闪光焊工艺时，焊接总留量 Δ 随之增大，约为 1.0d~1.5d。计算值应经试焊后核对确定。

（2）应精心将下料钢筋按设计图纸规定尺寸弯曲成型，制成待焊箍筋，并使两个对焊头完全对准，具有一定弹性压力。待焊箍筋应进行加工质量的检查，按每一工作班、同一牌号钢筋、同一加工设备完成的待焊箍筋为一个检验批，每批抽查不少于 3 件。检查项目包括：①箍筋内净空尺寸是否符合设计图纸规定，允许偏差在 ±5mm 之内；②两钢筋头应完全对准。

（3）箍筋闪光对焊宜使用 100kVA 的箍筋专用对焊机，焊接变压器级数应适当提高，二次电流稍大；无电顶锻时间延长数秒钟。

14.6.2.4　对焊接头质量检验

1. 纵向受力钢筋闪光焊

（1）在同一台班内，由同一焊工完成的 300 个同牌号、同直径钢筋焊接接头应作为一批。当同一台班内焊接的接头数量较少，可在一周之内累计计算；累计仍不足 300 个接头时，应按一批计算。

（2）力学性能检验时，应从每批接头中随机切取 6 个接头，其中 3 个做拉伸试验，3 个做弯曲试验；异径接头只可做拉伸试验。

（3）闪光对焊接头外观检查。接头处不得有横向裂纹；与电极接触处的钢筋表面不得有明显烧伤；接头处的弯折角不得大于 3°；接头处的轴线偏移不得大于钢筋直径的 0.1 倍，且不得大于 2mm。

2. 箍筋闪光对焊

（1）箍筋闪光对焊接头检验批数量分成两种：当钢筋直径为 10mm 及以下，为 1200 个；钢筋直径为 12mm 及以上，为 600 个。每个检验批随机抽取 5% 箍筋闪光对焊接头作外观检查；随机切取 3 个对焊接头做拉伸试验。

（2）箍筋闪光对焊接头外观质量检查。对焊接头表面应呈圆滑状，不得有横向裂纹；轴线偏移不大于钢筋直径 0.1 倍；弯折角度不得大于 3°；对焊接头所在直线凹凸不得大于 5mm；对焊箍筋内净空尺寸的允许偏差在 ±5mm 之内；与电极接触无明显烧伤。

14.6.2.5　对焊缺陷及消除措施

在闪光对焊生产中，当出现异常现象或焊接缺陷时，应查找原因，采取措施，及时消除。常见的闪光对焊异常现象和焊接缺陷的消除措施见表 14-64。

闪光对焊异常现象和焊接缺陷的消除措施

表 14-64

序号	异常现象和焊接缺陷	消　除　措　施
1	烧化过分激烈并产生强烈的爆炸声	1. 降低变压器级数 2. 减慢烧化速度
2	闪光不稳定	1. 清除电极底部和表面的氧化物 2. 提高变压器级数 3. 加快烧化速度
3	接头中有氧化膜、未焊透和夹渣	1. 增加预热程度 2. 加快临近顶锻时的烧化程度 3. 确保带电顶锻过程 4. 增大顶锻压力 5. 加快顶锻速度
4	接头中有缩孔	1. 降低变压器级数 2. 避免烧化过程过分激烈 3. 适当增大顶锻留量及顶锻压力
5	焊缝金属过烧	1. 减少预热程度 2. 加快烧化速度，缩短焊接时间 3. 避免过多带电顶锻
6	接头区域裂纹	1. 检验钢筋的碳、硫、磷含量，若不符合规定时应更换钢筋 2. 采取低频预热方法，增加预热程度
7	钢筋表面微熔及烧伤	1. 消除钢筋被夹紧部位的铁锈和油污 2. 消除电极内表面的氧化物 3. 改进电极槽口形状，增大接触面积 4. 夹紧钢筋
8	接头弯折或轴线偏移	1. 正确调整电极位置 2. 修整电极切口或更换易变形的电极 3. 切除或矫直钢筋的接头

14.6.3　钢筋电阻点焊

14.6.3.1　点焊设备

点焊机有手提式点焊机、单点点焊机（图 14-61）、多头点焊机和悬挂式点焊机。

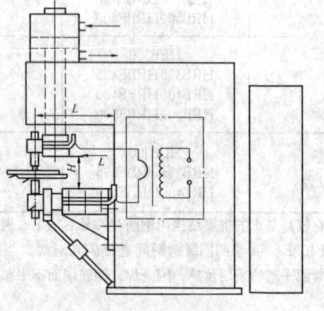

图 14-61　点焊机

14.6.3.2　点焊工艺

钢筋焊接骨架和钢筋焊接网可由 HPB300、HRB335、HRBF335、HRB400、HRBF400、HRB500、CRB550 钢筋制成。当两根钢筋直径不同时，焊接骨架较小钢筋直径小于或等于10mm 时，大、小钢筋直径之比不宜大于 3；当较小钢筋直径为 12~16mm 时，大、小钢筋直径之比，不宜大于 2。焊接网较小钢筋直径不得小于较大钢筋直径的 0.6 倍。

电阻点焊的工艺过程中应包括预压、通电、锻压三个阶段，见图 14-62。

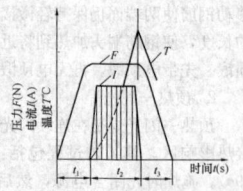

图 14-62　电焊过程示意图
t_1—预压时间；t_2—通电时间；
t_3—锻压时间

14.6.3.3　点焊参数

钢筋电焊参数主要有：通电时间、电流强度、电极压力、焊点压入深度。电阻点焊应根据钢筋牌号、直径及焊机性能等具体情况，选择合适的变压器级数。焊接通电时间和电极压力。当采用 DN3-75 型点焊机焊接 HPB300 钢筋时，焊接通电时间应符合表 14-65 的规定；电极压力应符合表 14-66 的规定。

焊接通电时间（s）　　　表 14-65

变压器级数	较小钢筋直径（mm）						
	4	5	6	8	10	12	14
1	0.10	0.12					
2	0.08	0.07					
3			0.22	0.70	1.50		
4			0.20	0.60	1.25	2.50	4.00
5				0.50	1.00	2.00	3.50
6				0.40	0.75	1.50	3.00
7					0.50	1.20	2.50

注：点焊 HRB335、HRB335F、HRB400、HRBF400、HRB500 或 CRB550 钢筋时，焊接通电时间可延长20%～25%

电　极　压　力（N）　　　表 14-66

较小钢筋直径（mm）	HPB300	HRB335 HRB400 HRB500 CRB500
4	980～1470	1470～1960
5	1470～1960	1960～2450
6	1960～2450	2450～2940
8	2450～2940	2940～3430
10	2940～3920	3430～3920
12	3430～4410	4410～4900
14	3920～4900	4900～5800

钢筋多头点焊机宜用于同规格焊接网的成批生产。当点焊生产时，除符合上述规定外，尚应准确调整好各个电极之间的距离、电极压力，并应经常检查各个焊点的焊接电流和焊接通电时间。焊点的压入深度应为较小钢筋直径的18%～25%。

14.6.3.4　钢筋焊接网质量检验

（1）凡钢筋牌号、直径及尺寸相同的焊接骨架和焊接网应视为同一类型制品，且每 300 件作为一批，一周内不足 300 件的亦应按一批计算。

（2）外观检查应按同一类型制品分批检查，每批抽查 5%，且不得少于 10 件。

（3）力学性能检验的试件，应从每批成品中切取；切取过试件的制品，应补焊同牌号、同直径的钢筋，其每边的搭接长度不应小于 2 个空格的长度；当焊接骨架所切取试样的尺寸小于规定的试样尺寸，或受力钢筋直径大于 8mm 时，可在生产过程中制作模拟焊接试验网片，从切取取试样。

（4）由几种直径钢筋组合的焊接骨架或焊接网，应对每种组合的焊点作力学性能检验。

（5）热轧钢筋的焊点应作剪切试验，试件应为 3 件；对冷轧带肋钢筋还应沿钢筋焊接网两个方向各截取一个试样进行拉伸试验。

（6）焊接骨架外形尺寸检查和外观质量检查结果，应符合下列要求：

每件制品的焊点脱落、漏焊数量不得超过焊点总数的 4%，且相邻两焊点不得有漏焊及脱落；焊接骨架的允许偏差见表 14-67。

（7）钢筋焊接网间距的允许偏差取±10mm 和规定间距的±5%的较大值。网片长度和宽度的允许偏差取±25mm 和规定长度的±0.5%的较大值。网片两对角线之差不得大于 10mm；网格数量应符合设计规定。

焊接骨架的允许偏差　　　表 14-67

项　　目		允许偏差（mm）
焊接骨架	长度	±10
	宽度	±5
	高度	±5
骨架箍筋间距		±10
受力主筋	间距	±15
	排距	±5

焊接网交叉点开焊数量不得大于整个网片交叉点总数的 1%，并且任一根横筋上开焊点数不得大于该横筋交叉点总数的 1/2；焊接网最外边钢筋上的交叉点不得开焊；

钢筋焊接网表面不应有影响使用的缺陷。当性能符合要求时，允许钢筋表面存在浮锈和因矫直造成的钢筋表面轻微损伤。

14.6.3.5　点焊缺陷及消除措施

点焊制品焊接缺陷及消除措施见表 14-68。

点焊制品焊接缺陷及消除措施　　　表 14-68

缺陷	产生原因	消除措施
焊点过烧	1. 变压器级数过高 2. 通电时间太长 3. 上下电极不对中心 4. 继电器接触失灵	1. 降低变压器级数 2. 缩短通电时间 3. 切断电源，校正电极 4. 清理触点，调节间隙
焊点脱落	1. 电流过小 2. 压力不够 3. 压入深度不足 4. 通电时间太短	1. 提高变压器级数 2. 加大弹簧压力或调大气压 3. 调整二电极间距离符合压入深度要求 4. 延长通电时间
钢筋表面烧伤	1. 钢筋和电极接触表面太脏 2. 焊接时没有预压过程或预压力过小 3. 电流过大 4. 电极变形	1. 清刷电极与钢筋表面的铁锈和油污 2. 保证预压过程和适当的预压力 3. 降低变压器级数 4. 修理或更换电极

14.6.4　钢　筋　电　弧　焊

14.6.4.1　电弧焊设备和焊条

钢筋电弧焊包括焊条电弧焊和 CO_2 气体保护电弧焊两种工艺方法。

CO_2 气体保护电弧焊设备由焊接电源、送丝系统、焊枪、供气系统、控制电路等 5 部分组成。

钢筋二氧化碳气体保护电弧焊时，主要的焊接工艺参数有焊接电流、极性、电弧电压（弧长）、焊接速度、焊丝伸出长度（干伸长）、焊枪角度、焊接位置、焊丝尺寸。施焊时，应根据焊机性能、焊接接头形状、焊接位置，选用正确焊接工艺参数。

电弧焊设备主要有焊机、焊接电缆、电焊钳等。弧焊机可分为交流弧焊机和直流弧焊机两类。交流弧焊机（焊接变压器）常用的型号有 BX$_3$-120-1、BX$_3$-300-2、BX$_3$-500-2（图 14-63）和 BX$_2$-1000 等；直流弧焊机常用的型号有 AX$_1$-165、AX$_4$-300-1、AX-320、AX$_5$-500、AX$_3$-500 等。

焊条性能应符合现行国家标准《碳素焊条》（GB/T 5117）或《低合金钢焊条》（GB/T 5118）的规定，其型号应根据设计确定；采用的焊丝应符合现行国家标准《气体保护电弧焊用碳钢、低合金钢焊丝》（GB/T 8110）的规定。若设计无规定时，焊条和焊丝可按表 14-69 选用。

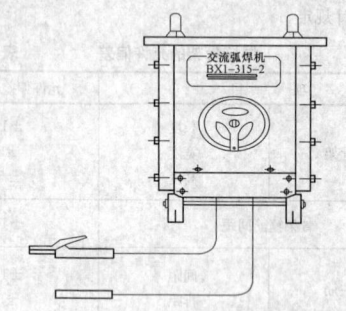

图 14-63 电弧焊机

钢筋电弧焊使用的焊条牌号 表 14-69

钢筋牌号	搭接焊、帮条焊	坡口焊、熔槽帮条焊、预埋件穿孔塞焊	窄间隙焊	钢筋与钢板搭接焊、预埋件T型角焊
HPB235	GB/T 5117；E43XX GB/T 8110；ER49、50-X	GB/T 5117；E43XX GB/T 8110；ER49、50-X	GB/T 5117；E43XX GB/T 8110；ER49、50-X	GB/T 5117；E43XX GB/T 8110；ER49、50-X
HPB300	GB/T 5117；E43XX GB/T 8110；ER49、50-X	GB/T 5117；E43XX GB/T 8110；ER49、50-X	GB/T 5117；E43XX GB/T 8110；ER49、50-X	GB/T 5117；E43XX GB/T 8110；ER49、50-X
HRB335 HRBF335	GB/T 5117；E43XX E50XX GB/T 5118；E50XX-X GB/T 8110；ER49、50-X	GB/T 5117；E50XX GB/T 5118；E50XX-X GB/T 8110；ER49、50-X	GB/T 5117；E5015、16 GB/T 5118；E5015、16-X GB/T 8110；ER49、50-X	GB/T 5117；E43XX E50XX GB/T 5118；E50XX-X GB/T 8110；ER49、50-X
HRB400 HRBF400	GB/T 5117；E50XX GB/T 5118；E50XX-X GB/T 8110；ER50-X	GB/T 5118；E55XX-X GB/T 8110；ER50、55-X	GB/T 5118；E5515、16-X GB/T 8110；ER50、55-X	GB/T 5117；E50XX GB/T 5118；E50XX-X GB/T 8110；ER50-X
HRB500 HRBF500	GB/T 5118；E55、60XX-X GB/T 8110；ER55-X	GB/T 5118；E60XX-X	GB/T 5118；E6015、16-X	GB/T 5118；E55、60XX-X GB/T 8110；ER55-X
KL400	GB/T 5118；E55XX-X GB/T 8110；ER55-X	GB/T 5118；E55XX-X	GB/T 5118；E5515、16-X	GB/T 5118；E55XX-X GB/T 8110；ER55-X

钢筋电弧焊包括帮条焊、搭接焊、坡口焊、窄间隙焊和熔槽帮条焊 5 种接头形式。焊接时，应符合下列要求：

(1) 应根据钢筋牌号、直径、接头形式和焊接位置，选择焊接材料，确定焊接工艺和焊接参数；

(2) 焊接时，引弧应在垫板、帮条或形成焊缝的部位进行，不得烧伤主筋；

(3) 焊接地线与钢筋应接触良好；

(4) 焊接过程中应及时清渣，焊缝表面应光滑，焊缝余高应平缓过渡，弧坑应填满。

14.6.4.2 帮条焊和搭接焊

帮条焊和搭接焊均分单面焊和双面焊。

帮条焊时，宜采用双面焊（图 14-64a）；当不能进行双面焊时，方可采用单面焊（图 14-64b）帮条长度应符合表 14-70 的规定。当帮条牌号与主筋相同时，帮条直径可与主筋相同或小一个规

格。当帮条直径与主筋相同时，帮条牌号可与主筋相同或低一个牌号。

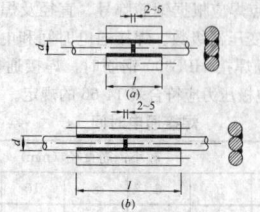

图 14-64 钢筋帮条焊接头
(a) 双面焊；(b) 单面焊
d—钢筋直径；l—帮条长度

搭接焊时，宜采用双面焊（图 14-65a）。当不能进行双面焊时，方可采用单面焊（图 14-65b）。

帮条焊接头或搭接焊接头的焊缝厚度 s 不应小于主筋直径的 0.3 倍；焊缝宽度 b 不应小于主筋直径的 0.8 倍（图 14-66）。

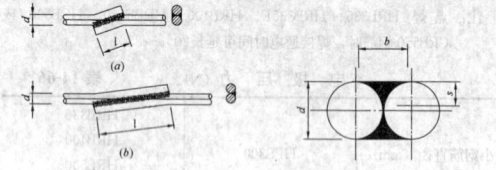

图 14-65 钢筋搭接焊接头
(a) 双面焊；(b) 单面焊
d—钢筋直径；l—搭接长度

图 14-66 焊缝尺寸示意图
b—焊缝宽度；s—焊缝厚度；d—钢筋直径

钢 筋 帮 条 长 度 表 14-70

钢筋牌号	焊缝形式	帮条长度 l
HPB300	单面焊	≥8d
	双面焊	≥4d
HPB235 HRB335 HRB400 RRB400	单面焊	≥10d
	双面焊	≥5d

注：d 为主筋直径（mm）。

帮条焊或搭接焊时，钢筋的装配和焊接应符合下列要求：

帮条焊时，两主筋端面的间距应为 2～5mm；帮条与主筋之间应用四点定位焊固定；定位焊缝与帮条端部的距离宜大于或等于 20mm；

搭接焊时，焊接端钢筋应预弯，并应使两钢筋的轴线在同一直线上；用两点固定；定位焊缝与搭接端部的距离宜大于或等于 20mm；

焊接时，应在帮条焊或搭接焊形成焊缝中引弧；在端头收弧前应填满弧坑，并应使主焊缝与定位焊缝的始端和终端熔合。

14.6.4.3 预埋件电焊

预埋件钢筋电弧焊 T 形接头可分为角焊和穿孔塞焊两种（图 14-67）。装配和焊接时，当采用 HPB235 钢筋时，角焊缝焊脚 (K) 不得小于钢筋直径的 0.5 倍；采用 HRB335 和 HRB400 钢筋时，焊脚 (K) 不得小于钢筋直径的 0.6 倍；施焊中，不得使钢筋咬边和烧伤。

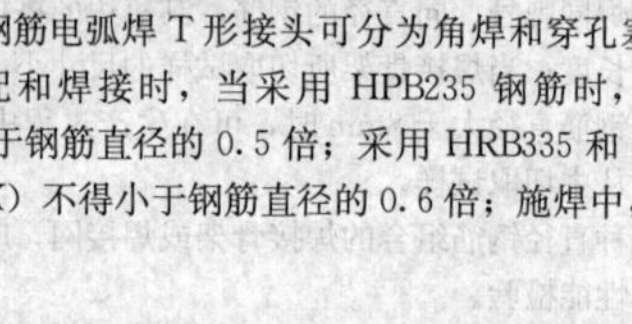

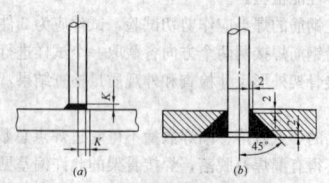

图 14-67 预埋件钢筋电弧焊 T 形接头
(a) 角焊；(b) 穿孔塞焊
K—焊脚

钢筋与钢板搭接焊时，焊接接头（图 14-68）应符合下列要求：

HPB235 钢筋的搭接长度（l）不得小于 4 倍钢筋直径，HRB335 和 HRB400 钢筋搭接长度（l）不得小于 5 倍钢筋直径；

焊缝宽度不得小于钢筋直径的 0.6 倍，焊缝厚度不得小于钢筋直径的 0.35 倍。

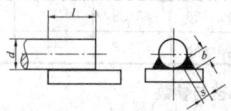

图 14-68　钢筋与钢板搭接焊接头
d—钢筋直径；l—搭接长度；
b—焊缝宽度；s—焊缝厚度

14.6.4.4　坡口焊

坡口焊是将二根钢筋的连接处切割成一定角度的坡口，辅助以焊垫板进行焊接连接的一种工艺。坡口焊的准备工作要求：

(1) 坡口面应平顺，切口边缘不得有裂纹、钝边和缺棱；

(2) 坡口角度可按图 14-69 中数据选用；

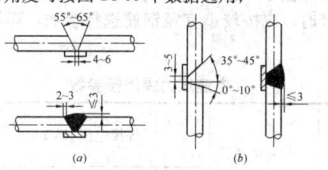

图 14-69　钢筋坡口焊
(a) 平焊；(b) 立焊

(3) 钢垫板厚度宜为 4～6mm，长度宜为 40～60mm；平焊时，垫板宽度应为钢筋直径加 10mm；立焊时，垫板宽度宜等于钢筋直径。

坡口焊的焊接工艺应注意，焊缝的宽度应大于 V 形坡口的边缘 2～3mm，焊缝余高不得大于 3mm，并平缓过渡至钢筋表面；钢筋与焊垫板之间，应加焊二、三层侧面焊缝；当发现接头中有弧坑、气孔及咬边等缺陷时，应立即补焊。

14.6.4.5　熔槽帮条焊

熔槽帮条焊是在焊接的两钢筋端部形成焊接熔槽，融化金属焊接钢筋的一种方法。

熔槽帮条焊适用于直径 20mm 及以上钢筋的现场安装施焊。焊接时加角钢作垫板模，接头形式（图 14-70）、角钢尺寸和焊接工艺应符合下列要求：

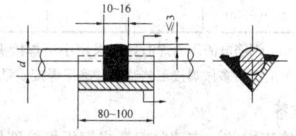

图 14-70　钢筋熔槽帮条焊接头

角钢边长宜为 40～60mm；钢筋端头应加工平整；从焊缝处垫板引弧后应连续施焊，并应使钢筋端部熔合，防止未焊透、气孔或夹渣；焊接过程中应停焊清渣 1 次；焊平后，再进行焊缝余高的焊接，其高度不得大于 3mm；钢筋与角钢垫板之间，应加焊侧面焊缝 1～3 层，焊缝应饱满，表面应平整。

14.6.4.6　窄间隙焊

窄间隙焊适用于直径 16mm 及以上钢筋的现场水平连接。焊接时，钢筋端部应置于铜模中，并应留出一定间隙，用焊条连续焊接，熔化钢筋端面和使熔敷金属填充间隙，形成接头（图 14-71）；其焊接工艺应符合下列要求：

图 14-71　钢筋窄间隙焊接头

钢筋端面应平整；应选用低氢型碱性焊条；端面间隙和焊接参数可按表 14-71 选用；从焊缝根部引弧后应连续进行焊接，左右来回运弧，在钢筋端面处电弧应少许停留，并使熔合，图 14-72 (a)。当焊至端面间隙的 4/5 高度后，焊缝逐渐扩竞；当熔池过大时，应改连续焊为断续焊，避免过热，图 14-72 (b)。焊缝余高不得大于 3mm，且应平缓过渡至钢筋表面，图 14-72 (c)。

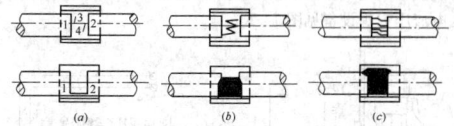

图 14-72　窄间隙焊工艺工程
(a) 焊接初期；(b) 焊接中期；(c) 焊接末期

窄间隙焊端间隙和焊接参数　表 14-71

钢筋直径 (mm)	端面间隙 (mm)	焊条直径 (mm)	焊接电流 (A)
16	9～11	3.2	100～110
18	9～11	3.2	100～110
20	10～12	3.2	100～110
22	10～12	3.2	100～110
25	12～14	4.0	150～160
28	12～14	4.0	150～160
32	12～14	4.0	150～160
36	13～15	5.0	220～230
40	13～15	5.0	220～230

14.6.4.7　电弧焊接头质量检验

(1) 在现浇混凝土结构中，应以 300 个同牌号钢筋、同型式接头作为一批；在房屋结构中，应在不超过二楼层中 300 个同牌号钢筋、同型式接头作为一批。每批随机切取 3 个接头，做拉伸试验。在装配式结构中，可按生产条件制作模拟试件，每批 3 个，做拉伸试验。钢筋与钢板搭接电弧焊接头可只进行外观检查。

(2) 电弧焊接头外观检查结果，应符合下列要求：

焊缝表面应平整，不得有凹陷或焊瘤；焊接接头区域不得有肉眼可见的裂纹；咬边深度、气孔、夹渣等缺陷允许值及接头尺寸的允许偏差，应符合表 14-72 的规定；坡口焊、熔槽帮条焊和窄间隙焊接头的焊缝余高不得大于 3mm。

(3) 当模拟试件试验结果不符合要求时，应进行复验。复验应从现场焊接接头中切取，其数量和要求与初始试验时相同。

钢筋电弧焊接头尺寸偏差及缺陷允许值　表 14-72

名　称		单位	接头形式		
			帮条焊	搭接焊 钢筋与钢板 搭接焊 搭接焊	坡口焊 窄间隙焊 熔槽帮条焊
棒体沿接头中心线的纵向偏移		mm	0.3d	—	—
接头处弯折角		°	3	3	3
接头处钢筋轴线的位移		mm	0.1d	0.1d	0.1d
焊缝宽度		mm	+0.1d	+0.1d	—
焊缝长度		mm	−0.3d	−0.3d	—
横向咬边深度		mm	0.5	0.5	−0.5
在长 2d 焊缝表面上气孔及夹渣	数量	个	2	2	—
	面积	mm²	6	6	—
在全部焊缝表面上气孔及夹渣	数量	个	—	—	2
	面积	mm²	—	—	6

注：d 为钢筋直径（mm）。

14.6.5　钢筋电渣压力焊

钢筋电渣压力焊是将两钢筋安放成竖向对接形式，利用焊接电流通过两钢筋端面间隙，在焊接层下形成电弧过程和电渣过程，产生电弧热和电阻热，熔化钢筋，加压完成的一种压焊方法。适用于钢筋混凝土结构中竖向或斜向（倾斜度在 4：1 范围内）钢筋的连接。电渣压力焊设备见图 14-73。

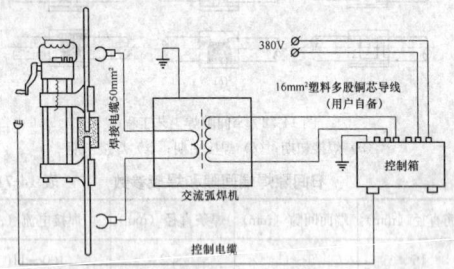

图 14-73　电渣压力焊设备

14.6.5.1　焊接设备与焊剂

1. 电渣压力焊设备

电渣压力焊设备包括：焊接电源、控制箱、焊接机头（夹具）、焊剂盒等，如图 14-73。

(1) 焊接电源

竖向电渣压力焊的电源，可采用一般的 BX$_3$-500 型或 BX$_2$-1000 型交流弧焊机，也可采用专用电源 JSD-600 型、JSD-1000 型（性能见表 14-73）。一台焊接电源可供数个焊接机头交替使用。电渣压力焊焊机容量应根据所焊钢筋直径选定。

竖向电渣压力焊电源性能　表 14-73

项　目	单　位	JSD-600	JSD-1000
电源电压	V	380	380
相数	相	1	1
输入容量	kVA	45	76
空载电压	V	80	78
负载持续率	%	60/35	60/35
初级电流	A	116	196
次级电流	A	600/750	1000/1200
次级电压	V	22～45	22～45
焊接钢筋直径	mm	14～32	22～40

(2) 焊接机头

焊接机头有杠杆单柱式、丝杆传动双柱式等。LDZ 型为杠杆单柱式焊接机头，由单导柱、夹具、手柄、监控仪表、操作把等组成，下夹具固定在钢筋上，上夹具利用手动杠杆可沿单柱上、下滑动，以控制上钢筋的运动和位置；MH 型机头为丝杆传动双柱式，由伞形齿轮箱、手柄、升降丝杆、夹具、夹紧装置、双导柱等组成，上夹具在双导柱上滑动，利用丝杆螺母的自锁特性使上钢筋容易定位，夹具定位精度高，卡住钢筋后无需调整中度，宜优先选用。

(3) 焊剂盒

焊剂盒呈圆形，由两个半圆形铁皮组成，内径为 80～100mm，与所焊钢筋的直径相适应。

2. 电渣压力焊焊剂

HJ431 焊剂为一种高锰高硅低氟焊剂，是一种最常用熔炼型焊剂；此外，HJ330 焊剂是一种中锰高硅低氟焊剂，应用亦较多，这两种焊剂的化学成分见表 14-74。

HJ330 和 HJ431 焊剂化学成分（%）　表 14-74

焊剂牌号	SiO$_2$	CaF$_2$	CaO	MgO	Al$_2$O$_3$
HJ330	44～48	3～6	≤3	16～20	≤4
HJ431	40～44	3～6.5	≤5.5	5～7.5	≤4

焊剂牌号	MnO	FeO	K$_2$O+NaO	S	P
HJ330	22～26	≤1.5	—	≤0.08	≤0.08
HJ431	34～38	≤1.8	—	≤0.08	≤0.08

14.6.5.2　焊接工艺与参数

1. 焊机容量选择

电渣压力焊可采用交流或直流焊接电源，焊机容量应根据所焊钢筋直径选定。钢筋电渣压力焊宜采用次级空载电压较高（TSV 以上）的交流或直流焊接电源。一般 32mm 直径及以下的钢筋焊接时，可采用容量为 600A 的焊接电源；32mm 直径及以上的钢筋焊接时，应采用容量为 1000A 的焊接电源。

2. 确定焊接参数

钢筋焊接前，应根据钢筋牌号、直径、接头形式和焊接位置，选择适宜焊接电流、电压和通电时间，见表 14-75 的规定。不同直径钢筋焊接时，应按较小直径钢筋选择参数，焊接通电时间可延长。

电渣压力焊焊接参数　表 14-75

钢筋直径 (mm)	焊接电流 (A)	焊接电压（V） 电弧过程 $u_{2.1}$	焊接电压（V） 电渣过程 $u_{2.2}$	焊接电压（V） 电弧过程 t_1	焊接通电时间（s） 电渣过程 t_2
12	160～180			9	2
14	200～220			12	3
16	200～250			14	4
18	250～300			15	5
20	300～350			17	5
22	350～400	35～45	22～27	18	6
25	400～450			21	6
28	500～550			24	6
32	600～650			27	7
36	700～750			30	8
40	850～900			33	9

注：直径 12mm 钢筋电渣压力焊时，应采用小型焊接夹具，上下两钢筋对正，不偏歪，多做焊接工艺试验，确保焊接质量。

3. 焊前准备

钢筋焊接施工之前，应清除钢筋或钢板焊接部位和与电极接触的钢筋表面上的锈斑、油污、杂物等；钢筋端部有弯折、扭曲时，应予以矫直或切除；

焊接夹具应有足够的刚度，在最大允许荷载下应移动灵活，操作方便。钢筋夹具的上下钳口应夹紧于上、下钢筋上；钢筋一经夹紧，不得晃动；

焊剂筒的直径与所焊钢筋直径相适应，以防在焊接过程中烧坏。电压表、时间显示器应配备齐全，以便操作者准备掌握各项焊接参数；检查电源电压，当电源电压降大于 5%，则不宜进行焊接。异直径的钢筋电渣压力焊，钢筋的直径差不得大于 7mm。

4. 施焊

电渣压力焊过程分为引弧过程、电弧过程、电渣过程、顶压过程四个阶段，见图 14-74。

(1) 引弧过程：引弧宜采用铁丝圈或焊条头引弧法，亦可采用直接引弧法。

(2) 电弧过程：引燃电弧后，靠电弧的高温作用，将钢筋端头的凸出部分不断烧化，同时将接头周围的焊剂充分熔化，形成

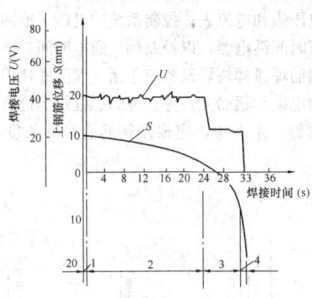

图 14-74　钢筋电渣压力焊工艺
1—引弧过程；2—电弧过程；
3—电渣过程；4—顶压过程

渣池。

（3）电渣过程：渣池形成一定的深度后，将上钢筋缓缓插入渣池中，此时电弧熄灭，进入电渣过程。由于电流直接通过渣池，产生大量的电阻热，使渣池温度升到接近 2000℃，将钢筋端头迅速而均匀地熔化。

（4）顶压过程：当钢筋端头达到全截面熔化时，迅速将上钢筋向下顶压，将熔化的金属、熔渣及氧化物等杂质全部挤出结合面，同时切断电源，施焊过程结束。

5. 接头焊毕，应停歇 20～30s 后，方可回收焊剂和卸下夹具，并敲去渣壳，四周焊包应均匀，当钢筋直径为 25mm 及以下时不得小于 4mm；当钢筋直径为 28mm 及以上时不得小于 6mm。

14.6.5.3　电渣压力焊、接头质量检验

（1）在现浇钢筋混凝土结构中，以 300 个同牌号钢筋接头作为一批；在房屋结构中，应在不超过二个楼层中 300 个同牌号钢筋接头为一批；当不足 300 个接头时，仍应作为一批。每批随机切取 3 个接头做拉伸试验。

（2）电渣压力焊接头外观检查要求是四周焊包凸出钢筋表面的高度符合要求；钢筋与电极接触处，应无烧伤缺陷；接头处的弯折角不得大于 3°；接头处的轴线偏移不得大于钢筋直径的 0.1 倍，且不得大于 2mm。

14.6.5.4　焊接缺陷及消除措施

在电渣压力焊焊接生产中焊工应进行自检，当发现偏心、弯折、烧伤等焊接缺陷时，应查找原因和采取措施，及时消除。常见电渣压力焊焊接缺陷及消除措施见表 14-76。

电渣压力焊焊接缺陷及消除措施　表 14-76

序号	焊接缺陷	措施
1	轴线偏移	1. 矫直钢筋端部 2. 正确安装夹具和钢筋 3. 避免过大的顶压力 4. 及时修理或更换夹具
2	弯折	1. 矫直钢筋端部 2. 注意安装和扶持上钢筋 3. 避免焊后过快卸下夹具 4. 修改或更换夹具
3	咬边	1. 减小焊接电流 2. 缩短焊接时间 3. 注意上钳口的起点和终点，确保上钢筋顶压到位
4	未焊合	1. 增大焊接电流 2. 避免焊接时间过短 3. 检修夹具，确保上钢筋下送自如

14.6.6　钢筋气压焊

气压焊按加热温度和工艺方法的不同，可分为固态气压焊和熔态气压焊两种，可根据设备等情况选择采用。

14.6.6.1　焊接设备

钢筋气压焊的焊接设备主要包括供气装置、多嘴环管加热器、加压器、焊接夹具等，如图 14-75 所示。供气装置包括氧气瓶、溶解乙炔气瓶（或乙炔发生器）、干式回火防止器、减压器及胶管等。多嘴环管加热器是由氧-乙炔混合室与加热圈组成的加热器具。加压器由油泵、油压表、油管、顶压油缸组成的压力源装置。

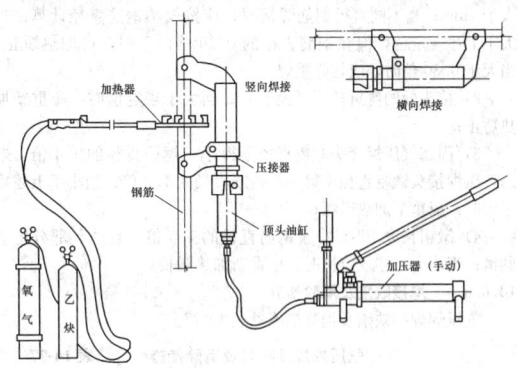

图 14-75　气压焊工艺

14.6.6.2　焊接工艺

1. 焊前准备

施焊前，钢筋端面应切平，并宜与钢筋轴线相垂直（为避免出现端面不平现象，导致压接困难，钢筋尽量不使用切断机切断，而应使用砂轮锯切断）；切断面还要用磨光机打磨见新，露出金属光泽；将钢筋端部约 100mm 范围内的铁锈、黏附物以及油污清除干净；钢筋端部若有弯myou或扭曲，应矫正或切除。

考虑到钢筋接头的压缩量，下料长度要按图纸尺寸多出钢筋直径的 0.6～1 倍。

根据竖向钢筋（气压焊多数用于垂直位置焊接）接长的高度搭设必要的操作架子，确保工人扶直钢筋时操作方便，并防止钢筋在夹紧后晃动。

2. 安装钢筋

安装焊接夹具和钢筋时，应将两根钢筋分别夹紧，并使它们的轴线处于同一直线上，加压顶紧，两根钢筋局部缝隙不得大于 3mm。

3. 焊接工艺过程

（1）采用固态气压焊时，其焊接工艺应符合下列要求：

焊前钢筋端面应切平、打磨，使其露出金属光泽，钢筋安装夹牢，预压顶紧后，两钢筋端面局部间隙不得大于 3mm。气压焊加热开始至钢筋端面密合前，应采用碳化焰集中加热。钢筋端面密合后可采用中性焰宽幅加热，使钢筋端部加热至 1150～1250℃。气压焊顶压时，对钢筋施加的顶压力应为 30～40N/mm²。常用三次加压法工艺过程。当采用半自动钢筋固态气压焊时，应使用钢筋常温直角切断机断料，两钢筋端面间隙控制在 1～2mm，钢筋端面平滑，可直接焊接。另外，由于采用自动液压加压，可一人操作。

（2）采用熔态气压焊时，其焊接工艺应符合下列要求：

安装时，两钢筋端面之间应预留 3～5mm 间隙。气压焊开始时，首先使用中性焰加热，待钢筋端头至熔化状态，附着物随熔滴流走，端部呈凸状时，即加压，挤出熔化金属，并密合牢固。

4. 成型与卸压

气压焊施焊中，通过最终的加热加压，应使接头的镦粗区形成规定的形状。然后，应停止加热，略作延时，卸除压力，拆下焊接夹具。

5. 灭火中断

在加热过程中，如果在钢筋端面缝隙完全密合之前发生灭火中断现象，应将钢筋取下重新打磨、安装，然后点燃火焰进行焊接。如果灭火中断发生在钢筋端面缝隙完全密合之后，可继续加热加压。

14.6.6.3　气压焊接头质量检验

（1）在现浇钢筋混凝土结构中，应以 300 个同牌号钢筋接头作

为一批；在房屋结构中，应在不超过二个楼层中300个同牌号钢筋接头作为一批；当不足300个接头时，仍应作为一批。在柱、墙的竖向钢筋连接中，应从每批接头中随机切取3个接头做拉伸试验；在梁、板的水平钢筋连接中，应另切取3个接头做弯曲试验。

(2) 气压焊接头外观检查结果，应符合下列要求：

1) 接头处的轴线偏移 e 不得大于钢筋直径的0.15倍，且不得大于4mm；当不同直径钢筋焊接时，应按较小钢筋直径计算；当大于上述规定值，但在钢筋直径的0.30倍以下时，可加热矫正；当大于0.30倍时，应切除重焊；

2) 接头处的弯折角不得大于3°；当大于规定值时，应重新加热矫正；

3) 固态气压焊接头镦粗直径不得小于钢筋直径的1.4倍，熔态气压焊接头镦粗直径不得小于钢筋直径的1.2倍；当小于上述规定值时，应重新加热镦粗；

4) 镦粗长度 l 不得小于钢筋直径的1.0倍，且凸起部分平缓圆滑；当小于上述规定值时，应重新加热镦长。

14.6.6.4　焊接缺陷及消除措施

气压焊焊接缺陷及消除措施见表14-77。

气压焊焊接缺陷及消除措施　　表14-77

焊接缺陷	产　生　原　因	措　　施
轴线偏移	1. 焊接夹具变形，两夹头不同心，或夹具刚度不足 2. 两钢筋安装不平衡 3. 钢筋结合端面倾斜 4. 钢筋未夹紧进行焊接	1. 检查夹具，及时修理或更换 2. 重新安装夹紧 3. 切平钢筋端面 4. 焊接前夹紧钢筋
弯折	1. 焊接夹具变形，两夹头不同心 2. 顶压油缸有效行程不够 3. 焊接夹具拆卸过早	1. 检查夹具，及时修理或更换 2. 缩短钢筋自由段长度 3. 熄火后30秒再拆卸夹具
镦粗直径不够	1. 焊接夹具动夹头有效行程不够 2. 顶压油缸有效行程不够 3. 加热温度不够 4. 压力不够	1. 检查夹具和顶压油缸，及时更换 2. 采用适宜的加热温度及压力
镦粗长度不足	1. 加热幅度不够宽 2. 压力过大，顶压过急	1. 增大加热幅度 2. 加压时应平稳
钢筋表面严重烧伤	火焰功率过大；加热时间过长；加热器摆动不匀	调整加热火焰，正确掌握方法
未焊合	1. 加热温度不够或热量分部不均 2. 顶压力过小 3. 结合断面不洁 4. 断面氧化 5. 中途灭火或火焰不当	合理选择焊接参数，正确掌握操作方法

14.6.7　钢筋埋弧压力焊与预埋件钢筋埋弧螺柱焊

钢筋埋弧压力焊用于钢筋和钢板T形焊接，是将钢筋与钢板安放成T形接头形式，利用焊接电流通过，在焊剂层下产生电弧，形成熔池，加压完成的一种压焊方法。

预埋件钢筋埋弧螺柱焊是用电弧螺柱焊枪夹持钢筋，使钢筋垂直对准钢板，采用螺柱焊电源设备产生强电流、短时间的焊接电弧，在熔剂层保护下使钢筋焊接端面与钢板产生熔池后，适时将钢筋插入熔池，形成T形接头的焊接方法。

14.6.7.1　焊接设备

埋弧压力焊设备主要包括焊接电源、焊接机构和控制系统。焊接前应根据钢筋直径大小，选用500型或1000型弧焊变压器作为焊接电源；焊接机构应操作方便、灵活；宜装有高频引弧装置；焊

接地线宜采取对称接地法（图14-76），以减少电弧偏移；操作台面上应装有电压表和电流表；控制系统应灵敏、准确；并应配备时间显示装置或时间继电器，以控制焊接通电时间。

预埋件钢筋埋弧螺柱焊设备应包括：埋弧螺柱焊机、焊枪、焊接电缆、控制电缆和钢筋夹头等。埋弧螺柱焊焊枪有电磁提升式和电机拖动式两种，生产中，应根据钢筋直径和长度，选用合适的焊枪。

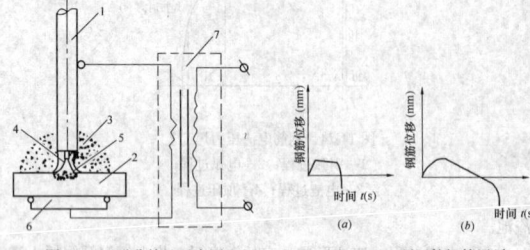

图14-76　对称接地示意图　　图14-77　预埋件钢筋埋弧
1—钢筋；2—钢板；3—焊剂；　　　压力焊上筋位移图解
4—电弧；5—熔池；6—铜板　　　　(a) 小直径钢筋；
电极；7—焊接变压器　　　　　　(b) 大直径钢筋

14.6.7.2　焊接工艺

(1) 埋弧压力焊工艺过程：钢板放平，并与铜板电极接触紧密；将锚固钢筋夹于夹钳内，应夹牢，并应放好挡圈，注满焊剂；通高频引弧装置和焊接电源后，应立即将钢筋上提，引燃电弧，使电弧稳定燃烧，再渐渐下送（图14-77），迅速顶压但不得用力过猛，敲去渣壳，四周焊包凸出钢筋表面的高度不得小于4mm。采用500型焊接变压器时，焊接参数见表14-78。

埋弧压力焊焊接参数　　表14-78

钢筋牌号	钢筋直径(mm)	引弧提升高度(mm)	电弧电压(v)	焊接电流(A)	焊接通电时间(s)
HPB235 HPB300 HRB335 HRB335E HRBF335 HRBF335E HRB400 HRB400E HRBF400 HRBF400E	6	2.5	30～35	400～450	2
	8	2.5	30～35	500～600	3
	10	2.5	30～35	500～650	5
	12	3.0	30～35	500～650	8
	14	3.5	30～35	500～650	15
	16	3.5	30～40	500～650	22
	18	3.5	30～40	500～650	30
	20	3.5	30～40	500～650	33
	22	4.0	30～40	500～650	36
	25	4.0	30～40	500～650	40

采用1000型焊接变压器，可用大电流、短时间的强参数焊接法，以提高劳动生产率。

(2) 埋弧螺柱焊机由晶闸管整流器和调节-控制系统组成，有多种型号。在生产中，应根据钢筋直径选用，见表14-79。

焊机选用　　表14-79

序号	钢筋直径(mm)	焊机型号	焊接电流调节范围(A)
1	6～10	RSM-1000	—1000
2	12	RSM-1000/RSM-2500	—1000/—2500
3	14	RSM-2500	—2500
4	16～25	RSM-2500/RSM-3150	—2500/—3150
5	28	RSM-3150	—3150

预埋件钢筋埋弧螺柱焊工艺应符合下列要求：

将预埋件钢板放平，在钢板的最远处对称点，用两根接地电缆的一端与螺柱焊机电源的正极（+）连接，另一端连接接地钳，与钢板接触紧密、牢固。将钢筋推入焊枪的夹持钳内，顶紧于钢板，在焊剂挡圈内注满焊剂。选择合适的焊接参数，分别在焊机和焊枪

上设定，参数见表14-80。拨动焊枪上按钮"开"，接通电源，钢筋上提，引燃电弧。经设定燃弧时间，钢筋插入熔池，自动断电；停息数秒钟，打掉渣壳，焊接完成。电磁铁提升式钢筋埋弧螺柱焊工艺过程见图14-78。

埋弧螺柱焊焊接参数 表 14-80

钢筋牌号	钢筋直径 (mm)	焊接电流 (A)	焊接时间 (s)	伸出长度 (mm)	提伸长度 (mm)	焊剂牌号
HPB300	12	600	3	6	8	
HRB335 HRB335E	14	700	3.2	7	9	
HRBF335 HRBF335E	16	800	4.8	8	10	HJ431
HRB400 HRB400E	18	850	6.0	8	10	
HRBF400 HRBF400E	20	920	7	9	11	
	25	1200	10	9	11	

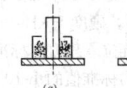

图 14-78 预埋件钢筋埋弧螺柱焊示意图
(a) 套上焊剂挡圈，顶紧钢筋，注满焊剂；
(b) 接通电源，钢筋上提，引燃电弧；
(c) 燃弧；(d) 钢筋插入熔池，自动断电；
(e) 打掉渣壳，焊接完成

14.6.7.3 焊接参数

埋弧压力焊的焊接参数效应包括引弧提升高度、电弧电压、焊接电流和焊接通电时间。

预埋件钢筋埋弧螺柱焊焊接参数，主要有焊接电流和焊接通电时间，均在焊机上设定；钢筋伸出长度、钢筋提升量，在焊枪上设定。

14.6.7.4 预埋件钢筋 T 形接头质量检验

预埋件钢筋 T 形接头的外观检查，应从同一台班内完成的同一类型预埋件中抽查 5%，且不得少于 10 件。

当进行力学性能检验时，应以 300 件同类型预埋件作为一批。一周内连续焊接时，可累计计算。当不足 300 件时，亦应按一批计算。应从每批预埋件中随机切取 3 个接头做拉伸试验，试件的钢筋长度应大于或等于 200mm，钢板的长度和宽度均应大于或等于 60mm。

预埋件钢筋 T 形接头外观检查结果，应符合下列要求：四周焊包凸出钢筋表面的高度不得小于 4mm；钢筋咬边深度不得超过 0.5mm；钢板应无焊穿，根部应无凹陷现象；钢筋相对钢板的直角偏差不得大于 3°。

预埋件钢筋 T 形接头拉伸试验结果，3 个试件的抗拉强度要求，HPB300 钢筋接头不得小于 400N/mm²，HRB335、HRBF335 钢筋接头不得小于 435N/mm²，HRB400、HRBF400 钢筋接头不得小于 520N/mm²，HRB500、HRBF500 钢筋接头不得小于 610N/mm²。

当试验结果，3 个试件中有小于规定值时，应进行复验。复验时，应再取 6 个试件。复验结果，其抗拉强度均达到上述要求时，应评定该批接头为合格品。

14.6.7.5 焊接缺陷及消除措施

在埋弧压力焊生产中，焊工应自检，当发现焊接缺陷时，应查找原因和采取措施，及时消除。埋弧压力焊常见焊接缺陷及消除措施见表 14-81。

埋弧压力焊常见焊接缺陷及消除措施 表 14-81

焊接缺陷	措 施
钢筋咬边	1. 减小焊接电流或缩短焊接时间 2. 增大压入量
气孔	1. 烘培焊剂 2. 清除钢板和钢筋上的铁锈、油污

续表

焊接缺陷	措 施
夹渣	1. 清除焊剂中熔渣等杂物 2. 避免过早切断焊接电流 3. 加快顶压速度
未焊合	1. 增大焊接电流，增加焊接通电时间 2. 适当加大顶压力
焊包不均匀	1. 保证焊接地线的接触良好 2. 使焊接处对称导电
钢板焊穿	1. 减小焊接电流或减少焊接通电时间 2. 避免钢板局部悬空
钢筋淬硬脆断	1. 减小焊接电流，延长焊接时间 2. 检查钢筋化学成分
钢板凹陷	1. 减小焊接电流，延长焊接时间 2. 减小顶压力，减小压入量

14.7 钢筋机械连接

14.7.1 一 般 规 定

钢筋连接时，宜选用机械连接接头，并优先采用直螺纹接头。钢筋机械连接方法分类及适用范围，见表 14-82。钢筋机械连接接头的设计、应用与验收应符合行业标准《钢筋机械连接技术规程》（JGJ 107）和各类机械连接接头技术规程的规定。

钢筋机械连接方法分类及适用范围 表 14-82

机械连接方法		适 用 范 围	
		钢筋级别	钢筋直径 (mm)
钢筋套筒挤压连接		HRB335、HRB400 HRBF335、HRBF400 HRB335E、HRBF335E、 HRB400E、HRBF400E、 RRB400	16~40 16~40
钢筋镦粗直螺纹套筒连接		HRB335、HRBF335、 HRB400、HRBF400 HRB335E、HRBF335E、 HRB400E、HRBF400E	16~40
钢筋滚轧直螺纹连接	直接滚轧	HRB335、HRB400、RRB400	16~40
	挤肋滚轧	HRBF335、HRBF400 HRB335E、HRBF335E、 HRB400E、HRBF400E	16~40
	剥肋滚轧		16~40

根据抗拉强度以及高应力和大变形条件下反复拉压性能的差异，接头应分为下列三个等级：

Ⅰ级　接头抗拉强度等于被连接钢筋的实际拉断强度或不小于 1.10 倍钢筋抗拉强度标准值，残余变形小并具有高延性及反复拉压性能。

Ⅱ级　接头抗拉强度不小于被连接钢筋抗拉强度标准值，残余变形较小并具有高延性及反复拉压性能。

Ⅲ级　接头抗拉强度不小于被连接钢筋屈服强度标准值的 1.25 倍，残余变形较小并具有一定的延性及反复拉压性能。

结构设计图纸中应列出设计选用的钢筋接头等级和应用部位。接头等级的选定应符合下列规定：

(1) 混凝土结构中要求充分发挥钢筋强度或对延性要求高的部位应优先选用Ⅱ级接头。当在同一连接区段内必须实施 100% 钢筋接头的连接时，应采用Ⅰ级接头。

(2) 混凝土结构中钢筋应力较高但对延性要求不高的部位可采用Ⅲ级接头。

钢筋连接件的混凝土保护层厚度宜符合现行国家标准《混凝土结构设计规范》（GB 50010）中受力钢筋的混凝土保护层最小厚度的规定，且不得小于 15mm。连接件之间的横向净距不宜小于 25mm。

结构构件中纵向受力钢筋的接头宜相互错开。钢筋机械连接的连接区段长度应按 $35d$ 计算。在同一连接区段内有接头的受力钢筋截面面积占受力钢筋总截面面积的百分率（以下简称接头百分率），应符合下列规定：

（1）接头宜设置在结构构件受拉钢筋应力较小部位，当需要在高应力部位设置接头时，在同一连接区段内Ⅲ级接头的接头百分率不应大于25%，Ⅱ级接头的接头百分率不应大于50%。Ⅰ级接头的接头百分率除下述第（2）条所列情况外可不受限制。

（2）接头宜避开有抗震设防要求的框架的梁端、柱端箍筋加密区；当无法避开时，应采用Ⅱ级接头或Ⅰ级接头，且接头百分率不应大于50%。

（3）受拉钢筋应力较小部位或纵向受压钢筋，接头百分率可不受限制。

（4）对直接承受动力荷载的结构构件，接头百分率不得大于50%。

（5）机械连接套筒的保护层厚度宜满足有关钢筋最小保护层厚度的规定。机械连接套筒的横向净间距不宜小于25mm；套筒外箍筋的间距仍应满足相应的构造要求。

当对具有钢筋接头的构件进行试验并取得可靠数据时，接头的应用范围可根据工程实际情况进行调整。

Ⅰ级、Ⅱ级、Ⅲ级的接头性能应符合表 14-83、表 14-84 的规定。

钢筋机械接头抗拉强度　表 14-83

接头等级	Ⅰ级	Ⅱ级	Ⅲ级
抗拉强度	$f_{mst}^o \geqslant f_{stk}$ 断于钢筋 $f_{mst}^o \geqslant 1.10 f_{stk}$ 断于接头	$f_{mst}^o \geqslant f_{stk}$	$f_{mst}^o \geqslant 1.25 f_{yk}'$

表中符号含义：

f_{yk}——钢筋屈服强度标准值；

f_{stk}——钢筋抗拉强度标准值；

f_{mst}^o——接头试件实测抗拉强度。

钢筋机械接头变形性能　表 14-84

接头等级		Ⅰ级	Ⅱ级	Ⅲ级
单向拉伸	残余变形 (mm)	$u_0 \leqslant 0.10$ $(d\leqslant 32)$ $u_0 \leqslant 0.14$ $(d>32)$	$u_0 \leqslant 0.14$ $(d\leqslant 32)$ $u_0 \leqslant 0.16$ $(d>32)$	$u_0 \leqslant 0.14$ $(d\leqslant 32)$ $u_0 \leqslant 0.16$ $(d>32)$
	最大力总伸长率 (%)	$A_{sgt} \geqslant 6.0$	$A_{sgt} \geqslant 6.0$	$A_{sgt} \geqslant 3.0$
高应力反复拉压	残余变形 (mm)	$u_{20} \leqslant 0.3$	$u_{20} \leqslant 0.3$	$u_{20} \leqslant 0.3$
大变形反复拉压	残余变形 (mm)	$u_4 \leqslant 0.3$, 且 $u_8 \leqslant 0.6$	$u_4 \leqslant 0.3$, 且 $u_8 \leqslant 0.6$	$u_4 \leqslant 0.6$

表中符号含义：

A_{sgt}——接头试件的最大力总伸长率；

d——钢筋公称直径；

u_0——接头试件加载至 $0.6 f_{yk}$ 并卸载后在规定标距内的残余变形；

u_{20}——接头经高应力反复拉压 20 次后的残余变形；

u_4——接头经大变形反复拉压 4 次后的残余变形；

u_8——接头经大变形反复拉压 8 次后的残余变形。

对直接承受动力荷载的结构构件，设计应根据钢筋应力变化幅度提出接头的抗疲劳性能要求。当设计无专门要求时，接头的疲劳应力幅限值不应小于表 14-85 普通钢筋疲劳应力幅限值的 80%。

普通钢筋疲劳应力幅限值（N/mm²）　表 14-85

疲劳应力比值 ρ_s^f	疲劳应力幅限值 Δf_y^f	
	HRB335	HRB400
0	175	175
0.1	162	162
0.2	154	156
0.3	144	149
0.4	131	137
0.5	115	123

续表

疲劳应力比值 ρ_s^f	疲劳应力幅限值 Δf_y^f	
	HRB335	HRB400
0.6	97	16
0.7	77	85
0.8	54	60
0.9	28	31

注：当纵向受拉钢筋采用闪光接触对焊连接时，其接头处的钢筋疲劳应力幅限值应按表中数值乘以 0.8 取用。

14.7.2　钢筋套筒挤压连接

14.7.2.1　钢套筒

（1）钢套筒的材料宜选用强度适中、延性好的优质钢材，其实测力学性能应符合下列要求：屈服强度 $\sigma_s = 225 \sim 350 \text{N/mm}^2$，抗拉强度 $\sigma_b = 375 \sim 500 \text{N/mm}^2$，延伸率 $\delta_5 \geqslant 20\%$，硬度 HRB=60~80 或 HB=102~133。钢套筒的屈服承载力和抗拉承载力的标准值不应小于被连接钢筋的屈服承载力和抗拉承载力标准值的 1.10 倍。

连接套筒进场时必须有产品合格证；套筒的几何尺寸应满足产品设计图纸要求，与机械连接工艺技术配套选用，套筒表面不得有裂缝、折叠、结疤等缺陷。套筒应有保护盖，有明显的规格标记；并应分类包装存放，不得露天存放，不得混淆，防止锈蚀和油污。

（2）钢套筒的规格和尺寸参见表 14-86。

钢套筒的规格和尺寸　表 14-86

钢套筒型号	钢套筒尺寸 (mm)			压接标志道数
	外径	壁厚	长度	
G40	70	12	240	8×2
G36	63	11	216	7×2
G32	56	10	192	6×2
G28	50	8	168	5×2
G25	45	7.5	150	4×2
G22	40	6.5	132	3×2
G20	36	6	120	3×2

（3）套筒的尺寸偏差应符合表 14-87 的要求。

套筒的尺寸偏差（mm）　表 14-87

套筒外径 D	外径允许偏差	壁厚 (t) 允许偏差	长度允许偏差
≤50	±0.5	+0.12t −0.10t	±2
>50	±0.01D	+0.12t −0.10t	±2

14.7.2.2　挤压设备

钢筋冷挤压设备主要有挤压设备（超高压电动油泵、挤压连接钳、超高压油管）、挤压机、悬挂平衡器（手动葫芦）、吊挂小车、划标志用工具以及检查压痕卡板等。

YJ 型挤压设备的型号与参数见表 14-88。

钢筋挤压设备的主要技术参数　表 14-88

设备型号		YJH-25	YJH-32	YJH-40	YJ650Ⅲ	YJ800Ⅲ
压接钳	额定压力 (MPa)	80	80	80	53	52
	额定挤压力 (kN)	760	760	900	650	800
	外形尺寸 (mm)	φ150×433	φ150×480	φ170×530	φ155×370	φ170×450
	重量 (kg)	28	33	41	32	48
	适用钢筋 (mm)	20~25	25~32	32~40	20~28	32~40
超高压泵站	电机	380V,50Hz,1.5kW			380V,50Hz,1.5kW	
	高压泵	80MPa,0.8L/min			80MPa,0.8L/min	
	高压泵	2.0MPa,4.0~6.0L/min			—	
	外形尺寸 (mm)	790×540×785（长×宽×高）			390×525（高）	
	重量 (kg)	96	油箱容积 (L)	20	40,油箱 12	
超高压胶管		100MPa,内径 6.0mm,长度 3.0m(5.0m)				

14.7.2.3 挤压工艺

操作人员必须持证上岗。

1. 挤压前应准备

(1) 钢筋端头和套管内壁的锈皮、泥砂、油污等应清理干净;

(2) 钢筋端部要平直,弯折应矫直,被连接的带肋钢筋应花纹完好;

(3) 对套筒作外观尺寸检查,钢套筒的几何尺寸及钢筋接头位置必须符合设计要求,套筒表面不得有裂缝、折叠、结疤等缺陷,以免影响压接质量;

(4) 应对钢筋与套筒进行试套,如钢筋有马蹄、弯折或纵肋尺寸过大者,应预先矫正或用砂轮打磨;

(5) 不同直径钢筋的套筒不得相互混用;

(6) 钢筋连接端要画线定位,确保在挤压过程中能按定位标记检查钢筋伸入套筒内的长度;

(7) 检查挤压设备情况,并进行试挤压,符合要求后才能正式挤压。

2. 挤压操作要求

(1) 应按标记检查钢筋插入套筒内深度,钢筋端头离套筒长度中点不宜超过 10mm;

(2) 挤压时挤压机与钢筋轴线应保持垂直;

(3) 压接钳就位,要对正钢套筒压痕位置标记,压模运动方向与钢筋两纵肋所在的平面相垂直;

(4) 挤压宜从套筒中央开始,依次向两端挤压;

(5) 施压时,主要控制压痕深度。宜先挤压一端套筒(半接头),在施工作业区插入待接钢筋后再挤压另一端套筒。

3. 挤压工艺

(1) 钢筋半接头连接工艺

装好高压油管和钢筋配用限位器、套管压模→插入钢筋顶到限位器上扶正、挤压→退回柱塞,取下压模和半套管接头

(2) 连接钢筋挤压工艺

半套管插入待连接的钢筋上→放置压模和垫块、挤压→退回柱塞及导向板,装上垫块、挤压→退回柱塞再加垫块、挤压→退回柱塞、取下垫块、压模,卸下挤压机

14.7.2.4 工艺参数

施工前在选择合适材质和规格的钢套筒以及压接设备、压模后,接头性能主要取决于挤压变形量这一关键的工艺参数。挤压变形量包括压痕最小直径和压痕总宽度。参数选择见表 14-89、表14-90。

不同规格钢筋连接时的参数选择　　表 14-89

连接钢筋规格	钢套筒型号	压模型号	压痕最小直径允许范围 (mm)	压痕最小总宽度 (mm)
φ40~φ36	G40	φ40端 M40	60~63	≥80
		φ36端 M36	57~60	≥80
φ36~φ32	G36	φ36端 M36	54~57	≥70
		φ32端 M32	51~54	≥70
φ32~φ28	G32	φ32端 M32	48~51	≥60
		φ28端 M28	45~48	≥60
φ28~φ25	G28	φ28端 M28	41~44	≥55
		φ25端 M25	38~41	≥55
φ25~φ22	G25	φ25端 M25	37~39	≥50
		φ22端 M22	35~37	≥50
φ25~φ20	G25	φ25端 M25	37~39	≥50
		φ20端 M20	33~35	≥50
φ22~φ20	G22	φ22端 M22	32~34	≥45
		φ20端 M20	31~33	≥45
φ22~φ18	G22	φ22端 M22	32~34	≥45
		φ18端 M18	29~31	≥45
φ20~φ18	G20	φ20端 M20	29~31	≥45
		φ18端 M18	28~30	≥45

同规格钢筋连接时的参数选择　　表 14-90

连接钢筋规格	钢套筒型号	压模型号	压痕最小直径允许范围 (mm)	压痕最小总宽度 (mm)
φ40~φ40	G40	M40	60~63	≥80
φ36~φ36	G36	M36	54~57	≥70
φ32~φ32	G32	M32	48~51	≥60
φ28~φ28	G28	M28	41~44	≥55
φ25~φ25	G25	M25	37~39	≥55
φ22~φ22	G22	M22	32~34	≥45
φ20~φ20	G20	M20	29~31	≥45
φ18~φ18	G18	M18	27~29	≥40

14.7.2.5 异常现象及消除措施

在套筒挤压连接中,当出现异常现象或连接缺陷时,宜按表14-91查找原因,采取措施,及时消除。

钢筋套筒挤压连接异常现象及消除措施　　表 14-91

项次	异常现象和缺陷	原因或消除措施
1	挤压机无挤压力	(1) 高压油管连接位置不正确; (2) 油泵故障
2	钢套筒套不进钢筋	(1) 钢筋弯折或纵肋超偏差; (2) 砂轮修磨纵肋
3	压痕分布不匀	压接时将压模与套筒的压接标志对正
4	接头弯折超过规定值	(1) 压接时摆正钢筋; (2) 切除或调直钢筋弯头
5	压接程度不够	(1) 泵不足; (2) 钢套筒材料不符合要求
6	钢筋伸入套筒内长度不够	(1) 未按钢筋伸入位置、标志压接; (2) 钢套筒材料不符合要求
7	压痕明显不均	检查钢筋在套筒内伸入度是否有压空现象

14.7.3　钢筋毛镦粗直螺纹套筒连接

14.7.3.1　机具设备

(1) 钢筋液压冷镦机,是钢筋端头镦粗的专用设备。其型号有:HJC200 型,适用于 φ18~40 的钢筋端头镦粗;HJC250 型,适用于 φ20~40 的钢筋端头镦粗;另外还有、GZD40、CDJ-50型等。

(2) 钢筋直螺纹套丝机,是将已镦粗或未镦粗的钢筋端头切削成直螺纹的专用设备。其型号有:GZL-40、HZS-40、GTS-50型等。

(3) 扭力扳手、量规(通规、止规)等。

14.7.3.2　镦粗直螺纹套筒

1. 材质要求

对 HRB335 级钢筋,采用 45 号优质碳素钢;对 HRB400 级钢筋,采用 45 号经调质处理,或用性能不低于 HRB400 钢筋性能的其他钢材。

2. 规格型号及尺寸

(1) 同径连接套筒,分右旋和左右旋两种(图 14-79),其尺寸见表 14-92 和表 14-93。

同径右旋连接套筒　　表 14-92

型号与标记	Md×t	D (mm)	L (mm)	型号与标记	Md×t	D (mm)	L (mm)
A20S-G	24×2.5	36	50	A32S-G	36×3	52	72
A22S-G	26×2.5	40	55	A36S-G	40×3	58	80
A25S-G	29×2.5	43	60	A40S-G	44×3	65	90
A28S-G	32×3	46	65				

注:Md×t 为套筒螺纹尺寸;D 为套筒外径;L 为套筒长度。

同径左右旋连接套筒　　　表 14-93

型号与标记	$Md \times t$	D (mm)	L (mm)	l (mm)	b (mm)
A20SLR-G	24×2.5	38	56	24	8
A22SLR-G	26×2.5	42	60	26	8
A25SLR-G	29×2.5	45	66	29	8
A28SLR-G	32×3	48	72	31	10
A32SLR-G	36×3	54	80	35	10
A36SLR-G	40×3	60	86	38	10
A40SLR-G	44×3	67	96	43	10

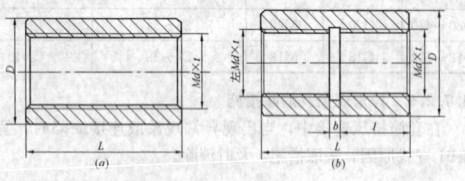

图 14-79　同径连接套筒
(a) 右旋；(b) 左右旋

(2) 异径连接套筒见表 14-94。

异径连接套筒 (mm)　　　表 14-94

简图	型号与标记	$Md_1 \times t$	$Md_2 \times t$	b	D	l	L
	AS20-22	$M26 \times 2.5$	$M24 \times 2.5$	6	$\phi42$	26	57
	AS22-25	$M29 \times 2.5$	$M26 \times 2.5$	6	$\phi45$	29	63
	AS25-28	$M32 \times 3$	$M29 \times 2.5$	6	$\phi48$	31	67
	AS28-32	$M36 \times 3$	$M32 \times 3$	6	$\phi54$	36	76
	AS32-36	$M40 \times 3$	$M36 \times 3$	6	$\phi60$	38	82
	AS36-40	$M44 \times 3$	$M40 \times 3$	6	$\phi67$	43	92

(3) 可调节连接套筒见表 14-95。

可调节连接套筒　　　表 14-95

简图	型号和规格	钢筋规格 ϕ (mm)	D_0 (mm)	L_0 (mm)	L' (mm)	L_1 (mm)	L_2 (mm)
	DSJ-22	22	40	73	52	35	35
	DSJ-25	25	45	79	54	40	40
	DSJ-28	28	48	87	60	45	45
	DSJ-32	32	55	89	60	50	50
	DSJ-36	36	64	97	66	55	55
	DSJ-40	40	68	121	84	60	60

14.7.3.3　钢筋加工与检验

(1) 钢筋下料。下料应采用砂轮切割机，切口的端面应与轴线垂直。

(2) 端头镦粗。在液压冷镦机上将钢筋端头镦粗。不同规格钢筋冷镦后的尺寸见表 14-96。镦粗头与钢筋轴线倾斜不得大于 3°，不得出现与钢筋轴线相垂直的横向裂缝。

镦粗头外形尺寸　　　表 14-96

钢筋规格 ϕ (mm)	22	25	28	32	36	40
镦粗直径 ϕ (mm)	26	29	32	36	40	44
镦粗部分长度 (mm)	30	33	35	40	44	50

(3) 螺纹加工。在钢筋套丝机上切削加工螺纹，钢筋螺纹加工质量要牙形饱满，无断牙、秃牙等缺陷。

(4) 用配套的量规逐根检测。合格后再由专职质检员按一个工作班 10% 的比例抽样校验。如发现有不合格的螺纹，应逐个检查，切除所有不合格的螺纹，重新镦粗和加工螺纹。

14.7.3.4　现场连接施工

(1) 对连接钢筋可自由转动的，先将套筒预先部分或全部拧入一个被连接钢筋的端头螺纹上，而后转动另一根被连接钢筋或反拧

套筒到预定位置，最后用扳手转动连接钢筋，使其相互对顶锁定连接套筒。

(2) 对于钢筋完全不能转动的部位，如弯折钢筋或施工缝、后浇带等部位，可将锁定螺母和连接套筒预先拧入加长的螺纹内，再反拧入另一根钢筋端头螺纹上，最后用锁定螺母锁定连接套筒；或配套应用带有正反螺纹的套筒，以便从一个方向上能松开或拧紧两根钢筋。

(3) 直螺纹钢筋连接时，应采用扭力扳手按表 14-97 规定的最小扭矩值把钢筋接头拧紧。

直螺纹钢筋接头组装时的最小扭矩值　表 14-97

钢筋直径 (mm)	≤16	18~20	22~25	28~32	36~40
拧紧力矩 (N·m)	100	180	240	300	360

(4) 镦粗直螺纹钢筋连接注意要点

1) 镦粗头的基圆直径应大于丝头螺纹外径，长度应大于 1.2 倍套筒长度，冷镦粗过渡段坡度应≤1:3；

2) 镦粗头不得有与钢筋轴线相垂直的横向表面裂纹；

3) 不合格的镦粗头，应切去后重新镦粗。不得对镦粗头进行二次镦粗；

4) 如选用热镦工艺镦粗钢筋，则应在室内进行钢筋镦头加工。

14.7.4　钢筋滚轧直螺纹连接

滚轧直螺纹根据螺纹成型方式不同可分为三种：直接滚轧直螺纹、挤压肋滚轧直螺纹、剥肋滚轧直螺纹。

钢筋滚轧直螺纹连接是利用金属材料塑性变形后冷作硬化增强金属强度的特性，使接头母材等强的连接方法。根据滚轧直螺纹成型方式，又可分为：直接滚轧螺纹、挤压肋滚轧螺纹、剥肋滚轧螺纹三种类型。

1. 直接滚轧螺纹

螺纹加工简单，设备投入少，但螺纹精度差，由于钢筋粗细不均，导致螺纹直径出现差异，接头质量受一定的影响。

2. 挤肋滚轧螺纹

采用专用挤压肋先将钢筋端头的横肋和纵肋进行预压平处理，然后再滚轧螺纹。其目的是减轻钢筋肋对成型螺纹的影响。此法对螺纹精度有一定的提高，但仍不能从根本上解决钢筋直径差异对螺纹精度的影响。

3. 剥肋滚轧螺纹

采用剥肋滚丝机，先将钢筋端头的横肋和纵肋进行剥切处理，使钢筋滚丝前的直径达到同一尺寸，然后进行螺纹滚轧成型。此法螺纹精度高，接头质量稳定。

14.7.4.1　滚轧直螺纹加工与检验

1. 主要机械

钢筋滚丝机（型号：GZL-32、GYZL-40、GSJ-40、HGS40 等）；钢筋端头专用挤压机；钢筋剥肋滚丝机等。

2. 主要工具

卡尺、量规、通端环规、止端环规、管钳、力矩扳手等。

14.7.4.2　滚轧直螺纹套筒

滚轧直螺纹接头用连接套筒，采用优质碳素钢。连接套筒的类型有：标准型、正反丝型、变径型、可调节连接套筒等，与镦粗直螺纹套筒类型基本相同。滚轧直螺纹套筒的规格尺寸应符合表 14-98~表 14-100 的规定。

标准型套筒几何尺寸 (mm)　　　表 14-98

规格	螺纹直径	套筒外径	套筒长度	规格	螺纹直径	套筒外径	套筒长度
16	$M16.5 \times 2$	25	45	28	$M29 \times 3$	44	80
18	$M19 \times 2.5$	29	55	32	$M33 \times 3$	49	90
20	$M21 \times 2.5$	31	60	36	$M37 \times 3.5$	54	98
22	$M23 \times 2.5$	33	65	40	$M41 \times 3.5$	59	105
25	$M26 \times 3$	39	70				

常用变径型套筒几何尺寸（mm）　表 14-99

套筒规格	外径	小端螺纹	大端螺纹	套筒长度
16～18	29	M16.5×2	M19×2.5	50
16～20	31	M16.5×2	M21×2.5	53
18～20	31	M19×2.5	M21×2.5	58
18～22	33	M19×2.5	M23×2.5	60
20～22	33	M21×2.5	M23×2.5	63
20～25	39	M21×2.5	M26×3	65
22～25	39	M23×2.5	M26×3	68
22～28	44	M23×2.5	M29×3	73
25～28	44	M26×3	M29×3	75
25～32	49	M26×3	M33×3	80
28～32	49	M29×3	M33×3	85
28～36	54	M29×3	M37×3.5	89
32～36	54	M33×3	M37×3.5	94
32～40	59	M33×3	M41×3.5	98
36～40	59	M37×3.5	M41×3.5	102

可调型套筒几何尺寸（mm）　表 14-100

规格	螺纹直径	套筒总长	旋出后长度	增加长度	规格	螺纹直径	套筒总长	旋出后长度	增加长度
16	M16.5×2	118	141	96	28	M29×3	199	239	159
18	M19×2.5	141	169	114	32	M33×3	222	267	117
20	M21×2.5	153	183	123	36	M37×3.5	244	293	195
22	M23×2.5	166	199	134	40	M41×3.5	261	314	209
25	M26×3	179	214	144					

14.7.4.3　现场连接施工

1. 工艺流程

下料→（端头挤压或剥肋）→滚轧螺纹加工→试件试验→钢筋连接→质量检查。

2. 操作要点

（1）钢筋下料：同镦粗直螺纹。

（2）钢筋端头加工（直接滚轧螺纹无此工序）：钢筋端头挤压采用专用挤压机，挤压力根据钢筋直径和挤压机的性能确定，挤压部分的长度为套筒长度的 1/2+2P（P 为螺距）。

（3）滚轧螺纹加工：将待加工的钢筋夹持在夹钳上，开动滚丝机或剥肋滚丝机，扳动给进装置，使动力头向前移动，开始滚丝或剥肋滚丝，待滚轧到调整位置后，设备自动停机并反转，将钢筋退出滚轧装置，扳动给进装置将动力头复位停机，螺纹即加工完成。

（4）剥肋滚丝头加工尺寸应符合表 14-101 的规定，丝头加工长度为标准型套筒长度的 1/2，其公差为 +2P（P 为螺距）；直接滚轧螺纹和挤压滚轧螺纹的加工尺寸按相应标准。

剥肋滚丝头加工尺寸（mm）　表 14-101

钢筋规格	剥肋直径	螺纹尺寸	丝头长度	完整丝扣圈数
16	15.1±0.2	M16.5×2	22.5	≥8
18	16.9±0.2	M19×2.5	27.5	≥7
20	18.8±0.2	M21×2.5	30	≥8
22	20.8±0.2	M23×2.5	32.5	≥9
25	23.7±0.2	M26×3	35	≥9
28	26.6±0.2	M29×3	40	≥10
32	30.5±0.2	M33×3	45	≥11
36	34.5±0.2	M37×3.5	49	≥9
40	38.1±0.2	M41×3.5	52.5	≥10

（5）现场连接施工

1）连接钢筋时，钢筋规格和套筒规格必须一致，钢筋和套筒的丝扣应干净、完好无损；

2）采用预埋接头时，连接套筒的位置、规格和数量应符合设计要求。带连接套筒的钢筋应固定牢，连接套筒的外露端应有保护盖；

3）直螺纹接头的连接应使用管钳和力矩扳手进行；连接时，将待安装的钢筋端部的塑料保护帽拧下来露出丝口，并将丝口上的水泥浆等污物清理干净。将两个钢筋丝头在套筒中央位置相互顶紧，当采用加锁母型套筒时应用锁母锁紧，接头拧紧力矩符合表 14-102 规定，力矩扳手的精度为 ±5%；

滚轧直螺纹钢筋接头拧紧力矩值　表 14-102

钢筋直径（mm）	≤16	18～20	22～25	28～32	36～40
拧紧力矩（N·m）	80	160	230	300	360

注：当不同直径的钢筋连接时，拧紧力矩值按较小直径钢筋的相应值取用。

4）检查连接丝头定位标色并用管钳旋合顶紧。钢筋连接完毕后，标准型接头连接套筒外应有外露螺纹，且连接套筒单边外露有效螺纹不得超过 2P；

5）连接水平钢筋时，必须将钢筋托平。钢筋的弯折点与接头套筒端部距离不宜小于 200mm，且带长套丝接头应设置在弯起钢筋平直段上。

14.7.5　施工现场接头的检验与验收

工程中应用钢筋机械接头时，应由该技术提供单位提交有效的型式检验报告。

钢筋连接工程开始前，应对不同钢筋生产厂的进场钢筋进行接头工艺检验；施工过程中，更换钢筋生产厂时，应补充进行工艺检验。工艺检验应符合下列规定：

（1）每种规格钢筋的接头试件不应少于 3 根；

（2）每根试件的抗拉强度和 3 根接头试件的残余变形的平均值均应符合表 14-83 和表 14-84 的规定；

（3）接头试件在测量残余变形后可再进行抗拉强度试验，并宜按表 14-103 中的单向拉伸加载制度进行试验；

接头试件形式检验的加载制度　表 14-103

试验项目		加载制度
单向拉伸		$0 \to 0.6 f_{yk} \to 0$（测量残余变形）→最大拉力（记录抗拉强度）→0（测定最大力总伸长率）
高应力反复拉压		$0 \to (0.9 f_{yk} \leftarrow -0.5 f_{yk}) \to$破坏（反复 20 次）
大变形反复拉压	Ⅰ级 Ⅱ级	$0 \to (2\varepsilon_{yk} \leftarrow -0.5 f_{yk}) \to (5\varepsilon_{yk} \leftarrow -0.5 f_{yk}) \to$破坏（反复 4 次）（反复 4 次）
	Ⅲ级	$0 \to (2\varepsilon_{yk} \leftarrow -0.5 f_{yk}) \to$破坏（反复 4 次）

（4）第一次工艺检验中 1 根试件抗拉强度或 3 根试件的残余变形平均值不合格时，允许再抽 3 根试件进行复检，复检仍不合格时判为工艺检验不合格。

接头安装前应检查连接件产品合格证及套筒表面生产批号标识；产品合格证应包括适用钢筋直径和接头性能等级、套筒类型、生产单位、生产日期以及可追溯产品原材料力学性能和加工质量的生产批号。

现场检验应按《钢筋机械连接技术规程》（JGJ 107）进行接头的抗拉强度试验、加工和安装质量检验；对接头有特殊要求的结构，应在设计图纸中另行注明相应的检验项目。

接头的现场检验应按验收批进行。同一施工条件下采用同一批材料的同等级、同型式、同规格接头，应以 500 个为一个验收批进行检验与验收，不足 500 个也应作为一个验收批。

螺纹接头安装后每一验收批，应抽取其中 10% 的接头进行拧紧扭矩校核，拧紧扭矩值不合格数超过被校核接头数的 5% 时，应

重新拧紧全部接头，直到合格为止。

对接头的每一验收批，必须在工程结构中随机截取3个接头试件作抗拉强度试验，按设计要求的接头等级进行评定。当3个接头试件的抗拉强度均符合表14-83相应等级的强度要求时，该验收批应评为合格。如有1个试件的抗拉强度不符合要求，应再取6个试件进行复检。复检中如仍有1个试件的抗拉强度不符合要求，则该验收批应评为不合格。

现场检验连续10个验收批抽样试件抗拉强度试验一次合格率为100％时，验收批接头数量可扩大1倍。

现场截取抽样试件后，原接头位置的钢筋可采用同等规格的钢筋进行搭接连接，或采用焊接及机械连接方法补接。

对抽检不合格的接头验收批，应由建设方会同设计等有关方面研究后提出处理方案。

14.8　钢筋安装

14.8.1　钢筋现场绑扎

14.8.1.1　准备工作

（1）熟悉设计图纸，并根据设计图纸核对钢筋的牌号、规格，根据下料单核对钢筋的规格、尺寸、形状、数量等。

（2）准备好绑扎用的工具，主要包括钢筋钩或全自动绑扎机、撬棍、扳子、钢扎架、钢丝刷、石笔（粉笔）、尺子等。

（3）绑扎用的铁丝一般采用20～22号镀锌铁丝，直径≤12mm的钢筋采用22号铁丝，直径＞12mm的钢筋采用20号铁丝。铁丝的长度只要满足绑扎要求即可，一般是将整捆的铁丝切割为3～4段。

（4）准备好控制保护层厚度的砂浆垫块或塑料垫块、塑料支架等。

砂浆垫块需要提前制作，以保证其有一定的抗压强度，防止使用时粉碎或脱落。其大小一般为50mm×50mm，厚度为设计保护层厚度。墙、柱或梁侧等竖向钢筋的保护层垫块在制作时需埋入绑扎丝。

塑料垫块有两类，一类是梁、板等水平构件钢筋底部的垫块，另一类是墙、柱等竖向构件钢筋侧面保护层的垫块（支架），见图14-80。

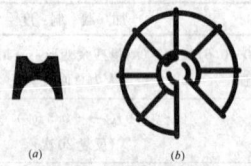

图14-80　塑料垫块示意图
（a）水平钢筋保护层垫块；
（b）竖向钢筋保护层支架

（5）绑扎墙、柱钢筋前，先搭设好脚手架，一是作为绑扎钢筋的操作平台，二是用于对钢筋的临时固定，防止钢筋倾斜。

（6）弹出墙、柱等结构的边线和标高控制线，用于控制钢筋的位置和高度。

14.8.1.2　钢筋绑扎搭接接头

钢筋的绑扎接头应在接头中心和两端用铁丝扎牢。同一构件中相邻纵向受力钢筋的绑扎搭接接头宜相互错开。绑扎搭接接头中钢筋的横向净距不应小于钢筋直径，且不应小于25mm。

钢筋绑扎搭接接头的其他要求见第14.2.1.3条。

14.8.1.3　基础钢筋绑扎

（1）按基础的尺寸分配好基础钢筋的位置，用石笔（粉笔）将其位置画在垫层上。

（2）将主次钢筋按画出的位置摆放好。

（3）当有基础底板和基础梁时，基础底板的下部钢筋应放在梁筋的下部。对基础底板的下部钢筋，主筋在下分布筋在上；对基础底板的上部钢筋，主筋在上分布筋在下。

（4）基础底板的钢筋可以采用八字扣或顺扣，基础梁的钢筋应采用八字口，防止其倾斜变形。绑扎铁丝的端部应向入基础内，不得伸入保护层内。

（5）根据设计保护层厚度垫好保护层垫块。垫块间距一般为1～1.5m。下部钢筋绑扎完后，穿插进行预留、预埋的管道安装。

（6）钢筋马凳可用钢筋弯制、焊制，当上部钢筋规格较大、较密时，也可采用型钢等材料制作，其规格及间距应通过计算确定。常见的样式见图14-81。

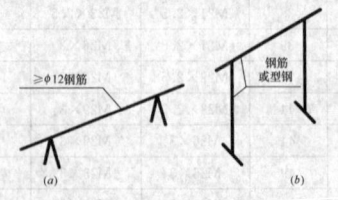

图14-81　马凳示意图

（7）桩钢筋成型及安装

1）分段制作的钢筋笼，其接头宜采用焊接或机械式接头（钢筋直径大于20mm），并应遵守国家现行标准《钢筋机械连接通用技术规程》（JGJ 107）、《钢筋焊接及验收规程》（JGJ 18）和《混凝土结构工程施工质量验收规范》（GB 50204）的规定。

2）加劲箍宜设在主筋外侧，当因施工工艺有特殊要求时也可置于内侧。

3）钢筋笼一般先在钢筋场制作成型，然后用吊车吊起送入桩孔。

4）当钢筋笼的长度较长时，可采用双吊车吊装。吊装时，先用一台吊车将钢筋笼上部吊起，再用另一台吊车吊起钢筋笼下部，离地高度约1m左右，然后第一台吊车再继续起吊并调整吊钩的位置，直至钢筋笼完全竖直，将钢筋笼吊至桩孔上方并与桩孔对正，最后将钢筋笼缓慢送入桩孔。

5）在下放钢筋笼时，设置好保护层垫块。

6）也可采用简易的方法：先在桩孔上方搭设绑扎钢筋的脚手架，将钢管水平放在桩孔上用于临时支撑钢筋笼，并在脚手架顶用手拉葫芦（电动葫芦）将第一段钢筋笼吊住，待第一段钢筋笼绑扎完后，将水平支撑钢管抽出，用手拉葫芦（电动葫芦）将已经绑扎完钢筋笼缓缓放入桩孔内，再在桩孔上方继续绑扎上面一段钢筋笼，然后将第二段放入桩孔，依次类推，直至钢筋笼全部完成。

14.8.1.4　柱钢筋绑扎

（1）根据柱边线调整钢筋的位置，使其满足绑扎要求。

（2）计算好本层柱所需的箍筋数量，将所有箍筋套在柱的主筋上。

（3）将柱子的主筋接长，并把主筋顶部与脚手架做临时固定，保持柱主筋垂直。然后将箍筋从上至下以此绑扎。

（4）柱箍筋要与主筋相互垂直，矩形柱箍筋的端头应与模板成135°角。柱角部主筋的弯钩平面与模板面的夹角对矩形柱应为45°角；对多边形柱应为模板内角的平分角；对圆形柱的弯钩平面应与模板的切平面垂直；中间钢筋的弯钩平面应与模板面垂直；当采用插入式振捣器浇筑小型截面柱时，弯钩平面与模板面的夹角不得小于15°。

（5）柱箍筋的弯钩叠合处，应沿受力钢筋方向错开设置，不得在同一位置。

（6）绑扎完成后，将保护层垫块或塑料支架固定在柱主筋上。

14.8.1.5　墙钢筋绑扎

（1）根据墙边线调整墙钢筋的位置，使其满足绑扎要求。

（2）每隔2～3m绑扎一根竖向钢筋，在高度1.5m左右的位置绑扎一根水平钢筋。然后把其余竖向钢筋与插筋连接，将竖向钢筋的上端与脚手架作临时固定并校正垂直。

（3）在竖向钢筋上画出水平钢筋的间距，从下往上绑扎水平钢筋。墙的钢筋网，除靠近外围两行钢筋的相交点全部扎牢外，中间部分交叉点可间隔交错扎牢，但应保证受力钢筋不产生位置偏移；双向受力的钢筋，必须全部扎牢。绑扎应采用八字扣，绑扎丝的多

余部分应弯入墙内（特别是有防水要求的钢筋混凝土墙、板等结构，更应注意这一点）。

（4）应根据设计要求确定水平钢筋是在竖向钢筋的内侧还是外侧，当设计无要求时，按竖向钢筋在里水平钢筋在外布置。

（5）墙筋的拉结筋应勾在竖向钢筋和水平钢筋的交叉点上，并绑扎牢固。为方便绑扎，拉结筋一般做成一端135°弯钩，另一端90°弯钩的形状，所以在绑扎完后还要用钢筋扳子把90°的弯钩弯成135°。

（6）在钢筋外侧壁上保护层垫块或塑料支架。

14.8.1.6　梁板钢筋绑扎

（1）梁钢筋可在梁侧模安装前在梁底模板上绑扎，也可在梁侧模安装完后在模板上方绑扎，绑扎成钢筋笼后再整体放入梁模板内。第二种绑扎方法一般只用于次梁或梁高较小的梁。

（2）梁钢筋绑扎前应确定好主梁和次梁钢筋的位置关系，次梁的主筋应在主梁的主筋上面。楼板钢筋则应在主梁和次梁主筋的上面。

（3）先穿梁上部钢筋，再穿下部钢筋，最后穿弯起钢筋，然后根据在事先画好的箍筋控制点将箍筋分开，间隔一定距离先将其中的几个箍筋与主筋绑扎好，然后再依次绑扎其他箍筋。

（4）梁箍筋的接头部位应在梁的上部，除设计有特殊要求外，应与受力钢筋垂直设置；箍筋弯钩叠合处，应沿受力钢筋方向错开设置。

（5）梁端第一个箍筋应在距支座边缘50mm处。

（6）当梁主筋为双排或多排时，各排主筋间的净距不应小于25mm，且不小于主筋的直径。现场可用短钢筋作垫在两排主筋之间，以控制其间距，短钢筋方向与主筋垂直。当梁主筋最大直径不大于25mm时，采用25mm短钢筋作垫铁；当梁主筋最大直径大于25mm时，采用与梁主筋规格相同的短钢筋作垫铁。短钢筋的长度为梁宽减两个保护层厚度，短钢筋不应伸入混凝土保护层内。

（7）板钢筋绑扎前应先在模板上画出钢筋的位置，然后将主筋和分布筋摆在模板上，主筋在下分布筋在上，调整好间距后依次绑扎。对于单向板钢筋，除靠近外围两行钢筋的相交点全部扎牢外，中间部分交叉点可间隔交错绑扎牢固，但应保证受力钢筋不产生位置偏移；双向受力的钢筋，必须全部扎牢。相邻绑扎扣应成八字形，防止钢筋变形。

（8）板底层钢筋绑扎完，穿插预留预埋管线的施工，然后绑扎上层钢筋。

（9）在两层钢筋间应设置马凳，以控制两层钢筋间的距离。马凳的形式如图14-82所示，间距一般为1m。如上层钢筋的规格较小容易弯曲变形时，其间距应缩小，或采用图14-81（a）中样式的马凳。

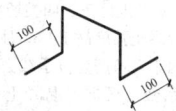

图14-82　楼板钢筋马凳示意图

（10）对楼梯钢筋，应先绑扎楼梯梁钢筋，再绑扎休息平台板和斜板的钢筋。休息平台板或斜板钢筋绑扎时，主筋在下分布筋在上，所有交叉点均应绑扎牢固。

14.8.1.7　特殊节点钢筋绑扎

1. 钢筋绑扎的细部构造要求

（1）过梁钢筋应有一根在暗柱内，且距暗柱边50mm；

（2）楼板的纵横钢筋距墙边（或梁边）50mm；

（3）梁、柱接头处的箍筋距柱边50mm；

（4）次梁两端箍筋距主梁50mm；

（5）阳台留出竖向钢筋距墙边50mm；

（6）墙面水平或暗柱箍筋距楼（地）面30～50mm；墙面纵向筋距构柱、门口边50mm；

（7）钢筋绑扎时的绑扣应朝向内侧。

2. 复合箍筋的安装

（1）复合箍筋的外围应选用封闭箍筋。柱类构件复合箍筋宜尽

量选用封闭箍筋，单数肢也可采用拉筋；柱类构件复合箍筋可全部采用拉筋。

（2）复合箍筋的局部重叠不宜少于2层。当构件两个方向均采用复合箍筋时，外围封闭箍筋应位于两个方向的内部箍筋（或拉筋）中间。当拉筋设置在复合箍筋内部不对称的一边时，沿构件周线方向相邻箍筋应交错布置；

（3）拉筋宜紧靠封闭箍筋，并勾住纵向钢筋。

3. 体育场看台钢筋的绑扎

体育场看台板有平板、折板等形式。平板式看台板钢筋的绑扎方法与普通楼板的钢筋的绑扎方法相同。折板钢筋应在折板的竖向模板支设前绑扎，钢筋的位置应满足设计要求。

4. 斜柱钢筋的绑扎

斜柱钢筋的绑扎方法与普通柱基本相同，但应在绑扎过程中，对斜柱钢筋进行临时支撑，防止其倾斜或扭曲。

5. 预埋件的安装

（1）柱、墙、梁等结构侧面的预埋件，应在模板支设前安装。混凝土底部或顶部的预埋件安装前，要先在模板或钢筋上画出预埋件的位置。

（2）结构侧面的预埋件安装时，先根据结构轴线及标高控制线确定预埋件的位置和高度，与钢筋骨架临时固定，然后再根据保护层厚度调整其伸出钢筋骨架的尺寸，然后再与钢筋骨架固定牢固。

（3）梁底或板底的预埋件，应在模板安装完成后安装就位，并临时固定，钢筋绑扎时再与钢筋绑扎牢固。

（4）混凝土顶面的预埋件，应在模板及钢筋安装完成后安装。

6. 墙体拉结筋的留置

（1）填充墙拉结筋的留置有以下几种常用的方法：

1）在模板上打孔，留插筋。为方便拆模，其外露端部先不做弯钩，拆模后将末端弯成90°弯钩。墙体拉结筋可以一次留足长度，也可先预埋100～200mm长插筋，墙体砌筑前再采用搭接焊接长至所需长度。焊缝长度为：单面搭接焊10d，双面搭接焊5d。

2）预埋铁件，拆模后将拉结筋与铁件进行焊接。对于钢模板，一般无法在模板上打孔，可采用这种方法。预埋件的样式见图14-83。

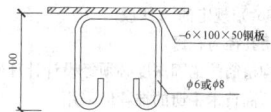

图14-83　拉结筋预埋件

3）植筋。这种方法安装简便，拉结筋位置容易控制，但是由于锚固胶的耐久性还不是十分确切，而且植筋的质量也存在很多问题，因此有些地区不允许采用植筋的方法留置拉结筋。如需采用这种方法，事先应与当地主管部门和设计单位进行协商。

（2）砖混结构的拉结筋，在砌筑时随砌随放。

（3）拉结筋采用φ6圆钢，竖向间距为500mm，长度应根据设计要求及有关图集确定。

14.8.2　钢筋网与钢筋骨架安装

14.8.2.1　绑扎钢筋网与钢筋骨架安装

（1）为便于运输，绑扎钢筋网的尺寸不宜过大，一般以两个方向的边长均不超过5m为宜。对钢筋骨架，如果是在现场绑扎成型，长度一般不超过12m；如果是在场外绑扎成型，长度一般不超过9m。

（2）对于尺寸较大的钢筋网，运输和吊装时应采取防止变形的措施，如在钢筋网上绑扎两道斜向钢筋形成"X"形。钢筋骨架也可采取类似方法，形式见图14-84。防变形钢应在吊装就位后拆除。

（3）钢筋骨架的长度不大于6m时，可用两点吊装，当长度大于6m时，应采用钢扁担4点吊装。

（4）钢筋网或钢筋骨架的连接要求见14.2.8节。

14.8.2.2　钢筋焊接网安装

（1）钢筋焊接网在运至现场后，应按不同规格分类堆放，并设

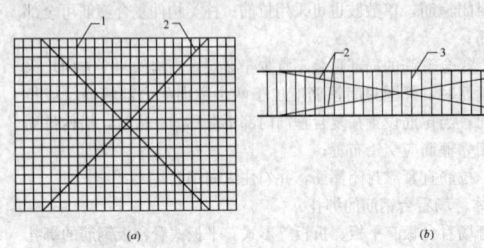

图 14-84　绑扎钢筋网和钢筋骨架的防变形措施
1—钢筋网；2—防变形钢筋；3—钢筋骨架

置料牌，防止错用。

(2) 对两端需要伸入梁内的钢筋焊接网，在安装时可将两侧梁的钢筋向两侧移动，将钢筋焊接网就位后，再将梁的钢筋复位。如果上述方法仍不能将钢筋焊接网放入，也可先将钢筋焊接网的一边伸入梁内，然后将钢筋焊接网适当向上弯曲，把钢筋焊接网的另一侧也深入梁内，并慢慢将钢筋焊接网恢复平整。

(3) 钢筋焊接网安装时，下层钢筋网需设置保护层垫块，其间距应根据焊接钢筋网的规格大小适当调整，一般为 500~1000mm。

(4) 双层钢筋网之间应设置钢筋马凳或支架，以控制两层钢筋网的间距。马凳或支架的间距一般为 500~1000mm。

(5) 对需要绑扎搭接的焊接钢筋网，每个交叉点均要绑扎牢固，另外还应符合 14.2.8 节的要求。

14.8.3　植　筋　施　工

14.8.3.1　钢筋胶粘剂

(1) 植筋用的胶粘剂必须选用改性环氧类和改性乙烯基酯类（包括改性氨基甲酸酯）的胶粘剂，其填料必须在工厂制胶时加入，严禁在施工现场加入。胶粘剂的性能必须符合《混凝土结构加固设计规范》(GB 50367) 的规定。

(2) 当植筋的直径大于 22mm 时，应采用《混凝土结构加固设计规范》(GB 50367) 规定的 A 级胶。

14.8.3.2　植筋用孔径与孔深

(1) 承重结构植筋的锚固深度必须经设计计算确定，严禁按短期拉拔试验值或厂商技术手册的推荐值采用。

(2) 当按构造要求植筋时，其最小锚固长度应符合下列构造要求：

1) 受拉钢筋锚固：max {0.3l_s; 10d; 100mm}；
2) 受压钢筋锚固：max {0.6l_s; 10d; 100mm}。
注：对悬挑结构、构件应按以上值乘以 1.5 的修正系数。

植筋的基本锚固深度 l_s，按式 (14-26) 确定：

$$l_s = 0.2\alpha_{spt}df_y/f_{bd} \qquad (14-26)$$

式中　α_{spt}——为防止混凝土劈裂引用的计算系数，按表 14-105 确定；

d——植筋公称直径 (mm)；

f_y——植筋用钢筋的抗拉强度设计值 (N/mm²)；

f_{bd}——植筋用胶粘剂的粘结强度设计值 (N/mm²)，按表 14-105 确定。

考虑混凝土劈裂影响的计算系数 α_{spt}　表 14-104

混凝土保护层厚度 c (mm)		25	30	35	≥40
	直径 φ (mm)	6	8 或 10	6	8 或 10	>6	≥6
箍筋设置情况	间距 s (mm)	在植筋锚固深度范围内，s 不应大于 100mm			
	≤20	1.0	1.0	1.0	1.0
植筋直径 d (mm)	25	1.1	1.05	1.05	1.0
	32	1.25	1.15	1.15	1.1	1.05

注：当植筋直径介于表列数值之间时，可按线性内插法确定 α_{spt} 值。

粘结强度设计值 f_{bd} (N/mm²)　表 14-105

胶粘剂等级	构造条件	混凝土强度等级				
		C20	C25	C30	C40	≥60
A 级胶或 B 级胶	s_1≥5d；s_2≥2.5d	2.3	2.7	3.4	3.6	4.0
A 级胶	s_1≥6d；s_2≥3.0d	2.3	2.7	3.6	4.0	4.5
	s_1≥7d；s_2≥3.5d	2.3	2.7	4.0	4.5	5.0

注：1. 当使用表中 f_{bd} 值时，其构件的混凝土保护层厚度，应不低于现行国家标准《混凝土结构设计规范》(GB 50010) 的规定值；
2. 表中 s_1 为植筋间距；s_2 为植筋边距；
3. 表中 f_{bd} 值仅适用于带肋钢筋的粘结锚固。

(3) 钻孔的直径应按表 14-106 确定。

植筋直径与钻孔直径设计值　表 14-106

钢筋直径 d (mm)	钻孔直径 D (mm)	钢筋直径 d (mm)	钻孔直径 D (mm)
12	15	22	28
14	18	25	31
16	20	28	35
18	22	32	40
20	25		

14.8.3.3　植筋施工方法

(1) 植筋的施工流程：钻孔→清孔→注胶→安装钢筋→胶粘剂固化。

(2) 钻孔的直径和深度应符合要求，其深度的允许偏差为 +20，−0mm，垂直度允许偏差为 5°。钻孔应避开受力钢筋，对于废孔，应用化学锚固胶或高强度等级的树脂水泥砂浆填实。

(3) 用空压机或手动气筒彻底吹净孔内碎渣和粉尘，再用丙酮擦拭孔道，并保持孔道干燥。

(4) 向孔内注胶粘剂，胶的数量应满足锚固要求。

(5) 将钢筋插入孔内，进行临时固定，并按照厂家提供的养护条件进行固化养护，固化期间禁止扰动。

(6) 当所植钢筋与原钢筋搭接时，其受拉钢筋搭接长度 l_l，应根据位于同一连接区域内的钢筋搭接接头面积百分率，按式 (14-27) 确定：

$$l_l = \zeta l_d \qquad (14-27)$$

式中　ζ——受拉钢筋搭接长度修正系数，按表 14-107 取值。

l_d——植筋锚固深度设计值，l_d≥$\psi_N\psi_{ae}l_s$；

ψ_{ae}——考虑植筋位移延性要求的修正系数，当混凝土强度等级低于 C30 时，对 6 度区及 7 度区一、二类地，取 ψ_{ae}=1.1；对 7 度区三、四类场地及 8 度区，取 ψ_{ae}=1.25。当混凝土强度高于 C30 时，取 ψ_{ae}=1.0；

ψ_N——考虑各种因素对植筋受拉承载力影响而需加大锚固深度的修正系数，根据《混凝土结构加固设计规范》(GB 50367) 确定；ψ_N=$\psi_{br}\psi_w\psi_T$；

ψ_{br}——考虑结构构件受力状态对承载力影响的系数；当为悬挑结构构件时，ψ_{br}=1.5；当为非悬挑的重要构件接长时，ψ_{br}=1.15；当为其他构件时，ψ_{br}=1.0；

ψ_w——混凝土孔壁潮湿影响系数，对耐潮湿型胶粘剂，按产品说明书的规定值采用，但不得低于 1.1；

ψ_T——使用环境的温度 (T) 影响系数，当 T≤60℃时，取 ψ_T=1.0；当 60℃<T≤80℃时，应采用耐中温胶粘剂，并按产品说明书规定的 ψ_T 采用，当 T>80℃时，应采用耐高温胶粘剂，并应采取有效措施的隔热措施。

纵向受拉钢筋搭接长度修正系数　表 14-107

纵向受拉钢筋搭接接头面积百分率（%）	≤25	50	100
ζ 值	1.2	1.4	1.6

注：1. 钢筋搭接接头面积百分率定义按现行国家标准《混凝土结构设计规范》(GB 50010) 的规定采用；
2. 当实际搭接接头面积百分率介于表列数值之间时，按线性内插法确定 ζ 值。
3. 对梁类构件，受拉钢筋搭接接头面积百分率不应超过 50%。

(7) 新植钢筋在与原有钢筋在搭接部位的净间距，不得大于 6*d* 时。当净间距超过 4*d* 时，则搭接长度应增加 2*d*。

(8) 植筋时，其钢筋宜先焊后植；若有困难必须后焊，其焊点距基材混凝土表面应≥20*d* 且≥200mm，并应用冰水浸湿的毛巾包裹植筋的根部。

14.8.4 钢筋安装质量控制

1. 隐蔽验收

在浇筑混凝土之前，应进行钢筋隐蔽工程验收，其内容包括：

(1) 纵向受力钢筋的品种、规格、数量、位置等；

(2) 钢筋的连接方式、接头位置、接头数量、接头面积百分率等；

(3) 箍筋、横向钢筋的品种、规格、数量、间距等；

(4) 预埋件的规格、数量、位置等。

2. 钢筋连接

(1) 主控项目

1) 纵向受力钢筋的连接方式应符合设计要求。

检查数量：全数检查。

检验方法：观察。

2) 在施工现场，应按国家现行标准《钢筋机械连接技术规程》(JGJ 107)、《钢筋焊接及验收规程》(JGJ 18)的规定抽取钢筋机械连接接头、焊接接头试件作力学性能检验，其质量应符合有关规程的规定。

对于直接承受动力荷载的结构，采用机械连接、焊接接头时应检查相应的专项试验报告。

检查数量：按有关规程确定。

检验方法：检查产品合格证、接头力学性能试验报告。

(2) 一般项目

1) 钢筋的接头宜设置在受力较小处。同一纵向受力钢筋不宜设置两个或两个以上接头。接头末端至钢筋弯起点的距离不应小于钢筋直径的10倍。

检查数量：全数检查。

检验方法：观察，钢尺检查。

2) 在施工现场，应按国家现行标准《钢筋机械连接技术规程》(JGJ 107)、《钢筋焊接及验收规程》(JGJ 18)的规定对钢筋机械连接接头、焊接接头的外观进行检查，其质量应符合有关规程的规定。

检查数量：全数检查。

检验方法：观察。

3. 钢筋安装

(1) 主控项目

钢筋安装时，受力钢筋的品种、级别、规格和数量必须符合设计要求。

检查数量：全数检查。

检验方法：观察，钢尺检查。

(2) 一般项目

钢筋安装位置的偏差应符合表14-108的规定。

检查数量：在同一检验批内，对梁、柱和独立基础，应抽查构件数量的10%，且不少于3件；对墙和板，应按有代表性的自然间抽查10%，且不少于3间；对大空间结构，墙可按相邻轴线间高度5m左右划分检查面，板可按纵、横轴线划分检查面，抽查10%，且均不少于3面。

钢筋安装位置的允许偏差和检验方法 表 14-108

项 目		允许偏差 (mm)	检 验 方 法
绑扎钢筋网	长、宽	±10	钢尺检查
	网眼尺寸	±20	钢尺量连续三档，取最大值
绑扎钢筋骨架	长	±10	钢尺检查
	宽、高	±5	钢尺检查

续表

项 目			允许偏差 (mm)	检 验 方 法
受力钢筋	间距		±10	钢尺量两端、中间各一点，取最大值
	排距		±5	
	保护层厚度	基础	±10	钢尺检查
		柱、梁	±5	钢尺检查
		板、墙、壳	±3	钢尺检查
绑扎箍筋、横向钢筋间距			±20	钢尺量连续三档，取最大值
钢筋弯起点位置			20	钢尺检查
预埋件	中心线位置		5	钢尺检查
	水平高差		+3，0	钢尺和塞尺检查

注：1. 检查预埋件中心线位置时，应沿纵、横两个方向量测，并取其中的较大值。

2. 表中梁类、板类构件上部纵向受力钢筋保护层厚度的合格点率应达到90%及以上，且不得有超过表中数值1.5倍的尺寸偏差。

4. 桩钢筋

(1) 钢筋笼制作应对钢筋规格、焊条规格、品种、焊口规格、焊缝长度、焊接外观质量、主筋和箍筋的制作偏差等进行检查。

(2) 钢筋笼的材质、尺寸应符合设计要求，钢筋笼制作允许偏差应符合表14-109的要求。

钢筋笼制作允许偏差 表 14-109

项 目	允许偏差（mm）
主筋间距	±10
箍筋间距	±20
钢筋笼直径	±10
钢筋笼长度	±100

(3) 应对钢筋笼安放的实际位置等进行检查，并填写相应质量检测、检查记录。

5. 植筋

(1) 钻孔的质量检查应包括下列内容：

1) 钻孔的位置、直径、孔深和垂直度，允许偏差见表14-110；

钻孔质量的要求 表 14-110

检查项目	钻孔深度允许偏差 (mm)	垂直度允许偏差 (°)	位置允许偏差 (mm)
允许偏差	+20 −0	5	5

2) 钻孔的清孔情况；

3) 钻孔周围混凝土是否存在缺陷、是否已基本干燥，环境温度是否符合要求；

4) 钻孔是否伤及钢筋。

(2) 锚固质量的检查应符合下列要求：

1) 对于化学植筋应对照施工图检查植筋位置、尺寸、垂直（水平）度及胶浆外观固化情况；用铁钉刻划检查胶浆固化程度，以手拔摇方式初步检验被连接件是否锚牢固实等；

2) 按《混凝土结构加固设计规范》(GB 50367)及《混凝土结构后锚固技术规程》(JGJ 145)要求进行锚固承载力检验，并符合要求。

14.8.5 钢筋安装成品保护

(1) 浇筑混凝土时，在柱、墙的钢筋上套上PVC套管或包裹塑料薄膜保护，并及时用湿布将被污染的钢筋擦净。

(2) 对尚未浇筑的后浇带钢筋，可采用覆盖胶合板或木板的方法进行保护，当其上部有车辆通过或有较大荷载时，应覆盖钢板保护。

14.9 绿 色 施 工

1. 绿色施工原则

实施绿色施工，应对施工策划、材料采购、现场施工、工程验收等各阶段进行控制，加强对整个施工过程的管理和监督。

2. 绿色施工要点

（1）环境保护技术要点

1）钢材堆放区和加工区地面应进行硬化，防止扬尘。

2）钢筋加工采用低噪声、低振动的机具，采取隔音与隔振措施，避免或减少施工噪声和振动。在施工场界对噪声进行实时监测与控制。现场噪声排放不得超过国家标准《建筑施工场界环境噪声排放标准》（GB 12523）的规定。

3）电焊作业采用遮挡措施，避免电焊弧光外泄。

4）对于化学品等有毒材料、油料的储存地，应有严格的隔水层设计，做好渗漏液收集和处理。

（2）节材与材料资源利用技术要点

1）图纸会审时，应审核节材与材料资源利用的相关内容，尽可能降低材料损耗。

2）根据施工进度、库存情况等合理安排材料的采购、进场时间和批次，减少库存。

3）现场材料堆放有序，储存环境适宜，措施得当。保管制度健全，责任落实。

4）材料运输工具适宜，装卸方法得当，减少损坏和变形。根据现场平面布置情况就近卸载，避免和减少二次搬运。

5）就近取料，施工现场 500km 以内生产的钢材及其他材料用量占总用量的 70% 以上。

6）推广使用高强钢筋，减少资源消耗。

7）尽量采用钢筋工厂化加工和配送。

8）优化钢筋配料下料方案。钢筋制作前应对下料单及样品进行复核，无误后方可批量下料。

9）现场钢筋加工棚采用工具式可周转的防护棚。

10）在施工现场进行钢筋加工时，应设置钢筋废料专用收集槽。

（3）节能与能源利用的技术要点

1）优先使用国家、行业推荐的节能、高效、环保的钢筋设备和机具，如选用变频技术的节能设备等。

2）在施工组织设计中，合理安排钢筋工程的施工顺序、工作面，以减少作业区域的机具数量，相邻作业区充分利用共有的机具资源。安排施工工艺时，应优先考虑耗用电能的或其他能耗较少的施工工艺。避免设备额定功率远大于使用功率或超负荷使用设备的现象。

3）建立施工机械设备管理制度，开展用电、用油计量，完善设备档案，及时做好维修保养工作，使机械设备保持低耗、高效的状态。

4）选择功率与负载相匹配的钢筋机械设备，避免大功率钢筋机械设备低负载长时间运行。机械设备宜使用节能型油料添加剂，在可能的情况下，考虑回收利用，节约油量。

5）临时用电优先选用节能电线和节能灯具，线路合理设计、布置，用电设备宜采用自动控制装置。采用声控、光控等节能照明灯具。

6）照明设计以满足最低照度为原则，照度不应超过最低照度的 20%。

（4）节地与施工用地保护的技术要点

1）根据施工规模及现场条件等因素合理确定临时设施，如临时加工厂、现场钢筋棚及材料堆场等。

2）钢筋加工棚及材料堆放场地应做到科学、合理、紧凑，充分利用原有建筑物、构筑物、道路。在满足环境、职业健康与安全及文明施工要求的前提下尽可能减少废弃地和死角，钢筋施工设施占地面积有效利用率大于 90%。

3）施工现场的加工厂、作业棚、材料堆场等布置应尽量靠近已有交通线路或即将修建的正式或临时交通线路，缩短运输距离。

4）钢筋工程临时设施布置应注意远近结合（本期工程与下期工程），努力减少和避免大量临时建筑拆迁和场地搬迁。

参 考 文 献

1. 《建筑施工手册》（第四版）编写组. 建筑施工手册(第四版). 北京：中国建筑工业出版社，2003.
2. 中华人民共和国国家标准. 混凝土结构工程施工质量验收规范规范(GB 50204—2002)[S]. 北京：中国建筑工业出版社，2002.
3. 中华人民共和国国家标准. 混凝土结构设计规范(GB 50010—2010)[S]. 北京：中国建筑工业出版社，2011.
4. 中华人民共和国行业标准. 钢筋机械连接技术规程(JGJ 107—2010)[S]. 北京：中国建筑工业出版社，2010.
5. 中国建筑第八工程局. 建筑工程技术标准1[M]. 北京：中国建筑工业出版社，2005.
6. 侯君伟. 钢筋工手册[M]. 北京：中国建筑工业出版社，2009.
7. 中华人民共和国行业标准. 钢筋焊接网混凝土结构技术规程(JGJ 114—2003)[S]. 北京：中国建筑工业出版社，2009.
8. 中华人民共和国国家标准. 钢筋混凝土用钢 第1部分 热轧光圆钢筋(GB 1499.1—2008)[S]. 北京：中国标准出版社，2008.
9. 中华人民共和国国家标准. 钢筋混凝土用钢 第2部分 热轧带肋钢筋(GB 1499.2—2007)[S]. 北京：中国标准出版社，2007.
10. 中华人民共和国行业标准. 混凝土结构后锚固技术规程(JGJ 145—2007)[S]. 北京：中国建筑工业出版社，2004.

15 混凝土工程

15.1 混凝土的原材料

15.1.1 水 泥

水泥是一种最常用的水硬性胶凝材料。水泥呈粉末状，加入适量水后，成为塑性浆体，既能在空气中硬化，又能在水中硬化，并能把砂、石散状材料牢固地胶结在一起。土木建筑工程中最为常用的是通用硅酸盐水泥（以下简称通用水泥）。

15.1.1.1 通用水泥的分类

通用水泥分为：硅酸盐水泥、普通硅酸盐水泥、矿渣硅酸盐水泥、火山灰质硅酸盐水泥、粉煤灰硅酸盐水泥、复合硅酸盐水泥。通用水泥的组分与强度等级见表15-1。

通用水泥的组分与强度等级 表15-1

品 种	标准编号	组分（质量分数,%） 熟料+石膏	组分（质量分数,%） 混合材料	代 号	强度等级
硅酸盐水泥	GB 175—2007	100	—	P·Ⅰ	42.5、42.5R、52.5 52.5R、62.5、62.5R
		≥95	≤5	P·Ⅱ	
普通硅酸盐水泥	GB 175—2007	≥80且<95	>5且≤20	P·O	42.5、42.5R 52.5、52.5R
矿渣硅酸盐水泥	GB 175—2007	≥50且<80	>20且<50	P·S·A	32.5、32.5R、42.5 42.5R、52.5、52.5R
		≥30且<50	>50且≤70	P·S·B	
火山灰质硅酸盐水泥	GB 175—2007	≥60且<80	>20且≤40	P·P	32.5、32.5R、42.5 42.5R、52.5、52.5R
粉煤灰硅酸盐水泥	GB 175—2007	≥60且<80	>20且≤40	P·F	32.5、32.5R、42.5 42.5R、52.5、52.5R
复合硅酸盐水泥	GB 175—2007	≥50且<80	>20且≤50	P·C	32.5、32.5R、42.5 42.5R、52.5、52.5R

注：混合材料的品种包括粒化高炉矿渣、火山灰质混合材料、粉煤灰、石灰石。

15.1.1.2 通用水泥的技术要求

（1）通用水泥的物理指标应符合表15-2的规定。

通用水泥的物理指标 表15-2

品种	强度等级	抗压强度（MPa） 3d	抗压强度（MPa） 28d	抗折强度（MPa） 3d	抗折强度（MPa） 28d	凝结时间	安定性	细度
硅酸盐水泥	42.5	≥17.0	≥42.5	≥3.5	≥6.5	初凝时间不小于45min，终凝时间不大于390min	沸煮法合格	比表面积不小于300m²/kg
	42.5R	≥22.0		≥4.0				
	52.5	≥23.0	≥52.5	≥4.0	≥7.0			
	52.5R	≥27.0		≥5.0				
	62.5	≥28.0	≥62.5	≥5.0	≥8.0			
	62.5R	≥32.0		≥5.5				

（续表）

品种	强度等级	抗压强度（MPa） 3d	抗压强度（MPa） 28d	抗折强度（MPa） 3d	抗折强度（MPa） 28d	凝结时间	安定性	细度
普通硅酸盐水泥	42.5	≥17.0	≥42.5	≥3.5	≥6.5	初凝时间不小于45min，终凝时间不大于600min	沸煮法合格	比表面积不小于300m²/kg
	42.5R	≥22.0		≥4.0				
	52.5	≥23.0	≥52.5	≥4.0	≥7.0			
	52.5R	≥27.0		≥5.0				
矿渣硅酸盐水泥 火山灰质硅酸盐水泥 粉煤灰硅酸盐水泥 复合硅酸盐水泥	32.5	≥10.0	≥32.5	≥2.5	≥5.5	初凝时间不小于45min，终凝时间不大于390min	沸煮法合格	80μm方孔筛筛余不大于10%或45μm方孔筛筛余不大于30%
	32.5R	≥15.0		≥3.5				
	42.5	≥15.0	≥42.5	≥3.5	≥6.5			
	42.5R	≥19.0		≥4.0				
	52.5	≥21.0	≥52.5	≥4.0	≥7.0			
	52.5R	≥23.0		≥4.5				

（2）通用水泥的化学指标应符合表15-3的规定。

通用水泥的化学指标（%） 表15-3

品 种	代号	不溶物	烧失量	三氧化硫	氧化镁	氯离子	碱含量
硅酸盐水泥	P·Ⅰ	≤0.75	≤3.0	≤3.5	≤5.0	≤0.06	若使用活性骨料，用户要求提供低碱水泥时，水泥中的碱含量应不大于0.60%或由买卖双方确定
	P·Ⅱ	≤1.50	≤3.5				
普通硅酸盐水泥	P·O	—	≤5.0				
矿渣硅酸盐水泥	P·S·A			≤4.0	≤6.0		
	P·S·B						
火山灰质硅酸盐水泥	P·P			≤3.5	≤6.0		
粉煤灰硅酸盐水泥	P·F						
复合硅酸盐水泥	P·C						

15.1.1.3 通用水泥的选用

通用水泥品种与强度等级应根据设计、施工要求以及工程所处环境确定，可按表15-4选用。

通用水泥的选用表 表15-4

混凝土工程特点或所处环境条件		优先选用	可以使用	不得使用
环境条件	在普通气候环境中的混凝土	普通硅酸盐水泥	矿渣硅酸盐水泥、火山灰质硅酸盐水泥、粉煤灰硅酸盐水泥	—
	在干燥环境中的混凝土	普通硅酸盐水泥	矿渣硅酸盐水泥	火山灰质硅酸盐水泥、粉煤灰硅酸盐水泥
	在高湿度环境中或永远处在水下的混凝土	矿渣硅酸盐水泥	普通硅酸盐水泥、火山灰质硅酸盐水泥、粉煤灰硅酸盐水泥	—
	严寒地区的露天混凝土、寒冷地区的处在水位升降范围内的混凝土	普通硅酸盐水泥	矿渣硅酸盐水泥	火山灰质硅酸盐水泥、粉煤灰硅酸盐水泥
	受侵蚀性环境水或侵蚀性气体作用的混凝土	根据侵蚀性介质的种类、浓度等具体条件按规定选用		
	厚大体积的混凝土	粉煤灰硅酸盐水泥、矿渣硅酸盐水泥	普通硅酸盐水泥、火山灰质硅酸盐水泥	硅酸盐水泥

15.1.1.4　水泥的质量控制

（1）水泥进场时应对其品种、级别、包装或散装仓号、出厂日期等进行检查，并应对其强度、安定性及其他必要的性能指标进行复验，其质量必须符合现行国家标准《通用硅酸盐水泥》（GB 175）等的规定。

（2）当在使用中对水泥质量有怀疑或水泥出厂超过三个月（快硬硅酸盐水泥超过一个月）时，应进行复验，并按复验结果使用。

钢筋混凝土结构、预应力混凝土结构中，严禁使用含氯化物的水泥。

（3）检查数量：按同一生产厂家、同一等级、同一品种、同一批号且连续进场的水泥，袋装不超过 200t 为一批，散装不超过 500t 为一批，每批抽样不少于一次。

（4）检验方法：水泥的强度、安定性、凝结时间和细度，应分别按《水泥胶砂强度检验方法（ISO 法）》（GB/T 17671）、《水泥标准稠度用水量、凝结时间、安定性检验方法》（GB/T 1346）、《水泥比表面积测定方法（勃氏法）》（GB/T 8074）和《水泥细度检验方法 筛析法》（GB/T 1345）的规定进行检验。

（5）水泥在运输时不得受潮和混入杂物。不同品种、强度等级、出厂日期和出厂编号的水泥应分别运输装卸，并做好明显标志，严防混淆。

（6）散装水泥宜在专用的仓罐中贮存并有防潮措施。不同品种、强度等级的水泥不得混仓，并应定期清仓。

袋装水泥应在库房内贮存，库房应尽量密闭。堆放时应按品种、强度等级、出厂编号、到货先后或使用顺序排列成垛，堆放高度一般不超过 10 包。临时露天暂存水泥也应用防雨篷布盖严，底板要垫高，并有防潮措施。

15.1.2　石

15.1.2.1　石的分类

石可分为碎石或卵石。由天然岩石或卵石经破碎、筛分而成的，公称粒径大于 5.00mm 的岩石颗粒，称为碎石；由自然条件作用形成的，公称粒径大于 5.00mm 的岩石颗粒，称为卵石。

15.1.2.2　石的技术要求

1. 颗粒级配

碎石或卵石的颗粒级配，应符合表 15-5 的规定。

碎石或卵石的颗粒级配范围　　表 15-5

级配情况	公称粒径(mm)	累计筛余，按质量（%）方孔筛筛孔边长尺寸（mm）											
		2.36	4.75	9.5	16.0	19.0	26.5	31.5	37.5	53.0	63.0	75.0	90.0
连续粒级	5~10	95~100	80~100	0~15	0								
	5~16	95~100	85~100	30~60	0~10	0							
	5~20	95~100	90~100	40~80		0~10	0						
	5~25	95~100	90~100		30~70		0~5	0					
	5~31.5	95~100	90~100	70~90		15~45		0~5	0				
	5~40		95~100	70~90		30~65			0~5	0			
单粒级	10~20		95~100	85~100		0~15	0						
	16~31.5		95~100		85~100			0~10	0				
	20~40			95~100		80~100			0~10	0			
	31.5~63				95~100		75~100	45~75		0~10	0		
	40~80					95~100		70~100		30~60	0~10	0	

混凝土用石宜采用连续粒级。

单粒级宜用于组合成满足要求的连续粒级，也可与连续粒级混合使用，以改善其级配或配成较大粒度的连续粒级。

2. 质量指标

碎石和卵石的质量指标应符合表 15-6 的规定。

碎石和卵石的质量指标　　表 15-6

项　　目		质量指标
含泥量（按质量计,%）	混凝土强度等级 ≥C60	≤0.5
	C55~C30	≤1.0
	≤C25	≤2.0
泥块含量（按质量计,%）	混凝土强度等级 ≥C60	≤0.2
	C55~C30	≤0.5
	≤C25	≤0.7
针、片状颗粒含量（按质量计,%）	混凝土强度等级 ≥C60	≤8
	C55~C30	≤15
	≤C25	≤25
碎石压碎指标值（%）	沉积岩　　　　　　　C60~C40	≤10
	混凝土强度等级　沉积岩　≤C35	≤16
	变质岩或深层的火成岩 C60~C40	≤12
	变质岩或深层的火成岩 ≤C35	≤20
	喷出的火成岩　　　　C60~C40	≤13
	喷出的火成岩　　　　≤C35	≤30
卵石、碎卵石压碎指标值（%）	混凝土强度等级 C60~C40	≤12
	≤C35	≤16
硫化物及硫酸盐含量（折算成 SO_3，按质量计,%）		≤1.0
有害物质含量	卵石中有机物含量（用比色法试验）	颜色应不深于标准色。当颜色深于标准色时，应配制成混凝土进行强度对比试验，抗压强度比不应低于 0.95
坚固性	混凝土所处的环境条件及其性能要求	在严寒及寒冷地区室外使用并经常处于潮湿或干湿交替状态下的混凝土　　　≤8
		对于有抗疲劳、耐磨、抗冲击要求的混凝土 有腐蚀介质作用或经常处于水位变化区的地下结构混凝土 其他条件下使用的混凝土　　5 次循环后的质量损失（%）　≤12
含碱量（kg/m³）	当活性骨料时，混凝土中的碱含量	≤3

15.1.2.3　碎石和卵石的选用

制备混凝土拌合物时，宜选用粒形良好、质地坚硬、颗粒洁净的碎石或卵石。碎石或卵石宜采用连续粒级，也可用单粒级组合成满足要求的连续粒级。

（1）混凝土用的碎石或卵石，其最大颗粒粒径不得超过构件截面最小尺寸的 1/4，且不得超过钢筋最小净间距的 3/4。

（2）对实心混凝土板，碎石或卵石的最大粒径不宜超过板厚的 1/3，且不得超过 40mm。

（3）泵送混凝土用碎石的最大粒径不应大于输送管内径的 1/3，卵石的最大粒径不应大于输送管内径的 2/5。

15.1.2.4　碎石和卵石的质量控制

1. 验收

使用单位应按碎石或卵石的同产地同规格分批验收。采用大型工具运输的，以 400m³ 或 600t 为一验收批。采用小型工具运输的，以 200m³ 或 300t 为一验收批。不足上述量者，应按验收批进行验收。

每验收批碎石或卵石至少应进行颗粒级配、含泥量、泥块含量和针、片状颗粒含量检验。

当碎石或卵石的质量比较稳定、进料量又较大时，可以 1000t 为一验收批。

当使用新产源的碎石或卵石时，应由生产单位或使用单位按质量要求进行全面检验，质量应符合国家现行标准《普通混凝土用砂、石质量及检验方法标准》(JGJ 52) 的规定。

2. 运输和堆放

碎石或卵石在运输、装卸和堆放过程中，应防止颗粒离析、混入杂质，并按产地、种类和规格分别堆放。碎石或卵石的堆放高度不宜超过 5m，对于单粒级或最大粒径不超过 20mm 的连续粒级，其堆料高度可增加到 10m。

15.1.3　砂

15.1.3.1　砂的分类

(1) 按加工方法不同，砂分为天然砂、人工砂和混合砂。

由自然条件作用形成的，公称粒径小于 5.00mm 的岩石颗粒，称为天然砂。天然砂分为河砂、海砂和山砂。

由岩石经除土开采、机械破碎、筛分而成的，公称粒径小于 5.00mm 的岩石颗粒，称为人工砂。

由天然砂与人工砂按一定比例组合而成的砂，称为混合砂。

(2) 按细度模数不同，砂分为粗砂、中砂、细砂和特细砂，其范围应符合表 15-7 的规定。

砂的细度模数　　表 15-7

粗细程度	细度模数	粗细程度	细度模数
粗　砂	3.7～3.1	细　砂	2.2～1.6
中　砂	3.0～2.3	特细砂	1.5～0.7

15.1.3.2　砂的技术要求

1. 颗粒级配

混凝土用砂除特细砂以外，砂的颗粒级配按公称直径 630μm 筛孔的累计筛余量（以质量百分率计），分成三个级配区，且砂的颗粒级配应处于表 15-8 中的某一区内。

砂的颗粒级配区　　表 15-8

公称粒径	级配区		
	Ⅰ区	Ⅱ区	Ⅲ区
	累计筛余（%）		
5.00mm	10～0	10～0	10～0
2.50mm	35～5	25～0	15～0
1.25mm	65～35	50～10	25～0
630μm	85～71	70～41	40～16
315μm	95～80	92～70	85～55
160μm	100～90	100～90	100～90

2. 天然砂的质量指标

天然砂的质量指标应符合表 15-9 的规定。

天然砂的质量指标　　表 15-9

项　目		质量指标
含泥量 （按质量计,%）	≥C60 混凝土强度等级	≤2.0
	C55～C30	≤3.0
	≤C25	≤5.0
泥块含量 （按质量计,%）	≥C60 混凝土强度等级	≤0.5
	C55～C30	≤1.0
	≤C25	≤2.0

续表

项　目		质量指标
海砂中的贝壳含量 （按质量计,%）	≥C40 混凝土强度等级	≤3
	C35～C30	≤5
	C25～C15	≤8
云母含量（按质量计,%）		≤2.0
轻物质含量（按质量计,%）		≤1.0
硫化物及硫酸盐含量 （折算成 SO₃，按质量计,%）		≤1.0
有害物质含量	有机物含量（用比色法试验）	颜色不应深于标准色，当颜色深于标准色时，应按水泥胶砂强度试验方法进行强度对比试验，抗压强度比不应低于 0.95
坚固性	混凝土所处的环境条件及其性能要求	在严寒及寒冷地区室外使用并经常处于潮湿或干湿交替状态下的混凝土 对于有抗疲劳、耐磨、抗冲击要求的混凝土 有腐蚀介质作用或经常处于水位变化区的地下结构混凝土	5次循环后的质量损失（%）	≤8
		其他条件下使用的混凝土	≤10
氯离子含量（%）	对于钢筋混凝土用砂	≤0.06
	对于预应力混凝土用砂	≤0.02
碱含量(kg/m³)	当活性骨料时，混凝土中的碱含量	≤3

3. 人工砂或混合砂的质量指标

人工砂或混合砂的质量指标应符合表 15-10 的规定。

人工砂或混合砂的质量指标　　表 15-10

项　目		质量指标	
		MB<1.40 （合格）	MB≥1.40 （不合格）
石粉含量（%）	≥C60 混凝土强度等级	≤5.0	≤2.0
	C55～C30	≤7.0	≤3.0
	≤C25	≤10.0	≤5.0
总压碎值指标(%)		<30	
碱含量(kg/m³)	当活性骨料时，混凝土中的碱含量	≤3	

15.1.3.3　砂的选用

制备混凝土拌合物时，宜选用级配良好、质地坚硬、颗粒洁净的天然砂、人工砂和混合砂。

配制混凝土时宜优先选用Ⅱ区砂。

当采用Ⅰ区砂时，应提高砂率，并保持足够的水泥用量，以满足混凝土的和易性。

当采用Ⅲ区砂时，宜适当降低砂率，以保证混凝土强度。

当采用特细砂时，应符合相应的规定。

配制泵送混凝土时，宜选用中砂。

使用海砂时，其质量指标应符合现行行业标准《海砂混凝土应用技术规范》(JGJ 206) 的规定。

15.1.3.4　砂的质量控制

1. 验收

使用单位应按砂的同产地同规格分批验收。采用大型工具运输的，以 400m³ 或 600t 为一验收批。采用小型工具运输的，以 200m³ 或 300t 为一验收批。不足上述量者，应按验收批进行验收。

每验收批砂至少应进行颗粒级配、含泥量、泥块含量检验。对

于海砂或有氯离子污染的砂，还应检验其氯离子含量；对于海砂，还应检验贝壳含量；对于人工砂及混合砂，还应检验石粉含量。

当砂的质量比较稳定、进料量又较大时，可以 1000t 为一验收批。

当使用新产源的砂时，应由生产单位或使用单位按质量要求进行全面检验，质量应符合国家现行标准《普通混凝土用砂、石质量及检验方法标准》(JGJ 52) 的规定。

2. 运输和堆放

砂在运输、装卸和堆放过程中，应防止颗粒离析、混入杂质，并按产地、种类和规格分别堆放。

15.1.4　掺　合　料

掺合料是混凝土的主要组成材料，它起着改善混凝土性能的作用。在混凝土中加入适量的掺合料，可以起到降低温升，改善工作性，增进后期强度，改善混凝土内部结构，提高耐久性，节约资源的作用。

15.1.4.1　掺合料的分类

1. 粉煤灰

粉煤灰是指电厂煤粉炉烟道气体中收集的粉末。

粉煤灰按煤种分为 F 类和 C 类；按其技术要求分为Ⅰ级、Ⅱ级、Ⅲ级。

2. 粒化高炉矿渣粉

粒化高炉矿渣粉是指以粒化高炉矿渣为主要原料，掺加少量石膏磨细成一定细度的粉体。

粒化高炉矿渣粉按其技术要求分为 S105、S95、S75。

3. 沸石粉

沸石粉是指用天然沸石粉配以少量无机物经细磨而成的一种良好的火山灰质材料。

沸石粉按其技术要求分为Ⅰ级、Ⅱ级、Ⅲ级。

4. 硅灰

硅灰是指铁合金厂在冶炼硅铁合金或金属硅时，从烟尘中收集的一种飞灰。

15.1.4.2　掺合料的技术要求

1. 粉煤灰的技术要求

粉煤灰的技术要求应符合表 15-11 的规定。

粉煤灰的技术要求　　　表 15-11

项　　目		技术要求		
		Ⅰ级	Ⅱ级	Ⅲ级
细度 (45μm 方孔筛筛余)，不大于 (%)	F 类粉煤灰	12.0	25.0	45.0
	C 类粉煤灰			
需水量比，不大于 (%)	F 类粉煤灰	95	105	115
	C 类粉煤灰			
烧失量，不大于 (%)	F 类粉煤灰	5.0	8.0	15.0
	C 类粉煤灰			
含水量，不大于 (%)	F 类粉煤灰	1.0		
	C 类粉煤灰			
三氧化硫，不大于 (%)	F 类粉煤灰	3.0		
	C 类粉煤灰			
游离氧化钙，不大于 (%)	F 类粉煤灰	1.0		
	C 类粉煤灰	4.0		
安定性雷氏夹沸煮后增加距离，不大于 (mm)	C 类粉煤灰	5.0		
放射性	F 类粉煤灰	合格		
	C 类粉煤灰			
碱含量	F 类粉煤灰	由买卖双方协商确定		
	C 类粉煤灰			

2. 粒化高炉矿渣粉的技术要求

粒化高炉矿渣粉的技术要求应符合表 15-12 的规定。

粒化高炉矿渣粉的技术要求　　　表 15-12

项　　目			技术要求		
			S105	S95	S75
密度 (g/cm³)	≥		2.8		
比表面积 (m²/kg)	≥		500	400	300
活性指数 (%)	≥	7d	95	75	55
		28d	105	95	75
流动度比 (%)	≥		95		
含水量 (质量分数,%)	≤		1.0		
三氧化硫 (质量分数,%)	≤		4.0		
氯离子 (质量分数,%)	≤		0.06		
烧失量 (质量分数,%)	≤		3.0		
玻璃体含量 (质量分数,%)	≥		85		
放射性			合格		

3. 沸石粉的技术要求

沸石粉的技术要求应符合表 15-13 的规定。

沸石粉的技术要求　　　表 15-13

项　　目		技术要求		
		Ⅰ级	Ⅱ级	Ⅲ级
吸铵值 (mol/100g)	≥	130	100	90
细度 (80μm 筛筛余,%)	≤	4.0	10	15
需水量比 (%)	≤	125	120	120
28d 抗压强度比 (%)	≥	75	70	62

4. 硅灰的技术要求

硅灰的技术要求应符合表 15-14 的规定。

硅灰的技术要求　　　表 15-14

项　　目	指　　标
固含量 (液料)	按生产厂控制值的 ±2%
总碱量	≤1.5%
SiO₂ 含量	≥85.0%
氯含量	≤0.1%
含水率 (粉料)	≤3.0%
烧失量	≤4.0%
需水量比	≤125%
比表面积 (BET 法)	≥15m²/g
活性指数 (7d 快速法)	≥105%
放射性	$I_{ra} \leq 1.0$ 和 $I_r \leq 1.0$
抑制碱骨料反应性	14d 膨胀率降低值≥35%
抗氯离子渗透性	28d 电通量之比≤40%

注：1. 硅灰浆折算为固体含量按此表进行检验；
　　2. 抑制碱骨料反应性和抗氯离子渗透性为选择性试验项目，由供需双方协商决定。

15.1.4.3　掺合料的选用

1. 粉煤灰的选用

Ⅰ级粉煤灰允许用于后张预应力钢筋混凝土构件及跨度小于 6m 的先张预应力钢筋混凝土构件。

Ⅱ级粉煤灰主要用于普通钢筋混凝土和轻骨料钢筋混凝土。

Ⅲ级粉煤灰主要用于无筋混凝土和砂浆。

2. 粒化高炉矿渣粉的选用

S105 级粒化高炉矿渣粉主要用于高性能钢筋混凝土。

S95 级粒化高炉矿渣粉主要用于普通钢筋混凝土。

S75 级粒化高炉矿渣粉主要用于无筋混凝土和砂浆。

3. 沸石粉的选用

主要用于高性能混凝土，以降低新拌混凝土的泌水与离析，提高混凝土的密实性，改善混凝土的力学性能和耐久性能。

4. 硅灰的选用

主要用于高强混凝土，能显著提高混凝土的强度和耐久性能。

15.1.4.4 掺合料的质量控制

1. 粉煤灰验收

使用单位以连续供应的 200t 相同厂家、相同等级、相同种类的粉煤灰为一验收批。不足上述量者，应按验收批进行验收。

每验收批粉煤灰至少应进行细度、需水量比、含水量和雷氏法安定性（F 类粉煤灰可每季度测定一次）检验。当有要求时尚应进行其他项目检验。

2. 粒化高炉矿渣粉验收

使用单位以连续供应的 200t 相同厂家、相同等级、相同种类的粒化高炉矿渣粉为一验收批。不足上述量者，应按验收批进行验收。

每验收批粒化高炉矿渣粉至少应进行活性指数和流动度比检验。当有要求时尚应进行其他项目检验。

3. 沸石粉验收

使用单位以连续供应的 200t 相同厂家、相同等级、相同种类的沸石粉为一验收批。不足上述量者，应按验收批进行验收。

每验收批沸石粉至少应进行吸铵值、细度、活性指数和需水量比检验。当有要求时尚应进行其他项目检验。

4. 硅灰验收

使用单位以连续供应的 50t 相同厂家、相同等级、相同种类的硅灰为一验收批。不足上述量者，应按验收批进行验收。

每验收批硅灰至少应进行烧失量、活性指数和需水量比检验。当有要求时尚应进行其他项目检验。

5. 运输和贮存

掺合料在运输和贮存时不得受潮、混入杂物，应防止污染环境，并应标明掺合料种类及其厂名、等级等。

15.1.5 外 加 剂

在混凝土拌合过程中掺入，并能按要求改善混凝土性能，一般不超过水泥质量的 5%（特殊情况除外）的材料称为混凝土外加剂。

15.1.5.1 外加剂的分类

混凝土外加剂按其主要功能分为：

（1）改善混凝土拌合物流动性能的外加剂，包括各种减水剂、引气剂和泵送剂等。

（2）调节混凝土凝结时间、硬化性能的外加剂，包括缓凝剂、早强剂和速凝剂等。

（3）改善混凝土耐久性能的外加剂，包括引气剂、防水剂和阻锈剂等。

（4）改善混凝土其他性能的外加剂，包括加气剂、膨胀剂、防冻剂等。

15.1.5.2 外加剂的技术要求

1. 掺外加剂混凝土的性能指标

（1）减水率、泌水率比、含气量

掺外加剂混凝土的减水率、泌水率比、含气量指标应符合表 15-15 的规定。

掺外加剂混凝土的减水率、泌水率比、含气量指标

表 15-15

外加剂品种及代号		减水率（%），不小于	泌水率比（%），不大于	含气量（%）
高性能减水剂	早强型 HPWR-A	25	50	≤6.0
	标准型 HPWR-S	25	60	≤6.0
	缓凝型 HPWR-R	25	70	≤6.0
高效减水剂	标准型 HWR-S	14	90	≤3.0
	缓凝型 HWR-R	14	100	≤4.5
普通减水剂	早强型 WR-A	8	95	≤4.0
	标准型 WR-S	8	100	≤4.0
	缓凝型 WR-R	8	100	≤5.5

续表

外加剂品种及代号		减水率（%），不小于	泌水率比（%），不大于	含气量（%）
引气减水剂	AEWR	10	70	≥3.0
泵送剂	PA	12	70	≤5.5
早强剂	Ac	—	100	—
缓凝剂	Re	—	100	—
引气剂	AE	6	70	≥3.0

注：1. 减水率、泌水率比、含气量为推荐性指标；
　　2. 表中所列数据为掺外加剂混凝土与基准混凝土的差值或比值。

（2）凝结时间之差、1h 经时变化量

掺外加剂混凝土的凝结时间之差、1h 经时变化量指标应符合表 15-16 的规定。

掺外加剂混凝土的凝结时间之差、1h 经时变化量指标

表 15-16

外加剂品种及代号			凝结时间之差（min）		1h 经时变化量	
			初凝	终凝	坍落度（mm）	含气量（%）
高性能减水剂	早强型	HPWR-A	−90～+90		—	
	标准型	HPWR-S	−90～+120		≤80	
	缓凝型	HPWR-R	>+90		≤60	
高效减水剂	标准型	HWR-S	−90～+120			
	缓凝型	HWR-R	>+90			
普通减水剂	早强型	WR-A	−90～+90			
	标准型	WR-S	−90～+120			
	缓凝型	WR-R	>+90			
引气减水剂		AEWR	−90～+120			−1.5～+1.5
泵送剂		PA	—		≤80	
早强剂		Ac	−90～+90		—	
缓凝剂		Re	>+90		—	
引气剂		AE	−90～+120			−1.5～+1.5

注：1. 凝结时间之差、1h 经时变化量为推荐性指标；
　　2. 表中所列数据为掺外加剂混凝土与基准混凝土的差值或比值；
　　3. 凝结时间之差性能指标中的"−"号表示提前，"+"号表示延缓；
　　4. 1h 含气量经时变化指标中的"−"号表示含气量增加，"+"号表示含气量减少。

（3）抗压强度比、收缩率比

掺外加剂混凝土的抗压强度比、收缩率比指标应符合表 15-17 的规定。

掺外加剂混凝土的抗压强度比、收缩率比指标

表 15-17

外加剂品种及代号			抗压强度比（%），不小于				收缩率比（%），不大于
			1d	3d	7d	28d	28d
高性能减水剂	早强型	HPWR-A	180	170	145	130	110
	标准型	HPWR-S	170	160	150	140	110
	缓凝型	HPWR-R	—	—	140	130	110
高效减水剂	标准型	HWR-S	140	130	125	120	135
	缓凝型	HWR-R	—	—	125	120	135
普通减水剂	早强型	WR-A	135	130	110	100	135
	标准型	WR-S	—	115	115	110	135
	缓凝型	WR-R	—	—	110	110	135

续表

外加剂品种及代号		抗压强度比（%），不小于				收缩率比（%），不大于
		1d	3d	7d	28d	28d
引气减水剂	AEWR	—	115	110	100	135
泵送剂	PA	—	—	115	110	135
早强剂	AC	135	130	100	100	135
缓凝剂	Re	—	—	100	100	135
引气剂	AE	—	95	95	90	135

注：1. 抗压强度比、收缩率比为强制性指标；
　　2. 表中所列数据为掺外加剂混凝土与基准混凝土的差值或比值。

（4）相对耐久性

掺外加剂混凝土的相对耐久性指标应符合表 15-18 的规定。

掺外加剂混凝土的相对耐久性指标　表 15-18

外加剂品种及代号			相对耐久性（200 次，%），不小于
高性能减水剂	早强型	HPWR-A	—
	标准型	HPWR-S	—
	缓凝型	HPWR-R	—
高效减水剂	标准型	HWR-S	—
	缓凝型	HWR-R	—
普通减水剂	早强型	WR-A	—
	标准型	WR-S	—
	缓凝型	WR-R	—
引气减水剂		AEWR	80
泵送剂		PA	—
早强剂		AC	—
缓凝剂		Re	—
引气剂		AE	80

注：1. 相对耐久性为强制性指标；
　　2. 相对耐久性（200 次）性能指标中的"≥80"表示将 28d 龄期的受检混凝土试件快速冻融循环 200 次后，动弹性模量保留值≥80%。

2. 匀质性指标

匀质性指标应符合表 15-19 的规定。

匀质性指标　表 15-19

项　目	指　标
氯离子含量（%）	不超过生产厂控制值
总碱量（%）	不超过生产厂控制值
含固量（%）	$S>25\%$时，应控制在 $0.95s\sim1.05s$； $S\leqslant25\%$时，应控制在 $0.90s\sim1.10s$
含水率（%）	$W>5\%$时，应控制在 $0.90W\sim1.10W$； $W\leqslant5\%$时，应控制在 $0.80W\sim1.20W$
密度（g/cm³）	$D>1.1$时，应控制在 $D\pm0.03$； $D\leqslant1.1$时，应控制在 $D\pm0.02$
细度	应在生产厂控制范围内
pH 值	应在生产厂控制范围内
硫酸钠含量（%）	不超过生产厂控制值

注：1. 生产厂应在相关的技术资料中表示产品匀质性指标的控制值；
　　2. 对相同和不同批次之间的匀质性和等效性的其他要求，可由供需双方商定；
　　3. 表中的 S、W 和 D 分别为含固量、含水率和密度的生产厂控制值。

15.1.5.3　外加剂的选用

1. 高性能减水剂

高性能减水剂是国内外近年来开发的新型外加剂品种，目前主要为聚羧酸盐类产品。它使混凝土在减水、保坍、增强、收缩及环保等方面具有优良性能的系列减水剂。

高性能减水剂适用于各类预制和现浇钢筋混凝土、预应力钢筋混凝土工程，适用于超高强、清水、自密实等高性能混凝土。

2. 高效减水剂

高效减水剂具有较高的减水率，较低引气量，是我国使用量大、面广的外加剂品种。

高效减水剂适用于各类预制和现浇钢筋混凝土、预应力钢筋混凝土工程。适用于高强、中等强度混凝土，早强、浅度抗冻、大流动混凝土。

3. 普通减水剂

普通减水剂的主要成分为木质素磺酸盐，通常由亚硫酸盐法生产纸浆的副产品制得。具有一定的缓凝、减水和引气作用。

普通减水剂适用于各种现浇及预制（不经蒸养工艺）混凝土、钢筋混凝土及预应力混凝土，中低强度混凝土。适用于大模板施工、滑模施工及日最低气温+5℃以上混凝土施工。多用于大体积混凝土、泵送混凝土、有轻度缓凝要求的混凝土。不宜单独用于蒸养混凝土。

4. 引气剂及引气减水剂

引气剂是一种在搅拌过程中具有在砂浆或混凝土中引入大量、均匀分布的微气泡，而且在硬化后能保留在其中的一种外加剂。

引气减水剂是兼有引气和减水功能的外加剂，它是由引气剂与减水剂复合组成。

引气剂及引气减水剂适用于抗渗混凝土、抗冻混凝土、抗硫酸盐混凝土、贫混凝土、轻骨料混凝土以及对饰面有要求的混凝土，引气剂不宜用于蒸养混凝土及预应力混凝土。

5. 泵送剂

泵送剂是用于改善混凝土泵送性能的外加剂，它由减水剂、缓凝剂、引气剂、润滑剂等多种成分复合而成。

泵送剂适用于各种需要采用泵送工艺的混凝土。

6. 早强剂

早强剂是能加速水泥水化和硬化，促进混凝土早期强度增长的外加剂，可缩短混凝土养护龄期，加快施工进度，提高模板和场地周转率。

早强剂适用于蒸养混凝土及常温、低温和最低温度不低于一5℃环境中施工的有早强要求或防冻要求的混凝土工程。严禁用于饮水工程及与食品相接触的工程。

7. 缓凝剂

缓凝剂是可在较长时间内保持混凝土工作性，延缓混凝土凝结和硬化时间的外加剂。

缓凝剂适用于炎热气候条件下施工的混凝土、大体积混凝土，以及需长距离运输或较长时间停放的混凝土。不宜用于日最低气温5℃以下施工的混凝土，也不宜单独用于有早强要求的混凝土及蒸养混凝土。

15.1.5.4　外加剂的质量控制

1. 外加剂验收

使用单位以连续供应的 10t 相同厂家、相同等级、相同种类的外加剂为一验收批。不足上述量者，应按验收批进行验收。

每验收批外加剂至少应进行密度、减水率、含固量（含水率）和 pH 值检验。当有要求时尚应进行其他项目检验。

2. 运输和贮存

外加剂应按不同厂家、不同品种、不同等级分别存放，标识清晰。

液体外加剂应放置在阴凉干燥处，防止日晒、受冻、污染、进水和蒸发，如发现有沉淀等现象，需经性能检验合格后方可使用。

粉状外加剂应防止受潮结块，如发现有结块等现象，需经性能检验合格后方可使用。

15.1.6　拌合用水

一般符合国家标准的生活饮用水，可直接用于拌制、养护各种混凝土。其他来源的水使用前，应按有关标准进行检验后方可使用。

15.1.6.1　拌合用水的分类

拌合用水按其来源不同分为饮用水、地表水、地下水、再生

水、混凝土企业设备洗涮水和海水等。

15.1.6.2 拌合用水的技术要求

(1) 混凝土拌合用水水质要求应符合表 15-20 的规定。

混凝土拌合用水水质要求 表 15-20

项 目	预应力混凝土	钢筋混凝土	素混凝土
pH 值	≥5.0	≥4.5	≥4.5
不溶物 (mg/L)	≤2000	≤2000	≤5000
可溶物 (mg/L)	≤2000	≤5000	≤10000
氯化物 (以 CL^- 计, mg/L)	≤500	≤1000	≤3500
硫酸盐 (以 SO_4^{2-} 计, mg/L)	≤600	≤2000	≤2700
碱含量 (mg/L)	≤1500	≤1500	≤1500

注: 1. 对于设计使用年限为 100 年的结构混凝土, 氯离子含量不得超过 500mg/L;

2. 对使用钢丝或经热处理钢筋的预应力混凝土, 氯离子含量不得超过 350mg/L;

3. 碱含量按 $Na_2O + 0.658K_2O$ 计算值来表示。采用非碱活性骨料时, 可不检验碱含量。

(2) 地表水、地下水、再生水的放射性应符合现行国家标准《生活饮用水卫生标准》(GB 5749) 的规定。

(3) 被检验水样与饮用水样进行水泥凝结时间对比试验, 试验所得的水泥初凝时间差及终凝时间差均不应大于 30min。

(4) 被检验水样与饮用水样进行水泥胶砂强度对比试验, 被检验水样配制的水泥胶砂 3d 和 28d 强度不应低于饮用水配制的水泥胶砂 3d 和 28d 强度的 90%。

15.1.6.3 拌合用水的选用

(1) 符合国家标准的生活饮用水是最常使用的混凝土拌合用水, 可直接用于拌制各种混凝土。

(2) 地表水和地下水首次使用前, 应按有关标准进行检验后方可使用。

(3) 海水可用于拌制素混凝土, 但未经处理的海水严禁用于拌制钢筋混凝土、预应力混凝土。有饰面要求的混凝土也不应用海水拌制。

(4) 混凝土企业设备洗涮水不宜用于预应力混凝土、装饰混凝土、加气混凝土和暴露于腐蚀环境的混凝土; 不得用于使用碱活性或潜在碱活性骨料的混凝土。

15.1.6.4 拌合用水的质量管理

水质检验、水样取样、检验期限和频率应符合现行行业标准《混凝土用水标准》(JGJ 63) 的规定。

15.2 混凝土的配合比设计

15.2.1 普通混凝土配合比设计

普通混凝土配合比设计, 一般应根据混凝土强度等级及施工所要求的混凝土拌合物坍落度(维勃稠度)指标进行。如果混凝土还有其他技术指标, 除在计算和试配过程中予以考虑外, 尚应增加相应的试验项目, 进行试验确认。

15.2.1.1 普通混凝土配合比设计依据

(1) 混凝土拌合物工作性能, 如坍落度、扩展度、维勃稠度等;

(2) 混凝土力学性能, 如抗压强度、抗折强度等;

(3) 混凝土耐久性能, 如抗渗、抗冻、抗侵蚀等。

15.2.1.2 普通混凝土配合比设计步骤

1. 普通混凝土配合比计算

(1) 计算混凝土配制强度

1) 当混凝土的设计强度等级小于 C60 时, 配制强度应按下式计算:

$$f_{cu,0} \geqslant f_{cu,k} + 1.645\sigma \tag{15-1}$$

式中 $f_{cu,0}$ ——混凝土配制强度 (MPa);

$f_{cu,k}$ ——混凝土立方体抗压强度标准值 (MPa);

σ ——混凝土强度标准差 (MPa)。

σ 的取值, 当具有近 1~3 个月的同一品种、同一强度等级混凝土的强度资料时, 其混凝土强度标准差 σ 应按下式求得:

$$\sigma = \sqrt{\frac{\sum_{i=1}^{n} f_{cu,i}^2 - nm_{f_{cu}}^2}{n-1}} \tag{15-2}$$

式中 $f_{cu,i}$ ——统计周期内同一品种混凝土第 i 组试件的强度值 (MPa);

$m_{f_{cu}}$ ——统计周期内同一品种混凝土 n 组试件强度平均值 (MPa);

n ——统计周期内同一品种混凝土试件总组数, $n \geqslant 30$。

对强度等级不大于 C30 的混凝土: 当 σ 计算值不小于 3.0MPa 时, 应按照计算结果取值; 当 σ 计算值小于 3.0MPa 时, σ 应取 3.0MPa。对于强度等级大于 C30 且小于 C60 的混凝土: 当 σ 计算值不小于 4.0MPa 时, 应按照计算结果取值; 当 σ 计算值小于 4.0MPa 时, σ 应取 4.0MPa。

当没有近期的同一品种、同一强度等级混凝土强度统计资料时, 其强度标准差 σ 可按表 15-21 取值。

强度标准差 σ 取值表 表 15-21

混凝土强度等级	≤C20	C25~C45	C50~C55
σ (MPa)	4.0	5.0	6.0

注: 在采用本表时, 施工单位可根据实际情况, 对 σ 值作适当调整。

2) 当混凝土的设计强度等级大于或等于 C60 时, 配制强度应按下式计算:

$$f_{cu,0} \geqslant 1.15 f_{cu,k} \tag{15-3}$$

(2) 计算出所要求的水胶比值

当混凝土强度等级不大于 C60, 混凝土水胶比宜按下式计算:

$$\frac{W}{B} = \frac{\alpha_a \cdot f_b}{f_{cu,0} + \alpha_a \cdot \alpha_b \cdot f_b} \tag{15-4}$$

式中 α_a、α_b ——回归系数, 取值应符合表 15-23 的规定;

W/B ——水胶比;

$f_{cu,0}$ ——混凝土配制强度 (MPa);

f_b ——胶凝材料(水泥与矿物掺合料按使用比例混合) 28d 胶砂强度 (MPa), 试验方法应按现行国家标准《水泥胶砂强度检验方法 (ISO 法)》(GB/T 17671) 执行; 当无实测值时, 可按下列规定确定:

①根据 3d 胶砂强度或快测强度推定 28d 胶砂强度关系式推定 f_b 值;

②当矿物掺合料为粉煤灰和粒化高炉矿渣粉时, 可按下式推算 f_b 值:

$$f_b = \gamma_f \cdot \gamma_s \cdot f_{ce} \tag{15-5}$$

式中 γ_f、γ_s ——粉煤灰影响系数和粒化高炉矿渣粉影响系数, 可按表 15-22 选用;

f_{ce} ——28d 胶砂抗压强度 (MPa), 可实测, 也可按式 (15-6) 确定。

粉煤灰影响系数 γ_f 和粒化高炉矿渣粉影响系数 γ_s 表 15-22

掺量 (%)	粉煤灰影响系数 γ_f	粒化高炉矿渣粉影响系数 γ_s
0	1.00	1.00
10	0.85~0.95	1.00
20	0.75~0.85	0.95~1.00
30	0.65~0.75	0.90~1.00
40	0.55~0.65	0.80~0.90
50	—	0.70~0.85

注: 1. 采用 I 级、II 级粉煤灰宜取上限值;

2. 采用 S75 级粒化高炉矿渣粉宜取下限值, 采用 S95 级粒化高炉矿渣粉宜取上限值, 采用 S105 级粒化高炉矿渣粉可取上限值加 0.05;

3. 当超出表中的掺量时, 粉煤灰和粒化高炉矿渣粉影响系数应经试验确定。

1) 回归系数 α_a、α_b 应根据工程所用的水泥、骨料，通过试验由建立的水灰比与混凝土强度关系式确定；若不具备上述试验统计资料时，其回归系数可按表 15-23 选用。

回归系数 α_a、α_b 选用表 表 15-23

粗骨料品种	碎石	卵石
α_a	0.53	0.49
α_b	0.20	0.13

2) 当无水泥 28d 胶砂抗压强度实测值时，式 (15-3) 中 f_{ce} 值可按下式确定：

$$f_{ce} = \gamma_c \cdot f_{ce,g} \qquad (15\text{-}6)$$

式中 γ_c ——水泥强度等级值的富余系数，可按实际统计资料确定；

$f_{ce,g}$ ——水泥强度等级值 (MPa)。

3) f_{ce} 值也可根据 3d 强度或快速强度推定 28d 强度关系式推定得出。

4) 计算所得的混凝土的最大水灰比应符合现行国家标准《混凝土结构设计规范》(GB 50010) 的规定。混凝土的最小胶凝材料用量应符合表 15-24 的规定，配制 C15 及其以下强度等级的混凝土，可不受限制。

混凝土的最小胶凝材料用量 表 15-24

最大水胶比	最小胶凝材料用量 (kg/m³)		
	素混凝土	钢筋混凝土	预应力混凝土
0.60	250	280	300
0.55	280	300	300
0.50		320	
≤0.45		330	

(3) 选取每立方米混凝土的用水量

1) 干硬性和塑性混凝土用水量的确定

① 当水灰比在 0.40～0.80 范围内时，根据粗骨料的品种、粒径及施工要求的混凝土拌合物稠度，其用水量可按表 15-25、表 15-26 取用。

干硬性混凝土的用水量 (kg/m³) 表 15-25

拌合物稠度		卵石最大粒径 (mm)			碎石最大粒径 (mm)		
项目	指标	10.0	20.0	40.0	16.0	20.0	40.0
维勃稠度 (s)	16～20	175	160	145	180	170	155
	11～15	180	165	150	185	175	160
	5～10	185	170	155	190	180	165

塑性混凝土的用水量 (kg/m³) 表 15-26

拌合物稠度		卵石最大粒径 (mm)				碎石最大粒径 (mm)			
项目	指标	10.0	20.0	31.5	40.0	16.0	20.0	31.5	40.0
坍落度 (mm)	10～30	190	170	160	150	200	185	175	165
	35～50	200	180	170	160	210	195	185	175
坍落度 (mm)	55～70	210	190	180	170	220	205	195	185
	75～90	215	195	185	175	230	215	205	195

注：1. 本表用水量系采用中砂时的平均取值。如采用细砂时，每立方米混凝土用水量可增加 5～10kg；如采用粗砂时，则可减少 5～10kg；

2. 掺用各种外加剂或掺合料时，用水量应相应调整。

② 当水灰比小于 0.40 的混凝土或采用特殊成型工艺的混凝土用水量应通过试验确定。

2) 流动性和大流动性混凝土的用水量的确定

① 以表 15-25 中坍落度为 90mm 的用水量为基础，按坍落度每增大 20mm 用水量增加 5kg，计算出未掺外加剂时的混凝土的用水量。

② 掺外加剂时的混凝土用水量可用下式计算：

$$w_{wa} = m_{w0}(1-\beta) \qquad (15\text{-}7)$$

式中 w_{wa} ——掺外加剂混凝土每立方米混凝土的用水量 (kg)；

m_{w0} ——未掺外加剂混凝土每立方米混凝土的用水量 (kg)；

β ——外加剂的减水率 (%)，经试验确定。

(4) 计算每立方米混凝土的水泥用量

每立方米混凝土的水泥用量可按下式计算：

$$m_{c0} = \frac{c}{w} \times m_0 = \frac{1}{c/B} \times m_0 \qquad (15\text{-}8)$$

所计算的水泥用量应符合表 15-24 所规定的最小水泥用量。混凝土的最大水泥用量不宜大于 550kg/m³。

(5) 选取混凝土砂率

1) 混凝土坍落度为 10～60mm 混凝土砂率，可根据粗骨料品种、粒径及水灰比按表 15-27 选取。

混凝土的砂率 (%) 表 15-27

水灰比 W/B	卵石最大粒径 (mm)			碎石最大粒径 (mm)		
	10	20	40	16	20	40
0.40	26～32	25～31	24～30	30～35	29～34	27～32
0.50	30～35	29～34	28～33	33～38	32～37	30～35
0.60	33～38	32～37	31～36	36～41	35～40	33～38
0.70	36～41	35～40	34～39	39～44	38～43	36～41

注：1. 本表数值系中砂的选用砂率，对细砂或粗砂，可相应地减少或增大砂率；

2. 只用一个单粒级粗骨料配制混凝土时，砂率应适当增大；

3. 对薄壁构件，砂率取偏大值；

4. 本表中的砂率系指砂与骨料总量的质量比。

2) 坍落度大于 60mm 的混凝土砂率，可经试验确定，也可在表 15-26 的基础上，按坍落度每增大 20mm，砂率增大 1% 的幅度予以调整。

3) 坍落度小于 10mm 的混凝土，其砂率应经试验确定。

(6) 计算粗、细骨料的用量

在已知混凝土用水量、水泥用量和砂率的情况下，按体积法或重量法求出粗、细骨料的用量，从而得出混凝土的初步配合比。

1) 体积法又称绝对体积法。这个方法是假定混凝土组成材料绝对体积的总和等于混凝土的体积，因而得到下列方程式，并解之。

$$\frac{m_{c0}}{\rho_c} + \frac{m_{g0}}{\rho_g} + \frac{m_{s0}}{\rho_s} + \frac{m_{w0}}{\rho_w} + 0.01\alpha = 1 \qquad (15\text{-}9)$$

$$m_{s0}/(m_{g0} + m_{s0}) \times 100\% = \beta_s \qquad (15\text{-}10)$$

式中 m_{c0} ——每立方米混凝土的水泥用量 (kg)；

m_{g0} ——每立方米混凝土的粗骨料用量 (kg)；

m_{s0} ——每立方米混凝土的细骨料用量 (kg)；

m_{w0} ——每立方米混凝土的用水量 (kg)；

ρ_c ——水泥密度 (kg/m³)，可取 2900～3100kg/m³；

ρ_g ——粗骨料的表观密度 (kg/m³)；

ρ_s ——细骨料的表观密度 (kg/m³)；

ρ_w ——水的密度 (kg/m³)，可取 1000；

α ——混凝土的含气百分数在不使用引气剂外加剂时，α 可取为 1；

β_s ——砂率 (%)。

在上述关系式中，ρ_g 和 ρ_s 应按现行行业标准《普通混凝土用砂、石质量及检验方法标准》(JGJ 52) 所规定的方法测得。

2) 重量法又称为假定重量法。这种方法是假定混凝土拌合物的重量为已知，从而，可求出单位体积混凝土的骨料总用量 (重量)，进而分别求出粗、细骨料的重量，得出混凝土的配合比。

$$m_{c0} + m_{s0} + m_{g0} + m_{w0} = m_{cp} \qquad (15-11)$$

$$m_{s0} / (m_{g0} + m_{s0}) \times 100\% = \beta_s \qquad (15-12)$$

式中　m_{cp}——每立方米混凝土拌合物的假定重量（kg），其值可取 2350～2450kg。

2. 普通混凝土配合比的试配

按照工程中实际使用的材料和搅拌方法，根据计算出的配合比进行试拌。混凝土试拌的数量不应少于表 15-28 所规定的数值，如需要进行抗冻、抗渗或其他项目试验，应根据实际需要计算用量。采用机械搅拌时，拌合量应不少于该搅拌机额定搅拌量的四分之一。

如果试拌的混凝土坍落度或维勃稠度不能满足要求，或黏聚性和保水性不好时，应在保证水灰比不变条件下相应调整用水量或砂率，直至符合要求为止。然后提出供检验混凝土强度用的基准配合比。混凝土强度试块的边长，应符合表 15-29 的规定。

混凝土试配的最小搅拌量　表 15-28

骨料最大粒径（mm）	拌合物数量（L）
31.5 及以下	20
40.0	25

混凝土立方体试块边长　表 15-29

骨料最大粒径（mm）	试块边长（mm）
≤30	100×100×100
≤40	150×150×150
≤60	200×200×200

制作混凝土强度试块时，至少应采用三个不同的配合比，其中一个是按上述方法得出的基准配合比，另外两个配合比的水灰比，应较基准配合比分别增加和减少 0.05，其用水量应该与基准配合比相同，砂率可分别增加和减少 1%。

当不同水灰比的混凝土拌合物坍落度与要求值的差超过允许偏差时，可通过增、减用水量进行调整。

制作混凝土强度试件时，尚需试验混凝土的坍落度或维勃稠度、黏聚性、保水性及混凝土拌合物的表观密度，作为代表这一配合比的混凝土拌合物的各项基本性能。

每种配合比应至少制作一组（3块）试件，标准养护到 28d 时进行试压；有条件的单位也可同时制作多组试件，供快速检验或较早龄期的试压，以便提前定出混凝土配合比供施工使用。但以后仍必须以标准养护到 28d 的检验结果为依据调整配合比。

3. 普通混凝土配合比的调整和确定

经过试配以后，便可按照所得的结果确定混凝土的施工配合比。由试验得出的混凝土强度与其相对应的灰水比（C/W）关系，用作图法或计算法求出与混凝土配制强度（$f_{cu,0}$）相对应的灰水比，并应按下列原则确定每立方米混凝土的材料用量：

（1）用水量（m_w）应在基准配合比用水量的基础上，根据制作强度试件时测得的坍落度或维勃稠度进行调整确定；

（2）水泥用量（m_c）应以用水量乘以选定出来的灰水比计算确定；

（3）粗骨料和细骨料用量（m_g 和 m_s）应在基准配合比的粗骨料和细骨料用量的基础上，按选定的灰水比进行调整后确定。

经试配确定配合比后，尚应按下列步骤进行校正：

（1）根据上述方法确定的材料用量计算混凝土的表观密度计算值 $\rho_{c,c}$：

$$\rho_{c,c} = m_c + m_s + m_g + m \qquad (15-13)$$

（2）计算混凝土配合比校正系数 δ：

$$\delta = \rho_{c,t} / \rho_{c,c} \qquad (15-14)$$

式中　$\rho_{c,c}$——混凝土表观密度计算值（kg/m³）；

$\rho_{c,t}$——混凝土表观密度实测值（kg/m³）。

（3）当混凝土表观密度实测值与计算值之差的绝对值不超过计算值的 2% 时，计算调整后的材料用量确定的配合比即为确定的设计配合比；当二者之差超过 2% 时，应将配合比中每项材料用量均乘以校正系数 δ，即为确定的设计配合比。

（4）设计配合比是以干燥状态骨料为基准，而实际工程使用的骨料都含有一定的水分，故必须进行修正，修正后的配合比称为施工配合比。

15.2.2　有特殊要求的混凝土配合比设计

15.2.2.1　抗渗混凝土

（1）抗渗混凝土所用原材料应符合下列规定：

1）水泥宜采用普通硅酸盐水泥；

2）粗骨料宜采用连续级配，其最大粒径不宜大于 40mm，含泥量不得大于 1.0%，泥块含量不得大于 0.5%；

3）细骨料宜采用中砂，含泥量不得大于 3.0%，泥块含量不得大于 1.0%；

4）抗渗混凝土宜掺用外加剂和矿物掺合料；粉煤灰应采用 F 类，并不应低于 Ⅱ 级。

（2）抗渗混凝土配合比的计算方法和试配步骤除应遵守现行行业标准《普通混凝土配合比设计规程》（JGJ 55）的规定外，尚应符合下列规定：

1）每立方米混凝土中的水泥和矿物掺合料总量不宜小于 320kg；

2）砂率宜为 35%～45%；

3）最大水灰比应符合表 15-30 的规定。

抗渗混凝土最大水灰比　表 15-30

抗渗等级	最大水灰比	
	C20～C30 混凝土	C30 以上混凝土
P6	0.60	0.55
P8～P12	0.55	0.50
>P12	0.50	0.45

4）掺用引气剂的抗渗混凝土，其含气量宜控制在 3.0%～5.0%。

（3）进行抗渗混凝土配合比设计时，尚应增加抗渗性能试验，并应符合下列规定：

1）试配要求的抗渗水压值应比设计值提高 0.2MPa；

2）试配时，宜采用水灰比最大的配合比作抗渗试验，其试验结果应符合下式要求：

$$P_t \geq P/10 + 0.2 \qquad (15-15)$$

式中　P_t——6 个试件中 4 个未出现渗水时的最大水压值（MPa）；

P——设计要求的抗渗等级值。

3）掺引气剂的混凝土还应进行含气量试验，含气量宜控制在 3.0%～5.0%。

15.2.2.2　抗冻混凝土

（1）抗冻混凝土所用原材料应符合下列规定：

1）应选用硅酸盐水泥或普通硅酸盐水泥；

2）宜选用连续级配的粗骨料，其含泥量不得大于 1.0%，泥块含量不得大于 0.5%；

3）细骨料含泥量不得大于 3.0%，泥块含量不得大于 1.0%；

4）粗骨料和细骨料均应进行坚固性试验，并应符合现行行业标准《普通混凝土用砂、石质量及检验方法标准》（JGJ 52）的规定；

5）钢筋混凝土和预应力混凝土不应掺用含有氯盐的外加剂；

6）抗冻混凝土宜掺用引气剂，掺用引气剂的混凝土最小含气量应符合表 15-31 的规定。

掺引气型外加剂混凝土含气量限值　表 15-31

粗骨料最大公称粒径（mm）	混凝土含气量限值（%）
10	7.0
15	6.0
20	5.5
25	5.0
40	4.5

（2）抗冻混凝土配合比的计算方法和试配步骤除应遵守现行行业标准《普通混凝土配合比设计规程》（JGJ 55）的规定外，供试配用的最大水胶比和最小胶凝材料用量应符合表 15-32 的规定。

抗冻混凝土的最大水胶比和最小胶凝材料用量　表 15-32

设计抗冻等级	最大水胶比		最小胶凝材料用量
	无引气剂时	掺引气剂时	
F50	0.55	0.60	300
F100	0.50	0.55	320
不低于 F150	—	0.50	350

（3）复合矿物掺合料掺量应符合表 15-33 的规定。

抗冻混凝土中复合矿物掺合料掺量限值　表 15-33

矿物掺合料种类	水胶比	对应不同水泥品种的矿物掺合料掺量	
		硅酸盐水泥（%）	普通硅酸盐水泥（%）
复合矿物掺合料	≤0.40	≤60	≤50
	>0.40	≤50	≤40

注：1. 采用硅酸盐水泥和普通硅酸盐水泥之外的通用硅酸盐水泥时，混凝土中水泥混合材和复合矿物掺合料用量之和不大于普通硅酸盐水泥（混合材掺量按 20% 计）混凝土中水泥混合材和复合矿物掺合料用量之和；
2. 复合矿物掺合料中各矿物掺合料组分的掺量不宜超过表中单掺时的限量。

15.2.2.3　高强混凝土

（1）配制高强混凝土所用原材料应符合下列规定：

1）应选用质量稳定、强度等级不低于 42.5 级的硅酸盐水泥或普通硅酸盐水泥；

2）粗骨料的最大粒径不宜大于 25mm，针片状颗粒含量不宜大于 5.0%；含泥量不应大于 0.5%，泥块含量不宜大于 0.2%；

3）细骨料的细度模数宜为 2.6～3.0，含泥量不应大于 2.0%，泥块含量不应大于 5.0%；

4）宜采用不小于 25% 的高性能减水剂；

5）宜复合掺用粒化高炉矿渣、粉煤灰和硅灰等矿物掺合料；粉煤灰应采用 F 类，并不应低于 Ⅱ 级；强度等级不低于 C80 的高强混凝土宜掺用硅灰。

（2）高强混凝土配合比应经试验确定。在缺乏试验依据的情况下，高强混凝土配合比设计宜符合下列要求：

1）水胶比、胶凝材料用量和砂率可按表 15-34 选取，并应经试配确定；

高强混凝土水胶比、胶凝材料用量和砂率
表 15-34

强度等级	水胶比	胶凝材料用量（kg/m³）	砂率（%）
>C60，<C80	0.28～0.33	480～560	
≥C80，<C100	0.26～0.28	520～580	35～42
C100	0.24～0.26	550～600	

2）外加剂和矿物掺合料的品种、掺量，应通过试配确定；矿物掺合料掺量宜为 25%～40%；硅灰掺量不宜大于 10%；

3）水泥用量不宜大于 500kg/m³。

（3）在试配过程中，应采用三个不同的配合比进行混凝土强度试验，其中一个可为依据表 15-33 计算后调整拌合物的试拌配合比，另外两个配合比的水胶比，宜较试拌配合比分别增加和减少 0.02。

（4）高强混凝土设计配合比确定后，尚应用该配合比进行不少于三盘混凝土的重复试验，每盘混凝土应至少成型一组试件，每组混凝土的抗压强度不应低于配制强度。

（5）高强混凝土抗压强度宜采用标准试件通过试验测定；使用非标准尺寸试件时，尺寸折算系数应由试验确定。

15.2.2.4　泵送混凝土

（1）泵送混凝土所采用的原材料应符合下列规定：

1）泵送混凝土宜选用硅酸盐水泥、普通硅酸盐水泥、矿渣硅酸盐水泥和粉煤灰硅酸盐水泥；

2）粗骨料宜采用连续级配，其针片状颗粒含量不宜大于 10%；粗骨料的最大粒径与输送管径之比宜符合表 15-35 的规定；

粗骨料的最大粒径与输送管径之比　表 15-35

石子品种	泵送高度（m）	粗骨料最大粒径与输送管径比
碎石	<50	≤1:3.0
	50～100	≤1:4.0
	>100	≤1:5.0
卵石	<50	≤1:2.5
	50～100	≤1:3.0
	>100	≤1:4.0

3）泵送混凝土宜采用中砂，其通过公称直径 315μm 筛孔的颗粒含量不应少于 15%；

4）泵送混凝土应掺用泵送剂或减水剂，并宜掺用粉煤灰或其他活性矿物掺合料。

（2）泵送混凝土配合比设计：

泵送混凝土配合比设计应根据混凝土原材料、混凝土运输距离、混凝土泵与混凝土输送管径、泵送距离、气温等具体施工条件试配。必要时，应通过试泵送确定泵送混凝土的配合比。

泵送混凝土试配时要求的坍落度值按下式计算：

可按现行行业标准《混凝土泵送施工技术规程》（JGJ/T 10）的规定选用。

$$T_t = T_p + \Delta T \tag{15-16}$$

式中　T_t——试配时要求的坍落度值；

T_p——入泵时要求的坍落度值；

ΔT——试验测得在预计时间内的坍落度经时损失值。

对不同泵送高度，入泵时混凝土的坍落度，也可按表 15-36 选用。

混凝土入泵坍落度与泵送高度关系　表 15-36

最大泵送高度（m）	50	100	200	400	400 以上
入泵坍落度（mm）	100～140	150～180	190～220	230～260	—
入泵扩展度（mm）	—	—	—	450～590	600～740

混凝土入泵时的坍落度允许误差应符合表 15-37 的规定。

混凝土坍落度允许误差　表 15-37

坍落度（mm）	坍落度允许误差（mm）
100～160	±20
>160	±30

混凝土经时坍落度损失值可按表 15-38 选用。

混凝土经时坍落度损失值　表 15-38

大气温度（℃）	10～20	20～30	30～35
混凝土经时坍落度损失（mm）	5～25	25～35	35～50

注：掺粉煤灰与其他外加剂时，混凝土经时坍落度损失可根据施工经验确定。无施工经验时，应通过试验确定。

（3）泵送混凝土配合比的计算方法和步骤除应遵守现行行业标准《普通混凝土配合比设计规程》（JGJ 55）的规定外，尚应符合下列规定：

1）泵送混凝土的用水量与水泥与矿物掺合料的总量之比不宜大于 0.60；

2) 泵送混凝土的水泥与矿物掺合料的总量不宜小于 300kg/m³;

3) 泵送混凝土的砂率宜为 35%～45%;

4) 掺用引气型外加剂时,其混凝土含气量不宜大于 4%;

5) 掺粉煤灰的泵送混凝土配合比设计,必须经过试配确定,并应符合国家现行标准的有关规定。

15.2.2.5 大体积混凝土

(1) 大体积混凝土所用原材料应符合下列规定:

1) 水泥应选用中、低热硅酸盐水泥或低热矿渣硅酸盐水泥,水泥 3d 的水化热不宜大于 240kJ/kg,7d 的水化热不宜大于 270kJ/kg。水化热试验方法应按国家现行标准《水泥水化热测定方法》(GB/T 12959)执行。

2) 细骨料宜采用中砂,其细度模数宜采用中砂,含泥量不应大于 3.0%。

3) 粗骨料宜选用连续级配,最大公称粒径不宜小于 31.5mm,含泥量不应大于 1%。

4) 大体积混凝土宜矿物掺合料和缓凝型减水剂。

(2) 大体积混凝土的配合比设计:

大体积混凝土配合比的计算方法和步骤除应遵守现行行业标准《普通混凝土配合比设计规程》(JGJ 55)的规定外,尚应符合下列规定:

1) 当设计采用混凝土 60d 或 90d 龄期强度时,宜采用标准试件进行抗压强度试验。

2) 水胶比不宜大于 0.55,用水量不宜大于 175kg/m³。

3) 在保证混凝土性能要求的前提下,宜提高每立方米混凝土中的粗骨料用量;砂率宜为 38%～42%。

4) 在保证混凝土性能要求的前提下,应减少胶凝材料中的水泥用量,提高矿物掺合料掺量,混凝土中矿物掺合料掺量应符合相关的规定。

5) 在配合比试配和调整时,控制混凝土绝热温升不宜大于 50℃。

6) 配合比应满足施工对混凝土拌合物泌水的要求。

7) 粉煤灰掺量不宜超过胶凝材料用量的 40%;矿粉的掺量不宜超过胶凝材料用量的 50%;粉煤灰和矿粉掺合料的总量不宜大于混凝土中胶凝材料用量的 50%。

(3) 大体积混凝土在制备前,应进行常规配合比试验,并应进行水化热、泌水率、可泵性等对大体积混凝土控制裂缝所需的技术参数的试验;必要时其配合比设计应当通过试泵送。

(4) 在确定混凝土配合比时,应根据混凝土的绝热温升、温控施工方案的要求等,提出混凝土制备时粗细骨料和拌合用水及入模温度控制的技术措施。

15.3 混 凝 土 搅 拌

15.3.1 常用搅拌机的分类

常用的混凝土搅拌机按其搅拌原理主要分为强制式搅拌机和自落式搅拌机两类。

1. 强制式搅拌机

强制式搅拌机的搅拌鼓筒内有若干组叶片,搅拌时叶片绕竖轴或卧轴旋转,将各种材料强行搅拌,真正搅拌均匀。这种搅拌机适用于搅拌干硬性混凝土、流动性混凝土和轻骨料混凝土等,具有搅拌质量好、搅拌速度快、生产效率高、操作简便及安全可靠等优点。

2. 自落式搅拌机

自落式搅拌机的搅拌鼓筒是垂直放置的。随着鼓筒的转动,混凝土拌合料在鼓筒内做自由落体式翻转搅拌,从而达到搅拌的目的。这种搅拌机适用于搅拌塑性混凝土和低流动性混凝土,搅拌质量、搅拌速度等与强制式搅拌机比相对要差一些。

15.3.2 常用搅拌机的技术性能

常用混凝土搅拌机的主要技术性能见表 15-39～表 15-43。

锥形反转出混凝土搅拌机的主要技术性能　　表 15-39

型　号	单位	JZY150	JZC200	JZC350	JZ500	JZ750
额定出料容量	L	150	200	350	500	750
额定进料容量	L	240	200	350	500	1200
每小时工作循环	次数	>30	>40	>40		
拌筒转速	r/min	18	16.3	14.5	16	13
最大骨料粒径	mm	60	60	60	80	80
生产能力	m³/h	4.5～6	6～8	12～14	18～20	22.5
搅拌电动机型号		JO2-41-2	Y112M-4	Y132S-4-B3	Y132S-4bB5	Y132M-4B5
搅拌电动机功率	kW	4	4	5.5	5.5×2	7.5×2
搅拌电动机转速	r/min	1400	1440	1440		1440
提升电动机型号					YEZ32-4	ZD₁-41-4
提升电动机功率	kW				4.5	7.5
提升电动机转速	r/min					1400

锥形倾翻出料混凝土搅拌机的主要技术性能　　表 15-40

型　号	单位	JF750	JF1000	JF1500	JF3000
额定出料容量	L	750	1000	1500	3000
额定进料容量	L	1200	1600	2400	4800
搅拌筒转速	r/min	16	14	13	10.5
搅拌时额定功率	kW	5.5×2	7.5×2	7.5×2	17×2
工作时倾角	(°)	15	15	15	15
倾料时倾角	(°)	55	55	55	55
搅拌最少时间	s/次	60～90	60～90	60～90	60～90
骨料最大粒径	mm	80	120	150	250
搅拌筒叶片数	片	4	3	3	3
动力传递方式		行星摆线针轮减速器(速比1:7)			
电控气动倾翻机构 工作气压 (MPa)			0.5～0.7	0.7	0.7
电控气动倾翻机构 耗气 (L/次)			106	137	449
电控气动倾翻机构 气管直径 (mm)			12	12	25

立轴涡桨式混凝土搅拌机的主要技术性能　　表 15-41

型　号	单位	JW250	JW250R	JW350	JW500	JW1000
额定出料容量	L	250	250	350	500	1000
额定进料容量	L	400	400	560	800	1000
搅拌叶片转速	r/min	36	32	32	28.5	20
搅拌时间	s/次	72	72	90	90	120
碎石最大粒径	mm	40	40	40	40	60
卵石最大粒径	mm	60	60	60	80	60
生产率	m³/h	10～12	12.5	14～21	20～25	40
搅拌电动机 型号		Y160L-4	290B柴油机	JO3-1801M-4	Y225M-6	JO3-280S-8
搅拌电动机 功率	kW	15	13.2	22	30	55
搅拌电动机 转速	r/min	1460	1800	1460	980	970
水箱容量 (L)		50	42		20～120	20～190
液压泵电动机 型号			JW6324			
液压泵电动机 功率	kW				0.25	0.25
液压泵电动机 转速	r/min				137	

单卧轴式混凝土搅拌机的主要技术性能　表 15-42

型　号	单位	JD150 I	JD250 II	JD200	JD250	JD350
额定出料容量	L	150	150	200	250	350
额定进料容量	L	240	240	300	400	560
搅拌时间	s/次		30	35～50	30～45	
碎石最大粒径	mm	40	40	40	40	40
卵石最大粒径	mm	60	60	60	80	60
搅拌轴转速	r/min	43.7	38.6	36.3	30	29.2
料斗提升速度	m/s		0.34	0.3		0.27
生产率	m³/h	7.5～9	7.5～9	10～14	12～15	17～21
搅拌电动机 型号		Y132-4	Y132S-4	Y132M-4	Y132M-4	Y160H
搅拌电动机 功率	kW	5.5		7.5	11	15
搅拌电动机 转速	r/min			1500	1460	1450

双卧轴强制式混凝土搅拌机的主要技术性能　表 15-43

型　号	单位	JS350	JS500	JS500B	JS1000	JS1500
额定出料容量	L	350	500	500	1000	1500
额定进料容量	L	560	800	800	1600	2400
搅拌时间	s/次	30～50	35～45			
碎石最大粒径	mm	40	60	60	60	60
卵石最大粒径	mm	60	80	80	80	80
搅拌轴转速	r/min	36	35.4	33.7	24.3	22.5
料斗提升速度	m/s	19	19	18		
生产率	m³/h	14～21	25～35	20～24	50～60	70～90
搅拌电动机 型号		Y160L-4-B5	Y180-4-B3	JO2-62-4	XWD37-11	
搅拌电动机 功率	kW	15	18.5	17	37	44
搅拌电动机 转速	r/min	1460	1450	1460		

15.3.3　混凝土搅拌站制备混凝土

固定式搅拌站，供应一定范围内的分散工地所需要的混凝土。砂、石、水泥、水、掺合料、外加剂都能自动控制称量、自动下料，组成一条联动线。操作简便，称量准确。本装置设有水泥贮存罐和螺旋输送器，散装和袋装水泥均可使用。其不足之处是砂、石堆放还需辅以铲车送料。

这种搅拌站，自动化程度高，可减轻工人的劳动强度，改善劳动条件，提高生产效率，投资不大，可满足一般现场和预制构件厂的需要。

15.3.4　现场搅拌机制备混凝土

移动式搅拌站，具有占地面积小、投资省、转移灵活等特点，适用于工程分散、工期短、混凝土量不大的施工现场。

15.3.5　混凝土搅拌的技术要求

(1) 混凝土原材料按重量计的允许累计偏差，不得超过下列规定：

1) 水泥、外掺料±1%；

2) 粗细骨料±2%；

3) 水、外加剂±1%。

(2) 混凝土搅拌时间：

搅拌时间是影响混凝土质量及搅拌机生产效率的重要因素之一。不同搅拌机类型及不同稠度的混凝土拌合物有不同搅拌时间。混凝土搅拌时间可按表 15-44 采用。

混凝土搅拌的最短时间（s）　表 15-44

混凝土坍落度（mm）	搅拌机机型	搅拌机出料量（L）		
		<250	250～500	>500
≤40	强制式	60	90	120
>40 且<100	强制式	60	60	90
≥100	强制式	60		

注：1. 混凝土搅拌的最短时间系指全部材料装入搅拌筒中起，到开始出料止的时间；

2. 当掺有外加剂与矿物掺合料时，搅拌时间应当延长；

3. 当采用其他形式的搅拌设备时，搅拌的最短时间应按设备说明书的规定或经试验确定；

4. 采用自落式搅拌机时，搅拌时间宜延长 30s。

(3) 混凝土原材料投料顺序：

投料顺序应从提高混凝土搅拌质量，减少叶片、衬板的磨损，减少拌合物与搅拌筒的粘结，减少水泥飞扬，改善工作环境，提高混凝土强度，节约水泥方面综合考虑确定。

15.3.6　混凝土搅拌的质量控制

在拌制工序中，拌制的混凝土拌合物的均匀性应按要求进行检查。要检查混凝土均匀性时，应在搅拌机卸料过程中，从卸料流出的 1/4～3/4 之间部位采取试样。检测结果应符合下列规定：

(1) 混凝土中砂浆密度，两次测值的相对误差不应大于 0.8%。

(2) 单位体积混凝土中粗骨料含量，两次测值的相对误差不应大于 5%。

(3) 混凝土搅拌的最短时间应符合相应规定。

(4) 混凝土拌合物稠度，应在搅拌地点和浇筑地点分别取样检测，每工作班不少于抽检两次。

(5) 根据需要，如果应检查混凝土拌合物其他质量指标时，检测结果也应符合国家现行标准《混凝土质量控制标准》（GB 50164）的要求。

15.4　混凝土运输

混凝土水平运输一般指混凝土自搅拌机中卸出来后，运至浇筑地点的地面运输。混凝土如采用预拌混凝土且运输距离较远时，混凝土地面运输多用混凝土搅拌运输车；如来自工地搅拌站，则多用载重 1t 的小型机动翻斗车，近距离也用双轮手推车，有时还用皮带运输机和窄轨翻斗车。

15.4.1　混凝土水平运输车

混凝土搅拌车是在汽车底盘上安装搅拌筒，直接将混凝土拌合物装入搅拌筒内，运至施工现场，供浇筑作业需要。它是一种用于长距离输送混凝土的高效能机械。为保证混凝土经长途运输后，仍不致产生离析现象，混凝土搅拌筒在运输途中始终在不停地慢速转动，从而使筒内的混凝土拌合物可连续得到搅拌。

翻斗车具有轻便灵活、结构简单、转弯半径小、速度快、能自动卸料、操作维护简便等特点，适用于短距离水平运输混凝土以及砂、石等散装材料。翻斗车仅限用于运送坍落度小于 80mm 的混凝土拌合物，并应保证运送容器不漏浆，内壁光滑平整，具有覆盖设施。

15.4.2　混凝土水平运输的质量控制

预拌混凝土应采用符合规定的运输车运送。运输车在运送时能保持混凝土拌合物的均匀性，不应产生分层离析现象。

运输车在装料前应将筒内积水排尽。

当需要在卸料前掺入外加剂时，外加剂掺入后搅拌运输车应快速进行搅拌，搅拌的时间应由试验确定。

严禁向运输车内的混凝土任意加水。

混凝土的运送时间系指从混凝土由搅拌机卸入运输车开始至该运输车开始卸料为止。运送时间应满足合同规定，当合同未规定时，采用搅拌运输车运送的混凝土，宜在 1.5h 内卸料；采用翻

车运送的混凝土,宜在1.0h内卸料;当最高气温低于25℃时,运送时间可延长0.5h。如需延长运送时间,则应采取相应的技术措施,并应通过试验验证。

混凝土的运送频率,应能保证混凝土施工的连续性。

运输车在运送过程中应采取措施,避免遗撒。

15.5 混凝土输送

在混凝土施工过程中,混凝土的现场输送和浇筑是一项关键的工作。它要求迅速、及时,并且保证质量以及降低劳动消耗,从而在保证工程要求的条件下降低工程造价。混凝土输送方式应按施工现场条件,根据合理、经济的原则确定。

混凝土输送是指对运输至现场的混凝土,采用输送泵、溜槽、吊车配备斗容器、升降设备配备小车等方式送至浇筑点的过程。为提高机械化施工水平、提高生产效率,保证施工质量,宜优先选用预拌混凝土泵送方式。输送混凝土的管道、容器、溜槽不应吸水、漏浆,并应保证输送通畅。输送混凝土时应根据工程所处环境条件采取保温、隔热、防雨等措施。常见的混凝土垂直输送有借助起重机械的混凝土垂直输送和泵管混凝土垂直输送。

15.5.1 借助起重机械的混凝土垂直输送

15.5.1.1 吊斗混凝土垂直输送

吊车配备斗容器输送混凝土时应符合下列规定:

(1) 应根据不同结构类型以及混凝土浇筑方法选择不同的斗容器;

(2) 斗容器的容量应根据吊车吊运能力确定;

(3) 运输至施工现场的混凝土宜直接装入斗容器进行输送;

(4) 斗容器宜在浇筑点直接布料;

(5) 输送过程中散落的混凝土严禁用于结构浇筑。

15.5.1.2 推车混凝土垂直输送

1. 升降设备

升降设备包括用于运载人或物料的升降电梯、用于运载物料的升降井架以及混凝土提升机。采用升降设备配合小车输送混凝土在工程中时有发生,为了保证混凝土浇筑质量,要求编制具有针对性的施工方案。运输后的混凝土若采用先卸料,后进行小车装运的输送方式,装料点应采用硬地坪或铺设钢板形式与地基土隔离,硬地坪和钢板面应湿润而不得有积水。为了减少混凝土拌合物转运次数,通常情况下不宜采用多台小车相互转载的方式输送混凝土。升降设备配备小车输送混凝土时应符合下列规定:

(1) 升降设备和小车的配备数量、小车行走路线及卸料点位置应能满足混凝土浇筑需要;

(2) 运输至施工现场的混凝土宜直接装入小车进行输送,小车宜在靠近升降设备的位置进行装料。

2. 施工电梯配合推车混凝土垂直输送

按施工电梯的驱动形式,可分为钢索牵引、齿轮齿条拽引和星轮滚道拽引三种形式。目前国内外大部分采用的是齿轮齿条拽引的形式,星轮滚道是最新发展起来的,传动形式先进,但目前其载重能力较小。

按施工电梯的动力装置又可分为电动和电动-液压两种。电力驱动的施工电梯,工作速度约40m/min,而电动-液压驱动的施工电梯其工作速度可达96m/min。

施工电梯的主要部件由基础、立柱导轨井架、带有底笼的平面主框架、梯笼和附墙支撑组成。

其主要特点是用途广泛,适应性强,安全可靠,运输速度高,提升高度最高可达400m以上。

3. 井架配合推车混凝土垂直输送

主要用于高层建筑混凝土灌注时的垂直运输机械,由井架、抬具扒杆、卷扬机、吊盘、自动倾泻吊具及钢丝缆风绳等组成,具有一机多用、构造简单、装拆方便等优点。起重高度一般为25~40m。

4. 混凝土提升机配合推车混凝土垂直输送

混凝土提升机是供快速输送大量混凝土的提升设备。它是由钢井架、混凝土提升斗、高速卷扬机等组成,其提升速度可达50~100m/min。当混凝土提升到施工楼层后,卸入楼面受料斗,再采用其他楼面运输工具(如手推车等)运送到施工部位浇筑。一般每台容量为0.5m³×2的双斗提升机,当其提升速度为75m/min,最高高度可达120m,混凝土输送能力可达20m³/h。因此对混凝土浇筑量较大的工程,特别是高层建筑,是很经济适用的混凝土垂直运输机具。

15.5.2 借助溜槽的混凝土输送

借助溜槽的混凝土输送应符合下列规定:

(1) 溜槽内壁应光滑,开始浇筑前应用砂浆润滑槽内壁;当用水润滑时应将水引出舱外,舱面必须有排水措施;

(2) 使用溜槽,应经过试验论证,确定溜槽高度与合适的混凝土坍落度;

(3) 溜槽宜平顺,每节之间应连接牢固,应有防脱落保护措施;

(4) 运输和卸料过程中,应避免混凝土分离,严禁向溜槽内加水;

(5) 当运输结束或溜槽堵塞经处理后,应及时清洗,且应防止清洗水进入新浇混凝土仓内。

15.5.3 泵送混凝土输送

泵送混凝土是在混凝土泵的压力推动下沿输送管道进行运输并在管道出口处直接浇筑的混凝土。混凝土的泵送施工已经成为高层建筑和大体积混凝土施工过程中的重要方法,泵送施工不仅可以改善混凝土施工性能、提高混凝土质量,而且可以改善劳动条件、降低工程成本。随着商品混凝土应用的普及,各种性能要求不同的混凝土均可泵送,如高性能混凝土、补偿收缩混凝土等。

混凝土泵能一次连续地完成水平运输和垂直运输,效率高、劳动力省、费用低,尤其对于一些工地狭窄和有障碍物的施工现场,用其他运输工具难以直接靠近施工工程,混凝土泵则能有效地发挥作用。混凝土泵运输距离长,单位时间内的输送量大,三四百米高的高层建筑可一泵到顶,上万立方米的大型基础亦能在短时间内浇筑完毕,非其他运输工具所能比拟,优越性非常显著,因而在建筑行业已推广应用多年,尤其是预拌混凝土生产与泵送施工相结合,彻底改变了施工现场混凝土工程的面貌。

15.5.3.1 混凝土泵的类型

常用的混凝土输送泵有汽车泵、拖泵(固定型)、车载泵三种类型。按驱动方式,混凝土泵分为两大类,即活塞(亦称柱塞式)泵和挤压式泵。目前我国主要应用活塞混凝土泵,它结构紧凑、传动平稳,又易于安装在汽车底盘上组成混凝土泵车。

根据其能否移动和移动的方式,分为固定式拖式和汽车式。汽车式泵移动方便,灵活机动,到新的工作地点不需进行准备作业即可进行浇筑,因而是目前大力发展的机种。汽车式泵又分为带布料杆和不带布料杆的两种,大多数是带布料杆的。

挤压式泵按其构造形式,又分为转子式双滚轮型、直管式三滚轮型和带式双槽型三种。目前尚在应用的为第一种。挤压式泵一般均为液压驱动。

将液压活塞式混凝土泵固定安装在汽车底盘上,使用时开至需要施工的地点,进行混凝土泵送作业,称为混凝土汽车泵或移动泵车。这种泵车使用方便,适用范围广,它既可以利用在工地配置装接的管道输送到较远、较高的混凝土浇筑部位,也可以发挥随车附带的布料杆作用,把混凝土直接输送到需要浇筑的地点。混凝土泵车的输送能力一般为80m³/h。常用混凝土泵车基本参数见表15-45。

常用混凝土泵车基本参数 表15-45

设备名称	37m输送泵车	37m输送泵车	42m输送泵车	45m输送泵车	48m输送泵车	52m输送泵车	56m输送泵车	66m输送泵车
生产厂商	三一重工	三一重工	三一重工	三一重工	三一重工	三一重工	三一重工	三一重工
型号	SY5295 THB -37	SY5271 THB -37III	SY5363 THB -42	SY5401 THB -45	SY5416 THB -48	SY5500 THB -52	SY5500 THB -56V	SY5600 THB -66

续表

设备名称	37m输送泵车	37m输送泵车	42m输送泵车	45m输送泵车	48m输送泵车	52m输送泵车	56m输送泵车	66m输送泵车
自重	28800kg	27495kg	36300kg	40000kg	41120kg	48500kg	49500kg	63800kg
全长	11700mm	11800mm	13780mm	12590mm	13050mm	14366mm	14880mm	15800mm
总宽	2500mm	2500mm	2500mm	2500mm	2500mm	2500mm	2500mm	2500mm
总高	3920mm	3990mm	3990mm	3990mm	3990mm	3995mm	3995mm	3995mm
最小转弯直径	19.8m	18.4m	25.9m	25.9m	24.6m	25m	25m	25m
最大速度	80km/h	80km/h	80km/h	80km/h	80km/h	80km/h	80km/h	80km/h
驱动方式	液压式	液压式	液压式	液压式	液压式	液压式	液压式	液压式
混凝土理论排量	低压 120m³/h	低压 120m³/h	低压 120m³/h	低压 140m³/h	低压 140m³/h	低压 140m³/h	低压 120m³/h	低压 200m³/h
	高压 67m³/h	高压 67m³/h	高压 67m³/h	高压 100m³/h	高压 100m³/h	高压 100m³/h	高压 67m³/h	高压 110m³/h
理论泵送压力	高压 11.8MPa	高压 11.8MPa	高压 11.8MPa	高压 12MPa	高压 12MPa	高压 12MPa	高压 12MPa	高压 11.8MPa
	低压 6.3MPa	低压 6.3MPa	低压 6.3MPa	低压 8.5MPa	低压 8.5MPa	低压 8.5MPa	低压 6.3MPa	低压 6.3MPa
理论泵送次数	高压 13次/min	高压 13次/min	高压 13次/min	高压 14次/min	高压 14次/min	高压 14次/min	高压 13次/min	高压 16次/min
	低压 24次/min	低压 24次/min	低压 24次/min	低压 20次/min	低压 20次/min	低压 20次/min	低压 24次/min	低压 28次/min
坍落度	140~230mm	140~230mm	140~230mm	140~230mm	140~230mm	140~230mm	140~230mm	140~230mm
最大骨料尺寸	40mm	40mm	40mm	40mm	40mm	40mm	40mm	40mm
高低压切换	自动切换	自动切换	自动切换	自动切换	自动切换	自动切换	自动切换	自动切换
臂架形式	四节卷折全液压	四节卷折全液压	四节卷折全液压	五节卷折全液压	五节卷折全液压	五节卷折全液压	五节卷折全液压	五节卷折全液压
最大垂直高度	36.6m	36.6m	41.7m	44.8m	47.8m	51.8m	55.6m	65.6m
输送管径	DN125	DN125	DN125	DN125	DN125	DN125	DN125	DN125
末端软管长	3m	3m	3m	3m	3m	3m	3m	3m
臂架水平长度	32.6m	32.6m	38m	40.8m	43.8m	47.4m	51.6m	61.1m
臂架垂直高度	36.6m	36.6m	41.7m	44.8m	47.8m	51.8m	55.6m	65.6m
液压系统压力	32MPa	32MPa	32MPa	32MPa	32MPa	32MPa	32MPa	32MPa
臂架垂直深度	19.9m	19.9m	23.8m	27.8m	30m	32.9m	35.9m	45.3m
最小展开高度	8.4m	8.4m	10m	8.6m	10.8m	11.2m	10.8m	26.5m
前支腿展开宽度	7160mm	6200mm	8800mm	9030mm	9780mm	10640mm	10640mm	12300mm
后支腿展开宽度	6870mm	7230mm	8450mm	9570mm	9860mm	10560mm	10560mm	13800mm
前后支腿距离	6980mm	6850mm	8300mm	9090mm	9470mm	10320mm	10320mm	13100mm

拖泵使用时，需用汽车将它拖带至施工地点，然后进行混凝土输送。这种形式的混凝土泵主要由混凝土推送机构、分配闸机构、料斗搅拌装置、操作系统、清洗系统等组成。它具有输送能力大、输送高度高等特点，一般最大水平输送距离超过1000m，最大垂直输送高度超过400m，输送能力为85m³/h左右，适用于高层及超高层建筑的混凝土输送，见图15-1。常用混凝土拖泵基本参数见表15-46。

HJ-TSB9014

图 15-1　固定式混凝土泵

常用混凝土拖泵基本参数　　表 15-46

拖泵型号 技术参数		HBT 60C −1816 DⅢ	HBT 80C −1816 Ⅲ	HBT 80C −2118 D	HBT 80C −2122	HBT 80C −2013 DⅢ	HBT 90C −2016 DⅢ	HBT 90CH 2122 D	HBT 90CH 2135 D
混凝土理论输送排量 (m³/h)	低压 大排量	75	85	87.8	85	85	95	90	87
	高压 小排量	45	55	55	50	50	60	60	53
混凝土理论输送压力 (MPa)	低压 大排量	10	10	10	10	8	10	14	19
	高压 小排量	16	16	18	22	14	16	22	35
输送缸直径×行程 (mm)		ϕ200 ×1800	ϕ200 ×1800	ϕ200 ×2100	ϕ200 ×2100	ϕ230 ×2000	ϕ230 ×2000	ϕ200 ×2100	ϕ180 ×2100
主油泵排量 (mL/r)		190	320	554	380	190	260	380	520
最大骨料尺寸 (混凝土管径ϕ150) (mm)		50							
最大骨料尺寸 (混凝土管径ϕ125) (mm)		40							
混凝土坍落度 (mm)		100~230							
主动力功率 (kW)		161	132	181	160	161	181	360	546
料斗容积 (m³)		0.7	0.7	0.7	0.7	0.7	0.7	0.7	0.7
上料高度 (mm)		1450	1420	1420	1420	1420	1420	1420	1420
理论输送距离 (m) (ϕ125)	水平	850	850	1000	850	700	850	1300	2500
	垂直	250	250	320	320	200	250	480	850
外形尺寸	长(mm)	6691	6891	7385	7390	7190	7190	7126	7450
	宽(mm)	2075	2075	2099	2099	2075	2075	2330	2480
	高(mm)	2628	2295	2635	2900	2628	2628	2750	1950
整机质量（kg）		6300	6800	8500	7300	6800	6800	12000	13000

15.5.3.2　混凝土泵送机械的选型

由于各种输送泵的施工要求和技术参数不同，泵的选型应根据工程特点、混凝土输送高度和距离、混凝土工作性确定。

1. 混凝土泵的实际平均输出量

混凝土泵或泵车的输出量与泵送距离有关，泵送距离增大，实际的输出量就要降低。另外，还与施工组织与管理的情况有关，如组织管理情况良好，作业效率高，则实际输出量提高，否则会降低。因此，混凝土泵或泵车的实际平均输出量数据才是我们实际组织泵送施工需要的数据。

混凝土泵的实际平均输出量可按下式计算：

$$Q_1 = Q_{\max}\alpha_1\eta \qquad (15-17)$$

式中　Q_1——每台混凝土泵的实际平均输出量（m³/h）；

$\quad Q_{\max}$——每台混凝土泵的最大输出量（m³/h）；

$\quad \alpha_1$——配管条件系数，取 0.8～0.9；

$\quad \eta$——作业效率，根据混凝土搅拌运输车向混凝土泵供料的间断时间、拆装混凝土输送管和供料停歇等情况，可取 0.5～0.7。

2. 混凝土泵的最大水平输送距离

混凝土泵和泵车的最大水平输送距离，取决于泵的类型、泵送压力、输送管径和混凝土性质。最大水平输送距离可按下列方法之一确定。

（1）根据产品技术性能表上提供的数据或曲线。

（2）由试验确定。由于试验需布置一定的设备，该方法虽然可靠，但一般不采取。

（3）根据混凝土泵的最大出口压力、配管情况、混凝土性能和输出量，按下式进行计算：

$$L_{\max} = \frac{P_{\max}}{\Delta p_H} \qquad (15-18)$$

式中　$L_{\max}$——混凝土泵的最大水平输送距离（m）；

$\quad P_{\max}$——混凝土泵的最大出口压力（Pa）；

$\quad \Delta p_H$——混凝土在水平输送管内流动每米产生的压力损失（Pa/m），可按下列公式计算

$$\Delta P_H = \left\{ \frac{2}{r}\left[K_1 + K_2\left(1 + \frac{t_2}{t_1}\right)\overline{V} \right] \right\}\beta$$
$$\left. \begin{array}{l} K_1 = (3.00 - 0.10S)\times 10^{-2}\,(\text{Pa}) \\ K_2 = (4.00 - 0.10S)\times 10^{-2}\,(\text{Pa·s/m}) \end{array} \right\} \qquad (15-19)$$

式中　r——输送管半径（m）；

$\quad K_1$——黏着系数；

$\quad K_2$——速度系数；

$\quad t_2$——在混凝土推动下混凝土流动的时间；

$\quad t_1$——分配阀的阀门转换时混凝土停止流动的时间；

$\quad \overline{V}$——一个工作循环时间内的平均流速（m/s）；

$\quad \beta$——径向压力与轴向压力之比值；

$\quad S$——混凝土拌合物的坍落度（cm）。

（4）在泵送混凝土施工中，输送管的布置除水平管外，还可能有向上的垂直管和弯管、锥形管、软管等，与直管相比，弯管、锥形管、软管的流动阻力大，引起的压力损失也大，还需加上管内混凝土拌合物的重量，因而引起的压力损失比水平直管大得多。在进行混凝土泵选型、验算其运输距离时，可把向上垂直管、弯管、锥形管、软管等按表 15-47 换算成水平长度。

混凝土输送管的水平换算长度　　表 15-47

管类别或布置状态	换算单位	管规格		水平换算长度（m）
向上垂直管	每米	管径（mm）	100	3
			125	4
			150	5
倾斜向上管（输送管倾斜角为 α，见下图）	每米	管径（mm）	100	$\cos\alpha + 3\sin\alpha$
			125	$\cos\alpha + 4\sin\alpha$
			150	$\cos\alpha + 5\sin\alpha$
垂直向下及倾斜向下管	每米	—		1

续表

管类别或布置状态	换算单位	管规格		水平换算长度（m）
锥形管	每根	锥径变化（mm）	175→150	4
			150→125	8
			125→100	16
弯管（弯头张角为 β，$\beta \leqslant 90°$，见下图）	每只	弯曲半径（mm）	500	$12\beta/90$
			1000	$9\beta/90$
胶管	每根	长 3m～5m		20

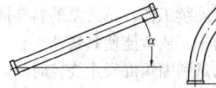 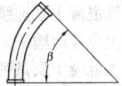

（5）混凝土泵的最大水平输送距离，还可根据混凝土泵的最大出口压力与表 15-48 和表 15-49 提供的换算压力损失进行验算。

混凝土泵送的换算压力损失　　表 15-48

管件名称	换算量	换算压力损失（MPa）
水平管	每 20m	0.10
垂直管	每 5m	0.10
45°弯管	每只	0.05
90°弯管	每只	0.10
管道连接环（管卡）	每只	0.10
截止阀	每个	0.80
3～5m 橡皮软管	每根	0.20

附属于泵体的换算压力损失值　　表 15-49

部位名称	换算量	换算压力损失（MPa）
Y 形管 175→125mm	每只	0.05
分配阀	每个	0.80
混凝土泵启动内耗	每台	2.8

（6）混凝土泵的泵送能力的计算结果应符合下列要求：

1）混凝土输送管道的配管整体水平换算长度，应不超过计算所得的最大水平泵送距离。

2）表 15-48 和表 15-49 换算的总压力损失，应小于混凝土泵正常工作的最大出口压力。

15.5.3.3　混凝土泵布置数量

混凝土输送泵的配备数量，应根据混凝土一次浇筑量和每台泵的输送能力以及现场施工条件经计算确定。混凝土泵配备数量可根据现行行业标准《混凝土泵送施工技术规程》（JGJ/T 10）的相关规定进行计算。对于一次浇筑量较大，浇筑时间较长的工程，为避免输送泵可能遇到的故障而影响混凝土浇筑，应考虑设置备用泵。

（1）混凝土泵台数的需求则按下式计算：

$$N_2 = \frac{Q}{TQ_1} \qquad (15-20)$$

式中　N_2——混凝土泵台数（台）；

$\quad Q$——混凝土浇筑量（m³）；

$\quad Q_1$——每台混凝土泵的实际平均输出量（m³/h）；

$\quad T$——混凝土泵送施工作业时间（h）。

（2）对于重要工程或整体性要求较高的工程，混凝土泵的所需台数，除根据计算确定外，尚需有一定的备用台数。

（3）常用混凝土泵车基本参数，见表 15-46。

（4）常用混凝土拖泵基本参数，见表 15-47。

15.5.3.4　混凝土泵送机械的布置

混凝土泵或泵车在现场的布置，要根据工程的轮廓形状、工程量分布、地形和交通条件等而定，应考虑下列情况：

(1) 输送泵设置的位置应满足施工要求，场地应平整、坚实，道路畅通；

(2) 输送泵的作业范围不得有阻碍物；输送泵设置位置应有防范高空坠物的设施。

(3) 输送泵设置位置的合理与否直接关系到输送泵管距离的长短、输送泵管弯管的数量，进而影响混凝土输送能力。为了最大限度发挥混凝土输送能力，合理设置输送泵的位置显得尤为重要；

(4) 输送泵采用汽车泵时，其布料杆作业范围不得有障碍物、高压线等；采用汽车泵、拖泵或车载泵进行泵送施工时，应离开建筑物一定距离，防止高空坠物；在建筑下方固定位置设置拖泵进行混凝土泵送施工时，应在拖泵上方设置安全防护设施；

(5) 为保证混凝土泵连续工作，每台泵的料斗周围最好能同时停留两辆混凝土搅运输车，或者能使其快速交替；

(6) 为确保混凝土质量和缩短混凝土浇筑时间，最好考虑一泵到顶，避免采用接力泵；

(7) 为便于混凝土泵的清洗，其位置最好接近供水和排水设施，同时，还要考虑供电方便；

(8) 高层建筑采用接力泵泵送混凝土时，接力泵的位置应使上、下泵的输送能力匹配。设置接力泵的楼面要验算其结构的承载能力，必要时应采取加固措施。

15.5.3.5 混凝土泵送配管的选用与设计

1. 混凝土泵送配管的选用与设计原则

(1) 混凝土输送泵管应根据输送泵的型号、拌合物性能、总输出量、单位输出量、输送距离以及粗骨料粒径等进行选择；

(2) 混凝土粗骨料最大粒径不大于 25mm 时，可采用内径不小于 125mm 的输送泵管；混凝土粗骨料最大粒径不大于 40mm 时，可采用内径不小于 150mm 的输送泵管；

(3) 输送泵管安装接头应严密，输送泵管道转向宜平缓；

(4) 输送泵管应采用支架固定，支架应与结构牢固连接，输送泵管转向处支架应加密。支架应通过计算确定，必要时还应对设置位置的结构进行验算；

(5) 垂直向上输送混凝土时，地面水平输送泵管的直管和弯管总的折算长度不宜小于 0.2 倍的垂直输送高度，且不宜小于 15m；

(6) 输送泵管倾斜或垂直向下输送混凝土，且高差大于 20m 时，应在倾斜或垂直管下端设置直管或弯管，直管或弯管总的折算长度不宜小于 1.5 倍高差；

(7) 垂直输送高度大于 100m 时，混凝土输送泵出料口处的输送泵管位置应设置截止阀；

(8) 混凝土输送泵管及其支架应经常进行过程检查和维护。

2. 混凝土输送管和配件

混凝土输送管有直管、弯管、锥形管和软管。除软管外，目前建筑工程施工中应用的混凝土输送管多为壁厚 2mm 的电焊钢管，其使用寿命约为 1500～2000m³（输送混凝土量），以及少量壁厚 4.5mm、5.0mm 的高压无缝钢管，常用的规格及最小内径要求见表 15-50、表 15-51。

常用混凝土输送管规格   表 15-50

种 类		管 径 (mm)		
		100	125	150
焊接直管	外径	109	135	159.2
	内径	105	131	155.2
	壁厚	2	2	2
无缝直管	外径	114.3	139.8	165.2
	内径	105.3	130.8	155.2
	壁厚	4.5	4.5	5

混凝土输送管最小内径要求   表 15-51

粗骨料最大粒径 (mm)	输送管最小内径 (mm)
25	125
40	150

直管常用的规格管径为 100mm、125mm 和 150mm，相应的英制管径则为 4B、5B 和 6B，长度系列有 0.5m、1.0m、2.0m、3.0m、4.0m 几种，由焊接直管或无缝直管制成。

弯管多用拉拔钢管制成，常用规格管径亦为 100mm、125mm 和 150mm，弯曲角度有 90°、45°、30° 及 15°，常用曲率半径为 1.0m 和 3.0m。

锥形管也多用拉拔钢管制成，主要用于不同管径的变换处，常用的有 φ175～φ150mm、φ150～φ125mm、φ125～φ100mm，长度多为 1m。在混凝土输送管中必须要有锥形管来过渡。锥形管的截面由大变小，混凝土拌合物的流动阻力增大，所以锥形管亦是容易管路堵塞之处。

软管多为橡胶软管，是用螺旋状钢丝加固，外包橡胶用高温制而成，具有柔软、质轻的特性。多是设置在混凝土输送管路末端，利用其柔性好的特点作为一种混凝土拌合物浇筑工具，用其将混凝土拌合物直接浇筑入模。常用的软管管径为 100mm 和 125mm，长度一般为 5m。

输送管管段之间的连接环，要求装拆迅速、有足够强度和密封不漏浆。有各种形式的快速装拆连接环可供选用。

在泵送过程中（尤其是向上输送时），泵送一旦中断，混凝土拌合物会倒流产生背压。由于存在背压，在重新启动泵送时，阀的换向会发生困难。由于产生倒流，泵的吸入效率会降低，还会使混凝土拌合物的质量发生变化，易产生堵塞。为避免产生倒流和背压，在输送管的根部近混凝土泵出口处要增设一个截止阀。

15.5.3.6 混凝土泵送配管布置

混凝土输送管应根据工程特点、施工现场情况和制定的混凝土浇筑方案进行配管。正确的布置输送管道，是配管设计的重要内容之一。配管设计的原则是满足工程要求，便于混凝土浇筑和管段装拆，尽量缩短管线长度，少用弯管和软管。

应选用没有裂纹、变形和凹陷等缺陷且有出厂证明的输送管。在同一条管线中，应采用相同管径的混凝土输送管。同时采用新、旧管段时，应将新管段布置在近混凝土出口泵送压力较大处，管线尽可能布置成横平竖直。

配管设计应绘制布管简图，列出各种管件、管连接环和弯管、软管的规格和数量，提出备件清单。

1. 输送管道布置及防护的总原则

(1) 管道经过的路线应比较安全，不得使用有损伤裂纹或壁厚太薄的输送管，泵机附近及操作人员附近的输送管要加相应防护。

(2) 为了不使管路支设在新浇筑的混凝土上面，进行管路布置时，要使混凝土浇筑移动方向与泵送方向相反。在混凝土浇筑过程中，只需拆除管段，而不需增设管段。

(3) 输送管道应尽可能短，弯头应尽可能少，以减小输送阻力。各管卡一定要紧到位，保证接头处可靠密封，不漏浆。应定期检查管道，特别是弯管等部位的磨损情况，以防爆管。

(4) 管道只能用木料等较软的物件与管件接触支承，每个管件都应有两个固定点，管件要避免同岩石、混凝土建筑物等直接摩擦。各管路要有可靠的支撑，泵送时不得有大的振动和滑移。

(5) 在浇筑平面尺寸大的结构物（如楼板等）时，要结合配管设计考虑布置问题，必要时要设布料设备，使其能覆盖整个结构平面，能均匀、迅速地进行布料。

(6) 夏季要用湿草袋覆盖输送管并经常淋水，防止混凝土因高温而使坍落度损失太大，造成堵塞；在严寒季节要用保温材料包扎输送管，防止混凝土受冻，并保证混凝土拌合物的入模温度。

(7) 前端浇筑处的软管宜垂直放置，确需水平放置的要严忌过分弯曲。

2. 典型的输送管道布置方式

(1) 水平布置一般要求

管线应遵守输送管道布置的总原则并尽可能平直，通常需要对已连接好的管道的高、低加以调整，使混凝土泵处于稍低的位置，略微向上则泵送最为有利。

(2) 向高处泵送混凝土施工

向高处泵送混凝土可分为垂直升高和倾斜升高两种，升高段尽可能用垂直管，不要用倾斜管，这样可以减少管线长度和泵送压

力。向高处泵送混凝土时，混凝土泵的泵送压力不仅要克服混凝土拌合物在管中流动时的黏着力和摩擦阻力，同时还要克服混凝土拌合物在输送高度范围内的重力。在泵送过程中，在混凝土泵的分配阀换向受吸入混凝土时或停泵时，混凝土拌合物的重力将对混凝土泵产生一个逆流压力，该逆流压力的大小与垂直向上配管的高度成正比，配管高度越高，逆流压力越大。该逆流压力会降低混凝土泵的容积效率，为此，一般需在垂直向上配管下端与混凝土泵之间配置一定长度的水平管。利用水平管中混凝土拌合物与管壁之间的摩擦阻力来平衡混凝土拌合物的逆流压力或减少逆流压力的影响。为此，《混凝土泵送施工技术规程》(JGJ/T 10) 规定：垂直向上配管时，地面水平管长度不宜小于垂直管长度的 1/4，且不宜小于 15m；或遵守产品说明书中的规定。如因场地条件限制无法满足上述要求时，可采取设置弯管等办法解决。向高处泵送的布管应努力做到以下要求：

1) 如果倾斜升高的升高段倾角大于 45°时，可按垂直段对待；倾角小于 45°时，水平段长度可适当减少，水平段长度也可以用换算水平距离相当的弯管来代替。水平段管道的长度如因条件限制，不能达到规定数值时，还可以用其他方法调整，如适当降低混凝土坍落度，当坍落度在 10cm 以下时，水平段长度可按升高高度的 1/2 布设。另外，如果从泵到升高段之间的水平管略有向下倾斜，水平段也可适当缩短。

2) 一般泵送高度超过 20m 时，单靠设置水平管的办法不足以平衡逆流压力，则应在混凝土泵 Y 形管出料口 3～6m 处的输送管根部设置截止阀，以防混凝土拌合物反流。当混凝土输送高度超过混凝土泵的最大输送高度时，可用接力泵（后继泵）进行泵送。接力泵出料的水平管长度亦不宜小于其上垂直管长度的 1/4，不宜小于 15m，而且应设一个容积约 1m³ 带搅拌装置的储料斗。

3) 升高段采用垂直管时，对垂直管要采取措施固定在墙、柱或楼板顶预留孔处，以减少振动，每节管不得少于 1 个固定点，在管子和固定物之间宜安放缓冲物（木垫块等）。垂直管下端的弯管，不应作为上部管道的支撑点，宜设钢支撑承受垂直管的重量。如果将垂直管固定在脚手架上时，根据需要可对脚手架进行加固。升高段为倾斜管，则应将斜管部分固定，防止斜管在泵送时向下滑移。

4) 在垂直升高段管道末端，一般都接上水平管。在泵送时，这段水平管的轴向振动和冲击，会引起垂直管的横向摆动，这是很危险的，因此要严格注意把这段水平管和垂直管与临近的建筑物牢牢固定。

(3) 向下坡泵送的管道布置

向下坡泵送时，如果管道向下倾角较大，混凝土可能因自重而自流，使砂石骨料在坡底弯管处堆积，造成混凝土离析堵管，同时又容易在斜管上形成空腔，再次泵送时产生"气弹簧"效应堵管。根据倾斜向下泵送混凝土自流的情况，分为三种类型：

1) 混凝土不自流的情况：管道倾角小于 4°或在 4°～7°范围而混凝土坍落度较低时，一般可不采取其他措施。

2) 混凝土完全自流的情况：管道倾角大于 15°，斜管直通到浇筑点时，混凝土能完全自流出去，也不必采取其他措施。

3) 混凝土不完全自流的情况：管道倾斜角度大于 7°，斜管下部还有水平管或其他管件，混凝土能在斜管段自流却又在下部滞留，在斜管上部形成气腔。这种情况对泵送最为不利，可采取下列措施：增加斜管下部管件的阻力，如在斜管下部接上总长度相当于斜管段落差 5 倍以上的水平管，或使用换算长度相当的弯管；在斜管末端接一段向上翘起的管子；在斜管末端接上软管，再用卡环调节流量；在斜管上端的弯管上装一个排气阀门，当泵送中断后再次开泵时，用它排出管内的气体。

以上所述是泵送混凝土中输送管道布置的基本形式，实际上输送管道的布置要根据施工现场的实际情况和具体的要求而定。输送管道的布置是方便混凝土泵送，有效减小混凝土输送管道的堵塞，顺利实现混凝土泵送的前提之一。

15.5.3.7　混凝土泵与输送管的连接方式

1. 三种常用连接方式

(1) 直接连接输送管与混凝土泵出口成一直线。

(2) U 形连接，即 180°连接，泵的出口通过两个 90°弯管与输送管连接。

(3) L 形连接泵的出口通过一个 90°弯管与输送管连接，输送管与混凝土泵相垂直。

2. 不同连接方式的优缺点

(1) 采用直接连接时，混凝土从混凝土泵分配阀直接泵入输送管，泵送阻力较小，但混凝土泵换向时，泵送管路和分配阀中的高压混凝土会向混凝土泵直接释放压力，混凝土泵将受到较大的反作用力，使液压系统冲击较大。

(2) 采用 U 形连接时，由于混凝土出口直接接两个弯管，所以泵送阻力较大，但对混凝土泵的反冲作用力被可靠固定的两个弯管进行缓冲，因此混凝土受冲击较小，在向上泵送时，这种缓冲作用尤其明显。

(3) 采用 L 形连接时，由于采用了一个弯管，泵送阻力及泵机收缩的反冲作用力介于上述两种情况之间，但由于冲击方向与混凝土泵安装方向垂直，混凝土泵会产生横向振动。

3. 不同连接方式的适用

在水平泵送时，可以采用 U 形连接或直接连接；在向上泵送特别是高度超过 15m 或者向下泵送时，应采用 U 形连接，假如用直接连接方式，则混凝土泵要承受高压混凝土在换向期间释压和管路中混凝土自重的冲击；L 形连接方式用于水平泵送，或因受地形条件限制不能用其他方式连接的场合，原则上不能用于向上泵送。

15.5.3.8　混凝土泵送布料杆选型与布置

1. 混凝土输送布料设备的选择与布置规定。

(1) 布料设备的选择应与输送泵相匹配；布料设备的混凝土输送管内径宜与混凝土输送泵管内径相同。

(2) 布料设备的数量及位置应根据布料设备工作半径、施工作业面大小以及施工要求而确定。

(3) 布料设备应安装牢固，且应采取抗倾覆稳定措施；布料设备安装位置处的结构或施工设施应进行验算，必要时应采取加固措施。

(4) 应经常对布料设备的弯管壁厚进行检查，磨损较大的弯管应及时更换。

(5) 布料设备作业范围不得有阻碍物，并应有防范高空坠物的设施。

(6) 布料设备的爬升工况应结合整个结构施工工况，回转范围内应减少其他高于臂架的设施、设备。

(7) 布料设备布置位置应考虑尽可能设置在一些留洞井道内，减少结构的遗留工作，如电梯井道。

2. 混凝土布料杆的选型

目前我国布料杆的类型主要有楼面式布料杆、井式布料杆、壁挂式布料杆及塔式布料杆。布料杆主要有臂架、转台和回转机构、爬升装置、立柱、液压系统及电控系统组成。布料杆多数采用油缸顶升式及油缸自升式两种方式提升布料杆。

(1) 楼面式布料杆

目前市场中楼面式布料杆最大布料半径达 32m，臂架回转均为 365°，采用四节卷折全液压式臂架，输送管径为 DN125mm。如三一重工中的楼面式布料杆型号主要有 HGR28、HGR32、HG32C，布料臂架上的末端泵管的管端还装有 3m 长的橡胶软管，有利于布料。

(2) 井式布料杆

目前市场中井式布料杆最大布料半径为 32m，杆型臂架回转均为 365°，采用四节卷折全液压式臂架。输送管径为 DN125mm。如三一重工中的井式布料杆型号主要有 HGD28、HGD32。布料臂架上的末端泵管的管端还装有 3m 长的橡胶软管，有利于布料。

(3) 壁挂式布料杆

目前市场中壁挂式布料杆最大布料半径为 38m，臂架回转均为 365°，采用四节卷折全液压式臂架。输送管径为 DN125mm。如三一重工中的壁挂式布料杆型号主要有 HGB28、HGB32、HGB38。布料臂架上的末端泵管的管端还装有 3m 长的橡胶软管，有利于布料。

(4) 塔式布料杆

目前市场中塔式布料杆最大布料半径为 41m，臂架回转均为

365°，采用三至四节卷折全液压式臂架。输送管径为 DN125mm。如三一重工中的塔式布料杆型号主要有 HGT24-L、HGT38、HGT41。布料臂架上的末端泵管的管端还装有 3m 长的橡胶软管，有利于布料。

15.5.3.9 混凝土泵送施工技术

1. 混凝土泵送主要规定

(1) 应先进行泵水检查，并湿润输送泵的料斗、活塞等直接与混凝土接触的部位；泵水检查后，应清除输送泵内积水。

(2) 输送混凝土前，应先输送水泥砂浆对输送泵和输送管进行润滑，然后开始输送混凝土；

(3) 输送混凝土速度应先慢后快、逐步加速，应在系统运转顺利后再按正常速度输送；

(4) 输送混凝土过程中，应设置输送泵集料斗网罩，并应保证集料斗有足够的混凝土余量。

2. 超高泵送混凝土的施工工艺

在混凝土泵启动后，按照水→水泥砂浆的顺序泵送，以湿润混凝土泵的料斗、混凝土缸及输送管内壁等直接与混凝土拌合物接触的部位。其中，润滑用水、水泥砂浆的数量根据每次具体泵送高度进行适当调整，控制好泵送节奏。

泵水的时候，要仔细检查泵管接缝处，防止漏水过猛，较大的漏水在正式泵送时会造成漏浆而引起堵管。一般的商品混凝土在正式泵送混凝土前，都只是泵送水和砂浆作为润管之用，根据施工超高层的经验，可以在泵送砂浆前加泵纯水泥浆。纯水泥浆在投入泵车进料口前，先添加少量的水搅拌均匀。

在泵管顶部出口处设置组装式集水箱来收集泵管在润管时产生的污水和水泥砂浆等废料。

开始泵送时，要注意观察泵的压力和各部分工作的情况。开始时混凝土泵应处于慢速、匀速并随时可反泵的状态，待各方面情况正常后再转入正常泵送。正常泵送时，应尽量不停顿地连续进行，遇到运转不正常的情况时，可放慢泵送速度。当混凝土供应不及时时，宁可降低泵送速度，也要保持连续泵送，但慢速泵送的时间不能超过混凝土浇筑允许的延续时间。不得已停泵时，料斗中应保留足够的混凝土，作为间隔推动管路内混凝土之用。

在临近泵送结束时，可按混凝土→水泥砂浆→水的顺序泵送收尾。

3. 超高结构混凝土泵送施工过程控制

(1) 施工前应编制混凝土泵送施工方案，计算现场施工润滑用水、水泥浆、水泥砂浆的数量及混凝土实际筑量，并制定泵送混凝土浇筑计划，内容包括混凝土浇筑时间、各时间段浇筑量及各施工环节的协调搭接等。

(2) 在泵送过程中，要定时检查活塞的冲程，不使其超过允许的最大冲程。为了减缓机械设备的磨损程度，宜采用较长的冲程进行运转。

(3) 在泵送过程中，还应注意料斗的混凝土量，应保持混凝土面不低于上口 20cm，否则易吸入空气形成阻塞。遇到该情况时，宜进行反泵将混凝土反吸到料斗内，除气后再进行正常泵送。

(4) 输送管路在夏季或高温时，由于管道温度升高加快脱水而形成阻塞，可采用湿草帘等加以覆盖。气温低时，亦应覆盖保暖，防止长距离泵送时受冻。

(5) 在泵送混凝土过程中，水箱中应经常保持充满水的状态，以备急需之用。

(6) 在混凝土泵送中，若需接长输送管时，应预先用水、水泥浆、水泥砂浆进行湿润和内壁润滑处理等工作。

(7) 泵送结束前要估计残留在输送管路中的混凝土量，该部分混凝土经清洁处理后仍能使用。对泵送过程中废弃的和多余的混凝土拌合物，应按预先设定场地用于处理和安置。

(8) 当泵送混凝土中掺有缓凝剂时，需控制缓凝时间不宜太短，否则不仅会降低混凝土工作性能，而且浇筑时模板侧压力大，造成拆模困难而影响施工进度。

15.5.4 混凝土泵送的质量控制

混凝土运送至浇筑地点，如混凝土拌合物出现离析或分层现象，应对混凝土拌合物进行二次搅拌。

混凝土运至浇筑地点时，应检测其稠度，所测稠度值应符合设计和施工要求，其允许偏差值应符合有关标准的规定。

混凝土拌合物运至浇筑地点时的入模温度，最高不宜超过35℃，最低不宜低于 5℃。

泵送混凝土外观质量控制：

优良品质的泵送混凝土必须满足设计强度、耐久性及经济性三方面的要求。要使其达到优良的质量，除了在管理体系上（如施工单位的质量保证体系、建设和监理单位的质量检查体系）加以控制外，还应对影响混凝土品质的主要因素加以控制，关键在于对原材料的质量、施工工艺的控制及混凝土的质量检测等方面。混凝土的质量状况直接影响结构的设计可靠性。因此，保证结构设计可靠度的有效办法，是对混凝土的生产进行控制。混凝土质量控制一般可分为生产控制和合格控制。而混凝土质量控制的内容，又可分为结构和构件的外观质量和内在质量（即混凝土强度）的控制。对常见的外观质量要做好以下预防措施：

(1) 对于混凝土几何尺寸变形的预防措施

要防止模板的变形，首先得从模板的支撑系统分析解决问题。模板的支撑系统主要由模板、横挡、竖挡、内撑、外撑和穿墙对拉螺杆组成。为了使整个模板系统承受混凝土侧压力时不变形、不发生胀模现象，必须注意以下几个问题：

1) 在模板制作过程中，尽量使模板统一规格，使用面积较大的模板，对于中小型构造物，一般使用木模，经计算中心压力后，在保证模板刚度的前提下，统一钻拉杆孔，以便拉杆和横挡或竖挡连接牢固，形成一个统一的整体，防止模板变形。

2) 确保模板加固牢靠。不管采用什么支撑方式，混凝土上料运输的脚手架不得与模板系统发生联系，以免运料和工人操作时引起模板变形。浇筑混凝土时，应经常观察模板、支架、堵缝等情况。如发现有模板走动，应立即停止浇筑，并应在混凝土凝结前修整完好。

3) 每次使用之前，要检查模板变形情况，禁止使用弯曲、凹凸不平或缺棱少角等变形模板。

(2) 对于混凝土表面产生蜂窝、麻面、气泡的预防措施

1) 严格控制配合比，保证材料计量准确。现场必须注意砂石材料的含水量，根据含水量调整现场配合比。加水时应制作加水曲线，校核搅拌机的加水装置，从而控制好混凝土的水灰比，减少施工配合比与设计配合比的偏差，保证混凝土质量。

2) 混凝土拌合要均匀，搅拌时间不得低于规定的时间，以保证混凝土良好的和易性及均匀性，从而预防混凝土表面产生蜂窝。

3) 浇筑时如果混凝土倾倒高度超过 2m，为防止产生离析要采取串筒、溜槽等措施下料。

4) 振捣应分层捣制，振捣间距要适当，必须掌握好每一层振捣的振捣时间。注意掌握振捣间距，使插入式振捣器的插入点间距不超过其作用半径的 1.5 倍（方格形排列）或 1.75 倍（交错形排列）。平板振捣器应分段振捣，相邻两段间应搭接振捣 5cm 左右。附着式振捣器安装间距为 1.0~1.5m，振捣器与模板的距离不大于振捣器有效作用半径的 1/2。在振捣上层混凝土时，应将振捣棒插入下层混凝土 5~10cm，以保证混凝土的整体性，防止出现分层产生蜂窝。

5) 控制好拆模时间，防止过早拆模。夏季混凝土施工不少于 24h 拆模；当气温低于 20℃时，不应小于 30h 拆模，以免使混凝土黏在模板上产生蜂窝。

6) 板面要清理干净，浇筑混凝土前应用清水充分洗净模板，不留积水，模板缝隙要堵严，模板接缝控制在 2mm 左右，并采用玻璃胶涂密实、平整以防止漏浆。

7) 尽量采用钢模代替木模，钢模脱模剂涂刷要均匀，不得漏刷。脱模剂选择轻机油较好，拆模后在阳光下不易挥发，不会留下任何痕迹，并且可以防止钢模生锈。

(3) 对产生露筋的预防措施

1) 要注意固定好垫块，水泥砂浆垫块要植入铁丝并绑扎在钢筋上以防止振捣时移位，检查时不得踩踏钢筋，如有钢筋弯曲或脱扣者，应及时调直，补扣绑好。要避免撞击钢筋以防止钢筋移位，

钢筋密集处可采用带刀片的振捣棒来振捣，配料所用石子最大粒径不超过结构截面最小尺寸的 1/4，且不得大于钢筋净距的 3/4。

2）壁较薄、高度较大的结构，钢筋多的部位应采用以 30mm 和 50mm 两种规格的振捣棒为主，每次振捣时间控制在 5～10s。对于锚固区等钢筋密集处，除用振捣棒充分振捣外，还应配以人工插捣及模皮锤敲击等辅助手段。

3）振捣时先使用插入式振捣器振捣梁腹部混凝土，使其下部混凝土溢出与箱梁底板混凝土相结合，然后再充分振捣使两部分混凝土完全融合在一起，从而消除底板与腹板之间出现脱节及空虚不实的现象。

4）操作时不得踩踏钢筋。采用泵送混凝土时，由于布料管冲击力很大，不得直接放在钢筋骨架上，要放在专用脚手架上或支架上，以免造成钢筋变形或移位。

（4）预防缝隙夹层产生的措施

1）用压缩空气或射水清除混凝土表面杂物及模板上黏着的灰浆。

2）在模板上沿施工缝位置通条开口，以便清理杂物和进行冲洗。全部清理干净后，再将通条开口封板，并抹水泥浆，然后再继续浇筑混凝土。浇筑前，施工缝宜先铺、抹水泥浆或与混凝土相同配比的石子砂浆一起浇筑。

（5）对骨料显露、颜色不匀及砂痕的预防措施

1）模板应尽量采用有同样吸收能力的内衬，防止钢筋锈蚀。

2）严格控制砂、石材料级配，水泥、砂用量使用同一产地和批号的产品，严禁使用山砂或深颜色的河砂，采用泌水性小的水泥。

3）尽可能采用同一条件养护，结构物各部分物件在拆模之前应保持连续湿润。

（6）对于混凝土裂缝的处理

混凝土裂缝出现后，要根据设计允许裂缝宽度、裂缝实际宽度和裂缝出现的原因，综合考虑是否需要处理。一般对裂缝宽度超过 0.3mm 或由于承载力不够产生的裂缝，必须进行处理。表面裂缝较细、较浅，数量不多时，可将裂缝处理干净，刷环氧树脂；对较深、较宽的裂缝，需劈开混凝土保护层，确定裂缝的深度和走向，然后采用压力灌注环氧树脂。

混凝土工程外观质量的检测指标包括：混凝土构件的轴线、标高和尺寸是否准确；门窗口、洞口位置是否准确；阴阳角是否顺直；主体垂直度是否符合要求；施工缝、接槎处是否严密；结构表面是否密实，有无蜂窝、孔洞、漏筋、缝隙、夹渣层等缺陷。

15.5.5 工 程 实 例

1. 概况

（1）外筒概述

本工程为筒中筒结构体系。其中外筒由 24 根钢管混凝土立柱、46 组环梁以及部分斜撑组成。外筒平面示意如图 15-2 所示。

（2）工序搭接

核心筒施工钢管柱约 60m，钢管柱吊装的分界面以楼面径向梁或径向支撑进行划分。

2. 第二环以上钢管混凝土浇捣方法分类

（1）28m 以下采用汽车泵停在路边浇筑

钢管端口在汽车泵送范围内的可采用汽车泵直接浇筑，汽车泵可停靠在基坑外侧道路上。

（2）43m 以下采用改装的 HGB38 布料杆浇筑

直接将布料杆的底座焊接于一块桥面板上，利用 300TM 履带吊或 M900D 塔机将走道板吊装至 32.8m 功能层的钢梁上并焊接固定，从核心筒内的泵管接水平管与布料杆底座的泵管口，以此进行钢管混凝土浇筑。

（3）43m 以上采用 HGB38 布料杆

3. 布料杆

（1）布料杆布置

布料杆安于核心筒短轴处的门框之间，随外墙升高而爬升。

（2）布料杆安装

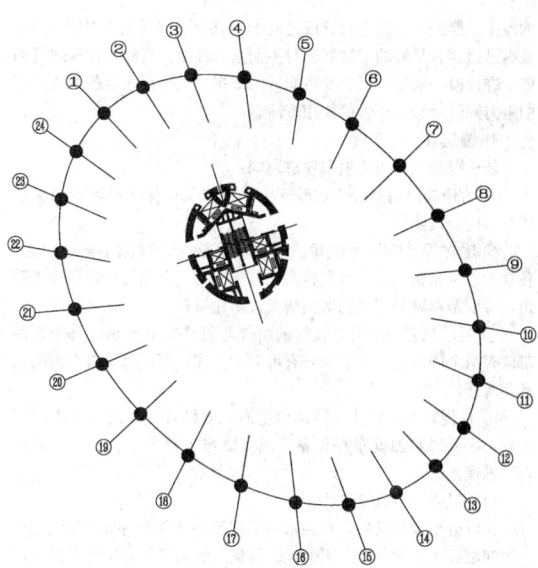

图 15-2 外筒平面布置

初次安装时，混凝土结构开始施工到 79.600m，钢结构完成第四环。安装三个爬升机，分别位于 48.400m、53.600m 和 58.800m 标高。布料机的巴姆高出较高的爬升约 5.2m。这时，布料杆上方的空间受整体提升钢平台限制，第一节臂杆不能向上竖直工作，随着核心筒结构的施工，第一节臂杆可以全范围工作。

从 48.4m 开始在核心筒短轴对称（东西侧）的两个外墙门框上各预埋 12 根螺母，待预埋好三层螺母后开始安装布料杆。

（3）布料杆的爬升

1）布料杆爬升时，布料杆的臂架一般要处于垂直折叠状态，回转机构处于制动状态。在爬升前注意立柱与爬升框架的垂直度，确保垂直度不大于 0.5°。

2）爬升过程分为爬升框的爬升和立柱的爬升。爬升顺序是：先爬升上爬升框，然后爬升下爬升框，再爬升立柱，每次爬升高度根据需要而定。

（4）布料杆使用

经计算，在 18 环外筒以下及 38 环钢外筒以上，布料杆将与环梁和钢立柱在平面上均不相干，也就是说不妨碍钢管立柱的吊装。至于细腰位置环梁在平面位置上相碰的问题，将通过提升布料杆或局部钢外筒结构后装等手段来解决。

4. 混凝土泵送施工

（1）混凝土泵送方案的确定

根据核心筒的特点，考虑混凝土施工过程的连续性，确定混凝土泵送的方案为一泵一管一次直接泵送到顶的方案，同时另外设置备泵一台，备用泵管一根。为满足高泵压大方量的施工要求，需使用特制的厚壁管，接口处使用牛筋密封圈。

底部水平泵管根据现场各施工阶段总平面情况进行设置，水平管和竖向管道的长度比例要恰当，随着核芯筒的逐步升高，在一定的高度要再加设水平弯管以增加水平管的长度，调整比例，防止回泵压力过大。在本工程上，由于核芯筒内的水平距离狭小，选择对调竖向管道位置的方法进行比例调整。

两根竖向泵管的布置选择在核心筒消防电梯前室平台的位置。

（2）泵送混凝土设备选型

经资料收集和比较，选定国内合资企业三一重工的 HBT90CH-2135D 型号特制混凝土输送泵。经计算该型号的混凝土输送泵能满足本工程一次到顶的泵送要求。

（3）泵送混凝土输送管的配置

1）输送管的配备

混凝土输送管是将混凝土运载至浇筑位置的设备，一般有直管、弯管、锥形管等。目前施工常用的混凝土输送管多为壁厚为 2mm 的电焊钢管，而本工程的泵送混凝土输送管均采用管壁加厚

的高压无缝钢管。输送管管段之间的连接环,具有连接牢固可靠、装拆迅速、有足够的强度和密封不漏浆的性质。有时,在输送管内壁上进行镀一层膜,起到光滑洞壁的效果,减少泵送混凝土流动时的阻力同时延长输送管的使用寿命。

2) 输送管道的布置

泵送混凝土输送管道布置总原则:

① 管道经过的路线应比较安全,泵机及操作人员附近的输送管要相应加设防护。

② 输送管道应尽可能短,弯头尽可能少,以减小输送阻力。各管卡连接紧密到位,保证接头处可靠密封,不漏浆。定期检查管道,特别是弯管等部位的磨损情况,防止爆管。

③ 管道只能用木料等较软的物件与管件接触支承,每个管件都应有两个固定点,各管路要有可靠的支撑,泵送时不得有大的振动和滑移。

④ 在浇筑平面尺寸大的结构物时,要结合配管设计考虑布料问题,必要时要加设布料设备,使其能覆盖整个结构平面,能均匀、迅速地进行布料。

(4) 混凝土泵施工

在混凝土泵启动后,按照水→水泥浆→水泥砂浆的顺序泵送,以湿润混凝土泵的料斗、混凝土缸及输送管内壁等直接与混凝土拌合物接触的部位。其中,润滑用水、水泥浆或水泥砂浆的数量根据每次具体泵送高度进行适当调整,控制好泵送节奏。

开始泵送时,要注意观察泵的压力和各部分工作的情况。开始时混凝土泵应处于慢速、匀速并随时可反泵的状态,待各方面情况正常后再转入正常泵送。正常泵送时,应尽量不停顿地连续进行,遇到运转不正常的情况时,可放慢泵送速度。当混凝土供应不及时时,宁可降低泵送速度,也要保持连续泵送,但慢速泵送的时间不能超过混凝土浇筑允许的延续时间。不得已停泵时,料斗中应保留足够的混凝土,作为间隔推动管路内混凝土之用。

5. 泵管清洗

在泵旁边建一个24m³水池或建两个水箱(沉淀池容积约9m³),接两个2～3″的水管至两台泵旁边,作水洗之循环利用。

制作一个斗承(容积约4m³左右),用于承接水洗时从布料杆流出的不干净的混凝土和部分脏水。

水洗原理与方法:

60m以下高度时,采用海绵塞的通用水洗方法。

60m以上高度时,不用海绵塞的水洗方法。每次混凝土泵送结束时(最后一搅拌车混凝土放完毕,拖泵料斗尚未排空时),紧接着泵送约半搅拌车砂浆(提前搅拌好,3m³左右),然后再直接泵水清洗(不使用海绵塞,其原理几乎与泵送混凝土的原理完全一样),泵送多高,水洗多高。当浇筑层泵管出口(或布料杆软管出口)出现过渡层混凝土(与正常混凝土不一样,事实上是砂水混合物)时,用斗承盛装直到出水,然后反抽(上海环球通过经验摸索,在浇筑层泵管出口出现过渡层混凝土即反抽)。

最后拆开输送管,将冲洗水放入沉淀池,如此完成整个管路清洗。

6. 泵和布料杆无法浇筑

可采用大型吊斗浇筑,吊斗容量约10m³,装满混凝土后的总重量约30t,采用300TM履带吊或M900D塔吊吊运,吊斗见图15-3。

图15-3　吊斗

15.6　混凝土浇筑

15.6.1　混凝土浇筑的准备工作

15.6.1.1　制定施工方案

现浇混凝土结构的施工方案应包括下列内容:

(1) 混凝土输送、浇筑、振捣、养护的方式和机具设备的选择;

(2) 混凝土浇筑、振捣技术措施;

(3) 施工缝、后浇带的留设;

(4) 混凝土养护技术措施。

15.6.1.2　现场具备浇筑的施工实施条件

1. 机具准备及检查

搅拌机、运输车、料斗、串筒、振动器等机具设备按需要准备充足,并考虑发生故障时的修理时间。重要工程,应有备用的搅拌机和振动器。特别是采用泵送混凝土,一定要有备用泵。所用的机具均应在浇筑前进行检查和试运转,同时配有专职技工,随时检修。浇筑前,必须核实一次浇筑完毕或浇筑至某施工缝前的工程材料,以免停工待料。

2. 保证水电及原材料的供应

在混凝土浇筑期间,要保证水、电、照明不中断。为了防备临时停水停电,事先应在浇筑地点储备一定数量的原材料(如砂、石、水泥、水等)和人工拌合捣固用的工具,以防出现意外的施工停歇缝。

3. 掌握天气季节变化情况

加强气象预测预报的联系工作。在混凝土施工阶段应掌握天气的变化情况,特别在雷雨台风季节和寒流突然袭击之际,更应注意,以保证混凝土连续浇筑顺利进行,确保混凝土质量。

根据工程需要和季节施工特点,应准备好在浇筑过程中所必需的抽水设备和防雨、防暑、防寒等物资。

4. 隐蔽工程验收,技术复核与交底

模板和隐蔽工程项目应分别进行预检和隐蔽验收,符合要求后,方可进行浇筑。检查时应注意以下几点:

(1) 模板的标高、位置与构件的截面尺寸是否与设计符合,构件的预留拱度是否正确;

(2) 所安装的支架是否稳定,支柱的支撑和模板的固定是否可靠;

(3) 模板的紧密程度;

(4) 钢筋与预埋件的规格、数量、安装位置及构件接点连接焊缝,是否与设计符合。

在浇筑混凝土前,模板内的垃圾、木片、刨花、锯屑、泥土和钢筋上的油污、鳞落的铁皮等杂物,应清除干净。

木模板应浇水加以润湿,但不允许留有积水。湿润后,木模板中尚未胀密的缝隙应贴严,以防漏浆。

金属模板中的缝隙和孔洞也应予以封闭,现场环境温度高于35℃时宜对金属模板进行洒水降温。

5. 其他

输送浇筑前应检查混凝土送料单,核对配合比,检查坍落度,必要时还应测定混凝土扩展度,在确认无误后方可进行混凝土浇筑。

15.6.2　混凝土浇筑基本要求

(1) 混凝土浇筑应保证混凝土的均匀性和密实性。混凝土宜一次连续浇筑,当不能一次连续浇筑时,可留设施工缝或后浇带分块浇筑。

(2) 混凝土浇筑过程应分层进行,分层浇筑应符合表15-60规定的分层振捣厚度要求,上层混凝土应在下层混凝土初凝之前浇筑完毕。

(3) 混凝土运输、输送入模的过程宜连续进行,从搅拌完成到浇筑完毕的延续时间不宜超过表15-52的规定,且不应超过表15-53的限值规定。掺早强型减水外加剂、早强剂的混凝土以及有

特殊要求的混凝土，应根据设计及施工要求，通过试验确定允许时间。

运输到输送入模的延续时间限值（min）表 15-52

条　件	气　温	
	≤ 25℃	> 25℃
不掺外加剂	90	60
掺外加剂	150	～120

混凝土运输、输送、浇筑及间歇的全部时间限值（min）

表 15-53

条　件	气　温	
	≤ 25℃	> 25℃
不掺外加剂	180	150
掺外加剂	240	210

注：有特殊要求的混凝土，应根据设计及施工要求，通过试验确定允许时间。

（4）混凝土浇筑的布料点宜直接近浇筑位置，应采取减少混凝土下料冲击的措施，并应符合下列规定：

1）宜先浇筑竖向结构构件，后浇筑水平结构构件；

2）浇筑区域结构平面有高差时，宜先浇筑低区部分再浇筑高区部分。

（5）柱、墙模板内的混凝土浇筑倾落高度应满足表 15-54 的规定，当不能满足规定时，应加设串筒、溜管、溜槽等装置。

柱、墙模板内混凝土浇筑倾落高度限值（m）

表 15-54

条　件	混凝土倾落高度	条　件	混凝土倾落高度
骨料粒径大于 25mm	≤3	骨料粒径小于等于 25mm	≤6

注：当有可靠措施能保证混凝土不产生离析时，混凝土倾落高度可不受上表限制。

（6）混凝土浇筑后，在混凝土初凝前和终凝前宜分别对混凝土裸露表面进行抹面处理。

（7）结构面标高差异较大处，应采取防止混凝土反涌的措施，并且宜按"先低后高"的顺序浇筑混凝土。

（8）浇筑混凝土时应分段分层连续进行，浇筑层高度应根据混凝土供应能力、一次浇筑方量、混凝土初凝时间、结构特点、钢筋疏密综合考虑决定，一般是使用插入式振捣器时，振捣器作用部分长度的 1.25 倍。

（9）浇筑混凝土应连续进行，如必须间歇，其间歇时间应尽量缩短，并应在前层混凝土初凝之前，将次层混凝土浇筑完毕。间歇的最长时间应按所用水泥品种、气温及混凝土凝结条件确定，一般超过 2h 应按施工缝处理（当混凝土凝结时间小于 2h 时，则应当执行混凝土的初凝时间）。

（10）在施工作业面上浇筑混凝土时应布料均衡。应对模板和支架进行观察和维护，发生异常情况应及时进行处理。混凝土应采取措施避免造成模板内钢筋、预埋件及其定位件移位。

（11）在地基上浇筑混凝土前，对地基应事先按设计标高和轴线进行校正，并应清除淤泥和杂物。同时注意排除开挖出来的水和开挖地点的流动水，以防冲刷新浇筑的混凝土。

（12）多层框架按分层分段施工，水平方向以结构平面的伸缩缝分段，垂直方向按结构层次分层。在每层中先浇筑柱，再浇筑梁、板。洞口浇筑混凝土时，应使洞口两侧混凝土高度大体一致。振捣时，振捣棒应距洞边 30cm 以上，在两侧同时振捣，以防洞口变形，大洞口下部模板应开口并补充振捣。构造柱混凝土应分层浇筑，内外墙交接处的构造柱和墙同时浇筑，振捣要密实。采用插

入式振捣器捣实普通混凝土的移动间距不宜大于作用半径的 1.5 倍，振捣器距离模板不应大于振捣器作用半径的 1/2，不碰撞各种预埋件。

15.6.3 混凝土浇筑

混凝土的浇筑，应预先根据工程结构特点、平面形状和几何尺寸、混凝土制备设备和运输设备的供应能力、泵送设备的泵送能力、劳动力和管理能力以及周围场地大小、运输道路情况等条件，划分混凝土浇筑区域。并明确设备和人员的分工，以保证结构浇筑的整体性和按计划进行浇筑。

混凝土的浇筑宜按以下顺序进行：在采用混凝土输送管输送混凝土时，应由远而近浇筑；在同一区的混凝土，应按先竖向结构后水平结构的顺序，分层连续浇筑；当不允许留施工缝时一区域之间、上下层之间的混凝土浇筑时间，不得超过混凝土初凝时间。混凝土泵送速度较快，框架结构的浇筑要很好地组织，要加强布料和捣实工作，对预埋件和钢筋太密的部位，要预先制定技术措施，确保顺利进行布料和振捣密实。

15.6.3.1 梁、板混凝土浇筑

（1）柱、墙混凝土设计强度比梁、板混凝土设计强度高一个等级时，柱、墙位置梁、板高度范围内的混凝土经设计单位同意，可采用与梁、板混凝土设计强度等级相同的混凝土进行浇筑。

（2）柱、墙混凝土设计强度比梁、板混凝土设计强度高两个等级及以上时，应在交界区域采取分隔措施。分隔位置应在低强度等级的构件中，且距高强度等级构件边缘不应小于 500mm，柱梁板结构分隔位置可参考图 15-4 设置；墙梁板结构分隔位置可参考图 15-5 设置。

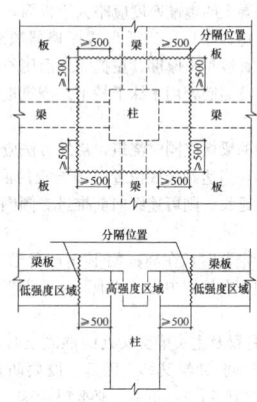

图 15-4　柱梁板结构分隔方法

（3）宜先浇筑高强度等级混凝土，后浇筑低强度等级混凝土。

（4）柱、剪力墙混凝土浇筑应符合下列规定：

1）浇筑墙体混凝土应连续进行，间隔时间不应超过混凝土初凝时间。

2）墙体混凝土浇筑高度应高出底板 20～30mm。柱混凝土墙体浇筑完毕之后，将上口甩出的钢筋加以整理，用木抹子按标高线将墙上表面混凝土找平。

3）柱墙浇筑前底部应先填 5～10cm 厚与混凝土配合比相同的减石子砂浆，混凝土应分层浇筑振捣，使用插入式振捣器时每层厚度不大于 50cm，振捣棒不得触动钢筋和预埋件。

4）柱墙混凝土应一次浇筑完毕，如需留施工缝时应留在主梁下面。无梁楼板应留在柱帽下面。在墙柱与梁板整体浇筑时，应在柱浇筑完毕后停歇 2h，使其初步沉实，再继续浇筑。

5）浇筑一排柱的顺序应从两端同时开始，向中间推进，以免因浇筑混凝土后由于模板吸水膨胀，断面增大而产生横向推力，最后使柱发生弯曲变形。

6）剪力墙浇筑应采取长条流水作业，分段浇筑，均匀上升。墙体混凝土的施工缝一般宜设在门窗洞口上，接槎处混凝土应加强振捣，保证接槎严密。

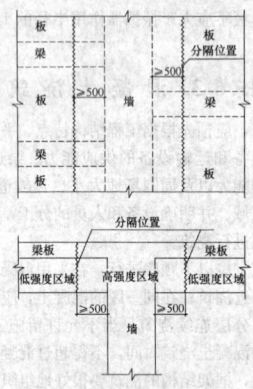

图 15-5　墙梁板结构分隔方法

(5) 梁、板同时浇筑，浇筑方法应由一端开始用"赶浆法"，即先浇筑梁，根据梁高分层浇成阶梯形，当达到板底位置时再与板的混凝土一起浇筑，随着阶梯形不断延伸，梁板混凝土浇筑连续向前进行。

(6) 和板连成整体高度大于 1m 的梁，允许单独浇筑，其施工缝应留在板底以下 2～3mm 处。浇捣时，浇筑与振捣必须紧密配合，第一层下料慢些，梁底充分振实后再下第二层料，用"赶浆法"保持水泥浆沿梁底包裹石子向前推进，每层均应振实后再下料，梁底及梁侧部位要注意振实，振捣时不得触动钢筋及预埋件。

(7) 浇筑板混凝土的虚铺厚度应略大于板面，用平板振捣器垂直浇筑方向来回振捣，厚板可用插入式振捣器顺浇筑方向托拉振捣，并用铁插尺检查混凝土厚度，振捣完毕后用长木抹子抹平。施工缝处或有预埋件及插筋处用木抹子找平。浇筑板混凝土时不允许用振捣棒铺摊混凝土。

(8) 肋形楼板的梁板应同时浇筑，浇筑方法应先将梁根据高度分层浇捣成阶梯形，当达到板底位置时即与板的混凝土一起浇捣，随着阶梯形的不断延长，则可连续向前推进。倾倒混凝土的方向应与浇筑方向相反。

(9) 浇筑无梁楼盖时，在离柱帽下 5cm 处暂停，然后分层浇筑柱帽，下料必须倒在柱帽中心，待混凝土接近楼板底面时，即可连同楼板一起浇筑。

(10) 当浇筑柱梁及主次梁交叉处的混凝土时，一般钢筋较密集，特别是上部负钢筋又粗又多，因此，既要防止混凝土下料困难，又要注意砂浆挡住石子不下去。必要时，这一部分可改用细石混凝土进行浇筑，与此同时，振捣棒头也可改用片式并辅以人工捣固配合。

15.6.3.2　水下混凝土浇筑

1. 水下混凝土浇筑方法的选择

水下混凝土浇筑方法，有开底容器法、倾注法、装袋叠置法、柔性管法、导管法和泵压法。

倾注法类似于干地的斜面分层浇筑法，施工技术比较简单，但只用于水深不超过 2m 的浅水区使用。

装袋叠置法虽然施工比较简单，但袋与袋之间有接缝，整体性较差，一般只用于对整体性要求不高的水下抢险、堵漏和防冲工程，或在水下立模困难的地方用作水下模板。

柔性管法是较新的一种施工方法，能保证水下混凝土的整体性和强度，可以在水下浇筑较薄的板，并能得到规则的表面。

导管法和泵压法是工程上应用最广泛的浇筑方法，可用于规模较大的水下混凝土工程，能保证混凝土的整体性和强度，可在深水中施工（泵压法水深不宜超过 15m），要求模板密封条件较好。

2. 导管法浇筑水下混凝土时的技术要求

用导管法施工时，进入导管内的第一批混凝土，能否在隔水条件下顺利到达仓底，并使导管底部埋入混凝土内一定深度，是能否顺利浇筑水下混凝土的重要环节。为此，就必须采用悬挂在导管上部的顶门或吊塞作为隔绝环境水。顶门用木板或钢板制作，吊塞可

以用各种材料制成圆球形，在正式浇筑前，用吊绳把滑塞悬挂在承料漏斗下面的导管内，随着混凝土的浇筑面一起下滑，至接近管底时将吊绳剪断，在混凝土自身质量推动下滑塞下落，混凝土冲出管口并将导管底部埋入混凝土内。此外，采用自由滑动软塞或底塞，也可以达到以上目的。

导管直径与导管通过能力和粗骨料的最大粒径有关，可参照表 15-55。

导管直径与导管通过能力和粗骨料最大粒径

表 15-55

导管的直径（mm）	100	150	200	250	300
导管通过的能力（m³/h）	3.0	6.5	12.5	18.0	26.0
允许粗骨料最大粒径（mm）	20	20	碎石 20 卵石 40	40	60

为了保证导管底部埋入混凝土内，在开始浇筑阶段，首批混凝土推动滑塞冲出导管后，在管脚处堆高不宜小于 0.5m，以便导管口埋入在混凝土的深度不小于 0.3m。首批混凝土宜采用坍落度较小的混凝土拌合物，使其流入仓内的混凝土坡率约为 0.25。

用刚性管浇筑水下混凝土时，整个浇筑过程应连续进行，直到一次浇筑所需高度或高出水面为止，以减少环境水对混凝土的不利影响，也减少凝固后清除强度不符合的混凝土数量。

对于已浇筑的混凝土不宜搅动，使其在较好的环境中逐渐凝固和硬化。

(1) 导管的作用半径

导管的作用半径 R_t，混凝土拌合物水下扩散平均坡率为 i，混凝土的上升高度则为 $i \cdot R_t$。同时在流动性保持指标 t_h 的时间内，舱面上升高度为 $t_h \cdot I$（I 为水下混凝土面上升的速度，m/h）。两者应相等，即 $i \cdot R_t = t_h \cdot I$（图 15-6）。

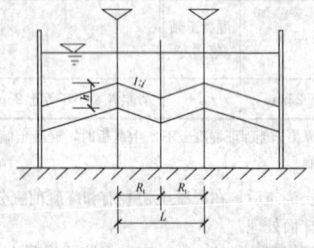

图 15-6　导管作用半径

在浇筑阶段，一般要求水下混凝土面坡率小于 1/5，如果以平均坡率 $i = 1/6$ 倒入，上式则得：

$$R_t = 6t_h \cdot I \qquad (15-21)$$

用此可以求得导管作用半径来布置导管。

(2) 导管插入混凝土内的深度及一次提升高度的确定

导管埋入已浇筑混凝土内越深，混凝土向四周均匀扩散的效果越好，混凝土更密实，表面也更平坦。但如果埋入过深，混凝土在导管内流动不畅，不仅对浇筑速度有影响，而且易造成堵管事故。因此，导管法施工有个最佳埋入深度，该值与混凝土的浇筑强度和拌合物的性质有关。它约等于流动性保持指标 t_h 与混凝土面上升速度 I 乘积的 2 倍。

$$h_t = 2t_h I \qquad (15-22)$$

式中　h_t——导管插入混凝土内的最佳深度（m）；
　　　t_h——水下混凝土拌合物的流动性保持指标（h）；
　　　I——舱面混凝土面上升速度（m/h）。

导管插入混凝土内的最大深度，可按下式计算

$$h_{tmax} = K \cdot t_f \cdot I \qquad (15-23)$$

式中　h_{tmax}——导管最大插入深度（m）；

t_f——混凝土的初凝时间（h）；

I——混凝土面上升速度（m/h）；

K——系数，一般取 0.8～1.0。

导管的最小插入深度从混凝土拌合物在舱面的扩散坡面，不陡于 1:5 和极限扩散半径不小于导管间距考虑：

$$h_{tmin} = i \cdot L_t \qquad (15\text{-}24)$$

式中 h_{tmin}——导管最小插入深度（m）；

i——混凝土面扩散坡率，1/6～1/5；

L_t——导管之间的间距（m）。

由以上求得的导管插入最大深度和插入的最小深度，可求出导管的一次提升高度：

$$h = h_{tmax} - h_{tmin} \qquad (15\text{-}25)$$

（3）混凝土的超压力

为保证混凝土能顺利通过导管下注，导管底部的混凝土柱压力应等于或大于仓内水压力和导管底部必需的超压力之和，即

$$\gamma_c H_c \geqslant P + \gamma_w \cdot H_{cw} \qquad (15\text{-}26)$$

$$H_c \geqslant \frac{P - \gamma_w H_{cw}}{\gamma_c} \qquad (15\text{-}27)$$

式中 H_c——导管顶部至已浇筑混凝土面的高度（m）；

H_{cw}——水面至已浇筑混凝土的高度（m）；

γ_c、γ_w——分别为水下混凝土拌合物和水的重度（kN/m³）；

P——混凝土的最小超压力（kN/m²），见表 15-56。

混凝土最小超压力 表 15-56

仓面类型	钻孔	大 仓 面			
导管作用半径（m）	≤2.5	3.0	3.5		4.0
最小超压力（kN/m²）	75	75	100	150	250

（4）混凝土面的上升速度

当一次浇筑水下混凝土的高度不高时，最好使其上升速度能在混凝土拌合物初凝之前浇筑到设计高度。因此，混凝土面的上升速度为

$$I = H/t_f \qquad (15\text{-}28)$$

式中 I——混凝土面的上升速度（m/h）；

H——混凝土一次浇筑高度（m）；

t_f——混凝土的初凝时间（h）。

在导管法实际施工中，对于大仓面宜使混凝土上面的上升速度为 0.3～0.4m/h，小仓面可达 0.5～1.0m/h，但不能小于 0.2m/h。

3. 泵压法施工工艺

用泵压法浇筑水下混凝土，具有很多的优越性：能够增大水下混凝土拌合物的水下扩散范围，一根浇筑管浇筑的面积比较大，减少浇筑管的提升次数，终浇阶段也有足够的超压力。与导管法相比，泵压法需要专门的输送设备，要求有较大的浇筑强度和搅拌能力，且不宜用于水深超过 15m 的水下工程。

泵压混凝土的浇筑方法，主要有导管浇筑法、导管开浇法和输送管直接浇筑法 3 种。

（1）导管浇筑法

导管浇筑法是把混凝土压送到导管上面的承料漏斗中，用前面介绍的导管法进行浇筑，混凝土泵只是作为一种运输设备。

（2）导管开浇法

混凝土泵的输送量和泵的压力，都很难根据施工的需要进行调整。但是，由于泵压混凝土下注的流速往往很大，在开浇阶段若不采取有效措施，水容易倒灌入管内而造成返水事故，管口不能很快地埋入已浇筑的混凝土中，严重影响水下混凝土的质量。

导管开浇法即在开浇阶段用导管进行浇筑，待浇筑管埋入混凝土内 1m 以上时，再拆去承料漏斗，将水平输送管与浇筑管连接起来，然后继续进行压注。

（3）输送管直接浇筑法

将与混凝土泵水平输送管直接连接的垂直浇筑管直接插至仓底，自始至终用这套浇筑设备进行浇筑。采用这种方法浇筑，在开浇阶段需要利用陶穴法、防冲盘法或辅助管法来降低浇筑管内混凝土的下注速度，使管口能尽快埋入已浇筑混凝土内。

4. 柔性管法施工工艺

用柔性管浇筑，当管内无混凝土拌合物通过时，柔性管则被外面的水压力压扁，减少了水浮力的不利影响，能防止水侵入管内。当管内充满混凝土拌合物后，管子就被混凝土自重产生的侧压力撑开，使混凝土缓慢下降（约 2.5m/min）这样可以减少下冲力，从而避免产生混凝土离析，同时也不要求柔性管口埋入混凝土内一定深度。当管内无混凝土时，管被水压力压扁，便可上提并移至新的位置。因此允许间歇浇筑，并可以浇筑水下薄层混凝土，还可以得到比较规则的平面。柔性管分为单层柔性管和双层柔性管。

15.6.3.3 施工缝或后浇带处混凝土浇筑

施工缝或后浇带处浇筑混凝土应符合下列规定：

（1）结合面应采用粗糙面，结合面应清除浮浆、疏松石子、软弱混凝土层，并清理干净。

（2）结合面处应采用洒水方法进行充分湿润，并不得有积水。

（3）施工缝处已浇筑混凝土的强度不应小于 1.2MPa。

（4）柱、墙水平施工缝水泥砂浆接浆层厚度不应大于 30mm，接浆层水泥砂浆应与混凝土浆液同成分。

（5）后浇带混凝土强度等级和性能应符合设计要求；当设计无要求时，后浇带强度等级宜比两侧混凝土提高一级，并宜采用减少收缩的技术措施进行浇筑。

（6）施工缝位置附近回弯钢筋时，要做到钢筋周围的混凝土不受松动和损坏。钢筋上的油污、水泥砂浆及浮锈等杂物也应清除。

（7）从施工缝处开始继续浇筑时，要注意避免直接靠近缝边下料。机械振捣前，宜向施工缝逐渐推进，并距 80～100cm 处停止振捣，但应加强对施工缝接缝的捣实工作，使其紧密结合。

15.6.3.4 现浇结构叠合层上混凝土浇筑

（1）在主要承受静力荷载的叠合梁上，叠合面上应有凹凸差不小于 6mm 的粗糙面，并不得疏松和有浮浆。

（2）当浇筑叠合板时，叠合面应有凹凸不小于 4mm 的粗糙面。

（3）当浇筑叠合式受弯构件时，应按设计要求确定支撑的设置。

（4）结合面上浇筑混凝土前应洒水进行充分湿润，并不得有积水。

15.6.3.5 超长结构混凝土浇筑技术要求

超长结构混凝土浇筑应符合下列规定：

（1）可留设施工缝分仓浇筑，分仓浇筑间隔时间不应少于 7d；

（2）当留设后浇带时，后浇带封闭时间不得少于 14d；

（3）超长整体基础中调节沉降的后浇带，混凝土封闭时间应通过监测确定，当差异沉降趋于稳定后方可封闭后浇带；

（4）后浇带的封闭时间尚应经设计单位认可。

15.6.3.6 型钢混凝土浇筑

混凝土的浇筑质量是型钢混凝土结构质量好坏的关键。尤其是梁柱节点、主次梁交接处、梁内型钢凹角处等，由于型钢、钢筋和箍筋相互交错，会给混凝土的浇筑和振捣带来一定的困难，因此，施工时应特别注意确保混凝土的密实性。型钢混凝土结构浇筑应符合下列规定：

（1）混凝土强度等级为 C30 以上，宜用商品混凝土泵送浇捣，先浇捣柱后浇捣梁。混凝土粗骨料最大粒径不应大于型钢外侧混凝土保护层厚度的 1/3，且不宜大于 25mm。

（2）混凝土浇筑应有充分的下料位置，浇筑应能使混凝土充盈整个构件各部位。

（3）在柱混凝土浇筑过程中，型钢周边混凝土浇筑宜同步上升，混凝土浇筑高差不应大于 500mm，每个柱采用 4 个振捣棒振捣至顶。

（4）在梁柱接头处和梁的型钢翼缘下部，由于浇筑混凝土时有部分空气不易排出，或因梁的型钢混凝土翼缘过宽影响混凝土浇筑，需在型钢翼缘的一些部位预留排气孔和混凝土浇筑孔。

（5）梁混凝土浇筑时，在工字钢梁下翼缘板以下从钢梁一侧下料，用振捣器在工字钢梁一侧振捣，将混凝土从钢梁底挤向另一侧，待混凝土高度超过钢梁下翼缘板100mm以上时，改为两侧两人同时对称下料，对称振捣，待浇至上翼缘板100mm时再从梁跨中开始下料浇筑，从梁的中部开始振捣，逐渐向两端延伸，至上翼缘下的全部气泡从钢梁梁端及梁柱节点位置穿钢筋的孔中排出为止。

15.6.3.7　钢管混凝土结构浇筑

钢管混凝土的浇筑常规方法有从管顶向下浇筑及混凝土从管底顶升浇筑。不论采取何种方法，对底层管柱，在浇筑混凝土前，应先灌约100mm厚的同强度等级水泥砂浆，以便和基础混凝土更好地连接，也避免了浇筑混凝土时发生粗骨料的弹跳现象。采用分段浇筑管内混凝土且间隔时间超过混凝土终凝时间时，每段浇筑混凝土前，都应采用灌水泥砂浆的措施。

通过试验，管内混凝土的强度可按混凝土标准试块自然养护28d的抗压强度采用，也可按标准试块标准养护28d强度的0.9采用。

钢管混凝土结构浇筑应符合下列规定：

（1）宜采用自密实混凝土浇筑。

（2）混凝土应采取减少收缩的措施，减少管壁与混凝土间的间隙。

（3）在钢管适当位置留有足够的排气孔，排气孔孔径应不小于20mm；浇筑混凝土应加强排气孔观察，确认浆体流出和浇筑密实后方可封堵排气孔。

（4）当采用粗骨料粒径不大于25mm的高流态混凝土或粗骨料粒径不大于20mm的自密实混凝土时，混凝土最大倾落高度不宜大于9m；倾落高度大于9m时应采用串筒、溜槽、溜管等辅助装置进行浇筑。

（5）混凝土从管顶向下浇筑时应符合下列规定：

1）浇筑应有充分的下料位置，浇筑应能使混凝土充盈整个钢管；

2）输送管端内径或斗容器下料口内径应比钢管内径小，且每边应留有不小于100mm的间隙；

3）应控制浇筑速度和单次下料量，并分层浇筑至设计标高；

4）混凝土浇筑完毕后应对管口进行临时封闭。

（6）混凝土从管底顶升浇筑时应符合下列规定：

1）应在钢管底部设置进料输送管，进料输送管应设止流阀门，止流阀门可在顶升浇筑的混凝土达到终凝后拆除；

2）合理选择混凝土顶升浇筑设备，配备上下通信联络工具，有效控制混凝土的顶升或停止过程；

3）应控制混凝土顶升速度，并均衡浇筑至设计标高。

15.6.3.8　自密实混凝土结构浇筑

自密实混凝土浇筑应符合下列规定：

（1）应根据结构部位、结构形状、结构配筋等确定合适的浇筑方案。

（2）自密实混凝土粗骨料最大粒径不宜大于20mm。

（3）浇筑应能使混凝土充填到钢筋、预埋件、预理钢构周边及模板内各部位。

（4）自密实混凝土浇筑布料点应结合拌合物特性选择适宜的间距，必要时可通过试验确定混凝土布料点下料间距。

（5）自密实混凝土浇筑时，尽量减少泵送过程对混凝土高流动性的影响，使其和易性能不变。

（6）浇筑时在浇注范围内尽可减少浇筑分层（分层厚度取为1m），使混凝土的重力作用得以充分发挥，并尽量不破坏混凝土的整体黏聚性。

（7）使用钢筋插棍进行插捣，并用锤子敲击模板，起到辅助流动和辅助密实的作用。

（8）自密实混凝土浇筑至设计高度后可停止浇筑，20min后再检查混凝土标高，如标高略低再进行复插，以保证达到设计要求。

（9）在自密实混凝土入模前，应进行拌合物工作性检验。

15.6.3.9　清水混凝土结构浇筑

清水混凝土结构浇筑应符合下列规定：

（1）应根据结构特点进行构件分区，同一构件分区应采用同批混凝土，并应连续浇筑。

（2）同层或同区内混凝土构件所用材料牌号、品种、规格应一致，并应保证结构外观色泽符合要求。

（3）竖向构件浇筑时应严格控制分层浇筑的间歇时间，避免出现混凝土层间接缝痕迹。

（4）混凝土浇筑前，清理模板内的杂物，完成钢筋、管线的预留预埋，施工缝的隐蔽工程验收工作。

（5）混凝土浇筑先在根部浇筑30～50mm厚与混凝土同配比的水泥砂浆，随铺砂浆随浇筑混凝土。

（6）混凝土振点应从中间向边缘分布，且布棒均匀，层层搭扣，遍布浇筑的各个部位，并应随浇筑连续进行。振捣棒的插入深度要大于浇筑层厚度，插入下层混凝土中50mm。振捣过程中应避免过振模板、钢筋，每一振点的振动时间，应以混凝土表面不再下沉、无气泡逸出为止，一般为20～30s，避免过振发生离析。

（7）其他同普通混凝土。

15.6.3.10　预制装配结构现浇节点混凝土浇筑

（1）预制构件与现浇混凝土部分连接应按设计图纸与节点施工。预制构件与现浇混凝土接触面，构件表面应作凿毛处理。

（2）预制构件锚固钢筋应按现行规范、规程执行，当有专项设计图纸时，应满足设计要求。

（3）采用预理件与螺栓形式连接时，预埋件和螺栓必须符合设计要求。

（4）浇筑用混凝土、砂浆、水泥浆的强度及收缩性应满足设计要求，骨料最大尺寸不应小于浇筑处最小尺寸的四分之一。设计无规定时，混凝土、砂浆的强度等级值不应低于构件混凝土强度等级值，并宜采取快硬措施。

（5）装配节点处混凝土、砂浆浇筑应振捣密实，并采取保温保湿养护措施。混凝土浇筑时，应采取留置必要数量的同条件试块或其他混凝土实体强度检测措施，以核对混凝土的强度已达到后续施工的条件。临时固定措施，可以在不影响结构安全性前提下分阶段拆除，对拆除方法、时间及顺序，应事先进行验算及制定方案。

（6）预制阳台与现浇梁、板连接时，预制阳台预留锚固钢筋必须符合设计要求与满足现行规范长度。

（7）预制楼梯与现浇梁板的连接，当采用预埋件焊接连接时，先施工梁后焊接、放置楼梯，焊接满足设计要求。当采用锚固钢筋连接时，锚固钢筋必须符合设计要求。

（8）预制构件在现浇混凝土叠合构件中应符合下列规定：

1）在主要承受静力荷载的梁中，预制构件的叠合面应有凹凸差不小于6mm的粗糙面，并不得黏松和有浮浆。

2）当浇筑叠合板时，预制板的表面应有凹凸不小于4mm的粗糙面。

（9）装配式结构的连接节点应逐个进行隐蔽工程检查，并填写记录。

15.6.3.11　大体积混凝土的浇筑方法

基础大体积混凝土结构浇筑应符合下列规定：

（1）用多台输送泵接输送泵管浇筑时，输送泵管布料点间距不宜大于10m，并宜由远而近浇筑。

（2）用汽车布料杆输送浇筑时，应根据布料杆工作半径确定布料点数量，各布料点浇筑速度应保持均衡。

（3）宜先浇筑深坑部分再浇筑大面积基础部分。

（4）基础大体积混凝土浇筑最常采用的方法是斜面分层；如果对混凝土流淌距离有特殊要求的工程，混凝土可采用全面分层或分块分层的浇筑方法。斜面分层浇筑方法见图15-7；全面分层浇筑方法见图15-8；分块分层浇筑方法见图15-9。在保证各层混凝土连续浇筑的条件下，层与层之间的间歇时间应尽可能缩短，以满足整个混凝土浇筑过程连续。

（5）混凝土分层浇筑应采用自然流淌形成斜坡，并应沿高度均匀上升，分层厚度不宜大于500mm。混凝土每层的厚度 H 应符合表15-57的规定，以保证混凝土能够振捣密实。

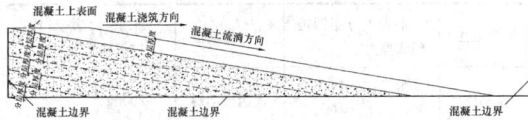

图 15-7 基础大体积混凝土斜面分层浇筑方法示意图

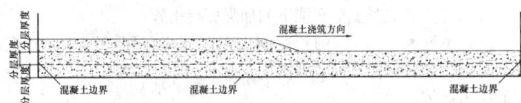

图 15-8 基础大体积混凝土全面分层浇筑方法示意图

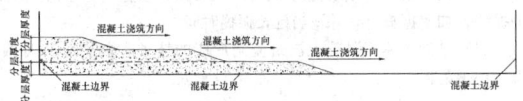

图 15-9 基础大体积混凝土分块分层浇筑方法示意图

大体积混凝土的浇筑层厚度 表 15-57

混凝土种类	混凝土振捣方法	混凝土浇筑层厚度（mm）
普通混凝土	插入式振捣	振动作用半径的 1.25 倍
	表面振捣	200
	人工振捣	
	(1) 在基础、无筋混凝土或配筋稀疏构件中	250
	(2) 在梁、墙板、柱结构中	240
	(3) 在配筋稠密的结构中	150
轻骨料混凝土	插入式振捣	300
	表面振捣（振动时需加荷）	200

（6）混凝土浇筑后，在混凝土初凝前和终凝前宜分别对混凝土裸露表面进行抹面处理，抹面次数宜适当增加。

（7）混凝土拌合物自由下落的高度超过 2m 时，应采用串筒、溜槽或振动管下落工艺，以保证混凝土拌合物不发生离析。

（8）大体积混凝土施工由于采用流动性大的混凝土进行分层浇筑，上下层施工的间隔时间较长，经过振捣后上涌的泌水和浮浆易顺着混凝土坡面流到坑底，所以基础大体积混凝土结构浇筑应有排除积水或混凝土泌水的有效技术措施。可以在混凝土垫层施工时预先在横向做出 2cm 的坡度，在结构四周侧模的底部开设排水孔，使泌水及时从孔中自然流出。当混凝土大坡面的坡脚接近顶端时，应改变混凝土的浇筑方向，即从顶端往回浇筑，与原斜坡相交成一个集水坑，另外有意识地加强两侧模板外的混凝土浇筑强度，这样集水坑逐步在中间缩成小水潭，然后用泵及时将泌水排除。采用这种方法适用于排除最后阶段的所有泌水。

15.6.3.12 预应力混凝土结构浇筑

（1）应避免预应力锚垫板与波纹管连接处及预应力筋连接处的管道移位或脱落。

（2）应采取措施保证预应力锚固区等配筋密集部位混凝土浇筑密实。

15.6.4 泵送混凝土浇筑的技术要求

泵送混凝土浇筑应符合下列规定：

（1）为了防止初泵时混凝土配合比的改变，在正式泵送前应用水、水泥浆、水泥砂浆进行预泵送，以润滑和输送管内壁，一般 1m³ 水泥砂浆可润滑约 300m 长的管道。水、水泥浆和水泥砂浆的用量，见表 15-58。

水、水泥浆和水泥砂浆润滑混凝土泵和输送管内壁用量 表 15-58

输送管长度（m）	水（L）	水泥浆用量（稠度为粥状）	水泥砂浆 用量（m³）	水泥砂浆 配合比（水泥∶砂）
<100	30	100	0.5	1∶2
100～200	30	100	1.0	1∶1
>200	30	100	1.0	1∶1

（2）开始泵送混凝土时，混凝土泵应处于低速、匀速并随时可反泵的状态，并时刻观察泵的输送压力，当确认各方面均正常后，才能提高到正常运转速度。

（3）混凝土泵送要连续进行，尽量避免出现泵送中断。

（4）在混凝土泵送过程中，如经常发生泵送困难或输送管堵塞时，施工管理人员应检查混凝土的配合比、和易性、匀质性以及配管方案、操作方法等，以便对症下药，及时解决问题。

（5）混凝土泵送即将结束时，应正确计算尚需要的混凝土数量，协调供需关系，避免出现停工待料或混凝土多余浪费。尚需混凝土的数量，不可漏计输送管的混凝土，其数量可参考表 15-59。

混凝土泵送结束输送管内混凝土数量 表 15-59

输送管径	每 100m 输送管内的混凝土量（m³）	每立方米混凝土量的输送管长度（m）
100A	1.0	100
125A	1.5	75
150A	2.0	50

（6）泵送混凝土浇筑区域划分以及浇筑顺序应符合下列规定：

1）宜根据结构平面形状及尺寸、混凝土供应、混凝土浇筑设备、场地内外条件等划分每台泵浇筑区域及浇筑顺序；

2）采用硬管输送混凝土时，宜由远而近浇筑；多根输送管同时浇筑时，其浇筑速度宜保持一致；

3）宜采用先浇筑竖向结构构件后浇筑水平结构构件的顺序进行浇筑；

4）浇筑区域结构平面有高差时，宜先浇筑低区部分再浇筑高区部分。

（7）当混凝土入模时，输送管或布料杆的软管出口应向下，并尽量接近浇筑面，必要时可以借用溜槽、串筒或挡板，以免混凝土直接冲击模板和钢筋。

（8）为了便于集中浇筑，保证混凝土结构的整体性和施工质量，浇筑中要配备足够的振捣机具和操作人员。

（9）混凝土浇筑完毕后，输送管道应及时用压力水清洗，清洗时应设置排水设施，不得将清水流到混凝土或模板里。

（10）混凝土泵送浇筑应保持连续；当混凝土供应不及时，应采取间歇泵送方式，放慢泵送速度。

（11）混凝土布料设备出口或混凝土泵管出口应采取缓冲措施进行布料，柱、墙模板内混凝土浇筑应使混凝土缓慢下落。

（12）混凝土浇筑结束后，多余或废弃的混凝土不得用于未浇筑的结构部位。

15.7 混凝土振捣

混凝土振捣应能使模板内各个部位混凝土密实、均匀，不应漏振、欠振、过振。

15.7.1 混凝土振捣设备的分类

混凝土振捣可采用插入式振动棒、平板振动器或附着振动器表 15-60，必要时可采用人工辅助振捣。

振动设备分类   表 15-60

分 类	说 明
内部振动器 (插入式振动器)	形式有硬管的、软管的。振动部分有锤式、棒式、片式等。振动频率有高有低。主要适用于大体积混凝土、基础、柱、梁、墙、厚度较大的板，以及预制构件的捣实工作 当钢筋十分稠密或结构厚度很薄时，其使用就会受到一定的限制
表面振动器 (平板式振动器)	其工作部分是一钢制或木制平板，板上装一个带偏心块的电动振动器。振动力通过平板传递给混凝土，由于其振动作用深度较小，仅使用于表面积大而平整的结构物，如平板、地面、屋面等构件
外部振动器 (附着式振动器)	这种振动器通常是利用螺栓或钳形夹具固定在模板外侧，不与混凝土直接接触，借助模板或其他物体将振动力传递到混凝土。由于振动作用不能远离，仅适用于振捣钢筋较密、厚度较小以及不宜使用插入式振动器的结构构件

15.7.2 采用振动棒振捣混凝土

振动棒振捣混凝土应符合下列规定：

(1) 应按分层浇筑厚度分别进行振捣，振动棒的前端应插入前一层混凝土中，插入深度不应小于 50mm。

(2) 振动棒应垂直于混凝土表面并快插慢拔均匀振捣；当混凝土表面无明显塌陷、有水泥浆出现、不再冒气泡时，可结束该部位振捣。

(3) 混凝土振动棒移动的间距应符合下列规定：

1) 振动棒与模板的距离不应大于振动棒作用半径的 0.5 倍；

2) 采用方格形排列振捣方式时，振捣间距应满足 1.4 倍振动棒的作用半径要求 (图 15-10)；采用三角形排列振捣方式时，振捣间距应满足 1.7 倍振动棒的作用半径要求 (图 15-11)。综合两种情况，对振捣间距作出 1.4 倍振动棒的作用半径要求。

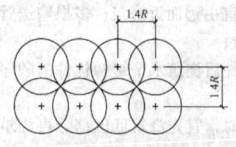 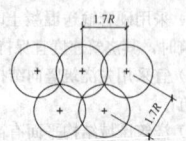

图 15-10 方格形排列 振动棒插点布置图   图 15-11 三角形排列 振动棒插点布置图

注：R 为振动棒的作用半径。

(4) 振动棒振捣混凝土应避免碰撞模板、钢筋、钢构、预埋件等。

15.7.3 采用表面振动器振捣混凝土

表面振动器振捣混凝土应符合下列规定：

(1) 表面振动器振捣应覆盖振捣平面边角；

(2) 表面振动器移动间距应覆盖已振实部分混凝土边缘；

(3) 倾斜表面振捣时，应由低处向高处进行振捣。

15.7.4 采用附着振动器振捣混凝土

附着振动器振捣混凝土应符合下列规定：

(1) 附着振动器应与模板紧密连接，设置间距应通过试验确定；

(2) 附着振动器应根据混凝土浇筑高度和浇筑速度，依次从下往上振捣；

(3) 模板上同时使用多台附着振动器时应使各振动器的频率一致，并应交错设置在相对面的模板上。

15.7.5 混凝土分层振捣的最大厚度要求

混凝土分层振捣的厚度应符合表 15-61 的规定。

混凝土分层振捣厚度   表 15-61

振捣方法	混凝土分层振捣最大厚度	附着振动器	根据设置方式，通过试验确定
振动棒	振动棒作用部分长度的 1.25 倍	表面振动器	200mm

15.7.6 特殊部位的混凝土振捣

特殊部位的混凝土应采取下列加强振捣措施：

(1) 宽度大于 0.3m 的预留洞底部区域应在洞口两侧进行振捣，并适当延长振捣时间；宽度大于 0.8m 的洞口底部，应采取特殊的技术措施。

(2) 后浇带及施工缝边角处应加密振捣点，并适当延长振捣时间。

(3) 钢筋密集区域或型钢与钢筋结合区域应选择小型振动棒辅助振捣、加密振捣点，并适当延长振捣时间。

(4) 基础大体积混凝土浇筑流淌形成的坡顶和坡脚应适时振捣，不得漏振。

15.8 混凝土养护

混凝土浇筑后应及时进行保湿养护，保湿养护可采用洒水、覆盖、喷涂养护剂等方式。选择养护方式应考虑现场条件、环境温湿度、构件特点、技术要求、施工操作等因素。

15.8.1 混凝土洒水养护

洒水养护应符合下列规定：

(1) 洒水养护宜在混凝土裸露表面覆盖麻袋或草帘后进行，也可采用直接洒水、蓄水等养护方式；洒水养护应保证混凝土处于湿润状态。

(2) 洒水养护用水应符合《混凝土用水标准》 (JGJ 63) 的规定。

(3) 当日最低温度低于 5℃时，不应采用洒水养护。

(4) 应在混凝土浇筑完毕后的 12h 内进行覆盖浇水养护。

15.8.2 混凝土覆盖养护

覆盖养护应符合下列规定：

(1) 覆盖养护应在混凝土终凝后及时进行。

(2) 覆盖应严密，覆盖物相互搭接不宜小于 100mm，确保混凝土处于保温保湿状态。

(3) 覆盖养护宜在混凝土裸露表面覆盖塑料薄膜、塑料薄膜加麻袋、塑料薄膜加草帘。

(4) 塑料薄膜应紧贴混凝土裸露表面，塑料薄膜内应保持有凝结水，保证混凝土处于湿润状态。

(5) 覆盖物应严密，覆盖物的层数应按施工方案确定。

15.8.3 混凝土喷涂养护

养生液养护是将可成膜的溶液喷洒在混凝土表面上，溶液挥发后在混凝土表面凝结成一层薄膜，使混凝土表面与空气隔绝，封闭混凝土中的水分不再被蒸发，而完成水化作用。喷涂养护剂养护应符合下列规定：

(1) 应在混凝土裸露表面喷涂覆盖致密的养护剂进行养护。

(2) 养护剂应均匀喷涂在结构构件表面，不得漏喷。养护应具有可靠的保湿效果，保湿效果可通过试验检验。

(3) 养护剂使用方法应符合产品说明书的有关要求。

(4) 墙、柱等竖向混凝土结构在混凝土的表面不便浇水或使用塑料薄膜养护时，可采用涂刷或喷洒养生液进行养护，以防止混凝土内部水分的蒸发。

(5) 涂刷 (喷洒) 养护液的时间，应掌握混凝土水分蒸发情况，在不见浮水、混凝土表面以手指轻按无指印时进行涂刷或喷洒。过早会影响薄膜与混凝土表面结合，容易过早脱落，过迟会影响混凝土强度。

（6）养护液涂刷（喷洒）厚度以 2.5m²/kg 为宜，厚度要求均匀一致。

（7）养护液涂刷（喷洒）后很快就形成薄膜，为达到养护目的，必须加强保护薄膜完整性，要求不得有损坏破裂，发现有损坏时及时补刷（补喷）养护液。

15.8.4　混凝土加热养护

1. 蒸汽养护

蒸汽养护是由轻便锅炉供应蒸汽，给混凝土提供一个高温高湿的硬化条件，加快混凝土的硬化速度，提高混凝土早期强度的一种方法。用蒸汽养护混凝土，可以提前拆模（通常 2d 即可拆模），缩短工期，大大节约模板。

为了防止混凝土收缩而影响质量，并能使强度继续增长，经过蒸汽养护后的混凝土，还要放在潮湿环境中继续养护，一般洒水 7～21d，使混凝土处于相对湿度在 80%～90% 的潮湿环境中。为了防止水分蒸发过快，混凝土制品上面要遮盖草帘或其他覆盖物。

2. 太阳能养护

太阳能养护是直接利用太阳能加热养护棚（罩）内的空气，使内部混凝土能够在足够的温度和湿度下进行养护，获得早强。在混凝土成型、表面找平压面后，在其上覆盖一层黑色塑料薄膜（厚 0.12～0.14mm），再盖一层气垫薄膜（气泡网下）。塑料薄膜应采用耐老化的，接缝应采用热粘合。覆盖时应紧贴四周，用砂袋或其他重物压紧盖严，防止被风吹开而影响养护效果。塑料薄膜若采用搭接时，其搭接长度不小于 30cm。

15.8.5　混凝土养护的质量控制

（1）混凝土的养护时间应符合下列规定：

1）采用硅酸盐水泥、普通硅酸盐水泥或矿渣硅酸盐水泥配制的混凝土不应少于 7d；采用其他品种水泥时，养护时间应根据水泥性能确定；

2）采用缓凝型外加剂、大掺量矿物掺合料配制的混凝土不应少于 14d；

3）抗渗混凝土、强度等级 C60 及以上的混凝土不应少于 14d；

4）后浇带混凝土的养护时间不应少于 14d；

5）地下室底层墙、柱和上部结构首层墙、柱宜适当增加养护时间；

6）基础大体积混凝土养护时间应根据施工方案确定。

（2）基础大体积混凝土裸露表面应采用覆盖养护方式。当混凝土表面以内 40～80mm 位置的温度与环境温度的差值小于 25℃时，可结束覆盖养护。覆盖养护结束但尚未到养护时间要求时，可采用洒水养护方式直至养护结束。

（3）柱、墙混凝土养护方法应符合下列规定：

1）地下室底层和上部结构首层柱、墙混凝土带模养护时间不宜少于 3d；带模养护结束后可采用洒水养护方式继续养护，必要时也可采用覆盖养护或喷涂养护剂养护方式继续养护；

2）其他部位柱、墙混凝土可采用洒水养护；必要时，也可采用覆盖养护或喷涂养护剂养护。

（4）混凝土强度达到 1.2N/mm² 前，不得在其上踩踏、堆放荷载、安装模板及支架。

（5）同条件养护试件的养护条件应与实体结构部位养护条件相同，并应采取措施妥善保管。

（6）施工现场应具备混凝土标准试块制作条件，并应设置标准试块养护室或养护箱。标准试块养护应符合国家现行有关标准的规定。

15.9　混凝土施工缝及后浇带

随着钢筋混凝土结构的普遍运用，在现浇混凝土施工过程中由于技术或施工组织上的原因不能连续浇筑，且停置时间超过混凝土的初凝时间，前后浇筑混凝土之间的接缝处便形成了混凝土施工缝。施工缝是结构受力薄弱部位，一旦设置和处理不当就会影响整个结构的性能与安全。因此，施工缝不能随意设置，必须严格按照

规定预先选定合适的部位设置施工缝。

高层建筑、公共建筑及超长结构的现浇整体钢筋混凝土结构中通常设置后浇带，使大体积混凝土可以分块施工，加快施工进度及缩短工期。由于不设永久性的沉降缝，简化了建筑结构设计，提高了建筑物的整体性，也减少了渗漏水的现象。

施工缝和后浇带的留设位置应在混凝土浇筑之前确定。施工缝和后浇带宜留设在结构受剪力较小且便于施工的位置。受力复杂的结构构件或有防水抗渗要求的结构构件，施工缝留设位置应经设计单位认可。

15.9.1　施工缝的类型

混凝土施工缝的设置一般分两种：水平施工缝和竖直施工缝。水平施工缝一般设置在竖向结构中，一般设置在墙、柱或厚大基础等结构。垂直施工缝一般设置在平面结构中，一般设置在梁、板等构件中。

15.9.2　后浇带的类型

混凝土后浇带的设置一般分两种：沉降后浇带和伸缩后浇带。沉降后浇带有效地解决了沉降差的问题，使高层建筑和裙房的结构及基础设计为整体。伸缩后浇带可减少温度、收缩的影响，从而避免有害裂缝的产生。

15.9.3　水平施工缝的留设

水平施工缝的留设位置应符合下列规定：

（1）柱、墙施工缝可留设在基础、楼层结构顶面，柱施工缝宜距结构上表面 0～100mm，墙施工缝宜距结构上表面 0～300mm。基础、楼层结构顶面的水平施工缝留设见图 15-12。

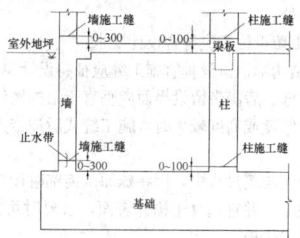

图 15-12　基础、楼层结构顶面留设水平施工缝范例

（2）柱、墙施工缝也可留设在楼层结构底面，施工缝宜距结构下表面 0～50mm。当板下有梁托时，可留设在梁托下 0～20mm。柱在楼层结构底面的水平施工缝留设见图 15-13，墙在楼层结构底面的水平施工缝留设见图 15-14。

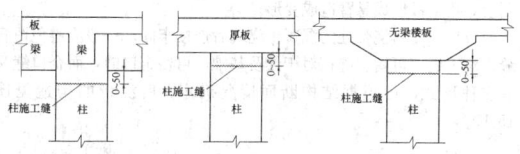

图 15-13　柱在楼层结构底面留设水平施工缝范例

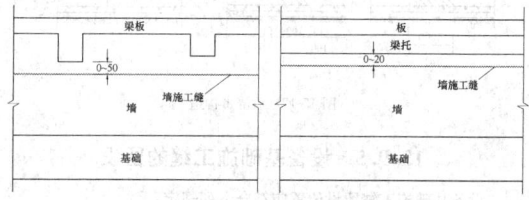

图 15-14　墙在楼层结构底面留设水平施工缝范例

（3）高度较大的柱、墙、梁以及厚度较大的基础可根据施工需要在其中部留设水平施工缝；必要时，可对配筋进行调整，并应征得设计单位认可。

（4）特殊结构部位留设水平施工缝应征得设计单位同意。

15.9.4 垂直施工缝与后浇带的留设

（1）垂直施工缝和后浇带的留设位置应符合下列规定：

1）有主次梁的楼板施工缝应留设在次梁跨度中间的 1/3 范围内，有主次梁的楼板施工缝留设位置见图 15-15；

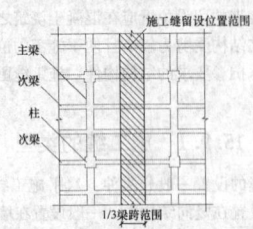

图 15-15　主次梁结构垂直施工缝留设位置范例

2）单向板施工缝应留设在平行于板短边的任何位置；

3）楼梯梯段施工缝宜设置在梯段板跨度端部的 1/3 范围内，楼梯梯段施工缝留设位置见图 15-16；

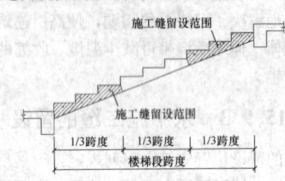

图 15-16　楼梯垂直施工缝留设位置范例

4）墙的施工缝宜设置在门洞口过梁跨中 1/3 范围内，也可留设在纵横交接处；

5）后浇带留设位置应符合设计要求；

6）特殊结构部位留设垂直施工缝应征得设计单位同意。

（2）施工缝、后浇带留设界面应垂直于结构构件和纵向受力钢筋。结构构件厚度或高度较大时，施工缝或后浇带界面宜采用专用材料封挡。

（3）混凝土浇筑过程中，因特殊原因需临时设置施工缝时，施工缝留设应规整，并宜垂直于构件表面，必要时可采取增加插筋、事后修凿等技术措施。

（4）后浇带的宽度应考虑便于施工及避免集中应力，并按结构构造要求而定，一般宽度以 700～1000mm 为宜。

（5）后浇带处的钢筋必须贯通，不许断开。如果跨度不大，可一次配足钢筋；如果跨度较大，可按规定断开，在浇筑混凝土前按要求焊接断开钢筋。

（6）后浇带在未浇筑混凝土前不能将部分模板、支柱拆除，否则会导致梁板形成悬臂造成变形。

（7）为使后浇带处的混凝土浇筑后连接牢固，一般应避免直缝。对于板，可留斜缝；对于梁及基础，可留企口缝，而企口缝又有多种形式，可根据结构断面情况确定。后浇带的构造见图15-17。

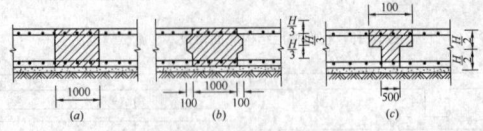

图 15-17　后浇带构造

15.9.5 设备基础施工缝的留设

设备基础施工缝留设位置应符合下列规定：

（1）水平施工缝应低于地脚螺栓底端，与地脚螺栓底端的距离应大于150mm。当地脚螺栓直径小于30mm时，水平施工缝可留设在深度不小于地脚螺栓埋入混凝土部分总长度的3/4处。

（2）垂直施工缝与地脚螺栓中心线的距离不应小于250mm，且不应小于螺栓直径的5倍。

15.9.6 承受动力作用的设备基础施工缝的留设

承受动力作用的设备基础施工缝留设位置应符合下列规定：

（1）标高不同的两个水平施工缝，其高低接合处应留设成台阶形，台阶的高宽比不应大于1.0；

（2）在水平施工缝处继续浇筑混凝土前，应对地脚螺栓进行一次复核校正；

（3）垂直施工缝或台阶形施工缝的垂直面处应加插钢筋，插筋数量和规格应由设计确定；

（4）施工缝的留设应经设计单位认可。

15.9.7 常用类型施工缝的处理方法

在施工缝处继续浇筑混凝土时，混凝土抗压强度不应小于 1.2N/mm²，可通过试验来确定。这样可保证混凝土在受到振动棒振动时而不影响混凝土强度继续增长的最低限度。同时必须对施工缝进行必要的处理。

（1）应仔细清除施工缝处的垃圾、水泥薄膜、松动的石子以及软弱的混凝土层。对于达到强度、表面光洁的混凝土面层还应加以凿毛，用水冲洗干净并充分湿润，且不得积水。

（2）要注意调整好施工缝位置附近的钢筋。要确保钢筋周围的混凝土不受松动和损坏，应采取钢筋防锈或阻锈等技术措施进行保护。

（3）在浇筑前，为了保证新旧混凝土的结合，施工缝处应先铺一层厚度为 1～1.5cm 的水泥砂浆，其配合比与混凝土内的砂浆成分相同。

（4）从施工缝处开始继续浇筑时，要注意避免直接向施工缝边投料。机械捣捣时，宜向施工缝处渐渐靠近，并距 80～100mm 处停止捣捣。但应保证对施工缝的捣实工作，使其结合紧密。

（5）对于施工缝处浇筑完新混凝土后要加强养护。当施工缝混凝土浇筑后，新浇混凝土在 12h 以内就应根据气温等条件加盖草帘浇水养护。如果在低温或负温下则应该加强保温，还要覆盖塑料布阻止混凝土水分的散失。

（6）水池、地坑等特殊结构要求的施工缝处理，要严格按照施工图纸要求和有关规范执行。

（7）承受动力作用的设备基础的水平施工缝继续浇筑混凝土前，应对地脚螺栓进行一次观测校准。

15.9.8 后浇带的处理

（1）在后浇带四周应做临时保护措施，防止施工用水流进后浇带内，以免施工过程中污染钢筋，堆积垃圾。

（2）不同类型后浇带混凝土的浇筑时间是不同的，应按设计要求进行浇筑。伸缩后浇带应根据在先浇部分混凝土的收缩完成情况而定，一般为施工后 60d；沉降后浇带宜在建筑物基本完成沉降后进行。

（3）在浇筑混凝土前，将整个混凝土表面按照施工缝的要求进行处理。后浇带混凝土必须采用减少收缩的技术措施，混凝土的强度应比原结构强度提高一个等级，其配合比通过试验确定，宜掺入早强减水剂，精心振捣，浇筑后并保持至少 15d 的湿润养护。

15.9.9　工　程　实　例

1. 工程概况

某工程基坑呈 135m×79.2m 矩形布置，基坑面积约为 10500m²，混凝土强度等级为 C45P8 R60。根据设计要求，在梁板和底板内分别设置若干条施工后浇带和沉降后浇带。

2. 后浇带止水

在后浇带底部外置橡胶止水带，在后浇带中间部位设置埋入式橡胶止水带。

3. 后浇带封闭

后浇带混凝土浇捣前，先清理好后浇带内的垃圾、模板等杂物，再用泥浆泵抽掉后浇带内积水，断开后浇带钢筋，开出 1000mm×1000mm 的洞口，供工人进出后浇带。清理完成后，将割断的钢筋焊接补齐。由于断开部位在同一界面，焊接长度满足

$12d$。后浇带采用减少收缩的技术措施，其混凝土强度等级提高5MPa。混凝土浇捣完成后应注意早期的养护，后浇带封闭时间在3～4月之间。温度变化较大，视温度情况采取覆盖薄膜或喷水养护，以防产生收缩裂缝。

15.10　混凝土裂缝控制

15.10.1　混凝土裂缝的分类

混凝土裂缝大体有以下几种：

1. 干缩裂缝

干缩裂缝多出现在混凝土养护结束后的一段时间或是混凝土浇筑完毕后的一周左右。水泥浆中水分的蒸发会产生干缩，且这种收缩是不可逆的。干缩裂缝的产生主要是由于混凝土内外水分蒸发程度不同而导致变形不同的结果：混凝土受外部条件的影响，表面水分损失过快，变形较大，内部湿度变化较小变形较小，较大的表面干缩变形受到混凝土内部约束，产生较大拉应力而产生裂缝。相对湿度越低，水泥浆体干缩越大，干缩裂缝越易产生。干缩裂缝多为表面性的平行线状或网状浅细裂缝，宽度多在$0.05\sim0.2$mm之间，大体积混凝土中平面部位多见，较薄的梁板中多沿其短向分布。干缩裂缝通常会影响混凝土的抗渗性，引起钢筋的锈蚀影响混凝土的耐久性，在水压力的作用下会产生水力劈裂影响混凝土的承载力等。混凝土干缩主要和混凝土的原材料、施工、环境因素等有关。

2. 塑性收缩裂缝

塑性收缩是指混凝土在凝结之前，表面因失水较快而产生的收缩。塑性收缩裂缝一般出现在干热或大风天气，裂缝多呈中间宽、两端细且长短不一，互不连贯状态。较短的裂缝一般长20～30cm，较长的裂缝可达$2\sim3$m，宽$1\sim5$mm。其产生的主要原因为：混凝土在终凝前几乎没有强度或强度很小，或者混凝土刚刚终凝而强度很小时，受高温或较大风力的影响，混凝土表面失水过快，造成毛细管中产生较大的负压而使混凝土体积急剧收缩，而此时混凝土的强度又无法抵抗其本身收缩，因此产生龟裂。影响混凝土塑性收缩开裂的主要因素有水胶比、混凝土的凝结时间、环境温度、风速、相对湿度等。

3. 沉降裂缝

沉降裂缝的产生是由于结构地基质不匀、松软，或回填土不实或浸水而造成不均匀沉降所致。或者因为模板刚度不足，模板支撑间距过大或支撑底部松动等导致，特别是在冬季，模板支撑在冻土上，冻土化冻后产生不均匀沉降，致使混凝土结构产生裂缝。此类裂缝多为深入或贯穿性裂缝，其走向与沉陷情况有关，一般沿与地面垂直或呈30°～45°角方向发展，较大的沉降裂缝，往往有一定的错位，裂缝宽度往往与沉降量成正比关系。裂缝宽度受温度变化的影响较小。地基变形稳定之后，沉降裂缝也基本趋于稳定。

4. 温差裂缝

温差裂缝多发生在大体积混凝土表面或温差变化较大地区的混凝土结构中。混凝土浇筑后，在硬化过程中，水泥水化产生大量的水化热（当水泥用量在350～550 kg/m³，每立方米混凝土将释放出17500～27500kJ的热量，从而使混凝土内部温度升达70℃左右甚或更高）。由于混凝土的体积较大，大量的水化热聚积在混凝土内部而不易散发，导致内部温度急剧上升，而混凝土表面散热较快，这样就形成内外的较大温差，较大的温差造成内部与外部热胀冷缩的程度不同，使混凝土表面产生一定的拉应力。当拉应力超过混凝土的抗拉强度极限时，混凝土表面就会产生裂缝，这种裂缝多发生在混凝土施工中后期。在混凝土的施工中当温差变化较大，或者是混凝土受到寒潮的袭击等，会导致混凝土表面温度急剧下降，而产生收缩，表面收缩的混凝土受内部混凝土的约束，将产生很大的拉应力而产生裂缝，这种裂缝通常在混凝土表面较浅的范围内产生。

温差裂缝的走向通常无一定规律，大面积结构裂缝常纵横交错。梁板类长度尺寸较大的结构，裂缝多平行于短边；深入和贯穿性的温差裂缝一般与短边方向平行或接近平行，裂缝沿着长边分段

出现，中间较密。裂缝宽度大小不一，受温度变化影响较为明显，冬季较宽，夏季较窄。高温膨胀引起的混凝土温度裂缝是通常中间粗两端细，而冷缩裂缝的粗细变化不太明显。此种裂缝的出现会引起钢筋的锈蚀，混凝土的碳化，降低混凝土的抗冻融、抗疲劳及抗渗能力等。

5. 荷载裂缝

地基沉陷、结构超载或结构主筋位移减小了断面有效高度，都会引起裂缝。荷载裂缝通常包括受弯、受剪、受扭裂缝。受弯裂缝垂直于梁轴，常发生在梁跨间中央，裂缝的宽度和长短随着应力的大小变化；受剪的裂缝多在梁的支点附近出现，它与梁轴斜向相交；受扭的裂缝是一种斜裂缝，与受剪裂缝形态相似。

6. 化学反应引起的裂缝

碱骨料反应裂缝和钢筋锈蚀引起的裂缝是钢筋混凝土结构中最常见的由于化学反应而引起的裂缝。

混凝土拌合后会产生一些碱性离子，这些离子与某些活性骨料产生化学反应并吸收周围环境中的水而体积增大，造成混凝土酥松、膨胀开裂。这种裂缝一般出现在混凝土结构使用期间，一旦出现很难补救，因此应在施工中采取有效措施进行预防。

15.10.2　混凝土裂缝形成的主要原因

混凝土裂缝产生原因：模板及其支撑不牢，产生变形或局部沉降；混凝土和易性不好，浇筑后产生分层，出现裂缝；养护不好引起裂缝；拆模不当，引起开裂；冬期施工时拆除保温材料时温差过大，引起裂缝；大体积混凝土由于水化热，使内部与表面温差过大，产生裂缝；大面积现浇混凝土由于收缩和温度应力产生裂缝；主筋严重位移，使结构受拉区开裂；混凝土初凝后又受扰动，产生裂缝；构件受力过早或超载引起裂缝；基础不均匀沉降引起开裂；设计不合理或使用不当引起开裂等。

15.10.3　混凝土裂缝控制的计算

1. 温度场分析

（1）混凝土拌合温度

混凝土拌合温度又称出机温度，指混凝土拌合物离开搅拌机时的温度。可用下式计算：

$$T_c \Sigma Wc = \Sigma T_i Wc \qquad (15-29)$$

式中　　T_c——混凝土拌合温度；

　　　　W——材料质量（kg）；

　　　　c——材料比热（kJ/kg・K）；

　　　　T_i——各种材料初始温度。

（2）混凝土浇筑温度

混凝土浇筑温度可用下式计算：

$$T_j = T_c + (T_q - T_c)(A_1 + A_2 + A_3 + \cdots\cdots + A_n) \qquad (15-30)$$

式中　　　　T_j——混凝土的浇筑温度；

　　　　　　T_c——混凝土的拌合温度；

　　　　　　T_q——混凝土运输和浇筑时的室外气温；

A_1，A_2，…，A_n——温度损失系数。

（3）边界处理

由于通常混凝土养护时设置保温层，此时边界问题可以采用虚厚度的方法来处理，即在真实厚度延拓一个虚厚度h，可计算如下：

$$h = K \cdot \frac{\lambda}{\beta} \qquad (15-31)$$

式中　λ——混凝土的导热系数（W/m²・K）；

　　　β——混凝土模板及保温层的传热系数（W/m²・K）；

　　　K——计算折减系数，可取0.666。

这里，β可按下式计算：

$$\beta = \frac{1}{\Sigma \frac{\delta_i}{\lambda_i} + \frac{1}{\beta_i}} \qquad (15-32)$$

式中　δ_i——保温材料的厚度（m）；

　　　λ_i——保温材料导热系数（W/m²・K）；

而 β_t 为空气传热系数（$W/m^2 \cdot K$）。

（4）温度变形

假定温度变形线性相关于温差变化，温度应变可由下式得出：

$$\varepsilon_{th} = A \cdot \Delta T \tag{15-33}$$

式中　A——温度膨胀系数，相关于龄期、配合比和湿度，出于简化考虑，假设

$$A = A(t, h, \cdots) = const \tag{15-34}$$

2. 湿度场分析

宏观湿度扩散模型主要采用 Bazant 建议的微分方程，如下：

$$\frac{\partial}{\partial x}\left(k_x \frac{\partial h}{\partial x}\right) + \frac{\partial}{\partial y}\left(k_y \frac{\partial h}{\partial y}\right) + \frac{\partial}{\partial z}\left(k_z \frac{\partial h}{\partial z}\right)$$
$$+ k_h \frac{\partial q}{\partial t} + k_T \frac{\partial T}{\partial t} = \frac{\partial h}{\partial t} \tag{15-35}$$

其中，$\frac{\partial h}{\partial t}$ 为单位体积混凝土的水分含量，k_x、k_y 和 k_z 为扩散系数，T 为温度值，k_h 和 k_T 为影响参数，分别反映水化过程和温度变化对于湿度的影响，简化考虑认为各向扩散系数相等，都可以表示为 $D(h)$。

3. 应力分析方法

基于上述理论，可以进行混凝土结构的有限元解析和数值计算。混凝土内部瞬态温度场的数值计算可采用伽辽金法，最后可得到如下方程：

$$[K_1]\{T\} - ([K_2] + [K_2])\{\dot{T}\} - \{P\} = 0 \tag{15-36}$$

这里，$[K_1]$、$[K_2]$、$[K_3]$ 和 $\{P\}$ 可表达为如下矩阵形式：

$$[K_1] = \iiint [B]^T [D] \cdot [B] \cdot dN \tag{15-37}$$

$$[K_2] = \iint \alpha [N]^T [N] \cdot ds \tag{15-38}$$

$$[K_3] = \iiint c\gamma [N]^T [N] \cdot dV \tag{15-39}$$

$$\{P\} = \{P_1\} + \{P_3\} \tag{15-40}$$

4. 耦合分析

混凝土早期应力应变的有限元解析主要采用增量法，因此也同温湿场分布的求解一样，划分为若干时间步长，一步一步完成求解，由于早期变形主要包括温度变形、收缩变形和徐变，任意时间段 i，任一点处的应变可通过下式表达：

$$\Delta \varepsilon_i^{ToT} = \Delta \varepsilon_i^{sh} + \Delta \varepsilon_i^{th} + \Delta \varepsilon_i^{cr} \tag{15-41}$$

然后可采用初应力法，将其视为初荷载作用于混凝土结构来进行三维有限元分析，如下：

$$[K(t)] \cdot [\delta(t)] = [R] + \iiint [B]^T [\Delta\sigma(t)]dV \tag{15-42}$$

其中

$$[\Delta\sigma(t)] = [D(t)] \cdot [\Delta\varepsilon(t)] + [\Delta D(t)] \cdot [\varepsilon(t)] \tag{15-43}$$

有限元分析过程中还充分考虑了龄期、徐变、变形等因素的影响。

5. 钢筋作用

有限元分析过程中，配筋主要等效为钢筋薄膜，并将其刚度贡献加入实体单刚矩阵中，则整个单刚矩阵可表达为：

$$[K] = [K_c] + [K_s] \tag{15-44}$$

其中，K_s 即为钢筋薄膜的贡献矩阵，如下式：

$$[K_s] = \iint [B]^T [L]^T [D_s] \cdot [L] \cdot [B] \cdot t_1 \cdot dA \tag{15-45}$$

这里，$[L]$ 为坐标转换矩阵，$[D_s]$ 为钢筋薄膜平面内应力应变关系矩阵，如下式：

$$[D_s] = \begin{bmatrix} E_s & & \\ & \frac{t_2}{t_2} E_s & \\ & & \end{bmatrix} \tag{15-46}$$

而 t_1、t_2 分别为薄膜平面内两个方向上的厚度，可由下式求出：

$$t = \frac{A_s}{a_s} \cdot \frac{E_s - E_c}{E_s} \tag{15-47}$$

式中　A_s——单根配筋面积；

　　　a_s——配筋间距；

E_c、E_s——分别为混凝土和钢筋的弹模。

6. 混凝土工程裂宽分析

裂缝宽度是施工单位、设计单位以及业主都十分关心的问题，裂缝宽度计算的主要依据是粘结滑移理论与无滑移理论的结合。裂缝宽度的计算公式如下：

$$w_{max} = \left(1.5c + 0.16 \frac{d}{\mu}\right) \cdot \frac{\sigma_c}{E_c} \cdot \varphi \tag{15-48}$$

式中　c——混凝土结构保护层厚度，考虑工程实际，一般取为25mm；

　　　d——抗裂面钢筋截面直径（mm）；

　　　μ——抗裂面配筋率（%）；

　　　σ_c——某点处混凝土结构应力（MPa）；

　　　E_c——混凝土弹性模量（MPa）；

　　　φ——重要度系数。

重要度系数 φ 的选取，综合考虑了规范规定以及实际工程施工环境，可参考表15-62～表15-64。

建筑结构的安全等级　　　　　　　　表15-62

安全等级	破坏后果	建筑物类型
一级	很严重	重要的建筑物
二级	严重	一般的建筑物
三级	不严重	次要的建筑物

混凝土结构的环境类别　　　　　　　表15-63

环境类别	说　　　明
一	室内干燥环境； 无侵蚀性静水浸没环境
二 a	室内潮湿环境； 非严寒和非寒冷地区的露天环境； 非严寒和非寒冷地区与无侵蚀性的水或土壤直接接触的环境； 严寒和寒冷地区的冰冻线以下与无侵蚀性的水或土壤直接接触的环境
二 b	干湿交替环境； 水位频繁变动环境； 严寒和寒冷地区的露天环境； 严寒和寒冷地区冰冻线以上与无侵蚀性的水或土壤直接接触的环境
三 a	严寒和寒冷地区冬季水位变动区环境； 受除冰盐影响环境； 海风环境
三 b	盐渍土环境； 受除冰盐作用环境； 海岸环境
四	海水环境
五	受人为或自然的侵蚀性物质影响的环境

注：1. 室内潮湿环境是指构件表面经常处于结露或湿润状态的环境；
　　2. 严寒和寒冷地区的划分应符合现行国家标准《民用建筑热工设计规范》（GB 50176）的有关规定；
　　3. 海岸环境和海风环境宜根据当地情况，考虑主导风向及结构所处迎风、背风部位等因素的影响，由调查研究和工程经验确定；
　　4. 受除冰盐影响环境是指受到除冰盐盐雾影响的环境；受除冰盐作用环境是指被除冰盐溶液溅射的环境以及使用除冰盐地区的洗车房、停车楼等建筑；
　　5. 暴露的环境是指混凝土结构表面所处的环境。

根据上述两表格内限定情况，决定用户实际工程重要度系数 φ 的选取（表格内的 A、B、C 为重要度系数 φ 的等级）。

重要度系数 φ 的等级　　　　　　表15-64

安全等级 ＼ 环境类别	一	二 (a, b)	三 (a, b)
一	C	C	C
二	B	B	C
三	A	B	C

其中，系数 φ 的取值按表 15-65。

重要度系数 φ　　　　　　表 15-65

φ 等级	A	B	C
取值	1.0	1.3	1.5

7. 大体积混凝土应力（温度、收缩）计算

(1) 绝热温升计算

1) 水泥的水化热

$$Q_\tau = \frac{1}{n+\tau} Q_0 \tau \qquad (15\text{-}49)$$

式中　Q_τ——在龄期 τ 时的累积水化热（kJ/kg）；

Q_0——水泥水化热总量（kJ/kg）；

τ——龄期（d）；

n——常数，随水泥品种、比表面积等因素不同而异。为便于计算可将上式改写为：

$$\frac{\tau}{Q_\tau} = \frac{n}{Q_0} + \frac{\tau}{Q_0} \qquad (15\text{-}50)$$

根据水泥水化热"直接法"试验测试结果，以龄期 τ 为横坐标，τ/Q_τ 为纵坐标画图，可得到一条直线，此直线的斜率为 $1/Q_0$，即可求出水泥水化热总量 Q_0。其值亦可根据下式进行计算：

$$Q_0 = \frac{4}{7/Q_7 - 3/Q_3} \qquad (15\text{-}51)$$

2) 胶凝材料水化热总量

通常 Q 值是在水泥、掺合料、外加剂用量确定后根据实际配合比通过试验得出。当无试验数据时，可考虑根据下述公式进行计算：

$$Q = kQ_0 \qquad (15\text{-}52)$$

Q——胶凝材料水化热总量（kJ/kg）；

k——不同掺量掺合料水化热调整系数，见表 15-66。

不同掺量掺合料水化热调整系数　　表 15-66

掺量*	0	10%	20%	30%	40%
粉煤灰（k_1）	1	0.96	0.95	0.93	0.82
矿渣粉（k_2）	1	1	0.93	0.92	0.84

* 表中掺量为掺合料占总胶凝材料用量的百分比。

当现场采用粉煤灰与矿渣双掺时，k 值按照下式计算：

$$k = k_1 + k_2 - 1 \qquad (15\text{-}53)$$

式中　k_1——粉煤灰掺量对应系数；

k_2——矿渣掺量对应系数。

3) 混凝土的绝热温升

因水泥水化热引起混凝土的绝热温升值可按下式计算：

$$T(t) = \frac{WQ}{c\rho}(1 - e^{-mt}) \qquad (15\text{-}54)$$

式中　$T(t)$——混凝土龄期为 t 时的绝热温升（℃）；

W——$1\mathrm{m}^3$ 混凝土的胶凝材料用量（kg/m³）；

c——混凝土的比热，一般为 0.92～1.0〔kJ/（kg·℃）〕；

ρ——混凝土的重力密度，2400～2500（kg/m³）；

m——与水泥品种、浇筑温度等有关的系数，0.3～0.5（d⁻¹）；

t——混凝土龄期（d）。

(2) 收缩变形计算

1) 混凝土收缩的相对变形值可按下式计算：

$$\varepsilon_y(t) = \varepsilon_y^0 (1 - e^{-0.01t}) \cdot M_1 \cdot M_2 \cdot M_3 \cdots M_{11} \qquad (15\text{-}55)$$

式中　$\varepsilon_y(t)$——龄期为 t 时混凝土收缩引起的相对变形值；

ε_y^0——在标准试验状态下混凝土最终收缩的相对变形值，取 3.24×10^{-4}；

M_1、M_2、…、M_{11}——考虑各种非标准条件的修正系数，可按表 15-67 取用。

2) 混凝土收缩相对变形值的当量温度可按下式计算

$$T_y(t) = \varepsilon_y(t)/\alpha \qquad (15\text{-}56)$$

式中　$T_y(t)$——龄期为 t 时，混凝土的收缩当量温度；

α——混凝土的线膨胀系数，取 1.0×10^{-5}。

混凝土收缩变形不同条件影响修正系数　　表 15-67

水泥品种	矿渣水泥	低热水泥	普通水泥	火山灰水泥	抗硫酸盐水泥	—	—	—
M_1	1.25	1.10	1.0	1.0	0.78			
水泥细度（m²/kg）	300	400	500	600	—	—	—	—
M_2	1.0	1.13	1.35	1.68				
水胶比	0.3	0.4	0.5	0.6	—			
M_3	0.85	1.0	1.21	1.42				
胶浆量（%）	20	25	30	35	40	45	50	
M_4	1.0	1.2	1.45	1.75	2.1	2.55	3.03	
养护时间（d）	1	2	3	4	5	7	10	14～180
M_5	1.11	1.11	1.09	1.07	1.04	1	0.96	0.93
环境相对湿度（%）	25	30	40	50	60	70	80	90
M_6	1.25	1.18	1.1	1.0	0.88	0.77	0.7	0.54
$\bar{r}$	0	0.1	0.2	0.3	0.4	0.5	0.6	0.7
M_7	0.54	0.76	1	1.03	1.2	1.31	1.4	1.43
$\frac{E_s F_s}{E_c F_c}$	0.00	0.05	0.10	0.15	0.20	0.25		
M_8	1.00	0.85	0.76	0.68	0.61	0.55		
减水剂	无	有	—	—	—	—		
M_9	1	1.3						
粉煤灰掺量（%）	0	20	30	40				
M_{10}	1	0.86	0.89	0.90				
矿粉掺量（%）	0	20	30	40				
M_{11}	1	1.01	1.02	1.05				

注：1. $\bar{r}$——水力半径的倒数，为构件截面周长（L）与截面积（F）之比，$\bar{r} = 100L/F$（m⁻¹）；

$E_s F_s/E_c F_c$——配筋率，E_s、E_c——钢筋、混凝土的弹性模量（N/mm²），F_s、F_c——钢筋、混凝土的截面积（mm²）；

2. 粉煤灰（矿渣粉）掺量——指粉煤灰（矿渣粉）掺合料重量占胶凝材料总重的百分数。

(3) 弹性模量计算

混凝土的弹性模量可按下式计算：

$$E(t) = \beta E_0 (1 - e^{-\varphi t}) \qquad (15\text{-}57)$$

式中　$E(t)$——混凝土龄期为 t 时，混凝土的弹性模量（N/mm²）；

E_0——混凝土的弹性模量，一般近似取标准条件下养护 28d 的弹性模量，可按表 15-68 取用；

β——掺合料修正系数，该系数取值应以现场试验数据为准，在施工准备阶段和现场无试验数据时，可参考下述方法进行计算：

$$\beta = \beta_1 \cdot \beta_2 \qquad (15\text{-}58)$$

β_1——粉煤灰掺量对应系数，取值参见不同掺量掺合料弹性模量调整系数表 15-69；

β_2——矿渣粉掺量对应系数，取值参见不同掺量掺合料弹性模量调整系数表 15-69；

φ——系数，应根据所用混凝土试验确定，当无试验数据时，可近似地取 $\varphi = 0.09$。

在标准养护条件下龄期为 28d 时的弹性模量　　表 15-68

混凝土强度等级	混凝土弹性模量（N/mm²）
C25	2.80×10^4
C30	3.0×10^4
C35	3.15×10^4
C40	3.25×10^4

不同掺量掺合料弹性模量调整系数　　　表 15-69

掺量	0	20%	30%	40%
粉煤灰（β_1）	1	0.99	0.98	0.96
矿渣粉（β_2）	1	1.02	1.03	1.04

（4）温升、温差计算

1）温升估算

浇筑体内部温度场计算可采用有限单元法或一维差分法。

①有限单元法：有限单元法可使用成熟的商用有限元计算程序或自编的经过验证的有限元程序。

②一维差分法：采用一维差分法，可将混凝土沿厚度分许多有限段 Δx，时间分许多有限段 Δt。相邻三点的编号为 $n-1$、n、$n+1$，在第 k 时间里，三点的温度 $T_{n-1,k}$、$T_{n,k}$ 及 $T_{n+1,k}$，经过 Δt 时间后，中间点的温度 $T_{n,k+1}$，可按差分式求得：

$$T_{n,k+1} = \frac{T_{n-1,k} + T_{n+1,k}}{2} \cdot 2a\frac{\Delta t}{\Delta x^2} - T_{n,k}\left(2a\frac{\Delta t}{\Delta x^2} - 1\right) + \Delta T_{n,k}$$

$$(15-59)$$

式中　a——混凝土导温系数，取 $0.0035\text{m}^2/\text{h}$。

浇筑第一层时取相应位置温度为初始温度，混凝土入模温度为混凝土初始温度，当达到混凝土上表面时，可假定上表面边界温度为大气温度。

混凝土内部热源在 t_1 和 t_2 时刻之间散热所产生的温差：

$$\Delta T = T_{\max}(e^{-m t_1} - e^{-m t_2}) \qquad (15-60)$$

在混凝土与相应位置接触面上的散热温升可取 $\Delta T/2$。

2）温差计算

①混凝土浇筑体的里表温差可按下式计算：

$$\Delta T_1(t) = T_m(t) - T_b(t) \qquad (15-61)$$

式中　$\Delta T_1(t)$——龄期为 t 时，混凝土浇筑体的里表温差（℃）；

　　　$T_m(t)$——龄期为 t 时，混凝土浇筑体内的最高温度，可通过温度场计算或实测求得（℃）；

　　　$T_b(t)$——龄期为 t 时，混凝土浇筑体内的表层温度，可通过温度场计算或实测求得（℃）；

②混凝土浇筑体的综合降温差可按下式计算：

$$\Delta T_2(t) = \frac{1}{6}\left[4T_m(t) + T_{bm}(t) + T_{dm}(t)\right] + T_y(t) - T_w(t)$$

$$(15-62)$$

式中　$\Delta T_2(t)$——龄期为 t 时，混凝土浇筑体在降温过程中的综合降温（℃）；

　　　$T_m(t)$——在混凝土龄期为 t 内，混凝土浇筑体内的最高温度，可通过温度场计算或实测求得（℃）；

　　　$T_{bm}(t)$、$T_{dm}(t)$——混凝土浇筑体达到最高温度 $T_{\max}$ 时，其块体上、下表层的温度（℃）；

　　　$T_y(t)$——龄期为 t 时，混凝土收缩当量温度（℃）；

　　　$T_w(t)$——混凝土浇筑体预计的稳定温度或最终稳定温度（可取计算龄期 t 时的日平均温度或当地年平均温度）（℃）。

（5）温度应力计算

1）自约束拉应力的计算可按下式计算：

$$\sigma_z(t) = \frac{\alpha}{2} \cdot \sum_{i=1}^{n} \Delta T_{1i}(t) \cdot E_i(t) \cdot H_i(\tau,t) \qquad (15-63)$$

式中　$\sigma_z(t)$——龄期为 t 时，因混凝土浇筑体里表温差产生自约束拉应力的累计值（MPa）；

　　　$\Delta T_{1i}(t)$——龄期为 t 时，在第 i 计算区段混凝土浇筑体里表温差的增量（℃），可按下式计算：

$$\Delta T_{1i}(t) = \Delta T_1(t) - \Delta T_1(i-j) \qquad (15-64)$$

其中　j——为第 i 计算区段步长（d）；

　　　$E_i(t)$——第 i 计算区段，龄期为 t 时，混凝土的弹性模量（N/mm²）；

　　　α——混凝土的线膨胀系数；

$H_i(\tau,t)$——在龄期为 τ 时产生的约束应力，延续至 t 时（d）的松弛系数，可按表 15-70 取值。

在施工准备阶段，最大自约束应力也可按下式计算：

$$\tau_{z\max} = \frac{\alpha}{2} \cdot E(t) \cdot \Delta T_{1\max} \cdot H(\tau,t) \qquad (15-65)$$

混凝土的松弛系数表　　　表 15-70

$\tau=2\text{d}$		$\tau=5\text{d}$		$\tau=10\text{d}$		$\tau=20\text{d}$	
t	$H(\tau,t)$	t	$H(\tau,t)$	t	$H(\tau,t)$	t	$H(\tau,t)$
2	1	5	1	10	1	20	1
2.25	0.426	5.25	0.510	10.25	0.551	20.25	0.592
2.5	0.342	5.5	0.443	10.5	0.499	20.5	0.549
2.75	0.304	5.75	0.410	10.75	0.476	20.75	0.534
3	0.278	6	0.383	11	0.457	21	0.521
4	0.225	7	0.296	12	0.392	22	0.473
5	0.199	8	0.262	14	0.306	25	0.367
10	0.187	10	0.228	18	0.251	30	0.301
20	0.186	20	0.215	20	0.238	40	0.253
30	0.186	30	0.208	30	0.214	50	0.252
∞	0.186	∞	0.200	∞	0.210	∞	0.251

式中　$\tau_{z\max}$——最大自约束应力（MPa）；

　　　$\Delta T_{1\max}$——混凝土浇筑后可能出现的最大里表温差（℃）；

　　　$E(t)$——与最大里表温差 $\Delta T_{1\max}$ 相对应龄期 t 时，混凝土的弹性模量（N/mm²）；

　　　$H(\tau,t)$——在龄期为 τ 时产生的约束应力，延续至 t 时（d）的松弛系数，可按表 15-70 取值。

2）外约束拉应力可按下式计算：

$$\sigma_x(t) = \frac{\alpha}{1-\mu}\sum_{i=1}^{n} \Delta T_{2i}(t) \cdot E_i(t) \cdot H_i(t_1) \cdot R_i(t) \qquad (15-66)$$

式中　$\sigma_x(t)$——龄期为 t 时，因综合降温差，在外约束条件下产生的拉应力（MPa）；

　　　$\Delta T_{2i}(t)$——龄期为 t 时，在第 i 计算区段内，混凝土浇筑体综合降温差的增量（℃），可按下式计算：

$$\Delta T_{2i}(t) = \Delta T_2(t) - \Delta T_2(t-k) \qquad (15-67)$$

　　　μ——混凝土的泊松比，取 0.15；

　　　$R_i(t)$——龄期为 t 时，在第 i 计算区段，外约束的约束系数，可按下式计算：

$$R_i(t) = 1 - \frac{1}{\cosh\left(\beta_i \cdot \frac{L}{2}\right)} \qquad (15-68)$$

其中　　　$\beta_i = \sqrt{\frac{C_x}{HE(t)}} \qquad (15-69)$

　　　L——混凝土浇筑体的长度（mm）；

　　　H——混凝土浇筑体的厚度，该厚度为块体实际厚度与保温层换算混凝土虚拟厚度之和（mm）；

　　　C_x——外约束介质的水平变形刚度（N/mm³），一般可按表 15-71 取值。

不同外约束介质下 C_x 取值（10^{-2}N/mm³）　　表 15-71

外约束介质	软黏土	砂质黏土	硬黏土	风化岩、低强度等级素混凝土	C10 级以上配筋混凝土
C_x	1～3	3～6	6～10	60～100	100～150

（6）抗温度裂缝计算

混凝土抗拉强度可按下式计算

$$f_{tk}(t) = f_{tk}(1 - e^{-\gamma}) \qquad (15-70)$$

式中　$f_{tk}(t)$——混凝土龄期为 t 时的抗拉强度标准值（N/mm²）；

　　　f_{tk}——混凝土抗拉强度标准值（N/mm²）；

γ——系数，应根据所用混凝土试验确定，当无试验数据时，可近似地取γ=0.3。

$$\sigma_z \leqslant \lambda f_{tk}(t)/K \qquad (15\text{-}71)$$

$$\sigma_x \leqslant \lambda f_{tk}(t)/K \qquad (15\text{-}72)$$

式中　K——防裂安全系数，取K=1.15；

λ——掺合料对混凝土抗拉强度影响系数，λ=λ₁·λ₂，取值参见表15-72。

不同掺量掺合料抗拉强度调整系数　　表15-72

掺量	0	20%	30%	40%
粉煤灰（λ₁）	1	1.03	0.97	0.92
矿渣粉（λ₂）	1	1.13	1.09	1.10

15.10.4　混凝土裂缝控制的方法

15.10.4.1　结构设计控制

1. 一般规定

(1) 设计混凝土结构构件时，对其承受的永久荷载和可变荷载应按现行国家标准《建筑结构荷载规范》（GB 50009）中的规定采用；施工过程中的临时荷载，可按预期的最大值确定；机械运转或运输机具运转时产生的动荷载，按特殊荷载确定。设计时应避免在设计使用年限内发生结构构件不应有的超载。

(2) 设计时除应符合现行国家标准《混凝土结构设计规范》（GB 50010）的规定外，尚应根据当地地震烈度等级、建筑物的规模、体量、体形、平面尺寸、地基基础情况、结构体系类别、当地气候条件、使用功能需要、使用环境、装饰要求、施工技术条件、房屋维护管理条件等因素，全面慎重地考虑对混凝土结构构件采取有效设计措施，控制混凝土收缩、温度变化、地基基础不均匀沉降等原因产生的裂缝。

(3) 控制最大裂缝宽度的目标值

钢筋混凝土结构构件的最大裂缝宽度限值是保证结构构件耐久性的设计目标值，见表15-73。

钢筋混凝土结构最大裂缝宽度限值　　表15-73

环境类别	一	二（a, b）	三（a, b）
最大裂缝宽度限值（mm）	0.30（0.40）	0.20	0.20

需要考虑防止漏水的最大裂缝宽度的目标值要根据可靠资料确定。

(4) 对较长的建筑结构在设计时可采取分割措施（设置沉降缝、防震缝、伸缩缝等）将建筑物分割为长度较短的若干结构单元，以减少混凝土收缩、温度变化或地基不均匀沉降产生的结构构件内部拉应力。也可采取加强结构构件刚度或增设除按通常承载力计算所需结构构件配筋量外的构造钢筋或设置后浇带或对地基进行处理等措施。

(5) 应采取有效措施加强建筑物屋面、外墙或构件外露表面的保温、隔热性能，减少温度变化和日照对混凝土结构构件产生的不利影响。

(6) 对跨度较大的混凝土受弯构件宜采用预加应力或采取其他有效措施防止正截面、斜截面裂缝的开展并减小其宽度。

2. 基本控制措施

(1) 在板的温度、收缩应力较大区域（如跨度较大时与混凝土梁及墙整浇的双向板的角部和中部区域或垂直于现浇单向板跨度方向的长度大于8m时沿板长度的中部区域等）宜在板未配筋表面配置控制温度收缩裂缝的构造钢筋。

(2) 在房屋下列部位的现浇混凝土楼板、屋面板内应配置抗温度收缩钢筋；当房屋平面体形有较大凹凸时，在房屋凹角处的楼板；房屋两端阳角处及山墙处的楼板；房屋南面外墙设大面积玻璃窗时，与南向外墙相邻的楼板；房屋顶层的屋面板；与周围梁、柱、墙等构件整浇且受约束较强的楼板。

(3) 当楼板内需要埋置管线时，现浇楼板的设计厚度不宜小于110mm。管线必须布置在上下钢筋网片之间，管线不宜立体交叉

穿越，并沿管线方向在板的上下表面一定宽度范围内采取防裂措施。

(4) 楼板开洞时，当洞的直径或宽度（垂直于构件跨度方面的尺寸）不大于300mm时，可将受力钢筋绕过洞边，不需截断受力钢筋和设置洞边附加钢筋。当洞的直径较大时，应在洞边加设边梁或在洞边每侧配置附加钢筋。每侧附加钢筋的面积应不小于孔洞直径内或相应方向宽度内被截断受力钢筋面积的一半。

对单向板受力方向的附加钢筋应伸至支座内，另一方向的附加钢筋应伸过洞边，不小于钢筋的锚固长度。对双向板两方向的附加钢筋应伸至支座内。

(5) 为控制现浇剪力墙结构因混凝土收缩和温度变化较大而产生的裂缝，墙体中水平分布筋除满足强度计算要求外，其配筋率不宜小于0.4%，钢筋间距不宜大于100mm。外墙墙厚宜大于160mm，并宜双排配置分布钢筋。

(6) 对现浇剪力墙结构的端山墙、端开间内纵墙、顶层和底层墙体，均宜比按计算需要量适当增加配置水平和竖向分布钢筋配筋数量。

(7) 在长大建筑物中为减小施工过程中由于混凝土收缩对结构形成开裂的可能性，应根据结构条件采取"抗放结合"的综合措施。

(8) 为解决高层建筑与裙房间沉降差过大而设置的"沉降后浇带"，应在相邻两侧的结构满足设计允许的沉降差异值后，方可浇筑后浇带内的混凝土。此类后浇带内的钢筋宜截断并采用搭接连接方法，后浇带的宽度应大于钢筋的搭接长度，且不应小于800mm。

(9) 楼板、屋面板采用普通混凝土时，其强度等级不宜大于C30，基础底板、地下室外墙不宜大于C35。

(10) 框架结构较长（超过规范设置伸缩缝的长度）时，纵向梁的侧边宜配置足够的抗温度收缩钢筋。

3. 特殊措施

(1) 为控制水泥水化热产生的混凝土裂缝，除施工中应采取有效措施降低混凝土在硬化过程中的水化温升外，设计中应在预计可能产生裂缝的部位配置足够的构造钢筋或设置诱导缝。

(2) 为控制因冻融产生的混凝土裂缝，在外露的混凝土构件表面应采用有效的防冻处理，缓和混凝土的急剧降温，并采用有效的防水措施，保持混凝土的干燥状态。

(3) 为控制混凝土内氯化物引起钢筋锈蚀产生的裂缝，应根据混凝土结构所处的环境条件，按《混凝土结构设计规范》（GB 50010）的规定确定构件的最小混凝土保护层厚度和最大氯离子含量。

(4) 为控制有可能受外部侵入的氯化物引起钢筋锈蚀产生的裂缝，必要时可在构件表面采取保护措施，预防氯化物的侵入，此外设计中也应严格控制裂缝宽度的限值。

15.10.4.2　混凝土材料控制

1. 一般规定

为了控制混凝土的有害裂缝，应妥善选定组成材料和配合比，以使所制备的混凝土除符合设计和施工所要求的性能外，还应具有抵抗开裂所需要的功能。

2. 材料

水泥宜用硅酸盐水泥、普通硅酸盐水泥或矿渣硅酸盐水泥。对大体积混凝土，宜采用中热硅酸盐水泥、低热硅酸盐水泥、低热矿渣硅酸盐水泥。对防裂抗渗要求较高的混凝土，所用水泥的铝酸三钙含量不宜大于8%。使用时水泥的温度不宜超过60℃。其他材料如骨料、矿物掺合料、外加剂、水、钢筋应符合现行有关标准的规定，选用外加剂时必须根据工程具体情况先做水泥适应性及实际效果试验。

3. 配合比

(1) 干缩率。混凝土90d的干缩率宜小于0.06%。

(2) 坍落度。在满足施工要求的条件下，尽量采用较小的混凝土坍落度。

(3) 用水量。不宜大于180kg/m³。

(4) 水泥用量。普通强度等级的混凝土宜为270～450kg/m³，

高强混凝土不宜大于 $550kg/m^3$。

（5）水胶比。应尽量采用较小的水胶比。混凝土水胶比不宜大于 0.60。

（6）砂率。在满足工作性要求的前提下，应采用较小的砂率。

（7）泌水量。宜小于 $0.3mL/m^2$。

（8）宜采用引气剂或引气减水剂。

4. 其他特殊措施

（1）用于有外部侵入氯化物的环境时，钢筋混凝土结构或部件所用的混凝土应采取下列措施之一：

1）水胶比应控制在 0.55 以下；

2）混凝土表面宜采用密实、防渗措施；

3）必要时可在混凝土表面涂刷防护涂料等以阻隔氯盐对钢筋混凝土的腐蚀。

（2）对因水泥水化热产生的裂缝的控制措施

1）尽量采用水化热低的水泥；

2）优化混凝土配合比，提高骨料含量；

3）尽量减少单方混凝土的水泥用量；

4）延长评定混凝土强度等级的龄期；

5）掺矿物拌合料替代部分水泥。

（3）对因冻融产生的裂缝的控制措施

1）采用引气剂或引气减水剂；

2）混凝土含气量宜控制在 5% 左右；

3）水胶比不宜大于 0.5。

15.10.4.3 混凝土运输、输送、浇筑施工控制

1. 一般规定

钢筋混凝土工程施工时，除满足通常所要求的混凝土物理力学性能及耐久性能外，还应控制有害裂缝的产生。为此，事先要妥善制订好能满足上述要求的施工组织设计、相关的技术方案和质量控制措施，相应的技术交底，切实贯彻执行。

2. 模板的安装及拆除

（1）模板及其支架应根据工程结构形式、荷载大小、地基土类别、施工程序、施工机具和材料供应等条件进行设计。模板及其支架应具有足够的承载能力、刚度和稳定性，能可靠地承受浇筑混凝土的自重、侧压力、施工过程中产生的荷载，以及上层结构施工时产生的荷载。

（2）安装的模板须构造紧密、不漏浆、不渗水，不影响混凝土均匀性及强度发展，并能保证构件形状正确规整。

（3）安装模板时，为确保钢筋保护层厚度，应准确配置混凝土垫块或钢筋定位器等。

（4）模板的支撑立柱应置于坚实的地面上，并应具有足够的刚度、强度和稳定性，间距适度，防止支撑沉降，引起模板变形。上下层模板的支撑立柱应对准。

（5）模板及其支架的拆除顺序及相应的施工安全措施在制定施工技术方案时应考虑周全。拆除模板时，不应对楼层形成冲击荷载。拆除的模板及支架应随拆随清运，不得对楼层形成局部过大的施工荷载。模板及其支架拆除时混凝土结构可能尚未形成设计要求的受力体系，必要时应加设临时支撑。

（6）底模及其支架拆除时的混凝土强度应符合设计要求。

（7）后浇带模板的支顶及拆除易被忽视，由此常造成结构缺陷，应予以特别注意，须严格按施工技术方案执行。

（8）已拆除模板及其支架的结构，在混凝土强度达到设计要求的强度后，方可承受全部使用荷载。当施工荷载所产生的效应比使用荷载的效应更为不利时，必须经过核算并加设临时支撑。

3. 混凝土的制备

（1）应优先采用预拌混凝土，其质量应符合《预拌混凝土》（GB/T 14902）的规定。

（2）预拌混凝土的订购除按《预拌混凝土》（GB/T 14902）的规定进行外，对品质、种类相同的混凝土，原则上要在同一预拌混凝土厂订货。如在两家或两家以上的预拌混凝土厂订货时，应保证各预拌混凝土厂所用主要材料及配合比相同，制备工艺条件基本相同。

（3）施工者要事先制定好关于混凝土制备的技术操作规程和质量控制措施。

4. 混凝土的运输

（1）运输混凝土时，应能保持混凝土拌合物的均匀性。

（2）运输车在装料前应将车内残余混凝土及积水排尽。当需在卸料前补掺外加剂调整混凝土拌合物的工作性时，外加剂掺入后运输车应进行快速搅拌，搅拌时间应由试验确定。

（3）运至浇筑地点混凝土的坍落度应符合要求，当有离析时，应进行二次搅拌，搅拌时间应由试验确定。

（4）由搅拌、运输到浇筑入模，当气温不高于 25℃ 时，持续时间不宜大于 90min；当气温高于 25℃ 时，持续时间不宜大于 60min。当在混凝土中掺加外加剂或采用快硬水泥时，持续时间应由试验确定。

5. 混凝土的浇筑

（1）为了获得匀质密实的混凝土，浇筑时要考虑结构的浇筑区域、构件类别、钢筋配置状况以及混凝土拌合物的品质，选用适当机具与浇筑方法。

（2）浇筑之前要检查模板及其支架、钢筋及其保护层厚度、预埋件等的位置、尺寸，确认正确无误后，方可进行浇筑。

（3）混凝土的一次浇筑量要适应各环节的施工能力，以保证混凝土的连续浇筑。

（4）对现场浇筑的混凝土要进行监控。运抵现场的混凝土坍落度不能满足施工要求时，可采取经试验确认的可靠方法调整坍落度，严禁随意加水。在降雨雪时不宜在露天浇筑混凝土。

（5）浇筑墙、柱等较高构件时，一次浇筑高度以混凝土不离析为准，一般每层不超过 500mm，摊平后再浇筑上层，浇筑时应注意振捣到位使混凝土充满端头角落。

（6）当楼板、梁、墙、柱一起浇筑时，先浇筑墙、柱，待混凝土沉实后，再浇筑梁和楼板。当楼板与梁一起浇筑时，先浇筑梁，再浇筑楼板。

（7）浇筑时要防止钢筋、模板、定位筋等的移动和变形。

（8）浇筑的混凝土要充填到钢筋、埋设物周围及模板内各角落，要振捣密实，不得漏振，也不得过振，更不得用振捣器拖赶混凝土。

（9）分层浇筑混凝土时，要注意使上下层混凝土一体化。应在下一层混凝土初凝前将上一层混凝土浇筑完毕。在浇筑上层混凝土时，须将振捣器插入下一层混凝土 5cm 左右以便形成整体。

（10）由于混凝土的泌水、骨料下沉，易产生塑性收缩裂缝，此时应对混凝土表面进行压面抹光。在浇筑混凝土时，如遇高温、太阳暴晒、大风天气，浇筑后应立即用塑料膜覆盖，避免发生混凝土表面硬结。

（11）对大体积混凝土，应控制浇筑后的混凝土内外温差、混凝土表面与环境温差不超过 25℃。

（12）滑模施工时应保持模板平整光洁，并严格控制混凝土的凝结时间与滑模速率匹配，防止滑模时产生拉裂、塌陷。

（13）板类（含底板）混凝土面层浇筑完毕后，应在初凝后终凝前进行二次抹压。

（14）应按设计要求合理设置后浇带，后浇带混凝土的浇筑时间应符合设计要求。当无设计要求时，后浇带应在其两侧混凝土龄期至少 6 周后再行浇筑，且应加强该处混凝土的养护工作。

（15）施工缝处浇筑混凝土前，应将接茬处剔凿干净，浇水湿润，并在接茬处铺水泥砂浆或涂混凝土界面剂，保证施工缝处结合良好。

15.10.4.4 混凝土养护控制

（1）养护是防止混凝土产生裂缝的重要措施，必须充分重视，并制定养护方案，派专人负责养护工作。

（2）混凝土浇筑完毕，在混凝土凝结后即须进行妥善的保温、保湿养护。

（3）浇筑后采用覆盖、洒水、喷雾或用薄膜保湿等养护措施。保温、保湿养护时间，对硅酸盐水泥、普通硅酸盐水泥或矿渣硅酸盐水泥拌制的混凝土，不得少于 7d；对掺用缓凝型外加剂或有抗渗要求的混凝土，不得少于 14d。

（4）底板和楼板等平面结构构件，混凝土浇筑收浆和抹压后，用塑料薄膜覆盖，防止表面水分蒸发，混凝土硬化至可上人时，揭

去塑料薄膜，铺上麻袋或草帘，用水浇透，有条件时尽量蓄水养护。

（5）截面较大的柱子，宜用湿麻袋围裹喷水养护，或用塑料薄膜围裹自生养护，也可涂刷养护液。

（6）墙体混凝土浇筑完毕，混凝土达到一定强度（1~3d）后，必要时应及时松动两侧模板，离缝约3~5mm，在墙体顶部架设淋水管，喷淋养护。拆除模板后，应在墙两侧覆挂麻袋或草帘等覆盖物，避免阳光直照墙面，地下室外墙宜尽早回填土。

（7）冬期施工不能向裸露部位的混凝土直接浇水养护，应用塑料薄膜和保温材料进行保温、保湿养护。保温材料的厚度应经热工计算确定。

（8）当混凝土外加剂对养护有特殊要求时，应严格按其要求进行养护。

15.10.4.5　大体积混凝土裂缝控制

（1）大体积混凝土施工配合比设计应符合本手册的规定，并应加强混凝土养护工作。

（2）结构构造设计：

1）合理的平面和立面设计，避免截面的突出，从而减小约束应力；

2）合理布置分布钢筋，尽量采用小直径、密间距，变截面处加强分布筋；

3）大体积混凝土宜采用后期强度作为配合比设计、强度评定及验收的依据。基础混凝土龄期可取为60d（56d）或90d；柱、墙混凝土强度等级不低于C80时，龄期可取为60d（56d）。采用混凝土后期强度时，龄期应经设计单位确认。

4）采用滑动层来减小基础的约束。

（3）施工技术措施：

1）用保温隔热法对大体积混凝土进行养护。

2）大体积混凝土施工时，应对混凝土进行温度控制，并应符合下列规定：

①混凝土入模温度不宜大于30℃；混凝土浇筑体最大温升值不宜大于50℃；

②在覆盖养护阶段，混凝土浇筑体表面以内40~80mm位置处的温度与混凝土浇筑体表面温度差值不宜大于25℃；结束覆盖养护后，混凝土浇筑体表面以内40~80mm位置处的温度差值不宜大于25℃；

③混凝土浇筑体内部相邻两测点的温度差值不宜大于25℃；

④混凝土降温速率不宜大于2.0℃/d；当有可靠经验时，降温速率要求可适当放宽。

3）用草袋和塑料薄膜进行保温和保湿。

4）用跳仓法和企口缝。

5）用后浇带减少混凝土收缩。

6）应按基础、柱、墙大体积混凝土的特点采取针对性裂缝控制技术措施，并编制施工方案。大体积混凝土施工方案应包括以下内容：

①原材料的技术要求，配合比的选择；

②混凝土内部温升计算，混凝土内外温差估算；

③混凝土运输方法；

④混凝土浇筑、振捣、养护措施；

⑤混凝土测温方案；

⑥裂缝控制技术措施。

7）结构内部测温点的测温应与混凝土浇筑、养护过程同步进行。

8）基础大体积混凝土环境温度测点应距基础边一定位置，柱、墙大体积混凝土环境温度测点应距结构边一定位置，测温应与混凝土养护过程同步进行。

15.10.5　大体积混凝土测温技术

（1）基础大体积混凝土测温点设置应符合下列规定：

1）宜选择具有代表性的两个交叉竖向剖面进行测温，竖向剖面交叉宜通过中部区域。

2）竖向剖面的周边及内部应设置测温点周边及内部测温点宜

上下、左右对齐；每个竖向位置设置的测温点不应少于3处，间距不宜小于0.5m且不宜大于1.0m；每个横向设置的测温点不应少于4处，间距不应小于0.5m且不应大于10m。图15-18以矩形基础为例，根据对称性以及最长边选择了两个具有代表性的基础半个竖向剖面进行测温点设置；图15-19以圆形基础案例，根据对称性选择了两个竖向半剖面进行测温点设置；两个案例说明了测温点布置的一般方法。

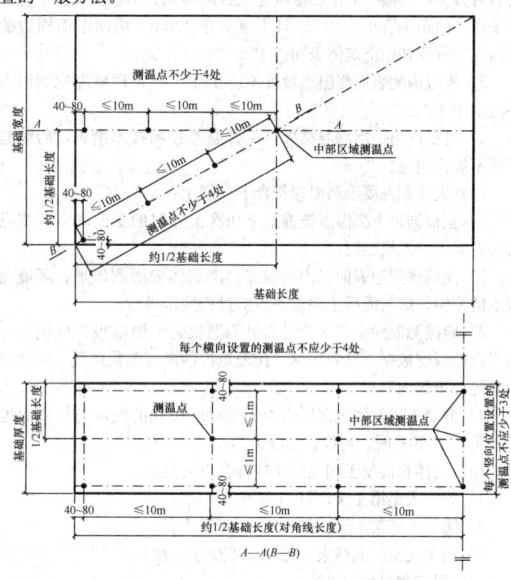

图15-18　基础大体积混凝土测温点设置案例一

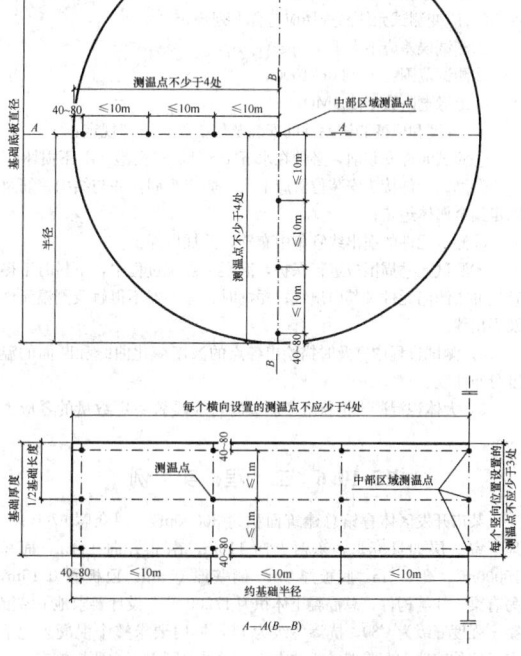

图15-19　基础大体积混凝土测温点设置案例二

3）周边测温点应设置在混凝土浇筑体表面以内40~80mm位置处，竖向剖面交叉处应设置内部测温点。

4）混凝土浇筑体表面温度测点宜布置在保温覆盖层底部或模板内侧表面有代表性的位置，且各不应少于2处。环境温度测点不应少于2处。

5) 对基础厚度不大于 1.6m，裂缝控制技术措施完善的工程可不进行测温。

(2) 柱、墙、梁大体积混凝土测温点设置应符合下列规定：

1) 柱、墙、梁结构实体最小尺寸大于 2m，且混凝土强度等级不小于 C60 时，应进行测温。

2) 测温点宜设置在沿纵向的两个横向剖面中，测温点宜上下、左右对齐横向剖面中的中部区域应设置测温点，测温点设置不应少于 2 点，间距不宜小于 0.5m 且不宜大于 1.0m。横向剖面周边的测温点宜设置在距浇筑体表面内 40～80mm 位置。

3) 模板内侧表面测温点设置不应少于 1 点，环境温度测温点不应少于 1 点。

4) 可根据第一次测温结果，完善温差控制技术措施，后续施工可不进行测温。

(3) 大体积混凝土测温应符合下列规定：

1) 宜根据每个测温点被混凝土初次覆盖时的温度确定各测点部位混凝土的入模温度；

2) 浇筑体边表面以内测温点、浇筑体表面测温点、环境测温点的测温，应与混凝土浇筑、养护过程同步进行；

3) 应按测温频率要求及时提供测温报告，测温报告应包含各测温点的温度数据、温差数据、代表点位的温度变化曲线、温度变化趋势分析等内容；

4) 混凝土浇筑体表面以内 40～80mm 位置的温度与环境温度的差值小于 20℃时，可停止测温。

(4) 大体积混凝土测温频率应符合下列规定：

1) 第 1 天至第 4 天，每 4h 不少于一次；

2) 第 5 天至第 7 天，每 8h 不少于一次；

3) 第 7 天至测温结束，每 12h 不少于一次。

(5) 温度测量控制措施

1) 测温元件的选择应符合下列规定：

①测温元件的测温误差应不大于 0.3℃ （25℃环境下）；

②测试范围：−30～150℃；

③绝缘电阻大于 500MΩ。

2) 应变测试元件的选择应符合下列规定：

①测试误差应不大于 1.0με；

②测试范围：−1000～1000με；

③绝缘电阻大于 500MΩ。

3) 温度和应变测试元件的安装及保护符合下列规定：

①测试元件安装前，必须在水下 1m 处经过浸泡 24h 不损坏；

②测试元件接头安装位置应准确，固定牢靠，并与结构钢筋及固定架金属体绝热；

③测试元件的引出线宜集中布置，并加以保护；

④测试元件周围应进行保护，混凝土浇筑过程中，下料时不得直接冲击测温元件及其引出线；振捣时，振捣器不得触及测温元件及引出线。

4) 测试过程中宜及时描绘出各点的温度变化曲线和断面的温度分布曲线。

5) 大体积混凝土进行应变测试时，应设置一定数量的零应力测点。

15.10.6　工　程　实　例

某市开发区体育馆总建筑面积约 30000m²，观众席 6700 座。地下室一层如贝壳形，东西方向 110m，南北方向 144m，面积 15000m²，高 5.6m，底板厚 1m，侧壁厚 0.5m，顶板厚 0.15m，另有梁、柱等构件，总混凝土体积为 17200m³。设计要求地下室混凝土强度等级为 C30、抗渗等级为 P6，同时要求整个混凝土地下室不留伸缩缝、沉降缝。为此在施工时采取了以下主要措施有：

(1) 将地下室结构划分成 14 块，底板、侧壁、顶板均采用跳仓浇捣的办法，分仓和浇捣顺序见图 15-20。使相邻两块的浇捣时间间隔尽量延长，以减少混凝土收缩的影响。

(2) 采用后期收缩较小的复合型外加剂，掺加粉煤灰，石子最大粒径 40mm，坍落度不大于 160mm 的泵送预拌混凝土。

(3) 采用早期推定混凝土强度的方法控制混凝土的强度，在早

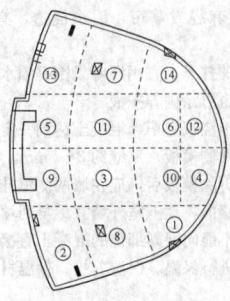

图 15-20　地下室混凝土跳仓
浇捣顺序平面位置图

期分批验收混凝土强度以保证施工能连续进行。

该工程地下室底板、侧壁、柱、梁与顶板施工质量良好，无灾害裂缝的发生。

15.11　高性能混凝土施工技术

高性能混凝土是指具有高强度、高工作性、高耐久性的混凝土，这种混凝土的拌合物具有大流动性和可泵性，不离析，而且保塑时间可根据工程需要来调整，便于浇捣密实。它是一种以耐久性和可持续发展为基本要求并适合工业化生产与施工的混凝土，是一种环保型、集约型的绿色混凝土。

15.11.1　高性能混凝土的原材料

1. 水泥

宜选用与外加剂相容性好，强度等级大于 42.5 级的硅酸盐水泥、普通硅酸盐水泥或特种水泥（调粒水泥、球状水泥）。为保证混凝土体积稳定，宜选用 C_3S 含量高、而 C_3A 含量低（小于 8%）的水泥。一般不宜选用 C_3A 含量高、细度小的早强型水泥。在含碱活性骨料应用较集中的环境下，应限制水泥的总碱含量不超过 0.6%。

2. 外加剂

外加剂要有较好的分散减水效果，能减少用水量，改善混凝土的工作性，从而提高混凝土的强度和耐久性。高效减水剂是配制高性能混凝土必不可少的。宜选用减水率高（20%～30%），与水泥相容性好，含碱量低，坍落度经时损失小的品种，如聚羧基羧酸系、接枝共聚物等，掺量一般为胶凝材料总量的 0.8%～2.0%。

3. 矿物掺料

在高性能混凝土中加入较大量的磨细矿物掺料，可以起到降低温升，改善工作性，增进后期强度，改善混凝土内部结构，提高耐久性，节约资源等作用。常用的矿物掺料有粉煤灰、粒化高炉矿渣微粉、沸石粉、硅粉等。矿物掺料不仅有利于提高水化作用和强度、密实性和工作性，降低空隙率，改善孔径结构，而且对抵抗侵蚀和延缓性能退化等均有较大的作用。

(1) 粉煤灰

粉煤灰在混凝土中发挥火山灰效应、形态效应、微骨料效应等作用。高性能混凝土所用粉煤灰对性能有所要求，要选用含碳量低、需水量小以及细度小的Ⅰ级或Ⅱ级粉煤灰（烧失量低于 5%，需水量比小于 105%，细度 45μm 筛余量小于 25%）。

(2) 粒化高炉矿渣粉

粒化高炉矿渣通过水淬后形成大量的玻璃体，另外还含有少量的 C_2S 结晶组分，具有轻微的自硬性，矿渣的活性与碱度、玻璃体含量及细度等因素有关。粒化高炉矿渣粉（简称矿粉）是粒化高炉矿渣磨细到比表面积 400～800m²/kg 而成的。在配制高性能混凝土时，磨细矿渣的适宜掺量随矿渣细度的增加而增大，最高可占胶凝材料的 70%。

(3) 超细沸石粉

超细沸石粉主要成分有 SiO_2、Al_2O_3、Fe_2O_3、CaO 等，是一种结晶矿物。用于高性能混凝土的细沸石粉，与其他火山灰质掺料类似，平均粒径 <10μm，具有微填充效应与火山灰活性效应。

掺量以 5%～10%为宜。超细沸石粉配制的高性能混凝土，还具有优良的抗渗性和抗冻性，对混凝土中的碱骨料反应有很强的抑制作用。但是这种混凝土的收缩与徐变系数均略大于相应的普通混凝土。

（4）硅灰

硅灰主要成分是无定形 SiO_2。SiO_2 含量越高、细度越细其活性越高。以 10%的硅灰等量取代水泥，混凝土强度可提高 25%以上。硅灰掺量越高，需水量越大，自收缩增大。一般硅灰的掺量控制在 5%～10%之间，并用高效减水剂来调节需水量。

4. 骨料

混凝土中骨料体积约占混凝土总体积的 65%～85%。粗骨料的岩石种类、粒径、粒形、级配以及软弱颗粒和石粉含量将会影响拌合物的和易性及硬化后的强度，而细骨料的粗细和级配对混凝土流变性能的影响更为显著。

（1）粗骨料

粗骨料宜选用质地坚硬、级配良好的石灰岩、花岗岩、辉绿岩、玄武岩等碎石或碎卵石，母岩的立方体抗压强度应比所配制的混凝土强度至少高 20%；针、片状含量不大于 5.0%，不得混入软弱颗粒；含泥量不大于 0.5%；泥块含量不大于 0.2%；一般最大粒径不大于 25mm，高性能混凝土石子合理最大粒径见表 15-74。

高性能混凝土石子的合理最大粒径　表 15-74

强度等级	石子最大粒径（mm）
C50 及 C50 以下	按施工要求选择
C60	≤20
C70	≤15
C80	≤10

（2）细骨料

细骨料宜选用质地坚硬、级配良好的河砂或人工砂，细度模量为 2.6～3.2，通过公称粒径为 315μm 筛孔的砂不应少于 15%；含泥量不大于 1.0%；泥块含量不大于 0.5%。当采用人工砂时，更应注意控制砂子的级配和含粉量。

5. 拌合水

高性能混凝土的单方用水量不宜大于 175kg/m³。

15.11.2　高性能混凝土配合比设计

高性能混凝土配合比设计不同于普通混凝土配合比设计。至今为止，还没有比较规范的高性能混凝土配合比设计方法，绝大多数高性能混凝土配合比是研究人员在粗略计算的基础上通过试验来确定的。由于矿物细掺合料和化学外加剂的应用，混凝土拌合物组分增加了，影响配合比的因素也增加了，这又给配合比设计带来一定难度，这里仅参照部分研究人员的试验结果，提出高性能混凝土配合比设计的一些原则。

15.11.2.1　高性能混凝土配合比设计依据

高性能混凝土的配合比设计应根据混凝土结构工程的要求，确保其施工要求的工作性，以及结构混凝土的强度和耐久性。耐久性设计应针对混凝土结构所处外部环境中劣化因素作用，使结构在设计使用年限内不超过容许劣化状态。

1. 试配强度确定

（1）当高性能混凝土的设计强度等级小于 C60 时，配制强度应按式（15-1）确定，这里 $f_{cu,k}$ 取混凝土的设计强度等级值（MPa）。

（2）当高性能混凝土的设计强度等级不小于 C60 时，配制强度应按式（15-3）确定。

2. 抗碳化耐久性设计

高性能混凝土的水胶比宜按下式确定：

$$\frac{W}{B} \leqslant \frac{5.83c}{\alpha \times \sqrt{t}} + 38.3 \qquad (15-73)$$

式中　$\dfrac{W}{B}$——水胶比；

c——钢筋的混凝土保护层厚度（cm）；

α——碳化区分系数，室外取 1.0，室内取 1.7；

t——设计使用年限（年）。

3. 抗冻害耐久性设计

冻害地区可分为微冻地区、寒冷地区、严寒地区。应根据冻害设计外部劣化因素的强弱，按不同冻害地区或盐冻地区混凝土水胶比最大值（表 15-75）的规定确定水胶比的最大值。

不同冻害地区或盐冻地区混凝土
水胶比最大值　表 15-75

外部劣化因素	水胶比（W/B）最大值
微冻地区	0.50
寒冷地区	0.45
严寒地区	0.40

高性能混凝土的抗冻性（冻融循环次数）可采用现行国家标准《普通混凝土长期性能和耐久性能试验方法标准》（GB/T 50082）规定的快冻法测定。应根据高性能混凝土的冻融循环次数按表 15-76 确定混凝土的抗冻耐久性指数，并符合下式的要求：

$$K_m = \frac{PN}{300} \qquad (15-74)$$

式中　K_m——混凝土的抗冻耐久性指数；

N——混凝土试件冻融试验进行至相对弹性模量等于 60%时的冻融循环次数；

P——参数，取 0.6。

高性能混凝土的抗冻耐久性指数　表 15-76

混凝土结构所处环境条件	冻融循环次数	抗冻耐久性指数 K_m
严寒地区	≥300	≥0.8
寒冷地区	≥300	0.60～0.79
微冻地区	所要求的冻融循环次数	<0.60

受海水作用的海港工程混凝土的抗冻性测定时，应以工程所在地的海水代替普通水制作的混凝土试件。当无海水时，可用 3.5%的氯化钠溶液代替海水，并按现行国家标准《普通混凝土长期性能和耐久性能试验方法标准》（GB/T 50082）规定的快冻法测定。抗冻耐久性指数可按表 15-74 确定，并符合相应的要求。

高性能混凝土的骨料除应满足上述的规定外，其品质尚应符合表 15-77 要求。

骨料的品质要求　表 15-77

混凝土结构所处环境	细骨料		粗骨料	
	吸水率（%）	坚固性试验质量损失（%）	吸水率（%）	坚固性试验质量损失（%）
严寒地区	≤3.5	≤10	≤3.0	≤12
寒冷地区	≤3.0		≤2.0	
微冻地区	≤3.0		≤2.0	

对抗冻性混凝土宜采用引气剂或引气型减水剂。当水胶比小于 0.30 时，可不掺引气剂；当水胶比不小于 0.30 时，宜掺入引气剂。经过试验鉴定，高性能混凝土的含气量应达到 3%～5%的要求。

4. 抗盐害耐久性设计

抗盐害耐久性设计时，对海岸盐害地区，可根据盐害外部劣化因素分为：准盐害环境地区（离海岸 250～1000m）；一般盐害环境地区（离海岸 50～250m）；中盐害环境地区（离海岸 50m 以内）。盐湖周边 250m 以内范围也属重盐害环境地区。

高性能混凝土中氯离子含量宜小于胶凝材料用量的 0.06%，并应符合现行国家标准《混凝土质量控制标准》（GB 50164）的规定。

盐害地区，高耐久性混凝土的表面裂缝宽度宜小于 $c/30$（c——混凝土保护层厚度，mm）。

高性能混凝土抗氯离子渗透性、扩散性，应以 56d 龄期、6h 的总导电量（C）确定，其测定方法应符合《普通混凝土长期性能和耐久性能试验方法标准》（GB/T 50082）的规定。根据混凝土导电量和抗氯离子渗透性，可按表 15-78 进行混凝土定性分类。

根据混凝土导电量试验结果对混凝土的分类   表 15-78

6h 导电量（C）	氯离子渗透性	可采用的典型混凝土种类
2000～4000	中	中等水胶比（0.40～0.60）普通混凝土
1000～2000	低	低水胶比（<0.40）普通混凝土
500～1000	非常低	低水胶比（<0.38）混凝土
<500	可忽略不计	低水胶比（<0.30）混凝土

混凝土的水胶比应按混凝土结构所处环境条件采用，见表 15-79。

5. 抗硫酸盐腐蚀耐久性设计

抗硫酸盐腐蚀混凝土采用的水泥，其矿物组成应符合 C_3A 小于 5%，C_3S 含量小于 50% 的要求；其矿物微细粉应选用低钙粉煤灰、偏高岭土、矿渣、天然沸石粉或硅灰等。

混凝土结构所处不同环境的水胶比最大值   表 15-79

混凝土结构所处环境	水胶比最大值
准盐害环境地区	0.50
一般盐害环境地区	0.45
重盐害环境地区	0.40

胶凝材料的抗硫酸盐腐蚀性应按规定方法进行检测，并按表 15-80 评定。

胶砂膨胀率、抗蚀系数抗硫酸性能评定指标   表 15-80

试件膨胀率	抗蚀系数	抗硫酸盐等级	抗硫酸盐性能
>0.4%	<1.0	低	受侵蚀
0.4%～0.35%	1.0～1.1	中	耐侵蚀
0.34%～0.25%	1.2～1.3	高	抗侵蚀
≤0.25%	>1.4	很高	高抗侵蚀

注：检验结构如出现试件膨胀率与抗蚀系数不一致的情况，应以试件的膨胀率为准。

抗硫酸盐腐蚀混凝土的最大水胶比宜按表 15-81 确定。

抗硫酸盐腐蚀混凝土的最大水胶比   表 15-81

外部劣化因素	水胶比（W/B）最大值
微冻地区	0.50
寒冷地区	0.45
严寒地区	0.40

预防碱-硅反应破坏的混凝土碱含量   表 15-82

试件膨胀率	抗蚀系数	抗硫酸盐等级	抗硫酸盐性能
>0.4%	<1.0	低	受侵蚀
0.4%～0.35%	1.0～1.1	中	耐侵蚀
0.34%～0.25%	1.2～1.3	高	抗侵蚀
≤0.25%	>1.4	很高	高抗侵蚀

6. 抑制碱-骨料反应有害膨胀

混凝土结构或构件在设计使用期限内，不应因发生碱-骨料反应而导致开裂和强度下降。

为预防碱-硅反应破坏，混凝土中碱含量不宜超过表 15-82 的要求。

检验骨料的碱活性，宜按《普通混凝土长期性能和耐久性试验方法标准》（GB/T 50082）的规定进行。

当骨料含有碱-硅反应活性时，应掺入矿物微细粉，并宜采用玻璃砂浆棒法确定各种微细粉的掺量及其抑制碱-硅反应的效果。

当骨料中含有碱-碳酸盐反应活性时，应掺入粉煤灰、沸石与粉煤灰复合粉、沸石与矿渣复合粉或者沸石与硅灰复合粉等，并宜采用小混凝土柱法确定其掺量和检验其抑制效果。

15.11.2.2   高性能混凝土配合比设计步骤

1. 强度与拌合水用量估算

高性能混凝土的强度等级小于 C60 的拌合物用水量可参照《普通混凝土配合比设计规程》（JGJ/T 55）选用。高性能混凝土的强度等级在 C60～C100，取 5 个平均强度为 75MPa、85MPa、95MPa、105MPa、115MPa 等，对应的强度等级分别为 A、B、C、D、E，最大用水量按表 15-25 估计，骨料最大粒径为 10～20mm，对外加剂、粗细骨料中的含水量进行修正。

2. 估算水泥浆体体积组成

表 15-83 是在浆体体积 0.35m³ 时按细掺料掺加的三种情况分别列出，即情况 1 为不加细掺料；情况 2 为 25% 的粉煤灰或矿渣粉；情况 3 为 10% 的硅灰加 15% 的粉煤灰。粉煤灰和矿渣粉的密度分别为 2.9g/cm³ 和 2.3g/cm³；硅灰密度取为 2.1g/cm³。减去拌合水和 0.01m³ 的含气量，按细掺料的三种情况计算浆体体积组成。

3. 估算骨料用量

根据骨料总体积为 0.65m³，假设强度等级 A 的第一盘配料粗-细骨料体积比为 3∶2，则得出粗、细骨料体积分别为 0.39m³ 和 0.26m³。其他等级的混凝土（B～E），由于随着强度的提高，其水量减少，高效减水剂用量增加，故粗、细骨料的体积比可大一些。如 B 级取 3.05∶1.95，C 级取 3.10∶1.90，D 级取 3.15∶1.85，E 级取 3.20∶1.80。

4. 计算混凝土各组成材料用量

利用上述的数据可计算出各种材料饱和面干质量，得出第一试配试配合比实例，见表 15-84。

5. 高效减水剂用量

减水剂用量应通过试验，减水剂品种应根据与胶结料的相容量试验选择。掺量按固体计，可以为胶凝材料总量的 0.8%～2.0%。建议第一盘试配用 1%。

0.35m³ 浆体中各组分体积含量（m³）   表 15-83

强度等级	水	空气	胶凝材料总量	情况 1	情况 2		情况 3	
				PC	PC+FA（或 BFS）		PC+FA（或 BFS）+CSF	
A	0.16	0.02	0.17	0.17	0.1275 + 0.0425		0.1275 + 0.0255 + 0.0170	
B	0.15	0.02	0.18	0.18	0.1350 + 0.0450		0.1350 + 0.0270 + 0.0180	
C	0.14	0.02	0.19	0.19	0.1425 + 0.0475		0.1425 + 0.0285 + 0.0190	
D	0.13	0.02	0.20		0.1500 + 0.0500		0.1500 + 0.0300 + 0.0200	
E	0.12	0.02	0.21		0.1575 + 0.0525		0.1575 + 0.0315 + 0.0210	

注：1. 表中符号 A～E 为强度等级；
2. PC 为硅酸盐水泥；FA 为粉煤灰；BFS 为矿渣粉；CSF 为凝聚硅灰。

第一盘试配料配合比实例   表 15-84

强度等级	平均强度（MPa）	细掺料情况	胶凝材料（kg/m³）			总用①水量（kg/m³）	粗集料（kg/m³）	细集料（kg/m³）	材料总量（kg/m³）	W/B
			PC	FA BFS	CSF					
A	75	1	534	—	—	160	1050	690	2434	0.30
		2	400	106	—	160	1050	690	2406	0.32
		3	400	64	36	160	1050	690	2400	0.32
B	85	1	565	—	—	150	1070	670	2455	0.27
		2	423	113	—	150	1070	670	2426	0.28
		3	423	68	38	150	1070	670	2419	0.28
C	95	1	597	—	—	145	1090	650	2482	0.24
		2	477	119	—	145	1090	650	2481	0.24
		3	477	71	40	145	1090	650	2473	0.24
D	105	1	596	—	—	140	1110	630	2476	0.23
		2	471	125	—	140	1110	630	2476	0.23
		3	471	75	42	140	1110	630	2468	0.24
E	115	1	626	—	—	140	1120	620	2506	0.22
		2	495	131	—	140	1120	630	2506	0.22
		3	495	79	44	140	1120	620	2493	0.22

① 未扣除塑化剂中的水。

6. 配合比试配和调整

上述步骤是建立在许多假设的基础上，需要应用实际材料在试验室进行多次试验，逐步调整。混凝土拌合物的坍落度，可用增减高效减水剂来调整，增加高效减水剂用量，可能引起拌合物离析、泌水或缓凝。此时可增加砂率和减小砂的细度模数来克服离析、泌水现象。对于缓凝，可采用其他品种的减水剂和水泥进行试验。应当注意，混凝土拌合物工作性不良是由水泥与外加剂适应性差引起的，若调整高效减水剂用量可作用不大时，应更换水泥品种和厂家。如果混凝土 28d 强度低于预计强度，可减少用水量，并重新进行试配验证。

高性能混凝土配制强度同普通混凝土一样也必须大于设计要求的强度标准值，以满足强度保证率的要求。混凝土配制强度（$f_{cu,0}$）仍可按式（15-1）和式（15-3）计算。

混凝土强度标准差，当试件组数不小于 30 时，应按式（15-2）计算。

对于强度等级不大于 C30 的混凝土，当混凝土强度标准差计算值不小于 3.0MPa 时，应按上式计算结果取值；当混凝土强度标准差计算值小于 3.0MPa 时，应取 3.0MPa。

对于强度等级大于 C30 且小于 C60 的混凝土，当混凝土强度标准差计算值不小于 4.0MPa 时，应按上式计算结果取值；当混凝土强度标准差计算值小于 4.0MPa 时，应取 4.0MPa。

当没有近期的同一品种、同一强度等级混凝土强度资料时，其强度标准差 σ 可按表 15-21 取值。

高性能混凝土试配时，应采用工程中实际使用的原材料并采用强制式搅拌机搅拌。制作混凝土强度试件的同时，应检验混凝土的工作性，非免振捣混凝土可用坍落度和坍落流动度来评定，同时观察拌合物的黏聚性、保水性，并测定拌合物的表观密度。试配时的强度试件最好按 1d、7d、28d 和 90d 制作，以便找出该混凝土强度发展规律。

高性能混凝土配合比设计要求高，考虑的因素多，原材料的选择与组合范围宽，因此配合比设计及试验工作量大。随着高性能混凝土技术的发展与经验的积累，其配合比设计和质量控制的计算机化是今后配合比设计的发展方向。

7. 高性能混凝土应用配合比参考

现将 C60～C100 高性能混凝土的典型配合比列表，见表 15-85。当强度降低或提高时，参数范围可适当延伸。

高性能混凝土的典型配比　　表 15-85

强度等级		C60～C100
胶凝材料浆体体积（%）		28～32
水泥用量（kg/m³）		330～500
胶凝材料	粉煤灰（%）	15～30
	矿渣粉（%）	20～30
	硅灰（%）	5～15
	超细沸石粉（%）	5～10
高效减水剂①（%）		0.5～2.0
水胶比		0.22～0.32
砂率	碎石（%）	0.34～0.42
	卵石（%）	0.26～0.36
最大用水量	塑性混凝土（kg/m³）	140～160
	自流平混凝土（kg/m³）	130～150

① 按总胶凝材料重量计。

15.11.3　高性能混凝土制备与施工技术

高性能混凝土的形成不仅取决于原材料、配合比以及硬化后的物理力学性能，也与混凝土的制备与施工有决定性关系。高性能混凝土的制备与施工应同工程设计紧密结合，制作者必须了解设计的要求、结构构件的使用功能、使用环境以及使用寿命等。

1. 高性能混凝土的拌制

（1）高性能混凝土的配料

高性能混凝土的配料可以采用各种类型配料设备，但更适宜商品化生产方式。混凝土搅拌站应配有精确的自动称量系统和计算机自动控制系统，并能对原材料品质均匀性、配比参数的变化等，通过人机对话进行监控、数据采集与分析。但无论哪种配料方式，均必须严格按配合比重量计量。计量允许偏差严于普通混凝土施工规范：水泥和掺合料±1%，粗、细骨料±2%，水和外加剂±1%。配制高性能混凝土必须准确控制用水量，砂、石中的含水率应及时测定，并按测定值调整用水量和砂、石用量。严禁在拌合物出机后加水，必要时可在搅拌车上二次添加高效减水剂。高效减水剂可采用粉剂或水剂，并应采用后掺法。当采用水剂时，应在混凝土用水量中扣除溶液中的水量；当采用粉剂时，应适当延长搅拌时间（不少于 30s）。

（2）高性能混凝土的搅拌

高性能混凝土由于水胶比低，胶凝材料总量大，黏性大，同时又有较高的密实度要求，不易拌合均匀，所以对搅拌机的型式与搅拌工艺有一定要求。应采用卧轴强制式搅拌机搅拌。搅拌时应注意外加剂的投入时间，应在其他材料充分搅拌均匀后再加入，而不能使其与水泥接触，否则将影响高性能混凝土的质量。

高性能混凝土的搅拌时间，应该按照搅拌设备的要求，一般现场搅拌时间不少于 120s，预拌混凝土搅拌时间不少于 90s。

2. 高性能混凝土拌合物的运输和浇筑

（1）高性能混凝土拌合物的运输

长距离运输拌合物应使用混凝土搅拌车，短距离运输可用翻斗车或吊斗。装料前应考虑坍落度损失，湿润容器内壁和清除积水。

第一盘混凝土拌合物出料后应先进行开盘鉴定。按规定检测拌合物工作度（包括冬季施工出罐温度），并按计划留置各种试件。混凝土拌合物的输送应根据混凝土供应申请单，按照混凝土计算用量以及混凝土的初凝、终凝时间、运输时间、运距，确定运输间隔。混凝土拌合物进场后，除按规定验收质量外，还应记录预拌混凝土出场时间、进场时间、入模时间和浇筑完毕的时间。

（2）高性能混凝土拌合物的浇筑

现场搅拌的混凝土出料后，应尽快浇筑完毕。使用吊斗浇筑时，浇筑下料高度超过 3m 时应采用串筒。浇筑时要均匀下料，控制速度，防止空气进入。除自密实高性能混凝土外，应采用振捣器捣实，一般情况下应用高频振捣器，垂直点振，不得平拉。浇筑方式，应分层浇筑、分层振捣，用振捣棒振捣应控制在振捣棒有效振动半径范围之内。混凝土浇筑应连续进行，施工缝应在混凝土浇筑之前确定，不得随意留置。在浇筑混凝土的同时按照施工试验计划，留置好必要的试件。不同强度等级混凝土现浇相连接时，接缝应设置在低强度等级构件中，并离开高强度等级构件一定距离。当接缝两侧混凝土强度等级不同且分先后施工时，可在接缝位置设置固定的筛网（孔径 5mm×5mm），先浇筑高强度等级混凝土，后浇筑低强度等级混凝土。

高性能混凝土最适于泵送，泵送的高性能混凝土宜采用预拌混凝土，也可以现场搅拌。高性能混凝土泵送施工时，应根据施工进度，加强组织管理和现场联络调度，确保连续均匀供料，泵送混凝土应遵守《混凝土泵送施工技术规程》（JCJ/T 10）的规定。

便用泵送进行浇筑，坍落度应为 120～200mm（由泵送高度确定）。泵管出口应与浇筑面形成一个 50～80cm 高差，便于混凝土下落产生压力，推动混凝土流动。输送混凝土的起始水平段长度不应小于 15m。现场搅拌的混凝土应在出机后 60min 内泵送完毕。预拌混凝土应在其 1/2 初凝时间内入泵，并在初凝前浇筑完毕。冬期以及雨季浇筑混凝土时，要专门制定冬、雨期施工方案。

高性能混凝土的工作性还包括易抹光。高性能混凝土胶凝材料含量大，细粉增加，低水胶比，使高性能混凝土拌合物十分黏稠，难于被抹光，表面会很快形成一层硬壳，容易产生收缩裂纹，所以要求尽早安排多道抹面程序，建议在浇筑后 30min 之内抹光。对于高性能混凝土的易抹光，目前仍缺少可行的试验方法。

3. 高性能混凝土的养护

混凝土的养护是混凝土施工的关键步骤之一。对于高性能混凝土，由于水胶比小，浇筑以后泌水量很少。当混凝土表面蒸发失去的水得不到充分补充时，使混凝土塑性收缩加剧，而此时混凝土

尚不具有抵抗变形所需的强度，就容易导致塑性收缩裂缝的产生，影响耐久性和强度。另外高性能混凝土胶凝材料用量大，水化温升高，由此导致的自收缩和温度应力也在加大，对于流动性很大的高性能混凝土，由于胶凝材料量大，在大型竖向构件成型时，会造成混凝土表面浆体所占比例较大，而混凝土的耐久性受近表层影响最大，所以加强表层的养护对高性能混凝土显得尤为重要。

为了提高混凝土的强度和耐久性，防止产生收缩裂缝，很重要的措施是混凝土浇筑后立即喷养护剂或用塑料薄膜覆盖。用塑料薄膜覆盖时，应使薄膜紧贴混凝土表面，初凝后掀开塑料薄膜，用木抹子搓平表面，至少搓2遍。搓完后继续覆盖，待终凝后立即浇水养护。养护日期不少于7d（重要构件养护14d）。对于楼板等水平构件，可采用覆盖草帘或麻袋湿养护，也可采用蓄水养护；对墙柱等竖向构件，采用能够保水的木模板对养护有利，也可在混凝土硬化后，用草帘、麻袋等包裹，并在外面再裹以塑料薄膜，保持包裹物潮湿。应该注意：尽量减少用喷洒养护剂来代替水养护，养护剂也绝非不透水，且有效时间短，施工中很容易损坏。

混凝土养护除保证合适的湿度外，也是保证混凝土有合适的温度。高性能混凝土比普通混凝土对温度和湿度更加敏感，混凝土的入模温度、养护湿度应根据环境状况和构件所受内、外约束程度加以限制。养护期间混凝土内部最高温度不应高于75℃，并采取措施使混凝土内部与表面的温度差小于25℃。

15.12 特殊条件下的混凝土施工

（1）根据当地多年气象资料统计，当室外日平均气温连续5日稳定低于5℃时，应采取冬期施工措施；当室外日平均气温连续5日稳定高于5℃时，可解除冬期施工措施。当混凝土未达到受冻临界强度而气温骤降至0℃以下时，应按冬期施工的要求采取应急防护措施。

（2）当日平均气温达到30℃及以上时，应按高温施工要求采取措施。

（3）雨季和降雨期间，应按雨期施工要求采取措施。

（4）混凝土冬期施工应按现行行业标准《建筑工程冬期施工规程》（JGJ/T 104）的相关规定进行热工计算。

15.12.1 冬期混凝土施工

（1）冬期施工配制混凝土宜选用硅酸盐水泥或普通硅酸盐水泥。采用蒸汽养护时，宜选用矿渣硅酸盐水泥。

（2）冬期施工混凝土用粗、细骨料中不得含有冰、雪冻块及其他易冻结物质。

（3）冬期施工混凝土用外加剂应符合现行国家标准《混凝土外加剂应用技术规范》（GB 50119）的有关规定。采用非加热养护方法时，混凝土中宜掺入引气剂、引气型减水剂或含有引气组分的外加剂，混凝土含气量宜控制在3.0%~5.0%。

（4）冬期施工混凝土配合比应根据施工期间环境气温、原材料、养护方法、混凝土性能要求等经试验确定，并宜选择较小的水胶比和坍落度。

（5）冬期施工混凝土搅拌前，原材料的预热应符合下列规定：

1）宜加热拌合水。当仅加热拌合水不能满足热工计算要求时，可加热骨料。拌合水与骨料的加热温度可通过热工计算确定，加热温度不应超过表15-86的规定。

2）水泥、外加剂、矿物掺料不得直接加热，应事先储于暖棚内预热。

拌合水及骨料最高加热温度（℃） 表15-86

水泥强度等级	拌合水	骨料
42.5以下	80	60
42.5、42.5R及以上	60	40

（6）冬期施工混凝土搅拌应符合下列规定：

1）液体防冻剂使用前应搅拌均匀，由防冻剂溶液带入的水分

应从混凝土拌合水中扣除；

2）蒸汽法加热骨料时，应加大对骨料含水率测试频率，并将由骨料带入的水分从混凝土拌合水中扣除；

3）混凝土搅拌前应对搅拌机械进行保温或采用蒸汽进行加温，搅拌时间应比常温搅拌时间延长30~60s；

4）混凝土搅拌时应先投入骨料与拌合水，预拌后再投入胶凝材料与外加剂。胶凝材料、引气剂或含引气组分外加剂不得与60℃以上热水直接接触。

（7）混凝土拌合物的出机温度不宜低于10℃，入模温度不应低于5℃。对预拌混凝土或需远距离输送的混凝土，混凝土拌合物的出机温度可根据运输和输送距离经热工计算确定，但不宜低于15℃。大体积混凝土的入模温度可根据实际情况适当降低。

（8）混凝土运输、输送机具及泵管应采取保温措施。当采用泵送工艺浇筑时，应采用水泥浆或水泥砂浆对泵和泵管进行润滑、预热。混凝土运输、输送与浇筑过程中应进行测温，温度应满足热工计算的要求。

（9）混凝土浇筑前，应清除地基、模板和钢筋上的冰雪和污垢，并应进行覆盖保温。

（10）混凝土分层浇筑时，分层厚度不应小于400mm。在被上一层混凝土覆盖前，已浇筑层的温度应满足热工计算要求，且不得低于2℃。

（11）采用加热方法养护现浇混凝土时，应考虑加热产生的温度应力对结构的影响，并应合理安排混凝土浇筑顺序与施工缝留置位置。

（12）冬期浇筑的混凝土，其受冻临界强度应符合下列规定：

1）当采用蓄热法、暖棚法、加热法施工时，采用硅酸盐水泥、普通硅酸盐水泥配制的混凝土，不应低于设计混凝土强度等级值的30%；采用矿渣硅酸盐水泥、粉煤灰硅酸盐水泥、火山灰质硅酸盐水泥、复合硅酸盐水泥配制的混凝土，不应低于设计混凝土强度等级值的40%；

2）当室外最低气温不低于-15℃时，采用综合蓄热法、负温养护法施工的混凝土受冻临界强度不应低于4.0MPa；当室外最低气温不低于-30℃时，采用负温养护法施工的混凝土受冻临界强度不应低于5.0MPa；

3）强度等级等于或高于C50的混凝土，不宜低于设计混凝土强度等级值的30%；

4）对有抗冻耐久性要求的混凝土，不宜低于设计混凝土强度等级值的70%。

（13）混凝土结构工程冬期施工养护应符合下列规定：

1）当室外最低气温不低于-15℃时，对地面以下的工程或表面系数不大于5m⁻¹的结构，宜用蓄热法养护，并应对结构易受冻部位加强保温措施；

2）当采用蓄热法不能满足要求时，对表面系数为5m⁻¹~15m⁻¹的结构，可采用综合蓄热法养护。采用综合蓄热法养护时，混凝土中应掺加具有减水、引气性能的早强剂或早强型外加剂；

3）对不易保温养护，且对强度增长无具体要求的一般混凝土结构，可采用掺防冻剂的负温养护法进行施工；

4）当上述方法不能满足施工要求时，可采用暖棚法、蒸汽加热法、电加热法等方法，但应采取措施降低能耗。

（14）混凝土浇筑后，对裸露表面应采取防风、保湿、保温措施，对边、棱角及易受冻部位应加强保温。在混凝土养护和越冬期间，不得直接对负温混凝土表面浇水养护。

（15）模板和保温层在混凝土达到要求强度，且混凝土表面温度冷却到5℃后方可拆除。对墙、板等薄壁结构构件，宜延长模板拆除时间。当混凝土表面温度与环境温度之差大于20℃时，拆模后的混凝土表面应立即进行保温覆盖。

（16）混凝土强度未达到受冻临界强度和设计要求时，应继续进行养护。工程越冬期间，应编制越冬维护方案并进行保温维护。

（17）混凝土工程冬期施工应加强对骨料含水率、防冻剂掺量的检查以及原材料、入模温度、实体温度和强度的监测。依据气温的变化，检查防冻剂掺量是否符合配合比与防冻剂说明书的规定，并根据需要进行配合比的调整。

(18) 混凝土冬期施工期间，应按相关标准的规定对混凝土拌合水温度、外加剂溶液温度、骨料温度、混凝土出机温度、浇筑温度、入模温度以及养护期间混凝土内部和大气温度进行测量。

(19) 冬期施工混凝土强度试件的留置除应符合现行国家标准《混凝土结构工程施工质量验收规范》（GB 50204）的规定外，尚应增设与结构同条件养护试件不少于 2 组。同条件养护试件应在解冻后进行试验。

15.12.2　高温混凝土施工

(1) 高温施工时，对露天堆放的粗、细骨料应采取遮阳防晒等措施。必要时，可对粗骨料进行喷雾降温。

(2) 高温施工混凝土配合比设计除应满足第 15.2 节的要求外，尚应符合下列规定：

1) 应考虑原材料温度、环境温度、混凝土运输方式与时间对混凝土初凝时间、坍落度损失等性能指标的影响，根据环境温度、湿度、风力和采取温控措施的实际情况，对混凝土配合比进行调整；

2) 宜在近似现场运输条件、时间和预计混凝土浇筑作业最高气温的天气条件下，通过混凝土搅拌和试运输的工况试验后，调整并确定适合高温天气条件下施工的混凝土配合比；

3) 宜采用低水泥用量的原则，并可采用粉煤灰取代部分水泥，宜选用水化热较低的水泥；

4) 混凝土坍落度不宜小于 70mm。

(3) 混凝土的搅拌应符合下列规定：

1) 应对搅拌站料斗、储存器、皮带运输机、搅拌楼采取遮阳防晒措施；

2) 对原材料进行直接降温时，宜采用对水、粗骨料进行降温的方法。当对水直接降温时，可采用冷却装置冷却拌合用水，并对水管及水箱加设遮阳和隔热设施，也可在水中加碎冰作为拌合用水的一部分。混凝土拌合时掺加的固体冰应确保在搅拌结束前融化，且在拌合用水中应扣除其重量；

3) 原材料入机温度不宜超过表 15-87 的规定。

原材料最高入机温度（℃）　　表 15-87

原材料	入机温度	原材料	入机温度
水泥	70	水	25
骨料	30	粉煤灰等掺合料	60

4) 混凝土拌合物出机温度不宜大于 30℃。出机温度可按下式进行估算。必要时，可采取掺加干冰等附加控温措施。

①暑期施工混凝土加冰拌合时，混凝土拌合物出机温度可按下式进行估算：

$$T = \frac{0.22 (T_g W_g + T_s W_s + T_c W_c + T_m W_m) + T_w W_w + T_g W_{wg} + T_s W_{ws} - 79.6 W_i}{0.22 (W_g + W_s + W_c + W_m) + W_w + W_{wg} + W_{ws} + W_i}$$

式中　T_g、T_s——石子、砂子入机温度（℃）；

T_c、T_m——水泥、拌合料（粉煤灰、矿粉等）入机温度（℃）；

T_w——正常搅拌水温度（℃）；

W_g、W_s——石子、砂子干重量（kg）；

W_c、W_m——水泥、拌合料（粉煤灰、矿粉等）重量（kg）；

W_w、W_i——搅拌水、冰重量（kg）；

W_{wg}、W_{ws}——石子、砂子含水重量（kg）。

注：骨料含水与骨料温度相同。

②暑期施工混凝土不加冰拌合时，混凝土拌合物出机温度可按下式进行估算：

$$T = \frac{0.22 (T_g W_g + T_s W_s + T_c W_c + T_m W_m) + T_w W_w + T_g W_{wg} + T_s W_{ws}}{0.22 (W_g + W_s + W_c + W_m) + W_w + W_{wg} + W_{ws}}$$

式中符合意义同上。

(4) 宜采用白色涂装的混凝土搅拌运输车运输混凝土；对混凝土输送管应进行遮阳覆盖，并应洒水降温。

(5) 混凝土浇筑入模温度不应高于 35℃。

(6) 混凝土浇筑宜在早晨或傍晚进行，且宜连续浇筑。当水分蒸发速率大于 1 kg/（m²·h）时，应在施工作业面采取挡风、遮

阳、喷雾等措施。混凝土水分蒸发速率可用下式进行估算：

$$E = 5[(T_b + 18)^{2.5} - r(T_a + 18)^{2.5}](V + 4) \times 10^{-6}$$

式中　E——水的蒸发速率 [kg/（m²·h）]；

r——混凝土水分蒸发面以上 1.5m 高度测得大气相对湿度（%）；

T_a——混凝土水分蒸发面以上 1.5m 高度测得大气温度（℃）；

T_b——混凝土（湿）表面温度（℃）；

V——混凝土水分蒸发面以上 0.5m 高度测得水平风速（km/h）。

(7) 混凝土浇筑前，施工作业面宜采取遮阳措施，并应对模板、钢筋和施工机具采用洒水等降温措施，但浇筑时模板内不得有积水。

(8) 混凝土浇筑完成后，应及时进行保湿养护。侧模拆除前宜采用带模湿润养护。

15.12.3　雨期混凝土施工

(1) 雨期施工期间，对水泥和掺合料应采取防水和防潮措施，并应对粗、细骨料含水率实时监测，及时调整混凝土配合比。

(2) 应选用具有防雨水冲刷性能的模板脱模剂。

(3) 雨期施工期间，对混凝土搅拌、运输设备和浇筑作业面应采取防雨措施，并应加强施工机械检查维修及接地接零检测工作。

(4) 除采用防护措施外，小雨、中雨天气不宜进行混凝土露天浇筑，且不应开始大面积作业面的混凝土露天浇筑；大雨、暴雨天气不应进行混凝土露天浇筑。

(5) 雨后应检查地基面的沉降，并应对模板及支架进行检查。

(6) 应采取措施防止基槽或模板内积水。基槽或模板内和混凝土浇筑分层面出现积水时，排水后方可浇筑混凝土。

(7) 混凝土浇筑过程中，对因雨水冲刷致使水泥浆流失严重的部位，应采取补救措施后方可继续施工。

(8) 在雨天进行钢筋焊接时，应采取挡雨及安全措施。

(9) 混凝土浇筑完毕后，应及时采取覆盖塑料薄膜等防雨措施。

(10) 台风来临前，应对尚未浇筑混凝土的模板及支架采取临时加固措施；台风结束后，应检查模板及支架，已验收合格的模板及支架应重新办理验收手续。

15.13　常用特种混凝土施工技术

15.13.1　纤维混凝土

纤维混凝土指在水泥基混凝土中掺入乱向均匀分布的短纤维形成的复合材料。包括钢纤维混凝土、玻璃纤维混凝土、合成纤维混凝土等。一般而言，钢纤维混凝土适用于对抗拉、抗剪、弯拉强度和抗裂、抗冲击、抗疲劳、抗震、抗爆等性能要求较高的工程或其局部部位；合成纤维混凝土适用于非结构性裂缝控制，以及对弯曲韧性和抗冲击性能有一定要求的工程或其局部部位。

15.13.1.1　钢纤维混凝土

钢纤维混凝土是用一定量乱向分布的钢纤维增强的以水泥为粘结料的混凝土。钢纤维混凝土已广泛应用于建筑工程、水利工程、公路桥梁工程、公路路面和机场道面工程、铁路工程、港口及海洋工程等。

1. 钢纤维的技术要求

(1) 钢纤维的强度。

一般情况下，钢纤维抗拉强度不得低于 380MPa。当工程有特殊要求时，钢纤维抗拉强度可由需方根据技术与经济条件提出。从钢纤维角度，可通过改进钢纤维表面及其形状来改善钢纤维与混凝土之间的粘结。

(2) 钢纤维的尺寸和形状

常见钢纤维外形如表 15-88 所示。

常见钢纤维外形　　　　表 15-88

名　称	外　　形
平直形	———
异形 — 波浪形	∿∿∿
异形 — 压痕形	⊏⊐⊏⊐
异形 — 扭曲形	∿∿
异形 — 端钩形	⌐___⌐
异形 — 大头形	►———◄

各类钢纤维混凝土工程，对钢纤维几何参数的要求见表 15-89。

钢纤维几何参数参考范围　　　表 15-89

工程类别	长度（标称长度）(mm)	直径（等效直径）(mm)	长径比
一般浇筑钢纤维混凝土	20~60	0.3~0.9	30~80
钢纤维喷射混凝土	20~60	0.3~0.8	30~80
钢纤维混凝土抗震框架节点	35~60	0.3~0.9	50~80
钢纤维混凝土铁路轨枕	30~35	0.3~0.6	50~70
层布式钢纤维混凝土复合路面	30~120	0.3~1.2	60~100

注：标称长度指异型纤维两端点间的直线距离；等效直径指非圆截面按截面面积等效原则换算的圆形截面直径。

（3）混凝土用钢纤维技术要求

混凝土用钢纤维的技术要求如表 15-90 所示。

混凝土用钢纤维的技术要求　　表 15-90

项　目		平 直 形	异 形
长度和直径的尺寸偏差		不超过±10%	
形状合格率		—	不低于 85%
抗拉强度 f_{fst}	380 级	$380N/mm^2 \leqslant f_{fst} < 600 N/mm^2$	
	600 级	$600 N/mm^2 \leqslant f_{fst} < 1000 N/mm^2$	
	1000 级	$f_{fst} \geqslant 1000 N/mm^2$	
弯折性能		能承受一次弯折 90°不断裂	
杂质限制		表面不得粘有油污及妨碍钢纤维与水泥基粘结的有害物质；不得混有妨碍水泥硬化的化学成分；因加工造成的粘结连片、表面严重锈蚀的纤维、铁锈粉等杂质总量不超过钢纤维重量的1%	

2. 钢纤维的生产方法与特征

钢纤维的加工制造方法主要有四种：钢丝切断法、薄板剪切法、钢锭铣削法和熔抽法。四种钢纤维的基本特征如表 15-91 所示。

四种钢纤维的基本特征　　表 15-91

类型	截面形状	表面状况	优　点	缺　点	提高粘结力方法
切断型钢纤维	圆形	冷拔表面较光滑	制作方法简单，抗拉强度高	与混凝土粘结强度较小；成本高	压痕、折弯
剪切型钢纤维	矩形	切断面较粗糙	钢纤维形状不规则，与混凝土粘结强度较大	刀具寿命短	扭转、折弯
铣削型钢纤维	三角形	铣削面粗糙	钢纤维轴向扭曲，可增大粘结力；可制极细纤维	刀具寿命短	扭转、折弯

（续表）

类型	截面形状	表面状况	优　点	缺　点	提高粘结力方法
熔抽型钢纤维	月牙形	氧化皮膜	原材料为废钢，成本低；制造工艺简单，生产效率高	氧化层影响粘结	两端较粗

3. 钢纤维混凝土的配合比设计

（1）基本要求

钢纤维混凝土配合比除满足普通混凝土的一般要求外，还要求抗拉强度或抗弯强度、韧性及施工时拌合物和易性等满足要求。在某些条件下尚应满足抗冻性、抗渗性、抗冲磨、抗腐蚀性、抗冲击、耐疲劳、抗爆等性能要求。钢纤维混凝土的配合比设计要保证纤维在混凝土中分散的均匀性以及钢纤维与混凝土之间的粘结强度。

（2）原材料

1）钢纤维。所用钢纤维的品种、几何参数、体积率等应符合国家现行有关钢纤维混凝土结构设计和施工规程的规定，满足设计要求的钢纤维混凝土强度、韧性和耐久性，并满足拌合物的和易性与施工要求，避免发生钢纤维的结团和堵塞混凝土泵送管或喷射管。对有耐腐蚀和耐高温要求的结构物，宜选用不锈钢钢纤维。

2）胶凝材料。宜采用高强度等级普通硅酸盐水泥或硅酸盐水泥。钢纤维混凝土中的胶凝材料用量比普通混凝土中的大，钢纤维混凝土的胶凝材料用量不宜小于 360kg/m³。当钢纤维体积率或基体强度等级较高时胶凝材料用量可适当增加，但不宜大于 550kg/m³。原材料中宜掺加粉煤灰、矿粉、硅灰等矿物掺合料，掺合料掺量的选择应通过试验确定。

3）外加剂。宜选用高效减水剂。对抗冻性有要求的钢纤维混凝土宜选用引气型减水剂或同时加引气剂和减水剂。钢纤维喷射混凝土宜采用无碱速凝剂，其掺量根据凝结试验确定。拌制钢纤维混凝土所选用的外加剂性能应符合《混凝土外加剂应用技术规范》（GB 50119）的规定。

（3）配合比设计

钢纤维混凝土配合比设计采用试验—计算法。步骤如下：

1）根据强度标准值（或设计值）以及施工配制强度的提高系数，确定试配抗压强度与抗拉强度（或试配抗压强度与弯拉强度）。

2）根据试配抗压强度计算水灰比。

3）根据试配抗拉强度（或弯拉强度、弯曲韧度比）的要求，计算或通过已有资料确定钢纤维体积率。

4）根据施工要求的稠度通过试验或已有资料确定单位体积用水量，如掺用外加剂时尚应考虑外加剂的影响。

5）通过试验或有关资料确定合理的砂率。

6）按绝对体积法或假定质量密度法计算材料用量，确定试配配合比。

7）按试配配合比进行拌合物性能试验，调整单位体积用水量和砂率，确定强度试验用基准配合比。

8）根据强度试验结果调整水灰比和钢纤维体积率，确定施工配合比。

钢纤维混凝土的水灰比不宜大于 0.50；对于以耐久性为主要要求的钢纤维混凝土，不得大于 0.45。钢纤维混凝土胶凝材料总用量不宜小于 360kg/m³，但也不宜大于 550kg/m³。钢纤维混凝土坍落度值可比相应普通混凝土要求值小 20mm。

钢纤维混凝土试配配合比确定后，应进行拌合物性能试验，检查其稠度、黏聚性、保水性是否满足施工要求。若不满足，则应在保持水灰比和钢纤维体积率不变的条件下，调整单位体积用水量或砂率，直到满足要求。

4. 钢纤维混凝土的施工

（1）搅拌

钢纤维混凝土施工宜采用机械搅拌。钢纤维混凝土的搅拌工艺应确保钢纤维在拌合物中分散均匀，不产生结团，宜优先采用将钢纤维、水泥、粗细骨料先干拌而后加水湿拌的方法；也可采用在混合料拌合过程中分散加入钢纤维的方法。必要时可采用钢纤维分散

机布料。

钢纤维混凝土的搅拌时间应通过现场搅拌试验确定，并应较普通混凝土规定的搅拌时间延长 1～2min。采用先干拌后加水的搅拌方式时，干拌时间不宜少于 1.5min。

(2) 运输、浇筑和养护

钢纤维混凝土的运输应缩短运输时间。运输过程中应避免拌合物离析，如产生离析应做二次搅拌。所采用的运输器械应容易于卸料。

钢纤维混凝土的浇筑方法应保证钢纤维的分布均匀性和结构的连续性。在浇筑过程中严禁向拌合料干涩而加水。钢纤维混凝土应采用机械振捣，不得采用人工插捣，还应保证混凝土密实及钢纤维分布均匀。结构构件中应避免钢纤维外露，宜将模板的尖角和棱角修成圆角。

钢纤维混凝土可采用与普通混凝土相同的养护方法。特殊工程的构件养护符合有关规定。

15.13.1.2 玻璃纤维混凝土

玻璃纤维增强混凝土，有时也称为玻璃纤维增强水泥，是在水泥中掺入玻璃纤维而配制的复合材料。由于玻璃纤维的直径仅为 5～20μm，几乎与水泥颗粒接近，该种材料所用结合材料为水泥浆，或者还掺入细砂，几乎不使用粒径较大的粗骨料。

玻璃纤维混凝土集轻质、高强和高韧性于一体。玻璃纤维混凝土的应用受玻璃纤维自身耐碱性较差的限制，随着耐碱玻璃纤维的发展而用途越来越广泛。目前，玻璃纤维混凝土主要用于非承重构件和半承重构件，其制品多为薄板型材料，可以制成外墙板、隔墙板、通风管道、阳台栏板、活动房屋、下水管道、流动售货亭、汽车站候车亭等。

1. 耐碱玻璃纤维的基本要求

耐碱玻璃纤维通过在配方中加入适量的锆、钛等耐碱性能较好的元素，从而提高玻璃纤维的耐碱性腐蚀能力。

2. 玻璃纤维混凝土的配合比设计

玻璃纤维混凝土配合比设计方法与水泥砂浆基本相同，其配合比因施工方法的不同而不同，应通过试验确定满足工程要求的施工配合比。表 15-92 列出了玻璃纤维混凝土的参考配合比。

玻璃纤维混凝土参考配合比　　　表 15-92

施工方法	配合比		玻璃纤维	
	灰砂比	水灰比	品种	体积掺量/%
1 预拌成型法	1:1.0～1:1.2	0.32～0.38	短切无捻纱	3～4
2 压制成型法	1:1.2～1:1.5	0.7～0.8	短切无捻纱	3～4
3 注模成型法	1:1.1～1:1.2	0.50～0.60	短切无捻纱	3～5
4 直接喷射法	1:0.3～1:0.5	0.32～0.38	短切无捻纱	3～5
5 铺网-喷浆法	1:1.0～1:1.5	0.42～0.45	网格布	4～6
6 缠绕法	1:0.4～1:0.6	0.6～0.7	连续无捻纱	12～15

注：可掺加适量增黏剂，如聚乙烯醇或甲基纤维素等，掺量根据试验确定，一般为水泥用量的 1%～5%。

3. 玻璃纤维混凝土的施工工艺

玻璃纤维混凝土施工工艺与普通混凝土传统施工方法有较大不同。目前国内外所用施工技术主要有预拌成型法、压制成型法、注模成型法、直接喷涂法、喷射抽吸法、铺网—喷浆法、缠绕法等。

(1) 预拌成型法

预拌成型法不需要特殊成型装置，搅拌采用强制式搅拌机。做法是：先在搅拌机中干拌水泥和砂，再将增黏剂溶于少量拌合水中，然后将短切玻璃纤维分散到有增黏剂的水中，最后与拌合水同时加入到水泥-砂的混合物中，边加边搅拌，直至均匀。拌好的混凝土料宜分层入模，每层厚度以不超过 25mm 为宜，并采用平板式振动器分层捣实。

由于可以灌入异型的模型，所以能够制作多种类型的制品，也适用于制作大型构件。

(2) 压制成型法

采用预拌成型法浇筑成型后，在模板的一面或两面采用滤膜

（如纤维毡、纸毡等）进行真空脱水过滤，以减少已成型混凝土中的水分，而使混凝土的强度提高，而且可以缩短脱模时间。由于采用真空脱水，因此在搅拌时为增加拌合物的流动性可适当增加水灰比。

(3) 注模成型法

在预拌时通过适当加大水灰比以提高拌合物的流动度，然后用泵送的方法，浇筑到密闭的模具内成型。此法特别适用于生产一些外形复杂的混凝土构件。

(4) 直接喷射法

利用专门的施工机械喷射机进行施工的方法即为直接喷射法。施工时利用压缩空气，通过两个喷嘴分别喷射短切玻璃纤维和拌制好的水泥砂浆，并使喷出的短切纤维与雾化的水泥砂浆在空间混合后喷射到模具内成型。当达到一定厚度后，用压辊或抹刀压实。

用直接喷射法时，纤维喷枪的喷嘴与受喷面的距离应为 300～400mm，纤维喷枪与砂浆喷枪喷射方向的夹角保持在 28°～32°。

此法适用于成型厚度较薄的制品，是一种可充分发挥玻璃纤维增强效果、制品性能稳定、工艺比较简单的方法。

(5) 喷射抽吸法

喷射抽吸法与直接喷射法的不同处在于采用了可抽真空的模具，在喷射成型后增加真空吸水工序。真空吸水后，可使拌合料成为具有一定形状的湿坯，用真空盘将湿坯吸至另一模具内，再进行模塑成型。

采用喷射抽吸法，不仅制品的质量均匀、强度较高，而且可以生产形状较复杂的制品。

(6) 铺网-喷浆法

铺网-喷浆法的施工方法为：先用砂浆喷枪在模具上喷一层砂浆，然后铺一层玻璃纤维网布；再喷一层砂浆，接着铺第二层玻璃纤维网格布。如此反复喷铺到规定厚度，振压抹平收光（也可采用真空抽吸）。每层砂浆的厚度根据需要在 10～25mm。

(7) 缠绕法

生产玻璃纤维增强混凝土管材制品可采用缠绕法。其施工工艺为：预先将连续的玻璃纤维无捻纱浸渍在配制好的水泥浆浆槽中，然后将其按预定的角度和螺距缠绕在卷筒上。缠绕过程中将水泥砂浆及短纤维喷在沾满水泥浆的连续玻璃纤维无捻纱上，然后用辊压机碾压，并利用抽吸法除去多余的水泥浆和水。缠绕法制品中纤维体积率很高，可以超过 15%，因此混凝土强度很高。另外，此法容易实现生产过程自动化。

将生产出的管材在未硬化时沿管壁纵向切开，也可生产出板材制品。

4. 玻璃纤维混凝土的技术性能及应用

(1) 玻璃纤维混凝土的技术性能

玻璃纤维混凝土的密度一般在 1900～2100kg/m³，具有较好的抗拉、抗弯、抗冲击等性能，其易加工成型，且装饰性好、成本较低。玻璃纤维混凝土使用温度不宜超过 80℃，其防火性能也较好：由两层厚各为 10mm 的玻璃纤维混凝土板，内夹100mm 厚的珍珠岩水泥内芯组成的复合板，其耐火度可达 4h 以上。玻璃纤维混凝土的技术性能见表 15-93。

玻璃纤维混凝土的技术性能　　表 15-93

抗拉强度（MPa）		抗弯强度（MPa）		抗冲击强度（摆锤法）	弹性模量（104 MPa）	吸水率	抗冻性
初裂	极限	初裂	极限				
4.0～5.0	7.5～9.0	7.0～8.0	15～25	15～30kJ/m²	2.6～3.1	10%～15%	25 次

(2) 玻璃纤维混凝土的应用

玻璃纤维混凝土可以应用于建筑工程、土木工程、市政工程、农业工程、渔业工程等。举例如下：

1) 建筑工程：非承重外部板材，如波形板、复合外墙板、窗饰板、屋面瓦（板）、外装饰浮雕等；内墙板材，如复合夹芯板、防火内墙板、隔声板及高强内墙板等；内部装饰装修，如顶棚板、护墙板以及通风和电缆管道等。

2) 土木工程：如永久性模板、快速车道的挡土墙、水下管道、

管道衬砌等。
　　3）市政工程：遮阳亭、候车廊、路标等。
　　4）农业工程：沼气池、太阳能灶壳体、塑料暖棚支架等。
　　5）渔业工程：浮标、浮浅桥、人工渔礁等。

15.13.1.3 聚丙烯纤维混凝土

　　1. 聚丙烯纤维
　　聚丙烯纤维包括聚丙烯单丝纤维和聚丙烯膜裂纤维，混凝土中多使用聚丙烯膜裂纤维。聚丙烯膜裂纤维是一种束状的合成纤维，呈网状结构，耐化学腐蚀，可抗强碱、强酸（发烟硝酸除外），对人体无毒性，但是其耐燃性差、弹性模量低、极限延伸率大，表面具有憎水性，不易被水泥浆浸润，且在紫外线或氧气作用下易老化。使用前应放在黑色容器或袋中，以防止紫外线直接照射而老化。聚丙烯纤维物理力学性能见表15-94。

聚丙烯纤维物理力学指标参考值　　表15-94

纤维名称	密度 (g/cm³)	抗拉强度 (MPa)	弹性模量 (×10³MPa)	极限延伸率 (%)	耐碱性	耐光性
聚丙烯单丝纤维	0.91	285～570	3～9	15～28	好	不好
聚丙烯膜裂纤维	0.91	450～650	8～10	8～10	好	不好

　　2. 成型工艺及配料要求
　　聚丙烯纤维混凝土的配合比设计原则与钢纤维混凝土相同。其成型工艺不同，其配比也有所不同。采用预拌法成型，聚丙烯膜裂纤维的体积掺量一般在0.4%～6%，其水灰比也较大。采用喷射法成型，聚丙烯膜裂纤维的体积掺量可达1.5%～2.0%，但一般不使用粗骨料，而只使用细料，其水灰比也较小。聚丙烯纤维混凝土应采用机械搅拌，拌合时间比普通混凝土适当延长40～60s。
　　3. 聚丙烯纤维混凝土性能
　　聚丙烯纤维可用于防止混凝土或砂浆早期收缩开裂，有时也用于提高砂浆或混凝土的抗渗性、抗磨性和抗冲击、抗疲劳性能。聚丙烯纤维与同强度等级素混凝土（C20～C40）主要性能参数比较见表15-95。

聚丙烯纤维与同强度等级素混凝土性能比较　　表15-95

项　目	聚丙烯纤维混凝土 聚丙烯纤维掺量	相对素混凝土性能变化
收缩裂缝	0.9	降低55%
28d收缩率	0.9	降低10%
抗渗性	0.9	提高29%～43%
50次冻融循环强度损失	0.9	损失0.6%
冲击耗能	1.0～2.0	提高70%
弯曲疲劳强度	1.0	提高6%～8%

　　4. 应用领域
　　聚丙烯纤维用于土木工程领域，多用于提高混凝土的抗裂性能，提高抗冲击性及降低自身质量等。聚丙烯纤维混凝土既可用于制作预制品，也可用于现场施工。如用于非承重挂板、人孔盖板、下水管、上水浮体等预制构件，用于车库工业地板的路面、停车场、构造楼板上组成的复合楼板、加固河堤等现浇构件。

15.13.2 聚合物水泥混凝土

　　聚合物水泥混凝土，亦称聚合物改性混凝土，是在普通混凝土的拌合物中加入聚合物而制成的性能明显改善的复合材料。聚合物的使用方法与混凝土外加剂一样，将它们与水泥、骨料、水一起进行搅拌。采用现有普通混凝土的设备，即能生产聚合物水泥混凝土。

15.13.2.1 聚合物水泥混凝土的原材料

　　1. 聚合物
　　聚合物水泥混凝土所用的聚合物总体可分三类：①聚合物水分散体，即乳胶，是应用最广泛的一种。②水溶性聚合物，如纤维素衍生物、聚丙烯酸盐、糠醇等。③液体聚合物，如不饱和聚酯、环氧树脂等。
　　在水泥中掺加的聚合物与水泥具有良好的适应性，应满足：①水泥的凝结硬化和胶结性能无不良影响；②在水泥的碱性介质中不被水解或破坏；③对钢筋无锈蚀作用。
　　2. 助剂
　　（1）稳定剂。水泥溶出的多价离子（指Ca²⁺、Al³⁺）等因素，往往使聚合物乳液产生破乳，出现凝聚现象，使聚合物乳液不能在水泥中均匀分散。通常需加入适量稳定剂，如OP型乳化剂、均染剂102、农乳600等。
　　（2）消泡剂。聚合物乳液和水泥拌合时，由于乳液中的乳化剂和稳定剂等表面活性剂的影响，通常在搅拌过程中产生许多小泡，凝结后混凝土的孔隙率增加，强度明显下降。因此，必须添加适量的消泡剂。消泡剂的选择应注意：①化学稳定性良好；②表面张力较消泡介质小；③不溶于被消泡介质中。此外，消泡剂还应具有良好的分散性、破泡性、抑泡性及碱性。
　　常用的消泡剂有：①醇类消泡剂，如异丁烯醇、3-辛醇等；②脂肪酸酯类消泡剂，如甘油（三）硬脂酸异庚酯等；③磷酸酯类消泡剂，如磷酸三丁酯等；④有机硅类消泡剂，如二烷基甲硅氧烷等。消泡剂的针对性非常强，必须认真试验选择。工程实践证明，通常多种消泡剂复合使用，可达到较好的效果。
　　（3）抗水剂。对于耐水性较差的聚合物，如乳胶树脂及其乳化剂、稳定剂，使用时尚需加抗水剂。
　　（4）促凝剂。乳胶树脂等聚合物掺量较大时，会延缓聚合物水泥混凝土的凝结，可加入促凝剂促进水泥的凝结。

15.13.2.2 聚合物水泥混凝土的配合比

　　聚合物水泥混凝土除考虑混凝土的一般性能外，还应当考虑聚合物水泥混凝土的影响因素，如：聚合物的种类及掺量、水灰比、消泡剂及稳定剂的掺量和种类等。
　　聚合物水泥混凝土的水灰比，主要以被要求的和易性来确定。设计聚合物水泥混凝土配合比，除考虑混凝土的和易性及抗压强度外，还应考虑抗拉强度、抗弯强度、粘结强度、不透水性和耐腐蚀性等。以上各性能的关键是聚灰比，即聚合物和水泥在整个固体中的重量比，其他大致可按普通水泥混凝土进行。
　　一般情况下，聚灰比控制在5%～20%，水灰比根据设计的和易性适当选择，一般控制在0.30～0.60。

15.13.2.3 聚合物水泥混凝土的施工

　　1. 拌制工艺
　　聚合物水泥混凝土的拌制，可使用与普通水泥混凝土一样的搅拌设备。聚合物和水泥一样均作为胶结材料，其掺加方式为在加水搅拌时掺入。聚合物水泥混凝土的搅拌时间应较普通混凝土稍长，一般为3～4min。
　　聚合物另一种掺加方法是将聚合物粉末直接掺入水泥中，待加聚合物的水泥混凝土凝结后，加热混凝土使其中聚合物溶化，溶化的聚合物便侵入混凝土的孔隙中，待冷却后聚合物凝固后即成。使用该掺加方法的聚合物水泥混凝土的抗渗性能良好。
　　2. 施工工艺
　　（1）基层处理
　　在正式浇筑聚合物水泥混凝土前，应认真进行基层处理：首先用钢丝刷刷去基层表面浮浆及污物，用溶剂洗掉油污；其次检查可能出现的孔隙、裂缝等缺陷，进行开槽冲洗，并用砂浆进行堵塞修补；最后进行检查，并用水冲洗干净，用棉纱擦去游离的水分。
　　（2）施工要点
　　聚合物水泥砂浆施工，应注意：①分层涂抹，每层厚度以7～10mm为宜；对层厚超过10mm的，一般压抹2～3遍为宜。②在抹平时，应边抹边用木片、棉纱将抹子上黏附一层聚合物薄膜拭掉。③大面积涂抹，应每隔3～4m留设宽15mm的缝。
　　聚合物水泥混凝土，其浇筑和振捣与普通水泥混凝土一样，但需在较短时间内浇筑完毕。混凝土硬化前，必须注意养护，应注意不能洒水养护或遭雨淋，避免混凝土的表面形成一层白色脆性聚合物薄膜，影响表面美观和使用性能。

15.13.2.4 聚合物水泥混凝土的应用

　　（1）修补材料，用于房屋建筑中混凝土裂缝的修补，路面桥

梁、水库大坝、溢洪道、港口码头混凝土的修补等。

(2) 粘结材料，用于粘结瓷砖、新旧混凝土之间的粘结等。

(3) 面层材料，用于公共建筑、民用及工业厂房的地面、路面、通道、楼梯、站台及公路、桥梁、机场跑道等。

(4) 防腐蚀涂层，用于化工车间（化学实验室）的地面、墙面、屋面板、高压引入管、钢筋混凝土防腐保护以及港口码头的钢筋混凝土海水池防腐保护层等。

(5) 防水材料，用于混凝土屋面板、游泳池、化粪池、卫生间、水泥库等。

(6) 表面装饰和保护，直接作为建筑物墙面的装饰层，也可作为要进一步装饰用的找平层，还可用作各种结构的保护层，如隧道、地沟、坑道、管道、桥面板训练场等的保护层。

(7) 用作预应力聚合物改性水泥混凝土，在减少或相同水泥用量的条件下减少梁的高度及混凝土的横截面积，或在梁的横截面、高度相同时减少张拉钢筋用量，提高构件的抗裂性。

(8) 用作水下不分散聚合物改性混凝土，用于水工建筑物的施工和修补，也可用于桥梁、船坞、海上钻井平台、海岸防波堤的施工。

15.13.3 轻骨料混凝土

轻骨料混凝土是用轻粗骨料、轻砂（或普通砂）、胶凝材料和水配制而成的干表观密度不大于 $1950kg/m^3$ 的混凝土。按细骨料品种可分为砂轻混凝土和全轻混凝土。砂轻混凝土是由普通砂或部分轻砂做细骨料配制而成的轻骨料混凝土，全轻混凝土是由轻砂做细骨料配制而成的轻骨料混凝土。

15.13.3.1 轻骨料的性能

轻骨料是堆积密度不大于 $1100kg/m^3$ 的轻粗骨料和堆积密度不大于 $1200kg/m^3$ 的轻细骨料的总称。按品种可分为页岩陶粒、粉煤灰陶粒、黏土陶粒、自燃煤矸石、火山渣（浮石）轻骨料等；按外形可分为圆球型、普通型和碎石型轻骨料。

页岩陶粒、粉煤灰陶粒、黏土陶粒、自燃煤矸石及火山渣系符合现行国家标准《轻集料及其试验方法》（GB/T 17431）。

轻骨料的性能主要以颗粒级配、堆积密度、筒压强度、吸水率、抗冻性作为控制轻骨料质量要求和配制轻骨料混凝土时选择轻骨料品种的依据。

15.13.3.2 轻骨料混凝土的基本性能

1. 分类

(1) 按强度等级。按立方体抗压强度标准值确定，其等级划分为：LC5.0；LC7.5；LC10；LC15；LC20；LC25；LC30；LC35；LC40；LC45；LC50；LC55；LC60。

(2) 按表观密度。轻骨料混凝土按其干表观密度可分为十四个等级，从 600 级到 1900 级。某一密度等级轻骨料混凝土的密度标准值，可取该密度等级干表观密度变化范围的上限值。

(3) 按用途。轻骨料混凝土按其用途可分为保温轻骨料混凝土、结构保温轻骨料混凝土、结构轻骨料混凝土。

2. 结构轻骨料混凝土的强度标准值

结构轻骨料混凝土的强度标准值按表 15-96 采用。

结构轻骨料混凝土的强度标准值（MPa）　　**表 15-96**

强度种类		轴心抗压	轴心抗拉
符号		f_{ck}	f_{tk}
混凝土强度等级	LC15	10.0	1.27
	LC20	13.4	1.54
	LC25	16.7	1.78
	LC30	20.1	2.01
	LC35	23.4	2.20
	LC40	26.8	2.39
	LC45	29.6	2.51
	LC50	32.4	2.64
	LC55	35.5	2.74
	LC60	38.5	2.85

注：自燃煤矸石混凝土轴心抗拉强度标准值应按表中值乘以系数 0.85；浮石或火山渣混凝土轴心抗拉强度标准值应按表中值乘以系数 0.80。

15.13.3.3 轻骨料混凝土的配合比设计

1. 配合比设计一般要求

轻骨料混凝土的配合比设计主要应满足抗压强度等级、密度、工作性的要求，并在满足设计强度等级和特殊性能的前提下，尽量节约水泥，降低成本。

轻骨料混凝土的配合比应通过计算和试配确定。轻骨料混凝土的试配强度按式（15-70）确定。

混凝土强度标准差应根据同品种、同强度等级轻骨料混凝土统计资料计算确定。计算时，强度试件组数不应少于 25 组。当无统计资料时，强度标准差可按表 15-97 取值。

轻骨料混凝土强度标准差 σ（MPa）　　表 15-97

混凝土强度等级	低于 LC20	LC20～LC35	高于 LC35
σ	4.0	5.0	6.0

轻骨料混凝土中轻粗骨料宜采用同一品种的轻骨料。为改善某些性能而掺入另一品种粗骨料时，其合理掺量应通过试验确定。使用化学外加剂或矿物掺合料时，其品种、掺量和对水泥的适应性，必须通过试验确定。

2. 配合比基本参数的选择

轻骨料混凝土配合比设计的基本参数，主要包括水泥强度等级和用量、用水量和有效水灰比、轻骨料密度和强度、粗细骨料的总体积、砂率、外加剂和掺合料等。

(1) 配制轻骨料混凝土用的水泥品种可选用硅酸盐水泥、普通硅酸盐水泥、矿渣水泥、火山灰水泥及粉煤灰水泥。不同试配强度的轻骨料混凝土的水泥用量可按表 15-98 选用。

(2) 轻骨料混凝土配合比中的水灰比应以净水灰比表示，即不包括轻骨料 1h 吸水量在内的净用水量与水泥用量之比。配制全轻混凝土时，允许以总水灰比表示，但必须加以说明。轻骨料混凝土最大水灰比和最小水泥用量的限值应符合表 15-99 的规定。

轻骨料混凝土的水泥用量（kg/m³）　　**表 15-98**

混凝土试配强度（MPa）	轻骨料密度等级						
	400	500	600	700	800	900	1000
<5.0	260～320	250～300	230～280				
5.0～7.5	280～360	260～340	240～320	220～300			
7.5～10		280～370	260～350	240～320			
10～15			280～350	260～340	240～300		
15～20			300～400	280～380	270～370	260～360	250～350
20～25				330～400	320～390	310～380	300～370
25～30				380～450	370～440	360～430	350～420
30～40				420～500	390～490	380～480	370～470
40～50					430～530	420～520	410～510
50～60					450～550	440～540	430～530

注：1. 表中横线以上为采用 32.5 级水泥时水泥用量值；横线以下为采用 42.5 级水泥时的水泥用量值。

2. 表中下限值适用于圆球型和普通型轻粗骨料，上限值适用于碎石型轻粗骨料和全轻混凝土。

3. 最高水泥用量不宜超过 550kg/m³。

轻骨料混凝土的最大水灰比和最小水泥用量　　表 15-99

混凝土所处的环境条件	最大水灰比	最小水泥用量（kg/m³）	
		配筋混凝土	素混凝土
不受风雪影响的混凝土	不作规定	270	250
受风雪影响的露天混凝土；位于水中及水位升降范围内的混凝土和潮湿环境中的混凝土	0.50	325	300
寒冷地区位于水位升降范围内的混凝土和受水压或除冰盐作用的混凝土	0.45	375	350

续表

混凝土所处的环境条件	最大水灰比	最小水泥用量 (kg/m³)	
		配筋混凝土	素混凝土
严寒和寒冷地区位于水位升降范围内和受硫酸盐、除冰盐等腐蚀的混凝土	0.40	400	375

注：1. 严寒地区指最寒冷月份的月平均温度低于—15℃者，寒冷地区指最寒冷月份的月平均温度处于—5～—15℃者；

2. 水泥用量不包括掺合料；

3. 寒冷和严寒地区用的轻骨料混凝土应掺入引气剂，其含气量宜为5%～8%。

（3）轻骨料混凝土的净用水量根据稠度（坍落度或维勃稠度）和施工要求，可按表15-100选用。

轻骨料混凝土的净用水量　　表15-100

轻骨料混凝土用途	稠度		净用水量
	维勃稠度（s）	坍落度（mm）	（kg/m³）
预制构件及制品： （1）振动加压成型	10～20	—	45～140
（2）振动台成型	5～10	0～10	140～180
（3）振捣棒或平板振动器振实	—	30～80	165～215
现浇混凝土： （1）机械振捣	—	50～100	180～225
（2）人工振捣或钢筋密集	—	≥80	200～230

注：1. 表中值适用于圆球型和普通型轻粗骨料，对碎石型轻粗骨料，宜增加10kg左右的用水量。

2. 掺加外加剂时，宜按其减水率适当减少用水量，并按施工稠度要求进行调整。

3. 表中值适用于砂轻混凝土；若采用轻砂时，宜按轻砂1h吸水率为附加水量；若无轻砂吸水率数据时，可适当增加用水量，并按施工稠度要求进行调整。

（4）轻骨料混凝土的砂率可按表15-101选用。当采用松散体积法设计配合比时，表中数值为松散体积砂率；当采用绝对体积法设计配合比时，表中数值为绝对体积砂率。当采用松散体积法设计配合比时，粗细骨料松散状态的总体积可按表15-102选用。

轻骨料混凝土的砂率　　表15-101

轻骨料混凝土用途	细骨料品种	砂率（%）
预制构件	轻 砂	35～50
	普通砂	30～40
现浇混凝土	轻 砂	—
	普通砂	35～45

注：1. 当混合使用普通砂和轻砂作细骨料时，砂率宜取中间值，宜按普通砂和轻砂的混合比例进行插入计算。

2. 当采用圆球型轻粗骨料时，砂率宜取表中值下限；采用碎石型时，则宜取上限。

粗细骨料总体积　　表15-102

轻粗骨料粒型	细骨料品种	粗细骨料总体积（m³）
圆球型	轻 砂	1.25～1.50
	普通砂	1.10～1.40
普通型	轻 砂	1.30～1.60
	普通砂	1.10～1.50
碎石型	轻 砂	1.35～1.65
	普通砂	1.10～1.60

3. 配合比计算与调整

砂轻混凝土和全轻混凝土宜采用松散体积法进行配合比计算，砂轻混凝土也可采用绝对体积法。配合比计算中粗细骨料用量均应以干燥状态为基准。

（1）松散体积法

松散体积法即以给定每立方米混凝土的粗细骨料松散总体积为基础进行计算，然后按设计要求的混凝土干表观密度为依据进行校核，最后通过试验调整得出配合比。其设计步骤为：

1）根据设计要求的轻骨料混凝土的强度等级、混凝土的用途，确定粗细骨料的种类和粗骨料的最大粒径；

2）测定粗骨料的堆积密度、筒压强度和1h吸水率，并测定细骨料的堆积密度；

3）按式（15-1）计算混凝土配制强度；

4）按表15-98、表15-99选择水泥用量；

5）根据施工稠度的要求，按表15-100选择净用水量；

6）根据混凝土用途按表15-101选取松散体积砂率；

7）根据粗细集料的类型，按表15-102选用粗细骨料总体积，并按式（15-75）～式（15-78）计算每立方米混凝土的粗细骨料用量：

$$V_s = V_t \cdot S_p \qquad (15\text{-}75)$$
$$m_s = V_s \cdot \rho_{is} \qquad (15\text{-}76)$$
$$V_a = V_t - V_s \qquad (15\text{-}77)$$
$$m_a = V_a \cdot \rho_{ia} \qquad (15\text{-}78)$$

式中　V_s、V_a、V_t——分别为每立方米细骨料、粗骨料和粗细骨料的松散体积（m³）；

m_s、m_a——分别为每立方米细骨料和粗骨料的用量（kg）；

S_p——松散体积砂率（%）；

ρ_{is}、ρ_{ia}——分别为细骨料和粗骨料的堆积密度（kg/m³）。

8）根据净用水量和附加水量的关系按式（15-79）计算总用水量：

$$m_{wt} = m_{wn} + m_{wa} \qquad (15\text{-}79)$$

式中　m_{wt}——每立方米混凝土的总用水量（kg）；

m_{wn}——每立方米混凝土的净用水量（kg）；

m_{wa}——每立方米混凝土的附加水量（kg）。

附加水量应根据粗骨料的预湿处理方法和细骨料的品种，按表15-103列公式计算。

9）按式（15-80）计算混凝土干表观密度（ρ_{cd}），并与设计要求的干表观密度进行对比，如其误差大于2%，则应重新调整和计算配合比。

$$\rho_{cd} = 1.15 m_c + m_a + m_s \qquad (15\text{-}80)$$

附加水量的计算方法　　表15-103

项　目	附加水量（m_{wa}）
粗骨料预湿，细骨料为普砂	$m_{wa} = 0$
粗骨料不预湿，细骨料为普砂	$m_{wa} = m_a \cdot w_a$
粗骨料预湿，细骨料为轻砂	$m_{wa} = m_a \cdot w_s$
粗骨料不预湿，细骨料为轻砂	$m_{wa} = m_a \cdot w_n + m_s \cdot w_s$

注：1. w_n、w_s 分别为粗、细集料的1h吸水率；

2. 当轻集料含水时，必须在附加水量中扣除自然含水量。

（2）绝对体积法

1）根据设计要求的轻骨料混凝土的强度等级、密度等级和混凝土的用途，确定粗细骨料的种类和粗骨料的最大粒径。

2）测定粗骨料的堆积密度、颗粒表观密度、筒压强度和1h吸水率，并测定细骨料的堆积密度和相对密度。

3）按式（15-1）计算混凝土配制强度。

4）按表15-98、表15-99选择水泥用量。

5）根据制品生产工艺和施工条件要求的混凝土稠度指标，按表15-100选择净用水量。

6）根据轻骨料混凝土用途按表15-101选取砂率。

7）按式（15-81）～式（15-84）计算粗细骨料的用量：

$$V_s = \left[1 - \left(\frac{m_c}{\rho_c} + \frac{m_{wn}}{\rho_w} \right) \div 1000 \right] \cdot S_p \qquad (15\text{-}81)$$

$$m_{\mathrm{s}} = V_{\mathrm{s}} \cdot \rho_{\mathrm{s}} \cdot 1000 \tag{15-82}$$

$$V_{\mathrm{a}} = 1 - \left(\frac{m_{\mathrm{c}}}{\rho_{\mathrm{c}}} + \frac{m_{\mathrm{wn}}}{\rho_{\mathrm{w}}} + \frac{m_{\mathrm{s}}}{\rho_{\mathrm{s}}} \right) \div 1000 \tag{15-83}$$

$$m_{\mathrm{a}} = V_{\mathrm{a}} \cdot \rho_{\mathrm{ap}} \tag{15-84}$$

式中　V_{s}——每立方米混凝土的细骨料绝对体积（m^3）；

m_{c}——每立方米混凝土的水泥用量（kg）；

ρ_{c}——水泥的相对密度，可取 $\rho_{\mathrm{c}} = 2.9 \sim 3.1$；

ρ_{w}——水的密度，可取 $\rho_{\mathrm{w}} = 1.0$；

V_{a}——每立方米混凝土的轻粗骨料绝对体积（m^3）；

ρ_{s}——细骨料密度，采用普通砂时，为砂的相对密度，可取 $\rho_{\mathrm{s}} = 2.6$；采用轻砂时，为轻砂的颗粒表观密度（$\mathrm{g/cm}^3$）；

ρ_{ap}——轻粗骨料的颗粒表观密度（$\mathrm{kg/m}^3$）。

8）根据净用水量和附加水量的关系，按式（15-79）计算总用水量；附加水量按表 15-103 所列公式计算。

9）按式（15-80）计算混凝土干表观密度（ρ_{cd}），并与设计要求的干表观密度进行对比，如其误差大于 2%，则应重新调整和计算配合比。

（3）计算出的轻骨料混凝土配合比必须通过试配予以调整。

15.13.3.4　轻骨料混凝土的施工

轻骨料混凝土的施工工艺，基本上与普通混凝土相同。但由于轻骨料的堆积密度小，呈多孔结构、吸水率较大，配制而成的轻骨料混凝土也具有某些特征。

1. 堆放及预湿

轻骨料应按不同品种分批运输和堆放，不得混杂。运输和堆放应保持颗粒组合均匀，减少离析。采用自然级配时，堆放高度不宜超过 2m，并防止树叶、泥土和其他有害物质混入。轻砂的堆放和运输宜采用防雨措施，并防止风刮飞扬。

轻骨料吸水量很大，会使混凝土拌合物的和易性很难控制。在气温高于或等于 5℃ 的季节施工时，根据工程需要，预湿时间可按外界气温和来料的自然含水状态确定，提前半天或一天对轻粗骨料进行淋水或泡水预湿，然后滤干水分进行投料。在气温低于 5℃ 时，可不进行预湿处理。

2. 配料和拌制

在批量拌制轻骨料混凝土前应对轻骨料的含水率及其堆积密度进行测定，在批量生产过程中，应对轻骨料的含水率及其堆积密度进行抽查。雨天施工或发现拌合物稠度反常时也应测定轻骨料的含水率及其堆积密度。对预湿处理的轻粗骨料，可不测其含水率，但应测定其湿堆积密度。

轻骨料混凝土拌制必须采用强制式搅拌机搅拌。轻骨料混凝土拌合物的粗骨料经预湿处理和未经预湿处理，应采用不同的搅拌工艺流程，见图 15-21 和图 15-22。

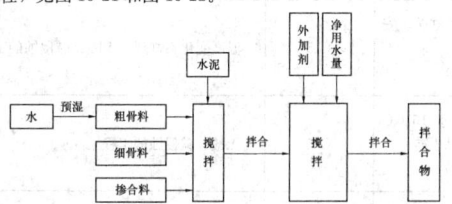

图 15-21　使用预湿处理的轻骨料混凝土搅拌工艺流程

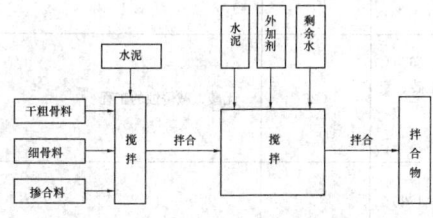

图 15-22　使用未预湿处理的轻骨料混凝土搅拌工艺流程

外加剂应在轻骨料吸水后加入，以免吸入骨料内部失去作用。当用预湿处理的轻粗骨料时，液体外加剂可按图 15-21 所示加入；

当用未预湿处理的轻粗骨料时，液体外加剂可按图 15-22 所示加入，采用粉状外加剂，可与水泥同时加入。

轻骨料混凝土全部加料完毕后的搅拌时间，在不采用搅拌运输车运送混凝土拌合物时，砂轻混凝土不宜少于 3min；全轻或干硬性砂轻混凝土宜为 3～4min。对强度低而易破碎的轻骨料，应严格控制混凝土的搅拌时间。合理的搅拌时间，最好通过试拌确定。

3. 运输

轻骨料表观密度较小，在轻骨料混凝土运输过程中易上浮，导致产生离析。在运输中应采取措施减少坍落度损失和防止离析。当产生拌合物稠度损失或离析较重时，浇筑前应采用二次拌合，可采取在卸料前掺入适量减水剂进行搅拌的措施，但不得二次加水。

轻骨料混凝土从搅拌机卸料起到浇入模内止的延续时间，不宜超过 45min。

如采用混凝土泵输送轻骨料混凝土，可将粗骨料预先吸水至接近饱和状态，避免在泵压力下大量吸水，导致轻骨料混凝土拌合物变得干硬，增大混凝土与管道摩擦，引起管道堵塞。

4. 浇筑和成型

轻骨料混凝土拌合物应采用机械振捣成型。对流动性大、能满足强度要求的塑性拌合物以及结构保温和保温类轻骨料混凝土拌合物，可采用插捣成型。

当采用插入式振动器时，插点间距不应大于振动棒的振动作用半径的一倍。

振捣延续时间应以拌合物捣实和避免轻骨料上浮为原则。振捣时间随混凝土拌合物坍落度、振捣部位等不同而异，一般宜控制在 10～30s。

现场浇筑竖向结构物，应分层浇筑，每层浇筑厚度宜控制在 300～350mm。轻骨料混凝土拌合物浇筑倾落自由高度不应超过 1.5m，否则，应加用串筒、斜槽或溜管等辅助工具。

浇筑上表面积较大的构件，当厚度小于或等于 200mm 时，宜采用表面振动成型；当厚度大于 200mm 时，宜先用插入式振捣器振捣密实后，再用平板式振动器进行表面振捣。

浇筑成型后，宜采用拍板、刮板、辊子或振动抹子等工具，及时将浮在表层的轻粗骨料颗粒压入混凝土内。若颗粒上浮面积较大，可采用表面振动器复振，使砂浆返上，再作抹面。

5. 养护和修补

轻骨料混凝土浇筑成型后应及时覆盖和喷水养护。

采用自然养护时，用普通硅酸盐水泥、硅酸盐水泥、矿渣水泥拌制的轻骨料混凝土，湿养护时间不应少于 7d；用粉煤灰水泥、火山灰水泥拌制的轻骨料混凝土及在施工中掺凝型外加剂的混凝土，湿养护时间不应少于 14d。轻骨料混凝土构件用塑料薄膜覆盖养护时，全部表面应覆盖严密，保持膜内有凝结水。

轻骨料混凝土构件采用蒸汽养护时，成型后静停时间不宜少于 2h，以防止混凝土表面起皮、酥松等现象，并应控制升温和降温速度，一般以 15～25℃/h 为宜。

保温和结构保温类轻骨料混凝土构件及构筑物的表面缺陷，宜采用原配合比砂浆修补。

6. 质量检验和验收

轻骨料混凝土拌合物的和易性波动大，尤其是超过 45min 或用干轻骨料拌制，更易使拌合物的和易性变坏。施工中要经常检查拌合物的和易性，一般每班不少于一次，以便及时调整用水量。

对轻骨料混凝土的质量检验，主要包括其强度和表观密度两方面。

15.13.4　耐火混凝土

由适当胶结料、耐火骨料、外加剂和水按一定比例配制而成，能长期经受高温作用，并在此高温下能保持所需的物理力学性能的混凝土，称为耐火混凝土。耐火混凝土属于不定型耐火材料。

耐火混凝土的分类方法很多，主要的分类方法有：按胶凝材料不同分类、按骨料矿物成分不同分类、按堆积密度不同分类和按用途不同分类，见表 15-104。

耐火混凝土的分类　　　表 15-104

按胶凝材料	水硬性耐火混凝土、火硬性耐火混凝土、硬性耐火混凝土
按骨料矿物成分	铝质耐火混凝土、硅质耐火混凝土、镁质耐火混凝土
按堆积密度	普通耐火混凝土、轻质耐火混凝土
按用途	结构用耐火混凝土、普通耐火混凝土、超耐火混凝土、耐热混凝土

15.13.4.1　耐火混凝土的原材料选择

1. 耐火混凝土的胶结材料

硅酸盐类水泥、铝酸盐类水泥、水玻璃胶结材料、磷酸胶结材料、黏土胶结材料等均可用作耐火混凝土的胶结材料。

（1）硅酸盐类水泥与铝酸盐类水泥

选用硅酸盐类水泥，常采用掺加混合料的方法改善其耐火性能和提高其耐火温度。铝酸盐水泥具有一定的耐高温性，特别是当其中 C_2A 含量提高到 $60\%\sim70\%$ 时，可获得较高的耐火度，是耐火混凝土优选的胶结材料。用于配制耐火混凝土的硅酸盐类水泥和铝酸盐类水泥，除应符合国家标准所规定的各项技术指标外，水泥中不得含有石灰岩类杂质，矿渣硅酸盐水泥中矿渣的掺量不得大于 50%。

（2）水玻璃胶结材料

用作耐火混凝土的水玻璃胶结材料通常选用模数为 $2.4\sim3.0$，相对密度为 $1.38\sim1.42$ 的硅酸钠，并常掺加氟硅酸钠为水玻璃的促硬剂。氟硅酸钠掺量一般为水玻璃的 $12\%\sim15\%$。

（3）磷酸胶结材料

目前，直接采用磷酸配制耐火混凝土也很普遍。磷酸浓度是决定耐火混凝土耐高温性能的重要因素。磷酸胶结材料一般由工业磷酸调制而成，一般磷酸（H_3PO_4）含量不得大于 85%。为节约成本，可将电镀用废磷酸经蒸发浓缩至相对密度为 $1.48\sim1.50$，再与浓度为 50% 的工业磷酸对半调制成相对密度 $1.38\sim1.42$ 的磷酸溶液，其效果也不亚于工业磷酸。

（4）黏土胶结材料

配制耐火混凝土所用的黏土胶结材料，多采用软质黏土，或称结合黏土，其能在水中分散，可塑性良好，烧结性能优良。黏土胶结材料来源容易、价格比较便宜、能满足一般工程的要求，因此其应用最为广泛。

2. 磨细掺合料

耐火混凝土的磨细掺合料可起填充孔隙、保证密度及改善施工性能的作用。掺加的磨细掺合料最主要的是不应含有在高温下易产生分解的杂质，如石灰石、方解石等，以免影响耐火混凝土的强度和耐火性。应选用熔点高、高温下不变形且含有一定量 Al_2O_3 的材料。

3. 耐火骨料

骨料本身耐热性能对耐火混凝土耐热性能具有重要影响。耐火混凝土所用骨料应具备在高温下体积变化小，高温不分解的特点，即热膨胀系数较小、熔点高，并且在常温和高温下具有较高强度。粗细骨料的化学组成不同，其影响混凝土的高温性能和适用范围也都不相同。此外，应限制骨料的最大粒径，选好骨料级配。

15.13.4.2　耐火混凝土的配合比设计

耐火混凝土的配合比设计除要满足普通混凝土的强度、和易性和耐久性，还必须满足设计要求的耐火性能。胶结材料的用量、水灰比或水胶比、掺合料的用量、骨料级配和砂率等都对混凝土的耐火性能有重要影响。一般而言，胶结材料用量增加，耐火性能降低，在满足和易性和强度条件下，尽量减少胶结材料用量；水灰比增加，耐火性能下降，施工条件允许情况下，尽量减少用水量，降低水灰比；掺合料本身耐火性能较好，常温时对强度要求不高的耐火混凝土可增加掺合料用量；应避免骨料导致的和易性差及混凝土密实度下降。砂率宜控制在 $40\%\sim50\%$。

耐火混凝土的配合比设计应综合考虑混凝土的强度、使用条件、极限使用温度、材料来源、经济效益等。耐火混凝土配合比设计的计算较为繁琐，整个过程与轻骨料混凝土基本相同。一般可采用经验配合比作为初始配合比，通过试拌调整，确定适用的配合比。

各种耐火混凝土的材料组成、极限使用温度和适用范围见表 15-105，表 15-106，表 15-107 分别为硅酸盐水泥耐火混凝土、水玻璃耐火混凝土配合比实例。

耐火混凝土的组成材料、极限使用温度和适用范围　　　　　　　　　　　　　　表 15-105

耐火混凝土名称	极限使用温度（℃）	材料组成及用量(kg/m³) 胶结料	掺合料	粗细骨料	混凝土最低强度等级	适用范围
普通水泥耐火混凝土和矿渣水泥耐火混凝土	700	普通水泥（300～400）	水渣、粉煤灰（150～300）	高炉重矿渣、红砖、安山岩、玄武岩（1300～1800）	C15	温度变化不剧烈，无酸、碱侵蚀的工程
		矿渣水泥（350～450）	水渣、黏土熟料、黏土砖（0～200）	高炉重矿渣、红砖、安山岩、玄武岩（1400～1900）	C15	温度变化不剧烈，无酸、碱侵蚀的工程
	900	普通水泥（300～400）	耐火度不低于 1600℃ 的黏土熟料、黏土砖（150～300）	耐火度不低于 1610℃ 的黏土熟料、黏土砖（1400～1600）	C15	无酸、碱侵蚀的工程
		矿渣水泥（350～450）	耐火度不低于 1670℃ 的黏土熟料、黏土砖（100～200）	耐火度不低于 1610℃ 的黏土熟料、黏土砖（1400～1600）	C15	无酸、碱侵蚀的工程
	1200	普通水泥（300～400）	耐火度不低于 1670℃ 的黏土熟料、黏土砖、矾土熟料（150～300）	耐火度不低于 1670℃ 的黏土熟料、黏土砖、矾土熟料（1400～1600）	C20	无酸、碱侵蚀的工程
矾土水泥耐火混凝土	1300	矾土水泥（300～400）		耐火度不低于 1730℃ 的黏土砖、矾土熟料、高铝砖（1400～1700）	C20	宜用于厚度小于 400mm 的结构，无酸、碱侵蚀的工程

耐火混凝土名称	极限使用温度(℃)	材料组成及用量(kg/m³)			混凝土最低强度等级	适用范围
		胶结料	掺合料	粗细骨料		
水玻璃耐火混凝土	600	水玻璃(300～400)加氟硅酸钠(占水玻璃重量的12%～15%)	黏土熟料、黏土砖、石英石(300～600)	安山岩、玄武岩、辉绿岩(1550～1650)	C15	可用于受酸(氢氟酸除外)作用的工程,但不得用于经常有水蒸气及水作用的部位
	900	水玻璃(300～400)加氟硅酸钠(占水玻璃重量的12%～15%)	耐火度不低于1670℃的黏土熟料、黏土砖(300～600)	耐火度不低于1610℃的黏土熟料、黏土砖(1200～1300)	C15	可用于受酸(氢氟酸除外)作用的工程,但不得用于经常有水蒸气及水作用的部位
水玻璃耐火混凝土	1200	水玻璃(300～400)加氟硅酸钠(占水玻璃重量的12%～15%)	一等冶金镁砂或煤砖(见注2)(500～6000)	一等冶金镁砂或煤砖(1700～1800)	C15	可用于受氯化钠、硫酸钠、碳酸钠、氟化钠溶液作用的工程,但不得用于受酸作用及有水蒸气及水作用的部位

注：1. 表中所列极限使用温度为平面受热时的极限使用温度,对于双面受热或全部受热的结构,应经过计算和试验后确定。
  2. 用镁质材料配制的耐火混凝土宜制成预制砌块,并在40～60℃的温度下烘干后使用。
  3. 耐火混凝土得强度等级以100mm×100mm×100mm试块的得,抗压强度乘以0.9系数得得。
  4. 用水玻璃配制的耐火混凝土及用普通水泥和矿渣水泥配制的耐火混凝土,必须加入掺合料;矾土水泥配制的耐火混凝土也宜加掺合料。
  5. 极限使用温度在350℃及350℃以上的普通水泥和矿渣水泥耐火混凝土,不可加掺合料。
  6. 极限使用温度为700℃的矿渣水泥耐火混凝土,如水泥中矿渣含量大于50%,可不加掺合料。
  7. 按上述各项要求,由试验室确定施工配合比。

硅酸盐水泥系列耐火混凝土配合比实例（kg/m³） 表 15-106

胶凝材料		掺合料		粗集料		细集料		水	强度等级	最高工作温度
种类	用量	种类	用量	种类	用量	种类	用量			
硅酸盐水泥	340	黏土熟料粉	300	碎黏土熟料	700	黏土熟料砂	550	280	C20	1100℃
硅酸盐水泥	320	红砖	320	碎红砖	650	红砖砂	580	270	C20	900℃
硅酸盐水泥	350	矿渣粉	300	碎黏土熟料	680	黏土熟料砂	550	285	C20	1000℃
矿渣水泥	480	粉煤灰	120	碎红砖	720	红砖砂	600	285	C20	900℃
普通硅酸盐水泥	360	粉煤灰	200	碎红砖	700	红砖砂	600	270	C15	1000℃

注：1. 所有品种水泥等级强度都为42.5;
  2. 粉煤灰为Ⅱ级。

水玻璃耐火混凝土配合比实例（kg/m³） 表 15-107

胶凝材料	粗集料		细集料		掺合料		固化剂	强度等级	最高工作温度
水玻璃	品种	用量	品种	用量	品种	用量	氟硅酸钠		
300	镁砖碎块	1100	镁砂	600	镁砖粉	600	30	C15	1200℃
350	镁砖碎块	1150	镁砂	550	镁砖粉	550	35	C20	1200℃
350	黏土熟料块	80	黏土熟料砂	500	黏土熟料粉	500	35	C20	1000℃

注：1. 水玻璃的模数为2.4～3.0,相对密度为1.38～1.40,波美度为40°B'e;
  2. 氟硅酸钠纯度≥95%。

15.13.4.3 耐火混凝土的施工

1. 搅拌与运输

(1) 拌制水玻璃耐火混凝土时,水泥和掺合料必须拌合均匀。拌制水玻璃耐火混凝土时,氟硅酸钠和掺合料必须先混合均匀。

(2) 耐火混凝土宜采用强制式搅拌机搅拌。以黏土、水泥或水玻璃作为胶凝材料的耐火混凝土,先将原料干混1min,然后加水(或水玻璃)湿混2～4min,总搅拌时间不少于3min。搅拌好的料宜在30min之内用完。

(3) 在满足施工要求条件下,耐火混凝土的用水量(或水玻璃用量)应尽量少用。如用机械振捣,可控制在2cm左右,用人工捣固,宜控制在4cm左右。

(4) 耐火混凝土拌合物,可采用间歇式机械运往施工现场,亦可采用混凝土泵运送。

2. 耐火混凝土浇筑

耐火混凝土应分层浇筑,分层振捣。它可以采用机械振动成型或人工捣固成型,后者只适用于施工部位复杂,用量较少的特殊场合。不同捣实方法的耐火混凝土,其挠捣层厚度不同,但每层厚度

不应超过30cm。

3. 耐火混凝土的养护制度

根据其种类不同,耐火混凝土的养护制度可参考表15-108。

耐火混凝土的养护制度 表 15-108

混凝土种类	养护环境	养护温度(℃)	养护时间(d)
黏土耐火混凝土	自然养护	>20	3～7
高铝水泥耐火混凝土	水中养护或潮湿养护	15～20	>3
硅酸盐水泥耐火混凝土	水中养护、潮湿养护	15～25	>7
镁质水泥耐火混凝土	蒸汽养护	60～80	0.5～1
磷酸盐耐火混凝土	自然养护	>20	3～7
水玻璃耐火混凝土	自然养护	15～30	7～14

4. 热烘烤处理

耐火混凝土非常重要的工艺特点是:需要经过烘烤以后才能使用。养护后待混凝土达到70%强度才能进行热烘烤处理。耐火混

凝土的烘烤制度可参照表 15-109。

耐火混凝土烘烤热处理制度　　表 15-109

砌体厚度 (mm)	<200			200～400			>400		
温度(℃) 升温速度和时间	升温速度 (℃/h)	需要时间 (h)	累计时间 (h)	升温速度 (℃/h)	需要时间 (h)	累计时间 (h)	升温速度 (℃/h)	需要时间 (h)	累计时间 (h)
常温～150	20	7	0	15	9	0	10	13	0
150±10 保温	—	24	31	—	32	41	—	40	53
150～350	20	10	41	20	13	54	20	20	73
350±10 保温	—	24	65	—	32	86	—	40	113
350～600	20	13	73	17	103		10	25	138
600±10 保温	—	16	94	—	24	127	—	32	170
600～使用温度	35			25			20		

15.13.5　耐腐蚀混凝土

耐腐蚀混凝土是由耐腐蚀胶粘剂、硬化剂、耐腐蚀粉料和粗、细骨料及外加剂按一定的比例组成，经过搅拌、成型和养护后可直接使用的耐腐蚀材料。

15.13.5.1　水玻璃耐酸混凝土

水玻璃耐酸混凝土是由水玻璃作胶结材料，氟硅酸钠作为硬化剂，以及耐酸粉料和耐酸骨料或另掺外加剂按一定比例配合而成。它能抵抗绝大部分酸类对混凝土的侵蚀作用，且具有材源广、成本低等优点，已在我国防腐工程中广泛应用，如浇筑地面整体面层、设备基础、化工、冶金等工业中的大型构筑物的外壳及内衬和大型设备如储酸槽、反应塔等防腐蚀工程。其缺点是不耐碱，抗渗和耐水性能差，施工较复杂，养护周期长。

1. 原材料选择

(1) 胶结材料水玻璃具有两项重要的技术性能指标：模数和比密度。

(2) 为加速水玻璃硬化，常使用氟硅酸钠（Na_2SiF_6）作为水玻璃耐酸混凝土的固化剂。

(3) 耐酸骨料要求其自身耐酸度高、级配良好及不含泥等杂质。常采用的有石英石、花岗石、安山岩、辉绿岩、石英砂、人造铸石或酸性耐火黏土砖等。

(4) 耐酸粉料是由天然耐酸岩或人造耐酸石材经磨细加工而成，用作水玻璃耐酸混凝土的填料，常用的有铸石粉、石英粉、瓷粉等。

(5) 掺加改性剂提高混凝土密实度，可改善耐酸混凝土的强度和抗渗性，常用的有呋喃类有机单体、水溶性低聚物、水溶性树脂及烷芳基磺酸盐等。

2. 配合比设计

(1) 水玻璃耐酸混凝土配合比的设计应综合考虑混凝土的强度要求、耐酸性要求、抗水性要求及施工性能和成本等。

(2) 设计步骤：

1) 水玻璃用量及模数、相对密度的选择。水玻璃用量根据和易性、抗酸及抗水性确定，选择原则是在确保施工和易性情况下水玻璃尽量少用。通常，每 $1m^3$ 耐酸混凝土水玻璃用量控制在 250～300kg 之间。水玻璃最常使用的模数为 2.6～2.8，密度为 1.38～1.42g/cm^3。

2) 确定氟硅酸钠掺量。氟硅酸钠掺量不宜过多，一般掺量为水玻璃用量的 12%～15%。

3) 确定耐酸粉料及骨料用量。粉料的掺量以 400～550kg/m^3 为宜。粗、细料的总用量，可由每 $1m^3$ 耐酸混凝土总重量（约 2300～2400kg/m^3）减去水玻璃、氟硅酸钠和耐酸粉料三者的用量求得，再根据砂率分别求得细骨料和粗骨料用量。砂率一般选择在 38%～45%。

3. 施工工艺

(1) 施工准备

1) 水玻璃的配制：水玻璃经过模数、密度调整合格后方能使用。

2) 基层表面要求平整，以保证砌筑质量。

3) 需设置隔离层的，隔离层可采用树脂玻璃钢、耐酸橡胶板、沥青油毡、铅板或涂层等。隔离层要求搭接缝平整、严密、不渗漏，并与基层有较好的粘结强度。

4) 如需设置钢筋，钢筋应除锈并涂刷耐酸涂层（如环氧、过氯乙烯漆等）作保护，且宜采用焊接网架，如采用绑扎钢筋，应注意钢丝头不得外露出混凝土保护层。钢筋的耐酸混凝土保护层应在 25mm 以上。

(2) 施工工艺

1) 水玻璃耐酸混凝土宜选用强制式搅拌机，搅拌时间 4～5min。先将粉料、粗细骨料与氟硅酸钠干拌 1～2min，然后加入水玻璃湿拌 2～3min，直至均匀为止。

2) 搅拌好的水玻璃混凝土，不允许加入任何材料，并需在水玻璃加入起 30min 内用完。

3) 浇筑大面积地面工程时，应分格浇筑，分格缝内可嵌入聚氯乙烯胶泥或沥青胶泥。浇筑厚度超过 20cm 时，应分层浇筑及分层捣实。

4) 水玻璃耐酸混凝土终凝时间较长，模板支撑必须牢固，拼缝严密，表面平整，并防止水玻璃流失。

5) 耐酸贮槽的浇筑以一次连续浇灌成型不留施工缝为宜，如必须留施工缝时，下次浇筑前应将施工缝凿毛，清理干净后涂一层同类型的耐酸稀胶泥，稍干后再继续浇筑。

6) 水玻璃耐酸混凝土拆模时间与温度有关：5～10℃时，不低于 7d；10～15℃时，不少于 5d；16～20℃时，不少于 3d；21～30℃时，不少于 2d；30℃以上时，1d 可拆模。

7) 拆模后，如有蜂窝、麻面、裂纹等缺陷，应将该处混凝土凿去并清理干净，然后薄涂一层水玻璃胶泥，待稍干后再用水玻璃胶泥砂浆进行修补。

(3) 养护工艺

1) 成型和养护期间做好防潮、防冻和防晒。

2) 宜在 15～30℃的干燥环境中施工和养护。温度低于 10℃时应采取冬期施工措施，如采用电热、热风、暖气等人工加热措施。

3) 养护应避免急冷急热或局部过热，不得与水接触或采用蒸汽养护，也要防止冲击和震动。

4) 水玻璃耐酸混凝土在不同养护温度下的养护期为：10～20℃时，不少于 12d；21～30℃时，不少于 6d；31～35℃时，不少于 3d。

(4) 酸化处理

1) 酸化处理可提高水玻璃耐酸混凝土的稳定性。酸化处理的龄期应根据试件强度来确定，一般在完成混凝土养护期后进行。

2) 酸化处理所用酸品种和浓度可参照：①40%～60%浓度的硫酸；②15%～25%浓度的盐酸，或 1∶2～3 的盐酸酒精溶液；③40%～45%浓度的硝酸。

3) 酸化处理时，宜在 15～30℃下进行。每次酸化处理前，应清除表面析出的白色结晶物。

4) 酸化处理，要求涂刷均匀，不少于 4 次，每次间隔时间为 8～10h。

15.13.5.2　硫磺耐酸混凝土

硫磺耐酸混凝土是以熔融硫磺为胶结材料，与耐酸粉料和耐酸骨料配制而成。其优点是硬化快、强度高，结构密实，抗渗、耐水、耐稀酸性能好，施工方便，无需养护，特别适用于抢修工程、耐酸设备基础、浇筑整体地坪面层等工程部位，可用作贮酸池衬里（地上或地下）、过滤池、电解槽、桥面、工业地面、下水管等。缺点是收缩性大、耐火性差，较脆，不耐磨，易出现裂纹和起鼓，不宜用于温度高于 90℃以及与明火接触、冷热交替频繁、温度急剧变化和直接承受撞击的部位及面层嵌缝材料。

1. 原材料选择

(1) 胶结材料硫磺。工业用的块状或粉状硫磺，呈黄色，熔点为 120℃，要求含硫量不小于 98.5%，含水率不大于 1%，且无机械杂质。

(2) 常用的耐酸粉料有石英粉、辉绿岩粉、安山岩粉等，当用于耐氢氟酸的硫磺混凝土时，可用耐酸率大于 94％石墨粉或硫酸钡。耐酸粉料的细度要求通过 0.25mm 筛孔筛余率≤5％，通过 0.08mm 筛孔筛余率为 10％～30％；含水率不大于 0.5％。使用前烘干。

(3) 耐酸细骨料常用石英砂，要求耐酸率不低于 94％，含水率小于 0.5％，含泥量不大于 1％，用孔径 1mm 的筛过筛，筛余率不大于 5％。使用前烘干。

(4) 耐酸粗骨料常用石英石、花岗石和耐酸瓷砖碎块等，要求耐酸率应不小于 94％，浸酸稳定性应合格，不含泥土；粒径要求：20～40mm 的含量不小于 85％，10～20mm 的含量不大于 15％；使用前要烘干。

(5) 多采用聚硫橡胶作为增韧剂，按硫磺用量的 1％～3％掺入，以改善硫磺混凝土的脆性及和易性，提高抗拉强度。固态聚硫橡胶应质软、富弹性，细致无杂质，使用前应烘干。还可使用二氯乙烷、二氯乙基缩甲醛及双环戊二烯等。此外，还可掺加少量短切纤维提高韧性。

2. 配合比设计

硫磺混凝土的配合比设计多是根据工程需要及经验配制，其原则是：粗骨料有适当的空隙率，硫磺胶泥有一定的流动度，以便能获得硫磺用量最少而又密实的混合物。

硫磺胶泥、砂浆及混凝土的参考配合比见表 15-110。

硫磺胶泥、砂浆及混凝土的参考配合比　　表 15-110

材料名称	配合比（质量百分比）					
	硫磺	粗骨料	细骨料	粉料	增韧剂	短切纤维
硫磺砂浆	48～53	—	30～35	8～10	2～3	0～1
硫磺混凝土	28～33	50～55	10～13	5～8	1.5～2.0	0～1

3. 配制工艺和施工要点

(1) 配制工艺

1) 熬制硫磺胶结料。将硫磺破碎成 3～4cm 碎块，按配比将量投入特制的砂锅中，温度控制在 130～150℃，加热使硫磺干燥脱水至熔化，加热的同时边加料边搅拌，要注意防止局部过热，且加入量控制在砂锅容积的 1/3～1/2。

2) 另用设备将粉料及细骨料在 130～140℃温度下干燥预热，并保持 130℃左右待用。

3) 在熬制好的熔融态硫磺中加入经 130℃预热干燥的粉料、细骨料，边加边搅拌，加热温度保持在 140～150℃左右，直至无气泡时为止。

4) 加入粒度小于 20mm 的聚硫橡胶及一些纤维材料，并加强搅拌，温度控制在 150～160℃，待全部加完，再熬 3～4h，直到物料均匀，颜色一致，泡沫完全消失后即可使用。为保持物料温度 135～150℃下进行浇筑，也可注入小模制成砂浆块，需浇筑时再重新熔融浇筑。

(2) 硫磺混凝土施工要点

1) 浇筑前必须进行粗骨料的干燥和预热，应保证浇筑时粗骨料温度不低于 40℃。

2) 熬制硫磺胶泥或砂浆，见上述配制工艺。

3) 注模施工。①搅拌注模法，即将干燥预热后的粗骨料投入熬制硫磺胶泥或砂浆的锅中，保持温度不低于 140℃，搅拌均匀后注入模具。此法一般用于小型构件或砌块。②填充注模法，即将干燥预热后的耐酸粗骨料预先虚铺在模板（或模具）内，每层厚度不宜大于 40cm。在浇注点上，可在铺放骨料时每隔 35cm 左右预埋直径 6～8cm 的钢管作为浇注孔，边浇边抽出。浇筑应连续进行，不得中断。分层浇筑的，浇筑第二层前应将第一层表面收缩孔中的针状物凿除。浇灌立面时，每层硫磺混凝土的水平施工缝应露出石子，垂直施工缝相互错开。

4) 施工中要特别注意安全防护。工作人员操作时要戴口罩、手套等保护用品；熬制地点应在下风向；室内熬制应设排气罩；施工人员站在上风方向；熬制硫磺要严格控制温度，防止着火。发现黄烟应立即撤火降温，局部燃烧时可撒石英粉灭火。

15.13.5.3　沥青耐酸混凝土

沥青耐酸混凝土的特点是整体无缝，有一定弹性，材料来源广泛，价格比较低廉，施工简单方便，无需养护，冷固后即可使用，能耐中等浓度的无机酸、碱和盐类的腐蚀。其缺点是耐热性较差，使用温度一般不能高于 60℃，而且易老化，强度比较低，遇重物易变形，色泽不美观，用于室内影响光线少。沥青耐酸混凝土多用作基础、地坪的垫层或面层。

1. 原材料选择

沥青耐酸混凝土是由胶凝材料沥青、粉料、粗细骨料和纤维状填料等组成。

(1) 配制沥青耐酸混凝土所用的沥青材料，主要是石油沥青和煤沥青。在实际工程施工中，一般选用 10 号或 30 号建筑石油沥青。不与空气直接接触的部位，例如在地下和隐蔽工程中，也可以使用煤沥青。

(2) 配制沥青耐酸混凝土的粉料，可采用石英粉、辉绿岩粉、瓷粉等耐酸粉料。当用于耐氢氟酸工程时，可用耐酸率大于 94％石墨粉或硫酸钡。粉料的湿度应不大于 1％，细度要求通过 0.25mm 筛孔筛余率≤5％，通过 0.08mm 筛孔筛余率为 10％～30％。

(3) 配制沥青耐酸混凝土的粗细骨料，采用石英岩、花岗岩、玄武岩、辉绿岩、安山岩等耐酸石料制成的碎石或砂子，其耐酸率不应小于 94％，吸水率不应大于 2％，含泥量不应大于 1％。细骨料应用级配良好的砂，最大粒径不超过 1.25mm，孔隙率不应大于 40％；粗骨料的最大粒径不超过面层分层铺设厚度的 2/3，一般不大于 25mm，孔隙率不应大于 45％。

(4) 配制沥青耐酸混凝土的纤维状填料，一般可采用 6 级石棉绒，如可采用角闪石类石棉。要求含水率小于 7％，在施工条件允许时，也可采用长度 4～6mm 的玻璃纤维。

2. 配合比设计

沥青混凝土的配合比，应根据试验确定。在进行初步配合比设计时，可参考表 15-111。

沥青耐酸混凝土的参考配合比　　表 15-111

混凝土种类	粉料和骨料混合物	沥青含量（质量分数,％）
细粒式沥青混凝土	100	8～10
中粒式沥青混凝土	100	7～9

3. 配制工艺和施工工艺

(1) 配制工艺

将沥青碎块加热至 160～180℃后搅拌脱水、去渣，使其不再起泡沫，直至沥青升到规定温度时（建筑石油沥青 200～230℃，普通石油沥青 250～270℃）为止。当用两种不同软化点的沥青时，应先熔化低软化点的沥青，待其熔融后，再加入高软化点的沥青。

按设计的施工配合比，将预热至 140℃左右的干燥粉料和骨料混合均匀，随即将熬制好、温度为 200～230℃的沥青逐渐加入，并进行强烈搅拌，直至全部粉料和骨料被沥青包裹均匀为止。

沥青耐酸混凝土的拌合温度应当适宜，当环境温度在 5℃以上时为 160～180℃，当环境温度在－10～5℃时为 190～210℃。

(2) 施工工艺

在沥青耐酸混凝土摊铺前，在已涂有沥青底子油的水泥砂浆或混凝土基层上，先涂一层沥青稀胶泥（沥青：粉料＝100：30）。一般情况下，沥青耐酸混凝土的摊铺温度为 150～160℃，压实后的温度为 110℃；当环境温度在 0℃以下时，摊铺温度为 170～180℃，压实后的温度不低于 100℃，摊铺后应用铁滚进行压实。为防止铁滚表面黏结沥青混凝土，可涂刷防粘剂（柴油：水＝1：2）。

沥青耐酸混凝土应尽量不留施工缝。如果工程量较大，确实需要留设施工缝时，垂直施工缝应留成斜槎并加强密实。继续施工时，应把槎面处清理干净，然后覆盖一层热沥青砂浆，或热沥青混凝土进行预热，预热后将覆盖层除去，涂一层热沥青或沥青稀胶泥后继续施工。当采用分层施工时，上下层的垂直施工缝要错开，水平施工缝之间也应涂一层热沥青或沥青稀胶泥。

细粒式沥青耐酸混凝土，每层的压实厚度不宜超过 30mm；中粒式沥青耐酸混凝土，每层的压实厚度不应超过 60mm。混凝土的虚铺厚度应经试验确定。当采用平板式振动器时，一般为压实厚度的 1.3 倍。

沥青耐酸混凝土如果表层有起鼓、裂缝、脱落等缺陷，可将缺陷处挖除，清理干净后涂上一层热沥青，然后用沥青砂浆或沥青混凝土趁热填补压实。

15.13.6　重 混 凝 土

重混凝土是指密度大于 $2500kg/m^3$ 的混凝土，多用于结构配重和防辐射，一般用密度较大的钢质材料、铁矿石、重晶石等为骨料配制。另一种方法是通过用特种胶结料配制，如高铁质钡矾土水泥、含硫酸钡的高密度水泥等，但由于特种水泥不易生产且价格昂贵，一般不采用。有时由于配重需要，也有用铁粉等作为胶凝材料取代部分水泥以提高混凝土密度。对于防辐射用重混凝土，除了要密度大，还需含大量结合水，且热导率高、热膨胀系数和干燥收缩率小。当然，一定的结构强度、良好的匀质性等也是必不可少的。

15.13.6.1　重混凝土的技术性能

1. 堆积密度

堆积密度是重混凝土区别于普通混凝土的主要指标，也是其配重及防射线效果的主要指标。重混凝土使用要求不同，其选用的密度也不同。重混凝土堆积密度确定后，可通过不同密度的骨料合理搭配实现特定的密度值。

2. 热导率

对于防辐射重混凝土，热导率高，即导热性好，可使局部的温升最小。其导热性很大程度上由骨料性质决定。磁铁矿配制的重混凝土，其导热性与普通混凝土大致相同；采用钢铁块骨料配制的重混凝土，其导热性比普通混凝土高；采用重晶石配制的重混凝土，其导热系数比普通混凝土小。

15.13.6.2　重混凝土配合比设计

1. 配合比设计基本要求

重混凝土由于采用了相对密度较大的材料作为骨料，在进行配合比设计时，应确保混凝土强度、流动性（适宜浇筑且不离析）及密度满足要求。为保证重混凝土的防护能力，还要考虑化学结合水含量。

2. 配合比设计步骤

重混凝土配合比设计与普通混凝土配合比设计基本相同，包括配制强度的计算、确定水灰比和用水量、计算水泥用量、计算粗细骨料用量、计算砂率、计算砂、石用量以及试拌校正。

15.13.6.3　重混凝土的施工

重混凝土的施工，由于其采用了重骨料，在实现混凝土的工作性的同时还要确保骨料的不离析。在重混凝土搅拌、运输、浇筑过程中要注意以下问题：

（1）搅拌及运输。为保证设备的完好，设备中重混凝土量不宜过多，以免造成搅拌叶因过载而损坏。重混凝土堆积密度越大，数量应相应减少。

（2）重混凝土的搅拌时间较普通混凝土拌合时间应适当延长，最适宜时间可由试验确定。

（3）着重检查模板的加固措施，保证在混凝土自重或较大的侧压力下不发生损坏和变形。

（4）在雨、雪、风等天气情况下，不宜浇筑重混凝土。

（5）重混凝土浇筑要使用振捣器，防止浇筑过程重混凝土分层。浇筑时发生分层现象，应立即查找原因消除分层；对已浇筑完毕混凝土发生分层的，可利用振捣器向其中压入粗骨料以改进质量。

（6）分层浇筑重混凝土时，施工前可预填骨料灌浆混凝土，可避免骨料下沉，并有利于重混凝土堆积密度均匀。

（7）采用褐铁矿为骨料的重混凝土，不宜加入过多的拌合水，且不适用先将重骨料填充于模板中再压入水泥砂浆的浇筑方法。

（8）对于大体积重混凝土的施工，要采取一定的导温措施，防止水泥水化热集中造成的温差裂缝。

（9）重视重混凝土养护，尤其用于防中子射线的重混凝土。

15.14　现浇混凝土结构质量检查

混凝土结构质量控制可按现行国家标准《混凝土结构工程施工质量验收规范》（GB 50204）执行。

15.14.1　现浇混凝土结构分项工程质量检查

（1）混凝土结构施工质量检查可分为过程控制检查和拆模后的实体质量检查。过程控制检查应在混凝土施工全过程中，按照施工段划分和工序安排及时进行；拆模后的实体质量检查应在混凝土表面未做处理和装饰前进行。

（2）混凝土结构质量的检查，应符合下列规定：

1）检查的频率、时间、方法和参加检查的人员，应当根据质量控制的需要确定；

2）施工单位应对已完成施工的部位或成果的质量进行自检，自检应全数检查；

3）混凝土结构质量检查应做出记录。对于返工和修补的构件，应有返工修补前后的记录，并应有图像资料；

4）混凝土结构质量检查中，对于已经隐蔽、不可直接观察和量测的内容，可检查隐蔽工程验收记录；

5）需要对混凝土结构的性能进行检验时，应委托有资质的检测机构检测并出具检测报告。

（3）混凝土结构的质量过程控制检查宜包括下列内容：

1）模板

①模板与模板支架的安全性；

②模板位置、尺寸；

③模板的刚度和密封性；

④模板涂刷隔离剂及必要的表面湿润；

⑤模板内杂物清理。

2）钢筋和预埋件

①钢筋的规格、数量；

②钢筋的位置；

③钢筋的保护层厚度；

④预埋件（预埋管线、箱盒、预留孔洞）规格、数量、位置及固定；

3）混凝土拌合物

①坍落度、入模温度等；

②大体积混凝土的温度测控。

4）混凝土浇筑

①混凝土输送、浇筑、振捣等；

②混凝土浇筑时模板的变形、漏浆等；

③混凝土浇筑时钢筋和预埋件（预埋管线、预留孔洞）位置；

④混凝土试件制作；

⑤混凝土养护；

⑥施工载荷加载后，模板与模板支架的安全性。

（4）混凝土结构拆除模板后的实体质量检查宜包括下列内容：

1）构件的尺寸、位置

①轴线位置、标高；

②截面尺寸、表面平整度；

③垂直度（构件垂直度、单层垂直度和全高垂直度）。

2）预埋件

①数量；

②位置。

3）构件的外观缺陷。

4）构件的连接及构造做法。

（5）混凝土结构质量过程控制检查、拆模后实体质量检查的方法与合格判定，应符合现行国家标准《混凝土结构工程施工质量验收规范》（GB 50204）及相关标准的规定。相关标准未做规定时，可在施工方案中作出规定并经监理单位批准后实施。

（6）混凝土施工：

1）结构混凝土的强度等级必须符合设计要求。用于检查结构构件混凝土强度的试件，应在混凝土的浇筑地点随机抽取。取样与

试件留置应符合下列规定：

①每拌制100盘且不超过100m³的同配合比的混凝土，取样不得少于一次；

②每工作班拌制的同一配合比的混凝土不足100盘时，取样不得少于一次；

③当一次连续浇筑超过1000m³时，同一配合比的混凝土每200m³取样不得少于一次；

④每一楼层、同一配合比的混凝土，取样不得少于一次；

⑤每次取样应至少留置一组标准养护试件，同条件养护试件的留置组数应根据实际需要确定。

检验方法：检查施工记录及试件强度试验报告。

2) 对有抗渗要求的混凝土结构，其混凝土试件应在浇筑地点随机取样。同一工程、同一配合比的混凝土，取样不应少于一次，留置组数可根据实际需要确定。

检验方法：检查试件抗渗试验报告。

3) 混凝土原材料每盘称量的偏差应符合表15-112的规定。

检查数量：每工作班抽查不应少于一次。

检验方法：复称。

原材料每盘称量的允许偏差　表15-112

材料名称	允许偏差
水泥、掺合料	±2%
粗、细骨料	±3%
水、外加剂	±2%

注：1. 各种衡器应定期校验，每次使用前应进行零点校核，保持计量准确；

2. 当遇雨天或含水率有显著变化时，应增加含水率检测次数，并及时调整水和骨料的用量。

4) 混凝土运输、浇筑及间歇的全部时间不应超过混凝土的初凝时间。同一施工段的混凝土应连续浇筑，并应在底层混凝土初凝之前将上一层混凝土浇筑完毕。

当底层混凝土初凝后浇筑上一层混凝土时，应按施工技术方案中对施工缝的要求进行处理。

检查数量：全数检查。

检验方法：观察，检查施工记录。

15.14.2 混凝土强度检测

15.14.2.1 试件制作和强度检测

(1) 混凝土试样应在混凝土浇筑地点随机抽取，取样频率应符合下列规定：

1) 每100盘，但不超过100m³的同配合比的混凝土，取样次数不得少于一次；

2) 每一工作班拌制的同配合比的混凝土不足100盘时其取样次数不得少于一次。

注：预拌混凝土在预拌混凝土厂内按上述规定取样，混凝土运到施工现场后，尚应按本条的规定抽样检验。

(2) 每组三个试件应在同一盘混凝土中取样制作。其强度代表值的确定，应符合下列规定：

1) 取三个试件强度的算术平均值作为每组试件的强度代表值；

2) 当一组试件中强度的最大值或最小值与中间值之差超过中间值的15%时，取中间值作为该组试件的强度代表值；

3) 当一组试件中强度的最大值和最小值与中间值之差均超过中间值的15%时，该组试件的强度不应作为评定的依据。

(3) 当采用非标准尺寸试件时，应将其抗压强度折算为标准试件抗压强度。折算系数按下列规定采用：

1) 对边长为100mm的立方体试件取0.95；

2) 对边长为200mm的立方体试件取1.05。

(4) 每批混凝土试样应制作的试件总组数，除应考虑混凝土强度评定所必需的组数外，还应考虑为检验结构或构件施工阶段混凝土强度所必需的试件组数。

(5) 检验评定混凝土强度用的混凝土试件，其标准成型方法、标准养护条件及强度试验方法均应符合现行国家标准《普通混凝土力学性能试验方法》(GB/T 50081) 的规定。

(6) 当检验结构或构件拆模、出池、出厂、吊装、预应力筋张拉或放张，以及施工期间需短暂负荷的混凝土强度时，其试件的成型方法和养护条件应与施工中采用的成型方法和养护条件相同。

15.14.2.2 混凝土结构同条件养护试件强度检验

(1) 同条件养护试件的留置方式和取样数量，应符合下列要求：

1) 同条件养护试件所对应的结构构件或结构部位，应由监理 (建设)、施工等各方共同选定；

2) 对混凝土结构工程中的各混凝土强度等级，均应留置同条件养护试件；

3) 同一强度等级的同条件养护试件，其留置的数量应根据混凝土工程量和重要性确定，不宜少于10组，且不应少于3组；

4) 同条件养护试件拆模后，应放置在靠近相应结构构件或结构部位的适当位置，并应采取相同的养护方法。

(2) 同条件养护试件应在达到等效养护龄期时进行强度试验。

等效养护龄期应根据同条件养护试件强度与在标准养护条件下28d龄期试件强度相等的原则确定。

(3) 同条件自然养护试件的等效养护龄期及相应的试件强度代表值，宜根据当地的气温和养护条件，按下列规定确定：

1) 等效养护龄期可取按日平均温度逐日累计达到600℃·d时所对应的龄期，0℃及以下的龄期不计入；等效养护龄期不应小于14d，也不宜大于60d；

2) 同条件养护试件的强度代表值应根据强度试验结果按现行国家标准《混凝土强度检验评定标准》(GB/T 50107) 的规定确定后，乘折算系数使用；折算系数宜取为1.10，也可根据当地的试验统计结果作适当调整。

(4) 冬期施工、人工加热养护的结构构件，其同条件养护试件的等效养护龄期可按结构构件的实际养护条件，由监理 (建设)、施工等各方根据规定共同确定。

15.15 混凝土缺陷修整

15.15.1 混凝土缺陷种类

混凝土结构缺陷可分为尺寸偏差缺陷和外观缺陷。尺寸偏差缺陷和外观缺陷可分为一般缺陷和严重缺陷。混凝土结构尺寸偏差超出规范规定，但尺寸偏差对结构性能和使用功能未构成影响时，属于一般缺陷；而尺寸偏差对结构性能和使用功能构成影响时，属于严重缺陷。外观缺陷分类应符合表15-113的规定。

混凝土结构外观缺陷分类　表15-113

名称	现象	严重缺陷	一般缺陷
露筋	构件内钢筋未被混凝土包裹而外露	纵向受力钢筋有露筋	其他钢筋有少量露筋
蜂窝	混凝土表面缺少水泥砂浆而形成石子外露	构件主要受力部位有蜂窝	其他部位有少量蜂窝
孔洞	混凝土中孔穴深度和长度均超过保护层厚度	构件主要受力部位有孔洞	其他部位有少量孔洞
夹渣	混凝土中夹有杂物且深度超过保护层厚度	构件主要受力部位有夹渣	其他部位有少量夹渣
疏松	混凝土中局部不密实	构件主要受力部位有疏松	其他部位有少量疏松
裂缝	缝隙从混凝土表面延伸至混凝土内部	构件主要受力部位有影响结构性能或使用功能的裂缝	其他部位有少量不影响结构性能或使用功能的裂缝

续表

名称	现象	严重缺陷	一般缺陷
连接部位缺陷	构件连接处混凝土有缺陷及连接钢筋、连接件松动	连接部位有影响结构传力性能的缺陷	连接部位有基本不影响结构传力性能的缺陷
外形缺陷	缺棱掉角、棱角不直、翘曲不平、飞边凸肋等	清水混凝土构件有影响使用功能或装饰效果的外形缺陷	其他混凝土构件有不影响使用功能的外形缺陷
外表缺陷	构件表面麻面、掉皮、起砂、沾污等	具有重要装饰效果的清水混凝土构件有外表缺陷	其他混凝土构件有不影响使用功能的外表缺陷

施工过程中发现混凝土结构缺陷时，应认真分析缺陷产生的原因。对严重缺陷施工单位应制定专项修整方案，方案经论证审批后方可实施，不得擅自处理。

15.15.2　混凝土结构外观缺陷的修整

(1) 混凝土结构外观一般缺陷修整应符合下列规定：

1) 对于露筋、蜂窝、孔洞、夹渣、疏松、外表缺陷，应凿除胶结不牢固部分的混凝土，清理表面，洒水湿润后用 1∶2～1∶2.5 水泥砂浆抹平；

2) 应封闭裂缝；

3) 连接部位缺陷、外形缺陷可与面层装饰施工一并处理。

(2) 混凝土结构外观严重缺陷修整应符合下列规定：

1) 对于露筋、蜂窝、孔洞、夹渣、疏松、外表缺陷，应凿除胶结不牢固部分的混凝土至密实部位，清理表面，支设模板，洒水湿润后再涂抹混凝土界面剂，采用比原混凝土强度等级高一级的细石混凝土浇筑密实，养护时间不应少于 7d。

2) 开裂缺陷修整应符合下列规定：

① 对于民用建筑的地下室、卫生间、屋面等接触水介质的构件，均应注浆封闭处理，注浆材料可采用环氧、聚氨酯、氰凝、丙凝等。对于民用建筑不接触水介质的构件，可采用注浆封闭、聚合物砂浆粉刷或其他表面封闭材料进行封闭；

② 对于无腐蚀介质工业建筑的地下室、屋面、卫生间等接触水介质的构件以及有腐蚀介质的所有构件，均应注浆封闭处理，注浆材料可采用环氧、聚氨酯、氰凝、丙凝等。对于无腐蚀介质工业建筑不接触水介质的构件，可采用注浆封闭、聚合物砂浆粉刷或其他表面封闭材料进行封闭。

3) 清水混凝土的外形和外表严重缺陷，宜在水泥砂浆或细石混凝土修补后用磨光机械磨平。

15.15.3　混凝土结构尺寸偏差缺陷的修整

(1) 混凝土结构尺寸偏差一般缺陷，可采用装饰修整方法修整。

(2) 混凝土结构尺寸偏差严重缺陷，应会同设计单位共同制定专项修整方案，结构修整后应重新检查验收。

15.15.4　裂缝缺陷的修整

裂缝的出现不但会影响结构的整体性和刚度，还会引起钢筋的锈蚀，加速混凝土的碳化，降低混凝土的耐久性和抗疲劳、抗渗能力。因此根据裂缝的性质和具体情况要区别对待，及时处理，以保证建筑物的安全使用。

混凝土裂缝的修补措施主要有以下一些方法：表面修补法，灌浆、嵌缝封堵法，结构加固法，混凝土置换法，电化学防护法以及仿生自愈合法。

1. 表面修补法

表面修补法是一种简单、常见的修补方法，它主要适用于稳定和对结构承载能力没有影响的表面裂缝以及深进裂缝的处理。通常的处理措施是在裂缝的表面涂抹水泥浆、环氧胶泥或在混凝土表面涂刷油漆、沥青等防腐材料，在防护的同时为了防止混凝土受各种作用的影响继续开裂，通常可以在裂缝的表面粘贴玻璃纤维布

等措施。

2. 灌浆、嵌缝封堵法

灌浆法主要适用于对结构整体性有影响或有防渗要求的混凝土裂缝的修补，它是利用压力设备将胶结材料压入混凝土的裂缝中，胶结材料硬化后与混凝土形成一个整体，从而起到封堵加固的目的。常用的胶结材料有水泥浆、环氧树脂、甲基丙烯酸酯、聚氨酯等化学材料。

嵌缝法是裂缝封堵中最常用的一种方法，它通常是沿裂缝凿槽，在槽中嵌填塑性或刚性止水材料，以达到封闭裂缝的目的。常用的塑性材料有聚氯乙烯胶泥、塑料油膏、丁基橡胶等；常用的刚性止水材料为聚合物水泥砂浆。

3. 结构加固法

当裂缝影响到混凝土结构的性能时，就要考虑采取加固法对混凝土结构进行处理。结构加固中常用的主要有以下几种方法：加大混凝土结构的截面面积，在构件的角部外包型钢、采用预应力法加固、粘贴钢板加固、增设支点加固以及喷射混凝土补强加固。

4. 混凝土置换法

混凝土置换法是处理严重损坏混凝土的一种有效方法，此方法是先将损坏的混凝土剔除，然后再置换入新的混凝土或其他材料。常用的置换材料有：普通混凝土或水泥砂浆、聚合物或改性聚合物混凝土和砂浆。

5. 电化学防护法

电化学防腐是利用施加电场在介质中的电化学作用，改变混凝土或钢筋混凝土所处的环境状态，钝化钢筋，以达到防腐的目的。阴极防护法、氯盐提取法、碱性复原法是化学防护法中常用而有效的三种方法。这种方法的优点是防护方法受环境因素的影响较小，适用钢筋、混凝土的长期防腐，既可用于已裂结构也可用于新建结构。

6. 仿生自愈合法

仿生自愈合法是一种新的裂缝处理方法，它模仿生物组织对受创伤部位自动分泌某种物质，而使创伤部位得到愈合的机能，在混凝土的传统组分中加入某些特殊组分（如含胶粘剂的液芯纤维或胶囊），在混凝土内部形成智能型仿生自愈合神经网络系统，当混凝土出现裂缝时分泌出部分液芯纤维可使裂缝重新愈合。

15.15.5　修补质量控制

混凝土缺陷是混凝土结构中普遍存在的一种现象，它的出现不仅会降低建筑物的抗渗能力，影响建筑物的使用功能，而且会引起钢筋的锈蚀，混凝土的碳化，降低材料的耐久性，影响建筑物的承载能力，因此要严格控制混凝土缺陷修补质量：

(1) 对于所要凿除的混凝土范围必须严格按照方案进行凿除，并清洗干净；

(2) 在完成修补后，应加强修补范围内混凝土养护；

(3) 当要对结构进行加固时，需严格按照方案进行加固；

(4) 如采取增大截面面积进行加固并修补时，应考虑到日后的装饰效果，需与用户沟通；

(5) 要派专人进行验收，并签写验收单。

混凝土缺陷应针对其成因制定合理的修补方案，但还需贯彻预防为主的原则，完善设计及加强施工等方面的管理，使结构尽量不出现裂缝或尽量减少裂缝数量和宽度，以确保结构安全。

15.16　预制装配混凝土

预制装配混凝土是以构件加工单位工厂化制作而形成的成品混凝土构件，其经装配、连接，结合部分现浇而形成的混凝土结构即为预制装配式混凝土结构。预制装配混凝土构件生产、模具制作、现场装配各流程和环节，应有健全的技术质量及安全保证体系。施工前，应熟悉图纸，掌握有关技术要求及细部构造，编制专项施工方案，构件生产、现场吊装、成品验收等应制定专项技术措施。

15.16.1　施　工　预　算

装配式混凝土结构施工前，应根据设计要求和施工方案进行必

要的施工验算。

预制构件在脱模、吊运、运输、安装等环节的施工验算，应将构件自重乘以脱模吸附系数或动力系数作为等效荷载标准值，并应符合下列规定：

（1）脱模吸附系数宜取为 1.5，并可根据构件和模具表面状况适当增减。对于复杂情况，脱模吸附系数宜根据试验确定；

（2）构件吊运、运输时，动力系数可取 1.5；构件翻转及安装过程中就位、临时固定时，动力系数可取 1.2。当有可靠经验时，动力系数可根据实际受力情况和安全要求适当增减。

预制构件的施工验算宜符合下列规定：

（1）钢筋混凝土和预应力混凝土构件正截面边缘的混凝土法向压应力应满足：

$$\sigma_{cc} \leqslant 0.8 f'_{ck} \qquad (15\text{-}85)$$

（2）钢筋混凝土和预应力混凝土构件正截面边缘的混凝土法向拉应力宜满足：

$$\sigma_{ct} \leqslant 1.0 f'_{tk} \qquad (15\text{-}86)$$

对预应力混凝土构件的端部正截面边缘的混凝土法向拉应力可适当放松，但不应大于 $1.2 f'_{tk}$。

（3）对施工过程中允许出现裂缝的钢筋混凝土构件，其正截面边缘混凝土法向拉应力限值可适当放松，但开裂截面处受拉钢筋的应力应满足：

$$\sigma_s \leqslant 0.7 f_{yk} \qquad (15\text{-}87)$$

（4）叠合构件尚应符合现行国家标准《混凝土结构设计规范》（GB 50010）的有关规定。

式中　σ_{cc}、σ_{ct}——各施工环节在荷载标准组合作用下产生的构件正截面边缘混凝土法向压应力、拉应力（N/mm²），可按毛截面计算；

f'_{ck}、f'_{tk}——与各施工环节的混凝土立方体抗压强度相应的抗拉、抗压强度标准值（N/mm²）；

σ_s——各施工环节在荷载标准组合作用下的受拉钢筋应力，应按开裂截面计算（N/mm²）；

f_{yk}——受拉钢筋强度标准值（N/mm²）。

预制构件中的预埋吊件及临时支撑宜按下式进行计算：

$$K_c S_c \leqslant R_c \qquad (15\text{-}88)$$

式中　K_c——施工安全系数，可按表 15-114 的规定取值；当有可靠经验时，可根据实际情况适当增减；对复杂或特殊情况，宜通过试验确定；

S_c——施工阶段荷载标准组合作用下的效应值，施工阶段的荷载标准值可按本规范附录 A 的有关规定取值；

R_c——根据国家现行相关标准并按材料强度标准值计算或根据试验确定的预埋吊件、临时支撑、连接件的承载力。

预埋吊件及临时支撑的施工安全系数 K_c

表 15-114

项　　目	施工安全系数（K_c）
临时支撑	2
临时支撑的连接件 预制构件中用于连接临时支撑的预埋件	3
普通预埋吊件	4
多用途的预埋吊件	5

注：对采用 HPB300 钢筋吊环形式的预埋吊件，应符合现行国家标准《混凝土结构设计规范》（GB 50010）的有关规定。

15.16.2　构件制作的材料要求

15.16.2.1　模具

构件制作的精度控制，模具是一个重要组成部分。模具制作应尺寸准确，具有足够的刚度、强度和稳定性，严密、不漏浆，构造合理，适合钢筋入模、混凝土浇捣和养护等要求，且在过程控制、调节及重复、多次使用中，能够始终处于尺寸正确和感观良好状况。

模具应便于清理和隔离剂的涂刷。模具每次使用后，必须清理干净。

15.16.2.2　钢筋

钢筋质量必须符合现行有关标准的规定。钢筋成品中配件、埋件、连接件等应符合有关标准规定和设计文件要求。

钢筋进场后应按钢筋的品种、规格、批次等分别堆放，并有可靠的措施避免锈蚀和玷污。

钢筋的骨架尺寸应准确，宜采用专用成型架绑扎成型。加强筋应有两处以上部位绑扎固定。钢筋入模时应严禁表面沾上作为隔离剂的油类物质。

15.16.2.3　饰面材料

石材、面砖灯饰面材料质量应符合现行有关标准的规定。饰面砖、石材应按编号、品种、数量、规格、尺寸、颜色、用途等分类放置，标识清楚并登记入册。

面砖在入模铺设前，应先将单块面砖根据构件加工图的要求分块制成套件，套件的尺寸应根据构件饰面转的大小、图案、颜色取一个或若干个单元组成，每块套件尺寸不宜大于 $300\text{mm} \times 600\text{mm}$。面砖套件制作前，应检查入套面砖是否有破损、翘曲和变形等质量问题，不合格的面砖不得用于面砖套件。面砖套件制作时，应在定型模具中进行。饰面材料的图案、排列、色泽和尺寸应符合设计要求。

石材在入模铺设前，应根据构件加工图核对石材尺寸，并提前 24h 在石材背面涂刷处理剂。

15.16.2.4　门窗框

门窗的品种、规格、尺寸、性能和开启方向、型材壁厚和连接方式等应符合设计要求。

15.16.3　构件制作的生产工艺

15.16.3.1　模具组装

在生产模位区，根据生产操作空间进行模具的布置排列。模具组装前，模板必须清理干净，在与混凝土接触的模板表面应均匀涂刷脱模剂，饰面材料铺贴范围内不得涂刷脱模剂。

模具的安装应固定，要求平直、紧密、不倾斜、尺寸准确。

15.16.3.2　饰面铺贴

饰面砖、石材铺贴前应清理模具，按预制加工图分类编号与对号铺放。饰面砖、石材摆放应按控制尺寸和标高在模具上设置标记，并按标记固定和校正饰面砖、石材。入模后，应根据模具设置基准进行预铺设，待全部尺寸调整无误后，再用双面胶带或硅胶将面砖套件或石材位置固定牢固。饰面材料与混凝土的结合应牢固，之间连接件的结构、数量、位置和防腐处理应符合设计要求。满粘法施工的石材和面砖等饰面材料与混凝土之间应无空鼓。饰面材料铺设后表面应平整，接缝应顺直，接缝的宽度和深度应符合设计要求。

涂料饰面的构件表面应平整、光滑，棱角、线槽应顺畅，大于1mm 的气孔应进行填充修补。预制构件装饰涂饰施工应按现行国家标准《住宅装饰装修工程施工规范》（GB 50327）执行。

15.16.3.3　门窗框安装

门窗框应直接安装在墙板构件的模具中，门窗框安装的位置应符合设计要求。生产时，应在模具体系上设置限位框或限位件进行固定，防止门框和窗框移位。门窗框与模板接触面应采用双面胶密封保护，与混凝土的连接可依靠专用金属拉片固定。门窗框应采取纸包裹和遮盖等保护措施，不得污染、划伤和损坏门窗框。在生产、吊装完成纸包裹和遮盖等之前，禁止撕除门窗保护。

15.16.3.4　钢筋安装

在模外成型的钢筋骨架，吊到模内整体拼装连接。钢筋骨架尺寸必须准确，骨架吊运时应用多吊点的专用吊架进行，防止钢筋骨架在吊运时变形。钢筋骨架应轻放入模，在模具内应放置塑料垫块，防止钢筋骨架直接接触饰面砖或石材。入模后尽量避免移动钢筋骨架，防止引起饰面材料移动、走位。钢筋骨架应采用垫、吊等可靠方式，确保钢筋各部位的保护层厚度。

15.16.3.5　成型

构件浇筑成型前必须逐件进行隐蔽项目检测和检查。隐蔽项目

检测和检查的主要项目有模具、隔离剂及隔离剂涂刷、钢筋成品（骨架）质量、保护层控制措施、预留孔道、配件和埋件等。

混凝土投料高度应小于500mm，混凝土的铺设应均匀，构件表面应平整。可采用插入式振动棒振捣，逐排振捣密实，振动器不应碰到面砖、预埋件。单块预制构件混凝土浇筑过程应连续进行，以避免单块构件施工缝或冷缝出现。

配件、埋件、门框和窗框处混凝土应密实，配件、埋件和门窗外露部分应有防止污损的措施，并应在混凝土浇筑后将残留的混凝土及时擦拭干净。混凝土表面应及时用泥板抹平提浆，需要时还应对混凝土表面进行二次抹面。

15.16.3.6　养护

预制构件混凝土浇筑完毕后，应及时养护。构件采用低温蒸汽养护，蒸养可在原生产模位上进行。蒸养分静停、升温、恒温和降温四个阶段。静停从构件混凝土全部浇捣完毕开始计算，静停时间不宜少于2h。升温速度不得大于15℃/h，恒温时最高温度不宜超过55℃，恒温时间不宜少于3h。降温速度不宜大于10℃/h。为确保蒸养质量，蒸养的过程尽量采用自动控制，不能自动控制的，车间要安排专人进行人工控制。

15.16.3.7　脱罩

预制构件蒸汽养护后，蒸养罩内外温差小于20℃时，方可进行脱罩作业。预制构件拆模起吊前应检验其同条件养护混凝土的试块强度，达到设计强度75%方能拆模起吊。应根据模具结构按序拆除模具，不得使用振动构件方式拆模。预制构件起吊前，应确认构件与模具间的连接部分完全拆除后方可起吊。预制构件的吊点设置，除强度应符合设计要求外，还应满足预制构件平稳起吊的要求，构件起吊宜以4～6点吊进行。

15.16.4　构件的质量检验

15.16.4.1　主控项目

（1）预制构件应在明显部位标明生产单位、构件型号、生产日期和质量验收标志。构件上的预埋件、插筋和预留孔洞的规格、位置和数量应符合标准图或设计的要求。

（2）预制构件的外观质量不应有严重缺陷。对已经出现的严重缺陷，应按技术处理方案进行处理，并重新检查验收。

（3）预制构件不应有影响结构性能和安装、使用功能的尺寸偏差。对超过尺寸允许偏差且影响结构性能和安装、使用功能的部位，应按技术处理方案进行处理，并重新检查验收。

15.16.4.2　一般项目

（1）预制构件的混凝土强度应按现行国家标准《混凝土强度检验评定标准》（GB/T 50107）的规定分批检验评定。

（2）预制构件制作模具尺寸允许偏差的检验见表15-115，其允许偏差值可参见相关标准或设计规定。

模具尺寸允许偏差值　表 15-115

测定部位	允许偏差(mm)	检 验 方 法
边长	±2	钢尺四边测量
板厚	+1，0	钢尺测量，取2边平均值
扭曲	2	四角用两根细线交叉固定，钢尺测中心点高度
翘曲	3	四角固定细线，钢尺测细线到钢模边距离，取最大值
表面凹凸	2	靠尺和塞尺检查
弯曲	2	四角用两根细线交叉固定，钢尺测细线到钢模边距离
对角线误差	2	细线测两根对角尺寸，取差值
预埋件位置（中心线）	±2	钢尺检查
侧向扭度	H≤300 1.0	两角用细线固定，钢尺测中心点高度
	H>300 2.0	两角用细线固定，钢尺测中心点高度

注：H 为模具高度。

（3）固定在模板上的预埋件、预留孔和预留洞的安装位置的偏差检验见表15-116，其允许偏差值可参见相关标准或设计规定。

预埋件和预留孔洞的允许偏差检验　表 15-116

项 目		检验方法
预埋钢板	中心线位置	钢尺检查
	安装平整度	靠尺和塞尺检查
预埋管、预留孔中心线位置		钢尺检查
插 筋	中心线位置	钢尺检查
	外露长度	钢尺检查
预埋吊环	中心线位置	钢尺检查
	外露长度	钢尺检查
预留洞	中心线位置	钢尺检查
	尺 寸	钢尺检查
预埋接驳器	中心线位置	钢尺检查

（4）钢筋安装时，钢筋网和钢筋成品（骨架）安装位置的允许偏差检验见表15-117，其允许偏差值可参见相关标准或设计规定。

钢筋网和钢筋成品（骨架）尺寸允许偏差检验　表 15-117

项 目			检 验 方 法
绑扎钢筋网	长、宽		钢尺检查
	网眼尺寸		钢尺量连续三档，取最大值
绑扎钢筋骨架	长		钢尺检查
	宽、高		钢尺检查
受力钢筋	间距		钢尺量两端、中间各一点，取最大值
	排距		
	保护层	基础	钢尺检查
		柱、梁	钢尺检查
		板、墙、壳	钢尺检查
绑扎钢筋、横向钢筋间距			钢尺量连续三档，取最大值
钢筋弯起点位置			钢尺检查
预埋件	中心线位置		钢尺检查
	水平高差		钢尺和塞尺检查

注：当尺寸偏差检查的合格点率小于80%，或出现超过允许偏差1.5倍的检查项目时，应进行返修（返工），并再次进行尺寸偏差检查。

（5）外墙板饰面砖、石材粘贴允许偏差检验见表15-118，其允许偏差值可参见相关标准或设计规定门。

外墙板饰面砖、石材粘贴的允许偏差检验　表 15-118

项次	项 目	检 验 方 法
1	立面垂直度	用2m拖线板检查
2	表面平整度	用2m靠尺和塞尺检查
3	阳角方正	用拖线板检查
4	墙裙上口平直	拉5m线，不足5m拉通线，用钢直尺检查
5	接缝平直	
6	接缝深度	用钢直尺和塞尺检查
7	接缝宽度	用钢直尺检查

（6）门框和窗框安装位置应逐件检验，门框和窗框安装位置允许偏差检验见表15-119，其允许偏差值可参见相关标准或设计规定。

门框和窗框安装允许偏差检验　表 15-119

项 目		检 验 方 法
锚固脚片	中心线位置	钢尺检查
	外露长度	钢尺检查
门窗框定位		钢尺检查

续表

项　目	检 验 方 法
门窗框对角线	钢尺检查
门窗框的水平度	钢尺检查

（7）预制构件的外观质量不宜有一般缺陷，构件的外观质量应符合表15-120。对已经出现的一般缺陷，应按技术处理方案进行处理，并重新检查验收。

门框和窗框安装允许偏差检验　表15-120

名称	现　　　象	质量要求	检验方法
露筋	构件内钢筋未被混凝土包裹而外露	主筋不应有，其他允许有少量	观察
蜂窝	混凝土表面缺少水泥砂浆而形成石子外露	主筋部位和搁置点位置不应有，其他允许有少量	观察
孔洞	混凝土中孔穴深度和长度均超过保护层厚度	不应有	观察
裂缝	缝隙从混凝土表面延伸至混凝土内部	影响结构性能的裂缝不应有，不影响结构性能或使用功能的裂缝不宜有	观察
连接部位缺陷	构件连接处混凝土缺陷及连接钢筋、连接件松动	不应有	观察
外形缺陷	内表面缺棱掉角、棱角不直、翘曲不平等，外表面面砖粘结不牢、位置偏差、面砖嵌缝没有达到横平竖直、转角面砖棱角不直、面砖表面翘曲不平等	清水表面不应有，混水表面不宜有	观察
外表缺陷	构件内表面麻面、掉皮、起砂、沾污等，外表面面砖污染、铝面框保护纸破坏	清水表面不应有，混水表面不宜有	观察

（8）构件的尺寸允许偏差检验见表15-121，其允许偏差值可参见相关标准或设计规定。

构件尺寸允许偏差检验　表15-121

项　　目		检 验 方 法
长度	板	钢尺检查
	墙板	
宽度	板	钢尺量一端及中部，取其中较大值
	墙板	
高（厚）度	板	钢尺量一端及中部，取其中较大值
	墙板	
侧向弯曲	板	拉线、钢尺量最大侧向弯曲处
	墙板	
对角线差	板	钢尺量两个对角线
	墙板	
表面平整度	板、墙板	2m靠尺和塞尺检查
翘曲	板、墙板	调平尺在两端量测
预埋钢板	中心线位置	靠尺和塞尺检查
	安装平整度	
插筋	中心线位置	钢尺检查
	外露长度	
预埋吊环	中心线位置	钢尺检查
	外露长度	
预留洞	中心线位置	钢尺检查
	尺寸	
预埋管、预留孔中心线位置		钢尺检查
预埋接器中心线位置		钢尺检查

15.16.5　构件的运输堆放

15.16.5.1　运输

预制构件运输宜选用低平板车，车上应设有专用架，且有可靠的稳定构件措施。预制构件混凝土强度达到设计强度时方可运输。

预制构件采用箱笼方式运输时，箱内四周应采用木材、混凝土块作为支撑物，构件接触部位用柔性垫片填实，支撑牢固不得有松动。

预制外墙板宜采用竖直立放式运输，预制叠合楼板、预制阳台板、预制楼梯可采用平放运输，并正确选择支垫位置。

15.16.5.2　堆放

预制构件运送到施工现场后，应按规格、品种、所用部位、吊装顺序分别设置堆场。现场驳放堆场应设置在吊车工作范围内，避免起吊盲点，堆垛之间宜设置通道。

现场运输道路和堆放堆场应平整坚实，并有排水措施。运输车辆进入施工现场的道路，应满足预制构件的运输要求。卸放、吊装工作范围内，不得有障碍物，并应有可满足预制构件周转使用的场地。

预制外墙板可采用插放或靠放，堆放架应有足够的刚度，并需支垫稳固，防止倾倒或下沉。宜将相邻堆放架连成整体，预制外墙板应外饰面朝外，对连接止水条、高低口、墙体转角等薄弱部位应加强保护。

预制叠合楼板可采用叠放方式，层与层之间应垫平、垫实，各层支垫必须在一条垂直线上，最下面一层支垫应通长设置。叠放层数不应大于6层。

15.16.6　构 件 的 吊 装

15.16.6.1　吊点和吊具

预制构件起吊时的吊点合力应与构件重心重合，宜采用可调式横吊梁均衡起吊就位。

预制构件吊具宜采用标准吊具，吊具应经计算，有足够安全度。吊具可采用预埋吊环或埋置式接驳器的形式。

15.16.6.2　吊装

预制装配混凝土构件，有多种装配体系与连接工法，预制构件吊装方法应按照不同吊装工况和构件类型选用。

（1）预制构件安装前应按装流程核对构件编号，清点数量。吊装流程可按同一类型的构件，以顺时针或逆时针方向依次进行。构件吊装的有条理性，对楼层安全围挡和作业安全有利。

（2）预制构件搁置（放）的底面应清理干净，按楼层标高控制线垫放硬垫块，逐块安装。

（3）预制构件吊装前，应根据预制构件的单件重量、形状、安装高度、吊装现场条件来确定机械型号与配套吊具，回转半径应覆盖吊装区域，并便于安装与拆除。选择构件吊装机型，要遵循小车回转半径和大臂的长度距离；最大吊点的单件不利吨量与起吊限量的相符；建筑物高度与吊机的吊品高度一致。

（4）为了保证预制构件安装就位准确，预制构件吊装前，应按设计要求在构件和相应的支承结构上标志中心线、标高等控制尺寸，按设计要求校核预埋件及连接钢筋等，并作出标志。

（5）预制构件应按标准图或设计的要求吊装。起吊时绳索与构件水平面的夹角不宜小于45°，否则应采用吊架或经验算确定。

（6）预制构件吊装应采用慢起、快升、缓放的操作方式，应避免小车由外向内水平靠放的作业方式和猛放、急刹等现象。预制外墙板就位宜采用由上而下插入式安装形式，保证构件平稳放置。

（7）预制构件吊装校正，可采用"起吊——就位——初步校正——精细调整"的作业方式，先粗放，后精调，充分利用和发挥垂直吊运工效，缩短吊装工期。

（8）预制构件吊装前应进行试品，吊钩与限位装置的距离不应小于1m。起吊应依次逐级增加速度，不应越档操作。构件吊装下降时，构件根部应系好揽风绳控制构件转动，保证构件就位平稳。

（9）采用后挂预制外墙板的形式，安装前应检查、复核连接预埋件的数量、位置、尺寸和标高，并避免后浇填充连梁内的预留筋与预制外墙板埋件螺栓相碰。

（10）后挂的预制外墙板吊装，应先将楼层内埋件和螺栓连接、固定后，再起吊预制外墙板，预制外墙板上的埋件、螺栓与楼层结构形成可靠连接后，再脱钩、松钢丝绳和卸去吊具。

（11）先行吊装的预制外墙板，安装时与楼层应有可靠安全的临时支撑。与预制外墙板连接的临时调节杆、限位器应在混凝土强度达到设计要求后方可拆除。

（12）预制叠合楼板、预制阳台板、预制楼梯需设置支撑时应经过计算，符合设计要求。支撑体系可采用钢管排架、单支顶或门架式等。支撑体系拆除应符合现行国家标准《混凝土结构工程施工质量验收规范》（GB 50204）底模拆除时的混凝土强度要求。

（13）预制外墙板相邻两板之间的连接，可采用设置预埋件焊接或螺栓连接形式，控制板与板之间位置，可在外墙板上、中、下各设1个连接端（点），保证板之间的固定牢固。做法可采用构件上预埋接驳器，用铁件（卡）连接。

（14）预制外墙板饰面材料碰损，应在安装前修补、掉换、修补饰面材料应采用配套粘结剂。凡涉及结构性的损伤，需经设计、施工和制作单位协商处理，应满足结构安全、使用功能。

15.16.7　构件的成品保护

预制构件在运输、堆放、安装施工过程中及装配后均要做好成品保护。预制构件在运输过程中宜在构件与刚性搁置点处填塞柔性垫片，以防止运输车辆颠簸对预制构件造成破坏。现场预制构件堆放附近2m内不应进行电焊、气焊以及使用大、中型机械进行施工，避免对堆放的成品预制构件可能产生施工作业的破坏。

预制外墙板饰面砖、石材、涂刷表面可采用贴膜或用其他专业材料保护。构件饰面材料保护应选用无褪色或污染的材料，以防揭纸（膜）后，表面被污。预制构件暴露在空气中的预埋铁件应抹防锈漆，防止产生锈蚀。预埋螺栓孔还应用海绵棒进行填塞，防止混凝土浇捣时将其堵塞。

预制楼梯安装后，为避免楼层内后续施工导致的预制楼梯碰磕，踏步口宜用铺设木条或其他覆盖形式保护。预制外墙板安装完毕后，门、窗框全部用槽型木框给予保护，以防铝框表面产生划痕。

15.16.8　构件与现浇结构的连接

预制构件与现浇混凝土部分连接应按设计图纸与节点施工。预制构件与现浇混凝土接触面，构件表面宜采用拉毛或表面露石处理，也可采用凿毛的处理方法。

预制构件外墙模施工时，应先将外墙模安装到位，再进行内衬现浇混凝土剪力墙的钢筋绑扎。预制阳台板与现浇梁、板连接时，应先将预制阳台板安装到位，再进行现浇梁、板的钢筋绑扎。

预制构件插筋影响现浇混凝土结构部分钢筋绑扎时，应采用在预制构件上预留接驳器，待现浇混凝土结构钢筋绑扎完成后，再将锚筋旋入接驳器，完成锚筋与预制构件之间的连接。

预制楼梯与现浇梁板采用预埋件焊接连接时，应先施工梁板，后放置、焊接楼梯；当采用锚固钢筋连接时，应先放置楼梯，后施工梁板。

15.16.9　质　量　控　制

15.16.9.1　主控项目

（1）进入现场的预制构件，其外观质量、尺寸偏差及结构性能应符合设计及相关技术标准要求。

（2）预制构件与结构之间的连接应符合设计要求。

（3）预制构件临时吊装支撑应符合设计及相关技术标准要求。

（4）承受内力的后浇混凝土接头和拼缝，当其混凝土强度未达到设计要求时，不得吊装上一层结构构件；当设计无具体要求时，应在混凝土强度不小于10N/mm²或具有足够的支承时方可吊装上一层结构构件。已安装完毕的装配整体式结构，应在混凝土度达到设计要求后，方可承受全部设计荷载。

15.16.9.2　一般项目

（1）预制构件码放和运输时的支承位置和方法应符合标准图或设计的要求。

（2）预制构件安装就位后，应根据水准点和轴线校正位置。预制构件吊装尺寸偏差检验方法见表15-122，其允许偏差值可参见相关标准或设计规定。

吊装尺寸偏差检验方法	表 15-122
项　　目	检　验　方　法
轴线位置	钢尺检查
底模上表面标高	水准仪或拉线、钢尺检查
每块外墙板垂直度	2m拖线板检查（四角预埋件限位）
相邻两板表面高低差	2m靠尺和塞尺检查
外墙板外表面平整度（含面砖）	2m靠尺和塞尺检查
空腔处两板对接对缝偏差	钢尺检查
外墙板单边尺寸偏差	钢尺量一端及中部，取其中较大值
连接件位置偏差	钢尺检查
斜撑杆位置偏差	钢尺检查

（3）装配整体式结构中的接头和拼缝应符合设计要求，当设计无具体要求时应符合下列规定：

1）承受内力的接头和拼缝应采用混凝土浇筑，其强度等级比构件混凝土强度等级提高一级；

2）不承受内力的接头和拼缝应采用混凝土或砂浆浇筑，其强度等级混凝土不应低于C15或砂浆强度不小于M15；

3）用于接头和拼缝的混凝土或砂浆，宜采取低收缩和快硬混凝土或砂浆，在浇筑过程中应振捣密实，并应采取必要的养护措施。

15.17　混凝土工程的绿色施工

绿色施工是指工程建设中，在保证质量、安全等基本要求的前提下，通过科学管理和技术进步，最大限度地节约资源与减少对环境负面影响的施工活动，实现四节一环保（节能、节地、节水、节材和环境保护）。绿色施工是建筑全寿命周期中的一个重要阶段。实施绿色施工，应进行总体方案优化。在规划、设计阶段，应充分考虑绿色施工的总体要求，为绿色施工提供基础条件。实施绿色施工，应对施工策划、材料采购、现场施工、工程验收等各阶段进行控制，加强对整个施工过程的管理和监督。

绿色施工总体框架由施工管理、环境保护、节材与材料资源利用、节水与水资源利用、节能与能源利用、节地与施工用地保护六个方面组成。这六个方面涵盖了绿色施工的基本指标，同时包含了施工策划、材料采购、现场施工、工程验收等各阶段的指标的子集。

15.17.1　绿色施工的施工管理

绿色施工管理主要包括组织管理、规划管理、实施管理、评价管理和人员安全与健康管理五个方面。

15.17.1.1　组织管理

（1）建立绿色施工管理体系，并制定相应的管理制度与目标。

（2）项目经理为绿色施工第一责任人，负责绿色施工的组织实施及目标实现，并指定绿色施工管理人员和监督人员。

15.17.1.2　规划管理

（1）编制绿色施工方案。该方案应在施工组织设计中独立成章，并按有关规定进行审批。

（2）绿色施工方案应包括以下内容：

1）环境保护措施，制定环境管理计划及应急救援预案，采取有效措施，降低环境负荷，保护地下设施和文物等资源。

2）节材措施，在保证工程安全与质量的前提下，制定节材措施。如进行施工方案的节材优化，建筑垃圾减量化，尽量利用可循环材料等。

3）节水措施，根据工程所在地的水资源状况，制定节水措施。

4）节能措施，进行施工节能策划，确定目标，制定节能措施。

5）节地与施工用地保护措施，制定临时用地指标、施工总平面布置规划及临时用地节地措施等。

15.17.1.3　实施管理

（1）绿色施工应对整个施工过程实施动态管理，加强对施工策划、施工准备、材料采购、现场施工、工程验收等各阶段的管理和监督。

（2）应结合工程项目的特点，有针对性地对绿色施工作相应的宣传，通过宣传营造绿色施工的氛围。

（3）定期对职工进行绿色施工知识培训，增强职工绿色施工意识。

15.17.1.4　评价管理

（1）对照本导则的指标体系，结合工程特点，对绿色施工的效果及采用的新技术、新设备、新材料与新工艺，进行自评估。

（2）成立专家评估小组，对绿色施工方案、实施过程至项目竣工，进行综合评估。

15.17.1.5　人员安全与健康管理

（1）制定施工防尘、防毒、防辐射等职业危害的措施，保障施工人员的长期职业健康。

（2）合理布置施工场地，保护生活及办公区不受施工活动的有害影响。施工现场建立卫生急救、保健防疫制度，在安全事故和疾病疫情出现时提供及时救助。

（3）提供卫生、健康的工作与生活环境，加强对施工人员的住宿、膳食、饮用水等生活与环境卫生等管理，明显改善施工人员的生活条件。

15.17.2　环境保护技术要点

1. 扬尘控制

（1）运送土方、垃圾、设备及建筑材料等，不污损场外道路。运输容易散落、飞扬、流漏的物料的车辆，必须采取措施封闭严密，保证车辆清洁。施工现场出口应设置洗车槽。

（2）土方作业阶段，采取洒水、覆盖等措施，达到作业区目测扬尘高度小于1.5m，不扩散到场区外。

（3）结构施工、安装装饰装修阶段，作业区目测扬尘高度小于0.5m。对易产生扬尘的堆放材料应采取覆盖措施；对粉末状材料应封闭存放；场区内可能引起扬尘的材料及建筑垃圾搬运应有降尘措施，如覆盖、洒水等；浇筑混凝土前清理灰尘和垃圾时尽量使用吸尘器，避免使用吹风器等易产生扬尘的设备；机械剔凿作业时可用局部遮挡、掩盖、水淋等防护措施；高层或多层建筑清理垃圾应搭设封闭性临时专用道或采用容器吊运。

（4）施工现场非作业区达到目测无扬尘的要求。对现场易飞扬物质采取有效措施，如洒水、地面硬化、围挡、密网覆盖、封闭等，防止扬尘产生。

（5）构筑物机械拆除前，做好扬尘控制计划。可采取清理积尘、拆除体洒水、设置隔挡措施。

（6）构筑物爆破拆除前，做好扬尘控制计划。可采用清理积尘、淋湿地面、预湿墙体、屋面敷水袋、楼面蓄水、建筑外设高压喷雾状水系统、搭设防尘排栅和直升机投水弹等综合降尘。选择风力小的天气进行爆破作业。

（7）在场界四周隔挡高度位置测得的大气总悬浮颗粒物（TSP）月平均浓度与城市背景值的差值不大于$0.08mg/m^3$。

2. 噪声与振动控制

（1）现场噪声排放不得超过国家标准《建筑施工场界环境噪声排放标准》（GB 12523）的规定。

（2）在施工场界对噪音进行实时监测与控制。监测方法执行国家标准《建筑施工场界噪声测量方法》（GB 12524）。

（3）使用低噪声、低振动的机具，采取隔声与隔振措施，避免或减少施工噪声和振动。

3. 光污染控制

（1）尽量避免或减少施工过程中的光污染。夜间室外照明灯加设灯罩，透光方向集中在施工范围。

（2）电焊作业采取遮挡措施，避免电焊弧光外泄。

4. 水污染控制

（1）施工现场污水排放应达到国家标准《污水综合排放标准》（GB 8978）的要求。

（2）在施工现场应针对不同的污水，设置相应的处理设施，如沉淀池、隔油池、化粪池等。

（3）污水排放应委托有资质的单位进行废水水质检测，提供相应的污水检测报告。

（4）保护地下水环境。采用隔水性能好的边坡支护技术。在缺水地区或地下水位持续下降的地区，基坑降水尽可能少地抽取地下水；当基坑开挖抽水量大于50万m^3时，应进行地下水回灌，并避免地下水被污染。

（5）对于化学品等有毒材料、油料的储存地，应有严格的隔水层设计，做好渗漏液收集和处理。

5. 土壤保护

（1）保护地表环境，防止土壤侵蚀、流失。因施工造成的裸土，及时覆盖砂石或种植速生草种，以减少土壤侵蚀；因施工造成容易发生地表径流土壤流失的情况，应采取设置地表排水系统、稳定斜坡、植被覆盖等措施，减少土壤流失。

（2）沉淀池、隔油池、化粪池等不发生堵塞、渗漏、溢出等现象。及时清掏各类池内沉淀物，并委托有资质的单位清运。

（3）对于有毒有害废弃物如电池、墨盒、油漆、涂料等应回收后交有资质的单位处理，不能作为建筑垃圾外运，避免污染土壤和地下水。

（4）施工后应恢复施工活动破坏的植被（一般指临时占地内）。与当地园林、环保部门或当地植物研究机构进行合作，在先前开发地区种植当地或其他合适的植物，以恢复剩余空地地貌或科学绿化，补救施工活动中人为破坏植被和地貌造成的土壤侵蚀。

6. 建筑垃圾控制

（1）制定建筑垃圾减量化计划，如住宅建筑，每1万m^2的建筑垃圾不宜超过400t。

（2）加强建筑垃圾的回收再利用，力争建筑垃圾的再利用和回收率达到30%，建筑物拆除产生的废弃物的再利用和回收率大于40%。对于碎石类、土石方类建筑垃圾，可采用地基填埋、铺路等方式提高再利用率，力争再利用率大于50%。

（3）施工现场生活区设置封闭式垃圾容器，施工场地生活垃圾实行袋装化，及时清运。对建筑垃圾进行分类，并收集到现场封闭式垃圾站，集中外运出。

7. 地下设施、文物和资源保护

（1）施工前应调查清楚地下各种设施，做好保护计划，保证施工场地周边的各类管道、管线、建筑物、构筑物的安全运行。

（2）施工过程中一旦发现文物，立即停止施工，保护现场并通报文物部门并协助做好工作。

（3）避让、保护施工场区及周边的古树名木。

（4）逐步开展统计分析施工项目的CO_2排放量，以及各种不同植被和树种的CO_2固定量的工作。

15.17.3　节材与材料资源利用技术要点

（1）图纸会审时，应审核节材与材料资源利用的相关内容，达到材料损耗率比定额损耗率降低30%。

（2）根据施工进度、库存情况等合理安排材料的采购、进场时间和批次，减少库存。

（3）现场材料堆放有序。储存环境适宜，措施得当。保管制度健全，责任落实。

（4）材料运输工具适宜，装卸方法得当，防止损耗和遗洒。根据现场平面布置情况就近卸载，避免和减少二次搬运。

（5）采取技术和管理措施提高模板、脚手架等的周转次数。

（6）优化安装工程的预留、预埋、管线路径等方案。

（7）应就地取材，施工现场500km以内生产的建筑材料用量占建筑材料总重量的70%以上。

（8）推广使用预拌混凝土和商品砂浆。准确计算采购数量、供应频率、施工速度等，在施工过程中动态控制。结构工程使用散装水泥。

（9）推广使用高强钢筋和高性能混凝土，减少资源消耗。

（10）优化钢结构制作和安装方法。大型钢结构宜采用工厂制作，现场拼装；宜采用分段吊装、整体提升、滑移、顶升等安装方

法，减少方案的措施用材量。

（11）应选用耐用、维护与拆卸方便的周转材料和机具。

（12）推广采用外墙保温板替代混凝土施工模板的技术。

（13）现场办公和生活用房采用周转式活动房。现场围挡应最大限度地利用已有围墙，或采用装配式可重复使用围挡封闭。力争工地临房、临时围挡材料的可重复使用率达到70%。

15.17.4   节水与水资源利用的技术要点

（1）施工中采用先进的节水施工工艺。

（2）施工现场喷洒路面、绿化浇灌不宜使用市政自来水。现场搅拌用水、养护用水应采取有效的节水措施，严禁无措施浇水养护混凝土。

（3）施工现场供水管网应根据用水量设计布置，管径合理、管路简捷，采取有效措施减少管网和用水器具的漏损。

（4）现场机具、设备、车辆冲洗用水必须设立循环用水装置。施工现场办公区、生活区的生活用水采用节水系统和节水器具，提高节水器具配置比率。项目临时用水应使用节水型产品，安装计量装置，采取针对性的节水措施。

（5）施工现场建立可再利用水的收集处理系统，使水资源得到梯级循环利用。

（6）施工现场分别对生活用水与工程用水确定用水定额指标，并分别计量管理。

（7）大型工程的不同单项工程、不同标段、不同分包生活区，凡具备条件的应分别计量用水量。在签订不同标段分包或劳务合同时，将节水定额指标纳入合同条款，进行计量考核。

（8）对混凝土搅拌站点等用水集中的区域和工艺点进行专项计量考核。施工现场建立雨水、中水或可再利用水的搜集利用系统。

（9）处于基坑降水阶段的工地，宜优先采用地下水作为混凝土搅拌用水、养护用水、冲洗用水和部分生活用水。

（10）现场机具、设备、车辆冲洗、喷洒路面、绿化浇灌等用水，优先采用非传统水源，尽量不使用市政自来水。

（11）大型施工现场，尤其是雨量充沛地区的大型施工现场建立雨水收集利用系统，充分收集自然降水用于施工和生活中适宜的部位。

（12）力争施工中非传统水源和循环水的再利用量大于30%。在非传统水源和现场循环再利用水的使用过程中，应制定有效的水质检测与卫生保障措施，确保避免对人体健康、工程质量以及周围环境产生不良影响。

15.17.5   节能与能源利用的技术要点

（1）制定合理施工能耗指标，提高施工能源利用率。

（2）优先使用国家、行业推荐的节能、高效、环保的施工设备和机具，如选用变频技术的节能施工设备等。

（3）施工现场分别设定生产、生活、办公和施工设备的用电控制指标，定期进行计量、核算、对比分析，并有预防与纠正措施。

（4）在施工组织设计中，合理安排施工顺序、工作面，以减少作业区域的机具数量，相邻作业区充分利用共有的机具资源。安排施工工艺时，应优先考虑耗用电能的或其他能耗较少的施工工艺。避免设备额定功率远大于使用功率或超负荷使用设备的现象。

（5）根据当地气候和自然资源条件，充分利用太阳能、地热等可再生能源。

（6）建立施工机械设备管理制度，开展用电、用油计量，完善设备档案，及时做好维修保养工作，使机械设备保持低耗、高效的状态。

（7）选择功率与负荷相匹配的施工机械设备，避免大功率施工机械设备低负载长时间运行。机电安装可采用节电型机械设备，如逆变式电焊机和能耗低、效率高的手持电动工具等，以利节电。机械设备宜使用节能型油料添加剂，在可能的情况下，考虑回收利用，节约油量。

（8）合理安排工序，提高各种机械的使用率和满载率，降低各种设备的单位耗能。

（9）利用场地自然条件，合理设计生产、生活及办公临时设施的体形、朝向、间距和窗墙面积比，使其获得良好的日照、通风和采光。南方地区可根据需要在其外墙窗设遮阳设施。

（10）临时设施宜采用节能材料，墙体、屋面使用隔热性能好的材料，减少夏天空调、冬天取暖设备的使用时间及耗能量。

（11）合理配置采暖、空调、风扇数量，规定使用时间，实行分段分时使用，节约用电。

（12）临时用电应选用节能电线和节能灯具，临电线路合理设计、布置，临电设备宜采用自动控制装置。采用声控、光控等节能照明灯具。

（13）照明设计以满足最低照度为原则，照度不应超过最低照度的20%。

15.17.6   节地与施工用地保护的技术要点

（1）根据施工规模及现场条件等因素合理确定临时设施，如临时加工厂、现场作业棚及材料堆场、办公生活设施等的占地指标。临时设施的占地面积应按用地指标所需的最低面积设计。

（2）要求平面布置合理、紧凑，在满足环境、职业健康与安全及文明施工要求的前提下尽可能减少废弃地和死角，临时设施占地面积有效利用率大于90%。

（3）应对深基坑施工方案进行优化，减少土方开挖和回填量，最大限度地减少对土地的扰动，保护周边自然生态环境。

（4）红线外临时占地应尽量使用荒地、废地，少占用农田和耕地。工程完工后，及时对红线外占地恢复原地形、地貌，使施工活动对周边环境的影响降至最低。

（5）利用和保护施工用地范围内原有绿色植被。对于施工周期较长的现场，可按建筑永久绿化的要求，安排场地新建绿化。

（6）施工总平面布置应做到科学、合理，充分利用原有建筑物、构筑物、道路、管线为施工服务。

（7）施工现场搅拌站、仓库、加工厂、作业棚、材料堆场等布置应尽量靠近已有交通线路或即将修建的正式或临时交通线路，缩短运输距离。

（8）临时办公和生活用房应采用经济、美观、占地面积小、对周边地貌环境影响较小，且适合于施工平面布置动态调整的多层轻钢活动板房、钢骨架水泥活动板房等标准化装配式结构。生活区与生产区应分开布置，并设置标准的分隔设施。

（9）施工现场围墙可采用连续封闭的轻钢结构预制装配式活动围挡，减少建筑垃圾，保护土地。

（10）施工现场道路按照永久道路和临时道路相结合的原则布置。施工现场内形成环形通路，减少道路占用土地。

（11）临时设施布置应注意远近结合（本期工程与下期工程），努力减少和避免大量临时建筑拆迁和场地搬迁。

15.17.7   绿色施工在混凝土工程中的运用

15.17.7.1   钢筋工程

（1）施工现场设置废钢筋池，收集现场钢筋断料、废料等制作钢筋马凳。

（2）委派专人对现场的钢筋环箍、马凳进行收集，避免出现浪费现象。

（3）严格控制钢筋绑扎搭界倍数，杜绝钢筋搭界过长产生的钢筋浪费现象。

（4）推广钢筋专业化加工和配送。

（5）优化钢筋配料和下料方案。钢筋及钢结构制作前应对下料单及样品进行复核，无误后方可批量下料。

15.17.7.2   脚手架及模板工程

（1）围护阶段的支撑施工宜采用旧模板。

（2）主体阶段利用钢模代替原有的部分木模板。

（3）结构阶段宜尽量采用短木方再接长的施工工艺。

（4）提高模板在标准层阶段的周转次数，其中模板周转次数一般为4次，木方周转次数为6~7次。

（5）利用废旧模板，结构部位的洞口可采用废旧模板封闭。

（6）优先选用制作、安装、拆除一体化的专业队伍进行模板工

程施工。

（7）模板应以节约自然资源为原则，推广使用定型钢模、钢框竹模、竹胶板。

（8）施工前应对模板工程的方案进行优化。多层、高层建筑使用可重复利用的模板体系，模板支撑宜采用工具式支撑。

（9）优化高层建筑的外脚手架方案，采用整体提升、分段悬挑等方案。

15.17.7.3 混凝土工程

（1）在混凝土配制过程中尽量使用工业废渣，如粉煤灰、高炉矿渣等，来代替水泥，既节约了能源，保护环境，也能提高混凝土的各种性能。

（2）可以使用废弃混凝土、废砖块、废砂浆作为骨料配制混凝土。

（3）利用废混凝土制备再生水泥，作为配制混凝土的材料。

（4）采取数字化技术，对大体积混凝土、大跨度结构等专项施工方案进行优化。

（5）准确计算采购数量、供应频率、施工速度等，在施工过程中动态控制。

（6）对现场模板的尺寸、质量复核，防止爆模、漏浆及模板尺寸大而产生的混凝土浪费。在钢筋上焊接标志筋，控制混凝土的面标高。

（7）混凝土余料利用。结构混凝土多余的量用于浇捣现场道路、排水沟、混凝土垫块及砌体工程门窗混凝土块。

参 考 文 献

1. 吴中伟，廉慧珍. 高性能混凝土. 北京：中国铁道出版社，1999.
2. 迟培云等. 现代混凝土技术. 上海：同济大学出版社，1999.
3. 张俊利. 新型混凝土外加剂的选用. 北京：中国建材工业出版社，2003.
4. 陈肇元等. 高强混凝土及其应用. 北京：清华大学出版社，1992.
5. 冯乃谦. 实用混凝土大全. 北京：科学技术出版社，2005.
6. 冯浩，朱清江. 混凝土外加剂工程应用手册. 北京：中国建筑工业出版社，2005.
7. 廉慧珍，张青. 国内外自密实高性能混凝土研究及应用现状. 施工技术，1999.
8. 杨嗣信. 高层建筑施工手册. 北京：中国建筑工业出版社，2001.
9. 朱效荣等. 绿色高性能混凝土的研究. 沈阳：辽宁大学出版社，2005.
10. 冯浩，朱清江. 混凝土外加剂应用手册. 北京：中国建筑工业出版社，1999.
11. 王铁梦. 建筑物的裂缝控制. 上海：上海科学技术出版社，1997.
12. 朱伯芳. 大体积混凝土温度应力与温度控制. 北京：中国电力出版社，1999.

16 预应力工程

本章适用于工业与民用建筑及构筑物中的现浇后张预应力混凝土及预制的先张法或后张法预应力混凝土构件，同时适用于渡槽、筒仓、高耸构筑物、桥梁等工程。另外，还适用于预应力钢结构、预应力结构的加固及体外预应力工程。

预应力施工应遵循以下规定：

（1）预应力施工必须由具有预应力专项施工资质的专业施工单位进行。

（2）预应力专业施工单位或预制构件的生产商所完成的深化设计应经原设计单位认可。

（3）在施工前，预应力专业施工单位或预制构件的生产商应根据设计文件，编制专项施工方案。

（4）预应力混凝土工程应依照设计要求的施工顺序施工，并应考虑各施工阶段偏差对结构安全度的影响。必要时应进行施工监测，并采取相应调整措施。

16.1 预应力材料

16.1.1 预应力筋品种与规格

预应力筋按材料类型可分为金属预应力筋和非金属预应力筋。非金属预应力筋，主要有碳纤维复合材料（CFRP）、玻璃纤维复合材料（GFRP）等，目前国内外在部分工程中有少量应用。在建筑结构中使用的主要是预应力高强钢筋。

预应力高强钢筋是一种特殊的钢筋品种，使用的都是高强度钢材。主要有钢丝、钢绞线、钢筋（钢棒）等。高强度低松弛预应力筋已成为我国预应力筋的主导产品。

目前工程中常用的预应力钢材品种有：

（1）预应力钢绞线，常用直径 $\phi 12.7$、$\phi 15.2$，极限强度1860MPa，作为主导预应力筋品种用于各类预应力结构。

（2）预应力钢丝，常用直径 $\phi 5$、$\phi 7$、$\phi 9$，极限强度1470、1570、1860MPa，一般用于后张预应力结构或先张预应力构件。

（3）预应力螺纹钢筋及钢拉杆等，预应力螺纹钢筋抗拉强度为980、1080、1230MPa，主要用于桥梁、边坡支护等，用量较少。预应力钢拉杆直径一般在 $\phi 20 \sim \phi 210$，抗拉强度为375~850MPa，预应力钢拉杆主要用于大跨度空间钢结构、船坞、码头及坑道等领域。

（4）不锈钢绞线等。

常用预应力钢材弹性模量见表 16-1。

预应力钢材弹性模量（$\times 10^5 \, \mathrm{N/mm^2}$） 表 16-1

种 类	E_s
消除应力钢丝、中强度预应力钢丝	2.05
钢绞线	1.95

注：必要时钢绞线可采用实测的弹性模量。

预应力筋应根据结构受力特点、工程结构环境条件、施工工艺及防腐蚀要求等选用，其规格和力学性能应符合相应的国家或行业产品标准的规定。

16.1.1.1 预应力钢丝

预应力钢丝是用优质高碳钢盘条经过表面准备、拉丝及稳定化处理而成的钢丝总称。预应力钢丝根据深加工要求不同和表面形状不同分类如下：

1. 冷拉钢丝

冷拉钢丝是用盘条通过拔丝模拔轧经冷加工而成产品，以盘卷供货的钢丝，可用于制造铁路轨枕、压力水管、电杆等预应力混凝土先张法构件。

2. 消除应力钢丝（普通松弛型 WNR）

消除应力钢丝（普通松弛型）是冷拔后经高速旋转的矫直辊筒矫直，并经回火处理的钢丝。钢丝经矫直回火后，可消除钢丝冷拔中产生的残余应力，提高钢丝的比例极限、屈强比和弹性模量，并改善塑性；同时获得良好的伸直性，施工方便。

3. 消除应力钢丝（低松弛型 WLR）

消除应力钢丝（低松弛型）是冷拔后在张力状态下（在塑性变形下）经回火处理的钢丝。这种钢丝，不仅弹性极限和屈服强度提高，而且应力松弛率大大降低，因此特别适用于抗裂要求高的工程，同时钢材用量减少，经济效益显著，这种钢丝已逐步在建筑、桥梁、市政、水利等大型工程中推广应用。

4. 刻痕钢丝

刻痕钢丝是用冷轧或冷拔方法使钢丝表面产生规则间隔的凹痕或凸纹的钢丝，见图 16-1。这种钢丝的性能与矫直回火钢丝基本相同，但由于钢丝表面凹痕或凸纹可增加与混凝土的握裹粘结力，故可用于先张法预应力混凝土构件。

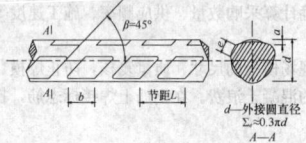

图 16-1 三面刻痕钢丝示意图

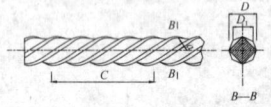

图 16-2 螺旋肋钢丝示意图

5. 螺旋肋钢丝

螺旋肋钢丝是通过专用拔丝模冷拔方法使钢丝表面沿长度方向上产生规则间隔的肋条的钢丝，见图 16-2。钢丝表面螺旋肋可增加与混凝土的握裹力。这种钢丝可用于先张法预应力混凝土构件。

预应力钢丝的规格与力学性能符合国家标准《预应力混凝土用钢丝》（GB/T 5223—2002）/XG2—2008 的规定，见表 16-2～表 16-7。

光圆钢丝尺寸及允许偏差、每米参考质量 表 16-2

公称直径 d_n(mm)	直径允许偏差 (mm)	公称横截面面积 S_n (mm²)	每米参考质量 (g/m)
3.00	±0.04	7.07	55.5
4.00		12.57	98.6
5.00		19.63	154
6.00	±0.05	28.27	222
6.25		30.68	241
7.00		38.48	302
8.00		50.26	394
9.00	±0.06	63.62	499
10.00		78.54	616
12.00		113.1	888

螺旋肋钢丝的尺寸及允许偏差 表 16-3

公称直径 d_n (mm)	螺旋肋数量 (条)	基圆尺寸 基圆直径 D_1 (mm)	基圆尺寸 允许偏差 (mm)	外轮廓尺寸 外轮廓直径 D (mm)	外轮廓尺寸 允许偏差 (mm)	单肋尺寸 宽度 a (mm)	螺旋肋导程 C (mm)
4.00	4	3.85		4.25		0.90~1.30	24~30
4.80	4	4.60		5.10		1.30~1.70	28~36
5.00	4	4.80	±0.05	5.30	±0.05	1.30~1.70	28~36
6.00	4	5.80		6.30		1.60~2.00	30~38
6.25	4	6.00		6.70		1.60~2.00	30~40

续表

公称直径 d_n (mm)	螺旋肋数量 (条)	基圆尺寸 基圆直径 D_1 (mm)	基圆尺寸 允许偏差 (mm)	外轮廓尺寸 外轮廓直径 D (mm)	外轮廓尺寸 允许偏差 (mm)	单肋尺寸 宽度 a (mm)	螺旋肋导程 C (mm)
7.00	4	6.73	±0.05	7.46	±0.10	1.80～2.20	35～45
8.00	4	7.75		8.45		2.00～2.40	40～50
9.00	4	8.75		9.45		2.10～2.70	42～52
10.00	4	9.75		10.45		2.50～3.00	45～58

三面刻痕钢丝尺寸及允许偏差　表 16-4

公称直径 d_n (mm)	刻痕深度 公称深度 a (mm)	刻痕深度 允许偏差 (mm)	刻痕长度 公称长度 b (mm)	刻痕长度 允许偏差 (mm)	节距 公称节距 L (mm)	节距 允许偏差 (mm)
≤5.00	0.12	±0.05	3.5	±0.05	5.5	±0.05
>5.00	0.15		5.0		8.0	

注：公称直径指横截面面积等同于光圆钢丝横截面面积时所对应的直径。

冷拉钢丝的力学性能　表 16-5

公称直径 d_n (mm)	抗拉强度 σ_b (MPa) 不小于	规定非比例伸长应力 $\sigma_{p0.2}$ (MPa) 不小于	最大力下总伸长率 ($L_0=200mm$) δ_{gt} (%) 不小于	弯曲次数 (次/180°)	弯曲半径 R (mm)	断面收缩率 ψ (%) 不小于	每210mm扭转次数 n 不小于	初始应力相当于70%公称抗拉强度,1000h后应力松弛率 r (%)不大于
3.00	1470	1100		4	7.5			
4.00	1570	1180		4	10		8	
5.00	1670	1250	1.5	4	15	35	8	8
	1770	1330		4	15			
6.00	1470	1100		5	15		7	
7.00	1570	1180		5	20	30		
8.00	1670	1250		5	20			
	1770	1330		5	20			

消除应力刻痕钢丝的力学性能　表 16-6

公称直径 d_n (mm)	抗拉强度 σ_b (MPa) 不小于	规定非比例伸长应力 $\sigma_{p0.2}$ (MPa) 不小于		最大力下总伸长率 ($L_0=200mm$) δ_{gt} (%) 不小于	弯曲次数 (次/180°)	弯曲半径 R (mm)	应力松弛性能 初始应力相当于公称抗拉强度的百分数(%)	应力松弛性能 1000h后应力松弛 r(%)不大于	
		WLR	WNR					WLR	WNR
							对所有规格		
≤5.0	1470	1290	1250	3.5	3	15	60	1.5	4.5
	1570	1380	1330						
	1670	1470	1410				70	2.5	8
	1770	1560	1500						
	1860	1640	1580						
>5.0	1470	1290	1250			20	80	4.5	12
	1570	1380	1330						
	1670	1470	1410						
	1770	1560	1500						

消除应力光圆及螺旋肋钢丝的力学性能　表 16-7

公称直径 d_n (mm)	抗拉强度 σ_b (MPa) 不小于	规定非比例伸长应力 $\sigma_{p0.2}$ (MPa) 不小于		最大力下总伸长率 ($L_0=200mm$) δ_{gt} (%) 不小于	弯曲次数 (次/180°)	弯曲半径 R (mm)	应力松弛性能 初始应力相当于公称抗拉强度的百分数(%)	应力松弛性能 1000h后应力松弛 r(%)不大于	
		WLR	WNR					WLR	WNR
							对所有规格		
4.0	1470	1290	1250	3.5	3	10	60	1.0	4.5
	1570	1380	1330						
4.8	1670	1470	1410		4	15			
5.0	1770	1560	1500						
	1860	1640	1580						
6.0	1470	1290	1250		4	15			
6.25	1570	1380	1330		4	20	70	2.0	8
7.0	1670	1470	1410						
	1770	1560	1500						
8.0	1470	1290	1250		4	20			
9.0	1570	1380	1330		4	25	80	4.5	12
10.0					4	25			
12.0	1470	1290	1250		4	30			

16.1.1.2 预应力钢绞线

预应力钢绞线是由多根冷拉钢丝在绞线机上成螺旋形绞合，并经连续的稳定化处理而成的总称。钢绞线的整根破断力大，柔性好，施工方便，在土木工程中的应用非常广泛。

预应力钢绞线按捻制结构不同可分为：1×2 钢绞线、1×3 钢绞线和 1×7 钢绞线等，外形示意见图 16-3。其中 1×7 钢绞线用途最为广泛，即适用先张法，又适用于后张法预应力混凝土结构。它是由 6 根外层钢丝围绕着一根中心钢丝顺一个方向扭结而成。1×2 钢绞线和 1×3 钢绞线仅用于先张法预应力混凝土构件。

钢绞线根据加工要求不同又可分为：标准型钢绞线、刻痕钢绞线和模拔钢绞线。

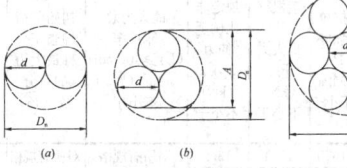

图 16-3　预应力钢绞线
(a) 1×2 钢绞线；(b) 1×3 钢绞线；(c) 1×7 钢绞线；
d—外层钢丝直径；d_0—中心钢丝直径；
D_n—钢绞线公称直径；A—1×3 钢绞线测量尺寸

1. 标准型钢绞线

标准型钢绞线即消除应力钢绞线，是由冷拉光圆钢丝捻制成的钢绞线，标准型钢绞线力学性能优异、质量稳定、价格适中，是我国土木建筑工程中用途最广、用量最大的一种预应力筋。

2. 刻痕钢绞线

刻痕钢绞线是由刻痕钢丝捻制成的钢绞线，可增加钢绞线与混凝土的握裹力。其力学性能与标准型钢绞线相同。

3. 模拔钢绞线

模拔钢绞线是在捻制成形后，再经模拔处理制成。这种钢绞线内的各根钢丝为面接触，使钢绞线的密度提高约 18%。在相同截面面积时，该钢绞线的外径较小，可减少孔道直径；在相同直径的孔道内，可使钢绞线的数量增加，而且它与锚具的接触面较大，易于锚固。

钢绞线的规格和力学性能应符合现行国家标准《预应力混凝土用钢绞线》(GB/T 5224) 的规定，见表 16-8～表 16-13。

1×2结构钢绞线尺寸及允许偏差、每米参考质量   表16-8

钢绞线结构	公称直径		钢绞线直径允许偏差(mm)	钢绞线参考截面积 S_n (mm²)	每米钢绞线参考质量(g/m)
	钢绞线直径 D_n (mm)	钢丝直径 d (mm)			
1×2	5.00	2.50	+0.15 -0.05	9.82	77.1
	5.80	2.90		13.2	104
	8.00	4.00	+0.25 -0.10	25.1	197
	10.00	5.00		39.3	309
	12.00	6.00		56.5	444

1×3结构钢绞线尺寸及允许偏差、每米参考质量   表16-9

钢绞线结构	公称直径		钢绞线测量尺寸 A (mm)	测量尺寸 A 允许偏差(mm)	钢绞线参考截面积 S_n (mm²)	每米钢绞线参考质量(g/m)
	钢绞线直径 D_n (mm)	钢丝直径 d (mm)				
1×3	6.20	2.90	5.41	+0.15 -0.05	19.8	155
	6.50	3.00	5.60		21.2	166
	8.60	4.00	7.46		37.7	296
	8.74	4.05	7.56		38.6	303
	10.80	5.00	9.33	+0.20 -0.10	58.9	462
	12.90	6.00	11.2		84.8	666
1×3I	8.74	4.05	7.56		38.6	303

1×7结构钢绞线尺寸及允许偏差、每米参考质量   表16-10

钢绞线结构	公称直径 D_n (mm)	直径允许偏差(mm)	钢绞线参考截面积 S_n (mm²)	每米钢绞线参考质量(g/m)	中心钢丝直径 d_0 加大范围(%)不小于
1×7	9.50	+0.30 -0.15	54.8	430	
	11.10		74.2	582	
	12.70	+0.40 -0.20	98.7	775	2.5
	15.20		140	1101	
	15.70		150	1178	
	17.80		191	1500	
(1×7)C	12.70	+0.40 -0.20	112	890	
	15.20		165	1295	
	18.00		223	1750	

1×2结构钢绞线力学性能   表16-11

钢绞线结构	钢绞线公称直径 D_n (mm)	抗拉强度 R_m (MPa)	整根钢绞线的最大力 F_m (kN)不小于	规定非比例延伸力 $F_{p0.2}$ (kN)不小于	最大力总伸长率($L_0 \geqslant 400$mm) A_{gt} (%)不小于	初始负荷相当于公称最大力的百分数(%)	应力松弛性能1000h后应力松弛率 r (%)不大于
1×2	5.00	1570	15.4	13.9	对所有规格	对所有规格	对所有规格
		1720	16.9	15.2			
		1860	18.3	16.5			
		1960	19.2	17.3			
	5.80	1570	20.7	18.6	3.5	60	1.0
		1720	22.7	20.4			
		1860	24.6	22.1			
		1960	25.9	23.3			
	8.00	1470	36.9	33.2		70	2.5
		1570	39.4	35.5			
		1720	43.2	38.9			
		1860	46.7	42.0			
		1960	49.2	44.3			
	10.00	1470	57.8	52.0		80	4.5
		1570	61.7	55.5			
		1720	67.6	60.8			
		1860	73.1	65.8			
		1960	77.0	69.3			
	12.00	1470	83.1	74.8			
		1570	88.7	79.8			
		1720	92.7	87.5			
		1860	105	94.3			

注：规定非比例延伸力 $F_{p0.2}$ 值不小于整根钢绞线公称最大力 F_m 的90%。

1×3结构钢绞线力学性能   表16-12

钢绞线结构	钢绞线公称直径 D_n (mm)	抗拉强度 R_m (MPa)不小于	整根钢绞线的最大力 F_m (kN)不小于	规定非比例延伸力 $F_{p0.2}$ (kN)不小于	最大总伸长率($L_0 \geqslant 400$mm) A_{gt} (%)不小于	初始负荷相当于公称最大力的百分数(%)	1000h后应力松弛率 r (%)不大于
1×3	6.20	1570	31.1	28.0	对所有规格	对所有规格	对所有规格
		1720	34.1	30.7			
		1860	36.8	33.1			
		1960	38.8	34.9			
	6.50	1570	33.3	30.0	3.5	60	1.0
		1720	36.5	32.9			
		1860	39.4	35.5			
		1960	41.6	37.4			
	8.60	1470	55.4	49.9		70	2.5
		1570	59.2	53.3			
		1720	64.8	58.3			
		1860	70.1	63.1			
		1960	73.9	66.5			
	8.74	1570	60.6	54.5			
		1670	64.5	58.1			
		1860	71.8	64.6			
	10.80	1470	86.6	77.9		80	4.5
		1570	92.5	83.3			
		1720	101	90.9			
		1860	110	99.0			
		1960	115	104			
	12.90	1470	125	113			
		1570	133	120			
		1720	146	131			
		1860	158	142			
		1960	166	149			
1×3I	8.74	1570	60.6	54.5			
		1670	64.5	58.1			
		1860	71.8	64.6			

注：规定非比例延伸力 $F_{p0.2}$ 值不小于整根钢绞线公称最大力 F_m 的90%。

1×7结构钢绞线力学性能   表16-13

钢绞线结构	钢绞线公称直径 D_n (mm)	抗拉强度 R_m (MPa)不小于	整根钢绞线的最大力 F_m (kN)不小于	规定非比例延伸力 $F_{p0.2}$ (kN)不小于	最大总伸长率($L_0 \geqslant 400$mm) A_{gt} (%)不小于	初始负荷相当于公称最大力的百分数(%)	1000h后应力松弛率 r (%)不大于
1×7	9.50	1720	94.3	84.9	对所有规格	对所有规格	对所有规格
		1860	102	91.8			
		1960	107	96.3			
	11.10	1720	128	115	3.5	60	1.0
		1860	138	124			
		1960	145	131			
	12.70	1720	170	153		70	2.5
		1860	184	166			
		1960	193	174			
	15.20	1470	206	185			
		1570	220	198			
		1670	234	211			
		1720	241	217			
		1860	260	234		80	4.5
		1960	274	247			
	15.70	1770	266	239			
		1860	279	251			
	17.80	1720	327	294			
		1860	353	318			
(1×7)C	12.70	1860	208	187			
	15.20	1820	300	270			
	18.00	1720	384	346			

注：规定非比例延伸力 $F_{p0.2}$ 值不小于整根钢绞线公称最大力 F_m 的90%。

16.1.1.3 螺纹钢筋及钢拉杆

1. 螺纹钢筋

精轧螺纹钢筋是一种用热轧方法在整根钢筋表面上轧出带有不连续的外螺纹、不带纵肋的直条钢筋,见图 16-4。该钢筋用连接器进行接长,端头锚固直接用螺母进行锚固。这种钢筋具有连接可靠、锚固简单、施工方便、无需焊接等优点。

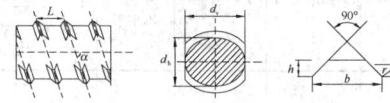

图 16-4 螺纹钢筋外形
d_h—基圆直径;d_v—基圆直径;h—螺纹高;
b—螺纹底宽;L—螺距;r—螺纹根弧;α—导角

螺纹钢筋的规格和力学性能应符合现行国家标准《预应力混凝土用螺纹钢筋》(GB/T 20065)的规定,见表 16-14、表 16-15。

螺纹钢筋规格 表 16-14

公称直径 (mm)	公称截面面积 (mm²)	有效界面系数	理论截面面积 (mm²)	理论重量 (kg/m)
18	254.5	0.95	267.9	2.11
25	490.9	0.94	522.2	4.10
32	804.2	0.95	846.5	6.65
40	1256.6	0.95	1322.7	10.34
50	1963.5	0.95	2066.8	16.28

螺纹钢筋力学性能 表 16-15

级 别	屈服强度 R_{eL} (MPa)	抗拉强度 R_m (MPa)	断后伸长率 A (%)	最大力下总伸长率 A_{gt} (%)	应力松弛性能 初始应力	应力松弛性能 1000h后应力松弛率 V_r (%)
	不小于					
PSB785	785	980	7			
PSB830	830	1030	6	3.5	0.8 R_{eL}	≤3
PSB930	930	1080	6			
PSB1080	1080	1230	6			

注:无明显屈服时,用规定非比例延伸强度($R_{p0.2}$)代替。

2. 预应力钢拉杆

预应力钢拉杆是由优质碳素结构钢、低合金高强度结构钢和合金结构钢等材料经热处理后制成的一种光圆钢棒,钢棒两端装有耳板或叉耳,中间装有调节套筒组成钢拉杆,见图 16-42。其直径一般在 $\phi20\sim\phi210$。预应力钢拉杆按杆体屈服强度分为 345、460、550 和 650MPa 四种强度级别。预应力钢拉杆主要用于大跨度空间钢结构、船坞、码头及坑道等领域。

预应力钢拉杆的力学性能应符合现行国家标准《钢拉杆》(GB/T 20934)的规定,见表 16-16。

钢拉杆力学性能 表 16-16

强度级别	杆件直径 d (mm)	屈服强度 R_{el} (N/mm²)	抗拉强度 R_m (N/mm²)	断后伸长率 A (%)	断面收缩率 Z (%)	冲击吸收功 A_{KV} 温度 (℃)	冲击吸收功 A_{KV} J
		不小于					
GLG345	20~210	345	470	21	—	0	34
						-20	
						-40	27
GLG460	20~180	460	610	19		0	34
						-20	
						-40	27
GLG550	20~150	550	750	17	50	0	34
						-20	
						-40	27
GLG650	20~120	650	850	15	45	0	34
						-20	
						-40	27

16.1.1.4 不锈钢绞线

不锈钢绞线,也称不锈钢索,是由一层或多层多根圆形不锈钢丝绞合而成,适用于玻璃幕墙等结构拉索,也可用于栏杆索等装饰工程。

国产建筑用不锈钢索按构造类型,可分为 1×7、1×19、1×37 及 1×61 等。按强度级别,可分为 1330MPa 和 1100MPa。其最小拉断力 $F_b = \sigma_b \times A \times 0.86$($\sigma_b$ 为不锈钢丝公称抗拉强度),弹性模量为 $(1.20\pm0.10) \times 10^5$ MPa。

不锈钢绞线的直径允许偏差:1×7 结构为±0.20mm,1×19 结构为±0.25mm,1×37 结构为±0.30mm,1×61 结构为±0.40mm。

不锈钢绞线的结构与性能应符合现行行业标准《建筑用不锈钢绞线》JG/T 200 的规定,见表 16-17。

不锈钢绞线的结构和性能参数 表 16-17

钢绞线公称直径(mm)	结构	公称金属截面积(mm²)	钢丝公称直径(mm)	钢绞线计算最小破断拉力 高强度级(kN)	钢绞线计算最小破断拉力 中强度级(kN)	每米理论质量(g/m)	交货长度(m)≥
6.0	1×7	22.0	2.00	28.6	22.0	173	600
7.0	1×7	30.4	2.35	39.5	30.4	239	600
8.0	1×7	38.6	2.65	50.2	38.6	304	600
10.0	1×7	61.7	3.35	80.2	61.7	486	600
8.0	1×19	21.5	1.20	28.0	21.5	170	500
8.0	1×19	38.2	1.60	49.7	38.2	302	500
10.0	1×19	59.7	2.00	77.6	59.7	472	500
12.0	1×19	86.0	2.40	112	86.0	680	500
14.0	1×19	117	2.80	152	117	925	500
16.0	1×19	153	3.20	199	153	1209	500
16.0	1×37	154	2.00	200	154	1223	400
18.0	1×37	196	2.55	255	196	1563	400
20.0	1×37	236	2.85	307	236	1878	400
22.0	1×37	288	3.15	375	288	2294	400
24.0	1×37	336	3.40	437	336	2673	400
26.0	1×61	403	2.90	524	403	3228	300
28.0	1×61	460	3.10	598	460	3688	300
30.0	1×61	538	3.35	699	538	4307	300
32.0	1×61	604	3.55	785	604	4837	300
34.0	1×61	692	3.80	899	692	5542	300

16.1.2 预应力筋性能

16.1.2.1 应力—应变曲线

钢丝或钢绞线的应力—应变曲线没有明显的屈服点,见图 16-5。钢丝拉伸在比例极限前,$\sigma - \varepsilon$ 关系呈直线变化,超过比例极限 σ_p 后,$\sigma - \varepsilon$ 关系变为非线性。由于预应力钢丝或钢绞线没有明显的屈服点,一般以残余应变为 0.2% 时的强度定为屈服强度 $\sigma_{0.2}$。当钢丝拉伸超过 $\sigma_{0.2}$ 后,应变 ε 增加较快,当钢丝拉伸至最大应力 σ_b 时,应变 ε 继续发展,在 $\sigma - \varepsilon$ 曲线上呈现为一水平段,然后断裂。

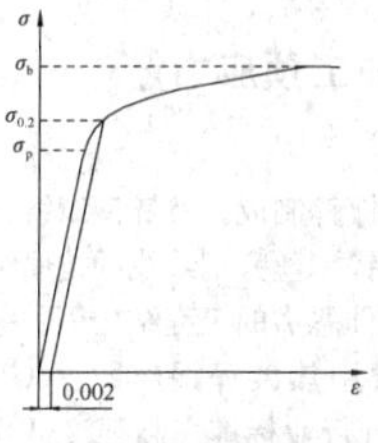

图 16-5 预应力筋的应力—应变曲线

比例极限 σ_p,习惯上采用残余应变为 0.01% 时的应力。

屈服强度,国际上还没有一个统一标准。例如,国际预应力协会取残余应变为 0.1% 时的应力作为屈服强度 $\sigma_{0.1}$,我国和日本取残余应变为 0.2% 时的应力作为屈服强度 $\sigma_{0.2}$,美国取加载 1% 伸长时的应力作为屈服强度 $\sigma_{1\%}$。所以,当遇到这一术语时应注意其确切的定义。

16.1.2.2　应力松弛

预应力筋的应力松弛是指钢材受到一定的张拉力之后，在长度与温度保持不变的条件下，其应力随时间逐渐降低的现象。此降低值称为应力松弛损失。产生应力松弛的原因主要是由于金属内部位错运动使一部分弹性变形转化为塑性变形引起的。

预应力筋的松弛性能实验应按现行国家标准《金属应力松弛试验方法》(GB/T 10120) 的规定进行。试件的初始应力应按相关产品标准或协议的规定选取，环境温度为 $20\pm1^{\circ}C$，在松弛试验机上分别读取不同时间的松弛损失率，实验应持续 1000h 或持续一个较短的期间推算至 1000h 的松弛率。

应力松弛与钢材品种、时间、温度、初始预应力等多种因素有关。

1. 应力松弛与钢材品种的关系

钢丝和钢绞线的应力松弛率比热处理钢筋和精轧螺纹钢筋大，采用低松弛钢绞线或钢丝，其松弛损失比普通松弛的可减少 70%～80%。

2. 应力松弛与时间的关系

应力松弛随时间发展而变化，开始几小时内松弛量较大，24小时内完成约 50%以上，以后将以递减速率而延续数年乃至数十年才能完成。为此，通常以 1000h 实验确定的松弛损失，乘以放大系数作为结构使用寿命的长期松弛损失。对试验数据进行回归分析得出：钢丝应力松弛损失率 $R_t = Algt + B$ 与时间 t 有较好的对数线性关系，一年松弛损失率相当于 1000h 的 1.25 倍，50 年松弛损失率为 1000h 的 1.725 倍。

3. 应力松弛与温度的关系

松弛损失随温度的上升而急剧增加，根据国外试验资料，40℃时 1000h 松弛损失率约为 20℃时的 1.5 倍。

4. 应力松弛与初始预应力的关系

初始预应力大，松弛损失也大。当 $\sigma_i > 0.7\sigma_b$ 时，松弛损失率明显增大，呈非线性变化。当 $\sigma_i \leqslant 0.5\sigma_b$ 时，松弛损失率可忽略不计。

采用超张拉工艺，可以减少应力损失。

16.1.2.3　应力腐蚀

预应力筋的应力腐蚀是指预应力筋在拉应力与腐蚀介质同时作用下发生的腐蚀现象。应力腐蚀破裂的特征是钢材在远低于破坏应力的情况下发生断裂，事先无预兆地突发性，断口与拉力垂直。钢材的冶金成分和晶体结构直接影响抗腐蚀性能。

预应力筋腐蚀的数量级与后果比普通钢筋要严重得多。这不仅因为强度等级高的钢材对腐蚀更灵敏，还因为预应力筋的直径相对较小，这样，尽管一层薄薄的锈蚀或一个锈点就能显著减小钢材的横截面积，引起应力集中，最终导致结构的提前破坏。预应力钢材通常对两种类型的锈蚀是灵敏的，即电化学腐蚀和应力腐蚀。在电化学腐蚀中，必须有水溶液存在，还需要空气(氧)。应力腐蚀是在一定的应力和环境条件下，引起钢材脆化的腐蚀。不同钢材对腐蚀的灵敏度是不同的。

预应力筋的防腐技术有很多种类，如镀锌、镀锌铝合金、涂塑、涂尼龙、阴极保护以及涂环氧有机涂层等，可根据工程实际和环境情况选用。

16.1.3　涂层与二次加工预应力筋

16.1.3.1　镀锌钢丝和钢绞线

镀锌钢丝是用热镀方法在钢丝表面镀锌制成。镀锌钢绞线的钢丝应在捻制钢绞线之前进行热镀锌。镀锌钢丝和钢绞线的抗腐蚀能力强，主要用于缆索、体外索及环境条件恶劣的工程结构等。镀锌钢丝应符合现行国家标准《桥梁缆索用热镀锌钢丝》(GB/T 17101) 的规定，镀锌钢绞线应符合现行行业标准《高强度低松弛预应力热镀锌钢绞线》YB/T 152 的规定。

镀锌钢丝和镀锌钢绞线的规格和力学性能，分别列于表 16-18 和表 16-19。钢丝和钢绞线经热镀锌后，其屈服强度稍微降低。

镀锌钢丝和镀锌钢绞线锌层表面质量应具有连续的锌层，光滑均匀，不得有局部脱锌、露铁等缺陷，但允许有不影响锌层质量的局部轻微刻痕。

镀锌钢丝的规格和力学性能　　表 16-18

公称直径 d_n (mm)	公称截面积 S_n (mm²)	每米参考质量 (g/m)	强度级别 R_m (MPa)	规定非比例伸长强度 $R_{p0.2}$ (MPa)		断后伸长率 (L_0 =250mm) A(%) 不小于	应力松弛性能		
				无松弛或I级松弛要求不小于	II级松弛要求不小于		初始荷载(公称荷载)(%)	1000h后应力松弛率 r(%) 不大于	
							对所有钢丝	I级松弛	II级松弛
5.00	19.6	153	1670 1770 1860	1340 1420 1490	1490 1580 1660	4.0	70	7.5	2.5
7.00	38.5	301	1670 1770		1490 1580	4.0	70	7.5	2.5

注：1. 钢丝的公称直径、公称截面积、每米参考质量均应包含锌层在内；

2. 按钢丝公称面积确定其荷载值，公称面积应包括锌层厚度在内；

3. 强度级别为实际允许抗拉强度的最小值。

镀锌钢绞线的规格和力学性能　　表 16-19

公称直径 (mm)	公称截面积 (mm²)	理论质量 (kg/m)	强度级别 (MPa)	最大负载 F_b (kN)	屈服负载 $F_{p0.2}$ (kN)	伸长率 δ (%)	松弛	
							初载为公称负载的(%)	1000h应力松弛损失 R_{1000} (%)
12.5	93	0.730	1770 1860	164 173	146 154	≥3.5	70	≤2.5
12.9	100	0.785	1770 1860	177 186	158 166			
15.2	139	1.091	1770 1860	246 259	220 230			
15.7	150	1.178	1770 1860	265 277	236 248			

注：弹性模量为 $(1.95\pm0.17)\times10^5$ MPa。

16.1.3.2　环氧涂层钢绞线

环氧涂层钢绞线是通过特殊加工使每根钢丝周围形成一层环氧树脂保护膜制成，见图 16-6 (a)，涂层厚度 0.12～0.18mm。该保护膜对各种腐蚀环境具有优良的耐蚀性，同时这种钢绞线具有与母材相同的强度特性和粘结强度，且其柔软性与喷涂前相同。环氧涂层钢绞线应符合现行国家标准《环氧涂层七丝预应力钢绞线》(GB/T 21073) 的规定。

近些年，环氧涂层钢绞线进一步发展成为填充型环氧涂层钢绞线，见图 16-6 (b)，涂层厚度 0.4～1.1mm。其特点是中心丝与外围 6 根边丝间的间隙全部被环氧树脂填充，从而避免了因钢丝间存在毛细现象而导致内部钢丝锈蚀。由于钢丝间隙无相对滑动，提高了抗疲劳性能。填充型环氧涂层钢绞线应符合现行行业标准《填充型环氧涂层钢绞线》JT/T 737 的规定。

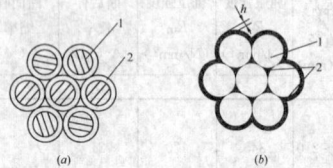

图 16-6　环氧涂层钢绞线
(a) 环氧涂层钢绞线；(b) 填充型环氧涂层钢绞线
1—钢绞线；2—环氧树脂涂层；h—涂层厚度

填充型环氧涂层钢绞线具有良好的耐蚀性和黏附性，适用于腐蚀环境下的先张法或后张法构件、海洋构筑物、斜拉索、吊索等。

16.1.3.3　铝包钢绞线

铝包钢绞线由铝包钢单线组成，具有强度大、耐腐蚀性好、导电率高等优点，广泛用于高压架空电力线路的地线、千米级大跨距的输电线、铁道用承力索及铝包钢芯系列产品的加强单元等。

结构索用铝包钢绞线是在原有电力部门使用的铝包钢绞线基础

上开发的新产品。该产品表面发亮、耐蚀性好，已用于一些预应力索网结构等工程。表 16-20 列出了一种铝包钢绞线的企业标准参数。

铝包钢绞线的结构和近似性能表　　表 16-20

型号	标称面积 (mm²)	结构根数/直径 (Nos/mm)	外径 D (mm)	计算拉断力 (kN)	计算质量 (kN/km)	弹性模量 (kN/mm²)	线膨胀系数	最小铝层厚度 D (%)
JLB14	50	7/3.00	9.00	70.81	356.8			
	55	7/3.20	9.60	78.54	406.00			
	65	7/3.50	10.50	93.95	485.7			
	70	7/3.60	10.80	97.47	513.8			
	80	7/3.80	11.40	108.61	572.5			
	90	7/4.16	12.48	130.15	686.1			
	100	19/2.60	13.00	144.36	730.4			
	120	19/2.85	14.25	173.45	877.6			
	150	19/3.15	15.75	206.56	1072.0	161.4	12.0×10^{-6}	5
	185	19/3.50	17.50	255.01	1323.5			
	210	19/3.75	18.75	287.07	1519.3			
	240	19/4.00	20.00	326.62	1728.6			
	300	37/3.20	22.40	415.11	2167.1			
	380	37/3.60	25.20	515.22	2742.8			
	420	37/3.80	26.60	574.07	3056.0			
	465	37/4.00	28.00	636.07	3386.2			
	510	37/4.20	29.40	701.25	3733.2			
JLB20	50	7/3.00	9.00	59.67	329.3			
	55	7/3.20	9.60	67.90	374.7			
	65	7/3.50	10.50	76.98	448.3	147.2	13.0×10^{-6}	10
	70	7/3.60	10.80	81.44	474.2			
	80	7/3.80	11.40	89.31	528.4			
	90	7/4.16	12.48	101.04	633.2			
	100	19/2.60	13.00	121.66	674.1			
	120	19/2.85	14.25	146.18	810.0			
	150	19/3.15	15.75	178.57	989.4			
	185	19/3.50	17.50	208.94	1221.5			
	210	19/3.75	18.75	236.08	1402.3			
	240	19/4.00	20.00	260.01	1595.5	147.2	13.0×10^{-6}	10
	300	37/3.20	22.40	358.87	2000.2			
	380	37/3.60	25.20	430.48	2531.6			
	420	37/3.80	26.60	472.07	2820.6			
	465	37/4.00	28.00	493.79	3125.4			
	510	37/4.20	29.40	544.39	3445.7			

16.1.3.4 无粘结钢绞线

无粘结钢绞线是以专用防腐润滑油脂涂敷在钢绞线表面上作涂料层并用塑料作护套的钢绞线制成，见图 16-7。是一种在施加预应力后沿全长与周围混凝土不粘结的预应力筋。

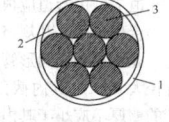

图 16-7　无粘结钢绞线
1—塑料护套；2—油脂；
3—钢绞线

无粘结钢绞线主要用于后张预应力混凝土结构中的无粘结预应力筋，也可用于暴露、腐蚀或可更换要求环境中的体外索、拉索等。无粘结钢绞线应符合现行行业标准《无粘结预应力钢绞线》（JG 161）的规定，见表 16-21。

无粘结筋组成材料质量要求，其钢绞线的力学性能应符合现行国家标准《预应力混凝土用钢绞线》（GB/T 5224）的规定。并经检验合格后，方可制作无粘结预应力筋。防腐油脂其质量应符合现行行业标准《无粘结预应力筋专用防腐润滑脂》（JG 3007）的要

求。护套材料应采用高密度聚乙烯树脂，其质量应符合现行国家标准《高密度聚乙烯树脂》（GB 11116）的规定。护套颜色宜采用黑色，也可采用其他颜色，但此时添加的色母材料不能降低护套的性能。

无粘结预应力钢绞线规格及性能　　表 16-21

钢绞线			防腐润滑脂重量 W₃ (g/m) 不小于	护套厚度 (mm) 不小于	μ	κ
公称直径 (mm)	公称截面积 (mm²)	公称强度 (MPa)				
9.50	54.8	1720	32	0.8	0.04~0.10	0.003~0.004
		1860				
		1960				
12.70	98.7	1720	43	1.0	0.04~0.10	0.003~0.004
		1860				
		1960				
15.20	140.0	1570	50	1.0	0.04~0.10	0.003~0.004
		1670				
		1720				
		1860				
		1960				
15.70	150.0	1770	53	1.0	0.04~0.10	0.003~0.004
		1860				

注：经供需双方协商，也生产供应其他强度和直径的无粘结预应力钢绞线。

16.1.3.5 缓粘结钢绞线

缓粘结钢绞线是用缓慢凝固的水泥基缓凝剂或特种树脂涂料涂敷在钢绞线表面上，并外包压波的塑料护套制成，见图 16-8。这种缓粘结钢绞线既有无粘结预应力筋施工工艺简单、不用预埋管和灌浆作业，施工方便、节省工期的优点；同时在性能上又具有粘结预应力抗震性能好、极限状态预应力钢筋强度发挥充分、节省钢材的优势，具有很好的结构性能和推广应用前景。

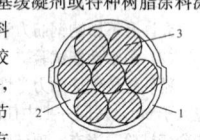

图 16-8　缓粘结钢绞线
1—塑料护套；2—缓粘结涂料；3—钢绞线

这种缓粘结钢绞线的涂料经过一定时间固化后，伴随着固化剂的化学作用，特种涂料不仅有较好的内聚力，而且和被粘结物表面产生很强的粘结力，由于塑料护套表面压波，又与混凝土产生了较好的粘结力，最终形成有粘结预应力筋的安全性高，并具有较强的防腐蚀性能等优点。国内外均有成功应用的工程，如北京市新少年宫工程等。

缓粘结型涂料采用特种树脂与固化剂配制而成。根据不同工程要求，可选用固化时间 3~6 个月或更长的涂料。

16.1.4　质　量　检　验

预应力筋进场时，每一合同批应附有质量证明书，在每捆（盘）上都应挂有标牌。在质量证明书中应注明供方、预应力筋品种、强度级别、规格、重量和件数、执行标准号、盘号和检验结果、检验日期、技术监督部门印章等。在标牌上应注明供方、预应力筋品种、强度级别、规格、盘号、净重、执行标准号等。

预应力筋进场验收应符合下列规定。

16.1.4.1 钢丝验收

1. 外观检查

预应力钢丝的外观质量应逐盘（卷）检查。钢丝表面不得有油污、氧化铁皮、裂纹或机械损伤，但表面上允许有回火色和轻微浮锈。

2. 力学性能试验

钢丝的力学性能应按批抽样试验，每一检验批应由同一牌号、同一规格、同一生产工艺制度的钢丝组成，重量不应大于 60t；从同

一批中任意选取 10%盘（不少于 6 盘），在每盘中任意一端截取 2 根试件，分别做拉伸试验和弯曲试验，拉伸或弯曲试验每 6 根为一组，当有一项试验结果不符合现行国家标准《预应力混凝土用钢丝》（GB 5223）的规定时，则该盘钢丝为不合格品；再从同一批未经试验的钢丝盘中取双倍数量的试件重做试验，如仍有一项试验结果不合格，则该批钢丝判为不合格品，也可逐盘检验取用合格品；在钢丝的拉伸试验中，同时可测定弹性模量，但不作为交货条件。

对设计文件中指定要求的钢丝疲劳性能、可镦性等，在订货合同中注明交货条件和验收要求并再进行抽样试验。

16.1.4.2 钢绞线验收

1. 外观检查

钢绞线的外观质量应逐盘检查，钢绞线表面不得带有油污、锈斑或机械损伤，但允许有轻微浮锈和回火色；钢绞线的捻距应均匀，切断后不松散。

2. 力学性能试验

钢绞线的力学性能应按批抽样试验，每一检验批应由同一牌号、同一规格、同一生产工艺制度的钢绞线组成，重量不应大于 60t；从同一批中任意选取 3 盘，在每盘中任意一端截取 1 根试件进行拉伸试验；当有一项试验结果不符合现行国家标准《预应力混凝土用钢绞线》（GB/T 5224）的规定时，则不合格盘报废；再从未试验过的钢绞线中取双倍数量的试件进行复验，如仍有一项不合格，则该批钢绞线判为不合格品。

对设计文件中指定要求的钢绞线疲劳性能、偏斜拉伸性能等，在订货合同中注明交货条件和验收要求并再进行抽样试验。

16.1.4.3 螺纹钢筋及钢拉杆验收

1. 螺纹钢筋

（1）外观检查

精轧螺纹钢筋的外观质量应逐根检查，钢筋表面不得有锈蚀、油污、裂纹、起皮或局部缩颈，其螺纹制作面不得有凹凸、擦伤或裂痕，端部应切割平整。

允许有不影响钢筋力学性能、工艺性能以及连接的其他缺陷。

（2）力学性能试验

精轧螺纹钢筋的力学性能应按批抽样试验，每一检验批重量不应大于 60t，从同一批中任取 2 根，每根取 2 个试件分别进行拉伸和冷弯试验。当有一项试验结果不符合有关标准的规定时，应取双倍数量试件重做试验，如仍有一项复验结果不合格，该批高强精轧螺纹钢筋判为不合格品。

2. 钢拉杆

（1）外观检查

钢拉杆的表面应光滑，不允许有目视可见的裂纹、折叠、分层、结疤和锈蚀等缺陷。经机加工的钢拉杆组件表面粗糙度应不低于 Ra12.5，钢拉杆表面防护处理按有关规范规定。

（2）力学性能试验

钢拉杆的力学性能检查，应符合现行国家标准《钢拉杆》（GB/T 20934）的规定。对以同一炉批号原材料、按同一热处理制度制作的同一规格杆件，组装数量不超过 50 套的钢拉杆为一批，每批抽取 2 套进行成品拉力试验，若不符合要求时，允许加倍抽样复验，如果复验中仍有一套不符合要求时，则需逐套检验。

钢拉杆其他检验项目，如无损检测等，应符合现行国家标准《钢拉杆》（GB/T 20934）的规定。

16.1.4.4 其他预应力钢材验收

1. 外观检查

（1）镀锌钢丝、镀锌钢绞线和环氧钢绞线的涂层表面应连续完整、均匀光滑、无裂纹、无明显褶皱和机械损伤。

（2）无粘结钢绞线的外观质量应逐盘检查，其护套表面应光滑、无凹陷、无裂纹、无气孔、无明显褶皱和机械损伤。

2. 力学性能试验

（1）镀锌钢丝、镀锌钢绞线的力学性能应符合现行国家标准《桥梁缆索用热镀锌钢丝》（GB/T 17101）和现行行业标准《高强度低松弛预应力热镀锌钢绞线》（YB/T 152）的规定。

（2）涂层预应力筋中所用的钢丝或钢绞线的力学性能必须按本章第 16.1.4.1 条或 16.1.4.2 条的要求进行复验。

3. 其他

（1）镀锌钢丝、镀锌钢绞线和环氧钢绞线的涂层厚度、连续性和黏附力应符合国家现行有关标准的规定。

（2）无粘结钢绞线的涂包质量、油脂重量和护套厚度应符合现行行业标准《无粘结预应力钢绞线》JG 161 的规定。

（3）缓粘结钢绞线的涂层材料、厚度、缓粘结时间应符合有关标准的规定。

16.1.5 预应力筋存放

预应力筋对腐蚀作用较为敏感。预应力筋在运输与存放过程中如遭受雨淋、湿气或腐蚀介质的侵蚀，易发生锈蚀，不仅质量降低，而且可能出现腐蚀，严重情况下会造成钢材张拉脆断。因此，预应力材料必须保持清洁，在装运和存放过程中应避免机械损伤和锈蚀。进场后需长期存放时，应定期进行外观检查。

预应力筋运输与储存时，应满足下列要求：

（1）成盘卷的预应力筋，宜在出厂前加防潮纸、麻布等材料包装。应确保其盘径不致过小而影响预应力材料的力学性能。

（2）装卸无轴包装的钢绞线、钢丝时，宜采用 C 形钩或三根吊索，也可采用叉车。每次吊运一件，避免碰撞而损害钢绞线。涂层预应力筋装卸时，吊索应包橡胶、尼龙等柔性材料并应轻装轻卸，不得摔掷或在地上拖拉，严禁锋利物品损坏涂层和护套。

（3）预应力筋应分类、分规格装运和堆放。在室外存放时，不得直接堆放在地面上，必须采取垫枕木并用防水布覆盖等有效措施，防止雨露和各种腐蚀性气体、介质的影响。

（4）长期存放应设置仓库，仓库应干燥、防潮、通风良好、无腐蚀气体和介质。在潮湿环境中存放，宜采用防锈包装产品、防潮纸内包装、涂敷水溶性防锈材料等。

（5）无粘结预应力筋存放时，严禁放置在受热影响的场所。环氧涂层预应力筋不得存放在阳光直射的场所。缓粘结预应力筋的存放时间和温度应符合相关标准的规定。

（6）如储存时间过长，宜用乳化防锈剂喷涂预应力筋表面。

16.1.6 其 他 材 料

16.1.6.1 制孔用管材

后张预应力结构及构件中预制孔用管材有金属波纹管（螺旋管）、薄壁钢管和塑料波纹管等。按照相邻咬口之间的凸出部（即波纹）的数量分为单波纹和双波纹；按照截面形状分为圆形和扁形；按照径向刚度分为标准型和增强型；按照表面处理情况分为镀锌金属波纹管和不镀锌金属波纹管。

梁类构件宜采用圆形金属波纹管，板类构件宜采用扁形金属波纹管，施工周期较长或有腐蚀性介质环境的情况下选用镀锌金属波纹管。塑料波纹管适用于曲率半径小及抗疲劳要求高的孔道。钢管宜用于竖向分段施工的孔道或钢筋过于密集，波纹管容易被挤扁或损坏的区域。

孔道成型用管道应具有足够的刚度和密封性，在搬运、安装及混凝土浇筑过程中应不易出现变形，其咬口、接头应严密，且不漏浆。

孔道成型用管道应根据结构特点、施工工艺、施工周期及使用部位合理选用，其规格和性能应符合现行国家或行业产品标准的规定。孔道成型用圆形管道的内径应至少比预应力筋或连接器的轮廓直径大 6mm，其内截面积应不小于预应力筋截面积的 2.5 倍。钢管的壁厚不应小于其内径的 1/50，且不宜小于 2mm。

1. 金属波纹管

金属波纹管是后张有粘结预应力施工中最常用的预留孔道材料，见图 16-9。金属波纹管具有自重轻、刚度好、弯曲成形容易、连接简单、与混凝土粘结性好等优点，广泛应用于各类直线与曲线孔道。工程中一般采用镀锌双波金属波纹管。

扁金属波纹管是由圆形波纹管经过机械装置压制成椭圆形的。扁波纹管通常和扁锚具配套使用。常用的扁形波纹管配套 3～5 孔锚具。通常用于预应力混凝土扁梁、预应力混凝土楼板或预应力薄壁构筑物中。

圆形波纹管和扁形波纹管的规格，见表 16-22 和表 16-23。金

 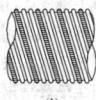 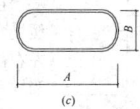

图 16-9　波纹管示意图
(a) 圆形单波纹管；(b) 圆形双波纹管；(c) 扁形波纹管

属波纹管的波纹高度应根据管径及径向刚度要求确定，且不应小于：圆管内径≤95mm 为 2.5mm，圆管内径≥96mm 为 3.0mm。

圆形波纹管规格（mm）　表 16-22

圆管内径		40	45	50	55	60	65	70	75	80	85	90	95	96	102	108	114	120	126	132
允许偏差		±0.5																		
最小钢带厚度	标准型	0.28		0.30					0.35					0.40						
	增强型	0.30		0.35			0.40			0.45					0.50					0.6

注：1. 直径 95mm 的波纹管仅用作连接用管；
　　2. 当有可靠的工程经验时，钢带厚度可进行适当调整；
　　3. 表中未列尺寸的规格由供需双方协议确定。

扁形波纹管规格（mm）　表 16-23

		适用于 ϕ12.7 预应力钢绞线			适用于 ϕ15.2 预应力钢绞线		
短轴方向	长度 B	20	20	22	22	22	
	允许偏差	0，+1.0			0，+1.5		
长轴方向	长度 A	52	65	78	60	76	90
	允许偏差	±1.0			±1.5		
最小钢带厚度	标准型	0.30	0.35	0.40	0.35	0.40	0.45
	增强型	0.35	0.40	0.40	0.40	0.45	0.50

注：表中未列尺寸的规格由供需双方协议确定。

金属波纹管的长度，由于运输的关系，每根长 4～6m，在施工现场采用接头连接使用。

由于波纹管重量轻，体积大，长途运输不经济。当工程用量大或没有波纹管供应的边远地区，可以在施工现场生产波纹管。生产厂家可将卷管机和钢带运到施工现场加工，这时波纹管的生产长度可根据实际工程需要确定，不仅施工方便而且减少了接头数量。

金属波纹管应具有：在外荷载的作用下具有足够的抵抗变形的能力（径向刚度）和在浇筑混凝土过程中水泥浆不渗入管内两项基本要求。

（1）径向刚度性能

金属波纹管径向刚度要求，应符合表 16-24 的规定。

（2）抗渗漏性能

金属波纹管抗渗性能分别有承受集中荷载后抗渗漏和弯曲抗渗漏两种。经规定的集中荷载作用后或在规定的弯曲情况下，金属波纹管允许水泥浆泌水渗出，但不得渗出水泥浆。

金属波纹管径向刚度要求　表 16-24

截面形状		圆　形	扁　形
集中荷载（N）	标准型	800	500
	增强型		
均布荷载（N）	标准型	$F=0.31d^2$	$F=0.15d_e^2$
	增强型		
δ	标准型	$d\leqslant75mm$　≤0.20	≤0.20
		$d>75mm$　≤0.15	
	增强型	$d\leqslant75mm$　≤0.10	≤0.15
		$d>75mm$　≤0.08	

注：表中：圆管内径及扁管短轴长度均为公称尺寸；
　　F——均布荷载值（N）；
　　d——圆管直径（mm）；
　　d_e——扁管等效直径（mm），$d_e=\dfrac{2(A+B)}{\pi}$；
　　δ——内径变化比，$\delta=\dfrac{\Delta d}{d}$ 或 $\delta=\dfrac{\Delta d}{B}$，式中 Δd 为外径变形值。

承受荷载后的抗渗漏试验是按做集中荷载下径向刚度试验方法，给波纹管施加集中荷载至变形达到圆管内径或扁管短轴尺寸的 20%，制成集中荷载后抗渗漏性能试验试件。试件放置方法见图 16-10，将试件竖放，将加荷部位置于下部，下端封严，用水灰比为 0.50，由普通硅酸盐水泥配制的纯水泥浆灌满试件，观察表面渗漏情况 30min；也可用清水灌满试件，如果试件不渗水，可不再用水泥浆进行试验。

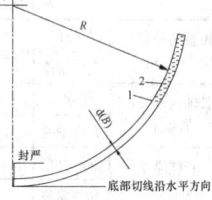

图 16-10　弯曲后抗渗漏性能
试验方法图
1—试件；2—纯水泥浆

弯曲抗渗漏试验是将波纹管弯成圆弧，圆弧半径 R：圆管为 30 倍内径且不大于 800 倍组成预应力筋的钢丝直径；扁管短轴方向为 4000mm。试件长度见表 16-25 和表 16-26。

圆管试件长度与规格对应表（mm）　表 16-25

圆管内径	<70	70～100	>100
试件长度	2000	2500	3000

扁管试件长度与规格对应表（mm）　表 16-26

扁管规格	短轴 B	20	20	22	22	22
	长轴 A	52	65	78	60	76	90
试件长度		2000			2500		

金属波纹管应按批进行检验。每批应由同一个钢带生产厂生产的同一批钢带所制造的金属波纹管组成。每半年或累计 50000m 生产量为一批，取产量最多的规格。

全部金属波纹管经外观检查合格后，从每批中取产量最多的规格、长度不小于 5d 且不小于 300mm 的试件 2 组（每组 3 根），先检查波纹管尺寸后，分别进行集中荷载下径向刚度试验和承受集中荷载后抗渗漏试验。另外从每批中取产量最多的规格、长度按表 16-25 和表 16-26 规定的试件 3 根，进行弯曲抗渗漏试验。当检验结果有不合格项时，应取双倍数量的试件对该不合格项目进行复检，复检仍不合格时，该批产品为不合格品，或逐根检验取合格品。

2. 塑料波纹管

塑料波纹管的耐腐蚀性能优于金属波纹管，能有效地保护预应力筋不受外界的腐蚀，使得预应力筋具有更好的耐久性；同等条件下，塑料波管的摩擦系数小于金属波纹管的摩擦系数，减小了张拉过程中预应力的摩擦损失；塑料波纹管的柔韧性强，易弯曲且不开裂，特别适用于曲率半径较小的预应力筋；密封性能和抗渗漏性能优于金属波纹管，更适用于真空灌浆；塑料波纹管具有较好的抗疲劳性能，能提高预应力构件的抗疲劳能力。

塑料波纹管按截面形状可分为圆形和扁形两大类，其规格见表 16-27 和表 16-28。圆形塑料波纹管的长度规格一般为 6、8、10m，偏差 0～+10mm。扁形塑料波纹管可成盘供货，每盘长度可根据工程需要和运输情况而定。塑料波纹管的波峰为 4～5mm，波距为 30～60mm。

圆形塑料波纹管规格　表 16-27

管内径 d (mm)	标称值	50	60	75	90	100	115	130
	允许偏差	±1.0			±2.0			
管外径 D (mm)	标称值	63	73	88	106	116	131	146
	允许偏差	±1.0			±2.0			
管壁厚 s (mm)	标称值	2.5			3.0			
	允许偏差	+0.5						
不圆度		6.0%						

扁形塑料波纹管规格　　　　　表 16-28

短轴内径 U_2 (mm)	标称值	22			
	允许偏差	+0.5			
长轴内径 U_1 (mm)	标称值	41	55	72	90
	允许偏差	±1.0			
管壁厚 s (mm)	标称值	2.5		3.0	
	允许偏差	+0.5			

塑料波纹管应满足不圆度、环刚度、局部横向荷载和柔韧性等基本要求。

所有试件在试验前应按试验环境（23±2）℃进行状态调节 24h 以上。

（1）不圆度

沿塑料波纹管同一截面量测管材的最大外径 d_{max} 和最小外径 d_{min}，按式（16-1）计算管材的不圆度值 Δd。取 5 个试样的试验结果的算术平均值作为不圆度，其值应符合表 16-27 的规定。

$$\Delta d = \frac{d_{max} - d_{min}}{d_{max} + d_{min}} \times 200\% \qquad (16\text{-}1)$$

（2）环刚度

从 5 根管上各取长（300±10）mm 试样一段，两端应与轴线垂直切平。按现行国家标准《热塑性塑料管材环刚度的测定》（GB/T 9647）的规定进行，上压板下降速度为 5±1mm/min，记录当试样垂直方向的内径变形量为原内径的 3% 时的负荷，按式（16-2）计算其环刚度，应不小于 6kN/m²。

$$S = \left(0.0186 + 0.025 \times \frac{\Delta Y}{d_i}\right) \times \frac{F}{\Delta Y \cdot L} \qquad (16\text{-}2)$$

式中　S——试样的环刚度，6kN/m²；

　　　ΔY——试样内径垂直方向 3% 变化量（m）；

　　　F——试样内径垂直方向 3% 变形时的负荷（kN）；

　　　d_i——试样内径（m）；

　　　L——试样长度（m）。

（3）局部横向荷载

取样件长 1100mm，在样件中部位置波谷处取一点，用 R=6mm 的圆柱顶压头施加横向荷载 F，加载图示见图 16-11。要求在 30s 内达到规定荷载值 800kN，持荷 2min 后观察管材表面是否破裂；卸载 5min 后，在加载处量测塑料波纹管外径的变形量。取 5 个样件的平均值不得超过管材外径的 10%。

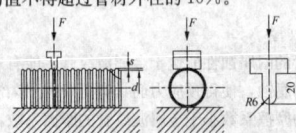

图 16-11 塑料波纹管横向荷载试验图

（4）柔韧性

将一根长 1100mm 的样件，垂直地固定在测试平台上，按图 16-12 所示位置安装两块弧形模板，其圆弧半径 r 应符合表 16-29 的规定。

塑料波纹管柔韧性试验圆弧半径值（mm）　表 16-29

内径 d	曲率半径 r	试验长度 L
≤90	1500	1100
>90	1800	1100

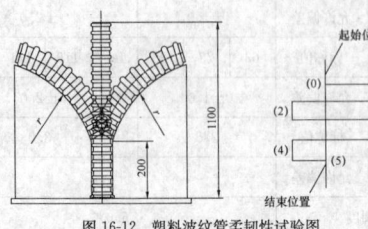

图 16-12 塑料波纹管柔韧性试验图

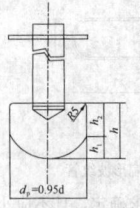

图 16-13 塞规的外形图

d_p 为圆形塑料波纹管内径；

$h=1.25d_p$，

$h_1=0.5d_p$，

$h_2=0.75d_p$。

在样件上部 900mm 的范围内，用手向两侧缓慢弯曲样件至弧形模板位置（见图 16-12），左右往复弯曲 5 次。按图 16-13 所示做一塞规，当样件弯曲至最终结束位置保持弯曲状态 2min 后，观察塞规如能顺利地从波纹管中通过，则柔韧性合格。

塑料波纹管应按批进行验收。同一配方、同一生产工艺、同一设备稳定连续生产的数量不超过 10000m 的产品为一批。

塑料波纹管经外观质量检验合格后，检验其他指标均合格时，则判该批产品为合格品。

若其他指标中有一项不合格，则在该产品中重新抽取双倍样品制作试样，对指标中的不合格项目进行复检，复检全部合格，判该批产品为合格批；检测结果若仍有一项不合格，则判该批产品为不合格。

3. 薄壁钢管

薄壁钢管由于自身的刚度大，主要应用于竖向布置的预应力管道和钢筋过于密集、波纹管容易挤扁或易破损的区域。薄壁钢管用于竖向布置的预应力孔道时应注意，当薄壁钢管内有预应力筋时，薄壁钢管的连接最好采用套扣连接，避免使用焊接连接。

4. 波纹管进场验收

预应力混凝土用波纹管的性能与质量应符合现行行业标准《预应力混凝土用金属波纹管》JG 225 和《预应力混凝土桥梁用塑料波纹管》JT/T 529 的规定。

波纹管进场时或在使用前应采用目测方法全数进行外观检查，金属波纹管外观应清洁，内外表面无油污、锈蚀、孔洞和不规则的折皱，咬口无开裂、无脱扣。塑料波纹管的外观应光泽、色泽均匀，有一定的柔韧性，内外壁不允许有隔体破裂、气泡、裂口、硬块和影响使用的划伤。

波纹管的内径、波高和壁厚等尺寸偏差不应超出允许值。

波纹管进场时每一合同批应附有质量证明书，并做进场复验。当使用单位能提供近期采用的相同品牌和型号波纹管的检验报告或有可靠的工程经验时，金属波纹管可不做径向刚度、抗渗漏性能的检测，塑料波纹管可不做环刚度、局部横向荷载和柔韧性的检测。

波纹管应分类、分规格存放。金属波纹管应垫枕木并用防水毡布覆盖，并应避免变形和损伤。塑料波纹管储存时应远离热源和化学品的污染，并应避免暴晒。

金属波纹管吊装时，不得在其中部单点起吊；搬运时，不得抛掷或拖拉。

16.1.6.2 灌浆材料

对于后张有粘结预应力体系，预应力筋张拉后，孔道应尽快灌浆，可以避免预应力筋锈蚀和减少应力松弛损失。同时利用水泥浆的强度将预应力筋和结构构件混凝土粘结形成整体共同工作，以控制超载时裂缝的间距与宽度并改善梁端锚具的应力集中状况。

（1）孔道灌浆宜采用强度等级不低于 42.5MPa 的普通硅酸盐水泥配制的水泥浆。水泥的质量应符合现行国家标准《通用硅酸盐水泥》（GB 175）的规定。

（2）灌浆用水泥浆的水灰比不应大于 0.4；搅拌后泌水率不宜大于 1%，泌水应在 24h 内全部重新被水泥浆吸收。

（3）为了改善水泥浆体性能，可适量掺入高效外加剂，其掺量应经试验确定，水灰比可减至 0.32～0.38。

（4）水泥及外加剂中不应含有对预应力筋有害的化学成分，其中氯离子的含量不应超过水泥重量的 0.02%。

（5）孔道灌浆用外加剂应符合现行国家标准《混凝土外加剂》（GB 8067）和《混凝土外加剂应用技术规范》（GB 50119）的规定。

（6）孔道灌浆用水泥和外加剂进场时应附有质量证明书，并做进场复验。

16.1.6.3 防护材料

预应力端头锚具封闭保护宜采用与结构构件同强度等级的细石混凝土，或采用微膨胀混凝土、无收缩砂浆等。无粘结预应力筋锚具封闭前，无粘结筋端头和锚具夹片应涂防腐蚀油脂，并安装配套

的塑料防护帽，或采用全封闭锚固体系防护系统。

16.2 预应力锚固体系

锚固体系是保证预应力混凝土结构的预加应力有效建立的关键装置。锚固系统通常是指锚具、夹具、连接器及锚下支撑系统等。锚具用以永久性保持预应力筋的拉力并将其传递给混凝土，主要用于后张法结构或构件中；夹具是先张法构件施工时为了保持预应力筋拉力，并将其固定在张拉台座（或钢模）上用的临时性锚固装置，后张法夹具是将千斤顶（或其他张拉设备）的张拉力传递给预应力筋的临时性锚固装置，因此夹具属于工具类的临时锚固装置，也称工具锚；连接器是预应力筋的连接装置，用于连续结构中，可将多段预应力筋连接成完整的长束，是先张法或后张法施工中将预应力从一段预应力筋传递到另一段预应力筋的装置；锚下支撑系统包括锚垫板、喇叭管、螺旋筋或网片等。

预应力筋用锚具、夹具和连接器按锚固方式不同，可分为夹片式（单孔与多孔夹片锚具）、支承式（镦头锚具、螺母锚具）、铸锚式（冷铸锚具、热铸锚具）、锥塞式（钢质锥形锚具）和握裹式（挤压锚具、压接锚具、压花锚具）等。支承式锚具锚固过程中预应力筋的内缩量小，即锚具变形与预应力筋回缩引起的损失小，适用于短束筋，但对预应力筋下料长度的准确性要求严格；夹片式锚具对预应力筋的下料长度精度要求较低，成束方便，但锚固过程中内缩量大，预应力筋在锚固端损失较大，适用于长束筋，当用于锚固短束时应采取专门的措施。

工程设计单位应根据结构要求、产品技术性能、适用性和张拉施工方法等选用匹配的锚固体系。

16.2.1 性能要求

锚具、夹具和连接器应具有可靠的锚固性能、足够的承载能力和良好的适用性，以保证充分发挥预应力筋的强度，并安全地实现预应力张拉作业。锚具、夹具和连接器的性能应符合现行国家标准《预应力筋用锚具、夹具和连接器》（GB/T 14370）和现行行业标准《预应力筋用锚具、夹具和连接器应用技术规程》（JGJ 85）的规定。

16.2.1.1 锚具的基本性能

1. 锚具静载锚固性能

锚具的静载锚固性能，应由预应力筋-锚具组装件静载试验测定的锚具效率系数 η_a 和达到实测极限拉力时组装件受力长度的总应变 ε_{apu} 确定。

锚具效率系数 η_a 应按式（16-3）计算：

$$\eta_a = \frac{F_{apu}}{\eta_p \cdot F_{pm}} \tag{16-3}$$

式中 F_{apu}——预应力筋-锚具组装件的实测极限拉力；

F_{pm}——预应力筋的实际平均极限抗拉力，由预应力筋试件实测破断荷载平均值计算得出；

η_p——预应力筋的效率系数，应按下列规定取用：预应力筋-锚具组装件中预应力筋为 1～5 根时，$\eta_p=1$；6～12 根时，$\eta_p=0.99$；13～19 根时，$\eta_p=0.98$；20 根以上时，$\eta_p=0.97$。

预应力筋-锚具组装件的静载锚固性能，应同时满足下列两项要求：

$$\eta_a \geqslant 0.95；\quad \varepsilon_{apu} \geqslant 2.0\%$$

当预应力筋-锚具组装件达到实测极限拉力时，应当是由预应力筋的断裂，而不应由锚具的破坏所导致；试验后锚具部件会有残余变形，但应能确认锚具的可靠性。夹片式锚具的夹片在预应力筋应力未超过 $0.8f_{ptk}$ 时不允许出现裂纹。

预应力筋-锚具组装件破坏时，夹片式锚具的夹片可出现微裂或一条纵向断裂缝。

2. 疲劳荷载性能

用于主要承受静、动荷载的预应力混凝土结构，预应力筋-锚具组装件除应满足静载锚固性能要求外，尚需满足循环次数为 200 万次的疲劳性能试验。

当锚固的预应力筋为钢丝、钢绞线或热处理钢筋时，试验应力上限取预应力钢材抗拉强度标准值 f_{ptk} 的 65%，疲劳应力幅度不小于 80MPa。如工程有特殊需要，试验应力上限及疲劳应力幅度取值可以另定。当锚固的预应力筋为有明显屈服台阶的预应力钢材时，试验应力上限取预应力钢材抗拉强度标准值 f_{ptk} 的 80%，疲劳应力幅度取 80MPa。

试件经受 200 万次循环荷载后，锚具零件不应疲劳破坏。预应力筋在锚具夹持区域发生疲劳破坏的截面面积不应大于总截面面积的 5%。

3. 周期荷载性能

用于有抗震要求结构中的锚具，预应力筋-锚具组装件还应满足循环次数为 50 次的周期荷载试验。当锚固的预应力筋为钢丝、钢绞线或热处理钢筋时，试验应力上限取预应力钢材抗拉强度标准值 f_{ptk} 的 80%，下限取预应力钢材抗拉强度标准值 f_{ptk} 的 40%；当锚固的预应力筋为有明显屈服台阶的预应力钢材时，试验应力上限取预应力钢材抗拉强度标准值 f_{ptk} 的 90%，下限取预应力钢材抗拉强度标准值 f_{ptk} 的 40%。

试件经 50 次循环荷载后预应力筋在锚具夹持区域不应发生破断。

4. 工艺性能

（1）锚具应满足分级张拉、补张拉和放松拉力等张拉工艺要求。锚固多根预应力筋用的锚具，除应具有整束张拉的性能外，尚应具有单根张拉的可能性。

（2）承受低应力或动荷载的夹片式锚具应具有防止松脱的性能。

（3）当锚具使用环境温度低于 -50℃ 时，锚具尚应符合低温锚固性能要求。

（4）夹片式锚具的锚板应有足够的刚度和承载力，锚板性能由锚板的加载试验确定，加载至 $0.95f_{ptk}$ 后卸载，测得的锚板中心残余挠度不应大于相应锚垫板上口直径的 1/600；加载至 $1.2f_{ptk}$ 时，锚板不应出现裂纹或破坏。

（5）与后张预应力筋用锚具（或连接器）配套的锚垫板、锚固区域局部加强钢筋，在规定的试件尺寸及混凝土强度下，应满足锚固区传力性能要求。

16.2.1.2 夹具的基本性能

预应力筋-夹具组装件的静载锚固性能，应由预应力筋-夹具组装件静载试验测定的夹具效率系数 η_g 确定。夹具的效率系数 η_g 应按式（16-4）计算：

$$\eta_g = \frac{F_{gpu}}{F_{pm}} \tag{16-4}$$

式中 F_{gpu}——预应力筋-夹具组装件的实测极限拉力。

预应力筋-夹具组装件的静载锚固性能试验结果应满足：$\eta_g \geqslant 0.92$。

当预应力筋-夹具组装件达到实测极限拉力时，应当是由预应力筋的断裂，而不应由夹具的破坏所导致。

夹具应具有良好的自锚性能、松锚性能和安全的重复使用性能。主要锚固零件应具有良好的防锈性能。夹具的可重复使用次数不宜少于 300 次。

16.2.1.3 连接器的基本性能

在张拉预应力后永久留在混凝土结构或构件中的预应力筋连接器，都必须符合锚具的性能要求；如在张拉后还须放张和拆除的连接器，则必须符合夹具的性能要求。

16.2.2 钢绞线锚固体系

16.2.2.1 单孔夹片锚固体系

单孔夹片锚固体系见图 16-14。

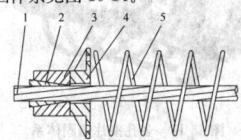

图 16-14 单孔夹片锚固体系示意图

1—预应力筋；2—夹片；3—锚环；4—承压板；5—螺旋筋

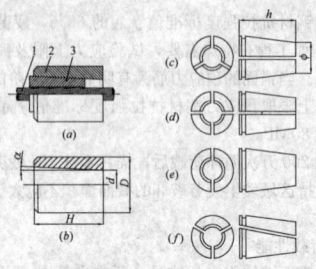

图 16-15　单孔夹片锚具

(a) 组装图; (b) 锚环; (c) 三片式夹片;
(d) 二片式夹片; (e) 二片式夹片; (f) 斜开缝夹片
1—预应力筋; 2—锚环; 3—夹片

单孔夹片锚具是由锚环与夹片组成, 见图 16-15。夹片的种类很多, 按片数可分为三片式或二片式。二片式夹片的背面上部锯有一条弹性槽, 以提高锚固性能, 但夹片易沿纵向开裂; 也有通过优化夹片尺寸和改进热处理工艺, 取消了弹性槽。按开缝形式可分为直开缝与斜开缝。直开缝夹片最为常用; 斜开缝夹片主要用于锚固 7φ5 平行钢丝束, 在 20 世纪 90 年代后张预应力结构工程中有相当数量的应用。国内各厂家的单孔夹片锚具型号与规格略有不同, 应注意配套使用。采用限位自锚张拉工艺时, 预应力筋锚固时夹片自动跟进, 不需要顶压; 采用带顶压器张拉工艺时, 锚固时顶压夹片以减小回缩损失。

单孔夹片锚具的锚环, 也可与承压钢板合一, 采用铸钢制成, 图 16-16 为一种带承压板的锚具。

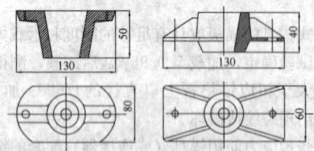

图 16-16　带承压板的锚环示意图

单孔夹片锚具主要用于锚固 φs12.7、φs15.2 钢绞线制成的预应力筋, 也可用于先张法夹具。

单孔二夹片式锚具的参考尺寸见表 16-30。

单孔二夹片式锚具参考尺寸　表 16-30

锚具型号	锚　环				夹　片		
	D	H	d	a	φ	h	形式
M13-1	40	42	16	6°30′	17	40	二片 直开缝
M15-1	46	48	18		20	45	(带钢丝圈)
M13-1	43	13	16	6°00′	17	38	二片 直开缝
M15-1	46	48	18		19	43	(无弹性槽)

16.2.2.2　多孔夹片锚固体系

多孔夹片锚固体系一般称为群锚, 是由多孔夹片锚具、锚垫板 (也称喇叭管)、螺旋筋等组成, 见图 16-17。这种锚具是在一块多

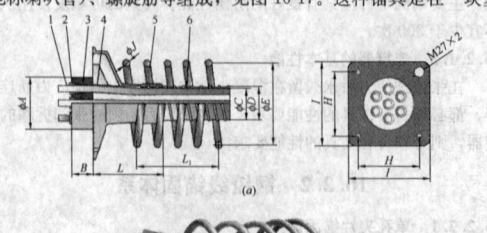

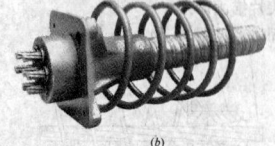

图 16-17　多孔夹片锚固体系

(a) 尺寸示意图; (b) 外观图片
1—钢绞线; 2—夹片; 3—锚环; 4—锚垫板 (喇叭口); 5—螺旋筋; 6—波纹管

孔的锚板上, 利用每个锥形孔装一副夹片, 夹持 1 根钢绞线, 形成一个独立锚固单元, 选择锚固单元数量即可确定锚固预应力筋的根数。其优点是任何 1 根钢绞线锚固失效, 都不会引起整体锚固失效。每束钢绞线的根数不受限制。对锚板与夹片的要求, 与单孔夹片锚具相同。

多孔夹片锚固体系在后张法有粘结预应力混凝土结构中用途最广。表 16-31 列出了多孔夹片锚固体系的参考尺寸, 锚固单元从 2 孔至 55 孔可供选择。工程设计施工时可参考国内生产厂家的技术参数选用。

多孔夹片锚固体系参考尺寸　表 16-31

钢绞线直径—根数	φA	B	L	φC/φD	H	I	L1	φE	φJ	圈数
15-2	83	45				120	150	120	8	4
15-3	83	45	85	50/55	100	130	160	130	10	4
15-4	98	45	90	55/60	110	140	200	140	12	4
15-5	108	50	110	55/60	120	150	190	150	12	4
15-6	125	50	120	70/75	140	180	200	180	12	4
15-7	125	55	120	70/75	140	180	200	180	12	4
15-8	135	55	140	80/85	160	200	250	200	14	5
15-9	147	55	160	80/85	170	210	250	210	14	5
15-10	158	60	180	90/95	170	210	290	210	14	5
15-11	158	60	180	90/95	170	210	290	210	14	5
15-12、13	168	60	190	90/95	180	225	290	225	16	5
15-14、15	178	65	200	100/105	190	240	340	240	16	5
15-16	187	65	210	100/105	200	250	350	250	18	5
15-17	195	70	220	105/110	200	260	320	260	18	5
15-18、19	198	70	220	105/110	200	260	360	270	18	5
15-25、27、31	270	80	350	130/137	260	360	480	510	20	8
15-37	290	90	450	140/150	350	440	540	570	22	9
15-55	350	100	530	160/170	400	520	630	700	26	9

16.2.2.3　扁形夹片锚固体系

扁形夹片锚固体系是由扁形夹片锚具、扁形锚垫板等组成, 见图 16-18。该锚固体系的参考尺寸见表 16-32。

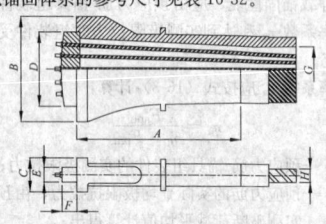

图 16-18　扁形夹片锚固体系

扁锚具有张拉槽口扁小, 可减少混凝土板厚, 钢绞线单根张拉, 施工方便等优点; 主要适用于楼板、扁梁、低高度箱梁, 以及桥面横向预应力束等。

扁形夹片锚固体系参考尺寸　表 16-32

钢绞线直径-根数	扁形锚垫板 (mm)			扁形锚板 (mm)		
	A	B	C	D	E	F
15-2	150	160	80	80	48	50
15-3	190	200	90	115	48	50
15-4	230	240	90	150	48	50
15-5	270	280	90	185	48	50

16.2.2.4　固定端锚固体系

固定端锚固体系有: 挤压锚具、压花锚具、环形锚具等类型。其中, 挤压锚具既可埋在混凝土结构内, 也可安装在结构之外, 对有粘结预应力钢绞线、无粘结预应力钢绞线都适用, 是应用范围最广的固定端锚固体系。压花锚具适用于固定端空间较大且有足够的

粘结长度的固定端。环形锚具可用于墙板结构、大型构筑物墙、墩等环形结构。

在一些特殊情况下，固定端锚具也可选用夹片锚具，但必须安装在构件外，并需要有可靠的防松脱处理，以免浇筑混凝土时或有外界干扰时夹片松开。

1. 挤压锚具

挤压锚具是在钢绞线一端部安装异形钢丝衬圈（或开口直夹片）和挤压套，利用专用挤压设备将挤压套挤过模孔后，使其产生塑性变形而握紧钢绞线，异形钢丝衬圈（或开口直夹片）的嵌入，增加钢套筒与钢绞线之间的摩阻力，挤压套与钢绞线之间没有任何空隙，紧紧握住，形成可靠的锚固，见图 16-19。

挤压锚具后设钢垫板与螺旋筋，用于单根预应力钢绞线时见图 16-19；用于多根有粘结预应力钢绞线时见图 16-20。当一束钢绞线根数较多，设置整块钢垫板有困难时，可采用分块或单根挤压锚具形式，但应散开布置，各个单根钢垫板不能重叠。

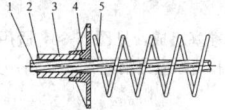

图 16-19　单根挤压锚具锚固体系示意图
1—钢绞线；2—挤压片；3—挤压锚环；
4—挤压锚垫板；5—螺旋筋

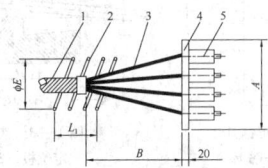

图 16-20　多根钢绞线挤压锚锚固体系示意图
1—波纹管；2—螺旋筋；3—钢绞线；
4—垫板；5—挤压锚具

表 16-33 列出了固定端挤压锚具的参考尺寸。

挤压式固定端锚具参考尺寸（mm）　　表 16-33

型号	A	B	L_1	ϕE	螺旋筋直径	圈　数
JYM15-2	100×100	180	150	120	8	3
JYM15-3	120×120	180	150	130	10	3
JYM15-4	150×150	240	200	150	12	4
JYM15-5	170×170	300	220	170	12	4
JYM15-6、7	200×200	380	250	200	14	5
JYM15-8、9	220×220	440	270	240	14	5
JYM15-12	250×250	500	300	270	16	6

2. 压花锚具

压花锚具是利用专用液压轧花机将钢绞线端头压成梨形头的一种握裹式锚具，见图 16-21。这种锚具适用于固定端空间较大且有足够的粘结长度的有粘结钢绞线。

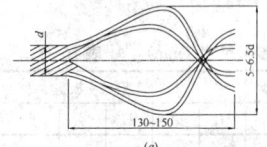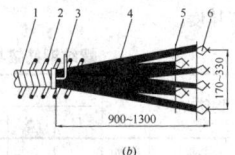

图 16-21　压花锚具示意图
(a) 单根钢绞线压花锚具；(b) 多根钢绞线压花锚具
1—波纹管；2—螺旋筋；3—排气孔；4—钢绞线；
5—构造筋；6—压花锚具

如果是多根钢绞线的梨形头应分排埋置在混凝土内。为提高压花锚四周混凝土及散花头根部混凝土抗裂强度，在梨形头头部配置构造筋，在梨形头根部配置螺旋筋。混凝土强度不低于 C30，压花锚具距离构件截面边缘不小于 30mm，第一排压花锚的锚固长度，对 $\phi^s15.2$ 钢绞线不小于 900mm，每排间隔至少为 300mm。

3. U 形锚具

U 形锚具，即钢绞线固定端在外形上形成 180° 的弧度，使钢绞线束的末端可重新回复到最初点的附近地点，见图 16-22。

U 形锚具的加固筋尺寸、数量与锚固长度应通过计算确定。

U 形锚具的波纹管外径与混凝土表面之间的距离，应不小于波纹管外径尺寸。

因该锚具的特殊形状，预埋管再穿束难度大，因此一般采用

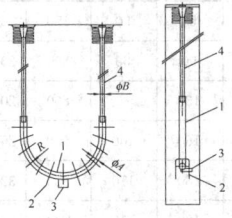

图 16-22　U 形锚具示意图
1—ϕA 环形波纹管；2—U 形
加固筋；3—灌浆管；4—ϕB
直形波纹管

预先将钢绞线穿入波纹管内，并置入结构中定位固定后再浇筑混凝土的方法。

16.2.2.5　钢绞线连接器

1. 单根钢绞线连接器

单根钢绞线锚头连接器是由带外螺纹的夹片锚具、挤压锚具与带内螺纹的套筒组成，见图 16-23。前段筋采用带外螺纹的夹片锚具锚固，后段筋的挤压锚具穿在带内螺纹的套筒内，利用该套筒的内螺纹拧在夹片锚具锚环的外螺纹上，达到连接作用。

单根钢绞线接长连接器是由 2 个带内螺纹的夹片锚具和 1 个带外螺纹的连接头组成，见图 16-24。为了防止夹片松脱，在连接头与夹片之间装有弹簧。

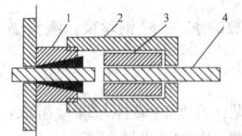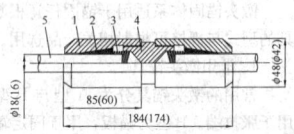

图 16-23　单根钢绞线
连接器
1—带外螺纹的锚环；
2—带内螺纹的套筒；
3—挤压锚具；4—钢绞线

图 16-24　单根钢绞线接长
连接器
1—带内螺纹的加长锚环；2—带外
螺纹的连接头；3—连接器弹簧；
4—夹片；5—钢绞线

2. 多根钢绞线连接器

多根钢绞线锚头连接器主要由连接体、夹片、挤压锚具、护套、约束圈等组成，见图 16-25。其连接体是一块增大的锚板。锚板中部锥形孔用于锚固前段预应力束，锚板外周边的槽口用于挂后段预应力束的挤压锚具。

多根钢绞线接长连接器设置在孔道的直线区段，用于接长预应力筋。接长连接器与锚头连接器的不同处是将锚板上的锥形孔改为孔眼，两段钢绞线的端部均用挤压锚具固定。张拉时连接器应有足够的活动空间。接长连接器的构造见图 16-26。

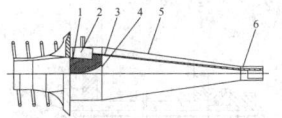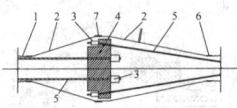

图 16-25　多根钢绞线连接器
1—连接体；2—挤压锚具；
3—钢绞线；4—夹片锚具；
5—护套；6—约束圈

图 16-26　多根钢绞线接长连接器
1—波纹管；2—护套；3—挤压锚
具；4—锚板；5—钢绞线；
6—钢环；7—打包钢条

16.2.2.6　环锚

环锚应用于圆形结构的环状钢绞线束，或使用在两端不能安装普通张拉锚具的钢绞线束。

该锚具的预应力筋首尾锚固在同一块锚板上，见图 16-27。张

拉时需加变角块在一个方向进行张拉。表16-34列出了环形锚具的参考尺寸。

环形锚具参考尺寸   表16-34

钢绞线直径—根数	A	B	C	D	F	H
15-2	160	65	50	50	150	200
15-4	160	80	90	65	800	200
15-6	160	100	130	80	800	200
15-8	210	120	160	100	800	250
15-12	290	120	180	110	800	320
15-14	320	125	180	110	1000	340

注：参数 E、G 应根据工程结构确定，ΔL 为环形锚索张拉伸长值。

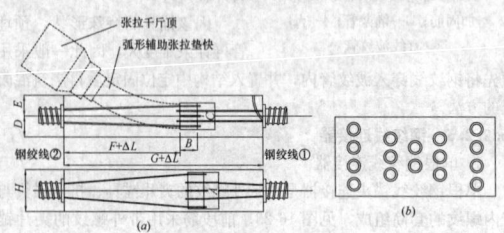

图 16-27   环锚示意图
(a) 环锚有关尺寸；(b) 环锚锥孔

16.2.3   钢丝束锚固体系

16.2.3.1   镦头锚固体系

镦头锚固体系适用于锚固任意根数的 φ5 或 φ7 钢丝束。镦头锚具的型式与规格可根据相关产品选用。

1. 常用镦头锚具

常用的镦头锚具分为 A 型与 B 型。A 型由锚杯与螺母组成，用于张拉端。B 型为锚板，用于固定端，其构造见图16-28。

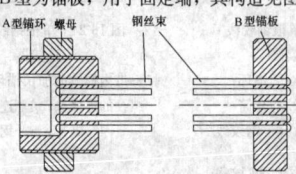

图 16-28   钢丝束镦头锚具

镦头锚具的锚杯与锚板一般采用 45 号钢，螺母采用 30 号钢和 45 号钢。

2. 特殊型镦头锚具

(1) 锚杆型锚具。由锚杆、螺母和半环形垫片组成，见图16-29。锚杆直径小，构件端部无需扩孔。

(2) 锚板型锚具。由带外螺纹的锚板与垫片组成，见图16-30。但另一端锚板应由锚芯与锚板环用螺纹连接，以便锚芯穿过孔道。

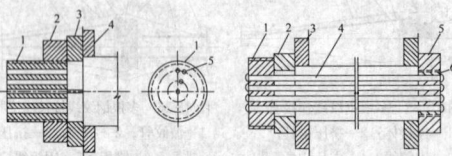

图 16-29   锚杆型镦头锚具
1—锚杆；2—螺母；
3—半环形垫片；4—预
埋钢板；5—锚孔

图 16-30   锚板型镦头锚具
1—带外螺纹的锚板；2—半环
形垫片；3—预埋钢板；4—钢
丝束；5—锚板环；6—锚芯

(3) 钢丝束连接器

当采用镦头锚具时，钢丝束的连接器，可采用带内螺纹的套筒

或带外螺纹的连杆，见图16-31。

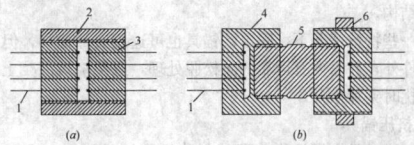

图 16-31   钢丝束连接器
(a) 带内螺纹的套筒；(b) 带外螺纹的套筒
1—钢丝；2—套筒；3—锚板；4—锚杆；
5—连杆；6—螺母

16.2.3.2   钢质锥形锚具

钢质锥形锚具由锚环与锚塞组成，适用于锚固 6~30φ5 和12~24φ7 钢丝束，见图16-32。

16.2.3.3   单根钢丝夹具

1. 锥销式夹具

锥销式夹具由套筒与锥塞组成，见图16-33，适用于夹持单根直径 4~7mm 的冷拉钢丝和消除应力钢丝等。

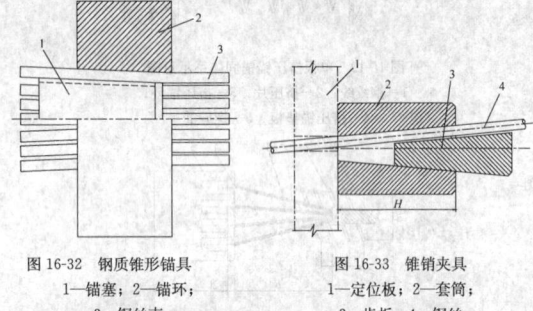

图 16-32   钢质锥形锚具
1—锚塞；2—锚环；
3—钢丝束

图 16-33   锥销夹具
1—定位板；2—套筒；
3—齿板；4—钢丝

2. 夹片式夹具

夹片式夹具由套筒和夹片组成，见图16-34，适用于夹持单根直径 5~7mm 的消除应力钢丝等。套筒内装有弹簧圈，随时将夹片顶紧，以确保成组张拉时夹片不滑脱。

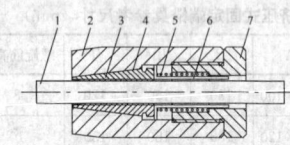

图 16-34   单根钢丝夹片夹具
1—钢丝；2—套筒；3—夹片；4—钢丝圈；
5—弹簧圈；6—顶杆；7—顶盖

16.2.4   螺纹钢筋锚固体系

16.2.4.1   螺纹钢筋锚具

螺纹钢筋锚具包括螺母与垫板，是利用与该钢筋螺纹匹配的特制螺母锚固的一种支承式锚具，见图16-35。表16-35列出了螺纹钢筋锚具的参考尺寸。

螺纹钢筋锚具螺母分为平面螺母和锥面螺母两种，垫板相应地分为平面垫板与锥面垫板两种。由于螺母传给垫板的压力沿 45° 方向向四周传递，垫板的边长等于螺母最大外径加 2 倍垫板厚度。

螺纹钢筋锚具参考尺寸（mm）   表16-35

钢筋直径	螺母分类	螺母				垫板			
		D	S	H	H₁	A	H	φ	φ'
25	锥面	57.7	50	54	13	120	20	35	62
	平面								
32	锥面	75	65	72	16	140	24	45	76
	平面								

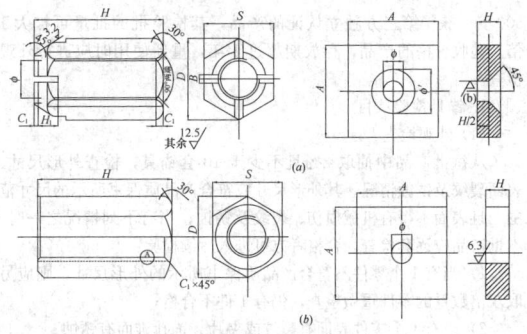

图 16-35 螺纹钢筋锚具
(a) 锥面螺母与垫板；(b) 平面螺母与垫板

16.2.4.2 螺纹钢筋连接器

螺纹钢筋连接器的形状见图 16-36。螺纹钢筋连接器的参考尺寸表 16-36。

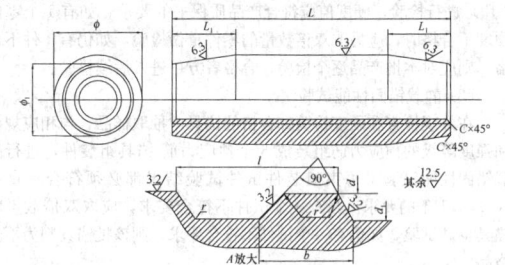

图 16-36 螺纹钢筋连接器

螺纹钢筋连接器尺寸（mm）　　表 16-36

公称直径	ϕ	ϕ_1	L	L_1	d	d_1	l	b
25	50	45	126	45	25.5	29.7	12	8
32	60	54	168	60	32.5	37.5	16	9

16.2.5 拉索锚固体系

预应力空间钢结构因其承载力高、改善结构的受力性能、节约钢材、可以表现出优美的建筑造型等优点得到大量的应用，在 2008 北京奥运场馆中广泛采用，取得了极好的效果。随着我国大跨度公共建筑发展的需要，预应力拉索在钢结构、混凝土结构工程中应用日益增多。其锚固体系是基于钢绞线夹片锚具、钢丝束镦头锚具与钢棒钢拉杆锚具等基础上发展起来的，主要包括：钢绞线压接锚具、冷（热）铸镦头锚具和钢绞线拉索锚具及钢拉杆等。

16.2.5.1 钢绞线压接锚具

钢绞线压接锚是利用钢索液压压接机将套筒径向压接在钢绞线端头的一种握裹式锚具，见图 16-37。钢绞线压接锚具的端头分为用于张拉端的螺杆式端头、用于固定端的叉耳及耳板端头。如在叉耳或耳板与压接段之间安装调节螺杆，也可用张拉端。

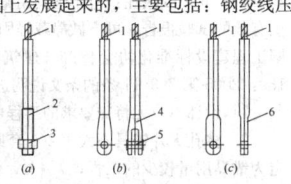

图 16-37 钢绞线压接锚具
(a) 螺杆端头；(b) 叉耳端头；
(c) 耳板端头
1—钢绞线；2—螺杆；3—螺母；
4—叉耳；5—轴销；6—耳板

16.2.5.2 冷铸镦头锚具

冷铸镦头锚具分为张拉端和固定端两种形式，采用环氧树脂、铁砂等冷铸材料进行浇筑和锚固。这种锚具有较高的抗疲劳性能，在大跨度斜拉索中广泛采用。

冷铸镦头锚具的构造，见图 16-38。其筒体内锥形腔灌注环氧铁砂。当钢绞受力时，借助于楔形原理，对钢丝产生夹紧力。钢丝穿过锚板后在尾部镦头，形成抵抗拉力的第二道防线。前端延长筒灌注弹性模量较低的环氧岩粉，并用尼龙环控制钢丝的位置。筒体

上有梯形外螺纹和圆螺母，便于调整索力和更换新索。张拉端锚具还有梯形内螺纹，以便与张拉杆连接。

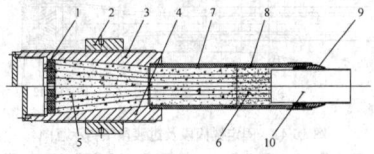

图 16-38 冷铸镦头锚具构造
1—锚头锚板；2—螺母；3—张拉端锚杯；4—固定端锚杯；5—冷铸料；
6—密封料；7—下连接筒；8—上连接筒；9—热收缩套管；10—索体

冷铸镦头锚具技术参数，见表 16-37。

冷铸镦头锚具技术参数　　表 16-37

规格	D_1 (mm)	L_1 (mm)	D_2 (mm)	L_2 (mm)	拉索外径 (mm)	破断索力 (kN)
5-55	$\phi135$	300	$\phi185$	70	51	1803
5-85	$\phi165$	335	$\phi215$	90	61	2787
5-127	$\phi185$	355	$\phi245$	90	75	4164
7-55	$\phi175$	350	$\phi225$	90	68	3535
7-85	$\phi205$	410	$\phi275$	110	83	5463
7-127	$\phi245$	450	$\phi315$	135	105	8162

16.2.5.3 热铸镦头锚具

热铸镦头锚具就是用低熔点的合金代替环氧树脂、铁砂浇筑和锚固，且没有延长筒，其尺寸较小，可用于大跨度结构、特种结构等 19~42ϕ5、ϕ7 钢丝束。热铸镦头锚具的构造与冷铸锚大体相同。热铸镦头锚具分为叉耳式、单（双）螺杆式、单耳式（耳环式）、单（双）耳内旋式等形式锚具。

16.2.5.4 钢绞线拉索锚具

钢绞线拉索锚具的构造，见图 16-39。

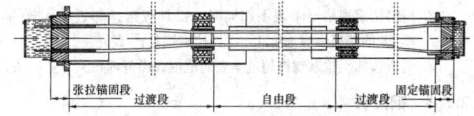

图 16-39 钢绞线拉索锚具构造

1. 张拉端锚具

张拉端锚具构造见图 16-40。对于短索可在锚板外缘加工螺纹，配以螺母承压；对于长索，由于索长调整量大，而锚板厚度有限，因此需要带支承筒的锚具，锚板位于支承筒顶面，支承筒依靠外面的螺母支承在锚垫板上。为了防止低应力状态下的夹片松动，设有防松装置。

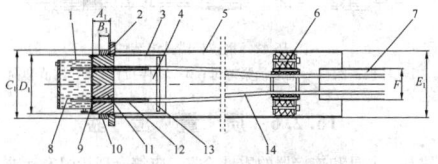

图 16-40 张拉锚固段及过渡段结构示意图
1—防护帽；2—锚垫板；3—过渡管；4—定位浆体；5—导管；
6—定位器；7—索套管；8—防腐润滑脂；9—夹片；10—调整
螺母；11—锚板；12—穿线管；13—密封装置；14—钢绞线

2. 固定端锚具

固定端锚具构造见图 16-41。可省去支承筒与螺母。拉索过渡段由锚垫板、预埋管、索导管、减振装置等组成。减振装置可减轻索的振动对锚具产生的不利影响。

拉索锚具内一般灌注油脂或石蜡等；对抗疲劳要求高的锚具一般灌注粘结料。钢绞线拉索锚具的抗疲劳性能好，施工适应性强，在体外预应力结构索和大跨度斜拉索中得到日益广泛的应用。常用钢绞线拉索锚具技术参数，见表 16-38。

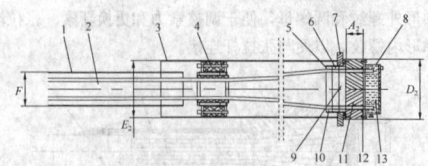

图 16-41 固定锚固段及过渡段结构示意图

1—索套管；2—钢绞线；3—导管；4—定位器；5—过渡管；
6—密封装置；7—锚垫板；8—防护帽；9—定位浆体；10—穿
线管；11—锚板；12—夹片；13—防腐润滑脂

常用钢绞线拉索锚具技术参数（mm） 表 16-38

斜拉索规格型号	DR 张拉端				DS 固定端		
	锚板外径 D_1	螺母外径 C_1	螺母厚度 B_1	导管参考尺寸 E_1	锚板外径 D_2	锚板厚度 A_2	导管参考尺寸 E_2
	锚板厚度 A_1						
15-12	Tr190×6 90	230	50	$\phi219×6.5$	185	85	$\phi180×4.5$
15-19	Tr235×8 105	285	65	$\phi267×6.5$	230	100	$\phi219×6.5$
15-22	Tr255×8 115	310	75	$\phi299×6.5$	250	100	$\phi219×6.5$
15-31	Tr285×8 135	350	95	$\phi325×6.5$	280	120	$\phi245×6.5$
15-37	Tr310×8 145	380	120	$\phi356×6.5$	300	125	$\phi273×6.5$
15-43	Tr350×8 150	425	115	$\phi406×6.5$	340	155	$\phi325×8$
15-55	Tr385×8 170	470	130	$\phi419×6.5$	380	175	$\phi325×8$
15-61	Tr385×8 185	470	145	$\phi419×6.5$	380	190	$\phi356×8$
15-73	Tr440×8 185	530	135	$\phi508×11$	430	190	$\phi406×9$
15-85	Tr440×8 215	530	165	$\phi508×11$	430	220	$\phi406×9$
15-91	Tr490×8 215	590	160	$\phi559×13$	480	215	$\phi457×10$
15-109	Tr505×8 220	610	180	$\phi559×13$	495	240	$\phi457×10$
15-127	Tr560×8 260	670	200	$\phi610×13$	550	290	$\phi508×11$

注：1. 本表的锚具尺寸同时适用 $\phi15.7$mm 钢绞线拉索；
　　2. 当斜拉索规格与本表不相同时，锚具应选择邻近较大规格，如 15-58 的斜拉索应选配 15-61 斜拉索锚具；
　　3. 当所选的斜拉索规格超过本表的范围，可咨询相关专业厂商。

16.2.5.5 钢拉杆

钢拉杆锚具组装件，见图 16-42。它由两端耳板、钢棒拉杆、调节套筒、锥形锁紧螺母等组成。拉杆材料为热处理钢材。两端耳板与结构支承点用轴销连接。钢棒拉杆可由多根接长，端头有螺纹。调节套筒既是连接器，又是锚具，内有正反牙。钢棒张拉时，收紧调节套筒，使钢棒建立预应力。

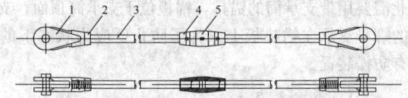

图 16-42 钢拉杆锚具组装件
1—耳板；2、4—锥形锁紧螺母；3—钢棒拉杆；5—调节套筒

16.2.6 质 量 检 验

锚具、夹具和连接器的质量验收，应符合现行国家标准《预应力筋用锚具、夹具和连接器》（GB/T 14370）、现行行业标准《预应力筋用锚具、夹具和连接器应用技术规程》（JGJ 85）和现行国家标准《混凝土结构工程施工质量验收规范》（GB 50204）的规定。

锚具、夹具和连接器进场时，应按合同核对锚具的型号、规格、数量及适用的预应力筋品种、规格和强度等。生产厂家应提供产品质量保证书和产品技术手册。产品按合同验收后，应按下列规定进行进场检验，检验合格后方可在工程中应用。

16.2.6.1 检验项目与要求

进场验收时，同一种材料和同一生产工艺条件下生产的产品，同批进场时可视为同一检验批。每个检验批的锚具不宜超过 2000 套。连接器的每个检验批不宜超过 500 套。夹具的检验批不宜超过

500 套。获得第三方独立认证的产品，其检验批的批量可扩大 1 倍。验收合格的产品，存放期超过 1 年，重新使用时应进行外观检查。

1. 锚具检验项目

（1）外观检查

从每批产品中抽取 2‰且不少于 10 套锚具，检查外形尺寸、表面裂纹及锈蚀情况。其外形尺寸应符合产品质保书所示的尺寸范围，且表面不得有机械损伤、裂纹及锈蚀；当有下列情况之一时，本批产品应逐套检查，合格者方可进入后续检验：

1）当有 1 个零件不符合产品质保书所示的外形尺寸，则应另取双倍数量的零件重做检查，仍有 1 件不合格；

2）当有 1 个零件表面有裂纹或夹片、锚孔锥面有锈蚀。

对配套使用的锚垫板和螺旋筋可按以上方法进行外观检查，但允许表面有轻度锈蚀。螺旋筋的钢筋不应采用焊接连接。

（2）硬度检验

对硬度有严格要求的锚具零件，应进行硬度检验。从每批产品中抽取 3‰且不少于 5 套样品（多孔夹片式锚具的夹片，每套抽取 6 片）进行检验，硬度值应符合产品质保书的要求。如有 1 个零件硬度不合格时，应另取双倍数量的零件重做检验，如仍有 1 件不合格，则应对本批产品逐个检验，合格者方可进入后续检验。

（3）静载锚固性能试验

在外观检查和硬度检验都合格的锚具中抽取样品，与相应规格和强度等级的预应力筋组装成 3 个预应力筋-锚具组装件，进行静载锚固性能试验。每束组装件试件试验结果都必须符合本章第 16.2.1.1 条的要求。当有一个试件不符合要求，应取双倍数量的锚具重做试验，如仍有一个试件不符合要求，则该批锚具判为不合格品。

2. 夹具检验项目

夹具进场验收时，应进行外观检查、硬度检验和静载锚固性能试验。检验和试验方法与锚具相同；静载锚固性能试验结果都必须符合本章第 16.2.1.2 条的要求。

3. 连接器的检验

永久留在混凝土结构或构件中的预应力筋连接器，应符合锚具的性能要求；在施工中临时使用并需要拆除的连接器，应符合夹具的性能要求。

另外，用于主要承受动荷载、有抗震要求的重要预应力混凝土结构，当设计提出要求时，应按现行国家标准《预应力筋用锚具、夹具和连接器》（GB/T 14370）的规定进行疲劳性能、周期荷载性能试验；锚具应用于环境温度低于 −50℃的工程时，尚应进行低温锚固性能试验。

国家标准《混凝土结构工程施工质量验收规范》（GB 50204—2002）第 6.2.3 条注：对于锚具用量较少的一般工程，如供货方提供有效的试验报告，可不做静载锚固性能试验。为了便于执行，中国工程建设标准化协会标准《建筑工程预应力施工规程》CECS 180：2005 第 3.3.11 条的条文说明进行了如下补充说明：

1）设计单位无特殊要求的工程可作为一般工程；

2）多孔夹片锚具不大于 200 套或钢绞线用量不大于 30t，可定为锚具用量较少的工程；

3）生产厂家提供的由专业检测机构测定的静载锚固性能试验报告，与供应的锚具为同条件同系列的产品，有效期一年，并以生产厂有严格的质保体系、产品质量稳定为前提；

4）如厂家提供的单孔和多孔夹片的夹片是通用产品，对一般工程可采用单孔锚具静载锚固性能试验考核夹片质量；

5）单孔夹片锚具、新产品锚具等仍按正常规定做静载锚固性能试验。

16.2.6.2 锚固性能试验

预应力筋-锚具或夹具组装件应按图 16-43 的装置进行静载试验；预应力筋-连接器组装件应按图 16-44 的装置进行静载试验。

1. 一般规定

（1）试验用预应力筋可由检测单位或受检单位提供，同时还应提供该批钢材的质量质保书。试验用预应力筋应先在有代表性的部位至少取 6 根试件进行母材力学性能试验，试验结果必须符合国家

现行标准的规定。其实测抗拉强度平均值 f_{pm} 应符合本工程选定的强度等级，超过上一等级时不应采用。

（2）试验用预应力筋-锚具（夹具或连接器）组装件中，预应力筋的受力长度不宜小于 3m。单根钢绞线的组装件试件，不包括夹持部位的受力长度不应小于 0.8m。

（3）如预应力筋在锚具夹持部位有偏转角度时，宜在该处安设轴向可移动的偏转装置（如锚环或多孔梳子板等）。

（4）试验用锚固零件应擦拭干净，不得在锚固零件上添加影响锚固性能的介质，如金刚砂、石墨、润滑剂等。

（5）试验用测力系统，其不确定度不得大于 2%；测量总应变的量具，其标距的不确定度不得大于标距的 0.2%；其指示应变的不确定度不得大于 0.1%。

2. 试验方法

预应力筋-锚具组装件应在专门的装置进行静载锚固性能试验，见图 16-43。预应力筋-连接器组装件应按图 16-44 进行静载锚固性能试验。加载之前应先将各根预应力筋的初应力调匀，初应力可取钢材抗拉强度标准值 f_{ptk} 的 5%～

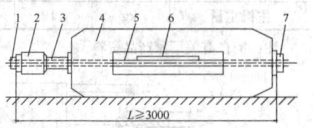

图 16-43 预应力筋-锚具组装件静载试验装置
1—张拉端试验锚具；2—加荷载用千斤顶；3—荷载传感器；4—承力台座；5—预应力筋；6—测量总应变的装置；7—固定试验锚具

10%。正式加载步骤为：按预应力筋抗拉强度标准值 f_{ptk} 的 20%、40%、60%、80%，分 4 级等速加载，加载速度每分钟宜为 100MPa；达到 80%后，持荷 1h；随后用低于 100MPa/min 加载速度逐渐加载至完全破坏，荷载达到最大值 F_{apu} 或预应力筋破断。

用试验机进行单根预应力筋-锚具组装件静载试验时，在应力达到 $0.8f_{ptk}$ 时，持荷时间可以缩短，但不应少于 10min。

3. 测量与观察的项目

试验过程中，应选取有代表性的预应力筋和锚具零件，测量其间的相对位移。加载速度不应超过 100MPa/min；在持荷期间，如其相对位移继续增加、不能稳定，表明已失去可靠的锚固能力。

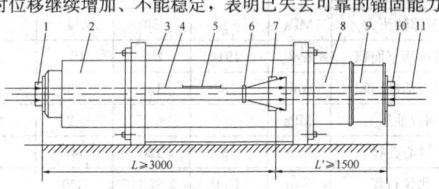

图 16-44 预应力筋-连接器组装件静载试验装置
1—张拉端试验锚具；2—加荷载用千斤顶；3—承力台座；4—连续段预应力筋；5—测量总应变的量具；6—转向约束钢环；7—试验连接器；8—附加承力圆筒或穿心式千斤顶；9—荷载传感器；10—固定端锚具；11—被接段预应力筋

16.3 张拉设备及配套机具

预应力施工常用的设备和配套机具包括：液压张拉设备及配套油泵，施工组装、穿束和灌浆机具及其他机具等。

16.3.1 液压张拉设备

液压张拉设备是由液压张拉千斤顶、电动油泵和张拉油管等组成。张拉设备应装有测力仪表，以准确建立预应力值。张拉设备应由经专业操作培训且合格的人员使用和维护，并按规定进行有效标定。

液压张拉千斤顶按结构形式不同可分为穿心式、实心式。穿心式千斤顶可分为前卡式、后卡式和穿心拉杆式；实心式千斤顶可分为顶推式、机械自锁式和实心拉杆式。

以下简单介绍几种工程常用千斤顶形式。

16.3.1.1 穿心式千斤顶

穿心式千斤顶是一种具有穿心孔，利用双液压缸张拉预应力筋

和顶压锚具的双作用千斤顶。这种千斤顶适应性强，既适用于张拉需要顶压的锚具；配上撑脚与拉杆，也可用于张拉螺杆锚具和镦头锚具。该系列产品有：YC20D 型、YC60 型和 YC120 型千斤顶等。

1. YC60 型千斤顶

YC60 型千斤顶，主要由张拉油缸、顶压油缸、顶压活塞、穿心套、保护套、端盖堵头、连接套、撑套、回程弹簧和动、静密封圈等组成。该千斤顶配上撑杆与拉杆后，见图 16-45。

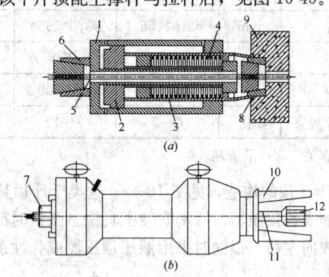

图 16-45 YC60 型千斤顶
（a）夹片式构造简图；（b）螺杆式加撑脚示意图
1—张拉油缸；2—顶压油缸（即张拉活塞）；3—顶压活塞；4—弹簧；5—预应力筋；6—工具锚；7—螺帽；8—工作锚；9—混凝土构件；10—撑脚；11—张拉杆；12—连接器

张拉预应力筋时，A 油嘴进油，B 油嘴回油，顶压油缸、连接套和撑套连成一体有移顶住锚环；张拉油缸、端盖螺母及堵头和穿心套连成一体带动工具锚左移张拉预应力筋。

顶压锚固时，在保持张拉力稳定的条件下，B 油嘴进油，顶压活塞、保护套和顶压头连成一体右移将夹片强力顶入锚环内。

张拉缸采用液压回程，此时 A 油嘴回油、B 油嘴进油。

张拉活塞采用弹簧回程，此时 A、B 油嘴同时回油，顶压活塞在弹簧力作用下回程复位。

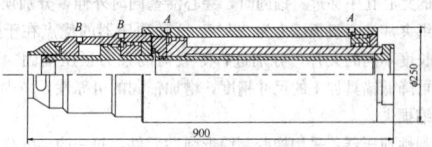

图 16-46 YC120 型千斤顶构造简图
A—张拉油路；B—顶压油路

2. YC120 型千斤顶

YC120 型千斤顶的构造见图 16-46，其主要特点是：该千斤顶由张拉千斤顶和顶压千斤顶两个独立部件"串联"组成，但需多一根高压输油管和增设附加换向阀。它具有构造简单、制作精度容易保证、装拆修理方便和通用性大等优点，但其轴向长度较大，预留钢绞线较长。

3. 大孔径穿心式千斤顶

大孔径穿心式千斤顶，又称群锚千斤顶，是一种具有一个大口径穿心孔，利用单液压缸张拉预应力筋的单作用千斤顶。这种千斤顶广泛用于张拉大吨位钢绞线束；配上撑脚与拉杆后也可作为拉杆式穿心式千斤顶。根据千斤顶构造上的差异与生产厂家不同，可分为三大系列产品：YCD 型、YCQ 型、YCW 型千斤顶；每一系列产品又有多种规格。

（1）YCD 型千斤顶

YCD 型千斤顶的技术性能见表 16-39。

YCD 型千斤顶的技术性能　　　　表 16-39

项　　目	单　位	YCD120	YCD200	YCD850
额定油压	N/mm²	50	50	50
张拉缸液压面积	cm²	290	490	766
公称张拉力	kN	1450	2450	3830
张拉行程	mm	180	180	250

续表

项　目	单位	YCD120	YCD200	YCD350
穿心孔径	mm	128	160	205
回程缸液压面积	cm²	177	263	—
回程油压	N/mm²	20	20	20
n 个液压顶压缸面积	cm²	$n×5.2$	$n×5.2$	$n×5.2$
n 个顶压缸压力	kN	$n×26$	$n×26$	$n×26$
外形尺寸	mm	$\phi315×550$	$\phi370×550$	$\phi480×671$
主机重量	kg	200	250	—
配套油泵		ZB4-500	ZB4-500	ZB4-500
适用 $\phi15$ 钢绞线束	根	4～7	8～12	19

注：摘自有关厂家产品资料。

　　YCD型千斤顶的构造，见图16-47。这类千斤顶具有大口径穿心孔，其前端安装顶压器，后端安装工具锚。张拉时活塞杆带动工具锚与钢绞线向左移，锚固时采用液压顶压器或弹性顶压器。

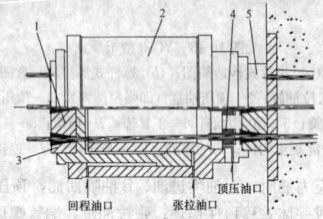

图16-47　YCD型千斤顶构造简图
1—工具锚；2—千斤顶缸体；3—千斤顶活塞；
4—顶压器；5—工作锚

　　液压顶压器：采用多孔式（其孔数与锚具孔数同），多油缸并联。顶压器的每个穿心式顶压活塞对准锚具的一组夹片。钢绞线从活塞的穿心孔中穿过。锚固时，穿心活塞同时伸出，分别顶压锚具的每组夹片，每组顶压力为25kN。这种顶压器的优点在于能够向外露长度不同的夹片，分别进行等载荷的强力顶压锚固。这种做法，可降低锚具加工的尺寸精度，增加锚固的可靠性，减少夹片滑移回缩损失。

　　弹性顶压器：采用橡胶制筒形弹性元件，每一弹性元件对准一组夹片，钢绞线从弹性元件的孔中穿过。张拉时，弹性顶压器的壳体把弹性元件顶压在夹片上。由于弹性元件与夹片之间有弹性，钢绞线能正常地拉出来。张拉后无顶锚工序，利用钢绞线内缩将夹片带进锚固。这种做法，可使千斤顶的构造简化、操作方便，但夹片滑移回缩损失较大。

　　（2）YCQ型千斤顶

　　YCQ型千斤顶的构造，见图16-48。这类千斤顶的特点是不顶锚，用限位板代替顶压器。限位板的作用是在钢绞线束张拉过程中限制工作锚夹片的外伸长度，以保证在锚固时夹片有均匀一致和所期望的内缩值。这类千斤顶的构造简单、造价低、无需顶锚、操作方便，但要求锚具的自锚性能可靠。在每次张拉到控制油压值或需要将钢绞线锚住时，只要打开截止阀，钢绞线即随之被锚固。另外，这类千斤顶配有专门的工具锚，以保证张拉锚固后退楔方便。

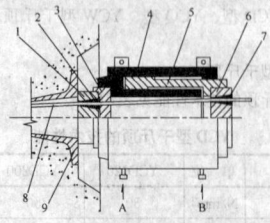

图16-48　YCQ型千斤顶的构造简图
1—工作锚板；2—夹片；3—限位板；4—缸体；5—活塞；6—工具锚板；7—工具夹片；8—钢绞线；9—铸铁整体承压板
A—张拉时进油嘴；B—回缩时进油嘴

　　YCQ型千斤顶技术性能见表16-40。

YCQ型千斤顶技术性能　　　　表16-40

项　目	单　位	YCQ100	YCQ200	YCQ350	YCQ500
额定油压	N/mm²	63	63	63	63
张拉缸活塞面积	cm²	219	330	550	783
理论张拉力	kN	1380	2080	3460	4960
张拉行程	mm	150	150	150	200
回程缸活塞面积	cm²	113	185	273	427
回程油压	N/mm²	<30	<30	<30	<30
穿心孔直径	mm	90	130	140	175
外形尺寸	mm	$\phi258×440$	$\phi340×458$	$\phi420×446$	$\phi490×530$
主机重量	kg	110	190	320	550

注：摘自有关厂家产品资料。

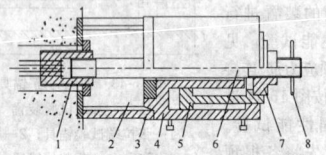

图16-49　带支撑脚 YCW型千斤顶构造简图
1—锚具；2—支撑环；3—撑脚；4—油缸；5—活塞；
6—张拉杆；7—张拉杆螺母；8—张拉杆手柄

　　（3）YCW型千斤顶

　　YCW型千斤顶是在 YCQ型千斤顶的基础上发展起来的。近几年来，又进一步开发出 YCW型轻量化千斤顶，它不仅体积小、重量轻，而且强度高，密封性能好。该系列产品的技术性能，见表16-41。YCW型千斤顶加撑脚与拉杆后，可用于镦头锚具和冷铸镦头锚具，见图16-49。

YCW型千斤顶技术性能　　　　表16-41

项　目	单　位	YCW100B	YCW150B	YCW250B	YCW400B
公称张拉力	kN	973	1492	2480	3956
公称油力	MPa	51	50	54	52
张拉活塞面积	cm²	191	298	459	761
回程活塞面积	cm²	78	138	280	459
回程油压力	MPa	<25	<25	<25	<25
穿心孔径	mm	78	120	140	175
张拉行程	mm	200	200	200	200
主机重量	kg	65	108	164	270
外形尺寸 $\phi D×L$	mm	$\phi214×370$	$\phi285×370$	$\phi344×380$	$\phi432×400$

注：摘自有关厂家产品资料。

16.3.1.2 前置内卡式千斤顶

　　前置内卡式千斤顶是将工具锚安装在千斤顶前部的一种穿心式千斤顶。这种千斤顶的优点是节约预应力筋，使用方便，效率高。

　　YCN25型前卡式千斤顶由外缸、活塞、内缸、工具锚、顶压头等组成，见图16-50。张拉时既可自锁锚固，也可顶压锚固。采用顶压锚固时，需在千斤顶端部装顶压器，在油泵路上加装分流阀。

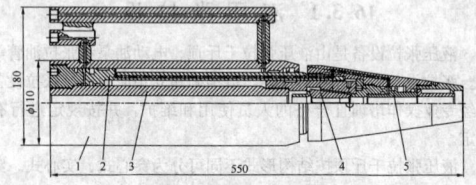

图16-50　YCN25型前卡式千斤顶构造简图
1—外缸；2—活塞；3—内缸；4—工具锚；5—顶压头

　　YCN25型前卡式千斤顶的技术性能：张拉力 250kN、额定压力 50MPa、张拉行程 200mm、穿心孔径 18mm、外形尺寸 $\phi110×$

550mm、主机重量22kg，适用于单根钢绞线张拉或多孔锚具单根张拉。

16.3.1.3 双缸千斤顶

开口式双缸千斤顶是利用一对倒置的单活塞杆缸体将预应力筋卡在其开口处的一种千斤顶。这种千斤顶主要用于单根超长钢绞线中间张拉及既有结构中预应力筋截断或松锚等。

开口式双缸千斤顶由活塞支架、油缸支架、活塞体、缸体、缸盖、夹片等组成，见图16-51。当油缸支架A油嘴进油，活塞支架B油嘴回油时，液压油分流到两侧缸体内，由于活塞支架不动，缸体支架后退带动预应力筋张拉。反之，B油嘴进油，A油嘴回油时，缸体支架复位。

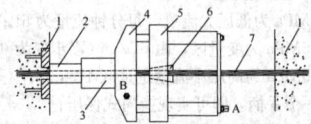

图16-51 开口式双缸千斤顶构造简图
1—承压板；2—工作锚；3—顶压器；4—活塞支架；
5—油缸支架；6—夹片；7—预应力筋；A、B—油嘴

开口式双杠千斤顶的公称张拉力为180kN，张拉行程为150mm，额定压力为40MPa，主机重量为47kg。

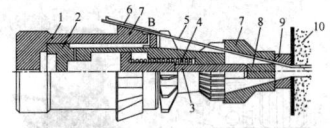

图16-52 YZ锥锚式千斤顶构造简图
1—张拉油缸；2—顶压油缸（张拉活塞）；
4—弹簧；5—预应力筋；6—楔块；7—对中套；8—锚塞；
9—锚环；10—混凝土构件

16.3.1.4 锥锚式千斤顶

锥锚式千斤顶是一种具有张拉、顶锚和退楔功能的三作用千斤顶，用于张拉锚固钢丝束钢质锥形锚具。

锥锚式千斤顶由张拉油缸、顶压油缸、顶杆、退楔装置等组成，见图16-52，技术参数见表16-42。楔块夹住预应力钢丝后，从A油嘴进油，顶杆伸出将锥形锚塞压入锚环内；从B油嘴继续进油，千斤顶卸荷回油，利用退楔翼片退楔，顶杆靠弹簧回程。

YZ型锥锚式千斤顶技术性能 表16-42

型号	公称张拉力（kN）	张拉行程（mm）	主机重量（kg）	外形尺寸（mm）
YZ600	600	200	170	φ330×818
YZ850	850	250	136	φ370×796
		400	155	φ400×981
YZ1500	1500	300	180	φ394×892

16.3.1.5 拉杆式千斤顶

拉杆式千斤顶由主油缸、主缸活塞、回油缸、回油活塞、连接器、传力架、活塞拉杆等组成。图16-53是用拉杆式千斤顶张拉时的工作示意图。张拉前，先将连接器旋在预应力的螺丝端杆上，相互连接牢固。千斤顶由传力架支承在构件端部的钢板上。张拉时，高压油进入主油缸、推动主缸活塞及拉杆，通过连接器和螺丝端杆，预应力筋被伸长。千斤顶拉力的大小可由油泵压力表的读数直接显示。当张拉力达到规定值时，拧紧螺丝端杆上的螺母，此时张拉完成的预应力筋被锚固在构件的端部。锚固后回油缸

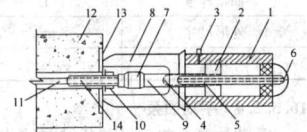

图16-53 拉杆式千斤顶张拉示意图
1—主油缸；2—主缸活塞；3—进油孔；
4—回油缸；5—回油活塞；6—回油孔；7—回油孔；8—连接器；7—传力架；9—拉杆；10—螺母；11—预应力筋；12—混凝土构件；
13—承压板；14—螺丝端杆

进油，推动回油活塞工作，千斤顶脱离构件，主缸活塞、拉杆和连接器回到原始位置。最后将连接器从螺丝端杆上卸掉，卸下千斤顶，张拉结束。

目前常用的一种千斤顶是YL60型拉杆式千斤顶。另外，还生产YL400型和YL500型千斤顶，其张拉力分别为4000kN和5000kN，主要用于张拉力大的螺纹钢筋等张拉。

16.3.1.6 扁千斤顶

扁千斤顶采取薄型设计，轴向尺寸很小，见图16-54，常用于狭小的工作空间，如更换桥梁支座。扁千斤顶技术参数见表16-43。

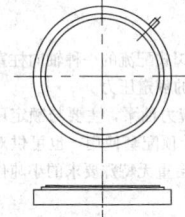

图16-54 扁千斤顶结构简图

扁千斤顶技术参数 表16-43

最大载荷（kN）	最大行程（mm）	工作压力（MPa）	外形尺寸（mm）
1000	15	50	φ220×50
1600	15	51	φ258×60
2500	18	50	φ310×78
3500	18	49	φ380×107

扁千斤顶使用时，需在千斤顶和张顶构件之间放置垫块。

扁千斤顶有临时性使用和永久性使用两种情况。临时性使用是指千斤顶完成张顶后，拆除复原；永久性使用是指千斤顶作为结构的一部分永久保留在结构物中。

16.3.1.7 千斤顶使用注意事项与维护

1. 千斤顶使用注意事项

(1) 千斤顶不允许在超过规定的负荷和行程的情况下使用。

(2) 千斤顶在使用时活塞外露部分如果粘上灰尘杂物，应及时用油擦洗干净。使用完毕后，各油缸应回程到底，保持进、出口的洁净，加覆盖保护，妥善保管。

(3) 千斤顶张拉升压时，应观察有无漏油和千斤顶位置是否偏斜，必要时应回油调整。进油升压必须徐缓、均匀、平稳，回油降压时应缓慢松开回油阀，并使各油缸回程到底。

(4) 双作用千斤顶在张拉过程中，应使顶压油缸全部回油。在顶压过程中，张拉油缸应予持荷，以保证恒定的张拉力，待顶压锚固完成时，张拉油缸再回油。

2. 千斤顶常见故障及其排除，见表16-44。

千斤顶常见故障及其排除方法 表16-44

故障现象	故障的可能原因	排除方法
漏油	1. 油封失灵 2. 油嘴连接部位不密封	1. 检查或更换密封圈 2. 修理连接油嘴或更换垫片
千斤顶张拉活塞不动或运动困难	1. 操作阀用错 2. 回程缸没有进油 3. 张拉油缸漏油 4. 油量不足 5. 活塞密封圈胀得太紧	1. 正确使用操作阀 2. 使张拉缸回油 3. 按漏油原因排除 4. 加足油量 5. 检查密封圈规格并更换
千斤顶活塞运行不稳定	油缸中存有空气	空载往复运行几次排除空气
千斤顶缸体或活塞刮伤	1. 密封圈上混有铁屑或砂粒 2. 缸体变形	1. 检验密封圈，清理杂物，修理缸体和活塞 2. 检验缸体材料、尺寸、硬度，修复或更换
千斤顶连接油管开裂	1. 油管拆卸次数过多，使用过久 2. 压力过高 3. 焊接不良	1. 注意拆装，避免乱折，不易修复时应更换油管 2. 检查油压表是否失灵，压力是否超过规定压力 3. 焊接牢固

16.3.2 油　泵

16.3.2.1 通用电动油泵

预应力用电动油泵是用电动机带动与阀式配流的一种轴向柱塞泵。油泵的额定压力应等于或大于千斤顶的额定压力。

ZB4-500 型电动油泵是目前通用的预应力油泵，主要与额定压力不大于 50MPa 的中等吨位的预应力千斤顶配套使用，也可供对流量无特殊要求的大吨位千斤顶和对油泵自重无特殊要求的小吨位千斤顶使用，技术性能见表 16-45。

ZB4-500 型电动油泵技术性能　　　　表 16-45

柱塞	直径	mm	φ10
	行程	mm	6.8
	个数	个	2×3
额定油压		MPa	50
公称流量		L/min	2×2
出油嘴数		个	2
电动机	功率	kW	3
	转数	r/min	1420
用油种类			10 号或 20 号机械油
油箱容量		L	42
外形尺寸		mm	745×494×1052
重量		kg	120

ZB4-500 型电动油泵由泵体、控制阀、油箱小车和电器设备等组成，见图 16-55。

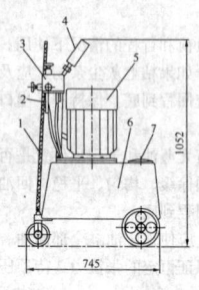

图 16-55　ZB4-500 型电动油泵
(a) 电动油泵结构简图；(b) 电动油泵外形图
1—拉手；2—电气开关；3—组合控制阀；4—压力表；
5—电动机；6—油箱小车；7—加油口

泵体采用阀式配流的双联式轴向定量泵结构形式。双联式即将同一泵体的柱塞分成两组，共用一台电动机，由公共的油嘴进油，左、右油嘴各自出油，左、右两路的流量和压力互不干扰。

控制阀由节流阀、截止阀、溢流阀、单向阀、压力表和进油嘴、出油嘴、回油嘴组成。节流阀控制进油速度，关闭时进油最快。截止阀控制卸荷，进油时关闭，回油时打开。单向阀控制持荷。溢流阀用于控制最高压力，保护设备。

16.3.2.2 超高压变量油泵

（1）ZB10/320-4/800 型电动油泵

ZB10/320-4/800 型电动油泵是一种大流量、超高压的变量油泵，主要与张拉力 1000kN 以上或工作压力在 50MPa 以上的预应力液压千斤顶配套使用。

ZB10/320-4/800 型电动油泵的技术性能如下：

额定油压：一级 32MPa；二级 80MPa；

公称流量：一级 10L/min；二级 4L/min；

电动机功率：7.5kW，油泵转速 1450r/min；

油箱容量：120L；

外形尺寸：1100mm×590mm×1120mm；

空泵重量：270kg。

ZB10/320-4/800 型电动油泵由泵体、变量阀、组合控制阀、油箱小车、电气设备等组成。泵体采用阀式配流的轴向柱塞泵，设有 3×φ12 和 3×φ14 两组柱塞副。由泵体小柱塞输出的油液经变量阀直接到控制阀，大柱塞输出油液经单向阀和小柱塞输出油液汇成一路到控制阀。当工作压力超过 32MPa 时，活塞顶杆右移推开变量阀锥阀，使大柱塞输出油液空载回流回油箱。此时，单向阀关闭，小柱塞油液不返流而继续向控制阀供油。在电动机功率恒定条件下，因输出流量小而获得较高的工作压力。

（2）ZB618 型电动油泵

ZB618 型电动油泵，即 ZB6/1-800 型电动油泵，可用于各类型千斤顶的张拉，主要特点：

1）0~15MPa 为低压大流量，每分钟流量为 6L；

2）15~25MPa 为变量区，由 6L/min 逐步变为 0.6L/min；

3）25~80MPa 为高压小流量定量区 1L/min；

4）扳动一个手柄，即可实现换向式保压；

5）体积小，重量轻（70kg）。

16.3.2.3 小型电动油泵

ZB1-630 型油泵主要用于小吨位液压千斤顶和液压镦头器，也可用于中等吨位千斤顶，见图 16-56。该油泵额定油压为 63MPa，流量为 0.63L/min，具有自重轻、操作简单、携带方便，对高空作业、场地狭窄尤为适用，技术性能见表 16-46。

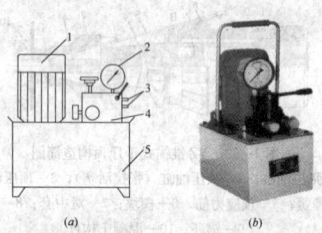

图 16-56　ZB1-630 型电动油泵
(a) 电动油泵结构简图；(b) 电动油泵外形图
1—泵体；2—压力表；3—油嘴；4—组合
控制阀；5—油箱

该油泵由泵体、组合控制阀、邮箱继电器开关等组成。泵体系自吸式轴向柱塞泵。组合控制阀由单向阀、节流阀、截止阀、换向阀、安全阀、油嘴和压力表组成。换向手柄居中，各路通 0；手柄顺时针旋紧，上油路进油，下油路回油；反时针旋松，则下油路进油，上油路回油。

ZB1-630 型电动油泵技术性能　　　　表 16-46

柱塞	直径	mm	φ8
	行程	mm	5.57
	个数	个	3
额定油压		MPa	63
公称流量		L/min	1
出油嘴数		个	2
电动机	功率	kW	1.1
	转数	r/min	1400
用油种类			10 号或 20 号机械油
油箱容量		L	18
外形尺寸		mm	501×306×575
重量		kg	55

16.3.2.4 手动油泵

手动油泵是将手动的机械能转化为液体的压力能的一种小型液压泵站，见图 16-57。加装踏板弹簧复位机构，可改为脚动操作。

手动油泵特点：动力为人工手动，高压，超小型、携带方便，操作简单，应用范围广，主机重量根据油箱容量不同一般为 8~20kg。

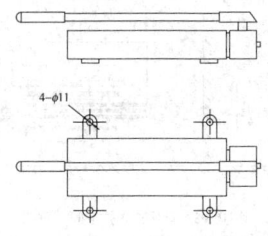

图 16-57 手动油泵

16.3.2.5 外接油管与接头

1. 钢丝编织胶管及接头

组件连接千斤顶和油泵，见图 16-58。推荐采用钢丝编织胶管。

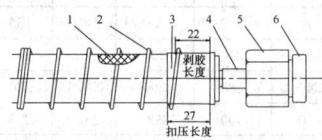

图 16-58 编织钢丝胶管接头组件结构简图
1—钢丝编制胶管；2—保护弹簧；3—接头外套；
4—接头芯子；5—接头螺母；6—防尘堵头

根据千斤顶的实际工作压力，选择钢丝编织胶管与接头组件。但须注意，连接螺母的螺纹应与液压千斤顶定型产品的油嘴螺纹（M16×1.5）一致。

2. 油嘴及垫片

YC60 型千斤顶、LD10 型钢丝镦头器和 ZB4-500 型电动油泵三种定型产品采用的统一油嘴是 M16×1.5 平端油嘴，见图 16-59，垫片为 $\phi13.5 \times \phi7 \times 2$（外径×外径×厚）紫铜垫片（加工后应经退火处理）。

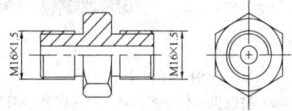

图 16-59 M16×1.5 平端油嘴

3. 自封式快装接头

为了解决接头装卸需用扳手，卸下的接头漏油造成油液损失和环境污染问题，可采用一种内径 6mm 的三层钢丝编织胶管和自封式快装接头。该接头完能承受 $50N/mm^2$ 的油压，而且柔软易弯折，不需工具就能迅速装卸。卸下的管道接头能自动密封，油液不会流失，使用极为方便，结构见图 16-60。

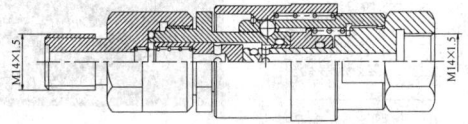

图 16-60 自封式快速接头结构简图

16.3.2.6 油泵使用注意事项与维护

1. 油泵使用注意事项

（1）油泵和千斤顶的工作油液，一般用 10 号或 20 号机油，亦可用其他性质相近的液压用油，如变压器油等。油箱的油液需经滤清，经常使用时每月过滤一次，不经常使用时每三个月过滤一次，油箱应定期清洗。油箱内一般应保持 85% 左右的油位，不足时应补充，补充的油应与油泵中的油相同。油箱内的油温一般应以 10～40℃ 为宜，不宜在负温下使用。

（2）连接油泵和千斤顶的油管应保持清洁，不使用时用螺丝封堵，防止泥沙进入。油泵和千斤顶外露的油嘴要用螺帽封住，防止灰尘、杂物进入机内。每日用完后，应将油泵擦净，清除滤油铜丝布上的油垢。

（3）油泵不宜在超负荷下工作，安全阀按设备额定油压或用油压调整压力，严禁任意调整。

（4）接电源时，机壳必须接地线。检查线路绝缘情况后，方可

试运转。

（5）油泵运转前，应将各油路调节阀松开，待压力表慢慢退回至零位后，方可卸开千斤顶的油管接头螺帽。严禁在负荷时拆换油管或压力表等。

（6）油泵停止工作时，应先将回油阀缓缓松开，待压力表慢慢退回至零位后，方可卸开千斤顶的油管接头螺母。严禁在负荷时拆换油管或压力表等。

（7）配合双作用千斤顶的油泵，宜采用两路同时输油的双联式油泵（ZB4/500 型）。

（8）耐油橡胶管必须耐高压，工作压力不得低于油泵的额定油压或实际工作的最大油压。油管长度不宜小于 3m。当一台油泵带动两台千斤顶时，油管规格应一致。

2. 油泵常见故障及其排除方法，见表 16-47。

油泵常见故障及其排除方法 表 16-47

故障现象	故障的可能原因	排除方法
不出油、出油不足或波动	1. 泵体内存有空气 2. 漏油 3. 油箱液面太低 4. 油太稀、太黏或太脏 5. 泵之油网堵塞 6. 泵体的柱塞卡住、吸油弹簧失效和柱塞与套筒磨损 7. 泵体的进排油阀密封不严、配合不好	1. 旋拧各手柄排出空气 2. 查找漏点予以清除 3. 添加新油 4. 调和适当或更换新油 5. 清洗去污 6. 清洗柱塞与套筒或更换损坏件 7. 清洗阀口或更换阀座、弹簧和密封圈
压力表上不去	1. 泵体内存有空气 2. 漏油 3. 控制阀上的安全阀口损坏或阀失灵 4. 控制阀上的送油阀口损坏或阀杆锥端损坏 5. 泵体的进排油阀密封不严、配合不好 6. 泵体的柱塞套筒过度磨损	1. 旋拧各手柄排出空气 2. 查找漏点予以清除 3. 镗平阀口并更换损坏件 4. 镗平接合处阀口和修换阀杆 5. 清洗阀口或更换阀座、弹簧和密封圈 6. 更换新件
持压时表针回降	1. 外漏 2. 控制阀上的持压单向阀失灵 3. 回油阀密封失灵	1. 查找漏点予以清除 2. 清洗和修刮阀口，敲击钢球或更换新件 3. 清洗与修好回油阀口和阀杆
泄露	1. 焊缝或油管路破裂 2. 螺纹松动 3. 密封垫片失效 4. 密封圈破裂 5. 泵体的进排油阀破坏或柱塞与套筒磨损过度	1. 重新焊好或更换损坏件 2. 拧紧各丝堵、接头和各有关螺钉 3. 更换新片 4. 更换新件 5. 修复阀口或更换阀座、弹簧、柱塞和套筒
噪声	1. 进排油路有局部堵塞 2. 轴承或其他件损坏和松动 3. 吸油管等混入空气	1. 除去堵塞物使油路畅通 2. 换件或拧紧 3. 排气

16.3.3 张拉设备标定与张拉空间要求

16.3.3.1 张拉设备标定

施加预应力用的机具设备及仪表，应由专人使用和管理，并应定期维护和标定。

张拉设备应配套标定，以确定张拉力与压力表读数的关系曲线。标定张拉设备用的压力检测装置精度等级不应低于 0.4 级，量程应为该项试验最大压力的 120%～200%。标定时，千斤顶活塞的运行方向，应与实际张拉工作状态一致。

张拉设备的标定期限，不宜超过半年。当发生下列情况之一时，应对张拉设备重新标定：

（1）千斤顶经过拆卸修理；

(2) 千斤顶久置后重新使用；

(3) 压力表受过碰撞或出现失灵现象；

(4) 更换压力表；

(5) 张拉中预应力筋发生多根破断事故或张拉伸长值误差较大。

16.3.3.2 液压千斤顶标定

千斤顶与压力表应配套标定，以减少积累误差，提高测力精度。

1. 用压力试验机标定

穿心式、锥锚式和台座式千斤顶的标定，可在压力试验机上进行。

标定时，将千斤顶放在试验机上并对准中心。开动油泵向千斤顶供油，使活塞运行至全部行程的 1/3 左右，开动试验机，使压板与千斤顶接触。当试验机处于工作状态时，再开动油泵，使千斤顶张拉或顶压试验机。分级记录试验机吨位和对应的压力表读数，重复三次，求其平均值，即可绘出油压与吨位的标定曲线，供张拉时使用。如果需要测试孔道摩擦损失，则标定时将千斤顶进油嘴关闭，用试验机压千斤顶，得出千斤顶被动工作时油压与吨位的标定曲线。

根据液压千斤顶标定方法的试验研究得出：

(1) 用油膜密封的试验机，其主动与被动工作室的吨位读数基本一致；因此用千斤顶试验机时，试验机的吨位读数不必修正。

(2) 用密封圈密封的千斤顶，其正向与反向运行时内摩擦力不相等，并随着密封圈的做法、缸壁与活塞的表面状态、液压油的黏度等变化。

(3) 千斤顶立放与卧放运行时的内摩擦力差异小。因此，千斤顶立放标定时的表读数用于卧放张拉时不必修正。

2. 用标准测力计标定

用测力计标定千斤顶是一种简单可靠的方法，准确程度较高。常用的测力计有水银压力计、压力传感器或弹簧测力环等，标定装置如图 16-61、图 16-62 所示。

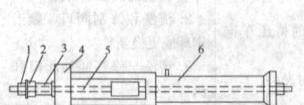
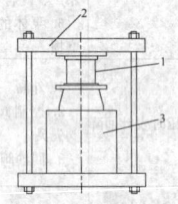

图 16-61 用穿心式压力
传感器标定千斤顶
1—螺母；2—垫板；3—穿心式
压力传感器；4—横梁；5—拉杆；
6—穿心式千斤顶

图 16-62 用压力传感器
（或水银压力计）标定千斤顶
1—压力传感器（或水银
压力计）；2—框架；
3—千斤顶

标定时，千斤顶进油，当测力计达到一定分级载荷读数 N1 时，读出千斤顶压力表上相应的读数 p1；同样可得对应读数 N2、p2；N3、p3；…。此时，N1、N2、N3…即为对应于压力表读数 p1、p2、p3…时的实际作用力。重复三次，求其平均值。将测得的各值绘成标定曲线。实际使用时，可由此标定曲线找出与要求的 N 值相对应的 p 值。

此外，也可采用两台千斤顶卧放对顶并在其连接处装标准测力计进行标定。千斤顶 A 进油，B 关闭时，读出两组数据：(1) N-Pa 主动关系，供张拉预应力筋时确定张拉端拉力用；(2) N-Pb 被动关系，供测试孔道摩擦损失时确定固定端拉力用。反之，可得 N-Pb 主关系，N-Pa 被动关系。

16.3.3.3 张拉空间要求

施工时应根据所用预应力筋的种类及其张拉锚固工艺情况，选用张拉设备。预应力筋的张拉力不宜大于设备额定张拉力的 90%，预应力筋的一次张拉伸长值不应超过设备的最大张拉行程。当一次张拉不足时，可采取分级重复张拉的方法，但所用的锚具与夹具应适应重复张拉的要求。

千斤顶张拉所需空间，见图 16-63 和表 16-48。

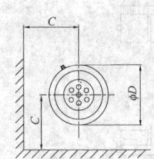
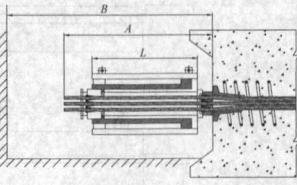

图 16-63 千斤顶张拉空间示意图

千斤顶张拉空间 表 16-48

千斤顶型号	千斤顶外径 D (mm)	千斤顶长度 L (mm)	活塞行程 (mm)	最小工作空间		钢绞线预留长度 A (mm)
				B (mm)	C (mm)	
YCW100B	214	370	200	1200	150	570
YCW150B	285	370	200	1250	190	570
YCW250B	344	380	200	1270	220	590
YCW350B	410	400	200	1320	255	620
YCW400B	432	400	200	1320	265	620

16.3.4 配套机具

16.3.4.1 组装机具

1. 挤压机

挤压机是预应力施工重要配套机具之一，用于预应力钢绞线挤压式固定端的制作，外观见图 16-64。

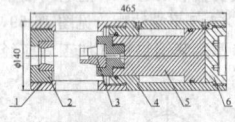

图 16-64 挤压机
(a) 挤压机结构简图；(b) 挤压机外形图
1—套筒；2—挤压模；3—挤压顶杆；
4—外缸；5—活塞；6—端盖

挤压锚具组装时，挤压机的活塞杆推动套筒通过喇叭形挤压模，使套筒变细，挤压簧或挤压片碎断，一半嵌入外钢套，一半入钢绞线，从而增加钢套筒与钢绞线之间的摩阻力，形成挤压头。挤压后预应力筋外露长度不应小于 1mm。

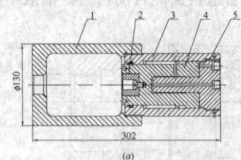

图 16-65 紧楔机
(a) 紧楔机结构简图；(b) 紧楔机外形图
1—套筒；2—限位块；3—外缸；4—内缸；5—活塞

2. 紧楔机

紧楔机是用于夹片式固定端及挤压式固定端的制作，外观见图 16-65。在夹片式固定端的制作中，用紧楔机将夹片压入锚环而将夹片与锚环楔紧；在挤压式固定端的制作中，紧楔机将挤压后的挤压锚压入配套的挤压锚座中，使得挤压锚具与锚座牢固连接，避免在混凝土振捣过程中与锚座分离，影响张拉及施工质量。

3. 镦头机

对 $\phi7$、$\phi9$ 的预应力钢丝进行镦头的配套机具，外观见图 16-66，常用于先张法构件的施工。在镦头过程中，将钢丝插入镦头机后，镦头机内部的夹片和镦头模即可将钢丝头部成圆形。镦头加工简单，张拉方便，锚固可靠，成本较低，但对钢丝束的等长要求较严。

镦头要求：头型直径应符合 1.4～1.5 倍钢丝直径，头型圆整、

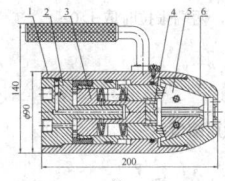
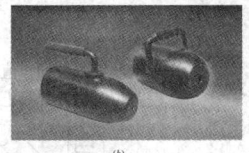

图 16-66 镦头机

(a) 镦头机结构简图；(b) 镦头机外形图

1—外缸；2—端盖；3—活塞；4—镦头模；

5—镦头夹片；6—镦头机锚环

不偏歪，颈部母材不受损伤，镦头钢丝强度不得低于钢丝强度标准值的 98%。

4. 液压剪

用于预应力锚具张拉后外露钢绞线的穴内切断，可保证钢绞线端头不露出建筑外立面，外观见图 16-67。

5. 轧花机

轧花机可将钢绞线轧成梨形 H 形锚头，外观见图 16-68。直径 15.2mm 预应力钢绞线轧花后梨形头部尺寸应符合有关规范和标准的要求。H 形锚固体系包括含梨形自锚头的一段钢绞线、支托梨形自锚头用的钢筋支架、螺旋筋、约束圈、金属波纹管等。

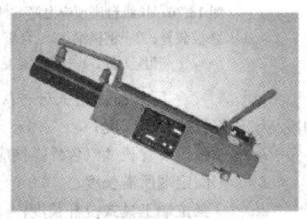

图 16-67 液压剪　　图 16-68 轧花机

16.3.4.2 穿束机具

穿束机适用于预应力钢绞线穿束施工（后张法），穿束机通过内部的辊子对钢绞线施加牵引力，将钢绞线穿入预制的孔道内，具有操作简单、穿束速度快、施工成本低等优点。施工操作时只需 2～3 人即可，不需用吊车、装载机等大型机械配合。图 16-69 所示为工人正在用穿束机穿预应力筋。

图 16-69 采用穿束机穿束

16.3.4.3 灌浆机具

灌浆泵主要用于建筑和桥梁等预应力工程中，作为孔道灌浆的专用设备，如后张法预应力工程的波纹管内灌浆，灌浆后保证腔体内浆体饱满，无空气、水侵入，从而保证工程的质量，外观见图 16-70。

16.3.4.4 其他机具

1. 顶压器

顶压器可与液压顶压千斤顶配合使用，用于空间无法布置单孔千斤顶位置的张拉，如单根预紧群锚具时。顶压器可与各种类型的群锚具配合使用，其作用在于限位和顶压，锚固性能可靠，操作方便，外观见图 16-71。

2. 变角张拉器

用于需要偏斜张拉的结构，分为单孔变角器和群锚变角器，外观见图 16-72，通过若干个转角块将原有钢绞线延长线的角度逐步

图 16-70 灌浆泵

图 16-71 不同形式的顶压器

(a) 单孔顶压器；(b) 群锚顶压器

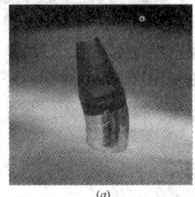

图 16-72 单孔变角器和群锚变角器

(a) 单孔变角器；(b) 群锚变角器

改变至方便张拉的角度。转角张拉器也可附加液压顶压功能。

16.4 预应力混凝土施工计算及构造

16.4.1 预应力筋线形

在预应力混凝土构件和结构中，预应力筋由一系列的正反抛物线或抛物线及直线组合而成。预应力筋的布置应尽可能与外弯矩相一致，并尽量减少孔道摩擦损失及锚具数量。常见的预应力筋布置有以下几种形状，见图 16-73。

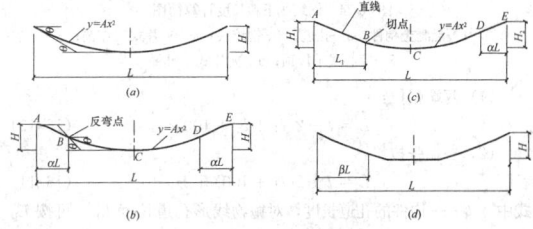

图 16-73 预应力筋线形

1. 单抛物线形

预应力筋单抛物线形 [图 16-73 (a)] 是最基本的线形布置，一般仅适用于简支梁。其摩擦角计算见式（16-5），抛物线方程见式（16-6）。

$$\theta = \frac{4H}{L} \tag{16-5}$$

$$y = Ax^2, A = \frac{4H}{L^2} \tag{16-6}$$

2. 正反抛物线

预应力筋正、反抛物线形 [图 16-73 (b)] 布置其优点是与荷载弯矩图相吻合，通常适用于支座弯矩与跨中弯矩基本相等的单跨框架梁或连续梁的中跨。预应力筋外形从跨中 C 点至支座 A（或 E）点采用两段曲率相反的抛物线，在反弯点 B（或 D）处相接并

相切，A（或 E）点与 C 点分别为两抛物线的顶点。反弯点的位置距梁端的距离 aL，一般取为 $(0.1 \sim 0.2)L$。图中抛物线方程见式（16-7）。

$$y = Ax^2 \qquad (16-7)$$

式中　跨中区段　$A = \dfrac{2H}{(0.5-a)L^2}$

　　　梁端区段　$A = \dfrac{2H}{aL^2}$

3. 直线与抛物线形相切

预应力筋直线与抛物线形［图 16-73（c）］相切布置，其优点是可以减少框架梁跨中及内支座处的摩擦损失，一般适用于双跨框架梁或多跨连续梁的边跨梁外端。预应力筋外形在 AB 段为直线而在其他区段为抛物线，B 点为直线与抛物线的切点，切点至梁端的距离 L_1，可按式（16-8）或式（16-9）计算：

$$L_1 = \frac{L}{2}\sqrt{1 - \frac{H_1}{H_2} + 2a\frac{H_1}{H_2}} \qquad (16-8)$$

当 $H_1 = H_2$ 时，$L_1 = 0.5L\sqrt{2a}$ 　(16-9)

式中 $a = 0.1 \sim 0.2$。

4. 双折线形

预应力筋双折线形［图 16-73（d）］布置，其优点是可使预应力引起的等效荷载直接抵消部分垂直荷载和方便在梁腹中开洞，宜用于集中荷载作用下的框架梁或开洞梁。但是不宜用于三跨以上的框架梁，因为较多的折角使预应力筋施工困难，而且中间跨跨中处的预应力筋摩擦损失也较大。一般情况下，$\beta = \left(\dfrac{1}{4} \sim \dfrac{1}{3}\right)L$。

16.4.2　预应力筋下料长度

预应力筋的下料长度应由计算确定。计算时，应考虑下列因素：构件孔道长度或台座长度、锚（夹）具厚度、千斤顶工作长度（算至夹持预应力筋部位）、镦头预留量、预应力筋外露长度等。在遇到截面高度较大的混凝土梁或体外预应力下料时还应考虑曲线或折线长度。

16.4.2.1　钢绞线下料长度

后张法预应力混凝土构件中采用夹片式锚具时，见图 16-74，钢绞线束的下料长度 L，按式（16-10）或式（16-11）计算。

图 16-74　钢绞线下料长度计算简图
1—混凝土构件；2—孔道；3—钢绞线；4—夹片式工作锚；
5—穿心式千斤顶；6—夹片式工具锚

(1) 两端张拉：

$$L = l + 2(l_1 + l_2 + 100) \qquad (16-10)$$

(2) 一端张拉：

$$L = l + 2(l_1 + 100) + l_2 \qquad (16-11)$$

式中　l——构件的孔道长度，对抛物线形孔道长度 L_p，可按 $L_p = \left(1 + \dfrac{8h^2}{3l^2}\right)l$ 计算；

　　　l_1——夹片式工作锚厚度；

　　　l_2——张拉用千斤顶长度（含工具锚），当采用前卡式千斤顶时，仅计算至千斤顶体内工具锚处；

　　　h——预应力筋抛物线的矢高。

16.4.2.2　钢丝束下料长度

后张法混凝土构件中采用钢丝束镦头锚具时，见图 16-75。钢丝的下料长度 L 可按钢丝束张拉后螺母位于锚杯中部计算，见式（16-12）。

$$L = l + 2(h+s) - K(H-H_1) - \Delta L - c \qquad (16-12)$$

式中　l——构件的孔道长度，按实际丈量；

　　　h——锚杯底部厚度或锚板厚度；

　　　s——钢丝镦头留量，对 $\phi 5$ 取 10mm；

K——系数，一端张拉时取 0.5，两端张拉时取 1.0；

　　H——锚杯高度；

　　H_1——螺母高度；

　　ΔL——钢丝束张拉伸长值；

　　c——张拉时构件混凝土的弹性压缩值。

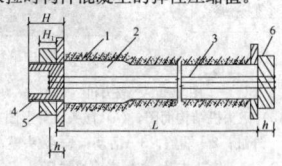

图 16-75　采用镦头锚具时钢丝下料长度计算简图
1—混凝土构件；2—孔道；3—钢丝束；
4—锚杯；5—螺母；6—锚板

16.4.2.3　长线台座预应力筋下料长度

先张法长线台座上的预应力筋，见图 16-76，可采用钢丝和钢绞线。根据张拉装置不同，可采取单根张拉方式或整体张拉方式。预应力筋下料长度 L 的基本算法见式（16-13）。

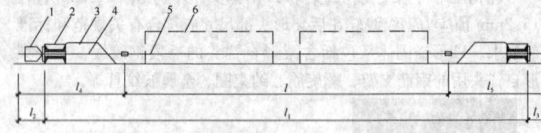

图 16-76　长线台座预应力筋下料长度计算简图
1—张拉装置；2—钢横梁；3—台座；4—工具式拉杆；
5—预应力筋；6—待浇混凝土的构件

$$L = l_1 + l_2 + l_3 - l_4 - l_5 \qquad (16-13)$$

式中　l_1——长线台座长度；

　　　l_2——张拉装置长度（含外露预应力筋长度）；

　　　l_3——固定端所需长度；

　　　l_4——张拉端工具式拉杆长度；

　　　l_5——固定端工具式拉杆长度。

如预应力筋直接在钢横梁上张拉与锚固，则可取消 l_4 与 l_5 值。同时，预应力筋下料长度应满足构件在台座上排列要求。

16.4.3　预应力筋张拉力

预应力筋的张拉力大小，直接影响预应力效果。一般而言，张拉力越高，建立的预应力值越大，构件的抗裂性能和刚度都可以提高。但是如果取值太高，则易产生脆性破坏，即开裂荷载与破坏荷载接近；构件反拱过大不易恢复；由于钢材不均匀性而使预应力筋拉断等不利后果，对后张法构件还可能在预拉区出现裂缝或产生局压破坏，因此规范规定了张拉控制应力的上限值。

另外，设计人员还要在图纸上标明张拉控制应力的取值，同时尽可能注明所考虑的预应力损失项目与取值。这样，在施工中如遇到实际情况所产生的预应力损失与设计取值不一致，为调整张拉力提供可靠依据，以准确建立预应力值。

1. 张拉控制应力

预应力筋的张拉控制应力 σ_{con}，不宜超过表 16-49 的数值。

张拉控制应力限值　　　　　　　　　表 16-49

项　次	预应力筋种类	张拉控制应力限值
1	消除应力钢丝、钢绞线	$0.75f_{ptk}$
2	中强度预应力钢丝	$0.70f_{ptk}$
3	预应力螺纹钢筋	$0.85f_{pyk}$

注：1. 预应力钢筋的强度标准值，应按相应规范采用；

　　2. 消除应力钢丝、钢绞线、中强度预应力钢丝的张拉控制应力不宜小于 $0.4f_{ptk}$，预应力螺纹钢筋的张拉应力控制值不宜小于 $0.5f_{pyk}$。

当符合下列情况之一时，表 16-30 中的张拉控制应力限值可提高 $0.05f_{ptk}$ 或 $0.05f_{pyk}$：

(1) 要求提高构件在施工阶段的抗裂性能而在使用阶段受压区

内设置的预应力筋；

（2）要求部分抵消由于应力松弛、摩擦、钢筋分批张拉以及预应力筋与张拉台座之间的温差等因素产生的预应力损失。

2. 预应力筋张拉力

预应力筋的张拉力 P_j；按式（16-14）计算：

$$P_j = \sigma_{con} \times A_p \qquad (16-14)$$

式中　σ_{con}——预应力筋的张拉控制应力；

A_p——预应力筋的截面面积。

在混凝土结构施工中，当预应力筋需要超张拉时，其最大张拉控制应力 σ_{con}：对消除应力钢丝和钢绞线为 $0.8 f_{ptk}$（f_{ptk} 为预应力筋抗拉强度标准值），对预应力螺纹钢筋为 $0.95 f_{pyk}$（f_{pyk} 为预应力筋屈服强度标准值）。但锚具下口建立的最大预应值：对预应力应力钢丝和钢绞线不宜大于 $0.7 f_{ptk}$，对预应力螺纹钢筋不宜大于 $0.85 f_{pyk}$。

3. 预应力筋有效预应力值

预应力筋中建立的有效预应力值 σ_{pe} 可按式（16-15）计算：

$$\sigma_{pe} = \sigma_{con} - \sum_{i=1}^{n} \sigma_{li} \qquad (16-15)$$

式中　σ_{li}——第 i 项预应力损失值。

对预应力钢丝及钢绞线，其有效预应值 σ_{pe} 不宜大于 $0.6 f_{ptk}$，也不宜小于 $0.4 f_{ptk}$。

16.4.4　预应力损失

预应力筋应力损失是指预应力筋的张拉应力在构件的施工及使用过程中，由于张拉工艺和材料特性等原因而不断地降低。

预应力筋应力损失一般分为两类：瞬间损失和长期损失。瞬间损失指的是施加预应力时短时间内完成的损失，包括孔道摩擦损失、锚固损失、混凝土弹性压缩损失等。另外，对先张法施工，有热养护损失；对后张法施工，有时还有锚口摩擦损失、变角张拉损失等。长期损失指的是考虑了材料的时间效应所引起的预应力损失，主要包括预应力筋应力松弛损失和混凝土收缩、徐变损失等。

16.4.4.1　锚固损失

张拉端锚固时由于锚具变形和预应力筋内缩引起的预应力损失（简称锚固损失），根据预应力筋的形状不同，分别采取下列算法。

1. 直线预应力筋的锚固损失 σ_{l1}，可按式（16-16）计算：

$$\sigma_{l1} = \frac{a}{l} E_s \qquad (16-16)$$

式中　a——张拉端锚具变形和预应力筋内缩值（mm），按表16-50取用；

l——张拉端至锚固端之间的距离（mm）；

E_s——预应力筋弹性模量（N/mm²）。

块体拼成的结构，其预应力损失尚应计及块体间填缝的预压变形。当采用混凝土或砂浆为填缝材料时，每条填缝的预压变形值可取为1mm。

锚具变形和预应力筋内缩值 a（mm）　表16-50

项次	锚　具　类　别		a
1	支承式锚具 （钢丝束镦头锚具等）	螺帽缝隙	1
		每块后加垫板的缝隙	1
2	夹片式锚具	有顶压时	5
		无顶压时	6～8

注：1. 表中的锚具变形和预应力筋内缩值也可根据实测确定；
　　2. 其他类型的锚具变形和预应力筋内缩值应根据实测数据确定。

2. 后张法构件曲线或折线预应力筋的锚固损失 σ_{l1}，应根据预应力筋与孔道壁间反向摩擦影响长度 l_f 范围内的预应力筋变形值等于锚具变形和钢筋内缩值的条件确定；同时，假定孔道摩擦损失的指数曲线简化为直线（$\theta \le 30°$），并假定正、反摩擦损失斜率相等，得出基本算式（16-17）为：

$$a = \frac{\omega}{E_s} \qquad (16-17)$$

式中　ω——锚固损失的应力图形面积，见图16-77；

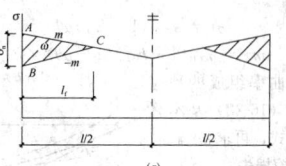

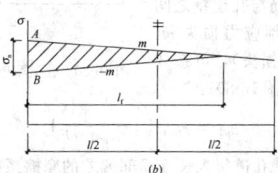

图16-77　预应力筋锚固损失计算简图
(a) $l_f \le l/2$；(b) $l_f > l/2$

E_s——预应力筋的弹性模量。

1）对单一抛物线形预应力筋的情况，预应力筋的锚固损失可按式（16-18）～式（16-20）计算：

$$\sigma_{l1} = 2 m l_f \qquad (16-18)$$

$$l_f = \sqrt{\frac{a E_s}{m}} \qquad (16-19)$$

$$m = \frac{\sigma_{con}(\kappa d/2 + \mu \theta)}{l} \qquad (16-20)$$

式中　m——孔道摩擦损失的斜率；

l_f——孔道反向摩擦影响长度；

κ——考虑孔道每米长度局部偏差的摩擦系数，按表16-51取用；

μ——预应力钢筋与孔道壁之间的摩擦系数，按表16-51取用。

从图16-77中可以看出：

a. 当 $l_f \le l/2$ 时，跨中处的锚固损失等于零；

b. $l_f > l/2$ 时，跨中处锚固损失 $\sigma_{l1} = 2m\left(l_f - \dfrac{l}{2}\right)$。

2）对正反抛物线组成的预应力筋，锚固损失消失在曲线反弯点外的情况（图16-78），预应力筋的锚固损失可按式（16-21）～式（16-24）计算：

$$\sigma_{l1} = 2 m_1 (l_1 - c) + 2 m_2 (l_f - l_1) \qquad (16-21)$$

$$l_f = \sqrt{\frac{a E_s - m_1 (l_1^2 - c^2)}{m_2} + l_1^2} \qquad (16-22)$$

$$m_1 = \frac{\sigma_A (\kappa d_1 - \kappa c + \mu \theta)}{l_1 - c} \qquad (16-23)$$

$$m_2 = \frac{\sigma_B (\kappa d_2 + \mu \theta)}{l_2} \qquad (16-24)$$

3）对折线预应力筋，锚固损失消失在折点外的情况（图16-79），预应力筋的锚固损失可按式（16-25）和式（16-26）计算：

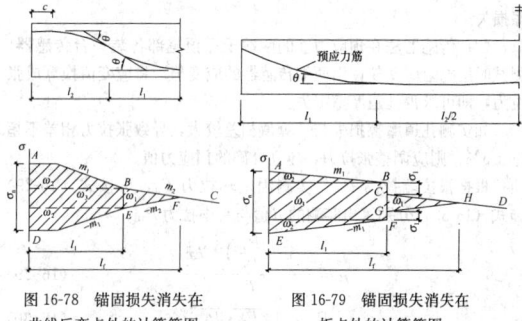

图16-78　锚固损失消失在　　图16-79　锚固损失消失在
曲线反弯点外的计算简图　　折点外的计算简图

$$\sigma_{l1} = 2 m_1 l_1 + 2 \sigma_1 + 2 m_2 (l_f - l_1) \qquad (16-25)$$

$$l_f = \sqrt{\frac{a E_s - m_1 l_1^2 - 2 \sigma_1 l_1}{m_2} + l_1^2} \qquad (16-26)$$

式中

$$m_1 = \sigma_{con} \times k$$

$$\sigma_1 = \sigma_{\text{con}}(1 - kl_1)\mu\theta$$
$$m_2 = \sigma_{\text{con}}(1 - kl_1)(1 - \mu\theta) \times k$$

对于多种曲率组成的预应力筋，均可从 (16-22) 基本算式推出 l_f 计算式，再求 σ_{l1}。

16.4.4.2 摩擦损失

1. 预应力筋与孔道壁之间的摩擦引起的预应力损失 σ_{l2}（简称孔道摩擦损失），可按式 (16-27) 计算（图 16-80）：

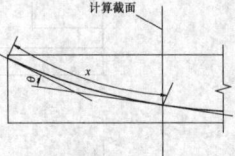

图 16-80　孔道摩擦损失计算简图

$$\sigma_{l2} = \sigma_{\text{con}}\left(1 - \frac{1}{e^{\kappa x + \mu\theta}}\right) \tag{16-27}$$

式中　κ——考虑孔道每米长度局部偏差的摩擦系数，按表 16-51 取用；

x——从张拉端至计算截面的孔道长度（m），可近似取该段孔道在纵轴上的投影长度（m）；

μ——预应力钢筋与孔道壁之间的摩擦系数，按表 16-51 取用；

θ——从张拉端至计算截面曲线孔道各部分切线的夹角之和（rad）。

摩 擦 系 数　　　表 16-51

项次	孔道成型方式	κ	μ	
			钢绞线、钢丝束	预应力螺纹钢筋
1	预埋金属波纹管	0.0015	0.25	0.50
2	预埋塑料波纹管	0.0015	0.15	—
3	预埋钢管	0.0010	0.30	—
4	抽芯成型	0.0014	0.55	0.60
5	无粘结预应力钢绞线	0.0040	0.09	—

注：摩擦系数也可根据实测数据确定。

当 $\kappa x + \mu\theta \leqslant 0.3$ 时，σ_{l2} 可按下列近似公式 (16-28) 计算：

$$\sigma_{l2} = (\kappa x + \mu\theta)\sigma_{\text{con}} \tag{16-28}$$

对多种曲率或直线段与曲线段组成的曲线束，应分段计算孔道摩擦损失。

对空间曲线束，可按平面曲线束计算孔道摩擦损失。但 θ 角应取空间曲线包角，x 应取空间曲线弧长。

2. 现场实测

对重要的预应力混凝土工程，应在现场测定实际的孔道摩擦损失。其常用的测试方法有：精密压力表法与传感器法。

(1) 精密压力表法在预应力筋的两端各安装一台千斤顶，测试时首先将固定端千斤顶的油缸拉出少许，并将回油阀关死；然后开动千斤顶进行张拉，当张拉端压力表读数达到预定的张拉力时，读出固定端压力表读数并换算成张拉力。两端张拉力差值即为孔道摩擦损失。

(2) 传感器法在预应力筋的两端千斤顶尾部各装一台传感器。测试时用电阻应变仪读出两端传感器的应变值。将应变值换算成张拉力，即可求得孔道摩擦损失。

如实测孔道摩擦损失与计算值相差较大，导致张拉力相差不超过 ±5%，则应调整张拉力，建立准确的预应力值。

根据张拉端拉力 P_j 与实测固定端拉力 P_a，可按式 (16-29) 和式 (16-30) 分别算出实测的 μ 值与跨中拉力 P_m

$$\mu = \frac{-\ln\left(\dfrac{P_a}{P_j}\right) - kx}{\theta} \tag{16-29}$$

$$P_m = \sqrt{P_a \cdot P_j} \tag{16-30}$$

16.4.4.3 弹性压缩损失

先张法构件放张或后张法构件分批张拉时，由于混凝土受到弹性压缩引起的预应力损失平均值，称为弹性压缩损失。

1. 先张法弹性压缩损失

先张法构件放张时，预应力传递给混凝土使构件缩短，预应力筋随着构件缩短而引起的应力损失 σ_{l3}，可按式 (16-31) 计算：

$$\sigma_{l3} = E_s \frac{\sigma_{\text{pc}}}{E_c} \tag{16-31}$$

式中　E_s、E_c——分别为预应力筋、混凝土的弹性模量；

σ_{pc}——预应力筋合力点处的混凝土应力。

(1) 对轴心受预压的构件可按式 (16-32) 计算：

$$\sigma_{\text{pc}} = \frac{P_{y1}}{A} \tag{16-32}$$

式中　P_{y1}——扣除张拉阶段预应力损失后的张拉力，可取 $P_{y1} = 0.9P_j$；

A——混凝土截面面积，可近似地取毛截面面积。

(2) 对偏心受预压的构件可按式 (16-33) 计算：

$$\sigma_{\text{pc}} = \frac{P_{y1}}{A} + \frac{P_{y1}e^2}{I} - \frac{M_G e}{I} \tag{16-33}$$

式中　M_G——构件自重引起的弯矩；

e——构件重心至预应力筋合力点的距离；

I——毛截面惯性矩。

2. 后张法弹性压缩损失

当全部预应力筋同时张拉时，混凝土弹性压缩在锚固前完成，所以没有弹性压缩损失。

当多根预应力筋依次张拉时，先批张拉的预应力筋，受后批应力筋张拉所产生的混凝土压缩而引起的平均应力损失 σ_{l3}，可按式 (16-34) 计算：

$$\sigma_{l3} = 0.5E_s \frac{\sigma_{\text{pc}}}{E_c} \tag{16-34}$$

式中　σ_{pc}——同式 (16-32) 与式 (16-33)，但不包括第一批预应力筋张拉力。

对配置曲线预应力筋的框架梁，可近似地按轴心受压计算 σ_{l3}。

后张法弹性压缩损失在设计中一般没有计算在内，可采取超张拉措施将弹性压缩平均损失值加到张拉力内。

16.4.4.4 应力松弛损失

预应力筋的应力松弛损失 σ_{l4}，可按式 (16-35)～式 (16-37) 计算。

1. 消除应力钢丝、钢绞线

普通松弛：

$$\sigma_{l4} = 0.4\left(\frac{\sigma_{\text{con}}}{f_{\text{ptk}}} - 0.5\right)\sigma_{\text{con}} \tag{16-35}$$

低松弛：

当 $\sigma_{\text{con}} \leqslant 0.7f_{\text{ptk}}$ 时

$$\sigma_{l4} = 0.125\left(\frac{\sigma_{\text{con}}}{f_{\text{ptk}}} - 0.5\right)\sigma_{\text{con}} \tag{16-36}$$

当 $0.7f_{\text{ptk}} < \sigma_{\text{con}} \leqslant 0.8f_{\text{ptk}}$ 时

$$\sigma_{l4} = 0.2\left(\frac{\sigma_{\text{con}}}{f_{\text{ptk}}} - 0.575\right)\sigma_{\text{con}} \tag{16-37}$$

2. 中强度预应力钢丝

$$\sigma_{l4} = 0.08\sigma_{\text{con}}$$

3. 预应力螺纹钢筋

$$\sigma_{l4} = 0.03\sigma_{\text{con}}$$

16.4.4.5 收缩徐变损失

混凝土收缩、徐变引起的预应力损失 σ_{l5}，可按式 (16-38) 和式 (16-39) 计算：

对先张法

$$\sigma_{l5} = \frac{60 + 340\dfrac{\sigma_{\text{pc}}}{f_{\text{cu}}'}}{1 + 15\rho} \tag{16-38}$$

对后张法

$$\sigma_{l5} = \frac{55 + 300\dfrac{\sigma_{\text{pc}}}{f_{\text{cu}}'}}{1 + 15\rho} \tag{16-39}$$

式中　σ_{pc}——受拉区或受压区预应力筋在各自的合力点处混凝土法向应力；

f_{cu}'——施加预应力时的混凝土立方体抗压强度；

ρ——受拉区或受压区的预应力筋和非预应力筋的配筋率。

计算 σ_{pc} 时，预应力损失值仅考虑混凝土预压前（第一批）的

损失，并可根据构件制作情况考虑自重的影响。σ_{pc} 值不得大于 $0.5 f_{cu}$。

施加预应力时的混凝土龄期对徐变损失的影响也较大。对处于高湿度条件的结构，按上述方法算得的 σ_{l5} 值可降低 50%；对处于干燥环境的结构，σ_{l5} 值应增加 30%。

对现浇后张部分预应力混凝土梁板结构，可近似取 $50\sim80\text{N}/\text{mm}^2$，先张法可近似取 $60\sim100\text{N}/\text{mm}^2$，当构件自重大、活载小时取小值。

16.4.5　预应力筋张拉伸长值

1. 一端张拉时，预应力筋张拉伸长值可按下列公式计算：
对一段曲线或直线预应力筋：

$$\Delta l = \frac{\frac{1}{2}\sigma_{con}(1+e^{-(\mu\theta+\kappa x)})-\sigma_0}{E_p}\times l \qquad (16\text{-}40)$$

对多曲线段或直线段与曲线段组成的预应力筋，张拉伸长值应分段计算后叠加：

$$\Delta l_p^c = \sum_{i=1}^{n}\frac{(\sigma_{i1}+\sigma_{i2})l_i}{2E_s} \qquad (16\text{-}41)$$

2. 两端张拉时，预应力筋张拉伸长值可按下列公式计算：

$$\Delta l = \frac{\frac{\sigma_{con}}{4}(3+e^{-(\mu\theta+\kappa x)})-\sigma_0}{E_p}\times l \qquad (16\text{-}42)$$

式中　Δl——预应力筋伸长值；
σ_{con}——张拉控制应力；
σ_0——张拉初始应力，取 $\sigma_0=(10\%\sim20\%)\sigma_{con}$；
E_p——预应力筋弹性模量；
μ——孔道摩擦系数；
κ——孔道偏摆系数；
l——预应力筋有效长度；
x——曲线孔道长度，以 m 计；
l_i——第 i 线段预应力筋的长度；
σ_{i1}、σ_{i2}——分别为第 i 线段两端预应力筋的应力。

3. 预应力筋的张拉伸长值，应在建立初拉力后进行测量。实际伸长值 Δl_p^0 可按下列公式计算：

$$\Delta l_p^0 = \Delta l_{p_1}^0 + \Delta l_{p_2}^0 - a - b - c \qquad (16\text{-}43)$$

式中　$\Delta l_{p_1}^0$——从初拉力至最大张拉力之间的实测伸长值；
$\Delta l_{p_2}^0$——初拉力以下的推算伸长值，可用图解法或计算法确定；
a——千斤顶体内的预应力筋张拉伸长值；
b——张拉过程中工具锚和固定端工作锚楔紧引起的预应力筋内缩值；
c——张拉阶段构件的弹性压缩值。

16.4.6　计　算　示　例

【例1】　21m 单跨预应力混凝土大梁的预应力筋布置如图

16-81(a)所示。预应力筋采用 2 束 $9\phi15.2$ 钢绞线束，其锚固端采用夹片锚具。预应力筋强度标准值 $f_{ptk}=1860\text{N}/\text{mm}^2$，张拉控制应力 $\sigma_{con}=0.7\times1860=1302\text{N}/\text{mm}^2$，弹性模量 $E_s=1.95\times10^5\text{N}/\text{mm}^2$。预应力筋孔道用 $\phi80$ 预埋金属波纹管成型，$\kappa=0.0015$，$\mu=0.25$。采用夹片式锚具锚固时预应力筋内缩值 $a=5\text{mm}$。拟采用一端张拉工艺，是否合适。

【解】　(1) 孔道摩擦损失 σ_{l2}

$$\theta = \frac{4\times(1300-150-250)}{21000}=0.171\text{rad}$$

由于　$\kappa x+\mu\theta = 0.25\times0.171\times2$
$\qquad +0.0015\times21$
$\qquad =0.117<0.3$

则从 A 点至 C 点：$\sigma_{l2}=\sigma_{con}(\kappa x+\mu\theta)=1302\times0.117=152.3\text{N}/\text{mm}^2$

(2) 锚固损失 σ_{l1}
已知　$m=\dfrac{\sigma_{con}(\kappa x+\mu\theta)}{L}$
$\qquad =152.3/21000$
$\qquad =0.007254\text{N}/\text{mm}^2/\text{mm}$

代入　$l_f=\sqrt{\dfrac{aE_s}{m}}=\sqrt{\dfrac{5\times1.95\times10^5}{0.007254}}$
$\qquad =11593\text{mm}$

张拉端 $\sigma_{l1}=2ml_f=168\text{N}/\text{mm}^2$
(3) 预应力筋应力［图 16-81 (b)］
张拉端 $\sigma_A=1302-168=1134\text{N}/\text{mm}^2$
固定端 $\sigma_C=1302-152.3=1149.7\text{N}/\text{mm}^2$
4. 小结
锚固损失影响长度 $l_f>l/2=10500\text{mm}$，$\sigma_A<\sigma_C$，则该曲线预应力筋应采用一端张拉工艺。

【例2】　某工业厂房采用双跨预应力混凝土框架结构体系。其双跨预应力混凝土框架梁的尺寸与预应力筋布置见图 16-82 (a)所示。预应力筋采用 2 束 $7\phi^s15.2$ 钢绞线束，由边支座处斜线、跨中处抛物线与内支座处反向抛物线组成，反弯点距内支座的水平距离 $\alpha_l=1/6\times18000=3000\text{mm}$。预应力筋强度标准值 $f_{ptk}=1860\text{N}/\text{mm}^2$，张拉控制应力 $\sigma_{con}=0.75\times1860=1395\text{N}/\text{mm}^2$，弹性模量 $E_s=1.95\times10^5\text{N}/\text{mm}^2$。

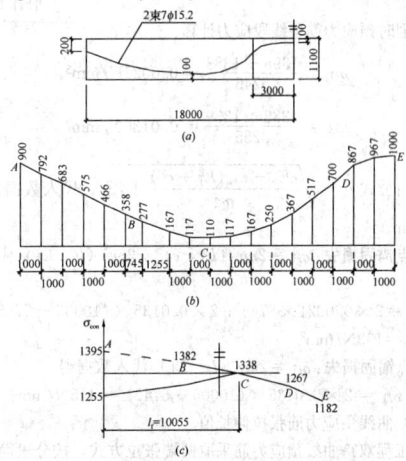

图 16-82　例 2 预应力筋预应力梁
(a) 预应力筋布置（单位：mm）；(b) 曲线预应力筋坐标高度（单位：mm）；(c) 预应力筋张拉锚固阶段建立的应力（单位：MPa）

预应力筋孔道采用 $\phi70$ 预埋金属波纹管成型，$\kappa=0.0015$，$\mu=0.25$。

预应力筋两端采用夹片锚固体系，张拉端锚固时预应力筋内缩值 $a=5\text{mm}$。该工程双跨预应力框架梁采用两端张拉工艺。试求：
(1) 曲线预应力筋各点坐标高度；
(2) 张拉锚固阶段预应力筋建立的应力；

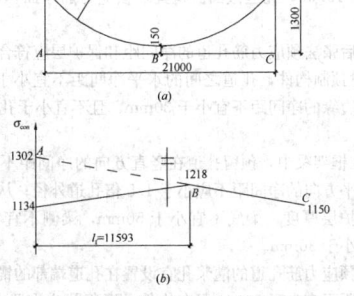

图 16-81　例 1 预应力混凝土梁
(a) 预应力筋布置（单位 mm）；(b) 预应力筋张拉锚固阶段建立的应力（单位 MPa）

（3）曲线预应力筋张拉伸长值。

【解】（1）曲线预应力筋各点坐标高度

直线段 AB 的投影长度 L_1，按 $L_1=\dfrac{L}{2}\sqrt{1-\dfrac{H_1}{H_2}+2\alpha\dfrac{H_1}{H_2}}$ 计算得：

$$L_1=\frac{18000}{2}\sqrt{1-\frac{800}{900}+2\times\frac{1}{6}\times\frac{800}{900}}=5745mm$$

设该抛物线方程：跨中处为 $y=A_1x^2$，支座处为 $y=A_2x^2$，由公式 $A_1=\dfrac{2H}{(0.5-\alpha)L^2}$，得 $A_1=\dfrac{2\times900}{(0.5-1/6)\times18000^2}=1.67\times10^{-5}$

由公式 $A_2=\dfrac{2H}{\alpha L^2}$，得 $A_2=\dfrac{2\times900}{1/6\times18000^2}=3.33\times10^{-5}$

当 $x=4000mm$ 时，$y=1.67\times10^{-5}\times16\times10^6=267mm$

则该点高度为 $267+100=367mm$。图 16-82（b）绘出曲线预应力筋坐标高度。

（2）张拉锚固阶段预应力筋建立的应力［图 16-82（c）］

预应力筋各段实际长度计算：

$$AB\ 段\ L_T=\sqrt{623^2+5745^2}=5779mm$$

$$CD\ 段\ L_T=L\left(1+\frac{8H^2}{3L^2}\right)=6000\times\left(1+\frac{8\times600^2}{3\times12000^2}\right)=6040mm$$

同理可计算 BC 段 $=3261mm$，DE 段 $=3020mm$。

预应力各筋各段 θ 角计算：

AB 段　　　　　　　　$\theta=0$

CD 段　　　　　$\theta=\dfrac{4\times600}{12000}=0.2rad$

同理可计算出 BC 段 $\theta=0.1087rad$，DE 段 $\theta=0.2rad$。

张拉时预应力筋各线段终点应力计算，列于表 16-52。

预应力筋各线段终点应力计算　　表 16-52

线段	L_T (m)	θ	$kL_T+\mu\theta$	$e^{-(kL_T+\mu\theta)}$	终点应力 (N/mm²)	张拉伸长值 (mm)
AB	5.779	0	0.00867	0.991	1383	41.1
BC	3.261	0.1087	0.0321	0.968	1339	22.4
CD	6.040	0.2	0.0591	0.943	1263	39.1
DE	3.020	0.2	0.0545	0.947	1196	18.5

合计 121.1mm

锚固时预应力筋各线段应力计算：

$$m_1=\frac{1395-1383}{5745}=0.0021N/mm^3$$

$$m_2=\frac{1383-1339}{3255}=0.0135N/mm^3$$

L_f 由公式 $l_f=\sqrt{\dfrac{aE_s-m_1(L_1^2-c^2)}{m_2}+L_1^2}$，代入数据得 $L_f=10005mm$。

A 点锚固损失：$\sigma_{l1}=2m_1(L_1-c)+2m_2(l_f-L_1)$ 代入数据得

$$\sigma_{l1}=2\times0.0021\times5745+2\times0.0135\times(10005-5745)=139N/mm^2$$

B 点锚固损失：$\sigma_{l1}=2m_2(l_f-L_1)$ 代入数据得

$$\sigma_{l1}=2\times0.0135\times(10005-5745)=115N/mm^2$$

（3）曲线预应力筋张拉伸长值

该工程双跨曲线预应力筋采取两端张拉方式，按分段简化计算张拉伸长值。

$$AB\ 段张拉伸长值\ \Delta l_{AB}=\frac{(1395+1382)\times5779}{2\times1.95\times10^5}=41.1mm$$

同理的其他各段张拉伸长值，填在表 16-52 中。

双跨曲线预应力筋张拉伸长值总计为（41.1+22.4+39.1+18.5）×2=242.2mm

16.4.7　施　工　构　造

16.4.7.1　先张法施工构造

1. 先张法预应力筋的混凝土保护层最小厚度应符合表 16-53

的规定。

先张法预应力筋的混凝土保护层最小厚度（mm）　　表 16-53

环境类别	构件类型	混凝土强度等级	
		C30～C40	≥C50
一类	板	15	15
	梁	20	20
二类	板	25	20
	梁	35	30
三类	板	30	25
	梁	40	35

注：混凝土结构的环境类别，应符合现行国家标准《混凝土结构设计规范》GB 50010 的规定。

2. 当先张法预应力钢丝难以按单根方式配筋时，可采用相同直径钢丝并筋方式配筋。并筋的等效直径，对双并筋取单筋直径的 1.4 倍，对三并筋取单筋直径的 1.7 倍。并筋的保护层厚度、锚固长度和预应力传递长度等均应按等效直径考虑。

3. 先张法预应力钢筋之间的净间距根据浇筑混凝土、施加预应力及钢筋锚固等要求确定。先张法预应力钢筋的净间距不应小于其公称直径或等效直径的 2.5 倍，且应符合下列规定：对单根钢丝，不应小于 15mm；对 1×3 绞线，不应小于 20mm；对 1×7 股钢绞线，不应小于 25mm。

4. 对先张法预应力混凝土构件，预应力钢筋端部周围的混凝土应采取下列加强措施：

（1）对单根配置的预应力钢筋，其端部宜设置长度不小于 150mm 且不少于 4 圈的螺旋筋；当有可靠经验时，亦可利用支座垫板上的插筋代替螺旋筋，但插筋数量不应少于 4 根，其长度不宜小于 120mm；

（2）对分散布置的多根预应力钢筋，在构件端部 10d（d 为预应力钢筋的公称直径）范围内应设置 3～5 片与预应力钢筋垂直的钢筋网；

（3）对采用预应力钢丝配筋的薄板，在板端 100mm 范围内应适当加密横向钢筋。

5. 对槽形板类构件，应在构件端部 100mm 范围内沿构件板面设置附加横向钢筋，其数量不应少于 2 根。

对预制肋形板，宜设置加强其整体性和横向刚度的横肋。端横肋的受力钢筋应弯入纵肋内。当采用先张长线台座法生产有端横肋的预应力混凝土肋形板时，应在设计和制作上采取防止放张预应力时端横肋产生裂缝的有效措施。

6. 对预应力钢筋在构件端部全部弯起的受弯构件或直线配筋的先张法构件，当构件端部与下部支承结构焊接时，应考虑混凝土收缩、徐变及温度变化所产生的不利影响，宜在构件端部可能产生裂缝的部位设置足够的非预应力纵向构造钢筋。

16.4.7.2　后张法施工构造

1. 后张有粘结预应力

（1）预应力筋孔道的内径宜比预应力筋和需穿过孔道的连接器外径大 6～15mm，孔道截面面积宜取预应力筋净面积的 3.5～4.0 倍。

（2）后张法预应力筋孔道的净间距和保护层应符合下列规定：

1）对预制构件，孔道之间的水平净间距不宜小于 50mm；孔道至构件边缘的净间距不宜小于 30mm，且不宜小于孔道直径的一半；

2）在框架梁中，预留孔道在竖直方向的净间距不应小于孔道外径，水平方向的净间距不应小于 1.5 倍孔道外径；从孔壁算起的混凝土保护层厚度，梁底不宜小于 50mm，梁侧不宜小于 40mm，板底不应小于 30mm。

（3）预应力筋孔道的灌浆孔宜设置在孔道端部的锚垫板上；灌浆孔的间距不宜大于 30m。竖向构件，灌浆孔应设置在孔道下端；对超高的竖向孔道，宜分段设置灌浆孔。灌浆孔直径不宜小于 20mm。

预应力筋孔道的两端应设置排气孔。曲线孔道的高差大于0.5m时，在孔道峰顶处应设置泌水管，泌水管可兼做灌浆孔。

（4）后张预应力混凝土构件中，曲线预应力钢丝束、钢绞线束的曲率半径不宜小于4m；对折线配筋的构件，在预应力钢筋弯折处的曲率半径可适当减小。

曲线预应力筋的端头，应与曲线段相切的直线段，直线段长度不宜小于300mm。

（5）预应力筋张拉端可采用凸出式和凹入式做法，采用凸出式做法时，锚具位于梁端面或柱表面，张拉后用细石混凝土封裹。采用凹入式做法时，锚具位于梁（柱）凹槽内，张拉后用细石混凝土填平。

凸出式锚固端锚具的保护层厚度不应小于50mm，外露预应力筋的混凝土保护层厚度：处于一类环境时，不应小于20mm；处于二、三类易受腐蚀环境时，不应小于50mm。

（6）预应力筋张拉端锚具最小间距应满足配套的锚垫板尺寸和张拉用千斤顶的安装要求。锚固区的锚垫板尺寸、混凝土强度、截面尺寸和间接钢筋（网片或螺旋筋）配置等必须满足局部受压承载力要求。锚垫板边缘至构件边缘的距离不宜小于50mm。

当梁端面较窄或钢筋稠密时，可将跨中处同排布置的多束预应力筋转变为张拉端竖向多排布置或采取加腋处理。

（7）预应力筋固定端可采用与张拉端相同的做法或采取内埋式做法。内埋式固定端的位置应位于不需要压力的截面外，且不宜小于100mm。对多束预应力筋的内埋式固定端，宜采取错开布置方式，其间距不宜小于300mm，且距构件边缘不宜小于40mm。

（8）多跨超长预应力筋的连接，可采用对接和搭接法。采用对接法时，混凝土逐段浇筑和张拉后，用连接器接长。采用搭接法时，预应力筋可在中间支座处搭接，分别从柱两侧梁的顶面或加宽梁的梁侧面处伸出张拉，也可从加厚的楼板延伸至次梁处张拉。

2. 后张无粘结预应力

（1）为满足不同耐火等级的要求，无粘结预应力筋的混凝土保护层最小厚度应符合表16-54、表16-55的规定。

板的混凝土保护层最小厚度（mm）　表16-54

约束条件	耐火极限（h）			
	1	1.5	2	3
简支	25	30	40	55
连续	20	20	25	30

梁的混凝土保护层最小厚度（mm）　表16-55

约束条件	梁宽 b	耐火极限（h）			
		1	1.5	2	3
简支	200≤b<300	45	50	65	采取特殊措施
	b≥300	40	45	50	65
连续	200≤b<300	40	40	45	50
	b≥300	40	40	40	45

注：当防火等级较高、混凝土保护层厚度不能满足要求时，应使用防火涂料。

（2）板中无粘结预应力筋的间距宜采用200～500mm，最大间距可取板厚的6倍，且不宜大于1m。抵抗温度力用无粘结预应力筋的间距不受此限制。单根无粘结预应力筋的曲率半径不宜小于2.0m。

板中无粘结预应力筋采取带状（2～4根）布置时，其最大间距可取板厚的12倍，且不宜大于2.4m。

（3）当板上开洞时，板内被孔洞阻断的无粘结预应力筋可分两侧绕过洞口铺设。无粘结预应力筋至洞口的距离不宜小于150mm，水平偏移的曲率半径不宜小于6.5m，洞口四周应配置构造钢筋加强。

（4）在现浇板柱节点处，每一方向穿过柱的无粘结预应力筋不应少于2根。

（5）梁中集束布置无粘结预应力筋时，宜在张拉端分散为单根布置，间距不宜小于60mm，合力线的位置应不变。当一块整体式锚垫板上有多排预应力筋时，宜采用钢筋网片。

（6）无粘结预应力筋的张拉端宜采取凹入式做法。锚具下的构造可采取不同体系，但必须满足局部受压承载力要求。无粘结预应力筋和锚具的防护应符合结构耐久性要求。

（7）无粘结预应力筋的固定端宜采用内埋式做法，设置在构件端部的墙内、梁柱节点内或梁、板跨内。当固定端设置在梁、板跨内时，无粘结预应力筋跨过支座处不宜小于1m，且应错开布置，其间距不宜小于300mm。

16.4.7.3 典型节点施工构造

1. 后浇带处预应力筋处理方法

（1）利用搭接筋，如图16-83（a）所示。

这种做法的优点是：预应力筋在结构混凝土强度达到张拉要求后即可张拉，除预应力缝针筋外，其余预应力筋均不必等后浇带混凝土强度达到要求后才张拉。缺点是预应力筋及锚具用量较大，不经济。

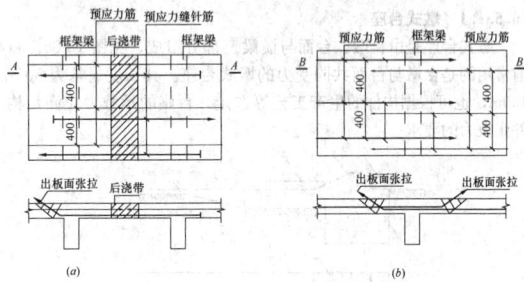

图16-83　后浇带搭接做法图

（2）不考虑后浇带的预留位置，最大限度地利用规范对筋长的要求（即单端张拉的预应力筋长度不超过30m，两端张拉的预应力筋长度不超过60m），并考虑结构跨度，来布置预应力筋，前后预应力筋在框架梁处搭接，如图16-83（b）所示。

这种做法的缺点是：跨过后浇带的所有预应力筋，都必须等后浇带浇注混凝土完毕，且其强度达到张拉要求后，才能进行张拉。但它节省了材料，比利用缝针筋的做法要经济。

2. 有高差的梁或板的连接处预应力筋处理方法，如图16-84所示。

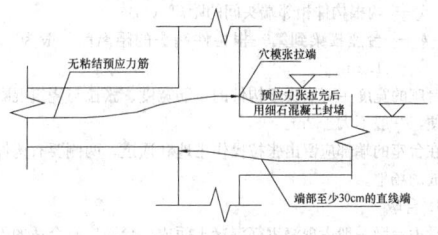

图16-84　有高差的梁或板的连接处预应力筋处理方法简图

16.4.7.4 其他施工构造

1. 大面积预应力筋混凝土梁板结构施工时，应考虑多跨梁板施加预应力和混凝土早期收缩受柱或墙约束的不利因素，宜设置后浇带或施工缝。后浇带的间距宜取50～70m，应根据结构受力特点、混凝土施工条件和施加预应力方式等确定。

2. 梁板施加预应力的方向有相邻墙或剪力墙时，可使梁板与墙之间暂时隔开，待预应力筋张拉后，再浇筑混凝土。

3. 同一楼层中当预应力梁板周围有多跨钢筋混凝土梁板时，两者宜暂时隔开，待预应力筋张拉后，再浇筑混凝土。

4. 当预应力梁与刚度大的柱或墙刚接时，可将梁柱节点设计成在框架梁施加预应力阶段无约束的滑动支座，张拉后做成刚接。

16.5　预应力混凝土先张法施工

先张法是将张拉的预应力筋临时锚固在台座或钢模上，然后浇筑混凝土，待混凝土达到设计或有关规定的强度（一般不低于设计

混凝土强度标准值的 75%）后放张预应力筋，并切断构件外的预应力筋，借助混凝土与预应力筋间的握裹力，对混凝土构件施加预应力。先张法适用于预制预应力混凝土构件的工厂化生产。采用台座法生产时，预应力筋的张拉锚固、混凝土构件的浇筑养护和预应力筋的放张等均在台座上进行，台座成为承担预张拉力的设备之一。

16.5.1 台 座

台座在先张法构件生产中是主要的承力设备，它承受预应力筋的全部张拉力。台座在受力状态下的变形、滑移会引起预应力的损失和构件的变形，因此台座应有足够的强度、刚度和稳定性。

台座的形式有多种，但按构造型式主要可分为墩式台座和槽式台座两类，其他形式的台座也是介于这两者之间。选用时可根据构件种类、张拉吨位和施工条件确定。

16.5.1.1 墩式台座

墩式台座是由台墩、台面与横梁三部分组成，见图 16-85。目前常用的是台墩与台面共同受力的墩式台座。其长度通常为 50～150m，也可根据构件的生产工艺等选定。台座的承载力应满足构件张拉力的要求。

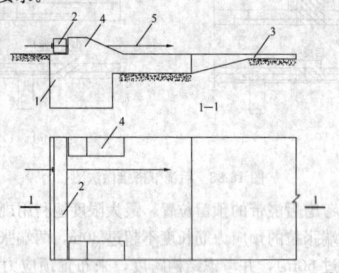

图 16-85　钢筋混凝土墩式台座示意图
1—台墩；2—横梁；3—台面；4—牛腿；5—预应力筋

台座长度可按式（16-44）计算：

$$L = l \times n + (n-1) \times 0.5 + 2k \qquad (16-44)$$

式中　l——构件长度（m）；
　　　n——一条生产线内生产的构件数；
　　0.5——两根构件相邻端头间的距离（m）；
　　　k——台座横梁到第一根构件端头的距离；一般为 1.25～1.5m。

台座的宽度主要取决于构件的布筋宽度、张拉与浇筑混凝土是否方便，一般不大于 2m。

在台座的端部应留出张拉操作用地和通道，两侧要有构件运输和堆放的场地。

1. 台墩

承力台墩一般由现浇钢筋混凝土而成。台墩应有合适的外伸部分，以增大力臂而减少台墩自重。台墩应具有足够的强度、刚度和稳定性。稳定性验算一般包括抗倾覆验算与抗滑移验算。

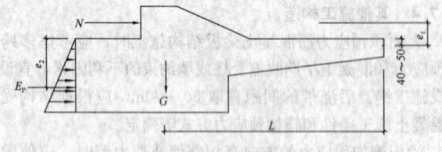

图 16-86　计算简图

台墩的抗倾覆验算，参照图 16-86 可按式（16-45）进行计算：

$$K = \frac{M_1}{M} = \frac{GL + E_p e_2}{N e_1} \geqslant 1.50 \qquad (16-45)$$

式中　K——抗倾覆安全系数，一般不小于 1.50；
　　　M——倾覆力矩（N·m），由预应力筋的张拉力产生；
　　　N——预应力筋的张拉力（N）；
　　　e_1——张拉力合力作用点至倾覆点的力臂（m）；
　　　M_1——抗倾覆力矩（N·m），由台座自重力和主动土压力等产生；
　　　G——台墩的自重（N）；

L——台墩重心至倾覆点的力臂（m）；
E_p——台墩后面的被动土压力合力（N），当台墩埋置深度较浅时，可忽略不计；
e_2——被动土压力合力至倾覆点的力臂（m）。

台墩倾覆点的位置，对与台面共同工作的台墩，按理论计算倾覆点应在混凝土台面的表面处；但考虑到台墩的倾覆趋势使得台面端部顶点出现局部应力集中和混凝土面层的施工质量，因此倾覆点的位置宜取在混凝土台面往下 40～50mm 处。

台墩的抗滑移验算可按式（16-46）进行：

$$K_c = \frac{N_1}{N} \geqslant 1.30 \qquad (16-46)$$

式中　K_c——抗滑移安全系数，一般不小于 1.30；
　　　N_1——抗滑移的力（N），对独立的台墩，由侧壁土压力和底部摩阻力等产生。对与台面共同工作的台墩，以往在抗滑移验算中考虑台面的水平力、侧壁土压力和底部摩阻力共同工作。通过分析认为混凝土的弹性模量（C20 混凝土 $E_c = 2.55 \times 10^4 \, \text{N/mm}^2$）和土的压缩模量（低压缩土 $E_s = 20 \text{N/mm}^2$）相差极大。两者不可能共同工作；而底部摩阻力也较小（约占 5%），可略去不计；实际上台墩的水平推力几乎全部传给台面，不存在滑移问题。因此，台墩与台面共同工作时，可不作抗滑移计算，而应验算台面的承载力。

台墩的牛腿和延伸部分，分别按钢筋混凝土结构的牛腿和偏心受压构件计算。

横梁的挠度不应大于 2mm，并不得产生翘曲。预应力筋的定位板必须安装准确，其挠度不大于 1mm。

2. 台面

台面一般是在夯实的碎石垫层上浇筑一层厚度为 60～100mm 的混凝土而成。其水平承载力 P 可按式（16-47）计算：

$$P = \frac{\varphi A f_c}{K_1 K_2} \qquad (16-47)$$

式中　φ——轴心受压纵向弯曲系数，取 $\varphi = 1$；
　　　A——台面截面面积（mm^2）；
　　　f_c——混凝土轴心抗压强度设计值（N/mm^2）；
　　　K_1——超载系数，取 1.25；
　　　K_2——考虑台面截面不均匀其他影响因素的附加安全系数，取 1.5。

台面伸缩缝可根据当地温差和经验设置。一般 10m 左右设置一条，也可采用预应力混凝土滑动台面，不留施工缝。

16.5.1.2 槽式台座

槽式台座由端柱、传力柱、柱垫、上下横梁、砖墙和台面等组成，既可承受张拉力，又可作为蒸汽养护槽，适用于张拉吨位较大的大型构件，如吊车梁、屋架、薄腹梁等。

1. 槽式台座构造（图 16-87）

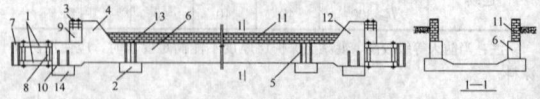

图 16-87　槽式台座构造示意图
1—下横梁；2—基础板；3—上横梁；4—张拉端柱；5—卡环；
6—中间传力柱；7—钢横梁；8、9—垫块；10—连接板；
11—砖墙；12—锚固端柱；13—砂浆嵌缝；14—支座底板

（1）台座的长度一般选用 50～80m，也可根据工艺要求确定，宽度随构件外形及制作方式而定，一般不小于 1m。

（2）槽式台座一般与地面相平，以便运送混凝土和蒸汽养护。但需考虑地下水位和排水等问题。

（3）端柱、传力柱的端面必须平整，对接接头必须紧密；柱与柱垫连接必须牢靠。

2. 槽式台座计算要点

槽式台座亦需进行强度和稳定性计算。端柱和传力柱的强度按钢筋混凝土结构偏心受压构件计算。槽式台座端柱抗倾覆力矩由端

柱、横梁自重力及部分张拉力组成。

3. 拼装式台座

拼装式台座是由压柱与横梁组装而成，适用于施工现场临时生产预制构件用。

（1）拼装式钢台座是由格构式钢压柱、箱形钢横梁、横向连系工字钢、张拉端横梁导轨、放张系统等组成。这种台座型钢的线膨胀系数与受力钢绞线的线膨胀系数一致，热养护时无预应力损失。

拼装式钢台座的优点：装拆快、效率高、产品质量好、支模振捣方便，适用于施工现场预制工作量较大的情况。

（2）拼装式混凝土台座，根据施工条件和工程进度，因地制宜利用废旧构件或工程用构件组成。待预应力构件生产任务完成后，组成台座的构件仍可用于工程上。

16.5.1.3 预应力混凝土台面

普通混凝土台面由于受温差的影响，经常会发生开裂，导致台面使用寿命缩短和构件质量下降。为了解决这一问题，预制构件厂采用了预应力混凝土滑动台面。

预应力混凝土滑动台面的做法（图16-88）是在原有的混凝土台面或新浇的混凝土基层上涂隔离剂。张拉预应力钢丝，浇筑混凝土面层。待混凝土达到放张强度后切断钢丝，台面就发生滑动。

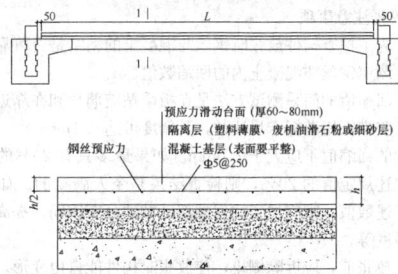

图 16-88 预应力混凝土滑动台面

台面由于温差引起的温度应力 σ_0，可按式（16-48）计算：

$$\sigma_0 = 0.5\mu\gamma\left(1+\frac{h_1}{h}\right)L \tag{16-48}$$

式中 L——台面长度（m）；

γ——混凝土重力密度（kg/m³）；

h——预应力台面厚度（mm）；

h_1——台面上堆积物的折算厚度（mm）；

μ——台面与基层混凝土的摩擦系数，对皂脚废机油或废机油滑石粉隔离剂为 0.65。

为了使预应力台面不出现裂缝，台面的预压应力 σ_{pc} 应满足式（16-49）：

$$\sigma_{pc} > \sigma_0 - 0.5f_{tk} \tag{16-49}$$

式中 f_{tk}——混凝土的抗拉强度标准值（N/mm²）。

预应力台面用的钢丝，可选用各种预应力钢丝，居中配置，$\sigma_{con}=0.70f_{ptk}$。混凝土可选用C30或C40。

预应力台面的基层要平整，隔离层要好。以减少台面的咬合力、粘结力与摩擦力。浇筑混凝土后要加强养护，以免出现收缩裂缝。预应力台面宜在温差较小的季节施工。以减少温差引起的温度应力。

16.5.2 一般先张法工艺

16.5.2.1 工艺流程

一般先张法的施工工艺流程包括：预应力筋的加工、铺设；预应力筋张拉；预应力筋放张；质量检验等。

16.5.2.2 预应力筋的加工与铺设

1. 预应力筋的加工

预应力钢丝和钢绞线下料，应采用砂轮切割机，不得采用电弧切割。

2. 预应力筋的铺设

长线台座台面（或胎模）在铺设预应力筋前应涂隔离剂。隔离剂不应沾污预应力筋，以免影响预应力筋与混凝土的粘结。如果预应力筋遭受污染，应使用适宜的溶剂加以清洗干净。在生产过程中

应防止雨水冲刷台面上的隔离剂。

预应力筋与工具式螺杆连接时，可采用套筒式连接器（图 16-89）。

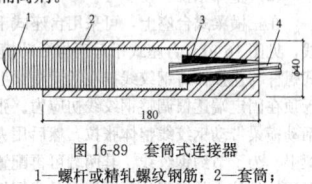

图 16-89 套筒式连接器
1—螺杆或精轧螺纹钢筋；2—套筒；3—工具式夹片；4—钢绞线

3. 预应力筋夹具

夹具是将预应力筋锚固在台座上并承受预张力的临时锚固装置，夹具应具有良好的锚固性能和重复使用性能，并有安全保障。先张法的夹具可分为用于张拉的张拉端夹具和用于锚固的锚固端夹具，夹具的性能应满足国家现行标准《预应力筋用锚具、夹具和连接器》GB/T 14370 和《预应力筋用锚具、夹具和连接器应用技术规程》JGJ 85 的要求。

夹具可按所夹持的预应力筋种类分为钢丝夹具和钢绞线夹具。

钢丝夹具：可夹持直径 3～5mm 的钢丝，钢丝夹具包括锥形夹具和镦头夹具。

钢绞线夹具：可采用两片式或三片式夹片锚具，可夹持不同直径的钢绞线。

16.5.2.3 预应力筋张拉

1. 预应力钢丝张拉

（1）单根张拉

张拉单根钢丝，由于张拉力较小，张拉设备可选择小型千斤顶或专用张拉机张拉。

（2）整体张拉

1）在预制厂以机组流水法或传送带法生产预应力多孔板时，还可在钢模上用镦头梳筋板夹具整体张拉。钢丝两端镦头，一端卡在固定梳筋板上，另一端卡在张拉端的活动梳筋板上。用张拉钩钩住活动梳筋板，再通过连接套筒将张拉钩和拉杆式千斤顶连接，即可张拉。

2）在两横梁式长线台座上生产刻痕钢丝配筋的预应力薄板时，钢丝两端采用单孔镦头锚具（工具锚）安装在台座两端钢横梁外的承压钢板上，利用设置在台墩与钢横梁之间的两台座式千斤顶进行整体张拉。也可采用单根钢丝夹片夹具代替镦头锚具，便于施工。

当钢丝达到张拉力后，锁定台座式千斤顶，直到混凝土强度达到放张要求后，再放松千斤顶。

（3）钢丝张拉程序

预应力钢丝由于张拉工作量大，宜采用一次张拉程序。0→$(1.03～1.05)\sigma_{con}$（锚固）其中，1.03～1.05 是考虑测力的误差、温度影响、台座横梁或定位板刚度不足、台座长度不符合设计取值、工人操作影响等。

2. 预应力钢绞线张拉

（1）单根张拉

在两横梁式台座上，单根钢绞线可采用与钢绞线张拉力配套的小型前卡式千斤顶张拉，单孔夹片工具锚固定。为了节约钢绞线，也可采用工具式拉杆与套筒式连接器，如图 16-90 所示。

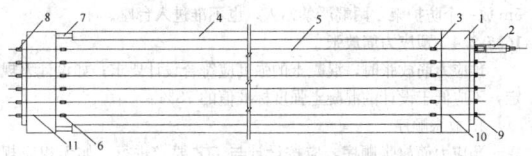

图 16-90 单根钢绞线张拉示意图
1—横梁；2—千斤顶；3、6—连接器；4—槽式承力架；5—预应力筋；7—放张装置；8—锚固端锚具；9—张拉端螺帽锚具；10、11—钢绞线连接拉杆

预制空心板梁的张拉顺序可先从中间向两侧逐步对称张拉。对预制梁的张拉顺序也要左右对称进行。如梁顶与梁底均配有预应力筋，则也要上下对称张拉，防止构件产生较大的反拱。

（2）整体张拉

在三横梁式台座上，可采用台座式千斤顶整体张拉预应力钢绞线，见图16-91。台座式千斤顶与活动横梁组装在一起，利用工具式螺杆与连接器将钢绞线挂在活动横梁上。张拉前，宜采用小型千斤顶在固定端逐根调整钢绞线初应力。张拉时，台座式千斤顶推动活动横梁带动钢绞线整体张拉。然后夹片锚或螺母锚固在固定横梁上。为了节约钢绞线，其两端可再配置工具式螺杆与连接器。对预制构件较少的工程，可取消工具式螺杆，直接将钢绞线用夹片式锚具锚固在活动横梁上。如利用台座式千斤顶整体放张，则可取消锚固端放张装置。在张拉端固定横梁与锚具之间加U形垫片，有利于钢绞线放张。

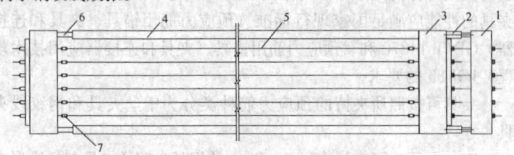

图16-91 三横梁式成组张拉装置
1—活动横梁；2—千斤顶；3—固定横梁；4—槽式台座；
5—预应力筋；6—放张装置；7—连接器

（3）钢绞线张拉程序

采用低松弛钢绞线时，可采取一次张拉程序。

对单根张拉：$0 \rightarrow \sigma_{con}$（锚固）

对整体张拉：$0 \rightarrow$初应力调整$\rightarrow \sigma_{con}$（锚固）

3. 预应力张拉值校核

预应力筋的张拉力，一般采用张拉力控制，伸长值校核，张拉时预应力筋的理论伸长值与实际伸长值的允许偏差为±6%。

预应力筋张拉锚固后，应采用测力仪检查所建立的预应力值，其偏差不得大于或小于设计规定相应阶段预应力值的5%。

预应力筋张拉应力值的测定有多种仪器可以选择使用，一般对于测定钢丝的应力值多采用弹簧测力仪、电阻应变式传感仪和弓式测力仪。对于测定钢绞线的应力值，可采用压力传感器、电阻式应变传感器或通过连接在油泵上的液压传感器读数仪直接采集张拉力等。

预应力钢丝内力的检测，一般在张拉锚固后1小时内进行。此时，锚固损失已完成，钢筋松弛损失也部分产生。检测时预应力设计规定值应在设计图纸上注明，当设计无规定时，可按表16-49取用。

4. 张拉注意事项

（1）张拉时，张拉机与预应力筋应在一条直线上，同时在台面上每隔一定距离放一根圆钢筋头或相当于保护层厚度的其他垫块，以防预应力筋因自重下垂，破坏隔离剂，沾污预应力筋。

（2）预应力筋张拉并锚固后，应保证测力表读数始终保持设计所需的张拉力。

（3）预应力筋张拉完毕后，对张拉位置的偏差不得大于5mm，也不得于构件截面最短边长的4%。

（4）在张拉过程中发生断丝或滑脱钢丝时，应予以更换。

（5）台座两端应有防护设施。张拉时沿台座长度方向每隔4～5m放一个防护架，两端严禁站人，也不准进入台座。

16.5.2.4 预应力筋放张

预应力筋放张时，混凝土的强度应符合设计要求；如设计无规定，不应低于设计的混凝土强度标准值的75%。

1. 放张顺序

预应力筋放张顺序，应按设计与工艺要求进行。如无相应规定，可按下列要求进行：

（1）轴心受预压的构件（如拉杆、桩等），所有预应力应同时放张；

（2）偏心受预压的构件（如梁等），应先同时放张预压力较小区域的预应力筋，再同时放张预压力较大区域的预应力筋；

（3）如不能满足以上两项要求时，应分阶段、对称、交错地放张，防止在放张过程中构件产生弯曲、裂纹和预应力筋断裂。

2. 放张方法

预应力筋的放张，应采取缓慢释放预应力的方法进行，防止对混凝土结构的冲击。常用的放张方法如下：

（1）千斤顶放张

用千斤顶拉动单根螺杆或螺杆，松开螺母。放张时由于混凝土与预应力筋已结成整体，松开螺母所需的间隙只能是最前端构件外露钢筋的伸长，因此，所施加的应力需要超过控值。

采用两台台座式千斤顶整体缓慢放松（图16-92），应力均匀，安全可靠。放张用台座式千斤顶可专用或与张拉合用。为防止台座式千斤顶长期受力，可采用垫块顶紧，替换千斤顶承受压力。

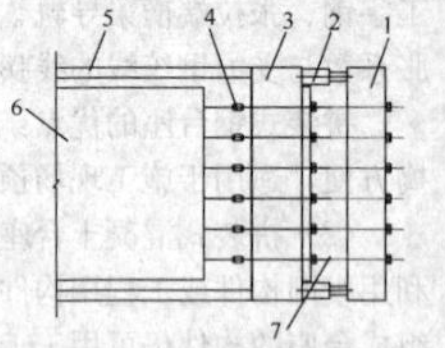

（2）机械切割或氧炔焰切割

对先张法板类构件的钢丝或钢绞线，放张时可直接用机械切割或氧炔焰切割。放张工作宜从生产线中间处开始，以减少回弹量且有利于脱模；对每一块板，应从外向内对称放张，以免构件扭转而端部开裂。

3. 放张注意事项

（1）为了检查构件放张时钢丝与混凝土的粘结是否可靠，切断钢丝时应测定钢丝往混凝土内的回缩数值。

钢丝回缩值的简易测试方法是在板端贴玻璃片和在靠近板端的钢丝上贴胶带纸用游标卡尺读数，其精度可达0.1mm。

钢丝的回缩值不应大于1.0mm。如果最多只有20%的测试数据超过上述规定值的20%，则检查结果是令人满意的。如果回缩值大于上述数值，则应加强构件端部区域的分布钢筋、提高放张时混凝土强度等。

（2）放张前，应拆除侧模，使放张时构件能自由变形，否则将损坏模板或使构件开裂。对有横肋的构件（如大型屋面板），其端横肋内侧面与板面交接处做出一定的坡度或做成大圆弧，以便预应力筋放张时端横肋能沿着坡面滑动。必要时在胎模与台面之间设置滚动支座。这样，在预应力筋放张时，构件与胎模可随着钢筋的回缩一起自由移动。

（3）用氧炔焰切割时，应采取隔热措施，防止烧伤构件端部混凝土。

16.5.2.5 质量检验

先张法预应力施工质量，应按现行国家标准《混凝土结构工程施工质量验收规范》（GB 50204）的规定进行验收。

1. 主控项目

（1）预应力筋进场时，应按现行国家标准《预应力混凝土用钢丝》（GB/T 5223）、《预应力混凝土用钢绞线》（GB/T 5224）等的规定抽取试件作力学性能检验，其质量必须符合有关标准的规定。

检查数量：按进场的批次和产品的抽样检验方案确定。

检验方法：检查产品合格证、出厂检验报告和进场复验报告。

（2）预应力筋用夹具的性能应符合现行国家标准《预应力筋用锚具、夹具和连接器》（GB/T 14370）和行业标准《预应力筋用锚具、夹具和连接器应用技术规程》（JGJ 85）的规定。

检验方法：检查产品合格证和出厂检验报告。

（3）预应力筋铺设时，其品种、级别、规格、数量等必须符合设计要求。

检查数量：隐蔽工程验收时全数检查。

检验方法：观察与钢尺检查。

（4）先张法预应力施工时，应选用非油类隔离剂，并应避免沾污预应力筋。

检查数量：全数检查。

检验方法：观察。

（5）预应力筋放张时，混凝土强度应符合设计要求；如设计无规定，不应低于设计的混凝土强度标准值的75%。

检查数量：全数检查。

检验方法：检查同条件养护试件试验报告。

（6）预应力筋张拉锚固后实际建立的预应力值与工程设计规定

图16-92 两台千斤顶放张
1—活动横梁；2—千斤顶；
3—横梁；4—绞线连接器；
5—承力架；6—构件；
7—拉杆

检验值的相对允许偏差为±5%。

检查数量：每工作班抽查预应力筋总数的1%，且不少于3束。

检验方法：检查预应力筋应力检测记录。

(7) 在浇筑混凝土前发生断裂或滑脱的预应力筋必须予以更换。

检验方法：全数观察。检查张拉纪录。

(8) 预应力筋放张时，宜缓慢放松锚固装置。使各根预应力筋同时缓慢放松。

检验方法：全数观察检查。

2. 一般项目

(1) 钢丝两端采用镦头夹具时，对短线整体张拉的钢丝，同组钢丝长度的极差不得大于2mm。钢丝镦头的强度不得低于钢丝强度标准值的98%。

检查数量：每工作班抽查预应力筋总数的3%，且不少于3束。对钢丝镦头强度，每批钢丝检查6个镦头试件。

检验方法：观察、钢尺检查。检查钢丝镦头试验报告。

(2) 锚固阶段张拉端预应力筋的内缩量应符合设计要求。

检查数量：每工作班抽查预应力筋总数的3%，且不少于3束。

检验方法：钢尺检查。

(3) 先张法预应力筋张拉后与设计位置的偏差不得大于5mm，且不得大于构件截面短边边长的4%。

检查数量：每工作班抽查预应力筋总数的3%，且不少于3束。

检验方法：钢尺检查。

16.5.3 折线张拉工艺

桁架式或折线式吊车梁配置折线预应力筋，可充分发挥结构受力性能，节约钢材，减轻自重。折线预应力筋可采用垂直折线张拉（构件竖直浇筑）和水平折线张拉（构件平卧浇筑）两种方法。

16.5.3.1 垂直折线张拉

图16-93为利用槽形台座制作折线式吊车梁的示意图，共12个转折点。在上下转折点处设置上下承力架，以支撑竖向力。预应力筋张拉可采用两端同时或分别按25‰σ_{con}逐级加荷至100%σ_{con}的方式进行，以减少预应力损失。

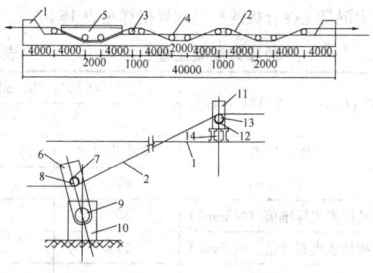

图16-93　折线形吊车梁预应力筋垂直折线张拉示意图
1—台座；2—预应力筋；3—上支点（即圆钢管12）；
4—下支点（即圆钢管7）；5—吊车梁；6—下承力架；
7、12—钢管；8、13—圆柱销；9—连销；10—地锚；
11—上承力架；14—工字钢梁

为了减少预应力损失，应尽可能减少转角次数，据实测，一般转折点不宜超过10个（故台座也不宜过长）。为了减少摩擦，可将下承力架做成摆动支座，摆动位置用临时拉索控制。上承力架焊在两根工字钢梁上，工字钢梁搁置在台座上，为使应力均匀，还可在工字钢梁下设置千斤顶，将梁身及承力架向上顶升一定的距离，以补足预应力（成为横向张拉）。

钢筋张拉完毕后浇筑混凝土。当混凝土达一定强度后，两端同时放松钢筋，最后抽出转折点的圆柱轴8、13，只剩下支点钢管7、12埋在混凝土构件内（钢管直径 $D \geq 2.5$ 倍钢筋直径）。

16.5.3.2 水平折线张拉

图16-94为利用预制钢筋混凝土双肢柱作为台座压杆，在现场

对生产桁架式吊车梁的示意图。在预制柱上相应于钢丝弯折点处，套以钢筋抱箍5，并装置短槽钢7，连以焊接钢筋片片，预应力筋通过片片而弯折。为承受张拉时产生的横向水平力，在短槽钢上安置木撑6、8。

两根折线钢筋可用4台千斤顶在两端同时张拉，或采用两台千斤顶同时在一端张拉后，再在另一端补张拉。为减少应力损失，可在转折点处采取横向张拉，以补足预应力。

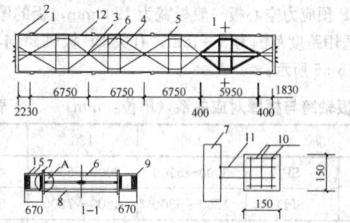

图16-94　预应力筋水平折线张拉示意图
1—台座；2—横梁；3—直线预应力筋；4—折线预应力筋；
5—钢筋抱箍；6、8—木撑；7—8号槽钢；9—70×70方木；
10—3φ10钢筋；11—2φ18钢筋；12—砂浆填缝

16.5.4 先张预制构件

先张法主要适用于生产预制预应力混凝土构件。采用先张法生产的预制预应力混凝土构件包括预制预应力混凝土板、梁、桩等众多种类。

16.5.4.1 先张预制板

目前国内应用的先张预应力混凝土板的种类较多，包括预应力混凝土圆孔板、SP预应力空心板、预应力混凝土叠合板的实心底板、预应力混凝土双T板等。

1. 预应力混凝土圆孔板

预应力混凝土圆孔板是目前最为常见的先张预应力预制构件之一，主要适用于非抗震设计及抗震设防烈度不大于8度的地区。预应力混凝土圆孔板根据其厚度和适用跨度分为两类，一类板厚120mm，适用跨度范围2.1～4.8m；另一类板厚180mm，适用跨度范围4.8～7.2m。预应力钢筋采用消除应力的低松弛螺旋肋钢丝φH5，抗拉强度标准值为1570MPa，构造钢筋采用HRB335级钢筋。图16-95为0.5m宽120mm厚的预应力混凝土圆孔板截面示意图。

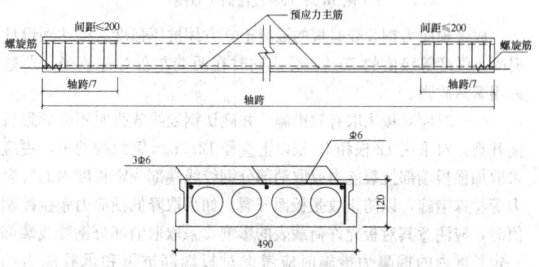

图16-95　预应力圆孔板截面示意图

预应力混凝土圆孔板可采用长线法台座张拉预应力，也可采用短线法钢模模外张拉预应力。设计时应考虑张拉端锚具变形和钢筋内缩引起的预应力损失以及温差引起的预应力损失。

构件堆放运输时，场地应平整压实。每垛堆放层数不宜超过10层。垫木应放在距板端200～300mm处，并做到上下对齐，垫平垫实，不得有一角脱空的现象。堆放、起吊、运输过程中不得将板翻身侧放。

安装时板的混凝土立方体抗压强度应达到设计混凝土强度的100%，板安装后应及时浇筑拼缝混凝土。灌缝前应将拼缝内杂物清理干净，并用清水充分湿润。灌缝应采用强度等级不低于C20的细石混凝土并掺微膨胀剂。混凝土振捣应密实，并注意浇水养护。

施工均布荷载不应大于2.5kN/m²，荷载不均匀时单板范围内

折算均布荷载不宜大于 2.0kN/m²，施工中应防止构件受到冲击作用。

在有抗震设防要求的地区安装圆孔板时，板支座宜采用硬架支模的方式，并保证板与支座实现可靠的连接。

2. SP 预应力空心板

SP 预应力空心板特指美国 SPANCRETE 公司及其授权的企业生产的预应力混凝土空心板。主要适用于抗震设防烈度不大于 8 度的地区。SP 预应力空心板一般板宽为 1200mm，板的厚度为 100～380mm，适用跨度范围为 3～18m。有关 SP 板轴跨与板厚的对应关系如表 16-56 所示。

SP 板轴跨与板厚对应关系（单位：mm）　表 16-56

板　厚		100	120	150
轴跨	SP	3000～5100	3000～6000	4500～7500
	SPD	4200～6300	4800～7200	5400～9000
板厚		180	200	250
轴跨	SP	4800～9000	5100～10200	5700～12600
	SPD	6900～10200	7200～10800	8400～13800
	40SP	4800～9000	5100～10200	5700～12600
板厚		300	380	
轴跨	SP	6900～15000	8400～18000	
	SPD	9600～15000	12000～18000	
	40SP	6900～15000	8400～18000	

注：表中 SP 指无叠合层的 SP 板，钢绞线保护层厚度 20mm；40SP 指无叠合层的 SP 板，钢绞线保护层厚度 40mm；SPD 指在 SP 板顶面现浇 50～60mm 厚碎石混凝土叠合层的板。

SP 板的预应力钢筋多采用 1860 级的 1×7 低松弛钢绞线，直径包括 9.5、11.1、12.7mm 三种，有时也采用 1570 级的 1×3 低松弛钢绞线，直径 8.6mm。图 16-96 为 1.2m 宽 200mm 厚的 SP 板截面示意图。

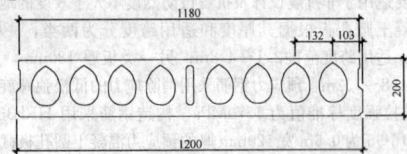

图 16-96　SP 板截面示意图

放张预应力钢绞线时板的混凝土立方体抗压强度必须达到设计混凝土强度等级值的 75%，并应同时在两端左右对称放张，严禁采用骤然放张。

生产时应对板采取有效措施，并确认钢绞线放张时不会导致板面开裂。对采用 12 根和 12 根以上直径 12.7mm 钢绞线的板，更应采取加强板端部抗裂能力或取消部分钢绞线端部一定长度内的握裹力等特殊措施，以防止放张板面开裂。如采取降低预应力张拉控制值时，应注意其对板允许荷载表的影响，采取取消部分钢绞线端部一定长度内的握裹力措施时应考虑对板端部抗裂和承载能力的影响。

空心板端部预应力钢绞线的实测回缩（缩入混凝土切割面）值应符合下列规定：

每块板各端的所有钢绞线回缩值的平均值，不得大于 2mm；并且单根钢绞线的回缩值不得大于 3mm（板端部涂油的钢绞线的允许回缩值另行确定）。回缩值不合格的板应根据实际情况经特殊处理后方可使用。

构件堆放、运输时，场地应平整压实。每堆堆放总高度不宜超过 2.0m，垫木应放在距板端部 200～300mm 处，并做到上下对齐，垫平垫实，不得有一角脱空的现象。堆放、起吊、运输过程中不得将板翻身侧放。SP 板的支承处应平整，保证板端在支承处均匀受力。为减轻承重墙对板端的约束和便于拉齐板缝，在板底设置塑胶垫片会取得较好效果。

安装 SP 板时，一般宜将两块板之间板底靠紧安置。但板顶缝

宽不宜小于 20mm。

为了保证空心板楼（屋）盖体系中，相邻 SP 板之间能相互传递剪力和协调相邻板间垂直变位，应做好板缝的灌缝工作。因此，应注意以下事项：

一般应采用强度不小于 20N/mm² 的水泥砂浆，或强度不小于 C20 的细石混凝土灌实。灌缝用砂浆或细石混凝土应有良好的和易性，保证板间的键槽能浇注密实。所有 SP 板 SPD 板的灌浆工作，均应在吊装后，进行其他工序前尽快实施。在灌缝砂浆强度小于 10N/mm² 时，板面不得进行任何施工工作。灌缝前应采取措施（加临时支撑或在相邻板间加夹具等）保证相邻板底平整。灌缝前应清除板缝中的杂物，按具体工程设计要求设置好缝中钢筋，并使板缝保持清洁湿润状态，灌浇后应注意养护，必须保证板缝浇灌密实。

SPD 板顶面应有凹凸差不小于 4mm 的人工粗糙面。以保证叠合面的抗剪强度大于 0.4N/mm²，应在 SPD 板叠合层中间配置直径≥6mm，间距 200mm 的钢筋网，或直径 4～5mm 间距 200mm 的焊接钢筋网片。浇筑叠合层混凝土前，SP 板板面必须清扫干净，并浇水充分湿润（冬季施工除外），但不能积水。浇筑叠合层混凝土时，采用平板振动器振捣密实，以保证与 SP 板结合成一整体。浇筑后采用覆盖洒水养护。SPD 板在浇注叠合层阶段，应设有可靠支撑，支撑位置应按下列规定：

当跨度 L≤9m 时，在跨中设一道支撑；

当跨度 L>9m 时，除在跨中设一道支撑外，尚应在 L/4 处各增设一道支撑。

支撑顶面应严格找平，以保证 SP 板底平整，跨中支撑顶面应与 SP 板底顶紧，保证在浇注叠合层过程中 SP 板不产生挠度。

SP 板施工安装时要求布料均匀，施工荷载（包括叠合层重）不得超过 2.5kN/m²。在多层建筑中，上层支柱必须对准下层支柱，同时支撑应设在板肋上，并铺设垫块，以免板受支柱的冲切。临时支撑的拆除应在叠合层混凝土达到强度设计值后根据施工规范规定执行。

3. 预应力混凝土叠合板

预应力混凝土叠合板指施工阶段设有可靠支撑的叠合式受弯构件。其采用 50mm 或 60mm 厚实心预制预应力混凝土底板，上浇叠合层混凝土，形成完全粘结。主要适用于非抗震设计及抗震设防烈度不大于 8 度的地区。

预应力混凝土叠合板的材料和规格详见表 16-57。

预应力混凝土叠合板规格　表 16-57

底板厚度（mm）/叠合层厚（mm）		50/60、70、80	
		60/80、90	
底板预应力筋	钢筋种类	螺旋肋钢丝	冷轧带肋钢筋
	直径（mm）	φH5	φR5
	抗拉强度标准值（N/mm²）	1570	800
	抗拉强度设计值（N/mm²）	1110	530
	弹性模量	2.05×10⁵	1.9×10⁵
底板构造钢筋种类		冷轧带肋钢筋 CRB550（φR5）也可采用 HPB300 或 HRB335 级钢筋	
支座负钢筋种类		HRB335、HRB400 级钢筋	
吊钩		HPB300 级钢筋	
底板混凝土强度等级		C40	
叠合层混凝土强度等级		C30	

图 16-97 为典型的 50mm 厚的预制预应力混凝土底板示意图。

叠合板如需开洞，需在工厂生产中先在底板中预留孔洞（孔洞内预应力钢筋暂不切除），叠合层混凝土浇筑时留出孔洞，叠合板达到强度后切除孔洞内预应力钢筋。洞口处加强钢筋及洞板承载能力由设计人员根据实际情况进行设计。

底板上表面应做成凹凸不小于 4mm 的人工粗糙面，可用网状滚筒等方法成型。

底板吊装时应慢起慢落，并防止与其他物体相撞。

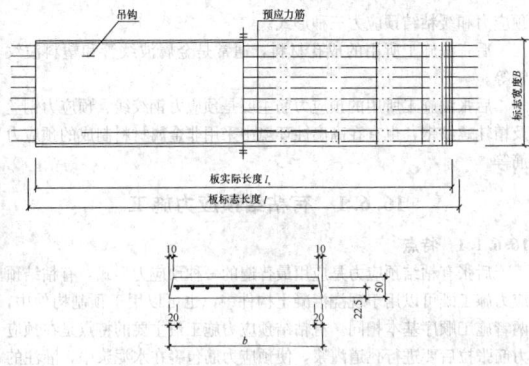

图 16-97 预制预应力混凝土底板示意图

堆放场地应平整夯实，堆放时使板与地面之间应有一定的空隙，并设排水措施。板两端（至板端 200mm）及跨中位置均应设置垫木，当板标志长度≤3.6m 时跨中设一条垫木，板标志长度＞3.6m 时跨中设两条垫木，垫木应上下对齐。不同板号应分别堆放，堆放高度不宜多于 6 层。堆放时间不宜超过两个月。

混凝土的强度达到设计要求后方能出厂。运输时板的堆放要求同上，但要设法在支点处绑扎牢固，以防移动或跳动。在板的边部或与绳索接触处的混凝土，应采用衬垫加以保护。

底板就位前应在跨中及紧贴支座部位均设置由柱和横撑等组成的临时支撑。当轴跨 l≤3.6m 时跨中设一道支撑；当轴跨 3.6m＜l≤5.4m 时跨中设两道支撑；当轴跨 l＞5.4m 时跨中设三道支撑。支撑顶面应严格抄平，以保证底板板底面平整。多层建筑中各层支撑应设置在一条竖直线上，以免板受上层立柱的冲切。

临时支撑拆除应根据施工规范规定，一般保持连续两层有支撑。施工均布荷载不大于 1.5kN/mm²，荷载不均匀时单板范围内折算均布荷载不宜大于 1kN/mm²，否则应采取加强措施。施工中应防止构件受到冲击作用。

4. 预应力混凝土双 T 板

预应力混凝土双 T 板通常采用先张法工艺生产，适用于非抗震设计及抗震设防烈度不大于 8 度的地区。

预应力混凝土双 T 板混凝土强度等级为 C40、C45、C50。当环境类别为二 b 类时，双 T 坡板的混凝土强度等级均为 C50。预应力钢筋采用低松弛的螺旋肋钢丝或 1×7 钢绞线。

双 T 板板面、肋梁、横肋中钢筋网片采用 CRB550 级冷轧带肋钢筋及 HPB300 级钢筋。钢筋网片宜采用电阻点焊，其性能应符合相关标准的规定。预埋件锚板采用 Q235B 级钢，锚筋采用 HPB300 级钢筋或 HRB335 级钢筋。预埋件制作及双 T 坡板安装焊接采用 E43 型焊条。吊钩采用未经冷加工的 HPB300 级钢筋或 Q235 热轧圆钢。

预应力混凝土双 T 板标志宽度为 3m，实际宽度 2.98m。跨度 9～24m，屋面坡度 2%。典型的双 T 板模板图见图 16-98。

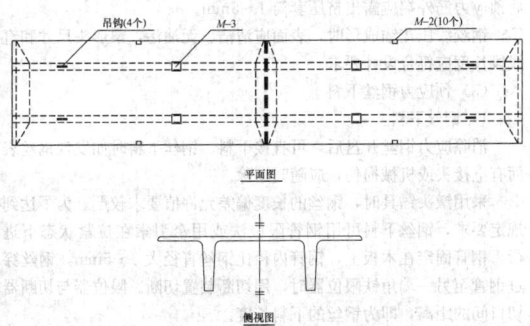

图 16-98 双 T 板模板图

放张时双 T 板混凝土强度一般应达到设计混凝土强度等级的 100%。

当肋梁与支座混凝土梁采用螺栓连接时，应在肋梁端部预埋

ϕ20（内径）钢管。预埋钢管应避开预应力筋。对于标志宽度小于 3.0m 的非标准双 T 板，应在构件制作时去掉部分翼板，但不应伤及肋梁。

双 T 板吊装时应保证所有吊钩均匀受力，并宜采用专用吊具。双 T 板堆放场地应平整压实。堆放时，除最下层构件采用通长垫木外，上层的垫木宜采用单独垫木。垫木应放在距板端 200～300mm

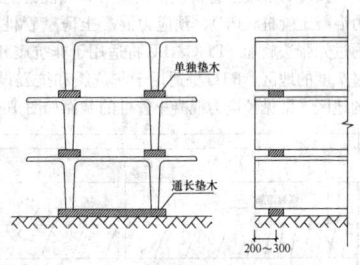

图 16-99 双 T 板堆放示意图

处，并做到上下对齐，垫平垫实。构件堆放层数不宜超过 5 层，见图 16-99。

双 T 板运输时应有可靠的锚固措施，运输时垫木的摆放要求与堆放时相同。运输时构件层数不宜超过 3 层。

安装过程中双 T 板承受的荷载（包括双 T 板自重）不应大于该构件的标准组合荷载限值。安装过程中应防止双 T 板遭受冲击作用。安装完毕后，外露铁件应做防腐、防锈处理。

16.5.4.2 先张预制桩

1. 预应力混凝土空心方桩

预应力混凝土空心方桩一般采用离心成型方法制作，预应力通过先张法施加。作为一种新型的预制混凝土桩，预应力混凝土空心方桩具有承载力高、生产周期短、节约材料等优点。目前我国的预应力混凝土空心方桩适用于非抗震区及抗震设防烈度不超过 8 度的地区，因此可在我国大部分地区应用。常见预应力混凝土空心方桩的截面如图 16-100 所示。

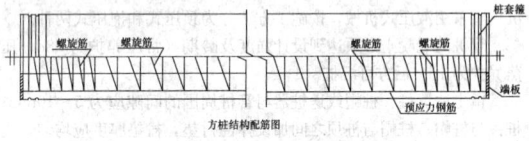

方桩结构配筋图

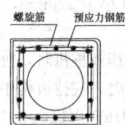

图 16-100 空心方桩截面示意

预应力钢筋镦头应采用热墩工艺，镦头强度不得低于该材料标准强度的 90%。采用先张法施加预应力工艺，张拉应计算后确定，并采用张拉应力和张拉伸长值双重控制来确保张拉力的控制。

成品放置应标明合格印章及制造厂、产品商标、标记、生产日期或编号等内容。堆放场地与堆放层数的要求应符合国家现行标准《预应力混凝土空心方桩》JG197 的规定。

空心方桩吊装宜采用两支点法，支点位置距桩端 0.21L（L 为桩长）。若采用其他吊法，应进行吊装验算。

预应力混凝土空心方桩可采用锤击法和静压法进行施工。采用锤击法时，应根据不同的工程地质条件以及桩的规格等，并结合各地区的经验，合理选择锤重和落距。采用静压法时，可根据具体工程地质情况合理选择配重，压桩设备应有加载反力读数系统。

蒸汽养护后的空心方桩应在常温下静停 3 天后方可沉桩施工。空心方桩接桩可采用钢端板焊接法，焊缝应连续饱满。桩帽和送桩器应与方桩外形相匹配，并应有足够的强度、刚度和耐打性。桩帽和送桩器的下端面应开孔，使桩内腔与外界相通。

在沉桩过程中不得任意调整和校正桩的垂直度。沉桩时，出现贯入度、桩身位移等异常情况时，应停止沉桩，待查明原因并进行必要的处理后方可继续施工。桩穿越硬土层或进入持力层的过程中除机械故障外，不得随意停止施工。空心方桩一般不宜截桩，如遇

特殊情况确需截桩时，应采用机械法截桩。

2. 预应力混凝土管桩

预应力混凝土管桩包括预应力高强混凝土管桩（PHC）、预应力混凝土管桩（PC）、预应力混凝土薄壁管桩（PTC）。预应力均通过先张法加。PHC、PC 桩适用于非抗震和抗震设防烈度不超过 7 度的地区，PTC 桩适用于非抗震和抗震设防烈度不超过 6 度的地区。常见预应力混凝土管桩的截面如图 16-101 所示。

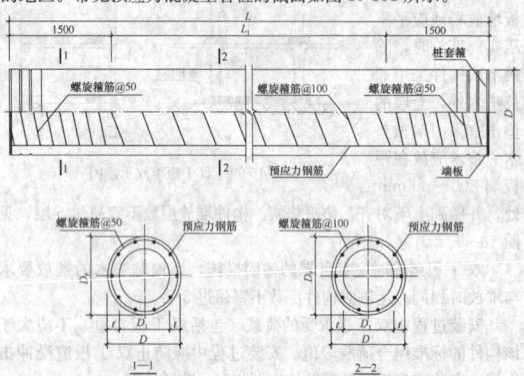

图 16-101 预应力混凝土管桩截面示意

制作管桩的混凝土质量应符合现行国家标准《混凝土质量控制标准》GB 50164、《先张法预应力混凝土管桩》GB 13476、《先张法预应力混凝土薄壁管桩》JC 888 的规定，并应按上述标准的要求进行检验。

沉桩施工时，应根据设计文件、地勘报告、场地周边环境等选择合适的沉桩机械。管桩的施工也分锤击法和静压法两种，锤击法沉桩机械采用柴油锤、液压锤，不宜采用自由落锤打桩机；静压法沉桩宜采用液压式机械，按施工方法分为顶压式和抱压式两种。

管桩的混凝土必须达到设计强度及龄期（常压养护为 28d，压蒸养护为 1d）后方可沉桩。

锤击法沉桩：桩帽或送桩器与管桩周围的间隙为 5～10mm；桩锤与桩帽、桩帽与桩顶之间加设弹性衬垫，衬垫厚度应均匀，且经锤击压实后的厚度不宜小于 120mm，在打桩期间应经常检查，及时更换和补充。

静压法沉桩：采用顶压式桩机时，桩帽或送桩器与桩之间应加设弹性衬垫；抱压式桩机时，夹持机构中夹具应避开桩身两侧合缝位置。采用 PTC 桩不宜采用抱压式沉桩。

沉桩过程中应经常观测桩身的垂直度，若桩身垂直度偏差超过 1%，应找出原因并设法纠正；当桩尖进入较硬土层后，严禁用移动桩架等强行回扳的方法纠偏。

每一根桩应一次性连续打（压）到底，接桩、送桩连续进行，尽量减少中间停歇时间。

沉桩过程中，出现贯入度反常、桩身倾斜、位移、桩身或桩顶破损等异常情况时，应停止沉桩，待查明原因并进行必要的处理后，方可继续进行施工。

上、下节桩拼接成整桩时，宜采用端板焊接连接或机械快速接头连接，接头连接强度应不小于管桩桩身强度。

冬期施工的管桩工程应按现行行业标准《建筑工程冬期施工规程》JGJ/T 104 的有关规定，根据地基的主要冻土性能指标，采用相应的措施。宜选用混凝土有效预压应力值较大且采用蒸压养护工艺生产的 PHC 桩。

16.6 预应力混凝土后张法施工

后张法是指结构或构件成型之后，待混凝土达到要求的强度后，在结构或构件中进行预应力筋的张拉，并建立预压应力的方法。

由于后张法预应力施工不需要台座，比先张法预应力施工灵活便利，目前现浇预应力混凝土结构和大型预制构件均采用后张法施工。后张法预应力施工按粘结方式可以分为有粘结预应力、无粘结

预应力和缓粘结预应力三种形式。

后张法施工所用的成孔材料，通常是金属波纹管和塑料波纹管等。

后张法施工所用的预应力筋主要是预应力钢绞线、预应力钢丝及精轧螺纹钢，也有在高腐蚀环境中采用非金属材料制成的预应力筋等。

16.6.1 有粘结预应力施工

16.6.1.1 特点

后张有粘结预应力是应用最普遍的一种预应力形式，有粘结预应力施工既可以用于现浇混凝土构件中，也可以用于预制构件中，两者施工顺序基本相同。有粘结预应力施工最主要的特点是在预应力筋张拉后要进行孔道灌浆，使预应力筋包裹在水泥浆中，灌注的水泥浆既起到保护预应力筋的作用，又起到传递预应力的效果。

16.6.1.2 施工工艺

后张法有粘结预应力施工通常包括铺设预应力筋管道、预应力筋穿束、预应力筋张拉锚固、孔道灌浆、防腐处理和封堵等主要施工程序。

16.6.1.3 施工要点

1. 预应力筋制作

(1) 钢绞线下料

钢绞线的下料，是指在预应力筋铺设施工前，将整盘的钢绞线，根据实际铺设长度并考虑曲线影响和张拉端长度，切成不同的长度。如果是一端张拉的钢绞线，还要在固定端处预先挤压固定端锚具和安装锚座。

成卷的钢绞线盘重量大需要吊车将成卷的钢绞线吊到下料位置，开始下料时，由于钢绞线的弹力大，在无防护的情况下放盘时，钢绞线容易弹出伤人并发生绞线紊乱现象。可设置一个简易牢固的铁笼，将钢绞线罩在铁笼内，铁笼应紧贴钢绞线盘，再剪开钢绞线的包装钢带。将绞线头从盘卷心抽出。铁笼的尺寸不易过大，以刚好能包裹住钢绞线线盘的外径为合适。铁笼也可以在施工现场用脚手管临时搭设，但要牢固结实，能承受松开钢绞线产生的推力，铁笼竖杆有足够的密度，防止钢绞线头从缝隙中弹出，保证作业人员安全操作。

钢绞线下料宜用砂轮切割机切割。不得采用电弧切。砂轮切割机具有操作方便、效率高、切口规则等优点。

(2) 钢绞线固定端锚具的组装

1) 挤压锚具组装

挤压锚具组装通常是在下料时进行，然后再运到施工现场铺放，也可以将挤压机运至铺放施工现场进行挤压组装。

2) 压花锚具成型

压花锚具是通过挤压钢绞线，使其局部散开，形成梨状钢丝与混凝土握裹而形成锚固端区。

3) 质量要求

挤压锚具制作时，压力表读数应符合操作说明书的规定，挤压后预应力筋外端应露出挤压套筒 1～5mm。

钢绞线压花锚成形时，表面应清洁、无油污，梨形头尺寸和直线段长度应符合设计要求。

(3) 预应力钢丝下料

1) 钢丝下料

消除应力钢丝开盘后，可直接下料。钢丝下料时如发现钢丝表面有电接头或机械损伤，应随时剔除。

采用镦头锚具时，钢丝的长度偏差允许值要求较严。为了达到规定要求，钢丝下料可用钢管限位法或用牵引索在拉紧状态下进行。钢管固定在木板上，钢管内径比钢丝直径大 3～5mm，钢丝穿过钢管到另一端角铁限位器时，用切断装置切断。限位器与切断器切口间的距离，即为钢丝的下料长度。

2) 钢丝编束

为保证钢丝束两端钢丝的排列顺序一致，穿束与张拉时不致紊乱，每束钢丝都须进行编束。

采用镦头锚具时，根据钢丝分圈布置的特点，首先将内圈和外圈钢丝分别用铁丝顺序编扎，然后将内圈钢丝放在外圈钢丝内

牢。为了简化钢丝编束，钢丝的一端可直接穿入锚杯，另一端距端部约20cm处编束，以便穿锚板时钢丝不紊乱。钢丝束的中间部分可根据长度适当编扎几道。

3）钢丝镦头

钢丝镦粗的头型，通常有蘑菇型和平台型两种。前者受锚板的硬度影响大，如锚板较软，镦头易陷入锚孔而断于镦头处；后者由于有平台，受力性能较好。

钢丝束两端采用镦头锚具时，同束钢丝下料长度的极差应不大于钢丝长度的1/5000，且不得大于5mm；对长度小于10m的钢丝束极差可取2mm。

钢丝镦头尺寸应不小于规定值、头型应圆整端正；钢丝镦头的圆弧形周边如出现纵向微小裂纹尚可允许，如裂纹长度已延伸至钢丝母材或出现斜裂纹或水平裂纹，则不允许。

钢丝镦头强度不得低于钢丝强度标准值的98%。

2. 预留孔道

预应力预留孔道的形状和位置通常要根据结构设计图纸的要求而定。最常见的有直线形、曲线形、折线形和U形等形状。

预留孔道的直径，应根据孔道内预应力筋的数量、曲线孔道形状和长度、穿筋难易程度等因素确定。对孔道曲率较大或孔道长度较长的预应力构件，应当选择孔径较大的波纹管，否则在同一孔道中，先穿的预应力筋比较容易，而后穿的预应力筋会非常困难。孔道面积宜为预应力筋净面积的4倍左右。表16-58列出了常用钢绞线数量与波纹管直径的关系参考值。

常用15.2mm钢绞线数量与波纹管直径的关系（参考值）　　表16-58

锚具型号	钢绞线（根数）	波纹管外径（mm）	接头管外径（mm）	孔道、绞线面积比
15—3	3	50	55	4.7
15—4	4	55	60	4.2
15—5	5	60	65	4.0
15—6/7	6/7	70	75	3.9
15—8/9	8/9	80	85	4.0
15—12	12	95	100	4.2
15—15	15	100	105	3.7
15—19	19	115	120	3.9
15—22	22	130	140	4.3
15—27	27	140	150	4.1
15—31	31	150	160	4.1

注：表中15-3代表可锚固直径15.2mm，3根钢绞线。

（1）预应力孔道的间距与保护层应符合下列规定：

1）对预制构件，孔道的水平净间距不宜小于30mm，且不应小于粗骨料直径的1.25倍；孔道至构件边缘的净间距不应小于30mm，且不应小于孔道半径。

2）对现浇构件，预留孔道在竖直方向的净间距不应小于孔道半径，水平方向净间距不宜小于孔道直径的1.5倍。从孔壁算起的混凝土最小保护层厚度，梁底不宜小于50mm，梁侧不宜小于40mm。

（2）预留孔道方法：预留孔道通常有预埋管法和抽芯法两种。

预埋管法是在结构或构件绑扎骨架钢筋时先放入金属波纹管、塑料波纹管或钢管，形成预应力筋的孔道。埋在混凝土中的孔道材料一次地永久地留在结构或构件中；抽芯法是在绑扎骨架钢筋时先放入橡胶管或钢管，混凝土浇筑后，当混凝土强度达到一定要求时抽出橡胶管或钢管，形成预应力孔道，橡胶管和钢管可以重复使用。

（3）常用的后张预埋管材料主要有：金属波纹管、塑料波纹管、普通薄壁钢管（厚度通常为2mm）等材料。

（4）预留孔道铺设施工

1）金属波纹管的连接：

金属波纹管的连接，通常采用对接的方法，用大一号同型波纹管做接头管，旋转波纹管连接。接头管的长度宜为管径的3～4倍，两端旋入长度应大致相等。普通波纹管通常为200～400mm，其两端采用密封胶带缠绕包裹，见图16-102。

2）塑料波纹管的连接：

塑料波纹管的波纹分直肋和螺旋肋两种，螺旋肋塑料波纹管的连接方式与金属波纹管相同，即采用直径大一号的塑料接头管套在塑料波纹管上，旋转到波纹管对接处，用塑料封口胶带缠裹严密；对于直肋塑料波纹管，一般有专用接头管，通常也是直径大一号的塑料波纹管，分成两半，在接口处对接并用细铅丝绑扎后再用塑料防水胶带缠裹严密。对大口径的塑料波纹管也可采用专用的塑料焊接机热熔焊接。塑料接头套管的长度不小于300mm。

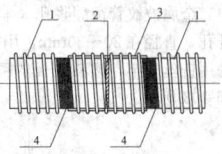

图16-102　波纹管连接构造图
1—波纹管；2—接口处；3—接头管；4—封口胶带

3）波纹管的铺设安装：

金属波纹管或塑料波纹管铺设安装前，应按设计要求在箍筋上标出预应力筋的曲线坐标位置，点焊或绑扎钢筋马凳。马凳间距：对圆形金属波纹管宜为1.0～1.5m，对扁波纹管和塑料波纹管宜为0.8～1.0m。波纹管安装后，应与一字形或井字形钢筋马凳用铁丝绑扎固定。

钢筋马凳应与钢筋骨架中的箍筋电焊或牢固绑扎。为防止钢筋马凳在穿预应力筋过程中受压变形，钢筋马凳材料应考虑波纹管和钢绞线的重量，可选择直径10mm以上的钢筋制成。

波纹管安装就位过程中，应避免大曲率弯曲和反复弯曲，以防波纹管管壁开裂。同时还应防止电气焊施工烧破管壁或钢筋施工中扎坏波纹管。浇筑混凝土时，在有波纹管的部位也应严禁用钢筋捣混凝土，防止损坏波纹管。

在合梁的侧模板前，应对波纹管的密封情况进行检查，如发现有破裂的地方要用防水胶带缠裹好，在确定没有破洞或裂缝后方可合梁的侧模板。

竖向预应力结构采用薄壁钢管成孔时应采用定位支架固定，每段钢管的长度应根据施工分层浇筑的高度确定。钢管接头处宜高于混凝土浇筑面500～800mm，并用堵头临时封口，防止杂物或灰浆进入孔道内。薄壁钢管连接宜采用带丝扣套管连接。也可采用焊接连接，接口处应对齐，焊接应均匀连续。

（5）波纹管的铺设绑扎质量要求：

1）预留孔道及端部埋件的规格、数量、位置和形状应符合设计要求；

2）预留孔道的定位应准确，绑扎牢固，浇筑混凝土时不应出现位移和变形；

3）孔道应平顺，不能有死弯，弯曲处不能开裂，端部的预埋喇叭管或锚垫板应垂直于孔道的中心线；

4）接口处，波纹管口要相接，接头管长度应满足要求，绑扎要密封牢固；

5）波纹管控制点的设计偏差应符合表16-59的规定。

预应力筋束形（孔道）控制点设计位置允许偏差（mm）　　表16-59

构件截面高（厚）度	$h \leq 300$	$300 < h \leq 1500$	$h > 1500$
偏差限值	±5	±10	±15

（6）灌浆孔、出浆排气管和泌水管

在预应力筋孔道两端，应设置灌浆孔和出浆孔。灌浆孔通常位于张拉端的喇叭管处，灌浆时需要在灌浆口处外接一根金属灌浆管；如果在没有喇叭管处（如锚固端），可设置在波纹管端部附近利用灌浆管引至构件外。为保证浆液畅通，灌浆孔的内孔径一般不宜小于20mm。

曲线预应力筋孔道的波峰和波谷处，可间隔设置排气管，排气管实际上起到排气、出浆和泌水的作用，在特殊情况下还可作为灌浆孔用。波峰处的排气管伸出梁面的高度不宜小于500mm，波底处的排气管应从波纹管侧面开口接出伸至梁上或伸到模板外侧。对于多跨连续梁，由于波纹管较长，如果从最初的灌浆孔到最后的出浆孔距离很长，则排气管也可兼作灌浆孔用于连续压浆式灌浆。其间距对于预埋波纹管孔道不宜大于30m。为防止排气管被混凝土挤扁，排气管通常由增强硬塑料管制成，管的壁厚应大于2mm。

金属波纹管留灌浆孔（排气孔、泌水孔）的做法是在波纹管上开孔，直径在20～30mm，用带嘴的塑料弧形盖板与海绵垫覆盖，并用铁丝扎牢，塑料盖板的嘴口与塑料管用专业卡子卡紧。如图16-103所示。

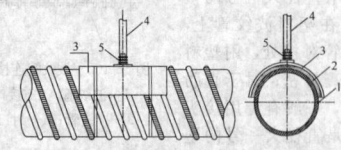

图16-103 灌浆孔的设置示意图
1—波纹管；2—海绵垫；3—塑料盖板；4—塑料管；5—固定卡子

在波谷处设置泌水管，应使塑料管两侧放置，然后从梁上伸出来。不能朝上放置，否则张拉预应力筋后可能造成预应力筋堵住排气孔的现象出现，如图16-104。

钢绞线在波峰与波谷位置及排气管的安装见图16-105。

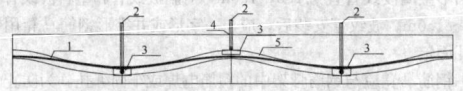

图16-104 预应力筋在波纹管中位置图
1—预应力筋；2—排气孔；3—塑料弧形盖板；
4—塑料管；5—波纹管孔道

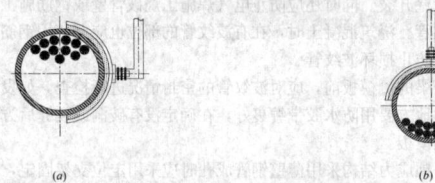

图16-105 钢绞线在波峰与波谷位置及排气管的安装位置图
(a) 波谷；(b) 波峰

3. 张拉端、锚固端铺设

（1）张拉端的布置

张拉端的布置，应考虑构件尺寸、局部承压、锚固体系合理布置等，同时满足张拉施工设备空间要求。通常承压板的间隔设置在20～50mm为宜，如图16-106所示。

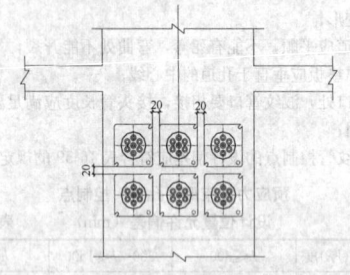

图16-106 柱端预应力锚固图

有粘结预应力筋设在梁柱节点的张拉端上如图16-107所示。

（2）固定端的布置

有粘结预应力钢绞线的固定端通常采用挤压锚具，在梁柱节点处，锚固端的挤压锚具应均匀散开放在混凝土支座内，波纹管应伸入混凝土支座内。如图16-108所示。

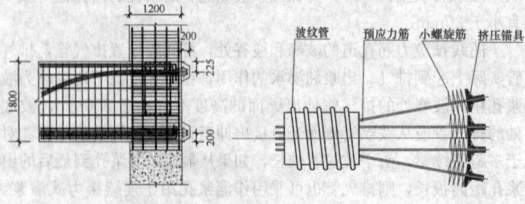

图16-107 梁柱节点处　　　图16-108 固定端的设置
张拉端示意图

4. 预应力筋穿束

（1）根据穿束时间，可分为先穿束法和后穿束法两种。

1）先穿束法

在浇筑混凝土之前穿束。先穿束法省时省力，能够保证预应力筋顺利放入孔道内；如果波纹管绑扎不牢固，预应力筋的自重会引起的波纹管变位，会影响到矢高的控制，如果穿入的钢绞线不能及时张拉和灌浆，钢绞线易生锈。

2）后穿束法

后穿束法是在浇筑混凝土之后穿束。此法可在混凝土养护期内进行，穿束不占工期。穿束后即行张拉，预应力筋易于防锈。对于金属波纹管孔道，在穿预应力筋时，预应力筋的端部应套有保护帽，防止预应力筋损坏波纹管。

（2）穿束方法

根据一次穿入预应力筋的数量，可分为整束穿束、多根穿束和单根穿束。钢丝束应整束穿；钢绞线宜采用整束穿，也可用多根或单根穿。穿束工作可采用人工、卷扬机或穿束机进行。

1）人工穿束

对曲率不是很大，且长度不大于30m的曲线束，适宜人工穿束。

人工穿束可利用起重设备将预应力筋吊放到脚手架上，工人站在脚手架上逐根穿入孔内。预应力筋的前端应安装保护帽或用塑料胶带将端头缠绕牢固形成一个厚厚的圆头，防止预应力筋（主要是钢绞线）的端部损坏波纹管壁，以便顺利通过孔道。对多波曲线束且长度超过80m的孔道，宜采用特制的牵引头（钢丝网套套住牵引的预应力筋端部），工人在前头牵引，后头推送，用对讲机保持前后两端同时出现。

钢绞线编束宜用20号铁丝绑扎，间距2～3m。编束时应先将钢绞线理顺，并尽量使各根钢绞线松紧一致。如钢绞线单根穿入孔道，则不编束。

2）用卷扬机穿束

对多波曲率较大，孔道直径偏小且束长大于80m的预应力筋，也可采用卷扬机穿束。钢绞线与钢丝绳间用特制的牵引头连接。每次牵引一组2～3根钢绞线，穿束速度快。

卷扬机宜采用慢速，每分钟约10m，电动机功率为1.5～2.0kW。

3）用穿束机穿束

用穿束机穿束适宜于大型桥梁与构筑物单根穿钢绞线的情况。

穿束机有两种类型：一是由油泵驱动链板夹持钢绞线传送，速度可任意调节，穿束可进可退，使用方便；二是由电动机经减速箱减速后由两对滚轮夹持钢绞线传送，进退由电动机正反转控制。穿束时，钢绞线前头应套上一个金属子弹头形壳帽。

5. 预应力筋张拉锚固

（1）准备工作

1）混凝土强度

预应力筋张拉前，应提供构件混凝土的强度试压报告。混凝土试块采用同条件养护与标准养护。当混凝土的立方体强度满足设计要求后，方可施加预应力。

施加预应力时构件的混凝土强度等级应在设计图纸上标明；设计无要求时，对于C40混凝土不应低于设计强度的75%。对于C30或C35混凝土则不应低于设计强度的100%。

现浇混凝土施加预应力时，混凝土的龄期；对后张预应力楼板不宜小于5d，对于后张预应力大梁不宜小于7d。

对于有通过后浇带的预应力构件，应使后浇带的混凝土强度也达到上述要求后再进行张拉。

后张预应力构件为了搬运等需要，可提前施加一部分预应力，以承受自重等荷载。张拉时混凝土的立方体强度不应低于设计强度等级的60%。必要时进行张拉端的局部承压计算，防止混凝土因强度不足而产生裂缝。

2）构件张拉端部位清理

锚具安装前，应清理锚垫板端面的混凝土残渣和喇叭管口内的封堵与杂物。应检查喇叭管或锚垫板后面的混凝土是否密实，如发现有空洞，应剔凿补实后，再开始张拉。

应仔细清理喇叭口外露的钢绞线上的混凝土残渣和水泥浆，如果锚具安装处的钢绞线上留有混凝土残渣或水泥浆，将严重影响夹片锚具的锚固性能，张拉后可能发生钢绞线回缩的现象。

3) 张拉操作平台搭设

高空张拉预应力筋时，应搭设安全可靠的操作平台。张拉操作台应能承受操作人员与张拉设备的重量，并装有防护栏杆。一般情况下平台可站 3～5 人，操作面积为 3～5m²，为了减轻操作平台的负荷，张拉设备应尽量移至靠近的楼板上，无关人员不得停留在操作平台上。

4) 锚具与张拉设备准备

①锚具

锚具应有产品合格报告，进场后应经过检验合格方可使用。锚具外观应干净整洁，允许锚具带有少量的浮锈，但不能锈蚀严重。

a. 钢绞线束夹片锚固体系：安装锚具时应注意工作锚环或锚板对中，夹片必须安装橡胶圈或钢丝圈，均匀打紧并外露一致；

b. 钢丝束锥形锚固体系：由于钢丝沿锚环周边排列且紧靠孔壁。因此安装钢质锥形锚具时必须严格对中，钢丝在锚环周边应分布均匀；

c. 钢丝束镦头锚固体系：由于穿束关系，其中一端锚具要后装，并进行镦头。配套的工具式螺杆与连接套筒应事先准备好；此外还应检查千斤顶的撑脚是否适用。

②张拉设备准备

预应力筋张拉应采用相应吨位的千斤顶整束张拉。对直线形或平行排放的预应力钢绞线束，在各根钢绞线互不叠压时也可采用小型千斤顶逐根张拉。

张拉设备应于进场前进行配套标定，配套使用。标定过的张拉设备在使用 6 个月后要再次进行标定才能继续使用。在使用中张拉设备出现不正常现象或千斤顶检修后，应重新标定。

预应力筋张拉设备和仪表应根据预应力筋的种类、锚具类型和张拉力合理选用。张拉设备的正常使用范围为 25%～90% 额定张拉力。

张拉用压力表的精度不低于 0.4 级。标定张拉设备的试验机或测力精度不应低于 ±0.5%。

安装张拉设备时，对直线预应力筋，应使张拉力的作用线与预应力筋的中心线重合；对曲线预应力筋，应使张拉力的作用线与预应力筋中线末端的切线重合。

安装多孔群锚千斤顶时，千斤顶上的工具锚孔位与构件端部工作锚的孔位排列要一致，以防钢绞线在千斤顶穿心孔内错位或交叉。

③资料准备

预应力筋张拉前，应提供设备标定证书并计算所需张拉力、压力读数表、张拉伸长值，并说明张拉顺序和方法，填写张拉申请单。

(2) 预应力筋张拉

1) 预应力筋张拉顺序

预应力构件的张拉顺序，应根据结构受力特点、施工方便、操作安全等因素确定。

对现浇预应力混凝土框架结构，宜先张拉楼板、次梁，后张拉主梁。

对预制屋架等平卧叠浇构件，应从上而下逐榀张拉。预应力构件中预应力筋的张拉顺序，应遵循对称张拉原则。应使混凝土不产生超应力、构件不扭转与侧弯、结构不变位等；因此，对称张拉是一项重要原则。同时还应考虑到尽量减少张拉设备的移动次数。

后张法预应力混凝土屋架等构件，一般在施工现场平卧重叠制作，重叠层数为 3～4 层。其张拉顺序宜先上后下逐榀进行。为了减少上下层之间因摩擦引起的预应力损失，可逐层加大张拉力。

2) 预应力筋张拉方式

预应力筋的张拉方法，应根据设计和施工计算要求采取一端张拉或两端张拉。

①一端张拉方式： 预应力筋只在一端张拉，而另一端作为固定端不进行张拉。由于受摩擦的影响，一端张拉会使预应力筋的两端立力值不同，当预应力筋的长度超过一定值（曲线配筋约为 30m）

时锚固端与张拉端的应力值的差别将明显加大，因此采用一端张拉的预应力筋，其长度不宜超过 30m。如设计人员根据计算或实际条件认为可以放宽以上限制的话，也可采用一端张拉。

②两端张拉方式： 对预应力筋的两端进行张拉和锚固，通常一端先张拉，另一端补张拉。

两端张拉通常是在一端张拉到设计值后，再移至另一端张拉，补足张拉力后锚固。如果预应力筋较长，先张拉一端的预应力筋伸长值较长，通常要张拉两个缸程以上，才能到设计值，而另一端则伸长值很小。

③分批张拉方式： 对配有多束预应力筋的同一构件或结构，分批进行预应力筋的张拉。由于后批预应力筋张拉所产生的混凝土弹性压缩变形会对先批张拉的预应力筋造成预应力损失；所以先批张拉的预应力筋张拉力应加上该弹性压缩损失值或将弹性压缩损失平均统一增加到每根预应力筋的张拉力内。

现浇混凝土结构或构件自身的刚度较大时，一般情况下后批张拉对先批张拉造成的损失并不大，通常不计算后批张拉对先批张拉造成的预应力损失，并调整张拉力，而是在张拉时，将张拉力提高 1.03 倍，来消除这种损失。这样做也使得预应力筋的张拉变得简单快捷。

④分段张拉方式： 在多跨连续梁板分段施工时，通长的预应力筋需要逐段进行张拉的方式。对大跨度多跨连续梁，在第一段混凝土浇筑与预应力筋张拉锚固后，第二段预应力筋利用锚头连接器接长，以形成通长的预应力筋。

当预应力结构中设置后浇带时，为减少梁下支撑体系的占用时间，可先张拉后浇带两侧预应力筋，用搭接的预应力筋将两侧预应力连接起来。

⑤分阶段张拉方式： 在后张预应力转换梁等结构中，因为荷载是分阶段逐步加到梁上的，预应力筋通常不允许一次张拉完成。为了平衡各阶段的荷载，需要采取分阶段逐步施加预应力。分阶段施加预应力有两种方法，一是对全部的预应力筋分阶段进行如 30%、70%、100% 的多次张拉方式进行。另一种是分阶段对如 30%、70%、100% 的预应力筋进行张拉的方式进行。第一种张拉方式需要对锚具进行多次张拉。

分阶段所加荷载不仅是外载（如楼层重量），也包括由内部体积变化（如弹性缩短、收缩与徐变）产生的荷载。梁的跨中处下部与上部纤维应力应控制在容许范围内。这种张拉方式具有应力、挠度与反拱容易控制、材料省等优点。

⑥补偿张拉方式： 在早期预应力损失基本完成后，再进行张拉的方式。采用这种补偿张拉，可克服弹性压缩损失，减少钢材应力松弛损失，混凝土收缩徐变损失等，以达到预期的预应力效果。

3) 张拉操作顺序

预应力筋的张拉操作顺序，主要根据构件类型、张拉锚固体系、松弛损失等因素确定。

①采用低松弛钢丝和钢绞线时，张拉操作程序为 0→σ_{con}（锚固）。

②采用普通松弛预应力筋时，按下列超张拉程序进行操作：

对镦头锚具等可卸载锚具 0→1.05σ_{con}（持荷 2min）→σ_{con}（锚固）。

对夹片锚具等不可卸载夹片式锚具 0→1.03σ_{con}（锚固）。

以上各种张拉操作程序，均可分级加载、对曲线预应力束，一般以 0.2σ_{con}→0.25σ_{con} 为量伸长起点，分 3 级加载 0.2σ_{con}（0.6σ_{con} 及 1.0σ_{con}）或 4 级加载（0.25σ_{con}、0.50σ_{con}、0.75σ_{con} 及 1.0σ_{con}），每级加载均应量测张拉伸长值。

当预应力筋长度较大，千斤顶张拉行程不够时，应采取分级张拉、分级锚固。第二级初始油压为第一级最终油压。

预应力筋张拉到规定力值后，持荷复验伸长值，合格后进行锚固。

4) 张拉伸长值校核

关于张拉伸长值的计算，详见 16.4.5 节。预应力筋张拉伸长值的量测，应在建立初应力之后进行。其实际伸长值可按公式 (16-43) 计算。

关于推算伸长值，初应力以下的推算伸长值 ΔL_2，可根据弹性

范围内张拉力与伸长值成正比的关系，用计算法或图解法确定。

采用图解法时，图16-109以伸长值为横坐标，张拉力为纵坐标，将各级张拉力的实测伸长值标在图上，绘成张拉力与伸长值关系线 CAB，然后延长此线与横坐标交于 O' 点，则 OO' 段即为推算伸长值。

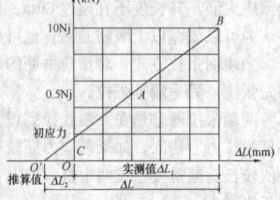

图16-109　图解法计算伸长值

此外，在锚固时应检查张拉端预应力筋的内缩值，以免由于锚固引起的预应力损失超过设计值。如实测的预应力筋内缩量大于规定值。则应改善操作工艺，更换限位板或采取超张拉等方法弥补。

5) 张拉安全要求与注意事项

①在预应力张拉作业中，必须特别注意安全。因为预应力持有很大的能量，如果预应力筋被拉断或锚具与张拉千斤顶失效，巨大能量急剧释放，有可能造成很大危害。因此，在任何情况下作业人员不得站在顶应力筋的两端，同时在张拉千斤顶的后面应设立防护装置。

②操作千斤顶和测量伸长值的人员，应站在千斤顶侧面操作，严格遵守操作规程。油泵开动过程中，不得擅自离开岗位。如需离开，必须把油阀门全部松开或切断电路。

③采用锥锚式千斤顶张拉钢丝束时，先使千斤顶张拉缸进油，至压力表略有启动时暂停，检查每根钢丝的松紧并进行调整，然后再打紧楔块。

④钢丝束镦头锚固体系在张拉过程中应随时拧上螺母，以保证安全；锚固时如遇钢丝束偏长或偏短，应增加螺母或用连接器解决。

⑤工具锚夹片，应注意保持清洁和良好的润滑状态。工具锚夹片第一次使用前，应在夹片背面涂上润滑脂。以后每使用5～10次，应将工具锚上的夹片卸下，向工具锚板的锥形孔中重新涂上一层润滑剂，以防夹片在退锚时卡住。润滑剂可采用石墨、二硫化铝、石蜡或专用退锚润滑剂等。

⑥多根钢绞线束夹片锚固体系如遇到个别钢绞线滑移，可更换夹片，并用小型千斤顶单根张拉。

6) 张拉质量要求

在预应力张拉通知单中，应写明张拉结构与构件名称、张拉力、张拉伸长值、张拉千斤顶与压力表编号、各级张拉力的压力表读数，以及张拉顺序与方法等说明，以保证张拉质量。

①施加预应力时混凝土强度应满足设计要求，且不低于现浇结构混凝土最小龄期：对后张预应力楼板不宜小于5d，对后张预应力大梁不宜小于7d。另外，预应力筋张拉时的环境温度不宜低于−15℃；

②张拉顺序应符合设计要求，当设计无具体要求时，应遵循均匀、对称的张拉原则，并应使构件或结构的受力均匀；

③预应力筋张拉伸长率实测值与计算值的偏差应不大于±6%。允许误差的合格率应达到95%，且最大偏差不应超过10%；

④预应力筋张拉时，发生断裂或滑脱的数量严禁超过同一截面预应力筋总根数的3%，且每束钢丝不得超过一根；对多跨双向连续板和密肋板，其同一截面应按每跨计算；

⑤锚固时张拉端预应力筋的内缩量，应符合设计要求。如设计无要求，应符合相关规范的规定；

⑥预应力锚固时夹片缝隙均匀，外露长度一致（一般为2～3mm），且不应大于4mm；

⑦预应力筋张拉后，应检查构件有无开裂现象。如出现有害裂缝，应会同原设计单位处理。

6. 孔道灌浆

预应力张拉后利用灌浆泵将水泥浆压灌到预应力孔道中去，其作用：一是保护预应力筋以免锈蚀；二是使预应力筋与构件混凝土有效粘结，以控制超载时裂缝的间距与宽度并减轻梁端锚具的负荷。

预应力筋张拉完成并经检验合格后，应尽早进行孔道灌浆。

(1) 灌浆前准备工作

灌浆前应全面检查预应力孔道、灌浆孔、排气孔、泌水管是否通畅。对抽芯成孔的混凝土孔道宜用水冲洗后灌浆；对预埋管成型的孔道不得用水冲洗孔道，必要时可采用压缩空气清孔。

灌浆设备的配备必须确保连续工作的条件，根据灌浆高度、长度、束形等条件选用合适的灌浆泵。灌浆泵应配备计量校验合格的压力表。灌浆前应检查配备设备、灌浆管和阀门的可靠性。在锚垫板上灌浆孔处宜安装单向阀门。注入泵体的水泥浆应经筛滤，滤网孔径不宜大于2mm，与灌浆管连接的出浆孔孔径不宜小于10mm。

灌浆前，对可能漏浆处采用高强度等级水泥浆或结构胶等封堵，待封堵材料达到一定强度后方可灌浆。

(2) 灌浆材料

1) 孔道灌浆采用普通硅酸盐水泥和水拌制。水泥的质量应符合现行国家标准《通用硅酸盐水泥》GB 175的规定。

孔道灌浆用水泥的质量是保证孔道灌浆质量的关键。根据现行国家标准《混凝土结构工程施工质量验收规范》GB 50204有关规定，灌浆用水泥标准养护28d抗压强度不应小于30N/mm²的规定，选用品质优良的32.5MPa的普通硅酸盐水泥配置的水泥浆，可满足抗压强度要求。如果设计要求水泥浆的抗压强度大于30N/mm²，宜选用42.5MPa的普通硅酸盐水泥配置。

2) 灌浆用水泥浆的水灰比一般不大于0.4；搅拌后泌水率不宜大于1%，泌水应能在24h内全部重新被水泥浆吸收；自由膨胀率不应大于10%。

3) 水泥浆中宜掺入高性能外加剂。严禁掺入各种含氯盐或对预应力筋有腐蚀作用的外加剂。掺入外加剂后，水泥浆的水灰比可降为0.35～0.38。

所采购的外加剂应与水泥做适应性试验并确定掺量后，方可使用。

4) 所购买的合成灌浆料应有产品使用说明书，产品合格证书，并在规定的期限内使用。

5) 水泥浆试块用边长70.7mm立方体制作。

6) 水泥浆应采用机械搅拌，应确保灌浆材料搅拌均匀。灌浆过程中应不断搅拌，以防泌水沉淀。水泥浆停留时间过长发生沉离析时，应进行二次灌浆。

7) 水泥浆的可灌性以流动度控制：采用流淌法测定时直径不应小于150mm，采用流锥法测定时应为12～18s。

(3) 水泥浆流动度检测方法

水泥浆流动度可采用流锥法或流淌法测定。采用流锥法测定时，流动度为12～18s，采用流淌法测定时不小于150mm，即可满足灌浆要求。

1) 流锥法

①指标控制

水泥浆流动度是通过测量一定体积的水泥浆从一个标准尺寸的流锥仪中流出的时间确定。水泥浆的流出时间控制在12～18s（根据水泥性能、气温、孔道曲线长度等因素试验确定），即可满足灌浆要求。

②测试用具

流锥仪测定流动度试验。图16-110示出流锥仪的尺寸，用不锈钢薄板或塑料制成。水泥浆总容积为1725±50mm³，漏斗内径为12.7mm。

秒表——最小读数不大于0.5s。

铁支架——保持流锥体垂直稳定，锥斗下口与容量杯上口距离100～150mm。

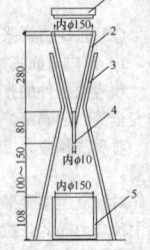

图16-110　流锥仪示意图

1—滤网；2—漏斗；3—支架；4—漏斗口；5—容量杯

③测试方法

流锥仪安放稳定后，先用湿布湿润流锥仪内壁，向流锥仪内注入水泥浆，任其流出部分浆体排出空气后，用手指按住出料口，并将容量杯放置在流锥仪出料口下方，继续向锥体内注浆至规定刻度。打开秒表，同时松开手指；当从出料口连续不断流出水泥浆注满量杯时停止秒表。秒表指示的时间即水泥浆流出时间（流动度

值）。测量中，如果水泥浆流局部中断，应重做实验。

④测量结果

用流锥法连续做3次流动度，取其平均值。

2）流淌法

①指标控制

水泥浆流动度是通过测量一定体积的水泥浆从一个标准尺寸的流淌仪提起后，在一定时间内流淌的直径确定。水泥浆的流淌直径不小于150mm，即可满足灌浆要求。

②测试用具

流淌仪应符合图16-111所示的尺寸要求。

玻璃板—平面尺寸为250mm×250mm。

直钢尺—长度250mm，最小刻度1mm。

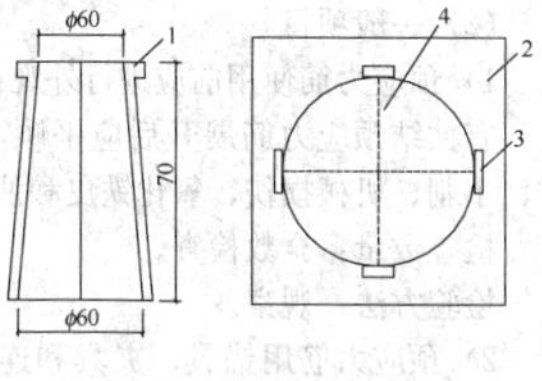

③测试方法

预先将流淌仪放在玻璃板上，再将拌好的水泥浆注入流淌器内，抹平后双手迅速将流淌仪竖直提起，在水泥浆自然流淌30s后，量两个垂直方向流淌后的直径长度。

图16-111　流淌仪示意图
1—流淌仪；2—玻璃板；
3—手柄；4—测量直径

④测试结果

用流淌仪测定水泥浆流动度，连续做三次试验，取其平均值。

（4）灌浆设备

灌浆设备包括：搅拌机、灌浆泵、贮浆桶、过滤网、橡胶管和灌浆嘴等。目前常用的电动灌浆泵有：柱塞式、挤压式和螺旋式。柱塞式又分为带隔膜和不带隔膜两种形状。螺旋泵压力稳定。带隔膜的柱塞泵的活塞不易磨损，比较耐用。灌浆泵应根据液浆高度、长度、束形等选用，并配备计量校验合格的压力表。

灌浆泵使用注意事项：

1）使用前应检查球阀是否损坏或存有干水泥浆等；

2）启动时应进行清水试车，检查各管道接头和泵体盘根是否漏水；

3）使用时应先开动灌浆泵，然后再放入水泥浆；

4）使用时应随时搅拌斗内水泥浆，防止沉淀；

5）用完后，泵和管道必须清理干净，不得留有余浆。

灌浆嘴必须接上阀门，以保安全和节省水泥浆。橡胶管宜用5～7层帆布夹层的厚胶管。

（5）灌浆工艺

灌浆前应全面检查构件孔道及灌浆孔、泌水孔、排气孔是否畅通。对抽拔管成孔，可采用压力水冲洗孔道。对预埋管成孔，必要时可采用压缩空气清孔。

灌浆顺序宜先灌下层孔道，后浇上层孔道。灌浆工作应缓慢均匀地进行。不得中断，并应排气通顺。在灌满孔道封闭排气孔后，应再继续加压至0.5～0.7MPa，稳压1～2min后封闭灌浆孔。

当发生孔道阻塞、串孔或中断灌浆时应及时冲洗孔道或采取其他措施重新灌浆。

当孔道直径较大，采用不掺微膨胀减水剂的水泥浆灌浆时，可采用下列措施：

1）二次压浆法：二次压浆的时间间隔为30～45min。

2）重力补浆法：在孔道最高点处400mm以上，连续不断补浆，直至浆体不下沉为止。

3）采用连接器连接的多跨连续预应力筋的孔道灌浆，应在连接器分段的预应力筋张拉后随即进行，不得在各分段全部张拉完毕后一次连续灌浆。

4）竖向孔道灌浆应自下而上进行，并应设置阀门，阻止水泥浆回流。为确保灌浆的密实性，除掺微膨胀剂外，并应采用压力补浆。

5）对超长、超高的预应力筋孔道，宜采用多台灌浆泵接力灌浆，从前置灌浆孔灌浆至后置灌浆孔冒浆，后置灌浆孔方可继续灌浆。

6）灌浆孔内的水泥浆凝固后，可将泌水管切割至构件表面；如管内有空隙，局部应仔细补浆。

7）当室外温度低于+5℃时，孔道灌浆应采取抗冻保温措施。当室外温度高于35℃时，宜在夜间进行灌浆。水泥浆灌入前的浆体温度不应超过35℃。

8）孔道灌浆应填写施工记录，表明灌浆日期、水泥品种、强度等级、配合比、灌浆压力和灌浆情况。

（6）冬季灌浆

在北方地区冬季进行有粘结预应力施工时，由于不能满足平均气温高于+5℃的基本要求，因此在北方地区冬季进行预应力的灌浆施工，需要对预应力混凝土构件采取升温保温措施，必须保证预应力构件的温度达到+5℃以上时才可以灌浆。

冬季灌浆时，应在温度较高的中午时间进行灌浆作业，灌浆用水可以采用电加热的方法，将水温加热到摄氏50℃以上，趁热搅拌，连续灌浆，防止在灌浆过程中出现浆体温度低于+5℃。应保证灌浆作业不停顿一次顺利完成。

灌浆结束仍需要对结构或构件采取必要的保温措施，直至浆体达到规定强度。

（7）真空辅助灌浆

真空辅助压浆是在预应力筋孔道的一端采用真空泵抽吸孔道中的空气，使孔道内形成负压0.1MPa的真空度，然后在孔道的另一端采用灌浆泵进行灌浆。真空辅助灌浆的优点是：

1）在真空状态下，孔道内的空气、水分以及混在水泥浆中的气泡大部分被排除，增强了浆体的密实度。

2）孔道在真空状态下，减小了由于孔道高低弯曲而使浆体自身形成的压头差，便于浆体充盈整个孔道，尤其是一些异形关键部位。

3）真空辅助灌浆的过程是一个连续且迅速的过程，缩短了灌浆时间。

真空辅助灌浆尤其对超长孔道、大曲率孔道、扁管孔道、腐蚀环境的孔道等有明显效果。真空辅助灌浆用真空泵，可选择气泵型真空泵或水循环型真空泵。为保证孔道有良好的密封性，宜采用塑料波纹管留孔。采用真空辅助灌浆工艺时，应重视水泥浆的配合比，可掺入专门研制的孔道灌浆外加剂，能显著提高浆体的密实度。根据不同的水泥浆强度等级要求，其水灰比可为0.30～0.35。高速搅拌浆机有助于水泥颗粒分散，增加浆体的流动度。为达到封锚闭气的要求，可采用专用灌浆罩封闭，增加封锚细石混凝土厚度等闭气措施。孔道内适当的真空度有助于增加浆体的密实性。锚头灌浆罩内应设置排气阀，即可排除少量余气，有可观察锚头浆体的密实性。

预应力筋孔道灌浆前，应切除外露的多余钢绞线并进行封锚。

孔道灌浆时，在灌浆端先将灌浆阀、排气阀全部关闭。在排浆端启动真空泵，使孔道真空度达到−0.08～−0.1MPa并保持稳定，然后启动灌浆泵开始灌浆。在灌浆过程中，真空泵应保持连续工作，待抽真空端有浆体经过时关闭通向真空泵的阀门，同时打开位于排浆端上方的排浆阀门，排出少许浆体后关闭。灌浆工作继续按常规方法完成。

1）真空灌浆施工设备

除了传统的压浆施工设备外，还需要配备真空泵、空气滤清器及配件等，见图16-112。抽气速率为2m³/min，极限真空为4000Pa，功率为4kW，重量为80kg。

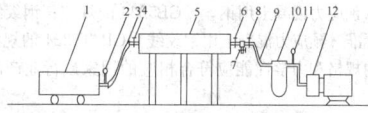

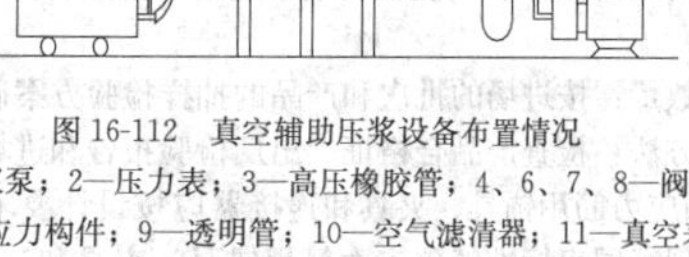

图16-112　真空辅助压浆设备布置情况
1—灌浆泵；2—压力表；3—高压橡胶管；4、6、7、8—阀门；
5—预应力构件；9—透明管；10—空气滤清器；11—真空表；
12—真空泵

2）真空灌浆施工工艺

①在预应力筋孔道灌浆之前，应切除外露的钢绞线，进行封锚。封锚方式有两种：用保护罩封锚或用无收缩水泥砂浆封锚。前者应严格做好密封要求，排气口朝正上方，在灌浆后3h内拆除，

周转使用；后者覆盖层厚度应大于15mm，封锚后24～36h，方可灌浆。

②将灌浆阀、排气阀全部关闭，启动真空泵真空，使真空度达到－0.06～－0.1MPa并保持稳定。

③启动灌浆泵，当灌浆泵输出的浆体达到要求稠度时，将泵上的输送管接到锚垫板上的引出管上，开始灌浆。

④灌浆过程中，真空泵保持连续工作。

⑤待抽真空端的空气滤清器有浆体经过时，关闭空气滤清器前端的阀门，稍后打开排气阀，当水泥浆从排气阀顺畅流出，且稠度与灌入的浆体相当时，关闭构件端阀门。

⑥灌浆泵继续工作，压力达到0.6MPa左右，持压1～2min，关闭灌浆泵及灌浆端阀门，完成灌浆。

（8）灌浆质量要求

1）灌浆用水泥浆的配合比应通过试验确定，施工中不得随意变更。每次灌浆作业至少测试2次水泥浆的流动度，并应在规定的范围内。

2）灌浆试块采用边长70.7mm的立方体试件。其标准养护28d的抗压强度不应低于30N/mm²。移动构件或拆除底模时，水泥浆试块强度不应低于15N/mm²。

3）孔道灌浆后，应检查孔道上凸部位灌浆密实性；如有空隙，应采取人工补浆措施。

4）对孔道阻塞或孔道灌浆密实情况有怀疑时，可局部凿开或钻孔检查，但以不损坏结构为前提。

5）灌浆后的孔道泌水孔、灌浆孔、排气孔等均应切平，并用砂浆填实补平。

6）锚具封闭后与周边混凝土之间不得有裂纹。

7. 张拉端锚具的防腐处理和封堵

预应力筋张拉完成后应尽早进行锚具的防腐处理和封堵工作。

（1）锚具端部外露预应力筋的切断

预应力筋在张拉完成后，应采用砂石锯或液压剪等机械方法切除锚具处外露的预应力筋头。

（2）锚具表面的防腐蚀处理

为防止锚具的锈蚀，宜先刷一遍防锈漆或涂一层环氧树脂保护。

（3）锚具的封堵

预应力筋张拉端可采用凸出式和凹入式做法。采用凸出式做法时，锚具位于梁端面或柱表面，张拉后用细石混凝土将锚具封堵严密。采取凹入式做法时，锚具位于梁（柱）凹槽内，张拉后用细石混凝土填平。

在锚具封堵部位应预埋钢筋，锚具封闭前应将周围混凝土清理干净、凿毛或封堵前涂刷界面剂，对凸出式锚具应配置钢筋网片，使封堵混凝土与原混凝土结合牢固。

16.6.1.4　质量验收

后张有粘结预应力施工质量，应按现行国家标准《混凝土结构工程施工质量验收规范》GB50204等有关规范及标准的规定进行验收。

1. 原材料

（1）主控项目

1）预应力筋进场时，高强钢丝的规格和力学性能应符合现行国家标准《预应力混凝土用钢丝》GB5223的规定，钢绞线应符合现行国家标准《预应力混凝土用钢绞线》GB/T5224的规定；其他预应力筋的规格和力学性能应符合相应的国家或行业产品标准的规定。

检查数量：按进场的批次和产品的抽样检验方案确定。

检验方法：检查产品合格证、出厂检验报告和进场复验报告。

2）预应力筋用锚具、夹具和连接器应按设计要求采用，其性能应符合现行国家标准《预应力筋锚具、夹具和连接器》GB/T14370和现行行业标准《预应力筋用锚具、夹具和连接器应用技术规程》JGJ 85的规定。

检查数量：按进场批次和产品的抽样检验方案确定。

检验方法：检查产品合格证、出厂检验报告和进场复验报告。

注：对锚具用量较少的一般工程，如供货方提供有效的试验报告，可不

作静载锚固性能试验。

3）孔道灌浆用水泥应采用普通硅酸盐水泥，其质量应符合现行国家标准《通用硅酸盐水泥》GB 175的规定。孔道灌浆用外加剂的质量应符合现行国家标准《混凝土外加剂》GB 8076的规定。

检查数量：按进场批次和产品的抽样检验方案确定。

检验方法：检查产品合格证、出厂检验报告和进场复验报告。

注：对孔道灌浆用水泥和外加剂用量较少的一般工程，当有可靠依据时，可不作材料性能的进场复验。

（2）一般项目

1）预应力筋使用前应进行外观检查，其质量应符合下列要求：有粘结预应力筋展开后应平顺，不得有弯折，表面不应有裂纹、小刺、机械损伤、氧化铁皮和油污等；

检查数量：全数检查。

检验方法：观察。

2）预应力筋用锚具、夹具和连接器使用前应进行外观检查，其表面应无污物、锈蚀、机械损伤和裂纹。

检查数量：全数检查。

检验方法：观察。

3）预应力混凝土用波纹管的尺寸和性能应符合现行行业标准《预应力混凝土用金属波纹管》JG 225和《预应力混凝土桥梁用塑料波纹管》JT/T 529的规定。

检查数量：按进场批次和产品的抽样检验方案确定。

检验方法：检查产品合格证、出厂检验报告和进场复验报告。

注：对波纹管用量较少的一般工程，当有可靠依据时，可不做径向刚度、抗渗漏性能的进场复验。

4）预应力混凝土用波纹管在使用前应进行外观检查，其内外表面应清洁，无锈蚀，不应有油污、孔洞和不规则的褶皱，咬口不应有开裂或脱扣。

检查数量：全数检查。

检验方法：观察。

2. 制作与安装

（1）主控项目

1）预应力筋安装时，其品种、级别、规格、数量必须符合设计要求。

检查数量：全数检查。

检验方法：观察，钢尺检查。

2）施工过程中应避免电火花损伤预应力筋；受损伤的预应力筋应予以更换。

检查数量：全数检查。

检验方法：观察。

（2）一般项目

1）预应力筋下料应符合下列要求：

①预应力筋应采用砂轮锯或切断机切断，不得采用电弧切割；

②当钢丝束两端采用镦头锚时，同一束中各根钢丝长度的极差不应大于钢丝长度的1/5000，且不应大于5mm。当成组张拉长度不大于10m的钢丝时，同组钢丝长度的极差不得大于2mm。

检查数量：每工作班抽查预应力筋总数的3%，且不少于3束。

检验方法：观察，钢尺检查。

2）预应力筋端部锚具的制作质量应符合下列要求：

①挤压锚具制作时压力表油压应符合操作说明书的规定，挤压后预应力筋外端应露出挤压套筒1～5mm；

②钢绞线压花锚成形时，表面应清洁、无油污，梨形头尺寸和直线段长度应符合设计要求；

③钢丝镦头的强度不得低于钢丝强度标准值的98%。

检查数量：对挤压锚，每工作班抽查5%，且不应少于5件；对压花锚，每工作班抽查3件；对钢丝镦头强度，每批钢丝检查6个镦头试件。

检验方法：观察，钢尺检查，检查镦头强度试验报告。

3）后张法有粘结预应力筋预留孔道的规格、数量、位置和形状除应符合设计要求外，尚应符合下列规定：

①预留孔道的定位应牢固，浇筑混凝土时不应出现移位和

变形；

②孔道应平顺，端部的预埋锚垫板应垂直于孔道中心线；

③成孔用管道应密封良好，接头应严密且不得漏浆；

④灌浆孔的间距：对预埋金属螺旋管不宜大于30m；对抽芯成形孔道不宜大于12m；

⑤在曲线孔道的曲线波峰部位应设置排气兼泌水管，必要时可在最低点设置排水孔；

⑥灌浆孔及泌水管的孔径应能保证浆液畅通。

检查数量：全数检查。

检验方法：观察，钢尺检查。

4) 预应力筋束形控制点的设计位置偏差应符合表16-59的规定。

检查数量：在同一检验批内，抽查各类型构件中预应力筋总数的5%，且对各类型构件均不少于5束，每束不应少于5处。

检验方法：钢尺检查。

注：束形控制点的竖向位置偏差合格点率应达到90%以上，且不得有超过表中数值1.5倍的尺寸偏差。

5) 浇筑混凝土前穿入孔道的后张法有粘结预应力筋，宜采取防止锈蚀的措施。

检查数量：全数检查。

检验方法：观察。

3. 张拉

(1) 主控项目

1) 预应力筋张拉时，混凝土强度应符合设计要求；当设计无具体要求时，不应低于设计的混凝土立方体抗压强度标准值的75%。

检查数量：全数检查。

检验方法：检查同条件养护试件试验报告。

2) 预应力筋的张拉力、张拉顺序及张拉工艺应符合设计及施工技术方案的要求，并应符合下列规定：

①当施工需要超张拉时，最大张拉应力不应大于现行国家标准《混凝土结构设计规范》GB 50010 的规定；

②张拉工艺应能保证同一束中各根预应力筋的应力均匀一致；

③后张法有粘结施工中，当预应力筋是逐根或逐束张拉时，应保证各阶段不出现对结构不利的应力状态；同时宜考虑后批张拉预应力筋所产生的结构构件的弹性压缩对先批张拉预应力筋的影响，确定张拉力；

④当采用应力控制方法张拉时，应校核预应力筋的伸长值。实际伸长值与设计计算理论伸长值的相对允许偏差为±6%。

检查数量：全数检查。

检验方法：检查张拉记录。

3) 预应力筋张拉锚固后实际建立的预应力值与工程设计规定检验值的相对允许偏差为±5%。

检查数量：对后张法有粘结施工，在同一检验批内，抽查预应力筋总数的3%，且不少于5束。

检验方法：对后张法有粘结施工，检查见证张拉记录。

4) 张拉过程中应避免预应力筋断裂或滑脱；当发生断裂或滑脱时，必须符合下列规定：对后张法有粘结预应力结构构件，断裂或滑脱的数量严禁超过同一截面预应力筋总根数的3%，且每束钢丝不得超过一根；对多跨双向连续板，其同一截面应按每跨计算。

检查数量：全数检查。

检验方法：观察，检查张拉记录。

(2) 一般项目

锚固阶段张拉端预应力筋的内缩量符合设计要求；当设计无具体要求时，应符合表16-50的规定。

检查数量：每工作班抽查预应力筋总数的3%，且不少于3束。

检验方法：钢尺检查。

4. 灌浆及封锚

(1) 主控项目

1) 后张法有粘结预应力筋张拉后应尽早进行孔道灌浆，孔道内水泥浆应饱满、密实。

检查数量：全数检查。

检验方法：观察，检查灌浆记录。

2) 锚具的封闭保护应符合设计要求；当设计无具体要求时，应符合下列规定：

①应采取防止锚具腐蚀和遭受机械损伤的有效措施；

②凸出式锚固端锚具的保护层厚度不应小于50mm；

③外露预应力筋的保护层厚度：处于一类环境时，不应小于20mm；处于二、三类的环境时，不应小于50mm。

检查数量：在同一检验批内，抽查预应力筋总数的5%，且不少于5处。

检验方法：观察，钢尺检查。

(2) 一般项目

1) 后张法预应力筋锚固后的外露部分宜采用机械方法切割，其外露长度不应小于30mm，且不小于1.5倍的预应力筋直径。

检查数量：在同一检验批内，抽查预应力筋总数的3%，且不少于5束。

检验方法：观察，钢尺检查。

2) 灌浆用水泥浆的水灰比不应大于0.42，搅拌后3h泌水率不宜大于2%，且不应大于3%。泌水应能在24h内全部重新被水泥浆吸收。

检查数量：同一配合比检查一次。

检验方法：检查水泥浆性能试验报告。

3) 灌浆用水泥浆的抗压强度不应小于30N/mm²。

检查数量：每工作班留置一组边长为70.7mm的立方体试件。

检验方法：检查水泥浆试件强度试验报告。

注：1. 一组试件由6个试件组成，试件应标准养护28d。
2. 抗压强度为一组试件的平均值，当一组试件中抗压强度最大值或最小值与平均值相差超过20%时，应取中间4个试件强度的平均值。

16.6.2　后张无粘结预应力施工

16.6.2.1　特点

1. 无粘结预应力施工工艺简便：

(1) 无粘结预应力筋可以直接铺放在混凝土构件中，不需要铺设波纹管和灌浆施工，施工工艺比有粘结预应力施工要简便。

(2) 无粘结预应力筋都是单根筋锚固，它的张拉端做法比有粘结预应力张拉端（带喇叭管）的做法所占用的空间要小很多，在梁柱节点钢筋密集区域容易通过，组装张拉端比较容易。

(3) 无粘结预应力筋的张拉都是逐根进行的，单根预应力筋的张拉力比群锚的张拉力要小，因此张拉设备要轻便。

2. 无粘结预应力筋耐腐蚀性优良：无粘结预应力筋由于有较厚的高密度聚乙烯包裹层和里面的防腐润滑油脂保护，因此它的抗腐蚀能力优良。

3. 无粘结预应力适宜楼盖体系：通常单根无粘结预应力筋直径较小，在板、扁梁结构构件中容易形成二次抛物线形状，能够更好地发挥预应力矢高的作用。

16.6.2.2　施工工艺

无粘结预应力主要施工工艺包括：无粘结预应力筋铺放、混凝土浇筑养护、预应力筋张拉、张拉端的切筋和封堵处理等。

16.6.2.3　施工要点

1. 无粘结预应力筋的下料与搬运

无粘结预应力筋下料应依据施工图纸同时考虑预应力筋的曲线长度、张拉设备操作时张拉端的预留长度等。

楼板中的预应力筋下料时，通常不需要考虑预应力筋的曲线长度影响。当梁的高度大于1000mm或多跨连续梁下料时则需要考虑预应力曲线对下料长度的影响。

无粘结预应力筋下料切断应用砂轮锯切割，严禁使用电气焊切割。

无粘结预应力筋应整盘包装吊装搬运，搬运过程要防止无粘结预应力筋外皮出现破损。为防止在吊装过程中将预应力筋勒出死弯，吊装搬运过程中严禁采用钢丝绳或其他坚硬吊具直接勾吊无粘结预应力筋，宜采用吊装带或尼龙绳勾吊预应力筋。

无粘结预应力筋、锚具及配件运到工地，应妥善保存放在干燥

平整的地方，夏季施工时应尽量避免夏日阳光的暴晒。预应力筋堆放时下边要放垫木，防止泥水污染预应力筋，并避免外皮破损和锚具锈蚀。

2. 无粘结预应力筋矢高控制

为保证无粘结预应力筋的矢高准确、曲线顺滑，要求结构中支承间隔不超过 2m。支件要与下铁绑扎牢固，防止浇注和振捣混凝土时，位置发生偏移。

梁中预应力筋矢高控制，通常是采用直径 12mm 螺纹钢筋，按照规定的高度要求焊或绑扎在梁的箍筋位置。

3. 无粘结预应力端模和支撑体系

张拉端处的端模需要穿过无粘结筋、安装穴模，因此张拉端处的端模通常要采用木模板或竹塑板，以便于开孔。

根据预应力筋的平、剖面位置在端模板上放线开孔，对于采用直径 15.2mm 钢绞线的无粘结预应力筋，开孔的孔径在 25~30mm 范围。

为加快楼板模板的周转，支撑体系采用早拆模板体系。

4. 无粘结预应力张拉端和固定端节点构造

（1）张拉端节点构造，见图 16-113 和图 16-114。

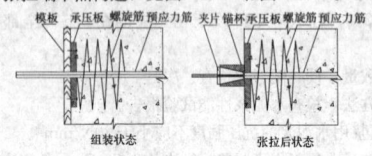

图 16-113　外露式无粘结张拉端锚具组装图

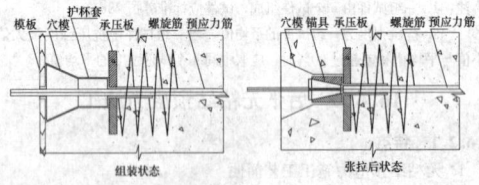

图 16-114　穴模式无粘结张拉端锚具组装图

（2）固定端节点构造，见图 16-115。

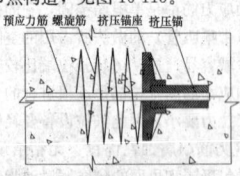

图 16-115　无粘结锚固端锚具组装图

（3）出板面张拉端布置，见图 16-116。

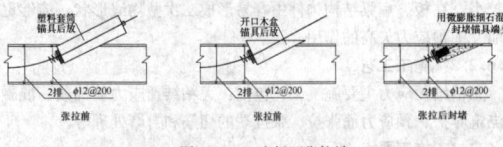

图 16-116　出板面张拉端

（4）节点安装要求：

1）要求无粘结预应力筋伸出承压板长度不小于 300mm。

2）张拉端承压板应可靠固定在端模上。

3）螺旋筋应固定在张拉端及固定端的承压板之面。

4）无粘结预应力筋必须与承压板面垂直，并在承压板后保证有不小于 400mm 的直线段。

5. 无粘结预应力筋的铺放

（1）板中无粘结预应力筋的铺放

1）单向板

单向预应力楼板的矢高控制是施工时的关键点。一般每跨板中预应力筋矢高控制点设置 5 处，最高点（2 处）、最低点（1 处）、反弯点（2 处）。预应力筋在板中最高点的支座处通常与上层钢筋（上铁）绑扎在一起，在跨中最低点处与底层钢筋（底铁）绑扎在

一起。其他部位由支承件控制。

施工时当电管、设备管线和消防管线与预应力筋位置发生冲突时，应首先保证预应力筋的位置与曲线正确。

2）双向板

双向无粘结筋铺放需要相互穿插，必须先编出无粘结筋的铺设顺序。其方法是在施工放样图上将双向无粘结筋各交叉点的两个标高标出，对交叉点处的两个标高进行比较，标高低的预应力筋应从交叉点下面穿过。按此规律找出无粘结筋的铺设顺序。

（2）梁无粘结预应力筋铺放

1）设置架立筋

为保证预应力钢筋的矢高准确、曲线顺滑，按照施工图要求位置，将架立筋就位并固定。架立筋的设置间距不大于 1.5m。

2）铺放预应力筋

梁中的无粘结预应力筋成束设计，无粘结预应力筋在铺设过程中应防止绞扭在一起，保持预应力筋的顺直。无粘结预应力筋绑扎固定，防止在浇筑混凝土过程中预应力筋移位。

3）梁柱节点张拉端设置

无粘结预应力筋通过梁柱节点处，张拉端设置在柱子上。根据柱子配筋情况可采用凹入式或凸出式节点构造。

6. 张拉端与固定端节点安装

（1）张拉端组装固定

应按施工图中规定的无粘结预应力筋的位置在张拉端模板上钻孔。张拉端的承压板可采用钉子固定在端模板上或用点焊固定在钢筋上。

无粘结预应力曲线筋或折线筋末端的切线应与承压板相垂直，曲线段的起始点至张拉锚固点应有不小于 300mm 的直线段。

当张拉端采用凹入式做法时，可采用塑料穴模或泡沫塑料、木块等形成凹槽。具体做法见图 16-114。

（2）固定端安装

锚固端挤压锚具应放置在梁支座内。如果是成束的预应力筋，锚固端应顺直散开放置。螺旋筋应紧贴锚固端承压板位置放置并绑扎牢固。

（3）节点安装要求：

1）要求预应力筋伸出承压板长度（预留张拉长度）不小于 30cm。

2）张拉端承压板应固定在端模上，各部位之间不应有缝隙。

3）张拉端和锚固端预应力筋必须与承压板面垂直，其在承压板后应有不小于 30cm 的直线段。

7. 无粘结预应力筋铺放的注意事项

1）运到工地的预应力筋均应带有编号标牌，预应力筋的铺放要与施工图所示的编号相对应。

2）预应力筋铺放应满足设计矢高的控制要求。

3）预应力筋铺放要保持顺直，防止互相扭绞，各束间保持平行走向。节点组装件安装牢固，不得留有间隙。

4）张拉端的承压板应安装牢固，防止振捣混凝土时移位，必须保持张拉作用线与承压板垂直（绑扎时应保持预应力筋与锚杯轴线重合）；穴模组装应保证密闭，防止浇筑时有混凝土进入。

5）在张拉端和固定端处，螺旋筋要紧靠承压板，并绑扎牢固，防止浇筑或振捣时跑开。

6）无粘结筋外包塑料皮若有破损要用水密性胶带缠补好。

7）施工中，在预应力筋周围使用电气焊，要有防护措施。

8. 混凝土的浇筑及振捣

预应力筋铺放完成后，应由施工单位、质量检查部门、监理进行隐检验收，确认合格后，方可浇注混凝土。

浇注混凝土时应认真振捣，保证混凝土的密实。尤其是承压板、锚板周围的混凝土严禁漏振，不得有蜂窝或孔洞，保证密实。

应制作同条件养护的混凝土试块 2~3 组，作为张拉前的混凝土强度依据。

在混凝土初凝之后（浇筑后 2~3 天内），可以开始拆除张拉端部模板，清理张拉端，为张拉做准备。

9. 无粘结预应力筋张拉

同条件养护的混凝土试块达到设计要求强度后（如无设计要

求，不应低于设计强度的 75%）方可进行预应力筋的张拉。

（1）张拉设备及机具

单根无粘结预应力筋通常采用 200～250kN 前卡液压式千斤顶和油泵。千斤顶应带有顶压装置。

（2）张拉前准备

1）在张拉端应准备操作平台，张拉操作平台可以利用原有的脚手架，如果没有则要单独搭设。操作平台要有可靠安全防护措施。

2）应清理锚垫板表面，并检查锚垫板后面的混凝土质量。如有空鼓现象，应在无粘结预应力筋张拉前修补。张拉端清理干净后，将无粘结预应力筋外露部分的塑料皮沿承压板根部割掉，测量并记录预应力筋初始外露长度。

3）与承压板面不垂直的预应力筋，可在端部进行垫片处理，保证承压板面与锚具和张拉作用力线垂直。

4）根据设计要求确定单束预应力筋控制张拉力值，计算出其理论伸长值。

5）张拉用千斤顶和油泵应由专业检测单位标定，并配套使用。

6）如果张拉部位距离电源较远，应事先准备 380V、15～20A 带有漏电保护器的电源箱连接至张拉位置。

（3）张拉过程

无粘结预应力筋的张拉顺序应符合设计要求，如设计无要求时，可采用分批、分阶段对称张拉或依次张拉。无粘结预应力混凝土楼盖结构的张拉顺序，宜先张拉楼板，后张拉楼面梁。板中的无粘结预应力筋，可依次顺序张拉。梁中的无粘结预应力筋宜对称张拉。

当施工需要超张拉时，无粘结预应力筋的张拉程序宜为：从应力为零开始张拉至 1.03 倍预应力筋的张拉控制应力 σ_{con} 锚固。此时，最大张拉应力不应大于钢绞线抗拉强度标准值的 80%。

（4）张拉注意事项

1）当采用应力控制方法张拉时，应校核无粘结预应力筋的伸长值，当实际伸长值与设计计算伸长值相对偏差超过 ±6% 时，应暂停张拉，查明原因并采取措施予以调整时，方可继续张拉。

2）预应力筋张拉前严禁拆除梁板下的支撑，待该梁板预应力筋全部张拉后方可拆除。（如果在超长结构中，无粘结预应力筋是为降低温度应力而设置的，设计时未考虑承担竖向荷载的作用，则下部支撑的拆除与预应力筋张拉与否无关。）

3）对于两端张拉的预应力筋，两个张拉端应分别按程序张拉。

4）无粘结曲线预应力筋的长度超过 30m 时，宜采用两端张拉。当筋长超过 60m 时宜采取分段张拉。如遇到摩擦损失较大，宜先预拉一次再张拉。

5）在梁板顶面或墙壁侧面的斜槽内张拉无粘结预应力筋时，宜采用变角张拉装置。

10. 无粘结预应力筋锚固区防腐处理

无粘结预应力筋的锚固区，必须有严格的密封防护措施。

无粘结预应力筋锚固后的外露长度不小于 30mm，多余部分用砂轮锯或液压剪等机械切割，但不得采用电弧切割。

在外露锚具与锚垫板表面涂以防锈漆或环氧涂料。为了使无粘结预应力筋头全封闭，可在锚具端头涂防腐润滑油脂后，罩上封端塑料盖帽。对凹入式锚固区，锚具表面经上述处理后，再用微膨胀混凝土或低收缩防水砂浆封堵。对凸出式锚固区，可采用外包钢筋混凝土圈梁封闭。对留有后浇带的锚固区，可采用二次浇筑混凝土的方法封锚，见图 16-117。

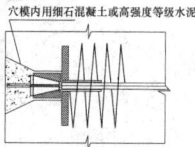
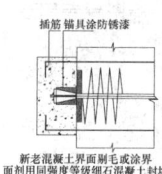

穴模内用细石混凝土或高强度等级水泥砂浆封堵

插筋 锚具涂防锈漆

新老混凝土界面应凿毛或涂界面剂用同强度等级细石混凝土封堵

图 16-117　锚具封堵示意图

16.6.2.4　质量验收

无粘结预应力施工质量，应按现行国家标准《混凝土结构工程

施工质量验收规范》GB 50204 和现行行业标准《无粘结预应力混凝土结构技术规程》JGJ92 等有关规范及标准的规定进行验收。

1. 原材料

（1）主控项目：

1）预应力筋进场时，应按现行国家标准《预应力混凝土用钢绞线》GB/T5224 等的规定抽取试件作力学性能检验，其质量必须符合有关标准的规定。

检验数量：按进场的批次和产品的抽样检验方案确定。

检验方法：检查产品合格证、出厂检验报告和进场复验报告。

2）无粘结预应力筋的涂包质量应符合现行行业标准《无粘结预应力钢绞线》JG161 的规定。

检查数量：每 60t 为一批，每批抽取一组试件。

检验方法：观察，检查产品合格证、出厂检验报告和进场复验报告。

注：当有工程经验，并经观察认为质量有保证时，可不作油脂用量和护套厚度的进场复验。

3）预应力筋用锚具、夹具和连接器应按设计要求采用，其性能应符合现行国家标准《预应力筋用锚具、夹具和连接器》GB/T14370 和现行行业标准《预应力筋用锚具、夹具和连接器应用技术规程》JGJ85 的规定。

检查数量：按进场批次和产品的抽样检验方案确定。

检验方法：检查产品合格证、出厂检验报告和进场复验报告。

注：对锚具用量较少的一般工程，如供货方提供有效的试验报告，可不作静载锚固性能试验。

（2）一般项目：

1）与预应力筋使用前应进行外观检查，其质量应符合下列要求：

①无粘结预应力筋展开后应平顺，不得有弯折，表面不得有裂纹、小刺、机械损伤、氧化铁皮和油污等。

②无粘结预应力筋护套应光滑、无裂缝、无明显褶皱。

检查数量：全数检查。

检验方法：观察。

注：无粘结预应力筋护套轻微破损者应以外包防水塑料胶带修补；严重破损者不得使用。

③润滑油脂用量：对 $\phi^s12.7$ 钢绞线不应小于 43g/m，对 $\phi^s15.2$ 钢绞线不应小于 50g/m，对 $\phi^s15.7$ 钢绞线不应小于 53g/m；

④护套厚度：对于一、二类环境不应小于 1.0mm，对于三类环境应按设计要求确定。

2）预应力筋用锚具、夹具和连接器使用前应进行外观检查，其表面应无污物、锈蚀、机械损伤和裂纹。

检查数量：全数检查。

检验方法：观察。

2. 制作与安装

（1）主控项目：

1）预应力筋安装时，其品种、级别、规格、数量必须符合设计要求。

检查数量：全数检查。

检查方法：观察，钢尺检查。

2）施工过程应避免电火花损伤预应力筋；受损伤的预应力筋应予以更换。

检查数量：全数检查。

检验方法：观察。

（2）一般项目：

1）预应力筋下料应符合下列要求：

预应力筋应采用砂轮锯或切断机切断，不得采用电弧切割。

检查数量：全数检查。

检验方法：观察。

2）预应力筋端部锚具的制作质量应符合下列要求：

挤压锚具制作时压力表油压应符合操作说明书的规定，挤压后预应力筋外端应露出挤压套筒 1～5mm；

检查数量：对挤压锚，每工作班抽查 5%，且不应少于 5 件。

检验方法：观察，钢尺检查。

3) 预应力筋束形控制点的竖向位置偏差应符合预应力筋束形 (孔道) 控制点竖向位置允许偏差表 16-59 的规定。

检查数量：在同一检验批内，抽查各类型构件中预应力筋总数的 5%，且对各类型构件均不少于 5 束，每束不应少于 5 处。

检验方法：钢尺检查。

注：束形控制点的竖向位置偏差合格率应达到 90% 以上，且不得有超过表中数值 1.5 倍的尺寸偏差。

4) 无粘结预应力筋的铺设尚应符合下列要求：

①无粘结预应力筋的定位应牢固，浇筑混凝土时不应出现移位和变形；

②端部的预埋锚垫板应垂直于预应力筋；

③内埋式固定端垫板不应重叠，锚具与垫板应贴紧；

④无粘结预应力筋成束布置时应能保证混凝土密实并能裹住预应力筋；

⑤无粘结预应力筋的护套应完整，局部破损处应采用防水胶带缠绕紧密。

检查数量：全数检查。

检验方法：观察。

3. 张拉和放张

(1) 主控项目

1) 预应力筋张拉或放张时，混凝土强度应符合设计要求；当设计无具体要求时，不应低于设计的混凝土立方体抗压强度标准值的 75%。

检查数量：全数检查。

检验方法：检查同条件养护试件试验报告。

2) 预应力筋的张拉力、张拉或放张顺序及张拉工艺应符合设计及施工技术方案的要求，并应符合下列规定：

①当施工需要超张拉时，最大张拉应力不应大于现行国家标准《混凝土结构设计规范》GB 50010 的规定；

②张拉工艺应能保证同一束中各根预应力筋的应力均匀一致；

③当预应力筋是逐根或逐束张拉时，应保证各阶段不出现对结构不利的应力状态；同时宜考虑后批张拉预应力筋所产生的结构构件的弹性压缩对先批张拉预应力筋的影响，确定张拉力；

④当采用应力控制方法张拉时，应校核预应力筋的伸长值。实际伸长值与设计计算理论伸长值的相对允许偏差为 ±6%。

检查数量：全数检查。

检验方法：检查张拉记录。

3) 预应力筋张拉锚固后实际建立的预应力值与工程设计规定检验值的相对允许偏差为 ±5%。

检查数量：在同一检验批内，抽查预应力筋总数的 3%，且不少于 5 束。

检验方法：检查见证张拉记录。

4) 张拉过程中应避免预应力筋断裂或滑脱；当发生断裂或滑脱时，必须符合下列规定：

对后张法预应力结构构件，断裂或滑脱的数量严禁超过同一截面预应力筋总根数的 3%，且每束钢丝不得超过一根；对多跨双向连续板，其同一截面应按每跨计算。

检查数量：全数检查。

检验方法：观察，检查张拉记录。

(2) 一般项目

锚固阶段张拉端预应力筋的内缩量应符合设计要求；当设计无具体要求时，应符合张拉端预应力筋的内缩量限值表 16-50 的规定。

检查数量：每工作班抽查预应力筋总数的 3%，且不少于 3 束。

检验方法：钢尺检查。

4. 封锚

(1) 主控项目

锚具的封闭保护应符合设计要求；当设计无具体要求时，应符合下列规定：

①应采取防止锚具腐蚀和遭受机械损伤的有效措施；

②凸出式锚固端锚具的保护层厚度不应小于 50mm；

③外露预应力筋的保护层厚度：处于正常环境时，不应小于 20mm；处于易受腐蚀的环境时，不应小于 50mm。

检查数量：在同一检验批内，抽查预应力筋总数的 5%，且不少于 5 处。

检验方法：观察，钢尺检查。

(2) 一般项目

无粘结预应力筋锚固后的外露部分宜采用机械方法切割，其外露长度不宜小于预应力筋直径的 1.5 倍，且不宜小于 30mm。

检查数量：在同一检验批内，抽查预应力筋总数的 3%，且不少于 5 束。

检验方法：观察，钢尺检查。

无粘结预应力混凝土工程的验收，除检查有关文件、记录外，尚应进行外观抽查。

16.6.3　后张缓粘结预应力施工

16.6.3.1　特点

缓粘结钢绞线既有无粘结预应力筋施工工艺简单，克服有粘结预应力技术施工工艺复杂、节点使用条件受限的弊端，不用预埋管和灌浆作业，施工方便、节省工期的优点；同时在性能上又具有有粘结预应力抗震性能好、极限状态预应力钢筋强度发挥充分，节省钢材的优势。同时又消除了有粘结预应力孔道灌浆有可能不密实而造成的安全隐患和耐久性问题，并具有较强的防腐蚀性能等优点，具有很好的结构性能和推广应用前景。

16.6.3.2　施工工艺

缓粘结钢绞线与无粘结钢绞线相比，只是其中的涂料层不同，因此其施工工艺及顺序与无粘结钢绞线基本相同。

16.6.3.3　施工要点

缓粘结钢绞线的施工要点可参考无粘结钢绞线的施工要点，但要注意缓粘结钢绞线的张拉时间不能超过缓粘结钢绞线生产厂家给出的缓粘结涂料开始固化的时间。

16.6.3.4　质量验收

缓粘结钢绞线的施工质量验收，可按照设计要求并参考相关标准进行质量验收。

16.6.4　后 张 预 制 构 件

目前国内采用后张法生产的预制预应力混凝土构件主要包括预制预应力混凝土梁、预制预应力混凝土屋架等。

16.6.4.1　后张预制混凝土梁

后张预制预应力混凝土梁种类较多，市政和铁路桥梁大量采用大跨度后张预制预应力混凝土梁，在建筑工程领域，工业厂房经常采用 6m 跨度的后张预应力混凝土吊车梁和预应力混凝土工字形屋面梁等。

1. 后张预应力混凝土吊车梁

目前通用的后张预应力混凝土吊车梁一般跨度为 6m，采用等高工字形截面，适用的厂房跨度 12～33m。适用于非地震区及抗震设防烈度不超过 8 度的各类场地以及 9 度 Ⅰ、Ⅱ 类场地。

后张预应力混凝土吊车梁模板图如图 16-118 所示。

后张预应力混凝土吊车梁中普通钢筋采用 HPB300 级和

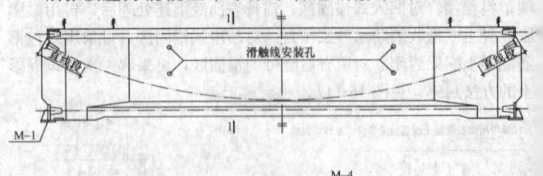

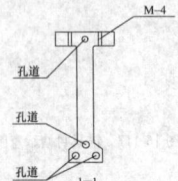

图 16-118　吊车梁模板图

HRB335级热轧钢筋，预应力钢筋采用1860级1×7标准型低松弛钢绞线（ϕ15.2），有粘结预应力孔道采用金属波纹管。

吊车梁混凝土强度等级 C40～C50。施工时如采用蒸汽养护，温度不得超过 60℃，否则应将混凝土强度等级提高 20%。

吊车梁制作时，梁宜立捣，宜用附模式振动器或小型振动棒振捣，振捣棒不得触及波纹管，必须保证混凝土、特别是曲线预应力孔道下部混凝土密实。为了便于混凝土浇灌、振捣，可先将混凝土浇捣到上翼缘下表面，再放置上部预应力钢筋的波纹管，然后再浇筑上翼缘混凝土。

梁体混凝土的强度达到设计要求的90%后方可张拉预应力钢筋。直线预应力钢筋采用一端张拉，另一端为非张拉端；下部曲线预应力筋采用两端张拉。张拉程序是先张拉上部直线束，然后再顺序张拉下部预应力束。张拉控制应力 σ_{con} 取 $0.75f_{ptk}=1395\text{N/mm}^2$。

使用单根张拉千斤顶时，在顶压器前端须加顶压套管，多孔夹片锚成束张拉时，宜两束在两端同步张拉。如只用一台千斤顶张拉时，可采用两束分级轮流张拉，预应力钢绞线张拉时应保持孔道轴线中心，锚具中心和千斤顶中心"三心一线"。张拉至 1.03σ_{con} 时，须持荷 3min 后再锚固。孔道灌浆在正温下进行，且强度达到15N/mm²后方可移动构件。构件端部的锚固区应必须灌注密实。

吊车梁堆放、运输和吊装时应该保持正位立放，两个支点距梁端各不大于1m，梁上未设吊钩，起吊时按两点（位置同支点）钢丝绳捆绑或用专用夹具起吊。如施工需要，可自行设置吊钩，吊钩应采用 HPB300 级钢筋制作，严禁使用冷加工钢筋，并在安装后割去外留段以便铺设钢轨。

安装后，吊车梁中心线和定位轴线的偏差不大于5mm；梁顶标高偏差不大于+10mm，-5mm；轨道中心线与梁中心线的偏差不大于15mm。

2. 后张预应力混凝土工字形屋面梁

后张预应力混凝土工字形屋面梁根据其跨度不同分为单坡和双坡两种。9m 和 12m 跨度为单坡梁，12～18m 跨度为双坡梁。主要用于柱距为 6m、屋面坡度为 1/10 的单层工业厂房。该类结构一般适用于非抗震设计和抗震设防烈度≤8度的各类场地地区。典型的工字形屋面梁模板图见图 16-119。

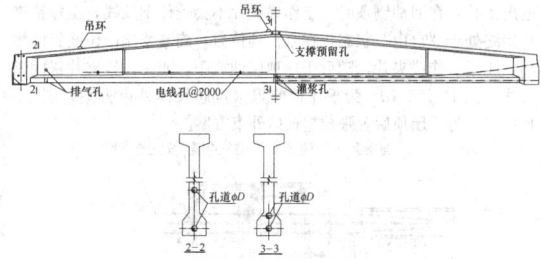

图 16-119　后张预应力混凝土工字形屋面梁模板图

后张预应力混凝土工字形屋面梁混凝土强度等级为C40；预应力钢筋采用1860级直径为15.2mm的低松弛预应力钢绞线，非预应力钢筋采用 HPB300、HRB335 热轧普通钢筋。

孔道采用预埋金属波纹管成型。波纹管密封良好，接头严密不漏浆，并有一定的轴向刚度。波纹管的尺寸与位置应正确，波纹管应平顺。施工时，应设置井字形钢筋架固定波纹管，端部的预埋锚垫板应垂直于孔道中心线。在梁两端应设置灌浆孔或排气孔。

屋面梁可直立生产也可平卧生产。当同条件养护的混凝土立方体强度达到设计强度等级的30%时方可脱模；100%时始可张拉预应力钢筋。张拉预应力钢筋可采用平卧张拉和直立张拉两种方案。平卧张拉时，应采取措施减少侧向弯曲；平卧生产的梁直立张拉时，应先将屋面梁扶直，扶直过程中应采取措施使梁全长不离地面，避免横向弯曲。

屋面梁由平卧状态平移、扶直和吊装时，须用滑轮装置，以保证各点受力均匀。平移、扶直和吊装屋面梁时必须平稳，防止急牵、冲击、受扭或歪曲。扶直后的梁应搁置在两端支承点上，不应

在跨中增设支点。梁两侧应设置斜撑以防倾倒。起吊就位必须正确，吊装时应采取措施，防止平面外失稳。

16.6.4.2 后张预制混凝土屋架

后张预制预应力混凝土屋架主要为折线形屋架，跨度为18～30m。后张有粘结预应力筋配置于屋架下弦，下弦预应力杆件按二级裂缝控制等级验算，其他拉杆按三级裂缝控制等级验算。后张预应力混凝土屋架适用于非抗震设计和抗震设防烈度不超过8度的地区。典型的屋架模板图如图 16-120 所示。

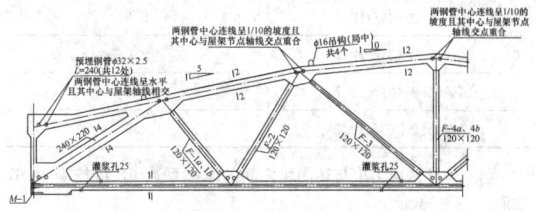
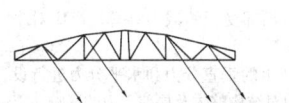
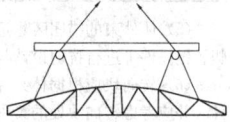

图 16-120　后张预制预应力混凝土屋架模板图

屋架平卧叠层生产时，叠层最多为4层，但应设隔离层。下层屋架混凝土强度等级达到 C20 后，方可浇筑上层屋架。当混凝土强度等级达到100%设计强度等级时，方可张拉预应力筋。叠层生产的屋架，先上层后下层逐层进行张拉。

屋架由平卧扶直或吊装按图 16-121（以 24m 屋架为例）进行，并宜采用滑轮装置以保证每点受力均匀；扶直和吊装时，应设杉杆临时加固上弦。起吊必须平稳，勿使屋架受扭或歪曲，亦不得急速冲击起吊。

图 16-121　屋架平卧扶直及吊装示意图

16.6.5 体外预应力

16.6.5.1 概述

体外预应力是后张预应力体系的重要组成部分和分支之一，是与传统的布置于混凝土结构构件体内的有粘结或无粘结预应力相对应的预应力类型。体外预应力可以定义为：由布置于承载结构主体截面之外的后张预应力束产生的预应力，预应力束仅在锚固区及转向块处与构件相连接。

体外预应力束的锚固体系必须与束体的类型和组成相匹配，可采用常规后张锚固体系或体外预应力束专用锚固体系。对于有整体调束要求的钢绞线夹片锚固体系，可采用锚具外螺母支撑承力方式。对低应力状态下的体外预应力束，其锚具夹片应装配防松装置。

体外预应力锚具应满足分级张拉及调索补张拉预应力筋的要求；对于有更换要求的体外预应力束，体外束、锚固体系及转向器均应考虑便于更换束的可行性要求。

对于有灌浆要求的体外预应力体系，体外预应力锚具及其附件上宜设置灌浆孔或排气孔。灌浆孔的孔位及孔径应符合灌浆工艺要求，且应有与灌浆管连接的构造。

体外预应力锚具应有完善的防腐蚀构造措施，且能满足结构工程的耐久性要求。

16.6.5.2 一般要求

体外预应力束仅在锚固区及转向块处与钢筋混凝土梁相连接，应满足以下要求：

（1）体外束锚固区和转向块的设置应根据体外束的设计线形确定，对多折线体外束，转向块宜布置在距梁端 1/4～1/3 跨度的范围内，必要时可增设中间定位用转向块，对多跨连续梁采用多折线体外束时，可在中间支座或其他部位增设锚固块。

（2）体外束的锚固区与转向块之间或两个转向块之间的自由段长度不宜大于8m，超过该长度应设置防振动装置。

（3）体外束在每个转向块处的弯折角度不应大于15°，其与转向块的接触长度由设计计算确定，用于制作体外束的钢绞线，应按偏斜拉伸试验方法确定其力学性能。转向块的最小曲率半径按表16-60采用。

转向块处最小曲率半径	表 16-60
钢绞线束（根数与规格）	最小曲率半径（m）
7ϕs15.2（12ϕs12.7）	2.5
12ϕs15.2（19ϕs12.7）	2.5
19ϕs15.2（31ϕs12.7）	3.0
27ϕs15.2（37ϕs12.7）	3.5
37ϕs15.2（55ϕs12.7）	4.5

（4）体外预应力束与转向块之间的摩擦系数μ，可按表16-61取值。

转向块处摩擦系数 μ	表 16-61
体外束的类型/套管材料	μ 值
光面钢绞线/镀锌钢管	0.20~0.25
光面钢绞线/HDPE塑料管	0.12~0.20
无粘结预应力筋/钢套管	0.08~0.12
热挤聚乙烯成品束/钢套管	0.10~0.15
无粘结平行带状束/钢套管	0.04~0.06

（5）体外束的锚固区除进行局部受压承载力计算，尚应对牛腿、钢托件等进行抗剪设计与验算。

（6）转向块应根据体外束产生的垂直分力和水平分力进行设计，并应考虑转向块处的集中力对结构整体及局部受力的影响，以保证将预应力可靠地传递至梁体。

（7）体外束的锚固区宜设置在梁端混凝土端块、牛腿处或钢托件处，应保证传力可靠且变形符合设计要求。

在混凝土矩形、工字形或箱形截面梁中，转向块可设在结构体外或箱梁梁的箱体内。转向块处的钢套管鞍座应预先弯曲成型，埋入混凝土中。体外束的弯折也可采用隔梁、肋梁等形式。

（8）对可更换的体外束，在锚固端和转向块处，与结构相连接的鞍座套管应与外套管分离，以方便更换体外束。

16.6.5.3　施工工艺

新建体外预应力结构工程中，体外束的锚固区和转向块应与主体结构同步施工。预埋锚固件、锚下构造、转向导管及转向器的定位坐标、方向和安装精度应符合设计要求，节点区域混凝土必须精心振捣，保证密实。

体外束的制作应保证满足束体在所使用环境的耐久性防护等级要求，并能抵抗施工和使用中的各种外力作用。当有防火要求时，应涂刷防火涂料或采取其他可靠的防火措施。

体外束外套管的安装应保证连接平滑和完全密闭。体外束体线形和安装误差应符合设计和施工限值要求。在穿束过程中应防止束体护套受机械损伤。

体外束的张拉应保证构件对称均匀受力，必要时可采取分级循环张拉方式；对于超长体外预应力束，为了防止反复张拉夹片锚固效率降低或失效，采用"双撑脚与双工具锚"（见图16-122）张拉施工工艺；对可更换或需在使用过程中调整束力的体外束应保留必要的预应力筋外露长度。

体外束在使用过程中完全暴露于空气中，应保证其耐久性。对刚性外套管，应具有可靠的防腐蚀性能，在使用一定时期后应能重新涂刷防腐蚀涂层；对高密度聚乙烯等塑料外套管，应保证长期使用的耐老化性能，必要时应可更换。体外束的防护完成后，按要求安装固定减振装置。

体外束的锚具应设置全密封防护罩，对不更换的体外束，可在防护罩内灌注水泥浆料或其他防腐蚀材料；对可更换的束在防护罩内灌注油脂或其他可清洗的防腐蚀材料。

16.6.5.4　施工要点

1. 体外预应力施工要点

（1）施工准备

施工准备包括体外预应力束的制作、验收、运输、现场临时存放；锚固体系和转向器、减振器的验收与存放；体外预应力束安装设备的准备；张拉设备标定与准备；灌浆材料与设备准备等。

（2）体外预应力束锚固与转向节点施工

新建体外预应力结构锚固区的锚下构造和转向块的固定套管均需与建筑或桥梁的主体结构同步施工。锚下构造和转向块部件必须保证定位准确，安装与固定牢固可靠，此施工工艺过程是束形建立的关键性工艺环节。

（3）体外预应力束的安装与定位

对于有双层套筒的体外预应力体系，需在固定套管内先安装锚固区内层套管，转向器内层套管或转向器的分体式分丝器等，并根据设计或体系的要求，将双层间的间隙封闭并灌浆。随后进行体外束下料并安装体外预应力束主体，成品束可一次完成穿束；使用分丝器的单根独立体系，需逐根穿入单根钢绞线或无粘结钢绞线。安装锚固体系之前，实测并精确计算张拉端需剥除外层 HDPE 护套长度，如采用水泥基浆体防护，则需用适当方法清除表面油脂。

（4）张拉与束力调整

体外预应力束穿束过程中，可同时安装体外束锚固体系，对于双层套筒体系需先安装内层密封套筒，同时安装和连接锚固区锚下套筒与体外束主体的密封连接装置，以保证锚固系统与体外束的整体密闭性。锚固体系（包括锚板和夹片）安装就位后，即可单根预紧或整体张拉。确认预紧后的体外束主体、转向器及锚固系统定位正确无误之后，按张拉程序进行张拉作业，张拉采取以张拉力控制为主，张拉伸长值校核的双控法。

对于超长体外预应力束，为了防止反复张拉锚固使夹片锚固效率降低或失效，采用"双撑脚与双工具锚"张拉施工工艺（图16-122），该工艺原理系在大吨位张拉千斤顶后部或前部增加一套过渡撑脚及过渡工具锚，在工作锚板之后设特制张拉限位装置，以保证在整个张拉过程中工作锚夹片始终处于放松状态。在完成每个行程回油后均用过渡工具锚夹片锁紧钢绞线，多次张拉直至设计张拉力值。由于特制限位装置的作用，在张拉过程中，工作锚夹片不至于退出锚孔，在回油倒顶时，工作锚夹片不会咬住钢绞线，工作锚夹片始终处于"自由"状态，在张拉到位后，旋紧特制限位装置的螺母，压紧工作锚夹片，随后千斤顶回油放张，使工作锚夹片锚固钢绞线。图16-122（a）为千斤顶前置张拉超长体外束方案，图16-122（b）为千斤顶后置张拉超长体外束方案。

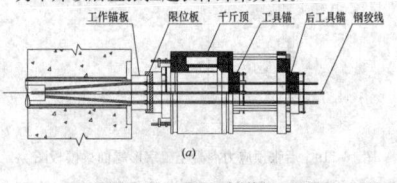

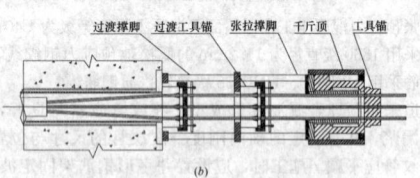

图16-122　体外预应力超长束张拉千斤顶布置简图
（a）超长体外束千斤顶前置；（b）超长体外束千斤顶后置

张拉过程中，构件截面内对称布置的体外预应力束要保证对称张拉，两套张拉油泵的张拉值需控制同步；按张拉程序进行分级张拉并校核伸长值，实际测量伸长值与理论计算伸长值之间的偏差应控制在±6%之内。图16-123为体外预应力超长束张拉工艺流程简图。

体外预应力束的张拉需要调整的情形：1）设计与施工工艺要求分级张拉或单根张拉之后进行整体调束；2）结构工程在经过一定使用期之后补偿预应力损失；3）其他需调整束张拉力的情况。

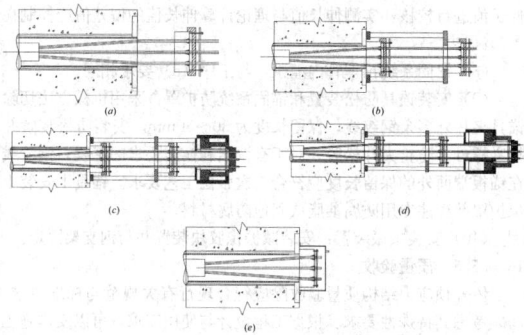

图 16-123 体外预应力超长束张拉工艺流程简图
(a) 安装体外束、锚具与特制限位板；(b) 安装过渡撑脚和过渡工具箱；
(c) 安装张拉撑脚和张拉设备；(d) 体外束张拉；(e) 锚固并防护

(5) 体外预应力束锚固系统防护与减振器安装施工

张拉施工完成并检测与验收合格后，对锚固系统和转向器内部各空隙部分进行防腐蚀防护工艺处理，根据不同的体外预应力系统，防护主要可选择工艺包括：1) 灌注高性能水泥基浆体或聚合物砂浆浆体；2) 灌注专用防腐油脂或石蜡等；3) 其他种类防腐处理方法。灌注防护材料之前，按设计规定，锚固体系导管与转向器导管等之间的间隙内要求填入橡胶板条或其他类弹性材料对各连接部位进行密封，锚具采用防护罩封闭。

体外预应力束体防护完成后，按工程设计要求的预定位置安装体外束主体减振器，安装固定减振器的支架并与主体结构之间进行固定，以保证减振器发挥作用。

2. 无粘结钢绞线逐根穿束体外索施工

在斜拉桥施工中广泛采用钢绞线拉索，其主要优势在于施工简便，索材料的运输和安装所需要投入的大型设备少，索的更换方便，大型和超长拉索造价相对降低，索的受力性能优越等。施工可参照国家现行标准《无粘结钢绞线斜拉索技术条件》JT/T 771执行。

(1) 体外束的安装与定位

1) 设置牵引系统

牵引系统由卷扬机和循环钢丝绳、牵引绳（ϕ5 高强钢丝）和连接器、放束钢支架、工作平台等组成。

2) 安装梁端锚具

钢绞线锚具为夹片式群锚，为体外预应力束专用锚具，利用定位孔固定于锚垫板上。

3) 安装外套管

体外束外套管可采用 HDPE 套管或钢管等。HDPE 套管的优点是重量轻、防腐性能好、成本低、现场施工与安装简便。

4) 钢绞线的安装

采用卷扬机等牵引设备将无粘结钢绞线逐根牵引入 HDPE 外套管内并穿过锚具后锚固就位，使用单根张拉千斤顶按设计要求张拉预紧至规定初始应力。

注意当钢绞线拉出锚环面后，调整钢绞线两端长度，检查单根钢绞线外层聚乙烯塑料防护套剥除长度是否准确，然后在张拉端和固定端对应的钢绞线锚孔内安装夹片。

(2) 体外束的张拉

钢绞线体外束的张拉，可以安装就位后整体张拉；或采用两阶段张拉法，即先化整为零，逐根安装、逐根张拉，再进行整体调束张拉到位。

1) 整体张拉

钢绞线体外索安装预紧就位后，使用大吨位千斤顶对体外索进行整体张拉。张拉完成后，对所有锚固夹片进行顶压锚固，以保证工作夹片锚固的平整度，之后安装夹片防松装置。

2) 两阶段张拉法

当转向器采用分体式分丝器时，需按编号对应顺序逐根将钢绞线穿过分丝器，穿束完成后即形成各根钢绞线平行的体外预应力整体束。单根钢绞线张拉可采用小型千斤顶逐根张拉的方式。逐根张拉采用"等值张拉法"的原理，即每根钢绞线的张拉力均相等，以满足每根钢绞线索均匀受力的要求。在单根钢绞线张拉完毕后，还需对体外索进行整体张拉，以检验并达到设计要求的张拉力。在全部钢绞线张拉完成后，对所有锚固夹片进行顶压锚固，以保证工作夹片锚固的平整度。顶压完成后，用手持式砂轮切割机切除多余的钢绞线，但要注意保留以后换束时所需的工作长度。安装锚环后的橡胶垫、夹片防松限位板，以便防止夹片松脱。

(3) 体外束的防护

无粘结钢绞线多层防护束可选择如下防护工艺与材料：1) 高性能水泥基浆体或聚合物砂浆浆体；2) 专用防腐油脂或石蜡；3) 采用无粘结涂环氧树脂钢绞线，束主体亦可不灌浆。锚具采用防护罩封闭，防护罩内灌入专用防腐材料。

3. 钢与混凝土组合箱梁桥体外预应力施工

体外束在钢箱梁中的锚固区和转向节点处需采取加强措施，以避免体外预应力作用下钢结构局部失稳或过大变形；锚固区锚下构造和转向节点钢套管一般在钢结构加工厂与钢箱梁整体制作，以保证体外束的束形准确；钢箱梁端部锚固区段常采用灌注补偿收缩混凝土的做法，以提高局部抗压承载力；体外束在穿过非转向节点钢梁横隔板时，必须设置过渡钢套管，过渡套管定位应准确，两端为喇叭口形状并倒角圆滑处理；体外束可选用成品索，以简化施工过程并保证耐久性。

钢与混凝土组合箱梁桥体外预应力施工工艺流程包括：钢箱梁制作与现场组装→施工机具准备→钢套管内安装转向器、安装钢套管与转向器之间的橡胶密封条→体外索穿束→灌注钢套管与转向器之间的浆体→张拉体外索→安装转向器与体外索之间的橡胶密封条→灌注索体与转向器之间及锚固端延长筒内的浆体→安装锚具防松装置及锚固系统防护罩→安装减振器。

(1) 钢箱梁制作与现场组装：钢箱梁一般在工厂分段加工制作，运输到现场后组装为整体，其中锚固区锚下构造和转向节点钢套管在钢结构加工厂与钢箱梁整体制作并安装完成。

(2) 施工机具的准备：张拉机具与设备配套的标定，辅助机具的调试。各种机具设备进入施工工地现场后，使用之前均应进行试运行，以确保处于正常状态，然后即可在工作台面就位。穿束时将牵引设备与滑轮放置在适当的位置。

(3) 钢套管内安装转向器、安装钢套管与转向器之间的橡胶密封条：将转向器安装于钢套管内，并且临时固定，转向器两端外露出长度相同。钢套管与转向器之间的密封使用 20mm 左右厚的纯橡胶板割成适当宽度的橡胶条，将橡胶密封条塞满套管与转向器之间的空隙，也可采用其他弹性密封材料封堵套管与转向器之间的空隙。

(4) 体外索穿束：为了方便施工时放索，成品索的端头均设有便于与钢丝绳连接的连接装置"牵引头"，在工厂内制作完成的成品索卷制成盘运抵工地就位，利用牵引设备牵引成品索缓慢放索并穿过对应的预留孔。牵引过程中，采用可靠的保护措施防止索体表面的 HDPE 护套受到损伤。在体外索进入钢箱梁的锚固端延长钢套管前，根据精确测量的钢梁两端锚固点之间的实际距离，准确剥除体外束成品索体两端 HDPE 护套层，确保在张拉后索体 HDPE 层进入预埋管的长度不小于 300mm，随后用清洗剂清除裸露的钢绞线的防腐油脂并安装锚具及夹片。

(5) 第一次灌浆（灌注钢套管与转向器之间浆体）：钢套管与转向器之间的孔道两端，留设灌浆管和排气管，从低点灌浆，高点排气。灌浆均采用无收缩灌浆料，按灌浆施工有关规范和设计要求进行灌浆施工。

(6) 体外索张拉：安装体外预应力锚具及夹片，各根钢绞线孔位要对齐，锚具紧贴垫板，并注意保护各组套件不受污染。成品索采用大吨位千斤顶进行整体张拉，张拉控制程序为：$0 \rightarrow 10\% \sigma_{con}$ $\rightarrow 100\% \sigma_{con}$（持荷 2min）→锚固，或采用规范与设计许可的其他张拉控制程序。当体外索长度大于 80m 时，为防止反复张拉使夹片锚固效率降低或失效，采用"双撑脚与双工具锚"张拉施工工艺。钢箱梁体外索张拉应保证对称张拉，张拉时采取同步控制措施，每完成一个张拉行程，测量伸长值并进行校核。

(7) 安装转向器与体外索之间的橡胶密封条：施工方法与安装钢套管与转向器之间的橡胶板相同。

（8）第二次灌浆（灌注索体与转向器之间及锚固端延长筒内的浆体）：施工方法与第一次灌浆相同。

（9）安装锚具防松装置及锚固系统防护罩：使用机械方法整齐地切除锚头两端的多余钢绞线，钢绞线在锚板端面外的保留长度为30～50mm。安装防松装置并拧紧螺母，保证有效地防止夹片松脱。对于有换索和补张拉要求的工程，钢绞线在锚板端面外的保留长度应符合放张工艺要求。随后在锚头上安装上保护罩，保护罩内灌注专用防腐油脂、石蜡或其他防腐材料。

（10）安装减振器：按设计位置安装减振器并可靠固定就位。

4. 预制混凝土节段箱梁桥体外预应力施工要点

体外束在预制节段箱梁中的锚固区和转向节点处的设计配筋构造需在各预制节段制作过程中加以保证；预制箱梁节段在短线法台座或长线法台座上使用"匹配浇筑"方法制作，节段箱梁运至施工现场后，采用架桥机械或支撑大梁整跨拼装施工；锚固区导管和转向节点钢套管或转向器在预制加工厂与箱梁整体制作，从而保证体外束的束形准确；采用环氧树脂胶缝的各预制节段之间的施工拼装间隙，使用临时预应力束压紧与消除。体外束可选用成品索或无粘结钢绞线多层防护束体系。

预制混凝土节段箱梁桥体外预应力施工工艺流程包括：预制混凝土节段箱梁制作与施工现场拼装→施工机具准备→转向器（如分体式转向器）的安装、安装钢套管与转向器之间的橡胶密封条→转向器与钢套管之间灌注浆体→预应力筋下料与穿束→安装体外预应力锚具及张拉体外束→锚固系统预埋管内灌浆→安装锚具防松装置和锚固系统防护罩→安装减振装置。

（1）预制混凝土节段箱梁制作与施工现场拼装：在预制工厂内或现场制作预制混凝土箱梁节段，节段梁间可用环氧树脂胶涂抹粘结或采用干接缝。采用架桥机安装预制节段箱梁。

（2）施工机具的准备：张拉千斤顶与油泵配套进行标定，调试辅助机具。有关机具设备进入施工工地现场后，使用之前均应进行试运行，以保证处于正常状态。

（3）转向器（如分体式转向器）的安装：根据设计位置将转向器分丝管按编号对应放置，清理分丝管与孔道之间的杂物。调节分丝管位置，确保其与设计曲线位置相符。

（4）安装钢套管与转向器之间的橡胶密封条：用20mm左右厚的纯橡胶板割成适当宽度的橡胶条，用橡胶条塞满套管与转向器两端之间的空隙，也可采用其他弹性密封材料封堵二者间的空隙。

（5）钢套管与转向器之间灌注浆体：灌浆前先对预埋管进行清洁处理，灌浆时从最低点的灌浆孔灌入，由最高点的排气孔排气和排浆，并由下层往上层灌浆。灌浆应缓慢、均匀地进行且不得中断，当排气孔冒出与进浆孔相同浓度的浆体时停止灌浆，持压1min后封堵灌浆管。

灌浆时应制备浆体强度试块，张拉前浆体强度需要达到设计要求。

（6）预应力筋下料与穿索：体外预应力材料进场验收应对其质量证明书、包装、标志和规格等进行全面检查。无粘结预应力筋成品运抵工地就位，在梁端头处放置放绳架固定索盘，采用人工或机械牵引。牵引过程中，采用可靠的保护措施防止无粘结预应力筋外包的HDPE护套受到机械损伤。在无粘结预应力筋进入锚固端的预埋管之前，根据精确测量的两端锚固的实际距离，剥除两端HDPE外套层，确保在张拉后无粘结预应力筋的HDPE层进入预埋管的长度不小于300mm，清除裸露钢绞线的防腐油脂，以保证钢绞线与浆体之间的握裹力。穿束完成后，检查无粘结预应力筋外包HDPE有无破损。

（7）安装体外预应力锚具及张拉体外束：张拉机具设备应与锚具配套使用，根据体外束的类型选用相应的千斤顶及相配套电动油泵。安装预埋端部的密封装置及锚头内密封筒，锚垫板，分别在体外束两端套上工作锚板及夹片，先用小型千斤顶进行单束预紧，预紧应力为5‰σ_{con}。预紧完毕后安装大吨位千斤顶进行体外索整体张拉。张拉达到设计控制应力后，锚固并退出千斤顶，旋紧专用压板的螺母压紧夹片。1）体外束的张拉控制应力应符合设计要求，并考虑锚口预应力损失；2）体外束张拉采用应力为主，测量伸

伸长值进行校核，实测伸长值与理论计算伸长值的偏差值应控制在±6%以内。

（8）锚固系统预埋管内灌浆：与工序（5）要求相同。

（9）安装锚具防松装置和锚固系统防护罩：采用机械方法切除锚具夹片外多余钢绞线，保留长度为30～50mm。安装防松装置并拧紧螺母，防止夹片松脱。对于有调索和换索要求的工程，钢绞线在锚板端面外的保留长度应符合二次张拉工艺要求。锚具上安装上保护罩并灌注专用防腐油脂或其他防腐材料。

（10）安装减振装置：安装减振橡胶块装置并与钢支架固定。

16.6.5.5 质量验收

体外预应力结构质量验收除应符合现行有关规范与标准要求外，尚应考虑其特殊性要求。根据工程设计与使用需求，可以安排施工期间和结构使用期内的各种检测项目，如体外预应力束的应力精确测试和长期监测、转向器摩擦系数测试及转向器处预应力筋横向挤压试验及各种工艺试验等。

16.7 特种预应力混凝土结构施工

工程中常见的特种混凝土结构包括支挡结构、深基坑支护结构、贮液池、水塔、筒仓、电视塔、烟囱及核电站安全壳等。随着预应力技术的高速发展，高强钢绞线及大吨位张拉锚固体系的推广应用，使得特种混凝土结构能够向大体量与复杂体形等发展。超长大体积基础、如采用后张预应力技术的电视塔不断突破新的高度，大体积混凝土超长结构，应用日益增多，各种预应力混凝土储罐和筒仓，如大型混凝土贮水池、天然气储罐、混凝土贮煤筒仓等，应用广泛，核电站也采用了预应力大型混凝土安全壳。

本节主要介绍了预应力混凝土高耸结构、储罐和筒仓、超长结构以及体外预应力等特种混凝土结构的预应力施工技术。

16.7.1 预应力混凝土高耸结构

16.7.1.1 技术特点

电视塔、水塔、烟囱等属于高耸结构，一般在塔壁中布置竖向预应力筋。竖向预应力筋的长度随塔式结构的高度不同而不同，最长可达300m。国内目前建成的竖向超长预应力塔式结构中，一般采用大吨位钢绞线束夹片锚固体系，后张有粘结预应力法施工。

塔式结构一般由一个或多个筒体结构组合而成，如中央电视塔是单圆筒形高耸结构，塔高405m，塔身的竖向预应力筋布置见图16-124，第一组从−14.3～+112.0m，共2束7φ15.2钢绞线；第二组从−14.3～+257.5m，共64束7φ15.2钢绞线；第三组和第四组预应力筋布置在桅杆内，分别为24束和16束7φ15.2钢绞线，所有预应力筋采用7孔群锚固。南京电视塔是肢腿式高耸结构，塔高302m；上海东方明珠电视塔是一座带三个球形仓的柱肢式高耸结构，塔高450m。

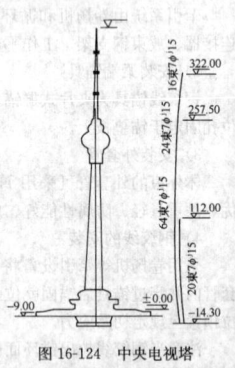

图16-124 中央电视塔竖向预应力筋布置

由于塔式结构在受力特点上类似于悬臂结构，其内力呈下大上小的分布特点。因此，塔身的竖向预应力筋布置通常也按下大上小的原则布置，预应力筋的束数随高度减小，一般可根据高度分为几个阶梯。

16.7.1.2 施工要点

1. 竖向预应力孔道铺设

超高预应力竖向孔道铺设，主要考虑施工期较长，孔道铺设受塔身混凝土施工的其他工序影响，易发生堵塞和过大的垂直偏差，一般采用镀锌钢管以提高可靠性。

镀锌钢管应考虑塔身模板体系施工的工艺分段连接，上下节管可采用螺纹套管加电焊的方法连接。每根孔道上口均加盖，以防异物掉入堵塞孔道，此外，随塔体的逐步升高，应采取定期检查并

通孔的措施，严格检查钢管连接部位及灌浆孔与孔道的连接部位，保证无漏浆。孔道铺设应采用定位支架，每隔2.5m设一道，必须固定牢靠，以保证其准确位置。竖管每段的垂直度应控制在5‰以内。灌浆孔的间距应根据灌浆方式与灌浆泵压力确定，一般介于20～60m之间。

2. 竖向预应力筋束

竖向预应力筋穿入孔道包括"自下而上"和"自上而下"两种工艺。每种工艺中又有单根穿入和整束穿入两种方法，应根据工程的实际情况采用。

（1）自下而上的穿束方式

自下而上的穿束工艺的主要设备包括提升系统、放索系统、牵引钢丝绳与预应力筋束的连接器以及临时卡具等。提升系统以及连接器的设计必须考虑预应力筋束的自重以及提升过程中的摩阻力。由于穿束的摩阻力较大，可达预应力筋自重的2～3倍，应采用穿束专用连接头，以保证穿束过程中不会滑脱。

（2）自上而下的穿束方式

自上而下的穿束需要在地面上将钢绞线束后盘入专用的放线盘，吊上高空施工平台，同时使放线盘与动力及控制装置连接，然后将整束慢慢放出，送入孔道。预应力筋开盘后要求完全伸直，否则易卡在孔道内，因此，放线盘的体积相对较大，控制系统也相对复杂。

无论采用自下而上，还是采用自上而下的穿束方式，均应特别注意安全，防止预应力筋滑脱伤人。

中央电视塔和天津电视塔采用了自下而上的穿束方式，加拿大多伦多电视塔、上海东方明珠电视塔以及南京电视塔采用了自上而下的穿束方法。

3. 竖向预应力筋张拉

竖向预应力筋一般采取一端张拉。其张拉端根据工程的实际情况可设置在下端或上端，必要时在另一端补张拉。

张拉时，为保证整体塔身受力的均匀性，一般应分组沿塔身截面对称张拉。为了便于大吨位穿心式千斤顶安装就位，宜采用机械装置升降千斤顶，机械装置设计时应考虑其主体支架可调整垂直偏转角，并具有手摇提升机构等。

在超长竖向预应力筋张拉过程中，由于张拉伸长值很大，需要多次倒换张拉行程；因此，锚具的夹片应能满足多次重复张拉的要求。

中央电视塔在施工过程中测定了竖向孔道的摩擦损失。其第一段竖向预应力筋的长度为126.3m，两端曲线段总转角为0.544rad，实测孔道摩擦损失为15.3%～18.5%，参照环向预应力实测值$\mu=0.2$，推算κ值为0.0004～0.0006。

4. 竖向孔道灌浆

（1）灌浆材料

灌浆采用水泥浆，竖向孔道灌浆对浆体有一定的特殊要求，如要求浆体具有良好的可泵性、合适的凝结时间，收缩和泌水量少等。一般应掺入适量减水剂和膨胀剂以保证浆体的流动性和密实性。

（2）灌浆设备与工艺

灌浆可采用挤压式、活塞式灰浆泵等。采用垂直运输机械将搅拌机和灌浆泵运至各个灌浆孔部位的平台处，现场搅拌灰浆，灌浆时所有水平伸出的灌浆孔外均应加截门，以防止灌浆后浆液外流。

竖向孔道内的浆体，由于泌水和垂直压力的作用，水分汇集于顶端而产生空隙，特别是在顶端锚具之下的部位，该空隙易导致预应力筋的锈蚀，因此，顶端锚具之下和底端锚具之上的空隙，必须采取可靠的填充措施，如采用手压泵在顶端灌浆孔局部二次压浆或采用重力补浆的方法，保证浆体填充密实。

16.7.1.3　质量验收

高耸结构竖向有粘结预应力工程的质量验收除了应符合现行有关规范与标准要求，尚应考虑其特殊性要求。

根据材料类别，划分为预应力筋、镀锌钢管、灌浆水泥等检验批和锚具检验批。原材料的批量划分、质量标准和检验方法应符合国家现行有关产品标准的规定。

根据施工工艺流程，划分为制作、安装、张拉、灌浆及封锚等检验批。各检验批的范围可按高耸结构的施工区段划分。

16.7.2　预应力混凝土储仓结构

16.7.2.1　技术特点

混凝土的储罐、筒仓、水池等结构，由于体积庞大、池壁或仓壁较薄，在内部储料压力或水压力、土压力及温度作用下，池壁或仓壁易产生裂缝，加之抗渗性和耐久性要求高，一般设计为预应力混凝土结构，以提高其抗裂能力和使用性能。对于平面为圆形的储罐、筒仓和水池等，通常沿其圆周方向布置预应力筋。环向预应力筋一般通过设置的扶壁柱进行锚固和张拉。预应力筋可以采用有粘结预应力筋或无粘结预应力筋。

1. 环向有粘结预应力筋

环向有粘结预应力筋根据不同结构布置，绕筒壁形成一定的包角，并锚固在扶壁柱上。上下束预应力筋的锚固位置应错开。图16-125为四扶壁环形储仓的预应力筋布置图，其内径为25m，壁厚为400mm。筒壁外侧有四根扶壁柱。筒壁内的环向预应力筋采用9φs15.2钢绞线束，间距为0.3～0.6m，包角为180°，锚固在相对的两根扶壁柱上。其锚固区构造见图16-126。

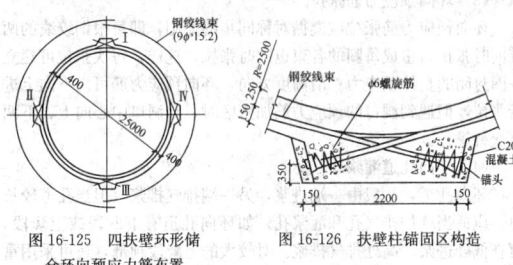

图16-125　四扶壁环形储　　图16-126　扶壁柱锚固区构造
仓环向预应力筋布置

图16-127为三扶壁环形结构环向预应力筋布置。其内径为36m，壁厚为1m，外侧有三根扶壁柱，总高度为73m。筒壁内的环向预应力筋采用11φs15.7钢绞线束，双排布置，竖向间距为350mm，包角为250°，锚固在壁柱侧面，相邻束错开120°。

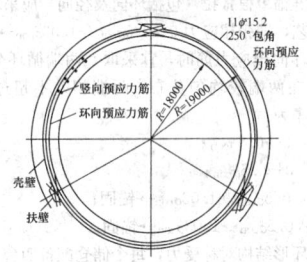

图16-127　三扶壁环形结构预应力筋环向布置

2. 环向无粘结预应力

环向无粘结预应力筋在筒壁内成束布置，在张拉端改为分散布置，单根或采用群锚整体张拉。根据筒（池）壁张拉端的构造不同，可分为有扶壁柱形式和无扶壁柱形式。

图16-128所示环向结构设有四个扶壁柱，环向预应力筋按180°包角设置。池壁中无粘结预应力筋采用多根钢绞线并束布置的方式，端部采用多孔群锚锚固，见图16-129。

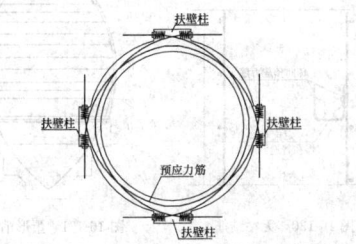

图16-128　四扶壁柱结构环向无粘结筋布置

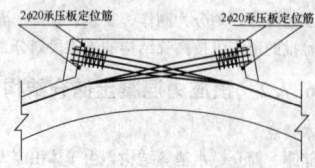

图 16-129 预应力筋张拉端构造

16.7.2.2 施工要点

1. 环向有粘结预应力

(1) 环向孔道留设

环向预应力筋孔道，宜采用预埋金属波纹管成型，也可采用镀锌钢管。环向孔道向上隆起的高位处和下凹孔道的低点处设排气口、排水口及灌浆口。为保证孔道位置正确，沿圆周方向应每隔 2～4m 设置管道定位支架。

(2) 环向预应力筋穿束

环形预应力筋，可采用单根穿入，也可采用成束穿入的方法。

如采用 7 根钢绞线整束穿入法，牵引和推送相结合，牵引工具使用网套技术，网套与牵引钢缆连接。

(3) 环向预应力筋张拉

环向预应力筋张拉应遵循对称同步的原则，即每根钢绞线的两端同时张拉，组成每圈的各束也同时张拉。这样，每次张拉可建立一圈闭合的整体预应力。沿高度方向，环向预应力筋可由下向上进行张拉，但遇到洞口的预应力筋加密区时，自洞口中心向上、下两侧交替进行。

(4) 环向孔道灌浆

环向孔道，一般由一端进浆，另一端排气排浆，但当孔道较长时，应适当增加排气孔和灌浆孔。如环向孔道有下可段或上隆段，可在低处进浆，高处排气排浆。对较大的上隆段顶部，还可采用重力补浆。

2. 环向无粘结预应力

环向无粘结预应力筋成束绑扎在钢筋骨架上（图 16-130），应顺环向铺设，不得交叉扭绞。

环向预应力筋张拉顺序自下而上，循环对称交圈张拉。

对于多孔群锚单根张拉（包括环向及径向）应采取"逐根逐级循环张拉"工艺，即张拉力 $0\rightarrow0.5\sigma_{con}\rightarrow1.03\sigma_{con}\rightarrow$锚固。

两端张拉环向预应力筋时，宜采取"两端循环分级张拉"工艺，使伸长值在两端较均匀分布，两端相差不超过总伸长值的 20%。张拉工序为：

(1) A 端：$0\rightarrow0.5\sigma_{con}$；

(2) B 端：$0\rightarrow0.5\sigma_{con}$；

(3) A 端：$0.5\sigma_{con}\rightarrow1.03\sigma_{con}\rightarrow$锚固；

(4) B 端：$0.5\sigma_{con}\rightarrow1.03\sigma_{con}\rightarrow$锚固。

为了保证环形结构对称受力，每个储仓配备四台千斤顶，在相对应的扶壁柱两端交错张拉作业，同一扶壁两侧同步张拉，以形成环向整体预应力效应。

3. 环锚张拉法

环锚张拉法是利用环锚将环向预应力筋连接起来用千斤顶变角张拉的方法。

蛋形消化池结构为三维变曲面蛋形壳体，见图 16-131。壳壁中，沿竖向和环向均布置了后张有粘结预应力钢绞线，壳体外部曲

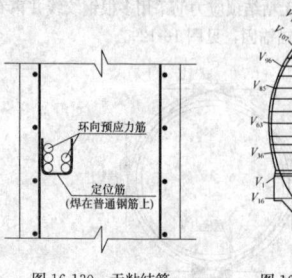

图 16-130   无粘结筋
架立构造示意图

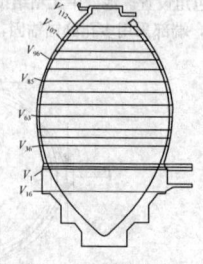

图 16-131   蛋形消化池
环向预应力筋

线包角为 120°。每圈张拉凹槽有三个，相邻圈张拉凹槽错开 30°。通过弧形垫块变角将钢绞线束引出张拉（图 16-132）。张拉后用混凝土封闭张拉凹槽，使池外表保持光滑曲面。

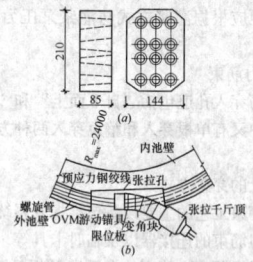

图 16-132   环锚与变角张拉

环向束张拉采用三台千斤顶同步进行。张拉时分层进行。张拉一层后，旋转 30°，再张拉上一层。为了使环向束预应力张拉时初应力一致，采用单根张拉至 20%σ_{con}，然后整束张拉。

环形结构内径为 6.5m，混凝土衬砌厚度为 0.65m，采用双圈环锚无粘结预应力技术，见图 16-133。每束预应力筋由 $8\phi15.7$ 无粘结钢绞线分内外两层绕两圈布置，两层钢绞线间距为 130mm，钢绞线包角为 $2\times360°$。沿轴线每米布置 2 束预应力筋。环锚凹槽交错布置在洞内下半圆中心线两侧各 45°的位置。预留内部凹槽长度为 1.54m，中心深度为 0.25m，上口宽度为 0.28m，下口宽度为 0.30m。

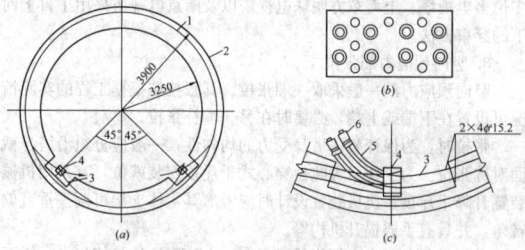

图 16-133   无粘结预应力筋布置

采用钢板盒外贴塑料泡沫板形成内部凹槽。预应力筋张拉通过 2 套变角器直接支撑于锚具上进行变角张拉锚固。张拉锚固后，因锚具安装和张拉操作需要而割除防护套管的外露部分钢绞线，重新穿套高密度聚乙烯防护套管并注入防腐油进行防腐处理，然后用无收缩混凝土回填。

16.7.2.3 质量验收

储仓结构有粘结预应力工程和无粘结预应力工程的质量验收除应符合现行有关规范与标准要求，尚应考虑其特殊性要求。

根据材料类别，划分为预应力筋、金属螺旋管、灌浆水泥等检验批和锚具检验批。原材料的批量划分、质量标准和检验方法应符合国家现行有关产品标准的规定。

根据施工工艺流程，划分为制作、安装、张拉、灌浆及封锚等检验批。各检验批的范围可按塔式结构的施工段划分。

16.7.3   预应力混凝土超长结构

16.7.3.1   技术特点

在大型公共建筑和多层工业厂房中，建筑结构的平面尺寸超过规范允许限值，且不设或少设伸缩缝，这时环境温度变化在结构内部产生很大的温度应力，对结构的施工和使用都会产生很大的影响，当温度升高时，混凝土体积发生膨胀，混凝土结构产生压应力，温度下降时，混凝土体积发生收缩，混凝土结构产生拉应力。

由于混凝土的抗压强度远大于其抗拉强度，因此，在超长结构中要考虑温度降低时对混凝土结构引起的拉应力的影响，在混凝土结构中配置预应力筋，对混凝土施加预压应力以抵抗温度拉应力的影响，是超长结构克服混凝土温度应力的有效措施之一。

16.7.3.2 预应力混凝土超长结构的要求与构造

由于大面积混凝土板内温度应力的分布很复杂，很多超长超大结构的温度配筋都是根据设计者的经验沿结构长向施加一定数值的预应力（平均压应力一般为1~3MPa）。

预应力筋在多数情况下为无粘结筋，也可采用有粘结筋。

1. 温度应力经验计算公式

混凝土在弹性状态下温度应力 σ_t 的大小与混凝土的温度变化 ΔT 成正比，与混凝土的弹性模量有关，与竖向构件对超长结构的约束程度有关，即式（16-50）。

$$\sigma_t = \beta \alpha_c \Delta T E_c \qquad (16-50)$$

式中，线膨胀系数可采用 $\alpha_c = 1 \times 10^{-5}$。

混凝土弹性模量 E_c 取值可折减50%。

2. 温度场与闭合温度

参考建筑物所在地的气候年温度变化的最低温度，以闭合温度为基准，再综合考虑计算楼板所在的位置及其使用功能等因素后，确定混凝土结构的温度变化 ΔT。

如施工条件允许，混凝土后浇带闭合温度定为10℃。

楼板受温度变化影响产生拉应力的大小取决于温度变化的绝对值。有边界约束时，以闭合时温度为基准，温度升高，混凝土构件膨胀，混凝土受压；温度降低，混凝土构件收缩，混凝土受拉。

3. 竖向构件约束影响

混凝土收缩或温度下降引起的拉应力使每段板向着自己的重心处收缩，若不考虑竖向构件（筒、墙、柱等）的刚度，这种变形将是自由的（不产生内力）；若竖向构件的刚度为无穷大，则板内的温度变形几乎完全得不到释放，故在板内产生的拉应力最大（大小约为 $\alpha_c \Delta T E_c$）。通常竖向构件的刚度对温度变形起到约束，约束程度影响系数设为 β，$0 \leqslant \beta \leqslant 1$。

4. 当结构形式为梁板结构时，梁板共同受温度变化的影响，因此应考虑梁板共同受温度拉力，故须将梁端面折算为板厚。

5. 预应力筋为温度构造筋，束形主要为在板中直线预应力筋，也可为曲线配筋。设计时，沿结构长方向连续布置预应力筋。布筋原则以单束预应力筋张拉损失不大于25%为原则，即单端张拉时长度不超过30m，双端张拉时长度不超过60m。

6. 预应力筋分段铺设时，应考虑搭接长度，图16-134为一种构造方式。

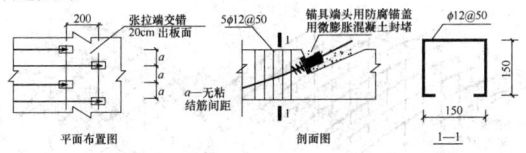

图16-134 无粘结预应力筋搭接构造布置

16.7.3.3 施工要点

1. 预应力筋铺放

预应力筋需根据铺放顺序。按照流水施工段，要求保证预应力筋的设计位置。

2. 节点安装

符合设计构造措施图示的要求，并满足有粘结或无粘结预应力施工对节点的各项要求。

3. 预应力张拉

混凝土达到设计要求的强度后方可进行预应力筋张拉，混凝土后浇带闭合温度定为10℃，达到设计强度后进行后浇带的预应力筋张拉；预应力筋张拉完后，应立即测量校核伸长值。

4. 预应力张拉端处理

预应力筋张拉完毕及孔道灌浆完成后，采用机械方法，将外露预应力筋切断，且保留在锚具外侧的外露预应力筋长度不应小于30mm，将张拉端及其周围清理干净，用细石混凝土或无收缩砂浆浇筑填实并振捣密实。

16.7.3.4 质量验收

预应力混凝土超长结构的质量验收除应符合现行有关规范与标准要求外，尚应考虑其特殊性要求。

16.7.4 预应力结构的开洞及加固

16.7.4.1 预应力结构开洞施工要点

1. 板底支撑系统的搭设

在开洞剔凿混凝土板前，需在开洞处及相关板（同一束预应力筋所延伸的板）板底搭设支撑系统。开洞洞口所在处的板底及周边相关板底可采用满堂红支撑方案，也可采用十字双排架木支撑方法。

2. 预应力混凝土板开洞混凝土的剔除

（1）剔除顺序

剔除要严格按既定的顺序进行，待先开洞部位一侧预应力筋切断、放张和重新张拉后，再将其余部位混凝土剔除，然后再将另一侧的预应力筋切断、放张和重新张拉。

（2）技术要求

混凝土的剔除采用人工剔凿和机械钻孔两种方法。先开洞时，由于预应力筋的位置不确定，因此必须采用人工剔凿，剔凿方向由离轴线较近一侧向较远一侧进行，待先开洞部位一侧预应力筋切断、放张和重新张拉后，其他部位混凝土可用机械法整块破碎剔除。

（3）注意事项

混凝土剔除过程中，注意千万不要损伤预应力筋；普通钢筋上铁也要尽量保留，下铁全部切断，待预应力张拉端加固角钢和端部封堵后浇外包混凝土小圈梁后再切除。另外，混凝土剔除后应确保预应力张拉端处余留混凝土板断面表面平整，必要时可用高强度等级水泥砂浆抹平以保证预应力筋切割、放张和重新张拉的顺利进行。

3. 预应力筋的切断

（1）准备工作

剔除露出的预应力筋的塑料外包皮，安装工具式开口垫板及开口式双缸千斤顶，为防止放张时预应力筋回缩造成千斤顶难以拆卸回缸，双缸千斤顶的活塞出缸尺寸不得大于180mm，且放张时千斤顶处于出缸状态。另外，在预应力筋切断位置左右各100mm处，用铅丝缠绕并绑牢以避免断筋时由于回缩造成钢绞线各丝松散。

（2）技术要求

切断预应力筋时，用气焊熔断预应力筋。切断位置应考虑预应力筋放张后回缩尺寸、保证预应力筋重新张拉时外露长度。

（3）注意事项

预应力筋的切断顺序应与混凝土的剔凿顺序相同；切断前，应先检查该筋原张拉端、锚固端混凝土是否开裂和其他质量问题，并注意端部封挡熔断预应力筋时，严禁在该筋对面及原张拉端、锚固端处站人。

4. 放张

预应力筋切断后，油泵回油并拆除双缸千斤顶及工具式开口垫板。

5. 重新张拉

（1）预应力筋张拉端端面处理

张拉端端面要保持平整，由于预应力筋张拉端出板端面时位置不能保证，为了避免张拉时因保护层不够而使板较薄一侧混凝土被压碎而有必要进行张拉端端面加固，加固可用结构胶粘角形钢板或角形钢板与余留普通钢筋焊牢。

（2）张拉预应力筋

补张拉预应力筋同原设计要求一致。张拉完毕并按设计加固后方可拆梁板底的支撑。

（3）浇筑外包混凝土圈梁

预应力张拉完成后，锚具外余留300mm，并将筋头拆散以埋在外包圈梁里，浇筑外包圈梁即可。

16.7.4.2 体外预应力加固施工要点

1. 锚固节点和转向节点的设计与加工制作

建筑或桥梁采用体外预应力加固，首先应进行结构加固设计与施工可行性分析，确定体外预应力束布置及节点施工的可操作性，确认在原结构上开洞、植筋及新增混凝土与钢结构等施工对原结构的损伤在受力允许的程度之内。体外预应力束与被加固结构之间通

过锚固节点和转向节点相连接，因此锚固节点和转向节点设计是能否实现加固效果的关键。锚固节点和转向节点块可采用混凝土结构或钢结构，新增结构与原结构常采用植筋及横向短预应力筋加强来连接。新增混凝土锚固节点和转向节点块结构在原结构相应部位施工；新增钢结构锚固节点和转向节点块采用钢板和钢管焊接而成，应保证焊缝质量和与原结构连接的可靠性。

2. 锚固节点和转向节点的安装

根据体外预应力束布置要求在原结构适当位置上开洞，以穿过体外预应力束；按设计位置植筋或植锚栓等，以安装锚固钢件、支座及跨中转向节点钢件，钢件与原结构混凝土连接的界面应打磨清扫干净，然后用结构胶粘接和锚栓固定，钢件与混凝土之间的空隙用无收缩砂浆封堵密实。新增混凝土锚固节点和转向节点施工，首先植筋和绑扎普通钢筋，安装锚固节点锚下组件和转向节点体外束导管等，支模板并浇筑混凝土，混凝土必须充分振捣密实。

3. 体外预应力束的下料与安装

体外成品索或无粘结筋在工厂内加工制作，成盘运输到工地现场，根据实际需要切割下料。根据体外预应力束在预埋管或密封筒内的长度要求、钢绞线张拉伸长量及工作长度计算总下料长度及需要剥除体外预应力束两端 HDPE 护层的长度。对于局部灌水泥基浆体的体外预应力束，要求将剥除 HDPE 段的钢绞线表面油脂清除，以保证钢绞线与灌浆浆体的粘结力。体外束下料完成后，成品束可一次完成穿束；使用分丝器的单根独立体系，需逐根穿入单根钢绞线或无粘结钢绞线，安装可依据索自重与现场条件使用机械牵引或人工牵引穿束。

4. 体外预应力束的张拉

体外预应力束张拉应遵循分级对称的原则，张拉时梁两侧或箱形梁内的对称体外预应力束应同步张拉，以避免出现平面外弯曲。体外预应力成品索宜用大吨位千斤顶进行整体张拉，张拉控制程序为：$0 \sim 10\%\sigma_{con} \rightarrow 100\%\sigma_{con}$（持荷 2min）→锚固，或采用规范与设计许可的张拉控制程序。钢结构梁体外索张拉应计算结构局部承压能力，防止局部失稳，同时采取对称同步控制措施，每完成一个张拉行程，测量伸长值并进行校核。张拉过程中需要对被加固结构进行同步监测，以保证加固效果实现。

5. 体外预应力束与节点的防护

体外预应力束张拉完成后，根据体外预应力锚固体系更换或调索力对锚具外保留钢绞线长度的要求，用机械切割方法切除锚具外伸多余的钢绞线，采用防护罩或设计体系提供的防护组件进行体外预应力束耐久性防护。建筑结构工程中，对转向节点钢件和锚固钢件、锚具等涂防锈漆，锚具也可采用防护罩防护，采用混凝土将楼板上的孔洞进行封堵，对柱端的张拉节点采用混凝土将整个钢件和张拉锚具封闭。对外露的体外预应力束及节点进行防火处理。

16.8 预应力钢结构施工

16.8.1 预应力钢结构分类

预应力钢结构是指在设计、制造安装、施工和使用过程中，采用人为方法引入预应力以提高结构强度、刚度和稳定性的各类钢结构。即在结构中，通过对索施加预应力，显著改善结构受力状态、减小结构挠度、对结构受力性能实行有效控制。此结构体系既充分发挥高强度预应力索体的作用，又提高了普通钢结构件的利用，取得了节约钢材的显著经济效益，又达到跨越大跨度的目的。

预应力钢结构的组成元素为：高强拉索，主要为高强度金属或非金属拉索，目前国内普遍采用的是强度超过 1450MPa 的不锈钢拉索和强度超过 1670MPa 的镀锌拉索；钢结构，包括各种类别的钢结构形式，如钢网架、钢网壳、平面钢桁架、空间钢桁架、钢拱架等。

预应力钢结构的主要技术内容包括：拉索材料及制作技术；设计技术；拉索节点、锚固技术；拉索安装、张拉；拉索端头防护；施工监测、维护及观测等。

预应力钢结构主要特点是：充分利用材料的弹性强度潜力以提高承载能力；改善结构的受力状态以节约钢材；提高结构的刚度和稳定性，调整其动力性能；创新结构承载体系、达到超大跨度的目的和保证建筑造型。

高强度索体和普通强度刚性材料均能充分在结构中发挥作用，特别是索体在结构中性能的充分发挥，大大降低了用钢量，降低了施工成本和结构自重，具有显著的经济性。预应力钢结构同非预应力钢结构相比要节约材料，降低钢耗，但节约程度要看采用预应力技术的是现代创新结构体系（如索穹顶和索膜结构等），还是传统结构体系（如网架、网壳等）。对前者而言，由于大量采用预应力拉索而排除了受压杆件，加之采用了轻质高强的围护结构（如压型钢板及人工合成膜材等），其承重结构体系变得十分轻巧，与传统非预应力结构相比，其结构自重成倍或几倍地降低，例如汉城奥运会主赛馆直径约 120m 的索穹顶结构自重仅有 14.6kg/m^2。

预应力钢结构一般分为如下几类：

1. 张弦梁结构

张弦梁结构是由弦、撑杆和梁组合而成的新型自平衡体系，如图 16-135、图 16-136 所示。梁是刚度较大的压弯构件，又称刚性构件，刚性构件通常为梁、拱、桁架、网壳等多种形式。弦是柔性的引入预应力的索或拉杆。撑杆是连接上部刚性梁构件与下部柔性索的传力载体，一般采用钢管构件。

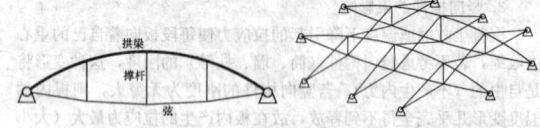

图 16-135　平面张弦梁结构　　　图 16-136　空间张弦梁结构

张弦梁结构总体上可分为平面和空间两种结构。平面张弦梁结构是指其结构构件位于同一平面内，且以平面内受力为主的张弦梁结构。平面张弦梁结构根据上弦构件的形状可分为三种基本形状：直线形张弦梁、拱形张弦梁、人字形张弦梁。空间张弦梁结构是以平面张弦梁结构为基本组成单元，通过不同形式的空间布置索形成的以空间受力为主的张弦梁结构。张弦梁目前分为四类：单向张弦梁结构（图 16-137），双向张弦梁结构（图 16-138），多向张弦梁结构（图 16-139），辐射式张弦梁结构（图 16-140）。

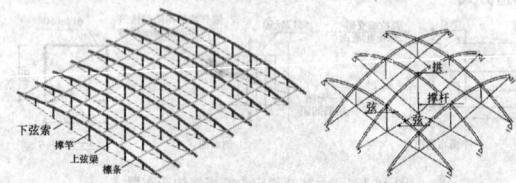

图 16-137　单向张弦梁结构　　　图 16-138　双向张弦梁结构

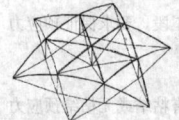
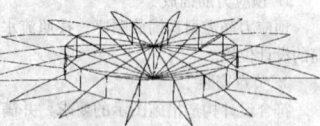

图 16-139　多向张弦　　　图 16-140　辐射式张弦梁结构
梁结构

2. 弦支穹顶结构

弦支穹顶结构体系由单层网壳和下端的撑杆、索组成的体系（如图 16-141～图 16-143 所示）。其中各层撑杆的上端与单层网壳相对应的各层节点铰接，下端由径向拉索与单层网壳的下一层节点连接，同一层的撑杆下端由环向箍索连接在一起，使整个结构形成

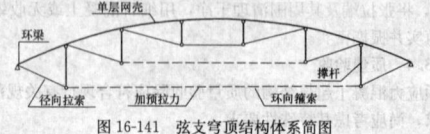

图 16-141　弦支穹顶结构体系简图

一个完整的结构体系。

从结构体系上看，弦支穹顶作为刚、柔结合的新型杂交结构，与单层网壳结构及索穹顶等柔性结构相比：由于钢索的作用，使单层网壳具有较好的刚度，施工方法比索穹顶更加简单；下部预应力体系可以增加结构的刚度，提高结构的稳定性，降低环梁内力，改善结构的受力性能，因此，弦支穹顶结构很好地综合了两者的结构特性，构成了一种全新的、性能优良的结构体系。

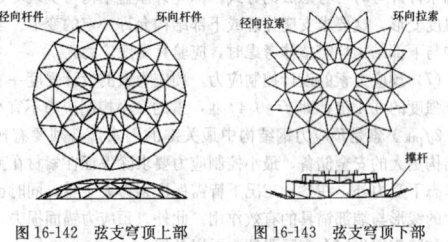

图 16-142 弦支穹顶上部　　图 16-143 弦支穹顶下部

弦支穹顶作为穹顶结构中的一种，具有穹顶的一些重要特点，因此也用于穹顶工程中，矢高取跨度的 1/3～1/5，造型有穹隆状、椭球状及坡形层顶等。目前国内圆形弦支穹顶结构最大跨度工程为济南奥体中心体育馆，最大跨度达 122m，矢高为 12.2m。国内椭球形弦支穹顶结构最大跨度工程为武汉体育中心体育馆，长轴方向跨度为 130m，短轴方向跨度为 110m。

3. 索穹顶结构

索穹顶结构在 1988 年韩国汉城奥运会体操馆（直径 120m，用钢重量仅为 14.6kg/m²）和击剑馆（直径 90m）工程中应用。它由中心内拉环、外压环梁、脊索、谷索、斜拉索、环向拉索、撑杆和扇形膜材所组成，见图 16-144。

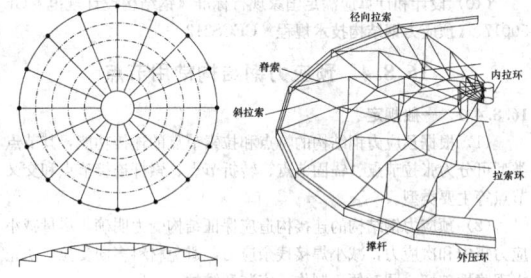

图 16-144 索穹顶结构布置图

索穹顶是一种结构效率极高的全张体系，同时具有受力合理、自重轻、跨度大和结构形式美观新颖的特点，是一种有广阔应用前景的大跨度结构形式。

索穹顶主要包括两种类型：Levy 型索穹顶（图 16-145）和 Geiger 型索穹顶（图 16-146）。

索穹顶结构的主要构件系钢索，该结构大量采用预应力拉索及短小的压杆群，能充分利用钢材的抗拉强度，并使用薄膜材料作屋面，所以结构自重很轻，且结构单位面积的平均重量和平均造价不会随结构跨度的增加而明显增大，因此该结构形式非常适合超大跨度建筑的屋盖设计。

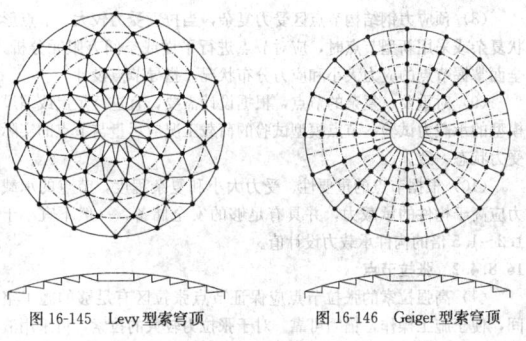

图 16-145 Levy 型索穹顶　　图 16-146 Geiger 型索穹顶

4. 吊挂结构

吊挂结构由支撑结构、屋盖结构及吊索三部组成。支撑结构主要形式有立柱、钢架、拱架或悬索。吊索分斜向与直向两类，索段内不直接承受荷载，故呈直线或折线状。吊索一端挂于支撑结构上，另一端与屋盖结构相连，形成弹性支点，减小其跨度及挠度。被吊挂的屋盖结构常有网架、网壳、立体桁架、折板结构及索网等，形式多样。

预应力吊挂结构体系主要有以下两种类型：平面吊挂结构和空间吊挂结构。按吊索的几何形状可分为斜向吊挂结构 [图 16-147 (a)] 和竖向吊挂结构 [图 16-147 (b)] 两种。吊索的形式可分为放射式 [图 16-147 (c)]、竖琴式 [图 16-147 (d)]、扇式 [图 16-147 (e)] 和星式 [图 16-147 (f)]。

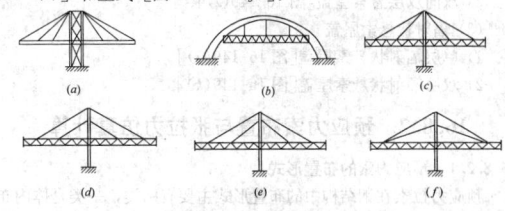

图 16-147 吊挂结构

吊挂结构利用室外拉索代替室内立柱，这样可以获得更大的室内空间，适用于大跨度的体育场馆、会展中心等要求大空间的结构，上部高耸于屋面之上的结构与拉索可以组合出挺拔的造型。

5. 拉索拱结构

为降低甚至消除拱脚推力，目前工程界有效的方法是使用钢索将两拱脚相连。结构形式为钢索与钢拱架组合，称为"预应力拉索拱结构"。其特点如下：

预应力拉索拱结构由钢索与钢拱架组合而成，钢索调整拱架内力，减小侧向推力，提高钢拱架结构刚度和稳定性。

拉索拱结构是一种新型的预应力钢结构体系，应用前景广阔，其主要形式见图 16-148。

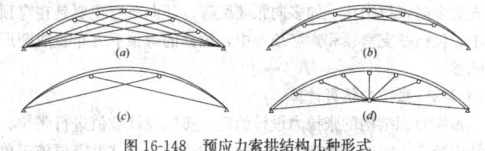

图 16-148 预应力索拱结构几种形式

6. 悬索结构

悬索结构以一系列受拉的索作为主要承重构件，这些索按一定规律组成各种不同形式的体系，并悬挂在相应的支撑结构上。悬索屋盖结构通常由悬索系统、屋面系统和支撑系统三部分构成。

根据悬索结构的表现形状，可以分为以下几种类型：

（1）单向悬索屋盖

1）单向单层悬索屋盖结构 [由一群平行走向的承重索组成，见图 16-149 (a)]

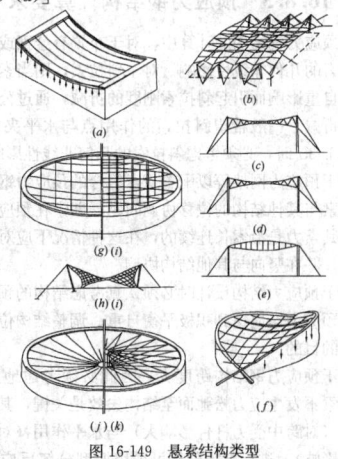

图 16-149 悬索结构类型

2) 单向双层悬索屋盖结构

由一群平行走向的承重索（负高斯曲面）和一层稳定索（正高斯曲线）组成，该结构按承受重索和稳定索的支承形式的不同分为以下三种结构：

　①柱支撑索结构[图16-149(b)]
　②桁架索结构[图16-149(c)、(d)]
　③索梁结构[图16-149(e)]
　(2) 双向悬索屋盖
　1) 双向单层悬索屋盖(索网结构)
　①刚性边缘构件[图16-149(f)、(g)]
　②柔性边缘构件[图16-149(h)]
　2) 双向双层悬索屋盖[图16-149(i)]
　(3) 辐射状悬索屋盖
　1) 单层辐射状悬索屋盖[图16-149(j)]
　2) 双层辐射状悬索屋盖[图16-149(k)]

16.8.2　预应力索布置与张拉力仿真计算

16.8.2.1　预应力索的布置形式

预应力拉索在钢结构中的布置形式主要有两类，一类是体内布索，一类是钢结构体外布索。体内索主要是考虑建筑空间限制，为了改善钢结构的受力性能，在钢结构内部进行布索，布索形式可以选择在下弦直线布置，也可以选择在钢结构内部进行折线布置。体外索主要是指钢结构与拉索相互独立，钢索位于钢结构外部。钢索位于钢结构下方，通过施加预应力改善结构受力性能，减小拱结构的拱脚推力，增加结构稳定性能的作用。钢索位于钢结构上方主要通过桅杆对下部结构起到吊挂的作用。

按照索体本身的布置形式进行分类分成：单向布置、双向布置、多向布置、环向布置。单向布置是指各个拉索间接近平行，按照一定的间距布置。双向布置拉索主要用于结构长宽相差不大，拉索布置成双向，对结构共同作用，有时也有一个方向拉索主要起稳定作用。多向布置一般用于圆形或者椭圆形结构中，根据建筑要求布置成多向张拉结构，如多向张弦梁等。环向布置主要是在穹顶结构中，包括弦支穹顶和索穹顶等中，拉索的穹顶下方布置成圆形或椭圆形。

16.8.2.2　张拉力仿真计算

预应力钢结构的张拉力设计给定，按照设计数值进行张拉。但设计中经常给定的都是施工完成状态的张拉力，这就需要施工单位根据设计要求及现场钢结构的施工方案确定拉索的张拉顺序和分级。然后根据拟定的张拉顺序和分级进行施工仿真计算，根据施工仿真计算结果来判断确定的张拉顺序和分级是否满足结构设计要求以及施工过程中结构的安全性，是否会出现部分杆件变形和应力较大，造成结构安全性有问题。如果经过施工仿真计算，选定的张拉顺序和分级合理，则根据施工仿真计算结果给出每一步的张拉力，并报设计和监理审批，作为最终的施工张拉力。

16.8.3　预应力钢结构计算要求

(1) 在预应力钢结构的计算中，对于布置有悬索或折线形索时必须考虑悬索的几何非线性影响。对于斜拉索，则当索长较长时应考虑由于索自重影响而引起斜拉索刚度的折减，通过公式反映对于弹性模量的折减。一般希望索的作用点与水平夹角大于30°，当接近或小于30°时，必须考虑斜拉索的几何非线性影响。

(2) 对于预应力网架等以配置悬索组合的预应力钢结构的计算时，应注意索与其他结构的位移协调问题，即索在预应力张拉时荷载作用下，其索力是沿索长连续的，在这种情况下应对索建立独立的位移参数，并在竖向与其他结构协调。

(3) 对于预应力结构设计时必须认真考虑结构的预应力索的各项要求，在预应力态应达到积极平衡自重、调整结构位移、实现结构主动控制的目的。

(4) 由于预应力钢结构跨度大，因此必须考虑地震作用的影响，如何使索不发生应力松弛而至结构失效是关键，其地震作用分为竖向作用（对跨中受力杆件影响大）与水平作用（对下部结构与支座杆件有影响），进行抗震分析可采用振型分解反应谱法与时程

分析法。结构构件的地震作用效应和其他荷载效应的基本组合应按现行国家标准《建筑抗震设计规范》GB 50011有关规定执行。

(5) 由于大跨度屋盖自重较轻，特别当用于体育场挑蓬结构时，其风荷载作用影响较大，应对各风向角下最大正风压、负风压进行分析，并需认真考虑其屋盖的体型系数与风振系数。

(6) 温度影响也应在设计计算中详细考虑。对于温度影响，当结构条件许可时可考虑放的方式，即允许屋盖结构可实现一定程度的温度变形，这要求支座处理或下部结构允许一定的变形。当屋盖结构与下部结构均需整体考虑时，应验算温度应力。

(7) 预应力索的设计控制力，预应力索的设计强度一般取索标准强度的0.4倍，即$f=0.4f_{ptk}$，索的最小控制应力不宜小于$f=0.2f_{ptk}$。索是预应力钢结构中最关键的因素，必须要有比普通钢结构更大的安全储备，最小控制应力要求除保证在索材在弹性设计状态下受力外，在各种工况下皆需保证索力大于零，同时也应确保索的线形与端部锚具的有效作用。此外，预应力锚固损失、松弛损失和摩擦损失应在实际张拉中予以补偿。

(8) 预应力索的用材宜选用高强材料，如高强钢绞线或高强钢丝或高强钢棒，采用高强材料可有效减轻结构耗钢量和减小预应力索或预应力拉杆在锚固与连接节点的尺寸。对于预应力索（拉杆）可选用成品索（拉杆），这些成品索（拉杆）已在工程里完成整索的制作（包括索的外防护与两端锚固节点）。也可采用带防护的单根钢绞线的集合索。对于内力不大的预应力索（拉杆）可采用耳板式节点（这时索应严格控制长度公差），对于大内力的拉索与悬索的成品宜采用铸锚节点。

(9) 预应力索锚固节点，特别是对于大吨位预应力斜拉索或悬索锚固节点应进行周密空间三维有限元分析，同时也必须要仔细考虑锚头的布置空间与施工张拉要求。

(10) 设计和计算应满足国家现行标准《钢结构设计规范》GB 50017、《预应力钢结构技术规程》CECS212。

16.8.4　预应力钢结构常用节点

16.8.4.1　一般规定

(1) 根据预应力钢结构的特点和拉索节点的连接功能，其节点类型可分为张拉节点、锚固节点、转折节点、桅杆连接节点和交叉节点等主要类型。

(2) 预应力钢结构的连接构造应保证结构受力明确，尽量减小应力集中和次应力，减小焊接残余应力，避免材料多向受拉，防止出现脆性破坏，同时便于制作、安装和维护。

(3) 构件拼接或节点连接的计算及其构造要求应执行现行国家标准《钢结构设计规范》GB 50017的规定。

(4) 在张拉节点、锚固节点和转折节点的局部承压区，应进行局部承压强度验算，并采取可靠的加强措施满足设计要求。对构造、受力复杂的节点可采用铸钢节点。

(5) 对于索体的张拉节点应保证节点张拉区有足够的施工空间，便于操作，锚固可靠；锚固节点应保证传力可靠，预应力损失低，施工方便。

(6) 室内或有特殊要求的节点耐火极限应不低于结构本身的耐火极限。

(7) 预应力索体、锚具及其节点应有可靠的防腐措施，并便于施工和修复。

(8) 预应力钢结构节点区受力复杂，当拉索受力较大、节点形状复杂或采用新型节点时，应对节点进行平面或空间有限元分析，全面掌握节点的应力大小和应力分布状况，指导节点设计。

(9) 对重要、复杂的节点，根据设计需要，宜进行足尺或缩尺模型的承载力试验，节点模型试验的荷载工况应尽量与节点的实际受力状态一致。

(10) 根据节点的重要性、受力大小和复杂程度，节点的承载力应高于构件的承载力，并具有足够的安全储备，一般不宜小于1.2～1.5倍的构件承载力设计值。

16.8.4.2　张拉节点

(1) 高强拉索的张拉节点应保证节点张拉区有足够的施工空间，便于施工操作，锚固可靠。对于张拉力较大的拉索，可采用液

压张拉千斤顶或其他专用张拉设备进行张拉；对于张拉力较小的拉索，可采用花篮调节螺栓或直接拧紧螺帽等方法施加预应力。

（2）张拉节点与主体结构的连接应考虑超张拉和使用荷载阶段拉索的实际受力大小，确保连接安全。常用的平面空间受力的张拉节点构造示意图，见图16-150。

（3）通过张拉节点施加拉索预应力时，应根据设计需要和节点强度，采用专门的拉索测力装置监控实际张拉值，确保节点和结构安全。

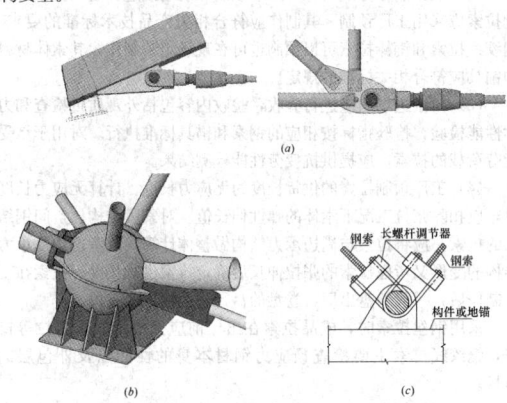

图 16-150　张拉节点的构造示意图
（a）叉耳锚具张拉端节点；（b）冷铸锚张拉端节点；
（c）螺杆调节式张拉端节点

16.8.4.3　锚固节点

（1）锚固节点应采用传力可靠、预应力损失低和施工便利的锚具，尤其应注意锚固区的局部承压强度和刚度的保证。

（2）锚固节点区域受力状态复杂，应力水平较高，设计人员应特别重视主要受力杆件、板域的应力分析及连接计算，采取的构造措施应可靠、有效，避免出现节点区域因焊缝重叠、开孔等易导致严重残余应力和应力集中的情况。常用的拉索锚固节点构造示意图见图16-151。

16.8.4.4　转折节点

转折节点是使拉索改变角度并顺滑传力的一种节点，一般与主体结构连接。转折节点应设置滑槽或孔道供拉索准确定位和改变角度，如拉索需要在节点内滑动，则滑槽或孔道内摩擦阻力宜小，可采用润滑剂或衬垫等低摩擦系数材料；转折节点沿拉索夹角平分线方向对主体结构施加集中力，应注意验算该处的局部承压强度和该集中力对主体结构的影响，并采取加强措施。拉索转折节点处于多向应力状态，其强度降低应在设计中考虑。图16-152是转折节点的构造示意图。

16.8.4.5　拉索交叉节点

拉索交叉节点是将多根平面或空间相交的拉索集中连接的一种节点，多个方向的拉力在交叉节点汇交、平衡。拉索交叉节点应根据拉索交叉的角度优化连接节点板的外形，避免因拉索夹角过小而相撞，同时应采取必要措施避免节点板由于开孔和造型切角等因素引起应力集中区，必要时，应进行平面或空间的有限元分析。交叉节点构造示意图见图16-153。

16.8.5　钢结构预应力施工

16.8.5.1　工艺流程

钢结构预应力施工工艺流程如图16-154所示。

16.8.5.2　施工要点

1. 施工准备（深化设计与施工仿真计算）

根据设计及预应力施工工艺要求，计算出索体的下料长度、索体各节点的安装位置及加工图。针对具体工程建立结构整体模型，进行施工仿真计算，对结构各阶段预应力施工中的各工况进行复核，并模拟预应力张拉施工全过程。对复杂空间结构须计算施工张拉时，各索相互影响，找出最合理的张拉顺序和张拉力的大小，并提供索体张拉时每级张拉力的大小、结构的变形、应力分布情况，

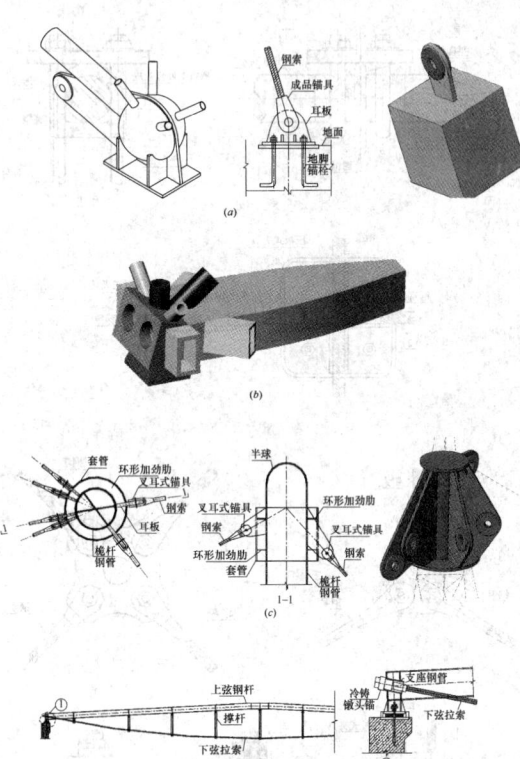

图 16-151　锚固节点构造示意图
（a）叉耳锚具锚固节点；（b）冷铸锚具锚固节点；
（c）桅杆结构节点；（d）张弦桁架节点

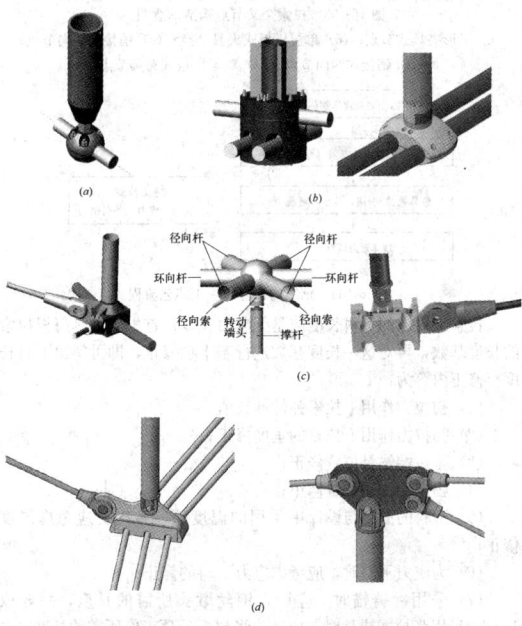

图 16-152　索杆转折节点构造示意图
（a）张弦梁单索转折节点；（b）张弦梁双索转折节点；
（c）弦支穹顶环索节点；（d）索穹顶环索节点

作为施工监测依据，并且作为选择合理、确保质量要求的工装和张拉设备的依据。

预应力钢结构施工仿真计算一般采用有限元方法计算，施工过程中应严格按结构要求施工操作，确保结构施工及结构使用期内的安全。

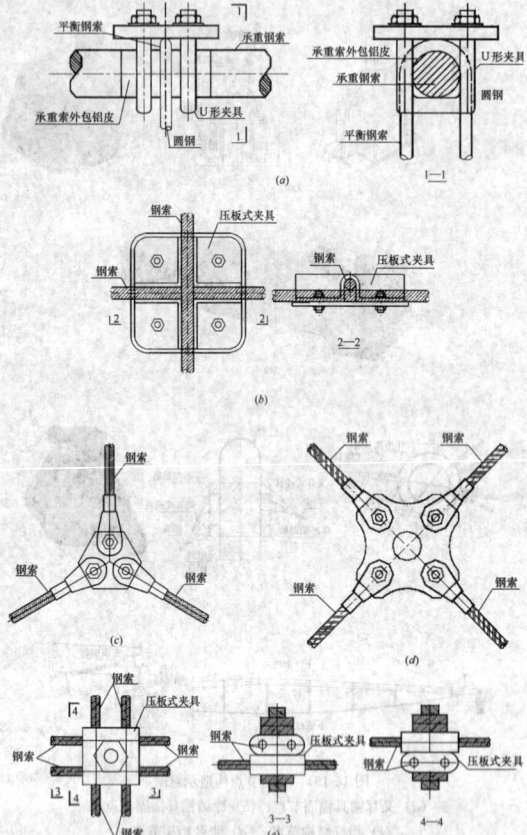

图 16-153 拉索交叉节点构造示意图

(a) U形夹具式节点；(b) 单层压板式夹具节点；(c) 销接式三向节点；

(d) 销接式四向节点；(e) 双层压板式夹具节点

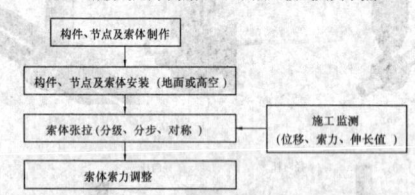

图 16-154 钢结构预应力施工工艺流程

拉索工厂内的下料长度应是无应力长度。首先应计算每根拉索的长度基数，再对这一长度基数进行若干项修正，即可得出下料长度。修正内容为：

(1) 初拉力作用下拉索弹性伸长值；

(2) 初拉力作用下拉索的垂度修正；

(3) 张拉端锚具位置修正；

(4) 固定端锚具位置修正；

(5) 下料的温度与设计中采用的温度不一致时，应考虑温度修正；

(6) 为应力下料时，应考虑应力下料的修正；

(7) 采用冷铸锚时，应计入钢丝墩头所需的长度，一般取1.5d，采用夹拉式锚具时，应计入张拉千斤顶工作所需的长度。

2. 索体制作

(1) 钢丝束拉索的钢丝通常为镀锌钢丝，其强度级别为1570MPa、1670MPa等。钢丝束拉索的外层 PE 分为单层与双层。双层 PE 套的内层为黑色耐老化的 PE 层，厚度为 3~4mm；外层为根据业主需要确定的彩色 PE 层，厚度为 2~3mm。锚头分为冷铸锚和热铸锚两种，冷铸锚是锚头内灌入环氧砂粉，其加热固化温度低于 180℃，不影响索头的抗疲劳性能。热铸锚是锚头内灌入锌铜合金，浇铸温度小于 480℃，试验表明也不影响其抗疲劳性能。

对用于室内有一定防火要求的小规格拉索，建议采用热铸锚。

钢绞线拉索的钢绞线可采用镀锌或环氧涂层钢绞线，其强度等级为 1670MPa、1770MPa、1860MPa。由于索结构规范规定索力不超过 $0.4f_{ptk}$，与普通预应力张拉相比处于低应力状态，为防止滑索，故采用带有压板的夹片锚具。

在大型空间钢结构中作剪刀撑或施加大吨位预应力的钢棒拉索，通常采用延性达 16%~19% 的优质碳素合金钢制作。

(2) 拉索制作方式可分为工厂预制和现场制造。扭绞型平行钢丝拉索应采用工厂预制，其制作应符合相关产品技术标准的要求。钢绞线拉索和钢棒拉索可以预制也可在现场组装制作，其索体材料和锚具应符合相关标准的规定。

(3) 拉索进场前应进行验收，验收内容包括外观质量检查和力学性能检验，检验指标按相应的钢索和锚具标准执行。对用于承受疲劳荷载的拉索，应提供抗疲劳性能检测结果。

(4) 工厂预制拉索的供货长度为无应力长度。计算无应力长度时，应扣除张拉工况下索体的弹性伸长值。对索膜结构、空间钢结构的拉索，应将拉索与周边承力结构做整体计算，既考虑边缘承力结构的变形又考虑拉索的张拉伸长后确定拉索供货长度。拉索在工厂制作后，一般卷盘出厂，卷盘的盘径与运输方式有关。

采用钢丝拉索时，成品拉索在出厂前应按规定做预张拉等检查，钢绞线拉索主要检查预应力钢材本身的性能以及外包层的质量。

(5) 现场制索时，应根据上部结构的几何尺寸及索头形式确定拉索的初始长度。现场组装拉索，应采取相应的措施，保证拉索内各股预应力筋平行分布。现场组装拉索，特别注意各索股防护涂层的保护，并采取必要的技术措施，保证各索股受力均匀。

(6) 钢索制作下料长度应满足深化设计在自重作用下的计算长度进行下料，制作完成后，应进行预张拉，预张拉为设计索力的 1.2~1.4 倍，并在预张拉力等于规定的索力情况下，在索体上标记出每个连接点的安装位置。为方便施工，索体宜单独成盘出厂。

(7) 拉索在整个制造和安装过程中，应预防腐蚀、受热、磨损和避免其他有害的影响。

(8) 拉索安装前，对拉索或其他组装件的所有损伤都应鉴定和补救。损坏的钢绞线、钢棒或钢丝均应更换。受损的非承载部件应加以修补。

3. 索体安装

预应力钢结构刚性件的安装方法有高空散装、分块（榀）安装、高空滑移（上滑移－单榀、逐榀和累积滑移，下移法－地面分块（榀）拼装滑移后空中整体拼装）、整体提升法（地面整体拼装后，整体吊装、柱顶提升、顶升）等。其索体安装时，可根据钢结构构件的安装选择合理的安装方法，与其平行作业，充分利用安装设备及脚手架，达到缩短工期、节约设备投资的目标。

索体的安装方法还应根据拉索的构造特点、空间受力状态和施工技术条件，在满足工程质量要求的前提下综合确定，常用的安装方法有三种，是以索体张拉方法（整体张拉法、部分张拉法、分散张拉法）相对应的，施工要点如下：

(1) 施工脚手架搭设：拉索安装前，应根据定位轴线的标高基准点复核预埋件和连接点的空间位置和相关配合尺寸。应根据拉索受力特点、空间状态以及施工技术条件，在满足工程质量的前提下综合确定拉索的安装方法。安装方法确定后，施工单位应会同设计单位和其他相关单位，依据施工方案对拉索张拉时支撑结构的内力和位移进行验算，必要时采取加固措施。张拉施工脚手架搭设时，应避让索体节点安装位置或提供临时拆除的条件。

(2) 索体安装平台搭设：为确保拼装精度和满足质量要求，安装台架必须具有足够的支承刚度。特别是，当预应力钢结构张拉后，结构支座反力可能有变化，支座处的胎架在设计、制作和吊装时应采取有针对性的措施。安装胎架搭设应确保索体各连接节点标高位置和安装、张拉操作空间的设计要求。

(3) 室外存放拉索：应置于遮蓬中防潮、防雨。成圈的产品水平码放；重叠堆放时应逐层加垫木，以避免锚具压损拉索的护层。应特别注意保护拉索的护层和锚具的连接部位，防止雨水侵入。当除拉索外其他金属材料需要焊接和切削时，其施工点与拉索

应保持移动距离或采取保护措施。

（4）放索：为了便于索体的提升、安装，应在索体安装前，在地面利用放线盘、牵引及转向等装置将索体放开，并提升就位。索体在移动过程中，应采取防止与地面接触造成索头和索体损伤的有效措施。

（5）索体安装时结构防护：拉索安装过程中应注意保护已经做好的防锈、防火涂层的构件，避免涂层损坏。若构件涂层和拉索护层被损坏，必须及时修补或采取措施保护。

（6）索体安装：索体安装应根据设计图纸及整体结构施工安装方案要求，安装各向索体，同时要严格按索体上的标记位置、张拉方式和张拉伸长值进行索具节点安装。

（7）为保证拉索吊装时不使 PE 护套损伤，应采用软质吊装带吊装，严禁采用钢丝绳吊装。在雨期进行拉索安装时，应注意不损伤索头的密封，以免索头进水。

（8）传力索夹的安装，要考虑拉索张拉后直径变小对索夹夹持力的影响。索夹固定螺栓一般分为初拧、中拧和终拧三个过程，也可根据具体使用条件将后两个过程合为一个过程。在拉索张拉前可将索夹螺栓进行初拧，拉索张拉后应对索夹进行中拧，结构承受全部恒载后可对索夹做进一步拧紧检查并终拧。拧紧程度可用扭力扳手控制。

4. 索体张拉及监测

（1）张拉设备定标

张拉用设备和仪器应按有关规定进行计量标定。施加力和其他预应力必须采用专用设备。

（2）施工中，应根据设备定标有效期内数据进行张拉，确保预应力施加的准确性。

张拉控制原则：根据设计和施工仿真计算确定优化的张拉顺序和程序，以及其他张拉控制技术参数（张拉控制应力和伸长值）。在张拉操作中，应建立以索力控制为主或结构变形控制为主的规定，并提供每根索体规定索力的偏差。

（3）张拉方法

施加预应力的方法有三种：整体张拉法、分部张拉法和分散张拉法。

1）整体张拉法

整体张拉法是有效的拉索张拉方式之一。张拉机具可采用计算机控制的液压千斤顶集群，同时同步张拉、同步控制张拉伸长值，以便最大限度地符合设计要求。

2）分部张拉法

采用分部张拉法时应对空间结构进行整体受力分析，建立模型并建立合理的计算方法，充分考虑多根索张拉的相互影响。根据分析结果，可采用分级张拉、桁架位移监控与千斤顶拉力双控的张拉工艺。施工过程的应力应变控制值可由计算机模拟有限元计算得到。

3）分散张拉法

分散张拉法即各根索单独张拉，适用各种索的力值建立相互影响较少结构。

（4）张拉监测及索力调整

1）预应力索的张拉顺序必须严格按照设计要求进行。当设计无规定时，应考虑结构受力特点、施工方便、操作安全等因素，且以对称张拉为原则，由施工单位编制张拉方案，经设计单位同意后执行。

2）张拉前，应设置支承结构，将索就位并调整到规定的初始位置。安装锚具并初步固定，然后按设计规定的顺序进行预应力张拉。拉索宜设置预应力调节装置。张拉预应力宜采用油压千斤顶。张拉过程中应监测索体的位置变化，并对索力、结构关键节点的位移进行监控。

3）对直线索可采取一端张拉，对折线索宜采取两端张拉。几个千斤顶同时工作时，应同步加载。索体张拉后应保持顺直状态。

4）拉索应按相关技术文件和规定分级张拉，且在张拉过程中复核张拉力。

5）拉索可根据布置在结构中的不同形式、不同作用和不同位置采取不同的方式进行张拉。对索施加预应力可采用液压千斤顶

直接张拉方法，也可采用结构局部下沉或抬高、支座位移等方式对拉索施加预应力，还可沿与索正交的横向牵拉或顶推对拉索施加预应力。

6）预应力索拱结构的拉索张拉应验算张拉过程中结构平面外的稳定性，平面索拱结构宜在单元结构安装到位和单元间联系杆件安装形成具有一定空间刚度的整体结构后，将拉索张拉至设计索力。倒三角形拱截面等空间索拱结构的拉索可在制作拼装台座上直接对索拱结构单元进行张拉。张拉中应监控索拱结构的变形。

7）预应力索桁和索网结构的拉索张拉，应综合考虑边缘支承构件、索力和索结构刚度间的相互影响和相互作用，对承重索和稳定索宜分阶段、分批、分级，对称均匀循环施加张拉力。必要时选择对称区间，在索头处安装索压传感器，监控循环张拉索的相互影响，并作为调整索力的依据。

8）空间钢网架和网壳结构的拉索张拉，应考虑多索分批张拉相互间的影响。单层网壳和厚度较小的双层网壳拉索张拉时，应注意防止整体或局部网壳失稳。

9）吊挂结构的拉索张拉，应考虑塔、柱、钢架和拱架等支撑结构与被吊挂结构的变形协调和结构变形对索力的影响。必要时应做整体结构分析，决定索的张拉顺序和程序，每根索应加不同张拉力，并计算结构关键点的变形量，以此作为主要监控对象。

10）其他新结构的拉索张拉，应考虑预应力拉索与新结构共同作用的整体结构有限元分析计算模型，采用模拟索张拉的虚拟拉索张拉技术，进行各种施工阶段和施工荷载条件下的组合工况分析，确定优化的拉索张拉顺序和程序，以及其他张拉控制的技术参数。

11）拉索张拉时应计算各次张拉作业的拉力和结构变形值。在张拉中，应建立以索力控制为主与结构变形控制为主的规定。对拉索的张拉，应规定索力的允许偏差或结构变形的允许偏差。

12）拉索张拉时可直接用千斤顶与配套锚具的压力表监控拉索的张拉力。必要时，另用安装在索头处的压力传感器或其他测力装置同步监控拉索的张拉力。结构变形测试位置通常设置在对结构变形较敏感的部位，如结构跨中、支撑端部等，测试仪器根据精度和要求而定，通常采用百分表、全站仪等。通过施工分析，确定在施工中变形较大的节点，作为张拉控制中结构变形控制的监测点。

13）每根拉索张拉时都应做好详细的记录。记录应包括：记录人、日期、时间和环境温度、索力和结构变形的测量值。

14）索力调整、位移标高或结构变形的调整应采用整索调整方法。

15）索力、位移调整后，对钢绞线拉索夹片锚应采取防止松脱措施，使夹片在低应力动载下不松动。对钢丝拉索索端的铸锚连接螺纹、钢棒拉索索端的锚固螺纹应检查螺纹咬合丝扣数量和螺母外侧丝扣长度是否满足设计要求，并应在螺纹上加防止松脱装置。

16.8.5.3　安全措施

（1）索体现场制作下料时，应防止索体弹出伤人，尤其原包装放线时宜用放线架约束，近距离内不得有其他人员。

（2）施工脚手架、索体安装平台及通道搭设可靠，其周边应设置护栏、安全网，施工人员应佩戴安全带、严防高空坠落。

（3）索体安装时，应采取放索约束措施，防止拉索甩出或滑脱伤人。

（4）预应力施工作业处的竖向上、下位置严禁其他人员同时作业，必要时应设置安全护栏和安全警示标志。

（5）张拉设备使用前，应清洗工具锚夹片，检查有无损坏，保证足够的夹持力。

（6）索体张拉时，两端正前方严禁站人或穿越，操作人员应位于千斤顶侧面，张拉操作过程中严禁手摸千斤顶缸体，并不得擅自离开岗位。

16.8.6　质量验收及监测

16.8.6.1　质量验收

1. 索体材料、生产制作等应符合现行国家产品标准和设计要求。

检查数量：全数检查。

检验方法：检查产品的质量合格证明文件、标志及检验报

告等。

2. 索体制作

索体制作偏差检查数量和检验方法见表 16-62。

索体制作允许偏差　　　　　表 16-62

项次	检查项目	规定值或允许偏差	检查方法	检查数量
1	索体下料长度（m）	索长<100m 偏差≥20mm 索长>100m 偏差≥1/5000	标定过的钢卷尺	全数
2	PE 防护层厚度（mm）	+1.0 −0.5	卡尺测量	10%且≮3
3	锚板孔眼直径 D（mm）	d≤D≤1.1d	量规	全数
4	镦头尺寸（mm）	镦头直径≥1.4d 镦头高度≥d	游标卡尺	每种规格 10%且≮3 每批产品 3/1000
5	冷铸填料强度（环氧铁砂）	≥147MPa	试件边长 31.62mm	3件/批
6	锚具附近密封处理	符合设计要求	目测	全数
7	锚具回缩量	≥6mm	卧式张拉设备	全数

3. 索体拼装

索体安装中，其拼装偏差、检查方法和数量见表 16-63。

索体拼装允许偏差　　　　　表 16-63

部位	项次	检查项目	规定值或允许偏差	检查方法	检查数量
索体		跨度最外两端安装孔或两端支承面最外侧距离	+5 −10	钢卷尺	按拼装单元全数检查
撑杆	1	跨中高度	±10mm	钢卷尺	10%且≮3
	2	长度	±4mm	钢卷尺	10%且≮3
	3	两端最外侧安装孔距离	±3mm	钢卷尺	10%且≮3
	4	弯曲矢高	L/1000 且≥10mm	用拉线和钢尺	10%且≮3
	5	撑杆垂直度	L/100	用拉线和钢尺	要求
构件平面总体拼装	1	任意两对角线差	≤H/2000 且≥8mm	钢卷尺	按拼装单元全数检查
	2	相邻构件对角线差	≤H/2000 且≥8mm	钢卷尺	按拼装单元全数检查
	3	构件跨度	±4mm	钢卷尺	按拼装单元全数检查

4. 索体张拉施工

索体张拉允许偏差、检查方法及检查数量见表 16-64。

索体张拉允许偏差　　　　　表 16-64

部位	项次	检查项目	规定值或允许偏差	检查方法	检查数量
索体	1	实际张拉力	±5%	标定传感器	全数
撑杆	1	垂直度	L/100	用拉线和钢尺	设计要求
钢结构	1	应力值	设计要求	传感器	设计要求
	2	起拱值	设计要求起拱±L/5000 设计未要求起拱±L/2000	全站仪	设计要求
	3	支座水平位移值	+5	位移计	设计要求

5. 质量保证措施

(1) 由于预应力钢索的可调节量不大，因此施工中要严格控制钢结构的安装精度在相关规范要求范围以内。钢结构安装过程中必须进行钢结构尺寸的检查与复核，根据复核后的实际尺寸对计算机施工仿真模拟的计算模型进行调整、重新计算，用计算出的新数据指导预应力张拉施工，并作为张拉施工监测的理论依据。

(2) 钢撑杆的上节点安装要严格按全站仪打点确定的位置进行，下节点安装要严格按钢索在工厂预张拉时做好标记的位置进行，以保证钢撑杆的安装位置符合设计要求。若钢撑杆上节点的安装位置由于钢结构拼装的精度有所调整，则钢撑杆下节点在纵、横向索上的位置要重新调整确定。

(3) 拉索置于防潮防雨的遮篷中存放，成圈产品应水平堆放，重叠堆放时逐层间应加垫木，避免锚具压伤拉索护层；拉索安装过程中应注意保护层，避免护层损坏。如出现损坏，必须及时修补或采取措施。

(4) 为了消除索的非弹性变形，保证在使用时的弹性工作，应在工厂内进行预张拉，一般选取钢丝极限强度的 50%～55%为预张力，持荷时间为 0.5～2.0h。

(5) 拉力检测采用油压传感器及振弦应变计或锚索计测试，油压传感器安装于液压千斤顶油泵上，通过专用传感器显示仪器可随时监测到预应力钢索的拉力，以保证预应力钢索施工完成后的应力与设计单位要求的应力吻合。同时在每个分区具有代表性的预应力钢索上采用动测法或锚索计监测实际的索力，以保证预应力钢索施工完成后的应力与设计单位要求的应力吻合。张拉力按标定的数值进行，用变形值和压力传感器数值进行校核。

(6) 张拉严格按照操作规程进行，张拉设备形心应与预应力钢索在同一轴线上；张拉时应控制给油速度，给油时间不应低于 0.5min；当压力达到钢索设计拉力时，超张拉 5%左右，然后停止加压，完成预应力钢索张拉；实测变形值与计算变形值相差超过允许误差时，应停止张拉，报告工程师进行处理。

(7) 钢结构的位移和应力与预应力钢索的张拉力是高度相关的，即可以通过钢结构的变形计算出预应力钢索的应力。在预应力钢索张拉的过程中，结合施工仿真计算结果，对钢结构采用水准仪及百分表或静力水准测量设备进行结构变形监测；安装振弦式应变计监测实际的钢结构内力；安装锚索计监测实际的索力。

16.8.6.2 预应力钢结构监测

预应力钢结构监测主要有预应力索索力、钢结构变形及钢结构应力等。

1. 预应力索索力监测

拉索索力的监测主要有两部分内容：一是在每根拉索张拉时实时监测张拉索的索力；二是由于很多钢结构并非单向结构，索力在分批张拉时后张拉的拉索对前期张拉的拉索索力会产生影响，在实际施工时要对这些影响进行监测。第一种索力监测主要采用位于液压张拉设备上的高精度油压表或者油压传感器随着张拉进行监测，油压传感器示意图如图 16-155 所示。第二种索力监测方法，除了采用第一种监测方法，用张拉工装加液压设备一同进行测量外，为了提高工作效率，通常采用如下方法进行测试：1) 动力测试方法；2) 压力传感器测试方法；3) 磁通量传感器测试方法；4) 弓式测力仪测量。测量仪器如图 16-155。

2. 钢结构变形监测

钢结构变形监测主要是在施工过程中，尤其是在张拉时，由于预应力钢结构为柔性结构，张拉过程中结构位形随时在改变，尤其是在张拉力平衡完成钢结构自重后，很小的索力就会引起很大的结构变形，因此要实时监测整个钢结构的变形，包括跨中起拱和支座位移，以确保钢结构施工安全和与设计状态相符，测量仪器如图 16-156 所示。

3. 钢结构应力监测

钢结构在张拉过程中经历着不同的受力状态，每根钢结构杆件的应力也随张拉力变化而发生改变，同时钢结构在张拉过程中的受力状态与设计状态不同，由于张拉起拱的不同步，存在结构受力不均匀的特点。因此有必要对施工仿真计算中应

图 16-155　拉索索力监测设备
(a) 高精度油压表；(b) 油压传感器；(c) 索力动测仪；
(d) 压力传感器；(e) 磁通量传感器；(f) 弓式测力仪

图 16-156　钢结构变形监测设备
(a) 全站仪；(b) 百分表

变化较大，绝对数值较大的危险钢结构杆件的应力进行监测。由于现场的环境的复杂性，一般现场监测不能采用应变片进行监测，通常采用振弦应变计或者光纤光栅应变计进行监测。两种仪器如图16-157所示。

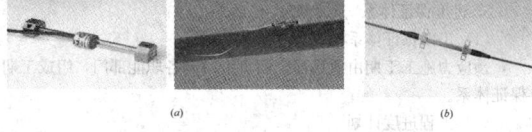

图 16-157　钢结构应力监测设备
(a) 振弦式应变计；(b) 光纤光栅应变计

16.8.6.3　结构健康监测

应定期测量预应力钢结构中拉索的内力，并做记录。与初始值对比，如发现异常应及时报告。当测量内力与设计值相差大于±10%时，应及时调整或补偿索力。

应定期监测钢丝索是否有断丝、磨损、腐蚀情况，及时更换索体。

应定期检查索体是否有渗水等异常情况，防护涂层是否完好；对出现损伤的索和防护涂层应及时修复。

应定期对预应力施加装置、可调节头、螺栓螺母等进行检查，发现问题应及时处理。

应定期监测结构体系中的预应力索状态，包括索的力值、变化情况。

在大风、暴雨、大雪等恶劣天气过程中及过程后，使用单位应及时检查预应力钢结构体系有无异常，并采取必要的措施。

16.9　预应力工程施工组织管理

16.9.1　施工内容与管理

预应力分项工程施工应遵循现行国家标准《混凝土结构工程施工质量验收规范》GB50240 的规定，严格遵守工程图纸和施工方案进行施工，并具有健全的质量管理体系、施工质量控制和质量检验制度。

16.9.1.1　预应力专项施工内容

1. 会同设计单位、总包单位和监理单位对预应力工程图纸进行会审，了解设计意图和掌握技术难点，进行预应力图纸的深化设计。预应力混凝土的深化设计中，除应明确采用的材料、工艺体系外，尚应明确预应力筋束形定位坐标图、预应力筋分段张拉锚固方案、张拉端及固定端的局部加强构造大样、锚具封闭大样、孔道摩擦系数取值等内容。

2. 编制预应力专项技术的实施方案。

3. 提供合格的预应力施工用钢绞线、锚夹具、波纹管和其他配件等材料，并负责进场报验。

4. 负责预应力筋铺放、节点安装、预应力张拉和灌浆、张拉后预应力张拉端的处理。

5. 提供工程验收资料及整套工程竣工资料。

16.9.1.2　预应力专项施工管理组织机构

预应力专项施工单位应具备相应资质，符合建设行政主管部门发布的资质标准的要求。施工单位应建立质量管理体系，组建项目管理机构，制定现场管理制度，明确工程质量管理目标，落实岗位责任制，配备合适的管理人员和施工操作人员（图 16-158）。

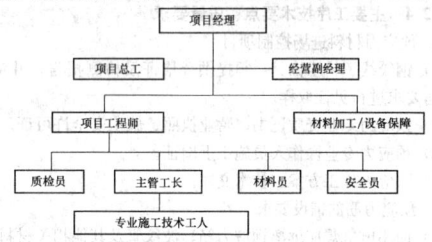

图 16-158　预应力专项施工管理组织机构

16.9.2　施　工　方　案

与钢筋混凝土相比，预应力混凝土的材料种类多，质量要求高，其施工顺序与所采用张拉锚固体系及设计假定密切相关。因此，在施工前，有必要根据设计意图，制定详细的施工方案，应根据设计图，明确相关工艺材料及有关规范所规定的相应适用内容。

预应力专项工程施工方案应包括下列内容：工程概况、施工顺序、工艺流程；预应力施工方法，包括预应力筋制作、孔道预留、预应力筋安装、预应力筋张拉、孔道灌浆和封锚等；材料采购和检验、机械配备和张拉设备标定；施工进度和劳动力安排、材料供应计划；有关工序（模板、钢筋、混凝土等）的配合要求；施工质量要求和质量保证措施；施工安全要求和安全保证措施；施工现场管理机构等。

16.9.2.1　工程概况

工程结构概况和特点，采用预应力体系的部位、特点、专项技术的重点和难点等。

16.9.2.2　预应力专项施工准备

1. 预应力材料采购、试验和进场报验，材料加工、组装和标识，机械配备和张拉设备标定；

2. 施工进度和劳动力安排、材料供应计划；

3. 预应力专项技术施工交底等。

16.9.2.3　预应力专项施工工艺及流水施工方式

预应力混凝土工程专项施工有如下特点：

1) 预应力筋张拉端、锚固端位置与后浇混凝土或施工缝等有时不吻合，可造成施工时模板、钢筋流水段划分不清，应在预应力施工技术方案中确定。

2) 预应力结构张拉前不允许拆除承重支撑，张拉后的结构尚应保证施工荷载满足设计要求。

3) 施工工艺应综合考虑预应力筋分段、结构分段、结构后浇带或施工缝的合理关系，尽量减少交叉影响，以提高施工速度。在编制施工组织设计时，应根据预应力工艺特点，采取合理的施工流

水段,以保证模板工程、钢筋及预应力工程等主要工序合理流水。

对于高层预应力混凝土结构施工,一般按结构分层竖向流水施工,主要施工部位或工序为:柱、墙、筒体结构→模板、混凝土施工→楼盖结构梁、模板、钢筋及预应力筋、混凝土施工→进入下一循环。预应力筋张拉施工一般滞后 2~3 层。当结构平面尺寸较大时,每一标准层又可分为几个小流水段,形成水平及竖向阶梯流水段。

对于大面积多层预应力混凝土结构工程,当结构分段按常规方法留结构缝断开时,施工流水段可按结构分段,或将结构段分成小流水段,此结构段内预应力筋一般是连续配置,因而模板、钢筋及预应力筋宜整段流水。当结构平面尺寸过大而不设置结构缝时,在结构设计时一般会设后浇带或分段施工缝,此时结构内的预应力筋都是连续配置,有时一束预应力筋会穿越 1~2 个后浇带,因而结构施工流水段应考虑预应力筋的特点综合划分。

对预应力混凝土结构施工中模板与支撑形式和数量的选用,则主要考虑下述因素:
1) 混凝土强度增长速度与设计要求的张拉时混凝土强度;
2) 施工荷载大小;
3) 总体施工进度及工期要求。

16.9.2.4 主要工序技术要点、质量要求

1. 预应力材料进场控制项目
1) 钢绞线、挤压锚具:须提供合格证及检测报告,并依据监理公司要求进行见证取样。
2) 预应力专业资质证书、营业执照、施工安全许可证。
3) 预应力专业操作人员施工上岗证。
4) 预应力施工方案、技术交底。

2. 预应力筋的铺设要求
1) 使用电气焊应远离预应力筋、波纹管及其他相关材料。
2) 严禁踩踏预应力筋、波纹管等。
3) 如有普通钢筋与预应力筋、波纹管及其张拉端有冲突,应避让,以保证预应力筋及相应部件位置。
4) 预应力筋张拉前严禁拆除结构下部支撑。
5) 预应力筋数量及间距符合设计要求。
6) 预应力筋矢高,相应控制点矢高误差应满足规范要求。
7) 无粘结筋外皮破损处应用塑料胶带包裹处理。
8) 有粘结应力筋波纹管应严防破损、如有破损,应用胶带扎好。
9) 有粘结波纹管接头及端头应封堵结实,避免浇筑混凝土时向波纹管内漏入水泥浆。
10) 应在有粘结预应力锚固端与设计规定处设置出气孔。
11) 预应力筋张拉端应固定牢固、预应力筋应垂直于承压板或喇叭口端面。

3. 预应力筋的张拉要求
1) 张拉前应提供相应部位混凝土同条件试块报告,强度不得低于设计要求强度。
2) 张拉设备应经国家检测部门标定,并提供标定书。
3) 预应力筋张拉应符合设计及行业规范要求。
4) 预应力张拉应采用张拉应力控制,伸长值校核方法张拉时应作张拉记录。
5) 张拉完后将锚具外部预应力筋切除时不得用电弧割,应采用砂轮锯等机械方法。切夹片外至少保留 30mm 或 1.5 倍预应力筋直径。

4. 预应力孔道灌浆
1) 灌浆应在张拉后尽快进行,冬期施工气温在 5℃ 以下不宜进行灌浆施工。
2) 灌浆采用普通硅酸盐水泥,水灰比不应大于 0.4。
3) 灌浆时,每一工作班应留取不少于三组 70.7mm 边长的立方体试件,标准养护 28 天,其抗压强度不应大于 30MPa;孔道灌浆应填写施工记录。

16.9.2.5 施工组织机构

预应力分项施工组织结构一般由项目经理、技术负责人、项目工程师、施工工长、质检员、安全员、材料员及施工作业人员等组成。

16.9.2.6 安全、质量、进度目标及保证措施

1. 安全管理措施
(1) 与总包单位安全生产管理体系挂钩,同时建立自身的安全保障体系,由项目负责人全面管理,每个班组设安全员一名,具体负责预应力施工的安全。
(2) 在进行技术交底时,同时进行安全施工交底。
(3) 张拉操作人员必须持证上岗。
(4) 张拉作业时,在任何情况下严禁站在预应力筋端部正后方位置。操作人员严禁站在千斤顶后部。在张拉过程中,不得擅自离开岗位。
(5) 油泵与千斤顶的操作者必须密切配合,只有在千斤顶就位妥当后方可开动油泵。油泵操作人员必须精神集中,平稳给油回油,应密切注视油压表读数,张拉到位或回缸时须及时将控制手柄置于中位,以免回油压力瞬间迅速加大。
(6) 张拉过程中,锚具和其他机具严防高空坠落伤人。油管接头处和张拉油缸端部严禁手触站人,应站在油缸两侧。
(7) 预应力施工人员进入现场应遵守工地各项安全措施要求。

2. 质量保证措施
(1) 加强技术管理,认真贯彻国家规定、规范、操作规程及各项管理制度。
(2) 建立完整的质量管理体系,项目管理部设置质量管理领导小组,由项目负责人和总工程师全权负责,选择精干、有丰富经验的专业质量检查员,对各工序进行质量检查监督和技术指导。
(3) 预应力张拉操作人员,必须经过培训,持证上岗。
(4) 应加强施工全过程中的质量预控,密切配合建设、监理、总包三方人员的检查与验收,按规定做好隐蔽工程记录。
(5) 加强原材料的管理工作,严格执行各种材料的检验制度,对进场的材料和设备必须认真检验,并及时向总包单位和监理方提供材质证明、试验报告和设备报验单。
(6) 优化施工方案,认真做好图纸会审和技术交底。每层、段都要有明确和详细的技术交底。施工中随时检查施工措施的执行情况,做好施工记录。按时进行施工质量检查掌握施工情况。

3. 进度保证体系
(1) 工期保证体系构成
预应力施工工期由项目部全面负责协调各职能部门,组成工期保证体系。
(2) 工程进度计划
预应力筋下料组装及配件一般在加工厂提前完成,现场铺筋按段占用相应工作日。而其他工作应按土建结构施工整体部署,穿插或平行进行预应力施工。
(3) 计划管理保证
在总包工期的宏观控制下,预应力分项工程每段的施工进度计划应与总进度相协调,以确保工期。
(4) 劳动力安排保证
根据总包工期要求,适时调整劳动力,并保证作业人员按时进场,做到不窝工,不延误工期。
(5) 物资设备保证
保证材料供应,确保各种机械设备的正常运转,不因材料机械耽误施工,有足够的各类机械以保证生产的需求。
(6) 技术措施保证
根据总包确定的施工流水段,组织切合实际的交叉作业,编制可行而又高效的施工方案和技术措施,采用合理的工艺流程,及时做好针对性的技术交底。
(7) 强化中控手段
强化自检、互检、专业检,发挥中控手段的作用,缩短工序时间,提高一次合格率,使施工进入良性循环。

16.9.3 施工质量控制

16.9.3.1 专项施工质量保证体系人员职责

(1) 项目经理:全面负责预应力分项工程的质量、进度和

安全。

(2) 项目总工程师:审核所有技术方案。

(3) 项目工程师:负责编制施工方案,指导对施工人员的技术交底,负责各种施工措施的落实,负责施工技术资料的管理。

(4) 质检员:负责工程质量的检查,按图纸、规范及合同的要求对工程的进度和质量落实进行检查、把关,对施工人员进行质量意识教育,按规范操作,确保质量。

(5) 现场工长:负责施工现场全面管理,组织施工,协调各单位的关系,确保工程质量、工程进度及工程安全的落实、实施。

(6) 材料员:负责工程物资的供应,做到材料及时,材证齐全,不合格材料不准进场,负责质量设备的标定管理,检验检查。

16.9.3.2 专项施工质量计划

由项目经理主持编制施工质量计划。根据承包合同、设计文件、有关专项施工质量验收规范及相关法规等编制出体现预应力专项施工全过程控制的质量计划。

作为对外质量保证和对内质量控制的依据文件,质量计划应包括质量目标、管理职责、资源提供、材料采购控制、机械设备控制、施工工艺过程控制、不合格品控制等多方面的内容。

16.9.3.3 专项施工质量控制

(1) 预应力分项工程应严格按照设计图纸和施工方案进行施工。因特殊情况需要变更,应经监理单位批准后方可实施。

(2) 预应力分项工程施工前应由项目技术负责人向有关施工人员技术交底,并在施工过程中检查执行情况。

(3) 预应力分项工程项目负责人、施工人员和技术工人,应持证上岗。

(4) 预应力分项工程施工应遵循有关规范的规定,并具有健全的质量管理体系、施工质量控制和质量检验制度。

(5) 预应力分项工程施工质量应由施工班组自检、施工单位质量检查员抽查和监理工程师监控等三级把关;对后张预应力筋的张拉质量,应做见证记录。

16.9.4 安 全 管 理

16.9.4.1 专项施工安全保证体系

预应力施工安全由项目经理牵头,各级领导参加,同时由安全部全面负责协调各职能组,组成安全保证体系。

16.9.4.2 专项施工安全保证计划及实施

认真贯彻"安全第一"、"预防为主"的安全生产制度,落实"管生产必须管安全""安全生产、人人有责"的原则,明确各级领导、工程技术人员、相关管理人员的安全职责,增强各级管理人员的安全责任心,真正把安全生产工作落到实处。

16.9.4.3 专项施工安全控制措施

(1) 认真贯彻、落实国家"重点防范,预防为主"的方针,严格执行国家、地方及企业安全技术规范、规章、制度。

(2) 建立落实安全生产责任制,与各施工组签订安全生产责任书。

(3) 认真做好进场安全教育及进场后的经常性的安全教育及安全生产宣传工作。

(4) 建立落实安全技术交底制度,各级交底必须履行签字手续。

(5) 预应力作业人员必须持证上岗,且所持证件必须是有效证件。

(6) 认真做好安全检查,做到有制度有记录。根据国家规范、施工方案要求内容,对现场发现的安全隐患进行整改。

(7) 施工用电严格执行现行行业标准《施工现场临时用电安全技术规范》JGJ 46,且应有专项临电施工组织设计,强调突出线缆架设及线路保护,严格采用三级配电二级保护的三相五线制,每台设备和电动工具都应安装漏电保护装置,漏电保护装置必须灵敏可靠。

(8) 现场防火制定专门的消防措施。按规定配备有效的消防器材,指定专人负责,实行动火审批制度。对全体施工人员进行防火

安全教育,努力提高其防火意识。

(9) 对所有可能坠落的物体要求。

16.9.5 绿 色 施 工

(1) 真贯彻落实《中华人民共和国环境保护法》等有关法律法规及遵照各企业环境管理要求。

(2) 应设立专职或兼职环保员,负责本施工区域内的日常环保工作的实施与检查,对存在的问题及时进行整改。

(3) 当施工材料运到工地后,在使用前应根据不同标码放整齐,不准乱堆乱放,影响环境卫生。

(4) 张拉灌浆及其他预应力设备表面应保持清洁,没有油污。对于漏油的设备应及时查明原因并封堵好,对于无法封堵的设备应及时更换。漏在地上的油污要清理干净。

(5) 对于施工中的固体废弃物应放入回收桶并到指定地点倾倒。

(6) 灌浆浆体搅拌浆时,应避免免粉尘散落,污染环境。

16.9.6 技 术 文 件

1. 预应力分项工程的设计及变更文件。

2. 预应力施工方案及有关变更记录。

3. 预应力筋(孔道)设计竖向坐标、预应力筋锚固端构造等详图。

4. 预应力材料(预应力筋、锚具、波纹管、灌浆水泥等)质量证明书。

5. 预应力筋和锚具等进场复检报告。

6. 张拉设备配套标定报告。

7. 预应力筋铺设实际坐标检查记录。

8. 预应力筋张拉记录。

9. 孔道灌浆及封锚记录、水泥浆试块强度试验报告。

10. 检验批质量验收记录。

参 考 文 献

1. 中华人民共和国国家标准.混凝土结构设计规范(GB 50010—2010).北京:中国建筑工业出版社,2011.

2. 中华人民共和国国家标准.混凝土结构工程施工质量验收规范(GB 50204—2002).北京:中国建筑工业出版社,2002.

3. 中华人民共和国国家标准.混凝土结构工程施工规范(最新修改征求意见稿).北京:中国建筑工业出版社,2011.

4. 中华人民共和国国家标准.预应力混凝土用钢丝(GB/T 5223—2002).北京:中国标准出版社,2002.

5. 中华人民共和国国家标准.预应力混凝土用钢绞线(GB/T 5224—2003).北京:中国标准出版社,2003.

6. 中华人民共和国国家标准.预应力筋用锚具、夹具和连接器(GB/T 14370—2007).北京:中国标准出版社,2008.

7. 中华人民共和国国家标准.预应力混凝土用螺纹钢筋(GB/T 20065—2006).北京:中国标准出版社,2006.

8. 中华人民共和国国家标准.预应力混凝土用钢棒(GB/T 5223.3—2005).北京:中国标准出版社,2006.

9. 中华人民共和国国家标准.桥梁缆索用热镀锌钢丝(GB/T 17101—2008).北京:中国标准出版社,2009.

10. 中华人民共和国国家标准.钢拉杆(GB/T 20934—2007).北京:中国标准出版社,2008.

11. 中华人民共和国国家标准.金属应力松弛试验方法(GB/T 10120—1996).北京:中国标准出版社,1996.

12. 中华人民共和国国家标准.混凝土外加剂(GB 8076—2008).北京:中国标准出版社,2008.

13. 中华人民共和国国家标准.钢筋混凝土筒仓设计规范(GB 50077—2003).北京:中国计划出版社,2003.

14. 中华人民共和国国家标准.混凝土结构加固设计规范(GB 50367—2006).北京:中国建筑工业出版社,2006.

15. 中华人民共和国国家标准.给水排水工程构筑物结构设计规范 GB 50069—2002.北京:中国建筑工业出版社,2003.

16. 中华人民共和国国家标准.混凝土外加剂应用技术规范(GB 50119—2003).北京:中国建筑工业出版社,2003.

17. 中华人民共和国国家标准.钢结构设计规范(GB 50017—2003).北京:

中国计划出版社，2003.
18. 中华人民共和国国家标准．钢结构工程施工质量验收规范(GB 50205—2001)．北京：中国计划出版社，2003.
19. 中华人民共和国国家标准．钢结构工程施工规范(最新修改征求意见稿)．北京：中国建筑工业出版社，2011.
20. 中华人民共和国行业标准．高强度低松弛预应力热镀锌钢绞线(YB/T 152—1999)．北京：中国标准出版社，2000.
21. 中华人民共和国行业标准．无粘结预应力钢绞线(JG 161—2004)．北京：中国标准出版社，2004.
22. 中华人民共和国行业标准．预应力混凝土用金属波纹管(JG 225—2007)．北京：中国标准出版社，2007.
23. 中华人民共和国行业标准．预应力混凝土桥梁用塑料波纹管(JT/T 529—2004)．北京：中国标准出版社，2004.
24. 中华人民共和国行业标准．填充型环氧涂层钢绞线(JT/T 737—2009)．北京：中国标准出版社，2009.
25. 中华人民共和国行业标准．建筑用不锈钢绞线(JT/T 200—2007)．北京：中国标准出版社，2007.
26. 中华人民共和国行业标准．无粘结钢绞线斜拉索技术条件(JT/T 529—2009)．北京：中国标准出版社，2009.
27. 中华人民共和国行业标准．预应力筋用锚具、夹具和连接器应用技术规程(JGJ 85—2010)．北京：中国建筑工业出版社，2010.
28. 中华人民共和国行业标准．无粘结预应力混凝土结构技术规程(JGJ 92—2004)．北京：中国建筑工业出版社，2004.
29. 中华人民共和国行业标准．预应力用液压千斤顶(JG/T 321—2011)．北京：中国标准出版社，2011.
30. 中华人民共和国行业标准．预应力用电动油泵(JG/T 319—2011)．北京：中国标准出版社，2011.
31. 中华人民共和国行业标准．预应力筋用挤压机(JG/T 322—2011)．北京：中国标准出版社，2011.
32. 中华人民共和国行业标准．预应力钢绞线用轧花机(JGJ/T 323—2011)．北京：中国标准出版社，2011.
33. 中华人民共和国行业标准．预应力筋用液压镦头器(JG/T 320—2011)．北京：中国标准出版社，2011.
34. 中国工程建设标准化协会标准．给水排水工程预应力混凝土圆形水池结构技术规程(CECS216：2006)．北京中国计划出版社，2006.
35. 中国工程建设标准化协会标准．建筑工程预应力施工规程(CECS180：2005)．北京：中国计划出版社，2005.
36. 中国工程建设标准化协会标准．预应力钢结构技术规程(CECS212：2006)．北京：中国计划出版社，2006.
37. 中国建筑标准设计研究院．预应力混凝土圆孔板，国家建筑标准设计图集 SG435－1～2.
38. 中国建筑标准设计研究院．预应力混凝土双T板，国家建筑标准设计图集 09SG432－3.
39. 中国建筑标准设计研究院．6m后张法预应力混凝土吊车梁，国家建筑标准设计图集 04G426.
40. 中国建筑标准设计研究院，SP预应力空心板，国家建筑标准设计图集 05SG408.
41. 中国建筑标准设计研究院，预应力混凝土叠合板，国家建筑标准设计图集 06SG439－1.
42. 中国建筑标准设计研究院，预应力混凝土管桩，国家建筑标准设计图集 03SG409.
43. 中国建筑标准设计研究院，预应力混凝土空心方桩，国家建筑标准设计图集 08SG360.
44. 杜拱辰．预应力混凝土理论、应用和推广简要历史．预应力技术简讯(总第234期)，2007，(1).
45. 杜拱辰．现代预应力混凝土结构．北京：中国建筑工业出版社，1988.
46. 陶学康．后张预应力混凝土设计手册．北京：中国建筑工业出版社，1996.
47. BEN C. GERWICK，JR. 预应力混凝土结构施工(第二版)．北京：中国铁道出版社，1999.
48. 薛伟辰．现代预应力结构设计．北京：中国建筑工业出版社，2003.
49. 朱新实，刘效尧．预应力技术及材料设备(第二版)．北京：人民交通出版社，2005.
50. 杨宗放，李金根．现代预应力工程施工(第二版)．北京：中国建筑工业出版社，2008.
51. 杨宗放．建筑工程预应力施工规程　内容简介．建筑技术，Vol. 35，No. 12 2004(12).
52. 陶学康，林远征．无粘结预应力混凝土结构技术规程　修订简介，第八届后张预应力学术交流会，温州，2004(8).
53. 重庆市交通委员会，重庆交通学院．横张预应力混凝土桥梁设计施工指南．北京：人民交通出版社，2005.
54. 李晨光，刘航，段建华，黄芳玮．体外预应力结构技术与工程应用．北京：中国建筑工业出版社，2008.
55. 熊学玉，黄鼎业．预应力工程设计施工手册．北京：中国建筑工业出版社，2003.
56. 李国平．预应力混凝土结构设计原理．北京：人民交通出版社，2000.
57. 陆赐麟，尹思明，刘锡良．现代预应力钢结构．北京：人民交通出版社，2003.
58. 林寿，杨嗣信等．建筑工程新技术丛书③预应力技术．北京：中国建筑工业出版社，2009.
59. 朱彦鹏．特种结构．武汉：武汉理工大学出版社，2004.
60. 马芹永．土木工程特种结构．北京：高等教育出版社，2005.
61. 莫骄，特种结构设计．北京：中国计划出版社，2006.
62. 付乐，佟慧超，郑宇等．简明特种结构设计施工资料集成．北京：中国电力出版社，2005.
63. 刘航，张工文，李晨光，李明敬．大型污水处理工程预应力水池结构设计，第四届全国预应力结构理论与工程应用学术会议论文集，2006，12，上海．
64. 张工文，刘航，李晨光，李明敬．大型污水处理工程预应力施工，建筑技术开发，2007，(10).
65. 刘航，李晨光，白常举．体外预应力加固钢筋混凝土框架梁试验研究，建筑技术，1999，(12).
66. 刘航，李晨光．体外预应力加固钢筋混凝土承重梁计算方法研究，第六届后张预应力学术交流会论文集，杭州，2000，(05).
67. 李晨光，刘航．体外预应力加固钢筋混凝土框架梁试验研究和计算方法，结构工程师，2000年增刊，第五届全国预应力结构理论及工程应用学术会议，上海，2000，12.
68. 熊学玉，顾炜，雷丽英．体外预应力混凝土结构的预应力损失估算，工业建筑，2004，(07).
69. 孔保林．体外预应力加固体系的预应力损失估算，河北建筑科技学院学报，2002，(03).
70. 胡志坚，胡钊芳．实用体外预应力结构预应力损失估算方法，桥梁建设，2006，(01).
71. 牛斌．体外预应力混凝土梁极限状态分析，土木工程学报，2000，33(3)：7～15.
72. 张仲先，张耀庭．体外预应力混凝土梁体外筋应力增量的试验与研究，铁道工程学报，2003，No. 4，75～80.
73. 王彤，王宗林，张树仁等．任意配筋条件下体外预应力混凝土简支梁极限分析，中国公路学报，2002，No. 2，61～67.
74. 蓝宗建，庞同和，刘航等．部分预应力混凝土梁裂缝闭合性能的试验研究，建筑结构学报，1998年第1期，33～40.
75. J. M. 盖尔，W. 韦孚．杆系结构分析．边启光译．北京：中国水利电力出版社，1983.
76. 蓝宗建，朱万福，黄德富．钢筋混凝土结构．南京：江苏科学技术出版社，1988.
77. 杨晔．体外预应力混凝土桥梁抗剪承载力试验研究．同济大学硕士学位论文，2004.
78. 李国平，沈殷．体外预应力混凝土简支梁抗剪承载力计算方法．土木工程学报，2007，(02).
79. 秦杰，陈新礼，徐瑞龙．国家体育馆双向张弦节点设计与试验研究．北京：工业建筑，2007，(1).
80. 徐瑞龙，秦杰，张然．国家体育馆双向张弦结构预应力施工技术，北京：施工技术，2007，(11).
81. 王泽强，秦杰，徐瑞龙．2008年奥运会羽毛球馆弦支穹顶结构预应力施工技术，北京：施工技术，2007，(11).
82. 王泽强，秦杰，徐瑞龙．2008年奥运会羽毛球馆弦支穹顶结构预应力施工技术，北京：施工技术，2007，(11).
83. 周黎光，仝为民，杜彦凯．中国石油大厦双向张弦梁工程预应力施工技术，北京：施工技术，2008，3.
84. 吕李青，仝为民，周黎光．2008年奥运会乒乓球馆预应力施工技术，北京：施工技术，2007，(11).
85. 吕李青，仝为民，周黎光．天津滨海国际会展中心(二期)预应力钢结构施工技术．施工技术，2008，(4).
86. T. Y. Lin，NED H. Burns，Design of Prestressed Concrete Structures，Third Edition，John Wiley and Sons，New York，1981.
87. David P. Billington，"Historical Perspective on Prestressed Concrete"，PCI

Journal，January-February 2004，pp.14-30.

88. POST-TENSIONING MANUAL, SIXTH EDITION, By Post-tensioning In-
stitute，U.S.A. 2006.

89. Virlogeux，M. Nonlinear Analysis of Externally Prestressed Structures, Pro-
ceedings of the FIP Symposium，Jerusalem，Sept. 1998.

90. M. H. Harajli. Strengthening of Concrete Beams by External Prestressing.
PCI Journal V. 38，No. 6，Nov. —Dec. 1993.

91. Angel C. Aparicio and Gonzalo Ramos. Flexural Strength of Externally Pres-
tressed Concrete Bridges. ACI Structure Journal，V. 93，No. 5，Sept.-
Oct. 1996.

17 钢结构工程

17.1 钢结构材料

17.1.1 建筑钢材的牌号

1. 常用建筑钢材分类

钢结构工程中使用的建筑钢材的类型见图 17-1。

图 17-1 建筑钢材类型

2. 常用钢材牌号表示方法

《钢铁产品牌号表示方法》（GB/T 221）规定了上述主要建筑钢材牌号的表示原则。钢材牌号可集中表明钢材的主要力学性能、冶炼工艺及内在质量等。下面对钢结构工程中常用的建筑钢材牌号表示方法加以说明。

（1）碳素结构钢

碳素结构钢为碳素钢的一种，含碳量为 $0.05\% \sim 0.70\%$，个别可高达 0.90%，有普通碳素结构钢与优质碳素结构钢两类。为保证其塑性、韧性及冷弯性能等，建筑钢结构工程中，主要采用低碳钢，其含碳量一般为 $0.03\% \sim 0.25\%$。

1）普通碳素结构钢（GB/T 700）

普通碳素结构钢又称碳素结构钢。钢结构工程常用的普通碳素结构钢牌号通常由四部分按顺序组成：

第一部分：代表屈服强度的拼音字母"Q"。

第二部分：屈服强度数值（以 N/mm² 或 MPa 为单位）。

第三部分（必要时）：代表质量等级的符号，用字母 A、B、C、D……表示，A 为最低等级，随字母顺序级别依次升高。

第四部分（必要时）：代表脱氧方法的符号，"F"表示沸腾钢，"Z"表示镇静钢，"TZ"表示特殊镇静钢。牌号表示方法中，"Z"及"TZ"通常可省去不标。

例如：Q235AF 代表屈服强度为 235N/mm²、质量等级为 A 级的沸腾钢。

《碳素结构钢》（GB/T 700）规定的普通碳素结构钢牌号有 Q195、Q215、Q235、Q275 等，其中 Q195 钢不设质量等级，Q215 钢设 A、B 两等级，Q235 及 Q275 钢设 A、B、C、D 四等级。工程中应用最广泛的是 Q235 钢。

2）优质碳素结构钢（GB/T 699）

优质碳素钢是为满足不同的加工要求，而赋予相应性能的碳素钢。其钢质纯净，杂质少，力学性能好。根据含锰量分为普通含锰量（小于 0.80%）和较高含锰量（0.80%~1.20%）两组。

优质碳素结构钢牌号通常由四部分按顺序组成：

第一部分：代表钢材中的平均碳含量（以万分之几计），以两位阿拉伯数字表示。

第二部分（必要时）：当钢材的含锰量较高时，加锰元素符号 Mn。

第三部分（必要时）：代表优质钢的冶金质量等级，优质钢不加字母，高级优质钢、特级优质钢分别以字母 A、E 表示。

第四部分（必要时）：代表脱氧方法的符号，"F"表示沸腾钢，"b"表示半镇静钢，"Z"表示镇静钢。牌号表示方法中，"Z"通常可省去不标。

例如：15Mn 代表平均含碳量为 0.15% 的优质碳素结构钢，且该钢的含锰量较高。

优质碳素结构钢的牌号较多，在钢结构工程中应用较少，在高强度螺栓中有部分应用。

（2）低合金高强度结构钢（GB/T 1591）

低合金高强度结构钢是指在炼钢过程中增添了一些合金元素（其总含量不超过 5%）的钢材。同碳素结构钢相比，具有强度高、综合性能好、使用寿命长、适用范围广等优点，尤其在大跨度或重负载结构中其优点更为突出，一般可比碳素结构钢节约 20% 左右的用钢量。

低合金高强度结构钢的牌号表示方法与普通碳素结构钢基本一致，即由代表屈服强度的拼音字母"Q"、屈服强度数值、质量等级符号（A、B、C、D、E，A 表示最低级别，E 表示最高级别）等按顺序排列表示。对于具有厚度方向性能要求的钢板，则在上述规定牌号后加上代表厚度方向（Z 向）性能级别的符号。

例如：Q345DZ15 代表屈服强度为 345N/mm²、质量等级为 D 级且厚度方向性能级别为 Z15 级的低合金高强度结构钢。

低合金高强度结构钢的牌号共有 Q345、Q390、Q420、Q460、Q500、Q550、Q620、Q690 八种，其中 Q345、Q390、Q420 均设置 A、B、C、D、E 五种质量等级，其余牌号钢仅设置 C、D、E 三种质量等级，体现了对高强度结构钢质量上的高要求。

（3）桥梁用结构钢（GB/T 714）

《桥梁用结构钢》（GB/T 714）为桥梁建筑行业的专用标准，其规定的内容和技术要求一般都严于建筑钢结构。

桥梁用结构钢牌号的表示方法也与普通碳素结构钢基本一致，即由代表屈服强度的拼音字母"Q"、屈服强度数值、桥梁用结构钢的拼音字母"q"、质量等级符号（C、D、E）等按顺序组成。

例如：Q345qC 代表屈服强度为 345N/mm²、质量等级为 C 级的桥梁用结构钢。

桥梁用钢结构的牌号有 Q235q、Q345q、Q370q、Q420q 四种，其中 Q235q 设置 C、D 两种级别，Q345q、Q370q、Q420q 均设置 C、D、E 三种质量等级。

（4）耐候结构钢（GB/T 4171）

耐候钢为冶炼过程中加入少量特定合金元素（一般指 Cu、P、Cr、Ni 等），使之在金属基体表面上形成保护层，以提高钢材的耐腐蚀性能的钢材。包括高耐候结构钢和焊接用耐候钢两种。

耐候结构钢的牌号由代表屈服强度的拼音字母"Q"、屈服强度数值、"高耐候"或"耐候"的拼音字母"GNH"或"NH"、质量等级符号（A、B、C、D、E）等按顺序组成。

例如：Q355GNHC 代表屈服强度为 355N/mm²、质量等级为 C 级的高耐候结构钢。

高耐候结构钢牌号有：Q295GNH、Q355GNH、Q265GNH、Q310GNH 等；焊接用耐候钢牌号有：Q235NH、Q295NH、Q355NH、Q415NH、Q460NH、Q500NH、Q550NH 等。

（5）建筑结构用钢板（GB/T 19879）

建筑结构用钢板主要适用于高层建筑结构、大跨度结构及其他重要建筑结构。除此以外的一般建筑结构形式，由于对钢材性能要求并不突出，钢铁产品的通用标准一般已能满足要求。

建筑结构用钢板由代表屈服强度的拼音字母"Q"、屈服强度数值、代表高性能建筑结构用钢的拼音字母"GJ"、质量等级符号（B、C、D、E）等按顺序组成。对于具有厚度方向性能要求的钢板，则在上述规定牌号后加上代表厚度方向（Z 向）性能级别的符号。

例如：Q345GJCZ25 代表屈服强度为 345N/mm²、质量等级为 C 级且厚度方向性能级别为 Z25 级的建筑结构用钢板。

建筑结构用钢板牌号有 Q235GJ、Q345GJ、Q390GJ、Q420GJ、Q460GJ 五种，其中 Q235GJ、Q345GJ 钢设有 B、C、D、E 四种质量等级，其余牌号钢仅设 C、D、E 三种质量等级。

（6）其他

铸钢（GB/T 11352）。

建筑钢结构，尤其在大跨度情况下，支座及构造复杂的节点，有时会采用铸钢。

铸钢牌号由代表铸钢的拼音字母"ZG"、该牌号铸钢的屈服强

度最低值、该牌号铸钢的抗拉强度最低值三部分按顺序组成，并在两数值之间用"—"隔开。

例如：ZG230-450 代表最低屈服强度、最低抗拉强度分别为 230N/mm^2、450N/mm^2 的铸钢。

一般工程用铸钢牌号有：ZG200-400、ZG230-450、ZG270-500、ZG310-570、ZG340-640 等。

3. 国内外常用牌号钢材对照

目前，国内部分大型钢结构工程采用国外进口钢材，表 17-1 为国内外常用建筑结构钢材的牌号对照。

国内外常用建筑结构钢材的牌号对照　表 17-1

品名	中国 GB	美国 ASTM	日本 JIS	德国 DIN、DIN EN	英国 BS、BS EN	法国 NFA、NF EN	国际标准化组织 ISO630
			牌　号				
普通碳素结构钢	Q215A	Gr. C Gr. 58	SS330 SPHC	—	040A12	—	—
	Q235A	Gr. D	SS400 SM400A	—	080A15	—	E235B
	Q235B	Gr. D	SS400 SM400A	S235JR S235JRG1 S235JRG2	S235JR S235JRG1 S235JRG2	S235JR S235JRG1 S235JRG2	E235B
	Q255A	—	SS400 SM400A	—	—	—	—
	Q275	—	SS490	—	—	—	E275A
优质碳素结构钢	15	1015	S15C S17C	CK15 Fe360B	08M15	XC12 Fe306B	C15E4
	20	1020	S20C S22C	C22	IC22	C22	—
	15Mn	1019	—	—	080A15	—	—
低合金高强度结构钢	Q345C	Gr. 50 Gr. A Gr. C Gr. D A808M	SPPC590	S335J0	S335J0	S335J0	E355DD
	Q345E	Type7 Gr. 50	SPPC590	S355NL S355ML	S355NL S355ML	S355NL S355ML	E355E E355DD
	Q420B	Gr. 60 Gr. E	SEV295 SEV345	S420NL S420ML	S420NL S420ML	S420NL S420ML	S420C E420CC
	Q420C	Gr. B Type7	SEV295 SEV345	S420NL S420ML	S420NL S420ML	S420NL S420ML	HS420D E420DD
	Q460D	Gr. 65	SM570 SMA570W SMA570P	S460NL S460ML	S460NL S460ML	S460NL S460ML	E460DD F460E

17.1.2　常用钢材的化学成分和机械性能

17.1.2.1　钢材的化学成分

1. 碳素结构钢及低合金高强度结构钢

表 17-2 为常用碳素结构钢的化学成分（GB/T 700），表 17-3 为常用低合金高强度结构钢的化学成分（GB/T 1591）。

常用碳素结构钢的化学成分（熔炼分析）　表 17-2

牌号	统一代号[①]	等级	C	Si	Mn	P	S	脱氧方法
			化学成分（质量分数，%），不大于					
Q215	U12152	A	0.15	0.35	1.20	0.045	0.050	F、Z
	U12155	B					0.045	
Q235	U12352	A	0.22			0.045	0.050	F、Z
	U12355	B	0.20[②]	0.35	1.4	0.045	0.045	F、Z
	U12358	C	0.17			0.040	0.040	Z
	U12359	D				0.035	0.035	TZ
Q275	U12752	A	0.24			0.045	0.050	F、Z
	U12755	B	(0.21~0.22)[③]	0.35	1.50	0.045	0.045	Z
	U12758	C	0.20			0.040	0.040	Z
	U12759	D				0.035	0.035	TZ

① 表中为镇静钢、特殊镇静钢牌号的统一数字，沸腾钢牌号的统一数字代号如下：
　Q195F——U11950；　　Q215AF——U12150，　Q215BF——U12153；
　Q235AF——U12350，　Q235BF——U12353；　Q275AF——U12750。
② 经需方同意，Q235B 的碳含量可不大于 0.22%。
③ 当钢材的厚度（或直径）不大于 40mm 时，碳含量不大于 0.21%；当钢材的厚度（或直径）大于 40mm 时，碳含量不大于 0.22%。

2. 建筑结构用钢板

根据《建筑结构用钢板》（GB/T 19879），建筑结构用钢板的化学成分见表 17-4。

17.1.2.2　钢材的机械性能

1. 碳素结构钢及低合金高强度结构钢

表 17-5 为常用碳素结构钢的抗拉强度、冲击韧性等机械性能，表 17-6 为常用低合金高强度结构钢的机械性能。

常用低合金高强度结构钢的化学成分（熔炼分析）　表 17-3

牌号	质量等级	C	Si	Mn	P	S	Nb	V	Ti	Cr	Ni	Cu	N	Mo	B	Als
		化学成分[①][②]（质量分数，%）														
					不大于											不小于
Q345	A	≤ 0.20	≤ 0.50	≤ 1.70	0.035	0.035	0.07	0.15	0.20	0.30	0.50	0.30	0.012	0.10	—	—
	B				0.035	0.035										
	C				0.030	0.030										0.015
	D				0.030	0.030										
	E	≤ 0.18			0.025	0.025										
Q390	A	≤ 0.20	≤ 0.50	≤ 1.70	0.035	0.035	0.07	0.20	0.20	0.30	0.50	0.30	0.015	0.10	—	—
	B				0.035	0.035										
	C				0.030	0.030										
	D				0.030	0.030										0.015
	E				0.025	0.025										
Q420	A	≤ 0.20	≤ 0.50	≤ 1.70	0.035	0.035	0.07	0.20	0.20	0.30	0.80	0.30	0.015	0.20	—	—
	B				0.035	0.035										
	C				0.030	0.030										
	D				0.030	0.030										0.015
	E				0.025	0.025										
Q460	C	≤ 0.20	≤ 0.60	≤ 1.80	0.030	0.025	0.11	0.20	0.20	0.30	0.55	0.015	0.015	0.20	0.004	0.015
	D				0.030	0.025										
	E				0.030	0.025										

① 型材及棒材 P、S 含量可提高 0.005%，其中 A 级钢上限可为 0.045%。
② 当细化晶粒元素组合加入时，20(Nb+V+Ti)≤0.22%，20(Mo+Cr)≤0.30%。

建筑结构用钢板的化学成分　　　　表 17-4

牌号	质量等级	厚度(mm)	化学成分（质量分数,%）											
			C	Si	Mn	P	S	V	Nb	Ti	Als	Cr	Cu	Ni
Q235GJ	B	6~100	≤0.20	≤0.35	0.60~1.20	≤0.025	≤0.015	—	—	—	≥0.015	≤0.30	≤0.30	≤0.30
	C		≤0.20			≤0.025								
	D		≤0.18			≤0.020								
	E		≤0.18			≤0.020								
Q345GJ	B	6~100	≤0.20	≤0.55	≤1.60	≤0.025	≤0.015	0.020~0.150	0.015~0.060	0.010~0.030	≥0.015	≤0.30	≤0.30	≤0.30
	C		≤0.20			≤0.025								
	D		≤0.18			≤0.020								
	E		≤0.18			≤0.020								
Q390GJ	C	6~100	≤0.20	≤0.55	≤1.60	≤0.025	≤0.015	0.020~0.200	0.015~0.060	0.010~0.030	≥0.015	≤0.30	≤0.30	≤0.70
	D		≤0.20			≤0.020								
	E		≤0.18			≤0.020								
Q420GJ	C	6~100	≤0.20	≤0.55	≤1.60	≤0.025	≤0.015	0.020~0.200	0.015~0.060	0.010~0.030	≥0.015	≤0.40	≤0.30	≤0.70
	D		≤0.18			≤0.015								
	E		≤0.18			≤0.020								
Q460GJ	C	6~100	≤0.20	≤0.55	≤1.60	≤0.025	≤0.015	0.020~0.200	0.015~0.060	0.010~0.030	≥0.015	≤0.40	≤0.30	≤0.70
	D		≤0.18			≤0.015								
	E		≤0.18			≤0.020								

常用碳素结构钢的机械性能　　　　表 17-5

牌号	质量等级	屈服强度 R_{eH} (N/mm²)，不小于 厚度（或直径，mm）						抗拉强度① R_m (N/mm²)	断后伸长率 A (%)，不小于 厚度（或直径，mm）					冲击试验（V型缺口） 温度(℃)	冲击吸收功（纵向,J），不小于
		≤16	>16~40	>40~60	>60~100	>100~150	>150~200		≤40	>40~60	>60~100	>100~150	>150~200		
Q215	A	215	205	195	185	175	165	335~450	31	30	29	27	26	—	—
	B													20	27
Q235	A	235	225	215	215	195	185	370~500	26	25	24	22	21	—	—
	B													20	27②
	C													0	
	D													−20	
Q275	A	275	265	255	245	225	215	410~540	22	21	20	18	17	—	—
	B													20	27
	C													0	
	D													−20	

① 厚度大于100mm的钢材，抗拉强度下限允许降低20N/mm²。宽带钢（包括剪切钢板）抗拉强度上限不作为交货条件。

② 厚度小于25mm的Q235B级钢材，如供方能保证冲击吸收值合格，经需方同意，可不作检验。

常用低合金高强度结构钢的机械性能　　　　表 17-6

牌号	质量等级	拉伸试验①②③ 以下公称厚度（直径，边长）下屈服强度 R_{eL} (MPa)									以下公称厚度（直径，边长）下抗拉强度 R_m (MPa)			断后伸长率 A (%) 公称厚度（直径，边长）					夏比（V型）冲击试验 试验温度(℃)	冲击吸收能量 $KV_2$④ (J) 公称厚度（直径，边长）			试样方向	弯曲试验 180°弯曲试验【d=弯心直径，h=试样厚度（直径）】 钢材厚度（直径，边长）	
		≤16mm	>16~40mm	>40~63mm	>63~80mm	>80~100mm	>100~150mm	>150~200mm	>200~250mm	>250~400mm	≤150mm	150~250mm	250~400mm	≤40mm	>40~100mm	>100~150mm	>150~250mm	>250~400mm		12~150mm	>150~250mm	>250~400mm		≤16mm	>16~100mm
Q345	A	≥345	≥335	≥325	≥315	≥305	≥285	≥275	≥265		450~630	450~600		≥20	≥19	≥18	≥17		—	—				宽度不小于600mm的扁平材，拉伸试验取横向试样。宽度小于600mm的扁平材、型材及棒材取纵向试样	
	B																		20						
	C																		0	≥34	≥27				
	D									≥265			450~600	≥21	≥20	≥19	≥18	≥17	−20						
	E																		−40			27		2h	3h
Q390	A	≥390	≥370	≥350	≥330	≥330	≥310				470~650			≥20	≥19	≥18			—						
	B																		20						
	C																		0	≥34					
	D																		−20						
	E																		−40						
Q420	A	≥420	≥400	≥380	≥360	≥360	≥340				500~680			≥19	≥18	≥16			—					宽度小于600mm的扁平材、型材及棒材取纵向试样	
	B																		20						
	C																		0	≥34					
	D																		−20						
	E																		−40						
Q460	C	≥460	≥440	≥420	≥400	≥400	≥380				530~720			≥17	≥16	≥15			0	≥34					
	D																		−20						
	E																		−40						

① 当屈服不明显时，可测量 $R_{p0.2}$ 代替下屈服强度。

② 宽度不小于600mm的扁平材，拉伸试验取横向试样；宽度小于600mm的扁平材、型材及棒材取纵向试样，断后伸长率最小值相应提高1%（绝对值）。

③ 厚度>250~400mm的数值适用于扁平材。

④ 冲击试验取纵向试样。

2. 建筑结构用钢板

建筑结构用钢板的机械性能见表 17-7。

建筑结构用钢板的机械性能　　　　　　　　　　　　　　　　　　表 17-7

牌号	质量等级	屈服强度 R_{eH}（N/mm²）				抗拉强度 R_M（N/mm²）	伸长率 A（%）	冲击功（纵向）A_{kv}（J）		180°弯曲试验 $d=$弯心直径 $a=$试样厚度		屈强比 R_{eH}/R_M
		钢板厚度（mm）								钢板厚度（mm）		
		6～16	>16～35	>35～50	>50～100		$\geqslant$	温度（℃）	$\geqslant$	$\leqslant16$	>16	$\leqslant$
Q235GJ	B	$\geqslant235$	235～355	225～345	215～335	400～510	23	20	34	$d=2a$	$d=3a$	0.80
	C							0				
	D							−20				
	E							−40				
Q345GJ	B	$\geqslant345$	345～460	335～455	325～445	490～610	22	20	34	$d=2a$	$d=3a$	0.83
	C							0				
	D							−20				
	E							−40				
Q390GJ	C	$\geqslant390$	390～510	380～500	370～490	490～650	20	0	34	$d=2a$	$d=3a$	0.85
	D							−20				
	E							−40				
Q420GJ	C	$\geqslant420$	420～550	410～540	400～530	520～680	19	0	34	$d=2a$	$d=3a$	0.85
	D							−20				
	E							−40				
Q460GJ	C	$\geqslant460$	460～600	450～590	440～580	550～720	17	0	34	$d=2a$	$d=3a$	0.85
	D							−20				
	E							−40				

注：1. 拉伸试样采用系数为 5.65 的比例试样；

2. 伸长率按有关标准进行换算时，表中伸长率 $A=17\%$，与 $A_{gmm}=20\%$ 相当。

17.1.3　建筑钢材的选择与代用

17.1.3.1　结构钢材的选择

为保证结构的承载能力和防止在一定条件下出现脆性破坏，结构钢材的选用应根据结构的重要性、荷载特性、结构形式、应力状态、连接方法、钢材厚度和工作环境等因素综合考虑，选用合适的钢材牌号和材性。表 17-8 为结构钢材的一般选用原则。

结构钢材的选用原则　　　　　　　　　　　　　　　　　　表 17-8

结构受力情况		结构类型	工作温度 T	选用钢材	
				焊接结构	非焊接结构
直接承受动力荷载或振动荷载的结构	需要计算疲劳的结构	特重级和重级工作制吊车梁，重级和中级工作制吊车桁架，工作繁重且扰力较大的动力设备的支承结构或其他类似结构等需要验算疲劳者，以及吊车起重量 $Q\geqslant50t$ 的中级工作制吊车梁	$T\leqslant-20℃$	Q235-D　Q345-D Q390-E　Q420-E	Q235-C　Q345-C Q390-D　Q420-D
			$T>-20℃\sim0℃$	Q235-C　Q345-C Q390-D　Q420-D	Q235-B、F Q345-B Q390-B Q420-B
			$T>0℃$	Q235-B　Q345-B Q390-B　Q420-B	
	不需要计算疲劳的结构	吊车起重量 $Q>50t$ 的轻级工作制吊车桁架，跨度 $L\geqslant24m$、$Q<50t$ 的中级工作制吊车桁架（或轻级工作制吊车桁架）以及其他跨度较大的类似结构	$T\leqslant-20℃$	Q235-C　Q345-C Q390-D　Q420-D	Q235-B、F　Q345-D Q390-B　Q420-B
			$T>-20℃\sim0℃$	Q235-B　Q345-B Q390-C　Q420-C	Q235-A、F Q345-A Q390-A Q420-A
			$T>0℃$	Q235-B、F　Q345-B Q390-B　Q420-B	
		$L<24m$、$Q<50t$ 的中级工作制吊车梁（或轻级工作制吊车桁架）、轻级工作制吊车梁，单轨吊车梁、悬挂式吊车梁或其他跨度较小的类似结构	$T\leqslant-20℃$	Q235-B　Q345-B Q390-C　Q420-C	Q235-A、F Q345-A Q390-A Q420-A
			$T>-20℃$	Q235-B、F　Q345-B Q390-B　Q420-B	
承受静载或间接承受动力荷载的结构	厚度大于 16mm 的重要的受拉和受弯杆件	张拉结构的拉杆、大跨度屋盖结构、塔桅结构、高烟囱、跨度 $L\geqslant30m$ 的屋架（屋面梁）、桁架和 $L\geqslant24m$ 的托架（托梁）、高层建筑的框架结构和柱间支撑、耗能梁或其他类似结构	$T\leqslant-20℃$	Q235-B　Q345-B Q235-C　Q345-C Q390-B　Q420-B Q390-C　Q420-C	Q235-B、F Q345-B Q390-B Q420-B
			$T>-20℃$	Q235-B　Q345-B Q390-B　Q420-B	Q235-A、F　Q345-A Q390-A　Q420-A
	主要的或工作条件较差的承重结构	大、中型单层厂房，多层建筑的框架结构，高大的支架，跨度不大的桁架，楼、屋盖结构，重型平台梁，贮仓、漏斗、贮罐以及柱间支撑等	$T\leqslant-30℃$	Q235-B　Q345-B Q390-B　Q420-B	Q235-A、F Q345-A Q390-A Q420-A
			$T>-30℃$	Q235-B、F Q345-A　Q390-A Q345-B　Q390-B Q420-A　Q420-B	

结构受力情况		结 构 类 型	工作温度 T	选 用 钢 材	
				焊接结构	非焊接结构
承受静载或间接承受动力荷载的结构	一般承重结构	小型建筑的承重骨架、大窗、檩条,柱间支撑,支柱,一般支架等	$T \leqslant -30$℃	Q235-B Q345-A Q345-B	Q235-A.F Q345-A
			$T > -30$℃	Q235-B.F Q345-A	
	辅助结构	辅助结构,如墙架结构、一般工作平台、过道平台、楼梯、栏杆、支撑以及由构造决定的其他次要构件	$T \leqslant -30$℃	Q235-B	Q235-A.F
			$T > -30$℃	Q235-B.F	

注:1. 在 $T \leqslant -20$℃的寒冷地区,为提高抗脆能力,表中对某些构件适当提高了钢材的质量等级,如不需要验算疲劳的跨度较大的非焊接吊车梁和受静载的主要用于一般承重结构中的低合金高强度结构钢;
  2. 表中钢号标有两个质量等级处表示当有条件时宜采用较高的质量等级;
  3. 对 A8 级吊车的吊车梁可采用桥梁用结构钢;
  4. 在高烈度地震区的钢结构或类似结构可视具体情况适当提高钢材的质量等级。

17.1.3.2 对钢材性能的要求

《钢结构设计规范》(GB 50017)规定:

(1) 承重结构的钢材宜采用 Q235 钢、Q345 钢、Q390 钢、Q420 钢,其质量应分别符合《碳素结构钢》(GB/T 700)和《低合金高强度结构钢》(GB/T 1591)的规定。采用其他牌号钢材时,尚应符合相关标准的规定和要求。

(2) 承重结构采用的钢材应具有抗拉强度,伸长率,屈服强度和硫、磷含量的合格证明,对于焊接结构尚应具有碳含量的合格保证。焊接承重结构以及重要的非焊接承重结构采用的钢材应具有冷弯试验的合格保证。

(3) 对于需要验算疲劳的焊接结构钢材,应具有常温冲击韧性的合格保证。当结构工作温度不高于 0℃但高于 −20℃时,Q235 钢和 Q345 钢应具有 0℃冲击韧性的合格保证;对 Q390 钢和 Q420 钢应具有 −20℃的冲击韧性的合格保证。当结构工作温度不高于 −20℃时,对 Q235 钢和 Q345 钢应有 −20℃冲击韧性的合格保证;对 Q390 钢和 Q420 钢应有 −40℃的冲击韧性的合格保证。

(4) 对于需要验算疲劳的非焊接结构的钢材亦应具有常温冲击韧性的合格保证。当结构工作温度不高于 −20℃时,对 Q235 钢和 Q345 钢应具有 0℃冲击韧性的合格保证;对 Q390 钢和 Q420 钢应具有 −20℃冲击韧性的合格保证。

(5) 钢铸件采用的铸钢材质应符合《一般工程用铸造碳钢件》(GB/T 11352)的规定。

(6) 当焊接承重结构为防止钢材的层状撕裂而采用 Z 向钢时,其材质应符合《厚度方向性能钢板》(GB/T 5313)的规定。

(7) 对采用外露环境,且对耐蚀有特殊要求的或在腐蚀性气态和固态介质作用下的承重结构,宜采用耐候钢,其质量要求应符合《耐候结构钢》(GB/T 4171)的规定。

《高层民用建筑钢结构技术规程》(JGJ 99)规定:

(1) 高层建筑钢结构的钢材,宜采用 Q235 等级为 B、C、D 的碳素结构钢,以及 Q345 等级为 B、C、D、E 的低合金高强度结构钢。其质量标准应分别符合《碳素结构钢》(GB/T 700)和《低合金高强度结构钢》(GB/T 1591)的规定。当有可靠根据时,可采用其他牌号的钢材。

(2) 承重结构的钢材应保证抗拉强度、伸长率、屈服点、冷弯试验、冲击韧性合格和硫、磷含量符合限值。对焊接结构尚应保证碳含量符合限值。

(3) 抗震结构钢材的强屈比不应小于 1.2;应有明显的屈服台阶;伸长率应大于 20%;应有良好的可焊性。

(4) 承重结构处于外露情况和低温环境时,其钢材性能尚应符合耐大气腐蚀和避免低温冷脆的要求。

(5) 采用焊接连接的节点,当板厚等于或大于 50mm,并承受沿板厚方向的拉力作用时,应按《厚度方向性能钢板》(GB/T 5313)的规定附加板厚方向的断面收缩率,并不得小于该标准 Z15 级规定的允许值。

(6) 高层建筑钢结构采用的钢材强度设计值,按《高层民用建筑钢结构技术规程》(JGJ 99)的规定采用。

(7) 钢材的物理性能,应按《钢结构设计规范》(GB 50017)

的规定采用。高层建筑钢结构的设计和钢材订货文件中,应注明所采用钢材的牌号、等级和对 Z 向性能的附加保证要求。

17.1.3.3 钢材的代用和变通办法

钢结构应按照上述 17.1.3.1 及 17.1.3.2 的要求选择钢材的牌号,并提出对钢材的性能要求,施工单位不可随意更改或代用。因钢材规格供应短缺或其他原因必须代用时,必须与设计单位共同研究确定,并办理书面代用手续后方可实施代用,以下为钢材代用的一般原则。

(1) 以高强度钢代替低强度钢时,应力求经济合理,并应综合考察代用钢材的性能,如塑性、韧性、可焊性等,是否满足要求。

(2) 低强度钢原则上不可代替高强度钢。必须代用时,需重新计算确定钢材的材质和规格,并须经原设计单位同意。

(3) 钢材机械性能所需的保证项目仅有一项不合格者,可按以下原则处理:

1) A 级普通碳素结构钢当冷弯性能合格时,抗拉强度的上限值可以不作为交货条件。

2) 普通碳素结构钢、低合金高强度结构钢及建筑结构用钢板冲击功按一组 3 个试样单值的算术平均值计算,允许其中 1 个试样单值低于规定值,但不得低于规定值的 70%。否则,可以从同一抽样产品上再取 3 个试样进行试验,先后 6 个试样的平均值不得低于规定值,允许有 2 个试样低于规定值,但其中低于规定值 70% 的试样只允许有 1 个。

3) 耐候结构钢冲击功按一组 3 个试样单值的算术平均值计算,允许其中 1 个试样单值低于规定值,但不得低于规定值的 70%。

17.1.4 钢材的验收与堆放

17.1.4.1 钢材的验收

为实现从源头上控制钢结构工程的质量,必须严格执行钢材的验收制度,以下为钢材验收的主要内容:

(1) 核对钢材的名称、规格、型号、材质、钢材的制造标准、数量等是否与采购单、合同等相符。

(2) 核对钢材的质量保证书是否与钢材上打印的记号相符。根据《碳素结构钢》(GB/T 700)、《低合金高强度结构钢》(GB/T 1591)、《建筑结构用钢板》(GB/T 19879)及本章 17.1.2 中的规定等核查钢材的炉号、钢号、化学成分及机械性能等。关于钢材的化学成分,《钢的成品化学成分允许偏差》(GB/T 222)允许其与规定的标准数值有一定偏差,见表 17-9。

钢材化学成分允许偏差（%） 表 17-9

元 素	规定化学成分上限值	允许偏差	
		上偏差	下偏差
C	≤0.25	0.02	0.02
	>0.25~0.55	0.03	0.03
	>0.55	0.04	0.04
Mn	≤0.80	0.03	0.03
	>0.80~1.70	0.06	0.06
Si	≤0.37	0.03	0.03
	>0.37	0.05	0.05

续表

元　素	规定化学成分上限值	允许偏差	
		上偏差	下偏差
S	≤0.05	0.005	—
	>0.05~0.35	0.02	0.01
P	≤0.06	0.005	—
	>0.06~0.15	0.01	0.01
V	≤0.20	0.02	0.01
Ti	≤0.20	0.02	0.01
Nb	0.015~0.060	0.005	0.005
Cu	≤0.55	0.05	0.05
Cr	≤1.50	0.05	0.05
Ni	≤1.00	0.05	0.05
Pb	0.15~0.35	0.03	0.03
Al	≥0.015	0.003	0.003
N	0.010~0.020	0.005	0.005
Ca	0.002~0.006	0.002	0.0005

（3）钢材复验

1）对属于下列情况之一的钢材，应进行抽样复验。

①国外进口钢材；

②钢材混批；

③板厚等于或大于40mm，且设计有Z向性能要求的厚板；

④安全等级为一级的建筑结构和大跨度钢结构中主要受力构件所采用的钢材；

⑤设计有复验要求的钢材；

⑥对质量有疑义的钢材。

2）钢材复验内容应包括力学性能试验和化学成分分析，其取样、制样及试验方法可按表17-10中所列的现行国家标准或其他现行国家标准执行。

钢材的化学成分分析和力学性能试验标准

表 17-10

序号	标准号	标准名称
1	GB/T 20066	《钢和铁化学成分测定用试样的取样和制样方法》
2	GB/T 222	《钢的成品化学成分允许偏差》
3	GB/T 223	《钢铁及合金化学分析方法》
4	GB/T 4336	《碳素钢和中低合金钢火花源原子发射光谱分析方法》
5	GB/T 2975	《钢及钢产品力学性能试验取样位置及试样制备》
6	GB/T 228	《金属材料室温拉伸试验方法》
7	GB/T 229	《金属材料夏比摆锤冲击试验方法》
8	GB/T 232	《金属材料弯曲试验方法》

3）当设计文件无特殊要求时，钢材抽样复验的检验批宜按下列规定执行。

①对Q235、Q345且板厚小于40mm的钢材，对每个钢厂首批（每种牌号600t）的钢板或型钢，同一牌号、不同规格的材料组成检验批，按200t为一批，当首批复试合格可扩大至400t为一批；

②对Q235、Q345且板厚大于或等于40mm的钢材，对每个钢厂首批（每种牌号600t）的钢板或型钢，同一牌号、不同规格的材料组成检验批，按100t为一批，当首批复试合格可扩大至400t为一批；

③对Q390钢材，对每个钢厂首批（每种牌号600t），同一牌号、不同规格的材料组成检验批，按60t为一批，当首批复试合格可扩大至300t为一批；

④对Q420和Q460钢材，每个检验批由同一牌号、同一炉号、同一厚度、同一交货状态的钢板组成，且每批重量不大于60t；厚度方向断面收缩率复验，Z15级钢板每个检验批由同一牌号、同一炉号、同一厚度、同一交货状态的钢板组成，且每批重量不大于25t，Z25、Z35级钢板逐张复验；厚度方向性能钢板逐张探伤复验。

（4）应对钢材进行外观检查，检查内容应包括：结疤、裂纹、分层、重皮、砂孔、变形、机械损伤等缺陷。有上述缺陷的应另行堆放，以便研究处理。钢材表面的锈蚀深度，应不大于其厚度负偏差的0.5倍。锈蚀等级的划分和除锈等级见国家标准GB 8923。

（5）核查钢材的外形尺寸。有关国家标准中规定了各类钢材外形尺寸的允许偏差。

1）热轧钢板的厚度允许偏差（GB/T 709—2006）见表17-11。

热轧钢板的厚度允许偏差（mm）　　**表 17-11**

公称厚度	下列公称宽度的厚度允许偏差			
	≤1500	>1500~2500	>2500~4000	>4000~4800
3.00~5.00	±0.45	±0.55	±0.65	—
>5.00~8.00	±0.50	±0.60	±0.75	—
>8.00~15.00	±0.55	±0.65	±0.80	±0.90
>15.0~25.0	±0.65	±0.75	±0.90	±1.10
>25.0~40.0	±0.70	±0.80	±1.00	±1.20
>40.0~60.0	±0.80	±0.90	±1.10	±1.30
>60.0~100	±0.90	±1.10	±1.30	±1.50
>100~150	±1.20	±1.40	±1.60	±1.80
>150~200	±1.40	±1.60	±1.80	±1.90
>200~250	±1.60	±1.80	±2.00	±2.20
>250~300	±1.80	±2.00	±2.20	±2.40
>300~400	±2.00	±2.20	±2.40	±2.60

注：1. 本表为N类（正偏差与负偏差相等）热扎钢板厚度允许偏差表；

2. A、B、C类热扎钢板厚度、宽度、长度及不平度等允许偏差，见现行国家标准GB/T 709—2006。

2）热轧角钢尺寸、外形允许偏差（GB/T 706—2008），见表17-12。

热轧角钢尺寸、外形允许偏差（mm）　表 17-12

项　目		允许偏差		图　示
		热轧等边角钢	热轧不等边角钢	
边宽度 (B,b)	边宽度①≤56	±0.8	±0.8	
	>56~90	±1.2	±1.8	
	>90~140	±1.8	±2.0	
	>140~200	±2.5	±2.5	
	>200	±3.5	±3.5	
边厚度 (d)	边宽度①≤56	±0.4		
	>56~90	±0.6		
	>90~140	±0.7		
	>140~200	±1.0		
	>200	±1.4		
长度 (L)	≤8000	+50 0		
	>8000	+80 0		
顶端直角		α≤50′		
弯曲度		每米弯曲度≤3mm 总弯曲度≤ 总长度的0.30%		适用于上下、左右大弯曲

① 热轧不等边角钢按长边宽度B。

3）热轧工字钢及热轧槽钢尺寸、外形允许偏差（GB/T 706—

2008），见表17-13。

热轧工字钢、热轧槽钢尺寸、外形允许偏差（mm）

表 17-13

项 目		允许偏差	图 示
高度 (h)	<100	±1.5	
	100～<200	±2.0	
	200～<400	±3.0	
	≥400	±4.0	
宽度 (b)	<100	±1.5	
	100～<150	±2.0	
	150～<200	±2.5	
	200～<300	±3.0	
	300～<400	±3.5	
	≥400	±4.0	
腹板厚度 (d)	<100	±0.4	
	100～<200	±0.5	
	200～<300	±0.7	
	300～<400	±0.8	
	≥400	±0.9	
长度 (L)	≤8000	+50 0	
	>8000	+80 0	
外缘斜度 (T)		T≤1.5%b 2T≤2.5%b	
腹板挠度 (δ)		δ≤0.15b	
弯曲度	工字钢	每米弯曲度≤2mm 总弯曲度≤总长度的0.20%	适用于上下、左右大弯曲
	槽钢	每米弯曲度≤3mm 总弯曲度≤总长度的0.30%	

4) 热轧 H 型钢（宽、中、窄翼缘）尺寸、外形允许偏差（GB/T 11263—2005），见表17-14。

热轧 H 型钢（宽、中、窄翼缘）尺寸、外形允许偏差（mm）

表 17-14

项 目		允许偏差	图 示
高度 H（按型号）	<400	±2.0	
	400～600	±3.0	
	≥600	±4.0	
宽度 B（按型号）	<100	±2.0	
	100～200	±2.5	
	>200	±3.0	
厚度	t_1 <5	±0.5	
	5～<16	±0.7	
	16～<25	±1.0	
	25～<40	±1.5	
	≥40	±2.0	
	t_2 <5	±0.7	
	5～<16	±1.0	
	16～<25	±1.5	
	25～<40	±1.7	
	≥40	±2.0	

续表

项 目		允许偏差	图 示
长度	≤7m	+60 0	
	>7m	长度每增加1m或不足1m时，正偏差在上述基础上加5mm	
翼缘斜度 T	高度(型号)≤300	T≤1.0%B。但允许偏差的最小值为1.5mm	
	高度(型号)>300	T≤1.2%B。但允许偏差的最小值为1.5mm	
弯曲度	高度(型号)≤300	≤长度的0.15%	适用于上下、左右大弯曲
	高度(型号)>300	≤长度的0.15%	
中心偏差 S	高度(型号)≤300且宽度(型号)≤200	±2.5	$S=(b_1-b_2)/2$
	高度(型号)>300且宽度(型号)>200	±3.5	
腹板弯曲度 W	高度(型号)<400	≤2.0	
	400～<600	≤2.5	
	≥600	≤3.0	
端面斜度 e		≤1.6%(H或B)，但允许偏差的最小值为3.0mm	

5) 结构用钢管有热轧无缝钢管和焊接用钢管两大类，焊接钢管一般由钢带卷焊而成。《结构用无缝钢管》(GB/T 8162—2008)规定了一般工程结构用无缝钢管的外形、尺寸允许偏差，见表17-15。

结构用无缝钢管的外形、尺寸允许偏差（mm）

表 17-15

项目	钢管种类	钢管公称外径	S/D	允许偏差
外径	热轧(挤压、扩)钢管	—	—	±1%D或±0.50，取其中较大者
	冷拔(轧)钢管	—	—	±1%D或±0.30，取其中较大者
壁厚	热轧(挤压)钢管	≤102	—	±12.5%S或0.40，取其中较大者
		>102	≤0.05	±15%S或0.40，取其中较大者
			>0.05～0.10	±12.5%S或0.40，取其中较大者
			>0.10	+12.5%S −10%S
	热扩钢管	—		±15%S
		钢管公称壁厚		允许偏差
	冷拔(轧)钢管	≤3		+12.5%S 或±0.15，−10%S 取其中较大者
		>3		+12.5%S −10%S

注：D—钢管的直径；S—钢管的壁厚。

17.1.4.2 钢材的堆放

1. 堆放原则

钢材的堆放要以减少钢材的变形和锈蚀、节约用地、钢材提取和运转的方便为原则，同时为便于查找及管理，钢材堆放时宜按品种、规格分别堆放。

2. 室外堆放

(1) 堆放场地应平整、坚固，避免因场地较软而导致钢材变形；堆放在结构物上时，宜进行结构物的受力验算。

（2）堆放场一般应高于四周地面或具备较好的排水能力，堆顶面宜略有倾斜并尽量使钢材截面的背面向上或向外（图17-2），以便雨水及时排走。

（3）构件下面须有木垫或条石，以免钢材与地面接触而受潮锈蚀。

（4）构件堆场附近不应存放对钢材有腐蚀作用的物品。

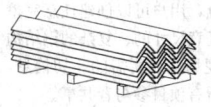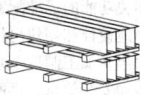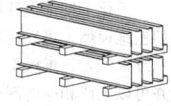

图 17-2　钢材露天堆放

3. 室内堆放

（1）在保证室内地面不返潮的情况下，可直接将钢材堆放在地面上，否则需采取防潮措施或在下方设置木垫或条石，堆与堆之间应留出走道（图17-3）。

（2）保证地面坚硬，满足钢材堆放的要求。

（3）应根据钢材的使用情况合理布置各种规格钢材在堆场的堆放位置，近期需使用的钢材应布置在堆场外侧，便于提取。

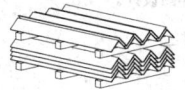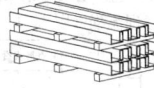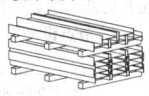

图 17-3　钢材在仓库内堆放

4. 堆放注意事项

（1）堆放时每隔5~6层放置楞木，其间距以不引起钢材明显的弯曲变形为宜。楞木要上下对齐，在同一垂直平面内。

（2）为增加堆放钢材的稳定性，可使钢材互相勾连，或采取其他措施。这样，钢材的堆放高度可达到所堆宽度的两倍；否则，钢材堆放的高度不应大于其宽度。一般应一端对齐，在前面立标牌写清工程名称、牌号、规格、长度、数量和材质验收证明书编号等。钢材端部根据其钢号涂以不同颜色的油漆，油漆的颜色可按表17-16选用。

钢材牌号与色漆对照	表 17-16

名　称		涂色标记
普通碳素钢	Q195（1号钢）	蓝色
	Q215（2号钢）	黄色
	Q235（3号钢）	红色
	Q255（4号钢）	黑色
	Q275（5号钢）	绿色
	6号钢	白色+黑色
	7号钢	红色+棕色
	特种钢	加涂铝白色一条
优质碳素钢	5~15号	白色
	20~25号	棕色+绿色
	30~40号	白色+蓝色
	45~85号	白色+棕色
	15Mn~40Mn	白色两条
	45Mn~70Mn	绿色三条
合金结构钢	锰钢	黄色+蓝色
	硅锰钢	红色+黑色
	锰钒钢	蓝色+绿色
	钼钢	紫色
	钼铬钢	紫色+绿色
	钼铬锰钢	紫色+白色
	硼钢	紫色+蓝色
	铬钢	绿色+黄色
	铬硅钢	蓝色+红色
	铬锰钢	蓝色+黑色
	铬铝钢	铝白色
	铬钼铝钢	黄色+紫色
	铬锰硅钢	红色+紫色
	铬钒钢	绿色+黑色
	铬锰钛钢	黄色+黑色
	铬钨钒钢	棕色+红色
	铬硅钼钒钢	紫色+棕色
	—	—

（3）钢材的标牌应定期检查。选用钢材时，要顺序寻找，不准乱翻。余料退库时要检查有无标识，当退料无标识时，要及时核查清楚，重新标识后再入库。

（4）考虑材料堆放时便于搬运，要在料堆之间留有一定宽度的通道以便运输。

（5）角钢、槽钢、工字钢等型钢的堆放可按图17-2、图17-3的方式进行。

17.2　钢结构施工详图设计

施工详图设计是钢结构工程施工的第一道工序，也是至关重要的一步，详图设计的质量直接影响整个工程的施工质量。其工作是将原钢结构设计图翻样成可指导施工的详图。

17.2.1　施工详图设计基本原则

（1）钢结构施工详图的编制必须符合《建筑结构可靠度设计统一标准》（GB 50068）、《钢结构设计规范》（GB 50017）、《钢结构工程施工质量验收规范》（GB 50205）、《钢结构焊接规范》（GB 50661）及其他现行规范，标准的规定。

（2）施工详图设计必须符合原设计图纸，根据设计单位提出的有关技术要求，对原设计不合理内容提出合理化建议，所做修改意见须经原设计单位书面认可后方可实施。

（3）钢结构施工详图设计单位出施工详图必须以便于制作、运输、安装和降低工程成本为原则。

（4）原设计单位要求详图设计单位补充设计的部分，如节点设计等，详图设计单位需出具该部分内容设计计算书或说明书，并通过原设计单位签字认可。

（5）钢结构施工详图为直接指导施工的技术文件，其内容必须简单易懂，尺寸标注清晰，且具有施工可操作性。

17.2.2　施工详图设计的内容

1. 节点设计

详图设计时参照相应典型节点进行设计；若结构设计无明确要求时，同种形式的连接可以参照相应典型节点；若无典型节点的情况，应提出由原设计确定计算原则后由施工详图设计单位补充完成。

2. 施工详图设计

详图基本由图纸目录、相关说明、平面定位图、构件布置图、节点图、预埋件图、构件详图、零件图等几部分组成，其中还应包括材料统计表和汇总表（包括高强度螺栓、栓钉统计表）、标准做法图、索引图和图表编号等。

（1）施工详图上的尺寸应以mm为单位，标高单位为m，标高为相对标高。

（2）在设计图没有特别说明的情况下，高强度螺栓孔径按《钢结构高强度螺栓连接的设计、施工及验收规程》（JGJ 82）选用。

3. 构件布置图

构件布置图主要提供构件数量位置及指导安装使用。施工详图中的构件布置图方位一定要与结构设计图中的平面图相一致。构件布置图主要由总平面图、纵向剖面图、横向剖面图组成。

4. 构件详图

至少应包含以下内容：

（1）构件细部、质量表、材质、构件编号、焊接标记、连接细部和锁口等；

（2）螺栓统计表、螺栓标记、直径、长度、强度等级；栓钉统计表；

（3）轴线号及相对应的轴线位置；

（4）布置索引图；

（5）方向；构件的对称和相同标记（构件编号对称，此构件也应视为对称）；

（6）图纸标题、编号、改版号、出图日期；

（7）加工厂、安装单位所需要的信息。

5. 根据施工要求，对于下述部位应选取节点绘示

（1）较复杂结构的安装节点；

(2) 安装时有附加要求处;

(3) 有代表性的不同材料的构件连接处。当连接方法不相同或不类似时,需一一表示;

(4) 主要的安装拼接接头,特别是有现场焊接的部位。

6. 整个结构和每根构件的紧固螺栓清单

应包括:

(1) 螺栓(直径、长度、数量、强度等级),螺栓长度的确定方法须严格遵循《钢结构高强度螺栓连接的设计、施工及验收规程》(JGJ 82)。

(2) 构件编号,详图号。

7. 图纸清单

(1) 应注明详图号、构件号、数量、质量、构件类别、改版号、提交日期;

(2) 文字:图纸上书写的文字、数字和符号等,均应清晰、端正、排列整齐,标点符号应清楚正确,所有文字、资料、清单、图纸均使用简体中文。

8. 构件清单

应注明构件编号、数量、净重和类别。

17.2.3 图纸提交与验收

(1) 施工详图设计单位提供给钢结构安装单位的施工详图必须经过自己单位内部自审、互审和专业审核,再由技术负责人批准后才能提交给钢结构安装单位,经过钢结构安装单位审查后,整理并报审设计院及业主。送审图纸一般提供电子档和 A3 白图 1 套。

(2) 钢结构安装单位根据钢结构设计图、相关标准对详图设计单位的施工详图进行审核;审核时如发现问题,应通知详图设计单位及时予以修改。

(3) 钢结构施工详图设计工期:施工详图的提交必须满足工程实施的现场施工进度和加工厂制作、连续供货要求。

(4) 钢结构施工详图的提交:详图设计单位按照施工单位、设计院及业主意见对详图进行修改,并经设计单位签字确认后,向钢结构施工单位提供正式版蓝图以及相关技术文件资料。钢结构施工单位确认无误后签收。

17.2.4 设 计 修 改

施工详图的设计必须完全依据原钢结构设计图,不得随意更改。如原结构设计发生了修改或者详图在设计中出现错误、缺陷和不完善等问题,其详图必须相应进行修改,修改以设计修改(变更)通知单或升版图的形式发放。

(1) 无论何种原因需对原详图进行修改,均按以下方法进行:

1) 所绘图纸必须填写版本号,初版为 0 版本,对于图纸的每一次升版,都应加上云线与版次,目录和构件清单也作相应的升版,在同一张图中进行第二次升版时,应删除前一版的云线。

2) 在修改记录栏内写明修改原因、修改时间,并应有修改和校审人员签名。

3) 更改版本号。

(2) 图纸目录必须与同时发放的图纸相一致,若图纸升版,目录也必须相应升版。

(3) 所有图纸均按最新版本进行施工。

(4) 图纸换版后,旧版图纸自动作废。

17.2.5 常 用 软 件

钢结构详图设计软件发展迅速且不断改进,目前常用软件主要有 AutoCAD、Xsteel(Tekla Structures)等。

1. AutoCAD 软件

AutoCAD 是现在较为流行、使用很广的计算机辅助设计和图形处理软件。首先,按建筑轴线及结构标高进行杆件中心线空间建模;其次,杆件断面进行实体空间建模,并按杆件受力性能划分主次,使次要杆件被主要杆件裁切(减集),从而自动生成杆件端口的空间相交曲线;最后形成施工详图。

2. Xsteel 软件

Xsteel(Tekla Structures)是一套多功能的详图设计软件,具有三维实体结构模型与结构分析完全整合、三维钢结构细部设计、三维钢筋混凝土设计、项目管理、自动生产加工详图、材料表自动产生系统的功能。三维模型包含了设计、制造、安装的全部资讯需求,所有的图面与报告完全整合在模型中产生一致的输出文件,可以获得更高的效率与更好的结果,让设计者可以在更短的时间内作出更正确的设计。

强化了细部设计相关功能的标准配置,用户可以创建任意完整的三维模型,可以精确地设计和创建出任意尺寸的、复杂的钢结构三维模型,三维模型中包含加工制造及现场安装所需的一切信息,并可以生成相应的制造和安装信息,供所有项目参与者共享。

钢结构施工详图设计由 Xsteel 软件建立钢结构的三维实体模型后,生成 CAD 的构件和零件图,用 CAD 正式出图。

17.2.6 施工详图设计管理流程

施工详图设计一般由总工程师负责具体安排施工详图设计工作,由总工办进行综合协调和控制,以确保设计的完整、优质、对接良好等。施工详图设计单位应在整个施工详图开始之前充分理解原设计意图,并与设计单位、业主、监理等充分沟通和协商,达成一致后才进行正式的施工详图设计。

1. 节点设计质量管理流程(图 17-4)

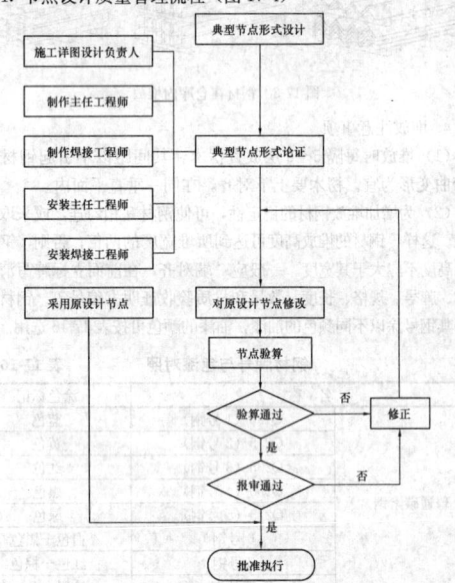

图 17-4 节点施工详图设计质量管理流程

2. 施工详图设计图纸质量管理流程(图 17-5)

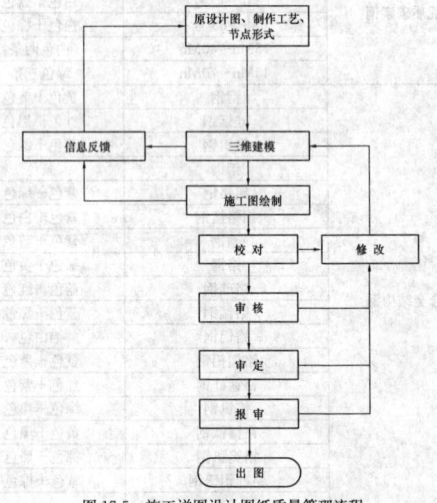

图 17-5 施工详图设计图纸质量管理流程

17.2.7　施工详图设计审查

钢结构施工详图设计要严格执行"二校三审"制度，各级审查人员承担相应的责任。

1. 自检（自校）

设计人员在完成设计文件和图纸初稿后，就应进行自检，仔细检查有无错误、遗漏，与其他专业的相关部分有无矛盾或冲突，自检的主要内容如下：

(1) 是否符合任务书及有关协议文件要求，是否达到规定的设计目标；

(2) 是否符合原设计图纸和要求；

(3) 是否符合现行规范、规程、图集等标准的有关规定；

(4) 图纸中的尺寸、数量等是否正确且无遗漏；

(5) 图面质量是否符合要求。

2. 校对（专校）

在自检的基础上，由设计人员互相校对，或由专职校对人员校对，校对的主要内容如下：

(1) 核对详图中构件截面规格、材质等是否符合原设计图纸和要求；

(2) 是否符合现行规范、规程、图集等标准的有关规定；

(3) 图纸中的尺寸、数量等是否正确无遗漏。

3. 审核

经过校对的设计文件和图纸，由深化设计负责人进行审核，审核的主要内容如下：

(1) 结构布置是否符合原设计结构体系；

(2) 主要构件的截面规格、材质是否符合原设计图纸和要求；

(3) 关键节点是否符合原设计意图和现行规范、规程、图集等标准的有关规定；

(4) 关键图纸有无差错；

(5) 施工详图格式、图面表达是否满足要求，图纸数量是否齐全。

4. 审定

审定工作由施工详图设计单位的总工程师负责，审定的主要内容如下：

(1) 施工详图是否符合设计任务书要求，达到设计目标；

(2) 结构布置是否符合原设计结构体系，是否符合相关规范标准；

(3) 施工详图格式、图面表达是满足要求，图纸数量是否齐全。

5. 审批

审批工作由原设计单位负责，施工详图须经过原设计单位审批并签字后，方可下发使用。

17.3　钢结构加工制作

17.3.1　加工制作工艺流程

钢结构制作的工序较多，主要包括原材料进厂、放样、号料、零部件加工、组装、焊接、检测、除锈、涂装、包装直至发运等。由于制造厂设备能力和构件制作要求各有不同，制定的工艺流程也不完全一样，所以对加工顺序要合理安排，尽可能避免或减少工件倒流，减少来回吊运时间。一般的大流水作业工艺流程见图17-6。

17.3.2　零部件加工

17.3.2.1　放样

放样是钢结构制作的首道工序，设计图纸上不可知的尺寸或近似尺寸可以在放样时得到。放样是以设计图纸为准，发现问题则应及时反馈给设计师，以便及时改进和完善设计。放样方法有以下几种：

1. 手工放样

在样台上以1:1实尺放样，俗称放大样。放样后经过技术部门或质检员认可，再制作样板。在样板上写明如下内容和符号：部

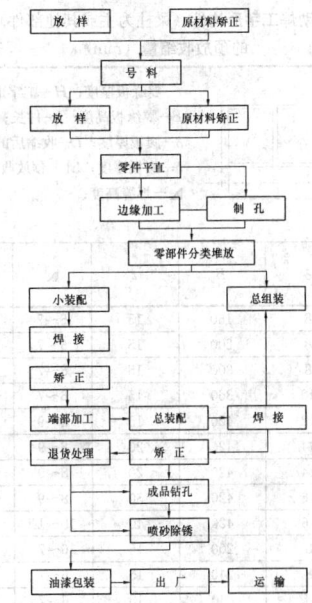

图17-6　大流水作业工艺流程图

件名称，零件编号，钢材牌号、规格、数量，标出中心线（⑪）、对合线（⊥）、接缝线（$）、断线（$）、折变线（φ）以及其他加工符号。对于对称的零部件，可以制作半块样板，其对称中心线用符号（⑩）表示，称为反中线。为了防止样板变形，应在样板上画一根直线，称作基准或检验线。

大的构件样板，可用8mm×75mm木条制作，小构件样板可用黄板纸（俗称马粪纸）等材料制作。

2. 比例放样与光学投影放样

由于钢结构构件大型化和实尺放样样台的限制，大型钢构件可采用比例放样和光学投影放样。能一次将外板的外形尺寸和外板的加工肋骨线位置通过1:10的比例放样展开放大到号料机上，图形误差不大于2mm。采用比例放样后的工时为实尺放样的60%，采用光学投影放样后的工时为手工放样的40%，比例放样占地面积为实尺放样与手工放样的20%，由此可见其优越性。

3. 数学放样与数控号料、切割

随着电子计算机技术的发展，数学放样逐渐被用来对空间弯曲、表面平滑的构件进行结构排列和结构展开，最后输出数据（到计算机），进行数控切割；或输入肋骨冷弯机，进行肋骨的加工。数字放样是把放样、号料、切割三道工序转变为计算机数据处理、数控号料、切割这三道工序。若已知钢板规格，则运用电子计算机进行排料（套料），然后将数据输入数控切割机，就可割出所需形状的外板。但对要进行冷加工及火工热加工的双向曲度外板，则仍然需要手工展开肋骨剖面线，制作三角样板作为加工外板用。

放样时，铣、刨的工件要考虑加工余量，所有加工边一般要留加工余量5mm。焊接构件要按工艺要求放出焊接收缩量，除表17-17中给出的预放收缩量外，还可参考表17-18所给出的预放收缩量数值。

各种钢材焊接接头的预放收缩量（手工焊或半自动焊）

表17-17

名称	接头式样	预放收缩量 （一个接头处）(mm)		注释
		$\delta=8\sim16$	$\delta=20\sim40$	
钢板 对接	V形单面坡口 X形双面坡口	1.5～2	2.5～3	无坡口对接 预放收缩比较 小些
槽钢 对接		1～1.5		大规格型钢 的预放收缩量 比较小些
工字钢 对接		1～1.5		

自动焊工字形构件（梁柱为主或其他部件）
的预放收缩量（mm）　　　**表 17-18**

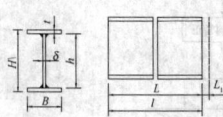

t—翼缘板厚度；H—工字形高度；
B—翼缘板高度；l—件长；
δ—腹板厚度；L—收缩后的长度；
h—腹板厚度；L1—预放收缩量；
▲—焊缝高度；

H	δ	B	t	▲	预放量
400	8	160	15	6～7	5～6
400	8	200	15	6～7	5～6
400	8	300	15	6～7	4～4.5
400	10	360	15	6～7	3
400	12	420	15	8～9	6
400	14	420	20	8～9	4
400	14	420	25	8～9	3.5
400	16	420	25	8～9	2.5
400	16	420	40	10～11	3.5
500	8	200	15	6～7	5～6
500	8	240	15	6～7	4.5
600	8	240	15	6～7	4
600	8	300	15	6～7	3
600	12	420	15	8～9	4
600	12	420	20	8～9	3.5
600	12	420	25	8～9	2.5
600	14	420	25	10～11	3.5
600	14	420	25	10～11	3
600	16	420	25	10～11	3
800	8	600	15	10～11	2
800	10	240	15	8～9	7
800	10	210	20	8～9	6
800	10	300	20	8～9	5
800	10	360	20	8～9	4
800	12	360	25	8～9	3.5
800	12	420	25	8～9	3
800	14	500	25	10～11	3.5
800	14	600	25	8～9	3
1000	12	300	25	8～9	3.5
1000	12	300	25	8～9	3.5
1000	12	360	25	8～9	3
1000	12	420	25	10～11	3.5
1000	12	420	25	10～11	3
1000	16	500	25	10～11	3
1000	18	500	30	10～11	3
1000	20	600	30	10～11	3
1000	20	600	40	10～11	2
1200	14	600	25	10～11	3
1200	16	600	30	10～11	3
1500	14	600	25	10～11	3
1500	16	600	30	10～11	2.5
1600	16	600	25	10～11	2
1600	18	600	30	10～11	2
1800	20	600	30	10～11	2
1800	20	600	40	10～11	1.5
2000	20	600	30	10～11	1.5
2000	20	600	40	10～11	1.5
2200	20	600	40	10～11	1.5

注：此表为10m长度范围内预放收缩量表。

如果图纸要求桁架起拱，放样时上、下弦应同时起拱。起拱时，一般规定垂直杆的方向仍然垂直于水平方向线，而不与下弦杆垂直。

样板、样杆的精度要求，见表 17-19。

样板、样杆制作尺寸的允许偏差　　表 17-19

项　目	允许偏差	项　目	允许偏差
平行线距离和分段尺寸	±0.5mm	样板对角线差	1.0mm
样板长度	±0.5mm	样杆长度	±1.0mm
样板宽度	±0.5mm	样板的角度	±20′

17.3.2.2　号料

号料是利用样板、样杆或根据图纸，在板料及型钢上画出孔的位置和零件形状的加工界线。号料的一般工作内容包括：检查核对材料；在材料上画出切割、铣、刨、弯曲、钻孔等加工位置；打冲孔；标注出零件的编号等。

常用的号料方法有：

（1）集中号料法。由于钢材的规格多种多样，为减少原材料的浪费，提高生产效率，应把同厚度的钢板零件和相同规格的型钢零件，集中在一起进行号料，称为集中号料法。

（2）套料法。在号料时，要精心安排板料零件的形状位置，把同厚度的各种不同形状的零件和同一形状的零件，进行套料，称为套料法。

（3）统计计算法。是在型钢下料时采用的一种方法。号料时应将所有同规格型钢零件的长度归纳在一起，先把较长的排出来，再算出余料的长度，然后把和余料长度相同或略短的零件排上，直至整根料被充分利用为止。这种先进行统计安排再号料的方法称为统计计算法。

（4）余料统一号料法。将号料后剩下的余料按厚度、规格与形状基本相同的集中在一起，把较小的零件放在余料上进行号料，称为余料统一号料法。

号料应以有利于切割和保证零件质量为原则。号料所画的实笔线条粗细以及粉线在弹线时的粗细均不得超过1mm；号料敲凿子印间距，直线为40～60mm，圆弧为20～30mm。号料允许偏差见表17-20。

号料允许偏差（mm）　　　**表 17-20**

项　　目	允许偏差	项　　目	允许偏差
零件外形尺寸	±1.0	孔距	±0.5

17.3.2.3　切割

号料以后的钢材，须按其所需的形状和尺寸进行切割下料。常用的切割方法有：机械切割、气割、等离子切割，其使用设备、特点及适用范围见表17-21。

各种切割方法分类比较　　　表 17-21

类　别	使用设备	特点及适用范围
机械剪切	剪板机 型钢冲剪机 联合冲剪机	切割速度快、切口整齐、效率高，适用于薄钢板、冷弯檩条的切割
	无齿锯	切割速度快，可切割不同形状、不同类别的各类型钢、钢管和钢板，切口不光洁，噪声大，适于锯切精度要求较低的构件或下料留有余量，最后尚需精加工的构件
	砂轮锯	切口光滑、毛刺较薄，易清除、噪声大，粉尘多，适于切割薄壁型钢及小型钢管，切割材料的厚度不宜超过4mm
	锯床	切割精度高，适于切割各类型钢及梁、柱等型钢构件
气割	自动切割	切割精度高，速度快，在其数控精度时可省去放样、画线等工序而直接切割，适于钢板切割
	手工切割	设备简单，操作方便，费用低，切口精度较差，能够切割各种厚度的钢材
等离子切割	等离子切割机	切割温度高，冲刷力大，切割过渡质量好，变形小，可以切割任何高熔点金属，特别是不锈钢、铝、铜及其合金，切割材料的厚度可至20～30mm

机械剪切高强度的零件厚度不宜大于 12.0mm，剪切面应平整。碳素结构钢在环境温度低于 $-20℃$、低合金高强度结构钢在环境温度低于 $-15℃$ 时，不得进行剪切、冲孔。

气割前钢材切割区域表面应清理干净。切割时，应根据设备类型、钢材厚度、切割气体等因素选择适合的工艺参数。

钢网架（桁架）用钢管杆件宜管子车床或数控相贯线切割机下料，下料时应预放加工余量和焊接收缩量，焊接收缩量可由工艺试验确定。

机械剪切、气割及钢管杆件切割允许偏差见表 17-22。

机械剪切、气割及钢管切割允许偏差（mm）

表 17-22

项　目		允许偏差
气割	零件宽度、长度	±3.0
	切割面平面度	0.05t，且不应大于 2.0
	割纹深度	0.3
	局部缺口深度	1.0
机械剪切	零件宽度、长度	±3.0
	边缘缺棱	1.0
	型钢端部垂直度	2.0
钢管杆件加工	长度	±1.0
	端面对轴线的垂直度	0.005r
	管口曲线	1.0

注：t—切割面厚度；r—钢管半径。

17.3.2.4 矫正

钢结构矫正是指利用钢材的塑性、热胀冷缩特性，通过外力或加热作用，使钢材反变形，以使材料或构件达到平直及一定几何形状要求，并符合技术标准的工艺方法。

1. 钢材矫正的形式

(1) 矫直：消除材料或构件的弯曲；

(2) 矫平：消除材料或构件的翘曲或凹凸不平；

(3) 矫形：对构件的一定几何形状进行整形。

2. 钢材矫正的常用方法

(1) 机械矫正：机械矫正钢材是在专用机械或专用矫正机上进行的。常用的矫正机械有滚板机、型钢矫正机、H 型钢矫正机、管材（圆钢）调直机等。

(2) 加热矫正：当钢材型号超过矫正机负荷能力或构件形式不适于采用机械矫正时，采用加热矫正（通常采用火焰矫正）。加热矫正不但可以用于钢材的矫正，还可以用于矫正构件制造过程中和焊接工序产生的变形，其操作方便灵活，因而应用非常广泛。

(3) 加热和机械联合矫正：实际工程中往往综合采用加热矫正和机械矫正。

3. 钢材矫正的工艺要求

(1) 碳素结构钢在环境温度低于 $-16℃$、低合金高强度结构钢在环境温度低于 $-12℃$ 时，不应进行冷矫正和冷弯曲。碳素结构钢和低合金高强度结构钢在加热矫正时，加热温度不应超过 900℃。低合金高强度结构钢在加热矫正后应自然冷却。

(2) 矫正后的钢材表面，不应有明显的凹面或损伤，划痕深度不得大于 0.5mm，且不应大于该钢材厚度负允许偏差的 1/2。

(3) 冷矫正和冷弯曲的最小曲率半径和最大弯曲矢高应符合表 17-23 的要求。

(4) 钢材矫正后的允许偏差，应符合表 17-24 要求。

冷矫正和冷弯曲的最小曲率半径和最大弯曲矢高（mm）

表 17-23

钢材类别	图　例	对应轴	矫正		弯曲	
			r	f	r	f
钢板、扁钢		$x\text{-}x$	50t	$\dfrac{l^2}{400t}$	25t	$\dfrac{l^2}{200t}$
		$y\text{-}y$（仅对扁钢轴线）	100b	$\dfrac{l^2}{800b}$	50b	$\dfrac{l^2}{400b}$

续表

钢材类别	图　例	对应轴	矫正		弯曲	
			r	f	r	f
角钢		$x\text{-}x$	90b	$\dfrac{l^2}{720b}$	45b	$\dfrac{l^2}{360b}$
槽钢		$x\text{-}x$	50h	$\dfrac{l^2}{400h}$	25h	$\dfrac{l^2}{200h}$
		$y\text{-}y$	90b	$\dfrac{l^2}{720b}$	45b	$\dfrac{l^2}{360b}$
工字钢		$x\text{-}x$	50h	$\dfrac{l^2}{400h}$	25h	$\dfrac{l^2}{200h}$
		$y\text{-}y$	50b	$\dfrac{l^2}{400b}$	25b	$\dfrac{l^2}{200b}$

注：r—曲率半径；f—弯曲矢高；l—弯曲弦长；t—板厚；b—宽度。

钢材矫正后的允许偏差（mm）　　　表 17-24

项　目		允许偏差	图　例
钢板的局部平面度	$t≤14$	1.5	
	$t>14$	1.0	
型钢弯曲矢高		l/1000 且不应大于 5.0	
角钢肢的垂直度		b/100 双肢栓接角钢的角度不得大于 90°	
槽钢翼缘对腹板的垂直度		b/80	
工字钢、H 型钢翼缘对腹板的垂直度		b/100 且不大于 2.0	

17.3.2.5 边缘加工

边缘加工系指板件的外露边缘、焊接边缘、直接传力的边缘，需要进行铲、刨、铣等的加工。常用的边缘加工方法主要有：铲边、刨边、铣边、碳弧气刨、气割和坡口机加工等。边缘加工的允许偏差见表 17-25。

焊缝坡口一般可采用气割、铲削、刨边机加工等方法；对某些零部件精度要求较高时，可采用铣床进行边缘铣削加工，加工后的允许偏差应符合表 17-26 的规定。

边缘加工的允许偏差　　　　表 17-25

项　目	允许偏差
零件宽度、长度	±1.0mm
加工边直线度	L/3000，且不应大于 2.0mm
相邻两边夹角	±6′
加工面垂直度	0.025t，且不应大于 0.5mm
加工面表面粗糙度	0.05mm

零部件铣削加工后的允许偏差（mm）　　　表 17-26

项　目	允许偏差
两端铣平时零件长度、宽度	±1.0
铣平面的平面度	0.3
铣平面的垂直度	L/1500

17.3.2.6　滚圆

滚圆也称卷板，是指在外力的作用下，使钢板的外层纤维伸长，内层纤维缩短而产生弯曲变形（中层纤维不变）。当圆筒半径较大时，可在常温状态下卷圆，如半径较小和钢板较厚时，应将钢板加热后卷圆。

滚圆是在卷板机（又叫滚板机、轧圆机）上进行的，它主要用于滚圆各种容器、大直径焊接管道、锅炉汽包和高炉等壁板之用。在卷板上滚圆时，板材的弯曲是由上滚轴向下移动时所产生的压力来达到的。

17.3.2.7　煨弯

在钢结构的制造过程中，弯曲、弯扭等形式的构件一般采用煨弯的工艺进行加工制作。

根据加工方法的不同，煨弯分为压弯、滚弯和拉弯。

（1）压弯是用压力机压弯钢板，此种方法适用于一般直角弯曲（V形件）、双直角弯曲（U形件），以及其他适宜弯曲的构件。

（2）滚弯是用卷板机滚弯钢板，此种方法适用于滚制圆筒形构件及其他弧形构件。

（3）拉弯是用转臂拉弯机和转盘拉弯机拉弯钢板，它主要用于将长条板材拉制成不同曲率的弧形构件。

根据加热程度的不同，煨弯又可分为冷弯和热弯。

（1）冷弯是在常温下进行弯制加工，此法适用于一般薄板、型钢等的加工。

（2）热弯是将钢材加热至 950～1100℃，在模具上进行弯制加工，它适用于厚板及较复杂形状构件、型钢等的加工。

钢管弯曲成型的允许偏差见表 17-27。

钢管弯曲成型的允许偏差（mm）　表 17-27

项　目	允许偏差	项　目	允许偏差
直径（d）	±d/200 且≤±5.0	管中间圆度	d/100 且≤8.0
构件长度	±3.0	弯曲矢高	L/1500 且≤5.0
管口圆度	d/200 且≤5.0		

17.3.2.8　制孔

孔加工在钢结构制造中占有一定的比重，尤其是高强度螺栓的采用，使孔加工不仅在数量上，而且在精度要求上都有了很大的提高。制孔可采用钻孔、冲孔、铣孔、铰孔、镗孔和锪孔等方法。制孔应符合下列规定：

（1）采用钻孔制孔时，应符合以下规定：

1）钻孔前宜进行定位画线和打样冲孔控制点（数控钻床可由数控程序控制直接进行钻孔），采用成叠钻孔时，应保持零件边缘对齐；

2）钻孔后若需扩孔、镗孔或铰孔，钻孔时宜按表 17-28 留出合理的切削余量。

扩孔、镗孔、铰孔切削余量（mm）　表 17-28

序　号	孔直径	扩孔或镗孔	粗铰孔	精铰孔
1	6～10	0.8～1.0	0.1～0.15	0.04
2	10～18	1.0～1.5	0.1～0.15	0.05
3	18～30	1.5～2.0	0.15～0.2	0.05
4	30～50	1.5～2.0	0.2～0.3	0.06

（2）采用冲孔制孔时，应符合以下规定：

1）冲孔孔径不得小于钢材的厚度，且当环境温度低于－20℃时，禁止冲孔；

2）在工字钢和槽钢翼缘上冲孔时，应用斜面冲模，其斜表面应和翼缘的斜面相一致；

3）冲孔上、下模的间隙宜为板厚的 10%～15%，冲模硬度一般为 HRC40～50；

4）一般情况下在需要所冲的孔上再钻大时，则冲孔宜比指定的直径小 3mm。

（3）制成的螺栓孔，应垂直于所在位置的钢材表面，倾斜度应小于 1/20，其孔周边应无毛刺、破裂、喇叭口或凹凸的痕迹，切屑应清除干净。

（4）制成孔眼的边缘不应有裂纹、飞刺和大于 1.0mm 的缺棱，由于清除飞刺而产生的缺棱不得大于 1.5mm。

（5）高强度螺栓连接件当采用大圆孔或槽孔时，只可在同一个摩擦面中的盖板或芯板按相应的扩大孔型制孔，其余仍按标准圆孔制孔。

17.3.2.9　组装

组装，亦可称拼装、装配、组立。组装工序是把制备完成的半成品和零件按图纸规定的运输单元，装配成构件或者部件，然后将其连接成为整体的过程。

钢结构构件宜在工作平台和组装胎架上组装，常用的方法有地样法、仿形复制装配法、立装、卧装、胎模装配法等，具体见表 17-29。

钢结构构件组装的方法及适用范围　表 17-29

序号	方法名称	方 法 内 容	适用范围
1	地样法	用 1：1 的比例在装配平台上放出构件实样，然后根据零件在实样上的位置，分别组装起来成为构件	桁架、构架等小批量结构的组装
2	仿形复制装配法	先用地样法组装成单面（单片）的结构，然后定位点焊牢固，将其翻身，作为复制胎模，在其上面装配另一单面的结构，往返两次组装	横断面互为对称的桁架结构
3	立装	根据构件的特点及其零件的稳定位置，选择自上而下或自下而上地装配	放置平稳，高度不大的结构或者大直径的圆筒
4	卧装	将构件放置于卧的位置进行的装配	断面不大，但长度较大的细长的构件
5	胎模装配法	将构件的零件用胎模定位在其装配位置上的组装方法	制造构件批量大、精度高的产品

17.3.3　H 型钢结构加工

17.3.3.1　加工工艺流程

H 型钢结构的加工工艺方框流程见图 17-7。

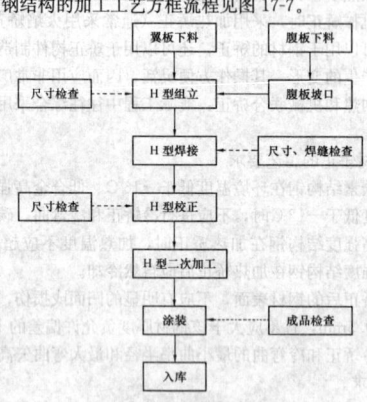

图 17-7　H 型钢结构加工流程

17.3.3.2　加工工艺及操作要点

（1）放样、下料：钢板放样采用计算机放样，放样时根据零件加工、焊接等要求加放一定加工余量及焊接收缩量；钢板下料切割前需保证钢板平直，必要时采用矫平机进行矫平并进行表面清理。切割设备主要采用数控等离子、火焰多头直条切割机等。

（2）零件加工：加劲板、牛腿翼缘、腹板等小件采用数控切割或半自动切割机进行切割下料。坡口加工采用半自动切割机。

（3）H 型钢的组装：H 型钢的翼板下料后应标出腹板组装的定位线，翼板标出宽度方向中心线，以此为基准进行 H 型钢的组装。H 型钢组装在 H 型钢组立机上或设置胎架进行组装，组装定位焊所采用的焊接材料须与正式焊缝的要求相同。为防止在焊接时

产生过大的变形，拼装可适当用斜撑进行加强处理，斜撑间隔视 H 型钢的腹板厚度进行设置。

（4）H 型钢的焊接：H 型构件组装好后吊入自动埋弧焊机上进行焊接，焊接顺序如图 17-8 所示。按焊接规范参数进行施焊。对于钢板较厚的构件焊前应预热，预热采用电加热器进行，预热温度按对应的要求进行控制。

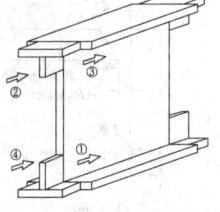

图 17-8　H 型钢的焊接顺序

（5）H 型钢矫正：H 型钢翼板的平面度，采用 H 型钢翼缘矫正机进行矫正。H 型钢翼板与腹板的垂直度及旁弯，采用火焰校正，矫正温度控制在 600～800℃，采用红外测温仪进行温控。

17.3.3.3　加工注意事项

（1）所使用的计量器具必须经过计量部门的校验复核，合格并符合国家标准要求的，方能使用。

（2）钢材进行矫正时应注意环境温度，碳素结构钢在环境温度低于−16℃、低合金高强度结构钢在环境温度低于−12℃时不应进行冷矫正。采用加热矫正时，加热温度、冷却方式应符合表 17-30 的规定。

加热矫正工艺要求　　　　　　　　　表 17-30

加热温度、冷却方式	Q345	Q235
加热至 850～900℃然后水冷	×	×
加热至 850～900℃然后自然冷却	○	○
加热至 850～900℃，然后自然冷却到 650℃以下后水冷	○	×
加热至 600～650℃后直接水冷	×	×

注：1. ×—不可实施；○—可实施；

　　2. 上述温度为钢材表面温度，冷却时当温度下降到 200～400℃时，须将外力全部解除，使其自然收缩。

（3）焊接 H 型钢长度方向应按焊缝不同形式及构件截面，每米放出 0.3～0.8mm 余量，每道全熔透加劲板约放出 0.75mm 余量。对 H 型钢截面高度（腹板宽度）的加工余量，主焊缝采用角焊缝时用公差控制；全熔透时，应在零件图上规定 2mm 余量；当用火焰进行校正时，截面高度应放出 3～4mm 余量。构件的长度方向应放出足够的余量，校正完毕后切头。当采取机械加工处理（刨或铣）时，应放 5mm 机加工余量。

切割时应明确相应正负公差。如 H 型钢腹板、牛腿长度应放出 0～2mm 正公差；加劲板应放出 0～2mm 负公差。详细公差值应根据具体结构形式在工艺文件上进行规定。

余量值和公差应在首件或首批构件完成时，记录好收缩值，作为后批构件缩放余量的依据。当无法判断收缩量时，应通过工艺试验确定或加大余量切头。

（4）装配时，应选择正确的基准面。钢柱标高方向以柱底安装孔为装配基准，截面方向以截面中心线为装配基准。钢梁长度方向以左端孔中心为装配基准，截面方向以钢梁上表面为装配基准。牛腿以牛腿腹板为装配基准，并保证垂直。

17.3.4　管结构加工

17.3.4.1　加工工艺流程

加工前应仔细核对图纸及模型，确认无误后方可进行加工；各道工序使用的测量工具必须通过检测并统一，避免因测量工具引起质量纠纷；认真阅读工艺文件，了解工件的尺寸公差要求和其他技术要求；对所用的机械进行试运转，检查机械各部位工作是否正常，防护装置控制结构是否安全可靠。按要求做好准备工作后按如下的工艺流程进行加工。

1. 管桁架加工工艺流程（图 17-9）
2. 钢管柱加工工艺流程（图 17-10）

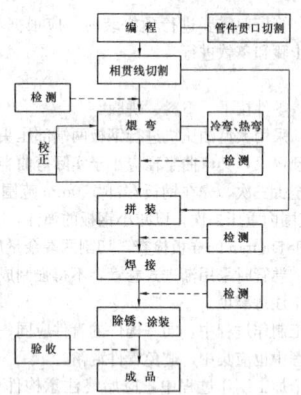

图 17-9　管桁架加工工艺流程图

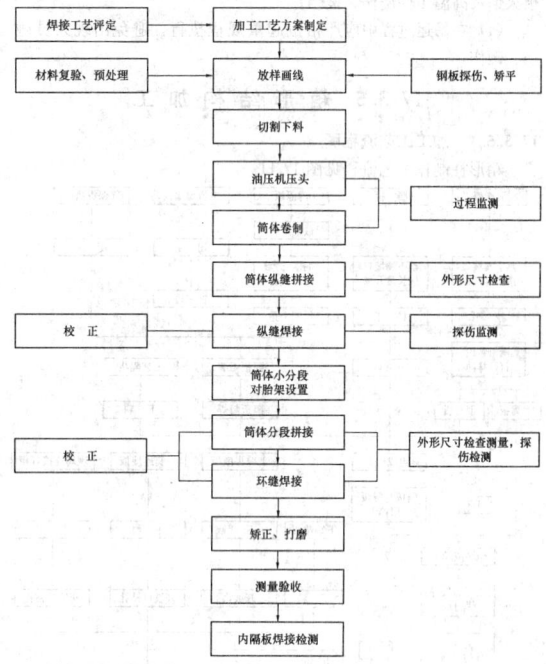

图 17-10　钢管柱加工工艺流程图

17.3.4.2　加工工艺及操作要点

1. 钢管桁架

（1）编程：根据设计模型运用相贯线切割程序编制软件编制相应的切割下料程序。编制的程序中包含以下信息：管件长度、坡口角度、焊接间隙等。管件相贯顺序应遵循以下原则：较小管径的钢管贯于较大管径的钢管上；相同管径壁厚较小的钢管贯于壁厚较大的钢管上；同时，在加工前确定各区域连接部位间的相贯顺序，并严格执行，防止贯口切割重复。

由程序生成的管件长度和设计模型或图纸中管件长度间的误差要在设计允许的范围内；焊接坡口形式以及焊接间隙等均严格按照设计的相关说明执行。

（2）相贯线切割下料：相贯线切割过程中应及时做好构件标识及其保护工作。钢管的标识必须清晰明了，按照构件分类堆放，同时做好加工、交接记录，防止生产混乱。

（3）煨弯：若钢管件是直管零件，不需要弯制成型，检验合格后可直接进行下一工序拼装的制作。管件若需要弯曲，按照弯制成型加热程度可以分为热弯成型和冷弯成型。

（4）弯管检测：管件弯制完成后，需要对其煨弯的弧度进行检验，是否达到精度要求。

（5）拼装：管桁架需要进行预拼装时，应根据本手册17.3.8节的相关拼装步骤和条款进行。

2. 钢管柱

（1）下料：零件校平、下料、拼版。

（2）压头：采用大型油压机进行钢板两端部压头，用专用模具压制直边端的预弯段，其弯曲半径应小于实际弯曲半径。钢板端部的压制次数为至少三次，先在钢板端部150mm范围内压一次，然后在300mm范围内重压二次，以减小钢板的弹性，防止头部失圆，压制后用不小于500mm的样板检查，切割两端余量后再开坡口。

（3）卷制：卷管时采用渐进式卷管，不得强制成型。

17.3.4.3 加工注意事项

（1）在加工制作过程中，同一构件的管件应同一批次加工，在堆放及转运过程中也应集中，避免管件混淆。

（2）在整个加工制作过程中，应始终注意构件号的标识的保护，避免引起混淆。

（3）制作过程中使用火焰加工时，操作人员应精神集中，避免被火焰及高温工件烧伤、烫伤。

（4）在吊运过程中应严格按起重规程执行，避免出现人员碰伤、砸伤。

17.3.5　箱 形 结 构 加 工

17.3.5.1 加工工艺流程图

箱形柱制作工艺流程见图17-11。

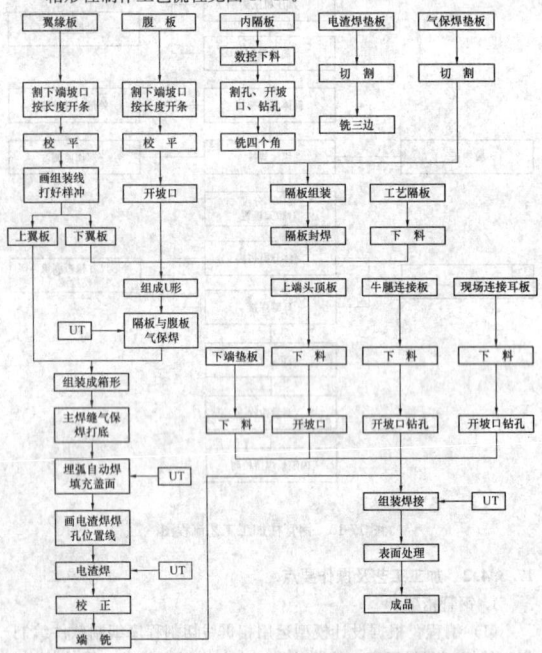

图17-11　箱形柱制作工艺流程图

17.3.5.2 加工工艺及操作要点

1. 零件下料与加工

（1）主材进行下料时，采用龙门式平行火焰切割机进行下料，以确保主材的平直度。翼缘板和腹板下料具体要求为：宽度公差±1mm、垂直度公差1mm，翼板腹板两侧同时切割；在板材宽度的端头先用横向割刀切割坡口，单面35°留2mm钝边，坡口与纵向切割线保证垂直；然后以实际长度下料。

实际下料长度＝柱长＋2mm（割缝补偿量）＋0.5mm（隔板电渣焊收缩量）＋3mm（柱本身焊接收缩量）＋4mm（上端头铣削量）－G（下端头预留间隙）。

主材腹板的坡口加工采用半自动气体切割机进行，腹板的两边坡口应同时切割，以防一边切割时旁弯。

图17-12为箱体全焊透及部分焊透翼缘板与坡口的形式。

在部分熔透和全焊透坡口交界位置，用气割将过渡处在部分焊

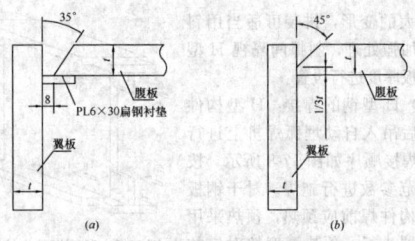

图17-12　箱体全焊透及部分焊透翼缘板与坡口的形式
（a）箱体全焊透翼缘板与腹板坡口形式；
（b）箱体部分焊透翼缘板与腹板坡口形式
t—翼板，腹板厚度

透坡口处割除一个小三角块，再用砂轮打磨以平缓过渡，见图17-13。

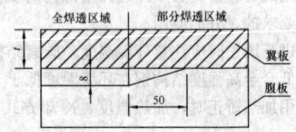

图17-13　部分熔透和全焊透坡口交界处理

四块立板都应检查弯曲度，对弯曲超过3mm的应校直后交装配。

（2）隔板及衬板的下料，隔板利用数控切割，尺寸规定为：

b_1＝箱体内壁宽度（$B-2t$）＋8mm（铣削量）

b_2＝箱体内壁宽度－50mm（电渣焊孔25mm×2）

式中　B——箱体外壁宽度；

t——箱体翼板厚度。

电渣焊衬垫板亦可由定制的扁钢在带锯上按实际长度下料，可不用铣边。

（3）连接耳板、工艺隔板、上端端铣处顶板和下端衬垫板按图纸给定尺寸和相应工艺要求切割备料，见图17-14。

1）连接板钻孔时孔边距比图纸尺寸加大1mm，以保证焊完后孔到箱体的距离符合图纸尺寸，见图17-14（a）。

2）下端坡口处衬垫板下成四块规格一样的，一短边抵住另一长边围成圈，若为6mm可用扁钢衬垫条，按长度切割，见图17-14（b）。

3）顶板下料，取16mm板材，尺寸比$B-2t$小1～2mm，以便最后推进去封堵焊接，四边单面坡口45°，留4mm钝边，见图17-14（c）。

4）工艺隔板下料，取8mm板材，用剪板机定位剪切，长宽公差±1.0mm，对角线公差2.0mm，四个角倒角25mm×25mm，见图17-14（d）。

上述上端头顶板和工艺隔板若图纸有要求时可切割人孔或气孔。

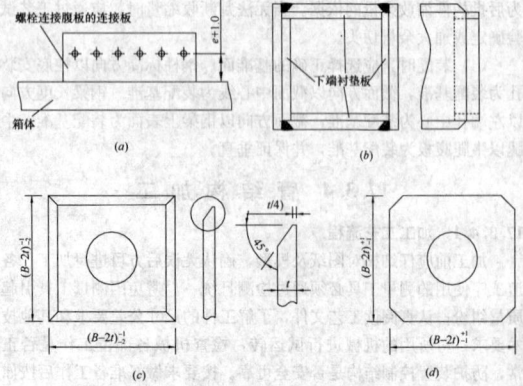

图17-14　零件切割备料
（a）连接耳板切割备料；（b）下端衬垫板切割备料；
（c）顶板切割下料；（d）工艺隔板切割下料

在箱形构件两侧端口向内 200mm 左右，必须安置防止变形的工艺隔板。

2. 组装焊接

组装前先检查组装用零件的编号、材质、尺寸、数量和加工精度等是否符合图纸和工艺要求，确认后才能进行装配，构件组装要按照工艺流程进行。组装应在箱形组立机上进行。

(1) 将一块翼缘板从上胎架，从下端坡口处（包含预留现场对接的间隙）开始画线，按每个隔板收缩 0.5mm、主焊缝收缩 3mm 均匀分摊到每个间距，然后画隔板组装线的位置，隔板中心线延长到两侧并在两侧的翼板厚度方向中心打样冲点（后续钻电渣焊孔画线的基准），见图 17-15。

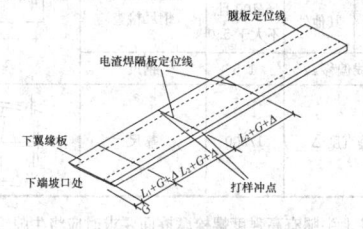

图 17-15 翼缘板画线

(2) 内加劲隔板装配。为保证箱形柱的截面尺寸在 $B\pm2.0$mm 范围内，采用内加劲隔板组件（图 17-16）的几何尺寸和正确形状来保证。在隔板组件装配前，对 4 块已铣边的工艺垫板和加工好坡口的隔板在隔板组立机上进行装配，并进行焊接，保证其几何尺寸在允许范围内。

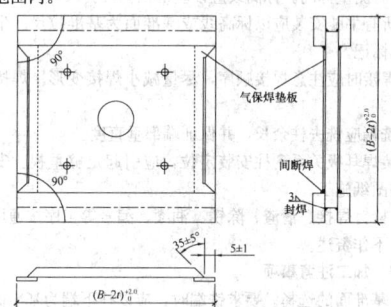

图 17-16 内加劲隔板装配

(3) 将隔板按已画好的定位线装在下翼缘板上，并点焊固定，为了提高柱子的刚性及抗扭能力，在部分焊透的区域每 1.5m 处设置一块工艺隔板。

(4) 再组装两块侧板，在胎架上进行拼装、校正、定位，定位焊的位置应在焊缝的反面。将腹板与翼缘板下端对齐（此处对齐可省去以前制作构件时组装焊接完后再切割余量切坡口的工序，之后只需铣削上端头即可），并将腹板与翼缘板和隔板顶紧，然后装腹板的熔透焊处衬垫板，下侧的垫板应与下翼缘板顶紧，上侧的垫板上端应与部分焊透的钝边齐平。垫板的长度可以任意切割，但须保证全焊透位置下面均有衬垫板，以防焊接时铁水流到箱体空间内，如图 17-17 所示。

当柱本身较长时，为防止腹板组装发生扭曲，可在箱形组立机上增设一些定位夹具，如图 17-18 所示。

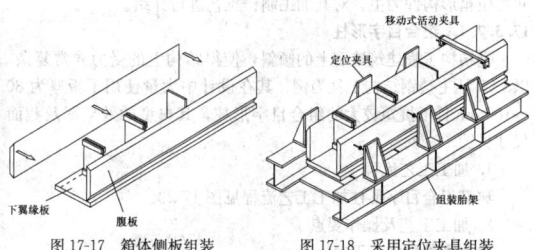

图 17-17 箱体侧板组装　　图 17-18 采用定位夹具组装

(5) 对隔板进行焊接，隔板与侧板为单面 V 形坡口留间隙衬垫焊，采用二氧化碳气体保护焊焊接，由于隔板单独焊接时会引起变形拉弯隔板，须在两隔板中间加撑杆固定住，可防止因焊接热输入引起隔板错动，必要时也可在两腹板之间加撑杆。

对于隔板间距较窄部位，为便于气体保护焊操作，应在组装时坡口朝外；当隔板又比较密集时，采用先装中间两块隔板，焊好后探伤合格才可从中间向两边依次退装焊。

须保证隔板与腹板的焊接质量，探伤合格后方可盖板。

(6) 装上翼缘板（图 17-19），组装前清理 U 形板内部的所有杂物，将上翼缘板下端开坡口处对齐，使用箱形组立机压缸使其与两腹板压紧，需要注意的是一定要使得上翼缘板与隔板上边靠严（在此之前应用角尺测平面度以调节隔板上端的工艺垫块在同一水平面上），若留下间隙会使电渣焊时铁水泄漏从而影响电渣焊质量。

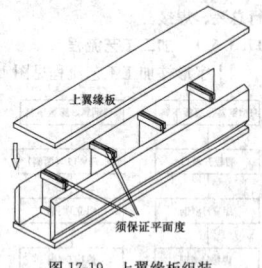

图 17-19 上翼缘板组装

(7) 将坡口内点焊固定，在组装好的箱体两端加设引熄弧板。

(8) 电渣焊，并作 UT 探伤，具体操作规程可参考说明书和电渣焊通用工艺规程。

(9) 焊接箱体自身四条纵向焊缝（图 17-20）。焊接前在焊缝范围内和焊缝外侧面处单边 30mm 范围内须清除氧化皮、铁锈、油污等。

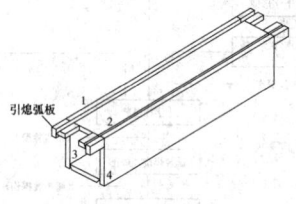

图 17-20 箱体纵向焊缝焊接

先用气体保护焊焊接全焊透坡口处打底，然后当焊透部分的焊缝与部分焊透的根部齐平时再纵向埋弧自动焊，主角焊缝同向对称焊接，以减少扭曲变形。

若坡口填充量较大，如单面全部焊接完会引起箱体变形，这时可采用先将 1、2 焊接，焊缝深度达到填充量的一半时，翻过来焊 3、4 焊缝，待全部焊满后再翻过来将 1、2 焊缝焊满。这样可使构件受热均匀，焊接变形可抵消，一旦发生扭曲变形，矫正扭曲变形很困难，因此采用合理的焊接顺序对减少焊接变形至关重要。

(10) 装底部现场对接用衬垫板，注意四边外伸位置处齐平。将衬垫板与箱体内部连接处定位点焊，衬垫板外露处与箱体坡口位置的一周封焊一道，防止现场对接时衬垫板错动引起较大间隙。

(11) 端铣，以底部加衬垫板板面为基准，在端铣机上铣平顶部，箱体长度偏差一般按图纸尺寸上 +5mm、下 -1mm 为准，但如果另有协议，按协议公差执行。

(12) 按图纸装配焊装连接板等零件，安装附件要以眼孔中心为定位点，并需格外注意第一只眼孔距板边缘的距离，如有栓钉最后焊接。

(13) 按箱体精度要求进行校正。因箱形梁的刚性比较强，矫正时需加外力配合局部加热的方法。

(14) 经检验合格后转入抛丸、涂漆工序，浇筑混凝土部位不准涂漆，上下端工地焊接部位应喷 10μm 的车间底漆。

17.3.5.3 加工注意事项

(1) 箱形构件的制作必须在平台上进行，否则会发生弯扭。

(2) 隔板组立需严格控制精确度，以保证箱形构件尺寸不发生偏差。

(3) U 形状时的质量决定了最后箱形构件的成型，需严格控制其质量。

(4) 端铣后再安装吊耳、牛腿等附件。

（5）注意构件成品保护。

17.3.6 十字结构加工

十字柱多用于高层建筑劲性柱内钢骨。柱本体由一个 H 型钢和两个 T 型钢焊接而成；柱上一般有牛腿、加劲板、栓钉等零部件。

构件制作基本思路为：将十字柱本体拆分为一个 H 型钢和两个 T 型钢分别制作后焊接成十字形钢；牛腿组焊成部件；最后进行总装、焊接。

17.3.6.1 加工工艺流程

十字形柱加工工艺流程见图 17-21。

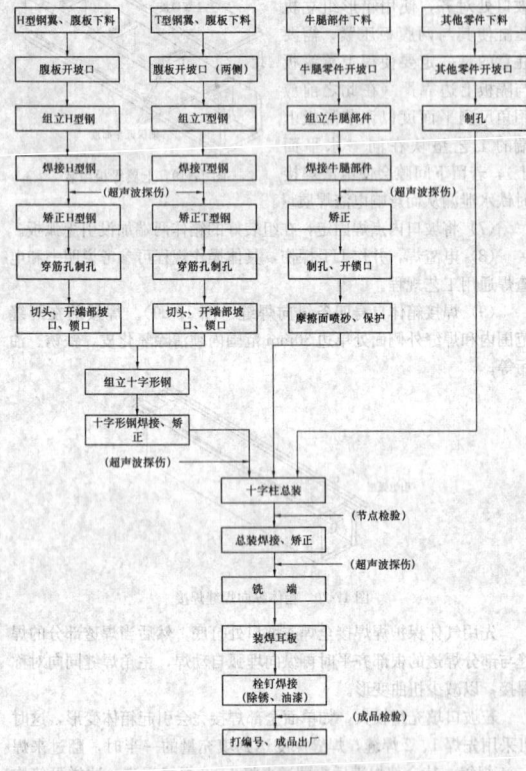

图 17-21 十字形柱加工工艺流程图

17.3.6.2 加工工艺及操作要点

（1）按 H 型钢及通用制作工艺制作 H 型钢及 T 型钢，但有以下几点需注意。

1）下料时，腹板宽度方向放取 0～+2mm 公差，加劲板取 0～−2mm 公差；长度方向按焊接形式不同放出足够焊接收缩量。

2）在组立时应按不同的主焊缝形式，将 H 型钢和 T 型钢截面尺寸放出焊接收缩量。

3）H 型钢及 T 型钢焊接完毕后必须经过矫正，符合规范要求后方可进入下道工序（相应检验标准参见 H 型钢生产工艺）。

4）半成品 H 型钢及 T 型钢截面高度应为正公差，不得有负公差。

（2）切头、开端部坡口、开锁口、制孔及组立十字形钢工序。

1）切头及端部坡口时，按加劲板的道数、柱总长及焊缝形式加放出焊接收缩量；要求铣端时加放铣端量。

2）柱本体上的穿筋孔可在组立十字前制孔。按选定的基准面为基准，进行画线制孔。

3）铆工平台应水平，以防止构件扭曲变形。在 H 型钢腹板上画出 T 型钢定位线，焊缝部位要求打磨。组立、点焊后隔 1m 左右打上支撑。

（3）测量矫正。矫正后，十字形钢应符合表 17-31 要求。

十字形钢允许偏差（mm）　　表 17-31

项　目		允许偏差	检验方法	图　例
柱身弯曲矢高		$H/1500$ 且不大于 5.0	拉线和钢尺检查	
柱身扭曲		$H/250$ 且不大于 5.0	用拉线、吊线和钢尺检查	
柱截面高度 h	连接处	±2	用钢尺检查	
	非连接处	±3		
翼缘板对腹板的垂直度	连接处	1.5	用直角尺和钢尺检查	
	其他处	$b/100$ 且不大于 5.0		
腹板中心线偏移 Δb		1.5	钢尺	
T 型钢垂直度 Δ		$1/300$	靠尺	

（4）柱上牛腿有高强度螺栓摩擦面要求时应将牛腿组成部件后先进行喷砂处理，以达到规定的摩擦系数。在后续工序中，要注意摩擦面的保护。严禁在摩擦面上点焊、引弧及挂埋板夹起重等；焊接引起的变形应铲平，摩擦面鼓曲不应超过 1mm。

（5）十字柱总装、焊接、铣端及装焊耳板操作要点。

1）打出标高线。标高线位置约在柱底向上 500～1000mm 处，以便安装时测量标高。标高线应以基准面为准拉尺。

2）所有牛腿安装应以标高线或基准面为基准拉尺。牛腿上应打上方向标记。

3）焊接时应注意焊接顺序，尽量减小焊接变形。焊接完毕后进行矫正。

4）铣端应铣去柱余长，并保证端部垂直度。

5）装焊耳板关系到柱安装定位，应引起足够重视。安装位置应严格按图纸施工。

（6）栓钉焊接、清渣、除锈、油漆、编号等工序按通用工艺执行。在此不作赘述。

17.3.6.3 加工注意事项

（1）基准面的选择。要求铣端时，应以柱下端为基准面，上端留出铣端量。不要求铣端时，应选择柱上端作为基准面。

（2）十字组立应以基准面对齐进行组立，主焊缝为全熔透焊缝时应在截面尺寸上放出相应的焊接收缩量。

（3）十字形钢焊接应优先考虑埋弧焊进行焊接。焊接时，应注意关注焊接变形情况，注意焊接顺序，尽量减小焊接变形。

（4）由于十字形截面约束度小，焊接时易于变形，应严格控制焊接顺序，采用对称施焊。

（5）整个焊接工作必须在胎具上进行，利用丝杆、夹具把零件固定在胎具上，通过不同的焊接顺序，使焊接变形达到平衡。

（6）如利用胎具仍达不到控制变形的效果，则应加设临时支撑，焊完冷却后再行拆除，构件的长度在最后一道工序加工。

17.3.7 异形构件加工

现代大型钢结构工程中，大量采用异形构件，该类构件构造复杂，对加工制作的工艺要求高，质量控制难。以组合目字形柱和空间弯扭箱形构件为主，对其加工制作工艺进行介绍。

17.3.7.1 组合目字形柱

钢结构工程建筑造型上的倾斜，使得结构上的受力异常复杂，以 CCTV 主楼钢结构工程为例，其在设计中大量使用了板厚为 80～100mm 且抵抗矩较大的组合目字形柱，其典型的效果图及截面尺寸见图 17-22。

1. 加工工艺流程

典型组合目字形柱加工工艺流程见图 17-23。

2. 加工工艺及操作要点

（1）零件放样、下料

应用计算机放样和数控编程录入技术提高放样下料精度。所有

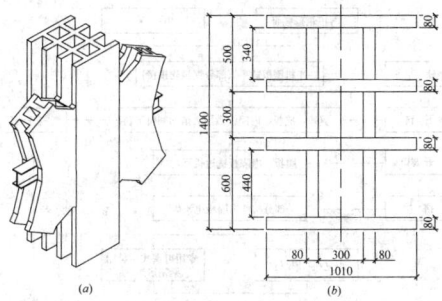

图 17-22 组合目字形柱
(a) 效果图；(b) 截面尺寸

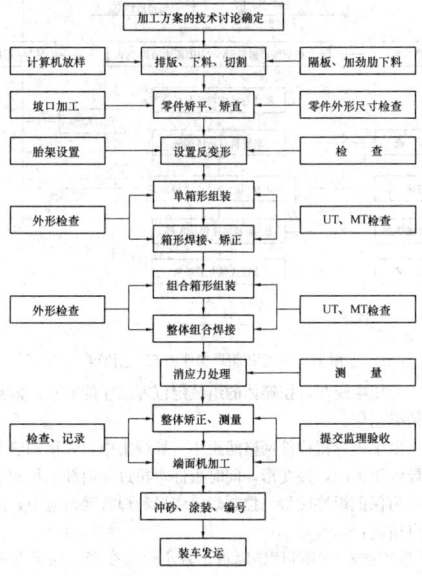

图 17-23 组合目字形柱的加工流程

零件均预置焊接收缩补偿余量。下料尺寸＝理论尺寸＋焊接收缩量＋加工余量－焊接间隙。

为了控制钢板的切割热变形，钢板下料采用多头自动切割机进行精密切割，以控制切割过程中受热不均。另外下料时严格控制切割工艺参数，保证零件切割表面质量。

坡口质量直接影响着厚板焊接质量，为保证焊接坡口质量，零件坡口将采用半自动切割机进行切割，切割后打磨光顺。

（2）零件矫平、矫直

目字形柱零件板材厚度较厚，为了消除钢板的轧制应力及切割热变形，钢板下料后采用专用钢板矫平机进行矫平，钢板平整度控制在 $1mm/m^2$ 以内。

（3）设置反变形

目字形柱为一组合箱形柱，其外侧两翼缘板为非对称施焊，焊后易产生较大的焊接角变形，且难于矫正。施工中为减少厚板的焊接变形，组装前采用大功率油压机进行预设反变形。反变形参数根据工艺试验或以往类似工程施工经验确定。

（4）单箱形组装

目字形柱是由两个箱形柱组合而成，制造时先分别组装成 2 个单箱形柱。组装时主要通过工装胎架进行组装，其组装次序为：先定位一侧翼缘板→再定位中间两腹板→最后定位另一侧翼缘板。单箱形组装过程主要通过专用工装夹具和千斤顶进行控制，其翼缘板垂直度及箱形宽度尺寸精度得到良好的控制。

（5）箱形焊接、矫正

焊接方法：因箱形柱腹板的内部施焊空间小，腹板与翼缘板的角焊缝坡口宜采用单面坡口（反面贴衬垫）形式。其焊接方法采用 CO_2 气体保护焊打底、埋弧焊盖面的方法进行。

焊前预热：腹板焊接前进行预热，其预热温度根据工艺试验确定，一般控制在 100～150℃；预热方式采用远红外电加热板进行加热。

焊接顺序：焊接时应采取合理的焊接顺序及较低焊接能量进行。先对称施焊上侧两角焊缝至 1/3 腹板厚度，再翻身对焊接下侧两角焊缝至 1/3 腹板厚度，采取轮流施焊直至全部焊完，其优点在于可减小焊接变形及防止焊接裂纹的产生。

焊后矫正：焊后进行箱形矫正，主要采用热矫正，其矫正温度宜控制在 600～800℃。

（6）组合箱形组装

单箱形组装焊接完后进行组合箱形的组装。其组装次序为：先定位一侧单箱形→组装中间两腹板→组装另一侧单箱形。其组装方法参见"（4）单箱形组装"。

（7）整体组合焊接

整体组合焊接参见"（5）箱形焊接、矫正"。

（8）消应力处理

由于厚板焊接后存在较大的焊接残余应力，焊后采用超声冲击进行消应力处理。该方法主要利用大功率超声波推动冲击工具以每秒 2 万次以上的频率冲击金属物体表面，使金属表面产生较大的压缩塑性变形，从而达到消除应力的良好效果。

（9）整体矫正、测量

组装焊接完后要求进行完工测量，对于尺寸超差的应进行矫正，矫正方法主要采用热矫法进行。

（10）端面机加工

为了控制箱形柱的整体尺寸精度及其端面的垂直度要求，整体组装后进行端面铣削加工。

（11）组装牛腿、焊接及矫正

1）目字形柱制作完后进行牛腿的组装和焊接，组装前先在专用钳工平台上画出牛腿结构安装线，装配时严格按线装配，并保证牛腿垂直度要求。

2）牛腿组装前还应设置组装胎架，其技术要点如下：

①按图纸理论尺寸，进行胎架地面画线放样，画出钢柱中心线、端面企口线、各牛腿中心角度线、楼层标高等水平投影线，用小铁板与地面固定牢固，敲上洋冲印，作为钢柱定位、牛腿安装的基准线，并提交专职检查员验收。

②设立胎架，胎架模座上口水度必须保证±0.5mm，且不得有明显的晃动状，胎架须用斜撑。

3）组装胎架设置完毕后进行牛腿组装工作，组装要求如下：

①将钢柱本体吊上胎架，必须严格按胎架底线进行定位，定位时必须保证对端面企口线、两端中心线，特别是钢柱左右两侧中心线要保证水平。

②按牛腿节点地面中心线进行安装牛腿，定对胎架地面角度中心线和左右两侧的水平度、端面垂直度以及端面企口线，然后与钢柱本体进行定位焊接，交专职检查员验收合格后即可进行牛腿节点的焊接。

③牛腿的焊接采用双数焊工进行对称施焊，焊接方法采用 CO_2 气体保护焊。牛腿组装焊接完后采用热矫法进行矫正。

（12）冲砂、涂装、编号

构件涂装前要求进行冲砂除锈处理，构件的涂装严格按照设计要求及涂料的施工要求执行。构件涂装完后要求在醒目位置采用油漆做好构件编号标识。

（13）装车发运

构件装车时应捆扎牢固，其下部应采用枕木进行支垫，以防止构件的油漆因损坏而脱落。

3. 加工注意事项

（1）为了保证切割质量，厚板切割前先进行切割表面渗碳硬度试验，切割采用数控精密切割，选用高纯度 98.0% 以上的丙烯气体加 99.99% 的液氧气体，可保证切割端面光滑、平直、无缺口、挂渣，坡口采用专用坡口切割机进行切割，切割后检查零件外形尺寸并进行坡口打磨处理，同时用硬度检查计对焊接坡口处进行硬度检测，符合要求方可使用。

（2）由于钢柱板厚较厚，且存在结构焊接不对称的情况，易造

成焊接角变形的产生，为保证钢柱焊后的外形尺寸、直线度、平整度符合设计和规范要求，宜先预设焊接反变形（焊接反变形量须按试件焊后进行实测），典型目字形钢柱外侧两块面板由于存在不对称焊接情况，故需设置反变形。

（3）组合目字形柱的组装胎架设置。由于单根钢柱质量较大，钢板超厚，组装胎架必须具有很强的刚性，采用箱形组装流水线进行组装将无法保证组装精度要求，所以为了保证组装精度，特别是组装间隙的控制，必须采用专用组装胎架进行组装。根据钢柱的外形特点、制作工艺要求，制作单根箱形重型组装胎架和整体组装胎架。

胎架要求：
1）胎架平台必须采用有预埋件的重型组装平台，保证足够的刚性。
2）胎架模板工作面必须进行铣平加工，以保证组装精度。
3）胎架定位必须采用全站仪进行组立测量，以保证构件组装定位精度。

（4）目字形柱本体组装焊接矫正后，在安装节点或牛腿之前，必须进行细致的外形尺寸的检测和画线工作，由于钢柱钢板质量较大、刚性极大，若钢柱存在扭曲、中心线不直等情况，对工程质量将极为不利，而对于钢柱质量大、结构复杂的特点，一般检测画线方法不能满足精度控制要求，为此，需制定能适合该结构特点的检测和画线方法。从实际情况出发，可采用以下方法进行检测和画线，见图17-24。

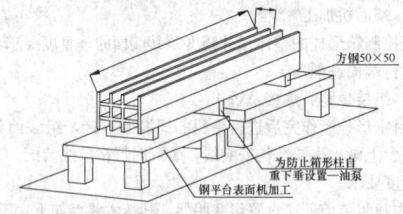
方钢50×50
为防止箱形垂直重下垂设置一油泵
钢平台表面机加工
图 17-24 检测和画线示意

17.3.7.2 空间弯扭箱形构件

空间弯扭箱形构件在深圳湾体育中心（春茧）钢结构屋盖中有大量采用。其截面规格繁多，囊括了从□300×300 到□700×450八种不同的截面规格；板厚从 10mm 到 60mm 不等；材质普遍采用Q345C，应力较大处局部用到了 Q460D。

1. 加工工艺流程

典型空间弯扭箱形构件加工工艺流程方框图，见图17-25。

2. 加工工艺及操作要点

（1）零件展开放样、画线

扭曲箱形四块壁板均为空间弯扭形状，为控制放样下料精度，壁板的展开尤其重要。为提高放样速度及精度，采用计算机精确放样。

根据箱形弯扭构件的成型特点，在 3D3S 基础上研制开发出空间任意扭曲箱形构件自动生成软件，可较好地满足扭曲壁板的展开。该软件采用三次样条函数拟合弯扭构件的四条棱线，再输入箱体壁厚，就可自动生成扭曲箱形实体模型，从而可以得到壁板上任意点的空间坐标，让程序自动进行对壁板的展开，将计算机生成的展开线型数据输入数控切割机，就可进行壁板的下料切割。

（2）弯扭箱体的组装

组装步骤为：下壁板检测；内隔板组装；组装两侧壁板；封盖上壁板。

3. 加工注意事项

（1）弯扭构件加工前，必须完善深化设计的每一环节。其对深化设计的特殊要求有：

1）鉴于构件外形为弯扭状的特性，主视图外形和零件的位置关系用线性尺寸难以表达，应采用坐标法表达。

2）图纸深化应以现场吊装块为设计出图单元。吊装块即为布置图表达单元，在此基础上再细分到单根构件的加工图。

（3）通过制作精确定位的 L 形装配胎架来实现弯扭构件的组装，胎架制作应综合考虑弯扭壁板的制作及测量、弯扭箱体的组

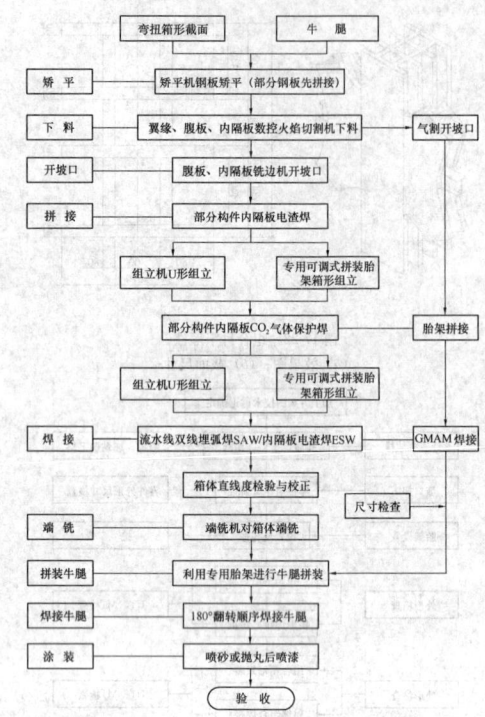

弯扭箱形截面 — 牛腿
矫平 — 矫平机钢板矫平（部分钢板先拼接）
下料 — 翼缘、腹板、内隔板数控火焰切割机下料 — 气割开坡口
开坡口 — 腹板、内隔板铣边坡口开坡口
拼接 — 部分构件内隔板电渣焊
组立箱形U形组立 — 专用可调式拼装胎架箱形组立
部分构件内隔板CO₂气体保护焊 — 胎架拼接
组立箱形U形组立 — 专用可调式拼装胎架箱形组立
焊接 — 流水线双丝埋弧焊SAW/内隔板电渣焊ESW — GMAM焊接
箱体直线度检验与校正 — 尺寸检查
端铣 — 端铣机对箱体端铣
拼装牛腿 — 利用专用胎架进行牛腿拼装
焊接牛腿 — 180°翻转顺序焊接牛腿
涂装 — 喷砂或抛丸后喷漆
验收

图 17-25 弯扭箱形构件加工工艺流程

及测量、弯扭牛腿与弯扭箱体的组装定位等工序的要求，做到一次定位，精确制作。

（3）由于该弯扭构件网格间距小，焊缝集中，焊接加热和焊缝收缩易导致较大的焊接变形，同时板件弯扭过程内部已积聚了部分内应力，为保证焊接质量，控制焊接变形和焊接残余应力，应采用以下几点措施：

1）采用加密的刚性固定隔板，减小焊接变形，保持薄壁箱形的外观尺寸；

2）采用预热和厚保温措施，减小焊缝收缩变形。

17.3.8 钢结构预拼装

当合同文件或设计文件要求时，应进行钢构件预拼装。钢构件预拼装可采用实体预拼装或计算机辅助模拟预拼装。当同一类型构件较多时，可选择一定数量的代表性构件进行预拼装。

17.3.8.1 钢结构预拼装的目的

检验制作的精度及整体性，以便及时调整、消除误差，从而保证构件现场顺利吊装，减少现场特别是高空安装过程中对构件的安装调整时间，有力保障工程的顺利实施。

通过对构件的预拼装，及时掌握构件的制作装配精度，对某些超标项目进行调整，并分析产生原因，在以后的加工过程中及时加以控制。

17.3.8.2 预拼装准备工作

1. 预拼装方案制定

预拼装前一般需制定预拼装的方案，主要包括预拼装方法（整体预拼装、分段预拼装和分层预拼装）选择、预拼装的流程及预拼装注意事项等内容。预拼装的方法很多，需根据构件的结构特点、场地条件，结合工厂的加工能力、机械设备等情况，选择能有效控制组装精度、耗工少、效益高的方法。

2. 场地准备

构件预拼装要有较宽阔、平整、坚固的场地，并应设置在起重设备的工作范围内，以便于拼装作业。

3. 预拼装胎具、机具及人员准备

根据预拼装方法、结构特点等选用或制作相应的装配胎具（如组装平台、铁凳、胎架等）和机具（如吊装设备、夹具等），胎具应有足够的刚度。同时需根据拼装工作量做好人员准备工作。

4. 检查待组装零部件的质量

所有待预拼装的零部件必须是经过质量检验部门检验合格的钢结构成品，预拼装前需检查其质量检验记录。

17.3.8.3 预拼装质量验收标准

钢结构预拼装的允许偏差见表 17-32。

钢结构预拼装的允许偏差（mm） 表 17-32

构件类型	项　目		允许偏差	检验方法
多节柱	预拼装单元总长		±5.0	用钢尺检查
	预拼装单元弯曲矢高		$L/1500$，且≤1.0	用拉线和钢尺检查
	接口错边		2.0	用焊缝量规检查
	预拼装单元柱身扭曲		$h/200$，且≤5.0	用拉线、吊线和钢尺检查
	顶紧面至任一牛腿距离		±2.0	
梁、桁架	跨度最外两端安装孔或两端支撑面最外侧距离		$+5.0$ -10.0	用钢尺检查
	接口截面错位		2.0	用焊缝量规检查
	拱度	设计要求起拱	±$L/5000$	用拉线和钢尺检查
		设计未要求起拱	$L/20000$	
	节点处杆件轴线错位		4.0	画线后用钢尺检查
管构件	预拼装单元总长		±5.0	用钢尺检查
	预拼装单元弯曲矢高		$L/1500$，且≤10.0	用拉线和钢尺检查
	对口错边		$t/10$，且≤3.0	用焊缝量规检查
	坡口间隙		$+2.0$ -1.0	
构件平面总体预拼装	各楼层柱距		±4.0	用钢尺检查
	相邻楼层梁与梁之间距离		±3.0	
	各层间框架梁对角线之差		$H/2000$，且≤5.0	
	任意梁对角线之差		$\Sigma H/2000$，且≤8.0	

17.3.9 工　厂　除　锈

17.3.9.1 钢材表面锈蚀和除锈等级

1. 钢材表面锈蚀等级

《涂装前钢材表面锈蚀等级和除锈等级》（GB 8923—1988）给钢材表面分成 A、B、C、D 四个锈蚀等级。

A 等级：全面地覆盖着氧化皮而几乎没有铁锈；

B 等级：已发生锈蚀，并有部分氧化皮剥落；

C 等级：氧化皮因锈蚀而剥落，或者可以刮除，并有少量点蚀；

D 等级：氧化皮因锈蚀而全面剥落，并普遍发生点蚀。

2. 钢材除锈方法及等级

钢材除锈有喷射或抛射除锈、手工和动力工具除锈、火焰除锈三种方法。

（1）喷射或抛射除锈，用字母"Sa"表示，分四个等级。

Sa1 等级：轻度的喷射或抛射除锈。钢材表面应无可见的油脂或污垢，没有附着不牢的氧化皮、铁锈和油漆涂层等附着物。参见现行国家标准 GB 8923 或 ISO 8501-1 的典型样本照片（以下同）BSa1、CSa1 和 DSa1。

Sa2 等级：彻底的喷射或抛射除锈。钢材表面应无可见的油脂、污垢，氧化皮、铁锈等附着物已基本清除，其残留物应是牢固附着的。参见 BSa2、CSa2 和 DSa2。

Sa2½ 等级：非常彻底的喷射或抛射除锈。钢材表面应无可见

的油脂、污垢、氧化皮、铁锈和油漆涂层等附着物，任何残留的痕迹应仅是点状或条状的轻微色斑。参见 ASa2½、BSa2½、CSa2½ 和 DSa2½。

Sa3 等级：使钢材表观洁净的喷射或抛射除锈。钢材表面无可见的油脂、污垢、氧化皮、铁锈和油漆等附着物，该表面应显示均匀的金属光泽。参见 ASa3、BSa3、Csa3、DSa3。

（2）手工和动力工具除锈，以字母"St"表示，只有两个等级。

St2 等级：彻底的手工和动力工具除锈。钢材表面无可见的油脂和污垢，没有附着不牢的氧化皮、铁锈和油漆涂层等附着物。参见 BSt2、CSt2 和 DSt2。

St3 等级：非常彻底的手工和动力工具除锈。钢材表面应无可见的油脂和污垢，并且没有附着不牢的氧化皮、铁锈和油漆涂层等附着物。除锈应比 St2 更为彻底，底材显露部分的表面应具有金属光泽。参见 BSt3、CSt3、DSt3。

（3）火焰除锈，以字母"F1"表示，它包括在火焰加热作业后，以动力钢丝刷清除加热后附着在钢材表面的产物。只有一个等级。

F1 等级：钢材表面应无氧化皮、铁锈和油漆层等附着物，任何残留的痕迹应仅为表面变色（不同颜色的暗影），参见 AF1、BF1、CF1 和 DF1。

3. 各国除锈等级的对应关系

由于各国制定钢材表面的除锈等级时，基本上都以国际、瑞典和美国的除锈标准作为蓝本。因此，各国的除锈等级大体上是可以对应采用的。各国除锈等级对应关系见表 17-33。

各国除锈等级对应关系表 表 17-33

GB 8923（中国）	SISO 55900（瑞典）	SSPC（美国）	DIN 55928（德国）	BS 4232（英国）	JSRASPSS（日本造船协会）
轻度的喷射或抛射除锈 Sa1	Sa1	SP-7	Sa1		（喷砂）（喷丸）
彻底的喷射或抛射除锈 Sa2	Sa2	SP-6	Sa2	三级	Sa1　Sh1
非常彻底的喷射或抛射除锈 Sa2½	Sa2½	SP-10	Sa2½	二级	Sa2　Sh2
使钢材表面洁净的喷射或抛射除锈 Sa3	Sa3	SP-5	Sa3	一级	Sa3　Sh3
彻底的手工和动力工具除锈 St2	St2	SP-2	St2		
非常彻底的手工和动力工具除锈 St3	St3	SP-3	St3		
火焰除锈 F1		SP-4	F1		
		SP-8（酸洗）	Be（酸洗）		

17.3.9.2 常见钢结构除锈工艺

1. 手工和动力工具除锈

（1）手工除锈工具有砂布、钢丝刷、铲刀、尖锤、平面砂轮机、动力钢丝刷等。

（2）手工除锈一般只能除掉疏松的氧化皮、较厚的锈和鳞片状的旧涂层，且生产效率低，劳动强度大。工厂除锈不宜采用此法，一般在不能采用其他方法除锈时可采用此法。

（3）动力工具除锈是利用压缩空气或电能为动力，使除锈工具产生圆周式或往复式的运动，当与钢材表面接触时利用其摩擦力和冲击力来清除铁锈和氧化皮等。动力工具除锈比手工工具除锈效率高、质量好，是目前一般涂装工程除锈常用的方法。其常用工具有：气动端型平面砂磨机、气动角向平面砂磨机、电动角向平面砂磨机、直柄砂轮机、风动钢丝刷、风动打锈锤、风动齿形旋转式除锈器、风动气铲等。

2. 喷射或抛射除锈

（1）除锈的一般规定

1）钢材表面进行喷射除锈时，必须使用除去油污和水分的压缩空气。否则油污和水分在喷射过程中附着在钢材表面，会影响涂层的附着力和耐久性。检查油污和水分是否分离干净的简单方法：将白布或白漆靶板，用压缩空气吹1min，用肉眼观察其表面，应无油污、水珠和黑点。

2）喷射或抛射所使用的磨料必须符合质量标准和工艺要求。对允许重复使用的磨料，必须根据规定的质量标准进行检验，合格的才能重复使用。

3）喷射或抛射的施工环境，其相对湿度不应大于85%，或控制钢材表面温度高于空气露点3℃以上。湿度过大，钢材表面和金属磨料易生锈。

4）除锈后的钢材表面，必须用压缩空气或毛刷等工具将锈尘和残余磨料清除干净，方可进行下道工序。

5）除锈验收合格的钢材，在厂房内存放的应于24h内涂完底漆；在厂房外存放的应于当班涂完底漆。

（2）喷射除锈

分干喷射法和湿喷射法两种。其原理是利用经过油、水分离处理过的压缩空气将磨料带入并通过喷嘴以高速喷向钢材表面，靠磨料的冲击和摩擦将氧化铁皮、铁锈及污物等除掉，同时使表面获得一定的粗糙度。喷射除锈效率高、质量好，但要有一定的设备和喷射用磨料，费用较高。目前世界上工业发达国家，为保证涂装质量，普遍采用喷射除锈法。

（3）抛射除锈

抛射除锈是利用抛射机叶轮中心吸入磨料和叶尖抛射磨料的作用，使磨料在抛射机的叶轮内，由于自重，经漏斗进入分料轮，同叶轮一起高速旋转的分料轮使磨料分散，并从定向套口飞出。从定向套口飞出的磨料被叶轮再次加速后，射向物件表面，以高速的冲击和摩擦除去钢材表面的锈和氧化铁皮等污物。

3．酸洗除锈

酸洗除锈亦称化学除锈，其原理是利用酸洗液中的酸与金属氧化物进行化学反应，使金属氧化物溶解，生成金属盐并溶于酸液中，而除去钢材表面上的氧化物及锈。酸洗除锈质量比手工和动力机械除锈的好，与喷射除锈质量相当。但酸洗后钢材表面不能造成喷射除锈那样的粗糙度。在酸洗过程中产生的酸雾对人和建筑物有害。酸洗除锈一次性投资较大，工业过程也较多，最后一道清洗工序不彻底，将对涂层质量有严重的影响。

17.3.9.3　除锈方法的选择

钢材表面处理是涂装工程中重要的一环，其质量好坏严重影响涂装工程的质量。欧美一些国家认为除锈质量要影响涂装效果的60%以上。钢材表面除锈方法有：手工工具除锈、手工机械除锈、喷射或抛射除锈、酸洗除锈和火焰除锈等。各种除锈方法的特点见表17-34。

各种除锈方法的特点　　表17-34

除锈方法	设备工具	优点	缺点
手工、机械	砂布、钢丝刷、铲刀、尖锤、平面砂轮机、动力钢丝刷等	工具简单、操作方便、费用低	劳动强度大、效率低、质量差，只能满足一般的涂装要求
喷射	空气压缩机、喷射机、油水分离器等	能控制质量，获得不同要求的表面粗糙度	设备复杂、需要一定操作技术，劳动强度较高、费用高、污染环境
酸洗	酸洗槽、化学药品、厂房等	效率高、适用大批件、质量较高、费用较低	污染环境、废液不易处理、工艺要求较严

选择除锈方法时，除要根据各种方法的特点和防护效果外，还要根据涂装的对象、目的、钢材表面的原始状态、要求达到的除锈等级、现有的施工设备和条件、施工费用等，进行综合比较，最后才能确定。

17.3.10　工　厂　涂　装

17.3.10.1　常见防腐涂料

1．防腐涂料的组成和作用

防腐涂料一般由不挥发组分和挥发组分（稀释剂）两部分组成。涂刷在物件表面后，挥发组分逐渐挥发逸出，留下不挥发组分干结成膜，所以不挥发组分的成膜物质叫做涂料的固体组分。成膜物质又分为主要、次要和辅助成膜物质三种。主要成膜物质可以单独成膜，也可以粘结颜料等物质共同成膜，它是涂料的基础，也常称基料、添料或漆基。

2．防腐涂料产品分类、命名和型号

（1）我国涂料产品的分类方法

按《涂料产品分类和命名》（GB/T 2705—2003）的规定，涂料产品分类是以涂料基料中主要成膜物质为基础。根据对成膜物质的分类，相应对涂料品种分为17大类。涂料类别代号见表17-35。

涂料类别代号表　　表17-35

序号	代号	涂料类别	序号	代号	涂料类别
1	Y	油脂漆类	10	X	烯树脂漆类
2	T	天然树脂漆类	11	B	丙烯酸漆类
3	F	酚醛树脂漆类	12	Z	聚酯漆类
4	L	沥青漆类	13	H	环氧树脂漆类
5	C	醇酸树脂漆类	14	S	聚氨酯漆类
6	A	氨基树脂漆类	15	W	元素有机漆类
7	Q	硝基漆类	16	J	橡胶漆类
8	M	纤维素漆类	17	E	其他漆类
9	G	过氯乙烯漆类			

（2）我国涂料命名方式

涂料名称由三部分组成，即颜色或颜料的名称、成膜物质的名称、基本名称，可用简单的公式表达：涂料全名＝颜色或颜料名称＋成膜物名称＋基本名称。

（3）涂料型号

为了区别同一类型的各种涂料，在名称之前必须有型号。涂料型号以一个汉语拼音字母和几个阿拉伯数字所组成。字母表示涂料类别（表17-35），位于型号的前面；第一、二位数字表示涂料产品基本名称；第三、四位数字表示涂料产品序号。

例如：

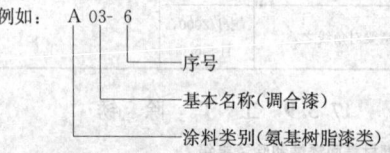

17.3.10.2　防腐涂料施工工艺

随着涂料工业和涂装技术的发展，新的涂料施工方法和施工机具不断出现。每一种方法和机具均有其各自的特点和适用范围，所以正确选择施工方法是涂装施工管理工作的主要组成部分。合理的施工方法，对保证涂装质量、施工进度、节约材料和降低成本有很大的作用。常用涂料的施工方法见表17-36。各种涂料与相适应的施工方法见表17-37。

常用涂料的施工方法　　表17-36

施工方法	适用涂料的特性			被涂物	使用工具或设备	主要优缺点
	干燥速度	黏度	品种			
刷涂法	干性较慢	塑性小	油性漆酚醛漆醇酸漆等	一般构件及建筑物，各种设备和管道	各种毛刷	投资少，施工方法简单，适于各种形状及大小面的涂装；缺点是装饰性较差，施工效率低
手工滚涂法	干性较慢	塑性小	油性漆酚醛漆醇酸漆等	一般大型平面的构件和管道等	滚子	投资少，施工方法简单，适用大面积的涂装；缺点同刷涂法

续表

施工方法	适用涂料的特性			被涂物	使用工具或设备	主要优缺点
	干燥速度	黏度	品种			
浸涂法	干性适当,流平性好,干燥速度适中	触变性好	各种合成树脂涂料	小型零件、设备和机械部件	浸漆槽、离心及真空设备	设备投资较少,施工方法简单,涂料损失小,适用于构造复杂构件;缺点是流平性不太好,有流挂现象,溶剂易挥发
空气喷涂法	挥发快和易干燥	黏度小	各种硝基漆、橡胶漆、建筑乙漆、聚氨酯漆等	各种大型构件和管道	喷枪、空气压缩机、油水分离器等	设备投资较小,施工方法较简单,施工效率较刷涂法高;缺点是消耗溶剂量大,污染现象,易引起火灾
无气喷涂法	具有高沸点溶剂的涂料	高不挥发分涂料,有触变性	厚浆型涂料和高不挥发分涂料	各种大型钢结构、桥梁、管道、车辆和船舶等	高压无气喷涂枪、空气压缩机等	设备投资较多,施工方法较复杂,效率高,能获得厚涂层;缺点是要损失部分涂料,装饰性较差

注:本表摘自宝钢指挥部施工技术处编制的《钢结构涂装手册》。

各种涂料与相适应的施工方法 表 17-37

涂料种类 施工方法	酯胶漆	油性调合漆	醇酸调合漆	酚醛漆	醇酸漆	沥青漆	硝基漆	聚氨酯漆	丙烯酸漆	环氧树脂漆	过氯乙烯漆	氯化橡胶漆	氯磺化聚乙烯漆	聚酯漆	乳胶漆
刷涂	1	1	1	1	2	2	4	4	4	4	4	3	2	2	1
滚涂	2	1	1	1	2	2	4	4	4	4	4	3	2	2	2
浸涂	3	3	4	1	2	3	1	4	3	4	4	4	4	1	2
空气喷涂	2	3	2	1	2	2	1	2	1	1	1	1	1	1	2
无气喷涂	2	3	2	2	1	2	1	2	2	1	1	1	1	1	2

注:1—优;2—良;3—中;4—差;5—劣。

17.3.10.3 防腐涂装施工注意事项

(1) 防腐涂装应注意原料性能、配方设计、制造工艺、贮存保管、表面处理、施工技术以及环境气候等,以免涂料在贮存、施工过程中以及成膜后出现某些异常现象:如清漆产生浑浊,施工中产生针孔,涂装后施工过程中产生失光、起泡、龟裂等。

(2) 由于硝基漆类使用过量的苯类溶剂稀释、环氧树脂漆类用汽油稀释、过氯乙烯漆类用含醇类较多的稀释剂稀释等原因,常导致涂装施工出现析出现象。对于硝基漆类可通过添加脂类溶剂,环氧树脂漆类通过采用苯、甲苯、二甲苯或丁醇与二甲苯稀释,过氯乙烯漆类在稀释剂中避免含有醇类等方式来避免析出。

(3) 防腐涂装施工过程中,由于施工环境及施工器具不清洁、漆皮混入等原因,常导致涂料起粒(粗粒)。因此施工前应打扫现场,并保证施工器具清洁干净。

(4) 防腐涂装施工现场或车间不允许堆放易燃物品,并应远离易燃物品仓库。

(5) 防腐涂装施工中使用的擦过溶剂和涂料的棉纱、棉布等物品应存放在带盖的铁桶内,并定期处理掉。

(6) 严禁向下水道倾倒涂料和溶剂。

(7) 防腐涂料使用前需要加热时,采用热载体、电感加热等方法,并远离涂装施工现场。

(8) 防腐涂料涂装施工时,严禁使用铁棒等金属物品敲击金属物体和漆桶,如需敲击应使用木制工具,防止因此产生摩擦或撞击火花。

(9) 在涂料仓库和涂装施工现场使用的照明灯应有防爆装置,临时电气设备应使用防爆型的,并定期检查电路及设备的绝缘情况。在使用溶剂的场所,应禁止使用闸刀开关,要使用三向插头。防止产生电气火花。

(10) 对于接触导致的侵害,施工人员应采取穿工作服、戴手套和防护眼镜等措施,尽量不与溶剂接触。施工现场应装好通风排气装置,减少有毒气体的浓度。

17.4 钢结构连接

17.4.1 钢结构连接的主要方式

钢结构工程主要的连接方式有焊接、紧固件连接(包括普通紧固件连接、高强度螺栓连接)等,目前应用最多的是焊接和高强度螺栓连接。各连接方法的优缺点和适用范围见表 17-38。

钢结构主要连接方式的优缺点和适用范围 表 17-38

连接方式		优缺点	适用范围
焊接		1. 对构件几何形体适应性强,构造简单,易于自动化;2. 不消弱构件截面,节约钢材;3. 焊接程序严格,易产生焊接变形、残余应力、微裂纹等焊接缺陷,质检工作量大;4. 对疲劳敏感性强	除少数直接承受动力荷载的结构的连接(如重级工作制吊车梁)与有关构件的连接在目前不宜采用焊接外,其他可广泛用于工业与民用建筑钢结构中
普通紧固件连接	A、B 级	1. 栓径与孔径间空隙小,制造与安装较复杂,费工费料;2. 能承受拉力及剪力	用于有较大剪力的安装连接
	C 级	1. 栓径与孔径间有较大空隙,结构拆装方便;2. 只能承受拉力;3. 费料	1. 适用于安装连接和需要装拆的结构;2. 用于承受拉力的连接,如有剪力作用,需另设支托
高强度螺栓连接		1. 连接紧密,受力好,耐疲劳;2. 安装简单迅速,施工方便,可拆换,便于养护与加固;3. 摩擦面处理略复杂,造价略高	广泛用于工业与民用建筑钢结构中,也可用于直接承受动力荷载的钢结构

17.4.2 紧固件连接

螺栓作为钢结构主要连接紧固件,通常用于钢结构中构件间的连接、固定、定位等,钢结构中使用的连接螺栓一般分普通螺栓和高强度螺栓两种。

1. 螺栓承载力计算

钢结构工程普通螺栓、高强度螺栓连接计算公式,见表 17-39;摩擦面的抗滑移系数,见表 17-40;单个高强度螺栓的预拉力,见表 17-41。

普通螺栓、高强度螺栓连接计算公式 表 17-39

类别	项次	计算公式	符号意义
普通螺栓	受剪连接	单个螺栓受剪承载力设计值:$N_v^b = n_v \frac{\pi d^2}{4} f_v^b$ 单个螺栓承压承载力设计值:$N_c^b = d\Sigma t f_c^b$ 取二者较小值	$N_v^b、N_t^b、N_c^b$——每一普通螺栓的受剪、受拉和承压承载力设计值;n_v——剪面数量;d——螺栓杆直径;Σ——在不同受力方向中一个受力方向的承压构件总厚度的较小值;
	杆轴方向受拉连接	单个螺栓受拉承载力设计值:$N_t^b = \frac{\pi d_e^2}{4} f_t^b$	$f_v^b、f_t^b、f_c^b$——螺栓的抗剪、抗拉、承压强度设计值;
	同时受剪和受拉连接	每一螺栓应满足:$\sqrt{\left(\frac{N_v}{N_v^b}\right)^2 + \left(\frac{N_t}{N_t^b}\right)^2} \leq 1$ 且 $N_v \leq N_c^b$	

续表

类别	项次	计算公式	符号意义
高强度螺栓	抗剪连接	单个摩擦型高强度螺栓的抗剪承载力设计值: $N_V^b = 0.9 n_f \mu P$ 单个承压型高强度螺栓的抗剪承载力设计值与普通螺栓相同,但剪切面在螺纹处时,应按螺纹处的有效面积计算	N_V、N_t——普通的柱所受承受的剪力和拉力; N_V^b、N_t^b、N_c^b——单个摩擦型和承压型高强度螺栓的受剪、受拉和承压承载力设计值; n_f——传力摩擦面数量;
	抗拉连接	单个摩擦型高强度螺栓在杆轴方向受拉的承载力设计值: $N_t^b = 0.8P$ 单个承压型高强度螺栓在杆轴方向受拉的承载力设计值: $N_t^b = 0.8P$	μ——摩擦面的抗滑移系数; P——单个高强度螺栓的预拉力,按表17-31采用; N_V、N_t——单个高强度螺栓承受的剪力、拉力
	同时受剪和受拉连接	每个摩擦型高强度螺栓应满足: $\dfrac{N_V}{N_V^b} + \dfrac{N_t}{N_t^b} \leqslant 1$ 每个承压性高强度螺栓应满足: $\sqrt{\left(\dfrac{N_V}{N_V^b}\right)^2 + \left(\dfrac{N_t}{N_t^b}\right)^2} \leqslant 1$ 且 $Nv \leqslant N_c^b/1.2$	

摩擦面的抗滑移系数　　　　表 17-40

连接处构件接触面的处理方法	构件的钢号		
	Q235 钢	Q345 钢、Q390 钢	Q420 钢
喷砂(丸)	0.45	0.50	0.50
喷砂(丸)后涂无机富锌漆	0.35	0.40	0.40
喷砂(丸)后生赤锈	0.45	0.50	0.50
钢丝刷清除浮锈或未经处理的干净轧制表面	0.30	0.35	0.40

单个高强度螺栓的预拉力(kN)　　表 17-41

螺栓的性能等级	螺栓公称直径(mm)					
	M16	M20	M22	M24	M27	M30
8.8 级	80	125	150	175	230	280
10.9 级	100	155	190	225	290	355

2. 螺栓的布置

螺栓连接接头中螺栓的排列布置主要有并列和交错排列两种形式,螺栓间的间距确定既要考虑连接效果(连接强度和变形),同时要考虑螺栓的施工,通常情况下螺栓的最大、最小容许距离见表17-42。

17.4.2.1　普通紧固件连接

钢结构普通螺栓连接即将普通螺栓、螺母、垫圈机械地和连接件连接在一起形成的一种连接形式。

1. 普通螺栓种类

(1)普通螺栓的材性

螺栓按照性能等级分为 3.6、4.6、4.8、5.6、5.8、6.8、8.8、9.8、10.9、12.9 十个等级,其中 8.8 级及以上等级的螺栓材质为低碳合金钢或中碳钢并经热处理(淬火、回火),统称为高强度螺栓,8.8 级以下(不含 8.8 级)统称为普通螺栓。

螺栓的最大、最小容许间距　　表 17-42

名称	位置和方向		最大容许间距(取两者的较小值)	最小容许间距
中心间距	外排(垂直内力方向或顺内力方向)		$8d_0$ 或 $12t$	$3d_0$
	中间排	垂直内力方向	$16d_0$ 或 $24t$	
		顺内力方向 构件受压力	$12d_0$ 或 $18t$	
		构件受拉力	$16d_0$ 或 $24t$	
	沿对角线方向		—	
中心至构件边缘距离	顺内力方向			$2d_0$
	垂直内力方向	剪切边或手工气割边	$4d_0$ 或 $8t$	$1.5d_0$
		轧制边、自动气割或锯割边	高强度螺栓	
			其他螺栓或铆钉	$1.2d_0$

注:1. d_0—螺栓或铆钉的孔径;t—外层较薄板件的厚度;
2. 钢板边缘与刚性构件(如角钢、槽钢)相连的螺栓或铆钉的最大间距,可按中间排的数值采用。

螺栓性能等级标号由两部分数字组成,分别表示螺栓的公称抗

拉强度和材质的屈强比。例如性能等级 4.6 级的螺栓其含意为:第一部分数字(4.6 中的"4")为螺栓材质公称抗拉强度(N/mm²)的 1/100;第二部分数字(4.6 中的"6")为螺栓材质屈服比的 10 倍;两部分数字的乘积(4×6,即"24")为螺栓材质公称屈服点(N/mm²)的 1/10。

(2)普通螺栓的规格

普通螺栓按照形式可分为六角头螺栓、双头螺栓、沉头螺栓等;按制作精度可分为 A、B、C 三个等级,A、B 级为精制螺栓,C 级为粗制螺栓,钢结构用连接螺栓,除特殊注明外,一般即为普通粗制 C 级螺栓。

2. 普通螺栓施工

(1)一般要求

1)普通螺栓可采用普通扳手紧固,螺栓紧固的程度应能使被连接件接触面、螺栓头和螺母与构件表面密贴。普通螺栓紧固应从中间开始,对称向两边进行,大型接头宜采用复拧。

2)普通螺栓作为永久性连接螺栓时,应符合下列要求:

①对一般的螺栓连接,螺栓头和螺母下面应放置平垫圈,以增大承压面积。

②螺栓头下面放置的垫圈一般不应多于 2 个,螺母头下的垫圈一般不应多于 1 个。

③对于设计有要求防松动的螺栓、锚固螺栓应采用有防松装置的螺母或弹簧垫圈或用人工方法采取防松措施。

④对于承受动荷载或重要部位的螺栓连接,应按设计要求放置弹簧垫圈,弹簧垫圈必须设置在螺母一侧。

⑤对于工字钢、槽钢类型钢应尽量使用斜垫圈,使螺母和螺栓头部的支承面垂直于螺杆。

⑥螺栓紧固外露丝扣应不少于 2 扣,紧固质量检验可采用锤击或力矩扳手检验,要求螺栓不颤动和偏移。

(2)螺栓直径及长度的选择

1)螺栓直径。螺栓直径的确定原则上应由设计人员按等强原则通过计算确定,但对某一个工程来讲,螺栓直径规格应尽可能少,有的还需要适当归类,便于施工和管理;一般情况螺栓直径应与被连接件的厚度相匹配,表 17-43 为不同的连接厚度所推荐选用的螺栓直径。

不同的连接厚度所推荐选用的螺栓直径(mm)
表 17-43

连接件厚度	4~6	5~8	7~11	10~14	13~20
推荐螺栓直径	12	16	20	24	27

2)螺栓长度。螺栓的长度通常是指螺栓螺头内侧面到螺杆端头的长度,一般都是 5mm 进制(长度超长的螺栓,采用 10mm、20mm 进制),影响螺栓长度的因素主要有:被连接件的厚度、螺母高度、垫圈的数量及厚度等。一般可按式(17-1)计算。

$$L = \delta + H + nh + C \qquad (17-1)$$

式中　δ——被连接件总厚度（mm）；
　　　H——螺母高度（mm）；
　　　n——垫圈个数；
　　　h——垫圈厚度（mm）；
　　　C——螺纹外露部分长度（mm，2~3 扣为宜，一般为 5mm）。

（3）常用螺栓连接形式

钢板、槽钢、工字钢、角钢等常用螺栓连接形式见表 17-44。

钢板、型钢常用螺栓连接形式　表 17-44

材料种类	连接形式	说明
钢板	平接连接	用双面拼接板，力的传递不产生偏心作用
		用单面拼接板，力的传递具有偏心作用，受力后连接部发生弯曲
		板件厚度不同的拼接，须设置填板并将填板伸出拼接板以外；用焊件或螺栓固定
	搭接连接	传力偏心只在受力不大时采用
	T 形连接	
槽钢		应符合等强度原则，拼接板的总面积不能小于被拼接的杆件截面积，且各支面积分布与材料面积大致相等
工字钢		同槽钢
角钢	角钢与钢板	适用于角钢与钢板连接受力较大的部位
		适用于一般受力的接长或连接
		适用于小角钢等截面连接
	角钢与角钢	适用于大角钢等同面连接

17.4.2.2　高强度螺栓连接

高强度螺栓连接按其受力状况，可分为摩擦型连接、摩擦—承压型连接、承压型连接和张拉型连接等几种类型，其中摩擦型连接是目前广泛采用的基本连接形式。

1. 高强度螺栓种类

高强度螺栓从外形上可分为大六角头和扭剪型两种；按性能等级可分为 8.8 级、10.9 级、12.9 级等，目前我国使用的大六角头高强度螺栓有 8.8 级和 10.9 级两种，扭剪型高强度螺栓只有 10.9 级一种。

2. 高强度螺栓长度

高强度螺栓长度应以螺栓连接副终拧后外露 2~3 扣丝为标准计算，可按式（17-2）计算。

$$l = l' + \Delta l \qquad (17\text{-}2)$$

式中　l'——连接板层总厚度；
　　　Δl——附加长度 $\Delta l = m + ns + 3p$，或按表 17-45 选取；
　　　m——高强度螺母公称厚度；
　　　n——垫圈个数，扭剪型高强度螺栓为 1，大六角头

螺栓为 2；
　　　s——高强度垫圈公称厚度（当采用大圆孔或槽孔时，高强度垫圈公称厚度按实际厚度取值）；
　　　p——螺纹的螺距。

高强度螺栓附加长度 Δl（mm）　表 17-45

高强度螺栓种类	螺栓规格						
	M12	M16	M20	M22	M24	M27	M30
高强度大六角头螺栓	23	30	35.5	39.5	43	46	50.5
扭剪型高强度螺栓	—	26	31.5	34.5	38	41	45.5

注：本表附加长度 Δl 由标准圆孔垫圈公称厚度计算确定的。

选用的高强度螺栓公称长度应取修约后的长度，根据计算出的螺栓长度 l 按修约间隔 5mm 进行修约。

3. 高强度螺栓连接处的摩擦面处理

（1）高强度螺栓连接处的摩擦面可根据设计抗滑移系数的要求选用喷砂（丸）、喷砂后生赤锈、喷砂后涂无机富锌漆、手工打磨等处理方法。

1）采用喷砂（丸）法时，一般要求砂（丸）粒径为 1.2~1.4mm，喷射时间为 1~2min，喷射风压为 0.5MPa，表面呈银灰色，表面粗糙度达到 45~50μm。

2）采用喷砂后生赤锈法时，应将硼砂处理后的表面放置露天自然生锈，理想生锈时间为 60~90d。

3）采用喷砂后涂无机富锌漆时，涂层厚度一般可取为 0.6~0.8μm。

4）采用手工砂轮打磨时，打磨方向应与受力方向垂直，且打磨范围不小于螺栓孔径的 4 倍。

（2）高强度螺栓连接摩擦面应符合以下规定：

1）连接处钢板表面应平整、无焊接飞溅、无毛刺和飞边、无油污等；

2）经处理后的摩擦面应按《钢结构工程施工质量验收规范》（GB 50205）的规定进行抗滑移系数试验，试验结果满足设计文件的要求；

3）经处理后的摩擦面应采取保护措施，不得在摩擦面上作标记；

4）若摩擦面采用生锈处理方法时，安装前应以细钢丝垂直于构件受力方向刷除摩擦面上的浮锈。

4. 高强度螺栓连接施工

（1）一般规定

1）对于制作厂已处理好的钢构件摩擦面，安装前应按《钢结构工程施工质量验收规范》（GB 50205）的规定进行高强度螺栓连接摩擦面的抗滑移系数复验，现场处理的钢构件摩擦面应单独进行摩擦面抗滑移系数试验，其结果应符合相关设计文件要求。

2）高强度螺栓施工前宜按《钢结构工程施工质量验收规范》（GB 50205）的相关规定检查螺栓孔的精度、孔壁表面粗糙度、孔径及孔距的允许偏差等。孔距超过允许偏差时，应采用与母材相匹配的焊条补焊后重新制孔，每组孔中经补焊重新钻孔的数量不得超过该组螺栓数量的 20%。

3）高强度螺栓连接的板叠接触面应平整。对因板厚公差、制造偏差或安装偏差等产生的接触面间隙，应按表 17-46 规定进行处理。

接触面间隙处理　表 17-46

项目	示意图	处理方法
1	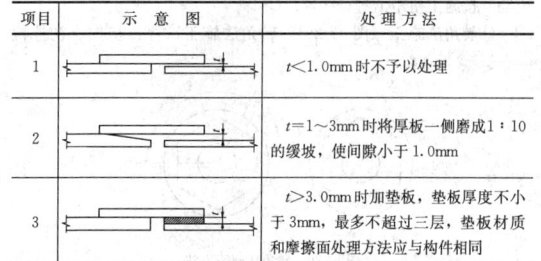	$t < 1.0$mm 时不予以处理
2		$t = 1~3$mm 时将厚板一侧磨成 1:10 的缓坡，使间隙小于 1.0mm
3		$t > 3.0$mm 时加垫板，垫板厚度不小于 3mm，最多不超过三层，垫板材质和摩擦面处理方法应与构件相同

4) 对每一个连接接头，应先用临时螺栓或冲钉定位，为防止损伤螺纹引起扭矩系数的变化，严禁把高强度螺栓作为临时螺栓使用。对一个接头来说，临时螺栓和冲钉的数量原则上应根据该接头可能承担的荷载计算确定，并应符合下列规定：

①不得少于安装螺栓总数的1/3；

②不得少于两个临时螺栓；

③冲钉穿入数量不宜多于临时螺栓的30%。

5) 高强度螺栓的穿入，应在结构中心位置调整后进行，其穿入方向应以施工方便为准，力求一致。安装时要注意垫圈的正反面，即：螺母带圆台面的一侧应朝向垫圈有倒角的一侧；对于大六角头高强度螺栓连接副靠近螺头一侧的垫圈，其有倒角的一侧朝向螺栓头。

6) 高强度螺栓的安装应能自由穿入孔，严禁强行穿入，如不能自由穿入时，该孔应用铰刀进行修整，修整后孔的最大直径应小于1.2倍螺栓直径。修孔时，为了防止铁屑落入板叠缝中，铰孔前应将四周螺栓全部拧紧，使板叠贴后再进行，严禁气割扩孔。

7) 高强度螺栓安装应采用合理顺序施拧。典型节点宜采用下列顺序施拧：

①一般节点从中心向两端施拧，见图17-26；

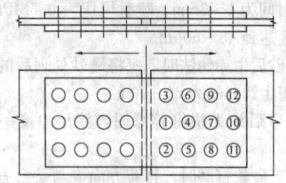

图 17-26 一般节点施拧顺序

②箱形节点按图17-27中 A、C、B、D 顺序施拧；

③工字梁节点螺栓群按图17-28中①～⑥顺序施拧；

④H 形截面柱对接节点按先翼缘后腹板顺序施拧；

⑤两个节点组成的螺栓群，先主要构件节点，后次要构件节点顺序施拧；

⑥高强度螺栓和焊接并用的连接节点，当设计文件无特殊规定时，宜按先螺栓紧固后焊接的施工顺序施拧。

8) 高强度螺栓连接副的初拧、复拧、终拧宜在1d内完成。

9) 当高强度螺栓连接副保管时间超过6个月后使用时，必须按《钢结构工程施工质量验收规范》(GB 50205)的要求重新进行扭矩系数或紧固轴力试验，检验合格后，方可使用。

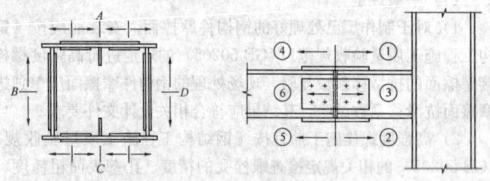

图 17-27 箱形节点施拧顺序   图 17-28 工字梁节点施拧顺序

(2) 大六角头高强度螺栓连接施工

1) 高强度大六角头螺栓连接副，施拧可采用扭矩法或转角法。

①扭矩法施工，根据扭矩系数 k、螺栓预拉力 P（一般考虑施工过程中预拉力损失10%，即螺栓施工预拉力 P 按1.1倍的设计顶拉力取值）计算确定施工扭矩值，使用扭矩扳手（手动、电动、风动）按施工扭矩值进行终拧。

②转角法施工（图17-29），转角法施工次序：初拧→初拧检查→画线→终拧→终拧检查→作标记。

2) 高强度大六角头螺栓连接副施工应符合下列规定：

①施工用的扭矩扳手使用前应进行校正，其扭矩相对误差不得大于±5%；校正用的扭矩扳手，其扭矩相对误差不得大于±3%。

②施拧时，应在螺母上施加扭矩。

③施拧应分为初拧和终拧，大型节点应在初拧和终拧之间增加复拧。初拧扭矩可取施工终拧扭矩的50%，复拧扭矩应等于初拧扭矩。终拧扭矩可按式（17-3）计算确定：

$$T_c = kP_c d \qquad (17-3)$$

式中 T_c ——施工终拧扭矩（N·m）；

k ——高强度螺栓连接副的扭矩系数平均值，取 0.110～0.150；

P_c ——高强度螺栓施工预拉力（kN），可按单个螺栓设计预拉力的1.1倍取用；

d ——高强度螺栓公称直径（mm）。

④采用转角法施工时，初拧（复拧）后连接副的终拧角度应满足表17-47的要求。

⑤初拧或复拧后应对螺母涂画颜色标记，终拧后对螺母涂画另一种颜色标记。

初拧（复拧）后连接副的终拧转角   表 17-47

螺栓长度 L	螺母转角	连接状态
$L \leqslant 4d$	1/3 圈（120°）	连接形式为一层芯板加两层盖板
$4d < L \leqslant 8d$ 或 200mm 及以下	1/2 圈（180°）	
$8d < L \leqslant 12d$ 或 200mm 以上	2/3 圈（240°）	

注：1. d——螺栓公称直径；
2. 螺母的转角为螺母与螺栓杆之间的相对转角；
3. 当螺栓长度 L 超过12倍螺栓公称直径 d 时，螺母的终拧角度应由试验确定。

3) 高强大六角头螺栓终拧完成1h后，48h内进行终拧扭矩检查。按节点数抽查10%，且不少于10个；每个被抽节点按螺栓数抽查10%，且不少于2个。

扭矩检查方法有扭矩法和转角法两种：

①扭矩法检查时，在螺尾端头和螺母相对位置画线，将螺母退后60°左右，用扭矩扳手测定拧回至原来位置处的扭矩值。该扭矩值与施工扭矩值的偏差在10%以内为合格。

②转角法检查时，a. 检查初拧后在螺母与相对位置所画的终拧起始线和终止线所夹的角度是否满足要求。b. 在螺尾端头和螺母相对位置画线，然后全部卸松螺母，再按规定的初拧扭矩和终拧角度重新拧紧螺栓，观察与原画线是否重合。终拧转角偏差在10°范围内为合格。

(3) 扭剪型高强度螺栓连接施工

1) 扭剪型高强度螺栓连接副宜采用专用电动扳手施拧，施工时应符合下列规定：

①施拧应分为初拧和终拧，大型节点应在初拧和终拧之间增加复拧。

②初拧扭矩值取式（17-3）中 T_c 计算值的50%，其中 k 取0.13，也可按表17-48选用；复拧扭矩等于初拧扭矩；

扭剪型高强度螺栓初拧（复拧）扭矩值（N·m）
表 17-48

螺栓公称直径（mm）	M16	M20	M22	M24	M27	M30
初拧（复拧）扭矩	115	220	300	390	560	760

③终拧应以拧掉螺栓尾部梅花头为准，对于个别不能用专用扳手进行终拧的螺栓，可按参考大六角头高强度螺栓的施工方法进行终拧，扭矩系数 k 取0.13。

④初拧或复拧后应对螺母作标记。

2) 扭剪型高强度螺栓，除因构造原因无法使用专用扳手终拧掉梅花头者外，未在终拧中拧掉梅花头的螺栓不应大于该节点螺栓数的5%。扭矩检查按节点数抽查10%，但不少于10个节点，被抽查节点中梅花头未拧掉的螺栓全数进行终拧扭矩检查。检查方

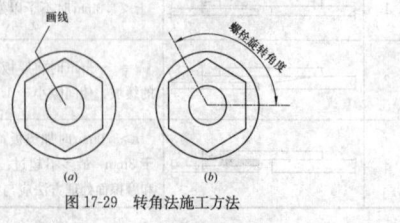

图 17-29 转角法施工方法

法亦可采用扭矩法和转角法，试验方法同大六角头高强度螺栓。

17.4.3 焊接连接

一直以来，焊接连接都是钢结构最主要的连接方法。其突出的优点是构造简单、不受构件外形尺寸的限制、不削弱构件截面、节约钢材、加工方便、易于采用自动化操作、连接的密封性好、刚度大；缺点是焊接残余应力和残余变形对结构有不利影响，焊接结构的低温冷脆问题也比较突出。随着科学技术的进步，我国的焊接技术也有了很大的提高，出现了许多新式的焊接工艺和设备，但同时也面临巨大的考验，特别是我国近年来大型钢结构建筑（如超高层、大跨结构等）发展迅速，高强度钢材在复杂环境下的焊接技术还有待提高。

1. 常用的建筑钢结构焊接方法和设备

金属的焊接方法的主要种类为熔焊、压焊和钎焊。目前，建筑钢结构焊接都采用熔焊。熔焊是以高温集中热源加热待连接金属，使之局部熔化，冷却后形成牢固连接的一种焊接方法。按加热能源的不同，熔焊可以分为：电弧焊、电渣焊、气焊、等离子焊、电子束焊、激光焊等。限于成本、应用条件等原因，在建筑钢结构领域中，广泛使用的是电弧焊。一般地，电弧焊可分为熔化电极与不熔化电极电弧焊、气体保护与自保护电弧焊、栓焊；以焊接过程的自动进行程度不同还可分为手工焊和半自动、自动。在电弧焊中，以药皮焊条手工电弧焊、自动和半自动埋弧焊、CO_2 气体保护焊在建筑钢结构工程中应用最为广泛。另外，在某些特殊应用场合，则必须使用电渣焊和栓焊。

(1) 药皮焊条手工电弧焊

1) 适用范围

药皮焊条手工电弧焊是一种适应性很强的焊接方法。它在钢结构中使用十分广泛，一般可在室内、室外及高空中平、横、立、仰的位置进行施焊。

2) 焊接原理

在涂有药皮的金属电极与焊件之间施加一定电压时，由于电极的强烈放电而使气体电离产生焊接电弧。电弧高温足以使焊条和工件局部熔化，形成气体、熔渣和熔池，气体和熔渣对熔池起保护作用，同时，熔渣在与熔池金属起冶金反应后凝固成为焊渣，熔池凝固后成为焊缝，固态焊渣则覆盖于焊缝金属表面。图 17-30 所示即为药皮焊条手工电弧焊的基本原理。

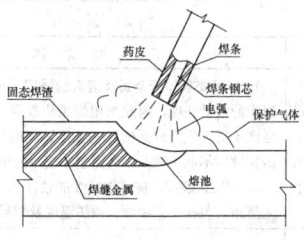

图 17-30   药皮焊条手工电弧焊原理

3) 焊接设备

按电源类型的不同，药皮焊条手工电弧焊的焊接设备可分为交流电弧焊机、直流电弧焊机及交直流两用电弧焊机。常见的交流弧焊机又可分为动铁式（BX1 系列）、动圈式（BX3 系列）和抽头式（BX6 系列）。

(2) 埋弧焊

1) 适用范围

埋弧焊由于其突出的优点，已成为大型构件制作中应用最广的高效焊接方法，且特别适用于梁柱板等的大批量拼装、制作焊缝。不过，由于其焊接设备及条件的限制，埋弧焊一般用于钢结构加工制作厂中。

2) 焊接原理

埋弧焊与药皮焊条电弧焊一样，都是利用电弧热作为熔化金属的热源，但与药皮焊条电弧焊不同的是焊丝外表没有药皮，熔渣是由覆盖在焊接坡口区以上的焊剂形成的。当焊丝与母材之间施加电压并互相接触引燃电弧后，电弧热将焊丝端部及电弧区周围的焊剂及母

材熔化，形成金属熔滴、熔池及熔渣。金属熔池受到浮于表面的熔渣和焊剂蒸汽的保护而不与空气接触，避免氮、氢、氧有害气体的侵入。随着焊丝向焊接坡口前方移动，熔池冷却凝固后形成焊缝，熔渣冷却后成渣壳，见图 17-31。与药皮焊条电弧焊一样，熔渣与熔化金属发生冶金反应，从而影响并改善焊缝的化学成分和力学性能。

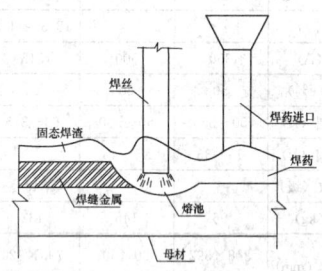

图 17-31   埋弧焊原理

3) 焊接设备

埋弧焊设备可分为半自动埋弧焊和自动埋弧焊两种。自动埋弧焊机按特定用途可分为角焊机和对、角通用焊机；按使用功能可分为单丝或多丝；按机头行走方式可分为独立小车式、门架式或悬臂式。

(3) CO_2 气体保护焊

1) 适用范围

CO_2 气体保护焊主要用于焊接低碳钢及低合金钢等黑色金属。对于不锈钢，由于焊缝金属有增碳现象，影响抗晶间腐蚀性能，所以只能用于对焊缝性能要求不高的不锈钢焊件。此外，CO_2 焊还可用于耐磨零件的堆焊、铸钢件的焊补以及电铆焊等方面。目前，CO_2 气体保护焊在我国建筑钢结构方面基本得到了普及。

2) 焊接原理（图 17-32）

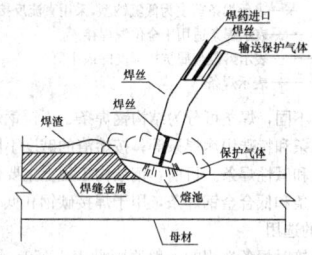

图 17-32 CO_2 气体保护电弧焊原理

CO_2 气体保护焊是用喷枪喷出 CO_2 气体作为电弧焊的保护介质，使熔化金属与空气隔绝，以保持焊接过程的稳定。由于焊接时没有焊剂产生的熔渣，故便于观察焊缝的成型过程，但操作时需在室内避风处，在工地则需打设防风棚。

3) 焊接设备

熔化极气体保护焊设备由焊接电源、送丝机两大部分和气瓶、流量计、预热器、焊枪及电缆等附件组成。

国内企业生产的 CO_2 气体保护焊机经过十几年的自主开发和对引进的国外技术的吸收，已经在钢结构制造厂和施工工地条件下得到了广泛的应用，表 17-49 所示为具有代表性的产品型号及技术参数。

(4) 电渣焊和栓钉焊

电渣焊是利用电流通过熔渣所产生的电阻热作为热源，将填充金属和母材熔化，凝固后形成金属原子间牢固连接，它是一种用于立焊位置的焊接方法。电渣焊一般可分为熔嘴电渣焊、非熔嘴电渣焊、丝极电渣焊和板极电渣焊。建筑钢结构中较多采用管状熔嘴和非熔嘴电渣焊，是箱形梁、柱隔板与腹板全焊透连接的必要手段。

栓钉焊是在栓钉与母材之间通以电流，局部加热熔化栓钉端头和局部母材，并同时施加压力挤出液态金属，使栓钉整个截面与母材形成牢固结合的焊接方法。栓钉焊一般可分为电弧栓钉焊和储能栓钉焊。目前，栓钉焊主要用于栓钉与钢构件的连接。

国产各种二氧化碳气体保护焊焊机技术参数实例 表 17-49

型号	DYNA AUTO		NBC-315	NBC-500	NB-500	NB-630	NBC -500R	NBC -600R	NBC -500-1	NZ-630 自动焊
	XC-350	XC-500								
电源	三相 380V/50Hz									
输入容量 (kV·A)	18	30.8	12.7	26.9	17.9	22	32	45	18.8	36
空载电压 (V)			18.5～41.5	21.5～51.5					21～49	
额定电流 (A)	350	500	315	500	500	630	500	600	400	630
负载持续率 (%)	50	60	60	60	60	60	60	80	60	60
电流调整范围 (A)	50～350	50～500	60～315	100～500	50～500	50～630	50～500	50～600	80～400	110～630
电压调整范围 (V)	15～36	15～45			14～44	20～35	15～42	15～48	18～34	20～44
电压调整级数 (级)			40	40						
电源质量 (kg)	96	146	132	230	280	280	222	315	166	179
电源外形尺寸 (mm)	348×592 ×642	400×607 ×850	790×520 ×645	890×560 ×670	600×400 ×800	600×400 ×800	465×665 ×890	565×720 ×920	434×685 ×1005	600×770 ×1000
送丝机质量 (kg)					8	15				焊车质量 19
适用焊丝直径 (mm)	0.8～1.6	0.8～1.6	0.8、1.0、1.2、1.6		1～1.6	1.2～3.2	1.2、1.6	1.2、1.6	1.0、1.2、1.6	1.2～2.0
送丝速度 (m/min)	1.5～15	1.5～15			0.5～7.1	0.8～4.6			3～16	1～12

2. 焊接材料

一般来说，药皮焊条手工电弧焊的焊接材料主要是药皮焊条；埋弧焊的焊接材料主要是焊丝和焊剂；CO_2 气体保护焊的焊接材料主要是焊丝和 $Ar+CO_2$ 的混合气体。

(1) 焊条

1) 焊条的型号

焊条型号根据熔敷金属的力学性能、药皮类型、焊接位置和使用电流种类划分。其型号表示方法标记如下：

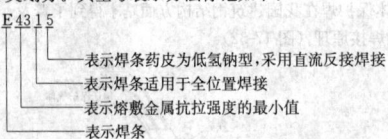

E 4315
— 表示焊条药皮为低氢钠型，采用直流反接焊接
— 表示焊条适用于全位置焊接
— 表示熔敷金属抗拉强度的最小值
— 表示焊条

按用途的不同，焊条可分为结构钢焊条、不锈钢焊条、低温钢焊条、铸铁焊条和特殊用途焊条等；按熔渣的碱度不同，焊条又可分为酸性焊条和碱性焊条。目前，钢结构工程上主要使用结构钢焊条，即碳钢焊条和低合金钢焊条，用于焊接碳钢和低合金高强钢。

2) 焊条的选用

同种钢焊接时焊条选用的一般原则见表 17-50，异种钢、复合钢焊接时焊条选用的一般原则见表 17-51。

同种钢焊接时焊条选用的一般原则 表 17-50

类别	选用原则
焊接材料的力学性能和化学成分	1. 对于普通结构钢，应选用抗拉强度等于或稍高于母材的焊条； 2. 对于合金结构钢，通常要求焊缝金属的主要合金成分与母材金属相同或相近； 3. 在被焊结构刚性大、接头应力高、焊缝容易产生裂纹的情况下，可以考虑选用比母材强度低一级的焊条； 4. 当母材中碳及硫、磷等元素含量偏高时，应选用抗裂性能好的低氢型焊条
焊件的使用性能和工作条件	1. 对承受动载荷和冲击载荷的焊件，应选用塑性和韧性指标较高的低氢型焊条； 2. 接触腐蚀介质的焊件，应选用相应的不锈钢焊条或其他耐腐蚀焊条； 3. 在高温或低温条件下工作的焊件，应选用相应的耐热钢或低温钢焊条
焊件的结构特点和受力状态	1. 对结构形状复杂、刚性大及大厚度焊件，应选用抗裂性能好的低氢型焊条； 2. 对焊接部位难以清理干净的焊件，应选用氧化性强，对铁锈、氧化皮、油污不敏感的酸性焊条； 3. 对受条件限制不能翻转的焊件，有些焊缝处于非平焊位置时，应选用全位置焊接的焊条

续表

类别	选用原则
施工条件及设备	1. 在没有直流电源而焊接结构又要求必须使用低氢型焊条的场合，应选用交、直流两用低氢型焊条； 2. 在狭小或通风条件差的场所，应选用酸性焊条或低尘焊条
改善操作工艺性能	在满足产品性能要求的条件下，尽量选用电弧稳定、飞溅少、焊缝成形均匀整齐、容易脱渣的工艺性能好的酸性焊条。焊条工艺性能要满足施焊操作需要。如在非水平位置施焊时，应选用适于各种位置焊接的焊条；在向下立焊、管道焊接、底层焊接、盖面焊、重力焊时，可选用相应的专用焊条
合理的经济效益	1. 在满足使用性能和操作工艺性的条件下，尽量选用成本低、效率高的焊条； 2. 对于焊接工作量大的结构，应尽量采用高效率焊条，如铁粉焊条、立向下焊条等专用焊条，以提高焊接生产率

异种钢、复合钢焊接时焊条选用的一般原则
表 17-51

类别	选用原则
强度级别不同的碳钢和低合金钢，低合金钢和低合金钢的焊接	1. 一般要求焊缝金属及接头的强度不低于两种被焊金属中的最低强度，因此选用焊条应能保证焊缝及接头的强度不低于强度较低钢材的强度，同时焊缝的塑性和冲击韧性应不低于强度较高而塑性较差的钢材的性能； 2. 为防止裂纹，应按焊接性能较差的母材选择焊接工艺措施，包括工艺参数、预热温度及焊后处理等
低合金钢和奥氏体型不锈钢的焊接	1. 通常按照对熔敷金属化学成分限定的数值来选用焊条，建议使用铬镍含量高于母材且塑性、抗裂性较好的不锈钢焊条； 2. 对于非重要结构的焊接，可选用与不锈钢成分相近的焊条
不锈钢复合钢板的焊接	为了防止基体碳素钢对不锈钢熔敷金属产生的稀释作用，建议对基层、过渡层、覆层的焊接选用三种不同性能的焊条。 1. 对基层（碳钢或低合金钢）的焊接，选用相应强度等级的结构钢焊条； 2. 对过渡层（即覆层和基体交界面）的焊接，选用铬、镍含量比不锈钢板高的塑性、抗裂性较好的奥氏体型不锈钢焊条； 3. 覆层直接与腐蚀介质接触，应使用相应成分的奥氏体型不锈钢焊条

(2) 焊丝、焊剂

1) 埋弧焊用焊丝

结构钢埋弧焊用焊丝有碳锰钢、锰硅钢、锰钼钢和锰钼钒钢。

其化学成分等技术要求应符合《熔化焊用钢丝》(GB/T 14957)。埋弧焊常用的焊丝牌号有：H08A、H08MnA、H10MnSi、H08MnMoA 和 H08Mn2MoVA 等。

2) 埋弧焊用焊剂

埋弧焊焊剂在焊接过程中起隔离空气、保护焊缝金属不受空气侵害和参与熔池金属冶金反应的作用。按制造方法的不同，焊剂可分为熔炼焊剂和非熔炼焊剂。对于非熔炼焊剂，根据焊剂烘焙温度的不同，又分为黏结焊剂和烧结焊剂。

①埋弧焊焊剂的型号

埋弧焊所用的焊接材料焊丝和焊剂，当两者的组配方式不同所产生的焊缝性能完全不同，因此设计和施工时要根据焊缝要求的化学成分和力学性能合理选择焊剂和焊丝的匹配。

按照《埋弧焊用碳钢焊丝和焊剂》(GB/T 5293) 的规定，低碳钢用埋弧焊焊剂型号与焊丝牌号的组合表示方法如下：

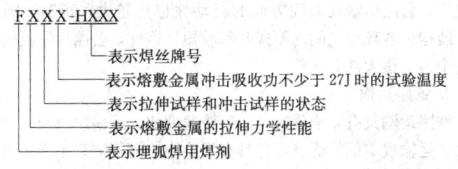

按照《埋弧焊用低合金钢焊丝和焊剂》(GB/T 12470) 的规定，低合金钢用埋弧焊焊剂型号与焊丝牌号的组合表示方法如下：

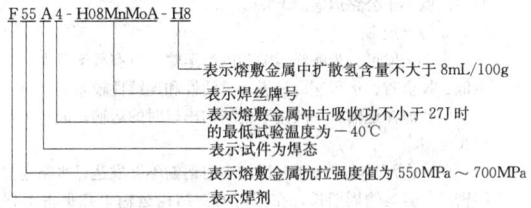

②埋弧焊焊剂系列产品牌号

埋弧焊焊剂有熔炼焊剂、烧结焊剂两种，焊剂系列产品牌号表示方法如下：

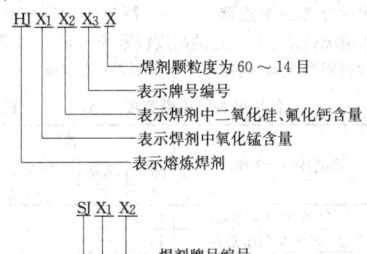

3) CO_2 气体保护焊用焊丝

CO_2 气体保护焊用焊丝可分为实芯焊丝和药芯焊丝两大类。

①实芯焊丝

CO_2 气体保护焊的电弧及熔池处于氧化性气氛中，使用的焊丝必须考虑加入脱氧成分 Si 并补充母材中 Mn、Si 的损失，因此对于碳钢和一般低合金结构钢均必须使用 H08Mn2Si 低合金焊丝，才能满足焊缝性能要求，必要时还应根据冲击韧性及其他要求（如减小飞溅等）通过焊丝添加适当的微量元素。对于 Q420、Q460 级低合金钢，焊丝的选择应根据母材的强度及冲击韧性要求使用含 Mo 或专用焊丝进行合理匹配，并符合《气体保护电弧焊用碳钢、低合金钢焊丝》(GB/T 8110) 规定。

②药芯焊丝

药芯焊丝亦称粉芯焊丝，即在空心焊丝中填充焊剂而焊丝外表并无药皮。由于药芯焊丝具有电弧稳定，飞溅小、焊接质量好、熔敷速度高及综合使用成本低等优点，其综合成本低于实芯焊丝及焊条手工电弧焊。

③药芯焊丝型号

结构用国产药芯焊丝产品国家标准为《碳钢药芯焊丝》(GB/T 10045) 及《低合金钢药芯焊丝》(GB/T 17493)，碳钢药芯焊丝型号举例如下：

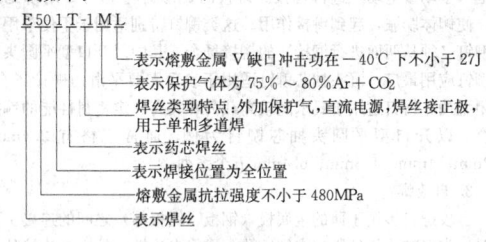

低合金钢药芯焊丝型号举例如下：

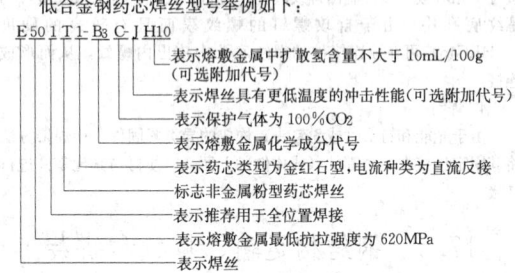

(3) 保护气体

气体保护焊所用的保护气体有：纯 CO_2 气体及 CO_2 气体和其他惰性气体混合的混合气体，最常用的混合气体是 $Ar + CO_2$ 的混合气体。

CO_2 气体的纯度对焊缝的质量有一定的影响。化工行业标准《焊接用二氧化碳》(HG/T 2537—1993) 对二氧化碳的技术条件作出了严格规定，见表 17-52。

二氧化碳的技术条件　　　　表 17-52

项 目	组 分 含 量		
	优等品	一等品	合格品
二氧化碳 (V/V, 10^{-2})	≥99.9	≥99.7	≥99.5
液态水	不得检出	不得检出	不得检出
油			
水蒸气＋乙醇含量 (m/m, 10^{-2})	≥0.005	≥0.02	≥0.05
气味	无异味	无异味	无异味

优等品用于大型钢结构工程中的低合金高强度结构钢，特别是厚钢板以及约束力大的节点的焊接；一等品用于碳素结构钢的厚板焊接；合格品用于轻钢结构的中薄钢板焊接。

17.4.4 其 他 连 接

钢结构工程中有时会采用铆钉、抽芯铆钉（拉铆钉）、焊钉和自攻螺钉等。

1. 铆钉

(1) 铆接种类

铆接可分为强固铆接、密固铆接和紧固铆接三种：

1) 强固铆接。该类铆接可承受足够的压力和剪力，但对铆接处的密封性要求差；

2) 密固铆接。该类铆接可承受足够的压力和剪力，且对铆接处的密封性要求高；

3) 紧固铆接。该类铆接承受压力和剪力的性能差，但对铆接处有高度的密封性要求。

(2) 铆钉常用技术标准（表 17-53）

铆钉常用技术标准　　　　表 17-53

序 号	标准号	标准名称
1	(GB 863.1)	《半圆头铆钉（粗制）》
2	(GB/T 863.2)	《小半圆头铆钉（粗制）》
3	(GB 865)	《沉头铆钉（粗制）》
4	(GB 866)	《半沉头铆钉（粗制）》
5	(GB/T 116)	《铆钉技术条件》

2. 抽芯铆钉（拉铆钉）

抽芯铆钉是一类单面铆接用的铆钉，但须使用专用工具——拉铆枪（手动或电动）进行铆接。铆接时，铆钉钉芯由专用铆枪拉动，使铆体膨胀，起到铆接作用。这类铆钉特别适用于不便采用普通铆钉（须从两面进行铆接）的铆接场合，其中以开口型平圆头抽芯铆钉应用最广，沉头抽芯铆钉适用于表现需要平滑的铆接场合，封闭型抽芯铆钉适用于要求随较高载荷并具有一定密封性能的铆接场合。以开口型平圆头抽芯铆钉为例，通常规格有 2.4mm、3.2mm、4mm、4.8mm、6.4mm 五个系列。

3. 自攻螺钉

自攻螺钉多用于薄的金属板（钢板、锯板等）之间的连接。连接时，先对被连接件制出螺纹底孔，再将自攻螺钉拧入被连接件的螺纹底孔中。由于自攻螺钉的螺纹表面具有较高的硬度（≥HRC45），可在被连接件的螺纹底孔中攻出内螺纹，从而形成连接。

4. 焊钉

由于光能和钉头（或无钉头）构成的异类紧固件，用焊接方法将其固定连接在一个零件（或构件）上面，以便再与其他零件进行连接。

17.5　钢结构运输、堆放和拼装

17.5.1　钢结构包装

17.5.1.1　钢结构包装原则

（1）包装应根据产品的性能要求、结构形状、尺寸及质量、刚度和路程、运输方式（铁路、公路、水路）及地区气候条件等具体情况进行。也应符合国家有关车、船运输法规规定。

（2）产品包装应在产品检验合格、随机文件齐全、漆膜完全干燥后进行。

（3）产品包装应具有足够强度；保证产品能经受多次装卸；运输无损坏、变形、降低精度、锈蚀、残失；能安全可靠地运抵目的地。

（4）带螺纹的产品应对螺纹部分涂上防锈剂，并加包裹，或用塑料套管护套。经刨铣加工的平面、法兰盘连接平面、销轴和销轴孔、管类端部内壁等宜加以保护。

（5）对特长、特宽、特重、特殊结构形状及高精度要求产品应采用专用设计包装装置。

（6）包装标志：大型包装的重心点、起吊位置、防雨防潮标记、工程项目号、供货号、货号、品名、规格、数量、质量、生产厂号、体积（长×宽×高）、收发地点、单位、运输号码等。

（7）标志应正确、清晰、整齐、美观、色泽鲜明、不易褪色剥落，一般用与构件色泽不同的油漆，在规定部位进行手刷或喷刷。标志文字、图案规格大小，应视所包装构件而定。

（8）包装同样需经检验合格，方可发运出厂。包装清单应与实物一致，以便接货、检查、验收。

17.5.1.2　产品包装方法

（1）散件出厂的杆件，应采用钢带打捆，钢带应用专用打包机打紧，若杆件较长，应多设置几个捆扎点。要保证在运输时，构件无窜动且坚固可靠。

（2）对于大构件的钢柱和横梁，采用单独包装，在构件的上下配有木块，采用双头螺栓将木块固定在构件上，每个构件至少配置两处，但应注明吊点位置，以正确指导构件的装卸。

（3）高强度螺栓和连接螺栓按成套的形式进行供货，采用木箱单独包装。成箱包装的构件和标准件，要保证箱内构件在运输过程中无窜动，且箱体坚固可靠。

（4）同一构件的散件应尽量包装在一起，打包时应注意保护涂装油漆，且每一包构件均应有相应的清单，以便现场核查、装配。

17.5.1.3　包装注意事项

（1）油漆干燥，零部件的标记书写正确，方可进行打包；包装时应保护构件涂层不受伤害。

（2）包装时应保证构件不变形，不损坏，不散失，需水平放置，以防变形。

（3）待运物堆放需平整、稳妥、垫实，搁置干燥、无积水处，防止锈蚀；构件应按种类、安装顺序分区存放，以便于查找。

（4）相同、相似的钢构件叠放时，各层钢构件的支点应在同一垂直线上，防止钢构件被压坏或变形。底层垫枕应有足够的支承面，防止支点下沉。

17.5.2　钢构件运输

17.5.2.1　常用运输方式

常用的钢结构运输方式主要有：铁路运输、公路运输、水上运输等。

1. 公路运输

由于公路运输网一般比铁路、水路网的密度要大十几倍，分布面也广，公路运输在时间方面的机动性也比较大，车辆可随时调度、装运，各环节之间的衔接时间较短，因此，公路运输在钢结构运输中占了很大部分比重。

2. 铁路运输

铁路运输具有安全程度高、运输速度快、运输距离长、运输力大、运输成本低等优点，且具有污染小、潜能大、不受天气条件影响的优势，但是由于铁路运输网还不够密集，一般只能到大、中城市，而且货运方面往往供不应求，现在铁路运输在钢结构运输中所占比例小于公路运输。

3. 水上运输

水上运输可分为海洋运输和内河运输，具有载运量大、运输成本低、投资省、运行速度较慢、灵活性和连续性较差等特点。

（1）海洋运输：一般用于钢结构出口时的运输，成本小，但周期长。

（2）内河运输：由于我国的内河运输不够发达，水路运输网不够密集，且运输周期长，在当前的钢结构运输中几乎占不到多少比重。

17.5.2.2　技术参数

1. 公路运输

装车尺寸应考虑沿途路面、桥、隧道等的净空尺寸，见表17-54。一般情况公路运输装运的高度极限为 4.5m，如需通过隧道时，则高度极限为 4m，构件长出车身不得超过 2m。

各级公路行车道宽度（m）　　表 17-54

公路等级	净空各部分名称	净空尺寸			
		路宽15	路宽9	2个路宽7.5+分车带	2个路宽+分车带
a、b	人行道或安全带边缘间宽度 J	15.0	9.0	7.5	7.0
	下承式桥桁架间净宽 B	15.5	9.5	8.0	7.5
	路顶顶点起至高度为5m处的净宽顶间距 A	12.5	6.5	6.5	6.0
	净空顶角宽度 E	1.5	1.5	0.75	0.75
	人行道宽度 R	≥0.75			
c	公路宽	J	B	H	H1
	7	7	8.5	5.0	3.5
	4.5	4.5	6.0	3.5	3.0

2. 铁路运输

钢结构构件的铁路运输，一般由生产厂负责向车站提出车皮计划，经由车间调拨车皮装运。铁路运输应遵守国家火车装车限界（图17-33），当超过影线部分而超出外框时，应预先向铁路部门提出超宽（或超高）通行报告，经批准后可在规定的时间运送。

3. 水上运输

（1）海洋运输：由于海洋运输要求比较严格，除了国际通用标准外，各国还有不同的具体要求。因此，运输前应与海运取得联系，在到达港口后向海港负责装船，所以要根据离岸码头到岸港口的装卸能力，来确定钢结构产品运输的外形尺寸、单件质量——即每夹或每箱的总重。

（2）内河运输：应按我国的水路运输标准，根据船形大小、载重量及港口码头的起重能力，确定构件运输单元的尺寸，使其不超

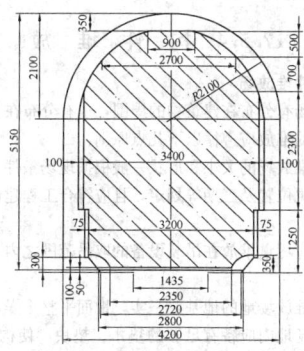

图 17-33　铁路运输装车界限尺寸

过当地的起重能力和船体尺寸。

17.5.2.3　运输前准备工作

1. 技术准备

（1）编制运输方案

编制运输方案应根据构件的形状尺寸，结合道路条件、现场起重设备、运输方式、构件运输时间要求等主要因素，制订切实可行且经济实用的运输方案。

（2）运输架设计及制作

根据构件的外形尺寸、质量及有关成品保护要求设计制作各种类型构件的运输架（支架）。运输架要构造简单、受力合理、满足要求、经济实用及拆装方便。

（3）运输时构件的受力验算

根据构件运输时的支承布置、考虑运输时可能产生的碰撞冲击等，验算构件的强度、稳定、变形。如不满足要求，应进行加固措施。

2. 运输工具准备

现在钢构件的运输一般多用汽车，这里以汽车为例。钢结构制作单位应按照编制好的运输方案，组织运输车辆、起重机及相关配套设施等，并及时追踪动态，反馈信息，建立车辆调配台账，保证钢结构的运输安全按时到达，满足客户的需求。

3. 运输条件准备

（1）现场运输道路的修筑

一般应按照车辆类型、形状尺寸、总体质量等，确定修筑临时道路的标准等级、路面宽度及路基面结构要求。

（2）运输线路的实地考察

钢结构制作单位应在杆件正式发运前，组织专业人士对运输线路进行实地考察和复核，确保运输方案的可行性和实用性。

（3）构件运输试运行

将装运最大尺寸的构件的运输架安装在车辆上，模拟构件尺寸，沿运输道路试运行。

17.5.2.4　构件运输的基本要求

实际情况下，影响构件运输的因素有很多，一般来说，构件运输应满足的基本要求有：

（1）钢构件的垫点和装卸车时的吊点，不论上车运输或卸车堆放，都应按要求进行。叠放在车上或堆放在现场的构件，构件之间的垫木要在同一条垂直线上，且厚度相等。

（2）构件在运输时要固定牢靠，以防在运输中途倾倒，或在道路转弯时车速过高被甩出。对于屋架等重心较高、支承面较窄的构件，应用支架固定。

（3）根据工期、运距、构件质量、尺寸和类型以及工地具体情况，选择合适的运输车辆和装卸机械。

（4）根据吊装顺序，先吊先运，保证配套供应。

（5）对于不容易调头和又重又长的构件，应根据其安装方向确定装车方向，以利于卸车就位。必要时，在加工场地生产时，就应进行合理安排。

（6）若采用铁路或水路运输时，须设置中间堆场临时堆放，再用载重汽车或拖车向吊装现场转运。

（7）根据路面、天气情况好坏掌握行车速度，行车必须平稳，

禁止超速行驶。

17.5.3　构件成品现场检验及缺陷处理

17.5.3.1　构件现场检验

钢结构成品的现场检验项目主要包括构件的外形尺寸、连接的相关位置、变形量、外观质量及制作资料的验收和交接等，同时也包括各部位的细节及必要时的工厂预拼装结果。成品检查工作应在材料质量保证书、工艺措施、各道工序的自检、专检记录等前期工作完成无误的情况下进行。

1. 钢柱的检验

（1）实腹式钢柱检验要点

1）对于有吊车梁的钢柱，牛腿部分及相关的支承肋承受交变动荷载，一般为 K 形坡口焊缝，并且应保证全熔透。另外由于板材尺寸不能满足需要而进行拼接焊缝，拼装焊缝必须全熔透，保证与母材等强度。一般情况下，除外观质量的检查外，上述两类焊缝要进行超声波探伤内部质量检查，成品现场检验时应予重点注意。

2）柱端、悬臂等有连接的部位，要注意检查相关尺寸，特别是高强度螺栓连接时，更要加强控制。另外，柱底板的平直度、钢柱的侧弯等等要注意检查控制。

3）当设计图要求柱身与底板要刨平顶紧的，需按现行国家标准的要求对接触面进行磨光顶紧检查，以确保力的有效传递。

4）钢柱柱脚不采用地脚螺栓，而直接插入基础预留孔，再进行二次灌浆固定的，要注意检查插入混凝土部分不得涂漆。

5）箱形柱一般都设置内部加劲肋，为确保钢柱尺寸，并起到加强作用，内肋板需加工刨平、组装焊接几道工序。由于柱身封闭后无法检查，应注意加强工序检查，内肋板加工刨平、装配贴紧情况，以及焊接方法和质量均符合设计要求。

（2）空腹式钢柱检验要点

空腹钢柱（格构件）的检查要点基本同于实腹钢柱。由于空腹钢柱截面复杂，要经多次加工、小组装、再总装到位。因此，空腹柱在制作中各部位尺寸的配合十分重要，在其质量控制检查中要侧重于单体构件的工序检查。检验方法用钢尺、拉线、吊线等方法。

2. 吊车梁的检验

（1）吊车梁的焊缝因受冲击和疲劳影响，其上翼缘板与腹板的连接焊缝要求全熔透，一般视板厚大小开成 V 或 K 形坡口。焊后要对焊缝进行超声波探伤检查，探伤比例按设计文件的规定执行。如若设计的要求为抽检，检查时应重点检查两端的焊缝，其长度不应小于梁高，梁中间再应抽检 300mm 以上的长度。抽检若发现超标缺陷，应对该焊缝进行全部检查。由于板料尺寸所限，吊车梁钢板需要拼接时，翼缘板与腹板的拼缝要错开 200mm 以上，且拼缝错开加劲肋 200mm 以上。拼接缝要求与母材等强度，全熔透焊接，并进行超声波探伤的检查。

（2）吊车梁外形尺寸控制，原则上长度负公差。上下翼缘板边缘要整齐光洁，切忌有凹坑，上翼缘板的边缘状态是检查重点，要特别注意。无论吊车梁是否要求起拱，焊后都不允许下挠。要注意控制吊车上翼缘板与轨道接触面的平面度不得大于 1.0mm。

3. 钢屋架的检验

（1）在钢屋架的检查中，要注意检查节点处各型钢重心线交点的重合状况。重心线的偏移会造成局部弯矩，影响钢屋架的正常工作状态。造成钢结构工程的隐患。产生重心线偏移的原因，可能是组装胎具变形或装配时杆件未靠紧胎模所致。如发生重心线偏移超出规定的允许偏差（3mm）时，应及时提供数据，请设计人员进行验算，如不能使用，应拆除更换。

（2）钢屋架上的连接焊缝较多，但每段焊缝的长度又不长，极易出现各种焊接缺陷。因此，要加强对钢屋架焊缝的检查工作，特别是对受力较大的杆件焊缝，要作重点检查控制，其焊缝尺寸和质量标准必须满足设计要求和现行国家标准的规定。

（3）为保证安装工作的顺利进行，检查中要严格控制连接部位孔的加工，孔位尺寸要在允许的公差范围之内，对于超过允许偏差的孔要及时作出相应的技术处理。

（4）设计要求起拱的，必须满足设计规定，检查中要控制起拱尺寸及其允许偏差，特别是吊车桁架，即使未要求起拱处理，组焊

后的桁架也严禁下挠。

(5) 由两支角钢背靠背组焊的杆件，其夹缝部位在组装前应按要求除锈、涂漆，检查中对这些部位应给予注意。

4. 平台、栏杆、扶梯的检验

平台、栏杆、扶梯虽是配套产品，但其制作质量也直接影响人的安全，要确保其牢固性，有以下几点要加以注意：

(1) 由于焊缝不长，分布零散，在检查中要重点防止出现漏焊现象。检查中要注意构件间连接的牢固性，如爬梯内的圆钢要穿过扁钢，再焊牢固。采用间断焊的部位，其转角与端部一定要有焊缝，不得有开口现象。构件不得有尖角外露，栏杆上的焊接接头及转角处要磨光。

(2) 栏杆和扶梯一般都分开制作，平台根据需要可以整件出厂，也可以分段出厂，各构件间相互关联的安装孔距，在制作中要作为重点检查项目进行控制。

5. 球节点的检验

(1) 焊接球节点

1) 用漏模热轧的半圆球，其壁厚会发生不均匀，靠半圆球的上口偏厚，上模的底部与侧边的过渡区偏薄。网架的球节点规定壁厚最薄处的允许减薄量为13%且不得大于1.5mm。球的厚度可用超声波测厚仪测量。

2) 球体不允许有"长瘤"现象，"荷叶边"应在切边时切去。半圆球切口应用车床切削或半自动气割切割，在切口的同时做出坡口。

3) 成品球直径经常有偏小现象，这是由于上模磨损或考虑冷却收缩率不够等所致。如负偏差过大，会造成网架总拼尺寸偏小。

4) 焊接球节点是由两个热轧后经机床加工的两个半圆球相对焊成的。如果两个半圆球互相对接的接缝处是圆滑过渡的（即在同一圆弧上），则不产生对口错边量，如两个半圆球对得不准，或有大小不一，则在接缝处将产生错边量。不论球大小，错边量一律不得大于1mm。

(2) 螺栓球节点

螺栓球节点现场检验时应重点关注各螺孔的螺纹尺寸、螺孔角度、螺孔端距球心尺寸等，应符合现行国家标准的要求。螺孔角度的量测可采用测量芯棒、高度尺、分度尺等配合进行。

17.5.3.2 构件缺陷现场处理

钢结构件现场检验旨在保证进入现场的构件成品满足设计及有关现行国家标准的要求，质量控制的重点应放在钢结构制作厂。由于构件在长途运输过程中可能出现部分变形，以及加工厂自身可能存在的加工质量问题，对于现场检验缺陷超出允许偏差范围的构件，应视缺陷的严重程度及现场的处理能力（由于场地、设备、经验等原因，现场处理能力往往有限），综合判断返厂修补或现场处理。

1. 焊缝缺陷的现场处理

(1) 常见的焊缝缺陷有焊脚尺寸不够、焊缝错边超标、焊缝漏焊（楼梯、栏杆等小型构件上）、焊缝存在气孔和夹渣等，这些缺陷一般可以在现场予以处理，如去除缺陷的焊缝金属后补焊等。

(2) 对接焊缝（如多节柱对接焊缝）的预留坡口角度未达标，可通过现场打磨的方式进行处理。部分构件出现多余外露的焊接衬垫板，可现场割除，对平整度有要求的，尚应打磨平整。

(3) 对于焊缝无损探伤不合格的焊缝缺陷，可采用碳弧气刨后重焊的方法进行现场处理。

2. 构件外观及外形尺寸缺陷的现场处理

(1) 对于部分严重的构件缺陷，如构件长度、构件表面平直度、加工面垂直度、构件造型偏差过大等，限于现场的缺陷处理能力，一般需返厂维修。

(2) 对于少量设计要求开孔但漏开孔缺陷，一般可视孔的重要程度采用气割开孔或钻孔、铰孔等方式进行现场制孔，螺栓孔不得采用气割开孔。

(3) 孔径小于设计要求的螺栓孔，可采用铰刀进行扩孔；孔径大于设计要求螺栓孔，可采用与母材等强焊接金属补焊后铰刀扩孔的方式进行处理。

(4) 对于构件运输过程中产生的少量变形，一般可通过千斤顶、拉索等机械矫正或局部火焰矫正的方式进行处理。

17.5.4 构 件 堆 放

17.5.4.1 构件堆放场

构件堆放场有分布在建筑物的周围，也有分布在其他地方。一般来说，构件的堆放应遵循以下几点原则：

(1) 构件堆放场的大小和形状一般根据现场条件、构件分段分节、塔式起重机位置及工期等划定，且应符合工程建设总承包的总平面布置。

(2) 构件应尽量堆放在吊装设备的取吊范围之内，以减少现场二次倒运。

(3) 构件堆放场地的地基要坚实，地面平整干燥，排水良好。

(4) 堆放场地内应备有足够的垫木、垫块，使构件得以放平、放稳，以防构件因堆放方法不正确而产生变形。

17.5.4.2 构件堆放面积计算

钢结构的堆场面积，可按式（17-4）的经验公式计算：

$$F = f \cdot g \cdot t \tag{17-4}$$

钢结构构件堆场面积，也可按式（17-5）的经验公式计算：

$$F = Q_{max} \cdot \alpha \cdot K_1 \tag{17-5}$$

钢结构构件堆场面积亦可根据场地允许的单位荷载按式（17-6）进行估算：

$$F = \frac{Q}{q} \cdot K_2 \tag{17-6}$$

式中 F——钢结构构件堆放场地总面积（m²）；

f——每根钢构件占用的面积；

g——每天吊装构件的数量；

t——构件的储存天数；

Q_{max}——构件的月最大储存量（t），根据构件进场时间和数量按月计算储存量，取最大值；

α——经验用地指标（m²/t），一般为7~8m²/t；叠堆构件时取7m²/t，不叠堆构件时取8m²/t；

K_1——综合系数，取1.0~1.3，按辅助用地情况取用；

Q——同时堆放的钢结构构件质量（t）；

K_2——考虑装卸等因素的面积计算系数，一般取1.1~1.2；

q——包括通道在内的每平方米堆放场地面积上的平均单位负荷（kN/m²），按表17-55取用。根据不同钢结构构件的质量 Q_1、Q_2……Q_n（$Q_1+Q_2+\cdots+Q_n=Q$）和不同钢结构构件在每平方米堆放场地面积上的单位荷载 q_1、q_2……q_n 按式（17-7）计算：

$$q = \frac{Q_1 q_1 + Q_2 q_2 + \cdots + Q_n q_n}{Q_1 + Q_2 + \cdots + Q_n} \tag{17-7}$$

钢结构构件堆放场地的单位荷载   表 17-55

类 别	钢结构构件及堆放方式	计入通道的单位负载（kN/m²）
钢柱	5t以内的轻型实体柱	6.00
	15t以内的中型格构柱	3.25
	15t以上重型柱	6.50
钢吊车梁	10t以内的（竖放）	5.00
	10t以上的（竖放）	10.00
钢桁架	3t以内的（竖放）	1.00
	3t以内的（平放）	0.60
	3t以上的（竖放）	1.30
	3t以上的（平放）	0.70
其他构件	檩条、构架、连接杆件（实体）	5.00
	格构式檩条等	1.70
	池罐钢板	10.00
	池罐节段	3.00

【例1】 某地下室钢结构工程，每根巨型钢柱占用面积72m²，每天吊装构件10根，现场需储备3d的吊装量，试求需用钢结构构件堆放场地的面积。

【解】 $F = f \cdot g \cdot t = 72 \times 10 \times 3 = 2160$m²

故知，该工程的钢柱堆放场地面积为2160m²。

【例2】 某厂房钢结构工程，月最大需用量为600t，试求需用钢结构构件堆放场地面积。

【解】 取 $\alpha = 7.5 \text{ m}^2/\text{t}$，$K_1 = 1.2$，

$$F = Q_{max} \cdot \alpha \cdot K_1 = 600 \times 7.5 \times 1.2 = 5400 \text{m}^2$$

故知，需用钢结构构件堆放场面积为5400m²。

17.5.4.3 构件堆放方法

（1）单层堆放。在规划好的堆放场地内，根据构件的尺寸大小安置好垫块或枕木，同时注意留有足够的间隙用于构件的预检及装卸操作，将构件按编号放置好。对于场地较为宽松，且堆放大型、异形构件时，可以直接安置枕木放置，亦可放置在专门制作的胎架上。

（2）多层堆放。多层堆放是在下层构件上再行叠放构件，底层构件的堆放跟单层堆放相同，上一层构件堆放时必须在下层构件上安置垫块或枕木。注意将先吊装的构件放在最上面一层，同时支撑点应放置在同一竖直高度。

17.5.4.4 构件堆放注意事项

（1）钢结构产品不得直接放在地上，应垫高200mm以上。

（2）侧向刚度较大的构件可水平堆放，当多层叠放时，必须使各层垫木在同一垂线上。

（3）构件应按型号、编号、吊装顺序、方向，依次分类配套堆放。堆放位置应按吊装平面布置规定，并应在起重机回转半径范围内。先吊的构件放在靠近起重机一侧，后吊的依次排放，并考虑到吊装和装车方向，避免吊装时转向和二次倒运，影响效率而且易于损坏构件。

（4）大型构件的小零件应放在构件的空当内，用螺栓或铁丝固定在构件上。

（5）对侧向刚度较差、重心较高、支承面较窄的构件，如屋架、托架薄腹屋面梁等，宜直立放置，除两端设垫木支承外，并应在两侧加设撑木，或将数榀构件以方木、8号钢丝绑扎连在一起，使其稳定，支撑及连接处不得少于3处。

（6）构件叠层堆放时，一般柱子不宜超过2层，梁不超过3层，大型屋面板、圆孔板不超过8层，楼板、楼梯板不超过6层，钢屋架平放不超过3层，钢檩条不超过6层，钢结构堆垛高度一般不超过2m，堆垛间需留2m宽通道。

（7）构件堆放应有一定挂钩、绑扎操作，净距和净空。一般来说，相邻构件的间距不得小于0.2m，与建筑物相距2.0~2.5m，构件每隔2~3堆垛应有1条纵向通道，而每隔25m留1道横向通道，宽应不小于0.7m。另外，堆放场应修筑环行运输道路，其宽度单行道不少于4m，双行道不少于6m。

17.5.5 构件现场拼装

构件的现场拼装在网壳结构运用较为广泛，一般有桁架分段单元的拼装和网架分块单位的拼装两种，在此仅以桁架现场拼装为例加以叙述。

17.5.5.1 现场拼装准备工作

1. 技术准备

（1）编制现场拼装作业指导书。

（2）验算拼装胎架的稳定性与安全性。

（3）预先做好测量校正的内业计算工作。

2. 材料准备

（1）构件进场必须根据工程实施的进度编制详细的进场计划，并根据计划的要求进行。

（2）进场构件必须具备：原材质量证明书、原材复检报告、钢构件产品质量合格证、焊接工艺评定报告、焊接施焊记录、焊缝外观检查报告、焊缝无损检测报告、构件尺寸检验报告、干漆涂膜厚度检测报告、摩擦面抗滑移系数检测报告。

（3）严格遵守工程所在地有关建筑施工的各项规定及现场监理公司对安装前施工资料的要求。

3. 设备与人员准备

根据编写的拼装作业指导书，组织人员与设备到位。

4. 构件进场和卸货

（1）构件进场根据现场安装分区（分节）有计划、有顺序地配

套搬入现场，严防顺序颠倒和不配套的构件搬入而造成现场混乱。

（2）卸车时构件要放在适当的支架上或枕木上，注意不要使构件变形和扭曲。

（3）运送、装卸构件时，轻拿轻放，不可拖拉，以避免将表面划伤。

（4）卸货作业时必须由工地有资格的人员负责，对构件在运输过程中发生的变形，与有关人员协商采取措施在安装前加以修复。

17.5.5.2 拼装整体流程

桁架分段单元拼装流程及步骤分别见图17-34、图17-35。

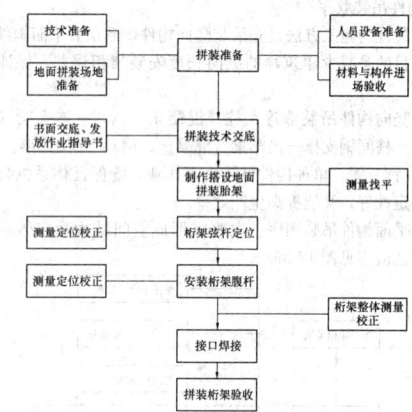

图 17-34 桁架分段单元
地面拼装流程图

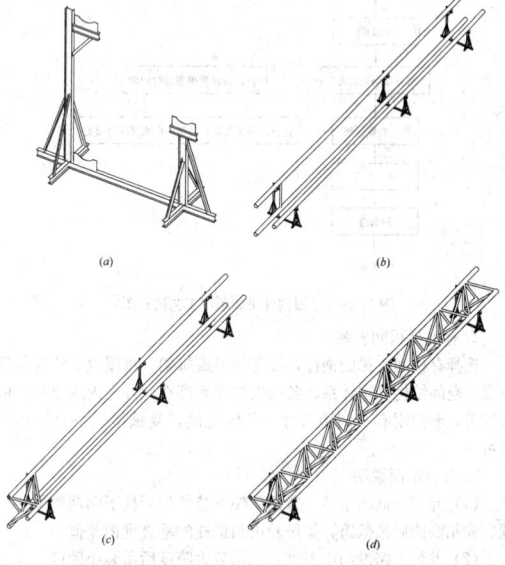

图 17-35 桁架分段单元拼装步骤流程图
(a) 步骤1：制作拼装胎架；(b) 步骤2：弦杆定位；
(c) 步骤3：安装腹杆；(d) 步骤4：整体验收

17.5.5.3 拼装注意事项

（1）拼装场地宜选在安装设计位置下方附近，方便吊装。

（2）拼装胎架的搭设必须平稳可靠。

（3）弦杆的定位要注意两端的方向。

（4）腹杆的安装根据难易程度进行，一般是按先难后易的顺序进行。

（5）周转使用的胎架在重新使用时必须测量找平。

（6）如在混凝土楼板上设置拼装场地，则需要采取措施对混凝土楼板进行保护，即在楼板上铺设垫块、枕木等，再在上面铺钢板。铺设垫块及枕木时，需考虑现场排水畅通。

17.6 钢 结 构 安 装

17.6.1 单层钢结构安装

17.6.1.1 适用范围

用于单层钢结构安装工程的主体结构、地下钢结构、檩条及墙架等次要构件、标准样板间、钢平台、钢梯、护栏等的施工。

17.6.1.2 结构安装特点

1. 构件吊装顺序

(1) 最佳的施工方法是先吊装竖向构件，后吊装平面构件，这样施工的目的是减少建筑物的纵向长度安装累积误差，保证工程质量。

(2) 竖向构件吊装顺序：柱（混凝土、钢）—连系梁（混凝土、钢）—柱间钢支撑—吊车梁（混凝土、钢）—制动桁架—托架（混凝土、钢）等，单种构件吊装流水作业，既保证体系纵列形成排架，稳定性好，又能提高生产效率。

(3) 平面构件吊装顺序：主要以形成空间结构稳定体系为原则，其工艺流程见图 17-36。

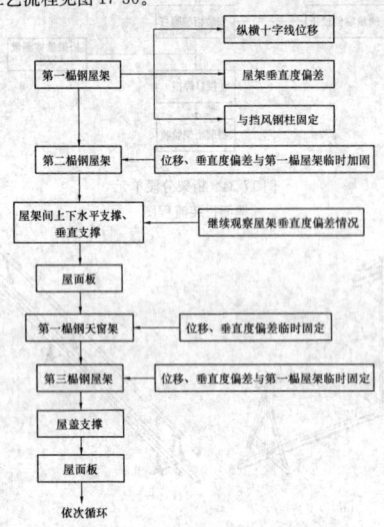

图 17-36 平面构件吊装顺序工艺流程图

2. 标准样板间安装

选择有柱间支撑的钢柱，柱与柱形成排架，将屋盖系统安装完毕形成空间结构稳定体系，各项安装误差都在允许之内或更小，依次安装，要控制有关间距尺寸，相隔几间，复核屋架垂直度偏差即可。

3. 几种情况说明

(1) 并列高低跨吊装，考虑屋架下弦伸长后柱子向两侧偏移问题，先吊高跨后吊低跨，凭经验可预留的垂直度偏差值。

(2) 并列大跨度与小跨度：先吊装大跨度后吊装小跨度。

(3) 并列间数多的与间数少的屋盖吊装：先吊间数多的，后吊间数少的。

(4) 并列有屋架跨与露天跨吊装：先吊有屋架跨后吊露天跨。

(5) 以上几种情况也适合于门式刚架轻型钢结构屋盖施工。

17.6.1.3 钢结构安装准备

单层钢结构安装工程施工准备阶段主要内容有：技术准备、机具设备准备、材料准备、作业条件准备等。

1. 技术准备

技术准备工作主要包含：编制施工组织设计、现场基础准备。

(1) 编制单层钢结构安装施工组织设计

主要内容包括：工程概况与特点；施工组织与部署；施工准备工作计划；施工进度计划；施工现场平面布置图；劳动力、机械设备、材料和构件供应计划；质量保证措施和安全措施；环境保护措施等。

在工程概况的编写中由于单层钢结构安装工程施工的特点，对于工程所在地的气候情况，尤其是雨水、台风情况要作详细的说明，以便于在工期允许的情况下避开雨期施工以保证工程质量，在台风季节到来前做好施工安全应对措施。

(2) 基础准备

1) 根据测量控制网对基础轴线、标高进行技术复核。如对于在钢结构施工前由土建单位完成的地脚螺栓预埋，还需复核每个螺栓的轴线、标高，对超出规范要求的，必须采取相应的补救措施。如加大柱底板尺寸，在柱底板上按实际螺栓位置重新钻孔（或设计认可的其他措施）。

2) 检查地脚螺栓外露部分的情况，若有弯曲变形、螺牙损坏的螺栓，必须对其修正。

3) 将柱子就位轴线弹测在柱基表面。

4) 对柱基标高进行找平。

混凝土柱基标高浇筑一般预留 50~60mm（与钢柱底设计标高相比），在安装时用钢垫板或提前采用坐浆垫板找平。

当采用钢垫板作支承板时，钢垫板的面积应根据基础混凝土的抗压强度、柱脚底板下二次灌浆前柱底承受的荷载和地脚螺栓的紧固拉力计算确定。垫板与基础面和柱底面的接触应平整、紧密。

采用坐浆垫板时应采用无收缩砂浆，柱子吊装前砂浆垫块的强度应高于基础混凝土强度一个等级，且砂浆垫块应有足够的面积以满足承载的要求。

基础的各种允许偏差见表 17-56~表 17-58。

支承面、地脚螺栓（锚栓）位置的允许偏差（mm）

表 17-56

项　目		允　许　偏　差
支承面	标高	±3.0
	水平度	L/1000
地脚螺栓（锚栓）	螺栓中心偏移	5.0
	螺栓露出长度	+30.0 / 0.0
	螺纹长度	+30.0 / 0.0
预留孔中心偏移		10.0

坐浆垫板的允许偏差（mm）　　表 17-57

项　目	允许偏差	项　目	允许偏差
顶面标高	0.0 / −3.0	水平度	L/1000
		位置	20.0

杯口尺寸的允许偏差（mm）　　表 17-58

项　目	允许偏差	项　目	允许偏差
底面标高	0.0 / −5.0	杯口垂直度	H/100，且不应大于 10.0
杯口深度 H	±5.0	位置	10.0

2. 机具设备准备

(1) 起重设备选择

1) 一般单层钢结构安装的起重设备宜按履带式、汽车式、塔式的顺序选用。由于单层钢结构普遍存在于面积大、跨度大的特点，应优先考虑使用起重量大、移动方便的履带式和汽车式起重机；对于跨度大、高度高的重型工业厂房主体结构的吊装，宜选用塔式起重机。

2) 缺乏起重设备或吊装工作量不大、厂房不高的情况下，可考虑采用独角桅杆、人字桅杆、悬臂桅杆及回转式桅杆等吊装。

3) 位于狭窄地段或采用敞开式施工方案（厂房内设备基础先施工）的单层厂房，宜采用双机抬吊吊装法进行厂房屋面结构的吊装，亦可采用单机在设备基础上铺设枕木垫道吊装。

(2) 其他机具设备

单层钢结构安装工程其他常用的施工机具有电焊机、栓钉机、卷扬机、空压机、捯链、滑车、千斤顶等。

3. 材料准备

材料准备包括钢构件的准备，普通螺栓和高强度螺栓的准备，

焊接材料的准备等。

（1）钢构件的准备

钢构件的准备包括钢构件堆放场的准备和钢构件的检验。

1）钢构件堆放场的准备

钢构件通常在专门的钢结构加工厂制作，然后运至现场直接吊装或经过组拼装后进行吊装。钢构件力求在吊装现场就近堆放，并遵循"重近轻远"（即重构件摆放的位置离吊机近一些，反之可远一些）的原则。对规模较大的工程需另设立钢构件堆放场，以满足钢构件进场堆放、检验、组装和配套供应的要求。

钢构件在吊装现场堆放时一般沿吊车开行路线两侧按轴线就近堆放。其中钢柱和钢屋架等大件放置，应依据吊装工艺作平面布置设计，避免现场二次倒运困难。钢梁、支撑等可按吊装顺序配套供应堆放，为保证安全，堆垛高度一般不超过2m和三层。

钢构件堆放应以不产生超出规范要求的变形为原则。

2）钢构件验收

在钢结构安装前应对钢结构构件进行检查，其项目包含钢结构构件的变形、钢结构构件的标记、钢结构构件的制作精度和孔眼位置等。在钢结构构件的变形和缺陷超出允许偏差时应进行处理。

（2）高强度螺栓的准备

钢结构设计用高强度螺栓连接时应根据图纸要求分规格统计所需高强度螺栓的数量并配套供应至现场。应检查其出厂合格证、扭矩系数或紧固轴力（预拉力）的检验报告是否齐全，并按规定作紧固轴力或扭矩系数复验。

对钢结构连接件摩擦面的抗滑移系数进行复验。

（3）焊接材料的准备

钢结构焊接施工之前应对焊接材料的品种、规格、性能进行检查，各项指标应符合现行国家标准和设计要求。检查焊接材料的质

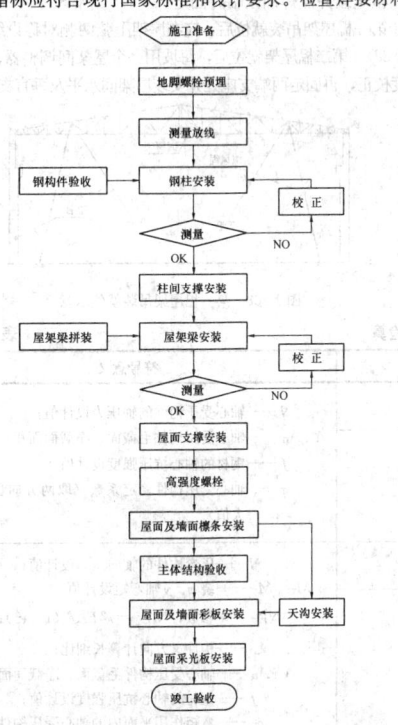

图 17-37　单层钢结构安装工艺流程

量合格证明文件、检验报告及中文标志等。对重要钢结构采用的焊接材料应进行抽样复验。

17.6.1.4　施工工艺

1. 吊装方法及顺序

单层钢结构安装工程施工时对于柱子、柱间支撑和吊车梁一般采用单件流水法吊装。可一次性将柱子安装并校正后再安装柱间支撑、吊车梁等构件。此种方法尤其适合移动较方便的履带式起重机。采用汽车式起重机时，考虑到移动的不方便，可以以2～3个

轴线为一个单元进行节间构件安装。

屋盖系统吊装通常采用"节间综合法"（即吊车一次吊完一个节间的全部屋盖构件后再吊装下一个节间的屋盖构件）。

2. 工艺流程图（图17-37）

3. 单层钢结构安装工艺

单层钢结构安装主要有钢柱安装、吊车梁安装、钢屋架安装等。

（1）钢柱的安装

一般钢柱的弹性和刚性都很好，吊装时为了便于校正一般采用一点吊装法，常用的钢柱吊装法有旋转法、递送法和滑行法。对于重型钢柱可采用双机抬吊吊装法。

杯口柱吊装方法如下：

1）在吊装前先将杯底清理干净；

2）操作人员在钢柱吊至杯口上方后，各自站好位置，稳住柱脚并将其插入杯口；

3）在柱子降至杯底时停止落钩，用撬棍撬柱子，使其中线对准杯底中线，然后缓慢将柱子落至底部；

4）拧紧柱脚螺栓。

钢柱安装的允许偏差见表17-59。

（2）钢吊车梁的安装

钢吊车梁安装一般采用工具式吊耳或捆绑法进行吊装。在进行安装以前应将吊车梁的分中标记引至吊车梁的端头，以利于吊装时按柱牛腿的定位轴线临时定位。钢吊车梁安装的允许偏差见表17-60。

单层钢结构中钢柱安装允许偏差（mm）　表17-59

项　目		允许偏差	检验方法	图　例
柱脚底座中心线对定位轴线的偏移		5.0	用吊线和钢尺检查	
柱基准点标高	有吊车梁的柱	+3.0 −5.0	用水准仪检查	
	无吊车梁的柱	+5.0 −8.0		
弯曲矢高		$H/1200$ 且不大于15.0	用经纬仪或拉线和钢尺检查	
柱轴线垂直度	单层柱	$H \leqslant 10\text{m}$	$H/1000$	用经纬仪或吊线和钢尺检查
		$H > 10\text{m}$	$H/1000$ 且不大于25.0	
	多节柱	单节柱	$H/1000$ 且不大于10.0	
		柱全高	35.0	

钢吊车梁安装的允许偏差（mm）
表17-60

项　目	允许偏差	检验方法	图　例
梁的跨中垂直度 Δ	$h/500$	用吊线和钢尺检查	

续表

项　　目	允许偏差	检验方法	图　例
侧向弯曲矢高	$l/1500$，且不大于 10.0		
垂直上拱矢高	10.0		
两端支座中心位移 Δ	安装在钢柱上时，对牛腿中心的偏移	5.0	用拉线和钢尺检查
	安装在混凝土柱上时，对定位轴线的偏移	5.0	
吊车梁支座加劲板中心与柱子承压加劲板中心的偏移 Δ1	$t/2$	用吊线和钢尺检查	
同跨间内同一横截面吊车梁顶面高差 Δ	支座处	10.0	用经纬仪、水准仪和钢尺检查
	其他处	15.0	
同跨间内同一横截面下挂式吊车梁底面高差 Δ	10.0		
同列相邻两柱间吊车梁顶面高差 Δ	$l/1500$，且不大于 10.0	用水准仪和钢尺检查	
相邻两吊车梁接头部位 Δ	中心错位	3.0	用钢尺检查
	上承式顶面高差	1.0	
	下承式底面高差	1.0	
同跨间任一截面的吊车梁中心跨距 Δ	±10.0	用经纬仪和光电距仪检查；跨度小时可用钢尺检查	
轨道中心对吊车梁腹板轴线的偏移 Δ	$t/2$	用吊线和钢尺检查	

(3) 钢屋架的安装

1) 钢屋架吊装稳定验算

钢屋架吊装时，屋架本身应具有一定刚度，同时应合理布置吊点位置或采用加固措施（主要是屋架的平面外加固），保证吊装过程中屋架不失稳。

对于上、下弦为双拼角钢的钢屋架，如其最小规格能满足表 17-61 要求时，可保证吊装过程中的稳定性要求。不满足表 17-61 要求以及其他形式的屋架，可通过内力计算（参见本手册"常用结构计算"一章）获得屋架中单根杆件内力，取最不利杆件按表 17-62 计算杆件稳定性。

保证屋架吊装稳定性的弦杆最小规格（mm）

表 17-61

弦杆截面	屋架跨度（m）						
	12	15	18	21	24	27	30
上弦杆 ⊤	90×60×8	100×75×8	100×75×8	120×80×8	120×80×8	150×100×12	200×120×12
下弦杆 ⊥	65×6	75×8	90×8	90×8	120×80×8	120×80×10	150×100×10

2) 一般钢屋架安装

钢屋架在安装前应进行强度、稳定性等验算，不满足要求时应采取加固措施，一般可通过在屋架上、下弦杆绑扎固定加强杆件的方式予以加强。

钢屋架吊装时的注意事项如下：

①绑扎时必须绑扎在屋架节点上，以防止钢屋架在吊点处发生变形。绑扎节点的选择应符合钢屋架标准图要求或经计算确定。

②屋架吊装就位时应以屋架下弦两端的定位标记和柱顶的轴线标记严格定位并点焊以临时固定。

③第一榀屋架吊装就位后，应在屋架上弦两侧对称设缆风绳固定（图 17-38），第二榀屋架就位后，每坡用一个屋架间调整器，进行屋架垂直度校正，再固定两端支座处并安装屋架间水平及垂直支撑。

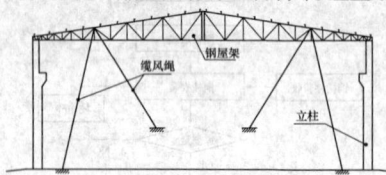

缆风绳　　钢屋架　　立柱

图 17-38　第一榀屋架吊装就位示意

杆件的强度、稳定性验算

表 17-62

构件类型	项次		计算公式	符号意义
轴心受压构件	强度		$\dfrac{N}{A_n} \leqslant f$	N——轴心受压构件的轴压力设计值； A、A_n——轴心受压构件毛截面、净截面面积； f——钢材的轴心抗压强度设计值； φ——轴心受压构件稳定系数（取两方向稳定系数较大值）
	稳定性	平面内	$\dfrac{N}{\varphi A} \leqslant f$	
		平面外		
压弯构件	强度		$\dfrac{N}{A_n} \pm \dfrac{M_x}{\gamma_x W_{nx}} \pm \dfrac{M_y}{\gamma_y W_{ny}} \leqslant f$	N——压弯构件的轴向压力设计值； M_x、M_y——绕 x、y 轴弯矩设计值； N'_{Ex}——参数，$N'_{Ex} = \pi^2 EA/(1.1\lambda_x^2)$； λ_x——构件 x 方向计算长细比； A、A_n——轴心受压构件毛截面、净截面面积； f——钢材的轴心抗压强度设计值； φ_x——弯矩作用平面内的轴心受压构件稳定系数； φ_y——弯矩作用平面外的轴心受压构件稳定系数； φ_b——均匀弯曲的受弯构件整体稳定系数； γ_x——构件截面塑性发展系数； W_{1x}、W_{2x}——对受压、受拉纤维的毛截面模量； W_{nx}、W_{ny}——对截面 x、y 轴的净截面模量； β_{mx}、β_{tx}——等效弯矩系数
	稳定性	平面内	式1：$\dfrac{N}{\varphi_x A} + \dfrac{\beta_{mx} M_x}{\gamma_x W_{1x}\left(1 - 0.8\dfrac{N}{N_{Ex}}\right)} \leqslant f$ 式2：$\left\| \dfrac{N}{A} - \dfrac{\beta_{mx} M_x}{\gamma_x W_{2x}\left(1 - 1.25\dfrac{N}{N'_{Ex}}\right)} \right\| \leqslant f$	
		平面外	$\dfrac{N}{\varphi_y A} + \eta\dfrac{\beta_{tx} M_x}{\varphi_b W_{1x}} \leqslant f$	

注：1. 本表中所指构件均为实腹式构件；
    2. 式1适用于弯矩作用在对称轴平面内（绕 x 轴）的实腹式压弯构件；对于弯矩作用于对称轴平面内且使较大翼缘受压的单轴对称压弯构件，除需满足式1，尚应按式2复核受拉侧强度；
    3. 表中的相关系数可按《钢结构设计规范》（GB 50017）的相关要求执行。

钢屋架安装允许偏差见表17-63。

钢屋（托）架、桁架、梁及受压杆件垂直度
和侧向弯曲矢高的允许偏差（mm）　表 17-63

项目	允许偏差	图例
跨中的垂直度	$h/250$，且不应大于 15.0	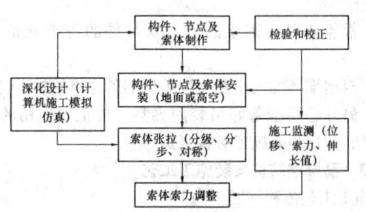
侧向弯曲矢高 f	$l \leqslant 30m$　$l/1000$，且不应大于 10.0	
	$30m < l \leqslant 60m$　$l/1000$，且不应大于 30.0	
	$l > 60m$　$l/1000$，且不应大于 50.0	

3）预应力钢屋架安装

预应力钢屋架是一种刚柔并济的新型结构形式，由于其承载力高、结构变形小、稳定性好、对下部结构要求低和适用跨度大等优点，在钢结构工程中运用越来越多。其常用的结构形式有：张弦梁、弦支穹顶、索穹顶、拉索拱等。典型施工工艺流程见图17-39。

```
构件、节点及        检验和校正
索体制作
   ↓                  ↓
深化设计（计   →  构件、节点及索体安
算机模拟          装（地面或高空）
仿真）              ↓
               索体张拉（分级、分   →  施工监测（位
               步、对称）              移、索力、伸
                  ↓                     长值）
               索体索力调整
```

图 17-39　预应力钢屋架安装工艺流程

预应力钢屋架安装工艺的重点在于索体的安装、张拉施工及施工过程中的检测和索力调整等，其技术要点如下：

①索体安装

a. 索体安装前应根据拉索构造特点、空间受力状态和施工条件等综合确定拉索安装方法（整体张拉法、分布张拉法和分散张拉法），并搭设施工胎架及索体安装平台（应确保索体各连接节点标高位置和安装、张拉操作空间的要求）。

b. 索体室外存放时，应注意防潮、防雨。构件焊接、切割施工时，其施工点应与拉索保持移动距离或采取保护措施。

c. 索体安装前应在地面利用放线盘、牵引及转向等装置将索体放开，并提升就位。

d. 当风力大于三级、气温低于4℃时，不宜进行拉索安装。

e. 传力索安装需考虑拉索张拉后直径变小对索夹夹片持力的影响。索具间螺栓一般分为初拧（拉索张拉前）、中拧（拉索张拉后）和终拧（结构承受全部恒载时）等过程。

②张拉施工及检测

a. 根据设计和施工仿真计算确定优化张拉顺序和程序。张拉操作中应建立以索力控制为主或结构变形控制为主的规定，并提供每根索体规定索力和伸长值的偏差。

b. 张拉预应力宜采用油压千斤顶，张拉过程中应监测索体位置变化，并对索力、结构关键节点的位置进行监控。

c. 预制拉索应进行整体张拉，由单根钢绞线组成的群锚拉索可逐根张拉。

d. 对直线索可采用一端张拉，对折线索宜采用两端张拉。多个千斤顶同时工作时，应同步加载。索体张拉后应保持顺直状态。

e. 索力调整、位移标高或结构变形的调整应采用整索调整方法。

f. 索力、位置调整后，对钢绞线拉索夹片锚具应采取放松措施，使夹片在低应力动载下不松动。

（4）平面钢桁架的安装

一般来说钢桁架的侧向稳定性较差（可参照屋架进行强度、稳定性验算），在条件允许的情况下最好经扩大拼装后进行组合吊装，即在地面上将两榀桁架及其上的天窗架、檩条、支撑等拼装成整体，一次进行吊装，这样不但能提高工作效率，也有利于提高吊装稳定性。

桁架临时固定如需用临时螺栓和冲钉，则每个节点应穿入的数量必须经过计算确定，并应符合下列规定：

1）不得少于安装孔总数的1/3；

2）至少应穿两个临时螺栓；

3）冲钉穿入数量不宜多于临时螺栓的30%；

4）扩钻后的螺栓的孔不得使用冲钉。

钢桁架的校正方式同钢屋架的校正方式。钢桁架安装的允许偏差见表17-53。

随着技术的进步，预应力钢桁架的应用越来越广泛，预应力钢桁架的安装分为以下几个步骤：

1）钢桁架现场拼装；

2）在钢桁架下弦安装张拉锚固点；

3）对钢桁架进行张拉；

4）对钢桁架进行吊装。

在预应力钢桁架安装时应注意的事项：

1）受施工条件限制，预应力筋不可能紧贴桁架下弦，但应尽量靠近桁架下弦；

2）在张拉时为防止桁架下弦失稳，应经过计算后按实际情况在桁架下弦加设固定隔板；

3）在吊装时应注意不得碰撞张拉筋。

（5）门式刚架安装

门式刚架的特点一般是跨度大，侧向刚度很小。安装程序必须保证结构形成稳定的空间体系，并不导致结构永久变形。应根据场地和起重设备条件最大限度地将扩大拼装工作在地面完成。

安装顺序宜先从靠近山墙的有柱间支撑的两榀刚架开始，在刚架安装完毕后将其间的檩条、支撑、隔撑等全部装好，并检查其垂直度，然后以这两榀刚架为起点，向房屋另一端顺序安装。

除最初安装的两榀刚架外，所有其余刚架间的檩条、墙梁和檐檩的螺栓均应在校准后再行拧紧。

刚架安装宜先立柱子，然后将在地面组装好的斜梁吊起就位，并与柱连接。构件吊装应选择好吊点，大跨度构件的吊点须经计算确定，对于侧向刚度小、腹板宽厚比大的构件，应采取防止构件扭曲和损坏的措施。构件的捆绑部位，应采取防止构件局部变形和损坏的措施。

17.6.1.5　测量校正

1. 钢柱的校正

（1）柱基标高调整。根据钢柱实际长度、柱底平整度、钢牛腿顶部距柱底部距离（重点要保证钢牛腿顶部标高值）来控制基础找平标高。

（2）平面位置校正。在起重机不脱钩的情况下将柱底定位线与基础定位轴线对准，缓慢落至标高位置。

（3）钢柱校正。优先采用缆风绳校正（同时柱脚底板与基础间间隙垫上垫铁），对于不便采用缆风绳校正的钢柱可采用可调撑杆校正。

2. 吊车梁的校正

吊车梁的校正包括标高调整、纵横轴线和垂直度的调整。注意吊车梁的校正必须在结构形成刚度单元以后才能进行。

（1）用经纬仪将柱子轴线投到吊车梁牛腿面等高处，据图纸计算出吊车梁中心线到该轴线的理论长度 $l_{理}$。

（2）每根吊车梁测出两点，用钢尺和弹簧秤校核这两点到柱子轴线的距离 $l_{实}$，看 $l_{实}$ 是否等于 $l_{理}$ 并以此对吊车梁纵轴进行校正。

（3）当吊车梁纵横轴线误差符合要求后，复查吊车梁跨度。

（4）吊车梁的标高和垂直度的校正可通过对钢垫板的调整来实现。

注意吊车梁垂直度的校正应和吊车梁轴线的校正同时进行。

3. 钢屋架的校正

钢屋架垂直度的校正方法如下：在屋架下弦一侧拉一根通长钢丝（与屋架下弦轴线平行），同时在屋架上弦中心线反出一个同等距离的标尺，用线坠校正。也可用一台经纬仪，放在柱顶一侧，与轴线平移 a 距离，在对面柱子上同样有一距离为 a 的点，从屋架中线处用标尺挑出 a 距离，三点在一个垂面上即可使屋架垂直。

钢屋架全站仪测量法（图 17-40）：

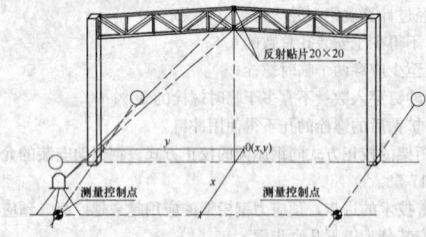

图 17-40 钢屋架全站仪测量法

（1）在构件跨中上、下弦侧面各选定一特定点，将激光反射贴片贴在该点上。

（2）根据场地的通视条件，测放出架设全站仪的最佳位置。

（3）内业计算构件上所标示的该特征观测点与全站仪架设点位之间的坐标关系，并做好参数记录，以备屋架校正时用。

（4）架设全站仪于选定的测量观测点上，根据内业计算成果。结合当日气象值设置好坐标参数及气象改正，准确无误后分别照准仪器上的构件上激光反射贴片，得出构件空间位置的实测三维坐标，通过捯链调节屋架跨中的直线度和垂直度至规范允许范围内。

17.6.1.6 注意事项

1. 双机抬吊注意事项

（1）尽量选用同类型起重机。

（2）根据起重机能力，对起吊点进行荷载分配。

（3）各起重机的荷载不宜超过其起重能力的 80%。

（4）双机抬吊，在操作过程中，要互相配合，动作协调，以防一台起重机失重而使另一台起重机超载，造成安全事故。

（5）信号指挥：分指挥必须听从总指挥。

2. 安装注意事项

（1）各种支撑的拧紧程度，以不将构件拉弯为原则。

（2）不得利用已安装就位的构件起吊其他重物，不得在主要受力部位焊其他物件。檩条和墙梁安装时，应设置拉条并拉紧，但不应将檩条和墙梁拉弯。

（3）刚架在施工中以及人员离开现场的夜间，均应采用支撑和缆绳充分固定。

17.6.2 高层及超高层钢结构安装

17.6.2.1 适用范围

用于指导多层与高层钢结构工程安装及验收工作。主要针对框架结构，框架剪力墙结构，框架支撑结构，框架核心筒结构，筒体结构，以及型钢混凝土组合结构和钢管混凝土中的钢结构，屋顶特殊节框架构筑物等多、高层钢结构体系编写。

17.6.2.2 钢结构安装前准备工作

1. 内业准备

（1）内业准备流程。熟悉合同、图纸及相关规范，参加图纸会审，并做好施工现场调查记录等，其程序见图 17-41。

（2）施工总平面规划。主要包括结构平面纵横轴线尺寸，主要塔式起重机的布置及工作范围，机械开行路线，配电箱及电焊机布置，现场施工道路，消防道路，排水系统，构件堆放位置等。如果现场堆放构件场地不足时，可选择中转场地。

2. 测量基准点交接与轴线放线

依据总包提供的测量基准控制点，测放钢结构安装的主控轴线，并对所有钢柱定位轴线和标高进行放线测量，总包复查。

3. 人员、机具设备、材料的落实

编制详细的机具设备、工具、材料进场计划，根据施工进度安排构件进场，对构件进行验收或修理，满足施工要求。

制作爬梯、砌体吊笼、作业吊篮、防风栅等钢结构安装专用工

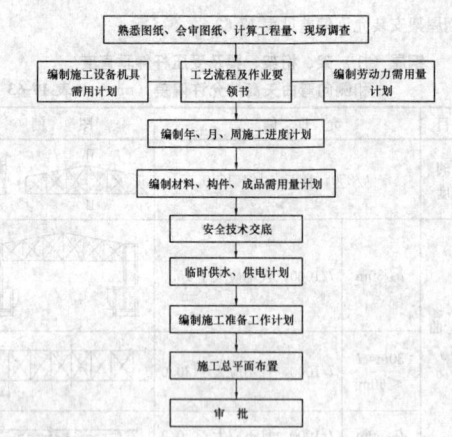

图 17-41 内业准备流程

具，方便施工。

4. 吊装准备

（1）根据构件质量和单层的构件数量，裁剪出不同长度、不同规格的钢丝绳为吊装绳和缆风绳。

（2）根据钢柱的长度和截面尺寸，按规定制作出不同规格的足够数量的爬梯。

（3）根据钢柱、钢梁的型号及构件的种类准备不同规格的卡环。

（4）根据堆场的大小及构件类型准备合格的枕木若干。

（5）另外还要准备好吊装用夹具、校正钢柱用的垫块、缆风绳、捯链、千斤顶等施工必备工具。

17.6.2.3 高层钢结构安装施工工艺

1. 施工工艺流程（图 17-42）

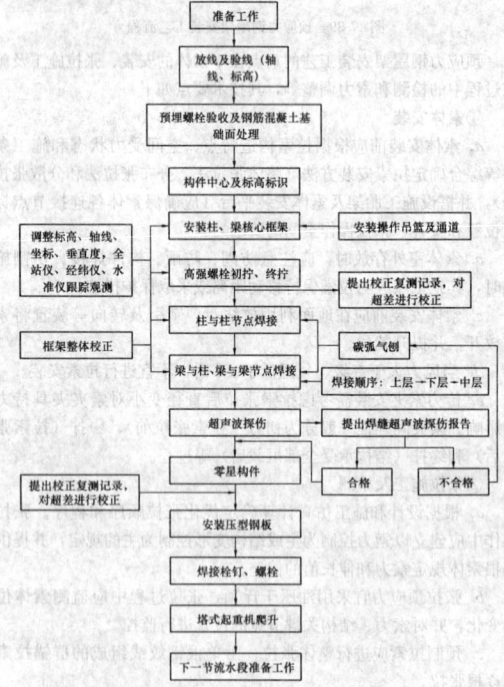

图 17-42 多层与高层钢结构安装工艺流程

2. 吊装方案的确定

根据现场情况，多层与高层钢结构工程结构特点、平面布置及钢结构质量等，钢构件吊装一般选择采用塔式起重机。在地下部分如果钢构件较重的，也可选择采用汽车式起重机或履带式起重机完成。

对于汽车式起重机直接进场即可进行吊装作业；对于履带式起

重机需要组装好后才能进行钢构件的吊装；塔式起重机的安装和爬升较为复杂，而且要设置固定基础或行走式轨道基础。当工程需要设置几台吊装机具时，要注意机具不要相互影响。

塔式起重机的选择应注意以下内容：

（1）起重机性能：塔式起重机根据吊装范围的最重构件、位置及高度，选择相应塔式起重机最大起重力矩（或双机起重力矩的80%）所具有的起重量、回转半径、起重高度。除此之外，还应考虑塔式起重机高空使用的抗风性能，起重卷扬机滚筒对钢丝绳的容绳量，吊钩的升降速度。

（2）起重机数量：根据建筑物平面、施工现场条件、施工进度、起重机性能等，布置1台、2台或多台。在满足起重性能要求的情况下，尽量做到就地取材。

（3）起重机类型选择：在多层与高层钢结构施工中，主要吊装机械一般都选用自升式塔式起重机，包括内爬和外附两种。

3. 安装流水段划分

高层钢结构安装需按照建筑物平面形式、结构形式、安装机械数量和位置、工期及现场施工条件等划分流水段。

多高层钢结构吊装，在分片分区的基础上，多采用综合吊装法，其吊装程序一般是：

（1）平面从中间或某一对称间开始，以一个节间的柱网为一个吊装单元，按钢柱→钢梁→支撑顺序吊装，并向四周扩展，以减少焊接误差。图17-43为深圳证券交易所营运中心钢结构标准层平面流水段划分。

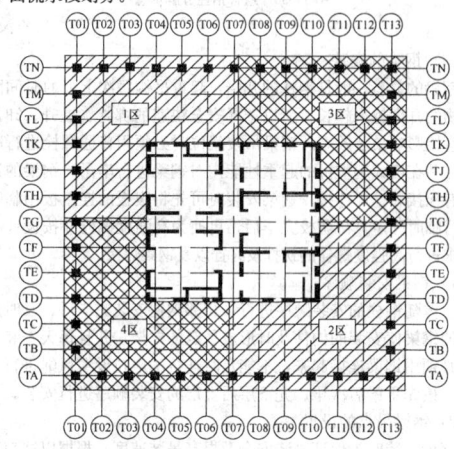

图 17-43 深圳证券交易所营运中心钢结构标准层平面流水段划分

（2）垂直方向由下至上组成稳定结构后，分层安装次要结构，一节间一节间钢构件、一层楼一层楼安装完，采取对称安装，对称固定的工艺，有利于消除安装误差积累和节点焊接变形，使误差降低到最小限度。

钢结构安装的垂直方向施工流程主要是要注意进行钢结构施工的楼层不能与土建施工的楼层相差太大，一般相差5或6层为宜。上面两层进行钢结构安装，中部两层进行压型钢板的铺设，最下面两层绑扎钢筋，浇筑混凝土。混凝土核心筒结构施工一般领先钢结构安装6层以上，以满足内外筒间钢梁的连接的及时性。图17-44为某多高层施工顺序。

4. 预埋件、钢柱及钢梁的安装工艺

（1）地脚螺栓的预埋

地脚螺栓安装精度直接关系到整个钢结构安装的精度，是钢结构安装工程的第一步。埋设整体思路：为了保证预埋螺栓的埋设精度，将每一根柱下的所有螺杆用角钢或钢模板系制作为一个整体框架，在基础底板钢筋绑扎完、基础梁钢筋绑扎前将整个框架进行整体就位并临时定位，然后绑扎基础梁的钢筋，待基础梁钢筋绑扎完后对预埋螺栓进行第二次校正定位，交付验收，合格后浇筑混凝土。施工流程如下：

测量放线：首先根据原始轴线控制点及标高控制点对现场进行轴线和标高控制点的加密，然后根据控制线测放出的轴线再测放出每一个埋件的中心十字交叉线和至少两个标高控制点。

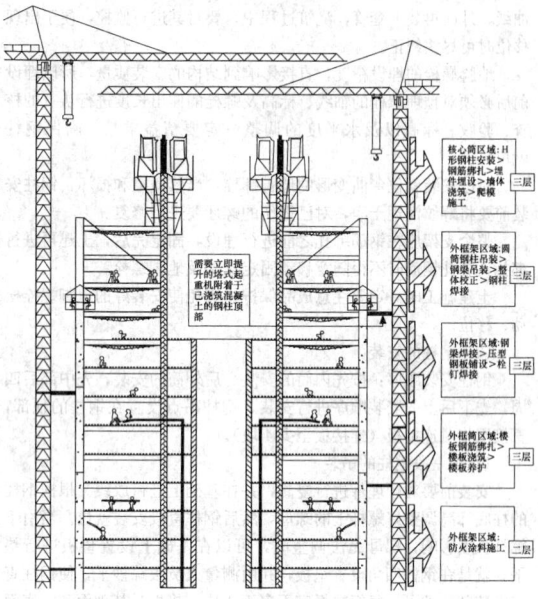

图 17-44 某多高层施工顺序

螺栓套架的制作：螺栓定位套架的制作采用的角钢等型钢将预埋螺栓固定为一个整体（图17-45）。预埋螺栓的制作精度：预埋螺栓中心线的间距≤2mm，预埋螺栓顶端的相对高差≤2mm。

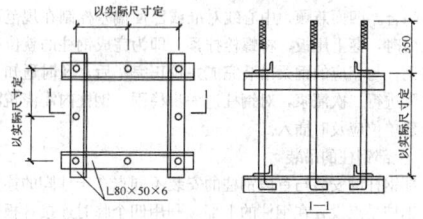

图 17-45 预埋件整体预埋示意图

预埋螺栓的埋设：在底板钢筋绑扎完成之后、地板梁钢筋绑扎之前，预埋件的埋设工作即可插入。根据测量工所测放出的轴线，将预埋螺栓整体就位，首先找准埋件上边四根固定钢筋的纵横向中心线（预先量定并刻画好），并使其与测量定位的基准线吻合；然后用水准仪测出埋件四个角上螺栓顶面的标高，高度不够时在埋件下边四根固定角钢的四个角下把钢筋或者角钢抄平。

地脚螺栓预埋时，预埋螺栓埋设质量不仅要保证埋件埋设位置准确，更重要的是固定支架牢固，因此，为了防止在浇筑混凝土时埋件产生位移和变形，除了保证该埋件整体框架有一定的强度以外，还必须采取相应的加固措施：先把支架底部与底板钢筋焊牢固定，四边加设刚性支撑，一端连接整体框架，另一端固定在地基底板的钢筋上；待基础梁的钢筋绑扎完毕，再把预埋件与基础梁的钢筋焊接为一个整体，在螺栓固定前后应注意对埋件的位置及标高进行复测。

加固示意图见图17-46。

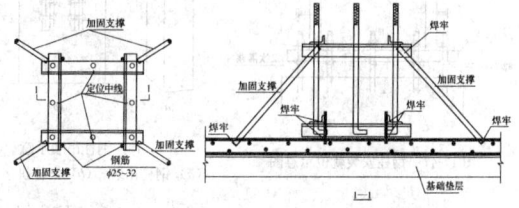

图 17-46 加固示意图

地脚螺栓在浇筑前应再次复核，确认其位置及标高准确、固定牢靠后方可进入浇筑工序；混凝土浇筑前，螺纹上要涂黄油并包上

油纸,外面再装上套管,浇筑过程中,要对其进行监控,便于出现移位时可尽快纠正。

地脚螺栓的埋设精度,直接影响到结构的安装质量,所以埋设前后必须对预理螺栓的轴线、标高及螺栓的伸出长度进行认真的核查、验收。标高以及水平度的调整一定要精益求精,确保钢柱就位。

对已安装就位弯曲变形的地脚螺栓,严禁碰撞和损坏,钢柱安装前要将螺纹清理干净,对已损伤的螺牙要进行修复。

整个支架应在钢筋绑扎之前进行埋设,固定完后,土建再进行绑扎,绑扎钢筋时不得随意移动固定支架及地脚螺栓。

土建施工时一定要注意成品保护,避免使安装好的地脚螺栓松动、移位。

（2）钢柱的安装

钢柱安装顺序:按先内筒的安装、后外筒的安装,先中部后四周,先下后上的安装顺序进行安装。钢柱吊点设置在钢柱的顶部,直接利用临时连接板（连接板至少4块）。

1）第一段钢柱的吊装

安装前要对预埋件进行复测,并在基础上进行放线。根据钢柱的柱底标高调整好螺杆上的螺母,然后钢柱直接安装就位。当由于螺杆长度影响,螺母无法调整时,可以在基础上设置垫板进行垫平,就是在钢柱四角设置垫板,并由测量人员跟踪抄平,使钢柱直接安装就位即可。每组垫板宜不多于4块。垫板与基础面和柱底面的接触应平整、紧密。此方法适用于混凝土标高大于设计标高的部分。

钢柱用塔式起重机吊升到位后,首先将钢柱底板穿入地脚螺栓,放置在调节好的螺母上,并将柱的四面中心线与基础放线中心线对齐吻合,四面兼顾,中心线对准或已使偏差控制在规范许可的范围以内时,穿上压板,将螺栓拧紧。即为完成钢柱的就位工作。

当钢柱与相应的钢梁吊装完成并校正完毕后,及时通知土建单位对地脚进行二次灌浆,对钢柱进一步稳固。钢柱内需浇筑混凝土时,土建单位应及时插入。

2）上部钢柱的吊装

上部钢柱的安装与首段钢柱的安装不同点在于柱脚的连接固定方式。钢柱吊点设置在钢柱的上部,利用四个临时连接耳板作为吊点。吊装前,下节钢柱顶面和本节钢柱底面的渣土和浮锈要清除干净,保证上下节钢柱对接面接触顶紧。

下节钢柱的顶面标高和轴线偏差、钢柱扭曲值一定要控制在规范的要求以内,在上节钢柱吊装时要考虑进行反向偏移回归原位的处理,逐节进行纠偏,避免造成累积误差过大。

钢柱吊到位后,钢柱的中心线应与下面一段钢柱的中心线吻合,并四面兼顾,活动双夹板平稳插入下节柱对应的安装耳板上,穿好连接螺栓,连接好临时连接夹板,并及时拉设缆风绳对钢柱进一步进行稳固。钢柱完成后,即可进行初校,以便钢柱及斜撑的安装。

钢柱吊装示意如图17-47~图17-49所示。

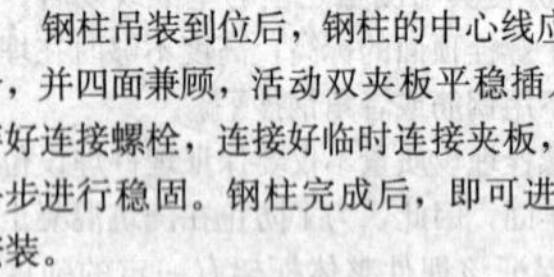

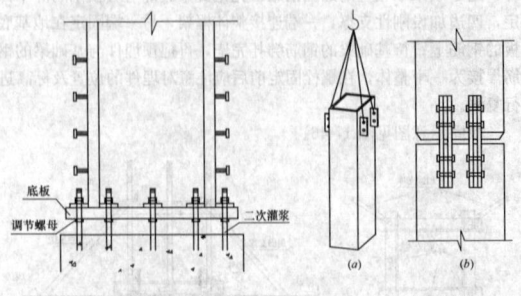

图 17-47 钢柱安装就位示意图

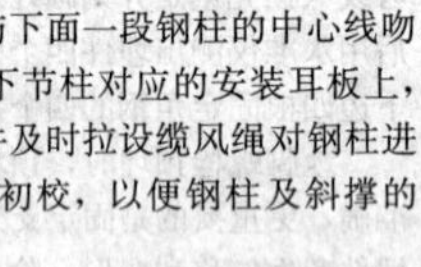

图 17-48 钢柱吊装示意
(a) 钢柱吊装；(b) 钢柱拼接

3）巨型组合钢柱的安装

超高层钢结构中存在的巨型组合钢柱的安装一般采用分片吊装的方法,现场组合焊接成整体。组合柱的分解以满足吊装设备起重能力、便于现场安装焊接为原则。图17-50为某高层组合钢柱分解

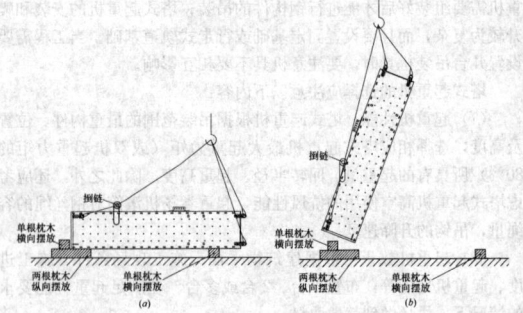

图 17-49 倾斜钢柱吊装示意

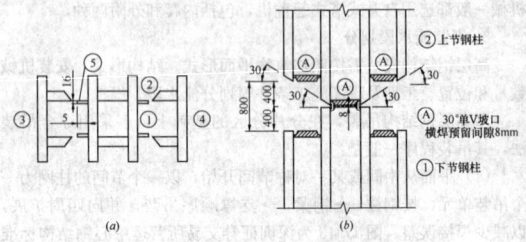

图 17-50 组合钢柱分解示意

示意。

（3）钢梁的安装

钢梁的数量一般是钢柱的几倍,起重吊钩每次上下的时间随着建筑物的升高越来越长,所以选择安全快速的绑扎、提升、卸钩的方法直接影响吊装效率。钢梁吊装就位时必须用普通螺栓进行临时连接,并在塔式起重机的起重性能内对钢梁进行串吊。钢梁的连接形式有栓接和栓焊连接。钢梁安装时可先将腹板的连接板用临时螺栓进行临时固定,待调校完毕后,更换为高强度螺栓并按设计和规范要求进行高强度螺栓的初拧及终拧以及钢梁焊接。

1）钢梁安装顺序

总体随钢柱的安装顺序进行,相邻钢柱安装完毕后,及时连接之间的钢梁使安装的构件及时形成稳定的框架,并且每天安装完的钢柱必须用钢梁连接起来,不能及时连接的应拉设缆风绳进行临时稳固。按先主梁后次梁、先下层后上层的安装顺序进行安装。

2）钢梁吊点的设置

钢梁吊装时为保证吊装安全及提高吊装速度,根据以往超高层钢结构工程的施工经验,建议由制作厂制作钢梁时预留吊装孔,作为吊点。

钢梁若没有预留吊装孔,可以使用钢丝绳直接绑扎在钢梁上。吊索角度不得小于45°。为确保安全,防止钢梁锐边割断钢丝绳,要对钢丝绳在翼板的绑扎处进行防护。

3）钢梁吊装方法

为了加快施工进度,提高工效,对于质量较轻的钢梁可采用一机多吊（串吊）的方法。如图17-51所示。

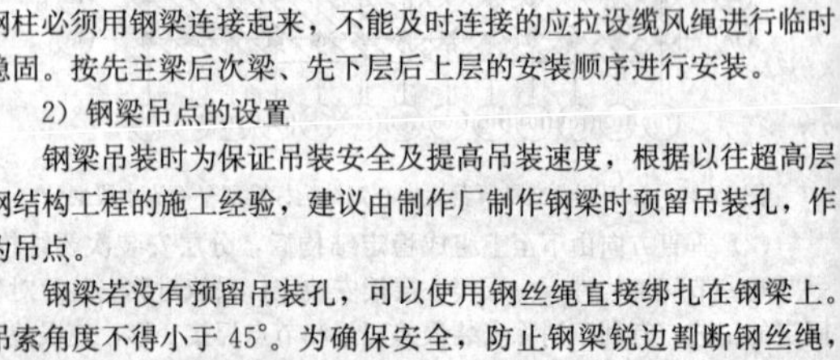

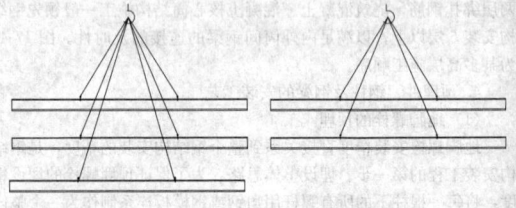

图 17-51 钢梁串吊示意

4）钢梁的就位与临时固定

钢梁吊装前,应清理钢梁表面污物;对产生浮锈的连接板和摩擦面在吊装前进行除锈。

待吊装的钢梁应装配好附带的连接板,并用工具包装好螺栓。

钢梁吊装就位时要注意钢梁的上下方向以及水平方向,确保安装正确。

钢梁安装就位时，及时夹好连接板，对孔洞有偏差的接头应用冲钉配合调整跨间距，然后再用普通螺栓临时连接。普通安装螺栓数量按规范要求不得少于该节点螺栓总数的 30%，且不得少于 2 个。

为了保证结构稳定、便于校正和精确安装，对于多楼层的结构层，应首先固定顶层梁，再固定下层梁，最后固定中间梁。当一个框架内的钢柱钢梁安装完毕后，及时对此进行测量校正。

(4) 斜撑安装

斜撑的安装为嵌入式安装，即在两侧相连接的钢柱、钢梁安装完成后，再安装斜撑。为了确保斜撑的准确就位，斜撑吊装时应使用捯链进行配合，将斜撑调节至就位角度，确保快速就位连接，见图 17-52。

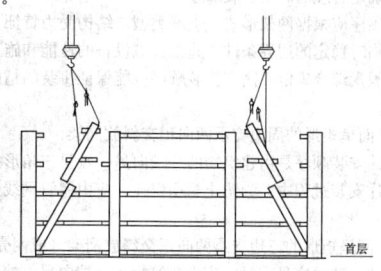

图 17-52 斜撑安装示意

(5) 桁架安装

桁架是结构的主要受力和传力结构，一般截面较大，板材较厚，施工中应尽量不分段整体吊装，若必须要分段，也应在起重设备允许的范围内尽量少分段，以减少焊缝收缩对精度的影响。分段后桁架段与段之间的焊接应按照正确的流程和顺序进行施焊，先上下弦，再中间腹杆，由中间向两边对称进行施焊。散件高空组装顺序为先上弦、再下弦和竖向直腹杆，最后嵌入中间斜腹杆，然后进行整体校正焊接。同时，应根据桁架跨度和结构特点的不同设置胎架支撑，并按设计要求进行预起拱。图 17-53 为桁架吊装示意。

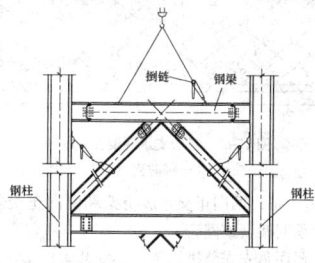

图 17-53 桁架吊装示意

5. 钢结构构件的校正

钢构件安装完成并形成稳定框架后，应及时进行校正，钢构件交正应先进行局部构件校正，再进行整体校正，主要使用捯链、楔块、千斤顶进行调整，采用全站仪、经纬仪、水准仪进行数据观测。同时标高控制常采用相对标高进行控制，控制相对高度。

钢柱吊装就位后，先应调整钢柱柱顶标高，再调整钢柱轴线位多，最后调整钢柱垂直度；钢梁吊装前应检查校正柱牛腿处标高和柱间距，吊装过程中监测钢柱垂直度变化情况，并及时校正。

(1) 钢柱顶标高检查及误差调整

每节钢柱的长度制造允许误差 Δh 和接头焊缝的收缩值 Δw，通过柱顶标高测量，可在上一节钢柱吊装的接头间隙中及时调整。且对于每节柱子长度受荷载后的压缩值 Δz，由于荷载的不断增加，下部已安装的各节柱的压缩值也不断增加，难以通过制作长度的预加量来精确控制压缩值。因此，要根据设计提供每层钢柱在主体结构吊装封顶时的荷载压缩值，在吊装时，每节钢柱的柱顶标高控制都从＋1.00cm的标高基线引测，使每次吊装的柱顶标高达到设计标高，利用接头间隙及时调整 $\Delta h + \Delta w + \Delta z$ 的综合误差。

具体方法：首先在柱顶架设水准仪，测量各柱顶标高，根据标高偏差进行调整。可切割上节柱的衬垫板（3mm 内）或加高垫板

（5mm 内），进行上节柱的标高偏差调整。若标高误差太大，超过了可调节的范围，则将误差分解到后几节柱中调节。

(2) 钢柱轴线调整

上下柱连接保证柱中心线重合。如有偏差，采用反向纠偏回归原位的处理方法，在柱与柱的连接耳板的不同侧面加入垫板（垫板厚度为 0.5～1.0mm），拧紧螺栓。另一个方向的轴线偏差通过旋转、微移钢柱，同时进行调整。钢柱中心线偏差调整每次在 3mm 以内，如偏差过大则分 2～3 次调整。上节钢柱的定位轴线不允许使用下一节钢柱的定位轴线，应从控制网轴线引至高空，保证每节钢柱的安装基准，避免出大的累积误差。

(3) 钢柱垂直度调整

在钢柱偏斜方向的一侧顶升千斤顶。在保证单节柱垂直度不超过规范要求的前提下，将柱顶偏移控制到零，最后拧紧临时连接耳板的高强度螺栓。临时连接板的螺栓孔可在吊装前进行预处理，比螺栓直径扩大大约 4mm。

高层钢结构安装的允许偏差，见表 17-64。

高层钢结构安装的允许偏差（mm） 表 17-64

项 目	允许偏差	检验方法
底层柱柱底轴线对定位轴线偏移	3.0	
柱子定位轴线	1.0	
单节柱的垂直度	$h/1000$，且不大于 10.0	
上、下柱连接处的错口 Δ	3.0	
同一层柱的各柱顶高度差 Δ	5.0	
同一根梁两端顶面的高差 Δ	$l/1000$，且不大于 10.0	
主梁与次梁表面的高差 Δ	±2.0	

17.6.2.4 安装注意事项

1. 钢柱安装注意事项

(1) 钢柱吊装应按照各分区的安装顺序进行，并及时形成稳定的框架体系。

(2) 每根钢柱安装后应及时进行初步校正，以利于钢梁安装和后续校正。

(3) 校正时应对轴线、垂直度、标高、焊缝间隙等因素进行综合考虑，全面兼顾，每个分项的偏差值都要达到设计及规范要求。

(4) 钢柱安装前必须焊好安全环及绑牢爬梯并清理污物。

(5) 利用钢柱的临时连接耳板作为吊点，吊点必须对称，确保钢柱吊装时为垂直状。

（6）每节柱的定位轴线应从地面控制线直接从基准线引上，不得从下层柱的轴线引上。结构的楼层标高可按相对标高进行，安装第一节柱时从基准点引出控制标高在混凝土基础或钢柱上，以后每次使用此标高，确保结构标高符合设计及规范要求。

（7）在形成空间刚度单元后，应及时催促土建单位对柱底板和基础顶面之间的空隙进行混凝土二次浇筑。

（8）钢柱定位后应及时将垫板、螺母与钢柱底板点焊牢固。

（9）上部钢柱之间的连接板待校正完毕，并全部焊接完毕后，将连接板割掉，并打磨光滑，并涂上防锈漆。割除时不要伤害母材。

（10）起吊前，钢构件应横放在垫木上，起吊时，不得使钢构件在地面上有拖拉现象，回转时，需有一定的高度。起钩、旋转、移动三个动作交替缓慢进行，就位时缓慢下落，防止擦坏螺栓丝口。

2. 钢梁安装注意事项

（1）在钢梁的标高、轴线的测量校正过程中，一定要保证已安装好的标准框架的整体安装精度。

（2）钢梁安装完成后应检查钢梁与连接板的贴合方向。

（3）钢梁的吊装顺序应严格按照钢柱的吊装顺序进行，及时形成框架，保证框架的垂直度，为后续钢梁的安装提供方便。

（4）处理产生偏差的螺栓孔时，只能采用绞孔机扩孔，不得采用气割扩孔的方式。

（5）安装时应用临时螺栓进行临时固定，不得将高强度螺栓直接穿入。

（6）安装后应及时拉设安全绳，以便于施工人员行走时挂设安全带，确保施工安全。

（7）当电梯井内部的钢梁完成后及时安装钢梯，以方便相邻楼层的上下。

3. 斜撑安装注意事项

斜撑安装应在一根钢丝绳上设置捯链以调整斜撑的倾斜角度，使安装就位方便。尽量避免上下钢梁全部安装完毕后，再来安装上下梁之间的斜撑。

17.6.3　大跨度结构安装

大跨度结构体系大体上可分为三大分支，即刚性体系、柔性体系和杂交体系。本章所述大跨度结构既包括网架、网壳、桁架等刚性体系，亦涵盖拉索—网架、拉索—网壳、拱—索、索—桁架等部分杂交体系。

17.6.3.1　一般安装方法及适用范围

大跨度结构体系的安装方法及使用范围见表17-65。

安装方法及适用范围　　　　　表17-65

安装方法		内容	适用范围
高空拼装法	高空散装法	单杆件拼装	全支架拼装的各种网格结构，也可根据结构特点采用少支架的悬挑拼装施工方法
		小拼单元拼装	
	分条（分块）吊装法	条状单元组装	分割后结构的刚度和受力状况改变较小的空间网格结构
		块状单元组装	
滑移施工法		单条滑移法	能设置平行滑轨的各种空间网格结构，尤其适用于跨越施工（待安装的屋盖结构下部不允许搭设支架或行走起重机）或场地狭窄、起重运输不便等情况
		逐条积累滑移法	
单元或整体提升法		利用拔杆提升	周边支承及多点支承空间网格结构
		利用结构提升	
单元或整体顶升法		利用网架支撑柱顶升	支点较少的空间网格结构
		设置临时顶升架顶升	
整体吊装法		单机、多机吊装	中小型空间网格结构，吊装时可在高空平移或旋转就位
		单根、多根拔杆吊装	
折叠展开式整体提升法		地面折叠拼装，整体提升，补杆件	柱面网壳结构，在地面或接近地面的工作平台上折叠起来进行拼装，拼装后用提升设备提升到设计标高，最后在高空补足原先去掉的杆件，使机构变成结构

17.6.3.2　高空拼装法

高空拼装是指搭设支撑胎架（脚手架或型钢支架）将构（杆）件直接在设计位置进行拼装的一种施工方法，又称为高空原位拼装法。根据结构形式的不同，高空拼装法又可以分为高空散装法和分条（分块）吊装法。

1. 高空散装法

高空散装是指搭设满堂支撑胎架，将小拼单元或散件（单根杆件及单个节点）直接在设计位置进行总拼的方法，适用于网架、网壳等空间结构的安装。该施工方法可以有效降低构件的起重要求，但需要搭设大量的拼装支撑体系，需要大量的材料，支撑的搭设时间较长，工期较长，并且需要结构下方有合适的场地。

（1）确定合理的高空拼装顺序

安装顺序应根据网架形式、支承类型、结构受力特征、杆件小拼单元、临时稳定的边界条件、施工机械设备的性能和施工场地情况等诸多因素综合确定。高空拼装顺序应能保证拼装的精度、减少累积误差。

1）平面呈矩形的周边支承两向正交斜放网架

①总的安装顺序是由建筑物的一端向另一端呈三角形推进。

②网片安装过程中，为防止累积误差，应由屋脊网线分别向两边安装。

2）平面呈矩形的三边支承两向正交斜放网架（或网壳）

①总的安装顺序是在纵向应由建筑物的一端向另一端呈平行四边形推进，在横向应由三边框架内侧逐渐向大门方向（外侧）逐步安装。

②网架安装顺序可先по短跨方向按起重机作业半径性能划分为若干个安装长区（如图17-54中所示的A、B、C、D四个安装长区），各长条区按顺序（如A～D）依次流水安装网架（或网壳）。

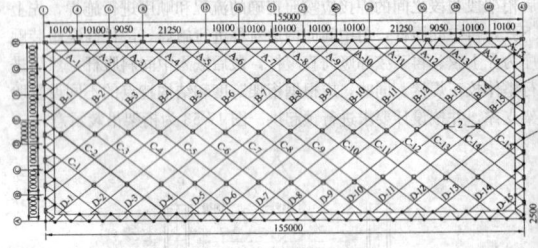

图17-54　三边支承网架安装顺序
1—柱子；2—临时支点；3—网架

3）平面呈方形由两向正交正放桁架和两向正交斜放拱索桁架组成的周边支承网架（或网壳）

总的安装顺序是先安装拱桁架，再安装索桁架，在拱索桁架已固定且已形成能够承受自重的结构体系后，再对称安装周边四角三角形网架（或网壳）。见图17-55。

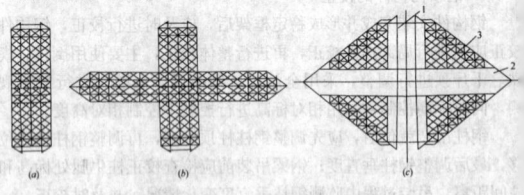

图17-55　拱索支承网架安装顺序
(a)拱区域安装；(b)索区域安装；(c)三角区安装
1—拱桁架；2—索桁架；3—三角区网架

4）平面呈椭圆形悬挑式钢罩棚网架（或网壳）

总的安装顺序是先将接近支承柱的部分网架（因与看台较近）采用高空散装法在脚手架上完成；而悬挑段因与看台较远，故先在地面上拼成块体（吊装单元），吊到高处通过拼装段与根据散装段组成完整的网架（或网壳），见图17-56。

（2）严格控制基准轴线位置、标高及垂直偏差，并及时纠正

1）网架（或网壳）安装应对建筑物的定位轴线（即基准线）、支座轴线以支承面标高，预埋螺栓（锚栓）位置进行检查

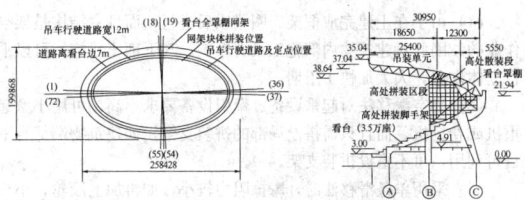

图 17-56 悬挑式钢罩棚网架安装顺序

作出记录，办理交接验收手续。支承面、预埋螺栓（锚栓）的允许偏差，见表 17-66。

支承面、预埋螺栓（锚栓）的允许偏差（mm）　　表 17-66

项　目		允许偏差
支承面	标高	0 −30.0
	水平度	L/1000（L——短边长度）
预埋螺栓（锚栓）	螺栓中心偏移	5.0
	螺栓露出长度	+30.0 0
	螺纹长度	+30.0 0
预留孔中心偏移		10.0
检查数量		按柱基数抽查 10%，且不少于 3 个

2）网架（或网壳）安装过程中，应对网架（或网壳）支座轴线、支承面标高或网架下弦标高，网架（或网壳）屋脊线、檐口线位置和标高进行跟踪控制。发现误差累积应及时纠正。

3）采用网片和小拼单元进行拼装时要严格控制网片和小拼单元的定位线和垂直度。

4）各杆件与节点连接时中心线应汇交于一点，螺栓球、焊接球应汇交于球心。

5）网架（或网壳）结构总拼完成后纵横向长度偏差、支座中心偏移、相邻支座偏移、相邻支座高差、最低最高支座差等指标均应符合网架（或网壳）规程要求。

（3）拼装支架的设置

网架（或网壳）高空散装法的拼装支架应进行设计和验算，对于重要的或大型的工程，还应进行试压，以确保其使用的安全可靠性。拼装支架必须满足以下要求：

1）具有足够的强度和刚度，拼装支架应通过验算除满足强度和变形要求外，还应满足单肢或整体稳定要求，符合《钢结构设计规范》（GB 50017）的规定。一般情况下荷载工况应考虑构件恒载、胎架自重、施工活载和风荷载。拼装支架的水平位移除了满足钢结构设计规范的要求之外，还要设置缆风绳等措施，尽量减小位移量，以保证构件拼装精度要求。

2）具有稳定的沉降量，支架的沉降往往由于支架本身的弹性压缩、接头的压缩变形以及地基沉降等因素造成。支架在承受荷载后必然产生沉降，但要求支架的沉降量在网架（或网壳）拼装过程中趋于稳定。必要时用千斤顶进行调整。如发现支架不稳定下沉，应立即研究解决。

由于拼装支架容易产生水平位移和沉降，在网架（或网壳）拼装过程中应经常观察支架变形情况并及时调整。应避免由于拼装支架的变形而影响网架（或网壳）的拼装精度。

为了节约支撑材料和减少支架拼装时间、加快进度，可以将拼装支架设置成可移动支架。

（4）支撑点的拆除

1）拼装支撑点（临时支座）拆除必须遵循"变形协调、卸载均衡"的原则，否则会导致临时支座超载失稳，或者网架（或网壳）结构局部甚至整体受损。

2）临时支座拆除顺序和方法：由中间向四周，以中心对称的方式进行。为防止个别支撑点集中受力，宜根据各支撑点的结构自重挠度值，采用分区分阶段按比例下降或用每步不大于 10mm 的等步下降法拆除临时支点。

3）拆除临时支撑点应注意事项：检查千斤顶行程是否满足支撑点下降高度，关键支撑点处要增设备用千斤顶。降落过程中，统一指挥，责任到人，遇有问题由总指挥处理解决。

2. 分条（分块）吊装法

高空分条（分块）吊装法是指搭设点式型钢支撑（体系）或条形脚手架支撑，将结构进行合理分条（分块），然后由起重机械吊装至安装位置，高空拼接，并将次桁架（或次结构）随后补装上的安装方法。

对网架（或网壳）结构来说，一般采用分块或分条的方法，其中块状分割指沿网架（或网壳）纵横方向分割后的矩形或正方形，条状是指沿网架长跨方向分割为几段，每段的长度可以是一个至三个网格，其长度方向为网架短跨的方向。

对大跨度空间桁架来说，一般采用分段拼装法，对于双向交叉空间桁架，把弦杆截面稍大的桁架作为主桁架分段拼装，另一方向桁架作为次桁架分单元或散件安装。

（1）网架（或网壳）分块拼装的工艺特点和技术要点

1）网架分条分块单元的划分，主要根据起重机的负荷能力和网架的结构特点而定。由于条（块）状单元是在地面进行拼装，和高空散件拼装法相比，高空作业大量减少，支撑支架用料也大量减少，比较经济。这种安装方法适用于分割后刚度和受力状况改变较小的中小型网架（或网壳）。

图 17-57 所示为某斜放四角锥网架块状单元划分方法工程实例，图中虚线部分为临时加固的杆件。

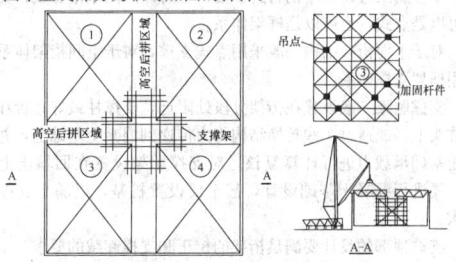

图 17-57 斜放四角锥网架块状单元划分方法示例
注：①～④为块状单元。

2）分条（块）单元自身应是几何不变体系，同时还应有足够的刚度，否则应该加固。对于正放类网架而言，在分割成条（块）状单元后，自身在自重作用下能够形成几何不变体系，并且具有一定的刚度，一般不需要进行加固。但对于斜放类网架，在分割成条（块）状单元后，由于上弦为菱形结构可变体系，因而必须加固之后才能吊装。图 17-58 所示为斜放四角锥网架划分成条状单元后几种上弦加固方法。

3）网架（或网壳）挠度控制。网架条状单元在吊装就位过程中为平面受力体系，而网架结构是按空间结构进行设计的，因而条状单元在总拼前的挠度要比网架形成整体后该处的挠度大，因此在总拼前须在合拢处用支撑顶起，调整挠度使其与整体网架挠度符合。当但设计已考虑了分条吊装法而加大了网架高度时可另当别论。块状单元在地面拼装后，应模拟高空支撑条件，拆除全部地面支墩后观察施工挠度，必要时也要调整其挠度。

图 17-59 为某工程分四个条状单元，在各单元中部设一个支顶点，共设六个点（每点用一根钢管和一个千斤顶）。

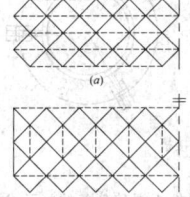

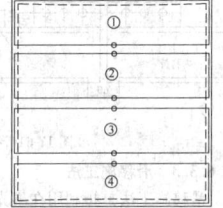

图 17-58 斜放四角锥网架上弦加固方案
注：图中虚线部分为临时加固杆件。

图 17-59 条状单元安装后支顶点位置
○—支顶点；①～④—单元编号

4）网架（或网壳）尺寸控制。条（块）状单元尺寸必须准确，以保证高空总拼时节点吻合或减少累积误差，一般可以采用预拼装或现场临时配杆来解决。

5）安装顺序和焊接顺序。分条（块）安装顺序应由中间向两端安装，或由中间向四周发展。高空总拼应采取合理的焊接顺序以减少焊接应力和焊接变形。总拼时的施焊顺序也是由中间向两端安装，或由中间向四周发展。

（2）大跨度空间桁架分段高空拼装的工艺特点和技术要点

1）构件的分段分节

一般来说，吊装单元必须自成体系，有足够的强度和刚度，以确保在吊装及安装过程中单元不会产生局部破坏或永久变形，否则应采取临时措施进行加固。

在工厂分段拼装的构件应满足运输条件，一般来说，高度＜4m，长度＜18m。

桁架上弦和下弦的分段口错开距离在500mm以上。

复杂节点建议使用铸钢件或在工厂制作。

图17-60为桁架的分段分节示意。

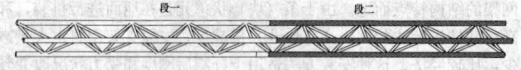

图17-60　桁架的分段分节

2）支撑胎架的设计和布置

支撑胎架可以采用钢管脚手架，也可以采用型钢支架；支撑胎架可以是点式，也可以是框架体系。

对于平面桁架结构一般采用点式支撑，对于空间桁架体系一般采用框架支撑体系。

支撑胎架一般设置在桁架分段处附近，支撑柱最好布置在混凝土柱头上，或通过一些转换结构将力传递到混凝土基础上，并对混凝土基础承载力进行计算复核。对支撑胎架设置在回填土上的情况，要进行混凝土基础设计，甚至要设置桩基，以满足支撑受力要求。

支撑顶部的设计要满足桁架的校正和支撑卸载的要求。

对支撑胎架要进行复核计算，其强度、刚度和整体稳定性均要满足《钢结构设计规范》（GB 50017）的规定。一般情况下荷载工况考虑构件恒载、胎架自重、施工活荷载和风荷载。拼装支架的水平位移除了满足钢结构设计规范的要求之外，还要设置缆风绳等措施，尽量减小位移量，以保证构件拼装精度要求。

在安装过程中要适时对支撑垂直度、位移、支座沉降以及节点焊缝进行实时监测，发现问题及时解决。

3）高空拼装

①拼装顺序

拼装顺序的设计宜考虑对称施工，减少累积误差，控制焊接、温差等造成的结构内应力。对环向闭合结构或超长结构体系，考虑设置合拢缝。但应尽量考虑可以流水施工，方便机械设备和材料的组织。

②拼装措施

为了提高构件高空拼装精度和速度，可设置一些临时连接板。连接板尺寸及布置方式见图17-61。

连接板孔径18mm，连接选用8.8级M16螺栓。

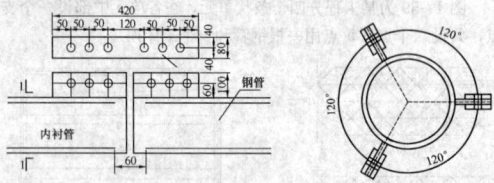

图17-61　拼装临时连接板

17.6.3.3　滑移施工法

滑移施工法是指利用在事先设置的滑轨上滑移分条的单元或胎架来完成屋盖整体安装的方法。根据滑移对象和方法可分为累积滑移法、胎架滑移法、主结构滑移法。

1. 滑移施工特点

（1）由于在土建完成框架、圈梁以后进行，而且主结构是架空作业的，因此对建筑物内部施工没有影响，与下部土建施工可以平行立体作业，大大加快了工期。

（2）高空滑移法对起重设备、牵引设备要求不高，可用小型起重机或卷扬机。而且只需搭设局部的拼装支架，如建筑物端部有平台可利用，可不搭设拼装支架。

（3）采用单条滑移法时，摩擦阻力较小，如再加上滚轮，小角度时用人力撬棍即可撬动前进。当累积滑移时，牵引力逐渐加大，即使为滑动摩擦方式，也只需用小型卷扬机即可。因为结构滑移时速度不能过快（≤1m/min），一般均需通过滑轮组变速。

2. 滑移施工法适用范围

（1）滑移法可用于建筑平面为矩形、梯形或多边形等平面。

（2）支承情况可为周边简支、或点支承与周边支承相结合等情况。

（3）当建筑平面为矩形时滑轨可设在两边圈梁上，实行两点牵引。

（4）当跨度较大时，可在中间增设滑轨，实行三点或四点牵引，这时结构不会因分条后加大挠度，或者当跨度较大时，也可采取加反梁办法解决。

（5）滑移法适用于现场狭窄、山区等地区施工，也适用于跨越施工；如车间屋盖的更换，轧钢，机械等厂房内设备基础、设备与屋面结构平行施工。

3. 施工方法

（1）累积滑移法

累积滑移法指先将条状单元滑移一段距离后（能连接上第二单元的宽度即可），连接好第二条单元后，两条一起再滑移一段距离（宽度同上），再连接第三条，三条又一起滑移一段距离，如此循环操作直至接上最后一条单元为止。以桁架为例，先以两榀桁架为一个单元，将桁架分段吊装至高空拼装胎架上，一次拼装二榀桁架，通过柱帽杆、檩条的连接使之成为一个单元，之后落到仅作施工用的滑移轨道上，利用卷扬机等设备牵拉进行等标高滑移，滑移二个柱距，再组装第三榀，同法安装第四榀，将完成的四榀桁架作为一个整体长距离滑移到位，同法完成剩余单元的累积滑移，剩余二榀桁架直接落放就位，完成整个屋盖的安装，其安装示意见图17-62。

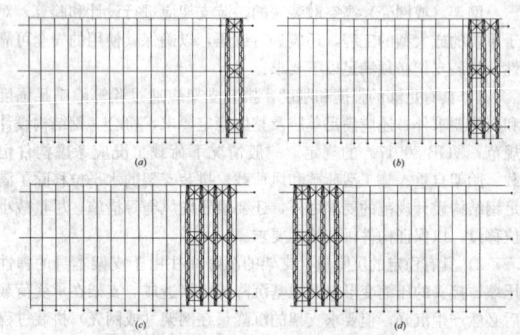

图17-62　滑移工艺流程

（a）在拼装胎架上组装二榀桁架形成稳定单元；
（b）滑移两个柱距，组装第三榀桁架；
（c）三榀滑移后组装第四榀桁架；
（d）四榀桁架长距离滑移到位

（2）胎架滑移法

大跨度结构两端支座间没有连系梁，而是单根柱支点承重，滑轨无法安装，为此在拼装胎架的下面设滑轨，滑动拼装胎架，利用有限的措施、材料完成整体结构安装。

胎架滑移法是按结构刚度定出分条单元，在拼装胎架上按设计位置拼装好，降落拼装支点，将拼装胎架往前滑移一个分条单元，再与已拼装好的结构拼接连接成整体的方法。

（3）主结构滑移法

主结构滑移法是将单个结构（如一榀桁架）一次滑移到位，然

后再滑移后续单个结构，直至整个大跨度结构施工完成。当大跨度结构下部无法搭设胎架并无法行走吊机时，可选择此滑移法。此滑移方法对滑移轨道要求较高，而且单个结构必须加设加固措施，但是此滑移法对桁架上部结构（如屋面）施工影响较小，将前几个单个结构滑移完成后即可插入桁架上部结构的施工。

4. 滑移施工法相关技术要求

（1）材料的关键要求

1）拼装承重支架一般用扣件式钢管脚手架，如采用已建的建筑物作操作平台，用槽钢等型钢作胎具即可。

2）滑道设置：根据网架大小，可用圆钢、钢板、角钢、槽钢、钢轨、四氟板加滚轮等，一般为 Q235 钢。

3）牵引用的钢丝绳的质量和安全系数应符合有关规定，以免出现安全事故。

（2）技术质量关键要求

1）挠度控制

当单条滑移时，施工挠度情况与分条安装法相同。当逐条累积滑移时，滑移过程中单元仍然是两端自由搁置的立体桁架。如网架设计时未考虑分条滑移的特点，网架高度设计得较小，这时网架滑移时的挠度将会超过形成整体后的挠度，处理办法是增加施工起拱度、开口部分增加三层网架、在中间增设滑轨等。

组合网架由于无上弦且是钢筋混凝土板，不允许出现在施工中产生一定挠度后又抬高后反复变形，因此，设计时应验算组合网架分条后的挠度值，一般应适当加高，施工中不应进行抬高调整。

2）滑轨与导向轮

①滑轨。滑轨的形式较多，如图 17-63 所示，可根据各工程实际情况选用。滑轨与圈梁顶预埋件连接可用电焊或对销螺栓。

图 17-63　各种轨道形式

滑轨位置与标高，根据各工程具体情况而定。如弧形支座高与滑轨一致，滑移结束后拆换支座较方便。当采用扁钢滑轨时，扁钢应与圈梁预埋件同标高，当滑移完成后拆换滑轨时不影响支座安装。如滑轨在支座下通过，则在滑移完成后，应在拆除滑轨的工作，在施工组织设计时应考虑拆除滑轨后支座落距不能过大（不大于相邻支座距离的 1/400）。当用滚动式滑移时，如把滑轨安置在支座轴线上，则最后应有拆除滚轮和滑轨的操作（拆除时应先将滚轮全部拆除，使网架搁置于滑轨上，然后再拆除滑轨，以减少网架各支点的落差）。但可将滑轨设置在支座侧边，不发生拆除滚轮、滑轨时影响支座而使网架下落等问题。图 17-64 为滚轮构造示意。

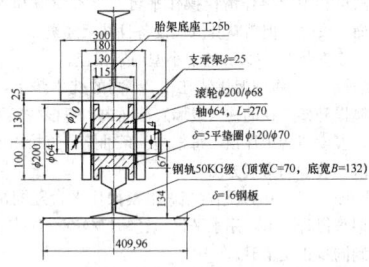

图 17-64　滚轮构造

滑轨的接头必须垫实、光滑。当滑动式滑移时，还应在滑轨上涂刷润滑油，滑撬前后都应做成圆弧倒角，否则易产生"卡轨"。

②导向轮。导向轮一般安装在导轨内侧，间隙 10～20mm，如图 17-65 所示。导向轮的主要作用是保险装置，在正常情况下，滑移时导向轮是脱开的，只有当同步差超过规定值或拼装偏差在某处较大时才碰上。但在实际工程中，由于制作拼装上的偏差，卷扬机不同时间的启动或停车也会造成导向轮顶上导轨的情况。

3）牵引力与牵引速度

①牵引力。网架水平滑移时的牵引力，可按式（17-8）、式（17-9）计算。

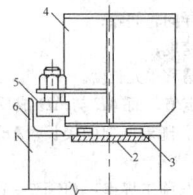

图 17-65　导轨与导向轮设置
1—圈梁；2—预埋钢板；3—滑轨；
4—网架支座；5—导向轮；6—导轨

当为滑动摩擦时

$$F_t = \mu_1 \zeta G_{0K} \qquad (17-8)$$

式中　F_t——总启动牵引力；

G_{0K}——网架总自重标准值；

μ_1——滑动摩擦系数，钢与钢自然轧制表面，经粗除锈充分润滑的钢与钢之间可取 0.12～0.15；

ζ——阻力系数，取 1.3～1.5。

当为滚动摩擦时

$$F_t = \frac{K}{r_1}\frac{r}{r_1}\mu_2 G_{0k} \qquad (17-9)$$

式中　F_t——总启动牵引力；

K——滚动摩擦系数，钢制轮与钢之间取 0.5mm；

μ_2——摩擦系数在滚轮与滚轮轴之间，或经机械加工后充分润滑的钢与钢之间可取 0.1；

r_1——滚轮的外圆半径（mm）；

r——轴的半径（mm）。

式（17-8）及式（17-9）计算的结果系指总的启动牵引力。如选用两点牵引滑移，将上列结果除 2 可得每边卷扬机所需的牵引力。根据某工程实测结果，两台卷扬机在滑移过程中牵引力是不等的，在正常滑移时，两台卷扬机牵引力之比约 1：0.7，个别情况为 1：0.5。因此建议选用卷扬机功率应适当放大。

②牵引速度

为了保证网架滑移时的平稳性，牵引速度不宜太快，根据经验，牵引速度控制在 1m/min 左右较好。因此，如采用卷扬机牵引，应通过滑轮组降速。为使网架滑移时受力均匀和滑移平稳，当逐条积累较长时，宜增设钩扎点。

（3）同步控制

网架滑移时同步控制的精度是滑移技术的主要指标之一。当网架采用两点牵引滑移时，如不设导向轮，则滑移要求同步，主要是为了不使网架滑出轨道。当设置导向轮，牵引速度差（不同步值）应不使导向轮顶住导轨为准。当三点牵引时，除应满足上述要求外，还要求不使网架增加太大的附加内力，允许不同步值应通过验算确定。两点或两点以上牵引时必须设置同步监测设施。

当采用逐条积累滑移法并设有导向轮时，两点牵引时，其允许不同步值与导向轮间隙、网架累积长度等有关，网架累积越长，允许不同步值就越小，其几何关系见图 17-66。设当 B、D 点正好碰上导轨时为 A、B 两牵引点允许不同步的极限值，如 A 点继续领先，则 B、D 点愈易压紧，即产生 R_1 及 R_2 的顶力，网架就产生施工应力，这在同步控制上是不允许的。故当 B、D 两点正好碰上导轨时，A、B 两牵引点允许不同步值为 AE，其计算公式见式（17-10）。

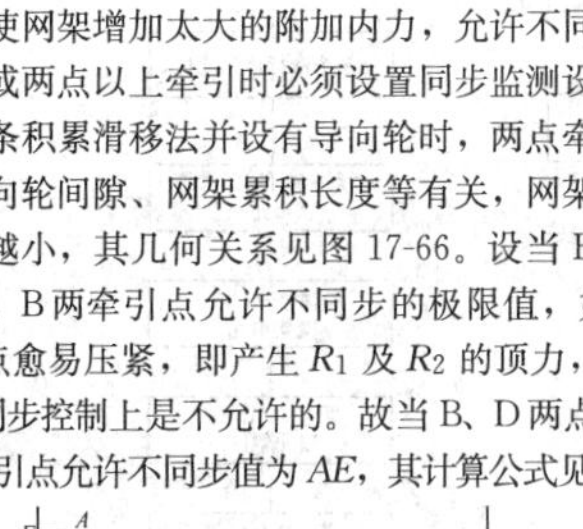

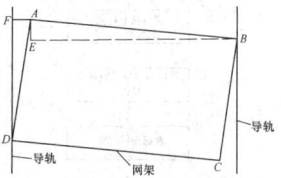

图 17-66　网架滑移时不
同步值的几何关系

$$AE = \frac{AB \cdot AF}{AD} \qquad (17-10)$$

式中 AF——两倍导向轮间隙；

AB——网架跨度；

AD——网架滑移单元长度。

式中 AB、AF 是已定值，而 AE 与 AD 成反比，因此对积累滑移法，AE 值是个变量，随着网架的接长，AE 逐渐变小，同步要求就越高。

《网架结构设计与施工规程》（JGJ 7—1991）规定网架滑移时两端不同步值不大于 50mm，只是作为一般情况而言。各工程在滑移时应根据情况，经验算后再自行确定具体值，两点牵引时应小于上述规定值，三点牵引时经验算后应更小。

控制同步最简单的方法是在网架两侧的梁面上标出尺寸，牵引时同时报滑移距离，但这种方法精度较差，特别是在三点以上牵引时不适用。自整角机同步指示装置是一种较可靠的测量装置。这种装置可以集中于指挥台随时观察牵引点移动情况，读数精度为 1mm。

（4）曲线滑移同步控制

胎架曲线滑移同步控制，首先要保证四条滑移轨道的准确铺设，圆弧轨道轴线定位点位误差不超过 ±3mm，间距误差不超过 ±5mm。

胎架曲线滑移同步，要求按同一角速度移动。在 B、C、D、E 轴线放置 6m 长的铝合金标尺，考虑胎架滑移速度为 3cm/s，B 轴标尺刻度以 2cm 为一格，不同轴线标尺面刻度按圆弧半径成比例刻画并进行编号。胎架滑移时，当最大半径 E 轴刻度滑动一根标尺时，四根标尺同时向前移动一整格，胎架滑移一跨轴线 9m 后，每次以楼面定位轴线标志线为标尺零点，以减小标尺放置误差。这样可通过焊接在胎架上的指标杆所指示的标尺即时刻度了解不同轴线同步滑移情况。当刻度反映不同步时，可先停止整体滑移，对滑移滞后的部位单独进行卷扬机牵拉，直至同步为止，同步滑移控制目标为≤5cm。

5. 滑移施工法工艺流程（图 17-67）

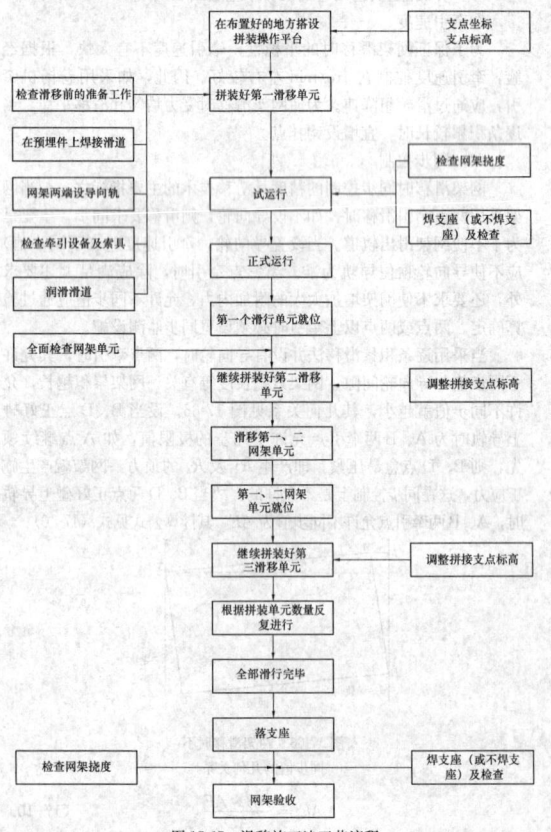

图 17-67 滑移施工法工艺流程

17.6.3.4 单元或整体提升法

提升施工法是利用提升装置将在地面或楼面拼装的结构逐步提升至既定位置的施工方法。采用这种施工方法，不需要大的吊车，设备投入也少，施工安全可靠，具有较好的综合效益。有原位整体提升、局部提升两种形式。安装方法有滑模提升、桅杆提升、升板机提升等。

1. 提升系统的组成

根据场地条件和提升装置的类型，提升结构主要有以下 3 类：利用主体结构（柱）的方式；设置临时支架的方式；主体结构（柱）、临时支架组合的方式。提升的动力一般有卷扬机＋滑轮组、液压千斤顶，但目前以液压千斤顶运用为主。

液压提升体系主要分为两类，一类是固定液压千斤顶的方式，即液压千斤顶布置在结构柱或临时支架上提升结构，称之为"提升"；另一类是移动液压千斤顶的方式，即液压千斤顶布置在结构上随着结构的提升和结构一起向上移动，称之为"爬升"。

2. 提升法施工基本条件

（1）被提升的结构应有很好的刚度，不会出现因为提升中结构过大变形而损坏的情况。

（2）下部结构要有很好的支承条件，整个提升设备可设置于土建结构的柱等竖向承重结构上，以这些竖向结构为支点，通过群体布置的提升设备将整个结构缓步提升到位。

3. 提升法施工

（1）滑模提升法

网架滑模提升法安装，是指先在地面一定高度正位拼装网架，然后利用框架柱或墙的滑模装置将网架随滑模顶升到设计位置，见图 17-68。

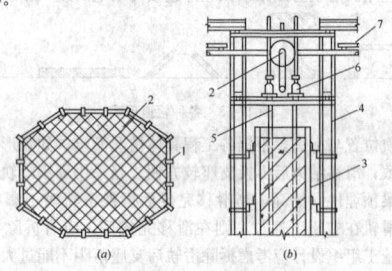

图 17-68 滑模提升法
（a）网架平面；（b）滑模装置
1—柱；2—网架；3—滑动模板；4—提升架；
5—支承杆；6—液压千斤顶；7—操作台

该方法可利用网架作滑模操作平台，节省设备和支撑胎架投入，施工简单安全，但需整套滑模设备且网架随滑模上升安装速度较慢。适用于安装 30～40m 的中小型网架屋盖。

1）提升前，先将网架拼装在 1.2m 高的枕木垫上，使网架支座位于滑模提升架所在的柱（或墙）截面内。每根柱安 4 根 ϕ28 钢筋支承杆，安设四台千斤顶，每根柱一条油路，直接由网架上操作台控制，滑模装置同常规方法。

2）滑升时，利用网架结构当做滑模操作平台随同滑升到柱顶就位，网架每提升一节，用水平仪、经纬仪检查一次水平度和垂直度，以控制同步正位上升。

3）网架提升到柱顶后，将钢筋混凝土连系梁与柱头一起浇筑混凝土，以增强稳定性。

（2）桅杆提升法

网架桅杆提升法安装，是指将网架在地面错位拼装，用多根独脚桅杆将其整体提升到柱顶以上，然后进行空中旋转和移位，落下就位安装，见图 17-69。

该方法所需设备投入大，准备工作及投入均较复杂，费时费工。适用于安装高、重、大（跨度 80～110m）的大型网架屋盖。

1）柱和桅杆应在网架拼装前竖立。桅杆可自行制造，起重量大，可达 100～200t，桅杆高可达 50～60m。

2）当安装长方、八角形网架时，可在网架接近支座处，竖立四根钢制格构独脚桅杆。每根桅杆的两侧各挂一副起重滑车组，每

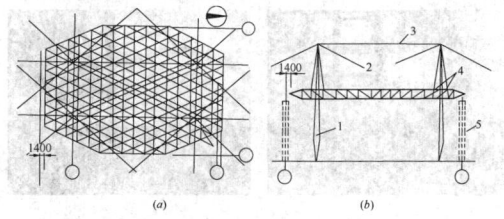

图 17-69 用四根独脚提杆抬吊网架

(a) 网架平面布置；(b) 网架吊装

1—独脚桅杆；2—吊索；3—缆风绳；4—吊点（每根桅杆 8 个）；5—柱子

副滑车组下设两个吊点，并配一台卷筒直径、转速相同的电动卷扬机，使提升同步。每根桅杆设 6 根与地面成 30°～40°夹角的缆风绳。

3）提升时，四根桅杆、八副起重滑车组同时收紧提升网架，使其等速平稳上升，相邻两桅杆处的网架高差应不大于 100mm。

4）当提升到柱顶以上 500mm 时，放松桅杆左侧的起重滑车组，使桅杆右侧的起重滑车组保持不动，则松弛的滑车组拉力变小，因而其水平分力也变小，网架便向左移动，进行高空移位或旋转就位。

5）经轴线、标高校正后，用点焊固定。桅杆利用网架悬吊，采用倒装法拆除。

（3）升板机提升法

升板机提升法是指网架结构在地面上就位拼装成整体后，用安装在柱顶横梁上的升板机，将网架垂直提升到设计标高以上，安装支承托梁，落位固定。

该方法不需要大型吊装设备和机具，安装工艺简单，提升平稳，提升差异小，同步性好，劳动强度低，功效高，施工安全，但需较多提升机和临时支撑短立柱，准备工作量大。适用于跨度 50～70m，高度 4m 以上，质量较大的大、中型周边支撑网架屋盖。

1）提升设备布置

图 17-70 为某工程的升板机提升法提升设备布置情况。提升点设在网架四边，每边 7～8 个。

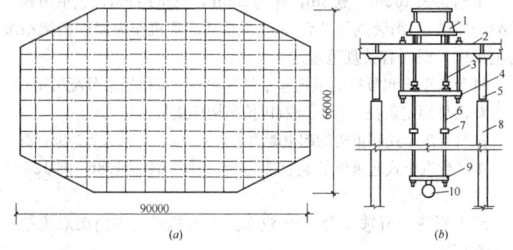

图 17-70 升板机提升法示意图

(a) 平面布置图；(b) 提升装置

1—提升机；2—上横梁；3—螺杆；4—下横梁；5—短钢柱；6—吊杆；7—接头；8—柱；9—横钢梁；10—支座钢球

2）提升操作

提升机每提升一节杆时，用 U 形卡板塞入下横梁上部和吊杆上端的支承法兰之间，卡住吊杆。卸去上节杆杆，将提升螺杆下降，与下一节杆接好，再继续上升，如此循环往复，直到网架升至托梁以上。然后把预先放在柱顶牛腿的托梁移至中间就位，再将网架下降于托梁上，提升完成。

网架提升时应同步，每上升 600～900mm 观测一次，控制相邻两个提升点高差不大于 25mm。

4．整体提升法施工工艺流程（图 17-71）

17.6.3.5 综合施工法

综合施工法就是同一结构采用两种以上安装方法进行施工。事实上，当今大跨度结构有两个明显的发展特点，一是跨度规模不断增大，二是结构越来越新颖复杂。对于这种类型的大型大跨度及空间钢结构仅用一种施工方法是难以完成整个工程的施工的，一般都会采用多种施工方法同时进行。

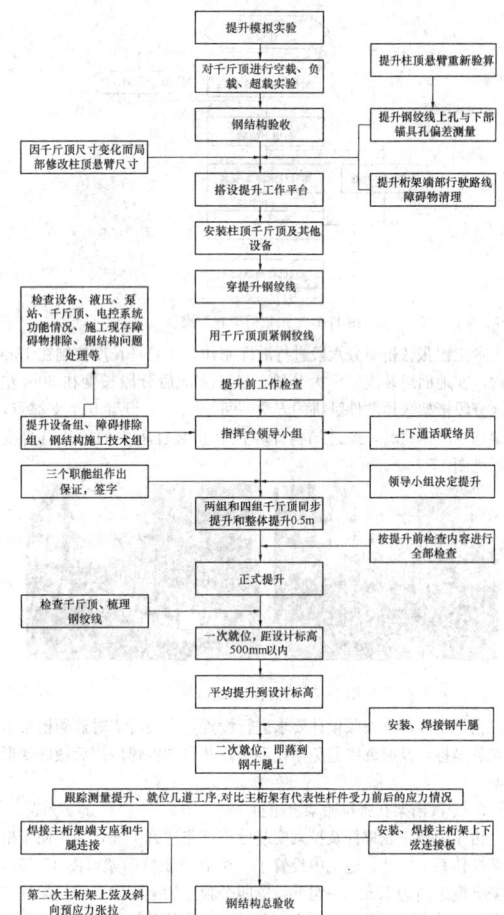

图 17-71 整体提升法施工工艺流程

针对不同工程的结构特点，其施工方法的综合选择也是不同的。一般来说，航站楼、车站等屋顶网架常用机械吊装、高空滑移为主，高空散件拼装为辅的综合施工法；场馆类大跨度则常用机械吊装、提升法为主，高空散件拼装为辅的综合施工法。

以天津梅江会展中心工程为例，说明大跨度预应力桁架综合施工法。

天津梅江会展中心工程主体钢结构包含了 A-F 共 6 个展厅，以及东部登录大厅、多功能厅和中厅，一共 9 个部分，总用钢量约为 2.8 万 t，其中张弦桁架存在于 ABCD 四个主展厅的屋盖体系，共 32 榀。张弦桁架长度 103m，最大跨度为 89m，顶部标高最高点为 35.6m，两端在支座位置采用了铸钢节点，支座形式为一端固定，一端滑动，主次桁架高度相同均为 2.5m，宽度 3.0m，弦杆为圆钢管，最大截面为 $\phi457\times26$。跨中撑杆的高度为 8m，撑杆采用圆钢管，均匀地布置 9 根，下弦索采用的是 $\phi7\times265$ 半平行钢丝束，拉索张拉力为 137t。图 17-72 为张弦桁架屋盖体系示意。

本工程张弦桁架施工流程见图 17-73。

1．桁架的地面拼装

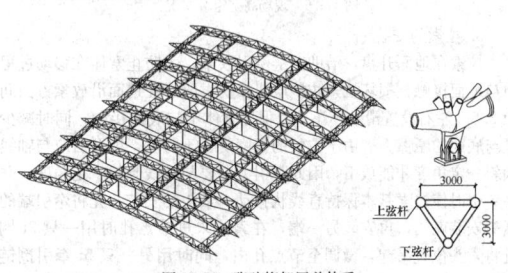

图 17-72 张弦桁架屋盖体系

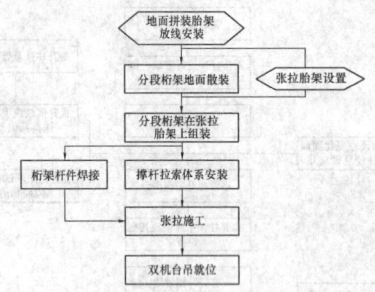

图 17-73 张弦桁架施工流程

本工程张弦桁架分六段进行散件制作,主弦杆长度控制在18m以内,在地面组装成三个大分段,拼装完成后分段长度在30m左右。分段桁架采用散件卧拼的方法,每个大分段设置5个支撑点,胎架选用型钢材料,经过结构计算控制拼装过程中的胎架自身变形,见图17-74。

图 17-74 张弦桁架地面散拼

桁架拼装尺寸按照设计要求进行设置,拼装时实时监测桁架节点位置坐标,及时调整避免累积误差,并在构件焊前焊后做好变形监测。

2. 分段桁架在张拉胎架上组拼

由于桁架下弦撑杆及拉索安装后高度将达到11m,为了便于桁架张拉体系的安装,施工中设置了一组高空张拉胎架(图17-75),胎架高度最高为11m,一组共设置四个独立胎架用来支撑桁架的三个分段,胎架选用圆管、工字钢等材料。张拉胎架的外形设计在计算机模型中进行,根据张弦桁架模型对胎架的细部尺寸进行计算,对碰撞位置进行调整,最终得到胎架的精确布置及细部节点尺寸。分段桁架就位后利用千斤顶调节节点标高,桁架分段安装顺序为先中间后两边,组对完成后安装撑杆及拉索。图17-76为现场高空组装实况。

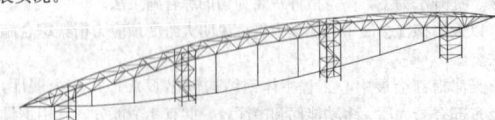

图 17-75 张拉胎架的设计模型

图 17-76 现场高空组装实况

3. 拉索的安装

拉索在地面开盘,借助捯链牵引放索。为防止索体在移动过程中与地面接触,损坏拉索防护层或损伤索股,在地面沿放索方向间距2.5m左右设置滑动小车,以保证索体不与底面接触,同时减少了与底面的摩擦力。由于拉索的长度要长于跨度,展开后应与轴线倾斜一定角度才能放下,因此牵引方向要与轴线倾斜一定角度,并在牵引时使拉索基本沿直线快速移动。索头的安装:先将牵引端的索头安装就位,再安装另一端,在索体未进节点孔时用一只2t捯链将索头位置吊起,微调至节点孔内,同时用另一只5t牵引捯链进行牵引就位。图17-77为放索及索头安装的现场实况。

图 17-77 放索及索头安装

4. 张拉施工

按照理想模型在地面拼装完单榀张弦梁后,一次张拉到位,然后把张弦梁吊装到柱顶就位,此时桁架支座允许滑移,安装完次桁架和屋面结构后,固定桁架支座,并对张弦梁的上弦变形进行监测。

拉索采用单端张拉,张拉时对位移和材料应力进行双控。经计算,拉索的张拉力约140t左右,单端张拉,考虑共有四个展厅选用4台250t千斤顶。预应力钢索张拉前根据设计和预应力工艺要求的实际张拉力对千斤顶、油泵进行标定。实际使用时,由此标定曲线上找到控制张拉力值相对应的值,并将其打在相应的泵顶标牌上,以方便操作和查验。

施工前用仿真模拟张拉工况,以此作为指导第一榀桁架试张拉的依据。计算表明拱达到变形控制点时所需张拉力为137t,试张拉逐级加载分成5级,分别为0.2、0.4、0.6、0.8、1.05倍张拉索力,即274kN、548kN、822kN、1096kN、1439kN。先测定张弦桁架中点的矢高,依次测定桁架端部水平位移,以及其他点的位移和内力,并及时在现场进行计算机辅助分析,调整下部张拉。试张拉完成后,整理出各张拉技术参数的控制指标值,形成技术文件,用于指导正式张拉。

由于在张拉时桁架能够滑动,故必须减少桁架弦杆和胎架之间的摩擦力,因此在胎架和桁架之间设置滑动措施,减小张拉过程中对胎架的水平力,施工安全性更容易保证。

5. 双机抬吊施工

(1) 吊装参数计算如下:

主桁架长103m,宽3m,高约2.5m,总重约95t(包括吊钩吊绳的质量),吊装选择2台300t汽车式起重机作为屋面桁架吊装的主吊机。根据有关规范规定:

每台汽车式起重机的额定起重量×80%>双机抬吊分配吊重;

双机总额定负荷×75%>双机抬吊构件质量;

则每台汽车式起重机的起重能力为:64t×80%=51.2t>95t/2;

则2台汽车式起重机的起重能力为:64t+64t=128t,则128t×75%=96t>95t。

综上所述,所选2台300t汽车式起重机进行主桁架双机抬吊的方案可行。

(2) 双机抬吊时为充分发挥300t汽车吊的起重性能,在选择吊点时尽可能缩短吊点间距,从而减少汽车式起重机吊装时的臂长,针对张弦桁架的吊装进行相应的施工模拟计算,对吊装过程中索应力及杆件应力的变化进行验算。图17-78为双机抬吊现场实况。

图 17-78 双机抬吊现场实况

17.6.4 塔桅结构安装

17.6.4.1 塔桅结构安装的特点

(1) 高度大。塔桅结构属高耸的工程构筑物,其建筑高度大。

(2) 断面小。塔桅结构包括输电塔、无线电杆、电视桅杆、电视塔等,因功能设计要求,其建筑断面一般较小。

（3）施工难度大。塔桅结构是以自重及风荷载（有时以地震荷载等）等水平荷载为结构设计主要依据的结构，施工时容易受到外部环境因素的影响，应选择专门的机械设备和吊装方法进行安装。

17.6.4.2 塔桅结构安装与校正

塔桅结构常用的安装方法有：高空散件（单元）法、整体起扳法和整体提升（顶升）法等。

1. 高空散件（单元）法

利用起重机械将每个安装单元或构件进行逐件吊运并安装，整个结构的安装过程为从下至上流水作业。在安装上部构件或安装单元前，下部所有构件均应根据设计布置和要求安装到位，并保证已安装的下部结构的稳定和安全。

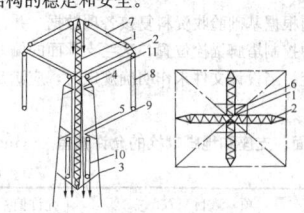

图 17-79　旋转式多臂悬浮抱杆的构造
1—中心抱杆；2—摇臂抱杆；3—中心抱杆底
部支承钢索；4—侧向支承中腰箍；5—侧向支
承下腰箍；6—侧向支承上腰箍；7—摇臂调幅
滑轮组；8—摇臂吊装滑轮组；9—抱杆提升支架；
10—抱杆提升滑轮组；11—抱杆在塔内的拉索

（1）高空散件法

对于截面宽度较大的桅杆（难以分段吊装）和塔架结构，一般宜采用高空散件法。常用的吊装设备有爬行抱杆（亦称悬浮抱杆）；对于大型塔桅结构（如电视塔），条件许可时，亦可采用塔式起重机吊装。

1）爬行抱杆吊装

工程中常用的是一种旋转式多臂悬浮抱杆。由于塔架的塔柱通常是倾斜的，塔架宽度上下不一致，因此塔架构件吊装用的爬行抱杆一般设置在塔架内部。

①抱杆的构造。抱杆主要由中心抱杆、摇臂抱杆、支承腰箍、摇臂调幅和吊装滑轮组、抱杆提升支架及部分拉索等组成。图17-79为某种旋转式多臂悬浮抱杆的构造示意。

②中心抱杆组装。利用吊车进行组装，先将抱杆下部两节和抱杆底部放到铁塔地面中心位置，用临时拉索临时固定，再将中、下腰箍套在中心抱杆上，然后继续吊装中心抱杆的上部各节，直至吊好上部各节之后，再套上上腰箍，再安装中心抱杆的吊装用调幅滑轮组，最后用调幅滑轮组吊装摇臂抱杆。

③悬浮抱杆提升。旋转式多臂悬浮抱杆提升前，应先将四个摇臂拔杆竖直，使抱杆和调幅滑轮组的动滑轮、定滑轮碰头，然后将上腰箍提升到最高位置，将下腰箍和提升吊架提升到中腰箍下部，将中腰箍悬挂在摇臂支座下部。固定各道腰箍，使上、下两道腰箍的中心线与中心抱杆轴线重合（用两台经纬仪在两个方向观测校正）。松开抱杆上所有不受力的拉索和钢丝绳。

抱杆提升分两阶段：第一阶段以上腰箍及下腰箍作为中心抱杆提升时的侧向支承点，利用人推绞磨作为牵引力使中心抱杆和中腰箍升高。当中心抱杆上的摇臂抱杆支座即将碰到上腰箍时第一阶段结束，然后将中腰箍支承拉索联于铁塔主肢上，送去上腰箍并搁放在摇臂抱杆支座上部，即可进行第二阶段提升，直升到施工设计规定的吊装高度。

对于电视塔有时可以利用其本身的天线杆作为爬行抱杆进行塔架的吊装。施工时，先用汽车式起重机在塔架中心架设好天线杆，并用临时拉线固定，同时安装最下两层塔架。此后就利用天线杆上附设的起重设备，安装第三层以上的塔架，随着安装高度的增加，天线杆也逐节上升，同时下面装好爬梯井道，待安装到顶端，将天线进行就位。

2）塔式起重机吊装

如采用塔式起重机吊装，可将起重机附着在主结构上，对于有

内筒的塔桅结构，亦可将塔式起重机设置为内附式。下部主结构稳定后，方可进行塔式起重机的附着，用以完成上部结构的安装。

河南广播电视发射塔是一具有内筒、高388m的全钢结构发射塔，塔身结构由内筒、外筒和底部五个"叶片"形斜向网架构成，外筒为格构式巨型空间钢架，内筒为竖向井道空间桁架构成的巨型筒，见图17-80（a）。其塔身采用附着在内筒内的塔式起重机高空散件吊装，如图17-80（b）所示。

（2）高空单元法

对于吊装截面宽度较小的桅杆，一般宜采用分节分段的高空单元法安装。根据使用吊装机具的不同，可分为爬行起重机吊装和爬行抱杆吊装两种。

1）爬行起重机吊装

①桅杆吊装前，先在地面上进行扩大拼装。拼装后的节段应符合吊升要求。

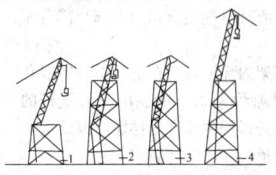

图 17-80　塔式起重
机内附施工
（a）发射塔外观；
（b）塔式起重机内附施工

②桅杆吊装作业时，应先利用辅助桅杆将在地面上组装好的爬行起重机竖立起来，见图17-81（a），并用缆风绳将其固定。

③爬行起重机固定好后，应先吊装最下面的两节钢桅杆，见图17-81（b）。当最下面的两节桅杆吊装完毕并用缆风绳固定后，就使爬行起重机爬上桅杆，见图17-81（c），将套管吊起并将其钢箍扣在桅杆第二节上。

④去掉固定起重机的缆风绳，使起重机上升，并将起重杆下端横杆上的钢箍扣在桅杆上。此后，以上各节的桅杆即可爬行起重机进行吊装。

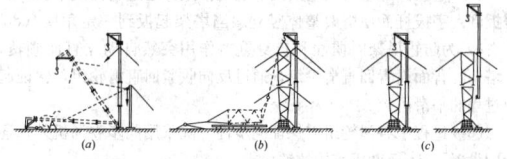

图 17-81　爬行起重机的竖立与爬升

2）爬行抱杆吊装

①截面较小的钢桅杆亦可采用爬行抱杆安装，见图17-82。爬行抱杆由起重抱杆和缆风绳两部分组成。

②起重抱杆底部有铰链支座，安装与固定在钢桅杆上的悬臂支架上，起重抱杆可在一定范围内绕铰链转动。

③起重用卷扬机设在地面上，起重抱杆的四根缆风绳通过地锚上的滑轮而固定在手动卷扬机上。

④当把钢桅杆吊到其所能及的高度后，将吊钩绕过桅杆底部的滑轮，再固定于已安装桅杆的顶部。

⑤桅杆顶部固定后，即可开动起重卷扬机，同时等速放松固定抱杆缆风绳的四个手动卷扬，便可使爬行抱杆上升至新的位置。

⑥在新的位置上固定起重桅杆，再还原吊钩的位置，即可继续向上吊装钢桅杆。

2. 整体起扳法

先将塔身结构在地面上进行平面拼装（卧拼），待地面上拼装完成后，再利用整体起扳系统（如拔杆或人字拔杆），以临时铰支座为支点，将结构整体起扳就位，并进行固定安装。上海某电视塔（总高209.35m）底部154m高的塔身段采用了该方法，见图17-83。

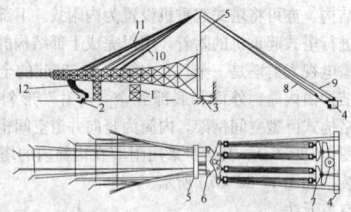

图 17-83　塔架整体吊装布置图
1—临时支架；2—副地锚；3—扳铰；4—主地锚；
5—人字拔杆；6—上平衡装置（铁扁担）；7—下平
衡装置；8—后保险滑轮组；9—起重滑轮组；
10—前保险滑轮组；11—吊点滑轮组；12—回直滑轮组

（1）塔架拼装。将塔架构件在支架上进行永久拼装，所有构件的尺寸必须测量校正，所有螺栓和焊缝必须按要求拧紧或施焊完毕。

（2）竖立人字拔杆。人字拔杆用于以倒杆翻转法整体吊装塔架。人字拔杆自身稳定性较好，其作用在于架高滑轮组，增大起扳的作用力矩。起扳用人字拔杆的高度不应小于起扳塔架高度的1/3。

为控制塔架起扳过程中人字拔杆顶部的水平位移，在人字拔杆前后设置保险滑轮组。前保险滑轮组以固定长度架人字拔杆顶端与塔架进行连接，以限制人字拔杆顶部位移；后保险滑轮组以人字拔杆顶部四只单门滑轮从四副起重滑轮组中各引出两根钢索建立可变连接，以便在收紧起重滑轮组的过程中，可以同时收紧后保险滑轮组，以控制人字拔杆顶部位移。

（3）起扳。起重滑轮组锚固于主地锚上，通过卷扬机牵引，缓缓扳倒人字拔杆而使塔架整体竖立。当塔架起扳到一定角度（80°左右），为防止塔架因惯性和自身重力作用突然自动立直而倾覆，在塔架的背面设置回直滑轮组，通过反向收紧回直滑轮组，保证起扳过程的平滑可控。

起扳过程中各滑轮组需保证同步性，除采用同步卷扬机外，还专门设置了 6、7 两组铰接的铁扁担。

3. 整体提升（顶升）法

先将钢桅杆结构在较低位置进行拼装，然后利用整体提升（顶升）系统将结构整体提升（顶升）到设计位置就位固定安装。天线杆处于塔身之上，位置较高，多采用此法吊装，即从塔身内部整体进行提升。上海某电视塔天线（53m）部分采用了该施工方法，见图 17-84。

天线杆在塔架内部组装，在塔架中心横隔孔道内提升，其间隙约为 300mm。由于天线杆的重心较高，在提升过程中易产生摆摆，因此应增设辅助钢架和滑道。

辅助钢架接在天线杆的下端，其主要作用是：固定吊点，使天线杆能全部升出塔架；降低天线杆重心，使天线杆提升稳定。

为平稳提升天线杆和辅助钢架，在塔架的横隔孔道内设置了四条滑道，使天线杆整个的提升过程限制在滑道内。

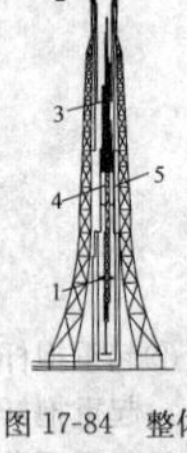

通过设置在塔架顶部的四副起重滑轮组整体提升天线杆和辅助钢架，达到设计位置后固定安装。天线部位的构件、设备，能事先安装而不影响天线杆提升者，应事先安装好后再与天线一起提升。其余者可以事先放在天线顶部，在天线杆上升过程中逐个安装，也可在天线安装完毕后，再用滑轮逐个吊升后进行安装。

塔桅结构的整体提升亦可采用液压整体提升（爬升）技术，以便更好地实现提升过程的平稳可控。广州新电视塔的天线部分就是以液压千斤顶为提升设备，由计算机多参数自动控制，实现实腹段天线的超高空连续提升、就位安装。

4. 塔桅结构校正

（1）控制塔桅结构的塔心定位中心点、垂直度、双向观测基准

点、标高基准点，使其与土建定位轴线和标高一致，其偏差不得大于表 17-67 中的允许偏差。

观测基准点、塔的定位中心点和标高的允许偏差（mm）
表 17-67

项　目	允许偏差	备　注
观测基准点水平位置偏离轴线距离	±l/2000，且不大于±3.0	l——塔心到观测基准点的距离
塔的定位中心	±3.0	
标高	±2.0	

（2）安装前根据基础验收资料复核各项数据，并标注在基础面上。安装过程中控制塔脚锚栓位置、法兰支承面的偏差等，使其符合设计文件规定。当设计文件未作明确规定时，应满足表 17-68 的要求。

支承面、支座和地脚螺栓的允许偏差（mm）
表 17-68

项次	项　目	允许偏差	备注
1	柱墩支承表面（法兰上端面）（1）标高（2）水平度（法兰上端面）	±3.0　l/500，且不大于 3	
2	地脚螺栓位置扭转（任意截面处）	±2.0	
3	塔基对角线上地脚螺栓法兰中心连线长度	l/2000，且不大于±10.0	l—对角线长度
4	相邻两组地脚螺栓法兰中心边长	±5.0	
5	地脚螺栓伸出法兰面的长度	±30.0	
6	地脚螺栓的螺纹长度	±30.0	

17.6.4.3　塔桅结构安装的注意事项

（1）塔桅结构安装时必须确保结构达到设计的强度、稳定要求，不出现永久性变形，并确保施工安全。

（2）安装前，应按照构件明细表和安装排列图（或编号图）核对进场的构件，检查质量证明书和设计更改文件。工厂预拼装的结构在现场安装时，应根据预拼装的合格记录进行。

（3）结构安装应具备下列条件：
1）设计文件齐备；
2）基础和地脚螺栓（锚栓）、地锚（桅杆）已验收通过；
3）构件齐全，质量合格，并有明细表、产品质量证明书和必要的预拼装记录；
4）施工组织设计或施工方案已经批准，必要的技术培训已经完成；
5）材料、劳动组织和安全措施齐备；
6）机具设备满足施工组织设计或施工方案要求，且运行良好；
7）施工场地符合施工组织设计或施工方案的要求；
8）水、电、道路满足需要并能保证连续施工。

（4）垂直度测量应在小于 2 级风、阴天或阳光未照射到结构上时进行。

（5）在 6 级风以上、雨、雪天和低温下（-10℃ 以下），不得进行高空作业。在雷雨季节应采取可靠的防雷措施后方可施工。

（6）在有高压线等不良环境条件下，安装时应采用安全对策。

（7）塔桅结构安装前表面不应有污渍。安装完毕后表面应清除油渍和污渍。

17.6.5　悬挑结构安装

17.6.5.1　悬挑结构特点

悬挑结构一般是由桁架结构体系构成的多层框架，具有以下施工特点和难点：

（1）悬挑跨度大，高空作业安全保障难；

（2）构件超重、节点构造复杂，多接头异形构件单件重且数量

图 17-84　整体
提升天线杆
1—滑轮支座；
2—提升滑轮组；
3—天线杆；
4—辅助钢架；
5—滑道

较多，结构的稳定性控制难度大；

（3）一般多为高强厚钢板焊接，焊缝多、焊接位置集中，焊接应力和变形控制较难；

（4）安装精度受结构自重和气候条件影响大，控制难度大；

（5）不可预见因素多，安装风险大。

17.6.5.2 悬挑结构的安装准备工作

（1）做好设备选择与现场平面规划工作。采用的大型吊装设备必须满足悬臂最远端构件的吊装，同时规划好构件的转运路线、临时堆场与起吊区的设置。

（2）做好构件分段与供应计划。根据吊装设备的最大起重性能和安装定位的便利性，对节点与杆件进行组合分段，并制定详细的安装顺序进行配套供应。

（3）对与主体结构连接的部位进行重点控制，认真检查好连接部位的空间位形质量情况。

（4）做好临时稳固措施和测量校正措施设计工作，要确保措施的可操作性与安全可靠。

（5）做好作业人员行走通道和操作架设置工作，以保障作业安全。

（6）做好计算机全过程模拟计算分析，主要计算分析以下内容：

1）安装阶段的应力和位移变化情况；

2）关键构件的安装稳固与定位措施设计计算。

17.6.5.3 悬挑结构的安装与校正

根据悬挑结构的悬挑跨度大小、自重、构件受力特征和现场条件，一般有无支撑安装和有支撑安装两种方法。前者是利用钢构件自身刚度，借助临时连接螺栓板或临时拉杆、侧向顶撑等临时稳固措施保证稳定性，逐步扩散累积安装成型；后者是在悬挑结构下方搭设临时支撑胎架对底部关键构件进行定位支承，从结构主体根部向外延伸安装，以此实现悬挑构件的就位，整个悬挑结构安装完成后进行分级卸载。两种方法的吊装设备一般选择大型塔式起重机。常见的悬挑结构安装方式如图17-85所示。

(a)   (b)

图 17-85　常见悬挑结构安装方式
(a) 无支撑悬挑安装；(b) 有支撑悬挑安装

悬挑结构安装精度主要以底部的基础性构件的安装精度控制为主，一般方法为：通过高精度全站仪对悬挑结构端部基准点进行测量，通过起重机和捯链进行校正，使悬挑结构的轴线偏差符合规范要求。

由于受自重影响，悬挑结构会出现下挠，为保证在承受恒荷载及活荷载下悬挑底部处于水平状态，施工时需要进行反变形预调处理，根据内业计算分析的预调值结果，采取工厂制作预调和现场安装预调相结合，在安装中将理论变形值与实际变化对照，及时修正预调值。

17.6.5.4 悬挑结构安装注意事项

（1）悬挑跨度大，结构的稳定性控制难度大，要加强高空作业安全保障。

（2）做好构件分段与供应计划。根据吊装设备的最大起重性能和安装定位的便利性，对节点与杆件进行组合分段。

（3）与主体结构连接的部位为关键点，应重点控制，认真检查好连接部位的空间位形质量情况。

（4）做好临时稳固措施和测量校正措施设计工作，要确保措施的可操作性与安全可靠。

（5）做好作业人员行走通道和操作架设置工作，以保障作业安全。

17.7 钢结构测量

17.7.1 测量准备

钢结构施工测量前，应收集有关测量资料，熟悉施工设计图纸，明确施工要求，制定施工测量方案。主要准备工作有：

（1）资料准备。钢结构施工前应具备下列资料：

1）总平面图；

2）建筑物的设计与说明；

3）建筑物的轴线平面图；

4）建筑物的基础平面图；

5）建筑物的结构图；

6）钢结构深化设计详图；

7）场区控制点坐标、高程及点位分布图。

（2）测量控制点移交与复验。钢结构施工单位进场，业主方或者总承包单位应提供测绘单位现场设置的坐标、高程控制点。

钢结构施工前，应对建筑物施工平面控制网和高程控制点进行复测，复测方法应根据建筑物平面不同而采用不同的方法：

1）矩形建筑物的验线宜选用直角坐标法；

2）任意形状建筑物的验线宜采用极坐标法；

3）平面控制点距观测点位距离较长，量距困难或不便量距时，宜选用角度（方向）交汇法；

4）平面控制点距观测点位距离不超过所用钢尺全长，且场地量距条件较好时，宜选用距离交汇法；

5）使用光电测距仪验线时，宜选用极坐标法，光电测距仪的精度应不低于±（5+5D）mm，D为被测距离（km）。

（3）测量仪器的准备。钢结构施工测量前，应选择满足工程需要的测量仪器设备，并经计量部门鉴定合格后投入使用。为达到符合精度要求的测量成果，除按规定周期进行鉴定外，在周期内的全站仪、经纬仪、铅直仪等主要有关仪器，还宜每2～3个月定期检校。各测量仪器的具体要求如下：

1）全站仪：在多层与高层钢结构工程中，宜采用精度为2S、3+3PPM级全站仪。

2）经纬仪：采用精度为2S级的光学经纬仪，如果是超高层钢结构，宜采用电子经纬仪，其精度宜在1/200000之内。

3）水准仪：按国家三、四等水准测量及工程水准测量的精度要求，其精度为±3mm/km。

4）钢卷尺：土建、钢结构制作、钢结构安装、监理等单位的钢卷尺，应统一购买通过标准计量部门校准的钢卷尺。使用钢卷尺时，应注意检校时的尺长改正数，如温度、拉力等，进行尺长改正。

（4）配备能够胜任该项目测量工作的专职测绘人员。

（5）编制针对该项目的专项安装测量方案。

（6）熟悉图纸并整理有关测量数据，为现场安装提供测量依据。

17.7.2 平面控制

1. 平面控制网的布设应遵循的原则

（1）平面控制应先从整体考虑，遵循先整体、后局部，高精度控制低精度的原则。

（2）首级控制网的布设应因地制宜，控制网点位应选在通视良好、土质坚实、便于施测、利于长期保存的地点，必要时还应增加强制对中装置且适当考虑发展。

（3）首级控制网的等级，应根据工程规模、控制网的用途和精度要求合理确定。

（4）加密控制网，可越级布设或同等级扩展，平面控制应先从整体考虑，遵循先整体、后局部，高精度控制低精度的原则。

（5）轴线控制网的布设应根据总平面定位图，现场施工平面布置图，基础、首层及上部施工平面图进行。

（6）针对钢结构施工的特殊性，宜采用建筑坐标系统。对于不规则图形或者不易采用建筑坐标系统的建筑物可沿用原有的坐标

系统。

(7) 各阶段钢结构安装与其他相关单位所引用的平面控制基准必须统一。

2. 平面控制网的建立应符合的规定

(1) 可按场区地形条件、建筑物的设计形式和特点布设十字轴线或矩形控制网,平面布置异形的建筑可根据建筑物形状布设多边形控制网,且应满足以下规定:

1) 矩形网应按平差结果进行实地修正,调整到设计位置。当增设轴线时,可采用现场改点法进行配赋调整;点位修正后,应进行矩形网角度的检测。

2) 矩形网的角度闭合差,不应大于测角中误差的 4 倍。

3) 多边形控制网,其测量精度应符合一级或者二级控制网的精度要求。

(2) 首级控制网点,应根据设计总平面图和施工总布置图布设,并满足建筑物施工测设的需要。

(3) 大中型的施工项目,应先建立场区控制网,再分别建立建筑物施工控制网;小规模或精度高的独立施工项目,可直接布设建筑物施工控制网,且应满足以下规定:

1) 建筑物施工控制网,应根据场区控制网进行定位、定向和起算;控制网的坐标轴,应与工程设计所采用的主副轴线一致;施工控制网对于提高钢结构测校速度和准确度有很大作用。

2) 场区平面控制网,应根据工程规模和工程需要分级布设。基础或者地下室施工阶段应建立一级或一级以上精度等级的平面控制网;首层施工完毕,作为上部施工测量基准的内控制网应满足二级精度的要求。建筑物施工平面控制网的主要技术要求,见第 7 章表 7-7。

(4) 建筑物的轴线控制桩应根据建筑物的平面控制网测定,定位放线方法可选择直角坐标法、极坐标法、角度(方向)交会法、距离交会法等。

(5) 建筑物的围护结构封闭前,应根据施工需要将建筑物外部控制转移至内部。内部的控制点宜设置在浇筑完成的预埋件上或预埋的测量标板上。引测的投点误差,一级不应超过 2mm,二级不应超过 3mm。

(6) 上部楼层平面控制网,应以建筑物底层控制网为基础,通过仪器竖向垂直接力投测。竖向投测宜以每 50～80m 设一转点,控制点竖向投测的允许误差应符合第 7 章表 7-29 的规定。

(7) 轴线控制基准点投测至中间施工层后,应组成闭合图形复测并将闭合差调整。调整后的点位精度应满足边长相对误差达到 1/20000 和相应的测角中误差±10″ 的要求。设计有特殊要求的工程项目应根据限差确定其放样精度。

17.7.3 高 程 控 制

1. 高程控制网的布设应遵循的原则

(1) 首级高程控制网的等级,应根据工程规模、控制网的用途和精度要求合理选择。首级网应布设成环形网,加密网宜布设成附合路线或结点网。

(2) 为保证建筑物竖向施工的精度要求,在场区内建立高程控制网,以此作为保证施工竖向精度的首要条件。

(3) 一个测区及周围宜至少有 3 个高程控制点。

(4) 建筑物的±0.000 高程面应根据场区水准点测设。

(5) 引测的水准控制点须经复测合格后方可使用。

(6) 各阶段钢结构安装与其他相关单位所引用的高程基准必须统一。

2. 建筑物高程控制应符合的规定

(1) 一般建筑物高程控制网,应布设成闭合环线、附合路线或结点网形。宜采用水准测量,附合路线闭合差不应低于四等水准的要求。大中型施工项目的场区高程测量精度,不应低于三等水准。水准测量的主要技术要求见表 17-69。

(2) 水准点可设置在平面控制网的标桩或外围的固定地物上,也可单独埋设。水准点的个数不宜少于 3 个。

(3) 施工中,当少数高程控制点标识不能保存时,应将其高程引测至稳固的建(构)筑物上,引测的精度不应低于原高程点的精

度等级。

水准测量的主要技术要求　　　　表 17-69

等级	二等	三等		四等	五等
路线长度(km)	—	≤50		≤16	—
M_Δ (mm)	≤±1	±3		±5	±10
M_W (mm)	2	6		10	15
仪器型号	DS1	DS1	DS3	DS3	DS3
视线长度(m)	50	100	75	100	100
前后视较差(m)	1	3		5	大致相等
前后视累积差(m)	3	6		10	
视线离地面高度(m)	0.5	0.3		0.2	
基辅分划或黑红面读数较差(mm)	0.5	1.0	2.0	3.0	
基辅分划或黑红面所测高差较差(mm)	0.7	1.5	3.0	5.0	
水准尺	因瓦	因瓦	双面	双面	单面
观测次数	与已知点联测	往返	往返	往返	往返
	环线或附合	往返	往返	往	往
往返较差、环线或附合线路闭合差(mm)	平丘地	±4√L	±12√L	±20√L	±30√L
	山地		±4√n	±6√n	

注: 1. n——水准路线单程测站数,每公里多于 16 站,按山地计算闭合差限差;

L——往返测段、附合或环线的水准路线长度(km);

M_W——每公里高程测量高差中数的全中误差;

M_Δ——每公里高程测量高差中数的偶然中误差。

2. 二等水准视线长度小于 20m 时,其视线高度不应低于 0.3m。

(4) 上部楼层标高的传递,宜采用悬挂钢尺测量方法进行,并应对钢尺读数进行温度、尺长和拉力改正。传递时一般宜从 2 处分别传递,对于面积较大的结构和高层结构宜从 3 处分别向上传递。传递的标高误差小于 3mm 时,可取其平均值作为施工层的标高基准,若不满足则应重新传递。标高的测量允许误差应符合表 17-70 的规定。

标高竖向传递投测的测量允许误差 (mm)

　　　　　　　　　　　　　表 17-70

项　　目		测量允许误差
每 层		±3
总高 H	H≤30m	±5
	30m<H≤60m	±10
	60m<H≤90m	±15
	90m<H≤120m	±20
	120m<H≤150m	±25
	150m<H	±30

注: 不包括沉降和压缩引起的变形值。

(5) 对于矩形钢网架测量周边支承点或支承柱的间距和对角线;对于圆形钢网架的周边测量多边形的边及其对角线,然后进行简易平差,其边长测量值与设计值之差应小于 10mm。网架周边支承柱的实测高程与设计高程之差应小于 5mm。

17.7.4 单层及大跨度钢结构测量

1. 单层及大跨度钢结构测量特点及要求

单层及大跨度钢结构主要包括单层工业厂房、大跨度空间结构(如体育馆、火车站等)等,其测量特点及要求如下:

(1) 鉴于单层及大跨度钢结构的结构特点,一般仅需在地面建立平面测量控制网,而无需将控制点向上引测。

(2) 钢柱安装前,应检查柱底支承埋件的平面、标高位置和地脚螺栓的偏差情况,并应在柱身四面分别画出中线或安装线,弹线允许误差为 1mm。

（3）竖直钢柱安装时，应采用经纬仪在相互垂直的两轴线方向上同时校测钢柱垂直度。当观测面为不等截面时，经纬仪应安置在轴线上；当观测面为等截面时，经纬仪中心与轴线间的水平夹角不得大于15°。倾斜钢柱安装时，可采用水准仪和全站仪进行三维坐标校测。

（4）工业厂房中吊车梁与轨道安装测量应符合下列规定：

1）根据厂房平面控制网，用平行借线法测定吊车梁的中心线。吊车梁中心线投测允许误差为±3mm，梁面垫板标高允许偏差为±2mm。

2）吊车梁上轨道中心线投测的允许误差为±2mm，中间加密点的间距不得超过柱距的两倍，并将各点平行引测到牛腿顶部靠近柱子的侧面，作为轨道安装的依据。

3）在柱子牛腿面架设水准仪按三等水准精度要求测设轨道安装标高。标高控制点的允许误差为±2mm，轨道跨距允许误差为±2mm，轨道中心线（加密点）投测允许误差为±2mm，轨道标高点允许误差为±2mm。

（5）钢屋架安装后应有垂直度、直线度、标高、挠度（起拱）等实测记录。

2．单层及大跨度钢结构测量实例（武汉新火车站）

（1）钢结构测量工作内容及特点

钢结构测量工作内容包括：钢柱、夹层梁安装精度测量，大跨度超高拱结构、桁架的拼装曲线度控制，拱结构、网壳结构安装轴线、标高、垂直度控制，变形观测等。

钢结构测量具有以下特点：

1）钢结构柱脚设置在混凝土桥墩上，由于受到沉降、收缩等影响，设置的测量点位会发生变化影响测量精度。

2）自然条件的影响：施工场地大，永久参照物少，控制轴线标识困难。日照、风雨也会影响测量精度。

3）人为因素的影响：由于参建专业工种多而且各专业间对测量精度、误差要求不同，容易在不同工种的工作面交接中造成误差积累。作业队伍多，工作面互相交叉，不仅对测量作业干扰很大而且对测量标识的保护工作也提出更高的要求。

（2）测量前的准备工作

主要包括测量前的资料准备，测量基准点的交接、复验与测放、仪器设备工具的准备等，具体要求可参见本手册17.7.1节"测量准备"。

（3）平面控制网测设

该工程南北长为600m，东西宽为320m。根据结构的布局特点，采用直角坐标法建立方格网，进行测控。根据总平面布置图及设计院提供的坐标，作出相应的控制轴线，并把各轴线点引测到场地外，做好标识并编号。

控制桩设置在安全、易保护位置，相邻点间通视良好，并利用护栏加以妥善保护，定期检查。每次放线时，将经纬仪架设在控制点上，后视另一相应的控制点，这样依次投出全部主控轴线。

控制网测量精度为$L/30000$（L为距离），测角中误差为$7''/\sqrt{N}$（N为建筑物结构的跨数）。根据已经布设好的轴线控制网引测各轴线，并据此放置拱结构、网壳结构定位轴线和定位标高。测量结束后在混凝土桥墩上弹出柱脚十字轴线并进行标识。

为了减少尺寸误差及提高测量精度，主轴线采用激光全站仪精确布设，控制轴线及控制点用钢筋混凝土标桩标识并严格保护。标桩的埋深不得浅于0.5m，桩顶标高以高于地面设计高程0.3m为宜，间距以50～100m为宜。为防止其他专业施工致使控制网变形，要定期对轴线控制网进行校核。

不同的施工阶段设置不同的平面轴线控制网，分为主体施工阶段轴线控制网和夹层施工阶段轴线控制网。夹层控制网先在地面作出定位轴线然后利用激光铅直仪引测到18.800m标高和25.000m标高。施工中分别在18.800m标高和25.000m标高预留200mm×200mm测量孔并加以保护。

主体施工阶段轴线控制网平面布置见图17-86。夹层施工阶段轴线控制网平面布置见图17-87。

（4）高程控制

根据原始控制点的标高，用水准仪引测水准点到混凝土桥墩

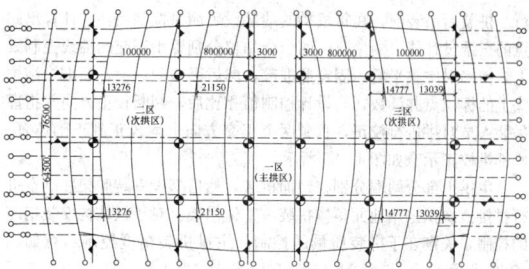

图17-86　主体施工阶段轴线控制网平面布置

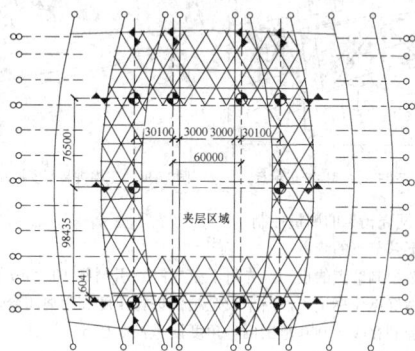

图17-87　夹层施工阶段轴线控制网平面布置

上，并用红油漆做好标记。根据钢结构安装进度的要求加密水准点、标高控制点的引测采用往返观测的方法，其闭合误差小于$±4\sqrt{N}$（N为测站数）。对于布设的水准点应定期进行检测，以防地基沉降引起高程控制点的异常变化。

（5）沉降观测

沉降观测分为施工期间观测和施工后观测。每次进行沉降观测时，对观测时间，建筑物的荷载变化，气象情况与施工条件的变化进行详细记录。建筑施工期间观测次数按设计要求确定。沉降观测注意事项：

1）建立二等水准网，基准点埋设稳固可靠，并定期检查。

2）以钢柱标高基准点为标记，做好沉降观测初始值记录，待正式施工后，引测到设计规定的沉降观测点。

3）沉降观测应坚持四同原则：相同的观测路线和观测方法（采用环形闭合方法或往返闭合法）；相同的观测点，同一观测点两次观测差不得大于1mm；固定的观测人员采用相同的仪器和设备；在基本相同的环境和条件下进行沉降观测。

4）沉降观测资料应及时整理，妥善保存，作为该工程技术档案资料的一部分。整理沉降观测成果，计算出每次观测的沉降量和累计沉降量，并绘制出沉降观测日期和沉降量的关系曲线图，供设计、施工有关技术负责人员使用。

（6）主要构件安装测量

1）铸钢基础安装精度控制

安装前对混凝土桥墩进行清理，并在混凝土面上标识出十字轴线。在每个铸钢件侧面找出十字中心线并进行标识。根据设计

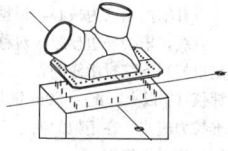

图17-88　铸钢节点安装测量示意

的底标高调整好预埋螺杆上的螺母，放置好垫块。当铸钢吊到螺杆上方200mm时，停机稳定，对准螺栓孔和十字线后缓慢下落。铸钢就位如图17-88所示。

检查铸钢件四边中心线与基础十字轴线的对准情况，要求铸钢件中线与基础面纵、横轴线重合。初步调整铸钢件底板的就位偏差，在3mm以内后使之落实，再利用千斤顶进行精确调整。将千斤顶放置在两条正交的轴线上，利用千斤顶推动铸钢件保证中心线的就位精度。

2）拱结构安装测量

主拱分四部分安装，拱的轴线和标高校正采用两台全站仪进

行。拼装后吊装前，在每段拱的端部设置测量控制点，并计算出此点的三维设计值。测量时，两台全站仪分别置于正交的轴线控制线上，精确对中整平后，固定照准标，然后纵转望远镜，照准拱结构头上的标识点并读数，与设计控制值相比后，判断校正方向并指挥吊装人员对拱进行校正，直到两个正交方向上均校正到正确位置。底部拱校正示意图如图 17-89 所示。

主拱上部分两端分别在地面拼装，然后搭设安装胎架在高空进行拼接。次拱采用地面整体拼装，整体吊装。对于拱结构安装精度的控制，关键在于拼装质量的控制。主拱拼装精度控制示意如图 17-90 所示。

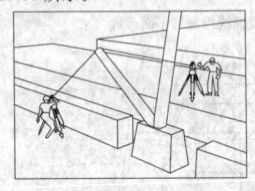 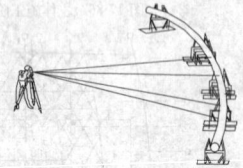

图 17-89　底部拱校正示意　　　图 17-90　主拱拼装精度控制示意

3) 网壳桁架的测量控制

①下弦节点的测量

下弦控制节点的投测：先将下弦控制点引测到 10.25m 的楼面上，并做好点位标记，然后架设全站仪进行角度和距离闭合，将边长误差控制在 1/15000 范围内，角度误差控制在 6″ 范围内。

②桁架标高测量

由于桁架为折线形，桁架上各点标高在相对变化，因此，正确地控制其标高至关重要。施测时根据桁架分段，注意选定距分段点最近的下弦与腹杆汇交节点作为标高控制点，通过高精度水准仪将后视标高逐一引测至胎架上的某一点，做好标记，以此作为后视依据。根据引测各标高后视点，分测出平台上相应下弦控制节点标记点位之实际标高，然后和相应控制节点标标高相比较，即得出高差值，明确标注在胎架相应节点标记点上，以此作为屋架分段组装标高的依据，标高控制目标为±5mm。

③桁架直线度测量（图 17-91）

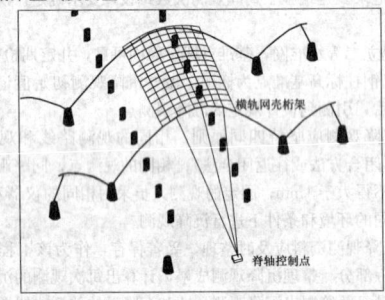

图 17-91　桁架直线度测控示意

以脊轴控制点为核心，根据桁架下弦杆中心线在水平面上投影为一直线，桁架外边投影线对称于下弦中心线，所以桁架直线度的控制以控制下弦投影线的方法进行。桁架轴线测投，需要高精度的经纬仪（2″以上）配合 50m 钢尺（经过鉴定，并作温度修正）以标准拉力施测，在桁架的四个面标出实际的轴线，为下一榀桁架的安装校正提供依据。

中央网壳采用全站仪测量为主要手段进行精密地控制和监测，使中央网壳部分沿脊轴南北各三片层状杆件和下行各八纵列的主拱下弦杆、纵横杆均牢固连接后方可安装半拱部分桁架，半拱部分桁架采用距离控制的方法为主要控制手段。

④桁架垂直度测量

桁架标高、直线度调校完毕后，由于桁架都是垂地布设的，采用线坠直线法直接进行桁架垂直度尺量控制。具体做法见图 17-92。

4) 桁架拼装测量

在钢构件进入拼装现场之前，首先进行拼装场地平整度测量，

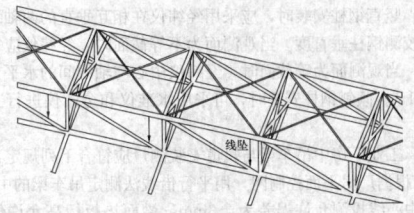

图 17-92　线坠控制桁架垂直度示意图

使场地满足拼装要求；根据拼装要求设置校准拼装工作平台。根据设计图在拼装工作台上测定出待拼装钢结构在拼装状态下的水平投影，主要包括：轴线、外廓线、节点大样及待拼装体的平面挠度。在确定钢结构长度时要考虑温度变形及其他因素产生变形的影响，并对长度值进行相应的修正。拼装测量主要采用常规测量仪器，以极坐标、直角坐标及距离交会等常规测量方法进行。在用钢尺量距时要采用标准拉力，进行尺长修正和温度修正。待拼装体的平整度、高度及竖向挠度采用水准测量进行控制。拼装测量的精度要求很高，尤其是纵向长度与其他钢结构连接处的细部节点。对于关键部位，要求任意点的点位测量误差不大于±0.5mm；其余部位，要求任意点的点位测量误差不大于±1.0mm。为保证测量精度，对于关键部位要采用规划法进行测设；为提高画线精度，采用钢尺画线，画线宽度小于 0.1mm。拼装结束后，要对拼装体的几何尺寸进行验收测量，为最终安装提供依据。

17.7.5　多高层钢结构施工测量

1. 多高层钢结构测量特点

（1）多高层钢结构因为楼层多、高度高，结构竖向偏差直接影响结构的受力状况，因此施工测量中要求竖向投点精度高，测量方法、仪器等的选择应综合考虑结构类型、施工方法、场地条件、气候条件等因素。

（2）随着楼层高度的增加，结构高处受到风、日照、温差、现场施工塔式起重机的运转等影响引起摆晃，将会对测量精度造成影响，因此需根据实际情况，合理选择控制点引测时间和分段传递的高度，建立一套稳定可靠的测量控制网。

（3）由于钢结构工程中大量使用焊接且构件的形式往往较复杂，钢板也较厚，因此焊缝引起的焊接变形较大，测量施工中应重点关注，反复测量。

（4）高层钢结构的钢柱一般连接多层钢梁，并且主梁刚度较大，因此钢梁安装时易导致钢柱变动，甚至可能波及相邻的钢柱。鉴于此，钢梁安装时，不仅应测量该钢梁两端钢柱的垂直度变化，还应监测邻近各钢柱的垂直度变化，且应待一区域整体完成后再进行整体测量校正，才能保证整体结构的测量精度。

（5）高层钢结构安装时，应考虑对日照、焊接等可能引起构件伸缩或弯曲变形的因素采取相应措施，以便总结环境、时段、焊接等对结构的影响，测量时根据实际情况进行预偏，保证构件的安装精度满足要求。安装过程中，一般应作下列项目的试验观测与记录：

1) 柱、梁焊缝收缩引起柱身垂直度偏差值的测定；

2) 柱受日照温差、风力影响的变形测定；

3) 塔式起重机附着或爬升对结构垂直度的影响测定；

4)（差异）沉降和压缩变形对建筑物整体变形影响值的测定。

（6）高层钢结构工程中，常存在部分空间复杂构件（如空间异形桁架、倾斜钢柱等），一般的测量方法不便施测。该类构件的定位可由全站仪直接架设在控制点上进行三维坐标测定，或由水准仪进行标高测设、全站仪进行平面坐标测定，共同测控。

2. 多高层钢结构测量实例（京基金融中心）

（1）工程概况

京基金融中心是集甲级写字楼、六星级豪华酒店、大型商业、高级公寓、住宅为一体的大型综合性建筑群，总建筑面积 584642m²，地下室建筑面积 112283m²。其主塔楼（A 座）共 98 层，高 439m，地下 4 层，底标高−18.7m。大楼平面南北为弧形，东西面为一直线的垂直立面，顶部 98 层以上为拱结构。该工程测

量的重点和难点在于主楼外筒钢柱在超高情况下的精确控制及内外筒连接钢梁的准确定位。

(2) 测量准备

1) 测量总体流程 (图 17-93)

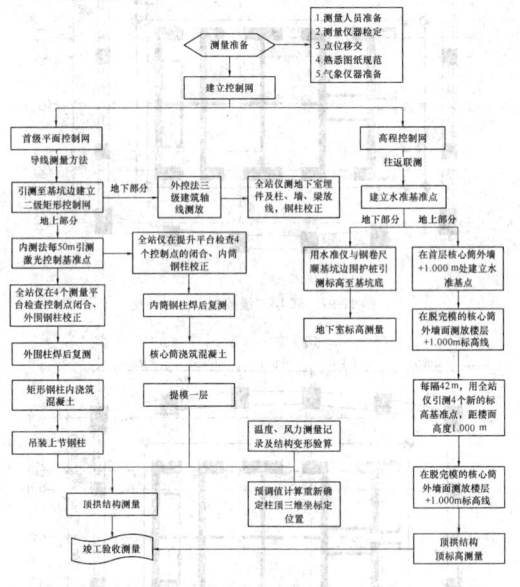

图 17-93 测量总体流程

2) 测量仪器设备配置 (表 17-71)

测量仪器设备配置　　表 17-71

序号	名　　称	型号	数量	备　注
1	全站仪	GPT-7001 DTM-352 DTM-552	1/1/1	轴线引测, 二维坐标校正
2	经纬仪	J2-2	2	钢柱校正, 垂直度测量
3	激光铅直仪	1	1	垂直引测
4	水准仪	S3E	1	标高测量
5	经纬仪 弯管目镜		2	垂直度校正
6	对讲机		8	2km
7	塔尺	5m	2	标高测量
8	水平尺	800	2	预埋件测量
9	反射 接收靶	100mm×100mm	4	接收反射点
10	磁铁线坠	0.5kg	2	预埋件测量
11	钢卷尺	5m	5	测量放线
12	大盘尺	50m	2	测量放线
13	三脚架	英制/公制	1/4	架设仪器

3) 测量内容的拟定 (表 17-72)

测量内容的拟定　　表 17-72

序号	主　要　测　量　工　作
1	城市大地坐标与建筑坐标转换统一
2	首级控制网的移交与复测
3	平面和高程二级控制网 "外控法" 布置
4	平面和高程二级控制网 "内控法" 垂直引测, 同步控制内外筒轴线、标高
5	平面和高程三级控制网测量, 控制柱、梁、剪力墙、门、洞口的轴线、标高
6	底板基础平面钢柱底预埋件、墙立面预埋件安装定位测量
7	钢柱三维坐标位置的定位校正测量, 并分析气候条件对测量结果的影响

4) 其他准备工作, 可参见本手册第 17.7.1 节 "测量准备"。

(3) 控制网的建立

1) 控制网的建立思路

由于该工程量较大, 而且工况复杂, 因而必须设置多级平面控制网, 而且各级控制网之间必须形成有机的整体。由此本工程建立三级平面控制网, 见表 17-73。

三级控制网　　表 17-73

首级控制网	业　主　移　交
二级控制网	布置在±0.000m 楼面或基坑内的各主要轴线控制点、标高控制点
三级控制网	引测在柱、梁、剪力墙、门、洞口的轴线控制点、标高控制点

2) 统一测量控制的坐标系

本工程±0.000 相当于绝对标高+8.000m。设计蓝图 "X-O-Y" 为城市大地平面坐标系, 与建筑平面坐标系 "x-o-y" 相同, 不需要转换, 直接可以引用。

3) 首级控制网的建立

进场后, 在业主、监理的主持下, 总包对首级测量控制网办理正式的书面移交手续, 实地踏勘点位, 对已经损坏的点位作出标记说明。

复测首级控制网的点位精度, 测量点位之间的边长距离和夹角, 计算点位误差。如点位误差较大, 总包需进一步和业主、监理核对并确认。

该控制网作为首级平面控制网, 它是二级平面控制网建立和复核的唯一依据, 也是幕墙装修测量、机电安装测量、沉降及变形观测的唯一依据, 在整个工程施工期间, 必须保证这个控制网的稳定可靠。该控制点的设置位置选择在稳定可靠处, 且设置保护装置。总平面定位见图 17-94。

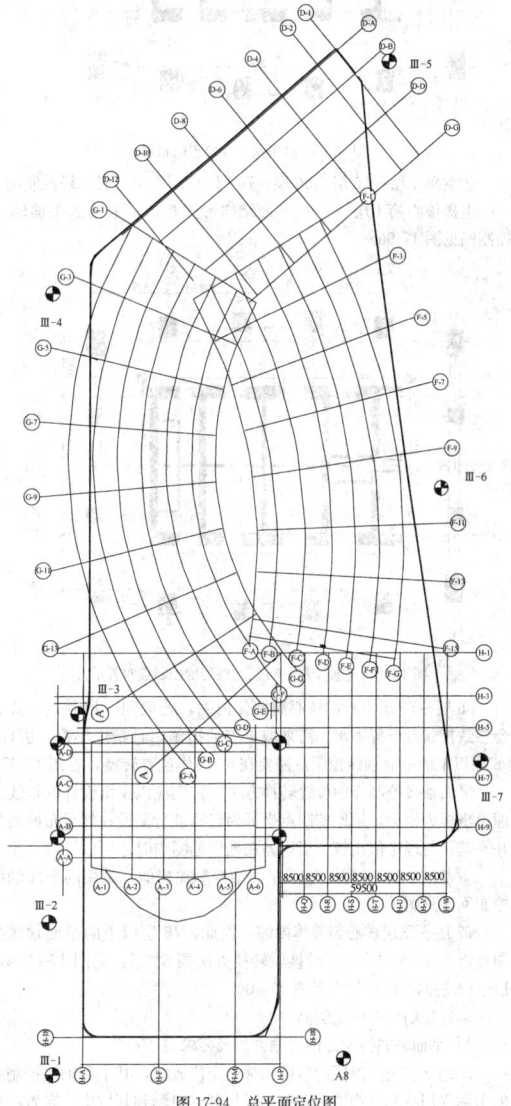

图 17-94 总平面定位图

4）二级控制网建立

二级平面控制网的布网以首级平面控制网为依据，布置在施工现场以内相对可靠处，用于为受破坏可能性较大的下一级平面控制网的恢复提供基准，同时也可直接引用该级平面控制网中的控制点测量。二级平面控制网应包括建筑物的主要轴线，并组成封闭图形。由于布设在基坑附近，每次使用时要复测二级控制点的坐标，确保二级控制点的准确性。

①地下室二级控制网

地下室4层（－4层～1层），基坑深度最深22.3m，周边做了基坑围护桩和锚固拉结。首级控制网的点位精度经复核无误后，在基坑周边布设首级控制网，采用外控法引测基坑内二级控制网。地下室二级控制网布置见图17-95。

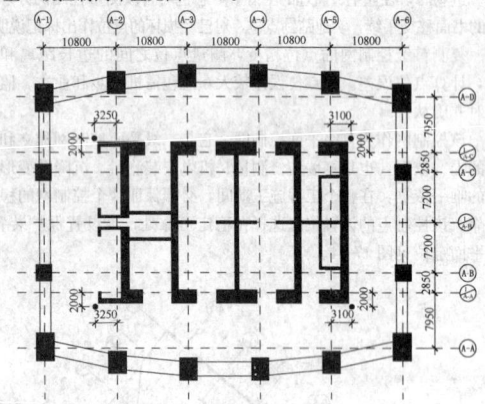

图 17-95　地下室二级控制网布置

②主楼1层～55层、56层～76层、77层～94层二级控制网

主楼核心筒1层～55层平面结构形式相似，采用的平面轴线控制网见图17-96。

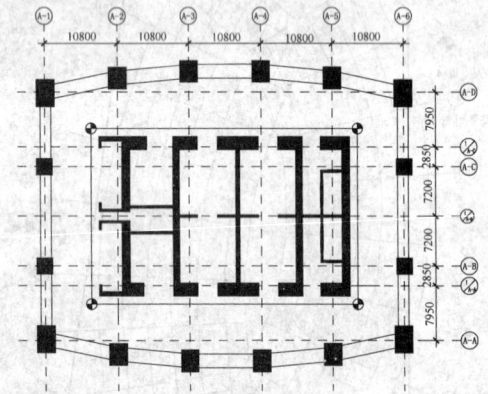

图 17-96　主楼1层～55层二级测量控制点布置示意

56层～76层以上的核心筒墙体内缩，若取同一控制点，势必会导致控制点设置困难，需采取更多的措施，且精度不高。因此，56层以上的平面轴线控制点需要在56层作位置转换，见图17-97。

平面轴线控制点的位置转换方法，首先应以图纸设计的轴线点理论坐标为根据，用原控制点坐标为起算进行测设；然后布网测量并平差，与理论值比较，当误差在允许范围内时才可以继续上投。

主楼核心筒56层～76层平面结构形式相似，采用的平面轴线控制网，见图17-98。

77层～顶层核心筒墙体内缩，因此，76层以上的平面轴线控制点需要在76层作位置转换，转换方法同56层，见图17-99。77层～94层的二级控制点见图17-100。

（4）控制点的向上引测

1）平面轴线控制点的引测方法及要求

①地下室施工阶段的各结构部位定位放线，其平面轴线控制点的引测采用将基坑周边的首级测量控制点引测到基坑中，布置二级

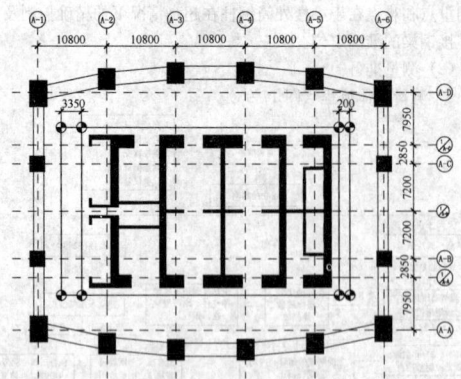

图 17-97　56层二级控制点位置转换

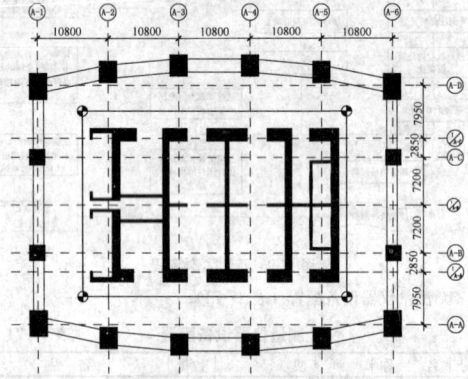

图 17-98　56层～76层二级测量控制点布置示意

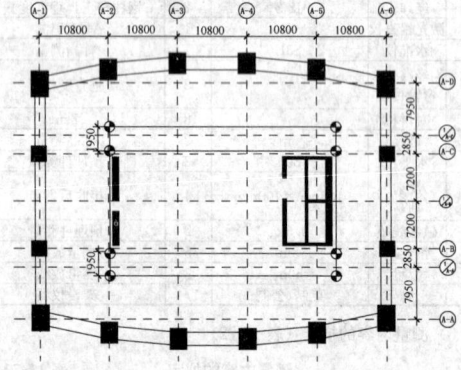

图 17-99　76层二级控制点位置转换

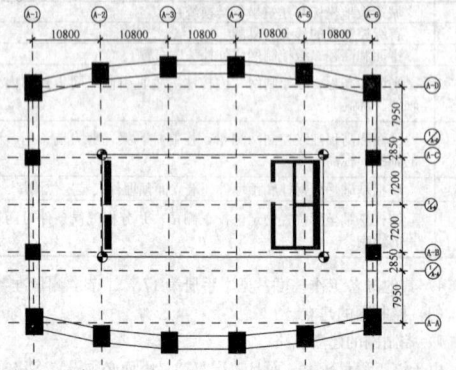

图 17-100　77层～94层二级测量控制点布置示意

控制点，用极坐标法或直角坐标法进行细部放样。

②当楼板施工至±0.000时，在基坑周边的二级测量控制点上架设全站仪，用极坐标法或直角坐标法放样测设激光控制点。由于±0.000层人员走动频繁，激光点放到楼面后需进行特殊的保护，因此需在±0.000层混凝土楼面预埋铁件，楼板混凝土浇筑完成且具有强度后，再次放样测设激光控制点并进行多边形闭合复测，调整点位误差，打上样冲眼十字中心点标示，示意见图17-101。

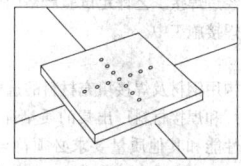

图 17-101　±0.000 楼面
激光控制点点位做法

③上部楼层平面轴线控制点的引测，首次在±0.000层混凝土楼面激光控制点上架设激光铅直仪，垂直向上投递平面轴线控制点，以后每隔42m中转一次激光控制点，详见图17-102。为提高激光点位捕捉的精度，减少分段引测误差的积累，制作激光接收靶，见图17-103。

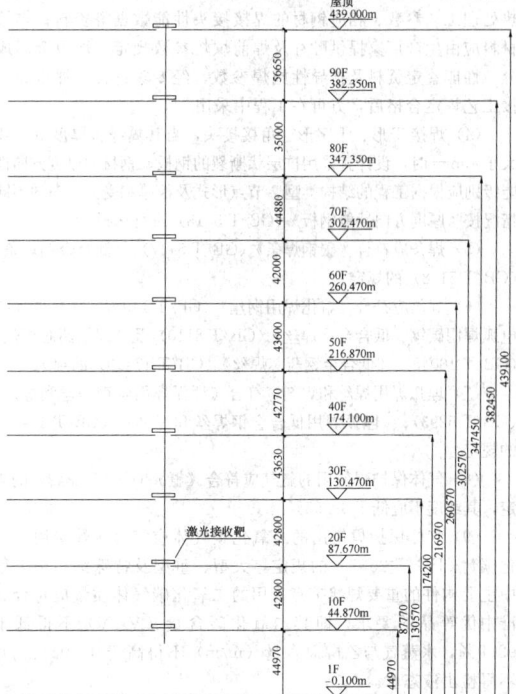

图 17-102　轴线、标高基准点垂直传递途径示意

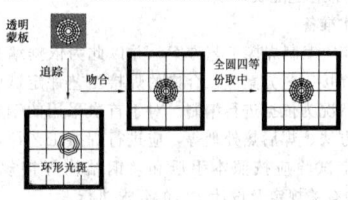

图 17-103　激光点位捕捉方法示意

④激光点穿过楼层时，需在组合楼板上预留 200mm×200mm 的孔洞，浇筑楼板混凝土后，将点位通过孔洞引测到各楼层上。预留洞的做法示意如图17-104，且应满足以下规定：

a. 浇筑混凝土后木盒不拆除，以防楼面垃圾物堵塞孔洞。

b. 麻线绷在铁钉上便于仪器找准中心点，用完后将麻线拆除，以免下次阻挡激光投点。

⑤激光控制点投测到上部楼层时，组成多边形图形。在多边形的各个点上架设全站仪，复测多边形的角度、边长误差，进行点位误差调整并做好点位标记。如点位误差较大，应重新投测激光控制点。

⑥由于钢结构施工在前，上部楼层的激光点位置未浇筑混凝土楼板，需在主楼核心墙侧面焊接测量控制点的悬挑钢平台，把激光控制点投测到钢平台上并做好标记。

2）平面控制轴线测放方法

任意架设仪器于钢柱上的M点，后视垂直引测上来的两通视基准点 A、B，校核两通视点位 A、B 的投测精度至规范允许的范围内，计算通视边、A、B 与建筑轴线的相对坐标关系，即可测放出该楼层所有的轴线。全站仪在钢柱上的架设方法示意见图17-105。

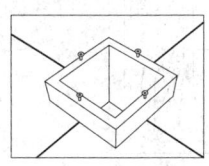　　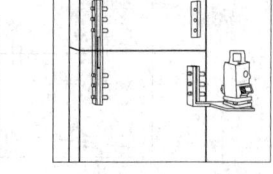

图 17-104　激光点穿过　　　图 17-105　平面控制轴
楼层的预留洞做法　　　　　线测量测放示意

3）主楼标高控制点的引测方法

地下室施工阶段的高程点位要求尽量布置在基础沉降区及大型施工机械行走影响的区域之外。确保点位之间通视条件良好，便于联测。

主要方法如下：

①布设高程基点：根据总包提供的高程控制点，将其高程引测至2号 M900D 塔式起重机的下方，再将其转移到南面裙楼−4层混凝土柱上，做好标记，即为地下室高程控制点。此点每月与 S1 控制点进行闭合一次。

②标高控制网的垂直引测：在高程传递的过程中，有两种常规的方法可供选择，比较见表17-74。

4）控制点的引测施工

详细步骤为：

①地下室基准标高点引测

选择3～4个标高点组成闭合回路，用水准仪配合塔尺和钢卷尺顺着基坑围护桩往下测至地下室基础。到基坑复测水准环路闭合差，当闭合差较大时重新引测标高基准点。

高程传递方法比较　　　　　表 17-74

引测方法 比较项目	钢　尺	全　站　仪
综合改正	温度、拉力、尺长改正	仪器自身温度、气压改正
引测原理	钢尺精密量距	三角高程测量
数据处理	人工计算	程式化自动处理
误差分析	系统误差（客观因素） 偶然误差（人为因素） 累积误差（人为因素）	系统误差（客观因素）
示意图		
计算式	$H=H_0+\Delta H$	$Z=H_0+\Delta H+L\sin\alpha$
比较结论	过程繁琐、累积误差大	简便、快捷

②首层＋1.000m 标高基准点测量引测

用水准仪引测首层＋1.000m 标高线至剪力墙外墙面，各点之间复测闭合后弹墨线标示。

③地上各层＋1.000m 标高基准点测量引测

地上楼层基准标高点首次由全站仪从首层楼面竖向引测，每升高 42m 引测中转一次，42m 之间各楼层的标高用钢卷尺顺主楼核心筒外墙面往上量测。全站仪引测标高基准点的方法如下：

a. 在±0.000 层的混凝土楼面架设全站仪，输入当时的气温、气压数据，对全站仪进行气象改正设置。

b. 全站仪后视核心筒墙面＋1.000m 标高基准线，测得仪器高度值。对仪器内 *Z* 向坐标进行设置，包括反射棱镜的常数设置。示意见图 17-106。

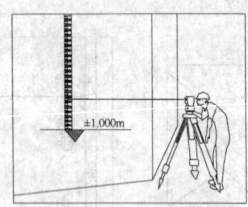

图 17-106 全站仪照准＋1.000m
标高线确定 *Z* 坐标值

c. 全站仪望远镜垂直向上，顺着激光控制点的预留洞口垂直往上测量距离，顶部反射棱镜放在土建提模架或需要测量标高的楼层位置，镜头向下对准全站仪。由于全息反射贴片配合远距离测距时反射信号较弱，影响测距的精度，故本工程用反射棱镜配合全站仪进行距离测量。反射棱镜放置示意见图 17-107。

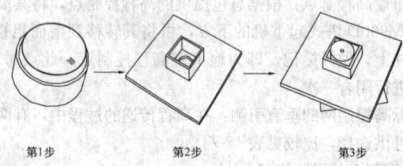

第1步   第2步   第3步

图 17-107 反射棱镜放置示意

d. 计算得到反射棱镜位置的标高后，用水准仪后视全站仪测得的标高点，测读水准仪标高值，将该处标高转移到剪力墙侧面距离本楼层高度＋1.000m 处，并弹墨线标示。

e. 轴线、标高基准点垂直传递途径示意，见图 17-102。

17.7.6 高耸结构的施工测量

高耸结构主要包括烟囱、电视塔等结构，其施工测量的特点、要求及部分工程实例可参见本手册第 7 章第 7.8.2.2 节。

17.8 钢结构的焊接施工

17.8.1 焊 接 准 备

1. 人员准备

焊接从业人员必须具有《钢结构焊接规范》（GB 50661）规定的相关资质证书。

（1）焊接技术责任人应接受过专门的焊接技术培训，取得中级以上技术职称并有一年以上焊接生产或施工实践经验。

（2）焊接质检人员应接受过专门的技术培训，有一定的焊接实践经验和技术水平，并具有质检人员上岗资质证。

（3）无损探伤人员必须由国家授权的专业考核机构考核合格，其相应等级证书应在有效期内；并应按考核合格项目及权限从事焊缝无损检测和审核工作。

（4）焊工应按《钢结构焊接规范》（GB 50661）的规定考试合

格并取得资格证书，其施焊范围不得超越资格证书的规定。

（5）气体火焰加热或切割操作人员应具有气割、气焊操作上岗证。

（6）焊接预热、后热处理人员应具备相应的专业技术。用电加热设备加热时，其操作人员应经过专业培训。

2. 机具准备

投入工程施工的焊接设备，其功能及焊接性能需达到相应工程焊接施工要求，并经过焊接工艺评定试验严格调试，满足使用要求后才可投入正式的焊接施工中。

3. 材料准备

（1）建筑钢结构用钢材及焊接填充材料的选用应符合设计图的要求，并应具有钢厂及焊接材料厂出具的质量证明书或检验报告；其化学成分、力学性能和其他质量要求必须符合国家现行标准规定。当采用其他钢材和焊接材料替代设计选用的材料时，必须经原设计单位同意。

（2）钢材的成分、性能复验应符合国家现行有关工程质量验收标准的规定；大型、重型及特殊钢结构的主要焊缝采用的焊接填充材料应按生产批号进行复验。复验应由国家技术质量监督部门认可的质量监督检测机构进行。

（3）钢结构工程中选用的新材料必须经过新产品鉴定。钢材应由生产厂家提供焊接性资料、指导性焊接工艺、热加工和热处理工艺参数、相应钢材的焊接接头性能数据等资料；焊接材料应由生产厂家提供贮存及焊前烘焙参数规定、熔敷金属成分、性能鉴定资料及指导性施焊参数，经专家论证、评审和焊接工艺评定合格后，方可在工程中采用。

（4）焊接 T 形、十字形、角接接头，当其翼缘板厚度等于或大于 40mm 时，设计宜采用抗层状撕裂的钢板。钢材的厚度方向性能级别应根据工程的结构类型、节点形式及板厚和受力状态的不同情况按《厚度方向性能钢板》（GB/T 5313）进行选择。

（5）焊条应符合《碳钢焊条》（GB/T 5117）、《低合金钢焊条》（GB/T 5118）的规定。

（6）焊丝应符合《熔化焊用钢丝》（GB/T 14957）、《气体保护电弧焊用碳钢、低合金钢焊丝》（GB/T 8110）及《碳钢药芯焊丝》（GB/T 10045）、《低合金钢药芯焊丝》（GB/T 17493）的规定。

（7）埋弧焊用焊丝和焊剂应符合《埋弧焊用碳钢焊丝和焊剂》（GB/T 5293）、《埋弧焊用低合金钢焊丝和焊剂》（GB/T 12470）的规定。

（8）气体保护焊使用的氩气应符合《氩》（GB/T 4842）的规定，其纯度不应低于 99.95%。

（9）气体保护焊使用的二氧化碳气体应符合《焊接用二氧化碳》（HG/T 2537）的规定，大型、重型及特殊钢结构工程中主要构件的重要焊接节点采用的二氧化碳气体质量应符合标准中优等品的要求，即其二氧化碳含量（V/V）不得低于 99.9%，水蒸气与乙醇总含量（m/m）不得高于 0.005%，并不得检出液态水。

（10）焊接材料应与母材相匹配。表 17-75 为常用结构钢钢材的焊接材料推荐选配表。

4. 技术准备

施工前应编制焊接工艺方案，并以此为依据编制焊接作业指导书。焊接工艺方案应以合格的焊接工艺评定试验、企业设备和资源状况为依据进行编制。对于首次采用的钢材、焊接材料、焊接方法、焊后热处理等，应进行焊接工艺评定试验，焊接工艺评定试验应按照本手册和《钢结构焊接规范》（GB 50661）的有关规定及设计文件的要求执行。

（1）焊接工艺评定程序

焊接工艺评定程序见表 17-76。

（2）焊接工艺评定试件的选择

根据《钢结构焊接规范》（GB 50661）的规定，选择合适规格的试件进行焊接工艺评定。表 17-77 为评定合格的试件厚度在工程中适用的厚度范围。

常用结构钢钢材的焊接材料推荐选配表 表 17-75

母 材					焊 接 材 料			
(GB/T 700)和 (GB/T 1591) 标准钢材	(GB/T 19879) 标准钢材	(GB/T 714) 标准钢材	(GB/T 4171) 标准钢材	(GB/T 7659) 标准钢材	焊条电弧焊	实心焊丝气 体保护焊	药芯焊丝 气体保护焊	埋弧焊
Q215	—	—	—	ZG200-400H ZG230-450H	GB/T 5117: E43XX	GB/T 8110: ER49-X	GB/T 17493: E43XTX-X	GB/T 5293: F4XX-H08A
Q235 Q255 Q275 Q295	Q235GJ	Q235q	Q235NH Q265GNH Q295NH Q295GNH	ZG275-485H	GB/T 5117: E43XX、E50XX GB/T 5118: E50XX-X	GB/T 8110: ER49-X ER50-X	GB/T 17493: E43XTX-X E50XTX-X	GB/T 5293: F4XX-H08A GB/T 12470: F48XX-H08MnA
Q345 Q390	Q345GJ Q390GJ	Q345q Q370q	Q310GNH Q355NH Q355GNH	—	GB/T 5117: E5015、16 GB/T 5118: E5015、16-X E5515①、16-X①	GB/T 8110: ER50-X ER55-X	GB/T 17493: E50XTX-X	GB/T 12470: F48XX-H08MnA F48XX-H10Mn2 F48XX-H10Mn2A
Q420	Q420GJ	Q420q	Q415NH	—	GB/T 5118: E5515、16-X E6015②、16-X②	GB/T 8110: ER55-X ER62-X②	GB/T 17493: E55XTX-X	GB/T 12470: F55XX-H10Mn2A F55XX-H08MnMoA
Q460	Q460GJ	—	Q460NH	—	GB/T 5118: E5515、16-X E6015、16-X	GB/T 8110: ER55-X	GB/T 17493: E55XTX-X E60XTX-X	GB/T 12470: F55XX-H08MnMoA F55XX-H08Mn2MoVA

①仅适用于 Q345q 厚度不大于 16mm 时及 Q370q 厚度不大于 35mm 时;

②仅适用于 Q420q 厚度不大于 16mm 时。

注:1. 当设计或被焊母材有冲击要求规定时,熔敷金属的冲击功应不低于设计规定或母材规定;

　　2. 当所焊接的接头板厚大于等于 25mm 时,焊条电弧焊应采用低氢焊条焊接;

　　3. 表中 XX、X 为对应焊材标准中的焊材类别。

焊接工艺评定程序 表 17-76

序号	焊接工艺评定程序
1	由技术员提出工艺评定任务书(焊接方法、试验项目和标准)
2	焊接责任工程师审核任务书并拟定焊接工艺评定指导书(焊接工艺规范参数)
3	焊接责任工程师将任务书、指导书下发焊接工艺评定责任人,安排组织实施焊接工艺评定
4	焊接责任工程师依据相关国家标准规定,监督由本企业熟练焊工施焊试件及试件和试样的检验、测试等工作
5	焊接工艺评定责任人负责焊接工艺评定试样的送检工作,并汇总评定检验结果,提出焊接工艺评定报告
6	评定报告经焊接责任工程师审核,企业技术总负责人批准后,正式作为编制指导生产的焊接工艺的可靠依据
7	焊接工艺评定所用设备、仪表应处于正常工作状态,为项目正式施工使用的设备、试样的选择必须覆盖基本工程的全部规格并具有代表性,试件应由本企业持有合格证书且技术熟练的焊工施焊

评定合格的试件厚度在工程中适用的厚度范围 表 17-77

焊接方法类别	评定合格 试件厚度 t (mm)	工程适用厚度范围	
		板厚最小值	板厚最大值
焊条手工电弧焊、CO_2 气体保护焊、药芯焊丝自保护焊、非熔化极气体保护焊、埋弧焊	≤25	3mm	2t
	25<t≤70	0.75t	2t
	>70	0.75t	不限
(熔嘴、丝极、板极)电渣焊	≥18	0.75t, 最小 18mm	1.1t
(单丝、多丝)气电立焊	≥10	0.75t, 最小 10mm	1.1t
(非穿透、穿透)栓钉焊	1/3d≤t<12	t	2t,且不大于 16
	12≤t<25	t	1.5t
	t≥25	0.75t	1.5t

注:d 为栓钉直径。

(3) 焊接工艺评定参考参数及焊缝外观尺寸检查

各种焊接工艺评定参考参数,见表 17-78～表 17-81;焊缝外

观尺寸检查,可参考表 17-82。

手工电弧焊参数参考 表 17-78

参数 位置	电弧电压 (V)		焊接电流 (A)		焊条 极性	层厚 (mm)	层间 温度 (℃)	焊条型号
	平焊	其他	平焊	其他				
首层	24～26	23～25	105～115	105～160	阳	3～4	—	E43、E5015、E5016、E5018、E6015、E6016 Φ3.2 Φ4.0
中间层	29～33	29～30	150～180	150～160	阳	3～4	85～150	
面层	25～27	25～30	130～150	130～150	阳	3～4	85～150	

CO_2 气体保护焊(平焊)参数参考 表 17-79

参数 位置	电弧电压 (V)	焊接电流 (A)	焊丝伸出长度		层厚 (mm)	焊丝极性	气体流量 (L/min)	层间温度 (℃)	焊丝型号
			≤40	>40					
首层	22～24	180～200	20～25	30～35	6～8	阳	45～50	—	ER50-6 ER50-2 Φ1.2mm
中间层	25～27	230～250	20	25～30	5～6	阳	40～45	100～150	
面层	22～24	200～230	20	20	5～6	阳	35～40	100～150	

注:送丝速度为 5～5.5mm/s;气体有效保护面积为 1000mm²。

CO_2 气体保护焊(横、立焊)参数参考 表 17-80

参数 位置	电弧电压 (V)	焊接电流 (A)	焊丝伸出长度		层厚 (mm)	焊丝极性	气体流量 (L/min)	层间温度 (℃)	焊丝型号
			≤40	>40					
首层	22～24	180～200	20～25	30～35	6～7	阳	50～55	—	ER50-6 ER50-2 Φ1.2mm
中间层	25～27	230～250	20	25～30	5～6	阳	45～50	100～150	
面层	22～25	180～200	20	20		阳	40～45	100～150	

注:送丝速度为 5～5.5mm/s;气体有效保护面积为 1000mm²。

CO₂ 气体保护焊（仰焊）参数参考　表 17-81

参数 位置	电弧 电压 (V)	焊接 电流 (A)	焊丝伸出长度 (mm)		层厚 (mm)	焊丝 极性	气体 流量 (L/min)	层间 温度 (℃)	焊丝 型号
			≤40	>40					
首层	20～ 24	90～ 100	20～ 25	30～ 35	3～4	阳	55～ 60	—	ER50-6 ER50-2 Φ1.2mm
中间层	23～ 25	120～ 140	20	25～ 30	3～4	阳	50～ 55	100～ 150	
面层	22～ 24	110～ 130			3～4	阳	45～ 50	100～ 150	

注：送丝速度为 3～3.5mm/s；气体有效保护面积为 1000mm²。

焊缝外观尺寸检查参考（mm）　表 17-82

焊接方法	焊缝余高		焊缝错边量		焊缝宽度	
	平焊	其他位置	平焊	其他位置	坡口每边增宽	宽度差
手工电弧焊	0～3	0～4	≤2	≤3	0.5～2.5	≤3
CO₂ 气体保护焊	0～3	0～4	≤2	≤3	0.5～2.5	≤3

17.8.2　焊　接　工　艺

1. 焊接接头坡口形状和尺寸

坡口形状及尺寸是影响焊缝质量的重要因素，其基本要求是能得到致密的焊缝。《钢结构焊接规范》（GB 50661）规定各种焊接方法及接头坡口形状和尺寸标记应符合以下要求：

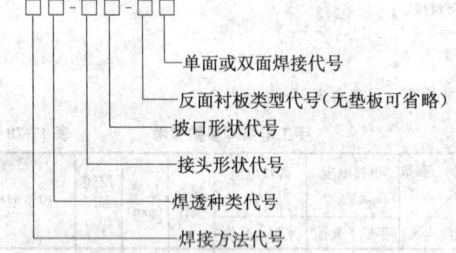

- 单面或双面焊接代号
- 反面衬板类型代号(无垫板可省略)
- 坡口形状代号
- 接头形状代号
- 焊透种类代号
- 焊接方法代号

焊接方法、坡口形式、垫板种类及焊接位置等的代号说明，见表 17-83～表 17-87。

示例：MC—BI—Bs1 代表单面焊接、钢衬垫、I 形坡口、对接焊缝、焊条电弧焊的完全焊透焊接。

焊接方法及焊透种类的代号　表 17-83

代号	焊接方法	焊透的种类
MC	焊条电弧焊接	完全焊透焊接
MP		部分焊透焊接
GC	气体保护电弧焊接	完全焊透焊接
GP	自保护电弧焊接	部分焊透焊接
SC	埋弧焊接	完全焊透焊接
SP		部分焊透焊接
SL	电渣焊	完全焊透

接头形式及坡口形状的代号　表 17-84

接头形式			坡口形状		
代号		名称	代号		名称
板接头	B	对接接头	I		I 形坡口
	T	T 形接头	V		V 形坡口
	X	十字接头	X		X 形坡口
	C	角接接头	L		单边 V 形坡口
	F	搭接接头	K		K 形坡口
管接头	T	T 形接头	U①		U 形坡口
	K	K 形接头	J①		单边 U 形坡口
	Y	Y 形接头			

① 当钢板厚度≥50mm 时，可采用 U 形或 J 形坡口。

焊接面及垫板种类的代号　表 17-85

焊接面		垫板种类	
代号	焊接面规定	代号	使用材料
1	单面焊接	Bs	钢衬垫
2	双面焊接	Bf	其他材料衬垫

焊接位置的代号　表 17-86

	焊接位置	代号		焊接位置	代号
板材	平焊	F	管材	水平转动平焊	1G
	横焊	H		竖立固定横焊	2G
	立焊	V		水平固定全位置焊	5G
	仰焊	O		倾斜固定全位置焊	6G
				倾斜固定加挡板全位置焊	6GR

坡口各部分的尺寸代号　表 17-87

代号	坡口各部分的尺寸
t	接缝部分的板厚（mm）
b	坡口根部间隙或部件间隙（mm）
H	坡口深度（mm）
P	坡口钝边（mm）
	坡口角度（°）

2. 焊接材料的保管与烘干

（1）焊接材料应储存在干燥、通风良好的地方，由专人保管、烘干、发放和回收，并有详细记录。

（2）焊丝表面和电渣焊的熔化或非熔化导管应无油污、锈蚀。

（3）焊条使用前在 300～430℃ 温度下烘干 1.0～2h，或按厂家提供的焊条使用说明书进行烘干。焊条放入时烘箱的温度不应超过最终烘干温度的一半，烘干时间以烘箱到达最终烘干温度后开始计算。

（4）烘干后的低氢焊条应放置于温度不低于 120℃ 的保温箱中存放、待用，使用时置于保温筒中，随用随取。

（5）焊条烘干后放置时间不应超过 4h，用于屈服强度大于 370MPa 的高强钢的焊条，烘干后放置时间不应超过 2h。重新烘干次数不应超过 2 次。

（6）焊剂使用前应按制造厂家推荐的温度进行烘焙，已潮湿或结块的焊剂严禁使用。用于屈服强度大于 370MPa 的高强钢的焊剂，烘焙后在大气中放置时间不应超过 4h。

（7）栓钉、焊接瓷环保存时应有防潮措施。受潮的焊接瓷环使用前应在 120～150℃ 温度下烘干 2h。

3. 焊前检查与清理

（1）施焊前应仔细检查母材，保证母材待焊接表面和两侧均匀、光洁，且无毛刺、裂纹和其他对焊缝质量有不利影响的缺陷；母材上待焊接表面及距焊缝位置 50mm 范围内不得有影响正常焊接和焊缝质量的氧化皮、锈蚀、油脂、水等杂质。

（2）检查母材坡口成型质量：采用机械方法加工坡口时，加工表面不应有台阶；采用热切割方法加工的坡口表面质量应符合《热切割、气割质量和尺寸偏差》(JB/T 10045.3) 的相应规定；材料厚度小于或等于 100mm 时，割纹深度最大为 0.2mm；材料厚度大于 100mm 时，割纹深度最大为 0.3mm。割纹不满足要求时，应采用机械加工、打磨清除。

（3）结构钢材坡口表面切割缺陷需要进行焊接修补时，可根据《钢结构焊接规范》(GB 50661) 规定制定修补焊接工艺，并记录存档；调质钢及承受周期性荷载的结构钢材坡口表面切割缺陷的修补还需报监理工程师批准后方可进行。

（4）钢材轧制缺陷的检测和修复应符合下列要求：

1）焊接坡口边缘上钢材的夹层缺陷长度超过 25mm 时，应采用无损检测方法检测其深度，如深度不大于 6mm 时，应用机械方法清除；如深度大于 6mm 时，应用机械方法清除后焊接填满；若缺陷深度大于 25mm 时，应采用超声波测定其尺寸，当单个缺陷面积 $(a \times d)$ 或聚集缺陷的总面积不超过被切割钢材总面积 $(B \times L)$ 的 4% 时为合格，否则该板不宜使用。

2）钢材内部的夹层缺陷，其尺寸不超过第 1）款的规定且位置离母材坡口表面距离 (b) 大于或等于 25mm 时不需要修理；如该距离小于 25mm 则应进行修补，修补方法满足本节第 11 条 "返

修焊"的要求。

3）夹层缺陷是裂纹时（图17-108），如裂纹长度（a）和深度（d）均不大于50mm时，其修补方法应符合本节第11条"返修焊"的规定；如裂纹深度超过50mm或累计长度超过板宽的20%时，该钢板不宜使用。

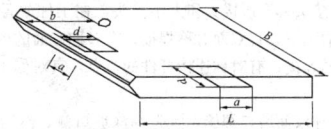

图17-108 夹层缺陷示意

（5）焊接接头组装精度应符合以下要求：

1）施焊前应检查焊接部位的组装质量是否满足表17-88的要求。如坡口组装间隙超过表中允许偏差但不大于较薄板厚度2倍或20mm（取其较小值）时，可在坡口单侧或两侧堆焊，使其达到规定的坡口尺寸要求。禁止用焊条头、铁块等物堵塞或过大间隙仅在表面覆盖焊缝。

坡口尺寸组装允许偏差　　表17-88

序号	项　目	背面不清根	背面清根
1	接头钝边	±2mm	不限制
2	无钢衬垫接头根部间隙	±2mm	+2mm −3mm
3	带钢衬垫接头根部间隙	+6mm −2mm	不适用
4	接头坡口角度	+10° −5°	+10° −5°
5	根部半径	+3mm −0mm	不限制

2）对接接头的错边量严禁超过接头中较薄件厚度的1/10，且不超过3mm。当不等厚部件对接接头的错边量超过3mm时，较厚部件应按不大于1：2.5坡度平缓过渡。

3）T形接头的角焊缝及部分熔透焊缝连接的部件应尽可能密贴，两部件间根部间隙不应超过5mm；当间隙超过5mm时，应在板端表面堆焊并修磨平整使其间隙符合要求。

4）T形接头的角焊缝连接部件的根部间隙大于1.5mm且小于5mm时，角焊缝的焊脚尺寸应按根部间隙值而增加。

5）对于搭接接头和塞焊、槽焊以及钢衬垫与母材间的连接接头，接触面之间的间隙不应超过1.5mm。

4. 垫板、引弧板、引出板和引入板的装配及割除

（1）引弧板、引出板和钢衬垫板的屈服强度应不大于被焊钢材标称强度，且焊接性相近。焊条电弧焊和气体保护电弧焊焊缝引弧板、引出板长度应大于25mm，埋弧焊引弧板、引出板长度应大于80mm。焊接完成后，引弧板和引出板宜采用火焰切割、碳弧气刨或机械方法去除，不得伤及母材，此外，还需将割口处修磨，使焊接端部平整，严禁使用锤击去除引弧板和引出板。

（2）衬垫可采用金属、焊剂、纤维、陶瓷等，当使用钢衬垫时，应符合下述要求：

1）保证钢衬垫与焊缝金属熔合良好，且钢衬垫在整个焊缝长度内应连续。

2）钢衬垫应有足够的厚度以防止烧穿。用于焊条电弧焊、气体保护电弧焊和药芯焊丝电弧焊焊接方法的衬垫板厚度应不小于4mm；用于埋弧焊方法的衬垫板厚度应不小于6mm；用于电渣焊方法的衬垫板厚度应不小于25mm。

3）钢衬垫应与接头母材金属贴合良好，其间隙不应大于1.5mm。

5. 定位焊

（1）定位焊必须由持焊工合格证的人施焊，使用焊材与正式施焊用的焊材相当。

（2）定位焊缝厚度应不小于3mm，对于厚度大于6mm的正式焊缝，其定位焊缝厚度不宜超过正式焊缝厚度的2/3；定位焊缝的长度应不小于40mm，间距宜为300～600mm。

（3）钢衬垫焊接接头的定位焊宜在接头坡口内焊接；定位焊时预热温度应高于正式施焊预热温度20～50℃；定位焊缝与正式焊缝应具有相同的焊接工艺和焊接质量要求；定位焊焊缝若存在裂纹、气孔、夹渣等缺陷，要完全清除。

（4）对于要求疲劳验算的动荷载结构，应制定专门的定位焊接工艺文件。

6. 焊接作业区域环境要求

（1）焊条电弧焊和自保护药芯焊丝电弧焊，其焊接作业区最大风速不宜超过8m/s，气体保护电弧焊不宜超过2m/s，否则应设防风棚或采取其他防风措施。

（2）当焊接作业处于下列情况下应严禁焊接：

1）焊接作业区的相对湿度大于90%；

2）焊件表面潮湿或暴露于雨、冰、雪中；

3）焊接作业条件不符合《焊接安全作业技术规程》规定要求时。

（3）焊接环境温度不低于−10℃，但低于0℃时，应采取加热或防护措施，确保焊接接头和焊接表面各方向大于或等于2倍钢板厚度且不小于100mm范围内的母材温度不低于20℃，且在焊接过程中均不应低于这一温度；当焊接环境温度低于−10℃时，必须进行相应焊接环境下的工艺评定试验，评定合格后方可进行焊接，否则严禁焊接。

7. 预热及层间温度控制

（1）预热温度和层间温度应根据钢材的化学成分、接头的拘束状态、热输入大小、熔敷金属含氢量水平及所采用的焊接方法等因素综合考虑确定或进行焊接试验以确定实际工程结构施焊时的最低预热温度。屈服强度大于370MPa的高强钢及调质钢的预热温度、层间温度的确定尚应符合钢厂提供的指导性参数要求。电渣焊和气电立焊在环境温度为0℃以上施焊时可不进行预热，但板厚大于60mm时，宜对引弧区域的母材预热且不低于50℃。常用结构钢材采用中等热输入焊接时，最低预热温度宜符合表17-89的规定。

常用结构钢材最低预热温度要求（℃）　表17-89

常用钢材牌号	接头最厚部件的板厚 t（mm）				
	$t<20$	$20 \leqslant t \leqslant 40$	$40<t \leqslant 60$	$60<t \leqslant 80$	$t>80$
Q235、Q295	/	/	40	50	80
Q345	/	40	60	80	100
Q390、Q420	20	60	80	100	120
Q460	20	80	100	120	150

注：1. "/"表示可不进行预热；
2. 当采用非低氢焊接材料或焊接方法焊接时，预热温度应比该表规定的温度提高20℃；
3. 当母材施焊处温度低于0℃时，应将表中母材预热温度增加20℃，且应在焊接过程中保持这一最低道间温度；
4. 中等热输入指焊接热输入为15～25kJ/cm，热输入每增大5kJ/cm，预热温度可降低20℃；
5. 焊接接头板厚不同时，应按接头中较厚板的板厚选择最低预热温度和道间温度；
6. 焊接接头材质不同时，应按接头中较高强度、较高碳当量的钢材选择最低预热温度；
7. 本表各值不适用于供货状态为调质处理的钢材；控轧控冷（热机械轧制）钢材最低预热温度可下降的数值用试验确定。

（2）对焊前预热及层间温度的检测和控制，工厂焊接时宜用电加热、大号气焊、割枪或专用喷枪加热；工地安装焊宜用火焰加热器加热。测温器宜采用表面测温仪。

（3）预热时的加热区域应在焊接坡口两侧，宽度各为焊件施焊处厚度的1.5倍以上，且不小于100mm。测温时间应在火焰加热器移开以后。测温点应在离电弧经过前的焊接点处各方向至少75mm处。必要时应在焊件反面测温。图17-109为履带式电加热器。

（4）采用氧气和乙炔气体中性焰加热方法，焊缝焊接的层间温度控制在90～100℃，焊接过程中使用温度测温仪进行监控，当焊缝焊接温度低于要求时，立即加热到规定要求之后再进行焊接，单节点焊缝应连续焊接完成，不得无故停焊，如遇特殊情况立即采取

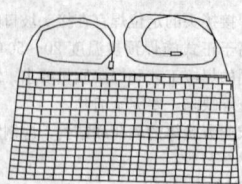

图 17-109　履带式电加热器

措施，达到施焊条件后，重新对焊缝进行加热，加热温度比焊前预热温度相应提高 20～30℃。

8. 焊后消除应力处理

（1）设计或合同文件对焊后消除应力有要求时，需经疲劳验算的结构中承受拉应力的对接接头或焊缝密集的节点或构件，宜采用电加热器局部退火和加热炉整体退火等方法进行消除应力处理；如仅为稳定结构尺寸，可选用振动法消除应力。

（2）焊后热处理应符合国家现行相关标准的规定。当采用电加热器对焊接构件进行局部消除应力热处理时，尚应符合下列要求：

1）使用配有温度自动控制仪的加热设备，其加热、测温、控温性能应符合使用要求；

2）构件焊缝每侧面加热板（带）的宽度至少为钢板厚度的 3 倍，且不应小于 200mm；

3）加热板（带）以外构件两侧宜用保温材料适当覆盖。

（3）用锤击法消除中间焊层应力时，应使用圆头手锤或小型振动工具，不应对根部焊缝、盖面焊缝或焊缝坡口边缘的母材进行锤击。

9. 焊接工艺技术要求

（1）对于焊条手工电弧焊、半自动实芯焊丝气体保护焊、半自动药芯焊丝气体保护或自保护焊和自动埋弧焊焊接方法，根部焊道最大厚度、填充焊道最大厚度、单道角焊缝最大焊脚尺寸和单道焊最大焊层宽度宜符合表 17-90 的规定。经焊接工艺评定合格验证除外。

单道焊最大焊缝尺寸推荐表　　　表 17-90

焊道类型	焊接位置	焊缝类型	焊接方法				
			SMAW	GMAW/FCAW	SAW		
					单丝	串联双丝	多丝
根部焊道最大厚度	平焊	全部	10mm	10mm	无限制		
	横焊		8mm	8mm			
	立焊		12mm	12mm	不适用		
	仰焊		8mm	8mm			
填充焊道最大厚度	全部	全部	5mm	6mm	6mm	无限制	
单道角焊缝最大焊脚尺寸	平焊	角焊缝	10mm	12mm	无限制		
	横焊		8mm	10mm	8mm	8mm	12mm
	立焊		12mm	12mm	不适用		
	仰焊		8mm	8mm			
单道焊最大焊层宽度	所有（立焊除外，用于 SMAW、GMAW 和 FCAW）	坡口焊缝	如坡口根部间隙>12mm 或焊层宽度>16mm，采用分道技术		不适用		
	平焊和横焊（用于 SAW）	坡口焊缝	不适用		焊层宽度>16mm，采用分道焊技术	焊层宽度>25mm，采用分道技术	

注：SMAW—焊条手工电弧焊；GMAW—半自动实心焊丝气体保护焊；FCAW—药芯焊丝气体保护或自保护焊；SAW—自动埋弧焊。

（2）多层焊时应连续施焊，每一焊道焊接完成后应及时清理焊渣及表面飞溅物，发现影响焊接质量的缺陷时，应清除后方可再焊。遇有中断焊的情况，应采取适当的后热、保温措施，再次焊接时重新预热温度应高于初始预热温度。

（3）塞焊和槽焊可采用焊条手工电弧焊、气体保护电弧焊及自保护电弧焊等焊接方法。平焊时，应分层熔敷焊缝，每层焊渣冷却凝固后，必须清除方可重新焊接；立焊和仰焊时，每道焊缝焊完后，应待熔渣冷却并清除后方可施焊后续焊道。

（4）严禁在调质钢上采用塞焊和槽焊焊缝。

10. 焊接变形控制

（1）在进行构件或组合构件的装配和部件间连接时，以及将部件焊接到构件上时，采用的工艺和顺序应使最终构件的变形和收缩最小。

（2）根据构件上焊缝的布置，可按下列要求采用合理的焊接顺序控制变形：

1）对接接头、T 形接头和十字接头，在工件放置条件允许或易于翻身的情况下，宜双面对称焊接；对称截面的构件，宜对称于构件中和轴焊接；有对称连接杆件的节点，宜对称于节点轴同时对称焊接；

2）非对称双面坡口焊缝，宜先焊深坡口侧，然后焊满浅坡口侧，最后完成深坡口侧焊缝，特厚板宜增加各轮流对称焊接的循环次数；

3）对长焊缝宜采用分段退焊法或与多人对称焊接法同时运用；

4）宜采用跳焊法，避免工件局部热量集中。

（3）构件装配焊接时，应先焊预计有较大收缩量的接头，后焊预计收缩量较小的接头，接头应在尽可能小的拘束状态下焊接。对于预计有较大收缩或角变形的接头，可通过计算预估焊接收缩和角变形量的数值，在正式焊接前采用预留焊接收缩裕量或预置反变形方法控制收缩和变形。

（4）对于组合构件的每一组件，应在该组件焊接到其他组件以前完成拼接；多组件构成的复合构件宜采取分部组装焊接，分别矫正变形后再进行总装焊接的方法降低构件的变形。

（5）对于焊缝分布相对于构件的中和轴明显不对称的异形截面的构件，在满足设计计算要求的情况下，可采用增加或减少填充焊缝面积的方法或采用补偿加热的方法使构件的受热平衡，以降低构件的变形。

11. 返修焊

（1）焊缝金属或母材的缺陷超过相应的质量验收标准时，可采用砂轮打磨、碳弧气刨、铲凿或机械方法等彻底清除。返修焊之前，应清洁修复区域的表面。对于焊缝尺寸不足、咬边、弧坑未填满等缺陷应进行补焊。返修或重焊的焊缝应按原检测方法和质量标准进行检测验收。

（2）对焊缝进行返修，宜按下述要求进行：

1）焊瘤、凸起或余高过大：采用砂轮或碳弧气刨清除过量的焊缝金属；

2）焊缝凹陷或弧坑、焊缝尺寸不足、咬边、未熔合、焊缝气孔或夹渣等应在完全清除缺陷后进行补焊；

3）焊缝或母材的裂纹应采用磁粉、渗透或其他无损检测方法确定裂纹的范围及深度，用砂轮打磨或碳弧气刨清除裂纹及其两端各 50mm 长的完好焊缝或母材，修整表面或磨除气刨渗碳层后，用渗透或磁粉探伤方法确定裂纹是否彻底清除，再重新进行补焊；对于拘束度较大的焊接接头上焊缝或母材上裂纹的返修，碳弧气刨清除裂纹前，宜在裂纹两端钻止裂孔后再清除裂纹缺陷；

4）焊接返修的预热温度应比相同条件下正常焊接的预热温度提高 30～50℃，并采用低氢焊接方法和焊接材料进行焊接；

5）返修部位应连续焊成，如中断焊接时，应采取后热、保温措施，防止产生裂纹；厚板返修焊宜采用消氢处理；

6）焊接裂纹的返修，应通知专业焊接工程师对裂纹产生的原因进行调查和分析，制定专门的返修工艺方案后按工艺要求进行；

7）承受动荷载结构的裂纹返修以及静载结构同一部位的两次返修后仍不合格时，应对返修焊接工艺进行工艺评定，并经业主或监理工程师认可后方可实施；

8）裂纹返修焊应填报返修施工记录及返修前后的无损检测报告，作为工程验收及存档资料。

12. 焊件矫正

因焊接而变形超标的构件应采用机械方法或局部加热的方法进行矫正。采用加热矫正时，调质钢的矫正温度严禁超过最高回火温度，其他钢材严禁超过 800℃。加热矫正后宜采用自然冷却，低合金钢在矫正温度高于 650℃时严禁急冷。

13. 焊接质量检查

（1）焊接质量检查内容

焊接质量检查是钢结构质量保证体系中的关键环节，包括焊接

前检查、焊接中的检查和焊接后的检查，各阶段检查内容如下：

1) 焊前检验主要包括：检验技术文件（图纸、标准、工艺规范等）是否齐全；焊接材料（焊条、焊丝、焊剂、气体等）和基本金属原材料的检验；毛坯装配与焊接件边缘质量检验；焊接设备（焊机和专用胎、模具等）是否完善以及焊工操作水平的鉴定等。

2) 焊中检验主要包括：焊接工艺参数（电流、电压、焊接速度、预热温度、层间温度及后热温度和时间等）；多层多道焊焊道缺陷的处理；采用双面焊清根的焊缝，应在清根后进行外观检查及规定的无损检测；多层多道焊中焊层、焊道的布置及焊接顺序等。

3) 焊后检验主要包括：焊缝的外观质量与外形尺寸检测；焊缝的无损检测；焊接工艺规程记录及检验报告的确认。

(2) 常用焊缝检验方法

1) 焊缝检验包括外观检查和焊缝内部缺陷的检查。

2) 外观检查主要采用目视检查（VT，借助直尺、焊缝检测尺、放大镜等），辅以磁粉探伤（MT）、渗透探伤（PT）检查表面和近表面缺陷。

3) 内部缺陷的检测一般可采用超声波探伤（UT）和射线探伤（RT），宜首选超声波探伤，当要求采用射线探伤等其他探伤方法时，应在设计文件或供货合同中指明。

(3) 抽样方法要求

根据《钢结构焊接规范》（GB 50661）的规定，抽样检查时除设计指定焊缝外应采用随机取样方式取样，同时尚应满足以下要求：

1) 焊缝处数的计数方法：工厂制作焊缝长度小于等于1000mm时，每条焊缝为1处，长度大于1000mm时，将其划分为每300mm为1处；现场安装焊缝每条焊缝为1处。

2) 可按下列方法确定检查批：

① 制作焊缝可以同一工区（车间）按一定的焊缝数量组成批；多层框架结构可以每节柱的所有构件组成批；

② 安装焊缝可以区段组成批；多层框架结构可以每层（节）的焊缝组成批。

3) 批的大小宜为300~600处。

4) 抽样检查的焊缝数如不合格率小于2%时，该批验收应定为合格；不合格率大于5%时，该批验收应定为不合格；不合格率为2%~5%时，应加倍抽检，且必须在原不合格部位两侧的焊缝延长线各增加一处，如在所有抽检焊缝中不合格率不大于3%时，该批验收应定为合格，大于3%时，该批验收应定为不合格。当批量验收不合格时，应对该批余下焊缝的全数进行检查。当检查出一处裂纹缺陷时，应加倍抽查，如在加倍抽检焊缝中未检查出其他裂纹缺陷时，该批验收应定为合格，当检查出多处裂纹缺陷或加倍抽查又发现裂纹缺陷时，应对该批余下焊缝的全数进行检查。

(4) 外观检查

1)《钢结构焊接规范》（GB 50661）规定：外观检查应在所有焊缝冷却到环境温度后方可进行；焊缝外观质量应符合表17-91的要求。

焊缝外观质量检查标准 表 17-91

项目	一级	二级	三级
裂纹		不允许	
未焊满	不允许	$\leq 0.2 + 0.02t$ 且 ≤ 1mm，每100mm长度焊缝内未焊满累计长度≤ 25mm	$\leq 0.2 + 0.04t$ 且 ≤ 2mm，每100mm长度焊缝内未焊满累计长度≤ 25mm
根部收缩	不允许	$\leq 0.2 + 0.02t$ 且 ≤ 1mm，长度不限	$\leq 0.2 + 0.04t$ 且 ≤ 2mm，长度不限
咬边	不允许	$\leq 0.05t$ 且 ≤ 0.5mm，连续长度≤ 100mm，且焊缝两侧咬边总长$\leq 10\%$焊缝全长	$\leq 0.1t$ 且 ≤ 1mm，长度不限
电弧擦伤		不允许	允许存在个别电弧擦伤

续表

项目	一级	二级	三级
接头不良	不允许	缺口深度$\leq 0.05t$ 且≤ 0.5mm，每1000mm长度焊缝内不得超过1处	缺口深度$\leq 0.1t$ 且≤ 1mm，每1000mm长度焊缝内不得超过1处
表面气孔		不允许	每50mm长度焊缝内允许存在直径$< 0.4t$ 且≤ 3mm的气孔2个；孔距应≥ 6倍孔径
表面夹渣		不允许	深$\leq 0.2t$，长$\leq 0.5t$ 且≤ 20mm

注：1. 外观检测采用目测方式，裂纹的检查应辅以5倍放大镜并在合适的光照条件下进行，必要时可采用磁粉探伤或渗透探伤，尺寸的测量应用量具、卡规；

2. 栓钉焊接接头的外观质量应符合《钢结构焊接规范》（GB 50661）的要求。外观质量检验合格后进行打弯抽样检查，合格标准：当栓钉弯曲至30°时，焊缝和热影响区不得有肉眼可见的裂纹，检查数量不小于栓钉总数的1%并不少于10个；

3. 电渣焊、气电立焊接头的焊缝外观成形应光滑，不得有未熔合、裂纹等缺陷；当板厚小于30mm时，压痕、咬边深度不得大于0.5mm；板厚大于或等于30mm时，压痕、咬边深度不得大于1.0mm。

2) 角焊缝焊脚尺寸应符合表17-92的规定；焊缝余高及错边应符合表17-93的规定。

角焊缝焊脚尺寸允许偏差 表 17-92

序号	项目	示意图	允许偏差（mm）
1	一般全焊透的角接与对接组合焊缝		$hf \geq \left(\dfrac{t}{4}\right)^{+4}_{0}$ 且≤ 10
2	需经疲劳验算的全焊透角接与对接组合焊缝		$hf \geq \left(\dfrac{t}{2}\right)^{+4}_{0}$ 且≤ 10
3	角焊缝及部分焊透的角接与对接组合焊缝		$hf \leq 6$ 时 0~1.5 $\qquad$ $hf > 6$ 时 0~3.0

注：1. $hf > 8.0$mm的角焊缝其局部焊脚尺寸允许低于设计要求值1.0mm，但总长度不得超过焊缝长度的10%；

2. 焊接H形梁腹板与翼缘板的焊缝两端在其两倍翼缘板宽度范围内，焊缝的焊脚尺寸不得低于设计要求值。

焊缝余高和错边允许偏差 表 17-93

序号	项目	示意图	允许偏差（mm）	
			一、二级	三级
1	对接焊缝余高 C		$B < 20$ 时，C 为 0~3；$B \geq 20$ 时，C 为 0~4	$B < 20$ 时，C 为 0~3.5；$B \geq 20$ 时，C 为 0~5
2	对接焊缝错边 d		$d < 0.1t$ 且≤ 2.0	$d < 0.15t$ 且≤ 3.0
3	角焊缝余高 C		$hf \leq 6$ 时，C 为 0~1.5；$hf > 6$ 时，C 为 0~3.0	

(5) 无损检测

1)《钢结构工程施工质量验收规范》(GB 50205) 规定：低合金钢应以焊后 24h 外观检查结果为验收依据；对于标称屈服强度大于 690MPa (调质状态) 的钢材，《钢结构焊接规范》(GB 50661) 规定以焊后 48h 的检验结果作为验收依据。

2)《钢结构工程施工质量验收规范》(GB 50205) 规定：设计要求全焊透的一、二级焊缝应做超声波探伤，探伤方法及缺陷分级应符合《钢焊缝手工超声波探伤方法和探伤结果分级法》(GB/T 11345) 或《金属熔化焊焊接头射线照相》(GB/T 3323) 的规定。焊接球节点网架焊缝、螺栓球节点网架焊缝及圆管 T、K、Y 形节点相关线焊缝，其内部缺陷分级及探伤方法应分别符合《钢结构超声波探伤及质量分级法》(JG/T 203) 和《钢结构焊接规范》(GB 50661) 的规定。

一、二级焊缝的质量等级及缺陷分级应符合表 17-94 的要求。

一、二级焊缝的质量等级及缺陷分级 表 17-94

焊缝质量等级		一级	二级
内部缺陷超声波探伤	评定等级	Ⅱ	Ⅲ
	检验等级	B 级	B 级
	探伤比例	100%	20%
内部缺陷射线探伤	评定等级	Ⅱ	Ⅲ
	检验等级	AB 级	AB 级
	探伤比例	100%	20%

注：探伤比例的计数方法按以下原则确定：(1) 对工厂制作焊缝，应按每条焊缝计算百分比，且探伤长度应不小于 200mm，当焊缝长度不足 200mm 时，应对整条焊缝探伤；(2) 对现场安装焊缝，应按同一类型、同一施焊条件的焊缝条数计算百分比，探伤长度应不小于 200mm，并应不少于 1 条焊缝。

14. 常见缺陷原因及其处理方法

焊缝常见缺陷产生原因及其处理方法，见表 17-95。

焊缝常见缺陷产生原因及其处理方法 表 17-95

缺陷名称		特征	产生原因	检验方法	排除方法
焊缝形状不符合要求		由于焊接变形导致的焊缝形状翘曲或尺寸超差	1. 焊接顺序不正确； 2. 焊前准备不当，如坡口间隙过大或过小，未留收缩余量等； 3. 焊接夹具结构不良	1. 目视检验； 2. 用量具测量	外部变形可用机械方法或加热方法矫正
咬边		沿焊缝的母材部位产生的沟槽或凹陷	1. 焊接工艺参数选择不当，如电流过大、电弧过长； 2. 操作技术不正确，如焊枪角度不对，运条不适当； 3. 焊条药皮端部的电弧偏吹； 4. 焊接零件的位置安放不当	1. 目视检验； 2. 宏观金相检验	轻微的、浅的咬边可用机械方法修挫，使其平滑过渡；严重的、深的咬边应进行补焊
焊瘤		熔化金属流淌到焊缝之外未熔化的母材上所形成的金属瘤	1. 焊接工艺参数选择不正确； 2. 操作技术不正确，如焊条运条不适当，立焊时尤其容易产生； 3. 焊件位置安放不当	1. 目视检验； 2. 宏观金相检验	可用铲、挫、磨等手工或机械方法除去多余的堆积金属
烧穿		熔化金属自坡口背面流出，形成烧穿的缺陷	1. 焊条装配不当，如坡口尺寸不合要求，间隙过大； 2. 焊接电流太大； 3. 焊接速度太慢； 4. 操作技术不佳	1. 目视检验； 2. X 射线探伤	消除烧穿孔洞边缘的多余金属，用补焊方法填满孔洞后，再继续焊接
焊漏		母材熔化过深，导致熔融金属从焊缝背面漏出	1. 接电流太大； 2. 接速度太慢； 3. 接头坡口角度、间隙太大	1. 目视检验； 2. 宏观金相检验； 3. X 射线探伤	可用铲、挫、磨等手工或机械方法除去漏出的多余金属
气孔		熔池中的气泡在凝固时未能逸出而残留下来形成空穴，有密集气孔和条虫状气孔等	1. 焊件与焊接材料有油污、锈及其他氧化物； 2. 焊接区域保护不好； 3. 焊接电流过小，弧长过长，焊接速度太快	1. X 射线探伤； 2. 金相检验； 3. 目视检验	铲除气孔处的焊缝金属，然后补焊
夹渣		焊后残留在焊缝中的熔渣	1. 焊接材料质量不好； 2. 焊接电流过小，焊速过快； 3. 熔渣密度太大，阻碍熔渣上浮； 4. 多层焊时熔渣未清除干净	1. X 射线探伤； 2. 金相检验； 3. 超声探伤	铲除夹渣处的焊缝金属，然后补焊
裂纹	热裂纹	沿晶界面出现，裂纹断口处有氧化色；一般出现在焊缝上，呈锯齿状	1. 母材抗裂性能较差； 2. 焊接材料质量不好； 3. 焊接工艺参数选择不当； 4. 焊缝内应力过大		
	冷裂纹	断口无明显的氧化色，有金属光泽。产生在热影响区的过热区中	1. 焊接结构设计不合理； 2. 焊缝布置不当； 3. 焊接工艺措施不周全，如未预热或焊后冷却快	1. 目视检验； 2. X 射线探伤； 3. 超声波探伤； 4. 磁粉检验； 5. 金相检验； 6. 着色探伤或荧光探伤	在裂纹两端钻止裂孔或铲除裂纹处的焊缝金属，而后进行补焊
	再热裂纹	沿晶间且局限于热影响区的粗晶区内	1. 焊后所选择的热处理规范不正确； 2. 母材性能尚未完全掌握		
	层状撕裂	沿平行于板面分层分布的非金属夹杂物方向扩展的阶梯状裂纹	1. 材质本身存在层状夹杂物； 2. 钢板的 Z 向应力较大； 3. 焊接接头含氢量太大	1. 金相检验； 2. 超声波检验	1. 严格控制钢板的硫含量； 2. 设计的接头减少 Z 向应力； 3. 降低焊缝金属的含氢量

缺陷名称	特征	产生原因	检验方法	排除方法
未焊透	母材与焊缝金属之间未熔化而留下的空隙,常在单面焊根部和双面焊中间	1. 焊接电流过小; 2. 焊接速度过快; 3. 坡口角度间隙过小; 4. 操作技术不佳	1. 目视检验; 2. X射线探伤; 3. 超声波探伤; 4. 金相检验	1. 对开敞性好的结构的单面未焊透,可在焊缝背面直接补焊; 2. 对于不能直接焊补的重要焊件,应铲除未焊透的焊缝金属,重新焊接
未熔合	母材与焊缝金属间,焊缝金属与焊缝金属间未完全熔合在一起			
夹钨	钨极进入到焊缝中的钨粒	氩弧焊时钨极与熔池金属接触	1. 目视检验; 2. X射线探伤	挖去夹钨处缺陷金属,重新焊接
弧坑	焊缝熄弧处的低洼部分	操作时熄弧太快,未反复向熄弧处补充填充金属	目视检验	在弧坑处补焊
凹坑	焊缝表面或焊缝背面形成的低于母材表面的局部低洼部分。弧坑也是凹坑的一种	焊接电流太大且焊接速度太快	目视检验	1. 对于对接焊缝,铲去焊缝金属重新焊接(指封闭结构); 2. 对于T形接头和开敞性好的对接焊缝,可在其背面直接补焊
晶间腐蚀	焊接不锈钢时,焊缝或热影响区金属晶界上出现的细小裂纹	1. 焊接时母材中合金元素烧损过多; 2. 焊接方法选择不当; 3. 焊接材料选择不当	微观金相检验	铲去有缺陷的焊缝,重新焊接

17.8.3 高层钢结构焊接

1. 总体焊接顺序

一般根据结构平面图形的特点,以对称轴为界或以不同体形结合处为界分区,配合吊装顺序进行安装焊接。焊接顺序应遵循以下原则或程序:

(1) 在吊装、校正和栓焊混合节点的高强度螺栓终拧完成若干节间以后开始焊接,以利于形成稳定框架。

(2) 焊接时应根据结构体形特点选择若干基准柱或基准间,由此开始焊接主梁与柱之间的焊缝,然后向四周扩展施焊,以避免收缩变形向一个方向累积。

(3) 一节间各层梁安装好后应先焊上层梁后焊下层梁,以使框架稳固,便于施工。

(4) 栓焊混合节点中,应先栓后焊(如腹板的连接),以避免焊接收缩引起栓孔间位移。

(5) 柱一梁节点两侧对称的两根梁端应同时与柱相焊,既可以减小焊接拘束度,避免焊接裂纹产生,又可以防止柱的偏斜。

(6) 柱一柱节点焊接自然是由下层往上层顺序焊接,由于焊缝横向收缩,再加上重力引起的沉降,有可能使标高误差累积,在安装焊接若干节后应视实际偏差情况及时要求构件制作厂调整柱长,以保证安装精度达到设计和规范要求。

(7) 桁架焊接顺序为:下弦杆→转换柱(竖向杆件)→上弦杆→斜撑,如图 17-110 所示。

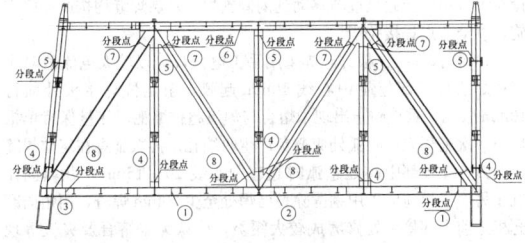

图 17-110　桁架的焊接顺序

(8) 框-筒或筒中筒结构总体上应采用先内后外,先柱后梁,再斜撑,先焊收缩量大的再焊收缩量小的焊接顺序。原则上相邻两根柱不要同时开焊。

2. 各类节点焊接顺序

(1) 钢柱的焊接顺序

1) 箱形柱的焊接顺序

由于箱形柱大部分钢板超厚,施焊时间较长,应采用多名焊工同时对称等速施焊,才能有效地控制施焊的层间温度,控制焊接应力,如图 17-111 所示(两名焊工同时施焊)。

当焊完第一个两层后,再焊接另外两个相对应边的焊缝,这时可焊完四层,再绕至另两个相对边,如此循环直至焊满整个焊缝。如遇焊缝间隙过大,应先焊大间隙焊缝,把另外相对边点焊牢固,然后依前顺序施焊。

2) 十字柱对接焊接顺序

先由两名焊工进行翼缘板的对称焊接,见图 17-112 中的步骤 1、2,然后两名焊工再同时对腹板进行中心点对称反向焊接,见步骤 3~6。

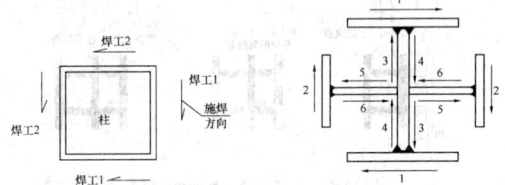

图 17-111　箱形柱的　　　　图 17-112　十字柱对接
　　　　焊接顺序　　　　　　　　　　焊接顺序

十字柱腹板为双面坡口焊,焊完一侧后另一侧应清根。

3)"日"字形钢柱的焊接顺序(图 17-113)

4) 工字柱的焊接顺序

当一个区域的钢柱、钢梁安装校正完毕后开始焊接,焊接时首先由两名焊工对称焊接工字柱的翼缘,翼缘焊接完后再由其中一名焊工焊接腹板,焊接完毕后割除引弧板和引出、引入板,最后打磨探伤,见图 17-114。

5) 钢管柱焊接顺序

钢管柱焊接时采取 2 个人分段对称焊的方式进行,如图 17-115 所示,即先 1、2 同时对称焊,再 3、4 同时对称焊。

(2) 钢梁焊接顺序

1) 工字形梁的焊接顺序

当工字形梁翼缘采用焊接,腹板采用螺栓连接时,先焊接下翼缘,然后焊接上翼缘。

当工字形梁翼缘、腹板都采用焊接连接时,先焊接下翼缘,然后焊接上翼缘,最后焊接腹板。

在钢梁焊接时应先焊梁的一端,待此焊缝冷却至常温,再焊另一端。不得在同一根钢梁两端同时开焊,两端的焊接顺序应相同。见图 17-116。

2) 箱形梁的焊接顺序

箱形梁为了便于焊接、保证焊接质量,在上翼缘开封板,因此焊接时先焊接下翼缘,下翼缘焊接完毕后,由两名焊工同时对称焊接两个腹板,焊接完毕后割除下翼缘和两个腹板的引弧板,并打磨

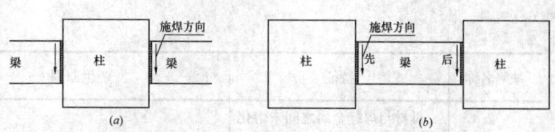

图 17-116　工字形梁的焊接顺序

当箱形梁比较大时（梁高大于 800mm），在焊接此钢梁的下翼缘板时，焊工需要进入箱形梁内进行焊接，此时需要在钢梁的外部有一名焊工配合焊接钢梁腹板和引弧板。

17.8.4　钢管桁架焊接

1. 管对接焊接工艺

以下工艺主要针对的焊接方式为手工电弧焊与 CO_2 气体保护焊相组合的焊接方式。对焊前、组对，核正复查、预留焊接收缩量，定位焊，焊前防护，焊前清理，焊前预热，焊接，焊后清理与外观检查，无损检测与缺陷返修等工序严格控制，才能确保焊接质量全面达标。

（1）焊前、组对。组对前用卡具对钢管同心度、圆率、纵向曲度认真复查核对，确认合格后，采用锉刀和砂布将坡口处管内外壁 20～25mm 处仔细磨去锈蚀及污物。组对时不得在接近坡口处管壁上点焊夹具或硬性敲打，以防四周出现凹凸不平和圆弧不顺滑，同外径管错口现象必须控制在 2mm 以内，管内衬垫板必须紧密贴合牢固。

（2）校正复检、预留焊接收缩量。根据管径大小、壁厚预留焊接收缩量，校正后固定，确保整个桁架系统的几何尺寸不因焊接收缩而引起改变。

（3）定位焊。定位焊对焊口的焊接质量有直接影响，主桁架上下弦组对方式通常采用连接板预连接，定位焊位置为圆周三等分，定位焊使用经烘干合格的小直径焊条，采用与正式焊接相同的工艺进行等距离定位焊接，长度为 L>50mm，H≥4mm。将定位焊起点与收弧处用角向磨光机磨成缓坡状，确认无未熔合、收缩孔等缺陷。

（4）焊前防护。桁架上下弦杆件接头处焊前搭设平台，焊接作业平台距离钢管的高度为 600～700mm，平台面宽度大于 1.5m，密铺木跳板，上铺石棉布防止火灾发生，用彩条布密闭围护，以免作业时有风雨侵扰。架子搭设要稳定牢固，确保焊接作业人员具有良好的作业环境。

（5）焊前清理。正式焊接前将定位焊和对接口处的焊渣、飞溅雾状附着物、油污、灰尘等认真清除。

（6）焊前预热。环境温度低于 +10℃且空气湿度大于 80% 时，采用氧-乙炔中性焰对焊口进行加热除湿处理，使对接口两侧 100mm 范围温度均匀达到 100℃左右。

（7）焊接。上弦杆的对接焊采用左右两焊口同时施焊的方式，操作者采用外侧起弧逐渐移动到内侧施焊，每层焊缝均按此顺序实施，直至节点焊接完毕。

1）根部施焊：根部施焊采用手工电弧焊，以较大电流值对小直径焊条自下部超越中心线 10mm 起弧，至定位焊接头处前行 10mm 收弧，重点防止出现未熔合与焊渣超越熔池。尽量保持单根焊条一次施焊完，收弧处应避免产生收缩孔。再次施焊在定位焊上退弧，在顶部中心处息弧时超越中心线 10～15mm，并填满弧坑。另一半焊前应采用剔除除去已焊处至少 20mm 焊渣，用角向磨光机把前半部接头处修磨成较大缓坡，确认无未熔合及夹渣等现象，在滞后 10～15mm 处起弧焊，起弧处应在前半部已形成焊肉上，后半部与前半部接头处接焊时应至少超越 20mm，填满弧坑后方允许收弧。首层焊接的重点是确保根部熔合良好，确保不出现假焊。

2）次层施焊：焊前清除首层焊道上的凸起部及引弧造成的多余部分并不得伤及坡口边缘，次层焊接采用 CO_2 气体保护焊。在仰焊时采用较小电流和较大电压进行焊接，因仰焊部位由于地心引力引起铁水下坠，从而导致焊缝坡口边出现尖角，故采用增大电压来增强熔滴的喷射力来解决。立焊部位电流、电压适中，焊至立爬坡时电流逐渐增大，至平焊部位电流再次增大，此时，充分体现

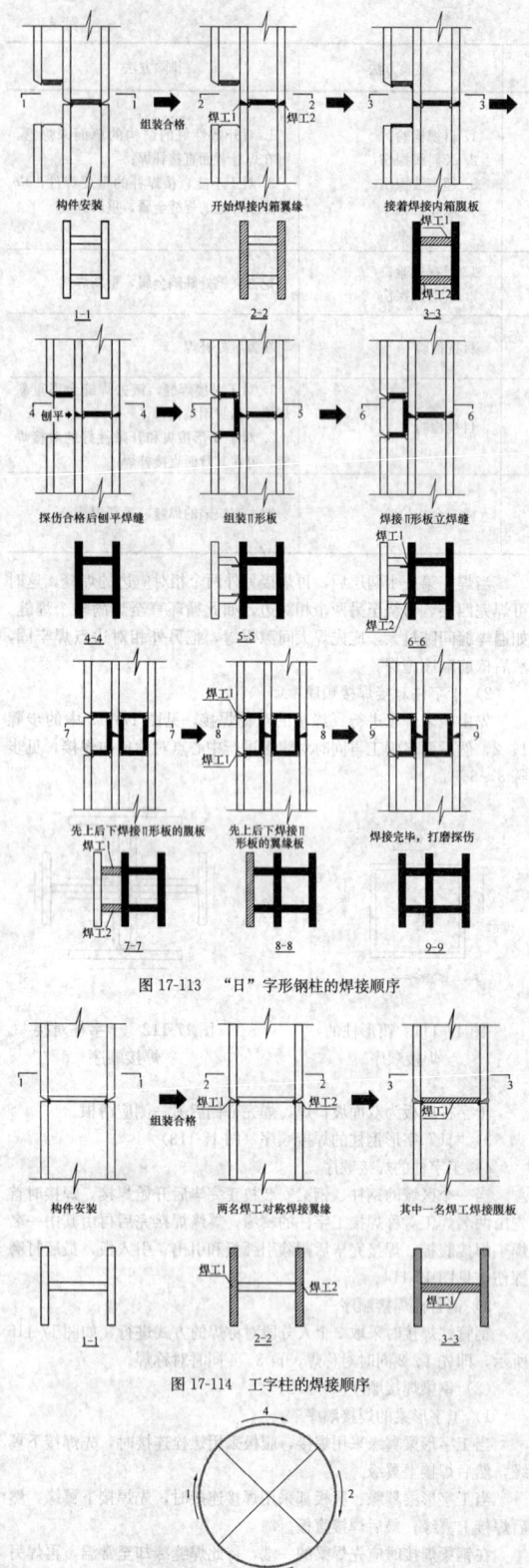

图 17-113　"日"字形钢柱的焊接顺序

图 17-114　工字柱的焊接顺序

图 17-115　钢管柱焊接顺序

好，24h 后对下翼缘和腹板进行探伤，合格后安装上翼缘的封板，然后先由一名焊工依次焊接上翼缘封板的两条平焊缝，最后由两名焊工对称焊接封板与腹板之间的两条横焊缝。

了 CO_2 气体保护焊机电流、电压远程控制的优越性。

3) 填充层焊接：采用 CO_2 气体保护电弧焊，正常电流，较快焊速。注意搭头部位逐层逐道错开 50mm，要逐层逐道清除氧化渣皮、飞溅，刨削雾状附着物。在接近面层时注意均匀留出 1.5～2mm 盖面层预留量，且不得伤及坡口边缘。

4) 面层焊接：面层焊缝直接关系外观质量及尺寸检查要求。施焊前对全焊缝进行一次检查与修补，消除凸凹处。焊接面层采用手工电弧焊进行，用偏小电流快速进行深层多道焊接并注意在坡口两边稍作停留，保证熔合良好。接头处换焊条与重新起弧动作要快，最后一道焊缝防止出现咬边或道间凹沟缺陷。其整个管口的焊接层次安排示意见图 17-117。

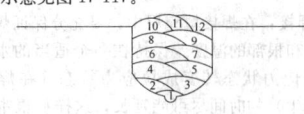

图 17-117　管口焊接层次示意

(8) 焊后清理与外观检查。认真除去焊道上飞溅、焊瘤、咬边、气孔、夹渣、未熔合、裂纹等缺陷，对于相贯线角接形式焊缝，焊脚尺寸应符合设计要求及相贯钢管两者中较薄管壁厚度的 1.5 倍。

(9) 无损检测与缺陷返修。用角向磨光机作 UT 检查前清理，注意不得出现过深磨痕。经 UT 检验，焊缝符合规范及设计要求方允许拆除防护措施。探伤不合格的焊缝采用气刨对缺陷部分进行刨除，并用角向磨光机打磨清除渗碳及熔渣，确认缺陷清除后，采用与正式焊接相同的工艺进行补焊，24h 后进行 UT 复探，并出具返修复探记录，同一部位返修次数不得超过 2 次，表 17-96 为广州新白云机场航站楼工程桁架管对接焊接工艺参数。

桁架管对接焊接工艺参数　　表 17-96

焊层	焊条焊丝牌号，直径	焊接方法	极性	焊接电流 (A)	电压 (V)	焊丝伸出长度 (mm)	气体流量 (L/mim)	运焊方式	层间温度 (℃)
首层	E-5015，ϕ3.2	手工焊	正极	110～120				月牙形	≤80
次层	TWE-711，ϕ1.2	CO_2 气体保护焊	正极	140～160	22～24	25～30	40～60	直线往复形	85～110
填充	TWE-711，ϕ1.2	CO_2 气体保护焊	正极	160～170	24～26	25～30	40～60	直线往复形	85～110
面层	E-5015，ϕ4	手工焊	正极	140～150				月牙形	≤110

2. 钢管焊接顺序

(1) 360°逆时针滚动平焊（图 17-118）。

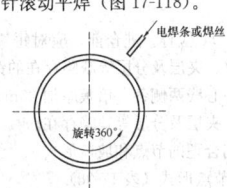

图 17-118　360°逆时针滚动平焊

(2) 半位置焊（旋转 180°，见图 17-119）。

(3) 全位置焊（工件不能转动，见图 17-120）。

3. 管相贯线焊接工艺

斜腹杆与上下弦相贯及次桁架与主桁架相贯接处的焊前检查十分重要，部分构件由于制作误差、构件少量变形、安装误差造成焊接接头间隙较大，一般间隙在 20mm 以内时，可先逐渐堆焊填充间隙，冷却至常温，打磨清理干净，确认无焊接缺陷后再正常施焊，不能添加任何填料。

斜腹杆上口与上弦杆相贯处全位置倒向环焊，焊接时从环缝的最低位置处起弧，在横角焊的中心收弧，焊条呈斜线运行，使熔

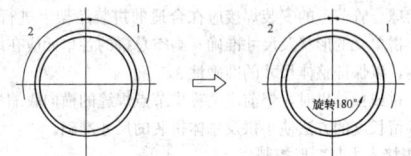

图 17-119　半位置焊

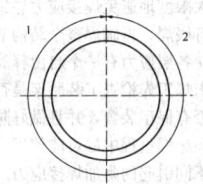

图 17-120　全位置焊

池保持水平状，斜腹杆下口与下弦杆相贯处应从仰角焊位置超越中心 5～10mm 处起弧，在平角焊位置收弧，焊条呈斜线和直线运行，使熔池保持水平状。

次桁架弦杆与主桁架弦杆相贯处的焊接从坡口的仰角焊部位超越中心 5～10mm 处起弧，在平焊位置中心处收弧，焊接时尽量使熔池保持水平状，注意左右两边的熔合，确保焊缝几何尺寸的外观质量，当相贯线夹角小于 30℃时采用角焊形式进行焊接，焊角尺寸为 1.5t。

表 17-97 为广州新白云机场航站楼工程所采用管相贯线焊接工艺参数。

管相贯线焊接工艺参数　　表 17-97

焊层	焊条焊丝牌号，直径	焊接方法	极性	焊接电流 (A)	电压 (V)	焊丝伸出长度 (mm)	气体流量 (L/min)	运焊方式	层间温度 (℃)
首层	TWE-711，ϕ1.2	CO_2 气体保护焊	正极	150～160	24～30	25～30	40～60	斜圆圈	≤80
填充层	TWE-711，ϕ1.2	CO_2 气体保护焊	正极	170～190	24～26	20～25	40～60	直线往复	80～110
面层	TWE-711，ϕ1.2	CO_2 气体保护焊	正极	160～180	25～27	20～25	40～60	直线往复	80～110

4. 施工注意事项

(1) 部件组装时，须加固好，以减少变形。

(2) 所有节点坡口，焊前必须打磨，严格做好清洁工作。

(3) 所有探伤焊缝坡口及装配间隙均应由质检员验收合格。

(4) 装配定位焊，要由具备合格证书的焊工操作，管子定位焊，用 ϕ3.2 焊条，其他厚板允许用 ϕ4 焊条定位焊。

(5) 内衬管安装中心应与母管一致，焊脚 5mm。

(6) 焊接完毕，焊工应清理焊缝表面的熔渣及两侧飞溅物，检查焊缝外观质量。

(7) 待探伤焊缝检查认可后（包括必要的焊缝加强和修补），构件始得吊离胎架。

17.8.5　空心球钢管网架结构焊接

1. 焊前准备

检验构件下料的长度、垂直度及剖口是否符合规范要求，应在定位架定位，并开始点固焊。点固焊所采用的焊接材料、型号应与焊接材质相匹配，焊接电流要比正式施焊电流大。点固焊点数和长度应以焊接过程中不致使其开裂和位置偏移为准，焊点两侧应平稳过渡，焊点高度一般不超过焊缝高度的 2/3。点固焊完毕后，应清除熔渣、飞溅等。检查焊点质量，如出现开裂、气孔、熔合不良，应将其焊掉重焊。

2. 球-管接头坡口形式和尺寸

根据《网架结构设计与施工规程》(JGJ 7) 的要求，钢管与空心球全熔透焊接时，钢管应开坡口、留间隙、加内套，以实现焊缝

与钢管的等强连接，否则应按角焊缝计算。大型网架为了减小焊接应力与收缩变形，应尽可能采用全熔透连接。

3. 焊接工艺

网架球-管节点的安装焊接应在合适的拼装胎架上进行小拼，以保证小拼单元的形状及尺寸准确。高空总拼的各单元应在地面进行预拼装，以保证整体尺寸的准确性。

在小拼或预总拼时，焊前应估算出节点焊缝的横向收缩量，采取钢管预留长度的方法使小拼及总体拼装的尺寸准确。

4. 焊接应力与变形控制

(1) 总体原则：任一平面或杆件（空间）尽可能安排双数焊工进行对称施焊，为最大限度地避免焊接应力导致构件变形，应先施焊完整个结构节点的打底焊，再施焊整个结构节点的填充焊，最后施焊节点的盖面焊，使各层应力有一个自由释放的过程。

(2) 在施焊前要求焊工先检查工装胎架是否对结构件进行了有效定位，结构两端是否有保型装置，并且做好防风、抗雨、保温等各项焊前准备工作，在施焊过程中尽可能使用一种焊接方法进行施焊，以减少焊接能量不同引起的附加焊接应力。

(3) 网架杆件焊接采用水平转动焊，先进行点焊，然后采用多层多道焊接工艺防止焊接变形。

(4) 严格控制焊接电弧在某一点（处）的停留时间。

5. 应注意的关键问题

(1) 防止空气侵入焊接区，应采用短弧焊。

(2) 一层打底焊，为使根部熔透，应适当采用大电流焊接。

(3) 禁止在坡口以外的钢管和锥头上引弧和收弧。

(4) 一层焊缝焊完后，应将其熔渣、飞溅、焊瘤清除干净，并检查其焊接质量，待无缺陷后，再焊第二层焊缝，依此类推。

(5) 两层间的焊接接头应错开2～3mm，不能重叠。

(6) 严格检查接地情况，谨防杆件接地不良在杆件上出现打火现象。

17.8.6　铸钢节点焊接工艺

1. 母材的准备

(1) 当母材上沾有油时必须加热400℃左右把油烧掉，其他污物也要除去。

补焊前要把缺陷完全除去。如果裂纹有扩张趋势时要在裂纹两端钻止裂孔。

坡口制备推荐机加工并打磨，不推荐气刨。母材中的裂纹必须完全除去，而且应将坡口底部倒圆。

2. 焊接工艺

以采用较为实用的手工电弧焊焊接方法为例，焊条选用低氢型焊条（焊缝中扩散氢含量是直接影响焊接接头抗冷裂纹性能的主要因素，除环境条件及钢材表面洁净程度外，决定性因素是材料的影响），必须从组对、校正、复验、预留焊接收缩量、焊接定位、焊前防护、预热、层间温度控制、焊接、焊后热处理、保温、质检等各个工序严格要求，确保焊接质量达到设计要求及规范要求。

(1) 组对。组对前将铸钢件接头坡口内壁15～20mm的锈蚀及污物仔细清除，用角向磨光机将凹陷处磨平。坡口清理是工艺重点，其表面不得有不平整、锈蚀现象。在组对时严禁对铸钢件进行硬性敲打。

(2) 校正，预留焊接收缩量。组对后的校正应用专用器具认真核对，确认无误后，预留焊接产生的收缩量以保证整个焊接节点最终的收缩相等，避免焊接应力的产生，然后进行定位焊。

(3) 焊前防护及焊前清理。铸钢件接头处的焊接必须搭设操作平台，做好防风雨措施。正式焊接前，将定位焊处的渣皮，飞溅等附着物仔细清理干净。定位焊的起点与收弧处必须用角向磨光机修磨成缓坡状，并确认无未熔合、裂纹、气孔等缺陷，清除妨碍焊接的器物或物件。

(4) 焊前预热。焊接过程对预热、层间温度、焊后热处理等要求极高，焊前预热即是加热阻碍焊接区自由膨胀、收缩的部位，使其达到预定的温度值，预热温度取决于母材类别和厚度。

(5) 层间温度。在焊接过程中，焊缝的层间温度应始终控制在现场试验确定的温度范围限值之内。要求焊接过程连续，若出现停

焊，则必须用加热工具加热到规定值后方可继续进行焊接。

(6) 焊后热处理与保温（消氢处理）。焊接节点完成尚未冷却前进行热处理与保温处理，即用氧-乙炔中性焰在焊缝两侧一定范围内全方位均匀烘烤，使温度控制在预定范围之内，用至少4层石棉布紧裹并用扎丝捆紧，保温至少4h以上，以保证焊缝的扩散氢有足够的时间逸出来消除氢脆的倾向，稳定金属组织和尺寸并消除部分残余应力。但同时也产生了一定的温度累积误差。

(7) 焊接。

1) 根部焊接：根部焊接主要关注点在于焊接的起弧和收弧处，用角向磨光机修磨成缓坡状并确认无未熔合现象后进行下一步工序。

2) 填充层焊接：在焊接填充层，要充分保证焊接根部的温度，使填充层和根部的温度差保持在一个适当的水平，从而使焊接接头从压应力状态转变成拉应力状态（在焊缝厚度的$1/2～2/3$时易发生）的时间尽可能延长，这样从根本上避免冷热裂纹的产生。

在进行填充层焊接前应剔除首层焊道上的凸起部分与粘连在坡壁上的飞溅及粉尘，仔细检查坡口边沿有无未熔合及凹陷夹角，如有则用角向磨光机除去，但不得伤及坡口边沿。焊接时在坡口边注意停顿，以便于焊缝金属与母材的充分熔合。

3) 面层焊接：面层焊接直接关系到焊接接头的外观质量能否满足要求，因此在面层焊接时应注意选用小直径焊条，适中的电流、电压值并在坡口熔合时间稍长。水平固定可不采用多道面缝，垂直与斜固定口须采用多层多道焊。严格执行多层多道焊的原则以控制线能量的增加，焊缝严禁超高超宽。在焊道清理时尽量少用碳弧气刨以免焊道表面附着的高碳晶粒无法完全清除，致使焊缝内含碳量增加，从而出现延迟裂纹。

(8) 焊缝的清理与检测。要求焊缝不得有凹陷、超高、气孔、咬边、未熔合、裂纹等现象，在焊后至少24h后对焊缝进行超声波无损检测，对重要承力节点要进行跟踪复检监测。

17.8.7　厚板的焊接

厚钢板在轧制过程中部分元素（主要是锰、硫）产生层状偏析，导致厚钢板沿Z向（厚度方向）较易发生层状撕裂，另外厚钢板的焊接量较大，热输入多，其Z向的拘束度大，增加了层状撕裂的可能性，并导致焊接残余应力大，焊接变形难以控制。

1. 防止厚钢板层状撕裂的措施

(1) 严格控制材料准入

1) 对于工程中使用的厚钢板，宜采用有Z向性能要求的钢板。《钢结构焊接规范》（GB 50661）规定：焊接T形、十字形、角接接头，当其翼缘板厚度等于或大于40mm时，宜采用抗层状撕裂的钢板。

2) 控制钢板的含硫量。按国家相关标准，复查钢材的含硫量，需满足标准要求。

3) 对母材进行UT检查。进仓前，应对每块厚钢板进行网格状UT检查，有裂纹、夹层及分层等缺陷存在的钢板不得使用。焊接前，对母材焊道中心线两侧各2倍板厚加30mm区域内进行UT检查，不得有裂纹、夹层及分层等缺陷存在。

(2) 改善、选用合理的节点和坡口形式

1) 选用合理的节点形式（表17-98）

防层状撕裂的节点形式　　表17-98

序号	不良节点形式	改善后节点形式	说　明
1			将垂直贯通板改为水平贯通板，变更焊缝位置，使接头总的受力方向与轧层平行，可大为改善抗层状撕裂性能
2			将贯通板端部延伸一定长度，有防止启裂的效果。此类节点多用于钢管与加劲板的连接接头

续表

序号	不良节点形式	改善后节点形式	说　明
3			将贯通板缩短，避免板厚方向受焊缝收缩应力的作用。此类节点多用于钢板T形连接接头

2) 采用合理的坡口形式（表17-99）

防层状撕裂的坡口形式　　**表17-99**

序号	不良坡口形式	改善后坡口形式	说　明
1			改变坡口位置以改变应变方向，使焊缝收缩产生的拉应力与板厚方向成一角度，在特厚板时，侧板坡口面角度应超过板厚中心，可减少层状撕裂倾向
2			在满足设计焊透深度要求的前提下，宜采用较小的坡口角度和间隙，以减少焊缝截面积和母材厚度方向承受的拉应力
3			在焊接条件允许的前提下，该单面坡口为双面坡口，可避免收缩应变集中，同时可以减少焊缝金属体积，从而减少焊缝收缩应变

（3）采用合理的焊接方法和工艺

1) 采用低氢型、超低氢型焊条或气体保护电弧焊施焊，使得冷裂倾向小，有利于改善抗层状撕裂性能。

2) 采用低强组配的焊接材料，使得焊缝金属有低屈服点、高延性，易使应变集中于焊缝，减少母材热影响区的应变，可改善抗层状撕裂性能。

3) 采用低强度焊条在坡口内母材板面上先堆焊塑性过渡层。减少母材热影响区的应变，防止母材层状撕裂。

4) 采用对称多道焊，使应变分布均匀，减少应变集中。

5) 箱形柱、梁角接接头，当板厚不小于80mm，侧板边火焰切割面宜用机械方法去除淬硬层（图17-121），防止层状撕裂起源于板端表面的硬化组织。

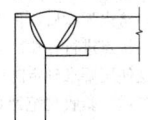

图17-121　特厚板角接头
防层状撕裂工艺措施

6) 采用焊后消氢热处理加速氢的扩散，使得冷裂倾向减少，提高抗层状撕裂性能。

7) 采用焊前预热，可降低冷却速度，改善接头区组织韧性，但采用的预热温度较高时易使收缩应变增大，因此该方法宜作为防层状撕裂的次要措施。

8) 严格控制施焊时的防风雨措施。

9) 根据焊前测量报告中的数据，合理修订焊接顺序。通过从内向外，先焊缩量较大节点、后焊缩量较小节点，从上到下，先单独后整体的顺序，分解拘束力的合理顺序，可减少撕裂源。

2. 防治厚板焊接变形的措施

（1）厚板对接焊后的角变形控制。为控制变形，应对每条焊缝正反两面分阶段反复施焊，或同一条焊缝分两个时段施焊。对异形厚板结构，宜设置胎膜夹具，通过施加外部约束来减少焊接变形。

（2）制定合理的焊接顺序

根据不同的焊接方法、结构形式，制定不同的焊接顺序，埋弧焊一般采用逆向法、退步法；CO₂ 气体保护焊及手工焊采用对称法、分散均匀法；编制合理焊接顺序的方针是"分散、对称、均匀、减少拘束度"。

（3）采取反变形措施

预测板件焊后变形量，通过焊前预设反变形量来最终平衡焊接变形（如：对接焊后板件角变形）。反变形角度通过对焊缝焊接过程中热输入量的计算、以往工程经验及必要情况下的试验等综合确定。

（4）对结构进行优化设计

注重节点设计的合理性，深化设计中考虑的因素包括：构件分段易于切分；焊缝强度等级要求合理，易于施工；节点刚度分配合理，易于减少焊缝焊接时的拘束度。

3. 厚板焊后残余应力消除措施

（1）工件整平。在整平过程中，通过加大对工件切割边缘的反复碾压，可有效消除收缩应力。

（2）局部烘烤。控制加热温度范围，在构件完成后对其焊缝背部或两侧进行烘烤，对消除残余应力非常有效。

（3）超声波振动。超声波振动对消除残余应力极为有效，消除率可达75%以上。

（4）振动时效。振动时效法不受工件尺寸、形状、质量等限制，对消除工件应力有很明显效果。

（5）冲砂除锈。冲砂除锈时，利用喷射出的高压铁砂，对构件焊缝及其热影响区反复、均匀冲击，不仅可以除锈，也可清除构件部分残余应力。

17.9　现场防火涂装

17.9.1　常见防火涂料

钢结构防火涂料是施涂于建筑物或构筑物的钢结构表面，能形成耐火隔热保护层以提高钢结构耐火极限的涂料。防火涂料的分类方法很多，但应用最为广泛的是按厚度分类及按应用场合分类这两种方法。钢结构工程常见防火涂料的类别及适用范围，见表17-100。钢结构工程中常用的几种防火涂料技术性能，见表17-101～表17-103。

钢结构工程常见防火涂料的类别及适用范围

表17-100

类别	组　成	特　点	厚度(mm)	耐火时限(h)	适用范围
薄涂型防火涂料(B类)	胶粘剂(有机树脂或有机与无机复合物)10%～30%；有机和无机绝热材料30%～60%；颜料和化学助剂5%～15%；溶剂和稀释剂10%～25%	附着力强，可以配色，一般不需外保护层	小于7	2.0	工业与民用建筑楼盖及屋盖钢结构，如LB型、SG-1型、SS-1型
超薄型防火涂料(B类)	基料(酚醛、氨基酸、环氧等树脂)15%～35%；磷酸铵等膨胀阻燃材料35%～50%；钛白粉等颜料和化学助剂10%～25%；溶剂和稀释剂10%～30%	附着力强，干燥快，可配色，有装饰效果，不需外保护层	1～3	0.5～1.0	工业与民用建筑梁、柱等钢结构，如LF型、SB-2型、ST1-A型
厚涂型防火涂料(H类)	胶结料10%～40%；骨料30%～50%；化学助剂1%～10%；自来水10%～30%	喷涂施工，密度小，物理强度及附着力低，需装饰面层隔护	大于7	1.5～4.0	有装饰面层的民用建筑钢结构柱、梁，如LG型、ST-1型、SG-2型

LB钢结构膨胀防火涂料技术性能　**表17-101**

项　目	指　标	
颜色与状态	面层涂料为白色和黄、蓝、绿、浅色均匀流体，底层涂料为灰白色膏状流体	
pH	7～8	
干燥时间(h)	面层表干≤1 实干≤4；底层实干≥24	
固含量(%)	面层≥50 底层≥65	
粘结强度(MPa)	≥0.15	

续表

项　目	指　标
抗弯性能	挠曲＜L/50
抗震性能	挠曲＜L/100，无开裂、脱落
耐冻融循环性（次）	≥15
耐水性（h）	≥24

耐火性能	涂层厚度(mm)	≤3　≤5　≤6
	耐火极限(h)	0.5　1.0　1.5

LF 溶剂型钢结构膨胀防火涂料技术指标

表 17-102

项　目	指　标
在容器中的状态	搅拌后呈白色稠状流体，无结块
细度（μm）	≤100
干燥时间，表面干燥(h)	4
附着力（级）	1
柔韧性（mm）	1
耐冲击性（N·cm）	490
外观与颜色	与样品相比无明显变化
耐水性（h）	经48h浸水试验，涂膜无起皱、无剥落
耐湿热性（h）	经48h试验，涂膜无起皱、无剥落
耐火性能	涂层厚度(mm)	1.49
	耐火极限(h)	0.6

LG 钢结构防火隔热涂料技术性能　表 17-103

检 测 项 目	技 术 指 标					
pH 值	10～12					
干燥固化时间（h）	表面干燥≤4　实际干燥≤48					
初期干燥抗裂性	无裂纹发生					
湿密度（kg/m³）	≤800					
粘结强度（MPa）	≥0.05					
抗压强度（MPa）	≥0.4					
干密度（kg/m³）	≤450					
热导率[W/(M·K)]	≤0.09					
耐水性（h）	＞48					
耐冻融循环（次）	≥15					
耐火性能 涂层厚度(mm)	8±2	12±2	17±2	27±2	32±2	37±2
耐火极限(h)	0.5	1.0	1.5	2.0	2.5	3.0

17.9.2　防火涂料的选用

(1) 钢结构防火涂料必须有国家检测机构的耐火性能检测报告和理化性能检测报告，有消防监督机关颁发的生产许可证，方可选用。选用的防火涂料质量应符合国家有关标准的规定，有生产厂方的合格证，并应附有涂料品名、技术性能、制造批号、贮存期限及使用说明等。

(2) 室内裸露钢结构、轻型屋盖钢结构及有装饰要求的钢结构，当规定其耐火极限在 1.5h 及以下时，宜选用薄涂型钢结构防火涂料。

(3) 室内隐蔽钢结构、高层全钢结构及多层厂房钢结构，当规定其耐火极限在 2.0h 及以上时，应选用厚涂型钢结构防火涂料。

(4) 露天钢结构，如石油化工企业的油（气）罐支撑、石油钻井平台等钢结构，应选用符合室外钢结构防火涂料产品规定的厚涂型或薄型钢结构防火涂料。

(5) 对不同厂家的同类产品进行比较选择时，宜查看近两年内产品的耐火性能和理化性能检测报告、产品定型鉴定意见、产品在工程中的应用情况和典型实例，并了解厂方技术力量、生产能力及质量保证条件等。

(6) 选用涂料时，应注意下列几点：

1) 不要把饰面型防火涂料用于钢结构，饰面型防火涂料是保护木结构等可燃基材的阻燃涂料，薄薄的涂膜达不到提高钢结构耐火极限的目的。

2) 不应把薄涂型钢结构膨胀防火涂料用于保护 2h 以上的钢结构。薄涂型膨胀防火涂料之所以耐火极限不太长，是由自身的原材料和防火原理决定的。这类涂料含较多有机成分，涂层在高温下会发生物理、化学变化，形成炭质泡膜后能起到隔热作用。膨胀泡膜强度有限，易开裂、脱落，炭质在 1000℃高温下会逐渐灰化掉。要求耐火极限达 2h 以上的钢结构，必须选用厚涂型钢结构防火隔热涂料。

3) 不得将室内钢结构防火涂料，未加改进或未采用有效的防水措施便直接用于喷涂保护室外的钢结构。露天钢结构环境条件比室内苛刻得多，完全暴露于阳光与大气之中，日晒雨淋，风吹雪盖，所以必须选用耐水、耐冻融循环、耐老化并能经受酸、碱、盐等化学腐蚀的室外钢结构防火涂料进行喷涂保护。

4) 在一般情况下，室内钢结构防火保护不要选择室外钢结构防火涂料，为了确保室外钢结构防火涂料优异的性能，其原材料要求严格，并需应用一些特殊材料，因而其价格要比室内用钢结构防火涂料贵得多。但对于半露天或某些潮湿环境的钢结构，则宜选用室外钢结构防火涂料保护。

5) 厚涂型防火涂料基本上由无机质材料构成，涂层稳定，老化速度慢，只要涂层不脱落，防火性能就有保障。从耐久性和防火性考虑，宜选用厚涂型防火涂料。

17.9.3　防火涂料施工工艺

17.9.3.1　一般规定

(1) 钢结构防火涂料是一类重要的消防安全材料，防火喷涂施工质量的好坏，直接影响防火性能和使用要求。根据国内外的经验，钢结构防火喷涂施工应由经过培训合格的专业施工队施工，或者由研制该防火涂料的工程技术人员指导施工，以确保工程质量。

(2) 通常情况下，应在钢结构安装就位且与其相连的吊杆、马道、管架及与其相关联的构件安装完毕，并经验收合格之后，才能进行喷涂施工。如若提前施工，对钢构件实施防火喷涂后，再进行吊装，则安装好后应对损坏的涂层及钢结构的接点进行补喷。

(3) 喷涂前，钢结构表面应除锈，并根据使用要求确定防锈处理。除锈和防火处理应符合《钢结构工程施工质量验收规范》（GB 50205）中有关规定。对大多数钢结构而言，需要涂防锈底漆。防锈底漆与防火涂料不应发生化学反应。有的防火涂料具有一定的防锈作用，如试验证明可以不涂防锈漆时，也可不作防锈处理。

(4) 喷涂前，钢结构表面的尘土、油污、杂物等应清理干净。钢构件连接处 4～12mm 宽的缝隙应采用防火涂料或其他防火材料，如硅酸铝纤维棉、防火堵料等填补堵平。当构件表面已涂防锈面漆，涂层硬而发光，会明显影响防火涂料粘结力时，应采用砂纸适当打磨再喷。

(5) 施工钢结构防火涂料应在室内装饰之前和不被后期工程所损坏的条件下进行。施工时，对不需作防火保护的墙面、门窗、机器设备和其他构件应采用塑料布遮挡保护。刚施工的涂层，应防止雨淋、脏液污染和机械撞击。

(6) 对大多数防火涂料而言，施工过程中和涂层干燥固化前，环境温度宜保持在 5～38℃，相对湿度不宜大于 90%，空气应流动。当风速大于 5m/s、雨后或构件表面结晶时，不宜作业。化学固化干燥的涂料，施工温度、湿度范围可放宽，如 LG 钢结构防火涂料可在 -5℃施工。

17.9.3.2 超薄型防火涂料施工工艺

1. 施工工具与方法

(1) 喷涂底层（包括主涂层，以下相同）涂料，宜采用重力（或喷斗）式喷枪，配能够自动调压的 0.6～0.9m³/min 的空压机，喷嘴直径为 4～6mm，空气压力为 0.4～0.6MPa。

(2) 面层装饰涂料，可以刷涂、喷涂或滚涂，一般采用喷涂施工。喷底层涂料的喷枪，将喷嘴直径换为 1～2mm，空气压力调为 0.4MPa 左右，即可用于喷面层装饰涂料。

(3) 局部修补或小面积施工，或者机器设备已安装好的厂房，不具备喷涂条件时，可用抹灰刀等工具进行手工抹涂。

2. 涂料的搅拌与调配

(1) 运送到施工现场的钢结构防火涂料，应采用便携式电动搅拌器予以适当搅拌，使其均匀一致，方可用于喷涂。

(2) 双组分包装的涂料，应按说明书规定的配合比进行现场调配，边配边用。

(3) 搅拌和调配好的涂料，应稠度适宜，喷涂后不发生流淌和下坠现象。

3. 底层施工操作与质量

(1) 底涂层一般应喷 2～3 遍，每遍间隔 4～24h，待前遍基本干燥后再喷一遍。头遍喷涂以盖住基底面 70% 即可，二、三遍喷涂以每遍厚度不超过 2.5mm 为宜。每喷 1mm 厚的涂层，约耗湿涂料 1.2～1.5kg/m²。

(2) 喷涂时手握喷枪要稳，喷嘴与钢基材面垂直或成 70° 角，喷嘴到喷面距离为 40～60mm。要求回旋转喷涂，注意搭接处颜色一致，厚薄均匀，要防止漏喷、流淌。确保涂层完全闭合，轮廓清晰。

(3) 喷涂过程中，操作人员要携带测厚计随时检测涂层厚度，确保各部位涂层达到设计规定的厚度要求。

(4) 喷涂形成的涂层是粒状表面，当设计要求涂层表面要平整光滑时，待喷完最后一遍应采用抹灰刀或其他适用的工具作抹平处理，使外表面均匀平整。

4. 面层施工操作与质量

(1) 当底层厚度符合设计规定，并基本干燥后，方可进行面层喷涂料施工。

(2) 面层喷涂料一般涂饰 1～2 遍。如头遍从左至右喷，第二遍则应从右至左喷，以确保全部覆盖住底涂层。面涂用料为 0.5～1.0 kg/m²。

(3) 对于露天钢结构的防火保护，喷好防火的底涂层后，也可选用适合建筑外墙用的面层涂料作为防水装饰层，用量为 1.0 kg/m² 即可。

(4) 面层施工应确保各部分颜色均匀一致，接茬平整。

17.9.3.3 薄型防火涂料施工工艺

薄型防火涂料施工工艺与超薄型防火涂料的施工工艺基本一致（只是每遍的涂装厚度要求不同，薄型防火涂料每遍施工厚度不超过 2.5mm 即可），可参照执行。

17.9.3.4 厚型防火涂料施工工艺

1. 施工方法与机具

一般是采用喷涂施工，机具为压送式喷涂机或挤压泵，配能自动调压的 0.6～0.9m³/min 的空压机，喷枪口径为 6～12mm，空气压力为 0.4～0.6MPa。局部修补可采用抹灰刀等工具手工抹涂。

2. 涂料的搅拌与配置

(1) 由工厂制造好的单组分湿涂料，现场应采用便携搅拌器搅拌均匀。

(2) 由工厂提供的干粉料，现场加水或其他稀释剂调配，应按涂料说明书规定配合比混合搅拌，边配边用。

(3) 由工厂提供的双组分涂料，按配制涂料说明书规定的配合比混合搅拌，边配边用，特别是化学固化干燥的涂料，配制的涂料必须在规定的时间内用完。

(4) 搅拌和调配涂料，使稠度适宜，即能在输送管道中畅通流动。喷涂后不会流淌和下坠。

3. 施工操作

(1) 喷涂应分若干次完成，第一次喷涂以基本盖住钢基材面即可，以后每次喷涂厚度为 5～10mm，一般以 7mm 左右为宜。必须在前一次喷层基本干燥或固化后再接着喷，通常情况下，每天喷一遍即可。

(2) 喷涂保护方式，喷涂次数与涂层厚度应根据防火设计要求确定。耐火极限 1～3h，涂层厚度 10～40mm，一般需喷 2～5 次。

(3) 喷涂时，持枪者应紧贴喷枪，注意移动速度，不能在同一位置久留，造成涂料堆积流淌；输送涂料的管道长而笨重，应配一助手帮助移动和托起管道；配料及往挤压泵加料均匀要连续进行，不得停顿。

(4) 施工过程中，操作者应采用测厚针检测涂层厚度，直到符合设计规定的厚度，方可停止喷涂。

(5) 喷涂后的涂层要适当维修，对明显的突起，应采用抹灰刀等工具剔除，以确保涂层表面均匀。

4. 质量要求

(1) 涂层应在规定时间内干燥固化，各层间粘结牢固，不出现粉化、空鼓、脱落和明显裂纹。

(2) 钢结构的接头、转角处的涂层应均匀一致，无漏涂出现。

(3) 涂层厚度应达到设计要求。如某些部位的涂层厚度未达到规定厚度值的 85% 以上，或者虽达到规定厚度值的 85% 以上，但未达到规定厚度值的部位的连续长度超过 1m 时，应补喷，使之符合规定的厚度。

17.9.4 防火涂装注意事项

(1) 合理选择防火涂料品种，一般室内与室外钢结构的防火涂料宜选择相适用的涂料产品。

(2) 防火涂料的贮运温度应按产品说明执行，不可在室外贮存和在太阳下暴晒。

(3) 涂装前，需要涂装的钢构件表面应进行除锈，做好防锈、防腐处理，并将灰尘、油脂、水分等清理干净，严禁在潮湿的表面进行涂装作业。

(4) 防火涂料一般不得与其他涂料、油漆混用，以免破坏其性能。

(5) 涂料的调制必须充分搅拌均匀，一般不宜加水进行稀释；但有些产品可根据施工条件适量加水进行稀释。

(6) 施工时，每遍涂装厚度应按设计要求进行，不得出现漏涂的情况，按要求进行涂装直到达到规定要求的厚度。

(7) 施工时，根据外部环境因素做好防护措施。如夏季高温期，为防止涂层中水分挥发过快，必要时应采取临时养护措施；冬季寒冷期，则应采取保暖措施，必要时应停止施工。

(8) 水性防火涂料施工时，无需防火措施，溶剂型防火涂料施工时，必须在现场配备灭火器材等防火设施，严禁现场明火、吸烟。

(9) 施工人员应戴安全帽、口罩、手套和防尘眼镜。

(10) 施工后，应做好养护措施，保证涂层避免雨淋、浸泡及长期受潮，养护后才能达到其性能要求。

17.10 钢结构工程质量控制

17.10.1 钢结构检验批的划分

根据《建筑工程施工质量验收统一标准》（GB 50300）中对建筑工程分部工程、分项工程划分，钢结构工程分别属于地基与基础分部工程、主体结构分部工程中的子分部工程〔在地基与基础分部工程和主体结构分部工程中将劲钢（管）混凝土结构工程单独划分为一个子分部工程，但在实际操作中，劲钢（管）混凝土结构工程中的钢结构施工内容检验批划分仍按钢结构工程检验批划分，便于与《钢结构工程施工质量验收规范》（GB 50205）对应检验批统一〕，在建筑屋面分部工程中，常用于钢结构工程中的金属板屋面则属于建筑屋面分部工程、瓦屋面子分部工程中的一个分项工程。表 17-104 为钢结构工程检验批划分对应表。

钢结构工程检验批划分对应表　　表 17-104

分部工程	子分部工程	分项工程	检验批	对应检验批号
地基与基础	劲钢(管)混凝土	劲钢(管)焊接	钢结构制作(安装)焊接工程检验批	010901×××（Ⅰ）
			焊钉(栓钉)焊接工程检验批	010901×××（Ⅱ）
		劲钢(管)与钢筋的连接	多层及高层钢构件安装工程检验批	010904×××
	钢结构	焊接钢结构	钢结构制作(安装)焊接工程检验批	010901×××（Ⅰ）
			焊钉(栓钉)焊接工程检验批	010901×××（Ⅱ）
		栓接钢结构	普通紧固件连接工程检验批	010902×××（Ⅰ）
			高强度螺栓连接工程检验批	010902×××（Ⅱ）
		钢结构制作	钢结构零、部件加工工程检验批	010903×××
		钢结构安装	单层钢构件安装工程检验批	010904×××（Ⅰ）
			多、高层钢构件安装工程检验批	010904×××（Ⅱ）
		钢结构涂装	防腐涂料涂装工程检验批	010905×××
			防火涂料涂装工程检验批	010906×××
主体结构	劲钢(管)混凝土	劲钢(管)焊接	钢结构制作(安装)焊接工程检验批	020401×××（Ⅰ）
			焊钉(栓钉)焊接工程检验批	020401×××（Ⅱ）
		螺栓连接	普通紧固件连接工程检验批	020402×××（Ⅰ）
			高强度螺栓连接工程检验批	020402×××（Ⅱ）
		劲钢(管)混凝土结构与钢筋的连接	单层钢构件安装工程检验批	020404×××
			多层及高层钢构件安装工程检验批	020405×××
		劲钢(管)制作	钢结构零、部件加工工程检验批	020403×××
		劲钢(管)安装	单层钢构件安装工程检验批	020404×××
			多层及高层钢构件安装工程检验批	020405×××
	钢结构	钢结构焊接	钢结构制作(安装)焊接工程检验批	020401×××（Ⅰ）
			焊钉(栓钉)焊接工程检验批	020401×××（Ⅱ）
		紧固件连接	普通紧固件连接工程检验批	020402×××（Ⅰ）
			高强度螺栓连接工程检验批	020402×××（Ⅱ）

续表

分部工程	子分部工程	分项工程	检验批	对应检验批号
主体结构	钢结构	钢结构零、部件加工	钢结构零、部件加工工程检验批	020403×××（Ⅰ）
		单层钢结构安装	单层钢构件安装工程检验批	020404×××
		多层及高层钢结构安装	多层及高层钢构件安装工程检验批	020405×××
		钢结构涂装	防腐涂料涂装工程检验批	020410×××
			防火涂料涂装工程检验批	020411×××
		钢构件组装	钢构件组装工程检验批	020406×××
		钢构件预拼装	钢构件预拼装工程检验批	020407×××
		钢网架结构安装	钢网架安装工程检验批	020408×××
		压型金属板	压型金属板工程检验批	020409×××
	网架和索膜结构	网架制作	钢网架制作工程检验批	020403×××（Ⅱ）
		网架安装	钢网架安装工程检验批	020408×××
		网架防火	防火涂料涂装工程检验批	020411×××
		防腐涂料	防腐涂料涂装工程检验批	020410×××

注：1. 所有劲钢(管)混凝土分部工程的检验批均参照钢结构子分部工程中的检验批；
2. 表中所列检验批应根据钢结构工程结构形式、工程量、施工区域、施工顺序等再次进行划分，如高层钢结构的主体结构分部工程中高强度螺栓连接工程检验批应根据钢柱分段每两层或每三层一个子检验批；
3. 对应检验批中的后三位编号为子检验批编号；
4. 相同检验批的不同分项工程应按照最大分项工程原则进行归类划分，以便于具体实施。如高层钢结构中地下室结构有劲钢(管)混凝土结构，地上部分结构为劲钢(管)混凝土与钢框架结构，其中劲钢(管)混凝土结构中的钢构件数量相对钢结构工程整体数量较少，则将劲钢(管)混凝土结构子分部、分项、检验批工程划分到钢结构子分部、分项、检验批工程中。而且，按照《钢结构工程施工质量验收规范》(GB 50205)的适用总则，对建筑工程的单层、多层、高层以及网架、压型金属板等钢结构工程施工质量的验收均适用。组合结构、地下结构中的钢结构可参照《钢结构工程施工质量验收规范》(GB 50205)进行施工质量验收。

17.10.2　原材料及成品验收

进场验收的检验批原则上应与各分项工程检验批一致，也可以根据工程规模及进料实际情况划分检验批。原材料及成品进场质量验收，见表 17-105。

原材料及成品进场质量验收　　表 17-105

项目	类型	质量要求	检验数量	检验方法
钢材	主控项目	钢材、钢铸件的品种、规格、性能等应符合现行国家标准和设计要求，进口钢材应符合设计和合同规定标准的要求	全数检查	检查质量合格证明文件、中文标志及检验报告

续表

续表

项目	类型	质量要求	检验数量	检验方法
钢材	主控项目	对属于下列情况之一的钢材，应进行抽样复验，其复验结果应符合现行国家产品标准和设计要求。①国外进口钢材；②钢材混批；③板厚等于或大于40mm，且设计有Z向性能要求的厚板；④建筑结构安全等级为一级、大跨度钢结构中主要受力构件所采用的钢材；⑤设计有复验要求的钢材；⑥对质量有疑义的钢材	全数检查	检查复验报告
	一般项目	钢板厚度及允许偏差应符合其产品标准的要求	每一品种、规格钢板抽查5处	用游标卡尺量测
		型钢规格尺寸及允许偏差符合其产品标准的要求	每一品种、规格型钢抽查5处	用钢尺、游标卡尺量测
		钢材表面外观质量除应符合国家现行有关标准外，尚应符合下列规定：①当钢材的表面有锈蚀、麻点或划痕等缺陷时，其深度不得大于该钢材厚度负允许偏差值的1/2；②钢材表面的锈蚀等级应符合《涂装前钢材表面锈蚀等级和除锈等级》(GB 8923)规定的C级及C级以上；③钢材端边或断口处不应有分层、夹渣等缺陷	全数检查	观察检查
焊接材料	主控项目	焊接材料的品种、规格、性能等应符合现行国家产品标准和设计要求	全数检查	检查质量合格证明文件、中文标志及检验报告
		重要钢结构采用的焊接材料应进行抽样复验，复验结果应符合现行国家产品标准和设计要求	全数检查	检查复验报告
	一般项目	焊钉及焊接瓷环的规格、尺寸及偏差应符合《电弧螺柱焊用圆柱头焊钉》(GB/T 10433)中的规定	按量抽查1%，且≥10套	用钢尺、游标卡尺量测
		焊条外观不应有药皮脱落、焊芯生锈等缺陷；焊剂不应受潮结块	按量抽查1%，且≥10包	观察检查
连接用紧固标准件	主控项目	钢结构连接用高强度大六角头螺栓连接副、扭剪型高强度螺栓连接副、钢网架用高强度螺栓、普通螺栓、铆钉、自攻钉、拉铆钉、射钉、锚栓(机械型和化学试剂型)、地脚锚栓等紧固标准件及螺母、垫圈等标准配件，其品种、规格、性能等应符合现行国家产品标准和设计要求。高强度大六角头螺栓连接副和扭剪型高强度螺栓连接副出厂时应分别随箱带有扭矩系数和紧固轴力(预拉力)的检验报告	全数检查	检查质量合格证明文件、中文标志及检验报告
连接用紧固标准件	主控项目	高强度大六角头螺栓连接副按GB 50205附录B的规定检验其扭矩系数，其检验结果应符合规定	见GB 50205附录B	检查复验报告
		扭剪型高强度螺栓连接副应按GB 50205附录B的规定检验预拉力，其检验结果应符合规定	见GB 50205附录B	检查复验报告
	一般项目	高强度螺栓连接副，应按包装箱配套供货，包装箱上应标明批号、规格、数量及生产日期。螺栓、螺母、垫圈外观表面应涂油保护，不应出现生锈和沾染脏物，螺纹不应有损伤	按包装箱数量抽查5%，且≥3箱	观察检查
		对建筑结构安全等级为一级、跨度40m及以上的螺栓球节点钢网架结构，其连接高强度螺栓应进行表面硬度试验，对8.8级的高强度螺栓其硬度应为HRC21～29；10.9级高强度螺栓其硬度应为HRC32～36，且不得有裂纹或损伤	按规格抽查8只	硬度计、10倍放大镜或磁粉探伤
焊接球	主控项目	焊接球及制作焊接球所采用的原材料，其品种、规格、性能等应符合现行国家产品标准和设计要求	全数检查	检查质量合格证明文件、中文标志及检验报告
		焊接球焊缝应进行无损检验，其质量应符合设计要求，当设计无要求时应符合GB 50205中规定的二级质量标准	每规格抽查5%，且≥3个	超声波探伤或检查检验报告
	一般项目	焊接球直径、圆度、壁厚减薄量等尺寸及允许偏差应符合GB 50205的规定	每规格抽查5%，且≥3个	用卡尺和测厚仪检查
		焊接球表面应无明显波纹及局部凹凸不平不大于1.5m	每规格抽查5%，且≥3个	用弧形套模、卡尺和观察检查
螺栓球	主控项目	螺栓球及制作螺栓球节点所采用的原材料，其品种、规格、性能应符合现行国家产品标准和设计要求	全数检查	检查质量合格证明文件、中文标志及检验报告
		螺栓球不得有过烧、裂纹及褶皱	每规格抽查5%，且≥5只	10放大镜观察和表面探伤
	一般项目	螺栓球螺纹尺寸应符合《普通螺纹 基本尺寸》(GB/T 196)中粗牙螺纹的规定，螺纹公差必须符合《普通螺纹 公差》(GB/T 197)中6H级精度的规定	每规格抽查5%，且≥5只	标准螺纹规检查
		螺栓球直径、圆度、相邻两螺栓孔中心线夹角等尺寸及允许偏差应符合GB 50205的规定	每规格抽查5%，且≥3个	卡尺和分度头仪检查

续表

项目	类型	质量要求	检验数量	检验方法
封板锥头及套筒	主控项目	封板、锥头和套筒与制件封板、锥头和套筒所采用的原材料，其品种、规格、性能等应符合现行国家产品标准和设计要求	全数检查	检查质量合格证明文件、中文标志及检验报告
		封板、锥头、套筒外观不得有裂纹、过烧及氧化皮	每种抽查5%，且≥10只	放大镜观察和表面探伤
压型金属板	主控项目	金属压型板及制造金属压型板所采用的原材料，其品种、规格、性能等应符合现行国家产品标准和设计要求	全数检查	检查质量合格证明文件、中文标志及检验报告
		压型金属泛水板、包角板和零配件的品种、规格以及防水密封材料的性能应符合现行国家产品标准和设计要求	全数检查	检查质量合格证明文件、中文标志及检验报告
	一般项目	压型金属板的规格尺寸及允许偏差、表面质量、涂层质量等应符合设计要求和 GB 50205 的规定	每种抽查5%，且≥3只	观察和用10倍放大镜检查及尺量
涂装材料	主控项目	钢结构防腐涂料、稀释剂和固化剂等材料的品种、规格、性能等应符合现行国家产品标准和设计要求	全数检查	检查质量合格证明文件、中文标志及检验报告
		钢结构防火涂料的品种和技术性能应符合设计要求，并应经过具有资质的检测机构检测符合国家现行有关标准的规定	全数检查	检查质量合格证明文件、中文标志及检验报告
	一般项目	防腐涂料和防火涂型号、名称、颜色及有效期应与其质量证明文件相符。开启时，不应存在结皮、结块、凝胶等现象	按桶数抽查5%，且≥3桶	观察检查
其他	主控项目	钢结构用橡胶垫的品种、规格、性能等应符合现行国家产品标准和设计要求	全数检查	检查质量合格证明文件、中文标志及检验报告
		钢结构工程所涉及的其他特殊材料，其品种、规格、性能等应符合现行国家产品标准和设计要求	全数检查	检查质量合格证明文件、中文标志及检验报告

注：表中 GB 50205 表示《钢结构工程施工质量验收规范》（GB 50205—2001）。

17.10.3　工厂加工质量控制

17.10.3.1　加工制作质量控制流程

加工制作质量控制流程见图 17-122。

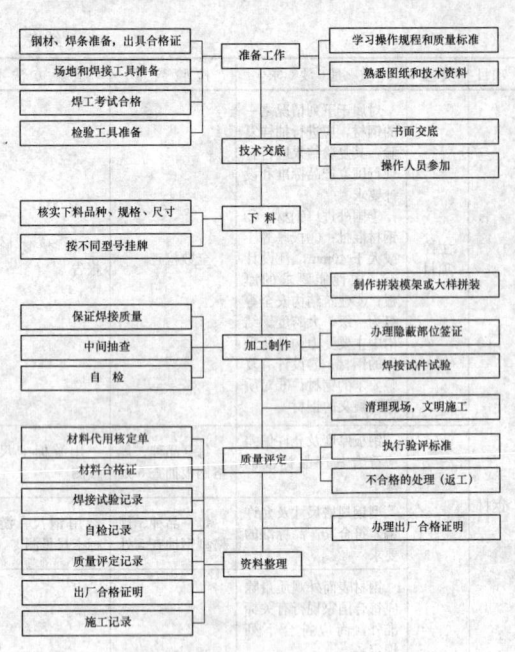

图 17-122　加工制作质量控制流程

17.10.3.2　原材料采购过程质量控制（表 17-106）

原材料采购过程中质量控制措施　　表 17-106

序号	原材料采购过程中质量控制措施
1	计划科材料预算员根据标准及设计图及时算出所需原辅材料和外购零、部件的规格、品种、型号、数量、质量要求以及设计或甲方指定的产品
2	计划科预算根据工厂库存情况，及时排定原材料及零配件的采购需求计划，并具体说明材料品种、规格、型号、数量、质量要求、产地及分批次到货日期，送交供应科
3	供应科根据采购需求计划及合格分承包方的供应能力，及时编制采购作业任务书，责任落实到人，保质、保量、准时供货到厂。对特殊材料应及时组织对分承包方的评定，采购文件应指明采购材料的名称、规格、型号、数量、采用标准、质量要求及验收内容和依据
4	质检科负责进厂材料的及时检验、验收，根据作业指导书的验收规范和作业方法进行严格的进货检验，确保原材料的质量
5	加工厂检测中心应及时作出材料的化学分析、机械性能的测定
6	材料仓库应按规定保管好材料，并做好相应标识，做到堆放合理，标识明晰，先进先出

17.10.3.3　工厂加工质量的控制要求

根据《钢结构工程施工质量验收规范》（GB 50205）中对钢零件与钢部件加工工程质量验收的要求，工厂按设计文件的要求将原材料加工为零部件，继而通过组装形成设计要求的钢构件。表 17-107 为工厂加工质量的控制要求。

工厂加工质量控制要求　　表 17-107

项目	类型	质量要求	检验数量	检验方法
切割	主控项目	钢材切割面或剪切面应无裂纹、夹渣、分层和大于 1mm 的缺棱	全数检查	观察或用放大镜及百分尺检查，有疑义时作作渗透、磁粉或超声波检查
	一般项目	气割的允许偏差应符合 GB 50205 中表 7.2.2 的规定	按剪切面数抽查10%，且≥3个	观察检查或用钢尺、塞尺检查
		机械剪切的允许偏差应符合 GB 50205 中表 7.2.3 的规定	按剪切面数抽查10%，且≥3个	观察检查或用钢尺、塞尺检查

续表

项目	类型	质量要求	检验数量	检验方法
矫正和成型	主控项目	碳素结构钢在环境温度低于−16℃、低合金结构钢在环境温度低于−12℃时，不应进行冷矫正和冷弯曲。碳素结构钢和低合金结构在加热矫正时，加热温度不应超过 900℃。低合金结构钢在加热矫正后应自然冷却	全数检查	检查制作工艺报告和施工记录
	主控项目	当零件采用热加工成型时，加热温度应控制在 900～1000℃；碳素结构钢和低合金结构钢在温度分别下降到 700℃和 800℃之前，应结束加工；低合金结构钢应自然冷却	全数检查	检查制作工艺报告和施工记录
	一般项目	矫正后的钢材表面，不应有明显的凹陷或损伤，划痕深度不得大于 0.5mm，且不应大于该钢材厚度负允许偏差的 1/2	全数检查	观察检查和实测检查
	一般项目	冷矫正和冷弯曲的最小曲率半径和最大弯曲矢高应符合 GB 50205 中表 7.3.4 的规定	按件数抽查 10%，且≥3 件	观察检查和实测检查
	一般项目	钢材矫正后的允许偏差应符合 GB 50205 中表 7.3.5 的规定	按件数抽查 10%，且≥3 件	观察检查和实测检查
边缘加工	主控项目	气割或机械剪切的零件，需要进行边缘加工时，其刨削量不应小于 2.0mm	全数检查	检查制作工艺报告和施工记录
	一般项目	边缘加工允许偏差应符合 GB 50205 中表 7.4.2 的规定	按加工面数抽查 10%，且≥3 件	观察检查和实测检查
制孔	主控项目	A、B 级螺栓孔（Ⅰ类孔）应具有 H12 的精度，孔壁表面粗糙度 R_a 不应大于 12.5μm。其孔径的允许偏差应符合 GB 50205 中表 7.6.1-1 的规定。C 级螺栓孔（Ⅱ类孔），孔壁表面粗糙度 R_a 不应大于 25μm，其允许偏差应符合 GB 50205 中表 7.6.1-2 的规定	按构件数抽查 10%，且≥3 件	游标卡尺、孔径量规检查
	一般项目	螺栓孔孔距的允许偏差应符合 GB 50205 中表 7.6.2 的规定	按构件数抽查 10%，且≥3 件	钢尺检查
	一般项目	螺栓孔孔距的允许偏差超过规范规定的允许偏差时，应采用与母材材质相匹配的焊条补焊后重新制孔	全数检查	观察检查

续表

项目	类型	质量要求	检验数量	检验方法
端部铣平及安装焊缝坡口	主控项目	端部铣平的允许偏差应符合 GB 50205 中表 8.4.1 的规定	按铣平面数抽查 10%，且≥3 个	钢尺、角尺、塞尺检查
	一般项目	安装焊缝坡口的允许偏差应符合 GB 50205 中表 8.4.2 的规定	按坡口数抽查 10%，且≥3 个	焊缝量规检查
	一般项目	外露铣平面应作防锈保护	全数检查	观察检查

注：表中 GB 50205 表示《钢结构工程施工质量验收规范》（GB 50205—2001）。

17.10.4　现场安装质量控制

17.10.4.1　现场安装质量管理

1. 质量管理程序（图 17-123）

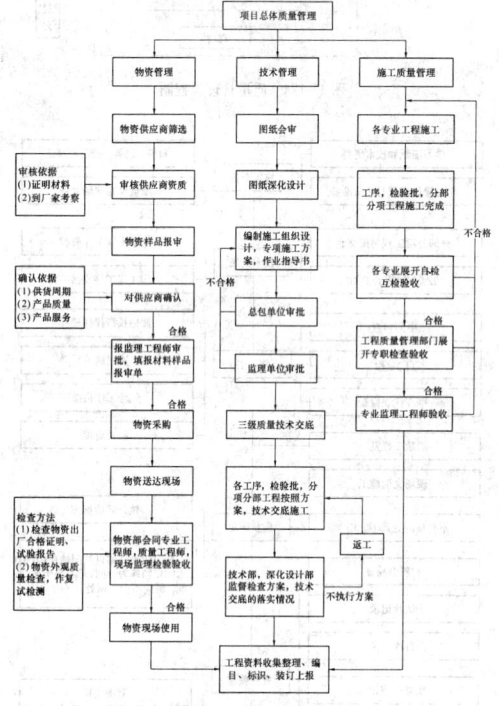

图 17-123　质量管理程序

2. 质量管理流程（图 17-124）

17.10.4.2　现场安装质量控制

(1) 钢结构施工总体质量控制流程（图 17-125）。

(2) 钢结构安装质量控制流程（图 17-126）。

(3) 钢结构高强度螺栓连接质量控制流程（图 17-127）。

(4) 钢结构焊接工程质量控制流程（图 17-128）。

(5) 钢结构防腐涂装工程质量控制流程（图 17-129）。

(6) 钢结构防火涂装工程质量控制流程（图 17-130）。

17.10.4.3　钢结构安装质量保证措施

(1) 施工单位应按照 ISO 质量体系规范运作。

(2) 根据工程具体情况，编写质量手册及各工序的施工工艺指导书，以明确具体的运作方式，对施工中的各个环节，进行全过程控制。

(3) 建立由项目经理直接负责，质量总监中间控制，专职检验员作业检查，班组质检员自检、互检的质量保证组织系统。

(4) 严格按照《钢结构工程施工规范》和各项工艺实施细则。

(5) 认真学习掌握施工规范和实施细则，施工前认真熟悉图纸，逐级进行技术交底，施工中健全原始记录，各工序严格进行自

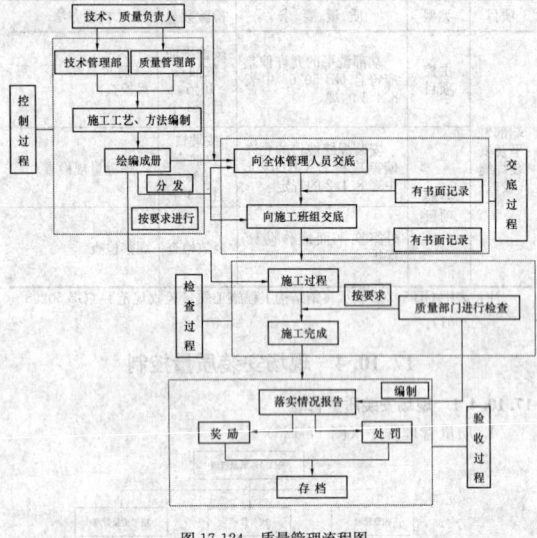

图 17-124 质量管理流程图

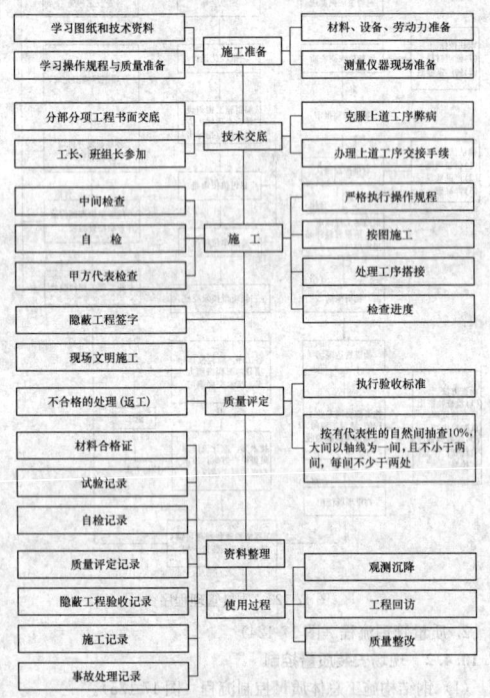

图 17-125 钢结构施工总体质量控制流程图

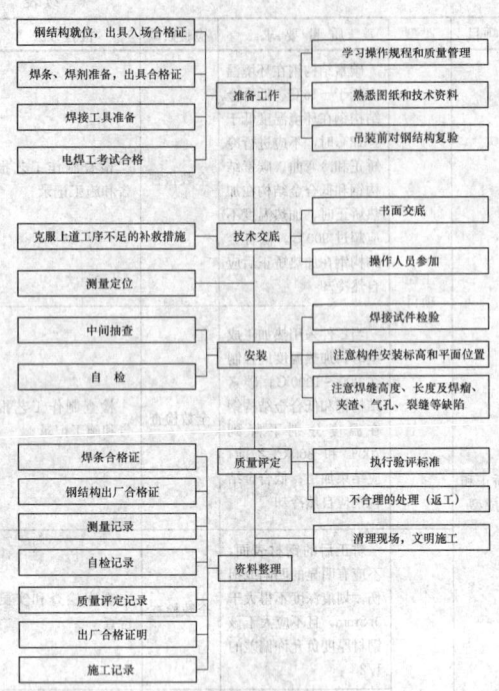

图 17-126 钢结构安装质量控制流程图

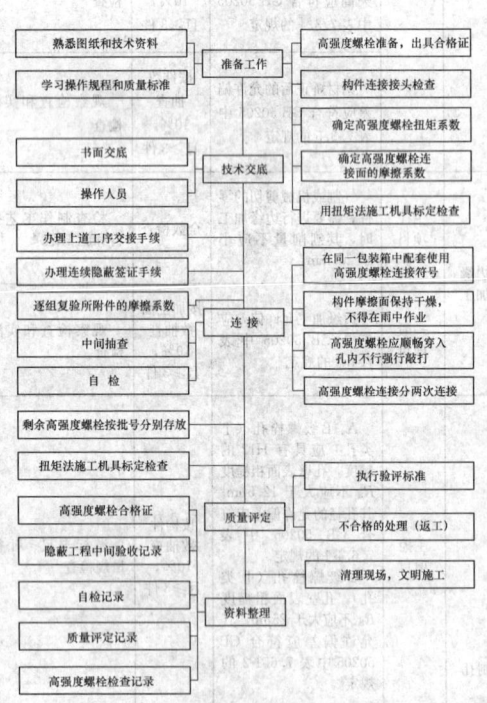

图 17-127 钢结构高强度螺栓连接质量控制流程图

检、互检,重点是专业检测人员的检查,应严格执行上道工序不合格、下道工序不交接的制度,坚决不留质量隐患。

(6) 针对工程实际认真制定各项质量管理制度,保证工程的整体质量。

(7) 把好原材料质量关,所有进场材料必须有符合工程规范的质量说明书,材料进场后,要按产品说明书和安装规范的规定,妥善保管和使用,防止变质损坏。按规程应进行检验的,坚决取样检验,杜绝不合格产品进入工程项目,影响安装质量。

(8) 所有特殊工种上岗人员,必须持证上岗,持证应真实、有效并检验审定,从人员素质上保证质量。

(9) 配齐施工中需要的机具、量具、仪器和其他检测设备,并始终保证其完善、准确、可靠。仪器、检测设备均应经过有关权威

方面检测认证。

(10) 特殊工序如安装工序、焊接工序等应建立分项的质量小组。定期评定近期施工质量,及时采取提高质量的有效措施,全员参与确保高质量地完成施工任务。

(11) 根据工程结构特点,采取合理、科学的施工方法和工艺,使质量提高建立在科学可行的基础上。

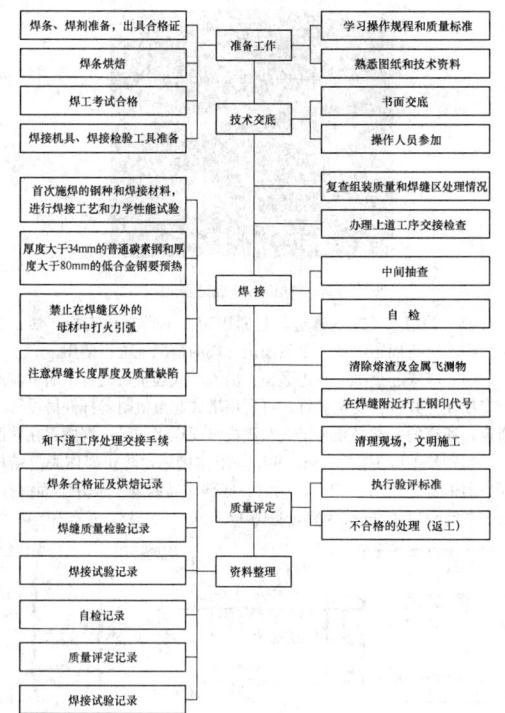

图 17-128　钢结构焊接工程质量控制流程图

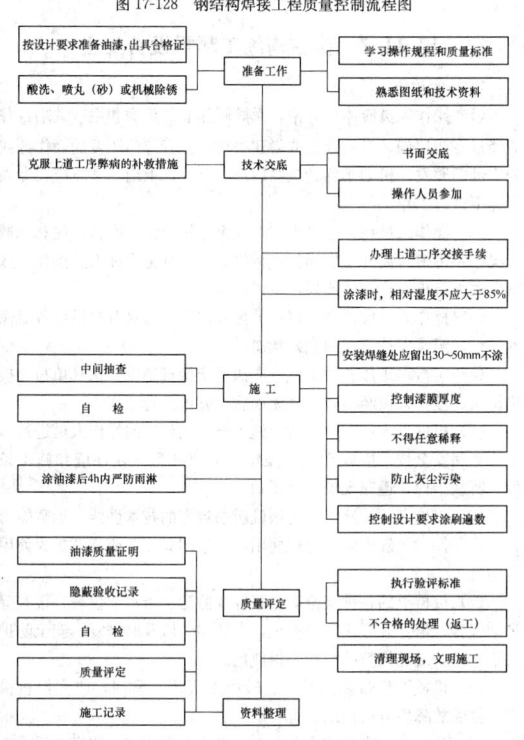

图 17-129　钢结构防腐涂装工程质量控制流程图

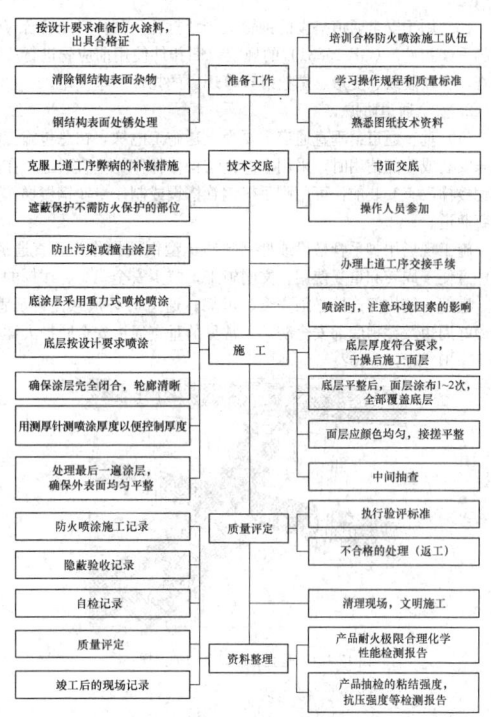

图 17-130　钢结构防火涂装工程质量控制流程图

仪等先进仪器进行测量，确保安装精度。所有仪器均通过有关检测部门进行检测鉴定，合格后才能够投入使用。所有量具都与制作厂进行核对，确保制作安装的一致性。

（15）测量钢柱垂直度时，充分考虑日照、焊接等温度变化引起的热影响对构件的伸缩和弯曲引起的变化，事先对测量结果进行预控。焊接时应根据测量成果，编制合理的焊接顺序对钢柱的垂直度偏差进一步进行校正，提高安装精度。

（16）在焊接部位搭设防护棚，确保优良焊接环境。

（17）尽量减少在成品钢构件上焊接临时设施，避免伤害母材。

（18）焊接钢梁时，根据钢柱的测量成果确定合理的焊接顺序，利用焊接变形对钢柱的垂直度进一步纠偏，使钢柱的垂直度的偏差值进一步缩小。

（19）减少构件分段，尽量在工厂进行加工制作。

17.11　安全防护措施

17.11.1　钢结构施工安全通道的设置

1. 一般规定

（1）钢结构施工安全通道的布置应以人员进出方便、危险因素少及搭设成本小等为原则进行。

（2）高空安全通道一般采用钢管（脚手架管）搭设通道骨架，固定在结构的稳定单元上（一般固定在钢梁的上翼缘），并在钢管架上铺设木跳板的形式。部分采用型钢架上铺设钢格板的形式。通道宽度一般为900～1200mm。

（3）施工安全通道上存在高空坠物危险时，应在安全通道上设置防护棚。建筑物坠落半径应按照《高处作业分级》（GB/T 3608）相关规定取值。防护棚顶部宜设置为双层结构（上层为柔性、下层为刚性），以便出现高空坠物时，第一道柔性防护起缓冲作用，防止落物弹起引发二次落物打击，第一道防护被穿透后，第二道防护则起隔离作用，防止落物穿透整个防护棚。

（4）安全通道（包括防护棚）的搭设应编制专项方案，并进行结构计算，保证其安全性满足要求。

（5）高层及超高层钢结构施工作业面，宜沿内筒结构周边设置环绕通道。通道下方必须挂设安全平网。

（12）对于一些工程，在需要的情况下可委派驻厂工程师，对构件的制作进行源头控制，不合格的产品严禁出厂。

（13）设置专门的验收班对进场构件进行严格的检查验收，特别是要注意对影响钢结构安装的构件外形尺寸偏差以及连接方式等进行检查，对于超过设计及有关规范的构件必须处理后再予以安装，保证顺利安装，并保证安装质量。

（14）测量校正采用高精度的全站仪、激光铅直仪、激光水准

(6) 用于安全通道搭设的钢管上严禁打孔，扣件必须符合《钢管脚手架扣件》(GB 15831) 的规定，旧扣件使用前应先进行质量检查，存在裂纹、变形、螺栓滑丝等现象的扣件严禁使用。

2. 安全通道防护

(1) 垂直通道：垂直通道主要为土建施工电梯，在总包施工电梯未安装或不能使用时，采用主体钢结构楼梯作为垂直通道；在主体钢楼梯没有安装前，可用脚手架钢管搭设或制作专业钢楼梯作为垂直通道。

施工现场用脚手管搭设或型钢制作定型钢楼梯作为垂直通道，应注意便于周转和重复使用，文明施工，减少安全隐患。楼梯的顶部、底部与结构间连接必须安全、可靠，通道口必须悬挂警示牌，并做好周边及楼梯底部安全防护，常见的垂直通道安全防护大样见图 17-131 和图 17-132。

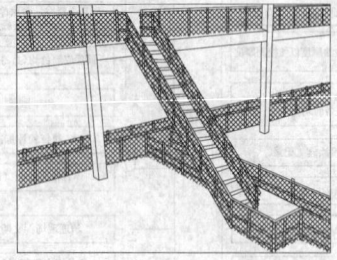

图 17-131　垂直通道安全防护大样一

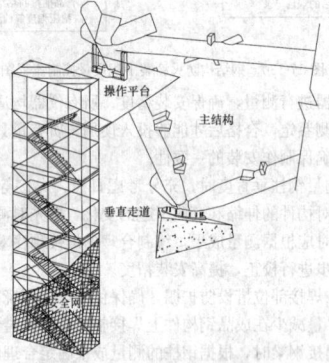

图 17-132　垂直通道安全防护大样二

(2) 水平通道：一般施工区入口水平通道安全防护见图 17-133。楼层间的水平通道一般应至少铺设 3 块木脚手板，并绑扎牢固。通道两侧设置高度不低于 1.2m、立杆间隔不大于 2m 的防护栏杆，防护栏杆上应捆扎安全防护绳，安全防护绳的拉设不宜太紧，见图 17-134。

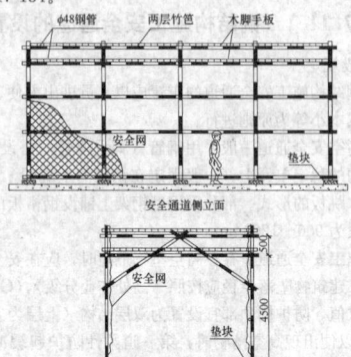

图 17-133　施工场地入口安全通道示意图

(3) 脚手板：钢结构工程施工中所使用的脚手板，必须使用厚度 50mm 及以上的无损伤木质脚手板，禁止使用有结巴或断裂的木脚手板。木脚手板在铺设固定时，两端搭在受力杆上不得超过

图 17-134　楼层间水平通道安全防护图

500mm，并用铁丝或绳索进行拧紧固定，不得有探头板。禁止脚手板在不进行固定，或者是只固定一端的情况下进行使用。

(4) 塔式起重机的行走通道：出入塔式起重机的行走通道应进行专项设计并进行安全验算，可利用塔式起重机附着杆件搭设行走通道。通道的一端必须与塔式起重机牢固连接，另一端搁置在楼上，搁置长度应不小于 1m，并做好限位措施，防止架体脱离结构面。通道宽度以 0.9～1.2m 为宜，底部应满铺脚手板并牢固绑扎，防滑条间距以 450mm 为宜，见图 17-135。

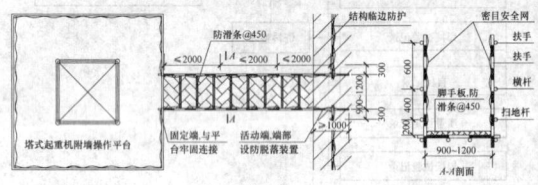

图 17-135　出入塔式起重机平台的安全通道

17.11.2　钢结构施工起重设备安全

1. 一般规定

(1) 操作人员应体检合格，无妨碍作业的疾病和生理缺陷，并应经过专业培训、考核合格取得建设行政主管部门颁发的操作证或公安部门颁发的机动车驾驶执照后，方可持证上岗。学员应在专人指导下进行工作。

(2) 操作人员在作业过程中，应集中精力正确操作，注意机械工况，不得擅自离开工作岗位或将机械交给其他无证人员操作。严禁无关人员进入作业区或操作室内。

(3) 操作人员应遵守机械有关保养规定，认真及时做好各级保养工作，经常保持机械的完好状态。

(4) 实行多班作业的机械，应执行交接班制度，认真填写交接班记录；接班人员经检查确认无误后，方可进行工作。

(5) 机械进入作业地点后，施工技术人员应向操作人员进行施工任务和安全技术措施交底。操作人员应熟悉作业环境和施工条件，听从指挥，遵守现场安全规则。

(6) 机械必须按照出厂使用说明书规定的技术性能、承载能力和使用条件，正确操作，合理使用，严禁超载作业或任意扩大使用范围。

(7) 机械上的各种安全防护装置及监测、指示、仪表、报警等自动报警、信号装置应完好齐全，有缺损时应及时修复。安全防护装置不完整或已失效的机械不得使用。

(8) 机械不得带病运转。运转中发现不正常时，应先停机检查，排除故障后方可使用。

(9) 凡违反本规程的作业命令，操作人员应先说明理由后可拒绝执行。由于发令人强制违章作业而造成事故者，应追究发令人责任，直至追究刑事责任。

(10) 当机械发生重大事故时，企业各级领导必须及时上报和组织抢救，保护现场，查明原因、分清责任、落实及完善安全措施，并按事故性质严肃处理。

(11) 高空、地面之间应有对讲机通信联络，禁止喊叫指挥。起重指令应明确统一，严格按"十不吊"操作规程执行。

2. 吊装设备安全技术措施表 17-108

吊装设备安全技术措施及示意图　表17-108

具体内容	示意图
吊装设备安全技术措施	
塔式起重机司机、指挥和操作人员必须持证上岗，严格执行各种设备的操作规程，坚持"十不吊"原则。在构件起重过程中，禁止钢结构安装人员停留在构件上	
塔式起重机和吊车起重区域，不得有人停留或通过，并设置警示标识	
吊机站位处，应确保地基有足够承载力	
起吊重物、吊钩应与地面成90°，严禁斜拉、横向起吊	
吊机旋转部分，应与周围固定物有不小于1m的距离	
吊机落钩前应明确位置，摆正构件，避免无目的随意摆放。构件下要垫起枕木以利于取出钢绳。落钩要使用慢速，经充分落钩后，待钢绳不受力时能靠近取钢绳。忌手放在构件下取物，钢绳退出时不允许使用吊钩直接拉动，避免钢绳弹出伤人	

17.11.3　钢结构施工个人安全防护

1. 一般规定

（1）工作应注意站立在平稳安全的位置，挥锤时须站在牢固的架子上；使用工具、材料及拆下的零件应放置在安全地点，禁止抛掷；不得手持重物上下。

（2）在高空走动作业时，应搭安全渡板及安全网并佩带安全带，安全带应固定在牢靠适当的位置。

（3）遇有恶劣气候（如风力在六级以上）影响施工安全时，禁止进行露天高处及登高架设作业、起重作业。

（4）高处作业及登高架设作业前，必须对有关防护设施及个人安全防护用品进行检查，不得在存在安全隐患的情况下强令或强行冒险作业。

（5）钢结构工程施工登高、悬空作业必须系好安全带，穿好防滑鞋，戴好安全帽并系好帽带，作业人员使用双钩安全带，并遵循高挂低就的原则；登高作业还须使用安全绳，挂设点必须安全。

（6）高处作业所用材料要堆放平稳，不得妨碍作业，并制定防止坠落的措施；使用工具应有防止工具脱手坠落伤人的措施；工具

用完应随手放入工具袋（套）内，上下传递物件时禁止抛掷。

（7）从事高空作业要定期体检。经医生诊断，凡患高血压、心脏病、贫血病、癫痫病以及其他不适于高空作业的，不得从事高空作业。

（8）梯子不得缺档，不得垫高使用。梯子横档间距以30cm为宜。使用时上端要扎牢，下端应采取防滑措施。单面梯与地面夹角以60°～70°为宜，禁止两人同时在梯上作业。如需接长使用，应绑扎牢固。人字梯底脚要拉牢。在通道处使用梯子，应有人监护或设置围栏。

（9）没有安全防护设施，禁止在屋架的上弦、支撑、桁条、挑架的挑梁和未固定的构件上行走或作业。高空作业与地面联系，应设通信装置，并专人负责。

（10）载人的外用电梯、吊笼，应有可靠的安全装置。除指派的专业人员外，禁止攀登起重臂、绳索和随同运料的吊篮、吊装物上下。

（11）小型工具应配保险绳，使用时保险绳应系在安全带或手上。高空安装各种螺栓时，螺栓应装入工具包内随用随取，严禁小型工具、材料随意摆放。

（12）高处作业人员，在钢梁上行走时，应将安全带挂在安全绳上（见图17-136），在没有安全绳的钢梁上行走时，应采用双手扶梁骑马式前行（见图17-137），禁止没有任何防坠措施在梁面直立行走。

图17-136　有安全绳行走　　图17-137　无安全绳行走

2. 个人安全防护

（1）安全绳

1）为了便于双钩安全带的使用，供安全带悬挂的安全绳必须两根同时设置（双安全绳）。安全绳按规定应采用直径9mm及以上且检验合格的钢丝绳。

2）钢丝绳用夹头对接连接时，每个接头使用至少三个夹头，间距200mm，夹头按规定拧紧。

3）安全绳高度为1.2m，安全绳的松弛度为：安全绳的最低点与最高点垂直距离不大于$L/20$（L为安全绳长度，m），安全立杆间距不得大于8m。

（2）安全帽

1）所有安全帽、安全带进场须提供生产厂家生产许可证、专业机构的质量检测报告、安全标志等资料，由材料员、安全员、质检员检查验收合格后方可投入使用。

2）安全帽在现场可采取如下方式检测：将安全帽放置在地面上，用一枚钢锤（材质为45号钢，质量3kg，锤角为60°，锤尖半径为0.5mm，锤形最小长度为40mm，锤尖硬度为HRC45）从1m高处自由落下，冲击安全帽，以无损坏为合格。

3）进入施工现场必须戴好安全帽，扣好帽带，帽衬与帽壳间要有间隙。

4）施工现场使用的安全帽必须符合《安全帽》（GB 2811）的规定。

（3）安全带

1）安全带现场检测方式：将一重100kg的沙袋系在安全带上，保险钩挂至一牢固点，再将沙袋抬高距保险钩挂点部位1m，自由落下，安全带无损坏为合格。

2）进入2m以上（含2m）的高空作业必须挂好安全带的双保险钩，保险钩要高挂低用，在高处走动时应保证有一个安全带保险钩挂在安全绳或其他可靠的物体上。

3）安全带上各个部件不要任意拆掉，不要将挂绳打结使用。

4）施工现场使用的安全带必须符合《安全带》（GB 6095）的规定。

（4）工作服

1）施工现场管理及作业人员应穿着统一的工作服。工作服应选用轻薄、结实、舒适、防护功能有效的合格产品，不得超过使用期限。

2）白帆布防护服能使人体免受高温的烘烤，并有耐燃烧等特点，主要用于焊接工。

3）劳动布防护服对人体起一般屏蔽保护作用，主要用于非高温、重体力作业的工种，如起重工等工种。

4）涤卡布防护服能对人体起一般屏蔽保护作用，主要用于后勤和职能人员等岗位。

（5）电焊面罩

1）电焊面罩主要用于防护各种焊接所产生的电弧光对人体的危害，保证焊接正常工作，提高焊接质量和效率。

2）电焊面罩应选购具有国家生产许可证的专业生产厂家产品。类型可根据使用者的需要选用手持式、头戴式、翻盖头戴式、安全帽头戴式、光控式、太阳能光控式、太阳能自动变光式、空气过滤型自动变光式。

（6）手套

1）施工现场作业人员应佩戴合格的劳保手套，可根据各工种需要选用帆布、纱、绒、皮、橡胶、塑料、乳胶等材质制成的手套。

2）电工、电焊工应佩戴合格的绝缘手套，并做到每次使用前作绝缘性能的检查和每半年作一次绝缘性能复测。

3. 个人安全防护措施及示意图（表17-109）

个人安全防护措施及示意图　表17-109

具体内容	示意图
个人安全防护	坚持用好安全"三件宝"，所有进入现场人员必须戴安全帽，高空作业人员必须戴安全帽、系好安全带、穿防滑绝缘鞋	
	带电操作必须戴绝缘手套，进行可能导致眼睛受到伤害的工作时，必须佩戴护目镜	
	高空作业人员应配带工具袋，小型工具、焊条头子、高强度螺栓尾部等放在专用工具袋内，不得放在钢梁或易失落的地方。使用工具时，要握持牢固，所有手动工具（如榔头、扳手、撬棍等）应穿上绳子套在安全带或手腕上，防止失落伤及他人	
	施工作业时，长发必须盘入安全帽内，高空作业人员应身体健康，作业人员须体检合格，严禁带病作业，禁止酒后作业	

17.11.4　钢结构施工临边及洞口安全防护

1. 一般规定

（1）用于钢结构工程洞口、临边作业防护的安全防护绳以直径9~11mm的钢丝绳为宜，与结构或固定在结构上的钢管立柱捆绑连接；防护用的钢管栏杆及立柱应采用 φ48×（3.0~3.50）的管材，以扣件、夹具、套管、焊接或螺栓连接固定。

（2）用于钢结构工程的洞口或临边防护栏杆采用钢管扣件搭设，也可采用配装式栏杆。防护栏杆由扫地杆、横杆、扶手及立柱组成，扫地杆离地200mm，栏杆离地高度为0.5~0.6m，扶手离地高度为1.2m，立柱按不大于2m设置，距离结构或基坑边不得小于100mm，与结构用扣件、夹具、套管、焊接或螺栓连接固定。

（3）防护栏杆内侧应满挂密目安全网，或在栏杆下边设置200mm高踢脚板，踢脚板必须与立柱牢固连接。踢脚板上如有孔眼，直径不应大于25mm。踢脚板板下边距离底面的空隙不应大于10mm。

（4）防护栏杆立柱的固定及其与横杆的连接，其整体构造应使防护栏杆在杆上任何处，都能经受任何方向的1000N外力。安全防护绳应能在任意位置经受1000N外力而不至断裂、滑动和脱落。

（5）水平兜网、外挑网及用于钢结构工程的所有大孔、小孔安全网均应具有一定的阻燃性能。

（6）搭拆临边脚手架、操作平台、安全挑网等时必须将安全带系在临边防护钢丝绳上或其他可靠的结构上。

2. 洞口防护

（1）高层钢结构工程的洞口，必须铺设竹木模板或安全平网覆盖防护。平网周边应与钢结构的栓钉绑扎牢固。洞口周边栓钉尚未施工或没有栓钉的，应设置略大于洞口的钢管框架作为安全网连接处，水平网与钢管绑扎连接，绑扎点最大间距不应大于0.2m，单边最少绑扎点不应少于三处，钢管框架应采取可靠措施防止水平滑动。

（2）钢梁跨间空洞，水平向应满挂安全平网，立面间隔应按钢柱每节设置一道，重点部位（高度超高、结构转换层部位等存在重大危险源的部位）应层层挂设。安全网与钢梁间可用钢筋绑扎连接或用焊接在钢梁上的钢挂钩连接，钢筋和钢挂钩的直径不应小于12mm。图17-138为钢梁跨间满挂安全平网示意。

图17-138　钢梁跨间满挂安全平网示意图

（3）不能覆盖到钢梁边缘，无法采取挂钩、钢筋绑扎连接时，可将安全网间相互连接起来，直至能覆盖到钢梁边缘并可以采取挂钩、钢筋绑扎连接为止，但最多相连接张数不应大于5张。

（4）边长或直径为20~40cm的洞口可用盖板固定防护（盖板必须可靠，不能碎裂）。需对40~150cm的洞口架设脚手管、满铺竹笆做固定防护。边长或直径150cm以上的洞口下应张设密目安全网。

（5）"四口"安全防护。"四口"防护指的是楼梯口、电梯井口、通道口、预留洞口的安全防护。钢结构工程施工中，必须使用脚手架管和安全网对"四口"及压型钢板洞口进行防护。

（6）因吊装拆开水平网而造成的预留口，使用时要设临边防护，暂时停用时要用水平防护网进行封闭。

（7）1.5m×1.5m以下的孔洞，应加固定盖板，1.5m×1.5m以上的孔洞，四周必须设两道防护栏杆（1.2m高），中间张挂水平安全网，见图17-139、图17-140。

图 17-139 洞口边长小于 1.5m　　图 17-140 洞口边长大于 1.5m

(8) 施工中的钢楼梯，应在楼梯口设置明显警示牌，并在 1.2m 高处拉设安全绳和警戒绳，严禁非施工人员进入施工中的钢楼梯行走。

(9) 尚未安装永久防护栏杆的钢楼梯，应在楼梯两侧 1.2m 高处分别拉设安全绳，安全绳与搭设或焊接在休息平台处的钢管立柱拉接，也可直接绑扎在两端的钢构件上。

(10) 钢楼梯口或中间踏步处应设照明设施，确保通行所需的光线照度。

3. 楼层临边安全防护

(1) 钢结构工程施工现场所有临边，均须设置安全防护绳，外围框架及其他重要危险部位还须设置安全防护栏杆。

(2) 高层及超高层钢结构施工楼层周边必须设置安全防护栏杆和外挑网，顶层结构可不设置外挑网。

(3) 外周防护栏杆应在地面钢梁吊装前安装完毕，高度以不小于 2m 为宜，扫地杆离地高度为 200mm，其余横杆竖向间距不应大于 1m，立杆间距不应大于 1.8m。

(4) 防护栏杆应在内侧设置斜向支撑，支撑间距同立杆间距，支撑与外周防护栏杆互相倾斜，并通过底部水平连接杆形成稳定三角形。

(5) 外挑网应设置在结构四周（施工电梯位置除外），外挑脚手架长度以不小于 6m 为宜，与结构平面间夹角以 30°为宜。

(6) 外挑网应分片设置，每片应使用钢管焊接成长 6m、宽 3m 的框架，底层绑扎安全平网，大横杆以内再覆盖一层密目安全网。外挑网单片框架应分别与安全防护栏杆立柱通过旋转扣件连接固定，远端通过斜拉钢丝绳与上一楼层构件连接，每个框架之间相互独立，其间距不应大于 50mm。外挑网竖向两道为一个单元，每道间距为一节，循环向上翻转提升，见图 17-141。

图 17-141 外挑网及楼层临边防护

(7) 楼层临边应采用钢管栏杆防护，栏杆上横杆为 1.2m，下横杆为 0.6m，立杆间距不得大于 2m。

(8) 当楼层高度超过 9m 时，临边应设置外挑网防护，外挑网应按双层网防护进行设计。

(9) 钢梁吊装就位后，应在钢梁上部 1.2m 处设置安全防护绳，安全绳拉设不宜太紧，应捆绑在钢梁两端的钢构件上或设置于钢梁两端的拉杆上。拉杆与钢梁间可采取夹具、栓接、焊接等方式连接。

(10) 当通行钢梁两侧临边不具备张挂安全平网条件时，必须在一侧上部 1.2m 处拉设安全绳。

(11) 高层及超高层钢结构施工作业面，应沿内筒结构周边设置环绕通道。通道采用钢管及脚手板搭设，宽度应不小于 1m，脚手板之间应使用铁丝绑扎固定。通道下方必须挂设安全平网。

17.11.5 钢结构自身整体安全及局部安全防护

1. 钢结构安装过程中，应保证整体结构是可靠的。安装构件后，必要时应及时进行整体的防护，防止出现整体倒塌或变形，从而造成安全事故。

2. 钢构件在吊装过程中，应及时就位固定，防止构件掉落，引发安全事故。

17.12　有关绿色施工的技术要求

1. 绿色施工的概念

绿色施工是指工程建设中，在保证质量、安全等基本要求的前提下，通过科学管理和技术进步，最大限度地节约资源与减少对环境负面影响的施工活动，实现四节一环保（节能、节地、节水、节材和环境保护）。

2. 绿色施工总体原则

(1) 绿色施工是建筑全寿命周期中的一个重要阶段。实施绿色施工，应进行总体方案优化。在规划、设计阶段，应充分考虑绿色施工的总体要求，为绿色施工提供基础条件。

(2) 实施绿色施工，应对施工策划、材料采购、现场施工、工程验收等各阶段进行控制，加强对整个施工过程的管理和监督。

3. 钢结构工程绿色施工技术要求

(1) 规划设计

1) 优化结构方案，通过有效控制构件的最大壁厚，合理设置坡口形式，合理分段分节，选择最优的焊接工艺参数，减小焊接工作量等手段，使连接构造比较合理，节约成本。

2) 连接板、临时支撑等临时结构应设计为可重复使用的形式，避免损耗，节约成本。

(2) 施工组织设计

1) 优化施工方案，选择最合适的起重设备，在满足施工的条件下，尽量使用功率较小的设备，以节约能源，保护环境。

2) 综合考虑工期与经济因素，合理选择钢构件运输渠道，节约资源，控制成本。

(3) 加工制作

1) 保持制作车间整洁干净，成品、半成品、零件、余料等材料要分别堆放，并有标识以便识别。

2) 库房材料成堆、成型、成色进库，整洁干净。钢材必须按规格品种堆放整齐；油漆材料、焊材等辅助材料要存放在通风库房，且堆放整齐。

(4) 构件及设备贮存

1) 施工现场材料、机具、构件应堆放整齐，禁止乱堆乱放。

2) 对施工现场的螺栓、电焊条等的包装纸、包装袋应及时分类回收，避免环境污染。

(5) 安装施工

1) 在多层与高层钢结构工程施工中，虽无泥浆污物产生，但也会产生烟尘。因此在施工中，也要注意加强环保措施。

2) 在压型钢板施工中，于钢梁、钢柱连接处一定要连接紧密，防止混凝土漏浆现象的发生。

3) 当进行射线检测时，应在检测区域内划定隔离防范警戒线，并远距离控制操作。

4) 废料要及时清理，并在指定地点堆放，保证施工场地的清洁和施工道路的畅通。

5) 切实加强火源管理，车间禁止吸烟，电、气焊及焊接作业时应清理周围的易燃物，消防工具要齐全，动火区域要安放灭火器，并定期检查。

6) 雨天及钢结构表面有凝露时，不宜进行普通紧固件连接施工；拧下来的扭剪型高强度螺栓梅花头要集中堆放，统一处理。

7) 合理安排作业时间，用电动工具拧紧普通螺栓紧固件时，在居民区施工时，要避免夜间施工，以免施工扰民。

8) 注意以下方面：选择合理的计算公式，正确估算用电量，合理确定变压器台数，尽量选择新型节电变压器；减少负载取用的无功功率，提高供电线路功率因数；推广使用节能用电设备，提高

用电效率，保持三相负载平衡，消除中性线电耗；在施工过程中，降低供电线路接触电阻；加强用电管理，禁止擅自在供电线路上乱拉接电源等情况，使施工现场电力浪费降到最低。

（6）钢材表面处理及涂装施工

1）采用酸洗方式对钢材除锈时，洗液禁止倒入下水道，应收集到固定容器中，统一处理。

2）钢材表面打磨除锈之后应及时补涂油漆，防止二次除锈情况的发生。

3）防腐涂料施工现场或车间不允许堆放易燃物品，并应远离易燃物品仓库；防腐涂料施工现场或车间，严禁烟火，并应有明显的禁止烟火的宣传标志，同时备有消防水源或消防器材。

4）防腐涂料施工中擦过溶剂和涂料的棉纱、棉布等物品应存放在带盖的铁桶内，并定期处理，严禁向下水道倾倒涂料和溶剂。

5）防腐涂料使用前需要加热时，采用热载体、电感加热等方法，并远离涂装施工现场。

6）防腐涂料涂装施工时，严禁使用铁棒等金属物品敲击金属物体和漆桶，如需敲击应使用木制工具，防止因此产生摩擦或撞击火花。

7）对于接触导致的侵害，施工人员应穿工作服、戴手套和防护眼镜等，尽量不与溶剂、毒气接触。

8）施工现场尤其是焊接操作应做好通风排气装置，减少有毒气体的浓度。

9）涂装施工前，做好对周围环境和其他半成品的遮蔽保护工作，防止污染环境。

10）遵照国家或行业的各工种劳动保护条例规定实施环境保护。

参 考 文 献

1. 中华人民共和国国家标准. 钢结构工程施工质量验收规范（GB 50205—2001）. 北京：中国计划出版社，2001.

2. 中国钢结构协会. 建筑钢结构施工手册. 北京：中国计划出版社，2002.

3. 林寿、杨嗣信. 钢结构工程. 北京：中国建筑工业出版社，2009.

4. 中国建筑工程总公司. 钢结构工程施工工艺标准. 北京：中国建筑工业出版社，2003.

5. 建筑施工手册（第四版）编写组. 建筑施工手册（第四版）. 北京：中国建筑工业出版社，2003.

18 索膜结构工程

18.1 索膜结构的特点、类型及材料

索膜结构体系起源于远古时代人类居住的帐篷，但真正意义上的膜结构是 20 世纪中期发展起来的一种新型建筑结构形式，是一种建筑与结构完美结合的结构体系。它是用高强度的柔性薄膜材料（PVC 或 PTFE）与一定的支撑及张拉系统（钢架、钢柱或钢索等）相结合，通过预张力使膜形成具有一定刚度的空间稳定曲面，从而达到能承受一定外荷载，并满足造型效果和使用功能的一种空间结构形式。它集建筑学、结构力学、精细化工与材料科学、计算机技术等为一体，具有很高技术含量。其曲面可以随着建筑师的设计需要任意变化，结合整体环境，建造出标志性的形象工程。

膜结构从 20 世纪 90 年代以来在我国也得到了飞速的发展，目前已经建设了数十个大型膜结构体育建筑、文化娱乐建筑、商业建筑、交通运输建筑及其他标志性建筑。图 18-1 是国内已建的代表性膜结构工程。

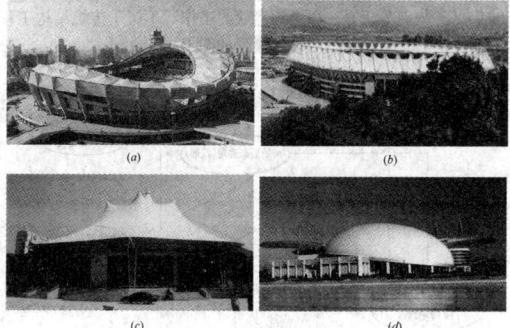

图 18-1　国内膜结构工程
(a) 上海八万人体育场；(b) 青岛颐中体育场；
(c) 郑州杂技馆；(d) 大连金石滩影视艺术中心

18.1.1　索膜结构特点

18.1.1.1　自洁性
膜材表面的涂层 PTFE 或 PVDF 均为惰性材料，具有较高的不燃性和稳定的化学性能，并且耐腐蚀。惰性涂层不与灰尘微粒结合，长久不褪色，所以膜结构建筑表面经雨水冲刷即能自洁，经过长年使用仍然保持外观的洁净及室内的美观。

18.1.1.2　透光性
膜材是半透明的织物，并且热传导性较低，对自然光具有反射、吸收和透射能力，其透光率随类型不同而异，可达 4%～18%。经膜材透射的光呈漫反射状，光线柔和宜人无眩光，给人一种开敞、明亮的感觉。膜材的透光性既保证了适当的自然漫散射光照明室内，又极大程度上阻止了热能进入室内，因此膜结构在节能方面有它的独特效果。

18.1.1.3　大跨度
膜结构建筑中所使用的膜材重量轻，常用膜材质量为 0.5～2.5kg/m²，并且膜结构是张力结构体系，能够充分发挥材料的抗拉性能，因此膜结构可以从根本上克服传统结构在大跨度建筑上所遇到的困难，它能创造出巨大的无遮挡可视空间，有效增加空间使用面积。

18.1.1.4　轻量结构
膜材料与其他建筑材料相比要轻得多。不管在施工阶段还是在使用阶段，对膜面而言，风荷载均是主要荷载，故要特别注意施工

阶段膜面和结构的安全。

18.1.1.5　防火性和耐久性
采用 PTFE 膜材料的膜结构建筑具有耐热性、耐气候性、耐药物性、高强度、防火等特性，而且不易老化，经过长期使用仍能保持其最初时的强度，PTFE 膜寿命在 30 年以上，PVDF 膜寿命也有 15 年。

18.1.1.6　安装的复杂性
膜面常与索结构结合，通过施加应力，形成结构刚度。合理施加预应力是涉及索膜结构安全的关键要素。其安装工效较高，只需投入较简便的施工机械，且较少影响屋顶以下分部工程的施工。但由于多为悬空作业，安全操作设施需要因工程不同特点而作特殊考虑。

18.1.2　索膜结构类型

索膜结构类型可分为充气膜结构和张拉膜结构两大类。张拉式膜结构是通过支承结构或钢索张拉成型，其造型非常优美灵活。图 18-2 为索膜结构的分类图。

图 18-2　索膜结构的分类

18.1.2.1　充气膜结构
充气膜结构又分为气承式膜结构和气肋式膜结构两种（图 18-3），气承式膜结构靠室内外压力差（室内气压＞室外气压）形成和维持稳定膜面形态，并承受外荷载作用，可支撑于其他建筑或自成独立建筑。气承式膜结构适合建造平面为圆形、椭圆形（长短轴比小于 2）、正多边形的穹顶结构。气肋式膜结构是向特定形状的封闭气囊内充入一定压力的气体以形成具有一定刚度和形状的构件，再由这些构件相互连接形成建筑空间。

图 18-3　充气膜结构的基本形式
(a) 气承式；(b) 气肋式

充气式膜结构需要不间断地充气，运行与维护费用高，空压机与新风机的自动控制系统和融雪热气系统的隐含事故率高。此外，气承式膜结构中室内的超压也会使人略感不适。这些缺点使人们对充气式膜结构的前途产生怀疑，因此美国自 1985 年以来在建造大跨度建筑时再也没有使用这种膜结构形式。但近年来，采用近乎全透明无基材膜材 ETFE 的气肋（枕）式膜结构因其特殊的建筑光学效果得到了相当程度的应用（图 18-4a），最新的应用实例是 2008 北京奥体游泳馆（图 18-4b）。总体而言，张拉膜结构的应用远多于充气膜结构。

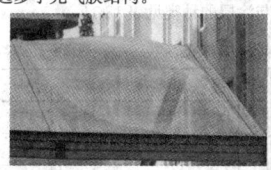

图 18-4　ETFE 气枕膜结构
(a) 气肋（枕）式膜结构；(b) 北京奥体游泳馆

18.1.2.2　张拉膜结构
张拉膜结构以钢索、钢结构构件等为边界，通过张拉边界或顶升飞柱等手段给膜面施加张力，维持设计的形状并承受荷载。张拉膜结构的基本外形有马鞍形、圆锥形（伞形）、拱支承形、脊谷式等，见图 18-5。应用于实际工程的张拉膜结构常常是这些基本外形

(a) *(b)*

(c) *(d)*

图 18-5　张拉膜结构的基本形式

（*a*）马鞍形；（*b*）圆锥形（伞形）；（*c*）拱支承形；（*d*）脊谷式的组合。

18.1.3　索膜结构材料

18.1.3.1　拉索与锚具

膜结构的拉索可采用热挤聚乙烯高强钢丝拉索、钢绞线或钢丝绳，也可根据具体情况采用钢棒等。拉索有多种钢索可供选用。热挤聚乙烯高强钢丝索是由若干高强度钢丝并拢经大节距扭绞、绕包，且在外皮挤包单护层或双护层的高密度聚乙烯而形成，在重要工程中宜优先考虑采用。钢丝绳宜采用无油镀锌钢芯钢丝绳。热挤聚乙烯高强钢丝拉索及其锚具的质量应符合现行国家标准。热挤聚乙烯高强钢丝拉索、钢绞线的弹性模量不应小于 $1.90 \times 10^5 \mathrm{MPa}$，钢丝绳的弹性模量不应小于 $1.20 \times 10^5 \mathrm{MPa}$。

拉索的锚接可采用浇铸式（冷铸锚、热铸锚）、压接式或机械式锚具。锚具表面应做镀锌、镀铬等防腐处理。当锚具采用锻造成型时，其材料应采用优质碳素结构钢或合金结构钢，优质碳素结构钢的技术性能应符合现行国家标准。

锚具与索连接的抗拉强度，浇铸式不得小于索抗拉强度的 95%，压接式不得小于索抗拉强度的 90%。

对组成热挤聚乙烯高强钢丝拉索、钢绞线、钢丝绳的钢丝，应进行镀锌或其他防腐镀层处理。对碳素钢或低合金钢棒应进行镀锌、镀铬等防腐处理。对外露的钢绞线、钢丝绳，可采用高密度聚乙烯护套或其他方式防护。锚具与有防护层的索的连接处应进行防水密封。

18.1.3.2　膜材

膜结构材料可分为两大类：无基材薄膜材料和基材涂层类膜材。前者是一种以 ET-FE 为主要原料的高分子薄膜材料；后者（见图 18-6）中交叉编织的基材材料决定了其力

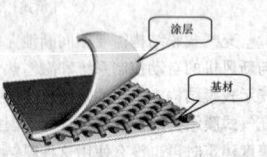

图 18-6　膜材结构

学性能，如抗拉强度、抗撕裂强度等，而涂层、面层的种类决定了其物理性能，如耐久性、耐火性、防水性、自洁性、黏合度、颜色等。常用基材涂层类膜材中基材与涂层的种类见表 18-1。

常用基材与涂层种类　　表 18-1

	名称	代号		名称	代号
基材	玻璃纤维	FG	涂层	聚四氟乙烯	PTFE
	聚酰胺合成纤维	PA		聚氯乙烯	PVC
	聚酯合成纤维	PET		聚乙烯	CSM
	聚乙烯醇合成纤维	PVA		氟树脂	PVD

目前膜结构建筑中最常用的膜材料基材主要为 PVC 膜材料和 PTFE 膜材料（俗称特富龙）。PVC 膜材是由聚酯纤维织物表面涂以聚氯乙烯涂层（PVC）而成。PVC 膜材在材料及加工费用上都比 PTFE 膜便宜，且具有质地柔软、易施工的优点。但在强度、耐久性、防火性等性能上较 PTFE 膜材差，所以只能作为一般临时性建筑的膜材。近年来已研发出在 PVC 膜材表面再加涂聚氟乙烯

（PVF）涂层或聚偏氟乙烯（PVDF）涂层来提高其耐久性和自洁性的新技术，从而使聚酯织物的使用寿命延长到 15 年以上，得以在永久性建筑中使用。PTFE 膜材是在超细玻璃纤维织物上涂以聚四氟乙烯树脂涂层（PTFE）而成，具有强度高，徐变小，弹性模量大，耐久性、防火性与自洁性高等特点。但 PTFE 膜材与 PVC 膜材相比，材料与加工费用高，且柔软性低，在施工时为避免玻璃纤维被折断，须采用专用施工工具和技术。该类膜材使用寿命在 30 年以上，在永久性膜结构建筑得到大量应用。

18.2　索膜结构的深化设计

索膜结构是由拉索、膜材和压杆整体张拉形成的空间结构体系，它与传统结构有很大区别：作为一种柔性结构，索膜材料本身在自然状态下不具有保持固有形状和承载的能力，由这些材料组成的结构体系初始时也是一个机构，只有对膜材和索施加了一定的预应力后结构体系才获得承载所必需的刚度和形状。因此，索膜建筑设计与传统结构的设计过程有很大差别，传统建筑的设计过程是"先建筑，后结构"，而索膜建筑的设计过程首先要求建筑设计与结构设计紧密结合，寻求满足建筑功能要求的理想几何外形和合理的应力状态。所以，结构的形体并非仅由建筑设计决定，亦受受力状态的制约。

索膜结构的设计包括初始状态确定（俗称找形）、荷载分析和裁剪分析。对于结构工程师而言，初始形态设计和荷载分析是其关注的焦点。裁剪分析是一项更为专业的工作，不属于传统结构工程师的工作范畴。索膜结构的设计流程如图 18-7。

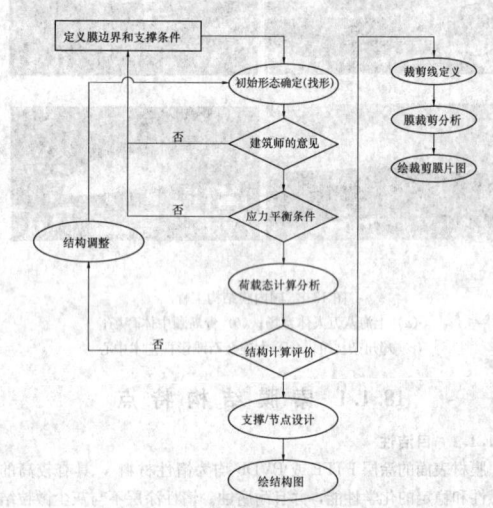

图 18-7　索膜结构设计流程图

18.2.1　初 始 状 态 确 定

索膜结构初始状态的确定包含了几何（形）和合理的应力状态（态）两个方面，其方法总体上来说可分为两类：物理模型法和数值分析法。20 世纪 70 年代以前，物理模型法是人们研究索膜结构形态的重要方法，包括丝网模型法和皂膜模型法，1967 年加拿大蒙特利尔展览会的德国大帐篷（German Pavilion）和 1972 年慕尼黑奥林匹克体育场均是采用物理模型法设计（见图 18-8 和图 18-9）。但物理模型法的模型制作要花费大量的人力、物力，且需要一套复杂仪器设备和高超的近景摄影测量技术。由于测量手段存在着较大的随机因素，测量精度难以保证。因此，人们更加关注力学方法的研究，美国、英国、德国和日本等国学者相继提出并发展了以计算机技术为手段的张力结构的形状判定，并逐步取代了早期的模型法。物理模型法在工程实践和科学研究中已经很少单独使用，主要是同数值方法配合使用以及用于方案阶段的概念设计。

20 世纪 70 年代以后，随着计算机数值分析技术的日益发展，各种膜结构的计算机数值分析方法也应运而生。经过近几十年的研

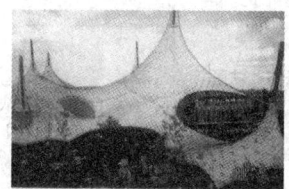

图 18-8 德国大帐篷

图 18-9 慕尼黑奥林匹克体育场

究和实践，力密度法、动力松弛法和非线性有限元法已经取代物理模型法而成为目前膜结构初始形态确定的主要方法。力密度法是一种用于索网结构的初始形态分析方法。在应用力密度法进行膜结构初始形态分析时，首先要将膜结构离散为由节点和杆元构成的索网状结构模型，然后建立每一节点的静力平衡方程，通过预先给定索网中各杆元的力与杆长的比值（即给定杆元的力密度值）而将几何非线性问题转化为线性问题，结合边界节点的坐标联立求解这组线性方程组，得到索网各节点的坐标，从而得到膜结构的初始位形。不同的力密度分布，对应不同的外形。当外形符合要求时，由相应的力密度即可求得相应的膜面预应力分布。力密度法避免了初始坐标输入问题和非线性收敛问题，计算速度快，因而特别适合于索网结构和膜结构的初始形态分析，但对于具有大位移特征的膜结构初始形态确定问题，力密度法没有考虑节点变位对节点平衡的影响，因此有些学者认为力密度法虽然计算简单，但得到的初始位形解答误差较大。另一方面，力密度法求形得到的膜面应力分布难以控制，尽管可通过修正力密度值进行迭代以获得均匀的应力分布，但这样就失去了线性解的优势。此外，形状确定之后，还是需要采用非线性分析方法对膜结构进行荷载效应分析。

力密度法可以针对膜面的离散索网模型快速得到其平衡曲面。动力松弛法不建立结构平衡方程因而对计算机的内存要求极低，通过反复假定和迭代计算得到平衡的内力分布和相应的几何曲面。有限元法通过建立结构的平衡方程进行求解迭代计算结构的平衡曲面，迭代次数少但需存储和求解结构刚度矩阵。随着计算机软硬件技术的快速发展，有限单元法已经成为结构分析包括索膜结构初始状态分析的主流方法。

初始状态确定分析中可以将支承结构视作相对刚度极大的结构而只进行索膜部分的找形计算，然后再将连接处反力施加给支承结构，从而完成整个结构初始状态的分析。也可以考虑膜与索及支承结构的共同作用，直接分析计算得到整个体系的初始状态。需要根据具体的结构构成确定结构分析方法。

膜曲面可以是应力分布均匀的最小曲面，也可以是应力分布不均匀的平衡曲面。最小曲面具有刚度均匀、曲面光滑的优点。所以，形状确定分析应首先寻找最小曲面。但由于实际工程中不一定可以找到最小曲面或者最小曲面不是设计者所希望得到的曲面，这时也可改找平衡曲面。

膜面形状分析的目标是得到一个预应力自相平衡的曲面，而膜材弹性模量的数值并不影响膜面的平衡性质，所以分析计算时可以取小弹性模量以加快计算收敛速度。找形分析得到的膜面应力分布乘以任意倍数仍然是自相平衡的，所以可以通过同时放大或缩小膜面预应力及其支承结构内力以得到希望得到的膜结构初始状态。

18.2.2 索膜结构荷载效应分析

索膜结构的初始状态一旦确定之后，需要进一步作荷载效应分析，以得到膜面在外部荷载作用下的应力状态，同时判断膜面是否会出现松弛、褶皱、应力集中等不利情况。膜结构在外荷载作用

下，通过膜面曲率的变化和膜面应力重分布，以达到新的平衡状态，这一过程具有明显的大位移几何非线性特点，所以对该类柔性结构的有限元计算需要考虑结构的几何非线性，其工作状态的荷载效应分析要采用非线性有限单元法。就结构计算理论方面来说，膜结构与其他非线性结构的分析计算相比并无本质上的区别。

索膜结构荷载效应分析是结构在自重、风荷载、活荷载（雪荷载）作用下结构的内力和变形，因为非线性效应不具叠加性，所以必须首先进行各种荷载的组合，求解组合荷载下结构的变形和内力，判断是否满足强度与挠度等要求。

18.2.3 索膜结构裁剪分析

索膜结构的膜面是预应力状态下的光滑空间曲面，索膜结构裁剪分析的目的就是将空间曲面展开为无应力、平面且有幅宽限制的下料图，且膜面焊接接缝符合建筑美观要求，膜材用料经济。索膜结构裁剪分析的内容和步骤如下：

(1) 裁剪线布置；

(2) 空间膜曲面展开成平面膜面：将空间膜曲面的三维数据转化成相应的二维数据，采用几何方法，简单可行。但如果空间膜曲面本身是个不可展曲面，就须将空间膜曲面再剖分成多个单元，采用适当的方法将其展开。此展开过程是近似的，为保证相邻单元拼接协调，展开时要使得单元边长的变化为极小；

(3) 应变补偿：对平面裁剪片进行应变补偿，处理膜片接缝处及边界处的补偿量；

(4) 根据以上结果得到裁剪片施工图纸。

在裁剪分析时要注意膜面裁剪线的布置，裁剪线的布置应遵循以下原则：

(1) 视觉美观：空间膜曲面在布置裁剪线时，要充分考虑裁剪线即热合缝对美观的影响；

(2) 受力性能良好：膜材是正交异性材料，为使其受力性能最佳，应保证织物的经、纬方向与曲面上的主应力方向尽可能一致；

(3) 便于加工，避免裁剪线过于集中；

(4) 经济性：膜材用料最省，焊接接缝线总长最短。

裁剪线的确定方法一般有两类：测地线法和平面相交法。对可展曲面，空间曲面上的测地线在曲面展开后是直线；对不可展曲面，测地线在曲面展开后最接近直线。所以取测地线为裁剪线时，通过控制测地线两端间距可以得到均匀幅宽的裁剪片，减小废料，达到经济节约的目的。平面相交法是用一组平面（通常是一组竖向平面）去截找所得的曲面，将膜面分割成一个个膜片，以平面与空间曲面的交线作为裁剪线。平面相交裁剪线法常用于对称膜面的裁剪，所得到的裁剪线比较整齐、美观，易于符合设计者的意图。

可展曲面是指可以精确展开为平面的曲面，膜结构曲面一般为不可展曲面，只能近似展开为平面。展开的原则是平面弯成曲面后与其展开前曲面最为接近。对于狭长裁剪曲面片，可以在其宽度方向取为一个三角形网格，沿其长度方向划分为单个三角形网格，以三角形板代替三角形曲面，逐个展开得到近似平面。对于宽幅裁剪片，这样的展开会带来较大误差，可以采用数值方法按误差最小原则求解近似展开平面。

膜结构是在预张力作用下工作的，而膜材的裁剪下料是在无应力状态下进行的。因而在确定裁剪式样时，有一个对膜材释放预应力、进行应变补偿的问题。影响膜材应变补偿率的因素可归纳为以下几个方面：

(1) 膜面的预应力值及膜材的弹性模量和泊松比，这是影响应变补偿率的最直接因素；

(2) 裁剪片主应力方向与膜材经、纬向纤维间的夹角，因为膜材是正交异性材料；

(3) 热合缝及补强层的性能不同于单层膜，其应变补偿应区别对待；

(4) 环境温度及材料的热应变性能，尤其是双层膜结构环境温度相差较大时，要特别注意。

应变补偿常以补偿率的形式实施。严格说来，需根据膜材在特定应力比及应力水平下的双轴拉伸试验结果，结合上述因素综合考虑。

18.3　索膜结构的制作

18.3.1　钢制卷尺

索膜结构制作前应确定标准尺，制作过程及检查过程中使用的各尺应计量，并以标准尺为最终基准。

18.3.2　膜材原匹检查

膜材在入库之前，应根据厂商提供的不同批号对膜材的物理性能进行测试。测试合格的材料方可入库。测试数据全部进入电脑存档。

同一膜结构工程宜使用同一企业生产的同一批号的膜材。每批膜材均应具有产品质量保证书和检测报告，并应进行各项技术指标的进货抽检。膜材表面应无针孔、无明显褶皱和明显污渍，不应出现断丝、裂缝和破损等，色泽应无明显差异。

所有原匹在使用前均有操作人员使用灯光装置全面积进行外观检查，见图18-10。

图18-10　外观检查

（a）膜材外观检查坐标定位；（b）膜材外观检查—灯箱

18.3.2.1　膜材的清扫

在工厂内，若膜材上有污垢时，用布、吸滚轮及溶剂等仔细地清扫。

18.3.2.2　膜材的处理

为了避免在工程中搬运及工程中移动时发生折痕、折纹等损伤，应依照以下操作步骤进行：

（1）作业人员在材料上作业时：

确认膜材与地面之间无异物后方可进行下一步作业。不可在膜材有松弛、浮起处作业。

（2）进行膜材搬运及移动时：

在作业场地面上进行膜材搬运及移动时，由两人或两人以上进行，且用干净的工作手套托住膜材两端。

膜材经过的地面上若有障碍物时，应事先将其去除，同时用拖把清扫干净。

使用起重机等吊高、移动膜材，并吊挂在芯材管上，同时避免让钢索等接触到膜材。起重作业应由具有相应操作证的人员进行。

18.3.2.3　膜材的储存

膜材应储存在干燥通风处，且不宜与其他物品混放。不应接触易褪色的物品或对其性能有危害的化学溶剂。

18.3.3　裁　剪

通过与设计系统的数据共享，实现膜片配置的全自动化，配置结果传送到数控裁剪装置执行自动裁剪。裁断完成之后，由操作人员核对尺寸。所有裁断工序都留取原匹样片备案。

18.3.3.1　制作环境

加工制作场地应平整，加工环境应满足一定的温、湿度要求。承放膜材的工作平台应干燥无污物，整个加工制作过程应保持膜材清洁。

18.3.3.2　膜布裁剪操作要求

1. 作业内容

以设计部制作的裁剪资料（裁剪图）为基准，标出在膜板加工时必要的记号（折叠宽度、熔接宽度等），切割膜材。

2. 使用设备

（1）自动裁剪机；

（2）电脑主机。

3. 使用设备作业顺序

（1）将裁剪资料及膜材外观检查综合后可得知缺点位置，决定剪取材料的位置，且注意切割位置要避开膜材原料上的瑕疵点。

（2）将裁剪位置资料转送到自动裁剪机。

（3）用裁剪机自动进行膜材的标记、切割。

（4）自动裁剪的基准要求：

1）设计裁剪图电脑系统连线自动裁剪，剪裁线条均匀（曲线、直线）；

2）裁剪速度：7m/min；

3）自动裁剪误差：$L=5m\pm2mm/m$；

$L=10m\pm4mm/m$；

$L=10m$ 以上±$8mm/m$。

18.3.4　研　磨

对需要研磨的膜材，在研磨前后使用微分卡控制研磨深度。研磨见图18-11。

18.3.5　热　合

当日使用的所有热合机均实行开机试验，根据当日所加工的膜材特性，通过调控机械的温度和操作时间进行取样，实现对膜片的均匀熔接和提高膜片剥离试验的强度，从而控制当日热合的合格程度和工艺稳定性。每道热合工序完成以后，均有专人进行检查。热合见图18-12。

图18-11　研磨　　　　　图18-12　热合

18.3.5.1　膜材的热合准备

1. 使用设备

热合加工机械、张力装置、FEP胶粘贴机。

热熔合设备必须具有将温度、压力、熔接时间控制在所制定的范围内的性能，条件则依据膜材的种类而定。

2. 热合基准

从事热合加工作业人员应具有相应操作技能合格证，并依据热合基准表18-2确认是否合格。

热　合　基　准　表18-2

项　目	判　定　标　准
接合部位拉张强度	母材强度的80%以上
剥离强度	2.0kg/cm以上
外观	焦痕在2.5cm以内曲面部分的胶卷没有不吻合的情形

3. 试验

热合加工制作前，应根据膜材的特点，对连接方式、搭接或对接宽度等进行试验。膜材热合处的拉伸强度应不低于母材强度的80%，符合要求后方可正式进行热合加工。在热合过程中应严格按照试验参数进行作业，并做好热合加工记录。

4. 热合设备开始作业前的检查

热合作业者应在开始作业时先确认熔接设备的温度、压力、熔接时间并且记录。

18.3.5.2　作业顺序

热合作业人员依照加工顺序，确认膜板编号、扣件编号及转角编号、准备热合的裁剪片：

（1）确认膜材重叠方向及熔接宽度，使用FEP胶卷机将FEP胶卷暂粘暂时固定住。重叠粘合部分至少要20mm以上。

（2）热合部位曲率很大或是形状很复杂时，请使用暂粘机暂时固定住。粘点的间距则视形状而定。

（3）确认热合部分没有 FEP 胶卷溢出、卷起及断裂等情形后再行热合。

（4）在热合膜材两端安装张力装置，施加张力以防止熔接时膜材的热收缩。

18.3.5.3 热合温度管理

（1）热合工在进行熔接时，应由温度表确认温度，同时确认温度打印记录，以便达到双重管理。

（2）温度设定不适合时，应立即中止作业，修理缺陷部分并立刻确认熔接品质。

18.3.5.4 热合品质确认

热合缝应均匀饱满，线条清晰，宽度不得出现负偏差。膜材周边加强处应平整，热合后不得有污渍、划伤、破损现象。同时，应将加工中所用膜材料做成试验样本，进行破坏检查并且确认。

18.3.5.5 FEP 胶卷的处理

FEP 胶卷上如沾有灰尘、污垢等，将造成热熔合品质不良，务必清扫干净。用湿布擦拭 FEP 胶卷上的灰尘、污垢等，接着再用干布擦拭干净。FEP 胶卷上的伤痕是造成热合中胶卷断裂的原因，应避开有伤痕的部分。将 FEP 胶卷保管于密闭箱内，以防止灰尘及污垢等落于其上。开始作业时取出一卷（约150m）使用，作业结束时再将剩下的 FEP 胶卷用套子套起来保管好。

18.3.6 收 边

收边是膜体热合的后道工序，收边后的尺寸根据图纸要求进行确认。收边见图18-13。

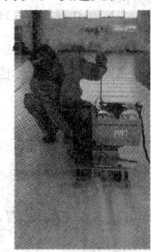

图18-13 收边

18.3.7 打 孔

（1）根据加工图，以油性笔在所定的位置上标出螺栓孔的位置。

（2）进行作业前先确定打孔机所定的直径。同时必须进行试打，以确认无缺陷或变形等问题。

（3）利用打孔工具进行打孔，打孔见图18-14。

（4）为了确保打孔后螺栓孔距离的正确，应以螺栓定位图为依据使用标尺标定。

18.3.8 成 品 检 查

成品在捆包前实行全品检查，见图18-15。

图18-14 打孔

18.3.8.1 作业内容

通过检查的膜材在捆包之前，应清除污垢附着物，进而卷在钢管等芯材上捆包。

18.3.8.2 使用工具

使用工具包括：捆卷台、制品台车、钢管或纸管。

18.3.8.3 作业顺序

（1）如卷在钢管上，将两端设定在制品台车上，以施工时的展开顺序为基础确认卷起的方向，在装有缓动材（聚乙烯皮的气囊［AIR BAG］）管子上，以胶带固定卷妥。为了防止膜板发生折痕、压力等损伤，适当地放入缓动材料，仔细卷妥进行捆包工作。

（2）不能以钢管卷取时，为了防止膜板发生严重折痕、折纹

图18-15 成品捆包

等，应在各折叠部分放入缓动材料后再进行捆包。

18.3.8.4 捆包要求

（1）经加工制作并检验合格的膜单元，应先行清洁，然后单独存放。

（2）膜单元的包装方式应根据膜材的特性、具体工程的特点确定。包装袋应结实、平滑、清洁，其内表面应无色或不褪色，与膜成品之间不得有异物，且应严密封口。在包装的醒目位置上应有标识，标明膜单元的编号、包装方式和展开方向。

（3）膜单元的运输工具上应铺垫层，并采取措施确保膜单元与运输工具间不发生相对移动和撞击。

18.3.9 索结构的制作

（1）钢丝绳下料前应进行预张拉。索的制作长度应考虑预拉力的影响。索长度的加工允许偏差：当长度不大于50m时，为±10mm；当长度大于50m且不大于100m时，为±15mm；当长度大于100m时，为±20mm。

（2）钢构件的制作应符合现行国家标准《钢结构工程施工质量验收规范》（GB 50205）的要求。

（3）膜结构的其他附属部件，应按设计图纸加工制作，并应符合国家现行有关标准的要求。

18.4 索膜结构的安装

18.4.1 工 艺 流 程

索膜结构安装工艺流程见图18-16。

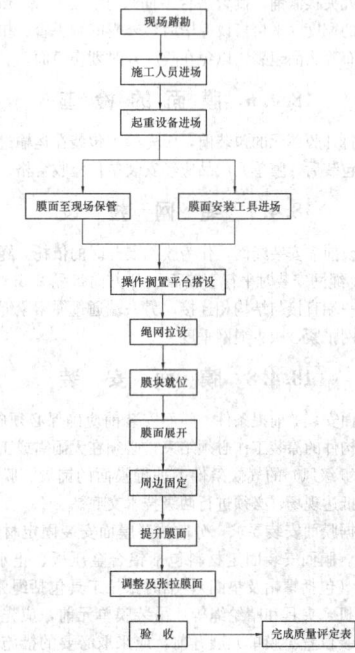

图18-16 索膜结构安装工艺流程

18.4.2 施 加 预 张 力

(1) 对于通过集中施力点施加预张力的膜结构，在施加预张力前应对支座连接板和所有可调部件调节到位。

(2) 施力位置、位移量、施力值应符合设计规定。

(3) 施加预张力应采用专用施力机具。每一施力位置使用的施力机具，其施力标定值不宜小于设计施力值的两倍。

(4) 施力机具的测力仪表均应事先标定。测力仪表的测力误差不得大于 5%。

(5) 施加预张力应分步进行，各步的间隔时间宜大于 24h。工程竣工两年后宜第二次施加预张力。

(6) 施加预张力时应以施力点位移达到设计值为控制标准，位移允许偏差为±10%。对有代表性的施力点还应进行力值抽检，力值允许偏差为±10%。应由设计单位与施工单位共同选定有代表性的施力点。

18.4.3 安装前的复测

(1) 膜结构工程施工前必须进行现场踏勘，踏勘主要包括观察施工机械行走路线、现场高空线架设情况、施工现场可利用空地以及施工现场其他周边环境等情况。最后根据踏勘情况结合施工图纸编制切实可行的施工方案。

(2) 应对膜结构所依附的钢构件、拉索及其配件进行复测，复测应包括轴线、标高等内容。安装前应检查支座、钢构件、拉索间相互连接部位的各项尺寸。支承结构预埋件位置的允许偏差为±5mm；同一支座地脚螺栓相对位置的允许偏差为±2mm。

18.4.4 膜面的保管

供货商将膜面包装箱运输至现场后根据膜面安装单位要求摆放在与施工相对应的区域内。包装箱卸车后应随施工进度开启箱盖，以免造成膜布的损坏。

18.4.5 搁置平台搭设

膜面施工前应搭设搁置平台，其位置由膜面展开方向决定：若膜面由中间向两边铺展，平台应搭设在单元结构的中心（适用于小型膜结构工程）；若膜面由结构外侧向内侧展，则平台应搭设在结构的外环处（较适用于体育场等工程）。

平台搭设高度应低于膜面安装高度 1m 左右，待搭设到所需标高后顶部用九夹板满铺。搁置平台平面尺寸：宽度 2.4m，长度为膜面展开时的宽度。平台搭设完毕后，外露的脚手管、扣件及尖锐部位应用棉布等物品包裹，以免膜展开时划伤膜面。

18.4.6 膜面的检查

在现场打开膜单元的包装前，应先检查包装在运输过程中有无损坏。打开包装后，膜单元成品应经安装单位验收合格。

18.4.7 绳网拉设

膜面铺设前需安装绳网，作为膜面展开时的依托。绳索可采用 $\phi14$ 腈纶绳。绳网安装时平行于膜面展开方向每隔 2.5m 拉设一道绳索，绳索一端直接与结构相连接，另一端通过绳索紧绳机与结构相连，使绳网张紧，减少绳网垂度。

18.4.8 膜 面 安 装

(1) 膜面安装的前提条件。膜面安装前应确保必须施焊完毕、相关区域内构件的涂装工作必须结束，必须在无雨雪或工作风速小于 8.2m/s（5 级风）的气候条件下进行膜面的铺展。膜面安装技术指导人员抵达现场、必须进行两级技术交底。

(2) 根据膜面安装要求，分散放置膜面安装固定材料以及临时张拉工具。膜面安装固定材料包括铝合金压板、止水橡胶带、不锈钢螺栓（包括螺帽及垫圈）；临时张拉工具包括绳索紧绳机、钢丝绳紧绳机、夹具和腈纶绳等。吊装膜单元前，应先确定膜单元的准确安装位置。膜单元展开前，应采取必要的措施防止膜材受到污染或损伤。展开和吊装膜单元时可使用临时夹板，但安装过程中应避免膜单元与临时夹板连接处产生撕裂。

(3) 将安装膜面的手工工具分发到各个班组。手工工具包括：大力钳、套筒扳手、羊角锤、美工刀及带安全挂钩的工具袋等。

(4) 将不锈钢螺栓依次安装在膜面连接板上，并将止水橡胶带按顺序排放在膜结构支架上。

(5) 膜面就位。在施工现场平地上拆除膜面包装箱的顶板及侧面板，确认膜面铺设方向后用吊车将膜面连同包装箱底板吊至搁置平台的中心。

(6) 展开膜面。膜面就位后，先在搁置平台上将膜面横向展开，并将灰色夹具按一定间隔与膜布上的孔位相连接（一般每隔 2m 安装一个灰色夹具），再用 $\phi14$ 腈纶绳与灰色夹具相连接，最后利用绳索紧绳机向铺展方向牵引膜面。

18.4.9 周 边 固 定

将膜面拉至离安装位置 80cm 左右时，用钢丝绳紧绳机替换下绳索紧绳机并安装白色夹具（夹具数量可根据膜面松紧程度决定），再用钢丝绳紧绳机将膜面向膜结构支架处牵引。膜结构支架上的螺栓间距与膜布上的孔位是相匹配的，当膜面拉到其安装位置后即可将螺栓把膜面固定在膜结构支架上。膜面固定时部分孔位可能与支架上的螺栓位置不一致时，须要求现场开孔。开孔时用美工刀或冲头，严禁使用榔头直接敲击膜布进行开孔。当膜面周边固定好后，拆除所有夹具并松开绳网。

18.4.10 提 升 膜 面

一个单元的膜面安装完毕后，应即刻提升膜面。提升的目的是防止天气突然变化（工作风力超过五级或下雨雪）而可能造成膜面的损坏和施工的不安全。提升膜面时应做到膜面周边受力基本均匀，膜面上无集水点。

18.4.11 调 整 及 张 拉 膜 面

(1) 当所有的膜面安装工作结束后，即可进行膜面的张拉。

(2) 膜面的张拉是通过张拉结构索，使膜面达到设计的应力。张拉时，在结构对称点上用千斤顶或捯链对钢索施力。

(3) 施工要求：张拉过程中随用应力测试仪进行膜面应力的测试，并根据现场安装指导人员的指示随时停止膜面张拉工作。

18.5 施 工 设 备

18.5.1 制作设备、检测试验设备

制作设备、检测试验设备见表 18-3。

制作设备、检测试验设备表　　表 18-3

序号	设 备 名 称	规格型号	数量	产地
1	移动电源系统		1套	
2	膜材外观检查装置		1台	
3	张力试验机		1台	
4	自动膜片配图系统		1套	
5	全自动画线装置		1套	
6	全自动切割装置		1套	
7	双针工业缝纫机		2台	
8	单针工业缝纫机		1台	
9	表面打磨机		1台	
10	手动表面打磨机		6台	
11	张力装置		6对	
12	上下分离式热熔机	MT7	1台	
13	定位热熔机	MT8	2台	
14	端部热熔机	MT9	2台	
15	上下移动式热熔机	MT12	1台	

续表

序号	设备名称	规格型号	数量	产地
16	周边热熔机		2台	
17	点焊机		2台	
18	自走式热板热熔机		1台	
19	自走式热风热熔机		4台	
20	手动式热风热熔机		4台	
21	高频热熔机		1台	
22	打孔机		2台	
23	移动台车		8对	
24	捆包卷绕机		1台	

18.5.2　安装工具和设备

以 30m×30m 的 Sheer fill 膜面为例,所需安装工具和设备见表 18-4。

安装工具和设备　　　　　　　表 18-4

序号	设备名称	用　途	最小用量	备　注
1	起重机	安装膜面索,就位膜面	1辆	根据起吊要求配置
2	绳索紧绳机	固定绳网,牵引膜面	30只	
3	钢丝绳紧绳机	安装膜面	100只	
4	灰色夹具	膜面牵引时夹紧膜面并能与紧绳机相连接	30只	
5	白色夹具	膜面安装时夹紧膜面并能与紧绳机相连接	80只	
6	捯链	提升膜面		根据所安装膜面对张拉的要求配置规格及数量
7	绳圈	大绳圈作为膜块起吊时的索具,小绳圈可将紧绳机与钢结构连接	大:4只 小:110只	
8	4磅锤子		4把	
9	羊角锤子		12把	
10	套筒扳手	安装压板螺丝	20把	
11	腈纶绳	拉设绳网,牵引膜面	1000m	
12	电熨斗	当膜面上有拼缝或者当膜面出现破损时使用	2把	
13	大力钳	固定压板螺栓	5把	
14	方口钳	安装膜面与钢索连接节点专用工具	5把	
15	工具包	放置螺栓、螺帽以及小工具	20只	
16	安全带	保证高空操作人员的人身安全	20副	
17	美工刀		4把	
18	质量检测设备	应力测试	一套	

18.6　质　量　检　验

18.6.1　制品品质基准

制品品质基准见表 18-5。

制品品质基准　　　　　　表 18-5

部　位	项　目	基　准　值
1.外观	(1)污垢	没有非常明显的污垢
	(2)焦黑	依范本限度

续表

部　位	项　目	基　准　值
2.加工部位	(1)周边规格	依图面规格指示
	(2)热熔合部、折叠方向(水流向)	重叠方向依照图面指示,零件的安装依照图面指示
	(3)零件	
3.完成尺寸	(1)反粘部分尺寸、完成加工尺寸	设计值±0.2% ±10mm
	(2)螺栓孔间距	不能超出误差范围

18.6.2　工厂内品质标准

工厂内品质标准见表 18-6。

工厂内品质标准　　　　　　表 18-6

工程名	项　目	基　准　值
1.原寸图工程	(1)记号的尺寸(1点)	±1mm
	(2)记号的尺寸(1边)	±2mm
	(3)伸展	±2mm
2.裁剪工程	(1)膜布表、里	按照指示
	(2)裁剪曲折	避免曲折(±2mm)
	(3)膜布的方向性	依照指示书
3.熔接加工工程	(1)流向	依照指示书
	(2)熔接部残余	不要发生
	(3)熔接部焦黑	限度范本
	(4)熔接部刮痕	限度范本
	(5)熔接幅宽	±4mm
4.完成处理工程	(1)忘记开孔	不要发生
	(2)孔位置位移(1点)	±2mm
	(3)孔位置位移(5点)	±5mm
5.包装工程	(1)膜材编号表示	须正确
	(2)展开方向表示	须正确
	(3)相合号码表示	须正确

18.6.3　膜材的检验分类

膜材的检验分类见表 18-7。

膜材的检验分类　　　　　　表 18-7

检验名称	检验定义	详细记述	检验区分	
			作业人员	检验负责人
膜材料物性检验	确认膜板制作使用的膜材是否和特性标准一致所进行的检验			
膜材料外观检验	确认膜板制作使用的膜材外观上是否有缺点,同时为了确定缺点位置所进行的检验			
熔接品质检验	确认熔接加工过程中,熔接设备是否可使熔接品质保持在基准之内完成加工的检验			
工程内自主检验	确认各工程内施工品质是否为标准品质内所进行的检验,分成以下三类:裁剪工程、熔接工程、完工工程			
制品检验	为了全部制作工程结束后,制品品质是否和标准值一致所进行的检验			

膜材的检验分类见图 18-17。

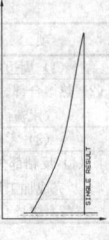

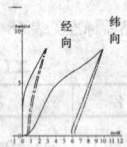

图 18-17　膜材的检验

18.6.4　膜材进货检查

18.6.4.1　物性检验

物性检验见表 18-8。

物性检验表　　　　表 18-8

项　目	内　容	
时间	膜材进货时	
抽样	待全部膜材卷完后抽取试验片	
检验项目	样本数量	实验方法
重量	纵、横各 $n=3$	
厚度	纵、横各 $n=3$	
宽度	$n=1$	
拉引强度	纵、横各 $n=5$	
抗拉伸度	纵、横各 $n=5$	
线密度	纵、横各 $n=5$	
拉撕裂强度	纵、横各 $n=5$	
剥离强度	只有纵向 $n=5$	
弧度	$n=1$	
斜度	$n=1$	
负责人	检验负责人	
不合格处理	检验项目中若有不符合品质标准的结果时，该卷膜材视为不合格品。不合格品需贴上（不合格）标签，放进不合格物品放置场中保存，不可与合格品混合	
记录报告	内部检验终了后，在检查记录书中填写检验结果，并附制品检验成绩书	

18.6.4.2　外观检验

外观检验见表 18-9。

外观检验表　　　　表 18-9

项　目	内　容
时间	裁剪工程前进行
抽样	全面检验全部膜材
负责人	作业人员
判断标准	裁剪工程检验
使用机器	检反机
顺序	将要进行检验的膜材料设定在检反机上，将膜材透过检反机上被设定好的光桌（light table），透过光可以视看出缺点部分。被判定为缺点的部分用粘胶带做记号
记录报告	在检反记录书上写入缺点位置及缺点种类，同时向上级提出报告
缺点部分的处理	为避免制品当中有瑕疵，裁剪时应避开缺点处

18.6.5　热合品质检验要领

热合品质检验要领见表 18-10。

热合品质检验要领表　　　　表 18-10

项目	品质判定标准	样本数	负责人
剥离强度	2.5kg/cm	自试验体中抽取 3 个样本	检验负责人
剥离状态	剥离的任一面露出玻璃纤维（依限度样品）	抽取 1 个样本	作业负责人

18.6.6　工程自检要领

18.6.6.1　裁剪工程检验

裁剪工程检验见表 18-11。

裁剪工程检验表　　　　表 18-11

项　目	内　容
时间	裁剪工程结束后进行
抽样	作业开始时的起始产品　$n=1$
负责人	作业人员
图纸依据	依裁剪图制成的解析资料及尺寸图
判定标准	判定项目：标准值 转角点间距：(1) 小于 10m 时±4mm；(2) 大于且等于 10mm 以上时±8mm
使用工具	钢制卷尺
不合格时的处理	(1) 比标准值大时，进行修正作业；(2) 比标准值小时，须废弃，重新做裁剪
记录报告	作业人员在检验结果结束后，将结果记录在裁剪片确认卡上，同时在作业结束时向检验负责人提出报告

18.6.6.2　熔接工程自主检验

熔接工程自主检验见表 18-12。

熔接工程自主检验表　　　　表 18-12

项　目	内　容
时间	作业结束后进行
抽样	熔接部分尺寸、外观等全数做检验
负责人	作业人员
图纸依据	膜加工图
判定标准	以表 18-6 为准
使用工具	钢制卷尺
不合格时的处理	熔接部分尺寸若超过标准值不合格时，原则上作废弃处理
记录报告	作业人员在检验结束后，需将结果记载在熔接工程自主检验书中，同时在作业结束后向检查负责人提出报告

18.6.6.3　修饰工程自主检验

修饰工程自主检验见表 18-13。

修饰工程自主检验表　　　　表 18-13

项　目	内　容
时间	螺栓孔打孔作业后进行
抽样	针对全部螺栓孔进行检验
负责人	作业人员
图纸依据	膜加工图
判定标准	工厂内品质标准
记录报告	作业人员在检验结束后，需将结果记载在熔接工程自主检验书中，同时在作业结束后向检验负责人提出报告

18.6.6.4 制作检验要领

制作检验要领见表18-14。

制作检验要领表 表18-14

项　目	内　容
时间	全部制作工程结束后进行
抽样	尺寸、外观全数检验
负责人	检验负责人
图纸依据	裁剪图及膜加工图
判定标准	以表18-6为准
使用工具	钢制卷尺
不合格时的处理	外观上有破损或是有严重焦痕时，原则上视为取消
合格表示	合格制品，附上记载下列事项的检验合格书 检验年月日 检验负责人姓名 有"合格"记号 其他（若有其他特别指示时则依其指示）
记录报告	作业人员在检验结束后，需将结果记载在检验书中，之后与制品检验书一同交给相关人员。制品检验书的检验结果需包含以下两种：膜材物性检验、制品检验

18.6.7　膜面安装验收单

膜面安装验收单见表18-15。

膜面安装验收单 表18-15

工程名称：　　　　　　　施工单位：

序号	验收项目	验收标准	检查结果	示意图
1	周边螺栓安装情况	无缺失、无漏拧		
2	径向索、边索、悬索安装情况	位置正确调节完好		
3	膜面外观	无破损、无污损无明显折痕		
4	油泵顶升距离	按膜面应力值控制		
5	膜面平均应力			
验收意见：	施工单位签证：	技术支持单位签证：	监理单位签证：	

施工负责人：　　温度：　　填表人：　　验收日期：

18.7　保修及维护保养

18.7.1　维　护　要　求

"PTFE"织物的成分性能提供了很好的对空气传媒的抵抗力，如：风、阳光、雨、微生物，灰尘和各种污染。维护须定时或专门检查并清洁。

维护要求的时间和内容主要决定于：膜织物的位置（垂直位置比水平位置污物积累少）；膜织物暴露于不同的气候条件（雨、冰雹、风）和有机物沉淀（叶子、花粉、灰尘、污染物）；积污物的性质及程度。两次维修操作的间隔见表18-16。

两次维修操作的间隔 表18-16

膜织物位置	轻沉淀物		重沉淀物	
	轻度积污	重度积污	轻度积污	重度积污
垂直	36个月	24个月	24个月	12个月
水平	24个月	12个月	12个月	12个月

注：经历污染严重或被其他媒介玷污的膜织物需要比上表更多的定期维护。

18.7.2　维　护　检　查

18.7.2.1　定期检查

定期检查包括对膜的视觉检查以确定它的情况，包括下列检查项目：

(1) 膜块周边及中间的裂缝；

(2) 焊接部分剥落；

(3) 断线和缝制点的裂缝；

(4) 膜和索的磨损；

(5) 表面的重度积污（树叶、昆虫等）；

(6) 当严重异常现象出现时，应当通知承包商并由他们指导采取措施。

18.7.2.2　专门检查

专门检查包括在一个非正常的事件后立即进行检查，非正常情况包括：

(1) 风暴中风速超过70km/h，但是不大于设计荷载；

(2) 大雪或冰雹；

(3) 被重物击中可能割伤或磨损织物；

(4) 暴雨形成的膜上积水；

(5) 闪电击中；

(6) 地震。

18.7.2.3　清洁程序

1. 人员

除非注明，膜材应能够安全支承清洁及检查人员。应当谨慎保护人员和膜织物。清洁人员应在工作时戴上安全带并使用安全绳。膜材在湿或积灰时会很滑。清洁人员应当穿软橡皮白色鞋底的鞋，而且不能随身携带锋利的物品，例如：装饰性皮带或鞋带扣等。

2. 清洁

当膜材出现不能接受的肮脏或各种影响美感的污物聚集、超过表18-16规定的维护间隔时间、发生了18.7.2.2中提到的非正常事件时膜材需要清洁。

若清洁是必需的，则应遵照一定的程序进行直至得到令人满意的结果。如果有松弛或污物的重度积污，首先刷膜材再用清水冲洗膜材的两面。先刷洗暴露较多的一面。

膜材中的张拉力由于结构的不同而不同，但是不能出现"松弛"——当用张开的手击打膜面时张拉力应像"鼓面"。

某些积污用前述提到的清洗方法很难去除，这些积污可能含有矿物质、植物和动物积污，如油脂、柏油、石灰、树叶、花粉、树脂、鸟类和死昆虫等，可以在操作前评价其必要性并咨询承包商。

清理时，以下程序和产品不能使用：

(1) 各种磨料：如粉、流体、海绵等，压力水流喷口；

(2) 有机化学物：丙酮、汽油、苯、燃料、煤油、氯乙烯、松脂、甲苯；

(3) 无机化学物：阿摩尼亚、氮酸、硫磺、乙酸、盐酸、苏打、腐蚀性苏打、滤剂。

(4) 含酒精的清洁产品会引起膜材涂层损坏从而造成膜材使用寿命缩短。

(5) 附属结构件有各种清洁办法。除了日常常规清洁，附属结构必须按膜固定件、支撑构件、基座每一项做结构整体性的检查。

19 钢-混凝土组合结构工程

20世纪50年代，我国从前苏联引入了型钢混凝土结构，主要用于工业厂房。到20世纪80年代，型钢混凝土结构逐步开始使用于高层建筑，并得到了进一步发展，逐步发展成为今天的钢-混凝土组合结构。

广义上来说，组合结构一般是指不同材质形成的构件，或者不同结构体系所组成的结构。在我国的建筑结构领域，一般把钢和混凝土共同受力的结构形式称作钢-混凝土组合结构。钢-混凝土组合结构的构件一般包括组合板、组合梁、钢管混凝土柱、型钢混凝土梁、型钢混凝土柱、型钢混凝土剪力墙等。

钢-混凝土组合结构适用于高层、超高层、大跨度建（构）筑物和市政工程。在建筑工程中主要用于框架结构、框架-剪力墙结构、框架-核心筒结构、筒中筒结构等。目前国内采用钢-混凝土组合结构的典型工程有：上海环球金融中心、上海金茂大厦、深圳发展中心大厦、广州新电视塔、南京火车南站交通枢纽工程等。

19.1 钢-混凝土组合结构的分类与特点

19.1.1 钢-混凝土组合结构的分类

钢-混凝土组合结构按照不同的分类方法可划分为多种类型，常用的分类方法有两种：按结构体系分类和按结构构件分类。

（1）按结构体系分类，见表19-1。

组合结构分类（一）　　　表19-1

结构体系类型	组合结构分类
框架-核心筒（剪力墙）结构	型钢混凝土框架-钢筋混凝土核心筒（剪力墙）体系
	型钢混凝土框架-型钢混凝土核心筒（剪力墙）体系
	钢框架-钢筋混凝土核心筒（剪力墙）体系
	钢框架-型钢混凝土核心筒（剪力墙）体系
框架结构	型钢混凝土框架
	钢框架-组合楼板结构
筒中筒结构	钢外筒-型钢混凝土内筒结构
	钢外筒-混凝土内筒结构
	型钢混凝土筒中筒结构
	型钢混凝土外筒-混凝土内筒结构
特殊结构体系	带伸臂桁架的钢框架-混凝土内筒（剪力墙）体系

（2）按结构构件分类，钢-混凝土组合结构可分为压型钢板与混凝土组合板、组合梁、钢管-混凝土柱、型钢混凝土梁、型钢混凝土柱、型钢混凝土剪力墙等，见表19-2。

组合结构分类（二）　　　表19-2

结构构件		
压型钢板与混凝土组合板		
组合梁		
钢管-混凝土柱		
型钢（劲性）混凝土结构	型钢（劲性）混凝土梁
	型钢（劲性）混凝土柱
	型钢（劲性）混凝土剪力墙

19.1.2 钢-混凝土组合结构的特点

组合结构改善了结构的强度和韧性，为设计师提供了更大的空间。与钢结构相比较，钢-混凝土组合结构具有耐久性和耐火性好、造价经济、结构刚度高、受力性能好等优点。与混凝土结构相比较，钢-混凝土组合结构具有承载力高、结构自重轻、抗震性能好、有利于环境保护等优点。

19.2 组合结构深化设计与加工制作

组合结构的深化设计是指根据图纸和相关的规范标准，在不改变结构形式、结构布置、受力杆件、构件型号、材料种类、节点类型的前提下，为方便施工，对各节点（连接节点和支座节点）的细部尺寸、焊缝坡口尺寸、杆件分段、穿筋孔等进行的施工详图的深化设计。深化设计可参照第17章钢结构工程。

钢构件加工成型参照第17章钢结构工程，钢筋加工成型参照第14章钢筋工程。

19.3 组合结构施工总体部署

19.3.1 钢-混凝土组合结构的施工流程

19.3.1.1 钢-混凝土组合结构的施工流程

（1）钢-混凝土组合结构常见施工流程有三种，可以分别称之为"A型"钢-混凝土组合结构施工流程、"B型"钢-混凝土组合结构施工流程、"C型"钢-混凝土组合结构施工流程，分别见图19-1、图19-2、图19-3。

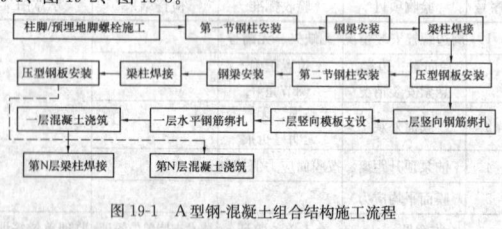

图 19-1　A型钢-混凝土组合结构施工流程

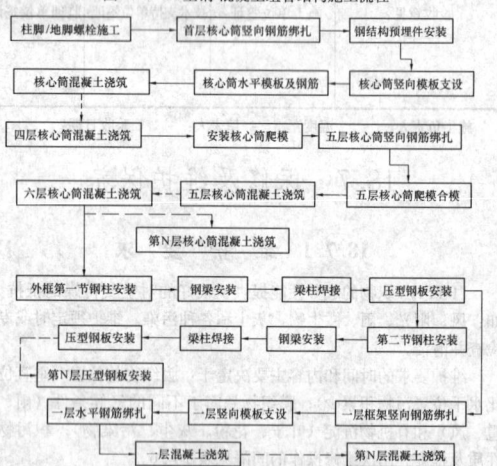

图 19-2　B型钢-混凝土组合结构施工流程

（2）A型施工流程是先施工钢结构，后施工混凝土结构的框架结构建筑的典型施工流程。特点是施工速度快，简单易操作。适合于型钢混凝土框架结构、型钢混凝土框架-型钢混凝土核心筒（剪力墙）结构、钢框架组合楼板结构、钢框架-型钢混凝土核心筒（剪力墙）结构、型钢混凝土筒中筒结构、钢外筒-型钢混凝土内筒结构等结构形式的建筑施工。

（3）B型施工流程是先施工核心筒结构，再施工外框架结构的框架-筒体结构建筑的典型施工流程。特点是技术成熟。适合于型钢混凝土框架-钢筋混凝土核心筒（剪力墙）结构、钢框架-钢筋混凝土核心筒（剪力墙）结构、钢外筒-混凝土内筒结构、型钢外筒-混凝土内筒结构等结构形式的建筑施工。

（4）C型施工流程是A型、B型施工流程的组合，是型钢混凝

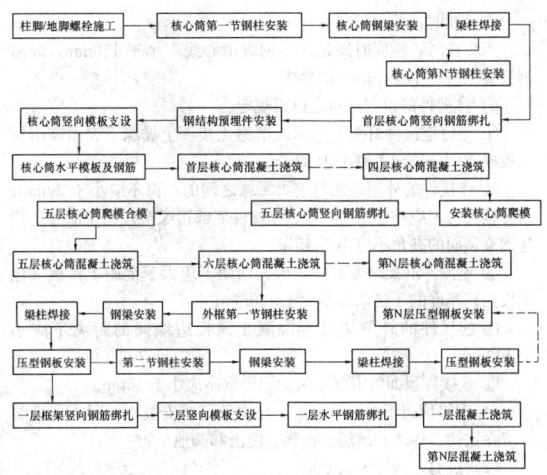

图 19-3 C型钢-混凝土组合结构施工流程

土结构建筑的典型施工流程。特点是作业层次复杂。适合于型钢混凝土框架-型钢混凝土核心筒（剪力墙）结构、钢框架-型钢混凝土核心筒（剪力墙）结构、型钢混凝土中筒结构等结构形式的建筑施工。

19.3.1.2 钢-混凝土组合结构的施工流程安排注意事项

（1）采用B、C型施工流程施工时，要合理安排核心筒与外框架的施工顺序。当核心筒混凝土结构采用爬模施工时，一般应在结构施工完4层后安装爬模，核心筒结构施工完成6层后开始外框钢结构安装。

（2）采用A型施工流程施工时，钢结构超过混凝土结构高度不宜超过6层或18m。采取技术保证措施后，钢结构不宜超过混凝土结构9层或27m。

（3）当建筑物采用组合楼板时，要安装、焊接完钢梁后，再铺设压型钢板，然后焊接抗剪件。当一个柱节为3层时，压型钢板铺设顺序是先铺设上层，再铺设下层，最后铺设中层。

19.3.2 施工段划分

高层建筑组合结构的施工段应按照建筑物平面形状、结构形式、施工机械和劳动力配置数量等进行划分。

施工流水段一般可分为竖向施工流水段和水平施工流水段。组合结构竖向施工流水段的划分与施工流程和结构形式有很大的关系。水平施工流水段的划分一般根据施工缝来确定。划分施工流水段时要保持工程量相当，尽量避免或减少划分施工流水段带来的不利因素。

19.3.2.1 竖向施工段划分

组合结构竖向流水段划分要根据建筑物结构形式和施工流程来确定。钢结构部分一般以一个柱节为一个施工流水段，混凝土结构一般以层或构件单层高为施工流水段，外装饰一般以层或装饰层为施工流水段。

组合结构，尤其是高层或超高层组合结构工程一般具有多个竖向施工流水段，如钢框架、核心筒、外框架、压型钢板等。

19.3.2.2 水平施工段划分

1. 钢结构安装流水段

钢结构安装的平面流水段划分应考虑钢结构安装过程中的整体稳定性、对称性和方便性，安装顺序一般由中央向四周扩展。

2. 混凝土结构施工流水段

混凝土结构的水平施工流水段划分要按照建筑物的形状确定，尽量减少施工缝。当不可避免形成施工缝时，其位置不应随意留置，应按设计要求和施工技术方案事先确定，留置部位应便于施工，满足结构安全要求。

19.3.3 主要大型施工设备的选择

组合结构工程的施工所需要的大型施工设备主要有：起重机械、施工升降机、混凝土输送泵等。

19.3.3.1 起重机械的选择

塔式起重机选择首要考虑设备性能，如吊装能力、设备高度、附着高度等。当选用多台塔式起重机，宜采用动臂式塔式起重机，可以有效避免群塔作业的降效问题。对于高层、超高层建筑，宜选用内爬升式塔式起重机，可以减少标准节的占用量。不同施工流程选用起重机械形式见表19-3。

钢-混凝土组合结构起重设备形式选择　表 19-3

施工流程类型	起重机械类型
A型钢-混凝土组合结构施工流程	外附着式塔式起重机
B型钢-混凝土组合结构施工流程	内爬升式塔式起重机
	外附着式塔式起重机
C型钢-混凝土组合结构施工流程	内爬升式塔式起重机
	外附着式塔式起重机

19.3.3.2 施工升降机的选择

选择施工升降机时要充分考虑建筑物的高度、垂直运输量、施工升降机安装、附着和拆除的方便性、经济性。对于超高层建筑，宜选用中高速施工电梯。

当采用B、C型施工流程时，可以在核心筒内设置施工升降机或安装正式电梯作为临时施工人员运输机械，可以较好的减少人工降效。选用正式电梯作施工升降机使用时，宜选用无机房大荷载电梯，使用过程中应做好保护。

19.3.3.3 混凝土输送泵的选择

混凝土输送泵的选择主要考虑泵送高度、泵送效率。超高层建筑用的混凝土输送泵与混凝土强度等级也应匹配。

19.3.4 模板与支撑体系的选择

组合结构要尽量选择方便、简单、效率高的模板与支撑体系。竖向模板可选用爬模、提模等。水平模板尽量选用压型钢板作模板或悬挂式楼板等。

为加快高层组合结构模板及支撑体系的周转，水平模板系统宜选用独立支撑模板体系和快拆体系。

19.4 组合结构的施工

19.4.1 一 般 规 定

19.4.1.1 材料

组合结构用钢材、钢筋、混凝土等材料与钢结构、混凝土结构用材料要求一致。钢筋可参照第14章钢筋工程，混凝土可参照第15章混凝土工程，钢材、焊接材料、紧固件可参照第17章钢结构工程。

19.4.1.2 一般构造要求

1. 组合楼板的构造要求

（1）对抗剪件的设置要求：

1）抗剪件的设置位置：在组合楼板的端部（包括简支板端部及连续板的各跨端部）均应设置抗剪件。抗剪件应设置在端支座的压型钢板凹肋处。穿透压型钢板，固定在钢梁翼缘上。国内常见抗剪件多为圆柱头栓钉（组合楼板栓钉直径要求见表19-4）。

2）栓钉的直径 d，见表19-4。

组合楼板栓钉的直径要求　表 19-4

板的跨度（m）	栓钉直径（mm）
≤3	13 或 16
3～6	16 或 19
>6	19

① 当栓钉焊于钢梁受拉翼缘时，$d \leqslant 1.5t$；

② 当栓钉焊于无拉应力部位时，$d \leqslant 2.5t$（d 为栓钉直径，t 为梁翼缘板厚度）；

3）栓钉的间距 s 见表19-5。

组合楼板栓钉的间距要求:一般应在压型钢板端部每一个凹肋处设置栓钉,栓钉间距应满足表 19-5 的要求。

栓钉间距要求 表 19-5

布置方向	栓钉间距
沿梁轴线方向布置	≥5d (d 为栓钉直径)
垂直于轴线方向布置	≥4d (d 为栓钉直径)
距钢梁翼缘边的边距	≥35mm

4)栓钉顶面保护层厚度及栓钉高度:

栓钉顶面的混凝土保护层厚度应不小于 15mm;栓钉焊后高度应大于压型钢板总高度加 30mm。

(2)压型钢板在钢梁上的支承长度应不小于 50mm。

(3)对压型钢板的厚度要求见表 19-6。

压型钢板的厚度要求 表 19-6

压型钢板的作用	钢板的净厚度（mm）
用于组合楼板	≥0.75
用于仅作模板	≥0.50

(4)组合楼板的总厚度及压型钢板上的混凝土厚度:

组合楼板的总厚度不应小于 90mm,压型钢板顶面以上的混凝土厚度不应小于 50mm,且应符合楼板防火层厚度的要求,以及电气线管等铺设要求。

(5)组合楼板混凝土内的配筋要求:

1)在下列情况之一时应配置钢筋:

① 为组合楼板提供储备承载力设置附加拉力钢筋;

② 在连续组合楼板或悬臂组合楼板的负弯矩区配置连续钢筋;

③ 在集中荷载区段和孔洞周围配置分布钢筋;

④ 为改善防火效果配置受拉钢筋;

⑤ 在压型钢板上翼缘焊接横向钢筋时,横向钢筋应配置在剪跨区段内,其间距宜为 150~300mm。

2)钢筋直径、配筋率和钢筋长度:

① 连续组合楼板的配筋长度:连续组合楼板中间支座负弯矩区的上部钢筋,应伸过板的反弯点,并应留出锚固长度和弯钩,下部纵向钢筋在支座处应连续配置;

② 连续组合楼板按简支板设计时的抗裂钢筋:此时的抗裂钢筋截面面积应大于相应混凝土截面的最小配筋率 0.2%;

③ 抗裂钢筋的配置长度从支承边缘算起不小于 l/6 (l 为板跨度),且应与不少于 5 根分布钢筋相交;

④ 抗裂钢筋最小直径 d>4mm,最大间距 s=150mm,顺肋方向抗裂钢筋的保护层厚度宜为 20mm;

⑤ 与抗裂钢筋垂直的分布筋直径,不应小于抗裂钢筋直径的 2/3,其间距不应大于抗裂钢筋间距的 1.5 倍;

⑥ 集中荷载作用部位的配筋:在集中荷载作用部位应设置横向钢筋,其配筋率 ρ≥0.2%,其延伸宽度不应小于板的有效工作宽度。

(6)压型钢板及钢梁的表面处理:

压型钢板支承于钢梁上时,在其支承长度范围内应涂防锈漆,但其厚度不宜超过 50μm。压型钢板板肋与钢梁平行时,钢梁上翼缘表面不应涂防锈漆,以使钢梁表面与混凝土间有良好的结合。压型钢板端部的栓钉部位宜进行适当的除锌处理,以提高栓钉的焊接质量。

2.钢-混凝土组合梁构造要求

(1)一般要求

1)当楼板采用压型钢板组合板时,压型钢板肋顶面以上的混凝土厚度不应小于 50mm。

2)当楼板采用普通混凝土楼板时,混凝土楼板厚度不小于 100mm。

3)组合梁截面总高度不宜超过钢梁截面高度的 2.5 倍;混凝土板托高度 h_{c2} 不宜超过翼缘板厚度 h_{c1} 的 1.5 倍;板托的顶面不宜小于 $1.5h_{c2}$,且不宜小于钢梁上翼缘宽度。

4)组合梁边缘翼板的构造应满足以下要求:

有板托时,伸出长度不宜小于 h_{c2};

无板托时,应同时满足伸出钢梁中心线不小于 150mm,伸出钢梁翼缘边不小于 50mm 的要求。

5)抗剪件的设置应符合以下规定:

① 栓钉连接件钉头下表面或槽钢连接件上翼缘下表面高出翼缘板底部钢筋顶面不宜小于 30mm;

② 连接件的外侧边缘与钢梁翼缘之间的距离不应小于 20mm;当有板托时不应小于 50mm,且连接件底部边缘至板托顶部的连线与钢梁顶面的夹角不应小于 45°;

③ 连接件沿梁跨度方向的最大间距不应大于混凝土翼板(包括板托)厚度的 4 倍,且不大于 400mm;

④ 连接件的外侧边缘至混凝土翼板边缘间的距离不应小于 100mm;

⑤ 连接件顶面的混凝土保护层厚度不应小于 15mm。

6)钢梁顶面不得涂刷油漆,在浇筑(或安装)混凝土翼板前应清除铁锈、焊渣、冰层、积雪、泥土和其他杂物。

(2)抗剪连接件构造要求

1)栓钉连接件宜选用普通碳素钢,并应符合现行国家标准《圆柱头焊钉》(GB 10433)的规定,单个栓钉的屈服强度不得小于 $240N/mm^2$,其抗拉强度不得小于 $400N/mm^2$。

2)弯起钢筋连接件一般采用 HPB300、HRB335 及 HRB400 钢筋。

3)槽钢连接件,一般为小型号的槽钢,材质多采用 Q235 钢材。

4)栓钉连接件的构造要求:

① 当栓钉位置不正对钢梁腹板时,如钢梁上翼缘板承受拉力,则栓钉杆直径不应大于上翼缘板厚度的 1.5 倍;如上翼缘板不承受拉力,则栓钉杆直径不应大于钢梁上翼缘板厚度的 2.5 倍;

② 栓钉长度不应小于其杆径的 4 倍,钉头高度不应小于 0.4d;

③ 栓钉沿梁轴线方向的间距不应小于杆径的 6 倍,垂直于梁轴线方向的间距不应小于杆径的 4 倍;

④ 用压型钢板做底模的组合梁,栓钉直径不宜小于 19mm,以保证栓钉焊穿压型钢板;安装后栓钉应伸出压型钢板顶面 35mm 以上;混凝土凸肋高度不应小于栓钉直径的 2.5 倍;

⑤ 栓钉焊缝的平均直径应大于 1.25d,焊缝平均高度应大于 0.2d,焊缝最小高度应大于 0.15d。

槽钢连接件的构造要求,如图 19-4。

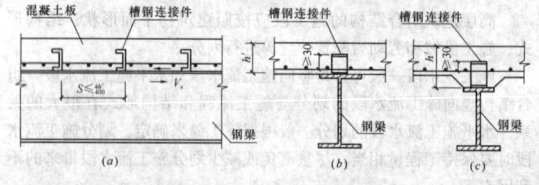

图 19-4 组合梁的槽钢连接件
(a) 组合梁纵剖面;(b) 横截面(无板托);(c) 横截面(有板托)

① 组合梁中的槽钢连接件一般采用 Q235 轧制的[8、[10、[12、[12.6 等小型槽钢,连接件宽度不能超过钢梁翼缘宽度减去 50mm;

② 布置槽钢连接件时,应使其翼缘肢尖方向与混凝土板中水平剪应力方向一致;

③ 槽钢连接件仅在其下翼缘的根部和趾部(垂直于钢梁的方向)与钢梁焊接,角焊缝尺寸根据计算确定,但不小于 5mm;平行于钢梁的方向不需要施焊,以减少钢梁上翼缘的焊接变形,节约焊接工料。

6)弯起钢筋连接件的构造要求,如图 19-5。

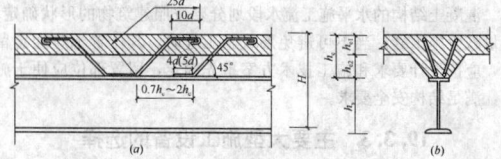

图 19-5 组合梁的弯起钢筋连接件
(a) 组合梁纵剖面;(b) 梁的横截面

① 弯起钢筋连接件一般采用直径不小于 12mm 的 HPB300 级钢筋或 HRB335 钢筋，弯起角度通常为 45°；

② 连接件的弯折方向应与板中纵向水平剪力的方向一致，并宜在钢梁上成对布置；

③ 每个弯起钢筋从弯起点算起的总长度不小于 $25d$，其中水平段长度不应小于 $10d$，当采用 HPB300 钢筋时端头设 180°弯钩；

④ 弯起钢筋沿梁轴线方向布置的间距不应小于混凝土板厚度（包括板托）的 0.7 倍，且不大于板厚的 2 倍；

⑤ 弯起连接件与钢梁连接的双侧焊缝长度为 $4d$（HPB300 级钢筋）或 $5d$（HRB335 级钢筋）；

⑥ 连接件顶面的混凝土保护层厚度不应小于 15mm。栓钉外侧或槽钢连接件端头至钢梁上翼缘侧边的距离不应小于 40mm，至混凝土板侧边的距离不应小于 100mm。

(3) 板托的构造要求

1) 板托顶部的宽度与板托的高度之比应该≥1.5，且板托的高度不大于 1.5 倍混凝土板的厚度，如图 19-6 所示。

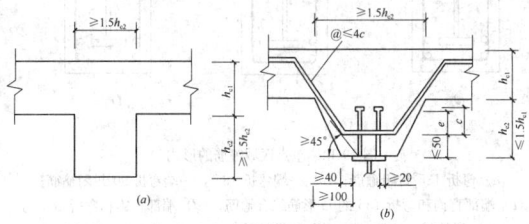

图 19-6 板托构造示意图

2) 板边缘距连接件外侧的距离不得小于 40mm，板外轮廓应自连接件根部算起的 45°仰角之外。

3) 板托中横向钢筋的下部水平段应该布置在距钢梁上翼缘 50mm 的范围内。

与混凝土板一样，为了保证板托中的连接件可靠的工作并有充分的抗掀起能力，连接件抗掀起端底面高出横向钢筋下部水平段的水平距离 e 不得小于 30mm，横向钢筋的间距要求与混凝土板中相同。

3. 型钢混凝土柱构造要求

(1) 型钢的混凝土保护层不宜小于 120mm。

(2) 型钢柱纵向受力钢筋宜采用 HRB300 级、HRB400 级热轧钢筋，最小直径不小于 12mm，最小净距不小于 50mm。

型钢混凝土柱顶层纵向钢筋锚固形式如图 19-7 所示。

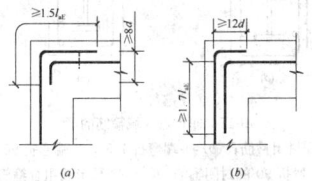

图 19-7 钢混凝土柱顶纵向钢筋锚固形式
(a) 顶层端节点（一）；(b) 顶层端节点（二）

(3) 型钢混凝土柱的箍筋

型钢混凝土柱的箍筋宜采用 HPB300 级、HRB335 级热轧钢筋，应采用封闭式箍筋。箍筋加密区长度应取矩形截面的长边尺寸（圆形界面的直径）、层间柱净高的 1/6 和 500mm 之间的最大值。

加密区（重点区）和非加密区（非重点区）柱的箍筋可选择图 19-8 和图 19-9 所示的形式制作。

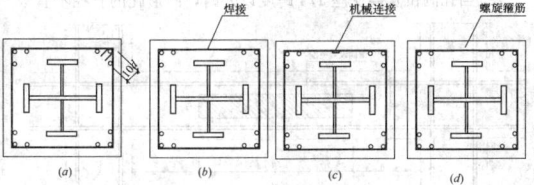

图 19-8 重点区柱的箍筋形式
(a) 弯折 135°的封闭箍；(b) 焊接箍；(c) 机械连接箍；(d) 螺旋箍筋

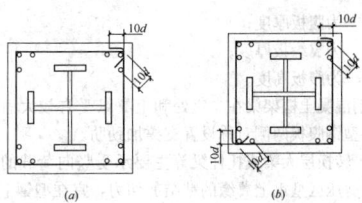

图 19-9 非重点区柱箍筋形式
(a) 一端弯折 90°，另一端弯折 135°的封闭箍；
(b) 一端弯折 90°，另一端弯折 135°的 L 形组合箍

19.4.2 型钢混凝土结构施工

19.4.2.1 型钢混凝土梁施工

1. 型钢混凝土梁的截面形式

型钢混凝土梁根据型钢截面不同可分为实腹式型钢混凝土梁和空腹式型钢混凝土梁两种。实腹式一般为轧制或焊接的工字钢和 H 型钢，如图 19-10 所示。空腹式型钢截面分为桁架式和缀板式两种，桁架式一般由角钢焊成桁架，桁架之腹板可以采用钢缀板或圆钢（图 19-11a），缀板式一般采用钢板将上下角钢连接成桁架（图 19-11b）。

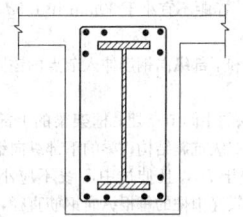

图 19-10 实腹式型钢混凝土梁
截面形式示意图

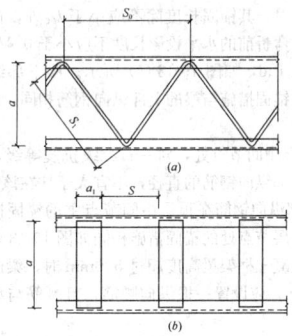

图 19-11 空腹式型钢混凝土梁
(a) 桁架式；(b) 缀板式

2. 型钢混凝土梁构造要求

(1) 型钢混凝土框架梁的截面宽度不宜小于 300mm。

(2) 实腹式：

1) 实腹式焊接工字钢腹板及翼缘板的厚度宜遵守如下规定，如图 19-12：

$$t_w \geqslant 6mm \text{ 且 } t_w \geqslant h_w/100;$$
$$t_f \geqslant 6mm \text{ 且 } t_f \geqslant h_w/40.$$

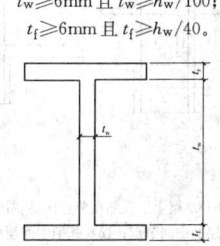

图 19-12 工字钢腹板及翼缘厚度

式中　t_w——为腹板厚度；

　　　　t_f——为翼缘板厚度；

　　　　h_w——为腹板高度。

2）型钢混凝土框架梁在支座处和上翼缘受有较大固定集中荷载处，应在型钢腹板两侧对称设置支撑加劲肋。

3）对于转换层大梁或托柱梁等主要承受竖向荷载的梁，为增加混凝土和剪压区型钢上翼缘的粘结剪切力，宜在型钢上翼缘、距梁端 1.5 倍梁高范围内增设栓钉。

（3）空腹式型钢：

1）桁架式空腹型钢，圆钢的直径 d 不宜小于其长度 S_1 的 1/40，腹杆间距 S_0 应遵守以下规定：

$$S_0 \leqslant 40 r_1$$

$$S_0 \leqslant 2a$$

式中　r_1——弦杆的回转半径；

　　　　a——上下弦杆间的距离。

2）缀板式空腹型钢的上下弦杆间的距离 a 一般不宜大于 600mm，缀板的宽度 a_1 不宜小于 $a/3$。缀板净距 S 宜遵守以下规定：$S \leqslant 40 r_1$ 且 $S \leqslant 1.5 a_1$。

（4）型钢混凝土梁的纵向钢筋：

梁中纵向受拉钢筋不宜超过两排，其配筋率宜大于 0.3%，直径宜取 16~25mm，净距不宜小于 30mm 和 1.5d（d 为钢筋的最大直径）；

（5）梁的上部和下部纵向钢筋伸入节点的锚固构造应符合如下要求：

1）框架中间层的中间节点处，框架梁的上部纵向钢筋应贯穿中间节点；对一、二级抗震结构，梁的下部纵向钢筋伸入中间节点的锚固长度不应小于 l_{ae}，且伸过中心线不应小于 5d，如图 19-13（a）所示。梁内贯穿中柱的每根纵向钢筋直径，对一、二级抗震结构，不宜大于柱在该方向截面尺寸的 1/20；对圆柱截面，不宜大于纵向钢筋所在位置截面弦长的 1/20。

2）框架中间层端节点处，当框架上部纵向钢筋用直线锚固的方式锚入端节点时，其锚固长度除不应小于 l_{ae} 外，尚应伸过柱外边并向下弯折，弯折前的水平投影长度不应小于 $0.4 l_{ae}$，弯折后的竖向投影长度取 15d，如图 19-13（b）所示。梁下部纵向钢筋在中间层端节点中的锚固措施与梁的上部纵向钢筋相同，但应竖直向上弯入节点。

3）框架顶层中间节点处，对一、二级抗震等级，贯穿顶层中间节点的梁的上部纵向钢筋的直径，不宜大于柱在该方向截面尺寸的 1/25。梁下部纵向钢筋在顶层中间节点中的锚固措施与梁下部纵向钢筋在中间层节点处的锚固措施相同如图 19-13（c）。

（6）型钢混凝土框架梁高度超过 500mm 时，梁的两侧沿高度方向每隔 200mm，应设置一根纵向腰筋，且腰筋与型钢间宜配置拉结钢筋。

（7）型钢混凝土悬臂梁自由端的纵向钢筋应设专门的锚固件。型钢混凝土梁的自由端型钢翼缘上宜设置栓钉。

（8）型钢混凝土梁的箍筋：

型钢混凝土梁应沿全长设置箍筋，箍筋的直径不应小于 8mm，最大间距不得超过 300mm，同时箍筋的间距也不应大于梁高的

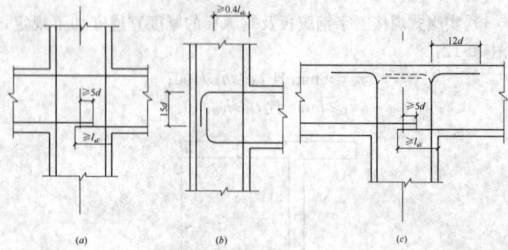

图 19-13　梁上下纵筋在节点区的锚固
（a）框架中间层的中间节点；（b）框架中间层的端节点；
（c）框架顶层的中间节点

1/2。框架梁重点区域和非重点区域箍筋形式如图 19-14、图 19-15。为便于施工现场管理，箍筋形式宜统一。

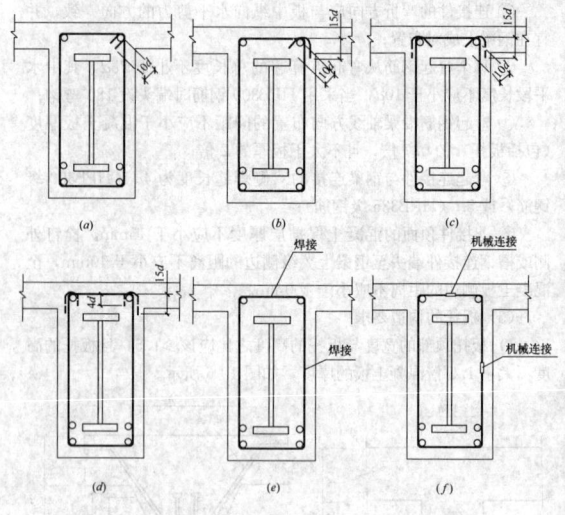

图 19-14　重点区域箍筋的形式
（a）弯折 135°封闭箍筋；（b）一端弯折 135°，一端弯折 90°封闭箍筋；
（c）端部直钩和弯折 135°的 U 形筋组合箍筋；（d）端部直钩和弯折 180°的
U 形筋组合箍筋；（e）焊接封闭箍筋；（f）机械连接封闭箍筋

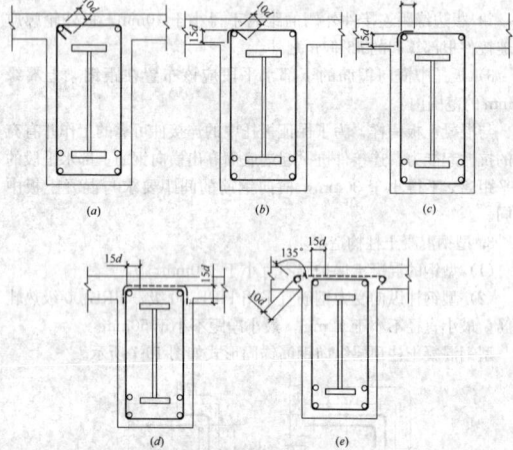

图 19-15　非重点区域箍筋的形式
（a）弯折 135°封闭箍筋；（b）一端弯折 135°，一端弯折 90°封闭箍筋；
（c）弯折 90°的封闭箍筋；（d）90°U 形筋组合箍筋；
（e）在混凝土板内加 U 形箍筋

（9）型钢混凝土梁上开洞构造措施：

实腹式钢梁上开洞时，宜采用圆形孔，其位置、大小和加强措施应符合下列规定：

1）$h < 400$mm 的梁上不允许开洞；开洞位置宜设置在剪力较小截面附近，同时建议开洞设置在梁跨中 $l_0 - 2h$ 的范围内，如图 19-16 所示。

2）当孔洞位置离支座 1/4 跨度以外时，圆形孔的直径不宜大

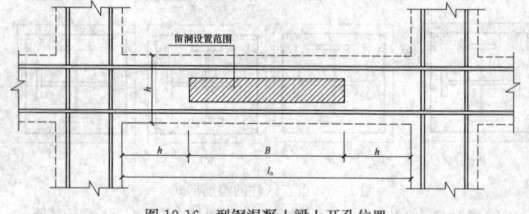

图 19-16　型钢混凝土梁上开孔位置

于 0.4 倍梁高，且不宜大于型钢截面高度的 0.7 倍，如图 19-17 所示；当孔洞位于离支座 1/4 跨度以内时，圆形孔的直径不宜大于 0.3 倍梁高，且不宜大于型钢截面高度的 0.5 倍。

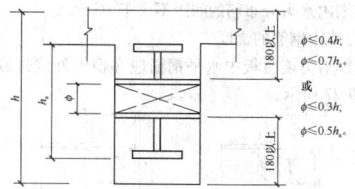

图 19-17　实腹式型钢混凝土梁上开洞大小要求

3）同一根梁上设置多个孔洞时，各孔洞之间的距离 l 应满足 $l \geqslant 1.5(\phi_1 + \phi_2)$ 的要求，如图 19-18。

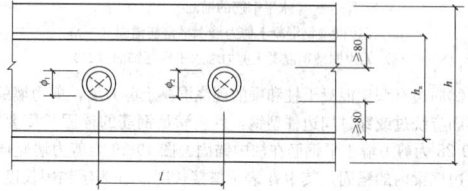

图 19-18　实腹型钢梁开多个孔的要求

4）当梁上开洞时，宜设置钢套管进行补强，套管壁厚度不宜小于梁型钢腹板厚度，套管与型钢梁腹板连接的角焊缝高度宜取 0.7 倍腹板厚度；或采用腹板孔周围两侧各焊上厚度稍小于腹板厚度的环形补强板，其环形板宽度应取 $75 \sim 125$mm；且孔边应设置构造箍筋和水平筋（图 19-19）。

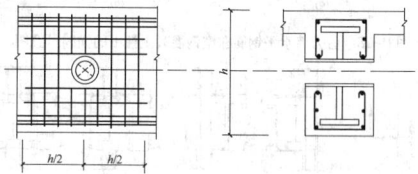

图 19-19　实腹式型钢梁开孔加强措施

3. 型钢混凝土梁的施工

（1）型钢混凝土梁施工流程

构件的加工、制作→构件进场、检验→构件配套→测量、放线→吊具准备→钢梁吊装→钢梁校正→钢梁焊接（紧固）→模板支设→钢筋绑扎→混凝土浇筑

（2）型钢混凝土梁施工技术要点

1）钢构件加工、构件检验、测量放线、钢梁吊装、校准等工艺参照第 17 章钢结构工程，模板支设、混凝土浇筑参照第 15 章混凝土工程，钢筋制作与绑扎参照第 14 章钢筋工程。

2）当梁纵向受拉钢筋超过两排时，应分层浇筑，确保梁底混凝土密实。

3）节点区域内的钢筋较为密集时应采取以下措施：

① 在与型钢梁相连的型钢柱内留设穿筋孔，梁纵向钢筋连接方式采用机械连接，下排钢筋贯通，不在节点处锚固。

② 采用高强度、大直径钢筋，减少钢筋根数。

③ 在梁柱接头处和梁的型钢翼缘下部，预留排除空气的孔洞和混凝土浇筑孔，如图 19-20 所示。

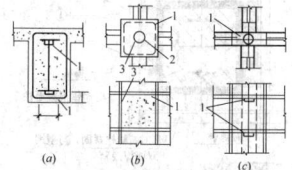

图 19-20　混凝土不易充分填满的部位

1—混凝土不易充分填满部位；2—混凝土浇筑孔；3—柱内加劲肋板

4. 节点处理

（1）实腹式型钢截面梁柱节点的形式如图 19-21。

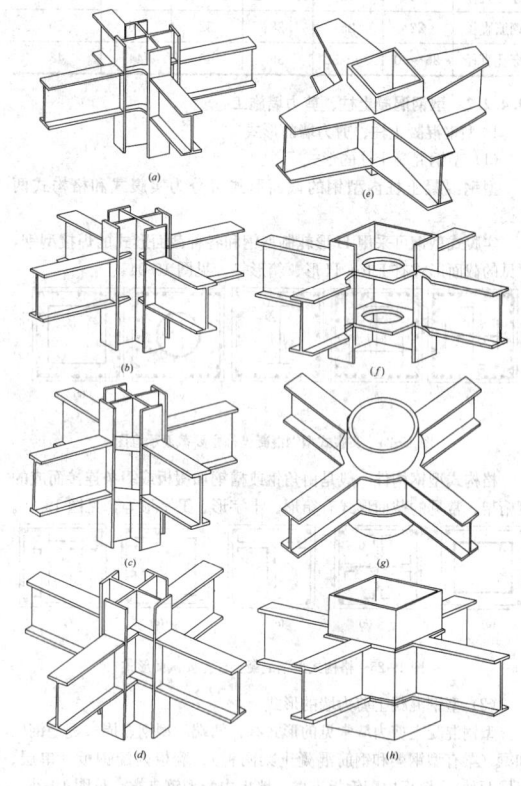

图 19-21　实腹式型钢节点

(a) 水平加劲板式；(b) 水平三角加劲板式；(c) 垂直加劲板式；
(d) 梁翼缘贯通式；(e) 梁外隔板式；(f) 内隔板式；
(g) 加劲环式；(h) 贯通隔板式

（2）图 19-22 为十字形空腹式型钢柱与空腹式型钢梁的节点形式，该节点便于混凝土填充。

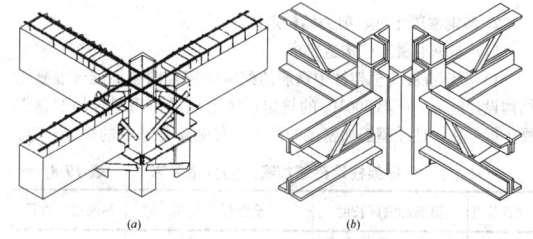

图 19-22　空腹式型钢节点

(a) 空腹式型钢节点（一）；(b) 空腹式型钢节点（二）

（3）型钢混凝土梁柱节点钢筋布置示意如图 19-23 所示。

（4）常用钢筋穿孔的孔径见表 19-7。

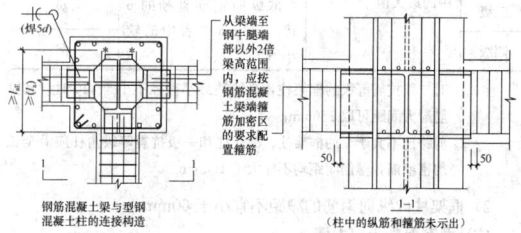

图 19-23　型钢混凝土梁柱节点内钢筋布置

<table>
<tr><th colspan="7">常用钢筋穿孔的孔径表（mm）　　　表 19-7</th></tr>
</table>

钢筋直径	10	12	14	16	18	20
穿孔直径	15	18	20~22	20~24	22~26	25~28
钢筋直径	22	25	28	32	36	40
穿孔直径	26~30	30~32	36	40	44	48

19.4.2.2　型钢混凝土柱、剪力墙施工

1. 型钢混凝土柱、剪力墙的形式

(1) 型钢混凝土柱的形式

型钢混凝土柱内型钢的截面形式可分为实腹式和格构式两大类。

实腹式型钢可采用 H 形轧制型钢和各种截面形式的焊接型钢，常见的截面形式有 I 形、H 形、箱形等，见图 19-24。

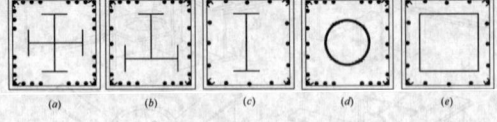

图 19-24　实腹式型钢混凝土柱主要截面示意图

格构式型钢构件一般是由角钢或槽钢加缀板或缀条连接而成的钢桁架。常见的截面形式有箱形、十字形、T 字形等，见图 19-25。

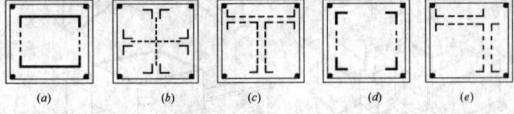

图 19-25　格构式型钢混凝土柱主要截面形式

(2) 型钢混凝土剪力墙的形式

型钢混凝土剪力墙常见的形式有：两端配型钢、周边配型钢柱和梁（梁有型钢梁和钢筋混凝土梁两种）、墙板内配钢板（单层、双层两种）、墙板内配钢板支撑、墙板内配型钢支撑，见图 19-26。

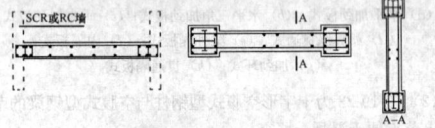

图 19-26　型钢混凝土剪力墙主要截面形式

2. 型钢混凝土柱、剪力墙构造

(1) 型钢混凝土柱构造要求

1) 型钢混凝土框架柱中箍筋的配置应符合国家标准《混凝土结构设计规范》(GB 50010) 的规定；考虑地震作用组合的型钢混凝土框架柱，柱端箍筋加密区的构造要求应按表 19-8 的规定采用。

<table>
<tr><th colspan="4">框架柱端箍筋加密区的构造要求　　　表 19-8</th></tr>
<tr><th>抗震等级</th><th>箍筋加密区长度</th><th>箍筋最大间距</th><th>箍筋最小直径</th></tr>
<tr><td>一级</td><td rowspan="4">取矩形截面长边尺寸（或圆形截面直径）、层间净高的 1/6 和 500mm 三者中的最大值</td><td>取纵向钢筋直径的 6 倍、100mm 二者中的较小值</td><td>φ10</td></tr>
<tr><td>二级</td><td>取纵向钢筋直径的 6 倍、100mm 二者中的较小值</td><td>φ8</td></tr>
<tr><td>三级</td><td>取纵向钢筋直径的 6 倍、100mm 二者中的较小值</td><td>φ8</td></tr>
<tr><td>四级</td><td>取纵向钢筋直径的 6 倍、100mm 二者中的较小值</td><td>φ6</td></tr>
</table>

注：1. 对二级抗震等级的框架柱，当箍筋最小直径不小于 φ10 时，其箍筋最大间距可取 150mm；

2. 剪跨比不大于 2 的框架柱、框支柱和一级抗震等级角柱应沿全长加密箍筋，箍筋间距均不应大于 100mm。

2) 框架柱内纵向钢筋的净距不宜小于 60mm。

(2) 型钢混凝土剪力墙

1) 型钢混凝土剪力墙的构造

一、二、三级抗震设计时，在剪力墙底部高度为 1.0 倍墙截面高度的塑性铰区域范围内，水平钢筋应加密。二、三级抗震设计时，加密范围内水平分布筋的间距不大于 150mm；一级抗震设计时，加密范围内水平分布筋的间距不大于 100mm。

2) 剪力墙内钢筋的锚固

① 无边框剪力墙腹板中水平钢筋应在型钢外绕过或与型钢焊接，如图 19-27 所示。

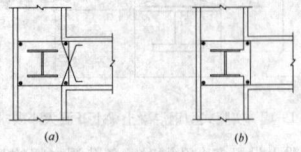

图 19-27　无边框型钢混凝土剪力墙水平钢筋的锚固

(a) 无边框型钢混凝土剪力墙水平钢筋锚固（一）；

(b) 无边框型钢混凝土剪力墙水平钢筋锚固（二）

② 周边有型钢混凝土柱和梁的现浇混凝土剪力墙，剪力墙的水平钢筋应绕过或穿过周边柱型钢，且应满足钢筋的锚固长度要求。图 19-28 为剪力墙水平钢筋在柱中锚固。图 19-29 为剪力墙竖向钢筋在边框梁内的锚固。其中 l_l 表示搭接长度，l_{aE} 表示锚固长度。

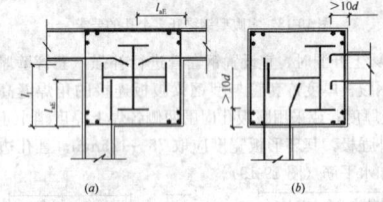

图 19-28　剪力墙水平钢筋在型钢混凝土柱中的锚固示意图

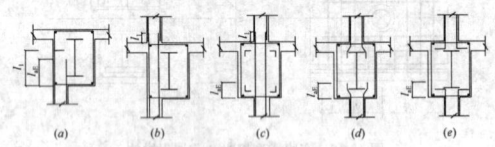

图 19-29　剪力墙竖向钢筋在边框梁内的锚固

3. 型钢混凝土柱、剪力墙施工工艺流程

(1) 型钢柱与剪力墙的施工流程

构件的加工、制作→构件进场、检验→构件配套→测量、放线→吊具准备→钢柱吊装→钢柱校正→钢柱焊接→型钢混凝土柱、墙钢筋绑扎→模板支设→混凝土浇筑

(2) 型钢柱与剪力墙的施工要点

1) 钢构件加工、制作、检验、测量放线、钢柱吊装、校正、焊接参照第 17 章钢结构工程，钢筋制作、绑扎参照第 14 章钢筋工程，模板参照第 13 章模板工程。

2) 型钢混凝土柱、墙模板支设

当型钢混凝土柱、墙内的型钢截面较大时，型钢会影响普通对拉螺栓的贯通。对于型钢剪力墙和截面单边长度超过 1200mm 的型钢混凝土柱，一般采取在型钢上焊接 T 形对拉螺栓的方式固定模板。T 形对拉螺栓形式如图 19-30 所示。

3) 对于边长小于 1200mm 的型钢柱，一般采用槽钢固定模板，

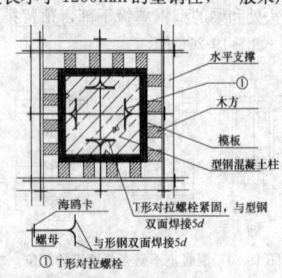

图 19-30　T 形对拉螺栓示意图

如图 19-31 所示。

4) 型钢和钢筋较密的混凝土墙、柱，应在钢筋绑扎过程中留好浇筑点并在钢筋上做出标记，选用小棒振捣，确保不出现漏振现象。

梁柱接头处要预留排气孔，保障混凝土浇筑质量，如图 19-32 所示。

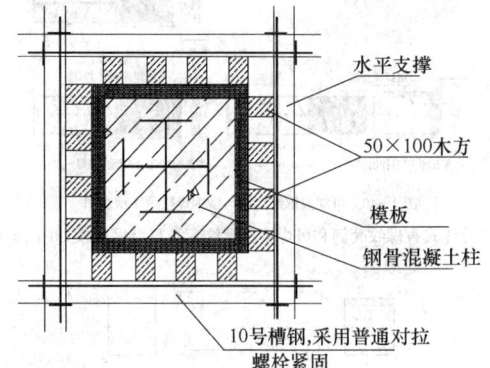

图 19-31 采用槽钢固定模板的形式示意图

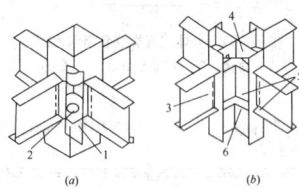

图 19-32 梁柱接头处预留孔洞位置
1—柱内加劲板；2—混凝土浇筑孔；
3—箍筋通过孔；4—梁主筋通过孔；
5—排气孔；6—柱腹板加劲肋

4. 节点施工

(1) 型钢混凝土柱与混凝土柱的连接

当结构下部采用型钢混凝土柱，上部采用混凝土柱时，其间应设过渡层。过渡层全高范围内应按照混凝土柱箍筋加密区的要求配置箍筋。型钢混凝土柱内的型钢应伸至过渡层顶部梁高范围。如图 19-33 所示。

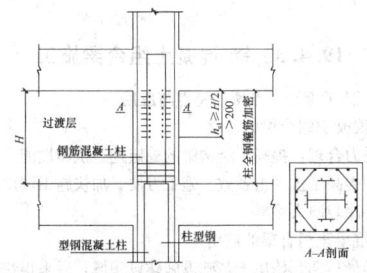

图 19-33 型钢混凝土柱过渡层剪力连接件（栓钉）示意图

(2) 型钢混凝土柱与钢柱的连接

当结构下部为型钢混凝土柱，上部为钢柱时，应设置过渡层。过渡层应满足以下要求：

下部型钢混凝土柱应向上延伸一层作为过渡层，过渡层中的型钢截面应按照上部钢结构设计要求的截面配置，且向下延伸至梁下部 2 倍型钢柱截面高度位置，见图 19-34。

结构过渡层至过渡层以下 2 倍柱型钢截面高度范围内，应设置栓钉，栓钉的水平及竖向间距不宜大于 200mm，栓钉至型钢钢板边缘距离不宜小于 50mm，箍筋应沿柱全高加密。

十字形柱与箱形柱连接处，十字形柱腹板宜伸入箱形柱内，其伸入长度不宜小于柱型钢截面高度，且型钢柱对接接头不宜设置在过渡层范围内。

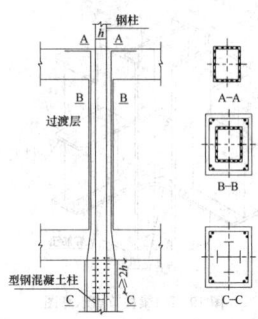

图 19-34 由型钢混凝土柱到钢柱的过渡示意图

(3) 型钢混凝土柱改变截面

型钢混凝土柱中型钢截面需要改变时，宜保持型钢截面高度不变，可改变翼缘板的宽度、厚度和腹板厚度。当需要改变柱截面时，截面高度宜逐步过渡；且在边界面的上下端应设置加劲肋；当变截面段位于梁、柱接头时，变截面位置宜设置在两端距梁翼缘不小于 150mm 位置处。

(4) 型钢混凝土柱纵向受力钢筋排布形式

型钢柱纵向受力钢筋宜采用 HRB335 级、HRB400 级、HRB500 热轧钢筋，最小直径不小于 12mm，最小净距不小于 50mm。柱纵向受力钢筋接头宜采用机械连接或焊接，且宜与型钢接头位置错开。接头面积不宜超过 50%，相邻接头间距不得小于 500mm，接头最低点距柱端不宜小于柱截面边长，且宜设置在楼板面以上 700mm 处。

当型钢柱与钢梁或型钢梁相连时，纵向受力钢筋排布宜设置在柱的角部（如图 19-35 所示），避免与柱相连的型钢梁内型钢或钢梁的翼缘板。必要时要增加构造钢筋或形成钢筋束（如图 19-35、图 19-36 所示）。

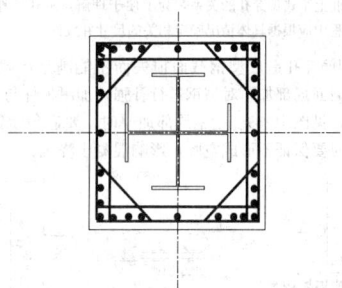

图 19-35 型钢混凝土柱截面纵向钢筋排

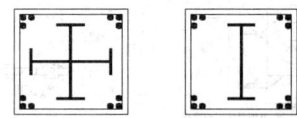

图 19-36 型钢混凝土柱内角部
纵向钢筋配置形式

(5) 型钢混凝土梁与型钢混凝土柱连接节点

节点处柱型钢与梁型钢正交时，梁型钢断开，焊接于柱型钢翼缘板上。为保证梁型钢内力传递流畅，需在柱型钢翼缘内部焊接水平加劲板（作法同钢结构）。

型钢混凝土梁与型钢混凝土柱节点区域，要保持型钢柱箍筋闭合，需要在钢梁上预留箍筋穿孔，如图19-37所示。

(6) 型钢混凝土柱与混凝土梁的连接

1) 型钢混凝土柱与混凝土梁相连接时，一般采用在型钢上留置穿筋孔、在型钢上设置钢筋连接板或短牛腿（图 19-37）或在型钢上焊接直螺纹套筒（钢筋连接器）。

2) 钢筋穿过型钢时，要尽量避开翼缘板，在腹板上留置穿筋孔，腹板截面损失率不宜大于 25%，见图 19-38。当必须在翼缘板上穿孔时，应对承载力进行验算，验算截面按照最小截面进行。

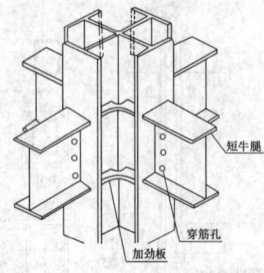

图 19-37　梁柱节点示意图

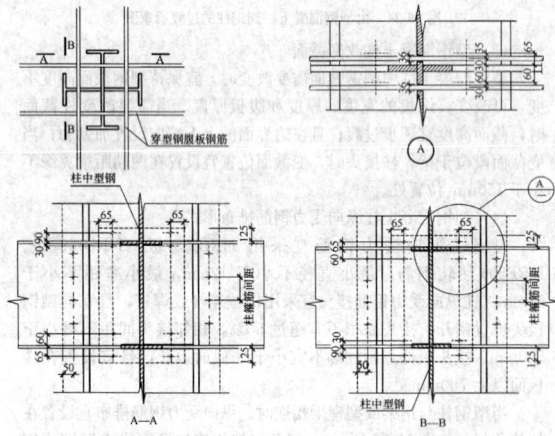

图 19-38　型钢腹杈穿孔构造

注：在节点区两个方向梁的纵向钢筋，穿过型钢腹板时有上下错位。图中表示的是钢筋上下错位穿孔的关系，为了便于理解，示意性地标注了一些尺寸。实际工程中应根据具体情况确定相关的尺寸并放样。

3）当钢筋穿孔造成型钢截面损失而不能满足承载力要求时，可采取型钢截面局部加厚对型钢进行补强，加厚板件与型钢构件应有可靠连接，见图 19-39。型钢局部加厚时，要避免型钢的刚度突变过大，同时要保证不形成空腔，影响混凝土浇筑。

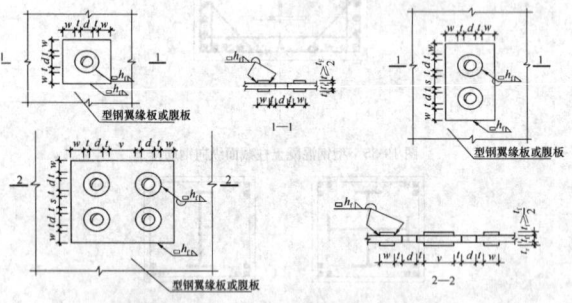

图 19-39　型钢翼缘板、腹板穿孔补强板构造

注：1. 图中角焊缝的焊脚尺寸 h_f^i（mm）

不应小于 $1.5\sqrt{t}$，t（mm）为较厚焊件厚度，且不宜大于较薄焊件厚度的 1.2 倍。

2. 补强板尺寸的建议值：

a. $t=h_f^i+2\sim4$mm；

b. $w\geqslant\dfrac{d}{2}$ 且≥20mm；

c. v，$s\geqslant d$ 且≤12t 和 20mm 的较小值；

d. $s\geqslant0.5t$ 且≤0.7t。

3. n×m 穿孔补强板尺寸的构造要求可类推得到。

4）在型钢上设置钢筋连接板或短牛腿后，梁纵向受力钢筋与连接板或短牛腿进行焊接，焊接长度不小于双面 5d（d 为钢筋直径）。

5）在型钢上焊接直螺纹套筒后，梁纵向钢筋与直螺纹套筒连接。直螺纹套筒与型钢焊接宜在加工场进行焊接，焊接顺序如图 19-40 所示。型钢柱之间的梁纵向钢筋可以采取搭接、焊接或分体式直螺纹（分体式直螺纹套筒如图 19-41 所示）等方式进行连接。

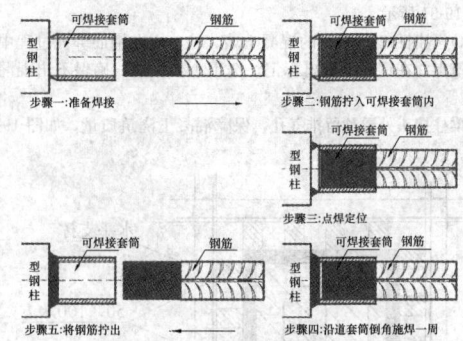

图 19-40　可焊直螺纹套筒与型钢焊接顺序示意图

采用分体式直螺纹套筒和可焊接直螺纹套筒与型钢连接如图 19-42 所示。

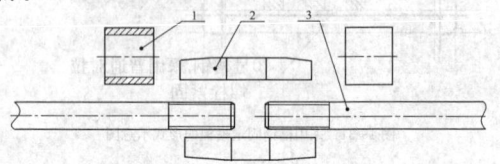

图 19-41　分体式直螺纹套筒示意图
1—锁套；2—半圆形套筒；3—钢筋

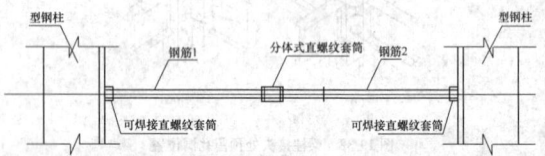

图 19-42　分体式直螺纹套筒连接示意图

（7）剪力墙水平筋与型钢柱的连接

剪力墙水平筋在柱内的锚固长度不应小于设计要求的锚固长度。当与钢柱相遇时，可以进行机械锚固，机械锚固长度为 $0.7l_{aE}$（l_{aE} 为锚固长度）。

机械锚固作法有两种：一是在钢筋锚固段焊接长 5d（d 为钢筋直径）与锚固钢筋同直径的短钢筋；二是在钢筋锚固端焊接厚度为 10mm，面积不小于 100mm×100mm，且不小于 10 倍钢筋截面积的钢板。

19.4.3　钢-混凝土组合梁施工

19.4.3.1　钢-混凝土组合梁的特点与应用

1. 钢-混凝土组合梁的特点

结构受力合理，提高了结构梁的稳定性。抗震性能好，抗疲劳强度高，并提高了抗冲击系数。施工方便，加快施工进度。耐火性能差，需要涂装防火涂料。

2. 钢-混凝土组合梁的应用

组合梁最早开始用于基础设施建设领域，后来很快发展到用于房屋建筑。目前广泛应用于高层及超高层房屋建筑及工业建筑、桥梁、机场、车站、工业厂房以及结构的加固与修复。

19.4.3.2　钢-混凝土组合梁的组成、节点形式

1. 钢-混凝土组合梁的组成

钢-混凝土组合梁截面由混凝土翼缘板（楼板）或板托、钢梁以及抗剪连接件等构件组成，如图 19-43。

（1）混凝土翼缘板

混凝土翼缘板形式共有四种：

1）现浇钢筋混凝土翼缘板，分为有板托和无板托两种，如图 19-44 所示。

2）预制钢筋混凝土翼缘板如图 19-45 所示。

3）压型钢板翼缘板，如图 19-46 所示。

4）预应力混凝土楼板。

（2）板托

板托，如图 19-44（a）所示。

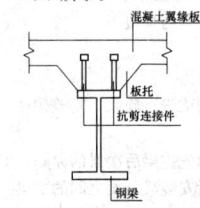

图 19-43 钢-混凝土组合梁组成

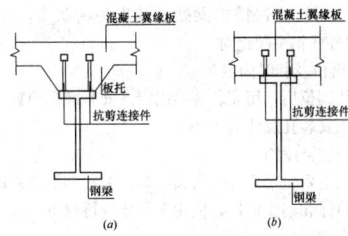

图 19-44 现浇混凝土翼缘板组合梁截面
（a）有托板式；（b）无托板式

图 19-45 预制翼缘板组合梁截面

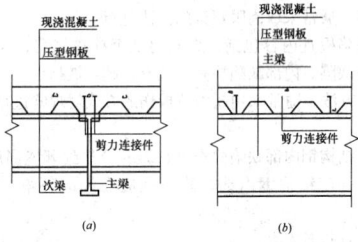

图 19-46 压型钢板组合梁截面
（a）压型钢板主肋平行主梁；（b）压型钢板主肋垂直主梁

（3）钢梁

钢梁形式共有四种。钢-混凝土组合梁中的钢梁，其截面形式如图 19-47 所示。

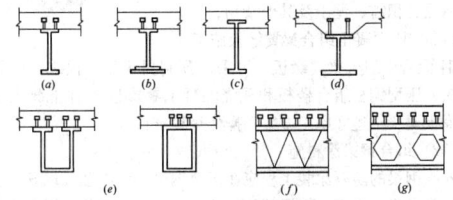

图 19-47 组合梁中的钢梁截面形式
（a）小型工字梁；（b）加焊不对称工字梁；（c）焊接不对称工字梁；
（d）带混凝土板托组合梁；（e）箱形钢梁；（f）轻钢桁架及
普钢桁架梁；（g）蜂窝梁

1）工字钢梁；
2）箱形钢梁；
3）轻钢桁架及普通钢桁架梁；
4）蜂窝式梁。

（4）抗剪连接件

一般实际工程中常用的抗剪连接件主要有栓钉、槽钢、弯筋、T 形钢连接件等，如图 19-48 所示。

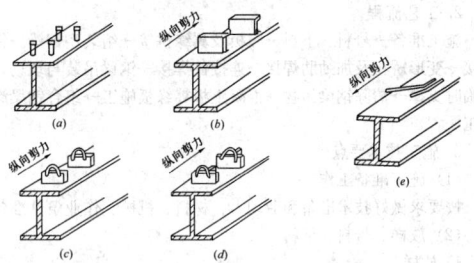

图 19-48 抗剪连接件形式
（a）栓钉连接件；（b）槽钢连接件；（c）方钢连接件；
（d）T 形钢连接件；（e）弯筋连接件

2. 钢-混凝土组合梁的节点形式

（1）钢-混凝土组合梁与钢筋混凝土墙（柱）的连接节点

组合梁垂直于钢筋混凝土墙（柱）的连接，一般为铰接节点。铰接连接时，可在钢筋混凝土墙中设置预埋件，预埋件上焊接连接板，连接板与组合梁中的钢梁腹板用高强螺栓连接，如图 19-49 所示。也可在预埋件上焊支承钢梁的钢牛腿来连接钢梁。

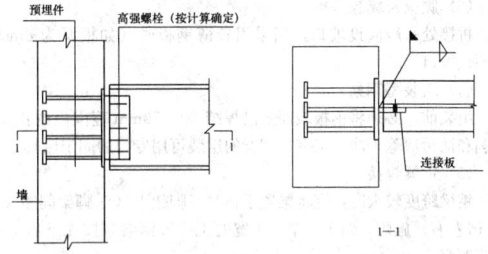

图 19-49 预埋件铰接节点

（2）钢-混凝土组合梁与型钢混凝土墙（柱）连接节点

当组合梁中的钢梁与型钢混凝土墙（柱）连接时，连接节点形式有三种：焊接、螺栓连接、栓焊连接。

（3）钢-混凝土组合梁与钢柱或钢管柱的连接节点

钢-混凝土组合梁和钢柱的连接节点分为焊接、螺栓连接、栓焊连接三种形式，其构造要求与组合梁与型钢混凝土墙（柱）的节点形式相同。

（4）主次梁连接节点

对于组合结构的主梁和次梁的连接，一般通过在主梁上设置连接板，采用高强螺栓进行连接。图 19-50 为组合梁主次梁的连接节点。

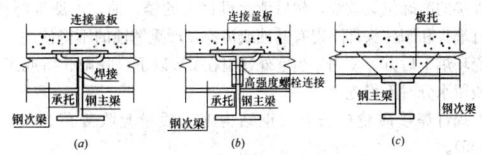

图 19-50 组合梁主次梁的连接节点
（a）连续次梁与主梁平接；（b）简支次梁与主梁平接；
（c）连续次梁与主梁上下叠接

19.4.3.3 钢-混凝土组合梁的施工工艺

钢-混凝土组合梁的施工必须遵照现行《钢结构工程施工质量验收规范》（GB 50205）及《混凝土结构工程施工质量验收规范》（GB 50204）等规范以及有关行业技术规程的规定，并应符合国家及行业有关安全技术规程的相关要求和规定。

1. 施工方法

钢-混凝土组合梁的常见施工方法主要有梁下不设置临时支撑和梁下设置临时支撑两种。

混凝土自重不大的压型钢板组合楼板（盖）结构一般采用不设

置临时支撑的方法进行施工。对于混凝土自重较大的组合梁或者对变形要求较高的组合梁，需要在梁下设置支撑。

2. 工艺流程

施工准备→号料、下料→腹板及翼缘拼接→组装型钢梁→钢梁焊接→变形矫正及加劲肋焊接→连接件焊接→钢梁吊装与现场焊接→临时支撑→清除钢梁污物→混凝土板翼缘板施工→组合钢梁涂料施工

3. 施工技术要点

(1) 施工准备工作

按要求做好技术准备和劳动力、材料、机械、作业条件准备。

(2) 放样、号料、下料

1) 放样

放样前要熟悉施工图纸，并逐个核对图纸之间的尺寸和相互关系。对数量较大或重要构件要以 1∶1 的比例放出实样，制成样板作为下料、成型、边缘加工和成孔的依据。放样时，要对边缘加工的工件应考虑加工预留量，焊接构件要按规范要求放出焊接收缩量。

2) 号料

以样板为依据，在原材料上划出实际图形，并打上加工记号。

3) 下料

切割下料时，根据钢材截面形状、厚度以及切割边缘质量要求的不同可以采用机械切割法、气割法或等离子切割法。

(3) 腹板及翼缘拼接

拼接处一般应设坡口，当采用较薄钢板时（如板厚为 8mm）可不设坡口。

(4) 组装型钢梁

组装前，必须将钢板表面及沿焊缝 30～50mm 范围内的铁锈、毛刺和油污清除干净。工字型钢梁的组装可用专门的固定胎具。

(5) 钢梁焊接

钢梁跨度较大时，宜将梁置于临时三脚架上（三脚架间距 1.5～2m 左右）施焊。对于上窄、下宽的工字形钢梁应按先下后上的焊接顺序。

(6) 矫正变形及加劲肋焊接

从梁中分别向梁端施焊加劲肋，用千斤顶、卡具及火焰修正梁腹板的起鼓及上、下翼缘的旁弯，将梁立正。

(7) 抗剪连接件的焊接

组合梁抗剪连接件应根据采用的组合梁混凝土翼缘板类型及具体设计和施工要求确定。

1) 当组合梁采用弯起钢筋、槽钢等做连接件（圆柱头焊钉除外）时，施焊时要采取分层次（分两遍），交错施焊的方法，减少焊接变形。如果钢梁在地面上施工时，可使梁中部垫起使其呈 T 形悬臂状再进行焊接。梁的两侧仍用三脚架保证垂直位置，再分层次、交错施焊连接件。

2) 当组合梁采用焊钉做连接件时，施焊前应在母材表面按焊钉焊接的准确位置放线，然后清除母材上的锈、油、油漆等污物。焊钉端头和圆柱头部不得有锈蚀或污物，严重锈蚀的不得使用。受潮瓷环烘干后方可使用。当室外气温在 0℃ 以下，降雨、雪或工件上残留水分时不得施焊。

焊钉焊接质量应符合《钢结构施工质量验收规范》（GB 50205）。

3) 焊钉焊接质量检查

焊钉焊接质量检查分为外观检查和破坏试验两种方法。焊钉破坏试验包括弯曲、拉伸及剪切试验。

① 外观检查

应满足以下三项要求：焊钉底部的焊脚应完整、密实和均匀分布；焊接后的焊钉长度正确，其长度公差在 ±2mm 以内；焊钉应垂直于钢梁母材。

② 破坏试验

a. 弯曲检验：可用锤击使其从原来的轴向弯曲 30°，或采用特制的导管将焊钉弯成 30°，若焊钉焊缝完好，方为合格。

b. 反复弯曲试验：应在专门的双控拉压装置上进行，直到焊钉反复弯曲 30°断裂为止，焊缝处不发生裂缝，方为合格。

c. 拉伸试验：应在拉力机上进行，焊钉的断裂应在焊接

区之外，并应保证屈服抗拉强度、延伸率符合国家有关标准。

d. 剪切试验：用以检验焊缝的抗剪强度。

(8) 组合钢梁的安装与焊接

1) 钢梁吊装

① 吊装前的准备工程

钢梁吊装前应对钢梁进行验收，复核构件尺寸。

② 钢梁吊装

钢梁的安装顺序为先主梁后次梁的原则，即先安装柱与柱、柱与墙之间的框架梁，后安装梁与梁之间的次梁。

钢梁重量较轻时吊装一般可以利用专用扁担，采用捆绑法二点起吊。钢梁较重时，为避免钢丝绳磨损严重，通常采用设置吊耳进行吊装。起吊时应当保持钢梁处于基本平衡状态，以方便与墙（柱）的预埋件或钢牛腿对组。

③ 钢梁就位及临时固定

钢梁吊装到位后，用安装螺栓固定。安装螺栓的数量应计算确定，但不少于安装孔总数的 1/3。

2) 钢梁校正与固定

钢梁校正主要包括调整主次梁的高低差和钢梁的错边。组合钢梁的高低差超标和钢梁错边，使用千斤顶进行校正。

3) 钢梁固定

钢梁校正完毕后，先进行高强螺栓连接，然后进行焊接。钢梁两端焊接不可同时进行。

① 高强螺栓安装检查

高强螺栓检查采用小锤敲击法逐个检查。高强度大六角螺栓除用"小锤敲击法"逐个检查外，还应进行扭矩检查，扭矩检查采用"松扣、回扣法"。扭矩检查应在终拧 1h 后进行，终拧后 24h 之内完成。

② 焊缝质量检查

焊缝检查包括焊缝外观质量检查和内部缺陷检查。

焊缝外部质量检查内容包括：焊缝尺寸、咬边、表面气孔、表面裂纹、表面凹坑、引熄弧部位的处理、未熔合、引熄弧板处理、焊工钢印等，通常采取肉眼观察的方法进行。

内部缺陷检查内容包括：焊缝内是否存在气孔、未焊透、夹渣、裂纹等缺陷。内部缺陷检查方式有：超声波探伤、磁粉探伤和 X 光探伤等方法。通常采用超声波探伤的方式对焊缝进行内部缺陷检查。

对碳素结构钢内部缺陷检查可在焊缝冷却到环境温度时检测；对低合金高强度结构钢内部缺陷检查应在完成环境 24h 后进行检测。

(9) 设置临时支撑

当根据设计要求，钢—混凝土组合梁需要设置临时支撑时，应在钢梁安装完成后，按照设计图纸要求设置临时支撑，直到翼缘板混凝土强度等级达到设计要求时，方可拆除临时支撑。

(10) 清理基层

钢梁顶面不得涂刷油漆，在浇筑混凝土板之前应清除铁锈、焊渣、冰层、积雪、泥土及其他杂物。

(11) 钢-混凝土组合梁翼缘板施工

钢-混凝土组合梁翼缘板，可采用预制翼缘板、预应力混凝土翼缘板、压型钢板组合楼板和现浇混凝土翼缘板。钢-混凝土组合梁翼缘板要严格遵守施工方案和操作规程进行。

(12) 组合钢梁涂料施工

外露钢梁的防腐涂装工程应在组合钢梁工厂组装或现场安装并质量验收合格后进行。钢梁的防火涂料涂装应在安装工程检验批和构件表面除锈及防腐底漆涂装检验批质量验收合格后进行。

19.4.4 钢管混凝土柱施工

19.4.4.1 钢管混凝土的构造要求

(1) 钢管外径不宜小于 100mm，壁厚不小于 4mm。

(2) 钢管混凝土用混凝土强度等级不小于 C30。钢管混凝土用混凝土宜选用微膨胀混凝土，收缩率不大于万分之二。

(3) 钢管的钢材强度等级、钢管厚度和混凝土强度等级之间对应关系见表 19-9。

钢管混凝土的钢材及混凝土指标　表 19-9

钢材种类	钢材			混凝土
	管壁厚度 (mm)	钢材屈服强度 f_y (MPa)	强度设计值 f (MPa)	适用的混凝土强度等级
Q235	≤16	235	215	C30~C50
	16~40	225	205	
	40~60	215	200	
	60~100	205	190	
Q345 (16Mn 钢)	≤16	345	315	C40~C60
	16~25	325	315	
	25~36	315	290	
	36~60	295	270	
	60~100	275	250	
Q390 (15MnV 钢)	≤16	390	350	C50~C80
	16~25	375	335	
	25~36	355	320	
	36~60	295	270	
	60~100	275	250	

19.4.4.2　钢管柱制作及组装

(1) 按设计施工图要求由工厂提供的钢管应有出场合格证。由施工单位自行卷制的钢管，其钢板必须平直，不得使用表面锈蚀或受过冲击的钢板，并应有出厂证明书或试验报告单。钢管制作的尺寸允许偏差、质量标准及检验方法应符合表 19-10、表 19-11。

钢管构件外形尺寸的允许偏差（mm）　表 19-10

项目	允许偏差 (mm)	检验方法	图例
直径 d	±d/500　±5.0	钢尺检查	
构件长度 l	±3.0		
管口圆度	d/500，且不应大于 5.0		
管面对管轴的垂直度	d/500，且不应大于 3.0	用焊缝量规检查	
弯曲矢高	l/1500，且不应大于 5.0	用拉线、吊线和钢尺检查	
对口错边	t/10，且不应大于 3.0	用拉线和钢尺检查	

钢管柱质量标准和检验方法　表 19-11

序号	检验项目	类别	质量标准		检验方法及器具
			合格	优良	
1	管材的品种、规格和质量	一类	必须符合设计要求和有关现行标准		检查出厂证件和试验报告
2	钢管表面质量	一类	无裂纹、结疤、分层、凹坑、较重划伤（>0.5mm）；无片状老锈		观察检查
3	纵向弯曲	三类	≤l/1000，且≤10mm		拉线和尺量检查
4	钢管椭圆度（图 19-52a）	三类	$\frac{\Delta}{D}$≤3/1000		尺量检查
5	端头倾斜度（图 19-52b）	三类	$\frac{\Delta}{D}$≤l/1500，且≤0.3mm		直角尺、水平尺检查
6	牛腿与环梁顶面位置偏差	三类	≤2mm		尺量检查
7	牛腿与环梁顶板面翘曲	三类	≤2mm		水平和塞尺检查
8	每节柱长度偏差	三类	≤3mm		尺量检查

注：Δ 为尺寸偏差值，见图 19-51。

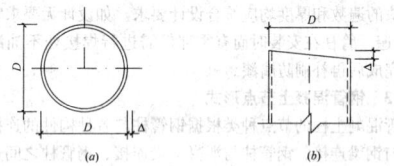

图 19-51　尺寸偏差 Δ 测量示意图
(a) 钢管椭圆度；(b) 端头倾斜度

(2) 卷管方向应与钢板压延方向一致。卷制钢管前，应根据要求将板端开好坡口。钢管坡口端应与管轴线严格垂直。卷管过程中，应注意保证管端平面与管轴线垂直，根据不同的板厚，焊接坡口应符合表 19-12 的要求。采用螺旋焊缝接管时，拼接亦应按表 19-12 的要求预先开好坡口。

焊缝坡口允许偏差　表 19-12

坡口名称	焊接方法	厚度 δ (mm)	钝边 a (mm)	垫板厚度 b (mm)	内侧间隙 c (mm)	外侧间隙 d (mm)	坡口高度 e (mm)	坡口半径 R (mm)	坡口角度 α (°)	坡口形式	附注
齐边 Ⅰ形	自动焊	<14			0+2						
V形坡口	手工焊	6~8	1±1		1±1				70±5		
		10~26	2±1		2±1				60±5		
	自动焊	16~22	7±1		0±1				60±5		

续表

坡口名称	焊接方法	厚度 δ (mm)	钝边 a (mm)	垫板厚度 b (mm)	内侧间隙 c (mm)	外侧间隙 d (mm)	坡口高度 e (mm)	坡口半径 R (mm)	坡口角度 α (°)	坡口形式	附注
U形坡口	自动焊	<30	2±1	6	2±1	7±1		3.5±1			
		>30	2±1	6	4±1	13±1		6.5±1			
		>25	2±1		0±1	13±1	3±1	6.5±1	90±5		大管径

注：1. 垫板材质与钢管材质可不相同，宜采用 Q235 或 Q345；
　　2. 焊工可进入大管径的钢管内壁进行旋焊。

(3) 当采用滚床卷管及手工焊接时，宜采用直流电焊机进行反接焊接施工。

(4) 焊缝质量应满足《钢结构工程施工质量验收规范》（GB 50205）二级质量标准的要求。

(5) 为了保证钢管内壁与核心混凝土紧密粘结，钢管内不得有油渍等污物。

(6) 钢管柱制作质量检验合格后，应对管柱进行除锈和喷刷油漆。油漆的遍数和厚度均应符合设计要求。如设计无要求时，宜涂装 4～5 遍。管柱在安装时尚有零部件需进行焊接处不油漆，待现场焊接完成后再补刷防腐漆。

19.4.4.3 钢管混凝土节点形式

钢管混凝土柱的节点种类根据钢管柱与各种构件的连接可分为钢管柱与钢梁连接、钢管柱与混凝土梁连接、钢管柱之间连接，根据节点的受力性能不同，又可分为刚接节点、铰接节点和半刚接节点。

1. 钢管柱与钢梁连接节点

(1) 刚性连接构造见图 19-52。

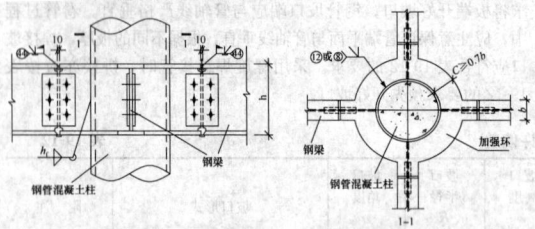

图 19-52　钢梁与圆钢管混凝土柱的刚性连接

(2) 铰接构造见图 19-53。

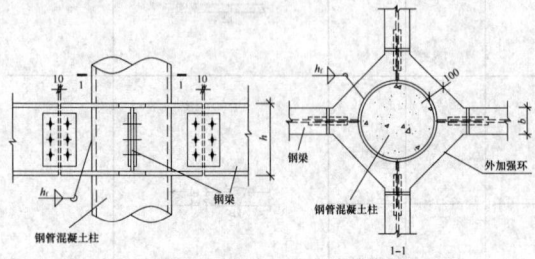

图 19-53　外加强环板式的梁柱铰接连接

2. 钢管柱与混凝土梁连接节点

(1) 剪力传递构造见图 19-54。

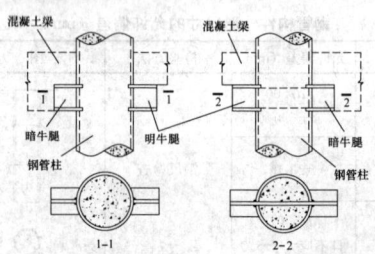

图 19-54　混凝土梁与钢管柱传递剪力连接节点

(2) 弯矩传递构造：对于预制混凝土梁，和钢梁相同，也可采用钢加强环与钢梁上下翼板或与混凝土梁纵筋焊接的构造形式来实现。混凝土梁端与钢管之间的空隙用高一级的细石混凝土填实（图 19-55）。对于有抗震要求的框架结构，在梁的上下沿均需设置加强环。

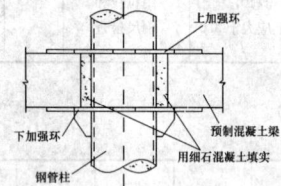

图 19-55　传递弯矩的梁柱连接
（预制混凝土梁与钢管柱）

对于现浇混凝土梁，可采用连续双梁或将梁端局部加宽（图 19-56），使纵向钢筋连续绕过钢管的构造形式来实现。梁端加宽的斜度不小于 1/6。在开始加宽处须增设附加箍将纵向钢筋包住。

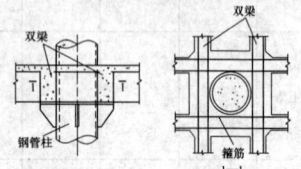

图 19-56　双梁节点示意图

(3) 连接钢管柱的钢管接长时，可采用对接焊缝连接、法兰连接和缀板连接，如图 19-57 所示。对接焊缝连接适合壁厚达于

10mm 的各种直径的钢管连接，对于壁厚小于 10mm 的钢管宜选用缀板连接或法兰连接。

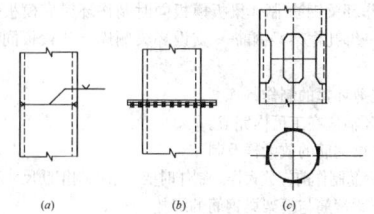

图 19-57 钢管柱钢管连接形式示意图

19.4.4.4 钢管混凝土柱施工流程

1. 钢管混凝土柱的施工流程

测量放线→钢管柱吊装→临时固定→钢管柱校正→钢管柱焊接→钢管混凝土浇筑

2. 钢管柱吊装

(1) 钢管柱的吊装准备

1) 吊装前所有构件必须验收合格；

2) 钢管柱吊装前首先检查轴线标示和标高线是否清楚、准确；

3) 钢管柱吊装前将柱口处采取防雨措施，安装好爬梯。

(2) 钢管柱吊装

钢柱吊装采用一点吊装，吊耳采用柱上端连接板上的吊装孔。起吊时钢柱的根部要垫实。

(3) 钢管柱就位、固定

钢管柱吊装就位后，将上柱柱底四面中心线与下柱柱顶中心线对位，通过上下柱身上的临时耳板和连接板，用安装螺栓进行临时固定，充分紧固后才能上柱顶摘钩。钢管柱焊接完成后方可割除耳板。

(4) 钢管柱的校正

钢管柱校正包含钢管柱的标高校正、钢管柱的轴线校正、钢管柱的垂直度校正。钢管柱安装精度要符合表 19-13 和表 19-14 的要求。

钢管柱吊装的允许偏差 表 19-13

序号	检查项目	允许偏差
1	立柱中心线和基础中心线	±5mm
2	立柱顶面标高和设计标高	+0，−20mm
3	立柱顶面不平度	±5mm
4	各立柱不垂直度	不大于长度的 1/1000，且不大于 15mm
5	各柱之间的距离	不大于间距的 1/1000
6	各立柱上下两平面相应对角线差	不大于长度的 1/1000，且不大于 20mm

多层及高层钢结构主体结构总高度的允许偏差（mm） 表 19-14

项 目	允许偏差	图 例
用相对标高控制安装	$\pm \Sigma(\Delta h + \Delta s + \Delta w)$	
用设计标高控制安装	$H/1000$，且不应大于 30.0 $-H/1000$，且不应小于 −30.0	

钢管柱吊装就位后，应立即进行校正，并采取临时固定措施以保证构件的稳定性。

1) 标高校正：上下柱对正就位后，用连接板及高强螺栓上节柱柱根与下节柱柱头连接，螺栓暂不拧紧；量取下节柱柱顶标高线至上节柱柱底标高线之间的距离为 400mm（实际须考虑焊接收缩余量进行调整），且至少三个面控制；通过吊钩升降及撬棍拨动，间距满足后适当拧紧高强螺栓，同时在上下柱连接耳板间打入铁

楔，标高调整结束。

2) 扭转校正：根据需要在上下柱连接耳板不同侧面相应放置垫板，然后加紧连接板，即可消除钢柱扭转偏差。

3) 垂直度校正：在钢柱倾斜的同侧锤击铁楔或顶升千斤顶，即可方便校正钢柱垂直度至合格。钢柱垂直度校正可采用无缆风绳校正方法。无缆风绳校正法示意图见图 19-58。

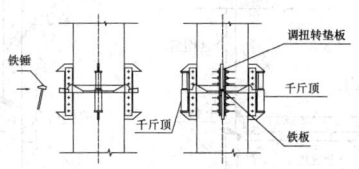

图 19-58 无缆风绳校正法示意图

3. 钢管柱的焊接

钢管柱焊接应由两名焊工在相对称位置以相等速度同时施焊。以逆时针方向在距柱角 50mm 处起焊。焊完一层后，第二层以及以后各层均在离前一层起焊点 30~50mm 处起焊。每焊一遍应认真清查焊渣。

4. 混凝土浇筑

钢管混凝土浇筑方法可采用泵送顶升浇筑法、振捣浇筑法、高位抛落无振捣法。

(1) 泵送顶升浇筑法是指利用混凝土输送泵将混凝土从钢管柱下部预留的进料孔连续不断地自下而上顶入钢管柱内，通过泵送压力使得混凝土密实。在钢管柱近地面的适当位置安装一个带止回阀的进料短管，直接与混凝土输送泵相连，将混凝土连续不断地自下而上灌入钢管，无需振捣。如图 19-59 所示。

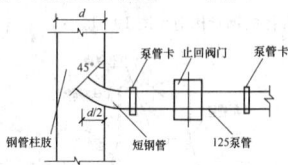

图 19-59 泵送顶升法浇筑混凝土示意图

泵送顶升浇筑法的施工要点：

1) 当钢管直径小于 350mm 或选用半熔透直缝焊接钢管时不宜采用泵送顶升法。

2) 为了防止混凝土回流，在短钢管与输送泵之间安装止回阀。

3) 插入钢管柱内的短钢管直径与混凝土输送泵管直径相同，壁厚不小于 5mm，内端向上倾斜 45°，与钢管柱密封焊接。

4) 钢管柱顶部要设溢流孔或排气孔，孔径不小于混凝土输送泵管直径。

5) 混凝土强度达到设计强度 50% 后，割除钢短管，补焊封堵板。

6) 浇筑孔和溢流孔应在加工场内开设，不得后开。

(2) 振捣浇筑法是将混凝土自钢管柱上口灌入，用振捣器捣实。管径大于 350mm 时，采用内部振捣器，每次振捣时间不少于 30s。当管径小于 350mm 时，可采用附着在钢管上的外部振捣器进行振捣，振捣时间不小于 1min。一次浇灌高度不宜大于 2m。

(3) 高位抛落无振捣法是钢管内混凝土的浇筑在拼接完一段或几段钢管柱后，利用混凝土本身的流动性，通过浇筑过程中从高空下落时的动能，使混凝土充满钢管柱，达到密实的目的。

采用高位抛落无振捣法浇筑混凝土应注意以下几点要求：

1) 抛落高度限于 4m 及以上；小于 4m 高度，抛落动能难以保证混凝土密实，需要振捣；

2) 适用大管径钢管内混凝土浇筑，管径大于 350mm；

3) 一次抛落混凝土量宜在不少于 0.5m³，用料斗填实，料斗的下口尺寸应比钢管内径小 100~200mm，以便混凝土下落时，管内空气能够排除；

4) 钢管内的混凝土浇筑工作，宜连续进行，必须间歇时，间歇时间不应超过混凝土的初凝时间；

5）每次浇筑混凝土前（包括施工缝）应先浇筑一层厚度为5～10cm的与混凝土等级相同的水泥砂浆，以免自由下落的混凝土产生离析现象。

19.4.4.5 钢管混凝土柱的施工技术要点

1. 钢管柱变截面连接方式

（1）不同壁厚的钢管连接方式见图19-60。

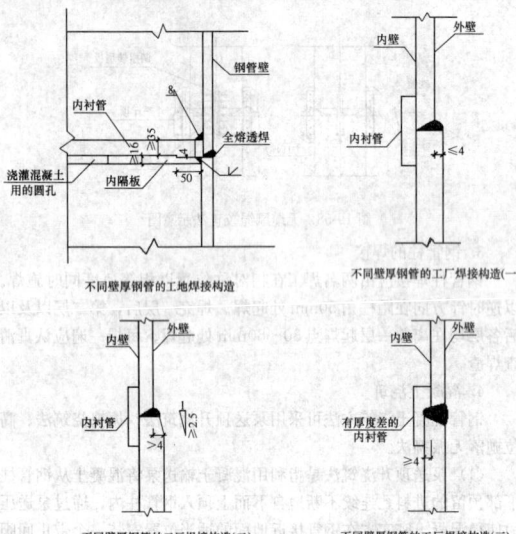

不同壁厚钢管的工地焊接构造

不同壁厚钢管的工厂焊接构造（一）

不同壁厚钢管的工厂焊接构造（二）

不同壁厚钢管的工厂焊接构造（三）

图19-60 不同壁厚的钢管焊接构造

（2）不同直径的钢管构造见图19-61。

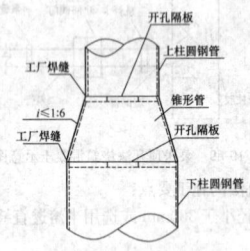

图19-61 不同直径的钢管焊接构造

2. 钢管柱混凝土密实度控制

（1）钢管柱混凝土配合比

钢管柱混凝土的配比设计考虑为了避免混凝土与钢管柱产生"剥离"现象，钢管柱混凝土内掺适量减水剂、微膨胀剂，掺量通过现场试验确定。除满足强度指标外，尚应注意混凝土坍落度不小于150mm，水灰比不大于0.45，粗骨料粒径可采用5～30mm。对于立式手工浇法，粗骨料粒径可采用10～40mm，水灰比不大于0.4。当有穿心部件时，粗骨料粒径宜减小为5～20mm，坍落度宜不小于150mm。为满足上述坍落度的要求，应掺适量减水剂。

（2）钢管柱浇筑

钢管内的混凝土浇筑工作，宜连续进行。必须间歇时，间歇时间不应超过混凝土的初凝时间。需留施工缝时，应将管封闭，防止水油和异物等落入。

每次浇筑混凝土前（包括施工缝）应先浇筑一层厚度为50～100mm与混凝土相同配合比的水泥砂浆，以免自由下落的混凝土产生离析现象。

19.4.4.6 梁与钢管柱节点施工

1. 钢梁与钢管柱节点施工

钢梁与钢管柱节点连接可采用焊接、螺栓连接和栓焊连接。采用栓焊连接时，要先进行螺栓连接，后进行焊接。

2. 混凝土梁与钢管柱节点施工

（1）混凝土梁与钢管柱连接可采用环梁和双梁两种形式。

（2）混凝土梁与钢管柱的连接施工：

1）施工流程

确定抗剪环箍标高→抗剪环制作→吊装钢管柱并浇筑混凝土→在地面制作环梁钢筋 制作梁板模板同时制作环梁底模板→吊装环梁钢筋笼→绑扎框架梁钢筋 支设环梁侧模→与梁板同时浇筑环梁混凝土

2）抗剪环箍的制作

抗剪环箍应在工厂内完成。

3）环梁钢筋的放大样及制作

环梁钢筋制作前应放大样。制作时要严格控制钢筋尺寸和弧度。

4）环梁钢筋与框架梁钢筋的绑扎

环梁处底模支设完毕后即可进行钢筋绑扎。钢筋绑扎顺序为先进行环梁钢筋绑扎再进行框架梁钢筋绑扎。

5）环梁侧模支设及混凝土浇筑

环梁侧模宜制作定型模板进行施工。模板拼装时应注意接缝严密，表面弧度光滑流畅。

混凝土的浇筑时，振捣手要熟悉环梁的结构。振捣时严格按操作规程进行振捣，保证混凝土的密实。

19.4.4.7 钢管开洞

1. 一般规定

钢管混凝土钢管不宜进行开洞。必须在钢管上开洞时，要征得结构设计单位的同意。

2. 开洞处理

钢筋穿过钢管时应尽量避免，当必须在钢管上穿孔时，应对钢管进行加固补强。最常见的方法是局部加厚。采用局部加厚措施时要注意钢管的刚度不宜突变过大，不影响混凝土浇筑。

19.4.4.8 密实度检测

1. 人工敲击法

钢管混凝土浇筑完成后，可以用人工敲击法检查浇注质量。用工具敲击钢管的不同部位，通过声音辨别管内混凝土的密实度。人工敲击法是对钢管混凝土密实度的初步检测，如发现有异常情况，则应用超声检测法检测。

2. 超声检测法

超声检测法是指利用超声波检测仪对混凝土进行检测，根据超声波的波形判断管内混凝土的密实性、均匀性和局部缺陷等。

3. 钻芯取样法

钻芯取样法是指用钻芯取样机对混凝土浇筑质量疑似部位进行环切取样，这种方法最能真实反映钢管柱内混凝土浇筑情况。但是对于主体结构是一种破坏，所以采用这种方法应当慎重，取样后，取样部位应采取封堵、补焊等加强措施。

19.4.5 压型钢板与混凝土组合楼板

压型钢板与混凝土组合板：在带有凹凸肋和槽纹的压型钢板上浇筑混凝土而制成的组合板，依靠凹凸肋和槽纹使混凝土与钢板紧密地结合在一起，是建筑工程中常用的楼板形式。根据压型钢板是否与混凝土共同工作可分为组合楼板和非组合楼板。压型钢板上可焊接附加钢筋或栓钉，以保证钢板与混凝土的紧密结合，形成一个整体，见图19-62。组合楼板中采用的压型钢板的形式有开口型板、缩口型板、闭口型板，见图19-63。

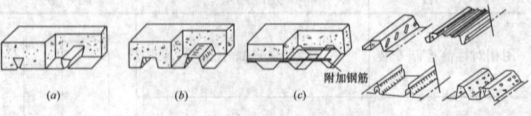

图19-62 压型钢板与混凝土板的连接

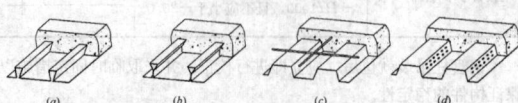

图19-63 压型钢板与混凝土组合板的基本形式

（a）缩口板；（b）闭口板；（c）光面开口板；（d）带压痕开口板

19.4.5.1 压型钢板与钢筋混凝土组合楼板的构造

（1）压型钢板材质应符合现行国家标准《碳素结构钢》（GB/T

700)以及《低合金高强度结构钢》(GB/T 1591)的规定。压型钢板应采用热镀锌钢板，镀锌钢板分为合金化镀锌薄钢板和镀锌薄钢板两种，分别应符合国家标准《连续热镀锌薄钢和钢带》(GBJ 2518)的要求。压型钢板双面镀锌层总含量应满足在使用期间不致锈蚀的要求，建议采用 $120\sim275\mathrm{g/m^2}$。当为非组合板时，镀锌层含量可采用较低值；当为组合板时，镀锌层含量不宜小于 150g/$\mathrm{m^2}$；当为组合板且使用环境条件恶劣时，镀锌层含量应采用上限值或更高值。基板厚度为 0.5~2.0mm。

(2)压型钢板板型要符合《建筑用压型钢板》(GB/T 12755)。

(3)组合楼板用压型钢板净厚度不应小于 0.75mm(不包括镀层)，非组合楼板用压型钢板净厚度不应小于 0.5mm(不包括镀层)。

(4)组合楼板用压型钢板的波高、波距应满足承重强度、稳定与刚度的要求。其板宽宜有较大的覆盖宽度并符合建筑模数的要求；屋面及墙面用压型钢板板型设计应满足防水、承载、抗风及整体连接等功能要求。其浇筑混凝土平均槽宽不小于 50mm；开口式压型钢板以板中和轴位置计，缩口板、闭口板以上槽口计；当槽内放置栓钉时，压型钢板总高 h_a(包括压痕)不应超过 80mm。在使用压型钢板时，还应符合表 19-15 的要求。

压型钢板使用要求　　表 19-15

波高和波距	波高不大于 75mm 时，波高允许偏差为±1.0mm
	波高大于 75mm 时，波高允许偏差为±2.0mm
	以上两者波距允许偏差±2.0mm
覆盖宽度	当覆盖宽度不大于 75mm 时	允许偏差为±5.0mm
板长	当 l<10m 时	允许偏差：+5mm，−0
	当 $l\geqslant10m$ 时	允许偏差：+8mm，−0
侧向弯曲(任意测量 10m 长压型钢板)	波高不大于 80m 时 若 l<8m 时	其侧向弯曲允许值为 10mm 测量部位：离端部 0.5m
	当 8m<l<10m 时	其侧向弯曲允许值为 8mm
		其侧向弯曲允许值取表中值
翘曲(任意测量 5m 长压型钢板)	波高不大于 80m 时 若测量长度 在 4m 以下时	允许值 5mm 测量部位：离端部 0.5m
	当 4~5m 时	允许值 4mm
		允许值取表中值
扭曲(任意测量 10m 长压型钢板)		两端扭转角应小于 10°，若波数大于 2 时，可任取一波测量
垂直度		端部相对最外棱边的不垂直度在压型钢板宽度上，不应超过 5mm

(5)与压型钢板同时使用的连接件有栓钉、螺钉和铆钉等，其连接的有关性能和要求，须符合相关规定。

(6)压型钢板不宜用于会受到强烈侵蚀性作用的建筑物，否则应进行有针对性的防腐处理。

(7)组合楼板总厚度 h 不小于 90mm，压型钢板板肋顶部以上混凝土 h_c 不小于 50mm，混凝土强度等级不小于 C25。

(8)组合楼板受力钢筋的保护层厚度见表 19-16。

组合楼板受力钢筋保护层厚度　　表 19-16

环境等级	保护层厚度(mm)	
	受力钢筋	非受力钢筋
一类环境	15	10
二 a 类环境	20	10

(9)受力钢筋的锚固，搭接长度等应遵守《混凝土结构设计规范》(GB 50010)中的规定。

(10)压型钢板在钢梁、混凝土剪力墙或混凝土梁上的支撑长度不小于 50mm，在砌体上的支撑长度则不小于 75mm。

(11)组合楼板端部应设置栓钉锚固件，栓钉应设置在端支座的压型钢板凹处，穿透压型钢板并将栓钉、压型钢板均焊牢于钢梁(预埋钢板)上。

(12)焊后栓钉高度应大于压型钢板波高加 30mm，栓钉钉面混凝土保护层厚度不小于 15mm。

(13)组合楼板开孔大于 50mm 时应符合设计要求或《钢与混凝土组合楼(屋)盖结构构造》(05SG522)的要求。

19.4.5.2　压型钢板与混凝土组合楼板的施工流程

1. 压型钢板与混凝土组合楼板施工流程

在铺设区复测梁标高、弹出钢梁中心线→铺设压型钢板→焊接栓钉→(搭设支撑)→绑扎钢筋→浇筑混凝土

2. 压型钢板与混凝土组合楼板施工要点

(1)压型钢板进场检验及堆放

压型钢板进场时，应检查出厂合格证和质量证明文件。并对压型钢板的外观质量和界面尺寸进行检查。质量证明文件应包括以下内容：

1)标准编号；

2)供方名称(或厂标)；

3)工程名称、合同号、批号；

4)规格(产品型号、厚度、长度)、数量；

5)原材料标准号及牌号、镀层、涂层种类及颜色(涂层板)以及相应的质量证明(含化学成分与力学性能)；

6)供方技术监督部门印记或产品合格证；

7)发货日期。

压型钢板堆放场地应基本平整，叠堆不宜过高，以每堆不超过 40 张为宜。

(2)施工放样

放样时需先检查钢构件尺寸，以避免钢构件安装误差导致放样错误。压型钢板安装时，于楼承板两端部弹设基准线，距钢梁翼缘边至少 50mm 处。

(3)压型钢板吊装铺设

1)吊装前应先核对压型钢板捆号及吊装位置。由下往上的顺序进行吊装，避免因先行吊放上层材料而阻碍下一层楼板吊放作业。

2)需确认钢结构已完成校正、焊接、检测后方可进行压型钢板的铺设。

3)铺放完压型钢板后，采用点焊临时固定。再将梁的中心钱，弹到压型钢板上，同时弹出各梁上翼缘边线，保证栓钉焊接位置的正确。

4)压型钢板铺放要保证板端搭接在梁上的长度。根据弹好的基准线，进行铺板，保证压型钢板侧边尺寸、平整、顺直，位置正确，使压型钢板槽形开口贯通、整齐、不错位。

5)压型钢板铺设顺序应为由上而下，组合楼板施工顺序为由下而上。

6)压型钢板端头封堵要严密，避免出现漏浆。端头封堵时，要保证压型钢板端部在梁上搭接长度≥50mm，并满足设计要求。

7)梁柱接头处所需楼承板切口要用等离子切割机切割。

8)压型钢板铺设完成后，要及时采用点焊的方式与钢梁固定。

(4)混凝土的浇筑

1)混凝土浇筑前，必须把压型钢板上的杂物、油脂等清除干净。

2)混凝土浇筑前，压型钢板面上应铺设垫板，作为临时通道，避免压型钢板受损及变形过大。

3)浇筑混凝土时，不得在压型钢板上集中堆放混凝土，混凝土浇筑点应设置在梁上。

19.4.5.3　施工阶段压型钢板及组合楼板的设计

组合楼板设计应遵守《混凝土结构设计规范》(GB 50010)、《建筑结构荷载规范》(GB 50009)、《建筑抗震设计规范》(GB 50011)、《高层民用建筑钢结构技术规程》(JGJ 99)的规定。

(1)组合楼板设计中次梁间距可根据经验和建筑要求等确定，一般以 3.0m 为宜。无支撑次梁间距一般由压型钢板供应厂商提供，当次梁间距大于无支撑次梁间距时，应进行验算。

（2）压型钢板的选择应根据建筑的功能及建筑要求选用，尽可能地选择施工时不使用临时支撑或少用临时支撑，施工荷载按实际可能的施工荷载计算或规范荷载取值。

（3）压型钢板板型，国家标准《建筑用压型钢板》（GB/T 12755）给出的板型有开口型压型钢板、闭口型压型钢板和缩口型压型钢板三种，见图 19-64、图 19-65、图 19-66。

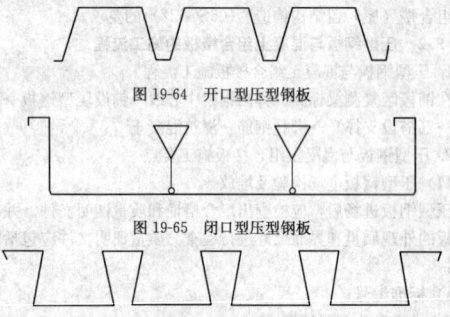

图 19-64 开口型压型钢板

图 19-65 闭口型压型钢板

图 19-66 缩口型压型钢板

（4）压型钢板施工阶段设计。在施工阶段，压型钢板作为混凝土浇筑模板，应验算其强度及变形。计算受弯承载能力时，可采用弹性分析方法。其顺肋方向的正负弯矩及挠度按单向板计算，不考虑垂直肋方向的正负弯矩。压型钢板截面性质计算应符合《冷弯薄壁型钢结构技术规范》（GB 50018）规定。

施工阶段压型钢板承受的荷载：永久荷载（静荷载）：压型钢板、钢筋自重及混凝土湿重。可变荷载（活荷载）：施工荷载与附加荷载。此数据可按施工实际情况考虑。

1）荷载组合应符合国家标准《建筑结构荷载规范》（GB 50009）规定，并应分别验算实际工程中简支、双跨和多跨不同情况。强度设计时取荷载基本组合，挠度验算时取荷载标准组合。

2）压型钢板计算

① 抗弯强度计算

施工阶段压型钢板正截面抗弯强度验算可采用《冷弯薄壁型钢结构技术规范》（GB 50018）取一个波宽数据进行计算的方法，也可采用计算单位宽压型钢板的计算方法。压型钢板应满足式（19-1）要求：

$$r_0 M \leqslant f W_s \qquad (19\text{-}1)$$

式中 M ——单位宽度上压型钢板弯矩设计值（N·mm）；

f ——压型钢板抗拉强度设计值（N/mm²）；

W_s ——压型钢板单位截面抵抗矩，正、负弯矩分别计算，对应有正截面 W_{st} 和负截面 W_{sc}（mm³/m）；

r_0 ——结构重要性系数，可取 0.9。

② 压型钢板容许挠度

在施工荷载效应组合下应分别满足式（19-2）、式（19-3）、式（19-4）的要求。

简支板 $$\Delta_1 = \frac{5ql^4}{384 E_s I_s} \leqslant [\Delta] \qquad (19\text{-}2)$$

两跨板 $$\Delta_2 = 0.42\Delta_1 \leqslant (\Delta) \qquad (19\text{-}3)$$

多跨板 $$\Delta_3 = 0.53\Delta_1 \leqslant (\Delta) \qquad (19\text{-}4)$$

式中 Δ_1、Δ_2、Δ_3 ——简支板、两跨板、多跨板压型钢板的计算挠度（mm）；

q ——压型钢板单位板宽承受的施工荷载标准值（N/mm²/m）；

E_s ——钢材弹性模量（N/mm²）；

I_s ——压型钢板截面有效惯性矩（mm⁴/m）；

l ——压型钢板计算跨度（mm）；

(Δ) ——挠度允许值（mm），取 $l/180$ 和 20mm 较小者。

③ 当压型钢板挠度验算不满足要求时，考虑减小次梁间距或增设临时支撑，增设临时支撑可按连续板计算。应满足式（19-1）的要求。

3）组合楼板验算计算要点：

① 组合楼板使用阶段，设计除应遵守组合结构设计的一般原则外，还应遵守以下原则：

楼板有局部集中荷载时，组合楼板的有效工作宽度不应超过按下列公式计算的 b_{em} 值，如图 19-67。

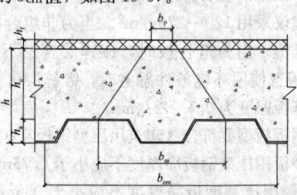

图 19-67 集中荷载分布有效宽度

抗弯计算时，应满足式（19-5）、式（19-6）的要求。

简支板 $$b_{em} = b_m + 2l_p(1 - l_p/l) \qquad (19\text{-}5)$$

连续板 $$b_{em} = b_m + 4l_p(1 - l_p/l)/3 \qquad (19\text{-}6)$$

抗剪计算时，应满足式（19-7）、式（19-8）的要求。

简支板 $$b_{em} = b_m + l_p(1 - l_p/l)/3 \qquad (19\text{-}7)$$

连续板 $$b_{em} = b_p + 2l_p(h_c + h_f) \qquad (19\text{-}8)$$

式中 l ——组合板跨度；

l_p ——荷载作用点至组合楼板支座的较近距离；当跨内有多个集中荷载时，l_p 应取产生较小 b_m 值的相应荷载作用点至组合楼板支座的较近距离；

b_{em} ——集中荷载在组合楼板中的有效工作宽度；

b_m ——集中荷载在组合楼板中的工作宽度；

b_p ——荷载宽度；

h_c ——压型钢板肋顶上混凝土厚度；

h_f ——地面饰面厚度。

② 当压型钢板上浇混凝土 $h_c = 50 \sim 100$mm 时，弱边（垂直肋）方向的惯性矩较小，所分配的荷载也较小，可以认为板单向受力，此时应遵守下列规定：

a. 组合楼板强边（顺肋）方向的正弯矩和挠度，均按全部荷载作用的简支板计算（不论实际支撑如何）；

b. 强边方向的负弯矩按固定端板考虑；

c. 弱边（垂直肋）方向正负弯矩均不考虑。

③ 压型钢板上浇混凝土厚度 h_c 大于 100mm 时，由于弱边（垂直肋）方向的惯性矩增大，忽略弱边的正负弯矩影响可能带来的弱边的不安全，但此时板不再是各向同性，承载力计算满足下列规定（图 19-68）：

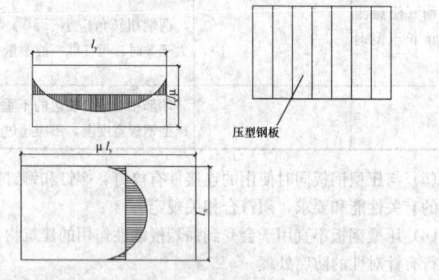

图 19-68 各向异性双向板的计算简图

当 $0.5 < \lambda_e < 2.0$ 时，按双向板计算。

当 $\lambda_e \leqslant 0.5$ 或 $\lambda_e \geqslant 2.0$ 时，按单向板计算。

$$\lambda_e = \mu l_x / l_y \qquad (19\text{-}9)$$

$$\mu = (I_x / I_y) l/4 \qquad (19\text{-}10)$$

式中 λ_e ——有效边长比；

μ ——板的各向异性系数；

l_x、l_y ——组合板强边、弱边方向的跨度；

I_x、I_y ——组合板强边、弱边方向的截面惯性矩（计算 I_y 时，只考虑压型钢板肋顶上混凝土厚度 h_c）。

对于各向异性双向板弯矩，将板形状按有效边长比 λ_e 进行修正后，视作各向同性板弯矩。

强边方向弯矩，取等于弱边方向跨度乘以系数 μ 后所得各向同

性在短边方向的弯矩。

弱方向弯矩，取等于强边方向跨度乘以系数 μ 后所得各向同性在长边方向的弯矩。

双向板设计，强方向按组合楼板设计，弱方向仅考虑肋上混凝土厚度 h_c。

挠度计算偏于安全的按简支单向板计算。

④ 组合板周边的支撑条件，可按下列情况确定：

a. 当跨度大致相等，且相邻跨是连续的，楼板周边可视为固定边；

b. 当组合楼板上浇混凝土板不连续或相邻跨度相差较大，应将楼板周边视为简支边。

19.4.5.4 耐火与耐久性

1. 耐火性能

根据防火规范的要求，楼板的耐火极限见表 19-17。

组合楼板的耐火极限（h）　表 19-17

耐火等级	一级	二级	三级	四级
耐火极限	1.5	1.0	0.5	0.25

注：组合板的耐火等级根据《高层民用建筑设计防火规范》（GB 50045）规定。

对开口型压型钢板，其钢板上的混凝土厚度不应小于表 19-18 中的数值。

开口型压型钢板中混凝土的最小厚度 h_1 表 19-18

混凝土类型	不同耐火等级混凝土的最小厚度（mm）					
	30min	60min	90min	120min	180min	240min
普通混凝土	60	70	80	90	115	130
轻质混凝土	50	60	70	80	100	115

对缩口型压型钢板（指拱开口不超过拱弧面积的 10%，并且凹口不超过 20mm），其总厚度不得小于表 19-19 中的数值。

闭口型、缩口型压型钢板中混凝土的最小厚度 h_1
表 19-19

混凝土类型	不同耐火等级混凝土的最小厚度（mm）					
	30min	60min	90min	120min	180min	240min
普通混凝土	90	90	110	125	150	170
轻质混凝土	90	90	105	115	135	150

2. 防腐要求

组合楼板防腐性能设计是在设计文件中规定压型钢板镀锌量，镀锌量的大小决定其耐腐蚀年限。组合楼板用压型钢板应采用镀锌层两面总计不低于 $275g/m^2$ 的镀锌卷板。

19.4.6 柱 脚 施 工

19.4.6.1 柱脚节点形式及构造

常用的型钢混凝土柱脚形式分为非埋入式和埋入式两种。

1. 埋入式柱脚

即柱脚的型钢伸入基础内部。有抗震设防时，型钢混凝土柱宜采用埋入式柱脚。根据型钢柱的形式，埋入式柱脚大样图见图 19-69、图 19-70、图 19-71。埋入式柱脚的埋入深度通过计算确定，但不应小于型钢柱截面高度的 3 倍。钢柱脚底板厚度不宜小于钢柱

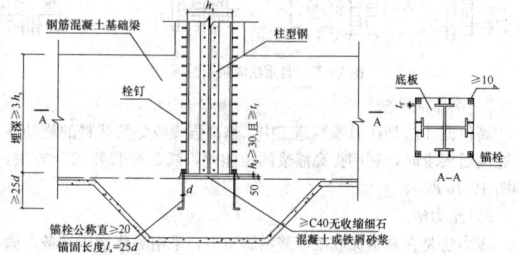

图 19-69　型钢混凝土柱埋入式型钢柱脚做法（一）

较厚板件厚度，且不宜小于 30mm。锚栓直径一般为 20～42mm，不宜小于 20mm，锚栓规格及数量通过计算确定。柱脚底板的锚栓孔径，宜取锚栓直径加 5～10mm；锚栓垫板的锚栓孔径，取锚栓直径加 2mm；锚栓垫板的厚度一般为 $0.4～0.5d$（d 为锚栓外径），但不宜小于 20mm。埋入式柱脚在型钢柱的四周需设置纵筋和箍筋，当柱纵向受力钢筋的中距大于 200mm 时，建议在柱脚埋深长度内，增设直径为 $\phi16$ 的垂直架立钢筋。

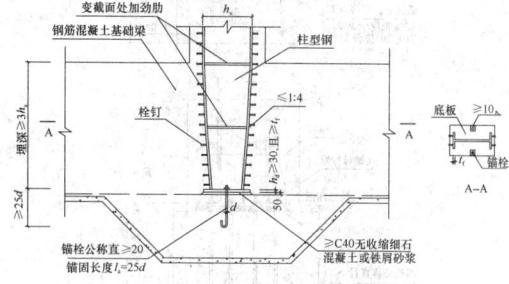

图 19-70　型钢混凝土柱埋入式型钢柱脚做法（二）

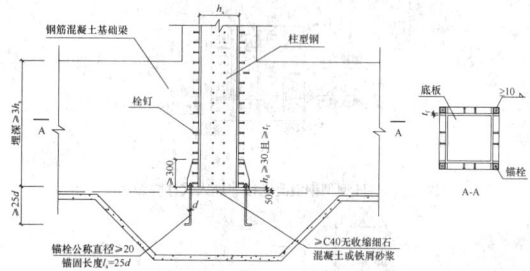

图 19-71　型钢混凝土柱埋入式型钢柱脚做法（三）

当为抗震设防的结构，柱翼缘与底板间宜采用完全熔透的坡口对接焊缝连接，柱腹板及加劲板与底板间宜采用双面角焊缝连接；当为非抗震设防的结构，柱底宜磨平顶紧，柱翼缘与底板间可采用半熔透的坡口对接焊缝连接，柱腹板及加劲板仍采用双面角焊缝连接。

采用埋入式柱脚时，在柱脚部位和柱脚向上延伸一层的范围内宜设置栓钉，栓钉的直径一般为 19mm 和 22mm，其竖向及水平间距不宜大于 200mm；当有可靠依据时，可通过计算确定栓钉数量。

采用埋入式柱脚时，对中间柱的柱脚型钢的混凝土保护层厚度不得小于 180mm；对边柱和角柱的柱脚型钢的外侧混凝土保护层不得小于 250mm。

2. 非埋入式柱脚

非埋入式柱脚的型钢不埋入基础内部。型钢柱下端设有钢底板，钢柱脚底板厚度不宜小于钢柱较厚板件厚度，且不宜小于 30mm。利用地脚螺栓将钢底板锚固，锚栓直径一般为 20～42mm，不宜小于 20mm，锚栓规格及数量通过计算确定。柱内的纵向钢筋与基础中伸出的插筋相连接。基础顶面和柱脚底板之间采用二次灌注≥C40 无收缩细石混凝土或铁屑砂浆。非埋入式柱脚锚栓不承受底部剪力，其底部的水平剪力通过底板与其下部混凝土之间的摩擦力来抵抗。当摩擦不能抵抗底板剪力时，设置抗剪键或柱脚外包钢筋混凝土以满足要求。设置抗剪键的型钢柱，可以直接焊接在型钢柱上，对于箱型柱或钢管柱也可在其内部设置。按照 H 形型钢柱、箱形柱及十字形型钢柱的形式，其非埋入式柱脚大样图见图 19-72、图 19-73、图 19-74。

19.4.6.2 柱脚施工

1. 工艺流程

施工准备→柱脚螺栓定位放线→柱脚螺栓安装→柱脚螺栓的复核→柱脚螺栓保护→首节钢柱吊装→底板下部灌浆料施工

2. 施工准备

（1）采用埋入式柱脚施工，需先将基础底部加强区部位浇筑完成后，安装完毕底部钢柱后浇筑剩余部分的基础。在基础底部加强

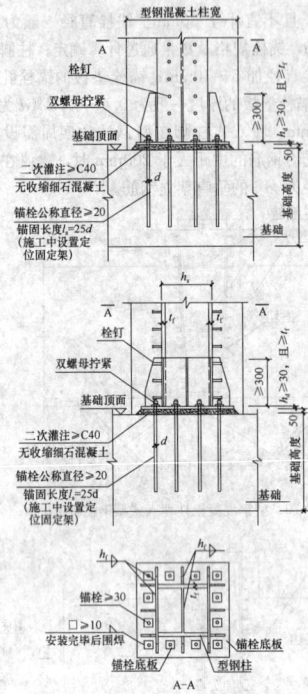

图 19-72 H型型钢混凝土柱非埋入式柱脚做法

图 19-73 箱型型钢混凝土柱非埋入式柱脚做法

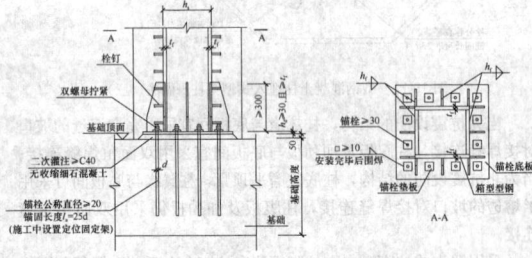

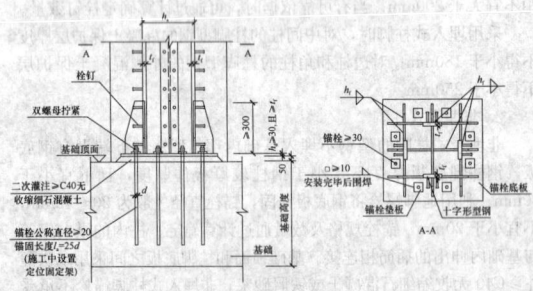

图 19-74 十字形型钢混凝土柱非埋入式柱脚做法

区钢筋绑扎中需进行柱脚的预埋施工。非埋入式柱脚底部钢筋已经绑扎完成,上部钢筋已经开始绑扎。

(2) 复验安装定位所用的轴线控制点和测量标高的水准控制点,并放出标高控制线和吊点辅助线。

(3) 柱脚螺栓、柱脚螺栓定位固定架(上下两道水平框)、柱脚螺栓保护材料等预埋材料的准备到位,并对柱脚螺栓的规格型号,定位架上预留螺栓孔孔径、定位尺寸等进行了验收。

3. 柱脚螺栓定位放线

采用"十"字放样法,确定出"十"字的四个点,并由该四点在基坑底部垫层上确定出柱脚螺栓定位固定架中心点和柱脚螺栓位置。

4. 柱脚螺栓安装

对于非埋入式柱脚柱脚螺栓安装或埋入式柱脚螺栓安装部分,施工中均需根据柱脚螺栓规格、数量及基础底板的厚度确定是否对柱脚螺栓固定架设置支撑架。对于柱脚螺栓规格较大、数量较多、基础底板深度较深的情况,需对螺栓固定架设置支撑架。对于柱脚螺栓数量较少、规格较小的情况,则通过柱脚螺栓固定架直接在钢筋网片上进行定位,然后在定位固定架预留螺栓孔中穿入地脚螺栓,并校正其垂直度、标高、间距等,并将其点焊在钢筋上。

5. 柱脚螺栓的复核

在柱脚螺栓安装完毕后,混凝土浇筑前,重新弹出精确的轴线和各螺栓的位置线进行复核,确保螺栓上下垂直、水平位置准确。在混凝土浇筑完毕之后,在其初凝之前,重新对柱脚螺栓的位置、标高等进行复核,以纠正混凝土浇筑时所产生的偏差。

6. 柱脚螺栓的保护

待柱脚螺栓安装完毕后即进行柱脚螺栓保护,即在螺栓丝扣上涂以黄油外封胶布或塑料袋包扎后,再用铁皮或PVC管等进行保护,以防锈牙附着混凝土或因锈蚀等损害其强度。

7. 第一节钢柱施工

对于埋入式柱脚,在基础底板浇筑前需将埋入部分钢柱安装就位后进行柱脚灌浆料施工和基础混凝土浇筑。对于非埋入式柱脚则需将首节钢柱完整就位后才能进行柱脚灌浆料的二次灌浆。

8. 柱脚二次灌浆料

在柱脚底板下混凝土浇筑中,需将柱脚底板下的混凝土面细致抹平压实。并在劲钢柱安装前要对预埋螺栓处的破面进行清理凿毛。待首节钢柱吊装结束并校核完成后,在柱脚底部支设模板,按照设计要求进行二次灌浆。

(1) 二次灌浆材料选择

二次灌浆除应满足设计要求外,尚应根据灌浆厚度按照表19-20选择水泥基灌浆材料。

二次灌浆用水泥基灌浆材料选择   表 19-20

灌浆层厚度（mm）	水泥基灌浆材料类别
5～30	Ⅰ类
20～100	Ⅱ类
80～200	Ⅲ类
>200	Ⅳ类

注: 1. 采用压力法或高位漏斗法灌浆施工时,可放宽水泥基灌浆材料的类别选择;

2. 当灌浆层厚度大于150mm时,可平均分成两次灌浆。根据实际分层厚度按上表选择合适的水泥基灌浆材料类别。第二次灌浆宜在第一次灌浆24h后,灌浆前应对第一次灌浆层表面做凿毛处理。

(2) 二次灌浆施工方法

灌浆料施工方法有三种:自重法、高位漏斗法和压力法。

1) 自重法

自重法是在灌浆料施工中,利用灌浆料流动性好的特点,在灌浆范围内自由流动,满足灌浆要求的方法,如图19-75所示。

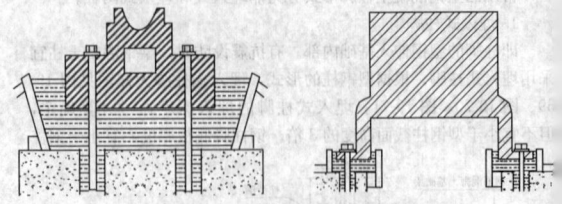

图 19-75 自重法灌浆示意图

2) 高位漏斗法

高位漏斗法是在灌浆料施工中,靠着高强无收缩灌浆料的流动性不能满足要求时,利用提高灌浆的位能差,满足灌浆要求的方法,如图19-76所示。

3) 压力法

压力法是在高强无收缩灌浆料施工中,采用灌浆增压设备,满足灌浆要求的方法,如图19-77所示。

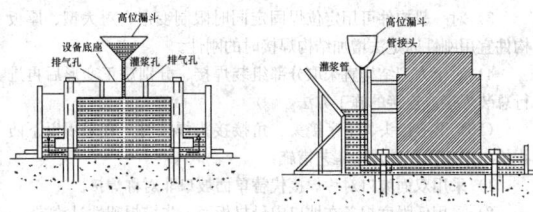

图 19-76　高位漏斗法灌浆示意图

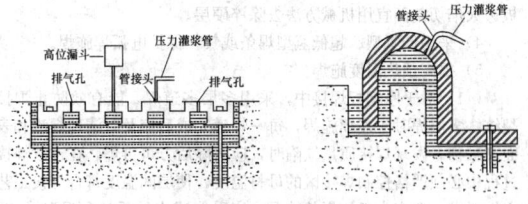

图 19-77　压力法灌浆示意图

(3) 灌浆注意事项

1) 浆料应从一侧灌入，直至另一侧溢出为止，以利于排出柱脚与混凝土基础之间的空气，使灌浆充实，不得从四侧同时进行灌浆。

2) 灌浆开始后，必须连续进行，不能间断，并应尽可能缩短灌浆时间。

3) 在灌浆过程中不宜振捣，必要时可用竹板条等进行拉动导流。

4) 每次灌浆层厚度不宜超过 100mm。

5) 灌浆完毕后，要剔除的部分应在灌浆层终凝前进行处理。

6) 在灌浆施工过程中直至脱模前，应避免灌浆层受到振动和碰撞。

7) 模板与柱脚间的水平距离应控制在 100mm 左右，以利于灌浆施工。

8) 灌浆环境温度不宜低于 −5℃。

(4) 灌浆料养护

1) 灌浆完毕后 30min 内，应立即喷洒养护剂或覆盖塑料薄膜进行养护。

2) 灌浆料养护时间不少于 7d。

19.5　绿　色　施　工

钢-混凝土组合结构施工的环境保护主要有以下几点：

1. 噪声污染控制

施工现场应遵照《中华人民共和国建筑施工场界噪声限值》(GB 12523) 的要求制定降噪措施，并对施工现场场界噪声进行检测和记录，噪声排放不得超过国家标准。根据环保噪声标准 (dB) 日夜要求的不同，合理协调安排施工工序和作业时间将混凝土施工等噪声较大的工序放在白天进行，夜间避免进行噪声较大 的工作。除特殊情况外每晚 22：00 时至次晨早 6：00 时严格控制强噪声作业。

材料进出场要采用吊装设备成捆吊装，严禁抛掷。

所有运输车辆进入现场后禁止鸣笛，夜间装卸材料应轻拿轻放，以减少噪声。

对混凝土输送泵等强噪声设备，实行封闭式隔声处理。

2. 光污染控制

电焊作业采用遮挡措施，避免电焊弧光外泄。

合理安排作业时间，尽量避免夜间施工。必要时夜间施工应合理调整灯光照射方向，减少对周围居民生活的干扰。

3. 施工周围环境、大气污染影响控制

运输容易散落、飞扬、流漏的物料的车辆，必须采取措施封闭严密。施工现场出口应设置洗车槽。建筑物内的施工垃圾应集中装袋，采用搭设封闭式临时专用垃圾道运输或容器吊运或施工电梯运至地面。垃圾装车运出时，采用封闭式运输车。

4. 能源消耗控制

钢结构加工、钢材、水泥等大宗材料选择运距不超过 500km 之内的分供应商，以减少运输距离，降低能源消耗。

现场采用无纸化办公，减少木材消耗。

使用混凝土养护剂，减少施工用水消耗。

5. 土地使用控制

合理规划场地，减少场地占用面积。

不使用黏土实心砖，减少耕地资源消耗。

19.6　质量保证措施

19.6.1　深化设计质量控制措施

(1) 深化设计必须在符合原设计要求的前提下，满足车间加工和现场安装。

(2) 劲钢结构深化设计中应综合考虑与混凝土结构之间的连接节点处理，同时考虑与机电专业之间的预留节点。

(3) 深化设计单位应坚持设计绘图人、审图人、设计部三审制度，确保深化设计图纸的准确性和可行性。

(4) 对于截面较大的型钢混凝土柱、剪力墙、梁，经设计同意后在型钢腹板上需预留对拉螺栓孔，以确保混凝土浇筑质量。

(5) 对型钢柱、梁节点位置，在进行劲钢结构深化时，应提前考虑混凝土浇筑方案，必要时采取相应的措施，如在钢牛腿上开浇筑孔，或者在距离型钢柱一定距离内对型钢梁翼缘板的宽度减小，以便确保混凝土密实。

19.6.2　原材料质量控制措施

(1) 进场的钢材必须符合设计要求，进场后应及时按国家的相关规范规定对钢材的品种、规格、外观质量等进行检查验收。其规格、型号及允许偏差应符合产品标准的要求；其表面应光洁，不得有裂纹、结疤、气孔、夹层、折痕、重皮等缺陷；表面锈蚀、麻点或划痕的深度不得大于该材料厚度负偏差值的 1/2，且不大于 0.5mm。

(2) 按照国家现行规范规定需要进行复试的钢材，应按同一品种、规格、牌号、同一生产厂家、同一进场批次为一检验批，进行见证取样复试，其复试结果应符合现行国家产品标准和设计要求。对复试不合格的材料严禁使用。

(3) 型钢及压型钢板在装、卸过程中，严禁用钢丝绳捆绑直接起吊，需根据计算吊点进行吊装，以防变形。

(4) 钢材露天堆放时，堆放场地要平整，且高于周围地面，四周设置排水沟。堆放时尽量使钢材截面的背面朝上或朝外，顶部覆盖防雨防雪材料。

(5) 焊接材料必须具有出场合格证，其化学成分与机械性能必须符合国家标准。手工焊接用焊条应与母材强度相适应，并符合现行国家标准。焊条药皮应完整、厚度均匀，不得有偏心现象；药皮不得有裂纹、气孔及刻痕等缺陷；药皮应干燥、牢固，焊条芯不得有锈。严禁使用药皮脱落、焊芯生锈的焊条。

(6) 自动焊接或半自动焊接采用的焊丝和焊剂，应与母材强度相适应。焊丝的牌号、化学成分、机械性能及其他性能应符合设计图纸和现行国家规范规定，焊丝中的碳、硫、磷含量应符合标准。

(7) CO_2 气体保护焊所用的 CO_2 气体，应具有生产厂家出具的有关气体成分证明书，否则必须进行化验，确定其化学成分合格后，方可使用。其纯度不得低于 99.5%。

(8) 焊条、焊丝、焊剂和熔嘴等焊接用材料应储存在干燥、通风良好的地方，并由专人保管。焊条、焊丝、焊剂和熔嘴在使用前必须按说明书及有关工艺文件的规定进行烘干。

19.6.3　测量质量控制措施

(1) 使用的计量器具，应定期进行检定，以确保其在有效期使用。在使用前及时对测量仪器进行检验，确保仪器在良好状态下运行。

(2) 当结构施工到一定高度时（一般 60m 左右），把型钢柱安

装基准控制点向上转置，不得从下层柱的轴线引上。

(3) 结构的楼层标高可按相对标高或设计标高进行控制，标高传递采用多点闭合进行修正。

(4) 安装偏差的检测，应在结构形成空间刚度单元并连接紧固后进行。

19.6.4 焊接质量控制措施

(1) 凡以下情况应进行工艺试验，应在安装前进行焊接工艺试验或评定，并对焊工进行附加考试，同时在此基础上制定相应的施工工艺或方案。

　1) 首次使用的结构钢材。

　2) 首次使用的焊接材料，或焊接材料型号改变。

　3) 焊接方法改变，或由于焊接设备的改变而引起焊接参数改变。

　4) 焊接工艺改变：

　① 双面对接改为单面焊。

　② 单面对接电弧焊增加或去掉垫板，埋弧焊的单面焊反面成型。

　③ 坡口形式改变，变更钢板厚度，要求焊透的T形接头。

　5) 需要预热、后热或焊后做热处理。

(2) 承担工艺试验的焊接及现场焊接工作的焊工，应按现行行业标准《建筑钢结构焊接规程》(JGJ 81) 规定，持证上岗，并且确认焊工证在认可范围和有效期内。工艺试验应包括现场作业中所遇到的各种焊接位置，当现场有妨碍焊接操作时，还应作模拟障碍进行焊接试验。

(3) 焊接前，按照设计要求对接头坡口角度、钝边、间隙及错口量进行检查，焊缝的坡口形式和尺寸，应符合现行国家标准《手工电弧焊焊缝坡口的基本形式和尺寸》(GB 985) 和《埋弧焊焊缝坡口的基本形式和尺寸》(GB 986) 的规定。

焊接垫板或引弧板，其表面应清洁，要求与坡口相同，垫板与母材应贴紧，引弧板与母材焊接应牢固。

(4) 柱、梁、支撑等构件的长度尺寸应包括焊接收缩余量等变形值。在整个钢结构焊接过程中，设置专职测量人员，对柱的垂直度和梁的水平度进行监测，并测出每种焊缝的收缩量，作为构件加工参考量。

(5) 焊条使用前应进行烘干干燥。酸性焊条 150~200℃烘干，保温时间 1h，碱性焊条 350~380℃烘干，保温时间 1.5~2h。烘好后，焊条应放在 110~120℃的保温箱中存放，随用随取，取出的焊条放在保温筒内，4h 用完，否则需重新烘干。焊条烘干次数不超过两次。受潮的焊条不应使用。

(6) 正式焊接工作开始前，应根据工艺评定报告确定是否需要进行预热。一般来说对厚度大于 40mm 的碳素结构钢和厚度大于 25mm 低合金结构钢的焊缝区要进行预热。预热温度宜控制在 60~140℃；预热区在焊道两侧，每侧宽度均应不大于焊件厚度的 2 倍，且不应小于 100mm。在气温低于 0℃的环境中进行焊接时，低碳钢也要进行预热。

(7) 对于板厚大于等于 25mm 的焊缝，焊后要进行消氢处理时，消氢处理的加热温度应为 200~250℃，保温时间应依据工件板厚按每 25mm 板厚不小于 0.5h，且总保温时间不得小于 1h。达到保温时间后应缓冷至常温。

(8) 在焊接中应采用合理的焊接顺序控制变形：

　1) 对于对接接头、T形接头和十字接头坡口焊接，在工件放置条件允许或易于翻身的情况下，宜采用双面坡口对称顺序焊接；对于有对称截面的构件，宜采用对称于构件中和轴的顺序焊接。

　2) 对双面非对称坡口焊接，宜采用先焊深坡口侧部分焊缝、后焊浅坡口侧焊缝、最后焊完深坡口侧焊缝的顺序。

　3) 对长焊缝宜采用分段退焊法或与多人对称焊接法同时运用。

　4) 采用跳焊法，避免工件局部加热集中。

(9) 控制焊缝变形其他工艺措施：

　1) 通常情况下，宜采用熔化极气体保护电弧焊或药芯焊丝自保护电弧焊等能量密度较高的焊接方式，并采用较小的热输入。

　2) 宜采用反变形法控制角变形。

　3) 对一般构件可用定位焊固定同时限制变形；对大型、厚板构件宜用刚性固定法增加结构焊接时的刚性。

　4) 对于大型结构宜采取分部组装焊接、分别矫正变形后再进行总装焊接或连接的施工方法。

(10) T形接头、十字接头、角接接头焊接时，宜采用以下防止板材层状撕裂的焊接工艺措施：

　1) 采用双面坡口对称焊接代替单面坡口非对称焊接。

　2) 采用低强度焊条在坡口内母材板面上先堆焊塑性过渡层。

　3) Ⅱ类及Ⅱ类以上钢材箱形柱角接接头当板厚≥80mm 时，板边火焰切割面宜用机械方法去除淬硬层。

　4) 采用低氢型、超低氢型焊条或气体保护电弧焊施焊。

　5) 提高预热温度施焊。

(11) 对于厚钢板焊接中，采用多层多道焊，能有效防止焊接裂纹。多层焊时应连续施焊，每一焊道完成后应及时清理焊渣和表面飞溅物。发现焊接质量缺陷时，应清除后方可再焊。在连续焊接过程中必须严格控制焊接区的母材温度，使层间温度符合焊接工艺文件要求。遇有中断施焊的情况，应采取适当的后热和保温措施。再次焊接时重新预热温度应高于初始预热温度。

(12) 厚钢板的焊接中，坡口底层焊道采用手工电弧焊时宜使用不大于 Φ4mm 的焊条施焊，底层根部焊道的最小尺寸应适宜，最大厚度不应超过 6mm。

(13) 栓钉焊接前，应将构件焊接面的油、锈清除；焊接后检查栓钉高度的允许偏差应在 ±2mm 以内，同时按有关规定检查其焊接质量。

(14) 在焊接过程中，设置专职人员对风速、温度、湿度进行测量记录，若出现风速大于 10m/s，相对湿度大于 90%，或雨、雪天等天气，且无有效保护措施，必须立即停止焊接。

(15) 焊接质检人员负责对焊接作业过程进行全过程的检查和控制，根据设计文件及规范要求确定焊缝检测部位和检测数量、填报签发检测报告。

(16) 焊缝表面缺陷超过相应的质量验收标准时，对气孔、夹渣、焊瘤、余高过大等缺陷应用砂轮打磨、铲凿、钻、铣等方法进行去除，必要时进行补焊；对焊缝尺寸不足、咬边、弧坑未填满等缺陷应进行补焊。

(17) 对于经无损检测确定焊缝内部存在的缺陷超标时，应按现行行业标准《建筑钢结构焊接技术规程》(JGJ 81) 中的相关要求进行返修。对两次返修仍不合格的部位，应重新编制返修工艺，经工程技术负责人审批并报监理工程师认可后，方可执行。

19.6.5 现场安装质量控制措施

(1) 压型钢板的下料应在工厂进行，尽量减少在楼层现场的切割工作量。为保证下料的准确，应制作模具。

(2) 压型钢板铺设前应检查压型钢板的弯曲变形情况，对发生弯曲变形的压型板进行校正。同时对钢梁顶面清理干净，严防潮湿及涂刷油漆 (可焊漆除外)。

(3) 压型钢板按图纸放线安装、调直、压实并采用对称点焊。要求波纹顺直，以便楼板钢筋在波内通过。压型钢板的凹槽与梁接，以便点焊。点焊固定电流应适当调小，防止将压型板焊穿。

(4) 压型钢板组合结构的钢筋绑扎过程中，上层钢筋应按设计间距均匀绑扎，分布钢筋的弯勾应按规范要求直角朝下，弯折在压型板的波谷内。绑扎板筋时一般用顺扣或八字扣，负弯矩钢筋和分布钢筋的每个相交点均要全数绑扎，绑扎完成后的组合楼板钢筋间距一致，横平竖直。

(5) 压型钢板组合楼板施工中，应详细的参照楼板留洞图和布置图，先在压型钢板定位后弹出洞口边线，进行洞口预留。预留洞口尺寸小于等于 300mm 时，待混凝土浇筑完后，并达到设计强度的 75% 以上，再切割压型钢板。预留洞口大于 300mm 时，在钢筋绑扎前划切割洞口，并按照设计要求进行洞口加强处理。

(6) 为防止混凝土浇筑过程中造成压型钢板变形过大，需搭设临时支架。应由施工实际确定，待混凝土达到一定的强度后方可拆除。

(7) 高强螺栓连接表面有浮锈、油污，螺栓孔有毛刺、焊瘤、

等，均应清理干净。在雨雪天气应避免高强度螺栓的安装施工，以免影响施工质量。

（8）高强螺栓连接板若变形后出现间隙大，其间隙应按规定的允许间隙进行调整，应校正处理后再使用。

（9）高强度螺栓在安装过程中如需要扩孔时，一定要防止金属碎屑夹在摩擦面之间，清理干净后才能进行安装。

（10）高强螺栓应自由穿入螺孔，严禁强行将螺栓打入螺孔，并不得气焊扩孔。高强度螺栓应将配套的连接件（螺栓、螺母和垫圈等）放入同一包装内，避免混用。当天使用当天从库房中领出，当天未用完的高强度螺栓不能堆放在露天，防止损伤丝口。

（11）高强螺栓所用的扭矩扳手必须定期校正，其偏差值不大于5%，严格按紧固顺序操作。紧固顺序为先中间，后边缘；先主要部位，后次要部位；先初拧，后终拧。初拧时要求达到设计的紧固力矩数值。扭剪型高强度螺栓尾部卡头被拧断，表示终拧结束。

（12）型钢板制孔，应采用工厂车床制孔或现场采用等离子切割机操作，严禁现场用氧气切割开孔。

（13）劲钢结构中的钢筋工程，必须根据规范及设计要求满足锚固和搭接要求。无论是柱或墙的钢筋都尽可能地减少纵向钢筋穿过型钢腹板的数量，且不宜穿过型钢翼缘。钢筋与型钢之间的连接可采用钢筋连接器进行连接。当必须在型钢翼缘上预留穿筋孔时，应由设计人员进行截面的承载能力验算，不满足承载力要求时，应进行补强。

（14）型钢柱节点区最外侧箍筋必须是封闭箍筋。封闭箍应严格按要求放样加工，不得做成开口箍，也不得将箍筋直接焊在型钢混凝土柱上，必要时经设计人员同意可在型钢混凝土柱腹板上预留穿筋孔，将箍筋分成两段穿过后焊接成型。焊接位置应错开以保证抗震要求。内侧复合箍筋可以采用拉筋，弯钩构造满足抗震要求。

（15）劲钢柱、剪力墙节点处，要事先确定出劲钢柱、剪力墙的竖向主筋、水平箍筋、剪力墙水平钢筋、梁纵向主筋及梁箍筋等各种钢筋的绑扎顺序，确定出哪种钢筋先绑扎，哪种钢筋后绑扎，以免柱、墙、梁的纵向主筋与箍筋等在绑扎顺序和方向上发生矛盾。

（16）在型钢混凝土结构混凝土浇筑过程中，对于节点部位的混凝土必须严格控制混凝土原材料配合比，尤其是石子的粒径要严格控制。可根据实际情况，采用自密实混凝土或者细石混凝土进行浇筑。竖向柱、墙构件最好与水平构件梁、板分开浇筑。对于截面尺寸较大的型钢梁，可以按照规范要求分层分次浇筑。

（17）对于型钢结构混凝土振捣可采用多种方法同时振捣，如振捣棒无法到达的部位，可在模板外设置附着式振捣器，进行辅助振捣。对确实无法进行混凝土浇筑的封闭区域，可以考虑采用高强灌浆料，在钢筋绑扎前预埋灌浆软管，通过灌浆以保证该部位的强度和密实度。

（18）型钢混凝土结构中钢筋工程和混凝土工程必须符合现行国家规范《混凝土结构工程施工质量验收规范》（GB 50204）中的相关要求。

参 考 文 献

1. 周明杰主编. 钢-混凝土组合结构设计与工程应用. 北京：中国建材工业出版社，2005.
2. 日本钢结构协会著. 陈以一，傅功义译. 钢结构技术总览. 北京：中国建材工业出版社，2003.
3. 周学军，王敦强编著. 钢与混凝土组合结构设计与施工. 济南：山东科学技术出版社，2004.
4. 赵鸿铁著. 钢与混凝土组合结构. 北京：科学出版社，2001.
5. 林宗凡著. 钢-混凝土组合结构. 上海：同济大学出版社，2004.
6. 马怀中，王天贤著. 钢-混凝土组合结构. 北京：中国建筑工业出版社，2006.
7. 肖辉，娄宇等著. 钢与混凝土组合梁的发展、研究与应用. 特种结构. 2005.3 第22卷第1期.
8. 中建八局青岛公司主编. 钢与混凝土组合结构施工技术要点. 2008.

20 砌体工程

20.1 砌体结构特性

20.1.1 砌体结构材料强度等级和应用范围

砌体结构是由块体和砂浆砌筑而成的墙、柱作为建筑物主要受力构件的结构。砌体结构包括砖砌体、砌块砌体和石砌体结构。砌体的强度计算指标由块体和砂浆的强度等级确定。

20.1.1.1 砌体结构材料

构成砌体结构的材料主要包括块材、砂浆，必要时尚需要混凝土和钢筋。混凝土一般采用C20强度等级，钢筋一般采用HPB300、HRB335和HRB400强度等级或冷拔低碳钢丝。

1. 块材

砌体结构块材包括天然的石材和人工制造的砖及砌块。目前常用的有烧结普通砖、烧结多孔砖、蒸压灰砂砖、蒸压粉煤灰砖、普通混凝土小型空心砌块、轻骨料混凝土小型空心砌块、毛石和料石等。

烧结普通砖和烧结多孔砖一般是以黏土、页岩、煤矸石为主要原料，经焙烧而成的承重普通砖和多孔砖，其中烧结多孔砖孔洞率均小于30％。

蒸压灰砂砖、蒸压粉煤灰砖为非烧结硅酸盐砖，不得用于长期受热200℃以上、受急冷急热和有酸性介质侵蚀的建筑部位。MU15及MU15以上的蒸压灰砂砖可用于基础及其他建筑部位。蒸压粉煤灰砖用于基础或用于受冻融和干湿交替作用的建筑部位时，必须使用一等砖。

混凝土小型空心砌块以主规格190mm×190mm×390mm的单排孔和多排孔普通混凝土砌块为主。

轻骨料混凝土小型空心砌块材料常为水泥煤渣混凝土、煤矸石混凝土、陶粒混凝土、火山灰渣混凝土和浮石混凝土等，承重多排孔轻骨料砌块应用的限制条件为空洞率不大于35％。

石材根据其形状和加工程度分为毛石和料石（六面体）两大类，料石又分为细料石、半细料石、粗料石和毛料石。

2. 砂浆

砌体结构常用的砂浆种类按配合比分有：水泥砂浆（水泥和砂）、混合砂浆（水泥、石灰和砂）、石灰砂浆（石灰和砂）、石膏砂浆等。无塑性掺合料的纯水泥砂浆硬化快，一般多用于含水量较大的地下砌体中；混合砂浆强度较好，常用于地上砌体砌筑；石灰砂浆，强度小且属气硬性（即只能在空气中硬化），一般只用于地上砌体，石膏砂浆硬化快，一般用于不受潮湿的地上砌体中。

目前我国已开始推广应用专用的砌筑砂浆和干拌砂浆。砌筑砂浆是由水泥、砂、水以及根据需要掺入的掺合料和外加剂等按一定比例，采用机械拌合制成；干拌砂浆是由水泥、钙质消石灰、砂、掺合料以及外加剂按一定比例混合制成的混合物。干拌砂浆在施工现场加水经机械拌合后即成为砌筑砂浆。

20.1.1.2 砌体材料的强度等级

砌体材料的主要强度等级按各类块体和砂浆分类，块体的强度等级用符号MU、砂浆的强度等级用符号M表示。主要强度指标如下：

烧结普通砖、烧结多孔砖的强度等级为：MU30、MU25、MU20、MU15和MU10；

蒸压灰砂砖、蒸压粉煤灰砖的强度等级为：MU25、MU20、MU15和MU10；

砌块的强度等级为：MU20、MU15、MU10、MU7.5和MU5；

石材的强度等级：MU100、MU80、MU60、MU50、MU40、MU30和MU20；

砂浆的强度等级：M15、M10、M7.5、M5和M2.5。

规范规定对烧结普通砖和烧结多孔砖砌体砂浆强度的最低等级为M2.5，对蒸压灰砂砖、蒸压粉煤灰砖砌体砂浆强度的最低等级为M5。

确定蒸压粉煤灰砖块体和掺有粉煤灰15％以上的混凝土砌块强度等级时，块体抗压强度应乘以自然碳化系数，当无自然碳化系数时，应取人工碳化系数的1.15倍。

专用砌筑砂浆强度等级用"Mb"表示，砌块灌孔混凝土的强度等级用"Cb"表示。

20.1.1.3 砌体结构的应用范围

砌体结构适用于以受压为主的结构，以及便于就地取材的结构，综合归纳如下：

(1) 民用建筑物中的墙体、柱、基础、过梁、地沟等；

(2) 中小型工业建筑物中的墙体、柱、基础，工业构筑物中的烟囱、水池、水塔、中小型储仓等；

(3) 交通工程中的拱桥、隧道、涵洞、挡土墙等；

(4) 水利工程中的石坝、渡槽、围堰等。

20.1.2 影响砌体结构强度的主要因素

20.1.2.1 块材和砂浆的强度

块材和砂浆的强度是决定砌体抗压强度的最主要因素。试验表明，以砖砌体为例，砖强度等级提高一倍时，可使砌体抗压强度提高50％左右；砂浆强度等级提高一倍，砌体抗压强度约可提高20％，但水泥用量要增加50％左右。

一般来说，砖本身的抗压强度总是高于砌体的抗压强度，砌体强度随块体和砂浆强度等级的提高而增大，但提高块体和砂浆强度等级不能按相同的比例提高砌体的强度。

20.1.2.2 砂浆的性能

砂浆的变形性能和砂浆的流动性、保水性对砌体抗压强度也有影响。砂浆强度等级越低，变形越大，砌体强度也越低。砂浆的流动性（即和易性）和保水性好，易使之铺砌成厚度和密实性都较均匀的水平灰缝，从而提高砌体强度。但是，如果流动性过大（采用过多塑化剂），砂浆在硬化后的变形率也增大，反而会降低砌体的强度。所以性能好的砂浆应是有良好的流动性和较高的密实性。

20.1.2.3 块体的形状和灰缝厚度

块体的外形对砌体强度也有明显的影响，块体的外形比较规则、平整，则砌体强度相对较高。如细料石砌体的抗压强度比毛石砌体抗压强度可提高50％左右；灰砂砖具有比塑压黏土砖更为整齐的外形，砖的强度等级相同时，灰砂砖砌体的强度要高于塑压黏土砖砌体的强度。

砂浆灰缝的厚度对砌体强度有影响，越厚则越难保证均匀与密实，越影响砌体强度，所以当块体表面平整时，应尽量减薄灰缝厚度。

一般情况下，对砖和小型砌块砌体，灰缝厚度应控制在8～12mm，对料石砌体不宜大于20mm。

20.1.2.4 砌筑质量

砌筑质量是指砌体的砌筑方式、灰缝砂浆的饱满度、砂浆层的铺砌厚度及均匀程度等，其中砂浆水平灰缝的饱满度对砌体抗压强度的影响较大，《砌体结构工程施工质量验收规范》（GB 50203）规定水平灰缝的砂浆饱满度不得低于80％，规范同时根据施工现场的质量管理水平、砂浆混凝土的强度及拌合方式、砌筑工人技术等级几个因素的综合水平划分施工质量控制等级。

砌体施工质量控制等级分为三级，如表20-1所示。工程设计图中应明确设计采用的施工质量控制等级，施工设计交底时应予强调。一般情况下按B级质量控制水平进行施工，但对于配筋砌体剪力墙高层建筑宜按A级质量控制水平进行施工，配筋砌体不允许采用C级质量控制水平。

另外，块体在砌筑时的含水率、砌体龄期、搭缝方式和竖向灰缝的填满程度等也对砌体的抗压强度有影响。

项　目	施工质量控制等级		
	A	B	C
现场质量管理	监督检查制度健全，并严格执行；施工方有在岗专业技术管理人员，人员齐全，并持证上岗	监督检查制度基本健全，并能执行；施工方有在岗专业技术管理人员，并持证上岗	有监督检查制度；施工方有在岗专业技术管理人员
砂浆、混凝土强度	试块按规定制作，强度满足验收规定，离散性小	试块按规定制作，强度满足验收规定，离散性较小	试块按规定制作，强度满足验收规定，离散性大
砂浆拌合	机械拌合；配合比计量控制严格	机械拌合；配合比计量控制一般	机械及人工拌合；配合比计量控制较差
砌筑工人	中级工以上，其中，高级工不少于30%	高、中级工不少于70%	初级工以上

砌体施工质量控制等级　　表 20-1

20.1.3　砌体结构的构造措施

20.1.3.1　墙、柱高度的控制

1. 高厚比

高厚比系指砌体墙、柱的计算高度 H_0 与墙厚或柱边长的比值，即 $\beta = H_0/h$。砌体墙、柱的允许高厚比 $[\beta]$ 系墙、柱高厚比的允许限值，是保证砌体结构稳定性的重要构造措施之一。一般墙、柱高厚比允许值见表 20-2。

墙、柱的允许高厚比 $[\beta]$ 值　　表 20-2

砂浆等级	墙	柱
M2.5	22	15
M5	24	16
≥M7.5	26	17

注：1. 毛石墙、柱允许高厚比，应按表中数值降低 20%；
　　2. 组合砖砌体构件的允许高厚比，可按表中数值提高 20%，但不得大于 28；
　　3. 验算施工阶段砂浆尚未硬化的新砌体高厚比时，允许高厚比对墙取 14，对柱取 11。

2. 砌筑高度的限制

(1) 砌体施工过程中，墙体工作段通常设在伸缩缝、沉降缝、防震缝、构造柱等部位。相邻工作段的高度差不得超过一个楼层，也不宜大于 4m。砌体临时间断处的高度差不得超过一步脚手架的高度。

(2) 为了减少墙体因灰缝变形而引起的沉降，一般以每日砌筑高度不超过 1.8m 为宜。雨天施工时，每日砌筑高度不宜超过 1.2m。砖每日砌筑高度不宜超过 1.8m，独立砖柱不得采用先砌四周后填心的包心法砌筑。

(3) 施工阶段尚未施工楼板或屋面的墙或柱，当可能遇到大风时，其允许自由高度不得超过表 20-3 的规定。如超过表中限值时，必须采用临时支撑等有效措施。

墙、柱的允许自由高度　　表 20-3

墙(柱)厚(mm)	砌体密度>1600(kg/m³)			砌体密度 1300~1600(kg/m³)		
	风载(kN/m²)			风载(kN/m²)		
	0.3(约7级风)	0.4(约8级风)	0.5(约9级风)	0.3(约7级风)	0.4(约8级风)	0.5(约9级风)
190	—	—	—	1.4	1.1	0.7
240	2.8	2.1	1.4	2.2	1.7	1.1

续表

墙(柱)厚(mm)	砌体密度>1600(kg/m³)			砌体密度 1300~1600(kg/m³)		
	风载(kN/m²)			风载(kN/m²)		
	0.3(约7级风)	0.4(约8级风)	0.5(约9级风)	0.3(约7级风)	0.4(约8级风)	0.5(约9级风)
370	5.2	3.9	2.6	4.2	3.2	2.1
490	8.6	6.5	4.3	7.0	5.2	3.5
620	14.0	10.5	7.0	11.4	8.5	5.7

注：1. 本表适用于施工处相对标高 H 在 10m 范围内的情况。如 10m<H≤15m，15m<H≤20m 时，表中的允许自由高度应分别乘以 0.9、0.8 的系数；如 H>20m 时，应通过抗倾覆验算确定其允许自由高度；
　　2. 当所砌筑的墙有横墙或其他结构与其连接，而且间距小于表中相应墙、柱的自由高度的 2 倍时，砌筑高度可不受本表的限制；
　　3. 当砌体密度小于 1300kg/m³ 时，墙和柱的允许自由高度应另行验算确定。

20.1.3.2　一般构造要求

1. 耐久性措施

(1) 五层及五层以上房屋的外墙、潮湿房间墙，以及受振动或层高大于 6m 的墙、柱所用材料的最低强度等级如下：

1) 砖采用 MU10；

2) 砌块采用 MU7.5；

3) 石材采用 MU30；

4) 砂浆采用 M5。

对安全等级为一级或设计使用年限大于 50 年的房屋，墙、柱所有材料应按上述最低强度等级要求至少提高一级。

(2) 对地面以下或防潮层以下、潮湿房间的砌体，所用材料的最低强度等级应符合表 20-4 的规定。对安全等级为一级或设计使用年限大于 50 年的房屋，墙、柱所有材料应按表中最低强度等级要求至少提高一级。

地面以下或防潮层以下、潮湿房间所有砌体材料最低强度等级　　表 20-4

基土的潮湿程度	烧结普通砖、蒸压灰砂砖		混凝土砌块	石材	砂浆
	严寒地区	一般地区			
稍潮湿的	MU10	MU10	MU7.5	MU30	MU5
很潮湿的	MU15	MU10	MU7.5	MU30	MU7.5
含水饱和的	MU20	MU15	MU10	MU40	MU10

(3) 地面以下或防潮层以下的砌体，不宜采用多孔砖，特别是在冻胀地区如采用必须用水泥砂浆灌实。当采用混凝土小型空心砌块砌体时，其孔洞应采用强度等级不低于 Cb20 的混凝土灌实。

2. 整体性措施

(1) 承重的独立砖柱，截面尺寸不应小于 240mm×370mm。

(2) 砌块砌体应分皮错缝搭砌，上下皮搭接长度不得小于 90mm，搭接长度不满足上述要求时，应在水平灰缝内设置不少于 2φ4 的焊接钢筋网片（横向钢筋的间距不应大于 200mm），网片每端均应超过该垂直缝，其长度不得小于 300mm。

(3) 墙体转角处、纵横墙的交接处应错缝搭砌，以保证墙体的整体性。对不能同时砌筑而又必须留置的临时间断处，应砌成斜槎，斜槎长度不宜小于其高度的 2/3。若条件限制，留成斜槎困难时，也可做成直槎，但应在墙体内加设拉结钢筋，每 120mm 墙厚内不得少于 1φ6，且每层不少于 2 根，沿墙高的间距不得超过 50mm，埋入长度从墙的留槎处算起，每边均不小于 500mm，末端做成弯钩。

(4) 砌块墙与后砌隔墙交接处，应沿墙高每 400mm 在水平灰缝内设置不少于 2φ4、横筋间距不应大于 200mm 的焊接钢筋网片。

(5) 跨度大于 6m 的屋架和跨度大于 4.8m 的梁，其支承面下的砖砌体，应设置混凝土或钢筋混凝土垫块（当墙中设有圈梁时，垫块与圈梁宜浇成整体）。

(6) 对厚度≤240mm 的砖砌体墙，当大梁跨度大于或等于 6m 时，其支承处宜加设壁柱，或采取其他加强措施。

(7) 预制钢筋混凝土板的支承长度，在墙上不宜小于 100mm，在钢筋混凝土圈梁上不宜小于 80mm；预制钢筋混凝土梁在墙上的支承长度不宜小于 240mm。

(8) 支承在墙、柱上的屋架和吊车梁或搁置在砖砌体上跨度大于或等于 9m 的预制梁端部，应采用锚固件与墙、柱上的垫块锚固。

(9) 山墙处的壁柱宜砌至山墙顶部。檩条或屋面板应与山墙锚固。采用砖封檐的屋檐，檐挑出的长度不宜超过墙厚的 1/2，每皮砖挑出长度应小于或等于一块砖长的 1/4～1/3。

3. 设置凹槽和管槽的要求

为防止在墙体中任意开凿沟槽埋设管线引起墙体承载力的降低或承载力不足，《砌体结构设计规范》（GB 50003）规定，不应在截面长边小于 500mm 的承重墙、独立柱内埋设管线；不宜在墙体中穿行暗线或预留、开凿沟槽，当无法避免时应采取必要的措施或按削弱后的截面验算墙体的承载力。

当设计无特殊要求时，参照国际标准《无筋砌体结构设计规范》（ISO 9652-1）的有关规定（表 20-5），施工中可以设置小的凹槽和管槽而不需要计算，但必须保证：

(1) 管槽距洞口的距离不应小于 115mm，凹槽距洞口的距离不应小于 2 倍槽宽；

(2) 2m 长墙体内的凹槽和管槽总宽度不应大于 300mm，小于 2m 的墙体其总宽度应成比例减小；

(3) 任何凹槽或管槽之间的距离不应小于 300mm；

(4) 不允许在一面墙上同时设竖向凹槽和水平或斜向管槽；

(5) 对墙厚为 190mm 的砌块墙体，不允许水平开槽，当受力较小时，允许在墙体竖向孔洞中设置管线。

不需要计算允许的凹槽和竖向管槽的尺寸（mm） 表 20-5

墙 厚	施工后形成的凹槽和管槽		施工时形成的凹槽和管槽	
	最大深度	最大宽度	最大宽度	最小剩余墙厚
≤115	30	75	不允许	不允许
115～175	30	100	300	90
175～240	30	150	300	90
240～300	30	200	300	170
300～365	30	200	300	200

20.1.4 砌体结构裂缝防治措施

20.1.4.1 砌体裂缝概述

1. 裂缝的主要成因

砌体结构墙体裂缝的成因既有客观因素如地基沉降、温度、干缩，也有主观因素如设计疏忽、不合理，施工质量、材料不合格等，但最为常见的成因包括：地基不均匀沉降、温度变形和材料干缩、设计构造不合理和施工沉降以及受力裂缝。

(1) 地基不均匀沉降

该裂缝与工程地质条件、基础构造、上部结构刚度、建筑体形以及材料和施工质量等因素有关。常见裂缝有以下几种类型：

1) 斜裂缝：是最常见的一种裂缝。建筑物中间沉降大，两端沉降小，墙上出现"八"字形裂缝，反之则出现倒"八"字裂缝。

2) 窗间墙上水平裂缝：这种裂缝一般成对地出现在窗间墙的上下对角处，沉降大的一边裂缝在下，沉降小的一边裂缝在上，靠窗口处裂缝较宽。

3) 竖向裂缝：一般产生在纵墙顶层墙或底层窗台墙上，裂缝都是上面宽，向下逐渐缩小。

(2) 温度变形和材料干缩

温度变形主要体现在砌体房屋顶层两端墙体上的裂缝，如门窗洞边的正八字斜裂缝，平屋顶下或屋顶圈梁下沿砖（块）灰缝的水平裂缝及水平包角裂缝（含女儿墙）。这类裂缝，在所有块体材料的墙上均很普遍。

干缩裂缝主要是采用干缩性较大的块材，如蒸压灰砂砖、粉煤灰砖、混凝土砌块等，随着含水率的降低，材料会产生较大的干缩变形。这类裂缝，在建筑上分布广、数量多，开裂的程度也较严重。最有代表性的裂缝分布为在建筑物底部1至2层窗台部位的垂直裂缝或斜裂缝，在大片墙面上出现的底部重上部较轻的竖向裂缝，以及不同材料和构件间差异变形引起的裂缝等。

多数情况下，温度变形和材料干缩单独或共同作用是引起砌体开裂的主要原因。

(3) 设计构造不合理

设计构造不合理主要是指在扩建工程中，新旧建筑砖墙未采取适当的构造措施而砌成整体，在新、旧墙结合处往往会开裂。

另外，圈梁不封闭、变形缝设置不当、门窗洞口处未采取适当的构造措施等也可能造成砌体局部开裂。

(4) 施工质量

由于砌体的组砌方式不合理、重缝、通缝多等施工质量问题，往往会引起不规则的较宽裂缝。另外，预留脚手眼的位置不当、断砖集中使用、砂浆不饱满等也易引起裂缝。

2. 裂缝宽度的控制

裂缝对建筑危害主要表现在对结构持久承载力和建筑正常使用功能的降低，其影响主要表现在以下四个方面：

(1) 对于无筋结构，裂缝的出现表明结构承载力可能不足或存在严重问题。

(2) 对于配筋结构，裂缝的超标会引起钢筋锈蚀，降低结构耐久性。

(3) 对于建筑物的使用功能，裂缝主要是降低了结构的防水性能和气密性。

(4) 对于用户，裂缝给人们造成一种不安全的精神压力和心理负担。

但鉴于裂缝成因的复杂性，砌体裂缝难得完全避免，因此评价裂缝对建筑物的危害性非常重要。评价的主要指标是裂缝宽度，一般情况下，可参考表 20-6 的指标决定是否必须修补裂缝或者无须修补裂缝。

必须修补与无须修补的裂缝宽度限值（mm） 表 20-6

考虑因素 准则	裂缝对钢筋腐蚀影响程度	按耐久性考虑			按防水性考虑
		环境因素			
		恶劣的	中等的	优良的	
必须修补的裂缝	大	>0.4	>0.4	>0.6	>0.2
	中		>0.6	>0.8	
	小	>0.6	>0.8	>1.0	
无须修补的裂缝	大	≤0.1	≤0.2	≤0.2	≤0.05
	中		≤0.2		
	小	≤0.2	≤0.3		

表中环境因素分为"恶劣的"、"中等的"和"优良的"三档。"恶劣的"指露天受雨淋，处于干湿交替状态或潮湿状态结冰，或受海水及有害气体腐蚀环境；"中等的"指不被雨淋的一般地上结构，浸泡在水中不结冰的地下结构及水下结构；"优良的"指与外界大气及腐蚀环境完全隔绝的情况。对钢筋腐蚀影响程度是按裂缝深度（贯通、中间、表面）、保护层厚度（<40mm，40～70mm，>70mm）、混凝土表面有无涂层、混凝土密实度及钢筋对腐蚀的敏感性等条件综合判断，对于中等的和优良的环境条件，对钢筋锈蚀及结构腐蚀的影响可以忽略不计。

无须修补的裂缝宽度限值 0.2～0.3mm 相当于《混凝土结构设计规范》（GB 50010）中三级裂缝控制等级规定值，此规定是比较严的。

20.1.4.2 设计构造措施

根据《砌体结构设计规范》（GB 50003）的要求，设计应考虑防止或减轻墙体开裂的措施。一般来说，主要是基于"防"、"放"、"抗"三个原则来采取构造措施。

1. 基于"防"的措施

主要指适当的屋面构造处理以减少屋盖与墙体的温差，减少屋盖与墙体的变形。通常采取的措施包括保证屋面保温层的性能，采

用低含水或憎水保温材料，防止屋面渗漏，南方则加设屋面隔热及通风层；外表浅色处理，外墙、屋盖刷白色等。

2. 基于"放"的措施

主要指屋面或墙体设置伸缩缝、滑动层和墙体设置控制缝等措施，有效降低温度或干缩变形应力。

(1) 伸缩缝的设置

砌体房屋伸缩缝的最大间距，见表 20-7。

砌体房屋伸缩缝的最大间距（m）　　表 20-7

屋盖或楼盖类别		间距
整体式或装配整体式钢筋混凝土结构	有保温层或隔热层的屋盖、楼盖	50
	无保温层或隔热层的屋盖	40
装配式无檩体系钢筋混凝土结构	有保温层或隔热层的屋盖、楼盖	60
	无保温层或隔热层的屋盖	50
装配式有檩体系钢筋混凝土结构	有保温层或隔热层的屋盖	75
	无保温层或隔热层的屋盖	60
瓦材屋盖、木屋盖或楼盖、轻钢屋盖		100

注：1. 对烧结普通砖、多孔砖、配筋砌块砌体房屋取表中数值；对石砌体、蒸压灰砂砖、蒸压粉煤灰砖和混凝土砌块房屋取表中数值乘以 0.8 的系数。当有实践经验并采取有效措施时，可不遵守本表规定；
2. 在钢筋混凝土屋面上挂瓦的屋盖应按钢筋混凝土屋盖采用；
3. 按本表设置的墙体伸缩缝，一般不能同时防止由于钢筋混凝土屋盖的温度变形和砌体干缩变形引起的墙局部裂缝；
4. 温差较大且变化频繁地区和严寒地区不采暖的房屋及构筑物墙体的伸缩缝的最大间距，应按表中数值予以适当减小；
5. 层高大于 5m 的烧结普通砖、多孔砖、配筋砌块砌体结构单层房屋，其伸缩缝间距可按表中数值乘以 1.3；
6. 墙体的伸缩缝应与结构的其他变形缝相重合，在进行立面处理时，必须保证缝隙的伸缩作用。

(2) 控制缝的设置

对于干缩性较大的块材墙体，设置适当的控制缝，把较长的砌体房屋的墙体划分为若干较小的区段，可以有效减小干缩、温度变形引起的裂缝。控制缝的设置位置和间距可以按下列规定使用：

1) 建筑物墙体高度或厚度突然变化处，门窗洞口的一侧或两侧一般应设置竖向控制缝，并宜在房屋阴角处设置控制缝；

2) 对于 3 层以下的房屋，应沿墙体的全高设置，对大于 3 层的房屋，可仅在建筑物的 1~2 层和顶层墙体的上列部位设置；

3) 控制缝在楼、屋盖的圈梁处可不贯通，但在该部位圈梁外侧宜留宽度和深度均为 12mm 的槽作成假缝，以控制可预料的裂缝；

4) 控制缝的间距一般为 5~6m，不宜大于 9m，落地门窗口上缘与同屋顶部圈梁下皮之间距离小于 600mm 者可视为控制缝；建筑物尽端开间内不宜设置控制缝；

5) 控制缝可作成隐式，与墙体的灰缝相一致，控制缝的宽度宜通过计算，但不宜大于 14mm，控制缝应用弹性密封材料填缝。

3. 基于"抗"的措施

主要指通过构造措施，如设置圈梁、构造柱、芯柱，提高砌体强度，加强墙体的整体性和抗裂能力，以减少墙体变形，减少裂缝，是砌体房屋普遍采用的抗裂构造措施。常见的措施如下：

(1) 设置柱或构造柱加圈梁加强砌体整体性；

(2) 采用玻璃纤维砂浆、玻璃丝网格布砂浆加芯柱，可以显著提高墙体的抗裂能力 2~3 倍；

(3) 使用高弹性涂料能有效地保护已开裂的墙体不受外界侵蚀；

(4) 轻质墙体与框架梁柱接缝部位、墙体预埋管线的两侧及裂缝多发位（如门窗等洞口的周边及墙体转折部位、房屋顶层的两端）必须加网防裂。

1) 饰面层为石材板块或很大尺寸的陶瓷板块者，墙体的两侧均用 $\phi1.5$（或 $\phi1.6$）镀锌钢丝网片，孔目约 50mm×50mm~100mm×100mm；

2) 饰面层为小尺寸陶瓷板块、马赛克者，外墙面可用等于或

小于 $\phi0.9$ 镀锌钢丝网片，孔目约 15mm×15mm；

3) 饰面层为抹灰层或涂料者，外墙面墙体易开裂部位可用小于 $\phi0.9$ 镀锌钢丝网片，其余部位可用化纤丝或玻璃丝网格布，孔目 5mm×5mm~10mm×10mm；

4) 仅需抹灰层防裂者，可用纤维网片或在抹灰砂浆中掺入抗裂纤维；

5) 非常重要的外墙面（及用水房间）可全墙面双层加网，即墙体表面加设镀锌网片，抹灰层中加设纤维网片。

20.1.4.3　施工保证措施

1. 时间保证

块材龄期应大于 28d（50d 以上更好），为避免砌体沉缩过大，宜控制日砌块高度不超过 2m，填充墙顶宜在砌墙 7d 之后再填塞。管线安装开槽（宜用凹槽砌块或定制砌块，避免开槽打洞）宜在砌筑完毕 7d 后进行。墙面抹灰宜在管线、墙体修补完毕的 7d 之后进行（室外抹灰宜在结构主体封顶之后进行）。

2. 墙体质量保证

砌块进场或上墙之后，都要覆盖防雨水，施工前要根据砌块规格尺寸、灰缝厚度、门窗尺寸、芯柱位置、预埋管线等编制砌块排列图。非整砖要用无齿锯条切割，特殊部位宜采用异型砖。预埋线的两侧墙体需加网防裂。

3. 灰缝质量保证

保证灰缝质量关键是严格控制砌块上墙含水率和使用性能良好的砂浆，最好采用预拌砂浆或专用砌筑砂浆，如预拌砂浆、干粉砂浆等。砌筑时，轻质砌块只能适量洒水。砌筑砂浆的稠度对轻骨料混凝土小型空心砌块应为 60~90mm，对加气混凝土砌块、普通混凝土小型空心砌块应为 50~70mm。

20.1.4.4　砌体结构裂缝处理措施

1. 填缝封闭修补

通常用于墙体外观维修和裂缝较浅、裂缝已经稳定的情况，具体做法为：先将裂缝清理干净，用勾缝刀、抹子、刮刀工具将 1:3 的水泥砂浆或比砌筑强度高一级的水泥砂浆或掺入 108 胶的聚合水泥砂浆填入砖缝内。

2. 配筋填缝封闭修补

裂缝较宽时，可在裂缝相交的灰缝中嵌入细钢筋，然后再用水泥砂浆填嵌。具体做法为：在裂缝两侧每隔 4~5 皮砖剔凿一道长 800~1000mm，深 30~40mm 的砖缝，埋入一根钢筋，端部弯成直钩并嵌入墙体竖缝内，然后用强度等级为 M10 的水泥砂浆嵌填碾实。

施工时应注意以下几点：①两面不要剔同一条缝，最好隔两皮砖；②必须处理好一面，并等砂浆有一定强度后再施工另一面；③修补前剔开的砖缝要充分浇水湿润，修补后必须浇水养护。

3. 灌浆修补

当裂缝数量较多或较细，发展已基本稳定时，可采用灌浆补强方法，灌浆常用的材料有纯水泥浆、水泥砂浆、水玻璃砂浆或水泥灰浆等。在砌体修补中，常用纯水泥浆，若裂缝宽度大于 5mm 时可采用砂浆，裂缝细小时可采用压力灌浆。

20.1.5　砌体结构抗震构造措施

20.1.5.1　多层砌体房屋的局部尺寸限制

多层砌体房屋的局部尺寸限值，见表 20-8。

多层砌体房屋的局部尺寸限值（m）　　表 20-8

墙段部位	6 度	7 度	8 度	9 度
承重窗间墙最小宽度	1.0	1.0	1.2	1.5
承重外墙尽端至门窗洞边的最小距离	1.0	1.0	1.2	1.5
非承重外墙尽端至门窗洞边的最小距离	1.0	1.0	1.0	1.0
内墙阳角至门窗洞边的最小距离	1.0	1.0	1.5	2.0
无锚固女儿墙（非出入口处）的最大高度	0.5	0.5	0.5	0.0

注：1. 局部尺寸不足时应采取局部加强措施弥补；
2. 出入口处的女儿墙应有锚固；
3. 多层多排柱内框架房屋的纵向窗间墙宽度，不应小于 1.5。

20.1.5.2　防震缝的设置

多层砌体房屋遇有下列情况之一时，应设置防震缝分割。防震缝可结合沉降缝、伸缩缝一并设置，但缝宽应符合防震缝要求，即 50～100mm。

(1) 相邻房屋高差在 6m 以上或两层时；

(2) 房屋有较大错层；

(3) 结构的各部分刚度、质量或材料截然不同时。

20.2　砌筑砂浆

20.2.1　原材料要求

1. 水泥

水泥宜采用普通硅酸盐水泥或矿渣硅酸盐水泥，并应有出厂合格证或试验报告。砌筑砂浆用水泥的强度等级应根据设计要求进行选择。砂浆中采用的水泥，其强度等级不小于 32.5 级，宜采用 42.5 级。

水泥进场使用时，应对其品种、等级、包装或散装仓号、出厂日期等进行检查，并应对其强度、安定性及其他必要的性能指标进行复验，其质量必须符合现行国家标准《通用硅酸盐水泥》（GB 175）的有关规定。检验批以同一生产厂家、同一编号为一批；当在使用中对水泥质量有怀疑或水泥出厂超过三个月（快硬硅酸盐水泥超过一个月）时，应复查试验，并按其复查结果使用；不同品种的水泥，不得混合使用。

2. 砂

砂宜用过筛中砂，其中毛石砌体宜用粗砂。砂浆用砂不得含有有害物质。砂的含泥量：对水泥砂浆和强度等级不小于 M5 的水泥混合砂浆不应超过 5%；强度等级小于 M5 的水泥混合砂浆，不应超过 10%；人工砂、山砂及特细砂，应经试配能满足砌筑砂浆技术条件要求。

3. 石灰膏

建筑生石灰、建筑生石灰粉熟化成石灰膏，其熟化时间分别不得少于 7d 和 2d。沉淀池中储存的石灰膏，应防止干燥、冻结和污染。配制水泥石灰砂浆时，不得采用脱水硬化的石灰膏。建筑生石灰粉、消石灰粉不得替代石灰膏配制水泥石灰砂浆。

石灰膏的用量，应按稠度 120±5mm 计量，现场施工中石灰膏不同稠度的换算系数，可按表 20-9 确定。

石灰膏不同稠度的换算系数　表 20-9

稠度（mm）	120	110	100	90	80	70	60	50	40	30
换算系数	1.00	0.99	0.97	0.95	0.93	0.92	0.90	0.88	0.87	0.86

4. 黏土膏

采用黏土或粉质黏土制备黏土膏时，宜用搅拌机加水搅拌，通过孔径不大于 3mm×3mm 的网过筛。用比色法鉴定黏土中的有机物含量时应浅于标准色。

5. 电石膏

制作电石膏的电石渣应用孔径不大于 3mm×3mm 的网过滤，检验时应加热至 70℃ 并保持 20min。没有乙炔气味后，方可使用。

6. 粉煤灰

粉煤灰进场使用前，应检查出厂合格证，以连续供应的 200t 相同等级的粉煤灰为一批，不足 200t 者按一批论。粉煤灰的品质指标应符合表 20-10 的要求。砌体砂浆宜根据施工要求选用不同级别的粉煤灰。

粉煤灰品质指标　表 20-10

序号	指标	级别		
		Ⅰ	Ⅱ	Ⅲ
1	细度，0.045mm 方孔筛筛余（%），不大于	12	20	45
2	需水量比（%），不大于	95	105	115
3	烧失量（%），不大于	5	8	15
4	含水量（%），不大于	1	1	不规定
5	三氧化硫（%），不大于	3	3	3

7. 磨细生石灰粉

磨细生石灰粉的品质指标应符合表 20-11 的要求。

建筑生石灰粉品质指标　表 20-11

序号	指标	钙质生石灰粉			镁质生石灰粉		
		优等品	一等品	合格品	优等品	一等品	合格品
1	CaO+MgO 含量（%），不大于	85	80	75	80	75	70
2	CO₂ 含量（%），不大于	7	9	11	8	10	12
3	细度	0.90mm 筛筛余（%），不大于	0.2	0.5	1.5	0.2	0.5	1.5
		0.125mm 筛筛余（%），不大于	7.0	12.0	18.0	7.0	12.0	18.0

8. 水

水质应符合现行行业标准《混凝土用水标准》（JGJ 63）的有关规定。

9. 外加剂

在砂浆中掺入的砌筑砂浆增塑剂、早强剂、缓凝剂、防冻剂、防水剂等砂浆外加剂，其品种和用量应经有资质的检测单位检验和试配确定。所用外加剂的技术性能应符合国家现行有关标准《砌筑砂浆增塑剂》（JC/T 164）、《混凝土外加剂》（GB 8076）、《砂浆、混凝土防水剂》（JC 474）的质量要求。

20.2.2　砂浆技术条件

砌筑砂浆的强度等级宜采用 M20、M15、M10、M7.5、M5、M2.5。

水泥砂浆拌合物的密度不宜小于 1900kg/m³；水泥混合砂浆拌合物的密度不宜小于 1800kg/m³。

砌筑砂浆的稠度应按表 20-12 的规定选用。

砌筑砂浆的稠度　表 20-12

砌体种类	砂浆稠度（mm）
烧结普通砖砌体 蒸压粉煤灰砖砌体	70～90
混凝土实心砖、混凝土多孔砖砌体 普通混凝土小型空心砌块砌体 蒸压灰砂砖砌体	50～70
烧结多孔砖、空心砖砌体 轻骨料小型空心砌块砌体 蒸压加气混凝土砌块砌体	60～80
石砌体	30～50

注：1. 采用薄灰砌筑法砌筑蒸压加气混凝土砌块砌体时，加气混凝土粘结砌块的加水量按照其产品说明书控制；

2. 当砌筑其他块体时，其砌筑砂浆的稠度可根据块体吸水特性及气候条件确定。

砌筑砂浆的分层度不得大于 30mm。

水泥砂浆中水泥用量不应小于 200kg/m³，水泥混合砂浆中水泥和掺合料总量宜为 300～350kg/m³。

具有冻融循环次数要求的砌筑砂浆，经冻融试验后，质量损失率不得大于 5%，抗压强度损失率不得大于 25%。

施工中不应采用强度等级小于 M5 水泥砂浆替代同强度等级水泥混合砂浆，如需替代，应将水泥砂浆提高一个强度等级。

20.2.3　砂浆配合比的计算与确定

砌筑砂浆应通过试配确定配合比。当砌筑砂浆的组成材料有变更时，其配合比应重新确定。

20.2.3.1　水泥混合砂浆配合比计算

水泥混合砂浆配合比计算，应按下列步骤进行：

1. 计算砂浆试配强度 $f_{m,0}$

砂浆的试配强度应按下式计算：

$$f_{m,0} = f_2 + 0.645\sigma \qquad (20-1)$$

式中 $f_{m,0}$——砂浆的试配强度，精确至 0.1MPa；

f_2——砂浆抗压强度平均值，精确至 0.1MPa；

σ——砂浆现场强度标准差，精确至 0.01MPa。

当有统计资料时，砂浆现场强度标准差 σ 应按下式计算

$$\sigma = \sqrt{\frac{\sum_{i=1}^{n} f_{m,i} - n\mu f_m}{n-1}} \qquad (20-2)$$

式中 $f_{m,i}$——统计周期内同一品种砂浆第 i 组试件的强度（MPa）；

μf_m——统计周期内同一品种砂浆 n 组试件强度的平均值（MPa）；

n——统计周期内同一品种砂浆试件的总组数，$n \geq 25$。

当不具有近期统计资料时，砂浆现场强度标准差 σ 可按表 20-13 取用。

砂浆强度标准差 σ 选用值（MPa）　表 20-13

施工水平	砂浆强度等级					
	M2.5	M5	M7.5	M10	M15	M20
优 良	0.50	1.00	1.50	2.00	3.00	4.00
一 般	0.62	1.25	1.88	2.50	3.75	5.00
较 差	0.75	1.50	2.25	3.00	4.50	6.00

2. 计算水泥用量 Q_C

每立方米砂浆中的水泥用量，应按下式计算

$$Q_C = \frac{1000(f_{m,0} - \beta)}{\alpha \cdot f_{ce}} \qquad (20-3)$$

式中 Q_C——每立方米砂浆的水泥用量，精确至 1kg；

$f_{m,0}$——砂浆的试配强度，精确至 0.1MPa；

f_{ce}——水泥的实测强度，精确至 0.1MPa；

α、β——砂浆的特征系数，其中 $\alpha = 3.03$，$\beta = -15.09$。

在无法取得水泥的实测强度时，可按下式计算 f_{ce}：

$$f_{ce} = \gamma_c \cdot f_{ce,k} \qquad (20-4)$$

式中 $f_{ce,k}$——水泥强度等级对应的强度值；

γ_c——水泥强度等级值的富余系数，该值应按实际统计资料确定。无统计资料时 γ_c 可取 1.0。

3. 计算掺加料用量 Q_D

水泥混合砂浆的掺加料用量应按下式计算：

$$Q_D = Q_A - Q_C$$

式中 Q_D——每立方米砂浆的掺加料用量，精确至 1kg；石灰膏、黏土膏使用时的稠度为 (120 ± 5)mm；

Q_C——每立方米砂浆的水泥用量，精确至 1kg；

Q_A——每立方米砂浆中水泥和掺加料的总量，精确至 1kg；宜在 300~350kg 之间。

4. 确定砂用量 Q_S

每立方米砂浆中的砂用量，应按干燥状态（含水率小于 0.5%）的堆积密度值作为计算值（kg）。

5. 选用用水量 Q_W

每立方米砂浆中的用水量，根据砂浆稠度等要求可选用 240~310kg。用水量中不包括石灰膏或黏土膏中的水。当采用细砂或粗砂时，用水量分别取上限或下限；砂浆稠度小于 70mm 时，用水量可小于下限；施工现场气候炎热或干燥季节，可酌量增加用水量。

20.2.3.2　水泥砂浆配合比选用

水泥砂浆材料用量可按表 20-14 选用。

每立方米水泥砂浆材料用量　表 20-14

砂浆强度等级	每立方米砂浆水泥用量（kg）	每立方米砂浆砂用量（kg）	每立方米砂浆用水量（kg）
M2.5、M5	200~230	1m³ 砂的堆积密度值	270~330
M7.5、M10	220~280		
M15	280~340		
M20	340~400		

注：1. 此表水泥强度等级为 32.5 级，大于 32.5 级水泥用量宜取下限；

2. 根据施工水平合理选择水泥用量；

3. 当采用细砂或粗砂时，用水量分别取上限或下限；

4. 稠度小于 70mm 时，用水量可小于下限；

5. 施工现场气候炎热或干燥季节，可酌量增加用水量。

20.2.3.3　配合比试配、调整与确定

试配时应采用工程中实际使用的材料，并采用机械搅拌。搅拌时间，应自投料结束算起，对水泥砂浆和水泥混合砂浆，不得少于 120s；对掺用粉煤灰和外加剂的砂浆，不得少于 180s。

按计算或查表所得配合比进行试拌时，应测定砂浆拌合物的稠度和分层度，当不能满足要求时，应调整材料用量，直到符合要求为止。然后确定为试配时的砂浆基准配合比。

试配时至少应采用三个不同的配合比，其中一个为基准配合比，其他配合比的水泥用量应按基准配合比分别增加及减少 10%。在保证稠度、分层度合格的条件下，可将用水量或掺加料用量作相应调整。

对三个不同的配合比进行调整后，应按现行行业标准《建筑砂浆基本性能试验方法》（JGJ70）的规定成型试件，测定砂浆强度，并选定符合试配强度要求且水泥用量最少的配合比作为砂浆配合比。

20.2.3.4　砌筑砂浆配合比计算实例

试计算 M7.5 水泥石灰砂浆配合比。水泥 42.5 级；石灰膏稠度 120mm；中砂，堆积密度 1450kg/m³；施工水平一般。

1. 计算砂浆试配强度 $f_{m,0}$

$$f_{m,0} = f_2 + 0.645\sigma = 7.5 + 0.645\sigma$$
$$= 7.5 + 0.645 \times 1.88 = 8.7MPa$$

2. 计算水泥用量 Q_C

$$Q_C = \frac{1000(f_{m,0} - \beta)}{\alpha \times f_{ce}} = \frac{1000(8.7 + 15.09)}{3.03 \times 1 \times 42.5} = 185kg$$

3. 计算石灰膏用量 Q_D

$$Q_D = Q_A - Q_C = 340 - 185 = 155kg$$

4. 确定砂用量 Q_S

$$Q_S = 1450kg$$

5. 选用用水量 Q_W

$$Q_W = 280kg$$

水泥石灰砂浆配合比（水：水泥：石灰膏：砂）为 280：185：155：1450。

以水泥为 1，配合比为 1.51：1：0.84：7.84。

20.2.4　砂浆的拌制与使用

（1）配制砌筑砂浆时，各组分材料应采用质量计量，水泥及各种外加剂配料的允许偏差为±2%；砂、粉煤灰、石灰膏等配料的允许偏差为±5%。

（2）砌筑砂浆应采用机械搅拌，搅拌时间自投料完起算应符合下列规定：

1）水泥砂浆和水泥混合砂浆不得少于 120s；

2）水泥粉煤灰砂浆和掺用外加剂的砂浆不得少于 180s；

3）掺增塑剂的砂浆，其搅拌方式、搅拌时间应符合现行行业标准《砌筑砂浆增塑剂》（JC/T 164）的有关规定；

4）干混砂浆及加气混凝土砌块专用砂浆宜按掺用外加剂的砂浆确定搅拌时间或按产品说明书采用。

（3）现场拌制的砂浆应随拌随用，拌制的砂浆应在 3h 内使用完毕；当施工期间最高气温超过 30℃时，应在 2h 内使用完毕。预拌砂浆及蒸压加气混凝土砌块专用砂浆的使用时间应按照厂方提供

的说明书确定。

（4）砌体结构工程使用的湿拌砂浆，除直接使用外必须储存在不吸水的专用容器内，并根据气候条件采取遮阳、保温、防雨雪等措施，砂浆在储存过程中严禁随意加水。

20.2.5 砂浆强度的增长关系

普通硅酸盐水泥拌制的砂浆强度增长关系见表 20-15（仅作参考）。

用 42.5 级普通硅酸盐水泥拌制的砂浆强度增长关系 表 20-15

龄期(d)	不同温度下的砂浆强度百分率(以在 20℃时养护 28d 的强度为 100%)							
	1℃	5℃	10℃	15℃	20℃	25℃	30℃	35℃
1	4	6	8	11	15	19	23	25
3	18	25	30	36	43	48	54	60
7	38	46	54	62	69	73	78	82
10	46	55	64	71	78	84	88	92
14	50	61	71	78	84	90	94	98
21	55	67	76	85	93	96	102	104
28	59	71	81	92	100	104	—	—

矿渣硅酸盐水泥拌制的砂浆强度增长关系见表 20-16 及表 20-17（仅作参考）。

用 32.5 级矿渣硅酸盐水泥拌制的砂浆强度增长关系 表 20-16

龄期(d)	不同温度下的砂浆强度百分率(以在 20℃时养护 28d 的强度为 100%)							
	1℃	5℃	10℃	15℃	20℃	25℃	30℃	35℃
1	3	4	5	7	8	11	15	18
3	8	10	13	19	30	40	47	52
7	19	25	33	45	59	64	69	74
10	26	34	44	57	70	75	81	88
14	32	43	54	66	79	87	93	98
21	39	48	60	74	90	96	100	102
28	44	53	65	83	100	104	—	—

用 42.5 级矿渣硅酸盐水泥拌制的砂浆强度增长关系 表 20-17

龄期(d)	不同温度下的砂浆强度百分率(以在 20℃时养护 28d 的强度为 100%)							
	1℃	5℃	10℃	15℃	20℃	25℃	30℃	35℃
1	3	4	6	8	11	15	19	22
3	12	18	24	31	39	45	50	56
7	28	37	45	54	61	68	73	77
10	39	47	54	72	77	82	86	88
14	46	56	62	72	82	91	—	95
21	51	61	70	82	95	96	100	104
28	55	66	75	89	100	104	—	—

20.3 砖砌体工程

20.3.1 砌筑用砖

20.3.1.1 烧结普通砖

烧结普通砖按主要原料分为黏土砖、页岩砖、煤矸石砖和粉煤灰砖。

烧结普通砖根据抗压强度分为 MU30、MU25、MU20、MU15、MU10 五个强度等级。

烧结普通砖根据尺寸偏差、外观质量、泛霜和石灰爆裂分为优等品、一等品、合格品三个质量等级。优等品适用于清水墙，一等品、合格品可用于混水墙。

烧结普通砖的外形为直角六面体，其公称尺寸为：长 240mm、宽 115mm、高 53mm。配砖规格为 175mm×115mm×53mm。

烧结普通砖的尺寸允许偏差应符合表 20-18 的规定。

烧结普通砖尺寸允许偏差（mm） 表 20-18

公称尺寸	优等品		一等品		合格品	
	样本平均偏差	样本极差≤	样本平均偏差	样本极差≤	样本平均偏差	样本极差≤
240	±2.0	6	±2.5	7	±3.0	8
115	±1.5	5	±2.0	5	±2.5	7
53	±1.5	4	±1.6	5	±2.0	6

烧结普通砖的外观质量应符合表 20-19 的规定。

烧结普通砖外观质量（mm） 表 20-19

项　目		优等品	一等品	合格品
两条面高度差	≤	2	3	4
弯曲	≤	2	3	4
杂质凸出高度	≤	2	3	4
缺棱掉角的三个破坏尺寸 不得同时大于		5	20	30
裂纹长度≤	a. 大面上宽度方向及其延伸至条面的长度	30	60	80
	b. 大面上长度方向及其延伸至顶面的长度或条顶面上水平裂纹长度	50	80	100
完整面	不得少于	二条面和二顶面	一条面和一顶面	—
颜色		基本一致		—

注：装饰面施加的色差、凹凸纹、拉毛、压花等不能算做缺陷。

　　凡有下列缺陷之一者，不得称为完整面：

　　1）缺损在条面或顶面上造成的破坏面尺寸同时大于 10mm×10mm；

　　2）条面或顶面上裂纹宽度大于 1mm，其长度超过 30mm；

　　3）压陷、黏底、焦花在条面或顶面上的凹陷或凸出超过 2mm，区域尺寸同时大于 10mm×10mm。

烧结普通砖的强度应符合表 20-20 的规定。

烧结普通砖强度（MPa） 表 20-20

强度等级	抗压强度平均值≥	变异系数 δ≤0.21	变异系数 δ>0.21
		强度标准值 f_k≥	单块最小抗压强度值≥
MU30	30.0	22.0	25.0
MU25	25.0	18.0	22.0
MU20	20.0	14.0	16.0
MU15	15.0	10.0	12.0
MU10	10.0	6.5	7.5

20.3.1.2 粉煤灰砖

粉煤灰砖以煤渣为主要原料，掺入适量石灰、石膏，经混合、压制成型、蒸养或蒸压而成的实心砖。

粉煤灰砖的外形为矩形体，公称尺寸为：长 240mm，宽 115mm，高 53mm。

粉煤灰砖根据抗压强度和抗折强度分为 MU20、MU15、MU10、MU7.5 四个强度等级。

粉煤灰砖根据尺寸偏差、外观质量、强度等级分为：优等品、一等品、合格品。

粉煤灰砖的尺寸偏差与外观质量应符合表 20-21 的规定。

粉煤灰砖尺寸偏差与外观质量（mm） 表 20-21

项 目	指 标		
	优等品（A）	一等品（B）	合格品（C）
（1）尺寸允许偏差：			
长度	±2	±3	±4
宽度	±2	±3	±4
高度	±1	±2	±3
（2）对应高度差 ≤	1	2	3
（3）缺棱掉角的最小破坏尺寸	10	15	20
（4）完整面 不少于	二条面和一顶面或二顶面和一条面	一条面和一顶面	一条面和一顶面
（5）裂缝长度 ≤			
1）大面上宽度方向的裂纹（包括延伸到条面上的长度）	30	50	70
2）其他裂纹	50	70	100
（6）层裂	不允许	不允许	不允许

注：在条面或顶面上破坏面的两个尺寸同时大于 10mm 和 20mm 者为非完整面。

粉煤灰砖强度应符合表 20-22 的规定，优等品的强度等级应不低于 MU15。

粉煤灰砖强度 表 20-22

强度等级	抗压强度（MPa）		抗折强度（MPa）	
	10块平均值≥	单块值≥	10块平均值≥	单块值≥
MU30	30.0	24.0	6.2	5.0
MU25	25.0	20.0	5.0	4.0
MU20	20.0	16.0	4.0	3.2
MU15	15.0	12.0	3.3	2.6
MU10	10.0	8.0	2.5	2.0

20.3.1.3 烧结多孔砖

烧结多孔砖以黏土、页岩、煤矸石等为主要原料，经焙烧而成的多孔砖。

烧结多孔砖的外形为矩形体，其长度、宽度、高度尺寸应符合下列要求：

（1）290mm、240mm、190mm、180mm；

（2）175mm、140mm、115mm、90mm。

烧结多孔砖的孔洞尺寸应符合表 20-23 的规定。

烧结多孔砖孔洞规定 表 20-23

圆孔直径	非圆孔内切圆直径	手抓孔
≤22mm	≤15mm	30～40mm×75～85mm

烧结多孔砖根据抗压强度、变异系数分为 MU30、MU25、MU20、MU15、MU10 五个强度等级。

烧结多孔砖根据尺寸偏差、外观质量、强度等级和物理性能分为优等品、一等品、合格品三个等级。

烧结多孔砖的尺寸允许偏差应符合表 20-24 的规定。

烧结多孔砖尺寸允许偏差（mm） 表 20-24

公称尺寸	优等品		一等品		合格品	
	样本平均偏差	样本极差≤	样本平均偏差	样本极差≤	样本平均偏差	样本极差≤
290、240	±2.0	6	±2.5	6	±3.0	8
190、180、175、140、115	±1.5	5	±2.0	5	±2.5	7
90	±1.5	4	±1.7	5	±2.0	6

烧结多孔砖的外观质量应符合表 20-25 的规定。

烧结多孔砖外观质量 表 20-25

项 目	指 标		
	优等品	一等品	合格品
（1）颜色（一条面和一顶面）	一致	基本一致	—
（2）完整面 不得少于	一条面和一顶面	一条面和一顶面	—
（3）缺棱掉角的三个破坏尺寸不得同时大于（mm）	15	20	30
（4）裂纹长度 不大于（mm）			
1）大面上深入孔壁 15mm 以上宽度方向及其延伸到条面的长度	60	80	100
2）大面上深入孔壁 15mm 以上长度方向及其延伸到顶面的长度	60	100	120
3）条、顶面上的水平裂纹	80	100	120
（5）杂质在砖面上造成的凸出高度 不大于（mm）	3	4	5

注：1. 装饰面而施加的色差、凹凸纹、拉毛、压花等不算缺陷；
2. 凡有下列缺陷之一者，不能称为完整面：
1）缺损在条面或顶面上造成的破坏面尺寸同时大于 20mm×30mm；
2）条面或顶面上裂纹宽度大于 1mm，其长度超过 70mm；
3）压陷、焦花、粘底在条面或顶面上的凹陷或凸出超过 2mm，区域尺寸同时大于 20mm×30mm。

烧结多孔砖的强度应符合表 20-26 的规定。

烧结多孔砖强度 表 20-26

强度等级	抗压强度平均值（MPa）f≥	变异系数δ≤0.21 强度标准值（MPa）fk≥	变异系数δ>0.21 单块最小抗压强度值（MPa）fmin≥
MU30	30.0	22.0	25.0
MU25	25.0	18.0	22.0
MU20	20.0	14.0	16.0
MU15	15.0	10.0	12.0
MU10	10.0	6.5	7.5

20.3.1.4 蒸压灰砂空心砖

蒸压灰砂空心砖以石灰、砂为主要原料，经坯料制备、压制成型、蒸压养护而制成的孔洞率大于 15% 的空心砖。

蒸压灰砂空心砖的规格及公称尺寸列于表 20-27。孔洞采用圆形或其他孔形。空洞应垂直于大面。

蒸压灰砂空心砖公称尺寸 表 20-27

规格代号	公称尺寸（mm）		
	长	宽	高
NF	240	115	53
1.5NF	240	115	90
2NF	240	115	115
3NF	240	115	175

蒸压灰砂空心砖根据抗压强度分为 MU25、MU20、MU15、MU10、MU7.5 五个强度等级。

蒸压灰砂空心砖根据强度等级、尺寸允许偏差和外观质量分为优等品、一等品和合格品。

蒸压灰砂空心砖的尺寸允许偏差、外观质量和孔洞率应符合表 20-28 的规定。

蒸压灰砂空心砖尺寸允许偏差、外观质量和孔洞率 表 20-28

项 目	指 标		
	优等品	一等品	合格品
（1）尺寸允许偏差			
长度（mm） 不大于	±2	±2	±3
宽度（mm） 不大于	±1	±2	±3
高度（mm） 不大于	±1	±2	±3

续表

项　目		指　标		
		优等品	一等品	合格品
(2) 相对高度差 (mm)	不大于	±1	±2	±3
(3) 孔洞率 (%)	不小于	15	15	15
(4) 外壁厚度 (mm)	不小于	10	10	10
(5) 肋厚度 (mm)	不小于	7	7	7
(6) 缺棱掉角最小尺寸 (mm)	不大于	15	20	25
(7) 完整面	不少于	1条面或 1顶面	1条面或 1顶面	1条面或 1顶面
(8) 裂纹长度 (mm)	不大于			
1) 条面上高度方向及其延伸到大面的长度		30	50	70
2) 条面上长度方向及其延伸到顶面上的 水平裂纹长度		50	70	100

注：凡有以下缺陷者，均为非完整面：
　　1. 缺棱尺寸或掉角的最小尺寸大于 8mm；
　　2. 灰球、黏土团、草根等杂物造成破坏面尺寸大于 10mm×20mm；
　　3. 有气泡、麻面、龟裂等缺陷造成的凹陷与凸起分别超过 2mm。

蒸压灰砂空心砖的抗压强度应符合表 20-29 的规定。优等品的强度等级应不低于 MU15，一等品的强度等级应不低于 MU10。

蒸压灰砂空心砖抗压强度　　　　表 20-29

强度等级	抗压强度 (MPa)	
	五块平均值不小于	单块最小值不小于
MU25	25.0	20.0
MU20	20.0	16.0
MU15	15.0	12.0
MU10	10.0	8.0
NU7.5	7.5	6.0

20.3.2　烧结普通砖砌体

20.3.2.1　砌筑前准备

(1) 选砖：用于清水墙、柱表面的砖，应边角整齐，色泽均匀。

(2) 砖浇水：砖应提前 1～2d 浇水湿润，烧结普通砖含水率宜为 10%～15%。

(3) 校核放线尺寸：砌筑基础前，应用钢尺校核放线尺寸，允许偏差应符合表 20-30 的规定。

放线尺寸允许偏差　　　　表 20-30

长度 L、宽度 B (m)	允许偏差 (mm)
L (或 B)≤30	±5
30<L (或 B)≤60	±10
60<L (或 B)≤90	±15
L (或 B)>90	±20

(4) 选择砌筑方法：宜采用"三一"砌筑法，即一铲灰、一块砖、一揉压的砌筑方法。当采用铺浆法砌筑时，铺浆长度不得超过 750mm，施工期间气温超过 30℃时，铺浆长度不得超过 500mm。

(5) 设置皮数杆：在砖砌体转角处、交接处设置皮数杆，皮数杆上标明砌筑皮数、灰缝厚度以及竖向构造的变化部位。皮数杆间距不应大于 15m。在相对两皮数杆的砖上边线处拉准线。

(6) 清理：清除砌筑部位处所残存的砂浆、杂物等。

20.3.2.2　砖基础

砖基础的下部为大放脚、上部为基础墙。

大放脚有等高或和间隔式。等高式大放脚是每砌两皮砖，两边各收进 1/4 砖长（60mm）；间隔式大放脚是每砌两皮砖及

一皮砖，轮流两边各收进 1/4 砖长（60mm），最下面应为两皮砖（图 20-1）。

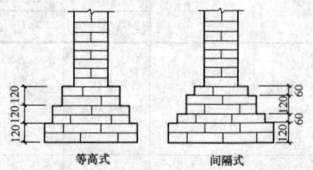

图 20-1　砖基础大放脚形式

砖基础大放脚一般采用一顺一丁砌筑形式，即一皮顺砖与一皮丁砖相间，上下皮垂直灰缝相互错开 60mm。

砖基础的转角处、交接处，为错缝需要应加砌配砖（3/4 砖、半砖或 1/4 砖）。

图 20-2 所示是底宽为 2 砖半等高式砖基础大放脚转角处分皮砌法。

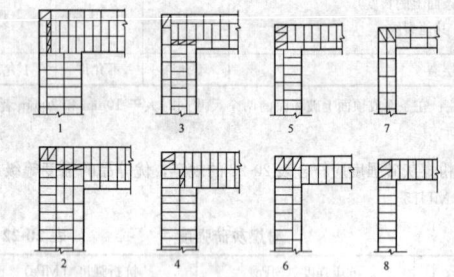

图 20-2　大放脚转角处分皮砌法

砖基础的水平灰缝厚度和垂直灰缝宽度宜为 10mm。水平灰缝的砂浆饱满度不得小于 80%。

砖基础底标高不同时，应从低处砌起，并应由高处向低处搭砌。当设计无要求时，搭砌长度 L 不应小于砖基础底的高差 H，搭接长度范围内下层基础应扩大砌筑（图 20-3）。

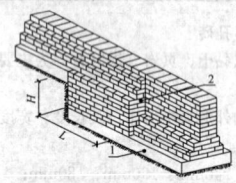

图 20-3　基底标高不同时的搭砌示意图（条形基础）
1—混凝土垫层；2—基础扩大部分

砖基础的转角处和交接处应同时砌筑，当不能同时砌筑时，应留置斜槎。

基础墙的防潮层，当设计无具体要求时，宜用 1∶2 水泥砂浆加适量防水剂铺设，其厚度宜为 20mm。防潮层位置宜在室内地面标高以下一皮砖处。

20.3.2.3　砖墙

砖墙根据其厚度不同，可采用全顺、两平一侧、全丁、一顺一丁、梅花丁或三顺一丁的砌筑形式（图 20-4）。

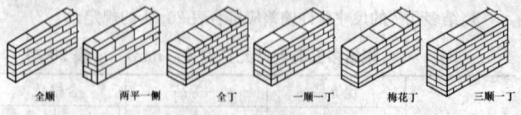

图 20-4　砖墙砌筑形式

全顺：各皮砖均顺砌，上下皮垂直灰缝相互错开半砖长（120mm），适合砌半砖厚（115mm）墙。

两平一侧：两皮顺砖与一皮侧砖相间，上下皮垂直灰缝相互错开 1/4 砖长（60mm）以上，适合砌 3/4 砖厚（178mm）墙。

全丁：各皮砖均丁砌，上下皮垂直灰缝相互错开 1/4 砖长，适合砌一砖厚（240mm）墙。

一顺一丁：一皮顺砖与一皮丁砖相间，上下皮垂直灰缝相互错

开1/4砖长,适合砌一砖及一砖以上厚墙。

梅花丁:同皮中顺砖与丁砖相间,丁砖的上下皮均为顺砖,并位于顺砖中间,上下皮垂直灰缝相互错开1/4砖长,适合砌一砖厚墙。

正顺一丁:三皮顺砖与一皮丁砖相间,顺砖与顺砖上下皮垂直灰缝相互错开1/2砖长;顺砖与丁砖上下皮垂直灰缝相互错开1/4砖长。适合砌一砖及一砖以上厚墙。

一砖厚承重墙的每层墙的最上一皮砖、砖墙的阶台水平面上及挑出层时,应整砖丁砌。

砖墙的转角处、交接处,为错缝需要加砌配砖。

图20-5所示是一砖厚墙一顺一丁转角处分皮砌法,配砖为3/4砖,位于墙外角。

图20-6所示是一砖厚墙一顺一丁交接处分皮砌法,配砖为3/4砖,位于墙交接处外面,仅在丁砌层设置。

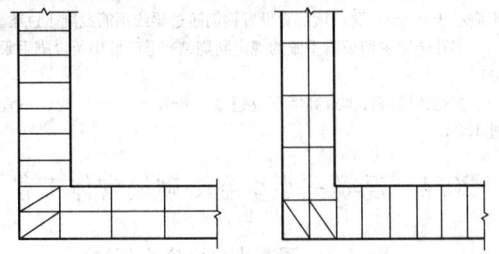

图20-5　一砖墙一顺一丁转角处分皮砌法

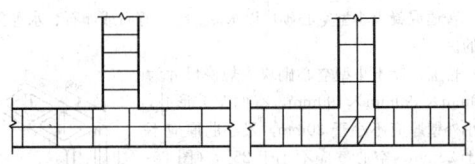

图20-6　一砖墙一顺一丁交接处分皮砌法

砖墙的水平灰缝厚度和垂直灰缝宽度宜为10mm,但不应小于8mm,也不应大于12mm。

砖墙的水平灰缝砂浆饱满度不得小于80%;垂直灰缝宜采用挤浆或加浆方法,不得出现透明缝、瞎缝和假缝。

在墙上留置临时施工洞口,其侧边离交接处墙面不应小于500mm,洞口净宽度不应超过1m。临时施工洞口应做好补砌。

不得在下列墙体或部位设置脚手眼:

(1) 120mm厚墙;

(2) 过梁上与过梁成60°角的三角形范围及过梁净跨度1/2的高度范围内;

(3) 宽度小于1m的窗间墙;

(4) 墙体门窗洞口两侧200mm和转角处450mm范围内;

(5) 梁或梁垫下及其左右500mm范围内;

(6) 设计不允许设置脚手眼的部位。

施工脚手眼补砌时,应清除脚手眼内掉落的砂浆、灰尘;脚手眼处砖及填塞用砖应湿润,并应填实砂浆。

设计要求的洞口、管道、沟槽应于砌筑时正确留出或预埋,未经设计同意,不得打凿墙体或在墙体上开凿水平沟槽。宽度超过300mm的洞口上部,应设置钢筋混凝土过梁。不应在截面长边小于500mm的承重墙体、独立柱内埋设管线。

正常施工条件下,砖砌体每日砌筑高度宜控制在1.5m或一步脚手架高度内。

砖墙工作段的分段位置,宜设在变形缝、构造柱或门窗洞口处;相邻工作段的砌筑高度不应超过一个楼层高度,也不宜大于4m。

20.3.2.4　砖柱

砖柱应选用整砖砌筑。

砖柱断面宜为方形或矩形。最小断面尺寸为240mm×365mm。

砖柱砌筑应保证砖柱外表面上下皮垂直灰缝相互错开1/4砖长,砖柱内部少通缝,为错缝需要应加砌配砖,不得采用包心砌法。

图20-7所示是几种断面的砖柱分皮砌法。

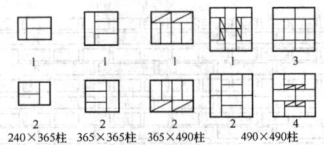

图20-7　不同断面砖柱分皮砌法

砖柱的水平灰缝厚度和垂直灰缝宽度宜为10mm,但不应小于8mm,也不应大于12mm。

砖柱水平灰缝的砂浆饱满度不得小于80%。

成排同断面砖柱,宜先砌成两端的砖柱,以此为准,拉准线砌中间部分砖柱,这样可保证各砖柱皮数相同,水平灰缝厚度相同。

砖柱中不得留脚手眼。

砖柱每日砌筑高度不得超过1.8m。

20.3.2.5　砖垛

砖垛应与所附砖墙同时砌起。

砖垛最小断面尺寸为120mm×240mm。

砖垛应隔皮与砖墙搭砌,搭砌长度应不小于1/4砖长。砖垛外表面上下皮垂直灰缝应相互错开1/2砖长,砖垛内部应尽量少通缝,为错缝需要应加砌配砖。

图20-8所示是一砖半厚墙附120mm×490mm砖垛和附240mm×365mm砖垛的分皮砌法。

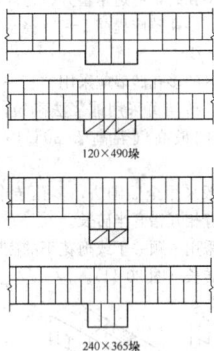

120×490垛

240×365垛

图20-8　砖垛分皮砌法

20.3.2.6　砖平拱

砖平拱应用整砖侧砌,平拱高度不小于砖长(240mm)。

砖平拱的拱脚下面应伸入墙内不小于20mm。

砖平拱砌筑时,应在其底部支设模板,模板中央应有1%的起拱。

砖平拱的砖数应为单数。砌筑时应从平拱两端同时向中间进行。

砖平拱的灰缝应砌成楔形。灰缝的宽度,在平拱的底面不应小于5mm;在平拱的顶面不应大于15mm(图20-9)。

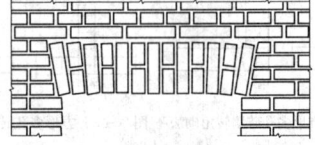

图20-9　砖平拱

砖平拱底部的模板,应在砂浆强度不低于设计强度50%时,方可拆除。

砖平拱截面计算高度内的砂浆强度等级不宜低于M5。

砖平拱的跨度不得超过1.2m。

20.3.2.7　钢筋砖过梁

钢筋砖过梁的底面为砂浆层,砂浆层厚度不宜小于30mm。砂

浆层中应配置钢筋，钢筋直径不应小于 5mm，其间距不宜大于 120mm，钢筋两端伸入墙体内的长度不宜小于 250mm，并有向上的直角弯钩（图 20-10）。

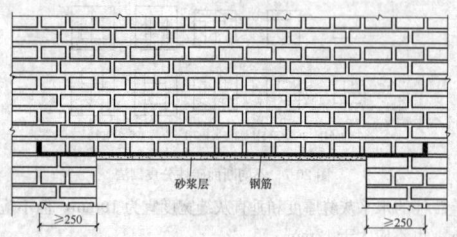

图 20-10　钢筋砖过梁

钢筋砖过梁砌筑前，应先支设模板，模板中央应略有起拱。

砌筑时，宜先铺15mm 厚的砂浆层，把钢筋放在砂浆层上，使其弯钩向上，然后再铺 15mm 砂浆层，使钢筋位于 30mm 厚的砂浆层中间。之后，按墙体砌筑形式与墙体同时砌砖。

钢筋砖过梁截面计算高度内（7 皮砖高）的砂浆强度不宜低于 M5。

钢筋砖过梁的跨度不应超过 1.5m。

钢筋砖过梁底部的模板，应在砂浆强度不低于设计强度 50％ 时，方可拆除。

20.3.3　烧结多孔砖砌体

砌筑清水墙的多孔砖，应边角整齐、色泽均匀。

在常温状态下，多孔砖应提前 1～2d 浇水湿润。砌筑时砖的含水率宜控制在 10％～15％。

对抗震设防地区的多孔砖墙应采用"三一"砌砖法砌筑；对非抗震设防地区的多孔砖墙可采用铺浆法砌筑，铺浆长度不得超过 750mm；当施工期间最高气温高于 30℃ 时，铺浆长度不得超过 500mm。

方形多孔砖一般采用全顺砌法，多孔砖中手抓孔应平行于墙面，上下皮垂直灰缝相互错开半砖长。

矩形多孔砖宜采用一顺一丁或梅花丁的砌筑形式，上下皮垂直灰缝相互错开 1/4 砖长（图 20-11）。

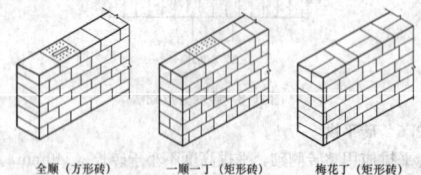

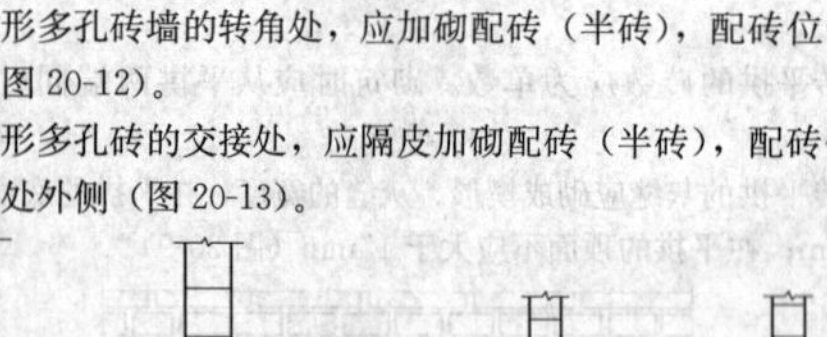

全顺（方形砖）　　一顺一丁（矩形砖）　　梅花丁（矩形砖）

图 20-11　多孔砖墙砌筑形式

方形多孔砖墙的转角处，应加砌配砖（半砖），配砖位于砖墙外角（图 20-12）。

方形多孔砖的交接处，应隔皮加砌配砖（半砖），配砖位于砖墙交接处外侧（图 20-13）。

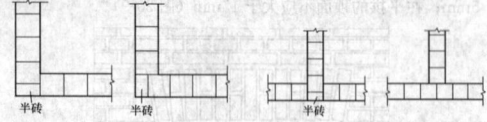

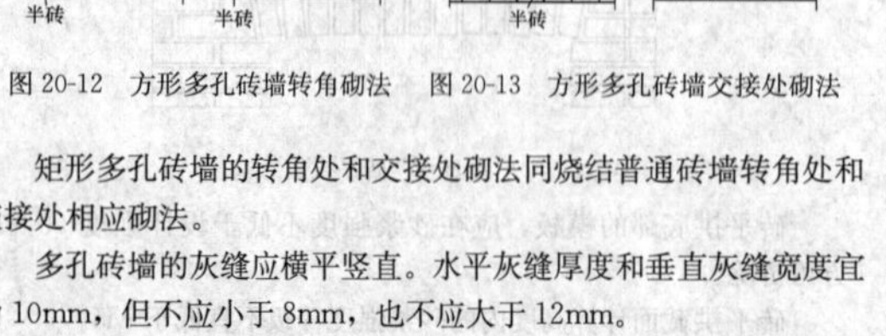

图 20-12　方形多孔砖墙转角砌法　图 20-13　方形多孔砖墙交接处砌法

矩形多孔砖墙的转角处和交接处砌法同烧结普通砖墙转角处和交接处相应砌法。

多孔砖墙的灰缝应横平竖直。水平灰缝厚度和垂直灰缝宽度宜为 10mm，但不应小于 8mm，也不应大于 12mm。

多孔砖墙灰缝砂浆应饱满。水平灰缝的砂浆饱满度不得低于 80％，垂直灰缝宜采用加浆填灌方法，使其砂浆饱满。

除设置构造柱的部位外，多孔砖墙的转角处和交接处应同时砌

筑，对不能同时砌筑又必须留置的临时间断处，应砌成斜槎（图 20-14）。

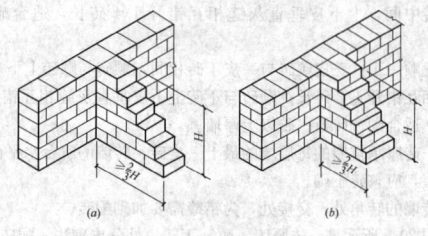

图 20-14　多孔砖墙留置斜槎
(a) 方形砖；(b) 矩形砖

施工中需在多孔砖墙中留设临时洞口，其侧边离交接处的墙面不应小于 0.5m；洞口顶部宜设置钢筋砖过梁或钢筋混凝土过梁。

多孔砖墙中留设脚手眼的规定同烧结普通砖墙中留设脚手眼的规定。

多孔砖墙每日砌筑高度不得超过 1.8m，雨天施工时，不宜超过 1.2m。

20.4　混凝土小型空心砌块砌体工程

20.4.1　混凝土小型空心砌块

20.4.1.1　普通混凝土小型空心砌块

普通混凝土小型空心砌块以水泥、砂、碎石或卵石、水等预制成的。

普通混凝土小型空心砌块主规格尺寸为 390mm×190mm×190mm，有两个方形孔，最小外壁厚应不小于 30mm，最小肋厚应不小于 25mm，空心率应不小于 25％（图 20-15）。

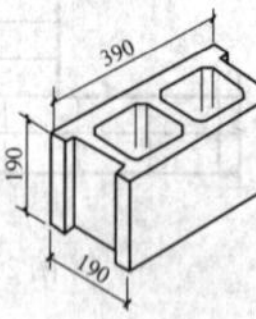

图 20-15　普通混凝土小型空心砌块

普通混凝土小型空心砌块按其强度分为 MU3.5、MU5、MU7.5、MU10、MU15、MU20 六个强度等级。

普通混凝土小型空心砌块按其尺寸偏差、外观质量分为优等品、一等品和合格品。

普通混凝土小型空心砌块的尺寸允许偏差应符合表 20-31 的规定。

普通混凝土小型空心砌块尺寸允许偏差（mm）

表 20-31

项　目	优等品	一等品	合格品
长度	±2	±3	±3
宽度	±2	±3	±3
高度	±2	±3	+3，-4

普通混凝土小型空心砌块的外观质量应符合表 20-32 的规定。

普通混凝土小型空心砌块外观质量　表 20-32

项　目			优等品	一等品	合格品
(1) 弯曲（mm）		不大于	2	2	3
(2) 掉角缺棱	个数	不大于	0	2	2
	三个方向投影尺寸的最小值（mm）	不大于	0	20	30
(3) 裂纹延伸的投影尺寸累计（mm）		不大于	0	20	30

普通混凝土小型空心砌块的抗压强度应符合表 20-33 的规定。

普通混凝土小型空心砌块强度 表 20-33

强度等级	砌块抗压强度（MPa）	
	5块平均值不小于	单块最小值不小于
MU3.5	3.5	2.8
MU5	5.0	4.0
MU7.5	7.5	6.0
MU10	10.0	8.0
MU15	15.0	12.0
MU20	20.0	16.0

20.4.1.2 轻骨料混凝土小型空心砌块

轻骨料混凝土小型空心砌块以水泥、轻骨料、砂、水等预制成的。

轻骨料混凝土小型空心砌块主规格尺寸为 390mm×190mm×190mm。按其孔的排数为：单排孔、双排孔、三排孔和四排孔等四类。

轻骨料混凝土小型空心砌块按其密度分为：500、600、700、800、900、1000、1200、1400 八个密度等级。

轻骨料混凝土小型空心砌块按其强度分为：MUL5、MU2.5、MU3.5、MU5、MU7.5、MU10 六个强度等级。

轻骨料混凝土小型空心砌块按尺寸偏差、外观质量分为：优等品、一等品和合格品。

轻骨料混凝土小型空心砌块的尺寸允许偏差应符合表 20-34 的规定。

轻骨料混凝土小型空心砌块尺寸允许偏差（mm） 表 20-34

项目	优等品	一等品	合格品
长度	±2	±3	±3
宽度	±2	±3	±3
高度	±2	±3	+3，−4

注：最小外壁厚和肋厚不应小于 20mm。

轻骨料混凝土小型空心砌块的外观质量应符合表 20-35 的规定。

轻骨料混凝土小型空心砌块外观质量 表 20-35

项 目		优等品	一等品	合格品
(1) 缺棱掉角（个数）	不多于	0	2	2
3个方向投影的最小值（mm）	不大于	0	20	30
(2) 裂缝延伸投影的累计尺寸（mm）	不大于	0	20	30

轻骨料混凝土小型空心砌块的密度应符合表 20-36 的规定，其规定值允许最大偏差为 100kg/m³。

轻骨料混凝土小型空心砌块密度（kg/m³） 表 20-36

密度等级	砌块干燥表现密度的范围	密度等级	砌块干燥表现密度的范围
500	≤500	900	810～900
600	510～600	1000	910～1000
700	610～700	1200	1010～1200
800	710～800	1400	1210～1400

轻骨料混凝土小型空心砌块的抗压强度，符合表 20-37 要求者为优等品或一等品；密度等级范围不满足要求者为合格品。

轻骨料混凝土小型空心砌块强度 表 20-37

强度等级	砌块抗压强度（MPa）		密度等级范围不大于
	5块平均值不小于	单块最小值不小于	
MU1.5	1.5	1.2	800
MU2.5	2.5	2.0	
MU3.5	3.5	7.8	1200
MU5	5.0	4.0	
MU7.5	7.5	6.0	1400
MU10	10.0	8.0	

20.4.2 混凝土小型空心砌块砌体

20.4.2.1 一般构造要求

（1）混凝土小型空心砌块砌体所用的材料，除满足强度计算要求外，尚应符合下列要求：

1）对室内地面以下的砌体，应采用普通混凝土小砌块和不低于 M5 的水泥砂浆。

2）五层及五层以上民用建筑的底层墙体，应采用不低于 MU5 的混凝土小砌块和 M5 的砌筑砂浆。

（2）在墙体的下列部位，应采用强度等级不低于 C20（或 Cb20）的混凝土灌实小砌块的孔洞：

1）底层室内地面以下或防潮层以下的砌体；

2）无圈梁的楼板支承面下的一皮砌块；

3）没有设置混凝土垫块的屋架、梁等构件支承面下，高度不应小于 600mm，长度不应小于 600mm 的砌体；

4）挑梁支承面下，距墙中心线每边不应小于 300mm，高度不应小于 600mm 的砌体。

砌块墙与后砌隔墙交接处，应沿墙高每隔 400mm 在水平灰缝内设置不少于 2ø4、横筋间距不大于 200mm 的焊接钢筋网片，钢筋网片伸入后砌隔墙内不应小于 600mm（图 20-16）。

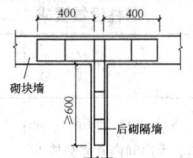

图 20-16 砌块墙与后砌隔墙交接处钢筋网片

20.4.2.2 夹心墙构造

混凝土砌块夹心墙由内叶墙、外叶墙及其间拉结件组成（图 20-17）。内外叶墙间设保温层。

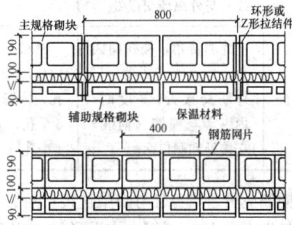

图 20-17 混凝土砌块夹心墙

内叶墙采用主规格混凝土小型空心砌块，外叶墙采用辅助规格（390mm×90mm×190mm）混凝土小型空心砌块。拉结件采用环形拉结件、Z 形拉结件或钢筋网片。砌块强度等级不应低于 MU10。

当采用环形拉结件时，钢筋直径不应小于 4mm；当采用 Z 形拉结件时，钢筋直径不应小于 6mm。拉结件应沿竖向梅花形布置。拉结件的水平和竖向最大间距分别不宜大于 800mm 和 600mm；对有振动或有抗震设防要求时，其水平和竖向最大间距分别不宜大于 800mm 和 400mm。

当采用钢筋网片作拉结件，网片横向钢筋的直径不应小于 4mm，其间距不应大于 400mm；网片的竖向间距不宜大于 600mm，对有振动或有抗震设防要求时，不宜大于 400mm。

拉结件在叶墙上的搁置长度，不应小于叶墙厚度的2/3，并不应小于60mm。

20.4.2.3 芯柱设置

墙体的下列部位宜设置芯柱：

（1）在外墙转角、楼梯间四角的纵横墙交接处的三个孔洞，宜设置素混凝土芯柱；

（2）五层及五层以上的房屋，应在上述部位设置钢筋混凝土芯柱。

芯柱的构造要求如下：

（1）芯柱截面不宜小于120mm×120mm，宜用不低于C20的细石混凝土浇灌；

（2）钢筋混凝土芯柱每孔内插竖筋不应小于1φ10，底部应伸入室内地面下500mm或与基础圈梁锚固，顶部与屋盖圈梁锚固；

（3）在钢筋混凝土芯柱处，沿墙高每隔600mm应设φ4钢筋网片拉结，每边伸入墙体不小于600mm（图20-18）；

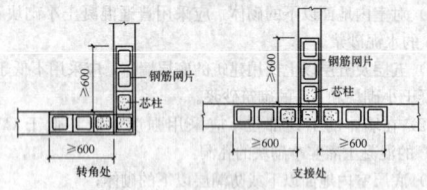

图20-18 钢筋混凝土芯柱处拉筋

（4）芯柱应沿房屋的全高贯通，并与各层圈梁整体现浇，可采用图20-19所示的做法。

在6～8度抗震设防的建筑物中，应按芯柱位置要求设置钢筋混凝土芯柱；对医院、教学楼等横墙较少的房屋，应根据房屋增加一层的层数，按表20-38的要求设置芯柱。

抗震设防区混凝土小型空心砌块房屋芯柱设置要求 表20-38

房屋层数			设置部位	设置数量
6度	7度	8度		
四	三	二	外墙转角、楼梯间四角、大房间内外墙交接处	
五	四	三		
六	五	四	外墙转角、楼梯间四角、大房间内外墙交接处、山墙与内纵墙交接处、隔开间内横墙（轴线）与外纵墙交接处	外墙转角灌实3个孔；内外墙交接处灌实4个孔
七	六	五	外墙转角，楼梯间四角，各内墙（轴线）与外墙交接处；8度时，内纵墙与横墙（轴线）交接处和洞口两侧	外墙转角灌实5个孔；内外墙交接处灌实4个孔；内墙交接处灌实4～5个孔，洞口两侧各灌实1个孔

芯柱竖向插筋应贯通墙身且与圈梁连接；插筋不应小于1φ12，芯柱应伸入室外地下500mm或锚入浅于500mm基础圈梁内。芯柱混凝土应贯通楼板，当采用装配式钢筋混凝土楼板时，可采用图20-20的方式实施贯通措施。

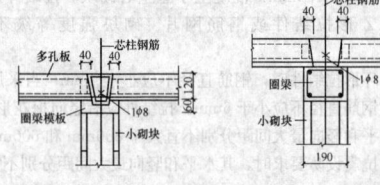

图20-19 芯柱贯穿楼板的构造　图20-20 芯柱贯通楼板措施

抗震设防地区芯柱与墙体连接处，应设置φ4钢筋网片拉结，钢筋网片每边伸入墙内不宜小于1m，且沿墙高每隔600mm设置。

20.4.2.4 小砌块施工

施工采用的小砌块的产品龄期不应小于28d。

普通混凝土小砌块不宜浇水，如遇天气干燥炎热，宜在砌筑前对其喷水润湿；对轻骨料混凝土小砌块应提前浇水湿润，块体的相对含水率宜为40%～50%。雨天及小砌块表面有浮水时，不得施工。龄期不足28d及潮湿的小砌块不得进行砌筑。

应尽量采用主规格小砌块，小砌块的强度等级应符合设计要求，并应清除小砌块表面污物和芯柱用小砌块孔洞底部的毛边，剔除外观质量不合格的小砌块。

承重墙体使用的小砌块应完整、无破损、无裂缝。

在房屋四角或楼梯间转角处设立皮数杆，皮数杆间距不得超过15m。皮数杆上应画出各皮小砌块的高度及灰缝厚度。在皮数杆上相对小砌块上边线之间拉准线，小砌块依准线砌筑。

小砌块砌筑应从转角或定位处开始，内外墙同时砌筑，纵横墙交错搭接。外墙转角处应使小砌块隔皮露端面；T字交接处应使墙中小砌块隔皮露端面，纵墙在交接处改砌两块辅助规格小砌块（尺寸为290mm×190mm×190mm，一头开口），所有露端面用水泥砂浆抹平（图20-21）。

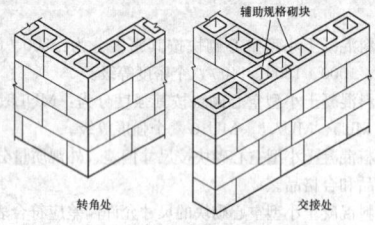

图20-21 小砌块墙转角处及T字交接处砌法

小砌块墙体应孔对孔、肋对肋错缝搭砌。单排孔小砌块的搭接长度应为块体长度的1/2；多排孔小砌块的搭接长度可适当调整，但不宜小于小砌块长度的1/3，且不宜小于90mm。墙体的个别部位不能满足上述要求时，应在水平灰缝中设置拉结筋或2φ4钢筋网片，钢筋网片每端均应超过该垂直灰缝，其长度不得小于300mm（图20-22），但竖向道缝仍不得超过两皮小砌块。

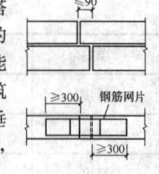

图20-22 水平灰缝中拉结筋

小砌块应将生产时的底面朝上反砌于墙上；小砌块墙体宜逐块坐（铺）浆砌筑。

小砌块砌体的灰缝应横平竖直，全部灰缝均应铺填砂浆；水平灰缝的砂浆饱满度不得低于90%；竖向灰缝的砂浆饱满度不得低于80%；砌筑中不得出现瞎缝、透明缝。水平灰缝厚度和竖向灰缝宽度宜为10mm，但不宜小于8mm，也不宜大于12mm。当缺少辅助规格小砌块时，砌体通缝不应超过两皮小砌块。

墙体转角处和纵横交接处应同时砌筑。临时间断处应砌成斜槎，斜槎水平投影长度不应小于斜槎高度（一般按一步脚手架高度控制）；如留斜槎有困难，除外墙转角处及抗震设防地区，墙体临时间断处不应留直槎外，可从砌体面伸出200mm砌成阴阳槎，并沿砌体高每三皮砌块（600mm），设拉结筋或钢筋网片，接槎部位宜延至门窗洞口（图20-23）。

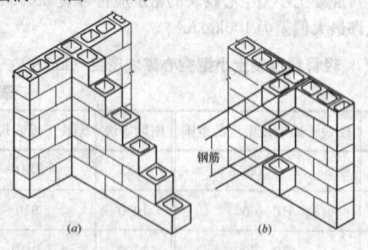

图20-23 小砌块砌体斜槎和直接
（a）斜槎；（b）阴阳槎

在散热器、厨房和卫生间等设备的卡具安装处砌筑的小砌块，宜在施工前用强度等级不低于C20（或Cb20）的混凝土将其孔洞灌实。

承重砌体严禁使用断裂小砌块或壁肋中有竖向凹形裂缝的小砌块砌筑；也不得采用小砌块与烧结普通砖等其他块体材料混合砌筑。

小砌块砌体内不宜设脚手眼，如必须设置时，可用辅助规格的90mm×190mm×190mm小砌块侧砌，利用其孔洞作脚手眼，砌筑完工后用C15混凝土填实。但在砌体下列部位不得设置脚手眼：

(1) 过梁上部，与过梁成60°角的三角形及过梁跨度1/2范围内；

(2) 宽度不大于800mm的窗间墙；

(3) 梁和梁垫下及左右各500mm的范围内；

(4) 门窗洞口两侧200mm内和砌体交接处400mm范围内；

(5) 设计规定不允许设脚手眼的部位。

小砌块砌体相邻工作段的高度差不得大于一个楼层高度或4m。

常温条件下，普通混凝土小砌块的日砌筑高度应控制在1.8m内；轻骨料混凝土小砌块的日砌筑高度应控制在2.4m内。

对砌体表面的平整度和垂直度，灰缝的厚度和砂浆饱满度应随时检查，校正偏差。在砌完每一楼层后，应校核砌体的轴线尺寸和标高，允许范围内的轴线及标高的偏差，可在楼板面上予以校正。

20.4.2.5 芯柱施工

芯柱部位宜采用不封底的通孔小砌块，当采用半封底小砌块时，砌筑前必须打掉孔洞毛边。

在楼(地)面砌筑第一皮小砌块时，在芯柱部位，应用开口小砌块(或U形砌块)砌出操作孔。在操作孔侧宜预留连通孔，必须清除芯柱孔洞内的杂物及削掉孔内凸出的砂浆，用水冲洗干净，校正钢筋位置并绑扎或焊接固定后，方可浇筑混凝土。

芯柱钢筋应与基础或基础梁中的预埋钢筋连接，上下楼层的钢筋可在楼板面上搭接，搭接长度不应小于40d (d 为钢筋直径)。

小砌块砌体的芯柱在楼盖处应贯通，不得削弱芯柱截面尺寸；芯柱混凝土不得漏灌。

浇筑芯柱混凝土应符合下列规定：

(1) 每次连续浇筑的高度宜为半个楼层，但不应大于1.8m；

(2) 清除孔内掉落后砂浆等杂物，并用水冲淋孔壁；

(3) 每浇筑400~500mm高度捣实一次，或边浇边捣实；

(4) 浇筑混凝土前，应先注入适量与芯柱混凝土成分相同的去石砂浆；

(5) 浇筑芯柱混凝土时，砌筑砂浆强度应大于1.0MPa。

20.4.3 新型空心砌块

20.4.3.1 框架结构填充PK混凝土小型空心砌块

框架结构填充PK混凝土小型空心砌块以水泥、砂、碎石或卵石、水等预制成的，可内填充保温材料，配合相关构造形成自保温墙结构。

PK混凝土空心砌块规格按宽度分为240mm，190mm，140mm，120mm，100mm五个系列。

外墙砌块强度等级不小于M5.0，内墙不小于M3.5；厨房卫生间等较潮湿房间宜采用不小于M5.0砌块。

工程使用砌块不得有断裂缺棱和缺角少角，长、宽、高、壁厚、肋高和肋宽的容许偏差为±2mm。

砌块的主要性能指标应符合表20-39要求。

砌块的主要性能指标			表20-39
吸水率	含水率	软化系数	传热系数
≤20%	≤10%	≥0.75	≤1.5

为防止小砌块收缩引起墙体裂缝，生产厂应按表20-40控制砌块的干缩率和相对含水率。

砌块的干缩率和相对含水率表（%） 表20-40

使用地区条件 干缩率（%）	年平均相对湿度		
	>70%	50%~70%	<50%
<0.03	45	40	35
0.03~0.045	40	35	30
>0.045~0.065	35	30	25

框架结构填充砌块墙体的平面网格宜采用300mm或150mm倍数，竖向高度宜符合100mm倍数。

门窗的平面与竖向(高度)尺寸就符合100mm的倍数。

为提高砌块墙体的施工效率，保证砌筑的质量，应根据墙体分段尺寸绘制墙体的砌块排列施工图。砌块的排列应尽量采用300mm长的主砌块，少用辅助砌块。应上下错缝搭接，一般搭接长度为150mm。

砌块填充墙墙体与框架柱、剪力墙、构造柱的拉结可根据工程设计选用预埋拉接钢筋、预埋铁件或植筋等方式。

外墙无窗台时，墙体每隔4~5皮砌块顶部凹槽设置钢筋混凝土带；内墙无窗台时，墙体每隔5~7皮砌块顶部凹槽设置钢筋混凝土带；有门窗洞口时，在窗台下一皮和门窗顶过梁上一皮砌块顶部凹槽设置钢筋混凝土带；钢筋混凝土带采用2φ6钢筋(当墙厚为140mm、120mm、100mm时采用1φ6钢筋)，C20的细石混凝土现浇；门窗洞口的砌块端头用堵料或素混凝土填实，填实长度不小于100mm，砌块顶部的凹槽用细石混凝土填实，从端头起填实长度不小于100mm，墙体的构造钢筋应锚入框架柱、构造柱或剪力墙内，植筋深度不小于100mm。

砌筑砂浆或抹灰砂浆强度等级不小于M5，并且具有良好的和易性，其稠度控制在70~80mm。内墙可采用混合砂浆，粉刷时就先用M5水泥砂浆填满灰缝，然后抹面。

墙体粉刷前应先清除基层的浮灰油污，然后用清水湿润，再刷界面剂一道，立即抹灰粉刷。采用干砌法砌筑的墙体应分层粉刷，第一层施加压力将砂浆挤入横向竖向灰缝，灰缝中的砂浆饱满度不应小于80%。

墙体与框架柱、梁、板及构造柱、剪力墙界面处应双面沿缝设置200mm宽的钢丝网，挂网前应清除墙体基层的浮灰油污，绷紧固定后再做粉刷。粉刷前应先刷一层界面剂，然后立即抹灰。

外墙节能采用20~30mm厚的内保温膏的内保温砂浆粉刷内面以及梁和柱的内面，使其满足外墙节能要求，也可在梁和柱的外面做外保温。

砌块的施工步骤为：将第一皮砌块用M5砂浆放线找平，然后干垒，干垒时每隔3~7皮砌块用砂浆放线找平一次，可沿横向灰缝进行找平，也可在砌块顶部凹槽的钢筋混凝土带上用细石混凝土放线调平。

当墙体长度与砌块规格长度不符时，可用连接片调节砌块长度，以满足墙体长度的要求。

粉刷时应及时检查灰缝砂浆的饱满度，如不满足要求应增加粉刷压力或改变砂浆的稠度。

20.5 石砌体工程

20.5.1 砌筑用石

石砌体所用的石材应质地坚实，无风化剥落和裂纹。用于清水墙、柱表面的石材，尚应色泽均匀。石材表面的泥垢、水锈等杂质，砌筑前应清除干净。

砌筑用石有毛石和料石两类。

毛石分为乱毛石和平毛石。乱毛石是指形状不规则的石块；平毛石是指形状不规则，但有两个平面大致平行的石块。毛石应呈块状，其中部厚度不应小于200mm。

料石按其加工面的平整程度分为细料石、粗料石和毛料石三种。料石各面的加工要求，应符合合20-41的规定。料石加工的允许偏差应符合表20-42的规定。料石的宽度、厚度均不宜小于200mm，长度不宜大于厚度的4倍。

料石各面的加工要求 表20-41

料石种类	外露面及相接周边的表面凹入深度	叠砌面和接砌面的表面凹入深度
细料石	不大于2mm	不大于10mm
粗料石	不大于20mm	不大于20mm
毛料石	稍加修整	不大于25mm

注：相接周边的表面是指叠砌面、接砌面与外露面相接处20~30mm范围内的部分。

料石加工允许偏差　　　表 20-42

料石种类	加工允许偏差（mm）	
	宽度、厚度	长　度
细料石	±3	±5
粗料石	±5	±7
毛料石	±10	±15

注：如设计有特殊要求，应按设计要求加工。

石材的强度等级：MU100、MU80、MU60、MU50、MU40、MU30、MU20、MU15 和 MU10。

20.5.2　毛石砌体

20.5.2.1　毛石砌体砌筑要点

毛石砌体应采用铺浆法砌筑。砂浆必须饱满，叠砌面的粘灰面积（即砂浆饱满度）应大于 80%。砂浆初凝后，如移动已砌筑的石块，应将原砂浆清理干净，重新铺浆砌筑。

毛石砌体宜分皮卧砌，各皮石块间应利用毛石自然形状经敲打修整使之能与先砌毛石基本吻合、搭砌紧密；毛石应上下错缝，内外搭砌，不得采用外面侧立毛石中间填心的砌筑方法；中间不得有铲口石（尖石倾斜向外的石块）、斧刃石（尖石向下的石块）和过桥石（仅在两端搭砌的石块），见图 20-24。

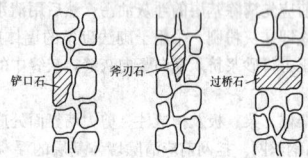

图 20-24　铲口石、斧刃石、过桥石示意图

毛石砌筑时，对石块间存在较大的缝隙，应先向缝内填满砂浆并捣实，然后再用小石块嵌填，不得先填小石块后填灌砂浆，石块间不得出现无砂浆相互接触现象。

砌筑毛石挡土墙应按分层高度砌筑，并应符合下列规定：

（1）每砌 3～4 皮为一个分层高度，每个分层高度应将顶层石块砌平；

（2）两个分层高度间分层处的错缝不得小于 80mm。
毛石砌体灰缝厚度应均匀，毛石砌体外露面的灰缝厚度不宜大于 40mm。

20.5.2.2　毛石基础

砌筑毛石基础的第一皮石块应坐浆，并将石块的大面朝下。毛石基础的第一皮及转角处、交接处应用较大的平毛石砌筑。基础的最上一皮，宜选用较大的毛石砌筑。

图 20-25　阶梯型毛石基础

毛石基础的扩大部分，如做成阶梯形，上级阶梯的石块应至少砌压下级阶梯石块的 1/2，相邻阶梯的毛石应相互错缝搭砌（图 20-25）。

毛石基础必须设置拉结石。拉结石应均匀分布。毛石基础同皮内每隔 2m 左右设置一块。拉结石长度：如基础宽度等于或小于 400mm，应与基础宽度相等；如基础宽度大于 400mm，可用两块拉结石内外搭接，搭接长度不应小于 150mm，且其中一块拉结石长度不应小于基础宽度的 2/3。

20.5.2.3　毛石墙

毛石墙第一皮及转角处、交接处和洞口处，应用较大的平毛石砌筑；每个楼层墙体的最上一皮，宜用较大的毛石砌筑。

毛石墙必须设置拉结石。拉结石应均匀分布，相互错开。毛石墙一般每 0.7m² 墙面至少设置一块，且同皮内拉结石的中距不应大于 2m。拉结石长度：如墙厚等于或小于 400mm，应与墙厚相等；如墙厚大于 400mm，可用两块拉结石内外搭接，搭接长度不应小于 150mm，且其中一块拉结石长度不应小于墙厚的 2/3。

毛石墙每日约砌筑高度，不应超过 1.2m。

在毛石和实心砖的组合墙中，毛石砌体与砖砌体应同时砌筑，

并每隔 4～6 皮砖用 2～3 皮丁砖与毛石砌体拉结砌合；两种砌体间的空隙应用砂浆填满（图 20-26）。

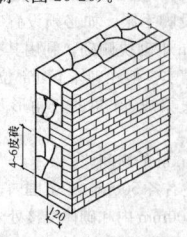

图 20-26　毛石与砖组合墙

毛石墙和砖墙相接的转角处和交接处应同时砌筑。

转角处应自纵墙（或横墙）每隔 4～6 皮砖高度引出不小于 120mm 与横墙（或纵墙）相接（图 20-27）。

交接处应自纵墙每隔 4～6 皮砖高度引出不小于 120mm 与横墙相接（图 20-28）。

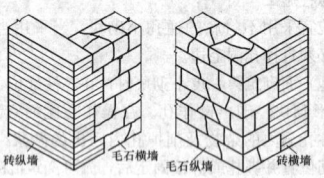

图 20-27　毛石与砖墙组合墙转角处

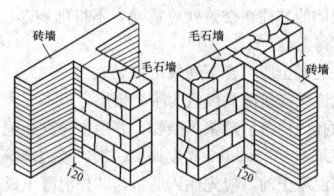

图 20-28　毛石与砖墙交接处

毛石墙的转角处和交接处应同时砌筑。对不能同时砌筑而又须留置的临时间断处，应砌成踏步槎。

20.5.3　料石砌体

20.5.3.1　料石砌体砌筑要点

料石砌体应采用铺浆法砌筑，料石应放置平稳，砂浆必须饱满。砂浆铺设厚度应略高于规定灰缝厚度，其高出厚度：细料石宜为 3～5mm；粗料石、毛料石宜为 6～8mm。砂浆初凝后，如移动已砌筑的石块，应将原砂浆清理干净，重新铺浆砌筑。

料石砌体的灰缝厚度：细料石砌体不宜大于 5mm；粗料石和毛料石砌体不宜大于 20mm。

料石砌体的水平灰缝和竖向灰缝的砂浆饱满度均应大于 80%。

料石砌体上下皮料石的竖向灰缝应相互错开，错开长度应不小于料石宽度的 1/2。

料石挡土墙，当中间部分用毛石砌筑时，丁砌料石伸入毛石部分的长度不应小于 200mm。

20.5.3.2　料石基础

料石基础的第一皮料石应坐浆丁砌，以上各层料石可按一顺一丁进行砌筑。阶梯形料石基础，上级阶梯的料石至少压下级阶梯料石的 1/3（图 20-29）。

20.5.3.3　料石墙

料石墙厚度等于一块料石宽度时，可采用全顺砌筑形式。

料石墙厚度等于两块料石宽度时，可采用两顺一丁或丁顺组砌的砌筑形式（图20-30）。

两顺一丁是两皮顺石与一皮丁石相间。

丁顺组砌是同皮内顺石与丁石相间，可一块顺石与丁石相间或两块顺石与一块丁石相间。

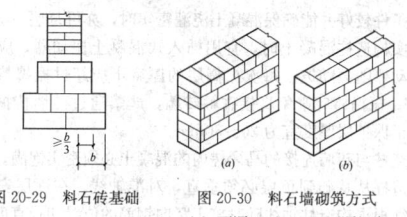

图 20-29 料石砖基础　　图 20-30 料石墙砌筑方式
(a) 两顺一丁; (b) 丁顺组砌

在料石和毛石或砖的组合墙中，料石砌体和毛石砌体或砖砌体应同时砌筑，并每隔2～3皮料石层用丁砌层与毛石砌体或砖砌体拉结砌合。丁砌料石的长度宜与组合墙厚度相同（图20-31）。

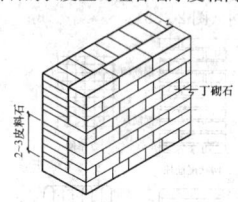

图 20-31　料石和砖的组合墙砌筑

20.5.3.4　料石平拱

用料石作平拱，应按设计要求加工。如设计无规定，则料石应加工成楔形，斜度应预先设计，拱两端部的石块，在拱脚处坡度以60°为宜。平拱石块数应为单数，厚度与墙厚相等，高度为二皮料石高。拱脚处斜面应修整加工，使拱石相吻合（图20-32）。

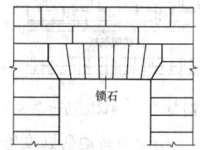

图 20-32　料石平拱示例

砌筑时，应先支设模板，并从两边对称地向中间砌。正中一块锁石要挤紧。所用砂浆强度等级不应低于 M10，灰缝厚度宜为5mm。

养护到砂浆强度达到其设计强度的70%以上时，才可拆除模板。

20.5.3.5　料石过梁

用料石作过梁，如设计无规定时，过梁的高度应为200～450mm，过梁宽度与墙厚相同。过梁净跨度不宜大于1.2m，两端各伸入墙内长度不应小于250mm。

过梁上续砌墙时，其正中石块长度不应小于过梁净跨度的1/3，其两旁应砌不小于2/3过梁净跨度的料石（图20-33）。

20.5.4　石挡土墙

(1) 石挡土墙可采用毛石或料石砌筑。

(2) 砌筑毛石挡土墙应符合下列规定（图20-34）：

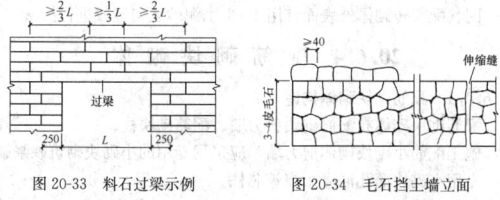

图 20-33　料石过梁示例　　图 20-34　毛石挡土墙立面

1) 每砌 3～4 皮毛石为一个分层高度，每个分层高度应找平一次；

2) 外露面的灰缝厚度不得大于 40mm，两个分层高度间分层处的错缝不得小于 80mm。

(3) 料石挡土墙宜采用丁顺组砌的砌筑形式。当中间部分用毛石填满砌时，丁砌料石伸入毛石部分的长度不应小于 200mm。

(4) 石挡土墙的泄水孔当设计无规定时，施工应符合下列规定：

1) 泄水孔应均匀设置，在每米高度上间隔 2m 左右设置一个泄水孔；

2) 泄水孔与土体间铺设长宽各为 300mm、厚 200mm 的卵石或碎石作疏水层。

(5) 挡土墙内侧回填土必须分层夯填，分层松土厚度应为300mm。墙顶土面应有适当坡度使流水流向挡土墙外侧面。

20.6　配筋砌体工程

20.6.1　面层和砖组合砌体

20.6.1.1　面层和砖组合砌体构造

面层和砖组合砌体有组合砖柱、组合砖垛、组合砖墙（图20-35）。

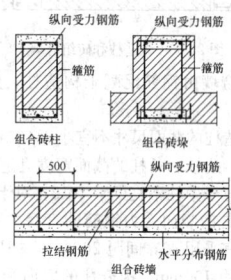

图 20-35　面层和砖组合砌体

面层和砖组合砌体由烧结普通砖砌体、混凝土或砂浆面层以及钢筋等组成。

烧结普通砖砌体，所用砌筑砂浆强度等级不得低于 M7.5，砖的强度等级不宜低于 MU10。

混凝土面层，所用混凝土强度等级宜采用 C20。混凝土面层厚度应大于45mm。

砂浆面层，所用水泥砂浆强度等级不得低于 M7.5。砂浆面层厚度为 30～45mm。

竖向受力钢筋宜采用 HPB300 级钢筋，对于混凝土面层，亦可采用 HRB335 级钢筋。受力钢筋的直径不应小于 8mm。钢筋的净间距不应小于 30mm。受拉钢筋的配筋率，不应小于 0.1%。受压钢筋一侧的配筋率，对砂浆面层，不宜小于 0.1%；对混凝土面层，不宜小于 0.2%。

箍筋的直径，不宜小于 4mm 及 0.2 倍的受压钢筋直径，并不宜大于 6mm。箍筋的间距，不应大于 20 倍受压钢筋的直径及500mm，并不应小于 120mm。

当组合砖砌体一侧受力钢筋多于 4 根时，应设置附加箍筋或拉结钢筋。

对于组合砖墙，应采用穿通墙体的拉结钢筋作为箍筋，同时设置水平分布钢筋。水平分布钢筋竖向间距及拉结钢筋的水平间距，均不应大于500mm。

受力钢筋的保护层厚度，不应小于表 20-43 中的规定。受力钢筋距砖砌体表面的距离，不应小于 5mm。

受力钢筋的保护层厚度　　表 20-43

组合砖砌体	保护层厚度（mm）	
	室内正常环境	露天或室内潮湿环境
组合砖墙	15	25
组合砖柱、砖垛	25	35

注：当面层为水泥砂浆时，对于组合砖柱，保护层厚度可减小5mm。

设置在灰缝内的钢筋，应居中置于灰缝内，水平灰缝厚度应大于钢筋直径4mm以上。

20.6.1.2　面层和砖组合砌体施工

组合砖砌体应按下列顺序施工：

（1）砌筑砖砌体，同时按照箍筋或拉结钢筋的竖向间距，在水平灰缝中铺置箍筋或拉结钢筋；

（2）绑扎钢筋：将纵向受力钢筋与箍筋绑牢，在组合砖墙中，将纵向受力钢筋与拉结钢筋绑牢，将水平分布钢筋与纵向受力钢筋绑牢；

（3）在面层部分的外围分段支设模板，每段支模高度宜在500mm以内，浇水润湿模板及砖砌体面，分层浇灌混凝土或砂浆，并用捣棒捣实；

（4）待面层混凝土或砂浆的强度达到其设计强度的30%以上，方可拆除模板。如有缺陷应及时修整。

20.6.2 构造柱和砖组合砌体

20.6.2.1 构造柱和砖组合砌体构造

构造柱和砖组合砌体仅有组合砖墙（图20-36）。

图20-36 构造柱和砖组合墙

构造柱和砖组合墙由钢筋混凝土构造柱、烧结普通砖墙以及拉结钢筋等组成。

钢筋混凝土构造柱的截面尺寸不宜小于240mm×240mm，其厚度不应小于墙厚，边柱、角柱的截面宽度宜适当加大。构造柱内竖向受力钢筋，对于中柱不宜少于$4\phi12$；对于边柱、角柱，不宜少于$4\phi14$。构造柱的竖向受力钢筋的直径也不宜大于16mm。其箍筋，一般部位宜采用$\phi6$，间距200mm，楼层上下500mm范围内宜采用$\phi6$、间距100mm。构造柱的竖向受力钢筋应在基础梁和楼层圈梁中锚固，并应符合受拉钢筋的锚固要求。构造柱的混凝土强度等级不宜低于C20。

烧结普通砖墙，所用砖的强度等级不应低于MU10，砌筑砂浆的强度等级不应低于M5。砖墙与构造柱的连接处应砌成马牙槎，每一个马牙槎的高度不宜超过300mm，并应沿墙高每隔500mm设置$2\phi6$拉结钢筋，拉结钢筋每边伸入墙内不宜小于600mm（图20-37）。

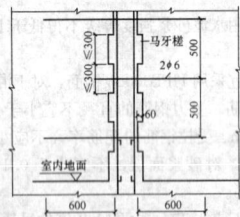

图20-37 砖墙与构造柱连接

构造柱和砖组合墙的房屋，应在纵横墙交接处、墙端部和较大洞口的洞边设置构造柱，其间距不宜大于4m。各层洞口宜设置在对应位置，并宜上下对齐。

构造柱和砖组合墙的房屋，应在基础顶面、有组合墙的楼层处设置现浇钢筋混凝土圈梁。圈梁的截面高度不宜小于240mm。

20.6.2.2 构造柱和砖组合砌体施工

构造柱和砖组合墙的施工程序应为先砌墙后浇混凝土构造柱。构造柱施工程序为：绑扎钢筋、砌砖墙、支模板、浇混凝土、拆模。

构造柱的模板可用木模板或组合钢模板。在每层砖墙及其马牙槎砌好后，应立即支设模板，模板必须与所在墙的两侧严密贴紧，支撑牢靠，防止模板缝隙漏浆。

构造柱的底部（圈梁面上）应留出2皮砖高的孔洞，以便清除模板内的杂物，清除后封闭。

构造柱浇灌混凝土前，必须将马牙槎部位和模板浇水湿润，将模板内的落地灰、砖渣等杂物清理干净，并在结合面处注入适量与构造柱混凝土相同的去石水泥砂浆。

构造柱的混凝土坍落度宜为50～70mm，石子粒径不宜大于20mm。混凝土随拌随用，拌合好的混凝土应在1.5h内浇灌完。

构造柱的混凝土浇灌可以分段进行，每段高度不宜大于2.0m。

在施工条件较好并能确保混凝土浇灌密实时，亦可每层一次浇灌。

捣实构造柱混凝土时，宜用插入式混凝土振动器，应分层振捣，振动棒随振随拔，每次振捣层的厚度不应超过振捣棒长度的1.25倍。振捣棒应避免直接碰触构造柱，严禁通过砖墙传振。钢筋的混凝土保护层厚度宜为20～30mm。

构造柱与砖墙连接的马牙槎内的混凝土必须密实饱满。

构造柱从基础到顶层必须垂直，对准轴线。在逐层安装模板前，必须根据构造柱轴线随时校正竖向钢筋的位置和垂直度。

20.6.3 网状配筋砖砌体

20.6.3.1 网状配筋砖砌体构造

网状配筋砖砌体有配筋砖柱、砖墙，即在烧结普通砖砌体的水平灰缝中配置钢筋网（图20-38）。

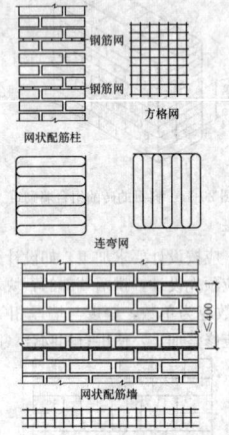

图20-38 网状配筋砖砌体

网状配筋砖砌体，所用烧结普通砖强度等级不应低于MU10，砂浆强度等级不应低于M7.5。

钢筋网可采用方格网或连弯网，方格网的钢筋直径宜采用3～4mm；连弯网的钢筋直径不应大于8mm。钢筋网中钢筋的间距，不应大于120mm，并不应小于30mm。

钢筋网在砖砌体中的竖向间距，不应大于五皮砖高，并不应大于400mm。当采用连弯网时，网的钢筋方向应互相垂直，沿砌体高度交错设置，钢筋的竖向间距取同一方向网的间距。

设置钢筋网的水平灰缝厚度，应保证钢筋上下至少各有2mm厚的砂浆层。

20.6.3.2 网状配筋砖砌体施工

钢筋网应按设计规定制作成型。

砖砌体部分与常规方法砌筑。在配置钢筋网的水平灰缝中，应先铺一半厚的砂浆层，放入钢筋网后再铺一半厚砂浆层，使钢筋网居于砂浆层厚度中间。钢筋网四周应有砂浆保护层。

配置钢筋网的水平灰缝厚度：当用方格网时，水平灰缝厚度为2倍钢筋直径加4mm；当用连弯网时，水平灰缝厚度为钢筋直径加4mm。确保钢筋上下各有2mm厚的砂浆保护层。

网状配筋砖砌体外表面宜用1∶1水泥砂浆勾缝或进行抹灰。

20.6.4 配筋砌块砌体

20.6.4.1 配筋砌块砌体构造

配筋砌块砌体有配筋砌块剪力墙、配筋砌块柱。

施工配筋小砌块砌体剪力墙，应采用专用的小砌块砌筑砂浆砌筑，专用小砌块灌孔混凝土浇筑芯柱。

配筋砌块剪力墙，所用砌块强度等级不应低于MU10；砌筑砂浆强度等级不应低于M7.5；灌孔混凝土强度等级不应低于C20。

配筋砌体剪力墙的构造配筋应符合下列规定：

（1）应在墙的转角、端部和孔洞的两侧配置竖向连续的钢筋，钢筋直径不宜小于12mm；

（2）应在洞口的底部和顶部设置不小于$2\phi10$的水平钢筋，其伸入墙内的长度不宜小于$35d$和400mm（d为钢筋直径）；

（3）应在楼（屋）盖的所有纵横墙处设置现浇钢筋混凝土圈梁，圈梁的宽度和高度宜等于墙厚和砌块高，圈梁主筋不应少于 4φ10，圈梁的混凝土强度等级不宜低于同层混凝土砌块强度等级的 2 倍，或该层灌孔混凝土的强度等级，也不应低于 C20；

（4）剪力墙其他部位的竖向和水平钢筋的间距不应大于墙长、墙高之半，也不应大于 1200mm。对局部灌孔的砌块砌体，竖向钢筋的间距不应大于 600mm；

（5）剪力墙沿竖向和水平方向的构造配筋率均不宜小于 0.07%。

配筋砌块柱所用材料的强度要求同配筋砌块剪力墙。

配筋砌块柱截面边长不宜小于 400mm，柱高度与柱截面短边之比不宜大于 30。

配筋砌块柱的构造配筋应符合下列规定（图 20-39）：

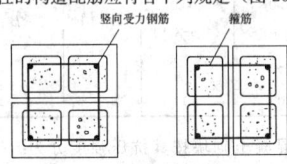

图 20-39　配筋砌块柱配筋

（1）柱的纵向钢筋的直径不宜小于 12mm，数量不少于 4 根，全部纵向受力钢筋的配筋率不宜小于 0.2%；

（2）箍筋设置应根据下列情况确定：

1）当纵向受力钢筋的配筋率大于 0.25%，且柱承受的轴向力大于受压承载力设计值的 25% 时，柱应设箍筋；当配筋率小于 0.25% 时，或柱承受的轴向力小于受压承载力设计值的 25% 时，柱中可不设置箍筋；

2）箍筋直径不宜小于 6mm；

3）箍筋的间距不应大于 16 倍的纵向钢筋直径、48 倍箍筋直径及柱截面短边尺寸中较小者；

4）箍筋应做成封闭状，端部应有弯钩；

5）箍筋应设置在水平灰缝或灌孔混凝土中。

20.6.4.2　筋砌块砌体施工

配筋砌块砌体施工前，应按设计要求，将所配置钢筋加工成型，堆置于配筋部位的近旁。

砌块的砌筑应与钢筋设置互相配合。

砌块的砌筑应采用专用的小砌块砌筑砂浆和专用的小砌块灌孔混凝土。

钢筋的设置应注意以下几点：

1. 钢筋的接头

钢筋直径大于 22mm 时宜采用机械连接接头，其他直径的钢筋可采用搭接接头，并应符合下列要求：

（1）钢筋的接头位置宜设置在受力较小处；

（2）受拉钢筋的搭接接头长度不应小于 1.1l_a，受压钢筋的搭接接头长度不应小于 0.7 l_a（l_a 为钢筋锚固长度），但不应小于 300mm；

（3）当相邻接头钢筋的间距不大于 75mm 时，其搭接长度应为 1.2l_a。当钢筋间的接头错开 20d 时（d 为钢筋直径），搭接长度可不增加。

2. 水平受力钢筋（网片）的锚固和搭接长度

（1）在凹槽砌块混凝土带中钢筋的锚固长度不宜小于 30d，且其水平或垂直弯折段的长度不宜小于 15d 和 200mm；钢筋的搭接长度不宜小于 35d；

（2）在砌体水平灰缝中，钢筋的锚固长度不宜小于 50d，且其水平或垂直弯折段的长度不宜小于 20d 和 150mm；钢筋的搭接长度不宜小于 55d；

（3）在隔皮或错皮搭接的灰缝中为 50d+2h（d 为灰缝受力钢筋直径，h 为水平灰缝的间距）。

3. 钢筋的最小保护层厚度

（1）灰缝中钢筋外露砂浆保护层不宜小于 15mm；

（2）位于砌块孔槽内的钢筋保护层，在室内正常环境不宜小于 20mm；在室外或潮湿环境不宜小于 30mm；

（3）对安全等级为一级或设计使用年限大于 50 年的配筋砌体，钢筋保护层厚度应比上述规定至少增加 5mm。

4. 钢筋的弯钩

钢筋骨架中的受力光面钢筋，应在钢筋末端作弯钩，在焊接骨架、焊接网以及受压构件中，可不作弯钩。绑扎骨架中的受力变形钢筋，在钢筋的末端可不作弯钩。弯钩应为 180° 弯钩。

5. 钢筋的间距

（1）两平行钢筋间的净距不应小于 25mm；

（2）柱和壁柱中的竖向钢筋的净距不宜小于 40mm（包括接头处钢筋间的净距）。

20.7　填充墙砌体工程

20.7.1　烧结空心砖砌体

20.7.1.1　烧结空心砖

烧结空心砖以黏土、页岩、煤矸石等为主要原料，经焙烧而成的空心砖。

烧结空心砖的外形为直角六面体（图 20-40），其长度、宽度、高度应尺寸符合下列要求：

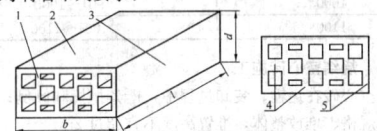

图 20-40　烧结空心砖
1—顶面；2—大面；3—条面；4—肋；5—壁；
l—长度；b—宽度；d—高度

390mm，290mm，240mm，190mm，180（175）mm，140mm，115mm，90mm。

烧结空心砖根据体积密度分为 800 级、900 级、1100 级三个密度级别。

每个密度级根据孔洞及其排数、尺寸偏差、外观质量、强度等级和物理性能分为优等品、一等品和合格品三个等级。

烧结空心砖的尺寸允许偏差应符合表 20-44 的规定。

烧结空心砖允许偏差（mm）　　表 20-44

尺　寸	优等品		一等品		合格品	
	样本平均偏差	样本极差 ≤	样本平均偏差	样本极差 ≤	样本平均偏差	样本极差 ≤
>300	±2.5	6.0	±3.0	7.0	±3.5	8.0
>200~300	±2.0	5.0	±2.5	6.0	±3.0	7.0
100~200	±1.5	4.0	±2.0	5.0	±2.5	6.0
<100	±1.5	3.0	±1.7	4.0	±2.0	5.0

烧结空心砖的外观质量应符合表 20-45 的规定。

烧结空心砖外观质量　　表 20-45

项　目		优等品	一等品	合格品
1. 弯曲	≤	3	4	5
2. 缺棱掉角的三个破坏尺寸不得	同时>	15	30	40
3. 垂直度差	≤	3	4	5
4. 未贯穿裂纹长度	≤			
1）大面上宽度方向及其延伸到条面的长度		不允许	100	120
2）大面上长度方向或条面上水平方向的长度		不允许	120	140
5. 贯穿裂纹长度	≤			
1）大面上宽度方向及其延伸到条面的长度		不允许	40	60
2）壁、肋沿长度方向、宽度方向及其水平方向的长度		不允许	40	60
6. 肋、壁内残缺长度	≤	不允许	40	60
7. 完整面	不少于	一条面和一大面	一条面或一大面	—

注：凡有下列缺陷之一者，不能称为完整面：
1. 缺损在大面、条面上造成的破坏面尺寸同时大于 20mm×30mm；
2. 大面、条面上裂纹宽度大于 1mm，其长度超过 70mm；
3. 压陷、粘陷、焦花在大面、条面上的凹陷或凸出超过 2mm，区域尺寸同时大于 20mm×30mm。

烧结空心砖的强度应符合表 20-46 的规定。

烧结空心砖强度　　　　　　　表 20-46

强度等级	抗压强度（MPa）			密度等级范围（kg/m³）
	抗压强度平均值 $f \geqslant$	变异系数 $\delta \leqslant 0.21$ 强度标准值 $f_k \geqslant$	变异系数 $\delta > 0.21$ 单块最小抗压强度值 $f_{min} \geqslant$	
MU10.0	10.0	7.0	8.0	
MU7.5	7.5	5.0	5.8	$\leqslant 1100$
MU5.0	5.0	3.5	4.0	
MU3.5	3.5	2.5	2.8	
MU2.5	2.5	1.6	1.8	$\leqslant 800$

烧结空心砖的密度级别应符合表 20-47 的规定。

烧结空心砖密度级别　　　　　表 20-47

密度级别	5 块密度平均值（kg/m³）
800	$\leqslant 800$
900	$801 \sim 900$
1000	$901 \sim 1000$
1100	$1001 \sim 1100$

20.7.1.2　烧结空心砖施工

烧结空心砖在运输、装卸过程中，严禁抛掷和倾倒；进场后应按品种、规格、堆放整体，堆置高度不宜超过 2m。

采用普通砌筑砂浆砌筑填充墙时，烧结空心砖应提前 1~2d 浇（喷）水湿润，烧结空心砖的相对含水率 60%~70%。

空心砖墙应侧砌，其孔洞呈水平方向，上下皮垂直灰缝相互错开 1/2 砖长。空心砖墙底部宜砌 3 皮烧结普通砖（图 20-41）。

烧结空心砖墙与烧结普通砖交接处，应以普通砖墙引出不小于 240mm 长与空心砖墙相接，并与隔 2 皮空心砖高在交接处的水平灰缝中设置 2φ6 钢筋作为拉结筋，拉结钢筋在空心砖墙中的长度不小于空心砖长加 240mm（图 20-42）。

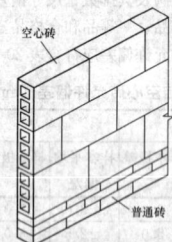

图 20-41　烧结空心砖墙

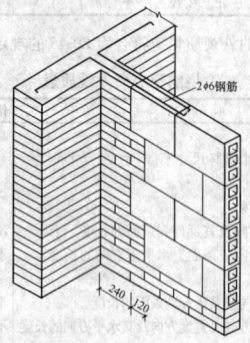

图 20-42　烧结空心砖墙与普通砖墙交接

烧结空心砖墙的转角处，应用烧结普通砖砌筑，砌筑长度角边不小于 240mm。

烧结空心砖墙砌筑不得留置斜槎或直槎，中途停歇时，应将墙顶砌平。在转角处、交接处，烧结空心砖与普通砖应同时砌起。

烧结空心砖墙中不得留置脚手眼；不得对烧结空心砖进行砍凿。

20.7.2　蒸压加气混凝土砌块砌体

20.7.2.1　蒸压加气混凝土砌块

蒸压加气混凝土砌块是以水泥、矿渣、砂、石灰等为主要原料，加入发气剂，经搅拌成型、蒸压养护而成的实心砌块。

蒸压加气混凝土砌块的规格尺寸见表 20-48。

蒸压加气混凝土砌块的规格尺寸　　表 20-48

砌块公称尺寸			砌块制作尺寸		
长度 L	宽度 B	高度 H	长度 H_1	宽度 B_1	度 H_1
600	100	200	$L \sim 10$	B	$H \sim 10$
	125				
	150				
	200	250			
	250				
	300	300			

蒸压加气混凝土砌块按其抗压强度分为：A1、A2、A2.5、A3.5、A5、A7.5、A10 七个强度等级；按其密度分为：B03、B04、B05、B06、B07、B08 六个密度级别；按尺寸偏差与外观质量、密度和抗压强度分为优等品（A）、一等品（B）和合格品（C）。

蒸压加气混凝土砌块的抗压强度应符合表 20-49 的规定。

蒸压加气混凝土砌块的尺寸允许偏差和外观质量应符合表 20-50 的规定。

蒸压加气混凝土砌块的强度等级应符合表 20-51 的规定。

蒸压加气混凝土砌块的干体积密度应符合表 20-52 的规定。

蒸压加气混凝土砌块的干燥收缩、抗冻性和导热系数（干态）应符合表 20-53 的规定。

蒸压加气混凝土砌块掺用工业废渣为原料时，所含放射性物质，应符合《掺工业废渣建筑材料产品放射性物质控制标准》（GB 9196）。

蒸压加气混凝土砌块的抗压强度　　表 20-49

强度等级	立方体抗压强度（MPa）	
	15 块平均值不小于	单块最小值不小于
A1.0	1.0	0.8
A2.0	2.0	1.6
A2.5	2.5	2.0
A3.5	3.5	2.8
A5.0	5.0	4.0
A7.5	7.5	6.0
A10	10.0	8.0

蒸压加气混凝土砌块尺寸允许偏差和外观质量　　表 20-50

项　　目		指　　标		
		优等品	一等品	合格品
(1) 尺寸允许偏差 (mm)	长度 L_1	±3	±4	±5
	宽度 B_1	±2	±3	+3, -4
	高度 H_1	±2	±3	+3, -4
(2) 缺棱掉角	个数，不多于（个）	0	1	2
	最大尺寸不得大于（mm）	0	70	70
	最小尺寸不得大于（mm）	0	30	30
(3) 平面弯曲不得大于（mm）		0	3	5
(4) 裂纹	条数不多于（条）	0	1	2
	任一面上的裂纹长度不得大于裂纹方向的	0	1/3	1/2
	贯穿一棱二面的裂纹长度不得大于裂纹所在面的裂纹方向尺寸总和的	0	1/3	1/3
(5) 爆裂、粘模和损坏深度不得大于（mm）		10	20	30
(6) 表面疏松、层裂		不允许	不允许	不允许
(7) 表面油污		不允许	不允许	不允许

蒸压加气混凝土砌块的强度等级　表20-51

密 度 级 别		B03	B04	B05	B06	B07	B08
强度等级	优等品			A3.5	A5.0	A7.5	A10
	一等品	A1.0	A2.0	A3.5	A5.0	A7.5	A10
	合格品			A2.5	A3.5	A5.0	A7.5

蒸压加气混凝土砌块的干体积密度（kg/m³）　表20-52

密 度 级 别		B03	B04	B05	B06	B07	B08
体积密度	优等品≤	300	400	500	600	700	800
	一等品≤	330	430	530	630	730	830
	合格品≤	350	450	550	650	750	850

蒸压加气混凝土砌块的干燥收缩、抗冻性和导热系数　表20-53

体 积 密 度 级 别			B03	B04	B05	B06	B07	B08
干燥收缩值	标准法≤	mm/m			0.50			
	快速法≤				0.80			
抗冻性	质量损失，%				5.0			
	冻后强度，MPa ≥		0.8	1.6	2.0	2.8	4.0	6.0
导热系数（干态），W/(m·K)			0.10	0.12	0.14	0.16	—	—

蒸压加气混凝土砌块按产品名称（代号ACB）、强度等级、体积密度级别、规格尺寸、产品等级和标准编号的顺序进行标记。如强度等级为A3.5、体积密度级别为B05、优等品、规格尺寸为600mm×200mm×250mm的加气混凝土砌块，其标记为：

ACB　A3.5　B05　600×200×250A　GB11968

蒸压加气混凝土砌块应存放5d以上方可出厂。出厂产品应有产品质量说明书。说明书应包括：生产厂名、商标、产品标记、本派产品主要技术性能和生产日期。砌块贮存堆放应做到：场地平整、同品种、同规格、同等级做好标记，整齐稳妥，宜有防雨措施。产品运输时，宜成垛捆扎或有其他包装。绝热产品必须捆扎加塑料薄膜封包。运输装卸时，宜用专用机具，严禁摔、掷、翻斗车自翻卸货。

20.7.2.2　蒸压加气混凝土砌块砌体构造

蒸压加气混凝土砌块可砌成单层或双层墙体。单层墙是将蒸压加气混凝土砌块立砌，墙厚为砌块的宽度。双层墙是将蒸压加气混凝土砌块立砌两层，中间夹以空气层，两层砌块间，每隔500mm墙高在水平灰缝中放置 $\phi4\sim\phi6$ 的钢筋扒钉，扒钉间距为600mm，空气层厚度约70～80mm（图20-43）。

承重蒸压加气混凝土砌块墙的外墙转角处、墙体交接处，均应沿墙高1m左右，在水平灰缝中放置拉结钢筋，拉结钢筋为 $3\phi6$，钢筋伸入墙内不少于1000mm（图20-44）。

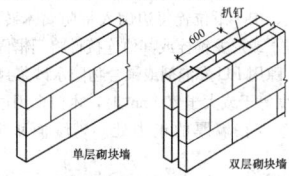

图20-43　蒸压加气混凝土砌块墙

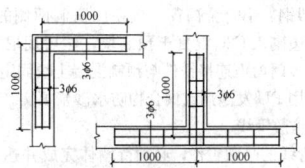

图20-44　承重砌块墙的拉结钢筋

非承重蒸压加气混凝土砌块墙的外墙转角处、与承重墙交接处，均应沿墙高1m左右，在水平灰缝中放置拉结钢筋，拉结钢筋为 $2\phi6$，钢筋伸入墙内不少于700mm（图20-45）。

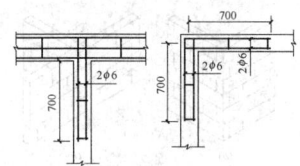

图20-45　非承重砌块墙的拉结钢筋

蒸压加气混凝土砌块外墙的窗口下一皮砌块下的水平灰缝中应设置拉结钢筋，拉结钢筋为 $3\phi6$，钢筋伸过墙口侧边应不小于500mm。

20.7.2.3　蒸压加气混凝土砌块砌体施工

蒸压加气混凝土砌块在运输、装卸过程中，严禁抛掷和倾倒。进场后应按品种、规格堆放整齐，堆置高度不宜超过2m。蒸压加气混凝土砌块在运输及堆放中应防止雨淋。

蒸压砌筑填孔墙时，加气混凝土砌块的产品龄期不应小于28d，蒸压加气混凝土砌块的含水率宜小于30%。

承重蒸压加气混凝土砌块砌体所用砌块强度等级应不低于A7.5，砂浆强度不低于M5。

蒸压加气混凝土砌块砌筑前，应根据建筑物的平面、立面图绘制砌块排列图。在墙体转角处设置皮数杆，皮数杆上画出砌块皮数及砌块高度，并在相对砌块上边线间拉准线，依准线砌筑。

蒸压加气混凝土砌块采用蒸压加气混凝土砌块砌筑砂浆或普通砌筑砂浆砌筑时，应在砌筑当天对砌块砌筑面喷水湿润，蒸压加气混凝土砌块的相对含水率为40%～50%。

砌筑蒸压加气混凝土砌块宜采用专用工具（铺灰铲、锯、钻、镂、平直架等）。

在厨房、卫生间、浴室等处采用蒸压加气混凝土砌块砌筑墙体时，墙底部宜现浇混凝土坎台，其高度宜为150mm。

蒸压加气混凝土砌块墙的上下皮砌块的竖向灰缝应相互错开，相互错开长度宜为300mm，并不小于150mm。如不能满足时，应在水平灰缝设置 $2\phi6$ 的拉结钢筋或 $\phi4$ 钢筋网片，拉结钢筋或钢筋网片的长度应不小于700mm（图20-46）。

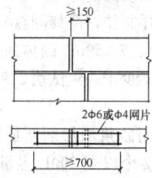

图20-46　蒸压加气混凝土砌块中拉结筋

填充墙拉结筋处的下皮小砌块宜采用半盲孔小砌块或用混凝土灌实孔洞的小砌块；薄灰砌筑法施工的蒸压加气混凝土砌块砌体，拉结筋应放置在砌块上表面设置的沟槽内。

蒸压加气混凝土砌块不应与其他块体混砌，不同强度等级的同类块体也不得混砌。

注：窗台处和因安装门窗需要，在门窗洞口处两侧填充墙上、中、下部可采用其他块体局部嵌砌；对与框架柱、梁不脱开方法的填充墙，填塞填充墙顶部与梁之间缝隙可采用其他块体。

蒸压加气混凝土砌块墙的灰缝应横平竖直，砂浆饱满，水平灰缝砂浆饱满度不应小于90%；竖向灰缝砂浆饱满度不应小于80%。水平灰缝厚度宜为15mm；竖向灰缝宽度宜为20mm。

蒸压加气混凝土砌块墙的转角处，应使纵横墙的砌块相互搭砌，隔皮砌块露端面。蒸压加气混凝土砌块墙的T字交接处，应使横墙砌块隔皮露端面，并坐押于纵墙砌块（图20-47）。

蒸压加气混凝土砌块墙如无切实有效措施，不得使用于下列部位：

（1）建筑物室内地面标高以下部位；

（2）长期浸水或经常受干湿交替部位；

（3）受化学环境侵蚀（如强酸、强碱）或高浓度二氧化碳等环境；

（4）砌块表面经常处于80℃以上的高温环境；

（5）不设构造柱、系梁、压顶梁、拉结筋的女儿墙和栏板。

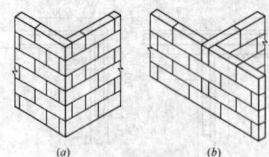

图 20-47 蒸压加气混凝土砌块墙的转角处、交接处砌块
(a) 转角处；(b) 交接处

加气混凝土砌块墙上不得留置脚手眼。

每一楼层内的砌块墙体应连续砌完，不留接槎。如必须留槎时应留成斜槎，或在门窗洞口侧边翻断。

20.7.2.4 干法砌筑蒸压加气混凝土砌块

蒸压加气混凝土砌块材料吸水率高，砌筑完成后需浇水养护，增大了砌块墙体的含水率，易造成墙体产生干缩裂缝的质量通病。干法砌筑是指为了防止砌块因受潮干缩变形，在砌体施工过程中不采用湿作业，而在砌筑砂浆中添加专用砂浆添加剂，提高砌筑砂浆的粘结性、保水性、触变性和流动性等特性，砌块砌筑时不需在砌筑面适量浇水，从而达到砌筑施工的干作业环境。

1. 干法砌筑砂浆

(1) 材料

干法砌筑砂浆（胶粘剂）一般由专用砂浆添加剂按照规定比例制成胶液掺入砂浆中搅拌而成。专用砂浆添加剂为蒸压加气砌块配套产品，由专门生产厂家供应，其主要技术指标应符合现行《蒸压加气混凝土用砌筑砂浆与抹面砂浆》（JC 890）中砌筑砂浆的要求。采用市售非砌块厂家配套产品除符合上述要求外，应经工程应用认可后方可使用。

添加剂用量：可根据生产厂家提供的专用砂浆添加剂的用量结合具体的砌筑砂浆等级，通过有资质的试验室配制，确定其配比。

砂子选用河砂且为中砂，并经过筛级配，不得含有草根、废渣等杂物，含泥量小于 5%。

水泥采用普通硅酸盐水泥或矿渣硅酸盐水泥。

水应采用不含有害物质的洁净水。

砂浆试块应随即取样制作，严禁同盘砂浆制作多组试块。每一检验批且不超过一个楼层或 250m³ 砌体所用的各种类型及强度等级的砌筑砂浆，应制作不少于一组试块，每组试块数量为 6 块。

(2) 胶液调配

干法砌筑砂浆由专用砂浆添加剂制成胶液掺入砂浆中搅拌而成。现场应配置 2 个或 2 个以上 200L 容量的容器（如油桶）作为调配胶液用，按照配合比要求将专用砂浆添加剂与清水拌合成胶液，然后用胶液替代清水搅拌制成干法砌筑砂浆。

(3) 专用砂浆集中搅拌

由于干法砌筑砂浆的特殊性，搅拌站应集中在一个地点（若工程场地过大或体量较大时，可根据现场情况布置多个集中搅拌点），以免与其他普通砂浆混淆，另配置小型翻斗车作为砂浆水平运输工具，各栋楼在靠近垂直运输设备的地方设砂浆中转池。

(4) 专用砂浆的性能要求与检测方法

保水性检测：将新拌的砂浆置于在报纸上 10～15min，以报纸上砂浆周边的水印在 3.0～5.0mm 范围内为合格。

抗坠与粘结性检测：将砂浆抹在砌块上，以敷抹的砂浆在砌块倒立的情况下不脱落为合格。

流动性及触变性检测：检测时在平放的砌块上均匀敷抹 10～12mm 厚砂浆，叠上另一砌块，稍等片刻再分开，以见两砌块的粘结面挂浆面积≥80% 为合格。

2. 干法砌筑施工

(1) 砌体构筑

1) 切割砌块应使用手提式机具或专用的机械设备。

2) 胶粘剂应使用电动工具搅拌均匀，随拌随用，拌合量宜在 3h 内用完为限；若环境温度高于 25℃ 时应在拌合后 2h 内用完。

3) 使用胶粘剂施工时，严禁用水浇湿砌块。

4) 墙体砌筑前，应对基层进行清理和找平，按设计要求弹出墙的中线、边线及门、窗洞口位置。立准皮数杆，拉好水准线。

5) 砌筑每层楼第一皮砌块前，必须清理基面，洒少量水湿润基面，再用 1：2.5 水泥砂浆找平，待第二天砂浆干后再开始砌墙。砌筑时在砌块的底面和两端侧面披刮粘结剂，按排块图砌筑，并应注意及时校正砌块的水平和垂直度。

6) 常温下，砌块的日砌筑高度宜控制在 1.8m 内。

7) 上一皮砌块砌筑前，宜先将下皮砌块表面（铺浆面）用毛刷清理干净后，再铺水平灰缝的胶粘剂。

8) 每皮砌块砌筑时，宜用水平尺与橡胶锤校正水平、垂直位置，并做到上下皮砌块错缝搭接，其搭接长度不宜小于被搭接砌块长度的 1/3。

9) 砌块转角和交接处应同时砌筑，对不能同时砌筑需留设临时间断处，应砌成斜槎。斜槎水平投影长度不应小于高度的 2/3。接槎时，应先清理槎口，再铺胶粘剂。

10) 砌块水平灰缝应用刮勺均匀铺刮胶粘剂于下皮砌块表面；砌块的竖向灰缝可先铺刮胶粘剂于砌块侧面再补上砌块砌筑。灰缝应饱满，做到随砌随勒。灰缝厚度和宽度应为 2～3mm。

11) 已砌上墙的砌块不应任意移动或撞击。如需校正，应在清除原胶粘剂后，重新铺刮胶粘剂进行砌筑。

12) 墙体砌完后必须检查表面平整度，如有不平整，应用钢齿磨砂板磨平，使偏差值控制在允许范围内。

13) 墙体水平配筋带应预先在砌块的水平灰缝面开设通长凹槽，置入钢筋后，用胶粘剂填实至槽的上口平。

14) 砌体与钢筋混凝土柱（墙）相接处，应设置拉结钢筋进行拉结或设 L 形铁件连接。当采用 L 形铁件时，砌块墙体与钢筋混凝土柱（墙）间应预留 10～15mm 的空隙，待墙体砌成后，再将该空隙用柔性材料嵌填。

15) 砌块墙顶面与钢筋混凝土梁（板）底面间应有预留钢筋拉结并预留 10～25mm 空隙。在墙体砌筑完成 7d 后，先在墙顶每一砌块中间部位的两侧用经防腐处理的木楔楔紧，再用 1：3 水泥砂浆或玻璃棉、矿棉、PU 发泡剂嵌严。除用钢筋拉结外，另一种做法是在砌块墙顶面与钢筋混凝土梁（板）底面间预留 40～50mm 空隙，在墙体砌筑完成 7d 后用 C20 细石混凝土填充。

16) 厨房、卫生间等潮湿房间及底层外墙的砌体，应砌在高度不小于 200mm 的 C20 现浇混凝土楼板翻边上，第一皮砌块的砌筑要求同第 5 条的规定，并应做好墙面防水处理。

17) 砌块墙体的过梁宜采用预制钢筋混凝土过梁。过梁宽度宜比砌块墙厚度两侧各凹进 10mm。

18) 砌块砌体砌筑时，不应在墙体中留设脚手架眼。

19) 墙体修补及空隙填塞宜用同质材料或专用修补材料修补。也可用砌块碎屑拌以水泥、石灰膏及适量的建筑胶水进行修补，配合比为水泥：石灰膏：砌块碎屑＝1：1：3。

(2) 门窗樘与墙的连接

1) 当门洞不设钢筋混凝土门框时，木樘安装，应在门洞两侧的墙体中按上、中、下位置每边砌入带防腐木砖的 C15 混凝土块，然后可用钉子或尼龙锚栓或其他连接件将门框固定其中。木门框与墙体间的空隙用 PU 发泡剂或聚合物防水砂浆封填。

2) 内墙厚度等于或大于 200mm 时，木门框用尼龙锚栓直接固定时，锚栓位置宜在墙厚的正中处，离墙面水平距离不得小于 50mm。

3) 安装特殊装饰门，可用发泡结构胶密封木门框与墙体间的缝隙。

4) 安装塑钢、铝合金门窗，应在门洞两侧的墙体中按上、中、下位置每边砌入 C20 混凝土预制块，然后用尼龙锚栓或射钉将塑钢、铝合金门窗框连接铁件与预制混凝土块固定，门窗框与墙体之间的缝隙用 PU 发泡剂或聚合物防水砂浆填实。

(3) 墙体暗敷管线

1) 水电管线的暗敷工作，必须待墙体完成并达到一定强度后方能进行。开槽时，应使用轻型电动切割机和手工掏槽器。开槽的深度不宜超过墙厚的 1/3。墙厚小于 120mm 的墙体不得双向对开管线槽。管线开槽应距门窗洞口 300mm 以外。

2) 预埋在现浇楼板中的管线弯进墙体时，应贴近墙面敷设，且垂直段高度宜低于一皮砌块的高度。

3) 敷设管线后的槽先刷界面剂,再用1:3水泥砂浆填实,填充面应比墙面微凹2mm,再用胶粘剂补平,沿槽长两侧粘贴自槽宽两侧外延不小于100mm的耐碱玻纤网格布以防裂。

20.8　冬　期　施　工

(1) 当室外日平均气温连续5d稳定低于5℃时,砌体工程应采取冬期施工措施。

注: 1. 气温根据当地气象资料确定;
 2. 冬期施工期限以外,当日最低气温低于0℃时,也应按本章的规定执行。

(2) 冬期施工的砌体工程质量验除应符合本章要求外,尚应符合现行行业标准《建筑工程冬期施工规程》(JGJ/T 104)的有关规定。

(3) 砌体工程冬期施工应有完整的冬期施工方案。

(4) 冬期施工所用材料应符合下列规定:

1) 石灰膏、电石膏等应防止受冻,如遭冻结,应经融化后使用;

2) 拌制砂浆用砂,不得含有冰块和大于10mm的冻结块;

3) 砌体用块体不得遭水浸冻。

(5) 冬期施工砂浆试块的留置,除应按常温规定要求外,尚应增加1组与砌体同条件养护的试块,用于检验转入常温28d的强度。如有特殊需要,可另外增加相应龄期的同条件养护的试块。

(6) 地基土有冻胀性时,应在未冻的地基上砌筑,并应防止在施工期间和回填土前地基受冻。

(7) 冬期施工中砖、小砌块浇(喷)水湿润应符合下列规定:

1) 烧结普通砖、烧结多孔砖、蒸压灰砂砖、蒸压粉煤灰砖、烧结空心砖、吸水率较大的轻骨料混凝土小型空心砌块在气温高于0℃条件下砌筑时,应浇水湿润;在气温低于或等于0℃条件下砌筑时,可不浇水,但必须增大砂浆稠度;

2) 普通混凝土小型空心砌块、混凝土多孔砖、混凝土实心砖及采用薄灰砌筑法的蒸压加气混凝土砌块施工时,不应对其浇(喷)水湿润;

3) 抗震设防烈度为9度的建筑物,当烧结普通砖、烧结多孔砖、蒸压粉煤灰砖、烧结空心砖无法浇水湿润时,如无特殊措施,不得砌筑。

(8) 拌合砂浆时水的温度不得超过80℃,砂的温度不得超过40℃。

(9) 采用砂浆掺外加剂法、暖棚法施工时,砂浆使用温度不应低于5℃。

(10) 采用暖棚法施工,块体在砌筑时的温度不应低于5℃,距离所砌的结构底面0.5m处的棚内温度也不应低于5℃。

(11) 在暖棚内的砌体养护时间,应根据暖棚内温度,按表20-54确定。

暖棚法砌体的养护时间　　表 20-54

暖棚的温度(℃)	5	10	15	20
养护时间(d)	≥6	≥5	≥4	≥3

(12) 采用外加剂法配制的砌筑砂浆,当设计无要求,且最低气温等于或低于-15℃时,砂浆强度等级应较常温施工提高一级。

(13) 配筋砌体不得采用掺氯盐的砂浆施工。

20.9　砌　体　安　全　技　术

(1) 在操作之前必须检查操作环境是否符合安全要求,道路是否畅通,机具是否完好牢固,安全设施和防护用品是否齐全,经检查符合要求后方可施工。

(2) 砌基础时,应检查和经常注意基坑土质变化情况,有无崩裂现象。堆放砌筑材料应离开坑边1m以上。当深基坑装挡土板或支撑时,操作人员应设梯子上下,不得攀跳。运料不得碰撞支撑,也不得踩踏砌体和支撑上下。

(3) 墙身砌体高度超过地坪1.2m以上时,应搭设脚手架。在一层以上或高度超过4m时,采用里脚手架必须支搭安全网;采用外脚手架应设护身栏杆和挡脚板后方可砌筑。

(4) 脚手架上堆料量不得超过规定荷载,堆砖高度不得超过3皮侧砖,同一块脚手板上的操作人员不应超过二人。

(5) 在楼层(特别是预制板面)施工时,堆放机具、砖块等物品不得超过使用荷载。如超过荷载时,必须经过验算采取有效加固措施后,方可进行堆放及施工。

(6) 不准站在墙顶上做画线、刮缝及清扫墙面或检查大角垂直等工作。

(7) 不准用不稳固的工具或物体在脚手板面垫高操作,更不准在未经过加固的情况下,在一层脚手架上随意再叠加一层。

(8) 砍砖时应面向内打,防止碎砖跳出伤人。

(9) 用于垂直运输的吊笼、滑车、绳索、刹车等,必须满足负荷要求,牢固无损,吊运时不得超载,并须经常检查,发现问题及时修理。

(10) 用起重机吊砖要用砖笼;吊砂浆的料斗不能装得过满。吊杆回转范围内不得有人停留,吊件落到架子上时,砌筑人员要暂停操作,并避开一边。

(11) 砖、石运输车辆两车前后距离平道上不小于2m,坡道上不小于10m;装砖时要先取高处后取低处,防止垛倒砸人。

(12) 已砌好的山墙,应临时用联系杆(如檩条等)放置各跨山墙上,使其联系稳定,或采取其他有效的加固措施。

(13) 冬期施工时,脚手板上如有冰霜、积雪,应先清除后才能上架子进行操作。

(14) 如遇雨天及每天下班时,要做好防雨措施,以防雨水冲走砂浆,致使砌体倒塌。

(15) 在同一垂直面内上下交叉作业时,必须设置安全隔板,下方操作人员必须配戴安全帽。

(16) 人工垂直往上或往下(深坑)转递砖石时,要搭递砖架子,架子的站人板宽度应不小于60cm。

(17) 用锤打石时,应先检查铁锤有无破裂,锤柄是否牢固。打锤要按照石纹走向落锤,锤口要平,落锤要准,同时要看清附近情况有无危险,然后落锤,以免伤人。

(18) 不准在墙顶或架上修改石材,以免震动墙体影响质量或石片掉下伤人。

(19) 不准徒手移动上墙的料石,以免压破或擦伤手指。

(20) 不准勉强在超过胸部以上的墙体上进行砌筑,以免将墙体碰撞倒塌或上石时失手掉下造成安全事故。

(21) 石块不得往下掷。运石上下时,脚手板要钉装牢固,并钉防滑条及扶手栏杆。

(22) 已经就位的砌块,必须立即进行竖缝灌浆;对稳定性较差的窗间墙、独立柱和挑出墙面较多的部位,应加临时稳定支撑,以保证其稳定性。

在台风季节,应及时进行圈梁施工,加盖楼板,或采取其他稳定措施。

(23) 在砌块砌体上,不宜拉锚缆风缆,不宜吊挂重物,也不宜作为其他施工临时设施、支撑的支承点,如果确实需要时,应采取有效的构造措施。

(24) 大风、大雨、冰冻等异常气候之后,应检查砌体是否有垂直度的变化,是否产生了裂缝,是否有不均匀下沉等现象。

20.10　砌体工程质量控制

20.10.1　质　量　标　准

各类砌体的质量均分为合格与不合格两个等级。

各类砌体的质量合格均应达到以下规定:

(1) 主控项目应全部符合规定;

(2) 一般项目应有80%及以上的抽检处符合规定;有允许偏差的项目,最大偏差值为允许值的1.5倍。

达不到上述规定,则为质量不合格。

20.10.1.1 砌筑砂浆的质量标准

(1) 砌筑砂浆试块强度验收时其强度合格标准应符合下列规定：

1) 同一验收批砂浆试块强度平均值应大于或等于设计强度等级值的 1.10 倍；

2) 同一验收批砂浆试块抗压强度的最小一组平均值应大于或等于设计强度等级值的 85%。

注：1. 砌筑砂浆的验收批，同一类型、强度等级的砂浆试块不应少于 3 组；同一验收批砂浆只有 1 组或 2 组试块时，每组试块抗压强度平均值应大于或等于设计强度等级值的 1.10 倍；对于建筑结构的安全等级为一级或设计使用年限为 50 年及以上的房屋，同一验收批砂浆试块的数量不得少于 3 组；

2. 砂浆强度应以标准养护，28d 龄期的试块抗压强度为准；

3. 制作砂浆试块的砂浆稠度应与配合比设计一致。

抽检数量：每一检验批且不超过 250m³ 砌体的各类、各强度等级的普通砌筑砂浆，每台搅拌机应至少抽检一次。验收批的预拌砂浆、蒸压加气混凝土砌块专用砂浆，抽检可为 3 组。

检验方法：在砂浆搅拌机出料口或在湿拌砂浆的储存容器出料口随机取样制作砂浆试块（现场拌制的砂浆，同盘砂浆只应作 1 组试块），试块标养 28d 后作强度试验。预拌砂浆中的湿拌砂浆稠度应在进场时取样检验。

(2) 当施工中或验收时出现下列情况，可采用现场检验方法对砂浆或砌体强度进行实体检测，并判定其强度：

1) 砂浆试块缺乏代表性或试块数量不足；

2) 对砂浆试块的试验结果有怀疑或有争议；

3) 砂浆试块的试验结果，不能满足设计要求；

4) 发生工程事故，需要进一步分析事故原因。

20.10.1.2 砖砌体工程的质量标准

1. 主控项目

(1) 砖和砂浆的强度等级必须符合设计要求。

抽检数量：每一生产厂家，烧结普通砖、混凝土实心砖每 15 万块，烧结多孔砖、混凝土多孔砖、蒸压灰砂砖及蒸压煤煤灰砖每 10 万块各为一验收批，不足上述数量时按 1 批计，抽检数量为 1 组。砂浆试块的抽检数量：每一检验批且不超过 250m³ 砌体的各类、各强度等级的普通砌筑砂浆，每台搅拌机应至少抽检一次。验收批的预拌砂浆、蒸压加气混凝土砌块专用砂浆，抽检可为 3 组。

检验方法：查砖和砂浆试块试验报告。

(2) 砌体灰缝砂浆应密实饱满，砖墙水平灰缝的砂浆饱满度不得低于 80%；砖柱水平灰缝和竖向灰缝饱满度不得低于 90%。

抽检数量：每检验批抽查不应少于 5 处。

检验方法：用百格网检查砖底面与砂浆的粘结痕迹面积，每处检测 3 块砖，取其平均值。

(3) 砖砌体的转角处和交接处应同时砌筑，严禁无可靠措施的内外墙分离施工。在抗震设防烈度为 8 度及 8 度以上地区，对不能同时砌筑而又必须留置的临时间断处应砌成斜槎，普通砖砌体斜槎水平投影长度不应小于高度的 2/3（图 20-48），多孔砖砌体的斜槎长高比不应小于 1/2。斜槎高度不得超过一步脚手架的高度。

抽检数量：每检验批抽查不应少于 5 处。

检验方法：观察检查。

(4) 非抗震设防及抗震设防烈度为 6 度、7 度地区的临时间断处，当不能留斜槎时，除转角处外，可留直槎，但直槎必须做成凸槎，且应加设拉结钢筋，拉结钢筋应符合下列规定：

1) 每 120mm 墙厚放置 1φ6 拉结钢筋（120mm 厚墙应放置 2φ6 拉结钢筋）；

2) 间距沿墙高不应超过 500mm，且竖向间距偏差不应超过 100mm；

3) 埋入长度从留槎处算起每边均不应小于 500mm，对抗震设防烈度 6 度、7 度的地区，不应小于 1000mm；

4) 末端应有 90°弯钩（图 20-49）。

抽检数量：每检验批抽查不应少于 5 处。

检验方法：观察和尺量检查。

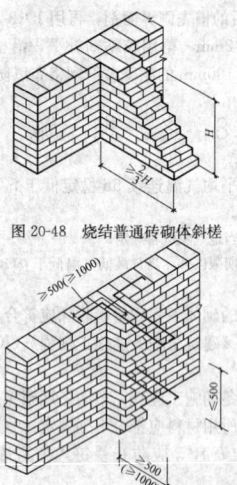

图 20-48 烧结普通砖砌体斜槎

图 20-49 直槎处拉结钢筋示意图

2. 一般项目

(1) 砖砌体组砌方法应正确，内外搭砌，上、下错缝。清水墙、窗间墙无通缝；清水墙中不得有长度大于 300mm 的通缝，长度 200～300mm 的通缝每间不超过 3 处，且不得位于同一面墙体上。砖柱不得采用包心砌法。

抽检数量：每检验批抽查不应少于 5 处。

检验方法：观察检查。砌体组砌方法抽检每处应为 3～5m。

(2) 砖砌体的灰缝应横平竖直，厚薄均匀，水平灰缝厚度及竖向灰缝宽度宜为 10mm，但不应小于 8mm，也不应大于 12mm。

抽检数量：每检验批抽查不应少于 5 处。

检验方法：水平灰缝厚度用尺量 10 皮砖砌体高度折算；竖向灰缝宽度用尺量 2m 砌体长度折算。

(3) 砖砌体尺寸、位置的允许偏差及检验应符合表 20-55 的规定。

砖砌体尺寸、位置的允许偏差及检验　表 20-55

项次	项目			允许偏差 (mm)	检验方法	抽检数量
1	轴线位移			10	用经纬仪和尺或用其他测量仪器检查	承重墙、柱全数检查
2	基础、墙、柱顶面标高			±15	用水准仪和尺检查	不应少于 5 处
3	墙面垂直度	每层		5	用 2m 托线板检查	不应少于 5 处
		全高	≤10m	10	用经纬仪、吊线和尺或用其他测量仪器检查	外墙全部阳角
			>10m	20		
4	表面平整度	清水墙、柱		5	用 2m 靠尺和楔形塞尺检查	不应少于 5 处
		混水墙、柱		8		
5	水平灰缝平直度	清水墙		7	拉 5m 线和尺检查	不应少于 5 处
		混水墙		10		
6	门窗洞口高、宽（后塞口）			±10	用尺检查	不应少于 5 处
7	外墙上下窗口偏移			20	以底层窗口为准，用经纬仪或吊线检查	不应少于 5 处
8	清水墙游丁走缝			20	以每层第一皮砖为准，用吊线和尺检查	不应少于 5 处

20.10.1.3 混凝土小型空心砌块砌体工程的质量标准

1. 主控项目

(1) 小砌块和芯柱混凝土、砌筑砂浆的强度等级必须符合设计要求。

抽检数量：每一生产厂家，每1万块小砌块为一验收批，不足1万块按一批计，抽检数量为1组；用于多层建筑的基础和底层的小砌块抽检数量不应少于2组。砂浆试块每一检验批且不超过250m³砌体的各种类型及强度等级的砌筑砂浆，每台搅拌机应至少抽检一次。

检验方法：检查小砌块和芯柱混凝土、砌筑砂浆试块试验报告。

(2) 砌体水平灰缝和竖向灰缝饱满度，按净面积计算不得低于90%。

抽检数量：每检验批不应少于5处。

检验方法：用专用百格网检测小砌块与砂浆粘结痕迹，每处检测3块小砌块，取其平均值。

(3) 墙体转角处和纵横墙交接处应同时砌筑。临时间断处应砌成斜槎，斜槎水平投影长度不应小于斜槎高度。施工洞口可预留直槎，但在洞口砌筑和补砌时，应在直槎上下搭砌的小砌块孔洞内用强度等级不低于C20（或Cb20）的混凝土灌实。

抽检数量：每检验批抽查不应少于5处。

检验方法：观察检查。

(4) 小砌块砌体的芯柱在楼盖处应贯通，不得削弱芯柱截面尺寸；芯柱混凝土不得漏灌。

抽检数量：每检验批抽查不应少于5处。

检验方法：观察检查。

2. 一般项目

(1) 砌体的水平灰缝厚度和竖向灰缝宽度宜为10mm，但不应小于8mm，也不应大于12mm。

抽检数量：每检验批抽查不应少于5处。

检验方法：水平灰缝厚度用尺量5皮小砌块的高度折算；竖向灰缝宽度用2m砌体长度折算。

(2) 小砌块砌体尺寸、位置允许偏差应符合表20-55的规定。

20.10.1.4 石砌体工程的质量标准

1. 主控项目

(1) 石材及砂浆强度等级必须符合设计要求。

抽检数量：同一产地的同类石材抽检不应少于1组。砂浆试块的抽检数量为：每一检验批且不超过250m³砌体的各种类型及强度等级的砌筑砂浆，每台搅拌机应至少抽检一次。

检验方法：料石检查产品质量证明书，石材、砂浆检查试块试验报告。

(2) 砂浆灰缝饱满度不应小于80%。

抽检数量：每检验批抽查不应少于5处。

检验方法：观察检查。

2. 一般项目

(1) 石砌体尺寸、位置的允许偏差及检验方法应符合表20-56的规定。

石砌体尺寸、位置的允许偏差及检验方法　　**表20-56**

项次	项目	允许偏差（mm）							检验方法
		毛石砌体		料石砌体					
				毛料石		粗料石		细料石	
		基础	墙	基础	墙	基础	墙	墙、柱	
1	轴线位置	20	15	20	15	15	10	10	用经纬仪和尺检查，或用其他测量仪器检查
2	基础和墙砌体顶面标高	±25	±15	±25	±15	±15	±15	±10	用水准仪和尺检查
3	砌体厚度	+30	+20 −10	+30	+20 −10	+15	+10 −5	+10 −5	用尺检查

续表

项次	项目	允许偏差（mm）						检验方法
		毛石砌体		料石砌体				
				毛料石		粗料石		细料石	
		基础	墙	基础	墙	基础	墙	墙、柱	
4	墙面垂直度	每层	—	20	—	20	—	10	7	用经纬仪、吊线和尺检查或用其他测量仪器检查
		全高	—	30	—	20	—	25	10	
5	表面平整度	清水墙、柱	—	—	—	20	—	10	5	细料石用2m靠尺和楔形塞尺检查，其他用两直尺垂直于灰缝拉2m线和尺检查
		混水墙、柱	—	—	—	20	—	15	—	
6	清水墙水平灰缝平直度	—	—	—	—	—	—	5	拉10m线和尺检查

抽检数量：每检验批抽查不应少于5处。

(2) 石砌体的组砌形式应符合下列规定：

1) 内外搭砌，上下错缝，拉结石、丁砌石交错设置；

2) 毛石墙拉结石每0.7m²墙面不应少于1块。

检查数量：每检验批抽查不应少于5处。

检验方法：观察检查。

20.10.1.5 配筋砌体工程的质量标准

1. 主控项目

(1) 钢筋的品种、规格、数量和设置部位应符合设计要求。

检验方法：检查钢筋的合格证书、钢筋性能复试试验报告、隐蔽工程记录。

(2) 构造柱、芯柱、组合砌体构件、配筋砌体剪力墙构件的混凝土或砂浆的强度等级应符合设计要求。

抽检数量：每检验批砌体，试块不应少于1组，验收批砌体试块不得少于3组。

检验方法：检查混凝土或砂浆试块试验报告。

(3) 构造柱与墙体的连接应符合下列规定：

1) 墙体应砌成马牙槎，马牙槎凹凸尺寸不宜小于60mm，高度不应超过300mm，马牙槎应先退后进，对称砌筑；马牙槎尺寸偏差每一构造柱不应超过2处；

2) 预留拉结钢筋的规格、尺寸、数量及位置应正确，拉结钢筋应沿墙高每隔500mm设2φ6，伸入墙内不宜小于600mm，钢筋的竖向移位不应超过100mm，且竖向移位每一构造柱不得超过2处；

3) 施工中不得任意弯折拉结钢筋。

抽检数量：每检验批抽查不应少于5处。

检验方法：观察检查和尺量检查。

(4) 配筋砌体中受力钢筋的连接方式及锚固长度、搭接长度应符合设计要求。

检查数量：每检验批抽查不应少于5处。

检验方法：观察检查。

2. 一般项目

(1) 构造柱一般尺寸允许偏差及检验方法应符合表20-57的规定。

构造柱一般尺寸允许偏差及检验方法　　**表20-57**

项次	项目		允许偏差（mm）	检验方法
1	中心线位置		10	用经纬仪和尺检查或用其他测量仪器检查
2	层间错位		8	用经纬仪和尺检查或用其他测量仪器检查
3	垂直度	每层	10	用2m托线板检查
		全高 ≤10m	15	用经纬仪、吊线和尺检查或用其他测量仪器检查
		全高 >10m	20	

抽检数量：每检验批抽查不应少于5处。

（2）设置在砌体灰缝中钢筋的防腐保护应符合设计规定，且钢筋防护层完好，不应有肉眼可见裂纹、剥落和擦痕等缺陷。

抽检数量：每检验批抽查不应少于5处。

检验方法：观察检查。

（3）网状配筋砖砌体中，钢筋网规格及放置间距应符合设计规定。每一构件钢筋网沿砌体高度位置超过设计规定一皮砖厚不得多于一处。

抽检数量：每检验批抽查不应少于5处。

检验方法：通过钢筋网成品检查钢筋规格，钢筋网放置间距采用局部剔缝观察，或用探针刺入灰缝内检查，或用钢筋位置测定仪测定。

（4）钢筋安装位置的允许偏差及检验方法应符合表20-58的规定。

钢筋安装位置的允许偏差和检验方法 表 20-58

项 目		允许偏差（mm）	检 验 方 法
受力钢筋保护层厚度	网状配筋砌体	±10	检查钢筋网成品，钢筋网放置位置局部剔缝观察，或用探针刺入灰缝内检查，或用钢筋位置测定仪测定
	组合砖砌体	±5	支模前观察与量测检查
	配筋小砌块砌体	±10	浇筑灌孔混凝土前观察与尺量检查
配筋小砌块砌体墙凹槽中水平钢筋间距		±10	钢尺量连续三档，取最大值

抽检数量：每检验批抽查不应少于5处。

20.10.1.6 填充墙砌体工程的质量标准

1. 主控项目

（1）烧结空心砖、小砌块和砌筑砂浆的强度等级应符合设计要求。

抽检数量：烧结空心砖每10万块为一验收批，小砌块每1万块为一验收批，不足上述数量时按一批计，抽检数量为1组。砂浆试块的抽检数量：每一检验批且不超过250m³砌体的各类、各强度等级的普通砌筑砂浆，每台搅拌机应至少抽检一次。验收批的预拌砂浆、蒸压加气混凝土砌块专用砂浆，抽检可为3组。

检验方法：查砖、小砌块进场复验报告和砂浆试块试验报告。

（2）填充墙砌体应与主体结构可靠连接，其连接构造应符合设计要求，未经设计同意，不得随意改变连接构造方法。每一填充墙与柱的拉结筋的位置超过一皮砌块高度的数量不得多于一处。

抽检数量：每检验批抽查不应少于5处。

检验方法：观察检查。

（3）填充墙与承重墙、柱、梁的连接钢筋，当采用化学植筋的连接方式时，应进行实体检测。锚固钢筋拉拔试验的轴向受拉非破坏承载力检验值应为6.0kN。抽检钢筋在检验值作用下应基材无裂缝、钢筋无滑移宏观裂损现象；持荷2min期间荷载值降低不大于5%。检验批验收可按表20-59通过正常检验一次、二次抽样判定。

抽检数量：按表20-60确定。

检验方法：原位试验检查。

正常一次性抽样的判定 表 20-59

样本容量	合格判定数	不合格判定数	样本容量	合格判定数	不合格判定数
5	0	1	20	2	3
8	1	2	32	3	4
13	1	2	50	5	6

检验批抽检锚固钢筋样本最小容量 表 20-60

检验批的容量	样本最小容量	检验批的容量	样本最小容量
≤90	5	281～500	20
91～150	8	501～1200	32
151～280	13	1201～3200	50

2. 一般项目

（1）填充墙砌体尺寸、位置的允许偏差及检验方法应符合表20-61的规定。

填充墙砌体尺寸、位置的允许偏差及检验方法 表 20-61

项次	项 目		允许偏差（mm）	检 验 方 法
1	轴线位移		10	用尺检查
2	垂直度（每层）	≤3m	5	用2m托线板或吊线、尺检查
		>3m	10	
3	表面平整度		8	用2m靠尺和楔形尺检查
4	门窗洞口高、宽（后塞口）		±10	用尺检查
5	外墙上、下窗口偏移		20	用经纬仪或吊线检查

抽检数量：每检验批抽查不应少于5处。

（2）填充墙砌体的砂浆饱满度及检验方法应符合表20-62的规定。

填充墙砌体的砂浆饱满度及检验方法 表 20-62

砌体分类	灰缝	饱满度及要求	检验方法
空心砖砌体	水平	≥80%	采用百格网检查块体底面或侧面砂浆的粘结痕迹面积
	垂直	填满砂浆，不得有透明缝、瞎缝、假缝	
蒸压加气混凝土砌块、轻骨料混凝土小型空心砌块砌体	水平	≥80%	
	垂直	≥80%	

抽检数量：每检验批抽查不应少于5处。

（3）填充墙留置的拉结钢筋或网片的位置应与块体皮数相符合。拉结钢筋或网片应置于灰缝中，埋置长度应符合设计要求，竖向位置偏差不应超过一皮高度。

抽检数量：每检验批抽查不应少于5处。

检验方法：观察和用尺量检查。

（4）砌筑填充墙时应错缝搭砌，蒸压加气混凝土砌块搭砌长度不应小于砌块长度的1/3；轻骨料混凝土小型空心砌块搭砌长度不应小于90mm；竖向通缝不应大于2皮。

抽检数量：每检验批抽查不应少于5处。

检验方法：观察检查。

（5）填充墙的水平灰缝厚度和竖向灰缝宽度应正确，烧结空心砖、轻骨料混凝土小型空心砌块砌体的灰缝应为8～12mm；蒸压加气混凝土砌块砌体当采用水泥砂浆、水泥混合砂浆或蒸压加气混凝土砌块砌筑砂浆时，水平灰缝厚度和竖向灰缝宽度不应超过15mm；当蒸压加气混凝土砌块砌体采用蒸压加气混凝土砌块粘结砂浆时，水平灰缝厚度和竖向灰缝宽度宜为3～4mm。

抽检数量：每检验批抽查不应少于5处。

检验方法：水平灰缝厚度用尺量5皮小砌块的高度折算；竖向灰缝宽度用尺量2m砌体长度折算。

20.10.2 质 量 保 证 措 施

20.10.2.1 质量目标

要明确工程项目的质量目标，实现对业主的质量承诺，严格按照合同条款要求及现行规范标准组织施工。

20.10.2.2 质量保证体系

严格遵循企业质量方针，建立完善的质量保证体系，切实发挥各级管理人员的作用，使施工过程中每道工序质量均处于受控状态。

在施工过程中，以设计文件及现行规范标准为依据，按照企业

《质量手册》、《程序文件》及工程项目的《质量计划》，通过对质量要素和质量程序的控制，切实落实质量责任制，项目经理应为质量第一责任人；项目部总工程师要对质量总负责，管生产的施工负责人必须管质量。实行"质量动态考核制"，由项目部、分公司、公司按照一定周期，对项目部管理人员和作业班组实行严格的质量动态考核，对各道工序从"人、机、料、法、环"诸方面加以控制，确保工程质量。

20.10.2.3 组织保证措施

(1) 项目经理、工长、质检员、安全员、试验员、机械员等管理人员，应取得相应的专业技术职称或受过专业技术培训，具有较为丰富的同类型工程的施工及管理经验者，并持证上岗。

(2) 工程专业技术人员，均应具备相应的技术职称，并按照有关规定要求进行相关知识的培训。

(3) 新工人、变换工种人员和特殊工种作业人员，上岗前必须对其进行岗前培训，考核合格后方能上岗。

(4) 施工中采用新工艺、新技术、新设备、新材料前必须组织专业技术人员对操作者进行培训。

(5) 严格实行质量责任制，每项工作均由专人负责。

20.10.2.4 质量管理制度

1. 技术交底制度

分项工程开工前，主管工程师根据施工组织设计及施工方案编制技术交底，对特殊过程应编写作业指导书，对关键工序应编写施工方案。分项工程施工前应向作业人员进行技术交底，讲清该分项工程的质量要求、技术标准、施工方法和注意事项等。

2. 工序交接检制度

工序交接检包括工种之间交接检和成品保护交接检。上道工序完成后，在进入下道工序前必须进行检验，并经监理签证。做到上道工序不合格，不准进入下道工序，确保各道工序的工程质量。坚持做到"五不施工"即：未进行技术交底不施工；图纸及技术要求不清楚不施工；施工测量桩未经复核不施工；材料无合格证或试验不合格者不施工；上道工序不经检查不施工。"三不交接"即：无自检记录不交接；未经专业技术人员验收合格不交接；施工记录不全不交接。

3. 隐蔽工程签证检查制度

凡属隐蔽工程项目，首先由班组、项目部逐级进行自检，自检合格后会同监理工程师一起复核，检查结果填入隐检表，由双方签字。隐蔽工程不经签证，不能进行隐蔽。

4. 施工测量复核制度

施工测量必须经技术人员复核后报监理工程师审核，确保测量准确，控制到位。

5. 施工过程的质量三检制

施工过程的质量检查实行三检制，即：班组自检、互检、工序交接检。工长负责组织质量评定，项目部质检员负责质量等级的核定，确保分项工程质量一次验收合格。

6. 严格执行材料、半成品、成品采购及验收制度

原材料采购需制定合理的采购计划，根据施工合同规定的质量、标准及技术规范的要求，精心选择合格分供方，同时严格执行质量检查和验收制度，按规定进行复试及见证取样，确认合格后方可使用。所有采购的原材料、半成品、成品进场必须由专业人员进场验收，核实质量证明文件及资料，对于不合格半成品或材质证明不齐全的材料，不许验收进场，材料进场后应及时标识，确保不误用、混用。

7. 仪器设备的标定制度

项目经理部设专职计量员，各种仪器、仪表，如经纬仪、水准仪、钢尺、天平、磅秤等均应按照规定程序进行定期标定，专人负责管理。

8. 质量奖惩制度

项目经理部应制订质量奖惩制度，可从总价中提出相应的费用建立项目质量保证基金，实行内部优质优价制度。同时实行质量风险金制度，项目经理部各级人员均按其所负责质量责任，在项目开工时，交付质量风险金，作为个人质量担保的费用，充分发挥经济杠杆的调节作用。

9. 持证上岗制度

焊工、电工、防水施工人员、试验工、测量工、架子工、司机、测量员、材料员、核算员、资料员、质检员、安全员、工长等均须经培训和严格考核，必须持证上岗。

10. 质量否决制度

质检员具有质量否决权、停工权和处罚权。凡进入工地的所有材料，半成品、成品，必须经质检员检验合格后才能用于工程。对分项工程质量验收，必须经过质检员核查合格后方可上报监理。

20.10.2.5 阶段性施工质量控制措施

1. 事前控制阶段

建立完善的质量保证体系、质量管理体系，编制质量保证计划，制定现场的各种管理制度，完善计量检测技术和手段。

认真进行设计交底、图纸会审等工作，并根据工程特点确定施工流程、工艺和方法。

对工程施工所需的原材料、半成品、构配件等进行质量检查和控制，并编制相应的检验计划。

对要采用的"四新"技术均要认真审核其技术审定书及运用范围。

检验现场的测量标准，建筑物的定位线及高程水准点等。

2. 事中控制阶段

完善工序质量控制，把影响工序质量的因素都纳入管理范围，及时检查和审核质量统计分析资料和质量控制图表，抓住影响质量的关键因素进行处理和解决。

严格工序间检查，做好各项隐蔽验收工作，加强三检制度的落实，对达不到质量要求的前道工序决不交给下道工序施工，直至质量符合要求为止。

认真审核设计变更和图纸修改，同时施工中出现特殊情况，如隐蔽工程未经验收而擅自封闭、掩盖或使用无合格证的材料，以及擅自变更工程材料等，技术负责人有权向项目经理建议下达停工令。

对完成的分部分项工程，按相应的质量评定标准进行检查、验收。

3. 事后控制阶段

按规定的质量验评标准对完成的单位工程进行检查验收。

整理所有的技术资料，并编目、建档。

在质量保修的阶段，按规定对本工程实施保修。

20.10.2.6 消除质量通病的措施

(1) 制订消除质量通病的规划，通过分析，列出具有普遍性且危害性较大的质量通病，综合分析其产生的原因，制定相应的措施。

(2) 通过图纸会审，改进设计，方案优化，消除设计原因造成的工程质量通病。

(3) 提高施工人员的素质，改进操作方法和施工工艺，认真按规范、规程及设计要求组织施工，对易产生质量通病部位及工序设置质量控制点。

(4) 对一些治理难度大及由于采用"四新"技术出现的新通病，组织力量进行QC活动攻关。

(5) 择优选购建筑材料、部件和设备，加强对进货的检验和试验，对一些性能未完全过关的新材料、新部件、新设备应慎重使用。

(6) 在不同材料的交接面（如砌块和混凝土），加钢丝网或纤维布的方法，防止裂缝出现。

20.11 绿 色 施 工

20.11.1 环 境 保 护

20.11.1.1 环境因素识别与管理

1. 人员因素

(1) 搅拌机械操作人员应经过培训，掌握搅拌机的操作及维修保养要求后，方可进行机械操作。避免由于人的因素造成搅拌机故障产生漏油、设备部件损坏等污染环境、浪费资源的现象。

(2) 材料员、计量员均持证上岗。材料员必须掌握材料堆放、装卸时环境因素的控制方法；计量员必须掌握砂浆拌制时各种材料的允许偏差，以保证施工中计量准确，避免配合比不正确而造成返工，浪费水电和其他资源。

(3) 砌筑工人中，中、高级工人不少于70%，并应具有同类工程的施工经验。砌筑作业前，应由项目技术员对砌筑工人进行环境交底，使工人掌握砌筑过程中环境控制的要求及方法，避免因人的原因造成环境污染。

(4) 现场所有人员在施工前应掌握操作要领和环境控制要求，避免因人为不掌握环境控制措施而造成噪声排放、扬尘、废弃物、废水而污染环境。

2. 材料因素

(1) 水泥、粉煤灰、外加剂

1) 水泥、粉煤灰、外加剂进场后应进行复试，其成分中不得含有影响环境的有害物质。

2) 袋装水泥、粉煤灰、外加剂宜在库内存放。库内地面应为混凝土地面，并在堆放水泥、粉煤灰的位置上，架空20cm满铺木跳板，跳板上铺设苫布，同时库房屋面应不渗漏，以防因材料受潮、受雨淋结块而不能使用或降级使用造成浪费。

3) 若袋装水泥、粉煤灰、外加剂在现场露天存放，则地面应砌三皮红砖，并抹5cm厚1∶3水泥砂浆，且水泥上应覆盖防雨布，以防雨淋受潮材料废弃。

4) 散装水泥必须在密封的罐装容器内存放，以防大风吹起扬尘污染环境。

5) 遇大风天气，露天存放的水泥应加强覆盖工作，避免大风将防雨布刮起产生扬尘。

(2) 砂子要求

1) 砌筑用砂宜采用中砂，砂子中不得含有有害物质及草根等杂物。砂子进场后，应堆放在三面砌240mm厚、500mm高，外抹1∶3水泥砂浆的围护池中，并用双层密目安全网覆盖。密目网上下层接缝处相互错开不小于500mm，密目网搭接时，搭接长度不小于20cm，确保覆盖严密以防风吹扬尘。

2) 四级风以上天气，禁止进行筛砂作业，以免扬尘。

3) 遇大风天气或干燥天气，应经常用喷雾器向砂子表面喷水湿润，增大表面砂子的含水率，以控制扬尘。

(3) 石灰膏及石灰粉

石灰膏及石灰粉宜选用成品，以免现场进行熟化作业时污染周边环境，且其成分中不得含有影响环境的物质。

(4) 砖

1) 砖进场后应有出厂合格证，并经复试不含影响环境的有害物质后方可使用。

2) 砌砖体常用砖有烧结普通砖、烧结多孔砖、蒸压灰砂砖、蒸压粉煤灰砖等，考虑到为节省耕地的目的，砌筑用砖尽量不采用烧结普通砖。

3) 砖在运输、装卸时，严禁倾倒和抛掷，应用人工用专用夹子夹起，轻拿轻放并码放整齐，避免材料损坏，产生固体废弃物。

(5) 水

1) 拌制砂浆用水，必须符合现行行业标准《混凝土用水标准》(JGJ 63) 的规定。

2) 现场临时道路洒水、浸泡砖用水，基层清理用水可用沉淀池沉淀后无有害物质污染的水，以节约水资源。

3) 现场材料堆放时，应严格按照施工平面布置图来布置，应做到堆放整齐有序，并应符合当地文明施工的要求。

3. 设备因素

(1) 砌筑作业使用的机械设备应选用噪声低、能耗低的设备，避免使用时噪声超标，耗费能源。施工中，机械设备应加强检修和维护，防止油品泄漏造成污染。维修机械和更换油品时，必须配置接油盘、油桶和塑料布，防止油品洒漏在地面或渗入土壤。应随即清理搅拌机。清理的杂物以袋装运至指定地点集中清运。油棉纱、废弃油桶及塑料布应集中处理，严禁现场焚烧污染空气。每一作业班结束后，应随即清理搅拌机。清理的杂物以袋装运至指定地点收集一个运输单位后，交环保部门统一清运。

(2) 搅拌站四周应封闭，以减少噪声排放，且地面要进行硬化处理，硬化采用5cm厚C15混凝土随浇随光，以防污水污染地面。搅拌站处沉淀池每3~5d要清掏一次，以免时间过长，杂物沉积过多，影响污水的沉淀效果。清掏后的杂物应由不渗漏的袋子运至指定地点交由环保部门集中清运。

(3) 砂浆运输车辆、灰槽应完好不渗漏，以免运输时污染地面。灰车、灰槽用完后，及时清洗。清洗应在搅拌站处集中进行，且应边清洗边将污水清扫到沉淀池，以免污水四溢污染周边环境，污水经两级沉淀后排出。

(4) 向现场运送材料的车辆，应密封严实，以防运输途中，材料遗洒污染城市道路。施工现场上路前，必须在施工出入口处的车辆冲洗处将车辆轮胎冲洗干净后，方可出门上路。车辆冲洗污水须流入沉淀池沉淀后方可排出，以防污水四溢污染地面。

(5) 水准仪、经纬仪、钢卷尺、线坠、水平尺、磅秤、砂浆试模等工具配备齐全，且各器具均经检定合格，以确保施工精度，避免质量不合格造成返工浪费材料。

20.11.1.2　施工过程环境控制要求

1. 砖的选用及加工

(1) 选砖

用于清水墙、柱的砖，应选用边角整齐、色泽均匀的砖，以避免墙体因达不到观观效果而返工，产生噪声、扬尘、固体废弃物，浪费人力及材料。

(2) 砖加工

砌筑非90°的转角处及圆柱或多角柱的砖。砖加工时，应用云石机切割，以保证加工出的砖边角整齐。加工场地应在由隔间板围护起来的专用房间内进行，以减少噪声及粉尘外扬。操作工人应穿长袖工作服，戴好手套和口罩，必要时，还应戴耳塞，以减少噪声对人的伤害。

(3) 废弃物处置

切割出的边角废料清理时，应先用喷雾器洒水湿润后，再用袋子集中清运至指定地点，集一个运输单位后集中交环保部门清运。

(4) 砖润湿

砌筑用砖应提前1~2d浇水湿润。浇水湿润应在搅拌站处集中进行，以保证浇水时产生的污水不四溢，且经沉淀池沉淀后排出。砖的含水率宜为10%~15%，以避免因含水率过大而增大砂浆的流动性，产生砂浆流淌，污染墙面。

2. 定位放线

定位放线时，应保证其尺寸正确，并使其尺寸偏差尽量控制在负偏差允许范围内，以节约材料用量。

3. 基层清理

基层清理时，应先用喷雾器洒水湿润，以节约用水，减少扬尘，同时避免地面洒水不当产生泥泞，污染地面。清理的杂物以袋装运至指定地点，集一个运输单位后交环保部门统一清运。

4. 砂浆配制

(1) 砂浆拌制时，四级风以上天气禁止作业，预防扬尘污染环境。

(2) 向料斗内倒水泥等粉状物时，应将粉状料袋子放在料斗内，再开袋，并轻抖袋子，将粉状料抖落干净后再移开。

(3) 砂浆拌制，应随拌随用，避免拌制过多，砂浆初凝无法使用造成砂浆废弃。

(4) 砂浆运输车装运砂浆时，应低于车帮10~15cm，避免砂浆运输时遗洒污染地面。砂浆运至指定地点后，应装入灰槽等容器内，严禁倾倒在地上，以免污染环境。

(5) 搅拌砂浆时产生的污水应经两级沉淀池沉淀后方可排到指定地点或进行二次利用。

(6) 清掏沉淀池的废弃物及水泥袋等应集中回收，储存在废弃物堆集一个运输单位后，交当地环卫部门集中清运处理。清运时，应使用密封车，防止垃圾遗洒污染土地。

5. 排砖摆底、墙体盘角

(1) 排砖摆底：基础转角处、交接处，应加砌配砖（3/4砖、半砖或1/4砖），以通缝返工产生扬尘、噪声及固体废弃物。墙体应根据弹好的门窗洞口位置线，认真核对窗间墙、垛尺寸，其长

度应符合排砖模数。如不符合模数时，可将门窗口的位置左右移动。若有七分头或丁砖，则应排在窗口中间，附墙垛或其他不明显的部位，以保证墙体外形整齐美观。

(2) 盘角：砌砖前应先盘角，每次盘角不要超过五层，新盘的大角要及时吊、靠，如有偏差及时修整。以免误差累积日后需返工浪费人力及材料，并产生扬尘、噪声及固体废弃物。

6. 立杆挂线

(1) 皮数杆的设置，应用红、白松方木制成，且材质要干燥、无劈痕、无劈裂、表面刨光，使人感到整洁。皮数杆的断面尺寸应根据建筑物的层高确定，一般为 40mm×40mm～60mm×60mm。不应过大，以免浪费木材。

(2) 挂线：砌筑 240mm 墙反手挂线，370mm 及以上墙必须双面挂线，若墙长，几人使用一根通线，则每隔 10m 设一支线点，砖柱施工要四面挂线，当多根柱子在同一轴线上时，要拉通线检查纵横柱网中心线，每层砖都要穿线看平，以保证墙体水平灰缝均匀一致，避免因灰缝质量不合格影响砌体抗压强度而造成返工，浪费人力及材料，并产生噪、扬尘、固体废弃物。

7. 砌筑

(1) 砌筑时，铺浆长度不得超过 750mm，若施工期间气温超过 30℃，铺浆长度不得超过 500mm，避免因强度不合格而剔凿返工，产生扬尘、噪声、固体废弃物，浪费人力及材料。

(2) 留槎：砖墙体的转角处和交接处应同时砌筑，对不能同时砌筑而又必须留置的临时间断处应做成斜槎，斜槎水平投影长度不应小于高度的 2/3，槎子必须平直、通顺以避免砌体结构因整体性和抗震性不符合要求而返工，造成材料、人力的浪费，并产生环境污染。非抗震设防及抗震设防烈度为 6、7 度地区的临时间断处留凸槎时，应沿墙高预埋拉结筋。拉结筋的位置一定要准确，以免事后剔凿而增加噪声及粉尘。

(3) 预埋木砖及钢筋做防腐处理时，要远离火源，做好的木砖及钢筋要在库房内存放，库内应按防火要求设置消防设施。项目应做好应急预案，使起火时最大限度地降低火灾损失并减少因火灾产生的有害气体污染空气。

(4) 砌筑时搭设脚手架应轻拿轻放，以减小噪声。脚手架铺设的木脚板上，每平方米内堆载不得超过 3kN，以防砖因脚手板承载力不足而下落，造成损坏，并产生扬尘、固体废弃物。

(5) 施工需砍砖时，应向内侧砍，且脚手架外侧应挂密目网，以防砍砖时砖渣飞向脚手架外侧，使污染面积增大。

(6) 构造柱施工：

1) 构造柱竖向受力钢筋加工时，应集中在钢筋棚内加工，钢筋棚四周应封闭，以防噪声向外部传播。

2) 构造柱模板支设时，操作人员应将模板轻拿轻放，以减小噪声污染。模板必须与所在墙的两侧严密贴紧，支撑牢靠，以防模板缝隙漏浆污染地面。

3) 构造柱的底部（圈梁面上）应留出 2 皮砖高的孔洞，以便清除模板内的杂物。杂物清除前应洒水湿润降低扬尘，且将清理杂物以袋装运至指定地点，统一运走，不可任意排放，污染环境。

4) 混凝土浇筑时，宜采用插入式低噪声振捣棒，振捣时，振捣棒应由构造柱中心位置逐渐向四周缓慢移动振捣，以减少触碰钢筋和墙体的几率，以降低噪声。

(7) 砌筑时，铲灰不过多，以防遗洒。铺灰时，应轻轻均匀摊铺，避免铺灰用力过大而使灰落地，同时应做到随砌随将舌头灰刮到灰板上，以免灰落地污染地面。

(8) 落地灰应随时收集尽量二次利用，以免浪费资源。

(9) 砌筑时，安装等预埋管线工作应随时穿插配合工作，严禁事后凿墙产生扬尘、噪声、固体废弃物等污染环境。

(10) 砌筑时，要随砌随检查砌体的水平灰缝、竖向灰缝厚度及饱满度、墙体垂直度及外观尺寸偏差，发现问题及时纠正，避免因误差累积造成不合格而返工，浪费人力、材料，出现扬尘、噪声、污染环境。

(11) 烟囱砌筑养护时，10m 以上应每隔 2h，洒水养护一次，以免因上部风大使墙体干燥而开裂。返工时，产生粉尘、固体废弃物污染。

(12) 施工中，应尽量避免夜间施工。若在夜间施工，应保证照明灯罩的使用率为 100%，以减小光污染，且做到人走灯灭，不浪费能源。

(13) 施工现场禁止大声喧哗，以减小噪声。

(14) 季节性施工及应急措施：

1) 冬期施工

① 冬期施工时，砖不宜浇水，以免因水在砖表面形成冰薄膜降低和砂浆的粘结力而影响工程质量造成返工产生扬尘、噪声、固体废弃物污染，浪费材料。

② 石灰膏、黏土膏等应在库内存放，并覆盖草帘等保温材料，以免冻结，使用时再融化而浪费热能。

③ 当砂子中含有直径大于 1cm 的冻结块或冰块时，应采用锤子破碎或加热的方法去除砂中的冰块及冻结块，不宜采用过筛的方法，以避免扬尘。

④ 水加热宜采用电加热法，以生炉火而产生有害气体污染环境。若生炉火应派专人看管，并使煤充分燃烧，以免产生一氧化碳污染空气。

⑤ 冬期不宜采用冻结法施工，以免因砂浆强度降低影响砌体质量造成返工产生扬尘、噪声、固体废弃物，污染环境浪费资源。

⑥ 在室外砌筑的工程，每日砌筑后应用草帘或塑料布等保温材料及时覆盖，以免砌体受冻降低强度影响工程质量而返工，造成环境污染浪费资源。

2) 雨期施工

① 雨期施工，砂子、砖应用苫布覆盖严密后，再用塑料布覆盖，以保证砂子、砖不受雨淋。

② 雨后施工时，应及时检测砂子及砖的含水率，及时调整配合比，避免因配合比不正确返工产生扬尘、噪声、固体废弃物并浪费材料；对于砖含水率饱和的，禁止使用，以防砌筑时增大砂浆流动性而污染墙面、地面。

3) 应急响应

① 室外砌筑工程，遇下雨时，应停止施工，并用塑料布覆盖已砌好的砌体，以防雨水冲刷，砂浆流淌污染墙面及地面。

② 施工现场应配备能满足砌体施工时用的发电机，以防突然停电时，影响施工进度并产生砂浆废弃的现象。

③ 施工现场应按消防要求配备消防器材及消防用水。消防用水的设置要综合考虑，既要满足消防要求，同时还可满足停水时，砌筑砂浆拌制的需要。

④ 施工中，应做好机械设备零部件的储备工作，以防因机械损坏不能及时维修而影响工期及砂浆初凝无法使用。

20.11.1.3 环境监测要求

1. 砌筑作业前环境监测

(1) 砌筑作业前，由项目工长及环保员检查现场施工道路是否硬化，是否洒水湿润，要求硬化率达 100%，道路潮湿为合格。

(2) 由机械员检查各机械设备的准备情况，要求设备完好，其规格型号、功率、运作时产生的噪声等各项指标符合环保施工方案的规定为合格。

(3) 由工长及环保员检查搅拌站准备情况，要求搅拌站四周封闭，道路做混凝土硬化地面，并设有两级沉淀池，沉淀池处应设溢流水管。

(4) 由项目工程师检查项目部是否对操作人员进行了环保方面的交底，并抽查操作人员掌握程度，要求计量员掌握各材料称量的允许偏差值，材料员掌握材料装运、堆放时的环境因素控制方法，砌筑工人掌握砌筑过程中每一工序有哪些环境因素并控制环境因素的产生方法。

(5) 由项目工程师检查所有进场材料合格证及复试报告，确认材料合格，其成分中不含有毒有害物质后，方可施工。

(6) 若夜间施工，应由工长检查照明灯罩的配备率，达 100% 为合格。

(7) 每天抽查一次进出厂辆车轮是否清洗，是否有泥上路。

(8) 检查冬雨期施工是否制定了防冻、防雨措施，是否准备了防冻防雨材料。

(9) 检查仓库、材料堆场、钢筋棚、木工棚等是否按要求配备

了消防器材，消防器材是否完好可用。

2. 砌筑过程中环境监测

(1) 基层清理时，由工长监测是否用喷雾器喷水，地面是否潮湿无泥泞。

(2) 由项目技术员每天随时巡视检查砌筑时材料、砂浆运输是否无遗洒，抽查搅拌机运转是否正常无渗漏油现象发生，其噪声是否符合限值要求。砂浆拌制时，材料称量偏差是否控制在要求范围内。

(3) 施工中，由工长、质量员随时检查砌筑过程中，是否控制或减少了落地灰，落地灰是否进行了二次利用。

(4) 施工中，每天至少一次由项目环保员对施工现场的噪声、污水、扬尘控制进行巡视检查，噪声监控按《建筑施工场界噪声测量方法》(GB 12524) 的要求进行；污水必须经两级沉淀池沉淀，且应清水排放，严禁排放污浊水。对于饮用水源处、风景区应由环保部门对污水排放进行检测，检测合格后发放守法证明，方可排出。现场扬尘高度控制在1m以内，每班不少于目视检测一次。

(5) 每天施工前检查仓库、钢筋棚、木工棚及现场材料堆放处是否按规定设置了消防灭火器材，且灭火器材应完好可用。

(6) 由项目工长、材料员每天检查一次材料堆放是否按文明施工要求进行分类堆放、覆盖，是否避免或减少了扬尘的发生。

3. 砌筑完工后环境监测

(1) 每天砌筑作业结束前至少检查一次，固体废弃物是否用袋装集中运到指定地点交当地环保部门清运处理。

(2) 每天完工后，检查一次机械设备是否进行清理，按期保养，清理的废机油、棉纱是否集中回收到指定地点交环保部门清运

处理。

(3) 每五天检查一次沉淀池是否按规定清掏，清掏的杂物是否分类堆放，并一交由环保部门统一清运。

(4) 在饮水源区、风景区、旅游区施工时，两级沉淀池沉淀后的污水，其有害物质含量经当地环保部门检测，符合排污标准中规定值后 (COD≤100mg/L，BODs≤30mg/L，SS≤70mg/L) 方可排出。若施工材料没有发生变化，则由工长、环保对两级沉淀后的污水排放情况每天至少目测一次，确定水质清亮后即可排出。若发生变化，则还需环保部门再检测合格后方可排出。

(5) 每天至少巡视二次施工现场是否做到工完场清。

20.11.2 资源利用

20.11.2.1 节水

砖润湿、拌制砂浆和现场产生的污水应经两级沉淀池沉淀后进行二次利用。现场临时道路洒水、浸泡砖用水，基层清理用水可用沉淀池沉淀后无有害物质污染的水，以节约水资源。

20.11.2.2 砂浆回收

(1) 向料斗内倒水泥等粉状料时，应将粉状料袋子放在料斗内时，再开袋，开轻抖袋子，将粉状料抖落干净后再移开。

(2) 砂浆拌制，应随拌随用，避免拌制过多，砂浆初凝无法使用造成砂浆废弃。

(3) 砌筑时，铲灰不应过多，以防遗洒。铺灰时，应轻轻均匀摊铺，避免铺灰用力过大而使灰落地，同时应做到随砌随将舌头灰刮到灰板上，以免灰落地污染地面。落地灰应随时收集尽量二次利用，以免浪费资源。

序号	城市	起止时间
26	郑州	12月上旬～2月下旬
27	安阳	11月下旬～2月下旬
28	武汉	12月下旬～1月下旬
29	呼和浩特	10月下旬～3月下旬
30	海拉尔	10月上旬～4月上旬
31	锡林浩特	10月中旬～4月上旬
32	二连浩特	10月下旬～4月上旬
33	通辽	11月下旬～3月下旬
34	长治	11月上旬～3月中旬
35	大同	10月下旬～3月下旬
36	运城	11月中旬～2月下旬
37	天津	11月下旬～3月上旬
38	石家庄	11月下旬～2月下旬
39	包头	11月上旬～3月下旬
40	承德	11月上旬～3月中旬
41	西安	11月下旬～2月下旬
42	榆林	11月上旬～3月中旬
43	汉中	12月上旬～2月下旬
44	济南	12月上旬～2月下旬
45	潍坊	11月中旬～3月上旬
46	青岛	12月上旬～2月下旬
47	威海	12月上旬～2月下旬
48	菏泽	12月上旬～2月下旬
49	曲阜	11月下旬～2月下旬
50	西宁	10月下旬～3月下旬
51	格尔木	10月中旬～4月上旬
52	贵南	10月中旬～4月上旬
53	玉树	10月中旬～4月上旬
54	敦煌	11月上旬～3月中旬
55	酒泉	10月下旬～3月下旬
56	武都	12月上旬～2月下旬
57	天水	11月中旬～2月下旬
58	乌鲁木齐	11月上旬～3月中旬
59	吐鲁番	11月中旬～2月下旬
60	哈密	11月上旬～3月中旬
61	伊宁	11月上旬～3月中旬
62	徐州	11月中旬～2月下旬
63	赣榆	11月下旬～2月下旬
64	蚌埠	12月上旬～3月上旬
65	安庆	1月上旬～2月上旬
66	甘孜	10月下旬～3月下旬
67	理塘	10月中旬～4月中旬

3. 全国部分城市冬期旬平均气温

根据全国各地气象观测站 1951 年～2008 年的气象资料统计，全国部分城市冬期分旬平均气温见表 21-2。

21.1.1.2 冬期施工准备工作

1. 组织准备

根据建设工程项目的施工总进度计划要求，确定建设工程要进行的冬期施工部位和分部分项工程。

设立室外气温观测点，安排好冬期测温人员，在进入规定冬期施工前 15d 开始进行大气测温，掌握日气温状况并与当地气象台站建立联系，及时收集气象预报情况，防止寒流突然袭击。

21 季 节 性 施 工

我国疆域幅员辽阔，东西跨经度 60 多度，跨越 5 个时区，东西距离约 5200km，南北跨越的纬度近 50 度，南北距离约为 5500km，气候条件非常复杂。

本章主要介绍冬期、雨期及高温暑期等极端气候条件下的施工方法，包含冬期、雨期及暑期施工管理、土方、钢筋、混凝土、钢结构、砌筑、屋面、装饰等工程施工内容。

21.1 冬 期 施 工

在淮河—秦岭（我国南北方的地理分界线）以北的广大地区，每年都有较长时间的负温天气。在这些地区合理地利用冬期进行工程施工，对快速完成工程建设投资有重大的意义。

21.1.1 冬 期 施 工 管 理

21.1.1.1 冬期施工基本资料（气象资料）

1. 冬期施工期限划分原则

《建筑工程冬期施工规程》（JGJ/T 104）规定，根据当地多年气象资料统计，当室外日平均气温连续 5d 稳定低于 5℃ 时即进入冬期施工；当室外日平均气温连续 5d 高于 5℃ 时解除冬期施工。

2. 冬期施工起止时间

根据全国各地气象观测站 1951 年～2008 年的气象资料统计，全国部分城市室外旬平均气温稳定低于 5℃ 的起止日期见表 21-1。

全国部分城市室外旬平均气温低于 5℃ 起止时间表　表 21-1

序号	城市	起止时间
1	北京	11月中旬～3月上旬
2	哈尔滨	10月中旬～4月上旬
3	齐齐哈尔	10月中旬～4月上旬
4	牡丹江	10月中旬～4月上旬
5	海伦	10月中旬～4月上旬
6	鸡西	10月中旬～4月上旬
7	嫩江	10月上旬～4月上旬
8	沈阳	11月上旬～3月下旬
9	大连	11月上旬～3月中旬
10	丹东	11月上旬～3月下旬
11	锦州	11月上旬～3月下旬
12	朝阳	11月上旬～3月下旬
13	营口	11月上旬～3月下旬
14	本溪	11月上旬～3月下旬
15	银川	11月上旬～3月上旬
16	盐池	11月上旬～3月中旬
17	拉萨	11月上旬～3月上旬
18	昌都	11月上旬～3月中旬
19	那曲	9月上旬～4月中旬
20	长春	11月上旬～4月上旬
21	延吉	10月下旬～4月上旬
22	延安	11月上旬～3月中旬
23	四平	11月上旬～3月下旬
24	临江	11月下旬～4月上旬
25	上海	1月中旬～2月上旬

全国部分城市冬期分旬平均气温表 表 21-2

城市名称	气温类别	9月份	10月份			11月份			12月份			1月份			2月份			3月份			4月份
		下旬	上旬	中旬	下旬	上旬	中旬	下旬	上旬	中旬	下旬	上旬	中旬	下旬	上旬	中旬	下旬	上旬	中旬	下旬	上旬
北京	旬平均气温	22.0	15.7	13.1	10.2	7.4	4.4	1.6	-0.5	-1.8	-3.3	-4.0	-4.3	-3.4	-2.5	-0.9	0.4	2.8	5.6	8.0	11.4
	旬平均最高气温	27.7	21.9	19.2	16.4	13.3	9.9	6.9	4.8	3.5	1.9	1.6	1.2	2.3	3.5	5.0	6.0	8.7	11.6	14.1	17.8
	旬平均最低气温	17.1	10.4	7.9	5.0	2.4	-0.1	-2.8	-4.9	-6.3	-7.7	-8.6	-9.1	-8.4	-7.6	-5.8	-4.5	-2.3	0.3	2.2	5.4
哈尔滨	旬平均气温	12.1	9.0	5.9	2.6	-1.2	-5.6	-9.1	-12.2	-14.5	-17.1	-18.4	-19.2	-18.1	-16.1	-14.1	-11.2	-7.9	-3.6	-0.1	4.0
	旬平均最高气温	18.4	15.5	12.0	8.2	4.3	-0.5	-3.9	-7.0	-9.1	-11.7	-12.7	-13.3	-11.9	-9.5	-7.5	-4.7	-1.6	2.4	5.7	10.3
	旬平均最低气温	6.5	3.3	0.6	-2.1	-5.8	-10.2	-13.7	-16.8	-19.3	-22.0	-23.6	-24.4	-23.7	-22.0	-20.2	-17.4	-14.1	-9.5	-5.8	-1.9
齐齐哈尔	旬平均气温	11.9	8.7	5.3	1.6	-2.6	-7.1	-10.8	-13.9	-15.8	-18.0	-18.9	-19.4	-18.1	-16.1	-14.1	-11.4	-8.3	-4.2	-0.8	3.2
	旬平均最高气温	18.2	15.2	11.6	7.4	3.2	-1.3	-5.1	-8.2	-9.9	-12.2	-12.3	-12.9	-11.4	-9.1	-7.3	-4.3	-1.4	2.6	5.7	10.1
	旬平均最低气温	6.4	3.1	-0.1	-3.3	-7.3	-11.8	-15.5	-18.6	-20.6	-22.7	-23.9	-24.6	-23.5	-21.9	-20.1	-17.7	-14.6	-10.5	-7.1	-3.3
牡丹江	旬平均气温	11.8	9.1	5.9	2.7	-0.8	-5.3	-8.9	-12.1	-14.3	-16.5	-17.7	-18.3	-17.0	-15.1	-13.2	-10.5	-7.5	-3.4	-0.2	3.7
	旬平均最高气温	19.4	16.7	13.1	9.3	5.6	0.8	-2.7	-6.0	-8.1	-10.2	-11.0	-11.5	-10.0	-7.6	-5.9	-3.3	-0.6	3.0	6.1	10.5
	旬平均最低气温	5.6	2.8	0.0	-2.6	-5.8	-10.3	-13.9	-17.0	-19.3	-21.5	-23.0	-23.7	-22.7	-21.2	-19.4	-16.9	-13.9	-9.5	-5.8	-2.4
海伦	旬平均气温	10.6	7.4	4.0	0.4	-4.0	-9.0	-12.7	-16.2	-18.9	-21.0	-22.0	-22.5	-21.2	-19.1	-17.2	-14.1	-11.1	-6.2	-2.2	2.0
	旬平均最高气温	16.9	13.6	10.6	5.7	1.4	-3.7	-7.5	-11.9	-14.6	-17.0	-17.0	-17.4	-15.7	-13.2	-11.1	-7.8	-4.8	-0.3	3.4	8.0
	旬平均最低气温	5.0	1.9	-1.0	-4.1	-8.6	-13.6	-17.3	-20.7	-23.4	-25.3	-26.4	-27.1	-26.0	-24.4	-22.8	-19.8	-17.1	-12.0	-7.7	-3.7
鸡西	旬平均气温	11.9	9.1	6.0	2.6	-1.4	-5.4	-8.8	-11.8	-13.9	-15.7	-16.6	-17.1	-16.2	-14.2	-13.0	-10.2	-7.6	-3.9	-0.6	3.4
	旬平均最高气温	18.9	16.0	12.5	8.7	4.9	0.2	-3.3	-6.5	-8.5	-10.5	-11.1	-11.6	-10.4	-8.1	-6.9	-4.0	-1.5	2.0	5.1	9.7
	旬平均最低气温	5.9	3.0	0.4	-2.4	-5.8	-10.1	-13.6	-16.4	-18.4	-20.0	-21.2	-21.9	-21.0	-19.4	-18.3	-15.8	-13.3	-9.5	-6.0	-2.3
嫩江	旬平均气温	9.2	5.9	2.3	-1.6	-6.6	-11.5	-15.6	-19.2	-21.4	-23.9	-24.7	-25.1	-23.5	-21.6	-20.1	-17.0	-13.6	-8.7	-4.1	0.6
	旬平均最高气温	16.5	13.2	9.5	4.9	-0.1	-4.9	-8.9	-12.6	-14.9	-17.4	-17.9	-18.0	-15.8	-13.4	-11.5	-8.4	-5.3	-1.2	2.7	7.5
	旬平均最低气温	2.9	-0.5	-3.7	-7.3	-12.4	-17.4	-21.2	-24.9	-27.3	-29.7	-30.6	-31.2	-30.1	-28.6	-27.8	-24.8	-21.3	-16.3	-10.9	-6.0
沈阳	旬平均气温	15.2	12.7	9.6	6.8	3.9	-0.2	-3.5	-6.0	-8.0	-10.3	-11.1	-12.4	-11.5	-9.6	-7.1	-5.0	-2.4	1.0	3.5	7.1
	旬平均最高气温	21.9	19.3	16.0	12.9	9.7	5.2	2.0	-0.5	-2.2	-4.3	-4.9	-6.0	-5.0	-3.0	-1.0	0.9	3.4	6.8	9.2	13.4
	旬平均最低气温	9.6	7.0	4.2	1.8	-1.4	-4.6	-8.1	-10.9	-13.0	-15.0	-15.7	-17.5	-17.0	-15.1	-12.5	-10.4	-7.6	-4.1	-1.7	1.3
大连	旬平均气温	18.6	16.5	13.9	11.5	9.0	5.8	3.0	0.8	-0.8	-2.7	-3.5	-4.8	-4.5	-3.6	-2.1	-1.2	0.7	3.1	4.9	7.8
	旬平均最高气温	22.3	20.2	17.7	15.3	12.7	9.5	6.8	4.4	2.8	0.9	0.2	-1.3	-1.0	0.0	1.4	2.4	4.4	6.9	9.0	12.1
	旬平均最低气温	15.6	13.3	10.6	8.2	5.7	2.6	-0.3	-2.3	-3.9	-5.7	-6.4	-7.8	-7.4	-6.5	-5.1	-4.2	-2.3	0.1	1.7	4.4
丹东	旬平均气温	16.0	13.7	11.3	8.6	6.1	2.5	-0.4	-3.1	-4.9	-6.4	-7.5	-8.1	-7.7	-6.2	-4.2	-2.9	-0.8	1.5	3.8	6.5
	旬平均最高气温	22.1	19.8	17.2	14.3	11.4	7.5	4.2	1.2	-0.7	-2.3	-3.1	-3.2	-2.4	-0.8	1.1	2.5	4.4	6.7	9.1	12.2
	旬平均最低气温	11.3	9.0	6.4	4.0	1.7	-1.4	-4.2	-6.9	-8.9	-10.2	-11.5	-12.2	-12.0	-10.6	-8.6	-7.2	-5.0	-2.6	-0.6	1.8
锦州	旬平均气温	16.7	14.3	11.4	8.5	5.2	1.6	-1.5	-3.7	-5.5	-7.3	-8.0	-8.8	-7.9	-6.5	-4.7	-3.3	-1.0	2.0	4.3	7.7
	旬平均最高气温	22.9	20.5	17.6	14.5	11.3	7.3	4.0	1.8	0.1	-1.8	-2.3	-3.1	-2.1	-0.5	1.1	2.5	4.9	8.0	10.4	13.9
	旬平均最低气温	11.3	8.9	6.0	3.3	0.3	-3.2	-6.0	-8.2	-10.1	-11.9	-12.6	-13.4	-12.6	-11.4	-9.4	-8.1	-5.9	-3.0	-0.8	2.4
朝阳	旬平均气温	15.6	13.1	10.2	7.2	4.1	0.9	-3.2	-5.2	-7.4	-9.1	-9.7	-10.6	-9.5	-8.1	-5.7	-4.0	-1.6	1.8	4.5	8.3
	旬平均最高气温	23.2	20.8	17.8	14.7	11.4	7.2	3.9	1.7	0.0	-1.7	-2.2	-2.9	-1.7	0.1	2.0	3.6	5.9	9.4	11.7	15.5
	旬平均最低气温	8.7	6.2	3.3	0.8	-2.3	-6.0	-9.1	-11.4	-13.4	-15.2	-15.9	-17.1	-16.2	-15.2	-12.7	-11.0	-8.9	-5.5	-2.6	1.1

续表

城市名称	气温类别	9月份	10月份			11月份			12月份			1月份			2月份			3月份			4月份
		下旬	上旬	中旬	下旬	上旬	中旬	下旬	上旬	中旬	下旬	上旬	中旬	下旬	上旬	中旬	下旬	上旬	中旬	下旬	上旬
营口	旬平均气温	16.8	14.3	11.3	8.5	5.6	1.9	-1.3	-3.6	-5.5	-7.6	-8.4	-9.5	-8.8	-7.2	-5.2	-3.7	-1.3	1.7	4.0	7.3
	旬平均最高气温	22.0	19.5	16.5	13.5	10.5	6.6	3.4	1.1	-0.6	-2.6	-3.1	-4.2	-3.4	-1.9	-0.1	1.2	3.5	6.5	8.8	12.2
	旬平均最低气温	11.9	9.5	6.5	3.9	1.1	-2.3	-5.4	-7.7	-9.7	-11.9	-13.0	-14.1	-13.6	-12.1	-10.0	-8.3	-5.6	-2.7	-0.3	2.9
本溪	旬平均气温	14.5	12.1	9.3	6.7	3.8	-0.1	-3.5	-5.9	-8.1	-10.0	-11.0	-12.1	-11.4	-9.2	-6.8	-5.3	-2.3	0.8	3.1	6.7
	旬平均最高气温	21.0	18.7	15.7	12.7	9.5	5.4	2.1	-0.3	-2.2	-4.0	-4.8	-5.8	-4.9	-2.8	-0.9	0.4	3.2	6.3	8.5	12.5
	旬平均最低气温	9.2	6.6	3.9	1.6	-1.1	-4.6	-8.2	-10.5	-12.9	-14.9	-16.2	-17.5	-16.9	-14.7	-12.1	-10.5	-7.3	-4.1	-1.7	1.3
银川	旬平均气温	14.5	12.3	9.9	6.9	4.8	2.0	-0.8	-3.4	-5.0	-6.2	-6.7	-6.8	-5.8	-4.0	-1.4	0.1	2.6	5.2	7.6	10.0
	旬平均最高气温	21.2	19.1	16.8	14.5	12.2	8.9	5.9	3.6	2.0	0.8	0.6	0.7	1.3	3.6	6.1	7.3	9.9	12.4	14.7	17.5
	旬平均最低气温	9.2	7.1	4.7	1.5	-0.5	-2.6	-5.2	-8.0	-9.8	-11.0	-11.7	-12.1	-11.1	-9.6	-6.9	-5.3	-3.1	-0.4	1.7	3.8
盐池	旬平均气温	13.4	11.0	8.6	5.7	3.3	0.2	-2.8	-5.1	-6.5	-7.7	-8.1	-8.6	-8.6	-6.8	-4.1	-2.7	-0.4	2.6	4.9	7.8
	旬平均最高气温	20.5	18.2	16.1	13.8	11.5	8.0	5.0	2.8	1.3	0.0	-0.3	-0.5	-0.6	1.4	3.9	5.0	7.6	10.3	12.6	15.7
	旬平均最低气温	7.3	5.1	2.6	-0.6	-2.8	-5.6	-8.5	-10.9	-12.4	-13.7	-14.1	-14.9	-14.9	-13.4	-10.6	-9.0	-6.8	-3.8	-1.7	0.6
拉萨	旬平均气温	12.2	11.0	8.9	6.3	4.1	2.7	1.3	0.0	-1.4	-2.1	-2.0	-1.9	-0.6	0.4	1.5	2.6	3.8	5.0	6.1	7.3
	旬平均最高气温	19.5	18.6	17.1	15.0	13.0	12.0	10.8	9.6	7.9	7.3	7.2	7.0	7.7	8.4	9.5	10.2	11.3	12.4	13.4	14.6
	旬平均最低气温	6.6	5.0	2.2	-0.7	-2.8	-4.4	-5.8	-7.1	-8.3	-9.4	-9.5	-9.3	-8.3	-7.2	-6.0	-4.7	-3.6	-2.2	-1.0	0.4
昌都	旬平均气温	11.8	10.5	8.6	5.8	3.7	2.2	0.9	-0.6	-2.1	-2.6	-2.8	-2.5	-1.4	-0.4	0.9	1.8	3.0	4.9	5.7	6.8
那曲	旬平均气温	4.4	2.5	0.1	-3.2	-5.8	-8.0	-9.3	-10.8	-12.5	-12.9	-13.3	-13.4	-12.0	-11.2	-9.8	-8.8	-7.2	-5.7	-4.4	-2.7
长春	旬平均气温	13.2	10.6	7.2	4.0	0.7	-3.9	-7.3	-9.9	-12.0	-14.3	-15.1	-16.1	-15.3	-13.3	-11.2	-8.7	-5.9	-2.2	0.7	4.6
	旬平均最高气温	19.6	16.9	13.4	9.7	6.2	1.3	-2.1	-4.7	-6.6	-8.9	-9.6	-10.5	-9.6	-7.3	-5.2	-2.7	0.1	3.8	6.5	11.0
	旬平均最低气温	7.7	5.2	1.9	-0.8	-4.0	-8.4	-11.8	-14.3	-16.5	-18.8	-19.7	-20.7	-20.1	-18.4	-16.4	-14.2	-11.4	-7.5	-4.7	-1.1
延吉	旬平均气温	12.4	9.9	7.0	4.1	1.0	-3.2	-6.6	-9.3	-11.2	-13.0	-13.9	-14.6	-13.4	-11.7	-10.0	-7.8	-5.3	-1.7	1.1	4.6
	旬平均最高气温	20.4	18.2	14.9	11.4	8.2	3.3	-0.2	-3.0	-4.8	-6.5	-7.2	-7.6	-6.5	-4.3	-2.7	-0.4	1.9	5.3	8.1	12.2
	旬平均最低气温	6.1	3.1	0.6	-1.8	-4.7	-8.4	-11.9	-14.5	-16.4	-18.3	-19.3	-20.3	-19.1	-18.0	-16.3	-14.5	-12.0	-8.2	-5.2	-2.2
榆林	旬平均气温	13.6	11.5	9.2	6.0	3.6	0.3	-2.9	52.0	-7.5	-8.8	-9.3	-9.7	-9.3	-7.2	-4.3	-2.4	0.0	2.9	5.2	8.3
	旬平均最高气温	20.8	18.7	16.5	13.8	11.2	7.5	4.3	59.3	0.1	-1.2	-1.4	-1.7	-1.3	1.0	3.4	5.0	64.8	67.6	12.5	16.1
	旬平均最低气温	7.7	5.7	3.4	0.0	-2.2	-5.0	-8.3	46.6	-13.2	-14.8	-15.6	-16.0	-15.7	-13.9	-10.6	-8.3	-6.1	-3.2	-1.1	1.4
四平	旬平均气温	13.7	11.6	9.0	5.0	1.8	-2.6	-5.9	-8.4	-10.6	-12.8	-13.7	-14.7	-13.9	-12.1	-9.6	-7.5	-4.7	-1.0	1.7	5.7
	旬平均最高气温	20.6	18.0	14.7	11.1	7.7	2.9	-0.4	-2.9	-4.9	-6.9	-7.6	-8.5	-7.6	-5.4	-3.3	-1.2	1.5	5.1	7.7	12.1
	旬平均最低气温	8.0	5.4	2.4	-0.1	-3.1	-7.2	-10.7	-13.0	-15.2	-17.5	-18.6	-19.6	-19.0	-17.4	-15.0	-13.2	-10.3	-6.4	-3.7	-0.2
临江(通化)	旬平均气温	11.9	9.8	7.1	4.1	1.4	-2.7	-6.3	-9.7	-12.5	-14.9	-15.9	-16.9	-15.7	-13.4	-10.5	-8.2	-5.1	-1.3	1.2	4.7
	旬平均最高气温	20.2	18.2	15.3	11.4	8.1	3.6	0.2	-3.6	-6.2	-8.3	-9.0	-9.5	-8.0	-5.3	-2.7	-0.6	1.5	5.2	7.7	12.1
	旬平均最低气温	6.3	3.5	0.9	-1.3	-3.7	-7.4	-11.0	-14.5	-17.6	-20.0	-21.3	-22.6	-21.8	-19.8	-17.0	-14.5	-11.0	-6.9	-4.3	-1.4
上海	旬平均气温	22.4	20.6	19.1	16.8	15.5	13.0	10.2	7.7	6.5	5.6	4.2	3.5	3.7	4.1	5.3	5.7	7.4	8.6	9.7	12.2
	旬平均最高气温	26.3	24.8	23.2	21.4	20.0	17.5	14.7	12.6	11.1	9.9	8.3	7.5	7.7	8.1	9.1	9.6	11.5	12.8	13.8	16.7
	旬平均最低气温	19.1	17.1	15.5	12.9	11.6	9.3	6.5	3.8	2.8	2.3	1.0	0.4	0.6	1.0	2.2	2.5	4.1	5.4	6.5	8.8
郑州	旬平均气温	19.2	17.2	15.3	13.2	10.9	7.8	5.5	2.0	0.7	0.0	-0.3	0.2	0.2	0.7	2.4	3.6	6.3	8.3	10.2	13.2
	旬平均最高气温	25.4	23.5	21.5	19.9	17.0	14.0	11.3	9.3	7.6	5.9	6.0	5.2	5.6	7.3	8.8	10.0	12.2	14.4	16.4	19.6
	旬平均最低气温	14.1	12.1	10.3	7.9	5.9	3.0	0.9	-1.4	-2.4	-3.5	-4.0	-4.7	-4.0	-3.2	-1.7	-0.6	1.1	3.2	4.7	7.3

续表

城市名称	气温类别	9月份	10月份			11月份			12月份			1月份			2月份			3月份			4月份
		下旬	上旬	中旬	下旬	上旬	中旬	下旬	上旬	中旬	下旬	上旬	中旬	下旬	上旬	中旬	下旬	上旬	中旬	下旬	上旬
安阳	旬平均气温	19.2	17.0	14.9	12.6	9.9	6.8	4.1	1.9	0.6	-0.8	-1.3	-1.6	-1.0	0.3	2.0	3.4	5.5	8.0	9.9	13.1
	旬平均最高气温	25.5	23.4	21.1	19.2	16.1	12.9	9.9	7.8	6.2	4.6	62.0	61.4	62.1	6.4	7.9	9.4	11.6	14.1	16.1	19.4
	旬平均最低气温	13.9	11.8	9.7	7.2	4.9	2.0	-0.4	-2.5	-3.5	-4.8	-5.7	-5.9	-5.5	-4.5	-2.8	-1.3	0.4	2.7	4.2	7.2
驻马店	旬平均气温	19.7	17.9	16.1	14.2	12.1	9.2	7.0	5.0	3.3	2.0	1.8	1.0	1.2	2.4	4.2	4.8	7.0	8.9	10.5	13.1
	旬平均最高气温	25.4	23.5	21.6	20.3	17.7	14.6	12.3	10.5	8.5	6.9	7.1	6.2	6.2	7.9	9.7	10.1	12.6	14.4	16.0	18.7
	旬平均最低气温	15.2	13.4	11.8	9.3	7.6	4.8	2.7	0.5	-0.7	-1.8	-2.3	-3.0	-2.7	-2.0	-0.2	0.5	2.2	4.3	5.7	8.0
信阳	旬平均气温	19.9	17.9	16.3	14.3	12.5	9.8	7.5	5.6	4.2	3.0	2.3	1.7	2.0	3.1	4.4	5.3	7.3	9.4	10.9	13.8
	旬平均最高气温	25.4	23.5	21.8	20.4	18.3	15.2	12.9	11.0	9.3	7.6	7.2	6.5	6.7	8.2	9.4	10.2	12.4	14.5	16.1	19.3
	旬平均最低气温	15.7	13.7	12.1	9.7	8.2	5.6	3.4	1.5	0.4	-0.6	-1.4	-1.9	-1.6	-0.8	0.6	1.5	3.3	5.4	6.8	9.4
卢氏	旬平均气温	16.8	14.8	13.1	11.2	9.0	6.2	4.1	1.9	0.5	-0.7	-1.0	-1.5	-1.1	0.4	2.1	3.1	5.1	7.3	9.2	11.8
	旬平均最高气温	23.4	21.5	19.8	18.6	16.3	13.2	10.9	9.0	7.4	5.9	6.0	5.5	5.5	7.4	8.9	9.9	12.2	14.3	16.2	19.0
	旬平均最低气温	11.9	9.8	8.3	5.9	3.9	1.3	-0.7	-3.1	-4.1	-5.2	-5.9	-6.3	-5.8	-4.7	-2.9	-2.0	-0.4	1.9	3.5	5.7
武汉	旬平均气温	21.8	19.7	18.0	15.9	14.2	11.4	9.1	7.1	5.8	4.6	3.7	3.3	3.5	4.6	6.1	6.8	8.7	10.6	11.9	14.9
	旬平均最高气温	26.7	24.6	23.0	21.2	19.5	16.3	14.1	12.2	10.5	9.1	8.3	7.7	7.9	9.2	10.5	11.1	13.2	15.0	16.4	19.5
	旬平均最低气温	18.1	16.0	14.3	11.7	10.3	7.6	5.4	3.2	2.2	1.2	0.2	0.0	0.2	1.1	2.7	3.4	5.1	7.0	8.3	11.0
呼和浩特	旬平均气温	12.3	9.9	7.3	3.9	1.0	-2.3	-5.5	-8.4	-10.2	-11.5	-12.1	-12.2	-11.8	-10.1	-7.2	-5.5	-2.5	0.3	2.9	6.3
	旬平均最高气温	19.5	17.3	14.6	11.1	8.0	4.1		-2.0	-3.8	-5.2	-5.7	-5.5	-5.0	-2.9	-0.2	1.5	4.3	7.3	9.7	13.6
	旬平均最低气温	5.9	3.7	1.3	-1.6	-4.2	-7.0	-10.3	-13.2	-15.0	-16.4	-17.1	-17.3	-17.2	-15.8	-12.9	-11.2	-8.3	-5.5	-3.1	-0.6
海拉尔	旬平均气温	7.6	4.4	0.8	-3.0	-8.0	-12.6	-16.3	-20.0	-21.9	-24.8	-25.4	-26.5	-25.4	-23.9	-22.2	-19.5	-16.1	-11.4	-6.8	4.8
	旬平均最高气温	15.0	12.0	8.0	3.8	-1.4	-6.1	-10.1	-14.3	-16.2	-19.1	-19.6	-20.5	-18.9	-17.0	-14.9	-11.9	-8.7	-4.2	-0.2	11.5
	旬平均最低气温	1.5	-1.6	-4.8	-8.2	-13.0	-17.8	-21.4	-24.9	-26.7	-29.4	-30.3	-31.4	-30.5	-29.3	-28.1	-25.7	-22.5	-17.7	-12.9	-1.7
锡林浩特	旬平均气温	9.8	6.9	3.7	0.2	-3.4	-7.6	-11.0	-14.1	-16.2	-18.1	-18.7	-19.9	-19.3	-18.0	-15.1	-13.2	-10.3	-6.2	-2.5	2.0
	旬平均最高气温	17.8	15.3	11.9	7.9	4.2	-0.3	-4.0	-7.6	-9.7	-11.7	-12.1	-12.9	-12.0	-10.2	-7.2	-5.2	-2.4	1.8	5.0	9.8
	旬平均最低气温	2.9	0.0	-3.0	-5.8	-9.2	-13.3	-16.5	-19.4	-21.5	-23.2	-24.1	-25.3	-25.0	-24.2	-21.5	-19.8	-17.0	-12.9	-9.1	-5.1
吉兰泰 (乌海)	旬平均气温	15.2	12.4	9.3	5.9	3.0	-0.5	-3.8	-6.1	-8.1	-9.4	-9.8	-10.1	-10.0	-8.0	-4.9	-3.4	-0.7	2.5	5.3	8.4
	旬平均最高气温	23.2	20.5	17.5	14.3	11.2	7.5	3.9	1.6	-0.5	-1.9	-1.9	-2.0		0.6	3.6	5.1	7.9	10.9	13.5	16.9
	旬平均最低气温	8.3	5.6	2.6	-0.6	-3.3	-6.5	-9.5	-11.8	-13.8	-15.2	-15.7	-16.3	-16.5	-14.9	-11.7	-10.3	-7.8	-4.6	-2.0	0.6
林西	旬平均气温	11.4	8.9	5.9	2.6	-0.8	-4.6	-7.5	-9.8	-11.3	-12.9	-13.5	-14.3	-13.6	-12.5	-10.6	-9.0	-6.7	-3.6	-0.6	3.7
	旬平均最高气温	19.0	16.5	13.3	9.7	5.9	1.8	-1.2	-4.0	-5.4	-6.9	-7.4	-7.9	-7.4	-5.5	-3.7	-2.1	0.1	3.4	6.1	10.7
	旬平均最低气温	4.5	2.1	-0.4	-3.1	-6.3	-9.8	-12.6	-14.8	-16.3	-18.0	-18.6	-19.6	-18.9	-18.3	-16.6	-15.2	-12.9	-9.9	-6.8	-2.9
二连浩特	旬平均气温	11.6	8.4	5.0	1.3	-2.4	-6.6	-10.3	-13.1	-15.7	-17.2	-17.9	-18.7	-18.0	-16.3	-13.2	-11.5	-7.8	-3.8	-0.6	3.6
	旬平均最高气温	19.7	16.8	13.3	9.4	5.5	1.3	-2.9	-5.9	-8.5	-10.2	-10.7	-11.0	-10.2	-7.8	-4.5	-2.8	0.7	4.9	7.6	12.1
	旬平均最低气温	4.5	1.6	-1.6	-4.8	-8.2	-12.3	-15.8	-18.5	-20.9	-22.4	-23.2	-24.3	-23.8	-22.6	-19.7	-18.3	-14.7	-10.9	-7.8	-4.1
通辽	旬平均气温	13.8	11.0	7.7	4.5	0.9	-3.3	-6.5	-9.1	-11.0	-13.1	-13.6	-14.4	-13.2	-11.6	-9.5	-7.4	-4.9	-1.3	1.6	5.8
	旬平均最高气温	21.1	18.4	14.9	11.3	7.6	3.0	-0.1	-2.9	-4.6	-6.7	-7.0	-7.7	-6.5	-4.4	-2.5	-0.4	2.1	5.6	8.3	12.8
	旬平均最低气温	7.6	4.8	1.9	-1.0	-4.3	-8.3	-11.6	-14.0	-15.9	-18.1	-18.8	-19.7	-18.7	-17.4	-15.3	-13.5	-11.0	-7.5	-4.4	-0.7

续表

城市名称	气温类别	9月份	10月份			11月份			12月份			1月份			2月份			3月份			4月份
		下旬	上旬	中旬	下旬	上旬	中旬	下旬	上旬	中旬	下旬	上旬	中旬	下旬	上旬	中旬	下旬	上旬	中旬	下旬	上旬
太原	旬平均气温	14.4	12.3	10.4	7.6	5.3	2.3	-0.6	-2.8	-4.3	-5.4	-5.8	-6.1	-5.6	-4.0	-1.9	-0.5	1.8	4.3	6.5	9.8
	旬平均最高气温	22.0	20.0	17.9	15.5	12.8	9.2	6.3	4.0	2.6	1.6	1.5	1.3	1.8	3.8	5.7	7.0	9.3	11.8	13.9	17.4
	旬平均最低气温	8.4	6.3	4.4	1.5	-0.4	-2.8	-5.6	-8.0	-9.8	-11.1	-11.9	-12.2	-11.7	-10.3	-7.9	-6.3	-4.4	-1.9	0.0	2.8
运城	旬平均气温	19.0	16.8	14.6	11.9	9.5	6.4	3.7	1.5	0.0	-1.0	-1.3	-1.5	-1.0	0.6	3.0	4.0	6.3	8.6	10.6	13.3
	旬平均最高气温	24.5	22.4	20.3	18.3	15.8	12.4	9.6	7.9	5.8	4.8	4.9	4.8	5.0	7.0	9.3	10.2	12.8	15.0	17.0	19.7
	旬平均最低气温	14.2	11.9	9.9	6.9	4.6	1.7	-0.9	-3.3	-4.5	-5.6	-6.2	-6.4	-5.8	-4.5	-2.2	-1.0	0.7	3.3	4.9	7.3
介休	旬平均气温	15.1	73.5	11.2	8.8	6.3	3.5	0.8	-1.2	-2.7	-3.9	-4.4	-4.7	-4.6	-2.8	-0.9	0.7	2.7	5.3	7.4	10.4
	旬平均最高气温	22.2	20.2	18.3	16.2	13.4	10.0	7.1	5.1	3.5	2.3	2.2	2.2	2.3	4.3	6.2	7.4	9.9	12.4	14.5	17.9
	旬平均最低气温	8.9	7.1	5.1	2.7	0.5	-1.8	-4.2	-6.1	-7.7	-9.1	-9.8	-10.3	-10.3	-8.8	-6.6	-4.8	-3.1	-0.8	0.9	3.4
原平	旬平均气温	14.0	11.8	9.7	6.8	4.1	0.9	-2.1	-4.3	-6.0	-7.4	-7.9	-8.1	-7.4	-5.6	-3.4	-1.8	0.5	3.0	5.3	8.6
	旬平均最高气温	21.5	19.4	17.2	14.5	11.6	8.1	5.1	3.0	1.3	0.0	-0.2	-0.4	0.0	2.1	4.1	5.4	7.8	10.4	12.7	16.2
	旬平均最低气温	7.7	5.7	3.7	0.7	-1.7	-4.3	-7.2	-9.8	-11.6	-13.2	-13.8	-14.1	-13.4	-11.8	-9.3	-7.4	-5.3	-2.8	-0.9	1.8
大同	旬平均气温	12.7	10.5	8.0	4.9	2.1	-1.4	-4.4	-6.7	-8.8	-10.1	-10.5	-11.1	-10.9	-9.1	-6.4	-5.0	-2.3	0.5	2.7	6.2
	旬平均最高气温	20.1	17.7	15.3	12.2	9.3	5.4	2.4	0.0	-2.1	-3.4	-3.6	-4.0	-3.7	-1.5	1.1	3.9	5.1	7.9	9.9	13.7
	旬平均最低气温	6.4	4.4	2.0	-0.9	-3.7	-6.7	-9.9	-12.3	-14.4	-15.7	-16.3	-17.0	-16.9	-15.4	-12.6	-11.1	-8.6	-5.7	-3.5	-0.8
天津	旬平均气温	19.7	17.1	14.6	11.7	8.8	5.3	2.2	0.2	-1.4	-2.9	-3.7	-4.0	-3.5	-2.4	-0.6	0.7	3.0	6.0	8.5	11.9
	旬平均最高气温	25.6	23.1	20.3	17.6	14.5	10.7	7.4	5.3	3.6	2.2	1.8	1.4	2.1	3.6	5.3	6.6	8.8	12.0	14.6	18.3
	旬平均最低气温	14.9	12.3	10.0	7.1	4.4	1.2	-1.6	-3.6	-5.2	-6.7	-7.9	-8.2	-7.8	-6.9	-4.9	-3.6	-1.5	1.3	3.5	6.5
石家庄	旬平均气温	18.5	16.2	14.0	11.4	8.6	5.7	3.1	1.2	-0.3	-1.7	-2.3	-2.6	-2.0	-0.7	1.3	2.5	5.0	7.6	9.8	12.9
	旬平均最高气温	24.9	22.6	20.2	17.8	14.7	11.6	8.5	6.7	5.1	3.5	3.4	3.0	4.0	5.4	6.9	8.3	10.9	13.4	15.8	19.2
	旬平均最低气温	13.3	11.2	9.1	6.4	3.9	1.2	-1.1	-2.9	-4.3	-5.8	-6.7	-7.0	-6.6	-5.6	-3.7	-2.1	-0.1	2.2	3.9	7.0
泊头	旬平均气温	18.5	15.5	13.9	11.0	8.7	4.7	3.1	0.4	-0.6	-1.9	-2.9	-3.0	-2.3	-1.1	1.7	3.4	5.0	7.1	9.4	11.9
	旬平均最高气温	24.3	20.9	19.6	16.5	14.2	9.8	7.8	4.6	4.4	3.4	2.3	1.7	3.2	4.6	7.7	8.6	10.9	12.6	15.4	17.8
	旬平均最低气温	13.8	11.2	9.1	6.5	4.2	0.7	-0.5	-3.0	-4.3	-5.2	-6.7	-6.7	-6.4	-5.5	-2.9	-0.8	0.1	2.4	4.2	6.7
乐亭	旬平均气温	17.6	15.3	12.6	9.7	7.0	3.6	0.8	-1.4	-3.2	-4.7	-5.5	-6.2	-5.7	-4.7	-2.6	-1.4	0.8	3.4	5.5	8.8
	旬平均最高气温	23.9	21.6	18.8	15.9	13.1	9.5	6.3	4.2	2.4	1.2	0.9	0.1	0.6	1.9	3.6	4.5	7.0	9.6	11.8	15.2
	旬平均最低气温	12.0	9.8	7.2	4.5	2.0	-1.1	-3.6	-5.7	-7.7	-9.3	-10.5	-11.1	-10.7	-10.1	-7.5	-6.3	-4.0	-1.4	0.4	3.3
怀来	旬平均气温	15.7	13.2	10.6	7.6	4.4	1.1	-1.9	-4.2	-5.8	-7.3	-7.7	-8.0	-7.5	-6.2	-4.0	-2.6	-0.1	2.8	5.4	8.9
	旬平均最高气温	23.2	20.6	17.9	14.7	11.3	7.6	4.1	1.9	0.0	-1.4	59.3	-1.8	-1.1	0.7	3.1	4.5	7.0	10.1	12.6	16.4
	旬平均最低气温	9.2	7.0	4.6	1.9	-0.9	-3.8	-6.5	-8.8	-10.3	-11.9	-12.5	-12.9	-12.4	-11.7	-9.5	-8.3	-6.1	-3.4	-1.0	2.2
承德	旬平均气温	15.0	12.7	10.2	7.1	3.8	0.2	-3.1	-5.7	-7.5	-9.0	-9.5	-9.6	-8.7	-7.2	-5.0	-3.3	-0.7	2.5	5.0	8.8
	旬平均最高气温	22.6	20.3	17.9	14.6	11.2	7.2	3.8	1.2	-0.6	-2.2	-2.5	-2.6	-1.5	0.4	2.5	3.9	6.6	9.8	12.1	16.2
	旬平均最低气温	8.8	6.5	3.9	1.3	-1.8	-5.0	-8.0	-10.7	-12.6	-14.0	-14.6	-14.9	-14.2	-13.1	-10.8	-9.1	-6.7	-3.7	-1.4	2.0
西安	旬平均气温	17.7	15.6	13.8	11.5	9.4	6.7	4.3	2.4	-0.3	-0.7	-0.2	1.3	3.2	4.4	6.3	8.3	10.2	12.7		
	旬平均最高气温	23.1	20.8	19.1	17.3	14.9	11.8	9.3	7.5	5.8	4.8	4.9	4.6	4.6	6.5	8.7	10.0	12.1	14.1	16.1	18.9
	旬平均最低气温	13.6	11.8	9.8	7.3	5.3	2.8	0.5	-1.5	-2.7	-3.6	-4.0	-4.5	-3.8	-2.6	-0.9	0.1	1.7	3.8	5.4	7.6

续表

城市名称	气温类别	9月份	10月份			11月份			12月份			1月份			2月份			3月份			4月份
		下旬	上旬	中旬	下旬	上旬	中旬	下旬	上旬	中旬	下旬	上旬	中旬	下旬	上旬	中旬	下旬	上旬	中旬	下旬	上旬
延安	旬平均气温	14.1	12.1	10.1	7.7	5.6	2.7	-0.1	-2.5	-4.0	-5.2	-5.7	-6.0	-5.6	-3.8	-1.5	0.2	2.3	5.0	7.0	10.0
	旬平均最高气温	21.5	19.5	17.7	15.9	13.7	10.1	7.3	5.1	3.6	2.3	2.2	2.1	2.2	4.1	6.3	7.8	10.0	12.6	14.8	18.3
	旬平均最低气温	9.0	7.0	4.8	2.1	0.1	-2.3	-5.0	-7.5	-9.2	-10.4	-11.2	-11.7	-11.2	-9.6	-7.1	-5.3	-3.3	-0.8	1.0	3.2
汉中	旬平均气温	18.4	16.5	15.1	13.0	11.2	8.7	6.6	4.9	3.7	2.6	2.2	2.2	2.7	3.7	5.2	6.1	7.8	9.8	11.2	13.5
	旬平均最高气温	22.7	20.7	19.2	17.7	15.7	13.0	10.8	9.3	8.1	6.9	7.0	6.9	7.1	8.5	10.1	11.1	13.0	15.0	16.5	19.1
	旬平均最低气温	15.4	13.8	12.2	9.8	8.1	5.6	3.6	1.7	0.3	-0.3	-1.0	-1.1	-0.4	0.3	59.2	59.9	3.9	5.9	7.1	9.3
泾河	旬平均气温	18.0	17.1	15.8	13.1	12.4	9.1	6.2	2.7	3.2	1.1	0.0	-0.7	-0.5	1.4	4.6	6.5	8.0	9.4	14.1	15.3
	旬平均最高气温	21.5	21.3	20.7	18.1	19.2	13.2	10.5	6.1	8.5	4.0	4.6	2.5	3.6	6.3	9.8	12.5	13.8	14.8	20.9	21.6
	旬平均最低气温	15.4	14.1	12.1	9.5	7.0	5.9	2.5	-0.2	-1.0	-1.4	-3.4	-3.3	-3.8	-2.4	0.5	2.2	3.4	5.2	8.5	10.1
济南	旬平均气温	20.2	18.1	16.0	13.7	11.3	7.9	5.1	2.9	1.4	-0.1	-0.6	-1.2	-0.8	0.4	2.3	3.3	5.6	8.4	10.1	13.5
	旬平均最高气温	25.6	23.5	21.2	19.0	16.3	12.7	9.8	7.4	5.9	4.2	3.9	3.5	3.9	5.4	7.2	8.3	10.7	13.3	15.6	19.3
	旬平均最低气温	15.7	13.6	11.6	9.4	7.2	4.0	1.3	-0.9	-2.2	-3.5	-4.3	-4.8	-4.5	-3.6	-1.7	-0.7	1.4	3.8	5.4	8.6
惠民	旬平均气温	18.3	16.1	14.0	11.4	8.8	5.5	2.7	0.3	-1.2	-2.5	-3.3	-3.8	-3.4	-2.3	-0.4	1.0	3.2	5.0	8.0	11.4
	旬平均最高气温	25.1	23.0	20.6	18.2	15.4	11.8	8.7	6.2	4.7	3.1	2.6	2.3	3.0	4.4	6.1	7.2	9.6	12.7	14.8	18.4
	旬平均最低气温	12.7	10.6	8.5	5.8	3.6	0.4	-2.0	-4.1	-5.6	-6.8	-7.8	-8.5	-8.3	-7.5	-5.3	-3.8	-1.8	0.4	2.1	5.2
威海（成山头）	旬平均气温	19.7	18.0	15.9	13.7	11.9	8.9	6.6	4.2	2.5	1.0	0.0	-1.0	-1.1	-0.8	0.1	0.5	1.9	3.4	4.6	6.6
	旬平均最高气温	22.1	20.4	18.3	16.3	14.6	11.6	8.6	6.8	5.1	3.4	2.5	1.4	1.4	1.7	2.6	3.2	4.7	6.3	7.6	9.7
	旬平均最低气温	17.7	15.8	13.7	11.5	9.7	6.6	4.2	1.7	0.2	-1.0	-2.3	-3.1	-3.1	-2.8	-1.9	-1.5	-0.2	1.2	2.4	4.3
潍坊	旬平均气温	18.8	16.9	14.6	12.2	9.9	6.6	3.8	1.6	-0.1	-1.4	-2.4	-2.9	-2.7	-1.8	-0.3	0.9	2.8	5.4	7.0	10.1
	旬平均最高气温	24.9	23.0	20.5	18.4	15.8	12.3	9.4	7.1	5.5	3.9	3.3	2.6	3.0	4.1	5.6	6.7	8.8	11.9	13.4	16.6
	旬平均最低气温	13.8	11.9	9.7	7.2	5.2	2.2	-0.5	-2.6	-4.2	-5.3	-6.5	-7.1	-7.0	-6.3	-4.7	-3.6	-1.7	0.3	1.6	4.7
菏泽（定陶）	旬平均气温	19.5	17.1	15.8	13.1	10.8	7.2	5.5	2.1	1.6	0.6	-0.2	-1.1	-0.6	0.8	3.7	5.2	7.2	8.7	10.8	13.0
	旬平均最高气温	25.5	23.2	21.9	19.0	17.4	13.1	11.0	6.8	6.8	5.8	5.2	3.6	4.7	6.6	9.8	10.6	13.5	14.3	16.8	18.9
	旬平均最低气温	14.7	12.4	11.1	8.6	5.6	2.7	1.4	-1.4	-2.1	-3.2	-4.0	-4.6	-4.5	-3.5	-1.0	1.1	2.2	4.0	5.7	7.9
兖州（曲阜）	旬平均气温	12.1	19.0	16.9	14.9	10.1	6.9	4.3	2.0	0.5	-0.7	-1.4	-1.7	-1.4	-0.2	1.7	3.0	5.1	7.6	9.4	12.1
	旬平均最高气温	18.6	25.5	23.6	21.5	16.6	13.3	10.4	8.1	6.5	5.1	4.6	4.3	4.7	6.2	7.9	8.9	11.4	13.9	15.7	18.6
	旬平均最低气温	6.0	13.6	11.4	9.5	5.2	2.0	-0.5	-2.6	-3.8	-4.9	-5.8	-6.2	-6.0	-5.2	-3.2	-1.9	-0.2	2.0	3.4	6.0
青岛	旬平均气温	20.3	18.6	16.2	14.0	12.0	8.7	6.2	4.1	2.2	1.1	0.1	-0.7	-0.8	-0.3	1.3	1.8	3.6	5.2	6.6	8.9
西宁	旬平均气温	10.7	8.7	6.6	4.1	1.9	-0.5	-3.2	-4.8	-6.4	-7.5	-8.0	-8.3	-7.6	-6.0	-3.8	-2.8	-0.4	2.2	3.9	6.1
	旬平均最高气温	17.5	15.9	13.8	12.1	10.3	7.6	5.1	3.9	2.4	1.5	1.2	1.0	1.5	2.8	4.9	5.6	7.9	10.3	11.7	14.0
	旬平均最低气温	5.8	3.8	1.6	-1.4	-3.8	-5.9	-8.6	-10.7	-12.4	-13.6	-14.4	-14.9	-13.9	-12.6	-10.3	-9.0	-6.7	-3.8	-1.9	-0.1
格尔木	旬平均气温	10.2	7.7	4.8	1.6	-0.8	-3.4	-6.0	-7.4	-8.7	-9.6	-10.0	-10.4	-8.7	-7.0	-5.0	-4.2	-2.0	0.8	2.6	4.6
	旬平均最高气温	17.8	15.8	13.0	10.4	8.0	5.3	2.6	1.2	-0.3	-1.3	-1.7	-2.1	-0.3	1.3	3.6	4.3	6.5	9.3	10.8	12.8
	旬平均最低气温	4.0	1.1	-1.8	-5.2	-7.5	-10.1	-12.4	-14.0	-15.2	-16.1	-16.4	-17.1	-15.4	-13.9	-12.2	-11.4	-9.2	-6.4	-4.7	-2.7
青海贵南	旬平均气温	8.2	5.7	3.4	0.4	-1.8	-4.5	-6.7	-8.2	-9.3	-10.4	-10.1	-10.6	-10.4	-8.4	-6.2	-4.4	-3.7	-0.2	1.2	3.2
	旬平均最高气温	15.8	14.1	11.4	10.2	9.2	6.1	4.6	2.4	2.0	1.1	1.0	0.0	-0.2	2.2	3.9	5.0	5.7	9.0	10.1	11.8
	旬平均最低气温	2.8	0.0	-1.9	-6.0	-8.8	-11.2	-14.0	-15.2	-16.6	-18.0	-17.5	-17.8	-17.6	-16.0	-13.7	-11.6	-11.1	-7.7	-6.3	-4.1

续表

城市名称	气温类别	9月份	10月份			11月份			12月份			1月份			2月份			3月份			4月份
		下旬	上旬	中旬	下旬	上旬	中旬	下旬	上旬	中旬	下旬	上旬	中旬	下旬	上旬	中旬	下旬	上旬	中旬	下旬	上旬
玉树	旬平均气温	7.7	6.1	4.0	1.2	−1.1	−2.8	−4.3	−5.7	−7.2	−7.4	−7.8	−7.8	−6.9	−6.1	−4.4	−3.2	−1.7	0.0	1.3	2.7
	旬平均最高气温	16.3	14.5	12.5	10.1	8.3	7.2	5.7	4.5	3.0	2.5	2.3	1.5	2.4	2.9	4.5	5.1	6.8	8.6	9.7	11.1
	旬平均最低气温	2.2	0.7	−1.6	−4.9	−7.6	−9.8	−11.5	−13.2	−14.8	−15.1	−15.5	−15.2	−14.4	−13.3	−11.7	−10.0	−8.7	−6.9	−5.5	−4.1
青海都兰	旬平均气温	7.9	5.6	3.1	0.2	−1.9	−4.2	−6.4	−7.4	−8.6	−9.6	−10.1	−10.7	−9.4	−8.3	−6.3	−5.6	−3.6	−0.8	0.6	2.6
	旬平均最高气温	14.9	12.7	10.1	7.5	5.5	3.3	1.3	0.3	−1.2	−2.3	−2.7	−3.3	−2.2	−1.3	0.7	1.3	3.2	5.9	7.2	9.3
	旬平均最低气温	2.4	0.2	−2.0	−5.0	−6.8	−9.2	−11.4	−12.6	−13.7	−14.7	−15.4	−16.1	−14.8	−13.7	−11.7	−10.8	−9.0	−6.2	−5.0	−3.2
青海达日	旬平均气温	4.2	2.6	0.3	−2.7	−5.1	−7.1	−9.2	−10.8	−12.2	−12.6	−12.7	−12.8	−12.0	−11.2	−9.6	−8.3	−7.0	−4.5	−3.1	−1.4
	旬平均最高气温	11.5	9.8	7.5	4.8	3.2	1.7	0.3	−0.9	−2.3	−2.7	−2.9	−2.9	−2.9	−2.4	−0.9	0.0	1.1	3.4	4.2	5.8
	旬平均最低气温	−0.6	−2.2	−4.4	−7.9	−11.0	−13.7	−16.4	−18.6	−20.2	−20.6	−20.6	−20.6	−20.0	−18.7	−17.3	−15.5	−14.0	−11.0	−9.0	−7.0
青海大柴旦	旬平均气温	7.2	4.4	1.5	−1.7	−4.0	−6.6	−9.0	−10.6	−11.9	−13.0	−13.4	−14.2	−12.8	−11.4	−8.8	−7.8	−5.8	−2.9	−1.2	1.0
	旬平均最高气温	14.9	12.6	9.8	7.1	4.7	2.5	0.3	−1.0	−2.4	−3.4	−3.8	−4.5	−3.4	−2.2	−0.1	0.5	2.5	5.2	6.8	8.8
	旬平均最低气温	−0.2	−3.4	−6.1	−9.4	−11.4	−14.1	−16.5	−17.9	−19.3	−20.5	−21.1	−22.3	−20.7	−19.6	−17.1	−15.7	−13.7	−10.7	−9.0	−6.9
甘肃敦煌	旬平均气温	14.9	11.7	8.9	6.0	3.6	0.5	−2.7	−5.0	−6.7	−8.6	−8.9	−8.9	−8.0	−5.5	−2.8	−1.3	1.7	4.9	7.5	10.1
	旬平均最高气温	24.9	22.3	19.1	15.8	12.5	8.3	4.6	2.0	0.3	−1.5	−1.7	−1.4	−0.3	2.7	5.4	7.0	10.2	13.4	16.2	18.8
	旬平均最低气温	6.4	3.4	0.9	−1.6	−3.2	−5.4	−8.3	−10.6	−12.3	−14.3	−14.9	−15.2	−14.5	−12.7	−10.0	−8.4	−5.6	−2.6	−0.4	2.0
酒泉	旬平均气温	12.8	10.2	7.5	4.8	2.3	−0.8	−3.9	−6.1	−7.6	−9.1	−9.5	−9.6	−9.2	−7.1	−4.9	−3.5	−0.8	2.0	4.6	7.1
	旬平均最高气温	20.8	18.2	15.4	12.8	9.8	6.4	3.1	1.1	−0.5	−2.0	−2.1	−2.1	−1.9	0.6	2.5	3.9	6.9	9.7	12.1	15.0
	旬平均最低气温	6.4	3.9	1.4	−1.2	−3.3	−6.1	−9.2	−11.5	−12.9	−14.6	−15.2	−15.4	−15.1	−13.4	−11.1	−9.4	−6.9	−4.2	−1.7	0.4
平凉	旬平均气温	13.0	10.9	9.0	6.7	4.9	2.3	−0.1	−2.0	−3.2	−4.2	−4.6	−4.9	−4.7	−3.3	−1.3	−0.2	2.0	4.0	6.1	8.6
	旬平均最高气温	18.9	16.6	15.0	13.3	11.6	8.6	6.2	4.5	3.2	2.1	2.2	2.1	1.7	3.3	5.2	6.2	8.6	10.6	12.6	15.6
	旬平均最低气温	8.5	6.6	4.6	1.9	0.2	−2.0	−4.3	−6.3	−7.5	−8.8	−9.5	−9.9	−9.5	−8.1	−6.0	−4.8	−3.0	−0.9	0.9	2.8
武都	旬平均气温	18.2	16.6	15.0	13.4	12.1	9.7	7.4	5.5	4.4	3.3	3.1	3.1	3.4	4.9	6.5	7.2	9.1	10.9	12.3	14.3
	旬平均最高气温	23.1	21.1	19.6	18.5	17.1	14.5	12.3	10.4	9.2	8.1	8.0	7.9	8.0	9.8	11.5	12.1	14.2	16.3	17.9	20.1
	旬平均最低气温	14.7	13.3	11.7	9.8	8.3	6.0	3.7	1.8	0.6	−0.4	−0.7	−0.7	−0.2	1.1	2.7	3.5	5.1	6.8	8.0	9.9
天水北道区	旬平均气温	15.1	12.6	11.7	8.9	8.1	6.0	2.4	0.6	−1.3	−1.8	−1.7	−2.0	−2.1	−0.7	1.9	5.3	7.7	10.6	12.8	
	旬平均最高气温	19.0	18.1	17.9	17.2	12.3	9.0	6.2	6.4	4.0	4.5	3.1	4.1	5.6	8.7	11.4	13.1	14.7	17.9	20.8	
	旬平均最低气温	12.1	8.7	7.5	4.2	1.9	1.3	−2.3	−3.4	−6.5	−5.8	−6.1	−5.8	−6.9	−5.1	−3.0	−1.1	−0.5	2.7	4.8	5.9
乌鲁木齐	旬平均气温	14.3	10.9	7.9	5.0	1.5	−2.5	−6.6	−8.6	−10.7	−12.6	−13.5	−13.4	−14.0	−12.0	−10.8	−9.2	−6.1	−1.9	3.8	6.9
	旬平均最高气温	20.6	16.9	13.7	10.5	6.4	2.0	−2.0	−3.9	−5.9	−7.6	−8.2	−8.1	−8.8	−6.4	−5.8	−4.1	−1.6	2.5	8.9	12.9
	旬平均最低气温	9.3	6.1	3.3	0.9	−2.0	−5.9	−10.0	−12.2	−14.3	−16.6	−17.6	−17.6	−18.1	−16.4	−14.8	−13.3	−9.7	−5.4	−0.4	2.1
吐鲁番	旬平均气温	20.8	17.0	13.4	9.6	6.2	2.6	−1.1	−4.2	−6.3	−7.9	−8.9	−8.6	−7.1	−4.1	0.0	2.5	6.1	9.5	13.7	16.4
	旬平均最高气温	29.6	25.8	22.2	18.1	14.0	9.6	5.2	1.5	−1.0	−2.9	−3.6	−2.9	−1.1	2.5	6.7	9.2	12.9	16.4	20.7	23.4
	旬平均最低气温	13.8	10.4	7.1	3.8	1.0	−2.2	−5.6	−8.4	−10.3	−11.8	−13.0	−13.0	−11.9	−9.5	−5.6	−3.4	−0.1	2.9	6.8	9.6
哈密	旬平均气温	16.1	12.8	9.7	6.5	3.3	−0.2	−3.8	−6.5	−8.4	−10.7	−11.8	−11.2	−10.3	−7.4	−4.0	−1.8	1.6	4.6	8.2	10.8
	旬平均最高气温	25.6	22.4	19.1	15.3	11.7	7.3	3.3	0.3	−1.8	−4.2	−4.8	−4.0	−2.6	0.7	3.8	6.1	9.5	12.7	16.2	18.8
	旬平均最低气温	8.6	5.5	2.7	0.1	−2.6	−5.5	−8.8	−11.4	−13.4	−15.5	−16.9	−16.6	−16.3	−13.9	−10.4	−8.5	−5.2	−2.6	0.5	3.1
阿勒泰	旬平均气温	12.0	9.0	6.2	3.1	−0.4	−4.6	−8.8	−11.0	−13.0	−15.3	−16.0	−15.7	−16.6	−14.6	−14.1	−12.2	−10.0	−5.8		3.8
	旬平均最高气温	18.6	15.5	12.4	8.8	4.8	0.7	−3.2	−5.8	−7.7	−9.7	−10.1	−9.7	−10.2	−8.1	−7.4	−5.7	−3.5	−0.2	5.3	9.5
	旬平均最低气温	5.9	3.4	1.0	−1.5	−4.8	−9.3	−13.9	−16.1	−18.6	−20.8	−21.6	−21.4	−22.3	−20.3	−20.0	−18.2	−16.1	−11.3	−5.4	−1.4

续表

城市名称	气温类别	9月份	10月份			11月份			12月份			1月份			2月份			3月份			4月份
		下旬	上旬	中旬	下旬	上旬	中旬	下旬	上旬	中旬	下旬	上旬	中旬	下旬	上旬	中旬	下旬	上旬	中旬	下旬	上旬
塔中	旬平均气温	19.1	16.2	11.3	8.9	5.3	1.3	−2.4	−6.2	−8.3	−9.1	−9.9	−9.1	−10.4	−7.5	−1.7	2.2	4.6	8.5	11.9	13.6
	旬平均最高气温	27.6	25.6	21.4	19.9	16.4	11.5	7.1	2.6	1.2	−0.6	−1.1	−0.5	−1.4	2.2	7.3	10.8	14.0	16.9	21.2	22.2
	旬平均最低气温	10.2	6.2	1.5	−1.3	−4.2	−7.7	−10.6	−13.6	−16.1	−16.2	−17.3	−17.0	−18.6	−16.5	−11.0	−6.9	−5.2	−0.5	1.8	4.8
伊宁	旬平均气温	14.9	12.2	9.1	7.3	4.6	1.6	−1.5	−3.4	−5.1	−7.5	−8.7	−9.0	−9.5	−7.4	−5.9	−4.0	−0.8	2.9	7.6	9.7
	旬平均最高气温	23.5	20.8	17.8	15.3	11.9	8.0	4.8	2.4	0.8	−1.6	−2.4	−2.4	−2.7	−0.9	0.1	2.2	5.0	9.0	14.7	17.2
	旬平均最低气温	7.4	4.9	2.2	1.0	−0.9	−3.3	−6.3	−8.2	−10.1	−12.7	−14.4	−15.4	−15.9	−13.8	−11.6	−9.7	−6.0	−2.2	1.5	3.1
克拉玛依	旬平均气温	16.7	13.3	9.9	6.7	2.9	−1.0	−5.3	−8.4	−11.6	−14.2	−15.6	−16.0	−16.5	−14.5	−11.4	−9.1	−5.0	0.4	6.3	9.2
	旬平均最高气温	22.3	18.7	14.9	11.3	7.1	2.8	−1.5	−5.1	−8.1	−10.4	−11.5	−11.6	−11.8	−9.8	−6.8	−4.4	−0.4	5.1	11.8	15.0
	旬平均最低气温	12.0	8.7	5.6	2.8	−0.6	−4.2	−8.4	−11.1	−14.6	−17.4	−19.0	−19.5	−20.2	−18.4	−15.3	−13.4	−9.1	−3.8	1.5	4.3
徐州	旬平均气温	20.0	18.0	16.1	13.7	11.5	8.6	6.1	3.9	2.3	1.3	0.6	0.2	0.3	1.3	3.2	4.0	6.2	8.5	10.0	12.9
	旬平均最高气温	25.4	23.6	21.6	19.7	17.2	14.2	11.4	9.2	7.4	6.1	5.6	5.1	5.1	6.6	8.5	9.2	11.8	14.1	15.7	18.8
	旬平均最低气温	15.3	13.3	11.4	8.8	6.8	4.1	1.9	−0.4	−1.7	−2.5	−3.3	−3.6	−3.5	−3.0	−1.1	−0.3	1.5	3.7	5.0	7.7
东台	旬平均气温	20.5	18.6	16.9	14.7	13.1	10.4	7.8	5.7	4.1	3.1	2.1	1.5	1.5	2.3	3.6	4.3	6.0	7.5	8.9	11.5
	旬平均最高气温	25.3	23.8	22.0	20.1	18.3	15.4	12.9	10.8	8.8	7.6	6.6	5.9	5.7	6.9	8.2	9.1	11.1	12.5	13.9	16.7
	旬平均最低气温	16.7	14.6	12.9	10.4	9.0	6.5	3.9	1.7	0.4	−0.3	−1.2	−1.6	−1.7	−1.1	0.1	0.7	2.1	3.6	4.8	7.2
赣榆	旬平均气温	19.7	17.8	15.9	13.5	11.5	8.4	5.8	3.5	1.9	0.7	−0.1	−0.8	−0.5	0.2	1.9	2.8	4.7	6.7	8.3	10.8
	旬平均最高气温	24.4	22.9	21.0	18.9	16.6	13.6	10.9	8.8	6.9	5.4	4.8	4.0	4.1	5.1	6.7	7.7	9.9	11.8	13.6	16.1
	旬平均最低气温	15.5	13.3	11.5	8.9	7.2	4.1	1.6	−0.6	−2.0	−3.0	−3.9	−4.6	−4.2	−3.9	−2.0	−1.1	0.4	2.4	3.7	6.2
蚌埠	旬平均气温	20.8	18.8	17.0	14.8	12.9	10.0	7.6	5.3	3.9	2.8	1.8	1.3	1.4	2.6	4.0	4.9	6.9	8.9	10.4	13.4
	旬平均最高气温	25.9	24.2	22.3	20.5	18.5	15.3	12.9	10.7	9.1	7.6	6.7	6.1	6.1	7.6	8.9	9.8	12.1	14.1	15.6	18.9
	旬平均最低气温	16.7	14.5	12.8	10.3	8.5	5.7	3.5	1.2	0.0	−0.8	−1.8	−2.4	−2.2	−1.3	0.1	1.0	2.7	4.7	6.0	8.8
安庆	旬平均气温	22.2	20.2	18.6	16.4	14.8	12.1	9.7	7.5	6.1	5.2	4.2	3.6	3.8	4.6	6.1	6.7	8.6	10.3	11.6	14.5
	旬平均最高气温	26.2	24.3	22.7	20.8	19.3	16.2	13.7	11.7	10.1	9.0	7.9	7.3	7.4	8.3	9.9	10.5	12.6	14.3	15.7	18.8
	旬平均最低气温	18.9	16.9	15.3	12.9	11.3	8.8	6.5	4.2	3.0	2.3	1.3	0.9	1.1	1.7	3.2	3.8	5.4	7.2	8.4	11.1
甘孜	旬平均气温	10.0	8.8	7.0	4.2	2.1	0.4	−1.2	−2.7	−4.4	−4.7	−4.7	−4.6	−3.4	−2.6	−1.0	0.0	1.3	2.8	3.9	5.2
	旬平均最高气温	18.0	16.9	15.1	12.9	11.4	10.2	8.6	7.3	5.5	5.3	5.4	4.8	6.1	−2.6	−1.0	0.0	9.8	11.4	12.6	13.7
	旬平均最低气温	4.7	3.6	1.5	−1.7	−4.3	−6.4	−7.8	−9.4	−11.2	−11.8	−12.0	−11.7	−10.7	−2.6	−1.0	0.0	−5.5	−4.0	−2.9	−1.5
理塘	旬平均气温	7.2	6.4	4.8	2.0	0.3	−1.1	−2.3	−3.7	−5.1	−5.7	−5.4	−5.7	−5.0	−4.4	−3.4	−2.7	−1.5	−0.2	0.8	2.1
	旬平均最高气温	14.0	13.5	12.4	9.8	8.7	7.6	6.4	5.5	4.1	3.7	4.0	3.0	3.8	4.0	5.1	5.5	6.6	7.8	8.6	9.8
	旬平均最低气温	2.6	1.5	−0.5	−3.7	−6.0	−7.7	−8.9	−10.8	−12.3	−13.4	−13.0	−12.9	−12.3	−11.4	−10.4	−9.3	−8.0	−6.6	−5.3	−4.1

注：以上资料摘自中国气象科学数据网1951年~2008年逐月分旬平均气温统计。

2. 技术准备

在进入冬期施工前，应根据工程特点及气候条件做好冬期施工方案编制。做好冬期施工混凝土、砂浆配合比的技术复核，及掺外加剂的试配试验工作。钢构件对温度变化的敏感性强，进入冬期施工前，应提前做好焊接工艺评定。

3. 现场准备

冬期施工前认真查看现场总平面布置图、临水平面布置图（临时排水沟、临水管线等）、临电平面布置图及相关资料，了解各类临时地下、地上管线、管沟平面位置及标高，找出要保温的地上管线及要保温的管沟等，并按施工方案保温。

为了防止大雪封路，保证施工道路畅通，现场配备一定的道路清扫机械，随时进行道路的清运工作。搭建加热用的锅炉房、搅拌站，敷设管道，对锅炉进行试火试压，对各种加热的材料、设备要检查其安全可靠性。

4. 资源准备

设置百叶箱、温度计等测温设备，监控每天气温以指导冬期施工。

大型机械设备要做好冬期施工所需油料的储存和工程机械润滑油的更换补充以及其他检修保养工作，以便在冬期施工期间运转正常。

保温材料：根据冬期施工的部位和分部分项工程，选择适当的保温材料，如塑料布、棉被、苯板、岩棉管等。

5. 安全与防火

做好冬期施工安全教育工作。

加强冬期劳动保护，做好防滑、防冻、防煤气中毒工作。

对供电线路做好检查，防止触电事故发生。

要采取防滑措施。大风雪后及时检查脚手架，雪后必须将架子上的积雪清扫干净，并检查马道平台，防止空中坠落事故发生。

冬期风大，物件要作相应固定，防止被风刮倒或吹落伤人，机械设备按操作规程要求，5级风以上应停止工作。

配备足够的消防器材，并应及时检查更换。

21.1.2 建筑地基基础工程

21.1.2.1 一般规定

地基基础工程冬期施工，勘察单位提供的工程地质勘察报告中应包括冻土的主要性能指标。

建筑场地宜在冻结前清除地上和地下障碍物、地表积水，并应平整场地和道路。及时清除积雪、春融期应做好排水。

21.1.2.2 土方工程

土方工程冬期施工前应做好准备工作，要因地制宜地确定经济、合理的施工方案和切实可行的技术措施，开挖土方应做到连续施工，运输道路和施工现场应采取安全防护措施。

1. 土的冻结与保温

(1) 土的冻结温度

凡是含水的松散岩石和土体，当其温度处于0℃或负温时，其中的水分会转变成结晶状态且胶结了松散的固体颗粒，形成了冻土。

各种土的起始冻结温度是不一样的，一般湿砂或饱和砂均接近于0℃；塑性黏性土在−0.1～−1.2℃；粉质黏土在−0.6～−1.2℃；可塑的粉土在−0.2～−0.5℃；坚硬半坚硬黏土为−2～−5℃。

对同一种土，含水量越小，起始冻结温度就越低，含水量少的砂、砾石、碎石等粗粒土，在负温下也呈松散的状态。土的冻结温度值对确定土的冻结深度和融化深度具有重要的意义。

(2) 我国冻土类型及分布

根据冻土冻结状态持续时间的长短，我国冻土可分为多年冻土、隔年冻土和季节冻土三种类型，见表21-3。

按冻结状态持续时间分类 表21-3

类 型	持续时间（T）	地面温度（℃）特征	冻融特征
多年冻土	T≥2年	年平均地面温度≤0	季节融化
隔年冻土	1年<T<2年	最低月平均地面温度≤0	季节冻结
季节冻土	T≤1年	最低月平均地面温度≤0	季节冻结

多年冻土按形成和存在的自然条件不同，可分为高纬度多年冻土和高海拔多年冻土两种类型，它主要分布在大小兴安岭、青藏高原和东西部高山地区。

季节冻土主要分布在长江流域以北、东北多年冻土南界以南和高海拔多年冻土下界以下的广大地区，面积约514万km²，在多年冻土地区可根据活动层与下卧土层的类别及其衔接关系，分为季节冻结层和季节融化层两种类型。

(3) 土的保温

1) 利用自然条件就地取材进行土的防冻工作。对于大面积的土方工程宜采用翻松耙平法施工，在拟施工的部位应将表层土翻松耙平，其厚度宜为250～300mm，宽度为开挖时冻结深度的两倍加基槽（坑）底宽之和。

翻松耙平后的冻结深度 L 可按式（21-1）计算：

$$L = \zeta(4M - M^2) \tag{21-1}$$

式中 L ——翻松耙平或黏土覆盖后的冻结深度（cm）；

ζ ——土的防冻计算系数，按表21-4选用；

M ——冻结指数，$M = \dfrac{\Sigma T}{1000}$；

t ——土体冻结时间（d）；

T ——土体冻结期间的室外平均气温（℃），以正号代入。

土的防冻计算系数 ζ 表21-4

地面保温的方法	M 值											
	0.1	0.2	0.3	0.4	0.5	0.6	0.7	0.8	0.9	1.0	1.5	2.0
翻松250～300mm并耙平	15	16	17	18	20	22	24	26	28	30	30	30

【例】 某市某工程，土质为黏土，冻结时间从11月20日开始，在冻结前将地面翻松250mm并耙平，该地区11月份的平均温度为−3.1℃，12月份的平均温度为−9℃，1月份的平均温度为−14℃，试计算该地在1月10日的冻结深度。

【解】 11月冻结30−19=11d，12月冻结31d，1月份冻结9d。

11月 $tT = 11 \times 3.1 = 34.1$

12月 $tT = 31 \times 9 = 279$

1月份 $tT = 9 \times 14 = 126$

$\Sigma T = 34.1 + 279 + 126 = 439.1$

$M = 439.1/1000 = 0.44$

从表21-4查得 $\zeta = 19$，代入式（21-1）得该地在1月10日的冻结深度为：

$$L = 19 \times (4 \times 0.44 - 0.19) = 30 \text{cm}$$

2) 在初冬降雪量较大的土方工程施工地区，宜采用雪覆盖法。开挖前，在即将开挖的场地宜设置篱笆或用其他材料堆积成墙，高度宜为500～1000mm，间距宜为10～15m，并应与主导风向垂直。面积较小的基槽（坑）可在预定的位置上挖积雪沟（坑），深度宜为300～500mm，宽度为预计深度的两倍加基槽（坑）底宽之和。

3) 对于开挖面积较小的槽（坑），宜采用保温材料覆盖法。保温材料可用炉渣、锯末、刨花、稻草草帘、膨胀珍珠岩等再加盖一层塑料布。保温材料的铺设宽度为待挖基槽（坑）宽度的两倍加基槽（坑）底宽之和。保温材料覆盖的厚度 h 可按式（21-2）计算：

$$h = H/\beta \tag{21-2}$$

式中 h ——保温材料厚度（mm）；

H ——不保温时的土体冻结深度（mm）；

β ——各种材料对土体冻结影响系数，按表21-5选用。

各种材料对土体冻结影响系数 β 表21-5

保温材料 \ 土壤种类	树叶	刨花	锯末	干炉渣	茅草	膨胀珍珠岩	炉渣	芦苇	草帘	泥炭土	松散土	密实土
砂土	3.3	3.2	2.8	2.0	2.5	3.8	1.6	2.1	2.5	2.8	1.4	1.12
粉土	3.1	3.1	2.7	1.9	2.4	3.6	1.62	2.04	2.4	2.9	1.3	1.08
粉质黏土	2.7	2.6	2.3	1.6	2.1	3	1.7	2.0	2.31	1.2	1.06	
黏土	2.1	2.1	1.9	1.4	2.0	3.5	1.1	1.4	1.6	1.9	1.2	1.00

注：1. 表中数值适用于地下水位在冻结线以下1m以下；

2. 当地下水位较高时（饱和水的），其值可取1；

3. 松散材料表面应加盖压，以免被风吹走。

【例】某工地计划在 2 月份开挖基槽，利用气象资料分析，无保温层时土的冻结深度可达 590mm，为防止土体冻结，用刨花覆盖保温。土为粉质黏土，应铺多厚的刨花？

【解】查表 21-5 得 β＝2.6，代入式（21-2）

刨花厚   h＝590/2.6＝230mm

（4）已挖好较小基槽（坑）的保温与防冻可采用暖棚保温法，在已挖好的基槽（坑）上，宜搭列骨架铺上基层，覆盖保温材料。也可搭塑料大棚，在棚内采取供暖措施。若不能及时进行下道工序施工时，应在基槽（坑）底面铺设一层珍珠岩袋、稻草、炉渣等保温材料，上面搭设密封的塑料大棚。

基槽（坑）挖完后不能及时进行下道工序施工时，为了防止基槽（坑）的底部或相邻建筑物的地基及其他设施受冻，应在基底标高上预留适当厚度土层，并覆盖保温材料进行保温。

2. 冻土的挖掘

冻土的挖掘根据冻土层厚度可采用人工、机械和爆破方法。

（1）人工挖掘冻土可采用锤击铁楔子劈冻土的方法分层进行挖掘。楔子的长度视冻土层厚度确定，宜为 300～600mm。

（2）机械挖掘冻土可根据冻土层厚度选用推土机松动、挖掘机开挖或重锤冲击破碎冻土等方法，其设备可按表 21-6 选用。

冻土挖掘设备选择   表 21-6

冻土厚度（mm）	选择机械
＜500	铲运机、推土机、挖掘机
500～1000	大马力推土机、松土机、挖掘机
1000～1500	重锤或重球

当采用重锤冲击破碎冻土时，重锤可由铸铁制成楔形或球形，重量宜为 2～3t。起吊设备可采用吊车、简易的两步搭或三步搭支架配以卷扬机。

（3）对于冻土层较厚、开挖面积较大的土方工程，可使用爆破法。当冻土层厚度小于或等于 2m 时宜采用炮孔法。炮孔的直径宜为 50～70mm，深度宜为冻土层厚度的 0.6～0.85 倍，与地面呈 60°～90°夹角。炮孔的间距宜等于最小抵抗线长度的 1.2 倍，排距宜等于最小抵抗线长度的 1.5 倍，炮孔可用电钻、风钻或人工打钎成孔。

炸药可使用黑色炸药、硝铵炸药或 TNT 炸药。冬季严禁使用甘油类炸药。炸药装药量宜由计算确定或不超过孔深的 2/3，上面的 1/3 填装砂土。雷管可使用电雷管或火雷管。

当采用冻土爆破法施工时，土方工地离建筑物的距离应大于 50m，距高压电线的距离应大于 200m，并应符合《土方与爆破工程施工及验收规范》（GBJ 201）的有关规定。

（4）冬期开挖冻土，应采取防止引起相邻建筑物地基或其他设施受冻的保温防冻措施。

（5）在挖方上边弃置冻土时，其弃土推坡脚至挖方边缘的距离应为常温下规定的距离加上弃土堆的高度。

（6）开挖完的基槽（坑）应采取防止基槽（坑）底部受冻的措施。当基槽（坑）挖完不能及时进行下道工序施工时，应在基槽（坑）底标高以上预留土层，并覆盖保温材料保温。

3. 冻土的融化

冻土融化方法视其工程量大小，冻结深度和现场施工条件等因素确定。可选择烟火烘烤、蒸汽融化、电热等方法，并应确定施工顺序。

工程量小的工程可采用烟火烘烤法，其燃料可选用刨花、锯末、谷壳、树枝皮及其他可燃废料。在拟开挖的冻土上应将铺好的燃料点燃，并用铁板覆盖，火焰不宜过高，并应采取可靠的防火措施。

当热源充足、工程量较小时，可采用蒸汽融化法。应把带有喷气孔的钢管插入预钻好的冻土孔内，通蒸汽融化。冻土孔直径应大于喷汽管直径 10mm，其间距不宜大于 1m，深度应超过基底 300mm。当喷汽管直径 D 为 20～25mm 时，应在钢管上钻成梅花状喷汽孔，下端应封死，融化后应及时挖土并防止基底受冻。在基槽（坑）附近须先挖好排水井，并设泵抽水。

在电源比较充足地区，工程量又不大时，可用电热法融化冻土。电极宜采用 φ16～φ25 的下端带尖钢筋，电极打入冻土中的深度不宜小于冻结深度，并宜露出地面 100～150mm。电极的间距宜按表 21-7 采用，电热时间应根据冻结深度、电压高低等条件确定。

电极间距参考表（mm）   表 21-7

电压（V） ＼ 冻结深度（mm）	500	1000	1500	2000
380	600	600	500	500
220	500	500	400	400

当通电加热时可在地表铺锯末，其厚度宜为 100～250mm，并宜采用 1%～2%浓度的盐溶液浸湿。采用电热法融化冻土时，应采取安全防护措施。

4. 回填土

（1）冬期土方回填时，每层铺土厚度应比常温施工时减少 20%～25%。预留沉陷量应比常温施工时增加。

对于大面积回填土和有路面的路基及其人行道范围内的平整场地填方，可采用含有冻土块的土回填，但冻土块的粒径不得大于 150mm，其含量（按体积计）不得超过 30%。铺填时冻土块应分散开，并应逐层压实。

（2）冬期填方施工应在填方前清除基底上的冰雪和保温材料，填方边坡的表层 1m 以内，不得采用含有冻土块的土填筑，整个填方上层部位应用未冻的或透水性好的土回填，其厚度应符合设计要求。

冬期填方不宜超过的高度应根据表 21-8 的规定确定。

冬期填方不宜超过的高度   表 21-8

室外平均气温（℃）	填方高度（m）
−5～−10	4.5
−11～−15	3.5
−16～−20	2.5

注：采用石块和不含冻块砂土（不包括粉砂）、碎石土类回填时，填方的高度可不受本表限制。

（3）室外的基槽（坑）或管沟可采用含有冻土块的土回填；冻土块粒径不得大于 150mm，含量不得超过 15%，且应均匀分布；但管沟底以上 500mm 范围内不得含有冻土块的土回填。

室内的基槽（坑）或管沟不得采用含有冻土块的土回填。回填土施工应连续进行并应夯实。当采用人工夯实时，每层铺土厚度不得超过 200mm，夯实厚度宜为 100～150mm。

在冻结期间暂不使用的管道及其场地回填时，冻土块的含量和粒径不受限制，但融化后应作适当处理。

（4）室内地面垫层下回填的土方，填料中不得含有冻土块，并应及时夯（压）实，并经检测验证。填方完成后至地面施工前，应采取防冻措施。

（5）永久性的挖填方和排水沟的边坡加固修整宜在解冻后进行。

（6）对一些重大工程项目，为确保冬期回填的质量，必要时可用砂土进行回填。

21.1.2.3   地基处理

（1）同一建筑物基槽（坑）开挖应同时进行，基底不得留冻土层。

（2）基础施工应防止地基土被融化的雪水或冰水浸泡。

（3）在寒冷地区工程地基处理中，为解决地基土防冻胀、消除地基土湿陷性等问题，可采用强夯法施工。

1）强夯法冬期施工适用于各种条件的碎石土、砂土、粉土、黏性土、湿陷性土、人工填土等。当建筑场地地下水位距地表面在 2m 以下时，可直接强夯；当地下水位较高不利施工或表层为饱和黏土时，可在地表铺填 0.5～2m 的中（粗）砂、片石，也可以根据地区情况，回填含水量较低的黏性土、建筑垃圾、工业废料而后再进行施夯。

2）强夯施工技术参数应根据加固要求与地质条件在场地内经

试夯确定，试夯可作2～3组破碎冻土的试验，并应按《建筑地基处理技术规范》（JGJ 79）的规定进行。

3）冻土地基强夯施工时，应对周围建筑物及设施采取隔振措施。

4）强夯施工时，回填时严格控制土或其他填料质量，凡夹杂的冰块必须清除。填方之前地表表层有冻层时也需清除。

5）黏性土或粉土地基的强夯，宜在被夯土层表面铺设粗颗粒材料，并应及时清除黏结于锤底的土料。

21.1.2.4 桩基础

（1）冻土地基可采用非挤土桩（干作业钻孔桩、挖孔灌注桩等）或部分挤土桩（沉管灌注桩、预应力混凝土空心管桩等）施工。

（2）非挤土桩和部分挤土桩施工时，当冻土层厚度超过500mm，冻土层宜选用钻孔机引孔，引孔直径应大于桩径50mm。

（3）钻孔机的钻头宜选用锥形钻头并镶焊合金刀片。钻进冻土时应加大钻杆对土层的压力，并防止摆动和偏位。钻成的桩孔应及时覆盖保护。

（4）振动沉管成孔应制定保证相邻桩身混凝土质量的施工顺序；拔管时，应及时清除管壁上的水泥浆和泥土。当成孔施工有间歇时，宜将桩管埋入桩孔中进行保温。

（5）灌注桩的混凝土施工应符合下列要求：

1）混凝土材料的加热、搅拌、运输、浇筑应按本手册21.1.5有关规定进行。混凝土浇筑温度应根据热工计算确定，且不得低于5℃。

2）地基土冻深范围内的和露出地面的桩身混凝土养护应按本手册21.1.5有关规定进行。

3）在冻胀性地基土上施工，应采取防止或减小桩身与冻土之间产生切向冻胀力的防护措施。

（6）预应力混凝土空心管桩施工应符合下列要求：

1）施工前，桩表面应保持干燥与清洁。

2）起吊前，钢丝绳索与桩杆的夹具采取防滑措施。

3）沉桩施工应连续进行，施工完成后采用袋装保温材料覆盖于桩孔上保温。

4）多节桩连接可采用焊接或机械连接。焊接和防腐要求应遵照本手册21.1.6有关规定执行。

5）起吊、运输与堆放应符合本手册21.1.6有关规定。

（7）冬期桩的现场试压工作，除遵照《建筑基桩检测技术规范》（JGJ 106）"单桩竖向抗压静载试验"和"单桩竖向抗拔静载试验"进行外，在冬期试桩还应考虑以下因素：

1）要消除试桩在冻结深度内冻结的基对其承载力的影响，为此在灌注桩试桩时要采取隔离措施，一般可在冻层内干卷两层油毡纸制成的筒（层间无粘结），放置于桩孔内，然后灌注桩身混凝土，或在入冻以前将桩周围土（直径按冻深决定）进行珍珠岩袋覆盖防冻。

2）桩试压前，搭设保温暖棚。在试压期间，棚内温度要保持在零度以上，以保证试验用的仪表和设备油路运转正常。

21.1.2.5 基坑支护

（1）基坑支护冬期施工宜选用排桩和土钉墙的方法。

（2）采用液压高频锤法施工的型钢或钢管排桩基坑支护工程，应考虑对周边建筑物、构筑物和地下管道的振动影响。

1）当在冻土上施工时，应预先用钻机引孔，引孔的直径应大于型钢的最大边缘尺寸。

2）型钢或钢管的焊接应按本手册21.1.6有关规定进行。

（3）钢筋混凝土灌注桩的排桩施工应符合本手册21.1.2.4的规定，并符合下列要求：

1）基坑土方开挖应待桩身混凝土达到设计强度时方可进行，且不宜低于C25。

2）基坑土方开挖前，排桩上部的自由端和外侧土应进行保温。

3）排桩上部的冠梁钢筋混凝土施工遵照本手册21.1.4和21.1.5有关规定进行。

4）桩身混凝土施工可选用氯盐型防冻剂。

（4）锚杆施工应遵守下列规定：

1）锚杆注浆的水泥浆配制可掺入适量的氯盐型防冻剂。

2）锚杆体钢筋端头与锚板的焊接应遵守本手册21.1.6的相关规定。

3）预应力锚杆张拉应待锚杆水泥浆体达到设计强度后方可进行。张拉力应为常温的90%，待气温转至5℃以上时，再张拉至100%。

（5）土钉墙混凝土面板施工应符合下列要求：

1）面板下宜铺设60～100mm厚聚苯乙烯泡沫板。

2）浇筑后的混凝土应按本手册21.1.5相关规定立即进行保温养护。

21.1.3 砌 体 工 程

21.1.3.1 一般规定

（1）砌体工程冬期施工主要方法，一般有外加剂法、暖棚法、蓄热法、电加热法等。由于外加剂法施工工艺简单，操作方便，负温条件下砂浆强度可持续增长，砌体不会发生冻胀变形，砖石工程冬期施工，通常优先采用外加剂法。对便于覆盖保温的地下工程，或急需使用的小体量工程，可采用暖棚法。

（2）当地基土无冻胀性时，可在冻结的地基上砌筑，有冻胀性时，则应在未冻结的基土上砌筑。施工期间或回填之前，应防止地基受冻。

（3）砌筑砂浆使用时温度，当采用外加剂法及暖棚法时，不应低于±5℃。砂浆的搅拌出机温度不宜高于35℃。

（4）普通砖、空心砖和多孔砖在气温高于0℃以上时，仍应进行浇水湿润，当气温等于或低于0℃时，不宜再浇水湿润，但砂浆必须增大稠度。抗震设防烈度为9度的建筑物，普通砖、空心砖和多孔砖无法浇水湿润时，如无特殊措施不得砌筑施工。

（5）加热方法，当有供汽条件时，可将蒸汽直接通入水箱，将水加热。也可将汽管直接插入砂内送汽加热，此时应测定砂的含水率的变化。砂子还可用火坑加热，加热时，可在砂上浇些温水，加水量不宜超过5%，以免冷热不匀，也可加快加热速度。砂不得在钢板上烧灼加热。

水、砂的温度应经常检查，每小时不少于一次。温度计停留在砂内的时间不应少于3min，在水内停留时间不应少于1min。

（6）冬期施工砂浆搅拌时间应当延长，一般要比常温时增加0.5～1倍。

（7）通常情况下，采取以下措施减少砂浆在搅拌、运输、存放过程中的热量损失：

1）搅拌机搭设保温棚或设在室内，采取供暖措施，保证环境温度不低于5℃。砂浆要随拌随运随用，避免二次倒运和积存。搅拌站应尽量设置在靠近施工点的位置，缩短运距。

2）砂浆运输存放工具、设备应采取保温措施，如手推车、吊斗、灰槽，可在外面加设保温岩棉、棉被或聚苯板等保温材料作为保温层，手推车、吊斗上口可加木盖进行保温。

3）施工时砂浆应储存在保温灰槽中，砂浆应随拌随用，砂浆存放时间普通砂浆不宜超过15min，掺外加剂砂浆不宜超过20min。

4）保温灰槽和运输工具等应及时清理，下班后用热水冲洗干净，以免冻结。

（8）严禁使用已冻结的砂浆，不得重新搅拌使用。

（9）砌砖灰缝时，宜随铺随砌，防止砂浆温度降低太快。

（10）每天完工后，应将砌体上面灰浆刮掉，用草帘、棉被等保温材料覆盖保温，基础砌体可随时用未冻土、中砂等回填沟槽保温防冻。

（11）施工现场配置的砂浆试块，除按常温规定留外，应增设不少于两组同条件养护试块，分别用于检验各龄期强度和转入常温28d的砂浆强度。

21.1.3.2 材料要求

（1）普通砖、空心砖、灰砂砖、混凝土小型空心砌块、加气混凝土砌块和石材在砌筑前，应清除表面的冰雪、污物等，严禁使用遭水浸泡和冻结的砖或砌块。

（2）砌筑砂浆宜优先选用干粉砂浆和预拌砂浆，水泥优先采用普通硅酸盐水泥，冬期砌筑不得使用无水泥拌制的砂浆。

(3) 石灰膏等宜保温防冻，当遭冻结时，应融化后才能使用。

(4) 拌制砂浆所用的砂，不得含有直径大于 10mm 的冻结块和冰块。

(5) 拌合砂浆时，水温不得超过 80℃，砂的温度不得超过 40℃。砂浆稠度，应比常温时适当增加 10～30mm。当水温过高时，应调整材料添加顺序，应先将水加入砂内搅拌，后加水泥，防止水泥出现假凝现象。冬期砌筑砂浆的稠度见表 21-9。

冬期砌筑砂浆的稠度 表 21-9

砌体种类	常温时砂浆稠度（mm）	冬期时砂浆稠度（mm）
烧结砖砌体	70～90	90～110
烧结多孔砖、空心砖砌体	60～90	80～100
轻骨料小型空心砌块砌体	60～90	80～110
加气混凝土砌块砌体	60～80	80～100
石材砌体	30～50	40～60

21.1.3.3 外加剂法

(1) 采用外加剂法施工时，砌筑时砂浆温度不应低于 5℃，当设计无要求且最低气温等于或低于−15℃时，砌筑承重砌体时，砂浆强度等级应比常温施工提高 1 级。

(2) 在拌合水中掺入如氯化钠（食盐）、氯化钙或亚硝酸钠等抗冻外加剂，使砂浆砌筑后能够在负温条件下继续增长强度，继续硬化，而可不必采取防止砌体冻胀沉降变形的措施。

砂浆中的外加剂掺量及其适用温度应事先通过试验确定。

(3) 当施工温度在−15℃以上时，砂浆中可单掺氯化钠，当施工温度在−15℃以下时，单掺低浓度的氯化钠溶液降低冰点效果不佳，可与氯化钙复合使用，其比例为氯化钠∶氯化钙＝2∶1，总掺盐量不得大于用水量的 10%，否则会导致砂浆强度降低。

(4) 当室外大气温度在−10℃以上时，掺盐量在 3%～5%时，砂浆可以不加热；当低于−10℃时，应加热原材料。首先应加热水，当满足不了温度需要时，再加热砂子。

(5) 砂浆中的氯盐掺量，可以参考表 21-10 选取。

氯盐外加剂掺量（占拌合水重百分数） 表 21-10

掺盐方式	氯盐种类	砌体种类	日最低气温（℃）			
			≥−10	−11～−15	−16～−20	−21～−25
单盐	氯化钠	砖、砌块	3	5	7	—
		石	4	—	10	—
复盐	氯化钠	砖、砌块	—	—	5	7
	氯化钙		—	—	2	3

注：掺盐量以无水盐计。

(6) 通常情况固体食盐仍含有水分，氯化钠的纯度在 91% 左右，氯化钙的纯度在 83%～85% 之间。

(7) 盐类应溶解于水后再掺加并进行搅拌，如果要掺加微沫剂，应按照先加盐类溶液后加微沫剂溶液的顺序掺加。

(8) 氯盐对钢筋有腐蚀作用，采用掺盐砂浆砌筑配筋砌体时，应对钢筋采取防腐措施，常用方法如下：

方法一：涂刷樟丹两至三道，在涂料干燥后即可以进行砌筑。

方法二：刷沥青青漆，沥青漆可按照以下比例配制，30 号沥青∶10 号沥青∶汽油＝1∶1∶2。

方法三：刷防锈涂料。防锈涂料可按照以下比例配制，水泥∶亚硝酸钠∶甲基硅酸钠∶水＝100∶6∶2∶30。配制时，先用水溶解亚硝酸钠，与水搅拌后再加入甲基硅酸钠，最后搅拌 4～5min。配好的涂料涂刷在钢筋表面约 1.5mm 厚，干燥后即可进行砌筑。

(9) 在下列情况下不得采用掺用氯盐的砂浆砌筑：

1）选用特殊材料，对装饰有特殊要求的工程；

2）建筑工程使用环境湿度超过 80% 的；

3）配筋、配管、钢铁埋件等金属没有可靠的防腐防锈处理措施的砌体；

4）接近高压电线、高压设备的建筑物；

5）经常处于地下水位变化范围内，处在水位以下未设防水层的结构。

(10) 砌体采用氯盐砂浆施工，每日砌筑高度不宜超过 1.2m，墙体留置的洞口，距交接墙处不应小于 500mm。

(11) 掺盐砂浆的粘结强度见表 21-11。

掺盐砂浆的粘结强度（N/mm²） 表 21-11

材料	常温养护 28d		−15℃恒温 28d 转常温养护 28d 的粘结强度
	砂浆抗压强度	粘结强度	
砖—砖	7.1	0.095	0.057
砖—砖	11.3	0.118	0.097
石—石	5.7	0.153	0.135

注：常温养护的砌体，用普通砂浆砌筑；负温转常温养护的砌体，用掺盐砂浆砌筑，砂浆中掺入 5% 的食盐。

用掺盐砂浆砌筑的砖砌体，其抗压强度与抗剪强度见表 21-12。

用掺盐砂浆砌筑的砌体强度 表 21-12

砌筑季节	砖	龄期（d）	抗压强度（N/mm²）	抗剪强度（N/mm²）	砌筑时气温
冬期	干砖	90	2.6	0.36	日最低气温：−14～−26℃，日最高气温−9～−19℃
		180	3.1	0.45	
	湿砖	90	2.9	0.21	
		180	3.5	0.34	
常温期	湿砖	22	3.2	0.27	平均 21℃

注：砖 MU7.5，砂浆 M5，冬期所用砂浆，掺入占水重 5% 的食盐。

普通水泥掺盐砂浆强度增长率见表 21-13。

掺氯化钠砂浆强度增长率（%） 表 21-13

砂浆硬化温度（℃）	5% 氯化钠		10% 氯化钠	
	f_7	f_{28}	f_7	f_{28}
−5	32	75	45	95
−15	14	30	20	40

21.1.3.4 暖棚法

暖棚法是将需要保温的砌体和工作面，利用简单或廉价的保温材料，进行临时封闭，并在棚内加热，使其在正温条件下砌筑和养护。由于暖棚搭设投入大，效率低，通常宜少采用。在寒冷地区的地下工程、基础工程等便于围护的部位，量小且又急需使用的砌体工程，可考虑采用暖棚法施工。

暖棚的加热，可根据现场条件，应优先采用热风装置或电加热等方式，若采用燃气、火炉等，应加强安全防火、防中毒措施。

采用暖棚法施工时，砖石和砂浆在砌筑时的温度均不得低于 5℃，而距所砌结构底面 0.5m 处的棚内气温也不应低于 5℃。

在确定暖棚的热耗时，应考虑围护结构材料的热量损失，地基土吸收的热量和在暖棚内加热或预热材料的热量损耗。

砌体在暖棚内的养护时间，根据暖棚内的温度，按表 21-14 确定。

暖棚法砌体的养护时间 表 21-14

暖棚内温度（℃）	5	10	15	20
养护时间（d）	≥6	≥5	≥4	≥3

21.1.3.5 外墙外保温施工

(1) 外墙外保温系统冬期施工主体系主要有 EPS 板薄抹灰外墙外保温系统和模板内置 EPS 板现浇混凝土（无网和有网）外墙外保温系统。

(2) 建筑外墙外保温工程在冬期进行施工时，环境温度不应低于−5℃。

(3) 外墙外保温工程施工期间以及完工后 24h 内，基层及环境空气温度不应低于 5℃。

（4）外墙外保温系统在施工时，基层应干燥，清理干净，不得有潮湿、结冰、霜冻等现象；在雨、雪天气和五级以上大风天气情况时应停止施工。

（5）用于施工的 EPS 板胶粘剂、抗裂抹面砂浆等物资材料应存放于库房或暖棚内，液态材料不得受冻，粉状材料不得受潮。

（6）EPS 板薄抹灰外墙外保温系统在冬期施工时应符合下列规定：

1）应采用低温型 EPS 板胶粘剂和低温型聚合物抹面胶浆，并应按产品说明书要求使用。

2）低温型 EPS 板胶粘剂和低温型 EPS 板聚合物抹面胶浆应满足表 21-15、表 21-16 中的技术指标要求。

低温型 EPS 板胶粘剂技术指标 表 21-15

试 验 项 目		性 能 指 标
拉伸粘结强度（MPa）（与水泥砂浆）	原强度	≥0.60
	耐水	≥0.40
拉伸粘结强度（MPa）（与 EPS 板）	原强度	≥0.10，破坏界面在 EPS 板上
	耐水	≥0.10，破坏界面在 EPS 板上

低温型 EPS 板聚合物抹面胶浆技术指标 表 21-16

试 验 项 目		性 能 指 标
拉伸粘结强度（MPa）（与 EPS 板）	原强度	≥0.10，破坏界面在 EPS 板上
	耐水	≥0.10，破坏界面在 EPS 板上
	耐冻融	≥0.10，破坏界面在 EPS 板上
柔 韧 性		抗压强度/抗折强度 ≤3.0

3）低温型 EPS 板胶粘剂和低温型聚合物抹面胶浆拌合环境温度应高于 5℃，拌合水温度不宜大于 80℃，且不宜低于 40℃。

4）EPS 板粘贴施工时，有效粘贴面积应大于 50%。

5）EPS 板粘贴完毕后，应养护至强度满足表 21-15、表 21-16 规定指标后方可进行面层的薄抹灰施工。

（7）模板内置 EPS 板现浇混凝土（无网或有网）外墙外保温系统冬期施工时应符合下列规定：

1）在 EPS 板安装施工前，应预先对 EPS 板内外表面进行预处理，对内外表面喷刷界面砂浆，施工过程应避免砂浆受冻，应在暖棚内等有加热保温措施的环境内进行。

2）模板内置 EPS 板现浇混凝土（有网）外墙外保温系统在进行面层抹灰时，抹面抗裂砂浆掺加的防冻剂应为非氯盐类防冻剂。

3）面层抹灰厚度应均匀，分层抹灰时，底层抹灰不得受冻，抹灰砂浆在硬化初期应采取保温措施，防止受冻。

21.1.4 钢 筋 工 程

21.1.4.1 钢筋负温下的性能与应用

1. 负温下钢筋的力学性能

负温条件下，随着温度的降低，钢筋的力学性能发生变化：屈服点和抗拉强度提高，伸长率和抗冲击韧性降低，脆性增加。影响钢筋负温力学性能的因素很多，一般有冷拉影响、化学成分影响、焊接影响、工艺缺陷影响等。

2. 负温下钢筋的应用

（1）在负温下承受静载作用的钢筋混凝土构件，其主要受力钢筋可选用符合国家标准和设计要求、施工规范规定的热轧钢筋、热处理钢筋、高强度圆形钢丝、钢绞线、冷轧带肋钢筋、冷拉钢筋及冷拉低碳钢丝。

（2）在−20～−40℃条件下直接承受中、重级工作制吊车的构件，其主要受力钢筋不宜采用冷拉低碳钢丝、冷轧带肋钢筋，可选用热轧钢筋、高强度圆形钢丝、钢绞线。当采用 HRB400 级及以上等级钢筋时，除有可靠的试验数据外，宜选用细直径且碳及合金元素含量为中、下限的钢筋。

（3）在寒冷地区缺乏使用经验的特殊结构构造，或者容易使预应力钢筋产生刻痕或咬伤的锚夹具，一般应进行构造、构件和锚夹具的负温性能试验。

（4）在负温条件下使用的钢筋，施工过程中要加强管理和检验。钢筋在运输、加工过程中应注意防止撞击，避免出现刻痕、缺口等缺陷。在焊接时不应采用排筋密焊。在使用高强度钢筋时应特别注意。

21.1.4.2 钢筋负温冷拉和冷弯

（1）冷拉钢筋应采用热轧钢筋加工制成，钢筋冷拉温度不宜低于−20℃，预应力钢筋张拉温度不宜低于−15℃。

（2）钢筋负温冷拉方法可采用控制应力方法或控制冷拉率方法。用作预应力混凝土结构的预应力筋，宜采用控制应力方法；不能分炉批的热轧钢筋冷拉，不宜采用控制冷拉率的方法。

（3）在负温条件下采用控制应力方法冷拉钢筋时，由于钢筋强度提高，伸长率随温度降低而减少，如控制应力不变，则伸长率不足，钢筋强度将达不到设计要求，因此在负温下冷拉的控制应力应较常温提高。冷拉率的确定应与常温时相同。

在负温下冷拉控制应力及最大冷拉率应符合表 21-17 的要求。

冷拉控制应力及最大冷拉率 表 21-17

钢筋牌号		冷拉控制应力（N/mm²）		最大冷拉率（%）
		常温	−20℃	
HPB235 d≤12mm		280	310	10.0
HRB335	d≤25mm	450	480	5.5
	d=28～40mm	430	460	
HRB400		500	530	5.0

钢筋冷拉率在常温下由试验确定。测定同炉批钢筋冷拉率的冷拉应力应符合表 21-18 的要求。

测定冷拉率时钢筋的冷拉应力 表 21-18

钢筋牌号		冷拉应力（N/mm²）
HPB235 d≤12mm		310
HRB335	d≤25mm	480
	d=28～40mm	460
HRB400		530

钢筋的试样不应少于 4 个，取试验结果的算术平均值作为该钢筋实际应用的冷拉率。

（4）在负温下冷拉后的钢筋，应逐根进行外观质量检查，其表面不得有裂纹和局部颈缩。

（5）钢筋冷拉设备仪表和液压工作系统油液应根据环境温度选用，并应在使用温度条件下进行配套校验。

（6）当温度低于−20℃时，不得对 HRB335、HRB400 钢筋进行冷弯操作，以避免在钢筋弯点处发生强化，造成钢筋脆断。

21.1.4.3 钢筋负温焊接

1. 钢筋负温焊接条件

钢筋在负温条件下，可采用闪光对焊、电弧焊、气压焊及电渣压力焊等焊接方法，焊接时应尽量在室内或临时钢筋棚内进行。若只能在室外焊接，当环境温度低于−20℃时，不宜施焊。雪天或焊接现场风力超过 5.4m/s（3 级风）时，应有挡风遮蔽措施。焊后冷却的接头，严禁碰到冰雪、水。

当采用细晶粒热轧钢筋时，其焊接工艺应经试验确定。当环境温度低于−20℃时，不宜进行施焊。余热处理 HRB400 钢筋负温闪光对焊工艺及参数，可按常温焊接的有关规定执行。

2. 负温闪光对焊

（1）负温闪光对焊，适用于热轧 HPB235、HRB335、HRB400 级钢筋，直径 10～40mm；热轧 HRB500 级钢筋，直径 10～25mm；余热处理钢筋，直径 10～25mm。

（2）热轧钢筋负温闪光对焊，宜采用预热闪光焊或闪光—预热—闪光焊工艺。钢筋端面比较平整时，宜采用预热闪光焊；端面不平整时，宜采用闪光—预热—闪光焊。钢筋直径变化时焊接工艺应

符合表 21-19 规定。

钢筋负温闪光对焊焊接工艺 表 21-19

钢筋级别	直径（mm）	焊接工艺
HPB235 HRB335	12～14	预热—闪光焊
HRB400	≥16	预热—闪光焊或闪光—预热—闪光焊

（3）负温闪光对焊工艺，应控制热影响区长度，热影响区长度随钢筋级别、直径的增加而适当增加。与常温焊接相比，应采取以下措施：

增加调伸长度，一般增加 10%～20%，延长加热范围，增加预热留量、预热次数、预热间歇时间和预热接触压力，以降低冷却速度，改善接头性能。

宜采用较低的变压器级数，宜降低 1～2 级，以能够保证闪光顺利为准。

在闪光过程开始前，可通过增加预热留量与预热次数相结合的方法，进行预热，将钢筋接触几次，使钢筋温度上升，以利于闪光过程顺利进行。

宜适当减慢烧化过程的中期速度。

（4）钢筋负温闪光对焊参数，在施焊时可根据焊件的钢种、直径、施焊温度和焊工技术水平灵活选用。

（5）闪光对焊接头处不得有横向裂纹，与电极接触的钢筋表面，不得有烧伤。接头处弯折角度不应大于 3°，轴线偏移不应大于直径的 0.1 倍，且不应大于 2mm。

3. 负温电弧焊

（1）帮条焊、搭接焊适用于热轧钢筋，直径 10～40mm；余热处理钢筋，直径 10～25mm。坡口焊适用于热轧钢筋，直径 18～40mm；余热处理钢筋，直径 18～25mm。

（2）钢筋负温电弧焊时，可根据钢筋级别、直径、接头形式和焊接位置，选择焊条和焊接电流。焊接时应采取措施，防止产生过热、烧伤、咬肉和裂纹等缺陷，在构造上应防止在接头处产生偏心受力状态。

（3）采取帮条时，帮条与主筋之间应用四点定位焊临时固定。搭接焊时应用两点固定。定位焊缝应距离帮条或搭接端部 20mm 以上。

帮条焊与搭接焊的焊缝厚度应不小于 0.3 倍钢筋直径，焊缝宽度应不小于 0.7 倍钢筋直径。

（4）采用帮条时，帮条级别与主筋相同时，帮条直径可与主筋相同或小一个级别。帮条直径与主筋相同时，帮条级别可与主筋相同或小一个级别。两主筋端部之间应留一定的间隙，一般为 2～5mm。

（5）搭接焊时，钢筋端部应预弯，使两根钢筋在同一轴线上。

（6）在进行帮条或搭接电弧焊时，平焊时，第一层焊缝，先从中间引弧，再向两端运弧；立焊时，先从中间向上方运弧，再从上端向中间运弧，使接头端部的钢筋达到一定的预热效果，降低接头热影响区的温度差。焊接时，第一层焊缝应具有足够的熔深，焊缝应熔合良好。以后各层焊缝焊接时，应采分层控温施焊，层间温度宜控制在 150～350℃之间，以起到缓冷作用，防止出现冷脆性。

（7）采用坡口焊时，坡口面应平顺，边缘不得有裂纹和较大的毛边、缺棱。焊缝根部、坡口端面以及钢筋与钢垫板之间均应熔合良好，焊接过程中及时除渣。为了避免接头过热，宜采用几个接头轮流施焊。加强焊缝的宽度应超过 V 形坡口边缘 2～3mm，其高度也应超过 2～3mm，并应平缓过渡至钢筋表面。坡口焊的加强焊缝的焊接，也应分两层控温施焊。

（8）钢筋电弧焊接头进行多层施焊时，可采用回火焊道施焊法，即最后回火焊道的长度比前一层焊道在两端各缩短 4～6mm，见图 21-1，消除或减少前层焊道及过热区的淬硬组织，改善接头的性能。

4. 负温电渣压力焊

（1）电渣压力焊适用于现浇钢筋混凝土结构的竖向受力钢筋，不得用于梁板等结构中水平钢筋的连接。电渣压力焊宜用于 HRB335、HRB400 热轧带肋钢筋。当电源电压下降超过 5% 时，

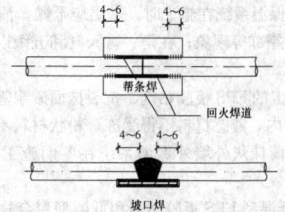

图 21-1 钢筋负温电弧焊回火焊道示意

不宜进行焊接。焊剂应保持干燥，受潮时，使用前应经 250～300℃烘焙 2h。

（2）负温电渣压力焊的焊接步骤与常温相同，焊接前，焊工应进行现场条件下的焊接工艺试验，焊接参数应做适当调整，应适当增加焊接电流、通电时间及接头的保温时间。

焊接电流的大小，应根据钢筋直径和焊接时的环境温度确定。它影响渣池温度、黏度、电渣过程的稳定性和钢筋熔化速度。若焊接电流过小，常会发生断弧，导致焊接接头不能熔合，因此应适当增加焊接电流。

焊接通电时间长短，也应根据钢筋直径和环境温度进行调整。焊接通电时间不足，会使钢筋端面熔化不均匀，不能紧密接触，不能保证接头的熔合，所以应当延长通电时间。

钢筋负温电渣压力焊焊接参数见表 21-20。

接头的保温时间，应根据环境温度适当延长，避免接头区降温太快，产生淬硬组织，增加冷脆性。焊接完毕，应停歇 20s 以上方可卸下夹具回收焊剂，渣壳宜延长 5min 后，再进行清理去渣。

钢筋负温电渣压力焊焊接参数 表 21-20

钢筋直径（mm）	焊接温度（℃）	焊接电流（A）	焊接电压（V）		焊接通电时间（s）	
			电弧过程	电渣过程	电弧过程	电渣过程
14～18	−10	300～350			20～25	6～8
	−20	350～400				
20	−10	350～400				
	−20	400～450	35～45	18～22		
22	−10	400～450			25～30	8～10
	−20	500～550				
25	−10	450～500				
	−20	550～600				

注：本表为采用常用 HJ431 焊剂和半自动焊机参数。

21.1.4.4 钢筋负温机械连接

1. 钢筋机械连接

钢筋机械连接包括：带肋钢筋套筒挤压连接、钢筋剥肋滚轧直螺纹连接。

2. 一般规定

在寒冷地区处于负温下工作的混凝土构件中，钢筋的接头应选用 I 级接头，且环境温度不低于 −20℃，当环境温度低于 −20℃时，尚需做专项低温性能试验。

3. 带肋钢筋套筒挤压连接

（1）带肋钢筋套筒挤压连接施工时，当冬期施工环境温度低于 −10℃时，应对挤压机的挤压力进行专项标定，在标定时应根据负温度和压力表读数之间的关系，画出温度—压力标定曲线，以便于在温度变动时套用。通常在常温下施工时，压力表读数一般在 55～80MPa 之间，负温时可参考进行标定。

（2）由于钢材的塑性随着温度降低而降低，当环境温度低于 −20℃时，应进行负温下工艺、参数专项试验，确认合格后才能大批量连接生产。

（3）挤压前，应提前将钢筋端头的锈皮、沾污的冰雪、污泥、油污等清理干净；检查套筒的外观尺寸，清除沾污的污泥、冰雪等。

4. 钢筋剥肋滚轧直螺纹套筒连接

（1）加工钢筋螺纹时，应采用水溶性切削冷却液，当气温在

0℃以下时，应使用掺入 15%～20% 的亚硝酸钠溶液，不应使用油性液体作为润滑液或不加润滑液。

（2）冬期施工过程中，钢筋丝头不得沾污冰雪、污泥冻团，应清洁干净。

（3）钢筋连接用的力矩扳手应根据气温情况，进行负温标定修正。

21.1.5 混凝土工程

根据热源条件和所使用的原材料，《建筑工程冬期施工规程》（JGJ/T 104）中给出的施工方法可分为两大类，即混凝土养护期间不加热的方法和养护期间加热的方法。混凝土养护期间不加热的方法包括蓄热法、综合蓄热法、负温养护法等；混凝土养护期间加热的方法主要包括蒸汽加热养护法、暖棚法、电加热法等，其中电加热法又可以分为电极加热法、电热毯法、工频涡流法、线圈感应加热法、电热器加热法、电热红外线加热法等。

21.1.5.1 一般规定

（1）冬期浇筑的混凝土，其受冻临界强度应符合下列规定：

1）采用蓄热法、暖棚法、加热法等施工的普通混凝土，采用硅酸盐水泥、普通硅酸盐水泥配制时，其受冻临界强度不应小于设计混凝土强度等级值的 30%；采用矿渣硅酸盐水泥、粉煤灰硅酸盐水泥、火山灰质硅酸盐水泥、复合硅酸盐水泥时，不应小于设计混凝土强度等级值的 40%；

2）当室外最低气温不低于 −15℃ 时，采用综合蓄热法、负温养护法施工的混凝土受冻临界强度不应小于 4.0MPa；当室外最低气温不低于 −30℃ 时，采用负温养护法施工的混凝土受冻临界强度不应小于 5.0MPa；

3）对强度等级等于或高于 C50 的混凝土，其受冻临界强度不宜小于设计混凝土强度等级值的 30%；

4）对有抗渗要求的混凝土，其受冻临界强度不宜小于设计混凝土强度等级值的 50%；

5）对有抗冻耐久性要求的混凝土，其受冻临界强度不宜小于设计混凝土强度等级值的 70%；

6）当采用暖棚法施工的混凝土中掺入早强剂时，可按综合蓄热法受冻临界强度取值；

7）当施工需要提高混凝土强度等级时，应按提高后的强度等级确定受冻临界强度。

（2）混凝土冬期施工应进行混凝土热工计算。

（3）模板外和混凝土表面覆盖的保温层，不应采用潮湿状态的材料，也不应将保温材料直接覆盖在潮湿的混凝土表面，新浇混凝土表面应铺一层塑料薄膜。

（4）整体结构如为加热养护时，浇筑程序和施工缝位置设置应采取能防止加大温度应力的措施。当加热温度超过 45℃ 时，应进行温度应力核算。

（5）对于型钢混凝土组合结构，浇筑混凝土前应对型钢进行预热，预热温度宜大于混凝土的入模温度。

21.1.5.2 混凝土的材料要求

1. 水泥

混凝土冬期施工应优先选用硅酸盐水泥和普通硅酸盐水泥，水泥强度等级不低于 42.5 级。最小水泥用量不宜低于 280kg/m³，水胶比不应大于 0.55。

高铝水泥一般不用于冬期施工的混凝土。因为高铝水泥重结晶导致强度降低，它对钢筋的保护作用也比硅酸盐水泥差，而且耐热性也不好，因此这类水泥只准用于有设计要求的特殊情况。

冬期混凝土采用大模板或滑模施工时，所用水泥强度，尚应考虑施工期间实际环境温度测定其冻结时间。

2. 骨料

冬期施工时，对骨料除要求没有冰块、雪团外，还要求清洁、级配良好、质地坚硬，不应含有易被冻坏的矿物。在掺用含钾、钠离子的防冻剂混凝土中，不得采用活性骨料或在骨料中混有这类物质的材料。

3. 拌合水

拌合水中不得含有导致延缓水泥正常凝结硬化的杂质，以及能

引起钢筋和混凝土腐蚀的离子。

4. 外加剂

（1）冬期施工要选用通过技术鉴定、符合质量标准且能清楚地掌握其对混凝土拌合物和硬化混凝土影响的外加剂，不应引起任何不期望的副作用，例如对钢筋的锈蚀和增加混凝土的渗透性等，应符合《混凝土外加剂应用技术规范》（GB 50119）的相关规定。

（2）采用非加热养护法施工所选用的外加剂，宜优先选用含引气成分的外加剂，含气量控制在 3%～5%。

（3）在日最低气温为 0～−5℃ 时，混凝土采用塑料薄膜和保温材料覆盖养护时，可采用早强剂或早强减水剂。

（4）在日最低气温为 −5～−10℃、−10～−15℃、−15～−20℃，采用上款保温措施时，宜分别采用规定温度为 −5℃、−10℃、−15℃ 的防冻剂。

（5）防冻剂的规定温度为按《混凝土防冻剂》（JC475）规定的试验条件成型的试件，在恒负温条件下养护的温度。施工使用的最低气温可比规定温度低 5℃。

（6）防冻剂运到工地（或混凝土搅拌站）首先应检查是否有沉淀、结晶或结块。检验项目应包括密度（或细度）、抗压强度比、钢筋锈蚀试验，合格后方可入库、使用。

（7）钢筋混凝土掺用氯盐类防冻剂时，氯盐掺量不得大于水泥质量的 1.0%。掺用氯盐的混凝土应振捣密实，且不宜采用蒸汽养护。

（8）在下列情况下，不得在钢筋混凝土结构中掺用氯盐。

1）排出大量蒸汽的车间、浴池、游泳馆、洗衣房和经常处于空气相对湿度大于 80% 的房间以及有顶盖的钢筋混凝土蓄水池等在高湿度空气环境中使用的结构；

2）处于水位升降部位的结构；

3）露天结构或经常受雨、水淋的结构；

4）有镀锌钢材或铝铁相接触部位的结构，和有外露钢筋、预埋件而无防护措施的结构；

5）与含有酸、碱或硫酸盐等侵蚀介质相接触的结构；

6）使用过程中经常处于环境温度为 60℃ 以上的结构；

7）使用冷拉钢筋或冷拔低碳钢丝的结构；

8）薄壁结构，中级和重级工作制吊车梁、屋架、落锤或锻锤基础结构；

9）电解车间和直接靠近直流电源的结构；

10）直接靠近高压电源（发电站、变电所）的结构；

11）预应力混凝土结构。

5. 混凝土矿物掺合料

（1）粉煤灰

应选用 I 级粉煤灰，或细度小于 12% 的超细粉煤灰。

（2）硅灰

通常在冬期施工中和磨细粉煤灰或磨细矿渣复合使用，掺量一般不超过 10%。

6. 保温材料

（1）保温材料必须保持干燥，并要加强堆放管理，注意不要与冰雪混杂在一起堆放。

（2）在选择保温材料时，以导热系数小，密封性好，坚固耐用，防风防潮，价格低廉、重量轻，便于搬运和支设，能够多次重复使用者为优。

21.1.5.3 混凝土的拌制

1. 混凝土原材料的加热

（1）冬期施工混凝土原材料一般需要加热，加热时优先采用加热水的方法。加热温度根据热工计算确定，但不得超过表 21-21 的规定。如果将水加热到最高温度，还不能满足混凝土温度要求，再考虑加热骨料。

拌合水及骨料加热最高温度（℃） 表 21-21

项 次	水泥强度等级	拌合水	骨料
1	小于 42.5	80	60
2	42.5、42.5R 及以上	60	40

当水、骨料达到规定温度仍不能满足热工计算要求时，可提高水温到100℃，但水泥不得与80℃以上的水直接接触。

(2) 加热方法

1) 水泥不得直接加热，使用前宜运入暖棚内存放。

2) 水加热宜采用蒸汽加热、电加热或汽水加热等方法。加热水使用的水箱或水池应保温，其容积应能使水达到规定的使用温度要求。

3) 砂加热应在开盘前进行，并应掌握各处加热均匀。当采用保温加热料斗时，宜配备两个，交替加热使用。每个料斗容积可根据机械可装高度和侧壁斜度等要求进行设计，每一个斗的容量不宜小于3.5m³。

2. 投料程序

先投入骨料和加热的水，待搅拌一定时间后，水温降低到40℃左右时，再投入水泥继续搅拌到规定时间，要避免水泥假凝。

拌制掺用防冻剂的混凝土，当防冻剂为粉剂时，可按要求掺量直接撒在水泥上面和水泥同时投入；当防冻剂为液体时，应先配制成规定浓度的溶液，然后再根据使用要求，用规定浓度溶液再配制成施工溶液。各溶液应分别置于明显标志的容器内，不得混淆，每班使用的外加剂溶液应一次配成。

3. 混凝土搅拌

为满足各组成材料间的热平衡，冬期拌制混凝土时间相对于表21-22规定的拌制时间可适当地延长。混凝土搅拌的最短时间见表21-22。

混凝土搅拌的最短时间 表21-22

混凝土坍落度 (mm)	搅拌机容积 (L)	混凝土搅拌最短时间 (s)
≤80	<250	90
	250~500	135
	>500	180
>80	<250	90
	250~500	90
	>500	135

注：采用自落式搅拌机时，应较上表搅拌时间延长30~60s；采用预拌混凝土时，应较常温下预拌混凝土搅拌时间延长15~30s。

4. 混凝土拌合物的温度计算

一般混凝土拌合物的温度应通过热工计算予以确定。混凝土拌合物的温度计算包括两类：一是利用热量公式计算；二是利用有关数据，按事先编制的图表来计算。

由于混凝土拌合物的热量系由各种材料提供，各种材料的热量则可按材料的重量、比热容及温度的乘积相加求得，因而混凝土拌合物的温度计算见式 (21-3)：

$$T_0 = \frac{0.92(m_{ce}T_{ce}+m_sT_s+m_{sa}T_{sa}+m_gT_g)+4.2T_w(m_w-\omega_{sa}m_{sa}-\omega_gm_g)}{4.2m_w+0.9(m_{ce}+m_s+m_{sa}+m_g)}$$
$$+\frac{c_w(\omega_{sa}m_{sa}T_{sa}+\omega_gm_gT_g)-c_i(\omega_{sa}m_{sa}+\omega_gm_g)}{4.2m_w+0.9(m_{ce}+m_s+m_{sa}+m_g)} \quad (21-3)$$

式中 T_0 ——混凝土拌合物的温度 (℃)；

m_w、m_{ce}、m_s、m_{sa}、m_g ——水、水泥、掺合料、砂、石用量 (kg)；

T_w、T_{ce}、T_s、T_{sa}、T_g ——水、水泥、掺合料、砂、石的温度 (℃)；

ω_{sa}、ω_g ——砂、石的含水率 (%)；

c_w、c_i ——水的比热容 (kJ/kg·K) 及冰的熔解热 (kJ/kg)。

当骨料的温度低于0℃时，所含的水处于冻结状态，考虑到将冰的温度提高到0℃并变成水所需的热量：

当骨料温度大于0℃时，$c_w=4.2$，$c_i=0$；

当骨料温度小于等于0℃时，$c_w=2.1$，$c_i=335$。

21.1.5.4 混凝土的运输和浇筑

在运输过程中，要注意防止混凝土热量散失、表面冻结、混凝土离析、水泥浆流失、坍落度变化等现象。混凝土浇筑入模温度除与拌合物的出机温度有关外，主要取决于运输过程中的蓄热程度。因此，运输速度要快，距离要短，倒运次数要少，保温效果要好。

(1) 混凝土运输过程中的温度降低

1) 拌合物的出机温度

拌合物出机温度可由式 (21-4) 计算：
$$T_1 = T_0 - 0.16(T_0-T_p) \quad (21-4)$$

式中 T_1 ——混凝土拌合物出机温度 (℃)；

T_0 ——混凝土拌合物的温度 (℃)；

T_p ——搅拌机棚内温度 (℃)。

2) 混凝土运输至浇筑时的温度降低

混凝土拌合物运输与输送至浇筑地点时的温度可按下列公式计算：

① 现场拌制混凝土采用装卸式运输工具时：
$$T_2 = T_1 - \Delta T_y \quad (21-5)$$

② 现场拌制混凝土采用泵送施工时：
$$T_2 = T_1 - \Delta T_b \quad (21-6)$$

③ 采用商品混凝土泵送施工时：
$$T_2 = T_1 - \Delta T_y - \Delta T_b \quad (21-7)$$

其中，ΔT_y、ΔT_b 分别为采用装卸式运输工具运输混凝土时的温度降低和采用泵管输送混凝土时的温度降低，可按下列公式计算：

$$\Delta T_y = (\alpha t_1+0.032n)\times(T_1-T_a) \quad (21-8)$$

$$\Delta T_b = 4\omega\times\frac{3.6}{0.04+\frac{d_b}{\lambda_b}}\times\Delta T_1\times t_2\times\frac{D_w}{c_c\cdot\rho_c\cdot D_l^2} \quad (21-9)$$

式中 T_2 ——混凝土拌合物运输与输送到浇筑地点时温度 (℃)；

ΔT_y ——采用装卸式运输工具运输混凝土时的温度降低 (℃)；

ΔT_b ——采用泵管输送混凝土时的温度降低 (℃)；

ΔT_1 ——泵管内混凝土的温度与环境气温差 (℃)，当现场拌制混凝土采用泵送工艺输送时：$\Delta T_1 = T_1 - T_a$；当商品混凝土采用泵送工艺输送时：$\Delta T_1 = T_1 - T_y - T_a$；

T_a ——室外环境气温 (℃)；

t_1 ——混凝土拌合物运输的时间 (h)；

t_2 ——混凝土在泵管内输送时间 (h)；

n ——混凝土拌合物运转次数；

c_c ——混凝土的比热容 [kJ/(kg·K)]；

ρ_c ——混凝土的质量密度 (kg/m³)；

λ_b ——泵管外保温材料导热系数 [W/(m·K)]；

d_b ——泵管外保温层厚度 (m)；

D_l ——混凝土泵管内径 (m)；

D_w ——混凝土泵管外围直径 (包括外围保温材料) (m)；

ω ——透风系数，可按表21-31取值；

α ——温度损失系数 (h^{-1})；采用混凝土搅拌车时：$\alpha=0.25$；采用开敞式T型自卸汽车时，$\alpha=0.20$；采用开敞式小型自卸汽车时，$\alpha=0.30$；采用封闭式自卸汽车时，$\alpha=0.1$；采用手推车或吊斗时，$\alpha=0.50$。

(2) 入模温度

混凝土入模温度和自然温度、保温材料及条件、结构表面系数和混凝土强度要求等因素有关，一般由热工设计来确定。考虑模板和钢筋的吸热影响，混凝土浇筑成型完成时的温度，可按式 (21-10) 计算：
$$T_3 = \frac{c_cm_cT_2+c_fm_fT_f+c_sm_sT_s}{c_cm_c+c_fm_f+c_sm_s} \quad (21-10)$$

式中 T_3 ——考虑模板和钢筋吸热影响，混凝土成型完成时的温度 (℃)；

c_c、c_f、c_s ——混凝土、模板、钢筋的比热容 [kJ/(kg·K)]；混凝土取 1kJ/(kg·K)；钢材取 0.48kJ/(kg·K)；

m_c ——每立方米混凝土重量 (kg)；

m_f、m_s ——与每立方米混凝土相接触的模板、钢筋重量 (kg)；

T_f、T_s ——模板、钢筋的温度，未预热者可采用当时的环

境气温（℃）。

【例】　设每立方米混凝土中的材料用量为：水 150kg，水泥 300kg，砂 600kg，石 1350kg。材料温度为：水 70℃，水泥 5℃，砂 40℃，石−3℃。砂含水率 5%，石含水率 2%。搅拌棚内温度为 5℃。混凝土拌合物用人力手推车运输，倒运共 2 次，运输和成型共历时 0.5h，当时气温−5℃。与每立方米混凝土相接触的钢模板和钢筋共重 450kg，并未预热。试计算混凝土浇筑完毕后的温度。

【解】　混凝土拌合物的理论温度：

$T_0 = [0.92 \times (300 \times 5 + 600 \times 40 - 1350 \times 5) + 4.2 \times 70 \times (150$
$- 0.05 \times 600 - 0.02 \times 1350) + 4.2 \times 0.05 \times 600 \times 40 - 2.1$
$\times 0.02 \times 1350 \times 3 - 330 \times 0.02 \times 1350] \div [4.2 \times 150 +$
$0.92 \times (300 + 600 + 1350)] = 15.1℃$

混凝土从搅拌机中倾出时的温度：

$T_1 = 15.1 - 0.16 \times (15.1 - 5) = 13.5℃$

混凝土经运输成型后的温度：

$T_2 = 13.5 - (0.5 \times 0.5 + 0.032 \times 2) \times (13.5 + 5) = 7.7℃$

混凝土因钢模板和钢筋吸热后的温度：

$T_3 = (2400 \times 1 \times 7.7 - 450 \times 0.48 \times 5) \div (2400 \times 1 + 450 \times 0.48)$
$= 6.6℃$

混凝土浇筑完毕后的温度为 6.6℃。

（3）混凝土运输和浇筑注意事项

1）冬期不得在强冻胀性地基土上浇筑混凝土，在弱冻胀性地基土上浇筑时，基土应进行保温，以免遭冻。

2）混凝土在浇筑前，应清除模板和钢筋上的冰雪和污垢。运输和浇筑混凝土用的容器应有保温措施。

3）混凝土拌合物入模浇筑，必须经过振捣，使其内部密实，并能充分填满模板各个角落，制成符合设计要求的构件，木模板更适合混凝土的冬期施工。模板各棱角部位应注意加强保温。

4）冬期振捣混凝土要采用机械振捣，振捣要迅速，浇筑前应做好必要的准备工作。混凝土浇筑前宜采用热风机清除冰雪和对钢筋、模板进行预热。

5）浇筑基础大体积混凝土时，施工前要对地基进行保温以防止冻胀。新拌混凝土的入模温度以 7~12℃为宜。混凝土内部温度与表面温度之差不得超过 20℃。必要时应做保温覆盖。

6）分层浇筑厚大的整体式结构混凝土时，已浇筑层的混凝土温度在未被上一层混凝土覆盖前不得低于 2℃。采用加热养护时，养护前的温度不得低于 2℃。

7）浇筑承受内力接头的混凝土（或砂浆），宜先将结合处的表面加热到正温。浇筑后的接头混凝土（或砂浆）在温度不超过 45℃的条件下，应养护至设计要求强度，当设计无要求时，其强度不得低于设计强度的 70%。

8）预应力混凝土构件在进行孔道和立缝的灌浆前，浇灌部位的混凝土须经预热，并宜采用热的水泥浆、砂浆或混凝土，浇灌后在正温下养护到强度不低于 15N/mm²。

21.1.5.5　混凝土强度估算

（1）用成熟度法估算混凝土强度

混凝土的强度可用成熟度法来估算。其应用范围及条件应符合下列规定：

1）本法适用于不掺外加剂在 50℃以下正温养护和掺外加剂在 30℃以下正温养护的混凝土，亦可用于掺防冻剂的负温混凝土，也适用于估算混凝土强度标准值 60%以内的强度值。

2）使用本法估算混凝土强度，需要用实际工程使用的混凝土原材料和配合比，制作不少于 5 组混凝土立方体标准试件，在标准条件下养护，得出 1d、2d、3d、7d、28d 的强度值。

3）使用本法同时需取得现场养护混凝土的温度实测资料（温度、时间）。

（2）用计算法估算混凝土强度的步骤

1）用标准养护试件各龄期强度数据，经回归分析拟合成下列形式曲线方程：

$$f = ae^{-\frac{b}{D}} \qquad (21-11)$$

式中　f——混凝土立方体抗压强度（N/mm²）；
　　　D——混凝土养护龄期（d）；
　　a、b——参数。

2）根据现场的实测混凝土养护温度资料，用式（21-12）计算混凝土已达到的等效龄期（相当于 20℃标准养护的时间）。

$$D_e = \Sigma(\alpha_T \cdot \Delta t) \qquad (21-12)$$

式中　D_e——等效龄期（h）；
　　　α_T——等效系数，按表 21-23 采用；
　　　Δt——某温度下的持续时间（h）。

3）以等效龄期 D_e 代替 D 代入式（21-11）可算出强度。

等效系数 α_T　　　　　表 21-23

温度（℃）	等效系数 α_T
50	2.95
49	2.87
48	2.78
47	2.71
46	2.63
45	2.55
44	2.48
43	2.40
42	2.32
41	2.25
40	2.19
39	2.12
38	2.04
37	1.98
36	1.92
35	1.84
34	1.77
33	1.72
32	1.66
31	1.59
30	1.53
29	1.47
28	1.41
27	1.36
26	1.30
25	1.25
24	1.20
23	1.15
22	1.10
21	1.05
20	1.00
19	0.95
18	0.90
17	0.86

续表

温度（℃）	等效系数 α_T
16	0.81
15	0.77
14	0.74
13	0.70
12	0.66
11	0.62
10	0.58
9	0.55
8	0.51
7	0.48
6	0.45
5	0.42
4	0.39
3	0.35
2	0.33
1	0.31
0	0.28
−1	0.26
−2	0.24
−3	0.22
−4	0.20
−5	0.18
−6	0.17
−7	0.15
−8	0.13
−9	0.12
−10	0.11
−11	0.10
−12	0.08
−13	0.08
−14	0.07
−15	0.06

（3）用图解法估算混凝土强度的步骤

1）根据标准养护试件各龄期强度数据，在坐标纸上画出龄期—强度曲线；

2）根据现场实测的混凝土养护温度资料，计算混凝土达到的等效龄期；

3）根据等效龄期数值，在龄期—强度曲线上查出相应强度值，即为所求值。

【例】 某混凝土在试验室测得 20℃标准养护条件下的各龄期强度值如表 21-24。混凝土浇筑后测得构件的温度如表 21-25。试估算混凝土浇筑后 38h 时的强度。

标养试件试验结果　　　　　表 21-24

标养龄期（d）	1	2	3	7
抗压强度（N/mm²）	4.0	11.0	15.4	21.8

混凝土浇筑后测温记录及计算　　表 21-25

从浇筑起算的时间（h）	温度（℃）	间隔的时间（h）	平均温度（℃）	α_T	$\alpha_T \cdot \Delta t$
0	14				
2	20	2	17	0.88	1.72
4	26	2	23	1.16	2.32
6	30	2	28	1.45	2.90
8	32	2	31	1.65	3.30
10	36	2	34	1.85	3.70
12	40	2	38	2.14	4.28
38	40	26	40	2.30	59.80
$T = \alpha_T \cdot \Delta t$					78.2

【解】 ① 计算法

根据表 21-24 的数据，通过回归分析求得曲线方程为：

$$f = 29.459 e^{\frac{1.989}{D}}$$

根据测温记录，经计算求得等效龄期 $D_e = 78.2$h（3.26d），见表 21-25。

取 D_e 作为龄期 D 代入上式，求得混凝土强度值：$f = 16.0$（MPa）

② 图解法

将表 21-24 中的数据在坐标纸上绘出龄期—强度曲线，如图 21-2。

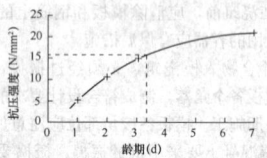

图 21-2　某混凝土的龄期—强度曲线（标养）

根据测温记录（表 21-25）计算等效龄期 D_e，在龄期—强度曲线上查得强度值为 16.0N/mm²，即为所求值。

（4）当采用蓄热法或综合蓄热法养护时，求算混凝土强度步骤

① 用标准养护试件各龄期强度数据，经回归分析拟合成成熟度强度曲线方程

$$f = a \cdot e^{-\frac{b}{M}} \qquad (21\text{-}13)$$

式中　f——混凝土立方体抗压强度（N/mm²）；

a、b——参数；

M——混凝土养护的成熟度（℃·h），按式（21-14）计算

$$M = \sum_0^t (T + 15) \Delta t \qquad (21\text{-}14)$$

式中　T——在时间段 Δt 内混凝土平均温度（℃）；

Δt——温度为 T 的持续时间（h）。

② 取成熟度 M 代入式（21-13）可算出强度 f。

③ 取强度 f 乘以综合蓄热法调整系数 0.8，即为混凝土实际强度。

【例】 某混凝土采用综合蓄热法养护，浇筑后混凝土测温记录如表 21-26。用该混凝土成型的试件，在标准条件下养护各龄期强度见表 21-27。求混凝土养护到 80h 时的强度。

【解】 ① 根据标准养护试件的龄期和强度资料算出成熟度，见表 21-27

② 用表 21-27 的成熟度—强度数据，经回归分析拟合成如下曲线方程：

$$f = 20.627 e^{\frac{2310.688}{M}}$$

③ 根据养护测温资料，按式（21-14）计算成熟度，见表 21-26

④ 取成熟度 M 值代入上式即求出 f 值

$$f = 20.627 e^{\frac{2310.688}{M}} = 3.8\text{MPa}$$

⑤ 将所得的 f 值乘以系数 0.8

3.8×0.8＝3.04MPa，即为经养护 80h 后混凝土达到的强度。

混凝土浇筑后测温记录及计算　　表 21-26

1	2	3	4	5
从浇筑起算 (h)	实测养护温度 (℃)	间隔的时间 Δt (h)	平均温度 (℃)	$(T+15)\Delta t$ (℃·h)
0	15			
4	12	4	13.5	114
8	10	4	11.0	104
12	9	4	9.5	98
16	8	4	8.5	94
20	6	4	7.0	88
24	5	4	5.0	80
32	2	8	3.0	144
40	1	8	1.0	128
60	−2	20	−1.0	280
80	−4	20	−3.0	240
$M=\sum_0^{80}\Delta t\,(T+15)\Delta t$				1370

标准养护各龄期混凝土强度列表　　表 21-27

龄期 (d)	1	2	3	4
强度 (MPa)	1.3	5.4	8.2	13.7
成熟度 (℃·h)	840	1680	2520	5880

21.1.5.6　蓄热法和综合蓄热法养护

(1) 适用范围：当室外最低温度不低于−15℃时，地面以下的工程，或表面系数 M 不大于 5m^{-1} 的结构，宜采用蓄热法养护。对结构易受冻的部位，应采取加强保温措施。

当室外最低气温不低于−15℃时，对于表面系数为 5～15m^{-1} 的结构，宜采用综合蓄热法养护，围护层散热系数宜控制在 50～200kJ/(m^3·h·K) 之间。

(2) 施工注意事项

1) 采用综合蓄热法施工时，应选用早强剂或早强型复合防冻剂，并应具有减水、引气作用。

2) 混凝土浇筑后要在裸露的混凝土表面先用塑料薄膜等防水材料覆盖，然后铺设保温材料。对边、棱角部位的保温厚度应增大到面部的 2～3 倍。混凝土在养护期间应防风、防失水。

3) 混凝土浇筑后应有一套严格的测温制度，如发现混凝土温度下降过快或遇寒流袭击，应立即采取补加保温层或人工加热措施。

4) 采用组合钢模板时，宜采用整装整拆方案，并确保模板保温效果和减少材料消耗。为了便于脱模，可在混凝土强度达到 1N/mm^2 后，使侧模板轻轻脱离混凝土再合上继续养护以拆模。

5) 采用综合蓄热法养护的混凝土，起始养护温度应满足热工计算的要求，且不得低于 5℃。

6) 采用综合蓄热法养护时，当维护层的总传热系数与结构表面系数乘积 KM_s 在 50～200kJ/(m^3·h·K) 的范围时，应满足下列公式要求：

$$T_{m,a} \geq 10\{\ln[L/(223\times0.803^N)]-0.0022 m_{ce,1}\} \quad (21\text{-}15)$$

式中　$T_{m,a}$——平均气温（℃），平均气温系指从混凝土浇筑完成开始至达到预期强度止这段时间的平均气温，可取 3 昼夜预报或预计气温，$T_{m,a}$ 不应低于−12℃。

L——散热系数[kJ/(m^3·h·K)]，$L=K\cdot M_s$；L 的使用范围 50≤L≤200；

M_s——结构表面系数(m^{-1})，5≤M_s≤15；

K——维护层的总传热系数[kJ/(m^2·h·K)]；

N——水泥类别（N=1～4），为 1 时，将 1 代入式中；为 2 时，将 2 代入式中，余类推；

$m_{ce,1}$——水泥用量(kg/m^3)，掺入的粉煤灰及磨细矿粉在有根据情况下，可用当量系数折合成水泥，一般情况，由于其早期水化热不高，可不计算，作为安全储备。

根据水泥新标准（GB 175）早期 3d 强度代替 7d 强度的特点，将水泥归纳为 4 类（宜按表 21-28 采用），以方便冬期施工热工计算。

综合蓄热法可行性判别系数 ξ　　表 21-28

水泥类别	1	2	3	4
水泥名称	P.Ⅱ52.5/ P.Ⅱ42.5/ P.O52.5 P.O42.5/ P.S52.5R/ P.S52.5	P.Ⅱ42.5/ P.O42.5 P.O32.5R/ P.S42.5R	P.S42.5 P.S32.5R	P.S32.5
ξ	1.97	1.50	1.28	1.00

式 (21-15) 为综合蓄热法可行范围的判别式，即满足式 (21-15) 环境温度 $T_{m,a}$ 条件时采用综合蓄热法可行。

(3) 热工计算

1) 蓄热法施工的混凝土养护，应根据以下原则计算和确定混凝土冷却到 0℃所需要的保温材料、冷却时间和所达到的强度。

① 根据既定的保温模板、混凝土入模温度及室外气温来计算混凝土降到 0℃时所需要的保温材料、冷却时间和所达到的强度。

② 根据混凝土温度降至 0℃这段时间及其平均温度来计算混凝土是否达到要求的受冻临界强度。

③ 如计算满足不了要求，再采用增加或改变保温材料品种或厚度，改变水泥品种或提高入模温度等措施，使之达到要求。

2) 混凝土在降至 0℃时，采用蓄热法养护的混凝土受冻临界强度应符合表 21-29 的要求：

蓄热法养护混凝土降至零度时的受冻临界强度　　表 21-29

序号	配制混凝土的水泥品种	强度下限值	备注
1	硅酸盐水泥或普通硅酸盐水泥	设计强度的30%	
2	矿渣硅酸盐水泥	设计强度的40%	
3	混凝土强度等级不大于C15	5MPa	应与序号1、2规定同时满足

3) 蓄热法的热工计算按以下方法进行：

① 混凝土蓄热养护开始到任一时刻 t 的温度，可按式 (21-16) 计算：

$$T_4 = \eta e^{-\theta\cdot V_{ce}t_3} - \varphi e^{-V_{ce}t_3} + T_{m,a} \quad (21\text{-}16)$$

② 混凝土蓄热养护开始到任一时刻 t 的平均温度，可按式 (21-17) 计算：

$$T_m = \frac{1}{V_{ce}t_3}\left(\varphi e^{-V_{ce}\cdot t_3} - \frac{\eta}{\theta}e^{-\theta\cdot V_{ce}\cdot t_3} + \frac{\eta}{\theta} - \varphi\right) + T_{m,a} \quad (21\text{-}17)$$

其中 θ，φ，η，为综合参数，按式 (21-18) 计算：

$$\theta = \frac{\omega\cdot K\cdot M_s}{V_{ce}\cdot c_c\cdot\rho_c}$$
$$\varphi = \frac{V_{ce}\cdot Q_{ce}\cdot m_{ce,1}}{V_{ce}\cdot c_c\cdot\rho_c - \omega\cdot K\cdot M_s}$$
$$\eta = T_3 - T_{m,a} + \varphi \quad (21\text{-}18)$$

式中　T_4——混凝土蓄热养护开始到任一时刻 t 的温度（℃）；

T_m——混凝土蓄热养护开始到任一时刻 t 的平均温度（℃）；

t_3——混凝土蓄热养护开始到任一时刻 t 的时间（h）；

$T_{m,a}$——混凝土蓄热养护开始到任一时刻 t 的平均气温（℃）；

ρ_c——混凝土的质量密度（kg/m^3）；

$m_{ce,1}$——每立方米混凝土水泥用量（kg/m^3）；

Q_{ce}——水泥水化累积最终放热量（kJ/kg）；

V_{ce}——水泥水化速度系数（h^{-1}）；

c_c——混凝土的比热容 [kJ/(kg·k)]；

ω——透风系数；

M_s——结构表面系数（m^{-1}）；

K——结构围护层的总传热系数[kJ/(m^2·h·K)]；

e——自然对数底，可取 e=2.72。

注：1. 结构表面系数 M_s 值可按下式计算：

$$M_s = A/V \tag{21-19}$$

式中　A——混凝土结构表面积（m²）；

　　　V——混凝土结构的体积（m³）。

2. 结构围护层总传热系数可按下式计算：

$$K = \cfrac{3.6}{0.04 + \sum\limits_{i=1}^{n} \cfrac{d_i}{\lambda_i}} \tag{21-20}$$

式中　d_i——第 i 层围护层厚度（m）；

　　　λ_i——第 i 层围护层的导热系数[W/(m·K)]。

3. 平均气温 $T_{m,a}$ 取法，可采用蓄热养护开始至 t 时气象预报的平均气温，亦可按每时或每日平均气温计算。

4）水泥水化累积最终放热量 Q_{ce} 水泥水化速度系数 V_{ce} 及透风系数 ω 取值见表 21-30 和表 21-31。

水泥水化累积最终放热量 Q_{ce} 和水泥水化

速度系数 V_{ce}　　　　　　　表 21-30

水泥品种及强度等级	Q_{ce}（kJ/kg）	V_{ce}（h⁻¹）
硅酸盐、普通硅酸盐水泥 52.5	400	0.018
硅酸盐、普通硅酸盐水泥 42.5	350	0.015
矿渣、火山灰质、粉煤灰、复合硅酸盐水泥 42.5	310	0.013
矿渣、火山灰质、粉煤灰、复合硅酸盐水泥 32.5	260	0.011

透风系数 ω　　　　　　　　表 21-31

围护层种类	透风系数 ω		
	$V_w < 3\text{m/s}$	$3\text{m/s} \leqslant V_w \leqslant 5\text{m/s}$	$V_w > 5\text{m/s}$
围护层有易透风材料组成	2.0	2.5	3.0
易透风保温材料外包不易透风材料	1.5	1.8	2.0
围护层由不易透风材料组成	13	1.45	1.6

注：V_w——风速。

5）当需要计算混凝土蓄热养护冷却至 0℃ 的时间时，可根据式（21-16）采用逐次逼近的方法进行计算。如果蓄热养护条件满足 $\cfrac{\varphi}{T_{m,a}} \geqslant 1.5$，且 $KM_s \geqslant 50$ 时，也可按式（21-21）直接计算：

$$t_0 = \cfrac{1}{V_{ce}} \ln \cfrac{\varphi}{T_{m,a}} \tag{21-21}$$

式中　t_0——混凝土蓄热养护冷却至 0℃ 的时间（h）。

混凝土冷却至 0℃ 的时间内，其平均温度可根据式（21-17）取 $t_3 = t_0$ 进行计算。

6）混凝土蓄热养护各种保温模板的传热系数，可用表 21-32 查得。

各种保温模板的传热系数　　　表 21-32

保温模板构造	传热系数 K [W/(m²·K)]
钢模板，区格间填入聚苯乙烯板 50mm 厚	3.0
钢模板，区格间填入聚苯乙烯板 50mm 厚，外包岩棉毡 30mm 厚	0.9
钢模板，外包毛毡三层 20mm 厚	3.5
木模板 25mm 厚，外包岩棉毡 30mm 厚	1.1
木模板 25mm 厚，外包草帘 50mm 厚	1.0

21.1.5.7　暖棚法养护

（1）适用范围

暖棚法施工适用于地下结构工程和混凝土量比较集中的结构工程。

（2）暖棚构造

暖棚通常以脚手架材料（钢管或木杆）为骨架，用塑料薄膜或帆布围护。塑料薄膜可使用厚度大于 0.1mm 的聚乙烯薄膜，也可使用以聚丙烯编织布和聚丙烯薄膜复合而成的复合布。塑料薄膜不仅重量轻，而且透光，白天不需要人工照明，吸收太阳能后还能提高棚内温度。

加热用的能源一般为煤或焦炭，也可使用以电、燃气、煤油或蒸汽为能源的热风机或散热器。

（3）施工注意事项

1）当采用暖棚法施工时，棚内各测点温度不得低于 5℃，并应设专人检测混凝土及棚内温度。暖棚内测温点应选择具有代表性的位置进行布置，在离地面 500mm 高度处必须设点，每昼夜测温不应少于 4 次。

2）养护期间应测量棚内湿度，混凝土不得有失水现象。当有失水现象时，应及时采取增湿措施或在混凝土表面洒水养护。

3）暖棚的出入口应设专人管理，并应采取防止棚内温度下降或引起风口处混凝土受冻的措施。

4）在混凝土养护期间应将烟或燃烧气体排至棚外，注意采取防止烟气中毒和防火措施。

（4）能耗计算

暖棚内的热量消耗，可根据暖棚尺寸、围护构造、地面的导热系数和室内换气次数（一般按每小时 2 次计算）等来计算确定。

21.1.5.8　电加热法养护

（1）分类及适用范围

混凝土的电加热养护根据其所用的发热元件不同分为不同的方法。常用的有：电极法、电热器法（一般用电热毯）、工频涡流法、线圈感应法、红外线加热法等。其适用范围见表 21-33。

电热法分类及适用范围　　　表 21-33

分类	适用范围
电极法	适用于木模板浇筑的混凝土构件，耗电量比其他方法高，只能在特殊条件下使用
电热毯法	适用于以钢模板浇筑的构件
工频涡流法	适用于大模板现浇墙体、梁、柱结构和梁柱接头等构件
线圈感应加热法	适用于梁、柱结构，以及各种装配式钢筋混凝土的接头混凝土的加热养护，亦可用于钢管及型钢混凝土的钢体、密筋结构的钢筋和钢筋预热，及受冻钢筋混凝土结构构件的解冻
红外线加热法	适用于薄壁钢筋混凝土结构、装配式钢筋混凝土结构接头处混凝土、固定预埋铁件、受冻混凝土的加热

电极加热法养护混凝土的适用范围宜符合表 21-34 的规定。

电极加热法养护混凝土的适用范围　表 21-34

分类		常用电极规格	设置方法	适用范围
内部电极	棒形电极	$\phi6 \sim \phi12$ 的钢筋短棒	混凝土浇筑后，将电极穿过模板或在混凝土表面插入混凝土体内	梁、柱、厚度大于 150mm 的板、墙及设备基础
	弦形电极	$\phi6 \sim \phi12$ 的钢筋，长为 2.0~2.5m	在浇筑混凝土前将电极装入，与结构纵向平行。电极两端成直角，由模板孔引出	含筋较少的墙、柱、梁、大型柱基础以及厚度大于 200mm 单侧配筋的板
表面电极		$\phi6$ 钢筋或厚 1~2mm、宽 30~60mm 的扁钢	电极固定在模板内侧，或装在混凝土的外表面	条形基础、墙及保护层大于 50mm 的大体积结构和地面等

（2）施工要点

1）电加热法养护混凝土的温度应符合表 21-35 的规定。

电加热法养护混凝土的温度（℃）　表 21-35

水泥强度等级	结构表面系数（m⁻¹）		
	<10	10~15	>15
32.5	70	50	45
42.5	40	40	35

2) 混凝土采用电极加热法养护应符合下列要求：

① 电路接好应经检查合格后方可合闸送电。当结构工程量较大，需边浇筑边通电时，应将钢筋接地线，电热现场应设安全围栏。

② 棒形和弦形电极应固定牢固并不得与钢筋直接接触，电极与钢筋之间的距离应符合表 21-36 的规定。

电极与钢筋之间的距离　　表 21-36

工作电压（V）	最小距离（mm）
65.0	50～70
87.0	80～100
106.0	120～150

注：当因钢筋密度大而不能保证钢筋与电极之间的上述距离时，应采取绝缘措施。

③ 电极加热法应使用交流电，不得使用直流电，电极的形式、尺寸、数量及配置应能保证混凝土各部位加热均匀，且仅应加热到设计混凝土强度标准值的 50%，在电极附近的辐射半径方向每隔 10mm 距离的温度差不得超过 1℃。

④ 电极加热应在混凝土浇筑后立即送电，送电前混凝土表面应保温覆盖。混凝土在加热养护过程中其表面不应出现干燥脱水，并应随时向混凝土上表面洒水或盐水，洒水应在断电后进行。

3) 混凝土采用电热毯法养护应符合下列要求：

① 电热毯由四层玻璃纤维布中间夹以电阻丝制成，其几何尺寸应根据混凝土表面或模板外侧与龙骨组成的区格大小确定，电热毯的电压宜为 60～80V，功率宜为 75～100W/块。

② 当布置电热毯时，在模板周边的各区格应连续布毯，中间区格可间隔布毯，并应与对面模板错开，电热毯外侧应设置耐热保温材料（如岩棉板等）。

③ 电热毯养护的通电持续时间应根据气温及养护温度确定，可采用分段间断或连续通电养护工序。

4) 混凝土采用工频涡流法养护应符合下列要求：

① 工频涡流法养护的涡流管应采用钢管，其直径宜为 12.5mm，壁厚宜为 3mm，钢管内穿铝芯绝缘导线其截面宜为 25～35mm²，技术参数宜符合表 21-37 要求。

工频涡流管技术参数　　表 21-37

项　目	取　值
饱和电压降值（V/m）	1.05
饱和电流值（A）	200
钢管极限功率（W/m）	195
涡流管间距（mm）	150～250

② 各种构件涡流模板的配置应通过热工计算确定，也可按下列规则配置：

a. 柱：四面配置。

b. 梁：当高宽比大于 2.5 时，侧模宜采用涡流模板，底模宜采用普通模板；当高宽比小于等于 2.5 时，侧模和底模皆宜采用涡流模板。

c. 墙板：距墙板底部 600mm 范围内应在两侧对称拼装，涡流模板 600mm 以上部位应在两侧采用涡流和普通钢模交错拼装，并使涡流模板对应面为普通模板。

d. 梁柱节点：可将涡流钢管插入节点内，钢管总长度应根据混凝土量按 6.0kW/m³ 计算，节点外围应保温养护。

5) 当采用工频涡流法养护时，各阶段送电功率应使预养与恒温阶段功率相同，升温阶段功率大于预养阶段功率的 2.2 倍，预养、恒温阶段的变压器一次接线为 Y 形，升温阶段接线应为 △形。

6) 混凝土采用线圈感应加热养护应符合下列要求：

① 变压器宜选择 50kVA 和 100kVA 低压加热变压器，电压宜在 36～110V 调整。当混凝土量较少时也可采用交流电焊机。变压器的容量宜比计算结果增加 20%～30%。

② 感应线圈宜选用截面积为 35mm² 铝质或铜质电缆，加热主电缆的截面积 150mm²。可选用电流不宜超 400A。

③ 当缠绕感应线圈时，宜靠近钢模板。构件两端线圈导线的间距应比中间加密一倍，加密范围宜由端部向内至一个线圈直径的长度为止。端头应密缠五圈。

④ 最高电压值宜为 80V，新电缆电压值可采用 100V，但应使接头绝缘，养护期间电流不得中断，并防止混凝土受冻。

⑤ 通电后应采用钳形电流表和万能表随时检查测定电流，并应根据具体情况随时调整参数。

7) 采用红外线加热法对混凝土进行辐射加热养护时，辐射器与混凝土表面的距离不应小于 300mm，混凝土表面温度以 70～90℃为好。

21.1.5.9　蒸汽养护法

（1）蒸汽养护法适用范围

蒸汽养护法主要包含棚罩法、蒸汽套法、热模法、内部蒸汽法等，其特点及适用范围见表 21-38。

蒸汽养护法特点及适用范围　　表 21-38

方　法	简　述	特　点	适用范围
棚罩法	用帆布或其他罩子扣罩，内部蒸汽养护混凝土	设施灵活，施工简便，费用较小，但耗汽量大，温度不易均匀	预制梁、板、地下基础、沟道等
蒸汽套法	制作密封保温外套，分段送汽养护混凝土	温度能适当控制，加热效果取决于保温构造，设施复杂	现浇梁、板、框架结构、墙、柱等
热模法	模板外侧配置蒸汽管，加热模板养护	加热均匀、温度易控制，养护时间短，设备费用大	墙、柱与框架结构
内部蒸汽法	结构内部留孔道，通蒸汽加热养护	节省蒸汽，费用较低，入汽端易过热，需处理冷凝水	预制梁、柱、桁架，现浇梁、柱、框架单梁

（2）施工要点

1) 由于使用普通硅酸盐水泥的混凝土的最终强度比不经加热在低正温下硬化的混凝土强度低，所以蒸汽养护宜采用矿渣或火山灰水泥，但不得使用矾土水泥。

2) 凡是掺有引气型的外加剂或氯盐的混凝土，在蒸汽作用下，会增加含气量，推迟凝结时间，降低强度，因此不宜用于蒸汽养护。

3) 基土为不得受水浸的土，不宜采用蒸汽加热。

4) 用于蒸汽加热的低压湿饱和蒸汽，要求相对湿度 100%，温度 95℃，压力 0.05～0.07MPa。当使用高压蒸汽时，应通过减压阀或过水装置方可使用。

5) 蒸汽养护应包括升温、恒温、降温三个阶段，各阶段加热延续时间可根据养护终了要求的强度确定。整体结构采用蒸汽养护时水泥用量不宜超过 350kg/m³，水灰比宜为 0.4～0.6，坍落度不宜大于 50mm。采用蒸汽养护的混凝土可掺入早强型或无引气型减水剂，但不宜掺用引气剂或引气减水剂，亦不应使用矾土水泥。蒸汽加热养护混凝土时应排除冷凝水并防止渗入地基土中；当有蒸汽喷出口时，喷嘴与混凝土外露面的距离不得小于 30mm。

6) 混凝土的最高加热温度如采用普通硅酸盐水泥时不应超过 80℃，采用矿渣硅酸盐水泥时可提高到 85℃。但采用内部通汽法时，最高加热温度不应超过 60℃。

7) 整体浇筑结构混凝土的升温和降温速度应按照表 21-39 规定执行。

整体浇筑结构混凝土的升温和降温速度　　表 21-39

表面系数（m⁻¹）	升温速度（℃/h）	降温速度（℃/h）
≥6	15	10
<6	10	5

注：厚大体积的混凝土应根据实际情况确定。

21.1.5.10　掺外加剂法

（1）掺外加剂法适用范围

掺外加剂混凝土冬期施工主要包括低温早强混凝土、掺防冻剂的负温混凝土等，主要用于冬期不易保温的框架结构、高层建筑结构、一般梁、板、柱结构，以及地下结构或大面积的板式基础结构。当最低温度不低于 $-5℃$ 时，可采用早强剂或早强减水剂；当最低温度不低于 $-20℃$ 时，应采用防冻剂进行混凝土施工；若最低气温低于 $-20℃$ 时，宜采用加热养护方法进行混凝土冬期施工。

（2）施工要点

1）施工时要求原材料进行加热，要求提高混凝土出机温度和入模温度。混凝土浇筑后，裸露面要及时覆盖塑料薄膜，避免风袭失水，也可以覆盖保温材料提高养护效果。

2）混凝土允许受冻临界强度时，低温早强混凝土控制为 0℃，掺防冻剂的负温混凝土的控制温度为防冻剂规定的温度。

3）低温早强混凝土施工

① 当早强混凝土使用元明粉时，可以配置成溶液，亦可直接使用，使用时可以与水泥同时使用，适当延长搅拌时间，保证搅拌均匀。

② 若使用芒硝或有水硫酸钠，应先除硫酸钠配置成溶液，不允许有结晶沉淀析出。若有沉淀，应立即用热水将结晶化开后方准使用。

③ 配置硫酸钠溶液时，应注意其共溶性，如硫酸钠和氯化钙复合时，应先加入氯化钙溶液，出机前加入硫酸钠，并延长搅拌时间。

④ 如采用蒸汽养护时，注意早强剂的水泥适应性，并须有适当的预养时间。一般当温度为 30℃ 时，预养温度不宜少于 3～4h，初期强度不宜低于 0.6MPa。

4）负温混凝土施工

① 搅拌混凝土时应设专人投放外加剂，要严格按要求剂量投入，并做好记录。使用液体外加剂时，应随时测定溶液的温度和浓度，当发现浓度有变化时，应加强搅拌或加热搅拌，直到溶液达到要求浓度且均匀为止。

② 搅拌混凝土前，搅拌筒内部应用热水或蒸汽进行冲洗。混凝土搅拌时间应比常温搅拌时间延长 50%。其具体出机温度，应根据当时的施工气温状况，拌合物运送过程中的热损失，以及拌合物捣运、浇筑入模温度要求等产生的热损失，通过热工计算确定。

③ 当防冻剂和其他外加剂复合使用时，除预先测定其相容性外，投入的次序要按试验室试验的要求进行。如外加剂中含有引气组分时，在搅拌出罐时，随时测定含气量，最大含气量不得超过 7%。

④ 负温混凝土浇筑入模温度，在严寒地区应控制不低于 10℃，在寒冷地区控制不低于 5℃。

⑤ 混凝土在浇筑前，应清除模板或钢筋上的冰雪和污垢，但不得用蒸汽直接融化冰雪，防止再结冰。

⑥ 混凝土运到浇筑地点应立即进行浇筑，尽量减少热损失，提高入模温度。混凝土浇筑后，应采用机械振捣，注意相互之间衔接，间歇时间不宜超过 15min，按随浇筑、随振捣、随覆盖保温的原则进行操作。

⑦ 负温混凝土浇筑后，可采用蓄热法养护。为防止冬期混凝土失水，混凝土浇筑后要立即用一层塑料薄膜覆盖，然后上面再加一层草袋保温。对于框架结构如梁、柱等不易覆盖草袋保温时，应采用布条包裹覆盖养护。

⑧ 混凝土浇筑后，在养护期间应加强测温，特别注意前 7d 的测温。混凝土在养护期间，在达到允许受冻临界强度以前，混凝土的温度不得低于防冻剂的规定温度。当达到临界强度以后，混凝土内部温度允许低于规定温度，但后续时间亦要安注意覆盖塑料布等养护，以防止混凝土失水影响水泥的后期水化反应，对混凝土强度增长不利。

21.1.5.11　混凝土质量控制

（1）冬期施工混凝土质量除应按相关章节进行控制外，还应符合以下规定：

1）检查外加剂质量及掺量。外加剂进入施工现场后应进行抽样检验，合格后方准使用。

2）检查水、骨料、外加剂溶液和混凝土出罐及浇筑时的温度。

3）检查混凝土从入模到拆除保温层或保温模板期间的温度。

（2）施工期间的测温项目与频次应符合表 21-40 的规定。

施工期间的测温项目与频次　　　　表 21-40

测温项目	频　次
室外气温	测量最高、最低气温
环境温度	每昼夜不少于 4 次
搅拌机棚温度	每一工作班不少于 4 次
水、水泥、矿物掺合料、砂、石及外加剂溶液温度	每一工作班不少于 4 次
混凝土出机、浇筑、入模温度	每一工作班不少于 4 次

（3）混凝土养护期间温度测量应符合下列规定：

1）采用蓄热法或综合蓄热法养护时，在混凝土达到受冻临界强度之前，应每隔 4～6h 测量一至两次。

2）掺防冻剂混凝土在强度未达到规范规定的受冻临界强度之前应每隔 2h 测量一次，达到受冻临界强度以后每隔 6h 测量一次。

3）采用加热法养护混凝土时，升温和降温阶段应每隔 1h 测量一次，恒温阶段每隔 2h 测量一次。

4）采用加热法养护时，测温孔应设置在易于散热的部位；采用加热法养护时，应分别设置在离热源的不同位置。全部测温孔均应编号，并绘制布置图。测温孔应设在有代表性的结构部位和温度变化大易冷却的部位，孔深宜为 100～150mm，也可为板厚或墙厚的 1/2。

测温时，测温仪表应采取与外界气温隔离措施，测温仪表测量位置应处于结构表面下 20mm 处，并置在测温孔内不少于 3min。

（4）检查混凝土质量除应按标准留置试块外，尚需做下列检查：

1）检查混凝土表面是否受冻、粘连、收缩裂缝，边角是否脱落，施工缝处有无受冻痕迹。

2）检查同条件养护试块的养护条件是否与施工现场结构养护条件相一致。

3）采用成熟度法检验混凝土强度时，应检查测温记录与计算公式要求是否相符，有无差错。

4）采用电热法养护时，应检查供电变压器二次电压和二次电流强度，每一工作班不少于两次。

（5）模板和保温层在混凝土达到要求强度并冷却到 5℃ 后方可拆除。拆模时混凝土温度与环境温度差大于 20℃ 时，拆模后的混凝土表面应及时覆盖，使其缓慢冷却。

（6）混凝土试件的留置除按《混凝土结构工程施工质量验收规范》（GB 50204）规定进行外，还应增加不少于两组同条件试件。

21.1.6　钢结构工程

21.1.6.1　一般规定

（1）在负温度下进行钢结构的制作和安装时，应按照负温度施工的要求，编制钢结构制作工艺规程和钢结构安装施工组织设计。

（2）钢结构制作和安装使用的钢尺、量具，应和土建施工单位使用的测量工具相一致，采用同一精度级别进行鉴定。并制定钢结构和土建结构的不同验收标准，不同温度膨胀系数差值的调整措施。

（3）冬期负温度下安装钢结构时，要注意温度变化引起的钢结构外形尺寸的偏差。

（4）在负温度下施工使用的钢材，宜采用 Q345 钢、Q390 钢、Q420 钢，其质量应分别符合国家现行标准的规定。所用钢材应具有负温冲击韧性保证值，Q235 钢和 Q345 钢试验温度应为 0℃ 和 $-20℃$；Q390 钢和 Q420 钢试验温度应为 $-20℃$ 和 $-40℃$。

（5）负温度下焊接接头的板厚大于 40mm 时，节点的约束力较大，在板厚方向承受拉力作用时，要求钢板有板厚方向伸长率的保证，以防出现层状撕裂，应符合《厚度方向性能钢板》（GB/T

5313）的规定。

（6）负温度下施工的钢铸件应按《一般工程用铸造碳钢件》（GB/T 11352）中规定的 ZG200-400、ZG230-450、ZG270-500、ZG310-570 号选用。

（7）负温度下钢结构焊接用的焊条、焊丝，在满足设计强度要求的前提下，应选用屈服强度较低、冲击韧性较好的低氢性焊条，重要结构可采用高韧性超低型焊条。但选用时，必须满足设计强度要求。

（8）负温下钢结构用低氢型焊条烘焙温度宜为 350～380℃，保温时间宜为 1.5～2h，烘焙后应缓冷存放在 110～120℃烘箱内，使用时应取出放在保温筒内，随用随取。当负温下使用的焊条外露超过 4h 时，应重新烘焙。焊条的烘焙次数不宜超过 2 次，受潮的焊条不应使用。

（9）焊剂的含水量不得大于 0.1%，在使用前必须按照质量证明书的规定进行烘焙。在负温度下露天进行焊接工作时，焊剂重复使用的时间间隔不得超过 2h，当超过时，必须重新进行烘焙。

（10）二氧化碳气体保护焊，其二氧化碳气体纯度不宜低于 99.5%（体积比），含水率不得超过 0.005%（质量比）。使用瓶装气体时，瓶内压力低于 1MPa 时，应停止使用。在负温下使用时，应检查瓶嘴有无冰冻堵塞现象。

（11）钢结构制作和现场安装时，采用氧乙炔气切割钢材仍是常用手段，但冬期使用时，应注意以下两点：

1）乙炔发生器应放置在 0℃以上的条件下，以免发生水结冰以及降低乙炔气的产出量；

2）氧气瓶应放置暖棚中。如露天放置，应注意检查因氧气瓶出气口的水分冻结产生的堵塞出气口。

（12）钢结构中使用的螺栓，应有产品合格证。冬期施工时，高强度螺栓应在负温下进行扭矩系数、轴力的复验工作，符合要求后方能使用。

（13）在负温度下钢结构基础锚栓施工应保护好螺纹端，不宜进行现场对焊。

21.1.6.2 钢结构制作

（1）在负温度条件下，钢结构放样前，需根据气温情况对尺寸进行计算修正。在冬期条件下放样时，其切割、铣、刨的尺寸，还需考虑由于气温影响产生的温度收缩量。

（2）构件下料时，焊接接头的端头应根据工艺要求预留焊缝收缩量，多层框架和高层钢结构的多节柱，还要预留因荷载使柱子产生压缩的变形量。焊接收缩量和压缩变形量，必须与钢材在负温度下产生的收缩变形量相协调。

（3）形状复杂和要求在负温下弯曲加工的构件，应按制作工艺要求的方向取料。弯曲构件的外侧不应有大于 1mm 的缺口和伤痕。

（4）冬期施工时，对于普通碳素结构钢温度低于 -20℃，低合金钢温度低于 -15℃时的气温条件下，不得剪切和冲孔。如必须进行剪切和冲孔时，应局部进行加热到正温时，方可进行。

（5）在冬期施工中，普通碳素结构钢温度低于 -16℃，低合金结构钢温度低于 -12℃时的温度环境下，不得进行冷矫正和冷弯曲，以免断裂或产生裂纹。当工作地点温度低于 -30℃时，不宜进行现场火焰切割作业。

（6）负温度下零件边缘需要加工时，应用精密切割机加工，焊缝坡口宜采用自动切割。重要结构的焊缝坡口，应用机械加工或自动切割加工，不宜用手工气割加工。采用坡口机、刨条机进行坡口加工时，不得出现鳞状表面。

（7）构件必须按工艺规定的由里向外扩展的顺序进行组拼。如在负温下组拼焊接结构时，焊缝收缩预留值宜由试验确定。组拼时，点焊缝的数量和长度由计算确定。

（8）零件冬期组装，必须把接缝两侧各 50mm 范围以内的毛刺、油污、铁锈、泥土、冰雪等清理干净，并保持接缝干燥，没有残留水分。

（9）负温度下焊接中厚钢板、厚壁钢管时，应焊前预热。预热温度可由试验确定，当无试验数据时，可参考表 21-41。

负温下焊接中厚钢板、厚钢管的预热温度 表 21-41

钢材种类	钢材厚度(mm)	工作地点温度(℃)	预热温度(℃)
普通碳素钢构件	<30	<-30	36
	30～50	-30～-10	36
	50～70	-10～0	36
	>70	<0	100
普通碳素钢管构件	<16	<-30	36
	16～30	-30～-20	36
	30～40	-20～-10	36
	40～50	-10～0	36
	>50	<0	100
低合金钢构件	<10	<-26	36
	10～16	-26～-10	36
	16～24	-10～-5	36
	24～40	-5～0	36
	>40	<0	100～150

（10）负温度下焊接，比常温更容易产生未焊透和积累各种缺陷。因此，构件组装定型后，应严格按焊接工艺规定进行。单条焊缝的两端必须设置引弧板和熄弧板，引弧板和熄弧板的材料应和母材一致。严禁在焊接的母材上引弧。

（11）负温度下焊接，热量损失较快。当板厚大于 9mm 时，应采用多层焊接工艺，焊缝应由下往上逐层堆焊并控制层间温度，原则上一条焊缝要一次焊完，不得中断。如中断再次施焊时，应先仔细清渣并检查缺陷，合格后方可进行预热，继续施焊，并且再次预热温度要高于初期预热温度。

（12）在负温度下校正成形，推荐使用热校正。当采用冷校正时，严禁使用锤击敲打，应采用静力方式。

（13）负温度下进行热校正时，钢材加热温度应控制在 750～900℃（暗樱红色），宜搭设防风、防雨雪棚罩，温度较低时，应使用两把以上烤枪同时烘烤。温度在 200～400℃之间时，结束校正，并使其缓慢冷却。

（14）检查验收负温度下制作的钢构件时，外形尺寸应考虑温度的影响。当设计无要求时，等强接头和要求焊透的焊缝必须100%超声波检查，其余焊缝按30%～50%超声波抽样检查。

（15）负温度下进行超声波探伤检查时，探头与钢材接触面间应使用不冻结的油基耦合剂，不应使用水基耦合剂。

（16）经探伤不合格的焊缝应铲除重焊，并仍按在负温度下钢结构焊接工艺的规定进行施焊，焊后应采用同样的检验标准检验确定。

（17）负温下制作的钢结构构件，在检查验收时，应考虑当时的气温对构件外形尺寸的影响。

21.1.6.3 钢结构安装

（1）冬期运输钢构件时，注意清除运输车箱上的冰、雪，垫块、拉结点等部分，必须采取防滑措施，防止运输过程中构件滑动。

（2）冬期堆存钢构件时，也要采取防滑措施。构件堆放场地必须平整坚实，无水坑，地面无结冰，无积雪，防止构件接触面下沉导致的构件变形。多层构件叠放时，必须保证构件的水平度，垫块必须在同一垂直线上，且垫块选用防溜滑材料。

（3）负温度下，钢结构安装前，除按常规检查外，还须对构件根据负温度条件下的要求，对质量进行详细复验。凡是在运输、堆放过程中造成的构件变形、扭伤、脱漆或制作中存在的漏检等，偏差大于规定，影响安装质量的，必须在地面进行修理、矫正，符合设计要求及规范规定后才能起吊安装。

（4）负温度下，钢结构安装前，要编制钢构件安装工艺流程图，并严格按照执行。平面上应从建筑物的中心逐步向四周扩展安装，立面上宜从下部逐件往上安装。

（5）负温度下安装使用的吊环必须采用韧性好的钢材制作。绑

扎、起吊钢构件的钢索与构件直接接触时，要加防滑隔垫。凡是与构件同时起吊的节点板、安装人员使用的挂梯、校正用的卡具、绳索必须绑扎牢固。直接使用吊环、吊耳起吊构件时，要检查吊环、吊耳连接焊缝有无损伤。

(6) 钢结构的冬期安装焊接要编制焊接工艺。在一节柱的一层构件安装、校正、栓接并预留焊缝收缩量后，平面上从结构中心开始向四周对称扩展焊接，严禁在结构外圈向中心焊接。同一个水平构件的两端不得同时进行焊接，待一端焊接完成并冷却到环境温度后，再焊接另一端。

(7) 构件上的积雪、结冰、结露，安装前应清除干净，但需注意保护涂层，不得损伤。需要补涂时，最好在地面上进行。

(8) 在负温度下安装钢结构所使用的专用机具、设备，应进行提前调试，必要时进行负温下试运行。对特殊要求的高强度螺栓、扳手、超声波探伤仪、测温计等，也要在低温下进行调试和标定。

(9) 负温度下安装的钢结构主要构件（柱子、主梁、支撑等），安装后应立即进行校正，并进行永久固定，以使当天安装的构件形成空间稳定体系，确保钢结构的安装质量和施工过程中的安全。

(10) 钢结构安装时，高强度螺栓接头摩擦面必须干净、干燥，不得有积雪、结冰、泥土、油污，并不得雨淋。检查符合要求后，方可拧紧螺栓，以保证达到设计要求的抗滑移系数。

(11) 多层钢结构安装时，楼面上的荷载必须限制，不得超过钢梁和楼板的承载能力。

(12) 冬期钢结构安装尽量减少高空作业，在起重设备能力允许的条件下，尽可能在地面拼装成较大的单元，整体吊装。

(13) 钢结构材料对温度较敏感，在冬期安装时，必须有调整尺寸偏差的措施。特别对由于温差引起高、长、大构件的伸长、缩短、弯曲等偏差，绝不可忽视。

(14) 在负温度下安装的质量，除应遵守《钢结构工程施工质量验收规范》（GB 50205）要求外，尚应按设计的要求进行检查验收。

(15) 在负温度下安装过程中，需要提供临时固定或连接的，宜采用螺栓连接形式；当需要现场临时焊接时，安装完毕后，要妥善清理临时焊缝，防止形成较大应力集中和残余变形。

(16) 负温下进行钢一混凝土组合结构的组合梁和组合柱施工时，浇筑混凝土前应采取措施对钢结构部分加温至5℃。

21.1.6.4 钢结构负温焊接

(1) 冬期钢结构制作和安装必须编制专门的焊接工艺规程。

(2) 负温下施工，应当在负温度下进行钢材的可焊性试验，试验通过方可进行负温焊接施工。当焊接场地环境温度低于－15℃时，应考虑温度对焊接工艺的影响，适当提高焊机的电流强度，每降低3℃，焊接电流应提高2%。

(3) 在负温度下露天焊接钢结构时，应考虑雨、雪和风的影响，当焊接场地环境温度低于－10℃时，应考虑焊接区域的保温措施，当焊接场地环境温度低于－30℃时，宜搭设临时防护棚，防止雨水、雪花飘落在炽热的焊缝上。

(4) 负温焊接，当采用低氢焊接材料时，焊接后焊缝宜进行焊后消氢处理，消氢处理的加热温度为200～250℃，保温时间应根据工件的板厚，每25mm板厚不小于0.5h，且总保温时间不得小于1h，确定达到保温时间后应缓冷至常温。并且现场设烘干箱，焊条烘干温度约300℃，时间为2～3h。

(5) 焊接施工时，同一条焊缝内，不同焊层宜选用不同直径的焊条。如：打底和盖面层采用较细焊条，中部层焊采用较粗焊条，提高焊接质量。

(6) 冬期负温焊接时，须焊前预热、焊后缓冷。采用喷灯或水焊工具在焊前加温，预热范围应在焊缝四周大于等于100mm区域内，钢管在焊缝四周大于等于200mm左右，预热可采用氧乙炔火焰烘烤及其他电热红外线法烘烤。加热温度一般为150～200℃，一人焊，另一人烤，施焊后再烘烤一段时间，自然冷却。焊完第一遍后连续焊第二遍，一次完成。

(7) 钢结构冬期施工时，尽量缩小制作单元块体，防止个别杆件因焊口应力集中而产生裂缝。通过试验和计算，确定杆件焊接收缩量，总拼时，应从中间向两边或四周发展。单元块体焊接时，一般

先焊下弦，使下弦收缩向上拱起，然后焊腹杆及上弦，减少或消除约束应力。

(8) 厚钢板组成的钢构件在负温度下焊接完成后，立即进行后热处理，既可消除焊接产生的残余应力，又可防止发生氢脆事故。在焊缝两侧板厚的2～3倍范围内，加热温度150～300℃，保持1～2h。后热处理完后，要采用石棉布、石棉灰等保温措施，使焊缝缓慢冷却，冷却速度不大于10℃/min。

(9) 栓钉焊接前，应根据负温度值的大小，对焊接电流、焊接时间等参数进行测定，保证栓钉在负温度下的焊接质量。栓钉施焊环境温度低于0℃时，打弯试验的数量应增加1%；当栓钉采用手工电弧焊和其他保护电弧焊接时，其预热温度应符合相应工艺的要求。

(10) 钢结构的焊接加固时，必须由有对应类别资格的焊工施焊。施焊镇静钢板的厚度不大于30mm时，环境空气温度不应低于－15℃；当厚度超过30mm时，温度不应低于0℃。

21.1.6.5 钢结构防腐

(1) 在负温度条件下，钢结构禁止使用水基涂料，且涂料应符合负温条件下涂刷的性能要求。

(2) 在低于0℃的钢构件上涂刷防腐涂层前，应进行涂刷工艺试验。涂刷时必须将构件表面的铁锈、油污、边沿孔洞的飞边毛刺等清除干净，并保持构件表面干燥。

(3) 负温度下涂刷，为了加快涂层干燥速度，可用热风、红外线照射干燥。干燥温度和时间由试验确定。

(4) 钢结构制作前，应对构件隐蔽部位、夹层、成型后以难操作的复杂节点提前除锈、涂刷。

(5) 室内防腐涂装作业时，应有通风措施。露天作业时，雨、雪、大风天气或构件上有薄冰时不得进行涂刷工作。

(6) 构件涂装后需要运输时，应防止磕碰，防止地面拖拉，防止涂层损坏。

(7) 油漆工应有特殊工种作业操作证。

(8) 环境温度低于－10℃时，应停止涂刷作业。

21.1.7 屋 面 工 程

屋面各层在施工前，均应将基层上面的冰、水、积雪和杂物等清扫干净，所用材料不得含有冰雪冻块。

21.1.7.1 保温层施工

(1) 冬期施工采用的屋面保温材料应符合设计要求，并不得含有冰雪、冻块和杂质。

(2) 干铺的保温层可在负温度下施工，采用沥青胶结的整体保温层和板状保温层应在气温不低于－10℃时施工，采用水泥、石灰或乳化沥青胶结的整体保温层和板状保温层，应在气温不低于5℃时施工。如气温低于上述要求，应采取保温、防冻措施。

(3) 采用水泥砂浆粘贴板状保温材料以及处理板间缝隙，可采用掺有防冻剂的保温砂浆。防冻剂掺量应通过试验确定。

(4) 干铺的板状保温材料在负温施工时，板材应在基层表面铺平垫稳，分层铺设。板块上下层缝隙应相互错开，缝隙应采用同类材料的碎屑填放密实。

(5) 雪天和五级风及以上天气不得施工。

(6) 当采用倒置式屋面进行冬期施工时，应符合以下要求：

1) 倒置式屋面冬期施工，应选用憎水性保温材料，施工之前应检查防水层平整度及有无结冰、霜冻或积水现象，合格后方可施工。

2) 当采用EPS板或XPS板做倒置式屋面的保温层，可用机械方法固定，板缝和固定处的缝隙应用同类材料碎屑和密封材料填实。表面应平整无瑕疵。

3) 倒置式屋面的保温层上应按设计要求做覆盖保护。

21.1.7.2 找平层施工

(1) 屋面找平层施工应符合下列规定：

1) 找平层应牢固坚实、表面无凹凸、起砂、起鼓现象。如有积雪、残留冰霜、杂物等应清扫干净，并应保持干燥。

2) 找平层与女儿墙、立墙、天窗壁、变形缝、烟囱等突出屋面结构的连接处，以及找平层的转角处、水落口、檐口、天沟、檐

沟、屋脊等均应做成圆弧。采用沥青防水卷材的圆弧，半径宜为100～150mm；采用高聚物改性沥青防水卷材，圆弧半径宜为50mm；采用合成高分子防水卷材，圆弧半径宜为20mm。

（2）采用水泥砂浆或细石混凝土找平层时，应符合下列规定：

1）应依据气温和养护温度要求掺入防冻剂，且掺量应通过试验确定。

2）采用氯化钠作为防冻剂时，宜选用普通硅酸盐水泥或矿渣硅酸盐水泥，不得使用高铝水泥。施工温度不应低于-7℃。氯化钠掺量可按表21-42采用。

氯 化 钠 掺 量　　表 21-42

施工时室外气温（℃）		0～-2	-3～-5	-6～-7
氯化钠掺量（占水泥质量百分比,%）	用于平面部位	2	4	6
	用于檐口、天沟等部位	3	5	7

（3）找平层宜留设分格缝，缝宽宜为20mm，并应填充密封材料。当分格缝兼作排汽屋面的排汽道时，可适当加宽，并与保温层连通。找平层表面宜平整，平整度不应超过5mm，且不得有酥松、起砂、起皮现象。

21.1.7.3　屋面防水层施工

（1）冬期施工的屋面防水层采用卷材时，可用热熔法和冷黏法施工。

屋面防水层施工时环境气温应符合一定的要求，详见表21-43。

防水材料施工环境气温要求　　表 21-43

防水材料	施工环境气温
高聚物改性沥青防水卷材	热熔法不低于-10℃
合成高分子防水卷材	冷黏法不低于5℃，焊接法不低于-10℃
高聚物改性沥青防水涂料	溶剂型不低于5℃，热熔型不低于-10℃
合成高分子防水涂料	溶剂型不低于-5℃
防水混凝土、防水砂浆	符合混凝土、砂浆相关规定
改性石油沥青密封材料	不低于0℃
合成高分子密封材料	溶剂型不低于0℃

卷材低温柔性应符合表21-44、表21-45要求。

高聚物改性沥青防水卷材低温柔性　　表 21-44

项目	SBS弹性体改性沥青防水卷材	APP塑性体改性沥青防水卷材	PEE改性沥青聚乙烯胎防水卷材
温度	18℃	5℃	10℃
性能	3mm厚 r=15mm；4mm厚 r=25mm；3s弯180°，无裂纹		

合成高分子防水卷材低温柔性　　表 21-45

项目	硫化橡胶类	非硫化橡胶类	树脂类	纤维增强类
低温弯折（℃）	-30	-20	-20	20
性能	弯折无裂纹			

（2）当采用涂料做屋面防水层时，应选用合成高分子防水涂料（溶剂型），施工时环境气温不宜低于-5℃，在雨、雪天及五级风及以上时不得施工。防水涂料低温柔性应符合表21-46要求。

防水涂料低温柔性　　表 21-46

材料	项目	性能	
合成高分子防水涂料	柔性（℃）	反应固化型，-30℃，弯折无裂纹	挥发固化型，-20℃，弯折无裂纹
高聚物改性沥青防水涂料	柔性（-10℃）	3mm厚，绕φ20mm圆棒无裂纹、断裂	
聚合物水泥涂料	柔性（-10℃）	绕φ10mm棒无裂纹	

（3）热熔法施工宜使用高聚物改性沥青防水卷材，并应符合下列规定：

1）基层处理剂宜使用挥发快的溶剂，涂刷后应干燥10h以上，并应及时铺贴。

2）水落口、管根、烟囱等容易发生渗漏部位的周围200mm范围内，应涂刷一遍聚氨酯等溶剂型涂料。

3）热熔铺贴防水卷材应采用满粘法。当坡度小于3%时，卷材与屋脊应平行铺贴；坡度大于15%时卷材与屋脊应垂直铺贴；坡度为3%～15%时，可平行或垂直屋脊铺贴。铺贴时应采用喷灯或热喷枪均匀加热基层和卷材，喷灯或热喷枪距卷材的距离宜为0.5m，不得过热或烧穿，应待卷材表面熔化后，缓缓地滚铺贴。

4）卷材搭接应符合设计规定。当设计无规定时，横向搭接宽度宜为120mm，纵向搭接宽度宜为100mm。搭接时应采用喷灯或热喷枪加热搭接部位，趁卷材熔化尚未冷却时，用铁抹子把接缝边抹好，再用喷灯或热喷枪均匀细致地密封。平面与立面相连接的卷材，应由上向下压缝贴，并应使卷材紧贴阴角，不得有空鼓现象。

5）卷材搭接缝的边缘以及末端收头部位应以密封材料嵌缝处理，必要时也可在经过密封处理的末端接头处再用掺防冻剂的水泥砂浆压缝处理。

（4）热熔法铺贴卷材施工安全应符合下列规定：

1）易燃性材料及辅助材料库和现场严禁烟火，并应配备适当灭火器材；

2）溶剂型基层处理剂未充分挥发前不得使用喷灯或热喷枪操作；操作时应保持火焰与卷材的喷距，严防火灾发生；

3）在大坡度屋面或挑檐等危险部位施工时，施工人员应系好安全带，四周应设防护措施。

（5）冷粘法施工宜采用合成高分子防水卷材。胶粘剂应采用密封桶包装，储存在通风良好的室内，不得接近火源和热源。

（6）冷粘法施工应符合下列规定：

1）基层处理时应将聚氨酯涂膜防水材料的甲料：乙料：二甲苯按1∶1.5∶3的比例配合，搅拌均匀，然后均匀涂布在基层表面上，干燥时间不应少于10h。

2）采用聚氨酯涂料做附加层处理时，应将聚氨酯甲料和乙料按1∶1.5的比例配合搅拌均匀，再均匀涂刷在阴角、水落口和通气口根部的周围，涂刷边缘与中心的距离不应小于200mm，厚度不应小于1.5mm，并应在固化36h以后，方能进行下一工序施工。

3）铺贴立面或大坡面合成高分子防水卷材宜用满粘法。胶粘剂应均匀涂刷在基层或卷材底面，并应根据其性能，控制涂刷与卷材铺贴的间隔时间。

4）铺贴的卷材应平整顺直粘结牢固，不得有皱折。搭接尺寸应准确，并应辊压排除卷材下面的空气。

5）卷材铺好压粘后，应及时处理搭接部位。并应采用与卷材配套的接缝专用胶粘剂，在搭接缝粘合面上涂刷均匀。根据专用胶粘剂的性能，应控制涂刷与粘合间隔时间，排除空气、辊压粘结牢固。

6）接缝口应采用密封材料封严，其宽度不应小于10mm。

（7）涂膜屋面防水施工应选用溶剂型合成高分子防水涂料。涂料进场后，应储存于干燥、通风的室内，环境温度不宜低于0℃，并应远离火源。

（8）涂膜屋面防水施工应符合下列规定：

1）基层处理剂可选用有机溶剂稀释而成。使用时应充分搅拌，涂刷均匀，覆盖完全，干燥后方可进行涂膜施工。

2）涂膜防水应由两层以上涂层组成，总厚度应达到设计要求，其成膜厚度不应小于2mm。

3）可采用涂刮或喷涂施工。当采用涂刮施工时，每遍涂刮的推进方向宜与前一遍互相垂直，并应在前一遍涂料干燥后，方可进行后一遍涂料的施工。

4）使用双组分涂料时应按配合比正确计量，搅拌均匀，已配成的涂料及时使用。配料时可加入适量的稀释剂，但不得混入固化涂料。

5）在涂层中夹铺胎体增强材料时，位于胎体下面的涂层厚度

不应小于1mm，最上层的涂料层不应少于两遍。胎体长边搭接宽度不得小于50mm，短边搭接宽度不得小于70mm。采用双层胎体增强材料时，上下层不得互相垂直铺设，搭接缝应错文，间距不应小于一个幅面宽度的2/3。

6）天沟、檐沟、檐口、泛水等部位，均应加铺有胎体增强材料的附加层。水落口周围与屋面交接处，应作密封处理，并应加铺两层有胎体增强材料的附加层，涂膜伸入水落口的深度不得小于50mm，涂膜防水层的收头应用密封材料封严。

7）涂膜屋面防水工程在涂膜层固化后再做保护层。保护层可采用分格水泥砂浆或细石混凝土或块材等。

21.1.7.4 隔气层施工

隔气层可采用气密性好的单层卷材或防水涂料。冬期施工采用卷材时，可采用花铺法施工，卷材搭接宽度不应小于80mm。采用防水涂料时，宜选用溶剂型涂料。隔气层施工时气温不应低于−5℃。

21.1.8　建筑装饰装修工程

冬期室内建筑装饰装修工程施工可采用建筑物正式热源、临时性管道或火炉、电气取暖。若采用火炉取暖时，应预防煤气中毒，防止烟气污染，并应在火炉上方吊挂铁板，使煤火热度分散。室外建筑装饰装修工程施工前，根据外架子搭设，在西、北面应采取挡风措施。

21.1.8.1 一般规定

（1）室外建筑装饰装修工程施工不得在五级及以上大风或雨、雪天气下进行。

（2）外墙饰面板、饰面砖以及陶瓷锦砖饰面工程采用湿贴法作业时，不宜进行冬期施工。

（3）外墙抹灰后需进行涂料施工时，抹灰砂浆内所掺的防冻剂品种应与所选用的涂料材质相匹配，具有良好的相溶性，防冻剂掺量和使用效果应通过试验确定。

（4）装饰装修施工前，应将墙体基层表面的冰、雪、霜等清理干净。

（5）室内抹灰前，应提前做好屋面防水层、保温层及室内封闭保温层。

（6）室内装饰施工可采用建筑物正式热源、临时性管道或火炉、电气取暖。若采用火炉取暖时，应采取预防煤气中毒的措施。

（7）室内抹灰、块料装饰工程施工与养护期间的温度不应低于5℃。

（8）冬期抹灰及粘贴面砖所用砂浆应采取保温、防冻措施。室外用砂浆内可掺入防冻剂，其掺量应根据施工及养护期间环境温度经试验确定。

（9）室内粘贴壁纸时，其环境温度不宜低于5℃。

（10）裱糊工程施工时，混凝土或抹灰基层含水率不应大于8%。施工中当室内温度高于20℃，且相对湿度大于80%时，应开窗换气，防止壁纸皱折起泡。

21.1.8.2 抹灰工程

冬期抹灰工程需注意以下几点：

（1）室外抹灰应待其完全解冻后进行；室内抹灰应待抹灰的一面解冻深度大于等于墙厚的一半时进行，不得采用热水冲刷冻结的墙面或用热水消除墙面的冰痕。

（2）抹灰工程冬期施工时，房屋内部和室外大面积抹灰采用热作法，室外抹灰采用冷作法，气温低于−2℃时宜暂停施工。

（3）室内抹灰工程结束后，在7d以内保持室内温度不低于5℃。当采用热空气加温时，应注意通风，排除湿气。当抹灰砂浆中掺入防冻剂时，温度可相应降低。

1. 热作法

（1）采用热作法施工时，应设专人进行测温，距地面以上500mm处的环境温度应大于等于5℃，并且需要保持至抹灰基本干燥为止。

（2）热作法施工的具体操作方法与常温施工基本相同，但应注意以下几点：

1）在进行室内抹灰前，应封好门窗口、门窗口的边缝、脚手

眼及孔洞等。对施工洞口、运料口及楼梯间等要做好封闭保温措施。在进行室外施工前，应尽可能利用外架子搭设暖棚。

2）需要抹灰的砌体，应提前加热，使墙面保持在5℃以上，以便湿润墙面时不会结冰，砂浆与墙面可以牢固黏结。

3）用临时热源加热时，应当随时检查抹灰层的温度，如干燥过快发生裂纹时，应当进行洒水湿润，使其与各层能很好地粘结，防止脱落。

4）用热作法施工的室内抹灰工程，应在每个房间设置通风口或适当开放窗户，定期通风，排除湿空气。

5）用火炉加热时，必须装设烟囱，严防煤气中毒。

6）抹灰工程所用的砂浆，在正温度的室内或临时暖棚中制作。砂浆使用时的温度，在5℃以上。为了获得砂浆应有温度，可采用热水搅拌。

2. 冷作法

（1）施工用的砂浆配合比和化学附加剂的掺入量，应根据工程具体要求由试验室确定。

（2）采用氯化钠的化学附加剂时，应由专人配制成溶液，提前两天用冷水配制1∶3（质量比）的浓溶液，使用时再加清水配制成若干种符合要求比重的溶液。其掺量可参考表21-47。氯盐防冻剂禁用于高压电源部位和油漆墙面的水泥砂浆基层。

砂浆中氯化钠掺量（占用水量的%）　表21-47

项　　目	室外气温（℃）	
	0～−5	−5～−10
挑檐、阳台、雨罩、墙面等抹水泥砂浆	4	4～8
墙面为水刷石、干黏石水泥砂浆	5	5～10

（3）砂浆中掺入亚硝酸钠作防冻剂时，其掺量可参考表21-48。

砂浆中亚硝酸钠掺量（占用水量的%）　表21-48

室外气温（℃）	0～−3	−4～−9	−10～−15	−16～−20
掺量（%）	1	3	5	8

（4）冷做法施工所用的砂浆须在暖棚中制作。砂浆要求随拌随用，冻结后的砂浆应待融化后再搅拌均匀方可使用，砂浆使用时的温度应控制在5℃以上。

（5）防冻剂的配制和使用须由专业人员进行，配置时要先制成20%浓度的标准溶液，然后根据气温再配制成使用浓度溶液。

（6）防冻剂的掺入量是根据砂浆的总含水量计算的，其中包括石灰膏和砂子的含水量。石灰膏的含水量可按表21-49计算。

石灰膏的含水率　　　　　表21-49

石灰膏稠度（mm）	10	20	30	40	50	60	70	80	90	100	110	120	130
含水率（%）	32	34	36	38	40	42	44	46	48	49	52	54	56

砂子的含水量可以通过试验确定。

（7）采用氯盐作防冻剂时，砂浆内埋设的铁件均需涂刷防锈漆。

（8）抹灰基层表面如有冰、霜、雪时，可用与抹灰砂浆同浓度的防冻剂水溶液冲刷，将表面杂物清除干净后再行抹灰。

（9）当施工要求分层抹灰时，底层灰不得受冻。抹灰砂浆在硬化初期应采取防止受冻的保温措施。

21.1.8.3 饰面砖（板）工程

经过上海、北京、哈尔滨等多个城市调研，外墙采用粘结法施工饰面砖、饰面板及陶瓷锦砖，在一年后发生脱落的质量问题十分普遍，事故率占受调查建筑项目的50%左右，冬期施工采取措施不当是造成面砖脱落的重要原因之一。因此，从质量和安全角度考虑，《建筑工程冬期施工规程》（GB/T 104）规定，外墙饰面砖、饰面板及陶瓷锦砖等以粘贴方式固定的装饰块材不宜进行冬期施工。本手册所述内容，仅供当需要进行施工时参考。

(1) 外墙面的饰面板、饰面砖及陶瓷锦砖施工，不宜进行冬期施工，当需要进行施工时，应采用暖棚法进行。施工温度应符合以下要求：

1) 建筑块材地面工程施工时，对于采用掺有水泥、石灰的拌合料铺设以及用石油沥青胶结料铺贴时，各层环境温度不应低于5℃。采用有机胶结剂粘贴时，不应低于10℃。采用砂、石材料铺设时，不应低于0℃。

2) 细木板、多层板等木质材料应离开热源0.5m，避免过热开裂、变形。

(2) 石材干挂施工前，在结构施工阶段可依据块材大小采用螺栓固定的干作业法预理一定数量的锚固件，锚固螺栓应采取防水、防锈措施。

如果结构施工时未留预埋件，可根据工程实际情况，采用"后锚固技术"（将钢筋或螺栓及其他杆件体牢固地锚植于混凝土、岩石等基材中的施工技术）设置锚固件，并在锚固件上焊接干挂石材骨架。具体要求如下：

1) 冬期施工外墙干挂石材植筋（化学锚栓）技术的一般适宜环境温度是日最低气温-5℃以上。当日最低气温低于-5℃时，应采取相应措施升温；若经试验证明所用植筋胶可在-5℃以下施工，可按试验规定条件进行而不采取升温措施。植筋的环境温度应按产品说明规定执行，并严格遵守植筋胶的固化及安装时间（参见表21-50），待胶体完全固化后方可承载，固化期间严禁扰动，以防锚固失效。植筋后注意保温，防止受冻而影响性能。

植筋胶的固化及安装时间　表21-50

基材温度（℃）	安装时间（min）	固化时间（h）
-5	25	6
0	18	3
5	13	1.5

2) 植筋时要明确基材状况确保其符合下列要求：

① 被锚固的钢筋或螺栓各项性能指标应达到设计要求。

② 混凝土体坚固、密实、平整，不应有起砂、起壳、蜂窝、麻面、油污等影响锚固承载力的瑕疵。

③ 根据设计要求的植筋直径，确定钻孔孔径与深度，一般孔径大于植筋直径4mm，孔深度不小于钢筋锚固长度；植筋的锚固长度为10~15d。植筋间距应符合结构设计要求。

钻孔时应避开钢筋，尤其是预应力筋和非预应力受力钢筋。保证钻机、钻头与基材表面垂直，保证孔径与孔距尺寸准确，垂直孔或水平孔的偏差应小于2°。如果钻孔突然停止或钻头不前进时，应马上停止钻孔，检查是否碰到内部钢筋。对于失败孔，应填满化学胶粘剂或用高强度等级的水泥砂浆灌注，另选新孔，重新操作。

④ 根据工程施工时的环境温度选择干挂结构胶，一般在0℃以上的环境下施工。施工温度低于0℃时，可在粘胶部位加热，温度不超过65℃，或使用低温型石材干挂胶。

⑤ 植筋胶应存放于阴凉、干燥的地方，避免受阳光直接照射，长期（保质期内）存放温度为5~25℃。如果存放时间超过产品规定的保质期，则不得继续使用。

⑥ 干挂石材嵌缝应使用中性硅酮耐候密封胶，同一干挂石材墙面工程应采用具有证明无污染试验报告的同一品牌的中性硅酮耐候密封胶，在有效期内使用。使用时应设法将室内温度提高到5℃以上。

⑦ 在锚固件上焊接龙骨时，焊接熔合点距锚固件根部不宜小于50mm，或按厂家说明书操作，并符合设计要求，以免影响胶体，使锚固件承载力下降。

⑧ 钢筋插入孔内的部分要保持清洁、干燥、无锈蚀，如果孔壁潮湿，应用热风吹干。

⑨ 冬期施工中钻孔、清孔、注胶、插钢筋等工序的操作要求与常温操作相同。

21.1.8.4　涂饰工程

1. 油漆工程

(1) 冬期油漆工程的施工应在采暖条件下进行，宜选择晴天干燥无风的天气环境。当需要在室外施工时，其最低环境温度不应低于5℃。木料制品含水率不得大于12%，油漆需要添加催干剂，禁止热风吹油漆面，以防止产生凝结水，基层应干燥，湿度应小于等于5%，不得有冰霜。

(2) 油漆应搅拌均匀，加盖，调配好当天的使用量，因为油漆在低温下容易稠化，所以使用前应放在热水器中用水间接地加热，不得直接放在火炉、电炉上加热，以防着火。

(3) 配制腻子时要用热水，可在加入的水中掺加1/4的酒精，按照产品说明书要求的温度进行控制，-3℃时腻子会结冰。

(4) 油漆工程冬期施工时，气温不能有剧烈的变化，施工完毕后至少保养两昼夜以上，直至油膜、涂层干透为止。

(5) 如果受冻木材的湿度不大于15%，则应先涂干性油与满刮腻子。

(6) 冬期安装木门、窗框后，及时刷底油，防止因北方冬期室内比较干燥，门窗框出现变形。

(7) 刷油质涂料时，环境温度不宜低于+5℃，刷水质涂料时不宜低于+3℃，并结合产品说明书所规定的温度进行控制，-10℃时各种油漆均不得施工。

(8) 涂料涂饰施工时，应注意通风换气和防尘。

(9) 刷调合漆时，应在其内加入调合漆质量2.5%的催干剂和5.0%的松香水，施工时应排除烟气和潮气，防止失光及发黏不干。

(10) 室外喷、涂、刷油漆、高级涂料时应保持施工均衡。粉浆类料宜采用热水配制，随用随配并应将料浆保温，料浆使用温度宜保持15℃左右。

2. 水溶性涂料

(1) 水溶性涂料涂饰施工时，应注意通风换气和防尘。

(2) 冬期施工时墙面要求保持干燥，涂刷时先刷一遍底漆，待底漆干透后，再涂刷施工。涂料施工时严禁加水，若涂料太稠，可加入稀释剂调释。

(3) 水溶性涂料在使用前应搅拌均匀，并应在产品说明书规定时间内用完，若超过规定时间不得使用。

3. 溶剂型涂料

(1) 冬期室内施工时，现浇混凝土墙面龄期不少于一个月，水泥砂浆抹面龄期不少于7d，涂刷溶剂型涂料时基层含水率小于等于8%。

(2) 施工基面要求平整，没有蜂窝麻面，清扫干净，不能有严重灰尘或油污现象，处理干净后再涂刷。混凝土或抹灰基层在涂饰涂料前，应随刷抗碱封闭漆，以免墙面易泛碱。若泛碱时，需用5%~10%的磷酸溶液处理，待酸性泛灰1h，用清水冲洗墙面，干燥后再进行施工。

(3) 涂料太稠时，可用稀释剂调释。

21.1.8.5　幕墙及玻璃工程

(1) 幕墙建筑密封胶、结构胶的选用应根据施工环境温度和产品使用温度条件确定，其技术性能应符合国家相关标准规定，化学植筋应根据结构胶产品使用温度规定进行，且不宜低于-5℃。

(2) 幕墙构件正温制作、负温安装，应根据环境温度的差异考虑构件收缩量，并在施工中采取调整偏差的技术措施。

(3) 负温下使用的挂件连接件及有关连接材料须附有质量证明书，性能符合设计和产品标准的要求。

(4) 负温下使用的焊条外露不得超过2h，超过2h重新烘焙，焊条烘焙次数不超过3次。

(5) 焊剂在使用前按规定进行烘烤，使其含水量不超过0.1%。

(6) 负温下使用的高强度螺栓须有产品合格证，并在负温下进行扭矩系数、轴力的复验工作。

(7) 环境温度低于0℃时，在涂刷防腐涂料前进行涂刷工艺试验，涂刷时必须将构件表面的铁锈、油污、毛刺等清理干净，并保持表面干燥。雪天或构件上有薄冰时进行涂刷工作。

(8) 冬期运输、堆放幕墙结构时采取防滑措施，构件堆放场地平整、坚实、无水坑，地面无结冰。同一型号构件叠放时，构件应保持水平，垫铁放在同一垂直线上，并防止构件溜滑。

(9) 从寒冷处运到有采暖设备的室内的玻璃和镶嵌用的合成橡

胶等型材，应待其缓暖后方可进行裁割和安装，施工环境温度不宜低于5℃。

(10) 预装门窗玻璃安装、中空玻璃组装施工，宜在保暖、洁净的房间内进行。外墙铝合金、塑钢框、扇玻璃不宜在冬期安装，如必须在冬期安装，应使用易低温施工的硅酮密封胶，其施工环境最低气温不宜低于−5℃，施工宜在中午气温较高时进行，并根据产品使用说明书要求操作。

21.1.9 混凝土构件安装工程

21.1.9.1 构件的堆放及运输

(1) 混凝土构件运输及堆放前，应将车辆、构件、垫木及堆放场地的积雪、结冰清除干净，场地应平整、坚实。

(2) 混凝土构件在冻胀性土壤的自然地面上或冻结前回填土地面上堆放时，应符合下列规定：

1) 每个构件在满足刚度、承载力条件下，应尽量减少支承点数量；

2) 对于大型板、槽板及空心板等板类构件，两端的支点应选用长度大于板宽的垫木；

3) 构件堆放时，如支点为两个及以上时，应采取可靠措施防止土壤的冻胀和融化下沉；

4) 构件用垫木垫起时，地面与构件之间的间隙应大于150mm。

(3) 在回填冻土并经一般压实的场地上堆放构件时，当构件重叠堆放时间长，应根据构件质量，尽量减少重叠层数，底层构件支垫与地面接触面积应适当加大。在冻土融化之前，应采取防止因冻土融化下沉造成构件变形和破坏的措施。

(4) 构件运输时，混凝土强度不得小于设计混凝土强度等级值75%。在运输车上的支点设置应按设计要求确定。对于重叠运输的构件，应与运输车固定并防止滑移。

21.1.9.2 构件的吊装

(1) 吊车行走的场地应平整，并应采取防滑措施。起吊的支撑点地基应坚实。

(2) 地锚应具有稳定性，回填冻土的质量应符合设计要求。活动地锚应设防滑措施。

(3) 构件在正式起吊前，应先松动、后起吊。

(4) 凡使用滑行法起吊的构件，应采取控制定向滑行，防止偏离滑行方向的措施。

(5) 多层框架结构的吊装，接头混凝土强度未达到设计要求前，应加设缆风绳等防止整体倾斜的措施。

21.1.9.3 构件的连接与校正

(1) 装配整浇式构件接头的冬期施工应根据混凝土体积小、表面系数大、配筋密等特点，采取相应的保证质量措施。

(2) 构件接头采用现浇混凝土连接时，应符合下列规定：

1) 接头部位的积雪、冰霜等应清除干净；

2) 承受内力接头的混凝土，当设计无要求时，其受冻临界强度不应低于设计强度等级值的70%；

3) 接头处混凝土的养护应符合本手册21.1.5 "混凝土工程"有关规定；

4) 接头处钢筋的焊接应符合本手册21.1.4 "钢筋工程"有关规定。

(3) 混凝土构件预埋连接板的焊接除应符合本手册21.1.6 "钢结构工程"相关规定外，尚应分段连接，并应防止累积变形过大影响安装质量。

(4) 混凝土柱、屋架及框架冬期安装，在阳光照射下校正时，应计入温差的影响。各固定支撑校正后，应立即固定。

21.1.10 越冬工程维护

21.1.10.1 一般规定

(1) 对于冬期有采暖要求而不能保证正常采暖的新建工程，跨年度施工的在建工程，以及停建、缓建的工程等，在入冬前均应按照当地的气候情况，编制越冬维护方案，防止越冬工程发生冻害。

(2) 越冬工程保温维护，应就地取材。保温层的厚度应由热工计算确定。

(3) 在制定越冬维护措施之前，应认真检查核对有关工程地质、水文、当地气温，以及地基土的冻胀特征和最大冻结深度等资料。

(4) 施工场地和建筑物周围应做好排水，防止施工用水及雨、雪水流入基础或基坑内。严禁地基和基础被水浸泡。

(5) 山区坡地建造的工程，入冬前应根据地表水流动的方向设置截水沟、泄水沟，及时疏导地表水，避免在建筑物周围积存及流入基坑内。不得在建筑物底部设置暗沟、盲沟疏水。

(6) 凡按采暖要求设计的房屋竣工后，应及时采暖，并应使建筑物内最低温度保持在5℃以上。当不能满足上述要求时，应采取防护措施。

21.1.10.2 在建工程

(1) 在冻胀性土地区建造房屋基础时，应按设计要求做好防冻害处理。当设计无要求时，应采取以下措施：

1) 当采用独立式基础或桩基时，基础梁下部进行掏空处理。强冻胀性土可预留200mm，弱冻胀性土可预留100~150mm，空隙两侧应用立砖挡土回填。

2) 当采用独立基础、毛石砌筑基础或短桩基础时，应考虑冻胀影响。可在基础侧壁回填厚度为150~200mm的中粗砂、炉渣或贴一层油纸，其深度宜为800~1200mm。同时消除切向冻胀力对桩的上拔影响。

3) 浅埋基础越冬时，应覆盖保温材料保护。基础外侧可回填150mm厚的中粗砂、炉渣等，深度为2/3冻深，消除切向冻胀力影响。

(2) 设备基础、构架基础、支墩、地下沟道以及地墙等越冬工程，均不得在已冻结的土层上施工。若上述工程在地基土未冻结时已施工完毕，越冬时有可能遭冻，应采用保温材料覆盖进行维护。

(3) 支撑在基土上的雨篷、阳台等悬臂构件的临时支柱，若在入冬后还不能拆除时，其支点地基土应采取保温防冻措施，防止冻胀顶坏上部结构。

(4) 水塔、烟囱、烟道等构筑物基础，在入冬前应回填至设计标高，必要时还应采取覆盖保温措施。

(5) 室外地沟、阀门井、检查井等除回填至设计标高外，还应该盖好盖板进行越冬维护。

(6) 供水、供热系统试水、打压调试后，如不能立即投入使用，在入冬前应将系统内的残存积水排净，避免冻胀破坏管道。

(7) 地下室、地下水池、冷却塔等构筑物基础，在入冬前应按设计要求进行越冬维护，当设计无要求时，可采取如下措施：

1) 基础及外壁侧面回填土应填至设计标高，如果还不具备回填条件时，应填松土、砂或采用其他材料覆盖进行保温。

2) 内部残存积水应排净，底板应采用保温材料覆盖，覆盖厚度应由热工计算确定。

21.1.10.3 停、缓建工程

(1) 冬期停、缓建工程应根据工程具体特点，停止在下列位置：

1) 砖混结构可停在基础上部地梁位置，楼层间的圈梁或楼板上皮标高位置。

2) 现浇混凝土框架应停留在施工缝位置。

3) 烟囱、冷却塔或筒仓宜停留在基础上皮标高或筒身任何水平位置。

4) 混凝土水池底部，应按施工缝留置位置要求确定，并应有止水设施。

(2) 已开挖的基坑（槽）不宜挖至设计标高，预留200~300mm，越冬时应对基底保温维护，待复工后挖至设计标高。

(3) 混凝土结构工程停、缓建时，在入冬前混凝土的强度应符合下列要求：

1) 越冬期间不承受外力的结构构件，在入冬前混凝土强度除应达到设计要求外，尚不得低于抗冻临界强度。

2) 装配式结构构件的整浇接头，混凝土强度不得低于设计强

度标准值的70%。

3）预应力混凝土结构强度不得低于混凝土设计强度标准值的75%；后张法预应力混凝土孔道灌浆应在正温下进行，灌注的水泥浆或砂浆强度不应低于20N/mm²。

4）升板结构应将柱帽浇筑完，使混凝土达到设计要求的强度等级。

（4）对于各类停、缓建的基础工程，不能及时回填的，顶面均应弹出轴线，标注标高等，用炉渣或松土回填保护。

（5）装配式厂房柱子吊装就位后，应按设计要求嵌固好；已安装就位的屋架或屋面梁，应安装上支撑系统，并按设计要求固定，形成稳定的结构体系。

（6）不能起吊的预制构件，应弹上轴线，做好记录。外露铁件涂刷防锈油漆、螺栓应涂刷防腐油进行保护。构件堆放胎具及支撑点应稳固，构件在满足刚度、承载力条件下，应尽量减少支撑点数量。支点数量为两个以上时，应考虑基土冻胀和融化下沉影响，采取可靠的堆放措施。

（7）对于有沉降要求的建筑物和构筑物，应会同有关部门做好沉降观测记录。

（8）现浇混凝土框架越冬时，当裸露时间较长，除按设计要求留设收缩缝外，尚应根据建筑物长度和温差考虑留设后浇缝。后浇缝的位置，应与设计单位研究确定。后浇缝伸出外露的钢筋应进行保护，防止锈蚀，在复工后经检查合格方准浇筑混凝土。

（9）屋面工程越冬可采取下列简易维护措施：

1）在已完成的基层上，入冬前先做一层卷材防水，待气温转暖复工时，经检查认定该层卷材没有起泡、破裂、折皱、粘贴不牢等质量缺陷时，可在其上继续铺贴上层卷材。否则应掀掉重新进行屋面防水施工。

2）在已完成的基层上，当基层为水泥砂浆找平层，无法继续进行卷材防水施工时，可在其上刷一道冷底子油，涂一层热沥青玛瑞脂做临时防水，但雪后应及时清除积雪。当气温转暖后，经检查认定该层玛瑞脂没有起层、空鼓、龟裂等质量缺陷时，可在其上涂刷热沥青玛瑞脂，铺贴卷材进行防水层施工。

（10）所有停、缓建工程均应有施工单位、建设单位和工程监理部门，对已完工程在入冬前进行检查和评定，并作记录，存入工程档案。

（11）停、缓建工程复工时，应先按图纸对标高、轴线进行复测，并与原始记录对应检查，当偏差超出允许限值时，应分析原因提出处理方案，经与设计、建设、监理单位等商定后，方可复工。

21.2 雨 期 施 工

南方广大地区，每年都有较长的雨期。在这些地区，采取雨期施工措施，在雨期进行施工，对于保证工程进度和质量有着重要意义。

21.2.1 施 工 准 备

21.2.1.1 气象资料

雨期施工的起止时间：当日降雨量≥10mm时，即为一个雨日，应当采取雨期施工措施，保证现场施工质量和安全，使工程施工顺利进行。

各地历年降雨情况，可根据当地多年降雨资料，按照下列原则确定雨期的起始和终止时间：

（1）雨期开端日的确定：从开端日（作为第1天）算往后2天、3天、……10天的雨日天数，占相应时段内天数的比例均≥50%。

（2）雨日结束期的确定：从结束日（作为第1天）算往前2天、3天、……10天的雨日天数，占相应时段内天数的比例均≥50%。

（3）一个雨期中（开端日至结束日）任何10天的雨日比例均≥40%，且没有连续5天（含5天）以上的非雨日。

全国部分城市各月平均降水量见表21-51。

全国部分城市各月平均降水量（mm） 表 21-51

月份 城市	1	2	3	4	5	6	7	8	9	10	11	12
北京	3.0	7.4	8.6	19.4	33.1	77.8	192.5	212.3	57.0	24.0	6.6	2.6
天津	3.1	6.0	6.4	21.0	30.6	69.3	189.8	162.4	43.4	24.9	9.3	3.6
石家庄	3.2	7.8	11.4	25.7	33.1	49.3	139.0	168.5	58.9	31.7	17.0	4.5
太原	3.0	6.2	10.3	23.8	36.1	53.3	118.3	103.6	64.3	30.8	13.2	4.7
呼和浩特	3.0	4.6	10.5	18.0	26.8	45.7	102.1	126.4	45.9	24.4	7.1	1.3
沈阳	7.2	12.7	39.9	58.3	88.5	196.0	168.5	82.1	44.8	19.8	10.6	
长春	3.5	4.6	9.1	21.9	42.3	90.7	183.5	127.5	61.4	33.5	11.5	4.4
哈尔滨	3.7	4.9	11.3	17.8	37.5	77.9	160.7	97.1	66.2	27.6	6.8	5.8
上海	44.0	62.6	78.1	106.7	122.9	158.9	134.2	126.0	150.5	50.1	48.8	40.9
南京	30.9	50.1	72.7	93.7	100.2	167.4	183.6	111.3	95.9	46.1	48.0	29.4
杭州	62.2	88.7	114.1	130.6	139.2	196.2	126.5	138.6	177.6	77.9	54.7	54.0
合肥	31.8	49.8	75.6	102.0	101.8	117.8	174.1	119.9	86.5	51.6	48.0	29.7
福州	49.8	76.3	120.0	149.7	207.5	230.2	112.0	160.5	131.4	41.5	33.1	31.6
南昌	58.3	95.1	163.9	225.5	301.9	291.1	105.2	103.2	75.8	55.4	53.0	47.2
济南	6.3	10.9	15.6	33.7	37.7	58.3	217.2	152.4	63.1	38.0	23.8	8.6
台北	86.5	100.4	136.4	159.2	206.4	250.8	250.7	275.4	450.7	70.8	66.2	
郑州	8.6	12.5	26.8	53.7	42.9	64.9	139.3	119.3	71.0	43.8	30.5	9.5
武汉	34.9	59.1	103.3	140.0	161.9	209.5	156.2	119.3	81.3	82.5	50.5	30.7
长沙	59.1	87.8	139.8	201.6	230.8	188.8	112.5	116.9	62.7	81.4	63.0	51.5
广州	36.9	54.5	80.7	179.5	284.7	287.8	212.7	232.5	189.3	52.1	37.0	24.7
南宁	38.0	36.4	54.4	89.9	186.8	232.0	195.1	215.5	118.9	69.0	37.8	26.9
海口	23.6	30.4	52.0	92.8	187.6	241.2	206.7	239.5	302.8	174.4	97.6	38.0
成都	5.9	10.9	21.4	50.7	88.0	111.3	235.5	234.1	118.0	46.4	18.4	5.8
重庆	20.7	20.4	34.9	105.7	160.0	160.7	176.7	137.7	148.5	96.1	50.6	26.6
贵阳	19.2	20.4	33.5	109.9	194.9	224.0	167.9	137.8	93.8	96.6	53.5	23.8
昆明	11.6	11.2	15.2	21.1	93.0	183.7	212.3	202.2	119.5	85.0	38.6	13.0
拉萨			0.4	0.4	4.9	7.7	71.1	126.8		7.9	1.6	0.5
西安	7.6	10.6	24.6	52.0	63.2	52.2	99.4	71.7	98.3	62.4	31.5	6.7
兰州	1.4	2.4	8.3	17.4	38.2	32.5	63.8	85.3	49.1	24.7	5.4	1.3
西宁	1.0	1.8	14.9	26.3	49.4	60.6	72.3	97.1	81.6	15.1	3.4	0.9
银川	1.1	2.0	6.0	12.4	18.7	19.9	43.6	55.9	27.3	14.0	5.0	0.7
乌鲁木齐	8.7	10.6	21.2	34.1	35.1	39.3	21.5	23.6	24.0	18.6	14.6	

以上资料出自中国国家气象局，仅供参考。

21.2.1.2 施工准备

雨期施工主要解决雨水的排除，其原则是上游截水、下游散水；坑底抽水、地面排水。规划设计时，应根据各地历年最大雨量和降雨时期，结合各地地形和施工要求通盘考虑。

（1）雨期到来之前应编制雨期施工方案。

（2）雨期到来之前应对所有施工人员进行雨期施工安全、质量交底，并做好交底记录。

（3）雨期到来之前，应组织一次全面的施工安全、质量大检查，主要检查雨期施工措施落实情况，物资储备情况，清除一切隐患，对不符合雨期施工要求的要限期整改。

（4）做好项目的施工进度安排，室外管线工程、大型设备的室

外焊接工程等应尽量避开雨期。露天堆放的材料及设备要垫离地面一定的高度，防潮设备要有毡布覆盖，防止日晒雨淋。施工道路要用级配砂石铺设，防止雨期道路泥泞，交通受阻。

（5）施工机具要统一规划放置，要搭设必要的防雨棚、防雨罩，并垫起一定高度，防止受潮而影响生产。雨期施工所有用电设备，不允许放在低洼的地方，防止被水浸泡。雨期前对现场配电箱、闸箱、电缆临时支架等仔细检查，需加固的及时加固，缺盖、罩、门的及时补齐，确保用电安全。

21.2.2 设 备 材 料 防 护

雨期施工应对各部位及各分项施工的设备材料采取防护措施。

21.2.2.1 土方工程

1. 排水要求

（1）坡顶应做散水及挡水墙，四周做混凝土路面，保证施工现场水流畅通，不积水，周边地区不倒灌。

（2）基坑内，沿四周挖砌排水沟、设集水井，泵抽至市政排水系统，排水沟设置在基础轮廓线以外，排水沟边缘应离开坡脚≥0.3m。排水设备优先选用离心泵，也可用潜水泵。

2. 土方开挖

（1）土方开挖施工中，基坑内临时道路上铺渣土或级配砂石，保证雨后通行不陷。

（2）雨期土方工程需避免浸水泡槽，一旦发生泡槽现象，必须进行处理。

（3）雨期时加密对基坑的监测周期，确保基坑安全。

3. 土方回填

（1）土方回填应避免在雨天进行施工。

（2）严格控制土方的含水率，含水率不符合要求的回填土，严禁进行回填，暂时存放在现场的回填土，用塑料布覆盖防雨。

（3）回填过程中如遇雨，用塑料布覆盖，防止雨水淋湿已夯实的部分。雨后回填前认真做好土方含水率测试工作，含水率较大时将土摊开晾晒，待含水率测试合格后方可回填。

21.2.2.2 基坑支护工程

1. 土钉墙施工

（1）需防止雨水稀释拌制好的水泥浆。

（2）在强度未达到设计要求时，需采取防止雨水冲刷的措施。

（3）自然坡面需防止雨水直接冲刷，遇大雨时可覆盖塑料布。

（4）机电设备要经常检查接零、接地保护，所有机械要搭设严密，防止漏雨，随时检查漏电装置功能是否灵敏有效。

（5）砂子、石子、水泥进场后必须使用塑料布覆盖避免雨淋。

2. 护坡桩施工

（1）为防止雨水冲刷桩间土，随着土方开挖，需及时维护好桩间土。

（2）需注意到坑内的降雨积水可能会对成桩机底座下的土层形成浸泡，从而影响到成桩机械的稳定性及桩身的垂直度。

3. 锚杆施工

（1）需防止雨水稀释拌制好的水泥浆。

（2）需注意锚杆周围雨期渗水冲刷对锚杆锚固力的影响，并及时采取有效的补救措施。

21.2.2.3 钢筋工程

（1）钢筋的进场运应尽量避免在雨天进行。

（2）雨后钢筋视情况进行防锈处理，不得把锈蚀的钢筋用于结构上。

（3）若遇连续时间较长的阴雨天，对钢筋及其半成品等需采用塑料薄膜进行覆盖。

（4）大雨时应避免进行钢筋焊接施工。小雨时如有必须施工部位应采取防雨措施以防触电事故发生，可采用雨布或塑料布搭设临时防雨棚，不得让雨水淋在焊点上，待完全冷却后，方可撤掉遮盖，以保证钢筋的焊接质量。

（5）雨后要检查基础底板后浇带，清理干净后浇带内的积水，避免钢筋锈蚀。

21.2.2.4 模板工程

（1）雨天使用的木模板拆下后应放平，以免变形。钢模板拆下后应及时清理、刷脱模剂（遇雨应覆盖塑料布），大雨过后应重新刷一遍。

（2）模板拼装后应尽快浇筑混凝土，防止模板遇雨变形。若模板拼装后不能及时浇筑混凝土，又被雨水淋过，则浇筑混凝土前应重新检查、加固模板和支撑。

（3）制作模板用的多层板和木方要堆放整齐，且须用塑料布覆盖防雨，防止被雨水淋而变形，影响其周转次数和混凝土的成型质量。

21.2.2.5 混凝土工程

（1）雨期搅拌混凝土要严格控制用水量，随时测定砂、石的含水率，及时调整混凝土配合比，严格控制水灰比和坍落度。雨天浇筑混凝土应适当减小坍落度，必要时可将混凝土强度等级提高半级或一级。

（2）随时接听、搜集气象预报及有关信息，应尽量避免在雨天进行混凝土浇筑施工，大雨和暴雨天不得浇筑混凝土。小雨可以进行混凝土浇筑，但浇筑部位应进行覆盖。

（3）底板大体积混凝土施工应避免在雨天进行。如突然遇到大雨或暴雨，不能浇筑混凝土时，应将施工缝设置在合理位置，并采取适当措施，已浇筑的混凝土用塑料布覆盖。

（4）雨后应将模板表面淤泥、积水及钢筋上的淤泥清除掉，施工前应检查板、墙模板内是否有积水，若有积水应清理后再浇筑混凝土。

（5）雨期期间如果高温、阴雨造成温差变化较大，要特别加强对混凝土振捣和拆模时间的控制，依据高温天气混凝土凝固快、阴雨天混凝土强度增长慢的特点，适当调整拆模时间，以保证混凝土施工质量的稳定性。

（6）混凝土中掺加的粉煤灰应注意防雨、防潮。

21.2.2.6 脚手架工程

（1）脚手架基础座的基土必须坚实，立杆下应设垫木或垫块，并有可靠的排水设施，防止积水浸泡地基。

（2）遇风力六级以上（含六级）强风和高温、大雨、大雾、大雪等恶劣天气，应停止脚手架搭设与拆除作业。风、雨、雾、雪过后要检查所有的脚手架、井架等架设工程的安全情况，发现倾斜、下沉、松扣、崩扣要及时修复，合格后方可使用。每次大风或大雨后，必须组织人员对脚手架、龙门架及基础进行复查，有松动应及时处理。

（3）要及时对脚手架进行清扫，并采取防滑和防雷措施，钢脚手架、钢垂直运输架均应可靠接地，防雷接地电阻不大于10Ω。高于四周建筑物的脚手架应设避雷装置。

（4）雨期要及时排除架子基底积水，大风暴雨后要认真检查，发现立杆下沉、悬空、接头松动等问题应及时处理，并经验收合格后方可使用。

21.2.2.7 砌筑工程

（1）施工前，准备足够的防雨应急材料（如油布、塑料薄膜等）。尽量避免砌体被雨水冲刷，以免砂浆被冲走，影响砌体的质量。

（2）对砖堆应加以保护，淋雨过湿的砖不得使用，以防砌体发生溜砖现象。

（3）雨后砂浆配合比按试验室配合比调整为施工配合比，其计算公式如下：

水泥：水泥用量不变

施工配合比中砂用量：

$$S = S_{SY} + S \times a \qquad (21-22)$$

施工配合比中水用量：

$$W = W_{SY} - S \times a \qquad (21-23)$$

式中 S_{SY}——实验室配合比中砂用量；

S——施工配合比中砂用量；

W_{SY}——实验室配合比中水用量；

W——施工配合比中水用量；

a——砂子含水率。

（4）每天的砌筑高度不得超过1.2m。收工时应覆盖砌体表面。确实无法施工时，可留接槎缝，但应做好接缝的处理工作。

(5) 雨后继续施工时，应复核砌体垂直度。

(6) 遇大雨或暴雨时，砌体工程一般应停止施工。

21.2.2.8 钢结构工程

(1) 高强度螺栓、焊丝、焊条全部入仓库，保证不漏、不潮，下面应架空通风，四周设排水沟，避免积水。雨天不进行高强度螺栓的作业。

(2) 露天存放的钢构件下面应用木方垫起避免被水浸泡，并在周围挖排水沟以防积水。

(3) 在仓库内保管的焊接材料，要保证离地离墙不少于300mm的距离，室内要通风干燥，以保证焊接材料在干燥的环境下保存。电焊条使用前应烘烤，但每批焊条烘烤次数不超过两次。所有的电焊机底部必须架空，严禁焊机放置位置有积水。雨天严禁焊接作业。

(4) 涂料应存放在专门的仓库内，不得使用过期、变质、结块失效的涂料。

(5) 设专职值班人员，保证昼夜有人值班并做好值班记录，同时要设置天气预报员，负责收听和发布天气情况。

(6) 氧气瓶、乙炔瓶在室外放置时，放入专用钢筋笼，并加盖。

(7) 电焊机设置地点应防潮、防雨、防晒，并放入专用的钢筋笼中。雨期室外焊接时，为保证焊接质量，施焊部位要有防雨棚，雨天没有防雨措施不准施焊。

(8) 因降雨等原因使母材表面潮湿（相对湿度达80%）或大风天气，不得进行露天焊接，但焊工及被焊接部分如果充分保护且对母材采取适当处置（如预热、去湿等）时，可进行焊接。

(9) 雨水淋过的构件，吊装之前应以摩擦面上水擦拭干。

(10) 现场施工人员一律穿着防滑鞋，严禁穿凉鞋、拖鞋；及时清扫构件表面的积水。

(11) 大雨天气严禁进行构件的吊运以及人工搬运材料和设备等工作。

(12) 雨天校正钢结构时对测量设备应进行防雨保护，测量的数据要在晴天复测。

(13) 环境相对湿度大于80%及下雨期间禁止进行涂装作业。

(14) 露天涂装构件，要时刻注意观察涂装前后的天气变化，尽量避免刚涂装完毕，就下雨造成油漆固化缓慢，影响涂装质量。

(15) 潮湿天气进行涂装，要用气泵吹干构件表面，保持构件表面达到涂装效果。

(16) 防火喷涂作业禁止在雨中施工。

21.2.2.9 防水工程

(1) 防水涂料在雨天不得施工，不宜在夏季太阳曝晒下和后半夜潮露时施工。

(2) 夏季屋面如有露水潮湿，应待其干燥后方可铺贴卷材。

21.2.2.10 屋面工程

(1) 保温材料应采取防雨、防潮的措施，并应分类堆放，防止混杂。

(2) 金属板材堆放地点宜选择在安装现场附近，堆放应平坦、坚实且便于排除地面水。

(3) 保温层施工完成后，应及时铺抹找平层，以减少受潮和浸水，尤其雨期施工，要采取遮盖措施。

(4) 雨期不得施工防水层。油毡瓦保温层严禁在雨天施工。材料应在环境温度不高于45℃的条件下保管，应避免雨淋、日晒、受潮，并应注意通风和避免接近火源。

21.2.2.11 装饰装修工程

1. 一般规定

(1) 中雨、大雨或五级以上大风天气不得进行室外装饰装修工程的施工。水溶性涂料应避免在烈日或高温环境下施工；硅酮密封胶、结构胶、胶粘剂等材料施工应按照使用要求监测环境温度和空气相对湿度；空气相对湿度过高时应考虑合理的工序技术间歇时间。

(2) 抹灰、粘贴饰面砖、打ës封胶等粘结工艺的雨期施工，尤其应保证基体或基层的含水率符合施工要求。

(3) 雨期进行外墙外保温的施工，所用保温材料的类型、品种、规格及施工工艺应符合设计要求。应采取有效措施避免保温材料受潮，保持保温材料处于干燥状态。

(4) 雨期室外装饰装修工程施工过程中做好半成品的保护，大风、雨天应及时封闭外窗及外墙洞口，防止室内装修面受潮、受淋产生污染和损坏。

2. 外墙贴面砖工程

(1) 基层应清洁，含水率小于9%。外墙抹灰遇雨冲刷后，继续施工时应将冲刷后的灰浆铲掉，重新抹灰。

(2) 水泥砂浆凝结前遇雨冲刷，应全面检查砖黏结程度。

3. 外墙涂料工程

(1) 涂刷前应注意基层含水率（<8%）；环境温度不宜低于+10℃，相对湿度不宜大于60%。

(2) 腻子应采用耐水性腻子。使用的腻子应坚实牢固，不得粉化、起皮和裂纹。

(3) 施涂工程过程中应注意气候变化。当遇有大风、雨、雾情况时不可施工。当涂刷完毕，但漆膜未干即遇雨时应在雨后重新涂刷。

(4) 外墙抹灰在雨期时控制基层及材料含水率。外墙抹灰遇雨冲刷后，继续施工时应将冲刷后的灰浆铲掉，重新抹灰。

4. 木饰面涂饰清色油漆

(1) 木饰面涂饰清色油漆时，不宜在雨天进行油漆工程且应保证室内干燥。

(2) 阴雨天刮批腻子时，应用干布将施涂表面水汽擦拭干净，保证表面干燥，并根据天气情况，合理延长腻子干透时间，一般情况以2～3d为宜。可在油漆中加入一定量化白粉，吸收空气中的潮气。

(3) 必须等头遍油漆干透后方可进行二遍油漆涂刷。油漆涂刷后应保持通风良好，使施涂表面同时干燥。

5. 内墙涂饰工程

(1) 内墙混凝土或抹灰基层涂刷溶剂型涂料时，含水率不得大于8%；涂刷乳液型时，含水率不得大于8%。木材基层的含水率不得大于8%。

(2) 阴雨天刮批腻子时，应用干布将墙面水汽擦拭干净，并根据天气情况，合理延长腻子干透时间，一般情况以2～3d为宜。

(3) 采用防水腻子施工，使涂料与基层之间黏结更牢固，不容易脱落，同时避免因潮湿导致的墙面泛黄。

(4) 雨期对于墙面乳胶漆的影响不太大，但应注意适当延长第一遍涂料刷完后进行墙体干燥的时间，一般情况间隔2h左右，雨天可根据天气及现场情况作适当延长。

21.2.2.12 建筑安装工程

1. 水暖工程

(1) 材料及机具准备：提前准备好雨布、水泵、雨靴等防雨材料和用具。

(2) 提前做好路面，修好路边排水沟，做到有组织排水以保证水流畅通、雨后不滑不陷、现场不存水。

(3) 管材要做好防腐，架空码放，以防锈蚀。室外埋地和架空管道要定时检查基础支撑，发现问题应及时处理。

(4) 露天存放保温材料要架空码放，下方垫塑料布，上方用雨布覆盖，能入库尽入库保管。所有机械要搭设严密，防止漏雨，机电设备采取防雨、防淹措施，安装接地装置，机动电闸箱的漏电保护装置要安全可靠。

(5) 对现场各类排水管井、管道进行疏通。准备水泵放在集水坑内，及时将地下室内积水排出。

(6) 进行露天管道焊接工程施工时应注意以下几点：

1) 对受雨淋而锈蚀的管材应除锈；

2) 雨期施工防止焊条、焊药受潮，如不慎受潮，应烘干后方可使用；

3) 刮风时（风速大于5.4m/s），要采取挡风措施。

2. 电气工程

(1) 将现场所有用电设备、机具、电线、电缆等的绝缘电阻及塔式起重机、脚手架的接地电阻测试完毕并做好记录。

(2) 每天加强现场巡视，重点是配电箱内的电器是否完好、漏

电开关是否动作、接线是否压接牢固、电缆线是否过热等。

(3) 发现问题应及时处理并做好记录，不能处理时应及时向上反映。

(4) 严格执行临时用电施工组织所有规定。现场用电必须按照《施工现场临时用电安全技术规范》(JGJ 46) 的规定实施。

(5) 在雨期施工前，对现场所有动力及照明线路、供配电电气设施进行一次全面检查，对线路老化、安装不良、瓷瓶裂纹、绝缘性降低以及漏跑电现象，必须及时修理或更换，严禁使用。

(6) 配电箱、电闸箱，要采取防雨、防潮、防淹、防雷等措施，外壳要做接地保护。

(7) 现场的脚手架、塔式起重机外用电梯及高于 15m 的机具设备，均应设置避雷装置，并应经常检查和遥测。

(8) 接地体的埋深不小于 800mm，垂直接地体的长度不小于 2.5m，接地体的断面按电气专业设计要求埋设。

(9) 各种电气动力设备必须经常进行绝缘、接地、接零保护的遥测，发现问题应及时处理，严禁带隐患运行。动力设备的接地线不得与避雷地线一起安放。接地线如因某种原因必须拆除时，必须先做好新的接地线后再进行操作。

(10) 线路架设及避雷系统敷设时，要掌握气象预报情况，严禁在雷电降雨天气作业。

21.2.3 排水、防（雨）水

高于地面的施工现场只要相应的排水渠道不使场内积水即可；低于地面的基坑排水只要确定相应流量就可选用相匹配的水泵和组织人工排水。

1. 水泵选型原则

(1) 所选泵的型式和性能应符合装置流量、扬程、压力、温度、汽蚀流量、吸程等工艺参数的要求。

(2) 必须满足介质特性的要求。

对输送易燃、易爆有毒或贵重介质的泵，要求轴封可靠或采用无泄漏泵，如磁力驱动泵、隔膜泵、屏蔽泵。

对输送腐蚀性介质的泵，要求对流部件采用耐腐蚀性材料，如 AFB 不锈钢耐腐蚀泵、CQF 工程塑料磁力驱动泵。

(3) 机械方面可靠性高、噪声低、振动小。

(4) 经济上要综合考虑到设备费、运转费、维修费和管理费的总成本最低。

2. 水泵的选择

(1) 流量是选泵的重要性能数据之一，它直接关系到整个装置的生产能力和输送能力。选泵时，以最大流量为依据，兼顾正常流量，在没有最大流量时，通常可取正常流量的 1.1 倍作为最大流量。

(2) 装置系统所需的扬程是选泵的又一重要性能数据，一般要用放大扬程 5%～10% 余量后来选型。

(3) 液体性质，包括液体介质名称、物理性质、化学性质和其他性质、物理性质有温度、密度、黏度、介质中固体颗粒直径和气体的含量等，这涉及系统的扬程、有效汽蚀余量计算和合适泵的类型；化学性质，主要指液体介质的化学腐蚀性和毒性，是选用泵材料和选用轴封形式的重要依据。

(4) 装置系统的管路布置条件指的是送液高度、送液距离、送液走向、吸入侧最低液面、排出侧最高液面等一些数据和管道规格及其长度、材料、管件规格、数量等，利用这些数据可进行系统扬程计算和汽蚀余量的校核。

(5) 操作条件的内容很多，如液体的操作、饱和蒸汽力、吸入侧压力（绝对）、排出容器压力、海拔高度、环境温度操作是间隙的还是连续的、泵的位置是固定的还是可移的等。

21.2.4 防　雷

21.2.4.1 避雷针的设置

1. 安装避雷针是防止直击雷的主要措施

当施工现场位于山区或多雷地区，变电所、配电所应装设独立避雷针。正在施工建造的建筑物，当高度在 20m 以上应装设避雷针。施工现场内的塔式起重机、井字架及脚手架机械设备，若在相邻建筑物、构筑物的防雷设置的保护范围以外，则应安装避雷针。若最高机械设备上安装了避雷针，且其最后退出现场，则其他设备可不设避雷针。

2. 施工现场机械设备需安装避雷针的规定

避雷针的接闪器一般选用 ϕ16mm 圆钢，长度为 1～2m，其顶端应车制成锥尖。接闪器须热镀锌。

机械设备上的避雷针的防雷引下线可利用该设备的金属结构体，但应保证电气联结。机械设备所有的动力、控制、照明、信号及通信等线路，应采用钢管敷设。钢管与机械设备的金属结构体作焊接以保证其接地通道的电气联结。

21.2.4.2 避雷器

装设避雷器是防止雷电侵入波的主要措施。

高压架空线路及电力变压器高压侧应装设避雷器，避雷器的安装位置应尽可能靠近变电所。避雷器宜安装在高压熔断器与变压器之间，以保护电力变压器线路免于遭受雷击。避雷器可选用 FS-10 型阀式避雷器，杆上避雷器应排列整齐、高低一致。10kV 避雷器安装的间距距离不小于 350mm。避雷器引线应力求做到短直、张弛适度、连接紧密，其引上线一般采用 16mm^2 的铜芯绝缘线，引下线一般采用 25mm^2 的钢芯绝缘线。

避雷器防雷接地引下线采用"三位一体"的接线方式，即：避雷器接地引下线、电力变压器的金属外壳接地引下线和变压器低压侧中性点引下线三者连接在一起，然后共同与接地装置相连接。这样，当高压侧落雷使避雷器放电时，变压器绝缘上所承受的电压，即为避雷器的残压，将无损于变压器绝缘。

在多雷区变压器低压出线处，应安装一组低压避雷器，以用来防止由于低压侧落雷或由于正、反变换电压波的影响而造成低压侧绝缘击穿事故。低压避雷器可选用 FS 系列低压阀式避雷器或 FYS 型低压金属氧化物避雷器。

尚应注意，避雷器在安装前及在用期的每年三月份应作预防性试验。经检验证实处于合格状态方可投入使用。

此外，配电所的低压架空进线或出线处，宜将绝缘子铁脚与配电所接地装置用 ϕ8 圆钢相连接。这样做的目的也是防止雷电侵入波。

21.2.4.3 防止感应雷击的措施

防止感应雷击的措施是将被保护物接地。

按《电气装置安装工程接地装置施工及验收规范》（GB 50169）的要求，建筑物在施工过程中，其避雷针（网、带）及其接地装置，应采取自下而上的施工程序，即首先安装集中接地装置，后安装引下线，最后安装接闪器。建筑物内的金属设备、金属管道、结构钢筋均应做到有良好的接地。这样做可保证建筑物在施工过程中防止感应雷。

高度在 20m 以上施工用的大钢模板，就位后应及时与建筑物的接地装置连接。

21.2.4.4 接地装置

众所周知，避雷装置是由接闪器（或避雷器）、引下线的接地装置组成。而接地装置由接地极和接地线组成。

独立避雷针的接地装置应单独安装，与其他保护的接地装置的安装分开，且保持有 3m 以上的安全距离。

除独立避雷针外，在接地电阻满足要求的前提下，防雷接地装置可以和其他接地装置共用。接地极宜选用角钢，其规格为 40mm×40mm×4mm 及以上；若选用钢管，直径不小于 50mm，其壁厚不应小于 3.5mm。垂直接地极的长度应为 2.5m；接地极间的距离为 5m；接地极埋入地下深度，接地极顶要在地下 0.8m 以下。接地极之间的连接是通过规格为 40mm×4mm 的扁钢焊接。焊接位置距接地极顶端 50mm。焊接采用搭焊。扁钢搭接长度为宽度的 2 倍，且至少有 3 个棱边焊接。扁钢与角钢（或钢管）焊接时，为了保证连接可靠，应事先在接触部位将扁钢弯成直角形（或弧形），再与角钢（或钢管）焊接。

接地极与接地线宜选用镀锌钢材，其将埋于地下的焊接处应涂沥青防腐。

21.2.4.5 工频接地电阻

建筑施工现场内所有施工用的设备、装置的防雷装置的工频接

地电阻值不得大于30Ω。而建筑物防雷装置的工频接地电阻值应满足施工图的设计要求。

21.2.5 防 台 风

(1) 成立以项目经理为首的防台风领导小组，并在接到气象台发布的台风预警后，现场立即停止施工。

(2) 台风到来之前，对现场排水系统进行全面检查，确保排水系统通畅、有效。

(3) 现场要根据各自的具体情况备足抢险物质和救生器材。

(4) 对现场所有大型机械进行检查。塔式起重机必须保证可以自由旋转，塔身附着装置无松动、无开焊、无变形。塔式起重机的避雷设施必须确保完好有效，塔式起重机电源线路必须切断。塔身存有易坠物，设有标牌和横幅的应全部清除。

(5) 施工临时用电必须符合标准规范要求，尤其要做好各配电箱的防雨措施，所有施工现场在台风期间要全部停止供电。

(6) 将脚手架上杂物清除，并检查脚手架的拉结点是否有效，及时整改。检查脚手架底部基础是否坚实，排水是否通畅。

(7) 对现场的临时设施进行全面检查，根据检查情况进行维护和加固，对不能保证人身安全的，要坚决予以拆除，防止坍塌。

(8) 施工单位须有专人24h值班，主动与气象台联系，随时掌握台风变化情况，并进行通报，根据台风变化调整应对措施。

(9) 当气象中心解除台风警报后，施工单位应首先对现场大型机械、临时水电、脚手架等进行全面检查，维护和加固完成后再复工。

21.3 暑 期 施 工

21.3.1 暑期施工概念

最高气温超过35℃，现场施工必须采取防暑降温的措施，对施工人员也要进行必要的防暑降温措施，暑期施工包括对施工现场的技术措施和对施工人身体健康的关注。

全国主要城市平均气温如表21-52；全国主要城市历年最高及最低气温如表21-53。

全国主要城市平均气温（℃）　　表 21-52

气温城市＼月份	1	2	3	4	5	6	7	8	9	10	11	12
北京	-4.6	-2.2	4.5	13.1	19.8	24.0	25.8	24.4	19.4	12.4	4.1	-2.7
天津	-4.0	-1.6	5.0	13.2	20.0	24.1	26.4	25.5	20.8	13.6	5.2	-1.6
石家庄	-2.9	-0.4	6.6	14.8	20.9	26.6	26.6	25.0	20.1	13.5	5.7	-0.9
太原	-6.6	-3.1	3.7	11.4	17.7	21.7	23.8	21.8	16.1	9.9	2.1	-4.9
呼和浩特	-13.1	-9.0	-0.3	7.9	15.3	20.1	22.4	20.1	13.8	6.5	-2.7	-11.0
沈阳	-12.0	-8.4	0.9	9.3	16.9	21.5	24.6	23.5	17.2	9.4	0.0	-8.5
长春	-16.4	-12.7	-3.5	6.7	15.0	20.1	21.3	19.5	12.8	6.8	-3.8	-12.8
哈尔滨	-19.4	-15.4	-4.8	6.0	14.3	20.0	22.8	21.1	14.4	5.6	-5.7	-15.6
上海	3.5	4.6	7.9	14.0	18.8	23.3	27.8	27.7	23.6	18.0	12.3	6.2
南京	2.0	3.8	8.4	14.8	19.9	24.4	27.9	27.6	22.7	16.9	10.5	4.4
杭州	3.8	5.1	9.4	14.9	19.8	23.6	28.4	27.9	23.6	18.1	12.1	6.3
合肥	2.1	4.2	9.2	15.8	20.6	25.2	28.0	27.4	23.0	17.0	10.6	4.5
福州	10.5	10.7	13.4	18.1	22.1	26.2	29.0	28.6	26.0	21.7	17.5	13.1
南昌	5.0	6.4	10.9	17.1	21.8	25.5	29.2	28.9	24.9	19.1	13.1	7.5
济南	-1.4	1.1	7.6	15.2	21.8	26.0	27.4	26.2	21.7	15.8	7.9	1.1
台北	14.8	15.4	17.1	21.5	24.5	26.7	28.6	28.2	26.6	23.6	20.3	17.1
郑州	-0.3	2.2	7.9	15.6	21.3	26.6	26.9	25.2	20.6	15.3	8.2	1.7
武汉	3.0	5.1	10.0	16.4	21.5	26.2	28.8	28.0	23.3	17.5	11.1	5.4
长沙	4.7	6.2	10.9	16.9	21.6	26.2	29.2	28.7	24.2	18.5	12.5	7.1
广州	13.3	14.4	17.9	21.9	25.6	27.2	28.4	28.1	26.9	23.7	19.4	15.2

续表

气温城市＼月份	1	2	3	4	5	6	7	8	9	10	11	12
南宁	12.8	14.1	17.6	22.0	26.0	27.4	28.3	27.8	26.6	23.3	18.6	14.7
海口	17.2	18.2	21.6	24.9	28.0	28.1	28.4	27.7	26.8	24.8	21.8	18.7
成都	5.5	7.5	12.1	17.0	20.9	23.7	25.6	25.1	21.1	16.8	11.9	7.3
重庆	7.2	8.9	13.2	18.1	24.3	27.8	28.0	22.8	23.2	18.0		8.6
贵阳	4.9	6.5	11.5	16.1	19.5	21.9	23.0	23.4	20.6	16.1	11.4	7.1
昆明	7.7	9.6	12.0	16.5	19.1	19.5	19.0	19.1	17.5	14.9	11.3	4.8
拉萨	-2.2	1.0	4.4	8.3	12.3	15.3	15.3	14.2	12.7	8.3	2.3	-1.7
西安	-1.0	2.1	8.1	14.7	19.4	25.1	26.5	25.5	19.1	13.4	6.0	0.7
兰州	-6.9	-2.3	5.2	11.8	16.9	20.3	22.0		15.8	9.4	1.7	-5.5
西宁	-8.4	-4.9	1.9	7.4	11.7	15.0	17.1	16.0			-0.8	-6.7
银川	-9.0	-4.8		10.6		21.4						-6.7
乌鲁木齐	-14.9	-12.7	-0.1	11.2	18.8	23.5	25.6	24.0	17.4	8.2	-1.9	-11.7

全国主要城市历年最高及最低气温（℃）　　表 21-53

城市	最高气温	最低气温
北京	41.5	-9.1
西安	42.9	-8.9
昆明	31.5	-5.4
海口	40.5	2.8
重庆	44	-3.8
大连	35.3	-20.1
广州	38.7	0
南京	43	-14
宁波	39.4	-10
青岛	35.4	-16
上海	40.2	-12.1
深圳	38.7	0.2
天津	39.9	-18.3
温州	41.3	-4.5
武汉	44.5	-18
福州	42.3	-1.2
唐山	32.9	-14.8
杭州	40.8	-12.7
成都	43.7	-21.1
哈尔滨	36.4	-38.1

21.3.2 暑 期 施 工 措 施

21.3.2.1 混凝土工程施工

暑期高温天气会对混凝土浇筑施工造成负面影响，消除这些负面影响的施工措施，要着重对混凝土分项工程施工进行计划与安排。

暑期高温天气：高温天气不仅仅是指夏季环境温度较高的情况，而是下述情形的任意组合：

(1) 高的外界环境温度;

(2) 高的混凝土温度;

(3) 低的相对湿度;

(4) 较大风速;

(5) 强的阳光照射。

在混凝土浇筑过程中,因温度变化而导致混凝土收缩产生的早期裂痕也相当严重。即使天气温度是相同的,有风、有阳光的天气与无风、潮湿的天气相比,施工中应采取更为严格的预防性措施。

1. 高温天气下对混凝土浇筑的影响

(1) 对混凝土搅拌的影响

1) 拌合水量增加;

2) 混凝土流动性下降快,因而要求现场施工水量增加;

3) 混凝土凝固速率增加,从而增加了摊铺、压实及成形的困难;

4) 控制气泡状空气存在于混凝土中的难度增加。

(2) 对混凝土固化过程的影响

1) 较高的含水量、较高的混凝土温度,将导致混凝土 28d 和后续强度的降低,或混凝土凝固过程中及初凝过程中混凝土强度的降低;

2) 整体结构冷却或不同断面温度的差异,使得固化收缩裂缝以及温度裂缝产生的可能性增加;

3) 水合速率或水中黏性材料比率的不同,会导致混凝土表面摩擦度的变化,如颜色差异等;

4) 高含水量、不充分的养护、碳酸化、轻骨料或不适当的骨料混合比例,可导致混凝土渗透性增加。

2. 高温天气下混凝土浇筑施工措施

(1) 商品混凝土的措施

此部分由商品混凝土厂家完成混凝土的降温工作,表现为以下几点:

1) 冷却混凝土拌合水,降低混凝土温度

通过降低拌合水的温度可以使混凝土冷却至理想温度,采用该种方法,混凝土温度的最大降幅可以达到 6℃。但是在施工过程中应注意冷却水的加入量不能超过混凝土拌合水的需求量,需求量的多少与混凝土骨料的湿度和配合比例有关。

2) 用冰替代部分拌合水

用冰替代部分拌合水可以降低混凝土温度,其降低温度的幅度受到用冰替代拌合水数量的限制,对于大多数混凝土,可降低的最大温度为 11℃。为了保证正确的配合比,应对加入混凝土中冰的质量进行称重。如果采用冰块进行冷却,需要使用粉碎机将冰块粉碎,然后加入混凝土搅拌器中。

3) 粗骨料的冷却

粗骨料冷却的有效方法是用冷水喷洒或用大量的水冲洗。由于粗骨料在混凝土搅拌过程中占有较大的比例,降低粗骨料大约 1±0.5℃的温度,混凝土的温度可以降低 0.5℃。由于粗骨料可以被集中在筒仓内或箱柜容器内,因此粗骨料的冷却可以在很短时间内完成,在冷却过程中要控制水量的均匀性,以避免不同批次之间形成的温度差异。骨料的冷却也可以通过向潮湿的骨料内吹空气来实现。粗骨料内空气流动可以加大其蒸发量,从而使粗骨料降温在 1℃温度范围内。该方法的实施效果与环境温度、相对湿度和空气流动的速度有关。如果用冷却后的空气代替环境温度下的空气,可以使粗骨料降低 7℃。

4) 混凝土拌制和运输

混凝土拌制时应采取措施控制混凝土的升温,并一次控制附加水量,减小坍落度损失,减少塑性收缩开裂。在混凝土拌制、运输过程中可以采取以下措施:使用减水剂或以粉煤灰取代部分水泥以减小水泥用量,同时在混凝土浇筑条件允许的情况下增大骨料粒径;混凝土拌合物的运输距离如较长,可以用缓凝剂控制混凝土的凝结时间,但应注意缓凝剂的掺量应合理,对于大面积的混凝土工程尤其如此;如需要较高坍落度的混凝土拌合物,应使用高效减水剂。有些高效减水剂产生的拌合物其坍落度可维持 2h。高效减水剂还能够减少拌合过程中骨料颗粒之间的摩擦,减缓搅拌筒中的热积聚;在满足规范要求的情况下,尽量使用矿渣硅酸盐水泥、粉煤

灰硅酸盐水泥;向骨料堆中洒水,降低混凝土骨料的温度;如有条件用地下水或井水喷洒,冷却效果更好,在炎热季节或大体积混凝土施工时,可以用冷水或冰块来代替部分拌合水;对于高温季节里长距离运输混凝土的情况,可以考虑搅拌车的延迟搅拌,使混凝土到达工地时仍处于搅拌状态,混凝土浇筑过程中,用麻袋或草袋覆盖泵管,严禁泵管曝晒,同时在覆盖物上浇水,降低混凝土入模温度。

(2) 施工现场的施工方法与措施

暑期气温高,干燥快,新浇筑的混凝土可能出现凝结速度加快、强度降低等现象,这时进行混凝土的浇筑、修整和养护等作业时应特别细心。在炎热气候条件下浇筑混凝土时,要求配备足够的人力、设备和机具,以便及时应付预料不到的不利情况。

1) 检测运到工地上的混凝土的温度,必要时可以要求搅拌站予以调节。

2) 暑期混凝土施工时,振动设备较易发热损坏,故应准备好备用振动器。

3) 与混凝土接触的各种工具、设备和材料等,如浇筑溜槽、输送机、泵管、混凝土浇筑导管、钢筋和手推车等,不要直接受到阳光曝晒,必要时应洒水冷却。

4) 浇筑混凝土地面时,应先湿润基层和地面边模。

5) 夏季浇筑混凝土应精心计划,混凝土应连续、快速地浇筑。混凝土表面如有泌水时,要及时进行修整。

6) 根据具体气候条件,发现混凝土有塑性收缩开裂的可能性时,应采取措施(如喷洒养护剂、麻袋覆盖等),以控制混凝土表面的水分蒸发。混凝土表面水分蒸发速度如超过 0.5kg/(m²/h)时就可能出现塑性收缩裂缝;当超过 1.0kg/(m²/h)就需要采取适当措施,如冷却混凝土、向表面喷水或采用防风措施等,以降低表面蒸发速度。

7) 应做好施工组织设计,以避免在日最高气温时浇筑混凝土。在高温干燥季节,晚间浇筑混凝土受风和温度的影响相对较小,而在接近日出时终凝,而此时的相对湿度较高,因而早期干燥和开裂的可能性最小。

3. 混凝土的养护

夏季浇筑的混凝土必须加强对混凝土的养护:

(1) 在修整作业完成后或混凝土初凝后立即进行养护。

(2) 优先采用麻袋覆盖养护方法,连续养护。在混凝土浇筑后的 1~7d,应保证混凝土处于充分湿润状态,并应严格遵守规范规定的养护龄期。

(3) 当完成规定的养护时间后拆模时,最好为其表面提供潮湿的覆盖层。

21.3.2.2 暑期施工管理措施

(1) 成立夏季工作领导小组,由项目经理任组长,办公室主任担任副组长,对施工现场管理和职工生活管理做到责任到人,切实改善职工食堂、宿舍、办公室、厕所的环境卫生,定期喷洒杀虫剂,防止蚊、蝇滋生,杜绝常见病的流行。关心职工,特别是生产第一线和高温岗位职工的安全和健康,对高温作业人员进行就业和入暑前的体格检查,凡检查不合格者不得在高温条件下作业。认真督促检查,做到责任到人,措施得力,确保保证职工健康。

(2) 做好用电管理,夏季是用电高峰期,定期对电气设备逐台进行全面检查、保养,禁止乱拉电线,特别是对职工宿舍的电线及时检查,加强用电知识教育。

(3) 加强对易燃、易爆等危险品的贮存、运输和使用的管理,在露天堆放的危险品采取遮阳降温措施。严禁烈日曝晒,避免发生泄露,杜绝一切自燃、火灾、爆炸事故。

21.3.2.3 暑期高温天气施工防暑降温措施

(1) 高温天气,是指市气象台发布高温天气预告最高气温达 35℃以上(含 35℃)的天气。

(2) 各工地应根据下列要求,合理安排工人作息时间,确保工人劳逸结合、有足够的休息时间,但因人身财产安全和公众利益需要,必须紧急处理或抢险的情况除外:

1) 日最高气温达到 39℃以上时,当日应停止作业;

2) 日最高气温达到 37℃以上时,当日工作时间不得超过 4h;

3）日最高气温达到 35℃时，应采取换班轮休等方法，缩短工人连续作业时间，并不得安排加班；12～15 时应停止露天作业（注：在没有降温设施的塔式起重机、挖掘机等的驾驶室内作业视同露天作业）；因特殊情况不能停止作业的，12～15 时工人露天连续作业时间不得超过 2h。

（3）防暑降温措施

1）施工现场应视高温情况向作业人员免费供应符合卫生标准的含盐清凉饮料，饮料种类包括盐汽水、凉茶和各种汤类等。

2）施工现场应设置休息场所，场所应能降低热辐射影响，内设有座椅、风扇等设施。

3）改善集体宿舍的内外环境，宿舍内有必要的通风降温设施，确保作业人员的充分休息，减少因高温天气造成的疲劳。

4）高温时段发有身体感觉不适的作业职工，及时按防暑降温知识急救方法办理或请医生诊治。

21.4 绿 色 施 工

21.4.1 雨 期 施 工

（1）有条件的地区和工程应收集雨水养护。

（2）利用雨水收集系统对现场机具、设备、车辆冲洗、喷洒路面、绿化浇灌等。

（3）大型施工现场，在施工现场建立雨水收集利用系统，充分收集自然降水用于施工和生活中适宜的部位。

21.4.2 暑 期 施 工

（1）建立太阳能收集系统，用来加热洗澡等方面的用水。

（2）高温沙尘天气建立防沙尘系统，防止环境污染。

22 幕墙工程

22.1 施工测量放线与埋件处理

施工测量放线是整个幕墙施工的基础工作，直接影响着幕墙安装质量，必须对此项工作引起足够的重视，提高测量放线的精度，消除主体结构施工出现的误差是确保幕墙施工质量的重要环节。

幕墙的测量目标是依据主体结构测量的基准点，测放出幕墙能够利用的点位。幕墙的测量由控制的点位分为内控法与外控法。内控法就是主体结构的控制网布置在主体结构内部并在每层楼的楼板上预留测量口。外控法就是在主体结构的外围布置控制网，一般的控制网的基准都布置在1层，同时利用两台经纬仪或全站仪进行交点定位或距离测量，定出待测点的坐标。

22.1.1 准备工作

1. 图纸准备

经审核确认后的幕墙施工图。

总包方提供基准点、高程及坐标参数，基准点可靠性及精度等级情况。测量定位控制点平面图。

2. 技术准备

熟悉施工图纸及有关资料。

熟练使用各种测量仪器，掌握其质量标准。

对各种测量仪器在使用前进行全面检定与校核。

熟悉现场的基准点、控制点线的设置情况。

根据图纸条件及工程结构特征确定轴线基准点布置和控制网形式。

遵守先整体后局部的工作程序。

严格审核测量起始依据的正确性，坚持测量作业与计算工作步步有校核的工作方法。

测法要科学、简洁，精度要合理相称的工作原则。

执行三检制：自检、互检合格后请工地质量检查部门验线合格后报请监理验线，合格后再进行下步工序施工。

钢尺量距进行"三差"改正；经纬仪测角进行"正倒镜"法；水准仪测高程采用附和或闭合法；采用串测或变动仪器高；全站仪测点位换站检查。

3. 仪器准备

仪器见表 22-1。

施工所需仪器 表 22-1

编号	设备名称	精度指标	用途
1	全站仪	2mm+2ppm	工程控制点定位校核
2	电子经纬仪	2″	施工放样
3	水准仪	2mm	标高控制
4	钢尺	1mm	施工放样
5	激光经纬仪	1/20000	控制点竖向传递
6	激光垂准仪	1/40000	铅垂线点位传递
7	光电测距仪	3+2ppm	施工放样
8	对讲机	5km	通信联络
9	5～7m盒尺	1mm	施工放样

4. 机具准备

机具见表 22-2。

施工所需机具 表 22-2

编号	机具名称	用途
1	电锤	钻洞
2	电钻	钻孔
3	吊坠	吊线
4	墨斗	弹线
5	铅笔	标识
6	拉力器	拉直钢丝线

5. 材料准备

材料见表 22-3。

施工所需材料 表 22-3

编号	材料名称	用途
1	50角钢	制作支座
2	M12×100膨胀螺栓	固定支座
3	钢丝线(φ1～φ5)	放线
4	红油漆	标记

22.1.2 主体建筑测量放线施工流程

总包基准点书面现场交接→测量与复核基准点→各控制线网设置→投射基准点→内控线弹设→外控制线布置→层间标高设置→测量结构埋件偏差→报验

1. 测量与复核基准点

为了保证建筑总体结构符合设计文件的要求，确保施工中不发生任何差错，在进入工地放线之前根据总包方提供基准点、基准线（基准点的连线）布置图，以及首层原始标高点（图 22-1、图 22-2），施工测量人员依据其基准点、基准线布置图，复核基准点、基准线及原始标高点。根据总包方提供的基准点及由基准线组成的控制网图上的数据，用全站仪对基准点轴线尺寸、角度进行检查校对，如复核结果与原来的基准点、基准线的差异在允许范围内，一律以原有的成果为准，不作改动；对经过多次复测，证明原有成果有误或点位有较大变动时，应报总包、监理，经审批后，才能改动。对出现的误差进行适当合理的分配，经检查确认后，填写基准线实测角度、尺寸、记录表。其依据为定位测量前，由总包提供四个相互关联的控制点和两个高程控制点，作为场区控制依据点。以高程控制点为依据，作投射点测量，将高程引测至场区内。平面控制网导线精度不低于1/10000，高程控制测量闭合差不大于±30mm$\sqrt{L}$（L 为附合路线长度，以"km"计）。在测设建筑物控制网时，首先要对起始依据进行复核。根据红线桩及图纸上的建筑物角点，反算出它们之间的相对关系，并进行角度、距离校测。校测允许误差：角度为±12″；距离相对精度不低于1/15000。对起始高程点应用附合水准测量进行校核，高程校测闭合差不大于±10mm$\sqrt{n}$（n 为测站数）。将相关资料致函与总包单位或监理单位及业主，由其给予确认后方可再进行下一道工序的施工。

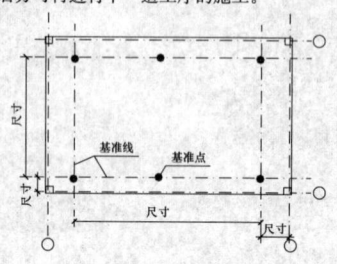

图 22-1 原始基准线示意图

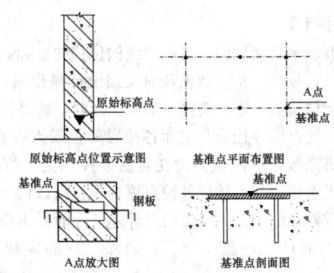

图 22-2 原始基准点、标高点示意图

2. 各控制网线的布置

(1) 平面控制网布设原则

平面控制应先从整体考虑，遵循先整体、后局部、高精度控制低精度的原则。

平面控制网的坐标系统与工程设计所采用的坐标系统相一致，布设呈矩形。

布设平面控制网首先根据设计总平面图、现场施工平面布置图。

选点应在通视条件良好、安全、易保护的地方。

控制点位必须作好保护，需要时用钢管进行围护，并用红油漆做好标记。

(2) 平面控制网的布设

检查总包给定的基准点并根据其主体结构基准点控制网与轴线关系尺寸，结合幕墙施工图纸计算出幕墙结构控制点与轴线的关系尺寸，依据以上已知数据转换为幕墙结构控制点与主体结构基准点控制网的关系尺寸，定出方便现场施工的方格网，并弹上墨线。弹完后用全站仪或者其他测量仪器进行复核，确保轴线偏位情况满足规范要求。

【例】 一般总包单位便于施工，主体结构控制线（基准线）一般设定离结构外围较远（2m 左右），而幕墙施工需将控制线进行外移（一般 0.5～1m），依据主体结构首层控制线，建立幕墙首层及各控制层内控制线，再由内控制层根据安装需求进行外移形成外控制线，按照图纸设计对控制线进行复核校正，使之符合设计及安装要求，见图 22-3。

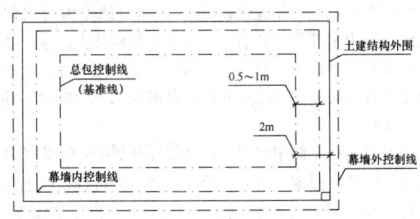

图 22-3 控制网线示意图

3. 投射基准点

(1) 具体工程中，在考虑基准点投射的工作量和楼层的层数基础上，且保证测量精度的前提下，将基准点每隔 3～10 层进行投射一次，设置标准控制层。

(2) 投射基准点前，安排施工人员把测量孔部位的混凝土清理干净，然后在一层的基准点上架设激光垂准仪。将总包方提供的基准点作为一级基准控制点，通过一级基准控制点，采用激光垂准仪传递基准点。为了保证轴线竖向传递的准确性，把基准点一次性分别准确地投射到各控制层（见图 22-4）。为了达到基准点的精度要求必须在相应的楼层投射完后进行闭合导线测量。另外在楼层较高的工程投射时，因高层受风力的影响可能造成投射点的偏差，因此在高层进行投射时必须在风力小于 4 级的条件下进行操作。

(3) 架设激光垂准仪时，必须反复地进行整平及对中调节，以便提高投测精度。确认无误后，分别在各控制层的楼面上测量孔位置处即将激光接收靶放在楼面上定点，再用墨斗线准确地弹一个十字架在主体结构上，十字架的交点为基准点。

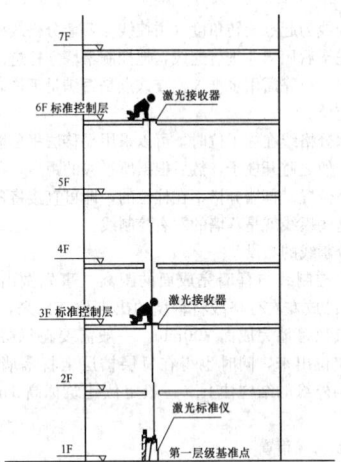

图 22-4 平面轴线控制基准点迁移示意

(4) 投射操作方法：将激光垂准仪架设在首层楼面基准点，调平后，接通电源射出激光束。

调焦，使激光束打在作业层激光靶上的激光点最小、最清晰。激光接收靶由 300mm×300mm×5mm 厚有机玻璃制作而成，接收靶上由不同半径的同心圆及正交坐标线组成，见图 22-5。

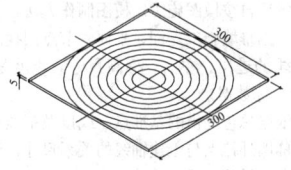

图 22-5 接收靶

通过顺时针转动望远镜 360°，检查激光束的误差轨迹。如轨迹在允许限差内，则轨迹圆心为所投轴线点。

通过移动激光靶，使激光靶的圆心与轨迹圆心同心，后固定激光靶。在进行基准点传递时，用对讲机通信联络。

所有基准点投射到楼层完成后，用全站仪及钢尺对控制轴线进行角度、距离校核，结果达到规范或设计要求后，进行下道工序。

4. 内控线弹设

(1) 主控线的弹设

基准点投射完后，在各控制层的相邻两个测量孔位置做一个与测量通视孔相同大小的聚苯板塞入孔中，聚苯板保持与楼层面平。

依据先前做好的十字线交出墨线交点，再把全站仪架在墨线交点上对每个基准点进行复查，对出现的误差进行合理、适当的分配。

基准点复核无误后，用全站仪或经纬仪操作进行连线工作。先将仪器架在测量孔上并进行对中、整平调节，使仪器在水平状态下完全对准基准点。

仪器架设好后，把目镜聚焦到与所架仪器基准点相对应的另一基准点上，调整清楚目镜中的十字光圈并对中基准点，锁死仪器方向。再用红蓝铅笔及墨斗配合全站仪或经纬仪，把两个基准点用一条直线连接起来。

经纬仪测量角度时，在第一次调整测量之后，必须正倒镜再进行复测，出现误差取中间值。同样方法对其他几条主控制线进行连接弹设。

(2) 内控线弹设

主控制线布设后，根据幕墙施工的需要，将控制线向主体结构外围进行平移，形成内控点、内控线。平移时在总包给定内控线的基础上进行，一般平移靠近结构边缘，同时要求避开柱位，以便于连线。平移弹线过程中，用全站仪或经纬仪进行监控，避免重叠现象的产生，并检查内控线是否符合规定要求。

依据放线平面图，在幕墙定点对应的楼层主控线点上架设经纬仪或全站仪，并确保仪器目镜里面的十字丝与主控线完全重合的情

况下以主控线为起点旋转角度（主控线与幕墙分格线所夹角度）定点，定点完毕后用墨斗进行连线，把控制幕墙立柱进出、左右的点定位出来。定位完后用水准仪检查该点是否满足理论高程值，也就是标高的定位。

当幕墙分格线在柱子位时，可以采用平移法将幕墙分格线平移一定距离，使之避开柱子，然后根据所平移的距离，再次将其平移回幕墙分格位置；幕墙分格不在柱位的，即可直接将幕墙分割线弹出墨线。这些墨线就是幕墙的左右控制线。

（3）分割线的布设

根据主控制线与幕墙完成面的距离（事先做出的幕墙放线图），顺着已放左右分格线将幕墙的出入位定出来，幕墙出入线一般定位其离幕墙完成面300mm。一般需要在每层楼层上将幕墙分割线定位出来，同时也得在每层楼层上将幕墙标高控制线引线到结构外缘的结构柱上（一般定位建筑标高1m线），以方便幕墙施工。

5. 外控制线布置

（1）外控点控制网平面图制作

施工过程中怎样把每个立面单元分格交接部位的点、线、面位置定位准确、紧密衔接，是后期顺利施工的保障和基础。将控制分格点布置在幕墙分格立柱缝中，与立柱内表面平（注：现场控制钢丝线是距立柱内表面7mm控制线，定位在立柱里面，可以避免板块吊装或吊篮施工过程碰撞控制线而造成施工误差，及可保证板块安装到顶层、外控线交点位置还能保留原控制线）。先在电脑里边作一个模图，然后再按模图施工。模图制作方法：

第一步：依据幕墙施工立面、平面、节点图找出分布点在不同楼层相对应轴线的进出、左右、标高尺寸，也就是把每个点确立X、Y、Z三维坐标数据。

第二步：依据总包提供的基准点、线以及基准点、线与土建轴线关系尺寸，幕墙外控点与土建轴线的关系尺寸，计算转换为幕墙外控点与内控点、线的关系尺寸。

第三步：模图制作依据计算出基准点与土建各轴线进出、左右的关系尺寸，把外控线做到平面图上，再依据第二步中计算出的幕墙外控点与基准点控制网的关系尺寸数据，把每个点做到平面图上。同样方法其余三个面全部定点绘制在平面图上。立面放线模图如图22-6所示。

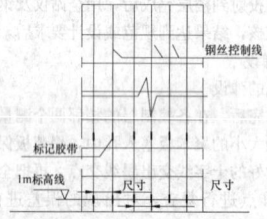

图 22-6 闭合尺寸示意图

（2）现场外控点、线布置

对照放线图用钢卷尺，从内控线的点上顺90°墨线量取对应尺寸，把控制幕墙立柱进出、左右的一个点进行定位，也就是每个点X、Y坐标的定位。再用水准仪检查此点是否在理论的标高点上，也就是每个点Z坐标的定位。

用L50角钢制成支座，在定点位置用膨胀螺栓固定在楼台上。每个支座必须保持与对应点在同一高度。再用墨斗把分格线延长到支座上。沿墨线重新拉尺定点在钢支座上，用φ2.8麻花钻在标注的点上打孔。依此方法从首层开始逐层在各标准楼层的每个面上做钢支座定外控点。

（3）所有外控点做完后，用钢丝进行上下楼层对应点的连线，这样外控线布置就完成了。

（4）放线完毕后，必须对外控点进行双重检测，确保外控制线尺寸准确无误：

用钢卷尺对每个单独立面的平面四个边边长、每个边的小分格进行尺寸闭合。再用水准仪把1m线引测在钢丝线上，在钢丝对应高度上粘上胶带做好1m标高线标记。最后用钢卷尺进行每层外控

线的周圈尺寸闭合。

要及时准确地观测到施工过程中结构位移的准确数据，必须对现场的结构进行复查，检查数据及时反馈设计做出对应解决方案。例：为便于结构检查方便、简捷、准确、及时，将外控点在首层重新放置一次，使首层外控点与各楼层外控线层外控点垂直投影重合。所以每次只要把激光垂准仪架设在首层外控点上，打开激光竖直开关，检查激光点是否与各楼层外控点重合，就可以检查出结构是否产生了位移，检查结果当天反馈给设计师，及时做出应对方案。避免因结构偏差而产生的施工误差，确保工程的顺利施工，见图22-7。

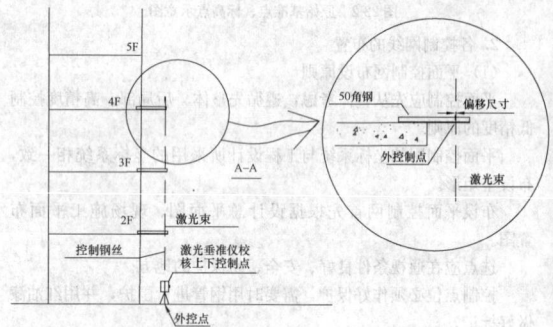

图 22-7 室外激光铅垂仪控制点校核示意图

6. 层间标高的设置

先找到总包提供的基准标高水准点。引测到首层便于向上竖直量尺位置（如电梯井周围墙立面），校核合格后作为起始标高线，并弹出墨线，用红油漆标明高程数据，以便于相互之间进行校核。标高的竖向传递，用钢尺从首层起始标高线竖直向上进行量取或用悬吊钢尺与水准仪相配合的方法进行，直至达到需要投测标高的楼层，并作好明显标记。在混凝土墙上把50m钢尺拉直下方悬挂一个5～20kg重物。等钢尺静止后再把一层的基准标高抄到钢尺上，并用红蓝铅笔做好标记。再根据基准标高在钢尺上的位置关系计算出上一楼层层高在钢尺上的位置。用水准仪把其读数抄到室内立柱或剪力墙上，并做好明显的标记。以此方法依次把上面的楼层都设置好，然后在每层同一位置弹射出+1m水平线作为幕墙作业时的检查用线，并用水准仪将其引线到外缘的结构柱上，这样依次把各个楼层的高程控制线设置好。在幕墙施工安装完成前，所有的高度标记及水平标记必须清晰完好并做上幕墙施工单位标记，标记不能被消除与破坏。

为了避免标高施测中出现上、下层标高超差，需要经常对标高控制点进行联测、复测、平差，检查核对后方可进行向上层的标高传递，在适当位置设标高控制点（每层不少于三点），精度在±3mm以内，总高±15mm以内调整闭合差，结构标高主要采取测设1m标高控制线，作为高程施工的依据。

另考虑到主体结构在施工过程中位移变形，标高放线过程中往往用一点引上的标高线与同层不能进行闭合，解决方法是参考土建提供的《主体结构竖向变形计算结果》，根据首层标高基准点联测：由于地下部分在结构上承受荷载后，会有沉降的因素，为保证地上部分的标高及楼层的净高要求，首层标高的+1.000m线由现场引测的水准点在两个墙体上（相隔较远的不同墙体）分别抄测标高控制点，作为地上部分高程传递的依据，避免因结构的不均匀沉降造成对标高的影响。另外为了保证水平标高的准确性，施工过程中应用全站仪在主体结构外围进行跟踪检查。过程中的施工误差及因结构变形而造成误差，在幕墙施工允许偏差中进行合理分配，确保立面标高处顺畅连接，见图22-8。

待测点高度： $H_3 = H_2 \times tgR + H_1$

H_1 为测量仪器高，H_2 为测量仪器距待测点水平距离，两者都可通过卷尺直接测出。

H_3 计算出来后，根据其与1m线之间的高程关系，计算出待测点的高程，从而待测点的高程得以复核。

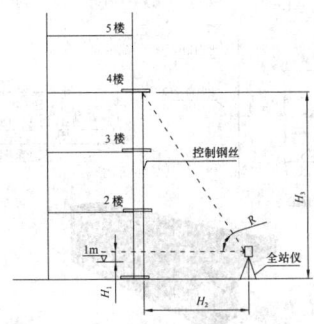

图 22-8 室外全站仪标高控制示意图

22.1.3 测量放样误差控制标准

1. 标高

(1) ±0.000 至 1m 线≤1mm；

(2) 层与层之间 1m 线≤3mm；

(3) 总标高±0.000 至楼顶层≤±15mm。

2. 控制线

(1) 墙完成面控制线≤±2mm；

(2) 到外控线≤±1mm；

(3) 结构封闭线≤±2mm。

3. 投点

各标准层之间点与点之间垂直度≤±1mm。

22.1.4 测量结构偏差

在幕墙左右、进出、标高控制线施测完后即进行主体结构及幕墙预埋件的检查，在测量埋件偏差时，根据结构边缘的左右、进出分格线直接对结构及埋件的左右、标高进行测量，根据所放垂直线对结构及埋件的进出进行测量。所有结构及埋件的测量记录必须清楚，对超出标准的结构和预埋件按标准表的格式（表 22-4）记录清楚，并及时上报项目部进行适当的纠偏处理。

结构/预埋件安装检查表　　　表 22-4

施工部位：									
编号	测量数据				编号	测量数据			
	出入	左右	上下	倾斜度	备注		出入	左右	上下	倾斜度	备注

检查人：　　　　　　日期：

22.1.5 资 料 汇 总

技术交底记录；

基线复核记录；

结构检查记录；

施工队放线报验单；

项目部放线报验单。

22.1.6 测量放线质量保证措施

成立专业的测量小组，由专人负责，测量工程师、测量工、验线工均持证上岗。

加强测量管理，对各施工班组进行书面技术交底。

选用先进的测量仪器，测量仪器检测合格后方可使用。

编制有针对性的测量放线施工方案。

运用建筑三维模型和电脑放样计算复核技术，精确算出测量数据。

认真对现场移交的测量控制轴线、标高线进行复核，正确无误后再建立幕墙施工测量控制网。

加强过程测量验线复核工作，发现偏差及时纠正，消化处理，严禁偏差累计。

对测量放线的质量控制：利用全站仪把长度尺寸控制在 1mm 内。每个步骤施工中技术员及质量员，随时关注并检查。发现问题必须立即整改。

恶劣天气不得测量施工。

为避免风荷载及日照高温影响塔楼测量精度，测量时间全部选在无风、无暴晒的上午 7～9 点，下午 4～5 点时间进行测量。

高层建筑的压缩变形及沉降监测与土建测量同步，如有偏差不一致应及时与总包沟通。塔楼压缩、沉降变形位移数据应与总包一致，保证土建、幕墙的设计施工总体一致。

22.1.7 安 全 防 护 措 施

进入施工现场必须戴好安全帽系好安全带，在高处或临边作业必须挂安全带。

施工之前必须先对要用的仪器设备进行检查，以确保安全施工。

在基坑边投放基础轴线时，确保架设的测量仪器稳定性。

操作人员不得从轴线洞口上仰视，以免掉物伤人。

轴线投测完毕，须将洞上防护盖板复位。

操作仪器时，同一垂直面上其他工作要尽量避开。

施测人员在施测中应坚守岗位，雨天或强烈阳光下应打伞。仪器架设好后，须有专人看护。

施测过程中，要注意旁边的模板或钢管堆，以免仪器碰撞或倾倒。

所用吊坠不能置于不稳定处，以防受碰被晃掉落伤人。

仪器使用完毕后需立即入箱上锁，由专人负责保管，存放在通风干燥的室内。

测量人员持证上岗，严格遵守仪器测量操作规程作业。

电焊工作业时必须持证上岗，配备灭火器，设立专职看火人，并在焊前清理干净周围的易燃物。

对于施工中破坏的安全网要及时进行恢复。

风力大于 4 级时不得进行室外测量。

使用钢尺测距须使尺带平坦，不能扭转折压，测量后应立即卷起入盒。

钢尺使用后表面有污垢及时擦净，长期贮存时尺带涂防锈清漆。

22.1.8 预埋件与结构的检查

在测量放样过程中，预埋件的检查与结构的检查相继展开，进行预埋件与结构的检查，并进行记录。依据预埋件的编号图，依次逐个进行检查，将每一编号处的结构偏差与预埋件的偏差值记录下来。将检查结果提交反馈给设计进行分析，若预埋件结构偏差较大，已超出相关施工各范围或垂直度达不到国家和地方标准的，则应将报告以及检查数据，呈报给业主、监理、总包，并提出建议性方案供有关部门参考，待业主、监理、设计同意后再进行施工。若偏差在范围内，则依据施工图进行下道工序的施工。

1. 预埋件上下、左右的检查

测量放样过程中，测量人员将预埋件标高线、分格线均用墨线弹在结构上。依据十字中心线，施工人员用钢卷尺进行测量，检查尺寸计算：理论尺寸－实际尺寸＝偏差尺寸。检查出预埋件左右、上下的偏差，如图 22-9 所示。

2. 预埋件进出检查

预埋件进出检查时，测量放线人员从首层与顶层间布置钢线检查，一般 15m 左右布置一根钢线，为减少垂直钢线的数量，横向使用鱼丝线进行结构检查，检查尺寸计算：理论尺寸－实际尺寸＝偏差尺寸。检查出预埋件进出的偏差，如图 22-10 所示。

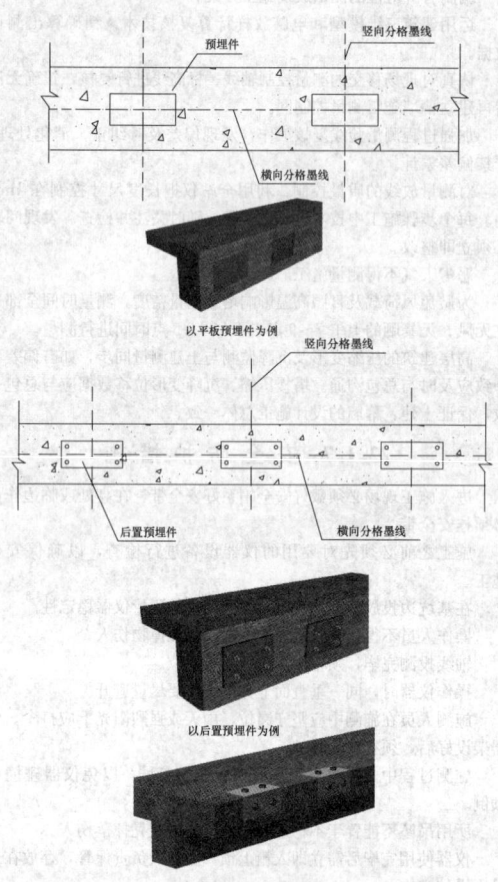

图 22-9 预埋件上下、左右检查

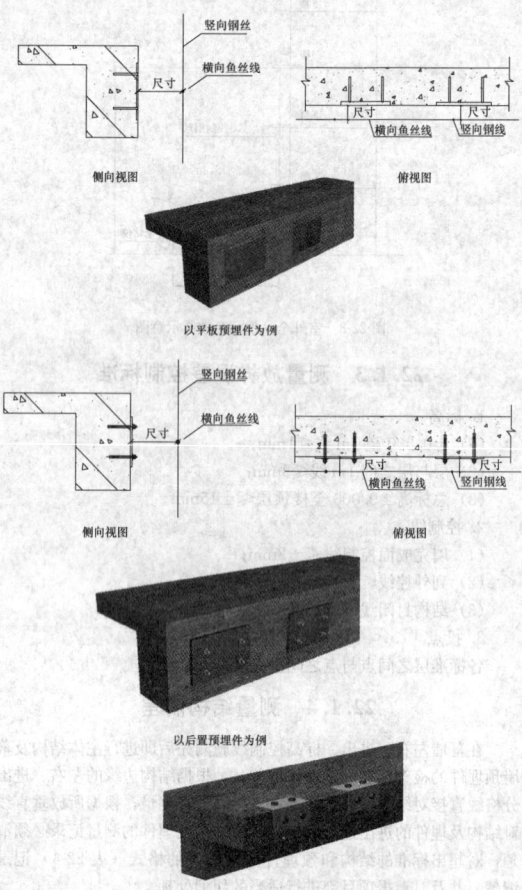

图 22-10 预埋件进出检查

3. 预埋件检查的记录

预埋件进场检查过程中，依据预埋件编号图进行填写上下、左右进出位记录，见表 22-5。

结构预埋件安装检查表　　　表 22-5

施工部位：										
编号	测 量 数 据					编号	测 量 数 据			
	出入	左右	上下	倾斜度	备注		出入	左右	上下	倾斜度	备注

检查人：　　　　　　　　日期：

注：编号要能清楚地反映出结构或预埋件的位置，后置埋件在备注栏内注明锚固质量。

4. 结构偏差的处理

(1) 预埋件检查完毕后，将记录表整理成册，用尺寸计算的方法对每个预埋件尺寸进行分析，依据施工图给定的尺寸，检查结构尺寸是否超过设计尺寸偏差范围。设计尺寸见图 22-11。

(2) 依据测量所得的结构偏差表，经计算超过设计尺寸，首先与设计进行沟通，将检查表提交给设计进行分析。若偏差超出设计范围，则要报告业主、监理和总包，共同做出解决方案。推荐以下方案：

总包将偏差结构进行剔凿；

将玻璃完成面向外推移；

部分剔凿、部分推移。

5. 预埋件偏移处理

(1) 当锚板预埋左右偏差大于 30mm 时，角码一端已无法焊接，如图 22-12 (a) 所示，当槽式预埋件大于 45mm 时，一端则连接困难，如图 22-12 (b) 所示。

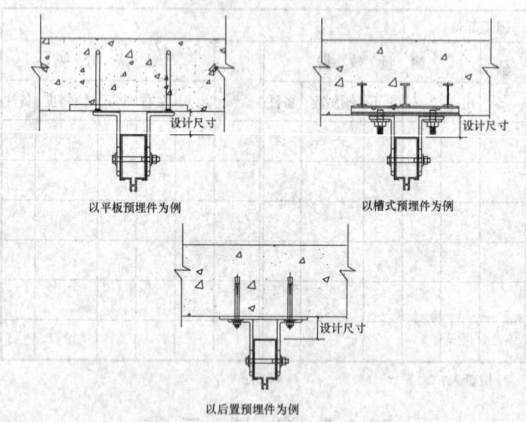

图 22-11 不同预埋件设计尺寸分析图

(2) 预埋件若超过偏差要求，应采用与预埋件等厚度、同材质的钢板进行补板。一般修补方法见表 22-6。

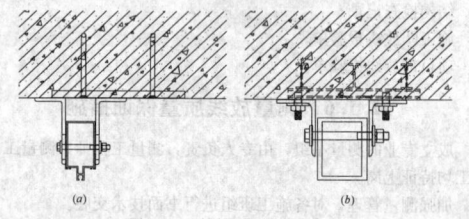

图 22-12 锚板预埋偏移示意图

不同偏差的修补方法 　　**表 22-6**

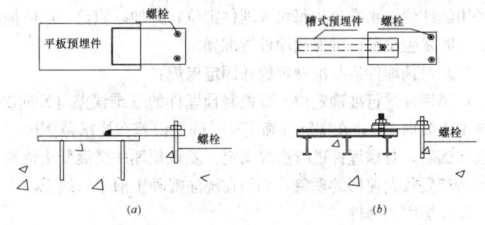

偏差	修补
平面位置偏差	角钢端部在钢板外,无法焊接 → 切断角钢,增加焊缝长度
	角钢侧边无法焊接 → 切去角钢边缘,留出焊缝
	两个方向偏差很大 → 化学螺栓补埋钢板,新旧钢板焊接,补钢板,用焊缝和化学螺栓
前后位置偏差	预埋钢板凹入,无法焊接 → 补加垫板,焊接
	预埋钢板倾斜 → 补加垫板,焊接

(3) 锚板预埋件补埋一端采用焊接方式,另一端采用锚栓固定,平板预埋件如图22-13 (a) 所示,槽式预埋件如图22-13 (b) 所示。

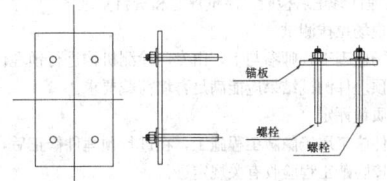

图 22-13　预埋件补埋固定方式

22.1.9　预埋件的施工

1. 后置预埋件的施工

若预埋件发生偏差,应将结构检查表提供给设计,设计师依据偏差情况制订预埋件偏差施工方案,以及补埋的方式,并提供施工图及强度计算书,然后根据施工图进行施工。后置预埋件一般采用Q235B锚板,锚板采用相应的防腐处理。锚板通过膨胀螺栓或化学锚栓与结构连接。后置预埋件示意图如图22-14 所示。

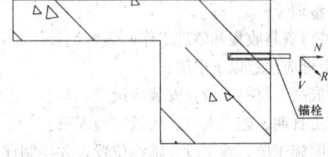

图 22-14　后置预埋件示意图

(1) 施工准备

预埋件补埋施工图及强度计算书应提交给业主、监理认可,待确认后方可施工。

锚栓在施工之前应进行拉拔试验,按照各种规格每三件为一组,试验可在现场进行。如图22-15 所示。

图 22-15　锚栓拉拔试验

(2) 施工步骤和要求

测量放线人员将后置预埋件位置用墨线弹在结构上,施工人员依据所弹十字定位线进行打孔,如图22-16 所示。

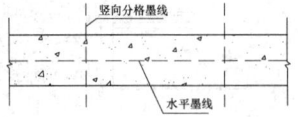

图 22-16　测量放线示意图

为确保打孔深度,应在冲击钻上设立标尺,控制打孔深度。冲击钻如图22-17 所示:打孔深度及打孔直径依据表22-7 进行,混凝土配孔直径(适应 ASQ 混凝土强度为 C25~C60)。

打孔直径参照表　　**表 22-7**

螺杆直径(mm)	钻孔直径(mm)	钻孔深度(mm)	安全剪力(kN)	安全拉力(kN)
8	10	80		
10	12	90	12.6	13.8
12	14	110	18.3	19.8
16	18	125	22.9	34.6
20	25	170	54.0	52.4

注: 1. 由于同一种直径的螺杆长度并不相同,故钻孔深度仅供参考;
　　 2. 安全剪力和安全拉力是根据不同混凝土强度等级而测定的,不能作为设计施工依据,实际承受能力应以现场的拉拔试验为准。

在混凝土上打孔后,应吹去孔内的灰尘,保持孔内清洁,项目质量员应跟踪监督检查。

打完孔后,分别将膨胀螺栓或化学锚栓穿入钢板与结构固定。膨胀螺栓锚入时必须保持垂直混凝土面,不允许膨胀螺栓上倾或下斜,确保膨胀螺栓有充分的锚固深度,膨胀螺栓锚入后拧紧时不允许连杆转动。膨胀螺栓锁紧时扭矩力必须达到规范和设计要求。安装化学锚栓时先将玻璃管药剂放入孔中,再将锚栓进行安装。放入螺杆后高速进行搅拌(冲击钻转速为 750r/s),待洞口有少量混合物外露后即可停止,如图22-18 所示。

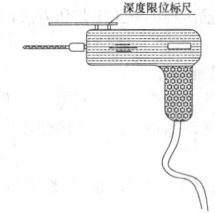

图 22-17　冲击钻示意图

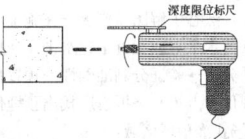

图 22-18　冲击钻使用示意图

打孔后各项数据要求,化学锚栓深度一定要达到标准,严禁将锚栓长度割短,锚栓与混凝土面应尽量成 90°角,即垂直于混凝土面。如图22-19 所示。

当化学锚栓施工完毕后,不能立即进行下一步施工,而必须等到螺栓里的化学药剂反应、凝固完成后方可开始下步施工。具体时间参见表22-8。

化学反应时间　　**表 22-8**

温度(℃)	凝胶时间(min)	硬化时间(min)
−5~0	60	300
0~10	30	60
10~20	20	30
2~40	8	20

后置预埋件安装如图 22-20 所示。

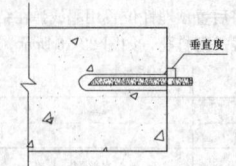

图 22-19　锚栓安装示意图

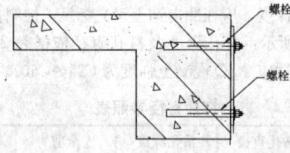

图 22-20　后置预埋件安装示意图

2. 幕墙预埋件施工

预埋件是幕墙系统与主体结构连接件之一,预埋件制作、安装的质量好坏直接影响着幕墙与主体结构的连接功能,其安装的精确程度也直接影响着幕墙施工的精度及外观质量的好坏。作为幕墙安装施工的第一项作业,预埋件的制作和安装都是直接影响整个幕墙的施工、安装及整体效果的重要因素。

在主体结构施工过程中,应协同土建施工进度安排幕墙预埋件施工,保证预埋工作进展顺利,质量达标。

(1) 预埋件的定位安装

1) 技术准备:

查看现场与熟悉图纸。

熟悉埋板布置图纸。

对有问题的图纸提出疑问。

熟悉预埋施工方案和技术交底。

明确转角及异形处的处理方法。

对照土建图纸验证埋板施工方案及设计。

2) 了解土建施工图及施工方法:

了解土建施工钢筋工程的施工工艺和方法,制定相应的预埋件施工方法。

3) 成品及工器具准备:

半成品:预埋件由专业厂家加工制造,直接向施工现场供货。

预埋件送检:由现场监理单位抽样的预埋件试件送到专门检测机构进行构件试验。

器具:经纬仪、水准仪、水平尺、卷尺、紧线器、吊坠、钢丝线若干(根据工程需要增加)。

(2) 预埋件安装施工

施工工艺流程:熟悉了解图纸要求→在施工现场找准预埋区域→找出定位轴线→打水平(或检查土建水平)→拉水平线→查证错误→调整错误水平分格→验证分割准确性→预置预埋件→调整预埋件位置→加固预埋件(点焊)→拆模后找出预埋件

1) 在施工现场找准预埋区域:

针对不同工程实际情况,在现场上要找准预埋件的区域。本工程中预埋区域包括主体建筑外围护幕墙的预埋区域和主体建筑室内幕墙的预埋区域。

2) 找出定位轴线:

将施工图纸中的定位轴线与施工现场的定位轴线进行对照,确定定位轴线的准确位置。

3) 找出定位点:

根据在现场查找的准确定位轴线,根据图纸中提供的有关内容,确定定位点;定位点数量不得少于两点,确定定位点时要反复测量一定要保证定位准确无误。

4) 抄平(打水平):

按规范要求使用水准仪(使用方法略),确定两个定位点的水平位置。

5) 拉水平线:

在找出定位点位置抄平后,在定位点间拉水平线,水平线可选用细钢丝线,同时用紧线器收紧,保证钢丝线的水平度。

6) 测量误差:

在水平线拉好后,对所在工作面进行水平方向的测量,同时检查各轴线(定位轴线)间的误差。通过测量出的结果分析产生误差的原因,核对有关规范(施工)对误差允许值的要求,在规定误差范围内的,可消化误差,超过误差范围应与有关方面协商解决。

7) 调整误差:

对在规范允许范围内的误差进行调整时,要求每一定位轴线间的误差,在本定位轴线间消化,误差在每个分格间分摊小于 2mm,如超过此范围请书面通知设计单位进行设计调整。

8) 水平分割:

在误差调整后,在水平线上确定预埋件的中心位置,水平分割必须通尺分割,也可以在两定位轴线内进行分割,但最少不能少于在两定位轴线内分割。

9) 验证水平分割的尺寸:

水平分割后,要进行复核。图纸中的对应部位分格要对照复核,同时对与定位轴线相邻的预埋件定位线进行测定检查,确认准确无误后进行下一道工序。

10) 预置预埋件:

根据复检确认的分格位置,先将预埋件预置至各自的位置,预置的目的是检查预埋件安装时与主体结构中钢筋是否有冲突,同时查看是否存在难以固定或需要处理才可固定的情况。以土建单位提供的水平线标高、轴向基准点、垂直预留孔确定每层控制点,并以此采用经纬仪、水准仪为每块预埋件定位,并加以固定,以防浇筑混凝土时发生位移,确保预埋件位置准确。

11) 对预埋件进行准确定位并固定点焊:

对预埋件进行准确定位,要控制预埋件的三维误差(X 向 20、Y 向 10、Z 向 10),在实际准确定位时确保误差在要求范围内。在定位准确后,对预埋件进行点焊固定。发现预埋件受混凝土钢筋的限制而产生较大偏移的现象,必须在浇注混凝土前予以纠正。

12) 加固预埋件:

为了使预埋件在混凝土浇捣过程中不至于因震动产生移位增加新的误差,故对预埋件必须进行加固。可采用拉、撑、焊接等措施进行加固,以增强预埋件的抗震力。

13) 校核预埋件:

在混凝土模板拆除后,要马上找出预埋件,检查预埋件的质量。若有问题,应立即采取补救措施;在现场逐一进行复核验收。

在随主体结构预理预埋件工作完成,开始进行幕墙施工工作之前,应对预埋件进行校核和修正,对不符合要求的预埋件进行处理,以确保幕墙龙骨位置准确无误。

3. 预埋件修正后检验、质量评定和资料整理

(1) 现场拉拔测试

在现场监理工程师参与下,由专门检测机构进行预埋件现场拉拔试验,预埋件测试结果应能满足幕墙荷载要求。

(2) 质量评定

预埋件施工属于隐蔽工程施工,在进行预埋件修正后,其质量验收必须按隐蔽工程验收有关规定进行。

主要有以下几个方面:

1) 所用材料是否合格。

2) 预埋件连接方式是否符合相关设计、规范要求。

3) 定位是否准确。

4) 固定是否牢固。

5) 对其他工程是否造成影响。

6) 资料是否已整理齐全。

(3) 资料整理

1) 随时进行资料收集和整理工作,做好记录。

2) 资料整理应注意以下事项:

①记录半成品、材料质量、安装质量。

②标明施工日期、施工人员、质量检验人员。

③明确标明施工层、施工段、轴线位置,并绘制详图。

22.2 玻 璃 幕 墙

玻璃幕墙是由玻璃面板和金属构件组成的悬挂在建筑物主体结构外，不分担主体结构荷载，并可相对主体结构有一定位移能力的建筑外围护结构或装饰性结构，具有抗风压、防水、气密、隔热保温、隔声、防火、抗震、避雷和美观等性能。

22.2.1 构 造

1. 明框玻璃幕墙

金属框架的构件显露于玻璃面板外表面的框支承玻璃幕墙。其按龙骨材质不同可分为型钢龙骨和铝合金型材龙骨。

（1）型钢龙骨

玻璃幕墙的龙骨采用型钢形式。铝合金框与型钢进行连接，玻璃镶嵌在铝合金框的玻璃槽内，最后用密封材料密封。由于型钢龙骨抗风压性能优于铝合金型材龙骨，故其跨度尺寸可适当加大，见图22-21和图22-22。

（2）铝合金型材龙骨

玻璃幕墙的龙骨采用特殊断面的铝合金挤压型材。玻璃镶嵌在铝合金挤压型材的玻璃槽内，最后用密封材料密封，见图22-23和图22-24。

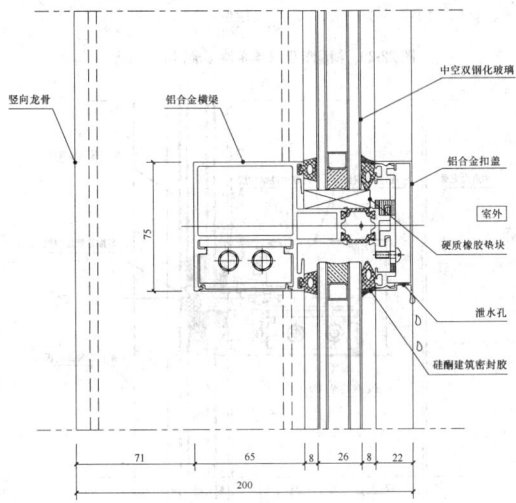

图 22-21 钢龙骨明框玻璃幕墙标准横剖节点图

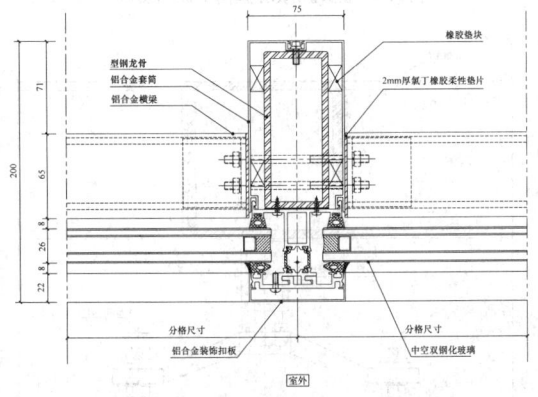

图 22-22 钢龙骨明框玻璃幕墙标准纵剖节点图

2. 全隐框玻璃幕墙

金属框架的构件不显露于玻璃面板外表面的框支承玻璃幕墙。其中玻璃用硅酮中性结构胶预先粘贴在铝合金附框上，铝合金附框及铝合金框架均隐藏在玻璃后部，从室外侧看不到铝合金框。这种幕墙的全部荷载均由玻璃通过硅酮中性结构胶传递给铝合金框架，

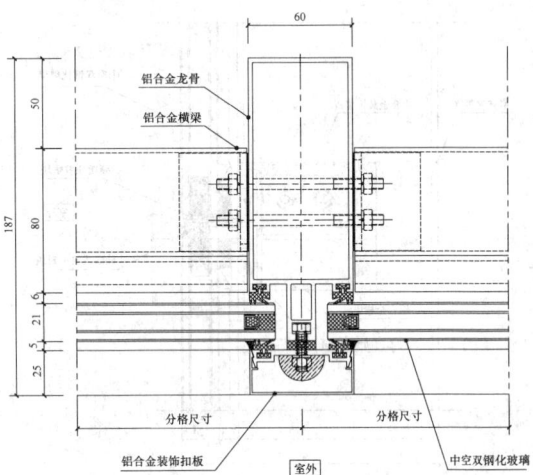

图 22-23 铝合金龙骨明框玻璃幕墙标准横剖节点图

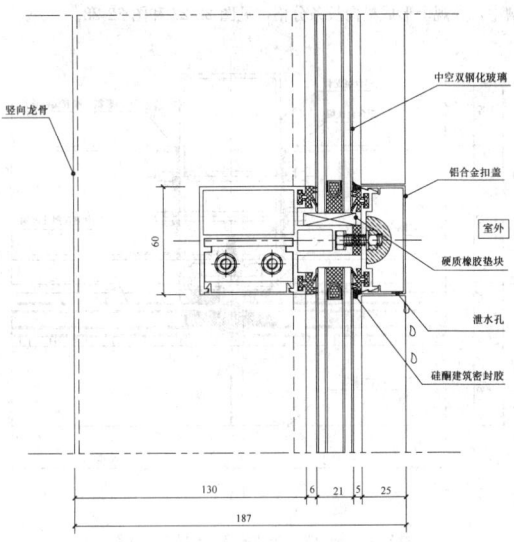

图 22-24 铝合金龙骨明框玻璃幕墙标准纵剖节点图

见图22-25和图22-26。

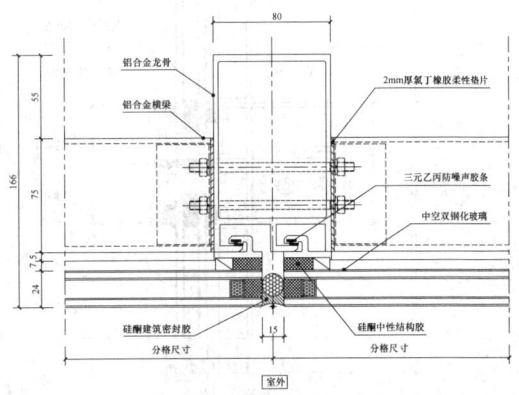

图 22-25 全隐框玻璃幕墙标准横剖节点图

3. 半隐框玻璃幕墙

（1）横明竖隐玻璃幕墙

立柱隐藏在玻璃后部，玻璃安放在横梁的玻璃镶嵌槽内，镶嵌槽外加盖铝合金装饰盖板。玻璃的竖边用硅酮中性结构胶预先粘贴在铝合金附框上，玻璃上下两横边则固定在铝合金横梁的玻璃镶嵌

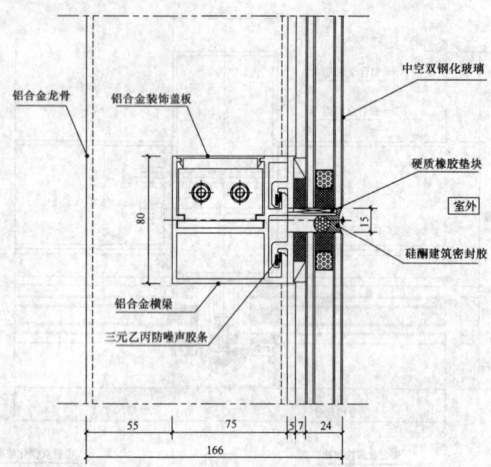

图 22-26　全隐框玻璃幕墙标准纵剖节点图

槽中，外观上形成横向长条分格，见图 22-27 和图 22-28。

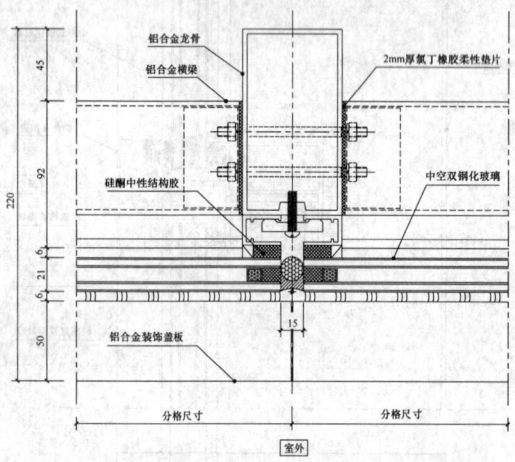

图 22-27　横明竖隐玻璃幕墙标准横剖节点图

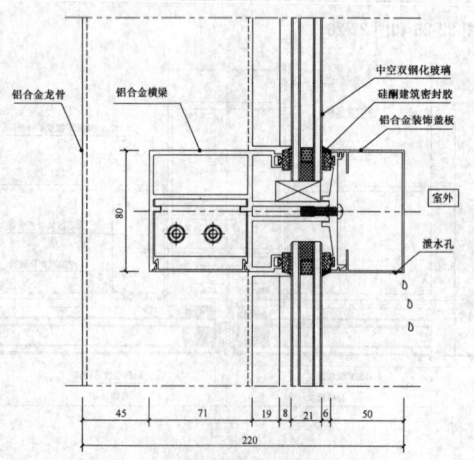

图 22-28　横明竖隐玻璃幕墙标准纵剖节点图

（2）横隐竖明玻璃幕墙

　　幕墙玻璃横向采用硅酮中性结构胶粘贴在铝合金附框上，然后挂在铝合金横梁上，竖向用铝合金盖板固定在铝合金立柱的玻璃镶嵌槽内，外观上形成从上到下竖条状分格，见图 22-29 和图 22-30。

4. 点支承玻璃幕墙

　　幕墙玻璃采用不锈钢驳接爪固定，不锈钢驳接爪焊接在型钢龙骨上。幕墙玻璃的四角在玻璃生产厂家加工好 4 个与不锈钢驳接爪配套的圆孔，每个爪件与 1 块玻璃的 1 个孔位相连接，即 1 个不锈钢驳接爪同时与 4 块玻璃相连接，或者 1 块玻璃固定在 4 个不锈钢驳接爪上，见图 22-31 和图 22-32。

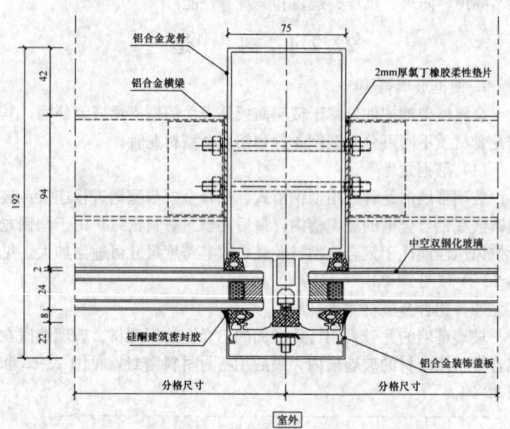

图 22-29　横隐竖明玻璃幕墙标准横剖节点图

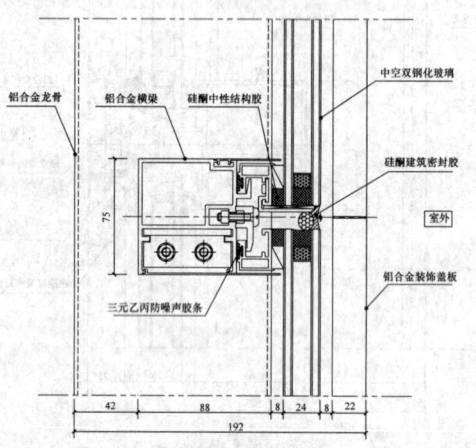

图 22-30　横隐竖明玻璃幕墙标准纵剖节点图

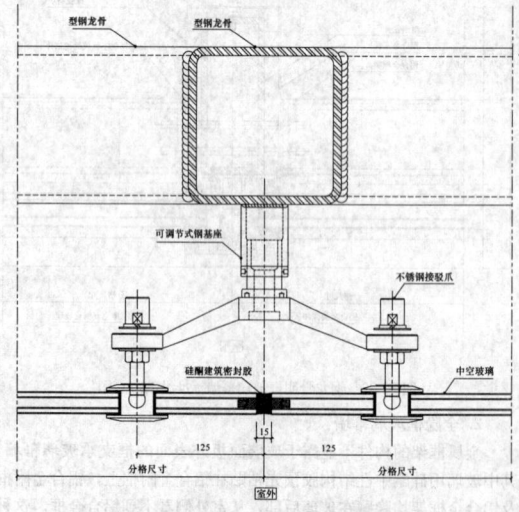

图 22-31　点支承玻璃幕墙标准横剖节点图

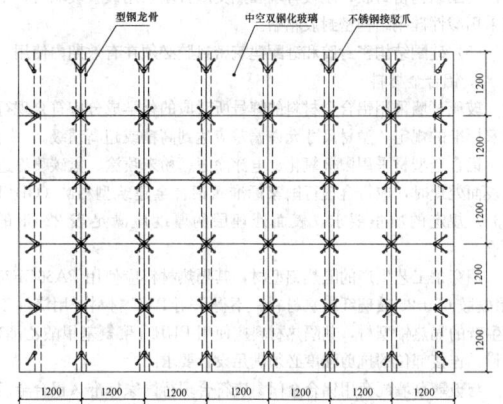

图 22-32 点支承玻璃幕墙大样图

常见的支承结构体系如图 22-33 所示。

图（a）钢结构系统：由单根钢梁或钢桁架组成的支承结构。

图（b）钢拉索系统：钢拉索和不锈钢支撑杆组成的支承结构。

图（c）全玻系统：由玻璃肋组成的支承结构。

图（d）钢拉索—钢结构系统：由钢拉索和钢结构组成的自平衡支承结构。

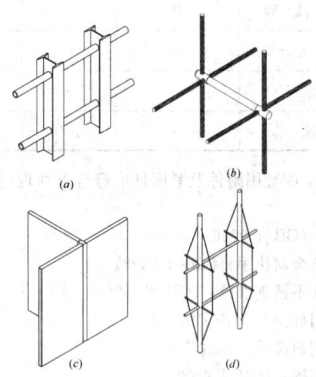

图 22-33 常见的支承结构体系

5. 全玻幕墙

由玻璃肋和玻璃面板构成的玻璃幕墙。

此种玻璃幕墙从外立面看无金属骨架，饰面材料及结构构件均为玻璃材料。因其采用大块玻璃饰面，使幕墙具有更大的通透性，因此多用于建筑物裙楼，见图 22-34。

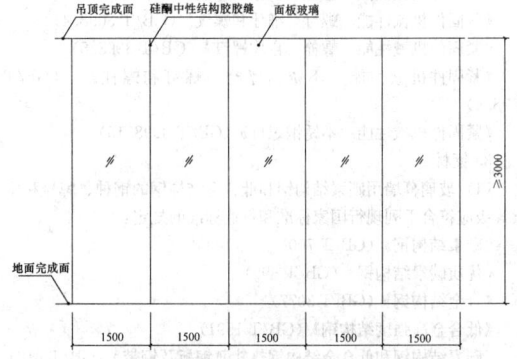

图 22-34 全玻幕墙大样图

为了增强玻璃结构的刚度，保证在风荷载作用下安全稳定，除玻璃应有足够的厚度外，还应设置与面板玻璃垂直的玻璃肋，见图 22-35 和图 22-36。

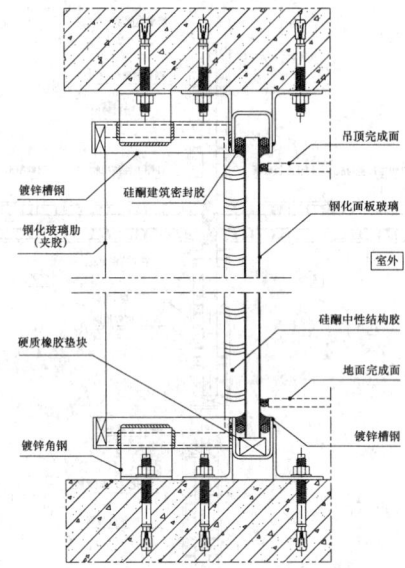

图 22-35 全玻幕墙纵剖节点图

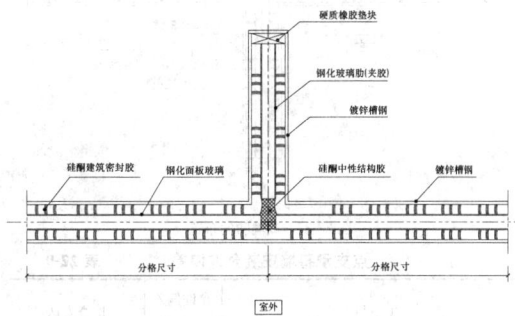

图 22-36 全玻幕墙横剖节点图

面板玻璃与玻璃肋构造形式有三种：玻璃肋布置在面板玻璃的单侧（图 22-36）；玻璃肋布置在面板玻璃的两侧（图 22-37a）；玻璃肋呈一整块，穿过面板玻璃，布置在面板玻璃的两侧（图 22-37b）。

在玻璃幕墙高度和宽度已定的情况下，通过计算确定玻璃肋的厚度。全玻幕墙结构设计应符合《玻璃幕墙工程技术规范》（JGJ 102—2003）第 7 章的规定。

（1）全玻幕墙

墙面外观应平整，胶缝应平整光滑、宽度均匀。胶缝宽度与设计值的偏差不应大于 2mm。

玻璃面板与玻璃肋之间的垂直度偏差不应大于 2mm；相邻玻璃面板的平面高低偏差不应大于 1mm。

玻璃与镶嵌槽的间隙应符合设计要求，密封胶应灌注均匀、密实、连续。

玻璃与周边结构或装修的空隙不应小于 8mm，密封胶填缝应均匀、密实、连续。

（2）点支承玻璃幕墙

玻璃幕墙大面应平整，胶缝应横平竖直、缝宽均匀、表面光滑，钢结构焊缝应平滑。防腐涂层应均匀、无破损。不锈钢件的光泽应与设计相符，且无锈斑。拉杆和拉索的预拉力应符合设计要求。

点支承幕墙安装允许偏差应符合表 22-9 的规定。

钢爪安装偏差符合下列要求：

a. 相邻钢爪距离和竖向距离为±1.5mm；

b. 同层钢爪高度允许偏差应符合表 22-10 的规定。

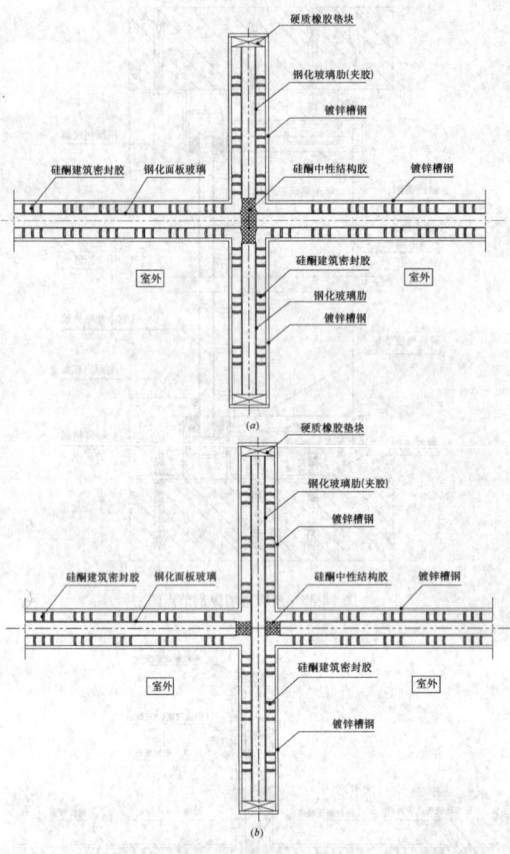

图 22-37 玻璃肋的布置

点支承幕墙安装允许偏差　　　表 22-9

项　目		允许偏差 (mm)	检查方法
竖缝及墙 面垂直度	高度不大于30m	10.0	激光仪或经纬仪
	高度大于30m但不大于50m	15.0	
平面度		2.5	2m靠尺，钢板尺
胶缝直线度		2.5	2m靠尺，钢板尺
拼缝宽度		2	卡尺
邻玻璃平面高低差		1.0	塞尺

同层钢爪高度允许偏差　　　表 22-10

水平距离 L (m)	允许偏差 (×1000mm)
$L \leqslant 35$	$L/700$
$35 < L \leqslant 50$	$L/600$
$50 < L \leqslant 100$	$L/500$

22.2.2　材料选用要求

1. 一般规定

(1) 玻璃幕墙用材料应符合国家现行标准的有关规定及设计要求。尚无相应标准的材料应符合设计要求，并应有出厂合格证。

(2) 玻璃幕墙应选用耐气候性的材料。金属材料和金属零配件除不锈钢及耐候钢外，钢材应进行表面热浸镀锌处理、无机富锌涂料处理或采取其他有效的防腐措施，铝合金材料应进行表面阳极氧化、电泳涂漆、粉末喷涂或氟碳喷涂处理。

(3) 玻璃幕墙材料宜采用不燃性材料或难燃性材料；防火密封构造应采用防火密封材料。

(4) 隐框和半隐框玻璃幕墙，其玻璃与铝型材的粘结必须采用

中性硅酮结构密封胶；全玻幕墙和点支承幕墙采用镀膜玻璃时，不应采用酸性硅酮结构密封胶粘贴。

(5) 硅酮结构密封胶和硅酮建筑密封胶必须在有效期内使用。

2. 铝合金材料

玻璃幕墙采用铝合金材料的牌号所对应的化学成分应符合现行国家标准的规定，型材尺寸允许偏差应达到高精或超高精级。

铝合金型材采用阳极氧化、电泳涂漆、粉末喷涂、氟碳喷涂进行表面处理时，应符合现行国家标准《铝合金建筑型材》(GB/T 5237) 规定的质量要求，表面处理层的厚度应满足表 22-11 的要求。

用穿条工艺生产的隔热铝型材，其隔热材料应使用 PA66GF25 (聚酰胺66＋25玻璃纤维) 材料，不得采用 PVC 材料。用浇注工艺生产的隔热铝型材，其隔热材料应使用 PUR (聚氨基甲酸乙酯) 材料。连接部位的抗剪强度必须满足设计要求。

与玻璃幕墙配套用铝合金门窗应符合现行国家标准《铝合金门窗》(GB/T 8478—2008) 的规定。

铝合金型材表面处理层的厚度　　　表 22-11

表面处理方法		膜度级别 (涂层种类)	厚度 t (μm)	
			平均膜度	局部膜度
阳极氧化		不低于 AA15	$t \geqslant 15$	$t \geqslant 12$
电泳涂漆	阳极氧化膜	B	$t \geqslant 10$	$t \geqslant 8$
	漆　膜	B	—	$t \geqslant 7$
	复合膜	B	—	$t \geqslant 16$
粉末喷涂				$40 \leqslant t \leqslant 120$
氟碳喷涂			$t \geqslant 40$	$t \geqslant 34$

与玻璃幕墙配套用附件及紧固件应符合下列现行国家标准的规定：

《地弹簧》(GB/T 9296)

《平开铝合金窗执手》(GB/T 9298)

《铝合金窗不锈钢滑撑》(GB/T 9300)

《铝合金门插销》(GB/T 9297)

《铝合金门窗拉手》(GB/T 9301)

《铝合金窗锁》(GB/T 9302)

《铝合金门锁》(GB/T 9303)

《闭门器》(GB/T 9305)

《推拉铝合金门窗用滑轮》(GB/T 9304)

《紧固件　螺栓和螺钉》(GB/T 5277)

《十字槽盘头螺钉》(GB/T 818)

《紧固件机械性能　螺栓　螺钉和螺柱》(GB/T 3098.1)

《紧固件机械性能　螺母　粗牙和螺纹》(GB/T 3098.2)

《紧固件机械性能　螺母　细牙和螺纹》(GB/T 3098.4)

《紧固件机械性能　螺栓　自攻螺钉》(GB/T 3098.5)

《紧固件机械性能　不锈钢螺栓　螺钉和螺柱》(GB/T 3098.6)

《紧固件机械性能　不锈钢螺母》(GB/T 3098.15)

3. 钢材

(1) 玻璃幕墙用碳素结构钢和低合金结构钢的钢种、牌号和质量等级应符合下列现行国家标准和行业标准的规定：

《碳素结构钢》(GB/T 700)

《优质碳素结构钢》(GB/T 699)

《合金结构钢》(GB/T 3077)

《低合金高强度结构钢》(GB/T 1591)

《碳素结构钢和低合金结构钢热轧薄钢板及钢带》(GB/T 912)

《碳素结构钢和低合金结构钢热轧厚钢板及钢带》(GB/T 3274)

《结构用无缝钢管》(JBJ 102)

(2) 玻璃幕墙用不锈钢材宜采用奥氏体不锈钢，且含镍量不应小于8%。不锈钢材应符合下列现行国家标准、行业标准的规定：

《不锈钢棒》（GB/T 1220）

《不锈钢冷加工棒》（GB/T 4226）

《不锈钢冷轧钢板和钢带》（GB/T 3280）

《不锈钢热轧钢板和钢带》（GB/T 4237）

《不锈钢和耐热钢冷轧钢带》（GB/T 4239）

（3）玻璃幕墙用耐候结构钢应符合现行国家标准《高耐候结构钢》（GB/T 4171）及《焊接结构用耐候钢》（GB/T 4172）的规定。

（4）玻璃幕墙用碳素结构钢和低合金高强度结构钢应采取有效的防腐处理，当采用热浸镀锌防腐处理时，锌膜厚度应符合现行国家标准《金属覆盖层钢铁制件热浸镀锌层技术要求》（GB/T 13912）的规定。

（5）支承结构用碳素钢和低合金高强度结构钢采用氟碳喷漆喷涂或聚氨酯漆喷涂时，涂膜的厚度不宜小于 $35\mu m$；在空气污染严重及海滨地区，涂膜厚度不宜小于 $45\mu m$。

（6）点支承玻璃幕墙用的不锈钢绞线应符合现行国家标准《冷顶锻用不锈钢丝》（GB/T 4232）、《不锈钢丝》（GB/T 4240）、《不锈钢丝绳》（GB/T 9944）的规定。

（7）点支承玻璃幕墙采用的锚具，其技术要求可按国家现行标准《预应力筋用锚具、夹具和连接器》（GB/T 14370）及《预应力筋用锚具、夹具和连接器应用技术规程》（JGJ 85）的规定执行。

（8）点支承玻璃幕墙的支承装置应符合现行行业标准《点支式玻璃幕墙支承装置》（JG 138）的规定；全玻幕墙用的支承装置应符合现行行业标准《点支式玻璃幕墙支承装置》（JG 138）和《吊挂式玻璃幕墙支承装置》（JG 139）的规定。

（9）钢材之间进行焊接时，应符合现行国家标准《建筑钢结构焊接规程》（GB/T 8162）、《碳钢焊条》（GB/T 5117）、《低合金钢焊条》（GB/T 518）以及现行行业标准《建筑钢结构焊接技术规程》（JGJ 81）的规定。

4. 玻璃

（1）幕墙玻璃的外观质量和性能应符合下列现行国家标准、行业标准的规定：

《建筑用安全玻璃第二部分·钢化玻璃》（GB 15763.2）

《幕墙用钢化玻璃与半钢化玻璃》（GB 17841）

《夹层玻璃》（GB 9962）

《中空玻璃》（GB/T 11944）

《浮法玻璃》（GB 11614）

《建筑用安全玻璃　防火玻璃》（GB 15763.1）

《着色玻璃》（GB/T 18701）

《镀膜玻璃　第一部分　阳光控制镀膜玻璃》（GB/T 18915.1）

《镀膜玻璃　第二部分　低辐射镀膜玻璃》（GB/T 18915.2）

（2）玻璃幕墙采用阳光控制镀膜玻璃时，离线法生产的镀膜玻璃应采用真空磁控溅射法生产工艺；在线法生产的镀膜玻璃应采用热喷涂法生产工艺。

（3）玻璃幕墙采用中空玻璃时，除应符合现行国家标准《中空玻璃》（GB/T 11944）的有关规定外，尚应符合下列规定：

1）中空玻璃气体层厚度不应小于 9mm。

2）中空玻璃应采用双道密封。一道密封应采用丁基热熔密封胶。隐框、半隐框及点支承玻璃幕墙中空玻璃的二道密封应采用硅酮结构密封胶；明框玻璃幕墙用中空玻璃的二道密封宜采用聚硫类中空玻璃密封胶，也可采用硅酮密封胶。二道密封应采用专用打胶机进行混合、打胶。

3）中空玻璃的间隔铝框可采用连续折弯型或插角型，不得使用热熔型间隔胶条。间隔铝框中的干燥剂采用专用设备装填。

4）中空玻璃加工过程采取措施，消除玻璃表面可能产生的凹、凸现象。

5）幕墙玻璃应进行机械磨边处理，磨轮的目数应在 180 目以上。点支承幕墙玻璃的孔、板边缘均应进行磨边和倒棱，磨边宜细磨，倒棱宽度不宜小于 1mm。

6）钢化玻璃宜经过二次热处理。

7）玻璃幕墙采用夹层玻璃时，应采用干法加工合成，其夹片宜采用聚乙烯醇缩丁醛（PVB）胶片；夹层玻璃合片时，应严格控制温、湿度。

8）玻璃幕墙采用单片低辐射镀膜玻璃时，应使用在线热喷涂低辐射镀膜玻璃；离线镀膜的低辐射镀膜玻璃宜加工成中空玻璃使用，且镀膜面应朝向中空气体层。

9）有防火要求的幕墙玻璃，应根据防火等级要求，采用单片防火玻璃或其制品。

10）玻璃幕墙的采用彩釉玻璃，釉料宜采用丝网印刷。

5. 建筑密封材料

玻璃幕墙的橡胶制品，宜采用三元乙丙橡胶、氯丁橡胶及硅橡胶。

密封胶条应符合国家现行标准《建筑橡胶密封垫预成型实心硫化的结构密封垫用材料规范》（HG/T 3099）及《工业用橡胶板》（GB/T 5574）的规定。

中空玻璃第一道密封用丁基热熔密封胶，应符合现行行业标准《中空玻璃用丁基热熔密封胶》（JG/T 914）的规定。不承受荷载的第二道密封胶应符合现行行业标准《中空玻璃用弹性密封胶》（JC/T 486）的规定；隐框或半隐框玻璃幕墙用中空玻璃的第二道密封胶除应符合《中空玻璃用弹性密封胶》（JC/T 486）的规定外，尚应符合第 6 节的有关规定。

玻璃幕墙的耐候密封应采用硅酮建筑密胶；点支承幕墙和全玻幕墙使用非膜玻璃时，其耐候密封胶可采用酸性硅酮建筑密胶，其性能应符合国家标准《幕墙玻璃接缝用密封胶》（JC/T 882）的规定。夹层玻璃板缝间的密封，宜采用中性硅酮建筑密封胶。

6. 硅酮结构密封胶

幕墙用中性硅酮结构密封胶及酸性硅酮结构密封胶的性能，应符合现行国家标准《建筑用硅酮结构密封胶》（GB 16776）的规定。

硅酮结构密封胶使用前，应经国家认可的检测机构进行与其相接触材料的相容性和剥离粘结试验，并应对邵氏硬度、标准状态拉伸粘结性能进行复验。检验不合格的产品不得使用，进口硅酮结构密封胶应具有商检报告。

硅酮结构密封胶生产商应提供结构胶的变位承受能力数据和质量保证书。

7. 其他材料

与单组分硅酮结构密封胶配合使用的低发泡间隔双面胶带，应具有透气性。

玻璃幕墙宜采用聚乙烯泡沫棒作填充材料，其密度不应大于 $37kg/m^3$。

玻璃幕墙的隔热保温材料，宜采用岩棉、矿棉、玻璃棉、防火板等不燃或难燃材料。

22.2.3　安 装 工 具

1. 手动真空吸盘

手动真空吸盘是一种带密封唇边的，在与被吸物体接触后形成一个临时性的密封空间，通过抽走或者稀薄密封空间里面的空气，产生内外压力差进行工作的一种气动元件。是一种安装玻璃幕墙中抬运玻璃的工具，它由两个或三个橡胶圆盘组成，每个圆盘上备有一个手动扳柄，按动扳柄可使圆盘鼓起，形成负压将玻璃平面吸住，见图 22-38。

图 22-38　手动真空吸盘

使用时的注意事项：

（1）玻璃表面应干净无杂物；

（2）尽量减少圆盘摩擦；

（3）吸盘吸附玻璃20min后，应取下重新吸附。

常用的手动真空吸盘的型号、规格及性能见表 22-12。

型　　号	盘　数	负载能力（N）
8702	2	500
8703	3	850

手动真空吸盘性能表　　　　表 22-12

2. 牛皮带

牛皮带一般应用于玻璃近距离运输。运输过程中，玻璃两侧各由操作人员用一手动真空吸盘将玻璃吸附抬起，另一手握住玻璃的牛皮带，牛皮带两端安有木轴手柄，便于操作。

3. 电动吊篮

一种可取代传统脚手架的装修机械，主要适用于高层及多层建筑物外墙施工、装修、清洗与维护工程。吊篮是高处载人作业设备，在正式使用前应得到当地劳动安全部门认可以及严格执行国家和地方颁布的高处作业、劳动保护、安全施工和安全用电等以及其他有关部门的法规、标准，见图 22-39。

图 22-39　电动吊篮

4. 单轨吊

单轨吊是悬挂在楼板四周的型钢轨道与电动葫芦所组成的用于垂直吊运单元板及其他材料的专业设备，它具有操作方便、灵活、安装速度快等特点，见图 22-40。

图 22-40　安装在型钢轨道的电动葫芦

5. 嵌缝枪

嵌缝枪是一种应用聚氨酯嵌缝胶、聚硫密封胶等嵌缝胶料的专用施工配套工具，广泛应用于建筑伸缩缝，变形缝的嵌缝密封作业中，见图 22-41。

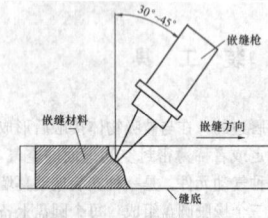

图 22-41　密封枪嵌缝

操作时，可将胶筒或料筒安装在手柄棒上，扳动扳机，带棘爪牙的顶杆自行顶住胶筒后端的活塞，缓缓将胶挤出，注入缝隙中，完成嵌缝工作。

6. 撬板和竹签

主要用于安装各种密封胶条。用撬板将玻璃与铝框撬出一定间隙。撬出间隙后立即将胶条塞入，嵌缝时可用竹签将胶条挤入间隙中。

7. 滚轮

在 V 形和 W 形防风、防雨胶带嵌入铝框架后，用滚轮将圆胶棍塞入。

8. 热压胶带电炉

用于将 V 形和 W 形防风、防雨胶带进行热压连接。热压胶带电炉接通 220V 电源后，电炉逐渐加热，将待压接头放入电炉的模具中即可进行热压连接。

22.2.4 加 工 制 作

1. 一般规定

玻璃幕墙在加工制作前应与土建设计施工图进行核对，对已建主体结构进行复测，并应按实测尺寸调整幕墙设计，并经设计单位同意后，方可加工组装。

幕墙所用材料、零配件必须符合幕墙施工图纸要求和现行有关标准的规定，并有出厂合格证。

加工幕墙构件所采用的设备、机具应满足幕墙构件加工精度要求，其量具应定期进行计量认证。

隐框玻璃幕墙玻璃板块加工制作时，应在洁净、通风的室内进行，且环境温度、湿度条件应符合结构胶产品的规定；注胶宽度和厚度应符合设计要求，严禁在现场进行加工制作。

除全玻璃幕墙外，不应在现场灌注硅酮结构密封胶。

低辐射镀膜玻璃应根据其镀膜材料的粘结性能和其他技术要求，确定加工制作工艺；镀膜与硅酮结构密封胶不相容时，应除去镀膜层。

严禁使用过期的硅酮结构密封胶和硅酮建筑密封胶。

2. 构件加工制作

（1）玻璃幕墙的铝合金构件加工应符合下列要求：

1）铝合金型材生产应符合《铝合金建筑型材》（GB 5237.1）高精级要求；

2）铝合金横梁长度允许偏差为 ±0.5mm，立柱长度允许偏差为 ±1mm，端头斜度的允许偏差为 −15′；

3）截料端头不应有加工变形，并应去除毛刺；

4）孔位允许偏差为 ±0.5mm，孔距的允许偏差为 ±0.5mm，累计偏差为 ±1mm；

5）铆钉的通孔尺寸偏差应符合现行国家标准《铆钉用通孔》（GB 152.1）的规定；

6）沉头螺钉的沉孔尺寸偏差应符合现行国家标准《沉头螺钉用沉孔》（GB 152.2）的规定；

7）圆柱头、螺栓的沉孔尺寸应符合现行国家标准《圆柱头、螺栓用沉孔》（GB 152.3）的规定；

8）螺丝孔的加工应符合设计要求。

（2）玻璃幕墙铝合金构件中槽、豁、榫的加工应符合下列要求：

1）铝合金构件的槽口尺寸允许偏差应符合表 22-13 的要求；

槽口尺寸允许偏差（mm）　　　表 22-13

项　目	简　图	a	b	c
允许偏差		+0.5 0.0	+0.5 0.0	±0.5

2）铝合金构件豁口尺寸允许偏差应符合表 22-14 的要求；

豁口尺寸允许偏差（mm）　　　表 22-14

项　目	简　图	a	b	c
允许偏差		+0.5 0.0	+0.5 0.0	±0.5

3）铝合金构件榫头尺寸允许偏差应符合表 22-15 的要求；

榫头尺寸允许偏差（mm）　　　表 22-15

项　目	简　图	a	b	c
允许偏差		0.0 −0.5	0.0 −0.5	±0.5

（3）玻璃幕墙铝合金构件弯加工应符合下列要求：

1）铝合金构件宜采用拉弯设备进行弯加工；

2）弯加工后的构件表面应光滑，不得有皱折、凹凸、裂纹；

（4）玻璃幕墙的钢构件加工、平板型预埋件加工精度应符合下列要求：

1）锚板边长允许偏差为 ±5mm；

2）一般锚筋长度的允许偏差为 +10mm，两面为整块锚板的穿透式预埋件的锚筋长度的允许偏差为 +5mm，均不允许负偏差；

3) 圆锚筋的中心线允许偏差为±5mm；

4) 锚筋与锚板面的垂直度允许偏差为 $l_s/30$（l_s 为锚固钢筋长度，单位为 mm）。

(5) 槽型预埋件表面及槽内应进行防腐处理，其加工精度应符合下列要求：

1) 预埋件长度、宽度和厚度允许偏差分别为 +10mm、+5mm和+3mm，不允许负偏差；

2) 槽口的允许偏差为+1.5mm，不允许负偏差；

3) 锚筋长度允许偏差为+5mm，不允许负偏差；

4) 锚盘中心线允许偏差为±1.5mm；

5) 锚筋与锚板的垂直允许偏差为 $l_s/30$（l_s 为锚固钢筋长度，单位为 mm）。

(6) 玻璃幕墙的连接件、支承件的加工精度应符合下列要求：

1) 连接件、支承件外观应平整，不得有裂纹、毛刺、凹凸、翘曲、变形等缺陷；

2) 连接件、支承件加工尺寸允许偏差应符合表 22-16 的要求；

连接件、支承件尺寸允许偏差（mm） **表 22-16**

项 目	允许偏差	项 目	允许偏差
连接件高 a	+5，−2	边距 e	+1.0，0
连接件长 b	+5，−2	壁厚 t	+0.5，−0.2
孔距 c	±1.0	弯曲角度 α	±2°
孔宽 d	+1.0，0		
简图			

3) 钢型材立柱及横梁的加工应符合现行国家标准《钢结构工程施工质量验收规范》（GB 50205）的有关规定。

(7) 点支承玻璃幕墙的支承钢结构加工应符合下列要求：

1) 应合理划分拼装单元；

2) 管桁架应按计算的相贯线，采用数控机床切割加工；

3) 钢构件拼装单元的节点位置允许偏差为±2.0mm；

4) 构件长度、拼装单元长度的允许正、负偏差均可取长度的 1/2000；

5) 管件连接焊缝应沿全长连续、均匀、饱满、平滑、无气泡和夹渣；支管壁厚小于 6mm 时可不切坡口；角焊缝的焊脚高度不宜大于支管壁厚的 2 倍；

6) 钢结构的表面处理应符合《玻璃幕墙工程技术规范》（JGJ 102—2003）的有关规定；

7) 分单元组装的钢结构宜进行预拼装。

(8) 杆索体系的加工尚应符合下列要求：

1) 拉杆、拉索应进行拉断试验；

2) 拉索下料前应进行调直预张拉，张拉力可取破断拉力的 50%，持续时间可取 2h；

3) 截断后的钢索应采用挤压机进行套筒固定；

4) 拉杆与端杆不宜采用焊接连接；

5) 杆索结构应在工作台座上进行拼装，并应防止表面损伤。

(9) 钢构件焊接、螺栓连接应符合现行国家标准《钢结构设计规范》（GB 50017）及行业标准《建筑钢结构焊接技术规程》（JGJ 81）的有关规定。

(10) 钢构件表面涂装应符合现行国家标准《钢结构工程施工质量验收规范》（GB 50205）的有关规定。

3. 玻璃加工制作

(1) 玻璃幕墙的单片玻璃、夹层玻璃、中空玻璃的加工精度应符合下列要求：

1) 单片钢化玻璃，其尺寸的允许偏差应符合表 22-17 的要求；

2) 采用中空玻璃时，其尺寸的允许偏差应符合表 22-18 的

要求；

3) 采用夹层玻璃时，其尺寸的允许偏差应符合表 22-19 的要求；

钢化玻璃尺寸允许偏差（mm） **表 22-17**

项 目	玻璃厚度	玻璃边长 L≤2000	玻璃边长 L>2000
边 长	6，8，10，12	±1.5	±2.0
	15，19	±2.0	±3.0
对角线差	6，8，10，12	≤2.0	≤3.0
	15，19	≤3.0	≤3.5

中空玻璃尺寸允许偏差（mm） **表 22-18**

项 目		允许偏差
边 长	L<1000	±2.0
	1000≤L<2000	+2.0，−3.0
	L≥2000	±3.0
对角线差	L≤2000	≤2.5
	L>2000	≤3.5
厚 度	t<17	±1.0
	17≤t≤22	±1.5
	t>22	±2.0
叠 差	L<1000	±2.0
	1000≤L<2000	±3.0
	2000≤L<4000	±4.0
	L≥4000	±6.0

夹层玻璃尺寸允许偏差（mm） **表 22-19**

项 目		允许偏差
边 长	L≤2000	±2.0
	L>2000	±2.5
对角线差	L≤2000	≤2.5
	L>2000	≤3.5
叠 差	L<1000	±2.0
	1000≤L<2000	±3.0
	2000≤L<4000	±4.0
	L≥4000	±6.0

4) 玻璃弯加工后，其每米弦长内拱高的允许偏差为±3.0mm，且玻璃的曲边应顺滑一致；玻璃直边的弯曲度，拱形时不应超过 0.5%，波形时不应超过 0.3%。

(2) 全玻幕墙的玻璃加工应符合下列要求：

1) 玻璃边缘应倒棱并细磨；外露玻璃的边缘应精磨；

2) 采用钻孔安装时，孔边缘应进行倒角处理，并不应出现崩边。

(3) 点支承玻璃加工应符合下列要求：

1) 玻璃面板及其孔洞边缘均应倒棱和磨边，倒棱宽度不宜小于1mm，磨边宜细磨；

2) 玻璃切角、钻孔、磨边应在钢化前进行；

3) 玻璃加工的允许偏差应符合表 22-20 的规定；

点支承玻璃尺寸允许偏差 **表 22-20**

项 目	边长尺寸	对角线差	钻孔位置	孔 距	孔轴与玻璃平面垂直度
允许偏差	±1.0mm	≤2.0mm	±0.8mm	±1.0mm	±12′

4) 中空玻璃开孔后，开孔处应采取多道密封措施；

5) 夹层玻璃、中空玻璃的钻孔可采用大、小孔相对的方式；

6) 中空玻璃合片加工时，应考虑制作处和安装处不同气压的影响，采取防止玻璃大面变形的措施。

22.2.5　节点构造（含防雷）

玻璃幕墙节点是玻璃幕墙设计与施工的重点，根据幕墙结构体系的不同，其构造节点做法也相应地有所改变。

1. 一般节点构造

（1）立柱布置

幕墙立柱布置应考虑与窗间墙和柱的关系。在布置时，立柱尽可能与墙柱轴线重合，这样可以处理好建筑物与幕墙之间的间隙。见图22-42。

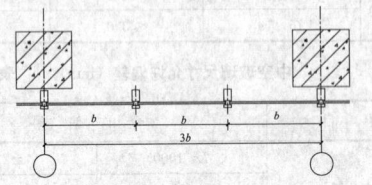

图22-42　立柱布置示意图

（2）横梁布置

横梁布置可分三种情况：与楼层持平（图22-43a）、与楼层踢脚板持平（图22-43b）、与楼层窗台持平（图22-43c）。

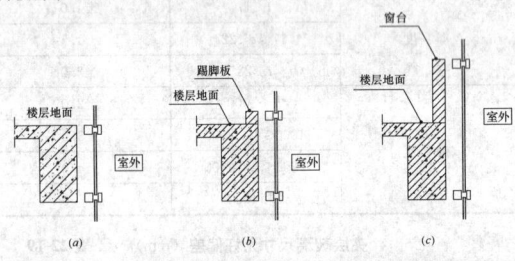

图22-43　横梁布置示意图

（3）立柱与主体结构连接

立柱与主体结构之间的连接一般采用镀锌角钢，与预埋件焊接或膨胀螺栓锚固的方式与主体固定，固定牢靠且能承受较高的抗拔力。固定时一般采用两根镀锌角钢，将角钢的一条肢与主体结构相连，另一条肢与立柱相连。角钢与立柱间的固定，宜采用不锈钢螺栓。若立柱为铝合金材质，则应在角钢与立柱之间加设绝缘垫片，以避免发生电化学腐蚀（图22-44）。

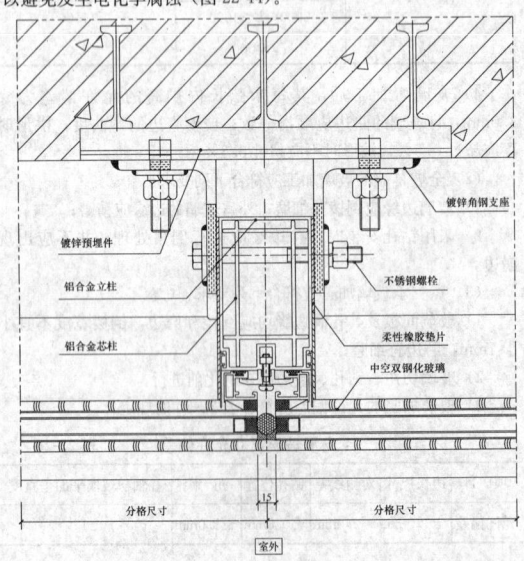

图22-44　立柱与主体结构连接

（4）立柱接长

立柱需要接长时，应采用专门的连接件连接固定，同时应满足

温度变形的需要。根据《玻璃幕墙工程技术规范》（JGJ 102—2003）中第6.3.3节中规定，上下立柱之间应留有不小于15mm的缝隙，闭口型材可采用长度不小于250mm的芯柱连接，芯柱与立柱应紧密配合。芯柱与上柱或下柱之间应采用机械连接方法加以固定。开口型材上柱之间可采用等强型材机械连接。见图22-45。

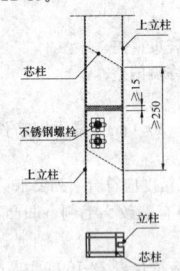

图22-45　立柱接长示意图

（5）横梁与立柱连接

玻璃幕墙横梁与立柱的连接一般通过连接件、螺栓或螺钉进行连接，连接部位应采取措施防止产生摩擦噪声。立柱与横梁连接处应避免刚性接触，可设置柔性垫片或预留1～2mm的间隙，间隙内填胶。

2. 特殊部位节点构造

（1）女儿墙处节点构造

女儿墙上部部位均属幕墙顶部水平部位的压顶处理，即用金属板封盖，使之能遮挡风雨浸透。水平盖板（铝合金板）的固定，一般先将骨架固定于基层上，然后再用螺钉将盖板与骨架牢固连接，并适当留缝，用硅酮建筑密封胶密封。见图22-46。

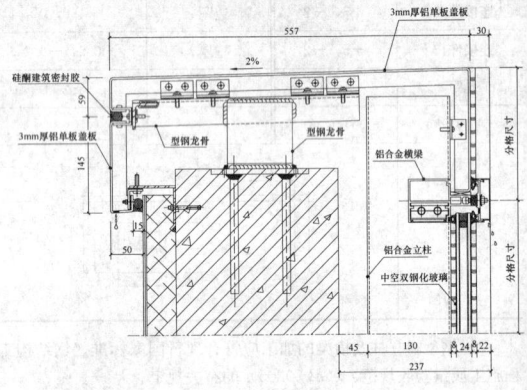

图22-46　女儿墙处纵剖节点图

女儿墙压顶应设置泛水坡度，罩板安装牢固，不松动、不渗漏、无空隙。其内侧罩板深度不应小于150mm，罩板与女儿墙之间的缝隙应使用硅酮建筑密封胶密封。且女儿墙压顶罩板宜与女儿墙部位幕墙构架连接，女儿墙部位幕墙构架与防雷装置的连接节点宜明露，其连接应符合设计的规定。

（2）转角处节点构造

玻璃幕墙转角处节点构造应依据建筑主体结构转角形式不同进行设计，具体分为转阳角处理和转阴角处理。

1）转阳角处理

该部位所用转角铝合金型材宜采用一根铝合金型材，两个方向的玻璃组成与主体结构转角形式一样的角度。见图22-47。

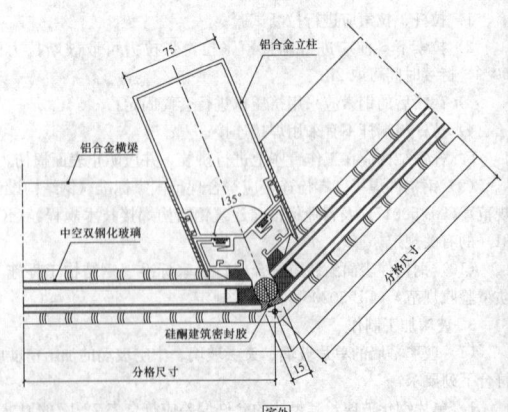

图22-47　玻璃幕墙转阳角示意图

2) 转阴角处理

该部位所用转角铝合金型材宜采用一根铝合金型材，两个方向的玻璃组成与主体结构转角形式一样的角度。见图22-48。

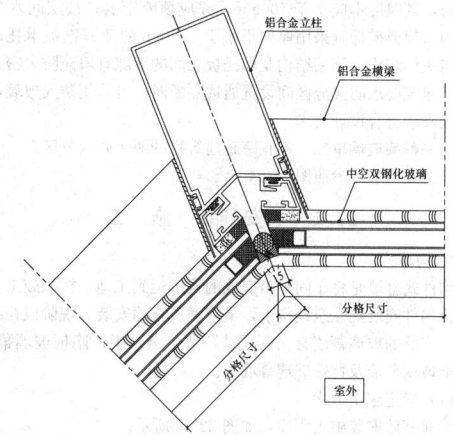

图 22-48　玻璃幕墙转阴角示意图

3. 伸缩缝部位处理

当房屋有沉降缝、温度缝或防震缝时，玻璃幕墙的单元板块不应跨越主体建筑的变形缝，其与主体建筑变形缝相对应的构造缝设计应能够适应主体建筑变形的要求。做法：在缝的两侧各设一根立柱，用铝饰板将其连接起来，连接处应双层密封处理。见图22-49。

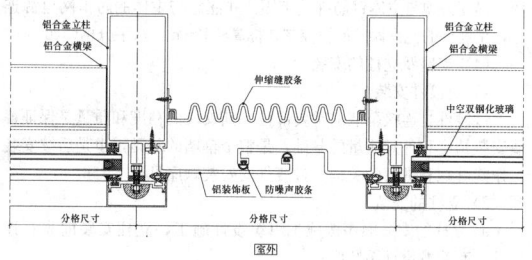

图 22-49　伸缩缝节点图

4. 收口处理

收口处理是指玻璃幕墙本身一些部位的处理，使之能对幕墙的结构进行遮挡，有时幕墙在建筑物洞口内，两种材料交接处的衔接处理。

立柱与主体结构收口处理见图22-50。

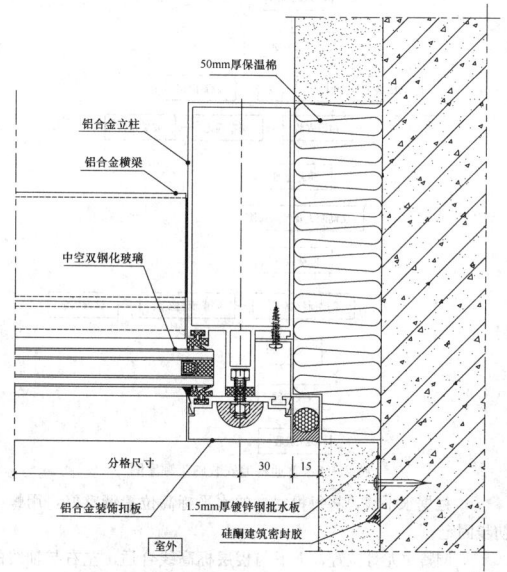

图 22-50　立柱与主体结构收口节点图

横梁与主体结构收口处理见图22-51。

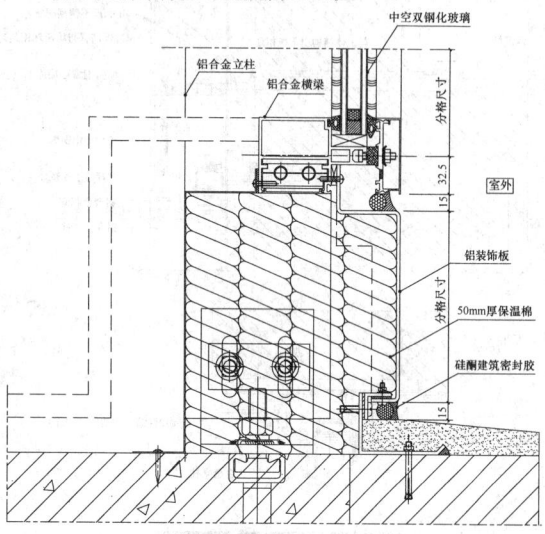

图 22-51　横梁与主体结构收口节点图

5. 防雷处理

玻璃幕墙是附属于主体建筑的围护结构，幕墙的金属框架一般不单独作防雷接地，而是利用主体结构的防雷体系，与建筑本身的防雷设计相结合，因此要求应与主体结构的防雷体系可靠连接，并保持导电通畅。玻璃幕墙的防雷设计应符合国家现行标准《建筑物防雷设计规范》（GB 50057）和《民用建筑电气设计规范》（JGJ/T 16）的有关规定。见图22-52。

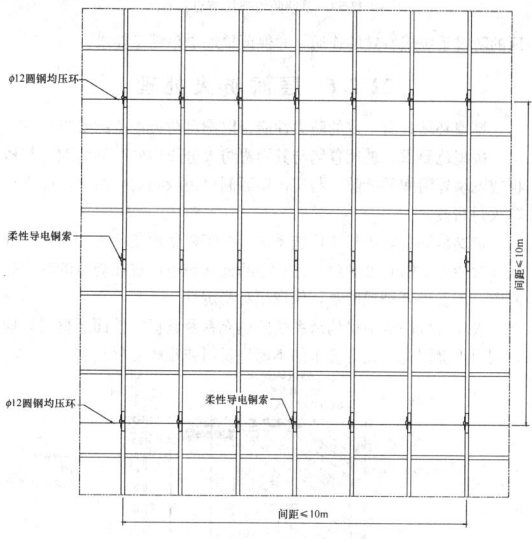

图 22-52　幕墙避雷系统示意图

1) 幕墙防侧击雷

幕墙的金属框架应与主体结构的防雷体系可靠连接，连接部位应清除非导电保护层。通常，玻璃幕墙的铝合金立柱，在不大于10m范围内宜有一根立柱采用柔性导线上下连通，铜质导线截面积不宜小于 $25mm^2$，铝质导线截面积不宜小于 $30mm^2$。在主体建筑有水平均压环的楼层，对应导电通路立柱的预埋件或固定件应采用圆钢或扁钢与水平均压环焊接连通，形成防雷通路，焊缝和连线应涂防锈漆。扁钢截面不宜小于 $5mm \times 40mm$，圆钢直径不宜小于 $12mm$。接地电阻均应小于 4Ω。见图22-53。

2) 幕墙防直击雷

兼有防雷功能的幕墙压顶板宜采用厚不小于 3mm 的铝合金板制造，压顶板截面不宜小于 $70mm^2$（幕墙高度不小于150m时）或 $50mm^2$（幕墙高度小于 150m 时）。幕墙压顶板体系与主体结构屋

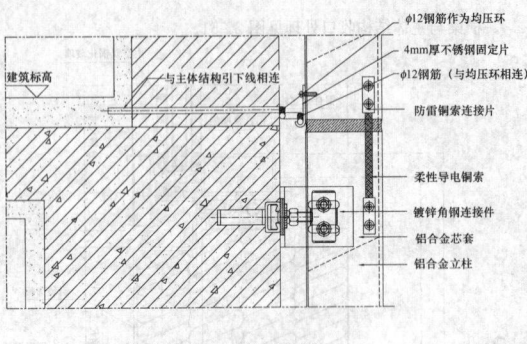

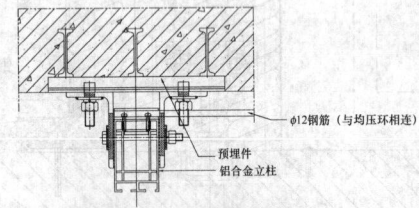

图 22-53　幕墙防雷连接节点示意图

顶的防雷系统应有效的连通,并保证接地电阻满足要求。

22.2.6　层间防火处理

幕墙必须具有一定的防火性能,以满足防火规范的要求。

按规范要求:玻璃幕墙与其周边防火分隔构件间的缝隙、与楼板或隔墙外沿间的缝隙、与实体墙面洞口边缘间的缝隙等,应进行防火封堵设计。

玻璃幕墙的防火封堵构造系统,在正常使用条件下,应具有伸缩变形能力、密封性和耐久性;在遇火状态下,应在规定的耐火时限内,不发生开裂或脱落,保持相对稳定性。

玻璃幕墙防火封堵构造系统的填充料及其保护性面层材料,应采用耐火极限符合设计要求的不燃烧材料或难燃烧材料。

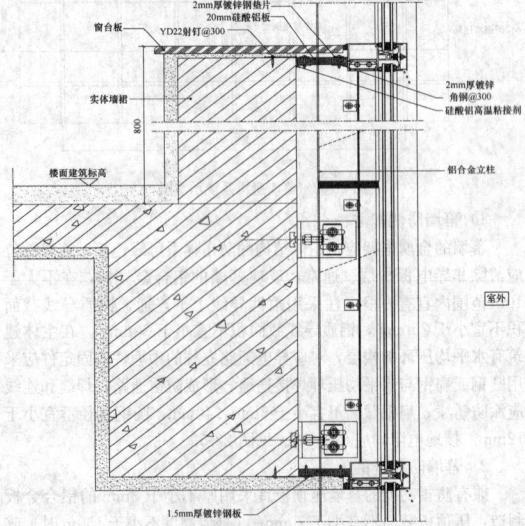

图 22-54　玻璃幕墙防火封堵示意图

无窗槛墙的玻璃幕墙,应在每层楼板外沿设置耐火极限不低于1.0h、高度不低于0.8m的不燃烧实体裙墙或防火玻璃裙墙。

玻璃幕墙与各层楼板、隔墙外沿间的缝隙,当采用岩棉或矿棉封堵时,其厚度不应小于100mm,并应填充密实;楼层间水平防烟带的岩棉或矿棉宜采用厚度不小于1.5mm的镀锌钢板承托,承托板与主体结构、幕墙结构及承托板之间的缝隙宜填充防火密封材料。当建筑要求防火分区间设置通透隔断时,可采用防火玻璃,其耐火极限应符合设计要求。

同一幕墙玻璃单元,不宜跨越建筑物的两个防火分区。

其节点构造可参照图22-54。

22.2.7　安装施工

1. 构件式

构件式幕墙是将车间加工完成的构件运到工地,按照施工工艺逐个将构件安装到建筑结构上,最终完成幕墙安装。现阶段在我国应用较广泛的玻璃幕墙有明框玻璃幕墙、全(半)隐框玻璃幕墙、无框全玻璃幕墙及特殊玻璃幕墙等。

(1) 确定施工顺序

普通幕墙安装施工顺序,如图22-55所示。

(2) 弹线定位

根据结构复查时的放线标记,水准点按预埋件布置图,主体结构轴线,标高进行测量放线,定位。

(3) 预埋件的检查

预埋件是通过焊接钢筋与主体混凝土结构连接,预埋件的外侧必须紧贴外侧贴板(拆掉时所有的预埋件外侧均裸露混凝土面),预埋件锚筋必须与主体钢筋绑扎牢固。并注意与主体的防雷网电源连通,预埋件的允许误差严格控制在标高≤10mm,水平分格≤20mm。

(4) 支座及立柱的安装

1) 过渡件安装

过渡件是连接幕墙的重要部位,其安装的精度和质量是保证幕墙安装精度和外观质量的基础,是整个幕墙的基础,也是后续安装工作能够顺利进行的关键。过渡件的安装顺序见图22-56。

2) 立柱的安装

a. 立柱的安装顺序按施工组织设计施工,立柱安装前先将连接件、套筒按设计图装配;

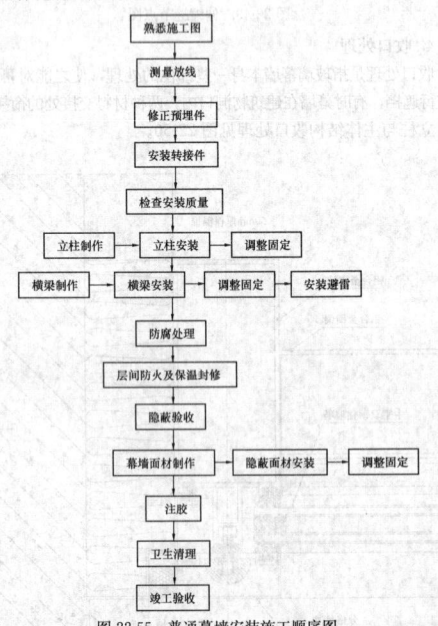

图 22-55　普通幕墙安装施工顺序图

b. 根据水平线,将每根立柱的水平标高位置调整好,用螺栓初步固定;

c. 调整主龙骨位置,上下与楼层标高线合适,左右与轴线的尺寸相对应,经检查校准合格后,用扭力扳手将螺母拧紧。

立柱安装完毕后，必须严格进行垂直检查，整体确认无误后，将垫片、螺帽与铁件点焊上，以防止立柱变形。

注意事项：
①立柱与过渡件之间要垫胶垫；
②立柱安装时，应将螺帽稍拧紧些，以防脱落。

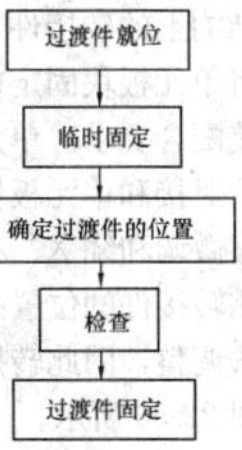

（5）横梁安装
1）根据图纸要求检查立柱上的角码位置是否准确；
2）横梁上下表面与立柱正面应成

图 22-56　过渡件的安装顺序

直角，严禁向上或向下倾斜；
3）安装完后，使用耐候密封胶密封立柱与横梁的接缝间隙；
4）幕墙竖向和横向构件的组装允许偏差，应符合表 22-21 的规定。

幕墙竖向和横向构件的组装允许偏差（mm）　表 22-21

| 序号 | 项目 | 尺寸范围 | 允许偏差（不大于） | | 检测方法 |
			铝构件	钢构件	
1	相邻两竖向构件间距尺寸（固定端头）	—	±2.0	±3.0	钢卷尺
2	相邻两横向构件间距尺寸	间距不大于2000mm时	±1.5	±2.5	钢卷尺
		间距大于2000mm时	±2.0	±3.0	
3	分格对角线差	对角线长不大于2000mm时	3.0	4.0	钢卷尺或伸缩尺
		对角线长大于2000mm时	3.5	5.0	
4	竖向构件垂直度	高度不大于30m时	10	15	经纬仪或铅垂仪
		高度不大于60m时	15	20	
		高度不大于90m时	20	25	
		高度不大于150m时	25	30	
		高度大于150m时	30	35	
5	相邻两横向构件的水平高差	—	1.0	2.0	钢板尺或水平仪
6	横向构件水平度	构件长不大于2000mm时	2.0	3.0	水平仪或水平尺
		构件长大于2000mm时	3.0	4.0	
7	竖向构件直线度		2.5	4.0	2m靠尺
8	竖向构件外表面平面度	相邻三立柱	2	3	经纬仪
		宽度不大于20m	5	7	
		宽度不大于40m	7	10	
		宽度不大于60m	9	12	
		宽度不小于60m	10	15	
9	同高度内横向构件的高度差	长度不大于35m	5	7	水平仪
		长度大于35m	7	9	

（6）玻璃板块安装及调整
玻璃垫块及脱条的安装：

隐框玻璃注胶。单组分密封胶可以直接从筒状/肠状包装中用手动或气动喷枪中挤出，气动喷枪的操作压力不得超过 275.8kPa，以防止密封胶内产生气泡。

双组分密封胶须使用打胶泵设备，按特定比例均匀混合，参阅双组分结构胶质控程序。

密封胶的施用应用一次完整的操作来完成，使结构胶均匀连续地以圆柱状挤出注胶枪嘴。枪嘴出口直径应小于注胶接口厚度，以便枪嘴深入接口1/2深度。枪嘴应均匀缓慢地移动并确保接口内已充满密封剂，防止枪嘴移动过快而产生气泡或空穴。

施用了密封剂之后应立即进行表面修饰，通常的方法是用一刮刀用力将接口外多出的密封胶用力向接口内压并顺利将接口表面刮平整，使密封剂与接口的侧边相接触。这样有助于减少内部空穴和

保证良好的底物接触。
不要用水、肥皂或洗涤剂压实，因为他们可能会污染表面附近未固结的密封胶。
压实完成后立即除去掩盖胶粘带。
不要在极低的温度（结构密封剂在4℃以上时施用）或底物表面非常热（大于49℃）的情况下施用密封剂，如果将密封剂施于很热的底物上时可能会在底物表面附近产生气泡。

在密封剂施用和表面修饰后，随即在玻璃-铝框上标上日期和编号，水平搁放至固化储存区进行养护。在搬放过程中不允许使密封剂接口及其相粘结的底物间产生任何的位移和错位，否则会影响密封剂的粘合质量。

在固化期间不要再次搬动，玻璃-铝框不要受阳光的照射。
在确定接口内的密封剂完全固化后才能搬动玻璃-铝框，并经过认真的切装配框检查合格后才能装运和安装。

安装前应将铁件或钢架、立柱、避雷、保温、防锈部位检查一遍，合格后将相应规格的玻璃搬入就位，然后自上而下进行安装。

安装过程中拉线相邻面板的平整度和板缝的水平、垂直度，用木板模块控制板缝宽度，安装一块检查一块。

幕墙玻璃块，应先全部就位，临时固定，然后拉线调整。

安装过程中，如缝宽有误差，应均分在每一条板缝中，防止误差累积，在某一条板缝或某一块面材上。

（7）开启扇的安装
安装过程中，应特别注意堆放和搬运的安全，保护好玻璃的表面质量，如有划伤和损坏应及时进行更换。
玻璃幕墙安装允许偏差应符合表 22-22 的规定。

玻璃幕墙安装允许偏差表　表 22-22

项目		允许偏差（mm）	检查方法
竖缝及墙面垂直度	幕墙高度（H）（m）	≤10	激光经纬仪或经纬仪
	H≤30		
	60<H>30	≤15	
	90<H>60	≤20	
	H>90	≤25	
幕墙平面度		≤2.5	2m靠尺、钢板尺
竖缝直线度		≤2.5	2m靠尺、钢板尺
横缝直线度		≤2.5	2m靠尺、钢板尺
缝宽度（与设计值比较）		±2	卡尺
两相邻面板之间接缝高低差		≤1	深度尺

（8）装饰扣盖的安装
明框幕墙玻璃安装完毕后，即可进行扣盖安装。安装前，先选择相应规格、长度的内、外扣盖进行编号。安装时应防止扣盖的碰撞、变形。同一水平线上的扣盖应保持其水平度与直线度。将内外扣盖由上向下安装。

（9）注胶
玻璃块安装调整好后，注胶前先将玻璃、铝材及耐候胶进行相容性实验，如出现不相容现象，必须先刷底漆，在确认完成相容后再进行注胶。

注胶前，安装好各种附件，保证密封部位的清扫和干燥，采用甲苯对密封面进行清扫，最后用干燥清洁的纱布将溶剂蒸发后的痕迹拭去，保持密封面清洁、干燥。

护纸胶带为防止密封材料使用时污染装饰面，同时为使密封缝与面板交接线平直，应将纸胶带贴直。

注胶时应保持密实、饱满、均匀、外观平整、光滑，同时注意避免浪费。胶缝修整好后，应及时掉保护胶带，并注意撕下的胶带不要污染周围的材料，同时清理粘在施工表面上的胶痕。

2. 单元体式
单元体幕墙是由各种墙面板与支承框架在工厂制成完整的幕墙结构基本单位，直接安装在主体结构上的建筑幕墙。
典型的结构，见图 22-57、图 22-58。
单元体幕墙将幕墙的龙骨、面材及各种材料在工厂组装成一个完整的幕墙结构基本单位，运至施工现场，然后通过吊装、直接安

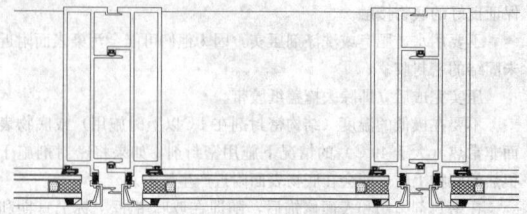

图 22-57　单元式幕墙横向剖面

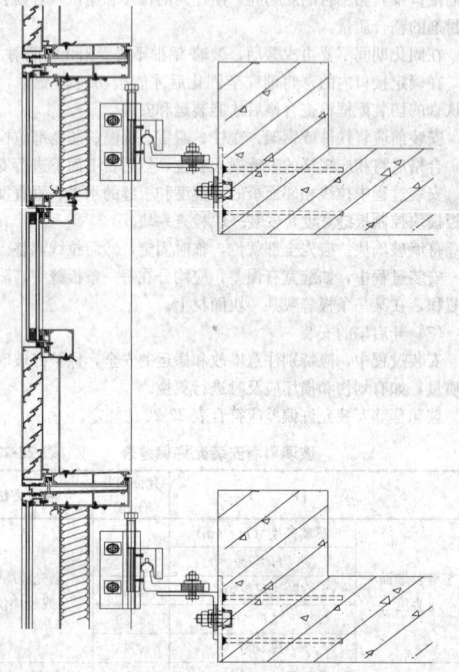

图 22-58　单元式幕墙纵向剖面

装在主体结构上,通过板块间的插接配合以达到建筑外墙的各项性能要求。单元式幕墙的单板块高度一般为楼层高度,宽度在 1.2~1.8m 左右,可直接固定在楼层上,安装方便;单元构件在工厂内加工制作,可以把玻璃、铝板或其他材料在工厂内组装在一个单元板块内,可以进行工业化生产,大大提高劳动生产率和材料的加工精度;单元板块在厂内整体组装,有利于保证多元化整体质量,保证了幕墙的工程质量;单元体幕墙能够和土建配合同步施工,大大缩短了工程周期;幕墙单元板块安装连接口构造易于设计,能吸收层间变位及单元变形,通常可承受较大幅度建筑物移动。但单元体幕墙也有着它的缺点,如要求高技术的成分多,铝型材的形状较复杂,铝型材用量较多,其造价要高于框架式幕墙,单元体幕墙一般适用于建筑体型较规正的高层或超高层建筑。

(1) 确定施工顺序

单元式幕墙施工过程可分为:生产加工阶段、现场安装阶段及验收阶段。

1) 生产加工阶段

熟悉施工图→确定材料→构件附件加工制作→单元支架制作→样板制作→批量生产

2) 现场安装阶段

熟悉施工图→测量放线→预埋件校准→转接件安装→单元板块的运输→单元板块的垂直吊装→保温、防火、防雷等的安装→防水压盖的安装及调试→幕墙收口

3) 验收阶段

定位轴线及标高的测量验收→面板安装质量验收→幕墙物理性能试验验收→隐蔽工程的验收→竣工资料归档

(2) 转接件的安装调试

单元式幕墙的转接件是指与单元式幕墙组件相配合,安装在主体结构上的转接件,它与单元板块上的连接构件对接后,按定位位置将单元板块固定在主体结构上,它们是一组对接构件,有严格的公差配合要求。单元板块上的连接构件与安装在主体结构上的转接件的对接和单元板块对插同步进行,故要求转接件要具有 X、Y 向位移微调和绕 X、Z 轴转角微调功能。单元式幕墙外表面的平整度完全靠转接件的位置的准确和单元板块构造来保证的,在安装过程中无法调整,因此转接件要一次全部调整到位,达到允许偏差范围。如图 22-59 所示。

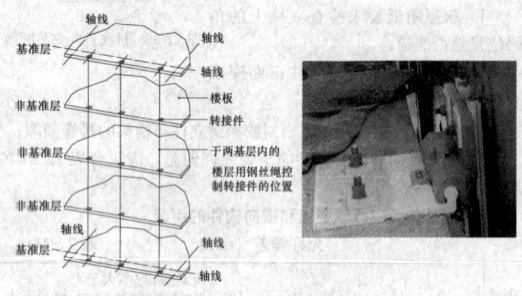

图 22-59　转接件的安装方式

转接件安装允许偏差见表 22-23。

转接件安装允许偏差　　　　表 22-23

序号	项　　目	允许偏差(mm)	检查方法
1	标高	±1.0 (有上下调节时±2.0)	水准仪
2	转接件两端点平行度	≤1.0	钢尺
3	距安装轴线水平距离	≤1.0	钢尺
4	垂直偏差(上、下两端点与垂线偏差)	±1.0	钢尺
5	两转接件连接点中心水平距离	±1.0	钢尺
6	两转接件上、下端对角线差	±1.0	钢尺
7	相邻三转接件(上下、左右)偏差	±1.0	钢尺

1) 转接件安装前的准备:

进行转接件安装前,首先必须检查预埋件平面位置及标高,同时将施工误差较大的预埋件处理,调整到允许范围内才能安装转接件。对工程整体进行测绘控制线,依据轴线位置的相互关系将十字中心线弹在预埋件上,作为安装支座的依据。

2) 转接件的运输及存放:

转接件及附件由人货两用电梯或塔吊运至各楼层,分类整齐堆放在指定区域。

3) 转接件的安装:

转接件的安装顺序如图 22-60 所示。

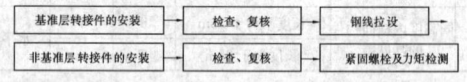

图 22-60　转接件的安装顺序

a. 基准层转接件的安装:

根据施工顺序和施工区段的划分确定转接件的安装基准层,基准层转接件直接依据轴线做出,依据设计单元尺寸进行定位安装。

b. 基准层转接件检查、复核:

基准层转接件的安装完成后,按设计施工图和测量基础进行检查和复核工作,基准层转接件检查和复核工作 100% 覆盖,对于弧形或曲线平面可制作模板进行复核。

c. 钢线的拉设:

当两个基准层的转接件施工完毕后,可拉设钢线准备安装两基准层间各楼层的转接件。

每个转接件处必须拉设两根钢丝,只要严格控制钢丝的间距即可保证中间转接件的正确性。

钢丝的张紧程度应适宜,拉力过大,钢丝易断,否则,其受风

力影响较大，转接件调节精度受影响。

钢丝在拉设过程中不应与任何物体相干涉。

d. 非基准层转接件的安装：

在拉设钢丝位置并调整时应自上而下顺序进行，以免未调节的转接件与钢丝发生干涉现象。

在没有钢丝的位置用预制模板调节，由于模板在制作时已考虑到转接件的允许偏差，所以在调整时应使转接件与模板接触处间隙均匀一致。

e. 非基准层转接件检查、复核：

非基准层转接件的检查、复核跟基准层转接件检查、复核基本相同。

f. 转接件紧固螺栓及力矩检测：

因转接件为单元式幕墙的承力部件，各部位螺栓应认真检验锁紧力矩是否达到设计要求，这对于安全生产是非常重要的。

(3) 吊装设备的安装及调试

1) 常用吊装设备的安装：

单轨吊的安装方法：

——将定做好的单轨道运输到需要安装的楼层，对准需要安装的位置边缘。

——逆时针安装。

——角钢（固定支点）预埋件固定。

——用绳子系好轨道两端，移至安装位置，用螺栓连接到固定支点上。

——单轨道比较长时，如圆弧就位，要用手动葫芦提升到安装位置，手拉葫芦与上层柱子连接。

——安装人员必须系好安全带。

——安装楼层设置安全绳与柱子连接，用于系安全带。

——安装部位下方设安全警戒线。根据轨道安装图纸进行施工调试。

2) 注意事项：

——操作人员、安全员要经常检查单轨吊的运转情况，严禁机体带病工作。

——每次使用前必须是先试运转正常后方可使用，收工后要将电机移至安全位置锁定，并切断电源。

——电动葫芦要用防水布包裹以防渗水烧坏机体。

——遇到 6 级以上大风或雷雨天气时禁止使用。

3) 单轨吊的拆除：

——拆除部位下方设安全警戒线。

——先将单轨吊上的电动葫芦与手拉葫芦连接，手拉葫芦的另一端固定在上一层楼板上，提升手拉葫芦将电动葫芦拉到室内。

——拆除人员必须系好安全带。

——拆除楼层设置安全绳与柱子连接，用于系安全带。

——用绳子系好轨道两端，松开固定轨道的螺栓，慢慢将一段轨道移到楼层内，解开绳子，将单轨吊运到下一个需要安装的楼层。

——逆时针拆除。

——单轨道比较长时，如圆弧部位，应将手动葫芦一端与上层柱子连接，另一端连接在轨道上，松开固定轨道的螺栓，慢慢提升手动葫芦将一段轨道移到楼层内，解开手动葫芦，将单轨道吊运到下一个需要安装的楼层。

——操作人员使用的扳手等工具必须用绳与手腕连接，防止坠落。

(4) 卸货钢平台

1) 安装方法：

——在设置平台的上层楼面，将两根保险钢丝绳分别固定在预先焊在梁上的专用吊钩上，也可采用在柱上绑扎固定的方式或固定在上层板底的预制构件上。

——钢丝绳的另一端连接一个 5t 的卸扣。

——用钢丝绳从平台外端两侧的吊环及对称的另两个吊环中穿入，并用卡扣锁牢。

——用塔吊将平台吊到安装楼面就位。

——在平台外端吊环上安装已悬挂好的受力钢丝绳。在内侧吊环上系好保险钢丝绳。

——在平台另一端吊环内固定受力钢丝绳，另一端通过卸扣固定在预先设定的梁上，收紧钢丝。

——检查平台安装牢固后，将两根保险绳上的花篮螺栓略微松开，使之收紧但不受力。

——将平台与本层预制钓钩用钢丝连接固定，或用锚栓与本层楼板固定，防止平台外移。

——松开塔吊钩。

——每次钢平台移动，均按重复以上过程。

2) 平台安装注意事项：

——安装平台时地面应设置警戒区，并有安全员监护和塔吊司机密切配合。

——钢丝绳与楼板边缘接触处加垫块并在钢丝绳上加胶管保护。

——平台外设置向内开、关门，仅在使用状态下开启。

3) 吊篮：

——根据吊篮的特点，还应严格遵守以下的安全操作和使用规则。

——施工吊篮必须符合下列标准：

《高处作业吊篮》；

《高处作业吊篮安全规则》；

《高处作业吊篮性能试验方法》；

《高处作业吊篮用安全锁》。

——施工吊篮使用前必须核定该处楼板结构及屋面结构的承载力是否满足要求。

——施工吊篮工作环境要求如下：

——环境温度≤40℃；

——环境相对湿度≤90%（25℃）；

——电源电压偏离额定值±5%；

——工作处阵风风速≤10.8m/s（相当于 6 级风力）。

4) 吊篮使用安全要求及措施：

——施工吊船日常检查每日使用前进行，定期的检查每月进行一次。

——施工吊篮四周设置钢丝网，底部全部用钢板密封。

——作业人员必须佩戴安全带，并将安全带牢系在吊船受力杆上。

——两台吊篮并列安装时，两吊篮间距应确保 0.80m 以上。

——操作人员必须在地面进出吊篮平台，不得在空中攀窗口出入，不允许作业人员在空中从一个平台跨入另一个平台，上下人员物料必须在吊篮降至地面后进行。

——注意观察吊篮上下方向有无障碍物，如开起的窗户，凸出物体等，以免吊篮碰挂。

——严禁超载运行，荷载尽量均匀，稳妥地放置。不得对平台施加冲击荷载。

——屋面悬挂装置应水平摆设，工作平台应保持水平状态上下运行，屋面悬挂装置安装间距应与吊篮平台长度相等。

——吊篮若要就近整体位移，必须先将钢丝绳从提升机和安全锁内退出，拔掉电源。

——严禁在空中进行检修和在吊篮运行中使用安全锁，电磁制动器进行手动刹车。

5) 其他设备：

如塔吊，汽车吊等也有时作为施工现场临时选用的吊装设备之一。塔吊、汽车吊由于台班费高，一般工程均用于个别部位、抢工期时临时采用以及安全风险大的少量工程的单元板块吊装。

(5) 单元式幕墙的运输

单元板块的运输主要包括公路运输、垂直运输、板块在存放层内的平面运输三个方面。

1) 单元板块的公路运输

根据工程单元板块尺寸大小和重量来决定周转架装单元板的数量；运输时两单元板块互相不接触，每单元板块独立放于一层。周转架下作专用滑轮，并可靠固定，以保证单元板块在途中不受破坏。单元板块与周转架的部位应用软质材料隔离，防止单元板块的

划伤。尽量保持车辆行驶平稳，路况不好注意慢行。如图 22-61 所示。

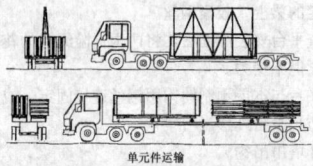

图 22-61 单元板块的公路运输

卸车时一般需借助塔吊或汽吊完成。

运到工地后，首先检查单元板块在运输途中是否有损坏，数量、规格是否有错，检查单元板是否有出厂合格证，单元板块的标志是否清晰。以上条件满足后，再对每个单元板块进行复检，尺寸误差是否在公差范围内，单元板块的转接定位块的高度要作为重点进行检查。

2）单元板块的垂直运输

单元板块的垂直运输是指实现板块由地面运至板块存放层的过程，一般采用以下方式：

a. 借用塔吊、送货平台实现垂直运输：

利用此方式进行垂直运输，需要专用的吊具，将单元板块运输到板块存放层，吊具形式如图 22-62 所示。

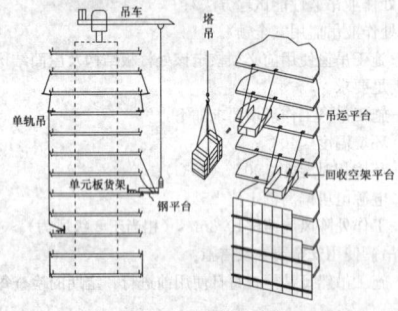

图 22-62 塔吊吊运方案

搭设钢平台作为板块的临时存放平台，在单元板块存放平台所处的楼层安装横向钢导轨，通过横向钢导轨将钢平台上的板块转移到安装位置，再从上方吊下单元板块进行此楼层以下四层单元板块的安装。如图 22-63 所示。

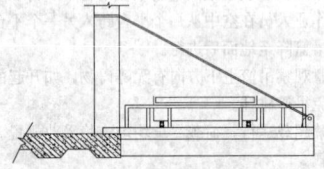

图 22-63 钢平台的搭设

b. 利用人货两用电梯进行垂直运输：

此种方式一般在无塔吊或塔吊拆除以后采用。此种方式运输需采用特殊的板块周转架。受电梯空间的限制，每次至多运输 4～6 块，故工作效率较低。

c. 利用单元吊装机、送货平台实现垂直运输。

3）单元板块在存放层内的平面运输

单元板块在存放层内的平面运输主要是将板块从叠形存放状态分解单元并运至预吊装位置，可采用以下几种运输机械。

a. 专用运输架：

为防止单元板块在运输途中颠簸，擦伤单元板块，可采用进行单元板块运输的移动专架，此专架由方钢焊接而成，每个运输架可同时运输 3～4 块单元板块，运输时在铁架上搁置橡皮垫片，确保单元板块在运输途中不受损伤。如图 22-64 所示。

b. 门式吊机：

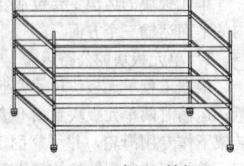

图 22-64 专用运输架

吊机的几何尺寸应与单元板转运架外形尺寸相配套。如图 22-65 所示。

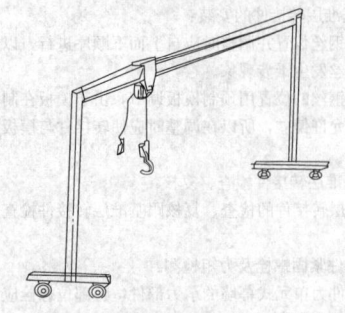

图 22-65 门式吊机

（6）单元式幕墙的安装及调试

单元式幕墙在吊装时，两相邻（上下、左右）单元板块通过对插完成接缝，它要求单元式幕墙用的铝型材不仅外观质量要完全符合国家标准 GB 5237 的规定，还要求对插件的配合公差和对插中心线到外表面的偏差要控制在允许范围之内。

1）单元板块的吊装目前采用以下两种方式：

a. 利用单轨吊进行吊装：

横向吊装轨道的布置：可采用工字钢作为挑臂与主体结构连接，外挑尺寸一般为外顶端受力处到结构边距离 2m。室内用来固定外挑工字钢的螺栓可用圆钢弯折而成。室内地面固定需要用电锤在楼层地面打孔，每根挑臂做两道圆钢卡环，卡环穿过楼层在下层楼顶穿上一块钢板以增大受力面积，再用双螺丝紧固。外挑工字钢和工字钢轨道用不锈钢螺栓连接，轨道必须调节平整。环形轨道沿建筑四周布置，转弯处弯曲要求顺弯、均匀。用手拉葫芦和简易支架配合安装电动葫芦，安装完后进行调试运行，经验收合格后才能使用。

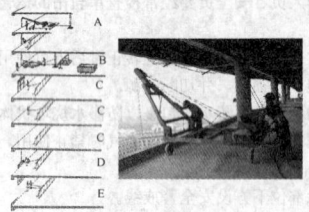

图 22-66 单元板块的吊装
A—单元吊具停放层；B—单元板块存放层；
C—板块下行经过层面；D—板块安装上层；
E—板块安装层

将存放层内的单元板块运输到接料平台上，将单元板块用专用连接装置与电动葫芦挂钩连接，钩好钢丝绳后慢慢启动吊机，使单元板块沿钢丝绳缓缓提升，然后再水平运到安装位置，严格控制提升速度和重量，防止单元板块与结构发生碰撞，造成表面的损坏。单元板块沿环形轨道运至安装位置进行最后的就位安装。在起吊和运输过程中应注意保护单元板块，免受碰撞。

b. 利用单元吊具进行吊装：

吊装过程如图 22-66 所示。

吊装时需用设备：

单元吊具、起抛器、门形吊机、板块转运架。

配对讲机人员所在楼层分别为 A、B、E。

单元板块的下行过程由板块吊装层的上一层的指挥人员负责指挥。

单元板块在下行过程中应确保所有经过层都有人员传接板。

单元板块的插接就位。板块在起吊和下行过程中，下行经过的楼层上要设置人员，对板块实施保护措施，防止板块摇摆时与主体发生碰撞，造成板块的破坏。插接时，上下层均配有安装人员，单元板下行至单元体挂点与转接高度之间相距 200mm 时，命令板块停止下行，并进行单元板块的左右方向插接。待左右方向插接完成

后，将板块坐到下层单元板块的上槽口位置，防止板块在风力作用下与楼体发生碰撞。先实现左右接缝的对接，再实现上下的板块对接。

2）板块的调整：

对接后进行六个自由度方向上的调整，调整的原则是横平竖直，并确保挂件与转接件的有效接触与受力。

单元式幕墙安装固定后的偏差应符合表 22-24 的要求。

单元式幕墙安装允许偏差 表 22-24

序号	项目		允许偏差（mm）	检查方法
1	竖缝及墙面垂直度	幕墙高度 H（m）	≤10	激光经纬仪或经纬仪
		H≤30m	≤10	
		30m<H≤60m	≤15	
		60m<H≤90m	≤20	
		H>90m	≤25	
2	幕墙平面度		≤2.5	2m靠尺、钢板尺
3	竖缝直线度		≤2.5	2m靠尺、钢板尺
4	横缝直线度		≤2.5	2m靠尺、钢板尺
5	缝宽度（与设计值比）		±2	卡尺
6	耐候胶缝直线度	L≤20m	1	钢尺
		20m<H≤60m	3	
		60m<H≤100m	6	
		H>100m	10	
7	两相邻面板之间接缝高低差		≤1.0	深度尺
8	同层单元组件标高	宽度不大于 35m	≤3.0	激光经纬仪或经纬仪
		宽度大于 35m	≤5.0	
9	相邻两组件面板表面高低差		≤1.0	深度尺
10	两组件对插件接缝搭接长度（与设计值比）		+1.0	卡尺
11	两组件对插件距槽底距离（与设计值比）		+1.0	卡尺

3）单元式幕墙标高检查：

单元板块安装完毕后，对单元板块的标高以及缝宽进行检查，相邻两个单元板块的标高差小于 1mm，缝宽允许±1mm，操作如图 22-67 所示。

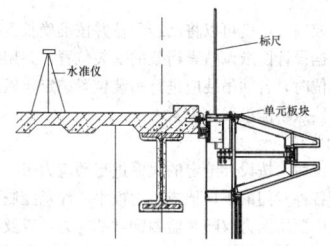

图 22-67 幕墙标高检查

4）防水压盖安装：

单元式幕墙的标高符合要求后，首先清洁槽内的垃圾，然后进行防水压盖的安装。首先，用清洁剂将单元式幕墙擦拭干净，再进行打胶工序，打胶一定要连续饱满，然后进行刮胶处理，打胶完毕后，待硅胶表干后进行渗水试验，合格后，再进行下道工序。

3. 点支承式

（1）施工准备

在进行点支承玻璃幕墙施工前，必须做好一些技术准备工作。点支承玻璃幕墙的技术准备工作主要包括施工组织设计、施工技术交底等各项工作，点支承玻璃幕墙施工与普通幕墙施工基本相同。

1）施工组织设计

点支承玻璃幕墙工程的施工组织设计，包括绘制施工组织网络图，制定施工工艺程序，安排施工建设，组织劳动力资源，选择和分配施工机械工具等内容。

由于点支承玻璃幕墙受力结构实际上都是空间结构，结构各构件相互连接成为一个空间整体，以便抵抗各方向可能出现的荷载，在设计确认后，其施工工艺要求就必须明确。施工工艺的确定，是实现结构受力设计要求的有力保障，设计须现场技术交底尤为重要。

2）现场技术交底

工地现场技术人员、施工人员要熟悉设计图纸，了解设计意图、质量要素、节点做法，对各个环节要认真研究，透彻领会。必须建立施工图会审制度，如对图纸有不同意见或不理解部分，在施工图会审时提出，以求解答。

工地现场技术人员施工人员熟悉了解工程的所有细节后，开工前，要对进场工人进行技术交底，按施工顺序交底，使得工作人员在进行每步施工顺序时都了解安装要求，质量控制、交接环节的注意事项等。

3）材料的准备

对工程进场的材料必须进行进场检验，并形成检验入账记录，对不合格的材料必须进行及时更换，检验的内容主要包括：主要受力原材料的力学性能试验，外观质量验收，检查出场合格证等记录。

4）施工器具准备

使用的工器具有：测力仪、千斤顶、钢卷尺、水平仪、经纬仪等。

（2）确定施工顺序

点支承玻璃幕墙的施工顺序：

测量定位→锚墩结构制作安装→索-钢结构安装→索结构张拉→支承装置安装→玻璃安装→注胶、清洁→竣工验收

（3）钢桁架体系、拉索体系安装及调整

通过测量放线，确定设计轴线及标高位置后，锚墩结构验收调整完毕，就可以进行钢桁架体系或拉索体系的安装。

1）钢结构体系安装及调整

点支承玻璃幕墙钢结构体系的形式多种多样，这就使得钢结构安装工艺复杂而多样。根据钢结构形式分为梁式钢结构和钢桁架结构。

a. 梁式钢结构的安装及调整

梁式钢结构在点支承玻璃幕墙采用比较多见的一种钢结构形式，钢结构是单根圆管、单根工艺 T 梁、单根工艺工字梁或单根钢板等。由建筑师的设计要求，结构形式多种多样。

梁式钢结构，由于立柱是单根，所以加工制作及安装比较简单。结构安装之前，首先应根据施工设计图，检查立柱的尺寸及加工孔径是否与图纸一直，外观质量是否符合设计要求。安装时，利用吊装装置，将钢结构立柱吊起并基本就位，操作工人适当调整将立柱的下端引入底部柱脚的锚墩中，上端用螺栓和钢支座与主体结构连接。调整立柱安装精度，临时固定钢结构立柱。两立柱间可用钢卷尺核尺寸，立柱垂直度可用 2m 靠尺校核，相邻立柱标高偏差及同层立柱的最大标高偏差，可用水准仪校核。对于立面、平面造型比较复杂的点支承玻璃幕墙，在测量放线时还可以拉钢丝线，钢丝线的直径为 2mm 较为合适。钢结构立柱的安装位置和精度整体调整完毕后，立即进行最终固定。允许偏差见表 22-25。

b. 钢桁架结构的安装及调整

钢桁架的施工比梁式钢结构要复杂得多，钢桁架的结构构件一般采用钢管构件，按几何形态常分为平行弦桁架和鱼腹式桁架等，钢桁架的进场施工步骤，主要分为现场拼装、焊接、钢桁架安装、稳定杆安装及涂装等。

梁式钢结构的安装允许偏差　　表 22-25

项　目	允许偏差（mm）
相邻两竖向构件间距	±2.5mm
竖向构件垂直度	$L/1000$ 或 ≤5　L 为跨度
相邻竖向构件外表平面度	5
同层立柱最大标高偏差	±8
相邻立柱安装标高偏差	±3

（a）现场拼装、焊接：

钢桁架的现场拼装焊接，应在专用的平台上进行，平台一般用钢板制作，在拼装时先在平台上放样。分段施焊时应注意施焊时的顺序，尽可能采用对边焊接，以减少焊接变形及焊接应力，焊接完毕后，要及时进行防锈处理。

当钢桁架超长，在现场制作精度不能满足设计要求时，可以在工厂内进行制作，考虑运输吊装的方便，对于长度大于 12m 的桁架，应当将桁架分段，分段的位置距桁架节点的距离不得小于200mm，在分段处应该设置定位钢板，分段钢桁架运输到工地后，在现场专用平台上进行拼装。在分段连接位置进行现场施焊或螺栓连接。分段连接位置应注意连接的质量和外观要求。主管的焊接应不少于二级焊接，须作超声波无损探伤检测。腹杆与主管之间相贯焊接为角焊接，全熔透焊缝及半焊缝。

钢桁架组装的质量控制目标　　表 22-26

	检验验收项目	质量控制目标
加工	气割（长度和宽度）	允许偏差为±3mm
	杆件加工	允许偏差为±1mm
	弯曲矢高	不大于 $L/1500$，5.0mm
	焊接（对接）	Ⅱ级
	焊缝咬边、裂纹气孔、擦伤	不允许
	外观缺陷（表面夹渣、气孔）	不允许
组装	拼接单元节中心偏	不大于 2mm
	对口错位	不大于 $L/10$，3.0mm

焊接偏差控制目标　　表 22-27

项　目		允许偏差（mm）	项　目		允许偏差（mm）
对接焊接余高	$S≤20$	0.5~3	角焊缝焊缝余高	$K<6$	0~+2
	$S=20~40$	0.5~3		$K=6~10$	0~+3
	$S=40$	0.5~4		$K>10$	0~+4
焊缝错边		≤0.18	焊脚尺寸	$K<6$	0~+2
组合焊缝	$S=20~40$	0~+2		$K=6~4$	0~+3
	$S=40$	0~+3		$K>14$	0~+4

（b）钢桁架的安装：

组装完成后的钢桁架，在安装时，若需要吊装，应进行吊装位置的确定，在吊装过程中，防止失稳，吊装就位的钢桁架，应及时调整，然后立即进行钢桁架支座和预埋件焊接，并将钢桁架临时固定。对于立面、平面造型比较复杂的点支承玻璃幕墙，在测量放线时还可以拉钢丝线，钢桁架安装时可以通过钢丝线来控制安装位置和精度。整体调整完毕后，立即进行最终固定。

（c）稳定杆安装：

根据设计要求，布置稳定杆。稳定杆安装时应该注意施工顺序，一般是先中部再上端，然后下端。稳定杆安装时，注意不能影响钢桁架的安装精度要求。

（d）涂装：

钢结构涂装在工厂已完成底漆的工作，中间漆和面漆的工作在施工现场进行。

2）拉索体系的安装及调整

点支承玻璃幕墙拉索体系中，最为典型的结构体系为索桁架体系，索桁架体系的安装覆盖了拉索的安装和桁架的安装。索桁架的

安装过程包括：钢桁架的拼装、索桁架的预拉、锚墩安装、索桁架就位、预应力张拉、索桁架空间整体位置检测与调整。

a. 钢桁架的拼装

在专用钢桁架的加工制作平台上进行钢桁架的放样，根据设计图纸要求确定钢桁架立柱的尺寸和标高，在焊接时，注意焊接的顺序，以免主管的焊接变形，焊接完毕后要及时进行防锈处理，主管的焊接应不少于二级焊接，并经作超声波探伤检测，腹杆与主管间相贯焊接为角焊缝、全熔透焊缝或半熔透焊缝。钢桁架组装的质量控制见表 22-26，钢桁架组装的焊接偏差质量控制目标见表 22-27。

b. 索桁架的预拉

索桁架在制作时必须施加预应力，工程经验表明索桁架在施工时对钢索所施加的预应力，在随后的使用中还会逐渐消减，所以在施工中对钢索必须进行多次预拉，具体的做法是按设计所需的预应力之 60%～80%张拉。索桁架的钢索张拉后放松一段时间，如是重复三次，即可完成索桁架的预拉工作，就可以解决钢索使用中的松弛现象。预应力张拉记录，见表 22-28。

预应力张拉记录表　　表 22-28

顺　序	时　间	百分比
第一次	锚固后	60%
第二次	锚固后	80%
第三次	锚固后	80%

c. 锚墩安装

锚墩设置在主体结构上，它主要是承受索桁架中的拉力。施工时，先按设计图纸确定安装的位置，然后根据钢索的空间位置及角度将锚墩与主体焊接成整体，锚墩要求的质量要求，见表 22-29。

锚墩安装质量要求　　表 22-29

项　目	允许偏差（mm）
预埋件标高	±8
预埋件平面位置	±15
锚墩标高	±1
锚墩平面位置	±1
锚墩角度	±8
锚（筋孔板）标高	±1
锚（筋孔板）平面位置	±1

d. 索桁架就位

借助安装控制线，就可以将已经预拉并按准确长度准备好的索桁架就位。根据设计图纸调整索桁架的安装位置，并用螺栓临时固定，索桁架就位时，若须架应进行吊装位置确定，以防止侧向失稳，吊装时吊装点不能设置在钢索上。

e. 预应力张拉

索桁架就位后，按设计给定的次序进行预应力张拉，张拉预应力时一般使用各种专门的千斤顶或扭力扳手。注意控制张拉力的大小，张拉过程中要用测力仪随时监测钢索的应力，以及检测索桁架的位置变化情况，如果发现索桁架的最终形态与设计差别比较大时，应及时作出调整，对于双层索（承重索，稳定索），为使预应力均匀分布，要同时进行张拉，张拉的顺序一般是先中间，再上端，然后下端，重复进行。全部预应力的施加分三个循环进行，每一次循环完成预应力的 60%，第二、三次循环各完成 20%。

f. 索桁架空间整体位置检测与调整

索桁架整体的检测严格对照施工图纸进行，检测支承结构体系的安装精度。对有偏差的部位进行调整，调整时应观察整体是否受到影响。调整合格后进行最终固定。索桁架安装质量要求见表22-30。

索桁架安装质量要求 　　　表 22-30

项　目	允许偏差（mm）	项　目	允许偏差(mm)
上固定点标高	±1.0	索桁架跨度	±1.0（L≤10m） ±1.5（10m<L≤20m） ±2.0（20m<L≤40m） ±3.0（L>40m）
轴线位移	±1.0		
垂直度	1.0（L≤10m） 2.0（10m<L≤20m） 4.0（20m<L≤40m） 5.0（L>40m）	相邻两索桁架间距 （上下固定点处）	±1.0
两索桁架对角线差	1.5（L≤10m） 2.0（10m<L≤20m） 3.0（20m<L<40m） 4.5（L>40m）	一个平面内索桁架的平面度	3.0（L≤10m） 4.0（10m<L≤20m） 5.0（L>40m）
		预应力张拉控制应力值	满足设计要求

注：L 为索桁架的跨度。

（4）爪件及附件安装及调整

爪件及附件都属于支承装置，它是支撑结构体系和面板的连接装置，所以在安装前必须待支撑结构体系验收合格后进行。根据施工设计图，按面板的分格图确定爪件的安装位置。安装爪件及附件时，若有焊接作业时，必须进行成品保护。点支承玻璃幕墙与主体接触处所用钢槽必须连接牢固。

爪件及附件安装完毕后要及时调整，调整工作主要包括：调整爪件整体平面度及标高位置，并使十字钢爪臂与水平呈 45°夹角，H 形钢爪和主爪臂与水平呈 90°夹角。

（5）面板安装前的准备工作

面板安装质量直接关系到点支承玻璃幕墙建成后的最终外观效果，所以面板安装是点支承玻璃幕墙施工过程中重要的环节，为此在面板安装前应做好以下准备：

1）面板包装、运输和堆放

面板一般在工厂内加工制作而成，应用无腐蚀作用的包装材料包装，以防在运输中损坏面材，当采用木箱装箱时，木箱应牢固，并应有醒目的"小心轻放"的标识。在包装箱上应附装箱清单，清单应防水。在运输时应捆绑牢固。堆放位置应稳固可靠。

2）支撑结构及支撑装置尺寸校核

支撑结构安装完毕后，在面板安装之前，在该段时期内可能会产生误差，而面板的要求精度较高，虽然支撑装置有一定的调整量，但过大的误差，会影响面板的安装，所以必须校核支撑结构的垂直度、平整度，支撑装置的平整度、标高等。对发生超过允许偏差的部位要及时整改。

3）清理支撑结构

支撑结构施工时，不可避免地要产生很多垃圾及污染，以及个别位置防腐防锈不到位，或焊接处的打磨没做到光滑过渡，或边界钢槽上有建筑垃圾等。玻璃安装之前必须清理，清扫干净。

（6）面板的安装及调整

1）开箱检查面板

开箱时注意不能损坏面板，并收集包装箱上的包装清单。开箱后，应对面板规格尺寸进行检查，不合格面板不得使用。并复核实物与清单数量，规格尺寸是否相符。

2）二次搬运及堆放

面板搬运、临时堆放时应作好保护措施，堆放地点应选择交叉作业少的干燥与平整的位置，并尽量靠近安装部位，以减少二次搬运的距离。

3）安装顺序

点支撑玻璃幕墙面板安装顺序一般采用自上而下的安装顺序，安装上端面板时，若幕墙边有钢槽，应在钢槽中装入氯丁橡胶垫夹，面板上部先入槽，然后固定爪件。安装时可以制作临时支架支承面板。

4）面板吊运安装

吊运面板时应匀速将面板运至安装位置。当面板到位时，操作人员应及时控制稳定面板，以避免发生碰撞、倾覆意外事故，在工作面上要及时安装驳接头，然后把玻璃上紧固好的驳接头安在爪件上。固定螺栓使驳接头与爪件连成整体。安装面板时应调整好面板的平整度、垂直度、水平度、标高位置、面板上下、左右、前后的缝隙大小等，安装完成后，先紧固上端的连接螺栓，后紧固下端的连接螺栓。面板安装质量标准见表 22-31。

面板安装质量标准 　　　表 22-31

项　目	允许偏差（mm）
相邻面板高低差	1.5
相邻面板缝宽差	1.0
面板外表面平面度	H(L)≤20m 时取 4.0；H(L)>20m 时取 6.0
竖缝垂直度	L≤20m 时取 3.0；L>20m 时取 5.0
横缝水平度	L≤20m 时取 2.5；L>20m 时取 4.0
胶缝宽度（与设计值比较）	±1.5
相邻面板平面度差	±1.0

（7）打胶及清洁交付验收

1）打胶及清洁

面板调整固定后才能进行面板拼缝的打胶，打胶时注意以下作业：

应用中性清洁剂清洁玻璃及钢槽打胶的部位，应用干净的不脱纱棉布擦净。清洁后不能马上注胶，表面干燥方才能注胶。

玻璃与钢槽之间的缝隙处，应先用泡沫棒填塞紧，注意平直、干燥，留出打胶厚度尺寸。

所有需注胶的部位应粘贴保护胶纸，贴胶纸时应注意纸与胶缝边平行，不得越过缝隙。保证注胶后的胶缝的美观。

注胶后应及时用专用刮刀修整胶缝，使胶缝断面成"凹"形状，并能保证满足胶的厚度要求。

注胶后，要检查胶缝里面是否有气泡，若有应及时处理，清除气泡。

注胶后，表面修饰好，将粘贴的胶纸撕掉，注意不得在注胶后马上撕胶纸，必须等硅酮胶固化之后进行。

对于玻璃板材，安装完毕后应作防护标志，以防人碰撞。

2）交验

点支承玻璃幕墙交验应提供以下记录：

——定位轴线及标高的测量验收；

——预埋的隐蔽验收及锚固件的拉拔实验；

——支承结构制作安装质量验收；

——钢索、爪件等原材料力学性能实验及外观质量验收；

——钢索张拉记录及安装精度验收；

——玻璃安装质量验收；

——幕墙物理性能实验验收；

——防水，防雷验收；

——竣工资料审核。

4. 玻璃肋式

（1）确定施工顺序

全玻璃幕墙现场施工顺序一般为：

测量放线→钢框（吊夹）安装→面板安装前的准备→面板安装及调整→注胶清理、交验

（2）钢附框或吊夹安装

1）复核基准线

在安装前应根据施工图纸复核安装基准线是否正确。测量放线的分格是否满足设计图纸分格要求，并对各控制点和控制线均作加固处理，以防破坏。

2）校核预埋件

检查预埋件偏差。对于预埋件施工误差不能满足全玻璃幕墙安装的，及时反馈与业主、监理公司及有关施工单位。根据设计变更对预埋件进行调整和加强处理。预埋件的允许误差控制为：标高≤10mm，水平分格≤20mm。

3）安装平台的搭设

在进行全玻璃幕墙安装时，若采用固定工作平台时，操作平台的搭设不得影响面板的搬运、吊装和安装。安装平台必须稳固。为

防止侧倾应加支撑装置与主体结构连接牢固。平台搭设的外边线应与面板安装位置相距≥100mm，但不得超过500mm。并应设置安装防护措施。平台搭设完毕后应进行检查验收，检查合格才能使用。

4) 钢附框、吊夹安装

检查钢附框的加工精度以及外观。没达到质量要求的及时整改。确定连接点的间距和数量，检查合格后固定钢附框、吊夹。

对于分段安装的钢附框，在安装时应调整好安装位置。焊接时应采用有效措施，避免或减少焊接变形。

吊夹安装位置必须稳固，应防止产生永久变形。

钢附件、吊夹安装位置校正准确后，立即进行最终固定，以保证钢附件、吊夹的安装质量。安装允许偏差及焊接允许偏差见表22-32、表22-33。

钢附件、吊夹安装允许偏差　　　　表22-32

项　目	允许偏差（mm）
连接节点坐标差	±5
杆件纵向拼接点高差	±1
杆件长度误差	±1
杆件壁厚误差	±0.5

(3) 面板安装前的准备工作

1) 面板加工质量检查

单片玻璃、中空玻璃、夹层玻璃的加工精度应符合下列要求见表22-34、表22-35、表22-36。

2) 外观检查

玻璃边缘应倒棱并细磨，外露玻璃的边缘应精磨。

边缘倒角处不应出现崩边。

玻璃上不允许有小气孔、斑点或条纹。

焊接允许偏差（mm）　　　　表22-33

项　目			允许偏差
对接	焊接余高	S≤20	0.5~3
		S=20~40	0.5~3
		S=40	0.5~4
	焊缝错边		≤0.18
组合焊缝		S=20~40	0~+2
		S≤40	0~+3
角焊缝	焊缝余高	K<6	0~+2
		K=6~10	0~+3
		K>10	0~+3
	焊脚尺寸	K<6	0~+2
		K=6~14	0~+3
		K>14	0~+4

单片钢化玻璃其尺寸允许偏差（mm）　表22-34

项　目	玻璃厚度	玻璃边长≤2000	边长 L>2000
边　长	6、8、10	±1.5	±2.0
	12、15、19	±2.0	±3.0
对角线差	6、8、10	≤2.0	≤3.0
	12、15、19	≤3.0	≤3.5

中空玻璃其尺寸允许偏差（mm）　　表22-35

项　目		允　许　偏　差
边　长	L<1000	±2.0
	1000≤L<2000	+2.0、−3.0
	L≥2000	±3

续表

项　目		允　许　偏　差
对角线差	L≤2000	≤2.5
	L>2000	≤3.5
厚　度	t<17	±1.0
	17<t<22	±1.5
	t≥22	±2.0
叠　差	L<1000	±2.0
	1000≤L<2000	±3.0
	2000≤L<4000	±4.0
	L≥4000	±6.0

采用夹层玻璃时其尺寸允许偏差（mm）　表22-36

项　目		允　许　偏　差
边　长	L≤2000	±2.0
	L>2000	±2.5
对角线差	L≤2000	≤2.5
	L>2000	≤3.5
叠　差	L<1000	±2.0
	1000≤L<2000	±3.0
	2000≤L<4000	±4.0
	L≥4000	±6.0

划痕<35mm，不得超过一条。

3) 安装位置的检查及清理

检查钢附框的尺寸是否符合设计要求。

检查吊夹的安装位置及数量是否符合设计要求。

钢附框吊夹连接处是否牢固，焊接工作必须完毕。

清理施工部位的施工垃圾。

4) 搬运、堆放

搬运面板时应轻拿轻放，严防野蛮装卸。

面板应尽可能放在安装部位，堆放应干燥通风。堆放应稳固，面板不得直接与地面或墙面接触，应用柔性物隔离。

(4) 面板、肋板的安装及调整

在钢附框的槽口上，按设计要求的间距，安装橡胶垫板，用吸盘提升玻璃面板，先入上端槽口，后入下端槽口。

面板安装之后应及时安装肋板，应随时检测和调整面板、肋板的水平度和垂直度，使墙面安装平整。

吊挂玻璃安装时，先固定上端吊夹与玻璃的连接，逐步调整玻璃的安装精度，每块玻璃的吊夹应位于同一平面，吊夹的受力应均匀。

注意玻璃与两边嵌入槽口深度及预留空隙应符合设计要求，左右空隙尺寸应相同。

玻璃安装后，要及时做好标记，以防碰撞。允许偏差见表22-37。

全玻璃幕墙施工质量允许偏差　　　表22-37

项　目		允许偏差	测量方法
幕墙平面的垂直度	幕墙高度 H（m） H≤30	10mm	激光仪或经纬仪
	30<H≤60	15mm	
	60<H≤90	20mm	
	H>90	25mm	
幕墙的平面度		2.5mm	2mm靠尺、钢板尺
竖缝的直线度		2.5mm	2mm靠尺、钢板尺
横缝的直线度		2.5mm	2mm靠尺、钢板尺
线缝宽度（与设计值比较）		±2.0mm	卡尺
两相邻面板之间的高低差		1.0mm	深度尺
玻璃面板与肋板夹角与设计值偏差		≤1°	量角器

（5）注胶、清理及交验

1）注胶及清理

玻璃安装完毕后，应及时调整面板玻璃及肋板玻璃的垂直度、平整度等，清理后及时注胶。对跨度大的玻璃而言，在注胶时会因为玻璃的弯曲变形而影响注胶的质量。此时应把面板与肋板位置调整好之后，临时固定牢固，先在无固定位置注胶，待硅酮胶固化后，拆除临时固定件，再次注胶，注胶时注意接口处的处理。注胶胶缝尺寸允许偏差见表22-38。

注胶胶缝尺寸允许偏差　　　表22-38

项　目	允许偏差（mm）
胶缝宽度	+1，0
胶缝厚度	±1
胶缝空穴	a. 最大面积不超过 3mm² b. 每米最多 3 处 c. 每米累计面积不超过 8mm²
胶缝气泡	a. 最大直径 2mm b. 每米最多 10 个 c. 每米累计不超过 12mm²

2）交验

钢附框及吊夹安装质量验收记录。

隐蔽工程验收记录。

面材质量验收记录。

竣工资料审核。

5. 特殊部位处理

特殊部位处理是指幕墙本身一些部位的处理，使之能对幕墙的结构进行遮挡，有时是幕墙在建筑物的洞口内，两种材料交接处的衔接处理。如建筑物的女儿墙压顶、窗台板、窗下墙等部位，都存在着如何收口处理等问题，主要体现在立柱侧面收口、横梁与结构相交部位收口等。

（1）单元幕墙收口

单元式幕墙的安装顺序为自左向右，由下往上。最后一个单元板块无法在水平方向平推进入空位，也不能先插一侧再插另一侧。在设计时，对最后一个单元板块的安装要考虑好接缝方法。现在一般采用二加一收口法，一处收口点留三单元空位，收口时两单元板块平推进入空位，再从上向下插最后一单元板块或先固定相邻两不用对插件的组件，定位固定后插入第三者插件完成接缝，第三者插件与单元板块要错位插接，达到互为收口。

（2）几种特殊情况下的收口

工程在幕墙施工时都留有人货两用电梯。电梯部分幕墙的安装等于工程收尾时，拆除电梯后才能施工。由于常规结构的限制，一个层间最后一个板块的插接几乎无法实现。为此，我们可对收口节点进行特别的设计，将收口板块原一体的插接杆取消，安装时沿幕墙面垂直推动收口板块，即将收口板块平推入幕墙内，调节水平后，采用工字形插接杆对左右板块进行插接密封及固定。

悬臂底部幕墙安装时，在悬臂底部下方设置钢平台，此部分的幕墙板块要等到钢平台拆除以后才能安装。采用悬臂底部的维护吊篮将单元板块从地面运输至安装位置，在钢平台上方，与悬臂悬挑方向垂直的维护吊篮轨道上安装电动葫芦，将维护吊篮里的单元板块吊起进行就位安装。

在单元板块存放的楼层的上一层安装一台单元板块专用吊机。通过专用吊机可以自下而上完成收口部位的安装。

6. 安装其他要求

（1）安装过程要求

1）玻璃幕墙施工过程中应分层进行抗雨水渗漏性能检查。

2）耐候硅酮密封胶的施工应符合下列要求：

——耐候硅酮密封胶的施工厚度应大于 3.5mm，施工宽度不应小于施工厚度的 2 倍；较深的密封槽口底部应采用聚乙烯发泡材料填塞。

——耐候硅酮密封胶在接缝内应形成相对两面粘结，并不得三面粘结。

3）玻璃幕墙安装施工应对下列项目进行了隐蔽验收：

——构件与主体结构的连接节点的安装；

——幕墙四周、幕墙内表面与主体结构之间间隙节点的安装；

——幕墙伸缩缝、沉降缝、防震缝与墙面转角节点的安装；

——幕墙防雷接地节点的安装。

4）使用溶剂的场所严禁烟火。

5）应遵守所用溶剂标签上的注意事项。

（2）焊接要求

1）焊接前质量检验：

——母材和焊接材料的确认与必要的复验；

——焊接部位的质量和合适的夹具；

——焊接设备和仪器的正常运行情况；

——焊工操作技术水平的考核；

——焊接过程中的质量检验；

——焊接工艺参数是否稳定；

——焊条焊剂是否正确烘干；

——焊接材料选用是否正确；

——焊接设备运行是否正常；

——焊接热处理是否及时。

2）焊接后质量检验：

——焊缝外形尺寸；

——缺陷的目测；

——焊接接头的质量检验；

——破坏性的试验：破坏性试验，金相试验，其他；

——非破坏性试验：无损检测，强度及致密性试验。

3）焊接质量控制的基本内容：

——焊工资格核查；

——焊接工艺评定试验的核查；

——核查焊接工艺规程和标准的合理性；

——抽查焊接施工过程和产品的最终质量；

——核查无损检测。

焊缝质量等级及缺陷分级见表22-39。

焊缝质量等级及缺陷分级（mm）　　表22-39

焊缝质量等级		一级	二级	三级
内部缺陷超声波探伤	评定等级	Ⅱ	Ⅲ	—
	检验等级	B级	B级	—
	探伤比例	100%	20%	—
外观缺陷	未满焊（指不足设计要求）	不允许	≤0.2+0.02t，且≤1.0	≤0.2+0.04t，且≤4.0
			每100.0焊缝内缺陷总长度≤25.0	
	根部收缩	不允许	≤0.2+0.02t，且≤1.0	≤0.2+0.04t，且≤4.0
			长度不限	
	咬边	不允许	≤0.05t，且≤0.5；连续长度≤100.0，且焊缝两侧咬边总长≤10%焊缝全长	≤0.1t，且≤1.0，长度不限
	裂纹		不允许	
	弧坑裂纹	不允许	不允许	允许存在个别长≤5.0的弧坑裂纹
	电弧擦伤	不允许	不允许	允许存在个别电弧擦伤
	飞溅		清除干净	
	接头不良	不允许	缺口深度≤0.05t，且≤0.5	缺口深度≤0.1t，且≤1.0
	焊瘤		不允许	
	表面夹渣	不允许	不允许	深≤0.02t，长≤0.5t，且≤20
	表面气孔		不允许	

（3）防腐处理

焊接作业完成后，焊缝焊渣必须全部清理干净，先使用防锈漆将焊接及受损部分进行处理，再用银粉漆进行保护，防锈处理必须要及时、彻底，防腐处理必须满足规范及设计要求。

（4）隐蔽验收

隐蔽工程验收由项目技术负责人、项目专职质量检查员、施工班组长、业主现场代表或监理工程师参加。验收内容如下：

——构件与主体结构的连接节点的安装。

——幕墙四周，幕墙内表面与主体结构之间间隙节点的安装。

——幕墙伸缩，沉降，防震缝及墙面转角节点的安装。

——幕墙排水系统的安装。

——幕墙防火系统节点安装。

——幕墙防雷接地点的安装。

——立柱活动连接节点的安装。

——梁柱连接节点的安装。

——幕墙保温，隔热构造的安装。

防雷做法：上下两根立柱之间采用8mm²铜编织线连接，连接部位立柱表面应除去氧化层和保护层。为不阻碍立柱之间的自由伸缩，导电带做成折环状，易于适应变位要求。在建筑均压环设置的楼层，所有预埋件通过12mm圆钢连接导电，并与建筑防雷地线可靠导通，使幕墙自身形成防雷体系。

22.2.8 安 全 措 施

人员流动密度大、青少年或幼儿活动的公共场所以及使用中容易受到撞击的部位，其玻璃幕墙应采用安全玻璃；对使用中容易受到撞击的部位，应设置明显的警示标志。

玻璃幕墙安装施工应符合现行行业标准《建筑施工高处作业安全技术规范》（JGJ 80）、《建筑机械使用安全技术规程》（JGJ 33）、《施工现场临时用电安全技术规范》（JGJ 46）的有关规定。

安装施工机具在使用前，应进行严格检查。电动工具应进行绝缘电压试验；手持玻璃吸盘机应进行吸附重量和吸附持续时间试验。

采用外脚手架施工时，脚手架应经过设计，并应与主体结构可靠连接。采用落地式钢管脚手架时，应双排布置。

当高层建筑的玻璃幕墙安装与主体结构施工交叉作业时，在主体结构的施工层下方应设置防护网；在距离地面约3m高度处，应设置挑出宽度不小于6m的水平防护网。

采用吊篮施工时，应符合下列要求：

——吊篮应进行设计，使用前应进行安全检查；

——吊篮不应作为竖向运输工具，并不得超载；

——不应在空中进行吊篮维修；

——吊篮上的施工人员必须配系安全带；

——现场焊接作业时，应采取防火措施。

22.2.9 质 量 要 求

1. 玻璃幕墙观感质量应符合下列要求：

（1）明框幕墙框料应横平竖直；单元式幕墙的单元接缝或隐框幕墙分格玻璃接缝应横平竖直，缝宽应均匀，并符合设计要求；

（2）玻璃的品种、规格与色彩应与设计相符，整幅幕墙玻璃的色泽应均匀；并不应有析碱、发霉和镀膜脱落等现象；

（3）装饰压板表面应平整，不应有肉眼可察觉的变形、波纹或局部压榍等缺陷；

（4）幕墙的上下边及侧边封口、沉降缝、伸缩缝、防震缝的处理及防雷体系应符合设计要求；

（5）幕墙隐蔽节点的遮封装修应整齐美观；

（6）淋水试验时，幕墙不应漏水。

2. 框支承玻璃幕墙工程抽样检验的质量要求应符合下列标准：

（1）铝合金料及玻璃表面不应有铝屑、毛刺、明显的电焊伤痕、油斑和其他污垢；

（2）幕墙玻璃安装应牢固，橡胶条应镶嵌密实、密封胶应填充平整；

（3）每平方米玻璃的表面质量应符合表22-40的规定；

每平方米玻璃表面质量要求　　　　表22-40

项　目	质　量　要　求
0.1～0.3mm宽划伤痕	长度小于100mm；不超过8条
擦　痕	不大于500mm²

（4）一个分格铝合金框料表面质量应符合表22-41的规定；

一个分格铝合金框料表面质量要求　　表22-41

项　目	质　量　要　求
擦伤、划伤深度	不大于氧化膜厚度的2倍
擦伤总面积（mm²）	不大于500
划伤总长度（mm）	不大于150
擦伤和划伤处数	不大于4

注：一个分格铝合金框料指该分格的四周框架构件。

（5）铝合金框架构件安装质量应符合表22-42的规定，测量检查应在风力小于4级时进行。

铝合金框架构件安装质量要求　　　　表22-42

	项　目		允许偏差（mm）	检查方法
1	幕墙垂直度	幕墙高度不大于30m	10	激光仪或经纬仪
		幕墙高度大于30m，不大于60m	15	
		幕墙高度大于60m，不大于90m	20	
		幕墙高度大于90m，不大于150m	25	
		幕墙高度大于150m	30	
2	竖向构件直线度		2.5	2m靠尺，塞尺
3	横向构件水平度	长度不大于2000mm	2	水平仪
		长度大于2000mm	3	
4	同高度相邻两根横向构件高度差		1	钢板尺、塞尺
5	幕墙横向构件水平度	幅宽不大于35m	5	水平仪
		幅宽大于35m	7	
6	分格框对角线长差	对角线长不大于2000mm	3	对角线尺或钢卷尺
		对角线长大于2000mm	3.5	

注：1. 表中1～5项按抽样根数检查，第6项按抽样分格检查。

2. 垂直于地面的幕墙，竖向构件垂直度包括幕墙平面内及平面外的检查。

3. 竖向直线度包括幕墙平面内及平面外的检查。

3. 隐框玻璃幕墙的安装质量应符合表22-43的规定。

隐框玻璃幕墙安装质量要求　　　　　表22-43

	项　目		允许偏差（mm）	检查方法
1	竖缝及墙面垂直度	幕墙高度不大于30m	10	激光仪或经纬仪
		幕墙高度大于30m，不大于60m	15	
		幕墙高度大于60m，不大于90m	20	
		幕墙高度大于90m，不大于150m	25	
		幕墙高度大于150m	30	
2	幕墙平面度		2.5	2m靠尺、钢板尺
3	竖缝直线度		2.5	2m靠尺、钢板尺
4	横缝直线度		2.5	2m靠尺、钢板尺
5	拼缝宽度（与设计值比）		2	卡尺

4. 幕墙与楼板、墙、柱之间按设计要求安装横向、竖向连续的防火隔断；高层建筑无窗间墙和窗槛墙的玻璃幕墙，在每层楼板外沿设置耐火极限不低于1.00h、高度不低于0.80m的不燃烧实体裙墙。

5. 玻璃幕墙金属框架与防雷装置采用焊接或机械连接，形成导电通路，连接点水平间距不大于防雷引下线的间距，垂直间距不大于均压环的间距。

6. 玻璃幕墙的立柱、底部横梁及幕墙板块与主体结构之间有不小于15mm的伸缩空隙，排水构造中的排水管及附件与水平构件预留孔连接严密，与内衬板出水孔连接处应设橡胶密封圈。

22.3 金属幕墙

金属幕墙是指幕墙面板材料为金属板材的建筑幕墙，金属幕墙所使用的面材主要有以下几种：单层铝板、铝复合板、铝蜂窝板、防火板、钛锌塑铝复合板、夹芯保温铝板、不锈钢板、彩涂钢板、珐琅钢板等。

22.3.1 金属幕墙施工顺序

金属幕墙施工顺序如图 22-68 所示。

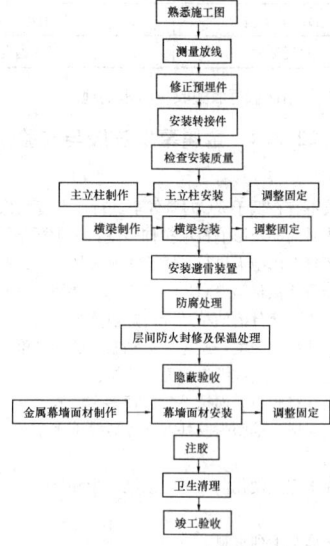

图 22-68 金属幕墙施工顺序

22.3.2 金属幕墙龙骨安装

1. 弹线定位

根据结构复查时的放线标记，水准点预埋件布置图，主体结构轴线，标高进行测量放线，定位。

2. 预埋件的检查

预埋件是通过焊接钢筋与主体混凝土结构连接，预埋件的外侧必须紧贴外侧贴板（拆掉时所有的预埋件外侧均裸露混凝土面），预埋件锚筋必须与主体钢筋绑扎牢固。并注意与主体的防雷网电源连通，预埋件的允许误差严格控制在标高≤10mm，水平分格≤20mm，无预埋件需安装后置预埋件，固定后置预埋件的化学锚栓需专门机构在现场按国家规范与设计要求做拉拔试验。

3. 连接件安装

连接件是连接幕墙的重要部位，其安装的精度和质量是幕墙安装精度、外观质量和整个幕墙的基础，也是后续安装工作能够顺利进行的关键。连接件先点焊进行临时固定，与立柱位置尺寸调整好后再与预埋件进行满焊。

4. 金属幕墙立柱的安装

（1）立柱的安装顺序按施工组织设计施工；将连接件、套筒按设计图装到幕墙立柱相应位置。

（2）根据水平线，将每根立柱的水平标高位置调整好，用螺栓初步固定。

（3）调整立柱位置，确保立柱上端与每层标高线的尺寸，左右与轴线的尺寸符合设计尺寸要求，经检查校准合格后，用扭力扳手将螺母拧紧到设计值。

（4）立柱安装完毕后，必须严格进行垂直度检查，整体确认无误后，将垫片、螺帽与铁件焊接，以防止立柱变形。

（5）注意事项：

1）立柱与连接件之间要垫胶垫，柔性接触；

2）立柱安装临时固定时，应将螺帽稍拧紧些，加防松弹簧垫片以防脱落；

3）幕墙主要竖向构件及主要横向构件的尺寸。

金属幕墙标准节点图见图 22-69。

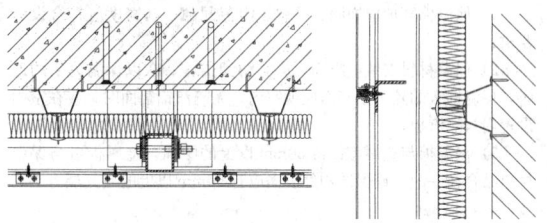

图 22-69 金属幕墙标准节点图

5. 金属幕墙横梁安装

（1）安装时水平拉鱼丝线，保证横料的直线度符合规范要求。

（2）横梁上下表面与立柱正面应成直角，严禁向内或向外倾斜以影响横梁的水平度。

（3）横料与立柱的两端连接处按图纸要求预留间隙尺寸，安装完后，在立柱与横梁的接缝间隙处打耐候密封胶密封。

（4）幕墙立柱和横梁构件的装配允许偏差见表 22-44。

幕墙立柱和横梁构件的装配
允许偏差表（mm）　　　　表 22-44

序号	项 目	尺寸范围	允许偏差	检查方法
1	相邻两立柱构件间距尺寸（固定端头）		±2.0	用钢卷尺
2	相邻两横梁构件距尺	间距≤2000时 间距>2000时	±1.5 ±2.0	用钢卷尺
3	分格对角线差	对角线长≤2000时 对角线长>2000时	1.0 3.5	用钢卷尺或伸缩尺
4	立柱垂直度	$H≤30$ $30<H≤60$ $60<H≤90$ $H>90$	10mm 15mm 20mm 25mm	用经纬仪或激光仪
5	相邻两构件的水平标高差		1	用钢板尺或水平仪
6	横梁构件水平度	构件长≤2000 构件长>2000	2 3	水平仪或水平尺
7	立柱构件外表面度		2.5	用2.0m靠尺
8	立柱构件外表平面度	相邻三立柱 60m>宽度	≤10	用激光仪
9	用高度内主要横梁构件的高度差	长度≤35 长度>35	≤5 ≤7	用水平仪

6. 防腐处理（防锈）

（1）注意施工安装过程中的防腐。铝合金型材与砂浆或混凝土接触时表面会被腐蚀，应在其表面涂刷沥青涂料加以保护。

（2）当铝合金与钢材、镀锌钢等接触时，应加设绝缘垫板隔离，以防产生电位差腐蚀。

（3）所有钢配件均应进行热镀锌防腐处理，镀锌涂层厚度不低于 $85\mu m$。

（4）焊接作业完成后，焊接焊渣必须全部清理干净，先使用防锈剂将焊接及受损部分进行处理，再用银粉漆进行保护，防锈处理必须要及时，彻底。

7. 层间防火及保温封修

（1）安装幕墙层间防火体系时应注意：

1）幕墙的防火节点构造必须符合设计要求，防火材料的品种、防火等级必须符合规范和设计的规定；

2) 防火材料固定应牢固，不松脱，无遗漏，采用射钉将其固定在结构面上，射钉的间距应以 300mm 宽为限，拼缝处不留缝隙；

3) 防火镀锌钢板不得与铝合金型材直接接触，衬板就位后，应进行密封处理；

4) 防火镀锌钢板与主体结构间的缝隙必须用防火密封胶密封。

(2) 安装幕墙保温、隔热构造时应注意以下几个方面：

1) 保温棉塞填应饱满、平整、不留间隙、其密度应符合设计要求；

2) 保温材料安装应牢固，应有防潮措施，在以保温为主的地区，保温棉板的隔汽铝箔面应朝室内，无隔汽铝箔面时，应在室内设置内衬隔汽板；

3) 保温棉与金属应保持 30mm 以上的距离，金属板可与保温材料结合在一起，确保结构外表面应有 50mm 以上的空气层。

8. 隐蔽验收

由项目技术负责人、项目专职质量检查员、施工班组长、业主现场代表监理工程师或质检站参加隐蔽验收，隐蔽工程验收按类别按规范要求进行。

(1) 防雷做法

上下两根立柱之间采用 8mm^2 铜编织线连接，连接部位立柱表面应除去氧化层和保护层。为不阻碍立柱之间的自由伸缩，导电带做成折环状，易于适应变位要求。在建筑均压环设置的楼层，所有预埋件通过 12mm 圆钢连接导电，并与建筑防雷地线可靠导通，使幕墙自身形成防雷体系。

(2) 焊接质量要求见表 22-45。

焊接允许偏差（mm）   **表 22-45**

项 目		允 许 偏 差
对接	焊接余高 $S \leqslant 20$	0.5～3
	$S=20\sim40$	0.5～3
	$S=40$	0.5～4
焊缝错边		≤0.18
组合焊缝	$S=20\sim40$	0～+2
	$S \leqslant 40$	0～+3
角焊缝	焊缝余高 $K<6$	0～+2
	$K=6\sim10$	0～+3
	$K>10$	0～+3
	焊脚尺寸 $K<6$	0～+2
	$K=6\sim14$	0～+3
	$K>14$	0～+4

22.3.3　金属幕墙安装及调整

1. 安装前应将铁件或钢架、立柱、避雷、保温、防锈等部位检查一遍，合格后将相应规格的金属面板搬入就位，然后自上而下进行安装；

2. 安装过程中拉线控制相邻面板的平整度和板缝的水平、垂直度，用木板模块控制板缝宽度，安装一块检查一块；

3. 安装过程中，如板宽有误差，应均分在每一条板缝中，防止误差累计在某一条板缝或某一块面材上；

4. 安装过程中，应特别注意堆放和搬运的安全，保护好金属的表面质量，如有划伤和损坏应及时进行更换；

5. 金属面板的保护膜安装过程中要保护好，打完胶后才可撕保护膜；

6. 金属幕墙安装允许偏差应符合表 22-46 的规定；

金属幕墙安装的允许偏差和检验方法   **表 22-46**

项次	项 目		允许偏差（mm）	检验方法
1	幕墙垂直度	幕墙高度≤30m	10	用经纬仪检查
		30m<幕墙高度≤60m	15	
		60m<幕墙高度≤90m	20	
		幕墙高度>90m	25	

续表

项次	项 目		允许偏差（mm）	检验方法
2	幕墙水平度	层高≤3m	3	用水平仪检查
		层高>3m	5	
3	幕墙表面平整度		2	用2m靠尺和塞尺检查
4	板材立面垂直度		3	用垂直检测尺检查
5	板材上沿水平度		2	用1m水平尺和钢直尺检查
6	相邻板材板角错位		1	用钢直尺检查
7	阳角方正		2	用直角检测尺检查
8	接缝直线度		3	拉5m线，不足5m拉通线，用钢直尺检查
9	接缝高低差		1	用钢直尺和塞尺检查
10	接缝宽度		1	用钢直尺检查

7. 根据具体情况做好收边收口防水处理。

22.3.4　金属幕墙注胶与交验

1. 注胶

(1) 注胶不宜在低于 5℃ 的条件下进行，温度太低胶液发生流淌，延缓固化时间甚至影响拉结拉伸强度，必须严格按产品说明书要求施工。严禁在风雨天进行，防止雨水和风沙浸入胶缝。

(2) 充分清洁板材间缝隙，不应有水、油渍、涂料、铁锈、水泥砂浆、灰尘等。充分清洁粘接面，加以干燥。

(3) 为调整缝的深度，避免三边粘胶，缝内填泡沫塑料棒。

(4) 在缝两侧贴美纹纸保护面板不被污染。

(5) 注胶后将胶缝表面抹平，去掉多余的胶。

(6) 注胶完毕，等密封胶基本干燥后撕下多余美纹纸，必要时用溶剂擦拭面板。

(7) 胶在未完全硬化前，不要沾染灰尘及划伤。

2. 交验

交验时应提交下列资料：

(1) 工程的竣工图、结构计算书、热工计算书、设计变更文件及其他设计文件。

(2) 隐蔽工程验收文件。

(3) 硅酮胶相容性、粘结性测试报告、剥离试验结果。

(4) 防雷记录及防雷测试报告。

(5) 竣工资料审核。

22.4　石　材　幕　墙

22.4.1　石材幕墙施工顺序

石材幕墙安装施工顺序如图 22-70 所示。

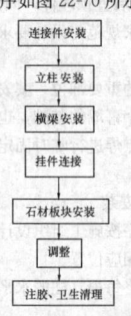

图 22-70　石材幕墙安装施工顺序

22.4.2　立　柱　安　装

石材幕墙主框架为钢结构，立柱采用热镀锌槽钢，转接件与预埋件一般采用焊接，槽钢立柱与转接件用不锈钢螺栓连接。立柱安装一

般由下而上进行,带芯套的一端朝上,第一根立柱按上悬垂构件先固定上端,调正后,固定下端;第二根立柱将下端对准第一根立柱上端的套上,并保留15mm的伸缩缝,再安装立柱上端,依次往上安装。

立柱安装后,对照上步工序测量定位线,对三维方向进行初调,保持误差小于21mm,待基本安装完成后在下道工序前再进行全面调整。

22.4.3 横梁安装

(1)工艺操作流程:

施工准备 → 检查各材料质量 → 就位 → 安装 → 检查

(2)立柱安装完毕,检查质量符合要求后,才可安装横梁。横梁采用型钢制作,用螺栓与主龙骨连接,并应保证水平度偏差等符合设计要求,位置调整达到安装精度之后,方可进行焊接固定。焊缝处彻底清渣后涂刷防锈漆。立柱和横梁安装允许偏差见表22-47和表22-48。

石材幕墙立柱安装允许偏差 表22-47

项 目		允许偏差(mm)	检查方法
竖缝及墙面垂直度	幕墙高度(H)(m)		激光经纬仪或经纬仪
	H≤30	≤10	
	30<H≤60	≤15	
	60<H≤90	≤20	
	H>90	≤25	
幕墙平面度		≤2.5	2m靠尺、钢板尺
竖缝直线度		≤2.5	2m靠尺、钢板尺

石材幕墙横梁安装允许偏差 表22-48

横缝直线度	≤2.5	2m靠尺、钢板尺
缝宽度(与设计值比较)	±2	卡尺
两相邻面板之间接缝高低差	≤1.0	深度尺

22.4.4 石材金属挂件安装

背栓式干挂石材金属挂件安装(图22-71):

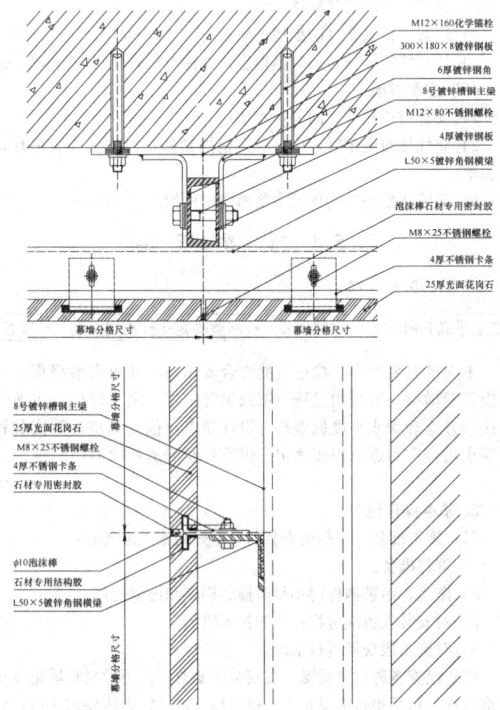

图22-71 背栓式干挂石材金属挂件安装

背栓式干挂石材幕墙是在石材背后钻成燕尾孔与凸形胀栓结合后与龙骨连接,并由金属支架组成的横竖龙骨通过预埋件连接固定在外墙上。

背栓铝合金挂件的定位、安装是背栓式石材幕墙中至关重要的一环。它位置是否准确直接关系到石材幕墙的外观效果,铝合金挂件采用分段形式,通过螺栓与横龙骨相连。

22.4.5 石材面板安装前的准备工作

由于石材板块安装在整个幕墙安装中是最后的成品环节,在施工前要做好充分的准备工作。在安排计划时根据实际情况及工程进度计划按要求安排好人员,一般情况下每组安排4~5人,材料工器具准备并要检查施工工作面的石材板块是否全部备齐,是否有到场损坏的板材,施工现场准备要在施工段留有足够的场所满足安装需要。

22.4.6 石材面板安装及调整

根据放线实测结果结合石材加工图,施工图对验收合格的石材进行安装前复查。

石材板块安装按设计位置石材尺寸编号安装,板块接线缝宽度、水平、垂直及板块平整度应符合规定要求。板块经自检、互检和专检合格后,方可安装。

安装时,左右、上下的偏差不大于1.5mm。

固定螺栓,镶固固定件,如果石材水平面线不平齐则调整微调螺栓调整平齐,紧固螺栓,并将螺母用胶固定,防止螺母松动。

石材板块初装完成后对板块进行调整,调整的标准,即横平、竖直、面平。横平即横向缝水平,竖直即竖向缝垂直,面平即各石材在同一平面内。

22.4.7 石材打胶(开放式除外)

石材板块安装完后,板块间缝隙必须用石材专用胶填缝,予以密封。防止空气渗透和雨水渗漏。

打胶前,先清理板缝,按要求填充泡沫棒。

在需打胶的部位的外侧粘贴保护胶纸,胶纸的粘贴要符合胶缝的要求。

打胶时要连续均匀。操作顺序为:先打横向后打竖向,竖向胶缝应自下而上进行,胶注满后,应检查里面是否有气泡、空心、断缝、杂质,若有应及时处理。

隔日打胶时,胶缝连接处应清理打好的胶头,切除已打胶的胶尾,以保证两次打胶的连接紧密统一。

22.4.8 石材质量及色差控制

依据石材编号检查石材的色泽度,使同一幕墙的石材不要产生明显色差,最低限度要求,颜色逐渐过渡。

用环氧树脂腻子修补缺棱掉角或麻点之处并磨平,破裂者用环氧树脂胶粘剂粘结。

22.5 人造板材幕墙

22.5.1 人造板材幕墙的主要类型

人造板材幕墙目前主要包含微晶玻璃板、石材铝蜂窝板、瓷板、陶板、纤维水泥板幕墙等,人造板材性能优良,与天然石材等相比具有更好的理化优势,其中微晶玻璃板加工的主要工序为板连接部位的开槽或钻背栓孔,由于其材质硬度高、脆性大,加工中应采用能满足幕墙面板设计精度要求的专用机械设备进行加工。微晶玻璃板开槽尺寸允许偏差见表22-49。

微晶玻璃板开槽尺寸允许偏差(mm) 表22-49

项目	槽宽度	槽长度	槽深度	槽端到板端边距离	槽边到板面距离
允许偏差	+0.5 0	短槽:+10.0 0	+1.0 0	短槽:+10.0 0	+0.5 0

幕墙用石材铝蜂窝板面板石材为亚光面或镜面时，厚度宜为3~5mm；面板石材为粗面时，厚度为5~8mm。石材表面应涂刷符合《建筑装饰用天然石材防护剂》（JC/T 973）规定的一等品及以上要求的饰面型石材防护剂，其耐碱性、耐酸性宜大于80%。

石材铝蜂窝板加工允许偏差见表22-50。

幕墙用纤维水泥板的基板应采用现行行业标准《纤维水泥平板 第1部分：无石棉纤维水泥平板》（JC/T 412.1）规定的高密度板，且密度 D 不小于 1.5g/cm³，吸水率不大于20%，力学性能为 V 级。采用穿透连接的基板厚度应不小于 8mm，采用背栓连接的基板厚度应不小于12mm，采用短挂件连接、通长挂件连接的基板厚度应不小于15mm。基板应进行表面防护与装饰处理。

石材铝蜂窝板加工允许偏差（mm）　表 22-50

项　目		技　术　要　求	
		亚光面、镜面板	粗面板
边　长		0.0	
		−1.0	
对边长度差	≤1000	≤2.0	
	>1000	≤3.0	
厚　度		±1.0	+2.0
			−1.0
对角线差		≤2.0	
边直度	每米长度	≤1.0	
平整度	每米长度	≤1.0	≤2.0

陶板幕墙又称陶土板幕墙，其面板材料是以天然陶土为主料，经高压挤出成型、低温干燥并在 1200℃ 的高温下烧制而成。陶土幕墙产品可分为单层陶土板与双层中空式陶土板以及陶土百叶等。陶土板的加工一般以切割为主，其加工允许偏差见表22-51。

陶土板加工允许偏差　表 22-51

项　目		允许偏差（mm）
边　长	长　度	±1.0
	宽　度	±2.0
厚　度		±2.0
对角线长度		≤2.0
表面平整度		≤2.0

22.5.2　人造板材幕墙施工顺序

人造板材幕墙安装施工顺序如图 22-72 所示。

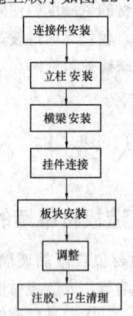

图 22-72　人造板材幕墙安装施工顺序

22.5.3　立 柱 安 装

1. 弹线定位

人造板材幕墙的弹线定位和普通幕墙弹线定位方式一致。

2. 预埋件检查

人造板材幕墙预埋件的检查和普通幕墙预埋件的检查方式一致。

幕墙与混凝土结构主体的连接主要靠预埋件、转接件。无预埋件的需采用后置预埋件，在土建主体上进行后埋。后埋的方式是，在铁件布置点的位置采用化学螺栓固定铁板，再在铁板表面通过钢制转接件固定幕墙立柱。在施工过程中注意预埋件的水平度、垂直度和相对位置。

3. 连接件安装

连接件是连接幕墙的重要构件，其安装的精度和质量是幕墙安装精度、外观质量和整个幕墙的基础，也是后续安装工作能够顺利进行的关键。连接件的安装顺序见图 22-73。

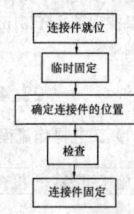

图 22-73　连接件的安装顺序

连接件先点焊进行临时固定，与立柱位置尺寸调整好后再与预埋件进行满焊，焊接质量满足国家焊接规范要求。

4. 立柱安装

人造板材幕墙主框架一般为钢结构或钢铝相结合的结构，立柱是幕墙安装施工的关键之一。它的准确和质量将影响整个幕墙的安装质量。通过连接件幕墙的平面轴线与建筑物的外平面轴线距离允许偏差应控制在 2mm 以内，特别是建筑平面呈弧形、圆形、四周封闭的幕墙，其内外轴线距离将影响到幕墙的周长，应认真对待。

（1）立柱先按图采用螺栓连接好连接件，再将连接件（铁码）点焊在预埋钢板上，然后调整位置。立柱的垂直度可由吊锤控制，位置调整准确后，才能将铁码正式焊接在预埋铁件上。安装误差要求：标高±3mm；前后±2mm；左右±3mm。必须随时检查施工质量，平整度、垂直度偏差应符合规范规定。

（2）立柱安装一般由下而上进行，带芯套的一端朝上。第一根立柱按悬挂构件先固定上端，调正后固定下端；第二根立柱将下端对准第一根立柱上端的芯套用力将第二根立柱套上，并保留 15mm 的伸缩缝，再吊线安装梁上端，依此往上安装。

（3）立柱安装后，对照上步工序测量定位线，对三维方向进行初调，保持误差<1mm，待基本安装完成后在下道工序再进行全面调整。

（4）施工中的关键问题：

1）立柱选择型号、规格正确无误。

2）螺栓安装避免出现死角，以保持螺栓孔的可调节性。

3）选择恰当的安装顺序。

4）注意材料安全（防损伤、防丢失），操作安全。

5）注意使用镀锌角码时不得忘记立柱与角码之间的防腐处理。

（5）注意事项：

1）立柱与连接件之间要垫胶垫；

2）立柱临时固定时，应将螺帽稍拧紧些，加防松弹簧垫片以防脱落；

3）幕墙主要竖向构件及主要横向构件的尺寸（mm）。

22.5.4　横 梁 安 装

1. 工艺操作流程

施工准备 → 检查各材料质量 → 调整固定 → 就位安装 → 检查

主立挺安装完毕，检查质量符合要求后，才可安装横梁。人造板幕墙横梁一般采用镀锌角钢或钢管制作，采用螺栓与主龙骨连接，并应确保水平度偏差符合设计要求，位置调整达到安装精度要求后，方可进行焊接固定。焊缝处经清渣后涂刷防锈漆与面漆。

2. 基本操作说明

（1）施工准备：在横梁安装前要做好的施工准备有：

1）资料准备。

2）搬运、吊装构件时不得碰撞、损坏和污染构件。

3）对安装人员应进行相应的技术培训。

4）对施工段现场进行清理。

（2）检查各种材料质量：在安装前要对所使用的材料质量进行合格检查，包括检查横梁是否已被破坏，冲口是否按要求冲口，同时所有冲口边是否有变形，是否有毛刺边等，如发现类似情况要将

其清理后再进行安装。

(3) 就位安装：横梁就位安装先找好位置，将横梁角码预置于横梁两端，再将横梁垫圈预置于横梁两端，用螺栓穿过横梁角码、垫圈及立柱，逐渐收紧螺栓。连接处应用弹性橡胶垫，橡胶垫应有 10%～20% 的压缩性，以适应和消除横向温度变形的影响。

(4) 检查：横梁安装完成后要对横梁进行检查，主要查以下几个内容：各种横梁的就位是否有错、横梁与立柱接口是否吻合、横梁垫圈是否规范整齐、横梁是否水平、横梁外侧面是否与立柱外侧面在同一平面上。

(5) 安装精度：宜用水准仪对横梁杆件进行周圈贯通，对变形缝、沉降缝、变截面处等进行妥善处理，使其满足设计使用要求。

22.5.5　人造板材金属挂件安装

(1) 人造板材幕墙板材金属挂件一般为不锈钢挂件与铝挂件，铝挂件常用于背栓式微晶石幕墙与陶土板幕墙中，其中陶土板幕墙中的铝挂件形式较丰富。注意以下几点：

1) 金属挂件按尺寸批量加工生产，去除毛刺。

2) 金属挂件与人造板按设计图显示进行尺寸间隙连接。

3) 金属挂件与面板连接需在槽内注无污染的硅酮耐候胶。

4) 金属挂件固定连接于横梁上，对金属挂件进行微调，检查板面是否安装平整。

(2) 陶土板幕墙金属挂件与板的连接方式基本有以下几种：

1) 板块之间直接卡压：板块通过挤压成型，在板块的上下均形成连接槽，安装时将上面板块的下边槽和下面板块的上边槽卡到同一个横料上，依靠横料的弹性变形使上下两个板块牢固的连接在一起。为了消除板块和龙骨间的缝隙，在每块板块后面还加装板式弹簧，确保幕墙表面美观、平整。

2) 采用挂件挂接：在板的上下部分均形成连接槽，在槽中安装专用的 T 形挂件，然后将板块直接挂在横料上面，依靠板块的重力将板块与横料连接在一起。

3) 采用背栓式挂接：与常规的背栓连接方式相似，在烧制陶土时将板块背面预制带有背栓挂孔的凸台，通过背栓与挂件连接，再由挂件与横料实现挂接。

4) 采用压板压接：为使板块形状简单，采用压板压接的方式进行人造板幕墙面板的安装，该安装方式可使立面外观线条丰富多样，更具有安全感与观感效果。

22.5.6　人造板材安装前的准备工作

人造板材安装前根据板材类型及板材厚度，同时结合设计要求选用以下不同的固定方式。

(1) 在安装前应检查连接件是否符合要求，是否是合格品，热浸镀锌是否按标准进行，开口槽是否符合产品标准。

(2) 安装预埋件。预埋件的作用就是将连接件固定，使幕墙结构与主体混凝土结构连接起来。故安装连接件时首先要安装预埋件，只有安装准确了预埋件才能很准确地安装连接件。

(3) 对照立柱垂线。立柱的中心线也是连接件的中心线，故在安装时要注意控制连接件的位置，其偏差小于 2mm。

(4) 拉水平线控制水平高低及进深尺寸。虽然预埋件已控制水平高度，但由于施工误差影响，安装连接件时仍要拉水平线控制其水平与进深的位置以保证连接件的安装准确无误。

(5) 点焊。在连接件三维空间定位确定准确后要进行连接件的临时固定即点焊。点焊时每个焊接面点 2～3 点，要保证连接件不会脱落。点焊时要两人同时进行，1 人固定位置，另 1 个点焊，协调施工同时两人都要做好各种防护措施；点焊人员必须是有焊工技术操作证者，以保证点焊的质量。

(6) 检查。对初步固定的连接件按层次逐个检查施工质量，主要检查三维空间误差，一定要将误差控制在误差范围内。三维空间误差工地施工控制范围为垂直误差小于 2mm，水平误差小于 2mm，进深误差小于 3mm。

(7) 加焊正式固定。对验收合格的连接件进行固定，即正式焊，焊接操作时要按照焊接的规格和操作规定进行，一般情况下连

接的两边都必须满焊。

(8) 验收。对焊接好的连接件，现场管理人员要对其进行逐个检查验收，对不合格处进行返工改进，直至达到要求为止。

(9) 防腐。连接件在车间加工时亦进行过防腐处理（镀锌防腐），但由于焊接对防腐层的破坏故仍需进行防腐处理，具体处理方法如下：

1) 清理焊渣。

2) 刷防锈漆。

3) 刷保护面漆，有防火要求时要刷防火漆。

4) 焊接工序和玻璃幕墙的工序相同。

(10) 连接件施工质量评定：

1) 三维方向的误差控制。

2) 连接件本身的翘曲、扭曲质量控制。

3) 铁件防腐处理：

①注意施工安装过程中的防腐。铝合金型材与砂浆或混凝土接触时表面会被腐蚀，应在其表面涂刷沥青涂料加以保护。当铝合金与钢材、镀锌钢等接触时，应做隔离处理。

②设绝缘垫板隔离，以防产生电位差腐蚀。所有钢配件均应进行热镀锌防腐处理，镀锌涂层厚度不低于 85μm。如在现场须焊接时，须对焊接部位作防腐处理。

(11) 按照设计要求安装人造板材幕墙的防火装置，办理隐蔽验收。

(12) 安装人造板材幕墙的防雷装置。幕墙竖向龙骨间用热镀锌扁钢焊接连接，幕墙形成的避雷网格的间距小于 10m×10m，避雷钢筋与预埋件和土建避雷引下线焊接，长度不小于 100mm，具体做法为去除龙骨处镀锌层，扁钢粘锡采用螺栓与扁钢与方钢管连接，扁钢周围涂耐候胶，进行接地电阻测试，并保证接地电阻符合设计要求，对人造板的主龙骨骨架及防雷装置系统自检合格进行质量评定后，办理隐蔽、签证。经业主、监理、地方质检部门检查验收后进行面板安装。

(13) 人造板材幕墙保温节能处理。人造板材幕墙有内墙保温处理与外墙保温处理两种。板材安置前检查保温节能是否符合设计与规范要求。

22.5.7　人造板材安装及调整

1. 人造板材幕墙中微晶石板材安装与调整

(1) 根据弹线实测结果结合板材加工图、施工图，对合格的板材进行安装前尺寸复查。

(2) 依据板材编号，检查板材的表面质量，避免不合格板上墙。

(3) 按图纸要求，用经纬仪打出大角两个面的竖向控制线，在大角上下两端固定挂线的角钢，用钢丝挂竖向控制线，并在控制线的上、下作出标记。

(4) 安装前在立柱、横梁上定位画线，确定人造板材在立面上的水平、垂直位置。对平面要逐层设置控制点。根据控制点拉线，按拉线调整检查，切忌跟随框格体系歪框、歪件、歪装。对偏差过大的应坚决按要求重做、重新安装。

(5) 支底层板材托架，放置底层面板，调节并暂时固定。

(6) 固定螺栓，镶铝合金固定件，如果板材与平面线不平齐则调整微调栓，调整平齐，紧固螺栓，并将螺母用云石胶固定，防止螺母松动。

(7) 板间缝按设计要求留出正确尺寸。

2. 人造板材幕墙中陶土板板材安装与调整

(1) 陶土板背后有自带的安装槽口，通过该槽口穿入挂件，挂件挂装在龙骨或者特制钢角码上。

(2) 陶土板与挂件之间和挂件与龙骨之间建议采用柔性连接。

(3) 陶土板横向的接缝处宜留有 5mm 左右的搭接量，以阻止雨水直接倒灌，竖向的接缝处宜留有 2～5mm 的安装缝隙，可以内置卡缝件（金属或者三元乙丙），兼有堵水和防止侧移的作用。

(4) 陶土板建议自下而上挂装，若楼层较高，可以分区段同时进行。

（5）陶土板安装的时候严禁刷油漆，避免油漆污染到陶土板。

（6）根据具体情况做好收边收口防水处理。

人造板材幕墙标准节点见图22-74。

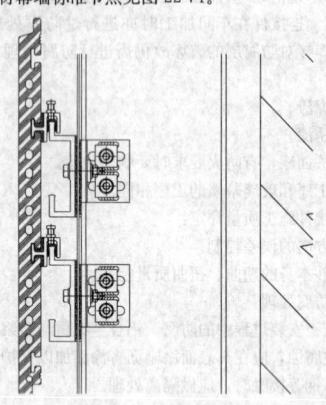

图22-74 人造板材幕墙标准节点图

22.5.8 人造板材质量及色差控制

（1）人造板材幕墙工程材料是保证幕墙质量和安全的关键，人造板材幕墙的板材施工前还需按照国家规定要求进行材料送检。

（2）选用颜色均匀、色差小、没有崩边、没有缺角、没有暗裂，没有损伤的人造板材。

（3）在选材时一定要注意板材的受力性能和外面质量，外观尺寸偏差、表面平整度、光洁度必须符合有关规定，四周直线平直，四角垂直，开槽正确无误。

（4）要求要选用优质的材料。

（5）注意同批次人造板材尽量安装在同一立面，减少不同批次板造成的细微色差。

22.5.9 人造板材幕墙打胶与交验

（1）人造板材幕墙宜采用中性耐候硅酮密封胶进行打胶嵌缝处理。

（2）交验时应提交下列资料：

1）龙骨面板、硅酮胶等材料、配件、连接件的产品合格证或质量保证书。

2）隐蔽工程验收证书。

3）硅酮胶相容性、粘结性测试报告、剥离试验结果。

4）防雷记录及防雷测试报告。

5）施工过程中各部件及安装质量检查记录。

6）竣工资料审核。

人造板材幕墙安装允许偏差见表22-52。

人造板材幕墙安装允许偏差 表22-52

序号	项目内容		允许偏差（mm）		检验方法及检测设备
			优良	合格	
1	竖框垂直度	一层	≤1.0		经纬仪或吊线和钢板尺检查
		三层	≤2.0	≤2.5	
		$H≤30m$	≤3.5	≤4	
		$30m<H≤60m$	≤6	≤7	
		$60m<H≤100m$	≤8	≤10	
		$H>100m$	≤13	≤15	
2	相邻两根竖框间距	固定端头	±1.0		钢卷尺
3	任意连续四根竖框的间距	固定端头	±1.0	±1.5	
4	相邻横框间距	≤2000	±1.0	±1.0	钢卷尺
		>2000	±0.5	±1.5	

续表

序号	项目内容		允许偏差（mm）		检验方法及检测设备
			优良	合格	
5	同一标高平面内横框水平度（B为宽度尺寸）		≤1		水准仪水平尺塞尺
		$B≤20m$	≤3		
		$B≤30m$	≤4		
		$B≤60m$	≤6		
		$B≤60m$	≤7		
6	同层竖框外表面平面度（相对位置）（b宽度尺寸）		≤0.5		经纬仪或吊线和钢板尺检查
		$b≤20m$	≤2		
		$20m<b≤60m$	≤2.5		
		$b>60m$	≤3		
7	竖缝及墙面的垂直度	高度≤20m	≤2.5	≤3	激光仪或经纬仪
		20m<高度≤60m	≤4	≤6	
		高度>60m	≤7	≤9	
8	幕墙平面度		≤2	≤2.5	2m靠尺、钢板尺
9	竖缝直线度		≤2	≤2.5	2m靠尺、钢板尺
10	横缝水平度		≤2	≤3	用水平尺
11	胶缝宽度（与设计值比较），全长		±1	±1.5	用卡尺或钢板尺
12	胶缝厚度		±0.5	±1.0	钢板尺、塞尺
13	两相邻板块之间接缝高低差		≤0.5	≤1.0	钢板尺、塞尺
14	翻窗与幕墙相邻表面高低差		≤0.5	≤1.0	

22.6 采 光 顶

采光顶是一种集功能、技术、艺术为一体的建筑构件。按支承结构常用形式可分为单梁、井字梁架、桁架、网架、索结构等。

按支承结构常用材料可分为玻璃、钢材、铝材、钢拉索、木材等。

根据采光顶所用的面材的材料分：玻璃采光顶、透明塑料采光顶、金属板材及组合材料采光顶等。

根据外形造型分：平顶采光顶（排水坡在5‰以内）、坡顶采光顶、圆穹顶采光顶等（图22-75～图22-77）。

图22-75 平顶采光顶

图22-76 坡顶采光顶

图22-77 圆穹顶采光顶

22.6.1 采光顶施工顺序

采光顶的施工顺序：

测量放线 → 龙骨的制作与安装 → 附件制作采购及安装 →
面板制作和安装 → 注胶清洁及交验

22.6.2 测量放线及龙骨安装与调整

1. 测量放线

（1）平面控制

根据采光顶的形状和设计图纸中坐标位置，确定控制点和控制线的布置，并确定预埋件安装位置及龙骨安装位置。

（2）高程控制

根据土建主体标高控制点，确定采光顶高度控制。外形造型的不同，高度控制点应分别对应确定。对于圆穹造型的必须曲线计算，满足安装的精度。

2. 龙骨制作

龙骨制作要经过选料、放样、材料测试、下料、拼装、总装等工序，而每一个工序所采用的施工方案、施工技术、施工机械设备、劳动力组织等都有所不同，必须科学组织、严格施工。

在选定型材后，重要的一步是放样。采光顶是由很多种有连接角度的龙骨组成，每一参数变动都会使其他参数变化，所以放样必须进行精确计算。

由于要增加采光顶的通透性，使用结构胶装配玻璃的采光顶比较常用。

为了满足质量要求，必须将选定的型材、玻璃、玻璃垫条、垫杆等与结构胶、耐候胶进行相容性试验和粘接性试验。符合设计要求后方可使用。

龙骨下料后，应根据节点图确定安装孔位，以及进行连接件的制作加工。对于造型复杂的，应在工厂进行试拼装和安装，以确定各部位连接准确及采光顶各部位几何尺寸的精确。

3. 龙骨的安装及调整

龙骨安装前，应根据测量放线，在施工现场进行挂线。检查预埋件位置偏差。对于后置预埋件，一般采用化学锚栓固定。

龙骨与连接件的连接方式有两种：一种是焊接，一种是螺栓连接。两种连接的强度必须进行验算并符合构造要求。采光顶龙骨加工尺寸允许偏差见表22-53。

采光顶龙骨加工尺寸允许偏差　　表22-53

项　目		允许偏差（mm）
长度	L<2000mm	±1.0
	L≥2000mm	±1.5
端头角度偏差（与设计比较）		±15′
擦伤划伤		a. 擦伤划伤深度不得大于氧化膜厚度 b. 每米不得多于5处 c. 一处划伤长度≤50 d. 一处擦伤面积≤5mm²

当龙骨材料采用钢拉索时，其安装方法可参考点支承玻璃幕墙钢拉索的安装方法。

对于圆穹龙骨的安装时，必须考虑临时支撑固定，防止侧倒。

对于群体采光顶，所用龙骨体重、大时应采用吊装，吊装时应控制安装精度。严格按吊装工艺要求及注意事项进行吊装。

龙骨安装就位后，应及时进行临时固定。主龙骨安装完成后，进行全面调整，调整完毕后，应及时进行永久固定。龙骨安装允许偏差见表22-54。

龙骨安装允许偏差（mm）　　表22-54

项　目		允许偏差
顶部	水平高差	±2
	水平平直	±2

续表

项　目		允许偏差
檐口	水平高差	±2
	水平平直	±2
同距（边长）	≤3000	≤4
	<3000	≤3
跨度（边→边）	≥8000	≤0.0012L，且≤20
	≥5000	≤6
	≥3000	≤4
	<3000	≤3
高度（底→底）	≥5000	≤0.0015H且≤15
	≥3000	≤4.5
	≥2000	≤3
	<2000	≤2
分格尺寸	≥2000	≤2
	<2000	≤1.5
圆曲率半径	r≥3000	±6
	r≥2000	±4
	r<2000	±3
斜杆上表面同一位置平面度	相邻三根杆	±2
	长度≤2000	±4
	长度≤4000	±5
	长度≤6000	±6
	长度≤8000	±8
	长度>8000	±10
横杆同一位置平直度	相邻两杆	1
	长度≤2500	5
	长度>2500	7
锥体对角线（奇数锥为角到对边垂直）	≥5000	7
	≥3000	5
	<3000	3

22.6.3 附件安装及调整

由于采光顶所处位置比较特殊，覆盖在建筑物的最上面，所以要起到防止风雪侵袭、抵抗冰雹、保温隔热、防雷防火的作用。支撑结构体系能承担本身重量，抵抗风和积雪的外力作用，但无法解决采光顶的防水、保温、防雷、防火等问题，而能解决以上问题，必须通过各种附件的安装来达到目的。

（1）排水、防水附件的安装要严格按施工设计图施工，在材料搭接的部位要牢固，并应注意密实。要求做到无缝、无孔，以防止雨水渗漏。在安装时还应控制好排水坡度和排水方向，在有檐口的地方，应注意采光顶与檐口的节点做法。

（2）采光顶位于建筑物顶部，是附属于主体建筑的围护结构。其金属框架应与主体结构的防雷系统可靠连接，必要时应在其尖顶部位设接闪器，并与其金属框架形成可靠连接，安装完毕后，必须作防雷测试。

（3）安装采光顶防火附件装置时，应按设计要求进行。防火材料的厚度要达到设计要求，自动灭火设备应安装牢固。

22.6.4 面板安装前的准备工作

1. 面板的包装、运输和贮存

面板的存放、搬运、吊装时不得碰撞、损坏。

2. 龙骨及附件的检查验收

(1) 面板安装前，由施工人员对龙骨及附件进行复核。对于误差过大的必须进行修整。

(2) 对龙骨表面处理的外观质量进行检查，对没达到设计要求的部位进行返修，同时对安装部位留存的垃圾进行清理。

(3) 对面板的加工尺寸进行现场复查，确定面板的质量，外观尺寸满足设计要求。采光顶面板裁切允许偏差见表 22-55。

采光顶面板裁切允许偏差（mm）   表 22-55

项　　目		允许偏差
边长	≥2000	±2
	<2000	±1.5
对角线	≥3000	≤3
	<3000	≤2
圆曲率半径	r≥2000mm	±2
	r<2000mm	±1.5

面板外观质量的检查应符合设计规定。

22.6.5　面板安装及调整

采光顶面板的安装顺序一般采用先中间后两边或先上后下的安装方法。

1. 确定安装位置

根据面板的编号，依据安装布置图，把面板准备齐全，并运输到安装位置附近，并把安装位置清扫干净，确定安装控制点和控制线。

2. 准备紧固装置

选择完好的紧固装置，并确定紧固装置的安装位置。若安装隐框形式的面板，必须确定压板的间距，以及压板的大小。若安装全玻璃面板，应把驳接头先固定在全玻璃面板上，并在驳接头上注防水胶。

3. 安装面板及调整

根据采光顶龙骨上所作的安装控制点和安装控制线安装面板。先局部临时固定面板，然后调整面板的水平高差，胶缝的大小和宽度等满足设计要求后，应及时固定紧固装置，紧固件的间距和数量必须符合设计要求。

采光顶面板安装允许偏差见表 22-56。

采光顶面板安装允许偏差（mm）   表 22-56

项　　目		允许偏差
脊（顶）水平高差		±3
脊（顶）水平错位		±2
檐口水平高差		±3
檐口水平错位		±2
跨度差（对角线或角到对边垂高）	<2000mm	±3
	≥2000mm	±4
	≥4000mm	±6
	≥6000mm	±9
上表面平直	相邻两块	±1
	≤5000	±3
	>5000	±5
胶缝底宽度	与设计值差	±1
	同一条胶缝	±0.5

22.6.6　注胶、清洁和交验

1. 注胶和清洁

面板安装调整完毕后，应及时固定，确定连接点的可靠牢固，然后才能注胶。注胶不得遗漏或密封胶粘接不牢。胶缝表面应平整、光滑，胶缝两边面板上不应有胶污渍，注胶后要检查胶缝里面是否有气泡，若有应及时处理避免漏水。胶固化后，应对面板及胶缝进行清理交验。注胶胶缝尺寸允许偏差见表 22-57。

注胶胶缝尺寸允许偏差   表 22-57

项　　目	允　许　偏　差（mm）
胶缝高度	+1，0
胶缝厚度	±1
胶缝空穴	a. 最大面积不超过 3mm² b. 每米最多 3 处 c. 没处累计面积不超过 8mm²
胶缝气泡	a. 最大直径 2mm b. 每米最多 10 个 c. 每米累计不超过 12mm²

2. 交验

采光顶交验时应提交下列资料：

(1) 龙骨面板、硅酮胶等材料、配件、连接件的产品合格证或质量保证书。

(2) 隐蔽工程验收证书。

(3) 硅酮胶相容性、粘结性测试报告、剥离试验结果。

(4) 形式试验报告（强度、气容、水温、抗冲击等）。

(5) 防雷记录及防雷测试报告。

(6) 施工过程中各部件及安装质量检查记录。

(7) 竣工资料审核。

22.7　双层（呼吸式）玻璃幕墙

双层玻璃幕墙，又称呼吸式幕墙、热通道幕墙、气循环幕墙等，是指由外层幕墙、热通道、内层幕墙（或门、窗）构成，且在热通道内能够形成空气有序流动的建筑幕墙。

双层（呼吸式）玻璃幕墙根据通风层的结构的不同可分为"封闭式内循环体系"和"敞开式外循环体系"两种（图 22-78）。

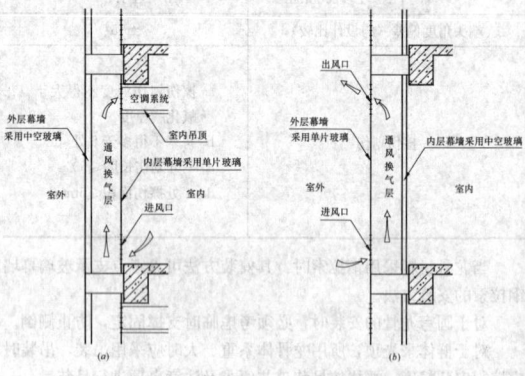

图 22-78　双层幕墙空气循环示意图
(a) 封闭式内循环体系；(b) 敞开式外循环体系

封闭式内循环体系双层幕墙　封闭式内循环体系双层幕墙从室内的下通道吸入空气，在热通道内升至上部排风口，再从吊顶的风管排出。该循环在室内进行，外幕墙完全封闭。封闭式内循环体系双层幕墙，其外层一般由断热型材与中空玻璃组成外层玻璃幕墙，其内层一般为单层玻璃组成的玻璃幕墙或可开启窗（门）。

敞开式外循环体系双层系幕墙　与封闭式内循环体系双层幕墙相反，其内层是封闭的，采用中空玻璃与断热型材，其外层采用单层

玻璃或夹胶玻璃，设有进风口和出风口，利用室外新风进入热通道带走热量从上部排风口排出。夏季开启上下风口，可起自然通风作用；冬季关闭风口，形成温室保暖（图22-79）。

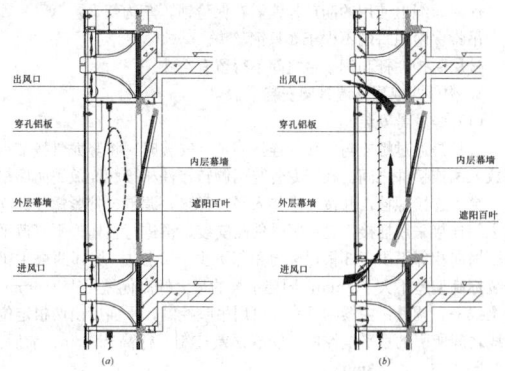

图 22-79　敞开式外循环体系幕墙冬夏季工作示意图
（a）冬季；（b）夏季

　　根据双层幕墙结构形式、热通道布置方式等的不同，双层幕墙还可以分为以下类型：

　　（1）按双层幕墙面板的支承形式可分为：

　　1）框支承式双层幕墙：内、外两层幕墙均为框支承结构形式的双层幕墙；

　　2）框支承－点式双层幕墙：内层幕墙为框支承结构形式，外层幕墙为点支承结构形式的双层幕墙。

　　（2）按双层幕墙安装方法的不同可分为：

　　1）构件式双层幕墙：在现场依次安装立柱、横梁、玻璃面板等组件的双层幕墙；

　　2）单元式双层幕墙：由各种墙面板与支承框架在工厂制成完整的幕墙结构基本单位，直接安装在主体结构上的双层幕墙。

　　（3）按双层幕墙热通道的布置方式可分为：

　　1）箱式窗双层幕墙：通风单元横向为一个分格，竖向为一个层高，层间及各分格间均设有隔断的双层幕墙，见图22-80。

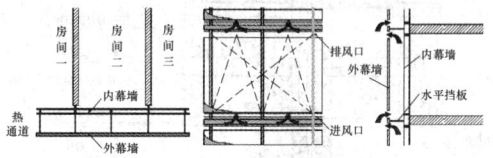

图 22-80　箱式窗双层幕墙通风组织示意图

　　2）箱井式双层幕墙：通风单元横向为一个分格，分格间设有隔断，竖向为两个或两个以上层高的双层幕墙，见图22-81。

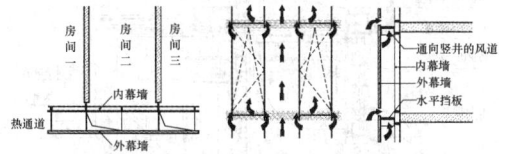

图 22-81　箱井式双层幕墙通风组织示意图

　　3）廊道式双层幕墙：通风单元竖向为一个层高，层间设有分隔，横向为两个或两个以上分格的双层幕墙，见图22-82。

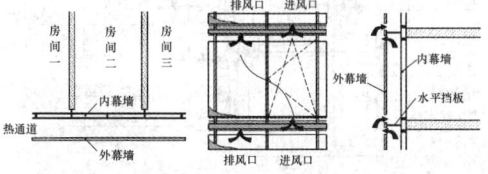

图 22-82　廊道式双层幕墙通风组织示意图

　　4）多楼层式双层幕墙：通风单元竖向为两个或两个以上层高，横向为两个或两个以上分格的双层幕墙，见图22-83。

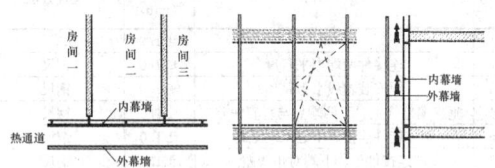

图 22-83　多楼层式双层幕墙通风组织示意图

22.7.1　双层玻璃幕墙施工顺序

1. 构件式双层幕墙施工顺序

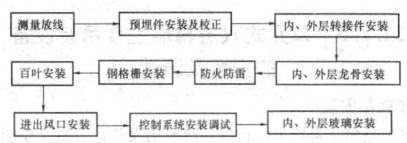

2. 单元式双层幕墙施工顺序

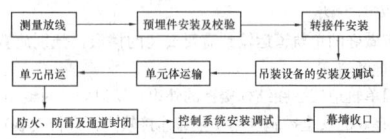

22.7.2　转接件的安装调试

　　转接件是指在主体结构与幕墙单元板块之间起连接作用的配件（预埋件除外）。它一方面是要传递和承受力的作用，一方面还要提供幕墙变形移动的可能。所以其安装质量将直接影响到幕墙的各项性能指标（图22-84）。

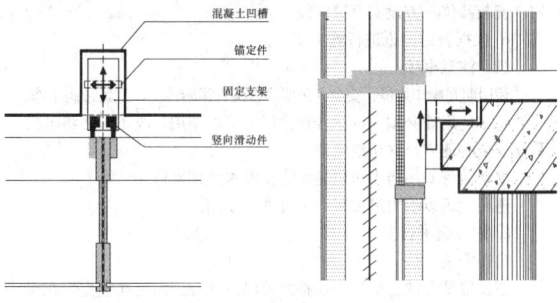

图 22-84　双层幕墙转接件示意图

　　1. 熟悉图纸及所用材料：要求在熟悉图纸的基础上，了解各连接件的连接方式及孔位方向代表的含义。

　　2. 选择转接件：由于土建结构的误差（垂直度、平面度等）远远大于幕墙安装的精度要求，即幕墙与主体结构的净空有宽有窄，甚至在不同的部位可以相差很大，所以方形转接件的宽度在不同的部位可能会有不同的规格，这一点安装人员必须注意。

　　3. 安装转接件：转接件选定后，便可与预埋件安装连接。方法是先将不锈钢螺栓套上方垫片插入预埋件中间大孔槽并移至边侧，再将转接件套入螺杆并依次加上锯齿形方垫片和圆垫片，最后将螺母拧上。

　　4. 利用每层的横向定位点拉好水平线作为基准线，调整转接件与基准线垂直距离（可从设计图纸上确定），然后将螺母拧紧。

　　5. 安装钢挂槽：将钢槽与转接件通过不锈钢螺栓连接，同样螺母不要拧紧，以便挂板时前后调节。

　　6. 双层幕墙转接件安装允许偏差见表22-58。

双层幕墙转接件安装允许偏差　表 22-58

序号	项　目	允许偏差(mm)	检查方法
1	标高	±1.0	水准仪
2	连接件两端点平行度	≤1.0	钢尺
3	距安装轴线水平距离	≤1.0	钢尺
4	垂直偏差(上、下两端点与垂直偏差)	≤1.0	钢尺
5	两连接件连接点中心水平距离	±1.0	钢尺
6	两连接件上、下端对角线差	±1.0	钢尺
7	相邻三连接件(上下、左右)偏差	±1.0	钢尺
8	全楼层最大水平度误差	≤5	水准仪
9	垂直度误差	≤30m　≤5	激光经纬仪/全站仪
		≤60m　≤10	激光经纬仪/全站仪
		≤90m　≤15	激光经纬仪/全站仪
		≤180m　≤20	激光经纬仪/全站仪

22.7.3　单元式双层幕墙主要吊装设备的安装及调试

1. 单轨吊安装

单轨吊是用于幕墙单元板吊装的专用设备,由悬挂在楼板四周的 I 型钢轨道与电葫芦等设备组成。它具有操作方便、灵活、安装速度快等特点。单轨吊的安装位置应根据工程实际情况确定:

(1) 安装方法

1) 定做好的单轨道运输到需要安装的楼层,分别放置在需要安装的位置旁边。

2) 因单轨道安装在结构楼板的外边,所以安装时要防止坠落,必须采取有效的安全措施(用安全绳连接轨道再进行安装)。

3) 安装程序:

a. 角钢(固定支点)与预埋件固定。

b. 单轨道安装时两端各二人用绳子系好轨道两端,移至安装位置,用螺栓连接到固定支点上,方可松开绳子。

c. 单轨道比较长时,要用手拉葫芦提升至安装位置,手拉葫芦与上层楼板底梁连接。

d. 安装楼层设置安全绳与柱子连接,高度约 2m,系安全带用。安装部位下方设安全警戒线。

e. 根据轨道图纸进行施工调试。

(2) 注意事项

使用期间操作人员、安全人员要经常检查运转情况,严禁带病工作。

每次使用前必须先试运转正常后方可以使用,收工后要将电机移至安全的地方,并切断电源。

电动葫芦要用防水布包裹以防止渗水烧坏机体。

遇到六级以上大风或雷雨天气禁止使用。

2. 卸货钢平台安装

(1) 安装方法

在设置平台的上层楼面,将两根保险绳分别固定在预先焊在梁上的专用吊钩上,也可采用在柱上绑扎固定的方式或固定在上层板底梁的预制构件上。

钢丝绳的另一端连接一个 5t 的卸扣。

将钢丝绳从平台外端两侧的吊环及对称的另两个吊环中穿入,并用卡扣锁牢。

用塔吊将平台吊至安装楼面就位。

在平台外端吊环上安装已悬挂好的受力钢丝绳。在内侧吊环上系好保险钢丝绳。

在平台另一端环内固定受力钢丝绳,另一端通过卸扣固定在预先设定的梁上,收紧钢丝。

检查平台安装牢固后,将两根保险绳上的花篮螺栓略微松开,使之处于收紧但不受力。

将平台与本层的预制钓钩用钢丝连接固定。或用锚栓与本层楼板固定,防止平台外移。

松开塔吊吊钩。

每次钢平台移动,均按重复以上过程。

(2) 平台安装注意事项

安装平台时地面应设警戒区,并有安全员监护和塔吊司机密切

配合。

钢丝绳与楼板边缘接触处加垫块并在钢丝绳上加胶管保护。

平台外设置向内开、关门,仅在使用状态下开启。

保险丝绳上使用的葫芦挂钩需有保险锁,弯钩朝上。

吊索保险绳每端不少于 3 只钢丝头。

楼层防护栏杆和钢平台之间不得留有空隙。

3. 构件式双层幕墙骨架安装

(1) 竖龙骨安装

立柱是通过螺栓与转接件连接固定。安装时,将竖龙骨按节点图放入两连接件之间,在竖龙骨与两侧转接件相接触面放置防腐垫片,穿入连接螺栓,并按要求垫入平、弹垫,调平、拧紧螺栓。立柱之间连接采用插接,完成竖龙料的安装,再进行整体调平(调平范围横向相邻不少于 3 根,竖向相邻不少于 2 根)。相邻两根主梁安装标高偏差不大于 3mm,同层主梁的最大标高偏差不大于 5mm。主梁找平、调整:主梁的垂直度可用吊坠控制,平面度由两根定位轴线之间所引的水平线控制。安装误差控制:标高±3mm、前后:±2mm、左右:±3mm。

(2) 横龙骨安装

在进行横梁安装之前,横梁与竖龙骨之间先粘贴柔性垫片,再通过横料角码采用不锈钢螺栓连接。横梁安装应注意平整并拧螺钉。骨架安装过程中跟进防雷的连接、防腐处理等,防腐处理采用无机富锌漆,刷两道,厚度不小于 100μm。注意竖向位置有防雷要求的需做好电气连通,安装过程中必须作好检验记录,项目部及时做好内部验收、整改等工作,合格后组织报验,验收通过后方可转入下道工序。

需要注意的是外层幕墙是悬挂在主体结构外,龙骨与主体结构连接的连接构件悬挑尺寸较大,应对其安装精度、焊接质量等进行严格检查和控制,以保证幕墙的结构安全性能。

4. 双层幕墙安装(图 22-85)

从经济性及既有建筑节能改造适用性等方面考虑,部分双层幕

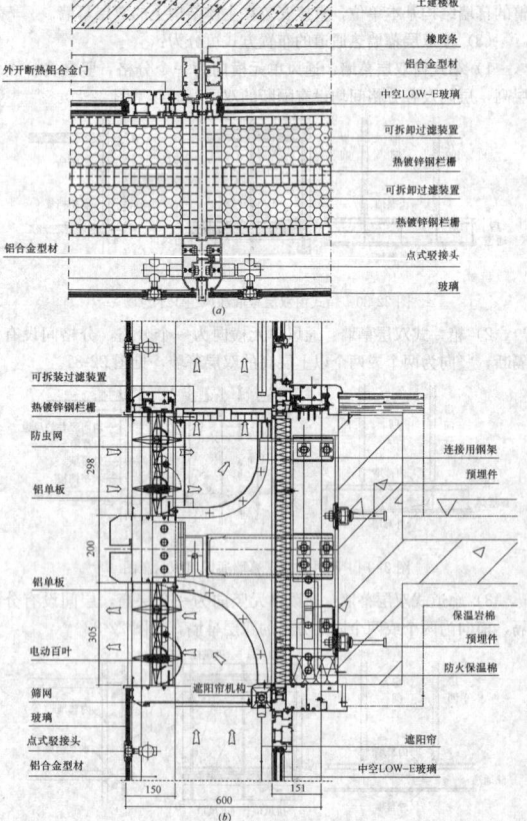

图 22-85　双层幕墙节点图
(a) 横剖节点图;(b) 纵剖节点图

墙其内层采用铝合金门窗，其安装精度应满足《铝合金门窗》（GB/T 8478—2008）、《建筑装饰装修工程质量验收规范》（GB 50210—2001）等规范和标准的要求。安装固定后的允许偏差见表22-59。

幕墙组装就位固定后允许偏差（mm）　表22-59

项　目		允许偏差	检测方法
竖缝及墙面垂直度（幕墙高度 H）	$H\leqslant30m$	$\leqslant10$	激光经纬仪
	$30m<H\leqslant60m$	$\leqslant15$	
	$60m<H\leqslant90m$	$\leqslant20$	
	$90m<H\leqslant150m$	$\leqslant25$	
	$H>150m$	$\leqslant30$	
幕墙平面度		$\leqslant2.5$	2m靠尺、钢板尺
竖缝直线度		$\leqslant2.5$	2m靠尺、钢板尺
横缝直线度		$\leqslant2.5$	2m靠尺、钢板尺
缝宽度（与设计值比较）		±2	卡尺
两相邻面板之间接缝高低差		$\leqslant1.0$	深度尺

5. 单元体式双层幕墙单元体吊装

（1）吊装准备

1）吊运前，吊运人员根据吊运计划对将要吊运的单元板块做最后检验，确保无质量、安全隐患后，分组码放，准备吊运。

2）对吊运相关人员进行安全技术交底，明确路线、停放位置。预防吊运过程中造成板块损坏或安全事故。

3）吊装设备操作人员按照操作规程，了解当班任务，对吊装设备进行检查，确保吊装设备能正常使用。

4）单元体板块的固定：先将钢架和玻璃吸盘固定，通过吸盘吸住单元板块上的玻璃后，将钢架、吸盘和单元板块用防护绳捆绑固定，防止意外脱落。此时再将钢架吊起，即可达到吊装的目的。见图22-86所示。

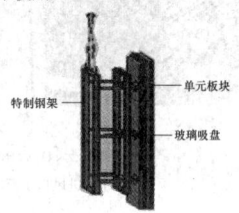

图22-86　单元件固定示意图

特制钢架　单元板块　玻璃吸盘

（2）地面转运

1）地面转运人员根据吊运计划，将存放的单元板块，重新码放，码放层数不超过三层。

2）使用叉车进行运输，在交通员的指挥下驶向吊运存放点，行驶时注意施工现场交通安全。

3）卸货。叉车按起重机信号员的要求，将板块卸于起吊点，然后驶回板块存放点，继续执行地面转运任务。

4）地面转运人员在单元板块转运架的吊点上装上绳索，等待吊运。吊绳连接必须牢固，注意防止吊绳滑脱与摩擦板块。

（3）垂直吊运

1）在地面信号员的指挥下，卷扬机操作员放下吊钩，接近地面时，减慢吊钩速度，并按信号员指挥停车，等待吊挂。

2）地面转运人员将吊绳挂在吊钩上，扶住单元板块转运架，防止晃动，起重机开始提升，升高0.5m，确认正常后，人员应从起吊点撤离，起重机提速上行，启动时应低速运行，然后逐步加快达到全速。

3）提升过程中，注意保持匀速，平稳上行。一次起升工作高程后进行变幅动作，操作平稳，在到达限位开关时，要减速停车。起吊过程中遇到暴风乍起，应将起吊物放下。

（4）楼内转运存放

1）在接料平台上的信号员指挥下，卷扬机操作人员进行变幅动作，操作力求平稳，逐步减速而停车，不得猛然制动。

2）按照接料平台上的信号员，缓慢将单元板块移动到转运平台上，并悬停，高度小于0.5m。

3）待楼层转运人员在转运架下方安装上尼龙万向轮后，慢慢放下，取下吊绳，卸下吊钩，将板块推进楼内。起重机将楼内空闲

的单元板块转运架吊起，运到楼下。

4）楼层转运人员将转运架推到板块存放处，卸下尼龙万向轮，将板块存放在楼内，板块间距0.5m，便于操作人员检查，并应空出楼内的运输通道。

（5）水平转运

1）将堆放在楼层内的单元板块人工转运至发射车上，推到接料平台上，单元体正面平放，采用环形轨道上的电动葫芦起吊布位。在起吊时注意保护单元板块，免受碰撞。

2）环形轨道沿建筑四周布置，转弯处弯曲要求顺弯、均匀。用手拉葫芦和简易支架配合安装电动葫芦，安装完后进行调试运行，报总包和监理安全部验收合格后才能使用。

3）将固定好特制钢架的单元板块与电动葫芦挂钩连接，钩好钢丝绳慢慢启动吊机，使单元板块沿钢丝绳缓缓提升，然后再水平运输到安装位置，严格控制提升速度和重量，防止单元板块与结构发生碰撞，造成表面的损坏。单元板块沿环形轨道运至安装位置进行最后的就位安装。

6. 允许偏差

单元组件吊装固定后允许偏差见表22-60。

单元组件吊装固定后允许偏差（mm）　表22-60

序号	项　目		允许偏差	检查方法
1	墙面垂直度	$H\leqslant30m$	10	经纬仪
		$30m<H\leqslant60m$	15	
		$60m<H\leqslant90m$	20	
		$H>90m$	25	
2	墙面平整度		2	3m靠尺
3	竖缝垂直度		3	3m靠尺
4	横缝水平度		3	3m靠尺
5	组件间接缝宽度（与设计值对比）		±1	板尺
6	耐候胶缝直线度	$L\leqslant20m$	1	钢尺
7		$20m<H\leqslant60m$	3	
8		$60m<H\leqslant100m$	6	
9		$H>100m$	10	
10	两组件接缝高低点		$\leqslant1.0$	深度尺
11	对插件与槽底间隙（与设计值对比）		$+1.0, 0$	板尺
12	对插件搭接长度		$+1.0, 0$	板尺

22.7.4　马道格栅、进出风口、遮阳百叶等附属设施制作及安装

1. 加工精度

（1）钢制穿孔板马道加工精度应符合表22-61的要求。

钢制穿孔板马道加工尺寸允许偏差（mm）　表22-61

项　目		尺寸允许偏差
边长	边长$\leqslant2000mm$	±1.5
	边长$>2000mm$	±2.0
对角线差	长边$\leqslant2000mm$	$\leqslant2.0$
	长边$>2000mm$	$\leqslant3.0$
网格分格边长	网格分格边长$\leqslant100mm$	±1.0
	网格分格边长$>100mm$	±1.5
厚度	厚度$\leqslant50mm$	±1.0
	厚度$>50mm$	±1.5

（2）进出风口及通风百叶组装应符合表22-62的要求。

进出风口及通风百叶组装尺寸允许偏差（mm）　表 22-62

项　目		尺寸允许偏差
组件（窗）洞口尺寸	长（宽）度	+1.0，0
	对角线长度	±1.5
直装式百叶长度		0，-1
嵌入式百叶组件	长（宽）度	0，-1
	对角线长度	±1.5
百叶外表面平整度		≤1.0
相邻两百叶间距		≤1.5
百叶长度方向的挠曲		≤L/200
固定式百叶角度		±1
可调式百叶与水平面最大角度		±1.5
可调式百叶与水平面最小角度		±2
防鸟（虫）网框	长（宽）度	±1.0
	对角线长度	≤1.5

（3）遮阳百叶组装应符合表 22-63 的要求。

遮阳百叶组装尺寸允许偏差（mm）　表 22-63

项　目	尺寸允许偏差
遮阳百叶两端高低差	≤2.0
遮阳百叶外缘距外层幕墙玻璃内表面距离（与设计值相比）	±2.0
遮阳百叶外缘两端距离	≤2.0
百叶底槽两端距箱体侧边距离	±2.0
百叶底槽两端距离	≤2.0

2. 安装工艺

（1）遮阳百叶安装

百叶帘预制　根据设计尺寸及现场玻璃幕墙分割尺寸，在工厂将百叶、提绳、提升带、导向钢丝、收紧器和底杆拼装成一幅帘。

挂线　挂线指利用测量好的基准点悬挂水平和垂直线，在尽可能地范围内挂上通线，方便施工，尽可能地减少误差。挂线是金属百叶安装的关键步骤，也是很实质的步骤，其误差的大小影响后期工序的安装质量和安装进度。挂线必须准确，要求横平竖直，要考虑立柱和叶片的安装位置。

遮阳百叶盒及导索连接件、紧固件安装根据挂线位置将上述构件就位，调整好以后与主体结构预埋件连接固定。安装支架、上梁、电机、中联器、卷绳器、中心轴和边滑轨。

将导索安装在页合及紧固件之间，拉伸到位后锁紧固定。

接通电源，安装控制按钮，进行调试，保证同控制回路的电动百叶（收起、放下、关闭或旋转一定角度）保持同步。调试完后可安装装饰板。

安装要求：遮阳装置安装应保证横平竖直，水平标高偏差不超过±2.0mm；电动开启装置应保证遮阳百叶开启、转动灵活。

（2）马道钢格栅安装（图 22-87）

图 22-87　格栅示意图

检查钢格栅支撑构件的安装精度。

安装钢格栅连接码件，连接码件的数量和安装位置应严格按设计要求布置，检查码件安装精度。

根据施工图将对应规格的钢格栅搬运就位。

铺设钢格栅，调整好后用螺栓与码件连接紧固。

马道安装要求：马道与内外层幕墙之间的安装应平整稳固；相邻两块马道的水平标高偏差应不大于2mm；马道安装时应注意保护，不允许有任何不洁净物进入马道通风孔。

格栅安装要求：两相邻组件边框高低差不大于2.0mm；接缝间距偏差应不大于3.0mm；组件内外高低差应不大于2.0mm。

（3）防火、防雷安装

双层幕墙与其周边防火分隔构件间的缝隙、与楼板或隔墙外沿间的缝隙、与实体墙面、洞口边缘间的缝隙、通风单元隔断处内层幕墙与外层幕墙间的缝隙等，均应进行防火封堵。

双层幕墙同一通风单元，不应跨越建筑物的两个防火分区。

双层幕墙应采取防雷措施，内、外层幕墙的金属构件应相互连接形成导电通路，并和主体结构防雷体系可靠连接。对有防雷击电磁脉冲屏蔽要求的建筑，双层幕墙应采取将其自身金属结构连接构成具有防雷击电磁脉冲的屏蔽措施。

（4）安装要求

双层幕墙（内、外层幕墙）安装完成后内外层幕墙（门窗）间距（通道净宽，以主要杆件为准，与设计值比）偏差应不大于 5.0mm。

双层幕墙进排风口示意图见图 22-88。

图 22-88　双层幕墙进排风口示意图
(a) 进风口示意图；(b) 排风口示意图

22.7.5　构件式双层幕墙玻璃安装、注胶

1. 玻璃安装

（1）在需要安装玻璃的分格下部横料凹槽内放置宽度合适、长度不小于100mm，数量不小于两块的橡胶垫块，然后将玻璃放入龙骨凹槽内，调整好玻璃四周与龙骨间的空隙后，安装横料装饰扣盖。

（2）玻璃安装应将尘土和污物擦拭干净。

（3）玻璃与构件避免直接接触，玻璃四周与构件凹槽底保持一定空隙，每块玻璃下部不少于两块弹性定位垫块，垫块的宽度与槽口宽度相等，长度不小于100mm，玻璃两边嵌入量及空隙符合设计要求。

（4）玻璃四周橡胶条按规定型号选用，镶嵌平整，橡胶条长度应比边框槽口长1.5%~2%。

（5）同一平面的玻璃平整度要控制在3mm以内，嵌缝的宽度误差要控制在2mm以内。

2. 注胶

按照设计要求在玻璃四周与龙骨之间的间隙内施注密封胶。密封胶的打注应饱满、密实、连续、均匀、无气泡，宽度和厚度应符合设计要求和技术标准的规定。

22.7.6　控制系统安装及调试

双层幕墙的控制系统主要包括遮阳控制系统、进出风口自动调节系统、电动开窗系统、温度传感器、阳光传感器、风速传感器等。

1. 金属管道敷设

（1）严格按图纸施工，配合其他专业做好管道综合。

（2）预埋（留）位置准确、无遗漏。

（3）管道支吊架整齐、美观、牢固、管道连接处清洁、美观、电气连接严密、牢靠。

（4）管口无毛刺、尖锐棱角。管口宜作成喇叭形。

（5）金属管的弯曲半径不应小于穿入电缆最小允许弯曲半径。明配时，一般不小于管外径的 6 倍；只有一个弯时，可不小于管外径的 4 倍；整排管在转弯处，宜弯成同心圆的竖儿。暗配时，一般不小于管外径的 6 倍；敷设于混凝土楼板下，可不小于管外径的 10 倍。金属管弯曲后不应断裂。

（6）管子与管子连接，管子与接线盒、配线箱的连接都需要在管子端口进行套丝。

2. 线缆敷设要求

（1）线缆的布放应平直，不得产生扭绞、打圈等现象，不应受外力挤压和损伤。

（2）线缆在布放前两端应贴有标签，标签应清晰、端正、正确。

（3）电源线、信号线缆、双绞线缆、光缆及其他弱电线缆应分离布放。

（4）非屏蔽双绞线应采用先进的双绞技术，利用线对之间不同的绞距产生自感电容、电感进行自屏蔽，同时线对之间再进行绞合，这样有利于屏蔽了电磁干扰。系统要求配备全封闭、铁线槽、铁线管路由，并作接地处理。另外设计路由时要求强电与弱电管线和插座相距 50cm 以上距离，避免贴近，长距离平行布置，则完全能满足抗干扰的要求。

（5）线缆之间不得有接头。

3. 设备安装

（1）中央控制室设备安装

设备在安装前应进行检验，并符合下列要求：

1）设备外形完整、内外表面漆层完好。

2）设备外形尺寸、设备内主板及接线端口的型号、规格符合设计规定，备品备件齐全。

3）按照图纸连接主机、不间断电源、打印机、网络控制器等设备。

4）设备安装应紧密、牢固，安装用的紧固件应做防锈处理。

5）设备底座应与设备相符，其上表面应保持水平。

中央控制及网络控制器等设备的安装要符合下列规定：

1）控制台、网络控制器按设计要求进行排列，根据柜的固定孔距在基础槽钢上钻孔，安装时从一端开始逐台就位，用螺丝固定，用小线找平找直后再将各螺栓紧固。

2）对引入的电缆或导线，首先应用对线器进行校线，按图纸要求编号。

3）标志编号应正确且与图纸一致，字迹清晰，不易褪色；配线应整齐，避免交叉，固定牢固。

4）交流供电设备的外壳及基础应可靠接地。

5）中央控制室应根据设计要求设置接地装置。采用联合接地时，接地电阻应小于 1Ω。

（2）现场控制器的安装

安装现场控制器箱。

现场控制器接线应按照图纸和设备说明书进行，并对线缆进行编号。

（3）温、湿度传感器的安装

室内外温、湿度传感器的安装位置应符合以下要求：

1）温、湿度传感器应尽可能远离窗、门和出风口的位置。

2）并列安装的传感器，距地高度应一致，高度差不应大于1mm，同一区域内高度差不大于 5mm。

3）温、湿度传感器应安装在便于调试、维修的地方。

4）温度传感器至现场控制器之间的连接应符合设计要求，尽量减少因接线引起的误差。

（4）电动执行机构的安装

执行机构应固定牢固，操作手轮应处于便于操作的位置，并注意安装的位置便于维修、拆装。

执行机构的机械传动应灵活，无松动或卡涩现象。

4. 校线及调试

（1）在各分项工程进行的同时做好各系统的接校线检查，为调试做好准备。

（2）严禁不经检查立即上电。

（3）严格按照图纸、资料检查各分项工程的设备安装、线路敷设是否与图纸相符。

（4）逐个检查各设备、点位的安装情况，接线情况。如有不合格填写质量反馈单，并做好相应的记录。

（5）各设备、点位检查无误完毕后，对各设备、点位逐个通电试验。通电试验为两人一组，涉及强电要挂牌示警，并记录。

（6）通电实验后，进行单体调试，单体调试正常后，方可进行系统联调。涉及其他施工单位者，要事先通知到位，并做好相应记录。

22.8 太阳能光伏发电玻璃幕墙（光电幕墙）

太阳能光伏建筑一体化（BIPV）系统，是应用太阳能发电的一种新概念，太阳能光伏发电幕墙是 BIPV 的一种重要形式，是将太阳能光伏发电组件安装在建筑的围护结构外表面来提供电力的系统。光伏组件可由非晶硅百叶式光伏组件、单晶体硅组件、多晶硅组件、非晶硅薄膜、纳米晶太阳能电池等组成，可安装在建筑物的屋顶和当地阳光效果好的立面上。它与建筑幕墙融为一体，具有良好的视觉效果。

22.8.1 施 工 顺 序

太阳能光伏发电玻璃幕墙施工顺序见图 22-89。

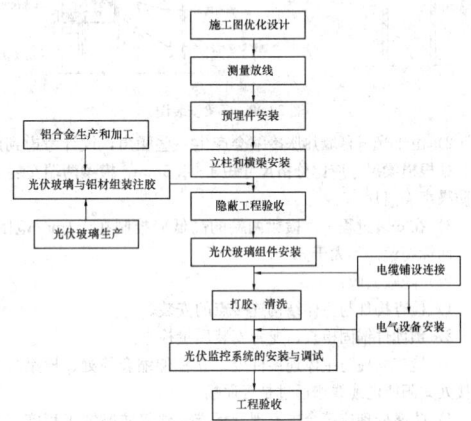

图 22-89 太阳能光伏玻璃幕墙施工工艺流程图

22.8.2 立 柱 安 装

1. 支座与立柱的连接

首先是测量放线和预埋件的检查、调整，然后是立柱的安装，考虑到施工安装的安全性及可操作性，立柱在安装之前首先将支座在楼层内用不锈钢螺栓与立柱连接起来，支座与立柱接触处加设隔离垫，防止电位差腐蚀，隔离垫的面积不应小于连接件与竖料接触的面积。连接完毕后，用绳子捆扎吊出楼层，进行就位安装。

2. 立柱安装与调节

立柱吊出楼层后，将支座与预埋件进行上下、左右、前后的调节。经检查符合要求后再进行焊接。

3. 立柱的分格安装控制

立柱的安装依据竖向钢直线以及横向尼龙线进行调节安装，直至各尺寸符合要求，立柱安装后进行轴向偏差的检查，轴向偏差控制在 ±1mm 范围内，竖料之间分格尺寸控制在 ±1mm，否则会影响横料的安装。见图 22-90、图 22-91。

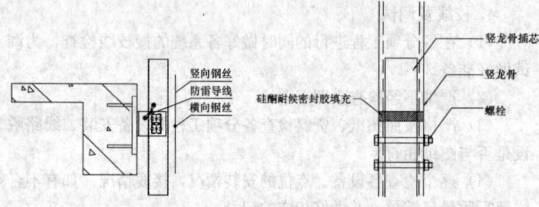

图 22-90　立柱安装图　　　图 22-91　立柱连接图

底层立柱安装完毕后，在安装上一层立柱时，两立柱之间安装套筒，立柱安装调节完毕，两立柱之间打胶密封，防止雨水入侵。上下连接套筒插入长度不得小于 250mm。

22.8.3　横　梁　安　装

（1）将横梁两端的连接件和弹性橡胶垫安装在立柱的预定位置，要求安装牢固、接缝严密。同一层横梁的安装应由下向上进行，当安装完一层高度时，应进行检查、调整、校正、固定，使其符合质量要求。相邻两根横梁的水平标高偏差不应大于 1mm。同层标高偏差：当一幅宽度小于或等于 35m 时，不应大于 5mm；当一幅宽度大于 35m 时，不应大于 7mm。

1）横梁未安装之前，应将角码插到横梁的两端，用螺栓固定在立柱上。横梁承受光伏玻璃的重压，易产生扭转，因而立柱上的孔位、角码的孔位应采用过渡配合，孔的尺寸比螺杆直径大 0.1~0.2mm。如图 22-92 所示。

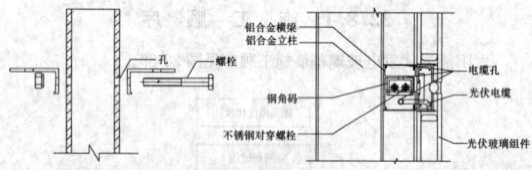

图 22-92　横梁安装图

2）由于光电幕墙热胀冷缩会产生一些噪声，设计考虑到此因素，整根横梁尺寸应比分格尺寸短 4~4.5mm，横梁两端安装 2mm 厚防噪声隔离片。

3）在安装过程中，横梁两端的高低应控制在±1mm 范围内。同一面标高偏差不大于 3mm。

（2）隐蔽验收：

1）检查构件与主体结构连接点的安装。

2）预埋件锚固检查，龙骨安装质量检查。

3）检查立柱与主体连接件处、立柱伸缩套筒处、横梁与立柱连接处太阳能电缆线槽通过是否通畅。

4）防腐处理应符合国家现行标准《建筑防腐蚀工程施工及验收规范》（GB 50212—2002）和《建筑防腐蚀工程施工质量验收规范》（GB 50224—2010）的要求。

5）层间防火及保温应符合《建筑设计防火规范》 （GB 50016—2006）相应的建筑物防火等级对建筑构件和附着物的要求。

6）光伏幕墙防雷接地节点安装，安装应符合《建筑物防雷设计规范》（GB 50057—2010）。

22.8.4　电池组件安装前的准备工作

光伏幕墙组件应在专业加工厂加工成型，然后运往工地安装。工厂的加工制作应严格按照国家和行业相关标准规范执行。还应根据工地的实际需要和进度计划制定相应的加工计划和工艺规程。

1. 光伏玻璃组件的制作

（1）铝附框装配

铝附框按设计好的加工工艺进行装配，装配后进行以下检查：铝附框对边长度差；铝附框对角线长度差；铝料之间的装配缝隙；相邻铝料之间的平整度；加工好后送组装车间。

（2）玻璃、铝附框、太阳能电池组件的定位和组装

玻璃、铝附框、太阳能电池组件的定位采用定位夹具保证三者的基准线重合后，再按顺序组装，组装过程中应特别注意前片玻璃

和后片玻璃的安装顺序。

（3）注胶和养护

注胶前，将注胶处周围 5cm 左右范围的铝型材或玻璃表面用不沾胶带纸保护起来，防止这些部位胶污染；注胶时要保持适当的速度，使空腔内的空气排出，防止空穴，并将挤胶时的空气排出，防止胶缝内残留气泡，保证胶缝饱满；注胶后的组件放在静置场养护，固化后才能运输。

2. 光伏玻璃组件的运输

（1）运输中应加强对光伏幕墙组件外片和电缆的保护，所有绝缘接头都应密封保护，防止运输过程中的破损。

（2）光伏幕墙组件使用无腐蚀作用的材料包装，包装箱应有足够的牢固程度，以保证在运输过程中不会损坏；箱箱的各类部件不发生相互碰撞，与包装箱接触部位设置缓冲胶垫隔离。

（3）包装箱上有明显的"怕湿"、"小心轻放"、"向上"等标志。

（4）在运输过程中，采取有效措施，防止风、雨对组件的损坏。

（5）运至工地后，小心卸货。

3. 幕墙组件的保护与清洁

（1）光伏幕墙组件上应标有带电警告标识。

（2）制定保护措施，不得使其发生碰撞变形、变色、污染等现象。

（3）光伏幕墙组件表面的粘附物应及时清除。

（4）光伏幕墙组件贮存应放在通风干燥的地方，严禁与酸碱物质接触，并防止雨水渗入。

（5）组件不允许直接接触地面，应用不透水材料在板块底部垫高 100mm 以上。

4. 安装前的准备工作

（1）安装前，应对安装场地进行系统的检查。

（2）光伏幕墙组件以及固定用的螺栓，连接电缆及套管，配线盒等配件都要在安装前全部运到现场。

（3）安装时所需的工具装备和备件必须准备齐全，否则会影响整个工程的进度。

（4）安装前，施工员应从运输包装箱中取出组件，进行检查。在阳光下测量每个组件的 Voc、Isc 等技术参数是否正常。

22.8.5　电池组件安装及调整

1. 光伏玻璃电池组件安装过程

（1）安装前应仔细地阅读每块组件的编号和技术参数，根据设计图将每块组件归入所在的发电单元中。

（2）以发电单元为组进行安装，安装时应严格按照设计电路图进行光伏玻璃幕墙的串并联连接，每一组安装完毕后，应测试其电路参数，以确保能正常工作。

（3）光伏玻璃电池组件的物理性能略低于普通玻璃幕墙组件，在安装过程中，不得碰撞或受损，要防止组件表面受到硬物冲击，否则容易造成组件内部线路的断路。

（4）吊装光伏玻璃幕墙组件时，底部要衬垫木板或包装纸箱，以免挂索损伤组件。吊装作业前，应安排好安全围护措施。吊装时注意吊装机械和物品不要碰到周围建筑和其他设施。

（5）光伏玻璃幕墙组件应采用专门设计的铝合金边框，专用边框与建筑外挂龙骨形成特殊的沟槽结合，确保机械强度足够并且不漏雨，安全可靠。

（6）所有的紧固件采用不锈钢材料，电镀材料，尼龙材料或其他防腐材料，并有足够的强度，以便将光伏幕墙组件可靠的固定在龙骨上。结构热胀冷缩时产生的力不应该影响光伏玻璃组件的性能和使用。

（7）光伏玻璃电池组件应排列整齐、表面平整、缝宽均匀，安装允许偏差应满足《建筑幕墙》 （GB/T 21086—2007）的有关要求。

（8）安装完毕后，盖好扣板，作好防漏措施。

（9）工程完成后，要注意清扫现场和回收工业废料。

2. 施工时应采取的安全措施

（1）安装人员在施工前必须通过安全教育，经过培训并考核合格的人员完成。施工现场应配备必要的安全设备，并严格执行保障施工人员人身安全的措施。

（2）严禁雨天施工，潮湿会导致绝缘保护失效，发生安全事故。

（3）在安装过程中，不得触摸组件接头的金属部分，谨防触电，安装时，不得戴金属首饰。

（4）不要企图拆卸组件或移动任何铭牌或黏附的部件、在组件的表面涂抹或粘贴任何物体。

（5）不要用镜子或透镜聚焦阳光照射到组件上。

（6）光伏玻璃幕墙组件的两输出端，不能短路，否则可能造成人身事故或引起火灾。在阳光下安装时，最好用黑色塑料膜等不透光材料盖住光伏组件。

（7）组件安装完成后，检查固定组件附带的电缆与接头，防止其处于断路或短路状态。

（8）完成或部分完成的光伏玻璃幕，遇有光伏组件破裂的情况应及时设置限制接近的措施，并由专业人员处理。

（9）施工过程中，不应破坏建筑物的结构和附属设施，不得影响建筑物在设计使用年限内承受各种载荷的能力。如因施工需要不得已造成局部破损，应在施工结束时及时修复。

3. 光伏玻璃电池组件的调试

（1）调试前的准备工作

光伏玻璃电池组件的调试应选择以晴天，并且待日照和风力达到稳定时进行，最好在中午前后的 10：00～14：00 之间测试。首先检查安装使用条件是否符合设备使用说明书和相关标准、规程规定。调试前，应对组件表面清理、擦拭干净，并确保所有开关都处于关断状态，准备好有关测试的仪器、仪表和工具及记录本。调试时应由有资质的工程师负责，可会同有关设备供应商一起进行。

（2）光伏玻璃电池组件的检查

光伏玻璃电池组件应满足《玻璃幕墙工程质量检验标准》（JGJ/T 139—2001）的有关要求。

仔细观察方阵外观，是否平整、美观，组件表面是否清洁，用手触摸组件，检查是否松动，接线是否固定，是否极接触良好等。

检查光伏幕墙使用的材料及部件等是否符合设计要求，光伏幕墙应与普通幕墙共同接受幕墙相关的物理性能检测。

光伏玻璃幕墙组件之间的连接是否规范合理以及安全可靠，导线的捆扎是否整齐规范，连接导线是否有破皮漏电等现象。

检查光伏玻璃幕墙具有良好的接地系统，用摇表测量组件对地电阻，确定绝缘电阻是否在正常范围之内。

检查光伏玻璃幕墙接线箱的防雨性能，确定其防护等级是否达到 IP65，接线箱的引出线设计是否合理，接线箱内部接线是否规范合理，接线箱内部元件电流容量和耐压等级是否能够承受光伏方阵电压和电流的极限值。

组件串联检查：测量光伏玻璃幕墙串的开路电压，确定组件串的开路电压是否在正常的范围内，检查相同数量组件串联的组件串开路电压是否接近；测量组件串电流，确定此电流是否在正常的范围内；

组件并联检查：测量所有并联的太阳电池组件串的开路电压是否相同，测量电压相同后方可进行并联。并联后电压应基本不变，测量的总短路电流应大体等于各个组件串的短路电流之和。

22.8.6 打　胶

太阳能光伏玻璃组件安装固定完成后，进行打胶工序。在装饰条接缝两侧先贴好保护胶带，按工艺要求进行净化处理，净化后及时进行打胶，打胶过程中密封胶不可以与光伏电缆直接接触，打胶后应刮掉多余的胶，并作适当的修整，拆掉保护胶带及清理胶缝四周，胶缝与基材粘结应牢固无孔隙，胶缝平整光滑、表面清洁无污染。

22.8.7　太阳能电缆线布置

1. 导线的选择

选用合适的绝缘电线及电缆，应根据通过电流的大小，依照有关电工规范或生产厂家提供的数据，选择合适直径的导线，直径太小，可能使导线过热，造成能量浪费。

2. 导线的安装

接线前应检测光伏玻璃幕墙组件的电性能是否正常，按照组件串并联的设计要求，用导线将组件的正、负极进行连接，要特别注意极性不要接错。导线连接的原则是，尽量粗且短，以减少线路损耗。特别注意在夏天安装时，导线电缆连接不能太紧，要留有余量，以免冬天温度降低时形成接触不良，甚至拉断电缆。

光伏幕墙的正、负极及接地线应用不同颜色的导线电缆连接，以免混淆极性，造成事故。

导线电缆之间的连接必须可靠，不能随意将两根电缆绞在一起。外包层不得使用普通胶布，必须使用符合绝缘标准的橡胶套。最好在电缆外面套上绝缘套管。导线的连接应符合《家用和类似用途电器的安全通用要求》（GB 4706.1—2005）的要求。

22.8.8　电气设备安装调试

电气装置安装应符合《建筑电气工程施工质量验收规范》（GB 50303）的相关要求。安装应严格按照电器施工要求进行。通常，控制器和逆变器安装在室内，事先要建造好配电间。安装存放处应避开高腐蚀性、高粉尘、高温、高湿性环境，特别应避免金属物质落入其中。配电间的位置要尽量接近太阳能光电幕墙和用户，以减少线路损耗。不能将控制器直接放在蓄电池上。在室外，控制器和逆变器必须具备密封防潮等功能。在功率调节器、逆变器、控制器的表面，不得设置其他电气设备和堆放杂物，保证设备的通风环境。

1. 蓄电池的安装与维护

（1）蓄电池的安装在整个过程中起着非常重要的作用，必须在安全、布线、温度控制、防腐蚀、防积灰和通风等方面给予充分的重视。

（2）蓄电池和系统的其他部分应隔离开来。

（3）蓄电池的电压低于要求值时，应将多块蓄电池并联起来，使电压达到要求。

（4）蓄电池的正确布线，对系统的安全和效率都十分重要。

（5）蓄电池安装及注意事项：

1）放置蓄电池的位置应选择在离太阳能光电幕墙较近的地方。连接导线应尽量缩短，导线直径不可太细，以尽量减少不必要的线路损耗。

2）蓄电池应放在室内通风良好、不受阳光直射的地方。距离热源不得少于 2m，室内温度应经常保持 10～25℃之间。

3）蓄电池不能直接放在潮湿的地面上，电池与地面之间应采取绝缘措施，例如用较好的绝缘衬垫或柏油涂的木架与地板隔离，以防受潮和引起自放电的损失。

4）蓄电池要放置在专门场所，场所要清洁、通风、干燥，避免日晒，远离热源，避免与金工操作或有粉末杂物作业操作在一处，以免金属粉末尘埃落在电池上面。

5）各接线夹和蓄电池极柱必须保持紧密接触。连接导线连接后，需在各连接点上涂一层薄的凡士林油膜，以防连接点锈蚀。

6）加完电解液的蓄电池应将加液孔的盖子拧紧，以防止杂质掉入蓄电池内部。胶塞上的通气孔必须保持通畅。

7）不能将酸性蓄电池和碱性蓄电池同时安置在同一房间内，室内也不宜放置仪表器件和易受酸气腐蚀的物品。

8）要准备一定数量的 3%～5%硼酸水溶液或苏打水，以防皮肤灼伤。在进行安装时要带好手套和口罩，做好防护工作，注意室内通风，以免引起铅中毒。

9）要由熟练的专业技术人员担任或指导做好初充电工作。

2. 控制器与逆变器的安装

控制器和逆变器在开箱时，要先检查有无质保卡、出厂检验合格证书和产品说明书，外观有否损坏，内部连线和螺钉是否松动等，如有问题，应及时与生产厂家联系解决。

（1）控制器的安装

户用控制器一般已经安装在一体化机箱内。安装时要请注意先

连接蓄电池，再连接光伏玻璃幕墙和输出，连接时注意正负极并注意边线质量和安全性；连接太阳电池时应当将光伏玻璃幕墙的输入开关打在关闭状态，以免拉弧。

(2) 逆变器的安装

1) 安装的一般要求：

逆变器可以安装在墙体上或者安装支架上，细节需要参考《逆变器用户手册》。

逆变器与系统的直流侧和交流侧都应有绝缘隔离的装置。

光伏玻璃幕墙系统直流侧应考虑必要的触电警示和防止触电安全措施，交流侧输出电缆和负荷设备间应接有自动切断保护装置。所有接线箱（包括系统、方阵和组件串等的接线箱）都应设警示标签，注明当接线箱从光伏逆变器断开后，接线箱内的器件仍有可能带电。

太阳能光伏玻璃幕墙、接线箱、逆变器、保护装置的主回路与地（外壳）之间的绝缘电阻应不少于1MΩ。应能承受AC2000V，1min工频交流耐压，无闪络、击穿现象。

接入公用电的光伏系统应具备极性反接保护功能、短路保护功能、接地保护功能、功率转换和控制设备的过热保护功能、过载保护和报警功能、防孤岛效应保护等功能。控制逆变器上表面不得设置其他电气设备和杂物，不得破坏逆变器的通风环境。

小型户用逆变器一般已经安装在一体化机箱内。接线前先将逆变器的输入开关打至断开状态，然后接线。接线注意正负极并注意接线质量和安全性。接好线后首先测量从控制器过来的直流电的电压是否正常，如果正常，再打开逆变器的输入开关。

2) 安装步骤：

并网逆变器接线步骤：

a. 光伏玻璃幕墙系统接线；

b. 将光伏玻璃幕墙输出线连接到接线箱；

c. 将连接箱输出端连接到逆变器的输入端；

d. 将逆变器通信接口信号输出端通过专用通信电缆接到系统监控上位机。

3) 注意的安全事项：

a. 一串组件正负极之间的电压是致命的；

b. 在给电网供电操作中，不得在断开逆变器和电网连接之前断开组件和逆变器的连接；

c. 确保组件连接器的正负极与组件的正负电压极性准确对应；

d. 在只接一串组件时，关闭其他不使用的插口的连接器；

e. 组件的连接器接到逆变器时，检查极性是否正确，并检查组件正负极间的电压是否小于等于逆变器的最大电压。

4) 安装应注意的事项：

a. 安装地点外界温度必须在－25～55℃之间；

b. 逆变器不能安装在阳光直射处；

c. 逆变器安装位置应该水平；

d. 与易燃物保持距离；

e. 不要安装在有爆炸性气体的区域；

f. 为了不产生噪声，不能安装在薄而轻的表面上，要安装在坚实的表面上；

g. 保证有足够的散热空间。

3. 电气设备线路的连接

(1) 电缆线路施工应符合国家现行标准《电气装置安装工程电缆线路施工及验收规范》(GB 50168) 的规定。

(2) 两根电缆的连接，外包层不得使用胶布，必须使用符合绝缘标准的橡胶套。

(3) 穿过楼屋面和墙面的电缆，其防水套管与建筑主体之间的缝隙必须做好防水密封。

(4) 线路连接应注意事项：

1) 选用适合于光伏系统应用的电缆；

2) 电缆可以抵抗紫外线辐射和恶劣的气候；

3) 应该有大于1000V的额定电压；

4) 导线的横截面积取决于最大短路电流和电线的长度；

5) 在极低气温下，安装电线必须格外小心；

6) 推荐使用4mm² 或者更大横截面积的电缆，并使电线尽可能的短以减少能量损耗；

7) 在互联组件时，要保证将连接电缆固定在安装组件的支撑架上，限制电线松弛部分的摆动幅度；

8) 防止将电线安置在锐利的边角上；

9) 遵守电线的允许最小弯曲半径；

10) 电路接上负载时，不能拔开连接器；

11) 在小动物和孩子可以接触到的地方，必须用套管。

4. 接地及防雷安装

(1) 光电幕墙安装避雷装置，光伏系统和并网接口设备的防雷和接地，应符合《光伏（PV）发电系统过电压保护—导则》(SJ/T 11127) 中的规定。电气系统的接地应符合现行国家标准《电气装置安装工程接地装置施工及验收规范》(GB 50169—2006) 的要求。

(2) 接地安装：推荐使用环形接线片连接接地电缆。将接地电缆焊接在接线片的插口内，然后用M8螺钉插入接线片的圆环和组件框架中部的孔，用螺母紧固。应该使用弹簧垫圈，以防止螺钉松脱导致接地不良。

5. 电气设备的调试

(1) 调试前期准备工作

1) 熟悉设计图纸和有关技术文件，了解光伏玻璃幕墙发电系统运行全过程；

2) 备好调试所需要仪器仪表、必要工具和有关记录表格；

3) 根据图纸检查系统连线是否完毕，确保电源和通讯接线正确无误；

4) 检查逆变器直流侧（光伏方阵到逆变器）接线是否正确；

5) 检查逆变器交流侧（逆变器到输出连接箱）接线是否正确；

6) 检查通信系统接线是否正确；

7) 提供并网调试电源，三相电源接入输出连接箱。

(2) 蓄电池的调试

安装结束后要测量蓄电池电压，正负极性，并检查接线质量和安全性。开口电池应测量电液密度，单只电压要一致。

(3) 控制器的调试

安装结束后，首先观察蓄电池的电压是否正常，然后测量充电电流，如果有条件，再观察蓄电池的充满保护和蓄电池欠压保护是否正确。

普通控制器只需要观察蓄电池电压、充电电流和放电电流，基本上不需要调试；智能控制器在出厂前已经调试好，一般现场不需要调试，但可以检查电压设置点，温度补偿系数的设置和手动功能是否正常。

(4) 逆变器的调试

安装结束后，对逆变器进行全面检测，其主要技术指标应符合国标《家用太阳能光伏电源系统技术条件和试验方法》(GB/T 19064—2003) 的要求。测量逆变器输出的工作电压，检测输出的波形、频率、效率、负载功率因数等指标是否符合设计要求。测试逆变器的保护、报警等功能，并做好记录。

6. 检测过程

连入光伏系统之前，应对其输出的交流电质量和保护功能进行单独测试。电能计量装置应符合《电测量及电能计量装置设计技术规程》(DL/T 5137—2001) 和《电能计量装置技术管理规程》(DL/T 448—2000) 的要求。

(1) 性能测试

1) 电能质量测试

连接好线路后，即可进行以下参数的测量：

a. 工作电压和频率；

b. 电压波动和闪变；

c. 谐波和波形畸变；

d. 功率因数；

e. 输出电压不平衡度；

f. 输出直流分量检测。

2) 保护功能测试

a. 过电压/欠电压保护；

b. 过/欠频率；

　　c. 防孤岛效应；

　　d. 电网恢复；

　　e. 短路保护；

　　f. 反向电流保护。

　　（2）线路连接测试

　　先将并网逆变控制器与太阳能光伏玻璃幕墙连接，测量直流端的工作电流和电压、输出功率，若符合要求，可将并网逆变控制器与电网连接，测量交流端的电压、功率等技术数据，同时记录太阳辐照强度、环境温度、风速等参数，判断是否与设计要求相符合。

　　（3）系统测试

　　设备投入试运行应由技术人员连续监测一个工作日，且该工作日应当是辐照良好的天气，在监测工作日内观察并记录设备运行参数，应保证所有设备所有时间段内都符合设计规定的要求。

　　光伏电站的所有发电设备和配套件都必须严格符合相应的鉴定定型和安全标准的要求。

　　测试电路图 22-93 所示电路是对光伏并网发电系统测量的一个测试框图。

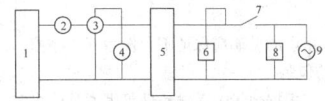

图 22-93　系统电路测试图

1—太阳能光伏玻璃幕墙；2—直流电流表；3—直流功率表；4—直流电压；5—并网逆变器；6—电能质量分析仪；7—电网解并列点；8—可变交流负载；9—电压和频率可调的净化交流电源（模拟电网），其可提供的电流容量至少应当是光伏发电系统提供电流的 5 倍

22.8.9　发电监控系统与演示软件安装与调试

　　1. 发电监控系统（图 22-94、图 22-95）

　　光伏监控系统具有数据采集、数据传输和系统控制功能。在设计和选择光伏监控系统时一般应遵循准确度、可靠性、工作容量、抗干扰能力、动作速度、工作频段、通用性和经济性等技术要求。

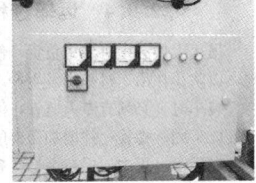

图 22-94　并网逆变器　　　　图 22-95　交流配电箱

　　智能型太阳能并网逆变器采用了先进的 DSP 数字处理系统，及先进的智能模块，能自动跟踪电网，有效的检测孤岛效应，能自动检测方阵的最佳工作点 MPPT，有效的选择最佳并网模式，完善的保护功能，运行后无需人为干预控制，当到晚上时，其会自动关机，没有足够的能量并网发电时，其工作在待机模式，能自动的记录系统的工作状态，如太阳能电池板电压、当日发电量、发电累计量、辐照度、环境温度、电池板温度及发电功率等一系列参数。在逆变器的面板上有三个 LED 灯，通过这些灯我们一眼就知道逆变电源的工作状态。

　　逆变器的启动过程、运行状态及简单的故障处理：

　　（1）开机启动过程：

　　在设备启动前先检查所有的开关是否在关断位置（OFF）。

　　装好并网逆变器的 ESS，先推上太阳能电池方阵空开置（ON），看逆变器显示是否正常（电池板电压），并网逆变器面板 LED 指示灯是否闪动。

　　再合上交流空开置（ON），并网逆变器面板 LED 指示灯是否闪动，等几分钟看设备是否正常工作，如果并网逆变器工作正常则面板 LED 指示灯长亮。

　　开机完成，开启电脑监控软件 Flashview.exe，查看画面显示。

　　（2）关机过程：

　　只对用户检修电池板及打开并网逆变器的操作时使用，其他情况严禁该操作：

　　断开交流电连接，即将交流空置（OFF）；

　　断开并网逆变器的 ESS，再将太阳能电池方阵空置（OFF）；

　　如果要打开并网逆变器，则必须拔下所有连接的插头，等待10s（使设备内部电容放电完成）；

　　松开并网逆变器前面板上的六角螺母，小心移下前面板，然后拔下前面板内部的接地（PE）连接。

　　幕墙光伏系统演示见图 22-96。

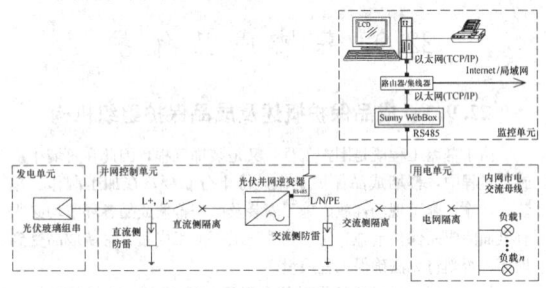

图 22-96　幕墙光伏系统演示

　　2. 演示软件安装与调试

　　初次启动 Flashview.exe 设置

　　（1）先设置好 TCP/IP（图 22-97），点击确定后，再打开 Flashview.exe 软件（图 22-98）。

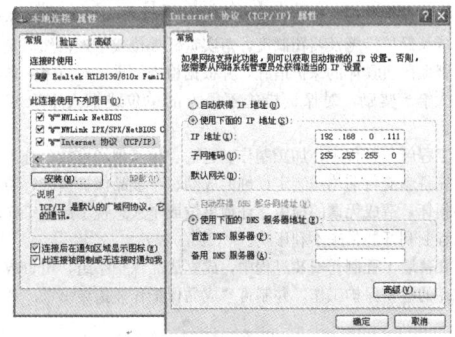

图 22-97　IP 设置示意图

　　（2）初次打开时要进行站点设置：

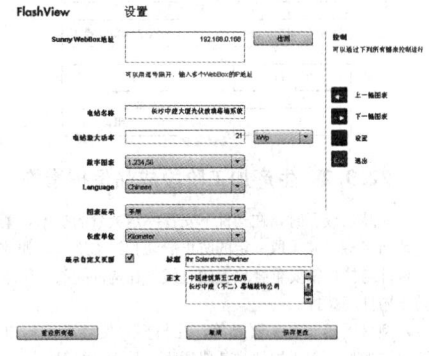

图 22-98　FlashView 设置示意图

　　选择好语言栏 Chinese；

　　在 Sunny WebBox 地址栏输入 192.168.0.168，然后点击检测，看连接是否正常，如果连接正常，则会显示 OK；

　　输入电站名称、图表显示方式（自动 10s）及自定义画面等；

　　点击保存更改设置完成；

　　系统将自动播放画面。

　　（3）通信、监控系统

　　根据用户手册检查 1 号变电所三台 Ingecon　25 型逆变器无线

通信安装是否到位，2～4号变电所6台SG30K3型逆变器RS485通信板与通信电缆连接是否正确无误。

检查上位机COM口与逆变器的RS485通信板连接是否正确，上位机监控软件安装是否到位。

测试上位机与各逆变器之间的通信，确认各设备之间通信畅通，运行上位机专用软件，测试监控软件的运行是否正常。

根据设备使用手册，设置相关参数，确保通信系统满足设计要求。

22.9 幕墙成品保护

22.9.1 成品保护概述及成品保护组织机构

由于幕墙工程既是围护工程，又是装饰工程，因此在幕墙生产施工过程中，幕墙成品保护工作显得十分重要；在加工制作、包装、运输、施工现场堆放、施工安装及已完幕墙成品各环节均必须有全面的成品保护措施，防止构件、工厂加工成品、幕墙成品受到损坏，否则将无法确保工程质量。

如何进行成品保护必将对整个工程的质量产生极其重要的影响，必须重视并妥善地进行好成品保护工作，才能保证工程优质高速地进行施工。这就要求我们成立成品保护管理组织机构，它是确保半成品、成品保护得以顺利进行的关键。通过这个专门机构，对加工制作、包装、运输、施工现场堆放、施工安装及已完幕墙成品进行有效保护，确保整个工程的质量及工期。

成品保护管理组织机构必须根据工程实际情况制定具体半成品、成品保护措施及奖罚制度，落实责任单位或个人；然后定期检查，督促落实具体的保护措施，并根据检查结果，对贡献大的单位或个人给予奖励，对保护措施不得力的单位或个人采取相应的处罚。

工程施工过程中，加工制作、运输、施工现场堆放、施工安装及已完幕墙交付前均需制定详细的成品、半成品保护措施，防止幕墙的损坏，造成无谓的损失，任何单位或个人忽视了此项工作均将对工程顺利开展带来不利影响。

在幕墙工程制作安装过程中，成立成品保护小组，负责成品和半成品的检查保护工作，并制订"成品保护作业指导书"。

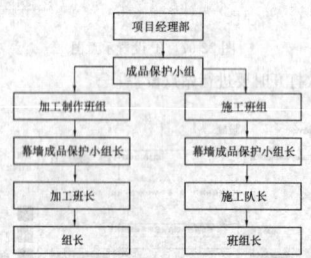

22.9.2 生产加工阶段成品保护措施

（1）成品在放置时，在构件下安置一定数量的垫木，禁止构件直接与地面接触，并采取一定的防止滑动和滚动措施，如放置止滑块等；构件与构件需要重叠放置的时候，在构件间放置垫木或橡胶垫以防止构件间碰撞。

（2）型材周转车、工器具等，凡与型材接触部位均以胶垫防护，不允许型材与钢质构件或其他硬质物品直接接触。

（3）型材周转车的下部及侧面均垫软质物。

（4）构件放置好后，在其四周放置警示标志，防止工厂在进行其他吊装作业时碰伤工程构件。

（5）成品必须摆放在车间中的指定位置。

（6）玻璃周转用玻璃架，玻璃架上设有橡胶垫等防护措施。

22.9.3 包装阶段成品保护措施

1. 金属材料包装

（1）不同规格、尺寸、型号的型材不能包装在一起。

（2）包装应严密、牢固，避免在周转运输中散包，型材在包装前应将其表面及腔内铝屑及毛刺刮净，防止刮伤，产品在包装及搬运过程中避免装饰面的磕碰、划伤。

（3）板材及铝型材包装时要先贴一层保护胶带，然后外包牛皮纸；产品包装后，在外包装上用水笔注明产品的名称、代号、规格、数量、工程名称等。

（4）包装人员在包装过程中发现型材变形、装饰面划伤等产品质量问题时，应立即通知检验人员，不合格品严禁包装。

（5）包装完成后，如不能立即装车发送现场，要放在指定地点，摆放整齐。

（6）对于组框后的窗尺寸较小者可用纺织带包裹，尺寸较大不便包裹者，可用厚胶条分隔，避免相互擦碰。

2. 玻璃包装

（1）为了某些功能要求，许多幕墙玻璃都经过特殊的表面处理，包装时应使用无腐蚀作用的包装材料，以防止损害面板表面。

（2）包装箱上应有醒目的"小心轻放"、"向上"等标志。

（3）包装箱应有足够的牢固程度，应保证产品在运输过程中不会损坏。

（4）装入箱内的玻璃应保证不会发生互相碰撞。

3. 板材的包装

板材包装应根据数量及运输条件等因素具体决定。

（1）对于长距离运输，一般多采用木箱包装。将板材光面相对。按顺序立放于内衬防潮纸的箱内，或2～4块用草绳扎立于箱内，箱内空隙必须用富有弹性的软材料塞紧。木箱板材厚度不得小于20mm。每箱应在两端加设铁腰箍，横档上加设铁角码。

（2）草绳包装有两种情况，一种是将光面相对的板材用直径不小于10mm的草绳按"井"字形捆扎，每捆扎点不应该少于三道。板材包装后，应有板材编号或名称、规格和数量等标志。包装箱及外包绳上必须有"向上"、"防潮"、"小心轻放"的指示标志，其符号及使用方法应符合《包装储运图示标志》（GB/T 191—2008）的规定。

22.9.4 运输过程中成品保护措施

吊运大件必须有专人负责，使用合适的工具，严格遵守吊运规则，以防止在吊运过程中发生振动、撞击、变形、坠落或者损坏。

装车时，必须有专人监管，清点物件的箱号及打包件号，在车上堆放牢固、稳妥，并增加必要的捆扎，防止构件松动、损伤。

在运输过程中，保持平稳，超长、超宽、超高物件运输，必须由经过培训的驾驶员、押运人员负责，并在车辆上设置标记。

严禁野蛮装卸。装卸人员装卸前，要熟悉构件的重量、外形尺寸，并检查吊马、索具的情况，防止意外。

构件到达施工现场后，及时组织卸货，分区堆放好。

现场采用汽车吊运送构件时，要注意周围地形、空中情况，防止汽车吊倾覆及构件碰撞。

运输架上安装胶条减震并防止材料划伤，绑扎绳与材料接触部位用软质材料隔开以保护材料。

选择技术高、路况熟、责任心强的运输司机，并对运输司机进行教育交底，强化成品保护意识，同承运方签订协议，制订损坏赔偿条款。

需要发运材料和已发运材料用涂色法标于立面图上，及时与项目部联系沟通发运情况。每日通知项目部联系沟通发运情况。每日通知项目部材料的发运计划，以便于项目部安排卸车及挂装。

场内材料运输：

（1）运输车辆从进入现场，沿施工道路到达材料堆放场地，进行分类堆放。

（2）幕墙板块存放安装过程中均轻拿轻放，工具与其接触表面均为软质材料避免引起板块变形、划伤。

（3）为使产品不被变型损伤，主要以铁架装货形式进行运输。常用铁架有（图22-99）：A字形架、L形架主要装运玻璃；槽形可移动架，主要装运铝型材。所有铁架与材料接触部位加垫弹性橡胶避免材料表面划伤、损坏。

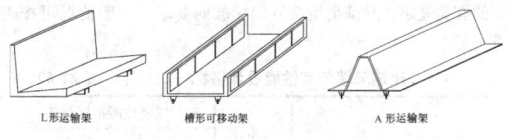

L形运输架　　　　槽形可移动架　　　　A形运输架

图 22-99　各种运输架

22.9.5　施工现场半成品保护措施

1. 工地半成品的检查

(1) 产品到工地后，未卸货之前，对半成品进行外观检查，首先检查货物装运是否有撞击现象，撞击后是否有损坏，有必要时撕下保护膜进行检查。

(2) 检查半成品保护膜是否完善，无保护膜的是否有损伤，无损伤的，补贴好保护纸后再卸货。

2. 搬运

(1) 装在货架上的半成品，应尽量采用叉车、吊车卸货，避免多次搬运造成半成品的损坏。

(2) 半成品在工地卸货时，应轻拿轻放，堆放整齐。卸货后，应及时组织运输组人员将半成品运到指定装卸位置。

(3) 半成品到了工地后，应及时进行安装。来不及安装的物料摆放地点应避开道路繁忙地段及上部有物体坠落区域，应注意防雨、防潮，不得与酸、碱、盐类物质或液体接触。

(4) 玻璃用木箱包装，便于运输也不易被碰坏。

3. 堆放

(1) 构件进场应堆放整齐，防止变形和损坏，堆放时应放在稳定的枕木上，并根据构件的编号和安装顺序分类。构件堆放场地应做好排水，防止积水对构件的腐蚀。

(2) 待安装的半成品应轻拿轻放，长的铝型材安装时，切忌拖曳部地。

(3) 待安装的材料离结构边缘应大于 1.5m。

(4) 五金件、密封胶应放在五金仓库内。

(5) 幕墙各种半成品的堆放应通风、干燥，远离湿作业。

(6) 从木箱或钢架上搬出来的板块及其他构件，需用木方垫起 0.1m，并且不得堆放挤压。

22.9.6　施工过程中成品保护措施

1. 拼装作业时的成品保护措施

(1) 在拼装、安装作业时，应避免碰撞、重击。减少在构件上焊接过多的辅助设施，以免对母材造成影响。

(2) 拼装作业时，在地面铺设刚性平台，搭设刚性台架进行拼装，拼装支撑点的设置要进行计算，以免造成构件的永久变形。

2. 吊装过程的成品保护

(1) 用吊车卸半成品时，要防止钢丝绳收紧将半成品两侧夹坏。

(2) 吊装或水平运输过程中对幕墙材料应轻起轻落，避免碰撞和与硬物摩擦；吊装前应仔细检查包装的牢固性。

3. 龙骨安装时的成品保护

(1) 施工过程中铁件焊接必须有接火容器，防止电焊火花飞溅损伤构件及其他材料。

(2) 防止龙骨吊装时对幕墙的撞击，防止酸、碱、盐类溶液对幕墙的破坏。

(3) 做防腐时避免油漆掉在各产品上。

4. 面材安装时的成品保护

(1) 所有面材用保护膜贴紧，直到竣工清洗前撕掉，以保证表面不轻易被划伤或受到水泥等腐蚀。

(2) 玻璃吸盘在进行吸附重量和吸附时间检测后方能投入使用。

(3) 为避免破坏已完工的产品，施工过程中必须做好保护，防止坠落物损伤成品。

(4) 打胶前应先在面材上贴好美纹纸，防止污染面材。

(5) 贴有保护膜的型材等在胶缝处注胶时将保护膜揭开，以

允许用小刀直接在玻璃上将保护膜划开，以免利器损伤玻璃镀膜。

(6) 在操作过程中若发现砂浆或其他污物污染了饰面板材，应及时用清水冲洗干净，再用干抹布抹干，若冲洗不净时，应采用其他的中性洗洁液或与生产厂家联系，不得用酸性或碱性溶剂清洗。

(7) 在玻璃的全部操作过程中均须避免与锋利和坚硬的物品直接以一定压强接触。

22.9.7　移交前成品保护

1. 设置临时防护栏，防护栏必须自上而下用安全网封闭。

2. 安装上墙的饰面板块在未检查验收前不得将其保护膜拆除。

3. 为了防止已装板块污染，在板片上方用彩条布或木板固定在板口上方，在已装单元体上标明或做好记号。特别是底层或人可接近部位用立板包裹扎牢，未经交付时不得剥离，有损坏及时补上。对开启窗应锁定，防止风吹打、撞击。

4. 幕墙在施工过程中或施工结束后，用保护材料将室内暴露部分遮盖，暂时密封保护，以防止其他施工项目破坏幕墙，对于这些临时保护措施，请其他施工人员维护，不得随便拆除这些保护材料；其次派出专职安全员每天进行巡回检查，一是检查临时保护措施的完整性，一有破坏马上重新维护，二是防止其他人员的人为破坏，这些工作均需建设方与总包方给予大力的配合。

22.10　幕墙相关试验

22.10.1　试　验　计　划

幕墙工程开工后，项目经理部应根据满足工程技术规范和设计要求的测试、检查试验及一切要求，编制项目试验计划，明确试验时间，分阶段和步骤进行相关试验。一般工程将进行如下试验：

四性试验（包括抗风压性能试验、水密性能试验、气密性能试验、平面内变形性能试验）、幕墙的耐撞击性能检测、结构胶相容性检测、密封胶的性能检测、石材的各种性能试验、氟碳树脂层物理性能试验、喷淋试验、隔声性能检测及后置预埋件、锚栓的拉拔试验等。

以上试验根据幕墙种类为必做试验；结合工程特性以及业主、总包、监理要求选作其他试验项目。

22.10.2　试验标准及试验方法

幕墙性能试验主要试验内容一般为：雨水渗漏试验、空气渗透试验、风压变形试验、平面内变形性能试验，试验过程中严格执行《建筑幕墙气密、水密、抗风压性能检测方法》（GB/T 15227—2007）、《建筑幕墙》（GB/T 21086—2007）测试标准，检验结果等级符合（GB/T 21086—2007），并邀请业主和总包、监理代表到现场见证试验过程。

幕墙试验主要程序：确定检测中心→取代表意义的单元→设计样品制作→试验室样品安装→气密性能试验→水密性能试验→抗风压性能试验→平面内变形性能试验→出具检测报告

为保证幕墙试验符合幕墙工程技术规范，安排的主要试验内容有：抗风压性能试验；水密性能试验；气密性能试验；平面内变形性能试验。

幕墙试验的机构：国家认可的建筑工程质量监督检验中心。

国家建筑工程质量监督检验中心，将负责主持模拟试验及编制实验报告。

1. 试验标准

按照幕墙的各项性能应符合以下国家标准规定：

(1) 抗风压性能

1) 幕墙的抗风压性能指标应根据幕墙所受的风荷载标准值（w_k）确定，其指标值不应低于风荷载标准值，且不应小于 1.0kPa。风荷载标准值的计算应符合《建筑结构荷载规范》（GB 50009）的规定。

2) 在抗风压性能指标值作用下，幕墙的支承体系和面板的相对挠度和绝对挠度不应大于表 22-64 的要求。

幕墙支承结构、面板相对挠度
和绝对挠度要求　　　表 22-64

支撑结构类型		相 对 挠 度	绝对挠度 (mm)
构件式玻璃幕墙 单元式幕墙	铝合金型材	$L/180$	20 (30)
	钢型材	$L/250$	20 (30)
	玻璃面板	短边距/60	—
石材幕墙 金属板材幕墙 人造板材幕墙	铝合金型材	$L/180$	—
	钢型材	$L/250$	—
	钢结构	$L/250$	—
点支承玻璃幕墙	索杆结构	$L/200$	—
	玻璃面板	长边孔距/60	—
全玻幕墙	玻璃肋	$L/200$	—
	玻璃面板	跨距/60	—

注：表中 L 为跨度。

3) 开放式建筑幕墙的抗风压性能应符合设计要求。

4) 抗风压性能分级指标 P_3 应符合前面 1) 条的规定，并符合表 22-65 的要求。

建筑幕墙抗风压性能分级　　　表 22-65

分级代号	1	2	3
分级指标值 P_3(kPa)	$1.0{\leqslant}P_3{<}1.5$	$1.5{\leqslant}P_3{<}2.0$	$2.0{\leqslant}P_3{<}2.5$
分级代号	4	5	6
分级指标值 P_3(kPa)	$2.5{\leqslant}P_3{<}3.0$	$3.0{\leqslant}P_3{<}3.5$	$3.5{\leqslant}P_3{<}4.0$
分级代号	7	8	9
分级指标值 P_3(kPa)	$4.0{\leqslant}P_3{<}4.5$	$4.5{\leqslant}P_3{<}5.0$	$P_3{\geqslant}5.0$

注　1. 9 级时需要同时标注 P_3 的测试值。如：属 9 级 (5.5kPa)。
　2. 分级指标值 P_3 为正、负风压测试值绝对值的较小值。

(2) 水密性能

根据幕墙水密性能指标应按如下方式确定：

《建筑气候区划标准》(GB 50178) 中，ⅢA 和ⅣA 地区，即热带风暴和台风多发地区按下式计算，且固定部分不宜小于 1000Pa，可开启部分与固定部分同级。

$$P=1000\mu_z\mu_c w_0$$

式中　P——水密性能指标；

　　　μ_z——风压高度变化系数，应按 GB 50009 的有关规定采用；

　　　μ_c——风力系数，可取 1.2；

　　　w_0——基本风压（kN/m²），应按 GB 50009 的有关规定采用。

其他地区可按ⅢA 和ⅣA 地区 P 计算值的 75% 进行设计，且固定部分取值不宜低于 700Pa，可开启部分与固定部分同级。

水密性能分级指标值应符合表 22-66 的要求。

建筑幕墙水密性能分级　　　表 22-66

分级代号		1	2	3	4	5
分级 指标值 ΔP (Pa)	固定部分	$500{\leqslant}\Delta P$ <700	$700{\leqslant}\Delta P$ <1000	$1000{\leqslant}\Delta P$ <1500	$1500{\leqslant}\Delta P$ <2000	$\Delta P{\geqslant}2000$
	开启部分	$250{\leqslant}\Delta P$ <350	$350{\leqslant}\Delta P$ <500	$500{\leqslant}\Delta P$ <700	$700{\leqslant}\Delta P$ <1000	$\Delta P{\geqslant}1000$

注：5 级时需同时标注固定部分和开启部分 ΔP 的测试值。

有水密性要求的建筑幕墙在现场淋水试验中，不应发生水渗漏现象。

开放式建筑幕墙的水密性能可不作要求。

(3) 气密性能

1) 气密性能指标应符合《民用建筑热工设计规范》（GB 50176）、《公共建筑节能设计标准》（GB 50189）、《居住建筑节能检测标准》（JGJ/T 132—2009）、《夏热冬冷地区居住建筑节能设计标准》（JGJ 134）、《严寒和寒冷地区居住建筑节能设计标准》（JGJ

26) 的有关规定，并满足相关节能标准的要求。一般情况可按表 22-67 确定。

建筑幕墙气密性能设计指标一般规定　　　表 22-67

地区分类	建筑层数、高度	气密性 能分级	气密性能指标小于	
			开启部分 q_L s(m³/m・h)	幕墙整体 q_A s(m³/m・h)
夏热冬暖地区	10 层以下	2	2.5	2.0
	10 层及以上	3	1.5	1.2；U
其他地区	7 层以下	2	2.5	2.0
	7 层以上	3	1.5	1.2；U

2) 开启部分气密性能分级指标 q_L 应符合表 22-68 的要求。

建筑幕墙开启部分气密性能分级　　　表 22-68

分级代号	1	2	3	4
分级指标值 q_L/[m³/(m・h)]	$4.0{\geqslant}q_L{>}2.5$	$2.5{\geqslant}q_L{>}1.5$	$1.5{\geqslant}q_L{>}0.5$	$q_L{\leqslant}0.5$

3) 幕墙整体（含开启部分）气密性能分级指标 q_A 应符合表 22-69 的要求。

建筑幕墙整体气密性能分级　　　表 22-69

分级代号	1	2	3	4
分级指标值 q_A/[m³/(m²・h)]	$4.0{\geqslant}q_A{>}2.0$	$2.0{\geqslant}q_A{>}1.2$	$1.2{\geqslant}q_A{>}0.5$	$q_A{\leqslant}0.55$

4) 开放式建筑幕墙的气密性能不作要求。

(4) 平面内变形性能和抗震要求

抗震性能应满足《建筑抗震设计规范》（GB 50011—2010）的要求。

1) 平面内变形性能：

建筑幕墙平面内变形性能以建筑幕墙层间位移角为性能指标。在非抗震设计时，指标值应不小于主体结构弹性层间位移角控制值；在抗震设计时，指标值不小于主体结构弹性层间位移角控制值的 3 倍。主体结构楼层最大弹性层间位移角控制值可按表 22-70 的规定执行。

平面内变形性能分级指标 γ 应符合表 22-71 的要求。

2) 建筑幕墙应满足所在地抗震设防烈度的要求。对有抗震设防要求的建筑幕墙，其试验样品在设计的试验峰值加速度条件下不应发生破坏。幕墙具备下列条件之一时应进行振动台抗震性能试验或其他可行的验证试验：

主体结构楼层最大弹性层间位移角　　　表 22-70

结 构 类 型		建筑高度 H (m)		
		$H{\leqslant}150$	$150{<}H{\leqslant}250$	$H{>}250$
钢 筋 混 凝 土 结 构	框架	1/550	—	—
	板柱—剪力墙	1/800	—	—
	框架—剪力墙、框架—核心筒	1/800	线性插值	—
	筒中筒	1/1000	线性插值	1/500
	剪力墙	1/1000	线性插值	—
	框支层	1/1000	—	—
多、高层钢结构		1/300		

注：1. 表中弹性层间位移角 $=\Delta/h$，Δ 为最大弹性层间位移量，h 为层高。

　2. 线性插值系指建筑高度在 150～250m 间，层间位移角取 1/800(1/1000) 与 1/500 线性插值。

建筑幕墙平面内变形性能分级 1G3　　　表 22-71

分级代号	1	2	3	4	5
分级指标值	$\gamma{<}1/300$	$1/300{\leqslant}\gamma$ $<1/200$	$1/200{\leqslant}\gamma$ $<1/150$	$1/150{\leqslant}\gamma$ $<1/100$	$\gamma{\geqslant}1/100$

a. 面板为脆性材料，且单块面板面积或厚度超过现行标准或规范的限制；

b. 面板为脆性材料，且与后部支承结构的连接体系为首次应用；

c. 应用高度超过标准或规范规定的高度限制；

d. 所在地区为 9 度以上（含 9 度）设防烈度。

（5）其他试验标准按国家相关标准要求执行。

2. 试验方法

（1）抗风压性能试验

试件首先按设计要求安装于检测台上，安装完毕后须进行核查，确认符合设计要求后，即可进行检测。

在试件所要求布置测点的位置上，安装好位移测量仪器械。测点规定为：受力杆件的中间测点布置在杆件的中点位置；两侧端点布置在杆件两端点往中点方向移 10mm 处。镶嵌部分的中心测点位置在两对角线交点位置上，两侧端点布置在镶嵌部分的长度方向两端向中点方向，距镶嵌边缘 10mm 处。

1) 预备加压：

以 250Pa 的压力加荷 5min，作为预备加压，待泄压平稳后，记录各测点的初始位移量。预备压力为 P_0。

2) 变形检测：

先进行正压检测，后进行负压检测。检测压力分级升降，每级升降压力不超过 250Pa，每级压力作用时间不少于 10s。压力升、降到任一受力杆件挠度值达到 $L/360$ 为止。记录每级压力差作用下的面法线位移量和达到 $L/360$ 之压力值 P_1。

3) 反复受荷检测：

以每级检测压力为波峰，波幅为 1/2 压力值，进行波动检测，最高波峰值为 $P_1 \times 1.5$，每级波动压力持续时间不少于 60s，波动次数不少于 10 次。记录尚未出现功能障碍或损坏时的最大检测压力值 P_2。

4) 安全检测：

如反复受荷检测未出现功能障碍或损坏，则进行安全检测，使检测压力升至 P_3，随后降至 0，再降至 $-P_3$，然后升到 0，升降压时间不少于 1s，压力持续时间不少于 3s，必要时可持续至 10s。然后记录功能障碍，残余变形或损坏情况和部位。$P_3 = 2P_1$，即相对挠度 ≤ $L/180$。如挠度绝对值超过 20mm 时，以 20mm 所对应的压力值为 P_3 值。

（2）水密性能检测

试件首先按设计要求安装于检测台上，安装完毕后须检查，确认符合设计要求后即可进行检测。

1) 预备加压：

以 250Pa 的压力对试件进行预备加压，持续时间为 5min。然后使压力降为零，在试件挠度消除后开始进行检测。

2) 淋水：

以 4L/m² · min 的水量对整个试件均匀地喷淋，直至检测完毕。水温应在 8~25℃ 的范围内。

3) 加压：

在淋水的同时，按规定的各压力级依次加压。每级压力的持续时间为 10min，直到试件开启部分和固定部分室内侧分别出现严重渗漏为止。加压形式分为稳定和波动两种，见表 22-72 和表 2-73 所示。波动范围为稳定压的 3/5，波动周期为 3s。

稳 定 加 压（Pa）　　表 22-72

加压顺序	1	2	3	4	5	6	7	8	9
稳定压	100	150	250	350	500	700	1000	1600	2500

波 动 加 压（Pa）　　表 22-73

加压顺序		1	2	3	4	5	6	7	8	9
波动压	上限值	100	150	250	350	500	700	1000	1600	2500
	平均值	70	110	180	250	350	500	700	1100	1750
	下限值	40	70	110	150	200	300	400	600	1000

4) 记录：

记录渗漏时的压力差值、渗漏部位和渗漏状况。

5) 判断：

以试件出现严重渗漏时所承受的压力差值作为雨水渗漏性能的判断基础。以该压力差的前一级压力差作为试件雨水渗漏性能的分级指标值。

（3）气密性能检测

试件首先按设计要求安装于检测台上，安装完毕后须核查，确认符合设计要求后即可进行检测。

1) 预备加压：以 250Pa 的压力对试件进行预备加压，持续时间为 5min。然后使压力降为零，在试件挠度消除后开始进行检测。

2) 按表 22-74 所规定的各压力级依次加压，每级压力作用时间不少于 10s，记录各级压力差作用下通过试件的空气渗透量测定值，并以 100Pa 作用下的测定值作为 q。

加 压 顺 序 表（Pa）　　表 22-74

加压顺序	1	2	3	4	5	6	7	8	9	10	11	12	13
检测压力	10	20	30	50	70	100	150	100	70	50	30	20	10

（4）平面内变形能力试验

1) 平面内变形性能定义：幕墙在楼层反复变位作用下保持其墙体及连接部位不发生危及人身安全的破损的平面内变形能力，用平面内层间位移角进行度量。

2) 检测方法：采用拟静力法。

3) 检测装置：目前检测装置加载方式有使试件呈连续平行四边形方式和使试件对称变形方式两种。前者采用专门加载用的框架，后者利用压力箱的边框支承活动梁。以第一种加载方式进行仲裁检测。

a. 试件达到试验要求，按国家标准。

b. 按国家标准要求整理测定值与检测报告。

c. 平面内变形性能要求为 ±17.5mm，达到此变形时，幕墙玻璃，铝板没有损坏，恢复后，开启部分仍可正常开启。

（5）结构胶相容性检测

1) 试验仪器与材料：

a. 试验仪器。紫外线灯；紫外线强度计，量程为 1000~4000μW/cm²；温度计，量程 0~100℃。

b. 试验材料。清洁浮法玻璃板，尺寸为 76mm × 50mm × 6mm，应备 12 块；防粘带，每块玻璃板用一条，尺寸为 25mm × 76mm；清洗剂，用 50% 乙醇-蒸馏水溶液；试验结构胶；基准密封胶，与试验结构胶成分相近的半透明密封胶。

2) 试件制备和准备：

试验室条件。结构胶样品应在标准条件下至少放置 24h。

试件制备。清洁玻璃、附件，用清洗剂洗净擦除水分后自然风干；在玻璃板一端粘贴防粘带，覆盖宽度约 25mm；制备 12 块试件，6 块为校验试件，另 6 块为试验试件。附件应裁切成条状，尺寸为 6.5mm × 51mm × 6.5mm，放置于玻璃板的中间。分别将基准密封胶和试验结构胶挤注在附件两侧与上部，并与玻璃粘结密实，两种胶相接处高于附件约 3mm。

3) 试验程序：

a. 试件编好号后在试验室标准条件下放置 24h。取试验试件和校验试件各三块组成一组试件。将两组试件放在紫外线灯下，一组试件的密封缝向上，另一组试件的玻璃面向上。

b. 光照试验。启动紫外线灯连续照射试样 21d。用紫外线强度计和温度计测量试样表面，紫外线辐射强度为 2000~3000μW/cm²，温度为 (50±2)℃。紫外线强度每周测定一次。

c. 观察颜色变化和测定粘结力。

d. 光照结束后，取出试样冷却 4h。

e. 仔细观察并记录试验试件、校验试件上结构胶的颜色及其他变化。

f. 测量结构胶与玻璃粘结性。

g. 测量结构胶与附件粘结性。

h. 试验报告。将试验结果如实记录并填写试验报告。

（6）密封胶的性能检测

1) 蝴蝶测试（图 22-100）

这个程序是为了确定双组分密封剂是否已彻底混合均匀。混合不均匀会引起产品性能的极大变化。

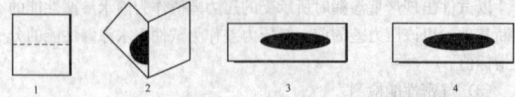

图 22-100　蝴蝶测试过程

试验方法：①将纸折叠（A4 白色复印纸）；②将混合后的密封剂涂在纸上，然后将纸折叠使密封剂平整；③打开纸，检查密封剂，如果密封剂上出现白色条纹表示混合不充分。④如果没有条纹出现则表明已充分混合，并在纸上记录年月日及结构胶基质与固化剂的批号。

2) 拉断时间测试（图 22-101）

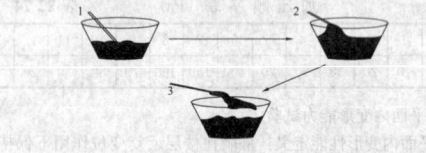

图 22-101　拉断时间测试过程
1—小棍；2—密封剂未突然断裂；3—密封剂已突然断裂

此程序用来测试密封剂的固化速率。不正常的拉断时间（或长或短）表明混合过程中基质/固化剂的比例存在问题。

试验方法：①将小棍（压舌板）浸入混合后的密封剂，并开始计时；②固化周期内每隔 5 分钟将小棍从密封剂内拉出并观察密封剂扯起的部分是否发生突然断裂；③如果不发生断裂，重复步骤①和②，直至发生突然断裂，并记录拉断的时间。（注：混合比例正常的 SSG4400，突然拉断时间应在 20～50min 之间）。

3) 粘合—剥离测试（图 22-102）

图 22-102　粘合、剥离测试过程

此程序是来确定胶与被粘合材料之粘合能力及其发展情况。

试验方法：①清洁被测试的玻璃；②在表面施用有机硅密封剂条；③让密封剂固化（SSG4000/7d，SSG4400/3d）；④用手拉密封胶条，并观察是否发生内聚破坏或脱胶，并记录内聚破坏的百分比（观察发生上述内聚破坏 B 的密封剂粘合面积的百分比，即为内聚破坏的百分比）。100%减去内聚破坏的百分比即为脱胶的百分比。

4) 现场粘附试验

在外墙接缝密封胶安装过程中，现场检测密封胶对接缝基底的粘附情况；

试验范围：对外墙弹性密封胶接缝进行如下检测：

a. 在每一类外墙弹性密封胶和基底组合形成接缝的头 300mm 长度上进行 4 次试验。

b. 按照每一楼层每一标高位置，接缝长度每 300mm 进行一次试验。

试验方法：按照 ASTMC1193 标准附录 1 中的"现场涂覆封胶接缝手拉试验：方法 A"的要求，对接缝密封胶进行检测。对于具有不同基底的接缝而言，要分别针对每种基底测试附着情况，沿一侧切割，验证另一侧的附着情况。对另一侧也重复此试验步骤。

检查接缝是否填缝完整，是否有空隙，接缝外形是否符合技术规范要求，将检查结果记录到现场粘附试验日志中。

检验受测接缝，报告下列情况：

a. 接缝中与拉出部分相连的密封胶是否未能附着到接缝基底上，还是出现了粘结性撕裂现象，要报告每种产品和接缝基底所采用的拉拔长度数据，对试验结果进行对比，确定粘附情况是否通过

了现场粘附手拉试验标准。

b. 密封胶填充接缝中是否存在空穴，是否存在空隙。

c. 密封胶尺寸和外形是否符合规范要求。

将试验结果记录到现场粘附试验日志中。所记录的数据要包括密封胶的安装日期、安装人员姓名、检测试验结果、检测位置、接缝是否涂覆了底漆、粘附情况以及拉长百分比、填入何种密封胶、密封胶的外形以及密封胶的尺寸。

要对参与拉拔试验的密封胶进行修补，按照与原先进行接缝密封所采用的相同操作步骤重新涂覆密封胶，确保先前的密封胶表面是清洁的，重新涂覆的密封胶要与原先涂覆的密封胶完全接触。

对现场试验结果的评价：如果试验未能证明密封胶粘附不合格或者不符合其他给定要求，那么则认为密封胶的施工达到了满意效果。如果试验过程中发现密封胶未能粘附到基底上或者不符合其他要求，那么要将密封胶清除拆下。如果密封胶涂覆不合格，要重新涂覆，重新试验，直至试验结果能够证明密封胶达到了规定要求。

（7）幕墙喷淋试验

为了确保工程幕墙符合规范的要求，按幕墙规范标准进行现场喷淋试验。

工程幕墙防水渗透试验进行现场动态喷淋。

重点区：玻璃幕墙部位。按 4L/min 喷水量进行喷淋，必须达到防水渗透标准。

重点在纵向、横向插接缝的 EPDM 水密线处喷淋试验，必须进行三次作业。

现场喷淋试验后，如没有水渗透，则请设计单位、业主、总承包方、工程监理现场评定是否再增加喷淋试验范围。业主同意，渗水试验检查除贯彻《表面污染测定》GB/T 15222 标准外，还可参考 AAMA501.2 标准复查。

喷淋试验应尽早安排，安装面积约为 10m×30m。在竣工交付前，业主、总承包方、设计单位、工程监理随意抽出 4 个 10m×30m 区域做抽查喷淋试验。

对现场幕墙做喷淋试验时，不准有上、下、左、右接缝打胶，以真实检查内涵道排水装置和 EPDM 胶条防水效果，等压防水功能。不准有任何水渗入幕墙结构体内，喷淋用的水源，喷水设备及管道以及试验程序，由幕墙分包单位准备，并在试验前，将计划送给业主/总承包方、设计单位、工程监理审阅，经批准后方可试验，如试验仍发现有渗水现象，应立即进行修补，修补后再进行上述试验二次，不渗即通过。

试验用水酸碱值须在 6～8 之间，不准用污水代替。

试验后程序：修理或更换部件，包括泄漏或发现有缺陷的接缝和密封胶，并根据要求重新试验，对试验程序、结果和应遵守的修改或纠正程序提供完整的书面报告。

现场喷淋试验记录见表 22-75。

现场喷淋试验记录		表 22-75	
工程名称		外装类型	
建设单位		监理单位	
设计单位		施工单位	
管径（规范要求 20mm 直径普通软管）		高度（规范要求 20m 作为一个试验段）	
喷水时间（规范要求每处至少 5 分钟）		水压（规范要求水压力 210kPa 以上）	
试验过程及试验结果描述 试验范围： 试验装置： 过程及结果描述：			
参加试验的相关方	建设方代表： 年 月 日	监理方代表： 年 月 日	设计方代表： 年 月 日	施工方代表： 年 月 日

(8) 后置预埋件、锚栓的拉拔试验

通过对后置预埋件、锚固件进行拉拔力试验来验证后置预埋件、埋入锚固件的适合性。试验负载应为设计荷载的 150%，鉴于后置预埋件、埋入锚固件设计的复杂性，试验次数由业主确定，但不应小于总数的 5%，由业主选择试验埋入位置。如埋入试验失败，应进一步试验来查明问题程度，附加试验量由业主确定。

(9) 其他试验方法按国家相关标准要求执行。

22.10.3 试验后程序

试验后根据试验报告对试验结果进行分析，对于合格、满足相关标准规范的试验对象以及低于不合格、不满足相关标准规范的试验采取相应的不同处理措施。

1. 不合格试验结果的处理程序

试验检测→试验报告→结果分析→不合格→重新加工、制作、安装或进行纠正处理→再次组织试验检测→（不合格→再次进入不合格试验结果的处理程序）合格→进入合格试验结果的处理程序。

对于不合格部位或部件，应进行修理或更换，包括泄漏或发现有缺陷的工程材料或工程部位，并根据要求重新试验，对试验程序、结果和应遵守的修改或纠正程序提供完整的书面报告。

2. 合格试验结果的处理程序

试验检测→试验报告→结果分析→合格→试验报告存档→进行正常工程流程→组织工程验收。

对于合格的试验检测对象，应对试验结果的成功经验进行总结，做好资料的整理、存档工作。

3. 现场观察及试验样板的制作

为了保证工程质量，实行样板引路制度，在现场安装 1:1 实物样板，经相关单位审查合格后正式施工，将问题和隐患早暴露出来，防止大面施工后发现问题，造成停工、返工现象的发生。

(1) 观察样板制作工作流程

施工图确认→观察样板安装位置报批、确定→样板制作施工→相关检测、验收→试验数据及观察效果善后处理→进入大面积施工。

(2) 施工图确认

提交模拟观察样板按照 1:1 的实物进行设计的装配图及计算书供建筑师审核，计算书内容包括建筑结构、锚固、连接点等内容。观察样板制作按照确认、审核后的图纸进行施工。

(3) 观察样板安装位置报批、确定

在图纸确认后，按照业主要求选择安装部位作为观察样板报业主批准，该观察样板应具有典型性，能代表外墙主要材料的颜色、位置关系、层次关系、分格尺寸及比例关系。

(4) 样板制作施工

进入样板制作施工阶段，应根据所确定的制作部位及幕墙板块所在区域选择施工方案，具体情况视现场状况而定。

(5) 相关检测、验收

在得到业主及建筑师批准后再进行试验样板并进行测试。性能测试样板按照实物模型拟安排在相关检测中心进行检测。

样板测试过程中，应记录所有在模拟样板上的调改及更改于装配图上。测试满意后，提交此更改图作为试验报告的一部分。试验报告由幕墙设计顾问签署及送交建筑师作验收的依据。

将一份批准后的试验样板制作图及结构计算给予测试单位。并告知测试单位保持该份文件于测试场地并在上述制配图上清楚及准确记录所有更改地方，作为日后的记录图纸，在测试过程中应拍照记录试验的情况及所遇到的技术问题，记录照片将附于试验报告之内。

(6) 试验数据及观察效果善后处理

样板安装完后，按验收标准进行检查，从以下各方面进行核查：

1) 分格尺寸是否与设计相符。

2) 颜色是否满足设计要求。

3) 结构连接是否安全可靠，是否符合设计要求。

4) 材料规格是否正确。

5) 材料物理性能是否合格。

6) 观感效果是否满意。

(7) 进入大面积施工

经各方观察评议后，如再调整则按以上程序进行变更后再评议，若无异议即可确认封样、订货、采购、安装，进入工程大面积施工阶段。

4. 试验样板的制作

为了配合质量检测与试验，必须拟装配框架玻璃幕墙试验样板一块，送相关权威机构进行幕墙四项性能及其他试验。样板关键节点要求与工程实际情况相同。

22.11 安 全 生 产

22.11.1 安 全 概 述

安全泛指没有危险、不受威胁和不出事故的状态，而生产过程中的安全是指不发生工伤事故、职业病、设备和财产损失的状况，也就是指人不受伤害，物不受损失。

安全生产是指为了使劳动过程在符合安全要求的物质条件和工作秩序下进行，防止伤亡事故、设备事故及各种灾害的发生、保障劳动者的安全健康和生产作业过程的正常进行而采取的各种措施和从事的一切活动。

安全管理是指以国家法律、法规、规定和技术标准为依据，采取各种手段，对生产经营单位的生产经营活动的安全状况，实施有效制约的一切活动。

22.11.2 施工安全具体措施

幕墙属于外墙施工，需采取的安全措施较多，为确保安全，现场需组建专职安全管理机构，负责工程安装中所需的一切安全设施的搭设，安全措施设大致分为以下几大类：高空作业安全措施；吊篮安全措施；用水、用电、防火安全措施；现场周边环境安全管理措施。

1. 高空作业安全措施

(1) 在高层建筑幕墙安装与上部结构施工交叉作业时，结构施工层下方须架设挑 3m 左右的硬防护，搭设挑出 6m 水平安全网，如果架设竖向安全平网有困难，可采取其他有效方式，保证施工。幕墙施工单位为了确保施工安全，搭设可移动钢防护平台；悬臂底部施工搭设三层安全平网。

(2) 上班前必须认真检查机械设备、用具、绳子、坐板、安全带有无损坏，确保机械性能良好及各种用具无异常现象方能上岗操作。

(3) 操作绳、安全绳必须分开生根并扎紧系死，靠沿口处要加垫软物，防止因磨损而断绳，绳子下端一定要接触地面，放绳人同时也要系临时安全绳。

(4) 施工员上岗前要穿好工作服，戴安全帽，上岗时要先系安全带，再系保险锁（安全绳上），尔后再系好卸扣（操作绳上），同时坐板扣子要打紧，固死，如图 22-103。

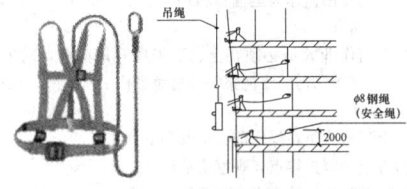

图 22-103 施工员上岗的安全措施

(5) 下绳时，施工负责人和楼上监护人员要给予指挥和帮助。

(6) 操作时辅助用具要扎紧扎牢，以防坠伤人，同时严禁嬉笑打闹和携带其他无关物品。

(7) 楼上、地面监护人员要坚守在施工现场，切实履行职责，随时观察操作绳、安全绳的松紧及绞绳、串绳等现象，发现问题及时报告，及时排除。

(8) 楼上监护人员不得随意在楼顶边沿上来回走动。需要时，必须先系好自身安全绳，尔后再进行辅助工作。地面监护人员不得在施工现场看书看报，更不得随意观赏其他场景。并要随时制止行人进入危险地段及拉绳、甩绳现象发生。

(9) 操作绳、安全绳需移位，上下时，监护人员及辅助工人要一同协调安置好，不用时需把绳子打好捆紧。

(10) 施工员要着落时，要先察看一下地面、墙壁的设施，操作绳、安全绳的定位及行人流量的多少情况，待地面监护人员处理、调整，同意后方可缓慢下降，直至地面。

(11) 高空作业人员和现场监护人员必须服从施工负责人的统一指挥和统一管理。

(12) 高空操作人员应符合超高层施工体质要求，开工前检查身体。

(13) 高空作业人员应佩带工具袋，工具应放在工具袋中不得放在钢梁或易失落的地方，所有手工工具（如手锤、扳手、撬棍），应穿上绳子套在安全带或手腕上，防止失落伤及他人。

(14) 高空作业人员严禁带病作业，施工现场禁止酒后作业，高温天气做好防暑降温工作。

(15) 吊装时应架设风速计，风力超过 6 级或雷雨时应禁止吊装，夜间吊装必须保证足够的照明，构件不得悬空过夜。吊装前起重指挥要仔细检查吊具是否符合规格要求，是否有损伤，所有起重指挥及操作人员必须持证上岗。

2. 吊篮安全措施

(1) 吊篮操作工，必须经市认定的机构培训合格，执证上岗。无操作上岗证的人员，严禁操作吊篮。

(2) 进入吊篮，必须戴好安全帽，戴好安全带、钩牢保险钩（拴在安全保险绳上）。

(3) 吊篮操作工和上篮人员，应严格遵守吊篮"使用说明书"和"安全技术规定"。

(4) 吊篮操作人员必须身体健康，无高血压病、贫血病、心脏病、癫痫病和其他不适宜高空作业的疾病，严禁酒后操作，禁止在吊篮内玩笑戏闹。

(5) 吊篮搭设构造必须遵照专项安全施工组织设计（施工方案）规定，组装或拆除时，应 3 人配合操作，严格按搭设程序作业，任何人不允许改变方案。

(6) 吊篮的负载按出厂使用说明书的规定执行，吊篮上的作业人员和材料应对称分布，不得集中在一头，保持吊篮负载平衡。

(7) 承重钢丝绳与挑梁连接必须牢靠，并应有预钢丝绳受剪的保护措施。

(8) 吊篮的位置和挑梁的设置应根据建筑物的实际情况而定。挑梁挑出的长度与吊篮的吊点必须保持垂直，安装挑梁时，应使挑梁探出建筑物的一端稍高于另一端。挑梁在建筑物内外的两端应用钢管连接牢固，成为整体。

(9) 每班第一次升降吊篮前，必须先检查电源、钢丝绳、屋面梁、臂梁架压铁是否符合要求，检查安全锁和升降电机是否完好。

(10) 吊篮升降范围内，必须清除外墙面的障碍物。

(11) 严禁将吊篮作为运输材料和人员的"电梯"使用，严格控制吊篮内的荷载。

(12) 上篮作业人员必须在上、下午离开吊篮前，对安全锁、升降机及钢丝绳等沾污的水泥浆等杂物垃圾作一次清除，以确保机械的安全可靠性。

(13) 上吊篮人员在操作前必须做下列几点：

1) 检查电源线连接点，观察指示灯；

2) 按启动按钮，检查平台是否处于水平；

3) 检查限位开关；

4) 检查提升器与平台的连接处；

5) 检查安全绳与安全锁连接是否可靠，动作是否正常。

(14) 电动升降吊篮必须实施二级漏电保护。

3. 用水、用电、防火安全措施

(1) 用水安全措施

水、电由总包方预留好接驳位置，提供施工用水、二级配电箱。用水用电量由计算确定。

按满足施工及生活要求接驳采用。水源从指定地点接至施工区域，设置出水口，出水口下方设专业接水容器，容积在 2m³ 便于接水，防止外溢，既能满足施工用水，又能满足消防要求。

(2) 用电安全措施

严格按照《施工现场临时用电安全技术规范》（JGJ 46—2005）和《建筑施工安全检查标准》（JGJ 59—99）以及各省市文明安全工地检查评分标准进行现场的临时管理和维护。

执行总包方的有关安全用电管理规定，教育施工人员，提高安全用电的意识，定期组织检查本单位配电线路及用电设备，保证各种电气设备安全可靠运行，并对检查中发现的问题和隐患定人、定措施、定时间进行解决和整改，做好检查记录。

所有电器设备采用 TN-S 接法，做到三级配电，现场施工用电执行一机、一闸、一漏电保护的"三级"保护措施。其电箱设门、设锁、编号、注明责任人。电缆线为三相五线制，并规定黄绿双色线为保护零线，不得作为相线使用。

配电箱和开关箱中，逐级漏电保护器的额定漏电动作电流和额定漏电动作时间应作合理配合，使之具有分级保护分段保护的功能。施工现场的漏电保护开关在总配电箱、分配电箱上安装的漏电保护开关的动作电流为 50～100MA，保护该线路：开关箱内安装的漏电保护开关的漏电动作电流就为 30MA 以下额定漏电动作时间小于 0.1s。使用于潮湿和有腐蚀介质场所的漏电保护器应采用防溅型产品，其额定漏电动作电流应不大于 15MA，额定漏电动作时间应小于 0.1s。

机械设备必须执行工作接地和重复接地的保护措施。单相 220V 电气设备应有单独的保护零线或地线。严禁在同一系统中接零、接地两种混用，不用保护接地做照明零线。定期对电器设备进行检修，定期对电器设备进行绝缘、接地电阻测试。

现场严禁拖地线，导线型号及规格、最大弧垂距地高度、接地要符合工艺标准，电缆穿过建筑物、道路，易损部位要加套管；施工区所使用的各种电箱、机械、设备、电焊机必须用绝缘板垫起，严禁设置在水中。

电箱内所配置的电闸、漏电、熔丝荷载必须与设备额定电流相等。不使用偏大或偏小额定电流的电熔丝，严禁使用金属丝代替电熔丝。

保护好露天电气设备，以防雨淋和潮湿，检查漏电保护装置的灵敏度，使用移动式和手持电动设备时，一要有漏电保护装置，二要使用绝缘护具，三要电线绝缘良好。大雨过后要检查脚手架的下部是否下沉，如有下沉，则应立即加固。

在任何用电范围内，均需接受电工的管理、指导，不得违反。

严禁一制多机（或工具）用电。

一切接线接头均要接触牢固，严禁随手接电，电线接头严禁裸露。

一切临时电路均要在 2m 高度以上，严禁拖地电线长度超过 5m。

任何拖地电线必须做好防水、防漏电工作。

每一工作小区（分区）设一漏电保护开关。

照明灯泡悬池挂，严禁近人及靠近木材、电线、易燃品。

凡用电工种须配备的机具均设地线接地。

电工经专门培训，持供电局核发的操作许证上岗，非电气操作人员不准擅动电气设施，电动机械发生故障，要找电工维修。

各级配电箱要做好防雨、防砸、防损坏，配电箱周围 2m 内不准堆放任何材料或杂物。高低压线下方不得设置架具材料及其他杂物。

(3) 防火安全措施

在施工生产全过程中认真贯彻实施"预防为主、防消结合"的方针，确保项目不出现消防、伤亡事故。

建立安全管理委员会，成立以项目经理负责的安全管理小组，其他部门配合的管理体系，结合工程施工特点，对每位员工进行消防保卫方面的教育培训，做到每个人在思想上的重视。

为了加强施工现场的防火工作，严格执行防火安全规定，消除安全隐患，预防火灾事故的发生，进入施工现场的单位要建立健全防火安全组织，责任到人，确定专（兼）职现场防火员。

施工现场执行用火申请制度，如因生产需要动用明火，如电焊、气焊（割）、熬油膏等，必须实行工程负责人审批制度输动用明火许可证。在用火操作引起火花的部位应有控制措施，在用火操作结束离开现场前，要对作业面进行一次安全检查，熄火、消除火源溶渣，消除隐患。

在防火操作区内根据工作性质，工作范围配备相应的灭火器材，或安装临时消防水管，工地工棚搭建避免使用易燃物品搭设，以防火灾发生。

工地上乙炔、氧气等易燃易爆气体罐分开存放，挂明显标记，严禁火种，并且使用时由持证人员操作。

严格用电制度，施工单位配有专职电工，合格的配电箱，如需用电应事先与电工联系，严禁各施工单位擅自乱拉乱接电源，严禁使用电炉。

在有易燃物料的装潢施工现场，木加工棚等禁止吸烟和使用小太阳灯照明，如有违反规定处以罚款。

施工现场危险区还应有醒目的禁烟、禁火标志。

4. 现场周边环境安全管理措施

（1）环境保护和职业健康安全的目的和内容

随着社会各方面对环保方面的要求越来越高，项目建设实施环境保护是响应政府号召，造福社会的义举，同时实施的职业健康安全管理将极大地减少生产事故和劳动疾病的发生。实施环境和职业健康安全管理体系，从自身约束做起，幕墙施工单位在生产各方面制定了严格的生产制度，确保在工程项目施工生产中不污染环境、不危害工人和他人的健康安全，从而实现幕墙施工单位的安全生产目标。

（2）环境保护措施

设计用料尽可能选用无污染可回收利用的材料，合理解决幕墙光污染问题。

积极开展"5S"管理：即整理、整顿、清扫、清洁及素养；严格遵守各省市施工的有关规定，力争避免和消除对周围环境的影响与破坏，积极主动协调与其他施工单位的关系。

生活工作基地严格按甲方划定的范围设置临时可靠的围界，实行封闭管理，临建布置整齐、有序，道路排水通畅，"五小设施"齐全，生活污水合理排泄，生活区管理规定上墙挂牌昭标全体、生活和工作基地进行文明管理考核，营造一个环境整洁的生活、生产基地。

施工现场及楼层内的建筑垃圾、废物应及时清理到指定地点堆放，并及时清运出场，保证施工场地的清洁和施工道路的畅通，严禁高空乱抛物料。控制人为噪声进入施工现场，不得高声喊叫、乱吹口哨、码放时要轻拿轻放，禁止摔打物品，禁止故意敲击制造噪声。

在施工现场平面布置和组织施工过程中严格执行国家和地区行业有关噪声污染，环境保护的法律法规和规章制度。

针对施工工地粉尘、施工噪声、施工垃圾对周围环境的污染，施工给周围居民带来生活不便。

（3）施工噪声污染防护措施

对使用的工程机械和运输车辆安装消音器并加强维修保养，降低噪声。机械车辆途经居住场所时应减速慢行，不鸣喇叭。在比较固定的机械设备附近，修建临时隔音屏障，减少噪声传播。

合理安排施工作业时间，尽量降低夜间车辆出入频率，夜间施工不得安排噪声很大的机械。适当控制机械布置密度，条件允许时拉开一定距离，避免机械过于集中形成噪声叠加。

22.11.3　安全设施硬件投入

1. 投入的安全防护用具

（1）安全防护用品，包括安全帽、安全带、安全网、安全绳及绝缘鞋、绝缘手套、防护口罩等其他个人防护用品；

（2）安全防护设施，包括各种"临边、洞口"的防护用具等；

（3）电气产品，包括手持电动工具、木工机具、钢筋机械、振动机具、漏电保护器、电闸箱、电缆、电器开关、插座及电工元器件等；

（4）架设机具，包括用竹、木、钢等材料组成的各类脚手架及其零部件、登高设施、简易起重吊装机具等。

2. 安全防护用具及各种机械安全使用说明及规范

（1）检查现场购买及已有的安全防护用具、机械设备等是否具有检测合格证明及下列资料：

1）产品的生产许可证（指实行生产许可证的产品）和出厂产品合格证；

2）产品的有关技术标准、规范；

3）产品的有关图纸及技术资料；

4）产品的技术性能、安全防护装置的说明。

（2）现场使用的安全防护用具及机械设备，进行定期或者不定期的抽检，发现不合格产品或者技术指标和安全性能不能满足施工安全需要的产品，必须立即停止使用，并清除出施工现场。

（3）必须采购、使用具有生产许可证、产品合格证的产品，并建立安全防护用具及机械设备的采购、使用、检查、维修、保养的责任制。

（4）施工现场新安装或者停工6个月以上又重新使用的塔式起重机、龙门架（井字架）、整体提升脚手架等，在使用前必须组织由本企业的安全、施工等技术管理人员参加的检验，经检验合格后方可使用。不能自行检验的，可以委托当地建筑安全监督管理机构进行检验。

（5）由项目经理总负责的安全组织机构必须对施工中使用的安全防护用具及机械设备进行定期检查，发现隐患或者不符合要求的，应当立即采取措施解决。

（6）所有操作及施工人员必须了解所有机械包括各类电动工具的安全保护和接地装置和操作说明。

（7）主要作业场所必须安置24h36V安全照明和必要的警示等以防止各种可能的事故。

（8）使用的所有机械设备应有安全操作防护罩和详细的安全操作要点等。

（9）所有特殊工种和机械设备操作人员必须是经过专业培训并取得相关证书，技术熟练、持有特殊工种操作证的人员；所有工作在进场作业前必须严格进行"三级"教育，考核并颁发安全上岗证；按发包人和监理工程师的要求，随时向业主、发包人和监理工程师出示这类证件；业主、发包人和监理工程师有权将不具备这类证件的专业工人或其他工人逐出现场；尽管如此，分包人保证业主和发包人免于任何因分保人违章使用工人而可能导致的任何损失或损害。

23 门窗工程

23.1 木门窗

23.1.1 木门窗分类

1. 按主要材料分:
(1) 实木门窗;
(2) 实木复合门窗;
(3) 木质复合门窗;
(4) 综合木门窗。
2. 按门窗周边形状分:
(1) 平口门窗;
(2) 企口凸凹门窗;
(3) 异型边门窗。
3. 按使用场所分:
(1) 外门窗;
(2) 内门窗;
(3) 室内门窗。
4. 按产品表面饰面分:
(1) 涂饰门窗;
(2) 覆面门窗;
(3) 覆面、涂饰复合门窗。
5. 按门扇内部填充材料多少分:
(1) 实心门扇;
(2) 半实心门扇。

23.1.2 木门窗技术要求

23.1.2.1 材料

门窗的主要材料及填充材料应符合设计及相关规范要求,并附有检测报告。

木门窗的主要材料包括:木材、指接材、胶合木(集成材)、人造板、饰面材料、涂料、密封材料、胶粘剂、五金配件及玻璃等。

门窗内芯填充材料可使用木材、人造板、纸质蜂窝等材料,但不得使用废弃的未经处理的木质材料。

23.1.2.2 外观质量

(1) 实木门窗和传统木门窗外观质量
应符合表 23-1 中 1~8 项及 (4) 规定。
(2) 装饰单板覆面门窗外观质量
应符合表 23-1 中 9~16 项及 (4) 规定。
(3) 其他覆面材料门窗外观质量
应符合表 23-1 中 17~22 项及 (4) 规定。
(4) 涂饰、加工制作、五金锁具及合页安装、玻璃等外观质量
应符合表 23-1 中 23~40 项规定。

外观质量要求 表 23-1

序号	类别	项目	要求		不合格分类
1	木材制品(实木)	半活节、未贯通死节	窗棂、压条及线条	直径＜5mm 不计,≤材宽的 1/3,计个数,单面任 1 延米个数≤3	C
			外窗受力构件	直径＜3mm,单面任 1 延米个数≤3	B
			其余部件	直径＜20mm 不计,≤材宽的 2/5,计个数,单面任 1 延米个数≤5	C

续表

序号	类别	项目	要求		不合格分类
2	木材制品(实木)	死节、树脂道	门窗边、框、窗棂、压条及线条	不允许	B
			其余部件	直径＜12mm 不计,≤材宽的 2/5,计如活节个数,要修补,单面任 1 延米个数≤3	B
3		髓心	窗棂、压条及线条	不允许	C
			其余部件	不露出表面的允许	C
4		裂纹	外窗受力构件、窗棂、压条、镶板及线条	不允许	B
			其余部件	深度及长度≤厚度及材长的 1/5	B
5		贯通裂缝	框	长度不得超过100mm	A
			其余部件	不允许	A
6		斜纹的斜率	框	≤12%	B
			窗棂、压条及线条	≤5%	B
			门镶板	不限	—
			其余部件	≤7%	—
7		油眼、虫眼	窗棂、压条及线条	不允许	
			其余部件	不露出表面的允许	
8		腐朽	所有部件	不允许	A
9	装饰单板饰面	活节	阔叶树材	不限	—
10			针叶树材	最大单个直径≤20mm	C
11		半活节、夹皮和树脂囊、树胶道		最大单个直径≤20mm,每平方米表面的缺陷≤1个;单个直径≤5mm不计,脱落处要填补	B
12		死节、孔洞		最大单个直径≤5mm,每平方米表面的缺陷≤4个;单个直径≤3mm不计,脱落、开裂处要填补	A
13		腐朽		不允许	A
14		鼓泡、分层		面积≤20mm²,每平方米的数量≤1个	A
15		凹陷、压痕		面积≤100mm²,每平方米的数量≤1个	C
16		*裂缝、条纹损(缺丝)、叠层、补条、补片、透胶、板面污染、划痕、拼接离缝		不明显	
17	其他覆面材料饰面	干、湿花		不允许	B
18		污斑		不明显,3~30mm² 允许的每平方米的数量≤1个	B
		表面压痕、划痕、皱纹		不明显	
19		透底、纸板错位、纸张撕裂、局部缺纸、龟裂、鼓泡、分层、崩边等		不允许	A
20		表面孔隙		表面孔隙总面积不超过总面积的 0.3% 允许	
21		颜色不匹配、光泽不均		明显的不允许	C
22		漆膜鼓泡		不允许	B
23	涂饰	针孔、缩孔、白点		≤0.5mm,单面每平方米的数量≤5个	C
24		皱皮、雾光		不超过板面积的 0.2%	
25		*粒子、刷毛、积粉、杂渣		不明显	
26		漏漆、褪色、掉色		不允许	A
27		色差		不明显	
28		*加工痕迹、划痕、白楞、流挂		不明显	C

续表

序号	类别	项目	要求	不合格分类
29	加工制作	*毛刺、刀痕、划痕、崩角、崩边、污斑及砂迹	不明显	C
30		倒棱、圆角、圆线	均匀	C
31		允许范围内缺陷修补	不明显	C
32		榫接部位	牢固、无断裂；不得有材质缺陷	A
33		割角组装、拼缝等	端正、平整、严密（拼接间隙及高低差≤0.2mm）	B
34		人造板外露面	不允许，应进行涂饰或封边密封处理	A
35		*密封胶条安装不平直、不均匀、接头不严密，咬边、脱槽或脱落	不允许	C
36		*雕刻	线条流畅、铲底应平整、不得有刀痕和毛刺及缺陷，贴雕与底板粘贴严密牢固	C
37		软、硬包覆部位	应平服饱满、无明显皱褶、圆滑挺直、外露泡钉无损坏及排列整齐	B
38	五金锁具及合页安装	*位置不准确、不牢固、启闭不灵活	不允许	B
39	玻璃	*线道、划伤、麻点、砂粒、气泡	不明显	C
40	传统木门窗	符合《古建筑修建工程质量检验评定标准（北方地区）》（CJJ 39）及《古建筑修建工程质量检验评定标准（南方地区）》（CJJ 70）规定		

注：1. 按产品的相应类别项进行检查。
2. 不明显是指正常视力在视距末 1m 内可见的缺陷。
3. 明显是指正常视力在视距 1.5m 内可清晰观察到。
4. 表中 * 表示每一项目中有 2 个以上单项，出现一个单项不合格，即按一个不合格计算。
5. 不合格项分类：A 为严重不合格项，B 为不合格项，C 为较轻不合格项。
6. 若某 B、C 类缺陷明显到影响产品质量时，则按 A 类判定。

23.1.2.3 木门窗安装要点

1. 先立门窗框（立口）

(1) 立门窗框前须对成品加以检查，进行校正规方，钉好斜拉条（不得少于 2 根），无下坎的门框应加钉水平拉条，以防在运输和安装中变形；

(2) 立门窗框前要事先准备好撑杆、木橛子、木砖或倒刺钉，并在门窗框上钉好护角条；

(3) 立门窗框前要看清门窗框在施工图上的位置、标高、型号、门窗框规格、门扇开启方向、门窗框是里平、外平或是立墙中等，按图立口；

(4) 立门窗框时要注意拉通线，撑杆下端要固定在木橛子上；

(5) 立框子时要用线坠找直吊正，并在砌筑砖墙时随时检查有否倾斜或移动。

2. 后塞门窗框（后塞口）

(1) 后塞门窗框前要预先检查门窗洞口的尺寸、垂直度及木砖数量；如有问题，应事先修理好；

(2) 门窗框应用钉子固定在墙内的预埋木砖上，每边的固定点应不少于两处，其间距不大于 1.2m；

(3) 在预留门窗洞口的同时，应留出门窗框走头（门框上、下坎两端伸出口外部分）的缺口，在门窗框调整就位后，再砌缺口；当受条件限制，门窗框不能留走头时，应采取可靠措施将门窗框固定在墙内木砖上；

(4) 后塞门窗框时需注意水平线要直。多层建筑的门窗在墙中的

位置，应在一直线上。安装时，横竖均应通线。当门窗框的一面需镶贴脸板，则门窗框应凸出墙面，凸出的厚度等于抹灰层的厚度；

(5) 寒冷地区门窗框与外墙间的空隙，应填充保温材料。

3. 木门窗扇安装

(1) 安装前检查门窗扇的型号、规格、质量是否合乎要求；如发现问题，应事先修好或更换；

(2) 安装前先量好门窗框的高低、宽窄尺寸，然后在相应的扇边上画出高低宽窄的线，双扇门窗要打叠（自由门除外），先在中间缝处画出中线，再画出边线，并保证梃宽一致，上下冒头也要画线刨直；

(3) 画好高低、宽窄线后，用粗刨刨去线外部分，再用细刨刨至光滑、平直，使其符合设计尺寸要求；

(4) 将扇放入框中试装合格后，按扇高的 1/8～1/10，在框上按合页大小画线，并剔出合页槽，槽深一定要与合页厚度相适应，槽底要平；

(5) 门窗扇安装的留缝宽度，应符合有关标准的规定。

4. 木门窗小五金安装

(1) 有木节处或已填补的木节处，均不得安装小五金；

(2) 安装合页、插销、L 铁、T 铁等小五金时，先用锤将木螺钉打入长度的 1/3，然后用螺钉旋具将木螺钉拧紧、拧平，不得歪扭、倾斜。严禁打入全部深度。采用硬木时，应先钻 2/3 深度的孔，孔径为木螺钉直径的 0.9 倍，然后再将木螺钉由孔中拧入；

(3) 合页距门窗上、下端宜取立梃高度的 1/10，并避开上、下冒头。安装后应开关灵活。门窗拉手位于门窗高度中点以下，窗拉手距地面以 1.5～1.6m 为宜，窗拉手距地面以 0.9～1.05m 为宜，门拉手应里外一致；

(4) 门锁不宜安装在中冒头与立梃的结合处，以防伤榫。门锁位置一般宜高出地面 900～950mm；

(5) 门窗扇嵌 L 铁、T 铁时应加以隐蔽，作凹槽，安完后应低于表面 1mm 左右。门窗扇为外开时，L 铁、T 铁安在内面；内开时，安在外面；

(6) 上、下插销要安在框宽的中间；如采用暗插销，则应在外框上剔槽。

5. 后塞口预安窗扇的安装

预安窗扇就是窗框安到墙上以前，先将窗扇安到窗框上，方便操作，提高工效。其操作要点为：

(1) 按图纸要求，检查各类窗的规格、质量；如发现问题，应进行修整；

(2) 按图纸的要求，将窗框放到支撑好的临时木架（等于窗洞口）内调整，用木拉子或木楔子将窗框稳固，然后安装窗扇；

(3) 对推广采用外墙板施工者，也可以将窗扇和纱窗扇同时安装好；

(4) 有关安装技术要点，与现场安装窗扇要求一致；

(5) 装好的窗框、扇，应插销插好，风钩用小圆钉暂时固定，把小圆钉砸倒，并在水平面内加钉木拉子，码垛垫平，防止变形；

(6) 已安好五金的窗框，将底油和第一道油漆刷好，以防受潮变形；

(7) 在塞放窗框时，应按图纸核对，做到平整方直，如窗框边与墙中预埋木砖有缝隙时，应加木垫垫实，用大木螺钉或圆钉与墙木砖联固，并将上冒头紧靠过梁，下冒头垫平，用木楔夹紧。

23.1.2.4 木门窗制作与安装质量标准

1. 主控项目

(1) 木门窗的木材品种、材质等级、规格、尺寸、框扇的线型及人造木板的甲醛含量应符合设计要求。设计未规定材质等级时，所用木材的质量应符合《建筑装饰装修工程质量验收规范》（GB 50210—2001）附录 A 的规定。

(2) 木门窗应采用烘干的木材，含水率应符合《建筑木门、木窗》（JG/T 122）的规定。

(3) 木门窗的防火、防腐、防虫处理应符合设计要求。

(4) 木门窗的结合处和安装配件处不得有木节或已填补的木节。木门窗如有允许限值以内的死节及直径较大的虫眼时，应用同一材质的木塞加胶填补。对于清漆制品，木塞的木纹和色泽应与制品一致。

(5) 门窗框和厚度大于 50mm 的门窗扇应用双榫连接。榫槽应采

用胶料严密嵌合，并应用胶楔加紧。

(6) 胶合板门、纤维板门和模压门不得脱胶。胶合板不得刨透表层单板，不得有戗槎。制作胶合板门、纤维板门时。边框和横楞应在同一平面上，面层、边框及横楞应加压胶结。横楞和上、下冒头应各钻两个以上的透气孔，透气孔应通畅。

(7) 木门窗的品种、类型、规格、开启方向、安装位置及连接方式应符合设计要求。

(8) 木门窗框的安装必须牢固。预埋木砖的防腐处理、木门窗框固定点的数量、位置及固定方法应符合设计要求。

(9) 木门窗扇必须安装牢固，并应开关灵活，关闭严密，无倒翘。

(10) 木门窗配件的型号、规格、数量应符合设计要求，安装应牢固，位置应正确，功能应满足使用要求。

2. 一般项目

(1) 木门窗表面应洁净，不得有刨痕、锤印。

(2) 木门窗的割角、拼缝应严密平整。门窗框、扇裁口应顺直，刨面应平整。

(3) 木门窗上的槽、孔应边缘整齐，无毛刺。

(4) 木门窗与墙体间缝隙的填嵌材料应符合设计要求，填嵌应饱满。寒冷地区外门窗（或门窗框）与砌体间的空隙应填充保温材料。

(5) 木门窗批水、盖口条、压缝条、密封条的安装应顺直，与门窗结合应牢固、严密。

(6) 木门窗尺寸允许偏差及形状位置公差应符合表 23-2 的规定。

制作尺寸允许偏差、形状和位置
公差及测定方法 表 23-2

序号	项目	构件名称	尺寸允许偏差及形状位置公差	测定方法	不合格项分类
1	高度	框	（框、扇的设计尺寸）±1.5mm	按《门扇尺寸、直角度和平面度检测方法》（GB/T 22636—2008）中 4.1/4.2 方法进行。	C
		扇			B
2	宽度	框	（框、扇的设计尺寸）±1.5mm		B
		扇			B
3	厚度	扇	（设计尺寸）±1mm	高度、宽度精确到0.5mm，厚度精确到0.2mm	B
4	两对角线长度之差	框	≤2.5mm	用钢卷尺测量两对角线长度之差，框量裁口里角，扇量外角，精确至1mm	C
		扇	≤2mm		B
5	裁口、线条和结合处高低差	框、扇	≤0.5mm	钢板尺、塞尺	C
6	相邻梗子两端间距	扇	≤1mm	钢板尺、钢卷尺	C
7	翘曲（顺弯、翘弯、横弯）	门框 顺弯	≤2.0mm/m	用长度不小于被测件尺寸的基准靠尺，仅靠尺或门扇最大凹面的长边或短边，用塞尺或钢板尺量取最大弦高，精确至0.5mm，靠长边测量结果为顺弯、翘弯，靠短边测量结果为横弯（图示见《锯材缺陷》GB/T 4823）	B
		门框 横弯	≤0.8mm/m		B
		门扇 顺弯	≤2.0mm		A
		门扇 翘弯	≤1.0mm		B
		窗框 顺弯	≤1.5mm		B
		窗框 横弯	≤0.5mm/m		B
		窗扇 顺弯	≤1.5mm/m		A
		窗扇 翘弯	≤1.0mm		B
8	局部表面平面度	扇	≤0.5mm	按 GB/T 22636—2008 中 4.4.3 方法进行	B

注：1. 门窗单扇尺寸≥900mm×2200mm 时按设计要求允许偏差值。
　　2. 不合格项分类，A 为严重不合格项，B 为不合格项，C 为较轻不合格项。

(7) 平开整樘门窗装配配合缝隙、允许偏差和检验方法应符合表23-3规定。

平开整樘门窗装配配合缝隙、
允许偏差和检验方法 表 23-3

序号	项目		配合缝隙(mm)	允许偏差(mm)	检验方法	不合格项分类
1	门窗框的正、侧面垂直度		—	2	用线坠和钢直尺或者水平垂直度检测仪器	A
2	框与扇接缝高低差			1	用钢直尺和塞尺	B
	扇与扇接缝高低差			1		B
3	门窗扇对口缝		1~3.5	—		B
4	工业厂房、围墙双扇大门对口缝		2~7	—		C
5	门窗扇与上框间留缝	外门、内门	1~3 (3.5)	—	用钢直尺和斜形塞尺	B
		室内门	1~2.5			
6	门窗扇与合页侧框间留缝	外门、内门	1~3 (3.5)	—		B
		室内门	1~2.5			
7	门窗扇与锁侧框间留缝	外门、内门	1~3 (3.5)	—		B
		室内门	1~2.5			
8	门扇与下框间留缝		3~5	—	用钢直尺和斜形塞尺	C
9	窗扇与下框间留缝		1.5~3	—		C
10	双层门窗内外框间距			4	用钢直尺	C
11	无下框时扇与地面间留缝	外门、内门	4~7		用钢直尺和斜形塞尺	C
		室内门	4~8			C
		卫生间门				C
		厂房大门	10~20			C
		围墙大门				C
12	框与扇搭接量	门		±2	钢板尺	C
		窗		±1	钢板尺	C

注：不合格项分类，A 为严重不合格项，B 为不合格项，C 为较轻不合格项。

23.2 木 复 合 门

23.2.1 木复合门的种类与标记

木复合门扇指以木材、人造板等为主要材料复合制成，面层为单板或其他覆面材料装饰的门扇。

木复合门框指以木材、人造板等材料为芯板，面层为单板或其他覆面材料装饰的门框。

木复合门是木复合门扇和复合门框的组合。

1. 木复合门的分类与代号

(1) 按饰面材料

单板——D;　　　高压装饰板——G;　　　浸渍胶膜纸——J;
PVC 薄膜——P;　　浮雕纤维板——F;　　　直接印刷——Z;
涂料饰面——T.

(2) 按门扇和门框内芯材料

胶合板——j;　　　刨花板——b;　　　纤维板——x;
空心刨花板——k;　网格芯材——w;　　木条——m;
蜂窝纸——f;　　　集成材——c.

(3) 按门扇边缘形状

平口扇——P;
企口扇——Q.

(4) 按开启方式

1) 按平开门扇开启方式

常用平开门扇开启方式的代号应符合表23-4的规定。

常用平开门扇开启方式的代号及图示　表23-4

图　示	代号	图　示	代号	图　示	代号	图　示	代号
	R		L		Rx		Lx
	Rw		Lw		Rxw		Lxw

注：右开［单扇］内平开门——R；左开［单扇］内平开门——L；右开双扇内平开门——Rx；左开双扇内平开门——Lx；右开［单扇］外平开门——Rw；左开［单扇］外平开门——Lw；右开双扇外平开门——Rxw；左开双扇外平开门——Lxw。

2）按推拉扇开启方式

常用推拉扇开启方式的代号应符合表23-5的规定。

常用推拉门扇开启方式的代号及图示　表23-5

图　示	代号	图　示	代号	图　示	代号
	R移		Rw移		Rn移
	L移		Lw移		Ln移

注：墙中单扇右推拉门——R移；墙外单扇右推拉门（扇在室外）——Rw移；墙外单扇右推拉门（扇在室内）——Rn移；墙中单扇左推拉门——L移；墙外单扇左推拉门（扇在室外）——Lw移；墙外单扇左推拉门（扇在室内）——Ln移。

3）其他门扇

其他门扇开启分类可按 GB/T 5823—2008 中 3.3 项进行，并采用技术文件及图纸表达。

（5）按门扇厚度

按常用门扇厚度 35mm、40mm、45mm、50mm，以及其他特殊厚度分类，以厚度 mm 数值作标记。

2. 标记

木复合门的标记由饰面材料、门扇内芯材料、门框内芯材料、门扇周边形状、洞口宽高/厚尺寸、开启方向、门扇厚度顺序符号组合而成；其他内容可采用技术文件及图纸表达。

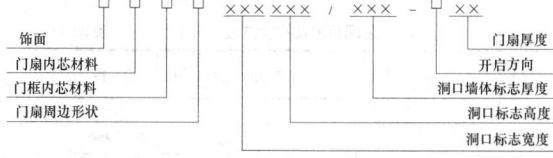

示例1：单板饰面、门扇内芯为空心刨花板、门框内芯为刨花板、企口扇，洞口宽 900mm、高 2100mm、墙厚 155mm，右开［单扇］内平开门，门扇厚 40mm；

标记为：DkbQ090210/155-R40。

示例2：聚氯乙烯薄膜饰面、门扇内芯为网格芯板、门框内芯为木条、平口扇，洞口宽 1500mm、高 2200mm、墙厚 240mm，右开双扇外平开门，门扇厚 45mm；

标记为：PwmP150220/240-Rxw45。

示例3：浮雕纤维板饰面、门扇内芯为蜂窝纸、门框内芯为刨花板、平口扇，洞口宽 950mm、高 2100mm、墙厚 180mm，墙中单扇左推拉门，门扇厚 42mm；

标记为：FfbP095210/180-L移 42。

示例4：高压装饰板饰面、门扇内芯为木条、门框内芯为集成材、平口扇，洞口宽 800mm、高 2000mm、墙厚 165mm，墙外单扇右推拉门（扇在室外），门扇厚 50mm；

标记为：GmcP080200/165-Rw移 50。

23.2.2　木复合门技术要求

23.2.2.1　材料

木材

（1）木材材质

① 不露出表面的木材小枋

按《指接材　非结构用》（GB/T 21140—2007）中第 7 章的要求，可选用外观质量达到合格品的Ⅲ类指接材。

② 不露出表面的木材板材

质量应符合《集成材　非结构用》（LY/T 1787—2008）中表 2 合格品的要求，表面加工材厚度允许偏差为±0.5mm。

③ 露出表面的木材

用料质量应符合《木家具通用技术条件》（GB/T 3324—2008）中 5.3.2 的要求。

（2）木材含水率

经干燥后的木材含水率应符合表23-6要求。

木材含水率要求　表23-6

序　号	检　验　材　料	含水率要求
1	不露出表面的木材小枋	8%～15%
2	不露出表面的木材板材	8%～当地木材平衡含水率
3	露出表面的木材	8%～12%

选用木材含水率限量值原则，按《锯材干燥质量》（GB/T 6491—1999）中第 3 章的规定执行。

（3）虫蛀材

木材应经过杀虫处理，不允许使用有活虫尚在侵蚀的木质材料。

23.2.2.2　人造板

人造板含水率应符合表23-7要求。

人造板含水率要求　表23-7

序　号	检　验　材　料	含水率要求
1	中密度纤维板	4%～13%
2	刨花板	4%～13%
3	胶合板	6%～16%

23.2.2.3　尺寸偏差和形位偏差

1. 尺寸偏差

（1）允许偏差

门扇、门框外形尺寸允许偏差应符合表23-8规定。

门扇、门框外形尺寸允许偏差　表23-8

序号	项　目	尺寸允许偏差/mm 高	宽	厚	备　注
1	门扇	+2 -1	±1	±1	门扇外口尺寸为标志尺寸
2	门框	±2	±1	—	门框里口尺寸为标志尺寸
3	门框侧壁宽度	±0.3			配对时适用
4	门框槽口深度	+1.0 -0.5			
5	门框槽口宽度	±0.3			

（2）门扇、门框外形尺寸示意图

门扇、门框外形尺寸示意图（见图23-1）。

2. 形位偏差

（1）门扇形位偏差

门扇形位偏差应符合表23-9规定。

门扇形位偏差　表23-9

序号	项目	指标 对角线度 /mm	整体扭曲平面度 /mm	整体弯曲平面度 /‰	局部平面（直）度 /mm
1	门扇	≤2.0	≤3.0	≤1.5	≤0.2

（2）门框形位偏差

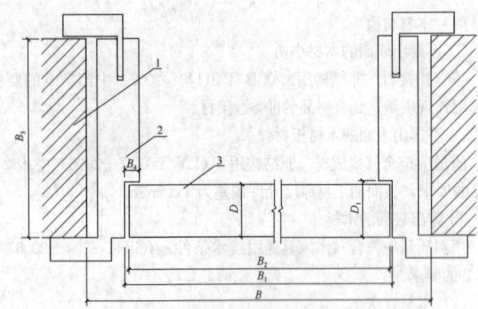

图 23-1　门扇、门框外形尺寸示意图

说明：1—墙体；2—门框；3—门扇；B—门洞宽度；B_1—门框里口宽度；
B_2—门扇外口宽度；B_3—门框侧壁宽度；B_4—门框槽口宽度；
D—门扇厚度；D_1—门框槽口深度。

门框形位偏差应符合表 23-10 规定。

门框形位偏差　　　　表 23-10

序号	项目	指标				
		对角线差 mm	扭曲平面度 mm	边框、上框长方向弯曲平面度/‰	侧壁宽方向弯曲平面度 /‰	局部平面（直）度 mm
1	门框	≤2.0	≤4.0	≤4.0	≤3.0	≤0.2

23.2.2.4　外观要求

外观应符合表 23-11 要求。

外观要求　　　　表 23-11

序号	检验项目		要求
1	饰面材料品种、纹理、拼花图案		符合设计图纸或样板的要求
2		拼接离缝	量大单个宽度≤0.3mm，最大单个长度≤200mm
3		叠层	不允许
4	装饰单板	鼓泡、分层	不允许
5		补条、补片	不易分辨
6		毛刺沟痕、刀痕、划痕	不明显
7		透胶、板面污染	不允许
8		透砂	不允许
9		色差	不明显
10		褪色、掉色	不允许
11		皱皮、发粘、漏漆	不允许
12	漆膜	漆膜涂层	应平整光滑、清晰，无明显粒子、涨边现象；应无明显加工痕迹、划痕、雾光、白棱、白点、鼓泡、油白、流挂、缩孔、刷毛、积粉和杂渣。缺陷处不超过4处（若有一个检验项目不符合要求时，应按一个不合格计数）
13	软、硬质材料覆面	污斑	同一板面外表，允许1处，面积在 $3mm^2 \sim 30mm^2$ 内
14		划痕、压痕	不明显
15		色差	不明显
16		鼓泡、龟裂、分层	不允许
17	装饰线条	腐朽材、树脂囊	不允许
18		外形	均匀、顺直、凹凸台阶匀称；割角拼接严密
19	门扇	开启方向	符合设计要求
20		底缘	可不贴封边材料，宜用涂料封闭

23.2.2.5　理化和力学性能

1. 表面理化性能

门扇、门框表面理化性能应符合表 23-12 的要求。

门扇、门框表面理化性能要求　　　表 23-12

序号	检验项目		要求
1	漆膜	附着力	涂层交叉切割法。不应低于3级
2		抗冲击	冲击高度50mm。不应低于3级
3	软、硬质材料覆面	耐划痕	加载1.5N。表面无整圈连续划痕
4		抗冲击	冲击高度50mm。不应低于3级
5	表面胶合强度		≥0.4MPa

注：表面胶合强度是指贴面、覆面材料与基材的胶合强度。

2. 力学性能

力学性能应符合表 23-13 的要求。

力学性能要求　　　表 23-13

序号	检验项目	要求
1	门扇启闭力	启闭灵活；门扇开启力和关闭力不大于49N
2	门扇反复启闭性能	反复启闭不少于10万次，启闭无异常，使用无障碍
3	软重物体撞击试验	30kg沙袋撞击后保持良好完整性，锁具、铰链等无松动脱落

23.2.2.6　甲醛释放量

成品木复合门的甲醛释放量应符合《室内装饰装修材料　人造板及其制品中甲醛释放限量》（GB 18580—2001）限量标准中 E1 级产品的要求。

23.2.2.7　特殊性能

对有保温性能和空气声隔声性能要求的木复合门，其特殊性能应符合表 23-14 的规定。

特殊性能指标　　　表 23-14

序号	项目	指标
1	保温性能	GB/T 8484—2008 中第4章分级
2	空气声隔声性能	GB/T 8485—2008 中第4章分级

23.2.2.8　装配要求及检验方法

装配要求及检验方法应符合表 23-15 的规定。

装配要求及检验方法（mm）　　　表 23-15

序号	项目	留缝限值	允许偏差	检验方法
1	门框里口对角线差	—	2	用精度为1mm钢卷尺检验
2	门扇与门框、门扇与门扇接缝高低差	—	1	用精度为0.02mm的游标卡尺检验
3	双扇门对口缝	1.5～2.5	—	用精度为0.1mm塞尺检验
4	门扇与上框间留缝	1.0～2.0	—	用精度为0.1mm塞尺检验
5	门扇与边框间留缝	1.5～3.0	—	用精度为0.1mm塞尺检验
6	门扇与下框间留缝	3～5	—	用精度为0.5mm塞尺检验
7	无下框的门扇与地面间留缝	4～8	—	用精度为0.5mm塞尺检验
8	企口门扇与门框外表面间留缝	1.0～2.0	—	用精度为0.1mm塞尺检验
9	横、竖贴脸45°接缝高低差	0.2	—	用靠尺和精度为0.1mm塞尺检验

注：1. 企口门扇无序号2（框与扇）、4）、5）项要求。
　　2. 平口门扇无序号8）项要求。

23.3　铝合金门窗

23.3.1　铝合金门窗的种类和规格

23.3.1.1　用途

1. 按建筑外围护用和内围护用，划分门窗为两类：

(1) 外墙用，代号为 W；

(2) 内墙用，代号为 N。

2. 功能

按使用功能分门、窗类型和代号及其相应的性能项目，分别见表 23-16 和表 23-17。

门的功能类别和代号　表 23-16

性能项目	种类	普通型		隔声型		保温型		遮阳型
	代号	PT		GS		BW		ZY
		外门	内门	外门	内门	外门	内门	外门
抗风压性能（P_3）		◎		◎		◎		◎
水密性能（ΔP）		◎		◎		◎		◎
气密性能（q_1；q_2）		◎	◎	◎		◎		◎
空气声隔声性能（R_w+C_{1s}；R_w+C）				◎	◎			
保温性能（K）						◎	◎	
遮阳性能（SC）								◎
启闭力		◎	◎	◎	◎	◎	◎	◎
反复启闭性能		◎	◎	◎	◎	◎	◎	◎
耐撞击性能[a]		○	○	○	○	○	○	○
抗垂直荷载性能[a]		○	○	○	○	○	○	○
抗静扭曲性能[a]		○	○	○	○	○	○	○

注：1. ◎为必需性能；○为选择性能。

2. 地弹簧门不要求气密、水密、抗风压、隔声、保温性能。

[a] 耐撞击、抗垂直荷载及抗静扭曲性能为平开旋转类门必需性能。

窗的功能类别和代号　表 23-17

性能项目	种类	普通型		隔声型		保温型		遮阳型
	代号	PT		GS		BW		ZY
		外窗	内窗	外窗	内窗	外窗	内窗	外窗
抗风压性能（P_3）		◎		◎		◎		◎
水密性能（ΔP）		◎		◎		◎		◎
气密性能（q_1/q_2）		◎		◎		◎		◎
空气声隔声性能（R_w+C_{1s}/R_w+C）				◎	◎			
保温性能（K）						◎	◎	
遮阳性能（SC）								◎
采光性能（T_t）		○						◎
启闭力		◎		◎		◎		◎
反复启闭性能		◎		◎		◎		◎

注：◎为必需性能；○为选择性能。

3. 品种

按开启形式划分门、窗品种与代号，分别见表 23-18、表 23-19。

门的开启形式品种与代号　表 23-18

开启类别	平开旋转类			推拉平移类			折叠类	
开启形式	（合页）平开	地弹簧平开	平开下悬	（水平）推拉	提升推拉	推拉下悬	折叠平开	折叠推拉
代号	P	DHP	PX	T	ST	TX	ZP	ZT

窗的开启形式品种与代号　表 23-19

开启类别	平开旋转类							
开启形式	（合页）平开	滑轴平开	上悬	下悬	中悬	滑轴上悬	平开下悬	立转
代号	P	HZP	SX	XX	ZX	HSX	PX	LZ
开启类别	推拉平移类					折叠类		
开启形式	（水平）推拉	提升推拉	平开推拉	推拉下悬	提拉	折叠推拉		
代号	T	ST	PT	TX	TL	ZT		

4. 产品系列

以门、窗框在洞口深度方向的设计尺寸——门、窗框厚度构造尺寸（代号为 C_2，单位为毫米）划分。

门、窗框厚度构造尺寸符合 $\frac{1}{10}$M（10mm）的建筑分模数数列值的为基本系列；基本系列中按 5mm 进级插入的数值为辅助系列。

门、窗框厚度构造尺寸小于某一基本系列或辅助系列值时，按小于该系列值的前一级标示其产品系列（如门、窗框厚度构造尺寸为 72mm 时，其产品系列为 70 系列；门、窗框厚度构造尺寸为 69mm 时，其产品系列为 65 系列）。

5. 规格

以门窗宽、高的设计尺寸——门、窗的宽度构造尺寸（B_2）和高度构造尺寸（A_2）的千、百、十位数字，前后顺序排列的六位数字表示。例如，门窗的 B_2、A_2 分别为 1150mm 和 1450mm 时，其尺寸规格型号为 115145。

23.3.1.2　命名和标记

1. 命名方法

按门窗用途（可省略）、功能、系列、品种、产品简称（铝合金门，代号 LM；铝合金窗，代号 LC）的顺序命名。

2. 标记方法

按产品的简称、命名代号—尺寸规格型号、物理性能符号与等级或指标值（抗风压性能 P_3—水密性能 ΔP—气密性能 q_1/q_2—空气声隔声性能 R_wC_{tr}/R_wC—保温性能 K—遮阳性能 SC—采光性能 T_r）、标准代号的顺序进行标记。

3. 命名与标记示例

示例 1：命名——（外墙用）普通型 50 系列平开铝合金窗，该产品规格型号为 115145，抗风压性能 5 级，水密性能 3 级，气密性能 7 级，其标记为：

铝合金窗　WPT50PLC-115145（$P_3 5 - \Delta P 3 - q_1 7$）GB/T 8478—2008

示例 2：命名——（外墙用）保温型 65 系列平开铝合金门，该产品规格型号为 085205，抗风压性能 6 级，水密性能 5 级，气密性能 8 级，其标记为：

铝合金门　WBW65PLM-085205（$P_3 6 - \Delta P 5 - q_1 8$）GB/T 8478—2008

示例 3：命名——（内墙用）隔声型 80 系列提升推拉铝合金门，该产品规格型号为 175205，隔声性能为 4 级的产品，其标记为：

铝合金门　NGS80STLM-175205（R_w+C4）GB/T 8478—2008

示例 4：命名——（外墙用）遮阳型 50 系列滑轴平开铝合金窗，该产品规格型号为 115145，抗风压性能 6 级，水密性能 4 级，气密性能 7 级，遮阳性能 SC 值为 0.5 的产品，其标记为：

铝合金窗　WZY50HZPLC-115145（$P_3 6 - \Delta P 4 - q_1 7 - SC 0.5$）

23.3.2　铝合金门窗技术要求

23.3.2.1　型材

1. 一般要求

铝合金门窗所用的材料及附件应符合有关标准的规定，不同金属材料接触面应采取防止双金属腐蚀的措施。

2. 铝合金型材

(1) 基材壁厚及尺寸偏差

1) 外门窗框、扇、拼樘框等主要受力杆件所用主型材壁厚应经设

计计算或试验确定。主型材截面主要受力部位基材最小实测壁厚，应不低于表 23-20 的规定。

主型材基材最小实测壁厚 表 23-20

门、窗种类	外 门	外 窗
型材壁厚	2.0	1.4

2) 有装配关系的型材，尺寸偏差应选用《铝合金建筑型材　第 1 部分：基材》（GB 5237.1—2008）规定的高精级或超高精级。

（2）表面处理

铝合金型材表面处理层厚度要求，应不低于表 23-21 的规定。

铝合金型材表面处理层厚度要求 表 23-21

品　种	阳极氧化 阳极氧化加电解着色 阳极氧化加有机着色	电泳涂漆		粉末喷涂	氟碳漆 喷涂
表面处理层厚度	膜厚级别	膜厚级别		装饰面上涂层最小局部厚度 μm	装饰面平均膜厚 μm
	AA15	B（有光或哑光透明漆）	S（有光或哑光有色漆）	≥40	≥30（二涂）≥40（三涂）

3. 钢材

铝合金门窗所采用钢材宜采用奥氏体不锈钢材料。采用其他黑色金属，应根据使用需要，采取热浸镀锌、电镀锌、黑色氧化、防锈涂料等防腐处理。

4. 玻璃

铝合金门窗应采用《平板玻璃》（GB 11614—2009）规定的建筑级浮法玻璃或以其为原片的各种加工玻璃。玻璃的品种、厚度和最大许用面积应符合《建筑玻璃应用技术规程》（JGJ 113—2009）有关规定。平型钢化玻璃及其加工的夹层玻璃或钢化玻璃或钢化中空玻璃弯曲度应符合《建筑用安全玻璃　第 2 部分：钢化玻璃》（GB 15763.2—2005）的有关规定。

5. 密封材料

铝门窗玻璃镶嵌、杆件连接及附件装配所用密封胶应与所接触的各种材料相容，并与所需粘接的基材粘接。隐框窗用的硅酮结构密封胶应具有与所接触的各种材料、附件相容性，与所需粘接基材的粘结性。

6. 五金配件

铝门窗框扇连接、锁固用功能性五金配件应满足整樘门窗承载能力的要求，其反复启闭耐久性应满足门窗设计使用年限要求。

7. 连接件与紧固件

铝门窗与洞口安装连接件应采用厚度不小于 1.5mm 的 Q235 钢材。铝门窗组装机械连接应采用不锈钢紧固件。不允许使用铝及铝合金抽芯铆钉做门窗受力连接用紧固件。

23.3.2.2　外观

1. 产品表面不应有铝屑、毛刺、油污或其他污渍；密封胶缝应连续、平滑，连接处不应有外溢的胶粘剂；密封胶条应安装到位，四角应镶嵌可靠，不应有脱开的现象。

2. 门窗框扇铝合金型材表面没有明显的色差、凹凸不平、划伤、擦伤、碰伤等缺陷。在一个玻璃分格内，铝合金型材表面擦伤、划伤应符合表 23-22 的规定。

门窗框扇铝合金型材表面擦伤、划伤要求 表 23-22

项　目	要　求	
	室 外 侧	室 内 侧
擦伤、划伤深度	不大于表面处理层厚度	
擦伤总面积（mm²）	≤500	≤300
划伤总长度（mm）	≤150	≤100
擦伤和划伤处数	≤4	≤3

3. 铝合金型材表面在许可范围内的擦伤和划伤，可采用室温固化的同种、同色涂料进行修补，修补后应与原涂层的颜色和光泽基本一致。

4. 玻璃表面应无明显色差、划痕和擦伤。

23.3.2.3　尺寸

1. 规格

（1）单樘门窗尺寸规格

单樘门、窗的宽、高尺寸规格，应按《建筑门窗洞口尺寸系列》（GB/T 5824—2008）规定的门、窗洞口标志尺寸的基本规格或辅助规格，根据门、窗洞口装饰面材料厚度、附框尺寸、安装缝隙确定。应优先设计采用基本门窗。

（2）组合门窗尺寸规格

有两樘或两樘以上的单樘门、窗采用拼樘框连接组合的门、窗，其宽、高构造尺寸应与《建筑门窗洞口尺寸系列》（GB/T 5824—2008）规定的洞口宽、高标志尺寸相协调。

2. 门窗及装配尺寸

（1）门窗及框扇装配尺寸偏差

门窗尺寸及形状允许偏差和框扇组装尺寸偏差应符合表 23-23 的规定。

门窗及装配尺寸偏差（mm） 表 23-23

项　目	尺 寸 范 围	允 许 偏 差	
		门	窗
门窗宽度、高度构造内侧尺寸	<2000	±1.5	
	≥2000　<3500	±2.0	
	≥3500	±2.5	
门窗宽度、高度构造内侧尺寸对边尺寸之差	<2000	≤2.0	
	≥2000　<3500	≤3.0	
	≥3500	≤4.0	
门窗框与扇搭接宽度		±2.0	±1.0
框、扇杆件接缝高低差	相同截面型材	≤0.3	
	不同截面型材	≤0.5	
框、扇杆件装配间隙		≤0.3	

（2）玻璃镶嵌构造尺寸

玻璃镶嵌构造尺寸应符合《建筑玻璃应用技术规程》（JGJ 113—2009）规定的玻璃最小安装尺寸要求。

（3）隐框窗玻璃结构粘结装配尺寸

隐框窗扇框梃与硅酮结构密封胶的粘结宽度、厚度，应考虑风荷载作用和玻璃自重作用，按照《玻璃幕墙工程技术规范》（JGJ 102—2003）的有关规定设计计算确定。每个窗扇下框梃应设置两个承受玻璃自重的铝合金托条，其厚度不小于 2mm，长度不小于 50mm。

23.3.3　铝合金门窗安装要点

23.3.3.1　成品堆放及测量复核要点

（1）铝合金门窗应采用预留洞口法安装，不得采用边安装边砌墙或先安装后砌墙的施工方法。安装前洞口需进行一道水泥砂浆的粉刷，使洞口表面光洁、尺寸规整。外窗窗台板基体上表面应浇成 3%～5% 的向外泛水，其伸入墙体内的部分应略高于外露窗根面。门窗洞口尺寸应符合现行国家标准《建筑门窗洞口尺寸系列》（GB/T 5824—2008）的规定。门窗框与洞口宽度和高度的间隙，应视不同的饰面材料而定，一般可参考表 23-24。

门窗框与洞口宽度和高度的间隙 表 23-24

墙体饰面材料	门窗框与洞口宽度和高度的间隙（mm）
一般粉刷	20～25
马赛克贴面	25～30
普通面砖贴面	35～40
泰山面砖贴面	40～45
花岗石板材贴面	45～50

注：1. 门下部与洞口间隙还应根据楼地面材料及门下槛形式的不同进行调整，确保有槛平开门下槛边与高的一侧地面平齐，并要特别注意室内地面的装修标高。

2. 有槛平开门框高比洞口高减小 10～20mm，无槛平开门框高比洞口高增加 30mm。

(2) 无副框（湿法作业）的铝合金门窗框及有副框（干法作业）铝合金门窗副框的安装，宜在室内粉刷和室外粉刷的找平、刮糙等湿作业完工且硬化后进行。当需要在湿作业前安装时，应采取保护措施。门框的安装，应在地面工程施工前进行。内装修为水泥砂浆面层的，宜在面层施工前进行。

(3) 当铝合金门窗采用预埋木砖法与墙体连接时，其木砖应进行防腐处理。

(4) 安装铝合金门、窗框前，应逐个核对门、窗洞口的尺寸，与铝合金门、窗框的规格是否相适应。按室内地面弹出的 50 线和垂直线，标出门、窗框安装的基准线，作为安装时的标准。对于同一类型的铝合金门窗，其相邻的上、下、左、右洞口应保持通线，洞口应横平竖直；对于高级装饰工程及放置过梁的洞口，应做洞口样板。如在弹线时发现预留洞口的尺寸有较大的偏差，应及时调整、处理。洞口宽度与高度的允许尺寸偏差应符合表 23-25 的规定。

洞口宽度与高度的允许尺寸偏差（mm）　表 23-25

洞口宽度高度	<2400	2400~4800	>4800
未粉刷墙面	10	15	20
已粉刷墙面	5	10	15

(5) 对于铝合金门，需要特别注意室内装修的完成标高。地弹簧的表面应与室内饰面标高一致，特殊要求的另行设计对待。

(6) 铝合金组合窗的洞口，应在拼樘料的对应位置设预埋件或预留孔洞。当洞口需要设置预埋件时，应检查预埋件的数量、规格及位置。预埋件的数量应和固定片的数量一致，其三维位置应正确。预埋件平行于拼樘料轴线方向的位置偏差不大于 10mm，其他方向的位置偏差不大于 20mm。

(7) 铝合金门窗安装应在洞口尺寸符合规定且验收合格，并办好工种间交接手续后，方可进行。门、窗框安装的时间，应选择主体结构基本结束后进行。扇安装的时间，宜选择在室内外装修基本结束后进行，以免土建施工时将其损坏。

(8) 无副框（湿法作业）铝合金门窗安装前要采取保护措施，中竖框、中横框要用塑料带等捆缠严密或用胶带粘贴，边框、上下框用胶带粘贴三面进行保护（边框、上下框严禁用塑料带等捆缠）。门窗框四周侧面应按设计要求进行防腐处理。

(9) 安装铝合金门窗时环境温度不应低于 5℃，当环境温度小于 0℃时，安装前应在室温下放置 24h。

(10) 装运铝合金门窗的运输工具应具有防雨措施并保持清洁。运输时应竖直立放并与车体用绳索攀牢，防止因车辆颠振而损坏。樘与樘之间应用非金属软质材料隔开；五金配件应相互错开，以避免相互磨损和碰撞窗扇。确保玻璃无损伤。

(11) 装卸铝合金门窗时，应轻拿慢放，不得撬、甩、摔。吊运点应选择窗框外沿，其表面应用非金属软质材料隔开，不得在框扇内插入拍杠起吊。

(12) 安装铝合金门窗的构件和附件的材料品种、规格、色泽和性能应符合设计要求。门窗安装前，应按设计图纸的要求检查门窗的数量、品种、规格、开启方向、外形等。门窗的五金件、密封条、紧固件应齐全。如发现型材有变形、表面磨损等情况，不得安装上墙；五金配件有松动现象者，应进行修理调整。

23.3.3.2　框的安装要点

(1) 根据设计要求，按照在洞口上弹出的窗、门位置线，将铝合金窗、门框立于墙的中心线部位或内侧，使窗、门框表面与饰面层相适应。

(2) 铝合金门窗框湿法安装时当塞缝材料有腐蚀性时，需检查门窗框防腐处理是否已全面到位：阳极氧化、着色表面处理的铝型材，必须涂刷环保的、与外框和墙体砂浆粘结效果好的防腐蚀保护层；采用电泳涂漆、粉末喷涂和氟碳漆喷涂表面处理的铝型材，不需涂刷防腐蚀涂料。

(3) 铝合金门窗框在洞口墙体就位，用木楔、垫块或其他器具调整定位并临时楔紧固定时，不得使门窗框型材变形和损坏。待检查立面垂直、左右间隙大小、上下位置一致，均符合要求后，再将镀锌锚板固定在门、窗洞口内。

(4) 连接件与墙体、连接件与门窗框的连接方式，见表 23-26 选择。

连接件与墙体的连接方式　　表 23-26

连接件与墙体的连接方式	适用的墙体结构
焊接连接	钢结构
预埋件连接	钢筋混凝土结构
金属膨胀螺栓连接	钢筋混凝土结构、砖墙结构
射钉连接	钢筋混凝土结构

注：连接件与门窗框的连接宜采用卡槽连接。若采用紧固件穿透门窗框型材固定连接件时，紧固件宜置于门窗框型材的室内外中心线上，且必须在固定点处采取密封防水措施。

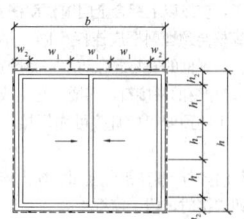

图 23-2　铝合金门窗连接件分布图

$w_1 \leqslant 500$mm；$w_2 \leqslant 180$mm；
$h_1 \leqslant 500$mm；$h_2 \leqslant 180$mm。

注：对于铝合金平开门铰链部位的连接件需适当增加，以提高门外框铰链部位连接受力的强度，防止外框受力拉脱、起鼓现象发生。

(5) 铝合金门窗框与洞口墙体的连接固定应符合下列要求：

1) 连接件应采用 Q235 钢材，其表面应进行热镀锌处理，镀锌层厚度≥45μm。连接件厚度不小于 1.5mm，宽度不小于 20mm，在外框型材室内外两侧双向固定。固定的数量与位置应根据门窗的尺寸、荷载、重量的大小和其开启形式、着力点等情况合理布置。连接件距门窗框边框四角的距离不大于 180mm，其余固定点的间距不大于 500mm。如图 23-2 所示。

2) 门窗框与连接件的连接宜采用卡槽连接。若采用紧固件穿透窗框型材固定连接件时，紧固件宜置于门窗框型材的室内外中心线上，且必须在固定点处采取密封防水措施。如图 23-2 所示。

3) 连接件与洞口混凝土墙基体可采用特种钢钉（水泥钉）、射钉、塑料胀锚螺栓、金属锚螺栓等紧固件连接固定。

4) 对于砌体墙基体，可按图 23-3 所示洞口两侧在锚固点处预埋强度等级为 C20 以上的实心混凝土预制块，或根据各类砌体材料的应用技术规程或要求，确定合适的连接固定方法。严禁用射钉直接在砌体上固定。

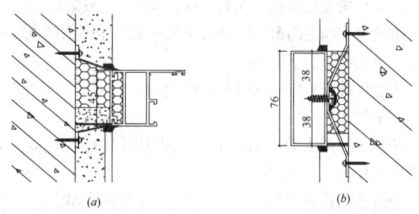

图 23-3　铝合金门窗框与连接件示意图
(a) 卡槽连接；(b) 螺钉连接

(6) 铝合金门窗框与洞口墙体安装缝隙的填塞，宜采用隔声、防潮、无腐蚀性的材料，如聚氨酯 PU 发泡填缝料等。根据工程情况合理选用发泡剂和防水水泥砂浆结合填充法，将框固定后门窗上部及两侧（除两侧底部 200mm）与墙体接触部位采用发泡剂填充，门窗底部及两侧底部 200mm 采用防水水泥砂浆填充，填塞时不能使门窗框胀突变形，临时固定用的木楔、垫块等不得遗留在洞口缝隙内。铝门窗边框四周的外墙结构面 300mm 立面范围内，增涂二道防水涂料，以

减少雨水渗漏的机会。在施工中注意不得损坏门窗上面的保护膜；应随时擦净铝型材表面沾上的水泥砂浆，以免腐蚀影响。

(7) 铝合金门窗框与洞体墙体安装缝隙的密封应符合下列要求：

1) 铝合金门窗框与洞口墙体密封施工前，应先对粘结表面进行清洁处理，门窗框型材表面的保护材料应除去，表面不应有油污、灰尘，墙体部位应洁净、平整、干燥。

2) 铝合金门窗框与洞口墙体的密封，应符合密封材料的使用要求。门窗框室外侧表面与洞口墙体间留出密封槽，确保墙边防水密封胶胶缝的宽度和深度均不小于6mm。

3) 铝合金密封材料应采用与基材相容并且粘结性能良好的中性耐候密封胶。密封施工应挤填密实，表面平整。

(8) 铝合金门窗框干法安装时，预埋副框和后置铝框在洞口墙基体上的预埋、安装应连接牢固，防水密封措施可靠。后置铝框在洞口墙基体上的安装施工，应按以上铝合金门窗框湿法安装规定执行。

(9) 铝合金门窗框与预埋副框应连接牢固，并采取可靠的防水密封处理措施。门窗框与副框的安装缝隙防水密封胶宽度不应小于6mm。

(10) 大型窗、带型窗的拼插料，需增设角钢或槽钢加固时，则其上、下端要与洞口墙上的预埋镶板直接可靠焊接，预埋件均匀设置可按每1m间距进行。

(11) 需要焊接工作时严禁在铝合金门、窗上连接地线进行。当洞口预埋件与固定铁码焊接时，门、窗框上要盖上防止焊接时烧伤门窗的橡胶石棉布。

(12) 搭设和捆绑脚手架时严禁利用安装完毕的铝合金门、窗框，避免其受力损坏门、窗框。

(13) 在全部竣工后，需剥去铝合金窗、门上的保护膜，如有脏物、油污，可用醋酸乙酯擦洗（操作时应特别注意防火，因醋酸乙酯为易燃品。

23.3.3.3 扇的安装要点

(1) 在室内外装修基本完成后进行铝合金窗、门扇安装。

(2) 铝合金推拉窗、门扇的安装：将配好的窗、门扇分内外扇，先将室内扇插入上滑道的室内侧滑槽中，自然下落于对应的下滑道的内侧滑道筋上，然后再用同样的方法安装室外扇。同时，必须安装有防止窗扇向室外脱落的装置。

(3) 对于可调节的导向轮，应在窗、门扇安装后调整导向轮，调节窗、门扇在滑道筋上的高度，并使窗、门扇与边框间调整至平行。

(4) 铝合金平开窗、门扇安装：应先把合页按要求位置连接固定在铝合金窗、门扇上，然后将窗、门扇嵌入框内临时固定，调整配合尺寸正确后，再将窗、门扇固定在合页上，必须保证上、下两个转动合页铰链体在同一个轴线上。

(5) 铝合金地弹簧门扇安装：应先埋设地弹簧主机在地面上，并浇筑混凝土使其固定。主机轴线与中横档上的顶轴必须在同一垂直线上，主机上表面与地面装饰上表面齐平。待混凝土达到设计强度后，调节上门顶轴将门扇装上，最后调整好门扇间隙和门扇开启速度。

23.3.3.4 五金件的安装要点

(1) 五金件的安装位置应准确，数量应齐全，安装应牢固。

(2) 五金件应满足门窗的机械力学性能要求和使用功能，具有足够的强度，易损件应便于更换。

(3) 五金件的安装应采取可靠的密封措施，可采用柔性防水垫片或打胶进行密封。

(4) 单执手一般安装在扇中部，当采用两个或两个以上锁点时，锁点分布应合理。

(5) 铰链在结构和材质上，应能承受最大扇重和相应的风荷载，安装位置距离两端宜为200mm，框、扇安装后铰链部位的配合间隙不应大于该处密封胶条的厚度；

(6) 在五金件的安装时，应考虑门窗框、扇四周搭接宽度均匀一致；

(7) 五金件不宜采用自攻螺钉或铝拉铆钉固定。

23.3.3.5 玻璃的安装要点

铝合金窗、门安装的最后一道工序是玻璃安装，其内容包括玻璃裁划、玻璃入位、玻璃打胶密封与固定。

(1) 玻璃裁划：应根据窗、门扇（固定扇则为框）的尺寸来计算玻璃下料尺寸裁划玻璃。一般要求玻璃侧面及上、下都应与铝材面留

出一定的尺寸间隙，以确保玻璃胀缩变形的需要。浮法玻璃、中空玻璃与玻璃槽口配合尺寸应符合表23-27和表23-28的要求。

浮法玻璃与门窗玻璃槽口的配合尺寸（mm）　　表 23-27

门窗种类	玻璃厚度	配合尺寸		
		a≥	b≥	c≥
铝平开门 铝推拉门	5、6	2.5	6	4
	8	3	8	5
铝平开窗 铝推拉窗	3	2.5	5	3
	4、5、6	2.5	6	3
	8	3	8	3
弹簧门	5	2.5	6	5
	6	3	6	6
	8	3	8	8

中空玻璃与门窗玻璃槽口的配合尺寸（mm）　　表 23-28

门窗种类	铝平开门、铝推拉门、铝平开窗、铝推拉窗							
	固定部分				可动部分			
玻璃+ A+玻璃	a≥	b≥	c≥			a≥	b≥	c≥		
			下边	上边	两侧			下边	上边	两侧
3+A+3	5	12	7	6	5	5	12	7	3	3
4+A+4		13					13			
5+A+5		14					14			
6+A+6		15					15			

(2) 玻璃的最大允许面积应符合现行行业标准《建筑玻璃应用技术规程》(JGJ 113—2009) 的规定。

(3) 玻璃入位：当单块玻璃尺寸较小时，可直接用双手夹住入位；如果单块玻璃尺寸较大时，就需用玻璃吸盘便于玻璃入位安装。

(4) 玻璃压条可采用45°或90°接口，安装压条时不得划花接口位，安装后应平整、牢固，贴合紧密，其转角部位拼接处间隙应不大于0.5mm，不得在一边使用两根或两根以上的玻璃压条。

(5) 安装镀膜玻璃时，镀膜面应朝向室内侧；安装中空镀膜玻璃时，镀膜玻璃应安装在室外侧，镀膜面应朝向室内侧，中空玻璃内应保持清洁、干燥、密封。

(6) 玻璃密封与固定：玻璃入位后，应及时用胶条固定。密封固定的方法有三种：

1) 用橡胶条压入玻璃凹槽间隙内，两侧挤紧，表面不用注胶；

2) 用橡胶条嵌入凹槽间隙内挤紧玻璃，然后在胶条上表面注上硅酮密封胶；

3) 用10mm长的橡胶块将玻璃两侧挤住定位，然后在凹槽中注入硅酮密封胶。

(7) 玻璃应放在凹槽的中间，内、外两侧的间隙应控制在2～5mm之间。间隙过小，会造成密封困难；间隙过大，会造成胶条起不到挤紧、固定玻璃的作用。玻璃的下部应用3～5mm厚的氯丁橡胶垫块将玻璃垫起，而不能直接坐落在铝材表面上，否则玻璃会因热应力胀开。

(8) 玻璃密封条安装后应平直，无皱曲、起股现象，接口严密、平整并经硫化处理；玻璃采用密封胶安装时，胶缝应平滑、整齐，无空隙和断口，注胶宽度不小于5mm，最小厚度不小于3mm。

(9) 平开窗扇、上悬窗扇、窗固定扇室外侧框与玻璃之间密封条处，宜涂抹少量玻璃胶。

23.3.3.6 门窗保护及清理要点

(1) 铝合金门窗安装完成后，应及时制定清扫方案，清扫表面粘

附物，避免排水孔堵塞并采取防护措施，不得使门窗受污损。

(2) 已装门窗、扇的洞口，不得再作运料通道。

(3) 严禁在门窗框、扇上安装脚手架、悬挂重物；外脚手架不得顶压在门窗框、扇或窗撑上，严禁蹬踩门窗框、扇或窗撑。

(4) 应防止利器划伤门窗表面，并应防止电、气焊火花烧伤或烫伤表面。

(5) 立体交叉作业时，门窗严禁被碰撞。

(6) 铝合金窗、门交工前，应撕掉保护型材表面的塑料胶带纸；如胶带纸胶痕仍附着在型材表面上，宜用香蕉水清洗干净。

(7) 铝合金窗、门框扇，充分清洗干净可采用水或浓度为1%～5%的 pH 值为 7.3～9.5 的中性洗涤剂，再用软布擦干即可。严禁用酸性或碱性制剂清洗型材表面，严禁用钢刷刷洗型材表面，否则将损伤铝门窗表面美观。

(8) 用清水将玻璃擦洗干净，对于浮灰或其他杂物，全部要清除干净。

(9) 最后待定位销孔与销位置对上后，将定位销完全调出，并插入定位销孔中连接牢。

23.3.4 铝合金门窗安装质量标准

(1) 铝合金门窗安装质量应符合《建筑工程施工质量验收统一标准》(GB 50300) 和《建筑装饰装修工程质量验收规范》(GB 50210) 等的要求。

(2) 在安装过程中，施工单位应按工序进行自检，按表 23-29 进行。在自检合格的基础上，再申报验收部门抽检。

铝门窗安装质量要求和检验方法　　　　表 23-29

项　目	质　量　要　求	检验方法
铝门窗表面	洁净、平整、光滑、色泽一致，无锈蚀。大面应无划痕、碰伤、漆膜或保护层应连续	观察
五金件	型号、规格、数量符合设计要求，安装牢固、位置正确、达到各使用功能	观察、量尺
玻璃密封条	密封条与玻璃及玻璃槽口的接触应紧密、平整，不得卷边、脱槽	观察
隔热材料	外观应光滑、平整，表面不应有毛刺、麻点、裂纹、起皮、气泡及其他缺陷	观察
密封质量	门窗关闭时，扇与框间无明显缝隙，无倒翘，密封上的密封条处于压缩状态	观察
玻璃	单玻	安装好的玻璃不得直接接触框材，玻璃应平整、安装牢固、不得有裂纹、损伤和松动现象，表面应洁净，单面镀膜玻璃的镀膜层及磨砂玻璃的磨砂层应朝向室内	观察
	双玻	安装好的玻璃应平整、安装牢固、不应有松动现象，内外表面均应洁净，玻璃夹层内不得有灰尘和水汽，双玻隔条不得翘起，镀膜玻璃应在最外层，镀膜层应朝向室内	观察
拼樘料	应与框料连接紧密，不得松动，螺钉间距应≤500mm，两端应与洞口固定牢固，拼樘料与窗框间应嵌缝膏密封	观察
压条	带密封条的压条必须与玻璃全部贴紧，压条与型材的接缝处应无明显缝隙，接头缝隙应≤0.5mm	观察、塞尺
开关部件	开关部件	平开门窗关闭严密，搭接量均匀，开关灵活、密封条不得脱槽，铝窗开关力≤50N	观察、弹簧秤
	推拉门窗扇	关闭严密，扇与框搭接量符合设计要求，铝窗开关力≤50N	观察、深度尺、弹簧秤
	旋转窗	关闭严密，间隙基本均匀，开关灵活	观察
框与墙体连接	门窗框应横平竖直、高低一致，固定片安装位置应正确，间距应≤500mm。框与墙体连接牢固，缝隙内应用弹性材料填嵌饱满，表面用密封膏密封，无裂缝。填塞用密封材料及施工方法等应符合相关规程的要求	观察
排水孔	畅通，位置、数量正确	观察

(3) 主控项目：

1) 铝合金门窗的品种、类型、规格、尺寸、性能、开启方向、安装位置、连接方式应符合设计要求。铝合金门窗的防腐处理及填嵌、密封处理应符合设计要求。

2) 铝合金门窗框的安装必须牢固。预埋件的数量、位置、埋设方式、与框的连接方式，必须符合设计要求。

3) 铝合金门窗扇必须安装牢固，并应开关灵活、关闭严密，无倒翘。推拉门窗扇必须有防脱落措施。

4) 铝合金门窗配件的型号、规格、数量应符合设计要求，安装应牢固，位置正确，功能应满足使用要求。

(4) 一般项目：

1) 铝合金门窗表面应洁净、平整、光滑、色泽一致，无锈蚀。大面应无划痕、碰伤，漆膜或保护层应连续。

2) 铝合金门窗框与墙体之间的缝隙应填嵌饱满，并采用密封胶密封。密封胶表面应光滑、顺直，无裂纹。

3) 铝合金门窗扇的橡胶密封条或毛毡密封条应安装完好，不得脱槽。

4) 有排水孔的铝合金门窗，排水应畅通，位置和数量应符合设计要求。

5) 铝合金门窗推拉门窗扇开关力应不大于50N。

(5) 允许偏差项目：铝合金门窗安装的允许偏差和检验方法应符合表 23-30 的规定。

铝门窗安装的允许偏差和检验方法　　　表 23-30

项次	项　目	允许偏差 (mm)	检验方法
1	门窗槽口宽度、高度 (mm)	≤1500　1.5	用钢尺检查
		>1500　2	
2	门窗槽口对角线长度差 (mm)	≤2000　3	用钢尺检查
		>2000　4	
3	门窗框的正面、侧面垂直度	2.5	用垂直检测尺检查
4	门窗横框的水平度	2	用1m水平尺和塞尺检查
5	门窗横框标高	5	用钢尺检查
6	门窗竖向偏离中心	5	用钢尺检查
7	双层门窗内外框中心距	4	用钢尺检查
8	推拉门窗扇与框搭接量	1.5	用钢直尺检查

23.4　铝塑复合门窗

23.4.1　铝塑复合门窗的种类和代号

铝塑复合门窗的种类划分是依据门、窗的开启形式进行划分的，具体的划分种类见表 23-31。

铝塑复合门窗的种类划分　　　表 23-31

序号	划分方式	种　类	代　号
1	窗按照开启形式划分	固定窗	G
		上悬窗	S
		中悬窗	C
		下悬窗	X
		立转窗	L
		平开窗	P
		滑轴平开窗	HP
		滑轴窗	H
		平开下悬窗	PX

续表

序号	划分方式	种　类	代　号
2	门按照开启形式划分	平开门	P
		平开下悬门	PX
		推拉门	T
		推拉下悬门	TX
		折叠门	Z
		地弹簧门	DH

23.4.2　铝塑复合门窗的规格

1. 门窗的规格由门窗框的构造尺寸确定。门窗框的构造尺寸应符合以下要求：

(1) 根据洞口尺寸和墙体饰面层的厚度及门窗框厚度、窗的力学性能和物理性能要求决定，同时应符合《塑料门窗工程技术规程》（JGJ 103—2008）的要求。

(2) 根据外窗抗风压强度计算结果、开启扇自重和选用五金件的承载能力经强度计算确定。

2. 根据洞口尺寸系列应符合《建筑门窗洞口尺寸系列》（GB/T 5824—2008）的规定。当采用组合窗时，组合后的洞口尺寸应符合《建筑门窗洞口尺寸系列》（GB/T 5824—2008）的规定。

23.4.3　铝塑复合门窗的标记方法

由开启形式、铝塑窗（门）代号、窗（门）框厚度、规格、性能代号及纱窗代号组成。

当抗风压、水密、气密、保温、隔声、采光等性能和纱扇无要求时填写。

23.4.4　铝塑复合门窗材质要求

23.4.4.1　铝塑复合型材

1. 材料要求

PVC-U塑料基材应符合《门、窗用未增塑聚氯乙烯（PVC-U）型材》（GB/T 8814）的要求，主要受力杆件型材壁厚不小于2.3mm。

铝合金型材应符合《铝合金建筑型材》（GB/T 5237.1～5237.5）的要求，主要受力杆件型材壁厚不小于1.4mm。

2. 外观

产品表面应无明显凹凸、裂痕、杂质等缺陷，型材端部应清洁、无毛刺。

3. 尺寸和偏差

铝塑复合型材的厚度允许偏差为±0.3mm。

铝塑复合型材的壁厚允许偏差为0～+0.2mm。

4. 主型材的质量

主型材每米长度的质量应不小于每米标称质量的94%。

5. 直线偏差

长度为1m的铝塑复合型材的直线偏差应≤1mm。

6. 纵向抗剪特征值

铝塑复合型材通过齿状机械咬合结构复合时，铝塑复合型材在室温23±2℃、低温—20±2℃、高温70±2℃时的纵向抗剪特征值应大于或等于24N/mm。

7. 横向抗拉特征值

铝塑复合型材通过齿状机械咬合结构复合时，铝塑复合型材在室温23±2℃时的横向抗拉特征值应大于或等于24N/mm。

8. 横向抗拉特征值铝塑复合型材通过齿状机械咬合结构复合时，铝塑复合型材在温度70±2℃和10±0.5N/mm横向拉伸连续载荷作用下经过1000h后，低温—20±2℃、高温70±2℃时的横向抗拉特征值应大于或等于24N/mm。

23.4.4.2　玻璃

门窗玻璃应采用符合《平板玻璃》（GB 11614—2009）规定的建筑级浮法玻璃，或以其原片的各种加工玻璃。玻璃的品种、厚度和最大许用面积应符合《建筑玻璃应用技术规程》（JGJ 113—2009）的有关规定。中空玻璃应符合《中空玻璃》（GB/T 11944）的要求。

23.4.4.3　密封及弹性材料

门窗玻璃镶嵌、杆件连接及附件装配所用密封胶应与所接触的各种材料相容，并与所需粘结的基材粘结。隐框窗用的硅酮结构密封胶应具有与所接触的各种材料、附件相容性，与所需粘结基材的粘结性。

玻璃支承块、定位块等弹性材料应符合《建筑玻璃应用技术规程》（JGJ 113—2009）的要求。密封材料应满足以下相应的标准要求：《工业用橡胶板》（GB/T 5574—2008）、《硅酮建筑密封胶》（GB/T 14683—2003）、《硫化橡胶分类橡胶材料》（GB/T 16589—1996）、《建筑用硅酮结构密封胶》（GB 16776—2005）、《硫化橡胶和热塑性橡胶建筑门窗、幕墙用密封胶条》（JG/T 187—2006）、《聚硫建筑密封胶》（JC/T 483—2006）、《建筑窗用弹性密封胶》（JC/T 485—2007）、《建筑门窗密封毛条技术条件》（JC/T 635—1996）。

23.4.4.4　五金件、附件、紧固件、增强型钢

五金件、附件、紧固件、增强型钢应满足相应标准要求。门窗框扇连接、锁固用功能性五金配件应满足整樘门窗承载能力的要求，其反复启闭性能应满足门窗反复启闭性能要求。

门窗组装机械连接应采用不锈钢紧固件。不应使用铝及铝合金抽芯铆钉做门窗受力连接用紧固件。

增强型钢应做防锈处理，壁厚不应小于1.5mm。

23.4.5　铝塑复合门窗质量要求

23.4.5.1　外观质量要求

门窗构件可视面表面平整，不应有明显的色差、凹凸不平、严重的划伤、擦伤、碰伤等缺陷，不应有铝屑、毛刺、油污或其他污迹。连接处不应有外溢的胶粘剂。

23.4.5.2　门、窗的装配质量标准

1. 外形尺寸允许偏差

(1) 门框、门扇外形尺寸允许偏差，见表23-32。

门框、门扇外形尺寸允许偏差（mm）　　　表23-32

项　　目		尺寸范围	偏差值
门宽度和高度构造内侧尺寸对边尺寸之差		—	±4.0
宽度和高度		≤2000	±2.0
		>2000	±3.0

(2) 窗框、窗扇外形尺寸允许偏差，见表23-33的规定。

窗框、窗扇外形尺寸允许偏差（mm）　　　表23-33

项　　目		尺寸范围	偏差值
窗宽度和高度构造内侧尺寸对边尺寸之差		—	±4.0
宽度和高度		≤1500	±2.0
		>1500	±2.5

2. 门窗框、门窗扇对角线之差不应大于3.0mm。

3. 门窗框、门窗扇相邻构件装配间隙不应大于0.5mm；相邻两构件的同一平面高低差不应大于0.6mm。

4. 平开门窗、平开下悬门窗关闭时，门窗框、扇四周的配合间隙为3.5～5mm，允许偏差±1.0mm。

5. 平开门窗、平开下悬门窗关闭时，窗扇与窗框搭接量允许偏差±1.0mm，门扇与门框搭接量允许偏差±2.0mm。搭接量的实测值不应小于3mm。

6. 主要受力杆件的塑料型材腔体中应放置增强型钢，用于固定每根增强型钢的紧固件不得少于三个，其间距不应大于300mm，距型材端头内角距离不应大于100mm。固定后的增强型钢不得松动。

7. 五金配件安装位置应正确，数量应齐全，能承受往复运动的配件在结构上应便于更换。五金配件承载能力与扇重量和抗风压要求相匹配，门、窗扇的锁闭不应少于2个。当扇高大于1.2m时，锁闭点不应少于3个。外平开窗扇的宽度不宜大于600mm，高度不宜大于1500mm。

8. 门、窗应有排水措施。框梃、框组角、扇组角连接处的四周缝隙应有密封措施。

9. 密封条装配后应均匀、牢固，接口严密，无脱槽、收缩、虚压等现象。

10. 压条装配后应牢固。压条角部对接处的间隙不应大于1mm。

11. 玻璃的最大许用面积应根据《建筑玻璃应用技术规程》（JGJ 113—2009）的方法经计算确定，玻璃的装配应符合《建筑玻璃应用技术规程》（JGJ 113—2009）的规定。

23.4.5.3　门、窗的性能

1. 力学性能

平开窗、悬窗及其组合窗各项力学性能应符合表23-34的要求，推拉窗各项力学性能应符合表23-35的要求，平开门、平开下悬门及推拉下悬门各项力学性能应符合表23-36的要求，推拉门各项力学性能应符合表23-37的要求。

平开窗、悬窗及其组合窗各项力学性能　表 23-34

项　目	技　术　要　求
锁紧器(执手)的启闭力	不大于80N（力矩不大于10N·m）
启闭力	平铰链不大于80N，滑撑铰链不小于30N、不大于80N
悬端吊重	在50N作用力下残余变形不大于2mm，试件不损坏仍保持使用功能
翘曲	在300N作用力下，允许有不影响使用的残余变形，试件不损坏，仍保持功能
反复启闭	经不少于10000次的开关试验，试件及五金件不损坏，其固定处及玻璃压条不松脱
大力关闭	经模拟7级风连续开关10次，试件不损坏，仍保持开关功能
窗撑试验	在200N的作用下不允许移位，连接处型材不应破裂

推拉窗力学性能　表 23-35

项　目	技　术　要　求	
启闭力	左右推拉窗	不小于100N
	上下推拉窗	不大于135N
弯曲	在300N作用力下，试件不损坏，允许有不影响使用的残余变形，仍保持使用功能	
扭曲（没有凸出把手的推拉除外）	在200N作用力下，试件不损坏，允许有不影响使用的残余变形	
反复启闭	经不少于10000次的开关试验，试件及五金件不损坏，其固定处及玻璃压条不松脱	

平开门、平开下悬门及推拉下悬门力学性能　表 23-36

项　目	技　术　要　求
锁紧器(执手)的启闭力	不大于100N（力矩不大于10N·m）
启闭力	不大于80N
悬端吊重	在500N作用力下残余变形不大于2mm，试件不损坏仍保持使用功能
翘曲	在300N作用力下，允许有不影响使用的残余变形，试件不损坏，仍保持功能
反复启闭	经不少于100000次的开关试验，试件及五金件不损坏，其固定处及剥离压条不松脱
大力关闭	经模拟7级风连续开关10次，试件不损坏，仍保持开关功能
型材抗剪切力	大于等于2400N
垂直荷载强度	对门施加30kg荷载，门扇自由后的下垂量不应大于2mm
软物撞击	试验后无破损，仍保持开关功能
硬物撞击	无破损

注：1. 垂直荷载强度适用于平开门、地弹簧门。
　　2. 全玻璃门不检测软、硬物体撞击性能。
　　3. 反复启闭次数可由供需双方协商确定。

推拉门力学性能　表 23-37

项　目	技　术　要　求
启闭力	不大于100N
弯曲	在300N作用力下，试件不损坏，允许有不影响使用的残余变形，仍保持使用功能
扭曲	在200N作用力下，试件不损坏，允许有不影响使用的残余变形
反复启闭	经不少于100000次的开关试验，试件及五金件不损坏，其固定处及玻璃压条不松脱
型材抗剪切力	大于等于2400N
软物撞击	试验后无破损，仍保持开关功能
硬物撞击	无破损

注：1. 无凸出把手的推拉门不做扭曲试验。
　　2. 全玻璃门不检测软、硬物体撞击性能。
　　3. 反复启闭次数可由供需双方协商确定。

2. 物理性能

（1）抗风压性能

以安全检测压力值（P_3）进行分级，分级应符合表23-38的规定。

抗风压性能分级（kPa）　表 23-38

分级	1	2	3	4	5	6	7	8	9
分级指标值 P_3	1.0≤P_3 <1.5	1.5≤P_3 <2.0	2.0≤P_3 <2.5	2.5≤P_3 <3.0	3.0≤P_3 <3.5	3.5≤P_3 <4.0	4.0≤P_3 <4.5	4.5≤P_3 <5.0	P_3≥5.0

注：第9级应在分级后同时注明具体检测压力差值。

（2）气密性能

以单位缝长空气渗透量 q_1 和单位面积空气渗透量 q_2 进行分级，分级应符合表23-39的规定。

气密性能分级　表 23-39

分级	1	2	3	4	5	6	7	8
单位开启缝长分级指标值 q_1[m³/(m·h)]	4.0≥q_1 >3.5	3.5≥q_1 >3.0	3.0≥q_1 >2.5	2.5≥q_1 >2.0	2.0≥q_1 >1.5	1.5≥q_1 >1.0	1.0≥q_1 >0.5	q_1≤0.5
单位面积分级指标值 q_2[m³/(m²·h)]	12≥q_2 >10.5	10.5≥q_2 >9.0	9.0≥q_2 >7.5	7.5≥q_2 >6.0	6.0≥q_2 >4.5	4.5≥q_2 >3.0	3.0≥q_2 >1.5	q_2≤1.5

（3）水密性能

以分级指标值 ΔP 进行分级，分级应符合表23-40规定。

水密性能分级（Pa）　表 23-40

分　级	1	2	3	4	5	6
分级指标值 ΔP	100≤ΔP <150	150≤ΔP <250	250≤ΔP <350	350≤ΔP <500	500≤ΔP <700	ΔP≥700

注：第6级应在分级后同时注明具体检测压力差值。

（4）保温性能

以分级指标值 K 进行分级，分级应符合表23-41的规定。

保温性能分级（W/m²）　表 23-41

分　级	1	2	3	4	5
分级指标值	K≥5.0	5.0>K ≥4.0	4.0>K ≥3.5	3.5>K ≥3.0	3.0>K ≥2.5

分　级	6	7	8	9	10
分级指标值	2.5>K ≥2.0	2.0>K ≥1.6	1.6>K ≥1.3	1.3>K ≥1.1	K<1.1

(5) 空气声隔声性能

分级指标值应符合表 23-42 的规定。

门窗的空气声隔声性能分级（dB） 表 23-42

分级	外门、外窗的分级指标值	内门、内窗的分级指标值
1	$20 \leqslant R_w + C_{tr} < 25$	$20 \leqslant R_w + C < 25$
2	$25 \leqslant R_w + C_{tr} < 30$	$25 \leqslant R_w + C < 30$
3	$30 \leqslant R_w + C_{tr} < 35$	$30 \leqslant R_w + C < 35$
4	$35 \leqslant R_w + C_{tr} < 40$	$35 \leqslant R_w + C < 40$
5	$40 \leqslant R_w + C_{tr} < 45$	$40 \leqslant R_w + C < 45$
6	$R_w + C_{tr} \geqslant 45$	$R_w + C \geqslant 45$

注：用于对建筑内机器、设备噪声源隔声的建筑内门窗，对中低频噪声宜用
外门窗的指标值进行分级；对中高频噪声仍可采用内门窗的指标值进行
分级。

(6) 采光性能

分级指标值 T_r 按表 23-43 的规定。

采光性能分级 表 23-43

分 级	1	2	3	4	5
分级指标值 T_r	$0.20 \leqslant T_r$ < 0.30	$0.30 \leqslant T_r$ < 0.40	$0.40 \leqslant T_r$ < 0.50	$0.50 \leqslant T_r$ < 0.60	$T_r \geqslant 0.60$

注：T_r 值大于 0.60 时应给出具体值。

(7) 物理性能分级指标及确定

门窗的物理性能分级指标包括抗风压、气密性、水密性、保温性、
空气声隔声性能及采光性能应符合订货合同中的要求。在订货合同中
未提出要求的，抗风压性能、气密性、水密性、保温性、空气声隔声
性能及采光性能不应低于标准规定的最低值。

23.5 塑 钢 门 窗

23.5.1 塑钢门窗的种类和规格

塑钢门窗的种类划分有三种方式：按原材料划分、按开闭方式划
分和按构造划分，具体的划分种类见表 23-44。

塑钢门窗的种类划分 表 23-44

序号	划 分 方 式	种 类	
1	按原材料划分	PVC 钙塑门窗	
		改性 PVC 塑钢门窗	
		其他以树脂为原材的塑钢门窗	
2	按开闭方式划分	平开门窗	
		固定门窗	
		推拉门窗	
		悬挂窗	
		组合窗等	
3	按构造划分	全塑门窗	全塑整体门
			组装门
			夹层门
			复合门窗等
		复合 PVC 门窗	

以下主要按开闭方式划分，分别对塑钢门和塑钢窗的各种类和规
格进行叙述。

(1) 塑钢门的种类和规格，见表 23-45。

塑钢门的种类和规格 表 23-45

种类	规格（洞口尺寸）		塑钢门样式图例
	b (mm)	h (mm)	
内平开门	700 800 900 1100 1200 1300 1500 1800	2000 2100 2300 2400	
外平开门	700 800 900 1100 1200 1300 1500 1800	2000 2100 2300 2400	
推拉门	1500 1800 2100 2400 2700 3000	2000 2100 2400 2500 2700 3000	

(2) 塑钢窗的种类和规格，见表 23-46。

塑钢窗的种类和规格　　表 23-46

种类	规格（洞口尺寸）b（mm）	规格（洞口尺寸）h（mm）	塑钢窗样式图例
内平开窗	600 900 1200 1500 1800 2100 2400	600 900 1200 1400 1500 1800 2100	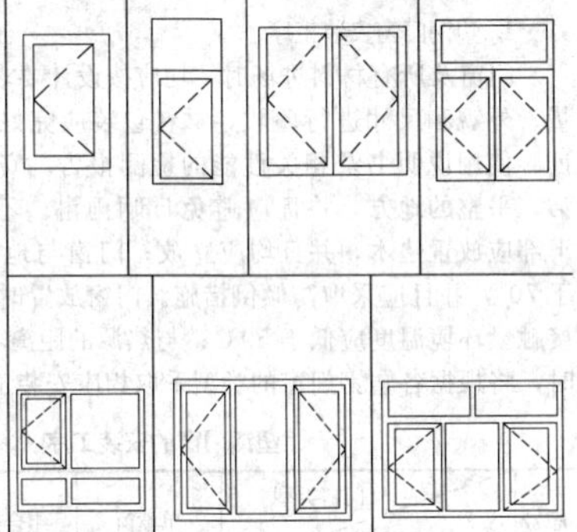
外平开窗	600 900 1200 1500 1800 2100 2400	600 900 1200 1400 1500 1800 2100	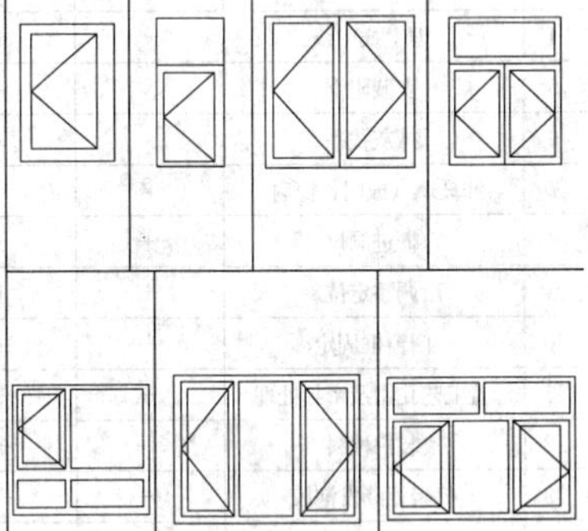
上悬窗	600 900 1200 1500	600 900 1200 1400 1500 1800 2100	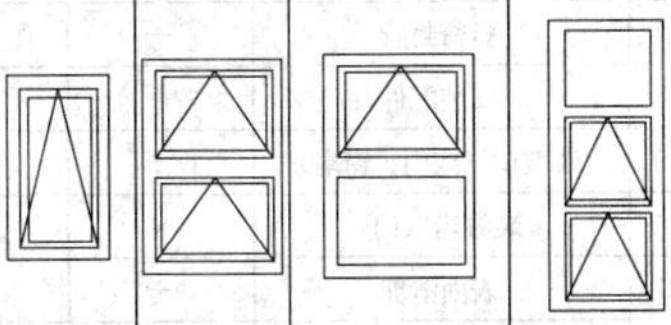
内开下悬窗	600 900 1200 1500 1800 2100	900 1200 1400 1500 1800 2100	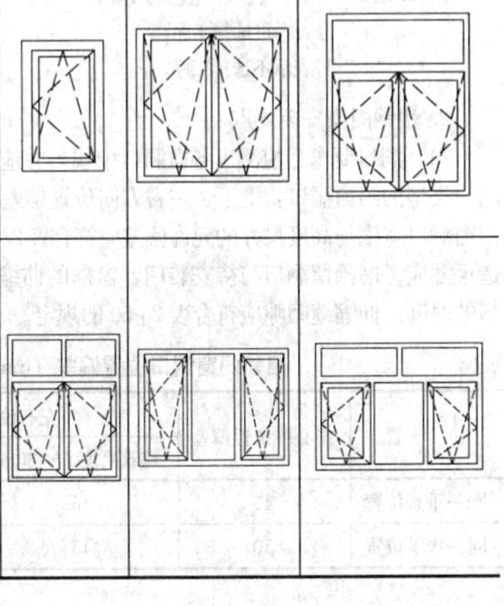

续表

种类	规格（洞口尺寸）b（mm）	规格（洞口尺寸）h（mm）	塑钢窗样式图例
推拉窗	600 900 1200 1500 1800 2100 2400 2700 3000	600 900 1200 1400 1500 1800 2100	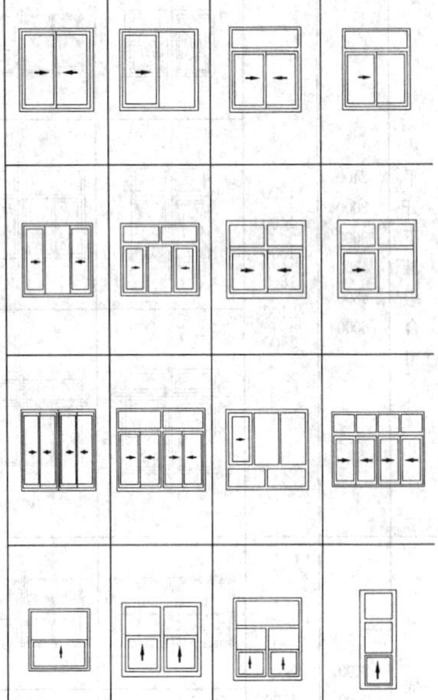
平开组合窗	2400 3000 3600 4200 4800 6000	900 1200 1400 1500 1800 2100 2400	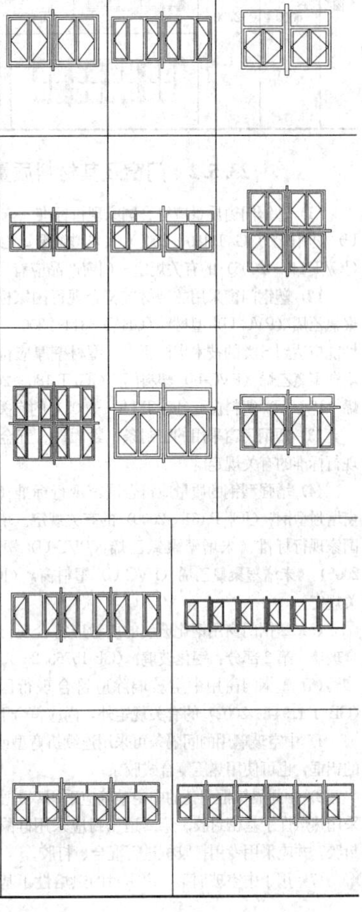

续表

种类	规格（洞口尺寸）		塑钢窗样式图例
	b (mm)	h (mm)	
内平开下悬组合窗	2400 3000 3600 4200 4800 6000	900 1200 1400 1500 1800 2100 2400	
推拉组合窗	2400 3000 3600 4200 4800 6000	1200 1500 1800 2100 2400 2700	

23.5.2 门窗及其材料质量要求

（1）塑钢门窗质量应符合国家现行标准《未增塑聚氯乙烯（PVC-U）塑料门》（JG/T 180—2005）、《未增塑聚氯乙烯（PVC-U）塑料窗》（JG/T 140—2005）的有关规定。门窗产品应有出厂合格证。

（2）塑钢门窗采用的型材应符合现行国家标准《门、窗用未增塑聚氯乙烯（PVC-U）型材》（GB/T 8814—2004）的有关规定，其老化性能应达到S类的技术指标要求。型材壁厚应符合国家现行标准《未增塑聚氯乙烯（PVC-U）塑料门》（JG/T 180—2005）、《未增塑聚氯乙烯（PVC-U）塑料窗》（JG/T 140—2005）的有关规定。

（3）塑钢门窗采用的密封条、紧固件、五金配件等，应符合国家现行标准的有关规定。

（4）增强型钢的质量应符合国家现行标准《聚氯乙烯（PVC）门窗增强型钢》（JG/T 131—2000）的有关规定。增强型钢的装配应符合国家现行标准《未增塑聚氯乙烯（PVC-U）塑料门》（JG/T 180—2005）、《未增塑聚氯乙烯（PVC-U）塑料窗》（JG/T 140—2005）的有关规定。

（5）塑钢门窗用钢化玻璃的质量应符合现行国家标准《建筑用安全玻璃　第2部分：钢化玻璃》（GB 15763.2—2005）的有关规定。

（6）塑钢门窗用中空玻璃除应符合现行国家标准《中空玻璃》（GB/T 11944—2002）的有关规定外，尚应符合下列规定：

1）中空玻璃用的间隔条可采用连续折弯型或插角型且内含干燥剂的铝框，也可使用热压复式胶条；

2）用间隔铝框制备的中空玻璃应采用双道密封，第一道密封必须采用热熔性丁基密封胶。第二道密封应采用硅酮、聚硫类中空玻璃密封胶，并应采用专用打胶机进行混合、打胶。

（7）用于中空玻璃第一道密封的热熔性丁基密封胶应符合国家现

行标准《中空玻璃用丁基热熔密封胶》（JC/T 914—2003）的有关规定。第二道密封胶应符合国家现行标准《中空玻璃用弹性密封胶》（JC/T 486—2001）的有关规定。

（8）塑钢门窗用镀膜玻璃应符合现行国家标准《镀膜玻璃　第1部分：阳光控制镀膜玻璃》（GB/T 18915.1—2002）及《镀膜玻璃　第2部分：低辐射镀膜玻璃》（GB/T 18915.2—2002）的有关规定。

23.5.3 塑钢门窗安装要点

1. 塑钢门窗安装工序

门窗及所有材料进场时，均应按设计要求对其品种、规格数量、外观和尺寸进行验收，材料包装应完好，并应有产品合格证、使用说明书及相关性能的检测报告。安装前，应放置在清洁、平整的地方，并且应避免日晒雨淋。不应直接接触地面，下部应放置垫木，并且均应立放；门窗与地面所成角度不应小于70°，并且应采取防倾倒措施。门窗放置时，不得与腐蚀物质接触。环境温度应低于50℃；与热源的距离不应小于1m。安装时，将根据各塑钢门窗的类型采取相应安装工序，见表23-47。

塑钢门窗的安装工序　　　　　表23-47

序号	门窗类型 工序名称	单樘窗	组合门窗	普通门
1	洞口找中线	+	+	+
2	补贴保护膜	+	+	+
3	安装后置埋件	—	*	—
4	框上找中线	+	+	+
5	安装附框	*	*	*
6	抹灰找平	+	+	+
7	卸玻璃（或门、窗扇）	*	*	*
8	框进洞口	+	+	+
9	调整定位	+	+	+
10	门窗框固定	+	+	+
11	盖工艺孔帽及密封处理	+	+	+
12	装拼樘料		+	
13	打聚氨酯发泡胶	+	+	+
14	装窗台板	+	+	+
15	洞口抹灰	+	+	+
16	清理砂浆	+	+	+
17	打密封胶	+	+	+
18	安装配件	+	+	+
19	装玻璃（或门、窗扇）	+	+	+
20	装纱窗（门）	*	*	*
21	表面清理	+	+	+
22	去掉保护膜	+	+	+

注：1. 表中"+"号表示应进行的工序；
　　2. "*"号表示可选择工序；
　　3. "—"号表示不选择工序。

2. 塑钢门窗安装要点

（1）洞口要求：应测定各窗洞口中线，并应逐一作出标记。对于同一类型的门窗洞口，上下、左右方向位置偏差应符合表23-48要求；门窗洞口宽度与高度尺寸的允许偏差应符合表23-49的规定；门窗的构造尺寸应考虑预留洞口与待安装门、窗框的伸缩缝间隙及墙体饰面材料的厚度。伸缩缝间隙应符合表23-50的规定。

相邻门窗洞口位置偏差（mm）　　表23-48

位置	中心线位置偏差	左右位置相对偏差	
		建筑高度 $H<30m$	建筑高度 $H \geqslant 30m$
同一垂直位置	10	15	20
同一水平位置	10	15	20

洞口宽度或高度尺寸的允许偏差（mm）　表 23-49

洞口类型	洞口宽度或高度	<2400	2400~4800	>4800
不带附框洞口	未粉刷墙面	±10	±15	±20
	已粉刷墙面	±5	±10	±15
已安装附框的洞口		±5	±10	±15

洞口与门、窗框伸缩缝间隙（mm）　表 23-50

墙体饰面层材料	洞口与门、窗框的伸缩缝间隙
清水墙及附框	10
墙体外饰面抹水泥砂浆或贴陶瓷马赛克	15~20
墙体外饰面贴釉面瓷砖	20~25
墙体外饰面贴大理石或花岗石板	40~50
外保温墙体	保温层厚度+10

注：窗下框与洞口的间隙可根据设计要求选定。

(2) 补贴保护膜：安装前，塑钢门窗扇及分格杆件宜作封闭型保护。门、窗框应采用三面保护，框与墙体连接面不应有保护层。保护膜脱落的，应补贴保护膜。

(3) 框上找中线：应根据设计图纸确定门窗框的安装位置及门扇的开启方向。当门窗框装入洞口时，其上下框中线应与洞口中线对齐。

(4) 框进洞口：应根据设计图纸确定门窗框的安装位置及门扇的开启方向。当门窗框装入洞口时，其上下框中线与洞口中线对齐；门窗的上下框四角及中横梃的对称位置用木楔或垫块塞紧作临时固定。

(5) 调整定位：安装时，应先固定上框的一个点，然后调整门框的水平度、垂直度和直角度，并应用木楔临时定位。

(6) 门窗框固定及盖工艺孔帽及密封处理：

1) 当门窗框与墙体间采用固定片固定时，应使用单向固定片，固定片应双向交叉安装。与外保温墙体固定的边侧固定片，宜朝向室内。固定片与窗框连接应采用十字槽盘头自钻自攻螺钉直接钻入固定，不得直接锤击钉入或仅靠卡紧方式固定。

2) 当门窗框与墙体间采用膨胀螺钉直接固定时，应按膨胀螺钉规格先在窗框上打好基孔。安装膨胀螺钉时，应在伸缩缝中膨胀螺钉位置两边加支撑块。膨胀螺钉端头应加盖工艺孔帽（图 23-4），并应用密封胶进行密封。

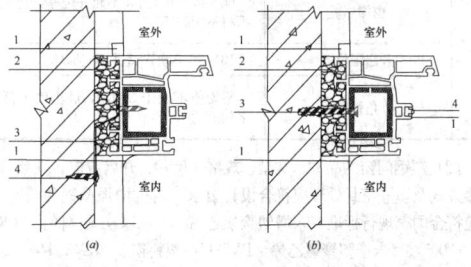

1—密封胶；2—聚氨酯发泡胶；
3—固定片；4—膨胀螺钉
图 23-4　窗安装节点图

3) 固定片或膨胀螺钉的位置应距门窗端角、中竖梃、中横梃150~200mm，固定片或膨胀螺钉之间的间距应符合设计要求，并不得大于600mm（图 23-5）。不得将固定片直接装在中横梃、中竖梃的端头上。平开门安装铰链的相应位置宜安装固定片或采用直接固定法固定。

4) 目前建筑外墙基本都采用了外保温材料，根据墙体材料不同，塑钢窗的固定连接方法不同，具体连接方式见图23-6。

(7) 装拼樘料

拼樘料的连接应符合表 23-51 的要求。

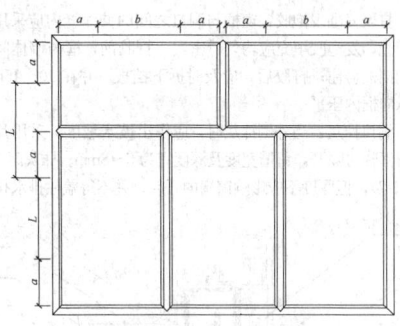

图 23-5　固定片或膨胀螺钉的安装位置
a—端头（或中框）至固定片（或膨胀螺钉）的距离；
L—固定片（或膨胀螺钉）之间的距离

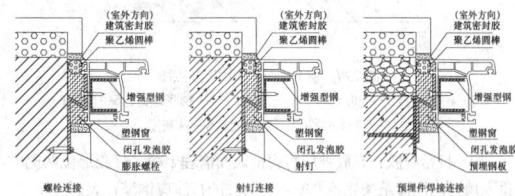

图 23-6　不同墙体有外保温连接节点

装拼樘料节点　　表 23-51

分类		安装方法	图示	
拼樘料与洞口的连接	拼樘料连接件与混凝土过梁或柱的连接	拼樘料可与连接件搭接		1—拼樘料；2—增强型钢；3—自攻螺钉；4—连接件；5—膨胀螺钉或射钉；6—伸缩缝填充物
		与预埋件或连接件焊接		1—预埋件；2—调整垫块；3—焊接点；4—墙体；5—增强型钢；6—拼樘料
	拼樘料与砖墙连接	预留洞口法安装		1—拼樘料；2—伸缩缝填充物；3—增强型钢；4—水泥砂浆
门窗与拼樘料连接		先将两窗框与拼樘料卡接，然后自钻自攻螺钉拧紧		1—密封胶；2—密封条；3—泡沫棒；4—工艺孔帽

(8) 打聚氨酯发泡胶：窗框与洞口之间的伸缩缝内应采用聚氨酯发泡胶填充，发泡胶填充应均匀、密实。打胶前，框与墙体间伸缩缝外侧应用挡板盖住；打胶后，应及时拆下挡板，并在 10～15min 内将溢出泡沫向框内压平。

(9) 洞口抹灰：当外侧抹灰时，应作出拔水坡度。采用片材将抹灰层与窗框临时隔开，留槽宽度及深度宜为 5～8mm。抹灰面应超出窗框（图23-7），但厚度不应影响窗扇的开启，并不得盖住排水孔。

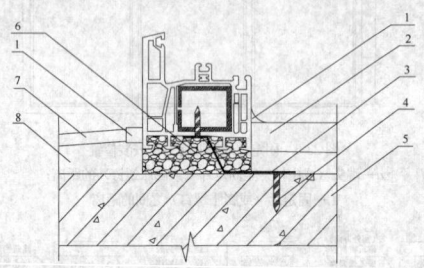

图 23-7 窗下框与墙体固定节点图
1—密封胶；2—内窗台板；3—固定片；4—膨胀螺钉；5—墙体；
6—防水砂浆；7—装饰面；8—抹灰层

(10) 打密封胶：打胶前应将窗框表面清理干净，打胶部位两侧的窗框及墙面均用遮蔽条遮盖严密，密封胶的打注应饱满，表面应平整、光滑，刮胶缝的余胶不得重复使用。密封胶抹平后，应立即揭去两侧的遮蔽条。

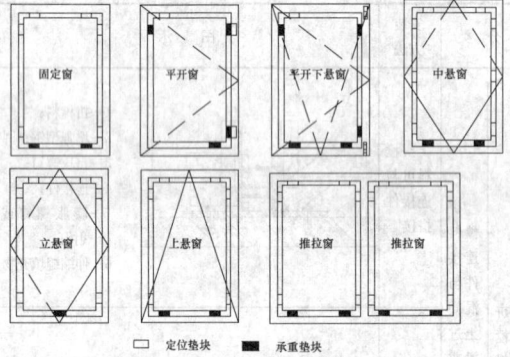

图 23-8 承重垫块和定位垫块位置示意图

(11) 装玻璃（或门、窗扇）：玻璃应平整、安装牢固，不得有松动现象。安装好的玻璃不得直接接触型材，应在玻璃四边垫上不同作用的垫块。中空玻璃的垫块宽度应与中空玻璃的厚度相匹配，其垫块位置宜按图 23-8 放置。

(12) 表面清理及去掉保护膜：应在所有工程完后及装修工程验收前去掉保护膜。

23.5.4 塑钢门窗安装质量标准

1. 主控项目

(1) 塑钢门窗性能及质量检测，见表 23-52。

塑钢门窗性能及质量检测　　表 23-52

名称	内 容 及 说 明
气密性	当窗两侧压力差为 1mm 水柱时，1m 长的缝隙泄漏空气量 [m³/(m²·h)]，气密性能必须满足国家相应的建筑节能设计标准
水密性	在一定的风速下，一定量的雨水冲击窗面，在规定时间内的渗水量 [m³/(m²·h)]，应符合现行国家标准《建筑外门窗气密、水密、抗风压性能分级及检测方法》（GB/T 7106—2008）的有关规定
隔音性	按照现行国家标准《民用建筑隔声设计规范》（GB 50118—2010）4 分为四级，隔声量 25～40dB，应符合现行国家标准《建筑门窗空气声隔声性能分级及检测方法》（GB/T 8485—2008）的有关规定

续表

名称		内 容 及 说 明								
抗风压强度		测定窗扇中央最大位移量小于窗框内沿高度的 1/300 时，所能承受的风压值，应按现行国家标准《建筑结构荷载规范》（GB 50009）规定的围护结构风荷载标准值进行计算确定								

		窗的种类		模拟非正常受力试验				窗撑和开启限位器	窗的开启力	开关疲劳	大力关闭	角强度
				悬端吊重	翘曲或弯曲	扭曲	对角线变形					
力学性能检测项目	平开窗	垂直轴	内开	√	√		√		√	√	√	√
			外开	√	√		√		√	√	√	√
		滑轴平开窗		√	√		√		√	√	√	√
	悬窗	上悬窗		√								√
		下悬窗		√								√
		中悬窗		√								√
		立转窗		√	√	√	√		√	√		√
	推拉窗	左右推拉窗			√		√					√
		上下推拉窗		√								√

	项 目	技 术 要 求
力学性能及检测方法（力学性能要求）	开关过程中移动窗扇的力	不大于 50N
	悬端吊重	在 500N 力作用下，残余变形应不大于 3mm，试件应不损坏，仍保持使用功能
	翘曲或弯曲	在 300N 力作用下，试件残余变形应不大于 3mm，试件不允许破坏，仍保持使用功能
	扭曲	在 200N 力作用下，试件不允许破坏，不允许有影响使用功能的残余变形
	对角线变形	在 200N 力作用下，试件不允许破坏，不允许有影响使用功能的残余变形
	开关疲劳（平开窗）	开关速度为 10～20 次/min，经不少于 1 万次的开关，试件及五金件不应损坏，其固定处及玻璃压条不应松脱
	开关疲劳（推拉窗）	开关速度为 15 次/min，开关应不少于 1 万次，试件及五金件不应损坏
	大力关闭	经模拟七级风连续开关 10 次，试件不损坏，仍保持原有开关功能
	窗撑试验	能支持 200N 力，不允许位移，连接处型材不应破坏
	开启限位器	10N 力 10 次，试件不损坏
	角强度	平均值不低于 3000N，最小值不低于平均值的 70%

(2) 塑钢门窗的品种、类型、规格、尺寸、开启方向、安装位置、连接方式及填嵌密封处理应符合设计要求，内衬增强型钢的壁厚及设置应符合国家现行标准《未增塑聚氯乙烯（PVC-U）塑料门》（JG/T 180—2005）、《未增塑聚氯乙烯（PVC-U）塑料窗》（JG/T 140—2005）的有关规定。门窗产品应有出厂合格证。

(3) 塑钢门窗框、副框和扇的安装必须牢固。固定片或膨胀螺栓的数量与位置应正确，连接方式应符合设计要求，固定片应符合国家现行标准《聚氯乙烯（PVC）门窗固定片》（JG/T 132—2000）的有关规定。固定点应距角、中横框、中竖框 150～200mm，固定点间距不大于 600mm。

(4) 塑钢门窗拼樘料内衬增强型钢的规格、壁厚必须符合设计要求，如无设计要求，则应符合现行国家标准《门、窗用未增塑聚氯乙烯（PVC-U）型材》（GB/T 8814）的有关规定，其老化性能应达到 S 类的技术指标要求。型钢应与型材内腔紧密吻合，其两端必须与洞口固定牢固。窗框必须与拼樘连接紧密，固定点间距不大于 600mm。

(5) 塑钢门窗扇应开关灵活、关闭严密，无倒翘。推拉门窗扇必

须有防脱落措施。

(6) 塑钢门窗配件的型号、规格、数量应符合设计要求，安装应牢固，位置应正确，功能应满足使用要求。

(7) 塑钢门窗框与墙体间缝隙应采用闭孔弹性材料填嵌饱满，表面应采用密封胶密封。密封胶应粘结牢固，表面应光滑、顺直，无裂纹。

2. 一般项目

(1) 塑钢门窗表面应洁净、平整、光滑，大面无划痕、碰伤。

(2) 塑钢门窗扇的密封条不得脱槽。旋转窗间隙应基本均匀。

(3) 塑钢门窗扇的开关力应符合下列规定：

1) 平开门窗扇平铰链的开关力应不大于 80N；滑撑铰链的开关力应不大于 80N，并不小于 30N。

2) 推拉门窗扇的开关力应不大于 100N。

(4) 玻璃密封条与玻璃及玻璃槽口的连缝应平整，不得卷边、脱槽。

(5) 排水孔应畅通，位置和数量应符合设计要求。

(6) 塑钢门窗安装的允许偏差和检验方法应符合表 23-53 的规定。

塑钢门窗的安装允许偏差 表 23-53

项 目		允许偏差 (mm)	检 验 方 法
门、窗框外形（高、宽）尺寸长度差（mm）	≤1500	2	用精度 1mm 钢卷尺，测量外框两相对外端面，测量部位距端部 100mm
	>1500	3	
门、窗框两对角线长度差（mm）	≤2000	3	用精度 1mm 钢卷尺，测量内角
	>2000	5	
门、窗框（含拼樘料）正、侧面垂直度		3	用 1m 垂直检测尺检查
门、窗框（含拼樘料）水平度		3.0	用 1m 水平尺和精度 0.5mm 塞尺检查
门、窗下横框的标高		5	用精度 1mm 钢直尺检查，与基准线比较
双层门、窗内外框间距		4.0	用精度 0.5mm 钢直尺检查
门、窗竖向偏离中心		5.0	用精度 0.5mm 钢直尺检查
平开门窗及上悬、中悬、下悬窗	门、窗扇与框搭接量	2.0	用深度尺或精度 0.5m 钢直尺检查
	同樘门、窗相邻扇的水平高度差	2.0	用靠尺或精度 0.5m 钢直尺检查
	门、窗框扇四周的配合间隙	1.0	用楔形塞尺检查
推拉门窗	门、窗扇与框搭接量	2.0	用深度尺或精度 0.5m 钢直尺检查
	门、窗扇与框或相邻扇立边平行度	2.0	用精度 0.5m 钢直尺检查
组合门窗	平面度	2.5	用靠尺或精度 0.5m 钢直尺检查
	竖缝直线度	2.5	用靠尺或精度 0.5m 钢直尺检查
	横缝直线度	2.5	用靠尺或精度 0.5m 钢直尺检查

23.6 彩 板 门 窗

23.6.1 彩板门窗的种类和规格

我国目前彩板门窗种类主要有平开门窗、推拉门窗、悬窗、固定窗、百叶窗、地弹簧门等数种。

(1) 平开彩板门，规格见表 23-54。

平 开 彩 板 门 表 23-54

种类	洞口高度 h (mm)	洞口宽度 b (mm)		
		700、900	1200、1500、1800	2400、2700、3000、3600
平开彩板门	2100 2400			
	2400 2700 3000（四扇）			

(2) 推拉彩板门，规格见表 23-55。

推 拉 彩 板 门 表 23-55

种类	洞口高度 h (mm)	洞口宽度 b (mm)	
		1500、1800、2100	2400
推拉彩板门	2100 2400		
	2400 2700		

(3) 平开彩板窗，规格见表 23-56。

平 开 彩 板 窗 表 23-56

种类	洞口高度 h (mm)	洞口宽度 b (mm)		
		700	1200、1500	1800、2100、2400
平开彩板窗	900 1200 1500			
	1800 2100 2400			

(4) 推拉彩板窗，规格见表 23-57。

推 拉 彩 板 窗 表 23-57

种类	洞口高度 h (mm)	洞口宽度 b (mm)	
		1200、1500、1800、2100	2400
推拉彩板窗	900 1200 1500		
	1800 2100 2400		

23.6.2 彩板门窗安装要点

1. 彩板门窗安装前的施工准备

(1) 产品出厂时应附有商标、产品名称、规格、数量、厂名及出厂日期。产品的规格、型号和颜色等均应符合设计和现行标准要求，并有出场合格证书、产品性能检验报告。

(2) 彩板门窗在厂家制作完成后，包装全部采用木板或集装箱，一律立放，不准堆放或挤压，产品在运输过程中要捆扎牢固，在装车或装箱后要求稳定，避免运输中因颠簸造成产品破损。

(3) 运输、存放、安装使用彩板门窗过程中，严禁碰撞与划伤。

(4) 彩板门窗应存放在库房内，地面要求干燥、平整，产品堆放时下设距离地面100mm高的垫木，严禁存放在腐蚀性严重及潮湿的环境中。

(5) 门窗拆箱后按设计图纸核对门窗规格、尺寸、开启方式，检查运输贮存中门窗产品是否有损坏。构件、玻璃及零附件是否配套。

(6) 彩板门窗若是沾有灰尘、油污等脏物，严禁用硬物或有机清洁剂擦试，宜用中性水溶性洗涤剂清洗。

(7) 准备好脚手架及安全设施，严禁用门窗作为脚手架。

(8) 主要机具准备：螺钉旋具、粉线包、托线板、线坠、扳手、手锤、钢卷尺、塞尺、毛刷、刮刀、扁铲、铁水平、丝锥、笤帚、冲击电钻、射钉枪、电焊机、面罩等。

(9) 彩板门窗与洞口的间隙要求

彩板门窗一般分为带副框的彩板门窗和不带副框的彩板门窗。带副框的彩板门窗安装一般是先装副框，连接固定后再进行室内外的装饰作业；不带副框的彩板门窗一般是在室内外粉刷完毕后再进行安装。洞口粉刷后形成的尺寸必须准确，洞口与门窗外框之间的缝隙，一般竖缝为3～5mm，横缝为6～8mm。门窗对洞口精度的要求见表23-58。

门窗洞口精度要求（mm）　表23-58

构造类别	宽度		高度		对角线差		正面、侧面垂直度		平行度
	≤1500	>1500	≤1500	>1500	≤2000	>2000	≤2000	>2000	
有副框门窗或组合拼装安装的允许偏差	≤2.0	≤3.0	≤2.0	≤3.0	≤4.0	≤5.0	≤2.0	≤3.0	≤3.0
无副框门窗洞口粉刷后尺寸允许偏差	+3.0	+5.0	+6.0	+8.0	≤4.0	≤5.0	≤3.0	≤4.0	≤5.0

2. 彩板门窗的安装工序

根据彩板门窗的结构构造分，一般分为带副框的彩板门窗和不带副框的彩板门窗。安装方法也因此分为带副框的彩板门窗安装和无副框的彩板门窗安装。

(1) 带副框彩板门窗的安装工序

有副框的彩板门窗的安装工序，如图23-9所示。

(2) 无副框彩板门窗的安装工序，如图23-10所示。

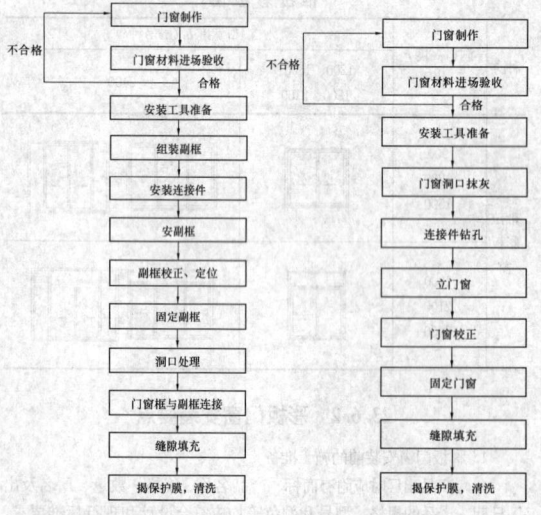

图23-9　有副框彩板门窗安装工序　　图23-10　无副框彩板门窗安装工序

3. 彩板门窗的安装要点

(1) 带副框彩板门窗安装操作要点

1) 组装副框。按门窗设计尺寸，在工厂组装好副框。

2) 安装连接件。按照设计图纸确定的固定点位置，用自攻螺钉将连接件固定在副框上。

3) 安副框。将副框放入门窗洞口内，根据安装前弹好的安装线，使副框大致就位，用对技木楔将副框临时固定。

4) 副框校正、定位。根据已弹好的水平、垂直线位置，使副框在垂直、水平和对角线等均符合要求后，用对技木塞将副框临时固定好。

5) 固定副框。门窗洞口有预埋件时将副框上的连接件与预埋件逐个焊牢；若无预埋件，则用膨胀螺栓或射钉枪对其进行固定。

6) 洞口处理。在副框两侧留出槽口，然后进行室内外墙面抹灰或粘贴装饰面层。留出的槽口待其干后，注入密封膏封严。

7) 门窗框与副框连接。室内外装饰完毕并干燥后，副框与门窗外框接触的顶面、侧面上贴上密封胶条；然后，将彩板门窗外框放入副框内，校正后用自攻螺钉将外框与副框固定，并盖上塑钢螺钉盖。安装推拉门时，还应调整好滑块。

8) 缝隙填充。副框与门窗框之间用建筑密封膏封严。

9) 揭保护膜，清洗。安装完毕后，揭去门窗构件表面的保护膜，擦净窗扇、玻璃上的灰尘和污物。

(2) 不带副框彩板门窗安装操作要点

1) 门窗洞口抹灰。门窗在安装前，室内外及洞口内外墙面均粉刷完毕，并且洞口宽高尺寸略大于门窗外形尺寸。

2) 连接件钻孔。根据门窗上的螺栓位置，在门窗洞口相应的位置上找到螺栓定位点，在墙上钻膨胀螺栓孔。

3) 立门窗。将彩板门窗放入洞口内安装位置上，用对技木楔将彩板门窗临时固定。

4) 门窗校正。根据已弹出的水平、垂直线位置，使其在垂直、水平、对中、内角方正均符合要求后，再将对技木楔楔紧。

5) 固定门窗。将膨胀螺栓插入门窗外框及洞口边钻出的膨胀螺栓孔，拧紧膨胀螺栓，将彩板门窗与洞口墙体牢固固定。

6) 缝隙填充。在门窗与洞口的接合缝隙填充建筑密封胶。

7) 揭保护膜，清洗。交工前，剥去门窗构件表面的塑钢保护膜，擦净门窗及洞口上的污渍。

不带副框的彩色涂层钢板门窗也可采用"先安装外框，后抹灰"的工艺。具体操作方法如下：先用螺钉固定好门窗外框连接件，将门窗放入洞口内调整好水平度与垂直度和对角线，合格后以木楔固定，用射钉枪将连接件与洞口连接，门窗框及玻璃用薄膜保护，然后对室内外进行装饰。待砂浆干燥后将内扇装好，安装过程中主要保护门窗上的涂层，禁止划伤。

无副框彩板门窗安装节点，如图23-11所示。

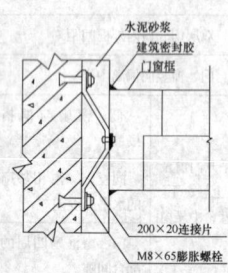

图23-11　无副框彩板门窗安装节点

23.6.3　彩板门窗安装质量标准

1. 主控项目

(1) 金属门窗的品种、类型、规格、尺寸、性能、开启方向、安装位置、连接方式及铝合金门窗的型材壁厚应符合设计要求。金属门窗的防腐处理及填嵌、密封处理应符合设计要求。

(2) 金属门窗框和副框的安装必须牢固。预埋件的数量、位置、埋设方式、与框的连接方式必须符合设计要求。

(3) 金属门窗扇必须安装牢固，并应开关灵活、关闭严密，无倒翘。推拉门窗扇必须有防脱落措施。

(4) 金属门窗配件的型号、规格、数量应符合设计要求，安装应牢固，位置应正确，功能应满足使用要求。

2. 一般项目

(1) 彩板门窗表面应洁净、平整、光滑、色泽一致，无锈蚀。大面应无划痕、碰伤。漆膜或保护层应连续。

(2) 彩板门窗框与墙体之间的缝隙应填嵌饱满，并采用密封胶条

封。密封胶表面应光滑、顺直、无裂纹。

（3）彩板门窗窗扇的橡胶密封条或毛毡密封条应安装完好，不得脱槽。

（4）有排水孔的彩板门窗，排水孔应畅通，位置和数量应符合设计要求。

（5）彩板门窗安装的允许偏差和检验方法应符合表 23-59 的规定。

彩板门窗安装的允许偏差和检验方法（mm）　　　表 23-59

项次	项　目		允许偏差	检 验 方 法
1	门窗槽口宽度、高度	≤1500	2	用钢尺检查
		>1500	3	
2	门窗槽口对角线长度差	≤2000	4	用钢尺检查
		>2000	5	
3	门窗框的正面、侧面垂直度		3	用垂直检测尺检查
4	门窗横框的水平度		3	用 1m 水平尺和塞尺检查
5	门窗横框标高		5	用钢尺检查
6	门窗竖向偏离中心		5	用钢尺检查
7	双层门窗内外框间距		4	用钢尺检查
8	推拉门窗扇与框搭接量		2	用钢直尺检查

23.7 特 种 门 窗

23.7.1 防 火 门

防火门按开启方式，可分为平开防火门和防火卷帘两大类。平开防火门可按多种方式进行分类，最常用的是按材质分的木质防火门和钢质防火门，本节重点介绍木质防火门、钢质防火及防火卷帘，防火卷帘的安装同普通卷帘门，参见 23.6.3 卷帘门窗章节。

23.7.1.1 防火门的种类及代号

1. 平开防火门的种类及代号

平开防火门可根据材质、门扇数量、结构类型、耐火性能等进行分类，主要用于疏散的走道、楼梯间和前室防火门，应具有自动关闭的功能。双扇和多扇防火门还应具有按顺序关闭的功能。具体分类及代号见表 23-60。

平开防火门的种类及代号　　　表 23-60

分类方法	名　称	耐火性能	代　号
按材质分	木质防火门	—	MFM
	钢质防火门	—	GFM
	钢木质防火门	—	GMFM
	其他材质防火门	—	＊＊FM（＊＊代表其他材质的具体表述大写拼音字母）
按门扇数量分	单扇防火门	—	1
	双扇防火门	—	2
	多扇防火门	—	代号为门扇数量，用数字表示
按结构类型分	门扇上带防火玻璃的防火门	—	b
	防火门门框	—	门框双槽口代号为 s，单槽口代号为 d
	带亮窗防火门	—	1
	带玻璃带亮窗防火门	—	b1
	无玻璃防火门	—	—

续表

分类方法	名　称	耐火性能	代　号
按耐火性能分	隔热防火门（A 类）	NG≥0.50h，NW≥0.50h	A0.50（丙级）
		NG≥1.00h，NW≥1.00h	A1.00（乙级）
		NG≥1.50h，NW≥1.50h	A1.50（甲级）
		NG≥2.00h，NW≥2.00h	A2.00
		NG≥3.00h，NW≥3.00h	A3.00
	部分隔热防火门（B 类）	NG≥0.50h，NW≥1.00h	B1.00
		NG≥0.50h，NW≥1.50h	B1.50
		NG≥0.50h，NW≥2.00h	B2.00
		NG≥0.50h，NW≥3.00h	B3.00
	非隔热防火门（C 类）	NW≥1.00h	C1.00
		NW≥1.50h	C1.50
		NW≥2.00h	C2.00
		NW≥3.00h	C3.00

备注：NG 耐火隔热性，NW 耐火完整性。

2. 防火卷帘的种类及代号

防火卷帘可根据耐风压强度、帘面数量、启闭方式、耐火极限等进行分类，可作防火门及防火分隔用，设在走道上的防火卷帘，应在卷帘的两侧设置启闭装置，并应具有自动、手动和机械控制的功能。具体分类及代号见表 23-61。

防火卷帘的种类及代号　　　表 23-61

分类方法	名　称	性能/特征		代　号
按耐风压强度分	—	耐风压强度（Pa）	490	50
	—		784	80
	—		1177	120
按帘面数量分	—	帘面数量	1 个	D
	—		2 个	S
按启闭方式分	—	启闭方式	垂直卷	Cz
	—		侧向卷	Cx
	—		水平卷	Sp
按耐火性能及材质分	钢质防火卷帘（GFJ）	耐火极限（h）	≥2.00　—	F2
			≥3.00　—	F3
	钢质防火、防烟卷帘（GFYJ）		≥2.00　≤0.2	FY2
			≥3.00　≤0.2	FY3
	无机纤维复合防火卷帘（WFJ）	帘面漏烟量 m³/(m²·min)	≥2.00　—	F2
			≥3.00　—	F3
	无机纤维复合防火、防烟卷帘（WFYJ）		≥2.00　≤0.2	FY2
			≥3.00　≤0.2	FY3
	特级防火卷帘（TFJ）		≥3.00　≤0.2	TY3

23.7.1.2 防火门的规格

防火门规格用洞口尺寸表示，洞口尺寸应符合《热作模具钢热疲劳试验方法》（GB/T 15824—2008）的相关规定，特殊洞口尺寸可由生产厂方和使用方按需要协商确定。

23.7.1.3　防火门的标记方法

1. 平开防火门的标记方法

平开防火门标记为：

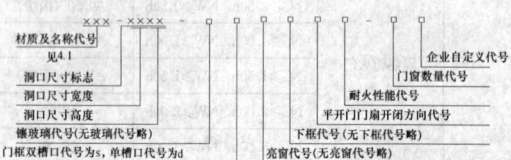

```
材质及名称代号 —— XXX - XXXX - □□□□ □ □ □
见4.1
洞口尺寸标志                    企业自定义代号
洞口尺寸宽度                    门窗数量代号
洞口尺寸高度                    耐火性能代号
镶玻璃代号(无玻璃代号略)        平开门门扇开启方向代号
门框双槽代号为s，单槽代号为d    下框代号(无下框代号略)
                               亮窗代号(无亮窗代号略)
```

示例 1：GFM-0924-bslk5A1.50（甲级）-1。表示隔热（A 类）钢质防火门，其洞口宽度为 900mm，洞口高度为 2400mm，门扇镶玻璃、门框双槽口、带亮窗、有下框，门扇顺时针方向关闭，耐火完整性和耐火隔热性的时间均不小于 1.50h 的甲级单扇防火门。

示例 2：MFM-1221-d6B1.00-2。表示半隔热（B 类）木质防火门，其洞口宽度为 1200mm，洞口高度为 2100mm，门扇无玻璃、门框单槽口、无亮窗、无下框门扇逆时针方向关闭，其耐火完整性的时间不小于 1.00h、耐火隔热性的时间不小于 0.5h 的双扇防火门。

2. 防火卷帘的标记方法

防火卷帘标记为：

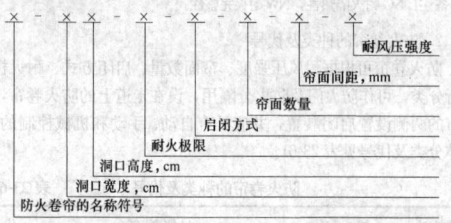

```
X - XXX XXX - XX - X□ - X - X
                            耐风压强度
                          帘面间距，mm
                        帘面数量
                      启闭方式
                    耐火极限
                  洞口高度，cm
                洞口宽度，cm
              防火卷帘的基本符号
```

注：1. 防火卷帘的帘面数量为一个时，代号中帘面间距无要求。

2. 防火卷帘为无机纤维复合防火卷帘时，代号中耐风压强度无要求。

3. 钢质防火卷帘在室内使用，无抗风压要求时，代号中耐风压强度无要求。

4. 特级防火卷帘在名称符号后加字幕 G、W、S 和 Q，表示特级防火卷帘的结构特征，其中 G 表示帘面由钢质材料制作，W 表示帘面由无机纤维材料制作；S 表示帘面两侧带有独立的闭式自动喷水保护；Q 表示帘面为其他结构形式。

示例 1：GFJ-300300-F2-C1-D-80 表示洞口宽度为 300cm，高度为 300cm，耐火极限不小于 2.00h，启闭方式为垂直卷，帘面数量为一个，耐风压强度为 80 型的钢质防火卷帘。

示例 2：TFJ（W）-300300-TF3-C2-2-240 表示帘面由无机纤维制造，洞口宽度为 300cm，高度为 300cm，耐火极限不小于 3.00h，启闭方式为垂直卷，帘面数量为两个，帘面间距为 240mm 的特级防火卷帘。

23.7.1.4　防火门及材料质量要求

1. 平开防火门

（1）填充材料

1）防火门的门扇内若填充材料，则应填充对人体无毒、无害的防火隔热材料。

2）防火门门扇填充的对人体无毒、无害的防火隔热材料，应经国家认可授权检测机构检验达到《建筑材料及制品燃烧性能分级》（GB 8624—2006）规定燃烧性能 A_1 级要求和《材料产烟毒性危险分级》（GB/T 20285—2006）规定产烟毒性危险分级 ZA_2 级要求。

（2）其他材质材料

1）防火门所用其他材质材料应对人体无毒、无害，应经国家认可授权检测机构检验达到《材料产烟毒性危险分级》（GB/T 20285—2006）规定产烟毒性危险分级 ZA_2 级要求。

2）防火门所用其他材质材料应经国家认可授权检测机构检验达到《建筑材料难燃性试验方法》（GB/T 8625—2005）规定难燃性要求或《建筑材料及制品燃烧性能分级》（GB 8624—2006）规定燃烧性能 A_1 级要求，其力学性能应达到有关标准的相关规定并满足制作防火门的有关要求。

（3）胶粘剂

1）防火门所用胶粘剂应是对人体无毒、无害的产品。

2）防火门所用胶粘剂应经国家认可授权检测机构检验达到《材料产烟毒性危险分级》（GB/T 20285—2006）规定产烟毒性危险分级 ZA_2 级要求。

（4）防火锁

1）防火门安装的门锁应是防火锁。

2）在门扇的有锁芯机构处，防火锁均应有执手或推杠机构，不允许以圆形或球形旋钮代替执手（特殊部位使用除外，如管道井门等）。

3）防火锁应经国家认可授权检测机构检验合格，其耐火性能应符合规范规定。

（5）防火合页（铰链）

防火门用合页（铰链）板厚应不少于 3mm，其耐火性能应符合规范规定。

（6）防火闭门装置

1）防火门应安装防火门闭门器，或设置让常开防火门在火灾发生时能自动关闭门扇的闭门装置（特殊部位使用除外，如管道井门等）。

2）防火门闭门器应经国家认可授权检测机构检验合格，其性能应符合《防火门闭门器》（GA 93—2004）的规定。

3）自动关闭门扇的闭门装置，应经国家认可授权检测机构检验合格。

（7）防火顺序器

双扇、多扇防火门设置盖缝板或止口的应安装顺序器（特殊部位使用除外），其耐火性能应符合规范规定。

（8）防火插销

采用钢质防火插销，应安装在双扇防火门或多扇防火门的相对固定一侧的门扇上（若有要求时），其耐火性能应符合规范规定。

（9）盖缝板

1）平口或止口结构的双扇防火门宜设盖缝板。

2）盖缝板与门扇连接应牢固。

3）盖缝板不应妨碍门扇的正常启闭。

（10）防火密封件

1）防火门门框与门扇、门扇与门扇的缝隙处应嵌装防火密封件。

2）防火密封件应经国家认可授权检测机构检验合格，其性能应符合《防火膨胀密封件》（GB 16807—2009）的规定。

（11）防火玻璃

1）防火门上镶嵌防火玻璃的类型

A 类防火门若镶嵌防火玻璃，其耐火性能应符合 A 类防火门的条件。

B 类防火门若镶嵌防火玻璃，其耐火性能应符合 B 类防火门的条件。

C 类防火门若镶嵌防火玻璃，其耐火性能应符合 C 类防火门的条件。

2）防火玻璃应经国家认可授权检测机构检验合格，其性能符合《建筑用安全玻璃第 1 部分：防火玻璃》（GB 15763.1—2009）的规定。

（12）加工工艺质量

使用钢质材料或难燃木材，或难燃人造板材料，或其他材质材料制作防火门的门框、门扇骨架和门扇面板；门扇内若填充材料，则应填充对人体无毒、无害的防火隔热材料，与防火五金配件等共同装配成防火门。

（13）门扇重量

门扇重量不应小于门扇的设计重量。

（14）尺寸极限偏差

防火门门扇、门框的尺寸极限偏差，应符合表 23-62 的规定。

尺寸极限偏差（mm）　　　　表 23-62

名　称	项　目	公　差
门　扇	高度 H	±2
	宽度 D	±2
	厚度 T	+2，−1
门　框	内裁口高度 H'	±3
	内裁口宽度 W'	±2
	侧壁宽度 T'	±2

(15) 形位公差

门扇、门框形位公差应符合表 23-63 的规定。

形位公差 表 23-63

名　称	项　目	公　差
门扇	两对角线长度差 [L_1-L_2]	≤3mm
	扭曲度 D	≤5mm
	宽度方向弯曲度 B_1	<2‰
	高度方向弯曲度 B_2	<2‰
门框	内裁口两对角线长度差 [$L_1'-L_2'$]	≤3mm

(16) 配合公差

1) 门扇与门框的搭接尺寸不应小于 12mm。

2) 门扇与门框的配合活动间隙：

门扇与门框有合页一侧的配合活动间隙不应大于设计图纸规定的尺寸公差。

门扇与门框有锁一侧的配合活动间隙不应大于设计图纸规定的尺寸公差。

门扇与上框的配合活动间隙不应大于 3mm。

双扇、多扇门的门扇之间缝隙不应大于 3mm。

门扇与下框或地面的活动间隙不应大于 9mm。

门扇与门框贴合面间隙，门扇与门框有合页一侧、有锁一侧及上框的贴合面间隙均不应大于 3mm。

3) 门扇与门框的平面高低差不应大于 1mm。

(17) 防火门门扇应启闭灵活，无卡阻现象。

(18) 防火门门扇开启力不应大于 80N。

(19) 在进行 500 次启闭试验后，防火门不应有松动、脱落、严重变形和启闭卡阻现象。

2. 防火卷帘

(1) 外观质量

1) 防火卷帘金属零部件表面不应有裂纹、压坑及明显的凹凸、锤痕、毛刺、孔洞等缺陷。其表面应做防锈处理，涂层、镀层应均匀，不得有斑驳、流淌现象。

2) 防火卷帘无机纤维复合帘面不应有撕裂、缺角、挖补、破洞、倾斜、跳线、断线、经纬纱度明显不匀及色差等缺陷；夹丝应平直，夹持应牢固，基布的经向应是帘面的受力方向，帘面应美观、平直、整洁。

3) 相对运动件在切割、弯曲、冲钻等加工处不应有毛刺。

4) 各零部件的组装、拼装处不应有错位。焊接处应牢固，外观应平整，不应有夹渣、漏焊、疏松等现象。

5) 所有紧固件应紧固，不应有松动现象。

(2) 材料

1) 防火卷帘主要零部件使用的各种原材料，应符合相应国家标准或行业标准的规定。

2) 防火卷帘主要零部件使用的原材料厚度，应符合表 23-64 的规定。

原材料厚度 表 23-64

序号	零部件名称	原材料厚度（mm）
1	帘板	普通型帘板厚度≥1.0；复合型帘板中任一帘片厚度≥0.8
2	夹板	≥3.0
3	座板	≥3.0
4	导轨	掩埋型≥1.5；外露型≥3.0
5	门楣	≥0.8
6	箱体	≥0.8

(3) 尺寸公差

防火卷帘的主要零部件尺寸公差应符合表 23-65 的规定。

尺寸公差 表 23-65

主要零部件	图　示	尺寸公差（mm）	
帘板		长度 L	±2.0
		宽度 h	±1.0
		厚度 s	±1.0
导轨		槽深 a	±2.0
		槽宽 b	±2.0

23.7.1.5 木质防火门

用难燃木材或难燃木材制品作门框、门扇骨架、门扇面板；门扇内若填充材料，则填充对人体无毒、无害的防火隔热材料，并配以防火五金配件所组成的具有一定耐火性能的门。

1. 木质防火门的种类和规格

木质防火门分按材质可分为木夹板防火门、木夹板装饰防火门和模压板防火门三种，种类及规格详见表 23-66。

木质防火门 表 23-66

种类	型号	洞口高度 h (mm)	洞口宽度 b (mm)			备　注
			800、900、1000	1200	1500、1800、2100	
木夹板防火门	2M01	2000 2100 2400				门扇上不带防火玻璃，无亮窗
		2700				门扇上不带防火玻璃，有亮窗
	2M02~ 2M09	2000 2100 2400				1. 上排无亮窗，下排有亮窗 2. 门扇上带防火玻璃，有多种形状，图例取圆形为例
		2700				

续表

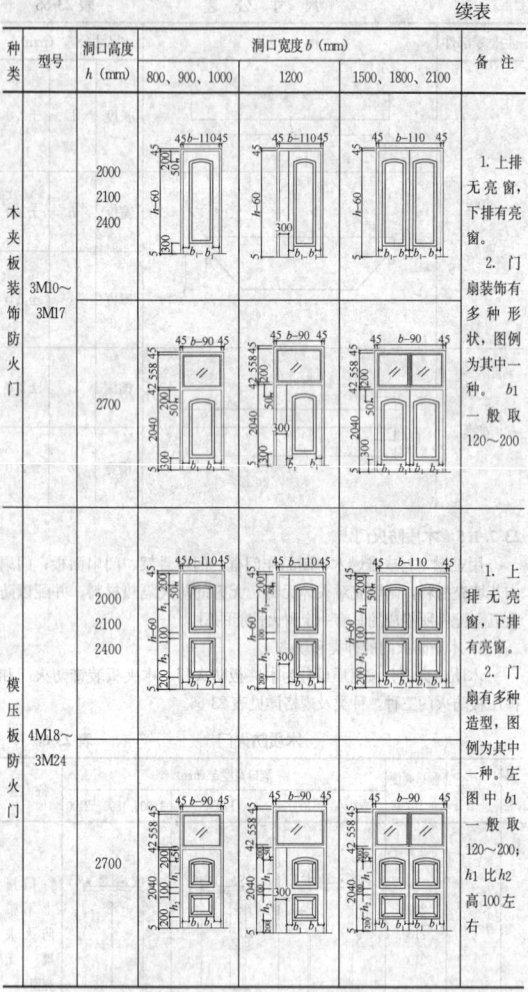

种类	型号	洞口高度 h (mm)	洞口宽度 b (mm)			备注
			800、900、1000	1200	1500、1800、2100	
木夹板装饰防火门	3M10~3M17	2000 2100 2400				1.上排无亮窗，下排有亮窗。2.门扇装饰有多种形状，图例为其中一种。b₁一般取120~200
		2700				
模压板防火门	4M18~3M24	2000 2100 2400				1.上排无亮窗，下排有亮窗。2.门扇有多种造型，图例为其中一种。左图中b₁一般取120~200；h₁比h₂高100左右
		2700				

注：框口尺寸等于洞口尺寸b-20mm；框口尺寸等于洞口尺寸h-10mm

2. 木质防火门的节点构造

（1）木夹板防火门

1）2M01 型：见图 23-12。

2）2M02～2M09 型：见图 23-13。

（2）木夹板装饰防火门：见图 23-14。

（3）模压板防火门：见图 23-15。

3. 木质防火门的技术要求

（1）耐火性能试验要求

木质防火门的耐火性能按《门和卷帘的耐火试验方法》（GB/T 7633—2008）进行试验。对带玻璃的木制防火门，凡每扇门的玻璃面积超过 0.10m² 者，应按《门和卷帘的耐火试验方法》（GB/T 7633—2008）测点布置方法测定玻璃的背火面温度。若玻璃面积不超过 0.10m² 者，可不测其背火面温度。带有玻璃上亮子的木制防火门，其上亮子玻璃的总面积如果超过 0.5m²，应在玻璃中心部位 100mm 范围内测其背火面温度；如果玻璃面积超过 1.0m² 者，还应同时测定其热辐射强度。

（2）木材

1）防火门所用木材应符合《建筑木门、木窗》（JG/T 122—2000）第 5.1.1.1 条中对 II（中）级木材的有关材质要求。

2）防火门所用木材应为阻燃木材或采用防火板包裹的复合材，并经国家认可授权检测机构按照《建筑材料难燃性试验方法》（GB/T 8625—2005）检验达到该标准第 7 章难燃性要求。

3）防火门所用木材进行阻燃处理再进行干燥处理后的含水率不应大于 12%；木材在制成防火门后的含水率不应大于当地的平衡含水率。当受条件限制，除东北落叶松、云南松、马尾松、桦木等易变形的树种外，可采用气干木材，其制作时的含水率不应大于当地的平衡含水率。宜采用经阻燃处理的优质木材。

（3）人造板

1）防火门所用人造板应符合《建筑木门、木窗》（JG/T 122—2000）第 5.1.2.2 条中对 II（中）级人造板的有关材质要求。

2）防火门所用人造板应经国家认可授权检测机构按照《建筑材料难燃性试验方法》（GB/T 8625—2005）检验达到该标准第 7 章难燃性要求。

3）防火门所用人造板进行阻燃处理再进行干燥处理后的含水率不应大于 12%；人造板在制成防火门后的含水率不应大于当地的平衡含水率。

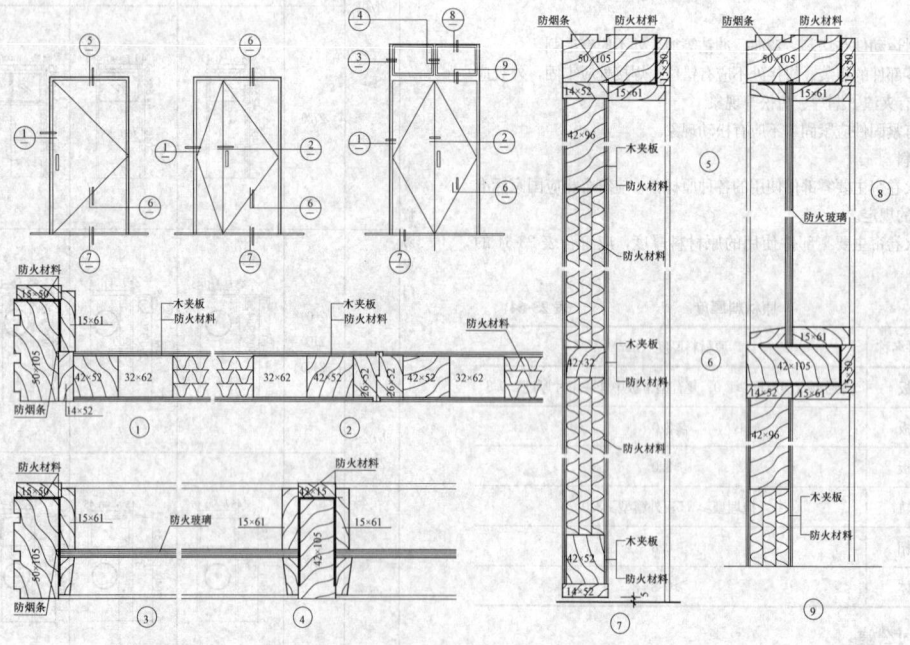

图 23-12　木夹板防火门节点构造一

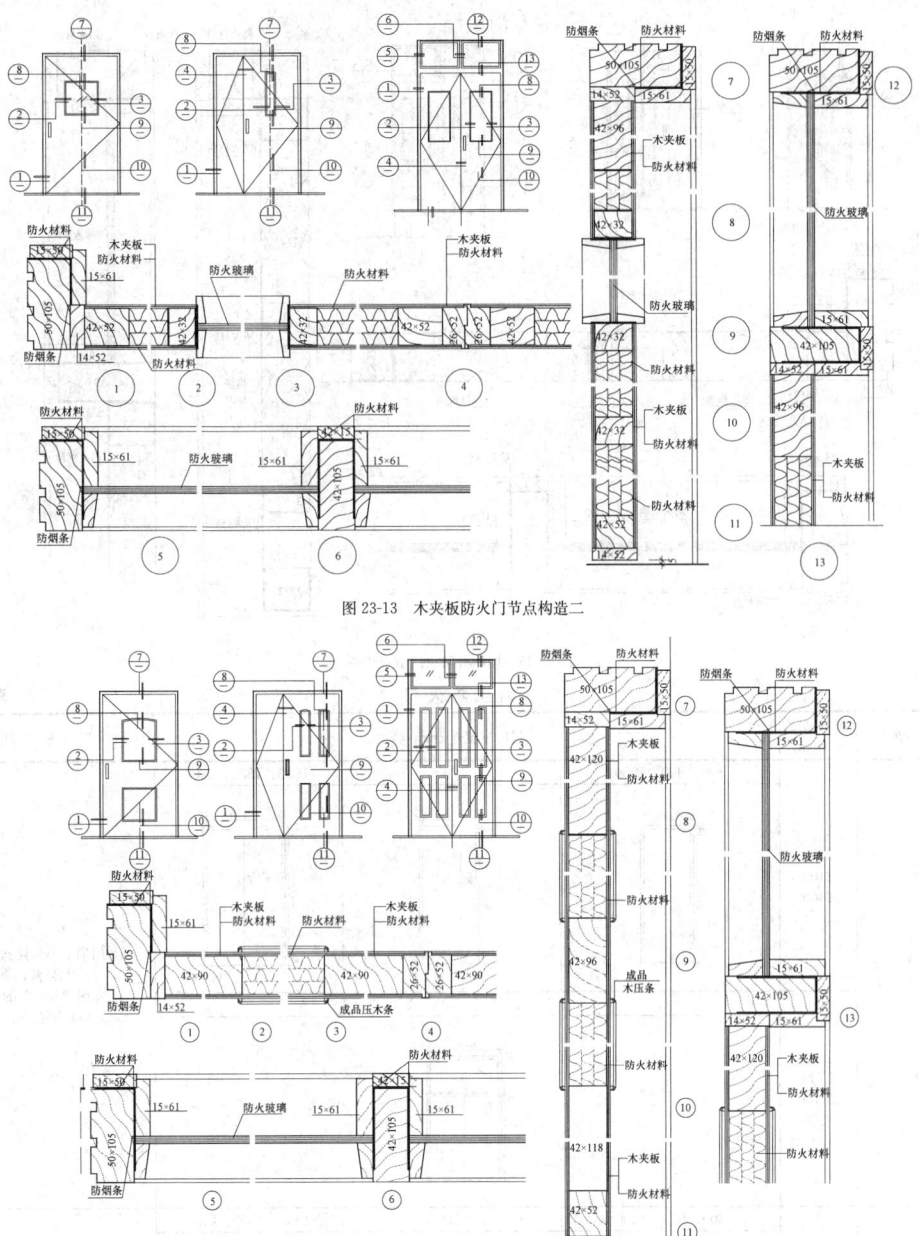

图 23-13 木夹板防火门节点构造二

图 23-14 木夹板装饰防火门节点构造

(4) 外观质量

割角、拼缝应严实平整；胶合板不允许刨透表层单板和戗槎；表面应净光或砂磨，并不得有刨痕、毛刺和锤印；涂层应均匀、平整、光滑，不应有堆漆、气泡、漏涂以及流淌等现象。

4. 木质防火门安装质量标准

(1) 木质防火门安装质量应符合《建筑工程施工质量验收统一标准》（GB 50300）和《建筑装饰装修工程质量验收规范》（GB 50210）等的要求。

(2) 主控项目

1) 木质防火门的质量和各项性能，应符合设计要求。

2) 木质防火门的品种、类型、规格、尺寸、开启方向、安装位置及防腐处理，应符合设计要求。

3) 木质防火门的安装必须牢固，预埋件的数量、位置、埋设方式、与框的连接方式，必须符合设计要求。

4) 木质防火门的配件应齐全，位置应正确，安装应牢固，功能应满足使用要求和木质防火门的各项性能要求。

(3) 一般项目

1) 木质防火门的表面装饰应符合设计要求。

2) 木质防火门的表面应洁净，无划痕、碰伤。

(4) 木质防火门安装的允许偏差和检验方法

应符合《建筑装饰装修工程质量验收规范》（GB 50210）中关于木门窗的相关规定。

23.7.1.6 钢制防火门

1. 钢质防火门的种类和规格，见表 23-67。

2. 钢质防火门的节点构造

(1) 1M01 型：见图 23-16。

(2) 1M02～1M10 型：见图 23-17。

3. 钢质防火门技术要求

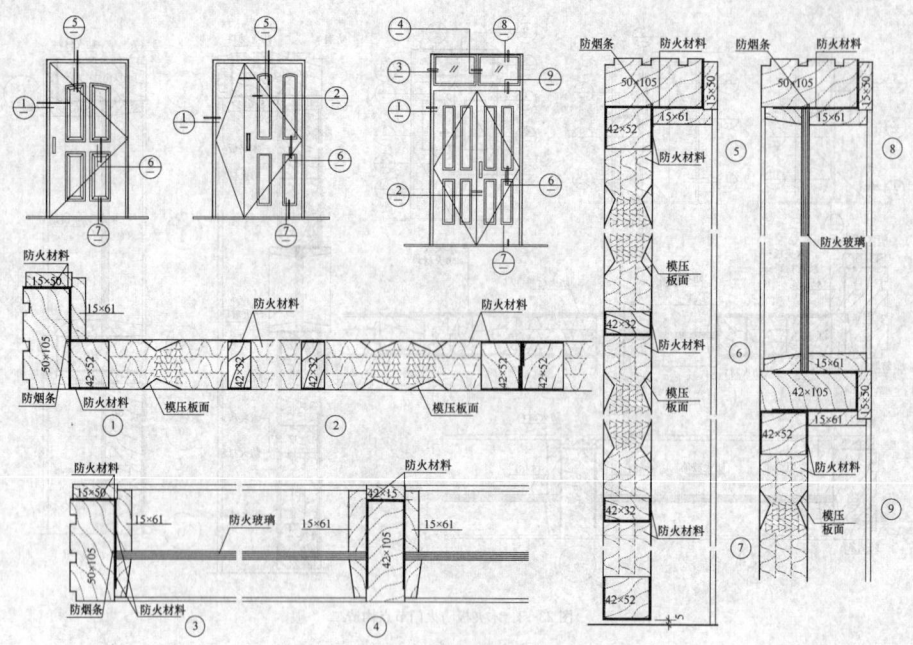

图 23-15 模压板防火门节点构造

钢 质 防 火 门

表 23-67

种类	型号	洞口高度 h (mm)	洞口宽度 b (mm)			备 注
			800、900、1000	1200	1500、1800、2100	
钢质防火门	1M01	2000 2100 2400				1. 门扇上不带防火玻璃。 2. 上排无亮窗,下排有亮窗。 3. 左图2700高的 h_1 取558, 3000、3000高的 h_1 取858
			1500、1800、2100、2400、2700、3000			
钢质防火门		2700 3000 3300				
钢质防火门	1M02~ 1M10	2000 2100 2400	800、900、1000	1200	1500、1800、2100	1. 上排无亮窗,下排有亮窗。 2. 门扇上带防火玻璃,有多 种形状,图例取圆形为例。 3. 左图2700高的 h_1 取558, 3000、3000高的 h_1 取858。
			1500、1800、2100、2400、2700、3000			
		2000 3000 3300				

备注: 1. 框口尺寸等于洞口尺寸 $b-20$mm;框口尺寸等于洞口尺寸 $h-10$mm。

　　　2. h 为2400mm的钢制防火门也有带亮窗的,洞口宽度 (mm) 为 800、900、1000、1200、1500、1800、2100 七种规格,图例未显示。

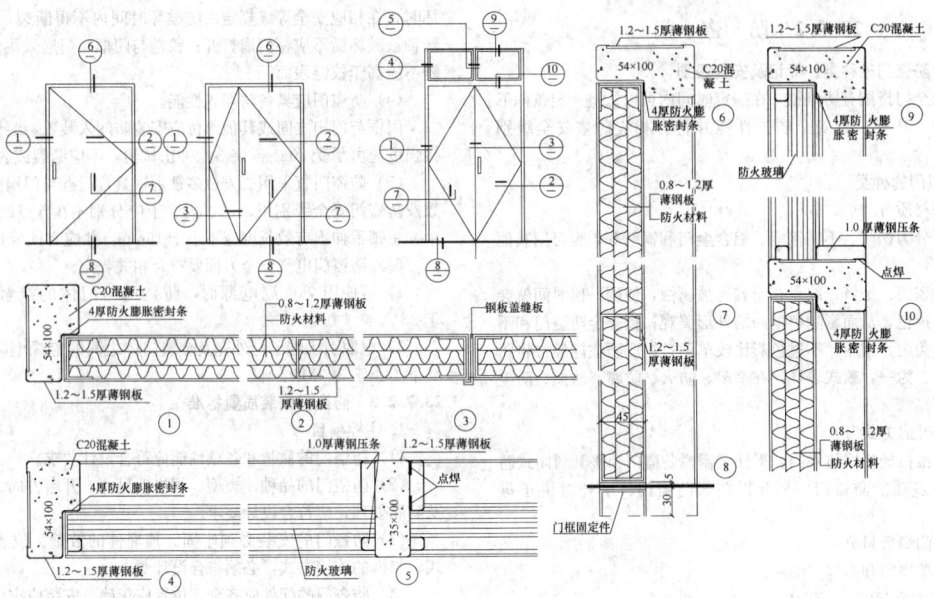

图 23-16　钢质防火门节点构造一

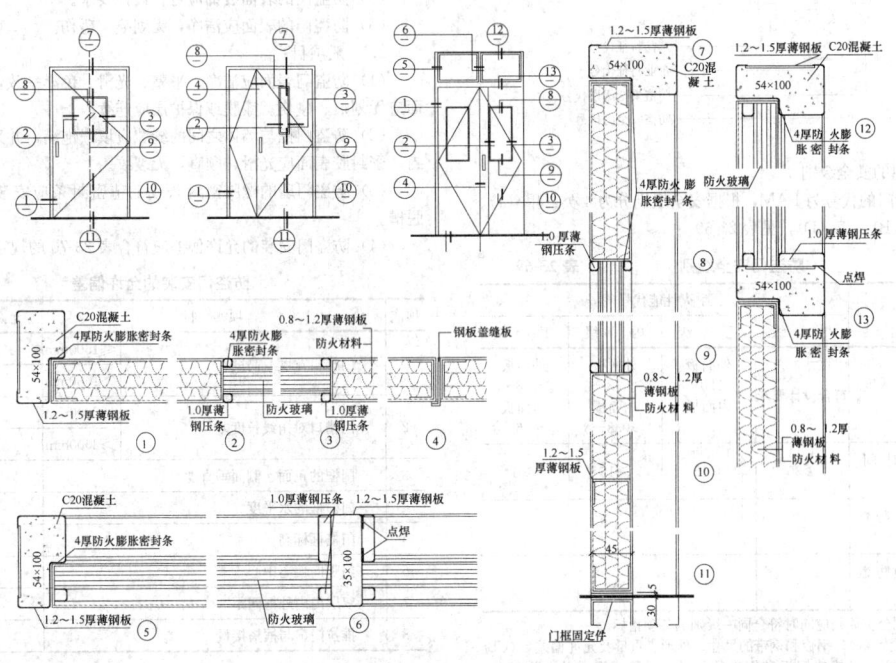

图 23-17　钢制防火门节点构造二

(1) 材质

防火门框、门扇面板应采用性能不低于冷轧薄钢板的钢质材料，冷轧薄钢板应符合现行《冷轧钢板和钢带的尺寸、外形、重量及允许偏差》(GB/T708—2006) 的规定。

防火门所用加固件可采用性能不低于热轧钢材的钢质材料，热轧钢材应符合现行《热轧钢板和钢带的尺寸、外形、重量及允许偏差》(GB/T709—2006) 的规定。

(2) 材料厚度

防火门所用钢质材料厚度应符合表 23-68 的规定。

(3) 外观质量

外观应平整、光洁，无明显凹痕或机械损伤；涂层、镀层应均匀、平整、光滑，不应有堆漆、麻点、气泡、漏涂以及流淌等现象；焊接应牢固，焊点分布均匀，不允许有假焊、烧穿、漏焊、夹

渣或疏松等现象，外表面焊接应打磨平整。

钢质材料厚度	表 23-68
部件名称	材料厚度 (mm)
门扇面板	≥0.8
门框板	≥1.2
铰链板	≥3.0
不带螺孔的加固件	≥1.2
带螺孔的加固件	≥3.0

4. 钢质防火门安装质量标准

应符合《建筑装饰装修工程质量验收规范》(GB 50210) 中关于钢门窗的相关规定。

23.7.2 防盗门

23.7.2.1 防盗门的种类、标记及安全级别

防盗安全门指配有防盗锁，在一定时间内可以抵抗一定条件下非正常开启，具有一定安全防护性能并符合相应防盗安全级别的门。

1. 防盗门的种类

(1) 按材质分

主要可分为铁门、不锈钢门、铝合金门和铜门等，也可用其他复合材料。

铁质防盗门：经济，缺点在于容易被腐蚀，使用一段时间就会出现生锈、掉色，从而影响整扇门的外形美观；铝合金防盗门和不锈钢防盗门美观、耐用，不过色彩比较单调；铜质防盗门经常将防盗与入户合二为一，款式多样，在杀菌、防火、防腐、防撬、防尘方面性能好。

(2) 按开启方式分

可分为推拉栅栏式防盗门、平开式栅栏防盗门、平开封闭式防盗门、平开多功能防盗门、平开折叠式防盗门、平开对讲子母门等。

(3) 按门扇数量分

可分为单扇门和多扇门两种。

2. 防盗安全门的标记组成

- 产品特征代号
- 企业特征代号
- 防盗安全级别代号
- 防盗安全门代号

3. 防盗门的安全级别

防盗安全门的代号为 FAM，根据安全级别分为 4 类：甲（J）、乙（Y）、丙（B）、丁（D），见表 23-69。

防盗门安全级别 表 23-69

项 目	耐火性能代号			
	甲 级	乙 级	丙 级	丁 级
门扇钢板厚度 (mm)	符合设计要求	外面板 ≥1.0−δ 内面板 ≥1.0−δ	外面板 ≥0.8−δ 内面板 ≥0.8−δ	外面板 ≥0.8−δ 内面板 ≥0.6−δ
防破坏时间 (min)	≥30	≥15	≥10	≥6
机械防盗锁防盗级别	B		A	
电子防盗锁防盗级别	B		A	

注：1. 级别分类原则应同时符合同一级别的各项指标。
2. "δ" 为《冷轧钢板和钢带的尺寸、外形、重量及允许偏差》(GB/T 708)、《热轧钢板和钢带的尺寸、外形、重量及允许偏差》(GB/T 709) 中规定的允许偏差。

23.7.2.2 防盗门的技术要求

(1) 防盗门所选板材材质应符合相关的国家标准或行业标准规定，主要构件及五金附件应与防盗门使用功能协调一致，有效证明符合相关标准的规定。

(2) 门框、门扇构件表面应平整、光洁，无明显凹痕和机械损伤。

(3) 防盗门应具备防破坏性能。

1) 选择非钢质板材的门扇，应能阻止在门扇上打开一个不小于 615cm² 穿透门扇的开口，防破坏时间须满足相应安全等级的要求。

2) 锁具应在相应安全等级规定的防破坏时间内，承受各种破坏试验，门扇不应被打开。

3) 铰链在承受是用普通机械手工工具对其实施冲击、錾切破

坏时，在相应安全等级规定的防破坏时间内不得断裂；铰链表面、转轴被破坏后不应将门扇打开；铰链与门框、门扇采用焊接时，焊缝不应高于铰链表面。

(4) 防盗门应具备防闯入性能。

门框与门扇之间或其他部位应安装防闯入装置，装置本身及连接强度应可承受 30kg 砂袋 3 次冲击试验，不应断裂或脱落。

(5) 防盗门宜采用三方位多锁舌锁具，门框与门扇间的锁闭点数按防盗门安全级别甲、乙、丙、丁分别不少于 12、10、8、6 个。主锁舌伸出有效长度应不小于 16mm，并应有锁舌止动装置。

(6) 防盗门电气安全方面要符合相关规定。

1) 若使用交直流电源时，防盗门与门体的接触电压应低于 36V。

2) 电源引入端子与外壳及金属门体之间的绝缘电阻在正常环境下不应小于 200MΩ。

23.7.2.3 防盗门安装质量标准

1. 主控项目

(1) 防盗门的质量和各项性能应符合设计要求。

(2) 防盗门的品种、类型、规格、尺寸、开启方向、安装位置及防腐处理，应符合设计要求。

(3) 防盗门的安装必须牢固。预埋件的数量、位置、埋设方式、与框的连接方式，必须符合设计要求。

(4) 防盗门的配件应齐全，位置应正确，安装应牢固，功能应满足使用要求和各项性能要求。

(5) 防盗门的表面装饰应符合设计要求。

(6) 防盗门的表面应洁净，无划痕、碰伤。

2. 一般项目

(1) 防盗门表面应洁净、平整、光滑、色泽一致，无锈蚀。大面应无划痕、碰伤。漆膜或保护层应连续。

(2) 防盗门框与墙体之间的缝隙应填嵌饱满，并采用密封胶密封。密封胶表面应光滑、顺直，无裂纹。

(3) 防盗门扇的橡胶密封条或毛毡密封条应安装完好，不得脱槽。

(4) 防盗门安装的允许偏差应符合表 23-70 的规定。

防盗门安装的允许偏差 表 23-70

项次	项 目		允许偏差 (mm)
1	门槽口宽度、高度	≤1500mm	1.5
		>1500mm	2
2	门槽口对角线长度差	≤2000mm	3
		>2000mm	4
3	门框的正面、侧面垂直度		2.5
4	门横框的水平度		2
5	门横框标高		5
6	门竖向偏离中心		5
7	双层门内外框间距		4
8	推拉门扇与框搭接量		1.5

23.7.3 卷帘门窗

23.7.3.1 卷帘门窗的种类

1. 按使用功能分类

可分为防火卷帘门窗和普通卷帘门窗（防火卷帘门在 23.6.1 中已作介绍），防火卷帘主要用于将建筑物进行防火分隔，通过发挥防火卷帘的防火性能，延缓火灾对建筑物的破坏，降低火灾的危害，保障人身和财产的安全，而普通卷帘门窗主要起封闭作用。

2. 按开启方式分类

可分为手动卷帘门窗、电动卷帘门窗。手动防火卷帘通过在卷轴上装设弹簧，以平衡页片质量，采用手动铰链进行启闭操作；电动防火卷帘则采用电动卷门机来达到启闭控制，同时还配备专供停电或者故障时使用的手动启闭装置。

23.7.3.2 卷帘门窗的节点构造

1. 安装方式节点

卷帘门主要有三种安装方式:洞外安装、洞中安装和洞内安装,见图23-18。

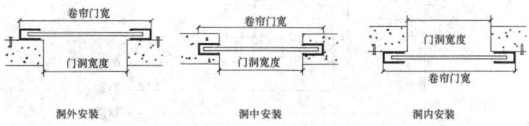

图 23-18 卷帘门窗安装方式节点示意图

2. 不同类型帘片构造

卷帘门常见类型见图23-19。

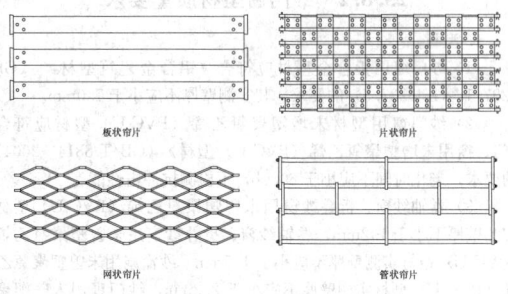

图 23-19 卷帘门常见类型示意图

23.7.3.3 卷帘门窗安装要点

(1) 安装前首先按设计型号查阅产品说明书和电气原理图,检查表面处理和零附件,并检测产品各部位基本尺寸,检查门洞口是否与卷帘门尺寸相符,导轨、支架的预埋件位置、数量是否正确。

(2) 防火卷帘门必须配置温感、烟感、光感报警系统和水幕喷淋系统,出厂产品必须由公安部批准的生产厂家产品。

(3) 安装:测量洞口标高,弹出两轨基线及卷筒中心线;边框、导槽应尽量固定在预埋铁板上,也可用膨胀螺栓固定。导槽使用M8螺栓,边框使用M12螺栓。电动门边框如果是砖墙,需用穿墙螺栓或按图纸要求进行;门帘板有正反,安装时要注意,不得装反;所有紧固零件(如螺钉等)必须紧固,不准有松动现象;卷帘轴安装时注意轴线的水平,轴与导槽的垂直度;防火卷帘门安装水幕喷淋系统,应与总控制系统连接。安装后进行调试,先手动运行,再用电动机启闭数次,调整至无卡位、阻滞及异常噪声等现象为止。全部调试完毕,安装防护罩。对于各种防火性能,要求安装好以后进行调试。

(4) 施工工艺

预埋件埋设→预埋件尺寸复核→外墙混凝土浇筑→门帘轨道安装→卷筒与板条安装→卷筒外罩安装→安装检查验收→防腐处理→使用及保养。

1) 预埋件埋设。在地下室外墙混凝土浇筑前进行,必须按图纸尺寸,将各预埋件进行放样。安装时,必须从四角进行控制其尺寸,并且进行安装尺寸记录,包括标高、水平度和垂直度。经质检员进行复核合格后,即可进行外墙混凝土浇筑。

2) 门帘轨道应在安装前进行制作。安装时沿墙壁安装,必须先对连接件与轨道连接的部位进行标志,打十字形标记,以便能较精确地对准安装。轨道与预埋件的连接采用焊接连接。

3) 卷筒与板条安装。卷筒滚轴安装时须核检其水平度,不能产生倾斜,以免板片平面两侧边不与轨道相平行而无法使用。卷筒与板条须连在一起,作为整体安装,边安装滚轴边放卷帘并进行调整,检核滚轴的水平度与墙面轴线的平行度。

4) 卷筒外罩安装。护罩的尺寸先在安装前按图纸进行制作,要充分考虑卷帘门收卷时所需的实际尺寸。在卷帘门收完时,护罩内表面与板条不得有接触摩擦的现象,而且它们之间在安装后相距应有100mm。

23.7.3.4 卷帘门窗安装质量标准

(1) 卷帘门窗安装尺寸极限偏差和形位公差,应符合表23-71的规定。

卷帘门窗极限偏差和形位公差　　表 23-71

项次	项　目	允许偏差(mm)
1	卷帘门窗内高极限偏差	±10
2	卷帘门窗内宽极限偏差	±3
3	卷轴与水平面平行度	≤3
4	底板与水平面平行度	≤10
5	导轨、中柱与水平面垂直度	≤15

(2) 卷帘门窗应具备启闭顺畅、平稳,手动卷帘门对其比例有要求,见表23-72。

手动卷帘门启闭力　　表 23-72

项次	卷帘门内宽 B (mm)	指标 N
1	≤1800	≤98
2	>1800	≤118

23.7.4　金属转门

23.7.4.1　金属转门的种类和规格

金属转门一般适用于宾馆、机场、使馆、商店等中、高级民用、公共建筑设施的启闭,可起到控制人的流量和保持室内温度的作用。

1. 金属转门的种类

(1) 按材质分

金属转门按材质分铝制、钢制两种。铝结构是用铝、镁、硅合金挤压成型,经阳极氧化成银白、古铜等颜色,美观大方;钢制结构是用20号碳素结构无缝异型管冷拉成各种类型转门、转壁框架,然后喷涂各种油漆,进行装饰处理。

(2) 按驱动方式分

根据驱动方式的不同,可分为由人力推动旋转的人力推动转门和利用电机、自动化推动的自动转门两种。

(3) 按门扇构造分

根据门扇构造不同,金属转门可分为十字金属转门和三扇式金属转门。

2. 金属转门的规格

金属转门的常规规格见表23-73。

金属转门的常规规格　　表 23-73

立面形状	基本尺寸(mm)		
	B×A₁	B₁	A₂
	1800×2200	1200	130
	1800×2400	1200	130
	2000×2200	1300	130
	2000×2400	1300	120

23.7.4.2　金属转门的技术要求

(1) 铝结构应采用合成橡胶密封固定玻璃,以保证其具有良好的密闭、抗震和耐老化性能,活扇与转壁之间应采用聚丙烯毛刷条,钢结构玻璃应采用油面腻子固定。铝结构应采用厚5~6mm玻璃,钢结构采用厚6mm玻璃,玻璃规格根据实际使用尺寸配装。

(2) 门扇一般应逆时针旋转,保证转动平稳、坚固耐用,便于擦洗清洁和维修。

(3) 门扇旋转主轴下部,应设有可调节阻尼装置,以控制门扇因惯性产生偏快的转速,保持旋转体平稳状态。4只调节螺栓逆时针旋转为阻尼增大。

(4) 连接铁件焊接固定后,必须进行防腐处理。

(5) 门扇正面、侧面垂直度是转门安装质量控制的核心,也是保证转门旋转平稳、间隙均匀的前提条件,必须重点控制。

(6) 转壁安装先临时固定，不可一次固定死。应待转门门扇的高低、松紧和旋转速度均调整适宜后，方可完全固定。

23.7.4.3 金属转门安装质量标准

1. 主控项目

(1) 金属转门的质量和各项性能应符合设计要求。

检验方法：检查生产许可证、产品合格证书和性能检测报告。

(2) 金属转门的品种、类型、规格、尺寸、旋转方向，安装位置及防腐处理应符合设计要求。

检验方法：观察和尺量检查；进场验收和过程隐蔽验收。

(3) 金属转门安装必须牢固。预埋件的数量、位置、埋设方式及与转门顶、转壁的连接方式必须符合设计要求。

检验方法：观察检查；手扳检查；隐蔽前验收。

(4) 金属转门的配件应齐全，位置应正确，安装应牢固，功能满足使用要求和金属转门的各项性能要求。

检验方法：观察和手扳检查。

2. 一般项目

(1) 金属转门表面漆膜应连续、均匀、光滑、坚固、色泽一致且符合设计要求。

检验方法：观察。

(2) 金属转门表面应洁净，无划痕、碰伤。

检验方法：观察。

(3) 金属转门安装的允许偏差和检验方法应符合表 23-74 的规定。

金属转门安装允许偏差和检验方法　表 23-74

项次	项　目	允许偏差(mm)	检验方法
1	门扇正、侧面垂直度	1.5	用1m垂直检测尺检查
2	门扇对角线长度差	1.5	用钢尺检查
3	相邻扇高度差	1	用钢尺检查
4	扇与圆弧边留缝	1.5	用塞尺检查
5	扇与上顶间留缝	1	用塞尺检查
6	扇与地面间留缝	2	用塞尺检查

23.8 纱 门 窗

23.8.1 纱门窗的种类与标记

纱门窗是由门窗框和纱网组成，具有采光、透气、防虫防蚊作用。纱门窗框架是紧附在门窗框上，与木门窗、铝合金门窗、塑钢门窗等配合使用。

1. 纱门窗的种类与代号

纱门窗的种类划分有两种方式：按纱网启闭形式划分、按可视框架用型材材质划分，具体的划分见表 23-75。

纱门窗的种类划分与代号　　表 23-75

序号	划分方式	种　类		代　号
1	按纱网启闭形式划分	纱门	卷轴纱门	JSM
			折叠纱门	ZSM
			纱门扇	SMS
		纱窗	卷轴纱窗	JSC
			折叠纱窗	ZSC
			纱窗扇	SCS
2	按可视框架用型材材质分	铝合金纱门窗		L
		塑料纱门窗		S
		其他材质的纱门窗		Q

2. 纱门窗的标记

纱门窗的标记方法由材质、类别、规格组成。

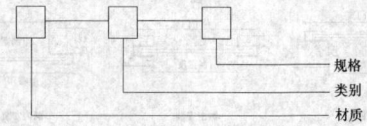

示例：

铝合金折叠纱门，框架宽度 900mm，高度 2100mm。

标记为：L-ZSM-090210

23.8.2 纱门窗型材质量要求

1. 型材

(1) 纱门窗用铝合金型材应符合《铝合金建筑型材》（GB 5237.1～GB 5237.5）的要求，其实测壁厚不应小于 1.0mm。

(2) 纱门窗用型材未增塑聚氯乙烯（PVC-U）型材应符合《门、窗用未增塑聚氯乙烯（PVC-U）型材》（GB/T 8814—2004）的要求，老化时间不应小于 6000h，不检测抗冲击性能。

(3) 卷轴纱窗、折叠纱窗用未曾塑聚氯乙烯（PVC-U）型材实测壁厚不小于 1.2mm，卷轴纱窗、折叠纱窗用未曾塑聚氯乙烯（PVC-U）型材实测壁厚不应小于 1.5mm。纱窗扇用未曾塑聚氯乙烯（PVC-U）型材实测壁厚不应小于 2.2mm，纱门扇用未增塑聚氯乙烯（PVC-U）型材实测壁厚不应小于 2.5mm。

2. 纱网

(1) 卷轴纱门窗用纱网应符合《玻璃纤维防虫网布》（JC/T 173—2005）的要求。

(2) 折叠纱门窗用纱网应符合表 23-76 和表 23-77 的要求。

聚酯纱网物理性能　　　表 23-76

规格	经纬密度		单位面积质量 (g/m²)	拉伸断裂强力 ≥N/25mm		织物稳定性 ≥N/50mm		色牢度	甲醛含量	表面抗湿性
	径向	纬向		径向	纬向	径向	纬向			
18×16P	18±1	16±1	≥75	230	210	140	98	不应小于4级	不应大于75mg/kg	不应小于3级
16×18P	16±1	18±1	≥75	230	210	140	98			
18×18P	18±1	18±1	≥75	230	210	140	98			
20×20P	20±1	20±1	≥75	230	210	140	98			

聚酯纱网的拒油性不应小于 6 级，耐盐性在浸泡 48h 后拉伸断裂强力无异常，外观疵点和质量要求应符合《玻璃纤维防虫网布》（JC/T 173—2005）的要求。

聚丙烯纱网物理性能　　　表 23-77

规格	经纬密度		单位面积质量 (g/m²)	拉伸断裂强力 ≥N/25mm		织物稳定性 ≥N/50mm		色牢度	甲醛含量	耐盐碱
	径向	纬向		径向	纬向	径向	纬向			
18×16P	18±0.5	16±0.5	40	330	350	26	24	不应小于4级	不应大于75mg/kg	浸泡48h后拉伸断裂强力无异常
16×18P	16±0.5	18±0.5	40	330	350	26	24			
18×18P	18±0.5	18±0.5	40	330	350	26	24			
20×20P	20±0.5	20±0.5	40	330	350	26	24			

外观疵点和质量要求应符合《玻璃纤维防虫网布》（JC/T 173—2005）的要求。

(3) 纱门扇用纱网应符合《窗纱技术条件》（QB/T 3883—1999）的要求。

3. 弹簧

(1) 弹簧材料应符合《冷拉碳素弹簧钢丝》（GB/T 4357—2009）的规定。

(2) 纱门窗用弹簧钢丝的直径不应小于 1.0mm。

(3) 弹簧钢丝的耐腐蚀性能应满足《建筑门窗五金件通用要求》(JG/T 212—2007)要求。

4. 其他常用材料

十字槽盘头自钻螺钉应符合《十字槽盘头自攻螺钉》(GB 845)要求;十字槽沉头自钻螺钉应符合《十字槽沉头自攻螺钉》(GB 846)要求;十字槽半沉头自钻螺钉应符合《十字槽半沉头自攻螺钉》(GB 847)要求;紧固件机械性能、螺母、细牙螺纹应符合《紧固件机械性能螺母细牙螺纹》(GB/T 3098.4)要求;十字槽盘头自钻自攻螺钉应符合《十字槽盘头自钻自攻螺钉》(GB/T 15856.1)要求;十字槽沉头自钻自攻螺钉应符合《十字槽沉头自钻自攻螺钉》(GB/T 15856.2)要求;建筑门窗密封毛条技术条件应符合《建筑门窗密封毛条技术条件》(JC/T 635)要求;建筑门窗用密封胶条应符合《建筑门窗用密封胶条》(JG/T 187—2006)要求。

23.8.3　纱门窗的安装要点

1. 纱门窗的安装工序,如图 23-20 所示。
2. 纱门窗安装要点

(1) 型材必须符合 23.7.2 要求,材料厚度用游标卡尺检测,纱网与其他配件应符合相关规范的要求,材料进场验收应有材质证明材料与进场检验记录。

(2) 纱门窗框制作,纱门窗扇的框根据门窗的规格下料,纱门窗扇自带轨道的用自攻螺钉固定在门窗框上,固定距离应不大于200mm,纱门窗框无翘曲,与门窗框缝隙严密,活动纱门扇与固定纱门扇平行,咬口严密,推拉自如。折叠纱门窗、卷轴纱门窗的框架与门窗框连接,框架应与门窗大小重合,用自攻螺钉固定无缝隙。

(3) 导轨安装应与门窗框垂直,紧贴纱门窗框,导轨内侧与门窗玻璃大小一致。

(4) 纱门窗纱盒制作用砂轮切割机下料,两端应平滑、无毛刺,长度应比导轨距离小约 10mm。

(5) 把纱网裁成比导轨两端各宽 20mm,反边咬合并穿上钢丝绳;把纱网卷到中轴上。

(6) 把弹簧与紧固件插入纱盒内,紧固件与纱盒咬合,用自钻螺钉把紧固件固定,纱盒制作完成后纱网内部应平整、无褶皱,弹簧回转有力。

(7) 纱网的夹网条应牢固,应将夹网条垂直放置在上下轨道中。夹网条拉动时,应与轨道平行运行,反复拉动数次后收放自如。

(8) 纱门的纱网应用磁条与夹网条固定,夹网条与磁条应平行。

(9) 纱门窗在固定前应校正其垂直度、水平度,各项偏差应符合规范要求。

(10) 应用建筑密封胶把纱门窗框与门窗框的缝隙密封,密封严密、无缺陷。

(11) 纱门窗扇与门窗框的间隙应用密封毛条固定,间隙应符合规范要求。

23.8.4　纱门窗安装质量标准

1. 主控项目

(1) 纱门窗的品种、类型、规格、尺寸、启闭性能、抗风性能、开启方向、安装位置及型材、纱网、弹簧应符合设计要求。

(2) 纱门窗角部连接应牢固,连接处无毛刺,纱网安装牢固、平整。

(3) 纱门窗扇安装后应启闭灵活,安装可靠;纱网启闭应顺畅、无卡滞,并能全部收回纱盒内。

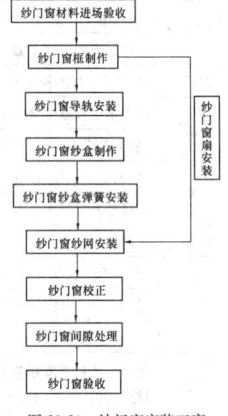

图 23-20　纱门窗安装工序

2. 一般项目

(1) 纱门窗不应有明显的色差、划伤、裂纹、凹凸不平等缺陷。

(2) 纱门窗扇用硅化密封毛条、密封胶条应安装完好,不得脱槽。

(3) 纱门窗安装的允许偏差和检验方法,应符合表 23-78 的规定。

纱门窗安装的允许偏差和检验方法(mm)　表 23-78

项次	项　目	允许偏差	检验方法
1	纱门窗框的正面、侧面垂直度	≤3	用垂直检测尺检查
2	纱门窗横框的水平度	≤3	用1m水平尺和塞尺检查
3	纱门窗两对角线之差	≤3	用钢卷尺检查
4	纱门窗扇与门窗的配合间隙	≤1	用塞尺检查
5	相邻构件装配间隙	≤1	用塞尺检查
6	卷轴纱门窗拉杆两端面与两轨道的间隙之和	≤3	用塞尺检查
7	折叠纱门窗纱网与两轨道单面间隙	≤3	用塞尺检查

23.9　铝木复合门窗

23.9.1　铝木复合门窗的种类和标记

23.9.1.1　品种分类

按门开启形式分类,门的品种和代号符合表 23-79 规定。

门品种和代号　表 23-79

开启形式	平开	推拉	折叠
代号	P	T	Z

按窗开启形式分类,窗的品种和代号符合表 23-80 规定。

窗品种和代号　表 23-80

开启形式	固定	平开	推拉	上悬	下悬	提拉	折叠	平开下悬
代号	G	P	T	S	X	TL	TP	PX

注: 1. 固定窗与平开窗或推拉窗组合时为平开窗或推拉窗。
　　2. 百叶窗符号为Y,纱扇窗符号为S。

23.9.1.2　功能类型

按门使用功能分类,门的功能类型和代号符合表 23-81 规定。

门功能类型和代号　表 23-81

性能项目	种　类		
	隔声型	保温型	遮阳型
抗风压性能(P_3)	◎	◎	◎
水密性能(ΔP)	◎	◎	◎
气密性能(q_1/q_2)	◎	◎	◎
保温性能(K)	○	◎	—
空气声隔声性能(R_w)	◎	○	○
遮阳性能(SC)	○	○	◎
启闭力	◎	◎	◎
反复启闭性能	◎	◎	◎
撞击性能	◎	◎	◎
垂直荷载强度	◎	◎	◎

注: ◎为必须项目,○为选择项目。

按窗使用功能分类,窗的功能类型和代号符合表 23-82 规定。

窗功能类型和代号　　　表 23-82

性能项目	种 类		
	隔声型	保温型	遮阳型
抗风压性能（P_3）	◎	◎	◎
水密性能（ΔP）	◎	◎	◎
气密性能（q_1/q_2）	◎	◎	◎
保温性能（K）	◎	◎	—
空气声隔声性能（R_w）	◎	○	○
遮阳性能（SC）	○	○	◎
采光性能			
启闭力	◎	◎	◎
反复启闭性能	◎	◎	◎

注：◎为必须项目，○为选择项目。

23.9.1.3　规格

1. 门窗洞口系列应符合《建筑门窗洞口尺寸系列》（GB/T 5824—2008）的规定。

2. 门窗的构造尺寸可根据门窗洞口饰面材料厚度、附框尺寸确定。

23.9.1.4　命名、标记

1. 标记方法

型号由门窗型号、规格、性能标记、代号组成。

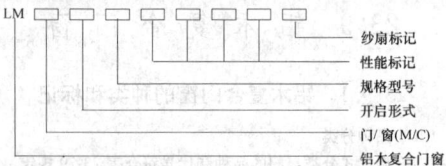

纱扇标记
性能标记
规格型号
开启形式
门/窗（M/C）
铝木复合门窗

当抗风压、水密、气密、保温、隔声、采光等性能和纱扇无要求时不填写。

2. 标记示例

示例：铝木复合平开窗规格型号为 1521、抗风压性能为 4kPa，水密性为 350Pa，气密性为 $0.5m^2/$（m·h），保温性能 2.3W/（m^2·K），隔声性能 35dB，采光性能 0.4，遮阳性能为 SC0.6，带纱扇。

标记为：LMCP1521-P7（4.0）—$\Delta P350—q_1$ 或 q_2（0.5）—$K2.3—R_w35—SC0.6—S$

23.9.2　门窗及其材料质量要求

门窗用铝合金材料、木材、玻璃、五金配件等材料应符合相关现行国家标准、行业标准规定。

23.9.2.1　铝合金型材

（1）铝合金型材尺寸精度应选用高精级，以铝合金型材为主要受力杆件的门窗，其主要承荷载构件的铝合金基部部分，门的最小实测壁厚不应低于 2.0mm，窗的最小实测壁厚不应低于 1.4mm；以木材为主要受力杆件的门窗，基材最小实测壁厚不应低于 1.4mm。

（2）铝合金型材表面处理应符合下列规定：

1）阳极氧化型材：阳极氧化膜膜层应符合 AA15 级要求，氧化膜平均厚不应小于 15μm，局部膜厚不小于 12μm；

2）电泳涂漆型材：阳极氧化复合膜，表面漆膜采用透明漆符合 B 级要求，复合膜局部膜厚不应小于 16μm；表面漆膜采用有色漆符合 S 级要求，复合膜局部膜厚不应小于 21μm；

3）粉末喷涂型材：装饰面上涂层最小局部厚度应大于 40μm；

4）氟碳漆喷涂型材：二涂层氟碳漆膜，装饰面平均漆膜厚度不应小于 30μm；三涂层氟碳漆膜，装饰面平均漆膜厚度不应小于 40μm。

（3）铝合金隔热采用型材穿条工艺的复合铝型材其隔热材料应使用聚酰胺 66 加 25% 玻璃纤维，采用浇注工艺的复合铝型材其隔热材料使用高密度聚氨基甲酸乙酯材料。

23.9.2.2　木材

（1）木材应选用同一树种材料，集成材的含水率在应在 8%～15%。甲醛释放含量不大于 1.5mg/L。

（2）集成材外观质量应使用优等品，可视面拼条长度应大于 250mm，宽度方向无拼接，厚度方向相邻层的拼接缝应错开，指接缝隙紧密。

（3）木材表面光洁、纹理相近，无死节、虫眼、腐朽、夹皮等现象。型材平整、无翘曲，棱角部位应为圆角，具体规定如下：

1）翘曲度、直度要求

横向弦高与横向长度之比小于 0.3%，边缘直度小于 1.0mm/m。

2）集成材外观要求

集成材外观应使用优等品，其外观质量要求应符合表 23-83 的规定。

集成材外观质量要求　　　表 23-83

缺陷种类		计算方法	优等品	一等品	合格品
节子	活节	最大单个长径（mm）	10	30	不限
	死节	最大单个长径（mm）	不允许	2	5
		每平方米板面个数		2	3
腐朽		不大于木材面积（%）	不允许	3	15
裂纹		最大单个长宽（mm）	不允许	50	100
		最大单个宽度（mm）		0.3	2
虫眼		最大单个长径（mm）		2	5
		每平方米板面个数		修补完好允许 3	修补完好允许 5
髓心		占材面面积不大于	不允许	不允许	5%
夹皮		最大单个长度（mm）		10	30
		最大单个宽度（mm）		2	5
		每平方米板面个数		3	5
变色		化学变色和真菌变色占材面面积（%）不大于	不允许	3	5
树脂道		最大单个长度（mm）		10	30
		最大单个宽度（mm）		2	5
		每平方米板面个数		3	5
逆纹		不大于材面面积（%）	不允许	5	不限
边板		不大于木条宽度	不允许	1/3	不限
指接缝隙		最大宽度（mm）	不允许	0.2	0.3
		每平方米板面个数		3	5
边角残损		最大厚度（mm）	不允许	2	2
		最大宽度（mm）		3	3
		最大长度（mm）		50	50
		每平方米板面个数		1	1

注：1. 产品分正面材面和背面材面，优等品背面的外观质量不低于一等品要求。

2. 贯通死节不许有；活节不许有开裂。

（4）木材修补规定

木材属天然材质允许有部分修补，下列缺陷允许修补，修补后应满足以下规定：

1）死节、虫眼直径小于 3mm，长度小于 35mm 允许用腻子修补，直径大于 3mm，长度大于 35mm 用同一树种材修补；

2）由加工引起的劈裂，宽度小于 3mm，深度小于 3mm，长度小于 8mm 裂缝允许用腻子填充，超过的裂缝用同一树种材修补；

3）树脂道外露，宽度小于 3mm，长度小于 10mm 树脂道外露，用同一树种材修补；

4）补块应使用同一树种木材，木材的纹理、颜色应与原材料接近，修补后的木材应接缝严密，胶接牢固。腻子修补应牢固、平整，颜色应与原木材接近。

23.9.2.3　水性涂料

木材用水性涂料应符合《室内装饰装修用水性木器涂料》

（GB/T 23999—2009）的规定，面漆应符合C类漆要求，底漆应符合D类漆要求。漆膜厚度宜为80～120μm。

23.9.2.4　玻璃

1）根据工程设计及功能需要选用浮法玻璃、着色玻璃、镀膜玻璃、中空玻璃、真空玻璃、钢化玻璃、夹层玻璃、夹丝玻璃等。玻璃的品种、规格、尺寸、颜色，应符合设计要求。

2）中空玻璃应采用双道密封，可使用加入干燥剂的金属间隔框，亦可使用塑性密封胶制成的含有干燥剂和波浪形铝带胶条。

23.9.2.5　密封材料

1）铝木复合门窗工程应使用中性耐候密封胶或聚氨酯密封胶。

2）门窗用密封胶条应使用硫化橡胶类材料或热塑性弹性体类材料。密封毛条应使用加片型的防水硅化密封毛条。

23.9.2.6　五金配件、紧固件

1）门窗用五金配件应符合门窗功能设计要求，同时应满足反复启闭的耐久性要求，合页、滑撑、滑轮等五金件的选用应满足门窗承载力要求。

2）五金配件、紧固件等采用黑色金属材料制作的产品，应采取热浸镀锌、电镀锌、黑色氧化等有效防腐处理；采用合金压铸材料、工程塑料等制作的产品，应能满足强度要求和耐久性能。活动五金件应便于维修和更换。

3）连接卡件宜采用尼龙66或ABS等材料，固定卡连接件螺钉直径应不小于3.5mm。

23.9.3　铝木复合门窗安装要点

1. 铝木复合门窗安装工序
2. 铝木复合门窗安装要点

（1）现场测量：对工程有关建筑结构尺寸和门窗洞口尺寸进行复核，重点检查洞口尺寸、洞口水平标高及洞口垂直度。

（2）细化设计：对异形门窗安装前要先测量洞口，确认洞口是否符合土建图纸。如果洞口尺寸与土建图纸有出入，立即与土建施工队协调，进行细化设计。切忌盲目改制门窗，细化设计的内容主要为安装位置的弦长、弦高、弧长、角度等。

（3）放样吊线：根据定位轴线，弹出门窗洞口中心线，从中线确定其洞口宽度。根据标高基准线，在洞口两侧弹出同一标高水平线。各洞口中心线从顶层到底层偏差应不超过±5mm，同一层楼水平标高误差应不超过±2.5mm。

（4）安装门窗框

1）门窗框到达工地临时仓库后，根据图纸和编号将各种型号和规格的门窗框分类。

2）在门窗框的装饰表面贴保护胶纸，以避免砂浆腐蚀型材表面。

3）门窗框就位根据已弹好的安装线将门窗框放置在洞口的正确位置。调整正面和侧面垂直度、水平度和对角线合格后，用对拔楔临时固定。木楔应垫在边横框能受力的部位，以防止窗框挤压变形。

（5）门窗框固定：采用自攻钉将窗框与副框固定。

窗框允许的安装偏差为：

相邻两根立柱固定端距尺寸：±2mm；

垂直度：$H \leqslant 2m$ 时　　　2mm；

　　　　$2m < H \leqslant 5m$ 时　　5mm；

相邻三根立柱的表面平面度：<2mm；

水平度：$L \leqslant 2m$ 时　　　2mm；

　　　　$L > 2m$ 时　　　　3mm；

对角线长度：$L \leqslant 2m$ 时　　　3mm；

　　　　　　$L > 2m$ 时　　　3.5mm。

（6）门窗框边塞缝：窗框安装完毕后，对所有门窗框与洞口之间的防水塞缝处理，并严格按照有关建筑门窗施工规范进行。门窗框周边缝隙用发泡剂填充饱满。门窗框上如沾上砂浆或其他污染物，应立即用软布清洗干净。切忌用金属具刮洗，以防损坏型材表面。待完全干后，在填缝的室外侧打胶处理。

（7）注防水及密封胶：待外墙抹灰干燥后，用胶枪将密封胶均匀地注入抹灰层与门窗框之间留好的槽内并根据胶的干稀程度适时用刮刀将胶缝刮平，然后立即撕去胶缝两侧的保护胶纸。在胶固化前，任何物体不要与胶面接触。

（8）门窗扇安装：玻璃组件进入安装现场后，在摆放时底边要用约50mm厚的木板垫起，玻璃与地面的倾角不得大于75°。玻璃组件不得受到撞击。待外墙抹灰等工作完成以后，即可安装门窗扇、玻璃。安装玻璃前，应清除槽口内灰浆、杂物。玻璃嵌入框内后应立即用垫条临时固定，玻璃的四边嵌入框内均匀。

（9）对角线检查：利用钢卷尺等工具，对门窗扇的对角线进行拉线检查。检查门窗扇的方正情况、大小尺寸等，如不合格，则要求重新拼装门窗扇；如果符合要求，则可进入固定处理。

（10）固定处理：采用尼龙66或ABS连接件螺钉固定合页、滑撑、滑轮等五金，将门窗扇固定在门窗框上，门窗扇开关灵活、关闭严密、间隙均匀；附件应配套齐全、安装正确牢固、灵活适用。

（11）清理及验收：当铝木复合门窗安装完毕后，用软布对门窗内外进行清理，在全面清理干净后，先进行自检。自检通过后，方可通知各相关方进行验收。

23.9.4　铝木复合门窗安装质量标准

1. 主控项目

（1）铝木复合门窗用铝合金材料、木材、玻璃、五金配件等材料应符合相关现行国家标准、行业标准规定。

（2）铝木复合门窗的各项性能要满足以下要求。

1）抗风压性能：

铝木复合外门窗在各性能分级指标值风压作用下，主要受力杆件相对（面法线）挠度应符合表23-84的规定，风压作用后门窗不应出现使用功能障碍和损坏。

门窗主要受力杆件相对面法线挠度要求　　　表23-84

支承玻璃种类	单层玻璃、夹层玻璃	中空玻璃
相对挠度	$L/100$	$L/150$
相对挠度最大值	20	

注：L为主要受力杆件的支承跨距。

窗主要受力构件相对挠度，单层、夹层玻璃挠度≤$L/120$，中空玻璃挠度≤$L/180$。其绝对值不应超过15mm，取其较小值。

2）气能：

铝木复合门窗试件在标准状态下，压力差为10Pa时的单位开启缝长空气渗透量q_1和单位面积空气渗透量q_2，不应超过表23-85中各分级指相应指标值。

门窗气密性能分级　　　表23-85

分　级	1	2	3	4	5	6	7	8
单位开启缝长分级指标值q_1 [m³/(m·h)]	4.0≥q_1 >3.5	3.5≥q_1 >3.0	3.0≥q_1 >2.5	2.5≥q_1 >2.0	2.0≥q_1 >1.5	1.5≥q_1 >1.0	1.0≥q_1 >0.5	q_1≤0.5
单位面积分级指标值q_2 [m³/(m²·h)]	12≥q_2 >10.5	10.5≥q_2 >9.0	9≥q_2 >7.5	7.5≥q_2 >6.0	6.0≥q_2 >4.5	4.5≥q_2 >3.0	3.0≥q_2 >1.5	q_2≤1.5

注：门窗的气密性能指标即单位开启缝长或单位面积空气渗透量可分为正压和负压下测量的正值和负值。

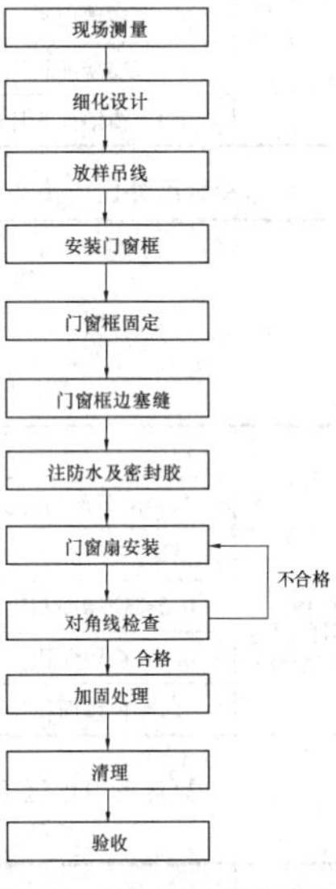

图 23-21　铝木复合门窗安装工序

（安装工序流程图：现场测量 → 细化设计 → 放样吊线 → 安装门窗框 → 门窗框固定 → 门窗框边塞缝 → 注防水及密封胶 → 门窗扇安装 → 对角线检查（不合格→返回；合格↓）→ 加固处理 → 清理 → 验收）

3）空气声隔声性能：

铝木复合门窗的空气声隔声性能及分级指标值，应符合表23-86的规定。

门窗的空气声隔声性能分级 表23-86

分级	外门、外窗的分级指标值（dB）	内门、内窗的分级指标值（dB）
1	$20 \leqslant R_w + C_{tr} < 35$	$20 \leqslant R_w + C < 35$
2	$25 \leqslant R_w + C_{tr} < 30$	$25 \leqslant R_w + C < 30$
3	$30 \leqslant R_w + C_{tr} < 35$	$30 \leqslant R_w + C < 35$
4	$35 \leqslant R_w + C_{tr} < 40$	$35 \leqslant R_w + C < 40$
5	$40 \leqslant R_w + C_{tr} < 45$	$40 \leqslant R_w + C < 45$
6	$R_w + C_{tr} \geqslant 45$	$R_w + C \geqslant 45$

注：用于对建筑内机器、设备噪声源隔声的建筑内门窗，对中低频噪声宜用外门窗的指标值进行分级；对中高频噪声仍可采用内门窗的指标值进行分级。

4）保温性能：

铝木复合门窗保温性能分级及指标值分别应符合表23-87的规定。

保温性能分级 表23-87

分级	1	2	3	4	5
分级指标值（W/m²）	$K \geqslant 5.0$	$5.0 > K \geqslant 4.0$	$4.0 > K \geqslant 3.5$	$3.5 > K \geqslant 3.0$	$3.0 > K \geqslant 2.5$
分级	6	7	8	9	10
分级指标值（W/m²）	$2.5 > K \geqslant 2.0$	$2.0 > K \geqslant 1.6$	$1.6 > K \geqslant 1.3$	$1.3 > K \geqslant 1.1$	$K < 1.1$

（3）铝木复合门窗框和扇的安装必须牢固。固定卡件的数量与位置应正确，连接方式应符合设计要求。

（4）铝木复合门窗扇应开关灵活、关闭严密，无倒翘。推拉门窗扇必须有防脱落措施。

（5）铝木复合门窗框与墙体间缝隙应采用发泡剂填充饱满，在填缝的室外侧打胶处理。

2. 一般项目

（1）铝木复合门窗表面应洁净、平整、光滑，大面无划痕、碰伤。

（2）铝木复合门窗扇的密封条不得脱槽。旋转窗间隙应基本均匀。

（3）铝木复合门窗扇的开关力应符合下列规定：

1）门窗应在不超过50N的启闭力作用下，能灵活开启和关闭。门反复启闭次数不应少于10万次，窗反复启闭次数不应少于1万次。

2）带有自动关闭装置（闭门器、地弹簧）门、提升推拉门、折叠推拉门、无提升力平衡装置提升推拉窗等，启闭力性能指标由供需双方协商确定。

（4）密封胶应具有良好的耐候性，品种、规格、外观质量均符合国家现行的相关规范标准要求。

（5）铝木复合门窗安装的允许偏差应符合表23-88的规定。

铝木复合门窗的安装允许偏差 表23-88

项 目	铝木复合门尺寸要求		铝木复合窗尺寸要求	
	尺寸范围（mm）	允许偏差（mm）	尺寸范围（mm）	允许偏差（mm）
框（扇）高度、宽度	≤2000	±1.5	≤2000	±1.5
	>2000	±2.0	>2000	±2.0
框槽口对边尺寸之差	≤2000	≤1.0	≤2000	≤1.0
	>2000	≤1.5	>2000	≤1.5
框（扇）对角线尺寸之差	≤3000	≤3.0	≤2000	≤2.5
	>3000	≤4.0	>2000	≤3.5

续表

项 目	铝木复合门尺寸要求		铝木复合窗尺寸要求	
	尺寸范围（mm）	允许偏差（mm）	尺寸范围（mm）	允许偏差（mm）
门窗框扇搭接宽度		±1.5		±1.0
框扇杆件接缝高低差		≤0.2		≤0.2
框扇杆件装配间隙（铝型材）		≤0.3		≤0.3
框扇杆件装配间隙（木型材）		≤0.5		≤0.5

23.10 门窗节能

23.10.1 外门窗主要节能要求

（1）居住建筑外门窗传热系数、遮阳系数限值，见表23-89～表23-92。

严寒地区外门窗传热系数限值 表23-89

项 目		外门窗传热系数 $K[W/(m^2 \cdot K)]$		
		严寒地区A区	严寒地区B区	严寒地区C区
外门	户门	1.5	1.5	1.5
	阳台门下部门芯板	1.0	1.0	1.0
外窗（含阳台门透明部分）	窗墙面积比≤0.2	2.5	2.8	2.8
	0.2<窗墙面积比≤0.3	2.2	2.5	2.5
	0.3<窗墙面积比≤0.4	2.0	2.1	2.3
	0.4<窗墙面积比≤0.5	1.7	1.8	2.1

寒冷地区外门窗传热系数和遮阳系数限值 表23-90

项 目		外门窗传热系数 $K[W/(m^2 \cdot K)]$		遮阳系数（东西向/南北向）
		寒冷地区A区	寒冷地区B区	
外门	户门	2.0	2.0	—
	阳台门下部门芯板	1.7	1.7	—
外窗（含阳台门透明部分）	窗墙面积比≤0.2	2.8	3.2	—
	0.2<窗墙面积比≤0.3	2.8	3.2	—
	0.3<窗墙面积比≤0.4	2.5	2.8	0.7/—
	0.4<窗墙面积比≤0.5	2.0	2.5	0.6/—

夏热冬冷地区不同朝向、不同窗墙面积比的外门窗传热系数限值 表23-91

建 筑	窗墙面积比	传热系数 $K[W/(m^2 \cdot K)]$	外窗综合遮阳系数 SC_w（东、西向/南向）
体形系数≤0.40	窗墙面积比≤0.20	4.7	—/—
	0.20<窗墙面积比≤0.30	4.0	—/—
	0.30<窗墙面积比≤0.40	3.2	夏季≤0.40/夏季≤0.45
	0.40<窗墙面积比≤0.45	2.8	夏季≤0.35/夏季≤0.40
	0.45<窗墙面积比≤0.60	2.5	东、西、南向设置外遮阳 夏季≤0.25冬季≥0.60
	窗墙面积比≤0.20	4.0	—/—
	0.20<窗墙面积比≤0.30	3.2	—/—
	0.30<窗墙面积比≤0.40	2.8	夏季≤0.40/夏季≤0.45
	0.40<窗墙面积比≤0.45	2.5	夏季≤0.35/夏季≤0.40
	0.45<窗墙面积比≤0.60	2.3	东、西、南向设置外遮阳 夏季≤0.25冬季≥0.60

注：表中的"东、西"代表从东或西偏北30°（含30°）至偏南60°（含60°）的范围；"南"代表从南偏东30°至偏西30°的范围。

夏热冬暖地区北区外窗传热系数和综合遮阳系数限值　　表 23-92

外墙	外窗的综合遮阳系数 S_W	外门窗传热系数 K[W/(m²·K)]				
		平均窗墙面积比 $CM\leqslant0.25$	平均窗墙面积比 $0.25<CM\leqslant0.3$	平均窗墙面积比 $0.3<CM\leqslant0.35$	平均窗墙面积比 $0.35<CM\leqslant0.4$	平均窗墙面积比 $0.4<CM\leqslant0.45$
$K\leqslant2.0$ $D\geqslant3.0$	0.9	≤2.0	—	—	—	—
	0.8	≤2.5	—	—	—	—
	0.7	≤3.0	≤2.0	≤2.0	—	—
	0.6	≤3.0	≤2.5	≤2.5	≤2.0	—
	0.5	≤3.5	≤2.5	≤2.5	≤2.0	≤2.0
	0.4	≤3.5	≤3.0	≤3.0	≤2.5	≤2.5
	0.3	≤4.0	≤3.0	≤3.0	≤2.5	≤2.5
	0.2	≤4.0	≤3.5	≤3.0	≤3.0	≤3.0
$K\leqslant1.5$ $D\geqslant3.0$	0.9	≤5.0	≤3.5	≤2.5	—	—
	0.8	≤5.5	≤4.0	≤3.0	≤2.0	—
	0.7	≤6.5	≤4.5	≤3.5	≤2.5	≤2.0
	0.6	≤6.5	≤5.0	≤4.0	≤3.0	≤3.0
	0.5	≤6.5	≤5.0	≤4.5	≤3.5	≤3.5
	0.4	≤6.5	≤5.5	≤4.5	≤4.0	≤3.5
	0.3	≤6.5	≤5.5	≤5.0	≤4.0	≤4.0
	0.2	≤6.5	≤6.0	≤5.0	≤4.0	≤4.0
$K\leqslant1.0$ $D\geqslant2.5$ 或 $K\leqslant0.7$	0.9	≤6.5	≤6.5	≤4.0	≤2.5	—
	0.8	≤6.5	≤6.5	≤5.0	≤3.5	≤2.5
	0.7	≤6.5	≤6.5	≤5.5	≤4.5	≤3.5
	0.6	≤6.5	≤6.5	≤6.0	≤5.0	≤4.0
	0.5	≤6.5	≤6.5	≤6.5	≤5.0	≤4.5
	0.4	≤6.5	≤6.5	≤6.5	≤5.5	≤5.0
	0.3	≤6.5	≤6.5	≤6.5	≤5.5	≤5.0
	0.2	≤6.5	≤6.5	≤6.5	≤6.0	≤5.5

夏热冬暖地区南区居住建筑的节能设计对外窗的传热系数不作规定。

(2)居住建筑外窗气密性能要求，见表 23-93。

居住建筑外窗气密性能要求　　表 23-93

地区区属	气密性要求	相关标准
严寒、寒冷地区	≥4 级	《建筑外门窗气密、水密、抗风压性能分级及检测方法》(GB/T 7106—2008)
夏热冬冷地区 1～6 层居住建筑的外窗及阳台门	≥3 级	《建筑外门窗气密、水密、抗风压性能分级及检测方法》(GB/T 7106—2008)
夏热冬冷地区 7 层及 7 层以上居住建筑的外窗及阳台门	≥2 级	《建筑外门窗气密、水密、抗风压性能分级及检测方法》(GB/T 7106—2008)
夏热冬暖地区 1～9 层居住建筑外窗及阳台门	在 10Pa 压差下，每小时每米缝隙的空气渗透量不应大于 2.5m³；每小时每平方米面积空气渗透量不应大于 7.5m³	《夏热冬暖地区居住建筑节能设计标准》(JGJ 75—2003)
夏热冬暖地区 10 层及 10 层以上居住建筑外窗及阳台门	在 10Pa 压差下，每小时每米缝隙的空气渗透量不应大于 1.5m³；每小时每平方米面积空气渗透量不应大于 4.5m³	《夏热冬暖地区居住建筑节能设计标准》(JGJ 75—2003)

(3) 公共建筑门窗的传热系数、遮阳系数限值。见表 23-94～表 23-96。

严寒地区外门窗传热系数限值　　表 23-94

单一朝向外窗		外门窗传热系数 K [W/(m²·K)]	
		体形系数≤0.3	0.3<体形系数≤0.4
严寒地区 A 区	窗墙面积比≤0.2	≤3.0	≤2.7
	0.2<窗墙面积比≤0.3	≤2.8	≤2.5
	0.3<窗墙面积比≤0.4	≤2.5	≤2.2
	0.4<窗墙面积比≤0.5	≤2.0	≤1.7
	0.5<窗墙面积比≤0.7	≤1.7	≤1.5
	屋顶透明部分	≤2.5	
严寒地区 B 区	窗墙面积比≤0.2	≤3.2	≤2.8
	0.2<窗墙面积比≤0.3	≤2.9	≤2.5
	0.3<窗墙面积比≤0.4	≤2.6	≤2.2
	0.4<窗墙面积比≤0.5	≤2.1	≤1.8
	0.5<窗墙面积比≤0.7	≤1.8	≤1.6
	屋顶透明部分	≤2.6	

寒冷地区外门窗传热系数和遮阳系数限值　　表 23-95

单一朝向外窗		体形系数≤0.3		0.3<体形系数≤0.4	
		传热系数 K [W/(m²·K)]	遮阳系数 SC (东、南、西向/北向)	传热系数 K [W/(m²·K)]	遮阳系数 SC (东、南、西向/北向)
寒冷地区	窗墙面积比≤0.2	≤3.5	—	≤3.0	—
	0.2<窗墙面积比≤0.3	≤3.0	—	≤2.5	—
	0.3<窗墙面积比≤0.4	≤2.7	≤0.70/—	≤2.3	≤0.70/—
	0.4<窗墙面积比≤0.5	≤2.3	≤0.60/—	≤2.0	≤0.60/—
	0.5<窗墙面积比≤0.7	≤2.0	≤0.50/—	≤1.8	≤0.50/—
	屋顶透明部分	≤2.7	≤0.50	≤2.7	≤0.50

注：有外遮阳时，遮阳系数=玻璃的遮阳系数×外遮阳的遮阳系数；
无外遮阳时，遮阳系数=玻璃的遮阳系数。

夏热冬冷、夏热冬暖地区外门窗传热系数和遮阳系数限值　　表 23-96

单一朝向外窗		传热系数 K [W/(m²·K)]	遮阳系数 SC (东、南、西向/北向)
夏热冬冷地区	窗墙面积比≤0.2	≤4.7	—
	0.2<窗墙面积比≤0.3	≤3.5	≤0.55/—
	0.3<窗墙面积比≤0.4	≤3.0	≤0.50/0.60
	0.4<窗墙面积比≤0.5	≤2.8	≤0.45/0.55
	0.5<窗墙面积比≤0.7	≤2.5	≤0.40/0.50
	屋顶透明部分	≤3.0	≤0.40
夏热冬暖地区	窗墙面积比≤0.2	≤6.5	—
	0.2<窗墙面积比≤0.3	≤4.7	≤0.50/0.60
	0.3<窗墙面积比≤0.4	≤3.5	≤0.45/0.55
	0.4<窗墙面积比≤0.5	≤3.0	≤0.40/0.50
	0.5<窗墙面积比≤0.7	≤3.0	≤0.35/0.45
	屋顶透明部分	≤3.5	≤0.35

注：有外遮阳时，遮阳系数=玻璃的遮阳系数×外遮阳的遮阳系数；
无外遮阳时，遮阳系数=玻璃的遮阳系数。

(4) 公共建筑外窗的气密性不应低于《建筑外门窗气密、水密、抗风压性能分级及检测方法》 (GB/T 7106—2008) 规定的 4 级。

(5) 外门窗气密性、保温性分级表, 见表 23-97、表 23-98。

建筑外门窗气密性能分级表　　　表 23-97

分级	1	2	3	4	5	6	7	8
单位缝长分级指标值 q_1 /[m³/ (m·h)]	$4.0 \geqslant q_1 > 3.5$	$3.5 \geqslant q_1 > 3.0$	$3.0 \geqslant q_1 > 2.5$	$2.5 \geqslant q_1 > 2.0$	$2.0 \geqslant q_1 > 1.5$	$1.5 \geqslant q_1 > 1.0$	$1.0 \geqslant q_1 > 0.5$	$q_1 \leqslant 0.5$
单位面积分级指标值 q_2 /[m³/ (m²·h)]	$12 \geqslant q_2 > 10.5$	$10.5 \geqslant q_2 > 9.0$	$9.0 \geqslant q_2 > 7.5$	$7.5 \geqslant q_2 > 6.0$	$6.0 \geqslant q_2 > 4.5$	$4.5 \geqslant q_2 > 3.0$	$3.0 \geqslant q_2 > 1.5$	$q_2 \leqslant 1.5$

外门、外窗传热系数分级[W/(m²·K)]　　　表 23-98

分级	1	2	3	4	5
分级指标值	$K \geqslant 5.0$	$5.0 > K \geqslant 4.0$	$4.0 > K \geqslant 3.5$	$3.5 > K \geqslant 3.0$	$3.0 > K \geqslant 2.5$
分级	6	7	8	9	10
分级指标值	$2.5 > K \geqslant 2.0$	$2.0 > K \geqslant 1.6$	$1.6 > K \geqslant 1.3$	$1.3 > K \geqslant 1.1$	$K < 1.1$

23.10.2　门窗节能性能指标参数

门窗的节能性能应按国家计量认证的质检机构提供的测定值采用; 如无测定值, 可按表 23-99～表 23-105 参考采用。

(1) 铝合金节能门窗性能参数值, 见表 23-99。
(2) 塑料节能门窗性能参数值, 见表 23-100。
(3) 塑料节能门窗性能参数值, 见表 23-101。
(4) 玻璃钢节能门窗性能参数值, 见表 23-102。
(5) 铝塑节能门窗性能参数值, 见表 23-103。

铝合金节能门窗性能参数值　　　表 23-99

项目　　　门窗型号	玻璃配置 (白玻)	抗风压性能 (kPa)	水密性能 ΔP(Pa)	气密性能 q_1 [m³/(m·h)]	q_2 [m³/(m²·h)]	保温性能 K [W/(m²·K)]
A 型	5+9A+5	≥3.5	≥500	≤1.5	≤4.5	2.9~3.1
	5+12A+5	≥3.5	≥500	≤1.5	≤4.5	2.7~2.8
60 系列平开窗	5+12A+5 暖边	≥3.5	≥500	≤1.5	≤4.5	2.5~2.7
	5+12A+5 Low-E	≤1.5 ≥3.5	≥500	≤1.5	≤4.5	1.9~2.1
	5+12A+5+6A+5	≥3.5	≥500	≤1.5	≤4.5	2.2~2.4
	5+12A+5	≥3.5	≥500	≤1.5	≤4.5	2.6~2.8
70 系列平开窗	5+12A+5 暖边	≥3.5	≥500	≤1.5	≤4.5	2.4~2.6
	5+12A+5 Low-E	≤1.5 ≥3.5	≥500	≤1.5	≤4.5	1.8~2.0
	5+12A+5+6A+5	≥3.5	≥500	≤1.5	≤4.5	2.1~2.4
90 系列推拉窗	5+12A+5	≥3.5	≥350	≤1.5	≤4.5	<3.1
60 系列平开门	5+12A+5	≥3.5	≥500	≤0.5	≤1.5	<2.5
60 系列折叠门	5+12A+5	≥3.5	≥500	≤0.5	≤1.5	<2.5
提升推拉门	5+12A+5	≥3.5	≥350	≤1.5	≤4.5	<2.8
B 型	EAHX50 平开窗 5+12A+5	≥3.5	≥350	≤1.5	≤4.5	2.7~2.8
EAHX55 平开窗	5+12A+5	≥3.5	≥350	≤1.5	≤4.5	2.7~2.8
EAHD65 平开窗	5+9A+5+9A+5	≥4	≥350	≤1.5	≤4.5	2.0
EAHX60 平开窗	5+12A+5	≥3.5	≥350	≤1.5	≤4.5	2.7~2.8
EAHD60 平开窗	5+9A+5+9A+5	≥4	≥350	≤1.5	≤4.5	2.0
EAHX65 平开窗	5+12A+5	≥3.5	≥350	≤1.5	≤4.5	2.7~2.8
EAHD65 平开窗	5+9A+5+9A+5	≥4	≥350	≤1.5	≤4.5	2.0
EAH70 平开窗	5+9A+5+9A+5	≥4	≥350	≤1.5	≤4.5	2.0

塑料节能门窗性能参数值　　　表 23-100

项目　　　门窗型号	玻璃配置 (白玻)	抗风压性能 (kPa)	水密性能 ΔP (Pa)	气密性能 q_1 [m³/(m·h)]	q_2 [m³/(m²·h)]	保温性能 K [W/(m²·K)]
C 型	60 系列平开窗 4+12A+4	5.0	333	0.42	1.62	1.9
	60A 系列平开窗 4+12A+4	4.9	300	0.41	1.58	1.9
	66 系列平开窗 4+12A+4	4.9	300	0.41	1.58	1.9
	65 系列平开窗 4+12A+4	5.0	150	0.46	1.73	2.0
	68 系列平开窗 5+9A+5	4.8	333	0.22	0.80	2.1
	70A 系列平开窗 5+9A+4+9A+5	3.5	133	0.46	1.76	1.7
	80 系列推拉窗 4+12A+4	1.6	167	1.37	4.36	2.3
	88 系列推拉窗 4+12A+4	2.1	250	1.21	3.83	2.2

续表

项目 门窗型号		玻璃配置 （白玻）	抗风压性能 （kPa）	水密性能 ΔP(Pa)	气密性能		保温性能K [W/(m²·K)]
					q_1 [m³/(m·h)]	q_2 [m³/(m²·h)]	
C型	88A系列推拉窗	4+12A+4	2.1	250	1.21	3.83	2.2
	95系列推拉窗	4+12A+4	2.9	250	1.74	5.44	2.1
	106系列平开门	4+12A+4	3.5	100	1.05	3.28	2.1
	62系列推拉门	4+12A+4	1.5	100	1.51	4.38	2.2
D型	60系列内平开窗	4+12A+4	3.6	300	0.40	0.90	1.9
	60系列内平开窗	4+12A+4	3.6	300	0.40	0.90	1.9
	80系列推拉窗	5+9A+5	3.2	250	1.00	3.10	2.2
	88系列推拉窗	5+6A+5	3.2	250	1.00	3.10	2.3
E型	60F系列平开窗	4+12A+4	4.9	420	0.02	1.00	2.176
	60G系列平开窗	4+12A+4	4.7	390	0.15	1.20	2.198
	60C系列平开窗	4+12A+4+12A+4	5.0	450	0.64	1.26	1.769
	60C系列平开窗	框4+10A+4+10A+4 扇4+12A+4+12A+4	3.0	250	0.60	1.00	1.893

塑料节能门窗性能参数值　　　　表 23-101

项目 门窗型号	玻璃配置 （白玻）	抗风压性能 （kPa）	水密性能 ΔP(Pa)	气密性能		保温性能K [W/(m²·K)]
				q_1 [m³/(m·h)]	q_2 [m³/(m²·h)]	
F型　AD58 内平开窗	6Low-E+12A+5	4.0	500	0.5	—	1.8
AD58 外平开窗	6Low-E+12A+5	3.5	500	0.5	—	1.82
MD58 内平开窗	6Low-E+12A+5	4.5	700	0.5	—	1.73
AD60 彩色共挤内平开窗	6Low-E+12A+5	4.0	600	0.5	—	1.82
AD60 彩色共挤外平开窗	6Low-E+12A+5	3.5	600	0.5	—	1.82
MD60 塑铝内平开窗	6Low-E+12A+5	4.0	350	1.0	—	2.0
MD65 内平开窗	6Low-E+12A+5	4.0	600	0.5	—	1.70
MD70 内平开窗	6Low-E+12A+5	4.5	700	0.5	—	1.5
美式手摇外开窗	5+12A+5	3.0	350	1.0	—	2.5
上、下提拉窗	5+12A+5	3.5	350	1.0	—	2.5
83 推拉窗	5+12A+5	4.5	350	1.0	—	2.5
85 彩色共挤推拉窗	5+12A+5	3.5	350	1.0	—	2.5
73 推拉门		3.5	350	1.5	—	2.5
90 推拉门		4.0	350	1.5	—	2.5
90 彩色共挤推拉门		4.0	350	1.5	—	2.5

玻璃钢节能门窗性能参数值　　　　表 23-102

项目 门窗型号	玻璃配置 （白玻）	抗风压性能 （kPa）	水密性能 ΔP(Pa)	气密性能		保温性能K [W/(m²·K)]
				q_1 [m³/(m·h)]	q_2 [m³/(m²·h)]	
G型　50系列平开窗	4+9A+5	3.5	250	0.10	0.3	2.2
58系列平开窗	5+12A+5Low-E	5.3	250	0.46	1.20	2.2
58系列平开窗	5+9A+4+6A+5	5.3	250	0.46	1.20	1.8
58系列平开窗	5Low-E+12A+4+9A+5	5.3	250	0.46	1.20	1.3
58系列平开窗	4+V(真空)+4+9A+5	5.3	250	0.46	1.20	1.0

铝塑节能门窗性能参数值　　　　表 23-103

项目 门窗型号		玻璃配置 （白玻）	抗风压性能 （kPa）	水密性能 ΔP(Pa)	气密性能		保温性能K [W/(m²·K)]
					q_1 [m³/(m·h)]	q_2 [m³/(m²·h)]	
H型	60系列平开窗	5+9A+5	≥4.5	≥350	≤1.5	≤4.5	2.7~2.9
		5+12A+5Low-E	≥4.5	≥350	≤1.5	≤4.5	2.3~2.6
		5+12A+5Low-E	≥4.5	≥350	≤1.5	≤4.5	1.8~2.0
		5+12A+5+12A+5	≥4.5	≥350	≤1.5	≤4.5	1.6~1.9
		5+12A+5+12A+5Low-E	≥4.5	≥350	≤1.5	≤4.5	1.2~1.5

(6) 木包铝节能门窗性能参数值，见表23-104。

(7) 玻璃性能参数值，见表23-105。

建筑门窗所用玻璃的光学、热工性能主要包括玻璃中部的传热系数、遮阳系数、可见光透射比。建筑门窗的性能指标应与所采用玻璃的性能指标相对应。采用不同的玻璃时，应重新计算或测试门窗的热工性能指标。

木包铝节能门窗性能参数值 表 23-104

项目 门窗型号		玻璃配置 （白玻）	抗风压性能 (kPa)	水密性能 ΔP(Pa)	气密性能		保温性能 K [W/(m²·K)]
					q_1 [m³/(m·h)]	q_2 [m³/(m²·h)]	
J 型	60 系列平开窗	5+12A+5	3.5	≥500	≤0.5	—	2.7

玻璃性能参数值 表 23-105

玻璃种类	玻璃及膜代号	反射颜色	中空 6+6A+6			中空 6+9A+6			中空 6+12A+6		
			透光折减系数 T_r (%)	传热系数 K	遮阳系数 SC	透光折减系数 T_r (%)	传热系数 K	遮阳系数 SC	透光折减系数 T_r (%)	传热系数 K	遮阳系数 SC
白玻		—	80	3.15	0.87	80	2.87	0.87	80	2.73	0.87
绿玻		—	67	3.15	0.54	67	2.87	0.54	67	2.73	0.53
热反射镀膜	CCS108	蓝灰色	9	2.78	0.20	9	2.40	0.19	9	2.23	0.18
	CSY120	灰色	17	2.96	0.29	17	2.63	0.28	17	2.47	0.28
	CMG165	银灰色	59	3.15	0.71	59	2.87	0.71	59	2.73	0.71
单银 Low-E	CBB12-48/TS	银灰色	39	2.43	0.37	39	1.96	0.36	39	1.75	0.36
	CBB14-50/TS	浅灰色	47	2.54	0.42	47	2.10	0.42	47	1.90	0.41
	CBB12-60/TS	银灰色	53	2.45	0.45	53	1.98	0.44	53	1.78	0.44
	CBB14-60/TS	浅灰色 （冷）	53	2.50	0.47	53	2.04	0.46	53	1.84	0.46
	CEB13-63/TS	蓝色	54	2.52	0.51	54	2.08	0.51	54	1.88	0.50
	CEF11-38/TS	银灰色	36	2.43	0.37	36	1.96	0.30	36	1.75	0.29
	CBF16-50/TS	蓝灰色	42	2.46	0.37	42	1.99	0.36	42	1.79	0.36
	CBF13-69/TS	浅蓝色	60	2.46	0.50	60	1.99	0.49	60	1.79	0.49
	CES11-70/TS	无色	63	2.51	0.56	63	2.05	0.55	63	1.85	0.55
	CES11-80/TS	无色	69	2.50	0.58	69	2.04	0.58	69	1.84	0.58
	CES11-85/TS	无色	75	2.49	0.63	75	2.04	0.62	75	1.83	0.62
住宅 Low-E	SuperSE-I	无色	77	2.50	0.68	77	2.05	0.68	77	1.85	0.68
	SuperSE-Ⅲ	灰色	57	2.42	0.47	57	1.95	0.47	57	1.83	0.46
双银 Low-E	CBD13-58S/TS	蓝灰色	52	2.40	0.37	52	1.91	0.37	52	1.71	0.36
	CBD12-68S/TS	无色	61	2.42	0.38	61	1.95	0.38	61	1.74	0.37
	CBD12-78S/TS	无色	69	2.44	0.46	69	1.96	0.46	69	1.78	0.46

23.10.3　门窗节能技术、措施

(1) 提高门窗气密性能。门窗的面板缝隙采取良好的密封措施，采用耐久的密封条密封或注密封胶密封。

(2) 提高建筑门窗的保温性能。宜采用中空玻璃。当需进一步提高保温性能时，可采用 Low-E 中空玻璃、充惰性气体的 Low-E 中空玻璃、两层或多层中空玻璃。

(3) 门窗型材、玻璃、密封胶、玻璃胶条、固定片、滑轮、填塞材料选用保温隔热、耐候性、耐久性、密封性、隔声性等性能良好的材料，选择合理的节点构造和施工工艺。采用隔热型材、隔热连接紧固件、隐框结构等措施，避免形成热桥。

(4) 开启扇采用双道或多道密封，并采用弹性好、耐久的密封条。推拉窗开启扇四周采用中间带胶片毛条或橡胶密封条密封。

(5) 采用中空玻璃时，中空玻璃气体间层的厚度不宜小于 9mm，Low-E 中空玻璃中部的传热系数与气体间层厚度的关系见图23-22。

(6) 门窗型材可采用木-金属复合型材、隔热铝合金型材、隔热钢型材、玻璃钢型材等。

(7) 提高建筑门窗的隔热性能，降低遮阳系数，采用吸热玻璃、镀膜玻璃（包括热反射镀膜、Low-E 镀膜等）。进一步降低遮阳系数，可采用吸热中空玻璃、镀膜（包括热反射镀膜、Low-E 镀膜等）中空

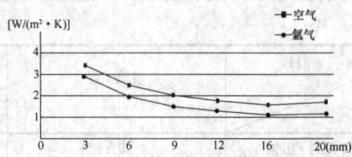

图 23-22　Low-E 中空玻璃传热系数与气体间层厚度关系

玻璃等。

(8) 严寒、寒冷、夏热冬冷地区，门窗周边与墙体或其他围护结构连接处采用弹性结构，防潮型保温材料填塞，缝隙采用密封剂或密封胶密封。

(9) 建筑外窗遮阳合理采用建筑外遮阳和特殊的玻璃系统相配合，建筑设计结合外廊、阳台、挑檐等进行建筑遮阳，门窗采用花格、外挡板、外百叶、外卷帘、玻璃内百叶等，构成遮阳一体化的门窗遮阳系统。

(10) 夏热冬暖地区、夏热冬冷地区的建筑及寒冷地区制冷负荷大的建筑，外窗设置外部遮阳。

(11) 严寒地区居住建筑、寒冷地区及夏热冬冷地区北向卧室、起居室不应设置凸窗。其他地区或其他朝向居住建筑不宜设置凸窗。凸窗的传热系数比相应的平窗降低10%，其不透明的顶部、底部和侧面

的传热系数不大于外墙的传热系数。

23.10.4 外门窗节能质量验收

1. 门窗材料复检项目

(1) 严寒、寒冷地区：气密性、传热系数和中空玻璃露点；

(2) 夏热冬冷地区：气密性、传热系数，玻璃遮阳系数、可见光透射比、中空玻璃露点；

(3) 夏热冬暖地区：气密性、玻璃遮阳系数、可见光透射比、中空玻璃露点。

2. 外窗气密性现场实体检测

外窗气密性现场实体检测结果应符合设计要求，其抽样数量不应低于《建筑节能工程施工质量验收规范》（GB 50411—2007）的要求；每个单位工程的外窗至少抽查 3 樘。当一个单位工程外窗有 2 种以上品种、类型和开启方式时，每种品种、类型和开启方式的外窗均应抽查不少于 3 樘。

检验出现不符合设计要求和标准规定的情况时，应委托有资质的检测机构扩大一倍数量抽样，对不符合要求的项目或参数再次检验。仍然不符合要求时应给出"不符合设计要求"的结论。对于不符合设计要求和国家现行标准规定的建筑外窗气密性，应查找原因进行修理，使其达到要求后重新进行检测，合格后方可通过验收。

23.11 门窗绿色施工

23.11.1 环 境 保 护

1. 噪声与振动控制

(1) 现场噪声排放不得超过国家标准《建筑施工场界噪声排放标准》（GB 12523—2011）的规定。

(2) 使用低噪声、低振动的机具，采取隔声与隔振措施，避免或减少施工噪声和振动。

2. 光污染控制

(1) 尽量避免或减少施工过程中的光污染。夜间室外照明灯加设灯罩，透光方向集中在施工范围。

(2) 金属门窗安装应尽量避免在夜间进行焊接作业；如不可避免，应采取遮挡措施，避免电焊弧光外泄。

3. 施工垃圾污染控制

(1) 结构施工中应对门窗洞口模板体系采取适当加强措施，避免预留洞口尺寸偏差过大，造成过后剔凿处理。

(2) 油漆、密封胶使用时应采取隔离措施，避免污染、遗洒，废弃物应回收后交有资质的单位处理，不能作为建筑垃圾外运或填埋，避免污染土壤和地下水。

(3) 门窗油漆时，应注意保持室内通风，防止室内空气中的甲醛含量超标。

(4) 门窗成品保护膜统一回收处理。

23.11.2 节材与材料资源利用

(1) 根据施工、库存情况合理安排门窗材料采购、进场时间和每次进场数量，减少库存积压。

(2) 门窗、玻璃等板材在工厂采购或定制，减少材料浪费和现场垃圾。

(3) 订制门窗施工前应复核门窗尺寸，最大限度避免废料的数量。

(4) 门窗运输应选择合适的运输工具，并采取适宜包装，防止装卸和运输过程中损坏。

(5) 现场门窗成品堆放有序，存储环境适宜，防止因日晒、雨淋、受潮、受冻、高温等环境因素造成损坏；健全物资保管制度，落实保管责任人。

(6) 玻璃裁割成型后应分类堆放，不应搁置和倚靠在可能损伤玻璃边缘和玻璃面的物体上，且应防止玻璃被风吹倒。

(7) 油漆及密封胶随用随开启，不用时及时封闭，防止变质，造成浪费。

(8) 提高现场制作人员的操作水平，根据窗框尺寸精确进行窗扇的下料和制作，使框、扇尺寸配合良好。

(9) 安装玻璃时，避免与太多工种交叉作业，以免在安装时各种物体与玻璃碰撞，造成损坏。

24 建筑装饰装修工程

24.1 抹 灰 工 程

将抹面砂浆涂抹在基底材料的表面，兼有保护基层和增加美观作用及为建筑物提供特殊功能的施工过程称之为抹灰工程。

抹灰工程主要有两大功能，一是防护功能，保护墙体不受风、雨、雪的侵蚀，增加墙面防潮、防风化、隔热的能力，提高墙身的耐久性能、热工性能；二是美化功能，改善室内卫生条件，净化空气，美化环境，提高居住舒适度。

抹灰工程通常分一般抹灰和装饰抹灰两大类（表 24-1）。

抹灰工程分类　　　　　　　表 24-1

分　类	名　　　称
一般抹灰	普通抹灰
	高级抹灰
装饰抹灰	水刷石
	斩假石
	干粘石
	假面砖

24.1.1 抹灰砂浆的种类、组成及技术性能

24.1.1.1 抹灰砂浆的种类

根据抹灰砂浆功能的不同，抹灰砂浆分为一般抹灰砂浆、装饰抹灰砂浆和特种抹灰砂浆。根据生产方式的不同，分为现场拌制抹灰砂浆和预拌抹灰砂浆。

常用一般抹灰砂浆见表 24-2。

常用一般抹灰砂浆　　　　　　表 24-2

名　称	构　　成	特性及使用部位
水泥砂浆	以水泥作为胶凝材料，配以建筑用砂（视需要加入外加剂）	一般用于外墙面、勒脚、屋檐以及有防水防潮要求或强度要求高的部位，水泥砂浆不得涂抹在石灰砂浆层上
石灰砂浆	以熟石灰作为胶凝材料，配以建筑用砂（视需要加入外加剂）	一般用于室内墙面、顶棚等无防水、防潮要求的中层或面层抹灰
水泥石灰混合砂浆	以水泥、熟石灰作为胶凝材料，配以建筑用砂（视需要加入外加剂）	一般用于室内墙面、顶棚等无防水、防潮要求的底层或中层或面层抹灰
石灰膏	在生石灰中加过量的水（约为石灰质量的 2.5～3 倍）所得到的浆体经沉淀并除去表层多余水分后的膏状物	一般用于无防水、防潮要求的室内面层抹灰
纸筋石灰砂浆（纸筋灰）	掺入纸筋的石灰膏	一般用于无防水、防潮要求的室内中层或面层抹灰
麻刀石灰砂浆（麻刀灰）	掺入麻刀的石灰膏	一般用于无防水、防潮要求的室内中层或面层抹灰，粗麻刀石灰用于垫层抹灰，细麻刀石灰用于面层抹灰
粉刷石膏	以石膏作为胶凝材料，配以建筑用砂，保温集料及多种添加剂制成的抹灰材料	具有和易性好、粘结力强、硬化快，用于顶棚抹灰较好，适合墙面薄层找平
聚合物砂浆	在建筑砂浆中添加聚合物胶粘剂，使砂浆性能得到很大改善的新型建筑材料。聚合物的种类和掺量决定聚合物砂浆的性能	聚合物胶粘剂与砂浆中的水泥或石膏等无机粘结材料组合在一起，大大提高了砂浆与基层的粘结强度、砂浆的可变形性、砂浆的内聚强度等性能

24.1.1.2 抹灰砂浆的组成材料

1. 胶凝材料

常用的胶凝材料有水泥、石灰、聚合物、建筑石膏等。

（1）水泥

通用硅酸盐水泥均可以用来配制砂浆，水泥品种的选择与砂浆的用途有关。通常对抹灰砂浆的强度要求并不很高，一般采用中等强度等级的水泥就能够满足要求。抹灰砂浆强度不宜超过基体材料强度两个强度等级。粘贴饰面砖的内外墙，中层抹灰砂浆的强度不低于 M15，且优先采用水泥抹灰砂浆。堵塞门窗口边缝及脚手眼、孔洞堵缝，窗台、阳台抹面宜采用 M15、M20 水泥砂浆。水泥砂浆采用的水泥强度等级不宜大于 32.5 级；水泥混合砂浆采用的水泥强度等级不宜大于 42.5 级。如果水泥强度等级过高，会产生收缩裂缝，可适当掺入掺加料避免裂缝的产生。

（2）石灰

为了改善砂浆的和易性和节约水泥，常在砂浆中掺入适量的石灰。石灰有生石灰和熟石灰（即消石灰）。工地上熟化石灰常用两种方法：消石灰浆法和消石灰粉法。根据加水量的不同，石灰可熟化成消石灰粉或石灰膏。石灰熟化的理论需水量为石灰重量的 32%。在生石灰中，均匀加入 60%～80% 的水，可得到颗粒细小、分散均匀的消石灰粉。若用过量的水熟化，将得到具有一定稠度的石灰膏。石灰膏保水性好，将它掺入水泥砂浆中，配成混合砂浆，可显著提高砂浆的和易性。

石灰中一般都含有过火石灰，过火石灰熟化慢，若在石灰浆体硬化后再发生熟化，会因熟化产生的膨胀而引起隆起和开裂。为了消除过火石灰的这种危害，石灰在熟化后，还应"陈伏"2 周左右。

石灰在硬化过程中，要蒸发掉大量的水分，引起体积显著收缩，易出现干缩裂缝。所以，石灰不宜单独使用，一般要掺入砂、纸筋、麻刀等材料，以减少收缩，增加抗拉强度，同时石灰不宜在长期潮湿和受水浸泡的环境中使用。

建筑生石灰粉的技术指标见表 24-3。

建筑生石灰粉的技术指标　　　　表 24-3

项　　目		钙质生石灰粉			镁质生石灰粉		
		优等品	一等品	合格品	优等品	一等品	合格品
$CaO+MgO$ 含量（%）　不小于		85	80	75	80	75	70
CO_2 含量（%）　　不大于		7	9	11	8	10	12
细度	0.90mm 的筛筛余（%）不大于	0.2	0.5	1.5	0.2	0.5	1.5
	0.125mm 的筛筛余（%）不大于	7.0	12.0	18.0	7.0	12.0	18.0

（3）聚合物

在许多特殊的场合可采用聚合物作为砂浆的胶凝材料，制成聚合物砂浆。所谓聚合物水泥砂浆，是指在水泥砂浆中添加聚合物胶粘剂，从而使砂浆性能得到很大改善的一种新型建筑材料。其中的聚合物胶粘剂作为有机粘结材料与砂浆中的水泥或石膏等无机粘结材料完美地组合在一起，大大提高了砂浆与基层的粘结强度、砂浆的可变形性即柔性、砂浆的内聚强度等性能。

聚合物的种类和掺量在很大程度上决定了聚合物水泥砂浆的性能，改变了传统砂浆的技术经济性能，目前已开发出品种繁多、性能优异的各类聚合物砂浆。

（4）建筑石膏

建筑石膏也称二水石膏，将天然二水石膏（$CaSO_4 \cdot 2H_2O$）在 107～1700℃ 的干燥条件下加热可得建筑石膏。建筑石膏与其他胶凝材料相比有以下特性：

1）凝结硬化快。建筑石膏在加水拌合后，浆体在几分钟内便开始失去可塑性，30min 内完全失去可塑性而产生强度。

2）凝结硬化时体积微膨胀。石膏浆体在凝结硬化初期会产生微膨胀。这一性质使石膏制品的表面光滑、细腻、尺寸精确、形体饱满、装饰性好。建筑装饰工程中很多装饰饰品、装饰线条都利用这一特性，广泛使用建筑石膏。

3) 孔隙率大与体积密度小。建筑石膏在拌合水化时，在建筑石膏制品内部形成大量的毛细孔隙。所以导热系数小，吸声性较好，属于轻质保温材料。

4) 具有一定的调温与调湿性能。由于石膏制品内部大量毛细孔隙对空气中的水蒸气具有较强的吸附能力，所以对室内的空气湿度有一定的调节作用。

5) 防火性好，耐水性、抗渗性、抗冻性差。

2. 细骨料

配制砂浆的细骨料最常用的是天然砂。砂应符合混凝土用砂的技术性能要求。由于砂浆层较薄，砂的最大粒径应有所限制，理论上不应超过砂浆层厚度的 1/4～1/5，宜选用中砂，最大粒径不大于 2.5mm 为宜。砂的粗细程度对砂浆的水泥用量、和易性、强度及收缩等影响很大。

3. 水

拌制砂浆用水与混凝土拌合用水的要求相同，均需满足《混凝土用水标准》(JGJ 63—2006) 的规定。

4. 外加剂

为改善新拌及硬化后砂浆的各种性能或赋予砂浆某些特殊性能，常在砂浆中掺入适量外加剂。例如为改善砂浆和易性，提高砂浆的抗裂性、抗冻性及保温性，可掺入微沫剂、减水剂等外加剂；为增强砂浆的防水性和抗渗性，可掺入防水剂等；为增强砂浆的保温隔热性能，可掺入引气剂，提高砂浆的孔隙率。

5. 纤维

为了防止砂浆层的收缩开裂，有时需要加入一些纤维材料，或者为了使其具有某些特殊功能需要选用特殊骨料或掺加料，如纸筋、麻刀、玻璃纤维。纸筋、麻刀、玻璃纤维都是纤维材料。纤维是聚合物经一定的机械加工（牵引、拉伸、定型等）后形成细而柔软的细丝，形成纤维。纤维具有弹性模量大，受力时形变小，强度高等特点。纤维大体分天然纤维、人造纤维和合成纤维。

旧麻绳用麻刀机或竹条抽打成絮状的麻丝团叫麻刀。用稻草、麦秸或者是纤维物质加工成浆状，叫纸筋。玻璃纤维按形态和长度，可分为连续纤维、定长纤维和玻璃棉；按玻璃成分，可分为无碱、耐化学、高碱、中碱、高强度、高弹性模量和抗碱玻璃纤维等。纤维技术与建筑技术相结合，可起到防裂、抗渗、抗冲击和抗折性能，提高建筑工程质量。抗裂砂浆就是在聚合物砂浆中添加了纤维。

6. 颜料

颜料就是能使物体染上颜色的物质。颜料有无机的和有机的区别。无机颜料一般是矿物性物质，有机颜料一般取自植物和海洋动物。现代有许多人工合成的化学物质做成的颜料。

抹灰用颜料，应采用矿物颜料及无机颜料，须具有高度的磨细度和着色力，耐光耐碱，不含盐、酸等有害物质。

砂浆常用颜料和特性见表 24-4。

砂浆常用颜料和特性 表 24-4

色彩	颜料名称		特性
	无机	有机	
红色	无机颜料中的红色颜料，主要是氧化铁红。氧化铁有各种不同的色泽，从黄色到红色、棕色直至黑色。氧化铁红是最常见的氧化铁系颜料	甲苯胺红、立索尔红、对位红、大红等	具有很好的遮盖力和着色性、保色性、分散性，价格较廉
白色	钛白、氧化锌、锌钡白（立德粉）、锑白等		
黄色	主要有铅铬黄（铬酸铅）、锌铬黄（铬酸锌）、镉黄（硫化镉）和铁黄（水合氧化铁）等品种。其中以铅铬黄的用途最广泛，产量也最大	耐晒黄、联苯胺黄、汉沙黄等	
	铅铬黄将硝酸铅或醋酸铅与重铬酸钠（或重铬酸钾）、氢氧化钠、硫酸铅等多种原料，按不同配比，可以制得各种色泽的铅铬黄		铅铬黄的遮盖力强，色泽鲜艳，易分散，但在日光照射下易变暗

续表

色彩	颜料名称		特性
	无机	有机	
黄色	锌铬黄又称锌黄		锌铬黄的遮盖力和着色力均较铅铬黄差，但色浅，耐光性好
	镉黄 镉黄有纯镉黄和用硫酸钡共沉淀的镉黄两种		镉黄具有良好的耐热、耐光性，色泽鲜艳，但着色力和遮盖力不如铅铬黄，成本也较高，在应用上受到限制
	铁黄 天然氧化铁黄是一种含有各种杂质的水合氧化铁，所含杂质，主要是硅酸盐类。氧化铁黄的热稳定性差，加热到 180℃ 以上，即脱水而变成氧化铁红		铁黄色泽较暗，但耐久性、分散性、遮盖力、耐热性、耐化学性、耐碱性都很好，而且价格低廉
绿色	主要有氧化铬绿和铅铬绿两种	酞菁绿等	
	氧化铬绿 也称三氧化二铬，颜色从亮绿色到深绿色。多用于冶金制品、水泥的着色		氧化铬绿的耐光、耐热、耐化学药品性优良，但色泽暗，着色力、遮盖力均较差
	铅铬绿 是铬黄和铁蓝的混合物，可获得从黄光绿（2%～3% 铁蓝）到深绿（60%～65% 铁蓝）的各种不同色泽的绿色颜料		铅铬绿的耐久性、耐热性均不及氧化铬绿，但色泽鲜艳，分散性好，易于加工，因含有害的重金属，自从酞菁绿等有机颜料问世后，用量已渐减少
紫色	群青紫、钴紫、锰紫等	甲基紫、苄基紫等	
蓝色	主要有铁蓝、钴蓝、群青等品种。其中群青产量较大	酞菁蓝、孔雀蓝、阴丹士林蓝等	
	铁蓝 由硫酸亚铁、黄血盐（亚铁氰化钾）、硫酸铵反应生成白浆，再以氯酸盐氧化制成。青光铁蓝称为中国蓝（China blue）、红光铁蓝称为米洛丽蓝（milori blue）		铁蓝耐酸不耐碱，遮盖力、着色力高于群青，耐光性比群青差。自从酞菁蓝投入市场以来，由于它的着色力比铁蓝高两倍，其他性能又好，因而铁蓝用量逐年下降
	群青 由陶土、硫磺、纯碱、芒硝、炭黑和石英粉按照不同配方混匀，装于陶罐中，在高温下焙烧，再经水洗等精制工序制成		群青耐碱不耐酸，色泽鲜艳明亮，耐高温。群青遇氢氧化钙变白，因此不能用于水泥着色
黑色	主要品种有：炭黑、松烟、石墨等	苯胺黑等	颜料用炭黑的性能与橡胶加工用的不同。颜料炭黑的主要质量指标是黑度与色相
	铜铬黑是一种黑色金属氧化物混相无机颜料，有炭黑（槽法炭黑、炉法炭黑、灯黑等）、锰黑、氧化铁黑、黑色素等		铜铬黑是所有黑色颜料中各项牢度性能最优异的一种颜料，它环保无毒，耐高温、耐晒、耐候、耐酸碱、耐溶剂、不迁移、易分散等，因此广泛应用于各种高档涂料、耐高温塑料、建材、玻璃、陶瓷等领域

24.1.1.3 抹灰砂浆主要技术性能

抹灰砂浆的主要技术性能包括新拌砂浆的和易性、与基体的粘结性和硬化后的变形性等。

1. 和易性

新拌砂浆的和易性是指在搅拌、运输和施工过程中不易产生分层、析水现象，并且易于在粗糙的砖、砌块、混凝土、轻体隔墙等表面上铺成均匀的薄层的综合性能。通常用流动性和保水性两项指标表示。

影响砂浆流动性的主要因素有：

(1) 胶凝材料及掺加料的品种和用量；

(2) 砂的粗细程度，形状及级配；

(3) 用水量；

(4) 外加剂品种与掺量；

(5) 搅拌时间等。

砂浆流动性的选择与基底材料种类、施工条件以及天气情况等有关。对于基体为多孔吸水的材料和干热的天气，则要求砂浆的流动性大一些；相反，对于基体为密实、不吸水的材料和湿冷的天气，要求砂浆的流动性小一些。

2. 粘结性

一般砂浆抗压强度越高，则其与基材的粘结强度越高。此外，砂浆的粘结强度与基层材料的表面状态、清洁程度、湿润状况以及施工养护等条件有很大关系。同时还与砂浆的胶凝材料种类有很大关系，加入聚合物可使砂浆的粘结性大为提高。砂浆的粘接强度用拉拔强度表示。

3. 变形性

砂浆在承受荷载或在温度变化时，会产生收缩等变形。如果变形过大或不均匀，容易使面层产生裂纹或剥离等质量问题。因此，要求砂浆具有较小的变形性。

24.1.2　新技术、新材料在抹灰砂浆中的应用

24.1.2.1 预拌砂浆

预拌砂浆是指经干燥筛分处理的骨料（如石英砂）、无机胶凝材料（如水泥）和添加剂（如聚合物）等按一定比例进行物理混合而成的一种颗粒状或粉状，以袋装或散装的形式运至工地，加水拌合后即可直接使用的物料。又称作砂浆干粉料、干混砂浆、干拌粉，有些建筑黏合剂也属于此类。

1. 预拌砂浆的品种、特点

目前主要的干混砂浆品种有：

饰面类：内外墙壁腻子、彩色装饰干粉、粉末涂料等。

粘结类：瓷板胶粘剂、填缝剂、保温板胶粘剂等。

其他功能性干混砂浆，如自流平地平材料、修复砂浆、地面硬化材料等。

相对于在施工现场配制的砂浆，干混砂浆有以下优势：

(1) 品质稳定可靠，提高工程质量。

(2) 品种齐全，可以满足不同的功能和性能需求。

(3) 性能良好，有较强的适应性，有利于推广应用新材料、新工艺、新技术、新设备。

(4) 施工性好，功效提高，有利于自动化施工机具的应用，改变传统抹灰施工的落后方式。

(5) 使用方便，便于运输和存放，有利于施工现场的管理。

(6) 符合节能减排、绿色环保施工要求。

2. 预拌砂浆的组成

(1) 粘结材料：

1) 无机胶粘剂：普通硅酸盐水泥、高铝水泥、特殊水泥、石膏、无水石膏。

2) 有机胶粘剂：水泥砂浆是一种脆性大、柔性差的材料，用聚合物对砂浆进行改性，提高与各种基材的胶接强度、抗弯强度及耐磨损性等，并提高砂浆的可变形性、保水性，从而满足施工要求。聚合物粒子通过聚结，形成一层聚合物薄膜，起到胶粘剂作用。

(2) 骨料：主要采用天然砂和人工砂。

(3) 掺合料：多选用粉煤灰、重钙、滑石粉、硅粉等。

(4) 添加剂：添加剂是干混砂浆中最重要的组分，决定着干混砂浆的施工性能和硬化后的各种性能。

1) 纤维素醚：纤维素醚用作增稠剂和保水剂。黏着性和施工性这是两个互相影响的因素；保水性，避免水分的快速蒸发，使得砂浆层的厚度能显著降低。

2) 疏水剂（防水剂）：可防止水渗入到砂浆中，并提高了硬化砂浆与基材之间粘接强度。

3) 超塑化剂：主要用在有较高要求的自流平干粉砂浆中。

4) 淀粉醚：增加砂浆稠度。

5) 保凝剂：用它来获得预期的凝结时间。

6) 引气剂：通过物理作用在砂浆中引入微气泡，降低砂浆密度，施工性更好。

7) 纤维：分为长纤维和短纤维。长纤维主要用于增强和加固，短纤维用来影响改善砂浆的性能和需水量。

8) 减水剂：改善和易性，降低用水量。

3. 常用预拌砂浆的种类和表示方法

(1) 普通干拌砂浆：

DM—干拌砌筑砂浆；

DPI—干拌内墙抹灰砂浆；

DPE—干拌外墙抹灰砂浆；

DS—干拌地面砂浆。

(2) 特种干拌砂浆：

DTA—干拌瓷砖粘结砂浆；

DEA—干拌聚苯板粘结砂浆；

DBI—干拌外保温抹面砂浆。

预拌砂浆性能见表24-5。

预拌砂浆性能　　　　　　表24-5

项　　目	干混抹灰砂浆		湿拌抹灰砂浆
	高保水	低保水	
强度等级	M5、M10	M5、M10、M15、M20、M25、M30	M5、M10、M15、M20、M25、M30
14d拉伸粘结强度（MPa）	≥0.50	≥0.20	≥0.20
28d收缩（%）	≤0.25	≤0.20	≤0.20
保水率（%）	≥98	≥88	≥88

聚合物水泥抹灰砂浆分为普通聚合物水泥抹灰砂浆、柔性聚合物水泥抹灰砂浆、防水聚合物水泥抹灰砂浆。聚合物水泥砂浆一般在专业生产厂家生产，属于预拌砂浆，种类很多。适用于蒸压加气混凝土砌块和混凝土顶棚，有防水要求的块体，总厚度小于10mm。搅拌及静停时间不宜少于6min；操作时间应为1.5～4h。预拌砂浆的使用，要严格按照生产厂家的使用说明书进行操作。

24.1.2.2 粉刷石膏

粉刷石膏是由石膏作为胶凝材料，再配以建筑用砂或保温集料及多种添加剂制成的一种多功能建筑内墙及顶板表面的抹面材料。由于使用了多种添加剂，改善了传统的粉刷石膏的性能。

1. 性能特点

(1) 粘结力强。适于各类墙体（加气混凝土、轻质墙板、混凝土剪力墙及室内顶棚）可有效防治开裂、空鼓等质量通病。

(2) 表面装饰性好。抹灰墙面致密、光滑、不起灰，外观典雅，具有呼吸功能，提高了居住舒适度。

(3) 节省工期。凝结硬化快，养护周期短，工作面可当日完成，提高了工作效率。

(4) 防火性能好。

(5) 使用便捷。直接调水即可，保证了材料的稳定性。

(6) 导热系数低，节能保温。

(7) 卫生环保。没有现场加砂的环节，减少了人工费用和运输费用，避免了砂尘污染。粉刷石膏预拌砂浆同普通砂浆技术经济性能对比见表24-6。

粉刷石膏预拌砂浆同普通砂浆技术经济性能对比　　表 24-6

产品类别	优　点	缺　点	适用基材
粉刷石膏砂浆	1. 粘结性好，适用于多种基材 2. 质轻，操作性好，落地灰少 3. 凝结硬化快，节省工期 4. 干缩收缩小，不会开裂、空鼓 5. 便于现场管理，减少施工环节 6. 绿色环保，节能减排效果好，可调节室内湿度	表面强度不如水泥砂浆 不适合有防水、防潮要求的部位 单位价格高	现浇混凝土、加气混凝土墙、顶面抹灰，各类砌体、轻质板材墙面抹灰
普通水泥砂浆、混合砂浆	1. 强度高 2. 耐火性好 3. 材料单价低	1. 粘结性差，易产生空鼓 2. 干缩性大，易产生裂缝 3. 落地灰多 4. 抹灰层厚度大	适于烧结普通砖墙

2. 粉刷石膏按其用途分类（表 24-7）

粉刷石膏按其用途分类　　表 24-7

类　别	代号	组成和使用部位
底层粉刷石膏	B	用于基底找平的抹灰，通常含有集料
面层粉刷石膏	F	用于底层粉刷或其他基底上的最后一层抹灰。通常不含集料，具有较高的强度
保温层粉刷石膏	T	含有轻集料的石膏抹灰材料，具有较好的热绝缘性

3. 技术要求

（1）细度

粉刷石膏的细度以 1.0mm 和 0.2mm 方孔筛的筛余百分数计，其值应符合表 24-8 规定的数值。

粉刷石膏细度技术要求　　表 24-8

产品类别	面层粉刷石膏	底层和保温层粉刷石膏
1.0mm 方孔筛筛余（%）	0	——
0.2mm 方孔筛筛余（%）	≤40	

（2）凝结时间

粉刷石膏的初凝时间应不小于 60min，终凝时间应不大于 8h。

（3）可操作时间

粉刷石膏的可操作时间应不小于 30min。

（4）强度

粉刷石膏的强度应不小于表 24-9 规定的数值。

粉刷石膏的强度（MPa）　　表 24-9

产品类别	面层粉刷石膏	底层粉刷石膏	保温层粉刷石膏
抗折强度	3.0	2.0	—
抗压强度	6.0	4.0	0.6
剪切粘结强度	0.4	0.3	—

24.1.3　抹灰工程常用机具

抹灰操作是一项复杂的工作，人工消耗多，技术含量高，同时，还涉及许多手工工具和施工机械。常用的手工工具有抹子、尺子、刷子等。由于每一种工具的用途各不相同，必须根据实际操作情况和施工要求，在抹灰工作开始前准备就绪，而且工具的使用和工人的操作熟练程度有很大关系。

（1）搅拌机械：

主要有麻刀机、砂浆搅拌机、连续混浆机、纸筋灰拌合机等搅拌机械。此类机械种类繁多，主要技术指标有工作容量、搅拌时间、电动机功率、转速、生产率、外形尺寸、滚筒式、卧式等。

（2）运输机械：

气力运输系统、砂浆泵、机械翻斗送灰车、手推车等。

（3）手工工具：

1）铁抹子：俗称钢板，有方头和圆头两种，常用于涂抹底灰、水泥砂浆面层、水刷石及水磨石面层等。

2）钢皮抹子：与铁抹子外形相似，但比较薄，弹性较大，用于抹水泥砂浆面层和地面压光等。

3）压抹子：用于水泥砂浆的面层压光和纸筋石灰浆、麻刀石灰浆的罩面等。

4）塑料抹子：有圆头和方头两种，用聚乙烯硬质塑料制成，用于压光纸筋石灰浆面层。

5）木抹子：俗称木蟹。有圆头和方头两种，用白红松木制成，用于搓平和压实底灰砂浆。

6）阴角抹子：又称阴抽器，有小圆角和尖角两种，用于阴角抹灰的压实和压光。

7）圆角阴角抹子：又称明沟铁板，用于水池阴角和明沟阴角的压光。

（4）水压泵、喷雾器等。

（5）检测工具：靠尺板（2m）、线坠、钢卷尺、方尺、金属水平尺、八字靠尺、方口尺等。

（6）辅助工具：铁锹、筛子、水桶（大小）、灰槽、灰勺、刮杠（大 2.5m，中 1.5m）、托灰板、软水管、长毛刷、鸡腿刷、钢丝刷、茅草帚、喷壶、小线、钻子（尖、扁）、粉线袋、铁锤、钳子、钉子、软（硬）毛刷、小压子、铁溜子、托线板等（图 24-1）。

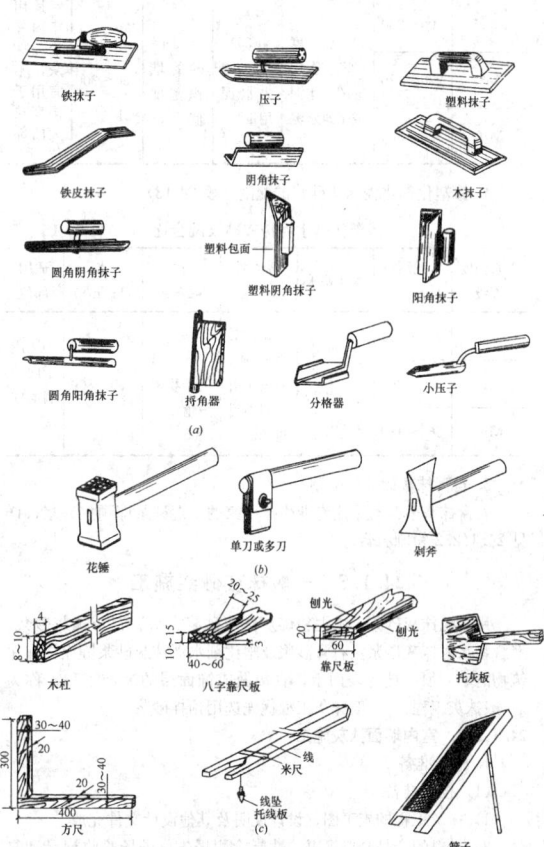

图 24-1　常用抹灰工具

24.1.4 一般抹灰砂浆的配制

1. 水泥抹灰砂浆的配制（表 24-10）

水泥抹灰砂浆配合比　　　　表 24-10

砂浆强度等级	水泥用量（kg/m³）	水泥要求	砂（kg/m³）	水（kg/m³）	适用部位
M15	330～380	强度 42.5 通用硅酸盐水泥或砌筑水泥	1m³ 砂的堆积密度值	260～330	墙面、墙裙、防潮要求的房间、屋檐、压檐墙、门窗洞口等部位
M20	380～450				
M25	400～450	强度 52.5 通用硅酸盐水泥			
M30	460～510				

2. 水泥粉煤灰抹灰砂浆的配制（表 24-11）

水泥粉煤灰抹灰砂浆配合比　　　表 24-11

砂浆强度等级	水泥用量（kg/m³）	水泥要求	粉煤灰	砂（kg/m³）	水（kg/m³）	适用部位
M5	250～290	强度 42.5 通用硅酸盐水泥	内掺，等量取代水泥量的10%～30%	1m³ 砂的堆积密度值	260～330	适用于内外墙抹灰
M10	320～350					
M15	350～400	强度 52.5 通用硅酸盐水泥				

3. 水泥石灰抹灰砂浆的配制（表 24-12）

水泥石灰抹灰砂浆配合比　　　表 24-12

砂浆强度等级	水泥用量（kg/m³）	水泥要求	石灰膏（kg/m³）	砂（kg/m³）	水（kg/m³）	适用部位
M2.5	200～230	强度 42.5 通用硅酸盐水泥或砌筑水泥	（350～400）减去水泥用量	1m³ 砂的堆积密度值	260～300	适用于内外墙面抹灰，不宜用于湿度较大的部位
M5	230～280					
M10	330～380					

4. 掺塑化剂水泥抹灰砂浆的配制（表 24-13）

掺塑化剂水泥抹灰砂浆配合比　　表 24-13

砂浆强度等级	水泥用量（kg/m³）	水泥要求	塑化剂（kg/m³）	砂（kg/m³）	水（kg/m³）	适用部位
M5	260～300	强度 42.5 通用硅酸盐水泥	按说明书掺加。砂浆使用时间不超过2h	1m³ 砂的堆积密度值	260～300	适用于内外墙面抹灰
M10	330～360					
M15	360～410					

5. 石膏抹灰砂浆的配制

石膏抹灰砂浆宜采用专业生产厂家的干混砂浆即预拌砂浆，详见 24.1.2.2 粉刷石膏。

24.1.5 一般抹灰砂浆施工

用水泥抹灰砂浆、水泥粉煤灰抹灰砂浆、水泥石灰抹灰砂浆、聚合物水泥抹灰砂浆、石膏砂浆及塑化剂水泥抹灰砂浆等涂抹在建筑物的墙、顶、柱等表面上，直接做成饰面层的装饰工程，称为"一般抹灰工程"。一般抹灰工程优先选用预拌砂浆。

24.1.5.1 室内墙面抹灰施工

1. 施工准备

（1）技术准备

1）抹灰工程的施工图、设计说明及其他设计文件完成。

2）材料的产品合格证书、性能检测报告、进场验收记录和复验报告完成。

3）施工技术交底（作业指导书）完成。

4）抹灰前应熟悉图纸、设计说明及其他设计文件，制订方案，做好样板间，经检验达到要求标准后方可正式施工。

（2）材料准备

1）水泥

宜采用通用硅酸盐水泥。水泥强度等级宜采用 42.5 级以上，宜使用同一品种、同一强度等级、同一厂家生产的产品。

水泥进场需对产品名称、生产许可证编号、出厂编号、执行标准、日期等进行检查，同时验收合格证，对强度等级和凝结时间、安定性进行复验。

2）砂

宜采用平均粒径 0.35～0.5mm 的中砂，在使用前应根据使用要求过筛，筛好后保持洁净。

3）磨细石灰粉

使用前用水浸泡使其充分熟化，熟化时间不少于 3d。

浸泡方法：提前备好大容器，均匀地往容器中撒一层生石灰粉，浇一层水，然后再撒一层，再浇一层水，依次进行。当达到容器的 2/3 时，将容器内放满水，使之熟化。沉淀池中储存的石灰膏，应采取防止干燥、冻结和污染的措施。严禁使用脱水硬化的石灰膏。消石灰粉不得直接使用于砂浆中。

4）石灰膏

石灰膏与水调和后具有凝固时间快，并在空气中硬化，硬化时体积不收缩的特性。

用块状生石灰淋制时，用筛网过滤，贮存在沉淀池中，使其充分熟化。熟化时间常温一般不少于 15d，用于罩面灰不少于 30d，使用时石灰膏内不得含有未熟化的颗粒和其他杂质，未熟化颗粒日后可使墙面爆裂产生裂纹。在沉淀池中的石灰膏要加以保护，防止其干燥、冻结和污染。

5）麻刀

必须柔韧干燥，不含杂质，行缝长度一般为 10～30mm，用前 4～5d 敲打松散并用石灰膏调匀，也可采用合成纤维、玻璃纤维。纤维分为长纤维和短纤维。长纤维主要用于增强和加固；短纤维用来改善砂浆的性能和需水量。粗麻刀石灰用于垫层抹灰，细麻刀石灰用于面层抹灰。石灰膏、纸筋石灰、麻刀石灰进场后，需要加以保护，防止干燥钙化、冻结和被污染。

6）外加剂

砂浆外加剂可以显著改善砂浆的流变特性、施工性能和硬化后的各项性能。抹灰砂浆作为粘结材料，要求砂浆具有良好的保水性、粘聚性和触变性能。常用的外加剂有塑化剂，主要用在有较高要求的自流平干砂浆中；消泡剂，主要用来降低砂浆中的空气含量。使用外加剂时要严格按照说明书进行操作，并对相关指标进行检测，符合《民用建筑工程室内环境污染控制规范》（GB 50325）要求。

（3）其他准备工作

1）主体结构必须经过相关单位（建设单位、设计单位、监理单位、施工单位）检验合格。

2）抹灰前应检查门窗框安装位置是否正确，需埋设的接线盒、电箱、管线、管道套管是否固定牢固。连接处缝隙应用 1:3 水泥砂浆或 1:1:6 水泥混合砂浆分层嵌塞密实，若缝隙较大时，应在砂浆中掺少量麻刀嵌塞，或用豆石混凝土将其填塞密实，并用塑料贴膜或铁皮将门窗框加以保护。

3）将混凝土蜂窝、麻面、露筋、疏松部分剔到实处，并刷胶粘性素水泥浆或界面剂，然后用 1:3 的水泥砂浆分层抹平。脚手眼和废弃的孔洞应堵严，外露钢筋头、铅丝头及木头等要剔除，窗台砖补齐，墙与楼板、梁底等交接处应用斜砖砌严补齐。

4）加钉镀锌钢丝网部位，应涂刷一层胶粘性素水泥浆或界面剂，钢丝网与最小边搭接尺寸不应小于 100mm。

5）对抹灰基层表面的油渍、灰尘、污垢等应清除干净。

2. 抹灰工程关键质量控制点

（1）冬期施工砂浆温度最低不低于 5℃，环境温度不应低于 5℃。砂浆抹灰层硬化初期不得受冻。

（2）抹灰前基层处理，必须经验收合格，并填写隐蔽工程验收记录。

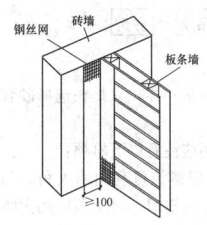

图 24-2 加强网铺
钉示意图

(3) 不同材料基体交接处表面的抹灰，应采取防止开裂的加强措施，当采用加强网时，加强网与各基体的搭接宽度不应小于 100mm（图 24-2）。

(4) 抹灰工程质量关键是保证粘结牢固，无开裂、空鼓和脱落，施工过程应注意：

1) 抹灰基体表面应彻底清理干净，对于表面光滑的基体应进行毛化处理。

2) 严格各层抹灰厚度。一般抹灰工程施工是分层进行的，以利于抹灰牢固、抹面平整和保证质量。如果一次抹得太厚，由于内外收水快慢不同，容易出现干裂、起鼓和脱落现象（表 24-14～表 24-16）。

抹灰分层控制和做法参考 表 24-14

灰层	作用	基层材料	一般做法
底层灰	主要起与基层粘结作用，兼初步找平作用	砖墙基层	（1）内墙一般采用石灰砂浆、水泥石灰砂浆 （2）外墙、勒脚、屋檐以及室内有防水防潮要求，采用水泥砂浆打底
		混凝土和加气混凝土基层	（1）采用水泥砂浆或混合砂浆打底，打底前先刷界面剂 （2）混凝土板顶棚，宜用粉刷石膏或聚合物水泥砂浆打底，也可直接批刮腻子
中层灰	主要起找平作用		（1）所用材料基本与底层相同 （2）根据施工质量要求，可以一次抹成，亦可分遍进行
面层灰	主要起装饰作用		（1）一般抹中层灰、面层灰可一次成型 （2）装饰抹灰按工艺施工

不同基体的抹灰厚度（mm） 表 24-15

项目	内墙面		外墙		顶棚		蒸压加气混凝土砌块	聚合物砂浆、石膏砂浆
	普通抹灰	高级抹灰	墙面	勒脚	现浇混凝土板	预制混凝土板		
厚度	≤18	≤25	≤20	≤25	≤15	≤10	≤15	≤10

每层灰控制厚度 表 24-16

抹灰材料	水泥砂浆	水泥石灰砂浆
每层灰厚度（mm）	5～7	7～9

3. 施工工艺

(1) 工艺流程

基层清理 → 浇水湿润 → 吊垂直、套方、找规矩、抹灰饼 → 抹水泥踢脚或墙裙 → 做护角抹水泥窗台 → 墙面充筋 → 抹底灰 → 修补预留孔洞、电箱槽、盒等 → 抹罩面灰

(2) 操作工艺

1) 基层清理

①烧结砖砌体、蒸压灰砂砖、蒸压粉煤灰砖：将墙面上残存的砂浆、舌头灰剔除，污垢、灰尘等清理干净，用清水冲洗墙面，将砖缝中的浮砂、尘土冲掉。抹灰前应将基体充分浇水均匀润透，每天宜浇两次，水应渗入墙面内 10～20mm，防止基体浇水不透造成抹灰砂浆中的水分很快被基体吸收，造成质量问题。

②混凝土墙基层处理：因混凝土墙面在结构施工时大都使用脱膜隔离剂，表面比较光滑，故应将其表面进行处理，其方法为：采用脱污剂将墙面的油污脱除干净，晾干后采用机械喷涂或笤帚涂刷一层薄的胶粘性水泥浆或涂刷一层混凝土界面剂，使其凝固在光滑的基层上，以增加抹灰层与基层的附着力，不出现空鼓、开裂；再

一种方法可采用将其表面用尖钻子均匀剔成麻面，使其表面粗糙不平，然后浇水湿润。抹灰时墙面不得有明水。

③加气混凝土砌块基体（轻质砌体、隔墙）：加气混凝土砌体其本身强度较低，孔隙率较大，在抹灰前应对松动及灰浆不饱满的拼缝或梁、板下的顶头缝，用砂浆填塞密实。将墙面凸出部分或舌头灰剔凿平整，并将缺棱掉角、坑凹不平和设备管线槽、洞等同时用砂浆修整密实、平顺。用托线板检查墙面垂直偏差及平整度，根据要求将墙面抹灰基层处理到位，然后喷水湿润，水要渗入墙面 10～20mm，墙面不得有明水。然后涂刷墙体界面砂浆，要全部覆盖基层砌体，厚度 2mm，收浆后进行抹灰。

④混凝土小型空心砌块砌体（混凝土多孔砖砌体）：基层表面清理干净即可，不得浇水。

⑤涂抹石膏抹灰砂浆时，一般不需要进行界面增强处理。

⑥涂抹聚合物砂浆时，将基层处理干净即可，不需浇水湿润。

2) 浇水湿润

一般在抹灰前一天，用水管或喷壶顺墙自上而下浇水湿润。不同的墙体，不同的环境，需要不同的浇水量。浇水要分次进行，最终以墙面既湿润又不泌水为宜。

3) 吊垂直、套方、找规矩、做灰饼

根据设计图纸要求的抹灰质量，根据基层表面平整垂直情况，用一面墙做基准，吊垂直、套方、找规矩，确定抹灰厚度，抹灰厚度不应小于 7mm。当墙面凹度较大时，应分层抹平。每层厚度不大于 7～9mm。操作时应先抹上灰饼，再抹下灰饼。抹灰饼时应根据室内抹灰要求，确定灰饼的正确位置，再用靠尺板找好垂直与平整。灰饼宜用 M15 水泥砂浆抹成 50mm 见方形状，抹灰层总厚度不宜大于 20mm。

房间面积较大时应先在地上弹出十字中心线，然后按基层面平整度弹出墙角线，随后在距墙阴角 100mm 处吊垂直并弹出铅垂线，再按地上弹出的墙角线往墙上翻引弹出阴角两面墙上的墙面抹灰层厚度控制以此做灰饼，然后根据灰饼充筋。

4) 修抹预留孔洞、配电箱、槽、盒

堵缝工作要作为一道工序安排专人负责，把预留孔洞、配电箱、槽、盒周边的洞内杂物、灰尘等物清理干净，浇水湿润，然后用砖将其补齐砌严，用水泥砂浆将缝隙塞严，压抹平整、光滑。

5) 抹水泥踢脚（或墙裙）

根据已抹好的灰饼充筋（此筋可以冲的宽一些，80～100mm 为宜，因此筋即为抹踢脚或墙裙的依据，同时也作为墙面抹灰的依据）。水泥踢脚、墙裙、梁、柱、楼梯等处用 M20 水泥砂浆分层抹灰，抹好后用大杠刮平，木抹搓毛，常温第二天用水泥砂浆抹面层并压光，抹踢脚或墙裙厚度应符合设计要求，无设计要求时凸出墙面 5～7mm 为宜。凡凸出抹灰墙面的踢脚或墙裙上口必须保证光洁、顺直，踢脚或墙裙抹好后靠尺贴在大面与上口平，然后用小抹子将上口抹平压光，凸出墙面的棱角要做成钝角，不得出现毛茬和飞棱。

6) 做护角

墙、柱间的阳角应在墙、柱面抹灰前用 M20 以上的水泥砂浆做护角，其高度自地面以上不小于 2m。将墙、柱的阳角处浇水湿润，第一步在阳角正面立上八字靠尺，靠尺突出阳角侧面，突出厚度与成活抹灰面平。然后在阳角侧面，依靠尺边抹水泥砂浆，并用铁抹子将其抹平，按护角宽度（不小于 50mm）将多余的水泥砂浆铲除。第二步待水泥砂浆稍干后，将八字靠尺移至到抹好的护角面上（八字坡向外）。在阳角的正面，依靠尺边抹水泥砂浆，并用铁抹子将其抹平，按护角宽度将多余的水泥砂浆铲除。抹完后去掉八字靠尺，用素水泥浆涂刷护角尖角处，并用捋角器自上而下捋一遍，使其形成钝角（图 24-3）。

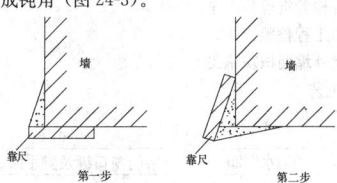

图 24-3 水泥护角做法示意图

7) 抹水泥窗台

先将窗台基层清理干净，清理砖缝，松动的砖要重新补砌好，用水润透，用1：2：3豆石混凝土铺实，厚度宜大于25mm，一般1d后抹1：2.5水泥砂浆面层，待表面达到初凝后，浇水养护2～3d，窗台板下口抹灰要平直，没有毛刺。

8) 墙面充筋

当灰饼砂浆达到七八成干时，即可用与抹灰层相同砂浆充筋，充筋根数应根据房间的宽度和高度确定，一般标筋宽度为50mm。两筋间距不大于1.5m。当墙面高度小于3.5m时宜做立筋。大于3.5m时宜做横筋，做横向充筋时灰饼的间距不宜大于2m。

9) 抹底灰

一般情况下充筋完成2h左右可开始抹底灰为宜，抹前应先抹一层薄灰，要求将基体抹严，抹时用力压实使砂浆挤入细小缝隙内，接着分层装档、抹与充筋平，用木杠刮找平整，用木抹子搓毛。然后全面检查底子灰是否平整，阴阳角是否方直、整洁，管道后与阴角交接处、墙顶棚交接处是否光滑、平整、顺直，并用托线板检查墙面垂直与平整情况。抹灰面接槎应平顺，地面踢脚板或墙裙，管道背后应及时清理干净，做到活儿完场清。

10) 抹罩面灰

罩面灰应在底灰六七成干时开始抹罩面灰（抹时如底灰过干应浇水湿润），罩面灰两遍成活，每遍厚度约2mm，操作时最好两人同时配合进行，一人赶刮一遍薄灰，另一人随即抹平。依先上后下的顺序进行，然后赶实压光，压时要掌握火候，既不要出现水纹，也不可压活，压好后随即用毛刷蘸水，将罩面灰污染处清理干净。施工时整面墙不宜留施工槎；如遇有预留施工洞时，可用下整面墙待抹为宜。

11) 水泥砂浆抹24h后应喷水养护，养护时间不少于7d；混合砂浆要适度喷水养护，养护时间不少于7d。

4. 质量标准（见本章24.1.7）

材料复验要由监理或相关单位负责见证取样，并签字认可。配制砂浆时应使用相应的量器，不得估测或采用经验配制。对配制使用的量器使用前应进行检查标识，并进行定期检查，做好记录。

5. 成品保护

(1) 抹灰前必须将门、窗口与墙间的缝隙按工艺要求将其嵌塞密实，对木制门、窗口应采用薄钢板、木板或木架进行保护，对塑钢或金属门、窗口应采用贴膜保护。

(2) 抹灰完成后应对墙面及门、窗口加以清洁保护，门、窗口原有保护层如有损坏的应及时修补，确保完整直至竣工交验。

(3) 在施工过程中，搬运材料、机具以及使用小手推车时，要特别小心，防止碰、撞、磕划墙面、门、窗口等。后期施工操作人员严禁蹬踩门、窗口、窗台，以防损坏棱角。

(4) 抹灰时墙上的预埋件、线槽、盒、通风篦子、预留孔洞应采取保护措施，防止施工时灰浆漏入或堵塞。

(5) 拆除脚手架、跳板、高马凳时要倍加小心，轻拿轻放，集中堆放整齐，以免撞坏门、窗口、墙面或棱角等。

(6) 当抹灰层未充分凝结硬化前，防止快干、水冲、撞击、振动和挤压，以保证灰层不受损伤和有足够的强度。

6. 施工记录

施工中做好以下记录：

(1) 抹灰工程设计施工图、设计说明及其他设计文件。

(2) 材料的产品合格证书、性能检测报告、进场验收记录、进厂材料复验报告。

(3) 工序交接检验记录。

(4) 隐蔽工程验收记录。

(5) 工程检验批检验记录。

(6) 分项工程检验记录。

24.1.5.2 室外墙面抹灰施工

1. 施工工艺

(1) 工艺流程

墙面基层清理浇水湿润 → 堵门窗口缝及脚手眼、孔洞 →

吊垂直、套方、找规矩 → 抹灰饼、充筋 → 抹底层灰、中层灰 →

嵌分格条、抹面层灰 → 抹滴水线、起分格条 → 养护

(2) 施工工艺

室外水泥砂浆抹灰工程工艺同室内抹灰一样，只是在选择砂浆时，应选用水泥砂浆或专用的干混砂浆。

施工中，除参照室内抹灰要点外，还应注意以下事项：

1) 根据建筑高度确定放线方法，高层建筑可利用墙大角、门窗口两边，用经纬仪打直线找垂直。多层建筑时，可从顶层用大线坠吊垂直，绷铁丝找规矩，横向水平线可依据楼层标高或施工+500mm线为水平基准线进行交圈控制，然后按抹灰操作层抹灰，做灰饼时应注意横竖交圈，以便操作。每层抹灰时则以灰饼做基准充筋，使其保证横平竖直。

2) 抹底层灰、中层灰：根据不同的基体，抹底层灰前可刷一道胶粘性水泥浆，然后抹1：3水泥砂浆（加气混凝土墙底层应抹1：6水泥砂浆），每层厚度控制在5～7mm为宜。分层抹灰抹与充筋平时用木杠刮平找直，木抹子搓毛，每层抹灰不宜跟得太紧，以防收缩影响质量。

3) 弹线分格、嵌分格条：大面积抹灰应分格，防止砂浆收缩，造成开裂。根据图纸要求弹线分格、粘分格条。分格条宜采用红松制作，粘前应用水充分浸透。粘时在条两侧用素水泥浆抹成45°八字坡形。粘分格条时注意竖条应粘在所弹立线的同一侧，防止左右乱粘，出现分格不均匀。条粘好后待底层呈七八成干后，可抹面层灰。

4) 抹面层灰、起分格条：待底灰呈七八成干时开始抹面层灰，将底灰墙面浇水均匀湿润，先刷一层薄薄的素水泥浆，随即抹罩面灰与分格条平，并用木杠横竖刮平，木抹子搓毛，铁抹子溜光、压实。待其表面无明水时，用软毛刷蘸水，垂直于地面向同一方向轻刷一遍，以保证面层灰颜色一致，避免出现收缩裂缝，随后将分格条起出，待灰层干后，用素水泥膏将缝勾好。难起的分格条不要硬起，防止棱角损坏，待灰层干透后补起，并补勾缝。

5) 抹滴水线：在抹檐口、窗台、窗眉、阳台、雨篷、压顶和突出墙面的腰线以及装饰凸线时，应将其上面作成向外的流水度，严禁出现倒坡。下面做滴水线（槽）。窗台上面的抹灰层应深入窗框下坎裁口内，堵塞密实，流水坡度及滴水线（槽）距外表面不小于40mm，滴水线深度及宽度一般不小于10mm，并应保证其流水坡度方向正确，做法见图24-4。

抹滴水线（槽）应先抹立面，后抹顶面，再抹底面。分格条在底面灰层抹好后，即可拆除。采用"隔夜"拆条法时，需待抹灰砂浆达到适当强度后方可拆除。

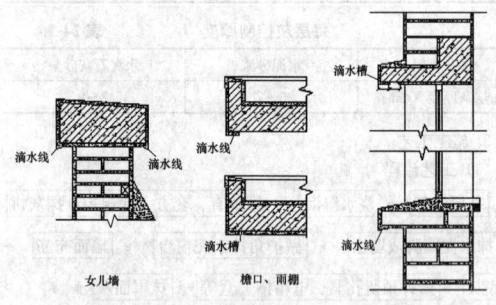

图24-4 滴水线（槽）做法示意图

6) 养护：水泥砂浆抹灰常温24h后应喷水养护。冬期施工要有保温措施。

2. 质量标准

见本章24.1.7。

24.1.5.3 混凝土顶棚抹灰施工

混凝土顶棚抹灰宜用聚合物水泥砂浆或粉刷石膏砂浆，厚度小于5mm的可以直接用腻子刮平。预制混凝土顶棚找平、抹灰厚度不宜大于10mm，现浇混凝土顶棚抹灰厚度不宜大于5mm。抹灰前在四周墙上弹出控制水平线，先抹顶棚四周，圈边找平，横竖均匀、平顺，操作时用力使砂浆压实，使其与基体粘牢，最后压实压光。

24.1.6 装饰抹灰工程

24.1.6.1 装饰抹灰工程分类

装饰砂浆抹灰饰面工程可分为灰浆类饰面和石渣类饰面两大类。

1. 灰浆类饰面

灰浆类饰面主要通过砂浆的着色或对砂浆表面进行艺术加工，从而获得具有特殊色彩、线条、纹理等质感的饰面。其主要优点是材料来源广泛，施工操作简便，造价比较低廉，而且通过不同的工艺加工，可以创造不同的装饰效果。

常用的灰浆类饰面有以下几种：

(1) 拉毛灰。拉毛灰是用铁抹子或木蟹，将罩面灰浆轻压后顺势拉起，形成一种凹凸感很强的饰面层。拉细毛时用棕刷粘着灰浆拉成细的凹凸花纹（图 24-5）。

图 24-5 拉毛灰图示

拉毛灰的形式较多，如拉长毛、拉短毛、拉粗毛、拉细毛等。拉毛灰有吸声的功效，同时墙面落上灰尘后不易清理。

拉毛灰的基体抹灰同一般抹灰，待中层灰六七成干时，然后抹面层拉毛。面层拉毛有如下几种做法：

1) 水泥石灰加纸筋拉毛：罩面灰采用纸筋灰拉毛时，其厚度根据拉毛的长短而定，一般为 4～20mm，一人在前面抹纸筋灰，另一人紧跟在后边用硬鬃鬃刷往墙上垂直拍拉，拉起毛头，操作时用力要均匀，使拉出的毛大小均匀，如个别地方拉出的毛不符合要求，可以补拉。配合比一般为：

粗毛：石灰砂浆：石灰膏：纸筋＝1：5％：3％石灰膏；

中等毛：石灰砂浆：石灰膏：纸筋＝1：10～20％石灰膏：3％石灰膏；

细毛：石灰砂浆：石灰膏：砂子＝1：25～30％石灰膏：适量砂子。

2) 水泥石灰砂浆拉毛：用水泥：石灰膏：砂子＝1：0.6：0.9 水泥砂浆拉毛，用白麻缠成的圆形麻刷子，把砂浆在墙面一点一带，带出毛疙瘩来。麻刷子的大小根据要做的拉毛图案大小确定。

3) 纸筋石灰浆拉毛：用硬毛刷往墙上直接拍拉，拉出毛头。

拉毛施工时，避免中断留槎，做到色彩一致。拉粗毛时，用铁抹子轻触表面用力拉回；拉中等毛头时，可用铁抹子也可用硬毛刷拉起；拉细毛时，用鬃刷粘着砂浆拉成花纹。

(2) 甩毛灰。甩毛灰是用竹丝刷等工具将罩面灰浆甩涂在基面上，形成大小不一而又有规律的云朵状毛面饰面层。

(3) 仿面砖。仿面砖是在采用掺入氧化铁系颜料（红、黄）的水泥砂浆抹灰上，用特制的铁钩和靠尺，按设计要求的尺寸进行分格划块，沟纹清晰，表面平整，酷似贴面砖饰面。

(4) 拉条。拉条是在面层砂浆抹好后，用一凹凸状轴辊作模具，在砂浆表面上滚压出立体感强、线条挺拔的条纹。条纹分半圆形、波纹形、梯形等多种，间距可大可小，条纹可粗可细。模具可用木材制作，拉灰的一面应包硬质光滑材料包面。

拉条灰施工时，先在墙面中层灰上弹垂直线，垂直线间距等于模具长度，按垂直线用素水泥浆将木轨道粘贴上去。待木轨道粘牢后，洒水湿润墙面，刷水泥浆（水灰比为 0.37～0.40）一遍，随即在墙面上抹面层砂浆，面层砂浆一般采用 1：0.5：2～2.5 的水泥石灰砂浆，掺加适量细纸筋。待面层砂浆收水后，用模具紧贴砂浆面从上而下拉动，使模具凸齿将接触的砂浆层拉刷下来，直到模具刮不下砂浆为止，模具要始终沿着木轨道拉动，以保证抹灰纹理

垂直，从墙顶到墙底连续拉动。如抹灰条纹上有细缝时，可用水泥纸筋石灰补抹，再用同一模具拉动一次。模具见图 24-6。

(5) 喷涂。喷涂是用挤压式砂浆泵或喷斗，将掺入聚合物的水泥砂浆喷涂在基面上，形成波浪、颗粒或花点质感的饰面层。最后在表面再喷一层甲基硅醇钠或甲基硅树脂疏水剂，可提高饰面层的耐久性和耐污染性。

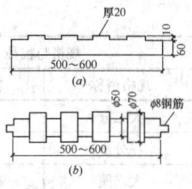

图 24-6 木模
(a) 带凹凸槽形方木模；
(b) 带凹凸槽形圆柱模子
注：用杉木、红松或椴木等木板制作，模具口处包上镀锌铁皮。

(6) 弹涂。弹涂是用电动弹力器，将掺入胶粘剂的 2～3 种水泥色浆，分别弹涂到基面上，形成 1～3mm 圆状色点，获得不同色点相互交错、相互衬托、色彩协调的饰面层。最后刷一道树脂罩面层，起防护作用。

(7) 硅藻泥饰面。硅藻泥主要原料是硅藻土，是硅藻沉积而成的天然物质，主要成分为蛋白石，不含任何对人体有害的物质，硅藻泥最大的特点体现在他的功能性上，呼吸调湿，吸音隔音；降解有害物质消除异味，能吸收和分解空气中的甲醛、氨、苯等有害物质，吸收分解各种异味和烟气，具有净化空气，除臭的作用；断热保温，硅藻泥热传导率很低，保温隔热性能优异，防火阻燃，硅藻泥壁材耐高温、不燃烧，火灾时不会产生有毒的气体。

2. 石渣类饰面

石渣类饰面是用水泥（普通水泥、白水泥或彩色水泥）、石渣、水拌和成石渣浆，同时采用不同的加工手段除去表面水泥浆皮，使石渣呈现不同的外露形式以及水泥浆与石渣的色泽对比，构成不同的装饰效果。

石渣类饰面比灰浆类饰面色泽较明亮，质感相对丰富，不易褪色，耐光性和耐污染性也较好。石渣是天然的大理石、花岗石以及其他天然石材经破碎而成，俗称米石。常用的规格有大八厘（粒径为 8mm）、中八厘（粒径为 6mm）、小八厘（粒径为 4mm）。

常用的石渣类饰面有以下几种：

(1) 水刷石。将水泥石渣浆涂抹在基面上，待水泥浆初凝后，以毛刷蘸水刷洗或用喷枪以一定水压冲刷表层水泥浆皮，使石渣半露出来，达到装饰效果。

(2) 干粘石。干粘石又称甩石子，是在水泥砂浆粘结层上，把石渣、彩色石子等粘在其上，再拍平压实而成的饰面。石粒的 2/3 应压入粘结层内，要求石子粘牢，不掉粒并且不露浆。

(3) 斩假石。斩假石又称剁假石，是以水泥石渣（掺 30％石屑）浆作成面层抹灰，待具有一定强度时，同钝斧或凿子等工具，在面层上剁斩出纹理，而获得类似天然石材经雕琢后的纹理质感。

(4) 水磨石。水磨石是由水泥、彩色石渣或白色大理石碎粒及水按一定比例配制，需要时掺入适量颜料，经搅拌均匀，浇筑捣实、养护，待硬化后将表面磨光而成的饰面。常常将磨光表面用草酸冲洗、干燥后上蜡。

水刷石、干粘石、斩假石和水磨石等装饰效果各具特色。在质感方面：水刷石最为粗犷，干粘石粗中带细，斩假石典雅庄重，水磨石润滑细腻。在颜色花纹方面：水磨石色泽华丽、花纹美观，斩假石的颜色与斩凿的灰色花岗石相似；水刷石的颜色有青灰色、奶黄色等；干粘石的色彩取决于石渣的颜色。

24.1.6.2 装饰抹灰工程施工

1. 水刷石抹灰工程施工

(1) 施工准备

材料准备：

①石渣：要求颗粒坚实、整齐、均匀、颜色一致，不含黏土及有机、有害物质。所使用的石渣规格、级配，应符合规范和设计要求。一般中八厘为 6mm，小八厘为 4mm，使用前应用清水洗净，按不同规格、颜色分晾干后，用苫布苫盖或装袋堆放，施工采用彩色石渣时，要求采用同一品种、同一产地的产品，宜一次进货备足，见表 24-17。

石渣规格与粒径 表 24-17

规格与粒径		质 量 要 求
规格俗称	粒径（mm）	
大二分	约 20	颗粒坚韧、有棱角、洁净，不含黏土、碱质、有机物有害杂质和风化的石粒
一分半	约 15	
大八厘	约 8	
中八厘	约 6	
小八厘	约 4	
米粒石	约 0.3～1.2	

②小豆石：用小豆石做水刷石墙面材料时，其粒径 5～8mm 为宜。其含泥量不大于 1%，质地要求坚硬、粒径均匀。使用前宜过筛，筛去粉末，清除僵块，用清水洗净，晾干备用。

③颜料：颜料应采用耐碱性和耐光性较好的矿物质颜料，使用时应采用同一配比与水泥干拌均匀，装袋备用。

（2）质量控制要点

1）分格要符合设计要求，粘条时要顺序粘在分格线的一侧。

2）喷刷水刷石面层时，要正确掌握喷水时间和喷头角度。

3）石渣使用前应冲洗干净。

4）注意防止水刷石墙面出现石子不均匀或脱落，表面混浊不清晰。

5）注意防止水刷石与散水、腰线等接触部位出现烂根。

6）水刷石槎子应留在分格条缝或水落管后边与独立装饰部分的边缘。不得将槎子留在分格块中间部位。注意防止水刷石墙面留槎混乱，影响整体效果。

（3）施工工艺

1）工艺流程：

堵门窗口缝 → 基层处理 → 浇水湿润墙面 →
吊垂直、套方、找规矩、抹灰饼、充筋 → 分层抹底层砂浆 →
分格弹线、粘分格条 → 做滴水线条 → 抹面层石渣浆 →
修整、赶实压光、喷刷 → 起分格条勾缝 → 养护

2）施工工艺

①堵门窗口缝：

抹灰前检查门窗口位置是否符合设计要求，安装牢固，四周缝按设计及规范要求填，然后用 1∶3 水泥砂浆塞实抹严。

②基层清理：

a. 混凝土墙基层处理：

凿毛处理：用钢钻子将混凝土墙面均匀凿出麻面，并将板面酥松部分剔除干净，用钢丝刷将粉尘刷掉，用清水冲洗干净，然后浇水湿润。

清洗处理：用 10% 的火碱水将混凝土表面油污及污垢清刷除净，然后用清水冲洗晾干，采用涂刷素水泥浆或混凝土界面剂等处理方法均可。如采用混凝土界面剂施工时，应按所使用产品要求使用。

b. 砖墙基层处理：

抹灰前需将基层上的尘土、污垢、灰尘、残留砂浆、舌头灰等清除干净。

③浇水湿润：

基层处理完后，要认真浇水湿润，浇水时应将墙面清扫干净，浇透浇均匀。

④吊垂直、套方、找规矩、做灰饼、充筋：

根据建筑高度确定放线方法，高层建筑可利用墙大角、门窗口两边，用经纬仪打直线找垂直。多层建筑可，可从顶层用大线坠吊垂直，绷铁丝找规矩，横向水平线可依据楼层标高或施工+50cm线为水平基准线交圈控制，然后按抹灰操作层抹灰饼，做灰饼应注意横竖交圈，以便操作。每层抹灰时则以灰饼做基准充筋，使其保证横平竖直。

⑤分层抹底层砂浆：

a. 混凝土墙：先刷一道胶粘性素水泥浆，然后用 1∶3 水泥砂

浆分层装档抹与筋平，然后用木杠刮平，木抹子搓毛或花纹。

b. 砖墙：抹 1∶3 水泥砂浆，在常温时可用 1∶0.5∶4 混合砂浆打底，抹灰时以充筋为准，控制抹灰层厚度，分层分遍装档与充筋抹平，用木杠刮平，然后木抹子搓毛或花纹。底层灰完成 24h 后应浇水养护。抹头遍灰时，应用力将砂浆挤入砖缝内使其粘结牢固。

c. 加气混凝土墙（轻质砌体、隔墙）：加气混凝土墙底层应抹 1∶6 水泥砂浆，每层厚度控制在 5～7mm 为宜。分层抹灰抹与充筋平时用木杠刮平找直，木抹子搓毛，每层抹灰不宜跟得太紧，以防收缩影响质量。

水刷石施工分层做法见表 24-18。

⑥弹线分格、粘分格条：

根据图纸要求弹线分格、粘分格条，分格条宜采用红松制作，粘前应用水充分浸透，粘时在条两侧用素水泥浆抹成 45°八字坡形，粘分格条时注意竖缝应粘在所弹立线的同一侧，防止左右乱粘，出现分格不均匀，条粘好后待底层灰呈七八成干即可抹面层灰。

水刷石施工分层做法 表 24-18

基体	分层做法（体积比）	厚度（mm）	适用范围
砖墙	1. 1∶3 水泥砂浆抹底层	5～7	多用于建筑物墙面檐口、窗楣、窗套、门套、腰线、柱子、壁柱、阳台、雨篷、勒脚、花台等
	2. 1∶3 水泥砂浆抹中层	5～7	
	3. 刮水灰比为 0.37～0.4 水泥浆为结合层		
	4. 水泥石粒浆（水泥石灰膏粒浆）	20	
	（1）1∶1 水泥大巴厘石粒浆（1∶0.5∶1.3 水泥石灰膏粒浆）		
	（2）1∶1.25 水泥中八厘粒石浆（1∶0.5∶1.5 水泥石灰膏粒浆）	15	
	（3）1∶1.5 水泥小八厘石粒浆（1∶0.5∶2.0 水泥石灰膏粒浆）	10	
混凝土墙	1. 刮水灰比为 0.37～0.4 水泥浆或涂刷界面剂		
	2. 1∶3 水泥砂浆抹底层	5～7	
	3. 1∶3 水泥砂浆抹中层	5～7	
	4. 刮水灰比为 0.37～0.4 水泥浆为结合层		
	5. 水泥石粒浆（水泥石灰膏粒浆）同上		
加气混凝土（轻质砌体、隔墙）	分两次涂刷界面剂，按使用说明适当稀释		
	1∶0.5∶4 水泥石灰砂浆打底层	7～9	
	1∶4 水泥砂浆抹中层	5～7	
	刮水灰比为 0.37～0.4 水泥浆为结合层		
	水泥石粒浆（水泥石灰膏粒浆）同上		

⑦做滴水线：

滴水线做法同水泥砂浆抹灰做法。

⑧抹面层石渣浆：

待底层灰六七成干时首先将墙面润湿涂刷一层胶粘性素水泥浆，然后开始用钢抹子抹面层石渣浆。石渣浆配比按设计要求或根据使用要求及地理环境条件参考表 24-13 配比。自下往上分两遍与分格条抹平，并及时用量尺或小杠检查平整度（抹石渣层高于分格条 1mm 为宜），有坑凹处要及时填补，边抹边拍打揉平，抹好石渣灰后应轻轻拍压使其密实。

a. 阳台、雨罩、门窗礤脸部位做法：

门窗礤脸、窗台、阳台、雨罩等部位水刷石施工时，应先做小面，后做大面，刷水喷水应由外往里喷刷，最后用水壶冲洗，以保证大面的清洁美观。檐口、窗台、礤脸、阳台、雨罩等底面应做滴水槽、滴水线（槽）应做成上宽 7mm，下宽 10mm，深 10mm 的木

条，便于抹灰时木条容易取出，保持棱角不受损坏。滴水线距外皮不应小于40mm，且应顺直。当大面积墙面做水刷石一天不能完成时，在继续施工冲刷新活前，应将前面做的刷石用水淋湿，以防喷刷时粘上水泥浆后便于清洗，防止对原墙面造成污染。施工槎子应留在分格缝中。

b. 阴阳角做法：

注意防止阴阳角不垂直，出现黑边。

抹阳角时先弹好垂直线，然后根据弹线确定的厚度为依据抹阳角石渣灰。抹阳角时，要使石渣灰浆接槎正交在阳角的尖角处。阳角卡靠尺时，要比上段已抹完的阳角高出1～2mm。喷洗阳角时要骑角喷洗，并注意喷水角度，同时喷水速度要均匀，特别注意喷刷深度。

⑨修整、赶实压光、喷刷：

将抹好在分格条块内的石渣浆面层拍平压实，并将内部的水泥浆挤压出来，压实后尽量保证石渣大面朝上，再用铁抹子溜光压实，反复3～4遍。拍压时特别要注意阴阳角部位石渣饱满，以免出现黑边。待面层初凝时（指擦无痕），用水刷子刷掉石粒为宜。然后开始刷洗面层水泥浆，喷刷分两遍进行，第一遍先用毛刷蘸水刷掉面层水泥浆，露出石粒；第二遍紧随其后用喷雾器将四周相邻部位喷湿，然后自上而下顺序喷水冲洗，喷头一般距墙面100～200mm，喷刷要均匀，使石子露出表面1～2mm为宜。最后用水壶从上往下将石渣表面冲洗干净，冲洗时不宜过快，同时注意避开大风天，以避免造成墙面污染发花。若使用白水泥砂浆做水刷石墙面时，在最后喷刷时，可用草酸稀释液冲洗一遍，再用清水洗一遍，墙面更显洁净、美观。

⑩起分格条、勾缝：

喷刷完成后，待墙面水分控干后，小心将分格条取出，然后根据要求用线抹子将分格缝溜平、抹顺直。

⑪养护：

待面层达到一定强度后可喷水养护，防止脱水、收缩，造成空鼓、开裂。

2. 斩假石（又称剁斧石）抹灰工程施工工艺

(1) 施工工艺

1) 工艺流程

基层处理 → 吊垂直、套方、找规矩、做灰饼、充筋 → 抹底层砂浆 → 弹线分格、粘分格条 → 抹面层石渣灰 → 浇水养护 → 弹线分条块 → 面层斩剁（剁石）

2) 操作工艺

同水刷石工艺（表24-19）。注意以下事项：

①吊垂直、套方、找规矩、做灰饼、充筋：

根据设计要求，在需要做斩假石的墙面、柱面中心线或建筑物的大角、门窗口等部位用线坠从上到下吊通线作为垂直线，水平横线可利用楼层水平线或施工+500mm标高线为基线作为水平交圈控制。为便于操作，做整体灰饼时要注意横竖交圈。然后每层打底时以此灰饼为基准，进行层间套方、找规矩、做灰饼、充筋，以便控制各层间抹灰与整体平直。施工时，要特别注意保证檐口、腰线、窗口、雨篷等部位的流水坡度。

②抹面层石渣灰：

首先，将底层浇水均匀湿润，满刮一道水容性胶粘性素水泥膏（配合比根据要求或实验确定），随即抹面层石渣灰。抹与分格条平，用木杠刮平，待收水后用木抹子用力赶压密实，然后用铁抹子反复赶平压实，并上下顺势溜平，随即用软毛刷蘸水把表面水泥浆刷掉，使石渣均匀露出。

③浇水养护：

斩剁石抹灰完成后，养护第一重要，如果养护不好，会直接影响工程质量，施工时要特别重视这一环节，应设专人负责此项工作，并做好施工记录。斩剁石抹灰面层养护，夏日防止暴晒，冬日防止冰冻，最好冬日不要施工。

④面层斩剁（剁石）：

斩剁时应勤磨斧刃，使剁斧锋利，以保证剁纹质量。斩剁时用

力应均匀，不要用力过大或过小，造成剁纹深浅不一致、凌乱、表面不平整。

斩假石施工分层做法 表24-19

基体	分层做法（体积比）	厚度 (mm)	适用范围
砖墙	1. 1:3水泥砂浆抹底层	5～7	多用于建筑物墙面檐口、窗楣、窗套、门套、腰线、柱子、壁柱、阳台、雨篷、勒脚、花台等
	2. 1:3水泥砂浆抹中层	5～7	
	3. 刮水灰比为0.37～0.4水泥浆为结合层		
	4. 1:1.25水泥石粒浆（中八厘掺适量石屑）	10～11	
混凝土墙	1. 刮水灰比为0.37～0.4水泥浆或涂刷界面剂		
	2. 1:3水泥砂浆抹底层	5～7	
	3. 1:3水泥砂浆抹中层	5～7	
	4. 刮水灰比为0.37～0.4水泥浆为结合层		
	5. 1:1.25水泥石粒浆（中八厘掺适量石屑）	10～11	
加气混凝土（轻质砌体、隔墙）	1. 分两次涂刷界面剂，按使用说明适当稀释		
	2. 1:0.5:4水泥石灰砂浆打底层	7～9	
	3. 1:4水泥砂浆抹中层	5～7	
	4. 刮水灰比为0.37～0.4水泥浆为结合层		
	5. 1:1.25水泥石粒浆（中八厘掺适量石屑）	10～11	

掌握斩剁时间，在常温下经3d左右或面层达到设计强度60%～70%时即可进行，大面积施工应先试剁，以石子不脱落为宜。

斩剁前应先弹顺线，并离开剁线适当距离按线操作，以避免剁纹跑斜。

斩剁应自上而下进行，首先将四周边缘和棱角部位仔细剁好，再剁中间大面。若有分格，每剁一行应随即将上面和竖向分条块取出，并及时将分块内的缝隙、小孔用水泥浆修补平整。

斩剁时宜先轻剁一遍，再盖着前一遍的剁纹剁出深痕，操作时用力应均匀，移动速度应一致，不得出现漏剁。

柱子、墙面边棱斩剁时，应先横剁出边缘横斩纹或留出窄小边条（边宽30～40mm）不剁。剁边缘时应使用锐利的小剁斧轻剁，以防止掉块掉角，影响质量。

用细剁斧斩剁墙面饰花时，斧纹应随花走势而变化，严禁出现横平竖直的剁斧纹，花饰周围的平面上应剁成垂直纹，边缘应剁横平竖直的围边。

用宽斧剁一般墙面时，各格块体中间部分应剁成垂直纹，纹路相应平行，上下各行之间均匀一致。分格条凹槽深度和宽度应一致，槽底勾缝应平顺、光滑，棱角应通顺、整齐，横竖缝交接应平整顺直。

斩剁深度一般以石渣剁掉1/3比较适宜，这样可使剁出的假石成品美观大方（图24-7）。

斩剁石面层剁好后，应用硬毛刷顺剁纹刷净，清刷时不应蘸水或用水冲，雨天不宜施工。

(2) 质量标准

见本章24.1.7。

3. 干粘石抹灰工程施工工艺

(1) 施工准备

所选用的石渣品种、规格、颜色应符合设计规定。要求颗粒坚硬、不含泥土、软片、碱质及其他有害有机物等。使用前应用清水洗净晾干，按颜色、品种分类堆放，并加以保护。

(2) 注意事项

1) 面层石渣灰厚度控制在8～10mm为宜，并保证石渣浆的稠度合适。

2) 甩石子时注意甩板与墙面保持垂直，掌握好力度，不可硬

图 24-7 斩假石图例

砸、硬甩，应用力均匀。然后，用抹子轻拍，使石渣进入灰层1/2，外留1/2，使其牢固，不可用力过猛，造成局部返浆，形成面层颜色不一致。

3) 防止干粘石面层不平，表面出现坑洼，颜色不一致。防止粘石面层出现石渣不均匀和部分露灰层，防止干粘石面出现棱角不通顺和黑边现象，造成表面花感。

4) 抹面层灰时应先抹中间，再抹分格条四周，并及时甩粘石渣，确保分格条侧面灰层未干时甩粘石渣，使其饱满、均匀、粘结牢固、分格清晰美观。

5) 阳角粘石起尺时，动作要轻缓，抹大面边角粘结层时要特别细心的操作，防止操作不当碰损棱角。当拍好小面石渣后应当立即起卡，在灰缝处撒些小石渣，用钢抹子轻轻拍压平直。如果灰缝处稍干，可淋少许水，随后粘小石渣，即可防止出现黑边。

(3) 施工工艺

1) 工艺流程

基层处理 → 吊垂直、套方、找规矩 → 抹灰饼、充筋 →

抹底层灰 → 分格弹线、粘分格条 → 抹粘结层砂浆 →

(喷) 撒石粒 → 拍平、修整 → 起条、勾缝 → 浇水养护

2) 施工工艺

①抹粘结层砂浆：

为保证粘结层粘石质量，抹灰前应用水湿润墙面，粘结层厚度以所使用石子粒径确定，抹灰时如果底面湿润有干得过快的部位应再补水湿润，然后抹粘结层。抹粘结层宜采用两遍抹成，第一道用同强度等级水泥素浆薄刮一遍，保证结合层粘牢，第二遍抹聚合物水泥砂浆。然后用靠尺测试，严格按照高刮低添的原则操作，否则，易使面层出现大小波浪造成表面不平整影响美观。在抹粘结层时宜使上下灰层厚度不同，并不宜高于分格条最好是在下部约1/3高度范围内比上面薄些。整个分格块面层比分格条低 1mm 左右，石子撒上压实后，不但可保证平整度，且条边整齐，而且可避免下部出现鼓包起皮现象。

②撒石粒 (甩石子)：

当抹完粘结层后，紧跟其后一手拿装石子的托盘，一手用木拍板向粘结层甩粘石子。要求甩严、甩均匀，并用托盘接住掉下来的石粒，甩完后随即用钢抹子将石子抹均匀地。

拍入粘结层，石子嵌入砂浆的深度应不小于粒径的1/2为宜。并应拍实、拍严。操作时要先用两边，后甩中间，从上至下快速、均匀地进行，甩出的动作应快，用力均匀，不使石子下溜，并应保证左右搭接紧密、石粒均匀，甩石粒时要使拍板与墙面垂直平行，让石子垂直嵌入粘结层内，如果甩时偏上偏下、偏左偏右则效果不佳，石粒浪费也大；甩出用力过大，会使石粒陷入太紧，形成凹陷；用力过小则石粒粘结不牢，出现空白不宜添补；动作慢则会造成部分不合格，修整后宜出现搓痕迹和"花脸"。阳角甩石粒，可将薄靠尺粘在阳角一边，选做邻面干粘石，然后取下薄靠尺抹上水泥腻子，一手持薄靠尺在已做好的邻面上一手甩石子并用钢抹子轻轻拍平、拍直，使棱角挺直 (表 24-20)。

干粘石施工分层做法   表 24-20

基体	分层做法	厚度 (mm)	适用范围
砖墙	1. 1∶3 水泥砂浆抹底层 2. 1∶3 水泥砂浆抹中层 3. 刮水灰比为 0.37～0.4 水泥浆为结合层 4. 1∶0.5∶2∶(胶粘剂按说明书掺加) 水泥∶石灰膏∶砂∶胶粘剂 (厚度根据石粒规格调整) 5. 设计规格石粒 (一般为中、小巴厘)	5～7 5～7 4～6	多用于建筑物面檐口、窗楣、窗套、门套、腰线、柱子、壁柱、阳台、雨篷、勒脚、花台等
混凝土墙	1. 刮水灰比为 0.37～0.4 水泥浆或涂刷界面剂 2. 1∶3 水泥砂浆抹底层 3. 1∶3 水泥砂浆抹中层 4. 刮水灰比为 0.37～0.4 水泥浆为结合层 5. 1∶0.5∶2∶(胶粘剂按说明书掺加) 水泥∶石灰膏∶砂∶胶粘剂 (厚度根据石粒规格调整) 6. 设计规格石粒 (一般为中、小巴厘)	5～7 5～7 4～6	
加气混凝土 (轻质砌体、隔墙)	1. 分两次涂刷界面剂，使用说明适当稀释 2. 1∶0.5∶4 水泥石灰砂浆打底层 3. 1∶4 水泥砂浆抹中层 4. 刮水灰比为 0.37～0.4 水泥浆为结合层 5. 1∶0.5∶2∶(胶粘剂按说明书掺加) 水泥∶石灰膏∶砂∶胶粘剂 (厚度根据石粒规格调整) 6. 设计规格石粒 (一般为中、小巴厘)	7～9 5～7 4～6	

门窗碹脸、阳台、雨罩等部位应留置滴水槽，其宽度深度应满足设计要求。粘石时应先做好小面，后做大面。

③拍平、修整、处理黑边：

拍平、修整要在水泥初凝前进行，先拍压边缘，而后中间，拍压要轻、重结合、均匀一致。拍压完成后，应对已粘石面层进行检查，发现阴阳角不顺挺直、表面不平整、黑边等问题，及时处理。

④起条、勾缝：

前工序全部完成，检查无误后，随即将分格条、滴水线条取出，取分格条时要认真小心，防止将边棱碰损，分格条起出后用抹子轻轻地按一下粘石面层，以防拉起面层，造成空鼓现象。然后，待水泥达到初凝强度后，用素水泥膏勾缝。格缝要保持平顺挺直、颜色一致。

⑤喷水养护：

粘石面层完成后常温 24h 后喷水养护，养护期不少于 2～3d，夏日阳光强烈，气温较高时，应适当遮阳，避免阳光直射，并适当增加喷水次数，以保证工程质量。

(4) 质量标准

见本章 24.1.7。

4. 假面砖抹灰工程施工工艺

(1) 施工准备

应采用矿物质颜料，使用时按设计要求和工程用量，与水泥一次性拌均匀，备足，过筛装袋，保存时避免潮湿。

假面砖抹灰施工工具除需增加铁钩子、铁梳子或铁刨、铁辊外，其他与一般抹灰工具相同，见图 24-8。

(2) 施工工艺

1) 工艺流程

堵门窗口缝及脚手眼、孔洞等 → 墙面基层处理 →

吊线、找方、做灰饼、充筋 → 抹底层、中层灰 →

抹面层灰、做面砖 → 清扫墙面

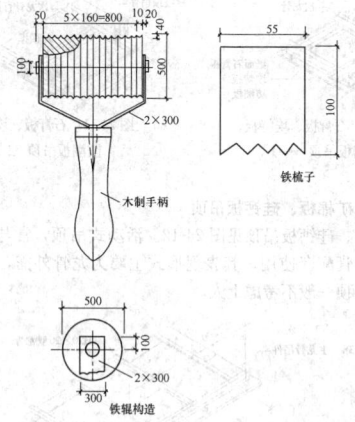

图 24-8 铁辊和铁梳子

2) 施工工艺

涂抹面层灰前应先将中层灰浇水均匀湿润,再弹水平线,按每步架子为一个水平作业段,然后上中下弹三条水平通线,以便控制面层划沟平直度,随抹1:1水泥结合层砂浆,厚度为 3mm,接着抹面层砂浆,厚度为 3～4mm。

待面层砂浆稍收水后,先用铁梳子沿木靠尺由上向下划纹,深度控制在 1～2mm 为宜,然后再根据标准砖的宽度用铁皮刨子沿木靠尺横向划沟,沟深为 3～4mm,深度以露出层底灰为准(图24-9)。

面砖面完成后,及时将飞边砂粒清扫干净。不得留有飞棱卷边现象。

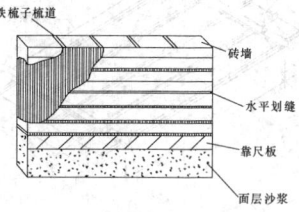

图 24-9 假面砖操作示意图

24.1.7 抹灰工程质量要求

24.1.7.1 基本规定

1. 抹灰工程应有施工图、设计说明及其他设计文件。

2. 相关各单位、专业之间应进行交接验收并形成记录,未经监理工程师或建设单位技术负责人检查认可,不得进行下道工序施工。

3. 所有材料进场时应对品种、规格、外观和数量进行验收。材料包装应完好,应有产品合格证书和相关检测证书。

4. 进场后需要进行复验的材料应符合国家规范规定。

5. 现场配制的砂浆、胶粘剂等,应按设计要求或产品说明书配制。

6. 不同品种、不同标号的水泥不得混合使用。

7. 抹灰工程应对水泥的凝结时间和安定性进行复验。

8. 抹灰工程应对下列隐蔽工程项目进行验收:

(1) 抹灰总厚度等于或大于 35mm 时的加强措施;

(2) 不同材料基体交接处的防开裂措施。

9. 外墙抹灰工程施工前应先安装门窗框、护栏等,并应将墙上的施工孔洞堵塞密实。

10. 室内墙面、柱面和门洞口的阳角做法应符合设计要求。设计无要求时,应采用1:2水泥砂浆做护角,其高度不应低于 2m,每侧宽度不应小于 50mm。

11. 当要求抹灰层具有防水、防潮功能时,应采用防水砂浆。

12. 各种砂浆抹灰层,在凝结前应防止快干、水冲、撞击、振动和受冻,在凝结后应采取措施防止玷污和损坏。水泥砂浆抹灰层应在湿润条件下养护。

13. 在施工中严禁违反设计文件擅自改动建筑主体、承重结构或主要使用功能,严禁未经设计确认和有关部门批准擅自拆改水、暖、电、燃气、通信等配套设施。

14. 外墙和顶棚的抹灰层与基层之间及各抹灰层之间必须粘结牢固。

24.1.7.2 主控项目

1. 抹灰前基层表面的尘土、污垢、油渍等应清除干净,并应洒水润湿。

检验方法:检查施工记录。

2. 一般抹灰所用材料的品种和性能应符合设计要求,砂浆的配合比应符合设计要求。

材料质量是保证抹灰工程质量的基础,因此,抹灰工程所用材料如水泥、砂、石灰膏、有机聚合物等应符合设计要求及国家现行产品标准的规定,并应有出厂合格证;材料进场时应进行现场验收,不合格的材料不得用在抹灰工程上,对影响抹灰工程质量与安全的主要材料的某些性能如水泥的凝结时间和安定性进行现场抽样复验。

检验方法:检查产品合格证书、进场验收记录、复验报告和施工记录。

3. 抹灰工程应分层进行。当抹灰总厚度大于或等于 35mm 时,应采取加强措施。不同材料基体交接处表面的抹灰,由于吸水和收缩性不一,接缝处表面的抹灰容易开裂,应采取防止开裂的加强措施,当采用加强网时,加强网与各基体的搭接宽度不应小于 100mm。

检验方法:检查隐蔽工程验收记录和施工记录。

4. 抹灰层与基层之间及各抹灰层之间必须粘结牢固,抹灰层应无脱层、空鼓,面层应无爆灰和裂缝。抹灰层拉伸粘结强度实体检测值不应小于 0.20MPa。

检验方法:观察;用小锤轻击检查;检查拉伸粘结强度实体检测记录。

抹灰工程的质量关键是粘结牢固,无开裂、空鼓与脱落。如果粘结不牢,出现空鼓、开裂、脱落等缺陷,会降低对墙体保护作用,且影响装饰效果。经调研分析,抹灰层之所以出现开裂、空鼓和脱落等质量问题,主要原因是基体表面清理不干净,如:基体表面尘埃及疏松物、脱模剂和油渍等影响抹灰粘结牢固的物质未彻底清除干净;基体表面光滑,抹灰前未作毛化处理;抹灰前基体表面浇水不透,抹灰后砂浆中的水分很快被基体吸收,影响砂浆硬化质量;一次抹灰过厚,干缩率较大等,都会影响抹灰层与基体的粘结牢固。

24.1.7.3 一般项目

1. 一般抹灰工程

一般抹灰工程的表面质量应符合下列规定:

(1) 普通抹灰表面应光滑、洁净、接槎平整、阴阳角顺直,分格缝应清晰。

(2) 高级抹灰表面应光滑、洁净、颜色均匀、美观、无接槎痕,分格缝和灰线应清晰美观。

检验方法:观察;手摸检查。

(3) 护角、孔洞、槽、盒周围的抹灰表面应整齐、光滑;管道后面的抹灰表面应平整。

检验方法:观察。

(4) 抹灰层的总厚度应符合设计要求;水泥砂浆不得抹在石灰砂浆上;罩面石膏灰不得抹在水泥砂浆层上。

检验方法:检查施工记录。

(5) 抹灰分格缝的设置应符合设计要求,宽度和深度应均匀,表面应光滑,棱角应整齐。

检验方法:观察;尺量检查。

(6) 有排水要求的部位应做滴水线(槽)。滴水线(槽)应整齐顺直,滴水线应内高外低,滴水槽宽度和深度均不应小于 10mm。

检验方法:尺量检查。

一般抹灰工程质量的允许偏差和检验方法应符合表 24-21 的规定。

一般抹灰的允许偏差和检验方法   表 24-21

项	项 目	允许偏差 (mm)		检 验 方 法
		普通抹灰	高级抹灰	
1	立面垂直度	4	3	用 2m 垂直检测尺检查
2	表面平整度	4	3	用 2m 靠尺和塞尺检查
3	阴阳角方正	4	3	用直角检测尺检查
4	分格条（缝）直线度	4	3	用 5m 线，不足 5m 拉通线，用钢直尺检查
5	墙裙、勒脚上口直线度	4	3	拉 5m 线，不足 5m 拉通线，用钢直尺检查

注：1. 普通抹灰，本表第 3 项阴角方正可不检查；
　　2. 顶棚抹灰，本表第 2 项表面平整度可不检查，但应平顺；
　　3. 混凝土基层抹灰只按高级抹灰要求。

2. 装饰抹灰工程

装饰抹灰工程的表面质量应符合下列规定：

（1）水刷石表面应石粒清晰、分布均匀、紧密平整、色泽一致，应无掉粒和接槎痕迹。

（2）斩假石表面剁纹应均匀顺直、深浅一致，应无漏剁处；阳角处横剁并留出宽窄一致的不剁边条，棱角应无损坏。

（3）干粘石表面应色泽一致、不露浆、不漏粘，石粒应粘结牢固、分布均匀，阳角处应无明显黑边。

（4）假面砖表面应平整、沟纹清晰、留缝整齐、色泽一致，应无掉角、脱皮、起砂等缺陷。

检验方法：观察；手摸检查。

（5）装饰抹灰分格条（缝）的设置应符合设计要求，宽度和深度应均匀，表面应平整光滑，棱角应整齐。

检验方法：观察。

（6）有排水要求的部位应做滴水线（槽）。滴水线（槽）应整洁顺直，滴水线应内高外低，滴水槽的宽度和深度均不应小于10mm 应采取加强措施。不同材料基体交接处表面的抹灰，应采取防止开裂的加强措施，当采用加强网时，加强网与各基体的搭接宽度不应小于 100mm。

检验方法：观察；尺量检查。

（7）装饰抹灰工程质量的允许偏差和检验方法应符合表 24-22 的规定。

装饰抹灰的允许偏差和检验方法   表 24-22

项 目	允许偏差（mm）				检 验 方 法
	水刷石	斩假石	干粘石	假面砖	
立面垂直度	5	4	5	5	用 2m 靠尺和塞尺检查
表面平整度	3	3	5	4	用 2m 靠尺和塞尺检查
阳角方正	3	3	4	4	用直角检测尺检查
分格条（缝）直线度	3	3	3	3	用 5m 线，不足 5m 拉通线，用钢直尺检查
墙裙、勒脚上口直线度	3		3		用 5m 线，不足 5m 拉通线，用钢直尺检查

24.2 吊 顶 工 程

24.2.1 吊 顶 分 类

24.2.1.1 石膏板、埃特板、防潮板吊顶

石膏板、埃特板、防潮板吊顶见图 24-10、图 24-11，为固定式吊顶，装饰板表面不外露于室内活动空间，将其固定在龙骨上之后还需要在饰面上再做涂料喷刷。

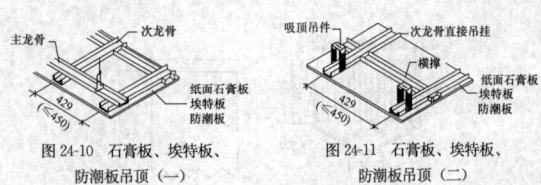

图 24-10 石膏板、埃特板、防潮板吊顶（一）　　图 24-11 石膏板、埃特板、防潮板吊顶（二）

24.2.1.2 矿棉板、硅钙板吊顶

矿棉板、硅钙板吊顶见图 24-12。活动式吊顶，常与轻钢龙骨或铝合金龙骨配套使用，其表现形式主要为龙骨外露，也可半外露，此类吊顶一般不考虑上人。

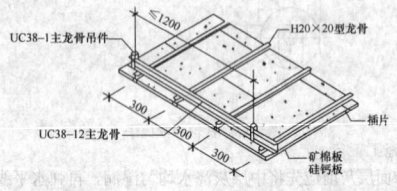

图 24-12 矿棉板、硅钙板吊顶

24.2.1.3 金属罩面板吊顶

金属罩面板吊顶是指将各种成品金属饰面与龙骨固定，饰面板面层不再做其他装饰，此类吊顶包括了金属条板吊顶（图 24-13）、金属方板吊顶、金属格栅吊顶（图 24-14）、金属条片吊顶（图 24-15）、金属蜂窝吊顶、金属造型吊顶等。将成品金属饰面板卡在铝合金龙骨上或用转接件与龙骨固定。

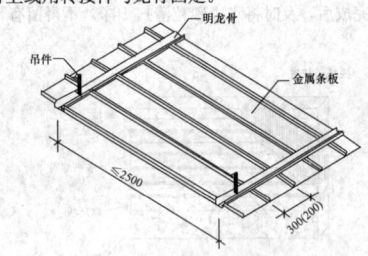

图 24-13 金属条板吊顶

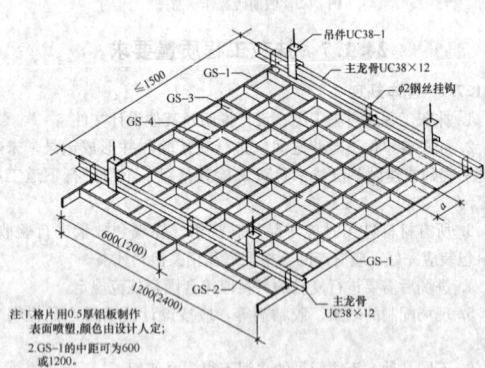

注：1.格片用 0.5 厚铝板制作表面喷塑，颜色由设计人定；
　　2.GS-1 的中距可为600 或1200。

图 24-14 金属格栅吊顶

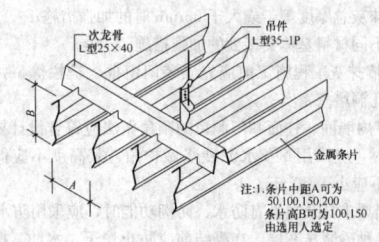

注：1.条片中距A可为50,100,150,200
条片高分100,150
由选用人选定。

图 24-15 金属条片吊顶

24.2.1.4 木饰面罩面板吊顶

木饰面罩面板吊顶是指将各种成品木饰面与龙骨固定，包括了以各种形式表现的木质饰面吊顶。此类吊顶多为局部装饰顶棚。以厂家配套龙骨的质量及效果较佳。

24.2.1.5 透光玻璃饰面吊顶

透光玻璃饰面罩面板吊顶是指将各种成品玻璃饰面浮搁在龙骨上，包括了以各种形式表现的多种玻璃饰面吊顶。此类吊顶多为局部装饰顶棚。以厂家配套龙骨的质量及效果较佳。

24.2.1.6 软膜吊顶

软膜天花表现形式多样，可根据设计要求裁剪成不同形状天花饰面，用于各种结构类型的吊顶饰面，膜饰面与厂家专用龙骨配合使用。此类天花材运输、安装、拆卸方便，体现流线型效果较好。

24.2.2 常用材料

24.2.2.1 龙骨材料

龙骨是用来支撑各种饰面造型、固定结构的一种材料。其分类如下：

1. 根据制作材料的不同，可分为木龙骨、轻钢龙骨、铝合金龙骨、钢龙骨等。

（1）木龙骨

吊顶骨架采用木骨架的构造形式。使用木龙骨其优点是加工容易、施工也较方便，容易做各种造型，但因其防火性能较差只能适用于局部空间内使用。木龙骨系统又分为主龙骨、次龙骨、横撑龙骨，木龙骨规格范围为 60mm×80mm~20mm×30mm。在施工中应作防火、防腐处理。木龙骨吊顶的构造形式见图 24-16。

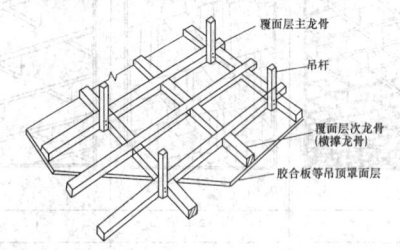

主龙骨

覆面层主龙骨

吊杆

覆面层次龙骨
（横撑龙骨）

胶合板等吊顶罩面层

图 24-16 木龙骨吊顶

（2）轻钢龙骨吊顶

吊顶骨架采用轻钢龙骨的构造形式。轻钢龙骨有很好的防火性能，再加上轻钢龙骨都是标准规格且都有标准配件，施工速度快，装配化程度高，轻钢骨架是吊顶装饰最常用的骨架形式。轻钢龙骨按断面形状可分为 U 型、C 型、T 型、L 型等几种类型；按荷载类型分有 U60 系列、U50 系列、U38 系列等几类。每种类型的轻钢龙骨都应配套使用。轻钢龙骨的缺点是不容易做成较复杂的造型，轻钢龙骨构造形式见图 24-17。

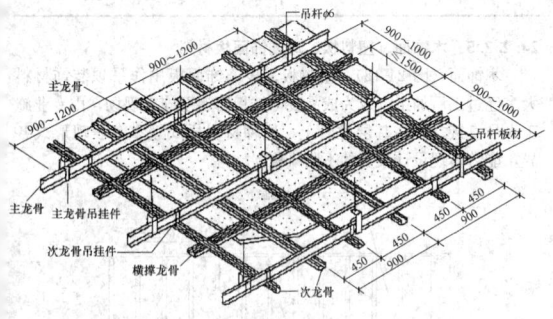

吊杆φ6

主龙骨

吊杆φ6

主龙骨

主龙骨挂件

次龙骨吊挂件

横撑龙骨

次龙骨

图 24-17 轻钢龙骨吊顶

（3）铝合金龙骨吊顶

合金龙骨常与活动面板配合使用，其主龙骨多采用 U60、U50、U38 系列及厂家定制的专用龙骨，其次龙骨则采用 T 型及 L 型的合金龙骨，次龙骨主要承担着吊顶板的承重功能，又是饰面吊顶板装饰面的封、压条。合金龙骨因其材质特点不易锈蚀，但刚度

较差容易变形。

2. 根据使用部位来划分，又可分为主龙骨、副龙骨、边龙骨以及厂家专用龙骨等。

主龙骨：是吊顶构成中基层的受力骨架，主要承重构件。

副龙骨：是吊顶构成中基层的受力骨架，传递向主龙骨吊顶承重构件。

边龙骨：多用于活动式吊顶的边缘，用作吊顶收口。

厂家专用龙骨：由厂家专业定制，多与厂家出产的吊顶饰面板配合使用。

3. 根据吊顶的荷载情况，分为承重及不承重龙骨（即上人龙骨和不上人龙骨）等。

上人龙骨及有重型荷载的龙骨一般多为"UC"系列，常见的有 UC60 双层龙骨系列，及型钢龙骨。

4. 加上每种龙骨的规格及造型的不同，龙骨的种类可谓千差万别，琳琅满目。就轻钢龙骨而言，根据其型号、规格及用途的不同，就有 T 型、C 型、U 型龙骨等见表 24-23。

UC 型、T 型龙骨　　　　　　表 24-23

龙骨类型	示 例 图	
UC 型不上人龙骨	不上人龙骨 50×20	不上人龙骨 60×27
	不上人龙骨 50×20	不上人龙骨 60×27
	不上人龙骨 38×12	
	上人龙骨 50×15	上人龙骨 60×27
T 型不上人龙骨	不上人龙骨 24×38	不上人龙骨 24×28

24.2.2.2 石膏板、埃特板、防潮板材料

纸面石膏板是在建筑石膏中加入少量胶粘剂、纤维、泡沫剂等与水拌和后连续浇注在两层护面纸之间，再经辊压、凝固、切割、干燥而成。主要分为纸面石膏板及装饰石膏板两种。

埃特板是一种纤维增强硅酸盐平板（纤维水泥板），其主要原材料是水泥、植物纤维和矿物质，经流浆法高温蒸压而成，主要用作建筑材料，埃特板是一种具有强度高、耐久等优越性能的纤维硅酸盐板材。

防潮板是在基材的生产过程中加入一定比例的防潮粒子，又名三聚氰胺板，可使板材遇水膨胀的程度大大下降。防潮板具有好的

防潮性能。

24.2.2.3 矿棉板、硅钙板材料

矿棉板是以矿渣棉为主要原料，加适量的添加剂如轻质钙粉、立德粉、海泡石、骨胶、絮凝剂等材料加工而成的。矿棉吸声板具有吸声、不燃、隔热、抗冲击、抗变形等优越性能。材料种类见表24-24。

矿棉板材料种类   表 24-24

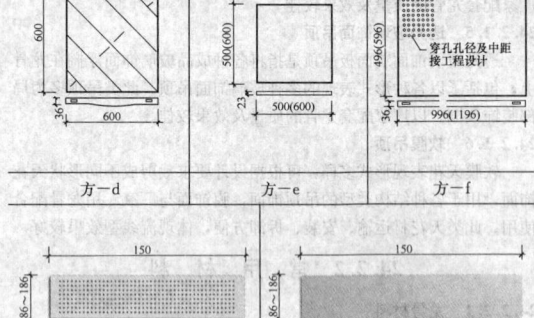

金属格栅是开敞式单体构件吊顶，其材质以铝合金材料为主，也有木质及塑料基材的，具有安装简单，防火等优点，多用于超市及食堂等较空阔的空间。详见表24-26。

金属格栅种类   表 24-26

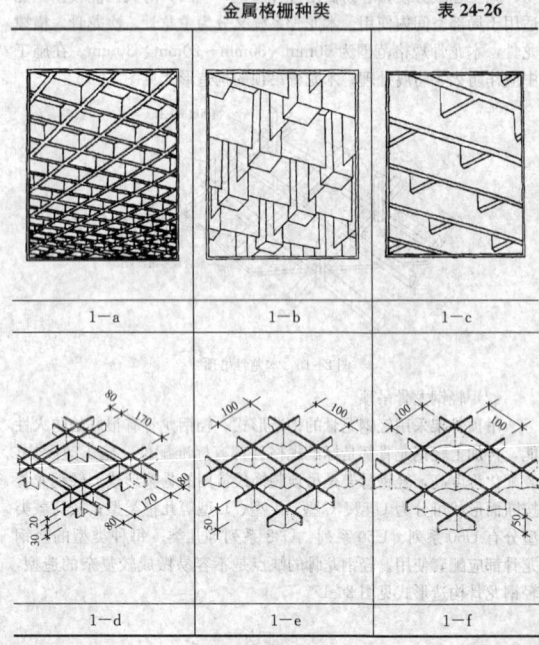

24.2.2.5 木饰面、塑料板、玻璃饰面板材料

木饰面（图 24-18）、塑料板、玻璃饰面板用作吊顶装饰材料大多经过工厂加工，成为成品装饰挂板后运至施工现场，由专业施工人员直接挂接在基层龙骨上，这种材料样式繁多，表现形式各异，能够体现设计人员的不同风格。

24.2.2.4 金属板、金属格栅材料

金属装饰板是以不锈钢板、防锈铝板、电化铝板、镀锌板等为基板，进行进一步的深加工面成。多见的有金属方板、金属条板（表 24-25）、金属造型板等。

金属方板、条板材料   表 24-25

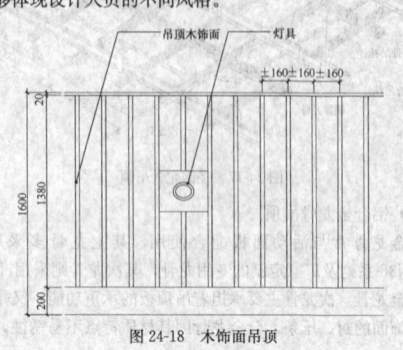

图 24-18 木饰面吊顶

24.2.2.6 软膜饰面材料

软膜饰面主要采用聚氯乙烯
材料制成，其特点是能够做出形状
各异的造型吊顶饰面，安装时通过
一次或多次切割成形，此类天花龙
骨一般以厂家配套龙骨为主，被固
定在室内天花的四周上，以用来扣
住膜材，见表24-27，图24-19。

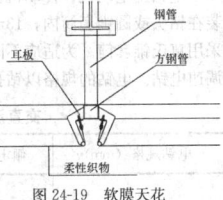

图24-19 软膜天花

软膜天花 表24-27

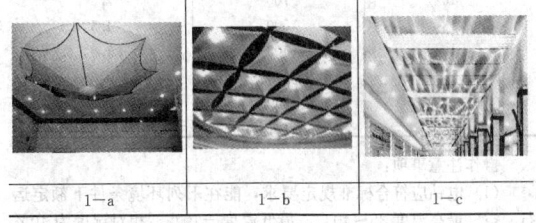

| 1—a | 1—b | 1—c |

24.2.2.7 玻纤板饰面材料

玻纤板即玻璃纤维板又称环氧树脂板，这种材料电绝缘性能稳
定，平整度好，表面光滑，无凹坑，应用非常广泛，具有吸音、隔
声、隔热、环保、阻燃等特点。

24.2.3 常用机具

常用的装饰施工机具，按用途可分为：锯、刨、钻、磨、钉五
大类。对一些特殊施工工艺，还需有专用机具和一些无动力的小型
机具配合。现简要介绍一些主要机具，这些机具不仅可以用于吊
顶，也适用于其他装饰作业。

24.2.3.1 切割机具

切割机具是装饰施工中最常用的机具，因为装饰工程中的成品
和半成品材料所占比重较大，需要进行切割的材料十分广泛。但由
于切割对象的不同，机具也有差异，既有通用的，也有专用的。

1. 型材切割机

型材切割机是一种高效率的电动工具见图24-20。它是根据砂
轮磨削原理，用快速旋转的薄片砂轮来切割各种型材。

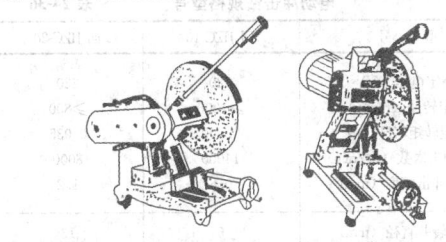

图24-20 型材切割机
(a) J₃G-400型；(b) J₃GS-300型（双速型）

型材切割机机型及主要参数，见表24-28。

型材切割机机型及主要参数 表24-28

型 号	J₃G-400型	J₃GS-300型（双速）
电动机	三相工频电动机	三相工频电动机
额定电压（V）	380	380
额定功率（kW）	2.2	1.4
转速（r/min）	2880	2880
极 速	二级	二级
增强纤维砂片（mm）	400×32×3	300×32×3
切割线速度（m/s）	砂轮片60	砂轮片68、木工圆锯片32
最大切割范围（mm） 圆钢管、导形管	135×6	90×5
槽钢、角钢	100×10	80×10
圆钢、方钢	φ50	φ50
木材、硬质塑料		φ90
夹钳可转角度	0°、15°、30°、45°	0°～45°任意调节
切割中心调整量（mm）	50	50
机重（kg）	80	40

2. 电动曲线锯

曲线锯可按照各种要求锯割曲
线和直线的金属、木料、塑料、橡
胶、皮革等。可以更换不同的锯
条，锯割不同的材料，其中粗齿锯
条适用于锯割木材，中齿锯条适用
于锯割有色金属板材，细齿锯条适
用于锯割钢板见图24-21。

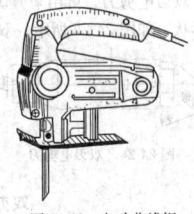

图24-21 电动曲线锯

电动曲线锯的规格以型号及最
大锯割厚度表示，见表24-29。曲线锯锯条的规格以型号及齿距表
示，见表24-30。

电动曲线锯规格 表24-29

型号	电压（V）	电流（A）	电源频率（HZ）	输入功率（W）	锯割最大厚度（mm）钢板	锯割最大厚度（mm）层压板	最小曲率半径（mm）	锯条负载往复次数（次/min）	锯条往复行程
回JIQZ-3	220	1.1	50	230	3	10	50	1600	25

曲线锯锯条规格 表24-30

规格	齿距（mm）	每英寸齿数	制造材料	表面处理	适用锯割材质
粗齿	1.8	10	T10	发黑	木材
中齿	1.4	14	W18CR4V		有色金属、层压管
细齿	1.1	18	W18CR4V		普通钢板

锯割前应根据被加工件的材料选取不同锯齿的锯条。锯割时，
向前推力不能过猛，转角半径不宜小于50mm。

3. 手提式电锯（电动圆锯）

用于切割木夹板、木方、装饰板、轻金属等，锯片分圆形钢锯
片和砂轮锯片两种见图24-22，常用规格有7、8、9、10、12、14
英寸（in）几种，其中：

9in：功率1750W　转速4000r/min；

12in：功率1900W　转速3200r/min。

4. 铝合金型材切割机

铝合金型材切割机是台式机具。它在结构上与普通型材切割机
基本一样，由于它采用硬质合金锯片，也无需进行锯齿的修磨，使
用起来，工效高、速度快。如图24-23所示。主要用于装饰工程中
铝合金安装。

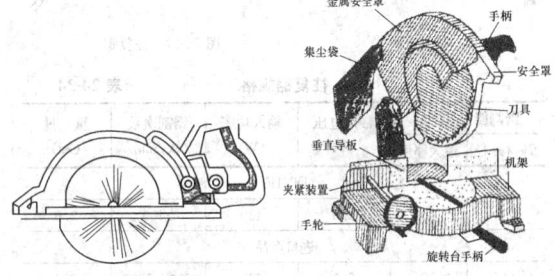

图24-22 电动圆锯　图24-23 铝合金型材切割机

铝合金型材切割机规格，见表24-31。

铝合金型材切割机规格 表24-31

型号	锯片直径（mm）	最大锯割尺寸（高×宽）（mm）90°	最大锯割尺寸（高×宽）（mm）45°	转数（r/min）	功率（W）	净重（kg）
LS1400	355	122×152	122×115	3200		32

5. 双刃电剪刀

双刃电剪刀是一种新型的手持式电动工具，采用双刃剪刀形
式，双重绝缘，是专为各种薄壁金属型材的剪切而制造的。如图
24-24所示。

双刃电剪刀，可用来剪切薄板金属型材，或将金属薄板剪切各种形状，如图 24-25 所示。双刃电剪刀规格见表 24-32。

图 24-24 双刃电剪刀　　　　　图 24-25 剪切形状

双刃电剪刀规格　　　　　　**表 24-32**

型号＼项目	电压 (V)	电流 (A)	功率 (W)	频率 (Hz)	重量 (kg)	剪切速度 (m/min)	剪切频率 (次/min)
J1R-2	220	1.3	280	50	1.8	2	1850

6. 电冲剪

电冲剪是用来冲剪波纹钢板、塑料板、层压板等板材的工具，还可以在各种板材上开各种形状的孔。其外形如图 24-26 所示。电冲剪的规格，见表 24-33。

电冲剪规格　　　　　　**表 24-33**

最大剪切厚度 (mm)	额定电压 (V)	输入功率 (W)	剪切次数 (次/min)	重量 (kg)
回 J1H 型				
1.3	220	230	1260	2.2
2.0	220	480	900	
2.5	220	430	700	4.0
3.2	220	650	900	5.5
进口产品				
1.2	220	240	1900	2.4
2.3	220	335	950	3.5
3.2	220	670	900	5.8
4.5	220	1000	850	7.3
6.0	220	1200	720	8.3

7. 往复锯

往复锯，如图 24-27 所示。往复锯是一种电动锯工具，用于锯割木材、金属、管材等。往复锯规格见表 24-34。

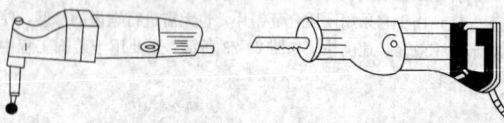

图 24-26 电冲剪　　　　　图 24-27 往复锯

往复锯规格　　　　　　**表 24-34**

锯割能力(mm)		额定电压 (V)	输入功率 (W)	锯割次数 (次/min)	重量 (kg)
管材外径	最大厚度				
回 J1FJ					
100	10	220	430	1400	3.6
进口产品					
115	12	220	720	700～2200	3.6

24.2.3.2 钻孔机具

各种规格的电钻，是装饰工程中开孔、钻孔、固定的理想电动工具。

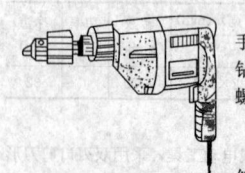

目前装饰施工中主要采用的各种手提式钻孔工具，基本上分为微型电钻和电动冲击钻，常用的电锤与电动螺丝刀也属于此类机具。

1. 微型电钻

它是用来对金属、塑料或其他类似材料及工件进行钻孔的电动工具，见图 24-28。

图 24-28 微型电钻

电钻由电动机、传动机械、壳体、钻夹头等部件组成。钻头夹装在钻头或圆锥套筒内，13mm 以下的采用钻头夹，13mm 以上的采用莫氏锥套筒。为适应不同钻削特性，单速、双速、四速和无级调速电钻。电钻的规格以钻孔直径表示，见表 24-35。

交直流两用电钻规格　　　　　　**表 24-35**

电钻规格（mm）	额定转速（r/min）	额定转矩（N·m）
4	2200	0.4
6	1200	0.9
10	700	2.5
13	500	4.5
16	400	7.5
19	330	3.0
23	250	7.0

操作注意事项：

（1）电钻应符合标准规定要求，能在下列环境条件下额定运行。空气最高温度 35～40℃，最低温度 −10℃，相对湿度为 40%（25℃）。

（2）电钻的最初启动电流与额定电流比应不超过 6 倍，容差 +20%。

（3）电钻用的钻夹头应符合标准，开关的额定电压和额定电流不能低于电钻的额定电压和额定电流。

2. 电动冲击钻

电动冲击钻又称冲击电钻，见图 24-29，是可调节式旋转带冲击的特种电钻。当把旋钮调到纯旋转位置，装上钻头，就像普通电钻一样可对钢制品进行钻孔；如把旋钮调到冲击位置。装上镶硬质合金的冲击钻头，就可对混凝土、砖墙进行钻孔。它是单相串激电动机（交直流两用）。

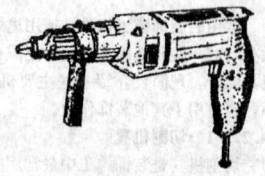

图 24-29 电动冲击钻

电动冲击钻的规格以型号及最大钻孔直径表示，见表 24-36。

电动冲击钻规格型号　　　　　　**表 24-36**

型　号	回 JIZC-10	回 JIZC-20
额定电压（V）	220	220
额定转速（r/min）	≥1200	≥800
额定转矩（N·m）	0.009	0.035
额定冲击次数（次/min）	14000	8000
额定冲击幅度（mm）	0.8	1.2
最大转井直径（mm） 钢铁中	6	13
混凝土制品中	10	20

3. 电锤

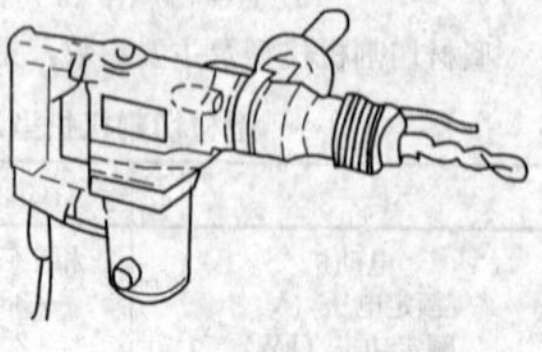

电锤又叫冲击电钻，兼备冲击和旋转两种功能，应用范围较广，可用于铝合金门窗、铝合金吊顶以及饰面石材安装工程见图 24-30。使用硬质合金钻头，在砖石、混凝土上打孔时，钻头旋转兼冲击，操作者无须施加压力。可用在混凝土地面打孔，以膨胀螺丝代替普通地脚螺丝，安装各种设备。其技术性能见表 24-37。

图 24-30 电锤

电锤技术性能表　　　　　　**表 24-37**

型　号	DH22
电压（按不同地区）（V）	110、115、120、127、200、220、230、240
输入功率（W）	520
空载转速（r/min）	800

续表

型　号	DH22
满载冲击次数（次/min）	3150
工作能力（mm）：混凝土	22
钢	13
木料	30
重量(电缆、侧手柄不计)(kg)	4.3

注：DH22为闽东日立电工具有限公司生产的闽日牌，即ZIC-22开型号。

4. 自攻螺钉钻

自攻螺钉钻是上自攻螺钉的专用机具，用于在轻钢龙骨或铝合金龙骨安装饰面板及各种龙骨本身的安装，见图24-31，其规格见表24-38。

自攻螺钉钻规格　　表24-38

项目 规格（mm）	输入功率 （W）	空载转速 （r/min）	重量 （kg）
8	730	2400	2.9
12	1300	2200	5.0

5. 电动螺丝刀

电动螺丝刀的外形如图24-32所示，主要用于在罩面在所难免与龙骨连接时的螺丝拧固操作，还使用需要拧紧螺丝的其他地方。一般电动螺丝刀所能拧紧的最大螺钉为M6。电动螺丝刀规格，见表24-39。

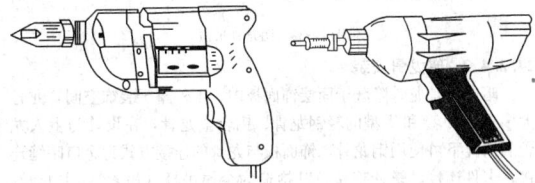

图 24-31　电动自攻螺钉钻　　　图 24-32　电动螺丝刀

电动螺丝刀规格　　表24-39

适用范围	额定电压 （V）	输入功率 （W）	额定转矩 （N·m）	力矩范围 （N·m）	重量 （kg）
POL-1、2型（微型）					
M1 及以下	9		1.10		0.15
M2 及以下	9		2.20		0.16
POL 及 POLZ 型					
M4 及以下	24	20	0.90		1.70
M4 及以下	24		1.0		1.70
PIL 型					
M4～M6	220	230		2.5～8	1.70
M4～M6	220	250		2～8	1.40
进口产品					
M1.4～M3	DC16～38	27		0.05～0.70	0.38
M2.2～M4	DC16～38	47		0.20～2.00	0.57
M5	220	340			1.40
M6	220	340/520			1.50/1.70
M6	220	520		0～14.00	1.90
M8	220	190			1.90

注：有顺定转矩的均附带有控制器。进口产品中还有使用直流电源的电池式螺丝刀。

6. 电动扳手

电动扳手，如图24-33所示。电动扳手用于装拆紧固件，拆卸螺栓、螺母等，广泛用于建筑工程和装饰工程中。部分国产电动扳手规格，见表24-40。

部分国产电动扳手规格　　表24-40

型　号	拆装螺纹 最大规格	适用范围	额定电压 （V）	额定扭矩 （N·m）	冲击次数 （次/min）
回 P1B-8	M8	M6～M8	220	15	1200
回 P1B-12	M12	M10～M12	220	60	1600～1800
回 P1B-16	M16	M14～M16	220	150	1600～1800
回 P1B-20	M20	M18～M20	220	220	1500
回 P1B-24	M24	M22～M24	220	400	
回 P1B-30	M30	M20～M30	220	800	1600
回 P3B-36	M36	M20～M36	380	1500	
回 P3B-42	M42	M27～M42	380	2000	
回 P3B-48	M48	M36～M48	380	5000	

24.2.3.3　研磨机具

这类机具主要用来对建筑材料的磨平、磨光工作。

1. 手提电动砂轮机

又称电动角向磨光机，是供磨削用的电动工具（图24-34），由于其砂轮轴线与轴线成直角，所以特别适用于位置受限制不便于用普通磨光机的场合。该机可配套用粗磨砂轮、细磨砂轮、抛光轮、橡皮轮、切割砂轮、钢丝轮等，从而起到磨削光、切割、除锈等作用。在建筑装修工程中应用极为广泛。

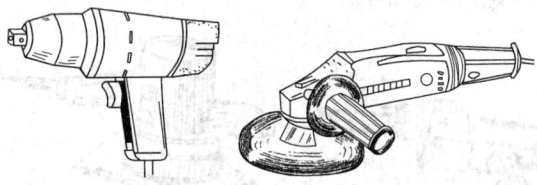

图 24-33　电动扳手　　　图 24-34　手提电动砂轮机

常用机型、性能及其配件，见表24-41、表24-42。

手提电动砂轮机型号和性能　　表24-41

产品型号	SIMJ-100	SIMJ-125	SIMJ-180	SIMJ-230
砂轮最大直径（mm）	ϕ100	ϕ125	ϕ180	ϕ230
砂轮孔径（mm）	ϕ16	ϕ22	ϕ22	ϕ22
主轴螺纹	M10	M14	M14	M14
额定电压（V）	220	220	220	220
额定电流（A）	1.75	2.71	7.8	7.8
额定频率（Hz）	50～60	50～60	50～60	50～60
额定输入功率（W）	370	580	1700	1700
工作头空载转速（r/min）	10000	10000	8000	5800
净重（kg）	2.1	3.5	6.8	7.2

注：本表产品为浙江永康电动工具厂产品。

手提电动砂轮机配件　　表24-42

产品型号	SIMI-100	SIMJ-125	SIMJ-180	SIMI-230
轴承	80201、941/8 80029、60027	60202、60201 60027、18	60201、60029 203	60201、60029 230
电刷	D374L 4×6×13	D374L 5×8×19	D374L 5.5×16×20	D374L 5.5.16×20
开关	DKP、2	DKP1-5	KDP、-10	DKP、10

使用注意事项：

（1）定期检查，至少每季度检查一次。除检查砂轮防护罩等零部件是否完好牢固外，还应测量其绝缘电阻，其值不得少于7MΩ（用500VMΩ表测量）。

（2）工作过程中，不要让砂轮受到撞击，使用切割砂轮时不得

横向摆动，以免砂轮碎裂。为取得良好的加工效果，应尽可能使工作头旋转平面与工作砂磨表面成15°～30°角。

（3）该机的电缆线与插头，具有加强绝缘性能不要任意用其他导线、插头更换，或任意接长导线。

（4）经常观察电刷磨损状况，及时更换过短的电刷。更换后的电刷在使用时应活动自如，手试电机运转灵活后，再通电空载运行15min，使电刷与换向器间接触良好。

（5）使用过程中，若出现下列情况之一者，必须立即切断电源，进行处理。

1）传动部件卡住，转速急剧下降或突然停止转动；

2）发现有异常振动或声响，温升过高或有异味时；

3）发现电刷下火花过大或有环火时口。

（6）机器应放置于干燥、清洁、无腐蚀性气体的环境中。机壳用碳酸醋制成，不应接触任何有机溶剂。

2. 电动针束除锈机

电动针束除锈机（图24-35），它是专用于除锈的冲击式电动工具。利用机件头部的钢条束的往复式冲击来除去工作表面的锈蚀层。特别适用于对凹凸不平的表面进行除锈作业。如金属构件的除锈、焊渣堆积物的清理等。

3. 砂纸机

砂纸机主要是代替工人用砂纸对部件进行打磨。砂纸机底座有不同的规格，宽度为90～135mm，长度为186～226mm，重1.6～2.8kg。如图24-36所示。

图24-35　电动针束除锈机　　　图24-36　砂纸机

4. 电动角向钻磨机

角向钻磨机（图24-37）是一种供钻孔和磨削两用的电动工具。当把工作部分换上夹头，并装上麻花钻时，即可对金属等材料进行钻孔加工。如把工作部分换上橡皮轮、上砂布、抛布轮时，可对制成品进行磨削或抛光加工。由于钻头与电动机轴线成直角，使它特别适用于空

图24-37　电动角向钻磨机

间位置受限制不便使用普通电钻和磨削工具的场合，可用于建筑工程中对多种材料的钻孔、清理毛刺表面、表面砂光以及雕刻制品等。所用的电机是勒激交直流两用电动机。

电动角向钻磨机的性能以型号及钻孔最大直径表示，见表24-43。

电动角向钻磨机性能　　　　　表24-43

型号	钻孔直径(mm)	抛光轮直径(mm)	电压(V)	电流(A)	输出功率(W)	负载转速(r/min)
回 JIDJ-6	6	100	220	1.75	370	1200

24.2.3.4　钉固机具

在建筑装饰中，使用得最多的紧固技术就是钉固结，由于钉的种类较多，采用机具也多种多样。

1. 电、气动打钉枪

它是用于在木龙骨上钉木夹板、纤维板、刨花板、石膏板等板材和各种装饰木线条工具。

电动打钉枪配有专用钉枪，常用规格有10、15、20、25mm四种，只要插入220V电源插座，即可使用。

气动打钉枪（FDD25型），是专供锤打扁头钉的风动工具。使用气压0.5～0.7N/mm²，打钉范围25～51mm普通标准圆钉；风管内径10mm；冲击次数60次/min。

2. 射钉枪

射钉枪又称射钉器，由于外形和原理都与手枪相似，故常称为射钉枪。它是利用发射空包弹产生的火药燃气作为动力，将射钉打入建筑体的工具。

图24-38　射钉枪

如图24-38，是一种JD80新型、间接作用式低速射钉器，此产品的主要特点是可在设定范围内自由调节射钉力度。此产品采用新型弹夹，便于使用，并内置消声器，极大地降低了工作噪声。

24.2.4　龙骨安装

24.2.4.1　明龙骨安装

明龙骨是将饰面板浮搁在合金龙骨或轻钢龙骨上，属于活动式吊顶见图24-39，此类吊顶一般不上人，悬吊方式比较简单，采用伸缩式吊杆悬吊即可，表现形式是外露型或半露型，饰面板以矿棉板、金属板为主。

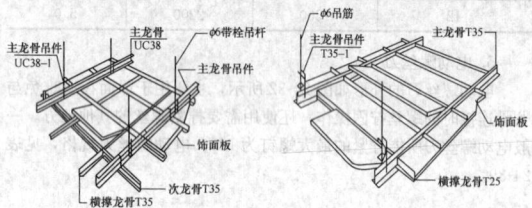

图24-39　明龙骨吊顶

24.2.4.2　暗龙骨安装

暗龙骨是龙骨隐蔽于面层饰面板内，不外露于装饰空间，龙骨大多采用U型和T型的轻钢龙骨、铝合金龙骨，在设计为上人龙骨的情况下可使用钢龙骨，饰面板与龙骨的连接方式为企口暗缝连接、卡件连接、螺栓连接，其构造为金属吊杆（吊索）、主龙骨、副龙骨、装饰面板，见图24-40。

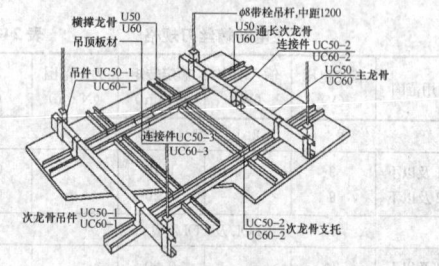

图24-40　暗龙骨吊顶

24.2.5　罩面板安装

隐闭式罩面板安装方法为饰面板将龙骨层完全覆盖，其施工方法与石膏板、埃特板、防潮板安装相同。

开敞式吊顶，其吊顶装饰形式是通过特定形状的单元体及单元体组合，使建筑室内顶棚饰面既遮又透，并与照明布置统一起来考虑，增加了吊顶构件和灯具的艺术效果，敞开式吊顶既可作为自然采光之用，也可作为人工照明顶棚；既可与T型龙骨配合分格安装，也可不加分格的大面积组装，其施工方法与格栅单体安装相同。

24.2.5.1　石膏板、埃特板、防潮板安装

（1）施工工艺

1）施工流程

弹线 → 划龙骨分档线 → 安装水电管线 → 安装主龙骨

安装副龙骨 → 安装罩面板 → 安装压条

2）施工工艺

①弹线

用水准仪在房间内每个墙（柱）角上抄出水平点，距地面一般为500mm弹出水准线，按吊顶平面图，在混凝土顶板弹出主龙骨的位置。

②固定吊挂杆件

采用膨胀螺栓固定吊挂杆件。不上人的吊顶，吊杆（吊索）长度小于1000mm，宜采用ϕ6的吊杆（吊索），如果大于1000mm，宜采用ϕ8的吊杆（吊索），如果吊杆（吊索）长度大于1500mm，还应在吊杆（吊索）上设置反向支撑。上人的吊顶，吊杆（吊索）长度小于等于1000mm，可以采用ϕ8的吊杆（吊索），如果大于1000mm，则宜采用ϕ10的吊杆（吊索），如果吊杆（吊索）长度大于1500mm，同样应在吊杆（吊索）上设置反向支撑，见图24-41。

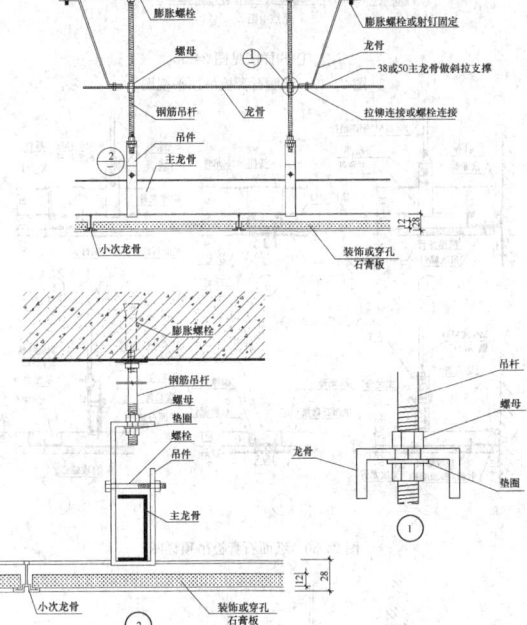

图24-41 吊杆上设反向支撑

③龙骨在遇到断面较大的机电设备或通风管道时，应加设吊挂杆件，即在风管或设备两侧用吊杆（吊索）固定角铁或者槽钢等钢性材料作为横担，跨过梁或者风管设备。再将龙骨吊杆（吊索）用螺栓固定在横担上形成跨越结构，见图24-42。

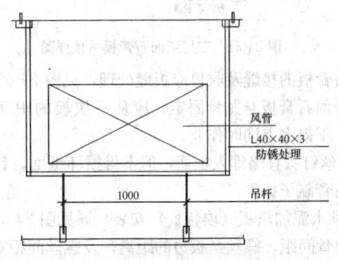

图24-42 风口处理

a. 吊杆（吊索）距主龙骨端部距离不得超过300mm，否则应增加吊杆（吊索）。

b. 吊顶灯具、风口及检修口等应设附加次龙骨及吊杆（吊索），如图24-43、图24-44。

④安装边龙骨

边龙骨的安装应按设计要求弹线，沿墙（柱）上的水平龙骨线把L形镀锌轻钢条用自攻螺丝固定；如为混凝土墙（柱）上可用射钉固定，射钉间距应不大于吊顶次龙骨的间距。

⑤安装主龙骨

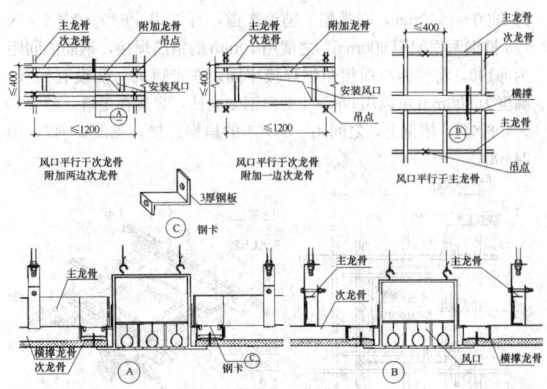

注：风口应吊在主体受力结构上，与吊顶系统分开。

图24-43 石膏板吊顶条形风口处理

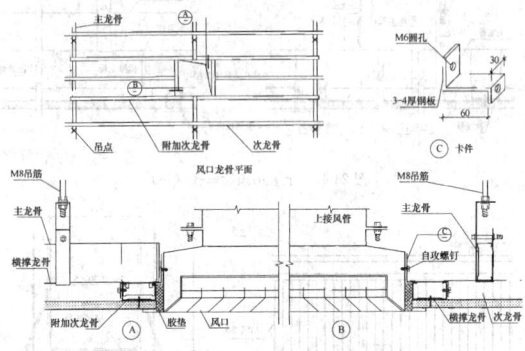

图24-44 石膏板吊顶方形风口处理

a. 主龙骨安装时间距≤1200mm。主龙骨分为不上人UC38小龙骨，见图24-45；上人UC50、UC60大龙骨，见图24-46，两种类型。主龙骨宜平行房间长向安装，同时应适当起拱。

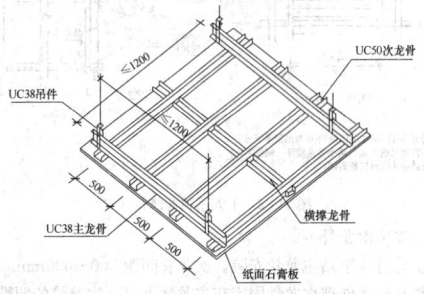

图24-45 不上人龙骨石膏板吊顶透视图

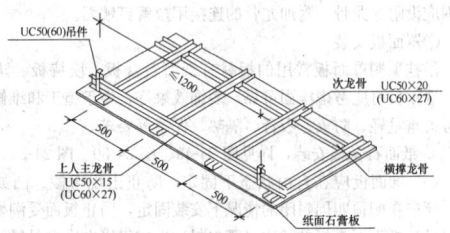

图24-46 上人龙骨石膏板吊顶透视图

b. 跨度大于15m以上的吊顶，应在主龙骨上，每隔15m加一道大龙骨，并垂直主龙骨焊接牢固。

c. 如有大的造型顶棚，造型部分应用角钢或扁钢焊接成框架，并应与楼板连接牢固。

d. 吊顶如设检修走道，应另设附加吊挂系统，用10mm的吊杆与长度为1200mm的∟150×8角钢横担用螺栓连接，横担间距

为 1800～2000mm，在横担上铺设走道，可以用［63×40×4.8×7.5 槽钢两根间距 600mm，之间用 10mm 的钢筋焊接，钢筋的间距为@100，将槽钢与横担角钢焊接牢固，在走道的一侧设有栏杆，高度为 900mm 可用 L50×4 的角钢做立柱，焊接在走道［63×40×4.8×7.5 槽钢上，之间用一30×4 的扁钢连接，见图 24-47、图 24-48。

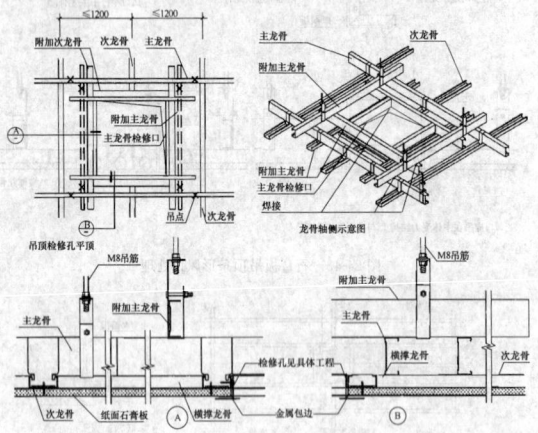

图 24-47　上人吊顶检修孔（一）

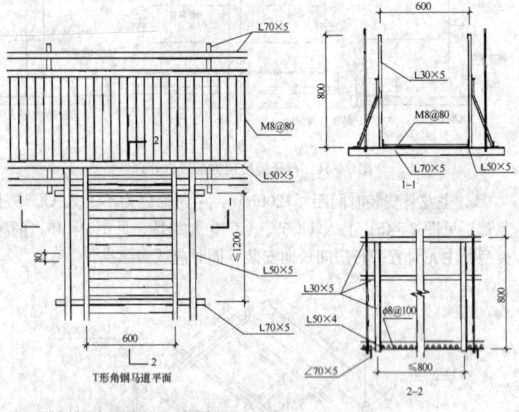

注1.马道应自行吊在主体结构上，与吊顶系统分开。
2.不常用马道可适当减小其宽度与一侧扶手。
3.马道端头应设技扶封面。

图 24-48　上人吊顶检修孔（二）

⑥安装次龙骨

次龙骨应紧贴主龙骨安装。次龙骨间距 300～600mm。用 T 形镀锌铁片连接件把次龙骨固定在主龙骨上时，次龙骨的两端应搭在 L 型边龙骨的水平翼缘上。次龙骨不得搭接。在通风、水电等洞口周围应设附加龙骨，附加龙骨的连接用拉铆钉铆固。

⑦罩面板安装

吊挂顶棚罩面板常用的板材有纸面石膏板、埃特板、防潮板等。选用板材应考虑牢固可靠，装饰效果好，便于施工和维修，也要考虑重量轻、防火、吸音、隔热、保温等要求。

a. 纸面石膏板安装，详见图 24-49、图 24-50、图 24-51。

（a）饰面板应在自由状态下固定，防止出现弯棱、凸鼓的现象；还应在棚顶四周封闭的情况下安装固定，防止板面受潮变形。

（b）纸面石膏板的长边（既包封边）应沿纵向次龙骨铺设。

（c）自攻螺丝与纸面石膏板边的距离，用面纸包封的板边以 10～15mm 为宜，切割的板边以 15～20mm 为宜。

（d）固定次龙骨的间距，间距以 300mm 为宜。

（e）钉距以 150～170mm 为宜，自攻螺丝应与板面垂直，已弯曲、变形的螺丝应剔除，并在相隔 50mm 的部位另安螺丝。

（f）安装双层石膏板时，面层板与基层板的接缝应错开，不得在一根龙骨上。

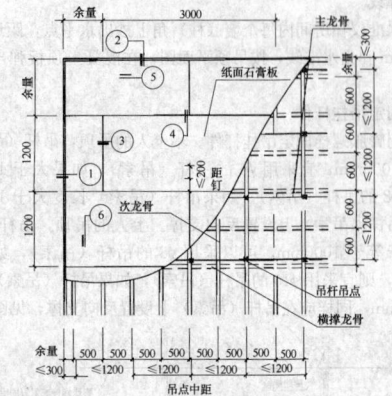

注：①-⑥详图见图 24-50。

图 24-49　纸面石膏板吊顶平视图

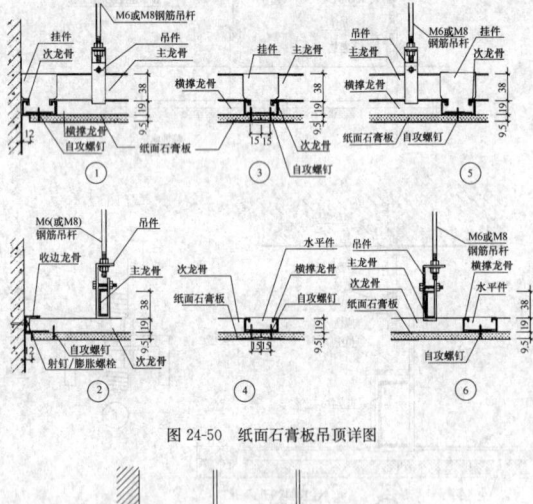

图 24-50　纸面石膏板吊顶详图

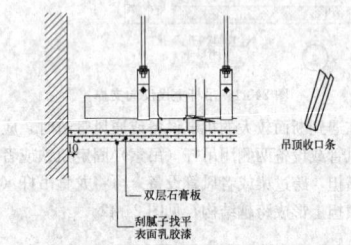

图 24-51　双层纸面石膏板吊顶详图

（g）石膏板的接缝及收口应做缝处理，见图 24-52。

（h）纸面石膏板与龙骨固定，应从一块板的中间向板的四边进行固定，不得多点同时作业。

（i）螺丝钉头宜略埋入板面，但不得损坏纸面，钉眼应作防锈处理并用石膏腻子抹平。

b. 纤维水泥加压板（埃特板）安装，详见图 24-53。

（a）龙骨间距、螺丝与板边的距离，及螺丝间距等应满足设计要求和有关产品的要求。

（b）纤维水泥加压板与龙骨固定时，所用手电钻钻头的直径应比选用螺丝直径小 0.5～1.0mm；固定后，钉帽应作防锈处理，并用油性腻子嵌平。

（c）用密封膏、石膏腻子或掺界面剂胶的水泥砂浆嵌涂板缝并刮平，硬化后用砂纸磨光，板缝宽度应小于 50mm。

（d）板材的开孔和切割，应按产品的有关要求进行。

c. 防潮板

（a）饰面板应在自由状态下固定，防止出现弯棱、凸鼓的现象。

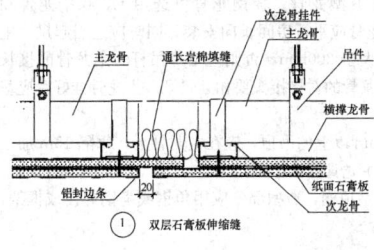

① 双层石膏板伸缩缝

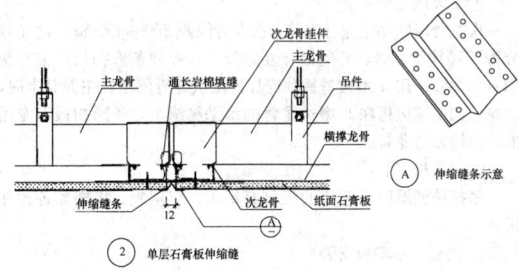

Ⓐ 伸缩缝条示意

② 单层石膏板伸缩缝

图 24-52　吊顶接缝处理

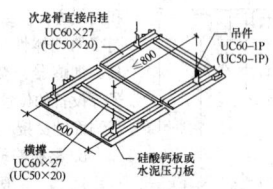

图 24-53　纤维水泥加压板吊顶透视图

（b）防潮板的长边（既包封边）应沿纵向次龙骨铺设。

（c）自攻螺丝与防潮板边的距离，以 10～15mm 为宜，切割的板边以 15～20mm 为宜。

（d）固定次龙骨的间距，一般不应大于 600mm，钉距以 150～200mm 为宜，螺丝应与板面垂直，已弯曲、变形的螺丝应剔除。

（e）面层板接缝应错开，不得在一根龙骨上。

（f）防潮板的接缝处理同石膏板。

（g）防潮板与龙骨固定时，应从一块板的中间向板的四边进行固定，不得多点同时作业。

（h）螺丝钉头宜略埋入板面，钉眼应作防锈处理并用石膏腻子抹平。

d. 饰面板上的灯具、烟感器、喷淋头、风口箅子等设备的位置应合理、美观，与饰面的交接应吻合、严密，做好检修口的预留，安装时应严格控制整体性，刚度和承载力。

3）作业条件

①吊顶工程在施工前应熟悉施工图纸及设计说明。

②吊顶工程在施工前应熟悉现场。

③施工前应按设计要求对房间的净高、洞口标高和吊顶内的管道、设备及其支架的标高进行交接检验。

④对吊顶内的管道、设备的安装及管道试压后进行隐蔽验收。

⑤当吊顶内的墙柱为砖砌体时，应在吊顶标高处埋设木楔，木楔应沿墙 900～1200mm 布置，在柱每面应埋设 2 块以上。

⑥吊顶工程在施工中应做好各项施工记录，收集好各种有关文件。

⑦材料进场验收记录和复验报告，技术交底记录。

⑧板安装时室内湿度不宜大于 70％以上。

24.2.5.2　矿棉板、硅钙板安装

施工工艺：

1）施工流程

顶棚标高弹水平线 → 划龙骨分档线 → 安装水电管线

安装主龙骨 → 安装副龙骨 → 安装罩面板 → 安装压条

2）操作工艺

①弹线：

用水准仪在房间内每个墙（柱）角上抄出水平点，距地面一般为 500mm 弹出水准线，按吊顶平面图，在混凝土顶板弹出主龙骨的位置。

②固定吊挂件：

采用膨胀螺栓固定吊挂杆件。不上人的吊顶，吊杆长度小于 1000mm，可以采用 $\phi6$ 的吊杆，如果大于 1000mm，宜采用 $\phi8$ 的吊杆，如吊杆长度大于 1500mm，则要设置反向支撑。上人的吊顶，吊杆长度小于等于 1000mm，宜采用 $\phi8$ 的吊杆，如果大于 1000mm，则宜采用 $\phi10$ 的吊杆，如吊杆长度大于 1500mm，同样要设置反向支撑。

③在梁上设置吊挂杆件：

a. 吊杆距主龙骨端部距离不得超过 300mm，否则应增加吊杆。

b. 吊顶灯具、风口及检修口等应设附加吊杆。

④安装边龙骨：

边龙骨的安装应按设计要求弹线，沿墙（柱）上的水平龙骨线把 L 形镀锌轻钢条用自攻螺丝固定；如为混凝土墙（柱）上可用射钉固定，射钉间距应不大于吊顶次龙骨的间距。

⑤安装主龙骨：

a. 主龙骨应吊挂在吊杆上。主龙骨间距不大于 1200mm。主龙骨分为轻钢龙骨和 T 型龙骨。轻钢龙骨可选用 UC50 中龙骨和 UC38 小龙骨。主龙骨应平行房间长向安装，同时应适当起拱。主龙骨的悬臂段不应大于 300mm，否则应增加吊杆。主龙骨的接长应采取对接，相邻龙骨的对接接头要相互错开。主龙骨挂好后应基本调平。详见图 24-54、图 24-55。

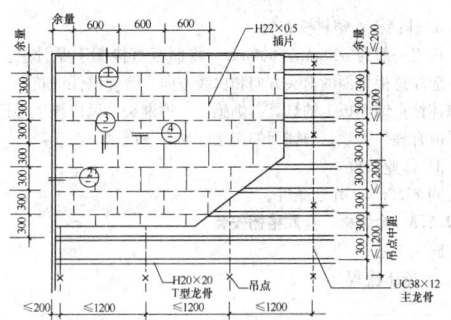

图 24-54　平面示例

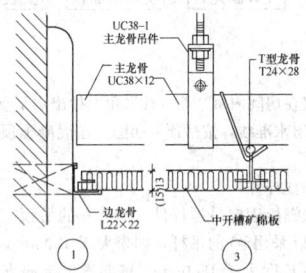

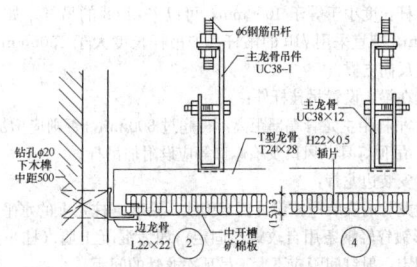

图 24-55　节点示例

b. 跨度大于 15m 以上的吊顶，应在主龙骨上，每隔 15m 加一

道大龙骨，并垂直主龙骨焊接牢固。

c. 如有大的造型顶棚，造型部分应用角钢或扁钢焊接成框架，并应与楼板连接牢固。

⑥安装次龙骨：

次龙骨应紧贴主龙骨安装。次龙骨间距300～600mm。次龙骨分为T型烤漆龙骨，T型铝合金龙骨，和各种条形扣板厂家配带的专用龙骨。用T形镀锌铁片连接件把次龙骨固定在主龙骨上时，次龙骨的两端应搭在L形边龙骨的水平翼缘上，条形扣板有专用的阴角线做边龙骨。

⑦罩面板安装：

吊挂顶棚罩面板常用的板材有吸音矿棉板、硅钙板、塑料板等。

a. 矿棉装饰吸音板安装：

规格一般分为600mm×600mm、600mm×1200mm，将面板直接搁于龙骨上。安装时，应注意板背面的箭头方向和白线方向一致，以保证花样、图案的整体性；饰面板上的灯具、烟感器、喷淋头、风口篦子等设备的位置应合理、美观，与饰面的交接应吻合、严密，详见图24-56。

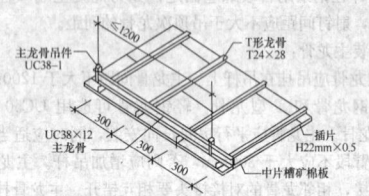

图24-56 矿棉板安装透视图

b. 硅钙板、塑料板安装：

规格一般为600mm×600mm，将面板直接搁于龙骨上。安装时，应注意板背面的箭头方向和白线方向一致，以保证花样、图案的整体性；饰面板上的灯具、烟感器、喷淋头、风口篦子等设备的位置应合理、美观，与饰面的交接应吻合、严密。

3）作业条件

同24.2.5.1作业条件。

24.2.5.3 金属板、金属格栅安装

施工工艺：

1）施工流程

顶棚标高弹水平线 → 划龙骨分档线 → 安装水电管线 →

安装主龙骨 → 安装副龙骨 → 安装罩面板 → 安装压条

2）操作工艺

①弹线：

用水准仪在房间内每个墙（柱）角上抄出水平点，距地面一般为500mm弹出水准线，按吊顶平面图，在混凝土顶板弹出主龙骨的位置。

②固定吊挂杆件：

采用膨胀螺栓固定吊挂杆件。不上人的吊顶，吊杆长度小于1000mm，可以采用φ6的吊杆，如果大于1000mm，宜采用φ8的吊杆，如吊杆长度大于1500mm，则要设置反向支撑。上人的吊顶，吊杆长度小于等于1000mm，可以采用φ8的吊杆，如果大于1000mm，则宜采用φ10的吊杆，如吊杆长度大于1500mm，同样要设置反向支撑。

③在梁上设置吊挂杆件：

a. 吊杆距主龙骨端部距离不得超过300mm，否则应增加吊杆。

b. 吊顶灯具、风口及检修口等应设附加吊杆。

④安装边龙骨：

边龙骨的安装应按设计要求弹线，沿墙（柱）上的水平龙骨线把L形镀锌轻钢条用自攻螺丝固定；如为混凝土墙（柱）上可用射钉固定，射钉间距应不大于吊顶次龙骨的间距。

⑤安装主龙骨：

a. 主龙骨应吊挂在吊杆上。主龙骨间距不大于1000mm。主龙骨分为轻钢龙骨和T型龙骨。轻钢龙骨可选用UC50中龙骨和UC38小龙骨。主龙骨应平行房间长向安装，同时应适当起拱。主龙骨的悬臂段不应大于300mm，否则应增加吊杆。主龙骨的接长应采取对接，相邻龙骨的对接接头要相互错开。主龙骨挂好后应基本调平。

b. 跨度大于15m以上的吊顶，应在主龙骨上，每隔15m加一道大龙骨，并垂直主龙骨焊接牢固。

c. 如有大的造型顶棚，造型部分应用角钢或扁钢焊接成框架，并与楼板连接牢固。

⑥安装次龙骨：

次龙骨应紧贴主龙骨安装。次龙骨间距300～600mm。次龙骨分为T型烤漆龙骨、T型铝合金龙骨，和各种条形扣板厂家配带的专用龙骨。用T型镀锌铁片连接件把次龙骨固定在主龙骨上时，次龙骨的两端应搭在L型边龙骨的水平翼缘上，条形扣板有专用的阴角线做边龙骨。

⑦罩面板安装：

吊挂顶棚罩面板常用的板材有铝板、铝塑板、格栅和各种扣板等。

a. 铝板、铝塑板安装：

规格一般为600mm×600mm，将面板直接搁于龙骨上。安装时，应注意板背面的箭头方向和白线方向一致，以保证花样、图案的整体性；饰面板上的灯具、烟感器、喷淋头、风口篦子等设备的位置应合理、美观，与饰面的交接应吻合、严密。

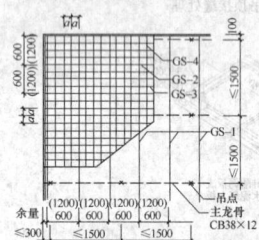

图24-57 格栅吊平面示例图

b. 格栅安装：

规格一般为100mm×100mm、150mm×150mm、200mm×200等多种方形格栅，一般用卡具将饰面板卡在龙骨上。详见图24-57、图24-58、图24-59。

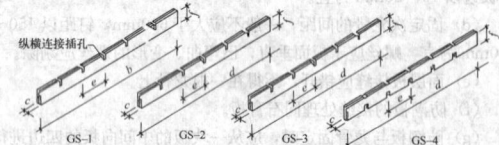

图24-58 格栅吊顶构件节点图

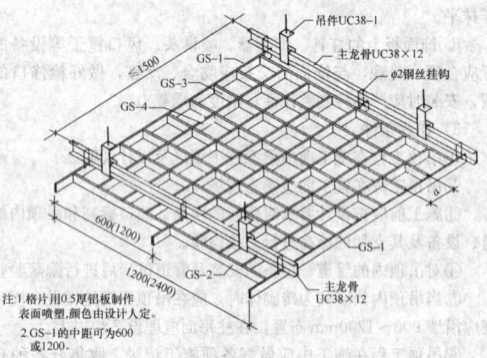

注：1 格栅片用0.5厚铝塑制作表面喷塑，颜色由设计人定。
2 GS-1的中距可为600或1200。

图24-59 格栅吊顶透视图

c. 扣板安装：

规格一般为100mm×100mm、150mm×150mm、200mm×200mm、600mm×600等多种方形扣板，还有宽度为100mm、150mm、200mm、300mm、600mm多种条形扣板；一般用卡具将饰面板卡在龙骨上。

3）作业条件

同24.2.5.1作业条件①～⑦项。

24.2.5.4 木饰面、塑料板、玻璃饰面板安装

施工工艺：

1) 施工流程

顶棚标高弹水平线 → 划龙骨分档线 → 安装水电管线 →

安装主龙骨 → 安装副龙骨 → 安装罩面板 → 安装压条

2) 施工工艺

①弹线：

用水准仪在房间内每个墙（柱）角上抄出水平点，距地面一般为500mm弹出水准线，按吊顶平面图，在混凝土顶板弹出主龙骨的位置。

②固定吊挂杆件：

采用膨胀螺栓固定吊挂杆件。吊杆长度采用 $\phi 6 \sim \phi 8$ 的吊杆，如吊杆长度大于1500mm，则要设置反向支撑。

③在梁上设置吊挂杆件：

a. 吊杆距主龙骨端部距离不得超过300mm，否则应增加吊杆。

b. 吊顶灯具、风口及检修口等应设附加吊杆。

④安装主龙骨：

a. 主龙骨应吊挂在吊杆上。主龙骨间距不大于1000mm。主龙骨应平行房间长向安装，同时应适当起拱。主龙骨的悬臂段不应大于300mm，否则应增加吊杆。主龙骨的接长应采取对接，相邻龙骨的对接接头要相互错开。主龙骨挂好后应基本调平。

b. 跨度大于15m以上的吊顶，应在主龙骨上，每隔15m加一道大龙骨，并垂直主龙骨焊接牢固。

c. 如有大的造型顶棚，造型部分应用角钢或扁钢焊接成框架，并应与楼板连接牢固。

⑤安装次龙骨：

次龙骨应紧贴主龙骨安装。次龙骨间距300～600mm。

⑥罩面板安装：

a. 木饰面板安装：

吊挂顶棚木饰面罩面板常用的板材有原木板及基层板贴木皮。

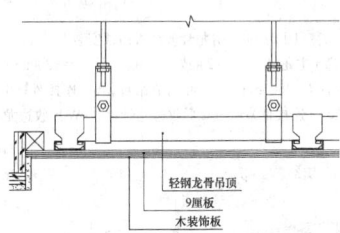

图24-60 木装饰板吊顶（一）

工厂加工前木饰面板规格一般为1220mm×2440mm，木饰面经工厂加工可将其制成各种大小的成品饰面板。安装时，应注意板背面的箭头方向和白线方向一致，以保证花样、图案的整体性；饰面板上的灯具、烟感器、喷淋头、风口箅子等设备的位置应合理、美观，与饰面的交接应吻合、严密。详见图24-60、图24-61。

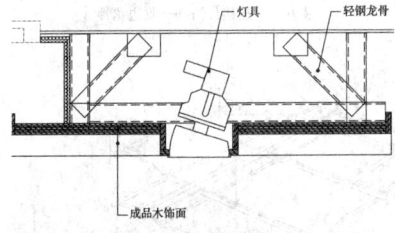

图24-61 木装饰板吊顶（二）

b. 塑料板吊顶：

(a) 材料的选用

塑料板吊顶材料聚氯乙烯塑料（PVC）板、聚乙烯泡沫塑料装饰板、钙塑泡沫装饰吸声板、聚苯乙烯泡沫塑料装饰吸声板、装饰塑料贴面复合板等。

(b) 安装要点

塑料装饰罩面板的安装工艺一般分为钉固法和粘贴法两种。

a) 钉固法

聚氯乙烯塑料板安装时，用20～25mm宽的木条，制成500mm的正方形木格，用小圆钉将聚氯乙烯塑料装饰板钉上，然后再用20mm宽的塑料压条或铝压条钉上。以固定板面或钉上塑料小花来固定板面。

聚乙烯泡沫塑料装饰板安装时，用圆钉钉在准备好的小木框上，再用塑料压条、铝压条或塑料小花来固定板面。

钙塑泡沫装饰吸声板钉固的方法如下：

——用塑料小花固定。由于塑料小花面积较小，四角不易压平，加之钙塑板周边厚薄不一，应在塑料小花之间沿板边按距离加钉固定，以防止钙塑泡沫装饰吸声板周边产生翘曲、空鼓和中间下垂现象。如用木龙骨，应用木螺钉固定；采用轻钢龙骨，应用自攻螺钉固定。

——用钉和压条固定。常用的压条有木压条、金属压条和硬质塑料压条等。用钉固定时，钉距不宜大于150mm，钉帽应与板面齐平，排列整齐，并用与板面颜色相同的涂料涂饰。使用木压条时，其材质必须干燥，以防变形。

——用塑料小花、木框及压条固定，与聚氯乙烯塑料板安装钉固法相同。用压条固定压条应平直、接口严密、不得翘曲。

对吸声要求较高的场所，除采用穿孔板外，可在板后加一层超细玻璃棉，以加强吸声效果。

b) 粘贴法

聚氯乙烯塑料板。可用胶粘剂将罩面板直接粘贴在吊顶面层上或粘贴在吊顶龙骨上。常用胶粘剂有脲醛树脂、环氧树脂和聚醋酸乙烯酯等。

聚乙烯泡沫塑料装饰板。可用胶粘剂将聚乙烯泡沫塑料装饰板直接粘贴在吊顶面层上或粘贴在轻钢小龙骨上。如粘贴在水泥砂浆基层上，基层必须坚硬平整、洁净，含水率不得大于8%。表面如有麻面，宜采用乳胶腻子修平整，再用乳胶水溶液涂刷一遍，以增加粘结力。

塑料板粘贴前，基层表面应按分块尺寸弹线预排。粘贴时，每次涂刷胶粘剂的面积不宜过大，厚度应均匀，粘贴后，应采取临时固定措施，并及时擦去挤出的胶液。

钙塑泡沫装饰吸声板。当吊顶用轻钢龙骨，一般需用胶粘剂固定板面，胶粘剂的品种较多，可根据安装的不同板材选择胶粘剂。如XY-401胶粘剂、氯丁胶粘剂等。

c. 塑料贴面复合板安装：

塑料贴面复合板，是将塑料装饰板粘贴于胶合板或其他板材上，组成一种复合板材，用作表面装饰。

(a) 安装塑料贴面复合板时，应先钻孔，用木螺钉和垫圈或金属压条固定。

a) 用木螺钉时，钉距一般为400～500mm，钉帽应排列整齐；

b) 用金属压条时，先用钉将塑料贴面复合板临时固定，然后加盖金属压条，压条应平直，接口严密。

(b) 注意事项：

a) 钙塑泡沫装饰吸声板堆放时，要竖码，严禁平码，以免压坏图案花纹，应距热源3m以外，保存在阴凉干燥处；

b) 搬运时，要轻拿轻放，防止机械损伤；

c) 安装时，操作人员必须戴手套，以免弄脏板面；

d) 胶粘剂不宜涂刷过多，以免粘贴时溢出，污染板面。胶粘剂应存放在玻璃、铝或白铁容器中，避免日光直射，并应与火源隔绝；

e) 钙塑泡沫装饰吸声板、如采用木龙骨，应有防火措施，并选用难燃的钙塑泡沫装饰吸声板。

d. 玻璃饰面吊顶：

玻璃安装的方法分为浮搁与螺栓固定，浮搁应注意点贴位置应尽量隐蔽，避免粘结点外露于饰面，安装压花玻璃或磨砂玻璃时，压花玻璃的花面应向外，磨砂玻璃的磨砂面应向室内，详见图24-62。

3) 作业条件

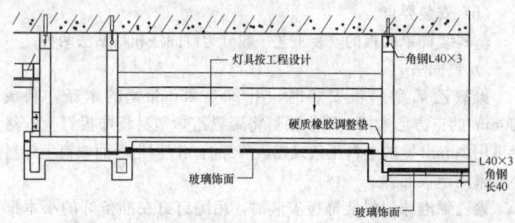

图 24-62　玻璃饰面吊顶

同 24.2.5.1 作业条件①~⑦项。

24.2.5.5　软膜饰面吊顶安装

施工工艺：

1) 施工流程

$$\boxed{顶棚标高弹水平线} \rightarrow \boxed{划龙骨分档线} \rightarrow \boxed{安装水电管线} \rightarrow$$

$$\boxed{安装支撑龙骨} \rightarrow \boxed{安装铝合金龙骨} \rightarrow \boxed{固定、张紧软膜}$$

$$\rightarrow \boxed{清洁软膜饰面}$$

2) 立体异型软膜天花的安装步骤

①弹线：

用水准仪在房间内每个墙（柱）角上抄出水平点，距地面一般为 500mm 弹出水准线，按吊顶平面图，在混凝土顶板弹出主龙骨的位置。

②龙骨安装：

根据图纸设计要求，在需要安装软膜天花的水平高度位置四周围固定一圈支撑龙骨（可以是木方或方钢管）。如遇面积比较大时需分块安装，中间位置应加辅助龙骨。在支撑龙骨的底面固定安装软膜天花的铝合金龙骨。

③固定、张紧软膜：

安装好软膜天花的铝合金龙骨后，将软膜用专用的加热风充分加热均匀，然后用专用的插刀将软膜张紧固定在铝合金龙骨上，并将多余的软膜修剪完整即可，见图 24-63~图 24-65。

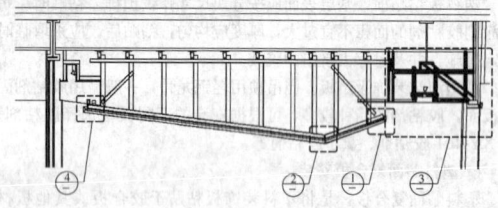

图 24-63　软膜天花剖面图

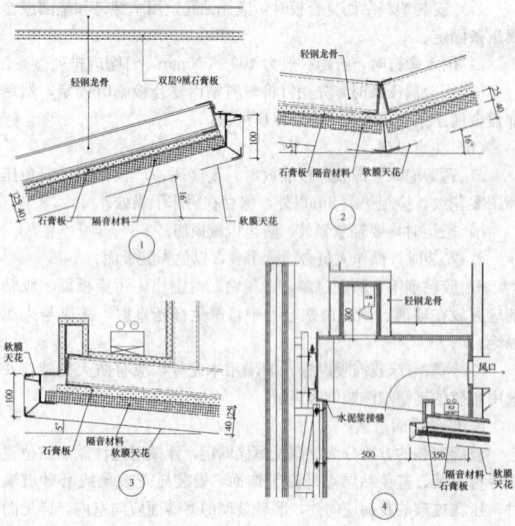

图 24-64　软膜天花节点图

④安装完毕后，擦拭、清洁软膜天花表面。

3) 作业条件

同 24.2.5.1 作业条件①~⑦项。

24.2.5.6　玻纤板吊顶安装

施工工艺：

1) 施工流程

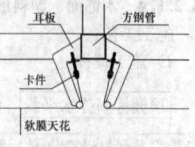

图 24-65　软膜天花安装

$$\boxed{顶棚标高弹水平线} \rightarrow \boxed{划龙骨分档线} \rightarrow \boxed{安装水电管线} \rightarrow$$

$$\boxed{安装主龙骨} \rightarrow \boxed{安装副龙骨} \rightarrow \boxed{安装罩面板} \rightarrow \boxed{清理饰面}$$

2) 操作工艺

①弹线：

用水准仪在房间内每个墙（柱）角上抄出水平点，距地面一般为 500mm 弹出水准线，按吊顶平面图，在混凝土顶板弹出主龙骨的位置。

②固定吊挂杆件：

采用膨胀螺栓固定吊挂杆件。吊杆采用 $\phi 6 \sim \phi 8$ 的吊杆，如吊杆长度大于 1500mm，则要设置反向支撑。

③安装龙骨：

主龙骨应吊挂在吊杆上。玻纤板龙骨分为明龙骨、半明半暗龙骨及暗龙骨，见图 24-66~图 24-68。可根据设计要求将板工厂加工后制成造型板或平板，见图 24-69。

次龙骨应紧贴主龙骨安装。次龙骨间距 300~600mm。

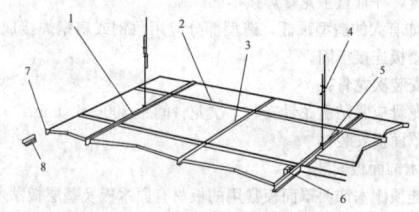

图 24-66　明龙骨玻纤板吊顶安装图

1—T24 或 T15 主龙骨；2—T24 或 T15 副龙骨 $L=1200mm$；3—T24 或 T15 副龙骨 $L=600mm$；4—可调节吊杆；5—连接件；6—直接安装方式（连接件）；7—L 形收边龙骨；8—W 形收边龙骨

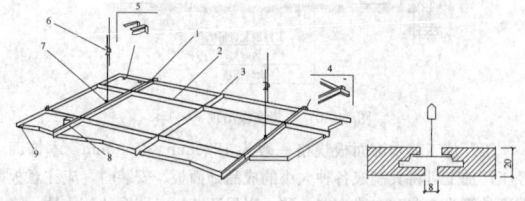

图 24-67　半明半暗龙骨玻纤板吊顶安装图

1—主龙骨；2—副龙骨 $L=1200mm$；3—副龙骨 $L=600mm$；4—主龙骨固定夹；5—板支撑配件；6—可调节吊杆；7—连接件；8—直接安装方式（连接件）；9—收边龙骨

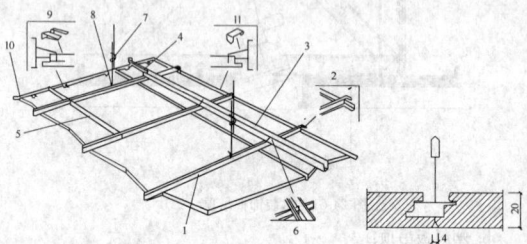

图 24-68　暗龙骨玻纤板吊顶安装图

1—T24 主龙骨；2—T24 主龙骨固定夹；3—定位龙骨；4—定位龙骨固定配件；5—副龙骨；6—固定别针；7—可调节吊杆；8—连接件；9—板支撑配件；10—收边龙骨；11—收边板固定夹

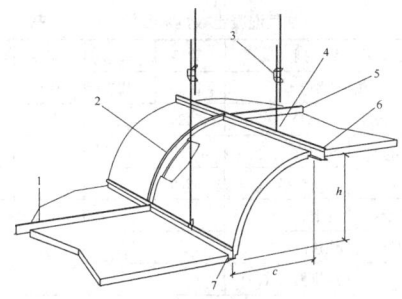

图 24-69 玻纤板造型吊顶安装图
1—副龙骨；2—异形龙骨；3—可调节吊杆；4—连接件；
5—副龙骨；6—主龙骨；7—主龙骨；$c = 300 \sim 450mm$
（中心线到中心线）；$h = 300 \sim 450mm$

④玻纤板安装：

玻纤板安装时将面板直接用卡件固定龙骨上。安装时应注意饰面板上的灯具、烟感器、喷淋头、风口篦子等设备的位置应合理、美观，与饰面的交接应吻合、严密。

3）作业条件

同 24.2.5.1 作业条件①～⑦项。

24.2.6 质 量 标 准

质量控制详见表 24-44。固定式吊顶、活动式吊顶质量偏差详见表 24-45、表 24-46。

质量控制标准　　　　　　**表 24-44**

	控制点	检验方法
主控项目	吊顶标高、尺寸、起拱和造型应符合设计要求	观察；尺量检查
	饰面材料的材质、品种、规格、图案和颜色应符合设计要求	观察；检查产品合格证书、性能检测报告、进场验收记录和复验报告
	吊顶工程的吊杆、龙骨和饰面材料的安装必须牢固	观察；手扳检查；检查隐蔽工程验收记录和施工记录
	吊杆、龙骨的材质、规格、安装间距及连接方式应符合设计要求。金属吊杆、龙骨应经过表面防腐处理	观察；尺量检查；检查产品合格证书、性能检测报告、进场验收记录和隐蔽工程验收记录
一般项目	饰面材料表面应洁净、色泽一致，不得有翘曲、裂缝及缺损。压条应平直、宽窄一致	观察；尺量检查
	饰面板上的灯具、烟感器、喷淋头、风口篦子等设备的位置应合理、美观，与饰面板的交接应吻合、严密	观察
	金属吊杆、龙骨的接缝应均匀一致，角缝应吻合，表面应平整，无翘曲、锤印	检查隐蔽工程验收记录和施工记录
	吊顶内填充吸声材料的品种和铺设厚度应符合设计要求，并应有防散落措施	检查隐蔽工程验收记录和施工记录

轻钢龙骨固定罩面板吊顶工程安装的允许
偏差和检验方法　　　　　　**表 24-45**

项次	项目	允许偏差（mm）			检 验 方 法
		石膏板	埃特板	防潮板	
1	表面平整度	3	3	3	用 2m 靠尺和塞尺检查
2	接缝直线度	3	3	3	拉 5m 线，不足 5m 拉通线，用钢尺检查
3	接缝高低差	1	1	1	用钢直尺和塞尺检查

轻钢龙骨活动罩面板吊顶工程安装的
允许偏差和检验方法　　　　　　**表 24-46**

项次	项 目	允许偏差（mm）				检验方法
		矿棉板	塑料板	金属板	装饰板	
1	表面平度	2	2	2	2	用 2m 靠尺和塞尺检查
2	接缝直线度	2	3	2	2	拉 5m 线，不足 5m 拉通线，用钢尺检查
3	接缝高低差	2	1	1	1	用钢直尺和塞尺检查

24.2.7　吊顶施工中重点注意的问题

24.2.7.1　吊顶的平整性

控制吊顶大面平整，应从标高线水平度、吊点分布固定、龙骨与龙骨架刚度着手。

1. 标高线的水平控制要点：

（1）基准点和标高尺寸要准确。可采用激光水准仪，亦可采用水柱法，见图 24-70。找其他标高点时，要等管内水柱面静止时再画线。

（2）吊顶面的水平控制线应尽量拉出通直线，线要拉直，最好采用尼龙线。

（3）对跨度较大的吊顶，应在中间位置加设标高控制点。

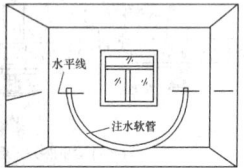

图 24-70　水平标高线的测定示意

2. 注意吊点分布与固定。吊点分布要均匀。在一些龙骨的接口部位和重载部位，应当增加吊点。吊点不牢将引起吊顶局部下沉，产生这种情况的原因是：

（1）吊点与建筑主体固定不牢，例如膨胀螺栓埋入深度不够，而产生松动或脱落；射钉的松动，虚焊脱落等；

（2）吊杆连接不牢，产生松脱；

（3）吊杆的强度不够，产生拉伸变形现象。

3. 注意龙骨与龙骨架的强度与刚度。龙骨的接头处、吊挂处都是受力的集中点，施工中应注意加固。应避免在龙骨上悬吊设备。

4. 安装铝合金饰面板的方法不妥，也易使吊顶不平，严重时还会产生波浪形状。安装时不可生硬用力，并一边安装一边检查平整度。

24.2.7.2　吊顶的线条走向规整控制

吊顶线条是指条板和条板间对缝、铝合金龙骨以及其他线条形装饰。吊顶线条的不规整会破坏吊顶的装饰效果。控制方法应从材料选用及校正、设置平整控制线、安装固定着手。

1. 材料挑选及校正

对不合格的材料要坚决剔除。校正工作应在一些简易夹具上进行，夹具可以用木板自制。

2. 设置平面平整控制线

吊顶平面平整控制线有两个方面：一种是龙骨平直的控制线，可按龙骨分格位置拉出；一种是饰面条板与龙骨的平直控制线。平直控制线应从墙边开始，先设置基准线。因为墙体往往不太平整，安装条板应从基准线的位置进行。

3. 安装与固定

（1）安装固定饰面条板要注意对缝的均匀，安装时不可生扳硬装，应根据条板的结构特点进行。如装不上时，要查看一下安装位置处有否阻挡物或设备结构，并进行调整。

（2）吊顶内填充的吸声、保温材料的品种和铺设厚度应符合要求，并应有防散落措施。

（3）吊顶与墙面、窗帘盒的交接应符合设计要求。

（4）搁置式轻质饰面板的安装应有定位措施，按设计要求设置压卡装置。

（5）胶粘剂的选用，应与饰面板品种配套。

24.2.7.3 吊顶面与吊顶设备的关系处理

铝合金龙骨吊顶上设备主要有灯盘和灯槽、空调出风口、消防烟雾报警器和喷淋头等。这些设备与顶面的关系要处理得当，总的要求是不破坏吊顶结构，不破坏顶面的完整性，与吊顶面衔接平整，交接处应严密。

1. 灯盘、灯槽与吊顶的关系

灯盘和灯槽除了具有本身的照明功能之外，也是吊顶装饰中的组成部分。所以，灯盘和灯槽安装时一定要从吊顶平面的整体性来着手。

2. 空调风口篦子与吊顶的关系

空调风口篦子与吊顶的安装方式有水平、竖直两种。由于篦子一般是成品，与吊顶面颜色往往不同，如装得不平会很显眼，所以应注意与吊顶面的衔接吻合。

3. 自动喷淋头、烟感器与吊顶的关系

自动喷淋头、烟感器是消防设备，但必须安装在吊顶平面上。自动喷淋头须通过吊顶平面与自动喷淋系统的水管相接（图24-71a）。在安装中常出现的问题有三种，一是水管伸出吊顶面；二是水管预留短了，自动喷淋头不能在吊顶面与水管连接（图24-71b）；三是喷淋头边上有遮挡物（图24-71c）。原因是在拉吊顶标高线时未检查消防设备安装情况。

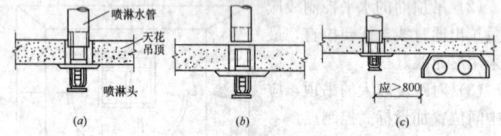

图 24-71　自动喷淋头、烟感器与吊顶常出现的问题
(a) 自动喷淋系统；(b) 水管预留不到位；(c) 喷淋头边上不应有遮挡物

24.3　轻质隔墙和隔断工程

轻质隔墙和隔断在建筑和装饰施工中应用广泛，有着墙体薄、自重轻、施工便捷、节能环保等突出优点，按照结构形式分，可分为条板式、骨架式、活动式、砌筑式等种类。

24.3.1　轻质条板式隔墙构造及分类

轻质条板是指面密度小于 90kg/m³（90 厚）、110kg/m³（120厚），长宽比不小于 2.5 的预制非承重内隔墙板。通常采用轻质骨料和细集料，加胶凝材料，内衬钢筋网片（部分产品）为受力筋，或通过蒸汽养护等工艺加工的墙体材料，近年还有新型的复合型墙板上市。轻质条板按断面分为空心条板、实心条板和夹芯条板三种类别，按板的构件类型分为普通板、门框板、窗框板、过梁板。适用于公用及住宅建筑中非承重内隔墙，大致有蒸压加气混凝土板（ALC板）、玻璃纤维增强水泥轻质多孔（GRC）、隔墙条板轻集料混凝土条板隔墙板、轻质复合隔墙板（PRC）、钢丝网架轻质夹芯板（GSJ 板）等产品种类。

24.3.1.1　加气混凝土条板

1. 材料及其质量要求

加气混凝土条板是指采用以水泥、石灰、砂为原料制作的高性能蒸压轻质加气混凝土板，有轻质、高强、耐火隔音、环保等特点，按用途分外墙、屋面、内隔墙，本节着重介绍内隔墙板。

（1）板材规格与技术参数见表 24-47、表 24-48，室内隔墙常用150mm 厚以下的板。75mm 厚板用于不超过 2500mm 高的隔墙。

加气混凝土隔墙板规格　　表 24-47

品种	标准宽度 （mm）	厚度 （mm）	最大公称长度 L （mm）	实际长度 （mm）	常用可变荷载载值 （N/m²）
隔墙板	600	75～250 每 25 一种规格	1800～6000 （300 模数进位）	L-20	700

加气混凝土板技术参数　　表 24-48

强度级别		A2.5	A3.5	A5.0	A7.5
干密度级别		B04	B05	B06	B07
干密度（kg/m³）		≤425	≤525	≤625	≤725
抗压强度 （MPa）	平均值	≥2.5	≥3.5	≥5.0	≥7.5
	单组最小值	≥2.0	≥2.8	≥4.0	≥6.0
干燥收缩值 （mm/m）	标准法	≤0.5			
	快速法	≤0.8			
抗冻性	质量损失（%）	≤5.0			
	冻后强度/MPa	≥2.0	≥2.8	≥4.0	≥6.0
导热系数（干态）〔W/(m·k)〕		≤0.12	≤0.14	≤0.16	≤0.18

注：依据《蒸压加气混凝土板》（GB 15762—2008）。

（2）水泥：P.042.5 级普通硅酸盐水泥；砂：符合《建筑砂》（GB/T 14684）要求的中砂。板材底与主体结构间的坐浆采用豆石混凝土，板与板间灌浆应采用1：3 水泥砂浆。

（3）钢卡：钢卡分为 L 形和 U 形，90mm 厚及以下板采用1.2mm 厚钢卡，90mm 厚以上 2mm 厚钢卡，如图 24-72 所示。

图 24-72　U 形卡、直角钢件、半 U 形卡图

（4）专用胶粘剂粘：用于板与板、板与结构之间粘接，隔墙板胶粘剂性能指标要求见表 24-49。

专用胶粘剂性能指标（DA-HR）　　表 24-49

项　目	指标	项　目	指　标
干密度（kg/m³）	≤1800	终凝时间（h）	≤10
稠度（mm）	≤90	抗压强度（MPa）	10
分层度（mm）	≤20	粘结强度（MPa）	≥0.4
初凝时间（h）	≥2	收缩性（mm/m）	≤0.5

注：本表摘自 88J2—3A（2007）《墙身—加气混凝土》（砌块、条板隔墙）。

2. 施工机具

（1）电动工具（表 24-50）

主要工具参数表　　表 24-50

序号	工具名称	图　例	型　号	输入功率 （W）	主要用途
1	冲击电钻		Z1J-SD02-12	390	用于结构上打孔
2	台式切锯机			5000	切割墙板，便于组装拆卸式
3	接槽器		ZIC-SD02-18	470	用于结构上打孔
4	锋钢锯		50cm		用于切据板材和异型构件
5	撬棍				调整墙板位置辅助安装

续表

序号	工具名称	图　例	型　号	输入功率(W)	主要用途
6	钢齿磨板	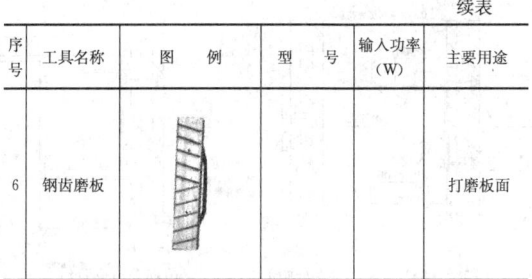			打磨板面

(2) 其他工具

锋钢锯和普通手锯、固定式摩擦夹具、转动式摩擦夹具、电动慢速钻、射钉枪、无齿锯、镂槽、开八字槽工具、橡皮锤、撬棍、水桶、钢丝刷、木楔、扁铲、小灰槽、2m托线板、靠尺、扫帚等。

3. 施工要点

(1) 根据设计要求，画出深化排板图，在地面弹好隔墙板安装位置线及门窗洞口边线，按板宽（计入板缝宽5mm）进行排板分档。

(2) 施工环境温度低于5℃时应采取加温措施。

(3) 板材堆放地点：地势坚实、平坦、干燥，并不得使板材直接接触地面。墙板堆放时，不宜堆码过高，雨季还应采取覆盖措施。运输采用专用小车，见图24-73。

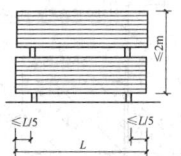  

图24-73　板材堆放和运输

(4) 工艺流程：

结构墙面、顶面、地面清理和找平 →

放墙体门窗口定位线、分档 → 配板、修补 → 支设临时方木 →

配置胶粘剂 → 安装U形卡件或L形卡件（有抗震设计要求时） →

安装隔墙板 → 安装门窗框 → 设备、电气管线安装 →

板缝处理 → 板面装修

1) 清理隔墙板与顶面、地面、墙面的结合部位，凡凸出墙地面的浮浆、混凝土块等必须剔除并扫净，结合部位应找平。

2) 放墙体门窗口定位线、分档：在结构地面、墙面及顶面根据图纸，用墨斗弹好隔墙定位边线及门窗洞口线，并按板幅宽弹分档线。

3) 配板、修补：

条板隔墙一般都采取垂直方向安装。按照设计要求，根据建筑物的层高、与所要连接的构配件和连接方式来决定板的长度，隔墙板厚度选用应按设计要求并考虑便于门窗安装，最小厚度不小于75mm。分户墙的厚度，根据隔声要求确定，通常选用双层墙板。

墙体与结构连接的方式分为刚性连接和柔性连接，非震区采用刚性连接，震区采用柔性连接。

刚性连接，即板的上端与上部结构底面用粘结砂浆粘结，下部用木楔顶紧后空隙间填入细石混凝土。当建筑没有特殊抗震要求时，可采用刚性连接，将板的上端与上部结构底面用粘结砂浆或胶粘剂粘结，下部用木楔顶紧后空隙间填入细石混凝土（图24-74）。隔墙板安装顺序应从门洞口处向两端依次进行，门洞两侧宜用整块板；无门洞的墙体，应从一端向另一端顺序安装。

柔性连接：当建筑设计有抗震要求时，应按设计要求，在两块条板顶端拼缝处设U形或L形钢板卡，与主体结构连接。U形或L形钢板卡（50mm长，1.2mm厚）用射钉固定在结构梁和板上。如主体为钢结构，与钢梁的连接转接钢件的方式将钢板卡焊接固定其上，见图24-75。

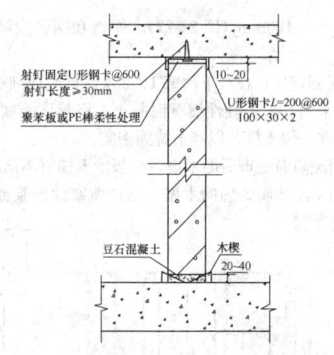

图24-74　隔墙板与钢混结构连接构造

4) 板的宽度与隔墙的长度不相适应时，应将部分板预先拼接加宽（或锯窄）成合适的宽度，放置到有阴角处。

5) 安装前要进行选板，有缺棱掉角的，应用与板材混凝土材性相近的材料进行修补，未经修补的坏板或表面酥松的板不得使用。

6) 架立靠放墙板的临时方木：（方木可选择规格

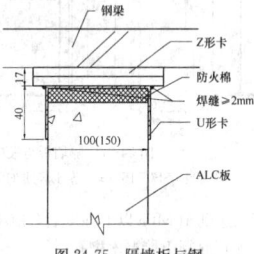

图24-75　隔墙板与钢结构连接构造

100mm×60mm）上方木直接压定位线顶在上部结构底面，下方木可离楼地面约100mm左右，上下方木之间每隔1.5m左右立竖向支撑方木，并用木楔将下方木与支撑方木之间楔紧。临时方木支撑后，检查竖向方木的垂直度和相邻方木的平面度，合格后即可安装隔墙板。

7) 配置胶粘剂：条板与条板拼缝、条板顶端与主体结构粘结采用胶粘剂。

加气混凝土隔墙胶粘剂一般采建筑胶聚合物砂浆。

粘结砂浆、墙面修补材料参考配合比　　表24-51

名称和用途	配　合　比
粘结砂浆	1. 水泥∶细砂∶界面剂∶水=1∶1∶0.2∶0.3 2. 水泥∶砂=1∶3，加适量界面剂胶水溶液
修补材料	1. 水泥∶石膏∶加气混凝土粉末=1∶1∶3，加适量界面剂胶水溶液 2. 水泥∶石灰膏∶砂=1∶3∶9或1∶1∶6，适量加水 3. 水泥∶砂=1∶3，加适量界面剂胶水溶液

胶粘剂要随配随用，并应在30min内用完。配置时应注意界面剂掺量适当，过稀易流淌，过稠容易产生"滚浆"现象，使刮浆困难。

8) 板与结构间、板与板缝间的拼接，要满抹粘结砂浆或胶粘剂，拼接时要以挤出砂浆或胶粘剂为宜，缝宽不得大于5mm（陶粒混凝土隔墙缝宽10mm）。挤出的砂浆或胶粘剂应及时清理干净。

板与板之间在距离缝钉入钢插销（图24-76），在转角墙、T形墙条板连接处，沿高度每隔700~800mm钉入销钉或ϕ8mm铁件，

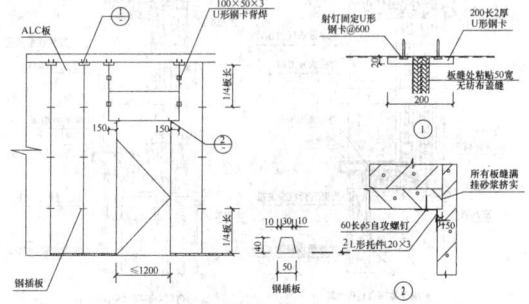

图24-76　隔墙板与板连接及门头构造（一）

钉入长度不小于150mm（图24-77），铁销和销钉应随条板安装随时钉入。

9）墙板固定后，在板下填塞1∶2水泥砂浆或细石混凝土，细石混凝土应采用C20干硬性细石混凝土，坍落度控制在0～20mm为宜，并应在一侧支模，以利于捣固密实。

① 采用经防腐处理后的木楔，则板下木楔可不撤除；

② 采用未经防腐处理的木楔，则待填塞的砂浆或细石混凝土

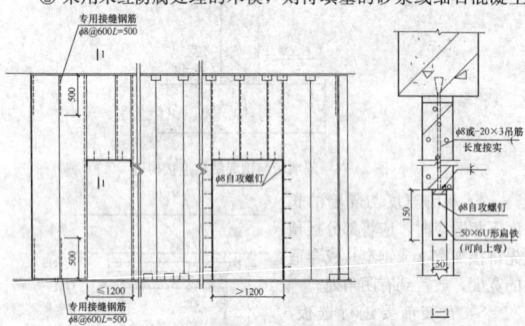

图24-77　隔墙板与板连接及门头构造（二）

（图引自03SG715—1《蒸压轻质加气混凝土板（NALC）构造详图》）

凝固达到10MPa以上强度后，应将木楔撤除，再用1∶2水泥砂浆或细石混凝土堵严木楔孔。

10）每块墙板安装后，应用靠尺检查墙面垂直和平整情况，如发现偏差加大，及时调整。

11）对于双层墙板的分户墙，安装时应使两面墙板的拼缝相互错开，拼缝宜设在另一侧板中位置。

12）安门窗框：在墙板安装的同时，应按定位线顺序立好门框，门框和板材采用粘钉结合的方法固定。见图24-78。隔墙板安装门窗时，应在角部增加角钢补强，安装节点符合设计要求，也可参照图24-79。

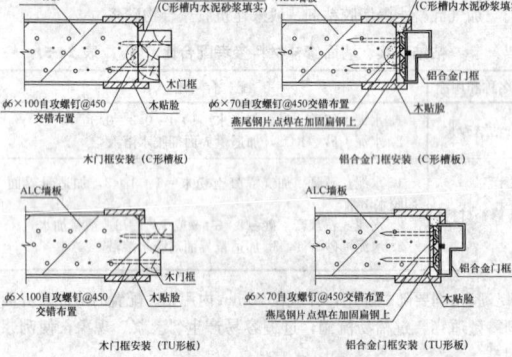

图24-78　ALC板门框做法

13）墙面支架、吊柜、挂钩安装，见图24-80。

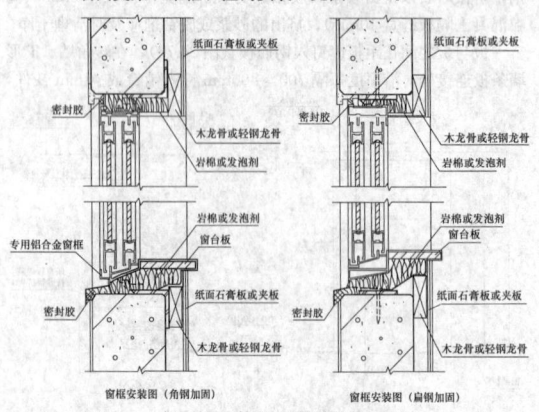

图24-79　ALC板隔墙框做法

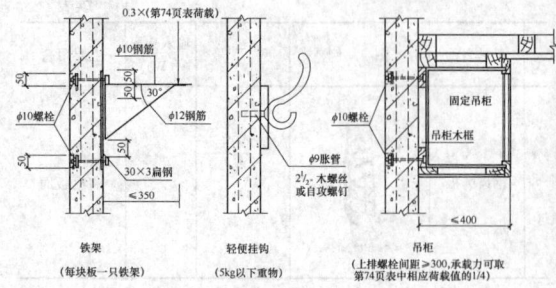

图24-80　隔墙板设备安装节点

14）电气安装：利用条板孔内敷软管穿线和定位钻单面孔，对非空心板，则可利用拉大板缝或开槽敷管穿线，管径不宜超过25mm。用膨胀水泥砂浆填实抹平。用2号水泥胶粘剂固定开关、插座。

15）板缝和条板、阴阳角和门窗框边缝处理：

板缝处理：隔墙板安装后10d，检查所有缝隙是否粘结良好，有无裂缝，如出现裂缝，应查明原因后进行修补。

加气混凝土隔墙之间板缝在填缝前应用毛刷蘸水湿润，填缝时应在板两侧同时把缝填实。填缝材料采用石膏或膨胀水泥或厂家套添缝剂，见图24-81。

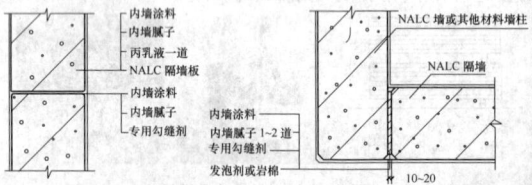

图24-81　板缝处理节点

加强措施：刮腻子之前先用宽度100mm耐碱玻纤网格布塑性压入两层腻子之间。提高板缝的抗裂性。

24.3.1.2　空心条板

空心条板有玻璃纤维增强水泥轻质多孔（GRC）隔墙条板、轻集料混凝土空心板（工业灰渣空心板）、植物纤维强化空心条板、泡沫水泥条板、硅镁条板、增强石膏空心条板几种。

1. 材料及其质量要求

（1）水泥轻质多孔条板是采用低碱硫铝酸盐水泥或快硬铝酸盐水泥、膨胀珍珠岩、细骨料和耐碱玻纤涂塑网格布、低碳冷拔钢丝为主要原料制成的隔墙条板。GRC轻质多孔隔墙条板按板的厚度分为90型，120型，按板型分为普通板、门框板、窗框板、过梁板。规格见表24-52、图24-82。

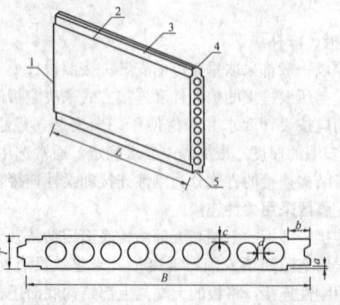

图24-82　水泥轻质多孔条板规格图

1—板端；2—板边；3—接缝槽；4—榫头；5—榫槽

玻璃纤维增强水泥轻质隔墙条板规格（mm）　表24-52

型号	长度（L）	长度（B）	厚度（T）	接缝槽深（a）	接缝槽宽（b）	壁厚（c）	孔间肋厚（d）
90	2500～3000	600	90	2～3	20～30	≥10	≥20
120	2500～3500	600	120	2～3	20～30	≥10	≥20

　　物理力学性能符合表 24-53 规定，依据《玻璃纤维增强水泥轻质多孔隔墙条板》（GB/T 19631 —2005）。

玻璃纤维增强水泥轻质隔墙条板　　表 24-53

项　　目		一 等 品	合 格 品
含水率（%）	采暖地区≤	10	
	非采暖地区≤	15	
气干面密度/（kg/m²）	90 型≤	75	
	120 型≤	95	
抗折破坏荷载（N）	90 型≥	2200	2000
	120 型≥	3000	2800
干燥收缩值（mm/m）≤		0.6	
抗冲击性（30kg，0.5m落差）		冲击 5 次，板面无裂缝	
吊挂力（N）≥		1000	
空气声计权隔声量（dB）	90 型≥	35	
	120 型≥	40	
抗折破坏荷载保留率（耐久性）（%）≥		80	70
放射性比活度	I_{Ra}≤	1.0	
	I_r≤	2	
耐火极限（h）≥		1	
燃烧性能		不燃	

　　（2）轻集料混凝土空心板（工业灰渣空心条板）：采用普通硅酸盐水泥，低碳冷拔钢丝或双层钢筋网片、膨胀珍珠岩、浮石、陶粒、炉渣等轻集料为主要原料制成的轻质条板。材料技术指标见表 24-54、表 24-55。

灰渣混凝土板物理性能指标　　表 24-54

项　　目	指　　标		
	板厚 90mm	板厚 120mm	板厚 150mm
抗冲击性能	经 5 次抗冲击试验后，板面无裂纹		
面密度（kg/m²）	≤120	≤140	≤160
抗弯承载（板自重倍数）≥	≥1		
抗压强度（MPa）	≥5		
空气隔声量（dB）	≥40	≥45	≥50
含水率（%）	≤12		
干燥收缩值（mm/m）	≤0.6		
吊挂力	荷载 1000N，静置 24h，板面无宽度超过 0.5mm 缝隙		
耐火极限/h	≥1.0		
软化系数	≥0.8		
抗冻性	不应出现可见裂缝或表面无变化		

注：依据《灰渣混凝土空心隔墙板》（GB/T 23449—2009）。

灰渣混凝土板放射性核素限量　　表 24-55

项　　目	指　　标
制品中镭－226、钍－232、钾－40 放射性核素含量	空心板（空心率大于 25%）
内照射指数（I_{Ra}）	≤1.0
外照射指数（I_r）	≤1.3

　　（3）植物纤维强化空心条板：是以锯末、麦秸、稻草、玉米秸秆等植物秸秆中的一种，加入以轻烧镁粉、氯化镁、改性剂、稳定剂等为原料配置而成的粘合剂，以中碱或无碱短玻纤为增强材料之称的中空型轻质条板，产品要求参见表 24-56。

植物纤维强化空心条板　　表 24-56

厚度（mm）	长度（mm）	宽度（mm）	耐火极限（h）	重量（kg/m²）	隔声dB
100	2400～3000	600	≥1	≤60	≥35
200	2400～3000	600	≥1	≤60	≥45

注：依据《轻质条板内隔墙》（图集号 03J113）。

　　（4）泡沫水泥条板：使用硫铝酸盐水泥或轻烧镁粉为胶凝材料，掺加粉煤灰、适量外加剂，以中碱涂塑或无碱玻纤网格布为增强材料，采用发泡工艺，机制成型的微孔轻质实心或空心隔墙条板。

　　硅镁条板使用硫铝酸盐水泥或轻烧镁粉，掺加粉煤灰、适量外加剂，以 PVA 维尼纶短切纤维为增强材料，采用发泡工艺，成组立模制成的空心隔墙条板。

泡沫水泥条板、硅美条板规格　　表 24-57

厚度（mm）	长度（mm）	宽度（mm）	耐火极限（h）	重量（kg/m²）	隔声（dB）
60	2400～2700	600	≥1	≤60	≥35
90	2400～3000	600	≥1	≤60	≥40
200	2400～3000	600	≥1	≤60	≥45

　　（5）石膏条板是采用建筑石膏（掺加小于 1% 的普通硅酸盐水泥）、膨胀珍珠岩及中碱玻璃纤维涂塑网格布（或短切玻璃纤维）等为主要原料制成的轻质条板。

　　（6）建筑轻质板胶粘剂：用于板与板、板与结构之间粘接，要求见表 24-58。

轻质板胶粘剂质量要求　　表 24-58

项　　目		质 量 要 求
拉伸胶粘强度（MPa）	常温 14d	≥1.0
	耐水 14d	≥0.7
压剪胶粘强度（MPa）	常温 14d	≥1.5
	耐水 14d	≥1.0
抗压强度（MPa）	14d	≥5.0
抗折强度（MPa）	14d	≥2.0
收缩率（%）		≤0.3
可操作时间（h）		2

　　配件用胶粘剂：用于吊挂件、构配件与板间的连接。质量要求见表 24-59。

轻质板用配件胶粘剂质量要求　　表 24-59

项　　目		质 量 要 求
拉伸胶粘强度（MPa）	常温 14d	≥1.5
	耐水 14d	≥1.0
压剪胶粘强度（MPa）	常温 14d	≥2.0
	耐水 14d	≥1.5
可操作时间（h）		2

　　（7）嵌缝材料：

　　嵌缝剂：用于隔墙板接缝嵌缝防裂。质量要求见表 24-60。

隔墙板用嵌缝剂质量要求　　表 24-60

项　　目		质 量 要 求
可操作时间（h）		与凝结时间协调 ≥2
5min 保水性		试饼周围无水泥渗出
28d 柔韧性（抗压/抗折）		≤3.0
凝结时间（min）	初凝	＞45
	终凝	＞300
拉伸胶粘强度（MPa）	常温 7d	≥0.7
	耐水 7d	≥0.5
压剪胶粘强度（MPa）	常温 7d	≥1.0
	耐水 7d	≥0.7
抗裂性		5mm 以下

　　嵌缝带：用于板缝间嵌缝的增强材料。用于墙体等特殊增强部位的采用 200 宽嵌缝带。见表 24-61。

隔墙板用嵌缝带质量要求　　　**表 24-61**

项 目	宽 度 (mm)	单位面积重量 (g/m²)	涂覆量 (%)	厚度 (mm)	抗拉强度 (N/50mm) 纵向	抗拉强度 (N/50mm) 横向	延伸率 (%) 纵向	延伸率 (%) 横向
玻纤Ⅰ型	100/50	160	≥8	—	>750	>750	≥2	≥2
玻纤Ⅱ型	100/50	160	≥8	—	>1000	>1000	≥2	≥2
聚酯Ⅰ	100/50	100	—	0.4	>280	>260	>20	>20
聚酯Ⅱ	100/50	120	—	0.5	>320	>300	>20	>20
聚酯Ⅲ	100/50	140	—	0.6	>350	>330	>20	>20

2. 施工机具

主要工具参数表　　　**表 24-62**

序号	工具名称	图 例	主要用途
1	搅拌器		与手电钻配合使用搅拌粉状材料
2	刮铲		涂刮胶粘剂
3	平抹板		用于结构上打孔
4	嵌缝胶枪		用于墙体缝隙嵌缝封堵
5	橡胶锤		调平墙板位置,辅助安装
6	开孔器		与手电钻配合使用墙体开孔
7	拉铆枪		用于抽芯铆钉固定
8	冲击钻		用于在结构上钻孔
9	手持切割机		墙体开槽

3. 施工要点

在安装隔墙板时,按照排版图弹分档线,标明门窗尺寸线,非标板统一加工。

预先将 U 形 L 形钢卡固定与结构梁板下,位于板缝将相邻两块板卡住,无吊顶房间宜选用 L 型钢板暗卡。安装前将端部空洞封堵,顶部及两侧企口处用Ⅰ型砂浆胶粘剂,从板侧推紧板,将挤出胶粘剂刮平用靠尺检查。用 2m 靠尺及塞尺测量墙面的平整度,用 2m 托线板检查板的垂直度。板底留 20～30mm 缝隙,用两组木楔对楔背紧,填实 C20 混凝土,达到强度后撤出木楔,填实孔洞。

设备安装:设备定好位后用专用工具钻孔,用Ⅱ型水泥砂浆胶粘剂预埋吊挂配件。

电气安装:利用跳板内孔敷管穿线,注意墙面两侧不得有对孔出现。

条板接缝处理:在板缝、阴阳角处、门窗框用白乳胶粘贴耐碱玻纤网格布加强,板面宜满铺玻纤网一层。

双层板隔断的安装,应先立好一层板后再安装第二层板,两层板的接缝要错开。隔声墙中填充轻质吸声材料时,可在第一层板安装固定后,把吸声材料贴在墙板内侧,再安装第二层板,做法见图 24-83。墙板各种类型连接、接缝做法见图 24-84～图 24-87。

空心条板上挂式洗面盆、吊柜安装方法见图 24-88、图 24-89。

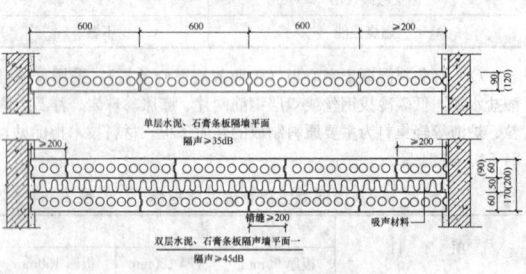

图 24-83　单、双层板墙平面图

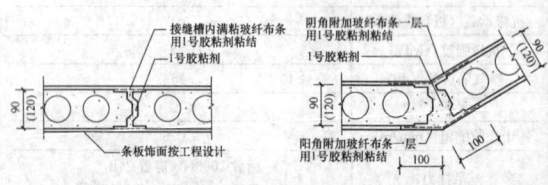

图 24-84　单层板平接缝和任意角接缝处理节点

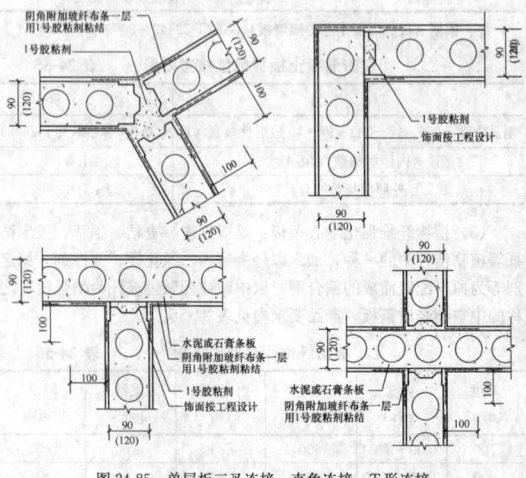

图 24-85　单层板三叉连接、直角连接、T 形连接、十字连接处理节点

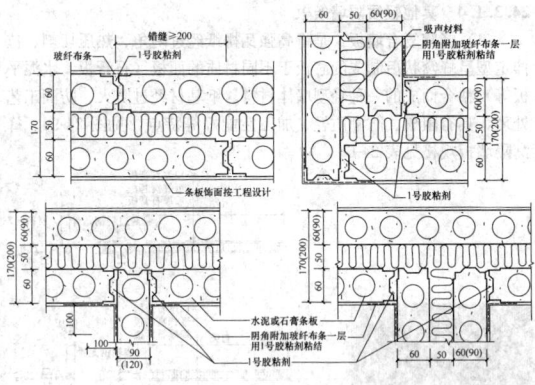

图 24-86　双层平接、隔声墙直角连接、
双层 T 形连接、双层十字连接处理节点

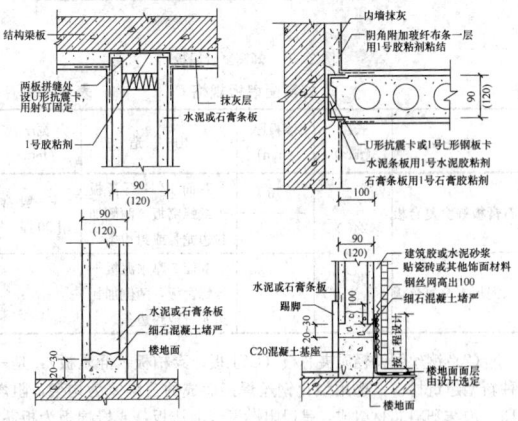

图 24-87　墙板与结构梁、结构墙柱、楼地面连接处理节点

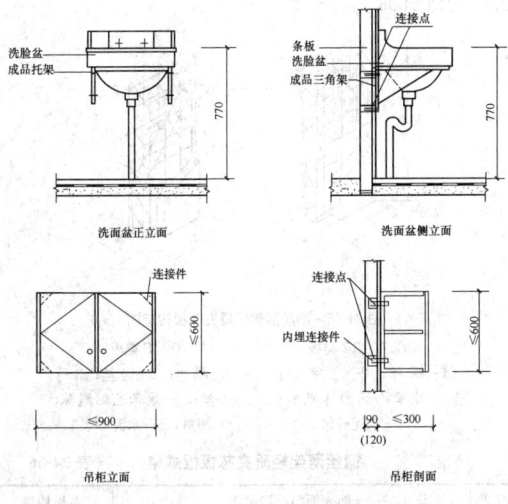

图 24-88　挂式洗面盆、吊柜安装图

24.3.1.3　轻质复合条板

1. 材料及其质量要求

轻质复合隔墙条板是以 3.2mm 厚木质纤维增强水泥板为面板，以强度等级 42.5 普通硅酸盐水泥、中砂、粉煤灰、聚苯乙烯发泡颗粒及添加剂等材料组成芯料，采用成组立模振捣成型。具有轻

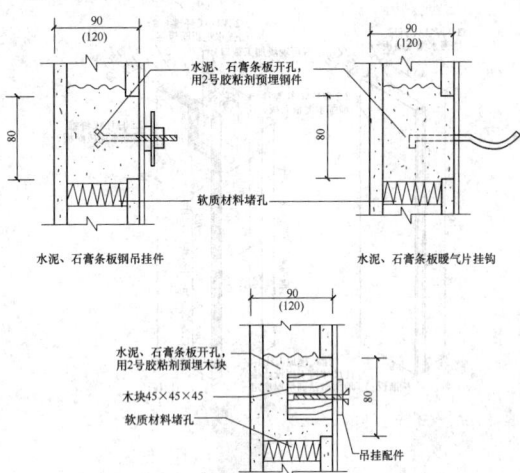

图 24-89　空心条板吊挂件做法处理节点

质、高强、隔声隔热、防火、防水、可直接开槽埋设管线等特点。复合隔墙板的规格和性能指标见表 24-63 和表 24-64。

复合隔墙板规格　　　　表 24-63

厚度（mm）	长度（mm）	宽度（mm）
75	1830	610
100	2440	610
150	2745	610

复合隔墙板性能指标　　　　表 24-64

序号	项目	指标		
		板厚75mm	板厚100mm	板厚150mm
1	抗冲击性能	经≥10 次抗冲击试验后，板面无裂纹		
2	面密度（kg/m²）	≤82	≤95	≤140
3	抗弯承载（板自重倍数）	≥1.5		
4	抗压强度（MPa）	≥3.5		
5	空气隔声量（dB）	≥40	≥45	≥50
6	含水率（%）	≤10		
7	干燥收缩值（mm/m）	≤0.6		
8	吊挂力	≥1000N		
9	耐火极限（h）	≥1.0		
10	软化系数	≥0.8		
11	空气隔声量（dB）	≥35		
12	传热系数（W/m²·K）			≤2.0

板型及规格示意图见图 24-90。

2. 施工机具

参见表 24-62。

3. 施工要点

复合隔墙板工艺流程：

清理现场 → 测量放线 → 安装墙板 → 埋设管件线槽 →

板缝处理 → 清理现场 → 验收

1）放线定位后安装固定连接件：隔墙板上、下端用钢连接件固定在结构梁、板下或楼面。隔墙板与板间连接采用长 250mm 的 φ6 镀锌钢钎斜插连接。见图 24-91。

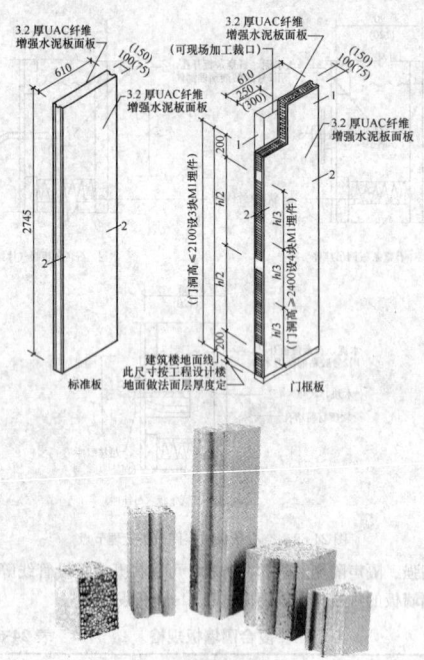

图 24-90　复合隔墙板板型及规格图

2) 板面安装同其他轻质板。

3) 板面开孔、开槽：用瓷砖切割机或凿子开挖竖槽、孔洞。管线埋设好后应及时用聚合物砂浆固定及抹平板面，并按照板缝防裂要求进行处理。墙板贯穿开空洞直径应小于 200mm。见图 24-92。

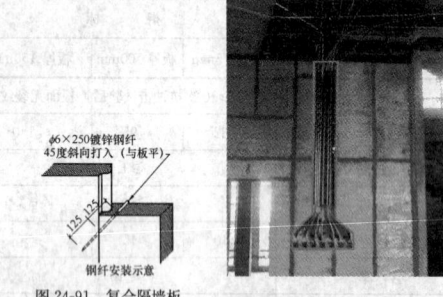

图 24-91　复合隔墙板　　图 24-92　复合隔墙板面开槽情况
板面连接固定图

4) 门框安装见图 24-93。

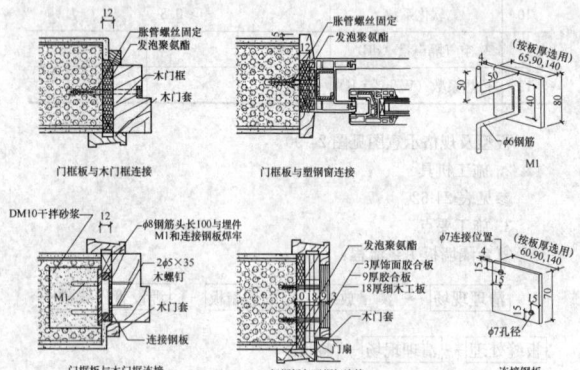

图 24-93　复合隔墙板面门框安装图

24.3.1.4　其他轻质隔墙条板

(1) 蜂窝复合墙板：是将高强瓦楞纸经过阴角、热压切割、拉伸定型呈蜂窝状后制成的芯板于不同材质的面板（石膏板、水泥平板等）粘合而成的一种轻型墙体材料。纸基材经过防火、防潮工艺处理，具有阻燃、防潮质轻、加工性能好等特点，见图 24-94。蜂窝隔墙板规格见表 24-65。

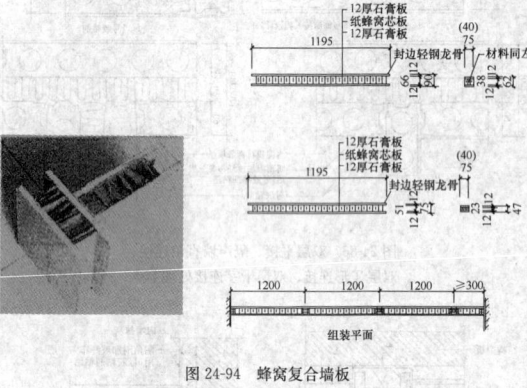

图 24-94　蜂窝复合墙板

种类	长度(mm)	墙板厚(mm)	构造	宽度(mm)
蜂窝隔墙板规格				表 24-65
石膏板蜂窝复合板	2400 ～ 3000	75	双面 12 厚石膏板＋纸蜂窝板，两侧加封边龙骨或封边条	一般常用 90 厚
		90		
水泥板蜂窝复合板		90	双面 8 厚水泥板＋纸蜂窝板，两侧加封边龙骨或封边条	

(2) 钢丝网架轻质夹芯板（GSJ 板、泰柏板、舒乐板）：是一种新型建筑材料，选用强化钢丝焊接而成的三维笼为构架，阻燃 EPS 泡沫塑料芯材组成，是以阻燃聚苯泡沫板，或岩棉板为板芯，两侧配以直径为 2mm 冷拔钢丝网片，钢丝网目 50mm×50mm，腹丝斜插过芯板焊接而成。规格见表 24-66，内部可填充岩棉、珍珠岩、玻璃棉。符合 JC 623—1996《钢丝网架水泥聚苯乙烯夹芯板》要求，见图 24-95。

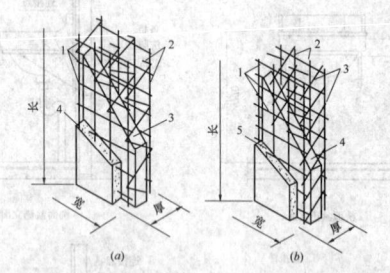

图 24-95　钢丝网架轻质夹芯板构造图

(a) T、TZ 类板　　　　(b) S 类板

1—横丝；2—之字条；　　1—横丝；2—竖丝；3—
3—聚苯乙烯泡沫塑料；　斜丝；4—聚苯乙烯泡沫
4—水泥砂浆　　　　　塑料；5—水泥砂浆

板厚	两表面喷抹层做法	芯板构造
钢丝网架轻质夹芯板板规格		表 24-66
100	两面各有 25mm 厚水泥砂浆做法	各类 GJ 板
110	两面各有 30mm 厚水泥砂浆做法	
130	两面各有 30mm 厚水泥砂浆加两面各有 15mm 石膏涂层或轻质砂浆	

24.3.1.5　质量要求

1. 主控项目

（1）隔墙板材的品种、规格、性能、颜色应符合设计要求。有隔声、隔热、阻燃、防潮等特殊要求的工程，板材应有相应性能等级的检测报告。

检验方法：观察；检查产品合格证书、进场验收记录和性能检测报告。

（2）安装隔墙板材所需预埋件、连接件的位置、数量及连接方法应符合设计要求。

检验方法：观察；尺量检查；检查隐蔽工程验收记录。

（3）隔墙板材安装必须牢固。隔墙与周边墙体的连接方法应符合设计要求，并应连接牢固。

检查方法：观察；手扳检查。

（4）隔墙板材所用接缝材料的品种及接缝方法应符合设计要求。

检验方法：观察；检查产品合格证书和施工记录。

2. 一般项目

（1）隔墙板材安装应垂直、平整、位置正确，板材不应有裂缝或缺损。

检验方法：观察；尺量检查。

（2）板材隔墙表面应平整光滑、色泽一致、洁净，接缝应均匀、顺直。

检验方法：观察；手摸检查。

（3）隔墙上的孔洞、槽、盒应位置正确，套割方正、边缘整齐。

检验方法：观察。

板材隔墙安装的允许偏差和检验方法应符合表 24-67 的规定。

轻质板材隔墙安装的允许偏差和检验方法　　表 24-67

项次	项　目	允许偏差（mm）			检验方法
		复合轻质墙板		石膏空心板	钢丝网水泥板	
		金属夹芯板	其他复合板			
1	立面垂直度	2	3	3	3	用 2m 垂直检测尺检查
2	表面平整度	2	3	3	3	用 2m 靠尺和塞尺检查
3	阴阳角方正	3	3	3	4	用直角检测尺检查
4	接缝高低差	1	2	3	3	用钢直尺和塞尺检查

3. 检查数量

板材隔墙工程的检查数量应符合下列规定：

每个检验批应至少抽查 10%，并不得少于 3 间；不足 3 间时应全数检查。

24.3.1.6　安全、职业健康、环保注意事项

1. 水电专业的管线预埋应与隔墙安装同步进行，密切配合。

2. 隔墙墙面需开孔时，应在隔墙安装 7 天后进行，并采用专用工具，洞孔尺寸不大于 80mm×80mm。同时避免横向开槽。

3. 墙体吊挂件应按要求设置预埋件，单点吊重不宜大于 80kg。

4. 线盒插座等机电末端在隔墙两面错位安装，避免处在相对的同一位置。

5. 隔墙安装后 24 小时不得碰撞，合理安排工序，加强对墙体的保护。隔墙板门窗框塞灰和抹粘结砂浆后，不得振动墙体，待达到强度后方可进行下一工序。

6. 安装埋件不得用力敲击，宜用电钻钻孔、扩孔。

7. 切割隔墙板时，应采取防尘措施，操作人员戴口罩防止吸入灰尘。

8. 胶粘剂使用后及时清理、回收至指定地点或容器中，分开存放，集中处理。

9. 现场堆放、搬运复合轻质墙板应侧立，板下加垫木方，距两端 500～700mm，不平放。隔墙板材现场吊运严禁用铁丝捆绑和用钢丝绳兜吊。

10. 严防运输小车等碰撞隔墙板及门口。

11. 施工后的隔墙板上不得吊挂重物。

12. 在施工楼地面时，采取适当遮挡措施，防止砂浆溅污隔墙板。

24.3.2　轻钢龙骨隔墙工程

轻钢龙骨隔墙是以连续热镀锌钢板（带）为原料，采用冷弯工艺生产的薄壁型钢为支撑龙骨的非承重内隔墙。隔墙面材通常采用纸面石膏板、纤维水泥加压板（FC 板）、玻璃纤维增强水泥板（GRC 板）、加压低收缩性硅酸钙板、粉石英硅酸钙板等。面材固定于轻钢龙骨两侧，对于有隔声、防火、保温要求的隔墙，墙体内可填充隔声防火材料。通过调整龙骨间距、壁厚和面材的厚度、材质、层数以及内填充材料来改变隔墙高度、厚度、隔声耐火、耐水性能以满足不同的使用要求。

24.3.2.1　轻钢龙骨石膏板隔墙

1. 材料及质量要求

（1）隔墙龙骨及配件

沿顶龙骨、沿地龙骨、加强龙骨、竖向龙骨、横撑龙骨等轻钢龙骨的配置应符合设计要求。龙骨应有产品质量合格证。龙骨外观应表面平整，棱角挺直，过渡角及切边不允许有裂口和毛刺，表面不得有严重的污染、腐蚀和机械损伤，面积不大于 1cm² 的黑斑每米长度内不多于 3 处，涂层应无气泡、划伤、漏涂、颜色不均等影响使用的缺陷。技术性能应符合《建筑用轻钢龙骨》（GB/T 11981—2008）要求。

支撑卡、卡托、角托、连接件、固定件、护墙龙骨和压条等附件应符合设计要求。轻钢龙骨规格、允许偏差和平直度见表 24-68～表 24-70。

隔墙轻钢龙骨规格　　表 24-68

品种	断面形状	规格	备注
CH 型竖龙骨		$A×B_1×B_2×t$ 75(73.5)×B_1×B_2×0.8 100(98.5)×B_1×B_2×0.8 150(148.5)×B_1×B_2×0.8 B_1≥35；B_2≥35	当 B_1=B_2 时规格为：$A×B×t$
C 型竖龙骨		$A×B_1×B_2×t$ 50(73.5)×B_1×B_2×0.6 75(73.5)×B_1×B_2×0.6 100(98.5)×B_1×B_2×0.7 150(148.5)×B_1×B_2×0.7 B_1≥45；B_2≥45	当 B_1=B_2 时规格为：$A×B×t$
U 型龙骨		$A×B×t$ 52(50)×B×0.6 77(75)×B×0.6 102(100)×B×0.7 152(150)×B×0.7 B≥35	
贯通龙骨		$A×B×t$ 38(50)×12×1.0	
隔声墙龙骨 Z 型隔声龙骨		75×50×0.6	用于隔声要求较高的场所，作为竖龙骨
隔声龙骨 减震龙骨		65×50×0.6	用于隔声要求较高的场所，作为竖龙骨

续表

品　种	断面形状	规　格	备　注
井道墙配套龙骨	不等边龙骨	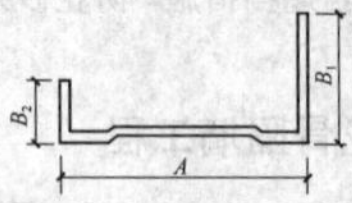 $A \times B_1/B_2 \times t$ 67×50/25×0.6/0.8 78×50/25×0.6/0.8 95×50/25×0.6/0.8 103×50/25×0.6/0.8 149×50/25×0.6/0.8	井道隔墙横龙骨
	E型龙骨	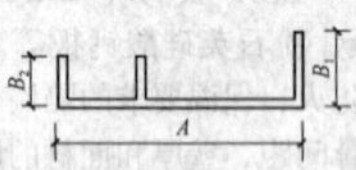 $A \times B_1/B_2 \times t$ 64×30/20×0.8/1.0 75×30/20×0.8/1.0 92×30/20×0.8/1.0 100×30/20×0.8/1.0 146×30/20×0.8/1.0	井道隔墙边龙骨

轻钢龙骨断面规格尺寸允许偏差　表 24-69

项　　目	偏　　差
长度 L	±5

轻钢龙骨侧面和地面的平直度（mm/1000mm）

表 24-70

类别	品　种	检测部位	偏　差
墙体	横龙骨和竖龙骨	侧面	≤1.0
		底面	≤2.0
	贯通龙骨	侧面和底面	

轻钢龙骨双面镀锌量≥100g/m²，双面镀锌厚度≥14μm。

（2）石膏板

纸面石膏板采用二水石膏为主要原料，掺入适量外加剂和纤维做成板芯，用特制的纸或玻璃纤维毡为面层，牢固粘贴而成。棱边的形式见图 24-96，技术参数符合表 24-71～表 24-74 要求。

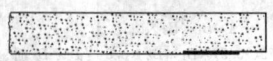

图 24-96　棱边的形式

纸面石膏板规格尺寸允许偏差（mm）　表 24-71

项　目	长　度	宽　度	厚　度	
			9.5	≥12.0
尺寸偏差	0 -6	0 -5	±0.5	±0.6

注：板面应切成矩形，两对角长度差应不大于5mm。

纸面石膏板断裂荷载值　表 24-72

板材厚度（mm）	断裂荷载（N）			
	纵　向		横　向	
	平均值	最小值	平均值	最小值
9.5	400	360	160	140
12	520	460	200	180
15	650	580	250	220
18	770	700	300	270
21	900	810	350	320
25	1100	970	420	380

纸面石膏板面密度值　表 24-73

板材厚度（mm）	面密度（kg/m²）	板材厚度（mm）	面密度（kg/m²）
9.5	9.5	18.0	18.0
12.0	12.0	21.0	21.0
15.0	15.0	25.0	25.0

纸面石膏板的其他技术要求　表 24-74

项　目	要　　求	参照标准
护面纸与芯材粘结	不裸露	
吸水率	≤10.0%（仅适于耐水纸面石膏板）	GB/T 9775—2008
表面吸水量	≤160g/m²（仅适于耐水纸面石膏板）	
遇火稳定性	板材遇火稳定时间应不小于 20min（仅适于耐火纸面石膏板）	
燃烧性能	普通纸面石膏板、耐火纸面石膏板、耐水纸面石膏板为难燃性材料，但安装在轻钢龙骨上可视为 A 级不燃材料	GB 50222—95

（3）紧固材料

拉锚钉、膨胀螺栓、镀锌自攻螺丝、木螺丝、短周期螺柱焊钉和粘贴嵌缝材，应符合设计要求。与主体钢结构相连采用的短周期外螺纹螺柱，材质为低碳钢，表面镀锌。螺柱拉力荷载要求不小于 15.3kN，螺柱焊接要求采用专业焊接设备。

（4）接缝材料

1）接缝腻子：抗压强度＞3.0MPa，抗折强度＞1.5MPa，终凝时间＞0.5h。

2）50mm 中碱玻纤带和玻纤网格布：网格 8 目/in，布重 80g/m，断裂强度（25mm×100mm）布条，经纱≥300N，纬纱≥150N。

辅助材料规格见表 24-75。

辅 助 材 料 规 格　表 24-75

名称	图　示	用　　途	材料构成	规格	常见包装
自攻螺钉		单层石膏板固定（板厚 9.5～15mm）		25	1000 枚/盒
		双层石膏板固定（板厚 9.5～15mm）		38	1000 枚/盒
		三层石膏板固定（板厚 12mm）		45	1000 枚/盒
		三层石膏板固定（板厚 12mm）		55	1000 枚/盒
				70	1000 枚/盒
平头自攻螺丝		薄壁（≤0.8mm）轻钢龙骨间的锚固，自带钻头，头部扁平，不损伤石膏板背纸	钢（灰磷化处理，不需另作防锈漆）	14	1000 枚/盒
平头自钻螺丝		厚壁（＞0.8mm）轻钢龙骨间的锚固，自带钻头，头部扁平，不损伤石膏板背纸		14	1000 枚/盒
自钻螺钉		石膏板和厚壁龙骨间锚固		32	1000 枚/盒
				45	1000 枚/盒
				60	1000 枚/盒

续表

名称	图示	用途	材料构成	规格	常见包装
嵌缝膏		石膏板拼缝的粘结嵌缝处理对表面破损进行修补	熟石膏粉、添加剂		5kg、10kg、20kg/袋
满批腻子		石膏板表面处理	老粉、黏土、添加剂		20kg/袋
粘结膏		用于石膏板直接粘墙系统,用于普通板、防火板与结构墙体固定	熟石膏粉、添加剂		25kg/袋

（5）填充隔声材料

玻璃棉、岩棉等应符合设计要求选用。岩棉技术指标见表24-76。

岩棉技术指标　　表24-76

序号	项　　目	标　准　值
1	长度（mm）	-3～10
2	宽度（mm）	±3
3	厚度（mm）	±2
4	体积密度（kg/m³）	≤15
5	尺寸偏差（mm）	-3～0
6	渣球含量（%）	≤4
7	纤维平均直径（μm）	≤6.5
8	热荷重收缩温度（℃）	≥6200
9	导热系数（W/m·K）	≤0.040

（6）密封材料

橡胶密封条、密封胶、防火封堵材料。

2. 常用工具

电圆锯、角磨机、电锤、手电钻、电焊机、切割机、拉铆枪、铝合金靠尺、水平尺、扳手、卷尺、线锤、托线板、胶钳。电动工具和测量工具见图24-97和图24-98。

图 24-97　部分电动工具冲击钻、金属切割机、电圆锯、手电钻

图 24-98　部分测量工具红外线水准仪、钢卷尺、水平尺

3. 构造做法及形式分类

（1）按照墙体结构形式可分为普通标准隔墙、井道隔墙、Z型龙骨隔声隔墙、贴面墙等。按照龙骨体系分为有贯通龙骨体系和无贯通龙骨体系。按照墙体功能可分为普通标准隔墙、不同等级耐火隔墙、潮湿环境使用的耐水隔墙及耐水耐火隔墙、气体灭火间使用的耐高压气爆墙、特殊要求的双层隔声隔墙等。按照隔墙的外形分为普通隔墙、曲面墙、倾斜墙、超高墙等。

（2）轻钢龙骨隔墙的功能与构造密切相关,应根据不同的使用环境和要求来确定隔墙的结构形式。据此来选用不同规格的龙骨、面板、配件。不同的隔墙体系配件选用见表24-77。

隔墙系统选用表　　表24-77

序号	隔墙图例	排版方式（mm）	龙骨宽度（mm）	板材	填充物	墙厚（mm）	单重（kg/m²）	隔声量（dB）	耐火极限（h）
1		12+12	50	P	—	74	23	37	0.5
2		12+12	75	P	—	99	24	37	0.5
3		12+12	75	P	50mm、100kg/m³	99	29	43	0.75
4		12×2+12×2	75	P	—	123	44	44	1.0
5		12+12	50	H	50mm、100kg/m³	74	28	39	1.0
6		12+12	75	H	50mm、100kg/m³	99	29	47	1.0
7		12×2+12×2	75	P	50mm、100kg/m³	123	49	48	1.5
8		12×2+12×2	双排75	P	50mm、100kg/m³	223	50	56	1.5
9		12×2+12×2	75	H	50mm、120kg/m³	123	44	53	2.0
10		12×2+12×2	Z型75	H	50mm、100kg/m³	123	49	54	2.0
11		12×3+12×3	100	H	100mm、100kg/m³	172	75	53	3.0

续表

序号	隔墙图例	排版方式	龙骨宽度(mm)	板材	填充物	墙厚(mm)	单重(kg/m²)	隔声量(dB)	耐火极限(h)
12	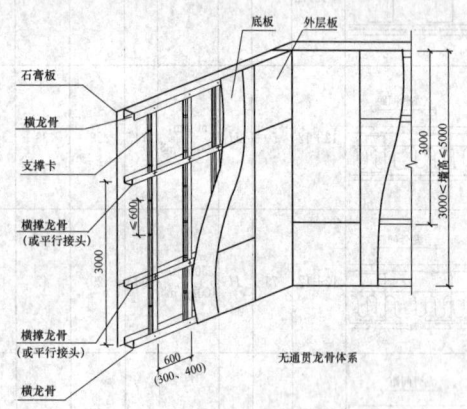	15×2 +15×2	100	GH	80mm, 120kg/m³	160	63	54	3.0
13	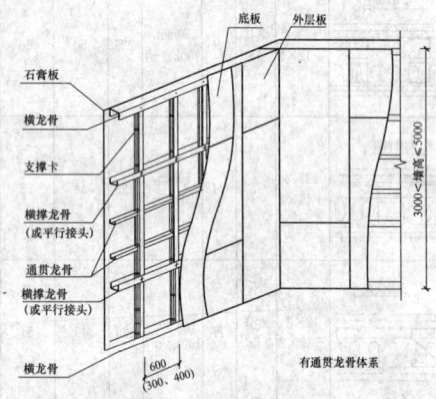	15×3 +15×3	100	H	80mm, 120kg/m³	190	87	55	4.0

1) 普通龙骨隔墙竖龙骨间距通常采用 600mm、400mm、300mm，不同的龙骨厚度和规格使隔墙有不同的高度限制和变形量，龙骨体系的选用可参照图集 07CJ 03—1《轻钢龙骨石膏板隔墙、吊顶》。选用贯通龙骨体系的，隔墙 3m 以下加一根贯通龙骨，3～5m 加两根，5m 以上加三根。在板与板横向接缝处设置横城龙骨或安装板带。见图 24-99、图 24-100。

图 24-99　无贯通龙骨墙体

图 24-100　有贯通龙骨墙体

2) 当隔墙在钢结构建筑或结构本身存在较大变形的情况下使用时，与结构连接通常采用滑动连接的方式。见图 24-101、图 24-102。

3) 井道隔墙墙体构造：为便于井道隔墙的施工，隔墙龙骨采用 CH 型轻钢龙骨，施工人员可站在井道一侧施工，通常墙体形式

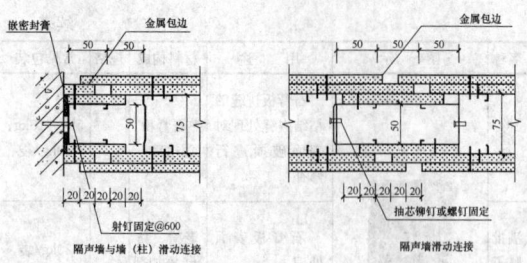

图 24-101　隔声墙滑动连接节点示意（一）

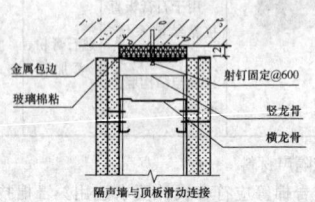

图 24-102　隔声墙滑动连接节点示意（二）

见图 24-103。

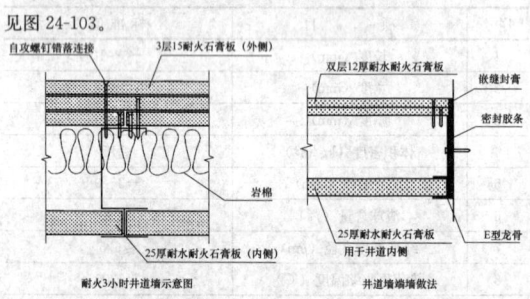

图 24-103　CH 型轻钢龙骨隔墙

4) 曲面墙体构造做法，需将横龙骨翼边剖切处 V 字口以便弯折，石膏板横向布设，见图 24-104～图 24-106。

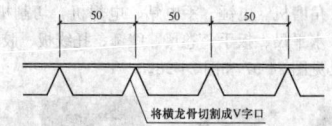

图 24-104　横龙骨翼边剖切 V 字口

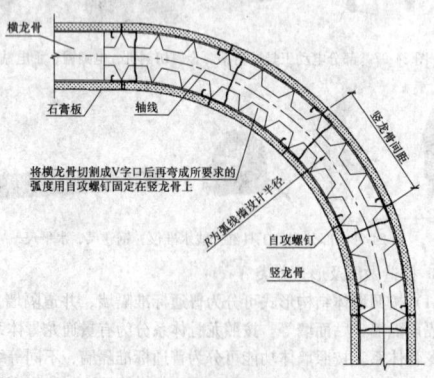

图 24-105　曲面墙体结构

5) 隔声墙体结构做法，常采用 Z 型隔声龙骨、金属减震条、单排龙骨错列、双排龙骨、改变面材板厚、与结构接缝处填密封胶、墙体内填置吸声材料来达到隔声要求，见图 24-107～图 24-111。

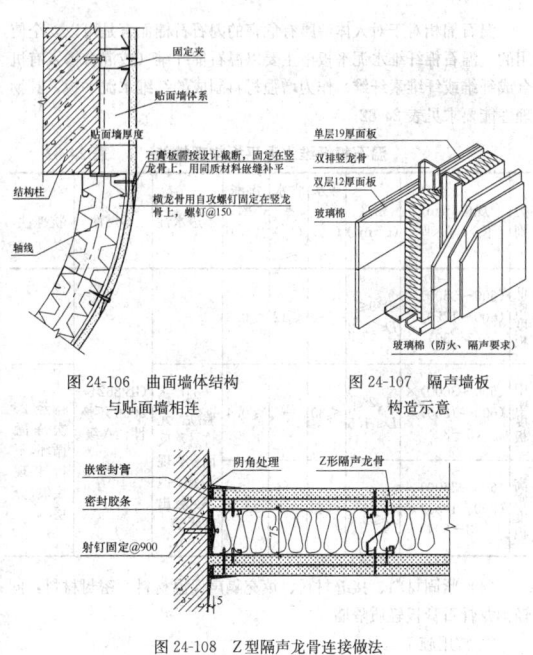

图 24-106 曲面墙体结构 与贴面墙相连

图 24-107 隔声墙板 构造示意

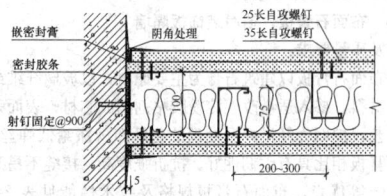

图 24-108 Z型隔声龙骨连接做法

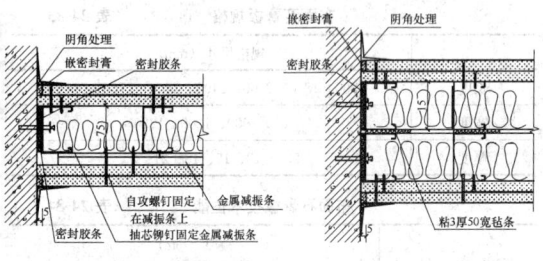

图 24-109 单排龙骨错列连接做法

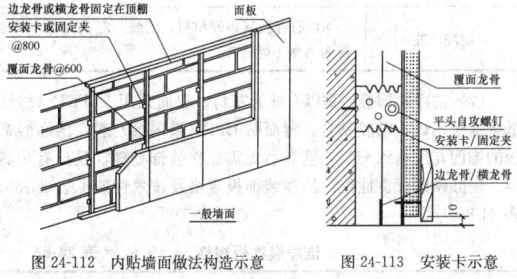

图 24-110 加金属减振条做法　　图 24-111 双排龙骨做法

6）内贴面墙做法：在施工空间较小或修正墙面不平整时采用，使用安装卡或固定夹在27～125mm间调整贴面墙厚。见图24-112～图24-114。

图 24-112 内贴墙面做法构造示意　　图 24-113 安装卡示意

7）气体灭火间采用的气爆墙结构。建筑的有气体灭火要求的房间。较钢混体系隔墙大大减轻了墙体自重，减轻了结构荷载，且采用半成品装配式施工，具有占用空间少、施工速度快、环境污染少等优点。见图24-115、图24-116。

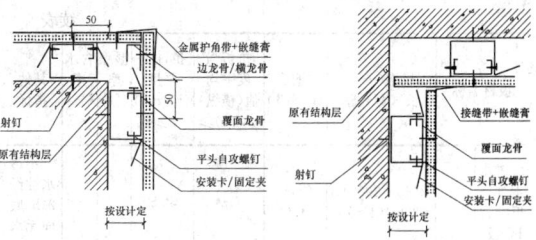

图 24-114 固定夹示意

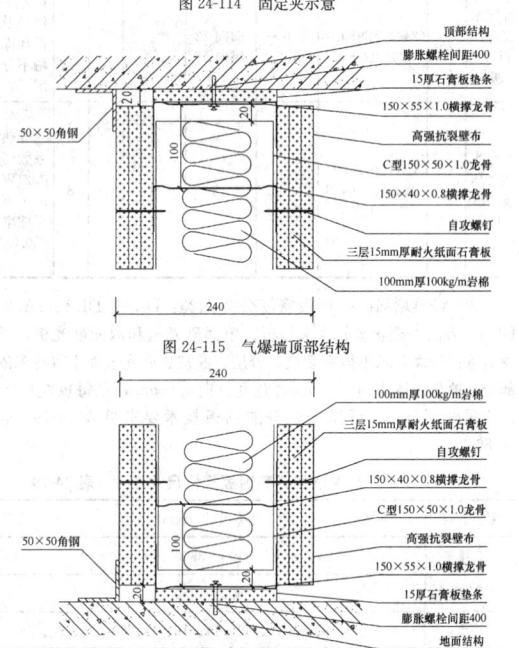

图 24-115 气爆墙顶部结构

图 24-116 气爆墙底部结构

24.3.2.2 纤维水泥加压板、硅酸钙板、纤维石膏板隔墙

1. 材料及质量要求

（1）纤维水泥加压板（FC板）、加压低收缩性硅酸钙板技术要求见表24-78。

纤维水泥加压板、加压低收缩硅酸钙板、纤维石膏板 规格及主要物理力学性能指标　　表 24-78

板材名称	规格(mm) 长×宽×厚	密度 (g/cm³)	抗折强度平均值（横纵）(MPa)≥	抗冲击强度 (kJ/m²) ≥	湿涨率 (%) ≤	含水率 (%) ≤	其他指标
加压低收缩硅酸钙板 (LCFC板)	(2440—2980)× 1220×(4—15)	1.1～ 1.3	13	2	0.08	10	吸水长度变化率 0.04%
加压低收缩硅酸钙板 (NALC板)	低密度板	(2440—2980)× 1220×(4—15)	0.7～ 0.9	9		10	10	
	中密度板	(2440—2980)× 1220×(4—15)	1.9～ 1.2	10		10	10	吸水长度变化率 0.04%
	高密度板	(2440—2980)× 1220×(4—15)	1.4～ 1.6	16		10	10	吸水长度变化率 0.04%

续表

板材名称	规格(mm) 长×宽×厚	密度 (g/cm³)	抗折强度平均值(横纵) (MPa)≥	抗冲击强度 (kJ/m²) ≥	湿涨率 (%) ≤	含水率 (%) ≤	其他指标
纤维水泥加压板(NA-FC板)	21	(2440−2980)× 1220×(4−15)	1.5~ 1.9	13	2.5	—	不透水性经24h底面无水滴出现
纤维水泥加压板(FC板)	25	(2440−2980)× 1220×(4−15)	1.6~ 1.7	横向22 纵向17	2	—	抗冻性:经25次循环冻融不分层
纤维水泥加压板(FFG板)		(2440−2980) ×1220×(4/8 −12)	1.0~ 1.3	13	2	8	导热系数≤0.21W/m·K 干缩率 ≤0.05%

(2) 纤维增强硅酸钙板密度分为四类: D0.8、D1.1、D1.3、D1.5,表面处理状态分为未砂板、单面砂光板和双面砂光板,外观质量正表面要求不得有裂纹、分层、脱皮,砂光表面不得有未砂部分,掉角长度方向≤20mm,宽度方向≤10mm,且每板≤1个;掉边深度≤5mm。纤维增强硅酸钙板技术要求见表24-79、表24-80。

纤维增强硅酸钙板规格尺寸　表24-79

项　目	公称尺寸(mm)
长度	500~3600
宽度	500~1250
厚度	4、5、6、8、9、10、12、14、16、18、20、25、30、35

纤维增强硅酸钙板物理性能　表24-80

类别	密度(g/cm³)	导热系数 (W/m·K)	含水率	湿涨率	热收缩率	不燃性	不透水性	抗冻率
D0.8	≤0.05	≤0.2					经24h检验后底面允许有水痕无水滴出现	经25次循环冻融不分层
D1.1	0.95<D≤1.2	≤0.25	≤10%	≤0.25%	≤0.5%	A级不燃		
D1.3	1.2<D≤1.4	≤0.3						
D1.5	>1.4	≤0.35						

(3) 无石棉纤维水泥平板是以非石棉类纤维作为增强材料制成的纤维水泥平板,制品种中石棉成分含量为零,其物理性能要求见表24-81。

无石棉纤维水泥平板物理性能　表24-81

类别	规格(mm) 长×宽×厚	密度 (g/cm³)	吸水率 (%) ≤	含水率 (%) ≤	湿涨率 (%) ≤	不透水性	不燃性	抗冻性
低密度板	(595~3600)× (595~1250)× (3~30)	0.8≤D ≤1.2	≤12			压蒸养护制品0.25;蒸汽养护制品≤0.5		
中密度板	(595~3600)× (595~1250)× (3~30)	1.1≤D ≤1.4	≤40	—	24h检验后允许反面出现湿痕,但不出现水滴	GB 8624—2006 不燃性A级	经25次冻融循环,不得出现裂痕、分层
高密度板	(595~3600)× (595~1250)× (3~30)	1.4≤D ≤1.7	≤28					

温石棉相对于对人体健康有危害的闪石石棉而言是可以安全使用的,温石棉纤维水泥平板市主要以温石棉纤维(或混合掺入有机合成纤维或纤维素纤维)作为增强材料制成的纤维水泥平板,其物理性能要求见表24-82。

温石棉纤维水泥平板物理性能　表24-82

类别	规格(mm) 长×宽×厚	密度 (g/cm³) ≤	吸水率 (%) ≤	含水率 (%) ≤	湿涨率 (%) ≤	不透水性	不燃性	抗冻性
低密度板	(600~3600)× (600~1250)× (3~30)	0.9≤ D≤1.2	—	≤12	≤0.3	24h检验后允许反面出现湿痕,但不出现水滴	GB 8624—2006不燃性A级	经25次冻融循环,不得出现裂痕、分层
中密度板	(600~3600)× (600~1250)× (3~30)	1.2≤ D≤1.5	≤30	—	≤0.4			
高密度板	(600~3600)× (600~1250)× (3~30)	1.5≤ D≤2.0	≤25	—	≤0.5			

(4) 紧固材料、接缝材料、填充隔声保温材料、密封材料:同轻钢龙骨石膏板轻质隔墙。

2. 常用施工工具

参见24.3.2.1第2条。

24.3.2.3 布面石膏板、洁净装饰板隔墙

材料及质量要求:

(1) 布面石膏板以建筑石膏为主要原料,以玻璃纤维或植物纤维为增强材料,掺入适量改性淀粉胶粘构成芯材,表面采用纸布复合新工艺,护面为经过高温处理的化纤布(涤纶低弹丝)。与传统纸面石膏板相比具有柔韧性好、抗折强度高,接缝不易开裂、表面附着力强等优点。布面石膏板规格及技术性能见表24-83、表24-84。

布面石膏板规格　表24-83

	规格尺寸(mm)
长度	1200、1800、2100、2400、2440、2700、3000
宽度	600、900、1200、1220
厚度	9.5、12、15、18、21、25

布面石膏板技术性能　表24-84

项　目	板厚(mm)					
	9.5	12	15	18	21	25
单位面积质量(kg/m²)≤	≤9.0	≤11.5	≤15.0	≤18	≤21	≤25
断裂荷载(N)≥ 纵向	370	500	680	820	980	1120
横向	160	220	270	300	340	380
燃烧性能	布面石膏板属难燃材料,安装与轻钢龙骨上可视为A级不燃材料					

(2) 洁净装饰板:是以石膏为基材,表面采用LLPDE(线性低密度聚乙烯)贴胶粘合,背面贴UPP(聚丙烯)膜,洁净装饰板的饰面花纹精致美观,安装后无需二次装饰处理,且具有耐高温、耐酸碱的优良性能。洁净装饰板规格及技术性能见表24-85、表24-86。

洁净装饰板规格　表24-85

	规格尺寸(mm)
长度	2400、2440、3000
宽度	1200、1220
厚度	9.5、12、15

洁净装饰板技术性能 　　**表 24-86**

项　　目		板厚（mm）		
		9.5	12	15
单位面积质量（kg/m²）		≤9.0	≤12.0	≤15.0
断裂荷载（N）	纵向≥	310	380	690
	横向≥	130	170	280
燃烧性能		布质石膏板属难燃材料，安装到轻钢龙骨上可视为 A 级不燃材料		

24.3.2.4 施工要点

1. 作业条件

（1）主体结构必须经过相关单位（建筑单位、施工单位、监理单位、设计单位）检验合格。屋面已作完防水层，室内地面、室内抹灰、玻璃等工序已完成。幕墙安装到位并采取有效地阻止雨水下落的措施。

（2）室内弹出＋500mm 标高线。

（3）安装各种系统的管、线盒弹线及其他准备工作已到位。安装现场应保持通风且清洁干燥，地面不得有积水、油污等，电气设备末端等半成品必须做好半成品和成品保护措施。

（4）设计要求隔墙有地枕带时，应先将 C20 细石混凝土枕带施工完毕，强度达到 10MPa 以上，方可进行龙骨的安装。

（5）根据设计图和提出的备料计划，核查隔墙全部材料，使其配套齐全。并有相应的材料检测报告、合格证。

（6）大面积施工前先做好样板间，经有关质量部门检查鉴定合格后，方可组织班组进行大面积施工。

（7）施工前编制施工方案或技术交底，对施工人员进行全面的交底后方可施工。

（8）安全防护设施经安全部门验收合格后方可施工。

2. 普通隔墙（C 型龙骨）施工工艺流程

（1）工艺流程

弹线 → 安装天地龙骨 → 竖向龙骨分档 → 安装竖龙骨 →

机电管线安装 → 安装横撑龙骨 → 安装门洞口 →

安装罩面板（一侧）→ 安装填充材料（岩棉）→ 安装罩面板（另一侧）

（2）施工工艺

1）弹线：在地面上弹出水平线并将线引向侧墙和顶面，并确定门洞位置，结合罩面板的长、宽分档，以确定竖向龙骨、横撑及附加龙骨的位置以控制隔断龙骨安装的位置、龙骨的平直度和固定点。

设计有混凝土地坎台时，应先对楼地面基层进行清理，并涂刷 YJ302 型界面处理剂一道。浇筑 C20 素混凝土坎台，上表面应平整，两侧面应垂直。

2）天地龙骨与建筑顶、地连接及竖龙骨与墙、柱连接可采用射钉，选用 M5×35mm 的射钉将龙骨与混凝土基体固定，砖砌墙、柱体应采用金属胀铆螺栓。射钉或电钻打孔间距宜为 600～900mm，最大不应超过 1000mm。当与钢结构梁柱连接时，宜采用 M8 短周期外螺纹螺柱焊接，短周期焊接时间约为 0.1s，用时短，对钢结构变形影响小，焊接效果好。间距与使用胀栓螺栓相同，固定点距龙骨端部≤5cm。

轻钢龙骨与建筑基体表面接触处，应在龙骨接触面的两边各粘贴一根通长的橡胶密封条。或根据设计要求采用密封胶或防火封堵材料，见图 24-117、图 24-118。

3）安装竖龙骨：

① 按设计确定的间距就位竖龙骨，或根据罩面板的宽度尺寸而定。

a. 罩面板材较宽者，应在其中间加设一根竖龙骨，竖龙骨中距最大不应超过 600mm。

b. 隔断墙的罩面层重量较大时（如贴瓷砖）的竖龙骨中距，应以不大于 400mm 为宜。

c. 隔断墙体的高度较大时，其竖龙骨布置也应加密。墙体超

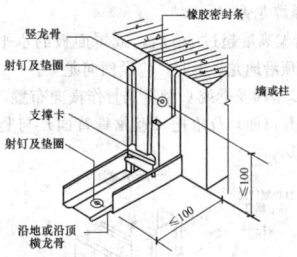

图 24-117　沿地（顶）及沿边龙骨的固定

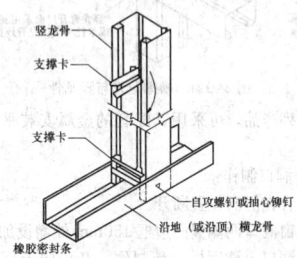

图 24-118　竖龙骨与沿地（顶）横龙骨的固定

过 6m 高时，可采取架设钢架加固等方式。

② 由隔断墙的一端开始排列竖龙骨，有门窗者要从门窗洞口开始分别向两侧排列。当最后一根竖龙骨距离沿墙（柱）龙骨的尺寸大于设计规定值时，必须增设一根竖龙骨。

a. 将竖龙骨推向沿顶、沿地龙骨之间，翼缘朝罩面板方向就位，龙骨开口方向一致。龙骨的上、下端如为钢柱连接，均用自攻螺钉或抽心铆钉与横龙骨固定。

按照沿顶、地龙骨固定方式把边框龙骨固定在侧墙或柱上。靠侧墙（柱）100mm 处应增设一根竖龙骨，罩面板板固定时与该竖龙骨连接，不与边框龙骨固定，以避免结构伸缩产生裂缝。

b. 当采用有冲孔的竖龙骨时，其上下方向不能颠倒，竖龙骨现场截断时一律从其上端切割，并应保证各条龙骨的贯通孔高度必须在同一水平。竖龙骨长度应比实际墙高短 10～15mm，保证隔墙适应主体结构的沉降和其他变形。天地龙骨和竖龙骨之间不宜先行固定，以便在罩面板安装时可适当调整，从而适合石膏板尺寸的允许误差。

c. 当石膏板封板需预留缝隙来做缝隙处理时，应先考虑龙骨间距根据预留缝隙作调整分档。

③ 门窗洞口处的竖龙骨安装应依照设计要求，采用双根并用或是扣盒子加强龙骨。如果门的尺度大且门扇较重时，应在门框外的上下左右增设斜撑。

4）安装通贯龙骨（当采用有通贯龙骨的隔墙体系时）：

① 通贯横撑龙骨的设置：低于 3m 的隔断墙安装 1 道；3～5m 高度的隔断墙安装 2～3 道。

② 对通贯龙骨横穿各条竖龙骨进行贯通冲孔，需接长时应使用配套的连接件。见图 24-119。

③ 在竖龙骨开口面安装卡托或支撑卡与通贯横撑龙骨连接锁紧，根据需要可在竖龙骨背面加设角托与通贯龙骨固定，见图 24-120。

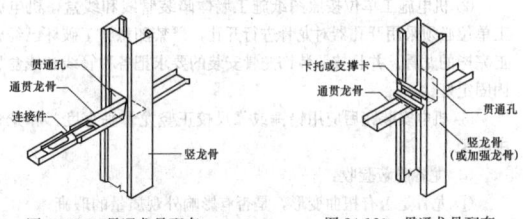

图 24-119　贯通龙骨配套　　　图 24-120　贯通龙骨配套
连接件的使用　　　　　　支撑卡的使用

④ 采用支撑卡系列的龙骨时，应先将支撑卡安装于竖龙骨开口面，卡距为 400～600mm，距龙骨两端的距离为 20～25mm。

5) 安装横撑龙骨：

① 隔墙骨架高度超过 3m 时，或罩面板的水平方向板端（接缝）未落在沿顶沿地龙骨上时，应设横向龙骨。

② 选用 U 型横龙骨或 C 型竖龙骨作横向布置，利用卡托、支撑卡（竖龙骨开口面）及角托（竖龙骨背面）与竖向龙骨连接固定，见图 24-121。

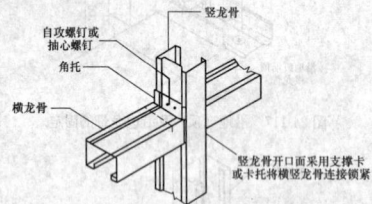

图 24-121 横撑龙骨与竖龙骨

③ 有的系列产品，可采用其配套的金属安装平板作竖龙骨的连接固定件。

6) 门窗等洞口制作：

① 沿地龙骨在门洞位置断开。

② 在门、窗洞口两侧竖向边框 150mm 处增设加强竖龙骨。

③ 门、窗洞口上樘用横龙骨制作，开口向上。上樘与沿顶龙骨之间插入两根竖龙骨，其间距不大于其他竖龙骨间距，隔墙正反面封板时分别将两面板错开固定于着两根竖龙骨上。用同样方法制作窗口下樘和设备管，风管等部位的加强制作。

④ 门框制作应符合设计要求，一般轻型门扇（35kg 以下）的门框可采取竖龙骨对扣中间加木方的方法制作；重型门根据门重量的不同，采取架设钢支架加强的方法，注意避免龙骨、罩面板与钢支架刚性连接，见图 24-122。

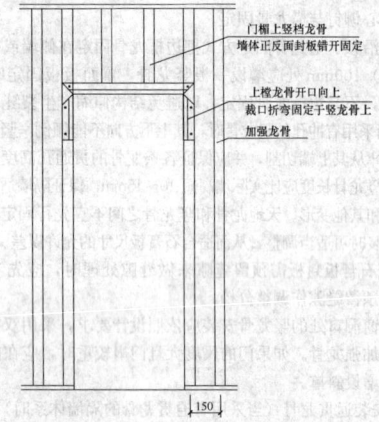

图 24-122 门洞口龙骨做法

7) 机电管线安装：

① 按照设计要求，隔墙中设置有电源开关插座、配电箱等小型或轻型设备末端时应预装水平龙骨及加固固定构件。消防栓、挂墙卫生洁具必须由机电安装单位另行安装独立钢支架，严禁消防栓、挂墙卫生洁具等设备直接安装在轻钢龙骨隔墙上。

② 机电施工单位按照图纸施工墙体暗装管线和线盒，机电施工单位必须采用开孔器对龙骨进行开孔，严禁随意施工破坏已经施工完毕的龙骨。并且按照装饰龙骨安装的要求把各种管线和线盒加固固定好。

③ 机电安装完后应用铅锤或靠尺校正竖龙骨垂直度，和龙骨中心距。

8) 龙骨隐蔽验收：

① 龙骨是否有扭曲变形，是否有影响外观质量的瑕疵；

② 门窗框、各种附墙设备、管道的安装和固定是否符合设计要求；

③ 管线是否有凸出外露，管线安装是否合理美观；

④ 龙骨允许偏差及检验方法见表 24-87。

龙骨允许偏差及检验方法　　　表 24-87

项 次	项 目	允许偏差（mm）	检 查 方 法
1	龙骨间距	≤2	用钢直尺或卷尺
2	竖骨垂直度	≤2	用线坠或带水准仪靠尺
3	整体平整度	≤2	用 2 米靠尺检查

9) 安装一侧石膏板：

① 纸面石膏罩面板安装：

根据要求尺寸丈量纸面石膏板并做出记号，使用壁纸刀将面纸划开，弯折纸面石膏板，从背面划断背纸，将石膏板铺放在龙骨框架上，对正缝位，隔墙两侧石膏板应错缝排列。用自攻螺丝将纸面石膏板固定在竖龙骨上，自攻螺丝要沉入板材表面 0.5～1mm，不可损坏纸面，内层钉距板边 400mm，板中 600mm，自攻钉距石膏板边距离为 10～15mm，从中间向两端钉牢。门窗四角部分应用刀把型封板；隔墙下端的纸面石膏板不应直接与地面接触，应留有 10mm 缝隙，石膏板与结构应留有 5mm 缝隙，缝隙可用密封胶嵌实。

a. 纸面石膏板安装，宜竖向铺设，其长边（包封边）接缝应落在竖龙骨上。如果是防火墙体，纸面石膏板必须竖向铺设。曲面墙体罩面时，纸面石膏板宜横向铺设。

b. 纸面石膏板可单层铺设，也可双层铺板，由设计确定。安装前应对预埋隔断中的管道和有关附墙设备等，采取局部加强措施。

c. 纸面石膏板材就位后，上、下两端应与上下楼板面（下部有踢脚台的即指其台面）之间分别留出 3mm 间隙。用 $\phi 3.5 \times 25$mm 的自攻螺钉将板材与轻钢龙骨紧密连接。

d. 自攻螺钉的间距为：沿板周边应不大于 200mm；板材中间部分应不大于 300mm，双层石膏板内层钉距板边 400mm，板中 600mm；自攻螺钉与石膏板边缘的距离应为 10～15mm。自攻螺钉进入轻钢龙骨内的长度，以不小于 10mm 为宜。

e. 板材铺钉时，应从板中间向板的四边顺序固定，自攻螺钉头应埋入表面 0.5～1mm，但不得损坏纸面。

f. 板块宜采用整板，如需对接时应靠紧，但不得强压就位。门窗四角部分应采用刀把型封板。

g. 纸面石膏板与墙、柱面之间，应留出 3mm 间隙，与顶、地的缝隙应先加注嵌缝膏再铺板，挤压嵌缝膏使其与相邻表层密切接触。在丁字形或十字形相接处，如为阴角应用腻子嵌满，贴上接缝带，如为阳角应做护角。

h. 安装防火墙石膏板时，石膏板不得固定在沿顶、沿地龙骨上，应另设横撑龙骨加以固定。

i. 隔墙板的下端如用木踢脚板覆盖，罩面板应离地面 20～30mm；用石材踢脚板时，罩面板下端应与踢脚板上口齐平，接缝严密。隔墙下端的纸面石膏板不应直接与地面接触，应留 10mm 缝隙。

j. 自攻螺钉帽应涂刷防锈涂料，有自防锈的自攻钉帽可不涂刷。

② 水泥纤维板（FC 板）罩面板安装：

a. 在用水泥纤维板做内墙板时，严格要求龙骨架基面平整。

b. 板与龙骨固定用手电钻或冲击钻，大批量同规格板材切割应委托工厂用大型锯床进行，少量安装切割可用手提式无齿圆锯进行。

c. 板面开孔：分矩形孔和大圆孔两种。

开矩形孔通常采用电钻先在矩形的四角各钻一孔，孔径为 10mm，然后用曲线锯沿四孔圆心的连线切割开孔部位，边缘用锉刀倒角。开大圆孔同样用电钻打孔，再用曲线锯加工，完成后边缘用锉刀倒角。所有开孔均应防止应力集中而产生表面开裂。

d. 将水泥纤维板固定在龙骨上，龙骨间距一般为 600mm，当墙体高度超过 4m 时，按设计计算确定。用自攻螺钉固定板，其钉距根据墙板厚度一般为 200～300mm。钉孔中心与板边缘距离一般为 10～15mm。螺钉应根据龙骨、板的厚度，由设计人员确定直径与长度。

e. 板与龙骨固定时，手电钻钻头直径应选用比螺钉直径小 0.5～1mm 的钻头打孔。固定后钉头处应及时涂防锈漆。

10) 保温材料、隔声材料铺设：

① 当设计有保温或隔声材料时，应按设计要求的材料铺设。铺放墙体内的玻璃棉、矿棉板、岩棉板等填充材料，应固定并避免受潮。安装时尽量与另一侧墙面石膏板同时进行，填充材料应铺满铺平。

② 对于有填充要求的隔断墙，待穿线部分安装完毕，即先用胶粘剂（792胶或氯丁胶等）按500mm的中距将岩棉钉固定粘固在石膏板上，牢固后，将岩棉等保温材料填入角骨空腔内，用岩棉固定钉固定，并利用其压圈压紧，每块岩棉板不少于4个岩棉钉固定。要求用岩棉板把管线裹实。

11）安装另一侧罩面板：

① 装配的板缝与对面的板缝不得布在同一根龙骨上。板材的铺钉操作及自攻螺钉钉距等同上述要求。

② 单层纸面石膏板罩面安装后，如设计为双层板罩面，其第一层板铺钉安装后只需用石膏腻子填缝，尚不需进行贴穿孔纸带及嵌缝等处理工作。

③ 第2层板的安装方法同第1层，但必须与第1层板的板缝错开，接缝不得布在同一根龙骨上。固定应用 φ3.5×5mm 自攻螺钉。内、外层板应采用不同的钉长，错开钉缝，见图24-123。

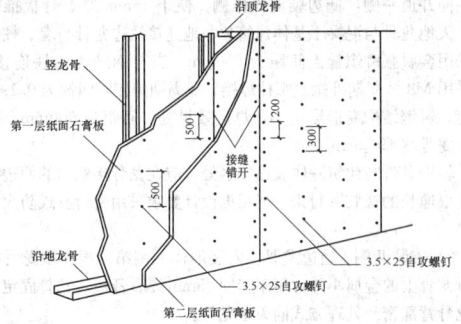

图 24-123 双层纸面石膏板隔墙罩面

④ 除踢脚板的墙端缝之外，纸面石膏板墙的丁字或十字相接的阴角缝隙，应使用石膏腻子嵌满并粘贴接缝带（穿孔纸带或玻璃纤维网格胶带）。

⑤ 隔墙两面有多层罩面板时，应交替封板，不可一侧封完再封另一侧，避免单侧受力过大造成龙骨变形。

12）接缝处理：

石膏板接缝环境温度应在5～40℃，温度不适合禁止施工。

① 纸面石膏板接缝及护角处理：主要包括纸面石膏板隔断墙面的阴角处理、阳角处理、暗缝和明缝处理等。

a. 阴角处理：

将阴角部位的缝隙嵌满石膏腻子，把穿孔纸带用折纸夹折成直角状后贴于阴缝处，再用阴角带器或滚抹子压实。

用阴角抹子薄抹一层石膏腻子，待腻子干燥后（约12h）用2号砂纸磨平磨光。

b. 阳角处理：

阳角转角处应使用金属护角。按墙角高度切断，安放于阳角处，用12mm长的圆钉或采用阳角护角器将护角条作临时固定，然后用石膏腻子把金属护角批抹掩埋，待完全干燥后（约12h）用2号砂纸将腻子表面磨平磨光。

c. 暗缝处理：

暗缝（无缝）要求的隔断墙面，一般选用楔形边的纸面石膏板。嵌缝所用的穿孔纸带宜先在清水中浸湿，采用石膏腻子和接缝纸带抹平（见图24-124）。

对于重要部位的缝隙，可采用玻璃纤维网格胶带取代穿孔纸带。石膏板拼缝的嵌封分以下四个步骤：

（a）清洁板缝，用小刮刀将接缝石膏腻子均匀饱满地嵌入板缝，并在板缝处刮涂宽约60mm、厚1mm的腻子，随即贴上穿孔纸带或玻璃纤维网格胶带，使用宽约60mm的刮刀顺贴条方向压刮，将多余的腻子从纸带或网孔中挤出使之平敷，要求刮实、刮平，不得留有气泡。穿孔纸带在使用前应浸湿、浸透。

（b）第一层干透后，用宽约150mm的刮刀将石膏腻子填满宽

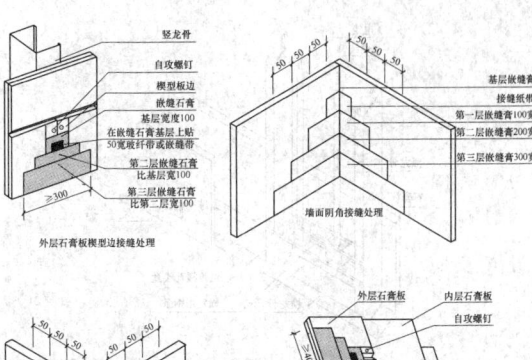

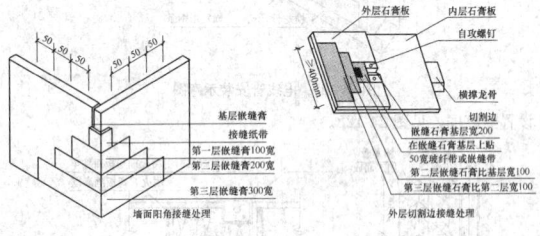

图 24-124 石膏板接缝

约150mm的板缝处带状部分。

（c）第二层干透后，用宽约300mm的刮刀再补一遍石膏腻子，其厚度不得超过2mm。

（d）待石膏腻子完全干燥后（约12h），用2号砂纸或砂布将嵌缝腻子表面打磨平整。

d. 明缝处理：

纸面石膏板隔断墙面设置明缝一般有三种情况。

（a）采用棱边为直角边的纸面石膏于拼缝处留出8mm间隙，使用与龙骨配套的金属包边条将石膏板切割边进行修饰，见图24-125。

图 24-125 金属包边条

（b）留出9mm板缝先嵌入金属嵌缝条，再以金属盖缝条压缝。

（c）隔墙的长度超过一定限值（一般为10m）时和隔声墙和结构之间需设置滑动连接缝，缝隙的位置可设在石膏板接缝处或隔墙门洞口两侧的上部。见图24-126。

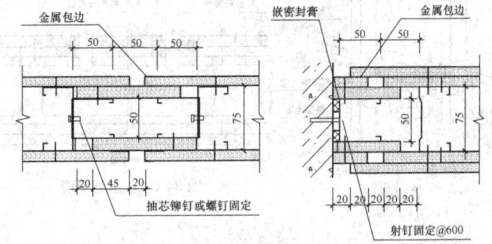

图 24-126 滑动连接、隔声墙与结构墙间滑动连接做法

② 水泥纤维板板缝处理：

a. 将板缝清刷干净，板缝宽度5～8mm。

b. 根据使用部位，用密封膏、普通石膏腻子、或水泥砂浆加胶粘剂拌制成腻子进行嵌缝。

c. 板缝刮平，并用砂纸、手提式平面磨光机打磨，使其平整光洁。

13）连接固定设备、电气：

① 隔墙管线安装与电气接线盒构造，见图24-127。接线盒的安装可在墙面开洞，但在同一墙面每两根竖龙骨之间最多可开2个接线盒洞，洞口距竖龙骨的距离为150mm；线盒固定应采用窄钢带固定，两个接线盒洞口位置必须错开，其垂直连在水平方向的距离不得小于300mm。墙体有较高隔声防火要求的，必须按照设计要求处理墙体开孔部位。

② 线管穿过竖龙骨尽量通过竖龙骨预冲孔，受限制需将竖龙骨切口时应采取措施加固龙骨；接线盒周围应按设计要求在盒周围

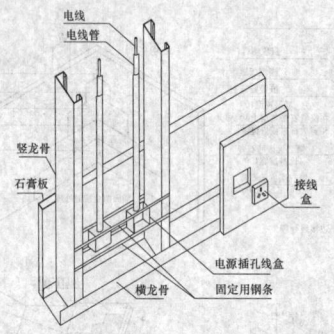

图 24-127 电线管安装示意图

设置隔离框,见图 24-128。

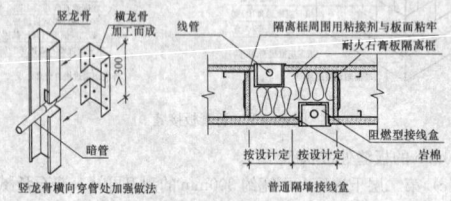

图 24-128 接线盒周围隔离框示意

③风管管道穿过隔墙时,管径小于竖龙骨间距的,参照图 24-129;管径大于竖龙骨间距的,应加设附加龙骨边框加固,参照图 24-130。

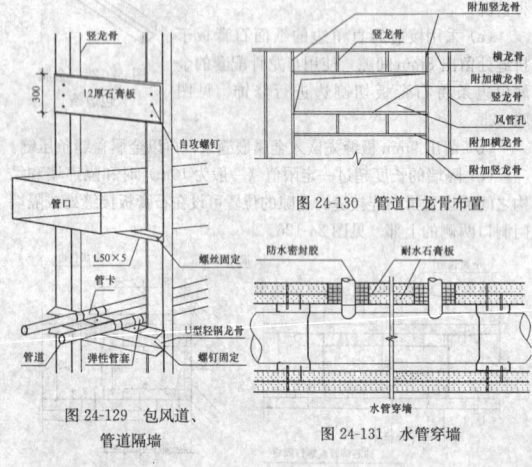

图 24-129 包风道、
管道隔墙

图 24-130 管道口龙骨布置

图 24-131 水管穿墙

④暖卫水电等管线穿墙:水管穿墙洞口周围应用防水密封胶密封,见图 24-131、图 24-132。

3. 井道 CH 型、J 型龙骨(图 24-133)系统隔墙施工工艺

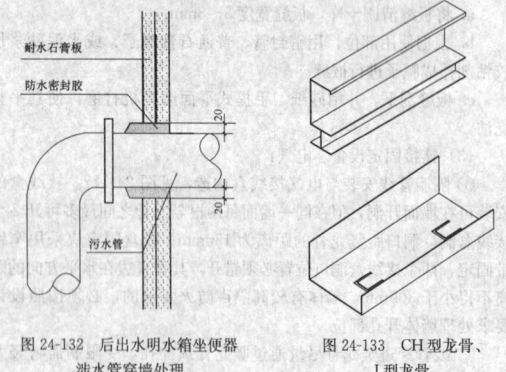

图 24-132 后出水明水箱坐便器
涉水管穿墙处理

图 24-133 CH 型龙骨、
J 型龙骨

CH 型、J 型龙骨井道隔墙系统最大的优势在于可以只在楼板一侧安装。

(1) 工艺流程

弹隔墙定位线 → 安装天地 J 或 U 型龙骨 → 安装两侧 J 型边龙骨 → 从一侧安装第一块 25 厚石膏板 → 安装第一根 CH 龙骨 → 安装第二块 25 厚石膏板 → 安装第二根 CH 龙骨 → 安装第 N 块 25 厚石膏板安装罩面板 → 安装第 N 根 CH 龙骨 → 安装最后一块 25 厚石膏板安装罩面板 → 机电管线安装 → 龙骨隐蔽验收 → 安装填充材料 → 安装另一侧石膏板 → 板缝处理 → 清理验收

(2) 施工工艺

1) 弹隔墙定位线同 C 型龙骨隔墙。

2) 天龙骨采用 U 型长翼龙骨,地龙骨采用 J 型龙骨,龙骨高边朝向井道一侧,低边朝向操作侧,便于 25mm 厚石膏板推插到位。天地龙骨与混凝土基体建筑顶、地连接及边龙骨与墙、柱连接可采用金属胀铆螺栓。间距为 600mm。当与钢结构梁柱连接时,宜采用 M8 短周期外螺纹螺柱焊接,短周期焊接时间约为 0.1s,用时短,对钢结构变形影响小,焊接效果好。间距为 600mm,固定点距龙骨端部≤5cm。

轻钢龙骨与建筑基体表面接触处,应在龙骨接触面的两边各粘一根通长的橡胶密封条。或根据设计要求采用密封胶或防火封堵材料。

3) 安装两侧 J 型边龙骨:安装墙体一侧第一根 J 型龙骨,并弯折龙骨上的金属小片,用于卡固 25mm 厚石膏板。龙骨固定方式和龙骨背部密封处理方式同天地龙骨。

4) 从一侧开始安装第一块 25mm 厚石膏板:将第一块 25mm ×600mm×2400mm 的耐水和防火纸面石膏板卡入地面 J 型龙骨和侧 J 型龙骨的芯板卡槽内,如芯板高度不够,则需按照余下的尺寸裁切芯板,按照上述同样的安装方式把芯板卡入龙骨槽内,接长芯板和下面的芯板之间打一道防火密封胶。接长的芯板要比隔墙的实际高度短 5mm,以保证墙体石膏板适应主体垂直变形的需要。

5) 安装第一根 CH 龙骨:待第一块石膏板安装完后,把根据层高定尺的 CH 龙骨卡入天地 J 型(或 U 型长翼)龙骨槽内,同时把卡槽卡住已安装完毕的芯板,同时调整 CH 龙骨的垂直度满足规范的要求,CH 龙骨比隔墙的实际高度短 5mm,以保证龙骨适应主体垂直变形的需要。CH 龙骨不够长时,可用专用龙骨接长件接长。

6) 安装第二块~第 N 块 25 厚石膏板以及安装第二根~第 N 根 CH 龙骨,同 4) 和 5) 做法。

7) 安装最后一块 25mm 厚芯板:把最后一块芯板按照余下的尺寸裁切,按照上述同样的安装方式把芯板卡入龙骨槽内,接长芯板和下面的芯板之间打一道防火密封胶。接长的芯板要比隔墙的实际高度短 5mm,以保证墙体石膏板适应主体垂直变形的需要。最后一块石膏板就位后,弯折 J 型边龙骨上的金属片,将石膏板卡牢。

8) 机电管线安装、龙骨隐蔽验收、门窗洞口制作、另一侧石膏板封板、接缝处理等工序详见 C 型龙骨隔墙的相应工序做法。

24.3.2.5 质量要求

1. 主控项目

(1) 骨架隔墙所用龙骨、配件、墙面板、填充材料及嵌缝材料的品种、规格、性能和木材的含水率应符合设计要求。有隔声、隔热、阻燃、防潮等特殊要求的工程,材料应有相应性能等级的检测报告。

检验方法:观察;检查产品合格证书、进场验收记录、性能检测报告和复验报告。

(2) 骨架隔墙工程边框龙骨必须与基体结构连接牢固,并应平整、垂直、位置正确。

检验方法：手扳检查；尺量检查；检查隐蔽工程验收记录。

（3）骨架隔墙中龙骨间距和构造连接方法应符合设计要求。骨架内设备管线的安装、门窗洞口等部位加强龙骨应安装牢固、位置正确，填充材料的设置应符合设计要求。

检验方法：检查隐蔽工程验收记录。

（4）骨架隔墙的墙面板应安装牢固，无脱层、翘曲、折裂及缺损。

检验方法：观察；手扳检查。

（5）墙面板所用接缝材料的接缝方法应符合设计要求。

检验方法：观察。

2. 一般项目

（1）骨架隔墙表面应平整光滑、色泽一致、洁净、无裂缝，接缝应均匀、顺直。

检验方法：观察；手摸检查。

（2）骨架隔墙上的孔洞、槽、盒应位置正确，套割吻合、边缘整齐。

检验方法：观察。

（3）骨架隔墙内的填充材料应干燥，填充应密实、均匀、无下坠。

检验方法：轻敲检查；检查隐蔽工程验收记录。

（4）骨架隔墙安装的允许偏差和检验方法应符合表24-88的规定。

骨架隔墙安装的允许偏差和检验方法 表 24-88

项次	项目	允许偏差（mm）		检验方法
		纸面石膏板	人造木板、水泥纤维板	
1	立面垂直度	2	3	用2m垂直检测尺检查
2	表面平整度	2	3	用2m靠尺和塞尺检查
3	阴阳角方正	2	3	用直角检测尺检查
4	接缝直线度	—	3	拉5m线，不足5m拉通线，用钢直尺检查
5	压条直线度	—	3	拉5m线，不足5m拉通线，用钢直尺检查
6	接缝高低差	1	1	用钢直尺和塞尺检查

3. 检查数量

骨架隔墙工程的检查数量应符合下列规定：

同一品种的轻质隔墙工程每50间（大面积房间和走廊按轻质隔墙的墙面30m² 为一间）划划分为一个检验批，不足50间也应划划分为一个检验批。每个检验批应至少抽查10%，并不得少于3间；不足3间时应全数检查。

24.3.2.6 安全、职业健康、环保注意事项

1. 安全措施

（1）施工作业人员施工前必须进行安全技术交底。

（2）使用人字梯应遵守以下规定：高度2m以下作业（超过2m按规定搭设脚手架）使用的人字梯应检查木梯的安全性，四脚落地，摆放平稳，梯脚应设防滑橡皮垫和保险拉链在并确保安全的情况下进行施工，严禁同时两人在人字梯上操作。

（3）作业过程中遇有脚手架与建筑物之间拉接，未经安全部门同意，严禁拆除。必要时由架子工负责采取加固措施后，方可拆除。

（4）采用井字架、龙门架、外用电梯垂直运输材料时，卸料平台通道的两侧边安全防护必须齐全、牢固，吊盘（笼）内小推车必须加挡车掩，不得向井内探头张望。

（5）如果是采用活动架子施工，架子须经验收合格后使用，要移动活动架子时，施工人员必须下架子，方可移动架子。

（6）夜间或阴暗作业，应用36V以下安全电压照明。施工现场的三级电箱和电缆必须由项目安全部验收合格后方可使用，并由具有电工上岗证的专业电工进行操作和维护。

（7）机械操作人员必须身体健康，并经专业培训合格，持证上岗，学员不得独立操作。

（8）凡患有高血压、心脏病、贫血病、癫痫病及不适宜高空作业人员不得从事高空作业。

（9）施工现场临电必须按照现场临电规范要求作后施工用电和临时照明，并好标示。

2. 环保措施

（1）切割作业中产生粉尘，应有洒水降尘措施，操作人员要戴口罩。

（2）施工垃圾要集中堆放，严禁将垃圾随意堆放或抛撒。施工垃圾应由合格消纳单位组织消纳，严禁随意消纳。

（3）清理现场时，严禁将垃圾杂物从窗口、洞口、阳台等处采用抛撒运输方式，以防造成粉尘污染。

（4）施工现场使用或维修机械时，应有防滴漏油措施，严禁将机油滴漏于地表，造成土壤污染。清修机械时，废弃的棉丝（布）等应集中回收，严禁随意丢弃或燃烧处理。

3. 成品保护

（1）各种隔墙面板整垛堆放，场地要求平坦、坚实，垛高不宜超过1.5m。不同类型、规格的板材要分别堆放，装箱时也不应混装。装卸搬运时不得碰撞、抛掷。运输中车、船底面必须平坦。散装高度不宜超过车厢栏杆，箱装叠高不准超过两箱，并应采取固定措施，确保车船运输中不移位滑撞。施工中搬运时，必须轻拿轻放，严禁两人在端部平抬，应将板按长向竖起后侧立，提高地面搬运。

（2）隔墙轻钢骨架及罩面板安装时，应注意保护隔墙内装好的各种管线；墙面穿孔应采用山花钻开孔，开方孔时应先开成圆孔再用锯条修边，修成方孔。严禁用凿子或管头凿孔。

（3）在施工过程中，搬运材料、机具以及使用小手推车时，要特别小心，防止碰、撞、磕划墙面、门、窗口等。后期施工操作人员严禁践踏门、窗口、窗台、窗台，以防损坏棱角。

（4）已经施工完毕的井道隔墙，电梯施工单位在进行电气焊作业时必须采取遮挡接火措施，防止电气焊火花烧伤罩面板面。

（5）拆除脚手架。跳板、高马凳时要加倍小心，轻拿轻放，集中堆放整齐，以免撞坏门、窗口、墙面或棱角等。

24.3.3 玻 璃 隔 墙

24.3.3.1 玻璃砖隔墙

玻璃砖隔墙常用来替代局部非承重实体墙，特点是提供良好的采光效果，并有延续空间的感觉。不论是单块镶嵌使用，还是整片墙面使用，皆可有画龙点睛之效。玻璃砖隔墙以玻璃为基材，制成透明的小型砌块，具有透光、色彩丰富的装饰效果，且具备一定的隔音、隔热、防潮、易清洁、节能环保性能的非承重装饰隔墙，见图24-134。

1. 材料及质量要求

（1）玻璃砖：用透明或颜色玻璃制成的块状、空心

图 24-134 玻璃砖隔墙实景图

的玻璃制品或块状表面施釉的制品（图24-135），按照透光性分为透明玻璃砖、雾面玻璃砖，玻璃砖的种类不同，光线的折射程度也会有所不同，玻璃砖可供选择的颜色有多种。产品主要规格性能见表24-89、表24-90。

质量要求：棱角整齐、规格相同、对角线基本一致、表面无裂痕和磕碰。

（2）新技术热敏玻璃砖是通过热敏技术来实现这种效果。它可以根据不同的温度变换不同的色彩。用这样的玻璃砖来装修居室卫生间，可以随温度高低变换砖面色彩。价格较贵，国内尚未普及上市，见图24-136。

玻璃空心砖规格（mm）　　表 24-89

长	宽	厚	长	宽	厚
100	100	95	190	190	95
115	115	50	193	193	95
115	115	80	210	210	95
120	120	95	240	115	95
125	125	95	240	240	80
139	139	95	300	90	100
140	140	95	300	145	95
145	145	95	300	196	100
145	145	80	300	300	100
190	190	95			

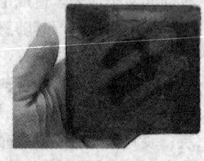

图 24-135　空心玻璃砖、表面施釉玻璃砖　　　图 24-136　热敏玻璃砖

玻璃空心砖主要性能　　表 24-90

抗压强度 （MPa）	导热系数 W/（m²·K）	重量 （kg/块）	隔声 （dB）	透光率 （%）
6.0	2.35	2.4	40	81
4.8	2.50	2.1	45	77
6.0	2.30	4.0	40	85
6.0	2.55	2.4	45	77
6.0	2.50	4.5	45	81
7.5	2.50	6.7	45	85

玻璃砖类型一般分为：方砖、半砖、收边砖（用于墙体一侧收边）、肩砖（用于墙体两侧收边）、角砖（墙体转角部位使用，分为六角玻璃砖和正方带角玻璃砖）

（3）金属型材的规格应符合下列规定：

轻金属型材或镀锌型材，其尺寸为空心玻璃砖厚度加滑动缝隙。型材深度最少应为 50mm，用于玻璃砖墙的边条重叠部分和胀缝。

1）用于 80mm 厚的空心玻璃砖的金属型材框，最小截面应为90mm×50mm×3.0mm；

2）用于 100mm 厚的空心玻璃砖的金属型材框，最小截面应为108mm×50mm×3.0mm。

（4）水泥：宜采用 42.5 级或以上普通硅酸盐白水泥。

（5）砂浆：砌筑砂浆与勾缝砂浆应符合下列规定：

1）配制砌筑砂浆用的河砂粒径不得大于 3mm；

2）配制勾缝砂浆用的河砂粒径不得大于 1mm；

3）河砂不含泥及其他颜色的杂质；

4）砌筑砂浆等级应为 M5，勾缝砂浆的水泥与河砂之比应为1：1。

（6）掺和料：胶粘剂质量要求参见应符合国家现行相关技术标准的规定。

（7）钢筋：应采用 HPB235 级钢筋，并符合相关行业标准要求。

（8）玻璃连连接件、转接件：产品进场应提供合格证。产品外观应平整，不得有裂纹、毛刺、凹坑、变形等缺陷。当采用碳素钢时，表面应作热浸镀锌处理。

（9）缓冲材料：通常采用弹性橡胶条、玻璃纤维等。

2. 常用施工机具

冲击钻、电焊机、灰铲、线坠、托线板、卷尺、铁水平尺、皮数杆、小水桶、存灰槽、橡皮锤、扫帚和透明塑料胶带条。

3. 施工要点

（1）工艺流程

定位放线 → 固定周边框架（如设计）→ 扎筋 → 排砖 → 玻璃砖砌筑 → 勾缝 → 边饰处理 → 清洁验收

有框玻璃砖墙构造见图 24-137（引自图集 03J502—1）。

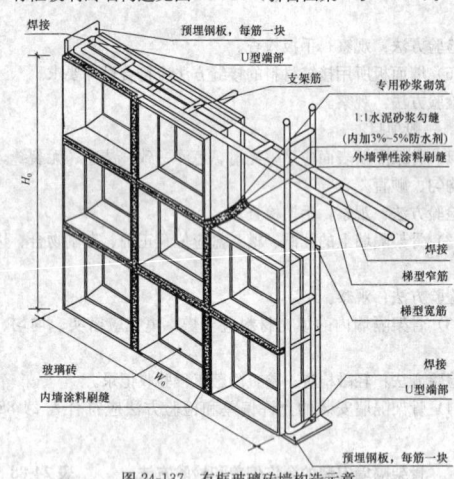

图 24-137　有框玻璃砖墙构造示意

（2）关键工序

1）定位放线：在墙下面弹好摆底线，按标高立好皮数杆；砌筑前用素混凝土或垫木找平并控制好标高；在玻璃砖墙四周根据设计图纸尺寸要求弹好墙身线。

2）固定周边框架：将框架固定好，用素混凝土或垫木找平并控制好标高，骨架与结构连接牢固。同时做好防水层及保护层。固定金属型材框用的镀锌钢膨胀螺栓直径不得小于 8mm，间距≤500mm。

3）横向钢筋：

①非增强的室内空心玻璃砖隔断尺寸应符合表 24-91 的规定。

②室内空心玻璃砖隔断的尺寸超过表 24-91 规定时，应采用直径为 6mm 或 8mm 的钢筋增强。

③当隔断的高度超过规定时，应在垂直方向上每 2 层空心玻璃砖水平布一根钢筋；当只有隔断的长度超过规定时，应在水平方向上每 3 个缝垂直布一根钢筋。

非增强的室内空心玻璃砖隔断尺寸表　　表 24-91

砖缝的布置	隔断尺寸（m）	
	高　度	长　度
贯通的	≤1.5	≤1.5
错开的	≤1.5	≤6.0

④钢筋每端伸入金属型材框的尺寸不得小于 35mm。用钢筋增强的室内空心玻璃砖隔断的高度不得超过 4m。

4）排砖：玻璃砖砌体采用十字缝立体砌法。按照排版图弹好的位置线，首先认真核对玻璃砖墙长度尺寸是否符合排砖模数。否则可调整隔墙两侧的槽位或木框的厚度及砖缝的厚度。注意隔墙两侧调整的宽度要保持一致，隔墙上部槽钢调整后的宽度也应尽量保持一致。

5）挂线：砌筑第一层应双面挂线。如玻璃砖隔墙较长，则应在中间多设几个支线点，每层玻璃砖砌筑时均需挂平线。

6）玻璃砖砌筑：

①玻璃砖采用白水泥：细砂＝1：1 的水泥浆或白水泥：界面剂＝100：7 的水泥浆（重量比）砌筑。白水泥浆要有一定的稠度，以不流淌为好。

②按上、下层对缝的方式，自下而上砌筑。两玻璃砖之间的砖缝不得小于 10mm，且不得超过 30mm。

③每层玻璃砖在砌筑之前，宜在玻璃砖上放置十字定位架（图24-138、图 24-139），卡在玻璃砖的凹槽内。

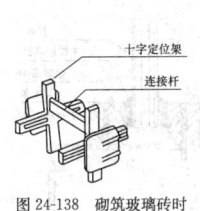

图 24-138　砌筑玻璃砖时
的塑料定位架

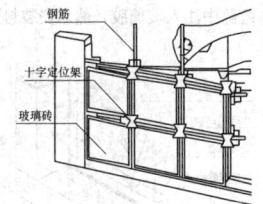

图 24-139　玻璃砖的安装方法

④砌筑时，将上层玻璃砖压在下层玻璃砖上，同时使玻璃砖的中间槽卡在定位架上，两层玻璃砖的间距为 5～10mm，每砌筑完一层后，用湿布将玻璃砖面上沾着的水泥浆擦去。水泥砂浆铺砌时，水泥砂浆应铺得稍厚一些，慢慢挤揉，立缝灌砂浆一定要捣实。缝中承力钢筋间隔小于 650mm，伸入竖缝和横缝，并与玻璃砖上下、两侧的框体和结构体牢固连接（图 24-140）。

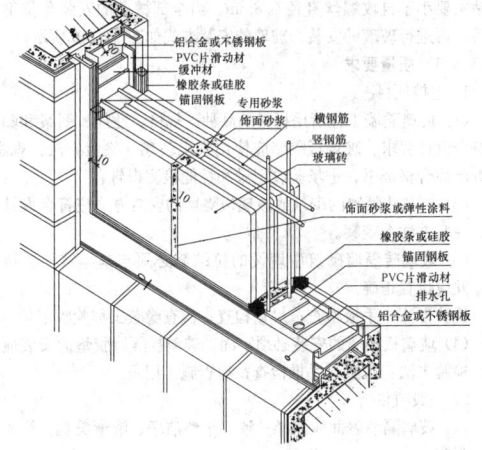

图 24-140　有框玻璃砖墙砌筑图

⑤玻璃砖墙宜以 1.5m 高为一个施工段，待下部施工段胶结料达到设计强度后再进行上部施工。当玻璃砖墙面积过大时应增加支撑。

⑥最上层的空心玻璃砖应深入顶部的金属型材框中，深入尺寸不得小于 10mm，且不得大于 25mm。空心玻璃砖与顶部金属型材框的腹面之间应用木楔固定。

⑦勾缝：玻璃砖墙砌筑完后，立即进行表面勾缝。勾缝要勾严，以保证砂浆饱满。先勾水平缝，再勾竖缝，缝内要平滑、缝的深度要一致。勾缝与抹缝之后，应用布或棉纱将砖表面擦洗干净，待勾缝砂浆达到强度后，用硅树脂胶涂敷。也可采用矽胶注入玻璃砖间隙勾缝。

⑧饰边处理：

a. 在与建筑结构连接时，室内空心玻璃砖隔断与金属型材框两翼接触的部位应留有滑缝，且不得小于 4mm。与金属型材框腹面接触的部位应留有胀缝，且不得小于 10mm。滑缝应采用符合现行国家标准《石油沥青油毡、油纸》（GB 326）规定的沥青毡填充，胀缝应用符合现行国家标准《建筑物隔热用硬质聚氨酯泡沫塑料》（GB 10800）规定的硬质泡沫塑料填充。滑缝和胀缝的位置见图 24-141。

b. 当玻璃砖墙没有外框时，需要进行饰边处理。饰边通常有木饰边和不锈钢饰边等。

c. 金属型材与建筑墙体和屋顶的结合部，以及空心玻璃砖砌体与金属型材框翼端的结合部应用弹性密封剂密封。

24.3.3.2　玻璃隔断

也称作玻璃花格墙，采用木框架或金属框架，玻璃可采用磨砂玻璃、刻花玻璃、夹花玻璃、玻璃砖等与木、金属等拼成，有一定的透光性和较高的装饰性，多用作室内的隔墙、隔断或活动隔断等。

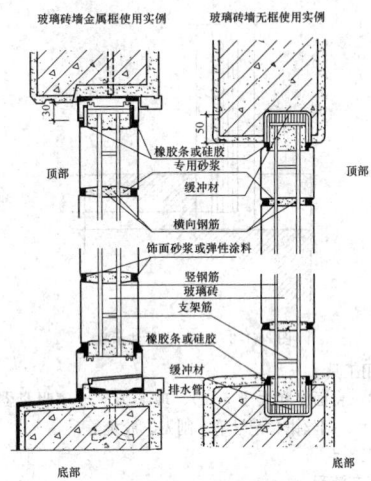

图 24-141　玻璃砖隔墙剖面

1. 材料及质量要求

通常采用钢化玻璃、彩绘玻璃或压花玻璃等装饰玻璃作为隔断主材，利用金属或实木做框架。

平板玻璃、钢化玻璃：玻璃厚度、边长应符合设计要求，表面无划痕、气泡、斑点等，并不得有裂缝、缺角、爆边等缺陷。玻璃技术质量要求可参见《普通平板玻璃标准》（GB 4871）、《建筑用安全玻璃 第 2 部分：钢化玻璃标准》（GB 15763.2—2005）、《镶嵌玻璃标准》（JC/T 979—2005）。有框架的普通退货玻璃和夹丝玻璃的最大许用尺寸见表 24-92，单片玻璃、夹层玻璃最小安装尺寸见表 24-93。

有框架的普通退火玻璃和夹丝玻璃的
最大许用尺寸　　　表 24-92

玻璃种类	公称厚度（mm）	最大许用面积（m²）
普通退火玻璃	3	0.1
	4	0.3
	5	0.5
	6	0.9
	8	1.8
	10	2.7
	12	4.5
夹丝玻璃	6	0.9
	7	1.8
	10	2.4

单片玻璃、夹层玻璃最小安装尺寸（mm）　表 24-93

玻璃公称厚度	前部余隙或后部余隙 a			嵌入深度 b	边缘余隙 c
	①	②	③		
3	2.0	2.5	2.5	8	3
4	2.0	2.5	2.5	8	3
5	2.0	2.5	2.5	8	4
6	2.0	2.5	2.5	8	4
8	—	3.0	3.0	10	5
10	—	3.0	3.0	10	5
12	—	3.0	3.0	12	5
15	—	5.0	4.0	12	5
19	—	5.0	4.0	15	10
25	—	5.0	4.0	18	10

注：1. 表中①适用于建筑钢木门窗用油灰的安装，但不适用于安装夹层玻璃。
2. 表中②适用于塑性填料、密封剂或嵌缝条材料的安装。
3. 表中③适用于与成形的弹性材料（如聚氯乙烯或氯丁橡胶制成的密封垫）的安装。油灰适用于公称厚度不大于 6mm，面积不大于 2m² 的玻璃。
4. 夹层玻璃最小安装尺寸，应按原片玻璃公称厚度总和，在表中选取。
5. a、b、c 标注见图 24-142。

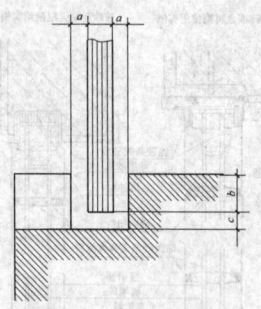

图 24-142　a、b、c 标注示意

2. 常用工具

工作台（台面厚度大于 5cm）、玻璃刀、玻璃吸盘器、直尺、1m 长木折尺、钢丝钳、记号笔、刨刀、胶枪等。

3. 施工要点

（1）工艺流程

定位放线 → 固定隔墙边框架（如设计）→ 玻璃板安装

→ 压条固定

（2）关键工序

1）定位放线：根据图纸墙位放墙体定位线。基底应平整、牢固。

2）固定周边框架：根据设计要求选用龙骨，木龙骨含水率必须符合规范规定。金属框架时，多选用铝合金型材或不锈钢型材。采用钢架龙骨或木制龙骨，均应做好防火防腐处理，安装牢固。

3）玻璃板安装及压条固定：把已裁好的玻璃按部位编号，并分别竖向堆放待用。安装玻璃前，应对骨架、边框的牢固程度、变形程度进行检查，如有不牢固应予以加固。玻璃与基架框的结合不宜太紧密，玻璃放入框内后，与框的上部和侧边应留有 3～5mm 左右的缝隙，防止玻璃由于热胀冷缩而开裂。

a. 玻璃板与木基架的安装：

（a）用木框安装玻璃时，在木框上要裁口或挖槽，校正好木框内侧后定出玻璃安装的位置线，并固定好玻璃板靠位线条，见图 24-143。

（b）把玻璃装入木框内，其两侧距木框的缝隙应相等，并在缝隙中注入玻璃胶，然后钉上固定压条，固定压条宜用钉枪钉。

（c）对面积较大的玻璃板，安装时应用玻璃吸盘器将玻璃提起来安装，见图 24-144。

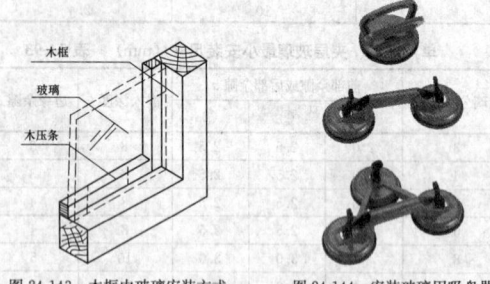

图 24-143　木框内玻璃安装方式　　图 24-144　安装玻璃用吸盘器

b. 玻璃与金属方框架的固定：

（a）玻璃与金属方框架安装时，先要安装玻璃靠住线条，靠住线条可以是金属角线或是金属槽线。固定靠住线条通常是用自攻螺丝。

（b）根据金属框架的尺寸裁割玻璃，玻璃与框架的结合不宜太紧密，应该小于框架 3～5mm 的尺寸裁割玻璃。

（c）安装玻璃前，应在框架下部的玻璃放置面上，放置一层厚 2mm 的橡胶垫，如图 24-145 所示。

（d）把玻璃放入框内，并靠在靠位线条上。如果玻璃面积较大，应用玻璃吸盘器安装。玻璃板距金属框两侧的缝隙相等，并在缝隙中注入玻璃胶，然后安装封边压条。

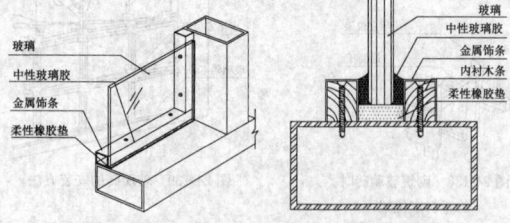

图 24-145　玻璃安装示意　　图 24-146　金属框架上的玻璃安装

如果封边压条是金属槽条，且要求不得直接用自攻螺丝固定时，可先在金属框上固定木条，然后在木条上涂环氧树脂胶（万能胶），把不锈钢槽条或铝合金槽条卡在木条上。如无特殊要求，可用自攻螺丝直接将压条槽固定在框架上，常用的自攻螺丝为 M4 和 M5。安装时，先在槽条上打孔，然后通过此孔在框架上打孔。打孔钻头要小于自攻螺丝直径 0.8mm。当全部槽条的安装孔位都打好后，再进行玻璃的安装。玻璃的安装方式如图 24-146 所示。

24.3.3.3　质量要求

1. 主控项目

（1）玻璃隔墙工程所用材料的品种、规格、性能、图案和颜色应符合设计要求。玻璃板隔墙使用安全玻璃。检验方法：观察；检查产品合格证书、进场验收记录和性能检测报告。

（2）玻璃砖隔墙的砌筑或玻璃板隔墙的安装方法应符合设计要求。检验方法：观察。

（3）玻璃砖隔墙砌筑中埋设的拉结筋必须与基体结构连接牢固，并应位置正确。

检验方法：手扳检查；尺量检查；检查隐蔽工程验收记录。

（4）玻璃板隔墙的安装必须牢固。玻璃板隔墙胶垫的安装应正确。检验方法：观察；手推检查；检查施工记录。

2. 一般项目

（1）玻璃隔墙表面应色泽一致、平整洁净、清晰美观。检验方法：观察。

（2）玻璃隔墙接缝应横平竖直，玻璃应无裂痕、缺损和划痕。检验方法：观察。

（3）玻璃板墙嵌缝及玻璃砖墙勾缝应密实平整、均匀顺直、深浅一致。检验方法：观察。

（4）玻璃隔墙安装的允许偏差和检验方法应符合表 24-94 的规定。

玻璃隔墙安装的允许偏差和检验方法　　表 24-94

项次	项　目	允许偏差（mm）		检　验　方　法
		玻璃砖	玻璃板	
1	立面垂直度	3	—	用 2m 垂直检测尺检查
2	表面平整度	3	—	用 2m 靠尺和塞尺检查
3	阴阳角方正	—	2	用直角检测尺检查
4	接缝直线度	—	2	拉 5m 线，不足 5m 拉通线，用钢直尺检查
5	接缝高低差	—	—	用钢直尺和塞尺检查
6	接缝宽度	—	1	用钢直尺检查

3. 检查数量

玻璃隔墙工程的检查数量应符合下列规定：

每个检验批应至少抽查 20%，并不得少于 6 间；不足 6 间时应全数检查。

24.3.3.4　安全、职业健康、环保注意事项

1. 施工作业人员施工前必须进行安全技术交底。

2. 施工中所用的手持电动工具的开关箱内必须安装隔离开关、短路保护、过负荷保护和漏电保护器。

3. 切割过程中产生的固体废弃物应及时装袋，并存放到指定地点，集中消纳。

4. 玻璃砖入场，存放使用过程中应妥善保管，保证不污染、无损坏。不宜堆码过高。防止打碎伤人。

5. 玻璃砖隔墙施工中，各工种间应确保已安装项目不受损坏，墙内电线管及附墙设备不得碰动、错位及损伤。

6. 玻璃砖隔墙宜以 1.5m 高为一施工段，待下部胶凝材料达到设计强度后再行后续施工。

7. 施工部位已安装的门窗、地面、墙面、窗台等应注意保护，防止损坏。已安装好的墙体不得碰撞保证墙面不受损坏和污染。

8. 玻璃砖墙砌筑完后，在距玻璃砖隔墙两侧各约 100～200mm 处搭设简易木架栏护，防止玻璃砖墙遭受磕碰。

9. 玻璃板隔墙在完成后在明显位置悬挂醒目的成品保护标志。

24.3.4 活动式隔墙（断）

24.3.4.1 推拉直滑式隔墙

推拉直滑式隔断又称为，轨道隔断、移动隔音墙。具有易安装、可重复利用、可工业化生产、防火、环保等特点。因其具有高隔音、防火、可移动、操作简单等特点，极为适合星级酒店宴会厅、高档酒楼包间、高级写字楼会议室等场所进行空间间隔的使用。目前，活动隔断、固定隔断系列产品已经广泛适用在酒店、宾馆、多功能厅、会议室、宴会厅、写字楼、展厅、金融机构、政府办公楼、医院、工厂等多种场合，见图 24-147。

图 24-147 推拉直滑式隔墙实景图

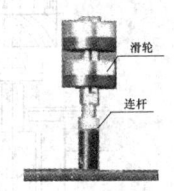

图 24-148 吊轮

通常在专业厂家定制，现场安装。根据不同的使用部位和功能要求，活动隔板可制作成直板、弧板、带角度板、直角转角板等形式，还可制作带单扇门、双扇门墙板。

1. 材料及质量要求

(1) 目前多采用悬吊滑轨式结构，通过固定与结构顶面上的钢架结构安装轨道并承担推拉隔断整体重量（图 24-151），活动隔断单元隔板通过吊轮（图 24-148）与滑轨（图 24-149）相连和滑移，隔板片边框由定制铝合金型材或钢管拼装，四周与相邻隔板及顶地接口处设有隔音条（槽）装置（具体形式按照设计要求，见图 24-150)，单元隔板饰面由玻镁板、石膏板、三聚氰胺板、中纤板、彩钢板、玻璃、金属薄板、织物等材料组装，隔音要求较高的，隔板芯内填充吸音材料。

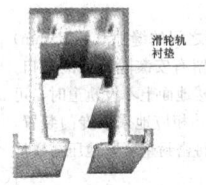

图 24-149 滑轨

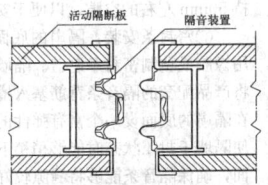

图 24-150 隔音条（槽）装置

(2) 隔墙板材（根据设计确定，一般有木隔扇、金属隔扇、棉、麻织品或橡胶、塑料等制品）、铰链、滑轮、轨道（或导向槽）、橡胶或毡制密封条、密封板或缓冲板、密封垫、螺钉等。所生产隔断使用的板材、胶粘剂应符合《民用建筑工程室内环境污染控制规范》（GB 50325—2010）要求。

1) 隔墙板材：目前广泛采用的推拉式隔断为厂家加工，现场装配式隔断，按设计要求可选用相应的材料、品种、规格、质量应

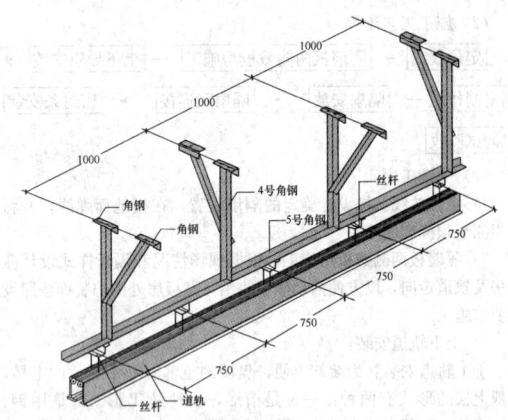

图 24-151 悬吊滑轨式结构构造示意

符合设计要求和规范要求。有隔音防火要求的产品，因出具相应检测报告。

2) 活动隔墙导轨槽、滑轮及其他五金配件配套齐全，并具有出厂合格证。铝合金型材须符合 GB 5237 要求。

3) 防腐材料、填缝材料、密封材料、防锈漆、水泥、砂、连接铁脚、连接板等应符合设计要求和有关标准的规定。

2. 常用工具

红外线水准仪、电焊机、金属切割机、电锯、木工手锯、电刨、手提电钻、电动冲击钻、射钉枪、量尺、角尺、水平尺、线坠、墨斗、钢丝刷、小灰槽、2m 靠尺、开刀、2m 托线板、扳手、专用撬棍、螺丝刀、剪钳、橡皮锤、木楔、钻、扁铲、射钉枪等。

3. 施工要点

(1) 移动隔板藏板方式

分为密闭式存放和开放式存放，见图 24-152（图引自图集《内装修—轻钢龙骨内（隔）墙装修及隔断》03J502-1)。

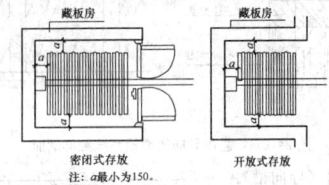

注：a 最小为150。

图 24-152 单轮活动隔断存储方式

L 型滑轨储存方式、T 型滑轨储存方式、双轨型和十字形滑轨储存方式，见图 24-153。

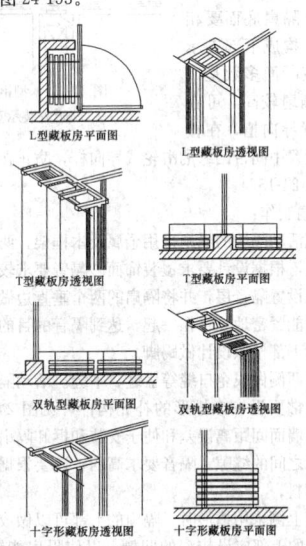

图 24-153 其他存储方式示意

（2）施工工艺流程

定位放线 → 隔墙板两侧藏板房施工 → 上下导轨安装 →

隔扇制作 → 隔扇安放 → 隔扇间连接 → 密封条安装

→ 调试验收

（3）关键工序

1）定位放线：按设计确定的隔墙位置，在楼地面弹线，并将线引测至顶棚和侧墙。

2）隔墙板两侧藏板房施工：根据现场情况和隔断样式设计藏板房及轨道走向，以方便活动隔板收纳，藏板房外围护装饰按照设计要求施工。

3）上下轨道安装：

①上轨道安装：为装卸方便，隔墙的上部有一个通长的上槛，一般上槛的形式有两种：一种是槽形，一种是T形。都是用钢、铝制成的。顶部有结构梁的，通过金属胀栓和钢架将轨道固定在吊顶上，无结构梁固定于结构楼板，做型钢支架安装轨道，多用于悬吊导向式活动隔墙。

滑轮设在隔扇顶面正中央，由于支撑点与隔扇的重心位于同一条直线上，楼地面上就不必再设轨道。上部滑轮的形式较多。隔扇较重时，可采用带有滚珠轴承的滑轮，隔扇较轻时，以用带有金属轴套的尼龙滑轮或滑钮。

作为上部支承点的滑轮小车组，与固定隔扇垂直轴要保持自由转动的关系，以便隔扇能够随时改变自身的角度。垂直轴内可酌情设置减震器，以保证隔扇能在不大平整的轨道上平稳地移动。见图24-154～图24-156。

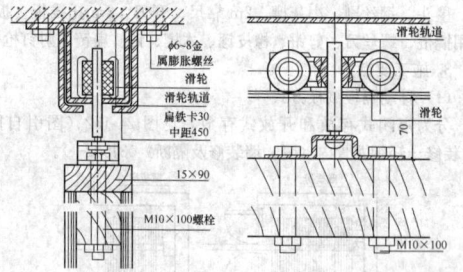

图 24-154　悬吊导向式滑轮系统细部剖面

②下轨道（导向槽）：一般用于支承型导向式活动隔墙。当上部滑轮设在隔扇顶面的一端时，楼地面上要相应地设轨道，隔扇底面要相应地设滑轮，构成下部支承点。这种轨道断面多数是T形的。如果隔扇较高，可在楼地面上设置导向槽，在楼

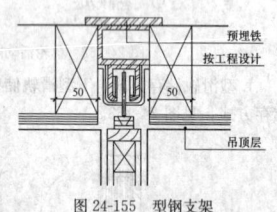

图 24-155　型钢支架
轨道安装示意

地面相应地设置中间带凸缘的滑轮或导向杆，防止在启闭的过程中间侧摇摆（图24-157）。

4）隔墙扇制作：

①移动式活动隔墙的隔扇采用金属及木框架，两侧贴有木质纤维板或胶合板，根据设计要求覆装饰面。隔音要求较高的隔墙，可在两层板之间设置隔音层，并将隔扇的两个垂直边做成企口缝，以便使相邻隔扇能紧密地咬合在一起，达到隔音的目的。

②隔扇的下部按照设计做踢脚。

③隔墙板两侧做成企口缝与盖缝、平缝。活动隔墙的端部与实体墙相交处通常要设一个槽形的补充构件，见图24-158。以便于调节隔墙板与墙面间距离误差和便于安装和拆卸隔扇，并可有效遮挡隔扇与墙面之间的缝隙。隔音要求高的，还要根据设计要求在槽内填充隔音材料。

④隔墙板上侧采用槽形时，隔扇的上部可以做成平齐的；采用T形时，隔扇的上部应该较深的凹槽，以使隔扇能够卡到T形上

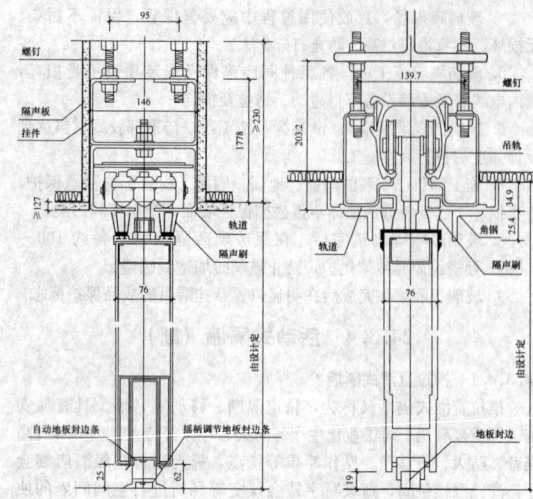

图 24-156　滑轮小车组与隔扇间隔声构造示意

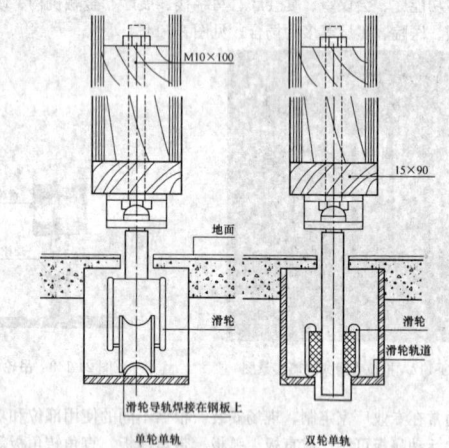

图 24-157　带凸缘的滑轮或导向杆示意

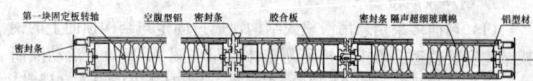

图 24-158　活动隔墙端部与实体墙相交处设置槽形补充构件示意

槛的腹板上。

⑤隔墙扇安放及连接：分别将隔墙扇两端嵌入上下槛导轨槽内，利用活动卡子连接固定，同时拼装成隔墙，不用时可打开连接重叠置入藏板房内，以免占用使用面积。隔扇的顶面与平顶之间保持50mm左右的空隙，以便于安装和拆卸。

⑥密封条安装：隔扇的底面与楼地面之间的缝隙（约25mm）用橡胶或毡制密封条遮盖。隔墙板上下预留有安装隔音条的槽口，将产品配套的隔音条背胶塞入槽口内，当楼地面上不设轨道时，可在隔扇的底面设一个富有弹性的密封垫，并相应地采取专门装置，使隔墙于封闭状态时能够稍稍下落，从而将密封垫紧紧地压在楼地面，确保隔音条能够将缝隙较好地密闭。

24.3.4.2　折叠式隔断

形式上分为单侧折叠和双侧折叠式，按材质上分为硬质折叠式隔断和软质折叠式隔断，硬质采用木质或金属隔扇组成，软质的采用棉、麻制品或橡胶、塑料制品制成。形式见图24-159。

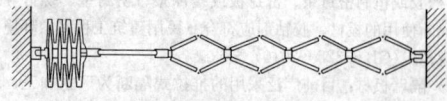

图 24-159　双侧折叠式隔断

1. 材料及质量要求

见24.3.4.1第1条内容。

2. 常用施工工具

见24.3.4.1第2条内容。

3. 施工要点

双面硬质折叠式隔墙：

1）定位放线：按设计确定的隔墙位，在楼地面弹线，并将线引测至顶棚和侧墙。

2）隔墙板两侧藏板房施工：移动式隔墙。

3）轨道安装：

① 有框架双面硬质折叠式隔墙的控制导向装置有两种：一是在上部的楼地面上设作为支承点的滑轮和轨道，也可以不设，或是设一个只起导向作用而不起支承作用的轨道；另一种是在隔墙下部设作为支承点的滑轮，相应的轨道设在楼地面上，平顶上另设一个只起导向作用的轨道。

②无框架双面硬质折叠式隔墙在平顶上安装箱形截面的轨道。隔墙的下部一般可不设滑轮和轨道。

4）隔墙扇制作安装、连接：见图24-160、图24-161。

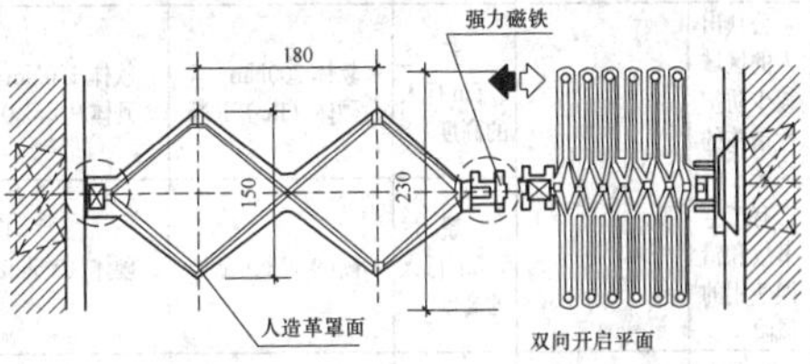

图24-160 有框架的双面硬质隔墙

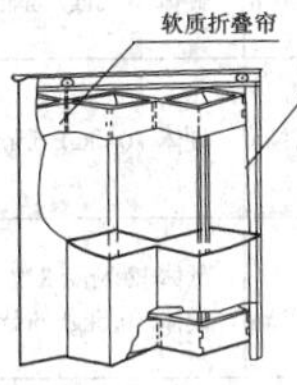

图24-161 软质折叠隔断及立柱

24.3.4.3 质量要求

1. 主控项目

（1）活动隔墙所用墙板、配件等材料的品种、规格、性能和木材的含水率应符合设计要求。有阻燃、防潮等特性要求的工程，材料应有相应性能等级的检测报告。检验方法：观察；检查产品合格证书、进场验收记录、性能检测报告和复验报告。

（2）活动隔墙轨道必须与基体结构连接牢固，并应位置正确。检验方法：尺量检查；手扳检查。

（3）活动隔墙用于组装、推拉和制动的构配件必须安装牢固、位置正确，推拉必须安全、平稳、灵活。检验方法：尺量检查；手扳检查；推拉检查。

（4）活动隔墙制作方法、组合方式应符合设计要求。检验方法：观察。

2. 一般项目

（1）活动隔墙表面应色泽一致、平整光滑、洁净，线条应顺直、清晰。检验方法：观察；手摸检查。

（2）活动隔墙上的孔洞、槽、盒应位置正确、套割吻合、边缘整齐。检验方法：观察；尺量检查。

（3）活动隔墙推拉应无噪声。检验方法：推拉检查。

（4）活动隔墙安装的允许偏差和检验方法应符合表24-95的规定。

活动隔墙安装的允许偏差和检验方法　表24-95

项次	项目	允许偏差（mm）	检验方法
1	立面垂直度	3	用2m垂直检测尺检查
2	表面平整度	2	用2m靠尺和塞尺检查
3	接缝直线度	3	拉5m线，不足5m拉通线，用钢直尺检查
4	接缝高低差	2	用钢直尺和塞尺检查
5	接缝宽度	2	用钢直尺检查

3. 检查数量

活动隔墙工程的检查数量应符合下列规定：

每个检验批应至少抽查20%，并不得少于6间；不足6间时应全数检查。

24.3.4.4 安全、职业健康、环保注意事项

1. 活动隔断工程的门式脚手架搭设应符合建筑施工安全标准，经验收合格方可使用。

2. 要移动门式架子时，架子上人员不许留人，施工人员必须下架子，方可移动架子。架子上不得搁置材料。高处施工，必须佩戴好安全带。

3. 工人操作应戴安全帽，施工现场临电必须按照现场临电规范要求使用施工用电和临时照明，并做作好标示。

4. 施工现场必须工完场清。设专人洒水、打扫，不能扬尘污染环境。

5. 有噪声的电动工具应在规定的作业时间内施工，防止噪声污染、扰民。

6. 机电器具必须安装触电保护装置，发现问题立即修理。

7. 遵守操作规程，非操作人员决不准乱动机具，以防伤人。

8. 切割型材时佩戴相应的保护设施，如耳塞、护目镜等。

9. 焊接操作人员应持资质证上岗，开工前办理动火证，配备看火人。施工现场接火和消防设施齐备。

10. 活动隔断墙施工应尽可能地安排在装饰工程后期，至少粗装修之后进行，且在室内油漆、涂料施工之前不得撕除面板保护模。电、通信、暖施工中避免磕碰。

11. 安装完毕的隔断应在明显处悬挂成品保护标牌，收集到藏板房内，阳角部位用木夹板保护，高度不低于1.5m防止碰伤隔断。

12. 运输时，不要碰坏隔断面板，堆放时地面垫衬毡布等软质物品。

13. 管线施工时，注意工序交接顺序，施工中注意保护成品。

24.3.5 集成式隔墙

本节适用于工业与民用建筑中金属、玻璃、复合板模块化隔墙安装工程的施工及质量验收。集成式隔墙是由金属型材及玻璃、复合板材装配而成模块化隔墙，具有制造精度高、施工快捷、方便拆装等优点，且具备一定的隔音、防火、环保性能的非承重分隔墙。图24-162为某模块化产品安装实景。

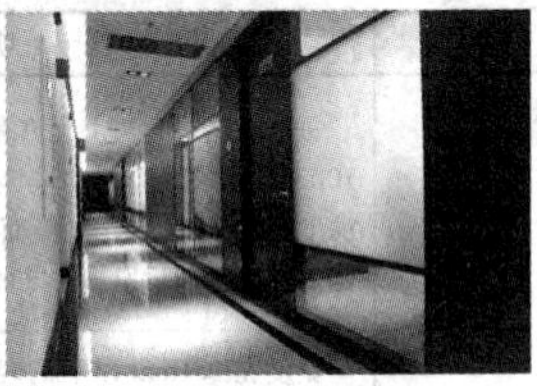

图24-162 某模块化产品安装实景

24.3.5.1 构造做法和形式分类

集成式隔墙按照内部结构分类可分为内有钢支撑外扣饰面板、支撑和饰面一体型隔墙；按照外饰框架分为高精级铝合金、钢制框喷涂饰面（多种颜色）等；按照饰面板分类可分为玻璃面板、木饰面、金属板饰面、石膏板饰面等；按照墙体内腔形式分为透光内腔和实体内腔，透光内腔可安装手动或电动式百叶帘，实体内腔可根据需要填充隔音材料。

集成式隔墙通过精巧的构配件设计，可以实现饰面看不到螺丝和钉头，通过板块间连接采用密封胶条、玻璃插槽内特制柔性嵌条、门框周边密封压条来阻隔隔墙内外声音的传输通道，从而实现隔墙整体的隔音性能，见图24-163。

24.3.5.2 材料及质量要求

1. 框架材料

根据设计要求，选择能提供隔墙稳定支撑的轻钢型材，通常有Z型H型断面的钢制内支撑，热镀锌钢板厚0.75～1.2mm，双面镀锌量符合《建筑用轻钢龙骨》（GB/T 11981）要求。框架外饰扣条通常采用阳极氧化或氟碳漆喷涂、静电粉末涂装等处理方式，应符合《铝合金建筑型材》（GB/T 5237）的技术要求。

2. 墙体板块

（1）钢化玻璃：其质量要求见表24-96～表24-98。

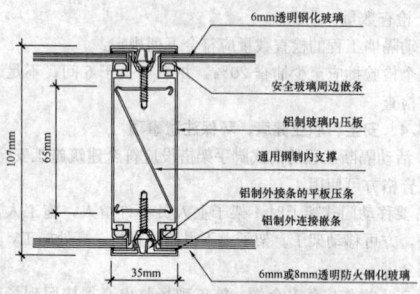

图 24-163　集成式隔墙板块节点示意

右侧标注（从上到下）：
6mm透明钢化玻璃
安全玻璃周边嵌条
铝制玻璃内压板
通用钢制内支撑
铝制外接条的平板压条
铝制外连接嵌条
6mm或8mm透明防火钢化玻璃

左侧标注：107mm、65mm
底部标注：35mm

钢化玻璃边长允许偏差（mm）　　表 24-96

厚度	边长（L）允许偏差			
	$L \leqslant 1000$	$1000 < L \leqslant 2000$	$2000 < L \leqslant 3000$	$L > 3000$
3、4、5、6	$\begin{matrix}1\\-2\end{matrix}$	± 3	± 4	± 5
8、10、12	$\begin{matrix}2\\-3\end{matrix}$	± 3	± 4	± 5
15	± 4	± 4	± 4	± 5
19	± 5	± 5	± 5	± 7
>19	供需双方确定			

钢化玻璃厚度及允许偏差　　表 24-97

公称厚度（mm）	厚度允许偏差（mm）	公称厚度（mm）	厚度允许偏差（mm）
3、4、5、6	± 0.2	15	± 0.5
8、10	± 0.3	19	± 1.0
12	± 0.4	>19	供需双方确定

钢化玻璃外观质量（mm）　　表 24-98

厚度	说明	允许缺陷数
爆边	每片玻璃每米边上允许有长度不超过10mm，自玻璃边部向玻璃板表面延伸深度不超过2mm，自板面向玻璃厚度延伸深度不超过厚度1/3的爆边个数	1处
8、10、12	宽度在0.1mm以下的轻微划伤，每平方米面积内允许存在的条数	长度≤100mm时，4条
	宽度大于0.1mm的轻微划伤，每平方米面积内允许存在的条数	宽度0.1~1mm，长度≤100mm时，5条
夹钳印	夹钳印与玻璃边缘的距离≤20mm，边部变形量≤2mm	± 4
裂纹、缺角	不允许存在	

（2）防火玻璃，如选用防火玻璃，产品应符合《建筑用安全玻璃第1部分：防火玻璃》（GB 15763）要求。

（3）隔墙其他类型面板材料应符合相应国家标准的质量及环保要求。

（4）紧固材料：膨胀螺栓、射钉、自攻螺丝、钻尾螺丝和粘贴嵌缝料，应符合设计要求。

（5）国内目前尚无有关固定隔断的产品标准或应用标准，建议参照《欧洲技术标准指南—室内隔断系统》（ETAG003）并结合国内相关标准（如防火、有害物质限量等）选用。

（6）使用风险分类与使用区域类型关系及试验荷载：

固定隔断承受水平荷载或其他方向上的荷载，可能产生结构性破坏和功能性破坏，其风险分类与使用区域类型关系及试验荷载见表 24-99 [引自《建筑产品选用技术（建筑·装修）》]。

使用区域类型和风险分类的关系及试验荷载　　表 24-99

风险分类	描述	区域标准1 ENV1991-2-1：1995中对区域的分类	高度	结构性破坏试验荷载	功能性破坏试验荷载
I	有较高防护性措施的区域产品事故和使用不当的风险小	A，B	到达1.5m行人的高度	软体100Nm硬体(1kg)10Nm	软体60Nm，3次硬体(0.5kg)2.5Nm
			超过1.5m行人的高度	—	—
II	有一些防护性措施的区域有一些产生事故和错误使用的风险	A、B	到达1.5m行人的高度	软体200Nm硬体(1kg)10Nm	软体120Nm，3次硬体(0.5kg)2.5Nm
			超过1.5m行人的高度	—	硬体(0.5kg)2.5Nm
III	公众出入的区域较少防护性措施的区域有产生事故和错误使用的风险	C1~C4、D、E	到达1.5m行人的高度	软体300Nm硬体(1kg)10Nm	软体120Nm，3次硬体(0.5kg)6Nm
			超过1.5m行人的高度	硬体(1kg)10Nm	硬体(0.5kg)6Nm
IV a	防护程度等同于II、III类，失败的风险包括墙体倒地	C5	到达1.5m行人的高度	软体400Nm硬体(1kg)10Nm	软体120Nm，3次硬体(0.5kg)6Nm
			超过1.5m行人的高度	硬体(1kg)10Nm	硬体(0.5kg)6Nm
IV b	防护程度等同于II、III类，失败的风险包括墙体倒地	C5	到达1.5m行人的高度	软体500Nm硬体(1kg)50Nm	软体120Nm，3次硬体(0.5kg)6Nm
			超过1.5m行人的高度	硬体(1kg)10Nm	硬体(0.5kg)6Nm

注：1. 1.5m高度的区域是建筑物内人群撞击多发区域，但是对于某些建筑如：体育馆、工厂等，可能要考虑更高的高度。

2. 设计师、制造商、业主，有权要求采用400Nm还是500Nm进行撞击的结构性破坏测试，以满足使用要求。

3. 工程选用的固定隔断高度，不得高于试验样板的高度。

（7）目前尚无防火隔断的国家标准或行业标准，北京市地方标准《防火玻璃框架系统设计施工及验收规范》（DBJ 11—624—2006）可供参考。

国内可按《建筑构件耐火试验方法》（GB 9978）和《镶玻璃构件耐火试验方法》（GB 12513）标准检验。

24.3.5.3　集成隔断常用施工工具

电动气泵、电锤、金属切割机、小电锯、小台刨、手电钻、冲击钻、钢锯、锤、螺丝刀、直钉枪、摇钻、线坠、靠尺、钢卷尺、玻璃吸盘、胶枪等。

24.3.5.4　施工要点

1. 作业条件

（1）施工前绘制施工大样图，经相关确认方可制造，并与机电相关专业会签。包括平立面、节点详图。

（2）界面协调与签认：施工前须与水电、空调、网路、顶棚、地板等相关界面开会协调，所得结论送交设计师及业主、监理签认方可施工。

（3）设计有隔断上方吊墙的，吊墙骨架必须进行防火防腐处理，按要求填充好隔音材料。

（4）隔断下设计有地坎台的，应该在地坎台混凝土达到强度后再施工隔断墙，对地坎台的上口平整度做好交接验收。

2. 施工工艺

(1) 工艺流程

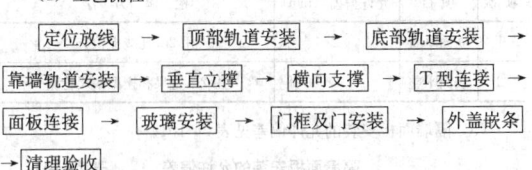

定位放线 → 顶部轨道安装 → 底部轨道安装 →

靠墙轨道安装 → 垂直立撑 → 横向支撑 → T型连接 →

面板连接 → 玻璃安装 → 门框及门安装 → 外盖嵌条 →

清理验收

(2) 施工工艺要点

1) 弹线：根据楼层设计标高水平线，顺墙高量至顶棚设计标高，沿墙弹断垂直标高线及天地轨的水平线，并在隔断的定位线上划好龙骨的分档位置线。标出门口位置线。

2) 安装顶、地轨：根据产品形式及设计要求固定天地轨，如无设计要求时，可以用8～12mm膨胀螺栓或专用紧固件固定，膨胀螺栓固定点间距600～800mm。安装前作好防腐处理。顶、地基面偏差超过5mm的，应将基面用水泥砂浆（或其他材料）找平；上部如有吊墙，先检查吊墙的稳定度和水平度再安装顶轨。隔音条应预先粘附在顶地轨背面。顶地轨长度超过3m的，应配备专用连接件在轨道内部连接。如地板为瓷砖或石材时，则必须以电钻钻孔，然后埋入塑料塞，以螺丝固定地轨，见图24-164。

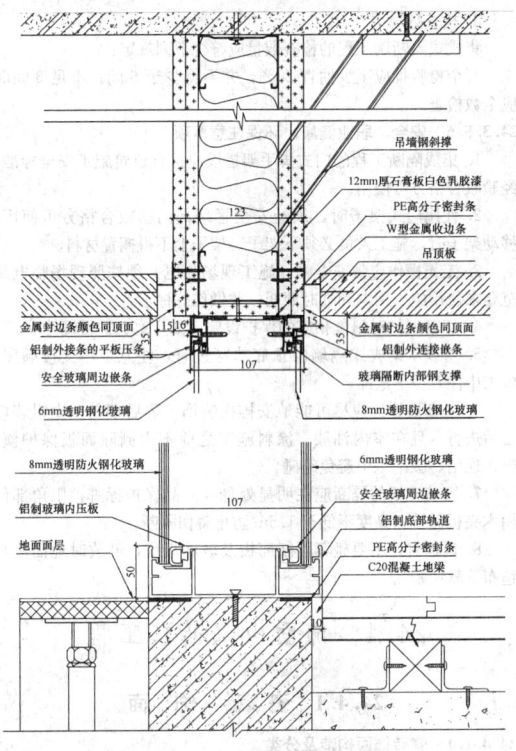

图 24-164 集成隔断顶、地轨做法示意

3) 沿墙边靠墙侧轨安装：根据产品形式及设计要求固定侧轨，边龙骨应启抹灰收口槽，如无设计要求时，可以用8～12mm膨胀螺栓或根据需连接的墙柱体形式选择其他紧固件固定，固定点间距600～800mm。安装前将隔音条粘附在侧轨背面。隔断墙转角处不靠墙、柱，使用专配型材用于实体90°转角，见图24-165。

4) 垂直立撑安装根据立面分档线位置确定，将立撑的准确位置做好标记，用型材专用螺丝将垂直立撑固定在顶部轨道和地面轨道之间。确保每一个模块的宽度精确地和图纸及实际要求相同。立撑的通常间距（中到中距离）为900mm和600mm，也可根据实际情况做相应的调整。垂直立撑需要切割，基本要保证切割后立撑上预冲孔在同一个水平面上。立撑必须安装牢固，且确保钢撑的绝对垂直，偏差不大于2mm/2m。注意门框立撑和普通立撑区分。

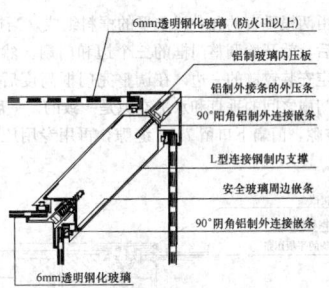

图 24-165 沿墙边靠墙侧轨安装示意

安装。

5) 横向支撑安装：横向支撑安装根据设计要求按分档线位置固定横向支撑，将横档支撑固定到垂直立撑上的预冲孔内，用螺丝固定。当垂直立撑上的预冲孔位置不能满足水平分割尺寸时，可弯曲横档钢撑的边缘，再用螺丝固定到垂直立撑上。必须安装牢固。安装时随时调整横档的水平度。

6) T型连接（及各种角度转角）：隔断相交处，形成T型连接或称转角连接，隔断接触处使用不同角度的特殊支撑配件连接，必须与顶地、轨连接牢固。

7) 实体面板连接：各种电线（如电源线、电话线、网路线、门禁线等）需隐藏在隔断内，一般预排在内部结构中的工作完成后，需要将装饰实体面板条安装在隔断墙的两边。装饰面板的上、下水平边部分是被固定在顶部轨道和底部轨道两侧开的扁形槽沟中，用专用的自攻自转螺丝将外压条型材和内部垂直立撑之间固定，面板可采取钢制、仿木饰面或铝板饰面等。见图24-166示意。具体位置根据产品规格和设计图纸要求确定。面板上设计有机电末端的，应根据底盒尺寸套割准确、居中安装或按设计要求。

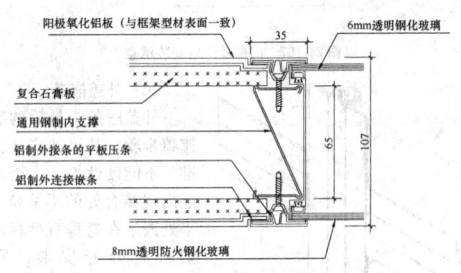

图 24-166 外压条型材和内部垂直立撑之间固定

8) 玻璃安装：

① 隔断应先安装上下两片水平向玻璃间面板，并保证该板在两个垂直钢撑之间完全收紧。另两片垂直向玻璃间面板，需安装在两片水平向玻璃间面板之间。以上所有接口处不应有明显的缝隙，玻璃间面板不得出现拼接。

② 精确测量玻璃加工尺寸，隔断采用钢化玻璃，无法现场裁割。

③ 在安装玻璃之前，先将具有弹性的玻璃密封条插入每个金属玻璃盖板两侧预开的固定槽内。插入水平玻璃盖板两侧玻璃密封条的两端需长出盖板边缘约15mm，同时插入垂直玻璃盖板两侧的玻璃密封条的长度和玻璃盖板的边缘等齐并绷紧。

④ 安装双层玻璃时，在隔断完成之前必须在两层玻璃之间做彻底的清扫，不应有任何的残留物和污痕留存其中。安装玻璃之前彻底清洁每一块玻璃的两面。

⑤ 隔断内部安装百叶窗时要注意在左右各留4mm的缝隙，避免碰触边缘盖板表面。通常采用内装的方式安装。外部旋钮的旋转方向应与百叶帘的开闭一致，整体百叶上边、下边要调至整体水平。

9) 门框及门安装（采用配套门及门框时）：

为了做好成品保护，一般集成式隔断配套的门框和门的安装留到装修施工的后期。

门框是由两根垂直的和一根水平的框料组成，当把门框装配到门空档处以后，就开始调整门框的三个边和门扇。然后固定门框。首先需要固定安装铰链的一边，在调整完门框高度后固定另一边。确保门框和门扇之间的垂直和水平空隙是一致的。一般上、左、右各留 2mm 空隙，门扇下口留 7mm 缝隙，再用专用压条槽口覆盖，见图 24-167。

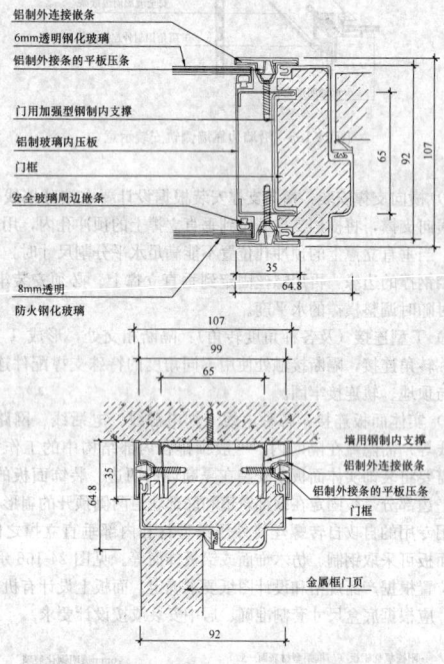

铝制外连接嵌条
6mm透明钢化玻璃
铝制外接条的平板压条
门用加强型钢制内支撑
铝制玻璃内压板
门框
安全玻璃周边嵌条
8mm透明
防火钢化玻璃

墙用钢制内支撑
铝制外连接嵌条
铝制外接条的平板压条
门框
金属框门页

图 24-167　门框及门扇安装示意

10) 外盖嵌条

外盖嵌条是最后的装饰遮盖步骤，其尺寸应切割精准，不能硬性推入，否则可能出现结合处的不平整。水平处嵌条在遇垂直型材时需切断后分开安装，见图 24-168。

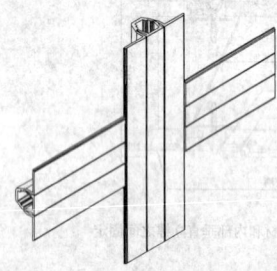

图 24-168　外盖嵌条示意

24.3.5.5　质量标准

1. 主控项目

（1）任何可以以肉眼在 100cm 察觉之板面凹凸，水平，垂直度不是或墙面弯曲之现象均需修正，隔间墙面与铅垂面最大误差不超过 2mm。检验方法：用 2m 垂直检测尺检查。

（2）钢制面板、玻璃面板、铝制面板、窗面板及转角柱，质量必须符合设计样品要求和有关行业标准的规定。检验方法：观察；尺量检查；检查产品合格证书、进场验收记录和性能检测报告。

（3）骨架必须安装牢固，无松动，位置正确。检验方法：观察；手扳检查。

（4）罩面板无脱层、翘曲、折裂、缺楞掉角等缺陷，安装必须牢固。检验方法：观察；手扳检查。

（5）复合人造板必须具有国家有关环保检验测试报告。检验方法：检查测试报告。

2. 一般项目

（1）骨架应顺直，无弯曲、变形和劈裂。

（2）罩面板表面应平整、洁净、无污染、麻点、锤印，颜色一致。

（3）罩面板之间的缝隙或压条，宽窄应一致，整齐、平直、压条与板接封严密。

（4）骨架安装的允许偏差，应符合表 24-100。

隔断骨架安装允许偏差　表 24-100

项次	项目	允许偏差（mm）	检验方法
1	立面垂直	2	用 2m 托线板检查
2	表面平整	2	用 2m 直尺和楔型塞尺检查

（5）隔墙面板安装的允许偏差见表 24-101。

隔墙面板安装的允许偏差　表 24-101

项次	项目	允许偏差（mm）			检验方法
		钢制石膏板	玻璃面板	铝制面板	
1	立面垂直度	2	2	2	用 2m 垂直检测尺检查
2	表面平整度	1.5	1.5	1.5	用 2m 幕尺和塞尺检查
3	阴阳角方正	2	2	2	用直角检测尺检查
4	接缝直线度	1.5	1.5	1.5	拉 5m 线，不足 5m 拉通线用钢直尺检查
5	压条直线度	1.5	1.5	1.5	拉 5m 线，不足 5m 拉通线用钢直尺检查
6	接缝高低差	0.3	0.3	0.3	用钢直尺和塞尺检查

3. 检查数量

集成式隔断墙工程的检查数量应符合下列规定：

每个检验批应至少抽查 20%，并不得少于 6 间；不足 6 间时应全数检查。

24.3.5.6　安全、职业健康、环保注意事项

1. 集成隔断工程的门式脚手架搭设应符合建筑施工安全标准，经验收合格方可使用。

2. 使用门式架子时，须经安全管理部门验收合格方可使用。移动架子时，施工人员必须上下架子。架子上不得搁置材料。

3. 工人操作应戴安全帽，施工现场临电必须按照现场临电规范要求使用施工用电和临时照明，并做作好标示。

4. 切割型材时佩戴相应的保护设施，如耳塞、护目镜等。

5. 管线从集成式隔墙的顶底轨穿过时，注意工序交接顺序，施工中注意保护成品。

6. 隔断墙施工应尽可能地安排在装饰工程后期，至少粗装修之后进行，且在室内油漆、涂料施工之前不得撕除面板保护模。电、通信、暖施工中避免碰磁。

7. 安装完毕的隔断应在明显处悬挂成品保护牌，阳角部位用木夹板保护，高度不低于 1.5m 防止碰伤隔断。

8. 运输时，不要碰坏隔断面板及玻璃板块，堆放时地面垫衬毡布等软质物品。

24.4　饰面板（砖）工程

24.4.1　瓷砖饰面

24.4.1.1　瓷砖饰面构造及分类

1. 瓷砖饰面构造

瓷砖饰面构造如图 24-169 所示。

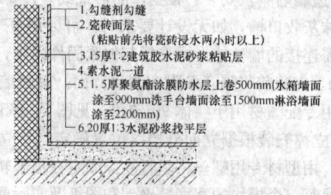

1.勾缝剂勾缝
2.瓷砖面层（粘贴前先将瓷砖浸水两小时以上）
3.15厚1:2建筑胶水泥砂浆粘贴层
4.素水泥一道
5.1.5厚聚氨酯涂膜防水层上卷500mm（水箱墙面涂至900mm洗手台墙面涂至1500mm淋浴墙面涂至2200mm）
6.20厚1:3水泥砂浆找平层

图 24-169　墙面砖构造做法

2. 形式分类

（1）20mm 厚 1∶3 水泥砂浆打底找平，15mm 厚 1∶2 建筑胶水泥砂浆结合层粘接。

（2）用 1∶1 水泥砂浆加水重 20% 的界面剂胶或专用瓷砖胶在砖背面抹 3～4mm 厚粘贴即可。但此种做法其基层灰必须抹得平整，而且砂子必须用窗纱筛后使用。

（3）用胶粉来粘贴面砖，其厚度为 2～3mm，有此种做法其基层灰必须更平整。

（4）用预拌砂浆粘贴面砖，粘接层厚度为 4mm，有此种做法其基层灰必须更平整。其优势在于节粘接厚度小，省室内空间。

24.4.1.2 陶瓷砖饰面常用材料

陶瓷砖是指以黏土、高岭土等为主要原料，加入适量的助溶剂经研磨、烘干、制坯最后经高温烧结而成。主要分为：釉面瓷砖、陶瓷锦砖、通体砖、玻化砖、抛光砖、大型陶瓷饰面板等。

1. 釉面瓷砖

釉面砖适用于室内墙面装饰的陶瓷饰面砖，因其在高温烧结前在砖坯上涂釉料而得名，如图 24-170 所示。

（1）品种规格

由于釉料和生产工艺不同，有白色、彩色、印花、图案等众多品种（表 24-102），主要规格尺寸及分类见表 24-103、表 24-104。

图 24-170 釉面砖

釉面瓷砖种类和特点 表 24-102

种 类		特 点
白色釉面砖		色纯白，釉面光亮，镶于墙面，清洁大方
有光彩色釉面砖		釉面光亮晶莹，色彩丰富雅致
无光彩色釉面砖		釉面半无光，不晃眼，色泽一致，色调柔和
装饰釉面砖	花釉砖	系在同一砖上，施以多种彩釉，经高温烧成。色釉互相渗透，花纹千姿百态，有良好的装饰效果
	结晶釉砖	晶花辉映，纹理多姿
	斑纹釉砖	斑纹釉面，丰富多彩
	大理石釉砖	具有天然大理石花纹，颜色丰富
图案砖	白地图案砖	系在白色釉面砖上装饰各种彩色图案，经高温烧成。纹理清晰，色彩明朗，清洁优美
	色地图案砖	系在有光或无光彩色釉面砖上，装饰各种图案，经高温烧成。产生浮雕、缎光、绒光、彩漆等效果。做内墙面，别具风格
瓷砖画及色釉陶瓷字	瓷砖画	以各种釉面砖拼成各种瓷砖画，或根据已有画稿烧制成釉面砖拼装成各种瓷砖画，清洁优美，永不褪色
	色釉陶瓷字	以各种色釉、瓷土烧制而成，色彩丰富，光亮美观，永不褪色

（2）用途

厨房、卫生间、游泳池、浴室等。

釉面瓷砖主要规格尺寸 表 24-103

图 例	装配尺寸(mm) C×D	产品尺寸(mm) A×B	厚度(mm) E
模数化	300×250	297×247	生产厂自定
	300×200	297×197	
	200×200	197×197	
	200×150	197×148	
	150×150	148×148	5
	150×75	148×73	5
	100×100	98×98	5

续表

图 例	装配尺寸(mm) C×D	产品尺寸(mm) A×B	厚度(mm) E
非模数化	产品尺寸(mm)A×B		厚度(mm)D
	300×200		生产厂自定
	200×200		
	100×100		
	152×152		5
	152×75		5
	108×108		5

釉面瓷砖侧边形状与尺寸 表 24-104

名 称	图 例	名 称	图 例
小圆边		大圆边	
平边		带凸缘边	

注：图中 R、r、H 值由生产厂家自定，$E \leqslant 0.5$mm。

（3）质量要求

瓷砖表面平滑；具有规矩的几何尺寸，圆边或平边平直；不得缺角掉楞；白色釉面砖白度不得低于 78 度，素色彩砖色泽要一致；图案砖、印花砖应预先拼图以确保图案完整、线条流畅、衔接自然。

2. 陶瓷锦砖、玻璃锦砖

陶瓷锦砖、玻璃锦砖（图 24-171）旧称"马赛克"又叫"纸皮砖"，是以优质瓷土烧制而成片状小块瓷砖，拼成各种图案贴在纸上的饰面材料，有挂釉和不挂釉两种。其质地坚硬，色泽多样，耐酸碱、耐火、耐磨、不渗水，抗压力强，吸水率小（0.2%～1.2%），在 ±20℃ 温度以下不开裂。由于其规格极小，不易分块铺贴，工厂生产产品是将陶瓷锦砖按各种图案组合反贴在纸板上，编有统一货号，以供选用。每张大小约 30cm 见方，称作一联。陶瓷锦砖标定规格和技术性能见表 24-105、表 24-106。

图 24-171 玻璃锦砖、陶瓷锦砖

陶瓷锦砖标定规格 表 24-105

项 目		规 格 (mm)	允许公差 (mm) 一级品	允许公差 (mm) 二级品	主要技术要求
单块锦砖	边长	<25.0	±0.5	±0.5	1. 吸水率不大于 0.2% 2. 锦砖脱纸时间不大于 40min
		>25.0	±1.0	±1.0	
	厚度	4.0 4.5	±0.2	±0.2	
每联锦砖	线路	2.0	±0.5	±0.1	
	联长	305.5	+2.5 −0.5	+3.5 −1.0	

陶瓷锦砖的技术性能 表 24-106

项 目	单 位	指 标
密 度	kg/cm³	2.3～2.4
抗压强度	MPa	15.0～25.0
吸水率	%	<0.2

续表

项 目	单 位	指 标
使用温度	℃	−20～100
耐酸度	%	＞95
耐碱度	%	＞84
莫氏硬度	%	6～7
耐磨值		＜0.5

（1）陶瓷锦砖规格品种见表 24-107。

陶瓷锦砖的基本形状与规格   表 24-107

基本形状	名 称	规格（mm）				
		a	b	c	d	厚度
正方	大方	39.0	39.0	—	—	5.0
	中大方	23.6	23.6	—	—	5.0
	中方	18.5	18.5	—	—	5.0
	小方	15.2	15.2	—	—	5.0
	长方（长条）	39.0	18.5	—	—	5.0
对角	大对角	39.0	19.2	27.9	—	5.0
	小对角	32.1	15.0	22.8	—	5.0
	斜长条（斜条）	36.4	11.9	37.9	22.7	5.0
	六角	25.0	—	—	—	5.0
	半八角	15.0	15.0	18.0	40.0	5.0
	长条对角	7.5	15.0	18.0	20.0	5.0

（2）用途：可用于卫生间、浴室、游泳池等，也可用于装饰效果贴于客厅、餐厅等室内空间的局部墙面。陶瓷锦砖的几种基本拼花如下表 24-108。

陶瓷锦砖几种基本拼花图案   表 24-108

编号	拼花说明	拼花图案
PH-01	各种正方形与正方形相拼	
PH-02	正方形与长条相拼	
PH-03	大方、中方与长条相拼	
PH-04	中方与大对角相拼	
PH-05	小方与小对角相拼	
PH-06	中方与大对角相拼	
PH-07	小方与小对角相拼 斜长条及斜长条相拼	
PH-08	斜长条与斜长条相拼	
PH-09	长条对角与小方相拼	
PH-10	正方与五角相拼	
PH-11	半八角与正方相拼	
PH-12	各种六角相拼	
PH-13	大方、中方、长条相拼	
PH-14	小对角、中大方相拼	
PH-15	各种长条相拼	

（3）质量要求：规格颜色一致，无受潮变色现象。拼接在纸板上的图案应符合设计要求，纸板完整颗粒齐全，间距均匀。

3. 通体砖、玻化砖、抛光砖

与釉面砖相比表面不施釉料就称之为通体砖，其外观主要特征是正反两面材质相同、色泽一致。其具有较好的耐磨性，但其花色不如釉面砖丰富多变。抛光砖也是通体砖的一种，是将通体砖表面抛光而成，外观光洁、耐磨。玻化砖又称全瓷砖，其采用高岭土高温烧制、表面玻化处理而成。其表面光洁无需抛光且质地坚硬耐磨。

品种规格见表 24-109。

通体砖、玻化砖、抛光砖基本规格   表 24-109

长×宽（mm）	250×250	300×300	500×500	600×600	800×800
厚（mm）	6	6	8	8	10

4. 大型陶瓷饰面板

大型陶瓷饰面板是一种新型材料，产品单块面积大、厚度薄、平整度好、线条清晰整齐。该饰面板吸水率为 1‰，耐极冷极热为 −17～150℃反复三次无裂痕，抗冻性−20℃至常温 10 次循环无裂痕。其花色品种丰富，可以模仿天然大理石、花岗岩等花纹及质地。表面有光面、条纹、网文、波浪纹等。可用于大型公共建筑室内外墙面。

5. 其他材料要求

（1）水泥 32.5 或 42.5 级矿渣水泥或普通硅酸盐水泥。应有出厂证明和复验合格试单，若出厂日期超过 3 个月且且水泥已结有小块的不得使用；白水泥应为 32.5 号以上的，并符合设计和规范质量标准的要求。

（2）砂子：中砂，粒径为 0.35～0.5mm，黄色河砂，含泥量不大于 3%，颗粒坚硬、干净，无有机杂质，用前过筛，其他应符合规范的质量标准。

（3）面砖技术指标见表 24-110。

瓷质砖应满足的技术指标   表 24-110

序号	检测项目	内 容	标准指标
1	长度和宽度（%）	每条边的平均尺寸相对于工作尺寸的允许偏差	±0.4
2	厚度（%）	每块砖厚度的平均值相对于工作尺寸的允许偏差	±5
3	直角度（%）	允许偏差，且最大偏差≤2.0mm	0.2
4	表面平整度（%）	相对于工作尺寸的对角线弯曲度、翘曲度允许偏差	±0.4
5	吸水率（%）	平均值≤	0.5
6	破坏强度（N）	厚度≥7.5mm	1300
7	断裂模数（MPa）	平均值≥35，单值≥32	
8	耐污染性	有釉砖最低 3 级	
9	抗化学腐蚀性	有釉砖不低于 GB 级	

（4）瓷砖胶粘剂见表 24-111、表 24-112。

瓷砖胶粘剂应满足的技术指标   表 24-111

序号	检测项目	标准指标
1	拉伸胶粘原强度（MPa）≥	0.5
2	浸水后的拉伸胶粘强度（MPa）≥	0.5
3	热老化后的拉伸胶粘强度（MPa）≥	0.5
4	冻融循环后的拉伸胶粘强度（MPa）≥	0.5
5	晾置时间 20min 的拉伸胶粘强度（MPa）≥	0.5
6	剪切强度（MPa）≥	1.0
7	收缩率（%）≤	0.3

瓷砖胶粘剂应满足的环保指标　表 24-112

序号	检 测 项 目	标准指标
1	挥发性有机化合物（VOC）（g/L）	≤200
2	游离甲醛（g/kg）	≤0.1
3	内照射指数≤	1.0
4	外照射指数≤	1.0

24.4.1.3　陶瓷砖饰面常用施工机具

砂浆搅拌机、瓷砖切割机、手电钻、冲击电钻、铁板、阴阳角抹子、铁皮抹子、木抹子、托灰板、木刮尺、方尺、铁制水平尺、小铁锤、木槌、錾子、垫板、小白线、开刀、墨斗、小线坠、小灰铲、盒尺、钉子、红铅笔、工具袋等，如图 24-172 所示。

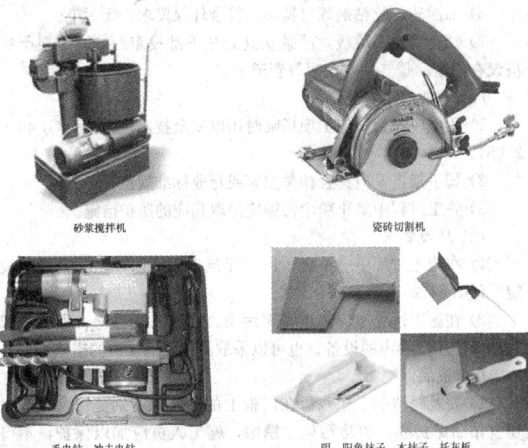

砂浆搅拌机　　瓷砖切割机

手电钻、冲击电钻　　阴、阳角抹子，木抹子，托灰板

图 24-172　主要机具图

24.4.1.4　陶瓷砖饰面装饰施工

1. 施工作业条件

施工时，必须做好墙面基层处理，浇水充分湿润。在抹底层灰时，根据不同基体采取分层分遍抹灰方法，并严格配合比计量，掌握适宜的砂浆稠度，按比例加界面剂胶，使各灰层之间粘接牢固。注意及时洒水养护；冬期施工时，应做好防冻保温措施，以确保砂浆不受冻，其室内温度不得低于 5℃，但寒冷天气不得施工。防止空鼓、脱落和裂缝。应加强对基层打底工作的检查，合格后方可进行下道工序。施工前认真按照图纸尺寸，核对结构施工的实际情况，分段分块弹线、排砖要细，贴灰饼控制点要符合要求。

（1）做好墙面防水层、保护层和地面防水层、混凝土垫层。

（2）安装好门窗框扇，隐蔽部位的防腐、填嵌处理好，并用 1∶3 水泥砂浆将门窗框、洞口缝隙塞严实，铝合金、塑料门窗、不锈钢门等框边缝所用嵌缝材料及密封材料应符合设计要求，且应塞堵密实，并事先粘贴好保护膜。

（3）脸盆架、镜卡、管卡、水箱、煤气等应埋设好防腐木砖、位置正确。

（4）按面砖的尺寸、颜色进行选砖，并分类存放备用。

（5）统一弹出墙面上 +50cm 水平线，大面积施工前应先放大样，并做出样板墙，确定施工工艺及操作要点。样板墙完成后必须经质检部门鉴定合格后，还要经过设计、甲方和施工单位共同认定验收，方可组织班组按照样板墙要求施工。

（6）安装系统管、线、盒等安装完并验收。

2. 施工工艺

基层处理 → 吊垂直、套方、找规矩 → 贴灰饼

抹底层砂浆 → 弹线分格 → 排砖 → 浸砖 → 镶贴面砖

→面层勾缝与擦缝

（1）混凝土墙面基层处理：将凸出墙面的混凝土剔平，对基体混凝土表面很光滑的要凿毛，或用可掺界面剂胶的水泥细砂浆做小拉毛墙，也可刷界面剂、并浇水湿润基层。

（2）10mm 厚 1∶3 水泥砂浆打底，应分层分遍抹砂浆，随抹随刮平抹实，用木抹搓毛。

（3）待底层灰六、七成干时，按图纸要求，釉面砖规格及结合实际条件进行排砖、弹线。

（4）排砖：根据排板图及墙面尺寸进行横竖向的排砖，以保证面砖缝隙均匀，符合设计图纸的要求，注意大墙面、柱子和垛子要排整砖，以及在同一墙面上的横竖排列，均不得有小于 1/4 砖的非整砖。门头不得有刀把砖。非整砖要排列在次要部位，如窗间墙或阴角处等，但亦注意一致和对称。如遇有突出的卡件，应用整砖套割吻合，不得用非整砖随意拼凑镶贴。通过选择器选择瓷砖，把有偏差相对较大的砖分别码放，可用于裁切非整砖。墙面阴角位置在排砖时应注意留出 5mm 伸缩缝位置，贴砖后用密封胶填缝。排板示意图见图 24-173。

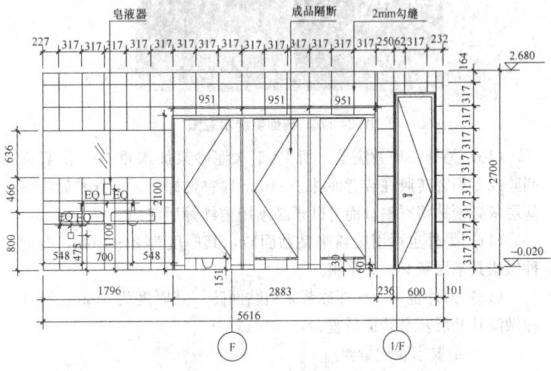

图 24-173　排板示意图

（5）用废瓷砖贴标准点，用做灰饼的混合砂浆贴在墙面上，用以控制贴瓷砖的表面平整度。

（6）垫底尺、计算准确最下一皮砖下口标高，底尺上皮一般比地面低 1cm 左右，以此为依据放好底尺。

（7）选砖、浸泡：面砖镶贴前，应挑选颜色、规格一致的砖；浸泡砖时，将面砖清扫干净，放入净水中浸泡 2h 以上，取出待表面晾干或擦干净后方可使用（如使用预拌砂浆粘贴则无需泡砖）。

（8）粘贴面砖（图 24-174）：面砖宜采用专用瓷砖胶粘剂铺贴，一般自下而上进行，整间或独立部位一次完成。阳角处瓷砖采用 45°对角，并保证对角缝垂直均匀。粘结磁砖在基层和砖背面都应涂批胶粘剂，粘结厚度在 5mm 为宜，抹结之前应用有齿胶刀的无齿直边将少量的胶粘剂用力刮在底面上，清除底面的灰尘等杂物，以保证粘结强度，然后将适量胶粘剂涂在底面上，并用抹刀有齿边将砂浆刮成齿状，齿槽以 10mm×10mm 为宜。将瓷砖等粘贴饰面压在砂浆上，并由凸槽横向凹槽方向揉压，以确保全面粘着，瓷砖本身粘贴面凹槽部分太深，在粘贴时就需先将砂浆抹在被贴面上，然后排放在合适铺装位置，轻轻揉压，并由凸槽横向凹槽方向压，以确保全面粘着。要求砂浆饱满，亏灰时，取下重贴，并随时用靠尺检查平整度，同时保证缝隙宽度一致。阴角预留 5mm 缝隙，打胶作为伸缩缝。阳角导 1.5mm 倒边，对角留缝打胶，阴阳角做法见图 24-175。

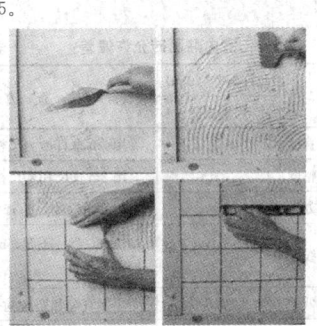

图 24-174　粘贴面砖

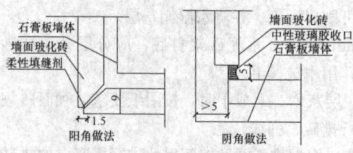

图 24-175　阴阳角做法

（9）贴完经自检无空鼓、不平、不直后，用棉丝擦干净，用勾缝胶、白水泥或拌干白水泥擦缝，用布将缝的素浆擦匀，砖面擦净。擦缝示意见图 24-176。

图 24-176　砖面擦缝示意图

（10）另外一种做法是，用 1：1 水泥砂浆加水重 20％的界面剂胶或专用瓷砖胶在砖背面抹 3～4mm 厚粘贴即可。但此种做法其基层灰必须抹得平整，而且砂子必须用窗纱筛后使用。

（11）另外也可用胶粉来粘贴面砖，其厚度为 2～3mm，有此种做法其基层灰必须更平整。

（12）另外也可用预拌砂浆来粘贴面砖，其厚度为 4mm，有此种做法其基层灰必须更平整。

3. 质量要求及质量要点

（1）质量要求详见表 24-113、表 24-114。

墙面砖粘贴质量要求　　　表 24-113

主 控 项 目	一 般 项 目
饰面砖的品种、规格、颜色、图案和性能必须符合设计要求	饰面砖表面应平整、洁净、色泽一致，无裂痕和缺陷
饰面砖粘贴工程的找平、防水、粘结和勾缝材料及施工方法应符合设计要求、国家现行产品标准、工程技术标准及国家环保污染控制等规定	墙面突出物周围的饰面砖应整砖套割吻合，边缘应整齐。墙裙、贴脸突出墙面的厚度应一致
	饰面砖粘贴的允许偏差项目和检查方法应符合表 24-114 规定
饰面砖镶贴必须牢固	阴阳角处搭接方式、非整砖使用部位应符合设计要求
满粘法施工的饰面砖工程应无空鼓、裂缝	饰面砖接缝应平直、光滑，填嵌应连续、密实；宽度和深度应符合设计要求

（2）施工记录：

1）材料应有合格证或复验合格单。

2）工程验收应有质量验评资料。

3）结合层、防水层、连接节点，预埋件（或后置埋件）应有隐蔽验收记录。

室内贴面砖允许偏差　　　表 24-114

项次	项　目	允许偏差（mm） 内墙面砖	检 查 方 法
1	立面垂直度	2	用 2m 垂直检测尺检查
2	表面平整度	3	用 2m 直尺和塞尺检查
3	阴阳角方正	3	用直角检测尺检查
4	接缝直线度	2	拉 5m 线，不足 5m 拉通线，用钢直尺检查
5	接缝高低差	0.5	用钢直尺和塞尺检查
6	接缝宽度	1	用钢直尺检查

4. 安全环保、职业健康及成品保护注意事项

（1）施工安全环保措施

1）操作前检查脚手架和跳板是否搭设牢固，高度是否满足操作要求，合格后才能上架操作，凡不符合安全之处应及时修整。

2）禁止穿硬底鞋、拖鞋、高跟鞋在架子上工作，架子上人不得集中在一起，工具要搁置稳定，以防止坠落伤人。

3）在两层脚手架上操作时，应尽量避免在同一垂直线上工作，必须同时作业时，上层操作人员必须戴安全帽。

4）抹灰时应防止砂浆掉入眼内；采用竹片或钢筋固定八字靠尺板时，应防止竹片或钢筋回弹伤人。

5）夜间临时用的移动照明灯，必须用安全电压。机械操作人员须经培训持证上岗，现场一切机械设备，非机械操作人员一律禁止操作。

6）饰面砖、胶粘剂等材料必须符合环保要求，无污染。

7）禁止搭设飞跳板，严禁从高处往下乱投东西。脚手架严禁搭设在门窗、暖气片、水暖等管道上。

（2）职业健康安全要求

1）用电应符合《施工现场临时用电安全技术规范》（JGJ 46-2005）。

2）脚手架搭设应符合相关国家或行业标准规范。

3）施工过程中防止粉尘污染应采取相应的防护措施。

（3）环境要求

1）在施工过程中应符合《民用建筑工程室内环境污染控制规定》（GB 50325-2010）。

2）在施工过程中应防止噪声污染，在施工场界噪音敏感区域宜选择使用低噪声的设备，也可以采取其他降低噪声的措施。

（4）成品保护

1）要及时清擦干净残留在门框上的砂浆，特别是铝合金等门窗宜粘贴保护膜，预防污染、锈蚀，施工人员应加以保护，不得碰坏。

2）认真贯彻合理的施工顺序，少数工种（水、电、通风、设备安装等）的活应做在前面，防止损坏面砖。

3）油漆粉刷不得将油漆喷滴在已完的饰面砖上，如果面砖上部为涂料，宜先做涂料，然后做面砖，以免污染墙面。若需先做面砖时，完工后必须采取贴纸或塑料薄膜等措施，防止污染。

4）各抹灰层在凝结前应防止风干、水冲和振动，以保证各层有足够的强度。

5）搬、拆架子时注意不要碰撞墙面。

6）装饰材料和饰件以及饰面的构件，在运输、保管和施工过程中，必须采取措施防止损坏。

24.4.1.5　玻璃锦砖饰面装饰施工

1. 施工工艺

（1）工艺流程

基层处理 → 吊垂直、套方、找规矩 → 贴灰饼 → 抹底子灰 → 弹控制线 → 贴陶瓷锦砖 → 揭纸、调缝 → 擦缝

（2）施工工艺

基层处理：首先将凸出墙面的混凝土剔除，对大钢模施工的混凝土墙面应凿毛，并用钢丝刷满刷一遍，再浇水湿润，并用水泥：砂：界面剂 = 1：0.5：0.5 的水泥砂浆对混凝土墙面进行拉毛处理。

吊垂直、套方、找规矩、贴灰饼：根据墙面结构平整度找出贴陶瓷锦砖的规矩，如果是高层建筑物在外墙全部贴陶瓷锦砖时，应在四周大角和门窗口边用经纬仪打垂直线找直；如果是多层建筑时，可从顶层开始用特制的大线坠绷低碳钢丝吊垂直，然后根据陶瓷锦砖的规格、尺寸分层设点、做灰饼。横缝则以楼层为水平基线交圈控制，竖向线则以四周大角和门窗间贯通柱、垛子为基线控制。每层打底时则以此灰饼为基准点进行冲筋，使其底层灰做到横平竖直、方正。同时要注意找好突出檐口、腰线、窗台、雨篷等饰面的流水坡度和滴水线，坡度应小于 3％。其深宽不小于 10mm，并整齐一致，而且必须是整砖。

抹底子灰：底子灰一般分两次操作，抹头遍水泥砂浆，其配合

比为 1:2.5 或 1:3，并掺 20%水泥重的界面剂胶，薄薄的抹一层，用抹子压实。第二次用相同配合比的砂浆按冲筋抹平，用短杠刮平，低凹处事先填平补齐，最后用木抹子搓出麻面。底子灰抹完后，隔天浇水养护。找平层厚度不应大于 20mm，若超过此值必须采取加强措施。

弹控制线：贴陶瓷锦砖前应放出施工大样，根据具体高度弹出若干条水平控制线，在弹水平线时，应计算将陶瓷锦砖的块数，使两线之间保持整数块。如分格按总高度均分，可根据设计与陶瓷锦砖的品种、规格定出缝子宽度，再加工分格条。但要注意同一墙面不得有一排以上的非整砖，并应将其镶贴再较隐蔽的部位。

贴陶瓷锦砖：镶贴应自上而下进行。贴陶瓷锦砖时底灰要浇水润湿，并在弹好水平线的下口上，支上一根垫尺。两手执住陶瓷锦砖上面，再已支好的垫尺上由下往上贴，缝子对齐，要注意按弹好的横竖线贴。如分格贴完一组，将米厘条放在上口线继续贴第二组。镶贴的高度可根据当时气温条件而定。

揭纸、调缝：贴完陶瓷锦砖的墙面，要一手拿拍板，靠在贴好的墙面上，一手拿锤子对拍板满敲一遍，然后将陶瓷锦砖上的纸用刷子刷上水，约等 20~30min 便可开始揭纸。揭开纸后检查缝子大小是否均匀，如出现歪斜、不正的缝子，应顺序拨正贴实，先横后竖、拨正拨直为止。

擦缝：粘贴后 48h，先用抹子把近似陶瓷锦砖颜色的擦缝水泥浆摊放在需擦缝的陶瓷锦砖上，然后用刮板将水泥浆往缝子里刮满、刮实、刮严。再用麻丝和擦布将表面擦净。遗留在缝子里的浮砂可用潮湿干净的软毛刷轻轻带出，如需清洗饰面时，应待勾缝材料硬化后方可进行。出与米厘条的缝子要用 1:1 水泥砂浆勾严勾平，再用擦布擦净。外墙应选用抗渗性能勾缝材料。

2. 质量要求及质量要点

弹线要准确，经复验后方可进行下道工序。基层处理抹灰前，墙面必须清扫干净，浇水湿润；基层抹灰必须平整，贴砖应平整牢固，砖缝应均匀一致，做好养护。

施工时，必须做好墙面基层处理，浇水充分湿润。在抹底层灰时，根据不同基体采取分层分遍抹灰方法，并严格配合比计量，掌握适宜的砂浆稠度，按比例加界面剂胶，使灰层之间粘结牢固。注意及时洒水养护；冬期施工时，应做好防冻保温措施，以确保砂浆不受冻，其室外温度不得低于 5℃，但寒冷天气不得施工。防止空鼓、脱落和裂缝。

结构施工期间，几何尺寸控制好，外墙面要垂直、平整，装修前对基层处理要认真。应加强对基层打底工作的检查，合格后才可进行下道工序。

施工前认真按照图纸尺寸，核对结构施工的实际情况，要分段分块弹线、排砖要细，贴灰饼控制点要符合要求。

陶瓷锦砖应有出厂合格证及其复试报告，室外陶瓷锦砖应有拉拔试验报告。

24.4.1.6 陶瓷装饰壁画装饰施工

大型陶瓷壁画施工是将大图幅的彩釉陶板壁画分块镶贴在墙上的一种方法，壁画面积可达 2000m²。由于彩釉陶板的生产工艺复杂，须经过放大、制版、刻画、配釉、施釉烧成等一系列工序及复杂多变的窑变技术而制成，周期长而不易复制，因此施工时应绝对保证陶板的完好。

1. 工艺流程

抹找平层 → 拼图与套割 → 预排面层 → 弹线 → 镶贴 → 嵌缝 → 养护

2. 花色瓷砖的拼图与套割

花色瓷砖有两类，一类在烧制前已绘有图案，仅需在施工时按图拼接即可；另一类为单色瓷砖，需经切割加工成某一图案再进行镶贴。

(1) 拼花瓷砖：拼花瓷砖为砖上绘有各种图案的釉面砖或地砖（图 24-177）。在施工前应按设计方案画出瓷砖排列图，使图案、花纹或色泽符合设计要求，经编号和复核各项尺寸后方可按图进行施工。

(2) 瓷砖的拼图与套割（图 24-178）：

图 24-177 拼花瓷砖

图 24-178 瓷砖拼图

1) 瓷砖图案放样：首先根据设计图案及要求在纸板上放出足尺大样，然后按照釉面砖的实际尺寸和规格进行分格。放样时应充分领会原图的设计构思，使大样的各种线条（直线、曲线或圆）及图案符合原图。同时根据原图对颜色的要求，在大样图上对每一分格块编上色码（颜色的代号），一块分格上有两种以上颜色时，应分别标出。

2) 彩色瓷砖拼图的套割：在放出的足尺大样上，根据每一分格块的色码，选用相应联色的釉面砖进行裁割，并使各色釉面砖拼成设计所需要的图案。

套割应严格根据大样图进行，首先将大样图上不需裁割的整块砖按所需颜色放上；其次，将需套割的每一方格中的相邻釉面砖按大样图进行裁割、套接。裁割前，先在釉面砖面上用铅笔根据大样图画比需裁的分界线，然后根据不同线型和位置进行裁割。直线条可用合金钢划针在砖面上按铅笔线（稍留出 1mm 左右以作磨平时的损耗）划痕，划痕后将釉面砖的划痕对准硬物的直边角轻击一下即可折断，划痕愈深愈易折断，折断后，将所需一部分的边角在细砂轮上磨平磨直。曲线条可用合金钢划针去多余的可裁部分，然后用胡桃钳钳去多余的曲线部分，直至分界线的边缘外（留出 1mm），再用圆锉锉至分界线，使曲线圆润、光滑。釉面砖挖内圆先用手摇钻将麻花钻头在需割去的范围内钻孔，当钻孔在内圆范围内形成一个个圆圈后，用小锤子凿去，然后用圆锉锉至内圆分界线。当钻孔离分界线距离较大时，也可用凿子凿去多余部分，凿时先轻轻从斜向凿去背面，再凿去正面，然后用锉刀修至分界线。裁割完后，将各色釉面砖在大样图上拼好，如有图案或线条衔接不直不光滑，应将错位的部分重新裁判，直至符合要求。

3. 施工要点

施工时，其他工程均应基本结束，以免壁画完后受损坏，如需钉边框，则边框的预留配件应先安装。

(1) 抹找平层：包括清理基层、找规矩、做灰饼、做冲筋、抹底层、找平层。施工方法与内墙面抹砂浆找平层相同。表面应平整粗糙，垂直度、平整度偏差值应控制在 2mm 以内，表面用木抹子抹毛。

(2) 拼图与套割：根据设计要求进行。

(3) 预排面层：根据设计图在地面上进行预排，画出排列大样图，并分别在陶板背面及大样图上编号，以便施工时对号入座。

(4) 弹线：根据陶板的块数和板间 1mm 的缝隙算出尺寸，在找平层上弹出壁画的外围控制线及等距离纵横控制线，纵横控制线宜每 3~5 陶板弹一根线。在壁画下口应根据标高线弹出控制线，以利下皮陶板的铺设，乡护临时固定下口垫尺。根据陶板的厚度及砂浆厚，在下口垫尺上弹出陶板面的控制线，同时在上方做出灰饼，灰饼面和垫尺上的陶板面控制线应在同一垂直面上，用以控制陶板面的平整度和垂直度。

(5) 镶贴：镶贴前陶板应浸透并晾干，可用纯水泥浆加 5%~10%的 108 胶，或用水泥:细砂:纸筋灰=1:0.5:0.2 的水泥砂浆粘贴。在充分湿润的找平层上抹一层薄薄的水泥浆或砂浆，然后根据大样图及陶板的编号选出陶板，在陶板的背面上抹一层水泥浆

或砂浆（总厚度不宜超过 5mm），将面砖镶贴在预定的位置上。陶板应从下往上镶贴，同一皮应从左向右镶贴，贴一块校正一块，使每块的平整、垂直、水平均符合要求，同时还应注意壁画图案中的主要线条应衔接正确，直至镶贴完工。

（6）嵌缝：镶贴完工后应对陶板缝隙进行嵌缝，嵌缝应采用白水泥浆加颜料，嵌缝的色浆应与被嵌部位的图案基色相同或接近。嵌缝宜用竹片并压紧抽直，还应随时将余浆及板面擦干净。

（7）养护：施工后应用纤维板或夹板覆盖保护，直至工程交付使用，以防损坏。

24.4.2 湿贴石材饰面

24.4.2.1 湿贴石材构造

1. 湿贴石材构造见图 24-179、图 24-180。

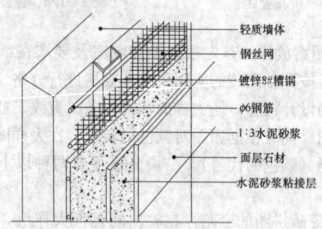

图 24-179 轻质隔墙表面湿贴石材构造节点图

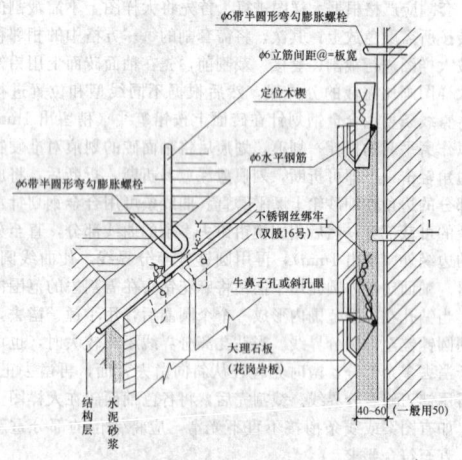

图 24-180 混凝土墙体湿贴石材构造示意图

2. 胶粘石材构造详见图 24-181。

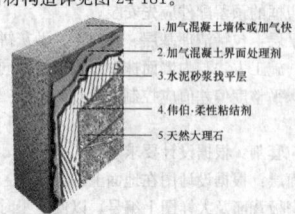

图 24-181 胶粘石材构造图

24.4.2.2 石材饰面常用材料

室内饰面用石材主要分两大类，即天然石材和人造石材。天然石材主要包括大理石和花岗石；人造石材主要包括树脂人造石、水泥人造石及复合石材。

1. 花岗石饰面

（1）规格品种及性能

花岗石又称为岩浆岩、火成岩，主要矿物质成分有石英、长石和云母，是一种晶状天然岩石。其抗冻性达 100～200 次冻融循环，有良好的抗风化稳定性、耐磨性、耐酸碱性，耐用年限约 75～200年。各品种及性能见表 24-115。

花岗石的主要性能 表 24-115

花岗石名称品种	岩石名称	颜 色	物理学性能				
			重量(t/m³)	抗压强度(N/mm²)	抗折强度(N/mm²)	肖氏强度	磨损量(cm³)
白虎涧	黑云母花岗岩	粉红色	2.58	137.3	9.2	86.5	2.62
花岗石	花岗岩	浅灰、条纹状	2.67	202.1	15.7	90.0	8.02
花岗石	花岗岩	红灰色	2.61	212.4	18.4	99.7	2.36
花岗石	花岗岩	灰白色	2.67	140.2	14.4	94.6	7.41
花岗石	花岗岩	粉红色	2.58	119.2	8.9	89.5	6.38
笔山石	花岗岩	浅灰色	2.73	180.4	21.6	97.3	12.18
日中石	花岗岩	灰白色	2.62	171.3	17.1	97.8	4.80
峰白石	黑云母花岗岩	灰色	2.62	195.6	23.3	103.0	7.83
厦门白石	花岗岩	灰白色	2.61	169.8	17.1	91.2	0.31
磐石	黑云母花岗岩	浅红色	2.61	214.2	21.5	94.1	2.93
石山红	黑云母花岗岩	暗红色	2.68	167.0	19.2	101.5	6.57
大黑白点	闪长花岗岩	灰白色	2.62	103.6	16.2	87.4	7.53

（2）适用范围

由于花岗岩的主要性能突出，因此一般用于高级宾馆、饭店、写字楼等室内公共空间的墙、柱、踢脚等。

（3）质量要求

详见表 24-116～表 24-119。

天然花岗石板材规格尺寸允许偏差（mm） 表 24-116

分类	细面和镜面板材			粗面板材		
等级	优等品	一等品	合格品	优等品	一等品	合格品
长、宽度	0 −1.0	0 −1.5		0 −1.0	0 −2.0	0 −3.0
厚度 ≤15	±0.5	±1.0	+1.0 −2.0			
厚度 >15	±1.0	±2.0	+2.0 −3.0	+1.0 −2.0	+2.0 −3.0	+2.0 −4.0

天然花岗石板材平面度允许极限公差（mm） 表 24-117

板材长度范围	细面和镜面板材			粗面板材		
	优等品	一等品	合格品	优等品	一等品	合格品
≤400	0.20	0.40	0.60	0.80	1.00	1.20
>400～<1000	0.50	0.70	0.90	1.50	2.00	2.20
≥1000	0.80	1.00	1.20	2.00	2.50	2.80

天然花岗石板材角度允许极限公差（mm） 表 24-118

板材长度范围	细面和镜面板材			粗面板材		
	优等品	一等品	合格品	优等品	一等品	合格品
≤400	0.40	0.60	0.80	0.60	0.80	1.00
>400					1.00	1.20

天然花岗石板材外观质（mm） 表 24-119

名称	规 定 内 容	优等品	一等品	合格品
缺棱	长度不超过 10mm（长度小于 5mm 不计），周边每米长（个）	不允许	1	2
缺角	面积不超过 5mm×2mm（面积小 2mm×2mm 不计），每块板（个）		1	2
裂纹	长度不超过两端顺延至板边总长度的 1/10（长度小于 20mm 的不计）每块板（条）		1	2
色斑	面积不超过 20mm×30mm（面积小于 15mm×15mm 不计），每块板（个）		1	2
色线	长度不超过两端顺延至板边总长度的 1/10（长度小于 40mm 的不计）每块板（条）		2	3
坑窝	粗面板材的正面出现坑窝	不明显		出现，但不影响使用

2. 大理石饰面板

（1）品种规格及性能

大理石是一种变质岩或沉积岩，其主要矿物组成为方解石、白云石等。其结晶细小，结构致密。纯大理石的颜色为白色，但大部分都含有其他的矿物质如氧化铁、云母、石墨，因此呈现红、黄、绿、棕等不同颜色。天然大理石可按照使用需求定制加工尺寸。天然大理石物理性能见表24-120。

天然大理石板材物理性能（mm）　表24-120

化学主成分含量（%）				镜面光泽度（光泽单位）		
氧化钙	氧化镁	二氧化钙	灼烧减量	优等品	一等品	合格品
40~56	0~5	0~15	30~45	90	80	70
25~35	15~25	0~15	35~45			
25~35	15~25	10~25	20~35	80	70	60
34~37	15~18	0~1	42~45			
1~5	44~50	32~38	10~20	60	50	10

（2）适用范围

大理石饰面主要用于建筑室内公共空间墙面、柱面、墙裙、踢脚、卫生间墙面及室内墙面的局部装饰。

（3）质量要求

见表24-121～表24-124。

天然大理石板材规格尺寸允许偏差（mm）　表24-121

部　位		优等品	一等品	合格品
长、宽度		0 / −1.0	0 / −1.0	0 / −1.5
厚度	≤15	±0.5	±0.8	±1.0
	>15	+0.5 / −1.5	+1.0 / −2.0	±2.0

天然大理石板材平面度允许极限公差（mm）　表24-122

板材长度范围	允许极限公差值		
	优等品	一等品	合格品
≤400	0.20	0.30	0.50
>400~<800	0.50	0.60	0.80
≥800<1000	0.70	0.80	1.00
≥1000	0.80	1.00	1.20

天然大理石板材角度允许极限公差（mm）　表24-123

板材长度范围	允许极限公差值		
	优等品	一等品	合格品
≤400	0.30	0.40	0.60
>400	0.50	0.60	0.80

天然大理石石材外观质量（mm）　表24-124

缺陷名称	优等品	一等品	合格品
翘曲	不允许	不明显	有，但不影响使用
裂纹			
砂眼			
凹陷			
色斑			
污点			
正面棱缺陷≤8，≤3			1处
正面角缺陷≤3，≤3			1处

3. 树脂型人造石材

树脂型人造石材是以不饱和聚酯树脂为胶粘剂，与石英砂、大理石颗粒、方解石粉、玻璃粉等无机物料搅拌混合，添加适量的阻燃剂和色料，经定坯、振动挤压等方法固化成型，最后通过脱模、烘干、抛光等工序制成。

树脂型人造石材具有天然花岗石和大理石的纹理和色泽花纹，重量轻，吸水率低，抗压强度高，耐久性和耐老化性较好，具有非常好的可塑性和加工性，其拼接处接缝经胶粘、打磨几乎难以识别。

4. 水泥型人造石材

水泥型人造石材又称水磨石，是以各种水泥或石灰磨成细沙为胶粘剂，砂为细骨料，碎大理石、花岗石、工业废渣等作为粗骨料，经配料、搅拌、成型、加压蒸养、磨光、抛光而制成。一般按照设计要求由工厂生产，也可在现场预制。其价格低廉但档次较低，广泛用于室内窗台板、踢脚板等。

5. 复合石材

复合大理石通常分为表层和基层。其表层多为名贵的天然石材，其基层可为花岗石、瓷砖、铝蜂窝板等，表层厚度一般为3~10mm。不同的基层复合方法有着不同的目的。以花岗石为基层通常是为提高整体的强度；以瓷砖为基层可降低成本；以蜂窝铝为基层可减轻重量。其中以蜂窝铝板为基层的复合石材由于其质量轻、强度高等特点，可用于一些普通石材难以实现的部位，见图24-182。

图24-182　铝蜂窝复合石材

24.4.2.3　石材饰面常用施工机具

磅秤、铁板、半截大桶、小水桶、铁簸箕、平揪、手推车、塑料软管、胶皮碗、喷壶、合金钢扁錾子、合金钢钻头、操作支架、台钻、铁制水平尺、方尺、靠尺板、底尺、托线板、线坠、粉线包、高凳、木楔子、小型台式砂轮、裁改大理石用砂轮、全套裁割机、开刀、灰板、木抹子、铁抹子、细钢丝刷、笤帚、大小锤子、小白线、铅丝、擦布或棉丝、老虎钳子、小铲、盒尺、钉子、红铅笔、毛刷、工具袋等。如图24-183所示。

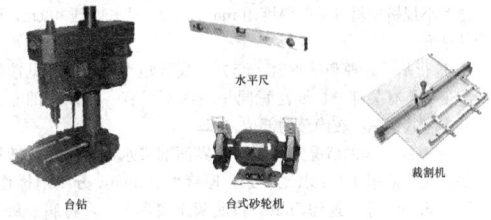

水平尺　裁割机
台钻　台式砂轮机

图24-183　石材饰面常用机具图

24.4.2.4　湿贴石材饰面装饰施工

1. 施工作业条件

（1）办理好结构验收，水电、通风、设备安装等应提前完成，准备好加工饰面板所需的水、电源等。

（2）内墙面弹好50cm水平线（室内墙面弹好±0和各层水平标高控制线）。

（3）脚手架或吊篮提前支搭好，宜选用双排架子（室外高层宜采用吊篮，多层可采用桥式架子等），其横竖杆及拉杆等应离开门窗口角150~200mm。架子步高要符合施工规程的要求。

（4）有门窗套的必须把门框、窗框立好。同时要用1:3水泥砂浆将缝隙堵塞严密。铝合金门窗框边缝所用嵌缝材料应符合设计要求，且塞堵密实并事先粘贴好保护膜。

（5）大理石、磨光花岗岩等进场后应堆放于室内，下垫方木，核对数量、规格，并预铺、配花、编号等，以备正式铺贴时按号取用。

（6）大面积施工前应先放出施工大样，并做样板，经质检部门

鉴定合格后，还要经过设计、甲方、施工单位共同认定验收。方可组织班组按样板要求施工。

（7）对进场的石料应进行验收，颜色不均匀时应进行挑选，必要时进行试拼编号。

2. 关键质量要点

（1）水泥：42.5级普通硅酸盐水泥。应有出厂证明、复验合格单，若出厂日期超过3个月或水泥已结有小块的不得使用；块材的表面应光洁、方正、平整、质地坚固，不得有缺棱、掉角、暗痕和裂纹等缺陷。室内选用花岗岩应作放射性能指标复验。

（2）弹线必须准确，经复验后方可进行下道工序。基层处理抹灰前，墙面必须清扫干净，浇水湿润；基层抹灰必须平整，贴块材应平整牢固，无空鼓。

（3）清理预做饰面石材的结构表面，施工前认真按照图纸尺寸，核对结构施工的实际情况，同时进行吊直、套方、找规矩，弹出垂直线水平线，控制点要符合要求。并根据设计图纸和实际需要弹出安装石材的位置线和分块线。

（4）施工安装石材时，严格配合比计量，掌握适宜的砂浆稠度，分次灌浆，防止造成石板外移或板面错动，以致出现接缝不平、高低差过大。

冬期施工时，应做好防冻保温措施，以确保砂浆不受冻，其室外温度不得低于5℃，但寒冷天气不得施工。防止空鼓、脱落和裂缝。

3. 施工工艺

（1）工艺流程

薄型小规格块材（边长小于40cm）工艺流程：

基层处理 → 吊垂直、套方、找规矩、贴灰饼 →

抹底层砂浆 → 弹线分格 → 石材刷防护剂 → 排块材 →

镶贴块材 → 表面勾缝与擦缝

普通型大规格块材（边长大于40cm）工艺流程：

施工准备（钻孔、剔槽）→ 穿铜丝或镀锌铅丝与块材固定 →

绑扎、固定钢丝网或φ6钢筋 → 吊垂直、找规矩、弹线 →

石材刷防护剂 → 安装石材 → 分层灌浆 → 擦缝

（2）施工工艺

薄型小规格块材（一般厚度10mm以下）：边长小于40cm，可采用粘贴方法。

① 进行基层处理和吊垂直、套方、找规矩，其他可参见镶贴面砖施工要点有关部分。要注意同一墙面不得有一排以上的非整材，并将其镶贴在较隐蔽的部位。

② 在基层湿润的情况下，先刷胶界面剂素水泥浆一道，随刷随抹底：底灰采用1：3水泥砂浆，厚度约12mm，分二遍操作，第一遍约5mm，第二遍约7mm，待底灰压实刮平后，将底子灰表面划毛。

③ 石材表面处理：石材表面充分干燥（含水率应小于8%）后，用石材防护剂进行石材六面体防护处理，此工序必须在无污染的环境下进行，将石材平放于木枋上，用羊毛刷蘸上防护剂，均匀涂刷于石材表面，涂刷必须到位，第一遍涂刷完间隔24h后用同样的方法涂刷第二遍石材防护剂，如采用水泥或胶粘剂固定，间隔48h后对石材粘结面用专用胶泥进行拉毛处理，拉毛胶泥凝固硬化后方可使用。

④ 待底子灰凝固后便可进行分块弹线，随即将已湿润的块材抹上厚度为2～3mm的素水泥浆，内掺水重20%的界面剂进行镶贴，用木槌轻敲，用靠尺找平找直。

大规格块材：边长大于40cm，镶贴高度超过1m时，可采用如下安装方法。

① 钻孔、剔槽：安装前先将饰面板按照设计要求用台钻打眼，事先应钉木架使钻头直对板上端面，在每块板的上、下两个面打眼，孔位打在距板宽的两端1/4处，每个面各打两个眼，孔径为5mm，深度为12mm，孔位距石板背面以8mm为宜。如大理石、磨光花岗岩，板材宽度较大时，可以增加孔数。钻孔后用云石机将板

轻剔一道槽，深5mm左右，连同孔眼形成象鼻眼，以备埋卧铜丝之用，如图24-184所示。

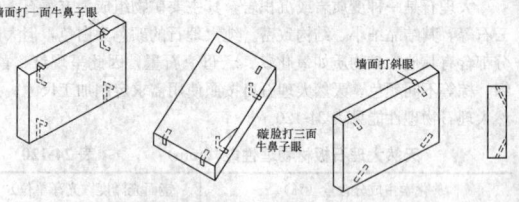

图 24-184 石材钻孔示意图

② 若饰面板规格较大，如下端不好拴绑镀锌钢丝或铜丝时，亦可在未镶贴饰面的一侧，采用手提轻便小薄砂轮，按规定在板高的1/4处上、下各开一槽，（槽长约3～4cm，槽深约12mm与饰面板背面打通，竖槽一般居中，亦可偏外，但以不损坏外饰面和不反碱为宜），可将镀锌铅丝或铜丝卧入槽内，便于拴绑与钢筋网固定。此法亦可直接在镶贴现场做，如图24-185所示。

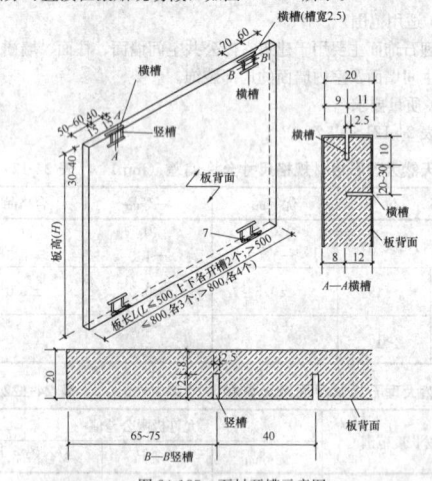

图 24-185 石材开槽示意图

③ 穿铜丝或镀锌铅丝：把备好的铜丝或镀锌铅丝剪成长20cm左右，一端用木楔粘环氧树脂将铜丝或镀锌铅丝进孔内固定牢固，另一端将铜丝或镀锌铅丝顺孔槽弯曲并卧入槽内，使大理石或磨光花岗石板上、下端面没有铜丝或镀锌铅丝突出，以便和相邻花岗板接缝严密。

④ 绑扎钢筋：首先剔出墙上的预埋筋，把墙面镶贴大理石的部位清扫干净。先绑扎一道竖向φ6钢筋，并把绑好的竖筋用预埋筋弯压于墙面。横向钢筋是绑扎大理石或磨光花岗石板材所用，如板材高度为60cm时，第一道横筋在地面以上10cm处与主筋绑牢，用作绑扎第一层板材的下口固定铜丝或镀锌铅丝。第二道横筋绑在50cm水平线上7～8cm处，比石板上口低2～3cm处，用于绑扎第一层石板上上口固定铜丝或镀锌铅丝，再往上每60cm绑一道横筋即可。

⑤ 弹线：首先将要贴大理石或磨光花岗石的墙面、柱面和门窗套用大线坠从上至下找出垂直。应考虑大理石或磨光花岗石板材厚度、灌注砂浆的空隙和钢筋网所占尺寸，一般大理石、磨光花岗石外皮距结构面的厚度应以5～7cm为宜。找出垂直后，在地面上顺墙弹出大理石或磨光花岗石等外廓尺寸线。此线即为第一层大理石或花岗岩等的安装基准线。编号的大理石或花岗岩板等在弹好的基准线上画出就位线，每块留1mm缝隙（如设计要求拉开缝，则按设计规定留出缝隙）。

⑥ 石材表面处理：石材表面充分干燥（含水率应小于8%）后，用石材防护剂进行石材六面体防护处理，此工序必须在无污染的环境下进行，将石材平放于木枋上，用羊毛刷蘸上防护剂，均匀涂刷于石材表面，涂刷必须到位，第一遍涂刷完间隔24h后用同样的方法涂刷第二遍石材防护剂，如采用水泥或胶粘剂固定，间隔48h后对石材粘接面用专用胶泥进行拉毛处理，拉毛胶泥凝固硬化

后方可使用。

⑦ **基层准备**：清理预做饰面石材的结构表面，同时进行吊直、套方、找规矩，弹出垂直线水平线。并根据设计图纸和实际需要弹出安装石材的位置线和分块线。阴阳角节点见图24-186。

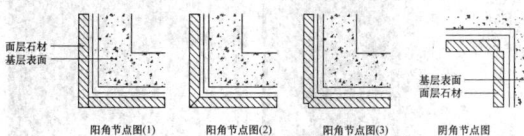

图 24-186 湿贴石材阴阳角节点图

⑧ **安装大理石或磨光花岗石**：用靠尺板检查调整木楔，再拴紧铜丝或镀锌铅丝，依次向另一方进行。第一层安装完毕再用靠尺板找垂直，水平尺找平整，方尺找阴阳角方正，在安装石材时如发现石板规格不准确或石板之间的空隙不符，应用铅皮垫牢，使石板之间缝隙均匀一致，并保持第一层石板上口的平直。找完垂直、平直、方正后，用碗调制熟石膏，把调成粥状的石膏贴在大理石或磨光花岗石板上下之间，使这二层石板结成一整体，木楔处亦可粘贴石膏，再用靠尺检查有无变形，等石膏硬化后方可灌浆。如设计有嵌缝塑料软管者，应在灌浆前塞好。

⑨ **灌浆**：把配合比为1∶2.5水泥砂浆放入半筒大桶加水调成粥状，用铁簸箕舀浆徐徐倒入，注意不要碰大理石，边灌边用橡皮锤轻轻敲击石板面使灌入砂浆排气。第一层浇灌高度为15cm，不能超过石板高度的1/3；第一层灌浆很重要，因为锚固石板的下口铜丝又要固定饰面板，所以要轻轻操作，防止碰撞和猛灌。如发生石板外移错动，应立即拆除重新安装。

⑩ **擦缝**：全部石板安装完毕后，清除所有石膏和余浆痕迹，用麻布擦洗干净，并按石板颜色调制色浆嵌缝，边嵌边擦干净，使缝隙密实、均匀、干净、颜色一致。

柱子贴墙：安装柱面大理石或磨光花岗石，其弹线、钻孔、绑钢筋和安装等工序与镶贴墙面方法相同，要注意灌浆前用木方子钉成槽形木卡子，双面卡住大理石板，以防止灌浆时大理石或磨光花岗石板外胀。

4. 质量标准

（1）主控项目与一般项目详见表24-125。

主控项目与一般项目表 表 24-125

主 控 项 目	一 般 项 目
饰面板（大理石、磨光花岗石）的品种、规格、颜色、图案，必须符合设计要求和有关标准的规定	表面：平整、洁净、颜色协调一致
	接缝：填嵌密实、平直，宽窄一致、颜色一致，阴阳角处板的压向正确，非整砖的使用部位适宜
饰面板安装必须牢固，严禁空鼓，无歪斜、缺棱、掉角和裂缝等缺陷	套方：用整板套割吻合，边缘整齐；墙裙、贴脸等上口平顺，突出墙面的厚度一致
石材的检测必须符合国家有关环保规定	坡向、滴水线：流水坡向正确；滴水线顺直
	饰面板嵌缝应密实、平直、宽度和深度应符合设计要求，嵌缝材料色泽应一致

（2）大理石、花岗石允许偏差项目详见：室内墙面干挂石材允许偏差见表24-126。

室内墙面干挂石材允许偏差 表 24-126

项次	项 目		允许偏差（mm）		检验方法
			光 面	粗磨面	
1	立面垂直	室内	2	2	用2m托线板和尺量检查
2	表面平整		2	2	用2m托线板和塞尺检查

续表

项次	项 目	允许偏差（mm）		检验方法
		光 面	粗磨面	
3	阳角方正	2	3	用20cm方尺和塞尺检查
4	接缝平直	2	3	用5m小线和尺量检查
5	墙裙上口平直	2	3	用5m小线和尺量检查
6	接缝高低	1	1	用钢板短尺和塞尺检查
7	接缝宽度	1	2	用尺量检查

5. 安全环保措施

在操作前检查脚手架和跳板是否搭设牢固，高度是否满足操作要求。禁止穿硬底鞋、拖鞋、高跟鞋在架子上工作，架子上人不得集中在一起，工具要搁置稳定，以防止坠落伤人。在两层脚手架上操作时，应尽量避免在同一垂直线上工作，必须同时作业时，下层操作人员必须戴安全帽，并应设置防护措施。脚手架严禁搭设在门窗、暖气片、水暖等管道上。禁止搭设飞跳板。严禁从高处往下乱投东西。夜间临时用的移动照明灯，必须用安全电压。机械操作人员须经培训持证上岗，现场一切机械设备，非机械操作人员一律禁止乱动。材料必须符合环保要求，无污染。雨后、春暖解冻时应及时检查外架子，防止沉陷出现险情。

6. 成品保护

施工过程中要及时清擦干净残留在门窗框、玻璃和金属饰面板上的污物，宜粘贴保护膜，预防污染、锈蚀。认真贯彻合理施工顺序，其他工种的活应做在前面，防止损坏、污染石材饰面板。拆改架子和上料时，严禁碰撞石材饰面板。饰面完活后，易破损部分的棱角处要钉护角保护，其他工种操作时不得划伤和碰坏石材。在刷罩面剂未干燥前，严禁下渣土和翻架子脚手板等。已完工的石材饰面应做好成品保护。

24.4.3 干挂石材饰面

24.4.3.1 石材饰面构造

干挂石材构造详见图24-187。

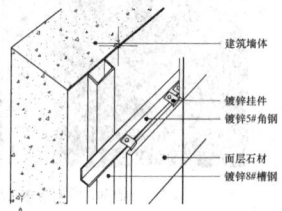

图 24-187 干挂石材饰面构造

24.4.3.2 石材饰面常用材料

同24.4.2.2湿贴石材饰面常用材料。

24.4.3.3 石材饰面常用施工机具

磅秤、铁板、半截大桶、小水桶、铁簸箕、平揪、手推车、塑料软管、胶皮碗、喷壶、合金钢扁錾子、合金钢钻头、操作支架、台钻、铁制水平尺、方尺、靠尺板、底尺、托线板、线坠、粉线包、高凳、木楔子、小型台式砂轮、裁改大理石用砂轮、全套裁割机、切割机、开刀、灰板、木抹子、铁抹子、细铅丝刷、笤帚、大小锤子、小白线、铅丝、擦布或棉丝、老虎钳子、小铲、盒尺、钉子、红铅笔、毛刷、工具袋等，如图24-188所示。

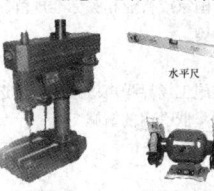

台钻　　台式砂轮机　　裁割机　　切割机

图 24-188 干挂石材主要机具图

24.4.3.4 干挂石材饰面装饰施工

1. 施工作业条件

检查石材的质量、规格、品种、数量、力学性能和物理性能是否符合设计要求,并进行表面处理工作。中庭需要搭设满堂红脚手架进行墙面施工处理。水电及设备、墙上预留预埋件已安装完。垂直运输机具均事先准备好,如没有安装完成,能够满足进行钢骨架施工的要求,可以先进行钢骨架施工。外门窗已安装完毕,安装质量符合要求。对施工人员进行技术交底时,应强调技术措施、质量要求和成品保护,大面积施工前应先做样板,经质检部门鉴定合格后,方可组织班组施工。固定槽钢的角钢角码已经完成防锈处理,并切割打孔完成。

2. 施工质量要点

根据设计要求,确定石材的品种、颜色、花纹和尺寸规格,并严格控制、检查其抗折、抗拉及抗压强度,吸水率、耐冻融循环等性能。块材的表面应光洁、方正、平整、质地坚固,不得有缺棱、掉角、暗痕和裂纹等缺陷。石材的质量、规格、品种、数量和物理性能是否符合设计要求,并进行表面处理工作。

膨胀螺栓、连接铁件、连接不锈钢件等配套的铁垫板、垫圈、螺帽及与骨架固定的各种设计和安装所需要的连接件的质量,必须符合国家现行有关标准的规定。

饰面石材板的品种、防腐、规格、形状、平整度、几何尺寸、光洁度、颜色和图案必须符合设计要求,要有产品合格证。

基层槽钢、角钢龙骨、防锈漆材料规格、型号、质量检测数据合格,已经上报监理、总包单位,并且验收合格。

对施工人员进行技术交底时,应强调技术措施、质量要求和成品保护。

施工现场放线准确,整体中庭各层收边收口处尺寸一致,石材排版满足施工现场实际施工需求。

弹线必须准确,经复验后方可进行下道工序。固定的槽钢、角钢应安装牢固,加固方式应符合设计要求,石材应用护理剂进行石材六面体防护处理。

图 24-189 槽钢、角钢防锈处理

槽钢、角钢已进行防锈漆喷涂处理,喷涂均匀,无流坠等现象,见图 24-189。清理预做饰面石材的结构表面,施工前认真按照图纸尺寸,核对结构施工的实际情况,同时进行吊直、套方、找规矩,弹出垂直线、水平线,控制点要符合要求。并根据设计图纸和实际需要弹出安装石材的位置线和分块线。

面层与基底应安装牢固;粘贴用料、干挂配件必须符合设计要求和国家现行有关标准的规定。

石材表面平整、洁净;纹理清晰通顺,颜色均匀一致;非整板部位安排适宜,阴阳角处的板压向正确。

缝格均匀,板缝通顺,接缝填嵌密实,宽窄一致,无错台错位。

3. 职业健康安全关键要求

用电应符合《施工现场临时用电安全技术规范》(JGJ 46—2005)。

在高空作业时,脚手架搭设应符合国家或行业相关标准规范。切割石材时应湿作业,防止粉尘污染。

4. 环境关键要求

在施工过程中应防止噪声污染,在施工场界噪声敏感区域宜选择使用低噪声的设备,也可以采取其他降低噪声的措施。

5. 施工工艺

(1) 工艺流程

墙面放线 → 石材排版 → 龙骨安装 → 石材准备、刷防护剂

→ 干挂件安装、石材安装 → 石材清理

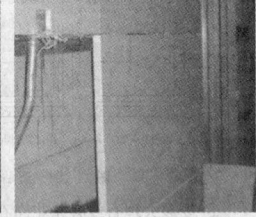

图 24-190 施工实例图

(2) 施工工艺

施工实例图见图 24-190。

1) 按照施工现场的实际尺寸进行墙面放线,编制石材干挂的施工方案。

2) 石材排版:根据现场的实际尺寸进行墙面石材干挂安装排版,现场弹线,并根据现场排版图进行石材加工订货依据。石材的编号和尺寸必须准确。

3) 弹线作业完成,进行墙面打孔,孔深在 60~80mm,同时将墙面清理干净,原有预埋的废旧铁管进行切割,墙体内的强电、弱电线管不能高于石材面层,按照地面的弹线分隔安装角码,地面角码安装两道,紧密满焊在槽钢两侧,槽钢上部使用 10cm 长角钢固定在龙骨两侧,满焊。如石材上部无承重墙体梁,采用顶棚生根固定槽钢,如顶棚设备密布,无法满足槽钢龙骨生根施工,采用墙体两侧龙骨角钢连接焊接固定,增加稳定性。龙骨施工焊接均为满焊施工,焊缝高度满足设计要求,焊渣清理干净,龙骨喷黑漆处理。

4) 将石材支放平稳后,用手持电动无齿磨切切割机切割槽口,开切槽口后石材净厚度不得小于 6mm,槽口不宜开切过长或者过深,以能配合安装不锈钢干挂件,开槽时尽量干法施工,并要用压缩空气将槽内粉尘吹净。石材安装采用边安装设计选定的不锈钢干挂件,一边进行石材干挂施工,石材的安装顺序一般由下向上逐层施工,石材墙面宜先安装主墙面,门窗洞口宜先安装侧边短板,以免操作困难。墙面第一层石材施工时,下面先用厚木板临时承托,干挂施工过程中随时用线锤或者靠尺进行垂直度和平整度的控制。石材干挂不锈钢挂件中心距板边不得大于 150mm,角钢上安装的挂件中心间距不宜大于 700mm,边长不大于 1m 的 20mm 厚石材可设两个挂件,边长大于 1m 时,应增加 1 个挂件,石材干挂开放缝的位置要按照设计要求进行留缝处理。石材干挂完成,调整好整体的水平度和垂直度,然后在开槽位置满格云石胶,固定石材和干挂件,待云石胶凝固后,方可安装下一块石材。石材干挂前,必须将墙面的线盒、开关整板套割。石材在干挂施工过程中要按照设计的要求,进行板之间开放缝预留。设计要求安装的石材中间要预留 3mm 的缝隙,开放缝按照设计进行预留。干挂石材阴阳角节点详见图 24-191、图 24-192。

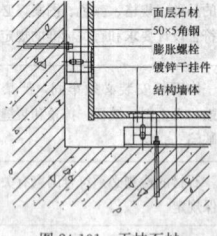

图 24-191 干挂石材阴角节点

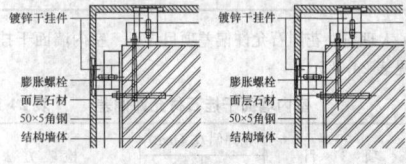

图 24-192 干挂石材阳角节点图

5) 石材干挂完成后,要进行现场的成品保护,经常走人、墙面拐角的部位要整幅墙面进行保护,所有的石材干挂阳角必须采取成品保护措施。工程竣工及保洁及其使用时必须采用中性清洗剂,在清洗时必须先做小面积试验,以免选用清洗剂不当,破坏石材的光

泽度或者造成麻坑。

6. 质量标准

(1) 主控项目一般项目见表 24-127。

主控项目一般项目见表　　表 24-127

主控项目	一般项目
饰面石材板的品种、防腐、规格、形状、平整度、几何尺寸、光洁度、颜色和图案必须符合设计要求，要有产品合格证	表面平整、洁净；纹理清晰通顺，颜色均匀一致；非整板部位安排适宜，阴阳角处的板压向正确
面层与基底应安装牢固，粘贴用料和干挂配件必须符合设计要求和国家现行有关标准的规定	缝格均匀，板缝通顺，接缝填嵌密实，宽窄一致，无错台错位
	滴水线顺直，流水坡向正确、清晰美观
	突出物周围的板采取整板套割，尺寸准确，边缘吻合整齐、平顺、墙裙、贴脸等上口平直

(2) 室内、外墙面干挂石材允许偏差见表 24-128。

室内墙面干挂石材允许偏差　　表 24-128

项次	项　目		允许偏差（mm）		检验方法
			光面	粗磨面	
1	立面垂直	室内	2	2	用 2m 托线板和尺量检查
2	表面平整		1	3	用 2m 托线板和塞尺检查
3	阳角方正		2	3	用 20cm 方尺和塞尺检查
4	接缝平直		2	3	用 5m 小线和尺量检查
5	墙裙上口平直		2	3	用 5m 小线和尺量检查
6	接缝高低		1	3	用钢板短尺和塞尺检查
7	接缝宽度		1	2	用尺量检查

7. 成品保护

要及时清擦干净残留在门窗框、玻璃和金属饰面板上的污物，如密封胶、手印、尘土、水等杂物，宜粘贴保护膜，预防污染、锈蚀。认真贯彻合理施工顺序，少数工种的活应做在前面，防止损坏、污染外挂石材饰面板。拆改架子和上料时，严禁碰撞干挂石材饰面板。外饰面完活后，易破损部分的棱角处要钉护角保护，其他工种操作时不得划伤油漆和碰坏石材。在室外刷罩面剂未干燥前，严禁下渣土和翻架子脚手板等。已完工的干挂石材应设专人看管，遇有害成品的行为，应立即制止，并严肃处理。

8. 安全环保措施

进入施工现场必须戴好安全帽，系好风紧扣。高空作业必须佩带安全带，上架子作业前必须检查脚手板搭设是否安全可靠，确认无误后方可上架进行作业。施工现场临时用电线路必须采用电规范布设，严禁乱接乱拉，远距离电缆线不得随地乱拉，必须架空固定。

小型电动工具，必须安装"漏电保护"装置，使用时应经试运转合格后方可操作。电器设备应有接地、接零保护，现场维护电工应持证上岗，非维护电工不得乱接电源。电源、电压须与电动机具的铭牌电压相符，电动机具移动应先断电后移动，下班及使用完毕必须拉闸断电。

施工时必须按施工现场安全技术交底施工。施工现场严禁扬尘作业，清理打扫时必须洒少量水湿润后方可打扫，并注意对成品的保护，废料及垃圾必须及时清理干净，装袋运至指定堆放地点，堆放垃圾处必须进行围挡。切割石材的临时用水，必须有完善的污水排放措施。对施工中噪声大的机具，尽量安排在白天及夜晚 10 点前操作，严禁噪声扰民。

24.4.4 玻 璃 饰 面

随着人们对材料的不断探索和重新认知，越来越多的玻璃的功能不在仅仅是采光、密闭，而作为一种重要的装饰饰面材料。

24.4.4.1 玻璃饰面构造

玻璃饰面构造见图 24-193 所示。

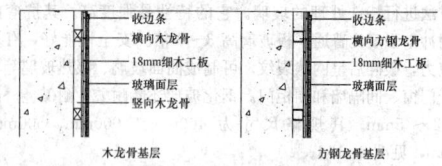

图 24-193　玻璃饰面构造

24.4.4.2 玻璃饰面常用材料

1. 平板玻璃

普通平板玻璃是以石英砂、纯碱、石灰石等主要原料与其他辅材经高温熔融成型并冷却而成的透明固体。普通的平板玻璃为钙钠玻璃。主要用于门窗，起透光、挡风和保温作用。要求无色，并具有较好的透明度，表面应光滑平整，无缺陷。厚度分别有 3mm、4mm、5mm、6mm、8mm、10mm、12mm。室内门、窗、柜及装饰造型使用 4～5mm；餐桌、隔断使用 8～10mm。单片规格尺寸为 300mm×900mm、400mm×1600mm 和 600mm×2200mm 数种。其可见光线反射率在 7% 左右，透光率在 82%～90% 之间。

2. 镜面玻璃

镜面玻璃简单说就是从里面能看到外面，从外面看不到里面。一般是在普通玻璃上面加层膜，或者上色，或者在热塑成型时在里面加入一些金属粉末等，使其既能透过光源的光还能使里面的反射物的反射光出不去。拿照镜子打比方，普通玻璃就等于镜子上的玻璃，镜面玻璃的膜就等于镜子后的镀银，但是它反射光线必须有个前提，就是外面的光比里面的亮，否则就是里面的看不外面了，见图 24-194。

图 24-194　镜面玻璃

3. 磨砂玻璃

使用机械喷砂或手工碾磨，也可使用氢酸溶蚀、研磨、喷砂等方法将玻璃表面处理成均匀毛面，具有透光不透型的特点，见图 24-195。

它能使室内光线柔和而不刺眼。一般用于卫生间、浴室、办公室门窗和隔断，也可用于黑板及灯罩。

4. 压花玻璃

压花玻璃是将熔融的玻璃浆在冷却中通过带图案花纹的辊轴辊压制成，又称花纹玻璃或滚花玻璃。经过喷涂处理的压花玻璃可呈浅黄色、浅蓝色、橄榄色等。压花玻璃分有普通压花玻璃，真空镀膜压花玻璃，彩色膜压花玻璃等。由于压花玻璃的表面凹凸不平，因此，当光线通过玻璃时产生漫射，而具有透光不透视的特点。又因其表面压有各种图案花纹，所以具有良好的装饰性，给人素雅清晰、富丽堂皇的感觉。压花玻璃规格尺寸从 300mm×900mm 到 1600mm×900mm 不等，厚度一般只有 3mm 和 5mm 两种，见图 24-196。

图 24-195　磨砂玻璃

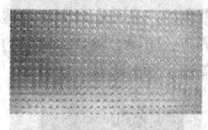

图 24-196　压花玻璃

5. 夹层玻璃

夹层玻璃是一种安全玻璃。它是在两片或多片平板玻璃之间，嵌夹透明塑料薄片，再经热压粘合而成的平面或弯曲的复合玻璃制品。主要特性是安全性好，破碎时，玻璃碎片不零落飞散，只能产生辐射状裂纹，不至于伤人。抗冲击强度优于普通平板玻璃，防范性好。并有耐火、耐热、耐湿、耐寒、隔声等特殊功能。多用于与室外接壤的门窗；夹层玻璃的厚度一般为 6～10mm，规格为 800mm×1000mm、850mm×1800mm，见图 24-197。

6. 钢化玻璃

钢化玻璃又称强化玻璃。它是通过加热到一定温度后再迅速冷却的方法进行特殊处理的玻璃。它的特性是强度高。其抗弯曲强度、耐冲击强度比普通平板玻璃高3~5倍。安全性能好，有均匀的内应力，破碎后呈网状裂纹。可制成曲面玻璃、吸热玻璃等，主要用于门窗、间隔墙和橱柜门。钢化玻璃还能耐酸、耐碱。一般厚度为2~5mm。其规格尺寸为400mm×900mm、500mm×1200mm，见图24-198。

图 24-197 夹层玻璃 　　　　图 24-198 钢化玻璃

7. 中空玻璃

中空玻璃是由两片或多片平板玻璃构成，用边框隔开，四周用胶结、焊接或熔接密封，中间充入干燥空气或其他惰性气体。中空玻璃还可制成不同颜色或镀上具有不同性能的薄膜。整体拼装在工厂完成。玻璃采用平板原片，有浮法透明玻璃、彩色玻璃、防阳光玻璃、镜片反射玻璃、夹丝玻璃、钢化玻璃等。由于玻璃片中间留有空腔，因此具有良好的保温、隔热、隔声等性能。如在空腔中充以各种漫射光线的材料或介质，则可获得更好的声控、光控、隔热等效果。主要用于需要采暖、空调、防止噪声、结露及需要无直射阳光和需要特殊光线的住宅。其光学性能、导热系数、隔声系数均应符合国家标准，见图24-199。

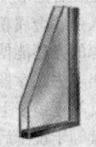

图 24-199 中空玻璃

8. 雕花玻璃

它是在普通平板玻璃上，用机械或化学方法雕出图案或花纹的玻璃。雕花图案透光不透明，有立体感，层次分明，效果高雅。雕花玻璃可来样加工，常用厚度为3mm、5mm、6mm，尺寸从150mm×150mm到2500mm×1800mm不等。

雕花玻璃分为人工雕刻和电脑雕刻两种。其中人工雕刻利用娴熟刀法的深浅和转折配合，更能表现出玻璃的质感，使所绘图案给予人呼之欲出的感受。雕花玻璃是家居装修中很有品位的一种装饰玻璃，所绘图案一般都具有个性"创意"，能够反映居室主人的情趣所在和对美好事物的追求，见图24-200。

9. 玻璃砖

玻璃砖又称特厚玻璃，有空心砖和实心砖两种。空心砖有单孔和双孔两种，内侧面有各种不同的花纹，赋予它特殊的柔光性，如圆环形、电晕形、莫尔形、彩云形、隐约形、树皮形、切纹形等。按光学性质分有透明型、雾面型、纹路型玻璃砖。按形状分，有正方形、矩形和各种异形玻璃砖。按尺寸分，一般有145mm、195mm、250mm、300mm等规格的玻璃砖。按颜色分，有使玻璃本身着色的产品和在内侧面用透明的着色材料涂饰的产品。玻璃砖具有隔声、防噪、隔热、保温的效果。玻璃砖主要用于砌筑透光墙壁、隔墙、淋浴隔断、通道等，见图24-201。

图 24-200 雕花玻璃 　　　　图 24-201 玻璃砖

24.4.4.3 常用施工机具

(1) 电动机械：小电锯、小台刨、手电钻、电动气泵、冲击钻。

(2) 手动电钻：木刨、扫槽刨、线刨、锯、斧、锤、螺丝刀、摇钻、直钉枪。

24.4.4.4 玻璃饰面装饰施工

1. 施工作业条件

木龙骨、木栓、板材、方管所用材料品种、规格、颜色以及隔断的构造固定方法，均应符合设计要求；龙骨和基层板必须完好，不得有损坏、变形、弯曲、翘曲、边角缺陷等现象。并要注意被碰撞和撞击；电器配件的安装，应安装牢固，表面应与罩面板的底面齐平；施工墙面油渍、水泥清理干净。玻璃安装前，应按照明设计要求的尺寸及结合实测尺寸，预先集中裁制，并按不同规格和安装顺序码放在安全地方待用。

2. 施工作业要点

(1) 材料关键要点

方管、龙骨、配件和罩面板的材料以及胶粘剂的材料应符合现行的国家标准和行业标准的规定；人造板、粘胶剂必须有环保要求检测报告。

(2) 技术要点

弹线必须准确，经复核后方可进行下道工序。固定沿顶和沿地龙骨，各自交接后的龙骨，应保持平整垂直，安装牢固。靠墙立筋应与墙体的连接牢固紧密。边框应与隔断立筋连接牢固，按照设计做好防火、防腐。

安装玻璃时，使玻璃在框口内准确就位，玻璃安装在凹槽内，内外侧间隙应相等，间隙宽度一般在2~5mm。安装玻璃应避开风天，安装多少备多少，并将多余的玻璃及时清理或送回库里。

(3) 质量要点

沿顶和沿地龙骨与主体结构连接牢固，保证隔断的整体性。大芯板表面应平整光洁，安装罩面板前应严格检查龙骨的垂直度和水平度，防火防腐处理。

(4) 职业安全健康关键要求

玻璃属易碎品，作业时容易伤害人体，适当时佩戴手套，并按工程量配备足够的玻璃吸；做好施工协调，以防交叉作业时伤害到其他作业人。

3. 施工工艺

(1) 工艺流程

弹隔墙定位线 → 划龙骨分档线 → 木楔防腐处理 → 安装木楔 → 木龙骨防腐处理 → 安装木龙骨（安装方管）→ 安装大芯板（防火处理）→ 安装边龙骨 → 安装面层玻璃 → 安装收边条

(2) 施工工艺

1) 弹线：在基体上弹出水平线和竖向垂直线，以控制隔断龙骨安装位置、格栅的平直度和固定点。

2) 墙龙骨的安装：沿弹线位置的固定木龙骨，龙骨保持平直。固定点间距不应大于1m，龙骨的端部必须固定，固定应牢固。边框龙骨与基体之间，应按设计要求安装密封板。

门窗的特殊节点处，应使用附加龙骨，其安装必须符合设计要求。

龙骨安装的允许偏差数值：立面垂直允许偏差2mm，表面平整允许偏差2mm。

按照弹线的垂直距离安装木楔，木楔安装前做好防腐处理。

相邻纵向木龙骨的间距为300mm，做好木龙骨两侧的防火处理。

3) 安装地面木方（防火防腐处理），固定角码（50mm×50mm）方管（20mm×40mm，壁厚2mm，防锈处理）方管与地面角钢满焊，地面方管分段安装。

4) 基层板安装：安装基层板铺设平整，搭接严密，不得有皱折、裂缝、透孔等。

5) 基层板采用直钉固定，如用钉子固定，钉距为80~150mm，钉子为钢钉。

6) 安装边龙骨。平直、整齐。边龙骨与烤釉玻璃接触部位安装防撞条。采用橡胶压条固定玻璃时，先将橡胶压嵌入玻璃两侧封，容纳后将玻璃挤紧，上面不再注密封胶。橡胶压条长度不得少短

于所需嵌入长度，不得强行嵌入胶条。

7）安面层玻璃。

8）在安装玻璃的过程中，固定踢脚板基层板，以固定玻璃，安装基层板过程中预留封包不锈钢面层的距离。

（3）质量标准

1）骨架木材和基层板、玻璃的材料、品种、规格、式样应符合设计要求和施工规范规定。

2）木龙骨、方管、边龙骨必须安装牢固，无松动，位置正确。

3）大芯板无脱层、翘曲、折裂、缺棱掉角等现象，安装必须牢固。

（4）基本项目

1）木骨架应顺直、无弯曲、变形和劈裂。

2）罩面板表面应平整、洁净、无污染、麻点、锤印、颜色一致。

3）罩面板之间的缝隙或压条，宽窄应一致，整齐、平直、压条和板接缝严密。

4）骨架隔墙面板安装的允许偏差如表 24-129 所示。

骨架隔墙面板安装的允许偏差（mm）　表 24-129

立体垂直度人造木板	3	表面平整度人造木板	2
阴阳角方正人造木板	3	接缝直线度人造木板	3
压条直线度人造木板	2	接缝高低差人造木板	1

5）玻璃表面应洁净，不得有腻子、密封胶、涂料等污渍。中空玻璃内外表面均应洁净，玻璃中层内不得有灰尘和水蒸气。

6）面层玻璃安装的允许偏差详见表 24-130。

面层玻璃安装的允许偏差　表 24-130

项次	项目	允许偏差（mm）		检验方法
		明框玻璃	隐框玻璃	
1	立面垂直度	1	1	用 2m 垂直检测检查
2	构件平整度	1	1	用 2m 垂直检测检查
3	表面平整度	1	1	用 2m 靠尺和塞尺检查
4	阳角方正	1	1	用直角检测尺检查
5	接缝直线度	2	2	用钢直尺和塞尺检查
6	接缝高低差	1	1	拉 5m 线，不足 5m 拉通线用钢直尺检查
7	接缝宽度	—	1	用钢直尺检查
8	相邻板块角错位	—	1	用钢尺检查
9	分格框对角线长度差	对角线长度≤2m	2	用钢尺检查
		对角线长度>2m	3	用钢尺检查

4. 成品保护

（1）隔墙木龙骨及罩面板安装时，应注意保护顶棚内、墙面装子的各种管线、木骨架的吊杆。

（2）施工部位已安装的门窗、已施工完的地面、墙面、窗台等，应注意保护、防止损坏。

（3）条木骨架材料，特别是罩面板材料，在进场、存放、使用过程中应妥善管理，使其不变行、不受潮、不损坏、不污染。

（4）已安装好门窗玻璃，必须设专人负责管维护，按时开关门窗，尤其在大风天气，更应该注意，以防玻璃的损坏。

（5）门窗玻璃安装完，应随手挂好风钩或插上插销，以防刮风损坏玻璃。

（6）安装玻璃时，操作人员要加强对其他完成施工作业面的成品保护。

5. 安全环保措施

高处安装玻璃时，检查架子是否牢固。严禁上下两层、垂直交叉作业。玻璃安装时，避免与太多工种交叉作业，以免在安装时，各种物体与玻璃碰撞，击碎玻璃。作业时，不得将废弃的玻璃乱仍，以免伤害到其他作业人员。

24.4.5　金属饰面

近年来各种金属装饰板已广泛应用于公共建筑中，尤其在墙面、柱面装饰更为突出。

24.4.5.1　金属饰面构造做法

金属饰面构造做法详见图 24-202。

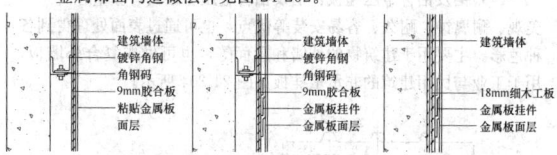

图 24-202　金属饰面构造做法

24.4.5.2　金属饰面常用材料

1. 彩色涂层钢板

彩色涂层钢板多以热轧钢板和镀锌钢板为原板，表面层压贴聚氯乙烯或聚丙烯酸醋环氧树脂、醇酸树脂等薄膜，亦可涂覆有机、无机或复合涂料。具有耐腐蚀、耐磨等性能。其中塑料复合钢板，可用做墙板、屋面板等。

塑料复合钢板厚度有 0.35、0.4、0.5、0.6、0.7、0.8、1.4、1.5、2.0（mm）；长度有 1800、2000（mm）；宽度有 450、500、1000（mm）。

2. 彩色不锈钢板

彩色不锈钢板是在不锈钢板材上进行技术和艺术加工，使其成为各种色彩绚丽、光泽明亮的不锈钢板。颜色有蓝、灰、紫、红、茶色、橙、金黄、青、一绿等，其色调随光照角度变化而变幻。

彩色不锈钢板面层的主要特点：能耐 200℃ 的温度；耐盐雾腐蚀性优于一般不锈钢板；耐磨、耐刻画性相当于薄层镀金性能；弯曲 90°彩色层不损坏；彩色层经久不褪色。适用于高级建筑中的墙面装饰。

彩色不锈钢板厚度有 0.2、0.3、0.4、0.5、0.6、0.7、0.8（mm）；长度有 1000～2000（mm）；宽度有 500～1000（mm）。

不锈钢彩板配件还有：槽形、角形、方钢管、圆钢管等型材。

3. 镜面不锈钢饰面板

该板是用不锈钢薄板经特殊抛光处理而成。该板光亮如镜，其反射率、变形率与高级镜面相似，并具有耐火、耐潮、耐腐蚀、不破碎等特点。

该板用于高级公用建筑的墙面、柱面以及门厅的装饰。其规格尺寸有 400×400、500×500、600×600、640×1200（mm×mm），厚度 0.3～0.6（mm）。

4. 铝合金板

装饰工程中常用的铝合金板，从表面处理方法分有：有阳极氧化及喷涂处理；从色彩分：有银白色、古铜色、金色等；从几何尺寸分：有条形板和方形板，方形板包括正方形、长方形等。用于高层建筑的外墙面，一般单块面积较大，刚度和耐久性要求较高，因而板要适当厚些。已经生产应用的铝合金板有以下品种：

（1）铝合金花纹板：铝合金花纹板是用防锈铝合金等坯料，由特制的花纹轧辊轧制而成。这种板材不易磨损，耐腐蚀，易冲洗，防滑性好，通过表面处理可以得到不同的色彩。多用于建筑物的墙面装饰。

（2）铝质浅花纹板：铝质浅花纹板的花饰精巧，色泽美观，除具有普通铝板共同的优点外，其刚度约提高 20%，抗划伤、擦伤能力较强，对白光的反射率达 75%～90%，热反射率达 85%～95%，是我国特有的建筑金属装饰材料。

（3）铝及铝合金波纹板：铝及铝合金波纹板既有良好的装饰效

果，又有很强的反射阳光能力，其耐久性可达 20 年，详见图 24-203。

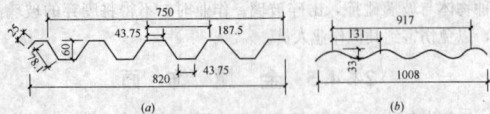

图 24-203　铝及铝合金波纹板
(a) 压型板；(b) 波纹板

（4）铝及铝合金压型板：铝及铝合金压型板具有重量轻、外形美观、耐腐蚀、耐久、容易安装等优点，也可通过表面处理得到各种色彩。主要用于建筑物的外墙和屋面等，也可做成复合外墙板，用于工业与民用建筑的非承重挂板如图 24-204 所示。

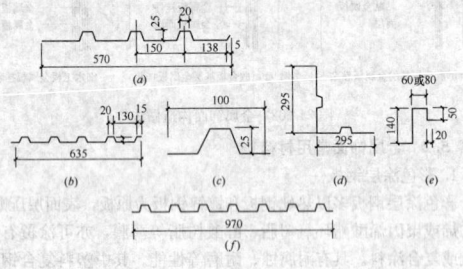

图 24-204　铝及铝合金压型板
(a) 1 型压型板；(b) 2 型压型板；(c) 6 型压型板；
(d) 7 型压型板；(e) 8 型压型板；(f) 9 型压型板

（5）铝合金装饰板：铝合金装饰板具有强度高、重量轻、结构简单、拆装方便、耐燃防火、耐腐蚀等优点，可用于内外墙装饰及吊顶等。选用阳极氧化、喷塑、烤漆等方法进行表面处理，有木色、古铜、金黄、红、天蓝、奶白等颜色。

（6）铝蜂窝装饰板：铝蜂窝板（图 24-205）主要选用合金铝板或高锰合金铝板为基材，面板厚度为 0.8～1.5mm 氟碳滚涂板或耐色光烤漆，底板厚度为 0.6～1.0mm，总厚度为 25mm。芯材采用六角形铝蜂芯，铝箔厚度 0.04～0.06mm，边长 5～6mm，质轻、强度高、刚度大。具有相同刚度的蜂窝板重量仅为铝单板的 1/5，钢板的 1/10，相互连接的铝蜂窝芯就如无数个工字钢，芯层分布固定在整个板面内，使板块更加稳定，其抗风压性能大大超于铝塑板和铝单板，并具有不易变形，平面度好的特点，即使蜂窝板的分格尺寸很大，也能达到极高的平面度，是目前建筑业首选的轻质材料。

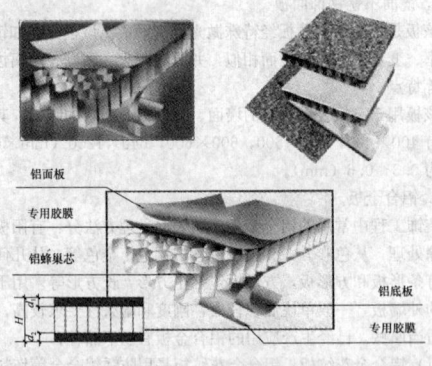

图 24-205　铝蜂窝板结构

5. 塑铝板

塑铝板为当代新型室内高档装饰材料之一，系以铝合金片与聚乙烯复合材复合加工而成。塑铝板基本上可分为镜面塑铝板、镜纹塑铝板和塑铝板（非镜面）三种，其基本构造详见图 24-206，性能特点详见表 24-131。

24.4.5.3　金属饰面常用机具

金属饰面常用机具见表 24-132。

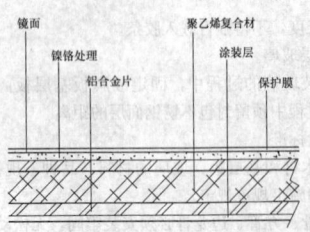

图 24-206　高级塑铝板基本构造

塑铝板的装修性能特点　　表 24-131

项　目	特　　　　点
质轻	塑铝板一般规格为 3mm×1220mm×2440mm，每张仅重 11.5kg。因此对大面积装修施工来说，非常有利。可大大地节约工作时间，提高工效，缩短周期
耐冲击	塑铝板系由铝合金片、聚乙烯复合材加工而成，材质坚韧，具有一定的耐冲击性能。用以代替镜面玻璃装修墙面、顶棚，可克服玻璃易碎等缺点
防水、防火	塑铝板本身为不吸水材料，表层铝片为不燃材料，故有一定的防水、防火性能。可提高装修面的防水能力及燃烧性能等级
耐候耐久	塑铝板表层铝片系以强硬的镍铬元累处理而成，故具有一定的耐候性。用以装修墙面、顶棚，由于它耐候性好，故装修面可持久不坏颜色、光亮均耐久不变
易加工	塑铝板不同于镜面玻璃，可用手动或电动工具进行弯曲、开口、切削、切断，易于加工。用以装修各种墙面、顶棚，不论墙面几何形体如何复杂，均可加工制作。这一特点是镜面玻璃所无法相比的
装饰效果好	塑铝板不论是镜面板、镜纹板，还是非镜面塑铝板。用以装修墙面、顶棚，均能达到光洁明亮、富丽堂皇、挺拔激港、美观大方的特殊装饰效果

金属常用机具表　　表 24-132

电动机械	小电锯、小台刨、手电钻、电动气泵、冲击钻
手动工具	木刨、扫槽刨、线刨、锯、螺丝刀、直钉枪等

24.4.5.4　金属饰面施工

1. 施工作业条件

（1）混凝土和墙面抹灰完成，基层已按设计要求埋入木砖或木筋，水泥砂浆找平层已抹完并刷冷底子油。

（2）水电及设备，顶墙上预留预埋件已完成。

（3）房间的吊顶分项工程基本完成，并符合设计要求。

（4）房间里的地面分项工程基本完成，并符合设计要求。

（5）对施工人员进行技术交底时，应强调技术措施和质量要求。

（6）调整基层并进行检查，要求基层平整、牢固，垂直度、平整度均符合细木制作验收规范。

2. 施工作业要点

（1）技术关键要求：施工前编制好技术方案，对于放线人员进行技术交底。放线结束后，技术人员进行复核，保证测量精度；对人施工前要进行技术交底，重点说明施工中需要注意的事项；坚持施工过程中的"三检"原则，对于发现的问题要及时纠正整改。

（2）质量关键要求：施工过程中易出现龙骨和饰面层松动、不平复现象，施工过程中应注意受力结点应装订严密、牢固、保证龙骨的整体刚度。龙骨的尺寸应符合设计要求；以及面层必须平整，施工前应弹线。龙骨安装完毕，应经检查合格后再安装饰面板。件必须安装牢固，严禁松动变形。

3. 施工工艺

工艺流程：

1) 金属面板粘贴

清理墙面 → 排版、放线、弹线 → 安装角铁底架或钢角码

也可使用木质基层板 → 固定 → 调整 → 9mm 防火夹板安装

（在使用木质基层板时不需要） → 25mm 高效金属吸音板装饰墙板

（或铝单板）安装 → 清理、成品保护

2) 金属面板挂装

清理墙面 → 排版、放线、弹线 → 安装镀锌角铁底架

或钢角码 → 固定 → 调整 → 专业挂件挂装 25mm 高效金属吸

音板装饰墙板（或铝单板） → 清理、成品保护

4. 施工工艺

1) 墙面必须干燥、平整、清洁，对于粗糙的砖块或混凝土墙面必须用水泥砂浆找平后做防潮层，以防止水汽从底部渗到板面上。

2) 参照图纸设计要求，按现场实际情况，对要安装铝板（金属吸音板）的墙面进行排版放线，将板需要安装位置的标高线放出，按照图纸的分割尺寸放出龙骨的中心线。

3) 按照排版弹线安装龙骨，龙骨采用镀锌角铁或钢角码，使用对撬螺栓固定或膨胀螺钉，调整完后再进行紧固。此外还可在墙面上直接固定基层板但对墙面平整度要求较高。在骨架安装时，必须注意位置准确，立面垂直、表面平整，阴阳角方正，整体牢固无松动。

4) 龙骨安装好后先安装防火夹板，防火夹板与镀锌角铁用自攻螺丝固定，而后用专用胶水粘贴面层金属板，此外还可采用专业挂件在龙骨上挂装面层金属板。

5. 质量标准

见表 24-133、表 24-134。

主控项目及一般项目　　　表 24-133

主 控 项 目	一 般 项 目
饰面板的品种、颜色、规格和性能应符合设计要求，木龙骨、木饰面板的燃烧性能等级应符合设计要求。	饰面板表面应平整、洁净、色泽一致，无裂痕和缺损
	饰面板边缘应整齐
饰面板安装工程的连接件的数量、规格、位置、连接方法和防腐处理必须符合设计要求。饰面板安装必须牢固。	饰面板嵌缝应密实、平直，宽度和深度应符合设计要求，嵌填材料色泽一致
	饰面板安装的允许偏差

允许偏差项目　　　表 24-134

项　目	允许偏差（mm）	检验方法
立面垂直	2	用 2m 靠尺和楔形塞尺检查
表面平整	2	用 2m 靠尺和楔形塞尺检查
阴阳角方正	3	用 20cm 方尺检查
接缝平直	1	拉 5m 线（不足 5m 拉通线）用尺量检查
接缝高低	1	用直尺和塞尺检查

6. 成品保护

(1) 墙面饰面板有划痕或污染：有可能在搬运中受损、工作台上制作时受损，及施工安装时受损、受污染。要求搬运时注意半成品材料的保护，工作台面应随时清理干净，以免饰面划伤，安装时必须小心保护，轻拿轻放，不得碰撞，边施工边检查，有无污损，完工后应派专人巡视看护。

(2) 堆放场地必须平整干燥，垫板要干净，堆放时要面对面安放，板和之间必须清理干净，以免板面划伤。

(3) 合理安排施工顺序，水、电、通风、设备安装等活应做在前面，防止损坏、污染金属饰面板。

7. 安全环保措施

废料及垃圾必须及时清理干净，并装袋运至指定堆放地点，做到活完料尽，工完场清；进入施工现场必须正确佩带好安全帽，严禁赤膊、穿拖鞋上班；在施工现场严禁打架、斗殴、酒后作业。登高作业时必须系好安全带；使用电动工具有良好的接零（接地）保护线，非电工人员不能搭接电源；由于石材较重，搬运时要两人抬步伐一致，堆放要成 75°，以免倒塌伤人。

24.4.6 木饰面板

24.4.6.1 木饰面板构造

木饰面板构造可分为胶粘型和挂装型，挂装型又可分为金属挂件和中密度挂件，如图 24-207 所示。金属挂件挂装法为目前常用做法其结构如图 24-208 所示，金属挂件如图 24-209 所示。

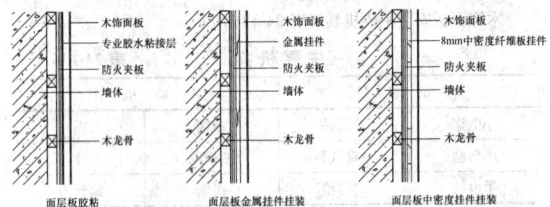

图 24-207　木饰面板构造

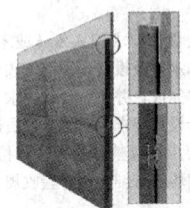

图 24-208　金属件挂装构造

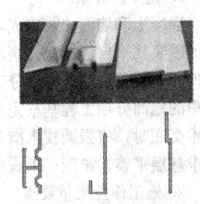

图 24-209　金属挂件

24.4.6.2 木饰面板常用材料

木饰面板是以人造板为基层板，并在其表面上粘贴带有木纹的面层板。

1. 三聚氰胺贴面板

三聚氰胺贴面板（图 24-210）是将带有印刷木纹的多层牛皮纸，经过三聚氰胺树脂浸渍，而后复合在刨花板或中密度纤维板上而成。三聚氰胺贴面板图案花色丰富，表面耐磨、耐腐蚀、耐潮湿、阻燃。其规格为 1220mm × 2440mm，其表板厚度为 0.6mm、0.8mm、1.0mm、1.2mm；基层板厚度为 8mm、12mm、15mm、18mm。

图 24-210　三聚氰胺贴面板

2. 薄木贴面板

薄木贴面板（图 24-211、图 24-212）是将各种木材经旋切成薄木，经纹理挑选、裁切将小块木皮用胶线缝合成所需规格。然后再以胶合板、刨花板或中密度纤维板为基材，将薄木贴粘在基层板上。最后对贴面板表面进行涂饰处理。薄木贴面板具有天然木材纹理及质感，具有很好的装饰效果。但由于表层薄木为天然木材，因此其板与板间常常存在色差。

图 24-211　薄木贴面吸音板

图 24-212　薄木贴面装饰板

3. 材料要求

(1) 木夹板含水率≤12%，不能有虫蚀腐朽的部位；面板应表面平整、边缘整齐、不应有污垢、裂纹、缺角、翘曲、起皮、色差、图案不完整的缺陷。胶合板、木质纤维板不应脱胶、变色和

腐朽。

（2）基层办和面板材料的材质均应符合现行国家标准和行业标准的规定。

（3）质量要求详见表24-135。

饰面人造板中甲醛释放试验方法及限量值 表24-135

产品名称	试验方法	限量值	使用范围	限量标志
饰面人造板	气候箱法	≤0.12mg/m³	可直接用于室内	E1
	干燥器法	≤1.5mg/L		

注：1. 仲裁时采用气候箱法。
2. E1为可直接用于室内的人造板。

24.4.6.3 木饰面板安装主要机具

木饰面板安装主要机具如表24-136所示。

主要机具 表24-136

电动机具		手动机具	
小电锯	冲击钻	木刨	锯
小台刨	电动气泵	扫槽刨	锤
手电钻	直钉枪	线刨	螺丝刀

24.4.6.4 木饰面板施工工艺

1. 施工作业条件

混凝土和墙面抹灰完成，基层已按设计要求埋入木砖或木筋，水泥砂浆找平层已抹完并刷冷底子油；水电及设备，顶墙上预留预埋件已完成；房间的吊顶分项工程基本完成，并符合设计要求；房间里的地面分项工程基本完成，并符合设计要求；对施工人员进行技术交底时，应强调技术措施和质量要求；调整基层并进行检查，要求基层平整、牢固，垂直度、平整度均符合细木制作验收规范。

2. 施工作业质量要点

施工前编制好技术方案，对于放线人员进行技术交底。放线结束后，技术人员进行复核，保证测量精度；工人施工前要进行技术交底，重点说明施工中需要注意的事项；坚持施工过程中的"三检"原则，对于发现的问题要及时纠正整改。

施工过程中易出现龙骨和饰面层松动、不平整现象，施工过程中应注意：受力结点应装订严密、牢固、保证龙骨的整体刚度。龙骨的尺寸应符合设计要求；面层必须平整；施工前应弹线。龙骨安装完毕，应经检查合格后再安装饰面板。配件必须安装牢固，严禁松动变形。

3. 施工工艺

（1）工艺流程：

面层板粘贴

放线 → 铺设木龙骨 → 木龙骨刷防火涂料 → 安装防火夹板
→ 粘贴面层板

面层板挂装

放线 → 铺设木龙骨 → 木龙骨刷防火涂料 → 安装防火夹板
→ 专业挂件挂装面层板

（2）施工工艺（图24-213）：

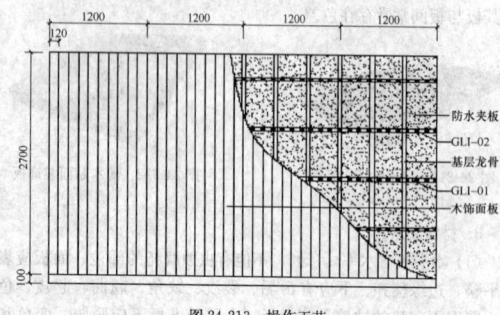

图24-213 操作工艺

1）放线：根据图纸和现场实际测量的尺寸，确定基层木龙骨分格尺寸，将施工面积按300～400mm均匀分格木龙骨的中心位置，然后用墨斗弹线，完成后进行复查，检查无误开始安装龙骨。

2）铺设木龙骨：用木方采用半榫扣方，做成网片安装墙面上，安装时先在龙骨交叉中心线位置打直径14～16mm的孔，将直径14～16mm，长50mm的木楔植入，将木龙骨网片用3寸铁钉固定在墙面上，再用靠尺和线坠检查平整和垂直度，并进行调整，达到质量要求。

3）木龙骨刷防火涂料：铺设木龙骨后将木质防火涂料涂刷在基层木龙骨可视面上。

4）安装防火夹板：用自攻螺丝固定防火夹板安装后用靠尺检查平整，如果不平整应及时修复直到合格为止。

5）面层板安装：面层板用专用胶水粘贴后用靠尺检查平整，如果不平整应及时修复直到合格为止。挂装时可采用8mm中密度板正、反裁口或专业挂件挂装。

4. 质量标准

（1）主控项目和一般项目见表24-137。

主控项目和一般项目 表24-137

主控项目	一般项目
饰面板的品种、颜色、规格和性能应符合设计要求，木龙骨、木饰面板的燃烧性能等级应符合设计要求	饰面板表面应平整、洁净、色泽一致，无裂痕和缺损
	饰面板嵌缝应密实、平直，宽度和深度应符合设计要求，嵌填材料色泽一致
饰面板安装工程的连接件的数量、规格、位置、连接方法和防腐处理必须符合设计要求。饰面板安装必须牢固	饰面板边缘应整齐

（2）饰面板安装的允许偏差见表24-138。

允许偏差项目（mm） 表24-138

立体垂直度	3	表面平整度	2
阴阳角方正	3	接缝直线度	3
压条直线度	2	接缝高低差	1

5. 安全环保措施

（1）操作前检查脚手架和跳板是否搭设牢固，高度是否满足操作要求，合格后才能上架操作，凡不符合安全之处应及时修整。

（2）禁止穿硬底鞋、拖鞋、高跟鞋在架子上工作，架子上人不得集中在一起，工具要摆置稳定，以防止坠落伤人。

（3）在两层脚手架上操作时，应尽量避免在同一垂直线上工作，必须同时作业时，下层操作人员必须戴安全帽。

（4）夜间临时用的移动照明灯，必须用安全电压。机械操作人员须培训持证上岗，现场一切机械设备，非机械操作人员一律禁止操作。

（5）禁止搭设飞跳板，严禁从高处往下乱投东西。脚手架严禁搭设在门窗、暖气片、水暖等管道上。

6. 成品保护

（1）隔墙木龙骨及罩面板安装时，应注意保护顶棚内装好的各种管线、木骨架的吊杆。

（2）施工部位已安装的门窗，已施工完的地面、墙面，窗台等应注意保护、防止损坏。

（3）搬、拆架子时注意不要碰撞墙面。

（4）条木骨架材料，特别是罩面板材料，在进场、存放、使用过程中应妥协管理，使其不变行、不受潮、不损坏、不污染。

24.5 涂饰工程

24.5.1 建筑装饰涂料的分类及性能

建筑涂料是指涂覆于建筑物表面，并能与建筑物表面材料很好

地粘结，形成完整涂膜的材料。主要起到装饰和保护被涂覆物的作用，防止来自外界物质的侵蚀和损伤，提高被涂覆物的使用寿命；并可改变其颜色、花纹、光泽、质感等，提高被涂覆物的美观效果。

24.5.1.1 建筑装饰涂料分类

建筑装饰涂料分类有多种形式，主要分类见表24-139。

建筑装饰涂料的主要分类 表24-139

序号	分 类	类 型
1	按涂料在建筑的不同使用部位分类	外墙涂料、内墙涂料、地面涂料、顶面涂料、屋面涂料等
2	按使用功能分类	多彩涂料、弹性涂料、抗静电涂料、耐洗涂料、耐磨涂料、耐温涂料、耐酸碱涂料、防锈涂料等
3	按成膜物质的性质分类	有机涂料（如聚丙烯酸酯外墙涂料），无机涂料（如硅酸钾水玻璃外墙涂料），有机、无机复合涂料（如硅溶胶、苯酸合外墙涂料）等
4	按涂料溶剂分类	水溶性涂料、乳液型涂料、溶剂型涂料、粉末型涂料等
5	按施工方法分类	浸渍涂料、喷涂涂料、涂刷涂料、滚涂涂料等
6	按涂层作用分类	底层涂料、面层涂料等
7	按装饰质感分类	平面涂料、砂面涂料、立体花纹涂料等
8	按涂层结构分类	薄涂料、厚涂料、复层涂料等

24.5.1.2 建筑装饰涂料的性能

本章介绍的建筑装饰涂料主要是建筑内墙及外墙涂料。建筑装饰涂料的性能大致可以分为施工性能、内墙涂料性能和外墙涂料性能，详见表24-140。

建筑装饰涂料的性能 表24-140

主要类型	涂料性能	主 要 作 用
施工性能	重涂性	同一种涂料进行多层涂装时，能够保持良好的层间附着力及颜色和光泽的一致性
	不流性	涂料在涂装过程中不会立即向下流淌，从而不会形成上厚下薄的不均匀外观
	抗飞溅性	用辊筒涂装墙面或天花板时，涂料不会从辊筒向外飞溅
	流平性	涂料在涂装过程中能够均匀的流动，不会留下"刷痕"或"辊筒印"，漆膜干燥后均匀、平整
内墙涂料性能	易清洗性	漆膜表面的污渍容易被去除掉
	耐擦洗性	漆膜用刷子、海绵或抹布反复擦拭后不损坏
	抗磨光性	当漆膜经过摩擦或洗刷后，光泽度不会提高
	抗粘连性	两个被涂装的表面互相挤压时，比如门框和窗框，彼此不会粘在一起
	防霉性	涂膜不易生霉
	保色性	涂料能保持原有的颜色不变
内墙涂料性能	遮盖力	涂料遮盖或隐藏被涂装的表面
	抗开裂性	漆膜在老化过程中，不会出现开裂的现象
	环保性	涂料中挥发性有机化合物（VOC）的含量非常低，而且所含有害物质限量符合国家标准
外墙涂料性能	粉化性	涂料涂装一段时间后，漆膜表面不会出现白色粉末
	耐水性	在雨天或潮气很大的环境中，漆膜不会剥落或起泡
	耐沾污性	漆膜表面不容易沾染灰尘和污渍

续表

主要类型	涂料性能	主 要 作 用
外墙涂料性能	抗开裂性	漆膜在老化过程中，不会出现开裂的现象
	防霉性	涂料不易生霉
	抗风化性	漆膜能够抗碱的侵蚀
	保色性	涂料能保持原有颜色不变
	附着力	漆膜与被涂面之间结合牢固
	环保性	涂料中挥发性有机化合物（VOC）的含量较低，而且所含有害物质限量符合国家标准

24.5.2 常用材料

24.5.2.1 腻子

腻子是用于平整物体表面的一种装饰材料，直接涂施于物体或底涂上，用以填充被涂物表面上高低不平的部分。

按其性能可分为耐水腻子、821腻子、掺胶腻子。

一般常用腻子根据不同的工程项目和用途可分为两类：

（1）胶老粉腻子：由老粉、化学胶、石膏粉、骨胶配制而成，用于水性涂料平顶内施工。

（2）胶油面腻子：由油基清漆、干老粉、化学胶、石膏粉配制而成，用于原油漆的平顶墙面。

装饰所用腻子宜采用符合《建筑室内用腻子》（JG/T 298—2010）要求的成品腻子，成品腻子粉规格一般为20kg袋装。如采用现场调配的腻子，应坚实、牢固，不得粉化、起皮和开裂。

24.5.2.2 底涂

底涂是用于封闭水泥墙面的毛细孔，起到预防返碱、返潮及防止霉菌孳生的作用。底涂还可增强水泥基层强度，增加面层涂料对基层的附着力，提高漆膜的厚度，使物体达到一定的装饰效果，从而减少面涂的用量。底涂一般都具有一定的填充性，打磨性，实色底涂还具备一定的遮盖力。

其规格一般为桶装有1L、5L、15L、16L、18L、20L等。

24.5.2.3 面涂

面涂具有较好的保光性、保色性，硬度较高、附着力较强、流平性较好等优点，涂施工于物体表面可使物体更加美观，具有较好的装饰和保护作用。

面涂的规格一般为桶装有1L、5L、15L、16L、18L、20L等。

24.5.3 常用工具

涂饰工程中常用的施工机具有：涂刷工具、滚涂工具、弹涂工具、喷涂工具等。

24.5.3.1 涂刷工具

涂刷工具见表24-141。

涂刷工具 表24-141

序号	工具名称	图 例	规 格	用 途
1	排笔刷		多种	涂刷乳胶漆
2	底纹笔		多种	涂刷乳胶漆
3	料桶		多种	承装及搅拌涂料、腻子等

24.5.3.2　滚涂工具

滚涂工具见表24-142。

滚　涂　工　具　表 24-142

序号	工具名称	图　例	规格	用途
1	长毛绒辊		多种	滚刷涂料
2	泡沫塑料辊		多种	滚刷涂料
3	橡胶辊		多种	滚刷涂料
4	压花、印花辊		多种	滚刷涂料
5	硬质塑料辊		多种	滚刷涂料

24.5.3.3　弹涂工具

弹涂工具见表24-143。

弹　涂　工　具　表 24-143

序号	工具名称	图　例	规格	用途
1	手动弹涂器	正视图　侧视图	多种	用于浮雕涂料、石头漆等弹涂
2	电动弹涂器	B—B	多种	用于浮雕涂料、石头漆等弹涂

24.5.3.4　喷涂工具

喷涂工具见表24-144。

喷　涂　工　具　表 24-144

序号	工具名称	图　例	规格	用途
1	空气压缩机		多种	喷涂涂料
2	高压无气喷机		多种	喷涂涂料
3	喷枪		多种	喷涂涂料

24.5.4　涂饰施工

24.5.4.1　外墙涂饰工程

1. 工艺流程

清理墙面 → 修补墙面 → 填补腻子 → 打磨 → 贴玻纤布 → 满刮腻子及打磨 → 刷底漆 → 刷第一遍面漆 → 刷第二遍面漆

2. 施工准备

(1) 清除墙面污物、浮土，基层要求整体平整、清洁、坚实、无起壳。混凝土及抹灰层的含水率应在10%以下，pH值不得大于10。未经检验合格的基层不得进行施工。

(2) 外墙脚手架与墙面的距离应适宜，架板安装应牢固。外窗应采取遮挡保护措施，以免施工时被涂料污染。

(3) 施工班组应配技术负责人，施工人员须经本工艺施工技术培训，合格者方可上岗。

(4) 大面积施工前，应按设计要求做出样板，经设计、建设单位认可后，方可进行施工。

(5) 施工前应注意气候变化，大风及雨天不得施工。

3. 基层处理

(1) 将墙面起皮及松动处清除干净，并用水泥砂浆补抹，将残留灰渣铲干净，然后将墙面扫净。

(2) 基层缺棱掉角、孔洞、坑注、缝隙等缺陷采用1∶3水泥砂浆修补、找平，干燥后用砂纸将凸出处磨掉，将浮尘扫净。

4. 施工工艺

(1) 填补腻子

将墙体不平整、光滑处用腻子找平。腻子应具备较好的强度、粘结性、耐水性和持久性，在进行填补腻子施工时，宜薄不宜厚，以批刮平整为主。第二层腻子应等第一层腻子干燥后再进行施工。

(2) 打磨

1) 打磨必须在基层或腻子干燥后进行，以免粘附砂纸影响操作。

2) 手工打磨应将砂纸包在打磨垫块上，往复用力推动垫块进行打磨，不得只用一两个手指直接压着砂纸打磨，以免影响打磨的平整度。机械打磨采用电动打磨机，将砂纸夹于打磨机上，在基层上来回推动进行打磨，不宜用力按压以免电机过载受损。

3) 打磨时先采用粗砂纸打磨，然后再用细砂纸打磨；需注意表面的平整性，即使表面的平整性符合要求，仍要注意基层表面粗

糙度及打磨后的纹理质感，如出现这两种情况会因为光影作用而使面层颜色光泽造成深浅明暗不一而影响效果，这时应局部再磨平，必要时采用腻子进行再修平，从而达到粗糙程度一致。

4）对于表面不平，可将凸出部分用铲铲平，再用腻子进行填补，待干燥后再用砂纸进行打磨。要求打磨后基层的平整度达到在侧面光照下无明显批刮痕迹、无粗糙处，表面光滑。

5）打磨后，立即清除表面灰尘，以利于下一道工序的施工。

（3）贴玻纤布

采用网眼密度均匀的玻纤布进行铺贴；铺贴时自上而下用108胶水边贴边用刮子赶平，同时均匀地刷透；出现玻纤布的接搓时，应错缝搭接2～3cm，待铺平后用刀进行裁剪，裁切时必须裁齐，并让玻纤维布并拢，以使附着力增强。

（4）满刮腻子及打磨

采用聚合物腻子满刮，以修平贴玻纤布引起的不平整现象，防止表面的毛细裂缝。干燥后用0号砂纸磨平，做到表面平整、粗糙程度一致，纹理质感均匀。

（5）刷底漆、面漆

1）刷涂施工

施工前先将刷毛用水或稀释剂浸湿、甩干，然后再蘸取涂料。刷毛蘸入涂料不要过深，蘸后在匀料板或容器边口刮去刷毛上多余的涂料，然后在基层上依顺序刷开。涂刷时刷子与被涂面的角度为50°～70°，修饰时角度则减少到30°～45°。涂刷时动作要迅速、流畅，每个涂刷段不要过宽，以保证相互衔接时涂料湿润、不显接头痕迹。在涂刷门窗、墙角等部位时，应先用小刷子将不易涂刷的部位涂刷一道，然后再进行大面积的涂刷。刷涂施工时，要求前一度涂层表干后方可进行后一度的涂刷，前后两层的涂刷时间间隔不得小于2～4h。

2）滚涂施工

施工前先用水或稀释剂将滚筒刷湿润，在干净的纸板上滚去多余的液体再蘸取涂料，蘸料时只需将滚筒的一半浸入料中，然后在匀料板上来回滚动使涂料充分、均匀地附着于滚筒上。滚涂时沿水平方向，按"W"形方式将涂料滚在基层上，然后再横向滚匀，每一次滚涂的宽度不得大于滚筒的4倍，同时要求在滚涂的过程中重叠滚筒的1/3，避免在交合处形成滚痕，滚涂过程中要求要用力均匀、平稳，时时用剥轻，然后逐步加重。

3）喷涂施工

在喷涂施工中，涂料稠度、空气压力、喷射距离、喷枪运行中的角度和速度等方面均有一定的要求。涂料稠度必须始终、不变施工；太稀，影响涂层厚度，且容易流淌。空气压力在0.4～0.8N/mm²之间选择确定，压力选得过低或过高，涂层质量差，涂料损耗多。喷射距离一般为40～60cm，喷嘴距离过远，则涂料损耗多。

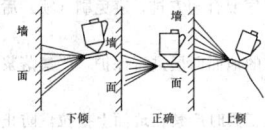

图24-214 喷涂示意图

喷枪运行中喷嘴中心线必须与墙面垂直（图24-214），喷枪应与被涂墙面平行移动（图24-215），运行速度要保持一致，运行过快，涂层较薄，色泽不均；运行过慢，涂料粘附太多，容易流淌。喷涂施工，应连续作业，一气呵成，争取到分格缝处理再停歇。

4）弹涂施工

① 弹涂施工的全过程都必须根据事先所设计的样板上的色泽和涂层表面形状的要求进行。

② 在基层表面先刷1～2遍涂料，作为底色涂层。表面底色涂层干燥后，才能进行弹涂。门窗等不必进行弹涂的部位应予以遮挡。

③ 弹涂时，手提弹涂机，先调整和控制好浆门、浆量和弹棒，然后开动电机，使机口垂直对准墙面，保持适当距离（一般为30～50cm），按一定手势和速度，自上而下，自右（左）至左（右），循序渐进，要注意弹点密度均匀适当，上下左右接头不明显。对于

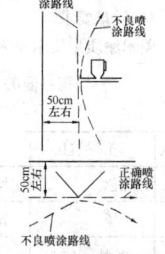

图24-215 喷斗移动线路

花型彩弹，在弹涂以后，应有一人进行批刮压花，弹涂到批刮压花之间的间歇时间，视施工现场的温度、湿度及花型等不同而定。压花操作要用力均匀，运动速度要适当，方向竖直不偏斜，刮板和墙面的角度宜在15°～30°之间，要单方向批刮，不能往复操作，每批刮一次，刮板须用棉纱擦抹，不得间隔，以防纹模糊。

④ 大面积弹涂后，如出现局部弹点不匀或压花不合要求而影响装饰效果时，应进行修补，修补方法有补弹和笔绘两种，修补所用的涂料，应该用与弹底或弹涂同一颜色的涂料。

24.5.4.2 内墙涂饰工程

1. 施工准备

（1）室内有关抹灰工种的工作已全部完成，基层应平整、清洁、表面无灰尘、无浮浆、无油迹、无锈斑、无霉点、无浮砂、无起壳、无盐类析出物、无青苔等杂物。

（2）基层应干燥，混凝土及抹灰面层的含水率应在10%以下，基层的pH值不得大于10。

（3）过墙管道、洞口、阴阳角等处应提前抹灰找平修整，并充分干燥。

（4）室内木工、水暖工、电工的施工项目均已完成，门窗玻璃安装完毕，湿作业的地面施工完毕，管道试验压完毕。

（5）门窗、灯具、电器插座及地面等应进行遮挡，以免施工时被涂料污染。

（6）冬期施工室内温度不宜低于5℃，相对湿度为85%，并在采暖条件下进行，室温保持均衡，不得突然变化。同时应设专人负责测试和开关门窗，以利通风和排除湿气。

（7）做好样板间，并经检查鉴定合格后，方可组织大面积喷（刷）。

2. 基层处理

（1）混凝土基层处理

1）在混凝土面层进行基层处理的部分，由于日后修补的砂浆容易剥离，或修补部分与原来的混凝土面层的渗吸状态与表面凹凸状态不同，对于某些涂料品种容易产生涂料饰面外观不均匀的问题。因此原则上必须尽量做到混凝土基层表面平整度良好，不需要修补处理。

2）对于混凝土的施工缝等表面不平整或高低不平的部位，应使用聚合物水泥砂浆进行基层处理，做到表面平整，并使抹灰层厚度均匀一致。具体做法是先认真清扫混凝土表面，涂刷聚合物水泥砂浆，每遍抹灰厚度不大于9mm，总厚度为25mm，最后在抹灰底层用抹子抹平，并进行养护。

3）由于模板缺陷造成混凝土尺寸不准，或由于涉及变更等原因使抹灰找平部分厚度增加，为了防止出现开裂及剥离，应在混凝土表面固定焊接金属网，并将找平层抹在金属网上。

4）其他基层事故处理办法

① 微小裂缝。用封闭材料或涂抹防水材料沿裂缝搓涂，然后在表面撒细沙等，使装饰涂料能与基层很好地粘结。对于预制混凝土板材，可用低粘度的环氧树脂或水泥砂浆进行压力灌浆压入缝中。

② 气泡砂孔。应用聚合物水泥砂浆嵌填直径大于3mm的气孔。对于直径小于3mm的气孔，可用涂料或封闭腻子处理。

③ 表面凹凸。凸出部分用磨光机研磨平整。

④ 露出钢筋。用磨光机等将铁锈全部清除，然后进行防锈处理。也可将混凝土进行少量剥离，将混凝土内露出的钢筋进行防锈处理，然后用聚合物砂浆补抹平整。

⑤ 油污。油污、隔离剂必须用洗涤剂洗净。

（2）水泥砂浆基层处理

1）当水泥砂浆面层有空鼓现象时，应铲除，用聚合物水泥砂浆修补。

2）水泥砂浆面层有孔眼时，应用水泥素浆修补。也可从剥离的界面注入环氧树脂浆粘剂。

3）水泥砂浆面层凹凸不平时，应用磨光机研磨平整。

（3）加气混凝土基层处理

1）加气混凝土板材接缝连接面及表面气孔应全刮涂打底腻子，使表面光滑平整。

2) 由于加气混凝土基层吸水率很大，会把基层处理材料中的水分吸干，因而在加气混凝土基层表面涂刷合成树脂乳液封闭底漆，使基础渗吸得到适当调整。

3) 修补边角及开裂时，必须在界面上涂刷合成树脂乳液，并用聚合物水泥砂浆修补。

（4）石膏板、饰面板的基层处理

1) 一般石膏板不适宜用于湿度较大的基层，若湿度较大时，需对石膏板进行防潮处理，或采用防潮石膏板。

2) 石膏板多做对接缝。此时接缝及顶空等必须用合成树脂乳液腻子刮涂打底，固化后用砂纸打磨平整。

3) 石膏板连接处可做成V形接缝。施工时，在V形缝中嵌填专用的合成树脂乳液石膏腻子，并贴玻璃接缝带抹压平整。

4) 石膏板在涂刷前，应对石膏面层用合成树脂乳液灰浆腻子刮涂打底，固化后用砂纸等打磨光滑平整。

3. 施工工艺

（1）乳胶漆施工

1) 工艺流程

清理墙面 → 修补墙面 → 刮腻子 → 刷底漆 → 刷一至三遍面漆

2) 施工工艺

① 刮腻子：刮腻子遍数可由墙面平整程度决定，通常为三遍，腻子重量配比为乳胶：双飞粉：2%羧甲基纤维素：复粉＝1：5：3.5：0.8。厨房、厕所、浴室用聚醋酸乙烯乳液：水泥：水＝1：5：1（耐水性腻子）。第一遍用胶皮刮板横向满刮，干燥后打磨砂纸，将浮腻子及斑迹磨光，然后将墙面清扫干净。第二遍用胶皮刮板竖向满刮，所用材料及方法同第一遍腻子，干燥后用砂纸磨平并清扫干净。第三遍用胶皮刮板找补腻子或用钢片刮板满刮腻子，将墙面刮平刮光，干燥后用细砂纸磨平磨光，不得遗漏或将腻子磨穿。

如采用成品腻子粉，只需加入清水（每公斤腻子粉添加约0.4～0.5公斤水）搅拌均匀后即可使用，拌好的腻子应呈均匀膏状，无粉团。为提高石膏板的耐水性能，可先在石膏板上涂刷专用界面剂、防水涂料，再批刮腻子。批刮的腻子层不宜过厚，且必须待第一遍干透后方可批刮第二遍。批层腻子未干透不得做面层。

② 刷底漆：涂刷顺序是先刷天花后刷墙面，墙面是先上后下。将基层表面清扫干净。乳胶漆用排笔（或滚筒）涂刷，使用新排笔时，应将排笔上不牢固的毛清理掉。底漆使用前应加水搅拌均匀，待干燥后复补腻子，腻子干燥后再用砂纸磨光，并清扫干净。

③ 刷一至三遍面漆：操作要求同底漆，使用前充分搅拌均匀。刷二至三遍面漆时，需待前一遍漆膜干燥后，用细砂纸打磨光滑并清扫干净后再刷下一遍。由于乳胶漆膜干燥较快，涂刷应连续迅速操作，上下顺刷互相衔接，避免出现干燥后出现接头。

3) 成品保护

① 操作前将不需涂饰的门窗及其他相关的部位遮挡好。

② 涂料墙面未干前不得清扫室内地面，以免粉尘沾污墙面涂料。漆面干燥后不得靠近墙面泼水，以免泥水污染。

③ 涂料墙面完工后要妥善保护，不得碰磕损坏。

④ 拆除脚手架时，要轻拿轻放，严防碰撞已涂饰完的墙面。

4) 质量要求

乳胶漆质量和检验方法应符合表24-145的规定。

（2）美术漆工程

1) 工艺流程

清理基层 → 刮腻子 → 打磨砂纸 → 刷封闭底漆 → 涂装质感涂料 → 画线

2) 施工工艺

① 刮腻子：刮腻子遍数可由墙面平整程度决定，通常为三遍，腻子重量配比为乳胶：双飞粉：2%羧甲基纤维素：复粉＝1：5：3.5：0.8。厨房、厕所、浴室用聚醋酸乙烯乳液：水泥：水＝1：5：1（耐水性腻子）。第一遍用胶皮刮板横向满刮，干燥后打磨砂纸，将浮腻子及斑迹磨光，然后将墙面清扫干净。第二遍用胶皮刮板竖向满刮，所用材料及方法同第一遍腻子，干燥后用砂纸磨平并清扫干净。第三遍用胶皮刮板找补腻子或用钢片刮板满刮腻子，将墙面刮平刮光，干燥后用细砂纸磨平磨光，不得遗漏或将腻子磨穿。

如采用成品腻子粉，只需加入清水（每公斤腻子粉添加0.4～0.5kg 水）搅拌均匀后即可使用，拌好的腻子应呈均匀膏状，无粉团。在石膏板上施涂美术漆，为提高石膏板的耐水性能，可先在石膏板上涂刷专用界面剂、防水涂料，再批刮腻子。批刮的腻子层不宜过厚，且必须待第一遍干透后方可批刮第二遍。冬期施工时，应注意防冻，底层腻子未干透不得做面层。

② 刷封闭底漆：基层腻子干透后，涂刷一层封闭底漆。涂刷顺序是先天花后墙面，墙面是先上后下。将基层表面清扫干净。使用排笔（或滚筒）涂刷，施工工具应保持清洁，使用新排笔时，应将排笔上不牢固的毛清理掉，确保封闭底漆不受污染。

③ 涂装质感涂料：待封闭底漆干燥后，即可涂装质感涂料。一般采用刮涂或喷涂等施工方法。刮涂（抹涂）施工是用铁抹子将涂料均匀刮涂到墙上，并根据设计图纸的要求，刮出各种造型，或用特殊的施工工具制作出不同的艺术效果。喷涂施工是用喷枪将涂料按设计要求喷涂于基层上，喷涂施工时应注意控制涂料的黏度、喷枪的气压、喷口的大小、喷射距离以及喷射角度等。

3) 成品保护

① 进行操作前将不进行喷涂的门窗及其他相关的部位遮挡好。

② 喷涂完的墙面，随时用木板或小方木将口、角等处保护好，防止碰撞造成损坏。

③ 涂裱工刷漆时，严禁蹬踩以涂好的涂层部位（窗台），防止小油桶碰翻涂漆污染墙面。

④ 刷（喷）浆工序与其他工序要合理安排，避免刷（喷）后其他工序又进行修补工作。

⑤ 刷（喷）浆前应对已完成的地面面层进行保护，严禁落浆造成污染。

⑥ 移动浆桶、喷浆机等施工工具时严禁在地面上拖拉，防止损坏地面的面层。

⑦ 浆膜干燥前，应防止尘土沾污和热气侵袭。

⑧ 拆架子或移动高凳应注意保护好以刷浆的墙面。

⑨ 浆活完工后应加强管理，认真保护好墙面。

4) 质量要求

美术漆质量要求见表24-146、表24-147。

乳胶漆质量和检验方法　表 24-145

项次	项　目	普通涂饰	高级涂饰	检验方法
1	颜色	均匀一致	均匀一致	观察
2	泛碱、咬色	允许少量轻微	不允许	
3	流坠、疙瘩	允许少量轻微	不允许	
4	砂眼、刷纹	允许少量轻微砂眼，刷纹通顺	无砂眼，无刷纹	
5	装饰线、分色线直线度允许偏差（mm）	2	1	拉5mm线，不足5mm拉通线，用钢直尺检查

混凝土及抹灰表面油漆美术涂饰工程基本项目　表 24-146

项次	项　目	中级涂料	高级涂料	检验方法
1	花色	均匀	均匀	观察
2	光泽	光泽基本均匀	光泽均匀一致	观察检查
3	裹棱、流坠、皱皮	明显处不允许	不允许	观察
4	装饰线、分色线直线度允许偏差（mm）	2	1	拉5m线，不足5m拉通线，用钢直尺检查

注：无光色漆不检查光泽。

室内水性涂料美术粉饰工程基本项目 表 24-147

项次	项　目	中级涂饰	高级涂饰	检查方法
1	颜色	均匀一致	均匀一致	观察
2	泛碱、咬色	允许少量轻微	不允许	
3	流坠、疙瘩	允许少量轻微	不允许	
4	装饰线、分色直线度允许偏差（mm）	2	1	拉5m线，不足5m拉通线，用钢直尺检查

24.5.4.3　内、外墙氟碳漆工程

1. 工艺流程

基层处理→铺挂玻纤网→分格缝切割及批刮腻子→封闭底涂施工→中涂施工→面涂施工→分格缝描涂

2. 施工准备

（1）外墙施工见24.5.4.1的第2条。

（2）墙面必须干燥，基层含水率应符合当地规范要求。

（3）墙面的设备管应提前处理完毕，为确保墙面干燥，各种穿墙孔洞都应提前抹灰补齐。

（4）门窗要提前安装好玻璃。

（5）施工前应事先做好样板间，经检查鉴定合格后，方可组织班组进行大面积施工。

（6）作业环境应通风良好，湿作业已完成并具备一定的强度，周围环境比较干燥。

（7）冬期施工涂料工程，应在采暖条件下进行，室温保持均衡，一般室内温度不宜低于5℃，相对湿度为85%。同时应设专人负责测试温度和开关门窗，以利通风排除湿气。

3. 基层处理

（1）平整度检查：用2m靠尺仔细检查墙面的平整度，将明显凹凸部位用彩笔标出。

（2）点补：孔洞或明显的凹陷用水泥砂浆进行修补，不明显的用粗找平腻子点补。

（3）砂磨：用砂轮机将明显的凸出部分和修补后的部位打磨至符合要求≤2mm。

（4）除尘、清理：用毛刷、铲刀等清除墙面粘附物及浮尘。

（5）洒水：如果基面过于干燥，先洒水润湿，要求墙面见湿无明水。

（6）基面修补完成，无浮尘，无其他粘附物，可进入下道工序。

4. 施工工艺

（1）铺挂玻纤网

满批粗找平腻子一道，厚度1mm左右，然后平铺玻纤网，铁抹子压实，使玻纤网和基层紧密连接，再在上面满批粗找平腻子一道。铺挂玻纤网后，干燥12h以上，可进入下道工序。

（2）分格缝切割及批刮腻子

1）根据图纸要求弹出分格缝位置，用切割机沿定位线切割分格缝，一般宽度为2cm，深度为1.5cm，再用锤、凿等工具，将缝蕊挖出，将缝的两边修平。

2）粗找平腻子施工：第一遍满批刮，用刮尺对每一块由下至上刮平，稍待干燥后，一般3~4h（晴天），仔细砂磨，除去刮痕印。第二遍满批，用刮尺对每一块由左至右刮平，以上打磨使用80号砂纸或砂轮片施工。第三遍满批，用批刀收平，稍待干燥后，一般3~4h（晴天），用120号以上砂纸仔细砂磨，除去批刀印和接痕。每道腻子施工完成后，洒水养护4次，每次养护间隔4h。

3）分格缝填充：填充前，先用水润湿缝蕊。将配好的浆料填入缝蕊后，干燥约5min，用直径2.5cm（或稍大）的圆管在填料表面拖出圆弧状的造型。

4）细找平腻子施工：腻子满批后，用批刀收平，稍待干燥后，一般3~4h，用280号以上砂纸仔细砂磨，除去批刀印和接痕。细腻子施工完成后，干燥发白时即可砂磨，洒水养护4h，两次养护间隔4h，养护次数不少于4次。

5）满批抛光腻子：满批后，用批刀收平。干燥后，用300号

以上砂纸砂磨；砂磨后，用抹布除尘。

（3）封闭底涂施工

采用喷涂。腻子层表面形成可见涂膜，无漏喷现象。施工完成后，至少干燥24h，方可进入下道工序。

（4）中涂施工

喷涂二遍。第一遍喷涂（薄涂），一度（十字交叉）。充分干燥后进行第二遍喷涂（厚涂），二度（十字交叉）。干燥12h以后，用600号以上的砂纸砂磨，砂磨必须认真彻底，但不可磨穿中涂。砂磨后，必须用抹布除尘。

（5）面涂施工

进行二遍喷涂（薄涂），一度（十字交叉）。第一遍充分干燥后进行第二遍。施工完毕并干燥24h后，可进入下道工序。

（6）分格缝描涂

用美纹纸胶带沿缝两边贴好保护，然后刷涂两遍分格缝涂料，待第一遍涂料干燥后方可涂刷第二遍。待干燥后，撕去美纹纸。

5. 成品保护

（1）刷油漆前应先清理完施工现场的垃圾及灰尘，以免影响油漆质量。

（2）进行操作前将不需喷涂的门窗及其他相关的部位遮挡好。

（3）喷涂完的墙面，随时用木板或小方木将口、角等处保护好，防止碰撞造成损坏。

（4）刷漆时，严禁蹬踩以涂好的涂层部位，防止油桶碰翻涂漆污染墙面。

（5）刷（喷）浆工序与其他工序要合理安排，避免刷（喷）后其他工序又进行修补工作。

（6）刷（喷）浆前应对已完成的地面面层进行保护，严禁落浆造成污染。

（7）移动浆桶、喷浆机等施工工具时严禁在地面上拖拉，防止损坏地面的面层。

（8）浆膜干燥前，应防止尘土沾污。

（9）拆架子或移动高凳子应注意保护好刷浆的墙面。

（10）浆活完后应应加强管理，认真保护好墙面。

6. 质量要求

（1）闪光粉分布均匀，密度与样板相当；

（2）无流挂现象；

（3）无明暗不均匀及发花现象；

（4）光泽均匀，手感细腻，涂膜上极少有颗粒；

（5）无批刮印痕及凹凸不平现象。

24.6　裱糊、软包工程和硬包工程

24.6.1　常用工具

24.6.1.1　电动机具

电动机具见表24-148。

电动机具 表 24-148

序号	工具名称	图　例	型号	用途
1	壁纸上胶机		多种	用于壁纸铺贴前打胶
2	空气压缩机		多种	气体压缩机具，配合气钉枪使用，为气钉枪提供气体动力
3	气钉枪		多种	用于打钉的气动工具，配合空气压缩机使用，利用气体压力将钉子射出，以固定对象物件

24.6.1.2 手工工具

手工工具见表 24-149。

手工工具　表 24-149

序号	工具名称	图例	型号	用途
1	工作台		多种	用于壁纸（布）、软硬包面料的裁切、打胶
2	壁纸美工刀		多种	用于裁切壁纸（布）
3	剪刀		多种	用于裁切壁纸（布）、软硬包的面料
4	羊毛刷		多种	用于壁纸刷胶
5	滚筒刷		多种	滚刷底漆、胶水
6	刮板		多种	用于铺贴墙纸（布）、赶出余胶及多余气泡
7	壁纸刷		多种	用于纯纸类壁纸铺平，避免刮板容易破坏纸面
8	壁纸压平滚		多种	用于纯纸类壁纸铺平，压平细小气泡。避免破坏纸面
9	壁纸接缝滚		多种	用于壁纸接缝压平
10	高凳		多种	提升作业面高度

24.6.2 裱 糊 工 程

裱糊工程即为壁纸裱糊工程，壁纸是广泛应用于室内天花、墙柱面的装饰材料之一，具有色彩多样、图案丰富、耐脏、易清洁、耐用等优点。

24.6.2.1 壁纸的分类

壁纸的种类较多，其主要分类见表 24-150。

壁纸的分类　表 24-150

序号	分类	种类	细分种类
1	壁纸	普通壁纸	印花涂塑壁纸、压花涂塑壁纸、复塑壁纸
		发泡壁纸	高发泡印花壁纸、低发泡印花压花壁纸
		麻草壁纸	—
		纺织纤维壁纸	—
		特种壁纸	耐水壁纸、防火壁纸、彩色砂粒壁纸、自粘型壁纸、金属面壁纸、图景画壁纸
2	墙布	玻璃纤维墙布	—
		纯棉装饰墙布	—
		化纤装饰墙布	—
		无纺墙布	—

24.6.2.2 常用材料

1. 腻子

腻子是用于平整物体表面的一种装饰材料，直接涂施于物体或底漆上，用以填平被涂物表面上高低不平的部分。

装饰所用腻子宜采用符合《建筑室内用腻子》（JG/T 298—2010）要求的成品腻子，成品腻子粉规格一般为 20kg 袋装。如采用现场调配的腻子，应坚实、牢固，不得粉化、起皮和开裂。

2. 封闭底漆

封闭底漆剂主要作用是封闭基材，保护板材，并起到预防返碱、返潮及防止霉菌孳生的作用。

3. 壁纸胶

用于粘贴壁纸的胶水，壁纸胶分为壁纸胶粉和成品壁纸胶。壁纸胶粉一般为盒装或袋装，有多种规格，需按说明书加水调配后方可使用。

布基胶面壁布比较厚重，应采用壁布专用胶水，专用胶水每公斤可以施工 5m²，直接用滚刷涂到墙面和壁布背面即可。

4. 壁纸、壁布

壁纸和壁布的规格一般有大卷、中卷和小卷三种。大卷为宽 920~1200mm，长 50m，每卷可贴 40~90m²；中卷为宽 760~900mm，长 25~50m，每卷可贴 20~45m²；小卷为宽 530~600mm，长 10~12m，每卷可贴 5~6m²。其他规格尺寸可由供应双方协商或以标准尺寸的倍数供应。

24.6.2.3 裱糊施工

1. 工艺流程

基层处理 → 刷封闭底胶 → 放线 → 计算用料、裁纸 → 刷胶 → 裱糊

2. 施工准备

（1）作业条件

1）新建筑物的混凝土或抹灰基层墙面在刮腻子前应涂刷抗碱封闭底漆。

2）旧墙面在裱糊前应清除疏松的旧装修层，并刷涂界面剂。

3）水泥砂浆找平层已抹完，经干燥后含水率不大于 8%，木材基层含水率不大于 12%。

4）水电及设备、顶墙上预留预埋件已完。门窗油漆已完成。

5）房间地面工程已完，经检查符合设计要求。

6）房间的木护墙和细木装修底板已完，经检查符合设计要求。

7）大面积装修前，应做样板间，经监理单位鉴定合格后，可组织施工。

（2）测量放线

1) 顶棚：首先应将顶面的对称中心线通过吊直、套方、找规矩的办法弹出中心线，以便从中间向两边对称控制。

2) 墙面：首先应将房间四角的阴阳角通过吊垂直、套方、找规矩，并确定从哪个阴角开始按照壁纸的尺寸进行分块弹线控制（无图案墙纸通常做法是进门左阴角处开始铺贴第一张，有图案墙纸应根据设计要求进行分块）。

3) 具体操作方法如下：

按壁纸的标准宽度找规矩，每个墙面的第一条纸都要弹线找垂直，第一条线距墙阴角约 15cm 处，作为裱糊时的准线，基准垂线弹得越细越好。墙面上如有门窗口的应增加门窗两边的垂直线。

3. 基层处理

根据基层不同材质，采用不同的处理方法。

(1) 混凝土及抹灰基层处理

裱糊壁纸的基层是混凝土面、抹灰面（如水泥砂浆、水泥混合砂浆；石灰砂浆等），要满刮腻子一遍并磨砂纸。但有的混凝土面、抹灰面有气孔、麻点、凸凹不平时，为了保证质量，应增加满刮腻子和磨砂纸遍数。

(2) 木质基层处理

木基层要求接缝不显茬，接缝、钉眼应用腻子补平并满刮油性腻子一遍（第一遍），用砂纸磨平。第二遍可用石膏腻子找平，腻子的厚度应减薄，可在该腻子五六成干时，用塑料刮板有规律地压光，最后用干净的抹布轻轻将表面灰粒擦净。

对要贴金属壁纸的木基层处理，第二遍腻子时应采用石膏粉调配猪血料的腻子，其配比为 10∶3（重量比）。金属壁纸对基面的平整度要求很高，稍有不平或粉尘，都会在金属壁纸裱贴后明显地看出。所以金属壁纸的木基面处理，应与木家具打底方法基本相同，批抹腻子的遍数要求在三遍以上。批抹最后一遍腻子并打平后，用软布擦净。

(3) 石膏板基层处理

纸面石膏板比较平整，批抹腻子主要是在对缝处和螺钉孔位处。对缝批抹腻子后，还需用棉纸带嵌缝，以防止对缝处的开裂（图 24-216、图 24-217）。在纸面石膏板上，应用腻子满刮一遍，找平大面，在第二遍腻子进行修整。

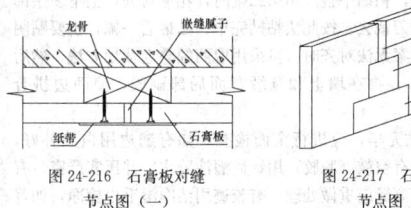

图 24-216　石膏板对缝　　图 24-217　石膏板对缝
　　　节点图（一）　　　　　　　节点图（二）

(4) 不同基层对接处的处理

不同基层材料的相接处，如石膏板与木夹板（图 24-218）、水泥或抹灰面与木夹板（图 24-219）、水泥或抹灰面与石膏板之间的对缝（图 24-220），应用棉纸带或穿孔纸带粘贴封口，以防止裱糊后的壁纸面层被拉裂撕开。

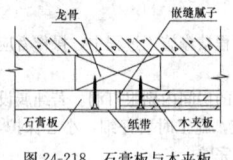　　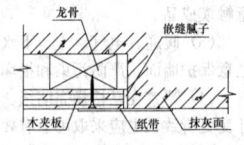

图 24-218　石膏板与木夹板　　图 24-219　抹灰面与木夹板
　　　对缝节点图　　　　　　　　　对缝节点图

4. 施工工艺

(1) 刷封闭底胶

涂刷防潮底胶是为了防止壁纸受潮脱胶，一般对要裱糊塑料壁纸、壁布、纸基塑料壁纸、金属壁纸的墙面，涂刷防潮漆。该底漆可涂刷，也可

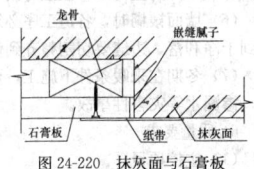

图 24-220　抹灰面与石膏板
　　　对缝节点图

喷刷，漆液不宜厚，且要均匀一致。

涂刷底胶是为了增加粘结力，防止处理好的基层受潮弄污。底胶可涂刷，也可喷刷。在涂刷防潮底漆和底胶时，室内应无灰尘，且防止灰尘和杂物混入该底胶中。底胶一般是一遍成活，但不能漏刷、漏喷。

(2) 计算用料、裁纸

按基层实际尺寸进行测量计算所需用量，如采用搭接施工应在每边增加 2～3cm 作为裁纸量。

裁剪在工作台上进行，用壁纸刀、剪刀将壁纸、壁布按设计图纸要求进行裁切。对有图案的材料，无论顶棚还是墙面均应从粘贴的第一张开始对花，墙面从上部开始。边裁边顺序号，以便按顺序粘贴。

(3) 刷胶

纸面、胶面、布面等壁纸，在进行施工前将 2～3 块壁纸进行刷胶，使壁纸起到湿润、软化的作用，塑料纸基背面和墙面都应涂刷胶粘剂，刷胶应厚薄均匀，从刷胶到最后上墙的时间一般控制在 5～7min。

金属壁纸的胶液应是专用的壁纸粉胶。刷胶时，准备一个长度大于壁纸宽的圆筒，一边在裁剪好的金属壁纸背面刷胶，一边将刷过胶的部分向上卷在圆筒上（图 24-221）。

(4) 壁纸裱糊

1) 普通壁纸裱糊施工

裱糊壁纸时，首先要垂直，后对花纹拼缝，再用刮板用力抹压平整，壁纸应按壁纸背面箭头方向进行裱贴。原则是先垂直面后水平面，先细部后大面。贴垂直面时先上下后，贴水平面时先高后低。在顶棚上裱糊壁纸，宜沿房间的长边方向进行裱糊。相邻两幅壁纸的连接方法有两种，分别为拼接法和搭接法，顶棚壁纸一般采用推贴法进行裱糊。

拼接法：一般用于带图案或花纹壁纸的裱贴。壁纸在裱贴前先按编号及背面箭头试拼，然后按顺序将相邻的两幅壁纸直接拼缝及对花逐一裱贴于墙面上，再用刮板、压平滚从上往下斜向赶出气泡和多余的胶液使之贴实，刮出的胶液用洁净的湿毛巾擦干净，然后用接缝滚将壁纸接缝压平。

搭接法：用于无须对接图案的壁纸裱贴。裱贴时，使相邻的两幅壁纸重叠，然后用直尺及壁纸刀在重叠处的中间将两层壁纸切开（图 24-222），再分别将切断的两幅壁纸边条撕掉，再用刮板、压平滚从上往下斜向赶出气泡和多余的胶液使之贴实，刮出的胶液用洁净的湿毛巾擦干净，然后用接缝滚将壁纸接缝压平。

推贴法：一般用于顶棚裱糊壁纸。一般先裱糊靠近主窗处，方向与墙面平行。裱糊时将壁纸卷成一卷，一人推着前进，另一人将壁纸赶平，赶ول实。推贴法胶粘剂宜刷在基础上，不宜刷在纸背上。

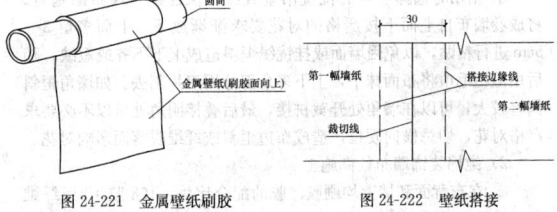

图 24-221　金属壁纸刷胶　　　图 24-222　壁纸搭接

裱贴壁纸时，注意在阳角处不能拼缝，阴角壁纸应搭缝，阴角边壁纸搭接时，应先裱糊压在里面的转角壁纸，再粘贴非转角的正常壁纸。搭接面应根据阴角垂直度而定，搭接宽度一般不小于 2～3cm。并且要保持垂直无毛边。

2) 金属壁纸裱糊施工

金属壁纸在裱糊前浸水 1～2min，将浸水的金属壁纸抖去多余水分，阴干 5～7min，再在其背面涂刷胶液。

由于特殊板材的金属壁纸，其收缩很少，在裱贴时可采用拼接裱糊，也可用搭接裱糊。其他要求与普通壁纸相同。

3) 麻草壁纸裱糊施工

① 用热水将 20% 的羧甲基纤维素溶化后，配上 10% 的白乳

胶,70%的108胶,调匀后待用。用较量为0.1kg/m²。

② 按需要下好壁纸料,粘贴前先在壁纸背面刷上少许的水,但不能过湿。

③ 将配好的胶液去除一部分,加水3~4倍调好,粘贴前刷在墙上,一层即可(达到打底的作用)。

④ 将配好的胶加1/3的水调好,粘贴时往壁纸背面刷一遍,再往打好底的墙上刷一遍,即可粘贴。

⑤ 贴好壁纸后用小胶辊将壁纸压一遍,达到吃胶、牢固去褶子目的。

⑥ 完工后再检查一遍,有开胶或粘不牢固的边角,可用白乳胶粘牢。

4) 纺织纤维壁纸裱糊施工

① 裁纸时,应比实际长度多出2~3cm,剪口要与边垂直。

② 粘贴时,将纺织纤维壁纸铺好铺平,用毛辊沾水湿润基材,纸背的润湿程度以手感柔软为好。

③ 将配置好的胶粘剂刷到基层上,然后将湿润的壁纸从上而下,用刮板向下刮平,因花线垂直布置,所以不宜横向刮平。

④ 拼装时,接缝部位应平齐,纱线不能重叠或留有间隙。

⑤ 纺织纤维壁纸可以横向裱糊,也可竖向裱糊,横向裱糊时使纱线排列与地面平行,可增加房间的纵深感。纵向裱糊时,纱线排列与地面垂直,在视觉上可增加房间的高度。

(5) 墙布裱糊施工

由于墙布无吸水膨胀的特点,故不需要预先用水湿润。除纯棉墙布应在其背面和基层同时刷胶粘剂外,玻璃纤维墙布和无纺墙布只需要在基层刷胶粘剂。胶粘剂应随用随配,当天用完。锦缎柔软易变性,裱糊时可先在其背面衬糊一层宣纸,使其挺括。胶粘剂宜用108胶。

1) 玻璃纤维墙布施工

基本上与普通壁纸的裱糊施工相同,不同之处如下:

① 玻璃纤维墙布裱糊时,仅在基层表面涂刷胶粘剂,墙布背面不可涂胶。

② 玻璃纤维墙布裱糊,胶粘剂宜采用聚醋酸乙烯酯乳胶,以保证粘接强度。

③ 玻璃纤维墙布裁切成段后,宜存放于箱内,以防止沾上污物和碰毛布边。

④ 玻璃纤维不伸缩,对花时,切忌横拉斜扯,如硬拉即将使整幅墙布歪斜变形,甚至脱落。

⑤ 玻璃纤维前部盖底能力差,如基层表面颜色较深时,可在胶粘剂中掺入适量的白色涂料,以使完成后的裱糊面层色泽无明显差异。

⑥ 裁成段的墙布应卷成卷横放,防止损伤、碰毛布边影响对花。

⑦ 粘贴时选择适当的位置吊垂直线,保证第一块布贴垂直。将成卷墙布自上而下按严格的对花要求渐渐放下,上面多留3~5cm进行粘贴,以免因墙面或挂镜线歪斜造成上下不齐或短缺,随后用湿白毛巾将布面抹平,上下多余部分用刀片割去。如墙布歪斜偏差较大,可以在墙处开裁拼接,最后叠接阴角处可以不必要求严格对花,切忌横向硬拉,造成布边歪斜或纤维脱落而影响对花。

2) 纯棉装饰墙布裱糊施工

① 在布背面和墙上均刷胶。胶的配合比为:108胶:4%纤维素水溶液:乳胶:水=1:0.3:0.1;适量。墙上刷胶时根据布的宽窄,不可刷得过宽,刷一段裱一张。

② 先好首张裱贴位置和垂直线即可开始裱糊。

③ 从第二张起,裱糊先上后下进行对缝对花,对缝必须严密不搭槎,对花端正不走样,对好后用板式鬃刷舒展压实。

④ 挤出的胶液用湿毛巾擦干净,多出的上、下边用壁纸刀裁割整齐。

⑤ 在裱糊墙布时,应在外露设备处裁破布面露出设备。

⑥ 裱糊墙布时,阳角不允许对缝,更不允许搭槎,客厅、明柱正面不允许对缝。门、窗面上不允许加压布条。

其他与壁纸基本相同。

3) 化纤装饰墙布裱糊施工

① 按墙面垂直高度设计用料,并加长5~10cm,以备竣工切齐。裁布时应按图案对花裁取,卷成小卷横放盒内备用。

② 应选室内面积最大的墙面,以整幅墙布开始裱糊粘贴,自墙角起在第一、二块墙布间掉垂直线,并用铅笔做好记号,以后第三、四块等与第二块布保持垂直对花,必须准确。

③ 将墙布专用胶粘剂水均匀地刷在墙上,不要满刷及防止干涸,也不要刷到已贴好的墙布上去。

④ 先贴距墙角的第二块布,墙布要伸出挂镜线5~10cm,然后沿垂直线记号自上而下放贴布卷,一面以湿毛巾将墙布由中间向四周抹平。与第二块布严格对花、保持垂直,继续粘贴。

⑤ 凡遇墙角处相邻的墙布可以在拐角处重叠,其重叠宽度约2cm,要求对花。

⑥ 遇电器开关应将板面除去,在墙布上画对角线,剪去多余部分,然后再盖上面板使墙面完整。

⑦ 用壁纸刀将上下端多余部分裁切干净,并用湿布抹平。

其他与壁纸基本相同。

4) 无纺墙布裱糊施工

① 粘贴墙布时,先用排笔将配好的胶粘剂刷于墙上,涂刷时必须均匀,稀稠适度,涂刷宽度比墙纸宽2~3cm。

② 将卷好的墙布自上而下粘贴,粘贴时,除上边应留50mm左右的空隙外,布上花纹图案应严格对好,不得错位,并需用干净软布将墙布抹平填实,用壁纸刀裁去多余部分。

其他与壁纸基本相同。

5) 绸缎墙面粘贴施工

① 绸缎粘贴前,先用激光测量仪放出第一幅墙布裱贴位置垂直线。然后放出距地面1.3m的水平线。使水平线与垂直线相互垂直。水平线应在四周墙面弹出,使绸缎粘贴时,其花形与线对齐,花形图案达到横平竖直的效果。

② 向墙面刷胶粘剂。胶粘剂可以采用滚涂或刷涂,胶粘剂涂刷面积不宜太大,应刷一幅宽度,粘一幅。同时,在绸缎的背面刷一层薄薄的水胶(水:108胶=8:2),涂刷要均匀,不漏刷。刷胶水后的绸缎应静置5~10min后上墙粘贴。

③ 绸缎粘贴上墙。第一幅应从不明的引脚开始,从左到右,按垂直线上下对齐,粘贴平整。贴第二幅时,花形对齐,上下多余部分,随即用壁纸刀裁去。按此法粘贴完毕。贴最后一幅,也要贴阴角处。凡花形图案无法对齐时,可采用取两幅叠起裁划方法,然后将多余部分去掉,再在墙上和绸缎背面局部刷胶,使两边拼合贴密。

④ 绸缎粘贴完毕,应进行全面检查,如有翘边应用白胶补刷,有气泡应赶出,有空鼓(脱层)用针筒灌注胶水,并压实严密。有皱纹要刮平。有离缝应重做处理。有胶迹用洁净湿毛巾擦净,如普遍有胶迹时,应满擦一遍。

5. 成品保护

(1) 墙纸、墙布装饰饰面已裱糊完的房间应及时清理干净,不得做临时料房或休息室,避免污染和损坏,应设专人负责管理,如房间及时上锁,定期通风换气、排气等。

(2) 在整个墙面装饰工程裱糊施工过程中,严禁非操作人员随意触摸成品。

(3) 暖通、电气、上、下水管工程裱糊施工过程中,操作者应注意保护墙面,严防污染和损坏成品。

(4) 严禁在已裱糊完墙纸、墙布的房间内剔眼打洞。若纯属设计变更所致,也应采取可靠有效措施,施工时要仔细,小心保护,施工后要及时认真修补,以保证成品完整。

(5) 二次补油漆、涂浆活及地面磨石,花岗石清理时,要注意保护好成品,防止污染、碰撞与损坏墙面。

(6) 墙面裱糊时,各道工序必须严格按照规程施工,操作时要做到干净利落,边缘要切割整齐到位,胶痕迹要擦干净。

(7) 冬期在采暖条件下施工,要派专人负责看管,严防发生跑水,渗漏水等灾害性事故。

6. 质量要求

(1) 主控项目

1) 壁纸、墙布的种类、规格、图案、颜色和燃烧性能等级必

须符合设计要求及国家现行的有关规定。

2) 裱糊工程基层处理质量应符合要求。

3) 裱糊后各幅拼接应横平竖直，拼接处花纹、图案应吻合，不离缝，不搭接，不显拼缝。

4) 壁纸、墙布应粘贴牢固，不得有漏贴、补贴、脱层、空鼓和翘边。

(2) 一般项目

1) 裱糊后的壁纸、墙布表面应平整，色泽应一致，不得有波纹起伏、气泡、裂缝、皱折及斑污，斜视时应无胶痕。

2) 复合压花壁纸的压痕及发泡壁纸的发泡层应无损伤。

3) 壁纸、墙布与各种装饰线、设备线盒应交接严密。

4) 壁纸、墙布边缘应平直整齐，不得有纸毛、飞刺。

5) 壁纸、墙布阴角处搭接应顺光，阳角处应无接缝。

24.6.3 软包工程

软包工程是建筑中精装修工程的一种，采用装饰布和海绵把室内墙面包起来，有较好的吸音和隔音效果，且颜色多样，装饰效果好。

24.6.3.1 软包的分类

按软包面层材料的不同可以分为：平绒织物软包，锦缎织物软包，毡类织物软包，皮革及人造革软包，毛面软包，麻面软包工，丝类挂毯软包等。

按装饰功能的不同可以分为：装饰软包，吸音软包，防撞软包等。

24.6.3.2 常用材料

软包常用材料见表24-151。

常 用 材 料　　　　　表 24-151

序号	种 类	材 料	作 用
1	龙骨	木龙骨、轻钢龙骨	基层龙骨制作、找平
2	基层板	胶合板或密度板（厚度一般为 9mm，12mm，15mm 等）	铺贴于龙骨上，作为固定软包的基层板材
3	底板及边框	胶合板、松木条、密度板	用于裱贴海绵等填充材料的底板及边框
4	内衬材料	海绵	软包的填充层，固定于底板与边框中间
5	面料	织物、皮革	软包的饰面包裹层
6	木贴脸	各种木氏面板、条（或密度板、条）	用于软包收边的木饰面装饰条

24.6.3.3 软包施工

1. 工艺流程

基层或底板处理 → 放线 → 套割衬板及试铺 → 计算用料、套裁填充料和面料 → 粘贴填充料 → 包面料 → 安装

2. 施工准备

(1) 作业条件

1) 水电及设备，顶墙上预留预埋件已完成。

2) 房间的吊顶分项工程基本完成，并符合设计要求。

3) 房间里的地面分项工程基本完成，并符合设计要求。

4) 对施工人员进行技术交底时，应强调技术措施和质量要求。

5) 调整基层并进行检查，要求基层平整、牢固，垂直度、平整度均符合细木制作收检规范。

6) 软包周边装饰边框及装饰线安装完毕。

(2) 测量放线

根据设计图纸要求，把该房间需要软包墙面的装饰尺寸、造型等通过吊直、套方、找规矩、弹线等工序，把实际设计的尺寸与造型放样到墙面基层上。并按设计要求将软包挂墙套件固定于基层板上。

3. 基层处理

在做软包墙面装饰的房间基层（砖墙或混凝土墙），应先安装龙骨，再封基层板。龙骨可用木龙骨或轻钢龙骨，基层板宜采用 9～15mm 木夹板（或密度板），所有木龙骨及木板材应刷防火涂料，并符合消防要求。如在轻质隔墙上安装软包饰面，则先在隔墙龙骨上安装基层板，再安装软包。

4. 施工工艺

(1) 裁割衬板：根据设计图纸的要求，按软包造型尺寸裁割衬底板材，衬板厚度应符合设计要求。如软包边缘有斜线或其他造型要求，则在衬板边缘安装相应形状的木边框（图 24-223）。衬板裁割完毕后即可将挂墙套件按设计要求固定于衬板背面。

(2) 试铺衬板：按图纸所示尺寸、位置试铺衬板，尺寸位置有误的须调整好，然后按顺序拆下衬板，并在背面标号，以待粘贴填充料及面料。

(3) 计算用料、套裁填充料和面料：根据设计图纸的要求，进行用料计算和套裁填充材料及面料工作，同一房间、同一图案与面料必须用同一卷材料套裁。

(4) 粘贴填充料：将套裁好的填充料按设计要求固定于衬板上。如衬板周边有造型边框，则安装于边框中间，见图 24-224。

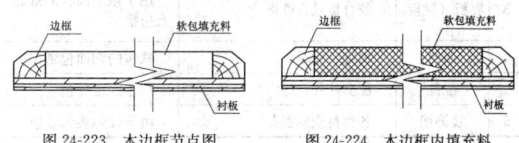

图 24-223　木边框节点图　　　　图 24-224　木边框内填充料

(5) 粘贴面料：按设计要求将裁切好的面料按照定位标志找好横竖坐标上下摆正粘贴于填充材料上部，并将面料包至衬板背面，然后用胶水及钉子固定（图 24-225、图 24-226）。

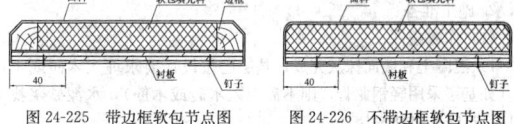

图 24-225　带边框软包节点图　　　图 24-226　不带边框软包节点图

(6) 安装：将粘贴完面料的软包按编号挂贴或粘贴于墙面基层板上，并调整平直。

5. 成品保护

(1) 软包墙面装饰工程已完的房间应及时清理干净，不得做料房或休息室，避免污染和损坏成品，应设专人管理（不得随便进入，定期通风换气、排湿）。

(2) 在整个软包墙面装饰工程施工过程中，严禁非操作人员随意触摸成品。

(3) 暖卫、电气及其他设备等在进行安装或修理工作时，应注意保护墙面，严防污染或损坏墙面。

(4) 严禁在已完软包墙面装饰房间内剔眼打洞。若属设计变更，也应采取相应的可靠有效的措施，施工时要小心保护，施工后要及时认真修复，以保证成品完整。

(5) 二次修补油、浆工作及地面磨石清理打蜡时，要注意保护好成品，防止污染、碰撞和损坏。

(6) 软包墙面施工时，各项工序必须严格按照规程施工，操作时要做到干净利落，边缝要切割修整到位，胶痕及时清擦干净。

6. 质量要求

软包工程的质量要求见表24-152。

软包工程安装的允许偏差和检验方法　　　表 24-152

项次	项 目	允许偏差（mm）	检验方法
1	垂直度	3	用1m垂直检测尺检查
2	边框宽度、高度	0；−2	用钢尺检查
3	对角线长度差	3	用钢尺检查
4	裁口、线条接缝高低差	1	用钢直尺和塞尺检查

24.6.4　硬 包 工 程

硬包工程是建筑中的精装修工程的一种，用装饰布、皮革把衬板包裹起来，再挂贴与室内墙面上，颜色多样，有较好的装饰效果好。

24.6.4.1　硬包的分类

按照硬包面层材料的不同可以分为：平绒织物硬包，锦缎织物硬包，毡类织物硬包，皮革及人造革硬包，麻面硬包等。

按照硬包安装材料的不同又可分为：木质硬包工程、塑料硬包工程、石材硬包工程。

24.6.4.2　常用材料

硬包常用材料见表 24-153。

常用材料　　　　表 24-153

序号	种类	材料	作用
1	龙骨	木龙骨、轻钢龙骨	基层龙骨制作、找平
2	基层板	胶合板或密度板（厚度一般为9mm、12mm、15mm等）	铺贴于龙骨上，作为固定硬包的基层板材
3	底板（衬板）	胶合板或密度板	用于裱贴面料的底板及边框
4	面料	织物、皮革	软包的饰面包裹层
5	配件	配套挂件、固定件	用于固定硬包
6	装饰线	各种材质的线条	由于硬包装饰收边

24.6.4.3　硬包施工

1. 工艺流程

基层或底板处理 → 吊直、套方、找规矩、弹线 → 裁割衬板及试铺 → 计算面料、套裁面料 → 粘贴面料 → 安装

2. 施工准备

（1）作业条件

1）混凝土和墙面抹灰完成，基层已按设计要求埋入木砖或木筋（如基层采用轻钢龙骨，则不需埋入木砖或木筋），水泥砂浆找平层已抹完并做防潮层。

2）水电及设备，顶墙上预留预埋件已完成。

3）房间的吊顶分项工程基本完成，并符合设计要求。

4）房间里的地面分项工程基本完成，并符合设计要求。

5）对施工人员进行技术交底时，应加强技术措施和质量要求。

6）调整基层并进行检查，要求基层平整、牢固，垂直度、平整度均符合细木制作验收规范。

（2）测量放线

根据设计图纸要求，把该房间需要硬包墙面的装饰尺寸、造型等通过吊直、套方、找规矩、弹线等工序，把实际设计的尺寸与造型放样到墙面基层上。并按设计要求将硬包挂墙套件固定于基层板上。

3. 基层处理

在做硬包墙面装饰的房间基层（砖墙或混凝土墙），应先安装龙骨，再封基层板。龙骨可用木龙骨或轻钢龙骨，基层板宜采用9～15mm木夹板或密度板，所有木龙骨及木板材应进行防火处理，并符合消防要求。如在轻质隔墙上安装硬包饰面，则在隔墙龙骨上安装基层板即可。

4. 施工工艺

（1）裁割衬板：根据设计图纸的要求，按硬包造型尺寸裁割衬底板材，衬板尺寸应为硬包造型尺寸减去外包饰面的厚度，一般为2～3mm（图 24-227），衬板

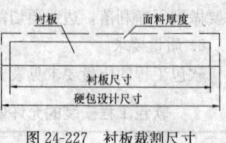

图 24-227　衬板裁割尺寸

厚度应符合设计要求。衬板裁割完毕后即可将挂墙套件按设计要求固定于衬板背面。

（2）试铺衬板：按图纸所示尺寸、位置试铺衬板，尺寸位置有误的须调整好，然后按顺序拆下衬板，并在背面标号，以待粘贴

面料。

（3）计算用料、套裁面料：根据设计图纸的要求，进行用料计算、面料套裁工作，面料裁切尺寸需大于衬板（含板厚）40～50mm（图 24-228）。同一房间、同一图案与面料必须用同一卷材料套裁。

（4）粘贴面料：按设计要求将裁切好的面料按照定位标志找好横竖坐标上下摆正粘贴于衬板上，并将大于衬板的面料顺着衬板侧面贴至衬板背面，然后用胶水及钉子固定（图 24-229）。

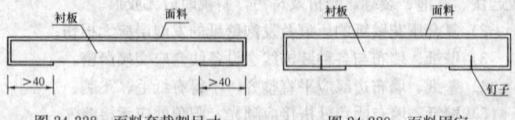

图 24-228　面料套裁割尺寸　　　图 24-229　面料固定

（5）硬包板块安装：将粘贴完面料的板块（硬包）按编号挂贴于墙面基层板上，并调整平直。见图 24-230。

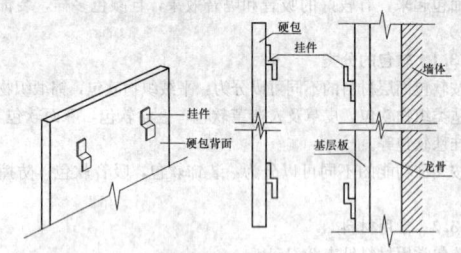

图 24-230　硬包安装

5. 成品保护

（1）硬包装饰工程已完的房间应及时清理干净，不得做料房或休息室，避免污染和损坏成品，应设专人管理（加锁，定期通风换气、排湿）。

（2）在整个软包墙面装饰工程施工过程中，严禁非操作人员随意触摸成品。

（3）暖卫、电气及其他设备等在进行安装或修理工作中，应注意保护饰面，严防污染或损坏饰面。

（4）严禁在已完硬包装饰房间内剔凿打洞。若属设计变更，也应采取相应的可靠有效的措施，施工时要小心保护，施工后要及时认真修复，以保证成品完整。

（5）二次修补油、浆工作及地面磨石清理打蜡时，要注意保护好成品，防止污染、碰撞和损坏。

（6）硬包施工时，各项工序必须严格按照规程施工，操作时要做到干净利落，边缝要切割修整到位，胶痕及时清擦干净。

6. 质量要求

（1）质量关键要求

1）硬包墙面所用纺织面料、衬板和龙骨、木基层板等均应进行防火处理。

2）木龙骨宜采用凹槽榫工艺预制，可整体或分片安装，与墙体连接应紧密、牢固。

3）轻钢龙骨宜采用膨胀螺栓与墙体固定，龙骨间距应符合设计要求，与墙体连接应紧密、牢固。

4）织物面料裁剪时经纬应顺直，与衬板连接固定时应顺直、平整、无波纹起伏、无褶皱。安装时应紧贴墙面基层，接缝应严密，花纹应吻合，无翘边，表面应清洁。

5）硬包布饰面与压线条、贴脸线、踢脚板、电气盒等交接处应严密、顺直、无毛边。电气盒盖等开洞处，套割尺寸应准确。

（2）质量标准

1）硬包面料、衬板及边框的材质、颜色、图案、燃烧性能等级和木材的含水率应符合设计要求及国家现行标准的有关规定。

2）硬包工程的安装位置及结构做法应符合设计要求。

3）硬包工程的龙骨、衬板、边框应安装牢固，无翘曲，拼缝应平直。

4）单块硬包面料不应有接缝，四周应绷压平直。

5）硬包工程表面应平整、洁净，无凹凸不平及皱折；图案应清晰、无色差，整体应协调美观。

6）硬包边框、线条应平整、顺直、接缝吻合。

24.7 细部工程

24.7.1 木装修常用板材分类

24.7.1.1 胶合板

1. 胶合板的分类及特征（表 24-154）

胶合板的分类及特征　　　表 24-154

分类	品种名称	特征
按板的结构分	单板胶合板	也称夹板（俗称细芯板）。由一层一层的单板构成，各相邻层木纹方向互相垂直
	木芯胶合板	具有实木板芯的胶合板，其芯由木材切割成条，拼接而成。如细木工板（俗称大芯板、木工板）
	复合胶合板	板芯由不同的材质组合而成的胶合板，如塑料胶合板、竹木胶合板等
按耐久性分	干燥条件下使用	在室内常态下使用，主要用于家具制作
	潮湿条件下使用	能在冷水中短时间浸渍，适于室内常温下使用。用于家具和一般建筑用途
	室外条件下使用	具有耐久、耐水、耐高温的优点
按表面加工分	砂光胶合板	板面经砂光机砂光的胶合板
	未砂光胶合板	板面未经砂光的胶合板
	贴面胶合板	表面覆贴装饰单板、木纹纸、浸渍纸、塑料、树脂胶膜或金属薄片材料的胶合板
按形状分	平面胶合板	在压模中加压成型的平面状胶合板
	成型胶合板	在压模中加压成型的非平面状胶合板
按用途分	普通胶合板	适于广泛用途的胶合板
	特殊胶合板	能满足专门用途的胶合板，如装饰胶合板、浮雕胶合板、直接印刷胶合板等

装饰装修中常用的胶合板有：夹板、细木工板。

2. 胶合板的规格

胶合板的厚度为（mm）：2.7、3、3.5、4、5、5.5、6等。自6mm起，按1mm递增。厚度在4mm以下为薄胶合板。

胶合板的常用规格为：3mm、5mm、9mm、12mm、15mm、18mm。

胶合板的幅面尺寸见表 24-155。

胶合板的幅面尺寸　　　表 24-155

宽度 (mm)	长度（mm）				
	915	1220	1830	2135	2440
915	915	1220	1883	2135	—
1220	—	1220	1883	2135	2440

24.7.1.2 密度板

1. 密度板的分类及特征

密度板也称纤维板，是以木质纤维或其他植物纤维为原料，施加脲醛树脂或其他合成树脂，在加热加压条件下，压制而成的一种板材。按其密度的不同，分为低密度板、中密度板、高密度板。

密度在 450kg/m³ 以下的为低密度纤维板，密度在 450～800kg/m³ 的为中密度纤维板，密度在 800kg/m³ 以上的为高密度纤维板。目前密度板在装饰装修中较为常用的是中密度板。

国家标准《中密度纤维板》（GB/T 11718—2009）对中密度板的分类及适用范围见表 24-156。

中密度板的分类及适用范围　　　表 24-156

类型	简称	适用条件	使用范围
室内型中密度纤维板	室内型板	干燥	所有非承重的应用，如家居和装修件
室内防潮型中密度纤维板	防潮型板	潮湿	
室外型中密度纤维板	室外型板	室外	

密度板表面光滑平整、材质细密、性能稳定，板材表面的装饰性好。但密度板耐潮性及握钉力较差，螺钉旋紧后如果发生松动，则很难再固定。

2. 密度板的规格

幅面规格：宽度为 1220mm、915mm；长度为 2440mm、2135mm、1830mm。

厚度规格：8mm、9mm、10mm、12mm、14mm、15mm、16mm、18mm、20mm。

24.7.1.3 刨花板

1. 刨花板的分类及特征

由木材碎料（木刨花、锯末或类似材料）或非木材植物碎料（亚麻屑、甘蔗渣、麦秸、稻草或类似材料）与胶粘剂一起热压而成的板材。刨花板多用于办公家具制作。刨花板的具体分类见24-157。

刨花板的分类　　　表 24-157

分类	品种名称	分类	品种名称
按制造方法分	平压法刨花板	按所使用的原料分	木材刨花板
	辊压法刨花板		甘蔗渣刨花板
按表面状态分	未砂光板		亚麻屑刨花板
	砂光板		麦秸刨花板
	涂饰板		竹材刨花板
	装饰材料饰面板		其他
按表面形状分	平压板	按用途分	在干燥状态下使用的普通用板
	模压板		
按刨花尺寸和形状分	刨花板		在干燥状态下使用的家具及室内装修用板
	定向刨花板		
按板的构成分	单层结构刨花板		在干燥状态下使用的结构用板
			在潮湿状态下使用的结构用板
	三层结构刨花板		在干燥状态下使用的增强结构用板
	多层结构刨花板		
	渐变结构刨花板		在潮湿状态下使用的增强结构用板

2. 刨花板的规格

幅面规格：1220mm×2440mm。

厚度规格：4mm、6mm、8mm、10mm、12mm、14mm、16mm、19mm、22mm、25mm、30mm等。

24.7.2 木制构件的接合类型

24.7.2.1 板的直角与合角接合

板的直角与合角接合见表 24-158。

板的直角与合角接合　　　表 24-158

序号	名称	简图及构造要求	用途
1	平叠接		用钉子结合，常用于一般简易隔板的结合
2	角叠接		常见于一般简易箱类四个角上的结合
3	肩胛叠接		多用于抽屉面板与旁板的结合，包角阳角的结合

续表

序号	名　称	简图及构造要求	用　途
4	合角肩胛接		常用于包角板阳角的结合
5	纳入接	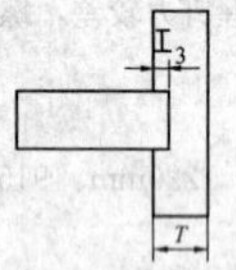	用于箱柜壁橱等隔板的 T 形结合
6	肩胛纳入接	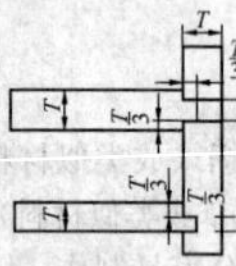	用于 T 形结合的隔板
7	燕尾纳入接	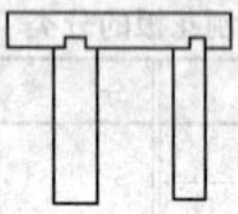	用于要求整体性较高的搁板、隔板
8	暗纳入接	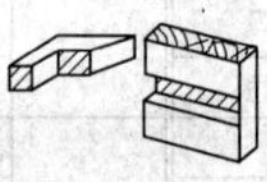	用于高级搁板
9	暗燕尾纳入接	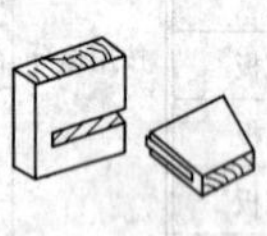	用于高级搁板及木箱
10	对开交接	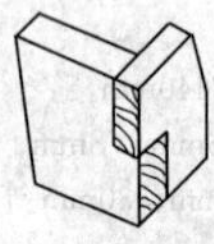	一般用于简单箱类的结合
11	三枚交接	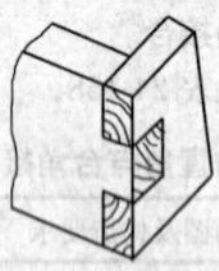	用于坚固的箱类，并可做成五枚或多枚交接
12	明燕尾交接	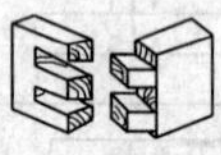	用于高级箱类的结合
13	半盖燕尾交接	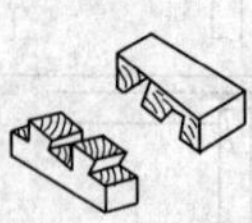	用于高级箱类、抽屉面板与旁板的结合

续表

序号	名　称	简图及构造要求	用　途
14	合角燕尾交接		用于高级箱柜的结合
15	平肩胛接	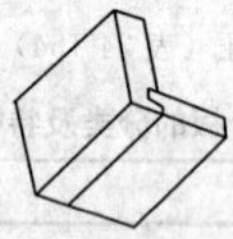	用于抽屉、高级箱类、柜的旁板
16	平斜接（加栓）		常用于柜框的面板和旁板的结合等
17	斜接	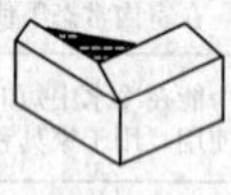	用于两种厚度不同木材的结合，如台面板、木架
18	暗木栓斜接	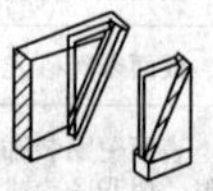	用于柜类、台面板
19	明燕尾楔斜接		用于高级箱类
20	斜肩胛接	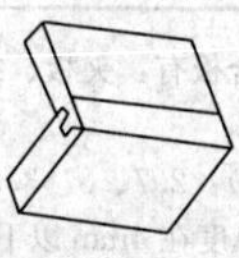	用于高级箱类、柜的旁板
21	明薄片楔斜接	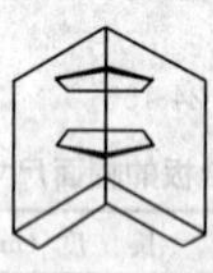	用于简单的箱类
22	明纳入斜接		用于台面板外框
23	木销接	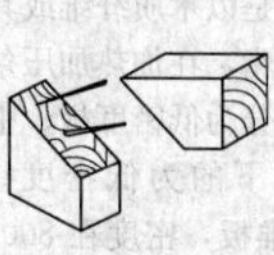	用于包角板等

24.7.2.2　框的直角与合角接合

框的直角与合角接合见表 24-159。

框的直角与合角接合　　　　　表 24-159

序号	名　称	简图及构造要求	用　途
1	对开重叠角接	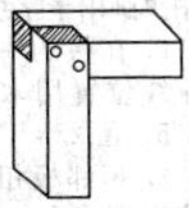	用于简易的门框
2	对开合角接	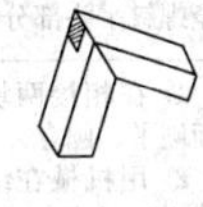	用于简单的门框
3	对开十字接	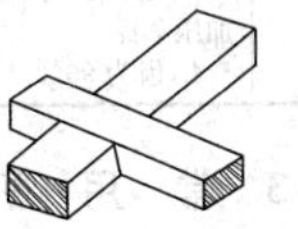	常用于相互交叉的撑子
4	对开重叠十字接	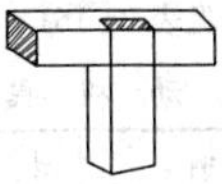	用于框里横竖档的交接
5	明燕尾重叠接	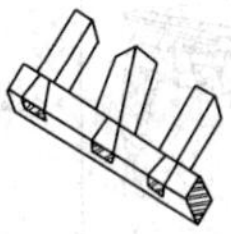	用于框里横、竖、斜档的交接
6	暗燕尾重叠接	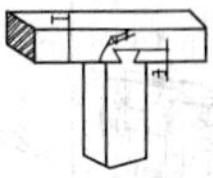	用于不露榫的横竖档的交接
7	矩形三枚纳接	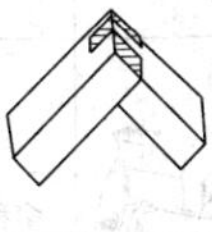	用于中级框的结合
8	明合角三枚纳接	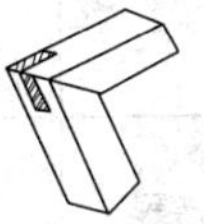	用于中级框角及门
9	暗合角三枚纳接	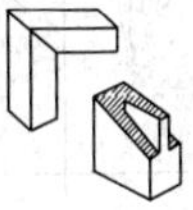	用于高级门
10	T形、<形三枚纳接	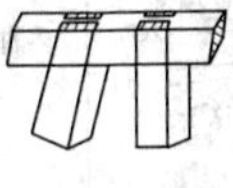	用于架类的中档及斜撑
11	明燕尾三枚纳接	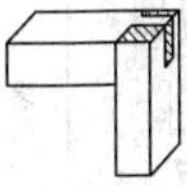	用于坚固架类的结合

续表

序号	名　称	简图及构造要求	用　途
12	半盖燕尾三枚纳接	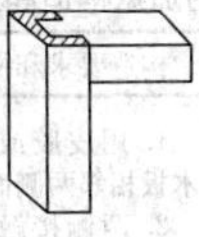	用于坚固美观的壁橱窗门框的结合
13	明燕尾合角三枚纳接	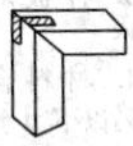	用于更强的结合
14	暗燕尾合角三枚纳接	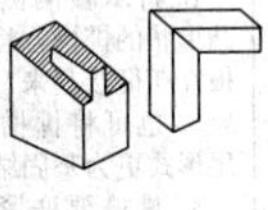	用于高级架类的结合
15	小根接	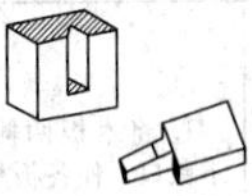	用于框的上下档、架类的脚隅部
16	肩胛纳接	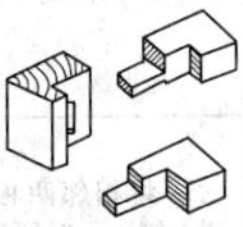	
17	二重纳接	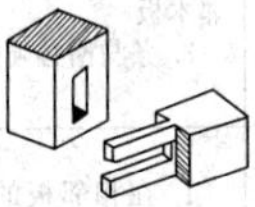	用于门的横档、台的裙板、撑档
18	明纳接	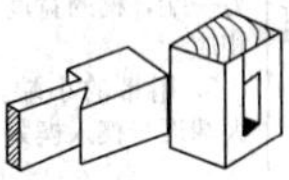	用于单面线脚,用于普通门窗的结合
19	平纳接	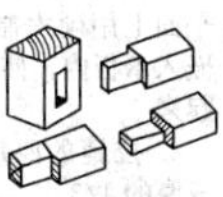	用于普通的架类
20	高低纳接（即大进小出）	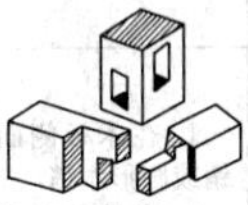	用于两个成直角的横档,纳在同一框框的两面的结合
21	明纳接（双面,上下线脚）	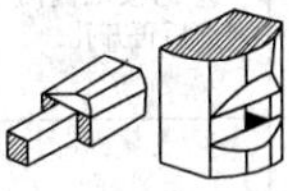	用于高级门和外观要求高的架类
22	上端斜纳接	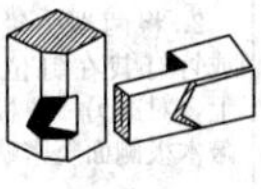	用于高级门及外观要求高的架类

24.7.2.3 板面的加宽

板面的加宽见表 24-160。

板面的加宽构造和用途 表 24-160

名称	形 式	构造要求和操作方法	用 途
胶粘法	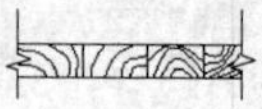	1. 用皮胶或白乳胶将木板相邻两侧面粘合 2. 两侧接触面必须刨平、直，对严，不得露"黑缝" 3. 各板对缝后必须平整 4. 材料含水率应在15%以下 5. 注意年轮方向和木纹，以防变形	粘合门心板、箱、柜面板等，用途非常广泛
企口接法	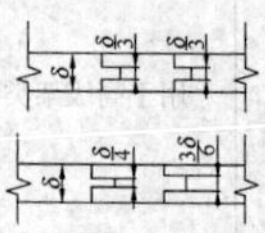	1. 将木板两侧制成凹凸形状的榫槽，将多数木板互相衔接起来 2. 也可将榫槽做成燕尾形式更为坚固结实 3. 榫槽要嵌紧，结合要严密	常用于地板、门心板
裁口接法（高低缝接法）	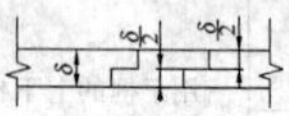	1. 将木板两侧左右上下裁口，使各板相互搭接在一起 2. 口槽接缝须严密	用于木隔断、顶棚板，也用于木大门拼板上
穿条接法	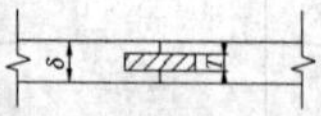	1. 将相邻两板的拼接侧面刨平、对严、起槽 2. 在槽中穿条连接相邻木板 3. 条与槽必须挤紧	用于高级台面板、靠背板等薄工件上，有的模板用穿条法防止缝隙跑浆
明穿带接法	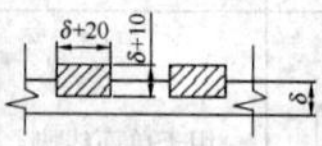	1. 在相邻板的背面垂直木纹方向沿长出凹槽 2. 带的一端略大于另一端，槽的宽度应与其相应 3. 用带的小端由槽的大端逐步楔入楔紧	可增加面板韧性，防止弯曲变形，常配合胶粘法用于桌面板下面，也常见于木板背面穿带
平面栓接法	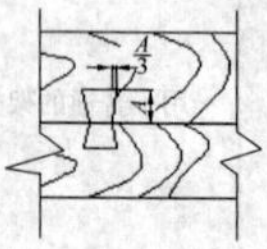	1. 在相邻两块木板的平面上用硬木制成拉销，嵌入木板内，使两板结合起来 2. 拉销的厚度不超过板厚的1/3 3. 如两面嵌拉销时，位置必须错开	用于台面板底板及中式木板门等较厚的木板接合中
暗榫接法	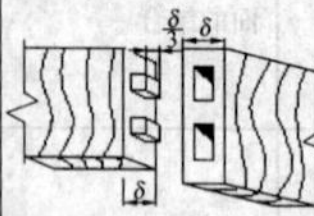	1. 在木板侧面栽植木销或圆形木销 2. 木销长度应比孔深短2mm 3. 两接触侧面要刨直对严后再开孔	台面板及板面较厚的接合中
栽钉法	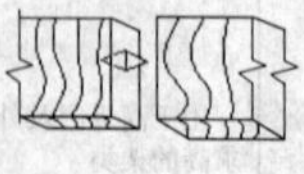	1. 在两相接木板的侧面画出十字线，并钻出细孔 2. 将两端尖锐的铁钉或竹钉栽在钉位十字线上，对准另一块板的孔后敲木板侧面至密贴后为止	可用作胶粘的辅助方法，或用于含水量较大的木板

续表

名称	形 式	构造要求和操作方法	用 途
木螺钉接法	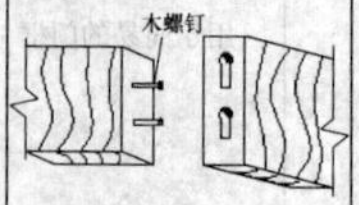	1. 在相接木板的侧面，中央画出十字线 2. 在板的一侧面按十字线位置用木螺丝拧入3/5，留2/5 3. 相邻板相对位置钻出螺帽形孔（可固紧调节），将木螺钉平头对圆孔套入后，慢慢敲打上板端头，使孔之狭长部分移至螺钉平头部分嵌紧为止	是胶粘法的辅助方法，多用于较长的板面拼合上
齿形拼缝	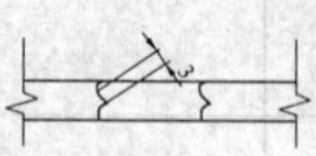	1. 在相接两块木板侧面刨平、刨直 2. 用机械在结合面上开出齿形缝 3. 刷胶，按齿拼合，加压拿拢 4. 齿为90°	适用于做家具面

24.7.3 常用机具

24.7.3.1 电动机具

细部工程常用电动机具见表 24-161。

电动机具 表 24-161

序号	工具名称	图例	型号	用 途
1	冲击电钻		多种	用于结构上打孔
2	电锤钻	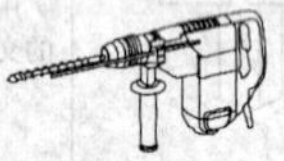	多种	用于结构上打孔
3	手电钻	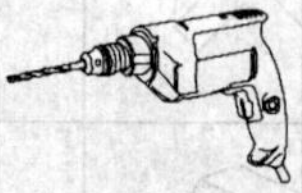	多种	用于各种构件上钻孔
4	电动起子机		多种	用于上螺丝，紧固各种物件
5	空气压缩机		多种	气体压缩机具，配合气钉枪使用，为气钉枪提供气体动力
6	气钉枪	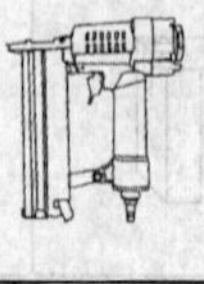	多种	用于打钉的气动工具，配合空气压缩机使用，利用气体压力将钉子射出，以固定对象物件

续表

序号	工具名称	图例	型号	用途
7	电圆锯	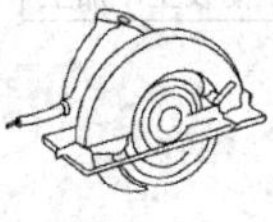	多种	用于切割各种木材
8	手电刨	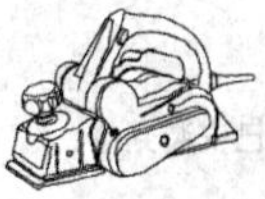	多种	刨削各种木材
9	切割机	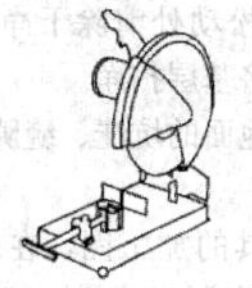	多种	裁切各种型材
10	角磨机	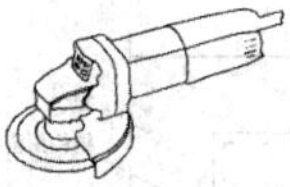	多种	研磨及刷磨金属与石材
11	抛光机	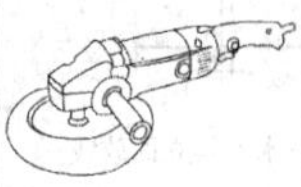	多种	用于抛光金属及镀金属表面
12	曲线锯		多种	切割木材、塑胶、金属、陶板及橡胶。可割锯直线、曲线、斜角
13	修边机	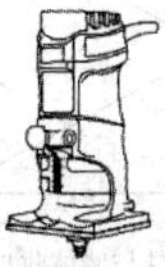	多种	在木材、塑胶和轻建材上进行修边的工作，也可进行铣槽、雕刻、挖长的孔甚至借助模板进行铣挖
14	电焊机		多种	金属焊接
15	氩弧焊机	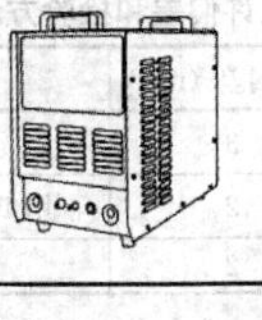	多种	用于不锈钢薄板及各种异形材料的精密焊接

24.7.3.2 木工工具

细部工程常用木工工具见表24-162。

木 工 工 具　　表 24-162

序号	工具名称	图例	规格	用途
1	手刨	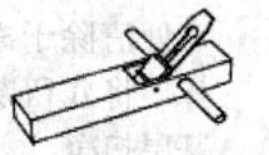	多种	用于刨削各种木材
2	木工锯		多种	用于锯切木材
3	铁锤	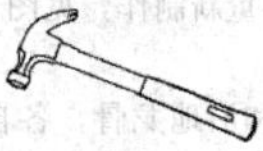	多种	用于物件加工
4	木工凿	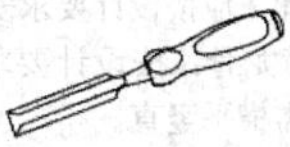	多种	用于木构件加工
5	螺丝刀	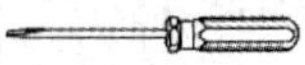	多种	紧固螺丝
6	卷尺	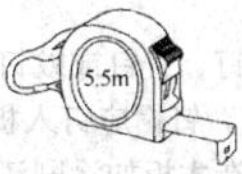	多种	测量尺寸
7	钢板尺		多种	测量尺寸
8	水平尺	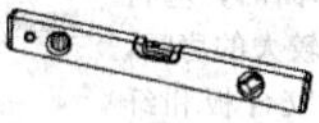	多种	测量水平及垂直度
9	90°角尺	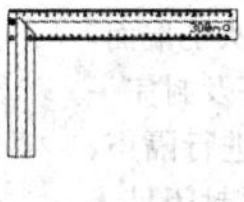	多种	测量直角及尺寸
10	人字梯		多种	提升作业面高度

24.7.4 细部工程施工

24.7.4.1 木隔断施工

1. 工艺流程

弹隔墙定位线 → 做地枕带 → 龙骨安装 → 防火处理 → 安装罩面板（一侧）→ 安装隔音棉 → 安装罩面板（另一侧）

2. 施工准备

（1）作业条件

1）隔断工程施工前，应先安排外装，安装罩面板时先安装好一面，待隐蔽验收工程完成后，并经有关单位、部门验收合格，办理完工种交接手续，再安装另一面。

2）安装各种系统的管、线盒弹线及其他准备工作已到位。

（2）测量放线

在基体上弹出水平线和竖向垂直线，以控制隔断龙骨安装的位置、格栅的平直度和固定点。

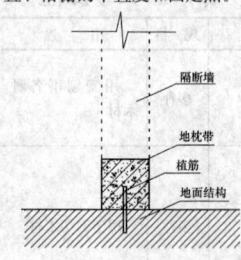
图 24-231 地枕带节点图

3. 基层处理

（1）将墙面、地面起皮及松动处清除干净，并用水泥砂浆补抹，将残留灰渣铲干净，然后将基层扫净。

（2）用水泥砂浆将墙面、地面的坑注、缝隙等处找平。

4. 施工工艺

（1）做地枕带

在地面隔墙定位线位置用砖、水泥砂浆或混凝土制作地枕带，如原地面已有地枕带则不需再重新制作，见图 24-231。

（2）龙骨的安装

1）沿弹线位置固定沿顶和沿地龙骨，各自交接后的龙骨，应保持平直。固定点间距不大于 1m，龙骨的端部必须固定，固定应牢固。边框龙骨与基体之间，应按设计要求安装密封条。

2）安装隔断竖龙骨及横龙骨：按设计要求先安装竖向龙骨，再安装横向龙骨，龙骨安装需横平竖直。

3）门窗或特殊节点处，应使用附加龙骨，其安装应符合设计要求。

（3）防火处理

龙骨安装完毕后，即刷防火涂料 2~3 遍，并应满足消防要求。

（4）罩面板安装（一侧）

胶合板、纤维板可采用螺钉、直钉或蚊钉固定于龙骨上，钉距为 80~150mm，如用钉子固定，钉帽应钉入板面 0.5~1mm；钉眼用油性腻子抹平。胶合板、人造木板如涂刷清油等涂料时，相邻板面的木纹和颜色应近似。胶合板、纤维板用木压条固定时，钉距不应大于 200mm，钉帽应钉入木压条 0.5~1mm，钉眼用油性腻子抹平。

用胶合板、纤维板作罩面时，应符合防火的有关规定，在湿度较大的房间，不得使用未经防水处理的胶合板和纤维板。

（5）安装隔音棉

需要进行隔声、保温、防火的墙面，应根据设计要求在龙骨安装好及封完一侧罩面板后，在龙骨空腔处进行隔声、保温、防火等材料的填充，再封闭另一侧罩面板。见图 24-232。

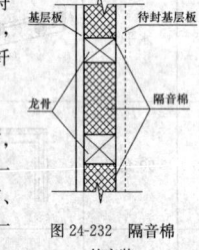
图 24-232 隔音棉的安装

（6）安装罩面板（另一侧）

施工工艺同第（4）条。

5. 成品保护

（1）轻钢龙骨石膏板隔墙施工过程中，各工种应注意不得损坏已安装部分。避免碰撞隔断内电管线及电盒、电箱等。

（2）隔断安装完后，不要碰撞墙面，墙面上不要悬挂重物，不要损坏和污染隔断墙面。

6. 质量要求

骨架隔墙安装的允许偏差和检验方法应符合表 24-163 的规定。

骨架隔墙安装的允许偏差和检验方法　　表 24-163

项次	项目	允许偏差(mm)	检验方法
1	立面垂直度	4	用 2m 垂直检测尺检查
2	表面平整度	3	用 2m 靠尺和塞尺检查
3	阴阳角方正	3	用直角检测尺检查
4	接缝直线度	3	拉 5m 线，不足 5m 拉通线，用钢直尺检查
5	压条直线度	3	拉 5m 线，不足 5m 拉通线，用钢直尺检查
6	接缝高低差	1	用钢直尺和塞尺检查

24.7.4.2　木家具施工

本条为工厂家具现场安装。

1. 工艺流程

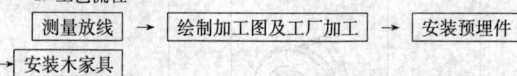

2. 施工准备

（1）作业条件

1）本分项工程应尽量在加工厂内制作成成品或半成品，然后在施工现场进行安装，所以本分项工程与室内装饰可以分开进行施工。

2）施工的工作面清理干净，按设计图纸弹好控制线，核对现场实际尺寸。

3）预埋件安装完毕。

4）各种系统的管线、线盒已安装到位。

（2）测量放线

根据设计图纸与现场实际情况放出木家具的完成线。

3. 基层处理

（1）将墙面、地面起皮及松动处清除干净，并用水泥砂浆补抹，将残留灰渣铲干净，然后将基层扫净。

（2）用水泥砂浆将墙面、地面的坑注、缝隙等处找平。

4. 施工工艺

（1）根据放线结果绘木家具的加工图，在墙体洞口内的木家具，其宽度及高度尺寸应比门窗洞口小 10~20mm（图 24-233），以防止安装时的误差。加工图绘制完成并经审核后，即可交由工厂生产制作。

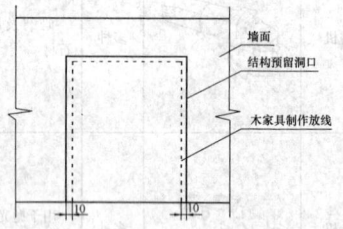
图 24-233　木家具立面放线

（2）安装预埋件

根据设计图纸要求在墙体与木家具连接处埋入木砖或金属连接件。

（3）安装木家具

将工厂加工好的木家具按设计要求拼装并固定于墙体预埋件上，固定应牢固。最后安装收口线将木家具与结构间的间隙隐蔽起来，见图 24-234。

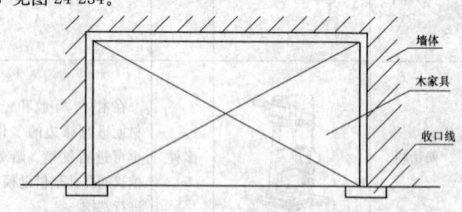
图 24-234　木家具与墙体收口

5. 成品保护

（1）有其他工种作业时，要适当加以掩盖，防止饰面板受到碰撞。

（2）不得将污水、油污等溅湿饰面板。

6. 质量要求

家具安装的允许偏差和检验方法应符合表 24-164 规定。

家具安装的允许偏差和检验方法　　表 24-164

项次	项目	允许偏差(mm)	检验方法
1	外形尺寸	3	用钢尺检查
2	立面垂直度	2	用 1m 垂直检测尺检查
3	门与框架的平行度	2	用钢尺检查

24.7.4.3 木墙裙施工

1. 工艺流程

弹线 → 打孔及埋木塞 → 龙骨制安 → 装钉基层板 → 镶贴饰面板 → 安装踢脚线

2. 施工准备

(1) 作业条件

1) 混凝土和墙面抹灰完成,基层已按设计要求埋入木砖或木筋(如采用轻钢骨架则无需预埋木砖或木筋),水泥砂浆找平层已抹完并做防潮层。

2) 水电及设备,顶墙上预留预埋件已完成。

3) 房间的吊顶分项工程基本完成,并符合设计要求。

4) 房间里的地面分项工程基本完成,并符合设计要求。

5) 对施工人员进行技术交底时,应强调技术措施和质量要求。

6) 调整基层并进行检查,要求基层平整、牢固,垂直度、平整度均符合细木制作验收规范。

(2) 测量放线弹线

根据设计要求及龙骨间距进行弹线。

3. 基层处理

(1) 将墙面、地面起皮及松动处清除干净,并用水泥砂浆补抹,将残留灰渣铲除干净,然后将基层扫净。

(2) 用水泥砂浆将墙面、地面的坑洼、缝隙等处找平。

4. 施工工艺

(1) 打孔及埋木塞

在龙骨间距线上打孔,孔间距不宜超过400mm,打孔后,敲入木塞,要求牢固,无松动。如采用轻钢龙骨骨架系统则不需打孔及填木塞。

(2) 龙骨制安

1) 木龙骨制安

① 根据墙裙高度做成龙骨架,整片或分片安装。

② 龙骨间距:一般横龙骨间距为300mm,竖龙骨间距为400mm。

③ 龙骨必须与每一个木塞固定牢固。龙骨应作防火、防腐处理。

④ 当龙骨钉完,要检查表面平整、立面垂直和阴、阳角方正。

2) 轻钢龙骨制安

采用50型轻钢龙骨根据墙裙高度裁切,并用配套连墙件及膨胀螺栓将竖龙骨固定墙面,再将横龙骨固定于竖龙骨上,一般横龙骨间距为300mm,竖龙骨间距为400mm,龙骨安装须垂直、平整。

(3) 装钉基层板

根据龙骨的分布情况,在基层板上弹线、锯板,将基层板装钉在龙骨上,要求板与板之间的接缝必须在龙骨上,钉帽及螺钉不高于基层板面,基层板面必须垂直平整,见图24-235、图24-236。

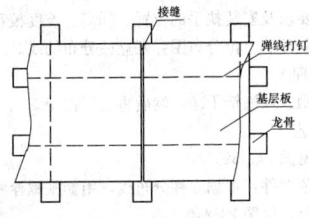

图 24-235 基层板安装(一)

(4) 镶贴饰面板

饰面板上涂刷清漆时,在同一房间里应挑选颜色、木纹一致的饰面板。镶贴饰面板时,应在基层板面和饰面板的背面均匀涂刷胶粘剂,饰面板纵向接头,最好在视线忽略部位。采用挂贴饰面板时,饰面板背面及基层板上应按设计要求安装挂接构件,挂接应牢固、平整。镶贴饰面板应自下而上,接缝严密,饰面板接缝与基层板接缝不能重叠,饰

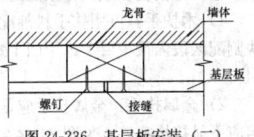

图 24-236 基层板安装(二)

面板接缝处应根据设计要求做装饰处理。

(5) 安装踢脚线

饰面板安装完毕后,在木墙裙底部安装踢脚线,踢脚线应固定于墙板上,踢脚线的型号、规格应符合设计要求,木墙裙安装完毕后,应立即进行饰面处理,涂刷清油一遍,以防止其他工种污染板面。采用工厂加工的成品饰面板,在安装后应做表面覆盖保护工作。

5. 成品保护

(1) 木饰面工程已完的房间应及时清理干净,不准做料房或休息室,避免污染和损坏成品,应设专人管理。

(2) 在整个木饰面装饰工程施工过程中,严禁非操作人员随意触摸成品。

(3) 暖卫、电气及其他设备等在进行安装或修理工作中,应注意保护墙面,严防污染或损坏墙面。

(4) 严禁在已完木饰面装饰房间内剔眼打洞。若属设计变更,也应采取相应的可靠有效的措施,施工时要小心保护,施工后要及时认真修复,以保证成品完整。

(5) 二次修油、浆工作及地面磨石清理打蜡时,要注意保护好成品,防止污染、碰撞和损坏。

6. 质量要求

木饰面板安装的允许偏差和检验方法应符合表24-165的规定。

木饰面板安装的允许偏差和检验方法　　表 24-165

项次	项目	允许偏差 (mm)	检验方法
1	立面垂直度	1.5	用2m垂直检测尺检查
2	表面平整度	1	用2m靠尺和塞尺检查
3	阴阳角方正	1.5	用直角检测尺检查
4	接缝直线度	1	拉5m线,不足5m拉通线,用钢直尺检查
5	墙裙、勒脚上口直线度	2	拉5m线,不足5m拉通线,用钢直尺检查
6	接缝高低差	0.5	用钢直尺和塞尺检查
7	接缝宽度		

24.7.4.4 窗帘盒施工

窗帘盒分为明窗帘盒和暗窗帘盒,明窗帘是窗帘杆或轨道外露出来,一般安装于吊顶下部。暗窗帘是看不到窗帘杆的,一般安装于吊顶内部隐藏起来。

1. 工艺流程

(1) 明窗帘盒的制作流程

下料 → 制作卯榫 → 装配 → 修正砂光

(2) 暗窗帘盒的安装流程

定位 → 固定角铁 → 固定窗帘盒

2. 施工准备

(1) 如果是明窗帘盒,则先将窗帘盒加工成半成品,再在施工现场安装。

(2) 如果是暗窗帘盒,则混凝土和墙面的抹灰及找平已经完成。

(3) 安装窗帘盒前,顶棚、墙面、门窗、地面的装饰做完。

3. 施工工艺

(1) 明窗帘盒的制作

1) 下料:按图纸要求截下的木料要长于要求规格30~50mm,厚度、宽度要分别大于3~5mm。

2) 制作卯榫:最佳结构方式是采用45°全暗燕尾卯榫,也可采用45°斜角钉胶结合,上盖面可加工后直接涂胶钉入下框体。

3) 装配:用直角尺测准暗转角度后把结构固定牢固,注意格角处不得露缝。

4) 修正砂光:结构固化后可修正砂光。用0号砂纸打磨掉毛刺、棱角、立楂,注意不可逆木纹方向砂光。要顺木纹方向砂光。

(2) 暗窗帘盒的安装

暗装形式的窗帘盒，主要特点是与吊顶部分结合在一起，常见的有内藏式和外接式。

1）内藏式窗帘盒主要形式是在窗顶部位的吊顶处，做出一条凹槽，凹槽一般采用大芯板制作，完成后在槽内装好窗帘轨。作为含在吊顶内的窗帘盒，与吊顶施工一起做好。

2）外接式窗帘盒是在吊顶平面上，做出一条贯通墙面长度的遮挡板，在遮挡板内吊顶平面上装好窗帘轨。遮挡板一般采用大芯板制作，也可采用木构架双包镶，并把底边做封闭边处理。遮挡板与顶棚交接线应用角线压住。遮挡板的固定法可采用射钉固定，也可采用预埋木楔、圆钉固定，或膨胀螺栓固定。

3）窗帘轨安装

窗帘轨道有单、双或三轨道之分。单体窗帘盒一般先安轨道，暗窗帘盒在按轨道时，轨道应保持在一条直线上。轨道形式有工字形、槽形和圆钉形等。

窗帘轨道的安装，应根据产品说明书及设计要求固定在墙面上或窗帘盒的木结构上。

4. 成品保护

（1）安装窗帘盒后，应进行饰面的装饰施工，应对安装后的窗帘盒进行保护，防止污染和损坏。

（2）安装窗帘及轨道时，应注意对窗帘盒的保护，避免对窗帘盒碰伤、划伤等。

5. 质量要求

窗帘盒安装的允许偏差和检验方法应符合表 24-166 的规定。

窗帘盒安装的允许偏差和检验方法 表 24-166

项次	项 目	允许偏差(mm)	检 验 方 法
1	水平度	2	用 1m 水平尺和塞尺检查
2	上口、下口直线度	3	拉 5m 线，不足 5m 拉通线，用钢直尺检查
3	两端距窗洞口长度差	2	用钢直尺检查
4	两端出墙厚度差	3	用钢直尺检查

24.7.4.5 木门窗套及木贴脸板施工

1. 工艺流程

测量放线 → 绘制加工图及工厂加工 → 安装预埋件 → 安装饰面板

2. 施工准备

（1）作业条件

1）验收主体结构是否符合设计要求。采用胶合板制作的门、窗洞口应比门窗樘宽 40mm，洞口比门窗樘高出 25mm。

2）检查门窗洞口垂直度和水平度是否符合设计要求。

3）检查预埋木砖或金属连接件是否齐全、位置是否正确。如有问题必须校正。

（2）测量放线

根据设计图纸与现场实际情况放出门窗套的装饰线。

3. 基层处理

（1）将墙面、地面的杂物、灰渣铲干净，然后将基层扫净。

（2）用水泥砂浆将墙面、地面的坑洼、缝隙等处找平。

4. 施工工艺

（1）根据放线结果绘制门窗套的加工图，门窗套一般有两侧及上部共三片组成，门窗洞内的门窗套线，其宽度及高度（含基层板厚度）尺寸应比门窗洞口小 10～20mm，以防止安装时的误差（图 24-237）。加工图绘制完成并经审核后，即可交由工厂生产制作。

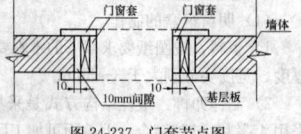

图 24-237 门套节点图

（2）安装预埋件

1）窗套线安装：根据设计图纸要求埋入木塞或木砖，面封大芯板并与木塞固定，板面应平整、垂直，固定应牢固。大芯板应做

防火及防腐处理。

2）门套线安装：根据设计图纸要求埋入木塞或金属连接件，面封大芯板。大型或较重的门套及门扇安装，应采用金属连接件，金属连接件可用角钢、方通等制作并用膨胀螺栓与墙体固定，金属件应埋入墙体且表面与墙体平齐。然后面封两层大芯板，用螺丝将板材固定于金属件上，板面应平整、垂直，固定应牢固（图24-238）。板材与墙体之间

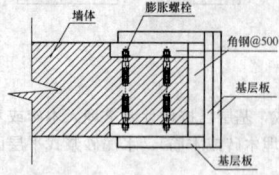

图 24-238 门套基层板安装节点图

的空隙应用防火及隔音材料封堵。并应满足防火要求。

（3）安装饰面板

将工厂加工好的门窗套及木贴脸按设计要求固定于基层大芯板上，固定应牢固。

5. 成品保护

（1）有其他施工种作业时，要适当加以掩盖，防止对饰面板污染或碰撞。

（2）不能将水、油污等溅湿饰面板。

6. 质量要求

门窗套安装的允许偏差和检验方法应符合表 24-167 规定。

门窗套安装的允许偏差和检验方法 表 24-167

项次	项 目	允许偏差(mm)	检 验 方 法
1	正、侧面垂直度	3	用 2m 垂直检测尺检查
2	门窗套上口水平度	1	用 1m 水平检测尺和塞尺检查
3	门窗套上口直线度	3	拉 5m 线，不足 5m 拉通线，用钢直尺检查

24.7.4.6 楼梯护栏和扶手施工

1. 工艺流程

弹线 → 安装预埋件 → 安装立柱 → 安装扶手 → 安装踢脚线

2. 施工准备

（1）作业条件

1）脚手架（或龙门架）按施工要求搭设完成，并满足国家安全规范相关要求。

2）施工的工作面清理干净，按设计图纸弹好控制线，核对现场实际尺寸。

3）金属栏杆或靠墙扶手的固定埋件安装完毕。

4）做好样板段，并经检查鉴定合格后，方可组织大面积施工。

（2）测量放线

根据设计要求及安装扶手的位置、标高、坡度校正后弹好控制线；然后根据立柱的点位分布图弹好立柱分布的线。

3. 基层处理

将基层杂物、灰渣铲干净，然后将基层扫净。

4. 施工工艺

楼梯护栏见图 24-239。

（1）安装预埋件：根据立柱分布线，用膨胀螺栓将预埋件安装在混凝土地面上，见图 24-240。

（2）安装立柱：立柱可采用螺接或点焊固定于预埋件上，调整好立柱的水平、垂直距离，以及立柱与立柱之间的间距后，即可拧紧螺栓或全焊固定，见图 24-240。

（3）安装扶手：立柱按图纸要求固定后，将扶手固定于立柱上。弯头处按栏板或栏杆顶面的斜度，配好起步弯头。

1）木扶手：可用扶手料割配弯头，采用割角对缝粘接，在断块割配区段内最少要考虑用四个螺钉与支撑固定件连接固定，见图24-241。

2）金属扶手：金属扶手应是通长的，如要接长时，可以拼接，但应不显接槎痕迹，见图24-242。

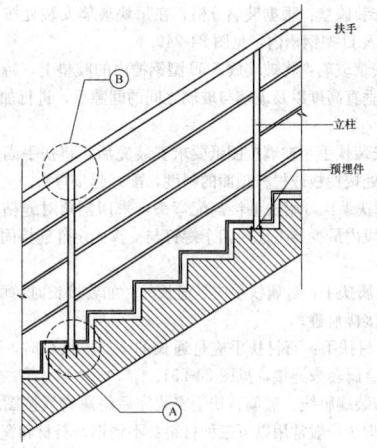

图 24-239 楼梯护栏

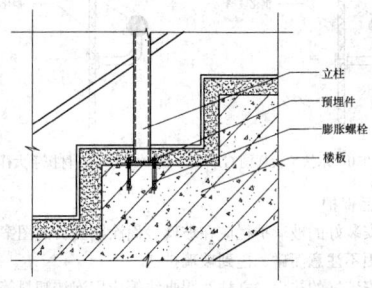

图 24-240 预埋件大样图 A

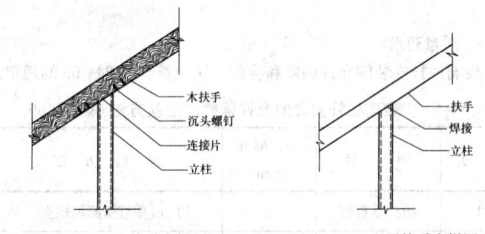

图 24-241 木扶手大样图 B1　　图 24-242 金属扶手大样图 B2

3) 石材扶手：石材扶手应是通长的，如要接长时，可以在拼接处采用金属套来连接。

(4) 安装踢脚线：立柱、扶手安装完毕后，将踢脚线按图纸要求安装好，踢脚线一般常用以下三种材料：不锈钢、石材和瓷砖。

5. 成品保护

(1) 安装好的扶手、立柱及踢脚线应用泡沫塑料等柔软物包好、裹严，防止破坏、划伤表面。

(2) 禁止以护栏及扶手作为支架，不允许攀登护栏及扶手。

6. 质量要求

护栏和扶手安装的允许偏差和检验方法应符合表 24-168 的规定。

护栏和扶手安装的允许偏差和检验方法　　表 24-168

项次	项　目	允许偏差（mm）	检　验　方　法
1	护栏垂直度	3	用1m垂直检测尺检查
2	栏杆间距	3	用钢尺检查
3	扶手直线度	4	拉通线，用钢直尺检查
4	扶手高度	3	用钢尺检查

24.7.4.7 玻璃栏杆施工

1. 工艺流程

(1) 点式玻璃栏杆

弹线 → 预埋件 → 立柱 → 爪件 → 扶手 → 踢脚线 → 玻璃 → 成品保护 → 清洁

(2) 入槽式玻璃栏杆

弹线 → 预埋件 → U型钢槽 → 胶垫 → 玻璃 → 扶手 → 踢脚线 → 成品保护 → 清洁

2. 施工准备

(1) 作业条件

1) 脚手架（或龙门架）按施工要求搭设完成，并满足国家安全规范相关要求。

2) 施工的工作面清理干净，按设计图纸弹好控制线，核对现场实际尺寸。

3) 预埋件安装完毕。

4) 做好样板段，并经检查鉴定合格后，方可组织大面积施工。

(2) 测量放线

1) 点式玻璃栏杆

根据设计要求，对安装扶手的位置、标高、坡度校正后，弹好控制线；然后根据立柱的点位分布图弹好立柱分布的线。

2) 入槽式玻璃栏杆

根据设计要求，对安装扶手及玻璃的位置、标高、坡度校正后，弹好控制线。

3. 基层处理

将基层杂物、灰渣铲干净，然后将基层扫净。

4. 施工工艺

(1) 点式玻璃栏杆（图 24-243）

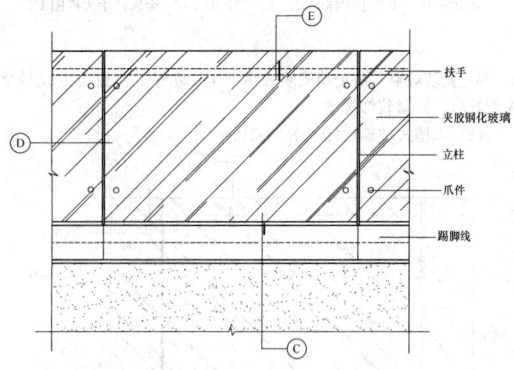

图 24-243 点式玻璃栏杆立面图

1) 安装预埋件：根据立柱分布线，用膨胀螺栓将预埋件安装在混凝土地面上，见图 24-244。

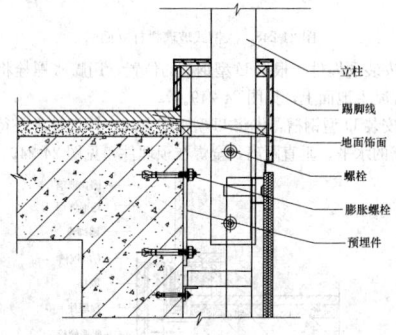

图 24-244 预埋件大样图 C

2) 安装立柱：立柱用螺栓固定在预埋件上，调整好立柱的水平、垂直距离，以及立柱与立柱之间的间距后，拧紧螺栓。

3) 安装爪件：爪件用 2 个螺栓固定在立柱上，调整好爪件之间水平、垂直距离后，以及爪件之间的间距后（必须保证爪件之间的间距与玻璃上孔距相等），拧紧螺栓，见图 24-245。

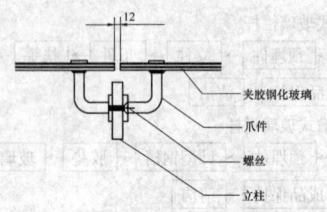

图 24-245 爪件大样图 D

4) 安装扶手：立柱与爪件按图纸要求固定完后，将扶手固定在立柱上。弯头处按栏板或栏杆顶面的斜度，配好起步弯头。

① 木扶手：可用扶手料割配弯头，采用割角对缝粘接，在断块割配区段内最少要考虑用四个螺钉与支撑固定件连接固定，见图24-246。

② 金属扶手：金属扶手应是通长的，如要接长时，可以拼接，但应不显接缝痕迹。见图24-247。

③ 石材扶手：石材扶手应是通长的，如要接长时，可以在拼接处采用金属套来连接。

5) 安装踢脚线：立柱、爪件、扶手安装完毕后将踢脚线按图纸要求安装好，踢脚线一般常用以下三种材料：不锈钢、石材和瓷砖。

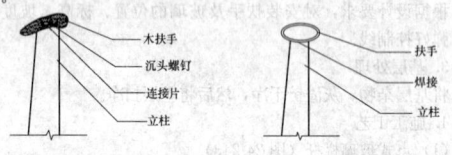

图 24-246 木扶手大样图 E1   图 24-247 金属扶手大样图 E2

6) 安装玻璃：将玻璃安装在爪件上，水平、垂直方向及玻璃缝调好后，拧紧装饰螺丝。

(2) 入槽式玻璃栏杆（图 24-248）

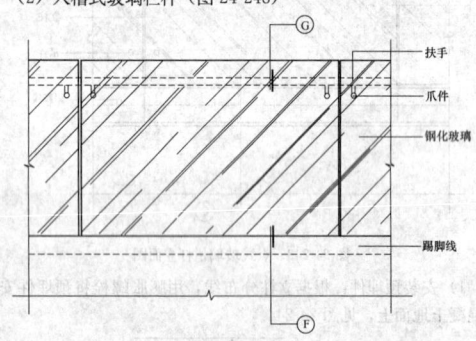

图 24-248 入槽式玻璃栏杆立面图

1) 安装预埋件：根据 U 型钢槽的位置，用膨胀螺栓将预埋件安装在混凝土地面上，见图24-249。

2) 安装 U 型钢槽：先将 U 型钢槽点焊在预埋件上，待调整好 U 型钢槽的水平、垂直距离，全焊在预埋件上，见图24-249。

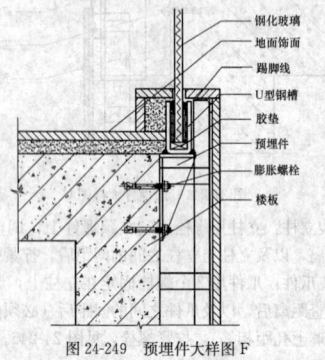

图 24-249 预埋件大样图 F

3) 安装胶垫：根据玻璃分格，在每块玻璃安装处按设计要求将胶垫放入 U 型钢槽内，见图24-249。

4) 安装玻璃：将玻璃放入 U 型钢槽内的胶垫上，待玻璃调整好水平、垂直高度以及玻璃与玻璃之间的间隙后，进行加固，见图24-249。

5) 安装扶手：玻璃按图纸要求安装完后，将扶手固定在玻璃上。弯头处按栏板或栏杆顶面的斜度，配好起步弯头。

① 木扶手：可用扶手料割配弯头，采用割角对缝粘接，在断块割配区段内最少要考虑用四个螺钉与支撑固定件连接固定，见图24-250。

② 金属扶手：金属扶手应是通长的，如要接长时，可以拼接，但应不显接槎痕迹。

③ 石材扶手：石材扶手应是通长的，如要接长时，可以在拼接处采用金属套来连接，见图24-251。

6) 安装踢脚线：玻璃、扶手安装完后将踢脚线按图纸要求安装好，踢脚线一般常用以下三种材料：不锈钢、石材和瓷砖。

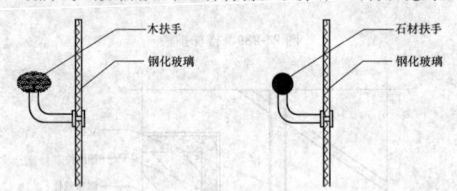

图 24-250 木扶手大样图 G1   图 24-251 石材扶手大样图 G2

5. 成品保护

(1) 安装好的玻璃护栏应在玻璃表面涂刷醒目的图案或警示标识，以免因不注意而碰、撞到玻璃护栏。

(2) 安装好的扶手、立柱及踢脚线等应用泡沫塑料等柔软物包好、裹严，防止破坏、划伤表面。

(3) 禁止以玻璃护栏及扶手作为支架，不允许攀登玻璃护栏及扶手。

6. 质量要求

玻璃栏杆安装的允许偏差和检验方法应符合表24-169的规定。

玻璃栏杆安装的允许偏差和检验方法 表 24-169

项 次	项 目	允许偏差 (mm)	检 验 方 法
1	护栏垂直度	3	用1m垂直检测尺检查
2	栏杆间距	3	用钢尺检查
3	扶手直线度	4	拉通线，用钢直尺检查
4	扶手高度	3	用钢尺检查

24.8 装饰工程防火及安全生产

24.8.1 施工防火安全

贯彻以"以防为主，防消结合"的消防方针，结合施工中的实际情况，加强领导，组织落实，建立防火责任制。

成立工地防火领导小组，由项目负责人任组长，由安全员、仓库保管员及有关工长为组员。

对进场的操作人员进行安全防火知识教育，从思想上使每个职工重视安全防火工作，增强防火意识。

对易燃易爆物品要单独存放保管，远离火源。

施工现场按要求配置消防水桶和干粉灭火器。

保证消防环道畅通无阻，并悬挂防火标志牌、防火制度、及119火警电话等醒目标志。

现场动用明火，必须办理动火证。

临建必须符合防火要求。

电器设备、器材必须合格，禁用劣质品或代用品。

各种电器设备或线路，不许超过安全负荷。要经常检查，发现超过负荷、短路、发热和绝缘损坏等容易造成火灾的危险情况时，必须立即进行检修。

照明灯具不准靠近易燃物品，严禁用纸、布等易燃物蒙罩灯泡。

宿舍内严禁用汽油、柴油、煤气作燃料。

木工车间内废料（刨花、锯末、木屑）要及时清除，每天下班前必须清扫干净。

焊、割作业要选择安全地点，周围的可燃物必须清除如不能清除时，应采取安全可靠措施加以防护。

现场不能有与焊接操作有抵触的油漆、汽油、丙酮、乙醚、香蕉水等；排出大量易燃气体的工作场所，不得进行焊接。

24.8.2 安全生产技术措施及操作规程

24.8.2.1 安全技术措施

1. 一般安全措施

(1) 参加施工的工人，要熟知本工种安全技术操作规程，要严守工作岗位。

(2) 电工、焊工等特殊工种，必须经过专门培训，持证上岗。

(3) 正确使用个人防护用品和安全防护措施。

(4) 进入施工现场必须戴安全帽，高空作业必须系安全带，上下交叉作业有危险的出入口要有防护棚或其他隔离措施，距离地面3米以上作业要有防护栏杆、挡板或安全网。

(5) 施工现场的脚手架、防护设施、安全标志和警示牌，不得擅自拆动，需要拆动时，要经工地施工负责人同意。

(6) 施工现场的"三宝"及"四口"等危险处，应有防护设施或明显标志。

2. 机械设备安全措施

(1) 工作前必须检查机械、仪表、工具等完好后方准使用。

(2) 操作机械前必须懂得该设备的正确操作方法，不可盲目使用。

(3) 电气设备和线路必须绝缘良好，电线不得与金属物绑在一起。

(4) 各种电动工具必须按规定零接地，并设置单一开关；遇有临时停电或停工休息时，必须拉闸上锁。

(5) 施工机械和电气设备不得带病运转和超负荷作业。发现不正常情况应停机检查，不得在运转中检修。

(6) 从事腐蚀、粉尘、有毒作业，要有防护措施，并进行定期体检。

3. 高空作业安全防护措施

(1) 凡患高血压、心脏病、贫血病、癫痫病以及其他不适于高空作业的，不得从事高空作业。

(2) 高空作业要衣着灵便，禁止穿硬底和带钉易滑的鞋。

(3) 凡是进行高处作业施工的，应使用脚手架、平台、梯子、防护围栏、挡脚板、安全带和安全网，作业前应认真检查所用的安全设施是否牢固、可靠。

(4) 项目经理部为作业人员提供合格的安全帽、安全带等必备的个人安全防护用具，作业人员应按规定正确佩戴和使用。

(5) 高空作业所用材料要堆放平稳，工具应随手放入工具袋（套）内；上下传递物件禁止抛掷，上下立体交叉作业确有需要时，中间须设隔离设施。

(6) 项目经理部应按类别，有针对性地将各类安全警示标志悬挂于施工现场各相应部位，夜间应设置警示灯。

(7) 高处作业应设置可靠扶梯，作业人员应沿着扶梯上下，不得沿着立杆与栏杆攀登。

(8) 高处作业前，项目经理部应组织有关单位或部门对安全防护设施进行验收，经验收合格签字后方可作业。

(9) 遇有恶劣天气影响施工安全时，禁止进行露天高空作业。

(10) 发生安全措施有隐患时，必须采取措施、消除隐患，必要时停止作业。

(11) 搭拆防护棚和安全设施，需设警戒区、有专人防护。

(12) 人字梯不得缺挡，不得垫高使用。使用时上端要采取防

滑措施。单面梯与地面夹角以60°～70°为宜，禁止两人同时在一个梯子上作业。如需接长使用，应绑扎牢固。人字梯底脚要拉牢。

4. 安全用电措施

(1) 安全用电技术措施

1) 施工临时用电必须按临时用电施工方案的要求进行布设。

2) 临时用电系统必须采用三相五线制TN-S系统。

3) 禁止使用已损坏或绝缘性能不良的电线，配电线路必须架空敷设，用电设备与开关箱的距离不得超过5m。

4) 施工临时用电施工系统和设备必须接地和接零，杜绝疏漏。所有接地、接零必须安全可靠，专用PE线必须严格与相线、工作零线区分。

5) 施工现场的配电箱均应配置漏电开关，确保三级配电二级保护；开关箱中实行一机一闸一漏电保护，开关箱内所设漏电开关电动作电流值不超过30mA/0.1s，漏电开关必须灵敏有效。

6) 配电箱及开关箱内的电气装置必须完好，装设端正、牢固，底部应距地面400mm，各接头应接触良好。

7) 电焊机上有防雨盖，下铺防潮垫。一、二次电源接头处有防护装置，二次线使用接线柱，一次电源线采用橡皮套电缆或穿塑料软管，长度不大于3m。

(2) 安全用电组织措施

1) 建立健全临时用电施工组织设计和安全用电技术措施的技术交底制度。

2) 建立安全检测巡视制度，加强职工安全用电教育，建立健全运行记录、维修记录、设计变更记录。

3) 非专业电气人员严禁在系统内乱拉乱接电线、检修电气设备等一切有关工作。

(3) 电气防火措施

1) 合理配置、整改、更换各种保护电器，对电路和设备的过载、短路故障进行可靠的保护。

2) 在电气装置和线路下方不准堆放易燃易爆和强腐蚀物，不使用火源。

3) 在用电设备及电气设备较集中的场所配置一定数量干粉式J1211灭火器和用于灭火的绝缘工具，并禁止烟火，挂警示牌。

4) 加强电气设备、线路、相间、相与地的绝缘，防止闪烁，及因接触电阻过大，而产生的高温、高热现象。

(4) 使用与维护

1) 所有配电箱均应标明其名称、用途，并作出分路标记。

2) 所有配电箱门应配锁，箱内不得放置任何杂物，保持整洁。

3) 所有配电箱、开关箱在使用过程中必须按：

① 送电操作顺序：总配电箱→分配电箱→开关箱→设备

② 停电操作顺序：设备→开关箱→分配电箱→总配电箱。（出现电气故障的紧急情况除外。）

③ 施工现场停止作业1h以上时，应将动力开关箱断电上锁。

④ 所有线路的接线、配电箱、开关箱必须由专业人员负责，严禁任何人以任何方式私自用电。

⑤ 对配电箱、开关箱进行检查、维护时，必须将其前一级相应的电源开关分闸断电，并悬挂停电标志牌，严禁带电作业。

⑥ 所有配电箱、开关箱每15天进行检查和维修一次，并认真做好记录。

5. "三宝"、"四口"及临边的防护措施

(1) 安全帽、安全带、安全网必须是有资格证书的企业生产的合格产品。

(2) 进入施工现场必须戴安全帽，系好扣带。高处作业（基准面+2m以上）必须系好安全带。

(3) 外架满挂密目式安全网，绑扎牢固，接头无缝。

(4) 楼梯口和边长大于1.5m的洞口，四周用红白相间颜色的钢管搭设1.2m高栏杆，小的预留洞用模板封堵。

(5) 建筑物出入口、电梯出入口和各人行通道均按规定搭设双层防护棚，尺寸为：宽度每边比洞口宽1m，长度为5m。

(6) 电梯各停靠楼层通道处设置用镀锌管和钢筋焊制的工具式平开门。

(7) 主体电梯井口安装可上下翻转的ϕ12钢筋焊制的防护门；

电梯井内每四层设一道水平网。

(8) 楼梯侧边及楼层、阳台等周边用钢管塔设施时防护栏杆。

6. 特种作业人员安全保证措施

(1) 特种作业人员必须持政府劳动管理部门核发的特种作业人员上岗证，并按期进行年审。

(2) 特种作业人员进场后，应接受安全教育及安全技术交底，然后才能上岗。

(3) 特种作业人员上岗后，项目经理部应检查其实际操作的熟练程度；操作生疏者，由项目经理部施工员指导和监督其工作，一周后仍不熟练者，应更换工种或退场。

(4) 项目经理部应建立特种作业人员台账，并将特种作业人员的上岗证复印件保存备案。

(5) 高处作业人员应每年进行体检，凡患有高血压、心脏病以及其他不适合高处作业的人员，应停止高处作业。

7. 职业性中毒防护措施

操作人员在从事喷漆（涂料）作业时，吸入有毒有害的油漆、涂料造成的中毒现象称为职业性中毒。

职业性中毒的主要原因，使用有毒有害的油漆涂料、作业现场通风不畅、操作工人未采取防护措施。项目需采取的控制措施：

(1) 改进操作工艺，对油漆作业尽量采取场外加工。

(2) 选择绿色环保型油漆涂料。

(3) 注意施工现场通风，对于封闭的场所（如地下室等）必须采取通风措施。

(4) 现场操作人员必须使用采取佩戴防毒面具等防护措施。

(5) 现场操作人员必须即时进行轮换，减少暴露时间。

(6) 对于作业场所，由专业工长负责对作业环境进行监测，发现现场有毒有害品浓度过高及时停止作业，撤出人员。

8. 易燃易爆危险品的管理措施

(1) 采购：材料员采购时应向供货方索取所购物资的有关安全资料，并随材料的发放，逐级传达有关使用注意事项，直至具体操作人员。

(2) 运输：项目经理部应要求供应商严格按国家易燃易爆危险品运输规定安全运输。

(3) 搬运：项目经理部应监督装卸人员严格按易燃易爆危险品的装卸要求进行装卸，同时做好相应的防火、防爆措施。

(4) 贮存：仓管员对各种酸液和乙醇应单独分柜存放，防止遗洒和泄漏；对氧气、乙炔瓶应分开存放，要有防砸、防雨、防火、防晒具体措施，做好危险品标识，保持安全距离；严格控制油漆、稀料库存量，专人专库管理并做好封闭和配备足够的消防器材。

(5) 发放：易燃易爆危险品由专人负责管理，建立独立分发台账，对领用物品、数量、领用人及日期进行登记，做到控制数量，限量发放。

(6) 使用：严格按照操作规程和使用说明书进行操作，同时配备必要的安全防护措施和用具；使用氧气瓶和乙炔瓶时，气瓶间距大于5m等要距明火10m以上，小于此间距时要采取隔离措施，搬动时不能碰撞，氧气瓶要有瓶盖，减压器上要有安全阀，严防油脂沾染，不得暴晒、倒置。气瓶要设置防震胶圈及防曝、晒措施。各种气瓶要设置标准色标或明显标识。

24.8.2.2 安全技术操作规程

1. 电工安全操作规程

(1) 所有电工必须熟悉电工安全技术规程。

(2) 每个电工必须穿绝缘鞋才能上岗。

(3) 禁止带电操作。

(4) 经常检查漏电保护器的有效性。

(5) 有两个电源的倒顺闸刀开关，送电时先合闸刀开关，再合上电源控制自动空气开关；停电时一定拉掉电源，先断开控制自动空气开关，后拉开闸刀开关。

(6) 每根电线的接头要有足够的接触面，并拧紧，按工艺要求的接头方式去接。

(7) 对自动空气开关要检查，看三个触点是否接触严实一致，否则应进行调整。

(8) 对接好的设备、线路检查是否正确，不要盲目送电。

(9) 所有的设备外壳都要接地，接地电阻不大于10Ω。

(10) 对现场负荷要做到心中有数，尽量做到三相平衡。

(11) 对动力、照明线、电动工具线路及其他线路要经常检查，发现有问题的线路要及时处理。

(12) 所有的配电箱都有防雨措施。

(13) 发现有人触电，立立即切断电源，进行急救；电器着火，应采取有效的灭火措施。

(14) 在线路上有人操作时，必须挂严禁合闸和有人操作标志。

(15) 当班电工责任重大，对自己、对其他用电的操作者，必须保证安全用电。

2. 木工安全操作规程

(1) 严格遵守施工现场的安全生产制度。

(2) 工作前检查所用的工具是否牢固，作业场所是否符合安全规定，所有工具利器不用时要放回工具箱或工具袋内，不得随意乱放。

(3) 使用各种木作机械的人员，必须熟悉本机械的性能、刀具及锯片要适应操作要求，凡是崩口的刀具和有裂痕、钝口的锯片不得使用。

(4) 长度小于400mm的短料，不得入电锯操作。

(5) 无防护罩和锯尾刀的电圆锯，不得使用。

(6) 用电动圆锯操作，必须集中精神，操作者不能站于刀具旋转切削的直线上，应注意站偏，凡需2人同时操作配合要协调，不得在工作当中谈笑嬉戏，操作中留意机械运转声音是否正常，如发现异音必须立即停机检查。

(7) 木工的作业现场，应在当天下班前清扫干净，把木屑垃圾堆放在指定地点。

3. 抹灰工安全操作规程

(1) 室内抹灰使用木凳、金属支架搭设平稳牢固，脚手板跨度不得大于2m。

(2) 架上堆放材料不得过于集中，在同一跨度内不应超过2人。

(3) 不准在门窗、暖气片、洗脸池等器物处搭设脚手板。

(4) 阳台部位粉刷，外侧必须挂设安全网。严禁踩踏在脚手架的护身栏杆和阳台栏板上进行操作。

(5) 机械喷涂涂料时应戴防护用品。压力表、安全阀应灵敏可靠，输浆管各部位接口应拧紧卡牢，管路摆放顺直，避免弯折。

(6) 顶棚抹灰应戴防护眼镜，防止砂浆掉入眼内。

(7) 高空作业时应戴好安全带施工。

(8) 应避免交叉作业，防止坠物伤人。

4. 油漆工安全操作规程

(1) 涂刷作业时操作工人应佩戴相应的保护设施如：防毒面具、口罩、手套，以免危害身体健康。

(2) 各类油漆有专门存放地点，有"严禁烟火"明显标志，不得与其他材料混放。

(3) 挥发性油料应装入密闭容器内，妥善保管。

(4) 保持室内通风良好，不准住人，设置消防器材和"严禁烟火"明显标记。

(5) 使用煤油、汽油、松香水、丙酮等调配油料时要戴好防护用品。

(6) 油棉纱、油布、油纸等物要集中放在金属桶内。

(7) 在室内或容器内喷涂，要保持通风良好，喷漆作业周围不准有火种。

(8) 采用静电喷漆，为避免静电聚集，喷漆室内应有接地保护装置。

(9) 刷外窗扇必须将安全带挂在牢固的地方，刷封檐板、水落管等应搭设脚手架或吊架。

(10) 使用喷浆机，手上沾有浆水时不准开关电闸，喷头堵塞疏通时不准对人。

5. 玻璃工安全操作规程

(1) 割玻璃在指定地点，边角余料要集中堆放，及时处理，搬运玻璃应戴手套。

(2) 在高处安装玻璃应将玻璃放置平稳，垂直下放不准通行，

安装屋顶采光玻璃应铺设脚手板或其他安全设施。

(3) 工具要放在工具袋内，不准口含铁钉，装完玻璃挂好风钩。

(4) 玻璃施工完成后应在玻璃表面粘贴安全标语和警示标志。

(5) 施工中破损的玻璃应及时更换，若不能及时更换时应采取相应的防护措施。

(6) 工作前检查所用的工具是否牢固，作业场所是否符合安全规定，所有工具利器不用时要放回工具箱或工具袋内，不得随意乱放。

(7) 高空作业时应戴好安全带施工。

6. 石材工安全操作规程

(1) 搬运石料要拿稳放牢，绳索工具要牢固；两人抬运要相互配合，动作一致；用车子或筐运送，不要装得太满，防止滚落伤人。

(2) 往坑槽运石料，应用溜槽或吊运，下方不准有人。

(3) 在脚手架上砌石，不得使用大锤，修整石块时要带防目镜，不准两人对面。

(4) 工作完毕，将脚手架上的石渣碎片清扫干净。

(5) 正确使用小型电动工具，严禁乱接乱搭，遵守施工机具操作规程。

(6) 石材施工作业时，对于有水施工的地方，必须要检查电缆表面是否完好，是否有漏电现场。

(7) 工作前检查所用的工具是否牢固，作业场所是否符合安全规定，所有工具利器不用时要放回工具箱或工具袋内，不得随意乱放。

(8) 高空作业时应戴好安全带施工。

7. 给水排水工安全操作规程

(1) 水管吊挂件必须牢固，按照规范要求设置吊挂件位置和数量。

(2) 管道过墙打凿时，首先确定打凿不会伤击其他作业人员，必要时需采取一定的防护措施以免碎片或渣屑打击伤人。

(3) 管道过地面或楼板时，首先确定下一楼层无作业人员施工，必要时需采取一定的防护措施以免碎片或渣屑打击伤人。

(4) 排水口要临时封堵，脸盆需覆盖，防止被砸碰损坏伤人。

(5) 搬运安装时防止脸盆破损以及破损伤人。

(6) 固定小便器、疗斗及洗手台盆固定要牢固，打胶要密实，以防止坠物伤人。

(7) 搬运器具时防止损坏或不慎伤人。

(8) 正确使用小型电动工具，严禁乱接乱搭，遵守施工机具操作规程。

(9) 工作前检查所用的工具是否牢固，作业场所是否符合安全规定，所有工具利器不用时要放回工具箱或工具袋内，不得随意乱放。

(10) 使用各种木作机械的人员，必须熟悉本机械的性能、刀具及锯片要适应操作要求，凡是崩口的刀具和有裂痕、钝口的锯片不得使用。

(11) 长度不到40cm的短料，不得入电锯操作。

8. 空调工安全操作规程

(1) 通风和回风管道安装吊挂件要牢固，按照规范要求设置吊挂件位置和数量。

(2) 管道过墙打凿时，首先确定打凿不会伤击其他作业人员，必要时需采取一定的防护措施以免碎片或渣屑打击伤人。

(3) 管道过地面或楼板时，首先确定下一楼层无作业人员施工，必要时需采取一定的防护措施以免碎片或渣屑打击伤人。

(4) 工作前检查所用的工具是否牢固，作业场所是否符合安全规定，所有工具利器不用时要放回工具箱或工具袋内，不得随意乱放。

(5) 使用各种木作机械的人员，必须熟悉本机械的性能、刀具及锯片要适应操作要求，凡是崩口的刀具和有裂痕、钝口的锯片不得使用。

(6) 长度不到40cm的短料，不得入电锯操作。

(7) 无防护罩和锯尾刀的电圆锯，不得使用。

(8) 严格按照电动工具操作规程施工，熟悉掌握折板机、剪板机、套丝机、辘骨机操作要领，防止电动作业伤人。

(9) 高空作业要戴好安全帽，系好安全带，防止安全事故发生。

9. 电焊工安全操作规程

(1) 电焊机外壳，必须接地良好，其电源的装拆应由电工完成。

(2) 电焊机要设单独的配电箱，开关应放在防雨的箱内，拉时应戴手套侧向操作。

(3) 焊钳与把线必须绝缘良好，连接牢固，更换焊条应戴手套。在潮湿地点工作，应站在绝缘胶板或木板上。

(4) 严禁在带压力容器或管道上施焊，焊接带电的设备必须先切断电源。

(5) 把线、地线禁止与钢丝绳接触，更不得用钢丝绳或机电设备代替零线，所有地线接头，必须连接牢固。

(6) 更换场地移动把线时应切断电源，并不得手持把线爬梯登高。

(7) 电焊时，应戴防护面罩。

(8) 多台焊机在一起集中施焊时，焊接平台或焊件必须接地，并应有隔光板。

(9) 雷雨时，应停止露天焊接作业。

(10) 施焊场地周围应清除易燃易爆物品，或进行覆盖、隔离。

(11) 工作结束应切断焊机电源，并检查操作地点，确认无起火危险后，方可离开。

10. 气焊工安全操作规程

(1) 施焊场地周围应清除易燃易爆物品，或进行覆盖、隔离。

(2) 乙炔发生器必须设有防止回火的安全装置、保险链。

(3) 氧气瓶、氧气表及焊割工具，严禁沾染油脂。

(4) 氧气瓶应有防震胶圈，旋紧安全罩，避免碰撞和剧烈震动，并防止暴晒。

(5) 乙炔气管用后需清出管内积水。

(6) 点火时，焊枪口不准对人，正在燃烧的焊枪不得放在工件或地面上。带有乙炔和氧气时，不准放在金属容器内，以防气体逸出，发生燃烧事故。

(7) 不得手持连接胶管的焊枪爬梯登高。

(8) 严禁在带压的容器或管道上焊、割，在带电设备上焊、割应先切断电源。

(9) 工作完毕，应将氧气瓶气闸关好，拧上安全罩。乙炔浮桶提出时，头部应避开浮桶上升方向，拔出后要卧放，禁止扣放在地上。检查操作场地，确认无着火危险后，方准离开。

(10) 氧气和乙炔瓶之间的距离不得小于2m，距作业点的距离不得小于5m。

(11) 气瓶等焊接设备上的安全附件应完整而有效。

(12) 高空焊割作业时，下面必须封闭隔离，避免熔渣飞溅伤人。

(13) 焊割作业点必须配备灭火器，无消防器材不准施工。

11. 脚手架工安全操作规程

(1) 脚手架搭设人员必须是经过按现行国家标准《特种作业人员安全技术考核管理规则》考核合格的专业架子工，上岗人员应定期体检，合格者方可证出上岗。

(2) 搭设脚手架人员必须戴安全帽，系安全带。

(3) 脚手架的构配件质量与搭设质量，应按规范的规定要求进行检查验收，合格后方可使用。

(4) 作业层上的施工荷载应符合设计要求，不得超载。不得将模板支架等固定在脚手架上，严禁悬挂吊挂设备。

(5) 当有六级及六级以上大风和雾、雨、雪天气时应停止脚手架搭设与拆除作业；雨、雪后上架作业应有防滑措施，并应扫除积雪。

(6) 脚手架的安全检查与维护应按规范规定要求进行，安全网应按有关规范规定要求搭设和拆除。

(7) 在使用期间，严禁拆除主节点的纵、横水平杆，纵、横扫地杆及连墙件。

(8) 不得在脚手架基础及其临近处进行挖掘作业，否则应采取安全措施，并报主管部门批准。

(9) 临街搭设脚手架时，外侧应有防止坠物伤人的防护措施。

(10) 在脚手架上进行电、气焊作业时，必须有防火措施和专人看守。

(11) 工地临时用电线路的架设及脚手架接地、避雷措施等，应按现行行业标准《施工现场临时用电安全技术规范》的有关规定执行。

(12) 搭拆脚手架时，地面应设围栏和警戒标志，并派专人看守，严禁非操作人员入内。

12. 电动工具安全防护措施

(1) 电焊机

1) 电焊机一、二次接线输入电压必须符合电焊机的铭牌规定。焊机必须有完整的防护外壳，一、二次接线柱处应有保护罩。

2) 次级插头连接钢板必须压紧，接线柱应有垫圈。合闸前详细检查接线螺帽、螺栓及其他部件应无松动或损坏。

3) 移动电焊机时，应切断电源，不得用拖拉电缆的方法移动电焊机。如焊接中突然停电，应切断电源。

4) 长期停用的电焊机，使用时须检查其绝缘电阻不得低于0.5MΩ，接线部位不得有腐蚀和受潮现象。

5) 荷载运行中，焊接人员应经常检查电焊机的升温，若超过A级60℃、B级80℃时，必须停止运转并降温。

(2) 圆盘锯

1) 锯片上方必须安装保险挡板和滴水装置，在锯片后面，离齿10～15mm处，必须安装弧形楔刀。锯片的安装，应保持与轴同心。

2) 锯片的锯齿尖锐，不得连续缺齿两个，裂纹长度不得超过20mm，裂纹末端应冲止裂孔。

3) 被锯木料厚度，以锯片能露出木料10～20mm为限，夹持锯片的法兰盘的直径应为锯片直径的1/4。

4) 启动后，待转速正常后方可进行锯料。送料时不得将木料左右晃动或高抬，遇木节要缓缓送料。锯料长度不小于500mm。接近端头时，应用推棍送料。

5) 如锯线走偏，应逐渐纠正，不得猛扳，以免损坏锯片。

6) 操作人员不得站在与锯片旋转的离心力方向操作，手不得跨越锯片。

7) 锯片温度过高时，应用水冷却。直径600mm以上的锯片，在操作中应喷水冷却。

(3) 平刨机

1) 作业前，检查安全防护装置必须齐全有效。

2) 刨料时，手应按在料的上面，手指必须离开刨口150mm以上。

3) 被刨木料的厚度小于30mm，长度小于400mm时，应用压板或压棍推进。厚度在15mm，长度在250mm以下的木料，不得在平刨机上加工。

4) 被刨木料如有破裂或硬节等缺陷时，必须处理后再施刨。刨旧料前，必须将料上的钉子、杂物清除干净，遇木槎、节疤要缓慢送料。

5) 刀片和刀片螺丝的厚度、重量必须一致，刀架夹板必须平整贴紧，合金片焊缝的高度不得超过刀头，刀片紧固螺丝应嵌在刀片槽内，槽端离刀背不得小于10mm。紧固刀片螺丝时，用力应均匀一致，不得过松或过紧。

6) 机械运转时，不得将手伸进安全挡板里侧去移动挡板或拆除安全挡板进行刨削。严禁戴手套操作。

(4) 压刨机安全操作规程

1) 压刨机必须用单面开关，不得安装倒顺开关，三、四面刨应按顺序开动。

2) 作业时，严禁一次刨削两块不同材质、规格的木料，操作者应站在机床的一侧，接、送料时不得戴手套，送料时必须先进大头。

3) 刨刀与刨床台面的水平间隙应在10～30mm之间，刨刀螺丝必须重量相等，紧固时用力应均匀一致，不得过紧过松，严禁

使用带开口槽的刨刀。

4) 每次进刀量应为2～5mm，如遇硬木或节疤，应减少进刀量，降低送料速度。

5) 刨料长度不得短于前后压滚的中心距离，厚度小于10mm的薄板，必须垫托板。

6) 压刨必须装有回弹灵敏的逆止爪装置，进料齿辊及托料光辊应调整水平和上下距离一致，齿辊应低于工件表面1～2mm，光辊应高出台面0.3～0.8mm，工作台面不得歪斜和高低不平。

24.9 装饰装修绿色施工

24.9.1 施工工序的选择

装饰工程一般属于整个建筑工程施工的最后一道工序，其作用就像任何一件产品的最后"包装"。正是由于装饰工程的特点，在施工阶段，建筑工程中其他的如土建、消防、智能化、空调安装等都会对装饰工程造成影响；同时，装饰工程本身又有一定的顺序和要求。我们只有按照装饰工程的施工顺序，结合施工现场的特点，才能制订出合理的施工步骤，否则将因其他工程对装饰的工程影响而造成返工、装饰被污染乃至破坏，从而带来材料、工期、劳动力的损失。

1. 公共装饰施工顺序

公共装饰一般采取自上而下，即先天花、墙面、柱面，再地面的施工顺序，地面面层须待吊顶、隔断全部完成后方可进行施工。从专业上先电气、消防管道、通风空调管线，然后再顶棚面板。在各个专业工种（如木工、油漆工等）的穿插施工中，要坚持按工序进行，前一道施工工序未完，不得进行下一道工序。公共装饰由于工种配合较多，实际施工过程中的影响因素也较多，有时为了各工种的配合和其他要求，也可能采用一些相反的工序。

2. 家庭装饰施工顺序

家庭装修的分项工程比较单一，但施工顺序要安排合理，尽量避免上道工序影响下道工序及各工种之间相互干扰。家庭装修的基本施工顺序如下（也可根据业主的实际情况做一定的调整）：

现场测量，图纸设计 → 拆除，砌墙 → 部分地面、墙面基层处理

卫生间、厨房地面防水，

并做24h闭水试验（卫生间工序较复杂，单独列出） →

凿线槽，水电改造并验收（如新砌墙体内　有埋线应提前进入） →

封埋线槽隐蔽水电改造工程 → 卫生间、厨房贴墙面瓷片 → 木工进场

吊天花，石膏角线　→　制作木柜框架（建议在工厂定做）

同步制作各种木门，造型门及平压（建议　　工厂定做） →

木制面板刷甲醛清除剂 → 木饰面板粘贴，线条制作并精细安装

墙面基层处理 → 打磨，找平 → 包门套，窗套基层

封闭漆，墙面油乳胶漆三遍 → 家私油漆进场，补钉眼，油漆（如有）

处理边角，铺设地砖，实木或复合木地板，防水大理石条，踢脚线

灯具，洁具，拉手，门锁安装调试 → 清理卫生，地砖补缝

内部验收 → 交付业主

卫生间施工顺序：

墙地面基层处理 → 卫生间水、电线路的改造和调整

上下水改管（推荐使用铜管，PVC管　　接头容易坏）

防水（墙面做1.8m）→ 24h闭水试验（最好邀请楼下的邻居）

电路根据卫生

间配套电器的数量和安装位置进行调整检验合格后，铺贴墙面瓷砖

→ 进行吊顶施工和细木装修 → 安装浴缸或制作浴房

铺贴浴缸裙板瓷砖 → 安装坐便器等卫生洁具和洗手台板等设备

最后进行铺　　贴地面和油漆作业

装修施工过程中的验收程序：

```
材料进场验收 → 隐蔽工程验收（吊顶、墙面龙骨做好后）
→ 木工收口验收 → 瓦工验收 → 油漆验收 →
五金灯具安装验收 → 竣工验收
```

24.9.2　保证绿色环保施工的措施

施工工序（表 24-170）对整个装饰工程有重要的环保作用，在确定整个工程的施工顺序之后，就要关注每一个工序了。以下将装饰装修过程中应注意的环保要点和控制要点罗列出来，以便业主监督施工方在施工过程中予以控制。

各施工工序环保要点及控制措施　　表 24-170

序号	项　目	环保要点	控制要点
1	拆除工程砌筑工程基层处理水电线槽的剔凿	①拆除时产生的噪声	①拆除时尽量选择对周围影响较小的时间段
		②拆除及剔凿时产生的粉尘	②拆除时工人佩戴口罩，并洒水降尘
		③拆除产生的建筑垃圾	③选择合格的垃圾处理场地
		④各种建筑材料的消耗/水电的消耗	④根据预算，对材料进行限额领量
2	防水工程	①防水材料的有害性	①选择环保的防水材料，家庭装修尽量采用涂膜防水剂
		②有些防水材料施工时采用烤枪产生的污染	
		③防水材料施工中产生的污水	②将污水进行沉淀后排入市政管网
		④施工过程中产生的有害气味的散发	③现场保持良好的通风，必要时设置排风装置
			④施工工人佩戴口罩
		⑤防水材料容器的丢弃	⑤对有毒有害的废弃容器集中处理
		⑥防水材料及水电的消耗	⑥根据预算，对材料进行限额领量
3	吊顶工程：木夹板吊顶石膏板吊顶矿棉板吊顶铝塑板吊顶	①各种吊筋钻孔时冲击钻的噪声、各种板材切割时的噪音和粉尘排放	①打孔和板材切割尽量选择在对周围影响较小的时间段，板材切割应设专门加工区
		②胶黏剂的选择（主要关注甲醛、苯含量）③吊顶预埋件、吊杆等防锈漆的选择④木夹板材料的选择（主要关注甲醛含量）⑤防火涂料的选择木夹板吊顶、石膏板吊顶及矿棉板吊顶中乳胶漆选择	②选择合格的各种材料，包括辅助材料
		⑥夹板切割后断面释放有害物质	③夹板切割后采用甲醛清除剂的封闭
		⑦木夹板吊顶、石膏板吊顶及矿棉板吊顶中腻子的调配⑧腻子施工过程中撒落⑨腻子打磨过程中的粉尘⑩各种废弃物的排放，焊渣、焊锡烟的排放	④腻子的调配应尽量选择成品腻子，自己配置时重点关注胶水的甲醛含量⑤在批腻子过程和打磨的过程中，工人都应佩戴口罩并注意通风。对于撒落的腻子及其乳胶漆应及时清理
		⑪各种建筑材料及水电的消耗	⑥根据预算，对材料进行限额领量
4	墙面铺贴面砖、马赛克、石材	①关注面砖、石材等的放射性	①各种材料的选择包括辅助材料
		②石材嵌缝胶的有害性	
		③各种粉尘的排放（面砖、石材的切割）	②施工工人佩戴口罩，面砖、石材采用湿切割并注意保持通风
		④切割过程中噪声的排放	③切割尽量选择在对周围影响较小的时间段
		⑤施工污水的排放	④将污水进行沉淀后排入市政管网
		⑥各种建筑材料及水电的消耗	⑤根据预算，对材料进行限额领量
5	干挂石材	①关注石材的放射性②干挂件使用的黏胶有害性③干挂件的选择④石材嵌缝胶的有害性	①各种材料的选择包括辅助材料
		⑤主龙骨、干挂件钻孔过程的噪声和粉尘	②石材的切割时间尽量选在对周围影响小的时间段
		⑥石材现场切割过程中的粉尘排放⑦干挂件与龙骨焊接过程烟尘与光	③施工过程中工人都应佩戴口罩并注意通风
		⑧施工污水的排放	④污水进行沉淀后排入市政管网
		⑨各种建筑材料的消耗	⑤根据预算，对材料进行限额领量
6	墙纸裱糊与软包	①墙纸的选择②防潮底漆的选择③胶水的选择	①各种材料的选择包括辅助材料
		④各种建筑材料的消耗	②根据预算，对材料进行限额领量
7	墙面涂刷乳胶漆	①乳胶漆的选择（主要关注 VOC 和甲醛含量）②胶粘剂的选择（主要关注 TVOC 和苯含量）	①各种材料的选择包括辅助材料
		③现场腻子的调配	②应尽量选择成品腻子，现场配置时重点关注稀油的甲醛含量
		④施工过程中腻子、涂料的撒落⑤腻子打磨过程中的粉尘⑥乳胶漆气味的排放	③在批腻子和打磨腻子过程中，工人都应佩戴口罩并注意通风。对于撒落的腻子及其乳胶漆应及时清理
		⑦涂料刷、桶的废弃	④对有毒有害的废弃容器集中处理
		⑧各种建筑材料的消耗	⑤根据预算，对材料进行限额领量
8	木门窗、门套、家具、护墙等木作施工	①木板材及木制品的选择（主要关注甲醛含量）②油漆、稀料、胶黏剂的选择（主要关注 TVOC、甲醛和苯含量）	①各种材料的选择包括辅助材料
		③电锯、切割机等施工机具产生的噪声排放④锯末粉尘的排放⑤电钻粉尘的排放⑥油漆、胶粘剂气味的排放	②钻孔和板材切割尽量选择在对周围影响较小的时段
		⑦油漆、稀料、胶粘剂的泄漏和遗撒	③施工过程中工人都应佩戴口罩并注意通风，对泄漏、遗撒的漆料和胶料及时清理④木制品尽量采用工厂加工、现场安装的方式
		⑧油漆刷、桶的废弃夹板等施工垃圾的排放	⑤对有毒有害的废弃容器集中处理
		⑨各种建筑材料的消耗	⑥根据预算，对材料进行限额领量

续表

续表

序号	项 目	环保要点	控制要点
9	地面石材铺贴	①石材的选择（主要关注放射性）	①各种材料的选择包括辅助材料
		②电锯、切割机等施工机具产生的噪声排放	②选用低噪声的施工机具，石材切割尽量选择在对周围影响较小的时段
		③石材现场切割过程中的粉尘排放	③施工过程中工人都应佩戴口罩并注意通风
		④施工污水的排放	④将污水进行沉淀后排入市政管网
		⑤各种建筑材料的消耗	⑤根据预算，对材料进行限额领量
10	地面砖铺贴	①地面砖的选择（主要关注放射性）	①各种材料的选择包括辅助材料
		②电锯、切割机等施工机具产生的噪音声排放	②石材切割尽量选择在对周围影响较小的时段
		③面砖现场切割中的粉尘排放	③施工过程中工人都应佩戴口罩并注意通风
		④各种建筑材料的消耗	④根据预算，对材料进行限额领量
11	地毯铺设	①地毯和地毯衬垫的选择（主要关注 TVOC 和甲醛含量）②地毯胶粘剂的选择（主要关注 TVOC 和甲醛含量）	①各种材料的选择包括辅助材料
		③胶粘剂气味的排放	②施工过程中工人都应佩戴口罩并注意通风
		④胶粘剂等废料和包装物的废弃	③对有毒有害的废弃容器集中处理
		⑤各种建筑材料的消耗	④根据预算，对材料进行限额领量
12	实木地板铺设	①实木地板的选择（主要关注正规品牌）②木格栅的选择③防火、防腐、涂料的选择	①各种材料的选择包括辅助材料
		④基层大芯板尽量不要切割，切割后涂刷封闭剂⑤各种建筑材料的消耗	②根据预算，对材料进行限额领量
13	复合地板铺设	①复合地板的选择（主要关注甲醛含量）②胶粘剂的选择（主要关注甲醛和苯含量）	①各种材料的选择包括辅助材料
		③胶粘剂气味的排放	②施工过程中工人都应佩戴口罩并注意通风
		④胶粘剂等废料和包装物的废弃	③对有毒有害的废弃容器集中处理
		⑤各种建筑材料的消耗	④根据预算，对材料进行限额领量

24.9.3 材料环保性能检测

（1）在装饰装修施工前应将产生放射性污染物氡（Rn-222）、化学污染物甲醛、氨、苯、甲苯二异氰酸酯（TDI）及总挥发性有机物（VOCs）的材料送有资格的检测机构进行检测，检测合格后方可使用。

（2）对于需要进行环保性能检测的材料，质检员应按有关规定

取样，必要时，应邀请甲方或监理进行见证，并履行相应手续。材料检测完毕后，应获取并保存材料检测报告作为材料环保性能控制的记录。

（3）需要对材料进行环保性能检测的情况和对应的检测要求如下：

① 室内饰面采用天然花岗岩石材或瓷质砖面积大于 $200m^2$ 时，应对不同产品、不同批次材料分别进行放射性指标检测；

② 室内采用人造板面积大于 $500m^2$ 时，应对不同产品、不同批次材料分别进行游离甲醛含量或释放量检测（复验）；

③ 室内装修中采用水性涂料、水性胶粘剂、水性处理剂时，应对同批次产品进行 VOCs 和游离甲醛含量检测；

④ 室内装修中采用溶剂型涂料、溶剂型胶粘剂时，应对同批次产品进行 VOCs、苯、TDI 含量检测。

24.9.4 绿色环保施工工艺

1. 一般绿色环保施工要点

（1）采取防氡措施的民用建筑工程，其地下工程的变形缝、施工缝、穿墙管（盒）、埋设件、预留孔洞等特殊部位的施工工艺，应符合现行国家标准《地下工程防水技术规范》（GB 50108—2008）的有关规定。

（2）室内装修所采用的稀释剂和溶剂，严禁使用苯、工业苯、石油苯、重质苯及混苯，消费者应严格选择。

（3）室内装修施工时，不应使用苯、甲苯、二甲苯和汽油进行除油和清除旧油漆作业。

（4）涂料、胶粘剂、水性处理剂、稀释剂和溶剂等使用后，应及时封闭存放，废料应及时清出室内。

（5）民用建筑工程室内严禁使用有机溶剂清洗施工机具。

（6）采暖地区的民用建筑工程，室内装修工程施工不宜在采暖期内进行。

（7）室内装修中，应尽量选择 E1 级人造木板。进行饰面人造木板拼接施工时，除芯板为 A 级外，应对其断面及无饰面部位进行密封处理。大芯板做的柜子，内要用甲醛封闭剂或水性漆加以封闭，而外部所涂油漆也要尽量选择封闭性好的。同时要尽量少切割板材，割断后木板断面刷封闭剂或甲醛清除剂。有专家专门进行过刨花板研究测试，结果表明，板材端面散发甲醛量起码是其平面的 2 倍。因此，对饰面人造木板的断面部位进行密封处理，将可以有效减少甲醛散发量。甲醛清除剂的原理是，基于其活性成分具有易与甲醛分子结合的活性基团，当游离甲醛分子向浓度较低的板面移动时，活性基团可以吸附和捕捉甲醛分子并与之结合生成无毒无味的木质素胶类高分子网状化合物。断面涂刷清除剂后，人造板面就具有了足够的能清除板内游离甲醛的改性的木素质类物质，当板内游离甲醛沿板材内空隙向外释放时，靠近板材外表面的游离醛首先被清除剂吸附、捕捉、聚合、清除，形成一个游离甲醛浓度较低的区域，按照气体的移动规律，总是从浓度高处向浓度低处移动，则板内游离甲醛不断地从中间向板材两表面移动，最终被甲醛清除剂彻底清除。这个过程的时间长短决定于板材质量、气温和湿度等多种因素。

（8）不要在复合木地板下面填充大芯板做毛板。

（9）在装修过程中，要注意填平、密封地板和墙上所有裂缝。地下室和一楼以及室内氡含量比较高的房间更要注意，这种做法可以有效减少氡的析出。

（10）装修中使用的一些辅料，主要是胶类，需要特别注意。现在已经被淘汰的胶主要有 107 胶和 803 胶，可以使用 108 胶和 801 胶，施工队在材料进场时一定要审核清楚。有条件的话，还可以使用水性胶。

（11）贴壁纸时，有的装饰公司用油漆来做墙面基层处理，结果增加了空气中苯的含量。如果想用漆来做墙面处理，那么最好选用专用的水性封闭漆。

2. 木作加工

木作施工中常涉及的分项有木门、门套、家具、踢脚线、木饰墙面等。家庭室内装修中，很多业主喜欢自己请木工师傅做门套、窗套甚至家具，还有的吊顶都是采用 9mm 木夹板做基层等。其实

这种做法已经不太符合现在的装修潮流，质量不容易得到控制，也容易造成更大的污染。前面我们已经指出，现在的大芯板和人造板为了达到强度要求都或多或少添加了甲醛以满足胶水的黏度要求，而且现在夹板市场比较混乱，一般的业主也比较难把握达到 E1 级的夹板。同时，在木门窗套、家具的后期，工人贴木饰面用的胶水和表面采用的溶剂型木器漆再次造成了对室内环境的污染（苯及甲苯、二甲苯），而且质量得不到保证。

所以，关于家庭装修中的木作加工，尽量选择大的厂家进行定做，或制成品，或半成品，现场安装。表 24-171 对家庭装修中木作量最大的几项进行比较。

现场木作与工厂加工的比较   表 24-171

序号	比较内容	现场手工木作	工厂加工
1	夹板环保指标	一般业主难以分辨	厂家可选择合格供应商，同时可用合同控制各项指标
2	质量控制	木作产品质量受木工个人水平和其他因素影响较大，不容易控制	木作采用机械化加工，产品质量高，有保证
3	工期	工期较长	只需测量及加工时间，安装时间极短
4	胶水用量	多	很少
5	油漆污染	多，且都在室内	厂家选择水性清漆，污染基本在厂区内，容易控制处理

如果业主由于其他原因需要在现场制作，除了应选 E1 级的人造板（大芯板、中密度板等）外，应尽量使用整张板材，并在施工前请计算好使用用量，在施工过程中少量裁板。因为即使达标的板材在多次割断的情况下，有害物质释放量也会增加。同时，要求对切割面用甲醛清除剂及其他封闭漆进行封闭。封闭剂一般由水性材料制成，具有封闭性好、抗菌防霉的特点。施工方法：在基层经过打磨处理后，直接涂刷 2～3 遍即可，层间不需打磨。

3. 地面装修

地面装修中，业主应尽量选择污染较小的地面材料，不要选择单一的复合型地面材料，可以集中材料搭配使用。

(1) 强化木地板。获有 E1 级认证的强化木地板才能称为环保健康地板，对人体伤害较小。欧洲按这一标准把强化木地板分为几个等级，常用的有 E1、E2 级；甲醛含量：E1<10mg/100g，E2<40mg/100g，所以 E1 标准的强化木地板更环保、更可靠。

(2) 实木地板。一般的实木地板铺装工艺流程为：基层处理 → 安装木格栅(木筋) → 铺毛地板（一般选用 18mm 大芯板） → 铺实木地板。重点关注实木地板本身的材料指标以及大芯板指标即可。

(3) 地面石材。现在很多家庭喜欢用大理石和花岗石进行地面铺贴，但应注意在确定装修方案时，要合理选用石材，最好不要在居室内大面积使用同一种石材，同时尽量避免使用红、绿色系列花岗石（放射性较高）。

(4) 地毯。一般地毯施工的工艺流程主要包括：基层处理 → 弹线、套方、分格、定位 → 地毯裁剪 → 钉倒刺板 → 铺设衬垫 → 铺设地毯 → 细部处理及清理。地毯施工应重点关注地毯材料本身以及采用点粘法铺设衬垫时用的地毯胶。

4. 墙面装修

室内墙面装修中最常用的就是各种涂料、油漆，在一般装修中，墙、顶面的涂料、油漆也是室内污染的主要来源，如油漆中含有苯、甲苯、二甲苯等有害物质。

(1) 墙面乳胶漆：一般乳胶漆的施工工艺为：清理墙面 → 修补墙面 → 刮腻子 → 墙面预处理（底层封闭漆） → 涂刷三遍乳胶漆

所有的墙面都用腻子作基层，而装修用的腻子，现在市场上种

类繁多，比较混乱。传统内外墙钢化、仿瓷涂料腻子，均采用以聚乙烯醇熬制的胶水作为黏结剂，加工、运输、储存不方便，而且成本高、有毒，对人体有害。建议消费者直接购买合格的环保腻子粉，不要用施工单位自己调配的腻子粉，因为施工单位在调配过程中必须要加入胶水等调兑腻子、涂料，如采用非环保型胶水本身就是污染源。所以大家在选购的时候一定要注意在正规商店购买大厂的品牌。

在墙面乳胶漆施工中，底漆通常用于封固基底，增强附着力，起到抗碱、防锈等作用。中层漆则用于增强漆膜厚度、提高遮盖力或提供与面漆近似颜色之效果。某些中层漆还能提供弹性或各种不同立体花纹效果。面漆则提供最终的装饰和保护作用，抵抗外界物质侵蚀。使用底漆和中层漆通常还能起到增强体系的质感、节省面漆用量及缩短施工时间等作用。所以，底漆的作用是非常重要的。现在很多施工队伍用清漆来封墙面的做法是很不科学的，清漆本身就会产生污染，而且起不到抗碱的作用，建议业主使用专门的底漆。

(2) 木器漆：建议尽量使用水性的木器漆，少使用溶剂型的木器漆，表 24-172 对比列出了水性木器漆与溶剂型油漆的各项指标。

水性木器漆与溶剂型油漆的对比表   表 24-172

对比项目	水性木器漆	溶剂型聚酯漆	硝基漆
环保性能	无毒无害，全环保	含有苯类、游离 TDI 等有害物质	含有苯类、酮类等有害物质
稀释剂	水	有毒、有害的有机溶剂	有毒、有害的有机溶剂
气味	气味小	强烈刺激性气味	强烈刺激性气味
易燃性	不燃	易燃	易燃
施工性	单组份，容易施工	需混配，施工麻烦	单组份，容易施工
流平性	优	较好	较好
耐黄变性	不易黄变	易黄变	易黄变
耐冲击性	特优	优	差
耐磨性	特优	一般	差
打磨性	好	一般	好
涂刷面积(m²/kg/遍)	15～20	15～20	约15
施工周期	短	长	短
丰满度	好	好	一般
硬度	H	H～3H	HB～H

(3) 木器漆施工流程，见表 24-173。

木器漆施工流程   表 24-173

序号	工序	材料	施工方法	说明	注意事项
1	素材整理	320号砂纸	手磨或机磨	去污渍、毛刺	
2	封闭	防霉封固底	刷涂	封闭底材，隔水、隔油、防霉	均匀刷涂、无漏刷
3	打磨	320号砂纸	手磨去	毛刺	轻轻打磨，不要漏底
4	刮腻子	腻子	刮涂	补钉眼，填平木孔、间隙	顺木纹反复刮涂，刮涂时用力按动刮刀将腻子压进木孔内，刮刀与物倾斜角60°左右，填平木孔并将木上的腻子刮净，干透后进入下一道工序
5	打磨	320号砂纸	手磨或机磨	增加附着力，清除木径上的残留腻子	必须彻底打磨使木径上的腻子清除干净

续表

序号	工序	材料	施工方法	说 明	注意事项
6	底漆	底漆	刷涂或喷涂	进一步填充木孔,达到整体平整	均匀刷涂,切忌一次性厚涂,干透后才能打磨
7	打磨	320号砂纸	手磨	增加附着力,使漆膜平整	打磨后表面呈玻璃状,倾斜45°角看无亮点
8	底漆	底漆	刷涂或喷涂	使漆膜有一定厚度,增加漆膜的丰满度	均匀刷涂,切忌一次性厚涂,干透后才能打磨
9	打磨	320号砂纸	手磨	使漆膜平整,增加漆膜的附着力	先用320号,后用600号打磨,注意边角,打磨后表面呈毛玻璃状,倾斜45°角查看无亮点
10	面漆	面漆	刷涂或喷涂	使漆膜有均匀的光泽,其装饰和保护作用	均匀刷涂,切忌一次性厚涂

清漆:参照上述工艺,一般使用: 透明底2遍
→ 透明面2遍

白漆:参照上述工艺,一般使用: 白底漆2遍
→ 白面漆2遍

24.9.5 绿色环保施工现场管理

1. 环境因素识别与评价及环境管理方案

施工过程中,施工活动的不当和一些原材料本身也会对施工现场或施工后环境产生影响。最好的方法是在施工前将施工过程中,对可能影响环境的因素按一定的评定方法进行识别和评定,并对识别出来的环境因素进行控制,这也是环境管理体系最核心的部分。

2. 施工现场环境控制

(1) 向顾客获取排污申报信息(针对大型公共装饰)

工程开工前,项目经理部应以公函或工程联系单的形式向顾客索取排污申报登记,得到顾客是否有排污申报登记的信息。如果有排污申报登记,应向顾客索取,项目经理部保存;如果没有,公函或工程联系单得到顾客的答复,保存相关的答复信息。

(2) 建筑废弃物的分类管理

1) 建筑废弃物可分为无毒无害可回收、无毒无害不可回收、有毒有害可回收、有毒有害不可回收等四类。

2) 按建筑废弃物的类别,在施工现场分别设置废弃物临时堆放点,并做好明确标识。有毒有害类废弃物堆放处还应设置不泄漏的容器。

3) 项目经理部对建筑废弃物进行分类堆放。

4) 对于有毒有害类废弃物,由项目经理部按照总包方或顾客要求进行处理,并向总包方或顾客索取清运单位的资质证明及清运

协议;或由项目经理部委托施工所在地环保局批准的有毒有害废弃物清运、消纳单位进行处理,签订《废弃物清运协议书》,并向消纳单位索取资质证明及相关的资料。

(3) 施工场界噪声的控制

1) 概念:施工场界指施工现场建筑物围墙外1m范围内,根据《建筑施工场界环境噪声排放标准》(GB 12523—2011),装饰施工噪声标准限值如下:

昼间(6:00~22:00)≤65dB;夜间(22:00~6:00)≤55dB。

2) 措施:产生较大噪声的施工机具应采取降噪措施,如设置封闭的电锯房;在合理的时间段安排有噪声的施工;石材和木制品尽量在工厂加工等。

(4) 施工污水的沉淀和排放

施工现场如有石材切割以及大面积水磨石施工时,应在施工现场设置沉淀池,然后在排放至市政管网。

(5) 有毒有害挥发气体的散发

1) 采购材料时严格按照《室内装饰装修材料有害物质限量十个国家强制性标准》选择环保材料。

2) 保持现场良好的通风,必要时设置排风装置。

3) 作业人员在施工时应戴好面罩。

4) 油漆作业尽量采用场外作业等。

(6) 扬尘的控制

1) 对易产生粉尘的材料,装卸时应轻拿轻放,并严密遮盖存放。

2) 现场设专人对现场进行洒水降尘。

3) 对必须产生较大粉尘的作业空间,应保持良好的通风,必要时设置排风装置,或进行临时封闭,并要求作业人员戴好面罩。

4) 车辆运输水泥、砂石、渣土和废弃物时,应做到不超载,严密覆盖,防止遗撒。

(7) 施工现场资源、能源消耗的管理

1) 现场材料的管理:编制合理的采购计划,严格审批手续,防止超预算采购;合理控制材料的使用,对可重复使用的材料应加以充分利用。

2) 现场水电管理:优先选用节能型照明灯具;合理布置照明灯具,使光照射在施工场界范围以内;杜绝施工机具无负荷运转及长流水现象;充分利用废水,节约水资源。

3) 工艺及设备选型:在进行工艺和设备选型时,优先采用技术成熟、能源消耗低的工艺技术和设备;对耗电较大的工艺及设备在条件许可的条件下逐步替代。

参 考 文 献

1. 中国建筑工程总公司. 建筑装饰装修工程施工工艺标准. 第1版. 北京:中国建筑工业出版社, 2003.
2. 陕西省建筑科学研究院等. 抹灰砂浆技术规程(JGJ/T 220—2010). 北京:中国建筑工业出版社, 2010.
3. 周海涛. 装饰实用便查手册. 北京:中国电力出版社, 2010.
4. 第四版编写组. 建筑施工手册. 第4版. 北京:中国建筑工业出版社, 2003.
5. 北京华建标建筑标准技术开发中心. PRC复合隔板88JZ29(2007). 北京:华北地区建筑设计标准化办公室, 2007.

25 建筑地面工程

25.1 建筑地面的组成和作用

25.1.1 建筑地面工程组成构造

1. 建筑地面的组成

建筑地面是建筑物底层地面（地面）和楼层地面（楼面）的总称。它是构成房屋建筑各层水平结构层的面层，是直接承受各层使用荷载和物理化学作用的表面层。

2. 建筑地面构成的层次与构造

建筑地面主要由基层和面层组成。基层包括结构层和垫层，直接坐落于基土上的底层地面的结构层是基土，一般地面的结构层是楼板或结构底板。面层即地面和楼面的表面层，根据生产、工作、生活特点和不同的使用要求做成整体面层、板块面层和竹木面层等。

当基层和面层之间的构造不能满足使用或构造要求时，必须在基层和面层间增设结合层、找平层、填充层、隔离层等附加的构造层。

建筑地面工程构成的各层次简图见图 25-1。

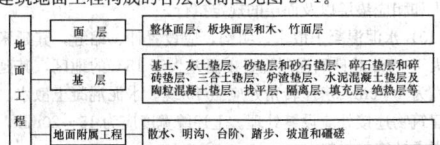

图 25-1 建筑地面工程构成的各层次简图

建筑地面工程构成的各层构造示意图见图 25-2。

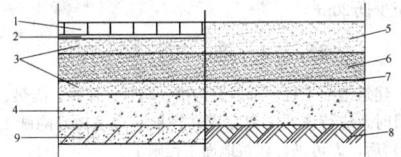

图 25-2 建筑地面工程构成的各层构造示意图
1—块料面层；2—结合层；3—找平层；
4—垫层；5—整体面层；6—填充层；
7—隔离层；8—基土；9—楼板

25.1.2 建筑地面工程层次作用

1. 面层

面层是建筑地面直接承受各种物理和化学作用的表面层。面层品种和类型的选择，由设计单位根据生产特点、功能使用要求，同时结合技术经济条件和就地取材的原则来确定。

2. 基层

(1) 基土：基土是直接坐落于基土上的底层地面的结构层，起着承受和传递来自地面面层荷载的作用。

(2) 楼板：楼板是楼层地面的结构层，承受楼面上的各种荷载。楼板包括现浇混凝土楼板、预制混凝土楼板、钢筋混凝土空心楼板、木结构楼板等。

(3) 垫层：垫层是地面基层上承受并传递荷载至基层的构造层，垫层分为刚性垫层和柔性垫层，常用的有水泥混凝土垫层、水泥砂浆垫层、碎石垫层、炉渣垫层等。

3. 构造层

(1) 结合层：结合层是面层与下一构造层相联结的中间层。各种板块面层在铺设（贴）时都要有结合层。不同面层的结合层根据设计及有关规范采用不同的材料，使面层与下一层牢固地结合在一起。

(2) 找平层：找平层是为使地面达到规范要求的平整度，在垫层、楼板或填充层（轻质、松散材料）上起整平、找坡或加强作用的构造层。

(3) 填充层：填充层是当面层和基层间不能满足使用要求或因构造需要（如在建筑地面上起到隔声、保温、找坡或敷设暗管线、地热采暖等作用）而增设的构造层。常用表观密度值较小的轻质材料铺设而成，如加气混凝土、膨胀珍珠岩块等材料。

(4) 隔离层：隔离层是防止建筑地面上各种液体（含油渗）侵蚀或地下水、潮气渗透地面等作用的构造层，仅防止地下潮气透过地面时可称作防潮层。隔离层应用不透气、无毛细渗透现象的材料，常用的有防水砂浆、沥青砂浆、聚氨酯涂层和 SBS 防水等，其位置设于垫层或找平层之上。

25.2 基 本 规 定

25.2.1 一 般 原 则

(1) 建筑地面施工应在符合设计要求和满足使用功能前提下，充分采用地方材料和环保材料，合理利用、推广工业废料，尽量节约材料、做到技术先进、经济合理、控制污染、卫生环保，确保工程质量和安全适用。

(2) 根据现行国家标准《建筑工程施工质量验收统一标准》（GB 50300）和《建筑地面工程施工质量验收规范》（GB 50209），建筑地面子分部工程、分项工程的划分见表 25-1。

(3) 建筑地面施工在执行现行国家标准《建筑地面工程施工质量验收规范》（GB 50209）和《建筑工程施工质量验收统一标准》（GB 50300）的同时，尚应符合相关现行国家标准的规定，包括《建筑地面设计规范》（GB 50037）、《建筑地基基础工程施工质量验收规范》（GB 50202）、《混凝土结构工程施工质量验收规范》（GB 50204）、《木结构工程施工质量验收规范》（GB 50206）、《民用建筑工程室内环境污染控制规范》（GB 50325）、《地下防水工程质量验收规范》（GB 50208）以及《建筑防腐蚀工程施工及验收规范》（GB 50212）等。

建筑地面子分部工程、分项工程划分表　表 25-1

分部工程	子分部工程		分 项 工 程
建筑装饰装修工程	地面	整体面层	基层：基土、灰土垫层、砂垫层和砂石垫层、碎石垫层和碎砖垫层、三合土及四合土垫层、炉渣垫层、水泥混凝土垫层和陶粒混凝土垫层、找平层、隔离层、填充层、绝热层
			面层：水泥混凝土面层、水泥砂浆面层、水磨石面层、硬化耐磨面层、防油渗面层、不发火（防爆）面层、自流平面层、涂料面层、塑胶面层、地面辐射供暖的整体面层
		板块面层	基层：基土、灰土垫层、砂垫层和砂石垫层、碎石垫层和碎砖垫层、三合土及四合土垫层、炉渣垫层、水泥混凝土垫层和陶粒混凝土垫层、找平层、隔离层、填充层、绝热层
			面层：砖面层（陶瓷锦砖、缸砖、陶瓷地砖和水泥花砖面层）、大理石面层和花岗石面层、预制板块面层（水泥混凝土板块、水磨石板块、人造石板块面层）、料石面层（条石、块石面层）、塑料板面层、活动地板面层、金属板面层、地毯面层、地面辐射供暖的板块面层
	木、竹面层		基层：基土、灰土垫层、砂垫层和砂石垫层、碎石垫层和碎砖垫层、三合土及四合土垫层、炉渣垫层、水泥混凝土垫层和陶粒混凝土垫层、找平层、隔离层、填充层、绝热层
			面层：实木地板、实木集成地板、竹地板面层（条材、块材面层）、实木复合地板面层（条材、块材面层）、浸渍纸层压木质地板面层（条材、块材面层）、软木类地板面层（条材、块材面层）、地面辐射供暖的木板面层

(4) 建筑地面工程施工前，应做好下列技术准备工作：

1) 进行图纸会审，复核设计做法是否符合现行国家规范的要求。

2) 复核结构与建筑标高差是否满足各构造层总厚度及找坡的要求。

3) 实测楼层结构标高，根据实测结果调整建筑地面的做法。结构误差较大的应做适当处理，如局部剔凿，局部增加细石混凝土找平层等；外委加工的各种门框的安装，应以调整后的建筑地面标高为依据。

4) 对板块面层的排板如设计无要求，应依据现场情况做排板设计。对大理石（花岗石）面层及楼梯，应根据结构的实际尺寸和排板设计提出加工计划。

5) 施工前应编制施工方案和进行技术交底，必要时应先做样板间，经业主（监理）或设计认可后再大面积施工。

25.2.2 材料控制

(1) 建筑地面工程采用的材料应按设计要求和现行《建筑地面工程施工质量验收规范》（GB50209）的规定选用，并应符合国家标准的规定；进场材料应有中文质量合格证明文件，规格、型号及外观等应进行验收，对重要材料或产品应抽样进行复验。对有防火要求的材料，应有消防检测报告。

(2) 建筑地面工程采用的水泥砂浆、水泥混凝土的原材料，如水泥、砂、石子、外加剂等，其质量应符合现行《混凝土结构工程施工质量验收规范》（GB 50204）的规定。当要求进场复试时，复试取样方法（数量）、复试项目按现行《混凝土结构工程施工质量验收规范》（GB 50204）的规定执行；防水卷材、防水涂料等防水材料按现行《屋面工程质量验收规范》（GB 50207）的规定执行。当地建设主管部门另有规定的，应按其规定执行。

(3) 建筑地面工程采用的大理石、花岗石、料石等天然石材以及砖、预制板块、地毯、人造板材、胶粘剂、涂料、水泥、砂、石、外加剂等材料或产品应符合现行国家标准《民用建筑工程室内环境污染控制规范》（GB 50325）的规定。材料进场应具有检测报告。

25.2.3 技术规定

(1) 建筑地面各构造层采用拌合料的配合比或强度等级，应按施工规范规定和设计要求通过试验确定，填写配合比通知单并按规定做好试块的制作、养护和强度检验。

(2) 水泥混凝土和水泥砂浆试块的制作、养护和强度检验应按现行国家标准《混凝土结构工程施工质量验收规范》（GB 50204）和《砌体结构工程施工质量验收规范》（GB 50203）的有关规定执行。

(3) 检验同一施工批次同一配合比水泥混凝土和水泥砂浆强度的试块，应按每一层（或每一检验批）不应少于一组；当每一层地面面积大于 1000m² 时，每增加 1000m²（小于 1000m² 按 1000m² 计算）增加一组试块；检验同一批次、同一配合比的散水、明沟、踏前台阶、坡道的水泥混凝土、水泥砂浆强度的试块，应按每 150 延长米不少于 1 组。

(4) 建筑地面构造层的厚度应符合设计要求及施工规范的规定。

(5) 厕浴间和有防滑要求的建筑地面应选用符合设计要求的具有防滑性能的材料。

(6) 建筑地面工程施工时，各层环境温度的控制应符合下列规定：

1) 采用掺有水泥、石灰的拌和料铺设以及用石油沥青胶结料铺贴时，不应低于 5℃；

2) 采用有机胶粘剂粘贴时，不宜低于 10℃；

3) 采用砂、石材料铺设时，不应低于 0℃；

4) 采用自流平、涂料铺设时，不应低于 5℃，也不应高于 30℃。

(7) 结合层和板块面层的填缝采用的水泥砂浆，应符合下列规定：

1) 配制水泥砂浆应采用硅酸盐水泥、普通硅酸盐水泥或矿渣硅酸盐水泥。

2) 水泥砂浆采用的砂应符合现行的行业标准《普通混凝土用砂、石质量及检验方法标准》（JGJ 52）的规定。

3) 配制水泥砂浆的体积比或强度等级和稠度，应符合设计要求。当设计无要求时可按表 25-2 采用。

水泥砂浆的体积比、强度等级和稠度　表 25-2

面层种类	构造层	水泥砂浆体积比	强度等级	砂浆稠度(mm)
条石、无釉陶瓷地砖面层	结合层和面层的填缝	1:2	≥M15	25～35
水泥钢(铁)屑面层	结合层	1:2	≥M15	25～35
整体水磨石面层	结合层	1:3	≥M10	30～35
预制水磨石板、大理石板、花岗石板、陶瓷马赛克、陶瓷地砖面层	结合层	1:3	≥M10	25～35
水泥花砖、预制混凝土板面层	结合层	1:3	≥M10	30～35

(8) 铺设有坡度的地面应采用基土高差达到设计要求的坡度；铺设有坡度的楼面（或架空地面）应在钢筋混凝土板上改变填充层（或找坡层）铺设的厚度或以结构起坡达到设计要求的坡度。

(9) 室外散水、明沟、踏步、台阶和坡道等附属工程，其面层和基层（各构造层）均应符合设计要求。施工时应按本章基层铺设中基土和相应垫层以及面层的规定执行。

(10) 水泥混凝土散水、明沟，应设置伸、缩缝，其延米间距不得大于 10m 对日晒强烈且昼夜温差大于 15℃的地区，其延长米间距宜为 4～6m。房屋转角处应做 45°缝。水泥混凝土散水、台阶等与建筑物连接处应设缝处理。上述缝宽度应为 15～20mm，缝内应填嵌柔性密封材料。

(11) 厕浴间、厨房和有排水（或其他液体）要求的建筑地面面层与相连接各类面层的标高差应符合设计要求。当设计无要求时，宜至少低 20mm。

25.2.4 施工程序

(1) 建筑地面工程下部建有沟槽、暗管、保温、隔热、隔声等工程项目时，应待该项工程完成并经检验合格做好隐蔽工程记录（或验收）后，方可进行建筑地面工程施工。

建筑地面工程结构层（各构造层）和面层的铺设，均应待其下一层检验合格后方可施工上一层。建筑地面工程各层铺设前与相关专业的分部（子分部）工程、分项工程以及设备管道安装工程之间，应进行交接检验并做好记录，未经监理单位检查认可，不得进行下道工序施工。

(2) 建筑地面各类面层的铺设宜在室内装饰工程基本完成后进行。木、竹面层以及活动地板、塑料板、地毯面层的铺设，应待抹灰工程或管道试压等施工完工后进行，以保证建筑地面的施工质量。

(3) 建筑地面工程完后，应对铺设面层采取保护措施，防止面层表面磕碰损坏。

25.2.5 变形缝和镶边设置

1. 变形缝的设置

建筑地面的变形缝包括伸缩缝、沉降缝和防震缝，应按设计要求设置，并应与结构相应的缝位置一致，且应贯通建筑地面的各构造层。设置方法如下：

(1) 整体面层的变形缝在施工时，可先在变形缝位置安放与缝宽相同的木板条，木板条应刨光后涂隔离剂，待面层施工并达到一定强度后，将木板条取出。

(2) 变形缝一般填以沥青麻丝或其他柔性密封材料，变形缝表面可用柔性密封材料镶嵌，或用钢板、硬聚氯乙烯塑料板、铝合金板等覆盖，并应与面层齐平。其构造做法见图 25-3。

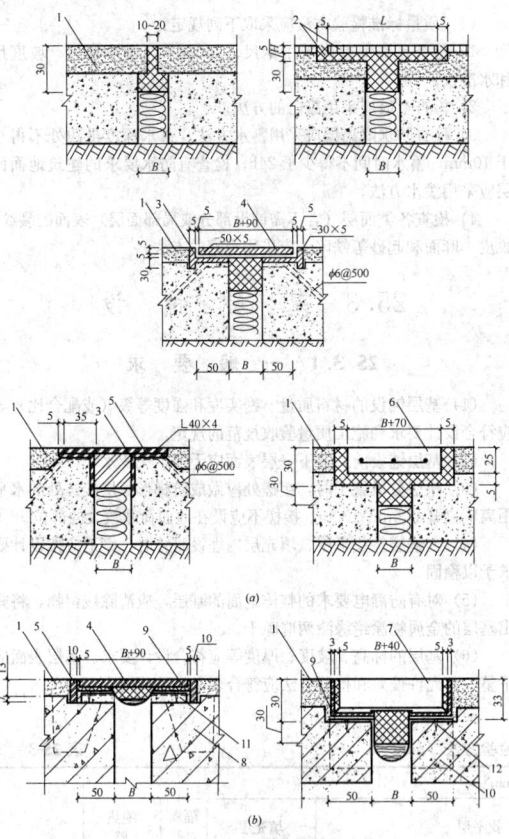

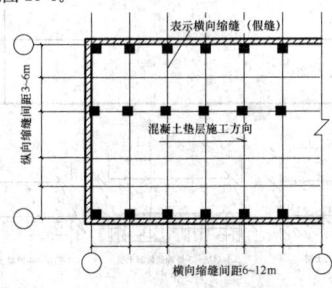

图 25-3 建筑地面变形缝构造

（a）地面变形缝各种构造做法；（b）楼面变形缝各种构造做法

▨示嵌柔性密封材料；▧示填实沥青麻丝或其他柔性材料

1—整体面层按设计；2—板块面层按设计；3—5 厚钢板（或铝合金、硬板塑料）；4—5 厚钢板；5—C20 混凝土预制板；6—钢板或块材、铝板；7—40×60×60 木楔 500 中距；8—24 号镀锌薄钢板；9—40×40×60 木楔 500 中距；10—木螺钉固定 500 中距；11—L30×3 木螺丝固定 500 中距；12—楼层结构层；B—缝宽按设计要求；L—尺寸按板块料规格；H—板块面层厚度

（3）室外水泥混凝土地面工程，应设置伸、缩缝；室内水泥混凝土楼面和地面工程应设置纵向和横向缩缝，不宜设置伸缩缝。

（4）伸、缩缝施工：

1）缩缝：室内纵向缩缝的间距，一般为 3～6m，施工气温较高时宜采用 3m；室内横向缩缝的间距，一般为 6～12m，施工气温较高时宜采用 6m。室外地面或高温季节施工时宜为 6m。室内水泥混凝土地面工程分区、段浇筑时，应与设置的纵、横向缩缝的间距相一致，见图 25-4。

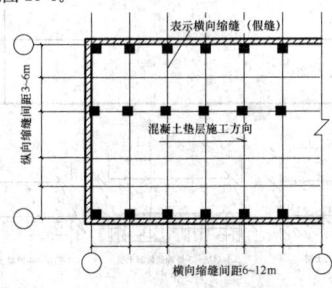

图 25-4 施工方向与缩缝平面布置

①纵向缩缝应做成平头缝，见图 25-5（a）；当垫层厚度大于 150mm 时，亦可采用企口缝，见图 25-5（b）；横向缩缝应做成假缝，见图 25-5（c）；当垫层板边加肋时，应做成加肋板平头缝，见图 25-5（d）。

②平头缝和企口缝的缝间不应放置任何隔离材料，浇筑时要互

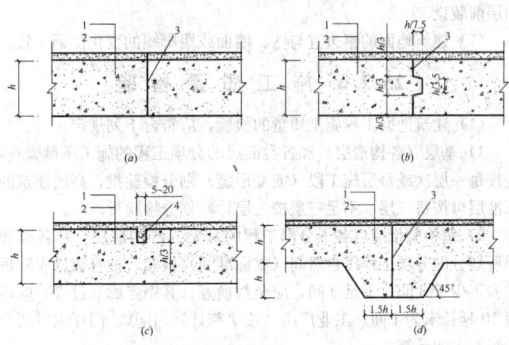

图 25-5 纵、横向缩缝

（a）平接缝；（b）企口缝；（c）假缝；（d）加肋板平头缝

1—面层；2—混凝土垫层；3—互相紧贴不放隔离材料；4—1：3 水泥砂浆填缝

相紧贴。企口缝尺寸亦可按设计要求，拆模时的混凝土抗压强度不宜低于 3MPa。

③假缝应按规定的间距设置吊模板；或在浇筑混凝土时，将预制的木条埋设在混凝土中，并在混凝土终凝前取出；亦可采用在混凝土强度达到一定要求后用锯割缝。假缝的宽度宜为 5～20mm，缝深度宜为垫层厚度的 1/3，缝内应填水泥砂浆。

2）伸缝：室外伸缝的间距一般为 30m，伸缝的缝宽度一般为 20～30mm，上下贯通。缝内应填嵌沥青类材料，见图 25-6（a）。当沿缝两侧垫层板边加肋时，应做成加肋板伸缝，见图 25-6（b）。

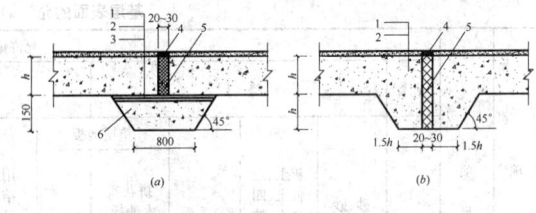

图 25-6 伸缝构造

（a）伸缝；（b）加肋板伸缝

1—面层；2—混凝土垫层；3—干铺油毡一层；4—沥青胶泥填缝；5—沥青胶泥或沥青木丝板；6—C15 混凝土

2. 镶边设置

建筑地面镶边的设置，应按设计要求，当设计无要求时，做法应符合下列要求。

（1）在有强烈机械作用下的水泥类整体面层，如水泥砂浆、水泥混凝土、水磨石、水泥钢（铁）屑面层等与其他类型的面层邻接处，应设置金属镶边构件，见图 25-7。

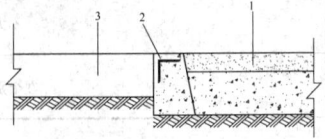

图 25-7 镶边角钢

1—水泥类面层；2—镶边角钢；3—其他面层

（2）采用水磨石整体面层时，应用同类材料以分格缝设置镶边。

（3）条石面层和各种砖面层与其他面层相邻接处，应用丁铺的同类块材镶边。

（4）采用实木地板、竹地板和塑料板面层时，应用同类材料镶边。

（5）在地面面层与管沟、孔洞、检查井等邻接处，均应设置镶边。

（6）管沟、变形缝等处的建筑地面面层的镶边构件，应在铺设

面层前装设。

(7) 建筑地面的镶边宜与柱、墙面或踢脚线的变化协调一致。

25.2.6　施 工 质 量 检 验

(1) 建筑地面工程施工质量的检验，应符合下列规定：

1) 基层（各构造层）和各类面层的分项工程的施工质量验收，应按每一层次或每层施工段（或变形缝）划分检验批，高层建筑的标准层可按每三层（不足三层按三层计）划分检验批。

2) 每检验批应以各子分部工程的基层（各构造层）和各类面层所划分的分项工程按自然间（或标准间）检验，抽查数量应随机检验不少于 3 间；不足 3 间，应全数检查；其中走廊（过道）应以每 10 延长米为 1 间，工业厂房（按单跨计）、礼堂、门厅应以两个轴线为 1 间计算。

3) 有防水要求的建筑地面子分部工程的分项工程的施工质量，每检验批抽查数量应按其房间总数随机检验不少于 4 间，不足 4 间，应全数检查。

(2) 建筑地面工程完工后，施工质量检验应在施工单位自行检验合格的基础上，由监理单位组织有关单位对分项工程和子分部工程进行抽查检验。

(3) 检验批的施工质量，按基层和面层铺设的各分项工程的主控项目和一般项目的质量标准逐项检验。

(4) 建筑地面工程的分项工程施工质量检验的主控项目，必须达到地面施工质量验收规范规定的质量标准，方可认定为合格；一般项目 80% 以上（含 80%）的检查点（处）符合施工规范规定的质量标准，而其余检查点（处）不得有明显影响使用且最大偏差值不得大于允许偏差值的 50% 为合格。

(5) 质量标准检验方法应采取下列规定：

1) 检查允许偏差应采用钢尺、2m 靠尺、楔形塞尺、坡度尺和水准仪；

2) 检查空鼓应采用敲击的方法；

3) 检查防水隔离层应采用蓄水方法，蓄水深度最浅处不得小于 10mm，蓄水时间不得少于 24h；检查有防水要求的建筑地面面层应采用泼水方法。

4) 检查各类面层（含不需铺设部分或局部面层）表面的裂纹、脱皮、麻面和起砂等缺陷，应采用观察的方法。

25.3　基 层 铺 设

25.3.1　一 般 要 求

(1) 基层铺设的材料质量、密实度和强度等级（或配合比）等应符合设计要求和施工质量验收规范的规定。

(2) 基层铺设前，其下一层表面应干净、无积水。

(3) 垫层分段施工时，接槎处应做成阶梯形每层接槎处的水平距离应错开 0.5m～1.0m。接槎不应设在地面荷载较大的部位。

(4) 当垫层、找平层、填充层内埋设暗管时，管道应按设计要求予以稳固。

(5) 对有防静电要求的整体地面的基层，应清除残留物，将露出基层的金属物涂绝缘漆两遍晾干。

(6) 基层的标高、坡度、厚度等应符合设计要求。基层表面应平整，其允许偏差和检验方法应符合表 25-3 的规定。

基层表面的允许偏差和检验方法（mm）　　　　　　　表 25-3

项次	项目	基土	垫层					找平层				填充层		隔离层	绝热层	检验方法
					垫层地板											
		土	砂、砂石、碎石、碎砖	灰土、三合土、四合土、炉渣、水泥混凝土、陶粒混凝土	木搁栅	拼花实木地板、拼花实木复合地板、软木类地板面层	其他种类面层	用胶结料做结合层铺设板块面层	用水泥砂浆做结合层铺设板块面层	用胶粘剂做结合层铺设拼花木地板、浸渍纸层压木质地板、实木地板、竹地板、软木地板面层	金属板面层	松散材料	板、块材料	防水、防潮、防油渗	板块材料、浇筑材料、喷涂材料	
1	表面平整度	15	15	10	3	3	5	3	5	2	3	5	5	4	4	用 2m 靠尺和楔形塞尺检查
2	标高	0 / −50	±20	±10	±5	±5	±8	±5	±8	±4	±4	±4	±4	±4	±4	用水准仪检查
3	坡度	不大于房间相应尺寸的 2/1000，且不大于 30														用坡度尺检查
4	厚度	在个别地方不大于设计厚度的 1/10，且不大于 20														用钢尺检查

25.3.2　基　　土

基土系底层地面和室外散水、明沟、踏步、台阶和坡道等附属工程中垫层下的地基土层，是承受由整个地面传来荷载的地基结构层。

1. 基土的构造做法

(1) 基土包括开挖后的原状土层、软弱土层和土层结构被扰动需加固处理及回填土等。

(2) 基土标高应符合设计要求，软弱土层的更换或加固以及回填土等的厚度均应按施工规范和设计要求进行分层夯实或碾压密实。基土构造做法见图 25-8。

2. 材料质量控制

(1) 按设计标高开挖后的原状土层，如为碎石类土、砂土或黏

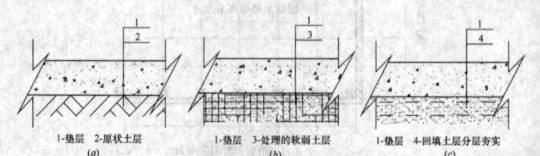

图 25-8　基土构造做法

(a) 基土为均匀密实的原状土；
(b) 基土为已处理的软弱土层；(c) 基土为回填土层

1—垫层　2—原状土层　(a)　　1—垫层　3—处理的软弱土层　(b)　　1—垫层　4—回填土分层夯实　(c)

性土中的老黏土和一般黏性土等，均可作为基层。

(2) 填土尽量采用原开挖出的土，必须控制土料的含水量、有机物含量，粒径不大于 50mm，并应过筛。填土时应为最优含水

量，重要工程或大面积的地面填土前，应取土样，按击实试验确定最优含水量与相应的最大干密度。最优含水量和最大密度宜按表25-4采用。

土的最优含水量和最大干密度参考表 表25-4

项次	土的种类	变动范围	
		最优含水量（%）重量比	最大干密度（t/m³）
1	砂土	8～12	1.80～1.88
2	黏土	19～23	1.58～1.70
3	粉质黏土	12～15	1.85～1.95
4	粉土	16～22	1.61～1.80

注：表中土的最大干密度应以现场实际达到的数字为准。

（3）对淤泥、腐殖土、杂填土、冻土、耕植土和有机物大于8%的土，均不得作为地面下的填土土料；膨胀土作填土土料时应按设计要求进行利用与处理。选用砂土、粉土、黏性土及其他有效填料作为填土，土料中的土块粒径不应大于50mm，并应清除土中的草皮杂物等。

3. 施工要点

基土的施工要点参见本手册地基处理章节的相关内容。

25.3.3　灰　土　垫　层

灰土垫层采用熟石灰与黏土（或粉质黏土、粉土）的拌合料铺设而成。用于雨水少、地下水位较低，有利于施工和保证灰土垫层质量的地区，一般在北方使用较多。

1. 灰土垫层的构造做法

（1）灰土垫层应铺在不受地下水浸泡的基土上，其厚度不低于100mm，施工后应有防止水浸泡的措施。

（2）灰土垫层的配合比应按设计要求配制，一般常用体积比如3：7或2：8（熟石灰：黏土）。

（3）灰土分段施工时，上下两层灰土的接槎距离不得小于500mm，接槎处不应设在地面荷载较大的部位。

（4）灰土垫层的构造做法见图25-9。

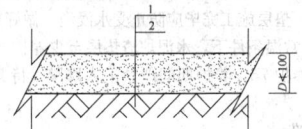

图 25-9　灰土垫层构造做法
1—灰土垫层；2—基土；*D*—灰土垫层厚度

2. 材料质量控制

（1）土料：宜采用就地挖出的黏性土料，但不得含有有机杂物，砂土、地表面耕植土不宜采用。土料使用前应过筛，其粒径不得大于15mm。冬期施工不得采用冻土或夹有冻土块的土料。

（2）熟化石灰：熟化石灰应采用生石灰块（块灰的含量不少于70%），在使用前3～4d用清水予以熟化，充分消解后成粉末状，并加以过筛。其最大粒径不得大于5mm，并不得夹有未熟化的生石灰块。

（3）采用磨细生石灰代替熟化石灰时，在使用前按体积比预先与黏土拌和洒水堆放8h后方可铺设。

（4）采用粉煤灰或电石渣代替熟石灰时，其粒径不得大于5mm，其拌合料配合比应经试验确定。

（5）灰土拌合料的体积比为3：7或2：8（熟化石灰：黏土），灰土体积比与重量比的换算可参照表25-5选用。

灰土体积比相当于重量比参考表　表25-5

体积比（熟化石灰：黏土）	重量比（熟化石灰：干土）
2：8	12：88
3：7	20：80

3. 施工要点

灰土垫层的施工要点参见本手册地基处理章节的相关内容。

25.3.4　砂垫层和砂石垫层

砂垫层和砂石垫层适用于处理软土、透水性强的黏性基土层上，不适用于湿陷性黄土和透水性小的黏性基土层上。

1. 砂和砂石垫层的构造做法

砂垫层的厚度应不小于60mm；砂石垫层的厚度应不小于100mm。

砂垫层和砂石垫层分段施工时，接槎处应做成斜坡，每层接槎处的水平距离应错开500～1000mm，并充分压（夯）实。砂垫层和砂石垫层的构造做法见图25-10。

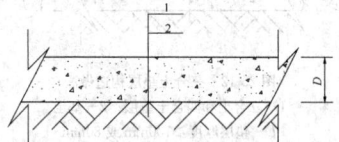

图 25-10　砂垫层和砂石垫层构造做法
1—砂和砂石垫层；2—基土；
D—砂垫层≥60mm，砂石垫层≥100mm

2. 材料质量控制

（1）砂和砂石中不得含有草根等有机杂质，冬期施工不得含有冻土块。

（2）砂：砂宜选用质地坚硬的中砂或中粗砂和砾砂。在缺少中砂、粗砂和砾砂的地区，也可采用细砂，但宜同时掺入一定数量的碎石或卵石，其掺量不应大于50%，或按设计要求。颗粒级配应良好。

（3）石子：石子宜选用级配良好的材料，石子的最大粒径不得大于垫层厚度的2/3。也可采用砂与卵（碎）石、石屑或其他工业废粒料按设计要求的比例拌制。

3. 施工要点

砂垫层和砂石垫层的施工要点参见本手册地基处理章节的相关内容。

25.3.5　碎石垫层和碎砖垫层

碎石垫层和碎砖垫层是用碎石（碎砖）铺设于基土层上，轻夯（压）实而成，碎石垫层和碎砖垫层适用于承载荷重较轻的地面垫层。

1. 碎石和碎砖垫层的构造做法

碎石垫层和碎砖垫层的最小厚度不应小于60mm和100mm。碎石垫层和碎砖垫层的构造做法见图25-11。

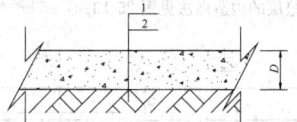

图 25-11　碎石垫层和碎砖垫层构造做法
1—碎石和碎砖垫层；2—基土
D—碎石垫层厚度≥60mm，碎砖垫层厚度≥100mm

2. 材料质量控制

（1）碎石应强度均匀、未经风化，碎石粒径宜为5～40mm，且不大于垫层厚度的2/3。

（2）碎砖用废砖断砖加工而成，不得夹有风化、酥松碎块、瓦片和有机杂质，颗粒粒径宜为20～60mm。如利用工地断砖，需事先敲打，过筛备用。

3. 施工要点

碎石垫层和碎砖垫层的施工要点参见本手册地基处理章节的相关内容。

25.3.6　三合（四合）土垫层

三合土垫层是用石灰、砂（可掺适量黏土）和碎砖（或碎石）按一定体积比加水拌合后铺在经夯实的基土层上而成的地面垫层。四合土垫层多一项水泥。三合土、四合土垫层适用于承载荷重较轻

的地面。

1. 三合土和四合土垫层的构造做法

(1) 三合土垫层可先铺碎砖（石）料，后灌石灰砂浆，再经夯实而成的垫层做法。

(2) 三合土在铺设后硬化期间应避免受水浸泡。

(3) 三合土垫层的最小厚度不应小于100mm，其构造做法如图25-12所示。

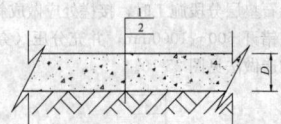

图 25-12   三合土垫层构造做法
1—三合土和四合土垫层；2—基土
D—垫层厚度≥100mm 或 80mm

(4) 四合土垫层的最小厚度不应小于80mm。

2. 材料质量控制

(1) 石灰：应为熟化石灰（也可采用磨细生石灰），熟化石灰参见25.3.3 灰土垫层中熟化石灰的质量要求。

(2) 碎砖：不得夹有风化、酥松碎块、瓦片和有机杂质，颗粒粒径不应大于60mm。

(3) 砂：应为中、粗砂，参见25.3.4 砂垫层和砂石垫层中砂的质量要求。

(4) 黏土：参见25.3.3 灰土垫层中黏土的质量要求。

3. 施工要点

三合土垫层的施工要点参见本手册地基处理章节的相关内容。

25.3.7 炉渣垫层

炉渣垫层采用炉渣或水泥与炉渣或水泥、石灰与炉渣的拌合料铺设而成。炉渣垫层适用于承载荷重较轻的地面工程中面层下的垫层，或因敷设管道以及有保温隔热要求的地面工程中面层下的垫层。

1. 炉渣垫层的构造做法

(1) 炉渣垫层的厚度不应小于80mm。

(2) 炉渣垫层按所制配材料的不同，可分为以下四种做法：

1) 炉渣垫层，常用于有保温隔热要求的地面工程垫层；

2) 石灰炉渣垫层；

3) 水泥炉渣垫层；

4) 水泥石灰炉渣垫层。

(3) 炉渣垫层的构造做法见图25-13。

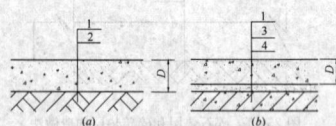

图 25-13   炉渣垫层构造做法
(a) 地面做法；(b) 楼面做法；
1—炉渣垫层；2—基土；3—水泥类找平层；
4—楼板结构层；D—垫层厚度≥80mm

2. 材料要求

(1) 水泥：水泥强度等级不低于 32.5，要求无结块，有出厂合格证和复试报告。

(2) 炉渣：炉渣内不应含有有机杂质和未燃尽的煤块，颗粒粒径不应大于40mm，粒径在5mm及其以下的颗粒，不得超过总体积的40%。炉渣使用前应浇水闷透；水泥石灰炉渣垫层的炉渣，使用前应用石灰浆或用熟化石灰浇水拌合闷透；闷透的时间均不得少于5d。

(3) 熟化石灰：熟化石灰应采用生石灰块（灰块的氧化镁和氧化钙含量不少于75%），在使用前3~4d加清水予以熟化，充分消解后成粉末状，并加以过筛。其最大粒径不得大于5mm，并不得夹有未熟化的生石灰块。采用加工磨细生石灰粉时，加水溶化后方

可使用。

3. 施工要点

(1) 基层处理：铺设炉渣垫层前，基层表面应清扫干净，并洒水湿润。

(2) 炉渣（或其拌合料）配制：

1) 炉渣在使用前必须过两遍筛，第一遍为大孔径筛，筛孔径为40mm，第二遍用小孔径筛，筛孔为5mm，主要筛去细粉末。

2) 炉渣垫层的拌合料体积比应按设计要求配制。如设计无要求，水泥与炉渣拌合料的体积比宜为 1:6（水泥：炉渣），水泥、石灰与炉渣拌合料的体积比宜为 1:1:8（水泥：石灰：炉渣）。

3) 炉渣垫层的拌合料必须拌合均匀。先将闷透的炉渣按体积比与水泥干拌均匀后，再加水拌合，颜色一致，加水量应严格控制，使铺设时表面不致出现泌水现象。

(3) 测标高、弹线、做找平墩：根据墙上＋500mm 水平高线及设计规定的垫层厚度往下量测出垫层的上平标高，并弹在周墙上。然后拉水平线抹水平墩（用细石混凝土或水泥砂浆抹成 60mm×60mm 见方，与垫层同高），其间距 2m 左右，有泛水要求的房间，按坡度要求拉线找出最高和最低的标高，抹出坡度墩，用以控制垫层的表面标高。

(4) 铺设炉渣拌合料：

1) 铺设炉渣前在基层刷一道素水泥浆（水灰比为 0.4~0.5），将拌和均匀的拌合料，从里往外退着铺设，虚铺厚度与压实厚度的比例宜控制在 1.3:1；当垫层厚度大于 120mm 时，应分层铺设，每层压实后的厚度不应大于虚铺厚度的 3/4。

2) 在垫层铺设前，其下一层应湿润；铺设时应分层压实，铺设后应养护，待其凝结后方可进行下一道工序施工。

(5) 刮平、滚压：以找平墩为标志，控制好虚铺厚度，用滚筒往返滚压（厚度超过120mm时，应用平板振动器），直到滚压平整出浆且无松散粒为止。对于墙根、边角、管根周围不易滚压处，应用木拍板拍打密实。

(6) 水泥炉渣垫层应随拌随铺随压实，全部操作过程应控制在2h内完成。施工过程中一般不留施工缝，如房间大必须留施工缝时，应用木方或木板挡好留槎处，保证直槎密实，接槎时应刷水泥浆（水灰比为 0.4~0.5）后，再继续铺炉渣拌合料。

(7) 养护：垫层施工完毕后应防止受水浸泡。做好养护工作（进行洒水养护），常温条件下，水泥炉渣垫层至少养护 2d；水泥石灰炉渣垫层至少养护 7d。养护期间严禁上人踩踏，待其凝固后方可进行面层施工。

4. 质量标准

炉渣垫层的质量标准和检验方法见表25-6。

炉渣垫层的质量标准和检验方法   表 25-6

项目	序号	检验项目	质量标准	检验方法
主控项目	1	垫层材料质量	炉渣内不应含有有机杂质和未燃尽的煤块，颗粒粒径不应大于40mm，且颗粒粒径在5mm及其以下的颗粒，不得超过总体积的40%，熟化石灰颗粒粒径不得大于5mm	观察检查和检查材质合格证明文件及检测报告
	2	拌合料配合比	应符合设计要求	观察检查和检查配合比通知单
一般项目	1	表面质量	炉渣垫层与其下一层结合牢固，不得有空鼓和松散炉渣颗粒	观察检查和用小锤轻击检查
	2	允许偏差	见表25-3	见表25-3

25.3.8 水泥混凝土及陶粒混凝土垫层

水泥混凝土垫层及陶粒混凝土垫层是建筑地面中一种常见的刚性垫层。一般铺设在地面基土层上或楼板结构层上，适用于室内外各种地面工程和室外散水、明沟、台阶、坡道等附属工程。

1. 水泥混凝土垫层及陶粒混凝土垫层的构造做法

（1）水泥混凝土垫层的厚度不应小于 60mm，强度等级符合设计要求，水泥混凝土强度等级不小于 C15，坍落度宜为 10～30mm；陶粒混凝垫层厚度不应小于 80mm，土强度等级不小于 LC7.5。

（2）垫层铺设前，当为水泥类基层时，其下一层表面应湿润。

（3）水泥混凝土垫层铺设在基土上，当气温处于 0℃以下，设计无要求时应设置伸缩缝。

（4）室内外地面的水泥混凝土垫层及陶粒混凝土垫层的伸缩缝设置参见 25.2.5 变形缝和镶边设置中相关要求。

（5）水泥混凝土垫层及陶粒混凝土垫层的构造做法如图 25-14 所示。

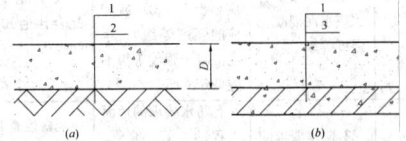

图 25-14　水泥混凝土垫层及陶粒混凝土垫层构造做法简图
(a) 地面做法；*(b)* 楼面做法
1—水泥混凝土垫层及陶粒混凝土垫层；
2—基土；3—混凝土楼板；D≥60mm 或 80mm

2. 材料要求

（1）水泥：水泥强度等级不低于 42.5，要求无结块，有出厂合格证和复试报告。

（2）砂：采用中砂或粗砂，含泥量不大于 3%。

（3）石子：宜选用粒径 5～32mm 的碎石或卵石，其最大粒径不得大于垫层厚度的 2/3。含泥量不大于 3%。

（4）陶粒：陶粒中粒径小于 5mm 的颗粒含量应小于 10%；粉煤灰陶粒中粒径大于 15mm 的颗粒含量不应大于 5%，并不得混夹杂物或黏土块。陶粒宜选用粉煤灰陶粒、页岩陶粒等。

（5）水：宜选用符合饮用标准的水。

3. 施工要点

（1）基层处理：清除基土或结构层表面的杂物，并洒水湿润，但表面不应留有积水。

（2）测标高、弹水平控制线：做法参见 25.3.7 第 3 条第（3）款的相关内容。

（3）混凝土搅拌：

1）根据设计要求或实验确定的配合比进行投料，搅拌要均匀，搅拌时间不少于 90s。

2）检验混凝土强度的试块组数，按 25.2.3 技术规定中的第（3）条制作试块。当改变配合比时，亦应相应地制作试块组数。

3）陶粒进场后要过两遍筛，第一遍用大孔径筛（筛孔为 30mm），第二遍过小孔径筛（筛孔为 5mm），使 5mm 粒含量控制在不大于 5% 的要求，在浇筑垫层前应将陶粒浇水闷透，水闷时间应不少于 5d。

4）陶粒混凝土骨料的计量允许偏差应小于±3%，水泥、水和外加剂计量允许偏差应小于±2%。由于陶粒预先进行水闷处理，因此搅拌前根据抽测陶粒的含水率，调整配合比的用水量。

（4）铺设混凝土：

1）为了控制垫层的平整度，首层地面可在填土中打入小木桩（30mm×30mm×200mm），在木桩上拉水平线做垫层上平的标记（间距 2m 左右）。在楼层混凝土基层上可抹 60mm×60mm 的找平墩（用细石混凝土做），墩上平为垫层的上标高。

2）铺设混凝土前其下一层表面应湿润，刷一层素水泥浆（水灰比 0.4～0.5），然后从一端开始铺设，由里往外退着操作。

3）水泥混凝土垫层铺设在基土上，设计无要求时，垫层应置伸、缩缝。伸、缩缝的设置应符合设计要求，当设计无要求时，参见 25.2.5 变形缝和镶边设置中相关要求。

4）陶粒混凝土垫层浇筑尽量不留或少留施工缝，如必须留施工缝时，应用木方或木板挡好断槎处，施工缝最好留在门口与走道之间，或留在有墙体的轴线中间，接槎时应在施工缝处涂刷水泥浆（水灰比为 0.4～0.5）结合层，再继续浇筑。浇筑后应进行洒水养护。强度达 1.2MPa 后方可进行下道工序操作。

5）混凝土浇筑：

①当垫层比较厚时可采用泵送混凝土，泵送混凝土应尽量采用较小的坍落度。

②混凝土铺设应按分区、段顺序进行，边铺边摊平，并用大杠粗略找平，略高于找平墩。

③振捣：用平板振动器振捣时其移动的距离应保证振动器平板能覆盖已振实部分的边缘。若垫层厚度较厚时（超过 200mm）时，应采用插入式振动器振捣。振动器移动间距不应超过其作用半径的 1.5 倍，做到不漏振，确保混凝土密实。

④找平：混凝土振捣密实后，以水平标高线及找平墩为准检查平整度。有坡度要求的地面，应按设计要求找坡。

（6）养护：已浇筑完的混凝土垫层，应在 12h 左右覆盖和洒水，一般养护不少于 7d。

（7）在 0℃以下环境中施工时，所掺防冻剂必须经过试验合格后方可使用。垫层混凝土拌合物中的氯化物总含量按设计要求或不得大于水泥重量的 2%。混凝土表面应覆盖防冻保温材料，在受冻前混凝土的抗压强度不得低于 5.0N/mm²。

4. 质量标准

水泥混凝土垫层及陶粒混凝土垫层的质量标准和检验方法见表 25-7。

水泥混凝土垫层及陶粒混凝土垫层的质量标准和检验方法

表 25-7

项目	序号	检验项目	质量标准	检验方法
主控项目	1	垫层材料质量	水泥混凝土垫层采用的粗骨料，其最大粒径不应大于垫层厚度的 2/3；含泥量不应大于 3%；砂为中粗砂，其含泥量不应大于 3%；陶粒中粒径小于 5mm 的颗粒含量应小于 10%；粘煤灰陶粒中粒径大于 15mm 的颗粒含量不应大于 5%；陶粒中不得混夹杂物或黏土块	观察检查和检查材质合格证明文件及检测报告
	2	混凝土强度	混凝土的强度等级应符合设计要求，且不应低于 C15；陶粒混凝土强度等级不低于 LC7.5	观察检查和检查配合比通知单及检测报告
一般项目	1	允许偏差	见表 25-3	见表 25-3

25.3.9　找　平　层

找平层是在垫层或楼板面上进行抹平或找坡，起整平、找坡或加强作用的构造层。通常采用水泥砂浆找平层、细石混凝土找平层。

1. 找平层的构造做法

（1）找平层厚度一般由设计确定，水泥砂浆不小于 20mm，不大于 40mm；当找平层厚度大于 30mm 时，宜采用细石混凝土做找平层。

（2）找平层采用水泥砂浆时，体积比不宜小于 1∶3（水泥∶砂）；采用水泥混凝土时，其强度等级不应小于 C15；采用改性沥青砂浆时，其配合比宜为 1∶8（沥青∶砂和粉料）；采用改性沥青混凝土时，其配合比应由计算并经试验确定，或按设计要求配制。

（3）铺设找平层前，当下一层有松散填充料时，应予以铺平振实。

（4）有防水要求的建筑地面工程，铺设前必须对立管、套管或地漏与楼板节点之间进行密闭处理，并应进行隐蔽验收；排水坡度应符合设计要求。

（5）找平层构造做法如图 25-15 所示。

2. 材料质量控制

参见 25.3.8 水泥混凝土及陶粒混凝土垫层中第 2 条中相关的质量要求。

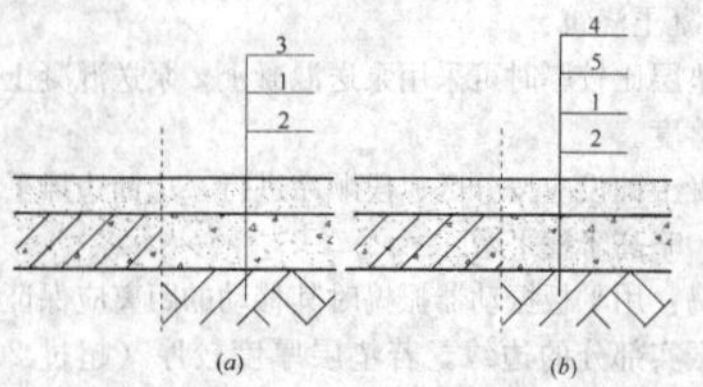

图 25-15　找平层构造做法
(a) 水泥类找平层；(b) 改性沥青类找平层
1—混凝土垫层（楼面结构层）；2—基层；3—水泥砂浆找平层；
4—改性沥青砂浆（或混凝土）找平层；5—刷冷底子油二遍

3. 施工要点

(1) 基层处理：

1) 清除混凝土基层上的浮浆、松动混凝土、砂浆等，并用扫帚扫净。

2) 有防水要求的楼地面工程，如厕所、厨房、卫生间、盥洗室等，必须对立管、套管和地漏与楼板节点之间进行密封处理。首先应检查地漏的标高是否正确；其次采用水泥砂浆或细石混凝土对管、套管和地漏等穿过楼板管道，管壁四周进行密封处理使其稳固堵严。施工时节点处应清洗干净并予以湿润，吊模后捣密实。沿管的周边尚划出深8～10mm 沟槽，采用防水类卷材、涂料或油膏裹住立管、套管和地漏的沟槽内，以防止顺管道接缝处出现渗漏现象。

3) 对有防水要求的楼地面工程，排水坡度应符合设计要求。

4) 在有防静电要求的整体面层的找平层施工前，其下敷设的导电地网系统应与接地引下线接地体有可靠连接，经电性能检测且符合相关要求后进行隐蔽工程验收。

(2) 在预制钢筋混凝土板上铺设找平层时，板缝填嵌的施工应符合下列要求：

1) 预制钢筋混凝土板缝底宽不应小于 20mm；

2) 填嵌时，板缝内应清理干净，保持湿润；

3) 填缝采用细石混凝土，其强度等级不得低于 C20。填缝高度应低于板面 10～20mm，且振捣密实，表面不应压光；填缝后应养护，混凝土强度达到 15MPa 后方可施工找平层。

4) 当板缝底宽大于 40mm 时，应按设计要求配置钢筋；

5) 在预制混凝土板端应按设计要求采取防裂的构造措施。

(3) 测标高弹水平控制线：根据墙上的 +500mm 水平标高线，往下量测出垫层标高，有条件时可弹在四周墙上。

(4) 混凝土或砂浆搅拌：参见 25.3.8 水泥混凝土及陶粒混凝土垫层中第 3 条第（3）款混凝土或砂浆搅拌的相关内容。

(5) 铺设混凝土或砂浆：

1) 找平层厚度应符合设计要求。当找平层厚度不大于 30mm 时，用水泥砂浆做找平层；当找平层厚度大于 30mm 时，用细石混凝土做找平层。

2) 大面积地面找平层应分区段浇筑。区段划分应结合变形缝、不同面层材料的连接和设备基础等综合考虑。找平层变形缝设置参见 25.2.5 变形缝和镶边设置中相关要求。

3) 铺设混凝土或砂浆前先在基层上洒水湿润，刷一层素水泥浆（水灰比 0.4～0.5），然后从一端开始铺设，由里往外退着操作。

(6) 混凝土振捣：用铁锹铺混凝土，厚度略高于找平墩，随即用平板振动器振捣。

(7) 找平：混凝土振捣密实或砂浆铺设完后，以墙上水平标高线及找平墩为准检查平整度，有坡度要求的房间应按设计要求的坡度找坡。

(8) 养护：已浇筑完的混凝土或砂浆找平层，应在 12h 左右覆盖和洒水养护，一般养护不少于 7d。

(9) 冬期施工时，所掺防冻剂必须经试验合格后方可使用，氯化物总含量不得大于水泥重量的 2%。

4. 质量标准

找平层的质量标准和检验方法见表 25-8。

找平层的质量标准和检验方法　　　　表 25-8

项目	序号	检验项目	质 量 标 准	检 验 方 法
主控项目	1	找平层材料质量	找平层采用碎石或卵石的粒径不应大于其厚度的 2/3，含泥量不应大于 2%；砂为中粗砂，其含泥量不应大于 3%	观察检查和检查材质合格证明文件及检测报告
	2	水泥砂浆配合比或水泥混凝土强度等级	应符合设计要求，且水泥砂浆体积比不应小于 1:3（或相应的强度等级）；水泥混凝土强度等级不应低于 C15	观察检查和检查配合比通知单及检测报告
	3	有防水要求的地面质量	有防水要求的地面工程的立管、套管、地漏处严禁渗漏，坡向应正确、无积水	观察检查和蓄水、泼水检验及坡度尺检查
一般项目	1	与下一层结合情况	与其下一层结合牢固，不得有空鼓	用小锤轻击检查
	2	表面质量	应密实，不得有起砂、蜂窝和裂缝等缺陷	观察检查
	3	允许偏差	见表 25-3	见表 25-3

25.3.10　隔　离　层

隔离层适用于有水、油渗或非腐蚀性和腐蚀性液体经常浸湿（或作用），为防止楼层地面出现渗漏以及底层地面有潮气渗透而在面层下铺设的构造层。对空气有洁净要求或对湿度有控制要求的建筑地面，底层地面应铺设防潮隔离层。

1. 构造做法

(1) 隔离层可采用防水类卷材、防水类涂料或掺防水剂的水泥类材料（砂浆、混凝土）等铺设而成。

(2) 在水泥类找平层上铺设防水卷材、防水涂料或以水泥类材料作为防水隔离层时，其表面应坚固、洁净、干燥。铺设前应涂刷基层处理剂，基层处理剂应采用与卷材性能配套的材料或采用同类涂料的底子油。

(3) 隔离层所采用的材料及其铺设层数（或厚度）以及当采用掺防水剂的水泥类找平层作为隔离层时其防水剂掺量和强度等级（或配合比）应符合设计要求。

(4) 厕浴间和有防水要求的建筑地面必须设置防水隔离层。楼层结构必须采用现浇混凝土或整块预制混凝土板，混凝土强度等级不应低于 C20；楼板四周除门洞外，应做混凝土翻边，其高度不应小于 200mm，宽度同墙厚。施工时结构层标高和预留孔洞位置应准确，严禁凿削。

(5) 铺设隔离层时，在管道穿过楼板面的四周，防水、防油渗材料应向上铺涂，并超过套管的上口；在靠近柱、墙处，应高出面层 200～300mm 或按设计要求的高度铺涂。阴阳角和管道穿过楼板面的根部应增加铺涂附加隔离层。

(6) 防水材料铺设后，必须蓄水检验。蓄水深度最浅处不得小于 10mm，24h 内无渗漏为合格，并做好记录。

(7) 防水隔离层严禁渗漏，坡向应正确，排水通畅。

(8) 隔离层的构造做法见图 25-16。

2. 材料要求

(1) 水泥、砂子、石子的质量要求与控制见 25.3.8 水泥混凝土垫层及陶粒混凝土垫层中材料质量控制的相关内容。

(2) 防水卷材：有高聚物改性沥青卷材、合成高分子卷材，应根据设计要求选用。卷材胶粘剂的质量应符合下列要求：改性沥青胶粘剂的粘结剥离强度不应小于 8N/10mm，合成高分子胶粘剂的粘结剥离强度不应小于 15N/10mm，浸水 168h 后的保持率不应小于 70%；双面胶粘带剥离状态下的粘合性不应小于 10N/25mm，浸水 168h 后的保持率不应小于 70%。

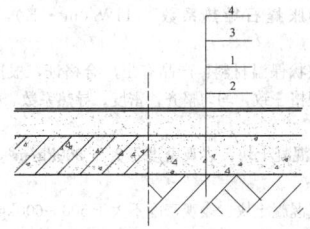

图 25-16 隔离层构造简图

1—混凝土类垫层（或楼板结构层）；2—基土；
3—水泥类找平层；4—隔离层

（3）防水类涂料：防水涂料包括无机防水涂料和有机防水涂料。

1）要求具有良好的耐水性、耐久性、耐腐蚀性及耐菌性；无毒、难燃、低污染。无机防水涂料应具有良好的湿干粘结性、耐磨性和抗刺穿性；有机防水涂料应具有较好的延伸性及较大适应基层变形能力。

2）进场的防水涂料应进行抽样复验，不合格产品不得使用。

3）质量按现行国家标准《屋面工程质量验收规范》（GB50207）中材料要求的规定执行。

3. 施工要点

（1）柔性防水施工

参见本手册屋面工程中柔性防水施工要点。

（2）细部构造

1）地漏

① 地漏构造及防水做法，见图 25-17。

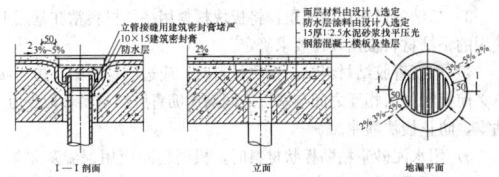

图 25-17 地漏构造及防水做法

② 施工要点：

a. 根据楼板形式及设计要求，定出地漏标高，向上找泛水。

b. 立管定位后，与楼板间的缝用 1:3 水泥砂浆堵严，缝大于20mm 用 1:2:4 细石混凝土堵严。

c. 厕浴间垫层向地漏处找 2%坡，小于 30mm 厚用混合灰，大于 30mm 厚用 1:6 水泥焦渣垫层。

d. 15mm 厚 1:2.5 水泥砂浆找平压光。

e. 防水层根据工程设计可选用高、中、低档的一种防水涂料及做法。

f. 地漏上口四周用 10mm×15mm 建筑密封膏封严，上做防水层。

g. 面层采用20mm 厚1:2.5 水泥砂浆抹面压光，也可以根据设计采用其他面层材料。

h. 地漏箅子安装在面层，四周地面向地漏处找 2%坡，便于排水。

2）下水管、钢套管

① 下水管构造及防水做法，见图 25-18、图 25-19。

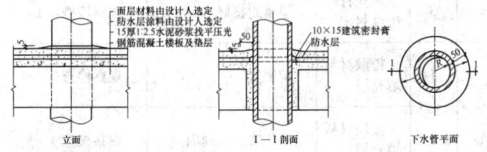

图 25-18 下水管及其转角墙防水构造及做法（一）

② 钢套管构造及防水做法，见图 25-20。

③ 下水管、钢套管施工要点：

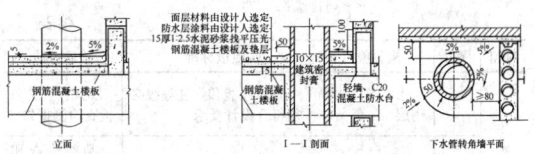

图 25-19 下水管及其转角墙防水构造及做法（二）

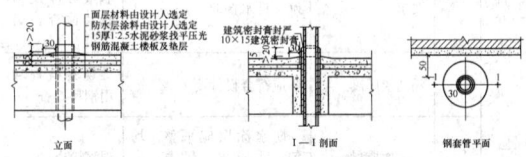

图 25-20 钢套管防水构造及做法

a. 立管定位后，与楼板间的缝用 1:3 水泥砂浆堵严，缝大于20mm 用 1:2:4 细石混凝土堵严。

b. 厕浴间垫层向地漏处找 2%坡，小于 30mm 厚用混合灰，大于 30mm 厚用 1:6 水泥焦渣垫层。

c. 15mm 厚 1:2.5 水泥砂浆找平压光。

d. 防水层根据工程设计可选用高、中、低档的一种涂料及做法。

e. 管根防水层下面四周用 10mm×15mm 建筑密封膏封严。

f. 面层采用 20mm 厚 1:2.5 水泥砂浆抹面压光，也可以根据设计采用其他面层材料。

g. 管根四周 50mm 处，最少高出地面 5mm。

h. 立管位置靠墙或转角处，向外坡度为 5%。

3）蹲式大便器

① 蹲式大便器构造及防水做法，见图 25-21。

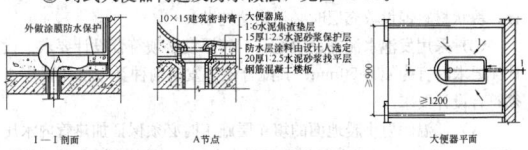

图 25-21 大便器防水构造及做法

② 施工要点：

a. 大便器立管定位后，与楼板间的缝用 1:3 水泥砂浆堵严，缝大于 20mm 用 1:2:4 细石混凝土堵严。

b. 20mm 厚 1:2.5 水泥砂浆找平层。

c. 防水层根据工程设计可选用高、中、低档的一种防水涂料及做法。

d. 立管接口防水层下面管四周用 10mm×15mm 建筑密封膏封严，上面防水层做到管顶部。

e. 15mm 厚 1:2.5 水泥砂浆保护层。

f. 大便器与立管接口用建筑密封膏或用油灰封严。

g. 大便器尾部进水处与管接口，照设备安装图册接好，外做涂膜防水保护。

h. 稳定大便器，填 1:6 水泥焦渣压实，再做面层，向内找1%泛水，面材由设计选定。

4. 质量标准

隔离层的质量标准和检验方法见表 25-9。

隔离层的质量标准和检验方法 表 25-9

项目	序号	检验项目	质量标准	检验方法
主控项目	1	隔离层材料质量	必须符合设计要求和国家产品标准的规定	观察检查和检查材质合格证明文件、检测报告
	2	厕浴间和有防水要求的建筑地面的结构层	必须设置防水隔离层。楼层结构必须采用现浇混凝土或整块预制混凝土，混凝土强度等级不应低于C20；楼板四周除门洞外，应做混凝土翻边，其高度不应小于 200mm。施工时结构标高和预留孔洞位置应准确，严禁乱凿洞	观察检查和检查配合比通知单及检测报告

续表

项目	序号	检验项目	质量标准	检验方法
主控项目	3	水泥类防水隔离层	防水性能和强度等级必须符合设计要求	观察检查和检查检测报告
	4	防水隔离层要求	严禁渗漏,坡向应正确、排水畅通	观察检查和蓄水、泼水检验或坡度尺检查及检查检验记录
一般项目	1	隔离层厚度	应符合设计要求	观察检查和用钢尺检查
	2	表面质量	防水涂层应平整、均匀,无脱皮、起壳、裂缝、鼓泡等缺陷	观察检查
	3	与下一层结合情况	与其下一层结合牢固,不得有空鼓	用小锤轻击检查
	4	允许偏差	见表 25-3	见表 25-3

25.3.11 填 充 层

填充层是在楼地面构造中起隔声、保温、找坡或暗敷管线等作用的构造层。填充层通常采用轻质的松散材料(炉渣、膨胀蛭石、膨胀珍珠岩等)或块体材料(加气混凝土、泡沫混凝土、泡沫塑料、矿棉、膨胀珍珠岩、膨胀蛭石块和板材等)。

1. 填充层的构造做法

(1) 填充层的下一层表面应平整。当为水泥类时,尚应洁净、干燥,并不得有空鼓、裂缝和起砂等缺陷。

(2) 采用松散材料铺设填充层时,必须分层铺平拍实;采用板、块状材料铺设填充层时必须错缝铺贴。

(3) 采用发泡水泥铺设填充层,其厚度必须符合设计要求,设计无要求时宜为 40~50mm;其配合比、发泡剂种类、抗压强度必须符合设计要求。

(4) 低温辐射供暖地面的填充层施工时必须保证加热管内水压不低于 0.6MPa,并避免使用机械设备振捣,养护过程中系统管内保持不小于 0.4MPa 的水压,并控制施工荷载,不得有高温热源接近。低温辐射供暖地面系统加热前,混凝土填充层的强度要求不小于设计值的 75%。

(5) 低温热水系统的填充层厚度不小于 50mm;发热电缆系统的填充层厚度不小于 35mm。填充层的材料采用石子粒径不大于 12mm 的 C15 细石混凝土。当设计无要求时,填充层内设置间距不大于 200mm×200mm 的构造钢筋。

(6) 低温辐射供暖地面的填充层按设计要求设置伸缩缝,当设计无要求时,按下列原则设置伸缩缝:

1) 在与内外墙、柱等垂直构件交接处留不间断的伸缩缝;

2) 当地面面积超过 30m² 或边长超过 6m 时,按不大于 6m 的间距设置伸缩缝;

3) 伸缩缝采用发泡聚乙烯泡沫塑料或弹性膨胀膏嵌填密实;

4) 伸缩缝必须贯通填充层,宽度不小于 10mm。

(7) 隔声楼面的隔音垫应超出楼面装饰完成面 20mm,且应收口于踢脚线内。地面上有竖向管道时,隔音垫必须包裹管道四周,高度同卷material于墙面的高度。隔音垫保护膜之间错缝搭接,搭接长度应大于 100mm,并用胶带等封闭。隔音垫上部必须设置保护层,保护层构造做法应符合设计要求。设计无要求时,混凝土保护层厚度不应小于 30mm,内配间距不大于 200mm×200mm 的 φ6 钢筋网片。

2. 材料质量控制

(1) 水泥:强度等级不低于 42.5,应有出厂合格证及试验报告。

(2) 松散材料:炉渣,粒径一般为 6~10mm,不得含有石块、土块、重矿渣和未燃尽的煤块,堆积密度为 500~800kg/m³,导热系数为 0.16~0.25W/(m·K)。膨胀珍珠岩粒径宜大于 0.15mm,粒径小于 0.15mm 的含量不应大于 8%,导热系数应小于 0.07W/

(m·K)。膨胀蛭石导热系数 0.14W/(m·K),粒径宜为 3~15mm。

(3) 板块状保温材料:产品有出厂合格证,根据设计要求选用,厚度、规格一致,均匀整齐,密度、导热系数、强度应符合设计要求。

(4) 泡沫混凝土块:表观密度不大于 500kg/m³,抗压强度不低于 0.4MPa;

(5) 加气混凝土块:表观密度不大于 500~600kg/m³,抗压强度不低于 0.2MPa;

(6) 聚苯板:表观密度 ≤ 45kg/m³,抗压强度不低于 0.18MPa,导热系数 0.043W/(m·K)。

3. 施工要点

(1) 基层清理:将杂物、灰尘等清理干净。

(2) 弹线找坡:按设计要求及流水方向,找出坡度走向,确定填充层的厚度。

(3) 松散填充层铺设:

1) 松散材料应干燥,含水率不得超过设计规定,否则应采取干燥措施。

2) 松散材料铺设填充层应分层铺设,并适当拍平拍实,每层虚铺厚度不宜大于 150mm。压实的程度应根据试验确定。压实后填充层不得直接推车行走和堆积重物。

3) 填充层施工完成后,应及时进行下道工序(抹找平层或做面层)。

(4) 板块填充层铺设:

1) 采用板、块状材料铺设填充层应分层错缝铺贴。

2) 干铺板块填充层:直接铺设在结构层上,分层铺设时上下两层板块缝错开,表面两块相邻的板边厚度一致。

3) 粘结铺设板块填充层:将板块材料用粘结材料粘在基层上,使用的粘结材料根据设计要求确定。

4) 用沥青胶结料粘贴板块材料时,应边刷、边贴、边压实。务必使板状材料相互之间与基层之间满涂沥青胶结材料,以便互相粘牢,防止板块翘曲。

5) 用水泥砂浆粘贴板块状材料时,板间缝隙应用保温灰浆填实并勾缝。保温灰浆的配合比一般为 1:1:10(水泥:石灰膏:同类保温材料的碎粒,体积比)。

(5) 整体填充层铺设:

1) 整体填充层铺设应分层铺平拍实。

2) 水泥膨胀蛭石、水泥膨胀珍珠岩填充的拌和宜采用人工拌制,并应拌和均匀,随拌随铺。

3) 水泥膨胀蛭石、水泥膨胀珍珠岩填充层的虚铺厚度应根据试验确定,铺后拍实抹平至设计要求的厚度。拍实抹平后宜立即设找平层。

4. 质量标准

填充层的质量标准和检验方法见表 25-10。

填充层的质量标准和检验方法　　　表 25-10

项目	序号	检验项目	质量标准	检验方法
主控项目	1	填充层材料质量	必须符合设计要求和国家产品标准的规定	观察检查和检查材质合格证明文件
	2	填充层的厚度、配合比	必须符合设计要求	用钢尺检查和检查配合比检测报告
	3	填充材料接缝封闭	应密封良好	观察检查
一般项目	1	松散材料填充层	应密实	观察检查
	2	板块材料填充层	应压实、无翘曲	观察检查
	3	坡度	应符合设计要求,不应有倒泛水和积水现象	观察和采用泼水或用坡度尺检查
	4	允许偏差	见表 25-3	见表 25-3

25.3.12 绝 热 层

绝热层是用以阻挡热量传递，减少无效热耗的构造层。

1. 绝热层的构造做法

(1) 绝热层的厚度、构造做法应符合设计要求，其材质和导热系数应符合国家现行产品标准的规定。

(2) 建筑物室内接触基土的首层地面增设水泥混凝土垫层后方可铺设绝热层，垫层的厚度及强度等级应必须符合设计要求。首层地面及楼层楼板铺设绝热层前，其表面平整度宜控制在3mm以内。

(3) 绝热层与地面面层之间应设有水泥混凝土结合层，其构造做法及强度等级必须符合设计要求。设计无要求时，水泥混凝土结合层厚度不应小于30mm，层内应设置间距不大于200mm×200mm的 φ6 钢筋网体。穿越地面进入非采暖区域的金属管道应采取隔断热桥的措施。

(4) 有地下室的建筑，其地上、地下交界部位的楼板的绝热层应采用外保温做法，绝热层表面应设有外保护层。外保护层应安全、耐候，表面应平整、无裂纹。

(5) 无地下室的建筑，勒角处绝热层的铺设应符合设计要求。设计无要求时，应符合下列规定：

1) 当地区冻土深度≤500mm时，应采用外保温做法；

2) 当地区冻土深度>500mm≤1000mm时，宜采用内保温做法；

3) 当地区冻土深度>1000mm时，应采用内保温做法；

4) 当建筑物的基础有防水要求时，宜采用内保温做法；

5) 采用外保温做法的绝热层，宜在建筑物主体结构完成后再施工。

(6) 绝热层与内外墙、柱及过门等垂直部件交接处应敷设不间断的伸缩缝，伸缩缝宽度不小于20mm，伸缩缝宜采用聚苯乙烯或高发泡聚乙烯泡沫塑料；当地面面积超过30m²或边长超过6m时，应设置伸缩缝，伸缩缝宽度不小于8mm，伸缩缝宜采用高发泡聚乙烯泡沫塑料或满填弹性膨胀膏。

(7) 绝热层使用的保温材料，其导热系数、表观密度、抗压强度或压缩强度、阻燃性能等必须符合设计要求，进场应进行复验。

(8) 绝热层的铺设应平整，绝热层相互间接合应严密。

2. 材料质量控制

(1) 发泡水泥绝热层的水泥强度等级不低于42.5，应有出厂合格证及试验报告。

(2) 发泡剂不应含有硬化物、腐蚀金属的化合物及挥发性有机化合物等，游离甲醛含量应符合现行国家标准。

(3) 聚苯乙烯泡沫塑料板的主要技术指标详见表25-11。

聚苯乙烯泡沫塑料板的主要技术指标 表 25-11

项 目		单 位	指 标
表观密度	不小于	kg/m³	20.0
压缩强度（即在10%形变下的压缩应力）	不小于	kPa	100
导热系数	不大于	W/(m·k)	0.041
吸水率（体积分数）	不大于	%（v/v）	4
70℃48h后尺寸变化率	不大于	%	3
熔结性（弯曲变形）	不大于	km	20
氧指数	不小于	%	30
燃烧分级			达到 B2 级

3. 施工要点

(1) 发泡水泥绝热层：

1) 把基层地板杂物清理干净后，浇水湿润，并用细砂放置分隔埂，以隔离发泡和不发泡的区域。

2) 直接与土壤接触或有潮气侵入的地面，必须先铺设一层防潮层。

3) 按设计要求，用水泥砂浆打好2m×2m的定点。

4) 根据要求严格控制水泥、发泡剂和水的配合比，发泡混凝

土的物性表见表25-12。

发泡混凝土的物性表 表 25-12

密度(kg/m³)	原材料水泥(kg/m³)	发泡剂	导热系数(W/m·k)	抗压强度（MPa）7d强度	28d强度
500	500	1.113L	0.145~0.175	≥1.2	≥1.6

5) 发泡水泥采用高压泵送方法送到地板，自流平整后，用刮板根据定点及时、迅速刮平。

6) 在刮平的发泡水泥表面用铁抹子以压光，至少两遍，确保表面光滑、平整、密实。

7) 施工完毕后，发泡水泥表面见白后立即洒水养护，每天浇水次数应能保持发泡水泥处于湿润状态，养护时间不少于3~7d。

(2) 聚苯乙烯泡沫塑料板绝热层：

1) 基层表面的灰尘、污垢必须清除干净，过于凹凸的部位必须做剔平、填实处理。

2) 根据平面布置确定保温板材的铺贴方向并在基层上弹出网格线。

3) 对穿结构层的管洞必须用细石混凝土塞堵密实。

4) 聚苯板粘贴前必须在粘贴面薄薄刷一道专用界面剂，界面剂晾干后方可进行粘贴。

5) 聚苯板粘贴采用改性沥青粘结剂或聚合物粘结砂浆粘贴铺设。粘贴时板缝应挤紧，相邻板块厚度要一致，板间隙≤2mm，板间高差≤1.5mm。当板间缝隙>2mm时，必须采用聚苯板条，将缝塞满；板条不得用砂浆或胶粘剂粘结；板间高差>1.5mm的部位采用木锉粗砂纸或砂轮打磨平整。前后排板必须错缝1/2板长，局部最小错缝≥200mm。

6) 聚苯板铺设完成后在表面涂刷一层专用界面剂，晾干后抹一层1~2mm厚的聚合物水泥砂浆后方可进行下道工序施工。

4. 质量标准

绝热层的质量标准和检验方法见表25-13。

绝热层的质量标准和检验方法 表 25-13

项目	序号	检验项目	质量标准	检验方法
主控项目	1	绝热层材料质量	必须符合设计要求和国家产品标准的规定	观察检查和检查型式检验报告、出厂检验报告、出厂合格证
	2	材料的导热系数、表观密度或压缩强度、阻燃性	必须符合设计要求和国家产品标准的规定	检查现场抽样复验报告
	3	板块材料的拼接、平整度	无缝铺贴、表面平整	观察检查、楔形塞尺检查
一般项目	1	绝热层厚度	符合设计要求，表面平整	直尺或钢尺检查
	2	绝热层表面	无开裂	观察检查
	3	坡度	应符合设计要求，不应有倒泛水和积水现象	观察和采用泼水或用坡度尺检查
	4	允许偏差	见表25-3找平层的要求	见表25-3找平层的方法

25.4 整体面层铺设

25.4.1 一 般 要 求

整体面层包括水泥混凝土（含粗石混凝土）面层、水泥砂浆面层、水磨石面层、水泥基硬化耐磨面层、防油渗面层、不发火（防爆）的面层、自流平面层、薄涂型地面涂料面层、塑胶面层、地面辐射供暖的整体面层等。

(1) 铺设整体面层时，其水泥类基层的抗压强度不得低于1.2MPa；表面应粗糙、洁净、湿润并不得有积水。铺设前，宜凿

毛或涂刷界面处理剂，水泥基硬化耐磨面层、自流平面层的基层处理必须符合设计及产品的要求。

（2）铺设整体面层时，面层变形缝应符合下列规定：

1）建筑地面的沉降缝、伸缩缝和防震缝，应与相应的结构缝的位置一致，且应贯通建筑地面的各构造层。

2）沉降缝和防震缝的宽度应符合设计要求，缝内清理干净，以柔性密封材料填嵌后用板封盖，并应与面层齐平。

3）当设计无规定时，参见 25.2.5 变形缝和镶边设置中变形缝要求设置。

（3）整体面层施工后，养护时间不应少于 7d；抗压强度应达到 5MPa 后，方准上人行走；抗压强度应达到设计要求后，方可正常使用。

（4）配制面层、结合层用的水泥应采用硅酸盐水泥、普通硅酸盐水泥或矿渣硅酸盐水泥以及白水泥。结合层配制水泥砂浆的体积比、相应强度等级应符合下列规定：

1）配制水泥砂浆应采用硅酸盐水泥、普通硅酸盐水泥或矿渣硅酸盐水泥，其强度等级不低于 42.5。

2）水泥砂浆采用的砂应符合现行的行业标准《普通混凝土用砂石质量及检验方法标准》（JGJ 52）的规定。

3）配制水泥砂浆的体积比、相应的强度等级和稠度，应符合设计要求。

（5）当采用掺有水泥的拌和料做踢脚线时，不得用石灰混合砂浆打底。

（6）厕浴间和有防水要求的建筑地面的结构层标高，应结合房间内外标高差、坡度流向等进行确定，面层铺设后不应出现倒泛水。

（7）水泥类面层分格时，分格缝应与水泥混凝土垫层的缩缝相应对齐。

（8）室内水泥类面层与走道邻接的门口处应设置分格缝；大开间楼层的水泥类面层在结构易变形的位置应设置分格缝。

（9）整体面层的抹平工作应在水泥初凝前完成，压光工作应在水泥终凝前完成。

（10）低温辐射供暖地面的整体面层宜采用水泥混凝土、水泥砂浆等，并铺设在填充层上。整体面层铺设时，不得钉、凿、切割填充层，并不得扰动、损坏发热管线。

（11）整体面层的允许偏差应符合表 25-14 的规定。

整体面层的允许偏差和检验方法　　表 25-14

项次	项目	允许偏差（mm）									检验方法
		水泥混凝土面层	水泥砂浆面层	普通水磨石面层	高级水磨石面层	硬化耐磨面层	防油渗混凝土和不发火（防爆）面层	自流平面层	涂料面层	塑胶面层	
1	表面平整度	5	4	3	2	4	5	2	2	2	用 2m 靠尺和楔形塞尺检查
2	踢脚线上口平直	4	4	3	3	4		3		3	拉 5m 线和用钢尺检查
3	缝格顺直	3	3	3	2	3	2	2	2	2	

25.4.2　水泥混凝土面层

水泥混凝土面层在工业与民用建筑中应用较多，在一些承受较大机械磨损和冲击作用较多的工业厂房以及一般辅助生产车间、仓库等建筑地面中使用比较普遍。

在一些公共场所，水泥混凝土面层还可以做成各种色彩，或做成透水性混凝土面层。

彩色混凝土面层其色彩鲜艳、丰富，可在普通混凝土表面上创造出类似天然大理石、花岗岩、各类砖、木材等不同格调及色彩的图案，具有古朴、自然的风采，同时克服了天然材料价格昂贵、施工麻烦、拼接缝处容易渗水损坏、不宜重复重压等缺点。彩色混凝土面层适用于街道人行路面、步行小道、广场、公园、游乐场等。

透水混凝土是具备一定强度的高孔隙混凝土材料，具有良好的

排水、透水性。透水地坪的承载力完全能够达到 C20～C25 混凝土的承载标准，高于一般透水砖的承载力。透水地坪拥有色彩优化配比方案，能够配合设计师独特创意，实现不同环境和个性所要求的装饰风格。特有的透水性铺装系统使其只需通过高压水洗的方式就可以轻而易举的解决孔隙堵塞问题。另外，透水混凝土材料的密度较低（15%～25%的空隙），降低了热储存的能力，独特的孔隙结构使得较低的地下温度传入地面从而降低整个铺装地面的温度，这些特点使透水铺装系统在吸热和储热功能方面接近于自然植被所覆的地面。结构本身的较大孔隙，使透水性铺装比一般混凝土路面拥有更强的抗冻融能力，不会受冻融影响而面断裂。透水性地坪的耐磨耐磨性能接近于普通的地坪，避免了一般透水砖存在的使用年限短、不经济等缺点。

透水混凝土较多应用于广场、球场、停车场、地下建筑工程等。

1. 构造做法

（1）水泥混凝土面层的厚度一般为 30～40mm，面层兼垫层的厚度按设计要求，但不应低于 60mm。

（2）水泥混凝土面层的强度等级应符合设计要求，且不应小于 C20；水泥混凝土垫层兼面层的强度等级不应小于 C15。

（3）水泥混凝土面层铺设不得留施工缝，当施工间隙超过允许时间规定时，应对接槎处进行处理。

（4）面积较大的水泥混凝土地面应设置伸缩缝。伸缩缝的设置参见 25.2.5 变形缝和镶边设置中变形缝的相关要求。

（5）彩色混凝土其着色方法很多，可以在混凝土中掺入适量的彩色外加剂、化学着色剂或者干撒着色硬化剂等。

（6）水泥混凝土面层常用的构造做法见图 25-22。

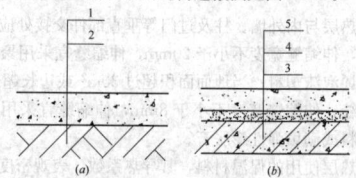

图 25-22　水泥混凝土面层构造做法
（a）地面工程；（b）楼面工程
1—混凝土面层兼垫层；2—基土；3—楼面混凝土
结构层；4—水泥砂浆找平层；5—细石混凝土面层

2. 材料质量控制

（1）水泥：水泥采用硅酸盐水泥、普通硅酸盐水泥或矿渣硅酸盐水泥等，其强度等级不低于 42.5，有出厂合格证和复试报告。

（2）砂：砂应采用粗砂或中粗砂，含泥量不应大于 3%。

（3）石子：采用碎石或卵石，其最大粒径不应大于面层厚度的 2/3；细石混凝土面层采用的石子的粒径不应大于 15mm。石子含泥量不应大于 2%。

（4）外加剂：外加剂性能应根据施工条件和要求选用，有出厂合格证，并经复试性能符合产品标准和施工要求。

（5）水：采用符合饮用标准的水。

透水混凝土用的碎石，其物理性能指标应符合表 25-15 的要求。同时，碎石颗粒大小范围分 1 号、2 号、3 号三种，具体的颗粒范围见表 25-16。

碎石的物理性能指标表　　表 25-15

序　号	指标名称	指　标
1	压碎指标（%）	<15
2	针片状颗粒含量（%）	<15
3	含泥量（%）	<1
4	表观密度（kg/m³）	>2500
5	紧装堆积密度（kg/m³）	1350
6	空隙率（%）	<47

碎石按颗粒分号（2 级）　　表 25-16

碎石的分号	1 号	2 号	3 号
粒度范围（mm）	2.4～4.75	4.75～9.5	9.6～13.2

3. 施工要点

(1) 基层清理：将基层表面的泥土、浮浆块等杂物清理冲洗干净，若楼板表面有油污，可用 5%～10% 浓度的火碱溶液清洗干净。铺设面层前 1d 浇水湿润，表面积水应予以扫除。

(2) 弹标高和面层水平线：根据墙面已有的 +500mm 水平标高线，测量出地面面层的水平线，弹在四周的墙面上，并要与房间以外的楼道、楼梯平台、踏步的标高相互一致。

(3) 面层内有钢筋网片时应先进行钢筋网片的绑扎，网片要按设计要求制作、绑扎。

(4) 做找平标志：混凝土铺设前按水平标高控制线对板条隔成相应的区段，以控制面层铺设厚度。地面有地漏时，要在地漏四周做出 0.5% 的泛水坡度。

(5) 配制混凝土：混凝土的配合比应严格按照设计要求试配，水泥混凝土垫层兼做面层时其混凝土强度等级不应低于 C15。混凝土可采用商品混凝土，亦可采用现场机械搅拌。当采用现场机械搅拌混凝土时，搅拌时间不应少于 90s，拌合均匀，随拌随用。施工试块的留置应符合 25.2.3 第 (3) 条中规定。

(6) 铺设混凝土：

1) 当采用细石混凝土铺设时：铺前预先在湿润的基层表面均匀涂刷一道 1：0.4～1：0.45（水泥：水）的素水泥浆，随刷随铺。按分段顺序铺设混凝土（预先用板条隔成宽度小于 3mm 的条形区段），随铺随即刮杠刮平，然后用平板振动器振捣密实；采用滚筒人工滚压时，滚筒要交叉滚压 3～5 遍，直至表面泛浆为止。

2) 当采用普通混凝土铺设时：混凝土铺筑后，先用平板振动器振捣，再用刮杆刮平、木抹子揉搓提浆抹平。

3) 当采用泵送混凝土时：在满足泵送要求的前提下尽量采用较小的坍落度，布料口要来回摆动布料，禁止靠混凝土自然流淌布料。随布料随用大杠粗略找平，用平板振动器振动密实。然后用大杠刮平，多余的浮浆要随即刮除。如因水量过大而出现表面泌水，宜采用表面撒一层拌合均匀的干水泥砂子（一般采用体积为水泥：砂=1：1），待表面水分吸收后即可抹平压光。

4) 大面积水泥混凝土面层应设置伸缩缝，伸缩缝的设置参见 25.2.5 变形缝和镶边设置中第 1 条相关要求。

(7) 抹面压光：水泥混凝土振捣密实后必须做好面层的抹平和压光工作。水泥混凝土初凝前，应完成面层抹平、揉搓均匀，待混凝土开始凝结即全遍抹压面层，压光时应控制在终凝前完成。

(8) 养护：第三遍抹压完 24h 内加以覆盖并浇水养护（亦可采用分间、分块蓄水养护），在常温条件下连续养护时间不应少于 7d。养护期间应封闭，严禁上人。

(9) 施工缝处理：混凝土面层应连续浇筑不留施工缝。当施工间隔超过规定时间时，应对已凝结的混凝土接槎处进行处理，剔除松散的石子、砂浆，润湿并铺设与混凝土配合比相同的水泥砂浆再浇筑混凝土，应重视接槎处的捣实压平，不应显出接槎。

(10) 浇筑钢筋混凝土楼板或水泥混凝土垫层兼做面层时，可随打随抹，以节省材料、加快施工进度、提高施工质量。

(11) 踢脚线施工：水泥混凝土地面面层一般用水泥砂浆做踢脚线，并在地面面层完成后施工。底层和面层砂浆宜分两次抹成。抹底层砂浆前先清理基层，洒水湿润，然后按标高线出踢脚线标高，拉通线确定底灰厚度，贴灰饼，抹 1：3 水泥砂浆，刮板刮平、搓毛、洒水养护。抹面层砂浆须在底层砂浆硬化后，拉线粘贴靠杆，抹 1：2 水泥砂浆，用刮板紧靠尺杆垂直地面刮平，用铁抹子压光，阴阳角、踢脚线上口，用角抹子溜直压光。踢脚线的出墙厚度宜为 5～8mm。

(12) 彩色混凝土面层是在水泥混凝土面层的基础上做进一步处理而形成的一种地面面层，其基本施工方法同水泥混凝土面层，但又有自身的具体要求，彩色混凝土面层宜按以下要求进行施工：

1) 在混凝土表面初凝前加上 10mm 水泥浆用手工铁板将混凝土表面水泥砂浆抹均匀、找平并拉毛表面。

2) 混凝土基层处理后，撒料量宜控制在使用总量的 2/3，撒强化料后，待混凝土中的水分将强化料浸湿，即可进行第一次收光，待硬化料初凝至一定阶段后，在混凝土表面再撒总量的 1/3 的彩色强化料，经二次收光。根据混凝土的硬化情况，实行至少三

次以上的手工铁板收光找平作业，且收光操作应相互交错进行。

3) 在硬化材料初凝阶段，且表面干燥无明显水分的情况下，均匀撒布一层与硬化材料配套的脱模粉，以保证混凝土彩色面层在受压后不被粘起而损坏图纹。

4) 待面层混凝土与彩色强化料结合在一起，尚未完全凝固时，撒上脱模粉，将定型模具沿着放样图案依照线位铺设，并将其垂直压入混凝土进行花纹图案成型。施压成型的时间与现场气温、日照、风力、施工面积以及混凝土的凝结状况等因素有直接的关系，且定形模具花纹的深浅不同压模时间亦不相同。一般暑热期施工约为混凝土振捣完成后 1～2h；冬期施工 3～4h。施工环境温度一般应在 3℃ 以上，35℃ 以下为宜。雨天及大风天气不宜进行作业。

5) 养护时间与气温和湿度有关，一般暑期 2～3d；冬期 7～10d。养护结束后，且当彩色面层混凝土抗压强度达到设计强度约 70% 后，应对彩色混凝土面层进行冲洗，待晒干后，即可进行封面作业。

6) 彩色混凝土面层冲洗时，应边冲边刷，将脱模粉及污垢冲刷干净，必要时可在水中加入 5% 左右的稀盐酸。当彩色面层完全干燥后，应用专用工具将封面保护剂均匀喷洒或涂刷在彩色面层上进行封面保护，封面保护剂的喷涂用量约为 0.2kg/m²，喷刷后 24h 内禁止踩压混凝土面层。

7) 彩色混凝土的缩缝及胀缝的施工及验收应符合标准及设计要求。当水泥混凝土抗压强度达到 8～12MPa 时，进行切缝作业，也可在施工现场用试切法来确定合适的切缝时间。切缝宽度宜为 5～8mm，缝深为混凝土面层厚度的 1/3～2/5。如天气炎热或温差较大，可先在中间进行跳切，然后依次补切，以防混凝土板未切先裂。

8) 灌填缝料前，缝隙的两侧表面宜先贴宽 10cm 的美工纸或其他材料作为隔离层，须先清除缝内的水泥砂浆或彩色强化料等杂物。

9) 填缝料一般可采用聚氨酯低模量嵌缝油膏或聚硫橡胶类嵌缝膏。填缝料深度宜为 20mm，填缝料下可用泡沫塑料等填塞。填缝完成后用刮刀铲平面层表面多余的填缝料。

(13) 透水混凝土的施工可按下列进行：

1) 透水混凝土拌合物中水泥浆的稠度较大，宜采用强制式搅拌机，搅拌时间为 5min 以上。

2) 透水混凝土浇筑之前，基层应先用水湿润，避免透水地坪快速失水减弱骨料间的粘结强度。由于透水地坪拌合物比较干硬，因此可直接将拌好的透水地坪材料铺在路基上铺平即可。浇筑过程中要注意对摊铺厚度进行确认，端部用木抹子、小型振动机进行找平，以确保铺平整。

3) 在浇筑过程中不宜强烈振捣或夯实。一般用平板振动器轻振铺平后的透水性混凝土混合料，但必须注意不能使用高频振捣器，否则它会使透水混凝土过于密实而减少孔隙率，并影响透水效果。同时高频振捣器也会使水泥浆体从粗骨料表面离析出来，流入底部形成一个不透水层，使材料失去透水性。

4) 振捣以后，使用混凝土专用压实机进行压实，考虑到拌合料的稠度和周围温度等条件，可能需要多次辊压。

5) 透水混凝土由于存在大量的孔洞，易失水，干燥很快，所以养护非常重要。尤其是早期养护，要注意避免地坪中水分大量蒸发。通常透水混凝土拆模时间比普通混凝土短，因此其侧面和边缘就会暴露于空气中，可用塑料薄膜或彩布及时覆盖透水混凝土表面和侧面，以保证湿度和水分充分水化。透水地坪应在浇注后 1d 开始洒水养护，淋水时不宜用压力水柱直冲混凝土表面，这样会带走一些水泥浆，造成一些较薄弱的部位，但可在常态的情况下直接从上往下浇水。透水地坪的浇水养护时间应不少于 7d。

6) 伸缩缝的处理：

①当混凝土整体浇筑后进行伸缩缝切割处理时，将透水混凝土按伸缩缝留置原则和沿边沟同方向的收缩缝全部切透（图 25-23a），垂直于分隔带方向的收缩缝切割深度 5cm 左右（图 25-23b），沿边沟同方向的伸缩缝也应全部切透（图 25-23c）。

②伸缩缝表面处理：按所确定的养护时间养护结束后，在伸缩缝处插入发泡材，注入弹性硅胶进行处理，为使透水混凝土的雨水

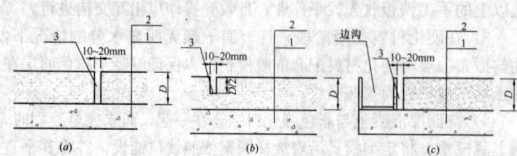

图 25-23 透水混凝土伸缩缝构造做法简图
1—地面垫层；2—透水混凝土；3—伸缩缝；D—透水混凝土厚度

顺利排出，发泡材料填入缝隙深度为 10～15mm，使伸缩缝下部构造为空腔。伸缩缝接缝处理见图 25-24。

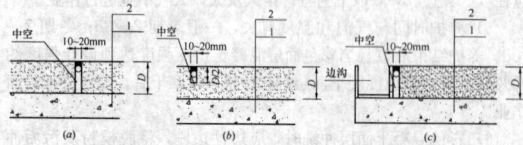

图 25-24 透水混凝土伸缩缝接缝处理构造做法简图
1—地面垫层；2—透水混凝土；D—透水混凝土厚度

25.4.3 水泥砂浆面层

水泥砂浆面层是使用最广泛的一种地面面层类型，采用水泥砂浆涂抹于混凝土基层（垫层）上而成，具有材料来源广、整体性能好、强度高、造价低、施工操作简便、快速等特点，适用于工业与民用建筑中地面。

1. 构造做法

(1) 水泥砂浆的强度等级不应低于 M15，体积配合比例尺宜为 1∶2（水泥∶砂）。缺少砂的地区，可用石屑代替砂使用，水泥石屑的体积比宜为 1∶2（水泥∶石屑）。水泥砂浆面层的厚度不应小于 20mm。

(2) 当水泥砂浆地面基层为预制板时，宜在面层内设置防裂钢筋网，宜采用直径 φ3～φ5@150～200mm 的钢筋网。

(3) 水泥砂浆面层下埋设管线等出现局部厚度减薄时，应按设计要求做防止面层开裂的处理。当结构层上局部埋设有排管线且宽度大于等于 400mm 时，应在管线上方局部位置设置防裂钢筋网片，其宽度距管边不小于 150mm；当底层水泥砂浆地面内埋设管线，可采用局部加厚混凝土垫层的做法；当预制板块接缝中埋设管线时，应加大板缝宽度并在其上部设置防裂钢筋网片或做局部现浇板带。

(4) 面积较大的水泥砂浆地面应设置伸缩缝，在梁或墙柱边部位应设置防裂钢筋网。伸缩缝设置参见 25.2.5 变形缝和镶边设置中变形缝的相关要求。

(5) 水泥砂浆面层的坡度应符合设计要求，一般为 1‰～3‰，不得有倒泛水和积水现象。

(6) 水泥砂浆面层的构造做法见图 25-25。

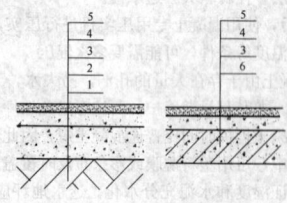

图 25-25 水泥砂浆面层构造图
1—基土层；2—混凝土垫层；3—细石混凝土找平层；4—素水泥浆；5—水泥砂浆面层；6—混凝土楼板结构层

2. 材料要求

(1) 水泥：参见 25.4.2 水泥混凝土面层材料质量控制中水泥的要求。

(2) 砂：参见 25.4.2 水泥混凝土面层材料质量控制中砂的要求。

(3) 石屑：粒径宜为 1～5mm，其含粉量（含泥量）不应大于 3%。当含粉（泥）量超过要求时，应采取淘洗、过筛等办法处理。

(4) 水：采用符合饮用标准的水。

3. 施工要点

(1) 基层清理：参见 25.4.2 水泥混凝土面层施工要点中基层清理的要求。

(2) 弹标高和面层水平线：参见 25.4.2 水泥混凝土面层施工要点中弹标高和面层水平线的要求。

(3) 贴灰饼：根据墙面弹线标高，用 1∶2 干硬性水泥砂浆在基层上做灰饼，大小约 50mm 见方，纵横间距约 1.5m。有坡度的地面，应坡向地漏。如局部厚度小于 10mm 时，应调整其厚度或将局部高出的部分凿除。对面积较大的地面，应用水准仪测出基层的实际标高并算出面层的平均厚度，确定面层标高，然后做灰饼。

(4) 配制砂浆：面层水泥砂浆的配合比宜为 1∶2（水泥∶砂，体积比），稠度不大于 35mm，强度等级不应低于 M15。使用机械搅拌，投料完毕后搅拌时间不应少于 2min，要求拌合均匀。

(5) 铺砂浆：铺砂浆前先在基层上均匀扫素水泥浆（水灰比 0.4～0.5）一遍，随扫随铺砂浆。注意水泥砂浆的虚铺厚度宜高于灰饼 3～4mm。

(6) 找平、压光：铺砂浆后，随即用刮杠按灰饼高度，将砂浆刮平，同时把灰饼剔掉，并用砂浆填平。然后用木抹子搓揉压实，用刮杠检查平整度。在砂浆终凝前（即人踩上去稍有脚印，用抹子压光无痕时）再用铁抹子把前遍留的抹纹全部压平、压实、压光。当采用地面抹光机压光时，水泥砂浆的干硬度应比手工压光时要稍干一些。

(7) 分格缝：水泥砂浆面层的分格，应在水泥面层初凝前进行。在水泥砂浆面层沿弹线，用木抹子搓一条一抹子宽的毛面，再用铁抹子压光，然后用分格器压缝。大面积水泥砂浆面层的分格缝位置应与水泥类垫层的缩缝对齐。分格缝要求平直，深浅一致。

(8) 养护：水泥砂浆地面的养护应在面层压光 24h 后，一般以手指按表面无指纹印时即可进行，养护时可视气温高低，在表面洒水或洒水后覆盖薄膜保持湿润，养护时间不少于 7d。

(9) 冬期施工水泥砂浆楼地面时，应防止水泥砂浆面层受冻，必要时应采取加温保暖措施。采用生炉火保温时，应注意通风顺畅，同时还应保持室内的湿度，防止温度过高地面水分蒸发过快而使地面产生塑性收缩裂缝。

(10) 踢脚线施工参见 25.4.2 水泥混凝土面层中踢脚线的内容。

25.4.4 水磨石面层

水磨石面层具有表面光滑、平整、观感好等特点，根据设计和使用要求，可以做成各种颜色图案的地面。水磨石面层适用于有一定防潮（防水）要求，有较高清洁要求或不起尘、易清洁等要求以及不发生火花要求的建筑物楼地面。如工业建筑中的一般装配车间、恒温恒湿车间等，在民用建筑和公共建筑中使用也较广泛，如库房、室内旱冰场、餐厅、酒吧、舞厅等。

1. 构造做法

(1) 水磨石面层有防静电要求时，其拌合料内应按设计要求掺入导电材料。面层厚度除特殊要求外，一般宜为 12～18mm，并按选用的石料粒径确定厚度。

(2) 白色或彩色的水磨石面层，采用白水泥；深色的水磨石面层，采用硅酸盐水泥、普通硅酸盐水泥或矿渣硅酸盐水泥；同颜色的面层使用同一批水泥。同一彩色面层使用同厂、同批的矿物颜料，其掺入量宜为水泥重量的 3%～6% 或由试验确定。

(3) 水磨石面层结合层的水泥砂浆体积比宜为 1∶3，相应的强度等级不应低于 M10，水泥砂浆的稠度宜为 30～35mm。

(4) 普通水磨石面层的磨光遍数不应少于 3 遍，高级水磨石面层的厚度和磨光遍数由设计确定。其分格不宜大于 1m。

(5) 防静电水磨石面层应在清洁、表面干燥后，在其上均匀涂抹一层防静电剂和地板蜡，并作抛光处理。当采用导电金属分格条时，分格条须经绝缘处理，且十字交叉处不得碰接。

(6) 水磨石面层拌合料的体积比应符合设计要求，或为 1∶1.5～1∶2.5（水泥∶石粒）。

(7) 水磨石面层的构造做法见图 25-26。

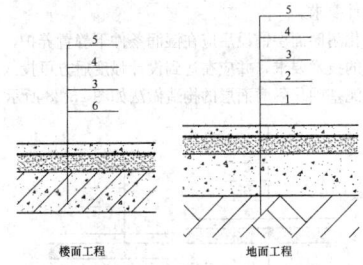

楼面工程　　地面工程

图 25-26　水磨石面层构造做法
1—基土层；2—混凝土垫层；3—水泥砂浆找平层；
4—素水泥浆；5—水泥石子浆面层；6—楼板结构层

2. 材料要求

(1) 水泥：水磨石面层宜采用强度等级不低于 42.5 的硅酸盐水泥、普通硅酸盐水泥或矿渣硅酸盐水泥，不得使用粉煤灰硅酸盐水泥。水泥必须有出厂合格证和复试报告，白色或彩色水磨石面层应采用白水泥；同一颜色的面层应使用同一批水泥。不同品种、不同强度等级的水泥严禁混用。

(2) 石粒：

1) 采用白云石、大理石等坚硬可磨的岩石加工而成。

2) 石粒应洁净无杂物，其粒径除特殊要求外宜为 6～15mm。

3) 石子在运输、装卸和堆放过程中，应防止混入杂质，并应按产地、种类和规格分别堆放，使用前应用水冲洗干净、晾干待用。

(3) 颜料：采用耐光、耐碱的矿物颜料，不得使用酸性颜料。同一彩色面层应使用同厂、同批的颜料，以避免造成颜色深浅不一；其掺入量宜为水泥重量的 3%～6%或由试验确定。

(4) 分格条：

1) 铜条厚 1～1.2mm，铝合金条厚 1～2mm，玻璃条厚 3mm，彩色塑料条厚 2～3mm。

2) 分格条宽度根据石子粒径确定，当采用小八厘（粒径 10～12mm）时为 8～10mm，中八厘（粒径 12～15mm）、大八厘（粒径 12～18mm）时均为 12mm。

3) 分格条长度以分块尺寸而定，一般 1000～1200mm。铜条、铝条需经调直使用，下部 1/3 处每米钻 4 个 φ2mm 的孔，穿铁丝备用。

(5) 草酸、白蜡、钢丝：草酸为白色结晶，块状、粉状均可。白蜡用川蜡和地板蜡成品。钢丝用 22 号。

3. 施工要点

(1) 水磨石面层的颜色和图案应符合设计要求。

(2) 基层处理：参见 25.3.9 找平层第 3 条施工要点中的操作要求。

(3) 抹水泥砂浆找平层。水泥砂浆找平层的施工要点可按水泥砂浆面层 25.3.9 找平层中的施工要点。但最后一道工序为木抹子搓毛面。水磨石面层应在找平层的抗压强度达到 1.2N/mm² 后方可进行。

(4) 镶嵌分格条：

1) 按设计分格和图案要求，用色线包在基层上弹出清晰的线条，弹线时，先根据墙面位置及镶嵌尺寸弹出镶嵌线，然后复核内部分格与设计是否相符，如有余量或不足，则按实际进行调整。分格间距以 1m 为宜，面层分格的一部分分格位置必须与基层（包括垫层和结合层）的缩缝对齐，以使上下各层能同步收缩。

2) 按线用稠水泥浆把嵌条粘结固定，嵌分格条方法见图 25-27。嵌条应先粘一侧，再粘另一侧，嵌条为铜、铝条时，应用长 60mm 的 22 号钢丝从嵌条孔中穿过，并埋固在水泥浆中，水泥浆粘贴高度应比嵌条顶部低 4～6mm，并成做 45°。镶嵌时应先把需镶条部位基层湿润，刷结合层，然后再镶条。待素水泥浆初凝后，用毛刷蘸水将其表面刷毛，并将分隔条交叉接头部位的素灰浆掏空。

3) 镶条后 12h 开始洒水养护，不少于 2d。

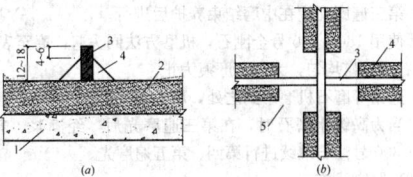

(a)　　(b)

图 25-27　分格条嵌法
(a) 嵌分格条；(b) 嵌分格条平面图
1—混凝土垫层；2—水泥砂浆底灰；3—分格条；
4—素水泥浆；5—40～50mm 内不抹水泥浆区

(5) 铺石粒浆：

1) 水磨石面层应采用水泥与石粒的拌合料铺设。如几种颜色的石粒浆应注意不可同时铺抹，要先抹深色的，后抹浅色的，先做大面，后做镶边，待前一种凝固后，再铺后一种，以免串色，界限不清，影响质量。

2) 地面石粒浆配合比为 1:1.5～1:2.5（水泥：石粒，体积比）；要求计量准确，拌合均匀，宜采用机械搅拌，稠度不得大于 60mm。彩色水磨石应加色料，颜料均以水泥重量的百分比计，事先调配好过筛装袋备用。

3) 地面铺浆前应先将积水扫净，然后刷水灰比为 0.4～0.5 的水泥浆粘结层，并随刷随铺石子浆。铺浆时，用铁抹子把石粒由中间向四面摊铺，用刮尺刮平，虚铺厚度比分格条顶面高 5mm，再在其上面均匀撒一层石粒，拍平压实、提浆（分格条两边及交角处要特别注意拍平压实）。石粒浆粘抹后高出分格条的高度一致，厚度以拍实压平后高出分格条 1～2mm 为宜。整平后如发现石粒过稀处，可在表面再适当撒一层石粒，过密处可适当剔除一些石粒，使表面石子显露均匀，无缺石子现象，然后用滚子进行滚压。

(6) 滚压密实：

1) 面层滚压应从横竖两个方向轮换进行。磙子两边应大于分格至少 100mm，滚压前应将嵌条顶换的石粒清掉。

2) 滚压时用力应均匀，防止压倒或压坏分格条，注意嵌条附近浆多石粒少时，要随手补上。滚压到表面平整、泛浆且石粒均匀排列，磙子表面不沾浆为止。

(7) 抹平：

1) 待石粒浆收水（约 2h）后，用铁抹子将滚压波纹抹平压实。如发现石粒过稀处，仍要补撒石子浆抹平。

2) 石粒面层完成后，于次日进行浇水养护，常温时为 5～7d。

(8) 试磨：水磨石面层在开始磨光前必须进行试磨，以不掉粒、不松动为准，检查认可后，才能正式开磨。一般开磨时间参考表 25-17。

水磨石开磨时间参考表　　表 25-17

平均气温 (℃)	开磨时间 (d)	
	机磨	人工磨
20～30	2～3	1～2
10～20	3～4	1.5～2.5
5～10	5～6	2～3

(9) 粗磨：

1) 粗磨用 60～90 号金刚石，磨石机在地面上呈横"8"字形移动，边磨边加水，随时清扫磨出的水磨浆，并用靠尺不断检查磨石表面的平整度，至表面磨平，全部显露出嵌条与石粒后，再清理干净。

2) 待稍干再满涂同色水泥浆一道，以填补砂眼和细小的凹痕，脱落石粒应补齐。

(10) 中磨：

1) 中磨应在粗磨结束并待第一遍水泥浆养护 2～3d 后进行。

2) 使用 90～120 号金刚石，机磨方法同头遍，磨至表面光滑后，同样清洗干净，再满涂第二遍同色水泥浆一遍，然后养护 2～3d。

(11) 细磨（磨第三遍）：

1）第三遍磨光应在中磨结束养护后进行。

2）使用180～240号金刚石，机磨方法同头遍，磨至表面平整光滑，石子显露均匀，无细孔磨痕为止。

3）边角等磨石机磨不到之处，用人工手磨。

4）当为高级水磨石时，在第三遍磨光后，经满浆、养护后，用240～300号油石继续进行第四、第五遍磨光。

（12）踢脚线施工：

1）踢脚线在地面水磨石磨后进行，施工时先做基层清理和抹找平层，其操作要点同本章25.4.2第3中（11）项。

2）踢脚线抹石粒浆面层，踢脚线配合比为1：1～1：1.5（水泥：石粒）。出墙厚度宜为8mm，石粒宜为小八厘。铺抹时，先将底子灰用水湿润，在阴阳角及上口，用靠尺按水平线找好规矩，贴好尺杆，刷素水泥浆一遍后，随即抹石粒浆，抹平、压实；待石粒浆初凝时，用毛刷蘸水刷去表面灰浆，次日喷水养护。

3）踢脚线面层可采用立面磨石机磨光，亦可采用角向磨光机进行粗磨、手工细磨或全部采用手工磨光。采用手工磨光时开磨时间可适当提前。

4）踢脚线施工的磨光、刮浆、养护、酸洗、打蜡等工序和要求同水磨石面层。但需注意踢脚线上口必须仔细磨光。

（13）草酸清洗：

1）在水磨石面层磨光后，涂草酸和上蜡前，其表面不得污染。

2）用热水溶化草酸（1：0.35，重量比），冷却后在擦净的面层上用布均匀涂抹。每涂一段用240～300号油石磨出水泥及石粒本色，再冲洗干净，用棉纱或软布擦干。

3）亦可采取磨光后，在表面撒草酸粉洒水，进行擦洗，露出面层本色，再用清水洗净，用拖布拖干。

（14）打蜡抛光：

1）酸洗后的水磨石面，应经擦净晾干。打蜡工作应在不影响水磨石面层质量的其他工序全部完成后进行。

2）地板蜡有成品供应，当采用自制时其方法是将蜡、煤油按1：4的重量比放入桶内加热、溶化（120～130℃），再掺入适量松香水后调成稀糊状，凉后即可使用。

3）用布或干净麻丝沾蜡薄薄均匀涂在水磨石面上，待蜡干后，用包有麻布或细棉布的木块代替油石，装在磨石机的磨盘上进行磨光，或用打蜡机打磨，直到水磨石表面光滑洁亮为止。高级水磨石应打二遍蜡，抛光两遍。打蜡后铺锯末进行养护。

（15）防静电水磨石面层在施工前及施工完成后2～3个月内应进行接地电阻和表面电阻检测，并做好记录。

25.4.5 水泥基硬化耐磨面层

水泥基硬化耐磨面层采用金属渣、屑、纤维或石英砂等与水泥类胶凝材料拌合铺设或在水泥类基层上撒布铺设而成。特点是强度高、耐冲击、耐磨损。适用于工业厂房或经常承受坚硬物体的撞击接触、磨损等有较强耐磨损要求的建筑地面。

1. 构造做法

（1）水泥基硬化耐磨面层采用拌合料铺设时，拌合料的配合比应通过试验确定；采用撒布铺设时，耐磨材料的撒布量应符合设计要求，且应在水泥类基层初凝前完成撒布。

（2）水泥基硬化耐磨面层采用拌合料铺设时，宜先铺设一层强度等级不小于M15、厚度不小于20mm的水泥砂浆，或水灰比宜为0.4的素水泥浆结合层。

（3）水泥基硬化耐磨面层采用撒布铺设时，耐磨材料应撒布均匀，厚度应符合设计要求；混凝土基层或砂浆基层的厚度及强度应符合设计要求。当设计无要求时，混凝土基层的厚度不应小于50mm，强度等级不应小于C25；砂浆基层的厚度不应小于20mm，强度等级不应小于M15。

（4）水泥基硬化耐磨面层采用拌合料铺设时，其铺设厚度和拌合料强度应符合设计要求。当设计无要求时，水泥钢（铁）屑面层铺设厚度不应小于30mm，抗压强度不应小于40MPa；水泥石英砂浆面层铺设厚度不应小于20mm，抗压强度不应小于30MPa；钢纤维混凝土面层铺设厚度不应小于40mm，面层抗压强度不应小于40MPa。

（5）水泥基硬化耐磨面层分格缝的间距及缝深、缝宽、填缝材料应符合设计要求。

（6）硬化耐磨面层铺设后应在湿润条件下静置养护，养护期限应符合材料的技术要求，并应在达到设计强度后方可投入使用。

（7）水泥基硬化耐磨面层的构造做法如图25-28所示。

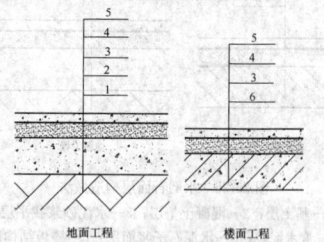

地面工程　　　楼面工程

图 25-28　水泥基硬化耐磨面层构造做法
1—基土层；2—混凝土垫层；3—水泥砂浆
找平层；4—水泥砂浆结合层；5—水泥基
硬化耐磨面层；6—楼板结构层

2. 材料要求

（1）钢（铁）屑：钢（铁）屑粒径为1～5mm；钢纤维的直径宜为1.0mm以内，长度不大于面层厚度的2/3，且不大于60mm；钢（铁）屑和钢纤维不应含其他杂质，如有油脂，用10%浓度的氢氧化钠溶液煮沸去油，再用热水清洗干净并干燥。如有锈蚀，用稀酸溶液除锈，再以清水冲洗后使用。

（2）水泥：采用硅酸盐水泥或普通硅酸盐水泥，强度等级不应低于42.5。

（3）砂：采用中粗砂或中粗石英砂，含泥量不应大于2%。

（4）水：采用符合饮用标准的水。

3. 施工要点

（1）基层清理、弹控制线及做找平层。将基层表面的积灰、浮浆、油污及杂物清扫并冲洗干净，面层铺设前一天浇水湿润；弹控制线、做找平层的具体施工操作要点见25.3.9找平层做法的相关内容。

（2）拌合料配制：

1）水泥基硬化耐磨面层的配合比应通过试验（或按设计要求）确定，以水泥浆能填满钢（铁）屑的空隙为准。

2）水泥基硬化耐磨面层的施工参考配合比为42.5，水泥：钢屑：水＝1：1.8：0.31（重量比），密度不应小于2.0t/m³，其稠度不大于10mm。采用机械拌制，投料程序为：钢屑→水泥→水。严格控制用水量，要求搅拌均匀至颜色一致。搅拌时间不少于2min，制备好的拌合物在2h内用完。

（3）面层铺设：

1）水泥基硬化耐磨面层的厚度一般为5mm（或按设计要求），面层铺设时应先铺一层厚20mm的水泥砂浆结合层，面层的铺设应在结合层的水泥初凝前完成。水泥砂浆结合层采用体积比宜为1：2，稠度为25～35mm，且强度等级不应低于M15。

2）待结合层初步抹平压实后，接着在其上铺抹5mm水泥钢屑拌合物，用刮杠刮平，随铺随振（拍）实，待收水后，随即用铁抹子抹平、压实至起浆为止。在砂浆初凝前进行第二遍压光，用铁抹子边抹边压，将死坑、孔眼填实压平使表面平整，要求不漏压。在终凝前进行第三遍压光，用铁抹子把前遍留下的抹纹抹痕全部压平、压实，至表面光滑平整。

3）结合层和水泥钢屑砂浆铺设宜一次连续操作完成，并按要求分次抹压密实。

（4）钢纤维拌合料搅拌质量应严格控制，确保搅拌质量，浇筑时应加强振捣，由于钢纤维阻碍混凝土的流动，振捣时间一般应为普通混凝土的1.5倍，且宜采用平板振动器（尽量避免使用插入式振动棒）。

（5）撒布铺设的基层混凝土强度等级不低于C25，厚度不小于50mm。基层初凝时（以脚踩基层表面下陷5mm为宜）进行第一次撒布作业：将全部用量的2/3耐磨材料均匀撒布在基层混凝土表面，用木抹子抹平，待耐磨材料吸收一定水分后，采用慢光机碾

磨，并用刮尺找平；待混凝土硬化至一定阶段进行第二次撒布作业：将全部用量的1/3耐磨材料均匀撒布在表面（第二次撒布方向应与第一次垂直），立即抹平、镘光，并重复镘光机作业至少两次。镘光机作业时应纵横交错进行，边角处用木抹子处理；当面层硬化至指压稍有下陷阶段时，采用镘光机收光，镘光机的转速及镘刀角度视硬化情况调整。镘光机作业时应纵横交错3次以上，局部的凌乱抹纹可采用薄钢抹人工同向、有序压光处理。

（6）较大楼地面施工，应分仓施工，分仓伸缩缝间距和形式符合设计的要求。

（7）养护：面层铺好后24h，应洒水进行养护，或用草袋覆盖浇水养护，时间不少于7d。撒布法施工5～6h后喷洒养护剂养护，用量0.2L/m² 或覆盖塑料薄膜养护。

（8）表面处理：表面处理是提高面层耐磨性和耐腐蚀性能，防止外露钢（铁）屑遇水生锈。表面处理可用环氧树脂胶泥喷涂或涂刷。

1）环氧树脂胶泥采用环氧树脂及胺固化剂和稀释剂配制而成。其配方根据产品说明书和施工时的气温情况经试验确定，一般为环氧树脂∶乙二胺∶丙酮=100∶80∶30。

2）表面处理时，需待水泥钢（铁）屑面层基本干燥后进行。

3）先用砂纸打磨表面，后清扫干净。在室内温度不低于20℃情况下，涂刷环氧树脂稀胶泥一度。

4）涂刷应均匀，不得漏涂。

5）涂刷后可用橡皮刮板或油漆刮刀轻轻将多余的胶泥刮去，在气温不低于20℃的条件下，养护48h后即成。

（9）养护完成后需做切割缝、切割缝间距宜为6～8m，切割深度至少为地面厚度的1/5，切割缝可采用密封胶（或弹性树脂）填缝。

25.4.6 防油渗面层

防油渗面层采用防油渗混凝土铺设或采用防油渗涂料涂刷，防止油类介质侵蚀或渗透的一种地面面层。适用于有阻止油类介质侵蚀和渗透入地面要求的楼地面。

1. 构造做法

（1）防油渗面层及防油渗隔离层与墙、柱连接处的构造做法，应符合设计要求。

（2）防油渗混凝土面层厚度应符合设计要求，防油渗混凝土的配合比应按设计要求的强度等级和抗渗性能通过试验确定。

（3）防油渗混凝土面层应按厂房柱网分区段浇筑，区段划分及分区段缝应符合设计要求。缝宽15～20mm，缝深50～60mm。缝隙下部采用耐油胶泥材料，上部采用膨胀水泥封缝。

（4）防油渗混凝土面层内不得敷设管线。凡露出面层的电线管、接线盒、预埋套管和地脚螺栓等的处理，以及与墙、柱、变形缝、孔洞等连接处泛水均应采取防油渗措施，并应符合设计要求。

（5）防油渗面层采用防油渗涂料时，材料应按设计要求选用，防油渗涂料粘结强度不应小于0.3MPa，涂层厚度宜为5～7mm。

（6）防油渗面层的构造做法见图25-29。

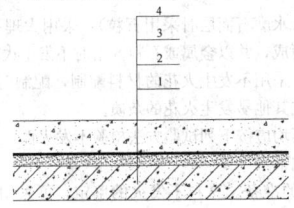

图25-29 防油渗面层构造做法
1—混凝土楼板或现浇混凝土结构层；
2—水泥砂浆找平层；3—隔温层；
4—防油渗混凝土

2. 材料质量控制

（1）防油渗混凝土：

1）水泥：采用普通硅酸盐水泥，要求有出厂合格证及复试报告。

2）砂：中砂，应洁净无杂物，含泥量不大于3%。其细度模量应控制在2.3～2.6。

3）石子：采用花岗石或石英石碎石，粒径为5～15mm，最大不应大于20mm；含泥量不应大于1%。

4）水：采用符合饮用标准的水。

5）外加剂：防油外加剂种类很多，常用的有三氯化铁混合剂、氢氧化铁胶凝剂、ST（糖蜜）、木钙及NNO、SNS等。掺入的外加剂和防油渗剂种类应符合设计要求，质量应符合有关标准的规定。

（2）防油渗涂料：

1）涂料的品种应按设计的要求选用，宜采用树脂乳液涂料，其产品的主要技术性能应符合现行有关产品质量标准。

2）树脂乳液涂料主要有聚醋酸乙烯乳液涂料、氯偏乳液涂料和苯丙-环氧乳液涂料等。

3）防油渗涂料应具有耐油、耐磨、耐火和粘结性能，粘结强度不应低于0.3MPa。

4）涂料的配合比及施工，应按涂料的产品特点、性能等要求进行。

（3）B型防油渗剂（或密实剂）、减水剂、加气剂或塑化剂应有生产厂家产品合格证，并应取样复试，其主要技术性能应符合产品质量标准。

（4）防油渗涂料、外加剂、防油渗剂等的保管要求：按一般危险化学品搬运、运输和贮存，防止阳光直射。

（5）玻璃纤维布：用无碱网格布。

（6）防油渗胶泥应符合产品质量标准，并按使用说明书配制。

（7）蜡：可用石油蜡、地板蜡、200号溶剂油、煤油、颜料、调配剂等调配而成；可选用液体型、糊型和水乳化型等多种地板蜡。

3. 施工要点

（1）混凝土防油渗面层施工工艺

1）清理基层：将基层表面的泥土、浆皮、灰渣及杂物清理干净，油污清洗净。铺抹找平层前一天将基层湿润，但无积水。

2）抹找平层：在基层表面刷素水泥浆一度，在其上抹一层厚15～20mm、1∶3水泥砂浆找平层，使表面平整、粗糙。

3）在防油渗混凝土面层铺设前，满涂防油渗水泥浆结合层。

4）防油渗隔离层设置（当设计无防油渗隔离层时，无此道工序）：

① 防油渗隔离层宜采用一布二胶无碱网格防油渗胶玻璃纤维布，其厚度为4mm。亦可采用的防油渗胶泥（或聚胺酯类涂膜材料），其厚度为1.5～2.0mm。

② 防油渗胶泥底子油的配制：按比例取脱水煤焦油，再加入聚氯乙烯树脂、磷苯二甲酸二丁酯和三盐硫酸铅，拌匀后在炉上加热，同时不停搅拌，当温度升至130℃左右时，维持10min后将火灭掉，即为防油渗胶泥，当胶泥自然冷却至85～90℃，缓慢加入按配合比所需要的二甲苯和环己酮的混合溶液，边加边搅拌，搅拌均匀至胶泥全部融化即成底子油。如不立即使用，需将冷底子油放置于带盖的容器中，防止溶剂挥发。

③ 隔离层铺设，在处理好的基层上涂刷一遍防油渗胶泥底油，将加温的防油渗胶泥均匀涂抹一遍，随即用玻璃布粘贴覆盖，玻璃布的搭接宽度不得小于100mm；与墙、柱连接处的涂抹应向上翻边，其高度不得小于30mm然后在布的表面再涂抹一遍胶泥。

④ 防油渗面层设置防油渗隔离层（包括与墙、柱连接处的构造）时，应符合设计要求。

5）防油渗混凝土配置：

① 防油渗混凝土面层厚度应符合设计要求，防油渗混凝土的配合比应按设计要求的强度等级和抗渗性能通过试验确定，且强度等级不应低于C30。

② 防油渗混凝土配制：防油渗混凝土的配合比通过试验确定。材料应严格计量，用机械搅拌，投料程序为：碎石→水泥→砂和B型防油渗剂（稀释溶液）拌合均匀、颜色一致，搅拌时间不少于2min，浇筑时坍落度不宜大于10mm。

6) 防油渗混凝土面层铺设:

① 面层铺设前应按设计尺寸弹线,支设分格缝模板,找好标高。

② 在整浇水泥基层上或做隔离层的表面上铺设防油渗面层时,其表面必须平整、洁净、干燥,不得有起砂现象。铺设前应满涂刷防油渗水泥浆结合层一遍,然后随刷随铺防油渗混凝土,用刮杆刮平,并用振动器振捣密实,不得漏振,然后再用铁抹子将表面抹平压光,吸水后,终凝前再压2~3遍,至表面压光压实为止。

7) 分格缝处理:

① 防油渗混凝土面层应按厂房柱网分区段浇筑,区段划分及分区段缝应符合设计要求。

② 当设计无要求时,每区段面积不宜大于50m²;分格缝应设置纵、横向伸缩缝,纵向分格缝间距为3~6m,横向为6~9m,并与建筑轴线对齐。分格缝的深度为面层的总厚度,上下贯通,其宽度为15~20mm。防油渗面层分格缝构造做法参照图25-30所示的方法设置。

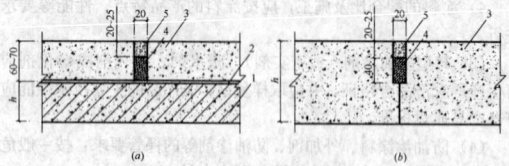

图 25-30 防油渗面层和分格缝的做法
(a)楼层地面;(b)底层地面
1—水泥基层;2——布二胶隔离层;3—防油渗混凝土面层;
4—防油渗胶泥;5—膨胀水泥砂浆

③ 分格条在混凝土终凝后取出并修好,当防油渗混凝土面层的强度达到5MPa时,将分格缝内清理干净,并干燥,涂刷一遍防油渗胶泥底子油后,应趁热灌注防油渗胶泥材料,亦可采用弹性多功能聚胺酯类涂膜材料嵌缝,缝的上部留20~25mm深度采用膨胀水泥砂浆封缝。

8) 养护:

防油渗混凝土浇筑完12h后,表面应覆盖草袋,浇水养护不少于14d。

(2) 防油渗涂料面层施工要点

1) 防油渗面层采用防油渗涂料时,材料应按设计要求选用,涂层厚度宜为5~7mm。

2) 基层处理:

① 水泥类面层的强度要在5.0MPa以上,表面应平整、坚实、洁净、无酥松、粉化、脱皮现象,并不空鼓、不起砂、不开裂、无油脂;含水率不应大于9%。用2m靠尺检查表面平整度不大于2mm。表面如有缺陷,应提前2~3d用聚合物水泥砂浆修补。

② 地面基层必须充分干燥,施工前7d不得浇水。

3) 防油渗水泥浆结合层配置、涂刷(打底):

①按混凝土防油渗面层中的方法配置防油渗水泥浆结合层。

②或用水泥胶粘剂腻子打底。所使用的腻子应坚实牢固,不粉化、不起皮和无裂纹,并按基层底涂料和面层涂料的性能配套应用。将腻子用刮板均匀涂刷于面层上,满刮1~3遍,每遍厚度为0.5mm。最后一遍干燥后,用0号砂纸打磨平整光滑,清除粉尘。

4) 涂刷防油渗涂料:涂料宜采用树脂乳液涂料,按所选用的原材料品种和设计要求配色,涂刷1~3遍,涂刷方向、距离应一致,勤蘸短刷。如所涂料干燥较快时,应缩短刷距。在前一遍涂料表干后方可刷下一遍。每遍的间隔时间,一般为2~4h,或通过试验确定。

5) 待涂料层干后即可采用树脂乳液涂料涂刷1~2遍罩面。

6) 待干燥后,在表面上打蜡上光,后养护,时间应不少于7d。养护应保持清洁,防止污染。夏天一般为4~8h可固化,冬天则需要1~2d。

25.4.7 不发火(防爆)面层

不发火性的定义:当所有材料与金属或石块等坚硬物体发生摩

擦、冲击或冲擦等机械作用时,不发生火花(或火星),致使易燃物引起发火或爆炸危险,即为具有不发火性。

不发火面层,又称防爆面层,是指地面受到外界物体的撞击、摩擦而不发生火花的面层。适用于有防爆要求的一些工厂车间和仓库,如精苯车间、精馏车间、钠加工车间、氢气车间、钾加工车间、胶片厂棉胶工段、人造橡胶的链状聚合车间、人造丝工厂的化学车间以及生产爆破器材、爆破产品的车间和火药仓库、汽油库等的建筑地面工程。

1. 构造做法

(1) 不发火(防爆)面层宜选用细石混凝土、水泥石屑、水磨石等水泥类的拌合料铺设。也可采用菱苦土、木砖、塑料板、橡胶板、铅板和铁钉不外露的竹木地板面层作为不发火(防爆)建筑地面。施工时应符合下列要求:

1) 选用的原材料及其拌合料应经试验确定的不发火的材料。

2) 不发火(防爆)混凝土、水泥石屑、水磨石等水泥类面层的厚度和强度等均应符合设计要求。

(2) 不发火(防爆)面层应有一定的弹性,减小冲击荷载作用下产生的振动,避免产生火花,同时应防止有可能因摩擦产生火花的材料粘结在面层上。

(3) 不发火(防爆)水泥类面层的构造做法见图25-31。

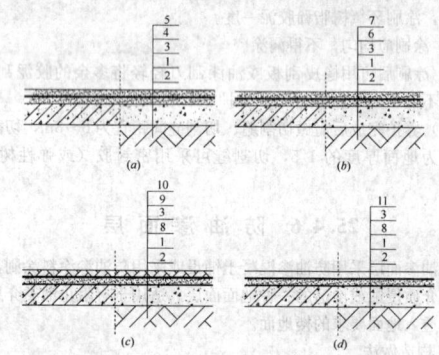

图 25-31 不发火(防爆)面层构造做法示意图
(a)水泥类不发火面层;(b)沥青类不发火面层;
(c)木地板类不发火面层;(d)橡胶类不发火面层;
1—混凝土垫层(楼面结构层);2—基土;3—水泥砂浆找平层;4—素水泥浆结合层;5—水泥类面层;6—冷底子油1~2道;7—沥青砂浆或沥青混凝土面层;8—防潮隔离层;9—粘结剂或沥青粘结层(或为木楞、毛地板);10—木地板面层;11—橡胶板块面层

2. 材料要求

(1) 水泥:应选用普通硅酸盐水泥,强度等级不应低于42.5,有出厂检验报告和复试报告。

(2) 砂:选用质地坚硬、表面粗糙并有颗粒级配的砂,其粒径宜为0.15~5mm,含泥量不应大于3%,有机物含量不应大于0.5%。

(3) 石料(水磨石面层时采用石粒):采用大理石、白云石或其他石料加工而成,并以金属或石料撞击时不发生火花为合格。

(4) 嵌条:采用不发生火花的材料配制,配制时应随时检查,不得混入金属或其他易发生火花的杂质。

(5) 砂、石均应按下列试验方法检验不发火性,合格后方可应用。试验方法如下:

1) 试验前的准备。材料不发火的鉴定,可采用砂轮来进行。试验的房间应完全黑暗,以便在试验时易于看见火花。

试验用的砂轮直径为150mm,试验时其转速应为600~1000r/min,并在暗室内检查其分离火花的能力。检查砂轮是否合格,可在砂轮旋转时用工具钢、石英岩或含有石英岩的混凝土等能发生火花的试件进行摩擦,摩擦时应加10~20N的压力,如果发生清晰的火花,则该砂轮即认为合格。

2) 粗骨料的试验。从不少于50个试件中选出做不发生火花试验的试件10个。被选出的试件,应是不同表面、不同颜色、不同结晶体、不同硬度的。每个试件重50~250g,准确度应达到1g。

试验时也应在完全黑暗的房间内进行。每个试件在砂轮上摩擦时，应加以 10~20N 的压力，将试件任意部分接触砂轮后，仔细观察试件与砂轮摩擦的地方，有无火花发生。

必须在每个试件上磨掉不少于 20g 后，才能结束试验。

在试验中如没有发现任何瞬时的火花，该材料即为合格。

3）粉状骨料的试验。粉状骨料除着重试验其制造的原料外，并应将这些细粒材料用胶结料（水泥或沥青）制成块状材料来进行试验，以便于以后发现制品不符合不发火的要求时，能检查原因，同时，也可以减少制品不符合要求的可能性。

4）不发火水泥砂浆、水磨石和水泥混凝土的试验。主要试验方法同前。

3. 施工要点

（1）不发火（防爆）面层应采用水泥类的拌合料铺设，其厚度应符合设计要求。

（2）施工所用的材料应在试验合格后使用，不得任意更换材料和配合比。

（3）清理基层：施工前应将基层表面的泥土、灰浆皮、灰渣及杂物清理干净，油渍污迹清洗净，抹底灰前一天，将基层浇水湿润，但无积水。

（4）抹找平层：水泥类不发火地面施工时，应按常规方法先做找平层，具体施工方法参见 25.3.9 水泥砂浆找平层施工要点。如基层表面平整，亦可不抹找平层，直接在基层上铺设面层。

（5）拌合料配制：

1）不发火混凝土面层强度等级应符合设计要求，当设计无要求时可采用 C20。其施工配合比可按水泥∶砂∶碎石∶水＝1∶1.74∶2.83∶0.58（重量比）试配。所用材料严格计量，用机械搅拌，投料程序为：碎石→水泥→砂→水。要求搅拌均匀，混凝土灰浆颜色一致，搅拌时间不少于 90s，配制好的拌合物在 2h 内完成。

2）采用不发火（防爆）水磨石面层时其拌合料配制见 25.4.4 中的相关内容。

（6）铺设面层：

1）不发火（防爆）各类面层的铺设，应符合本节中相应面层的规定。

2）不发火（防爆）混凝土面层铺设时，先在已湿润的基层表面均匀地涂刷一道素水泥浆，随即分仓顺序摊铺，随铺随用刮杠刮平，用铁辊筒纵横交错来回滚压 3~5 遍至表面出浆，用木抹子拍实搓平，然后用铁抹子压光。待收水后再压光 2~3 遍，至抹平压光为止。

3）试块的留置，按每一层（或检验批）建筑地面工程不应小于 1 组。当每一层（或检验批）建筑地面工程面积大于 1000m² 时，每增加 1000m² 应增做 1 组试块；小于 1000m² 按 1000m² 计算。当改变配合比时，亦应相应地制作试块组数。除满足上述要求外，尚应留置一组用于检验面层不发火性的试件。

（7）养护：最后一遍压光后根据气温（常温情况下 24h），洒水养护，时间不少于 7d，养护期间不得上人和堆放物品。

25.4.8 自流平面层

自流平是一种多材料同水混合而成的液态物质，倒入地面后，这种物质可根据地面的高低不平顺势流动，对地面进行自动找平，并很快干燥，固化后的地面会形成光滑、平整、无缝的地面施工技术。自流平面层可采用水泥基、石膏基、合成树脂基等拌合物或涂料涂饰。根据材料的不同可分为水泥基自流平、环氧树脂自流平、环氧砂浆自流平、ABS 自流平等等。

1. 构造特点

（1）自流平地面洁净，美观，又耐磨，抗重压，除找平功能之外，水泥自流平还可以起到防潮、抗菌的重要作用。适用于无尘室、无菌室、制药厂（包括实行 GMP 标准的制药工业）、食品厂、化工厂、微电子制造厂、轻工厂房等对地面有特殊要求的精密行业的地面工程，或作为 PVC 地板、强化地板、实木地板的基层。

（2）基层地面结实，混凝土强度等级不应小于 C20；基层强度不小于 1.2MPa。

（3）自流平面层的基层面的含水率符合下列规定：

1）水泥基自流平面层的基层面的含水率不低于 12%；

2）石膏基自流平面层的基层面的含水率不低于 14%；

3）环氧树脂基自流平面层的基层面的含水率不高于 8%。

（4）水泥基自流平地面施工时室内及地面温度应控制在 10~28℃，一般以 15℃ 为宜，相对空气湿度控制在 20%~75%。

（5）自流平面层的结合层、基层、面层的构造做法、厚度、颜色应符合设计要求，设计无要求时，其厚度：结合层宜为 0.5~1.0mm，基层宜为 2.0~6.0mm，面层宜为 0.5~1.0mm。

2. 材料要求

（1）自流平材料：根据设计要求选用适合的水泥基自流平材料，材料必须有出厂合格证和复试报告。

（2）环氧树脂自流平涂料的质量标准见表 25-18。

环氧树脂自流平涂料的技术指标　　　表 25-18

试验项目	技术指标
涂料状态	均匀无硬块
涂膜外观	平整光滑
干燥时间	表干（25℃）≤4h
实干（25℃）	≤24h
耐磨性（750g/500r）	g≤0.04
附着力（级）	≤1
硬度（摆杆法）	≥0.6
光泽度（%）	≥30
耐冲击性	40kg·cm，无裂纹、皱纹及剥落现象
耐水性	96h 无异常

（3）固化剂：固化剂应具有较低的粘度。应该选用两种或多种固化剂进行复配，以达到所需要的镜面效果。同时复配固化中应该含有抗水斑及抗白化的成分。

（4）颜料及填料的选择：宜选用耐化学介质性能和耐候性好的无机颜料，如钛白、氧化铁红、氧化铬绿等，填料的选用对涂层最终的性能影响极大，适量的加入不仅能提高涂层的机械强度、耐磨性和遮盖力，而且能减少环氧树脂固化时的体积收缩，并赋予涂料良好的贮存稳定性。

（5）助剂的选择：

1）分散剂：为防止颜料沉淀、浮色、发花，并降低色浆粘度，提高涂料贮存稳定性，促进流平。

2）消泡剂：因生产和施工中会带入空气，而厚浆型涂料粘度较高，气泡不易逸出。因此，需要在涂料中加入一定量的消泡剂来减少这种气泡，力争使之不影响地坪表面的观感。

3）流平剂：为降低体系的表面张力，避免成膜过程中发生"缩边"现象，提高涂料流平性能，改善涂层外观和质量，需加入一些流平剂。以上助剂的加入，可大大改善涂料的性能，满足施工要求。

（6）水：采用饮用水。

（7）储运与贮存：密闭储运，避免包装破损和雨淋。置于干燥通风处，避免高温，严禁阳光下暴晒及冷冻。在 5~40℃ 时贮存期为 6~12 个月。

3. 施工要点

（1）基层检查

基层应平整、粗糙，清除浮尘、旧涂层等，混凝土要达到 C25 以上强度等级，并作断水处理，不得有积水，干净，密实。不能有粘接剂残余物、油污、石蜡、养护剂及油腻等污染物附着。

1）基层含水率测定：基层含水率的测定有以下几种方法：

①塑料薄膜法：将 450mm×450mm 塑料薄膜平放在混凝土表面，用胶带纸密封四边 16min 后，薄膜下出现水珠或混凝土表面变黑，说明混凝土过湿，不宜涂装。

②无线电频率测试法：通过仪器测定传递、接收透过混凝土的无线电波差异来确定含水量。

③氯化钙测定法：是一种间接测定混凝土含水率的方法。原理是将密封容器密封固定于基层表面，根据水分从混凝土中逸出的

速度，测定密封容器中氯化钙在 72h 后的增重来确定含水率大小，其值应不大于 46.8g/m²。

2）基层水分的排除：基层含水率应小于 8%，否则应排除水分后方可进行涂装。排除水分的方法有以下几种：

① 通风：加速空气循环，加速空气流动，带走水分，促进混凝土中水分进一步挥发。

② 加热：提高混凝土和空气的温度，加快混凝土中水分迁移到表层的速率，使其迅速蒸发，宜采用强制空气加热或辐射加热。直接用火源加热时生成的燃烧产物（包括水），会提高空气的雾点温度，导致水在混凝土上凝结，故不宜采用。

③ 降低空气中的露点温度：用脱水减湿剂、除湿器或引进室外空气（引进室外空气露点低于混凝土表面及上方的温度）等方法除去空气中的水汽。

（2）水泥自流平

1）基层处理：

① 基层表面的裂缝要剔凿成 V 形槽，并用自流平砂浆修补平整。对于大的凹洞、孔洞也要用自流平砂浆修补平整。如果原有基层混凝土地面强度太低，混凝土基层表面有水泥浮浆，或是起砂严重，要把表面的一层全部打磨掉。基层混凝土强度低会导致自流平材料和基层混凝土之间粘接程度降低，可能造成自流平地面成品形成裂纹和起壳现象，因此要求打磨这道工序必须细致。如果平整度不好，要把高差大的地方尽量打磨平整，否则会影响自流平成品的平整度。

② 新浇混凝土不得少于 4 周，起壳处需修补平整，密实基面需机械方法打磨，再用水洗及吸尘器吸净表面疏松颗粒，待其干燥。有坑洞或凹槽处应在 1d 前以砂浆或腻子先行刮涂整平，超高或凸出点应予铲除或磨平，以节省料耗，并提升施工质量。

2）地面的清理：打磨工作结束后的工序是清理打磨的水泥浆粉尘和废弃物，首先用笤帚把废弃物清扫一遍，然后用吸尘器把清理过的地面彻底清理干净。注意：清理工作一定要很细致，不然会导致影响以后涂刷界面剂、水泥自流平的施工速度和成品效果。

3）施工环境的保护：在水泥自流平施工过程中，很容易污染施工现场周边的墙面，最好粘贴 50～70mm 宽的美纹纸在踢脚板上，在地坪施工完后，用刀片将多余的美纹纸去除。

4）界面剂的涂刷：在清理干净的基层混凝土基层上，涂刷界面剂两遍。两次采用不同方向涂刷顺序，以便保证，避免漏刷，每次涂刷时要采用有滚刷压上滚刷半滚刷的涂刷方法。涂刷第二遍界面剂时，要待第一遍界面剂干透，界面剂已形成透明的膜层，没有白色乳液。等第二遍界面剂完全干燥后，才能进行水泥自流平的施工，否则容易在自流平表面形成气泡。

5）水泥自流平的施工：水泥自流平面层施工前，需要根据作业面宽度及现场条件设置施工缝。水泥自流平施工作业面宽度一般不要超过 6～8m。施工段可以采用泡沫橡胶条分隔，粘贴泡沫橡胶条前应放线定位。

按照给定的加水量称量每袋自流平粉料所需清水，将自流平干粉料缓慢倒入盛有清水的搅拌桶中，一边加粉料一边搅拌器搅拌，粉料完全加入搅拌均匀后，放置 1～2min，再用搅拌器搅拌 1min 即可使用。

把搅拌好的自流平浆料均匀浇注到施工区域，要注意每一次浇注的浆料要有一定的搭接，不得留间隙。用刮板辅助摊平至要求厚度。

6）水泥自流平地坪成品的养护：施工作业前要关闭窗户，施工作业完成后将所有的门关闭。施工完 3～5h 后可上人，7d 后可正常使用（取决于现场条件和厚度）。现场不具备封闭条件时，要在施工结束 24h 后用塑料薄膜遮盖养护。

7）伸缩缝处理：在自流平地面施工结束 24h 后，可以用切割机在基层混凝土结构的伸缩缝处切出 3mm 的伸缩缝，将切割好的伸缩缝清理干净，用弹性密封胶密封填充。

8）施工时应注意：

① 施工进行时不得停水、停电，不得间断性施工；

② 用水量必须使用电子秤来控制；

③ 水泥自流平材料必须搅拌均匀才能铺设。

（3）环氧自流平

1）基层表面处理：对于平整地面，常用下列方法处理：

① 酸洗法（适用于油污较多的地面）：用 10%～15% 的盐酸清洗混凝土表面，待反应完全后（不再产生气泡），再用清水冲洗，并采用毛刷刷洗，此法可清除泥浆层及提高光滑度。

② 机械方法（适用于大面积场地）：用喷砂或电磨机清除表面突出物、松动颗粒，破坏毛细孔，增加附着面积，以吸尘器吸除砂粒、杂质、灰尘。对于有较多凹陷、坑洞的地面，应用环氧树脂砂浆或环氧腻子填平修补后再进行下步操作。经处理后的混凝土基层性能指标应符合表 25-19。

混凝土基层性能指标值　　　　表 25-19

测定项目	湿度（%）	强度（MPa）	平整度（mm/m）	表面状况
合格指标	≤9	>21	≤2	无砂无裂无油无坑

2）底涂施工：将底油加水以 1：4 稀释后，均匀涂刷在基面上。1kg 底油涂布面积为 5m²。用漆刷或滚刷将自流平底涂剂涂刷于处理过的混凝土基面上，涂刷二层，在旧基层上需再增一道底漆。第一层干燥后方可涂第二层（间隔时间 30min 左右）。采用滚涂、刮涂或刷涂，使其充分润湿混凝土，并渗入到混凝土内层。底涂剂干燥后进行自流平施工。

3）浆料拌合：按材料使用说明，先将按配比的水量置于拌合机内，边搅拌边加入环氧树脂自流平材料，直到均匀不见颗粒状，再继续搅拌 3～4min，使浆料均匀，静止 10min 左右方可使用。

4）中涂施工：中涂施工比较关键，将环氧色浆、固化剂与适量混合粒径的石英砂充分混合搅拌均匀（有时需要熟化），用刮刀涂成一定厚度的平整密实层，推荐采用锯齿状镘刀镘涂，然后用带钉子的辊子滚压以释出膜内空气。中涂层固化后，刮涂填平腻子并打磨平整，为面层提供良好表面。

5）腻子修补：对水泥类面层上存在的凹坑，填平修补，自然养护干燥后再打磨平整。

6）面层施工：待中涂层半干后即可浇注面层浆料，将搅拌均匀的自流平浆料浇注于中涂过的基面上，一次浇注需达到所需厚度，再用镘刀或专用齿针刮刀摊平，再用放气滚筒放弃，待其自流。表面凝结后，不用再涂抹。面层涂刷用量标准见表 25-20。

面层涂刷用量表　　　　表 25-20

基面平整情况厚度（mm）	用量（kg/m²）
微差表面整平≥2	约 3.2
一般表面整平≥3	约 4.8
标准全空间整平≥6	约 9.6
严重不平整基体整平≤10	约 16

注：如局部过高，料浆不能流到的地方，可用抹子轻轻刮平即可。

7）自流平施工时间最好在 30min 内完成，施工后的机具及时用水冲洗干净。

8）养护：温度低于 5℃，则需 1～2d。固化后，对其表面采用蜡封或刷表面处理剂进行养护，养护期最低不得小于 7d。

9）注意事项：

① 具体施工应参照设计要求及产品的使用说明书。

② 普通环氧自流平材料不能直接用于表面耐磨层。

③ 避免在低温高湿条件下施工，施工温度在 5～35℃，最佳温度 15～30℃，在硬before前应避免风吹日晒。

④ 施工时如有凸起或溅落的浆料，初凝后可用镘刀刮去。

⑤ 配料多少要与施工用量相匹配，避免浪费。一次配料要一次用完，不可中间加水稀释，以免影响质量。

⑥ 如有楼板加热装置应关闭，待地面冷却后方可进行自流平的施工。

⑦ 涂料使用过程中不得交叉污染，材料应密封储存。

⑧ 应充分养护方可投入使用，在养护期内自流平地面禁止上人。

25.4.9 塑胶地面

塑胶地面分为室内塑胶地面和室外塑胶地面。室内塑胶地面又分为运动塑胶地面、商务塑胶地面等。运动塑胶地面适用于羽毛球、乒乓球、排球、网球、篮球等各种比赛和训练场馆、大众健身场所和各类健身房、单位工会活动室、幼儿园、社会福利设施的各类地面。商务塑胶地板使用范围：夜总会、酒吧、展示厅、专卖店、健身房、办公室、美容院等场所的地面。室外塑胶地面适用于运动场所的跑道、幼儿园户外运动场地等。

1. 构造做法

（1）塑胶地板基层宜采用自流平基层。体育场馆塑胶地板基层宜采用架空木地板基层。

（2）基层含水率应小于3%。采用架空木地板基层，基层应采取防潮措施。

（3）塑胶面层铺设时的环境温度宜在15～30℃之间。

（4）运动场塑胶地面的类型、用途见表25-21。

运动场塑胶地面的类型、用途　　表25-21

类型	构成	适用范围	地板厚度 (mm)
QS型	全塑性，由胶层及防滑面层构成，全部为塑胶弹性体	高能量运动场地	9～25 2～10
HH型	混合型，由胶层及防滑面层构成，胶层含10%～50%橡胶颗粒	高能量运动场地	9～25 4～10
KL型	颗粒型，由胶粘合橡胶颗粒构成，表面涂于一层橡胶	一般球场	9～25 8～10
FH型	复合型，由颗粒型的底层胶、全塑性的中层胶及防滑面层构成	田径跑道	9～25 8～10

2. 材料质量控制

（1）水泥：宜采用硅酸盐水泥、普通硅酸盐水泥或矿渣硅酸盐水泥，其强度等级应在42.5级以上；不同品种、不同强度等级的水泥严禁混用。

（2）砂：应选用中砂或粗砂，含泥量不大于3%。

（3）塑胶面层：塑胶面层的品种、规格、颜色、等级应符合设计要求和现行国家标准的规定。

（4）胶粘剂：塑胶板的生产厂家一般会推荐或配套提供胶粘剂，如没有，可根据基层和塑胶板以及施工条件选用乙烯类、氯丁橡胶类、聚氨酯、环氧树脂、建筑胶等，所选胶粘剂必须通过实验确定其适用性和使用方法。如室内用水性或溶剂型粘胶剂，应测定其总挥发性有机化合物（TVOC）和游离甲醛的含量，游离甲醛的含量应符合有关现行国家规范标准。

3. 施工要点

（1）塑胶板块

塑胶板块施工要点参见25.5.7塑料板面层的施工要点做法。

（2）塑胶跑道施工要点

1）垫层的施工：参见25.3基层铺设中的相关垫层做法。

2）改性沥青混凝土施工：

①改性沥青混凝土铺设前应调整校核摊铺机的熨平板宽度和高度，并调整好自动找平装置，尽量采用全路幅摊铺。如采用分片幅摊铺，应搭接紧密、顺直。

②改性沥青混凝土拌合料加热温度控制在130～150℃，混合料到达工地控制温度为120～130℃，摊铺温度应不低于110℃，开始碾压温度80～100℃为宜。

③改性沥青混凝土摊铺的虚铺系数由摊铺前试铺确定，一般虚铺系数为1.15～1.35。

④碾压：压实作业分初压、复压和终压三遍完成。初压温度一般为110～130℃，碾压后检查平整度，不平整的部位应予以修整；复压时，用10～12t静作用压路机或10～12t振动压路机碾压4～6遍至稳定和无明显轮迹即可，复压温度宜控制在90～110℃；终压采用6～8t振动压路机静压2～4遍，终压温度宜控制在70

～90℃。

⑤碾压过程中，压路机滚轮要洒水湿润，以免粘附沥青混合料。

3）底层塑胶铺设：

①铺设底层塑胶前基层应清扫干净，去除表面浮尘、污垢，修补基层缺陷，基层完全干燥后（含水率≤8%）方可铺设底层胶。

②按照现场情况合理划分施工板块并根据施工图纸要求的厚度，在所有施工板块中调试好厚度，放好施工线。

③底层胶铺设过程中必须保持机器行走速度均匀，从场地一侧开始，按板块宽度一次性刮胶，同时修边人员要及时对露脂，凹陷处进行补胶，对凸起部位刮平。

④底层胶完全胶凝固化后，对全场进行检查，对边缘不整齐或凹凸不平处进行削割、补胶，并用专业塑胶打磨机做修整处理。

⑤在底层胶修整处理后进行试水找平，有积水的位置，采用面层材料和方法进行修补。需反复试水、修补，直到无积水现象方可进行面层施工。

4）面层塑胶的摊铺：

①配料：按照材料的配比要求投料并充分搅拌均匀后待用。

②将调制好的塑胶混凝料倒在底层塑胶表面上，使用具有定位施工厚度功能的专用刮耙摊铺施工，也可采用专业喷涂机在底层塑胶面上均匀地喷涂，确保喷涂厚度（平均厚度一般为3mm）。

③颗粒型塑胶场地必须在面层塑胶开始胶联反应前，将所需颗粒采用专业播撒工具完全均匀覆盖在面层塑胶上即可。

④每一桶胶液的操作时间尽量缩短，保证面层塑胶成胶凝固速度均匀一致。

25.4.10 薄涂型地面涂料面层

薄涂型地面涂料面层采用丙烯酸、环层、聚氨酯等树脂型涂料涂刷而成。

1. 构造做法

（1）薄涂型地面涂料面层的基层，其混凝土强度等级不低于C20，表面平整、洁净。

（2）薄涂型地面涂料面层的基层的含水率应符合下列规定：

1）面层为丙烯酸、环氧等树脂型涂料时，基层面的含水率不高于8%。

2）面层为聚氨酯树脂涂料时，基层面的含水率不高于12%。

（3）环养树脂型涂料施工的环境和基层温度不低于10℃，相对空气湿度不大于80%。

2. 材料质量控制

（1）薄涂型环氧面漆的技术参数见表25-22。

薄涂型环氧面漆的技术参数　　表25-22

类型项目	薄涂型环氧面漆			备注
	薄涂型环氧亮光面漆	防静电薄涂型环氧面漆	薄涂型环氧平光或哑光面漆	
容器中状态	搅拌后均匀无硬块	搅拌后均匀无硬块	搅拌后均匀无硬块	目视法
适用期	≤1.5h	≤1.5h	≤1.5h	杯中固化时间
耐冲击性	50cm/1kg	50cm/1kg	50cm/1kg	GB/T 1732—1993
邵氏硬度	≥H	≥H	≥H	GB/T 2411—2008
耐水性 (30d)	不起泡，不脱膜，允许轻微变色	不起泡，不脱膜，允许轻微变色	不起泡，不脱膜，允许轻微变色	GB/T 1733—1993
耐磨性	≤0.07mg	≤0.05mg	≤0.096mg	

（2）水性环氧地坪涂料为甲、乙两组分组成。

1）甲组分为液态环氧树脂配以适当比例的活性稀释剂，甲组分配方见表25-23。

水性环氧地坪涂料甲组分配方　　表25-23

组　分	质量百分比（%）
低分子量液态环氧树脂	15.0
活性稀释剂	85.0

2）乙组分由水性固化剂分散体、水、颜填料以及助剂等组成，其基本配方见表 25-24。

水性环氧地坪涂料乙组分配方　　表 25-24

组　分	质量百分比（%）	组　分	质量百分比（%）
水性固化剂	16.0～35.0	消泡剂	0.1～0.7
水	15.0～30.0	流平剂	0.1～0.5
颜填料	32.0～60.0	增稠剂	0.1～0.8
润湿分散剂	0.1～0.8	色浆	0～3.0

3）水性环氧地坪涂料的基本性能指标见表 25-25。

薄涂型水性环氧地坪涂料面漆性能指标　　表 25-25

项　目	指标	项　目	指标
干燥时间（h） 表干	3	耐冲击性/（cm/1kg）	50 通过
干燥时间（h） 实干	18	耐洗刷性（次）	≥10000
铅笔硬度（H）	2	耐 10%NaOH	30d 无变化
附着力/级	0	耐 10%HCl	10d 无变化
耐磨性（750g/500r，失重）(g)	≤0.02	耐润滑油（机油）	30d 无变化

（3）聚氨酯涂料分为单组分聚氨酯涂料和双组分聚氨酯涂料。双组分聚氨酯涂料一般是由异氰酸酯预聚物（也叫低分子氨基甲酸酯聚合物）和含羟基树脂两部分组成，通常称为固化剂组分和主剂组分。单组分聚氨酯涂料主要有氨酯油涂料、潮气固化聚氨酯涂料、封闭型聚氨酯涂料等品种。

3. 施工要点

（1）薄涂型环氧涂料

1）基层表面必须用溶剂擦拭干净，无松散层和油污层，无积水或无明显渗漏，基面应平整，在任意 2m² 内的平整度误差不得大于 2mm。水泥类基面要求坚硬、平整、不起砂，地面如有空鼓、脱皮、起砂、裂痕等，必须按要求处理后方可施工。水磨石、地板砖等光滑地面，需先打磨成粗糙面。

2）底层涂漆施工：双组分料混合时应充分、均匀，固化剂乳化液态环氧树脂使用手持式电动搅拌机在 400～800r/min 速度下搅拌漆料数分钟。底层涂漆采用辊涂或刷涂法施工。

3）面层涂漆施工：根据环氧树脂涂料的使用说明按比例将主剂及固化剂充分搅拌均匀，用分散机或搅拌机在 200～600r/min 速度下搅拌 5～15min。采用专用铲刀、镘刀等工具将材料均匀涂布，尽量减少施工结合缝。

4）养护措施：

①与地面接触处要注意避免产生划痕，严禁钢轮或过重负载的交通工具通过。

②表面清洁一般用水冲洗，如遇难清洗的污渍，采用清洗剂或工业去脂剂、除垢剂等擦洗，再用水冲洗干净。

③地面被化学品污染后，要立即用清水洗干净。对较难清洗去的化学品，采用环氧专用稀释剂及时清洁，并注意通风。

5）薄涂型环氧涂料施工的注意事项：

①施工时要掌握好漆料的使用时间，根据漆料的适用期和现场施工人员数量合理调配漆料，以免漆料一次调配过多而造成浪费。

②严禁交叉施工，非施工人员严禁进入施工现场。

③施工时室内温度控制在 10℃ 以上，低于 10℃ 严禁施工；雨天、潮湿天不宜施工。

④施工时建筑物的门窗必须安装完毕。

（2）聚氨酯涂料

1）基层清理参见本条"薄涂型环氧涂料"的基层处理方法。基层表面必须干燥。橡胶基面必须用溶剂去除表面的蜡质，钢板喷砂后 4～8h 内涂刷。

2）双组份聚氨酯涂料按规定的配比充分搅匀，搅匀后静置 20min，待气泡消失后方可施工。涂刷可采用滚涂或刷涂，第一遍涂刷未完全干透即进行第二遍涂刷。两遍涂料间隔太长时，必须用砂纸将第一遍涂膜打毛后才能进行第二遍涂料施工。

3）涂膜可采用高温烘烤固化，提高附着力、机械性能、耐化学药品性能。

4）涂料涂刷后 7d 内严禁上人。

5）聚氨酯涂料施工的注意事项：

①双组份涂料要按当日需用量调配，固化剂严格按标准要求使用，避免干燥后降低涂料的耐水、耐化学品性能。

②如果漆膜局部破损需修补时，可将该局部打毛后再补漆。

③聚氨酯漆不可用普通硝基稀释剂稀释。

④涂料施工完毕后，涂料取用后必须密闭保存，防止涂料吸潮变质；施工工具必须及时清洗干净。

25.4.11 地面辐射供暖的整体面层

1. 构造做法

（1）与土壤相邻的地面，必须设绝热层，且绝热层下部必须设置防潮层。直接与室外空气相邻的楼板，必须设绝热层。

（2）地面构造由楼板或与土壤相邻的地面、绝热层、加热管、填充层、找平层和面层组成。当工程允许地面按双向散热进行设计时，各楼层间的楼板上部可不设绝热层。

（3）面层宜采用热阻小于 0.05m² · k/W 的材料。

（4）当面层采用带龙骨的架空木地板时，加热管应敷设在木地板与龙骨之间的绝热层上，可不设置豆石混凝土填充层；绝热层与地板间净空不宜小于 30mm。

（5）地面辐射供暖系统绝热层采用聚苯乙烯泡沫塑料板时，其厚度不应小于表 25-26 规定值；绝热层采用低密度发泡水泥制品时，其厚度应符合相关规定值；采用其他绝热材料时，可根据热阻相当的原则确定厚度。

聚苯乙烯泡沫塑料板绝热层厚度（mm）**表 25-26**

楼层之间楼板上的绝热层	20
与土壤或不采暖房间相邻的地板上的绝热层	30
与室外空气相邻的地板上的绝热层	40

（6）填充层的材料宜采用 C15 豆石混凝土，豆石粒径宜为 5～12mm。加热管的填充层厚度不宜小于 50mm。

2. 材料质量控制

（1）地面辐射供暖系统中所用材料，应根据工作温度、工作压力、荷载、设计寿命、现场防水、防火等工程环境的要求，以及施工性能，经综合比较后确定。

（2）所有材料均应按国家现行有关标准检验合格，有关强制性性能要求应由国家认可的检测机构进行检测，并出具有效证明文件或检测报告。

（3）绝热材料：

1）绝热材料应采用导热系数小、吸湿率低、难燃或不燃，具有足够承载能力的材料，且不宜含有殖菌菌，不得有散发异味及可能危害健康的挥发物。

2）地面辐射供暖工程中采用的聚苯乙烯泡沫塑料主要技术指标应符合表 25-27 的规定。

聚苯乙烯泡沫塑料主要技术指标　　**表 25-27**

项　目	单　位	性能指标
表现密度	kg/m³	≥20.0
压缩强度（10%形变时的压缩应力）	kPa	≥100
导热系数	W/m·k	≤0.041
吸水率（体积分数）	%（v/v）	≤4
尺寸稳定性	%	≤3
水蒸气透过系数	ng/Pa·m·s	≤4.5
熔结性（恋曲变形）	mm	≥20
氧指数	%	≥30
燃烧分级	达到 B2 级	

3）地面辐射供暖工程中采用的低密度发泡水泥绝热层主要技术指标应符合表 25-28 的规定。

发泡水泥绝热层的技术参数　　**表 25-28**

干体积密度 （kg/m³）	抗压强度 7d（MPa）	抗压强度 28d（MPa）	导热系数 W（m·k）
350	≥0.4	≥0.5	≤0.07
400	≥0.5	≥0.6	≤0.088
450	≥0.6	≥0.7	≤1

注：可采用内插法确定干体积密度在 350～450kg/m³ 之间各部位发泡水泥绝热层厚度。

（4）发泡水泥绝热层应采用符合现行国家标准《硅酸盐水泥、普通硅酸盐水泥》(GB175)的有关规定，其抗压强度等级不应低于 32.5。

（5）发泡水泥表面质量应符合下列要求：

1）厚度方向不允许有贯通性裂纹；表面不允许有宽度＞1.8mm、长度＞800mm 的裂纹；表面宽度为 1～1.8mm、长度为 500～800mm 的裂纹每平方米不得多于 3 处。

2）表面应该平整，不允许有明显的凹坑和凸起。

3）发泡水泥绝热层表面平整度±5mm。

4）发泡水泥绝热层的厚度偏差应控制在±5mm。

5）表面疏松面积应不大于总面积的 5%，单块面积不大于 0.25m²。

（6）当采用其他绝热材料时，按表 25-27 的规定，选用同等效果绝热材料。

3. 施工准备

（1）设计施工图纸和有关技术文件齐全；

（2）有完善的施工方案、施工组织设计，并已完成技术交底。

（3）土建专业已完成墙面粉刷（不含面层），外窗、外门已安装完毕，并将地面清理干净。

（4）相关电气预理等工程已完成并验收合格。

4. 施工要点

（1）绝热层的铺设：

1）绝热层的铺设参见 25.3.12 绝热层的相关内容。

2）绝热层施工时还应注意下列方面：

①绝热层的铺设应平整，绝热层相互间接合应严密。直接与土壤接触或有潮湿气体侵入的地面，在铺放绝热层之前应先铺一层防潮层。

②发泡水泥绝热层施工浇注前，室内抹面全部完成，窗框、门框作业完毕。

（2）低温热水系统加热管的安装：

低温热水系统加热管的安装由专业安装单位安装并调试验收合格后移交下一道工序施工。

（3）填充层施工：

1）填充层的施工参见 25.3.11 填充层的相关内容。

2）填充层施工应具备以下条件：

①所有伸缩缝已安装完毕；

②加热管安装完毕且水压试验合格、加热管处于有压状态；

③低温热水系统通过隐蔽工程验收。

（4）找平层、面层施工：

1）找平层的施工参见 25.3 中相关垫层的相关内容。

2）整体面层的施工参见 25.4 中相关面层的相关内容。

3）面层施工尚应符合下列规定：

①面层施工，应在填充层达到规定强度后方可进行。

②面层的伸缩缝应与填充层的伸缩缝对应。伸缩缝填充材料宜采用高发泡聚乙烯泡沫塑料。

5. 注意事项

（1）施工过程中，应防止油漆、沥青或其他化学溶剂接触污染加热管的表面。

（2）施工的环境温度不宜低于 5℃；在低于 0℃的环境下施工时，现场应采取升温措施。

（3）施工时不宜与其他工种交叉施工作业，所有地面留洞应在填充层施工前完成。

（4）填充层施工过程，供暖系统安装单位应密切配合。

（5）填充层施工中，加热管内的水压不应低于 0.6MPa；填充层养护过程中，系统水压不应低于 0.4MPa。

（6）填充层施工中，严禁使用机械振捣设备；施工人员应穿软底鞋，采用平头铁锹；在浇筑和养护过程中，严禁踩踏。

（7）系统初始加热前，混凝土填充层的养护期不应少于 21d。施工中，应对地面采取保护措施，不得在地面上加以重载、高温烘烤、直接放置高温物体和高温加热设备。

（8）在填充层养护期满以后，敷设加热管的地面，应设置明显标志，加以妥善保护，防止房屋装修或安装其他管道时损伤加热管。

（9）地面辐射供暖工程施工地过程中，严禁人员踩踏加热管。

25.5 板块面层铺设

25.5.1 一般要求

板块面层包括砖面层、大理石面层和花岗石面层、预制板块面层、料石面层、玻璃面层、塑料板面层、活动地板面层、钢板面层、地毯面层等。

（1）低温辐射供暖地面的板块面层采用具有热稳定性的陶瓷锦砖、陶瓷地砖、水泥花砖等砖面层或大理石、花岗石、水磨石、人造石等板块面层，并应在填充层上铺设。

（2）低温辐射供暖地面的板块面层应设置伸缩缝，缝的留设与构造做法应符合设计要求和相关现行国家行业标准的规定。填充层和面层的伸缩缝的位置宜上下对齐。

（3）铺设低温辐射供暖地面的板块面层时，不得钉、凿、切割填充层，不得向填充层内楔人物件，不得扰动、损坏发热管线。

（4）铺设板块面层时，其水泥类基层的抗压强度不得低于 1.2MPa。在铺设前应刷一道水泥浆，其水灰比宜为 0.4～0.5 并随铺随刷。

（5）铺设板块面层的结合层和板块间的灌缝采用水泥砂浆，配制水泥砂浆应采用硅酸盐水泥、普通硅酸盐水泥或矿渣硅酸盐水泥；其水泥强度等级不宜小于 42.5；配制水泥砂浆的砂应符合国家现行行业标准《普通混凝土用砂、石质量及检验方法标准》(JGJ 52) 的规定；配制水泥砂浆的体积比（或强度等级）应符合设计要求。

（6）板块面层的结合层和板块面层填缝的胶结材料，应符合国家现行有关产品标准和设计要求。

（7）板块的铺砌应符合设计要求，当设计无要求时，宜避免出现板块小于 1/4 边长的边角料。施工前应根据板块大小，结合房间尺寸进行排砖设计。非整砖应对称布置，且排在不明显处。

（8）铺设板块面层的结合层和填缝的水泥砂浆，在面层铺设后应覆盖、湿润，其养护时间不应少于 7d。当板块面层水泥砂浆结合层的抗压强度达到设计要求后，方可正常使用。

（9）厕浴间及设有地漏（含清扫口）的建筑板地面面层，地漏（清扫口）的位置除应符合设计要求外，块料铺贴时，地漏处应放样套割铺贴，使铺贴好的块料地面高于地漏约 2mm，与地漏结合处严密牢固，不得有渗漏。

（10）板、块面层的允许偏差应符合表 25-29 的规定。

板、块面层的允许偏差和检验方法（mm）　　　　表 25-29

项次	项目	允许偏差										检验方法
		陶瓷锦砖面层、高级水磨石面层、陶瓷地砖面层	缸砖面层	水泥花砖面层	水磨石板块面层	大理石面层、花岗石面层、人造石面层、金属板面层	塑料板面层	水泥混凝土板块面层	碎拼大理石、碎拼花岗石面层	活动地板面层	条石面层	块石面层	
1	表面平整度	2.0	4.0	3.0	3.0	1.0	2.0	4.0	3.0	2.0	10.0	10.0	用 2m 靠尺和楔形塞尺检查
2	缝格平直	3.0	3.0	3.0	3.0	2.0	3.0	3.0	—	2.5	8.0	8.0	拉 5m 线和用钢尺检查
3	接缝高低差	0.5	1.5	0.5	1.0	0.5	0.5	1.5	—	0.4	2.0	—	用钢尺和楔形塞尺检查
4	踢脚线上口平直	3.0	4.0	—	4.0	1.0	2.0	4.0	1.0	—	—	—	拉 5m 线和用钢尺检查
5	板块间隙宽度	2.0	2.0	2.0	2.0	1.0	—	6.0	—	0.3	6.0	—	用钢尺检查

25.5.2 砖 面 层

砖面层是指采用陶瓷锦砖、缸砖、陶瓷地砖和水泥花砖在水泥砂浆、沥青胶结材料或胶粘剂结合层上铺设而成。

1. 构造做法

(1) 在水泥砂浆结合层上铺贴缸砖、陶瓷地砖和水泥花砖面层时应符合下列规定：

1) 铺贴前应对砖的规格尺寸、外观质量、色泽等进行预选，浸水湿润晾干待用；

2) 勾缝和压缝应采用同品种、同强度等级、同颜色的水泥，并做养护和保护。

(2) 在水泥砂浆结合层上铺贴陶瓷锦砖面层时，砖底面应洁净，每联陶瓷锦砖之间、与结合层之间以及在墙角、镶边和靠柱、墙处，应紧密贴合。在靠柱、墙处不得采用砂浆填补。

(3) 有防腐蚀要求的砖面层采用耐酸瓷砖、浸渍沥青砖、缸砖等和有防火要求的砖，其材质、铺设及施工质量验收应符合设计要求和现行国家标准《建筑防腐蚀工程施工及验收规范》（GB 50212）、《建筑设计防火规范》（GB 50016）的规定。

(4) 大面积铺设陶瓷地砖、缸砖地面时，室内最高温度大于30℃、最低温度小于5℃时，应符合下列规定：

1) 板块紧密镶贴的面层宜控制在 1.5mm×1.5m；

2) 板块留缝镶贴的勾缝材料宜采用弹性勾缝料，勾缝后应压缝，缝隙深应不大于板块厚度的1/3。

(5) 砖面层的基本构造见图 25-32。

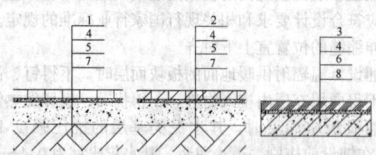

图 25-32 砖面层基本构造
1—普通黏土砖；2—缸砖；3—陶瓷锦砖；4—结合层；
5—垫层（或找平层）；6—找平层；7—基土；8—楼层结构层

2. 材料要求

(1) 水泥：采用硅酸盐水泥、普通硅酸盐水泥或矿渣硅酸盐水泥，强度等级不应低于 42.5。应有出厂合格证及检验报告，进场使用前进行复试合格后使用。

(2) 砂：砂应洁净无有机杂质的中砂或粗砂，使用前应过筛，含泥量不大于 3%。

(3) 白水泥及颜料：白水泥及颜料用于擦缝，颜色按照设计要求或视面材色泽确定。同一面层应使用同厂、同批的颜料，采用同品种、同强度等级、同颜色的水泥，以避免造成颜色深浅不一；颜料掺入量宜为水泥重量的 3%～6%或由试验确定。

(4) 砖材填缝剂：近几年来，随着设计的逐步深入，大量的室内装饰铺设越来越讲究，使用彩色砖材填缝剂成为突出砖材整体美或线条感的首选产品。选用时应根据缝宽大小、颜色、耐水要求或特殊砖材的填缝需要选择专业生产厂家的不同类型、颜色的填缝剂，应有合格证及检验报告。检验报告应包括工作性、稠度和收缩性（抗开裂性）等指标。

(5) 砖材胶粘剂：应符合《陶瓷墙地砖胶粘剂》（JC/T 547）的相关要求，其选用应按基层材料和面层材料使用的相容性要求，通过试验确定，并符合现行国家标准《民用建筑工程室内环境污染控制规范》（GB 50325）的规定。产品应有出厂合格证和技术质量指标检验报告。超过生产期三个月的产品，应取样检验，合格方可使用；超过保质期的产品不得使用。

(6) 陶瓷马赛克：进场后应拆箱检查颜色、规格、形状等是否符合设计要求和有关标准的规定。每箱内必须盖有检验标志的产品合格证和产品使用说明书。

(7) 陶瓷地砖、缸砖、水泥花砖：砖品色、品种、规格按照图纸设计要求并符合有关标准规定。应有出厂合格证和技术质量性能指标的试验报告。

3. 施工要点

(1) 陶瓷马赛克地面施工要点

1) 清理基层、弹线：将基层清理干净，表面浮浆皮要铲掉、扫净，弹水平标高线在墙上。

2) 刷素水泥浆：在清理好的地面上均匀洒水，然后用笤帚均匀洒刷素水泥浆（水灰比为 0.5），刷的面积不得过大，与下道工序铺浆找平层紧密配合，随刷水泥浆随做水泥砂浆。

3) 水泥砂浆找平层：

① 冲筋：以墙面+50cm 水平标高线为准，测出面层标高，拉水平线做灰饼，灰饼上平面为马赛克下平面。然后进行冲筋，在房间中间每隔 1m 冲筋一道。有地漏的房间按设计要求的坡度找坡，冲筋应朝地漏方向呈放射状。

② 冲筋后，用 1:3 硬性水泥砂浆（干硬程度以手捏成团，落地开花为准），铺设厚度为 20～25mm，用大杠（顺标筋）将砂浆刮平，木抹子拍实，抹平整。有地漏的房间要按设计要求的坡度做出泛水。

③ 找方正、弹线：找平层铺好 24h 后或抗压强度达到 l. 2MPa 后，在找平层上量测房间内长宽尺寸，在房间中心弹十字控制线，根据设计要求的图案结合马赛克每联尺寸，计算出所铺设的张数，不足整张的应用到边角处，不能贴到明显部位。

4) 水泥浆结合层：在砂浆找平层上，浇水湿润后，抹一道 2～2.5mm 厚的水泥浆结合层（宜掺水泥重量 20%的 108 胶），应随抹随贴，面积不要过大。

5) 铺陶瓷马赛克：宜整间一次镶贴连续操作，如果房间大一次不能铺完，须将接槎切齐，余灰清理干净。具体操作时应在水泥浆尚未初凝时开始铺贴（背面应洁净），从里向外沿控制线进行，铺时先翻起一边的纸，露出砖以便对正控制线，对好后立即将陶瓷马赛克铺上（纸面朝上）；紧接着用手将砖面铺平，用拍板拍实（人站在木板上），使水泥浆渗入到砖的缝内，直至纸面上显露出砖缝水印时为止。继续铺贴时不得踩在已铺好的砖上，应退着操作。

6) 修整：整间铺好后，在陶瓷马赛克上垫木板，人站在垫板上修理四周的边角，并将陶瓷马赛克地面与其他地面门口接槎处修好，保证接槎平直。

7) 刷水、揭纸：铺完后紧接着在纸面上均匀地刷水，常温下过 15～30min 便湿透（如未湿透可继续洒水），此时可以开始揭纸，并随时将纸毛清理干净。

8) 拨缝：在水泥浆结合层终凝前完成，揭纸后，及时检查缝子是否均匀，缝子不顺不直时，用小靠尺比着开刀轻轻地拨顺、调直，并将其调整后的砖用木拍板拍实（用锤子敲拍板），同时粘贴补齐已经脱落、缺少的陶瓷马赛克颗粒。地漏、管口等处周围的马赛克，要按坡度预先试铺进行切割，要做到陶瓷马赛克与管口镶嵌紧密相吻合。在以上拨缝调整过程中，要随时用 2m 靠尺检查平度，偏差不超过 2mm。

9) 灌缝：拨缝后第二天（或水泥浆结合层终凝后），用白水泥浆或砖材填缝胶擦缝，从里到外顺缝揉擦，擦满、擦实为止。及时将表面的余灰清理干净，防止对面层的污染。

使用专用填缝剂施工的要求：

①表面处理：使用填缝剂前应先将砖缝隙清理干净，去除所有灰尘、油渍及其他污染物。

②搅拌：使用带合适搅拌叶的低速电钻进行机械搅拌。将粉料加入适量的水中，然后开始搅拌，直至均匀没有块状为止。待拌合物静置 5min，并略再搅拌即可使用。

③施工：用橡胶填缝刀或合适刮刀，将搅拌好的填缝剂填入砖缝隙内，按对角线方向或以环形转动方式将填缝剂填满缝隙。尽可能不在砖面上残留过多的填缝剂，并在物料凝固前用湿海绵或湿布定期清洁砖表面。尽快清除发现的任何瑕疵，并尽早补好。

④清洗：使用微湿的海绵清洁表面，局部使用干净湿布擦净，并于填缝剂膜层干燥之前进行。工具使用后应立即用清水冲洗。

填缝剂初凝固化后，用干布将表面已经粉化的填缝剂擦掉，或者用水进行最后的清洗。

10) 养护：陶瓷马赛克地面擦缝 24h 后，铺上锯末常温养护（或用塑料薄膜覆盖），其养护时间不得少于 7d，且不准上人。

(2) 陶瓷地砖、缸砖、水泥花砖地面施工要点

1) 处理基层、弹线：混凝土地面应将基层凿毛，凿毛深度 5~10mm，凿毛痕的间距为 30mm 左右。清净浮灰、砂浆、油渍。根据房间中心线（十字线）并按照排砖方案图，在地面弹出与门口成直角的基准线，弹线应从门口开始，以保证进口处为整砖，非整砖置于阴角或家具下面，弹线应弹出纵横定位控制线。

2) 地砖浸水湿润：铺贴前对砖的规格尺寸、外观质量、色泽等进行预选，浸水湿润晾干待用。

3) 摊铺水泥砂浆，安装标准块：根据排砖控制线安装标准块，标准块应安放在十字线交点，对角安装，根据标准块先铺贴好左右靠边基准行（封路）的块料。

4) 铺贴地面砖：根据基准行由内向外挂线逐行铺贴。并随时做好各道工序的检查和复验工作，以保证铺贴质量。铺贴时宜采用干硬性水泥砂浆，厚度为 10~15mm，然后用水泥膏（2~3mm 厚）满涂块料背面，对准挂线及缝子，将块料粘贴上，用小木槌着力敲击至平正。挤出的水泥膏及时清干净。随铺砂浆随铺贴。面砖的缝隙宽度，当紧密铺贴时不宜大于 1mm；当虚缝铺贴时宜为 5~10mm，或按设计要求。

5) 勾缝：面层铺贴 24h 内，根据各类砖面层的要求，分别进行擦缝、勾缝或压缝工作。勾缝深度比砖面凹 2~3mm 为宜，擦缝和勾缝应采用同品种、同强度等级、同颜色的水泥。

6) 清洁、养护：铺贴完成后，清理面砖表面，2~3h 内不得上人，做好面层的养护和保护工作。

(3) 卫生间等有防水要求的房间面层施工

1) 根据标高控制线，从房间四角向地漏处按设计要求的坡度进行找坡，并确定四角及地漏顶部标高，用 1:3 水泥砂浆找平，找平打底灰厚度一般为 10~15mm，铺抹时用铁抹子将灰浆摊平拍实，用刮杠刮平，木抹子搓平，做成毛面，再用 2m 靠尺检查找平层表面平整度和地漏坡度。找平打底灰完后，于次日浇水养护 2d。

2) 对铺贴的房间检查净空尺寸，找好方正，定出四角及地漏处标高，根据控制线先铺贴好靠边基准行的块料，由内向外挂线逐行铺贴，并注意房间四边第一行块板铺贴必须平整，找坡应从第二行块料开始依次向地漏处找坡。

3) 根据地面板块的规格，排好模数，非整砖块料对称铺贴于靠墙边，且不小于 1/4 整砖，与墙面距离应保持一致，严禁出现"大小头"现象，保证铺贴好的块料地面标高低于走廊和其他房间不少于 20mm，地面坡度符合设计要求，无倒泛水和积水现象。

4) 地漏（清扫口）位置在符合设计要求的前提下，宜结合地面面层排版设计进行适当调整。并用整块（块材规格较小时用四块）块材进行套割，地漏（清扫口）双向中心线应与整块块材的双向中心线重合；用四块块料套割时，地漏（清扫口）中心应与四块块材的交点重合。套割尺寸宜比地漏面板外围每侧大 2~3mm，四周边均匀一致。镶贴时，套割的块料内侧与地漏面板平，四周边外侧低（找坡）5mm（清扫口不找坡）。待镶贴凝固后，清理地漏（清扫口）周围缝隙，用密封胶封闭，防止地漏（清扫口）周围渗漏。

5) 铺贴前在找平层上刷素水泥浆一遍，随刷浆随抹结层水泥砂浆，配合比为 1:2~1:2.5，厚度 10~15mm，铺贴时对准控制线及缝子，将块料铺贴好，用小木槌或橡皮锤敲击至表面平整，缝隙均匀一致，将挤出的水泥浆擦干净。

6) 擦缝、勾缝应在 24h 内进行，用 1:1 水泥砂浆（细砂），要求缝隙密实平整光洁。勾缝的深度宜为 2~3mm。擦缝、勾缝应采用同品种、同一强度等级、同一颜色的水泥。

7) 面层铺贴完毕 24h 后，洒水养护 2d，并用防水材料临时封闭地漏，放水深 20~30mm 进行 24h 蓄水试验，经监理、施工单位共同检查验收签字确认无渗漏后，地面铺贴工作方可完工。

(4) 在胶粘剂结合层上铺贴砖面层

1) 在胶粘剂结合层上粘贴砖面层时，胶粘剂选用应符合现行国家标准《民用建筑工程室内环境污染控制规范》（GB 50325）的规定。

2) 水泥基层表面应平整、坚硬、干燥、无油脂及砂粒，含水率不大于 9%。如表面有麻面起砂、裂缝现象时，宜采用乳液腻子等修补平整，每次涂刷的厚度不大于 0.8mm，干燥后用 0 号铁砂布打磨，再涂刷第二遍腻子，直至表面平整（基层表面平整度应符合 4.1.6 条规定）后，再用水稀释的乳液涂刷一遍，以增加基层的整体性和粘结力。

3) 铺贴应先编号，将基层表面清扫洁净，涂刷一层薄而匀的底胶，待其干燥后，再在其面上进行弹线，分格定位。

4) 铺贴应由内向外进行。涂刷的胶粘剂必须均匀，并超出分格线 10mm，涂刷厚度控制在 1mm 以内，砖面层背面应均匀涂刮胶粘剂，待胶层干燥不粘手（10~20min）即可铺贴，涂胶面积不应超过胶的晾置时间内可以粘贴的面积，应一次就位准确，粘贴密实。

25.5.3 大理石面层和花岗石面层

大理石面层和花岗石面层指采用各种规格型号的天然石材板材、合成花岗石（又名人造大理石）在水泥砂浆结合层上铺设而成。大理石面层和花岗石面层适用于高等级的公共场所、民用建筑及耐化学反应的工业建筑中的生产车间等建筑地面工程。

1. 构造做法

(1) 对室内使用的大理石、花岗石等天然石材的放射性应符合国家现行建材行业标准《天然石材产品放射防护分类控制标准》（JC 518）的规定。

(2) 大理石、花岗石面层的结合层厚度一般宜为 20~30mm。

(3) 大理石板材不适宜用于室外地面工程。

(4) 基本构造见图 25-33。

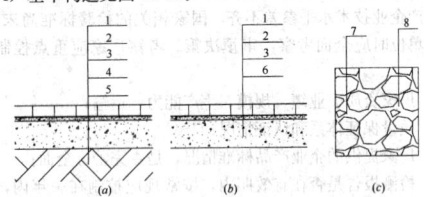

图 25-33　石材面层基本构造图
(a) 地面构造一；(b) 地面构造二；(c) 面层
1—大理石（碎拼大理石）、花岗石面层；2—水泥砂浆或水泥砂浆结合层；3—找平层；4—垫层；5—素土夯实；6—结构层（钢筋混凝土楼板）；7—碎拼大理石；8—水泥砂浆或水泥石粒浆填缝

2. 材料要求

(1) 大理石、花岗石板块：

1) 天然大理石、花岗石板块的花色、品种、规格应符合设计要求。其技术等级、光泽度、外观等质量要求应符合现行《天然大理石建筑板材》（GB/T 19766）、《天然花岗石建筑板材》（GB/T 18601）的规定。

2) 大理石、花岗石等天然石材特别要注意色差控制、加工偏差控制。石材的加工及选用，必须根据加工图进行排板，为了保证石材花纹及色泽一致性，每一块出厂石材必须编号，对进场材料必须进行对号检查，对出现变形和色差较大板块进行筛选更换。

3) 加工好的成品饰面石材，其质量好坏可以通过"一观二量三听四试"来鉴别。

一观，即肉眼观察石材的表面结构。一般说来，均匀的细料结构的石材具有细腻的质感，为石材之佳品；粗粒及不等粒结构的石材其外观效果较差，机械力学性能也不均匀，质量稍差。另外，天然石材由于地质作用的影响常在其中产生一些细脉、微裂隙，石材最易沿这些部位发生破裂，应注意剔除。至于缺棱少角更是影响美观，选择时尤应注意。

二量，即量石材的尺寸规格，以免影响拼接，或造成拼接后的图案、花纹、线条变形，影响装饰效果。

三听，即听石材的敲击声音。一般而言，质量好的，内部致密均匀且无显微裂隙的石材，其敲击声清脆悦耳；相反，若石材内部存在显微裂隙或细脉或因风化导致颗粒间接触变松，则敲击声粗哑。

四试，即用简单的试验方法来检验石材质量好坏。通常在石材的背面滴上一小滴墨水，如墨水很快四处分散浸出，即表示石材内

部颗粒较松或存在显微裂隙，石材质量不好；反之，若墨水滴在原处不动，则说明石材致密质地好。

(2) 水泥：一般采用硅酸盐水泥，强度等级不低于 42.5，应有出厂合格证和试验报告。严禁使用受潮结块水泥。

(3) 砂：宜采用中砂或粗砂，粒径不大于 5mm，不得含有杂物，含泥量小于 3%。

(4) 胶粘剂：胶粘剂应有出厂合格证和使用说明书，有害物质限量符合国家有关标准。

(5) 人造石材：目前市场上的人造石材主要有三种：一种为人造复合石材。以不饱和聚酯树脂为胶结剂，配以天然大理石或方解石、白云石、硅砂、玻璃粉等无机物物料，以及适量的阻燃剂、颜料，经配料混合、以高压制成板材。第二种为人造花岗石，是将原石打碎后，加入胶料与石料真空搅拌，并采用高压震动方式使之成形，制成一块块的岩块，再经过切割成为建材石板。除保留了天然纹理外，还可以加入不同的色素，丰富其色泽的多样性。第三种为微晶石材，也就是微晶玻璃。采用制玻璃的方法，将不同的天然石料按一定的比例配料，粉碎，高温熔融，冷却结晶而成。特点：具有强度高、厚度薄、耐酸碱、抗污染等优点。

确定拟用于工程的人造石时，要严格执行封样制度，设计封样时除对材料外观、颜色、尺寸、厚度等指标确定外，还要确定拟用于工程的材料技术指标和物化性能指标，该指标的确定依据国标、行标或企业标准。

由于人造石材的制作工艺差异很大，性能、特征也不完全一致，生产企业技术水平参差不齐，国家相关的检验标准尚未出台，在选择单位时应全面考察，审慎决策。考察厂家应重点控制以下内容：

1) 厂家资质、业绩、规模、生产能力、运输；

2) 质量保证体系及认证情况；

3) 厂家提供的企业产品标准情况，是否完善、全面；

4) 检测报告是否在有效期内，按常规应控制在一年内，主要技术指标是否达到相应行业要求；

5) 技术研发和支持能力；

6) 厂家对产品的不定期抽检情况，出现问题的解决及时有效情况；

7) 售后技术服务能力。

对选定的材料供货单位在签定合同时应将执行的标准和技术质量要求写入合同，特别是物化性能指标标注清楚。

3. 施工要点

(1) 基层处理要干净，高低不平处要先凿平和修补，基层应清洁，不能有砂浆，尤其是白灰砂浆、油渍等，并用水湿润地面。

(2) 根据水平控制线，用干硬性砂浆做灰饼，灰饼的标高应按地面标高减板厚再减 2mm，并在铺前弹出排板控制线。

(3) 大理石和花岗石板材在铺贴前应先对色、拼花并编号。按设计要求的排列顺序，对铺贴板材的部位，以现场实际情况进行试铺，核对楼地面平面尺寸是否符合要求，并对大理石和花岗石的自然花纹和色调进行挑选排列并编号。试拼中将色板好的排放在显眼部位，花色和规格较差的铺贴在较隐蔽处，尽可能使楼地面的整体图面与色调和谐统一。

(4) 将板材背面刷干净，铺贴时保持湿润，阴干或擦干后备用。

(5) 根据控制线，按预排编号铺好每一开间及走廊左右两侧标准行（封路）后，再进行拉线铺贴，并由里向外铺贴。

(6) 铺贴大理石、花岗石、人造大理石：

1) 铺贴前，先将基层浇水湿润，然后刷素水泥浆一遍，水灰比 0.5 左右，并随刷随做底灰，底灰采用干硬性水泥砂浆，配比为 1:2，以手握成团不出浆为准。然后进行试铺，检查结合层砂浆的饱满度（如不饱满，应用砂浆填补），随即将大理石背面均匀地刮上 2mm 厚的素灰膏。铺贴浅色大理石时，素灰膏应采用 R32.5 建筑白水泥，然后用毛刷蘸水湿润砂浆表面，再将石板对准铺贴位置，使板块四周同时落下，用小木槌或橡皮锤敲击平实，随即清理板缝内的水泥浆。

2) 人造石材在铺装过程中因其材料的不稳定，除应严格执行

天然石材地面铺装质量验收规范标准外，特别要注意对石材防护、预留缝隙清理、固化养护工序的质量控制，同时在确定施工工艺时参照人造石企业标准，制定严格的施工流程，并在施工前做好样板再推广。人造石材切割应采用水刀切割，严禁现场切割，应严格按照现场绘制加工图，专业厂家进行切割。

(7) 板材间的缝隙宽度如设计无规定时，对于花岗石、大理石不应大于 1mm。相邻两块高低差应在允许偏差范围内，严禁二次磨光板边。

(8) 铺贴完成 24h 后，开始洒水养护。3d 后用水泥浆（颜色与石块调和）擦缝饱满，并随即用干布擦净至无残灰、污迹为止。铺好的板块禁止行人和堆放物品。

(9) 大理石和花岗石板材如有破裂时，可采用环氧树脂或 502 胶粘剂修补。

1) 采用环氧树脂胶，其配合比宜为：环氧树脂:苯二甲酸二丁酯:乙二胺:面面层颜料=100(kg):10~20(L):10(L):适量面层颜料。

2) 粘结时，粘结面必须清洁干净。

3) 采用环氧树脂胶时，两个粘结面涂胶厚 0.5mm 左右，在 15℃以上环境温度粘结，胶粘剂在 1h 内完成；采用 502 胶时，在粘结面注入 502 胶，稍加压力粘合。

4) 粘结后应注意养护。养护时间：采用环氧树脂时，室温在 20~30℃应为 7d，室温在 30~35℃应为 3d；采用 502 胶时，室温在 15℃应为 24h。

(10) 碎拼大理石或碎拼花岗石面层施工：

1) 碎拼大理石或碎拼花岗石面层施工可分仓或不分仓铺砌，亦可镶嵌分格条。为了边角整齐，应选用有直边的一边板材沿分仓或分格线铺砌，并控制面层标高和基准点。用干硬性砂浆铺贴，施工方法同大理石地面。铺贴时，按碎块形状大小相同自然排列，缝隙控制在 15~25mm，并随铺随清理缝内挤出的砂浆，然后嵌填水泥石粒浆，嵌缝应高出块材面 2mm。待达到一定强度后，用细磨石将凸缝磨平。如设计要求碎拼缝采用灌水泥砂浆时，厚度与块材上面齐平，并将表面抹平压实。

2) 碎块板材面层磨光，在常温下一般 2~4d 即可开磨，第一遍用 80~100 号金刚石，要求磨匀磨平磨光滑，冲净渣浆，用同色水泥浆填补表面所呈现的细小空隙和凹痕，适当养护后再磨。第二遍用 100~160 号金刚石磨光，要求磨至石子粒显露，平整光滑，无砂眼细孔，用水冲洗后，涂抹草酸溶液（热水:草酸=1:0.35，重量比，溶化冷却后用）一遍。如设计要求磨三遍时，第三遍应用 240~280 号的金刚石磨光，研磨至表面光滑为止。

(11) 当板材采用胶粘剂做结合层粘结时，尚应满足以下要求：

1) 双组分胶粘剂拌和程序及比例应严格按照产品说明书要求执行。

2) 根据石料、胶粘剂及粘结基层情况确定胶粘剂厚度，粘接的胶层厚度不宜超过 3mm。应注意产品说明书对胶粘剂标明的最大使用厚度，同时应考虑基材种类和操作环境条件对使用厚度的影响。

3) 石料胶粘剂的晾置时间为 15~20min，涂胶面积不应超过胶的晾置时间内可以粘贴的面积。

(12) 镶贴踢脚板：

1) 踢脚板在地面施工完后进行，施工方法有镶贴法和灌浆法两种，施工前均应进行基层处理，镶贴前先将石板块刷水湿润，晾干。踢脚板的阳角按设计要求，宜做成海棠角或割成 45°角。

2) 板材厚度小于 12mm 时，采用镶贴法施工，施工方法同砖面层。当板材厚度大于 15mm 时，宜采用灌浆法施工。

3) 采用灌浆法施工时，先在墙两端用石膏（或胶粘剂）各固定一块板材，其上楞（上口）高度应在同一水平线上，突出墙面厚度应控制在 8~12mm。然后沿两块踢脚板上楞拉通线，用石膏（或胶粘剂）逐块依顺序固定踢脚板。然后灌 1:2 水泥砂浆，砂浆稠度视缝隙大小而定，以能灌实为准。

4) 镶贴时应随时检查踢脚板的平直度和垂直度。

5) 板间接缝应与地面缝贯通（对缝），擦缝做法同地面。

(13) 打蜡或晶面：踢脚线打蜡同楼地面打蜡一起进行。应在

结合层砂浆达到强度要求、各道工序完工、不再上人时，方可打蜡或晶面处理，应达到光滑亮洁。

25.5.4 预制板块面层

预制板块面层指采用各种规格型号的混凝土预制板块、水磨石预制板块在水泥砂浆结合层上铺设而成。

1. 构造做法

(1) 预制板块地面结合层、变形缝、伸缩缝和防震缝等做法执行 25.4.1 中相关规定。

(2) 水泥混凝土预制板块面层的缝隙应采用水泥浆（或砂浆）填缝，彩色混凝土板块和水磨石板块应用同色水泥浆（或砂浆）擦缝。

(3) 预制板块面层的构造做法见图 25-34。

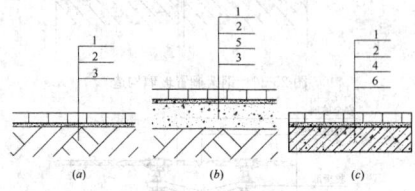

图 25-34 预制板块面层构造做法示意图
(a) 地面构造之一; (b) 地面构造之二; (c) 楼面构造
1—预制板块面层; 2—结合层; 3—素土夯实; 4—找平层;
5—混凝土或灰土垫层; 6—结合层（楼层钢筋混凝土板）

2. 材料要求

(1) 水泥：采用硅酸盐水泥、普通硅酸盐水泥或矿渣硅酸盐水泥，强度等级不应低于 32.5。应有出厂合格证及检验报告，进场使用前进行复试合格后使用。

(2) 砂：宜采用中砂或粗砂，必须过筛，颗粒要均匀，不得含有杂物，粒径不大于 5mm。含泥量不大于 3%。

(3) 水磨石板块：

1) 水磨石预制板块规格、颜色、质量符合设计要求和有关标准的规定，并有出厂合格证；要求色泽鲜明，颜色一致。凡有裂纹、掉角、翘曲和表面上有缺陷的板块应予剔除，强度和品种不同的板块不得混杂使用。其质量应符合现行《建筑水磨石制品》（JC 507）的规定。

2) 运输和贮存：运输水磨石应直立放置，倾斜度不大于 15°。水磨石包装件与运输工具接触部分必须支垫，使之受力均匀；运输时要平稳，严禁冲击。

(4) 混凝土板块：

1) 混凝土板块边长通常为 250～500mm，板厚等于或大于 60mm，混凝土强度等级不低于 C20。其余质量要求同水磨石板块质量控制要求。

2) 运输和贮存：装运时应捆扎牢固，卸货时，严禁抛掷。堆放时场地应平整、坚实，并应正面相向，每垛高度不得超过 1.5m，且每垛的产品规格等级应相同。

3. 施工要点

(1) 水泥混凝土板块面层，应采用水泥浆（或水泥砂浆）填缝；彩色混凝土板块和水磨石板块应用同色水泥浆（或砂浆）擦缝。

(2) 清理基层、弹控制线、定位、排板：

1) 将基层表面的浮土、浆皮清理干净，油污清洗掉。

2) 依据室内 +500mm 标高线和房间中心十字线，铺好分块标准块，与走道直接连通的房间应拉通线，分块布置应对称。走道与房间使用不同颜色的水磨石板，分色线应留在门框裁口处。

3) 按房间长宽尺寸和预制板块的规格、缝宽进行排板，确定所需块数，必要时，绘制施工大样图，以避免正式铺设时出现错缝、缝隙不匀、四周靠墙不匀称等缺陷。

4) 预制水磨石板块面层铺设前应进行试铺，对好纵横缝，用橡皮锤敲击板块中间，振实砂浆，锤击至铺设高度，试铺合适后掀起板块，用砂浆填补空虚处，满浇水泥浆粘结层。再铺板块时要四角同时落下，用橡皮锤轻敲，并随时用水平尺和直线找平。

到水磨石板块面层平整、线路顺直、镶边正确。

(3) 板块浸水和砂浆拌制：

1) 在铺砌板块前，背面预先刷水湿润，并晾干码放，使铺时达到面干内潮。

2) 结合层用 1:2 或 1:3 干硬性水泥砂浆，应用机械搅拌，要求严格控制加水量，并搅拌均匀。拌好的砂浆以手捏成团，落地即散为宜。应随拌随用，一次不宜拌制过多。

(4) 基层湿润和刷粘结层：

1) 基层表面清理干净后，铺前一天洒水湿润，但不得有积水。

2) 铺砂浆时随刷一度水灰比为 0.5 左右的素水泥浆粘结层，要求涂刷均匀，随刷随铺砂浆。

(5) 铺结合层和预制板：

1) 根据排板控制线，贴好四角处的第二块，作为标准块，然后由内向外挂线铺贴。

2) 铺干硬性水泥砂浆，厚度以 25～30mm 为宜，用铁抹子拍实抹平，然后进行预制板试铺，对好纵横缝，用橡皮锤敲板块中间，振实砂浆至铺设高度后，将板掀起移到一边，检查砂浆上表面，如有空隙应用砂浆填补，满浇一层水灰比为 0.4～0.5 的素水泥浆（或稠度 60～80mm 的 1:1.5 水泥砂浆），随刷随铺，铺时四角同时落下，用橡皮锤轻敲使其平整密实，防止四角出现空鼓随时用水平尺或直尺找平。

3) 板块间的缝隙宽度应符合设计要求。当无设计要求时，应符合下列规定：混凝土板块面层缝宽不宜大于 6mm；水磨石板块间的缝宽一般不应大于 2mm。铺时要拉通长线对板缝的平直度进行控制，横竖缝对齐通顺。

(6) 在砂结合层上铺设预制板块面层时，结合层下的基层应平整，当为基土层尚应夯填密实。铺设预制板块面层前，砂结合层应洒水压实，并用刮尺找平，而后拉线逐块铺贴。

(7) 镶贴踢脚板：

1) 安装前先将踢脚板背面预刷水湿润、晾干。踢脚板的阳角处应按设计要求，做成海棠角或割成 45°角。

2) 镶贴方法主要有以下两种：

① 灌浆法：将墙面清扫干净浇水湿润，镶贴时在墙两端各镶贴一块踢脚板，其上端高度在同一水平线上，出墙厚度应一致。然后沿两块踢脚板上端拉通线，逐块依顺序安装，随着随时检查踢脚板的平直度和垂直度，使表面平整，接缝严密。在相邻两块之间及踢脚板与地面、墙面之间用石膏作临时固定，待石膏凝固后，随即用稠度 8～12cm 的 1:2 稀水泥砂浆灌注，并随时将溢出砂浆擦净，待灌入的水泥砂浆凝固后，把石膏剔去，清理干净后，用与踢脚板颜色一致的水泥砂浆填补擦缝。踢脚板之间缝宜与地面水磨石板对镶贴。

② 粘贴法：根据墙面上的灰饼和标准控制线，用 1:2.5 或 1:3 水泥砂浆打底、找平，表面搓毛，待打底灰已干硬后，将已湿润、阴干的踢脚板背面抹上 5～8mm 厚水泥砂浆（掺加 10% 的 801 胶），逐块由一端向另一端往底灰上进行粘贴，并用木槌敲实，按线找平找直，24h 后用同色水泥浆擦缝，将余浆擦净。

(8) 嵌缝、养护：预制板块面层铺设 24h 后，用素水泥浆或水泥砂浆（水泥：细砂 = 1:1）灌缝 2/3 高，再用同色水泥浆擦（勾）缝，并用干锯末将板块擦亮，铺上湿锯末覆盖养护，7d 内禁止上人。

(9) 水磨石板块面层打蜡上光应在结合层达到强度后进行。

25.5.5 料石面层

料石面层采用天然条石和块石，应在结合层上铺设。采用块石做面层应铺在基土或砂垫层上；采用条石做面层应铺在砂、水泥砂浆或沥青胶结料结合层上。

1. 构造做法

(1) 块石面层结合层铺设厚度：砂垫层在夯实后不应小于 60mm；基土层应为均匀密实的基土或夯实的基土。

(2) 条石面层应组砌合理，无十字缝，铺砌方向和坡度应符合设计要求；块石面层石料缝隙应相互错开，通缝不超过两块石料。

(3) 料石面层的基本构造见图 25-35。

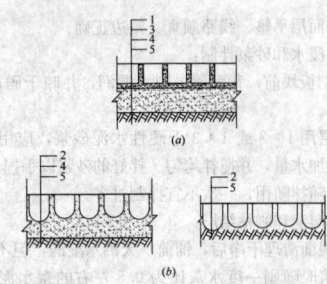

图 25-35 料石面层
(a) 条石面层；(b) 块石面层
1—条石；2—块石；3—结合层；4—垫层；5—基土

2. 材料要求

(1) 料石：

1) 条石和块石面层所用的石材的规格、技术等级和厚度应符合设计要求。

2) 条石采用质量均匀，强度等级不应低于 MU60 的岩石加工而成。其形状接近矩形六面体，厚度为 80～120mm。

3) 块石采用强度等级不低于 MU30 的岩石加工而成。其形状接近直棱柱体或有规则的四边形或多边形，其底面截锥体，顶面粗琢平整，底面积不应小于顶面积的 60%，厚度为 100～150mm。

4) 不导电料石应采用辉绿岩制成。填缝材料亦采用辉绿岩加工的砂嵌实。耐高温的料石面层的石料，应按设计要求选用。

(2) 水泥：采用硅酸盐水泥、普通硅酸盐水泥或矿渣硅酸盐水泥，强度等级不应低于 42.5。应有出厂合格证及试验报告。

(3) 砂：砂采用洁净无有机杂质的中砂或粗砂，含泥量不大于 3%。

3. 施工要点

(1) 铺设前，应对基层进行清理和处理，要求基层平整、清洁。

(2) 料石面层采用的石料应洁净。在水泥砂浆结合层上铺设时，石料在铺砌前应洒水湿润，基层应涂刷素水泥浆，铺贴后应养护。

(3) 料石面层铺砌时不宜出现十字缝。条石应按规格尺寸及品种进行分类挑选，铺贴时板缝必须拉通长线加以控制，垂直于行走方向铺砌成行。铺砌时方向和坡度要正确。相邻两行条石应错缝铺贴，错缝尺寸应为条石长度的 1/3～1/2。

(4) 铺砌在砂垫层上的块石面层，基土应均匀密实。石料的缝隙互相错开，通缝不得超过两块石料。块石嵌入砂垫层的深度不小于石料厚度的 1/3。石料间的缝隙宜为 10～25mm。

(5) 块石面层铺设后，以 10～20mm 粒径的碎石嵌缝，然后进行夯实或用碾压机碾压，再填入 5～15mm 粒径的碎石，经碾压至石粒不松动为止。

(6) 在砂结合层上铺砌条石面层时，缝隙宽度不宜大于 5mm。当采用水泥砂浆嵌缝时，应预先用砂填缝至 1/2 高度，然后用水泥砂浆灌满缝并抹平。

(7) 在水泥砂浆结合层上铺设条石时，混凝土垫层必须清理干净，然后均匀涂刷素水泥浆，随刷随铺结合层砂浆。结合层砂浆必须用干硬性砂浆，厚 15～20mm。石料间的缝隙应采用同类水泥砂浆嵌缝抹平，缝隙宽度不应大于 5mm。

(8) 结合层和嵌缝的水泥砂浆应符合下列要求：

水泥砂浆体积比 1：2；相应的水泥砂浆强度等级≥M15；水泥砂浆稠度 25～35mm。

(9) 在沥青胶结料结合层上铺砌条石面层时，下一层表面应洁净、干燥，其含水率不应大于 9%，并应涂刷基层处理剂。沥青胶结料及基层处理剂配合比均应通过试验确定。一般基层处理剂涂刷一昼夜即可施工面层。条石要洁净，铺贴时应在摊铺热沥青胶结料后随即进行，并应在沥青胶结料凝结前完成。填缝前，缝隙内应予清扫并使其干燥。

25.5.6 玻璃面层

玻璃面层地面是指地面采用安全玻璃板材（钢化玻璃、夹层玻璃等）固定于钢骨架或其他骨架上。

1. 构造做法

基本构造如图 25-36～图 25-38。

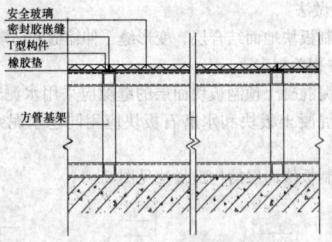

图 25-36 钢架搁置玻璃构造

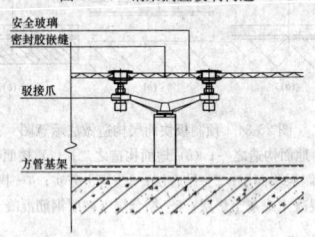

图 25-37 钢架接驳固定构造

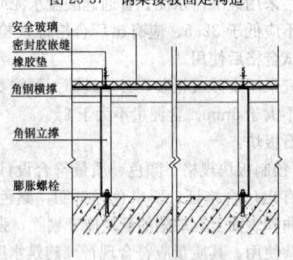

图 25-38 钢架粘贴玻璃构造

2. 材料要求

(1) 安全玻璃：

1) 玻璃地面常用的安全玻璃主要包括钢化玻璃和夹层玻璃，直接做钢化玻璃的较少，一般用夹层玻璃的较多。

2) 钢化玻璃的质量标准应符合现行《建筑安全玻璃 第二部分 钢化玻璃》(GB 15763.2) 的有关规定。玻璃外观质量不能有裂纹、缺角。长方形平面钢化玻璃边长允许偏差见表 25-30；长方形平面钢化玻璃对角线差允许值见表 25-31。

长方形平面钢化玻璃边长允许偏差　表 25-30

厚 度 (mm)	边长 (L) 允许偏差 (mm)			
	$L \leqslant 1000$	$1000 < L \leqslant 2000$	$2000 < L \leqslant 3000$	$L > 3000$
3、4、5、6	$\begin{matrix}+1\\-2\end{matrix}$	±3	±4	±5
8、10、12	$\begin{matrix}+2\\-3\end{matrix}$			
15	±4	±4		
19	±5	±5	±6	±7
>19	供需双方商定			

长方形平面钢化玻璃对角线差允许值 (mm)
表 25-31

玻璃公称厚度	对角线允许差		
	边长≤2000	2000<边长≤3000	边长>3000
3、4、5、6	±3.0	±4.0	±5.0
8、10、12	±4	±5	±6
15、19	±5	±6	±7
>19	供需双方商定		

3) 夹层玻璃：夹层玻璃质量标准应符合国家标准《夹层玻璃》（GB 9962），外观质量不允许存在裂纹。爆边长度或宽度不得超过玻璃的厚度，划伤和磨伤不得影响使用，不允许脱胶，气泡、中间层杂质及其他可观察的不透明物等缺陷符合标准，夹层玻璃边长的允许偏差见表 25-32。

夹层玻璃边长的允许偏差（mm）　表 25-32

总厚度 D	长度或宽度 L	
	L≤1200	1200<L<2400
4≤D<6	+2 −1	—
6≤D<11	+2 −1	+3 −1
11≤D<17	+3 −2	+4 −2
17≤D<24	+4 −3	+5 −3

（2）支撑骨架一般有砖墩、混凝土墩、钢支架、不锈钢支架、木支架或铝合金支架等几种，常用的是钢支架和铝合金、不锈钢支架。质量控制按照相关专业工程施工技术标准。

（3）橡胶垫：橡胶垫的厚度应满足设计要求，厚度要均匀。

（4）密封胶：密封胶必须是防霉型的，并且符合环保要求。

3. 施工要点

（1）基层清理：施工前应先检查楼地面的平整度，清除地面杂物及水泥砂浆，如结构为砖墩、混凝土墩，地面应凿毛。

（2）地面找平：玻璃支撑结构为钢结构、不锈钢或铝合金支架，如地面平整度不能达到施工要求，应重新用水泥砂浆找平并养护。

（3）测量放线：根据设计要求，弹出 50cm 水平基准线，根据基准线弹出玻璃地面标高线，测量长宽尺寸，按照玻璃规格加上缝隙（2~3mm），弹出支撑结构中心线。

（4）支撑结构施工：按照设计要求支撑结构形式进行施工，按照要求开设通风孔。结构上表面必须水平，误差控制 1mm 以内。

（5）支撑结构表面处理：支撑结构表面要求达到一定的装饰设计效果，结构施工完毕需进行结构部分的装饰施工。如涂料、油漆等方式。

（6）定位橡胶条安装：橡胶条必须与支撑结构上表面固定牢，以免地面在使用过程中滑落，可采用双面胶。

（7）玻璃安装：玻璃安装固定方式包括接驳爪固定、格栅固定和胶结固定，玻璃安装前必须清理干净，并佩戴手套以防污染玻璃背面，影响观感，安装时采用玻璃吸盘，避免碰撞玻璃。

（8）密封胶：清理玻璃缝隙，缝隙两边纸胶带保护，采用密封胶灌缝，缝隙要求饱满平滑。打胶后应进行保护，待胶固化后方可上人。

25.5.7　塑料板面层

塑料板面层指采用塑料板材、塑料板焊接、塑料板卷材以胶粘剂在水泥类基层上采用实铺或空铺法铺设而成。塑料板面层适用于对室内环境具有较高安静要求以及儿童和老人活动的公共活动场所。如宾馆、图书馆、幼儿园、老年活动中心、计算机房等。

1. 构造做法

（1）水泥类基层表面应平整、坚硬、干燥、密实、洁净、无油脂及其他杂质，不得有麻面、起砂、裂缝等缺陷。基层含水率不大于 8%。

（2）铺贴塑料板面层时，室内相对湿度不大于 70%，温度宜在 10~32℃之间。

（3）塑料板块地面应根据使用场所、使用功能要求，选用合适的厚度、硬度、光泽度、耐低温性等技术指标的材料。

（4）铺贴塑料板块面层需要焊接时，其焊条成分和性能应与被焊的板材相同。

（5）塑料板面层施工完成后养护时间应不少于 7d。

2. 材料要求

（1）塑料板

1）品种、规格、色泽、花纹应符合设计要求，其质量应符合现行国家标准的规定。

2）面层应平整、厚薄一致、边缘平直、色泽均匀、光洁、无裂纹、密实无孔、无皱纹，板内不允许有杂物和气泡，并应符合产品各项技术指标。

3）外观目测 600mm 距离应看不见有凹凸不平、色泽不匀、纹痕显露等现象。

4）运输、贮存：塑料板材搬运过程中，不得乱扔乱摔、冲击、重压、日晒、雨淋。塑料板应贮存在干燥洁净、通风的仓库内，并防止变形。温度一般不超过 32℃，距热源不得小于 1m，堆放高度不得超过 2m。凡是在低于 0℃环境下贮存的塑料地板，施工前必须置于室温 24h 以上。

（2）塑料焊条：选用等边三角形或圆形截面，表面应平整光洁，无孔眼、节瘤、皱纹，颜色均匀一致，质量应符合有关技术标准的规定，并有出厂合格证。

（3）乳胶腻子：

1）石膏乳液腻子的配合比（体积比）为：石膏：土粉：聚醋酸乙烯乳液：水＝2：2：1：适量。

2）滑石粉乳液腻子的配合比（重量比）为：滑石粉：聚醋酸乙烯乳液：水：羧甲基纤维素溶液＝1：（0.2~0.25）：适量：0.1。

3）前者用于基层表面第一道嵌补找平，后者用于第二道修补打平。

（4）胶粘剂：

1）胶粘剂产品应按基层材料和面层材料使用的相容性要求，通过试验确定。一般常与地板配套供应。根据不同的基层，铺贴时应选用与之配套的粘结剂，并按使用说明选用，在使用前应经充分搅拌。对于双组份胶粘剂要先将各组份分别搅拌均匀，再按规定的配比准确称量，然后混合拌匀后使用。

2）产品应有出厂合格证和使用说明书，并必须标明有害物质名称及其含量。有害物质含量必须符合《民用建筑工程室内环境污染控制规范》（GB 50325）及现行国家标准的规定。超过生产期三个月的产品，应取样检验合格后方可使用；超过保质期的产品，不得使用。

3. 施工要点

（1）基层处理

1）水泥类基层表面应平整、坚硬、干燥、密实、洁净、无油脂及其他杂质，阴阳角必须方正，含水率不大于 9%。不得有麻面、起砂、裂缝等缺陷。应彻底清除基层表面残留的砂浆、尘土、砂粒、油污。

2）水泥类基层表面如有麻面、起砂、裂缝等缺陷时，宜采用乳液腻子等修补平整。修补时每次涂刷的厚度不大于 0.8mm，干燥后用 0 号铁砂布打磨，再涂刷第二遍腻子，直至表面平整后，再用水稀释的乳液涂刷一遍，以增加基层的整体性和粘结力。基层表面的平整度不应大于 2mm。

3）在木板基层铺设塑料板地面时，木板基层的木搁栅应坚实，凸出的钉帽应打入基层表面，板缝可用胶粘剂配腻子填补修平。

4）地面基层平整度达不到要求，用普通水泥砂浆又无法保证不空鼓的情况下，宜采用自流平水泥处理。自流平施工配料为每包 25kg 自流平 6.25L 水，即 4：1。自流平施工前需涂刷专用界面剂，自流平搅拌方法：先用 6.25L 清水倒入 30L 以上的空桶内，再倒入 1 包 25kg 水泥自流平干粉，再用电动搅拌器搅拌约 5min，把桶壁上的粉块刮入桶内，继续搅拌约 1min，至均匀无结块。浇注自流平浆料，用自流平刮刀连续批刮，用排气滚筒滚轧浆面，以避免气泡、麻面和接口高差，开调后的每桶浆料必须在 10min 内用完。

（2）弹线、分格

铺贴塑料板面层前应按设计要求进行弹线、分格和定位，见图

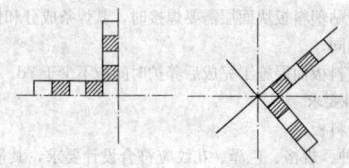

图 25-39　定位方法

25-39。在基层表面上弹出中心十字线或对角线，并弹出板材分块线；在距墙面 200～300mm 处作镶边。如房间长、宽尺寸不符合模数时，或设计有镶边要求时，可沿地面四周弹出镶边位置线。线迹必须清晰、方正、准确。地面标高不同的房间，不同标高分界线应设在门框裁口线处。塑料板面层铺贴形式与方法见图 25-40。

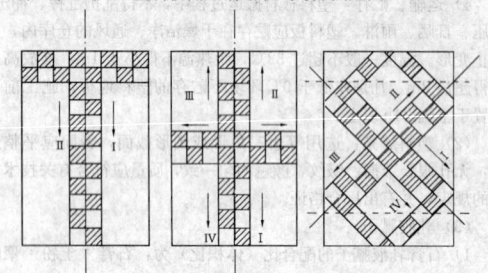

图 25-40　塑料板面层铺贴形式与方法

（3）裁切试铺

1）塑料板面层应采用塑料板块材、塑料板焊接、塑料卷材以胶粘剂在水泥类基层上铺设。

2）半硬质聚氯乙烯板（石棉塑料板）在铺贴前，应用丙酮：汽油＝1：8 的混合溶液进行脱脂除蜡。

3）软质聚氯乙烯板（软质塑料板）在试铺前进行预热处理，宜放入 75℃ 左右的热水浸泡 10～20min，至板面全部软化伸平后取出晾干待用（不得用炉火和用电热炉预热）。

4）按设计要求和弹线对塑料板进行裁切试铺，试铺完成后按位置对裁切的塑料板块进行编号就位。

（4）涂胶

1）铺贴时应将基层表面清扫洁净后，涂刷一层薄且均匀的底胶，不得有漏涂，待其干燥后，即按弹线位置和板材编号沿轴线由中央向四面铺贴。

2）基层表面涂刷胶粘剂应用锯齿形刮板均匀涂刮，并超出分格线约 10mm，涂刮厚度应控制在 1mm 以内。

3）同一种塑料板应用同种胶粘剂，不得混用。

4）使用溶剂型橡胶胶粘剂时，基层表面涂刷胶粘剂，同时塑料板背面用油刷薄而均匀地涂刮胶粘剂，暴露于空气中，至胶层不粘手时即可粘合铺贴，应一次就位准确，粘贴密实（暴露时间一般 10～20min）。

5）使用聚醋酸乙烯溶剂型胶粘剂时，基层表面涂刷胶粘剂，塑料板背面不需涂胶粘剂，涂胶不能太大，胶层稍加暴露即可粘合。

6）使用乳液型胶粘剂时，应在塑料板背面、基层上同时均匀涂刷胶粘剂，胶层不需晾置即可粘合。

7）聚氨酯胶和环氧树脂胶粘剂为双组份固化型胶粘剂，有溶剂但含量不多，胶面稍加暴露即可粘合，施工时基层表面、塑料板背面同时用油漆刷涂刷薄薄一层胶粘剂，但胶粘剂初始粘力较差，在粘合时宜用重物（如砂袋）加压。

（5）铺贴

1）塑料板的铺贴，应先将塑料板一端对准弹线粘贴，轻轻地用橡胶滚筒将塑料板顺次驯服地粘贴在地面上，粘贴应一次就位准确，排除地板与基层间的空气，用压滚压实或用橡胶锤敲打粘合密实。

2）地面塑料卷材铺贴，按卷材铺贴方向的房间尺寸裁料，应注意用力拉直，不得重复切割，以免形成锯齿使接缝不严。使用的割刀必须锋利，宜用切割皮革用的扁口刀，以保证接缝质量。涂胶

铺贴顺序与塑料板相同，先对缝后大面铺贴。粘贴时先将卷材一边对齐所弹的尺寸线（或已贴好相邻卷材的边缘线）对缝，连接应严密，并用橡胶滚筒压密实后，再顺序粘贴和滚压大面，压平、压实，切忌将大面一下子贴上后滚压，以免残留气泡造成空鼓。

3）低温环境条件铺贴软质塑料板，应注意材料的保暖，应提前一天放在施工地点，使其达到与施工地点相同的温度。铺贴时，切忌用力拉伸或撕扯卷材，以防变形或破裂。

4）铺贴时应及时清理塑料地面表面的余胶。

对溶剂型的胶粘剂可用松节水或 200 号溶剂汽油擦去拼缝挤出的余胶。

对水乳型胶粘剂可用湿布擦去拼缝挤出的余胶。

5）塑料板接缝处必须进行坡口处理，粘接坡口做成同向顺坡，搭接宽度不小于 30mm。板材焊接时，将相邻的塑料板边缘切成 V 型槽，坡口角 β：板厚 10～20mm 时，β＝65°～75°；板厚 2～8mm 时，β＝75°～85°。板越厚，坡口角越小，板薄则坡口角大。焊缝应高出母材表面 1.5～2.0mm，使其呈圆弧形，表面应平整。

6）软质塑料板的铺贴：软质塑料板在基层粘贴后，缝隙如果需要焊接，须经 48h 后方可施焊。焊接一般采用热空气焊，空气压力控制在 0.08～1MPa，温度控制在 180～250℃。

7）踢脚板铺贴：

①塑料踢脚板铺贴的要求和板材相同，地面铺贴完成后，按已弹好的踢脚板上口线及两端铺贴好的踢脚板为标准，挂线粘贴，铺贴的顺序是先阴阳角、后大面。踢脚板与地面对缝一致粘合后，应用橡胶滚筒反复滚压密实。

②施工时，应先将塑料条钉在墙内预留的木砖上，钉距 400～500mm，然后用焊枪喷烤塑料条，随即将踢脚板与塑料条粘结。

③阴角塑料踢脚板铺贴时，先将塑料板用两块对称组成的木模顶压在阴角处，然后取掉一块木模，在塑料板转折重叠处，划出剪裁线，剪裁试装合适后，再把水平面 45°相交处的裁口焊好，作成阴角部件，然后进行焊接或粘结。

④阳角踢脚板铺贴时，需在水平封角裁口处补焊一块软板，作成阳角部件，再行焊接或粘结。

（6）清理养护及上蜡

全部铺贴完毕，应用大压辊压平，用湿布进行认真的清理，均匀满涂上蜡，揩擦 2～3 遍。塑料地板的养护不少于 7d。

25.5.8　活动地板面层

活动地板面层指采用特制的活动地板块，配以横梁、橡胶垫条和可供调节高度的金属支架组装成的架空活动地板，在水泥类基层或面层上铺设而成。活动地板适用于管线比较集中以及一些对防尘、导电要求较高的机房、办公场所、电化教室、会议室等的建筑地面。

1. 构造做法

（1）活动地板面层是活动地板块配以横梁、橡胶垫条和可供调节高度的金属支架组装的架空活动地板面层在水泥类基层（面层）上铺设而成。活动地板面层与基层（面层）间的空间可敷设有关管道和导线，并可结合需要开启检查、清理和迁移。

（2）活动地板面层与原楼地面间的空间可按使用要求进行设计，可容纳大量的电缆、管线等。

（3）活动地板的所有构件均可预制、运输、安装、拆卸十分方便。不符合模数的板块可进行切割，但切割边四周侧边用耐磨硬质板材封固或用镀锌钢板包裹，胶条封边应符合耐磨要求。

（4）当房间的防静电要求较高，需要接地时，应将活动地板面层的金属支架、金属横梁相互连通，并与接地体相连，接地方法应符合设计要求。

（5）活动地板在门口处或预留洞口处应符合设置构造要求。

（6）活动地板构造见图 25-41。

2. 材料要求

地板所用的材料大体分为三类：纯木质地板、复合地板、金属地板，纯木质地板的优点是造价低、易加工，但强度较差、易受潮变形，且易引起火灾。复合地板的基材是层压刨花板、水泥刨花板或硫酸钙板，上下表面贴有塑料贴面，四周用油漆封住，或用镀锌

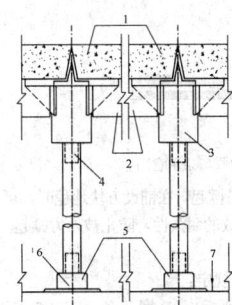

图 25-41　活动地板面层构造
1—活动面板块；2—横梁；
3—柱帽；4—螺栓；5—活动
支架；6—底座；7—楼地面

铁皮包封的地板。其优点是平整光滑、不起尘、易清洁、有一定弹性、耐腐性、防火、颜色美观，是目前使用较为普遍的一种活动地板。金属地板铝合金浇铸或压铸而成，其上表面贴有抗静电贴面。金属地板的优点是：强度高，受温度和湿度的影响小，地板的精度高，关键尺寸易于保证，铺设后地面平整，结合处缝隙小，而且能够提高抗静电效果，但是金属地板造价高。选择活动地板时应以房内所有设备中最重设备的重量为基准来确定地板的载荷，这样可以防止有些设备过重而引起地板的永久变形或破损。

活动地板面层包括标准地板、异形地板和地板附件（即支架和横梁组件）。采用的活动地板块面层承载力不得小于 7.5MPa，其系统体积电阻率宜为：A 级板为 $1.0×10^5 ～ 1.0×10^8 \Omega$；B 级板为 $1.0×10^5 ～ 1.0×10^{10} \Omega$。

地板附件是承载并传输荷载的构件，包括支架组件和横梁组件。支架组件一般采用钢立柱，钢支柱用管材制作，横梁组件一般采用轻型槽钢制成。支架有高架（1000mm）和低架（200、300、350mm）两种。

各项技术性能与技术指标应符合现行有关产品标准的规定，应有出厂合格证及设计要求性能的检测报告。

3. 施工要点

(1) 活动地板面层施工时，室内各项工程必须全部完成、超过地板块承载力的设备进入房间预定位置后，方可进行活动地板的安装。不得进行交叉施工。

(2) 活动地板面层与通过的走道或房间的建筑地面面层构造应符合设计要求。

(3) 活动地板面层的金属支架应支承在水泥类基层上，水泥混凝土应为现浇，不应采用预制空心楼板。

(4) 基层表面应平整、光洁、干燥、不起灰，安装前清扫干净，并根据需要，在其表面涂刷 1～2 遍清漆或防尘剂，涂刷后不允许有脱皮现象。

(5) 按设计要求，在基层上弹出支架定位方格十字线，测量底座水平标高，将底座就位。同时，在墙四周测好支架水平线。

(6) 铺设活动地板面层的标高，应按设计要求确定。当房间平面是矩形时，其相邻墙体应相互垂直；与活动地板接触的墙面的缝应顺直，其偏差每米不应大于 2mm。

(7) 根据房间平面尺寸和设备等情况，应按活动地板模数选择板块的铺设方向。当平面尺寸符合活动地板模数，而室内无控制柜设备时，宜由里向外铺设；当平面尺寸不符合活动地板模数时，宜由外向里铺设。当室内有控制柜设备且需要预留洞口时，铺设方向和先后顺序应综合考虑选定。

(8) 在铺设活动地板面层前，室内四周的墙面应设置标高控制位置，并按选定的铺设方向和顺序设基准点。在基层表面上应按板块尺寸弹线并形成方格网，标出地板的安装位置和高度，并标明设备预留部位。

(9) 先将活动地板各部件组装好，以基准线为准，将底座摆平在支座点上，核对中心线后，按安装顺序安放支架和横梁，固定支架的底座，连接支架和框梁。用水平仪逐点抄平、水平尺调整每个支座面的高度至全部等高。

(10) 在所有支柱柱和横梁构成的框成为一体后，应用水平仪抄平。然后将环氧树脂注入支架底座与水泥基层之间的空隙内，使之连接牢固，亦可用膨胀螺栓或射钉连接。

(11) 在横梁上按活动地板尺寸弹出分格线，铺放缓冲胶条时，应采用乳胶液与横梁粘合。从一角或相邻的两个边依次向外或另外两个边铺装，并调整好活动地板缝隙使之顺直。四角接触处应平整、严密，但不得采用加垫的方法调整。

(12) 当铺设的地板块不合模数时，其不足部分可根据实际尺寸将板面切割后镶补，并配装相应的可调支撑和横梁。支撑可用木带或角钢固定在房间四周墙面上，木带或角钢定位高度与支架标高相同，在木带或角钢上粘贴橡胶垫条。也可采用支架安装，将支架上托的定位销钉去掉三个，保留沿墙面的一个，使靠墙的地板块越过支架紧贴墙面。

(13) 对活动地板块切割或开孔时，可用无齿锯或钻加工，但加工后的边角应打磨平整，采用清漆或环氧树脂胶加滑石粉按比例调成腻子封边，或用防潮腻子封边，亦可用铝型材镶嵌封边。以防止板块吸水、吸潮，造成局部膨胀变形。在墙体的接缝处，应根据接缝宽窄分别采用活动地板或木条镶嵌，窄缝隙宜采用泡沫塑料镶嵌。

(14) 活动地板面层上的机柜安装时，如果是框架支撑可随意安装；如果是四点支撑，应使支撑点尽量靠近活动地板的框架。当机柜重量超过活动地板块额定承载力时，宜在活动地板下部增设金属支架。

(15) 在与墙边的接缝处，宜采用木条或泡沫塑料镶嵌，地板沿墙面宜做木踢脚线。

(16) 通风口处的活动地板应选用异形板块铺贴。

(17) 活动地板下面的线槽和管道安装，应在铺设活动地板前安装并固定在地面上。

(18) 活动地板块的安装或开启，必须使用吸板器，严禁采用铁器硬撬。安装时应做到轻拿轻放。

(19) 在设备全部就位以及所有地下管线、电缆安装完成后，对活动地板再抄平一次并进行调整，直至符合设计及验收规范要求，最后将板面全面进行清理。

(20) 塑料踢脚线铺贴时，应先将塑料条钉在墙内预留的木砖上，钉距 40～50mm，然后用焊枪喷烤塑料条，随即将踢脚线与塑料条粘结，见图 25-42。

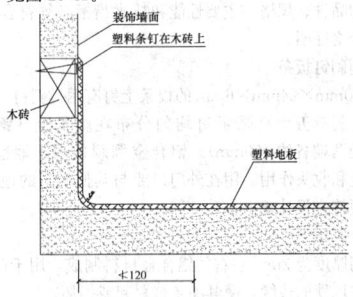

图 25-42　活动地板踢脚线构造做法

(21) 阴阳角塑料踢脚板铺贴时，采用专用的塑料阴阳角收口模块将相互转接的塑料踢脚线连接。

25.5.9 地毯面层

地毯面层采用地毯块材或卷材，在水泥类或板块类面层（或基层）上铺设而成。地毯面层适用于室内环境具有较高安静要求以供儿童、老人公共活动的场所，一些高级装修要求的房间。如会议场所、高级宾馆、礼堂、娱乐场所等。

1. 构造做法

(1) 地毯面层可采用空铺法或实铺法铺设。

(2) 铺设地毯的地面面层（或基层）应坚实、平整、洁净、干燥，无凹坑、麻面、起砂、裂缝，并不得有油污、钉头及其他突出物。

(3) 地毯衬垫应满铺平整，地毯拼缝处不得露底衬。

(4) 楼梯地毯面层铺设时，梯段顶端地毯应固定在平台上，其宽度不小于标准楼梯踏步尺寸；阴阳角处应固定牢固；梯段末级地毯与水平段地毯的连接处应顺畅、牢固。

(5) 地毯面层的基本构造见图 25-43。

2. 材料要求

(1) 地毯

按编织工艺分为手工地毯、机织地毯、簇绒编织地毯、针刺地

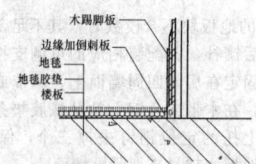

图 25-43　地毯面层基本构造图

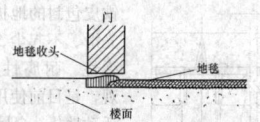

图 25-44　地毯门边收口示意图

毯；按地毯规格分为方块地毯、成卷地毯、圆形地毯；按地毯材质分为纯毛地毯、混纺地毯、化纤地毯、塑料地毯。

1) 纯毛地毯：重量为 $1.6\sim2.6kg/m^2$，是高级客房、会堂、舞台等地面的高级装修材料。

2) 混纺地毯：以毛纤维与各种合成纤维混纺而成的地面装修材料。混纺地毯中因掺有合成纤维，所以价格较低，使用性能有所提高。如在羊毛纤维中加入 20% 的尼龙纤维混纺后，可使地毯的耐磨性提高五倍，装饰性能不亚于纯毛地毯，并且价格下降。

3) 化纤地毯：也叫合成纤维地毯，如聚丙烯化纤地毯、丙纶化纤地毯、腈纶(聚乙烯腈)化纤地毯、尼龙地毯等。它是用簇绒法或机织法将合成纤维制成面层，再与麻布底层缝合而成。化纤地毯耐磨性好并且富有弹性，价格较低，适用于一般建筑物的地面装修。

4) 塑料地毯：塑料地毯是采用聚氯乙烯树脂、增塑剂等多种辅助材料，经均匀混炼、塑制而成，它可以代替纯毛地毯和化纤地毯使用。塑料地毯质地柔软，色彩鲜艳，舒适耐用，不易燃烧且可自熄，不怕湿。塑料地毯适用于宾馆、商场、舞台、住宅等。因塑料地毯耐水，所以也可用于浴室起防滑作用。

地毯的品种、规格、颜色、主要性能和技术指标必须符合设计要求，应有出厂合格证明文件。

(2) 衬垫

衬垫的品种、规格、主要性能和技术指标必须符合设计要求。应有出厂合格证明。

(3) 倒刺钉板条

在 1200mm×24mm×6mm 的板条上钉有两排斜钉(间距为 35～40mm)，另有五个高强钢钉均匀分布在全长上(钢钉间距约 400mm，距两端各约 100mm)。铝合金倒刺条用于地毯端头露明处，起固定和收头作用。用在外门口或与其他材料的地面相接处。倒刺板必须符合设计要求。

(4) 金属压条

宜采用厚度为 2mm 左右的铝合金材料制成，用于门框下的地面处，压住地毯的边缘，使其免于被踢损或损坏。

(5) 胶粘剂

参见本章 25.5.7 塑料板面层材料质量控制中胶粘剂的要求。

3. 施工要点

(1) 空铺法地毯铺设

1) 空铺法地毯铺设应符合下列规定：

①地毯拼成整块后直接铺在洁净的地面上，地毯周边应塞入踢脚线下；

②与不同类型的建筑地面连接处，应按设计要求收口；

③小方块地毯铺设，块与块之间应挤紧服贴。

2) 空铺式地毯的水泥类基层(或面层)表面应坚硬、平整、光洁、干燥，无凹坑、麻面、裂缝，并应清除油污、钉头及其他突出物。水泥类基层平整度偏差不应大于 4mm。

3) 铺设方块地毯，首先要将基层清扫干净，并应按所铺房间的使用要求及具体尺寸，弹好分格控制线。铺设时，宜先从中部开始，然后往两侧均铺。要保持地毯块的四周边缘棱角完整，破损的边角地毯不得使用。铺设方块应紧靠，常采用逆光与顺光交错方法。

4) 在两块不同材质地面交接处，应选择合适的收口条。如果两种地面标高一致，可以选用铜条或不锈钢条，以起到衔接与收口作用。如果两种地面标高不一致，一般选用铝合金 L 形收口条，将地毯的毛边伸入收口条内，再把收口条端部砸扁，起到收口与固定的双重作用。做法见图 25-44。

5) 在行人活动频繁部位地毯容易掀起，在铺设方块地毯时，可在毯底稍刷一点胶粘剂，以增强地毯铺放的耐久性，防止被外力掀起。

(2) 实铺法地毯铺设

1) 实铺法地毯铺设应符合下列规定：

①固定地毯用的金属卡条(倒刺板)、金属压条、专用双面胶带等必须符合设计要求；

②铺设的地毯张拉应适宜，四周卡条固定牢；门口处应用金属压条等固定；

③地毯周边应塞入卡条和踢脚线下面的缝中；

④地毯应用胶粘剂与基层粘贴牢固。

2) 基层处理同空铺法地毯基层处理要求，如有油污，须用丙酮或松节油擦净。水泥类地面应具有一定的强度，含水率不大于 9%。

3) 要严格按照设计图纸对各个不同部位和房间的具体要求进行弹线、套方、分格，如图纸有规定和要求时，则严格按图施工。如图纸没具体要求时，应对称找中，弹线、定位。

4) 地毯裁剪应在比较宽阔的地方集中统一进行。一定要精确测量房间尺寸，并按房间和所用地毯型号逐一登记编号。然后根据房间尺寸、形状用裁边机裁下地毯，每段地毯的长度要比房间长出 20mm 左右，宽度要以裁去地毯边缘线后的尺寸计算。弹线，以手推裁刀从毯背裁切至边缘部分，裁好后卷成卷编上号，放入对号房间里，大面积房间应在施工地点剪裁拼接。

5) 沿房间或走道四周踢脚板边缘，用高强水泥钉将倒刺板钉在基层上(钉朝向墙的方向)，其间距约 400mm。倒刺板应离开踢脚板面 8～10mm，以便于钉牢倒刺板。

6) 铺设衬垫：将衬垫采用点粘法用聚醋酸乙烯乳胶粘在地面基层上，要离开倒刺板 10mm 左右。海绵衬垫应满铺平整，地毯拼缝处不露底衬。

7) 铺设地毯：

① 将裁好的地毯虚铺在垫层上，然后将地毯卷起，在拼接处缝合。缝合完毕，将塑料胶纸贴于缝合处，保护接缝处不被划破或勾起，然后将地毯平铺，用弯针将接缝处绒毛密实缝合，表面不显拼缝。

② 将地毯的一条长边固定在倒刺板上，毛边掩到踢脚板下，用张紧器拉伸地毯。拉伸时，用手压住地毯撑，用膝撞击地毯撑，从一边一步步推向另一边。如一遍未能拉平，应重复拉伸，直至拉平为止。然后将地毯固定在另一条倒刺板上，掩好毛边。长出的地毯，用裁割刀割掉。一个方向拉伸完毕，再进行另一个方向的拉伸，直至四个边都固定在倒刺板上。

③ 采用粘贴固定式铺贴地毯，地毯具有较密实的基底层，一般不放衬垫(多用于化纤地毯)，将胶粘剂涂刷在基底层上，静待 5～10min，待胶液溶剂挥发后，即可铺设地毯。

粘贴法分为满粘和局部粘结两种方法。一般人流多的公共场所地面采用满粘法粘贴地毯，人流少且搁置器物较多的场所的楼地面采用局部刷胶粘贴地毯，如宾馆的客房和住宅的居室可采用局部粘结。

铺粘地毯时，先在房间一边涂刷胶粘剂后，铺放已预先割好的地毯，然后用地毯撑子向两边撑拉，再沿墙边刷两条胶粘剂，将地毯压平掩边。在走道等处地毯可顺一个方向铺设。

8) 细部处理及清理：要注意门口压条的处理和门框、走道与门厅，地面与管根、暖气罩、槽盒，走道与卫生间门槛，楼梯踏步与过道平台，内门与外门，不同颜色地毯交接处和踢脚板等部位地毯的套割、固定和掩边工作，必须粘结牢固，不应有显露、后找补条等。要特别注意上述部位的基层本身找楼是否平整，如严重者应返工处理。地毯铺设完毕，固定收口条后，应用吸尘器清扫干净，并将毯面上脱落的绒毛等彻底清理干净。

(3) 楼梯地毯铺设

1) 先将倒刺板钉在踏步板和挡脚板的阴角两边，两条倒刺板

顶角之间应留出地毯塞入的空隙，一般约 15mm，朝天小钉倾向阴角面。

2）海绵衬垫超出踏步板转角应不小于 50mm，把角包住。

3）地毯下料长度，应按实出每级踏步的宽度和高度之和。如考虑今后的使用中可挪动常受磨损的位置，可预留 450～600mm 的余量。

4）地毯铺设由上至下，逐级进行。每梯段顶级地毯应用压条固定于平台上，每级阴角处应用卡条固定牢，用扁铲将地毯绷紧后压入两根倒刺板之间的缝隙内。

5）防滑条应铺设在踏步板阳角边缘。用不锈钢膨胀螺钉固定，钉距 150～300mm。

25.6 木、竹面层铺设

25.6.1 一般规定

木、竹面层包括实木、实木集成、竹地板面层、实木复合地板面层、浸渍纸层压木质地板面层、软木类地板面层等。

（1）低温辐射供暖地面的木、竹面层宜采用实木集成地板、竹地板、实木复合地板、浸渍纸层压木质地板及耐热实木地板等（包括免刨免漆类）铺设。

（2）低温辐射供暖地面的木、竹面层无龙骨时，采用空铺或胶粘法在填充层上铺设；有龙骨时，龙骨应采用胶粘法铺设。胶粘剂的耐热性能应满足设计和使用要求。带龙骨的架空木、竹地板可不设填充层，绝热层与地板间的净空高度不宜小于 30mm。

（3）低温辐射供暖地面的木、竹面层与周边墙面间应留置不小于 10mm 的缝隙。当面层采用空铺式施工时，应在面层与墙面之间的缝隙内设金属弹簧卡或木楔子，其间距宜为 200～300mm。

（4）铺设低温辐射供暖地面的木、竹面层时，不得钉、凿、切割填充层，不得向填充层内楔入物件，不得扰动、损坏发热管线。

（5）木、竹地板面层下的木搁栅、垫木、毛地板等采用木材的树种、选材标准和铺设时木材含水率以及防腐、防蛀处理等，均应符合现行国家标准《木结构工程施工质量验收规范》（GB 50206）的有关规定。所选用的材料，进场时应对其断面尺寸、含水率等主要技术指标进行抽检，抽检数量应符合产品标准的规定。

（6）与厕浴间、厨房等潮湿场所相邻的木、竹面层连接处应做防水（防潮）处理。

（7）木、竹面层应避免与水长期接触，不宜用于长期或经常潮湿处，以防止木基层腐蚀和面层产生翘曲、开裂或变形等。在无地下室的建筑底层地面铺设木、竹面层时，地面基层（含墙体）应采取防潮措施。

（8）木、竹面层铺设在水泥类基层上，基层表面应坚硬、平整、洁净、干燥、不起砂。表面含水率不大于 9%。

（9）建筑地面工程的木、竹面层搁栅下架空结构层（或构造层）的质量检验，应符合相应现行国家标准规定。

（10）木、竹面层的通风构造层（包括室内通风沟、室外通风窗），均应符合设计要求。

（11）木、竹地板用于有采暖要求的地面应符合采暖工程的相关要求：地板尺寸稳定性高、高温下不开裂、不变形，不惧潮湿环境、甲醛释放量不超标、传热性能好、不惧高温。

（12）龙骨间、龙骨与墙体间、毛地板间、毛地板与墙体间均应留有伸缩缝。

（13）木、竹地板面层的允许偏差，应符合表 25-33 的规定。

木、竹地板面层的允许偏差和检验方法　表 25-33

项次	项目	允许偏差（mm）				检验方法
		实木地板、实木集成地板、竹地板面层			浸渍纸层压木质地板面层、实木复合地板、软木类地板面层	
		松木地板	硬木地板竹地板	拼花地板		
1	板面缝隙宽度	1.0	0.5	0.2	0.5	用钢尺检查

续表

项次	项目	允许偏差（mm）				检验方法
		实木地板、实木集成地板、竹地板面层			浸渍纸层压木质地板面层、实木复合地板、软木类地板面层	
		松木地板	硬木地板竹地板	拼花地板		
2	表面平整度	3.0	2.0	2.0	2.0	用 2m 靠尺和楔形塞尺检查
3	踢脚线上口平齐	3.0	3.0		3.0	拉 5m 线和用钢尺检查
4	板面拼缝平直	3.0	3.0		3.0	
5	相邻板材高差	0.5	0.5	0.5	0.5	用钢尺和楔形塞尺检查
6	踢脚线与面层的接缝		1.0			楔形塞尺检查

25.6.2 实木、实木集成、竹地板面层

实木、实木集成、竹地板采用条材或块材或拼花，以空铺或实铺方式在基层上铺设。实木、实木集成地板面层分为"免刨免漆类"和"原木无漆类"两类产品；竹地板均为免刨免漆类成品。

1. 构造做法

实木、实木集成、竹地板铺设主要分条材、拼花两种面层，空铺和实铺两种做法，胶粘和钉接两种结合方式。空铺方式如图 25-45；底层架空木地板的铺设方式见图 25-46；实铺方式如图 25-47。

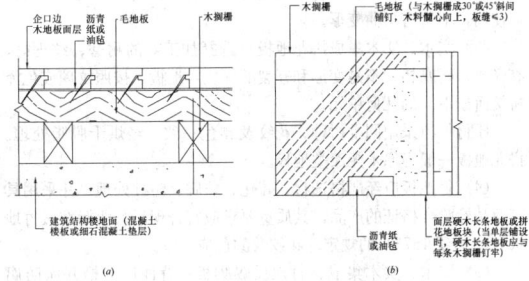

图 25-45　空铺式木地板的铺设方法（面层为单层或双层木地板）
（a）剖面构造示意图；（b）平面分块示意图

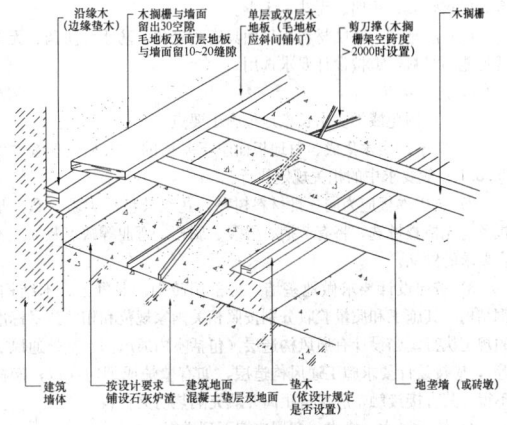

图 25-46　底层架空木地板构造示意图

2. 材料要求

（1）实木、实木集成地板面层的厚度、木搁栅的截面尺寸应符合设计要求，且根据地区自然条件，含水率最小为 7%，最大为该地区平衡含水率。地板材料应在施工前 10d 进场，拆开包装后平铺在房间里，让它和施工现场的空气充分接触，使木地板能与房间干湿度相适应，减少铺设后的变形。

实木、实木集成、竹地板均为长条形，可分为平口和企口

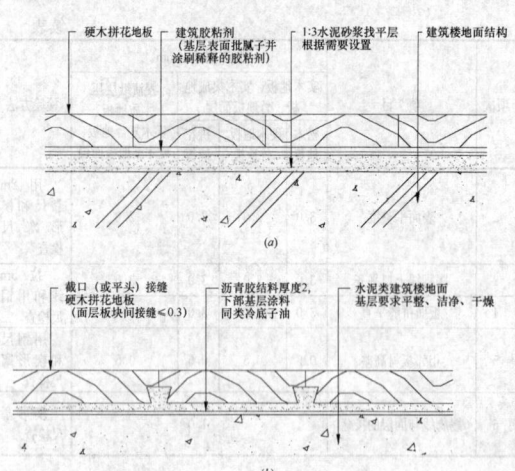

图 25-47　木地板实铺方式示意图
(a) 胶粘铺贴硬木地板；(b) 改性沥青给料粘结硬木地板

地板两种。平口地板侧边为平面，企口地板侧边为不同形式的连接面，如榫槽式、踫榫式、燕尾榫式、斜口式等。

实木地板面层条材和块材应具有商品检验合格证，质量应符合现行国家标准的规定。

(2) 搁栅、毛地板、垫木、剪刀撑：必须做防腐、防蛀处理。用材规格、树种和防腐、防蛀处理均应符合设计要求，经干燥后方可使用，不得有扭曲变形。

(3) 实木、实木集成拼花地板宜选择加工好的耐磨、纹理好、有光泽、耐腐朽、不易变形和开裂的优质木地板，按照纹理或色泽拼接而成不同的几何单元。

原材料应采用同批树种、花纹及颜色一致、经烘干脱脂处理。拼花地板一般为原木无漆类地板。

(4) 竹地板应经严格选材、硫化、防腐、防蛀处理，并采用具有商品检验合格证的产品，其质量要求应符合现行行业标准《竹地板》(LY/T 1573) 的规定。花纹及颜色应一致。

(5) 实木、实木集成、竹反踢脚板：背面应开槽并涂防腐剂，花纹和颜色宜与面层地板一致。

(6) 隔热、隔音材料：可采用珍珠岩、矿渣棉、炉渣、挤塑板等，要求轻质、耐腐、无味、无毒。

(7) 胶粘剂：粘贴材料应采用具有耐老化、防水和防菌、无毒等性能的材料，或按设计要求选用。

3. 施工要点

(1) 免刨免漆类实木长条地板施工要点

1) 实木、实木集成、竹地板面层下基层的要求和处理按本章 25.5.1 一般要求中的相关规定执行。

2) 选用木板应为同一批材料树种，花纹及色泽力求一致。地板条应先检查挑选，将有节疤、劈裂、腐朽、弯曲等缺点及加工不合要求的剔除。

3) 按照设计要求做地垄墙，可采用砖砌、混凝土、木结构、钢结构。其施工和质量验收分别按照相关国家规范和相关技术标准的规定执行。当设计有通风构造层（包括室内通风沟、室外通风窗等），应按设计要求施工通风构造层，如有壁炉或烟囱穿过，搁栅不得与其直接接触，应保持距离并填充隔热防火材料。

4) 铺设垫木、橡木、搁栅应按下列进行：

① 铺设实木、实木集成、竹地板面层时，其木搁栅的截面尺寸、间距和稳固方法等均应符合设计要求。设计无要求时，主次搁栅的间距应根据地板的长宽模数而定，并注意地板的端头必须搭在搁栅上，表面应平整。搁栅接口处的夹木长度必须大于 300mm，宽度不小于 1/2 搁栅宽。

② 木搁栅固定时，不得损坏基层和预理管线。木搁栅应垫实钉牢，其间距不大于 300mm 与墙之间应留出 20mm 的缝隙，表面应平直。

③ 在地垄墙上用预埋铁丝捆绑橡木，并在橡木上划出各搁栅中线，在搁栅两端也划出中线，先对准中线摆两边搁栅，然后依次摆正中间搁栅。

④ 当顶部不平整时，其两端应用防腐垫木垫实钉牢。为防止搁栅移动，应在找正固定好的木搁栅上钉临时木拉条。

⑤ 搁栅固定好后，在搁栅上按剪刀撑间距弹线，按线将剪刀撑或横撑钉于搁栅之间，同一行剪刀撑应对齐，上口应低于搁栅上表面 10～20mm。

⑥ 铺设毛地板、长条硬木板前，应注意先检查搁栅是否垫平、垫实、捆绑牢固，人踩搁栅时不应有响声，严禁用木楔或用多层薄木片垫平。

⑦ 当设计有通风槽设置要求时，按设计设置。当设计无要求时，沿搁栅长向不大于 1m 设一通风槽，槽宽 200mm，槽深不大于 10mm，槽位应在同一直线上，并应避免剔槽过深损伤搁栅。

⑧ 按设计要求铺防潮隔热隔声材料，隔热隔声材料必须晒干，并加以拍实、找平，即可铺设面层。防潮隔热隔声材料应慎用炉渣或石灰炉渣，当使用时应采取熟化措施，注意材料本身活性——吸水后产生气体，当通气不畅时会造成木地板起鼓。

⑨ 如对地板有弹性要求，应在搁栅底部垫橡皮垫板，且胶粘牢固，防止振脱。

⑩ 如对地板有防虫要求，应在地板安装前放置专用防虫剂或樟木块、喷洒防白蚁药水。

5) 长条地板面层铺设应按下列进行：

① 长条地板面层铺设的方向应符合设计要求，设计无要求时按"顺光、顺主要行走方向"的原则确定。

② 在铺设木板面层时，木板端头接缝应在搁栅上，并应间隔错开。板与板之间应紧密，但仅允许个别地方有缝隙，其宽度不应大于 1mm；当采用硬木长条形板时，不应大于 0.5mm。

③ 地板面层铺设时，面板与墙之间应留 8～12mm 缝隙。

6) 实木单层板铺设应按下列要求进行：

① 木搁栅隐蔽验收后，从墙的一边开始按线逐块铺钉木板，逐块排紧。

② 单层木地板与搁栅的固定，应将木地板钉牢在其下的每根搁栅上。钉长应为板厚的 2～2.5 倍。并从侧面斜向钉入板中，钉头不应露出。铺钉顺序应从墙的一边开始向另一边铺钉。

7) 双层板铺设应按下列进行：

① 双层木板面层下层的毛地板可采用钝棱木，其宽度不宜大于 120mm。在铺设前应清除毛地板下空间内的刨花等杂物。

② 在铺设毛地板时，应与搁栅成 30°或 45°斜向钉牢，使髓心向上；当采用细木工板、多层胶合板等成品机拼板时，应采用设计规格铺钉。无设计要求时可锯成 1220mm×610mm、813mm×610mm 等规格。

③ 每块毛地板应在每根搁栅上各钉两个钉子固定，钉子的长度应为板厚的 2.5 倍，钉帽应砸扁并冲入板面深不少于 2mm。毛地板接缝应错开不小于一格的搁栅间距，板间缝隙不应大于 3mm。毛地板与墙之间应留 8～12mm 缝隙，且表面应刨平。

④ 当在毛地板上铺钉长条木板或拼花木板时，宜先铺设一层用以隔声和防潮的隔离层。然后即可铺钉企口实木长条地板，方法与单层板相同。

⑤ 企口木板铺设时，应从靠门较近的一边开始铺钉，每铺设 600～800mm 宽度应弹线找直修整后，再依次向前铺钉。铺钉时应与搁栅成垂直方向钉牢，端板接缝应间隔错开，其端接缝一般是有规律在一条线上。板与板间拼缝仅允许个别地方有缝隙，但缝隙宽度不应大于 1mm，如用硬木企口木板不得大于 0.5mm，企口木板与墙间留 10～15mm 的缝隙，并用木踢脚板封盖。企口木板表面不平处应刨光处理，刨削方向应顺木纹。刨光后方可装钉木踢脚线。

8) 打蜡

地板蜡有成品供应，当采用自制时将蜡、煤油按 1:4 重量比放入桶内加热、溶化（120～130℃），再掺入适量松香水后调成糊状，凉后即可使用。用布或干净丝棉蘸蜡膏薄薄均匀涂在木地板上，待蜡干后，用木块包麻布或细帆布进行磨光，直到表面光滑亮为止。

（2）无漆类实木长条地板施工要点

1）"面层刨平磨光、油漆打蜡"前的施工工序同（1）"免刨免漆类实木长条地板"中的相关内容。

2）面层刨平、磨光：

木材面层的表面应刨平磨光，刨平和磨光所刨去的厚度不宜大于 1.5mm，并无刨痕。

① 第一遍粗刨，用地板刨光机（机器刨）顺着木纹刨，刨口要细、吃刀要浅，刨刀行速要均匀，不宜太快，多走几遍、分层刨平，刨光机达不到之处则辅以手刨。

② 第二遍净面，刨平以后，用细刨净面。注意消除板面的刨痕、戗槎和毛刺。

③ 净面之后用地板磨光机磨光，所用砂布应先粗后细，砂布应绷紧绷平，磨光方向及角度与刨光相同。个别地方磨光不到可用手工磨。磨削总量应控制在 0.3～0.8mm 内。

3）油漆和打蜡：地板磨光后应立即上漆。先清除表面尘土和油污，必要时润油粉，满刮腻子两遍，分别用 1 号砂纸打磨平整、洁净，再涂刷清漆。应按设计要求确定清漆遍数和品牌，厚薄均匀、不漏刷，第一遍干后用 1 号砂纸打磨，用湿布擦净晾干，对腻子疤、踢脚板和最后一行企口板上的钉眼等处漆片修色；以后每遍清漆干后用 280～320 号砂纸打磨。最后打蜡、擦亮。

（3）水泥类基层上粘结单层拼花地板施工要点

1）水泥类基层应表面平整、粗糙、干燥、无裂缝、脱皮、起砂等缺陷。施工前将表面的灰砂、油渍、垃圾清除干净，凹陷部位用 801 胶水泥腻子嵌实刮平，用水洗刷地面、晾干。

2）准备胶结料：

促凝剂——用氯化钙复合剂（冬季在白胶中掺少量）；

缓凝剂——用酒石酸（夏季在白胶中掺少量）；

水泥——强度等级 42.5 以上普通硅酸盐水泥或白水泥；

丙酮、汽油等。

胶粘剂配合比（重量比）：

10 号白胶：水泥＝7：3。或者用水泥加 801 胶搅拌成浆糊状。

过氯乙烯胶：过氯乙烯：丙酮：丁酯：白水泥＝1：2.5：7.5：1.5

聚氨酯胶——根据厂家确定的配合比加白水泥，如：甲液：乙液：白水泥＝7：1：2 等。

3）在地面上弹十字中心线及四周圈边线，圈边宽度当设计未规定时以 300mm 为宜。根据房间尺寸和拼花地板的大小算出块数。如为单数，则房间十字中心线与中间一块拼花地板的十字中心线一致；如为双数，则房间十字中心线与中间四块拼花地板的拼缝线重合。

4）面层铺设应按下列进行：

① 涂刷底胶：铺前先在基层上用稀白胶或 801 胶薄薄涂刷一遍，然后将配制好的胶泥倒在地面基层上，用橡皮刮子均匀铺开，厚度一般为 5mm 左右。胶泥配制应严格计量，搅拌均匀，随用随配，并在 1～2h 内用完。

② 铺板图案形式一般有正铺和斜铺两种。正铺由中心依次向四周铺贴，最后圈边（亦可根据实际情况，先贴圈边，再由中央向四周铺贴）；斜铺先弹地面十字中心线，再在中心弹 45°斜线及圈边线，按 45°方向斜铺。拼花面层应每粘贴一个方块，用方尺套方一次，贴完一行，需在面层上弹细线修正一次。

③ 铺设席纹或人字地板时，更应注意认真弹线、套方和找规矩；钉钉时随时找方，每铺钉一行都应随时找直。板条之间缝隙应严密，不大于 0.2mm。可用锤子或垫木适当敲打，溢出板面的胶粘剂要及时清理干净。地板与墙之间应有 8～12mm 的缝隙，并用踢脚板封盖。

④ 胶结拼花木地板面层及铺贴方法见图 25-48。

⑤ 拼花地板粘贴完后，应在常温下保养 5～7d，待胶泥凝结后，用电动滚刨机刨削地板，使之平整。滚刨方向与板条方向成 45°角斜刨，刨时不宜走得太快，应多走几遍。第一遍滚刨后，再换滚磨机磨二遍；第一遍用 3 号粗砂纸磨平，第二遍用 1～2 号砂纸磨光，四周和阴角处辅以人工刨削和磨光。

⑥ 油漆、打蜡参见本节"（2）无漆类实木长条地板"施工要点中相关内容。

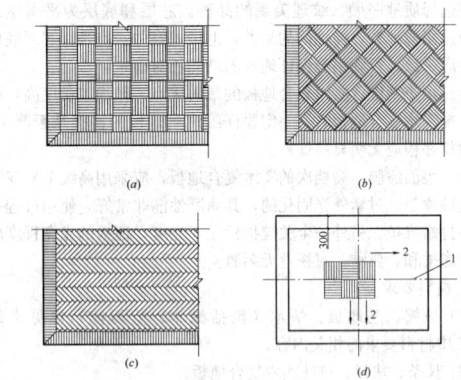

图 25-48　胶结拼花木地板面层及铺贴方法

（a）正方格形；（b）斜方格形；（c）人字形；（d）中心向外铺贴方法

1—弹线；2—铺贴方向

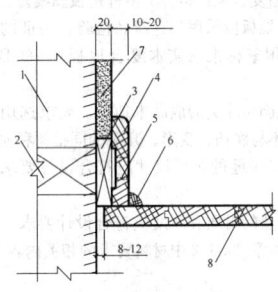

图 25-49　踢脚板铺设方法

1—砖墙；2—预制防腐木砖 120mm×120mm×60mm@750mm；3—防腐木块 120mm×120mm×20mm@750mm；4—木踢脚板 150mm×20mm；5—通风孔 φ6mm@1000mm；6—木条 15mm×15mm；7—内墙粉刷；8—企口长条硬木板

5）如采用免刨免漆类，则省去"面层刨平磨光、油漆打蜡"工序。

6）踢脚板的安装：

① 采用实木制作的踢脚板，背面应立槽并做防腐处理。

② 预先在墙内每隔 300mm 砌入一块防腐木砖，在防腐木砖外面钉一块防腐木块（如未预埋木砖，可用电锤打眼在墙上固定防腐木楔）。然后再把踢脚线的基层板用明钉钉牢在防腐木块上，钉帽砸扁使冲入板内，随后粘贴面层踢脚板并刷漆。踢脚板面要竖直，上口呈水平线。木踢脚板上口出墙厚度应控制在 10～20mm 范围。踢脚板做法见图 25-49。

③ 踢脚板安装完后，在房间不明显处，每隔 1m 开排气孔，孔的直径 6mm，上面加铝、镀锌、不锈钢等金属篦子，用镀锌螺钉与踢脚板拧牢。

25.6.3　实木复合地板面层

1. 实木复合地板的种类和性能特点

（1）实木复合地板，是将优质实木锯切刨切成表面板、芯板和底板单片，然后根据不同品种材料的力学原理将三种单片依照纵向、横向、纵向三维排列方法，用胶水粘贴起来，并在高温下压制成板，这就使木材的异向变化得到控制。实木复合地板分为三层实木复合地板、多层实木复合地板、新型实木复合地板三种，由于它是由不同树种的板材交错层压而成，因此克服了实木地板单向同性的缺点，干缩湿胀量小，具有较好的尺寸稳定性，并保留了实木地板的自然木纹和舒适的脚感。

（2）规格厚度：实木复合地板表层的厚度决定其使用寿命，表层板材越厚，耐磨损的时间就长，欧洲实木复合地板的表层厚度一般要求 4mm 以上。

（3）材质：实木复合地板分为表、芯、底三层。表层为耐磨

层，应选择质地坚硬、纹理美观的品种。芯层和底层为平衡缓冲层，应选用质地软、弹性好的品种，但最关键的一点是，芯层底层的品种应一致，否则很难保证地板的结构相对稳定。

（4）加工精度：实木复合地板的最大优点，是加工精度高，因此，选择实木复合地板时，一定要仔细观察地板的拼接是否严密，而且两相邻板应无明显高低差。

（5）表面漆膜：高档次的实木复合地板，应采用高级 UV 亚光漆，这种漆是经过紫外光固化的，其耐磨性能非常好，使用过程一般不必打蜡维护。另外一个关键指标是亚光度，地板的光亮程度应首先考虑柔和、典雅，对视觉无刺激。

2. 材料要求

（1）搁栅、毛地板、垫木（包括橡木、剪刀撑）参见本章 25.6.2 中材料要求的相关内容。

（2）长条、块材、拼花实木复合地板：

1）实木长条复合地板各生产厂家的产品规格不尽相同，一般为免刨免漆类成品，采用企口拼缝；实木块材复合地板常用较短实木长条复合地板，长度多在 200～500mm 之间；实木拼花复合地板常用较短实木长条复合地板组合出多种拼花图案。

2）实木复合地板应采用具有商品检验合格证的产品，其质量要求应符合现行国家标准《实木复合地板》（GB/T 18103）的要求。

3）一般为免刨免漆类的成品木地板。要求选用坚硬耐磨，纹理清晰、美观，不易腐朽、变形、开裂的同批树种制的，花纹及颜色力求一致。企口拼缝的企口尺寸应符合设计要求，厚度、长度一致。

4）面层下衬垫的材质和厚度应符合设计要求。隔热、隔音材料、胶粘剂参见本章 25.6.2 中材料要求的相关内容。

3. 施工要点

（1）条材实木复合地板施工要点

参见本章 25.6.2 中第 3 条中（1）"免刨免漆类实木长条地板"的施工要点。

（2）水泥类基层上粘贴单层实木复合地板（点贴法）施工要点

水泥类基层上粘贴实木复合地板可采用局部涂刷胶粘剂粘贴。常用胶粘剂、适用范围、施工要点等与 25.6.2 中第 3 条中（3）"水泥类基层上粘结单层拼花地板"的施工要点基本相同。不同之处在"粘贴面层"时应符合以下规定：

1）在每条木地板的两端和中间涂刷胶粘剂（每点涂刷面积根据胶粘剂性质和规格而定，一般为 150mm×100mm）。按顺序沿水平方向用力推挤压实。每铺钉一行均应及时找直。

2）板条之间缝隙应严密，不大于 0.5mm。可用锤子通过垫木适当敲打，溢出板面的胶粘剂要及时清理擦净。实木复合地板相邻板材接头位置错开不小于 300mm 距离，地板与墙之间应有 10～12mm 缝隙，并用踢脚板封盖。

（3）水泥类基层上粘贴单层拼花实木复合地板（整贴法）施工要点

本工艺是在拼花实木复合地板上满涂胶粘剂并粘贴在水泥砂浆（混凝土）楼地面上拼成多种图案。适用于首层地面和楼层楼面。施工要点参见 25.6.2 中第 3 条中（3）"水泥类基层上粘结单层拼花地板"的施工要点。

（4）铺设双层拼花实木复合地板（钉接式、空铺法）施工要点

参见 25.6.2 中第 3 条中（1）"免刨免漆类实木长条地板"的施工要点。

（5）块材实木复合地板施工要点

块材实木复合地板的铺设参见 25.6.2 中第 3 条有关拼花实木复合地板施工要点相同。

25.6.4　浸渍纸层压木质地板面层

1. 浸渍纸层压木质地板的种类和性能特点

浸渍纸层压木质地板是以一层或多层专用纸浸渍热固性氨基树脂，铺装在刨花板、中密度纤维板、高密度纤维板等人造板基材表层，背面加平衡层，正面加耐磨层，经热压而成的地板。这种地板有表层、基材（芯层）和底层三层构成。其表层由耐磨层和装饰层

组成，或由耐磨层、装饰层和底层纸组成。前者厚度一般为 0.2mm，后者厚度一般为 0.6～0.8mm；基材为中密度纤维板、高密度纤维板或刨花板；底层是由平衡纸或低成本的层压板组成，厚度一般为 0.2～0.8mm。

与实木地板相比强化复合地板的特点是耐磨性强，表面装饰花纹整齐，色泽均匀，抗压性强，价格便宜，便于清洁护理。但弹性和脚感不如实木地板。此外，从木材资源的综合有效利用的角度看，浸渍纸层压木质地板更有利于木材资源的可持续利用。

2. 材料要求

浸渍纸层压木质地板面层的材料以及面层下的板或衬垫等材质应符合设计要求，并采用具有商品检验合格证的产品，其技术等级及质量要求均应符合国家现行标准《浸渍纸层压木质地板》（GB/T 18102）的规定。

浸渍纸层压木质地板面层铺设的材料质量控制参见本章 25.6.2 实木、实木集成、竹地板面层材料质量控制中的相关内容。

3. 施工要点

（1）悬浮铺设法施工要点

1）基层处理参见本章 25.6.2 实木、实木集成、竹地板面层中第 3 施工要点（1）"免刨免漆类实木长条地板施工要点"中的相关内容。

2）基层的表面平整度应控制在每平方米为 2mm，达不到要求的必须二次找平。当表面平整度超过每平方米 2mm 且未进行二次找平的，中密度（强化）复合地板的厚度应选用 8mm 以上的地板，避免地板因基层不平而出现胶水松脱或裂缝。

3）铺设前，房间门套底部应留足伸缩缝，门口接合处地下无水管、电管以及离地面 120mm 的墙内无电管等。如不符合上述要求，应做好相关处理。

4）浸渍纸层压木质地板铺设应按下列要求进行：

① 浸渍纸层压木质地板一般采用长条铺设，铺设前应在地面四周弹出垂直控制线，作为铺板的基准线。

② 衬垫层一般为卷材，按铺设长度裁切成块，铺设宽度应与面板相配合，距墙（不少于 10mm）比地板略短 10～20mm，方向应与地板条方向垂直，衬垫接缝采用对接（不能搭接），留出 2mm 伸缩缝。加设防潮薄膜时应重叠 200mm。

③ 浸渍纸层压木质地板面层铺设时，地板面层与墙之间放入木楔控制离墙距离，距离应不小于 10mm。铺装方向按照设计要求，通常与房间长度方向一致或按照"顺光、顺行走方向"原则定，自左向右逐排铺装，凹槽向墙。

④ 铺装第一排时必须拉线找直，每排最后一块地板可旋转 180°画线后切割。相邻条板端头应错开不小于 300mm 距离，上一排最后一块地板的切割余量大于 300mm 时，应用于下一排的起始块。当房间长度等于或略小于 1/2 块板长度的倍数时可采用隔排对中错缝。

⑤ 将胶瓶嘴削成 45°斜口，将胶粘剂均匀地涂在地板榫头上沿，涂胶量以地板拼合后均匀溢出一条白色胶线为宜。立即将溢出胶线用湿布擦掉。地板粘接榫槽配合后，用橡皮锤轻敲挤紧，然后用紧固器夹紧并检查直线度。最后一排地板要用适当方法测量其宽度并切割、施胶、拼板，用紧板器（拉力带）拉紧使之严密，铺装后继续使紧板器拉紧 2h 以上。

⑥ 铺设浸渍纸层压木质地板面层的面积达 70m² 或房间长度达到 8m 时，宜在每间隔 8m 宽处放置铝合金条，以防止整体地板受热变形。

⑦ 预先在墙内每隔 300mm 砌入一块防腐木砖，在其外面钉一块防腐木块；如未预埋木砖，亦可钉防腐木楔；在木楔上钉基层板，然后再把踢脚线用胶粘在基层板上，踢脚线接缝处用钉从侧口固定，但保证表面无痕。踢脚线板面要垂直，上口呈水平线。木踢脚线上口出墙厚度应控制在 10～20mm 范围。钉踢脚线前将板墙间隙内的木楔和杂物清理干净。

⑧ 对于门口部位地板边缘，采用胶粘剂粘贴边压条。

⑨ 铺板后 24h 内不准上人，安装踢脚线前将板面清擦干净，取出木楔。

（2）无胶悬浮铺设法施工要点

无胶悬浮铺设法适用于具有锁扣式榫槽的浸渍纸层压木质地板。其施工要点与本节（1）"悬浮铺设法"基本相同，但不用涂胶粘剂。当用于临时会场展厅和短期居住房屋地板时，应在地板四周用压缩弹簧或聚苯板塞紧定位，保证周边有适当的压紧力。

25.6.5 软木地板面层

1. 软木地板的种类和性能特点

（1）软木地板适用范围：软木地板具有优异性能，它适用于宾馆、图书馆、医院、托儿所、计算机房、播音室、会议室、练功房及家庭场合，但必须根据房间的性能，选择适合的软木地板品种。

（2）软木地板的类别：软木地板共分五类如下：

1）第一类：软木地板表面无任何覆盖层，此产品是最早期的。

2）第二类：在软木地板表面做涂装。即在胶结软木的表面涂装 UV 清漆或色漆或光敏清漆 PVA。根据漆种不同，又可分为三种，即高光、亚光和平光。此类产品对软木地板表面要求比较高，所用的软木料较纯净。

3）第三类：PVC 贴面，即在软木地板表面覆盖 PVC 贴面，其结构通常为四层：表层采用 PVC 贴面，其厚度为 0.45mm；第二层为天然软木装饰层其厚度为 0.8mm；第三层为胶结软木层其厚度为 1.8mm；最底层为应力平衡兼防水 PVC 层，这一层很重要，若无此层，在制作时当材料热固后，PVC 表层冷却收缩，将使整片地板发生翘曲。

4）第四类：聚氯乙烯贴面，厚度为 0.45mm；第二层为天然薄木，其厚度为 0.45mm；第三层为胶结软木，其厚度为 2mm 左右；底层为 PVC 层与第三类一样防水性好，同时又使板面应力平衡，其厚度为 0.2mm 左右。

5）第五类：塑料软木地板，树脂胶结软木地板、橡胶软木地板。

（3）根据使用部位可分别选择类别：

1）一般家庭使用可选择第一类、第二类，因第一类最原始，但其优异功能全部能显示，第二类软木地板，软木层稍厚，质地纯净，但层厚仅 0.1～0.2mm，较薄，但柔软，高强度的耐磨层不会影响软木各项优异性能的体现。虽表层薄，但家庭使用比较仔细，因此，不会影响使用寿命，同时铺设方便，消费者只要揭掉隔离纸就可自己直接粘到干净干燥的水泥地上。

2）商店、图书馆等人流量大的场合，可选用第二、三类地板。由于第二、第三类材料有较厚（0.45mm）的柔性耐磨层，砂粒虽然会被软木地板表面，而且压入耐磨层后不会滑动，当脚离开砂粒还会弹出，不会划破耐磨层，所以人流量虽大，但不影响地板表面。

3）练功房、播音室、医院等适宜用橡胶软木作地板，其弹性、吸振、吸声、隔声等性能也非常好，但通常橡胶有异味，因此，这种地板改变其表面，在其表面用 PU 或 PUA 高耐磨层作保护层使其消除异味，而且又耐磨。

（4）软木地板完全继承了软木原有的优良特性，并产生出许多自身特点，是它成为独立于传统木质地板的新型建材。

（5）高品质的软木地板各项性能都很优异，它具有防霉防滑、安全静音、舒适美观、安装维护简单、抗压耐磨等特点，再经过科学规范的安装，它不但可以铺在卧室、客厅，甚至可以铺进厨房，所以软木地板是相当耐用的。

2. 材料要求

（1）格栅、毛地板（或木芯板）、垫木（包括椽木、剪刀撑）参见本章 25.6.2 中第 2 条"材料要求"中相关内容。

（2）软木地板：软木地板应采用有商品检验合格证的产品，软木地板尚无国家和行业标准，其质量应符合相关产品企业标准的有关规定，颜色、花纹应一致。

1）软木地板选择时先看地板表面是否光滑，有无鼓凸颗粒，软木颗粒是否纯净。

2）看软木地板边长是否直，其方法是：取 4 块相同地板，铺在玻璃上或较平的地面上拼装，看其是否合缝。

3）检验板面弯曲强度，其方法是将地板两对角线合拢，看其

弯曲表面是否出现裂痕，没有则为优质品。

4）胶合强度检验。将小块样品放入开水中浸泡，发现其砂光的光滑表面变成癞蛤蟆皮一样，凹凸不平的表面，则此产品为不合格品，优质品遇开水表面无明显变化。

5）隔声、隔热、防潮材料、胶粘剂见本章 25.6.2 实木、实木集成、竹地板面层第 2 条"材料要求中（6）、（7）"的相关内容。

（3）地板密度：软木地板密度分为三级：400～450kg/m³；450～500kg/m³；大于 500kg/m³。一般家庭选用 400～450kg/m³ 足够，若室内有重物，可选稍高些，总之能选用密度小尽量选密度小，因其具有更好的弹性、保温、吸声、吸振等性能。

3. 施工要点

（1）悬浮法基层的处理要点参见本章 25.6.4 浸渍纸层压木质地板面层第 3 条（1）"悬浮铺设法"施工要点中的相关内容。

（2）软木地板铺设要求地面含水率小于 4%，水分过高容易导致地板变形。对于潮湿地面，要使其自然干燥才可铺装。

（3）基层处理：一般地面做水泥自流平找平，详参见本章 25.4.8 自流平面层第 3 条"施工要点"的相关内容。

（4）在地板背面和地面涂胶。用刮板将胶均匀地涂在地板背面和地面基层上，晾置一段时间，待胶不粘手时即可粘贴。

（5）将地板沿基线进行铺设，铺设时用力要均匀，要保证地板与地板之间没有空隙。粘完一块地板后，要用橡皮锤敲打地板，使地板和地面粘贴紧密及地板与地板接缝处平整无高低差。软木地板与周边墙面之间应留出 8～12mm 的空隙，并在空隙内加设钢卡子，钢卡子间距宜为 300mm。

（6）填缝及清洁：用腻子将缝隙填平，并用清洁剂（如瑞典产的博纳清洁剂兑水以 1:50 的比例）将地板表面擦净（没有博纳清洁剂的也可以用稀释将胶擦净）。等腻子阴干后，在地板表面涂上一层耐磨漆。

（7）填缝：手工铺设粘贴式地板不可避免地会出现误差，地板之间可能会产生缝隙，用颜色相同的水性腻子将缝隙填平。

（8）施工场地温度低于 5℃以下时，粘合剂的固化可能会比通常情况下要慢，粘着力也会降低。所以在施工过程中请注意板面的温度。

（9）软木材料请存放在 2～40℃的环境下。还要注意的是，如果材料曾经有过冻结的现象不得使用。

（10）地热采暖房地面的施工要使用专门针对地热采暖地面设计的软木地板；使用粘贴式纯软木地板事先应对地面基层凹凸处进行修整，保持基层的平整度；铺设过程中使用地热采暖地面专用地板粘着剂，涂布用量应按使用说明书上的规定。

（11）有采暖要求的地面不应在施工后立即进行通热测试，通常情况下通热测试应在地板铺设施工前或施工后的 10～14d 进行。

25.7 地面附属工程

25.7.1 散　水

散水是与外墙垂直交接、留有一定坡度的室外地面部分，起到排除雨水，保护墙基免受雨水侵蚀的作用。

散水多采用混凝土散水、块料面层散水等。构造做法见图 25-50、图 25-51。

散水的宽度应符合设计文件的要求。如无设计要求，无组织排

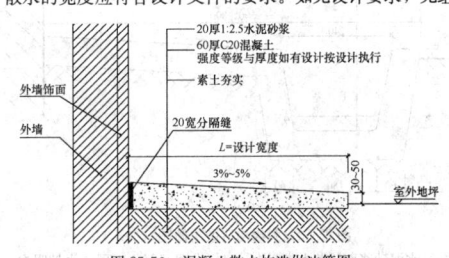

图 25-50　混凝土散水构造做法简图

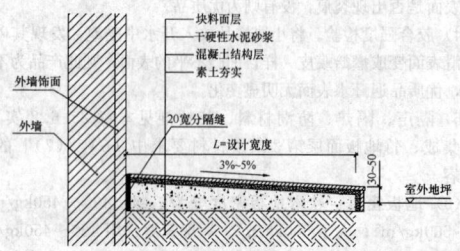

图 25-51　块料面层散水构造做法简图

水的建筑物散水宽度一般为 700～1500mm，有组织排水一般为 600～1000mm。

散水的坡度一般控制在 3%～5%，外缘高出室外地坪 30～50mm。

散水与建筑物外墙应分离，顺外墙一周设置 20mm 宽的分隔缝。纵向设置分隔缝，转角处与墙面成 45°角，缝宽 20mm，其他部位与外墙垂直，间隔 6m 左右且不大于 12m，并避开落水口位置。分隔缝采用弹性材料（沥青砂浆、油膏、密封胶等）填塞。填塞完工的缝隙应低于散水 3～5mm，做到平直、美观。

散水施工时，首先按横向坡度、散水宽度在墙面上弹出标高线，散水的基层按照散水坡度及设计厚度，厚度均匀一致，各种基层的施工要求参照 25.3 中相关内容。

25.7.2　明　沟

明沟是散水坡边沿收集屋面雨水并有组织排水的雨水沟。常见的明沟有独立明沟做法见图 25-52 或散水带明沟做法见图 25-53。

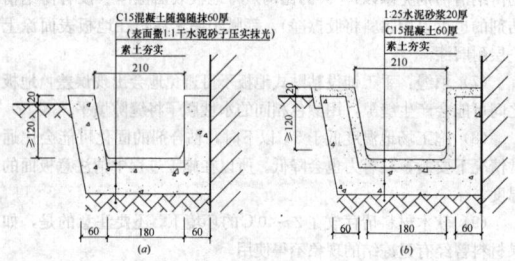

图 25-52　明沟构造做法简图（一）
（a）水泥混凝土面层明沟；（b）水泥砂浆面层明沟

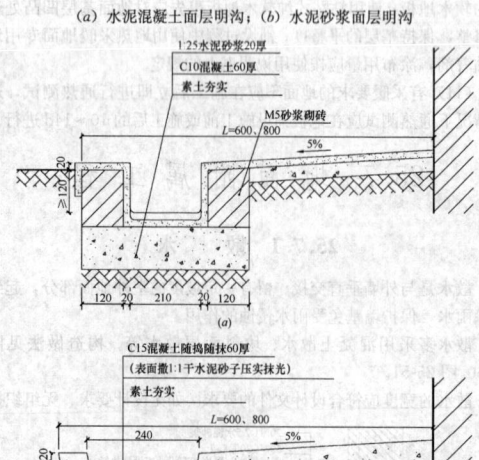

图 25-53　明沟构造做法简图（二）
（a）水泥砂浆面层散水带明沟；（b）水泥混凝土面层散水带明沟

当屋面采用有组织排水系统时，大多单独设置明沟，明沟的宽度根据最大降雨量和屋面承水面积来确定，一般在 200～300mm。

明沟应分块铺设，每块长度按各地气候条件和传统做法确定，但不应大于 10m。房屋转角处应设置伸缩缝，其缝与外墙面 45°角。明沟分格缝宽一般为 15～20mm，明沟与墙基间也应设置 15～20mm 缝隙，缝中嵌填胶泥密封材料。

室外明沟和各构造层次应为：素土夯实、垫层和面层。其各层采用的材料、配合比、强度等级以及厚度均应符合设计要求。施工时应按基土、同类垫层、面层有关章节中的施工要点进行施工。严寒地区的明沟下应设置防冻胀层，防止冬季产生冻胀破坏。

明沟在纵向应有不小于 0.5% 的排水坡度，在通向排水管井的下水口应设有带洞的盖板，防止杂物落入排水井。

25.7.3　踏　步

踏步分为台阶踏步与楼梯踏步。

1. 台阶

在室外或室内的地坪或楼层不同标高处设置的供人行走的阶梯。

（1）台阶面层的常用材料较多采用水泥砂浆、整体混凝土等整体面层及花岗石板、大理石板、瓷砖等块料面层，体育场馆多采用塑胶台阶。其构造做法见图 25-54～图 25-56。

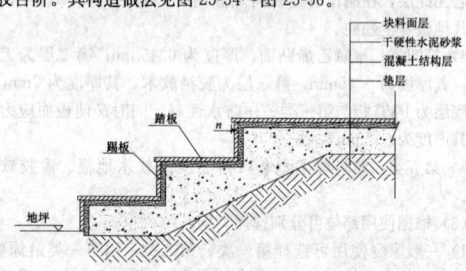

图 25-54　块料面层台阶构造做法简图
注：n 根据踏步板厚度确定，一般宜为 10～15mm，当踏步板厚度 10mm 时不宜留设。

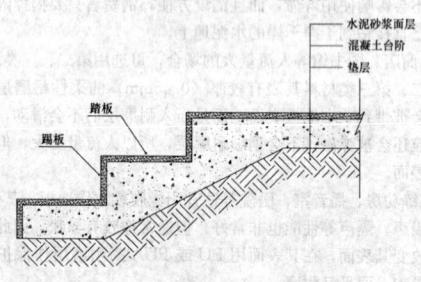

图 25-55　整体面层台阶构造做法简图

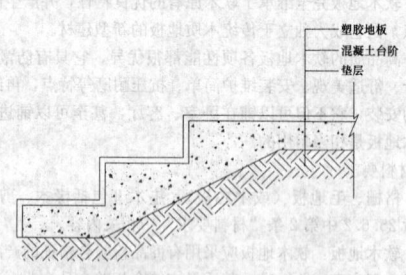

图 25-56　塑胶面层台阶构造做法简图

（2）台阶踏级的高度和宽度应根据不同的使用要求确定。踏级高度宜为 100～150mm，不宜大于 150mm，踏级宽度宜为 300～350mm，不宜小于 300mm。块料面层台阶施工时，应根据设计图纸的建筑尺寸，预先提出材料加工计划，台阶立板高度及踏步板宽度（图 25-57）按下式计算：

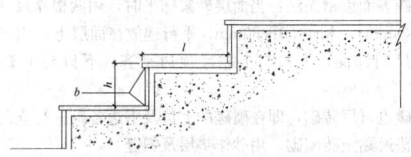

图 25-57　台阶块料面层加工做法简图
h—设计踏步高度；b—面层缝宽；l—设计踏步宽度

踢面板高度＝设计踏步高度－踏面板厚度－面层缝隙×2
踏面板宽度＝设计踏步宽度＋踢面板厚度＋n(图 25-54)

（3）人流密集的公共场所的台阶或高度超过 1m 的台阶，应设护栏。护栏高度应不低于 1050mm。在台阶与入门口处应设一段过渡平台，作为缓冲，平台的标高应比室内地面低 20mm，防止雨水倒流入室内。

（4）台阶面层施工应先踢面（立面）后踏面（平面），整体面层台阶施工应自上而下进行，当踏步面层为木板、预制水磨石板、花岗石板、大理石板、瓷砖等块料面层时分梯段自上而下铺设，梯段内自下而上逐级铺设。

（5）室外台阶一般与结构主体分离砌筑，防止不均匀沉降对台阶造成破坏。

2. 楼梯

常用的楼梯多采用花岗岩、大理石、瓷砖、预制水磨石等块料面层铺贴，亦可做成水泥砂浆整体面层、地毯面层等。

（1）组成材料

1）水泥砂浆整体面层组成材料应符合本章 25.4.3 水泥砂浆面层要求；块料面层的组成材料应符合本章 25.5 块面层铺设要求。

2）楼梯踏步的施工与质量要求与相应的面层基本相同，楼梯踏步块料面层还应符合表 25-34 要求。

踏步板质量要求　　表 25-34

种 类	允许偏差（mm）			外观要求
	长度	厚度	平整度	
同一级踏步板	+0、−1	+0.5、−0.5	长度≥1000　0.8	表面洁净、平整、色泽一致、无裂纹、无吊角缺棱、边角方正

（2）施工要点

1）楼梯装饰施工时，根据设计要求，要确保同平台上行与下行踏步前缘线在一条直线上，踢井宽度一致。

2）楼梯踏步的高度，应按设计要求，将上下楼层或楼层与平台的标高误差均分在各踏步高度内，使完工后的每级踏步的高度与相邻踏步的高度差控制在 10mm 以内。

3）楼梯踏步施工前，应按设计要求，确定每个踏段内最下一级踏步与最上一级踏步的标高及位置，在侧墙画出完工后踏步的高宽尺寸及形状，块料面层在两个踏步口拉线施工。

4）踏步面层施工顺序先踢面（立面）后踏面（平面），水泥砂浆等整体面层应自上而下，块料面层宜自下而上，踏步完工并具有一定强度后，进行踢脚线施工。

5）水泥砂浆楼梯踏步施工：

①基层清理参见本章 25.4.2 水泥混凝土面层施工要点中"基层清理"的相关内容。

②根据弹射的控制线，将调直的 $\phi10$ 钢筋沿踏步长度方向每 300mm 焊两根 $\phi6$ 固定锚筋（$l=100\sim150$mm，相互角度小于 90°），并固定牢靠后洒水养护 24h。$\phi10$ 钢筋上表面同踏步阳角面层相平。

③根据控制线，留出底面层厚度（6～8mm），粘贴靠尺，抹找平砂浆前，基层要提前湿润，并刷刷水泥砂浆随抹找平打底砂浆一遍，打底打底灰的配合比宜为 1：2.5（水泥：砂，体积比），找平打底灰的顺序为：先做踏步立面，再做踏步平面，后做侧面，依次顺序做完整个楼梯段的打底找平工序，最后粘贴尺杆将梯板下滴水沿抹平，打底灰抹完，并把表面压实搓毛，洒水养护，待找平底

砂浆硬化后，进行面层施工。

④抹面层水泥砂浆前，按设计要求，镶嵌防滑条木条。抹面层砂浆时要随刷水泥浆随抹水泥砂浆，水泥砂浆的配合比宜为 1：2（水泥：砂，体积比）。抹砂浆后，用刮尺杆将砂浆找平，用木抹子搓揉压实，待砂浆收水后，随即用铁抹子进行第一遍抹平压实至起浆为止，抹压的顺序为：先踏步立面，再踏步平面，后踏步侧面。

⑤楼梯面层抹完后，随即进行梯板下滴水沿抹面，粘贴尺杆抹 1：2 水泥砂浆面层，抹时随刷素水泥浆随抹水泥砂浆，并用刮尺杆将砂浆找平，用木抹子搓揉压实，待砂浆收水后，用铁抹子进行第一遍压光，并将截面水槽处分格条取出，用溜缝抹子溜压，使缝边顺直，线条清晰。在砂浆初凝后进行第二遍压光，至砂眼抹平压光。在砂浆终凝前进行第三遍压光，直至无抹纹，平整光滑为止。

⑥楼梯面层灰抹完后应封闭，24h 后覆盖并洒水养护不少于 7d。

⑦抹防滑条金刚砂砂浆：待楼梯面层砂浆初凝后即取出防滑条预埋木条，养护 7d 后，清理干净槽内杂物，浇水湿润，在槽内抹 1：1.5 水泥金刚砂砂浆，高出踏步面 4～5mm，用圆阳角抹子将实抹光。待完活 24h 后，洒水养护，保持湿润养护不少于 7d。

6）水磨石楼梯踏步施工：

①楼梯踏步面层应先做立面，再做平面，后做侧面及滴水线。每一梯段应自上而下施工，踏步施工要有专用模具，楼梯踏步面层模板见图 25-58，踏步平面应按设计要求留出防滑条的预留槽，应采用红松或白松制作嵌条提前 2d 镶好。

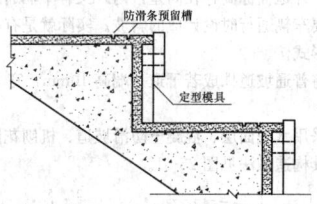

图 25-58　楼梯踏步面层模板图

②楼梯踏步立面、楼梯踢脚线的施工方法同踢脚线，平面施工方法同地面水磨石面层。但大部分需手工操作，每遍必须仔细磨光、磨平、磨出石粒大面，并应特别注意阴阳角部位的顺直、清晰和光洁。

③现制水磨石楼梯踏步的防滑条可采用水泥金刚砂防滑条，做法同水泥砂浆楼梯面层；亦可采用镶成品铜条或 L 型铜防滑护板等做法，应根据成品规格在面层上留槽或固定埋件。

7）大理石或花岗石楼梯踏步施工：

①大理石或花岗石面层施工可分仓或不分仓铺设，亦可镶嵌分格条。为了边角整齐，应选用有直边的一边板材沿分仓或分格线铺砌，并控制面层标高和基准点。用干硬性砂浆铺贴，施工方法同大理石地面。铺贴时，按碎块形状大小相同自然排列，缝隙控制在 15～25mm，并随铺随清理缝内挤出的砂浆，然后嵌填水泥石粒浆，嵌填应高出块材面 2mm。待达到一定强度后，用细磨石将凸缝磨平。如设计要求拼缝采用灌水泥砂浆时，厚度与块材上面齐平，并将表面抹平压光。

②在常温下一般 2～4d 可开磨，第一遍用 80～100 号金刚石，要求磨匀磨平磨光滑，冲净渣浆，用同色水泥浆填补面所呈现的细小空隙和凹痕，适当养护后再磨。第二遍用 120～160 号金刚石磨光，要求磨至石子粒显露，平整光滑，无砂眼细孔，用水冲洗后，涂抹草酸溶液（热水：草酸＝1：0.35，重量比，溶化冷却后用）一遍。如设计要求，第三遍用 240～280 号的金刚石磨光，研磨至表面光滑为止。

8）塑胶地板踏步根据设计要求，有采用成品踏步材料、有使用大板砖踏步材料切割而成。塑胶地板踏步施工时，在做好的水泥砂浆踏步的基础上，采用自流平水泥或专用材料找平，使用专用胶黏剂粘贴，其质量要求同地面中相应要求。

9）防滑材料做成的踏步面层可不设防滑条（槽），踏步防滑可采用防滑条或防滑槽，防滑条（槽）不宜少于 2 道，见图 25-59、图 25-60。

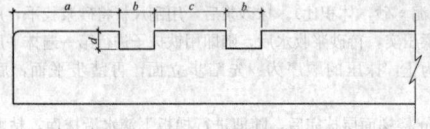

图 25-59　防滑槽构造做法简图
a—40～50mm；b—8～10mm；c—20～30mm；d—1～2mm

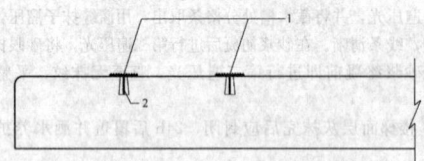

图 25-60　防滑条构造做法简图
1—金属防滑条（以 T 型为主）；2—防滑开口槽
（槽宽及深度视防滑条确定，防滑条内采用结
构胶、玻璃胶或云石胶等材料固定）

10）楼梯踏步面层未验收前，应严加保护，以防碰坏、撞掉踏步边角。

25.7.4　坡道与礓磋

当室内、外地面标高存在高差，内外又有车辆通过时，或不同标高平面需要车辆通行时设计成的斜坡。实际就是有一定防滑要求地面的倾斜形式。

礓磋是将普通坡道抹成若干道一端高 10mm，宽 50～60mm 的锯齿形的坡。

坡道常采用水泥面层、混凝土防滑坡道、机刨花岗石坡道、豆石坡道等，其构造做法见图 25-61。

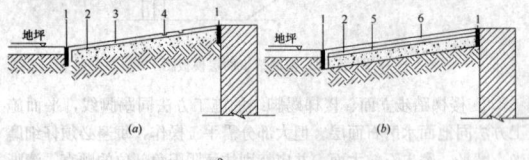

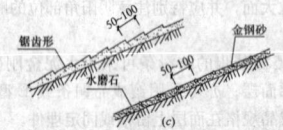

图 25-61　坡道面层构造做法简图
（a）整体面层坡道；（b）块料面层坡道；（c）礓磋坡道
1—沉降缝 15～20mm 弹性材料填充；2—混凝土垫层；
3—水泥面层或其他防滑面层；4—防护条或槽（间距 50～60mm）；
5—干性砂浆结合层；6—块料防滑面层

1. 组成材料

组成材料应符合相应地面材料的要求。

2. 施工要点

（1）坡道的夯实质量应符合设计要求，特别有机动车辆行驶的坡道，其土层夯实后的变形模量必须满足计算要求。

（2）寒冷地区室外坡道的防冻层厚度、使用材料应符合设计要求，严禁在冻土层上直接施工。

（3）豆石坡道施工时，豆石的粒径不宜小于 20mm，露出尺寸不宜超过粒径的 1/3。

（4）坡道面层采用机刨花岗岩板时，施工交底要清楚，板面不宜采用磨光板机刨，机刨槽深度、宽度要明确，机刨方向应垂直于车辆行驶方向。

（5）坡道的坡度应符合设计要求。当坡道的坡度大于 10% 时，斜坡面层应做成齿槽形，亦称礓磋。

礓磋表面齿槽做法：当面层砂浆抹平时，用两根靠尺（断面为 50mm×6mm），相距 50～60mm，平行地放在面层上，用水泥砂浆在两靠尺间抹面，上口与上靠尺顶边平齐，下口与下靠尺底边相平。

礓磋也可用砖砌，即在礓磋的上边及下边各砌一行立砖，斜段部分用普通黏土砖侧砌，用砂作垫层及扫缝。

（6）坡道施工时与建筑物交接处应设置分隔缝，防止不均匀沉降造成断裂，分隔缝宽度约 15～20mm，采用弹性材料填充。

25.8　绿　色　施　工

25.8.1　绿色施工的定义

绿色施工是指工程建设中，在保证质量、安全等基本要求的前提下，通过科学管理和技术进步，最大限度地节约资源与减少对环境负面影响的施工活动，实现四节一环保（节能、节地、节水、节材和环境保护）。

25.8.2　绿色施工原则

（1）绿色施工是建筑全寿命周期中的一个重要阶段。实施绿色施工，应进行总体方案优化。在规划、设计阶段，应充分考虑绿色施工的总体要求，为绿色施工提供基础条件。

（2）实施绿色施工，应对施工策划、材料采购、现场施工、工程验收等各阶段进行控制，加强对整个施工过程的管理和监督。

25.8.3　绿色施工要点

1. 节材与材料资源利用技术要点

（1）节材措施

1）图纸会审时，应审核节材与材料资源利用的相关内容，达到材料损耗率比定额损耗率降低 30%。

2）根据施工进度、库存情况等合理安排材料的采购、进场时间和批次，减少库存。

3）现场材料堆放有序。储存环境适宜，措施得当。保管制度健全，责任落实。

4）材料运输工具适宜，装卸方法得当，防止损坏和遗洒。根据现场平面布置情况就近卸载，避免和减少二次搬运。

5）优化安装工程的预留、预埋、管线路径等方案。

6）应就地取材，施工现场 500 公里以内生产的建筑材料用量占建筑材料总重量的 70% 以上。

（2）施工控制要点

1）贴面类材料在施工前，应进行总体排板策划，减少非整块材的数量。

2）防水卷材、油漆及各种胶粘剂基层必须符合要求，避免起皮、脱落。

2. 节水与水资源利用的技术要点

（1）提高用水效率

1）施工中采用先进的节水施工工艺。

2）现场搅拌用水、养护用水应采取有效的节水措施，严禁无措施浇水养护混凝土。

3）施工现场供水管网应根据用水量设计布置，管径合理、管路简捷，采取有效措施减少管网和用水器具的漏损，做到无长流水现象。

4）施工现场建立可再利用水的收集处理系统，使水资源得到梯级循环利用。

5）在签订不同标段分包或劳务合同时，将节水定额指标纳入合同条款，进行计量考核。

6）对混凝土搅拌点等用水集中的区域和工艺点进行专项计量考核。施工现场建立雨水、中水或可再利用水的搜集利用系统。

7）浸砖等产生的废水可用来拌和水泥砂浆。

8）力争施工中非传统水源和循环水的再利用量大于 30%。

（2）用水安全

在非传统水源和现场循环再利用水的使用过程中，应制定有效

的水质检测与卫生保障措施，确保避免对人体健康、工程质量以及周围环境产生不良影响。

3. 节能与能源利用的技术要点

(1) 节能措施

1) 制订合理施工能耗指标，提高施工能源利用率。

2) 优先使用国家、行业推荐的节能、高效、环保的施工设备和机具，如选用变频技术的节能施工设备等。

3) 施工现场分别设定生产、生活、办公和施工设备的用电控制指标，定期进行计量、核算、对比分析，并有预防与纠正措施。

4) 在施工组织设计（施工方案）中，合理安排施工顺序、工作面，以减少作业区域的机具数量，相邻作业区充分利用共有的机具资源。安排施工工艺时，应优先考虑耗用电能的或其他能耗较少的施工工艺。避免设备额定功率远大于使用功率或超负荷使用设备的现象。

5) 根据当地气候和自然资源条件，充分利用太阳能、地热等可再生能源。

6) 需养护的面层应采用湿麻袋片或锯末养护，防止废水横流产生污染。

(2) 机械设备与机具

1) 建立施工机械设备管理制度，开展用电计量，完善设备档案，及时做好维修保养工作，使机械设备保持低耗、高效的状态。

2) 选择功率与负载相匹配的施工机械设备，避免大功率施工机械设备低负载长时间运行。机电安装可采用节能型机械设备，如逆变式电焊机和能耗低、效率高的手持电动工具等，以利节电。机械设备宜使用节能型油料添加剂，在可能的情况下，考虑回收利用，节约油量。

3) 合理安排工序，提高各种机械的使用率和满载率，降低各种设备的单位耗能。

(3) 施工用电及照明

1) 临时用电优先选用节能电线和节能灯具，临电线路合理设计、布置，临电设备宜采用自动控制装置。采用声控、光控等节能照明灯具，做到人走灯灭。

2) 照明设计以满足最低照度为原则，照度不应超过最低照度的 20%。

4. 节地与施工用地保护的技术要点

(1) 施工总平面布置应做到科学、合理，充分利用原有建筑物、构筑物、道路、管线为施工服务。

(2) 施工现场搅拌站点、水泥、石料等仓库、块材加工厂、作业棚、材料堆场等布置应尽量靠近已有交通线路或即将修建的正式或临时交通线路，缩短运输距离。

5. 环境保护技术要点

(1) 扬尘控制

1) 运送材料、垃圾等，不得损坏场外道路。运输砂、石等容易散落、飞扬、流漏的物料的车辆，必须采取措施封闭严密，保证车辆清洁。施工现场出口应设置洗车槽。

2) 作业区目测扬尘高度小于 0.5m。对砂、石等易产生扬尘的堆放材料应采取覆盖措施；对水泥等粉末状材料应封闭存放；场区内可能引起扬尘的材料及建筑垃圾搬运应有覆盖、洒水等降尘措施；浇筑混凝土前清理灰尘和垃圾时尽量使用吸尘器，避免使用吹风器等易产生扬尘的设备；机械剔凿作业时可用局部遮挡、掩盖、水淋等防护措施；高层或多层建筑清理垃圾应搭设封闭性临时专用道或采用容器吊运。

①施工现场水泥应设库封闭保管。

②石灰现场熟化应做好遮挡和排水工作，防止扬尘和污水漫流。最好采用成品袋装灰或磨细灰。

③灰土现场拌和应选在无风天气或采取遮挡，防止扬尘。炉渣拌合料拌制时应采取遮挡和排水措施，防止扬尘和污水漫流。

3) 施工现场非作业区达到目测无扬尘的要求。对现场易飞扬物质采取有效措施，如洒水、地面硬化、围挡、密网覆盖、封闭等，防止扬尘产生。

(2) 噪声与振动控制

1) 现场噪声排放不得超过国家标准《建筑施工场界噪声限值》

（GB 12523）的规定。白天不应超过 85dB，夜间不应超过 55dB。

2) 在施工场界对噪声进行实时监测与控制。监测方法执行国家标准《建筑施工场界噪声测量方法》（GB 12524）。并做好记录，注明测量时间、地点、方法做好噪声测量记录，以验证噪声排放是否符合要求，超标时及时采取措施。

3) 使用低噪声、低振动的机具，采取隔音与隔振措施，避免或减少施工噪声和振动。

4) 噪声控制措施：

①施工机械进场必须先试车，确定润滑良好，各紧固件无松动，无不良噪声后方可使用。

②设备操作人员应熟悉操作规程，了解机械噪声对环境造成的影响。

③机械操作人员必须按照要求操作，作业时轻拿轻放。

④切割板块时，应设置在室内并应加快作业进度，以减少噪声排放时间和频次。

⑤搅拌司机每天操作前对机械进行例行检查；严禁敲击料斗，防止产生噪声；夜间禁止搅拌作业。

(3) 水污染控制

1) 施工现场污水排放应达到国家标准《污水综合排放标准》（GB8978）的要求。

2) 污水排放应委托有资质的单位进行废水水质检测，提供相应的污水检测报告。

3) 对于化学品等有毒材料、油料的储存地，应有严格的隔水层设计，做好渗漏液收集和处理。

4) 搅拌站点做好排水沟和沉淀池，清洗机械的污水经沉淀后有组织排放。

5) 水磨石施工时的废浆不得随便排放，现场应设置沉淀池。

(4) 土壤保护

1) 保护地表环境，防止土壤侵蚀、流失。因施工造成的裸土，及时覆盖砂石或种植速生草种，以减少土壤侵蚀；因施工造成容易发生地表径流土壤流失的情况，应采取设置地表排水系统、稳定斜坡、植被覆盖等措施，减少土壤流失。

2) 沉淀池、隔油池等不发生堵塞、渗漏、溢出等现象。及时清掏各类池内沉淀物，并委托有资质的单位清运。

3) 对于有毒有害废弃物如电池、墨盒、油漆、涂料等应回收后交有资质的单位处理，不能作为建筑垃圾外运，避免污染土壤和地下水。

4) 防止机械漏油污染土地。

5) 施工后应恢复施工活动破坏的植被（一般指临时占地内）。与当地园林、环保部门或当地植物研究机构进行合作，在先前开发地区种植当地或其他合适的植物，以恢复剩余空地地貌或科学绿化，补救施工活动中人为破坏植被和地貌造成的土壤侵蚀。

(5) 大气污染的控制措施

1) 施工现场垃圾应分拣分放并及时清运，由专人负责用毡布密封，并洒水降尘。

2) 应注意对粉状材料的覆盖，防止扬尘和运输过程中的遗洒。

3) 沙子使用时，应先用水喷洒，防止粉尘的产生。

4) 进出工地使用柴油、汽油的机动机械，必须使用无铅汽油和优质柴油做燃料，以减少对大气的污染。

5) 胶粘剂用后应立即盖严，不能随意敞放，如有洒漏，及时清除，所用器具及时清洗，保持清洁。

6) 使用热熔或涂膜类材料施工时，注意避免或减少大气污染。

7) 各种涂布料、溶剂多有毒，使用前、使用后应封闭，以避免和减少挥发至空气中。使用后的废弃料不得随意丢弃，应有专门的存放器具回收废料。

(6) 固体废弃物的控制措施

1) 各种废料应按"可利用"、"不可利用"、"有毒害"等进行标识。可利用的垃圾分类存放，不可利用垃圾存放在垃圾场，及时运走，有毒害的物品，如胶粘剂等应密封存放。

2) 各种废料在施工现场装卸运输时，应用水喷洒，卸到堆放地后及时覆盖或用水喷洒。

3) 机械保养，应防止机油泄漏，污染地面。

4）加强有毒有害物体的管理，对有毒有害物体要定点排放。

5）水泥袋等包装物，应回收利用并设置专门场地堆放，及时收集处理。

6）调制水磨石的颜料不得随便丢弃，应集中收集和销毁，或送固定的废弃地点。

（7）建筑垃圾控制

1）制定建筑垃圾减量化计划。

2）加强建筑垃圾的回收再利用，力争建筑垃圾的再利用和回收率达到 30%，建筑物拆除产生的废弃物的再利用和回收率大于 40%。对于碎石类、块料类建筑垃圾，可采用地基填埋、铺路等方式提高再利用率，力争再利用率大于 50%。

3）施工现场生活区设置封闭式垃圾容器，施工场地生活垃圾实行袋装化，及时清运。对建筑垃圾进行分类，并收集到现场封闭式垃圾站，集中运出。

参 考 文 献

1.《建筑工程施工质量验收统一标准》GB 50300—2001

2.《建筑地面工程施工质量验收规范》GB 50209—2010

3.《建筑施工手册》中国建筑工业出版社 2003 年 9 月第四版

4.《建筑地面设计规范》GB 50037—1996

5.《民用建筑工程室内环境污染控制规范》GB 50325—2010

6.《混凝土结构工程施工质量验收规范》GB 50204—2002

7.《屋面工程质量验收规范》GB 50207—2002

8.《普通混凝土用砂、石质量及检验方法标准》JGJ 52—2006

9.《建筑防腐蚀工程施工及验收规范》GB 50212—2002

10.《建筑地面与楼面手册》 中国建筑工业出版社 2005 年第一版

11.《绿色施工管理规程》 北京市地方标准 2008 年 5 月实施

12.《透水混凝土路面技术规程》CJJ/T 135—2009

13.《彩色透水混凝土系统施工方案》 建国亚洲有限公司的标美编写

防水等级	建筑类别	防水设计	设防要求	防水层选用材料	
				防水材料名称	厚度(mm)≥
Ⅱ级	一般建筑	10年	复合防水	合成高分子防水卷材 复合	1.2
				合成高分子防水涂料	1.0
				高聚物改性沥青防水卷材 复合	3.0
				高聚物改性沥青防水涂料	1.2
				自粘橡胶沥青防水卷材 复合	1.2
				合成高分子防水涂料	1.0
				聚乙烯丙纶防水卷材 复合	0.8
				聚合物水泥防水胶粘材料	1.2
				瓦面+垫层	

本章主要按国家标准《屋面工程质量验收规范》(GB 50207)中对屋面的分类介绍各类屋面的基本构造、节点做法,同时介绍了屋面各构造层的材料要求、施工方法、质量控制及环保措施等。

26 屋面工程

屋面工程是房屋建筑的一项重要的分部工程,其节能设计是工程整体节能设计的重要组成部分。其施工质量的优劣,不仅关系到建筑物的使用寿命,而且直接影响到生产活动和人民生活的正常进行,也关系到整个城市的市容。

屋面工程包括屋面结构层以上的屋面找坡层、找平层、隔汽层、防水层、保温隔热层、保护层和使用面层(各种屋面的构造层次的组合不尽相同)。

屋面工程按形式划分,可分为平屋面、斜坡屋面;按保温隔热功能划分,可分为保温隔热屋面和非保温隔热屋面;按防水层位置划分,可分为正置式屋面和倒置式屋面;按屋面使用功能划分,可分为非上人屋面、上人屋面、绿化种植屋面、蓄水屋面、停车、停机屋面、运动场所屋面等;按采用的防水材料划分,可分为卷材防水屋面、涂膜防水屋面、复合防水屋面、瓦屋面、金属板材屋面等。

根据建筑物的性质、重要程度、使用功能要求及防水层合理使用年限等要求,国家标准《屋面工程质量验收规范》(GB 50207)将屋面防水划分为不同等级,并规定了不同等级的设防要求及防水层厚度,详见表26-1。

屋面防水等级和设防要求　表 26-1

防水等级	建筑类别	防水设计	设防要求	防水层选用材料	
				防水材料名称	厚度(mm)≥
Ⅰ级	重要的建筑高层建筑	20年	单道设防	三元乙丙橡胶防水卷材(硫化橡胶类)	1.5
				聚氯乙烯防水卷材(内增强型)	2.0
				弹性体(塑性体)改性沥青防水卷材(聚酯胎、Ⅱ型)	5.0
			二道设防　主防水层	合成高分子防水卷材	1.2
				高聚物改性沥青防水卷材	3.0
				自粘聚合物改性沥青聚酯胎防水卷材	3.0
			二道设防　次防水层	合成高分子防水卷材	1.0
				高聚物改性沥青防水卷材	3.0
				合成高分子防水涂料	1.5
				高聚物改性沥青防水涂料	2.0
				自粘橡胶沥青防水卷材	2.0
				自粘聚合物改性沥青聚酯胎防水卷材	2.0
Ⅱ级	一般建筑	10年	单道设防	合成高分子防水卷材	1.5
				高聚物改性沥青防水卷材	4.0
				合成高分子防水涂料	2.0
				自粘橡胶沥青防水卷材	1.5
				自粘聚合物改性沥青聚酯胎防水卷材	3.0
				高聚物改性沥青防水涂料	3.0
				金属板、采光顶	

26.1　卷材防水屋面

卷材防水屋面是指采用胶粘剂粘贴卷材或采用带底面自粘胶的卷材进行热熔或冷粘贴于屋面基层进行防水的一种屋面形式。

本节重点介绍了以下内容:

1. 柔性防水屋面的典型构造层次和做法

以简图的形式分别介绍了正置式屋面、倒置式屋面典型构造层次和做法。

主要介绍了卷材防水层和作为防水基层的找平层及防水保护层的常用种类、做法及施工要求。

2. 细部构造

以简图的形式介绍了柔性防水屋面的天沟、檐沟、泛水、水落口、变形缝、伸出屋面管道、屋面出入口等屋面细部构造。

3. 主要分项工程的质量控制

主要介绍了找平找坡层、隔汽层、隔离层、防水层、保护层和细部构造六个分项工程的质量要求和检验项目、方法等。

4. 保温隔热层及接缝密封防水的主要材料、施工方法及质量控制参见"26.10屋面保温隔热"和"26.11屋面接缝防水密封"的相关内容。

26.1.1　基　本　要　求

26.1.1.1　设计要求

屋面工程防水设计应遵循"合理设防、防排结合、因地制宜、综合治理"的原则,确定屋面防水等级和设防要求。根据设防等级和要求,选用防水材料,选用时应考虑其主要物理性能是否满足工程需要。

1. 屋面构造设计

(1) 单坡跨度大于9m的屋面应在结构上进行找坡,坡度设计不小于3%。一般情况下,天沟、檐沟纵向设计坡度不小于1%,沟底水落差不得大于200mm;天沟、檐沟排水严禁流过变形缝和防火墙。当用轻质材料或保温层找坡时,坡度一般为2%。

(2) 卷材、涂膜防水层的基层应设找平层,找平层应留设分格缝,缝宽宜为5~20mm。纵横缝的间距不宜大于6m,分格缝内宜嵌填密封材料。

(3) 在空气湿度较大的地区,如在纬度40°以北地区且室内空气湿度大于75%,或其他地区室内空气湿度常年大于75%,或其他地区室内空气湿度常年大于80%屋面防水施工时,若采

用吸湿性保温材料做保温层，应选用气密性、水密性好的防水卷材或防水涂料作隔汽层。隔汽层应沿墙面向上铺设，并与屋面的防水层相连接，形成全封闭的整体。

（4）卷材、涂膜防水层上设置块体材料、水泥砂浆或细石混凝土，应在两者之间设置隔离层。

（5）高低跨屋面防水设计为无组织排水时，其低跨屋面受水冲刷的部位，应加铺一层卷材附加层，上铺 300～500mm 宽的 C20 混凝土板加强保护；为有组织排水时，水落管下应加设水簸箕。变形缝处的防水处理，应采用有足够变形能力的材料和构造措施。

（6）混凝土的结构层、现喷硬质聚氨酯等泡沫塑料保护层、装饰瓦以及不搭接的屋面卷材或涂膜厚度不符合规范规定的防水层以及隔汽层，不得作为屋面的一道防水设防。

（7）多种防水材料复合使用时，应注意：合成高分子卷材或合成高分子涂膜的上部，不得采用热熔型卷材或涂料；卷材与涂膜复合使用时，涂膜宜放在下部；反应型涂料和热熔型改性沥青涂料，可作为铺贴柔性相容的卷材胶粘剂并进行复合防水。

（8）按现行《建筑给水排水设计规范》（GB 50015）的有关规定，通过水落管的排水量及每根水落管的屋面汇水面积计算来确定屋面水落管的数量。

2. 材料选用

屋面工程采用的防水材料应符合环境保护要求。屋面防水采用多种材料多道设防（如卷材、涂膜、瓦等材料等的复合使用或者卷材叠层）时，耐老化、耐穿刺的防水层应放在最上面，相邻材料之间应具相容性。根据选用的材料确定屋面防水工程的构造系统设计和排水系统设计，以及细部构造的密封防水措施和材料。如天沟、檐沟、阴阳角、水落口、变形缝等部位，应设置附加层的防水层细部构造。屋面防水材料可选用合成高分子防水卷材、高聚物改性沥青防水卷材、自粘橡胶沥青防水卷材、合成高分子防水涂料、聚合物水泥防水涂料等。

屋面防水多道设防时，可将卷材、涂膜等材料复合使用；也可使用卷材叠层。采用多种材料复合时，应注意：

（1）两种或两种以上柔性材料复合使用时，应具有相容性。包括防水材料（指卷材、涂料，下同）与基层处理剂、防水材料与胶粘剂、防水材料与密封材料、防水材料与保护层的涂料、复合使用的防水材料、基层处理剂与密封材料。

（2）外露使用的不上人屋面，应选用与基层粘结力强和耐紫外线、热老化保持率、耐酸雨、耐穿刺性能优良的防水材料。

（3）蓄水屋面、种植屋面，应选用耐腐蚀、耐腐烂、耐穿刺性能优良的防水材料。

（4）薄壳、装配式结构、钢结构等大跨度建筑屋面，应选用自重轻和耐热性、适应变形能力优良的防水材料。

（5）倒置式屋面应选用适应变形能力优良、接缝密封保证率高的防水材料；斜坡屋面应选用与基层粘结力强、感温性小的防水材料；屋面接缝密封防水，应选用与基层粘结力强、耐低温性能优良，并有一定适应位移能力的密封材料。

26.1.1.2 施工要求

（1）施工企业应当具备承担屋面防水和保温隔热工程的相应资质；作业人员应持当地建设行政主管部门颁发的上岗证。

（2）屋面工程采用的防水、保温材料应有产品合格证书和性能检测报告，材料的品种、规格、性能等应符合现行国家产品标准和设计要求。严禁使用国家明令禁止使用和淘汰的材料。施工企业应按规范要求，对进场的防水、保温材料进行检查验收。

（3）屋面工程施工时，每道工序施工完成后，应经监理单位或建设单位检查验收，合格后方可进行下道工序的施工。当下道工序或相邻工程施工时，应对屋面已完成的部分采取保护措施。伸出屋面的管道、设备或预埋件等，应在防水层施工前安设完毕。屋面防水完工后，不得在其上凿孔、打洞或重物冲击。

（4）屋面防水层完工后，应检验屋面有无渗漏和积水，排水系统是否通畅，可在雨后或持续淋水 2h 以后进行。有可能做蓄水检验的屋面应做蓄水检验，其蓄水时间不宜小于 24h。确认屋面无渗漏后，再做保护层。

（5）国家规定屋面防水工程保修期定为 5 年。在屋面竣工后，为保证其使用年限和质量，应确立管理、维修、保养制度，同时做好水落口、天沟、檐沟的疏通情况检查，确保屋面排水系统畅通。实际屋面防水工程质量保证期的期限、效果（工程质量等事宜），双方通过协议商定。

26.1.2 屋面典型构造层次和做法

26.1.2.1 正置式屋面（防水层在保温层上面）构造层次及做法

正置式屋面（防水层在保温层上面）构造层次及做法示意，见图 26-1。

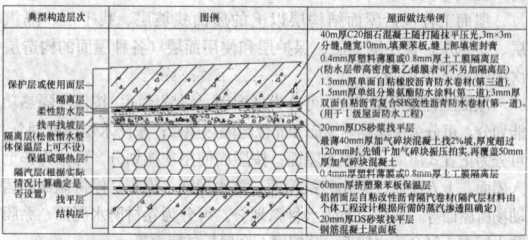

图 26-1　正置式屋面构造层次及做法示意

26.1.2.2 倒置式屋面（防水层在保温层下面）构造层次及做法

倒置式屋面（防水层在保温层下面）构造层次及做法示意，见图 26-2。

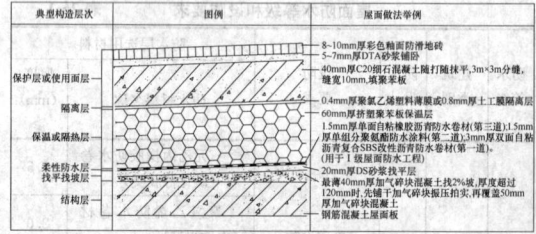

图 26-2　倒置式屋面构造层次及做法示意

26.1.3 找平层、隔汽层、隔离层

26.1.3.1 找平层的种类和技术要求

防水层的基层从广义上讲，包括结构基层、找坡层和直接依附防水层的找平层；从狭义上讲，防水层的基层是指结构层上或保温层上面起到找平作用的基层，俗称找平层。找平层是防水层依附的一个层次，为了保证防水层受基层变形影响小，基层应有足够的刚度和强度，使它变形小、坚固。还要有足够的排水坡度，使雨水迅速排走。

目前，作为防水层基层的找平层有细石混凝土、水泥砂浆、混凝土随浇随抹等几种做法。它的技术要求见表 26-2。

屋面防水技术以防为主，以排为辅。防水基层采用正确的排水坡度可以保证水迅速排走，从而减少渗水的机会，避免防水层长期被水浸泡而加速损坏。平屋面在建筑功能许可的情况下尽可能做结构找坡，坡度应尽可能大些，过小施工不易准确。材料找坡时，为了减轻屋面荷载，可用轻质材料或保温层找坡，坡度宜为 2%。天沟、檐沟的纵向坡度不能过小，否则施工时找坡困难而造成积水。沟底的水落差不超过 200mm，即水落口离天沟分水线不得超过 20m。水落口周围直径 500mm 范围内的坡度不应小于 5%。《屋面工程质量验收规范》（GB 50207）中有关屋面找平层的坡度要求见表 26-3。

找平层厚度和技术要求			表 26-2
类　别	基层种类	厚度(mm)	技　术　要　求
混凝土随浇随抹	整体现浇混凝土	—	原浆表面抹平压光

续表

类 别	基层种类	厚度 (mm)	技 术 要 求
水泥砂浆找平层	整体混凝土	15~20	1:2.5~1:3（水泥:砂）体积比，水泥强度等级不低于32.5级，宜掺微膨胀剂、抗裂纤维等材料
	整体或板状材料保温层	20~25	
	装配式混凝土板，松散材料保温层	20~30	
细石混凝土找平层	松散材料保温层	30~35	混凝土强度等级不低于C20

找平层的坡度要求 表 26-3

项 目	平屋面		天沟、檐沟			水落口周边 φ500 范围
	结构找坡	材料找坡	纵向	沟底水落差	水落口离天沟分水线距离	
坡度要求	≥3%	≥2%	≥1%	≤200mm	≤20m	≥5%

为了避免或减少找平层开裂，找平层宜留设分格缝，缝宽5～20mm，缝中宜嵌密封材料。分格缝兼作排汽道时，分格缝可适当加宽，并应与保温层连通。分格缝宜留设在板端处，其纵横缝的最大间距：找平层采用水泥砂浆或细石混凝土时，不宜大于6m；找平层采用沥青砂浆时，不宜大于4m。分格缝施工可预先埋入木条、聚苯乙烯泡沫条或事后用切割机锯出。

为了避免或减少找平层开裂，在找平层的水泥砂浆或细石混凝土中宜掺入减水剂和抗裂纤维，尤其在不吸水保温层上（包括用塑料膜作隔离层）做找平层时，砂浆的稠度和细石混凝土的坍落度要低；否则，极易引起找平层的严重裂缝。

涂膜防水屋面与卷材防水屋面相比，找平层的平整度对涂膜防水层的质量影响更大，因此对平整度的要求更严格，否则涂膜防水层的厚度得不到保证，必将造成涂膜防水层的防水可靠性和耐久性降低。涂膜防水层是满粘于找平层的，据剥离区理论，找平层开裂（强度不足）易引起防水层的开裂，因此涂膜防水层的找平层应有足够的强度，尽可能避免裂缝的产生，出现裂缝应进行修补。

基层与突出屋面结构（女儿墙、山墙、天窗壁、变形缝、烟囱等）的交接处和基层的转角处，称阴阳角，是防水层应力集中的部位，该处找平层均应做成圆弧形。圆弧半径的大小会影响卷材的粘贴，根据不同防水材料，对阴阳角的弧度做不同的要求。合成高分子卷材薄且柔软，弧度可小；沥青基卷材厚且硬，弧度要求大。见表26-4。

找平层转角处圆弧半径弧度 表 26-4

卷材种类	沥青防水卷材	高聚物改性沥青卷材	合成高分子卷材	聚合物水泥防水涂料
圆弧半径（mm）	100~150	50	20	20

26.1.3.2 水泥砂浆找平层施工

（1）屋面结构层为装配式钢筋混凝土屋面板时，应用强度等级不小于C20细石混凝土嵌填。当板缝宽度大于40mm或上窄下宽时，板缝内应设置构造钢筋，灌缝高度应与板面齐，板端应用密封材料嵌缝。

（2）检查屋面板等基层是否安装牢固，不得有松动现象。铺砂浆前，基层表面应清扫干净并洒水湿润（有保温层时，不得洒水）。

（3）留在屋架或承重墙上的分格缝，应与板缝对齐。板端方向的分格缝也应与板端对齐，用小木条或聚苯泡沫条嵌缝留设，或在砂浆硬化后用切割机锯缝。缝高同找平层厚度，缝宽5～20mm左右。

（4）砂浆配合比要称量准确，搅拌均匀，底层为塑料薄膜隔离层、防水层或不吸水保温层，宜在砂浆中加减水剂并严格控制稠度。砂浆铺设应按由远到近、由高到低的程序进行，最好在每一分格内一次连续抹成，严格掌握坡度，可用2m左右的刮杠找平。天沟一般先用轻质混凝土找坡。

（5）待砂浆稍收水后，用抹子抹平压实、压光；终凝前，轻轻取出嵌缝木条，完工后表面少踩踏。砂浆表面不允许撒干水泥或水泥浆压光。

（6）注意气候变化，如气温在0℃以下，或终凝前可能下雨时，不宜施工。如必须施工时，应有技术措施，保证找平层质量。

（7）铺设找平层12h后，需洒水养护或喷冷底子油养护。

（8）找平层硬化后，应用密封材料嵌填分格缝。

26.1.3.3 细石混凝土找平层施工

（1）铺设细石混凝土前，基层表面应清扫干净并洒水湿润；对铺砌的亲水型板块状保温层表面不得湿润过度，憎水型保温板块表面不必湿润，棉毡或松散保温层表面则应予以隔离。

（2）支好分格缝模板，按设计屋面坡度标出混凝土浇捣厚度。施工中，可在每个操作分格块的四角、中间等位置做出标准灰饼或冲筋，一般间隔1～2m，作为找平层铺设控制标记。

（3）材料及混凝土质量要严格保证，经常检查是否按配合比准确计量，每工作班进行不少于两次的坍落度检查，并按规定制作检验的试块。加入外加剂时应准确计量，投料顺序得当，搅拌均匀。

（4）混凝土搅拌宜采用机械搅拌，搅拌时间不少于2min。混凝土运输过程中应防止漏浆和离析。

（5）屋面找平层的摊铺按"由远到近、由高到低"的程序进行；每个分格内宜连续铺设，一气呵成，不得留施工缝。施工时，用2m左右的刮杠循标准灰饼指示拍紧刮平，同时找出坡度，再用木抹子搓平、铁抹子压光。

（6）混凝土收水初凝后（表面浮水沉失，人踏有脚印但不下陷为准），及时取出分格缝隔板，用铁抹子第二次压实抹光，并及时修补分格缝的缺损部分，做到平直、整齐；待混凝土终凝前，进行第三次压实抹光，要求做到表面平光、不起砂、不起皮、无抹板压痕为止。

（7）待混凝土终凝后及时养护，完工后的找平层表面做好保护，少踩踏。

（8）找平层硬化并干燥后，用密封材料嵌填分格缝。

26.1.3.4 隔汽层的设置与施工

在空气湿度较大的地区，如在纬度40°以北地区且室内空气湿度大于75%，或其他地区室内空气湿度常年大于75%，或其他地区室内空气湿度常年大于80%屋面防水施工时，若采用吸湿性保温材料做保温层，应选用气密性、水密性好的防水卷材或防水涂料作隔汽层。

（1）隔汽层位置应铺设在结构层与保温层之间。

（2）铺设隔汽层前，基层应平整、干净、干燥。

（3）隔汽层应沿墙面向上连续铺设，并与屋面防水层相连接；隔汽层高出保温层上表面不得小于100mm。

（4）隔汽层采用卷材时宜空铺，卷材搭接缝应满粘，其搭接宽度不得小于70mm。采用涂膜时，涂层应均匀，无皱折、流淌和露底现象。

（5）穿过隔汽层的管线应封严，转角处无折损；隔汽层凡有缺陷或破损的部位，均应返修。

26.1.3.5 隔离层的设置与施工

防水层与上层混凝土之间、保温层与上层混凝土之间等处，应设置允许上下层之间有适当错动的隔离层，一般采用粘结力不强、便于滑动的材料，施工时应确保层间的完全分离。

1. 隔离层的材料

隔离层材料通常有聚氯乙烯塑料薄膜、沥青油毡、土工膜、无纺聚酯纤维布等。

2. 隔离层的施工

（1）隔离层施工

隔离层铺设前，应将基层表面的砂粒、硬块等杂物清扫干净，防止铺贴时损伤隔离层。隔离层采用干铺隔离材料一层，搭接宽度100mm，做到连片平整。防水层带高密度聚乙烯膜者，可不另设隔离层。

（2）施工注意事项

隔离层材料强度低，在隔离层继续施工时，要注意对隔离层加强保护。混凝土运输不能直接在隔离层表面进行，应采取垫板等措

施。绑扎钢筋时不得扎破表面,浇捣混凝土时更不能振酥隔离层。

26.1.4 卷材防水层

卷材防水是用胶粘剂或采用热熔法、冷粘法等由基层开始逐层粘贴卷材而形成的防水系统。

常用屋面卷材防水施工方法有:采用胶粘剂进行卷材与基层及卷材与卷材搭接粘结的方法;对卷材底面热熔来实现卷材与基层及卷材之间粘贴的方法;利用卷材底面自粘胶进行粘结的方法;采用冷胶粘贴或机械固定方法将卷材固定于基层、卷材间搭接采用焊接的方法等。

26.1.4.1 材料要求

目前,屋面防水工程常用的防水卷材有高聚物改性沥青卷材和合成高分子卷材,高聚物改性沥青卷材包括自粘橡胶沥青防水卷材和自粘聚合物改性沥青聚酯胎防水卷材;合成高分子卷材主要有:三元乙丙、改性三元乙丙、氯化聚乙烯、聚氯乙烯、氯磺化聚乙烯防水卷材等。高聚物改性沥青卷材和合成高分子防水卷材的物理性能应符合表26-5、表26-6的要求,自粘橡胶沥青防水卷材和自粘聚合物改性沥青聚酯胎防水卷材的物理性能应符合表26-7、表26-8的要求。

用于粘贴卷材的胶粘剂可分为卷材与基层粘贴的胶粘剂及卷材与卷材搭接的胶粘剂,粘贴各类防水卷材应采用与卷材材性相容的胶粘材料。防水卷材及配套材料的品种、物理性能应符合表26-9、表26-10、表26-11相关内容的要求。密封胶粘带用于合成高分子卷材与卷材间搭接粘结和封口粘结,丁基橡胶防水密封胶粘带的主要物理性能应符合表26-12的要求。

高聚物改性沥青防水卷材主要物理性能　表 26-5

项　目	性　能　要　求		
	聚酯毡胎体	玻纤胎体	聚乙烯胎体
可溶物含量（g/m²） ≥	3mm 厚 2100；4mm 厚 2900；5mm 厚 3500		
拉力（N/50mm） ≥	450	纵向 350 横向 250	100
最大拉力时延伸率（%） ≥	≥最大拉力时,30	—	断裂时,200
耐热度（℃）	弹性体 90、塑性体 110、无滑动、流淌、滴落	90,无流淌、起泡	
低温柔性（℃）	弹性体−20,塑性体−5,无裂纹		−10,无裂纹
不透水性 30min(MPa) ≥	0.3	0.2	0.3

合成高分子防水卷材主要物理性能　表 26-6

项　目	性　能　要　求			
	硫化橡胶	非硫化橡胶	树脂类	纤维增强类
断裂拉伸强度（MPa） ≥	6	3	10	9
扯断伸长率（%） ≥	400	200	200	100
低温弯折性（℃）	−30,无裂纹	−20,无裂纹	−20,无裂纹	−20,无裂纹
不透水性 30min(MPa) ≥	0.3	0.2	0.3	0.3

自粘橡胶沥青防水卷材主要物理性能　表 26-7

项　目	表　面　材　料	
	聚乙烯膜	铝箔
拉力（N/5cm） ≥	130	100
断裂延伸率（%） ≥	450	200
耐热度（℃）	80,无气泡、滑动	
低温柔性（℃）	−20,无裂纹	
不透水性 120min（MPa） ≥	0.2	

自粘聚合物改性沥青聚酯胎防水卷材主要物理性能

表 26-8

项　目	技　术　指　标
可溶物含量（g/m²） ≥	2mm 厚,1300；3mm 厚,2100
不透水性 30min（MPa） ≥	0.3
耐热度（℃）	聚乙烯膜与细纱	70,无滑动、流淌、滴落
	铝箔面	80,无滑动、流淌、滴落
拉力（N/50mm） ≥	350
最大拉力时延伸率（%） ≥	30
低温柔性（℃）	−20,无裂纹

沥青基防水卷材用基层处理剂的主要物理性能

表 26-9

项　目	性　能　要　求
表干时间（h） ≤	水性 4；溶剂型 2
固体含量（%） ≥	水性 40；溶剂型 30
耐热度（℃）	80,无流淌
低温柔性（℃）	0,无裂纹

改性沥青胶粘剂的主要物理性能　表 26-10

项　目	性　能　要　求
固体含量（%） ≥	60
耐热度（℃）	85,无流淌、鼓泡、滑动
低温柔性（℃）	−5,无裂纹
剥离强度（N/mm）	0.8

合成高分子胶粘剂的主要物理性能　表 26-11

项　目	性　能　要　求	
适用期（min）	≥180	
剪切状态下的粘合性（N/mm）	卷材与卷材≥2.0	
	卷材与基材≥1.8	
剥离强度（N/mm）	卷材与卷材≥1.5,浸水后保持率≥70%	

丁基橡胶防水密封胶粘带主要物理性能　表 26-12

项　目	性　能　要　求
持粘性（min）	20
剥离强度（N/mm） ≥	防水卷材 0.4；金属板 0.6

26.1.4.2 设计要求

(1) 防水卷材品种选择:应根据当地历年最高气温、最低气温、屋面坡度和使用条件等因素,应选择耐热度、柔性相适应的卷材;根据地基变形程度、结构形式、当地年温差、日温差和振动等因素,应选择拉伸性能相适应的卷材;根据屋面防水卷材的暴露程度,应选择耐紫外线、耐穿刺、热老化保持率或耐霉烂性能相适应的卷材。外露的防水层不得采用自粘橡胶沥青防水卷材和自粘聚酯胎改性沥青防水卷材(铝箔覆面者除外)。

(2) 每道卷材防水层厚度选用应符合规范的规定。

(3) 屋面设施的防水处理:当设施基座与结构层相连时,防水层应包裹设施基座的上部,并在地脚螺栓周围做密封处理;在防水层上放置设施时,设施下部的防水层应做卷材增强层,必要时应在其上浇筑厚度不小于 50mm 的细石混凝土;需经常维护的设施周围和屋面出入口至设施之间的人行道,应铺设刚性保护层。

26.1.4.3 施工要求

1. 施工准备

伸出屋面的管道、设备或预埋件等,应在防水层施工前安装完毕。基层应验收合格,现场环境气温符合防水材料施工的要求。屋面与突出屋面结构交接处及转角处(如女儿墙、变形缝、天沟、檐口、伸出屋面管道、水落口等)找平层均应抹成圆弧。内部排水水落口周围,应做成略低的凹坑。找平层应干燥、干净。干燥程度的

简易检验方法为：将 1m² 的卷材平坦地干铺在找平层上，静置 3～4h，然后掀起检查，找平层覆盖部位与卷材上未见水印视为合格。找平层应设分格缝，并嵌填密封材料，上面覆盖 100mm 宽防水卷材，单边粘结固定。

2. 施工环境条件

卷材防水工程施工环境气温要求见表 26-13。

卷材防水工程施工环境气温要求 表 26-13

项 目	施工环境气温
高聚物改性沥青防水卷材	冷粘法不低于 5℃；热熔法不低于 −10℃
合成高分子防水卷材	冷粘法不低于 5℃；热风焊接法不低于 −10℃

3. 屋面卷材施工要求

屋面卷材施工要求同地下工程卷材施工的要求，需重点注意的问题有：

（1）涂刷或喷涂基层处理剂前，要检查找平层的质量和干燥程度并清扫干净，符合要求后才可进行。在大面积喷、涂前，应用毛刷对屋面节点、周边、转角等部位先行处理。

（2）节点附加增强处理：防水层施工时，应先做好节点、附加层和屋面排水比较集中部位（如屋面与水落口连接处、檐口、天沟、檐沟、天窗壁、变形缝、烟囱、屋面转角处、阴阳角、板端缝等）的处理，检查验收合格后方可进行大面积施工。

（3）铺贴方向：卷材的铺贴方向应根据屋面坡度和屋面是否有振动来确定。当屋面坡度小于 3% 时，卷材宜平行于屋脊铺贴；屋面坡度在 3%～15% 时，卷材可平行或垂直于屋脊铺贴；屋面坡度大于 15% 或受振动时，沥青卷材应垂直于屋脊铺贴，高聚物改性沥青卷材和合成高分子卷材可根据屋面坡度、屋面有否受振动、防水层的粘结方式、粘结强度、是否机械固定等因素综合考虑采用平行或垂直屋脊铺贴。上、下层卷材不得相互垂直铺贴。屋面坡度大于 25% 时，卷材宜垂直屋脊方向铺贴，并应采取防止卷材下滑的固定措施，固定点应密封。

（4）施工顺序：由屋面最低标高处向上施工。铺贴天沟、檐沟卷材时，宜顺天沟、檐口方向，减少搭接。铺贴多跨和有高低跨的屋面时，应按先高后低、先远后近的顺序进行。大面积屋面施工时，为提高工效和加强管理，可根据面积大小、屋面形状、施工工艺顺序、人员数量等因素划分施工流水段。流水段的界线宜在屋脊、天沟、变形缝等处。

（5）搭接方法及宽度要求：铺贴卷材应采用搭接法，上下层及相邻两幅卷材的搭接缝应错开。平行于屋脊的搭接缝应顺流水方向搭接；垂直于屋脊的搭接缝应顺年最大频率风向（主导风向）搭接。

叠层铺设的各层卷材，在天沟与屋面的交接处应采用叉接法搭接，搭接缝应错开；接缝宜留在屋面或天沟侧面，不宜留在沟底。

坡度超过 25% 的拱形屋面和天窗下的坡面上，应尽量避免短边搭接；如必须短边搭接时，在搭接处采取防止卷材下滑的措施；如预留凹槽，卷材嵌入凹槽并用压条固定密封。

高聚物改性沥青卷材和合成高分子卷材的搭接缝，宜与它材性相容的密封材料封严。上下层及相邻两幅卷材的搭接缝应错开，同一层相邻两幅卷材短边搭接缝错开应不小于 500mm，上下层卷材长边搭接缝错开应不小于幅宽 1/3，各种卷材的搭接宽度应符合表 26-14 的要求。

卷材搭接宽度（mm） 表 26-14

卷材种类	铺贴方法	短边搭接		长边搭接	
		满粘法	空铺、点粘、条粘法	满粘法	空铺、点粘、条粘法
高聚物改性沥青防水卷材		80	100	80	100
自粘聚合物改性沥青防水卷材		60		60	
合成高分子防水卷材	胶粘剂	80	100	80	100
	胶粘带	50	60	50	60
	单焊缝	60，有效焊接宽度不小于 25			
	双焊缝	80，有效焊接宽度 10×2＋空腔宽			

（6）卷材与基层的粘贴方法：可分为满粘法、条粘法、点粘法和空铺法等形式，屋面防水施工通常都采用满粘法。当防水层上有重物覆盖或基层变形较大的情况下，为防止基层变形拉裂卷材防水层，对可采用的空铺法、点粘法、条粘法和机械固定法，设计中应选择确定明确、适用的工艺方法。卷材铺贴施工的操作工艺见 27.1.2.3 中相关内容。

26.1.4.4 细部做法

卷材屋面节点部位的施工十分重要，既要保证质量，又要施工方便。大面积防水层施工前，应先对节点进行处理，如进行密封材料嵌填、附加增强层铺设等，这有利于大面积防水施工质量和整体质量的提高，对提高节点处防水密封性、防水层的适应变形能力非常有利。由于节点处理工序多、用料种类多、用量零星，而且工作面狭小、施工难度大，因此应在大面积防水施工前进行。但有些节点，如卷材收头、变形缝等处，则要在大面积卷材防水层完成后进行。附加增强层材料的选择，可采用与防水层相同材料多做一层或数层，也可采用其他防水卷材或涂料予以增强。

1. 分格缝

分格缝的设置是为了使防水层有效地适应各种变形的影响，提高防水能力。但如果分格缝施工质量不好，则有可能成为漏源之一。

分格缝应按设计要求填嵌密封材料。分格缝位置要准确。一般应先弹线后嵌分格木条或聚苯乙烯（或聚乙烯）泡沫条，待砂浆或混凝土终凝后立即取出木条，泡沫条不必取出。分格缝两侧应做到顺直、平整、密实；否则，应及时修补，以保证嵌缝材料粘结牢固。

2. 檐口

无组织排水檐口 800mm 范围内的卷材应采用满粘法，卷材收头应固定密封，檐口下端应做滴水处理。

在距檐口边缘 50～100mm 处留凹槽，将铺贴到檐口端头的卷材裁剪后压入凹槽，然后将凹槽用密封材料嵌填密实。如用压条（20mm 宽薄钢板等）或用带垫片钉子固定时，钉子应敲入凹槽内，钉帽及卷材端头用密封材料封严。嵌填密封材料后不应产生阻水。

3. 天沟、檐沟

天沟、檐沟必须按设计要求找坡，转角处应抹成规定的圆角。找坡（找平层）宜用水泥砂浆抹面。厚度超过 20mm 时，应采用细石混凝土，表面应抹平、压光。如天沟、檐沟过长，则应按设计规定留分格缝或设后浇带，分格缝需填嵌密封材料。

天沟、檐沟卷材铺设前，应先对水落口进行密封处理。

由于天沟、檐沟部位水流量较大，防水层经常受雨水冲刷或浸泡，因此在天沟或檐沟转角处应先用密封材料涂封，每边宽度不小于 30mm，干燥后再增铺一层卷材或涂刷涂料作为附加增强层。

卷材附加增强层应顺沟铺贴，以减少卷材在沟内的搭接缝。屋面与天沟交角和双天沟上部宜采取空铺法，沟底则采取满粘法铺贴。

天沟或檐沟铺贴卷材应从沟底开始，顺天沟从水落口向分水岭方向铺贴，边铺边用刮板从沟底中心向两侧刮压，赶出气泡，使卷材铺贴平整、粘贴密实。如沟底过宽时，会有纵向搭接缝，搭接缝处必须用密封材料封口。

4. 泛水与卷材收头

泛水是指屋面的转角与立墙部位。这些部位结构变形大，容易受太阳曝晒，因此为了增强接头部位防水层的耐久性，一般要在这些部位加铺一层卷材或涂刷涂料作为附加增强层。

泛水部位卷材铺贴前，应先进行试铺，将立面卷材长度留足（泛水高度不应小于 250mm），先铺贴平面卷材至转角处，然后从下向上铺贴立面卷材。如先铺立面卷材，由于卷材自重作用，立面卷材张拉过紧，使用过程易产生翘边、空鼓、脱落等现象。

铺贴泛水处的卷材应采用满粘法。待大面卷材铺贴后，再对泛水和收头做统一处理。

泛水收头应根据泛水高度和泛水墙体材料，确定其密封形式。墙体为砖墙时，卷材收头可直接铺至女儿墙压顶下，用压条压固定并用密封材料封闭严密，压顶应做防水处理。

卷材收头也可压入砖墙凹槽内固定密封，凹槽距屋面高度不应

小于250mm，凹槽上部的墙体应做防水处理。

墙体为混凝土时，卷材收头可采用金属压条钉压，并用密封材料封固。

若采用预留凹槽收头（收头凹槽应抹聚合物水泥砂浆，使凹槽宽度和深度一致，并能顺直、平整），将端头全部压入凹槽内，用压条钉压，再用密封材料封严，最后用水泥砂浆抹封凹槽。如无法预留凹槽，应先用带垫片钉子或金属压条将卷材端头固定在墙体上，用密封材料封严，再将金属或合成高分子卷材条用压条钉压作盖板，盖板与立墙间用密封材料封固或采用聚合物水泥砂浆将整个端头部位抹压。

5. 变形缝

屋面变形缝以及变形缝处附加墙与屋面交接处的泛水部位，应作好附加增强层；接缝两侧的卷材防水层铺贴至缝边；然后，在缝中填嵌直径大于缝宽的衬垫材料，如聚苯乙烯泡沫塑料棒、聚苯乙烯泡沫板等。为了使其不掉落，在附加墙砌筑前，缝用可伸缩卷材或金属板覆盖。附加墙砌好后，将衬垫材料填入缝内。嵌填完衬垫材料后，再在变形缝上铺贴盖缝卷材，并延伸至附加墙立面。卷材在立面上应采用满粘法，铺贴宽度不小于100mm。为提高卷材适应变形的能力，卷材与附加墙顶面上宜粘结。

高低跨变形缝处，低跨的卷材防水层应铺至附加墙顶面缝边。然后将金属或合成高分子卷材盖板上、下两端用带垫片的钉子分别固定在高跨外墙面和低跨的附加墙立面上，盖板两端及钉帽用密封材料封严。变形缝内宜填充泡沫塑料，上面填放衬垫材料，并用卷材覆盖，顶部应加扣混凝土盖板或金属盖板。

女儿墙、山墙可采用现浇混凝土或预制混凝土压顶，也可采用金属制品或合成高分子卷材封顶。

6. 水落口

水落口防水构造按规范要求宜采用金属或塑料制品；水落口埋设标高，应考虑水落口设防时增加的附加层和柔性密封层的厚度及排水坡度加大的尺寸；水落口周围直径500mm范围内坡度不应小于5%，并应用防水涂料或密封材料涂封作为附加增强层，其厚度不应小于2mm，涂刷时应根据防水材料的种类采用不同的涂刷遍数来满足涂层的厚度要求。水落口与基层交接处，应留宽10mm、深10mm凹槽，嵌填密封材料。

铺至水落口的各层卷材和附加增强层，均应粘贴在杯口上，用雨水罩的底盘将其压紧，底盘与卷材间应满涂胶结材料予以粘结，底盘周围用密封材料填封。水落口处卷材裁剪方法见图26-3。

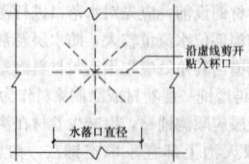

图26-3　水落口处卷材剪贴方法

7. 反梁过水孔

大挑檐、大雨篷、内天沟有反梁，反梁下部应预留过水孔，作为排水通道。过水孔预留时，首先要按排水坡度和找平层厚度来测定过水孔底标高；如果孔底标高留置不准，必然会造成孔中积水。过水孔防水施工难度大，由于孔小、工作面狭小、卷材粘贴剪口多，所以必须精心施工，铺贴平服，密封严密。如采用预埋管道，两端须用密封材料封严。

反梁过水孔构造应根据排水坡度要求留设反梁过水孔，图纸应注明孔底标高；留置的过水孔高度不应小于150mm，宽度不应小于250mm，采用预埋管道时其管径不得小于75mm；过水孔可采用防水涂料、密封材料防水。预埋管道两端周围与混凝土接触处应留凹槽，并用密封材料封严。

8. 排气孔与伸出屋面管道

排气孔与屋面交接处卷材的铺贴方法和立墙与屋面转角处相似，所不同的是流水方向不应有逆槎，排气孔阴角处卷材应作附加增强层，上部剪口交叉实贴或者涂刷涂料增强。伸出屋面管道卷材粘贴与排气孔相似，但应加铺两层附加层。防水层铺贴后，上端用细钢

丝扎紧，最后用密封材料密封，或焊上薄钢板泛水增强。附加层卷材裁剪方法参见水落口做法。

管道穿过防水层分直接穿过和套管穿过两种。直接穿过防水层的管道四周找平层应按设计要求放坡，与基层交接处必须预留10mm×10mm的槽，填嵌密封材料，再将管道四周除锈打光，然后加铺附加增强层。用套管穿过防水层时，套管与基层间的做法与直接穿管做法相同，穿管与套管之间先填软弹性材料（如泡沫塑料），每端留深10mm以上凹槽嵌填密封防水材料，再作保护层。

伸出屋面管道周围的找平层应做成圆锥台，管道与找平层间应留凹槽，并嵌填密封材料；防水层收头处应用金属箍箍紧，并用密封材料填严。

9. 屋面出入口

屋面垂直出入口防水层收头，应压在混凝土压顶下；水平出入口防水层收头，应压在混凝土踏步下，防水层的泛水应设护墙。

10. 阴阳角

防水层阴阳角的基层应按设计要求作成圆角或倒角。由于交接处应力集中，往往先于大面积防水层提前破损，因此在这些部位应加做附加增强层，附加增强层可采用涂料加筋涂刷，或采用卷材条加铺。阴角处常以全粘实铺为主，阳角处采用空铺为主。附加层的宽度按设计规定，一般每边粘贴50mm为宜。目前，还有采用密封材料涂刷2mm厚作为附加层。

阴阳角处的基层胶贴后要用密封材料涂封，宽度为距转角每边100mm，再铺一层卷材附加层，附加层卷材剪成如图26-4所示形状，铺贴后，剪缝处用密封材料封固。

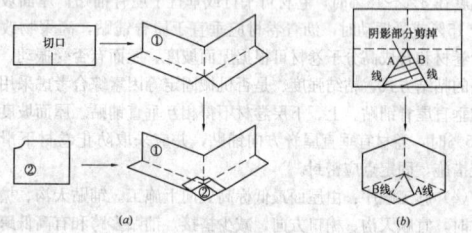

图26-4　阴阳角卷材剪贴方法
(a) 阳角做法；(b) 阴角做法

11. 高低跨屋面

高跨屋面向低跨屋面自由排水的低跨屋面，在受雨水冲刷的部位应采用满粘法铺贴，并加铺一层整幅的卷材，再浇抹宽300～500mm、厚30mm的水泥砂浆或铺相同尺寸的块材加强保护；如为有组织排水，水落管下加设钢筋混凝土簸箕，应坐浆安放平稳。

12. 板缝缓冲层

在无保温层的装配式屋面上铺贴卷材时，为避免因基层变形而拉裂卷材防水层，应沿屋架、梁或内承重墙的屋面板缝上，先干铺一层宽300mm的卷材条作缓冲层。为准确固定干铺卷材条的位置，可将干铺卷材条的一边点粘于基层上，但在檐口处500mm内要用胶结材料料粘贴牢固。

26.1.4.5　高聚物改性沥青卷材施工

高聚物改性沥青卷材可采用热熔、自粘、自粘卷材湿铺方法施工，下面重点介绍自粘和自粘卷材湿铺方法施工。

1. 高聚物改性沥青卷材热熔法施工

见27.1.2.3中"4. 常见卷材防水的施工方法"。

2. 自粘型高聚物改性沥青卷材自粘法施工

自粘型高聚物改性沥青卷材的施工方法简单、易于操作。在铺贴前应将基层处理干净，并涂刷基层处理剂。干燥后，应及时铺贴自粘型橡胶沥青防水卷材。铺贴卷材时应将卷材自粘胶底面的隔离纸完全撕净，并排除卷材下面的空气，用压辊碾压粘结牢固。铺贴的卷材应平整、顺直，搭接缝宽度应达到100mm并排除空气、辊压粘结牢固。低温下施工可采用热风机加热，加热后随即粘贴牢固，做好成品保护工作。

3. 自粘型高聚物改性沥青卷材湿铺法施工

自粘型高聚物改性沥青卷材湿铺法施工分为素浆滚铺法和砂浆抬铺法。

（1）基层清理、湿润：用扫帚、铁铲等工具将基层表面的灰尘、杂物清理干净，干燥的基面需预先洒水润湿，但不得残留积水。如图26-5所示。

（2）抹水泥（砂）浆：其厚度视基层平整情况而定，抹抹时应注意压实，抹平，在阴角处，应抹成半径为50mm以上的圆角。铺抹水泥（砂）浆的宽度比卷材的长、短边宜各宽出100～300mm，并在铺贴过程中注意保证平整度。如图26-6所示。

图26-5　基层清理、湿润　　图26-6　抹水泥（砂）浆

（3）节点加强处理：在节点部位（如：阴阳角、变形缝、管道根、出入口等）先做加强层。

（4）大面铺贴宽幅PET防水卷材：揭除宽幅PET防水卷材下表面隔汽膜，将PET防水卷材铺贴在已抹水泥（砂）浆的基层上。第一幅卷材铺贴完毕后，再抹水泥（砂）浆，铺设第二幅卷材，以此类推。如图26-7所示。

（5）提浆、排气：用木抹子或橡胶板拍打卷材表面，提浆，排出卷材下表面的空气，使卷材与水泥（砂）浆紧密贴合。如图26-8所示。

图26-7　大面铺贴卷材　　图26-8　提浆、排气

（6）长、短边搭接粘结：根据现场情况，可选择铺贴卷材时进行搭接，或在水泥（砂）浆具有足够强度时再进行搭接。搭接时，将位于下层的卷材搭接部位的透明隔离膜揭起，将上层卷材平服粘贴在下层卷材上，卷材搭接宽度不小于60mm。

（7）卷材铺贴完毕后，卷材收头、管道包裹等部位，可用密封膏密封。

26.1.4.6　合成高分子卷材施工

合成高分子防水卷材可采用冷粘、自粘、焊接、机械固定方法施工，冷粘法、机械固定方法施工见27.1.2.3中"4.常用卷材防水的施工方法"相关内容，下面重点介绍焊接方法施工。

1. 冷粘法施工时应注意的问题

（1）复杂部位附加层：大面积铺贴前，用毛刷在阴角、水落口、排汽孔根部等部位涂刷均匀，作为细部附加层，厚度以1.5mm为宜，待其固化24h后，即可进行下道工序。

（2）铺设卷材防水层：

铺贴前在未涂胶的基层表面排好尺寸，弹出基准线，为铺卷材创造条件。卷材铺贴方向应符合下列规定：屋面坡度小于3%时，卷材宜平行屋脊铺贴；屋面坡度在3%以上，卷材可平行或垂直屋脊铺贴；上、下层卷材不得相互垂直铺贴。

铺贴时应从流水坡度的下坡开始，按先远后近的顺序进行，使卷材长向与流水坡度垂直，搭接顺流水方向。将已涂刷好胶粘剂预先卷好的卷材，穿入 ϕ30mm、长1.5m铁管，由两人抬起，将卷材一端粘接固定，然后沿弹好的基准线向另一端铺贴；操作时卷材不要拉得太紧，每隔1m左右向基准线靠贴一下，依次顺序对准线边铺贴。但是无论采取哪种方法，均不得拉伸卷材，也要防止出现皱折。铺贴卷材时，要减少阴阳角的接头。铺贴平面与立面相连接的卷材，应由下向上进行，使卷材紧贴阴阳角，不得有空鼓或皱折现象。

屋面防水层完工后，应作蓄水试验。有女儿墙的平屋面做蓄水试验，蓄水24h无渗漏为合格。坡屋面可做淋水试验，一般淋水2h无渗漏为合格。

2. 合成高分子卷材机械固定方法施工应注意的问题

机械固定法适用于挤塑聚苯乙烯泡沫保温板或发泡聚氨酯保温板作为防水基层的屋面工程。采用胶粘或机械固定方法，将保温板材铺设于屋面板。

3. 合成高分子卷材焊接施工

目前国内用焊接法施工的合成高分子卷材有PVC（聚氯乙烯）防水卷材、PE（聚乙烯）防水卷材、TPO防水卷材、TPV防水卷材。

施工时，将卷材展开铺放在需铺贴的位置，按弹线位置调整对齐，搭接宽度应准确，铺放平整、顺直，不得皱折。然后，将卷材向后对折一半，这时使用滚刷在屋面基层和卷材底面均匀涂刷胶粘剂（搭接缝焊接部位切勿涂胶），不应漏涂露底，亦不应堆积过厚。根据环境温度、湿度和风力，待胶粘剂溶剂挥发、手触不粘时，即可将卷材铺放在屋面基层上，并使用压辊压实，排出卷材底空气。另一半材料，重复上述工艺将卷材粘贴。

需进行机械固定的，则在搭接缝下幅卷材距边30mm处，按设计要求的间距用螺钉（带垫帽）钉于基层上，然后用上幅卷材覆盖焊接。

接缝焊接是该工艺的关键。在正式焊接卷材前，必须进行试焊，并进行剥离试验，以此来检查当时气候条件下焊接工具和焊接参数及工人操作水平，确保焊接质量。接缝焊接分为预先焊接和最后焊接。预先焊接是将搭接卷材掀起，焊嘴深入焊接搭接部分后半部（一半搭接宽度），用焊枪一边加热卷材，一边立即用手持压辊充分压在接合面上使之压实。待后部焊好后，再焊前半部，此时焊接缝边应光滑并有熔浆溢出，立即用手持压辊压实，排出搭接缝间气体。搭接缝焊接，先焊长边，后焊短边。焊接前应先对接缝焊接面进行清洗，使之干燥。焊接时注意气温和湿度的变化，随时调整加热温度和焊接速度。在低温下（0℃以下）焊接时，要注意卷材有否结冰和潮湿现象。如出现上述现象，必须使其干净、干燥，所以在气温低于−5℃以下施工很难保证质量。焊接时还必须注意，焊缝处不得有漏焊、跳焊或焊接不牢（加温过低），也不得损害非焊接部位卷材。

26.1.5　保　护　层

屋面防水层完工后，应检验屋面有无渗漏和积水，排水系统是否通畅，可在雨后或持续淋水2h以后进行。有可能做蓄水检验的屋面应做蓄水检验，其蓄水时间不宜少于24h。确认屋面无渗漏后，再做保护层。

保护层施工前，应将防水层上的杂物清理干净，并对防水层质量进行严格检查，并经雨后或淋水、蓄水检验合格后才能铺设保护层。如采用刚性保护层，保护层与女儿墙之间预留30mm以上空隙并嵌填密封材料，防水层和刚性保护层之间还应做隔离层。

为避免损坏防水层，保护层施工时应做好防水层的防护工作。施工人员应穿软底鞋，运输材料时必须在通道上铺设垫板、防护毡等保护。小推车在室外倾倒砂浆或混凝土时，应在其前面放上垫木或木板进行保护，以免小推车前翘损坏防水层。在防水层上架设梯子、立杆时，应在底端铺设垫板或橡胶板等。防水层上需堆放保护层材料或施工机具时，也应垫木板、铁板等，以防戳破防水层。保护层施工前，还应准备好所需的施工机具，备足保护层材料。

面层的设计，根据不同使用功能要求，按照楼地面的设计和施工规范有关要求进行。

26.1.5.1　反射涂料保护层

热反射隔热涂料是由高分子有机树脂添加特种填料配制而成的一种功能性涂料。

反射涂料保护层是在涂膜防水层上涂刷具有热反射隔热性能的涂料，从而起到保护防水层并隔热的作用。目前，常用的浅色反射涂料有丙烯酸浅色涂料、氧化铝粉反射涂料等。溶剂型涂料由于需采用二甲苯等溶剂溶解，环保性较差。随着硅酮树脂热反射涂料等水溶性新材料的不断涌现，热反射涂料逐步向功能化、超耐候性、环保型的方向发展。有些涂料已经不局限于浅色，目前已有颜色鲜艳且具有反射降温隔热性能的涂料。目前，热反射涂料一般为多层

涂料体系，底漆防锈遮盖（一般用于钢结构），中涂漆是主要的反射隔热层，传导系数小，面漆反射太阳光中的可见光和近红外光区的能量，并提供期望的颜色。

涂刷反射涂料应等防水层养护完毕后进行，一般卷材防水应养护 2d 以上，涂膜防水层应养护 1 周以上。涂刷前，应清除防水层表面的浮灰，浮灰用柔软、干净的棉布、扫帚擦拭干净。材料用量应根据材料说明书的规定使用，涂刷工具、操作方法和要求与防水涂料施工相同。涂刷应均匀，避免漏涂。二遍涂刷时，第二遍涂刷的方向应与第一遍垂直。

26.1.5.2 细砂、云母及蛭石保护层

细砂、云母或蛭石主要用于非上人屋面的涂膜防水层的保护层，使用前应先筛去粉料。

用砂作保护层时，应采用天然水成砂，砂粒径不得大于涂层厚度的 1/4。使用云母或蛭石时，不受此限制，因为这些材料是片状的，质地较软。

当涂刷最后一道涂料时，应边涂刷边撒布细砂（或云母、蛭石），同时用软质的胶辊在保护层上反复轻轻滚压，务必使保护层牢固地粘结在涂层上。涂层干燥后，应扫除未粘结材料并堆集起来再用。如不清扫，日后雨水冲刷就会堵塞水落口，造成排水不畅。

26.1.5.3 预制板块保护层

预制板块保护层的结合层宜采用砂或水泥砂浆。板块铺砌前应根据排水坡度要求挂线，以满足排水要求，保护层铺砌的块体应横平竖直。

在砂结合层上铺砌块体时，砂结合层应洒水压实，并用刮尺刮平，以满足块体铺设的平整度要求。块体应对接铺砌，缝隙宽度一般为 10mm 左右。块体铺砌完成后，应适当洒水并轻轻拍平、压实，以免产生翘角现象。板缝先用砂填至一半的高度，然后用 1：2 水泥砂浆勾成凹缝。为防止砂流失，在保护层四周 500mm 范围内，应改用低强度等级水泥砂浆做结合层。

采用水泥砂浆做结合层时，应先在防水层上做隔离层。预制块体应先浸水湿润并阴干。如板块尺寸较大，可采用铺灰法铺砌，即先在隔离层上将水泥砂浆摊开，然后再摆放预制块体；如板块尺寸较小，可将水泥砂浆刮在预制板块的粘结面上再进行摆铺。每块预制块体摆铺完后应立即挤压密实、平整，使块体与结合层之间不留空隙。铺砌工作应在水泥砂浆凝结前完成，块体间预留 10mm 的缝隙，铺砌 1~2d 后用 1：2 水泥砂浆勾成凹缝。

为了防止因热胀冷缩而造成板块拱起或板缝开裂过大，块体保护层分格缝纵横间距不应大于 10mm，分格缝宽度不宜小于 20mm，缝内嵌填密封材料。

上人屋面的预制块体保护层，块体材料应按照楼地面工程质量要求选用，结合层应选用 1：2 水泥砂浆。

26.1.5.4 水泥砂浆保护层

水泥砂浆保护层与防水层之间也应设置隔离层，隔离层可采用石灰水等薄质低粘结力涂料。保护层用的水泥砂浆配合比一般为水泥：砂=1：(2.5~3)（体积比）。

保护层施工前，应根据结构情况每隔 4~6m 用木板条或泡沫条设置纵横分格缝。铺设水泥砂浆时，应随铺随拍实，并用刮尺找平，随即用直径为 8~10mm 的钢筋或麻绳压出表面分格缝，间距不大于 1m。终凝前，用铁抹子压光保护层。

保护层表面应平整，不能出现抹子抹压的痕迹和凹凸不平的现象，排水坡度应符合设计要求。

为了保证立面水泥砂浆保护层粘结牢固，在立面防水层施工时，预先在防水层表面粘上砂粒或小豆石。若防水层为防水涂料，应在最后一道涂料涂刷时，边涂边撒布细砂，同时用软质胶辊轻轻滚压使砂粒牢固地粘结在涂层上；若防水层为沥青或改性沥青防水卷材，可用喷灯将防水层表面烤热变软后，将细砂或豆石粘在防水层表面，再压辊轻轻滚压，使其粘结牢固。对于高分子卷材防水层，可在其表面涂刷一层胶粘剂后粘上细砂，并轻轻压实。防水层养护完毕后，即可进行立面保护层的施工。

26.1.5.5 细石混凝土保护层

细石混凝土整浇保护层施工前，也应在防水层上铺设一层隔离层，并按设计要求支设好分格缝木板条或泡沫条；设计无要求时，

分格缝纵横间距不应大于 6m，分格缝宽度为 10~20mm。一个分格内的混凝土应尽可能连续浇筑，不留施工缝。振捣宜采用铁辊滚压或人工拍实，不宜采用机械振捣，以免破坏防水层。振实后随即用刮尺按排水坡度刮平，并在初凝前用木抹子提浆抹平，初凝后及时取出分格缝木模（泡沫条不用取出），终凝前用铁抹子压光。抹平压光时，不宜在表面掺加水泥浆或干灰，否则表层砂浆易产生裂缝与剥落现象。

若采用配筋细石混凝土保护层时，钢筋网片的位置设在保护层中间偏上部位，在铺设钢筋网片时用砂浆垫块支垫。

细石混凝土保护层浇筑后，应及时进行养护，养护时间不应少于 7d。养护完后，将分格缝清理干净（泡沫条割去上部 10mm 即可），嵌填密封材料。

此外，还可以利用隔热屋面的架空隔热板作为防水层的保护层，其施工方法和要求参见"26.10 屋面保温隔热"的相关内容。

26.1.6 屋面细部构造

26.1.6.1 屋面排水方式

平屋面排水系统一般由檐沟、天沟、山墙泛水、水落管等组成。最常见的有铸铁水落管排水，它由水落口、弯头、雨水斗、铸铁水落管组成，有的还有通向阳台排水的三通。排水方式还应与檐口做法相配合。

1. 自由落水

屋面板伸出外墙，叫做挑檐，屋面雨水经挑檐自由落下。挑檐的作用是防止屋面落水冲刷墙面，渗入墙内，檐头下面要做出滴水，这种排水的方法适用于底层的建筑物。

2. 檐沟外排水

屋面伸出墙外做成檐沟，屋面雨水先排入檐沟，再经落水管排到地面。落水管常采用管径为 100mm 的镀锌薄钢管、铸铁落水管和 PVC 塑料排水管。

3. 女儿墙外排水

屋顶四周做女儿墙或栏杆，在女儿墙根部每隔一定距离设水落口，雨水经水落口、落水管排到地面。

4. 内排水

有些大公共建筑屋面面积大，雨水流经屋面的距离过长，大雨时来不及排出。可在屋顶中央隔一定距离设水落口和设置在房屋内部的铸铁排水管相连，把雨水排入地下水管引出屋外。

26.1.6.2 屋面排汽做法

当正置式屋面保温层或找平层干燥有困难时，例如当地空气湿度较大、雨期施工或保温隔热材料的含湿量较大等，宜将屋面设置成排汽屋面，以避免因防水层下部水分汽化造成防水层起鼓破坏，避免因保温层含水率过高，造成保温性能降低。

1. 排汽道及排汽孔的设置

排汽屋面是通过在保温层中设置纵横贯通的排汽通道，通过排汽孔与大气（室外或室内）连通来实现排汽功能的。

排汽道间距宜为 6m 纵横设置，通常应与保温层上的找平层的分格缝重合，在保温层中预留槽做排汽道时，其宽度一般为 20~40mm；在保温层中埋设打孔细管（塑料管或镀锌钢管）做排汽道时，管径 25mm；排汽孔设置在排汽道纵横交叉点，即屋面面积每 36m² 设置 1 个排汽孔，可采用外排式和内排式，在建筑屋面周边也可采用檐口或侧墙部位留排汽孔的方法，节点如图 26-9～图 26-12 所示。

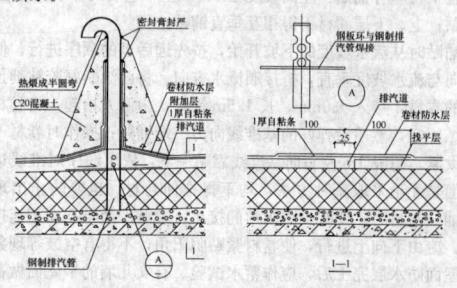

图 26-9 屋面排汽孔（外排式）

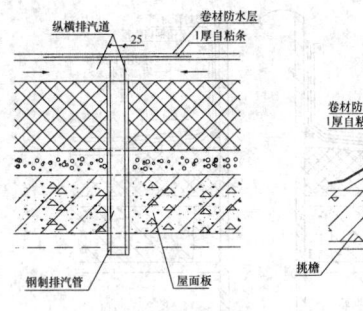

图 26-10　室内排汽孔（内排式）

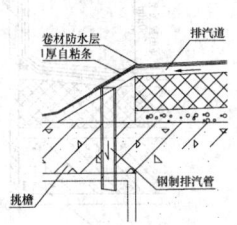

图 26-11　檐口排汽孔

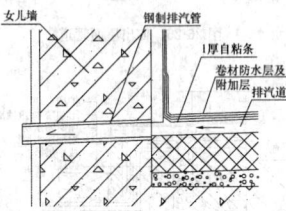

图 26-12　侧墙排汽孔

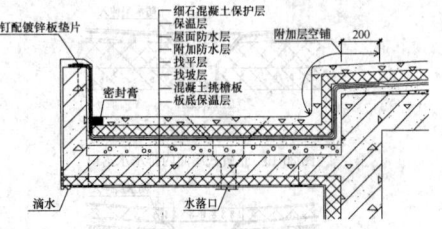

图 26-14　檐沟二（倒置式屋面）

排汽屋面还可利用空铺、条粘、点粘第一层卷材，或第一层为打孔卷材铺贴防水层的方法使其下面形成连通排汽通道，再在一定范围内设置排汽孔。这种方法比较适合非保温屋面的找平层不能干燥的情形。此时，在檐口、屋脊和屋面转角处及突出屋面的连接处，卷材应满涂胶粘结，其宽度不得小于 800mm。当采用热玛琋脂时，应涂刷冷底子油。

2. 施工中应注意的问题

排汽屋面防水层施工前，应检查排汽道是否被堵塞，并加以清扫。然后宜在排汽道上粘贴一层 1mm 厚的自粘条或塑料薄膜，宽度约 200mm，在排汽道上对中贴好，完成后才可铺贴防水卷材（或涂刷防水涂料）。防水层施工时不得刺破自粘条，以免胶粘剂（或涂料）流入排汽道，造成堵塞或排汽不畅。

排汽孔开向室内时，排汽孔的位置应避开梁和肋，中距不大于6m。潮湿房间不得采用内排式。

排汽孔应做防水处理。

26.1.6.3　屋面细部构造

卷材屋面节点部位的施工十分重要，既要保证质量，又要施工方便。大面积防水层施工前，应先对节点进行处理，如进行密封材料嵌填、附加增强层铺设等，这有利于大面积防水层施工质量和整体质量的提高，对提高节点处防水密封性、防水层的适应变形能力非常有利。由于节点处理工序多、用料种类多、用量零星，而且工作面狭小，施工难度大，因此应在大面积防水层施工前进行。但有些节点，如卷材收头、变形缝等处，则要在大面积卷材防水层完成后进行。附加增强层材料的选择可采用与防水层相同材料多做一层或数层，也可采用其他防水卷材或涂料予以增强。图 26-13 ~ 图26-28 提供了一些节点构造做法，可供参考。

1. 檐沟

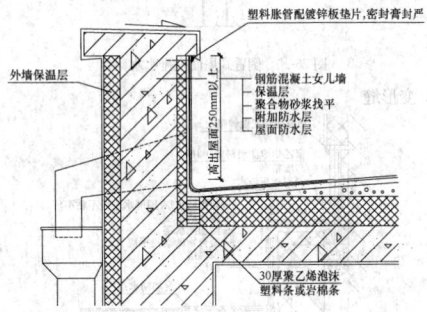

图 26-15　女儿墙泛水收头与压顶一（正置式屋面）

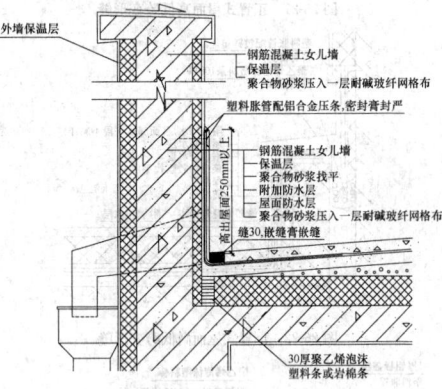

图 26-16　女儿墙泛水收头与压顶二（正置式屋面）

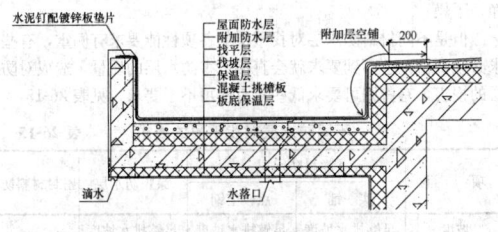

图 26-13　檐沟一（正置式屋面）

2. 女儿墙泛水收头与压顶

3. 水落口

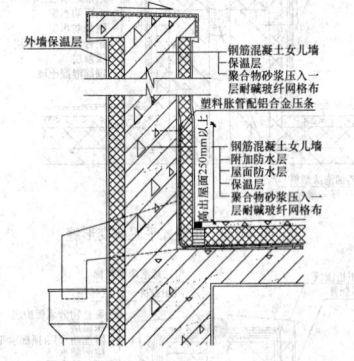

图 26-17　女儿墙泛水收头与压顶三（倒置式屋面）

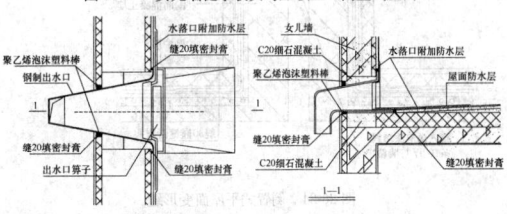

图 26-18　女儿墙水落口

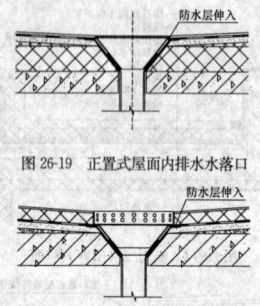

图 26-19 正置式屋面内排水水落口

图 26-20 倒置式屋面内排水水落口

4. 变形缝

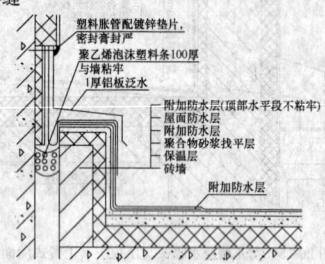

图 26-21 正置式屋面高低跨变形缝

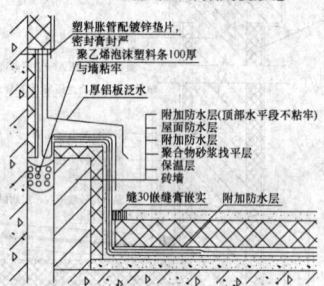

图 26-22 倒置式屋面高低跨变形缝

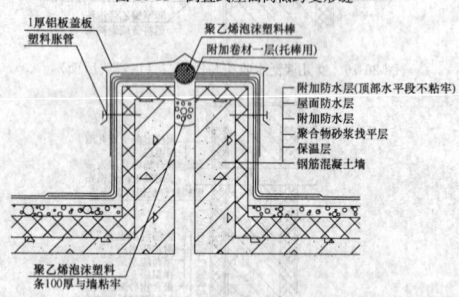

图 26-23 正置式平屋面变形缝

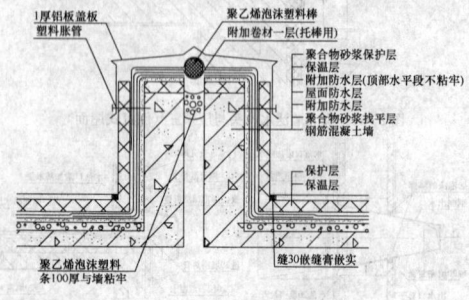

图 26-24 倒置式平屋面变形缝

5. 伸出屋面管道

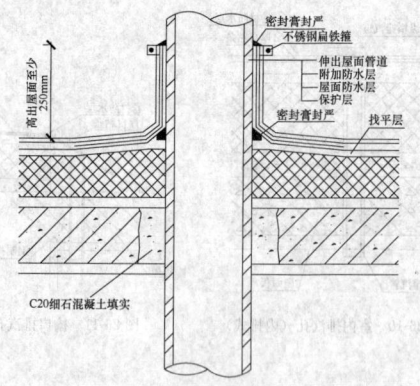

图 26-25 伸出屋面管道

6. 出入口

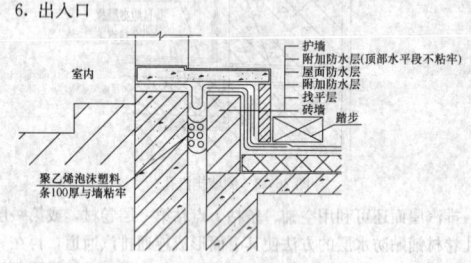

图 26-26 水平出入口

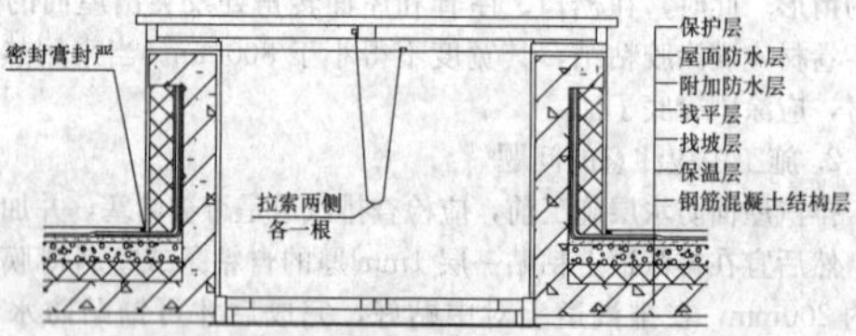

图 26-27 垂直出入口

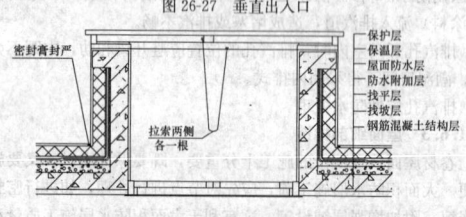

图 26-28 垂直出入口

26.1.7 质 量 控 制

26.1.7.1 找平层

1. 质量要求

找平层是防水层的依附层,其质量好坏将直接影响到防水层的质量,所以找平层必须做到:坡度要准确,使排水通畅;混凝土和砂浆的配合比要准确;表面要二次压光、充分养护,使找平层表面平整、坚固,不起砂、不起皮、不酥松、不开裂,并做到表面干净、干燥。

但是不同材料防水层对找平层的各项性能要求有侧重,有些要求必须严格,达不到要求就会直接危害防水层的质量,造成对防水层的损害,有些则可要求低些,有些可不予要求,见表26-15。

不同防水层对找平层的要求　　表 26-15

项　目	卷材防水层		涂膜防水层	密封材料防水
	实　铺	点、空铺		
坡度	足够防水坡度	足够排水坡度	足够排水坡度	—
强度	较好强度	一般要求	较好强度	坚硬整体
表面平整	平整、不积水	平整、不积水	平整度高,不积水	一般要求

续表

项 目	卷材防水层		涂膜防水层	密封材料防水
	实 铺	点、空铺		
起砂起皮	不允许	少量允许	严禁出现	严禁出现
表面裂纹	少量允许	不限制	不允许	不允许
干净	一般要求	一般要求	一般要求	严格要求
干燥	干燥	干燥	干燥	严格干燥
光面或毛面	光面	毛面	光面	光面
混凝土原表面	直接铺贴	直接铺贴	刮浆平整	刮浆平整

2. 找平层缺陷对防水层的影响和处理

找平层缺陷会直接危害防水层,有些还会造成渗漏,但由于种种原因,找平层施工时存在缺陷,那就必须采取补救的办法。只要找平层强度没有问题(强度不足必须返工重作),为避免过大损失和延误工期,还可以进行修补。找平层缺陷对防水层影响及修补方法,见表26-16。

找平层缺陷对防水层影响及修补方法　表26-16

序号	找平层缺陷	对防水层影响	修补方法
1	坡度小、不平整、积水	使卷材、涂料、密封材料长期受水浸泡降低性能,在太阳和高温下水分蒸发使防水层处于高热、高湿环境,并经常处于干湿交替环境,加速老化	采用聚合物水泥砂浆修补抹平
2	表面起砂、起皮、麻面	使卷材、涂料不能粘结,造成空鼓,使密封材料粘结不牢,立即造成渗漏	清除起皮、起砂、浮灰,用聚合物水泥浆涂刷、养护
3	转角圆弧不合格	转角处应力集中,常常会开裂,弧度不合适时,会使卷材或涂膜脱落、开裂	用聚合物水泥砂浆修补或放置聚苯乙烯泡沫条
4	找平层裂纹	易拉裂卷材或会增加防水层拉应力,在高应力状况下,卷材、涂膜会加速老化	涂刷一层压密胶,或用聚合物水泥浆涂刮修补
5	潮湿不干燥	使卷材、涂料、密封材料粘结不牢,并使卷材、涂料起鼓破坏,密封材料脱落,造成渗漏水	自然风干,刮一道"水不漏"等表面涂刮剂
6	未设分格缝	使找平层开裂	切割机锯缝
7	预埋件不稳	刺破防水层造成渗漏	凿开预埋件周边,用聚合物水泥砂浆补好

3. 找平层质量检验

高质量找平层的基础是材料本身的质量和一定的排水坡度,只要首先控制好这个基本要求,在施工过程中再进行有效的控制,找平层的质量就可以达到要求。施工过程的控制主要应控制表面的二次压光和充分养护,检查其表面平整度;有否起砂、起皮;转角圆弧是否正确;分格缝设置是否合理。找平层质量检验见表26-17。

找平层质量检验　　　　表26-17

	检验项目及要求	检 验 方 法
主控项目	找平层的材料质量及配合比必须符合设计要求	检查出厂合格证、质量检验报告和计量措施
	屋面(天沟、檐沟)找平层排水坡度必须符合设计要求	用水平仪(水平尺)、拉线和尺量检查
一般项目	基层与突出屋面结构的交接处和基层的转角处应做成圆弧,且整齐平顺	观察和尺量检查
	水泥砂浆、细石混凝土找平层应平整、压光,不得有酥松、起砂、起皮现象	观察检查
	找平层分格缝的位置和间距应符合设计要求	观察和尺量检查
	找平层表面平整度的允许偏差为5mm	2m靠尺和楔形塞尺检查

26.1.7.2　隔汽层

隔汽层质量检验见表26-18。

隔汽层质量检验　　　　　表26-18

	检验项目及要求	检 验 方 法
主控项目	隔汽层所用材料的质量必须符合设计要求	检查出厂合格证、质量检验报告和进场抽样检验报告
	隔汽层不得有破损现象	观察检查
一般项目	卷材隔汽层应铺设平整,搭接缝应粘(焊)结牢固,密封严密,不得有皱折、翘边、鼓泡和滑动等缺陷	观察检查
	涂膜隔汽层应粘结牢固、表面平整、涂刷均匀,不得有裂纹、皱折、流淌、鼓泡、露底等缺陷	观察检查
	隔汽层应与屋面防水层相连接,形成对保温层全封闭	观察和钢尺量检查

26.1.7.3　隔离层

隔离层质量检验见表26-19。

隔离层质量检验　　　　　表26-19

	检验项目及要求	检 验 方 法
主控项目	隔离层所用材料质量及配合比必须符合设计要求	检查隐蔽工程验收记录
	隔离层不得破损和漏铺	观察检查
一般项目	隔离层采用卷材、塑料薄膜的搭接缝应粘(焊)牢固,搭接宽度应不小于50mm;土工布的搭接缝粘合或缝合	观察和用钢尺检查
	隔离层采用低强度等级砂浆的表面应平整、压实,抹光并养护	观察检查和检查施工记录

26.1.7.4　防水层

1. 质量要求

(1)所有的施工材料,其技术指标需符合设计要求。

(2)天沟、檐沟、泛水和变形缝、阴阳角等处的构造,必须符合设计要求。

(3)卷材铺贴方法和搭接顺序、搭接宽度均符合设计要求,接缝严密,无皱折、鼓泡和翘边现象。

(4)卷材防水层的基层,附加层、天沟、檐沟、泛水和变形缝等细部做法,刚性保护层与卷材防水层之间设置的隔离层,密封防水处理部位等,应作隐蔽工程验收,并有记录。

(5)屋面不得有渗漏和积水现象。

2. 质量验收

卷材防水层的质量主要是指施工的质量和施工后卷材耐久使用年限内不得渗漏。作为主控项目,要求所有材料质量必须符合设计规定,施工后不渗漏、不积水,极易产生渗漏的节点防水设防应严密。搭接、密封、基层粘结、铺设方向、搭接宽度、保护层、排汽屋面的排汽通道等项目,也列为检验项目,见表26-20。

卷材防水层质量检验　　　表26-20

	检验项目及要求	检 验 方 法
主控项目	卷材防水层所用卷材及其配套材料必须符合设计要求	检查出厂合格证、质量检验报告和现场抽样复验报告
	卷材防水层不得有渗漏或积水现象	雨后或淋水、蓄水试验
	卷材防水层在天沟、檐沟、泛水、变形缝和水落口等处细部做法必须符合设计要求	观察检查和检查隐蔽工程验收记录
一般项目	卷材防水层的搭接缝应粘(焊接)牢固、密封严密,并不得有皱折、翘边和鼓泡	观察检查
	防水层的收头应与基层粘结并固定牢固,缝口封严,不得翘边	观察检查
	卷材的铺设方向,卷材的搭接宽度允许偏差铺设方向应正确;搭接宽度的允许偏差为−10mm	观察和尺量检查

3. 防水卷材现场抽样复验项目

防水卷材现场抽样数量和质量检验项目见表 26-21。

防水卷材现场抽样数量和质量检验项目 表 26-21

材料名称	现场抽样数量	外观质量检验	物理性能检验
高聚物改性沥青防水卷材	大于 1000 卷抽 5 卷，每 500～1000 卷抽 4 卷，100～499 卷抽 3 卷，100 卷以下抽 2 卷，进行规格尺寸和外观质量检验。在外观质量检验合格的卷材中，任取 1 卷作物理性能检验	孔洞、缺边、裂口、边缘不整齐、胎体露白、未浸透，撒布材料粒度、颜色，每卷卷材的接头	拉力，最大拉力时延伸率，耐热度，低温柔度，不透水性
合成高分子防水卷材	大于 1000 卷抽 5 卷，每 500～1000 卷抽 4 卷，100～499 卷抽 3 卷，100 卷以下抽 2 卷，进行规格尺寸和外观质量检验。在外观质量检验合格的卷材中，任取 1 卷作物理性能检验	折痕、杂质、胶块、凹痕，每卷卷材的接头	断裂拉伸强度，扯断伸长率，低温弯折，不透水性

26.1.7.5 保护层

保护层质量检验见表 26-22。

保护层质量检验项目、要求和检验方法 表 26-22

	检验项目及要求	检验方法
主控项目	保护层所用材料的质量及配合比必须符合设计要求	检查出厂合格证、质量检验报告和计量措施
	水泥砂浆、水泥混凝土强度必须符合设计要求	检查砂浆、混凝土和抗压强度试验报告
	保护层表面的坡度必须符合设计要求	用坡度尺检查及雨后或淋水检验
	块体材料与结合层粘结牢固，无空鼓现象	用小锤轻击检查
一般项目	水泥砂浆、水泥混凝土保护层表面洁净，不得有裂缝、起壳、起砂等缺陷	观察检查
	块体材料保护层表面洁净，接缝平整，周边顺直，不得有裂缝、掉角和缺棱等缺陷	观察检查
	浅色涂料保护层应与防水层粘结牢固，厚薄均匀，不得漏涂	观察检查
	水泥砂浆、水泥混凝土或块体材料保护层与女儿墙、山墙之间应预留缝隙，并进行密封处理	观察检查
	水泥砂浆、水泥混凝土保护层表面平整度的允许偏差为 5mm	用 2m 靠尺和楔形塞尺检查
	块体材料保护层表面平整度的允许偏差为 3mm	用 2m 靠尺和楔形塞尺检查
	水泥砂浆、水泥混凝土或块体材料保护层分格缝平直度的允许偏差为 3mm	拉 5m 线和用钢尺检查
	块体材料保护层板块接缝高低差和间隙宽度的允许偏差分别为 0.5mm 和 2mm	用直尺和楔形塞尺检查
	保护层厚度的允许偏差为设计厚度的±10%，且不大于 5mm	用钢针插入和钢尺检查

26.1.7.6 细部构造

1. 细部构造质量要求

（1）天沟、檐沟的防水构造质量要求

1）沟内附加层在天沟、檐沟与屋面交接处宜空铺，空铺的宽度不应小于 200mm。

2）卷材防水层应由沟底翻上至沟外檐顶部，卷材收头应用水泥钉固定，并用密封材料封严。

3）涂膜收头应用防水涂料多遍涂刷或用密封材料封严。

4）在天沟、檐沟与细石混凝土防水层的交接处，应留凹槽并用密封材料嵌填严密。

（2）檐口的防水构造质量要求

1）铺贴檐口 800mm 范围内的卷材应采取满粘法。

2）卷材收头应压入凹槽，采用金属压条钉压，并用密封材料封口。

3）涂膜收头应用防水涂料多遍涂刷或用密封材料封严。

4）檐口下端应抹出鹰嘴和滴水槽。

（3）女儿墙泛水的防水构造质量要求

1）铺贴泛水处的卷材应采用满粘法。

2）砖墙上的卷材收头可直接铺压在女儿墙压顶下，压顶应做防水处理；也可压入砖墙凹槽内固定密封，凹槽距屋面高度不应小于 250mm，凹槽上部的墙体应做防水处理。

3）混凝土墙上的卷材收头应采用金属压条钉压，并用密封材料封严。

4）涂膜防水层应直接涂刷至女儿墙的压顶下，收头处理应用防水涂料多遍涂刷封严，压顶应做防水处理。

（4）水落口的防水构造质量要求

1）水落口杯上口的标高应设置在沟底的最低处。

2）防水层贴入水落口杯内不应小于 50mm。

3）水落口周围直径 500mm 范围内的坡度不应小于 5%，并采用防水涂料或密封材料涂封，其厚度不应小于 2mm。

4）水落口杯与基层接触处应留宽 20mm、深 20mm 凹槽，并嵌填密封材料。

（5）变形缝的防水构造质量要求

1）变形缝的泛水高度不应小于 250mm。

2）防水层应铺贴到变形缝两侧砌体的上部。

3）变形缝内应填充聚苯乙烯泡沫塑料，上部填放衬垫材料，并用卷材覆盖。

4）变形缝顶部应加扣混凝土或金属盖板，混凝土盖板的接缝应用密封材料嵌填。

（6）伸出屋面管道的防水构造质量要求

1）管道根部直径 500mm 范围内，找平层应抹出高度不小于 30mm 的圆台。

2）管道周围与找平层或细石混凝土防水层之间，应预留 20mm×20mm 的凹槽，并用密封材料嵌填严密。

3）管道根部四周应增设附加层，宽度和高度均不应小于 300mm。

4）管道上的防水层收头处应用金属箍紧固，并用密封材料封严。

2. 细部构造质量检验

细部构造的质量检验按表 26-23 进行。

细部构造质量检验项目、要求和检验方法 表 26-23

部位		检验项目及要求	检验方法
檐口	主控项目	檐口、檐沟和天沟、女儿墙和山墙、水落口、变形缝、伸出屋面管道、水落过水孔、设施基座的防水构造必须符合设计要求	观察检查和检查隐蔽工程验收记录
		檐口部位的排水坡度必须符合设计要求，不得出现爬水现象	用坡度尺检查和雨后或淋水后观察检查
	一般项目	铺贴檐口 800mm 范围内的卷材应满粘。卷材收头应用金属压条钉压固定在找平层的凹槽内，并用密封材料封严	观察检查
		涂膜收头应用防水涂料多遍涂刷或在找平层的凹槽内用密封材料封严	观察检查
		檐口端部应抹聚合物水泥砂浆，其下端应做成鹰嘴或滴水槽	观察检查

续表

部位		检验项目及要求	检 验 方 法
檐沟和天沟	主控项目	天沟、檐沟的排水坡度必须符合设计要求	用水平仪（水平尺）、拉线和尺量检查
	一般项目	檐沟、天沟应增铺附加层，与屋面板交接处的附加层宜空铺，空铺宽度不应小于200mm	检查隐蔽工程验收记录
		檐沟防水层应由沟底翻上至沟外侧顶部。卷材收头应用金属压条钉压，并用密封材料封严；涂膜收头应用防水涂料多遍涂刷或用密封材料封严	观察检查
		檐沟外侧顶部或侧面均应抹聚合物水泥砂浆，其下端应做成鹰嘴或滴水槽	观察检查
女儿墙和山墙	主控项目	女儿墙和山墙上压顶的做法必须符合设计要求。压顶向内排水坡度不应小于5%，压顶内侧下端应做成鹰嘴	观察和用坡度尺检查
	一般项目	女儿墙和山墙的泛水处应增铺附加层	检查隐蔽工程验收记录
		混凝土女儿墙和山墙上的卷材收头应采用金属压条钉压固定，并用密封材料封严	观察检查
		铺贴立面的卷材应满粘。砖女儿墙和山墙上的卷材收头可直接铺压在压顶，压顶应做防水处理；卷材收头也可用金属压条钉压固定在砖墙凹槽内，并用密封材料封严，凹槽上部的墙体应做防水处理	观察检查
		女儿墙和山墙的涂膜应直接涂刷至压顶下，涂膜收头应用防水涂料多遍涂刷，压顶应做防水处理	观察检查
水落口	主控项目	水落口杯上口的标高必须设在沟底最低处；水落口处不得有渗漏水和积水现象	蓄水后观察检查
	一般项目	水落口杯周围与基层接触处应预留凹槽，并用密封材料封严	观察检查和检查隐蔽工程验收记录
		水落口的数量和位置应符合设计要求；水落口杯应安装牢固	观察和手扳检查
		水落口周围直径500mm范围内坡度不应小于5%	观察检查
		水落口周围直径500mm范围内应增铺附加层	观察检查和检查隐蔽工程验收记录
		防水层贴入水落口杯内不应小于50mm，并用防水涂料涂刷	观察检查
变形缝	主控项目	变形缝采用附加卷材封盖，其做法必须符合设计要求，变形缝处不得渗漏水	观察检查和检查隐蔽工程验收记录
	一般项目	变形缝的泛水墙高度应符合设计要求，泛水处应增铺附加层	用钢尺检查和检查隐蔽工程验收记录
		防水层应铺贴或涂刷至泛水墙的顶部	观察检查
		变形缝内填充做法应符合设计要求	观察检查
		变形缝顶部应加扣混凝土或金属盖板；金属盖板应铺钉牢固，接缝顺流水方向，并做好防锈处理	观察检查
伸出屋面管道	主控项目	管道根部的泛水距屋面高度应符合设计要求；防水层应用金属箍固定，上端用密封材料封严	观察和用钢尺检查
		伸出屋面管道根部不得有积水和渗漏现象	雨后或淋水后观察检查
	一般项目	管道根部找平层应抹出高度不小于30mm的圆锥台，并增铺附加层	观察和用钢尺检查
		管道周围与找平层之间应预留凹槽，并用密封材料封严	检查隐蔽工程验收记录
屋面出入口	主控项目	屋面出入口1m范围内不得有积水现象	雨后或淋水后观察检查
	一般项目	屋面垂直出入口防水层收头应压在压顶圈下，泛水处应增设附加防水层	观察检查和检查隐蔽工程验收记录

续表

部位		检验项目及要求	检 验 方 法
屋面出入口	一般项目	屋面水平出入口防水层收头应压在混凝土踏步下，泛水处应增设附加防水层和护墙	观察检查和检查隐蔽工程验收记录
		屋面出入口泛水距屋面高度不应小于250mm	用钢尺检查
反梁过水孔	主控项目	反梁过水孔的孔底标高必须符合设计要求；反梁过水孔及周围不得有积水现象	雨后或淋水检验
	一般项目	过水孔的高度和宽度以及预埋管道的管径均应符合设计要求	用钢尺检查和检查隐蔽工程验收记录
		过水孔应用防水涂料或密封材料防水；预埋管道两端周围与混凝土接触处应留凹槽，并用密封材料封严	观察检查和检查隐蔽工程验收记录
设施基座	主控项目	设施基座的预埋地脚螺栓周围必须做密封处理	观察检查
	一般项目	设施基座与结构层相连时，防水层应包裹设施基座的上部	观察检查
		设施直接放置在防水层上时，设施下应增设卷材附加层，必要时应在其下浇筑细石混凝土，其厚度不应小于50mm	观察检查和检查隐蔽工程验收记录
		设施周围和屋面出入口至设施之间的人行道，应铺设刚性保护层	观察检查

26.1.7.7　保温隔热层

参见"26.10 屋面保温隔热"的相关内容。

26.1.7.8　接缝防水密封

参见"26.11 屋面接缝防水密封"的相关内容。

26.1.7.9　质量控制的相关资料

1. 屋面工程施工应按工序或分项工程进行验收，构成分项工程的各检验批应符合相应质量标准的规定。

2. 屋面工程验收的文件和记录，应按表26-24要求执行。

屋面工程验收的文件和记录　表26-24

序号	项 目	文 件 和 记 录
1	防水设计	设计图纸及会审记录、设计变更通知单和材料代用核定单
2	施工方案	施工方法、技术措施、质量保证措施
3	技术交底记录	施工操作要求及注意事项
4	材料质量证明文件	出厂合格证、质量检验报告和试验报告
5	中间检查记录	分项工程质量验收记录、隐蔽工程验收记录、施工检测记录、淋水或蓄水检验记录
6	施工日志	逐日施工情况
7	工程检验记录	抽样质量检验及观察检查
8	其他技术资料	事故处理报告、技术总结

3. 屋面工程隐蔽验收记录应包括以下主要内容：

(1) 卷材、涂膜防水层的基层。

(2) 密封防水处理部位。

(3) 天沟、檐沟、泛水和变形缝等细部做法。

(4) 卷材、涂膜防水层的搭接宽度和附加层。

(5) 刚性保护层与卷材、涂膜防水层之间设置的隔离层。

4. 屋面工程质量应符合下列要求：

(1) 防水层不得有渗漏或积水现象。

(2) 使用的材料应符合设计要求和质量标准的规定。

(3) 找平层表面应平整，不得有酥松、起砂、起皮现象。

(4) 保温层的厚度、含水率和表观密度应符合设计要求。

(5) 天沟、檐沟、泛水和变形缝等构造，应符合设计要求。

(6) 卷材铺贴方法和搭接顺序应符合设计要求，搭接宽度正确，接缝严密，不得有皱折、鼓泡和翘边现象。

(7) 涂膜防水层的厚度应符合设计要求，涂层无裂纹、皱折、

流淌、鼓泡和露胎体现象。

（8）嵌缝密封材料应与两侧基层粘牢，密封部位光滑、平直，不得有开裂、鼓泡、下塌现象。

5. 检查屋面有无渗漏、积水和排水系统是否畅通，应在雨后或持续淋水 2h 后进行。有可作蓄水检验的屋面，其蓄水时间不应少于 24h。

6. 屋面工程验收后，应填写分部工程质量验收记录，交建设单位和施工单位存档。

26.2 涂膜防水屋面

涂膜防水屋面是指在屋面基层上用刷子、滚筒、刮板、喷枪等工具涂刷或喷涂防水涂料，经溶剂（水）挥发或反应固化后形成一层具有一定的厚度和弹性的整体涂膜，从而达到屋面防水抗渗功能的一种屋面形式。

本节主要介绍涂膜防水层的材料、设计、施工要求、施工方法及质量控制。基层、保护层及屋面细部构造等，参考 26.1 的相关内容。

26.2.1 涂膜防水层

屋面涂膜防水是在屋面基层上涂刷防水涂料，该涂料在固化后凝结成一层整体涂膜，该涂膜具有一定厚度、弹性和很好的防水性能，从而达到了屋面防水要求的一种屋面防水形式。

26.2.1.1 材料要求

防水涂料按成膜物质的属性，可分为无机防水涂料和有机防水涂料两种；按成膜物质的主要成分，可将涂料分成高聚物改性沥青防水涂料和合成高分子防水涂料。施工时根据涂料品种和屋面构造形式的需要，可在涂膜防水层中增设胎体增强材料。涂料和胎体增强材料主要性能指标见表 26-25～表 26-27。

高聚物改性沥青防水涂料的主要物理性能
表 26-25

项 目		性 能 要 求	
		水乳型	溶剂型
固体含量（%）	≥	45	48
耐热度（℃）		80，无流淌、起泡、滑动	
低温柔性（℃）		−15，无裂纹	−15，无裂纹
不透水性 30min（MPa）	≥	0.1	0.2
断裂伸长率（%）	≥	600	—
抗裂性（mm）			基层裂缝 0.3mm，涂膜无裂纹

合成高分子防水涂料的主要物理性能 表 26-26

项 目		性 能 要 求		
		反应固化型	挥发固化型	聚合物水泥涂料
固体含量（%）	≥	80（单组分），92（双组分）	65	65
拉伸强度（MPa）	≥	1.9（单组分），多组分	1.0	1.2
断裂延伸率（%）	≥	550（单组分），450（多组分）	300	200
低温柔性（℃）		−40（单组分），−35（多组分）无裂纹	−10，无裂纹	
不透水性 30min（MPa）		0.3		

胎体增强材料的主要物理性能 表 26-27

项 目			聚酯无纺布	化纤无纺布
拉力（N/50mm）	≥	纵向	150	45
		横向	100	35
延伸率（%）	≥	纵向	10	20
		横向	20	25

26.2.1.2 设计要求

1. 防水涂料品种选择应符合下列规定：

根据当地历年最高气温、最低气温、屋面坡度和使用条件等因素，应选择耐热性和低温柔性相适应的涂料；根据地基变形程度、结构形式、当地年温差、日温差和振动等因素，应选择拉伸性能相适应的涂料；根据屋面防水涂膜的暴露程度，应选择耐紫外线、热老化保持率相适应的涂料；屋面排水坡度大于 25% 时，不宜采用干燥成膜时间过长的涂料。

2. 每道涂膜防水层厚度选用应符合规范的规定。

3. 按屋面防水等级和设防要求选择防水涂料。对易开裂、渗水的部位，应留凹槽嵌填密封材料，并增设一层或多层带有胎体增强材料的附加层。

4. 涂膜防水层应沿找平层分格缝增设带有胎体增强材料的空铺附加层，其空铺宽度宜为 100mm。

5. 涂膜防水屋面应设置保护层。保护层材料可采用细砂、云母、蛭石、浅色涂料、水泥砂浆、块体材料或细石混凝土等。采用水泥砂浆、块体材料或细石混凝土时，应在涂膜与保护层之间设置隔离层。水泥砂浆保护层厚度不宜小于 20mm。

26.2.1.3 施工要求

1. 施工准备：参见 26.1.4.3 中"1. 施工准备"的相关内容。

2. 施工环境条件：涂膜防水工程施工环境气温要求见表 26-28。

涂膜防水工程施工环境气温要求 表 26-28

项 目	施工环境气温
高聚物改性沥青防水涂料	溶剂型宜为 0～35℃；水乳型宜为 5～35℃；热熔型不低于 −10℃
合成高分子防水涂料	溶剂型宜为 −5～35℃；乳胶型、反应型宜为 5～35℃
聚合物水泥防水涂料	宜为 5～35℃

3. 涂膜施工的一般要求，可参见 27.1.2.4 中"4. 防水涂料施工基本操作要求"的相关内容。屋面防水涂膜施工时应注意的问题如下：

（1）涂膜防水层的施工顺序。因其材料本身的特性，决定了施工应按"先高后低，先远后近"的原则进行，遇高低跨屋面时，一般先涂布高跨屋面，后涂布低跨屋面。从施工成品保护角度因素考虑，对于相同高度屋面，要合理安排施工段，先涂布上料点远的部位，后涂布近处；在同一屋面上，先涂布排水较集中的水落口、天沟、檐沟、檐口等节点部位，再进行大面积涂布。

（2）涂膜防水层施工前，应先对一些特殊部位如水落口、天沟、檐沟、泛水、伸出屋面管道根部等节点，可先加铺胎体增强材料，然后涂刷涂膜材料进行处理。

（3）防水涂膜应分遍涂布，待先涂布的涂料干燥成膜后，方可涂布后一遍涂料，且前后两遍涂料的涂布方向应相互垂直。

（4）对于涂膜防水屋面使用不同防水材料先后施工时，应考虑不同材料之间的相容性（即亲合性大小、是否会发生侵蚀、剥离）；如相容则可使用，否则会造成相互结合困难或互相侵蚀，引起防水层短期失效。

（5）涂料和卷材混合使用时，卷材和涂膜的接缝应顺水流向，搭接宽度不得小于 100mm。

（6）坡屋面涂刷防水涂料时，必须采取安全措施，如系安全带等。防止任何原因引起的滑倒，甚至引起的坠落事故发生。

26.2.1.4 细部做法

（1）屋面板缝在进行防水处理处理前应清理干净，需要用混凝土密实的应浇捣密实，在板端缝中嵌填的密封材料与基层粘结牢固、封闭严密。无保温层屋面的板端缝和侧缝按要求预留凹槽，嵌填密封材料。涂膜施工前，在板缝部位空铺附加层的宽度为 100mm。

（2）分格缝应在浇筑找平层时预留，分格缝的宽度和距离应符合设计要求，与板端缝或板的搁置部位对齐，均应顺直，嵌填密封材料前清扫干净。分格缝处应铺设带胎体增强材料的空铺附加层，

其宽度为200～300mm。

（3）涂膜施工需铺设胎体增强材料时，其胎体铺贴方向随屋面的坡度不同而不同。当屋面坡度小于15%时，可平行屋脊铺设；当屋面坡度大于15%时，应垂直屋脊铺设，并由屋面最低处向上进行。胎体增强材料长边搭接宽度不得小于50mm，短边搭接宽度不得小于70mm。采用二层胎体增强材料时，上、下层不得垂直铺设，搭接缝应错开，其间距不应小于幅宽的1/3。

（4）涂膜防水层的收头，应用防水涂料多遍涂刷或用密封材料封严。

26.2.1.5　高聚物改性沥青防水涂膜施工

高聚物改性沥青防水涂膜可采用涂刷、刮涂和喷涂的施工方法，涂膜应多遍涂布。最上面的涂层厚度不应小于1.0mm；涂膜施工应先做好节点处理，铺设完带有胎体增强材料的附加层后，再进行大面积涂布；屋面转角及立面的涂膜应薄涂多遍，不得有流淌和堆积现象；当采用细砂、云母或蛭石等撒布材料做保护层时，应筛去粉料。在涂布最后一遍涂料时，应边涂布边撒布均匀，不得露底；然后，进行辊压粘牢。待干燥后，将多余的撒布材料清除。

1. 涂料冷涂刷施工

要求每遍涂刷必须待前遍涂膜实干后才能进行，否则涂料的底层水分或溶剂被封固在上层涂膜下不能及时挥发，从而形不成一定强度的防水膜。后一遍涂料涂刷时，容易将前一遍涂膜刷皱、起皮而破坏。一旦遇雨，雨水渗入易冲刷或溶解涂膜层，破坏涂膜的整体性。涂层厚度是影响涂膜防水层质量的一个关键问题，涂刷时每个涂层要涂刷几遍才能完成。要通过手工准确控制涂层厚度比较困难。为此，涂膜防水层施工前，必须根据设计要求的每平方米涂料用量、涂膜厚度及涂料材性，事先试验确定每道涂料涂刷的厚度以及每个涂层需要涂刷的遍数。如一布二涂，应先涂底层，再加胎体增强材料，再涂面层。施工时按试验的要求，每涂层涂刷几遍，而且面层至少应涂刷2遍以上。合成高分子涂料还要求底涂层有1mm厚，才可铺设胎体增强材料，这样才能较准确地控制涂层厚度，并使每遍涂刷的涂料都实干，从而保证施工质量。

铺胎体增强材料是在涂刷第2遍或第3遍涂料涂刷前，采用湿铺法或干铺法铺贴。

湿铺法就是在第2遍或第3遍涂料涂刷时，边倒料、边涂布、边铺贴的操作方法。

干铺法区别于湿铺法为没有底层的涂料，即在上道涂层干燥后，先干铺胎体增强材料（可用涂料将边缘部位点粘固定，也可不用），然后在已展平的表面上用刮板均匀满刮一道涂料，接着再在上面满刮一道涂料，使涂料浸透网膜渗透到已固化的底层涂膜上而使得上、下层涂膜及胎体形成一个整体。因此，渗透性较差的涂料与较密实的胎体增强材料尽量不采用干铺法施工。干铺法适用于无大风的情况施工，能有效避免因胎体增强材料质地柔软、容易变形造成的铺设时不易展开，经常出现皱折、翘边或空鼓现象，较好地保证防水层质量。

2. 涂料热熔刮涂施工

涂料热熔刮涂方法适用于热熔型高聚物改性沥青防水涂料的施工。需要将涂料在熔化釜中加热至190℃左右保温待用。该熔化釜采用带导热油的加热炉，涂料能均匀加热。在将熔化的涂料倒在基面上后，要快速、准确地用带齿的刮板刮涂，刮板应略向涂前进方向倾斜，保持一定的倾斜角度平稳地向前刮涂并在涂料冷却前刮匀，否则涂料冷却后涂膜发黏，难以施工。

涂料每遍涂刮的厚度控制在1～1.5mm。铺贴胎体增强材料应采用分条间隔施工法，在涂料刮涂均匀后立即铺贴胎体增强材料，然后再刮涂第二遍至设计厚度。表面需做粒料保护层时，应在最后一遍涂刮的同时撒布粒料；如做涂膜保护层时，宜在防水层完全固化后再涂刷保护层涂膜。

采用热熔涂料与防水卷材复合使用的办法，能在很大程度上提高防水层的可靠性，因为卷材可以保证防水层的厚度，在涂料的粘结下可以形成连续的防水涂层，弥补卷材接缝处渗漏的问题。可在一定程度上消除结构层、找平层开裂产生的拉应力对防水层的破坏影响，将因卷材破损引起的渗漏由原来的整体限制在现在的局部范围内。

3. 涂料喷涂施工

涂料热喷涂施工法常用于高聚物改性沥青防水涂膜屋面，是将涂料加入加热容器中，加热至180～200℃，待全部熔化成流态后，启动沥青泵开始输送涂料并喷涂，具有施工速度快、涂层没有溶剂挥发等优点。但应注意安全，防止烫伤。喷涂设备由加热搅拌容器、沥青泵、输油管、喷枪等组成。

26.2.1.6　合成高分子防水涂膜施工

合成高分子防水涂膜施工，可采用喷涂和刮涂的施工方法。当采用涂刮施工时，每遍涂刮的推进方向宜与前一遍相互垂直；多组分涂料应按配合比准确计量，搅拌均匀。已配成的多组分涂料应及时使用。配料时，可加入适量的缓凝剂或促凝剂来调节固化时间，但不得混入已固化的涂料；在涂层间夹铺胎体增强材料时，位于胎体下面的涂层厚度不宜小于1mm，最上层的涂层不应少于两遍，其厚度不应小于0.5mm；当采用浅色涂料做保护层时，应在涂膜固化后进行。

涂料冷喷涂施工的防水施工工艺是将黏度较小的防水涂料放置于密闭的容器中，通过齿轮泵或空压泵，将涂料从容器中泵出，经输送管至喷枪处，均匀喷涂于基面，形成一层均匀、质密的防水膜。其特点是施工速度快、工效高，适合于各种屋面。施工操作工人要熟练掌握喷涂机械的操作、配料、搅拌和运输过程及调整喷料喷出的速度、均匀度，确保防水膜的质密效果。下面重点介绍喷涂聚脲弹性体防水层施工。

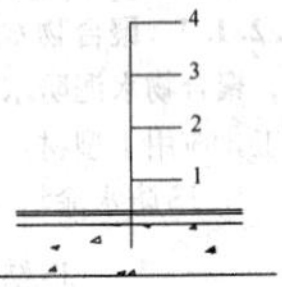

1. 构造层次

喷涂聚脲弹性体防水层构造层次，见图26-29。

2. 作业条件

喷涂聚脲施工作业区域环境以温度5～35℃、相对湿度在10%～90%之间为宜，聚脲弹性体防水层混凝土表面温度不应低于-20℃。不宜在强太阳、狂风或恶劣环境条件下施工。如果在强太阳下施工或施工温度接近上限温度时，应先将表面喷水降温。喷涂作业区域不得有其他工种交叉施工，特别是相邻区域不得有粉尘污染，其他对基层要求与防水施工对基层要求大致相同。

图26-29　构造层次图
1—基层；2—聚合物水泥防水涂料；3—聚合物纤维水泥砂浆保护层；4—喷涂聚脲弹性体防水层

3. 现场防护

对施工区域内不施工部位及现场周围所涉及的非喷涂区域，应用防护布进行遮挡处理。对工作区域所留的预埋件进行封套处理，对处于下风口部位，遮挡高度应不低于1.8m，以免喷涂施工时材料飞溅，污染墙体或其他成品。

4. 喷涂底漆

聚脲弹性体涂料在混凝土表面使用专用的底漆进行封闭处理，其主要作用为：封闭混凝土基层表面毛细孔中的空气和水分，避免聚脲涂料层施工后出现鼓泡和针孔现象；封闭底漆还可以起到胶粘剂的作用（界面材料），提高聚脲涂层与混凝土层的附着力，保证施工质量。底漆一般以100%固含量的环氧、聚氨酯和聚脲类涂料封闭，底漆的黏度较低，以保证其充分渗透性。

底漆的涂布量视基层干燥程度而定，一般干燥的混凝土基层表面，底漆的涂布量为0.8～1.0kg/m²，机械喷涂用人工刷涂即可，喷涂或涂刷时应均匀涂布，无漏点或堆积。底漆涂布完成后，应间隔6～8h使其干燥后再进行聚脲的喷涂施工。

5. 喷涂聚脲

（1）施工时设备参数设定：喷枪总压力65kg/m²（650Pa）；主加热器和管道加热器温度65℃；将B料桶用电动搅拌器搅拌30min以上。

将主机及附属设备接电进行调试，特别注意调节主机和空气压缩机的接电相位，调节完成后还应检查：空压机和干燥器是否工作正常；喷涂主机的加热系统是否运转正常；打开空压机，达到最大压力后，停止运转，检查输出气管与主机的气管连接是否正常；喷涂时，一部分压缩空气的作用是帮助喷出的聚脲涂料雾化，注意将空压机汽缸中的水分放出，以免喷涂时水分混在聚脲涂料中喷到底材上，造成材料性能下降而影响施工质量；检查原料温度是否在21～45℃之间，使其温度达到21℃以上；喷涂前先将管道加热器

打开，待管道加热器温度达到所设定的温度后，进行其他主机参数设定，然后进行喷涂施工。

（2）喷涂施工：喷涂施工时应预先划分好区域，逐区域完成。1.2～1.5mm厚的聚脲涂层一般应喷涂3～4遍完成。喷涂时，操作人员应左右移动喷枪，边操作边后退，每一喷涂幅宽应覆盖上一喷涂幅宽50%，俗称"压枪"；下一遍喷涂方向应与上一遍喷涂方向呈垂直。完成喷涂后，涂层薄厚均匀一致、平整、美观。

（3）平面施工：平面施工时，除注意每幅宽搭接厚度和喷涂方向外，还应注意操作人员的移动速度与喷枪与基层的距离，这是喷涂后涂层厚薄是否均匀的关键所在。喷涂进行中，应及时清理基层上未清理或者二次污染的渣物等。在每一遍喷涂完成后，应立即进行检查。对于凸出表面的杂质，用壁纸刀割除；对于针孔与缝洞引起的凹陷，应用快速固化封堵材料填平。

（4）垂直面施工：垂直面施工在平面施工要求基础上要注意每次喷涂不能太厚，以防止因材料不匀产生"流挂"。为达到表面平整、均匀，可以通过喷枪、混合室和喷嘴的不同组合控制，也可以通过控制喷枪的移动速度来控制。

（5）特殊部位施工：对于阴阳角、金属预埋件等特殊部位，应作增强处理，即先喷涂一遍聚脲弹性体材料作为附加层。

26.2.1.7 聚合物水泥防水涂料（简称JS防水涂料）施工

聚合物水泥防水涂料适用于坡屋面防水层及非暴露型屋面防水施工，应用Ⅰ型材，不得使用Ⅱ型材。

1. JS防水涂料（Ⅰ型）配合比见表26-29。

JS防水涂料（Ⅰ型）各涂层配合比   表 26-29

涂层类别	重量配合比
底层涂料	液料∶粉料∶水＝10∶（7～10）∶14
下层涂料	液料∶粉料∶水＝10∶（7～10）∶（0～2）
中层涂料	液料∶粉料∶水＝10∶（7～10）∶（0～2）
面层涂料	液料∶粉料∶水＝10∶（7～10）∶（0～2）

2. 配料、涂刷遍数、用料量及涂膜厚度，见27.1.2.4相关内容。

26.2.2 涂膜防水层质量控制

1. 质量要求

（1）所用的防水涂料、胎体增强材料、配套进行密封处理的密封材料及复合使用的卷材和其他材料，应有产品合格证书和性能检测报告。材料的品种、规格、性能等，必须符合现行国家产品标准和设计要求。

（2）材料进场后，应按有关规范的规定进行抽样复验，并提出试验报告；不合格的材料，严禁在屋面工程中使用。

（3）屋面的坡度、找平层的水泥砂浆配合比、细石混凝土的强度等级、厚度应符合设计要求。找平层平整度偏差不得超过5mm，不得有酥松、起砂、起皮等现象，出现裂缝应作修补。施工时的基层需平整、干净、干燥。

（4）各节点做法应符合设计要求。水落口杯和伸出屋面的管道应与基层固定牢固，密封严密，附加层设置正确，不得开缝翘边。

（5）防水层与基层应粘结牢固，不得出现裂纹、脱皮、流淌、鼓泡、露胎体和皱皮等缺陷。

（6）涂膜防水屋面不得有渗漏和积水现象。

2. 施工过程质量控制

（1）涂膜防水层施工前，应仔细检查找平层质量；如找平层存在质量问题，应先进行修补并经再次验收，合格后才能进行下道工序施工。

（2）节点及附加层要严格按设计要求设置和施工，完成后应按设计的节点做法进行检查验收。构造和施工质量均应符合设计和《屋面工程质量验收规范》（GB 50207）的要求。

（3）每遍防水涂层涂布完成后均应进行严格的质量检查，对出现的质量问题应要先修补，合格后方可进行下一遍涂层涂布。

（4）涂膜防水层完成后，进行表观质量的检查，并做好淋水、蓄水检验，合格后再进行保护层的施工。

（5）保护层施工时应有成品保护措施，保护层的施工质量应达到有关规定的要求。

3. 质量验收

涂膜防水层的质量验收包括涂膜防水层施工质量和涂膜防水层成品质量，其质量检验包括原材料、辅料、施工过程和成品等几个方面。主控项目为原材料质量、防水层有无渗漏及涂膜防水层的厚度、细部做法。涂膜防水层表观质量和保护层质量对涂膜防水层质量作为一般项目。涂膜防水层质量检验的项目、要求和检验方法见表26-30。

涂膜防水层质量检验的项目、要求和检验方法

表 26-30

检验项目		要求	检验方法
主控项目	1. 防水涂料和胎体增强材料	必须符合设计要求	检查出厂合格证、质量检验报告和现场抽样复验报告
	2. 涂膜防水层	不得有渗漏或积水现象	雨后或淋水、蓄水试验
	3. 涂膜防水层的厚度	平均厚度符合设计要求，最小厚度不应小于设计厚度的80%	用涂层测厚仪取样量测
	4. 涂膜防水层在天沟、檐沟、檐口、水落口、泛水、变形缝和伸出屋面管道等处细部做法	必须符合设计要求	观察检查和检查隐蔽工程验收记录
一般项目	1. 防水层表观质量	与基层粘结牢固，表面平整，涂刷均匀，无流淌、皱折、鼓泡、露胎体和翘边等缺陷	观察检查
	2. 胎体增强材料表观质量	应铺贴平整，同一层短边搭接缝和上下层搭接缝应错开	观察检查
	3. 胎体增强材料搭接宽度	允许偏差为－10mm	用钢尺检查

4. 防水涂料现场抽样复验项目

进入施工现场的防水涂料和胎体增强材料，应按表26-31的规定进行抽样检验。不合格的防水涂料严禁在建筑工程中使用。

防水涂料现场抽样复验项目   表 26-31

材料名称	现场抽样数量	外观质量检验	物理性能检验
高聚物改性沥青防水涂料	每10t为一批，不足10t按一批抽样	包装完好无损，且标明涂料名称、生产日期、生产厂名、产品有效期；无沉淀、凝胶、分层	固含量，耐热度，柔性，不透水性，延伸率
合成高分子防水涂料	每10t为一批，不足10t按一批抽样	包装完好无损，且标明涂料名称、生产日期、生产厂名、产品有效期	固体含量，拉伸强度，断裂延伸率，柔性，不透水性
胎体增强材料	每3000m² 为一批，不足3000m²按一批抽样	均匀、无团状、平整、无皱折	拉力，延伸率

26.3 复合防水屋面

复合防水屋面是指采用彼此相容的两种或两种以上的防水材料复

合组成一道防水层的屋面形式，复合防水层一般采用防水卷材和防水涂膜复合使用，从而充分利用各种材料在性能上的优势互补，提高防水质量。在节点部位采用复合防水的优越性尤为明显。目前常见的复合形式有：两种不同性能涂膜的复合，涂膜与卷材的复合，两种不同性能卷材的复合等。

26.3.1 材 料 要 求

无论是何种防水形式，每一防水层的厚度都必须达到要求，才能保证其能够形成一个独立的防水层。卷材与涂膜复合使用时，涂膜防水层应设置在卷材防水层的下面。防水卷材与防水涂料的粘结剥离强度应符合下列要求：

(1) 高聚物改性沥青防水卷材与高聚物改性沥青防水涂料不应小于8N/10mm；

(2) 合成高分子防水卷材与合成高分子防水涂料不应小于15N/mm，浸水168h后保持率不应小于70%；

(3) 自粘橡胶沥青防水卷材与合成高分子防水涂料不应小于8N/10mm。

26.3.2 施 工 要 求

复合防水层施工时，卷材防水层施工应符合26.1节有关规定。涂膜防水层施工应符合26.2节有关规定。复合屋面施工时还应注意：

(1) 基层的质量应满足底层防水层的要求。

(2) 不同胎体和性能的卷材复合使用时，或夹铺不同胎体增强材料的涂膜复合使用时，高性能的应作为面层。

(3) 不同防水材料复合使用时，耐老化、耐穿刺的防水材料应设置在最上面。

(4) 卷材与涂膜复合使用时，选用的防水卷材和防水涂料应相容。

(5) 防水涂料作为防水卷材粘结材料使用时，应按复合防水层进行整体验收；否则，应分别按涂膜防水层和卷材防水层验收。

(6) 挥发固化型防水涂料不得作为防水卷材粘结材料使用；水乳型或合成高分子类防水涂料不得与热熔型防水卷材复合使用；水乳型或水泥基类防水涂料应待涂膜实干后，方可铺贴卷材。

26.3.3 质 量 控 制

复合防水层质量检验见表26-32。

复合防水层质量检验的项目、要求和检验方法

表26-32

	检 验 项 目	要 求	检 验 方 法
主控项目	防水材料及其配套材料	必须符合设计要求	检查出厂合格证、质量检验报告和现场抽样复验报告
	复合防水层	不得有渗漏或积水现象	雨后或淋水、蓄水试验
	复合防水层在天沟、檐沟、檐口、水落口、泛水、变形缝和伸出屋面管道等处细部做法	必须符合设计要求	观察检查和检查隐蔽工程验收记录
一般项目	复合防水层表观质量	卷材防水层与涂膜防水层应粘贴牢固，不得有空鼓和分层现象	观察检查
	其他检验项目	符合26.1和26.2节的有关规定	

26.4 瓦 屋 面

瓦屋面防水是我国传统的屋面防水技术，它采取以排为主的防水手段，在10%～50%的屋面坡度下，将雨水迅速排走，并采用具有一定防水能力的瓦片搭接进行防水。瓦片材料和形式繁多，有黏土小青瓦、水泥瓦（英红瓦）、沥青瓦、装饰瓦、琉璃瓦、筒瓦、黏土平瓦、金属板、金属夹心板等。所以，瓦屋面的种类也很多，有平瓦屋面、青瓦屋面、筒瓦屋面、石板瓦屋面、石棉水泥瓦屋面、玻璃钢波形瓦屋面、沥青瓦屋面、薄钢板瓦屋面、金属压型夹心板屋面等。本节主要介绍其中常用的平瓦屋面、沥青瓦屋面两种。

根据斜坡瓦屋面的特点和防水设防的要求，用于斜坡屋面的防水材料，除要求防水效果好外，还要求强度高、粘结力大。在面层瓦的重力作用下，在斜坡面上不会发生下滑现象，同时也不会因温度变化引起性能的太大变化。适合于斜坡屋面的防水材料应该是强度高、粘结力大的防水涂料，以及聚合物水泥防水涂料和聚合物防水砂浆。聚合物水泥防水涂料和聚合物防水砂浆的抗渗性好、强度高，尤其是粘结力，比普通水泥砂浆大好几倍，而且不受气温影响。聚合物防水砂浆具有很好的韧性，能适应屋面混凝土的干缩和温差引起的裂缝而不开裂，聚合物水泥防水涂料有较大的延伸率，对基层的裂缝有更好的适应能力。这两种材料是目前斜坡屋面防水材料的最佳选择。瓦屋面的主要构造形式见图26-30～图26-34。

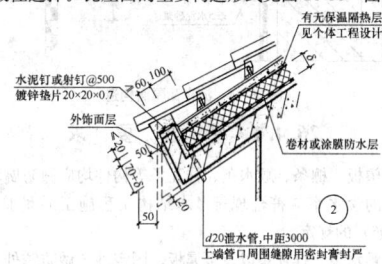

图26-30 块瓦屋面檐口（钢挂瓦条）

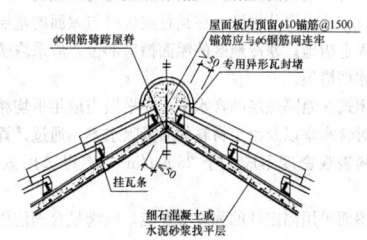

图26-31 块瓦屋面屋脊（钢挂瓦条）

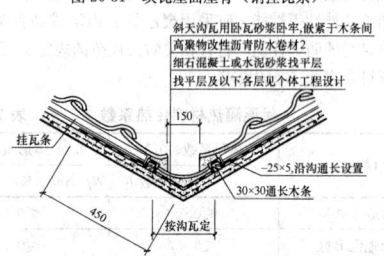

图26-32 块瓦屋面斜天沟（钢挂瓦条）

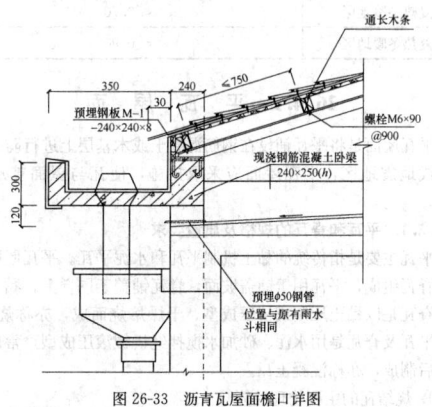

图26-33 沥青瓦屋面檐口详图

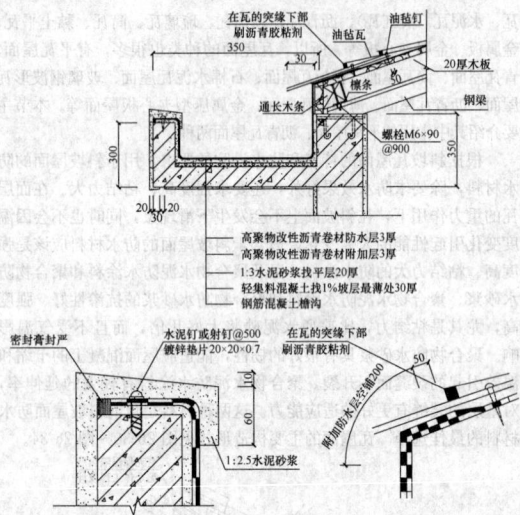

图 26-34 沥青瓦屋面构造

26.4.1 基 本 要 求

木质望板、檩条、顺水条、挂瓦条等构件均应做防腐和防蛀处理。木材的含水率应符合现行《木结构工程施工质量验收规范》(GB 50206) 的规定。

金属顺水条、挂瓦条以及金属板、固定件应做防锈处理。

瓦材与山墙及突出屋面结构的交接处均应做泛水处理。

大风和地震设防地区，在瓦材或板材与屋面的基层连接处应采取增强固定措施；寒冷地区的屋面檐口部位，应采取防止冰雪融化下坠和冰坝措施。

封闭式保温隔热层的含水率，应根据当地年平均相对湿度所对应的相对含水率以及给定材料的质量吸水率，通过计算确定。保温隔热材料表观密度不应大于 250kg/m³，不得选用散状保温隔热材料。

坡屋面采用固定件的强度等性能，应满足合理使用年限和安全的要求。

隔汽材料应具有隔绝水蒸气、热老化性、短期抗紫外线性、抗撕裂性和抗拉伸性等性能。宜采用聚乙烯、铝箔或沥青类等材料。保温隔热材料的防火性能应符合相关防火规范的规定。同时，其传热系数应符合表 26-33 的要求。

保温隔热材料传热系数　　　　表 26-33

气候分区	体形系数≤0.3	0.3<体形系数≤0.4
	传热系数 K [W/ (m² · K)]	
严寒地区 A 区	≤0.35	≤0.30
严寒地区 B 区	≤0.45	≤0.35
寒冷地区	≤0.55	≤0.45
夏热冬冷地区	≤0.70	
夏热冬暖地区	≤0.90	

26.4.2 平 瓦 屋 面

平瓦屋面是将平瓦铺设在钢筋混凝土或木基层上进行防水。在大风或地震地区，平瓦屋面应采取措施，使瓦与屋面基层固定牢固。

26.4.2.1 平瓦和脊瓦的规格及质量要求

平瓦主要是指传统的黏土机制平瓦和水泥平瓦。平瓦屋面由平瓦和脊瓦组成，平瓦用于铺盖坡面，脊瓦铺盖于屋脊上。黏土平瓦及其脊瓦是以黏土压制或挤压成型、干燥焙烧而成，亦称烧结瓦。水泥平瓦及脊瓦是用水泥、砂加水搅拌经机械滚压成型，常压蒸汽养护后制成，亦称混凝土瓦。

1. 烧结瓦的主要物理性能

(1) 检验项目：抗冻性能、耐急冷急热性、吸水率、抗渗性能。

(2) 烧结瓦主要物理性能应符合表 26-34 的要求。

烧结瓦的主要物理性能　　　　表 26-34

项 目	性 能 要 求
抗冻性能	经 15 次冻融循环不出现剥落、掉角、掉棱及裂纹增加现象
耐急冷急热性	经 10 次急冷急热循环不出现炸裂、剥落及裂纹延长现象
吸水率（%）	不大于 21.0
抗渗性能	经过渗性能试验，瓦背面无水滴产生

2. 烧结瓦的规格和质量要求

烧结瓦的规格尺寸及质量要求分别见表 26-35～表 26-38。

烧结瓦的规格及主要规格尺寸（mm）　表 26-35

产品类别	规格	基 本 尺 寸							
		厚度	瓦槽		边筋	搭接部分长度		瓦抓	
			深度	高度	高度	头尾	内外槽	压制后抓	挤出后抓	后抓有效高度
平瓦	400×240 ～ 360×220	10～20	≥10	≥3		50～70	25～40	具有四个保证两个瓦抓		≥5
脊瓦	L≥300 b≥180	h		l₁		d		h₁	
		10～20		25～35		>b/4		≥5	

烧结瓦的尺寸允许偏差（mm）　　表 26-36

外形尺寸范围	优等品	一等品	合格品
L(b)≥350	±5	±6	±8
250≤L(b)<350	±4	±5	±7
200≤L(b)<250	±3	±4	±5
L(b)<200	±2	±3	±4

烧结瓦的表面质量要求　　　　表 26-37

缺陷项目		优等品	一等品	合格品
有釉类瓦	无釉类瓦			
缺釉、斑点、落脏、棕眼、熔洞、图案缺陷、烟熏、釉缕、釉泡、釉裂	斑点、起包、熔洞、麻面、图案缺陷、烟熏	距 1m 处目测不明显	距 2m 处目测不明显	距 3m 处目测不明显
色差，光泽差	色差	距 3m 处目测不明显		

烧结瓦的裂缝长度允许范围　　表 26-38

产品类别	裂纹分类	优等品	一等品	合格品
平瓦	未搭接部分的贯穿裂纹	不允许		
	边筋断裂	不允许		
	搭接部分的贯穿裂纹	不允许		不得延伸至搭接部分的1/2 处
	非贯穿裂纹（mm）	不允许	≤30	≤50
脊瓦	未搭接部分的贯穿裂纹	不允许		
	搭接部分的贯穿裂纹	不允许		不得延伸至搭接部分的1/2 处
	非贯穿裂纹	不允许	≤30	≤50

3. 混凝土瓦的主要物理性能、质量要求和承载力标准值

混凝土瓦的主要物理性能、质量要求和承载力标准值分别见表 26-39～表 26-41。

混凝土瓦的主要物理性能　　表 26-39

项　目	性　能　要　求
质量标准差（g）　≤	180
承载力　≥	承载力标准值
抗渗性能	经抗渗性能试验后，瓦背面无水滴现象
抗冻性能	经抗冻性能检验后，承载力仍不小于承载力标准值

混凝土瓦的质量要求　　表 26-40

项　目	性　能　指　标
尺寸允许偏差（mm）	长度±4，宽度±3
掉角欠缺部分（mm）	在瓦面上造成的破坏尺寸不得同时大于 10
瓦爪残缺：边筋坍塌或外槽外缘边筋断裂	不允许
瓦面裂缝长度（mm）	≤15
擦边长度不得超过（在瓦面上造成的破坏宽度小于 5mm 者不计）	30mm
吸水率（%）	优等品、一等品　≤10
	合格品　≤12

混凝土瓦的承载力标准值　　表 26-41

项　目	有筋槽平瓦	无筋槽平瓦
瓦脊高度 d（mm）	$d<5$	—
遮盖宽度 b_1（mm）	≥300	≤200	—
承载力标准值 F_c（N）	1200	800	550

注：1. 遮盖宽度 200～300mm 间的有筋槽平瓦，其承载力标准值应按表中所列的值用线性内插法确定。

　　2. 平瓦承载力实测平均值不得小于承载力可验收值（F_{0k}）：

$$F_{0k} \geqslant F_c + 1.64\sigma \qquad (26-1)$$

26.4.2.2　平瓦和脊瓦的运输堆放

瓦材为易碎材料，在包装、搬运和存放时，应注意瓦材的完整性。每块瓦均应用草绳花缠出厂，运输车厢用柔软材料垫稳，搬运轻拿轻放，不得碰撞、抛扔；堆放应整齐，平瓦侧放靠紧，堆放高度不超过 5 层，脊瓦呈人字形堆放。

26.4.2.3　施工准备工作

1. 瓦面基层应符合下列要求：

（1）结构层内应预埋 ϕ10 锚筋，锚筋长度应符合构造要求，锚筋应做防腐处理。

（2）防水层应符合设计要求，封闭严密。

（3）保温层应铺设在垫层上，保温材料宜采用干铺法或粘贴法。

（4）保温层上应做 C20 细石混凝土找平层，找平层内应设 ϕ6 钢筋网骑跨屋脊并扎细直，钢筋网应与预埋锚筋连牢。

2. 屋面木基层的施工要求

（1）檩条、椽条、封檐板等的施工允许偏差及检查方法见表 26-42。

檩条、椽条、封檐板质量检查表　　表 26-42

项次	项　目		允许偏差（mm）	检　查　方　法
1	檩条、椽条	方木截面	−2	钢尺量
		原木梢径	−5	钢尺量，椭圆时取大小径的平均值
		间距	−10	钢尺量
		方木上表面平直	4	沿坡拉线钢尺量
		原木上表面平直	7	
2	油毡搭接宽度		−10	钢尺量
3	挂瓦条间距		±5	
4	封山、封檐板平直	下边缘	5	拉 10m 线
		表面		不足 10m 拉通线，钢尺量

（2）挂瓦条的施工要求：

1）挂瓦条的间距要根据平瓦的尺寸和一个坡面的长度经计算确定，黏土平瓦一般间距为 280～330mm。

2）檐口第一根挂瓦条，要保证瓦头出檐（或出封檐板外）50～70mm；上下排平瓦的瓦头和瓦尾的搭接长度 50～70mm；屋脊处两个坡面上最上两根挂瓦条，要保证挂瓦后，两个瓦尾的间距在搭盖脊瓦时，脊瓦搭接瓦尾的宽度每边不小于 40mm。

3）挂瓦条断面一般为 30mm×30mm，长度一般不小于 3 根椽条间距，挂瓦条必须平直（特别是保证挂瓦条上边口的平直），接头在椽木上，钉置牢固，不得漏钉，接头要错开，同一椽木条上不得连续超过 3 个接头；钉置檐口条（或封檐板）时，要比挂瓦条高 20～30mm，以保证椽口第一块瓦的平直；钉挂瓦条一般从檐口开始逐步向上至屋脊，钉置时要随时校核挂瓦条间距尺寸的一致。为保证尺寸准确，可在一个坡面两端，准确量出瓦条间距，通长拉线钉挂瓦条。

3. 平瓦铺挂前的准备工作

（1）堆瓦：平瓦运输堆放应避免多次倒运。要求平瓦长边侧立堆放，最好一顺一倒合拢靠紧，堆放成长条形，高度以 5～6 层为宜，堆放、运输时，要稳拿轻放。

（2）选瓦：平瓦的质量应符合要求。砂眼、裂缝、掉角、缺边、少爪等不符合质量要求规定的不宜使用，但半边瓦和掉角、缺边的平瓦可用于山檐边、斜沟或斜脊处，其使用部分的表面不得有缺损或裂缝。

（3）上瓦：待基层检验合格后，方可上瓦。上瓦时应特别注意安全；如在屋架承重的屋面上，上瓦必须前后两坡同时同一方向进行，以免屋架不均匀受力而变形。

（4）摆瓦：一般有"条摆"和"堆摆"两种。"条摆"要求隔 3 根挂瓦条摆一条瓦，每米约 22 块；"堆摆"要求一堆 9 块瓦，间距为：左右隔 2 块瓦宽，上下隔 2 根挂瓦条，均匀错开，摆置稳妥。

在钢筋混凝土挂瓦板上，最好随运随铺。如需先摆瓦时，要求均匀、分散平摆在板上，不得在一块板上堆放过多，更不准在板的中间部位堆放过多，以免荷载集中而使板断裂。

4. 材料用量

平瓦屋面材料用量见表 26-43。

平瓦屋面主要材料用量参考表　　表 26-43

材　料	平瓦（100m²）	脊瓦（100m）	掺抗裂纤维灰浆（100m）	水泥砂浆（100m²）
数量	1530 块	240 块	0.4m³	0.03m³

注：表列各项数字供估算参考，各地可以当地定额为准。

26.4.2.4　平瓦屋面施工

1. 平瓦屋面施工工艺（图 26-35）

2. 平瓦屋面的施工要求

（1）屋面、檐口瓦：挂瓦次序从檐口由下到上、自左向右方向进行。檐口瓦要挑出檐口 50～70mm；瓦后爪均应挂在挂瓦条上，与左边、下边两块瓦落槽密合，随时注意瓦面、瓦楞平直，不符合质量要求的瓦不能铺挂。为保证铺挂的平整、顺直，应从屋脊拉一斜线到檐口，即斜线对准屋脊第一张瓦的右下角，顺次与第二排的第二张瓦、第三排的第三张瓦，直到檐口瓦的右下角，都在一直线上。然后，由下到上依次逐张铺挂，可以达到瓦沟顺直，整齐、美观。檐口瓦用镀锌钢丝拴牢在檐口挂瓦条上。当屋面坡度大于 50%或在大风、地震地区，每片瓦均需用镀锌钢丝固定于挂瓦条上。瓦的搭接应顺主导风向，以防漏水。檐口瓦应铺成一条直线，天沟处的瓦要根据宽度及斜度弹线锯料。整坡应平整，行列横平竖直，无翘角和张口现象。

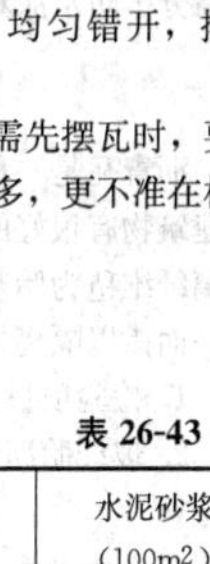

（2）斜脊、斜沟瓦：先将整瓦（或选择

清理基层
↓
防水层施工
↓
钉顺水条
↓
钉挂瓦条
↓
铺瓦
↓
检查验收
↓
淋水试验

图 26-35　平瓦屋面施工工艺

可用的缺边等)挂上,沟边要求搭盖泛水宽度不小于150mm,弹出墨线,编好号码,将多余的瓦面砍去(最好用钢锯锯掉,保证锯边平直),然后按号码次序挂上;斜脊处的平瓦也按上述方法挂上,保证斜瓦搭接平瓦每边不小于40mm,弹出墨线,编好号码,砍(或锯)去多余部分,再按次序挂好。斜脊、斜沟处的平瓦要保证使用部分的瓦面质量。

(3)脊瓦:挂平脊、斜脊脊瓦时,应拉通长麻线,铺平直。扣脊瓦用1:2.5石灰砂浆铺平实,脊瓦接口和脊瓦与平瓦间的缝隙处,要用掺抗裂纤维的灰浆嵌严刮平,脊瓦与平瓦的搭接每边不少于40mm;平脊的接头口要顺主导风向;斜脊的接头口向下(即由下向上铺设),平脊与斜脊的交接处要用麻刀灰封严。铺好的平脊和斜脊平直,无起伏现象。

3.平瓦屋面节点泛水的施工要求

(1)山墙边泛水做法见图26-36。

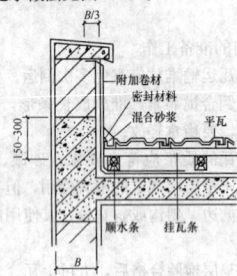

图26-36 山墙泛水做法

(2)天沟、檐沟的防水层宜采用1.2mm厚的合成高分子防水卷材、3mm厚的高聚物改性沥青防水卷材铺设,或采用1.2mm合成高分子防水涂料涂刷设防,亦可用镀锌薄钢板铺设。

26.4.3 沥青瓦屋面

沥青瓦是一种新型屋面防水材料,除具有较好防水效果外,还对建筑物有很好的装饰效果,且施工简便、易于操作。沥青瓦是以玻璃纤维毡为胎基,经浸涂石油沥青后,一面覆盖彩砂矿物粒料,另一面撒上隔离材料,并经切割割制成的片状屋面防水材料。

1.检验项目:可溶物含量、拉力、耐热度、柔度、不透水性。

2.玻纤胎沥青瓦的主要物理性能应符合表26-44的要求。

玻纤胎沥青瓦的主要物理性能 表26-44

序号	项 目			平瓦	叠瓦
1	可溶物含量(g/m²)		≥	1000	1800
2	拉力(N/50mm)	纵向		500	
		横向		400	
3	耐热度(90℃)			无流淌、滑动、滴落、气泡	
4	柔度a(10℃)			无裂纹	
5	撕裂强度(N)		≥	9	
6	不透水性(0.1MPa,30min)			不透水	
7	耐钉子拔出性能(N)		≥	75	
8	矿物料粘附性b(g)		≤	1.0	
9	金属箔剥离强度c(N/mm)		≥	0.2	
10	人工气候加速老化	外观		无气泡、渗油、裂纹	
		色差*ΔE	≤	3	
		柔度(10℃)		无裂纹	
11	抗风揭性能			通过	
12	自粘胶耐热度	50℃		发黏	
		75℃		滑动≤2mm	
13	叠瓦剥离强度(N)		≥	—	20

a 供需双方可以根据使用要求商定温度更低的柔度指标。

b 仅适用于矿物粒(片)料沥青瓦。

c 仅适用于金属箔沥青瓦。

26.4.3.1 沥青瓦规格及质量要求

1.规格

沥青瓦的规格:长×宽×厚=1000mm×333mm×3.5(4.5)mm,长度尺寸偏差为±3mm,宽度尺寸偏差为+5mm、-3mm。形状如图26-37。

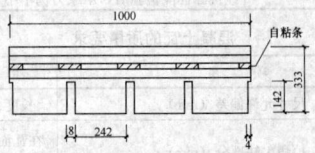

图26-37 沥青瓦

2.外观质量要求

(1)10~45℃环境温度时应易于打开,不得产生脆裂和粘连。

(2)玻纤毡必须完全用沥青浸透和涂盖。

(3)沥青瓦不应有孔洞和边缘切割不齐、裂缝、断裂等缺陷。

(4)矿物料应均匀、覆盖紧密。

(5)自粘结点距末端切槽的一端不大于190mm,并与沥青瓦的防粘纸对齐。

3.沥青瓦运输保管:应符合如下要求:

(1)不同撒布料颜色、不同等级分别堆放;

(2)保管环境温度不应高于45℃;

(3)储存运输时应平放,高度不得超过15捆,并应避免雨淋、日晒、受潮,注意通风和远离火源。

26.4.3.2 沥青瓦屋面施工

(1)沥青瓦施工工艺,见图26-38。

(2)沥青瓦屋面坡度宜为20%~85%。

(3)屋面基层应清除杂物、灰尘,基层应具有足够的强度、平整、干净、无起砂、起皮等缺陷。

(4)细部节点处理和防水层施工:根据设计要求,对屋面与突出屋面结构的交接处、女儿墙泛水、檐沟等部位,用涂料或卷材进行防水处理。验收合格后进行防水层施工,防水层的施工方法、要求及质量检验参见"26.1 卷材防水屋面"、"26.2 涂抹防水屋面"的相关内容。

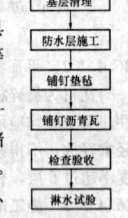

图26-38 沥青瓦屋面施工工艺

(5)沥青瓦应自檐口向上铺设;第一层应与檐口平行;切槽应向上指向屋脊,用油毡钉固定。第二层沥青瓦应与第一层叠合,但切槽应向下指向檐口。第三层沥青瓦应压在第二层上,并露出切槽125mm,沥青瓦之间的对缝,上下层不应重合。每片沥青瓦不应少于4个油毡钉。当屋面坡度大于80%时,应增加油毡钉固定。

(6)沥青瓦铺设在木基层上时,可用油毡钉固定;沥青瓦铺设在混凝土基层上时,可用射钉固定;也可以采用冷玛琋脂或粘结胶粘结固定。

(7)将沥青瓦切槽剪开分成四块即可作为脊瓦,并搭盖两坡面沥青瓦1/3,脊瓦相互搭接面不应小于1/2。

(8)屋面与突出屋面结构的交接处,沥青瓦应铺贴至立面上,高度不应小于250mm。

(9)材料用量:沥青瓦屋面材料参考用量见表26-45。

沥青瓦屋面用量参考表 表26-45

屋面工程	面积用量	重量
每平方米屋面	2.33m²瓦材	2.5kg

26.4.4 质量要求和验收

26.4.4.1 平瓦屋面

(1)在木基层上钉顺水条、挂瓦条应符合以下规定:

1)贴铺卷材后,顺水条应垂直屋脊方向铺钉入基层,间距不应大于500mm,顺水条表面应平整。

2)挂瓦条应平直,上棱成一直线,并应钉牢固,不得漏钉。

（2）铺瓦前应选瓦，凡缺边、掉角、裂缝、砂眼、翘曲不平、张口缺爪的瓦，不得使用。

（3）挂瓦时应符合以下规定：

1）挂瓦应从两坡的檐口同时对称进行。瓦应与挂瓦条挂牢，瓦爪与瓦槽搭扣紧密，并保证搭接宽度。

2）檐口瓦片、斜天沟瓦应用镀锌钢丝拴牢在挂瓦条上。当屋面坡度大于1∶0.67（大于56°）时，大风和地震设防地区，每片瓦均需与挂瓦条固定牢固。

3）檐口应铺成一条直线，瓦头挑出封檐板长度和沟边瓦伸入天沟、檐沟内长度均应符合要求。

4）整坡瓦面应平整，行列横平竖直，无翘角和张口现象。

5）平脊和斜脊瓦铺平挂直，接头顺主导风向。脊瓦搭扣、脊瓦与坡面瓦的缝隙和平脊与斜脊的交接处，应用掺纤维的混合砂浆嵌严刮平。

（4）烧结瓦和混凝土铺装的有关尺寸应符合下列要求：

1）脊瓦在两坡面瓦上的搭盖宽度，每边不应小于40mm。

2）檐口瓦片伸入檐沟内的长度宜为50～70mm。

3）天沟、檐沟的防水层伸入瓦下的宽度不应小于150mm。

4）瓦头挑出封檐板的长度宜为50～70mm。

5）突出屋面结构的侧面瓦伸入泛水的宽度不应小于50mm。

6）钉檐口条或封檐板时，条（板）应比挂瓦条高20～30mm。

（5）主控项目：

1）瓦材及防水垫层的质量，必须符合设计要求。

检验方法：检查出厂合格证、质量检验报告和进场检验报告。

2）屋面排水坡度必须符合设计要求，不得有渗漏现象。

检验方法：雨后或淋水检验。

3）瓦片必须铺置牢固。地震设防地区、大风地区或屋面坡度大于50%的屋面，应采取固定加强措施。

检验方法：观察或手扳检查。

（6）一般项目：

1）挂瓦条应分档均匀，铺钉平整、牢固；瓦面平整，行列整齐，搭接紧密，檐口平直。

检验方法：观察检查。

2）脊瓦应搭盖正确，间距均匀，封固严密；屋脊和斜脊应顺直，无起伏现象。

检验方法：观察检查。

3）泛水做法应符合设计要求，顺直整齐，结合严密，无渗漏。

检验方法：观察检查和雨后或淋水检查。

为了防止质量不合格的平瓦在工程中使用，或因贮运、保管不当而造成平瓦的缺陷，进入施工现场的平瓦应按表26-46的要求进行抽样复验，不合格的材料不得在建筑工程中使用。

平瓦现场抽样复验项目　　　　表26-46

材料名称	现场抽样数量	外观质量检验
平瓦	同一批至少抽一次	边缘整齐、表面光滑，不得有分层、裂纹、露砂

26.4.4.2　沥青瓦屋面

（1）沥青瓦铺设在木基层上时，应先铺设卷材防水垫层，再用屋面钉将沥青瓦固定在基层上。沥青瓦铺设在混凝土基层上时，应先在基层表面抹1∶3水泥砂浆找平层，再铺设卷材防水垫层和沥青瓦。当有保温层时，应先铺卷材防水垫层，再铺保温层，并在其上铺抹找平层，再铺设沥青瓦。

（2）在女儿墙泛水处，沥青瓦应沿基层与女儿墙的八字坡铺设，其高度不应小于150mm。并用镀锌金属压条钉压固定于墙上，泛水上口与墙间的缝隙应用密封材料封严。

（3）沥青瓦与天沟、檐沟、水落口、女儿墙泛水和伸出屋面管道等交接处，应用卷材附加层加强处理。

（4）沥青瓦应自檐口向上铺设，第一层瓦应与檐口平行，切槽向上指向屋脊；第二层瓦应与第一层叠合，但切槽向下指向檐口；第三层瓦应压在第二层上，并露出切槽。相邻两层沥青瓦，其拼缝及切槽应均匀错开。

（5）铺设脊瓦时，应将沥青瓦切割裁剪，分成四块作为脊瓦，并用2个屋面钉固定。脊瓦应顺年最大频率风向搭接，并应搭盖住两坡面沥青瓦接缝的1/3；脊瓦与脊瓦的压盖面，不应小于脊瓦面积的1/2。

（6）沥青瓦的固定应符合下列要求：

1）在木望板上每片沥青瓦不得少于4个固定钉，在混凝土或水泥砂浆基层上，每片沥青瓦不得少于6个固定钉。

2）固定钉钉入沥青瓦后，钉帽应与瓦片表面齐平；固定钉应有防腐功能。

3）固定钉穿入持钉层深度不应小于20mm。采用木质持钉层时，固定钉可贯穿。

4）屋面坡度大于1∶0.67（大于56°）或受大风作用的屋面，施工时应酌情增加固定瓦材用钉的数量。坡度大于100%的屋面或强风地区，每片沥青瓦固定钉不能少于6个；檐口、脊瓦等屋面边缘部位沥青瓦片及起始层沥青瓦与基层之间，均应采用沥青基胶粘材料满粘。

（7）沥青瓦铺装的有关尺寸应符合下列要求：

1）脊瓦在两坡面的搭盖宽度每边不应小于150mm。

2）脊瓦与脊瓦的压盖面不应小于脊瓦面积的1/2。

3）沥青瓦与突出屋面墙体的泛水高度不应小于250mm。

4）沥青瓦挑出檐口的长度宜为10～20mm。

5）金属泛水板与沥青瓦的搭盖宽度不应小于100mm。

（8）主控项目：

1）沥青瓦及垫层材料的质量，必须符合设计要求。

检验方法：检查出厂合格证、质量检验报告和进场检验报告。

2）屋面排水坡度必须符合设计要求，不得有渗漏现象。

检验方法：雨后或淋水检验。

3）沥青瓦铺设搭接应正确，瓦片外露部分应不得超过切口长度。

检验方法：观察检查。

（9）一般项目：

1）沥青瓦所用的固定钉必须钉平、钉牢，严禁钉帽外露在沥青瓦表面。

检验方法：观察检查。

2）沥青瓦铺钉方法应正确，沥青瓦之间的切口上下层不得重合。

检验方法：观察检查。

3）檐口、天沟及细部构造应符合设计要求，顺直、平整，结合严密。

检验方法：观察检查。

4）沥青瓦应与基层贴紧，瓦面平整，屋脊顺直，搭接正确，密封严密。

检验方法：观察检查。

5）沥青瓦铺装的有关尺寸，应符合以上第（7）条的有关规定。

检验方法：用钢尺检查。

26.5　金属板材屋面

26.5.1　基　本　规　定

金属板材屋面是指用金属板材（钢板、铝合金板、钛锌板、铜板、不锈钢板等）按设计要求经工厂（现场）加工成的屋面板，用各种紧固件和各种泛水配件组装成的屋面围护结构。

金属屋面系统是以金属材料作为屋面层，通过合理的方式，借助现代屋面施工机具和屋面接口技术，将符合建筑物功能要求的各屋面层体有机组合而成。建成后的屋面系统，可以同时或根据需要部分满足建筑物屋面的结构支撑、吸声、降噪、隔热、保温、防潮、防水、排水和内外装饰等功能，配合其他建筑附件，兼顾采光、消防、排烟、防雷等功能。

26.5.2　材　料　要　求

屋面一般采用钢板、铝合金板、钛锌板、铜板等金属板材，各种材料性能参数如表26-47所示：

金属板材材料性能参数　　　表 26-47

材料名称	密度 ρ (t/m³)	膨胀系数 α (10^{-6}/℃)	屈服强度 σ_s (MPa)	弹性模量 E (GPa)	伸长率 δ_s (%)
钢板	7.85	10~18	205~300	206	12~30
铝合金板	2.6~2.8	23	35~500	70~79	45
钛锌板	7.18	2.2	156	150	15~18
铜板	8.39	19.1~21.2	70~760	96~110	60
不锈钢板	7.93	17	205	190~210	40
钛合金板	4.5	8.1~11	760~1000	100~120	10

金属屋面的特点：制作工艺简单、自重轻、安装方便、防火性能好。

26.5.2.1 金属板材的构造形式、规格及性能

包括金属板立边咬合屋面、平锁扣金属瓦屋面、金属板饰面屋面。

金属板立边咬合屋面又分直立锁边点支撑系统、直立锁边面支撑系统。

1. 直立锁边点支撑系统

立边高度 65mm，板的宽度为 250mm、305mm、333mm、400mm、500mm、600mm，板型截面形式如图 26-39 所示，点支撑系统连接形式如图 26-40 所示。

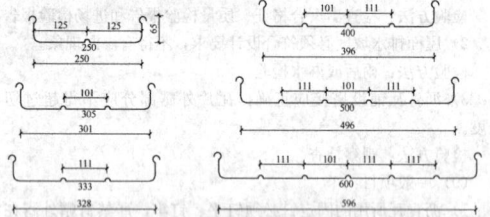

图 26-39　点支撑系统板型截面形式

此种屋面板用于直立锁边点支撑屋面系统，主要针对大跨度支撑式安装体系，在屋面上看不到任何穿孔，支撑方式采用与之相配合使用的铝合金支座，隐藏在面板之下，板块与板块的立边由机械咬合形成密合的连接，咬合边与支座形成的连接方式可以产生相对滑动，解决因热胀冷缩产生的板块应力，可制作纵向超长尺寸的板块，屋面板采用的材料一般为 0.9~1.0mm 的铝合金板、0.5~0.7mm 的钢板。

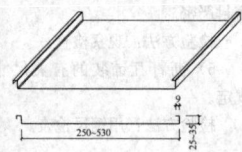

图 26-40　点支撑系统连接形式　　图 26-41　面支撑系统板型截面形式

2. 直立锁边面支撑系统

立边高度 25~35mm，采用自动机械咬合设备，把两块板条沿长度方向将立边通过双重锁定，从而使屋面连接成为一个整体，此种系统在面板下面一般设置结构支撑层。由于立边较低，此种屋面连接方式对复杂造型的屋面有很高的适应性。面支撑系统的板型截面形式如图 26-41 所示，其连接形式如图 26-42 所示。

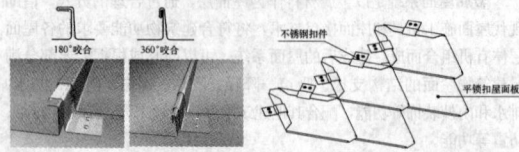

图 26-42　面支撑系统连接形式　　图 26-43　平锁扣系统连接形式示意

此种屋面连接方式在欧美已经非常成熟，其技术与材料在建筑领域已超过 200 年的历史，材料较多地采用 0.6~0.8mm 的钛锌板、铜板、铝合金板。

3. 平锁扣系统

平锁扣系统为统一加工的金属瓦片（一般为菱形或矩形）相互扣接成一个整体，主要用于坡度较大的屋面及墙面，为一种面支撑屋面系统，采用固定扣件与金属瓦片与结构支撑层连为一体，由于其规格小巧，几乎可以拟合所有的曲线类型，材料较多地采用 0.6~0.8mm 的钛锌板、铜板、铝合金板。平锁扣系统连接形式如图 26-43 所示。

方形、菱形的平锁扣系统板块具有向前折的上边和向后折的下边，折边由人工或特定的机械进行加工，大尺寸的矩形板块通常采用 600mm 的宽度，长度则可达到 3000mm。

平锁扣板块的内折下边勾住下部固定板块的前向折边，上部折边则通过平金属扣件固定在檩条及满铺的基层上。具体的单位扣件数量依据建筑规范的风压值、板块大小、厚度、基层状况等相应设计决定。

4. 金属板饰面屋面

金属板饰面屋面是在点支撑屋面系统上，采用锁夹、龙骨等作为饰面的支撑层，采用不锈钢板、钛合金板、钛锌复合板、铝单板等作为饰面层，饰面层一般无防水功能，屋面的防排水为饰面层下的支撑屋面系统。金属板饰面屋面如图 26-44 所示。

图 26-44　金属板饰面屋面

26.5.2.2 金属板材连接件及密封材料的要求

1. 连接件

（1）连接件的分类

连接件分为两类：一类为将板与承重件相连的连接件，也可称为结构连接件；一类是用于将板与板、板与配件、配件与配件等相连的连接件，也可称为构造连接件。

结构连接件：是将建筑物的围护板材与承重结构连接成整体的重要部件，用以抵抗风的吸力、下滑力、地震荷载等。一般应进行承载力验算设计，在风荷载大的地区尤为重要。

构造连接件：是将各种金属屋面板连成整体，用于防水、密封、美观，当然也要承受风力的作用。

连接件简介：

自攻螺钉：分为自攻自钻螺钉和打孔后自攻螺钉。自攻自钻螺钉，前面有钻头，后面有丝扣，在专用电钻卡头的卡固下转动。这种自攻螺钉，孔洞与螺杆匹配，紧固质量好。打孔后再钻的自攻螺钉施工工序多，紧固质量不如前一种。自攻自钻螺钉目前已被广泛使用。

拉铆钉：是由铝合金和铁钉制成，直径多为 $\phi 4$、$\phi 5$ 两种，长度种类比较多，它的工作原理是利用工具（拉铆枪），将两层金属板夹紧。拉铆钉分为开孔的和闭孔的两种，开孔的多用在内装修，闭孔的用在室外工程中。

其他几种连接件：大开花螺栓和小开花螺栓也都是单向施工操作的连接件，这种连接件主要用于高波板型的连接。

（2）连接件的选用要求

1）结构连接件：

结构连接件的强度：结构连接件主要作用是抵抗风的吸力，因此在选择时应考虑连接件自身的抗拉性能，连接件与被连接承重结构件的抗拔性能，以及由风吸力造成的金属压型板、附件板件在连接件下的抗拔脱性能。以上三种情况下，往往第三种性能是较弱环节。在选购自攻螺钉等连接件时，一般只能提供前两项的力学性能，第三种性能因与金属屋面板的厚度、地区风荷载、建筑体形、金属板材质有关，是不能直接得到的参数。为了解决这个问题，国外一些公司进行了试验，使用经验公式进行计算，下面的公式是某

公司提供的，供选用时参考 $F=\sigma\times0.58\times\pi\times D\times t$，式中，$F$ 是一个自攻螺钉所承受的最大风吸力，D 为螺丝六角头下端直径，t 为金属板厚度，σ 为金属板的抗拉强度，0.58 是试验经验系数。

结构连接件的表面处理：结构连接件的使用寿命应与金属板原材的使用寿命相匹配，因此应对钢连接件的表面处理提出要求。目前使用的自攻螺钉等有镀锌、镀铝锌和镀层后再作有机涂层等多种，镀层和涂层的厚度也各异，订货时应按建筑物的重要程度不同选用，并应由供应厂家提供标准的技术数据，以供选择。

结构连接件的密封垫圈：是连接件的重要组成部分，它起着阻止雨水从板材的孔洞中渗入的作用，因此选择自攻螺钉时，应对密封垫圈提出使用寿命要求和密封要求，它的使用寿命应与金属板的使用寿命相匹配，应具有良好的密封性能和抗老化的性能。

2）构造连接件：

构造连接件使用的是自攻螺钉和铝合金拉铆钉，对其选择要求与结构连接件相同。选用铝合金拉铆时应选用铝合金铆钉，不可选用纯铝铆钉。室外使用时，应选用闭尾式。铝合金拉铆钉在金属板构件上使用时，其密封问题要特别注意。一般用密封胶封头，这种方法受施工条件和施工人员的影响往往不能满足要求，因此建议在铝合金拉铆钉上配置使用抗老化性能好的密封垫圈。

2. 密封材料

（1）密封材料的种类

金属板建筑密封材料分为防水密封材料和保温隔热密封材料两种。

防水密封材料：主要使用密封胶和密封胶条。密封胶应为中性硅酮胶，包装多为筒装，并用推进器（挤膏枪）挤出；也有软包装，用专用推进器，价格比筒装的低。密封胶条是一种双面有胶粘剂的带状材料，多用于金属板与金属板之间的纵向缝搭接。

保温隔热密封材料：主要有软质泡沫材料、玻璃棉、聚苯乙烯泡沫板、岩棉材及聚氨酯现场发泡封堵材料。这些材料主要用于封堵屋面保温材料不能达到的位置。

（2）密封材料的选用要求

1）防水密封材料的选用要求

密封材料应为中性，对金属板和彩涂层无腐蚀作用；要进行粘结性能测试，以保证密封材料与金属板间的粘结性能，避免假粘；要进行相容性测试，以免密封材料变质失效和丧失粘结性能；要有明确的施工操作温度规定，一般应在 5～40℃ 温度下有良好的挤出性能和触变性；要有良好的抗老化性能，耐紫外线、耐臭氧和耐水性能；固化后要有良好的低温下延伸性，高温下不变软、降解，保持良好的弹性；购入的密封材料必须要有出厂合格证书，操作工艺规定和产品的技术性能数据。

2）选择保温隔热密封材料的要求

要有良好的隔热密封性能，与建筑物使用的保温隔热材料相匹配；要有良好的施工操作性能；要有良好的耐老化、耐候性能等；要有出厂合格证书和施工操作工艺说明书。

26.5.2.3　金属板材保管运输的要求

（1）构件运输时应注意便于堆放和拼装，在装卸时严禁损坏。

（2）构件运输时宜在下部用木方垫起，板材搬运时宜先抬高再移动，板面之间不得相互摩擦。构件吊起时，防止变形。

（3）重心高的构件立放时应设置临时支撑或立柱，并绑扎牢固。

（4）板材堆放应设在安装点的相近点，避免长距离运输，可堆放在建筑的周围和建筑内的场地中。

（5）板材宜随进度运到堆放点，避免在工地堆放时间过长，造成板材不可挽回的损失。

（6）堆放板材的场地旁应有二次加工的场地。

（7）堆放地应平整，不易受到工程运输施工过程中的外物冲击、污染、磨损、雨水浸泡。

（8）按施工顺序堆放板材，同一种板材应放在一叠内，避免不同种类的叠压和翻倒板材。

（9）堆放板材应垫木或其他承垫材料，并应使板材纵向成一倾角放置，以便雨水排出。

（10）当板材长期不能施工时，现场应在板材干燥时用防雨材料覆盖。

（11）金属板材应在避雨处或有防雨措施下堆放。

（12）现场组装作保温屋面的玻璃棉应堆放在避雨处。

26.5.3　施　工　准　备　工　作

26.5.3.1　材料准备

（1）常用的板材：压型金属板、平锁扣金属板、饰面金属板等。

（2）檩条：卷边槽形冷弯薄壁型钢檩条、卷边 Z 形及斜卷边 Z 形冷弯薄壁型钢檩条。

（3）密封材料：耐候密封胶、结构密封胶、密封棒、密封带、聚氨酯发泡胶等。

（4）紧固件：自攻螺钉、钩头螺栓、拉铆钉、不锈钢螺栓、螺钉等。

对小型工程，材料需一次性准备完毕。对大型工程，材料准备需按施工进度计划分步进行，并向供应商提出分步供应清单，清单中需注明每批板材的规格、型号、数量、连接件、配件的规格数量等，并应规定好到货时间和指定堆放位置。材料到货后应立即清点数量、规格，并核对送货清单与实际数量是否符合。当发现质量问题时需及时处理（更换、代用或其他方法），并应将问题及时反映到供货厂家。

26.5.3.2　机具准备

金属屋面因其体轻，一般不需大型机具。机具准备应按施工组织设计的要求准备齐全，基本有以下几种：

（1）提升设备：有汽车式起重机、卷扬机、滑轮、拔杆、吊盘等，按不同工程面积、高度，选用不同的方法和吊具。

（2）手提工具：按安装队伍分组数量配套，电钻、自攻枪、拉铆枪、手提圆盘锯、钳子、螺钉旋具、铁剪、手提工具袋等。

（3）电源连接器具：总电配电柜、按班数量配线、分线插座、电线等，各种配电器具必须考虑防雨条件。

（4）脚手架准备：按施工组织计划要求准备脚手架、跳板、安全防护网。

（5）要准备临时机具库房，放置小型施工机具和零配件。

26.5.3.3　技术准备

（1）认真审读施工设计详图、排板图、节点构造及施工组织设计要求等相关技术文件，并编制专项施工方案。

（2）组织施工人员学习以上内容，并由技术人员向工人讲解施工要求和规定，进行专项技术交底。

（3）编制施工操作条例，下达开工、竣工时间和安全操作规定。

（4）准备下达的施工详图资料。

（5）检查安装前的结构安装是否满足围护结构安装条件。

26.5.3.4　场地准备

（1）按施工组织设计要求，对堆放场地装卸条件、设备行走路线、提升位置、马道设置、施工道路、临时设施的位置等进行全面检查，以保证运输通畅、材料不受损坏和施工安全。

（2）堆放场地要求平整、不积水、不妨碍交通，系材料不易受到损坏的地方。

（3）施工道路要雨期可使用，允许大型车辆通过和回转。

26.5.3.5　组织和临时设施准备

（1）施工现场应配备项目经理、技术负责人、安全负责人、质量负责人、材料负责人等管理人员。

（2）按施工组织设计或施工方案要求，分为若干工作组，每组应设组长、安装工人、板材提升、板材准备的工人。

（3）工地应配具有上岗证的电工、焊工等专业人员。

（4）施工临时设施应配备现场办公室、工具库、小件材料库、工人休息和准备的房间。

26.5.4　金属板材屋面施工

26.5.4.1　板材现场加工

对使用大于 12m 长的单层压型板的项目，使用面积较大时多采用现场加工的方案。现场加工的注意事项如下：

（1）现场加工的场地应选在屋面板的起吊处。设备的纵轴方向应与屋面板的板长方向相一致，加工后的板材位置靠近起吊点。

（2）加工的原材料（金属板卷材）应放置在设备附近，以利更换板卷。板卷上应设防雨措施，堆放地不得放在低洼地上，板卷下应设垫木。

（3）设备宜放在平整的水泥地面上，并应有防雨设施。

（4）金属材料温度应控制在最低 10℃。挤压成型或者在低温下操作时，应该事先加热，以避免锌在低温下因脆性而断裂。设备就位后需作调试并作试生产，产品合格后方可成批生产。

26.5.4.2 放线

在已完成的施工作业面上放出檩条位置、天沟、天窗位置，用红油漆标记好，并通过水平控制按图纸确定好屋面的坡度，用角钢或钢筋做出临时坡度控制点。

26.5.4.3 安装檩条（楼承板）及天沟龙骨、天窗龙骨

应将屋面的檩条（楼承板）、天沟龙骨、天窗龙骨按着顺序安装上并固定好。同时，应检查檩条（楼承板）位置、屋面坡度是否符合设计要求，檩条（楼承板）与天沟龙骨、天窗龙骨之间的相对位置是否符合实际要求，确保铺贴金属屋面的质量。

26.5.4.4 板材吊装

（1）金属压型板的吊装方法很多，如汽车式起重机、塔式起重机吊升、卷扬机吊升和人工提升等方法。

（2）塔式起重机、汽车式起重机的提升方法，多使用吊装钢梁多点提升，这种吊装法一次可提升多块板，但往往在大面积工程中，提升的板材不易送到安装点，增大了屋面的长距离人工搬运，屋面上行走困难，易破坏已安装好的金属屋面板，不能发挥大型提升吊车大吨位提升能力的特长，使用率低、机械费用高。但是提升方便，被提升的板材不易损坏。

（3）使用卷扬机提升的方法，由于不用大型机械，设备可灵活移动到需要安装的地点，因此方便又价低。这种方法每次提升数量少，但是屋面运距短，是一种被经常采用的方法。

（4）使用人工提升的方法也常用于板材不长的工程中，这种方法最为方便和低价，但必须谨慎从事，否则易损伤板材；同时，使用的人力较多，劳动强度较大。

26.5.4.5 安装金属屋面系统

当檩条安装完后，可以在其上安装金属屋面系统。根据不同系统的金属屋面构造方式，有以下几种安装方式。

1. 直立锁边点支撑屋面系统

（1）钢丝网的安装

在钢结构上搭设移动吊架施工平台或搭设可移动的脚手架平台，高度以工人方便操作为宜。

将镀锌钢丝网通过人工搬运到操作平台。

将钢丝网沿主檩垂直方向铺设，对准定位线，先用螺钉临时固定一端，再用拉紧器将另一端用力拉紧，确保无下垂现象后，再用压条通过螺钉固定。

（2）"T"码铝质支架安装

"T"码即直立锁边点支撑屋面系统的 T 形固定座。"T"码是将屋面风载传递到副檩的受力配件，它的安装质量直接影响到屋面板的抗风性能；"T"码的安装误差还会影响到屋面板的纵向自由伸缩，因此，"T"码安装成为金属屋面工程的关键工序。

"T"码安装主要有以下几个施工步骤：

1）放线

用经纬仪将轴线引测到檩条上，作为"T"码安装的纵向控制线。第一列"T"码位置要多次复核，以后的"T"码位置用特殊标尺确定。"T"码沿板长方向的位置要保证在檩条顶面中心，"T"码的数量决定屋面板的抗风能力。"T"码沿板长方向的排放按建筑物的高度、屋面坡度、不同位置和迎风方向、最不利荷载（屋顶转角和边缘区域）等因素而定，尤其是转角和边缘部位更是重点。

2）钻孔

"T"码用自攻螺钉固定，为了操作方便，减少现场钻孔，需要先在工厂预冲孔。钻孔直径应根据不锈钢螺钉的规格确定，一般应比螺钉直径略小，这样才能保证自攻螺钉的抗拔能力。

3）安装"T"码（图 26-45、图 26-46）

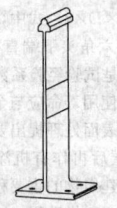
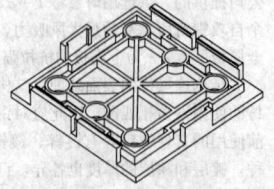

图 26-45　铝合金支座　　　　图 26-46　支座下隔热垫

将钻好孔后的"T"码，按放线位置置于檩条之上，再用电钻螺钉枪将"T"码与檩条通过自攻钉固定好，要求自攻螺钉松紧适度，不出现歪斜。安装"T"码时，其下面的隔热垫必须同时安装。

4）复查"T"码位置

用目测及钢丝拉线的方法检查每一列"T"码是否在一条直线上；如发现有较大偏差时，在屋面板安装前一定要纠正，直至满足板材安装的要求。"T"码如出现较大偏差，屋面板安装咬边后，会影响屋面板的自由伸缩，严重时板肋将在温度变形反复作用下被磨穿。

（3）保温层安装

保温棉材料吊至合适高度后，直接铺盖在气密层上，要求完全覆盖并贴紧，棉与棉之间不能有间隙，此道工序特别要注意防潮、防雨。

保温棉安装一般分两层，上、下错缝铺放在铺有铝塑加筋膜的底板上，缝隙处应挤压实，上、下错缝搭接宽度≥150～250mm。

保温棉的铺设速度应与屋面板的安装速度相适应，便于施工中途遇雨时能及时覆盖，避免雨淋，影响保温棉质量。

安装保温棉时，应挤密板间缝隙。当就位准确、仍有缝隙时，应用保温材料填充。

保温层铺设后表面应平整，厚度符合设计要求。

（4）屋面板安装

1）放线

在"T"码安装合格后，只需设面板端定位线，一般以面板出天沟的距离为控制线，板块伸入天沟的长度以略大于设计为宜，以便于修剪。

2）就位

施工人员将板抬到安装位置，就位时首先对准板端控制线，然后将搭接边用力压前一块板的搭接边，最后检查搭接边是否紧密接合。

3）咬边

面板位置调整好后，安装端部面板下的泡沫塑料条条，然后用专用咬边机进行咬边。要求咬过的边连续、平整，不能出现扭曲和裂口。在咬边机咬合爬行的过程中，其前方 1mm 范围内必须用力卡紧，使搭接边接合紧密，这也是机械咬边的质量关键所在。当天就位的面板必须完成咬边，以免来风时板块被吹坏或刮走。

4）板边修剪

檐口和天沟处的板边需要修剪，保证屋面板伸入天沟的长度与设计的尺寸一致，以防止雨水在风的作用下吹入屋面夹层中。

5）折边

屋面板在水流入天沟处的下端折边向下，屋脊处的上端折边向上。折边时不可用力过猛，应均匀用力，折边的角度应保持一致。

2. 立边咬合面支撑系统（平锁扣屋面系统）

面支撑系统一般安装在已具有混凝土结构的屋面或檩条下方已安装底板和保温层的屋面结构中，在檩条上方直接安装面支撑系统屋面结构。

（1）底板支撑层

底板支撑层一般为彩钢板或镀锌钢板，厚度及板型根据檩条跨度、荷载等计算选用。安装方式同一般彩钢板安装。

1）安装放线前应对安装面上的已有建筑成品进行测量，对达不到安装要求的部分提出修改。对施工偏差作出记录，并针对偏差制定相应的安装措施。

2）根据排板设计确定排板起始线的位置。屋面施工中，首先

在檩条上标定出起点，即沿跨度方向在每个檩条上标出排板起始点，各个点的连线应与建筑物的纵轴线相垂直；然后，在板的宽度方向每隔几块板继续标注一次，以限制和检查板的宽度安装偏差积累。不按规定放线，将出现锯齿和超宽现象。

3）屋面板安装完毕后应对配件安装作二次放线，以保证檐口线、屋脊线、洞口和转角线等的水平直度和垂直度。忽视这种步骤，仅用目测和经验的方法，将达不到安装质量要求。

4）实测安装板材的实际长度，按实测长度核对对应板号的板材长度，需要时对该板材进行剪裁。

将提升到屋面的板材按排板起始线放置，并使板材的宽度覆盖标志线对准起始线，并在板长方向两端排出设计的构造长度。

用紧固件紧固两端后，再安装第二块板，其安装顺序为先自左（右）至右（左），后自下而上。

5）安装到下一放线标志点处，复查板材安装的偏差。当满足设计要求后，进行板材的全面紧固。不能满足要求时，应在下一标志段内调正。当在本标志段内可调正时，可调整本标志段后再全面紧固，依次全面展开安装。

（2）找平板板安装

镀锌找平板采用0.8～1.0mm镀锌钢板，找平板与压型底板最后在屋面檩条之上通过拉钉构造成一种强有力的蜂窝支承结构，形成整个屋面板支承基层。

镀锌找平板的安装与压型钢板相同，其具体安装步骤如下：

1）由下往上安装找平板；

2）镀锌找平钢板用拉钉固定在压型钢板之上；

3）镀锌找平板之间搭接30～50mm。

镀锌找平板安装前需按图放线加工，并标识出板块区域位置。

（3）防水层安装

1）准备工作：去除灰尘、泥土和所有锋利的凸出物。

2）铺设过程：打开卷材，沿屋面边缘放好、展开，撕去不粘纸并且均匀按压。卷边部位必须用手动滚筒压实。所有端部和边缘至少搭接100mm，钛锌板屋面的防水层必须铺设整个屋面，确保防水层连续地契合到系统中。

（4）保温层安装

1）保温材料吊到合适高度后，直接铺盖在气密层上，要求完全覆盖并贴紧，棉与棉之间不能有间隙，此道工序特别要注意防潮、防雨。

2）保温棉安装一般分两层，上、下错缝铺放在铺有铝塑加筋膜的底板上，缝隙处应挤压密，上、下错缝搭接宽度≥150～250mm。

3）安装保温板时，应挤密板间缝隙。当就位准确、仍有缝隙时，应用保温材料填充。

4）保温棉的铺设速度应与屋面板的安装速度相适应，便于施工中途遇阴时能及时覆盖，避免雨淋，影响保温棉质量。

（5）通风降噪丝网的安装

1）通风降噪丝网是三维网状结构，其通风空隙至少为95%，其作用为在屋面板下层形成空腔构造，兼有干燥屋面板下层、排除冷凝水和降低屋面敲击噪声的作用。

2）将已验收合格的待安装区域清理干净，将通风降噪丝网吊至屋面操作平台。将丝网沿副檩垂直方向铺开，适度拉紧后，通过拉钉固定在基层结构上。

（6）不锈钢扣件的安装

不锈钢扣件是屋面系统的固定座，是将屋面风荷载传递到副檩的受力配件，它的安装质量直接影响到屋面板的抗风性能；不锈钢扣件的安装还会影响到屋面板块的纵向自由伸缩。因此，不锈钢扣件安装是本工程的关键工序。

不锈钢扣件安装主要有以下几个施工步骤：

1）放线

用经纬仪将轴线引测到待安装工作面，作为不锈钢扣件安装的纵向控制线。屋面板为纵向安装，扣件的放线位置亦为纵向，应根据设计图从中间位置起往两侧平行放线，间距为屋面板安装宽度。

不锈钢扣件数量决定屋面板的抗风能力，沿板长方向的排数按建筑物的高度、屋面坡度、不同位置和迎风方向、最不利荷载（屋

顶转角和边缘区域）等因素而定，尤其是转角和边缘部位更是重点。

2）固定扣与滑动扣相结合

根据建筑物的高度、屋面坡度、不同位置和迎风方向、最不利荷载（屋顶转角和边缘区域）等因素，首先确定固定扣件，再沿板长方向布置滑动扣件。

3）安装不锈钢扣件

定好位后，用拉钉将扣件固定于基层结构上，固定扣设两个钉，滑动扣设三个抽铆钉，注意滑动扣件的滑动扣应处于扣座可移动空间的中间部位，以利于板块热胀冷缩时沿纵向自己移动。

4）复查不锈钢扣件安装

发现安装不牢靠的不锈钢扣件要取出来，移动位置后再打。扣件之间的纵向间距根据设计计算，扣件间距一般为250～300mm。

（7）立边咬合屋面板安装

1）安装工作应由经过厂家培训的员工操作，依据厂家规范并且严格按图施工。

2）屋面板的纹路应保持同一方向，屋面安装须从下到上，先由屋面中间向两边安装，所有异形调节板应最后确定尺寸后才加工安装。

3）屋面板位置固定调整好后，用屋面系统专用咬边机进行咬边锁扣，咬边根据扣件定向、扣边机的走向，均为从顶端往下扣边；要求咬合的边连续、平整，不能出现扭曲和裂口。在咬边机咬合爬行的过程中，当天就位的面板必须完成咬边，以免来风时板块被吹坏或刮走。

（8）平锁扣屋面板安装

1）屋面板的纹路应保持同一方向，屋面安装须从下到上，先由屋面中间向两边安装，所有异形调节板应最后确定尺寸后才加工安装。

2）平锁扣板块根据设计要求，用不锈钢扣件固定在屋面基层结构上。

3）安装时根据排版图在安装面上测量弹线，控制安装精度，以免产生误差积累。

4）收边用专用工具弯折咬合固定牢靠。

3. 装饰板屋面

金属板装饰板屋面一般安装在直立锁边点支撑系统屋面结构上，做法类同于金属板幕墙。

（1）按照面层装饰板的分格龙骨布置，在龙骨与直立锁边屋面板的立边上，安装铝合金锁夹，铝合金锁夹为主副钩合构件，且主构件为完整的带钩合口的支撑面，副件带钩合口。与主构件合并安装钩合后，不得在支撑组合构件上有结合面，以避免安装结构的不稳定性。

（2）先测量放线，确定好安装位置，然后将主构件夹住屋面立边的一侧，又将副件夹住屋面立边的另一侧并与主构件钩合，再将不锈钢螺栓穿过主副构件的螺孔，套上螺母，检查平齐后拧紧。

（3）将面层龙骨固定在铝合金锁夹上。

（4）最后铺设金属面层装饰板，用不锈钢螺栓与龙骨固定牢靠，装饰板安装中要注意光学方向的考虑，以免产生反光不均匀的色差。

4. 泛水件安装

（1）在金属板泛水件安装前应在泛水件的安装处放出准线，如屋脊线、檐口线、洞口线等。

（2）安装前检查泛水件的端头尺寸，挑选搭接口处的合适搭接头。

（3）安装泛水件的搭接口时应在被搭接处涂上密封胶或设置双面胶条，搭接后立即紧固。

（4）安装泛水件至拐角处时，应按交接处的泛水件断面形状加工拐折处的接头，以保证拐点处有良好的防水效果和外观效果。

（5）应特别注意门窗洞的泛水件转角处搭接防水口的相互构造方法，以保证建筑的立面外观效果。

26.5.5　质　量　控　制

（1）屋面板安装时，楼承板或檩条应保持平直。

（2）面板的接缝方向应避开主要视角。当主风向明显时，应将面板搭接边朝向下风方向。

（3）纵向搭接长度应能防止漏水和腐蚀，按规范要求采用200~250mm。

（4）屋面板搭接处应设置胶条，纵横方向搭接边设置的胶条应连续，胶条本身应拼接，檐口的搭接边除胶条外，尚应设置与压型钢板剖面相应的堵头。

26.5.5.1 质量控制要点

（1）金属屋面安装完毕后即为最终成品，保证安装全过程中不损坏金属板表面是十分重要的环节，因此应注意以下几点：

现场搬运屋面板应轻抬轻放，不得拖拉。不得在上面随意走动。

现场切割过程中，切割机械的底面不宜与屋面板面直接接触，最好垫以薄三合板材。

吊装中不要将屋面板与脚手架、柱子、砖墙等碰撞和摩擦。

在屋面上施工的工人应穿胶底不带钉子的鞋。

操作工作携带的工具等应放在工具袋中，如放在屋面上，应放在专用的布或其他片材上。

不得将其他材料散落在屋面上，或污染板材。

（2）金属屋面板是以不到1mm的金属板制成。屋面的施工荷载不能过大，因此保证结构安全和施工安全十分重要。

当天吊至屋面上的板应安装完毕，如果有未安装完的板材应做临时固定，以免被风刮下，造成事故。

早上屋面易有露水，坡屋面上金属板面滑，应特别注意防护措施。

26.5.5.2 质量控制的相关资料

金属屋面在竣工验收时，应提交下列文件：

（1）压型板及夹芯板所采用的板材出厂材质证书。

（2）保温材料的材质证书。

（3）压型板、夹芯板的出厂合格证。

（4）防水密封材料的出厂合格证。

（5）连接件的出厂合格证。

（6）围护结构的施工图设计文件及变更通知书。

（7）围护结构的质量事故处理记录等。

26.6 聚氨酯硬泡体防水保温屋面

建筑防水与保温是当前我国建筑业重点关注的两大问题，而屋面渗漏问题一直是我国房屋建筑中最突出的质量问题之一，建筑保温则是实现我国建设节能型建筑必须要解决的问题。目前，我国现行的五大类防水材料与保温材料都存在着性能单一、施工程序复杂的问题，防水的不保温，保温的不防水；一旦防水层出现了渗漏，保温层即随之失去保温性能。而且，建筑防水工程与建筑节能工程是分别设计并分别施工的。

聚氨酯硬泡体防水保温工程技术是一种集防水与保温隔热性能于一体的现场连续喷涂施工的新技术。使用专用喷涂设备，喷涂施工完成后，在施工作业面上形成一层无接缝的连续壳体。这种新型的工程技术与现行的五大类防水与保温材料相比，无论在材料性能方面，还是在设计、施工、验收、维修管理等方面都有很大不同。

聚氨酯硬泡体是指聚氨酯在喷涂过程中产生闭孔率不低于95%的硬泡体化合物，简称为PUR。

26.6.1 基 本 要 求

（1）聚氨酯硬泡体防水保温材料适用于防水等级为Ⅰ~Ⅳ级的工业与民用建筑的平屋面、斜屋面、墙体及大跨度的金属网架结构屋面、异形屋面与需防渗漏的构筑物的防水保温，还适用于旧建筑的维修和改造。

（2）聚氨酯硬泡体防水保温材料适用于混凝土结构、金属结构、木质结构的屋面、墙体的保温隔热。其保温隔热效果必须满足建筑节能标准的要求。根据我国各地区对建筑保温隔热性能的不同要求，聚氨酯硬泡体防水保温层的厚度可分为25mm、30mm和40mm三个厚度等级。有特殊要求时，其厚度可达80mm。

（3）建筑屋面的结构层为混凝土时，应设找坡层或找平层。找坡层或找平层应坚实、平整（其平整度要求不得有明显积水）、干燥（其含水率应小于8%），表面不应有浮灰和油污，应有足够的强度和平整度，以便喷涂聚氨酯硬泡体时，能与其牢固地粘结，不脱层、不起鼓。

（4）平屋面的排水坡度不应小于2%，天沟、檐沟的纵向排水坡度不应小于1%。且平屋面、天沟、檐沟找坡层的坡度必须与聚氨酯硬泡体防水保温层表面的排水坡度一致，其坡度应符合设计要求。

（5）屋面与山墙、女儿墙、天沟、檐沟以及突出屋面结构的连接处应为圆弧形，其圆弧半径为R＝80~100mm，屋面上的异形结构按"细部构造"示意图喷涂施工即可，无特殊要求。

（6）屋面上的设备、管线等应在聚氨酯硬泡体防水保温层喷涂施工前安装就位，避免破坏防水保温层的表面。

（7）聚氨酯硬泡体防水保温材料的防水性能指标应符合《建筑设计防火规范》（GB 50016）的要求。

（8）聚氨酯硬泡体防水保温层施工完成后，在其表面上应设防护层。

（9）施工现场的大气温度不应低于15℃，空气相对湿度应小于85%，否则会影响工程质量，降低施工效率和固化时间；风力应小于3级，否则聚氨酯硬泡体泡沫在风力作用下会四处飞扬，影响施工现场的周围环境和喷涂施工，无法保证聚氨酯硬泡体喷涂层表面呈现连续、均匀的喷涂波纹。当风力大于3级时，应采取挡风措施。

26.6.2 材料要求及主要技术性能指标

聚氨酯硬泡体材料是一种集防水、保温隔热于一体的新型材料。它主要是由多元醇（polyol）与异氰酸酯（MDI）两组分液体原料组成，采用无氟发泡技术，在一定状态下两组分液体原料——多元醇与异氰酸酯发生热反应，在产生闭孔率不低于95%的硬泡体化合物——聚氨酯硬泡体（PUR）。

聚氨酯硬泡体防水保温材料的主要技术性能指标参照德国（DIN）标准，该材料的主要技术性能标准符合我国有关标准。工程质量保证期不应低于20年，在有计划维修条件下，其工程使用寿命可达30年以上。

26.6.2.1 防水性能要求

聚氨酯硬泡体的吸水率按《硬质泡沫塑料吸水率的测定》（GB/T 8810—2005）测定应≤1%。若单作防水用时，防水层厚度不应低于20mm。防水耐用年限不应低于25年。

26.6.2.2 保温隔热性能要求

高密度封闭式硬泡体的聚氨酯材料，按《绝缘材料稳态热阻及有关特性的测定 防护热板法》（GB/T 10294—2008）测定，导热率应≤0.022W/(m·K)，衰减倍数 V_0＝44~91，工程耐用年限不应低于25年。

26.6.2.3 粘结强度要求

聚氨酯硬泡体防水保温材料与混凝土、金属、木质等基面均有较强的粘结强度，平均粘结强度应≥40kPa。

26.6.2.4 密度要求

聚氨酯硬泡体防水保温材料的密度按《泡沫塑料及橡胶 表观密度的测定》（GB/T 6343—2009）测定应≥55kg/m³。

26.6.2.5 尺寸稳定性要求

聚氨酯硬泡体防水保温材料适应环境温度为−50~150℃，在70±1℃温度下照射48h后，尺寸变化率按《硬质泡沫塑料 尺寸稳定性试验方法》（GB/T 8811—2008）测定应≤1%。

26.6.2.6 强度要求

抗压强度按《硬质泡沫塑料 压缩性能的测定》（GB/T 8813—2008）测定应≥0.3MPa，抗拉强度应≥500kPa（《软木纸试验方法》LY/T 1321—1999）。

26.6.2.7 主要原料要求

主要原材料为多元醇和异氰酸酯两组分液体原料，其性能指标应符合我国现行的有关标准。发泡剂等添加剂不应含氟并无毒。

1. A组分原料

多元醇（Polyol）应为密封桶装液体，在热反应过程中不应产生有毒气体。

2.B组分原料

异氰酸酯（MDI）应为密封桶装液体，在热反应过程中不应产生有毒气体。

26.6.3 设 计 要 求

（1）聚氨酯硬泡体防水保温工程设计方案的选择，应根据各类建筑防水与保温隔热性能要求、区域气候条件、建筑结构特点、工程耐用年限、维修管理等因素，经技术经济综合比较后确定。

（2）聚氨酯硬泡体防水保温工程设计应根据各地区气候条件、各类建筑对防水设防等级要求和保温隔热性能指标要求，选择不同等级的设计，并应符合《民用建筑热工设计规范》（GB 50176—93）。按屋面传热系数 $K[(W/m^2 \cdot K)]$ 的大小，目前暂分三个厚度等级（25mm、30mm、40mm），特殊要求应依条件而定。此外，还应对不同类型的防水工程与保温工程的经济投入进行综合分析比较。若使用聚氨酯硬泡体防水保温材料单做防水工程时，在经济投入上是否合算，亦应进行综合分析比较。

1）当屋面传热系数 $K \le 0.80$ 时，防水保温层厚度应为25mm；

2）当屋面传热系数 $K \le 0.70$ 时，防水保温层厚度应为30mm；

3）当屋面传热系数 $K \le 0.60$ 时，防水保温层厚度应为40mm；

4）当屋面传热系数 $K \le 0.50$ 时，防水保温层厚度应 $\ge$ 50mm，最大厚度可达80mm。

5）不需保温部位（如山墙、女儿墙及突出屋面的结构）的结构防水层厚度不应小于20mm。

（3）混凝土结构平屋面找坡层的坡度，天沟、檐沟、直式水落口集水范围内的坡度，应符合 26.6.1.4 条的要求。

平屋面聚氨酯硬泡体防水保温层上的全部雨水均需从水落口排出，这就要求水落管内径不应太小。应根据当地降水量的大小确定水落管的最小内径和最大集水面积，一般水落管内径不应小于直径75mm，一根水落管的最大汇水面积宜小于200m²。

（4）屋面与山墙、女儿墙、天沟、檐沟以及突出屋面结构的连接处应为圆弧连接，其圆弧半径应符合 26.6.1.5 条的要求。

细部构造不需加强处理，连续地直接喷涂聚氨酯硬泡体即可。但山墙、女儿墙、天沟、檐沟、伸出屋面的管道、出入口、水落口、设备基础机座等的连接处必须圆弧连接。圆弧半径的大小应根据当地气候条件而定（热胀冷缩的最大值），其最小圆弧半径（R）不应小于80mm（按细部构造示意图设计、施工即可）。在屋面上安装设备或附加设施（如天线塔、太阳能座等），一般应在聚氨酯硬泡体防水保温层喷施工前安装就位，而且必须在屋面结构层上加设混凝土或钢架基础机座。基础机座的高度必须高于泛水高度的要求，防水保温层应包裹基础机座周围至泛水高度即可。地脚螺栓周围亦应喷涂聚氨酯硬泡体防水保温层，不需加强处理。

（5）防水保温层表面上应设防护层，防护层应采用透气的防紫外线涂料喷涂。

26.6.4 细 部 构 造

（1）屋面与山墙、女儿墙间的聚氨酯硬泡体防水保温层应直接连续地喷涂至泛水高度，最低泛水高度不应小于250mm（图26-47）。

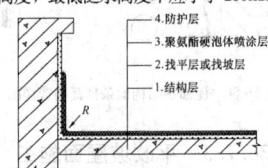

图 26-47 山墙、女儿墙的泛水收头

（2）聚氨酯硬泡体防水保温层在天沟、檐沟的连接处应连续地直接喷涂（图26-48）。

（3）无组织排水檐口聚氨酯硬泡体防水保温层收头应连续地喷涂到檐口平面端部，喷涂厚度应逐步连续、均匀地减薄，至不小于15mm为止（图26-49）。

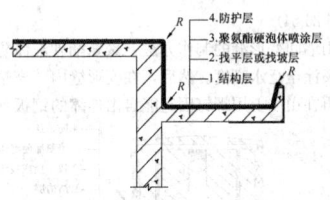

图 26-48 檐沟防水保温层的构造

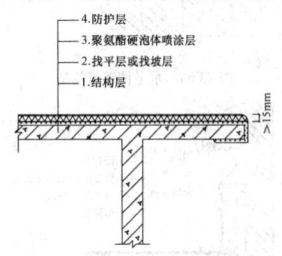

图 26-49 无组织排水檐口防水保温层收头

（4）伸出屋面的管道或通气管应根据泛水高度要求连续地直接喷涂（图26-50）。

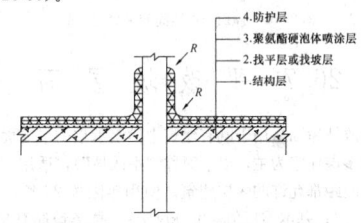

图 26-50 伸出屋面的管道或通气管的保温层构造

（5）出入口聚氨酯硬泡体防水保温层收头应连续地直接喷涂至帽口（图26-51）。

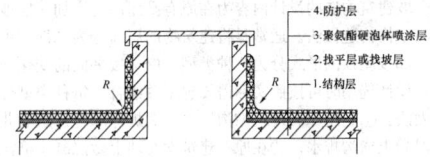

图 26-51 垂直出入口防水保温层的构造

（6）水落口防水保温层收头构造应符合下列规定：

1）水落口杯宜采用塑料制品或铸铁。

2）直式水落口周围直径500mm范围内的坡度不应小于2‰。

3）横式水落口在山墙或女儿墙上应根据泛水高度要求，聚氨酯硬泡体防水保温层应连续地直接喷涂至水落口内（图26-52、图26-53）。

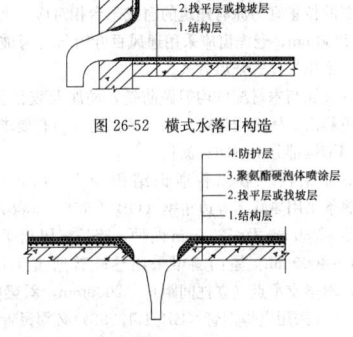

图 26-52 横式水落口构造

图 26-53 直式水落口构造

（7）伸缩缝防水保温层的构造：

在伸缩缝内应填充塑料棒，并用密封膏密封，然后连续地直接喷

涂至帽口（图 26-54）。

屋面与山墙间变形缝的制作方法：聚氨酯硬泡体防水保温层应连续地直接喷涂至泛水高度。然后，在变形缝内填充塑料棒并用密封膏密封，再在山墙上用螺钉固定能自由伸缩的钢板（图 26-55）。

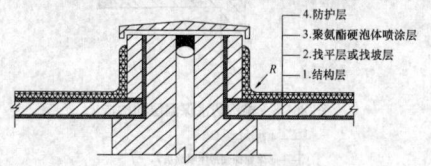

图 26-54　水平伸缩缝构造

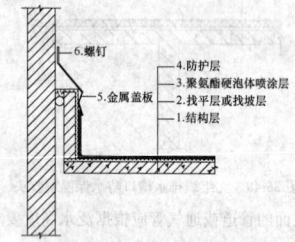

图 26-55　屋面与山墙间变形缝的构造

26.7　平改坡屋面

平屋面改坡屋面适用于既有建筑中横墙承重的平屋面改为坡屋面建筑（以多层住宅为主，以下简称"平改坡"），适用于基础承载能力和日照间距都允许的多层建筑。使用年限按 25 年；基本风压值≤0.8kN/m²；基本雪压值≤0.5kN/m²，抗震设防烈度 6～8 度地区。

26.7.1　基　本　要　求

平改坡建筑构造的设计内容为在原有平屋面上增加一层坡屋面的建筑与结构构造做法。通常是将建筑物的屋面分为端部和中部两部分。端部按屋顶的形式分为八种类型，中部按平面的变化分为九种类型，设计选用时可按照实际需要选型并组合。每种类型分为三种构造做法：①利用原有建筑檐沟排水；②拆除原有建筑女儿墙改做钢筋混凝土檐沟排水；③在原有建筑女儿墙上做混凝土檐沟或钢板檐沟排水。

坡顶的坡度分为五种：21.8°（1：2.5）、26.57°（1：2）、30°、35°、40°。原屋面为女儿墙的建筑，在女儿墙顶上新檐沟的水落口应与原有的排水管对应，并将新的雨水管引入与原排水管的雨水斗。同时，保留原有屋面水落口，它可以排除屋面水箱的漏水和新加的坡面意外漏下来的雨水。

坡顶上的老虎窗是平改坡工程中重要的装饰部件，可解决上坡屋面的检修通道及屋顶空间的采光和通风口，平面位置由项目设计确定。老虎窗的位置宜与原有建筑的窗或阳台相对应。老虎窗的窗宽不宜大于 2200mm，老虎窗应采用通风百叶窗与普通玻璃组合使用的形式，窗采用推拉式开启方式。

凡外露的金属与木材配件均需做防锈、防腐及表面涂层处理，所用材料与色彩由具体工程自定。除当地消防部门有要求者外，一般平改坡的钢结构部分不刷防火涂料。

新增坡面结构一般以普通钢结构为主，所用钢材均为Q235B.F。檩条采用热轧不等边角钢（GB/T 706—2008），长边向上，水平檩距≤750mm 及≤375mm 两种，跨长（屋面梁间距或开间）为 2700～4000mm。屋面斜梁采用热轧普通工字钢（GB/T 706—2008），斜梁支承点（立柱间距）≤2000mm，斜梁间距 2700～4000mm。立柱采用电焊钢管（GB/T 13793）必须设置在承重墙顶新加圈（卧）梁上，或架空的承重梁顶面。屋面横向水平支撑及立柱垂直支撑，其交叉斜杆均采用 ϕ16 圆钢及花篮螺栓接紧装置，其水平刚性系杆均采用 2+50×4 角钢组成，一般情况下设置于端部第二和第三间。当为硬山或悬山搁檩时，在端部第一间增设

垂直柱间支撑。连接焊缝均为满焊，焊缝高度不小于连接构件的最小壁厚，焊缝最小长度为 40mm，焊条用 E43 型。屋面施工时，檩条必须临时铺设垫板，以分散集中力。

屋面新增的钢筋混凝土圈（卧）梁，均应与原有承重墙的位置相重合，以加强新旧屋面的整体连接，同时作为屋面立柱的支座。新增的钢筋混凝土承重架空梁，梁的两端均应搁置在原有承重墙的位置上。新增高的山墙（含硬山、悬山）采用现浇钢筋混凝土三角形和多边形构架，构架内填充轻质墙体，构架与填充墙之间采用 2ϕ6@500 水平钢筋连接，每边连接长度：抗震设防烈度≤7 度时，不应小于 700mm；抗震设防烈度为 8 度时，宜沿墙全长贯通。山墙构架，也可采用先砌墙后浇构造柱的方法施工。圈（卧）梁、架空梁及立柱均采用植筋方式，与原屋面的承重墙体连接。沿屋面四周天沟梁上植入 1ϕ12@1000 的锚筋，沿纵横内墙新设置的立柱处，植入 4ϕ12 的钢筋与立柱连接。圈（卧）梁、架空梁两端及立柱支承处须直接立在原屋面结构上，其余梁底均用 20mm 厚聚苯乙烯泡沫塑料垫起，不与原屋面直接接触。

屋面材料分为沥青瓦、合成树脂瓦、块瓦型钢板彩瓦和彩色混凝土瓦（或烧结瓦）四种。除合成树脂瓦屋面以外，其他屋面材料的做法，可参见本章前面的相关内容，下面重点介绍合成树脂瓦屋面。

合成树脂瓦是采用高耐候性树脂加工压制成块瓦状的条板形屋面瓦。它具有质轻、坚韧、防腐、抗污、降噪、色彩丰富及施工简便等优点。重量为 6.1kg/m²，厚度为 3mm，瓦宽为 720mm，长度可根据工程需要而定。为方便运输，一般常用长度不超过 12m。其檩条间距 660mm，常用檩条尺寸为：木方 60mm×40mm、方钢管 60mm×40mm×3mm、C 型钢 100mm×50mm×20mm×3mm。

平改坡一般屋面坡度较大，距离地面的高度较高，再加上抗风压、抗震等要求，所以瓦材应采取固定措施。

26.7.2　平改坡屋面构造

平改坡屋面构造示意图，见图 26-56～图 26-60。

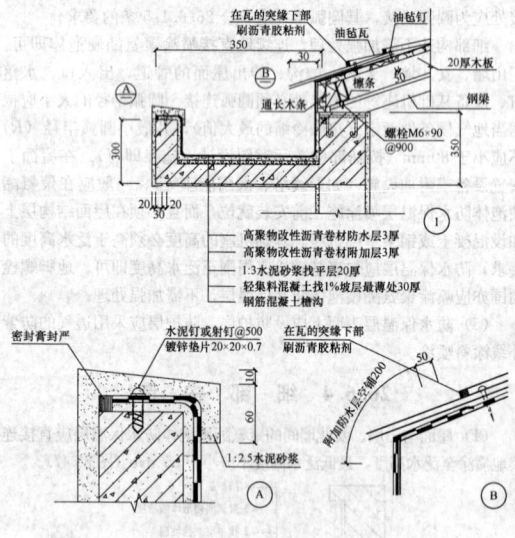

图 26-56　屋面钢结构檩条挂瓦构造详图

26.7.3　平改坡屋面施工

（1）施工前的准备：

1）"平改坡"施工图设计前，应按原有建筑物的竣工图、地质资料与房屋的现状情况做结构分析，凡是墙体、砖垛、基础等达不到安全规范要求的，均须做加固处理。

2）对于设有架空隔热层的原有平屋面，施工前应拆除架空隔热支承墩子，清扫干净，并应注意保护好原有防水层；如有损坏，应做好修补。

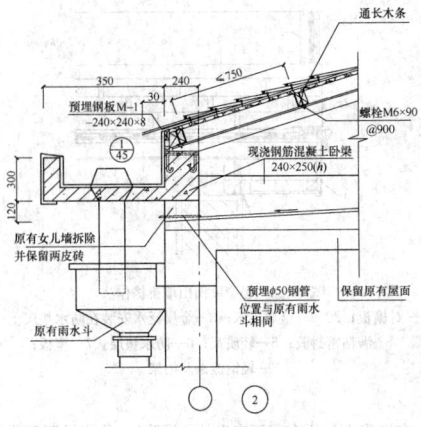

图 26-57 钢结构坡屋面檐口详图

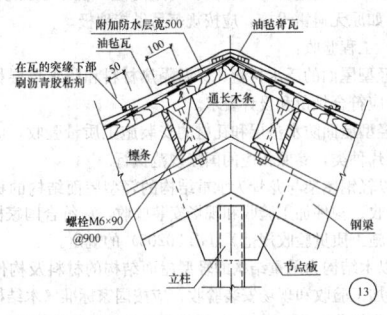

图 26-58 钢结构坡屋面屋脊构造

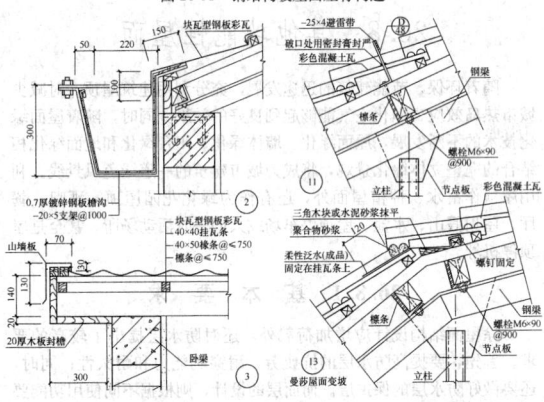

图 26-59 彩色混凝土瓦钢结构坡　　图 26-60 彩色混凝土瓦钢结构
屋面檐口、悬山山墙顶构造　　　　　坡屋面构造

3）在改顶之前做供水系统改造施工的项目，应保护好原有防水层；如有损坏，应做好修补。

4）保留原有屋顶檐沟及雨水入管的项目，如果檐沟及雨水管有缺陷，应该做好修补。

（2）施工前，对原有建筑物的屋顶现状应做实地测量，避免新做坡顶钢构件的返工。

（3）在"平改坡"整个施工过程中，都应注意保护原有屋面的防水层。

26.7.4　施工要点及质量控制

26.7.4.1　一般规定

（1）既有建筑平屋面改作坡屋面（平改坡），采用轻型屋面。轻型屋面结构在规定的设计使用年限内不得渗漏。平改坡屋顶应根据既有建筑进深宽度、承载情况确定屋架承载。平改坡屋面设计使用年限不应少于既有建筑的剩余使用年限。

（2）轻型屋面宜采用轻质保温隔热材料，表观密度不宜大于

70kg/m³。

26.7.4.2　材料要求

（1）轻型屋面宜选用工业化生产的节能环保材料，使用的材料应符合相关国家标准的规定。

（2）轻型屋面使用的配套材料不得腐蚀钢或木质材料。

（3）材料防腐应符合下列规定：

1）冷弯薄壁型钢要求有镀锌涂层保护时，应采用热浸镀锌板（卷）直接进行冷弯成型，不宜冷弯成型后再进行热浸镀锌。承重冷弯薄壁型钢热浸镀锌板宜选用符合相关标准规定的型号。镀锌板的镀锌层重量（双面）在正常使用环境下不应小于180g/m²。

2）木结构构件和木望板应按国家标准《木结构设计规范》（GB 50005）的要求，对木结构采取防腐、防潮措施。

（4）轻型屋面使用的钢材应符合表 26-48 的要求。

轻型屋面钢材　　　　　　　　**表 26-48**

钢材名称	规格型号	适用标准	使用范围
冷弯薄壁型钢	Q235	《碳素结构钢》（GB/T 700）	承重结构
	Q345	《低合金高强度结构钢》（GB/T 1591）	

（5）冷弯薄壁型钢采用的固定件型号规格应符合表 26-49 的要求。

固定件型号规格　　　　　　　**表 26-49**

固定件名称	标准名称	标准号	规格
普通螺栓	《六角头螺栓　C级》	GB/T 5780	
	《六角头螺栓》	GB/T 5782	
膨胀螺栓	《YG 型胀锚螺栓施工技术暂行规定》	YBJ 204	
《自攻自钻螺钉》系列	《自攻自钻螺钉》系列	GB/T 15856.1～5	机械性能
	《紧固件机械性能 自攻自钻螺钉》	GB/T 3098.11	
自攻螺钉	《十字槽盘头自攻螺钉》	GB 845	
	《十字槽沉头 自钻螺钉》系列	GB/T 5282～5285	
	《紧固件机械性能 自钻螺钉》	GB 3098.5	机械性能

（6）用于轻型屋面的承重木结构用材、木结构用胶及配件，应符合国家标准《木结构设计规范》（GB 50005）的规定。

（7）新建轻型屋面的防水垫层按下列要求选择：

1）防水等级为一级时，应选用自粘沥青防水垫层、2mm 改性沥青防水垫层、金属复合隔热防水垫层、透气防水垫层、波形沥青板通风防水垫层、改性沥青防水卷材和高分子防水卷材；

2）防水等级为二级时，宜选用 1.2mm 改性沥青防水垫层、沥青复合胎柔性防水卷材、聚乙烯丙纶复合防水卷材。既有建筑的防水垫层，宜选用 1.2mm 改性沥青防水垫层、沥青复合胎柔性防水卷材、聚乙烯丙纶复合防水卷材、高分子防水卷材以及石油沥青纸胎油毡等。

（8）新建轻型屋面、平改坡屋面，望板宜采用定向刨花板（简称 OSB 板）、人造复合板、结构胶合板及普通木板等材料；如采用波形板作为屋面瓦，则可取消望板。望板应符合国家标准《木结构工程施工质量验收规范》（GB 50206）的要求。屋面板的规格应符合表 26-50 的要求。

基层规格　　　　　　　　　　**表 26-50**

屋面望板	厚度（mm）	宽度（mm）	长（mm）
结构胶合板	≥9.5	≥1200	≥2400
定向木片板	≥11.0	≥1200	≥2400
普通木板	≥20	≥150	—

（9）新建建筑轻型屋面、既有建筑轻型屋面的屋面瓦，宜选用

沥青瓦（双层）、沥青波形瓦、树脂波形瓦等轻质瓦。屋面瓦的材质，应符合建筑本身不同等级的要求。

（10）保温隔热层、通风层与防潮层设计应符合下列规定：

1）轻型屋面保温隔热层宜设置在吊顶上方，做内保温设计；

2）屋顶宜采用通风设计，通风口面积不宜小于屋顶投影面积的1/150。通风间层高度不应小于50mm。在屋顶通风口处应设置格栅。木结构构件和木望板应采取防潮和通风措施；

3）室内吊顶、灯具和其他屋顶装修或设备穿过屋顶封板处应进行密封处理；

4）平改坡屋面可根据实际项目的要求，有选择地设置保温隔热层、通风层与防潮层。

（11）轻型屋面宜在保温隔热层下面设置隔汽层。下列情况宜不设置隔汽层：

1）建筑所属气候分区为ⅣA、ⅣB或全年的月平均温度超过7.0℃，年降水量超过500mm的湿热地区；

2）已采取其他措施防止屋顶出现冷凝的屋面。

（12）构造：

1）新建轻型屋面宜采用成品轻型檐沟，屋面保温隔热材料既可以平置于室内水平吊顶之上，亦可斜置于屋面板下方。应确保在轻型屋面外墙支座上侧的保温隔热材料安装空间和保温隔热材料的外侧遮挡（图26-61）。

2）轻型屋面在既有平屋建筑改建坡屋面中应用。既有屋面新增的钢筋混凝土（钢结构）承重空梁，梁的两端应搁置在原有承重结构的位置上。根据既有建筑的具体情况，可利用原有混凝土檐沟（图26-62），也可采取新建混凝土檐沟或采用成品轻型檐沟的方式。

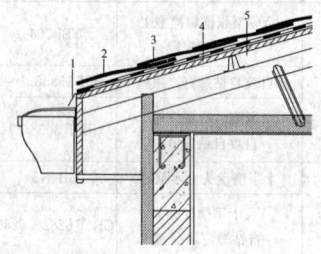

图26-61 新建房屋轻型屋面檐口作法
1—金属泛水；2—轻质瓦；3—防水垫层；4—望板；
5—轻钢檩条及桁架

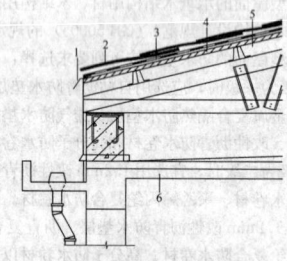

图26-62 平改坡屋面檐口作法
1—金属泛水；2—轻质瓦；3—防水垫层；4—望板；
5—轻钢檩条及桁架；6—原有屋面

3）轻型屋面的山墙宜采用轻型外挂板封堵，既有建筑改造项目亦可采用现浇钢筋混凝土三角形和多边形构架，构架内填充轻质墙体，构架与填充墙之间采用水平钢筋连接（图26-63）。

（13）施工要点：

1）轻型屋面工程施工的单位应具有相应的建筑工程施工资质。

2）屋面工程施工顺序：结构安装、防水垫层铺设、细部构造处理及泛水和瓦片铺设、其他屋面附属部件安装。

3）望板铺装宜错缝对接，采用结构胶合板或定向木片板时，板缝不小于3mm。

4）平改坡屋面安装屋架及其他施工过程不得破坏既有建筑防

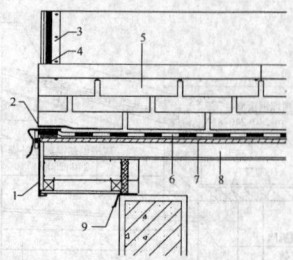

图26-63 轻型屋面山墙挑檐作法
1—封檐板；2、9—金属泛水；3—金属泛水安装在防水垫层上；
4—满粘密封胶；5—轻质瓦；6—防水垫层；7—望板；
8—轻钢檩条及桁架

水层。

5）在坡屋面的所有阳面突出处（屋脊），均应设置避雷带。在建筑外四周卧梁上避雷针可安装在卧梁内侧，然后与原避雷系统可靠焊接；如原无避雷设施，应按规范另做接地极。

（14）工程验收：

1）轻型屋面的泛水材料、保温隔热材料和防水垫层材料的进场验收，应符合规范和设计要求。

2）轻型屋面防水垫层和瓦材的安装施工质量验收，应依据所采用的瓦片种类，参照相应的国家规范执行。

3）以轻钢屋架与龙骨为承重结构的轻型屋面结构的材料及构件进场验收、构件加工验收和现场安装验收，应符合国家标准《钢结构工程施工质量验收规范》（GB 50205）的规定。

4）以木结构为承重结构的轻型屋面结构的材料及构件进场验收、构件加工验收和现场安装验收，应按国家标准《木结构工程施工质量验收规范》（GB 50206）以及相关标准的规定执行。

26.8 其他功能性屋面

随着环保、节能建筑的迅速发展，充分利用建筑屋顶，对减少城市热岛效应、净化空气能够起到良好的效果。同时，随着屋面绿化技术的不断发展，屋面绿化、墙体绿化、阳台绿化和地面绿化相结合的完整立体绿化景观，将成为城市建筑的一道绿色风景线。利用屋顶作蓄水、种植屋面外，还有作为绿化花园屋顶、酒吧、餐厅、屋顶假山、水池、屋顶停车场或人们平时活动场所，甚至是屋顶停机坪。

26.8.1 基 本 要 求

除屋面结构设计应增加荷载外，还对防水层提出了较高的要求。首先，要提高防水层的抗疲劳、耐穿刺能力和耐久性；同时，还要做好防水层的保护层。而面层的设计，则根据不同使用功能要求，按照设计和施工规范有关要求进行。

（1）使用屋面防水层应至少有二道以上设防，至少有一道柔性防水层；

（2）为了增强结构层刚度，装配式板上应浇筑一层配筋细石混凝土；

（3）在停车场屋面和有振动的使用屋面上，板端应留置20mm以上的分格缝，并嵌填合成高分子密封材料；种植植物的屋面，应有整体细石混凝土面层，以抵抗植物根系的穿刺。

本章节中所述功能性屋面主要包括：蓄水屋面、种植屋面、屋面停机坪等。种植屋面适用于夏热冬冷地区和部分寒冷地区屋面，可满足夏季隔热、冬季保温和改善环境的要求，屋面坡度为1%～3%（夏热冬暖地区可选用）。蓄水屋面适用于夏热冬暖地区和部分夏热冬冷地区屋面（极端最低温度高于−5℃地区）。为了提高防水质量，选用二道防水设防的构造，蓄水屋面主要用作夏季隔热，屋面坡度为0.5%。

26.8.2 一 般 构 造

26.8.2.1 防水层

防水层应至少有二道以上设防。

26.8.2.2 隔离层

防水层下,可设≤10mm厚白灰砂浆作隔离层,也可干铺一层卷材,以使防水层与基层完全分离。

26.8.2.3 找平层

找平层的水泥砂浆中宜掺入聚丙烯或尼龙纤维,每立方米水泥砂浆的掺量为750～900g。应设分格缝,纵横间距3～6m。

26.8.2.4 找坡层

找坡层材料采用1:8水泥陶粒或其他轻骨料混凝土(抗压强度不小于3MPa)。

26.8.2.5 保温隔热层

采用板状保温隔热材料。

26.8.2.6 隔汽层

经常处于高湿状态下的房间(如公共浴室、主食厨房的蒸煮间等)屋面应设置隔汽层。严寒地区、寒冷地区一般潮湿房间(室温13～24℃、相对湿度61%～75%)和室温大于24℃、相对湿度51%～60%的屋面,应按《民用建筑热工设计规范》(GB 50176)的有关规定计算,确定是否需设隔汽层以及选定隔汽层材料和厚度。

26.8.3 蓄水屋面

屋面上蓄水,由于水的蓄热和蒸发,可大量消耗投射到屋面上的太阳辐射热,有效地减少通过屋盖的传热量,从而起到有效的保温隔热作用。在屋面上蓄水,由于太阳辐射热作用(90%辐射热被水吸收)使水温升高,因水的比热较大,1kg水升高1℃时,需1000cal的热量,这使蓄水后传到屋面上的热量要比太阳辐射热直接作用到屋面上的热量少得多。另外,蓄水屋面的水在蒸发时,需消耗大量汽化热,这也有助于屋面散热,以降低室内温度。因为屋面蓄水每1kg水汽化需吸收热量580kcal,这对调节室内温度起到很大的作用。同时,蓄水屋面对防水层和屋盖结构起到有效的保护,延缓了防水层的老化。

26.8.3.1 基本要求

(1)蓄水屋面分为深蓄水、浅蓄水、植萍蓄水。深蓄水屋面蓄水深宜为500mm,浅蓄水屋面蓄水深宜为200mm,植萍蓄水一般在水深150～200mm的浅水中种植浮萍、水浮莲等,具有良好的保温隔热效果。

(2)蓄水屋面的最大问题是及时的水源补给。当炎热干旱季节,城市用水最紧张的时候,也是水分蒸发量最大、最需要补水的时候。如不及时补水,将会造成屋面蓄水干涸。一旦蓄水干涸,就会使面层开裂,再充水裂缝也不能愈合而发生渗漏水。蓄水屋面的蓄水池以人工补水为主,蓄水池的最小蓄水深度为150mm。蓄水池的供水系统由供排水专业设计,供水采用人工控制或自动控制,由个体工程设计决定,水池应常年蓄水,不得排空或干涸。

(3)蓄水屋面的防水层,应是耐腐蚀、耐霉烂的涂料或卷材。最佳方案应是涂膜防水层和卷材防水层复合,然后在防水层上浇筑配筋细石混凝土。防水层与保护层间应设置隔离层。

(4)蓄水屋面坡度不宜大于0.5%,并应划分为若干蓄水区,每区的边长不宜大于10m;在变形缝两侧,应分成两个互不连通的蓄水区;长度超过40m的蓄水屋面,应做横向伸缩缝一道,分区隔墙可用混凝土,也可用砖墙抹面,同时兼作人行通道。分隔墙间应设可以关闭和开启的连通孔、进水孔、溢水孔。

(5)蓄水屋面的泛水和隔墙应高出蓄水深度100mm,并在蓄水高度处设置溢水口。在分区隔墙底部设过水孔,泄水孔应与水落管连通。

26.8.3.2 细部构造

详细构造见图26-64～图26-66。

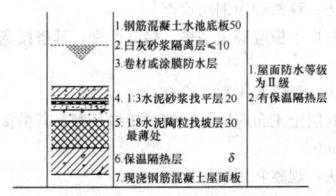

1.钢筋混凝土蓄水池底板50
2.白灰砂浆隔离层≤10
3.卷材或涂膜防水层
4.1:3水泥砂浆找平层20
5.1:8水泥陶粒找坡层30最薄处
6.保温隔热层δ
7.现浇钢筋混凝土屋面板

图26-64 蓄水屋面构造

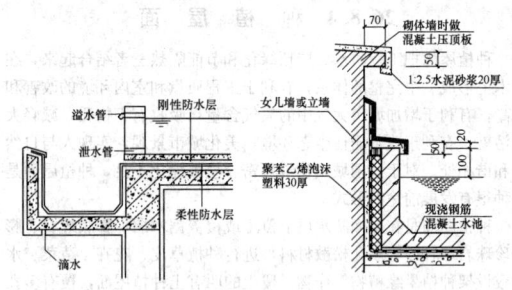

图26-65 蓄水屋面檐沟构造   图26-66 女儿墙泛水

26.8.3.3 蓄水屋面的施工

(1)蓄水屋面预埋管道及孔洞应在浇筑混凝土前预埋牢固和预留孔洞,不得事后打孔凿洞。

(2)蓄水屋面的细石混凝土原材料和配比应符合有关设计和规范要求,宜掺加膨胀剂、减水剂和密实剂,以减少混凝土的收缩。

(3)蓄水屋面的分格缝不能过多,一般要放宽间距,分格间距不宜大于10m。分格缝嵌填密封材料后,上面应做砂浆保护层埋置保护。每分格区内的混凝土应一次浇完,不得留设施工缝。

(4)防水混凝土必须机械搅拌、机械振捣,随捣随抹,抹压时不得洒水、撒干水泥或加水泥浆。混凝土收水后应进行二次压光、及时养护。如放水养护应结合蓄水,不得再使之干涸。

26.8.3.4 质量控制

1.质量要求

蓄水屋面工程质量主要是要求防水层质量可靠,构造设置合理,特别注意蓄水屋面一旦放水,就不能干涸,否则就会发生渗漏。当蓄水面积较大时,在蓄水区中部还应设置通道板。

2.质量验收

(1)主控项目

1)蓄水池配筋和防水混凝土的原材料及配合比,必须符合设计要求。

检验方法:检查出厂合格证、质量检验报告、进场检验报告和计量措施。

2)防水混凝土的抗压强度和抗渗压力必须符合设计要求。

检验方法:检查混凝土的抗压和抗渗试验报告。

3)蓄水池不得有渗漏现象。

检验方法:蓄水至规定高度观察检查。

(2)一般项目

1)混凝土表面应密实、平整,不得有蜂窝、麻面、露筋等缺陷。

检验方法:观察检查。

2)混凝土表面的裂缝宽度不应大于0.2mm,并不得贯通。

检验方法:用刻度放大镜检查。

3)蓄水池上留设的溢水口、过水孔、排水管、溢水管等,其位置、标高和尺寸应符合设计要求。

检验方法:观察和用钢尺检查。

4)蓄水池结构的允许偏差和检验方法应符合表26-51的规定。

蓄水池结构的允许偏差和检验方法   表26-51

项 目	允许偏差(mm)	检 验 方 法
长度、宽度	+15,-10	用钢尺检查
厚度	±5	用钢尺检查
表面平整度	5	用2m靠尺和楔形塞尺检查
排水坡度	符合设计要求	用坡度尺检查

26.8.3.5 使用要求

(1)蓄水屋面应安装自动补水装置,蓄水后就不得干涸。

(2)水面植萍时,应有专人管理。

(3)防水层完成后应先行试水,合格后才可蓄水。

26.8.4　种植屋面

种植屋面把工程防水、屋顶绿化和节能隔热三者结合起来，在技术上形成一个完整的体系，有利于工程质量和室内环境的改善和提高，有利于增加城市大气中的氧气含量，吸收有害物质，减轻大气污染；有利于改善居住生态环境，美化城市景观，实现人与自然的和谐相处。对于我国城镇建筑稠密、植被绿化不足，种植屋面是一种很有发展前途的形式。

种植屋面是在屋面防水层上覆土或覆盖锯木屑、膨胀蛭石、膨胀珍珠岩、轻砂等多孔松散材料，进行种植草皮、花卉、蔬菜、水果或设架种植攀缘植物等作物。覆土的叫有土种植屋面，覆有多孔松散材料的叫无土种植屋面。

26.8.4.1　基本要求

种植屋面不仅要求屋面不渗、不漏，满足房屋的使用功能，还要保证植物有良好的生长环境，同时还要求屋面能够保水和顺利排除多余积水。因此，相对于传统屋面，在构造上要保证防水层耐根系穿刺，多了隔根层、疏水层、隔土层和种植介质和植物层等层次的施工，其给水排水系统要实现灌、蓄、疏、排一体化的要求，施工程序复杂、技术要求高。

种植屋面适用于一般工业与民用建筑工程中采用种植物的隔热屋面工程，以及地下室顶板、裙楼屋面、架空层和屋顶等有种植要求的园林建筑工程。

种植介质的选用和植物的选配，宜由个体工程设计根据当地的气候条件和其他实际情况，并商请有经验的园艺师共同确定。按种植浅根植物考虑，种植介质厚度为100~300mm。

常用种植介质下的排水层做法，有以下两种可供选用。排水层上均铺设200~300g/m²的聚酯针刺土工布一层作过滤层用，土工布接缝应严密，防止种植介质流失。

26.8.4.2　详细构造和相关要求

（1）种植屋面构造见图26-67、图26-68。

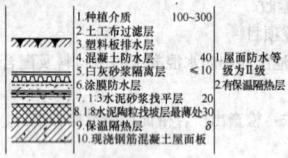

图26-67　种植屋面构造（一）

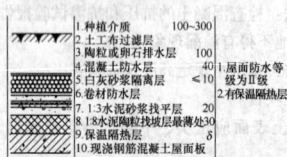

图26-68　种植屋面构造（二）

（2）种植屋面构造节点见图26-69~图26-71。

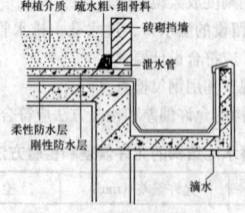

图26-69　种植屋面构造檐口节点

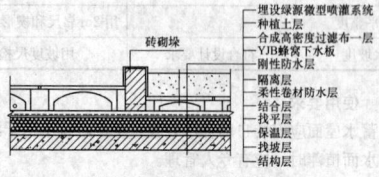

图26-70　种植屋面构造节点

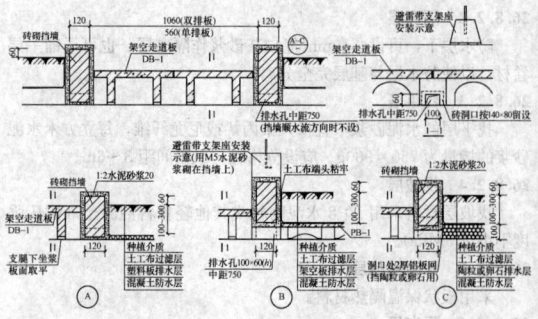

图26-71　种植屋面挡墙构造节点

26.8.4.3　种植屋面的施工

（1）种植屋面应有1‰~3‰的排水坡度，在大雨时多余雨水及时排走。屋面四周应置混凝土或砖砌挡墙，挡墙下部应设泄水孔，孔内侧放置疏水粗、细骨料或铺聚酯无纺布过滤层，以免种植介质流失。排水层应与排水系统相通，并保持排水畅通。排水层施工应符合下列要求：

1）陶粒或卵石的粒径不宜小于25mm，含泥量不应大于1%，排水层应铺设平整，厚度均匀。

2）带支点塑料板应铺设平整，塑料板的支点应向上，塑料板的搭接宽度不应小于100mm。

3）挡墙泄水孔不得堵塞。

（2）种植隔热层与防水层之间应设细石混凝土保护层。种植介质的施工应避免损坏防水层；覆盖材料的表观密度、厚度应按设计的要求选用。

（3）分格缝宜采用整体浇筑的细石混凝土硬化后用切割机锯缝，缝深为2/3厚度，填密封材料后，加聚合物水泥砂浆嵌缝，以减少植物根系穿刺防水层。

（4）过滤层土工布应沿种植介质周边向上铺设至种植介质高度，并与挡土墙（板）粘牢；土工布的搭接宽度不应小于100mm，接缝宜采用粘合或缝合。

（5）种植介质的厚度、质量应符合设计要求。种植介质表面应平整，并应低于挡墙高度100mm。

26.8.4.4　质量控制

种植屋面工程采用的普通防水材料、耐根穿刺防水材料和保温隔热材料等应有产品合格证书和检测机构出具的检验报告，材料的品种、规格及物理性能等应符合规范和设计要求。

种植屋面工程应按其构造层次划分为保温隔热层、找坡层（找平层）、普通防水层、耐根穿刺防水层、细部构造、植被层等分项工程，在完工后进行检验，并应在防水工程完工后进行蓄水或淋水检验，合格后才可继续施工。填放种植介质前，应确认种植介质性能指标，尤其是表观密度要符合设计规定。

1. 种植隔热层主控项目

（1）种植隔热层所用材料的质量，必须符合设计要求。

检验方法：检查出厂合格证、质量检验报告和进场检验报告。

（2）种植隔热层的排水坡度必须符合设计要求。

检验方法：用坡度尺检查。

（3）屋面挡墙泄水孔的留设应符合设计要求，并不得堵塞。

检验方法：观察和尺量检查。

2. 种植隔热层一般项目

（1）陶粒或卵石应铺设平整，厚度均匀，厚度的允许偏差为±5mm。

检验方法：观察和用钢尺检查。

（2）塑料排水板应铺设平整、接缝严密，其搭接宽度的允许偏差为-10mm。

检验方法：观察和用钢尺检查。

（3）过滤层土工布应铺设平整、接缝严密，其搭接宽度的允许偏差为-10mm。

检验方法：观察和用钢尺检查。

（4）种植介质的厚度允许偏差为-5%，且不大于50mm。

检验方法：用钢尺检查。

26.8.4.5　使用要求

(1) 屋面防水层完工后应及时养护，及时覆土或覆盖多孔松散种植介质。

(2) 种植屋面应有专人管理，及时清除枯草、藤蔓、翻松植土，并及时洒水。

(3) 定期清理泄水孔和粗细骨料，检查排水是否通畅、顺利。

26.8.5　停机坪屋面

近年来随着城市建设的迅猛发展，越来越多的超高层建筑在城市中涌现，为适应城市对国防、治安、反恐、消防、金融、通信、旅游等的需求，许多超高层建筑在屋顶设置了直升机停机坪，这类屋面不仅需要满足防水、抗渗、隔热、防雷等普通屋面的功能外，而且还要满足直升机起飞、降落和停留等航空的需求。目前，常见于特殊建筑（如医院和急救中心）以及高层、超高层建筑屋面作为直升机停机坪。

26.8.5.1　构造特点

1. 混凝土结构直升机停机坪的构造特点

(1) 标识：彩色标记罩防水面油，标记要明显，材料要耐候、耐久；

(2) 面层：满足抗渗、耐磨要求；

(3) 保温隔热层：抗压强度≥250kPa；

(4) 防水层：防水卷材或防水涂膜；

(5) 找平层：水泥砂浆找平层；

(6) 结构层：混凝土结构，结构找坡 2%，坡向天沟或水落口；

(7) 屋面灯光照明和灯光信号系统：必须符合航空要求；

(8) 防雷接地：防雷系统必须符合航空要求；

(9) 消防设施：消防系统必须符合航空要求。

2. 钢结构直升机停机坪的构造特点

在原有屋面上，重新作钢结构的停机坪，面积较小，刚刚满足小型直升机的降落。此种做法，可用于原有建筑的功能增加和改造。在上述构造特点上，亦可取消找平层、防水层、保温隔热层等。

26.8.5.2　一般要求

针对建筑屋面和停机坪的特点，在保证屋面使用功能的同时尚应满足航空标准。屋顶直升机停机坪承受荷载大、受到振动也较大，因此满足结构安全和使用功能极为重要。按航空要求，停机坪上的附属设施以及标记、航标灯、消防、防雷接地等的施工验收应符合《建筑工程施工质量验收统一标准》（GB 50300）和国际航空标准要求。

26.8.5.3　质量控制要求及使用要求

按航空要求，停机坪面上的附属设施以及标记、航标灯、消防、防雷接地等的施工验收应符合《建筑工程施工质量验收统一标准》（GB 50300）和国际航空标准要求。

停机坪面上应有色彩鲜明的标记，显示停机坪的中心位置和边界位置。防止被污染，保证色彩鲜明。按要求设置缆风环、航标灯等设施。

1. 航空标记

按航空要求，停机坪面上应有色彩鲜明的标记，显示停机坪的中心位置和边界位置。先用白水泥掺建筑胶和颜料，按设计要求刷出图案，然后在上面打砂纸、刷底漆、中漆、反光面漆。最后，再统一罩防水面油，应注意防止屋面被污染，保证色彩鲜明。此外，还应按国际民航公约标准规定设置直升机边界位标志。

2. 缆风环

预埋在结构中，顶部比面层标高低 5～10mm，外环为封闭式圆环，外径 250mm，在面层上预制成环状凹槽，保证缆风环不用时能与面层相平，用船舶漆做防腐处理。

3. 航标灯

为了使飞行员能准确找到停机坪位置并准确定位，在停机坪的周边设置安装了不同色彩的各种信号灯，实现全天候起飞、降落。以上航标灯，除航空障碍灯按景观照明时才亮外，其余直升机停机坪的功能照明在需要时才点亮。

(1) 机坪瞄准灯——嵌入式安装，瞄准灯须保证频闪同步。

(2) 机坪围界灯——围界灯安装在停机坪外边界位置，标明停机坪边界。

(3) 机坪泛光灯——同时串联相接，保证频闪同步。

(4) 航空障碍灯——航空障碍灯分层立体设置，每个方向不少于两盏，单亮与频闪相结合，兼做景观照明。

(5) 风向灯——用不同色彩示意风向的灯，用来指挥飞行员使机头迎风停下。

4. 防雷接地系统

所有突出屋面的金属部件皆应与避雷带可靠连接，同时利用结构内避雷设施，钢筋重复接地作防雷引下线，防雷引下线上连屋顶避雷带，下连基础接地钢筋网。

5. 消火栓及监控系统

在停机坪边界处应设置消火栓，消火栓按消防要求应离停机坪边界外不小于 5m 距离，消火栓与消防加压泵连接，其报警、控制、通信等系统直接与消防控制中心联网，电源应由市电及应急发电机组双回路供给，并能在末端自动切换。整个停机坪设置四个电视探头，保证始终处于中心的监控之中。

26.9　倒　置　屋　面

26.9.1　基　本　规　定

倒置式屋面是将防水层设在保温层下面的屋面构造。

倒置式屋面与正铺式屋面相比，倒置式屋面有以下优点：将防水层放在保温层的下面，使防水层受到了保护，因而防水层寿命长，约为正铺式屋面的 3～5 倍；倒置式屋面可以省去隔汽层，不需做排汽措施，较正铺式屋面构造简单。

倒置式屋面要求保温层必须采用低吸水率（体积吸水率≤3%）的保温材料。

倒置式屋面由于防水层在保温层之下，对防水层的可靠性的要求高，防水等级应为Ⅰ级，防水层合理使用年限不少于 20 年，保温层使用年限宜与防水层使用年限相同。

保温层施工过程中，尤其要注意对防水层的成品保护。倒置式屋面一旦出现防水问题，找漏点难度大，而且要先将保温层及保温层的保护层拆除后再行修补，不但工艺复杂，维修费用也大大增加。

26.9.2　倒置式屋面构造

1. 找坡层

为了保证屋面排水畅通，倒置式屋面坡度不宜小于 3%。屋面单向坡度≥9m 时应采用结构找坡，且坡度≥3%。屋面坡度>3% 时，应在结构层采取防止防水层和保温层下滑的措施。尤其坡度>5% 时，要沿垂直坡度方向设置与结构连接的防滑条。

当采用材料找坡时，坡度宜为 3%，最薄处厚度不小于 30mm，材料可选用轻质材料或保温材料。

2. 找平层

采用结构找坡时，结构面抹平、压光即可。采用材料找坡时，可采用水泥砂浆或细石混凝土找平层作为防水层的基层。找平层应设置分隔缝，缝宽 10～20mm，间距不大于 6m。

3. 防水层

倒置式屋面中，雨水在保温层和防水层之间滞留时间较长，防水层要求选用耐霉烂、耐腐蚀性能好，适应变形能力优良、接缝密封保证率高的柔性防水材料。由于防水层长期在正温下工作，耐高温、低温柔性、耐紫外线能力可以低一些。可采用涂料与卷材复合的柔性防水层，提高防水的可靠性。根据倒置式屋面的特点选用适当的防水材料，可以提高倒置式屋面的经济性。

4. 保温层

倒置式屋面的保温层必须采用低吸水率（体积吸水率≤3%）且可长期浸水不腐烂的保温材料，导热系数≤0.080W/(m·K)，抗压强度或压缩强度≥0.15N/mm²。如干铺或粘贴挤压式聚苯乙

烯泡沫塑料板（挤塑板）、泡沫玻璃保温板、硬质聚氨酯泡沫塑料板、硬质聚氨酯泡沫塑料防水保温复合板等板状保温材料，也可采用喷硬质聚氨酯泡沫塑料。保温层的厚度应根据材料导热系数由设计决定，但不得小于25mm。

5. 保温层上的保护层

为了避免保温层直接暴露在外而可能导致的材料老化、机械损坏或泡水后上浮，倒置屋面的保温层上应做保护层。保护层可根据需要选用细石混凝土、水泥砂浆、卵石、地砖、混凝土板材、金属板材、人造草皮、蔓生植物等，但须核算保护层的重量应大于轻质保温层的浮力，以避免保温层被冲走，也可以先将保温层粘于防水层上，再做覆盖层。保温层上的保护层采用卵石时，粒径宜为20～60mm，干铺一层无纺聚酯纤维布做隔离层。采用块材保护层时，如为上人屋面须坐砂浆铺砌，如为非上人屋面可干铺。CCP复合板作为保温层时，不另设保护层。

26.9.3　倒置式屋面施工

（1）施工单位在倒置屋面施工前，应根据设计要求和工程实际情况编制专项施工方案，作业前对操作人员进行技术交底。

（2）找坡层、找平层、防水层、保护层施工参见"26.1卷材防水屋面"相关内容，保温层施工参见"26.10屋面保温隔热"相关内容。

（3）防水层施工后应进行全面检查，无缺陷、试水不渗漏和不积水后，方可进行保温层的施工。保温层铺设时应平稳，与防水层不得架空，拼缝应严密。破损应补好，碎块应用胶结料胶结后使用。

（4）保护层施工时应对保温层采取保护措施，不可直接在保温层上施工。保护层与保温层之间的隔离层应满铺，搭接宽度不小于100mm，不得有露底。

（5）采用现浇水泥砂浆、细石混凝土作或各种块材作为保护层时，应留分格缝。

（6）当保护层采用卵石铺压时，卵石的质（重）量应符合设计规定。保护层施工时，应避免损坏保温层和防水层。卵石铺设应防止过量，以免加大屋面荷载，致使结构开裂或变形过大，甚至造成结构破坏，故应严加注意。

26.9.4　质　量　控　制

（1）倒置屋面工程的施工应建立质量控制制度，各工序严格执行"三检制"，检验批、分项工程应经监理验收合格。

（2）倒置屋面所用各种材料应按规定进行进场检验并按规定进行复试，合格后方可使用。

（3）防水层施工后进行蓄水或淋水试验，合格后方可进行保温层施工。

（4）各分项工程质量控制参见"26.1卷材防水屋面"相关内容。

26.10　屋面保温隔热

26.10.1　基　本　要　求

建筑屋面保温是建筑节能这一系统工程中的重要组成部分。建筑物能源消耗的30%～50%是通过屋面与围护结构损失的，因而提高屋面的保温功能是降低建筑物能源消耗的有效措施。

屋面保温效果通过在屋面系统中设置保温材料层，增加屋面系统的热阻来达到。保温材料的性能对保温效果的影响是决定性的。

保温材料种类繁多，其中泡沫玻璃、挤塑聚苯乙烯泡沫板、硬泡聚氨酯这几种材料性能最优，它们同属于低吸水率材料，而且具有表观密度小、导热系数小、强度高、耐久性好的优点，适用于倒置式屋面。这几种材料于20世纪90年代中期出现，目前生产、施工工艺成熟，已获得越来越广泛的应用。

目前采用的其他保温材料，膨胀珍珠岩制品、膨胀蛭石制品、岩棉制品、微孔硅酸钙制品、加气混凝土及其制品等均为高吸水率、吸湿性保温材料，部分制品添加了憎水剂，改善了吸水性能，如憎水膨胀珍珠岩板等。采用这些保温材料时，一般都要采用排汽屋面的形式，构造较为复杂，施工难度大。

架空隔热屋面是在平屋面上用砖墩支承钢筋混凝土薄板等架空隔热制品，架设一定高度，形成隔热层，一方面避免太阳直接照射屋面，使屋面表面温度大为降低，减少热量向室内传导；另一方面，利用空气流动，加快屋面热量的散发。它要求采用平檐口，即非女儿墙屋面。架空隔热是一种自然通风降温的措施，它尤其适用于无空调要求而炎热多风地区屋面，不适用于寒冷地区。

架空隔热屋面可与保温层同时采用，可以单独使用。

26.10.2　保温隔热材料性能及要求

26.10.2.1　保温材料的种类

我国目前屋面保温层按形式，可分为松散材料保温层、板状保温层和整体现浇（喷）保温层三种；松散材料保温层采用松散膨胀珍珠岩、松散膨胀蛭石；板状保温层采用的材料包括各种膨胀珍珠岩板制品、膨胀蛭石板制品、聚苯乙烯泡沫塑料、硬质聚氨酯板、泡沫玻璃等；整体现浇（喷）保温层使用的材料有沥青膨胀蛭石和硬泡聚氨酯。

按材料性质，可分为有机保温材料和无机保温材料。有机保温材料有聚苯乙烯泡沫塑料、硬泡聚氨酯，其他均为无机材料。

按吸水率可分为高吸水率和低吸水率（<6%）保温材料。泡沫玻璃、聚苯乙烯泡沫板、硬泡聚氨酯为低吸水率材料，独立闭孔结构。

26.10.2.2　常见保温材料性能

保温材料的选用，应考虑采用导热系数小、表观密度小、吸水率低并具有一定强度的无机或有机保温材料。

导热系数"λ"是保温材料最重要的热物理指标，它说明材料传导热量的能力，其单位为瓦特/（米·开尔文）[W/(m·K)]，即在一块面积为1m^2、厚度为1m的材料，当两侧表面温度差为1℃，在1h内传递的热量。它表示材料在稳定传热状况下的导热能力，显然λ值愈小，保温性能就愈好。它与材料的化学成分、分子结构、密度及材料的湿度状况、工作温度有关。

吸水率和吸湿性都会极大影响材料的保温性能。吸水性是指材料在水中吸收水分并保持水分的性质，其大小用吸水率表示；吸湿性是指材料在空气中，因周围空气的相对湿度变化而改变材料湿度的性质，用含湿率表示。材料吸收外来的水分或湿气，称为含水率。从结构上看，各类保温材料都是由固相和气相（气孔）构成，利用空气导热系数小的特点达到保温效果。水的导热系数为λ=0.58，冰的导热系数为λ=2.22，而空气λ=0.024，可见，水的导热系数比空气的导热系数大20多倍，冰的导热系数更相当于水的导热系数的4倍。因此，保温材料中含水后，即水代替了部分空气后，会对导热系数产生严重影响，材料受冻后影响更大。因此，除低吸水率材料外，在保温材料的运输、贮存、施工及使用过程中，保持保温材料的干燥是十分重要的。

导热系数、表观密度和强度是保温材料三个相互关联的指标。表观密度大，则导热系数大、强度高；表观密度减小，则强度降低，导热系数也减少，但表观密度小过某个限值后，导热系数会因通过气孔的气相导热、辐射导热和对流导热的显著增加而使导热系数增大。所以，每种保温材料在综合考虑导热系数、强度等因素后，都可以得到各自的最佳表观密度，这样不仅保温性能最好，而且节约材料。

保温材料的燃烧性能也需注意。对无机材料而言，均为不燃材料。而聚苯乙烯泡沫板、硬泡聚氨酯等有机材料，均为可燃的高分子碳氢化合物，在使用中都要选择经过阻燃处理的产品。

常见保温材料性能见表26-52。

	保温材料性能表				表26-52	
序号	材料名称	表观密度(kg/m³)	导热系数λ	强度(N/mm²)	吸水率(%)	使用温度(℃)
1	松散膨胀珍珠岩	40～250	0.05～0.07	—	250	-200～800
2	水泥珍珠岩制品1:8	500	0.08～0.12	0.3～0.8	120～220	650

续表

序号	材料名称	表观密度 (kg/m³)	导热系数 λ	强度 (N/mm²)	吸水率 (%)	使用温度 (℃)
3	水泥珍珠岩制品1∶10	300	0.063	0.3~0.8	120~220	650
4	憎水珍珠岩制品	200~250	0.056~0.08	0.5~0.7	憎水	-20~650
5	沥青珍珠岩	500	0.1~0.2	0.6~0.8		
6	松散膨胀蛭石	80~200	0.04~0.07	—	200	-200~1000
7	微孔硅酸钙	250	0.06~0.07	0.5	87	650
8	矿棉保温板	130	0.035~0.047			600
9	加气混凝土	400~800	0.14~0.18	3	35~40	200
10	水泥聚苯板	240~350	0.09~0.1	0.3	30	
11	水泥泡沫混凝土	350~400	0.1~0.19			
12	模塑聚苯乙烯泡沫板	≥30	≤0.039	*10%压缩 ≥0.15	≤2.0	-80~75
13	挤塑聚苯乙烯泡沫板		≤0.030	*10%压缩 ≥0.15	≤1.5	-80~75
14	硬泡聚氨酯	≥35	≤0.024	*10%压缩 ≥0.15		-200~130
15	泡沫玻璃	≥150	≤0.062	≥0.40	≤0.5	-200~500

* 12、13、14项为压缩强度,对于压缩时不会产生粉碎断裂的材料的压缩强度,须定义为当材料变形任意值时所需的压应力值。

26.10.2.3 保温材料的贮存保管

(1)进场的保温材料应对密度、厚度、形状和强度进行检查,松散材料尚应进行粒径检查,施工时还应检查含水率是否符合设计要求。

(2)保温材料储运保管时应分类堆放,防止混杂并应采取防雨、防潮措施。块状保温板搬运时应轻放,防止损伤断裂、缺棱掉角,保证外形完整。

26.10.3 保温层构造及材料选用

(1)保温屋面的构造见图26-72,架空隔热屋面的构造见图26-73。

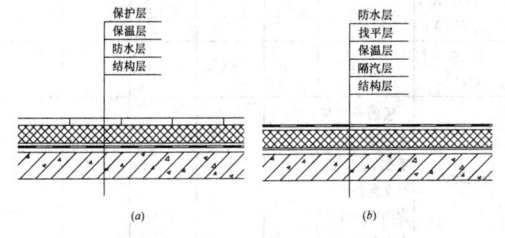

图 26-72 保温屋面构造
(a) 倒置式屋面构造;(b) 正置式屋面构造

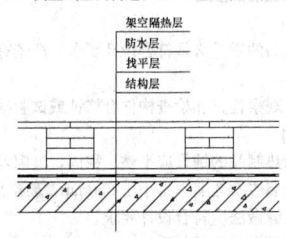

图 26-73 架空隔热屋面构造

(2)屋面保温可采用板状材料或整体现浇(喷)保温层,应优先选用表观密度小、导热系数小、吸水率低或憎水性的保温材料,尤其在整体封闭式保温层和倒置式屋面,必须选用低吸水率的保温材料。松散材料保温层基本均为高吸水率、高吸湿性,难以保证保温效果,通常不建议采用。

(3)屋面保温材料的强度应满足搬运和施工要求,在屋面上只

要求大于等于0.1N/mm²的抗压强度就可以满足。

(4)保温材料含水率过大,不能干燥或施工中浸水不能干燥时,应采取排汽屋面做法。封闭式保温层的含水率,应相当于该材料在当地自然风干状态下的平衡含水率。吸湿性保温材料不宜用于封闭式保温层。

(5)保温层设置在防水层上部时,保温层的上面应做保护层;保温层设置在防水层下部时,保温层的上面应做找平层。

(6)保温层的厚度应根据热工计算确定,但还应考虑自然状态下保温材料含水率对保温性能降低的因素。

26.10.4 找平层与隔汽层施工

当室内产生水蒸气或室内常年空气湿度大于75%时,保温屋面应设置隔汽层。隔汽层应选用气密性、水密性好的防水卷材或防水涂料,沿墙面向上铺设,并与屋面防水层相连,形成全封闭的整体。

(1)屋面结构层为现浇混凝土时,宜随打随抹并压光,不再单独做找平层;结构层为装配式预制板时,应在板缝灌掺膨胀剂的C20细石混凝土,然后铺抹水泥砂浆。找平层宜在砂浆收水后进行二次压光,表面应平整。

(2)隔汽层可采用单层卷材或涂膜,卷材可采取空铺法、点粘法、条粘法,其搭接宽度不得小于70mm,搭接要严密;涂膜隔汽层,则应在板端留分格缝嵌填密封材料,采用沥青基防水涂料时,其耐热度应比室内或室外的最高温度高出20~25℃,隔汽层在屋面与墙面连接处应沿墙面向上连续铺设,高出保温层上表面不得小于150mm。

(3)排汽道应纵横贯通,找平层设置的分格缝可兼作排汽道;并同与大气连通的排汽管相通,排汽管可设在檐口下或屋面排汽道交叉处。

(4)排汽道宜纵横设置,间距宜为6m。屋面面积每36m²宜设置一个排汽孔,排汽孔应做防水处理。

(5)在保温层下也可铺设带支点的塑料板,通过空腔层排水、排汽。

26.10.5 板状保温材料施工

板状保温材料有水泥、沥青或有机材料作胶结料的膨胀珍珠岩、蛭石保温板、微孔硅酸钙板、泡沫混凝土、加气混凝土和岩棉板、挤塑或模塑聚苯乙烯泡沫板、硬泡聚氨酯板、泡沫玻璃等。其中,泡沫混凝土、加气混凝土等表观密度大,保温性能较差。目前生产的有机或无机胶结料憎水性膨胀珍珠岩和沥青作胶结料的膨胀珍珠岩、蛭石,具有较好的憎水能力。聚苯乙烯泡沫板、泡沫玻璃和发泡聚氨酯吸水率低、表观密度小、保温性能好,应用越来越广泛。

(1)铺设板状保温材料的基层应平整、干净、干燥。

(2)板状保温材料不应破碎、缺棱掉角,铺设时遇有缺棱掉角、破碎不齐的,应锯平拼接使用。

(3)干铺板状保温材料,应紧靠基层表面,铺平、垫稳。分层铺设时,上、下接缝应互相错开,接缝处应用同类材料碎屑填嵌饱满。

(4)粘贴的板状保温材料,应铺砌平整、严实。分层铺设的接缝应错开,胶粘剂应视保温材料的材性选用,如热沥青胶结料、冷沥青胶结料、有机材料或水泥砂浆等。板缝间或缺角处应用碎屑加胶料拌匀,填补严密。

26.10.6 整体保温层施工

整体保温层目前有沥青膨胀蛭石,现喷硬质聚氨酯泡沫塑料。

(1)保温层的基层应平整、干净、干燥。

(2)沥青膨胀蛭石应采取人工搅拌,避免颗粒破碎。

(3)以热沥青作胶结料时,沥青加热温度不应高于240℃,使用温度不宜低于190℃,膨胀蛭石的预热温度宜为100~120℃,拌合以色泽均匀一致、无沥青团为宜。

(4)沥青膨胀蛭石整体保温层,应铺实、抹平至设计厚度,虚铺厚度和压实厚度应根据试验确定。保温层铺设后,应立即进行找

平层施工。

（5）现喷硬质聚氨酯泡沫塑料保温层的施工，见"26.6 聚氨酯硬泡体防水保温屋面"相关内容。

26.10.7 松散材料保温层施工

松散保温材料主要有膨胀珍珠岩、膨胀蛭石，它们具有堆积密度小、保温性能高的优越性能，但当松铺施工时，一旦遇雨或浸入施工用水，则保温性能大大降低，而且容易引起柔性防水层鼓泡破坏。所以，在干燥少雨地区尚可应用，而在多雨地区应避免采用。同时，松散保温材料施工时，较难控制厚薄匀质性和压实表观密度。

（1）松散材料保温层应干燥，含水率不得超过设计规定；否则，应采取干燥或排汽措施。

（2）松散材料保温层应分层铺设，并适当压实，每层虚铺厚度不宜大于150mm；压实的程度与厚度应经试验确定；压实后，不得直接在保温层上行车或堆放重物。

（3）保温层施工完成后，应及时进行下道工序：抹找平层和防水层施工。雨期施工时，应采取遮盖措施，防止雨淋。

（4）为了准确控制铺设的厚度，可在屋面上每隔1m摆放保温层厚度的木条作为厚度标准。

（5）下雨和五级风以上不得铺设松散保温层。

（6）铺抹找平层时，可在松散保温层上铺一层塑料薄膜隔水物，以阻止砂浆中水分被吸收，造成砂浆缺水、强度降低，同时，可避免保温层吸收砂浆中的水分而降低保温性能。

26.10.8 架空隔热制品的要求

（1）架空隔热制品混凝土板的混凝土强度等级不应低于C20，板内宜配置钢筋网片。

（2）架空隔热制品的支座，非上人屋面应采用强度等级不低于MU7.5的砌块材料，上人屋面应采用不低于MU10的砌块材料。

26.10.9 架空隔热层施工

（1）架空屋面的坡度不宜大于5%，架空隔热层的架空高度应按照屋面宽度或坡度大小来确定；如设计无要求，一般以100～300mm为宜。

（2）架空墩砌成条形，成为通风道，不让风产生紊流。屋面过大、宽度超过10m时，应在屋脊处开孔架高，形成中部通气孔，称为通风屋脊。

（3）架空隔热层的进风口，宜设置在当地炎热季节最大频率风向的正压区，出风口宜设置在负压区。

（4）架空隔热层施工时，应根据架空板的尺寸弹出支座中线。

（5）架空隔热制品架设在防水层上时，支座部位的防水层上应采取加强措施，操作时不得损坏防水层。

（6）铺设架空板时应将灰浆刮平，随时扫净屋面防水层上的落灰、杂物等，保证架空隔热层气流畅通。

（7）架空板的铺设应平整、稳固；缝隙宜采用水泥砂浆或混合砂浆嵌填，并应按设计要求留变形缝。

（8）架空隔热板距女儿墙不小于250mm，以保证屋面胀缩变形的同时，防止堵塞和便于清理。

26.10.10 质 量 控 制

26.10.10.1 屋面保温

1. 主控项目

（1）保温材料的堆积密度或表观密度、导热系数以及板材的强度、吸水率，必须符合设计要求。

检验方法：检查出厂合格证、质量检验报告和现场抽样复验报告。

（2）保温层的含水率必须符合设计要求，封闭式保温层的含水率，应相当于该材料在当地自然风干状态下的平衡含水率。

检验方法：检查现场抽样检验报告。

2. 一般项目

（1）保温层的铺设应符合下列要求：

1）松散保温材料：分层铺设，压实适当，表面平整，找坡正确。

2）板状保温材料：紧贴（靠）基层，铺平垫稳，拼缝严密，找坡正确。

3）整体现浇（喷）保温层：拌合均匀，分层铺设，压实适当，表面平整，找坡正确。

检验方法：观察检查。

（2）保温层厚度的允许偏差：松散保温材料和整体现浇（喷）保温层为 +10%，−5%；板状保温层为 ±5%，且不得大于4mm。

检验方法：用钢针插入和尺量检查。

（3）当倒置式屋面保护层采用卵石铺压时，卵石应分布均匀，卵石的质（重）量应符合设计要求。

检验方法：观察检查和按堆积密度计算其质（重）量。

保温材料的质量要求应符合表26-53、表26-54的规定。

松散保温材料质量要求　　　　表26-53

项 目	膨胀蛭石	膨胀珍珠岩
粒径	3～15mm	≥0.15mm，<0.15mm的含量不大于8%
堆积密度	≤300kg/m³	≤120kg/m³
导热系数	≤0.14W/（m・K）	≤0.07W/（m・K）

板状保温材料质量要求　　　　表26-54

项目	聚苯乙烯泡沫塑料类		硬质聚氨酯泡沫塑料	泡沫玻璃	微孔混凝土类	膨胀蛭石（珍珠岩）制品
	挤压	模压				
表观密度（kg/m³）	≥32	15～30	≥30	≥150	500～700	300～800
导热系数［W/（m・K）］	≤0.03	≤0.041	≤0.027	≤0.062	≤0.22	≤0.26
抗压强度（N/mm²）				≥0.4	≥0.4	≥0.3
在10%形变下的压缩应力（N/mm²）	≥0.15	≥0.06	≥0.15			
70℃，48h后尺寸变化率（%）	≤2.0	≤5.0	≤5.0	≤0.5		
吸水率（%）	≤1.5	≤6	≤3	≤0.5		
外观质量	板的外形基本平整，无严重凹凸不平；厚度允许偏差为5%，且不大于4mm					

26.10.10.2 架空隔热屋面

1. 主控项目

架空隔热制品的质量必须符合设计要求，严禁有断裂和露筋缺陷。

检验方法：观察检查和检查构件合格证或试验报告。

2. 一般项目

（1）架空隔热制品的铺设应平整、稳固，缝隙匀填应密实；架空隔热制品距山墙或女儿墙不得小于250mm，架空层中不得堵塞，架空高度及变形缝做法应符合设计要求。

检验方法：观察和尺量检查。

（2）相邻两块制品的高低差不得大于3mm。

检验方法：用直尺和楔形塞尺检查。

26.10.10.3 质量控制的相关资料

（1）屋面工程所采用的保温隔热材料及配套材料的产品合格书和性能检测报告；

（2）保温材料的抽样复验试验报告；

（3）保温层含水率测试记录；

(4) 隐检资料和质量检验评定资料；

(5) 松散材料的粒径、密度、级配资料；

(6) 相容性试验报告。

26.11　屋面接缝防水密封

屋面防水系统的各种节点部位及各种材料接缝（以下统称为接缝）是屋面渗漏水的主要原因，为此密封处理质量、效果的好坏直接影响屋面防水系统的整体性能，影响屋面的保温隔热功能。

屋面接缝防水密封主要用于屋面构件与构件，各种防水材料的接缝及收头的密封防水处理和卷材防水屋面、涂膜防水屋面、及保温隔热屋面等配套使用。屋面密封防水是各种形式防水屋面完好连接的重要组成部分，对实现屋面防水功能的可靠性起着不可缺少的作用。

26.11.1　材　料　要　求

密封材料是指能承受接缝处一定的合理的位移量，并能达到气密、水密效果而嵌入在建筑接缝中的定型和不定型材料。屋面工程中常使用不定型密封材料，即各种膏状体，俗称密封膏、嵌缝油膏。按其组成材料的不同，屋面工程中使用的密封材料可分为两类，即改性沥青密封材料和合成高分子密封材料。

1. 密封材料要求

采用的密封材料应具有弹塑性、粘结性、施工性、耐候性、水密性、气密性和位移性。

2. 基层处理剂与背衬材料

（1）基层处理剂

基层处理剂的主要作用是使被粘结基层表层受到浸润，从而增强密封材料和被粘结体的粘结性，并可以封闭混凝土及水泥砂浆基层表层，防止从其内部渗出碱性物及水分。因此，基层处理剂要符合下列要求：

1）有易于操作的黏度（流动性）；

2）对被粘结体有良好的浸润性和渗透性；

3）不含能溶化被粘结体表面的溶剂，与密封材料有很好的相容性，不造成侵蚀，有良好的粘结性；

4）干燥快。基层处理剂一般采用密封材料生产厂家配套提供的或推荐的产品，如果采取自配或其他生产厂家时，应作粘结试验。

（2）背衬材料

背衬材料是填塞在接缝的底部，控制密封膏嵌填的深度，以防止密封膏与接缝底部粘结而形成三面粘结现象的一种弹性材料。采用的背衬材料应能适应基层的膨胀和收缩，具有施工时不变形、复原率高和耐久性好等性能。背衬材料宜采用半硬质的泡沫塑料，一般以泡沫聚乙烯塑料、泡沫聚苯乙烯塑料为主，形状有圆形棒状或方形板状及薄膜。不同接缝形状，可选用不同的背衬材料，一般以圆形棒状使用较多。在填塞时，圆形棒状背衬材料直径应稍大于接缝宽度1～2mm；如接缝较浅，可用扁平的隔离条。

3. 改性石油沥青密封材料

以石油沥青为基料，加入适量高分子聚合物改性材料（例如：橡胶、树脂）、助剂、填料等配制而成的膏状密封材料。常用的有两类，即改性石油沥青密封材料和改性焦油沥青密封材料。由于改性焦油沥青密封材料中的焦油具有一定的毒性，施工熬制时会产生较多的有害气体，所以近年来已逐渐在建筑工程中限制使用并淘汰。

改性石油沥青密封材料的质量要求，应符合表26-55的规定。

改性石油沥青密封材料质量要求　　表26-55

项　　　目		性　能　要　求	
		Ⅰ类	Ⅱ类
耐热度	温度（℃）	70	80
	下垂值（mm）	≤4.0	
低温柔性	温度（℃）	−20	−10
	粘结状态	无裂纹和剥离现象	
拉伸粘结性（%）　≥		125	
施工度（mm）　≥		22.0	20.0

注：改性石油沥青密封材料按耐热度和低温柔性分为Ⅰ类和Ⅱ类。

4. 合成高分子密封材料

以合成高分子材料为主体，加入适量的化学助剂、填充剂和着色剂等，经过特定生产工艺制成的膏状密封材料，按性状可分为弹性体、弹塑性体和塑性体三种。常用的有聚氨酯密封胶、丙烯酸酯密封胶、有机硅密封胶、丁基密封胶及聚硫密封胶等。与改性沥青密封材料相比，合成高分子密封材料具有优良的性能，如高弹性、高延伸、优良的耐候性、粘结性强及耐疲劳性等，为高档密封材料。合成高分子密封材料的质量应符合表26-56的规定。

合成高分子密封材料物理性能　　表26-56

项　　目	性　能　要　求	
适用期（min）	≥180	
剪切状态下的粘结性（N/mm）	卷材与卷材≥2.0	
	卷材与基材≥1.8	
剥离强度（N/mm）	卷材与卷材≥1.5，浸水后保持率≥70%	

5. 密封材料的储运保管及进场验收

（1）密封材料的储运、保管应避免火源、热源，避免日晒、雨淋，防止碰撞，保持包装完好、无损；应分类储放在通风、阴凉的室内，环境温度不应高于50℃。

（2）进场的改性石油沥青密封材料以同一规格、品种的密封材料每2t为一批，不足2t者按一批进行抽检；合成高分子密封材料以同一规格、品种的密封材料每1t为一批，不足1t者按一批进行抽检。

（3）检验项目见表26-57。

密封材料的检验项目表　　表26-57

序号	材　料　品　种	检　验　项　目
1	改性石油沥青密封材料	耐热度、低温柔性、拉伸粘结性和施工度
2	合成高分子密封涂料	下垂度、挤出性和定伸粘结性

26.11.2　设　计　要　点

（1）屋面密封防水设计，应保证密封部位不渗水，并满足防水层合理使用年限的要求。

（2）密封材料品种选择应根据当地历年最高气温、最低气温、屋面构造特点和使用条件等因素，应选择耐热度、柔性相适应的密封材料；还需根据屋面接缝位移的大小和特征，选择位移能力相适应的密封材料。

（3）接缝处的密封材料底部设置背衬材料，背衬材料宽度应比接缝宽度大20%，嵌入深度应为密封材料的设计厚度。背衬材料应选择与密封材料不粘结或粘结力弱的材料；采用热灌法施工时，应选用耐热性好的背衬材料。

（4）密封防水处理连接部位的基层，应涂刷基层处理剂；基层处理剂应选用与密封材料材性相容的材料。接缝部位外露的密封材料上，应设置保护层。宽度不小于100mm，可采用卷材、涂料或水泥砂浆配合使用。

26.11.3　施　工　要　求

1. 施工前准备工作

密封材料嵌填前，应充分做好施工机具、安全防护设施、材料的准备工作。进场材料应按规定要求抽检，合格后才能使用。

2. 施工的环境气候要求

密封材料严禁在雨天、雪天、五级风及以上或其他影响嵌缝质量的条件下施工。施工环境气温，改性沥青密封材料宜为0～35℃，溶剂型密封材料宜为0～35℃，乳胶型及反应固化型密封材料宜为5～35℃。产品说明书对温度的要求温度范围与上述规定不符时，按说明书要求温度范围使用。

3. 基层要求

（1）基层应牢固，表面应平整、密实，不得有裂缝、蜂窝、麻面、起皮和起砂现象；密封材料嵌填前对基层上附着的灰尘、砂粒、油污等均应作清扫、揩试。接缝处浮浆可用钢丝刷除，然后宜采用小型电吹风器吹净，否则会降低粘结强度，特别是溶剂型或

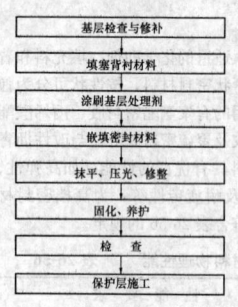

图 26-74 接缝密封防水
施工工艺流程

反应固化型密封材料。

（2）嵌填密封材料前，基层应干净、干燥。一般水泥砂浆找平层完工 10d 后接缝才可嵌填密封材料，并且施工前应晾晒干燥。

4. 接缝密封防水施工的一般方法及要求

（1）密封防水施工工艺流程

密封防水施工工艺流程，如图 26-74 所示。

（2）配料与搅拌

当采用双组分密封材料时，必须把甲、乙组分按规定的配合比准确计量并充分搅拌均匀后才能使用。

配料时，甲、乙组分应按重量比分别准确称量，然后倒入容器内进行搅拌。人工搅拌时用搅拌棒充分混合均匀，混合量不应太多，以免搅拌困难。搅拌过程中，应防止空气混入。搅拌混合是否均匀，可用腻子刀刮薄后检查；如色泽均匀一致，没有不同颜色的斑点、条纹，则为混合均匀。采用机械搅拌时，应选用功率大、旋转速度慢的机械，以免卷入空气。机械搅拌的搅拌时间为 2～3min，搅拌过程中需停机，用刀刮下容器壁和底部的密封材料后继续搅拌，直至色泽均匀一致为止。

（3）粘结性能试验

根据设计要求和厂方提供的资料，在正式施工前，应采用简单的方法进行粘结试验，以检查密封材料及基层处理剂是否满足要求，其试验方法如下：

以实际粘结体或饰面试件作粘结体，先在其表面贴塑料膜条，再涂以基层处理剂，然后在塑料膜条和涂层上粘上条状密封材料，见图 26-75 (*a*)。置于现场固化后，用手将密封材料条揭起，见图 26-75 (*b*)。当密封条拉伸直到破坏时，粘结面仍留有破坏的密封材料，则可认为密封材料及基层处理剂粘结性能合格。

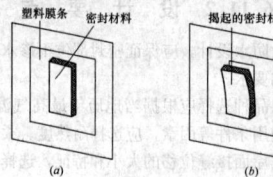

图 26-75 粘结性能试验

（4）填塞背衬材料

背衬材料的形状应根据实际需要选定，常用的有泡沫塑料棒或条、油毡，以及现场喷涂的硬泡聚氨酯泡沫条等。

填塞时，要保证背衬材料与接缝两侧紧密接触。如果接缝较浅时，可用扁平的片状背衬材料起隔离作用。

硬泡聚氨酯为筒装材料，在现场喷涂发泡，使用时应根据发泡比例确定喷涂的用量。背衬材料的填塞应在涂刷基层处理剂前进行，以免损坏基层处理剂，削弱其作用。填塞的高度以保证设计要求的最小接缝深度为准。由于接缝口施工时难免有一些误差，不可能完全与要求的形状一致，因此要备有多种规格的背衬材料，供施工选用。

（5）涂刷基层处理剂

涂刷基层处理剂前，必须对接缝作全面的严格检查。待全部符合要求后，再涂刷基层处理剂。基层处理剂可采用配套或密封材料稀释后使用。

涂刷基层处理剂应注意以下几点：

1）基层处理剂有单组分及双组分之分。双组分的配合比，按产品说明书的规定执行。当配制双组分处理剂时，要考虑处理剂在有效时间内使用完，避免浪费。单组分基层处理剂要摇匀后使用。基层处理剂干燥时间一般为 20～60min，干燥后应立即嵌填密封材料；

2）涂刷时选用与接缝处大小合适的刷子进行涂刷，使用后的刷子要及时用溶剂洗净；

3）对涂刷后的露白处或涂刷后 24h 内未进行嵌缝施工，必须在嵌缝施工前重新涂刷；

4）用密闭容器盛装基层处理剂，用后即加盖封严，以防溶剂挥发；

5）过期、凝结的基层处理剂不得使用。

（6）嵌填密封材料

密封材料的嵌填操作可分为热灌法和冷嵌法施工，详见表 26-58。

接缝密封施工方法   表 26-58

施工方法		具 体 做 法	适 用 条 件
热灌法		采用塑化炉加热，将锅内材料加温，加热温度为 110～130℃，然后用灌缝车或鸭嘴壶将密封材料灌注接缝，浇灌时温度不宜低于 110℃	适用于平面接缝的密封处理
冷嵌法	批刮法	密封材料不需加热，手工填嵌时可用腻子刀或刮刀批刮刀槽两侧的粘结面，然后将密封材料填满整个接缝	适用于平面或立面接缝的密封处理
	挤出法	可采用专用的挤出枪，并根据接缝宽度选用合适的枪嘴，将密封材料挤入接缝内。若采用桶装密封材料时，可将包装桶塑料嘴斜向切开作为枪嘴，将密封材料挤入接缝内	适用于平面或立面接缝的密封处理

基层处理剂一般含有易挥发溶剂，涂刷待溶剂挥发后，即基层处理剂表干后方可即嵌填密封材料，这样既不影响密封材料与基层处理剂的粘结性能，又能更好发挥基层处理剂的使用效果。同时，表干后立即嵌填密封材料，基层表面不易被污染，也不会降低密封材料与基层的粘结力。

（7）固化、养护

接缝嵌填完密封材料后，一般应养护 2～3d。接缝密封防水处理通常为隐蔽工程，下一道工序施工前，必须对接缝部位的密封材料采取临时性或永久性的良好的保护措施。这样，在进行施工现场清扫或进行找平层、保温隔热层施工时，不致污染或碰损嵌填材料。嵌填的密封材料固化前不得踩踏，因为固化的密封材料尚不具备足够的弹性，踩踏后易发生塑性变形，从而导致其构造尺寸不符合设计要求。

26.11.4 节 点 构 造

密封防水处理的水落口、伸出屋面管道与屋面连接处、天沟、檐沟、檐口及泛水收头等节点的密封防水处理作法，见"26.1 卷材防水屋面"、"26.2 涂膜防水屋面"的相关内容。

26.11.5 改性石油沥青密封材料防水施工

改性石油沥青密封材料常用热灌法施工。施工时应由下向上进行，尽量减少接头。垂直于屋脊的板缝宜先浇灌，同时在纵横交叉处宜沿平行于屋脊的两侧板缝各延伸浇灌 150mm，并留成斜槎。密封材料熬制及浇灌温度，应按不同材料要求严格控制。

采用热灌法工艺施工的密封材料需要在现场加热，使其具有流动性后使用。热灌法适用于平面接缝的密封处理。其主要是采用导热油传热和保温的加热炉，用文火缓慢加热、熔化装入锅中密封材料，锅内材料要随时用棍棒进行搅拌，以使加热均匀，避免锅底材料温度过高而老化、变质。在加热过程中，要注意温度变化，可用 200～300℃的棒式温度计测量温度。加热温度应由厂家提供，或根据材料的种类确定。若现场没有温度计时，温度控制以锅内材料液面发亮、不再起泡，并略有青烟冒出为度。

加热到规定温度后，应立即运至现场进行浇灌，灌缝时温度应能保证密封材料具有很好的流动性。若运输距离过长，应采用保温桶运输。这种施工方法现场使用很少，这里不再详述。

26.11.6 合成高分子密封材料防水施工

合成高分子密封材料常用冷嵌法施工。施工时应先将少量密封材料批刮在缝槽两侧，分次将密封材料嵌填在缝内，并防止裹入空气。接头应采用斜槎。

冷嵌法施工大多采用腻子刀或刮刀手工嵌填，较先进的有采用电动或手动嵌缝枪进行嵌填。用腻子刀嵌填时，先用刀片将密封材料刮到接缝两侧的粘结面，然后将整个接缝填满。嵌填时应注意密封材料中不得混入气泡，并要嵌填密实、饱满。这就是冷嵌法中的批刮法。嵌填前先将刀片在煤油中蘸一下，避免密封材料粘结在刀片上。

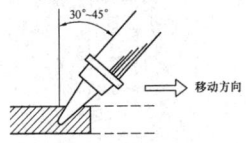

图 26-76 挤出枪嵌填

冷嵌法中的挤出法是采用挤出枪进行施工，根据接缝的宽度选用合适的枪嘴。采用筒装密封材料时，可把包装筒的塑料嘴斜切开，作为枪嘴。嵌填时，把枪嘴贴近接缝底部，并朝移动方向倾斜一定角度，边挤边以缓慢、均匀的速度使密封材料从底部充满整个接缝，见图 26-76。

在嵌填交叉部位的接缝时，首先充填一个方向的接缝，然后把枪嘴插进交叉部位刚填充的密封材料内，慢慢填好另一个方向的接缝。密封材料衔接部位的嵌填，应在密封材料未固化前进行。嵌填时将枪嘴移动到已嵌填好的密封材料内重新填充，以保证衔接部位的密实、饱满。填充接缝端部时，只填到离顶端 200mm 处，然后由顶端往上填充好的方向填充，以保证接缝端部密封材料与基层粘结牢固。如接缝尺寸大或接缝底部呈圆弧形，一次填满有困难时，宜采用二次嵌法嵌填。即待先充填的密封材料固化后，再进行第二次充填。需要强调的是：能一次嵌填的应尽量一次性进行，避免嵌填的密封材料出现分层现象。

在嵌填完的密封材料表干后，用刮刀对嵌填完的密封材料压平、修整，这样能很好地保证密封材料的嵌填质量。修整时，要逆着嵌填时枪嘴移动的方向，并且要稍用力，不要来回揉压。压平、修整结束，再用刮刀朝压平的反方向缓慢刮压一遍，使密封材料表面平滑。

26.11.7 质 量 控 制

1. 质量要求

(1) 密封防水处理部位不得有渗漏现象。

(2) 密封防水所使用的密封材料、背衬材料及基层处理剂等，必须符合质量标准和设计要求。现场应按规定进行抽样复验，合格后才能使用。

(3) 密封防水处理部位的密封材料与基层应粘结牢固，密封部位应光滑、平整，无气泡、龟裂、脱壳、凹陷等现象。接缝的宽度和深度应符合设计要求。

(4) 保护层应粘结牢固、覆盖密实，并应盖过密封材料，宽度不小于 100mm。

(5) 密封防水处理部位的质量经检查合格后，才能隐蔽或进行下一道工序施工。

2. 质量验收

密封材料嵌缝质量检验和材料抽样复验，应符合表 26-59 的要求。

密封材料嵌缝质量检验项目、要求和检验方法

表 26-59

	检 验 项 目	要 求	检验方法
主控项目	1. 密封材料的质量	必须符合设计要求	检查合格证、配合比和现场抽样复验报告
	2. 密封材料嵌缝	必须密实、连续、饱满、粘结牢固，无气泡、开裂、脱落	观察检查
	3. 接缝的宽度和深度	必须符合设计要求	观察检查

续表

	检 验 项 目	要 求	检验方法
一般项目	1. 嵌缝材料的基层	应牢固、干净、干燥，表面应平整、密实	观察检查
	2. 嵌填的密封材料表面	应平滑，无凹凸不平整现象，缝边顺直	观察检查
	3. 接缝防水密封接缝宽度	允许偏差为设计宽度的 ±10%	尺量检查

3. 密封材料现场抽样复验项目

密封材料现场抽样复验项目应符合表 26-60 的要求。

密封材料现场抽样复验项目   表 26-60

材料名称	现场抽样数量	外观质量检验	物理性能检验
改性石油沥青密封材料	每 2t 为一批，不足 2t 按一批抽样	黑色均匀膏状，无结块和未浸透的填料	耐热度，低温柔性，拉伸粘结性，施工度
合成高分子密封材料	每 1t 为一批，不足 1t 按一批抽样	均匀青状物，无结皮、凝胶或不易分散的固体颗粒	拉伸粘结性，柔性

26.12 绿 色 施 工

建筑业的发展趋势是，既要大力发展，以满足经济、社会发展的需要，又要注重环境保护、资源节约，推行可持续发展战略。

一个建筑从设计到施工，都应贯彻落实节地、节能、节水、节材和保护环境的技术经济政策，建设资源节约型、环境友好型社会，通过采用先进的技术措施和管理，最大限度地节约资源，提高能源利用率，减少施工活动对环境造成的不利影响。

26.12.1 建筑屋面的绿色设计、施工理念

屋面工程的绿色理念应贯穿整个设计、施工、使用全过程。

(1) 重视功能性屋面的设计开发，综合利用能源。如采用新型太阳能防水一体化屋面等。

(2) 对易于产生建筑热桥部位的节点构造，如：女儿墙、挑檐、变形缝、水落口等处的构造节点，从建筑节能的角度对其保温构造处理予以加强。

(3) 重视屋面的排水和集水功能，争取做到雨水收集再利用。

(4) 尽量采用结构找坡，简化屋面构造层次，减少屋面荷载。当坡面较长时，可采用增设内落水的设计；当采用材料找坡时，应尽量采用加气碎块，清除消纳加气厂堆积的碎块。

(5) 现浇钢筋混凝土屋面板上做柔性防水层时，宜直接将结构板面压实、抹光，不做找平层，既省工、省料，又能保证防水层基底的刚度。

(6) 除因设计要求设置隔汽层外，尽量不要因所选用的保温材料或施工原因（赶工期）而设置隔汽层。

26.12.2 职业健康与安全

屋面施工在高空、高温环境下进行，大部分材料易燃并含有一定的毒性，必须采取必要的措施，防止发生火灾、中毒、烫伤、坠落等工伤事故。

(1) 施工前应进行安全技术交底工作，施工操作过程符合安全技术规定。

(2) 皮肤病、支气管炎病、结核病、眼病以及对沥青、橡胶刺激过敏的人员，不得参加操作。

(3) 按有关规定配发劳保用品，合理使用。沥青操作人员不得赤脚或穿短袖衣服进行作业，应将裤脚袖口扎紧，手不得直接接触沥青。接触有毒材料需戴口罩和加强通风。

(4) 操作时应注意风向，防止下风操作人员中毒、受伤。熬制

玛琋脂和配制冷底子油时，应注意控制沥青锅的容量和加热温度，防止烫伤。

（5）防水卷材和胶粘剂多数属易燃品，在存放的仓库及施工现场内都要严禁烟火；如需明火，必须有防火措施。

（6）运输线路应畅通，各项运输设施应牢固、可靠，屋面孔洞及檐口应有安全措施。

（7）高空作业操作人员不得过分集中，必要时应系安全带。

（8）屋面施工时，不允许穿带钉子鞋的人员进入。

（9）由于浅色涂料、反射涂料具有良好的阳光反射性，施工人员在阳光下操作时，应佩戴墨镜，以免强烈的反射光线刺伤眼睛。

（10）坡屋面防水涂料涂刷时，如不小心踩踏尚未固化的涂层，很容易滑倒，甚至引起坠落事故。因此，在坡屋面涂刷防水涂料时，必须采取安全措施，如系安全带等。

27 防水工程

建筑防水工程有不同的分类方法。按其构造做法，可分为结构构件自身防水和采用不同材料的防水层防水；按材料的不同，分为刚性防水和柔性防水；按建筑工程不同的部位，又可分为地下防水、屋面防水、室内防水等。

此次本章修编内容主要按部位进行编目分类，分为地下防水、屋面防水、室内防水、外墙防水四大节。每节内容包括了基本规定、主要材料及施工要求、工程质量检验与验收等内容。修编内容主要依据相关技术规程，去除了原有手册中一些过时的材料及施工工艺，增加了塑料板、金属板防水、桩头防水等一些新材料、新做法。

27.1 地下防水工程

我国自20世纪80年代以来建筑业迅速发展，建筑防水工程技术也取得了举世瞩目的发展和进步。国家标准《地下防水工程质量验收规范》（GB 50208）、《地下工程防水技术规范》（GB 50108）是随着建筑业的发展多年来对地下防水工程设计与施工实践成功经验的总结。《地下工程防水技术规范》（GB 50108）将混凝土结构自防水和外包防水层统称为主体防水，规定地下防水工程设计与施工应遵循"防、排、截、堵相结合，刚柔相济，因地制宜，综合治理"的原则。从防水耐久性出发把防水混凝土作为防水第一道防线，并根据建筑工程的重要程度和使用功能对防水的要求，确定防水等级和设防构造，地下工程的变形缝、施工缝、后浇带、穿墙管、预埋件、预留通道接头、桩头等细部构造的防水采取有效的加强措施。地下工程混凝土结构主体防水应采取混凝土自防水外包卷材或涂膜等柔性材料防水相结合，设计为多道设防的防水构造组合成为刚柔相济、优势互补的防水系统。

27.1.1 基本要求

27.1.1.1 设计基本要求

1. 地下工程防水等级及标准

现行规范规定地下工程的防水等级应分为四级，各等级防水标准见表27-1。

2. 不同防水等级的适用范围

地下工程不同防水等级适用范围，应根据工程的重要性和使用中对防水的要求，按表27-2选定。

3. 防水设防要求

地下工程的防水设防要求，应根据使用功能、使用年限、水文地质、结构形式、环境条件、施工方法及材料性能等因素确定。明挖法地下工程的防水设防要求，应按表27-3选用。对于处于侵蚀性介质中的工程，应采用耐侵蚀的防水混凝土、防水砂浆、防水卷材或防水涂料等防水材料；对处于冻融侵蚀环境中的地下工程，其混凝土抗冻融循环不得少于300次；对于结构刚度较差或受振动作用的工程，宜采用延伸率较大的卷材、涂料等柔性防水材料。

地下工程防水等级及标准 表27-1

防水等级	防水标准
一级	不允许渗漏，结构表面无湿渍
二级	不允许漏水，结构表面可有少量湿渍； 工业与民用建筑：总湿渍面积不应大于总防水面积（包括顶板、墙面、地面）的1/1000；任意100m²防水面积上的湿渍不超过2处，单个湿渍的最大面积不大于0.1m²；其他地下工程：总湿渍面积不应大于总防水面积的2/1000；任意100m²防水面积上的湿渍不超过3处，单个湿渍的最大面积不大于0.2m²；其中，隧道工程还要求平均渗水量不大于0.05L/(m²·d)，任意100m²防水面积上的渗水量不大于0.15L/(m²·d)
三级	有少量漏水点，不得有线流和漏泥沙； 任意100m²防水面积上的漏水或湿渍点数不超过7处，单个漏水点的最大漏水量不大于2.5L/d，单个湿渍的最大面积不大于0.3m²
四级	有漏水点，不得有线流和漏泥沙； 整个工程平均漏水量不大于2L/(m²·d)，任意100m²防水面积上的平均漏水量不大于4L/(m²·d)

不同防水等级的适用范围 表27-2

防水等级	适用范围
一级	人员长期停留的场所；因有少量湿渍会使物品变质、失效的贮物场所及严重影响设备正常运转和危及工程安全运营的部位；极重要的战备工程、地铁车站
二级	人员经常活动的场所；在有少量湿渍的情况下不会使物品变质、失效的贮物场所及基本不影响设备正常运转和工程安全运营的部位；重要的战备工程
三级	人员临时活动的场所；一般战备工程
四级	对渗漏水无严格要求的工程

明挖法地下工程防水设防要求 表27-3

工程部位		主体结构							施工缝							后浇带					变形缝（诱导缝）					
防水措施		防水混凝土	防水卷材	防水涂料	塑料防水板	膨润土防水材料	防水砂浆	金属防水板	遇水膨胀止水条（胶）	外贴式止水带	中埋式止水带	外抹防水砂浆	外涂防水涂料	渗透结晶型防水材料	预埋注浆管	补偿收缩混凝土	外贴式止水带	预埋注浆管	遇水膨胀止水条（胶）	防水密封材料	中埋式止水带	外贴式止水带	可卸式止水带	防水密封材料	外贴防水卷材	外涂防水涂料
防水等级	一级	应选	应选一至二种						应选	应选二种						应选	应选二种				应选	应选一至二种				
	二级	应选	应选一种						应选	应选一至二种						应选	应选一至二种				应选	应选一至二种				
	三级	应选	宜选一种						应选	宜选一至二种						应选	宜选一至二种				应选	宜选一至二种				
	四级	宜选	—						应选	宜选一种						应选	宜选一种				应选	宜选一种				

4. 地下工程防水设计方案选择的内容

地下工程防水方案根据工程规划、结构设计、材料选择、结构耐久性和施工工艺等确定。地下工程防水设计应做到定级准确、方案可靠、施工简便、耐久适用、经济合理，并根据地表水、地下水、毛细管水等的作用，以及由于人为因素引起的附近水文地质改变的影响确定。单建式的地下工程，宜采用全封闭、部分封闭的防排水设计；附建式的全地下或半地下工程的防水设防高度，应高出室外地坪高程 500mm 以上。地下工程防水设计，应包括防水等级和设防要求；防水混凝土的抗渗等级和其他技术指标、质量保证措施；其他防水层选用的材料及其技术指标、质量保证措施；工程细部构造的防水措施，选用的材料及其技术指标、质量保证措施；工程的防排水系统、地面挡水、截水系统及工程各种洞口的防倒灌措施等内容。地下工程迎水面主体结构应采用防水混凝土，并应根据防水等级的要求采取其他防水措施。地下工程的变形缝（诱导缝）、施工缝、后浇带、穿墙管（盒）、预埋件、预留通道接头、桩头等细部结构，应加强防水措施。地下工程的排水管沟、地漏、出入口、窗井、风井等，应采取防倒灌措施；寒冷及严寒地区的排水沟应采取防冻措施。

27.1.1.2　施工基本要求

地下防水工程施工前，应进行图纸会审，掌握工程主体及细部构造的防水技术要求。地下防水工程必须由相应资质的专业防水队伍进行施工；主要施工人员应持有建设行政主管部门或其指定单位颁发的执业资格证书。地下防水工程所使用的防水材料，应有产品的合格证书和性能检测报告，材料的品种、规格、性能等应符合现行国家产品标准和设计要求。防水混凝土的配合比应按设计抗渗等级提高 0.2MPa 并由试验室试配确定。地下防水工程施工期间，明挖法的基坑以及暗挖法的竖井、洞口，必须保持地下水位在基底 0.5m 以下，必要时应采取降水措施。地下防水工程的防水层，严禁在雨天、雪天和五级风及以上时施工，施工环境气温条件：高聚物改性沥青防水卷材及合成高分子防水卷材冷粘法不低于 5℃，热熔法不低于 −10℃；有机防水涂料溶剂型 −5～35℃，水溶性 5～35℃；无机防水涂料、防水混凝土及水泥砂浆，5～35℃。

27.1.2　地下工程混凝土结构主体防水

27.1.2.1　防水混凝土

1. 防水混凝土的种类、特点及适用范围

钢筋混凝土在保证浇筑及养护质量的前提下能达到 100 年左右的寿命，其本身具有承重及防水双重功能、便于施工、耐久性好、渗漏水易于检查、修补简便等优点，是防水混凝土作为防水第一道防线。混凝土结构自防水不适用于允许裂缝开展宽度大于 0.2mm 的结构、遭受剧烈振动或冲击的结构、环境温度高于 80℃ 的结构，以及可耐蚀系数小于 0.8 的侵蚀性介质中使用的结构。防水混凝土的抗渗等级应不小于 P6，分为普通防水混凝土、掺外加剂防水混凝土。普通防水混凝土是在胶凝材料（水泥及胶凝掺合料）、砂、石、水搅拌浇筑而成的混凝土，不掺加任何混凝土外加剂，通过调整和控制混凝土配合比各项技术参数的方法，提高混凝土的抗渗性，达到防水的目的。这类混凝土的水泥用量较大。掺外加剂防水混凝土是在普通混凝土中掺加减水剂、膨胀剂、密实剂、引气剂、复合型外加剂、水泥基渗透结晶型材料、掺合料等材料搅拌浇筑而成的防水混凝土。常用有减水剂防水混凝土、引气剂防水混凝土、密实剂防水混凝土、水泥基渗透结晶型掺合剂防水混凝土、补偿收缩防水混凝土、纤维防水混凝土、自密实高性能防水混凝土、聚合物水泥混凝土。常用防水混凝土的种类、特点及适用范围，见表 27-4。

常用防水混凝土的种类、特点及适用范围　表 27-4

种　类		特　点	适　用　范　围
普通防水混凝土		水泥用量大，材料简便	一般工业、民用、公共建筑地下防水工程
外加剂防水混凝土	减水剂防水混凝土	拌合物流动性好	钢筋密集或振捣困难的薄壁型结构以及对混凝土凝结时间和流动性有特殊要求的防水工程、冬期暑期防水混凝土施工、大体积混凝土的施工等

续表

种　类		特　点	适　用　范　围
外加剂混凝土	引气剂防水混凝土	抗冻性好	高寒、抗冻性要求较高、处于地下水位以下遭受冰冻的地下防水工程和市政工程
	密实剂防水混凝土	密实性好，抗渗性高，早期强度高	工期紧、抗渗性能及早期强度要求高的防水工程和各类防水工程，如游泳池、基础水箱、水电、水工等
水泥基渗透结晶型掺合剂防水混凝土		强度高、抗渗性好	需提高混凝土强度、耐化学腐蚀、抑制碱骨料反应、提高系融循环的适应能力及迎水面无法做柔性防水层的地下工程
补偿收缩防水混凝土		抗裂、抗渗性能好	地下防水工程、隧道、水工、地下连续墙、逆作法、预制构件、坑槽回填及后浇带、膨胀带等防裂抗渗工程，尤其适用于超长的大体积混凝土的防裂抗渗工程
纤维防水混凝土		高强、高抗裂、高韧性、高耐磨、抗高渗性	对抗拉、抗剪、抗折强度和抗冲击、抗疲劳、抗震、抗爆性能等要求均较高的工业与民用建筑地下防水工程
自密实高性能防水混凝土		流动性高、不离析、不泌水	浇筑量大、体积大、密筋、形状复杂或浇筑困难的地下工程
聚合物水泥混凝土		抗拉、抗弯强度较高，密实性好，裂缝少，抗渗明显，价格高	地下建（构）筑物主体以及化粪池、游泳池、水库等，直接接触饮用水的贮水池等防水工程

2. 防水混凝土材料要求

(1) 水泥品种宜采用硅酸盐水泥、普通硅酸盐水泥。采用其他品种水泥时，应通过试验确定；在受侵蚀性介质作用的条件下，应按介质的性质选用相应的水泥品种。如：在受硫酸盐侵蚀性介质作用的条件下，可采用粉煤灰硅酸盐水泥、火山灰质硅酸盐水泥或抗硫酸盐硅酸盐水泥；不得使用过期或受潮结块的水泥，并不得将不同品种或不同强度等级的水泥混合使用。防水混凝土水泥品种选用参考，见表 27-5。

防水混凝土水泥品种选用参考表　表 27-5

水泥品种	优点	缺点	适用范围
硅酸盐水泥	强度高，抗冻性能、耐磨性能好、不透水性能好，早强快硬	水化热高，耐侵蚀能力差，抗水性差	适用于高强度等级、预应力混凝土工程；不适用于大体积混凝土
普通硅酸盐水泥	早期强度较高，抗冻性能、耐磨性能较好，低温条件下强度增长快，泌水性小、干缩率小	水化热较高，耐硫酸盐侵蚀能力差，抗水性较差	适用于一般地下防水工程、干湿交替的防水工程及水中结构；不适用于含有硫酸盐地下水侵蚀介质地区地下防水工程
矿渣硅酸盐水泥	水化热较低，抗硫酸盐侵蚀能力较好，耐热性较普通硅酸盐水泥高	早期强度较低，保水性、抗冻性较差，泌水性及干缩变形大	适用于大体积混凝土，一般地下防水工程应掺入外加剂，减小泌水现象
火山灰质硅酸盐水泥	水化热较低，抗硫酸盐侵蚀能力较好，耐水性强	早期强度较低，低温条件下强度增长慢，保水性、抗冻性较差，需水性及干缩性大	适用于含有硫酸盐地下水侵蚀介质地区地下防水工程，不适用于干湿交替作用及受反复冻融作用的防水工程

续表

水泥品种	优 点	缺 点	适 用 范 围
粉煤灰硅酸盐水泥	水化热低、抗硫酸盐侵蚀能力好、保水性好、需水性及干缩性小、抗裂性较好	早期强度低，低温条件下强度增长较慢	适用于大体积混凝土，地下防水工程，不适用于干湿交替作用及受反复冻融的防水工程
复合硅酸盐水泥	水化热低、抗硫酸盐侵蚀能力好、保水性好	早期强度低，后期强度增长较慢、抗冻性较差	适用于大体积混凝土地下防水工程，不适用于干湿交替作用及受反复冻融的防水工程

(2) 石子宜选用坚固耐久、粒形良好的洁净石子；最大粒径不宜大于 40mm，泵送时其最大粒径不应大于输送管径的 1/4。当钢筋较密集或防水混凝土的厚度较薄时，应采用 5～25mm 粒径的细石料。石子吸水率不应大于 1.5%，含泥量不得大于 1%，泥块含量不得大于 0.5%。不得使用碱活性骨料。石子的质量要求应符合国家现行标准《普通混凝土用砂、石质量及检验方法标准》（JGJ 52）的有关规定。

(3) 砂宜选用坚硬、抗风化性强、洁净的中粗砂，不宜使用海砂；含泥量不得大于 2.0%，泥块含量不得大于 1.0%；砂的质量要求应符合国家现行标准《普通混凝土用砂、石质量标准及检验方法》（JGJ 52）的有关规定。

(4) 水应符合国家现行标准《混凝土用水标准》（JGJ 63）的有关规定。

(5) 掺合料：随着混凝土技术的发展，现代混凝土的设计理念正在更新，尽可能地减少硅酸盐水泥用量而掺入一定量具有一定活性的粉煤灰、粒化高炉矿渣粉、硅粉等矿物掺合料，配制出性能良好的防水混凝土。

矿物掺合料的重要作用是降低水泥水化热，减少混凝土裂缝，提高混凝土的耐久性与安全性。减小混凝土孔隙率，改善混凝土孔隙特征，提高抗渗性能，增加混凝土密实性。矿物掺料过去配制防水混凝土是作为一种惰性的精细料，起节约水泥、改善石子级配、填充微细空隙作用。磨细工艺的发展激发了矿物掺合料的潜在活性，外加剂对砂料也有一定激活作用。矿粉粒化高炉矿渣粉的品质要求应符合现行国家标准《用于水泥和混凝土中的粒化高炉矿渣粉》（GB/T 18096）的有关规定。

粉煤灰的品质应符合国家现行标准《用于水泥和混凝土中的粉煤灰》（GB 1596）的有关规定，级别不应低于 Ⅱ 级，烧失量不应大于 5%，用量宜为胶凝材料总量的 20%～30%；当水胶比小于 0.45 时，粉煤灰用量可适当提高。

硅粉品质应符合《用于水泥和混凝土中的粉煤灰》（GB 1596）的有关规定，用量宜为胶凝材料总量的 2%～3%。硅质粉末作为细掺料直接填充到砂浆或混凝土的颗粒间隙之中，提高了密实性及抗渗性。如粉煤灰、火山灰、硅藻土、硅粉等。这些细粉末掺入浆体或混凝土中，改善了材料的微级配以及和易性，特别是粉煤灰，可较大地降低单位用水量、减少空隙率。矿物质的细掺料可促进水化反应，且火山灰反应产物可填充混凝土中的孔隙，大大改善长期的抗渗性。硅灰是活性很高的细掺料，其比表面积高达 20m²/g，几乎全是活性非晶态的 SiO₂，掺入一定量（10%）的硅灰可显著改善混凝土的水密性。若将矿物细掺料与超塑化剂结合使用，提高混凝土密实性及抗渗性的效果更好。

纤维分为钢纤维、聚丙烯类纤维。当其作为增强材料使用时，必须将其分散后方可使用。钢纤维是最为有效的混凝土纤维配筋材料，它是用钢质材料加工而成的短纤维，分为切断、剪切、铣削、熔融抽丝等几种类型。一般钢纤维的抗拉强度不低于 380MPa，其弹性模量较混凝土高 4 倍，并且在混凝土中化学稳定性能良好。聚丙烯类纤维抗拉强度为 276～773MPa，其弹性模量较低、耐火性能差、在氧气或空气中光照易老化，具有憎水性，不易被水泥浆浸湿。掺入混凝土中，可显著提高混凝土的抗冲击强度。纤维按弹性模量，可分为高弹性模量纤维及低弹性模量纤维。高弹性模量纤维中钢纤维应用较多，低弹性模量纤维中聚丙烯纤维应用较多。

(6) 外加剂：

1) 减水剂是一种表面活性剂，它以分子定向吸附作用，将凝聚在一起的水泥颗粒絮凝状结构高度分散解体，并释放出其中包裹的拌合水，使在坍落度不变的条件下，减少了拌合用水量；同时，由于高度分散的水泥颗粒更能充分水化，使混凝土更加密实，提高了混凝土的密实性和抗渗性。防水混凝土掺入减水剂，其拌合物具有很好的流动性，掺入高效型减水剂，减水率高、坍落度大；掺入早强型减水剂，可提高混凝土早期强度；掺入缓凝型减水剂可推迟水化峰值出现，大体积混凝土施工可减小混凝土内外温差。

常用的减水剂有高效减水剂、木质素磺酸钙、引气减水剂、聚羧酸高效引气减水剂等。聚羧酸系超塑剂（PCA）与传统的高效减水剂相比，在减水率、保坍性、降低水泥水化热、减少收缩与矿物掺合料的适应性等方面，具有突出的优点，为制备高抗渗，高抗裂和高耐久性的混凝土呈现出明显的优势。当 PCA 的掺入量仅为萘系高效减水剂的 1/10～1/5 时，其减水率可高达 30% 以上。坍落度损失小，保持性好大大改善了混凝土浇筑时的流动性。降低水泥水化热，延缓水化放热峰值出现，PCA 对延缓水泥水化放热和降低 7d 水化热作用极为明显，这对降低混凝土水化热、减少温度应力引起的开裂具有良好作用。我国城市地铁隧道混凝土工程中已获得较为广泛应用，成效显著。常用于防水混凝土的减水剂适用范围及优缺点，见表 27-6。

常用于防水混凝土的减水剂适用范围及优缺点

表 27-6

种 类	适用范围	优 点	缺 点
高效减水剂 FDN、UNF	一般防水混凝土工程及高强度等级防水混凝土工程	除具有普通减水剂优点外，防冻性、抗渗性好	水化热释放集中，硬化初期内外温差大
木质素磺酸钙	一般防水混凝土工程，大型设备基础等大体积混凝土，不同季节施工的防水混凝土工程	有增塑及引气作用，提高抗渗性能最为显著，有缓凝作用，可推迟水化热峰出现	分散作用不及高效减水剂低温强度增长慢
引气剂减水剂	各种防水混凝土工程，抗渗、抗冻要求高的混凝土工程	对抗冻融性能有提高，对贫混凝土更适合高抗渗等级混凝土工程	强度随含气量增加而降低，含气量增加 1% 约降低强度 2%
聚羧酸系高效引气减水剂		含气量增加 1%，W/C 可降低 0.02	

2) 引气剂在混凝土拌合物中加入后，会产生大量微小、密闭、稳定而均匀的气泡，而使混凝土黏滞性增大，不易松散和离析，可以显著地改善混凝土的和易性，同时改变混凝土毛细管的形状及分布发生，切断渗水通路，因而提高了混凝土的密实性和抗渗性；由于弥补了混凝土内部结构的缺陷，抑制其胀缩变形，可减少因干湿及冻融交替作用而产生的体积变化，有效地提高混凝土的抗冻性，较普通混凝土提高 3～4 倍。常用的引气剂有松香酸钠（松香皂）、松香热聚物；另外，还有烷基磺酸钠、烷基苯磺酸钠等。

3) 膨胀剂是能使混凝土在硬化过程中产生化学反应而导致一定的体积膨胀的外加剂。其特点为遇水与水泥中矿物组分发生化学反应，反应产物是导致体积膨胀效应的水化硫铝酸钙（即钙矾石）、氢氧化钙或氢氧化铁等。在钢筋和邻位约束下使结构中产生一定的预压应力，从而防止或减少结构产生有害裂缝。同时，生成的反应物晶体具有填充、堵塞毛细孔作用，增高混凝土密实性。膨胀剂按化学组成分为四类：硫铝酸钙类、硫铝酸钙-氧化钙类、氧化

钙类和氧化镁类。常用的膨胀剂有 U 型膨胀剂、明矾石膨胀剂、复合膨胀剂，以及脂膜石灰膨胀剂等。U 型膨胀剂 UEA-H 不仅膨胀性能更好，还可提高混凝土的抗压强度，且碱度更低、与水泥和其他外加剂的适应性更强、施工更方便。膨胀剂不宜与氯盐类外加剂复合使用，与防冻剂复合使用时应慎重。硫铝酸钙类、硫铝酸钙-氧化钙类膨胀剂不适用于环境温度长期高于 80℃ 的工程，氧化钙类膨胀剂不得用于海水工程，各类膨胀剂均不适用于厚度 2m 以上混凝土结构，厚度 1m 以上混凝土结构应慎用，而且不适用于温差大的结构（如屋面、楼板等）。

4）密实剂是能降低混凝土在静水压力下的透水性的外加剂，在搅拌混凝土过程中添加的粉剂或水剂，在混凝土结构中均匀分布，充填和堵塞混凝土中的裂隙及气孔，使混凝土更加密实而达到阻止水分透过的目的。有一类密实剂在混凝土硬化后涂刷在其表面，使渗入混凝土表面以达到表面层密实而产生防止水分透过的作用。这种抗渗型防水剂不能阻止较大压力的水透过，主要是防止水分渗透的作用。氯化钙可促进水泥水化反应，获得早期的防水效果，但后期抗渗性会降低。氯化钙对钢筋有锈蚀作用，可以与阻锈剂复合使用，但不适用于海洋混凝土。三氯化铁防水剂掺入混凝土中，与 $Ca(OH)_2$ 反应生产氢氧化铁凝胶，提高混凝土密实性及抗渗等级，抗渗压力可达 2.5～4.6MPa。不适用于钢筋量大及预应力混凝土工程。三乙醇胺对水泥的水化起加快作用，水化生成物增多，水泥石结晶变细、结构密实，因此提高了混凝土的抗渗性，抗渗压力可提高 3 倍以上。同时，具有早强和强化作用，质量稳定，施工简便，可提高模板周转率、加快施工进度。Fs102 混凝土密实剂属无机液态外加剂，是将硫磺、砂与矿物掺合料在 1200℃ 高温下煅烧，提取的液态溶液。只需水泥重量±0.2% 的微小掺量与水泥拌合，即可获得高密实性、高抗渗性的混凝土。Fs102 密实剂的优点是：与水极易溶合；能显著减小收缩，提高了混凝土的抗裂性及耐久性；抗氯离子渗透性提高 13%～18%，而且自身不含碱、氯、氨等有害成分，对钢筋无锈蚀作用；可减小或取消超长板块混凝土后浇带或加强带。

3. 防水混凝土配合比

（1）防水混凝土各项技术参数

胶凝材料用量应根据混凝土的抗渗等级和强度等级等选用，其总用量不宜小于 320kg/m³；当强度要求较高或地下水有腐蚀性时，胶凝材料用量可通过试验调整；在满足混凝土抗渗等级、强度等级和耐久性条件下，水泥用量不宜小于 260kg/m³；砂率宜为 35%～45%，泵送时可增至 45%；灰砂比宜为 1：1.5～1：2.5；水胶比不应大于 0.50，有侵蚀性介质时，水胶比不宜大于 0.45；普通防水混凝土坍落度不宜大于 50mm。防水混凝土采用预拌混凝土时，入泵坍落度宜控制在 120～160mm，坍落度每小时损失值不应大于 20mm，坍落度总损失值不应大于 40mm；掺引气剂或引气型减水剂时，混凝土含气量应控制在 3%～5%；预拌混凝土的初凝时间宜为 6～8h。

（2）防水混凝土配合比设计原则及要点

根据工程性质及设计图纸的要求，由混凝土的抗渗性和耐久性以及施工季节确定水泥的品种，由混凝土的强度等级确定水泥的强度等级。在必须符合工程要求，以及防水混凝土选材要求的前提下，应优先考虑当地的砂、石材料。根据混凝土强度等级、水泥品种、地理环境、钢筋配筋情况、施工工艺等，选择相应的外加剂。依据抗渗性以及施工最佳和易性来确定水胶比。施工和易性要由结构条件（如结构截面、钢筋布置等）和施工方法（如运输、浇筑和振捣等）综合因素决定。

抗渗混凝土不等同于高强、高性能混凝土，它是以抗渗等级为设计依据，与普通混凝土也是两个完全不同的概念。以抗渗等级作为配制设计的主要依据，提高砂浆的不透水性，增大砂浆数量，在混凝土粗骨料周围形成足够数量和良好质量的砂浆包裹层，使粗骨料彼此隔离，有效地阻隔沿粗骨料互相连通的渗水孔网，采用普通混凝土设计。突出矿物掺合料在防水混凝土配制中的重要地位，以胶凝材料用量（含水泥与矿物掺合料）代替传统的水泥用量；水胶比（水与胶凝材料之比）代替传统的水灰比；水泥依然占据主导地位，其他胶凝材料、粉煤灰、磨细矿渣粉、硅粉等，也占有重要

位置；矿物掺合料掺量一般为胶凝材料的 25%～35%；采用复合掺合料时，其品种数量应经试验确定。严格控制防水混凝土中总碱含量及氯离子含量，各类材料的总碱量（Na_2O 当量）不得大于 3kg/m³；氯离子含量不应超过胶凝材料总量的 0.1%；可加入合成纤维或钢纤维，以提高混凝土抗裂性。

（3）减水剂防水混凝土配制要点：应根据结构要求、混凝土原材料的组成、特性等因素以及施工工艺、施工季节的温度，正确地选择减水剂品种。并根据相关标准进行钢筋锈蚀、28d 抗压强度比及减水率等项目的试验。参考产品说明书推荐的"最佳掺量"，根据实际混凝土所用其他原材料、施工要求及施工时的气温，经过试验确定减水剂适宜掺量。减水剂的掺量增加时混凝土的凝结时间也随之延长。尤其是木质素类减水剂若超量掺加，减水效果提高不大，且混凝土凝结时间也更加延长，强度还会相应降低。高效减水剂若超量掺加，泌水率也随着加大，影响混凝土施工质量。在试配过程中，注意所用水泥是否与所选减水剂相适应，在有条件的情况下，宜对水泥和减水剂进行多品种比较，不宜在单一的狭隘范围内寻求"最佳掺量"。混凝土中若掺加粉煤灰，应调整减水剂用量，以解决粉煤灰含有一定量的碳，降低减水效果情况。使用引气型减水剂含量应控制在 3%～5%，可与消泡剂复合使用。减水剂也可与其他外加剂复合使用，掺量根据试验确定。

（4）三乙醇胺防水混凝土配制要点：三乙醇胺防水剂适用于各种水泥，尤其能改善矿渣水泥的泌水性和黏滞性，明显提高其抗渗性。三乙醇胺防水混凝土的水泥用量有所降低，砂率随水泥用量的降低而相应提高。当水泥用量为 280～300kg/m³ 时，砂率以 40% 为宜。掺三乙醇胺的混凝土灰砂比可不小于普通混凝土 1：2.5 的限制，具体用量应经试验确定。由于三乙醇胺对不同品种的水泥作用不同，更换水泥品种应重新进行试验。三乙醇胺防水剂应配成浓度适当的溶液后使用。配制溶液时先将水放入容器中，再将配制好的三乙醇胺放入水中，搅拌直至完全溶解，即成防水剂溶液。拌合混凝土每 50kg 水泥随拌合水掺入 2kg 三乙醇胺防水剂溶液。溶液中的用水量应从拌合水中扣除，以免使水胶比增加。

（5）引气剂防水混凝土配制要点：由于水胶比的大小直接影响混凝土内部气泡的数量与质量，因此引气剂防水混凝土水胶比的控制很必要。适宜的水胶比可使混凝土获得最佳含量和较高的抗渗性，配制混凝土时要注意调整水胶比。砂的细度影响混凝土内部气泡的生成。粗砂生成的气泡较大，中砂、细砂有利于混凝土的物理力学性能和抗渗性。细度模数约 2.6 的砂效果较好。混凝土的含气量直接影响着引气剂防水混凝土的质量，混凝土含气量应控制在 3%～5%。影响混凝土含气量的材料因素：水泥品种、细度、碱含量及用量，掺合料的品种及用量，骨料的类型、级配及最大粒径，水的硬度，复合使用的外加剂品种，混凝土配合比等。影响混凝土含气量的施工因素：搅拌机的类型、状态，搅拌速度，搅拌量，搅拌持续时间，振捣方式及施工环境等。

（6）补偿收缩混凝土及配制要点：补偿收缩混凝土使用膨胀水泥或添加膨胀剂的混凝土，能同步抑制混凝土自身孔隙和裂缝。补偿收缩混凝土硬化初期，由于水泥水化作用生成的水化物结晶体体积增大而产生膨胀，其生长膨胀过程中向水泥石中的孔隙填充，堵塞并切断混凝土内连通的毛细孔道，使混凝土内的总孔隙率变小，可抑制孔隙、改善孔隙结构；同时，补偿收缩混凝土在硬化初期产生的适度膨胀，在钢筋、相邻物体等限制条件下产生的收缩应力（即自应力）可抵消混凝土在干缩和徐变时产生的大部分拉应力，使混凝土的拉应变值小于允许极限拉伸变形值或接近于零，因此，混凝土可减少或不出现裂缝。在补偿收缩混凝土硬化过程后期产生膨胀而消除裂缝，达到抗渗、防水的目的。

膨胀剂的性能指标应符合《混凝土膨胀剂》（GB 23439—2009）的标准，不得使用硫铝酸盐水泥、铁铝酸盐水泥及高铝水泥。常用的膨胀水泥有：明矾石膨胀水泥、石膏矾土膨胀水泥、低热微膨胀水泥。贮存超过 3 个月的膨胀水泥，应复试其膨胀率符合要求后再用。膨胀剂的掺量应代替胶凝材料，一般普通型膨胀剂掺量为胶凝材料的 8%～12%，单方掺量≥30kg/m³，低掺量的高性能膨胀剂掺量为胶凝材料的 6%～8%，填充用膨胀混凝土，膨胀剂掺量为胶凝材料的 10%～15%，单方掺量≥40kg/m³。掺膨胀剂

的补偿收缩防水混凝土应在限制条件下使用，混凝土的膨胀只有在限制条件下才能产生预压力，才能起到控制混凝土出现有害裂缝的作用。因此，应根据结构部位的限制膨胀率设定值，确定膨胀剂的适宜掺量。《混凝土外加剂应用技术规范》（GB 50119）规定：水泥的组分和活性不同，化学外加剂的品种及掺量不同，根据施工现场原材料及混凝土坍落度要求，在达到设计强度等级和抗渗等级的同时，配制的补偿收缩混凝土应达到水中 14d 的限制膨胀率 ≥0.015%，一般为 0.02%～0.03%，相当于在混凝土结构中建立大于 0.2MPa 的预压应力。填充性膨胀混凝土水中 14d 的限制膨胀率 ≥0.025%，一般为 0.035%～0.045%。补偿收缩混凝土配合比的各项技术参数，可参考普通防水混凝土的技术参数。确定膨胀剂的掺量应按防水混凝土技术规范要求，其水泥用量不得小于 260kg/m³，水胶比不宜大于 0.5。用于地下或水中的掺入粉煤灰的大体积混凝土，为减少混凝土温差以降低水泥用量，可采用 60d 抗压强度作为设计强度等级。补偿收缩混凝土配合比试验室可在考虑施工和易性的前提下，参考普通防水混凝土的技术参数，初步选出水胶比、水泥用量，计算出用水量，再依据选定的砂率，求出砂、石的重量，得出初步配合比，以此制作强度试件及膨胀试件（包括自由膨胀试件和限制膨胀试件），在检验试件的强度、膨胀率（特别是限制膨胀率）均满足设计要求后，下达补偿收缩混凝土配合比。

（7）自密实高性能防水混凝土及配制要点：自密实高性能防水混凝土是通过外加剂、胶凝材料及粗细骨料的选择及配合比设计，使混凝土拌合物屈服值减小并具有足够的塑性黏度，粗骨料能悬浮在水泥浆中具有很高的流动性而不泌水、不离析，在自重力作用下不经振捣自动流平，并包裹钢筋及充满模板空腔，形成密实而均匀的混凝土结构。密实混凝土的强度等级一般为 C25～C60。自密实混凝土的拌合物具有高流动性、保塑性、抗离析性、充填性及可泵性等特点。高流动性可保证混凝土拌合物在自重力作用下，通过钢筋稠密区不需任何密实成型措施即可不留下任何孔洞，工作性能可达到坍落度 250～270mm，扩展坍落度 550～700mm，流过高差 ≤15mm。穿过靴型仪前、后混凝土中粗骨料含量差 ≤10%。保塑性既要保证混凝土泵送要求，又要保证混凝土流动性在 2～3h 内保持不变。免振捣自密实混凝土拌合物的保塑性比普通混凝土高很多，其指标要求 90min 内混凝土拌合物满足流动性、抗离析性、充填性的要求。抗离析性直接影响混凝土拌合物浇筑后的均匀性，因此自密实混凝土的抗离析性是指混凝土在流动过程中始终保持匀质性能力，即不泌水、不离析、不分层；充填性是衡量混凝土拌合物能否通过钢筋稠密区，自动填充整个模腔的能力；高施工性能，能保证混凝土在不利的建筑条件下密实成型，由于使用大量的矿物细掺料可降低混凝土的升温，提高抗劣化能力，从而提高混凝土的耐久性。由于自密实混凝土体积收缩小、抗渗性能高，同时可避免混凝土因振捣不足而造成的孔洞、蜂窝、麻面等质量缺陷。

所选水泥应与所选的高效减水剂具有相容性。掺入矿物细掺料可以调节混凝土的施工性能、提高混凝土的耐久性、降低混凝土的温升。应选用具有高活性、低需水量的矿物细掺料。粉煤灰比矿渣的需水量小，收缩少，但抗碳化性能差，矿渣比粉煤灰需水量大，抗离析性差，但活性高。通常可利用不同细掺料的复合效应取长补短，按适当比例同时掺用矿渣及粉煤灰。当混凝土强度等级不高时，也可用石英砂粉、石灰石粉做填充细掺料，以提高混凝土流动度。影响混凝土流动性的主要因素是粗骨料的含量。随着粗骨料体积的增加，粗骨料间咬合、摩擦的几率也增大，混凝土拌合物的流动性就会明显下降。粗骨料的粒径、粒形及级配对自密实混凝土拌合物的施工性，特别是对拌合物的间隙通过性影响很大。选用卵石最大粒径不超过 25mm；选用碎石最大粒径不超过 20mm；稠密钢筋及预埋件部位等间隙小的构件石子粒径应满足规范要求。石子吸水率不大于 1.5%。自密实混凝土砂率大，应选用中粗砂，以偏粗砂为好。应严格控制砂中细颗粒的含量，保证 0.63 筛的累计筛余大于 70%，0.35 筛的累计筛余大于 98%。要求高效减水剂不但减水率高、保塑性能好，而且配制的混凝土拌合物具有高流动性，适合的凝结时间及泌水率，良好的泵送性，对硬化混凝土力学性质、干缩及徐变无坏影响，耐久性好。多选用高性能引气型减水剂，如萘系或聚羧酸系高效减水剂。自密实混凝土应在满足拌合物

高施工性能的要求的同时，具有高流动性、抗离析性及保塑性。因此，配合比各项参数与同强度普通防水混凝土相比不同之处为：浆骨比较大，粗骨料用量较小；胶浆材料总量一般大于 500kg/m³；砂率最大可达 50% 左右；细掺料总量占胶浆材料总量的 30% 以上，水胶比不宜大于 0.4。由于自密实混凝土粗骨料用量小，粉体材料用量大，其干缩会大一些，可掺粉煤灰及少量膨胀剂，以减少收缩。也可加入合成纤维，减少收缩、提高抗裂性。自密实混凝土虽然掺入大量的混合材料，碱度降低会加速碳化，但因其水胶比低、密实度高，抵抗碳化的能力会增加。其掺加矿物细掺料后，在水胶比相同的情况下较普通混凝土碳化速率增加，而由于水胶比的降低碳化速率可达到与较普通混凝土相近，细掺料的品种、掺量及水胶比直接影响碳化速率。因此，选用适当的矿物细掺料通过调整配合比，可解决自密实混凝土抵抗碳化性能。配合比实例见表 27-7。

北京电视中心工程 C60 自密实混凝土配合比实例（kg/m³） 　表 27-7

水泥	水	砂	石子	外加剂	掺料	其他
P.O. 42.5	自来水	Ⅱ区中砂	碎石	Sikavisco（减水）/UEA	粉煤灰/S75 矿粉	
415	160	780	900	9.15	60/100	35

（8）钢纤维抗裂防水混凝土及配制要点：纤维抗裂防水混凝土是以混凝土作基材，添加非连续的短纤维或连续的长纤维作增强材料组成的复合材料。纤维混凝土在建筑防水领域的开发应用，是近几年来众多混凝土改性技术中效果最明显的应用技术之一。在混凝土中掺加纤维，由于纤维均匀地分布在混凝土拌合物中，可结合紧密，改变微裂缝发展的方向、阻止微细裂缝的连通。纤维分散了混凝土定向收缩的拉应力，从而达到抗裂效果。这将有效地提高混凝土的抗裂性和其他机械力学性能。

钢纤维抗裂防水混凝土是在混凝土拌合物中掺入钢纤维组合而成的复合材料。因大量很细的钢纤维均匀地分散在混凝土的骨料周围，主要起增强、增切、限裂和阻裂作用，其与混凝土接触的面积很大，在所有的方向都使混凝土的强度得到提高，水泥浆在拌合料中包裹着骨料和钢纤维的表面，填充骨料与骨料、骨料与钢纤维之间的缝隙，并起润滑作用，使混凝土拌合料具有一定的和易性，硬化后的水泥浆将骨料、钢纤维粘结成坚固、密实的整体。与普通防水混凝土相比，钢纤维抗裂防水混凝土的抗拉强度、抗弯强度、耐磨、耐冲击、耐疲劳、韧性及抗裂等性能都有提高。钢纤维混凝土的性能取决于基体混凝土的性能和钢纤维的性能以及相对含量，同时也与施工搅拌、浇筑、振捣、养护等工艺有关。除钢纤维外，混凝土的其他组成材料与普通混凝土相同。

钢纤维的增强效果与钢纤维的直径（或等效直径）、长度、长径比及表面形状有关。直径或等效直径为 0.3～1.2mm，长度为 15～60mm，长径比在 30～100 范围内的钢纤维，可满足增强效果及施工性能。钢纤维混凝土中钢纤维的体积率同样影响其增强效果，一般浇筑成型的钢纤维混凝土体积率为 0.5%～2%。用于钢纤维混凝土的水泥用量较普通混凝土大，一般为 360～450kg/m³。石子粒径过大，将削弱钢纤维的增强作用，且钢纤维易集中于大骨料周围，不便于钢纤维的分散，石子的最大粒径不宜大于 20mm。石子的级配应符合要求，否则将影响钢纤维混凝土拌合物的流动性及水泥用量。为改善混凝土拌合物的和易性、减少水泥用量或提高混凝土强度，可掺加一定量的外加剂。用于防水混凝土的外加剂均可使用，常用的为减水剂。钢纤维抗裂防水混凝土配合比除满足普通防水混凝土的一般要求外，还应满足抗拉强度、抗折强度、韧性及施工时混凝土拌合物的和易性和钢纤维不结团的要求。因此，钢纤维抗裂防水混凝土配合比除按抗压强度控制外，还应根据工程性质及要求，分别按抗拉强度及抗折强度控制，确定配合比，同时能充分发挥钢纤维混凝土的增强作用。对有耐腐蚀及耐高温要求的结构，应选用不锈钢纤维。钢纤维抗裂防水混凝土在拌合料中加入钢纤维后，和易性有所下降，可适当增加单位用水量及单位水泥用量，来

获取适当的和易性。在配合比设计时，还应考虑钢纤维在拌合物中能分散均匀，使钢纤维的表面包满浆液，确保钢纤维抗裂防水混凝土的质量。水灰比宜选用 0.45～0.50，水泥用量宜为 360～400kg/m³。钢纤维体积率较大时，可适当增加水泥用量，但不应大于500kg/m³；坍落度可比相应的普通防水混凝土小 20mm。

（9）聚丙烯纤维抗裂防水混凝土及配制要点：聚丙烯纤维抗裂防水混凝土是在普通防水混凝土拌合物中掺加适量聚丙烯纤维配制成的一种复合材料。在混凝土中，作为骨料胶粘材料的水泥，同时也握裹了大量的微细纤维。混凝土凝结的过程中，均匀分散的纤维彼此相联结为乱向分布的多重网架承托系统，承托骨料，有效减少骨料的离析及泌水，在一定程度上改善了混凝土的密实度，黏聚性更好；由于泌水的改善，保水性更好，水泥基体水化反应更均匀、彻底，从而从根本上改善了混凝土的质量。同时，在混凝土凝结的过程中，当水泥基体收缩时，由于纤维这些微细筋的作用，有效地消耗了能量。聚丙烯纤维因大量的能量吸收，控制了水泥基体内部微裂的生成及发展，可以抑制混凝土开裂的过程，使混凝土抗裂能力、抗折强度大幅度提高，并极大改善其抗冲击性能及降低其脆性，提高混凝土的韧性，也在一定程度上提高了混凝土的抗拉强度。同时，也提高了混凝土的抗冻、耐磨及抗渗能力，大大增强了混凝土的耐久性。凝结后即使有微观缝产生，在内部或外部应力作用下，它要扩展为大的裂纹，极难形成贯通性的渗水毛细孔道或裂缝，从而有效地达到了抗裂及抗渗、防水的目的。经我国国家建筑材料检测中心，对杜拉纤维混凝土（每立方米混凝土掺入约 0.5kg的杜拉纤维）的测试，其混凝土抗裂性能提高约 70%；抗冻融性能提高 85%；抗渗性能提高 60%～70%；抗冲击性能也有显著提高。

用来增强水泥基复合材料的聚丙烯纤维在形式上主要有单丝、纤化纤维及挤压带三种。聚丙烯纤维增强水泥基材有两种不同的方式，有连续网片和短切纤维。聚丙烯纤维混凝土主要分网状膜裂纤维和同束状单丝纤维。聚丙烯纤维的主要优点是良好的化学稳定性及抗碱性，熔点较高，原材料价格低廉；其不足之处是弹性模量低，耐火性差。当温度超过 120℃时，纤维就软化，使聚丙烯纤维增强水泥基复合材料的强度显著下降。在空气或氧气中光照易老化，有憎水性而不易被水泥浆浸湿。因包裹纤维的混凝土可提供保护层，有助于减小对火和其他环境因素的损伤。聚丙烯纤维完全为物理性配筋，与混凝土集料及外加剂不起任何化学反应，故不需改变混凝土或砂浆的其他配合比，对坍落度影响很小，初凝、终凝时间变化甚微，黏聚性增强，泵送性能可以改善。聚丙烯纤维混凝土配合比，见表 27-8。

C30 抗渗等级 P6 聚丙烯纤维混凝土配合比（kg/m³）　　表 27-8

水泥 P.O42.5	石子（碎石 5～25）	砂（中）	水	聚丙烯纤维	粉煤灰（一级）	外加剂（ZK-901）	膨胀剂（UEA）
360	1010	725	200	0.3	60	2.79	45

（10）聚合物水泥混凝土及配制要点：聚合物水泥混凝土是高分子材料与普通混凝土有机结合的性能较普通混凝土优越的复合材料。聚合物加入混凝土中，聚合物在混凝土内形成弹性网膜状体，填充水泥水化产物与骨料之间的空隙，并结合为一体，起到增强与骨料的粘结作用，因此，聚合物水泥混凝土较普通混凝土具有优良的特性。既提高了混凝土的密实度、抗压强度，又使抗拉强度、抗弯强度有显著的提高，同时也不同程度地改善了混凝土的耐化学腐蚀性能，并且减少了混凝土的收缩变形，增加了适应变形的能力，因此，减少混凝土裂缝，使抗渗性获得显著提高。

聚合物掺入水泥混凝土中，不应影响水泥水化过程或对水泥水化产物有不良作用。聚合物本身在水泥碱性介质中，不会被水解或破坏。聚合物应对钢筋无锈蚀作用。聚合物可与水泥、骨料、水等一起搅拌，其使用方法与混凝土外加剂相同，其掺量一般为水泥用量的 5%～25%，不宜过多。用于与水泥掺合使用的聚合物分为以下三类。聚合物分散体乳胶类的橡胶胶乳有天然橡胶胶乳、合成橡胶胶乳；树脂乳液有热塑性和热固性树脂乳液、沥青质乳液；混合

分散体有混合橡胶、混合乳胶；水溶性聚合物的甲基纤维素（MC）、聚乙烯醇、聚丙烯酸盐—聚丙烯酸钙及糠醇；液体聚合物的环氧树脂、不饱和聚酯。主要助剂包括稳定剂、消泡剂、抗水剂、促凝剂等。稳定剂是水溶性聚合物分散体（乳胶类）树脂在生产过程中，乳液聚合多数采用阴离子型进行，这些聚合物乳胶与水泥浆混合后与水泥浆中大量溶出的多价钙离子作用，而致使乳液变质、破乳、凝聚，以及在搅拌过程中聚合物乳液产生析出及过早凝聚，使聚合物不能在水泥浆中均匀分散，必须加入稳定剂阻止这种变质现象。改善聚合物乳液对水泥水化生成物的化学稳定性以及对搅拌剪切力的机械稳定性，使聚合物与水泥混合均匀，有效结合并紧密粘附成稳定的聚合物水泥多相体。常用的稳定剂有 OP 型乳化剂、均染剂102、农乳 600 等。稳定剂多采用表面活性剂，应根据聚合物品种选择稳定剂及掺量。乳胶与水泥拌合时，因乳液中的稳定剂及乳化剂等表面活性剂的影响，会产生大量的小气泡。这些气泡如不消除，将增加混凝土的空隙率，使混凝土的强度及抗渗性能明显下降。为避免这种情况，必须加入适量的消泡剂。常用的消泡剂有丁烯醇、3-辛醇、磷酸三丁酯、二烷基橡硅氧烷等。消泡剂的针对性很强，同种材料在一种体系中能消泡，在另一种体系中却能助泡，必须有针对性地选择消泡剂。通常用于聚合物水泥混凝土中的聚合物已加入消泡剂，购买前应确认。在选用的聚合物、乳化剂、稳定剂耐水性较差时，应加入适量的抗水剂。当聚合物掺量较多而延缓聚合物水泥混凝土的凝结时，应加入适量的促凝剂，促使其凝结。

聚合物的品种、性能、掺量及其相应的助剂种类和掺量，是影响聚合物水泥混凝土呈现最佳力学性能的主要因素。水胶比的影响没有普通混凝土的大，聚合物水泥混凝土的水胶比以和易性来表示。聚合物的掺量对混凝土影响较大，其掺量过小，对混凝土性能的改善也小；其掺量加大，混凝土各项性能也随之提高。但其掺量超过一定范围时，混凝土强度、粘结性、干缩等性能反向向劣质转化。聚合物水泥混凝土配合比设计时，除抗压强度及和易性外，还应考虑抗拉强度、防水性（水密性）、粘结性及耐腐蚀性等，水胶比会影响一些，但水灰比（聚合物和水泥在整个固体中的重量比）影响更大、更密切。聚合物水泥混凝土配合比，除设计聚灰比外，其他组分与普通混凝土基本相同。聚灰比在 5%～20% 的范围内，水胶比在 0.3～0.6 范围内。聚丙烯酸乙酯水泥混凝土配合比，见表 27-9。

聚丙烯酸乙酯水泥混凝土配合比　　表 27-9

聚灰比（%）	水胶比	砂率（%）	聚合物分散体用量（kg/m³）	用水量（kg/m³）	水泥用量（kg/m³）	砂（kg/m³）	石子（kg/m³）	测定值	
								坍落度（mm）	含气量（%）
0	0.5	45	0	160	320	510	812	50	5
5	0.5	45	36	140	320	485	768	70	7
10	0.5	45	71	121	320	472	749	210	7

4. 防水混凝土施工

（1）施工准备

编制先进、合理的"防水混凝土施工方案"，做好方案交底工作，落实施工所用机械、工具、设备。施工现场消防、环保、文明工地等准备工作已完成，临时用水、用电到位，做好基坑的降水、排水工作，使地下水位稳定保持在基底最低标高 0.5m 以下，直至施工完毕。基坑上部采取措施，防止地面水流入基坑内。

（2）钢筋工程

钢筋应绑扎牢固，避免因碰撞、振动使茅扣松散、钢筋移位，造成露筋。钢筋及绑扎钢丝均不得接触模板。墙体采用顶模棍或梯格筋代替顶模棍时，应在顶模棍上加焊止水环，马凳应置于底铁上部，不得直接接触模板。钢筋保护层应符合设计规定，并且迎水面钢筋保护层厚度不应小于 50mm。应以相同配合比的细石混凝土或水泥砂浆制成垫块，将钢筋垫起，以保证保护层厚度，严禁以垫铁或钢筋头垫钢筋，或将钢筋用铁钉及钢丝直接固定在模板上。在钢筋密集的情况下，更应注意绑扎或焊接质量，并用自密实高性能混

凝土浇筑。

(3) 模板工程

模板吸水性要小并具有足够的刚度、强度，如钢模、木模、木(竹) 胶合板等材料。模板安装应平整，拼缝严密、不漏浆。模板构造及支撑体系：应牢固、稳定，能承受混凝土的侧压力及施工荷载，并应装拆方便。固定模板防水措施使用的螺栓可采用工具式螺栓、螺栓焊止水环、预埋钢套管加焊止水环、对拉螺栓穿塑料管堵孔等做法。止水环尺寸及环数，应符合设计规定；如设计无明确规定，止水环应为 100mm×100mm 的方形止水环。模板拆除应符合《混凝土结构工程施工质量验收规范》(GB 50204) 规定，并注意防水混凝土结构成品保护。工具式螺栓分为螺栓内置节及外置节，内置节上焊止水环。拆模时，将工具式螺栓外置节取下，再以嵌缝材料及聚合物水泥砂浆将螺栓凹槽封堵严密，工具式螺栓的防水做法示意图见图 27-1；在对拉螺栓中部加焊止水环，止水环与螺栓必须满焊严密。固定模板时，可在混凝土结构两边螺栓周围加垫木块或铁片，拆模后取出垫木块或铁片形成凹槽，将螺栓沿平凹底割去，再用防水或膨胀水泥砂浆将凹槽封堵，螺栓加焊止水环作法见图 27-2；混凝土结构内预埋钢套管，钢套管上焊止水环，钢套管长度同墙厚（或其长度加上两端垫木的厚度之和等于墙厚），起撑模作用，以确保模板之间混凝土结构的设计尺寸。支模时在预埋套管中穿入对拉螺栓拉紧，固定模板。拆模后将螺栓抽出，套管两端如有垫木，拆模时一并拆除。套管内及两端垫木留下的凹坑，用膨胀水泥砂浆封堵密实。预埋套管支撑做法见图 27-3；对拉螺栓穿过塑料套管（长度相当于结构厚度），将模板固定压紧。浇筑混凝土后，拆模时将螺栓及塑料套管均拔出，然后用膨胀水泥砂浆或防水砂浆将螺栓孔封堵严密，此做法可节约螺栓，加快施工进度，降低工程成本。用于填孔料的膨胀水泥砂浆应经试配确定配合比，稠度不能大，以防砂浆干缩；用于结构复合防水则效果更佳。预埋塑料套管防水，见图 27-4。

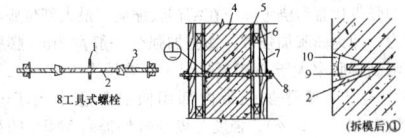

图 27-1　工具式螺栓的防水做法示意图

1—止水环；2—螺栓内置节；3—螺栓外置节；4—混凝土结构；5—模板；6—次龙骨；7—主龙骨；8—工具式螺栓；9—嵌缝材料；10—防水砂浆

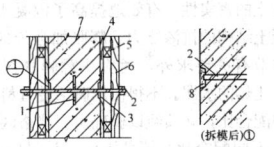

图 27-2　螺栓加焊止水环作法示意图

1—止水环；2—螺栓；3—垫木或铁片；4—模板；5—次龙骨；6—主龙骨；7—混凝土结构；8—防水砂浆

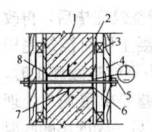

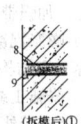

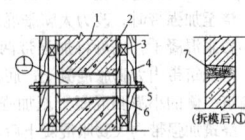

图 27-3　预埋套管加止水示意图

1—混凝土结构；2—模板；3—次龙骨；4—主龙骨；5—螺栓；6—垫木或铁片；7—预埋套管加止水环；8—预埋套管；9—膨胀水泥砂浆或防水砂浆封堵

图 27-4　预埋塑料套管防水示意图

1—混凝土结构；2—模板；3—次龙骨；4—主龙骨；5—螺栓；6—塑料管（与模板一并拆除）；7——膨胀水泥砂浆或防水砂浆封堵

(4) 混凝土工程

1) 防水混凝土施工共性

混凝土的搅拌、运输、浇筑、振捣的常规做法及季节性见第 15 章混凝土施工。外墙抗渗混凝土与内墙非抗渗混凝土交接处，为防止非抗渗混凝土流入到抗渗混凝土中，浇筑时先浇筑抗渗混凝土，并且抗渗混凝土往非抗渗混凝土的内墙中浇筑 300mm 的距离。抗渗混凝土和非抗渗混凝土相交处，先浇抗渗混凝土，后浇非抗渗混凝土。该处墙体部分分层浇筑时，非抗渗混凝土每层的高度稍低于抗渗混凝土的厚度。混凝土后浇带两侧混凝土浇筑后，应用盖板封闭严密，避免落入杂物和进入雨水，污染钢筋。

墙体水平施工缝不应留在剪力最大处或底板与侧墙的交接处，应留在高处底板表面不小于 300mm 的墙体上。拱（板）墙结合的水平施工缝，宜留在拱（板）墙接缝线以下 150～300mm 处。墙体有预留孔洞时，施工缝距孔洞边缘不应小于 300mm。

防水混凝土的养护对其抗渗性能影响极大，尤其是早期湿润养护。浇筑后的前 14d，水泥硬化速度快，强度增长可达 28d 标准强度的 80%。混凝土在湿润条件下内部水分蒸发缓慢，不会造成早期失水，对水泥水化有利。当水泥充分水化时，其生成物将混凝土内部毛细孔堵塞，切断毛细通路，使水泥石结晶致密，混凝土抗渗性及强度可迅速提高；14d 以后，水泥水化速度逐渐减慢，强度增长也趋缓慢。继续养护虽然仍有益，对质量的影响远不如早期，因此应加强前 14d 的养护。大体积混凝土和大面积板面混凝土，浇筑后的混凝土应立即在混凝土表面覆盖一层塑料布，3～6h 内表面用长刮尺刮平，在初凝前反复搓面 3～4 遍，再用木抹子搓平、压实。在对混凝土表面抹平时，塑料布应随揭随抹，抹完即盖，以避免混凝土表层龟裂。终凝前，表面抹压后为防止水分蒸发，应用塑料薄膜覆盖，混凝土硬化达到可上人时采用蓄水或用湿麻袋、草席等覆盖定期浇水养护，养护期不小于 14d。同时，控制内外温差：混凝土中心温度与表面温差值不应大于 25℃，混凝土表面温度与大气温度差不应大于 25℃。墙体等立面不易保水的构件宜控制拆模时间，因混凝土硬化初期水化热大、墙体内外温差大、膨胀不一致，会使混凝土产生温度裂缝。立面构件浇筑完毕 1d 后，松模板螺栓 2～3mm，从顶部进行喷淋养护。3d 后拆模，拆模后宜用湿麻袋或草席包裹后喷淋养护，养护期不小于 14d。冬期施工，混凝土浇筑后不能浇水养护，应采用综合蓄热法、蓄热法、暖棚法、掺化学外加剂等方法，不得采用电热法或蒸汽直接加热法。电热法属“干热养护”，是在混凝土凝结前，通过直接或间接对混凝土加热，促使水泥水化作用加速，内部游离水很快蒸发，使混凝土硬化。这种方法很难使混凝土内部温度均匀，混凝土内外部之间的温差更难控制，混凝土易产生温度裂缝；这种方法还可使混凝土内部形成连通毛细孔路，同时混凝土易产生干缩裂缝，降低混凝土的抗渗性；直接法常利用钢筋作为插入混凝土的金属电极，混凝土表面碳化而引起钢筋锈蚀，混凝土与钢筋的粘结随碳化的深入而逐渐破坏，钢筋周围形成缝隙成为渗水通路，降低混凝土的抗渗性。混凝土内部毛细孔在蒸汽养护的汽压力下大量扩张，降低了混凝土的抗渗性。在必须使用蒸汽养护的特殊地区，必须做到以下几点：不宜直接喷射蒸汽加热混凝土表面；冷凝水会在水泥凝结前将灰浆冲淡，导致混凝土表层起皮及疏松等缺陷，应及时排除聚在混凝土表面的冷凝水；混凝土表面结冰，会使其内部水泥水化作用非常缓慢，当温度低至使混凝土内部水分结冰时，会因膨胀而破坏混凝土内部致密的组织结构，以致强度和抗渗等级均大为降低。必须防止结冰；结构表面系数小于 6 的升温速度不宜超过 6℃/h，结构表面系数等于和大于 6 的升温速度不宜超过 8℃/h；降温速度不宜超过 5℃/h；恒温温度不得高于 50℃。

2) 减水剂防水混凝土施工要点：严格控制减水剂掺量，误差每盘控制在±2%以内，微机控制计量的搅拌站累计计量误差控制在±1%以内。粉剂减水剂的掺量很小，直接掺入易使减水剂分散不均匀，影响混凝土的质量，因此减水剂宜配制成一定浓度的溶液。严禁将减水剂干粉倒入混凝土搅拌机内拌合。干粉状减水剂在使用前，先将干粉倒入 60℃左右的热水中搅匀，制成 20%浓度的溶液（用比重计控制溶液浓度）。溶液中的用水量应从拌合水中扣除，以免水胶比增加。减水剂掺加方法有先掺加法和后掺加法。先掺加法是将配好的减水剂溶液与拌合水一同加入搅拌机内，使减水组分尽快得到分散；后掺加法是当混凝土搅拌运输车到达施工现场浇筑前 2min，将减水剂掺入混凝土搅拌运输车的料罐中，同时加快搅拌料罐的转速，使减水剂与混凝土搅拌均匀。后掺加法技术使

减水剂更有效地发挥作用，可减少混凝土坍落度的损失，提高混凝土的和易性及强度，效果很好。无论采用哪种掺加方法，掺减水剂的混凝土必须搅拌均匀后方可出料。因工程需要，需二次添加减水剂时，应通过试验确定。使用引气型减水剂，应采取高频振动、插入振动，或与消泡剂复合使用方法，以消除过多的有害气泡。应注意养护，尤其是早期潮湿养护。

3) 三乙醇胺混凝土施工要点：配制防水剂溶液应严格，必须充分搅拌至完全溶解，以防三乙醇胺分布不均匀，或氯化钠和亚硝酸钠溶解不充分而造成不良后果。掺量应严格，防水剂溶液应与拌合用水掺合均匀使用，不得将防水剂材料直接投入搅拌机中，致使拌合不均匀而影响混凝土的质量。重要的防水工程可采用加入亚硝酸钠阻锈剂的配方配制三乙醇胺防水混凝土，可抑制钢筋锈蚀。寒冷地区冬期施工，可掺入三乙醇胺早强外加剂，提高混凝土的早强抗冻性，但应由试验室根据该地区的具体条件进行试配，确定外加剂掺量，以保混凝土强度的增长及混凝土抗渗质量。

4) 引气剂防水混凝土施工要点：引气剂制成溶液使用。溶液中的用水量应从拌合水中扣除，以免使水灰比增加。采用机械搅拌。先将砂、水泥、石子倒入搅拌机，再将引气剂与拌合水搅匀后投入搅拌机。不得单独将引气剂直接投入搅拌机，以免气泡分布不均匀，影响混凝土质量。混凝土从搅拌机出料口输出，经运输、浇筑捣后，含气量损失大约为 1/4~1/3。在搅拌机出料口进行取样，检测混凝土拌合物的坍落度及含气量时，应考虑混凝土在运输、浇筑及振捣过程中含气量的损失，施工中每隔一定时间进行现场检查，使含气量严格控制在规定范围内。采用高频振捣器振捣，排除大气泡，保证混凝土质量及抗渗性。养护应注意保持湿润。引气剂防水混凝土在低温（5℃）下养护，会完全丧失抗渗能力。冬期施工要注意蓄热保温，否则影响混凝土质量。

5) 补偿收缩混凝土施工要点：严格掌握混凝土配合比，确保膨胀剂掺量准确。膨胀剂称量误差应小于 0.5%，膨胀水泥称量误差应小于 1%。计量装置必须准确，开盘前应检验、校正，使用中应进行校核。膨胀剂可直接投入料斗同水泥、砂、石子干拌 0.5~1min，拌合均匀后再加水搅拌，拌合时间应较普通混凝土延长30s，预拌混凝土拌合时间延长10s。预拌混凝土可将膨胀剂以混凝土罐车所载混凝土量，按比例预先称好放在装料架上备用，待混凝土罐车到达施工现场时，再将称好的膨胀剂通过架子加料口投入罐中，至少搅拌 5min，拌匀后方可使用。人工浇筑，现场坍落度为 70~80mm；泵送混凝土浇筑，现场坍落度为 120~160mm。混凝土出罐温度宜小于 30℃；现场施工温度超过 30℃，或混凝土运输、停放时间超过 30~40min，应在混凝土拌合前采用加大坍落度的措施；混凝土拌合后，不得再次加水搅拌。现场施工温度超过 30℃，墙体混凝土应适当调高膨胀剂的掺量，降低入模温度。负温施工，混凝土入模温度不得低于 5℃。混凝土应连续运输、连续浇筑，不得中断。混凝土浇筑应分层梯式推进，浇筑间隔不得超过混凝土的初凝时间。混凝土浇筑时间间隔超过初凝时间，应事先考虑设置施工缝。再次浇筑时，按施工缝要求进行处理后方可施工。运输距离较远或夏季炎热天气施工，可在混凝土中掺入适量缓凝减水剂，以确保混凝土的流动性及坍落度满足施工要求。低温施工时，可掺入防冻减水剂或早强减水剂，以提高混凝土的早期强度。混凝土浇筑的自由落距应控制在 2m 以内。混凝土楼板及厚度小于 1m 的底板应一次浇筑完成；厚度大于 1m 的底板应分层浇筑，采用"斜面布料、分层振捣"的方法。楼板混凝土浇筑时，为防止上层钢筋下沉，应将上层钢筋置于铁马凳上。浇筑墙体混凝土，采用溜槽或输料管从一端逐渐推向另一端，分层厚度一般为 500mm。必须采用机械振捣，振捣应均匀、密实，不允许有欠振、漏振和超振现象。混凝土终凝前，应对其表面反复抹压，以防止表面出现沉降收缩裂缝。

补偿收缩混凝土的养护非常重要，混凝土中膨胀结晶体钙钒石（$C_3A \cdot 3CaSO_4 \cdot 32H_2O$）的生成需要充足的水，一旦失水就会粉化。混凝土浇筑完毕 1~7d 内是膨胀变形的主要阶段，必须加强混凝土的早期养护。若早期养护开始时间较迟，不但可能抑制混凝土膨胀，还可能产生大量的有害裂缝。常温下混凝土浇筑后 8~12h，即应进行浇水养护。保持外露混凝土表面呈湿润状态。养护用水不

得浇冷水，也不得在阳光下暴晒，应与环境温度相同。现场施工温度超过 30℃，应特别加强湿养护。大体积混凝土和大面积楼面混凝土，终凝前表面抹平后，为防止水分蒸发，应用塑料薄膜覆盖。混凝土硬化达到可上人时，采用蓄水或用湿麻袋、草席等覆盖，定期浇水养护，养护期不小于 14d。同时，控制内外温差应小于 30℃。墙体等立面不易保水的构件宜控制拆模时间，因混凝土硬化初期水化热大，墙体内外温差大，膨胀不一会使混凝土产生温度裂缝。立面构件浇筑完毕 1d 后，松模板螺栓 2~3mm，从顶部进行喷淋养护。3d 后拆模，拆模后宜用湿麻袋或草席包裹后喷淋养护。冬期施工，混凝土应用塑料薄膜和保温材料覆盖养护。浇筑补偿收缩混凝土前，施工缝应剔除表面松散部分至密实处，清水湿润 12~24h 后，铺 30mm 厚 1:2 掺膨胀剂的水泥砂浆。C40 以上的补偿收缩混凝土墙体裂缝，多为表层裂缝。宽度小于 0.2mm 的非贯穿裂缝不需补，在潮湿环境下微裂缝可自愈。补偿收缩混凝土浇筑完毕后，出现狗洞、蜂窝及渗漏等缺陷，应认真处理：狗洞首先将松散部分剔除，剔凿至密实处，重新支带有喇叭的模板，用提高一个强度等级和抗渗等级的补偿收缩混凝土浇筑，并严格养护。混凝土达到强度等级的 80% 以后，将凸出部位剔平；宽度大于 0.2mm 裂缝应开 30~50mm 的缝，表面蜂窝剔凿至密实处，清水冲洗干净后，用 1:2 掺膨胀剂的水泥砂浆修补好；贯穿裂缝应使用无机或有机灌浆，并局部采用柔性防水涂料或防水卷材加强处理。补偿收缩混凝土养护与缺陷护理完毕后，应及时维护。地下室应尽早创造条件进行回填土的施工，屋面应尽早施工保温层、找平层和防水层。遇骤冷或强风时，地下通道应临时封闭，以防出现温差裂缝。

UEA 无缝技术——膨胀加强带施工：设计规范考虑混凝土收缩变形，规定 30~40m 设置一道后浇带。采用补偿收缩混凝土时，后浇缝的最大间距可延长为 60m。60d 后，进行膨胀混凝土灌填。施工繁琐、工期长，并且易留渗水隐患。超长结构超出 60m 的，可用膨胀加强带代替后浇带——在结构收缩部位预留与较大的膨胀应力，即为膨胀加强带。膨胀加强带一般宽 2m，膨胀加强带两侧用限制膨胀率大于 0.015%（UEA 掺量为 10%~12%）的补偿收缩混凝土，膨胀加强带内部用限制膨胀率大于 0.03%（UEA 掺量为 14%~15%）、强度等级较带外提高 5MPa 的补偿收缩混凝土。膨胀加强带两侧用钢筋固定，钢丝网拦隔加强带外混凝土流入加强带内。地下超长混凝土结构可连续浇筑，避免设置若干条后浇带的间隔施工法；取消后浇带，增强了混凝土结构的整体性，减少处理后浇带的难度及质量缺陷；可缩短工期，提高施工速度；增强了混凝土的密实性，有效地提高了混凝土结构的抗裂性，从而提高了混凝土结构的抗渗能力。膨胀加强带的施工技术要点：原材料除符合本节有关要求外，尚应注意膨胀剂以 UEA-H 型为宜，并选用低水化热的水泥。不得使用碱活性骨料。膨胀加强带及其两侧混凝土的配合比，必须经试验确定。严格区分膨胀加强带及其两侧混凝土的不同配合比，严禁混浇。计量应准确，由专人负责。为防止不同配合比的混凝土流入膨胀加强带内，膨胀加强带的两侧应设置孔径 2~5mm 的钢丝网片拦隔，并用 φ16 钢筋固定。底板等平面结构能连续施工、不设施工缝时，先浇筑带外小膨胀混凝土，浇至加强带时，改为大膨胀混凝土；加强带浇筑完毕后，再改为小膨胀混凝土。也可将加强带两侧小膨胀混凝土同时浇筑完毕后，再浇筑带内大膨胀混凝土；底板等平面结构不能连续施工时，先浇筑一侧的小膨胀混凝土至加强带。按施工缝要求留置及处理后，浇筑加强带内大膨胀混凝土，再浇筑带外另一侧的小膨胀混凝土；由于边墙厚度小，若长度较大、养护困难大、易产生竖向裂缝，边墙膨胀加强带每隔 30~40m 设置一道，并在加强带两侧设止水钢板。加强带两侧小膨胀混凝土浇筑完毕 14d 后，再浇带内大膨胀混凝土。振捣宜采用高频插入式振捣器。混凝土浇筑后、终结前用抹子压实混凝土表面两三遍，防止混凝土表面龟裂。要求严格养护，防止混凝土早期失水。

6) 自密实高性能防水混凝土施工要点：原材料进场后应单独放置，并按规定进行抽检复试。自密实混凝土配合比应经试验确定，并实测现场砂石含水率进行配合比调整，应严格控制原材料计量及混凝土坍落度。后台工作应由专人负责。现场搅拌时，应设置

两台以上强制式搅拌机。水胶比小、易粘结的自密实混凝土搅拌应均匀。现场应设置两台混凝土输送泵，以防止混凝土泵送时中断。泵管布置应合理，出料口处水平管长度适当增加，尽量减少弯头，硬管接头处垫圈保持拧紧，防止因漏浆造成堵管。泵管应牢固，以减少其晃动。混凝土搅拌投料顺序为：骨料→胶凝材料→水→外加剂。搅拌时间不低于3min，要充分搅拌均匀。混凝土施工过程中，应经常检测搅拌机（或混凝土运输车）及泵管出口的坍落度，根据情况及时调整，确保泵送顺利。坍落度的调整由专人负责，严禁随意加水。混凝土浇筑应连续，尽量和泵送及塔吊配合。为减少坍落度损失，搅拌完毕的混凝土应及时和输送至浇筑位置，尽可能缩短出料口与入模口的距离。可配合使用串筒或溜槽，防止混凝土产生离析。如搅拌不及时或混凝土运输车受阻，应放缓泵送速度，也可采用隔5min开泵一次，使泵正转、反转两个冲程，以防止堵管。尽管是"自密实"、"自流平"、"免振"，但对狭窄部位或钢筋稠密处，仍须稍加振捣，以排除可能截留的空气，确保混凝土密实。振捣采用插入式高频振捣器，分层振捣厚度为500mm，插入下一层混凝土约50mm，振捣密实、均匀。自密实混凝土水胶比较小，早期强度增长快，一般3d强度可达设计强度的60%，因此混凝土的早期养护非常重要，防止因脱水影响混凝土强度增长。养护方法同本节的补偿收缩混凝土养护。

7）钢纤维抗裂防水混凝土施工要点：混凝土配合比及钢纤维适宜掺量须经试验确定，原材料的计量应准确。为提高纤维的分散性，采用非离子型界面活性剂聚氧乙烯辛基苯酚醚是有效的。但该活性剂会使混凝土增加伴生空气量，为了防止形成多孔而降低强度，可并用0.05%的消泡剂硅乳浊液。搅拌设备可采用水平双轴强制式搅拌机。当纤维掺量较大时，应适当减少一次拌合量，一次搅拌量不宜大于其额定搅拌量的80%。在搅拌过程中，应避免结团、纤维折断与弯曲，搅拌机因超负荷停止运转及出料口堵塞等情况的发生。为使纤维均匀分散于混凝土中，除使用集束状钢纤维外，其他品种的钢纤维均应通过摇筛或分散机加料。钢纤维混凝土在投料、搅拌、运输、浇筑过程的各个环节中，关键是有利于钢纤维混凝土分布的均匀性及密实性。采用预拌法制作纤维混凝土，关键要使纤维在水泥硬化体中均匀分散。特别是当纤维掺量较多时，如不能使其充分分散，就容易同水泥浆或砂一起，结成球状的团块，显著降低增强效果。目前，常用的投料与搅拌工艺有以下三种：湿拌工艺——先将钢纤维以外的粗骨料、水泥进行干拌，再加水湿拌，同时用纤维分散机均匀投入钢纤维共同搅拌。这种方法的关键是钢纤维的投料应采用纤维分散机；先干后湿搅拌工艺——先将钢纤维、粗骨料、细骨料、水泥进行干拌，使钢纤维均匀分散到固体组分中，再加水湿拌。这样可避免钢纤维尚未分散，即被水泥净浆或水泥砂浆包裹成钢纤维团，达到钢纤维在混凝土中分散均匀的目的。分段加料搅拌工艺50%（砂+石子）+100%钢纤维混合干拌均匀→50%（砂+石子）+100%水泥+水及外加剂湿拌。这种投料及搅拌工艺搅拌时间应延长，适合于自由落体搅拌机。钢纤维混凝土的搅拌时间应通过试验确定，应较普通混凝土规定的搅拌时间延长1～2min。采用先干拌后加水的搅拌方法，干拌时间不宜少于1.5min。

钢纤维混凝土的浇筑与传统的施工方法有区别，特别是密实成型和纤维处理等工艺措施。钢纤维相互摩擦和相互缠绕，具有一定的刚性，形成空间网结构，抑制了内部水及水泥浆的流动度。即使掺有表面活性剂，搅拌后纤维混凝土的流动性，也随着纤维掺量的增加而显著下降，这就增加了施工难度。钢纤维成型工艺常用有振动成型、喷射成型、挤压成型、灌浆或溃浆成型等工艺。钢纤维混凝土振捣成型工艺已普遍采用，可参照普通混凝土的工艺，重点应注意纤维方向有效系数的提高。为防止施工和易性下降，除增加活性剂的数量外，掺加聚合物乳浊液，有效的方法是成型过程中施以外部振动和加压。纤维掺量不能过多；否则，在浇筑时不但不能密实填充模型，反而引起强度下降；采用平板振动，可使钢纤维由三维乱向趋于二维乱向，以提高纤维方向有效系数，可避免振捣时将纤维折断，也防止钢纤维起团。与普通混凝土相比，钢纤维混凝土的振动时间要适当延长；采用插入式振动器，不得将振动器垂直插入结构受力方向的混凝土中；否则，钢纤维沿振动器取向分布，

降低纤维方向有效系数，影响纤维的增强效果。一般采用与平面夹角不大于30°的斜向插入。振动时间不宜过长，特别是大流动性混凝土拌合物，其黏性阻力小，纤维比重大，振动时间过长则会使钢纤维下沉，造成新的不均匀现象。钢纤维混凝土喷射成型工艺是采用喷射机经压缩空气，将钢纤维混凝土拌合物喷射至要求部位，喷射层与受喷面粘结应良好。

纤维定向处理：不同的振实方法，对钢纤维混凝土中纤维的取向有很大影响。振捣混凝土时，根据结构构件的受力特点，采用磁力定向、振动定向及压压定向等方法，人为地使纤维定向。如除了预拌外，国内也有采用喷射法、离心法、离心-振动复合成型法及泵送法等。尤其是喷射法施工，喷射纤维分布均匀，钢纤维在喷射时不易受到损伤，不会产生结团现象，能提高长径比，提高界面粘结性能；同时，也可增大纤维含量，使钢纤维混凝土的物理力学性能有较大的改善。采用离心法或离心-振动复合成型法，可使钢纤维处于最有利的环向受力状态。泵送流态的钢纤维混凝土拌合物直接浇筑入模，不加插捣，则纤维在其中呈三维乱向。插入式振动器振实钢纤维混凝土时，大部分钢纤维在与振动方向垂直的平面上呈二维乱向，少部分纤维为三维乱向。喷射混凝土，纤维在喷射面上呈二维乱向。离心法或挤出法制备钢纤维混凝土制品，纤维的取向介于一维定向与二维乱向之间。钢纤维混凝土拌合物在磁场中振捣时，钢纤维可沿磁力线方向分布，即钢纤维呈一维定向分布。

浇筑前应检查混凝土是否离析，并测定和控制坍落度。若产生离析或出现坍落度损失，不能满足施工要求时，应加入原水灰比的水泥浆或二次掺入减水剂，进行二次搅拌，严禁直接加水搅拌。浇筑施工应不间断地连续进行。浇筑时间，混凝土拌合物从搅拌机出料到浇筑完毕所需时间不宜超过30min。浇筑时如需留置施工缝，应按现行防水技术规范的规定处理，加强养护。要特别注意：混凝土早期的保温、保湿养护不得少于14d。

8）聚丙烯纤维抗裂防水混凝土施工要点：聚丙烯纤维的使用非常方便，可根据配比确定的掺量（一般为体积掺量0.05%～0.15%），与加入料斗中的骨料一同送入搅拌机加水搅拌。在混凝土搅拌站，可直接将整袋纤维置于传送带上的骨料中。由于包装纸袋由特制的快速水降解纸制成，进入搅拌机后见水迅速溶解，分散于水泥中。采用常规搅拌设备搅拌，要适当延长搅拌时间（约120s），纤维束即可彻底分散为纤维单丝，并均匀分布于混凝土中；采用强制式搅拌设备，无需延长搅拌时间。每立方米混凝土掺入0.7kg纤维，纤维丝数量即可达2000多万条。聚丙烯纤维抗裂防水混凝土施工及养护，与普通防水混凝土相同。

9）聚合物水泥混凝土施工要点：配制方法有三种。一种与普通混凝土配制工艺相同，容器中加入聚合物乳胶、稳定剂、消泡剂等，用一定量的水混合搅拌均匀，制成聚合物乳液。水泥和砂投入搅拌机中干拌均匀，加入石子、水、聚合物乳液共搅拌均匀，制成聚合物水泥混凝土。另一种单体直接加入后聚合的方法配制。还有可分散聚合物粉末直接加入水泥中，配制聚合物水泥混凝土，混凝土浇筑成型及初始硬化后，加热聚合物，使聚合物溶化。这种聚合物水泥混凝土由于聚合物浸入混凝土的孔隙中，冷却及聚合物凝固后抗水性能好。配合比应计量准确。聚合物水泥混凝土的浇筑及振捣，与普通混凝土的施工方法相同，其基层应洁净、无尘土等杂物；若基层为旧有混凝土或砂浆层，应将其表面的杂物及油污除去，剔凿至坚实、洁净的面层，用水冲刷一遍，表面不得有积水。基层如有渗漏水，应先行堵漏；基层如有孔隙、裂缝或管道穿过，应沿裂缝或管道开V形切槽，并用高等级砂浆填实抹平。不得任意加水。拌合及浇筑过程中，如出现拌合物趋于黏稠而影响施工和易性时，可补加适量备用乳液，再行搅拌均匀后使用。当所选胶乳凝聚较快时，应掌握拌合量及浇筑时间，根据浇筑速度，随拌随用。聚合物水泥混凝土的养护方法取决于聚合物的种类。例如：聚醋酸乙烯酯乳液耐水性很差，在水中养护强度将大大降低。由于聚合物性能的差异，应根据所选聚合物的特殊性，采取相应的养护方法。混凝土浇筑完毕，在硬化前不得直接浇水养护，同时应避免遭受雨淋。聚合物水泥混凝土的养护方法与普通防水混凝土不同，通常采取干湿交替的养护方法。混凝土硬化后的7d以内，保持湿润养护，在此期间使水泥充分水化，水泥强度增长快，形成混凝土的

刚性骨架；7d以后，混凝土在大气环境中自然干燥养护，以利于聚合物胶乳脱水固化，使聚合物形成的点、网、膜交联于水泥混凝土的刚性骨架之中紧密粘结，将混凝土内部毛细孔道堵塞。地下施工应防止中毒、加强通风，以免形成污染的施工环境；施工道路应畅通，原材料的堆放处应有防火措施；有腐蚀性的聚合物，应设专人管理和操作，管理和操作人员应佩戴必要的防护用品。

10）超长超厚一次连续浇筑大体积无微膨胀混凝土裂缝控制技术：北京电视中心工程综合业务楼基础底板长88.2m，宽77.45m，厚2m，局部厚达6.5m，总浇量在15000m³左右，属超长、超宽、超厚的大体积混凝土。不掺加任何微膨胀剂，掺加高效减水剂、Ⅰ级粉煤灰和S75磨细矿粉，配合比见表27-10，利用60d强度评定混凝土的强度等级，增设构造配筋，在基础底板上铺设钢丝网，在外墙外侧增设φ6@150分布钢筋网片，采用斜向分层浇筑方法和严密的保温、保湿养护措施，不留任何形式的施工缝、变形缝、沉降缝、伸缩缝、加强带和后浇带，在72h内一次连续浇筑完成。经工程实践检验，基础底板未出现有害裂缝。该技术达到了国际先进水平，荣获2005年度北京市科学技术三等奖，所形成的工法被批准为国家级工法。

混凝土配合比（单位kg/m³，
水胶比0.42、砂率0.43%）　表27-10

材料	P.O32.5水泥	水	Ⅱ区中砂	石子	Ⅰ级粉煤灰	S75磨细矿粉	WDN-7高效减水剂
用量	248	170	778	1035	100	60	9

11）水泥基渗透结晶型防水材料施工方法

渗晶防水材料由胶凝材料、细骨料、渗透材料、活性物质、催化剂、辅助材料等经烘干、研磨、混合搅拌而成。其防水机理是在水的引导下，以水为载体，借助强有力的渗透物质，在混凝土微孔及毛细孔中进行传输、充盈，发生物化反应，也和未水化水泥颗粒或游离的Ca(OH)$_2$、CaO等碱性物质发生反应，生成不溶于水的枝蔓状结晶体。结晶体与混凝土结合成封闭式的整体防水层，堵截来自任何方向的水流及其他液体侵蚀，以达到防水目的。纵观渗透结晶型防水剂在国内外的应用实例，绝大多数是用于旧工程渗漏的修补。该类材料在国外的应用也主要是用作防水破坏后的修理，所以在新建工程中应用渗透结晶型防水剂，需慎重考虑。渗透结晶型防水剂的水基与水泥基产品除"渗透结晶"这一共性外，我们更应注意其因载体不同、组成不同而形成的特性。

水泥基渗透结晶型防水材料在混凝土结构、构筑物的防水以地下室防水工程为例，可用以下几种简便方法完成防水施工。

混凝土底板防水：防水施工方法为混凝土垫层上按设计绑扎钢筋后，混凝土浇筑前30min撒渗晶防水材料干粉的形式，均匀撒在润湿的混凝土垫层上，以1.5~2.0kg/m²为宜。

钢筋混凝土侧墙（剪力墙）防水：钢筋混凝土拆模后即可做防水。检查混凝土表面，清理混凝土表面浮灰，出现的蜂窝麻面用渗晶防水材料加水搅拌成腻子状刮抹填平。渗晶防水材料涂抹前30min，混凝土面用水喷、刷、滚的方法湿润。渗晶防水材料：水=1：（0.4~0.5）比例搅拌，采用毛刷、滚刷、涂刷或喷涂0.8~1.2kg/m²。待终凝结束后重复按第一次施工方法，湿润基面、配料、涂刷，其两次涂刷总用量以1.5~2.0kg/m²为准。该防水材料在混凝土基面上的总厚度应0.8mm以上。每次涂刷后即检查有无漏刷部位，漏刷部位应随时涂刷处理。渗晶材料终凝后应洒水、喷雾养护2~3d。养护后的防水层基面无需做保护层，侧墙按设计要求或直接回填土。

地下室顶层板：可参照地下室底板防水施工法，即模板上铺设钢筋后，混凝土浇筑前30min，在润湿的模板上撒渗晶防水材料干粉，1.5~2.0kg/m²。混凝土浇筑完毕初凝后，撒在现浇混凝土面上压实（根据防水工程设计一道或二道防水）。防水层终凝后，用水润湿养护2~3d，可做水泥砂浆饰面层或培土、草坪、花木，均按设计。

27.1.2.2　水泥砂浆抹面防水

砂浆防水是一种刚性防水层，防水砂浆包括聚合物水泥防水砂浆、掺外加剂或掺合料的防水砂浆，宜采用多层抹压法施工。水泥砂浆抹面防水由于价格低廉、操作简便，在建筑工程中多年来被广泛采用。水泥砂浆防水层可用于地下工程主体结构的迎水面或背水面，不应用于环境有侵蚀性、受持续振动或温度高于80℃的地下工程防水。水泥砂浆防水层应在初期支护、围护结构及内衬结构验收合格后，方可施工。

1. 防水砂浆的适用范围及性能

防水砂浆的适用范围：结构稳定，埋置深度不大，不会因温度、湿度变化、振动等产生有害裂缝的地上及地下防水工程。在普通砂浆使用材料的基础上，掺加聚合物、外加剂及掺合料后的防水砂浆性能有所改变。改变后的防水砂浆主要性能，见表27-11。其中，耐水性指标是指砂浆浸水168h后材料的粘结强度及抗渗性的保持率。

防水砂浆主要性能　表27-11

防水砂浆种类	粘结强度（MPa）	抗渗性（MPa）	抗折强度（MPa）	干缩率（%）	吸水率（%）	冻融循环（次）	耐碱性	耐水性（%）
掺外加剂、掺合料的防水砂浆	≥0.6	≥0.8	同普通砂浆	同普通砂浆	≤3	>50	10%NaOH溶液浸泡14d无变化	—
聚合物水泥防水砂浆	≥1.2	≥1.5	≥0.8	≤0.15	≤4	>50		≥80

2. 防水砂浆材料及设防要求

使用硅酸盐水泥、普通硅酸盐水泥或特种水泥。砂与拌制水泥砂浆用水同混凝土。聚合物乳液的外观应为均匀液体，无杂质、无沉淀、不分层。聚合物乳液的质量要求应符合国家现行标准《建筑防水涂料用聚合物乳液》（JC/T 1017—2006）的有关规定。外加剂的技术性能应符合国家现行国家有关标准的质量要求。水泥砂浆的品种和配合比设计应根据防水工程要求确定。聚合物水泥防水砂浆厚度单层施工宜为6~8mm；双层施工宜为10~12mm；掺外加剂或掺合料的水泥防水砂浆厚度宜为18~20mm。水泥砂浆防水层的基层混凝土强度或砌体用的砂浆强度，均不应低于设计值的80%。

3. 防水砂浆施工

（1）基层处理：基层处理是使防水砂浆与基层结合牢固、不空鼓和密实、不透水的关键。基层处理包括清理、刷洗、补平、浇水湿润等工序。基层表面应平整、坚实、清洁，并应充分润湿、无明水。基层表面的孔洞、缝隙，应采用与防水层相同的防水砂浆堵塞并抹平。施工前应将预埋件、穿墙管预留凹槽内嵌填密封材料后，再施工水泥砂浆防水层。新建混凝土工程表面，可在拆除模板后用钢丝刷将其刷毛，在抹面前应浇水冲刷干净；旧混凝土工程表面可用錾子、剁斧、钢丝刷等工具凿毛，清理后冲水，并用棕刷刷洗干净。混凝土基层表面孔洞、缝隙处理：可根据孔洞、缝隙的不同程度，分别进行处理。混凝土密实、表面不深的蜂窝麻面，用水冲洗干净、表面无明水后，用2mm厚水泥砂浆压实抹平即可（见图27-5）。混凝土密实、表面棱角与凸起部位，可用扁铲或錾子剔凿平整。厚度大于1mm的凹坑，其边缘应用錾子剔凿成慢坡。浇水清洗干净、表面无明水，用2mm厚素水泥浆打底，用水泥砂浆找平（见图27-6）。混凝土基层较大的蜂窝、孔洞，用錾子将蜂窝、孔洞处松散、不牢的石子剔凿至混凝土密实处，用水冲洗干净、表面无明水后，用2mm厚素水泥浆打底，用豆石混凝土抹至与混凝

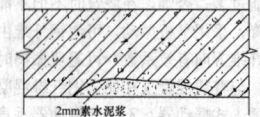

图27-5　基层蜂窝、麻面的处理

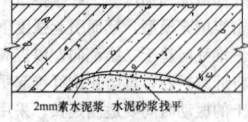

图27-6　基层凹坑部位的处理

土基层面平齐（见图 27-7）。混凝土结构的缝隙处沿施工缝剔成八字形凹槽，用水冲洗、表面无明水，用 2mm 厚素水泥浆打底，水泥砂浆压实、抹平。

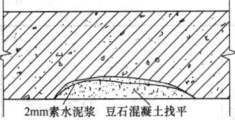

砌体表面残留的砂浆等污物应清除干净，并浇水冲洗。毛石

图 27-7　基层蜂窝、孔洞的处理

和料石砌体基层将砌体基层的灰缝剔深 10mm 的直缝。石砌体表面的凹凸不平清理完毕后，基层表面应做找平层，先在石砌体表面刷一道厚约 1mm，水灰比 0.5 左右的水泥素浆，再抹 10～15mm 厚的 1:2.5 水泥砂浆，表面扫毛。一次抹灰不能找平时，分次抹灰找平应间隔 2d。为保证防水砂浆层和基层结合牢固、不空鼓，基层处理完毕后，必须浇水充分湿润。尤其是砌体，必须浇至其表面基本饱和，抹面浆后没有吸水现象。

（2）防水砂浆的拌制：聚合物水泥防水砂浆的用水量，应包括乳液中的含水量。砂浆的拌制可采用人工搅拌或机械搅拌，拌合料要均匀一致。拌合好的砂浆应在规定时间内用完，不宜放过久，防止离析与初凝，落地灰及初凝后的砂浆不得加水搅拌后继续使用。当自然环境温度不满足要求时，应采取有效措施确保施工环境温度达到要求。工程在地下水位以下，施工前应将水位降到抹面层以下并排除地表积水。旧工程维修防水层，为保证防水层施工顺利进行，应先将渗漏水堵好或堵漏，抹面交叉施工。

（3）铺抹水泥砂浆防水层：应分层铺抹或喷射，铺抹时应压实、抹平，最后一层表面应提浆压光。水泥砂浆防水层各层应紧密粘合，每层宜连续施工。必须留设施工缝时，应采用阶梯坡形槎，槎的搭接要依照层次操作顺序层层搭接。接槎与阴阳角处的距离不得小于 200mm，见图 27-8。聚合物水泥防水砂浆拌合后，应在规定时间内用完，施工中不得任意加水。

地面防水层在施工时为防止踩踏，由里向外顺序进行，见图 27-9。

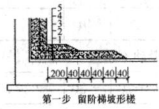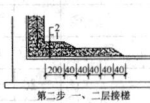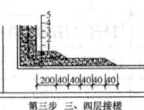

第一步　留阶梯坡形槎　　第二步　一、二层接槎　　第三步　三、四层接槎

图 27-8　防水层接槎处理
1—地面；2—阴阳角素浆；3—防水砂浆层；
4—防水砂浆层；5—面层

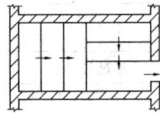

图 27-9　地面施工顺序

（4）养护：聚合物水泥防水砂浆未达到硬化状态时，不得浇水养护或直接受雨水冲刷，硬化后应采用干湿交替的养护方法。潮湿环境中，可在自然条件下养护。使用特种水泥、掺合料及外加剂的防水砂浆，应按产品相关的要求进行养护。

4. 聚合物水泥防水砂浆的施工要点

用于改性水泥的专用胶乳产品有丙烯酸酯乳液、羧基丁苯胶乳、丁苯胶乳、阳离子氯丁胶乳及环氧乳液等。聚合物水泥中，聚合物和水泥同时承担胶结材料的功能。它是有机高分子材料与无机水硬性材料的有机复合材料。聚合物水泥砂浆除具有优良的机械力学性能外，还具有优良的抗裂性及抗渗性，弥补了普通水泥砂浆"刚性有余、韧性不足"的缺陷，使刚性抹面技术对防水工程的适应能力得以提高。它可以在潮湿的基面上直接施工，特别适用于渗漏地下工程在背水面作防水层；适用于地下和地上建（构）筑物的防水工程及人防、涵洞、地下沟道、地铁、水下隧道的防水工程。为获取聚合物水泥砂浆良好的抗渗性能，使其基本显示为刚性防水层，必须采用低聚灰比的水泥砂浆。应采用生产厂家用于地下工程的配比，抹制聚合物水泥防水砂浆产品。如施工单位自行配制聚合物水泥砂浆时，其聚灰比应由试验室根据工程所需的抗渗性能经试配确定。用于地下工程聚合物水泥砂浆的聚灰比，一般小于 0.12。除以下所提要点外，其他要求均按本节"3. 防水砂浆施工"执行。

如阳离子氯丁胶乳等多数乳液凝聚较快，在低聚灰比的情况下，乳液砂浆凝固速度更快。拌制好的乳液砂浆，应在规定的时间

内用完。应根据施工用量随拌随抹，以免浪费。涂布结合层：混凝土基面的浮灰、杂物清理干净，浇水充分湿润后，涂刷乳液水泥浆。涂刷应均匀，将基层的缝隙、细小孔洞都封堵严密。立面部位由上至下涂刷，平面由一端开始涂刷至另一端。乳液水泥浆涂刷约 15min 后，可进行铺抹乳液水泥砂浆。施工顺序宜为，先立面后平面。一般立面每次抹面厚度为 5～8mm，平面 8～12mm。阴阳角处防水层必须抹成圆弧。应顺着一个方向一次抹压成型，也即边铺压、边抹平。乳液具有成膜特性，抹压时切勿反复搅动，以防砂浆起壳或表面龟裂。本层乳液水泥砂浆施工完毕，应对其施工质量进行严格检查。表面如发现细微孔洞或裂缝，应再涂刷一遍乳液水泥浆，使防水层表面达到密实。聚合物水泥砂浆的凝固时间比普通水泥砂浆长，水泥砂浆保护层应待聚合物水泥砂浆初凝后铺抹，一般为 4h。聚合物水泥砂浆的养护，应采用干湿交替的方法。聚合物水泥砂浆防水层抹后，未达到硬化时不得直接浇水养护或直接受雨水冲刷，以防表面浮出的白色乳液被冲掉，聚合物乳液的密封性能就会丧失，降低防水性能。为使水泥在得到乳液中的水分后进行水化反应，乳液在干燥状态下脱水固化。早期（施工后 7d 内）保持湿润养护，后期应在自然条件下养护。在潮湿的地下室施工时，在自然状态下养护即可，不必采用潮湿养护。

绿色施工：聚合物水泥砂浆的配制工作应有专人负责，配料人员应佩戴防护手套。乳液中的低分子物质挥发较快，尤其是炎热季节，在通风较差的地下室、水塔内或地下水池（水箱）施工时，应采取机械通风措施，以免中毒及降低聚合物乳液的防水性能。

5. 特种水泥抹面防水砂浆的施工要点

利用早强水泥、双快水泥及自流平水泥等特种水泥早期强度提高快、凝结时间短，又有微膨胀性效应的特性，将 5 层砂浆抹面简化成 2～3 层砂浆防水层。操作方便，效果明显。近年来使用较多，已普遍用作地下工程的内防水层。基层凿毛充分湿润后，刷水灰比为 0.38～0.4、2～3mm 厚的净浆层。在其硬化前，将水灰比为 0.4～0.42、灰砂比为 1:2、5～8mm 厚的砂浆抹压在净浆层上。砂浆层未凝固前（约 10min），再抹一层 3～7mm 砂浆层。抹压应来回多次，特别是初凝前需抹面。使浆水挤压入面层，起到防水效果。凝固后，不少于 7d 喷水养护。

27.1.2.3　地下工程卷材防水

近年来，柔性防水材料从普通纸胎沥青油毡向聚酯胎、玻纤胎高聚物改性沥青以及合成高分子片材方向发展。防水卷材具备水密性，抗渗能力强，吸水率低，浸泡后防水效果基本不变。抗阳光、紫外线、臭氧破坏作用稳定性较好。适应温度变化能力强，高温不流淌、不变形，低温不脆断，在一定温度条件下保持性能良好。能很好地承受施工及合理变形条件下产生的荷载，具有一定的强度和伸长率。施工可行性高，易于施工，操作工艺简单。从目前科学所能了解的范围来讲，对人体和环境没有任何污染或危害。

1. 地下工程的防水卷材及配套材料的品种、主要物理性能

（1）地下工程的防水卷材品种、主要物理性能

1）用于地下工程的防水卷材有以聚酯毡、玻纤胎或聚乙烯膜为胎基的高聚物改性沥青防水卷材和三元乙丙橡胶防水卷材，聚氯乙烯（PVC）、聚乙烯丙纶复合防水卷材，高分子自粘胶膜等合成高分子防水卷材。卷材防水层的品种及厚度见表 27-12。

卷材防水层的品种及厚度　表 27-12

卷材品种	高聚物改性沥青类防水卷材			合成高分子类防水卷材			
	弹性体改性沥青防水卷材、改性沥青聚乙烯胎防水卷材	本体自粘聚合物沥青防水卷材		三元乙丙橡胶防水卷材	聚氯乙烯防水卷材	聚乙烯丙纶复合防水卷材	高分子自粘胶膜防水卷材
		聚酯毡胎体	无胎体				
单层厚度（mm）	≥4	≥3	≥1.5	≥1.5	≥1.5	卷材≥0.9 粘结料芯材厚度≥0.6	≥1.2

续表

卷材品种	高聚物改性沥青类防水卷材			合成高分子类防水卷材			
	弹性体改性沥青防水卷材、改性沥青聚乙烯胎防水卷材		本体自粘聚合物沥青防水卷材	三元乙丙橡胶防水卷材	聚氯乙烯防水卷材	聚乙烯丙纶复合防水卷材	高分子自粘胶膜防水卷材
	聚酯毡胎体	无胎体					
双层总厚度 (mm)	≥ (4+3)	≥ (3+3)	≥ (1.5+1.5)	≥ (1.2+1.2)	≥ (1.2+1.2)	卷材 ≥(0.7+0.7) 粘结料 (1.3+1.3) 芯材厚度 ≥0.5	—

2) 地下工程的防水卷材主要物理性能：高聚物改性沥青类防水卷材的主要物理性能，见表 27-13～表 27-15。合成高分子类防水卷材的主要物理性能，见表 27-16。

弹性体改性沥青防水卷材性能　　表 27-13

序号	项目		指标				
			I		II		
			聚酯毡胎基(PY)	玻纤毡胎基(G)	聚酯毡胎基(PY)	玻纤毡胎基(G)	玻纤增强聚酯毡胎基(PYG)
1	可溶物含量(g/m²) ≥	3mm	2100		—		
		4mm	2900				
		5mm	3500				
		试验现象	—	胎基不燃	—	胎基不燃	
2	耐热性	℃	90		105		
		≤mm	2				
		试验现象	无流淌、滴落				
3	低温柔性(℃)		−20		−25		
			无裂缝				
4	不透水性 30min		0.3MPa	0.2MPa	0.3MPa		
5	拉力	最大峰拉力(N/50mm)≥	500	350	800	500	900
		次高峰拉力(N/50mm)≥	—				800
		试验现象	拉伸过程中，试件中部无沥青涂盖层开裂或与胎基分离现象				
6	延伸率	最大峰时延伸率(%) ≥	30	—	40	—	—
		第二峰时延伸率(%) ≥	—				15
7	浸水后质量增加(%) ≤	聚乙烯膜(PE)、细砂(S)	1.0				
		矿物粒料(M)	2.0				
8	热老化	拉力保持率(%) ≥	90				
		延伸率保持率(%) ≥	80				
		低温柔性(℃)	−15		−20		
			无裂缝				
		尺寸变化率(%) ≤	0.7	—	0.7	—	0.3
		质量损失(%) ≤	1.0				
9	渗油性	张数 ≤	2				
10	接缝剥离强度(N/mm) ≥		1.5				
11	钉杆撕裂强度a(N) ≥		—				300
12	矿物粒料粘附性b(g) ≤		2.0				

续表

序号	项目		指标				
			I		II		
			聚酯毡胎基(PY)	玻纤毡胎基(G)	聚酯毡胎基(PY)	玻纤毡胎基(G)	玻纤增强聚酯毡胎基(PYG)
13	卷材下表面沥青涂盖层厚度c(mm) ≥		1.0				
14	人工气候加速老化	外观	无滑动、流淌、滴落				
		拉力保持率(%) ≥	80				
		低温柔性(℃)	−15		−20		
			无裂缝				

a 仅适用于单层机械固定施工方式卷材。
b 仅适用于矿物粒料表面的卷材。
c 仅适用于热熔施工的卷材。

无胎基（N类）自粘聚合物改性沥青防水卷材物理力学性能　　表 27-14

序号	项目		指标				
			聚乙烯膜(PE)		聚酯膜(PET)		无膜双面自粘(D)
			I	II	I	II	
1	拉伸性能	拉力(N/50mm) ≥	150	200	150	200	—
		最大拉力时延伸率(%) ≥	200		30		—
		沥青断裂延伸率(%) ≥	250		150		450
		拉伸时现象	拉伸过程中，在膜断裂前无沥青涂盖层与膜分离现象				—
2	钉杆撕裂强度(N) ≥		60	110	30	40	—
3	耐热性		70℃滑动不超过 2mm				
4	低温柔性(℃)		−20	−30	−20	−30	−20
			无裂纹				
5	不透水性		0.2MPa，120min 不透水				—
6	剥离强度(N/mm) ≥	卷材与卷材	1.0				
		卷材与铝板	1.5				
7	钉杆水密性		通过				
8	渗油性(张数) ≤		2				
9	持粘性(min) ≥		20				
10	热老化	拉力保持率(%) ≥	80				
		最大拉力时延伸率(%) ≥	200		30		400(沥青层断裂延伸率)
		低温柔性(℃)	−18	−28	−18	−28	−18
			无裂纹				
		剥离强度卷材与铝板(N/mm) ≥	1.5				
11	热稳定性	外观	无起鼓、皱褶、滑动、流淌				
		尺寸变化(%) ≤	2				

聚酯胎基（PY类）自粘聚合物改性沥青防水卷材物理力学性能　　表 27-15

序号	项目		指标	
			I	II
1	可溶物含量 (g/m²) ≥	2.0mm	1300	—
		3.0mm	2100	
		4.0mm	2900	

续表

序号	项目		指标	
			I	II
2	拉伸性能	拉力（N/50mm）≥ 2.0mm	350	—
		3.0mm	450	600
		4.0mm	450	800
	最大拉力时延伸率（%）≥		30	40
3	耐热性		70℃无滑动、流淌、滴落	
4	低温柔性（℃）		−20	−30
			无裂纹	
5	不透水性		0.3MPa，120min 不透水	
6	剥离强度（N/mm）	卷材与卷材	1.0	
		卷材与铝板	1.5	
7	钉杆水密性		通过	
8	渗油性（张数）≤		2	
9	持粘性（min）≥		15	
10	热老化	最大拉力时延伸率（%）≥	30	40
		低温柔性（℃）	−18	−28
			无裂纹	
		剥离强度 卷材与铝板（N/mm）≥	1.5	
		尺寸稳定性（%）≤	1.5	1.0
11	自粘沥青再剥离强度（N/mm）≥		1.5	

合成高分子类防水卷材的主要物理性能　表 27-16

项目	性能要求			
	三元乙丙橡胶防水卷材	聚氯乙烯防水卷材	聚乙烯丙纶复合防水卷材	高分子自粘胶膜防水卷材
断裂拉伸强度	≥7.5MPa	≥12MPa	≥60N/10mm	≥100N/10mm
断裂拉伸率	≥450%	≥250%	≥300%	≥400%
低温弯折性	−40℃，无裂纹	−20℃，无裂纹	−20℃，无裂纹	−20℃，无裂纹
不透水性	压力 0.3MPa，保持时间 120min，不透水			
撕裂强度	≥25kN/m	≥40kN/m	≥20N/10mm	≥120N/10mm
复合强度（表层与芯层）	—	—	≥1.2kN/mm	—

（2）地下工程的防水卷材配套材料的品种、主要物理性能

1）基层处理剂：为了增强防水材料与基层之间的粘结力，在防水层施工前，预先喷、涂在基层上的稀质涂料。常用的基层处理剂有冷底子油及高聚物改性沥青卷材和合成高分子卷材配套的底胶，它与卷材的材性应相容，以免与卷材发生腐蚀或粘结不良。冷底子油多采用厂家生产的配套专用成品，直接使用。

2）胶粘剂：用于粘贴高分子卷材的胶粘剂，可分为卷材与基层粘贴的胶粘剂及卷材与卷材搭接的胶粘剂。胶粘剂均由卷材生产厂家配套供应。聚乙烯丙纶复合防水卷材粘贴采用聚合物水泥防水粘结材料，其物理性能见表 27-17；粘贴各类防水卷材，应采用与卷材材性相容的胶粘材料，其粘结质量应符合表 27-18 的要求；粘结密封胶带用于合成高分子卷材与卷材间搭接粘结和封口粘结，分为双面胶带和单面胶带。双面粘结密封胶带的技术性能见表 27-19。高聚物改性沥青防水卷材之间的粘结剥离强度不应小于 8N/10mm；合成高分子防水卷材配套胶粘剂的粘结剥离强度不应小于 15N/10mm，浸水 168h 后的粘结剥离强度保持率不应小于 70%。

聚合物水泥防水粘结材料物理性能　表 27-17

项目		性能要求
与水泥基面的粘结拉伸强度（MPa）	常温 7d	≥0.6
	耐水性	≥0.4
	耐冻性	≥0.4
可操作时间（h）		≥2
抗渗性（MPa，7d）		≥0.1
剪切状态下的粘合性（N/mm，常温）	卷材与卷材	≥2.0 或卷材断裂
	卷材与基面	≥1.8 或卷材断裂

防水卷材粘结质量要求　表 27-18

项目		自粘聚合物沥青防水卷材粘合面		三元乙丙橡胶和聚氯乙烯防水卷材胶粘剂	合成橡胶胶粘带	高分子自粘胶膜防水卷材粘合面
		聚酯毡胎体	无胎体			
剪切状态下的粘合性（卷材-卷材）（N/10mm）≥	标准试验条件	40 或卷材断裂	20 或卷材断裂	20 或卷材断裂	20 或卷材断裂	40 或卷材断裂
粘结剥离强度（卷材-卷材）（N/10mm）≥	标准试验条件	15 或卷材断裂		15 或卷材断裂	4 或卷材断裂	
	浸水 168h 或保持率（%）≥	70		70	80	
与混凝土粘结	标准试验条件（N/10mm）≥	15 或卷材断裂		15 或卷材断裂	6 或卷材断裂	20 或卷材断裂

双面粘结密封胶带技术性能　表 27-19

名称	粘结剥离强度≥（N/10mm）（7d时）		剪切状态下的粘合性（N/mm）≥	耐热度（℃）	低温柔性（℃）	粘结剥离强度保持率		
	23℃	−40℃				耐水性 70℃ 7d	5%酸 7d	碱 7d
双面粘结密封胶带	6.0	38.5	4.4	80℃2h	−40	80%	76%	90%

2. 卷材防水设置做法

外防水是把卷材防水层设置在建筑结构的外侧迎水面，是建筑结构的第一道防水层。受外界压力水的作用防水层紧压于结构上，防水效果好。地下工程的柔性防水层应采用外防水，而不采用内防水做法。混凝土外墙防水有"外防外贴法"和"外防内贴法"两种：外防外贴法是墙体混凝土浇筑完毕、模板拆除后将立面卷材防水层直接铺设在需防水结构的外墙外表面；外防内贴法是混凝土垫层上砌筑永久保护墙，将卷材防水层铺贴在底板垫层和永久保护墙上，再浇筑混凝土外墙。"外防外贴法"和"外防内贴法"两种设置方式的优点、缺点比较，见表 27-20。

"外防外贴法"和"外防内贴法"的优点、缺点　表 27-20

名称	优点	缺点
外防外贴法	便于检查混凝土结构及卷材防水层的质量，且容易维修 卷材防水层直接贴在结构外表面，防水层较少受结构沉降变形影响	工序多、工期长 作业面大、土方量大 外墙模板需用量大 底板与墙体留槎部位预留的卷材接头不易保护好

续表

名称	优　点	缺　点
外防内贴法	工序简便、工期短 无需作业面、土方量较小 节约外墙外侧模板 卷材防水层无需临时固定留槎，可连续铺贴，质量容易保证	卷材防水层及混凝土结构的抗渗质量不易检查，修补困难 受结构沉降变形影响，容易断裂、产生漏水 墙体单侧支模质量控制较难 浇捣结构混凝土时，可能会损坏防水层

(1) 外防外贴法施工顺序

浇筑混凝土垫层，在垫层上砌筑永久性保护墙，墙下干铺一层油毡。墙的高度应大于需防水结构底板厚度加100mm；在永久性保护墙上，用石灰砂浆接砌高度大于200mm的临时保护墙；在永久性保护墙上抹1:3水泥砂浆找平层，在临时保护墙上抹石灰砂浆找平层，并刷石灰浆；找平层基本干燥达到防水施工条件后，根据所选卷材的施工要求进行铺贴。大面积铺贴卷材前，应先在转角处粘贴一层卷材附加层；底板大面积的卷材防水层宜空铺，铺设卷材时先铺平面，后铺立面，交接处应交叉搭接。从底面折向立面的卷材与永久性保护墙的接触部位，应采用空铺法施工；卷材与临时性保护墙或围护结构模板的接触部位，应将卷材临时贴附在该墙或模板上，并应将顶端临时固定。当不设保护墙时，从底面折向立面的卷材接槎部位，应采取可靠的保护措施；底板卷材防水层上应浇筑厚度不小于50mm的细石混凝土保护层，然后浇筑混凝土结构底板和墙体；混凝土外墙浇筑完成后，应将穿墙螺栓眼进行封堵处理，对不平整的接槎处进行打磨处理，铺贴立面卷材，应先将接槎部位的各层卷材揭开，并将其表面清理干净；如卷材有局部损伤，应及时进行修补；卷材接槎的搭接长度，高聚物改性沥青类卷材为150mm，合成高分子类卷材为100mm；当使用两层卷材时，卷材应错槎接缝，上层卷材应盖过下层卷材。墙体卷材防水层施工完毕，经过检查验收合格后，应及时做好保护层。侧墙卷材防水层宜采用软质保护材料或铺抹20mm厚1:2.5水泥砂浆。卷材防水层甩槎、接槎构造做法见图27-10。

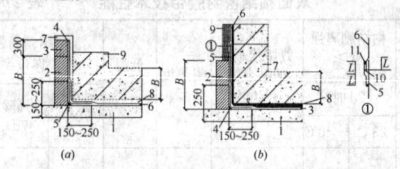

图27-10　卷材防水层甩槎、接槎构造
(a) 甩槎
1—垫层；2—永久保护墙；3—临时保护墙；4—找平层；
5—卷材附加层；6—卷材防水层；7—墙顶保护层压砖；
8—防水保护层；9—主体结构
(b) 接槎
1—垫层；2—永久保护墙；3—找平层；4—卷材附加层；
5—原有防水层；6—后接立面防水层；7—结构墙体；
8—防水保护层；9—外墙防水层；10—盖缝条；
11—密封材料；
L—合成高分子卷材100mm，高聚物改性沥青卷材150mm

(2) 外防内贴法施工顺序

浇筑混凝土垫层，在垫层上砌筑永久性保护墙，墙下干铺一层油毡，在永久性保护墙内表面应抹厚度为20mm的1:3水泥砂浆找平层。找平层干燥后涂刷基层处理剂，干燥后方可铺贴卷材防水层。在全部转角处均应铺设卷材附加层，附加层应粘贴紧密。铺贴卷材应先铺立面，后铺平面；先铺转角，后铺大面。卷材防水层经验收合格后，应及时做好保护层，顶板卷材防水层上的细石混凝土保护层当采用机械碾压回填土时，保护层厚度不宜小于70mm。采用人工回填土时，保护层厚度不宜小于50mm。防水层与保护层之间宜设置隔离层。底板卷材防水层上的细石混凝土保护层厚度不应小于50mm。侧墙卷材防水层宜采用软质保护材料或铺抹20mm厚1:2.5水泥砂浆保护层。卷材防水层施工完毕后，再施工混凝土底

板及墙体。外防内贴法示意图见图27-11。

3. 卷材防水施工基本方法及作业要求

(1) 卷材防水粘接基本形式可分为满粘、点粘、条粘及空铺法。满粘法是卷材下基本实行全面粘贴的施工方法；点粘法是每平方米卷材下粘五点（100mm×100mm），粘贴面积不大于总面积的6%；条粘法是每幅卷材两边各与基层粘贴150mm宽；空铺法是卷材防水层与基层不粘贴的施工方法。卷材防水层是粘附在结构层或找平层上的。当结构层因各种原因产生变形时，卷材应有一定的延伸率来适应这种变形。卷材铺贴采用点粘、条粘、空铺的措施，能够充分发挥卷材的延伸性能，有效地减少卷材被拉裂的可能性。

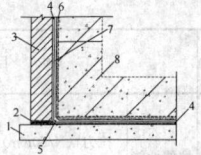

图27-11　外防内贴法示意图
1—混凝土垫层；2—干铺油毡；
3—永久性保护墙；4—找平层；
5—卷材附加层；6—卷材防水层；
7—保护层；8—混凝土结构

(2) 卷材防水的粘接方法有冷粘法、热熔法、自粘法、焊接法和机械固定法。高聚物改性沥青类防水卷材可采用热熔法、冷粘法和自粘法，一般常用热熔法；合成高分子防水卷材可采用冷粘法、自粘法、焊接法和机械固定法，一般常用冷粘法。

冷粘法是采用与卷材配套的专用冷胶粘剂铺贴卷材而无须加热的施工方法，主要用于铺贴合成高分子防水卷材。

热熔法是以专用的加热机将热熔型卷材底面的热熔胶加热熔化而使卷材与基层或卷材与卷材之间进行粘结，利用熔化的卷材在冷却后的凝固力来实现卷材与基层或者卷材之间有效粘贴的施工方法。这种方法施工时受气候影响小，但基层表面应干燥。且烘烤时对火候的掌握要求适度。

自粘法是采用自粘型防水卷材，不需涂刷胶粘剂，只需将卷材表面的隔离纸撕去，即可实现卷材与基层或卷材与卷材之间粘贴的方法。

焊接法是用半自动化温控热熔焊机、手持温控热熔焊枪，或专用焊条对所铺卷材的接缝进行焊接铺设的施工方法。

机械固定法是使用专用螺钉、垫片、压条及其他配件，将合成高分子卷材固定在基层上但其接缝应用焊接法或冷粘法进行的方法。

(3) 卷材防水铺贴方法有滚铺法、展铺法和抬铺法。滚铺法是一种不展开卷材边滚转卷材边粘结的方法，用于大面积满粘，先铺粘大面、后粘结搭接缝。这种方法可以保证卷材铺贴质量，用于卷材与基层及卷材搭接缝一次铺贴；展铺法用于条粘，将卷材展开铺在基层上，然后沿卷材周边掀起进行粘铺；抬铺法用于复杂部位或节点处，也适用于小面积铺贴，即按细部形状将卷材剪好，先在细部预贴一下，其尺寸、形状合适后，再根据卷材具体的粘结方法铺贴。

(4) 铺贴卷材防水层的基本要求：结构底板垫层的卷材防水层可采用空铺法或点粘法施工，其粘结位置、点粘面积应按设计要求确定；侧墙为外防外贴法施工的卷材，应采用满粘法。卷材与基面、卷材与卷材间的粘结应牢固；铺贴完成的卷材应平整、顺直，搭接尺寸应准确，不得产生扭曲与皱褶；卷材搭接处和接头部位粘结牢固，接缝口应封严或采用材性相容的密封材料封缝；铺贴立面卷材防水层，应采取防止卷材下滑的措施；铺贴双层卷材时，上、下两层和相邻两幅卷材的接缝应错开1/3～1/2幅宽，且两层卷材不得相互垂直铺贴。防水卷材短边和长边的搭接宽度：弹性体改性沥青防水卷材和改性沥青聚乙烯胎防水卷材为100mm，本体自粘聚合物沥青防水卷材为80mm，三元乙丙橡胶防水卷材为100/60mm（胶粘剂/胶粘带），聚氯乙烯防水卷材为100/60mm（胶粘剂/胶粘带）；聚乙烯丙纶复合防水卷材为100mm（粘结料），高分子自粘胶膜防水卷材为70/80mm（自粘胶/胶粘带）。

弹性体改性沥青和改性沥青聚乙烯胎防水卷材采用热熔法施工应加热均匀，不得加热不足或烧穿卷材，搭接缝部位应溢出热熔的改性沥青胶。铺贴本体自粘聚合物改性沥青防水卷材基层表面应平整、干净、干燥，无尖锐突起物或孔隙；排除卷材下面的空气，应辊压粘贴牢固，卷材表面不得有扭曲、皱折和起泡现象；立面卷材

铺贴完成后，应将卷材端头固定，或嵌入墙体顶部的凹槽内，并用密封材料封严；低温施工自粘卷材时，宜对卷材和基面适当加热，然后铺贴卷材。铺贴三元乙丙橡胶防水卷材，应采用冷粘法施工，基底胶粘剂应涂刷均匀，不应露底、堆积；胶粘剂涂刷与卷材铺贴的间隔时间应根据胶粘剂的性能控制；铺贴卷材时，应辊压粘贴牢固；搭接部位的粘合面应清理干净，采用接缝专用胶粘剂或胶粘带粘结。铺贴聚氯乙烯防水卷材，接缝选用焊接法施工，卷材的搭接缝可采用单焊缝或双焊缝。单焊缝搭接宽度为 60mm，有效焊接宽度不应小于 30mm；双焊缝搭接宽度应为 80mm，中间应留置 10～20mm 的空腔，每条焊缝的有效焊接宽度不应小于 10mm；焊缝的结合面应清理干净，焊接应严密；施焊时应先焊长边，后焊短边。铺贴聚乙烯丙纶复合防水卷材，应采用配套的聚合物水泥粘结材料；卷材与基层粘结采用满粘法，粘结面积不应小于 90%，刮涂粘结料应均匀，不应露底、堆积；固化后的粘结厚度不应小于 1.3mm；施工完的防水层应及时做保护层。高分子自粘胶膜防水卷材宜采用预铺反粘法施工；在潮湿基面铺设时，基面应平整、坚固、无明水；卷材长边应采用自粘边搭接，短边应采用胶粘带搭接，卷材端部搭接区应相互错开；立面施工时，在自粘边位置距离卷材边缘 10～20mm 内，应每隔 400～600mm 进行机械固定，应保证固定位置被卷材完全覆盖；浇筑结构混凝土时，不得损伤防水层。

（5）卷材防水施工作业要求

作业条件要求施工期间必须采取有效措施，使基坑内地下水位稳定降低在底板垫层以下不少于 500mm 处，直至施工完毕。铺贴防水卷材严禁在雨天、雪天、五级以上大风中施工；冷粘法、自粘法施工的环境气温不宜低于 5℃，热熔法、焊接法施工的环境气温不宜低于 -10℃。施工过程中下雨或下雪时，应做好已铺卷材的防护工作。铺贴卷材的基层应洁净、平整、坚实、牢固，阴阳角呈圆弧形。防水卷材施工前，基面应干净、干燥，并应涂刷基层处理剂；当基面潮湿时，应涂刷固化型胶粘剂或潮湿界面隔离剂。基层处理剂、胶粘剂、密封材料等配套材料，均应与铺贴的卷材材性相容；基层处理剂喷涂或刷涂应均匀一致，不应露底，表面干燥后方可铺贴卷材。铺贴各类防水卷材，应铺设卷材加强层；对变形较大、易遭破坏或易老化部位，如变形缝、转角、三面水，以及穿墙管道周围、地下出入口通道等处，均应铺设卷材附加层。附加层可采用同种卷材加铺 1～2 层，亦可用其他材料作增强处理。为使卷材防水层增强适应变形的能力，提高防水层整体质量，在分格缝、穿墙管道周围、卷材搭接缝以及收头部位，应做密封处理。施工中，要重视对卷材防水层的保护。防水卷材及其配套辅助材料多属易燃物，进场后应放在通风干燥的仓库；仓库及施工现场均应严禁烟火，且必须备有消防器材。消防道路要畅通。施工使用的易燃物及易燃材料应储放在指定处所，并有防护措施及专人看管。

4. 常见卷材防水的施工方法

（1）三元乙丙橡胶防水卷材施工方法

三元乙丙橡胶防水卷材是一种高档硫化型合成橡胶防水卷材。它是具有传统的纸胎石油沥青油毡无可比拟的高强度和高延伸率防水卷材，具有很好的高低温性能和弹性。三元乙丙橡胶防水卷材的耐久性，是任何其他品种的合成高分子防水卷材所无法比拟的。三元乙丙橡胶防水卷材有很轻的质量，采用单层或双层冷贴工法施工或胶粘带法施工。三元乙丙橡胶卷材由 1980 年开始在我国生产和应用，至今已有长期的生产和施工经验。多年来，从事生产和施工技术研究与应用的工程技术人员一直在不断地对三元乙丙橡胶防水卷材的生产和施工技术进行改进、完善和提高。三元乙丙橡胶防水卷材曾多次被列为住房和城乡建设部重点推广项目。它具有优秀的耐老化性能；TPV 具有优秀的耐候性和耐臭氧性，暴露在紫外线及臭氧状态下，物理机械性能保持稳定、耐久性能和抗老化性能好；良好的耐热性以及耐寒性，可在 -60～135℃ 范围内使用；很高的撕裂强度及延伸率，对建筑物的伸缩或开裂变形的适应性强；优良的耐磨性及抗疲劳性；密度小，只有 0.95～0.98g/cm³，重量轻，具有一定的柔韧性与弹性；焊接性好，材料与材料之间接缝可直接焊接，保证接缝的可靠性；尺寸稳定性好，加热收缩量很小，变形性小，保持施工时的良好状态；不含有毒物质。从分子结

构组成看出，只有烯烃类聚合物，不含苯环、杂环和其他有害元素的聚合物。在与淡化水接触时，不产生钠、氯等对动物、植物有害的化学物质，具有可回收再利用性，无论是生产过程还是使用过程产生的废边、废品、废弃物均可回收利用，不产生建筑垃圾；耐油性、耐溶剂性及耐化学药品性能优良等特点。

三元乙丙橡胶防水卷材适用于迎水面的防水施工。当使用于背水面时，必须有可靠的措施，才能保证防水层的应用效果。三元乙丙橡胶防水卷材应根据工程部位、施工季节，选定与基层连接方式；地下水防水底垫层混凝土平面部位的卷材，宜采用空铺、点贴法施工；从底板折向立面的卷材与永久性保护墙的接触部位，亦应采用空铺法施工；其他与混凝土结构相接触的部位，应采用满粘法施工。地下室卷材防水层一般采用外防外贴法施工；根据设计及施工现场、工期的具体情况，也可采用外防内贴法施工。

主要工序：基层处理→涂布基层处理剂→局部加强层处理→涂布基层胶粘剂→铺设卷材→卷材收头处理→施工保护层。

1）基层必须牢固，无松动、起砂等缺陷。基层表面应平整、洁净、均匀一致。基层与变形缝或管道等相连接的阴角，应做成均匀一致、平整、光滑的折角或圆弧。排水口、地漏低于基层；有套管的管道部位，应高于基层表面不少于 20mm。基层应干燥，其干燥程度的简易检测方法是：将 1m 见方的三元乙丙橡胶卷材覆盖在基层表面上，静置 2～3h；若覆盖部位的基层表面无水印，且紧贴基层一侧的卷材亦无凝结水痕，即可铺贴卷材。基层若高低不平或凹坑较大时，采用掺加乳胶（占水泥重量的 15%）的 1:3 水泥砂浆抹平。基层表面突出的异物、砂浆疙瘩等必须铲除，尘土、杂物清除干净。阴阳角、管道根部等处更应仔细清理；若有油污、铁锈等，应以砂纸、钢丝刷、溶剂等予以清除干净。

2）涂布与所选防水卷材相配套的基层处理剂。对阴角、管道根部等复杂部位，应用油漆刷蘸底胶先均匀涂刷一遍，再用长把滚刷进行大面涂布。涂布应均匀。

3）弹线。应根据所选卷材的宽度留出搭接缝尺寸，按卷材铺贴方向弹基准线，卷材铺设施工应沿弹好线的位置进行。

4）细部施工。在铺贴卷材前，应对阴阳角、排水口、管道等薄弱部位做加强层处理，方法有两种：采用聚氨酯涂膜防水材料处理，涂刷在细部周围，涂刷宽度应距细部中心不小于 200mm，涂刷厚度约为 2mm。涂刷 24h 后，进行下一道工序的施工；采用非硫化密封胶片或自硫化密封胶片粘贴作为加强层，采用"抬铺法"，按细部形状将卷材剪好，先在细部预贴一下，其尺寸、形状合适后冷贴于细部上。

5）涂刷胶粘剂。预先量好卷材尺寸（扣除搭接宽度），在卷材铺贴面弹出标准线。装胶粘剂的铁桶打开后，采用木棍将胶粘剂搅拌均匀，在基层表面及卷材表面分别进行涂布。基层的涂布，用长把滚刷蘸满胶粘剂迅速且均匀地进行涂布（卷材接头处 100mm 内不涂胶），不得漏涂露底，不允许有凝聚胶块存在。不得在同一处反复涂刷，以免"咬"起底胶，形成凝胶。复杂部位滚刷不便施工，可用油漆刷涂刷。卷材的涂布应展开，平铺在干净的基层上并上述方法进行。涂布胶粘剂完成后静置 10～20min，胶膜基本干燥（以手感不粘手为准）后，将卷材用原纸筒重新反卷胶面朝外，卷时卷材两端应松弛、平直，不得折皱，防止粘上砂或尘土等造成污染。卷材筒芯中插入 1 根 φ30、长 1.5m 的钢管待用。

6）卷材铺贴施工。当基层与卷材表面胶粘剂达到要求干燥度后，可开始铺贴。大面积铺贴采用滚铺法，将卷材一端粘结固定在起始部位后沿弹好的标准线滚铺卷材，每隔 1m 对准标准线粘贴一下，一张卷材铺立即排除粘结层之间的空气，用柔软、干净的长把滚刷从卷材一端开始，沿卷材横向用力滚压一遍。滚铺时，卷材不要拉得太紧，粘对线工作需专人做，不要拉伸卷材，也不得使卷材折皱；排除空气前，不要踩踏卷材；排除空气后，用压辊沿整个粘结面用力滚压，大面积可用外包橡胶的铁辊滚压。采用外防外贴法铺贴卷材分阶段施工，应先铺平面后铺立面，并根据卷材的配置方案从垫层一端开始铺贴。铺贴卷材时，胶粘剂应涂布均匀，并控制胶粘剂涂刷后的晾置时间（溶剂挥发至不粘手）和保证卷材的洁净。进行卷材的铺贴时，须排除卷材下面的空气，并用滚刷沿卷材横幅方向辊压，粘结牢固，不得有空鼓；铺贴卷材时，严禁用

力拉伸卷材，也不得有皱折。铺贴的卷材应平整、顺直。立面铺贴应自下而上进行铺贴。在铺贴的同时，用长柄压辊粘铺卷材并予以排气，排气时先滚压卷材中部，再从中部斜向上往两边排气，最后用手持压辊将卷材压实、粘牢。立面铺贴卷材应注意保护好已铺卷材不受损坏，架子或梯子两端应用橡皮包裹，以防打滑和压破卷材及人身安全。

卷材接缝搭接及收头是防水层密封质量的关键之一，搭接宽度为100mm，搭接缝必须采用接缝专用胶粘剂或胶粘带粘结处理。在大面积卷材滚铺好后，搭接部位的粘合面应清理干净，用毛刷将接缝专用胶粘剂均匀涂刷在翻开卷材接缝的两个粘结面上，待干燥（手感不粘手）后即可从一端开始，边压边将驱除空气，最后再用手持小铁辊顺序用力滚压一遍。粘结牢固后，再用专用胶粘剂沿卷材搭接缝骑缝粘贴一条宽120mm的卷材条，滚压粘牢，卷材条的两侧再用专用密封胶予以密封。

三元乙丙橡胶防水卷材一般采用冷粘法施工。冷粘法施工的特点是，需要将溶剂型胶粘剂分别涂刷在被粘的两幅卷材搭接部位表面，或者卷材与基层的表面，晾置至不粘手时，将其压合。这种粘结方式受工人的操作水平和现场的气温、风、砂等气候环境的条件的影响极大，不易达到一致的粘结效果。近年来，自硫化丁基橡胶胶粘带的应用有效地解决了三元乙丙橡胶防水卷材搭接缝的粘结密封问题。丁基橡胶胶粘带是一种具有一定厚度的无溶剂型的橡胶带，与三元乙丙橡胶防水卷材有很好的相容性，它具有很好的初粘性和持粘性，为三元乙丙橡胶防水卷材搭接缝处理提供了新的无溶剂、无污染处理方式。具有适应变形能力强、施工操作简单的特点。丁基橡胶胶粘带在较长的时间内处于黏滞状态，逐步缓慢进行自硫化，在塑性条件下可在受力后自身产生位移，粘结面搭接宽度变窄但不被破坏，仍可保持粘结密封状态，不但提高了卷材接缝的安全系数，同时通过受力产生的位移，也起到缓释卷材存在的内应力的作用，可提高防水层的使用年限。

7）卷材收头。可采用专用的接缝胶粘剂及密封胶进行密封处理，也可焊接处理。卷材搭接缝宽度60mm，有效焊接宽度不小于25mm。对平直的卷材接缝，采用热风单缝自动焊机进行焊接（图27-12）。对人员不易接触的部位，并且接缝留置在立面时，也可采用胶贴方法。变截面不便焊机施工的部位，卷材的接缝采用热风焊枪进行手工焊接（图27-13、图27-14）。卷材的搭接缝应焊接（粘结）牢固，封闭严密。

图 27-12 平缝自动焊机焊接

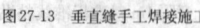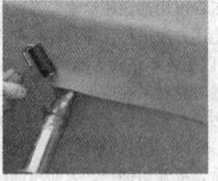

图 27-13 垂直缝手工焊接施工 　图 27-14 水平缝手工焊接施工

8）保护层的施工，在卷材防水层质量验收合格后。平面、坡面使用细石混凝土保护层，立面可使用水泥砂浆、泡沫塑料、砖墙保护层。细石混凝土保护层密封纸胎油毡等作隔离层，在立面卷材防水层外侧用氯丁系胶粘剂直接铺贴5～6mm厚的聚乙烯泡沫塑料做保护层。也可用聚醋酸乙烯乳液粘贴40mm厚的聚苯泡沫塑料做保护层。在卷材防水层外侧砌筑永久保护墙时，不得损坏已完工的卷材防水层。

（2）高聚物改性沥青卷材施工方法

工艺流程：基层清理→涂刷基层处理剂→铺贴节点卷材附加层→热熔铺贴卷材→热熔封边→作保护层。

1）基底要求、基层处理、弹线及细部做法及辊压排汽参见本节三元乙丙橡胶防水卷材施工方法。细部附加层"抬铺法"施工将已裁剪好的卷材片将卷材有热熔胶的一面烘烤，待其底面呈熔融状态，即可立即粘贴在已涂刷基层处理剂的基层上，并压实、粘牢。

2）热熔铺贴卷材：热熔铺贴卷材时，火焰加热器的喷嘴处在成卷卷材与基层夹角中心线上，距铺贴面300mm左右为佳。

"滚铺法"先铺贴起始端，施工时手持液化气火焰喷枪，使火焰对准卷材与基面交接处，同时加热卷材底面与基面，当卷材底面呈熔融状即进行粘铺。至卷材端头剩余约300mm时，将卷材端头翻放在隔热板上再行熔烤后，将端部卷材铺平、压实。起始端卷材粘牢后，持火焰喷枪的人应站在滚铺前方，对着待铺的整卷卷材，使火焰对准卷材与基层面的夹角，喷枪距卷材及基层加热处约0.3～0.5m，往复移动，烘烤至卷材底面胶层呈黑色光泽并伴有微泡时推滚卷材进行粘铺。采用外防外贴法的卷材由底面转到立面铺贴时，仍用热熔法。上层卷材盖住下层卷材应不小于150mm。铺贴同三元乙丙橡胶防水卷材施工方法。

3）卷材收头可用垫铁压紧、射钉固定，并用密封材料填实封严。

4）保护层作法见本节三元乙丙橡胶防水卷材施工方法。

（3）自粘型橡胶沥青防水卷材施工方法

自粘型橡胶沥青防水卷材是一种由SBS弹性体或合成橡胶、合成高分子材料改性沥青为主体材料，并在表面覆以防粘隔离层的自粘防水卷材。也有在橡胶沥青自粘层的表面，加覆PE面层或纤维面层的自粘型橡胶沥青防水卷材；自粘型橡胶沥青防水卷材不含溶剂，在应用时不会造成对大气的污染。自粘型橡胶沥青防水卷材的橡胶沥青自粘层具有强度低、柔韧、蠕动变形强、无溶剂等特点，具有很好的粘结、密封性能。自粘层能够长时间保持粘结密封性能，对基层可起到长期密封作用。这种卷材有满粘法的特点，对基层可起到长期密封作用，防止渗漏、窜流现象。自粘层也是覆面层与基层之间的应力缓冲吸收层。当基层因应力作用产生裂缝时，粘贴在基层表面的粘结、密封层随着受拉，由于粘结、密封层的变形能力强并具有相当的延伸能力，因此可通过自身的位移和厚度变化，缓冲、吸收基层应力对覆面层的影响，从而解决了满粘法施工的"0"开裂，达到空铺法施工卷材的效果。

橡胶沥青自粘层的表面可根据需要加覆隔离纸或PE片材面层，或纤维植物面层的自粘型橡胶沥青防水卷材。橡胶沥青自粘层表面覆面材料的功能对比：隔离纸：隔离覆面材料，使卷材在存放、运输、施工过程中性能稳定，粘结功能得到正常发挥；PE膜覆面：PE膜覆面材料用于自粘型橡胶沥青防水卷材的上表面覆面，PE膜可有效地保护自粘型橡胶沥青防水卷材，尤其是双向复合的PE膜尺寸稳定性好、耐穿刺能力强，可有效地保护自粘型橡胶沥青防水卷材，保证使用效果；丙纶纤维覆面用于自粘型橡胶沥青防水卷材的上表面覆面，丙纶纤维覆面多用于道路、桥梁等工程。当铺设沥青混凝土时，可通过热、压力，使自粘型橡胶沥青防水卷材透过丙纶纤维覆面层，与沥青混凝土结合为一起，达到应用要求。

自粘型橡胶沥青防水卷材适用于非外露、外露屋面及地下、土木工程的一道防水设防；当需要应用于外露防水工程时，应采用铝箔覆面自粘型橡胶沥青防水卷材或覆有耐老化、耐热性能好的覆面的自粘型橡胶沥青防水卷材。自粘型橡胶沥青防水卷材还可用于防水施工的密封、补强。

施工时，剥去隔离纸即可直接铺贴。自粘型卷材的粘结胶通常有高聚物改性沥青粘结胶、合成高分子粘结胶两种。施工铺贴一般采用满粘法。为增加粘结强度，基层表面应涂刷基层处理剂，干燥后即可铺贴卷材。卷材铺贴可采用滚铺法、展铺法或抬铺法进行。

1）基底要求、基层处理、弹线、细部做法及辊压排汽参见本节三元乙丙橡胶防水卷材施工方法。细部附加层"抬铺法"施工，将已裁剪好的卷材片隔离纸掀开，即可粘贴在已涂刷基层处理剂的基层上，并压实、粘牢。

2）大面积铺贴自粘卷材时，可采用滚铺法和展铺法。将卷材置于起始位置，对好长短方向搭接缝，先隔离纸朝下滚展卷材

500mm左右，将掀开已展开的部分隔离纸剥开，慢慢放下卷材平铺在基层上，推压卷材，粘好始端。然后，一人在卷材前边展开卷材边，剥去隔离纸；另一人在卷材后用辊子压实卷材，使之与基层粘贴密实，并随时控制好卷材的平整、顺直和搭接缝宽度。展铺法是首先应弹线定位，并按需裁剪卷材，将卷材展开，对准基准线试铺。将卷材展开，沿中线对卷，从中线将隔离纸剪开。将半幅卷材重新铺开就位，拉住已经撕开的隔离纸纸头均匀用力向后拉，同时用压辊从卷材中部向两侧滚压，将气体排出，再铺贴另半幅卷材。较复杂或隔离纸不易掀剥的部位，可采用"抬铺法"。剪好的卷材认真、仔细地剥除隔离纸，用灵活适度。已剥开的隔离纸与卷材宜成锐角，这样不易拉断隔离纸。如出现小片隔离纸粘连在卷材上时，可用小刀仔细挑出，注意不能刺破卷材。实在无法剥离时，应用密封材料加以涂盖。铺贴完毕后，再进行排汽、辊压。

粘贴搭接缝时，应掀开搭接部位卷材，宜用扁头热风枪加热卷材底面胶粘剂，加热后随即粘贴、排气、辊压，溢出的自粘胶随即刮平封口。搭接缝粘贴密实后，所有接缝口均用密封材料封严，宽度不应小于10mm。地下工程搭接缝要求做增强处理，骑缝加粘一层宽120mm的卷材。对3层重叠部分再做密封处理，其方法与冷粘法相同，参见本节三元乙丙橡胶防水卷材施工方法。

3）卷材收头及保护层作法参见本节三元乙丙橡胶防水卷材施工方法。

4）注意事项：由于自粘型卷材与基层的粘结力相对较低，在立面或大坡面上卷材容易产生下滑现象，因此在立面或大坡面上粘贴施工时，宜用手持式汽油喷枪将卷材底面的胶粘剂适当加热后，再进行粘贴、排气和辊压。自粘型卷材上表面常带有防粘层（聚乙烯膜或其他材料），在铺贴卷材前，应将相邻卷材待搭接部位上表面的防粘层先熔化掉，使搭接缝能粘结牢固。操作时，用手持热风焊枪沿搭接缝粉线进行。粘贴卷材不要拉得太紧，否则卷材易出现拉裂、转角处脱厂，或加速卷材老化。自粘型卷材的运输及存放均应注意防潮、防热。堆放场地应干燥、通风，环境温度不超过35℃。卷材叠放层数不应超过5层，以免材料变形。

（4）聚氯乙烯PVC防水卷材施工方法

铺贴PVC、TPO等合成高分子卷材，与基底粘结可采用冷粘、自粘等方法，接缝可选用焊接法。焊接法工艺先进，焊接强度高、密封性可靠，由于只是卷材与卷材焊接，因而可适应基层变形较大的建（构）筑物。施工时，卷材的搭接缝可采用单焊缝或双焊缝。焊缝搭接宽度要求，见地下卷材防水施工作业要求。使用机具为半自动化温控热熔焊机、手持温控热熔焊枪、打毛机、热风机、真空泵及真空盒等。

1）基底要求、基层处理、弹线、细部做法及辊压排汽，参见本节三元乙丙橡胶防水卷材施工方法。细部增强处理可用复合做法，以高分子防水涂膜或密封胶作密封增强处理，也可增焊双层卷材。

2）卷材平面施工时，将卷材展开，铺放在需铺贴的位置，按弹线位置调整对齐。搭接宽度应准确，铺设平整、顺直，不得皱折。大面采用冷粘法粘结完毕后，搭接缝采用焊接法施工。在正式焊接卷材前，应进行试焊并做剥离试验，以此来检查当时气候条件下焊接工具和焊接参数及工人操作水平，确保焊接质量。接缝焊接分为预先焊接和最后焊接。预先焊接是将搭接卷材掀起，焊嘴深入焊接搭接部分后半部（一半搭接宽度），用焊枪一边加热卷材，一边用手推压辊压合，待后部焊好后，再焊前半部，此时焊接缝边应光滑并熔浆溢出。焊接时，应先焊长边后焊短边。焊接过程中，应根据现场的气候环境随时调整加热温度和焊接速度。不得有漏焊、跳焊或焊接不牢等现象，也不得损害非焊接部位的卷材。

当立面卷材铺贴时，需进行机械固定，在搭接缝下幅卷材距边30mm处，按设计要求的间距用螺钉（带垫帽）钉于基层上，钉周不严处可用焊条将缝隙焊实，然后用上幅卷材覆盖焊接。如立墙较高，可在中部每隔500mm用射钉或M10膨胀螺栓固定；如立墙过高，可自下而上地分段固定、分段铺设卷材；同时，分段设置保护层并分段进行回填土的施工。

3）卷材的收头，参见本节高聚物改性沥青卷材施工方法。

4）保护层作法，参见本节三元乙丙橡胶防水卷材施工方法。

（5）聚乙烯丙纶防水卷材施工方法

聚乙烯丙纶防水卷材是采用聚乙烯、高强丙纶无纺布、黑色母、抗氧剂等原料复合加工制成。中间层是防水层和防老化层，上、下两面是增强粘结层（丙纶长丝无纺布）。具有抗拉强度高、防水抗渗性能好、施工简便等特点。其相配套的专用胶具有良好的粘结性能和防水性能。采用胶、水、水泥混合在一起，形成聚合物水泥防水粘结料。粘结料本身就是一道防水层，其主要成分含：有机硅防水剂、甲基纤维素醚和保水剂等，与防水卷材共同形成防水体系。这种体系具有以下特点：产品无毒、无味、无污染、无明火作业、安全、可靠；其卷材的主防水层（即芯层）是以聚乙烯树脂为主要原料，并掺入适量的抗氧剂、防腐剂等制造而成，其抗老化、耐腐蚀、耐高低温及抗渗等性能好，使用寿命长；其卷材韧性好、易弯曲，能随意就弯，任意折叠，易于铺贴，施工简便、速度快、效率高；聚合物水泥防水粘结料粘结力强，防水、堵漏效果好；卷材施工中采用冷粘法，可在潮湿而无明水的基层上直接施工；由于卷材两面是丙纶长丝无纺布，上面有无数个均匀小孔洞，与基层粘结力强、亲和性好，并可直接粘贴瓷砖，达到粘贴牢固、永不脱落的效果。施工后的卷材与基层粘结强度高，无空鼓、翘边现象。

1）施工机具：扫帚、冲子、铲刀、毛刷、剪刀、卷尺、胶桶、刮板、搅拌器、搅拌桶等。

2）基底要求：基层表面灰尘、杂物清理干净，其他参见本节三元乙丙橡胶防水卷材施工方法。

3）找平层：阴阳角做成圆弧形，阴角最小半径50mm，阳角最小半径20mm。应抹平、压光，表面平顺、洁净，接槎平整。不允许有明显的尖凸、凹陷、起皮、起砂、空鼓和开裂现象。找平层完工后，可直接在潮湿而无明水的基面上进行防水施工。

4）配制聚合物水泥粘结料：按厂家提供比例现场配制好聚合物水泥粘结料。施工前应认真检查调配粘结料容器及工具，要求清理干净，配制好的粘结料内不得有硬性颗粒和杂质。

5）涂刷聚合物水泥粘结料：卷材与基层用粘结料满面涂刷粘结涂刷应均匀一致。

6）加强层的施工：阴角、阳角、管根、电梯坑、后浇带、穿墙孔等复杂部位的附加层做好后，再大面积展开。

7）聚乙烯丙纶防水卷材铺贴：底板铺设在基层上弹出卷材铺贴控制线，将卷材对准基准线空铺于基层上，搭接边满涂粘结料，使卷材搭接边粘结严密。大面卷材与附加层卷材间为满粘。立墙施工时，卷材与墙面同时涂浆进行粘贴，刮板由中间向上下两个方向赶压。相邻卷材之间为搭接，长边、短边均为100mm。相邻两边接缝应错开，第一层与第二层长边接缝错开1/2幅宽，接缝搭接应粘结牢固防止翘边和开裂，对接缝边缘应用聚合物水泥粘结料封闭严密。

27.1.2.4 地下工程涂膜防水

1. 涂膜防水种类及主要性能指标

涂料防水层应包括无机防水涂料和有机防水涂料。涂料防水层所选用的涂料应具有良好的耐水性、耐久性、耐腐蚀性及耐菌性；应无毒、难燃、低污染；无机防水涂料应具有良好的湿、干粘结性和耐磨性，有机防水涂料应具有较好的延伸性及较强的适应基层变形能力。

（1）无机防水涂料及主要性能指标

无机防水涂料宜用于结构主体的背水面。无机防水涂料有掺外加剂、掺合料的水泥基防水涂料、水泥基渗透结晶型防水涂料。防水宝等以水化反应为主，XYPEX等以渗透结晶为主。无机防水涂料的性能指标，见表27-21。

无机防水涂料的性能指标 表27-21

涂料种类	抗折强度（MPa）	粘结强度（MPa）	一次抗渗性（MPa）	二次抗渗性（MPa）	冻融循环（次）
掺外加剂、掺合料水泥基防水涂料	≥4	≥1.0	>0.8	—	>50
水泥基渗透结晶型防水涂料	≥4	≥1.0	>1.0	>0.8	>50

（2）有机防水涂料及主要性能指标

有机防水涂料宜用于地下工程主体结构的迎水面，用于背水面的有机防水涂料应具有较高的抗渗性，且与基层有较好的粘结性。有机防水涂料有反应型、水乳型、聚合物水泥等涂料。

反应型：单组分聚氨酯防水涂料主要成膜物为聚氨基甲酸酯预聚体，涂刷在基层后，通过与空气中的水分进行反应，固化成膜。其特点为涂膜致密，涂层可适当涂厚；涂层具有优良的防水抗渗性、弹性及低温柔性。

水乳型：有氯丁胶乳沥青防水涂料、硅橡胶防水涂料等。涂料通过水分挥发固化成膜。以水乳型涂形成的涂膜防水层长期浸水后强度有所下降，用于地下工程应进行耐水性试验。

聚合物水泥：丙烯酸酯、醋酸乙烯-丙烯酸酯共聚物、乙烯-醋酸乙烯共聚物等聚合物水泥复合涂料。该类涂料的力学性能因复合比例的异同而有所区别。有机防水涂料的性能指标见表27-22。

有机防水涂料的性能指标　　　表27-22

涂料种类	可操作时间(min)	潮湿基面粘结强度(MPa)	抗渗性(MPa)		浸水168h后拉伸强度(MPa)	浸水168h后断裂伸长率(%)	耐水性(%)	表干(h)	实干(h)
			涂膜(120min)	砂浆迎水面	砂浆背水面				
反应型	≥20	≥0.5	≥0.3	0.8	≥0.3	≥1.7	≥400	≥80	≤12	≤24
水乳型	≥50	≥0.2	≥0.3	0.8	≥0.3	—	≥350	≥80	≤4	≤12
聚合物水泥	≥30	≥1.0	≥0.3	0.8	≥0.6	≥1.5	≥80	≥80	≤4	≤12

注：1. 浸水168h后的拉伸强度和断裂伸长率是在浸水取出后经擦干即进行试验所得的值。

　　2. 耐水性指标是指材料浸水168h后取出擦干即进行试验，其粘结度及抗渗性的保持率。

（3）胎体增强材料分为聚酯无纺布和化纤无纺布，其外观应均匀、无团状、平整、无折皱。其拉力（N/50mm）：聚酯无纺布纵向≥150、横向≥100，化纤无纺布纵向≥45、横向≥35；其延伸率（%）：聚酯无纺布纵向≥10、横向≥20，化纤无纺布纵向≥20、横向≥25。

（4）储运保管及进场检验

防水涂料包装容器必须密封，容器表面应标明涂料名称、生产厂名、执行标准号、生产日期和产品有效期，运输和储存条件。水乳型涂料储运和保管环境温度不宜低于5℃。不同规格、品种和等级的防水涂料，应分别存放。溶剂型涂料及胎体增强材料储运和保管环境温度不宜低于0℃，并不得日晒、碰撞和渗漏；保管环境应干燥、通风，并远离火源。仓库内应有消防设施。

材料进场后应按规定取样复检，同一规格、品种的防水涂料，每10t为一批，不足10t者按一批进行抽样。胎体增强材料，每3000m²为一批，不足3000m²者按一批进行抽样。防水涂料和胎体增强材料的物理性能检验，全部指标达到标准规定时为合格。其中，若有一项指标达不到标准要求，允许在受检产品中加倍取样进行该项复检，复检结果如仍不合格，则判定该产品为不合格。不合格的防水材料严禁在建筑工程中使用。

2. 防水涂料品种的选择

潮湿基层宜选用可在潮湿基面的无机或有机防水涂料，也可采用先涂无机防水涂料后涂有机防水涂料，构成复合防水涂层；冬期施工宜选用反应型防水涂料；埋置深度较深的重要工程、有振动或有较大变形的工程，宜选用高弹性防水涂料；有腐蚀性的地下环境，宜选用耐腐蚀性较好的有机防水涂料，并应做刚性保护层；聚合物水泥防水涂料应选用Ⅱ型产品。

3. 防水涂料设置做法，可参见前述卷材防水设置做法。防水

涂料宜采用外防外涂，外防外涂构造做法见图27-15，外防内涂构造做法见图27-16。

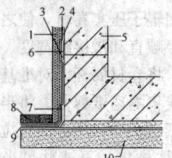　　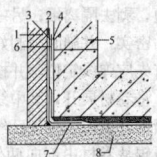

图27-15　防水涂料外防外
涂构造做法
1—结构墙体；2—砂浆保护层；
3—涂料防水层；4—找平层；5—保护层；6—涂料防水加强层；
7—涂料防水加强层；8—搭接部位保护层；9—涂料防水层搭接部位；10—混凝土垫层

图27-16　防水涂料外
防内涂构造做法
1—保护墙；2—涂料保护层；3—涂料防水层；4—找平层；5—结构墙体；6—涂料防水加强层；7—涂料防水加强层；8—混凝土垫层

4. 防水涂料施工基本操作要求

基层：无机防水涂料基层表面应干净、平整，无浮浆和明水。有机防水涂料基层表面应基本干燥，无气孔、凹凸不平、蜂窝、麻面等缺陷。涂料施工前，基层阴角、阳角应做成圆弧形。阴角直径宜大于50mm，阳角直径宜大于10mm，管道等细部基层也应抹平、压光。基层应干燥，不同基层衔接部位、施工缝处，以及基层因变形可能开裂或已开裂的部位，均应嵌补缝隙，并用密封材料进行补强处理。

细部做法：阴角、阳角部位应增加胎体增强材料，并应增涂防水涂料。具体做法是在基层涂布底层涂料后，把胎体增强材料铺贴好，再涂布第一道、第二道防水涂料。阳角做法见图27-17，阴角做法见图27-18。管道根部需用砂纸打毛并清除油污，管根周围基层清洁干燥后与基层同时涂刷底层涂料，其固化后做增强涂料，增强层固化后再涂刷涂膜防水层，见图27-19。施工缝处先涂刷底层涂料，固化后铺设1mm厚、100mm宽的橡胶条，然后再涂涂膜防水层，见图27-20。

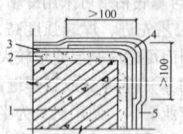

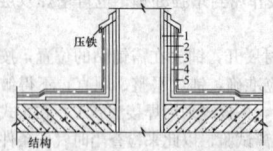　　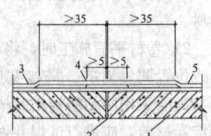

图27-17　阳角做法
1—需防水结构；2—水泥砂浆找平层；3—底涂层；4—胎体增强涂布层；5—涂膜防水层

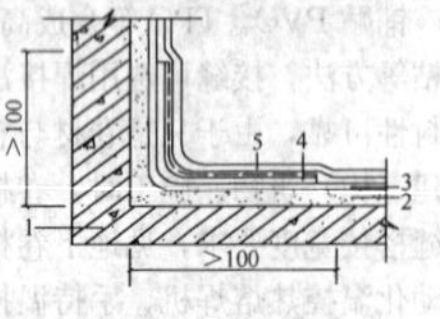

图27-18　阴角做法
1—需防水结构；2—水泥砂浆找平层；3—底涂层；4—胎体增强涂布层；5—涂膜防水层

图27-19　管道根部做法
1—穿墙管；2—底涂层（底胶）；3—十字交叉胎体增强材料，并用铜线绑扎增强层；4—找平层；增强涂布层；5—第二道涂膜防水层

图27-20　施工缝或裂缝处理
1—混凝土结构；2—施工缝或裂缝、缝隙；3—底涂层（底胶）；4—10cm自粘胶条或一边贴的胶条；5—涂膜防水层

涂层厚度：掺外加剂、掺合料的水泥基防水涂料厚度不得小于3.0mm；水泥基渗透结晶型防水涂料的用量不应小于1.5kg/m²，且厚度不应小于1.0mm；有机防水涂料的厚度不得小于1.2mm。防水涂料的配制应按涂料的技术要求进行。防水涂料应分层刷涂或喷涂，涂刷应均匀，不得漏刷、漏涂。当涂膜防水层与其他材料做复合防水时，涂膜材料与相邻材料应具有相容性，以避免因相互侵蚀而致防水层失败。

作业条件：涂料防水层严禁在雨天、雾天、五级及以上大风时施工，不得在施工环境温度低于5℃及高于35℃或烈日暴晒时施

工。涂膜固化前如有降雨可能时，应及时做好已完涂层的保护工作。

施工原则及接槎要求：涂膜防水层的施工顺序应遵循"先远后近、先高后低、先细部后大面、先立面后平面"的原则。接槎宽度不应小于100mm。铺贴胎体增强材料时，应使胎体层充分浸透防水涂料，不得有露槎及褶皱。

保护层：有机防水涂料施工完后应及时做保护层，在养护期不得上人行走，亦禁止在涂膜上放置物品等。底板、顶板细石混凝土保护层厚度不应小于50mm，防水层与保护层之间宜设置隔离层；侧墙背水面保护应采用20mm厚1∶2.5水泥砂浆，侧墙迎水面保护层宜选用软质保护材料或20mm厚1∶2.5水泥砂浆。

5. 常见涂层防水的施工方法

(1) 聚氨酯防水涂料的施工

聚氨酯防水涂料由于材料技术性能较好、价格适中，在无紫外线的照射下，其耐久性能好，一般可使用20年以上。聚氨酯涂膜防水属冷作业施工，应涂刷在地下室结构的迎水面，其形成的涂膜防水层能够适应结构变形，因此地下工程中外防水应用广泛。由于黏度较大，结构内层使用时，将防水层涂布在顶面上操作难度大。主要材料有聚氨酯防水涂料、聚酯纤维无纺布、聚乙烯泡沫塑料片材及用于稀释剂和机具清洗剂的有机溶剂、促凝剂的二月桂酸二丁基锡、缓凝剂的苯磺酰氯等辅料。施工机具有电动搅拌器、拌料桶、油漆刷、弹簧秤以及消防器材等。

基层处理：基层表面如不能达到操作要求时，应用水泥砂浆找平，并采用掺入水泥重量15%的聚合物乳液调制的水泥腻子填充刮平。遇有穿墙套管时，套管应安装牢固、收头圆滑。

配料和搅拌：单组分涂料一般用铁桶或塑料桶密闭包装，打开桶盖后即可施工。使用前应进行搅拌，反复滚动铁桶或塑料桶，使桶内涂料混合均匀，达到内部各个部分浓度一致。最好将桶装涂料倒入开口的大容器中，机械搅拌均匀。没有用完的涂料应加盖密封，桶内如有少量结膜现象，应清除或过滤后使用。

涂刷基层处理剂：当基面较潮湿时，应涂刷湿固化型界面处理剂或湿润界面隔离剂；基层处理剂在用刷子薄涂时需用力，使涂料尽可能地挤进基层表面的毛细孔，这样可将毛细孔中可能残存的少量灰尘等无机杂质部分挤出，并像填料一样混合在基层处理剂中，增强了其与基层的结合力。

细部加强层：见防水涂料施工基本操作要求。防水涂料大面积施工前，阴阳角、变形缝、穿墙管根部等部位均需增加一层胎体增强材料，并涂刷2~4遍防水涂料，宽度不应小于600mm。

涂布防水涂料：涂布立面涂料时宜采用蘸料法，涂刷应均匀。平面涂布时可先倒料在待涂刷的地上，用橡胶刮板将其均匀刮涂在基面上，每层用料为0.8~1.0kg/m²，厚度为0.6~0.8mm。第1层涂完后静置约12~24h，再涂第2层厚度为0.8~1.0mm，施工时可在第1层与第2层之间铺设无纺布，以提高涂层强度。涂层总厚度约为1.5mm。当设计厚度为2.0mm时，在第2层涂料固化、不粘手时，再涂刷0.3~0.5mm厚的第3层涂层。这一层对防水性能要求较高，应与第2层交叉涂刷。注意不可在一处倒涂过多，否则涂料难以刷开，造成厚薄不匀现象。涂刷时涂层中不能裹入气泡，如有气泡应及时消除。涂刷的遍数应按试验确定，不可一遍刷过厚。在前一遍涂层干燥后，进行后一遍涂层的涂刷前，要将涂层上的灰尘、杂质清理干净。后遍涂料涂布前，应检查并修补前遍涂层存在的气泡、露底、漏刷、胎体增强材料皱折、翘边、杂物混入等缺陷，然后再涂布后遍涂料。涂料涂布分条或按顺序进行。分条进行时，每条宽度应与胎体增强材料宽度相一致。各道涂层之间按相互垂直的方向涂刷，以提高涂膜防水层的整体性和均匀性，同层涂膜的先后搭压宽度宜为30~50mm；涂膜防水层的甩槎处搭槎宽度应大于100mm，接槎前应将其甩槎表面处理干净。

铺设胎体增强材料：涂膜防水层中铺贴的胎体增强材料，同层相邻的搭接宽度不应小于100mm，上下层接缝应错开1/3幅宽。铺胎体增强材料是在涂刷第2或第3遍涂料前，采用湿铺法或干铺法铺贴。湿铺法就是在第2遍涂料或第3遍涂料涂刷时，边倒料、边涂布、边铺贴的操作方法。在施工时，用刷子或刮板将涂料仔细、均匀地涂布在已干燥的涂层上，使全部胎体增强材料浸透涂

料，这样上下两层涂料就能结合良好，保证了防水效果。干铺法是在上道涂层干燥后，先干铺胎体增强材料，然后用刮板均匀满刮一道涂料，并使涂料浸透到已固化的底层涂膜上，使得上、下层涂膜及胎体形成一个整体的涂膜防水层。

收头处理：所有胎体增强材料收头均应用密封材料压边，防止收头部位翘起，压边宽度不得小于10mm。收头处的胎体增强材料应裁剪整齐；如有凹槽电，可压入凹槽内，不得出现翘边、皱折、露白等现象；否则，应进行处理后再涂封密封材料。

保护层：平面可在油毡或无纺布保护隔离层上直接浇筑40~50mm厚细石混凝土作保护层，施工时必须防止机具或材料损伤隔离层和涂膜防水层。立墙可在涂膜完全固化后，再均匀刮涂一遍涂膜。在该遍涂膜固化前，应立即粘贴5~6mm的聚乙烯泡沫塑料片材作软保护层。粘贴时要求泡沫塑料片材拼缝严密，以防回填灰土时损伤防水涂膜。立面也可采用砂浆保护层。为使砂浆层与防水层结合紧密牢固，在涂刷防水涂料1h后，再均匀撒粒径为1.5~2.0mm干净的砂并轻拍干砂，使其嵌入聚氨酯防水层中0.2~0.3mm。聚氨酯防水层硬化后（约24h），在其上涂刷水灰比为0.35~0.4的水泥净浆，然后在其上抹压水灰比为0.4~0.42、灰砂比为1∶2~2.5砂浆，其厚度为15~20mm。为防止砂浆因自重而下垂，造成空鼓，产生剥离，大面应分两层铺设，边墙必须分2~3层铺抹。

注意事项：聚氨酯涂料不应涂在保护墙上。每次施工用完的机具，要及时用有机溶剂清洗干净。其他要求见本节涂料防水的储运保管。

(2) 氯丁胶乳沥青防水涂料的施工

氯丁胶乳沥青防水涂料具有橡胶和沥青的双重优点，主要成膜物质为氯丁橡胶和石油沥青，无毒、无燃爆、无环境污染。施工方法可参见聚氨酯防水涂料的施工方法。

(3) 水乳型硅橡胶防水涂料的施工

该涂料由硅橡胶乳液加入无机填料、助剂等配制而成，分甲、乙两种型号组成。甲液中有机硅橡胶乳液含固量较多，乙液无机填料含量较多，具有涂膜防水和渗透性防水材料两者的优良性能，防水性、渗透性、成膜性、弹性、粘结性及耐高低温性良好。适宜冷作业施工。硅橡胶类水乳型防水涂料施工中，对基层要求高。基层混凝土所有蜂窝、气泡、裂缝处，用硅类防水腻子修补平整，将腻子掺水调成浆糊状，在基层面上涂刷1.0mm厚。待其硬化后，可进行硅橡胶乳液的涂刷。硅类防水腻子采用硅类防水剂与水的配比为1∶1拌合均匀后，掺加42.5级普通硅酸盐水泥调合成腻子状。硅橡胶乳液稀释，共需10层施工。第1、4、7、10层采用甲涂料，第2、3、5、6、8、9层采用乙涂料。第2、3需待前一层干燥后再涂刷，第5、6层涂刷后5~6h涂刷第7层，3~4h表干后，进行第8、9层涂刷，6~7h后涂刷第10层。在其中铺贴无纺布，可加强涂膜防水层的强度。一般可第3道涂层干燥后，铺贴无纺布。也可在第5、6道涂层后再铺一层无纺布，铺设必须平整、顺直。其他施工内容，可参见聚氨酯涂料防水层的施工方法。

(4) 丙烯酸酯防水涂料（R型涂料）防水层施工方法

丙烯酸酯防水涂料无毒、无味、不污染环境、有透气性，是单组分防水涂料。在丙烯酸酯乳液或有机橡胶乳液与丙烯酸酯共聚乳液的基料内，掺入一定的其他助剂、纤维及特种水泥混合而成，材料适用性强，可在潮湿、无渗水的基面施工。R型涂料施工对基层平整度要求高。防水层水灰比为0.37~0.42，堵漏水灰比为0.3~0.32，拌合水应一次掺入，拌合初期亲水性较差，继续拌合瞬时就成一般水泥浆状液体。涂刷应分层施工，每层厚度为0.6~0.8mm，每层涂刷间隔时间为8~12h，干透时间约12~24h（夏天快、冬天慢）。层与层之间涂刷方向应交叉进行，不得来回反复搓抹。一般分2~3层施工。在1~2层之间设置无纺布，可提高防水层抗裂性。第一层应实干后，即可铺设。铺设涂刷第2层时，浆液应渗透到底层不露面；如有气泡，将其挤压平整。第3层应待上层干透后，再进行施工。最后一层施工完毕，间隔4~5h应洒水养护，养护期3~14d。无法进行洒水养护的环境，可防水层涂刷结束时，迅速在其上涂刷一层R型涂料，硬化后形成一种无形的薄膜状防水涂层，既起到防水效果，又起到养护的目的。其他

施工内容,可参见聚氨酯涂料防水层的施工方法。

(5)聚合物水泥防水涂料(简称 JS 防水涂料)的施工方法

聚合物水泥防水涂料是以聚丙烯酸乳液、乙烯-醋酸乙烯酯共聚乳液和各种添加剂组成的有机液料,与高铁高铝水泥、石英砂及各种添加料组成的无机粉料制成的双组分水性建筑防水涂料(简称 JS 防水涂料)。由液料、粉料组成,无毒、无害,属环保型防水涂料,经检测符合国家生活饮用水标准;可在潮湿基层施工,基层不受含水率限制,可缩短施工工期;具有较高的抗拉强度和延伸率。对基层有微小裂缝追随性强,涂层坚韧,具有明显的柔韧性,粘结力强。涂膜与基层、饰面层粘结牢固,不论涂刷在垂直面、斜面及各种基层上,均有良好的粘结效果;涂料为乳白色,可按工程需要在面层涂料中掺入各种中性、无机颜料配制彩色涂层;可做彩色外墙面防水;具有施工工具简单、易于操作、能保证工程质量等优点。

该涂料由特点决定,可在潮湿或干燥的砖石、砂浆、混凝土、金属等各种保温层、防水层(如 SBS 卷材、三元乙丙卷材、聚氨酯涂膜等)基层上涂刷,粘结力强,对各种新旧建筑物、构筑物,以及隧道、桥梁、游泳池、水池等均可使用。特别是建筑的非暴露型屋面、厨房、厕浴间以及外墙面的防水、防渗和防潮工程等,更为适宜。

使用机具:清理基层的工具有铁锹、锤子、凿子、笤帚、钢丝刷、油开刀、吹尘器、抹布等;搅拌配料工具有台秤、搅拌桶、电动搅拌器、装料桶、壁纸刀、剪刀等;涂料涂覆工具有滚刷、刮板、油漆刷等。

JS 防水涂料配料:将液料、粉料、水按厂家说明书的比例依次加入塑料桶内,用搅拌器充分搅拌均匀,直至料中不含团粒。附加层可铺贴一层聚酯无纺布或低碱玻纤网格布作附加增强层,其无纺布宽度不应小于 300mm,搭接宽度不应小于 100mm。施工时先涂刷一道涂料,铺好附加增强层后,上面再涂刷一道涂料。JS 防水涂膜应分层涂刷,即底层、中层及面层,每层涂刷须待下层涂料干燥后方可涂刷上层涂料。底层涂料应用滚刷涂刷均匀、不漏底。中层及面层用滚刷均匀涂刷。前后两层涂刷方向应相互垂直,需铺设胎体增强材料时,应按由内到外、先立面后地面的顺序铺贴,边铺边用滚动刷铺平,使其均匀贴附于涂料层,不得用力拉扯。面层可多刷一遍或几遍,直至达到设计规定的涂膜厚度。防水涂膜的收头,应用该涂料多遍涂刷或用密封材料封严。JS 防水涂料与卷材复合使用时,涂膜防水层宜放在下面;涂膜与刚性防水材料复合使用时,刚性防水层放在上面。其他参见防水涂料施工基本操作要求。

(6)水泥基渗透结晶型防水涂料的施工

水泥基渗透结晶型防水涂料是一种新型刚性防水材料,它既可以作为防水剂直接加入到混凝土中,又可以作为防水涂层涂刷在混凝土的迎水面或背水面。是以普通硅酸盐水泥熟料及石英砂为基料,并掺入活性化学物质组成的刚性防水涂料,无毒、无味、无污染。材料中的活性物质以水为载体渗透到混凝土内部一定的深度,并在混凝土中形成不溶于水的结晶体,填塞毛细孔道,从而提高抗渗性能。在水的作用下,具有自愈修补微细裂纹的能力,又能在潮湿基面施工。

基层处理:基面应洁净、坚固,适当粗糙,阴阳角应做成圆弧形。涂刷前应将涂刷部位的浮渣、灰尘、油污清理干净,并用清水冲净;基面应充分润湿,但不得有明水。新浇的混凝土表面在浇筑 20h 后,方可使用该类防水涂料。混凝土浇筑后的 24~72h 是使用该类涂料的最佳时段,因为新浇的混凝土仍然潮湿,所以基面仅需少量的预喷水。

涂料配制:按厂家规定的体积比将浓缩粉料与净水调合,用手持电动搅拌器充分搅拌,混合均匀,每次应按需备料,不宜配制过多。配制好的涂料应在 1h 内用完,混合物变稠时要频繁搅动,施工中严禁加水。

防水涂料施工:涂刷时须使用半硬的尼龙刷,不得使用抹子、滚筒、油漆刷或喷枪等工具。涂刷时应用力均匀,并来回纵横地进行,以保证凹凸处都能均匀地涂上涂料。涂层要求均匀,各处都要涂到,该涂料应分 2~3 遍涂刷,涂层的厚度应小于 1.2mm。对水

平地面或台阶面、阳角,必须注意将涂料涂匀,阳角要刷到,阴角及凹陷处不能有涂料的过厚沉积,否则在堆积处可能开裂。每遍涂刷时,应交替改变涂层的涂刷方向,同层涂料的先后搭接宽度为 30~50mm。第二层涂刷应在第一层初凝并呈湿润状态时进行;如第一层表面干燥,应喷水后施工。涂料不得少于两层,最终厚度应 ≥1.0mm,总用料量不应小于 1.5kg/m²。

养护:涂层呈半干状态后,即应开始用雾状水喷洒养护,养护必须用净水,水流不能过大,否则会破坏涂层。每日喷水不得少于 4 次,并视其湿润程度进行喷水。应连续喷水养护 2~3d。在养护过程中,必须在施工后 48h 内防避雨淋、烈日暴晒及污水污染、霜冻损害,冬期不得施工。

注意事项:在热天施工时,宜在早晚或夜间进行,防止涂层过早干燥而造成表面起皮、龟裂,影响其渗透效果。水泥基渗透结晶型防水涂料不得在雨中施工。

(7)单组分聚脲液体防水涂膜

单组分聚脲以含有多异氰酸酯-NCO 的高分子预聚体和经封端的多元胺(包括氨基聚醚)混合,并加入其他功能性助剂所构成的组合物。在无水状态下,体系稳定。一旦开桶施工,在空气中水分作用下,迅速产生多元胺,多元胺与异氰酸酯-NCO 反应迅速。整个过程没有二氧化碳产生,也就不会有二氧化碳气泡产生。它不含催化剂、固化快,可在任意曲面、斜面、垂直面上喷涂成型,不会产生流挂现象,凝胶时间短,1min 即可达到步行强度;对湿度、温度不敏感,基层潮湿也可施工;施工时,不受环境温度、湿度等条件的影响;涂料无溶剂、挥发性有机物,涂层固化后无毒、无味,经权威部门检测符合国家环保要求;优异的理化性能,成膜后表面光滑、平整、连续,集塑料、橡胶和玻璃钢的优点于一身,成为真正意义上的"万能"高分子材料;具有良好的热稳定性,可在 -40~120℃温度范围内长期使用,并可承受 150℃的短时热冲击;对混凝土、金属、塑料等各类基质材质,均具有优良的附着力;聚脲弹性体被称为"耐磨橡胶",具有优异的耐磨性,其耐磨性能是碳钢的 10 倍,是环氧树脂的 3~5 倍;喷涂施工速度快,可一次性完成设计的涂膜厚度,单机工作量可以达到 1000m² 以上;由于聚脲特定的分子结构以及体系中不含催化剂,该材料表现出优良的耐老化性能,可适用于户外长期使用。暴露型单组分聚脲防水耐磨涂料能调成装饰色,并且在阳光下暴晒不发生颜色改变。单组分聚脲防水耐磨涂料的性能如下所述。

聚脲作为一种新型材料,用在建筑防水工程上有较好的应用前景,其为一种高等级的涂膜防水材料。聚脲在建筑防水效果和性能、耐久性方面具有一定优势,但其价格较高,一般建筑防水工程尚未广泛采用。聚脲从其材料性能上难以填充粉料和添加溶剂,其在市场上难以产生劣质产品,这有利于规范市场。双组分喷涂聚脲具有快速固化的特点,但是对于一些异形部位,喷涂时易于鼓包。如果改用单组分聚脲涂膜,则其有足够长的时间对基材进行浸润,形成化学粘结。对于大型公共工程,如隧道、桥梁路面,单组分聚脲和双组分聚脲可配合使用。对于潮湿基面,无论是双组分喷涂聚脲还是单组分涂膜聚脲,常用的环氧底涂剂应谨慎使用,其仍会造成粘结不牢、起鼓现象。潮湿基面应采用特殊底涂剂方可解决问题。

该材料有一定的自流平性能,施工方法简便。其有自流平型和非下垂型。自流平型用于水平面可自动流平,非下垂型用于垂直面不流挂。底涂剂采用与其配套的专用产品,用作混凝土表面进行预处理。变形缝采用聚氨酯密封胶。将单组分聚脲倒在地上,用刮板刮平,用带齿形的刮板效果更好。开放时间在 2h 以上,涂布两遍效果更佳。可以用硬质的刷子、硬质滚筒涂布,也可用特殊喷枪涂布。其厚度可以通过面积和用料量来控制,也可用刮板齿的高度控制。对于室内,建议厚度为 1.3~1.7mm,即平均 1.5mm。对于屋顶,建议厚度为 1.8~2.2mm,即平均 2mm。

施工时先将混凝土进行打磨,去掉原有疏松层。如为大面积混凝土平台,在其最上部每隔 5m 作切割缝(宽 5~20mm)。将浮土打刷干净,并用吸尘器吸去表面灰土。在干净、干燥的混凝土基层上,直接倒入底涂剂并用软质刮板刮平,凹处用金刚砂和底涂剂混合补平。每平方米耗用底涂剂约 0.2~0.3kg。变形缝嵌填聚氨酯

胶进行密封处理并刮平，密封胶表干后，涂抹单组分聚脲，然后粘贴聚酯无纺布，以加强接缝区域。原在雨棚下贵宾席有250mm宽变形缝由土建方作防水和装修处理。第一遍聚脲涂布：立面采用塑料刮板刮涂单下垂型单组分聚脲，然后用消泡滚筒滚动消泡。水平面用齿形刮板刮涂自流平型聚脲，然后用消泡滚筒滚动消泡。第二遍聚脲涂布：立面采用滚筒涂布，水平面用齿形刮板刮平，自流平。然后，用消泡滚筒滚动消泡，阳角用聚酯无纺布做加强，阴角用聚氨酯密封。然后，再涂布两遍聚脲。

27.1.2.5 塑料防水板防水

1. 塑料防水板材料性能

塑料防水板一般选用乙烯-醋酸乙烯共聚物、乙烯-沥青共混聚合物、聚氯乙烯、高密度聚乙烯类或其他性能相近的材料。塑料防水板幅宽宜为2～4m；厚度不得小于1.2mm；具有良好的耐刺穿性、耐久性、耐水性、耐腐蚀性和耐菌性。缓冲层宜采用无纺布或聚乙烯泡沫塑料片材。暗钉圈应采用与塑料防水板相容的材料制作，直径不应小于80mm。塑料防水板主要性能指标见表27-23。缓冲层材料性能指标：聚乙烯泡沫塑料片材的抗拉强度≥0.4N/50mm，伸长率≥100%，顶破强度≥5kN，厚度≥5mm；无纺布的纵横向抗拉强度≥700N/50mm，纵横向伸长率≥50%，质量>300g/m²。

塑料防水板主要性能指标　表27-23

项　目	性　能　指　标			
	乙烯-醋酸乙烯共聚物	乙烯-沥青共混聚合物	聚氯乙烯	高密度聚乙烯
拉伸强度（MPa）	≥16	≥14	≥10	≥16
断裂延伸率（%）	≥550	≥500	≥200	≥550
不透水性，120min（MPa）	≥0.3	≥0.3	≥0.3	≥0.3
低温弯折性	−35℃无裂纹	−35℃无裂纹	−20℃无裂纹	−35℃无裂纹
热处理尺寸变化率（%）	≤2.0	≤2.5	≤2.0	≤2.0

2. 塑料防水板适用范围

塑料防水板防水层宜铺设在地铁、隧道、岩石洞库等复合式衬砌的初期支护和二次衬砌之间。塑料防水板防水层宜在初期支护结构趋于基本稳定后铺设。塑料防水板防水层应由塑料防水板与缓冲层组成。塑料防水板防水层可根据工程地质、水文地质条件和工程防水要求，采用全封闭、半封闭或局部封闭铺设。塑料防水板防水层应牢固地固定在基面上。

3. 塑料防水板施工

塑料防水板的基层应平实、无明显凹凸不平和尖锐突出物，基面平整度 D/L 不大于 1/6（D 为初期支护基面相邻两凸面间凹进去的深度，L 为初期支护基面相邻两凸面间的距离）。铺设塑料防水板前应先铺设缓冲层，缓冲层应采用暗钉圈固定在基面上。固定点的间距应根据基面平整情况确定，拱部宜为0.5～0.8m，边墙宜为1.0～1.5m，底部宜为1.5～2.0m。局部凹凸较大时，应在凹处加密固定点。

铺设塑料防水板时，宜由拱顶向两侧展铺，并应铺设边用压焊机将塑料板与暗钉圈焊接牢靠，不得有漏焊、假焊和焊穿现象。两幅塑料防水板的搭接宽度不应小于100mm。搭接缝应为热熔双焊缝，每条焊缝的有效宽度不应小于10mm；环向铺设时，应先拱后墙，下部防水板应压住上部防水板；塑料防水板铺设时，宜设置分区预埋注浆系统。

接缝焊接时，塑料板的搭接层数不得超过三层。塑料防水板铺设时，应减少留或不留接头。当留设接头时，应对接头进行保护。再次焊接时，应将接头处的塑料防水板擦试干净。铺设塑料防水板时，不应绷得太紧，宜根据基面的平整度留有充分的余地。防水板的铺设应超前混凝土施工，超前距离宜为5～20m，并应设临时挡板，防止机械损伤和电火花灼伤防水板。二次衬砌混凝土施工时，

绑扎、焊接钢筋时应采取防穿刺、灼伤防水板的措施；混凝土出料口和振捣棒不得直接接触塑料防水板。塑料防水板防水层铺设完毕后，应进行质量检查。验收合格后，方可进行下道工序的施工。

4. 高密度聚乙烯（HDPE）土工膜施工

该材料是由高密度聚乙烯树脂为主要原料，添加多种化学助剂，经造粒和吹塑成型等工序加工制成的膜状防渗材料。幅宽有4m、6～8m等；厚度有1.0mm、1.2mm、1.5mm和2.0mm等；长度有20m、40m、80～100m等。其主要特点是拉伸强度和硬度高，延伸率大、耐腐蚀和耐穿刺性能好，对基层伸缩或开裂变形的适应性强；产品的幅宽大、接缝少，且接缝可采用双缝自动焊机或挤出焊机焊接，焊缝易于粘结牢固、封闭严密，施工简便、快捷，有利于确保防渗工程质量。主要辅助材料有：用高强度的合成纤维针撬、粘合等工艺加工制成的毡状无纺布，可用作HDPE土工膜的衬垫和保护层；挤出压焊缝的专用焊条、钉压固定土工膜的压条、垫片和水泥钉等。机具采用土工膜专用的双缝自动焊接机和挤出压焊机、砂轮机、热风焊枪和射钉枪等。

高密度聚乙烯（HDPE）土工膜的施工要点如下所述。

基底要求：土方开挖后对基底及边坡基底的树根、碎石、砖瓦块以及垃圾等杂物清除干净，依次分层回填、分层压实符合设计要求的素土。对池底及边坡的大面，应用压路机碾压密实，对边角及截面变化大的部位，可用蛙夯或人工夯实，其密实度不应小于90%。

铺设土工布衬垫：在经过压实处理和验收合格的池底及边坡基面上，按施工安排顺序，分段、分块铺设土工布，铺设时土工布应平整、顺直并紧贴基层。在铺设土工布衬垫后，应紧接着铺设土工膜；对未铺土工膜的土工布边缘，应用砂袋等重物压紧，以防止风吹发生位移。

铺设HDPE土工膜：铺设时土工膜应沿最大坡度线方向，使其长边垂直于锚固沟，短边应放入锚固沟内。土工膜在边坡与池底的交接处，应使边坡的土工膜搭盖在池底的土工膜上，并向池底延长1.5m，以防应力集中。所铺设的土工膜应松驰适度，不拉伸也不得有皱折，并应与基面紧贴。两幅土工膜的搭接宽度不得小于100mm，铺完的土工膜应及时用砂袋等重物压紧，以免发生位移。对阴阳角或圆弧等变截面土工膜的搭接缝，应在每隔300～500mm处，用电动砂轮机将其上、下表面打毛和清理干净后，再用热风焊枪焊接定位；然后，采用带焊条的挤出压焊机沿搭接缝的边缘进行焊接处理。焊缝质量检验方法：对土工膜双焊缝质量检验时，可将土工膜双焊缝空腔的两端封闭，再从空腔处插入特制的空心针头，通过导管充入压缩空气，在0.2MPa压力下保持5min，压力表的数值降低不超过10%为合格；对挤压焊缝质量检验时，可采用真空法，即将检验的焊接区域涂刷肥皂液，再在其上加扣透明的专用检验罩，并通过导管与真空泵连接，然后启动真空泵，使其真空度在0.028～0.055MPa下保持5s以上。从透明罩外观察，以焊接缝区域无气泡出现为合格；在焊缝部位按标准规定，切取试件放在拉力试验机上进行剪切强度试验，对双焊缝则以在焊缝中断裂为合格；对挤压焊缝，则以剪切强度不小于本体强度的70%为合格。

铺设土工布保护层：对土工膜防渗层检查验收合格后，即可铺设土工布保护层，铺设时应尽量减少沿池坡长方向的搭接数量。边坡上的土工布应盖过池底的土工布，且不应小于1.5m。土工布的搭接宽度不应小于150mm，土工布的接缝应用热合机或缝纫机连接牢固。铺完的土工布边缘，应及时砂袋等重物压紧。对土工膜及土工布，均应分段分块铺设，分段分块验收，并分段分块回填素土和碾压密实。

土方回填：回填土的质量应符合设计要求，不得含有容易损伤土工布和土工膜的碎石、砖瓦块或树根等杂物。土方应采用推土机水平推进，分段、分块由四周向中心回填，应边推平边用压路机碾压密实。在施工中，车辆和所有机械必须在回填土的上面行驶，以免损伤土工布和土工膜防渗层。

铺砌预制混凝土板：回填土的密实度达到设计要求后，对池底应按设计规定部位弹线，并用干硬水泥浆铺砌预制混凝土板。铺砌时要求混凝土板横平竖直，其拼接宽度为10mm且均匀一致。铺砌完成后，应用水泥砂浆进行勾缝处理。

边坡铺设卵石或混凝土格栅：根据设计规定的边坡不同区域，分别铺设卵石或混凝土格栅，并应由坡底顺序向上铺设，要求铺设牢固、密实、平整。

锚固沟的施工：为防止土工膜防渗层发生下滑和位移，应在边坡周边开挖出深和宽各 500mm 左右的锚固沟。将土工膜防渗层置入锚固沟内，再按设计要求分层回填素土或浇筑混凝土进行锚固处理。

土工膜防渗层与混凝土墙体的固定：土工膜应铺至混凝土墙的顶部，然后再距墙顶以下 300~400mm 处，用垫片和射钉钉压固定后，将剩余的土工膜沿固定部位折回并全面包裹射钉及垫片，再用挤压焊机沿土工膜边缘将其焊接粘牢。土工膜防渗层上部边缘应用密封材料嵌填，并封闭严密。

27.1.2.6 金属板防水

1. 金属板防水适用范围

金属板防水适用于抗渗性能要求较高的地下工程结构主体，一般地下防水工程极少使用。但对于一些抗渗性能要求较高的构筑物（如铸工浇注坑、电炉钢水坑等），金属板防水层仍占有重要地位和使用价值。所用金属板和焊条的规格及材料性能，应符合设计要求。

2. 金属板防水施工

金属板的拼接应采用焊接，拼接缝应封闭严密。竖向金属板的垂直接缝，应相互错开。主体结构内侧设置金属防水层时，金属板应与结构内的钢筋焊牢，也可在金属防水层上焊接一定数量的锚固件，见图 27-21。主体结构外侧设置金属防水层时，金属板应焊在混凝土结构的预埋件上。金属板经焊缝检查合格后，应将其与结构间的空隙用水泥砂浆灌实，见图 27-22。金属防水层应临时支撑加固。金属防水层底板上应预留浇捣孔，并应保证混凝土浇筑密实，待底板混凝

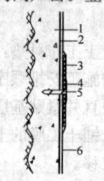

图 27-21 暗钉圈固定缓冲层示意图
1—初期支护；2—缓冲层；3—热塑性圆垫圈；4—金属垫圈；5—射钉；6—防水板

土浇筑完后应补焊严密。金属防水层如先焊成箱体，再整体吊装就位时，应在其内部加设临时支撑，防止变形。金属板防水层必须全面涂刷防腐蚀涂料，进行防锈蚀处理。

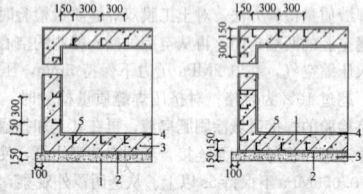

图 27-22 金属板内防水层
1—砂浆防水层；2—结构；3—金属防水层；4—垫层；5—锚固筋

27.1.2.7 膨润土防水毯（板）防水

1. 膨润土防水毯（板）适用范围

膨润土防水材料防水层应用于 pH 值为 4~10 的地下环境，含盐量较高的地下环境应采用经过改性处理的膨润土，并应经检测合格后方可使用。膨润土防水材料应用于地下工程主体结构的迎水面。

2. 膨润土防水毯（板）材料要求

膨润土防水材料包括膨润土防水毯和膨润土防水板及其配套材料，并应采用机械固定法铺设。膨润土防水材料中的膨润土颗粒应采用钠基膨润土，不应采用钙基膨润土；膨润土防水材料应具有良好的不透水性、耐久性、耐腐蚀性和耐菌性；膨润土防水毯的非织布外表面宜附加一层高密度聚乙烯膜；膨润土防水毯的织布层和非织布层之间应连接紧密、牢固，膨润土颗粒应分布均匀；基材应采用厚度为 0.6~1.0mm 的高密度聚乙烯片材。膨润土防水材料的性能指标见表 27-24。

膨润土防水材料的性能指标　　表 27-24

项　目		性　能　指　标		
		针刺法钠基膨润土防水毯	刺覆膜法钠基膨润土防水毯	胶粘法钠基膨润土防水毯
单位面积质量(g/m²、干重)		≥4000		
膨润土膨胀指数(mL/2g)		24		
拉伸强度(N/100mm)		≥600	≥700	≥600
最大负荷时延伸率(%)		≥10	≥10	≥8
剥离强度	非制造布—编织布(N/10cm)	≥40	≥40	—
	PE膜非制造布(N/10cm)	—	—	≥30
渗透系数(cm/s)		≤5×10⁻¹¹	≤5×10⁻¹²	≤1×10⁻¹³
滤失率(mL)		≤18		
膨润土耐久性(mL/2g)		≥20		

3. 膨润土防水毯（板）施工

基层应坚实、清洁，不得有明水和积水。平整度要求同塑料防水板施工。铺设膨润土防水材料防水层的基层混凝土强度等级不得小于 C15，水泥砂浆强度等级不得低于 M7.5。阴角、阳角部位应做成直径不小于 30mm 的圆弧或 30mm×30mm 的钝角。

变形缝、后浇带等接缝部位应设置宽度不小于 500mm 的加强层，加强层应设置在防水层与结构外表面之间。穿墙管件部位宜采用膨润土橡胶止水条、膨润土密封膏或膨润土粉进行加强处理。

膨润土防水材料宜采用单层机械固定法铺设；固定的垫片厚度不应小于 1.0mm，直径或边长不宜小于 30mm；固定点宜呈梅花形布置，立面和斜面上的固定间距宜为 400~500mm，平面上应在搭接缝处固定。膨润土防水毯的织布面应向着结构外表面或底板混凝土。

立面与斜面铺设膨润土防水材料时，应上层压着下层，防水毯与基层、防水毯与防水毯之间应密贴，并应平整、无褶皱。膨润土防水材料分段铺设时，应采取临时保护措施。

膨润土防水材料甩槎与下幅防水材料连接时，应将收口压板、临时保护膜等去掉，并应将搭接部位清理干净，涂抹膨润土密封膏，然后采用搭接法连接，接缝处应采用钉子和垫圈钉压固定，搭接宽度应大于 100mm。搭接部位的固定间距宜为 200~300mm，固定位置距搭接边缘的距离宜为 25~30mm。平面搭接缝可干撒膨润土颗粒，用量宜为 0.3~0.5kg/m。破损部位应采用与防水层相同的材料进行修补，补丁边缘与破损部位边缘的距离不应小于 100mm；膨润土防水板表面膨润土颗粒损失严重时，应涂抹膨润土密封膏。

膨润土防水材料的永久收口部位应用金属收口压板和水泥钉固定，压条断面尺寸应不小于 1.0mm×30mm，压条上钉子的固定间距应不大于 300mm，并应用膨润土密封膏密封覆盖。膨润土防水材料与其他防水材料过渡时，过渡搭接宽度应大于 400mm，搭接范围内应涂抹膨润土密封膏或铺撒膨润土粉。

27.1.3 地下工程混凝土结构细部构造防水

27.1.3.1 常用材料及做法

1. 止水带

止水带是地下工程变形缝（诱导缝）、后浇带、施工缝等部位应选的防水配件，它具有适应变形的能力。当缝两侧建筑沉降不一致时，可继续起防水作用：可以阻止大部分地下水沿变形缝（诱导缝）、后浇带、施工缝等部位进入室内；可以成为衬托，便于堵漏修补等作用。

(1) 常用止水带形式

止水带有橡胶或塑料止水带、金属止水带、钢边橡胶止水带、注浆橡胶止水带、橡胶或塑料止水带加遇水膨胀止水条复合止水

带、橡胶腻子加橡胶或塑料复合止水带、钢板橡胶腻子复合止水带等。止水带形式见图27-23。

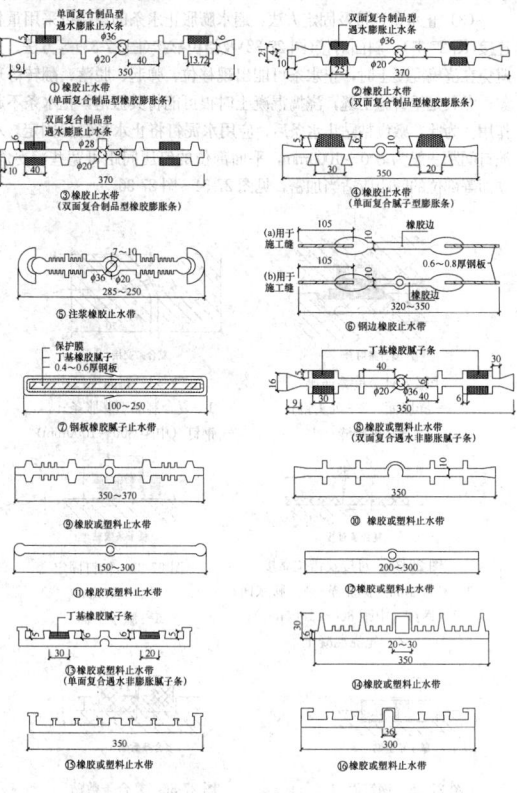

图 27-23 止水带形式

（2）止水带选用

常用止水带的构造及适用防水等级、环境条件，见表27-25。按防水等级要求，正确选用止水带。橡胶或塑料止水带适用于水压小、变形裂缝较小的变形缝。金属止水带适应变形能力较差，采用不锈钢板或紫铜片制成，制作较难，一般用于环境温度高于50℃部位。钢边橡胶止水带两侧钢边与混凝土的粘附性较好，其中间的橡胶部分可满足混凝土变形缝的扭转、膨胀及扯离等变形需要，可承受较大的扭力及拉力。在设计允许的变形范围内，止水带不会产生松动及脱离现象。适用于水压大、变形大的变形缝及施工缝。注浆橡胶止水带及止水带两翼预理注浆管，既可增加与止水带混凝土的粘结性，又可满足变形缝的扭转、膨胀及扯离等变形需要，提高止水性能，适用于水压大、变形裂缝较大的变形缝。橡胶或塑料止水带加遇水膨胀止水条复合止水带：遇水膨胀止水条阻塞了止水带与混凝土之间的缝隙，止水效果明显。适用于水压大、变形裂缝较小的变形缝。橡胶腻子加橡胶或塑料复合止水带：止水带无论是双翼单面还是双面复合橡胶腻子，都可使止水带与混凝土粘结良好，提高止水性能。适用于水压小、变形裂缝较小的变形缝。钢板橡胶腻子复合止水带：橡胶腻子与混凝土物理及化学的结合力均较强，含固量较高，冬期不脆裂，夏季炎热不流淌。它可将起骨架作用的钢板粘于混凝土中，止水效果明显。适用于水压大、变形较大的变形缝及施工缝。止水带的宽度不宜过宽或过窄，一般取值为250～500mm，常用值为320～370mm。遇有腐蚀性介质时，应选用氯丁橡胶、丁基橡胶、三元乙丙橡胶止水带。

常用止水带适用防水等级、环境条件 表 27-25

编号	适用部位	适用防水等级	适用环境条件
1～4	变形缝	一级	水压大、变形裂缝小
5	变形缝	一级	水压大、变形裂缝大
6	变形缝、施工缝	一级	水压大、变形大
7	变形缝、施工缝	一级	水压较大、变形大

续表

编号	适用部位	适用防水等级	适用环境条件
8～10	变形缝	一、二级	水压小、变形裂缝小
11、12	变形缝、施工缝	三、四级	水压大、变形裂缝大
13、14	变形缝、施工缝	一、二级	水压较大、变形小
15、16	变形缝	二、三级	水压较小、变形小

设计、施工应采取有效措施，使沉降的变形缝最大沉降差值小于30mm。必要时可采用可卸式止水带，使用螺栓将其覆盖在变形缝上可使止水带固定。它具有易安装、拆卸方便的优点。但其材料为不锈钢，造价高，制作安装精度要求高，止水效果也不如中埋式和外贴式止水带好。因此，可卸式止水带不能替代中埋式和外贴式止水带。外贴式止水带将水于变形缝外，与外防水层结合共同发挥防水作用，效果较中埋式止水带好。环境温度高于50℃处的变形缝，可采用中埋式金属止水带，见图27-24。重要工程应使用两种止水带，如中埋止水带与外贴止水带相结合、中埋止水带和可卸式止水带相结合。中埋式止水带与外贴防水层、遇水膨胀橡胶条、嵌缝材料、可卸式止水带等复合使用，见图27-25～图27-27。

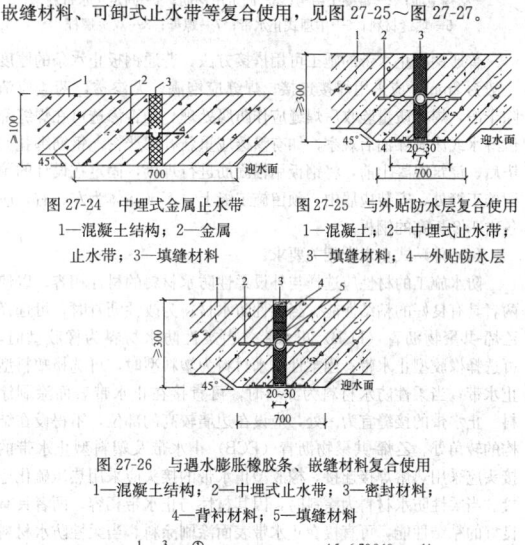

图 27-24 中埋式金属止水带
1—混凝土结构；2—金属
止水带；3—填缝材料

图 27-25 与外贴防水层复合使用
1—混凝土；2—中埋式止水带；
3—填缝材料；4—外防水层

图 27-26 与遇水膨胀橡胶条、嵌缝材料复合使用
1—混凝土结构；2—中埋式止水带；3—密封材料；
4—背衬材料；5—填缝材料

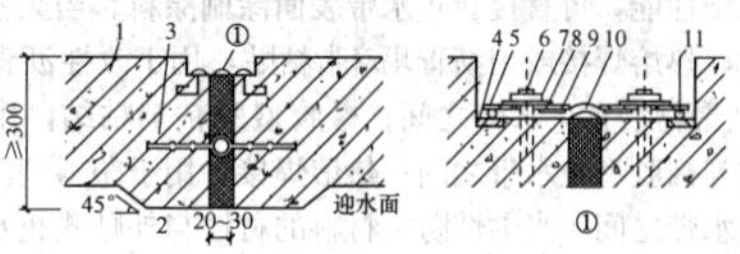

图 27-27 与可卸式止水带复合使用
1—混凝土结构；2—填缝材料；3—中埋式止水带；
4—预埋钢板；5—紧固件压板；6—预埋螺栓；7—螺母；
8—垫圈；9—紧固件压块；10—Ω形止水带；
11—紧固件圆钢

（3）止水带的安装

中埋式止水带尽量靠近外防水层安装，漫射位置应准确，其中间空心圆环应与变形缝的中心线重合；止水带应固定，墙体内止水带可平直安装，顶、底板内止水带应做成盆状安设；中埋式止水带先施工一侧混凝土时，其端模应支撑牢固，并应严防漏浆；止水带的接缝宜为一处，应设在边墙较高位置上，不得设在结构转角处，接头宜采用热压焊接；中埋式止水带在转弯处应做成圆弧形，橡胶（钢边橡胶）止水带的转角半径不应小于200mm，转角半径应随止水带的宽度增大而相应加大。安设于结构内侧的可卸止水带，所配件应一次配齐，转角处应做成45°折角，并应增加紧固件的数量。变形缝与施工缝均用外贴式止水带（中埋式）时，其相交部位采用十字配件（图27-28）。变形缝用外贴止水带的转角部位采用直

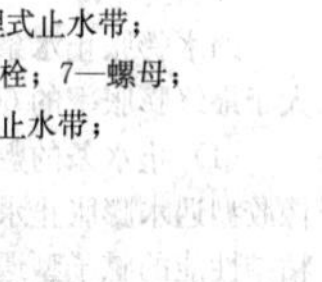

图 27-28 外贴式止水带在
施工缝与变形缝相
交处的专用配件

角配件（图 27-29）。

水平止水带采用盆装方法可改善变形缝混凝土浇筑时，水平止水带下方易窝有空气，造成混凝土不易密实的情况。顶、底板内止水带应成盆状安设，止水带宜采用专用钢筋套或扁钢固定。采用扁钢固定时，止水带端部应先用扁钢夹紧，并将扁钢与结构内钢筋焊牢。固定扁钢用的螺栓间距宜为 500mm，顶（底）板中埋式止水带的固定见图 27-30。

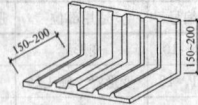

图 27-29　外贴式止水带在转角处的直角专用配件

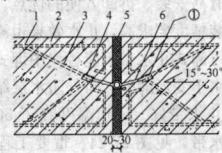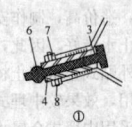

图 27-30　顶（底）板中埋式止水带的固定
1—结构主筋；2—混凝土结构；3—固定用钢筋；4—固定止水带扁钢；
5—填缝材料；6—中埋式止水带；7—螺母；8—双头螺杆

普通钢板止水带的施工可用搭接方法，普通钢板止水条的厚度一般为 2mm，应采用焊接连接。焊缝应饱满、无渗透，药渣应清除干净，焊接质量验收后焊缝应作防腐处理。是否渗透可在焊缝部位淋水或涂刷煤油后观察，如有渗透应重新补焊严密。钢筋绑扎完毕后、浇筑混凝土前，将钢板用锚固筋进行焊接，固定在设计的预留施工缝处，安装应居中，预留施工缝上、下（墙体为左、右）应各占 1/2 板宽的钢板。

（4）外贴式止水带相关要求

防水施工的材性应选择与外设柔性防水材料的材性相容，以使两者具有良好的粘结性能。当柔性防水材料为改性沥青时，可选择乙烯-共聚物沥青（ECB）止水带；当柔性防水材料为橡胶型时，可选择橡胶型止水带；当柔性防水材料为塑料型时，可选择塑料型止水带；当柔性防水材料为涂料时，可直接在止水带表面涂刷涂料。止水带的接缝宜为一处，应设在边墙较高的部位，不得设在结构的转角处。乙烯-共聚物沥青（ECB）止水带及塑料型止水带的接头应采用热熔焊接连接，橡胶型止水带的接头应采用热电硫化连接。当柔性防水材料为涂料时，因其材性与止水带相容，两者具有良好的粘结性能，可直接在止水带表面涂刷涂料。当柔性防水材料为卷材时，热熔焊接或用沥青玛瑞脂粘贴，用于改性沥青防水卷材与乙烯-共聚物沥青止水带之间；橡胶型胶粘剂粘结，用于橡胶型防水卷材与橡胶型止水带之间；热熔焊接，用于塑料型防水卷材与塑料型止水带之间。当柔性防水材料的材性与外贴式止水带的材性不相容时，两者之间可采用卤化丁基橡胶防水胶粘剂粘结。

2. 止水条

遇水膨胀止水条（胶）应具有缓胀性能，7d 的净膨胀率不宜大于最终膨胀率的 60%，最终膨胀率宜大于 220%。

（1）止水条的敷设：可用于水平、侧向、垂直或仰面施工缝。橡胶型遇水膨胀止水条在敷设前，先在基层涂刷胶粘剂；本身具有粘结性能的腻子型遇水膨胀止水条，将粘结表面附设的防粘隔离纸撕掉，粘结面朝向基面即可敷设。根据遇水膨胀止水条不同的种类，选择不同的粘贴方法。

（2）遇水不缓膨胀的止水条，应涂刷缓膨胀剂进行缓膨处理。遇水不缓膨胀的止水条，可吸收混凝土中拌合水。若止水条在混凝土收水凝固前已膨胀，即失去止水的作用。生产厂家在产品使用说明文件中明确说明，所用膨胀条自身是否具有遇水缓膨胀特性。如该产品已具备遇水缓膨胀特性，可不必涂刷；不具有遇水缓膨胀特性的止水条，生产厂家应提供缓膨胀剂，施工单位应按厂家的要求在浇筑混凝土前进行涂刷，使其 7d 的膨胀率≤60% 的最终膨胀率。膨胀止水条表面涂刷 2mm 厚的水泥浆，可缓膨胀作用。采用水泥浆的水灰比原则为：水泥浆中的水不能使大部分的水泥完成水化反应，水泥浆涂刷完后水分立即被蒸发，水泥浆变成灰白色。浇筑混凝土（或夏季）即使遇有水分，也会立即被止水条外部的水泥吸收，水泥条由灰白色变成了深色，将水与止水条隔离，止水条就不

会预先膨胀。因此，低水灰比的水泥浆作为缓膨胀剂更有效。水泥浆水灰比一般为 0.35，在使用前应根据施工要求经试验确定。

（3）止水条连接及固定方法：遇水膨胀止水条的连接可采用重叠连接（图 27-31）、斜面对接（图 27-32）及错位靠接（图 27-33）等方法。为避免在浇捣混凝土时，止水条可能出现移位、弹起、脱落、翻转等现象，尤其是垂直施工缝，浇捣混凝土时很可能将其振落，止水条不起作用。为此，敷设粘贴止水条后，应用水泥钉将止水条钉压固定。水泥钉间距一般为 800～1000mm，平面部位的钉压间距可宽些，拐角、立面等部位的间距应适当加密，见图 27-34～图 27-36。

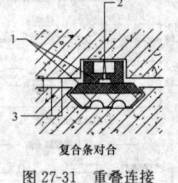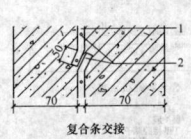

图 27-31　重叠连接　　图 27-32　斜面连接
1—膨胀面；2—沉头钉；　　1—复合制品型膨胀条；
3—拼接缝　　　　　　　　2—钢钉（中距 800～1000mm）

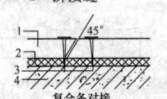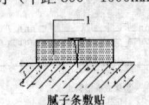

图 27-33　对接及错位靠接　　图 27-34　钢钉固定
1—复合制品型膨胀条；2—膨胀面；　　中距 800
3—钢钉（中距 800～1000mm）；　　1—腻于平面
4—先浇混凝土

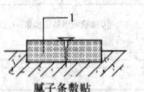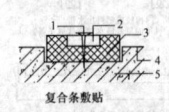

图 27-35　钢钉固定　　　图 27-36　复合条敷贴
中距 900～1000mm　　　1—凸头钉；2—复合制品型膨胀条；
1—腻子条粘贴于平面凹槽　　3—膨胀面；4—施工缝；5—先浇混凝土

3. 水泥基渗透结晶型防水涂料或水泥砂浆接浆层

水泥基渗透结晶型防水涂料也可用于施工缝防水，与外贴止水带复合使用可提高防水效果。水泥砂浆接浆层即 1∶1 水泥砂浆或在其中掺入水泥基渗透结晶型防水剂、膨胀剂，二次混凝土浇筑前在施工缝处铺设 30mm 厚的接浆层，也是施工缝防水的一种有效方法。接浆层砂浆与混凝土砂浆配比相同，故收缩应力一致，相互间不易产生收缩裂缝。掺加水泥基渗透结晶型防水剂，遇水时可发挥渗透结晶堵塞毛细孔缝的特性，进而起止水防治作用。掺入混凝土膨胀剂可产生膨胀应力，起防渗抗裂作用。同时，可防止后浇混凝土时因模板封闭不严而漏浆，或因浆料难以达到施工缝部位而出现蜂窝、麻面、疏松等现象，增加新、老混凝土之间的粘结力；提高施工缝部位后浇混凝土的密实性。铺设水泥接浆层既施工方法简便、费用低，又可使新旧混凝土结合良好，因此无论施工缝采用何种构造形式，二次浇筑混凝土时都应采用铺设水泥接浆层的施工方法。用于补偿收缩混凝土的水泥、砂、石、拌合水及外加剂、掺合料等，应符合本章第 27.1.2.1 节防水混凝土的有关规定。

4. SM 胶及 SJ 条新型材料

SM 胶具有遇水缓膨胀、防渗功能，凝固时间一般为 36h，对基层干燥度要求不高，并可与混凝土、钢板、PVC 等多种基层粘结牢固。SM 胶既可单独使用，也可与 SJ 条或止水钢板配合使用。施工使用标准的填缝枪即可。SJ 条是空心复合遇水膨胀橡胶条，其表面粗糙，中部凸起与混凝土结合较好。单独使用时，对基层的干燥及平整度要求高。可采用涂胶粘结加钉钉的固定方法。

27.1.3.2　变形缝

1. 变形缝的种类

为了避免建筑物由于过长而受到气温变化的影响，或因荷载不同及地基承载能力不均或地震荷载对建筑物的作用等因素，致使建筑构件内部发生裂缝或破坏，在设计时事先将建筑物分为几个独立的部分，使各部分能自由变形，这种将建筑物垂直分开的缝称为

变形缝。按其功能，变形缝可分为伸缩缝、沉降缝和防震缝三种。伸缩缝即为预防建筑墙体等构件因气温的变化使其热胀冷缩而出现不规则的破坏情况发生，沿建筑物长度的适当位置设置一条竖缝，让建筑物纵向有伸缩的余地，这条缝即为伸缩缝或称温度缝；沉降缝即当建筑物建造在土质差别较大的地基上，或因建筑物相邻部分的高度、荷载和结构形式差别较大时，建筑物会出现不均匀的沉降，导致它的某些薄弱部位发生错动、开裂。为此，在适当位置设置垂直缝隙，把它划分为若干个刚度（即整体性）较好的单元，使相邻各单元可以自由沉降，这种称为沉降缝。它与伸缩缝不同之处在于，从建筑物基础到屋顶在构造上全部断开。沉降缝的宽度随地基状况和建筑物高度的不同而不同。墙身沉降缝的构造与伸缩缝构造基本相同。但调节节片的做法必须保证两个独立单元自由沉降。由于沉降缝沿基础断开，故基础沉降缝需另行处理，常见的有悬挑式和双墙式两种。建筑物的下列部位宜设置沉降缝：建筑平面的转折部位；高度或荷载差异处；长比过大的砌体承重结构或钢筋混凝土结构的适当部位；地基土的压缩性有显著差异处；建筑结构或基础类型不同处；分期建造房屋的分界处。防震缝即在抗震设防烈度为8度、9度的地区，当建筑物立面高差在6m以上，或建筑物有错层且楼层高差较大，或建筑物各部分结构刚度截然不同时，应设防震缝。防震缝和伸缩缝一样，将整个建筑物分成若干体形简单、结构刚度均匀的独立单元。防震缝沿建筑物全高设置且两侧布置墙体。一般基础可不设防震缝，但地震区凡需设置伸缩缝、沉降缝者，均按防震缝要求考虑。多层砌体房屋，当抗震设防烈度为8度和9度且有下列情况之一时宜设置防震缝，缝两侧均应设置墙体，缝宽为50～100mm。

2. 变形缝的构造形式

变形缝的构造比较复杂，施工难度也比较大，地下室常常在此部位发生渗漏，堵漏修补也比较困难。因此，变形缝应满足密封防水、适应变形、施工方便、检修容易等要求。用于伸缩的变形缝宜少设，可根据不同的工程结构类别、工程地质情况采用后浇带、加强带、诱导缝等替代措施。变形缝处混凝土结构的厚度不应小于300mm。用于沉降的变形缝，最大允许沉降差值不应大于30mm。变形缝的宽度宜为20～30mm。变形缝止水带的使用有很大关系，主要原因有止水带材料与混凝土材性不一致，两者不能紧密粘结。当混凝土收缩结合处产生裂缝，水便缓慢地沿裂隙处渗入；变形缝止水带搭接方式基本是叠搭，不能完全封闭成为渗水隐患；变形缝两侧结构不均匀沉降过大，沉降差使止水带受拉变薄、扭曲或扯断，与混凝土之间出现大缝，形成渗水通道；变形缝混凝土施工时，水平止水带下方窝有空气，造成混凝土不易密实，甚至产生孔隙，使止水带不起作用。20～30mm宽的变形缝内塞填聚苯板或其他柔性填缝材料，变形缝两侧浇筑混凝土时不易振捣密实；应采取有效的解决方法。根据工程开挖方法、防水等级，变形缝可采用的几种复合防水构造形式见图27-37～图27-44。

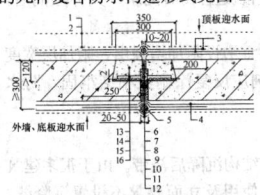

图 27-37 外墙、顶板、底板
中埋式止水带的变形缝
1—结构轮廓线；2—柔性隔离
层轮廓线；3—顶板防水层、附
加层；4—找平层、隔离层；
5—聚乙烯棒；6—聚苯板；7—
齿型橡胶止水带；8—密封材
料；9—背衬粘隔离条；10—
聚苯板；11—防水层、加强层；
12—保护层；13—细石混凝土；
14—宽齿型橡胶止水带；15—
丁基橡胶粘结剂；16—外墙或
底板

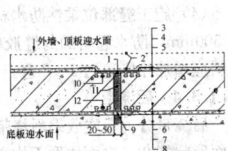

图 27-38 外墙、顶板、底板
粘贴式橡胶止水带的变形缝
1—弹性泡沫塑料或密封材
料；2—保护层轮廓线；3—
低档卷材隔离条；4—水泥
砂浆防水层；5—外墙或顶
板；6—混凝土底板；7—水
泥砂浆防水层；8—混凝土
垫层；9—外贴式止水带；10—
外贴式止水带；11—聚苯
板；12—外贴式止水带

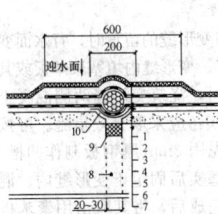

图 27-39 涂料防水外涂外
墙变形缝
1—聚乙烯泡沫塑料片材；
2—涂料加强层；3—涂料
防水层；4—牛皮纸；5—
基层处理剂；6—找平层；
7—混凝土外墙；8—变形
缝；9—低模量密封材料；
10—聚乙烯棒

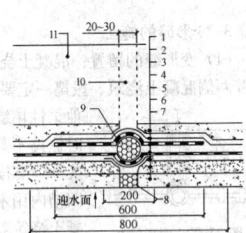

图 27-40 涂料防水外涂底板变形缝
1—细石混凝土；2—低档卷材保
护层；3—涂料加强层；4—涂料
防水层；5—牛皮纸；6—找平层；
7—垫层；8—聚苯板；9—
聚乙烯棒；10—变形缝；11—混
凝土底板

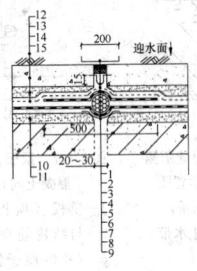

图 27-41 涂料防水外涂非承重顶板变形缝
1—镀锌薄钢板；2—弹性橡胶嵌缝条；3—高模量密封
材料；4—U形镀锌薄钢板；5—低档卷材隔离层；6—
涂料加强层；7—聚乙烯棒；8—涂料防水层；9—牛皮
纸；10—找平层；11—顶板；12—回填土；13—保护
层；14—保护层；15—塑料薄膜隔离层

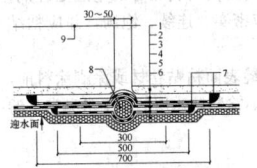

图 27-42 外防外做柔性防水外
墙变形缝
1—找平层；2—牛皮纸；3—防水加强
层；4—防水层；5—防水加强层；6—
聚乙烯泡沫塑料片材；7—聚乙烯棒；
8—轮廓线；9—轮廓线

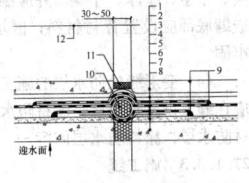

图 27-43 外防外做柔性
防水底板变形缝
1—细石混凝土；2—保护层；3—
防水层；4—防水层；5—防水
加强层；6—牛皮纸；7—找平层；
8—垫层；9—密封材料；10—聚
乙烯棒；11—密封材料；12—轮廓线

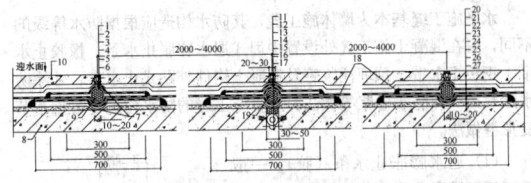

图 27-44 顶板变形缝、分隔缝
1—专用密封材料；2—捋细砂；3—U形镀锌薄钢板；4—聚苯板；5—
低档卷材隔离层；6—防水层构造；7—分隔缝；8—顶板；9—聚乙烯
棒；10—混凝土保护层；11—20～30厚密封材料；12—3厚U形镀锌铁
皮；13—聚苯板；14—低档卷材隔离层；15—防水层构造；16—变形缝
内构造；17—U形镀锌铁皮；18—密封材料；19—φ40～φ60聚乙烯棒；
20—刚性保护层；21—柔性材料加强层；22—柔性材料防水层；23—柔
性材料加强层；24—柔性材料防水层；25—牛皮纸隔离层；26—20厚
1：2.5水泥砂浆找平层；27—顶板

3. 变形缝的施工

(1) 变形缝的留置：混凝土浇筑与变形缝的留置时，背水面变形缝两侧混凝土浇筑、振捣一定要密实。变形缝内填塞聚苯板或其他柔性填缝材料，浇筑变形缝两侧混凝土时振捣不易密实，应采取有效措施。可按变形缝宽度预先用 3mm 厚钢板制作凹槽，凹槽内用木楔塞实后固定于变形缝内。混凝土浇筑养护完成后，将其取出用聚苯板或其他柔性填缝材料将变形缝填实。变形缝留置，见图 27-45。变形缝两侧同时浇筑混凝土时，支撑固定填缝材料的钢筋可能会成为渗水通路的载体，可采用预制细石混凝土或聚合物水泥砂浆压条支撑固定填缝材料解决，压条内预理 $\phi6$ 钢筋与结构钢筋相连，压条预理 $\phi6$ 钢筋外露部位加腻子型膨胀条。外墙变形缝两侧混凝土同时浇筑，见图 27-46。顶板、底板变形缝两侧混凝土同时浇筑，见图 27-47。

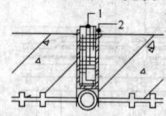

图 27-45 变形缝留置示意图
1—木楔子；2—3 厚钢板凹槽

图 27-46 外墙变形缝两侧混凝土同时浇筑示意图
1—侧模；2—压条；
3—结构筋；4—止水带

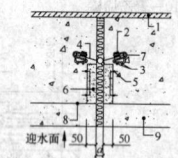

图 27-47 顶板、底板变形缝两侧混凝土同时浇筑示意图
1—模板（顶板）；2—膨胀条；
3—与结构筋焊接；4—止水带；
5—7×25 腻子型止水条；6—聚合物水泥砂浆压条；7—钢筋卡；
8—结构面；9—垫层（底板）

(2) 变形缝止水带的安装见止水带相关内容。

(3) 嵌填密封材料：密封材料嵌填施工时，缝内两侧基面应坚实、平整、干净、干燥，并应刷涂与密封材料相容的基层处理剂，嵌缝底部应设置背衬材料；嵌填应密实、连续、饱满，并应粘结牢固。

(4) 变形缝处防水层的施工在缝表面粘贴卷材或涂刷涂料前，应在缝上设置隔离层。卷材防水层、涂料防水层的施工参见本章卷材防水层、涂料防水层内容。

27.1.3.3 施工缝

由于施工工序要求，混凝土非一次浇筑完成，前、后两次浇筑的混凝土之间形成的缝即施工缝。施工处由于混凝土的收缩，易形成渗水的隐患。防水混凝土应连续浇筑，尽量减少留置施工缝。施工缝分为水平施工缝和垂直施工缝两种。水平施工缝是施工中不可避免的；垂直施工缝应与变形缝相结合，垂直施工缝留置必须征求设计人员的同意，且应避开地下水和裂隙水较多的地段。无论哪种施工缝，都应进行防水处理。

1. 施工缝的防水构造形式及做法

水平施工缝基本为墙体施工缝，其防水构造应根据防水等级的不同，在混凝土施工缝处设置中埋式遇水膨胀止水条、橡胶止水带、钢板止水带、预理注浆管及混凝土构件外贴式止水带、外涂防水涂料或外抹防水砂浆等做法。垂直施工缝的防水构造，参见本节变形缝做法。

(1) 遇水膨胀止水条（胶）：一般采用留凹槽嵌塞止水条的敷设方法，止水条嵌在凹槽内，稳固性好，施工质量容易得到保证。水平、侧向、垂直和仰面施工缝均应采用（图 27-48）。

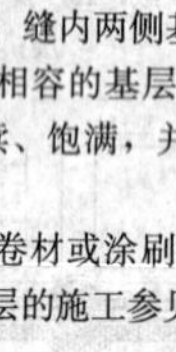

(2) 中置式止水带有橡胶止水带、钢板止水带。钢板止水带由于造价低、与混凝土结合较好，防水效果较橡胶止水带好。一般采用 2mm 厚、300mm 宽的低碳钢板。钢板止水带与缓膨型遇水

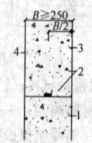

图 27-48 施工缝防水基本构造（一）
1—先浇混凝土；2—遇水膨胀止水胶（条）；3—后浇混凝土；4—结构迎水面

膨胀腻子条复合使用，效果更好（图 27-49）。

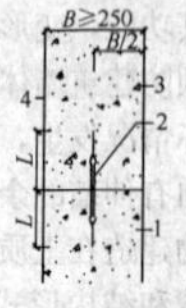

(3) 外贴式止水带可与防水卷材配套使用，防水效果明显，但造价较高，并且应考虑外贴式止水带的材性与外设柔性防水材料的相容性（图 27-50）。

(4) 采用中理式止水带或预理注浆管时，应确保位置准确、牢固可靠，严防混凝土施工时错位（图 27-51）。

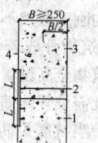

图 27-49 施工缝防水基本构造（二）
钢板止水带 $L \geqslant 150$
橡胶止水带 $L \geqslant 125$
钢板橡胶止水带 $L \geqslant 120$
1—先浇混凝土；2—中理式止水带；3—后浇混凝土；4—结构迎水面

(5) 水泥基渗透结晶型防水涂料或水泥砂浆接浆层：施工缝防水的一种有效方法是二次混凝土浇筑前，在施工缝处铺设 30mm 厚的接浆层。接浆层砂浆与混凝土砂浆配比相同。铺设水泥接浆层既施工方法简便、费用低，又可使新旧混凝土结合良好，因此无论施工缝采用何种构造形式，二次浇筑混凝土时都应采用铺设水泥接浆层的施工方法。

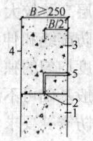

图 27-50 施工缝防水基本构造（三）
外贴止水带 $L \geqslant 150$
外涂防水涂料 $L = 200$
外抹防水砂浆 $L = 200$
1—先浇混凝土；2—外贴防水层；3—后浇混凝土；4—结构迎水面

图 27-51 施工缝防水基本构造（四）
1—先浇混凝土；2—预理注浆管；3—后浇混凝土；4—结构迎水面；5—注浆导管

(6) SM 胶及 SJ 条新型材料：采用涂胶粘结加钉钉的固定方法。主体柔性防水材料在施工缝部位宜增设加强层，加强层宽度为 400～500mm，即缝上、下为 200～250mm。

2. 施工缝的施工

(1) 敷设遇水膨胀止水条、钢板止水带的安装做法，参见本节 1、2 相关内容。

(2) 铺设接浆层的施工，混凝土表面松散部分、灰浆等杂物剔除干净，并用空气压缩机将浮灰等彻底清理后浇水，使混凝土表面及模板充分湿润至饱和，并且无明水。基层混凝土表面湿润至饱和后，均匀铺设接浆层，最薄处不应小于 30mm。接浆层铺设的同时可浇筑混凝土，铺设面应先于混凝土浇筑面 6～8m。

(3) 浇筑下部混凝土时，应严格控制预留施工缝的高度，误差不宜大于 ±20mm。上部混凝土浇筑前，应将下部混凝土表面的浮灰、碎片等杂物清理干净，施工缝混凝土表面浇水、充分湿润后，即可浇筑上部混凝土。

(4) 施工缝部位柔性防水材料宜增设附加强层，附加层宽度为 500mm，防水卷材的封缝胶粘剂应反复涂刷至粘结牢固，防水涂料应增加涂刷遍数 1～2 遍。

27.1.3.4 后浇带

后浇带分为温度收缩后浇带及结构沉降后浇带。由于很多建筑平面形状复杂、立体体形不均衡，使用及立面要求不设置沉降缝、防震缝和伸缩缝。混凝土结构在施工期间临时保留一条未浇混凝土的带，起变形缝作用，待混凝土结构完成变形后，用补偿收缩混凝土将此缝补浇筑，使结构成为连续、整体、无伸缩缝的结构，以满足建筑的使用及立面要求。后浇带着重解决混凝土结构在强度增长过程中因温度变化、混凝土收缩及高低不同结构沉降等产生的裂缝，以释放大部分变形、减小约束力，避免出现贯通裂缝。不允许留设变形缝的工程部位宜设置后浇带，它应设在受力和变形较小的部位，其间距和位置应按结构设计要求确定，后浇带的宽度为 700～1000mm。后浇带不宜过宽，以防捣混凝土前，地下水向上压力过大时，将防水层破坏。后浇带应用抗渗强度和抗压强度等级不低于两侧混凝土的补偿收缩混凝土浇筑，温度收缩后浇带在其两侧混凝土达到 42d 后进行浇筑；高层建筑的结构沉降后浇带应结构封

顶沉降完成后，按规定时间进行浇筑。

1. 后浇带防水构造

后浇带两侧混凝土可做成平直缝或阶梯缝，后浇带处底板钢筋不断开，特殊工程需断开时两侧钢筋应伸出，搭接长度应符合《混凝土结构工程施工质量验收规范》GB 50402 的要求，并设附加钢筋。后浇带处的柔性防水层必须是一个整体，不得断开，并应采取设置附加层、外贴止水带或中埋式止水带等措施（图 27-52）。沉降后浇带两侧底板可能产生沉降差，其下方防水层因受拉伸会造成撕裂，因此，沉降后浇带局部垫层混凝土应加厚并附加钢筋，使沉降差形成时垫层混凝土产生斜坡，避免防水层断裂（图 27-53）。采用掺膨胀剂的补偿收缩混凝土（图 27-54），水中养护 14d 后的限制膨胀率不应小于 0.015%，膨胀剂的掺量应根据不同部位的限制膨胀率设定值经试验确定。采用超前止水方法（图 27-55）。

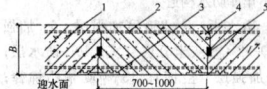

图 27-52　后浇带防水构造（一）
1—先浇混凝土；2—结构主筋；3—外贴式止水带；4—后浇补偿收缩混凝土；5—遇水膨胀止水条

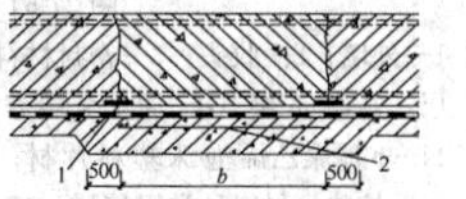

图 27-53　后浇带防水构造（二）
1—外贴止水带；2—附加钢筋长 b+100

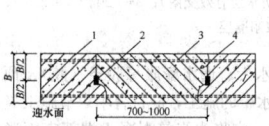 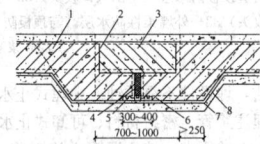

图 27-54　后浇带防水构造（三）
1—先浇混凝土；2—遇水膨胀止水条；3—结构主筋；4—后浇补偿收缩混凝土

图 27-55　后浇带超前止水构造
1—混凝土结构；2—钢丝网片；3—后浇带；4—填缝材料；5—外贴式止水带；6—混凝土保护层；7—卷材防水层；8—垫层混凝土

2. 后浇带的施工

（1）在后浇带处的柔性防水层应设附加层。底板后浇带下部柔性防水层应在底板混凝土施工前完成。柔性防水层施工完毕后，做细石混凝土保护层；外墙后浇带处柔性防水层应在外墙混凝土施工完毕后，并在混凝土后浇带处加设钢板或混凝土板后连续施工；顶板后浇带处柔性防水层的施工，应在顶板后浇带混凝土填充完毕后施工。

（2）后浇带两侧施工缝的止水材料施工方法，见本章施工缝的内容。

（3）后浇带混凝土的施工前，后浇带部位和外贴式止水带应认真保护，防止落入杂物和损伤外贴式止水带。后浇带混凝土应在其两侧混凝土龄期达到 42d，高层建筑的结构沉降后浇带应在结构封顶沉降完成后，按规定时间进行浇筑，并且应认真清理落入带内的建筑垃圾、污水等杂物。因底板较厚、钢筋又密、清理杂物较困难，结构施工期间应采取有效的防护措施，清理工作应认真。带两侧施工缝表面如粘有油污等，则需将其凿毛至清新的混凝土面。为保施工质量，可将带两侧施工缝涂刷水泥基渗透结晶型防水涂料。后浇带混凝土的浇筑，当采用膨胀剂拌制补偿收缩混凝土时，应按配合比准确计量。补偿收缩混凝土的配合比应符合 27.1.2.1 的要求外，膨胀剂掺量不宜大于 12%。后浇带混凝土应一次浇筑，不留设施工缝；后浇带两侧的接缝处理同本章的施工缝要求。混凝土浇筑后应及时养护，养护时间不得少于 28d。

27.1.3.5　穿墙管（盒）

穿墙管（盒）应在浇筑混凝土前预埋。穿墙管与内墙角、凹凸部位的距离，应大于 250mm。

1. 穿墙管（盒）的防水构造

（1）结构变形或管道伸缩量较小时，穿墙管可采用主管直接埋入混凝土内的固定式防水法，主管应加焊止水环或绕遇水膨胀止水圈，并应在迎水面预留凹槽，槽内应采用密封材料嵌填密实。其防水构造宜采用的形式：穿墙管直径较小的，可选用遇水膨胀胶条，距混凝土表面不宜小于 100mm 的管中偏外设置。主管加焊的止水环应满焊密实。止水环与遇水膨胀胶条复合使用，效果更好。膨胀胶条应装在止水环迎水面一侧，紧贴止水环与穿墙管焊接处。主体柔性防水层，应在穿墙管处增设附加层。防水附加层宜选用加无纺布或玻纤胎体的防水涂层，其宽度在管道上、混凝土上均不小于 100～150mm（图 27-56、图 27-57）。直埋式金属管道进入室内时，为防止电化学腐蚀作用，应在管道伸出室外部分加涂宽度为管径 10 倍的树脂涂层，也可用缠绕自粘防腐材料代替树脂涂层。

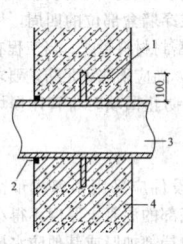

图 27-56　固定式穿墙管防水构造（一）
1—止水环；2—密封材料；3—主管；4—混凝土结构

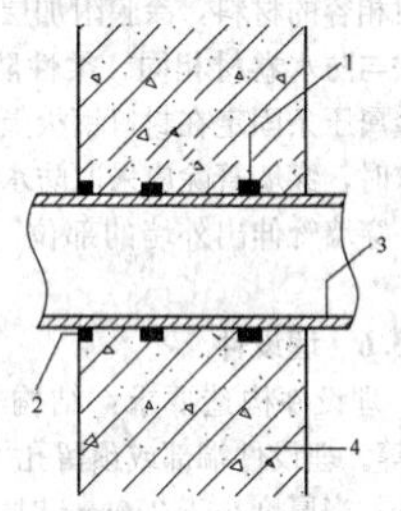

图 27-57　固定式穿墙管防水构造（二）
1—遇水膨胀橡胶圈；2—密封材料；3—主管；4—混凝土结构

（2）结构变形或管道伸缩量较大或有更换要求时，应采用套管式防水法，套管应加焊止水环（图 27-58）。套管内外侧设计的翼环与止水环一样，也应满焊密实。为确保混凝土在此处振捣密实，并有一定的操作空间，管与管之间的间距不应小于 300mm。主体柔性外防水层在套管四周应作加强层，防水加强层也选用加无纺布或玻纤胎体的防水涂层，防水加强层可以延长至管道的宽度不宜小于 150mm，并用密封材料封严。

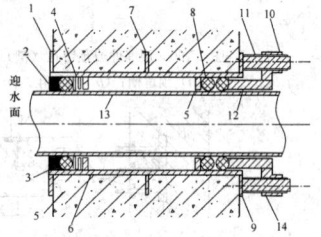

图 27-58　套管式穿墙管防水构造
1—翼环；2—密封材料；3—背衬材料；4—填缝材料；5—挡圈；6—套管；7—止水环；8—橡胶圈；9—翼盘；10—螺母；11—双头螺栓；12—短管；13—主管；14—法兰盘

（3）穿墙管线较多时，宜相对集中，并且应采用穿墙盒方法。穿墙盒的封口钢板应与墙上的焊埋角钢焊严。小盒可用改性沥青填满；大盒应浇筑自密实混凝土或 CGM 灌浆料，必要时掺水泥基渗透结晶型防水剂。管径较大且卧管较疏时，可用 3.5～5.0mm 厚的钢板与管套管焊严密，置于模板内浇筑混凝土，墙内钢筋适当移位、不断开。小型地下室，可按排管要求预埋钢套管预留钢筋混凝土孔板，直接浇入混凝土侧壁中，或用聚合物水泥砂浆随墙砌入（图 27-59）。穿管后，两端密封焊实。室外若设置管沟，可采用法兰连接后装管道，法兰钢板厚度根据管径大小而定。主体的柔性防水层应按前述方法，增设防水附加层。室外直埋式电缆入户前宜设置接线井，室内外电缆在接线井内连接。室内电缆出户时，应做好防水密封处理。

2. 穿墙管（盒）的防水施工

穿墙管防水施工时金属止水环应与主管或套管满焊密实。采用套管式穿墙防水构造时，翼环应满焊密实，并应在施工前

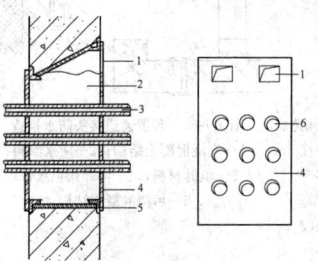

图 27-59　穿墙群管防水构造
1—浇筑孔；2—柔性材料或细石混凝土；3—粘遇水膨胀止水圈的穿墙管；4—封口钢板；5—固定角钢；6—预留孔

将套管内表面清理干净。相邻穿墙管的间距应大于300mm。采用遇水膨胀止水圈的穿墙管，管径宜小于50mm，止水圈应采用胶粘剂满粘固定于管上，并应涂缓胀剂或采用缓胀型遇水膨胀止水圈。安装应牢固，以免浇捣混凝土时脱落。穿墙管（盒）的预埋位置应准确，不得后改、后凿。管（盒）周围的混凝土应浇筑、振捣密实。穿墙盒处应从钢板上的预留浇筑孔注入柔性密封材料或细石混凝土处理。柔性防水层在穿墙管部位的收头应采用管箍或钢丝紧固，并用密封材料封严。防水附加层及收头涂膜材料，应选择与防水卷材相容的材料，涂膜附加层内加无纺布或玻纤胎体材料，其剪裁方法与防水卷材相同。柔性防水层在穿墙盒部位的四周，用螺栓、金属压条固定在封口钢板上，并用密封材料封严。当工程有防护要求时，穿墙管除应采取防水措施外，尚应采取满足防护要求的措施。穿墙管伸出外墙的部位，应采取防止回填时将管体损坏的措施。

27.1.3.6　埋设件

1. 埋设件构造要求：结构上的埋设件应采用预埋或预留孔（槽）等。埋设件端部或预留孔（槽）底部的混凝土厚度不得小于250mm；当厚度小于250mm时，应采取局部加厚或其他防水措施（图27-60、图27-61）。预留孔（槽）内的防水层，宜与孔（槽）外的结构防水层保持连续。

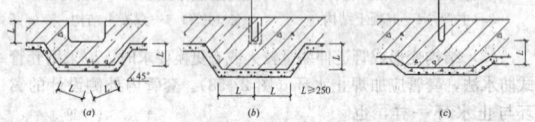

图27-60　预埋件或预留孔（槽）处理示意图
(a)预留槽；(b)预留孔；(c)预埋件

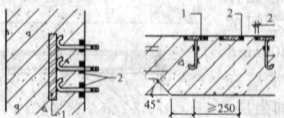

图27-61　预埋件处理示意图
1—预埋钢板；2—止水条

2. 埋设件的施工要求：埋设件的预埋、凹槽的位置应准确，不得后改、后埋。采用滑模施工边墙设有埋设件时，墙内外螺栓之间宜采用预埋螺母或钢板焊接连接。埋设件周围的混凝土应浇筑、振捣密实。

27.1.3.7　预留通道接头

1. 预留通道接头处的最大沉降差值不得大于30mm。预留通道接头应采取变形缝防水构造形式，如图27-62～图27-64所示。

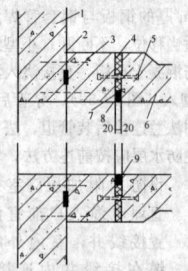

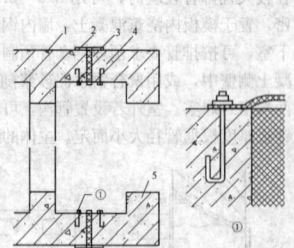

图27-62　预留通道接头防水构造
1—先浇混凝土结构；2—连接钢筋；3—止水条（胶）；4—填缝材料；5—中埋式止水带；6—后浇混凝土结构；7—橡胶条（胶）；8—嵌缝材料；9—背村材料

图27-63　预留通道接头防水构造
1—先浇混凝土结构；2—防水涂料；3—填缝材料；4—可卸式止水带；5—后浇混凝土结构

2. 预留通道接头的防水施工

预留通道对先施工部位的混凝土、中埋式止水带和防水有关的预埋件等，应及时保护，并应确保表面混凝土和中埋式止水带清

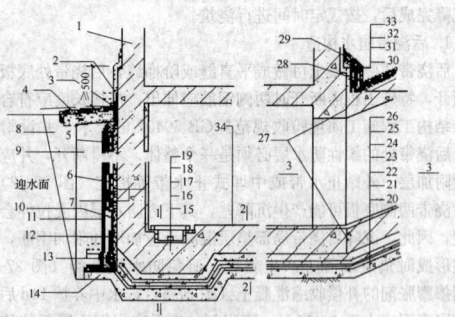

图27-64　地下车库防水构造
1—外墙；2—收头；3—密封材料；4—散水板；5—250宽加强层；6—加强层；7—施工缝；8—原土分层夯实；9—2：8灰土分层夯实；10—防水层；11—5厚聚乙烯泡沫塑料片材；12—加强层（空铺）；13—φ50聚乙烯棒；14—按防水材料种类甩槎搓；15—局部加厚底板；16—20厚1：2防水砂浆；17—φ100硬塑料管至集水井排水管；18—明沟；19—明沟箅子；20—垫层；21—找平层；22—加强层；23—防水层；24—隔离层；25—细石混凝土；26—底板；27—10×30腻子型膨胀条钢钉中距500～800；28—纵横分格缝中距4～6m嵌缝密封；29—收头；30—30厚1：3砂浆保护层；31—甩槎坡形通道顶板防水层（至出入口收头）32—甩槎坡形通道顶板加强层（至出入口收头）33—外墙柔性防水层（与顶板防水层有效交圈）；34—20厚1：2.5水泥砂浆耐磨层

洁，埋设件不得锈蚀。中埋式止水带、遇水膨胀橡胶条（胶）、预埋注浆管、密封材料、可卸式止水带的施工，应符合本章节施工缝的有关要求。接头混凝土施工前，应将先浇混凝土端部表面凿毛，露出钢筋或预埋的钢筋接驳器钢板，与待浇混凝土部位的钢筋焊接或连接好后再行浇筑。当先浇混凝土中未预埋可卸式止水带的预埋螺栓时，可选用金属或尼龙的膨胀螺栓固定可卸式止水带。采用金属膨胀螺栓时，可选用不锈钢材料或金属涂膜、环氧涂料等涂层进行防锈处理。

27.1.3.8　桩头

1. 桩基渗水通道主要发生部位：桩基钢筋与混凝土之间、底板与桩头之间出现的施工缝，混凝土桩与地基土两者膨胀收缩不一致，在桩壁与地基土之间形成的缝隙。桩头所用防水材料应具有良好的粘结性、湿固化性，桩头防水材料应与其他防水材料具有良好的亲合性，应与垫层防水层连为一体。桩头防水构造形式见图27-65。

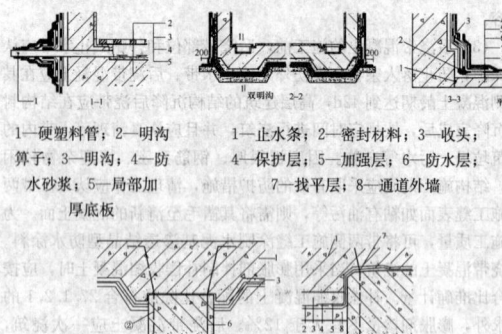

图27-65　桩头防水构造
1—结构底板；2—底板防水层；3—细石混凝土保护层；4—聚合物水泥防水砂浆；5—水泥基渗透结晶型防水涂料；6—桩基受力筋；7—遇水膨胀止水条；8—混凝土垫层；9—桩基混凝土

2. 桩头防水施工应按设计要求将桩顶剔凿至混凝土密实处，并应清洗干净，破桩后如发现渗漏水，应及时采取堵漏措施。涂刷水泥基渗透结晶型防水涂料时，应连续、均匀，不得少涂或漏涂，并应及时进行养护，对遇水膨胀止水条（胶）进行保护。采用其他

防水材料时，基面应符合施工要求。

27.1.3.9　孔口、窗井

1. 孔口、窗井防水构造要求

地下工程通向地面的各种孔口应采取防地面水倒灌的措施。人员出入口高出地面的高度宜为500mm，汽车出入口设置明沟排水时，其高度宜为150mm，并应采防雨措施。窗井的底部在最高地下水位以上时，窗井的底板和墙应做防水处理，并宜与主体结构断开，如图27-66所示。通风口应与窗井同样处理，竖井窗下缘离室外地面高度不得小于500mm。窗井或窗井一部分在最高地下水位以下时，窗井应与主体结构连成整体，其防水层也应连成整体，并应在窗井内设置集水井，如图27-67所示。无论地下水位高低，窗台下部的墙体和底板应做防水层。窗井内的底板，应低于窗下缘300mm。窗井高出地面不得小于500mm。窗井外地面应作散水，散水与墙面间应采用密封材料嵌填。

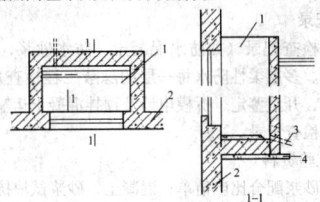

图27-66　窗井防水示意图（一）
1—窗井；2—主体结构；3—排水管；4—垫层

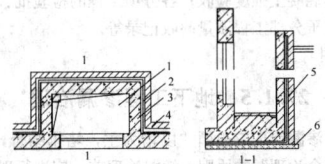

图27-67　窗井防水示意图（二）
1—窗井；2—防水层；3—主体结构；
4—保护层；5—集水井；6—垫层

2. 孔口、窗井防水施工方法

参见本章：防水混凝土、卷材防水、涂层防水的施工。

27.1.3.10　坑、池

（1）坑、池、储水库宜采用防水混凝土整体浇筑，内部应设防水层。受振动作用时应设柔性防水层。底板以下的坑、池，其局部底板应相应降低，并应使防水层保持连续（图27-68～图27-71）。

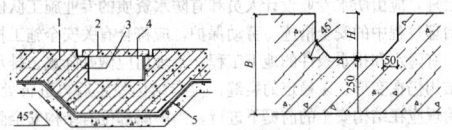

图27-68　底板下坑、池的防水构造
1—底板；2—盖板；3—坑、池防水层；4—坑、池；
5—主体结构防水层

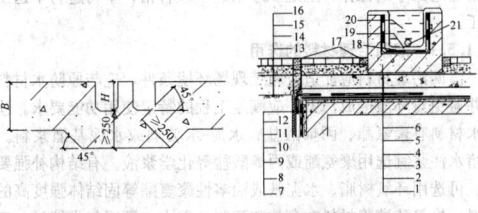

图27-69　水池花池顶板防水构造（一）
1—混凝土顶板；2—找平层；3—加强层、防水层；4—低档材料隔离层；5—保护层；6—自防水钢筋混凝土水池或花池；7—外墙；8—找平层、防水层；9—防水加强层；10—聚乙烯泡沫塑料片材；11—聚乙烯泡沫塑料片材；12—回填灰土；13—回填素土；14—垫层；15—砂浆粘结层；16—面砖装饰层；17—密封材料层；18—防水层；19—水泥砂浆层；20—水或种植土；21—花池设排水管

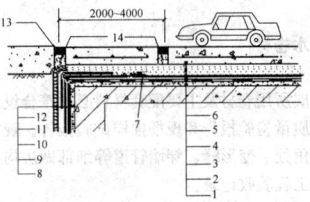

图27-70　水池花池顶板防水构造（二）
1—混凝土顶板；2—找平层；3—柔性防水层；
4—塑料板防水层；5—保护层；6—保护层；
7—异种材料搭接；8—找平层；9—双层材料
防水层；10—防水加强层；11—聚乙烯泡沫
塑料板材；12—回填土；13—密封材料层；
14—分格缝

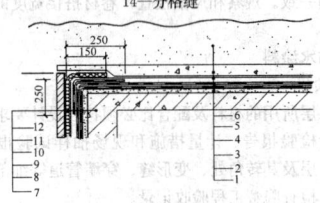

图27-71　水池花池顶板防水构造（三）
1—混凝土顶板；2—找平层；3—双层材料
防水层；4—低档材料隔离层；5—保护层；
6—种植土；7—找平层；8—双层材料防水层；
9—防水加强层；10—聚乙烯泡沫塑料片材；
11—砌体保护层；12—回填土

（2）坑、池防水施工方法参见本章：防水混凝土施工、卷材防水施工、涂层防水施工。

27.1.4　工程质量检验与验收

地下防水工程的施工，应建立各道工序的自检、交接检和专职人员检查的"三检"制度，并有完整的检查记录。未经建设（监理）单位对上道工序的检查确认，不得进行下道工序的施工。

27.1.4.1　防水混凝土

1. 主控项目

防水混凝土的原材料、配合比及坍落度必须符合设计要求，应检查出厂合格证、质量检验报告、计量措施和现场抽样复验报告。防水混凝土的抗压强度和抗渗压力必须符合设计要求，应检查混凝土抗压、抗渗试验报告。防水混凝土的变形缝、施工缝、后浇带、穿墙管道、埋设件等设置和构造，均须符合设计要求，严禁有渗漏。应进行观察检查和检查隐蔽工程验收记录。

2. 一般项目

观察和尺量检查，防水混凝土结构表面应坚实、平整，不得有露筋、蜂窝等缺陷；埋设件位置应正确。用刻度放大镜检查防水混凝土结构表面的裂缝宽度不应大于0.2mm，并不得贯通。用尺量方法检查防水混凝土结构厚度不应小于250mm，其允许偏差为+15mm、−10mm；迎水面钢筋保护层厚度不应小于50mm，其允许偏差为±10mm。同时，应检查隐蔽工程验收记录。

27.1.4.2　防水砂浆

1. 主控项目

水泥砂浆防水层的原材料及配合比必须符合设计要求。检查出厂合格证、质量检验报告、计量措施和现场抽样试验报告。观察和用小锤轻击检查，水泥砂浆防水层各层之间必须结合牢固，无空鼓现象。

2. 一般项目

观察和尺量检查，水泥砂浆防水层表面应密实、平整，不得有裂纹、起砂、麻面等缺陷；阴阳角处应做成圆弧形。观察检查，水泥砂浆防水层施工缝留槎位置应正确，接槎应按施工层次顺序操作，层层搭接紧密。检查隐蔽工程验收记录。观察和尺量检查，水泥砂浆防水层的平均厚度应符合设计要求，最小厚度不得小于设计厚度

的 85%。

27.1.4.3　防水卷材

1. 主控项目

卷材防水层所用卷材及主要配套材料必须符合设计要求。检查出厂合格证、质量检验报告和现场抽样试验报告。观察检查，卷材防水层及其转角处、变形缝、穿墙管道等细部做法均须符合设计要求。检查隐蔽工程验收记录。

2. 一般项目

观察和尺量检查，卷材防水层的基层应牢固，基面应洁净、平整，不得有空鼓、松动、起砂和脱皮现象；基层阴阳角处应做成圆弧形。检查隐蔽工程验收记录。观察检查，卷材防水层的搭接缝应粘（焊）结牢固，密封严密，不得有皱折、翘边和鼓泡等缺陷。观察检查，侧墙卷材防水层的保护层与防水层应粘结牢固，结合紧密、厚度均匀一致。观察和尺量检查，卷材搭接宽度的允许偏差为 －10mm。

27.1.4.4　防水涂料

1. 主控项目

涂料防水层所用的材料及配合比必须符合设计要求。检查出厂合格证、质量检验报告、计量措施和现场抽样试验报告。观察检查，涂料防水层及其转角处、变形缝、穿墙管道等细部做法均须符合设计要求。检查隐蔽工程验收记录。

2. 一般项目

观察和尺量检查，涂料防水层的基层应牢固，基面应洁净、平整，不得有空鼓、松动、起砂和脱皮现象；基层阴阳角处应做成圆弧形，并检查隐蔽工程验收记录。观察检查，涂料防水层应与基层粘结牢固，表面平整、涂刷均匀，不得有流淌、皱折、鼓泡、露胎体和翘边等缺陷。针测法或割取 20mm×20mm 实样用卡尺测量，涂料防水层的平均厚度应符合设计要求，最小厚度不得小于设计厚度的 80%。观察检查，侧墙涂料防水层的保护层与防水层应粘结牢固，结合紧密，厚度均匀一致。

27.1.4.5　塑料板防水层

1. 主控项目

检验出厂合格证、质量检验报告和现场抽样试验报告，防水层所用塑料板及配套材料必须符合设计要求。双焊缝间空腔内充气法检查，塑料板的搭接缝必须采用热风焊接，不得有渗漏。

2. 一般项目

观察和尺量检查，塑料板防水层的基面应坚实、平整、圆顺，无积水现象；阴阳角处应做成圆弧形。观察检查，塑料板的铺设应平顺并与基层固定牢固，不得有下垂、绷紧和破损现象。尺量检查，塑料板搭接宽度的允许偏差为 －10mm。

27.1.4.6　金属板防水层

1. 主控项目

检查出厂合格证或质量检验报告和现场抽样试验报告。金属板防水层所采用的金属板材和焊条（剂）必须符合设计要求。检查焊工执业资格证书和考核日期，焊工必须经考试合格并取得相应的执业资格证书。

2. 一般项目

观察检查，金属板表面不得有明显凹面和损伤。观察检查和无损检验，焊缝不得有裂纹、未熔合、夹渣、焊瘤、咬边、烧穿、弧坑、针状气孔等缺陷。观察检查，焊缝的焊波应均匀，焊渣和飞溅物应清除干净；保护涂层不得有漏涂、脱皮和反锈现象。

27.1.4.7　细部构造

1. 主控项目

检查出厂合格证、质量检验报告和进场抽样试验报告，细部构造所用止水带、遇水膨胀橡胶腻子止水条和接缝密封材料必须符合设计要求。观察检查和检查隐蔽工程验收记录，变形缝、施工缝、后浇带、穿墙管道、埋设件等细部构造做法，均须符合设计要求，严禁有渗漏。

2. 一般项目

观察检查和检查隐蔽工程验收记录。中埋式止水带中心线应与变形缝中心线重合，止水带应固定牢靠、平直，不得有扭曲现象。观察检查和检查隐蔽工程验收记录。穿墙管止水环与主管或翼环与

套管应连续满焊，并做防腐处理。观察检查，接缝处混凝土表面应密实、平顺、洁净、干燥，不得有蜂窝、麻面、起皮和起砂等缺陷；密封材料应嵌填严密、连续、饱满、粘结牢固，不得有开裂、鼓泡和下塌现象。

27.1.4.8　防水工程验收资料

1. 管理类资料

防水工程施工方案，防水工程施工技术交底；专业防水施工单位、各类防水产品厂家的企业资质、营业执照；专业防水施工人员上岗证；砂、石等采矿证；技术总结报告等其他必须提供的资料。

2. 原材料

防水混凝土、防水砂浆应具有：水泥、砂、石、外加剂、掺合料等出厂合格证、试验报告（或质量检验报告）、产品性能和使用说明书、复验报告；防水材料及主要配套材料应具有：出厂合格证、质量检验报告、产品性能和使用说明书、现场复验报告。

3. 施工记录

隐蔽工程检查记录（如防水混凝土、防水砂浆、柔性防水基层、细部处理、多层柔性防水每一层的隐蔽工程检查）；防水混凝土的浇灌申请、开盘鉴定、拆模申请及预拌混凝土运输单等；地下工程防水效果检查记录。

4. 施工试验资料

混凝土、砂浆配合比申请单；混凝土、砂浆试块抗压强度、抗渗试验记录及强度统计，结构实体混凝土强度试验记录等。

5. 检查验收资料

结构实体混凝土强度验收；各分项工程的检验批、分项工程质量验收记录，子分部工程质量验收记录等。

6. 竣工图

27.1.5　地下工程渗漏治理

地下工程渗漏治理应遵循"以堵为主，堵排结合，因地制宜，多道设防，综合治理"的原则。渗漏治理前，应进行现场调查和工程技术资料的收集。应调查工程所在周围的环境，渗漏水水源及变化规律，渗漏水发生的部位、现状及影响范围，结构稳定情况及损害程度，使用条件、气候变化和自然灾害对工程的影响及现场作业条件等。掌握工程设计相关资料，原防水设防构造使用的防水材料及其性能指标，渗漏部位相关的施工方案，相关验收资料及历次渗漏水治理的技术资料等。

根据掌握工程情况，选定治理措施、治理材料及治理方法制定治理方案。任何渗漏水情况，都应采取先止水后防水的治理方案。地下工程渗漏水治理施工，应按制定的治理方案进行。地下工程渗漏水治理，应由防水专业设计人员和有防水资质的专业施工队伍承担。治理过程中的安全措施、劳动保护，应符合有关安全施工技术规定。有降水和排水条件的地下工程，治理前应做好降水、排水工作。结构仍在变形、未稳定的裂缝，应待结构稳定后再进行处理。渗漏治理应在结构安全的前提下进行。当渗漏部位有结构安全隐患时，应先进行结构修复，再进行渗漏治理。严禁采用有损结构安全的渗漏治理措施及材料。渗漏水治理施工时，应按先顶（拱）后墙然后底板的顺序进行，尽量少破坏原结构和防水层。治理过程中应严格每道工序的操作，上道工序未经验收合格，不得进行下道工序施工。

27.1.5.1　渗漏治理材料的选用

渗漏治理材料应能适应施工现场环境条件，应与原防水材料相容并避免对环境造成污染，应满足工程的特定使用功能要求。注浆止水材料有聚氨酯、丙烯酸盐、水泥-水玻璃或水泥基灌浆料。裂缝堵水注浆宜选用聚氨酯或丙烯酸盐等化学浆液。有结构补强要求时，可选用环氧树脂、水泥基或油溶性聚氨酯等固结体强度高的灌浆料。聚氨酯灌浆材料在存放和配制过程中，不得与水接触。环氧树脂灌浆材料不宜在水流速度较大的条件下使用，且不宜用作注浆止水材料。丙烯酸盐灌浆材料不得用于有补强要求的工程。刚性防水材料宜选用环氧树脂防水涂料、水泥渗透结晶型防水涂料、聚合物水泥防水砂浆等。防水涂料宜选用与基面粘结强度高和抗渗性能好的材料。衬砌后注浆宜选用特种水泥浆、掺有膨润土、粉煤灰等掺合料的水泥浆或水泥砂浆。导水、排水材料宜选用排水板、金属

排水槽或渗水盲管等。密封材料宜选用硅酮、聚硫橡胶和聚氨酯类等柔性密封材料。

27.1.5.2　渗漏治理技术措施

无论是混凝土结构还是砌体结构的渗漏，都必须先止水后防渗漏。渗漏治理的技术措施有：注浆止水、快速封堵、安装止水带、设置刚性防水层、设置柔性防水层等。现浇混凝土结构及实心砌体结构地下工程渗漏治理的技术措施，见表27-26和表27-27。

现浇混凝土结构地下工程渗漏
治理的技术措施　　　　表 27-26

技术措施		渗漏部位				材　料
		裂缝及施工缝	变形缝	大面积渗漏	孔洞	管道根部	
注浆止水	钻孔注浆	●	●	○	×	×	聚氨酯灌浆材料、丙烯酸盐灌浆材料、水泥-水玻璃灌浆材料、环氧树脂灌浆材料、水泥基灌浆材料等
	埋管(嘴)注浆	×	○	×	●	●	
	贴嘴注浆	●	×	×	×	×	
快速封堵		○	○	●	●	●	速凝型无机防水堵漏材料等
安装止水带							内置式密封止水带、内装可卸式橡胶止水带
设置刚性防水层		●	●	●	●	●	水泥基渗透结晶型防水涂料、缓凝型无机防水堵漏材料、环氧树脂类防水涂料、聚合物水泥防水砂浆
设置柔性防水层		×	×	●	×	×	Ⅱ型或Ⅲ型聚合物水泥防水涂料

注：●——宜选，○——可选，×——不宜选。

实心砌体结构地下工程渗漏治
理的技术措施　　　　表 27-27

技术措施	渗漏部位			材　料
	裂缝/砌块灰缝	大面积渗漏	管道根部	
注浆止水	○	×	●	丙烯酸盐灌浆材料、水溶性聚氨酯灌浆材料
快速封堵	●	●	●	速凝型无机防水堵漏材料等
设置刚性防水层	●	●	○	聚合物水泥防水砂浆、环氧树脂类防水涂料
设置柔性防水层				Ⅱ型或Ⅲ型聚合物水泥防水涂料

注：●——宜选，○——可选，×——不宜选。

1. 注浆止水

注浆工艺可分为钻孔注浆、埋管（嘴）注浆和贴嘴注浆三类。钻孔注浆是近年来使用广泛的注浆工艺，具有对结构破坏小并能使浆液注入结构内部、止水效果好的优点，适用于由于混凝土施工不良引起的混凝土结构内部的松散或形成的渗漏水孔道，造成大面积严重渗漏水；埋管（嘴）注浆需要开槽，不但会造成基层破坏而且注浆压力偏低，一般仅用于孔洞和底板变形缝的渗漏治理；贴嘴注浆由于不能快速止水，一般用于无明水的潮湿裂缝。

（1）钻孔注浆

用于水压或渗漏量大的裂缝。

1）水泥类浆液法：具备加固与防水两种效果。普通浆液水灰比可根据进浆快慢调整。一般先用配合比1∶2、水灰比为0.6～0.8的砂浆注入结构壁，如进浆顺利、速度快，应适当减小配合比、水灰比；如进浆缓慢，水灰比可调至0.8～1.0并适当加大压力。孔隙较大以及宽度大于0.2mm的裂缝，水泥浆液水灰比可为

0.5～0.6，也可掺入适量外加剂进行注浆堵水。孔隙较小以及宽度小于0.2mm的裂缝，可采用超细水泥浆液或自流平水泥浆液等进行注浆。普通硅酸盐水泥浆液的凝固时间较长，可掺入一定的速凝剂，注入的浆液在一般情况下有效，而在干湿交替的地下岩石中，凝固的浆液易产生干缩裂缝。由于裂缝的发生，使注入的浆液失去了效果，采用普通硅酸盐水泥与双快水泥按1∶（1～3）掺合、水灰比为0.6～0.8，可改善这种现象。采用双快水泥、自流平水泥或CGM灌浆料等水泥注浆料，它们具有速凝、早强、20min后水泥强度可达1～3MPa、可灌注性好的特点，能渗透到混凝土内部各细小裂缝空隙中，有效地堵住渗水通道。借助外界施加的压力，使水泥浆充满于结构中。

2）化学注浆法：经水泥浆液注浆后仍有洇渗现象，可再采用化学注浆法进行注浆堵漏。化学注浆法材料有低模数水玻璃掺超细水泥，采用聚醚与环氧乙烷聚合物的水溶性聚氨酯浆液。这些浆液具有黏度低、可灌性好等特点。遇水膨胀注浆液是一种快速、高效的防渗漏堵漏化学灌浆材料，对于各类工程出现的大量涌水、漏水等有独特的止水效果，已在大量的工程中得到广泛应用，适用于各种渗漏、堵漏处理。其产品具有良好的亲水性。水既是稀释剂，又是固化剂。浆液遇水后先分散乳化，进而凝胶固结。可在潮湿或涌水的情况下进行灌浆，对水质适应性强。固结体经急性毒性试验属实际无毒类。固体为弹性体可遇水膨胀，具有弹性止水和以水止水的双重功能。

3）注浆机具：手压泵由泵体加材料筒组成，体积轻、小，移动方便，注浆堵漏、水泥浆液、化学浆液，单液、双液均可使用。注水泥浆液的泵体宜选用高耐磨性，注化学浆液时可用一般泵体，也可采用塑料泵体。机械或液压式注浆泵适用于注浆量大、压力高的工程，也可在结构背面注浆，分为单液注浆机及双液注浆机。双液注浆机的混合器由两种不同浆液混合注浆，如化学浆液的甲乙液、水泥浆与玻璃水等。注浆施工应一次注入。注浆量大的部位，应选用可连续注浆的设备；注浆系统的工作能力，必须达到所需的注浆压力和流量。所选用的输浆管必须有足够的强度；浆液在管内要流动通畅；管件装配及拆卸方便。注浆机具使用完毕后应彻底清洗，以免影响下次使用。丙凝和水泥浆液的注浆机具用水冲洗，聚氨酯注浆机具用丙酮或二甲苯清洗。应经常检查注浆活塞杆的磨损情况，当出现杆壁冒浆时，需及时更换。

4）注浆施工：根据工程混凝土裂缝孔洞的大小、渗漏水量及地下水的压力情况，选定注浆范围及浆液种类。根据渗漏水流速、孔隙水压力，确定注浆压力、浆液配合比、凝结时间及注浆的孔位位置、数量及埋深。注浆材料应选多种品种，分2～3次进行注浆。注浆孔的孔距，应根据工程情况调查及浆液的扩散半径而定。渗水面广时，孔位布置应加密，一般按梅花形布置。注水泥浆液间距0.8～1m，孔深不应穿透结构物，留100～200mm长度为安全距离。水泥浆液注浆后仍有洇渗现象，再用化学注浆法，孔间距一般为0.3～0.5m，钻孔深度为结构厚度的1/3～1/2。孔径略大于注浆嘴。注浆孔位置应选在漏水量最大的部位，使注浆孔的底部与漏水缝隙相交，以达到几乎引出全部漏水的效果。水平裂缝可沿缝由下向上造斜孔，垂直裂缝则正对缝隙造直孔。埋入式注浆嘴将集中渗漏点剔凿成深100～120mm、外径150～200mm的喇叭口孔洞。观察缝隙方向，用φ12～20mm的钻头对准缝口，向结构内钻100～150mm深，将孔洞内清洗干净，用快္胶浆把注浆嘴稳固于孔洞内，其埋深不应小于50mm。压式注浆嘴插入钻孔后，用扳手转动螺母压紧活动套管及压环，弹性橡胶圈在压力作用下向孔壁四周膨胀，使注浆嘴与孔壁连接牢固。楔入式注浆嘴缠麻后，用锤将其打入孔内，与孔壁连接牢固。除单孔漏埋入一个注浆嘴外，一般埋设的注浆嘴不少于两个：一嘴为注浆嘴，另一嘴供水（气）外排。注浆嘴埋设后，为避免出现漏浆、跑浆现象，其周围漏水或可能漏水的部位，均应采取封闭措施。水只由注浆嘴内渗漏。注浆前应安装并检查注浆机具，确保在注浆施工中的安全使用。为确定浆液配合比、注浆压力，在埋设注浆嘴具有一定的强度及漏水处封闭后，用有色水代替浆液进行预注浆，可计算注浆量、注浆时间，同时观察封堵情况及各孔连通情况，以保证注浆正常进行。注浆一般从漏水量较大或在较低处的注浆嘴开始，待其他多孔处漏浆时关闭

各孔，停止压浆。稳定1~2h再次注浆，注到进浆困难不再进浆时即可停止压浆，关闭注浆嘴。先关闭注浆嘴的阀门，再停止压浆，以防浆液回流，堵塞注浆管道。注浆结束后，将注浆孔及检查孔封填密实。注浆过程中，应注意观察注浆压力和输浆量的变化。当管路堵塞或被注物内不畅时，泵压骤增、注浆量减少；当泵压不上升、进浆量较大时，应调整浆液黏度和凝固时间，或掺入惰性材料。注浆施工中当遇有跑浆、冒浆现象，属封闭不严导致，应停止注浆，重做封闭工作。注浆过程中局部通路被暂时堵塞，可引起压力增高现象，在高压下充塞物会被冲开，压力相应下降。浆液凝固后剔除注浆嘴，检查注浆漏效果，仍有洇渗现象，可再采用化学注浆法进行注浆堵漏，必要时可重复注浆。

注浆施工前应严格检查机具、管路及接头处的牢靠程度，以防压力爆破伤人。有机化工材料具有一定的腐蚀性和刺激性。操作人员在配制浆液和注浆时，应戴眼镜、口罩、手套等劳保用品，以防浆液误入口中或溅到皮肤上。丙凝浆液溅到皮肤上，应立即用肥皂清洗。聚氨酯浆液溅到皮肤上，先用酒精或丙酮清洗，再用肥皂水或稀氨水清洗，并涂抹油脂膏。溅到眼睛内立即就医处理。在通风不良的环境进行注浆施工时，应有通风或排气设备。聚氨酯浆液具有可燃性，注意防火。施工现场严禁吸烟并远离火源，还要设置消防器材。

（2）埋管（嘴）注浆

埋设管（嘴）前，应清理裂缝基层并沿裂缝剔凿成深度不小于50mm的凹槽。注浆管（嘴）宜使用硬质金属或塑料管，并配制阀门。注浆管（嘴）宜位于凹槽中部，并采用速凝型无机防水堵漏材料。埋设注浆管（嘴）的凹槽应封闭。注浆管（嘴）间距可为500~1000mm，并可根据漏水压力、漏水量及灌浆材料的凝结时间确定。注浆材料宜使用聚氨酯灌浆材料，注浆压力宜为静水压力的1.5~2.0倍。

（3）贴嘴注浆

注浆嘴底座宜带有锚固孔。注浆嘴宜布置在裂缝较宽的位置及其交叉部位，间距宜为200~300mm，裂缝封闭宽度宜为50mm。

2. 快速封堵

快速封堵法适用于渗水不大的结构破损点、大面积轻微渗漏水的漏水点、施工缝、裂缝等部位。优点是快速简便，缺点是不能将水拒之于结构外部，材料的耐久性也有待于提高。可作为一种临时快速止水措施，与其他技术措施共同使用。快速封堵法常用以水泥为基料，掺有速凝剂及催化剂等化学物品，使材料很快凝固并增强，如堵漏灵、堵漏王、赛柏斯、R类等。此类材料由于掺有外加剂，凝结时间快、强度高，后期收缩量也加快，修补处易产生裂缝，使修补点不久失效。采用超早强速凝水泥、双快水泥、自流平速凝水泥的纯水泥净浆直接堵漏的方法，近年多有使用。这种纯水泥净浆的特点是水泥既初凝终凝时间短，强度增强快，又具有一定的微膨胀，加强养护效果很好。

将渗漏处沿裂缝走向切割出深40~50mm、宽40mm的"U"形凹槽，清除碎块及砂粒后，用清水将其清洗干净，孔壁用稀水泥浆刷一遍，将堵缝材料用水调合成半干硬性，搓成柱状，待快干硬块将发热时，迅速堵塞于所凿孔洞，用力挤压四周壁，使胶泥与周壁混凝土紧密相贴，并待发热硬化后即可松手。挤压处理无水渗出后，嵌填腻子状水泥基渗透结晶型防水涂料，再聚合物水泥防水砂浆找平即可（图27-72）。

3. 设置刚性防水层

大面积漏水，漏水点封堵后使用刚性防水层。刚性防水材料可分为涂料（如水泥基渗透结晶型防水涂料、缓凝型无机防水堵漏材料、环氧树脂类防水涂料）和聚合物水泥防水砂浆两类。通常复合使用这两类材料，形成一道完整的防水层。设置刚性防水层时，宜沿裂缝走向，在两侧各200mm范围内的基层表面

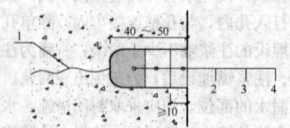

图27-72 裂缝快速封堵止水
1—裂缝；2—速凝型无机防水堵漏材料；
3—腻子状水泥基渗透结晶型防水材料；
4—聚合物水泥防水砂浆

先涂布水泥基渗透结晶型防水涂料，再宜单层抹压聚合物水泥防水砂浆。对于裂缝分布较密的基层，宜用聚合物水泥防水砂浆大面积设置刚性防水层。具体施工方法见本章。

4. 设置柔性防水层

具体施工方法见本章。

27.1.5.3 现浇混凝土结构地下工程渗漏治理

1. 裂缝漏水治理

对无补强要求的裂缝，注浆孔可布置在裂缝一侧或交叉布置在裂缝两侧，钻孔应斜穿裂缝，垂直深度宜为混凝土结构厚度的1/3~1/2，钻孔与裂缝水平距离宜为100~250mm，孔间距宜为300~500mm，孔径不宜大于20mm，斜孔倾角θ宜为45°~60°。当需要预先封缝时，封缝的宽度不宜小于50mm，厚度不宜小于10mm（图27-73）。对有补强要求的裂缝，宜先钻斜孔并注入聚氨酯灌浆材料止水，钻孔垂直深度宜为结构厚度的1/4~1/3；再宜二次钻斜孔，注入可在潮湿环境下固化的环氧树脂灌浆材料或水泥基灌浆材料，钻孔垂直深度不宜小于结构厚度的1/2（图27-74）。注浆嘴深入钻孔的深度不宜大于钻孔长度的1/2。出水点明显、水压较小、水量不大或较大范围整体结构良好而局部洇渗等情况，采用快速封堵法。渗漏较多处，采用先引水后注浆堵漏法，适用于结构多年渗水已疏松、出水成线的渗漏情况。化学浆液注浆适于总体质量较好建设时间不长的结构。注压加固性水泥浆适于结构年久疏松、渗水范围大、凹槽缝两侧混凝土显湿的情况。

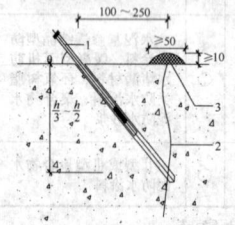

图27-73 钻孔注浆布孔　　　图27-74 钻孔注浆止水及
1—注浆嘴；2—裂缝；　　　　　　补强的布孔
3—封缝材料　　　　　1—注浆嘴；2—裂缝

钻孔注浆时宜严格控制注浆压力等参数，并宜沿裂缝走向从下而上依次进行。使用速凝型无机防水堵漏材料快速堵止水时，应在材料初凝前，用力将拌合料紧压在待封堵区域，直至材料完全硬化。潮湿而无明水裂缝的贴嘴注浆粘贴注浆嘴和封缝前，宜先将裂缝两侧待封闭区域内的基层打磨平整并清理干净，再宜用配套的材料粘贴注浆嘴并封缝。粘贴注浆嘴时，宜先用定位针穿过注浆嘴、对准裂缝插入，将注浆嘴骑缝粘贴在基层表面，宜以拔出定位针时不粘附胶粘剂为合格。不合格时应清理缝口，重新贴嘴，直至合格。粘贴注浆嘴时，不可拔出定位针。立面上裂缝的注浆，应沿裂缝走向自下而上依次进行。当观察到临近注浆嘴出浆时，可停止从该注浆嘴注浆，并从下一注浆嘴重新开始注浆。注浆全部结束且孔内灌浆材料固化，并经检查无湿渍、无明水后，应按工程要求拆除注浆嘴、封孔、清理基面。

2. 大面积渗漏水治理

（1）大面积严重渗漏且有明水时，宜先采取钻孔注浆或快速封堵止水，再在基层表面设置刚性防水层。当采取钻孔注浆止水时，宜在基层表面均匀布孔。钻孔间距不宜大于500mm，钻孔深度不宜小于结构厚度的1/2，孔径不宜大于20mm，灌浆材料宜采用聚氨酯或丙烯酸盐灌浆材料。当工程周围土体疏松且地下水位较高，可钻孔穿透结构至地下水面并注浆，钻孔间距及注浆压力宜根据浆液及周围土体的性质确定，注浆材料宜采用水泥基、水泥、水玻璃或丙烯酸盐等灌浆材料。注浆时，应采取有效措施防止浆液对周围建筑物及设施造成破坏。当采取快速封堵止水时，宜大面积均匀抹压速凝型无机防水堵漏材料，厚度不宜小于5mm。对于抹压速凝型无机防水堵漏材料后出现的渗漏点，宜在渗漏点处进行钻孔注浆止水。设置刚性防水层时，宜先涂布水泥基渗透结晶型防水涂料或渗透型环氧树脂防水涂料，再抹压聚合物水泥防水砂浆，必要时可在砂浆层中铺设耐碱纤维网格布。

(2) 大面积渗漏而无明水时，宜先多遍涂刷水泥基渗透结晶型防水涂料或渗透型环氧树脂防水涂料，再抹压聚合物水泥防水砂浆。

(3) 施工中应注意当向地下工程结构的迎水面注浆止水时，钻孔及注浆设备应符合设计要求。当采用快速封堵止水时，宜先清理基层，除去表面的酥松、起皮和杂质，然后分多遍抹压速凝型无机防水堵料材料，形成连续的防水层。涂刷渗透型环氧树脂防水涂料或渗透型环氧树脂防水涂料，应按照从高处向低处、先细部后整体、先远处后近处的顺序进行施工。

3. 孔洞的渗漏治理

孔洞的渗漏，宜先采取注浆或快速封堵止水，再设置刚性防水层。当水压大或孔洞直径大于等于 50mm 时，宜采用埋管（嘴）注浆止水。注浆管（嘴）宜使用硬质金属管或塑料管，并宜配制阀门，管径宜符合引水卸压及注浆设备的要求。注浆材料宜使用速凝型水泥——水玻璃或聚氨酯灌浆材料，注浆压力应根据灌浆材料及工艺进行选择。当水压小或孔洞直径小于 50mm 时，可采用埋管（嘴）注浆止水，也可采用快速封堵止水。当采用快速封堵止水时，宜先清除孔洞周围疏松的混凝土，并宜将孔洞周围剔凿成 V 形凹坑。凹坑最宽处的直径宜大于孔洞直径 50mm 以上，深度不宜小于 40mm，再在凹坑中嵌填速凝型无机防水堵漏材料止水，并宜用聚合物水泥防水砂浆找平。止水后宜在孔洞周围 200mm 的范围内的基层表面涂布水泥基渗透结晶型防水涂料或渗透型环氧树脂防水涂料，并宜抹压聚合物水泥防水砂浆。埋管注浆止水施工中应注意，注浆管（嘴）应埋置牢固并做好引水泄压处理。待浆液固化并经检查无明水后，宜按设计要求处理注浆嘴、封孔并清理基面。

4. 凸出基层管道根部的渗漏治理

凸出基层管道根部的渗漏宜先止水，再设置刚性防水层，必要时可设置柔性防水层。当管道根部渗漏量大时，宜采用钻孔注浆止水，钻孔宜斜穿基层并到达管道表面，钻孔与管道外侧最近直线距离不宜小于 100mm，注浆嘴不宜少于 2 个，并宜对称布置。也可采用埋管（嘴）注浆止水。埋设硬质金属或塑料注浆管（嘴）前，宜先在管道根部剔凿直径不小于 50mm、深度不大于 30mm 的凹槽，宜用速凝型无机防水堵漏材料以 45°～60° 的夹角埋设。注浆压力不宜大于静水压力的 2 倍，注浆材料宜采用聚氨酯灌浆材料。当管道根部渗漏量小时，可采用注浆止水，也可采用快速封堵止水时，宜先沿管道根部剔凿环形凹槽。凹槽的宽度不宜大于 40mm，深度不宜大于 50mm，再嵌填速凝型无机防水堵漏材料。嵌填速凝型无机防水堵漏材料时，预留凹槽的深度不宜小于 10mm，并宜用聚合物水泥防水砂浆找平。止水后，宜在管道周围 200mm 宽范围内的基层表面涂布水泥基渗透结晶型防水涂料。当形变量较大时，宜在四周涂布柔性防水涂料，涂层在管壁上的高度不宜小于 100mm，收头部位宜用金属箍压紧，并宜设置厚度为 20mm 的水泥砂浆保护层。必要时，可在涂层中铺设胎体增强材料。金属管道宜采取除锈及防锈措施。

施工中应注意，采用钻斜孔注浆止水时应采取措施，避免由于钻孔造成管道的破损，注浆时宜自下而上进行。柔性防水涂料的施工基层表面应无明水，阴角宜处理成圆弧形。涂料宜分层刷涂，不得漏涂。铺贴胎体增强材料时，胎体增强材料应铺设平整，并且充分浸透防水涂料。

5. 对拉螺栓根部的渗漏治理

先剔凿螺栓根部的基层，形成深度不小于 40mm 的凹槽，再切割螺栓并嵌填速凝型无机防水堵漏材料止水，并用聚合物水泥防水砂浆找平。

6. 施工缝渗水治理

施工缝渗漏宜先止水，再设置刚性防水层。预埋注浆系统完好的施工缝，宜先使用预埋注浆系统注入超细水泥或水溶性灌浆材料止水。止水可采用钻孔注浆止水，或速凝型无机防水堵漏材料快速封堵止水。逆筑结构墙体施工缝的渗漏，宜采取钻孔注浆止水并补强。注浆止水材料宜使用聚氨酯或水泥基灌浆材料；止水后，宜再二次钻孔并注入可在潮湿环境下固化的环氧树脂灌浆材料。在倾斜的施工缝面布孔时，钻孔宜垂直基层并穿过施工缝。设置刚性防水

层时，宜沿施工缝走向在两侧各 200mm 范围内的基层表面，先涂布水泥基渗透结晶型防水涂料，再单层抹压聚合物水泥防水砂浆。

利用预埋注浆系统注浆止水时，宜采取较低的注浆压力从一端向另一端、由低到高进行注浆。当浆液不再流入并且压力损失很小时，应维持该压力并保持 2min 以上，然后终止注浆。需要重复注浆时，应在固化前清除注浆通道内的浆液。

7. 变形缝渗漏治理

变形缝渗漏的治理宜先注浆止水，并且安装止水带，必要时可设置排水装置。

(1) 变形缝采用钻孔注浆

对于中埋式止水带宽度已知且渗漏量大的变形缝，宜采取钻斜孔穿过结构至止水带迎水面、注入油溶性聚氨酯灌浆材料止水。钻孔距变形缝边缘的距离，宜为结构厚度和中埋式止水带宽度之和的一半，钻孔间距宜为 500～1000mm（图 27-75）；对于查清漏水点位置的，注浆范围宜为漏水部位左右各 2m；对于未查清漏水点位置的，宜沿整条变形缝注浆止水。当钻斜孔至中埋式止水带迎水面并注浆有困难时，可垂直孔穿透中埋式橡胶止水带并注浆止水。对于顶板上查明渗漏点且渗漏量较小的变形缝，可在漏点附近的变形缝两侧混凝土中垂直钻孔，至中埋式橡胶钢边止水带翼部并注入聚氨酯灌浆材料止水，宜在止水后二次钻孔，并注入可在潮湿环境下固化的环氧树脂灌浆材料，钻孔间距宜为 500mm（图 27-76）。施工中应注意浆液阻断点应埋设牢固，并且能承受注浆压力的破坏。

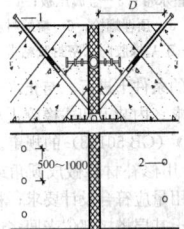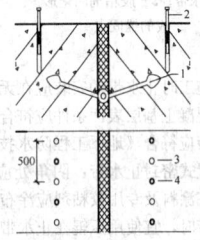

图 27-75　钻孔至止水带
迎水面注浆止水
1—注浆嘴；2—钻孔

图 27-76　变形缝钻孔注浆止水
1—中埋式橡胶钢边止水带；2—注浆嘴；
3—注浆止水钻孔；4—注浆补强钻孔

(2) 变形缝采用埋嘴（管）注浆止水

因结构底板上中埋式止水带损坏而发生渗漏的变形缝，可采用埋嘴（管）注浆止水。对于查清渗漏位置的变形缝，宜先在渗漏部位左右各不大于 3m 形变的缝中布置浆液阻断点；对于未查清渗漏位置的变形缝，浆液阻断点宜布置在底板与侧墙相交处的变形缝中。埋设管（嘴）前，宜清理浆液阻断点之间变形缝内的填充物，形成深度不小于 50mm 的凹槽。注浆管（嘴）宜使用硬质金属或塑料管，并宜配制阀门。注浆管（嘴）宜位于变形缝中部并垂直于止水带中心孔，并宜采用速凝型无机防水堵漏材料。埋设注浆管（嘴）并

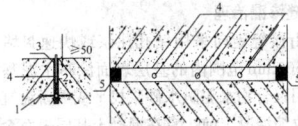

封闭凹槽(图 27-77)。注浆管（嘴）间距可为 500～1000mm，并宜根据漏水压力、漏水量及灌浆材料的凝结时间确定。施工中应注意注浆管（嘴）应埋置牢固，并应做好引水处理。注浆过程中，当观察到临近注浆嘴出

图 27-77　变形缝埋管（嘴）注浆止水
1—中埋式橡胶止水带；2—填嵌材料；
3—速凝型无机防水堵漏材料；
4—注浆嘴；5—浆液阻断点

浆时，可停止注浆，并应封闭该注浆嘴，然后从下一注浆嘴开始注浆。停止注浆且待浆液固化，并经检查无湿渍、无明水后，应按要求处理注浆嘴、封孔并清理基面。

(3) 变形缝背水面安装止水带

对于有内装可卸式橡胶止水带的变形缝，应先拆除止水带，然后重新安装。安装内置式密封止水带前，应先清理并修补变形缝两侧各 100mm 范围内的基层，做到坚固、密实、平整、干燥。必要时可向下打磨基层，并修补形成深度不大于 10mm 凹槽。内置式密

封止水带应采用热焊搭接，搭接长度不应小于60mm，中部应形成"Ω"形，"Ω"弧长宜为变形缝宽度的1.2~1.5倍。当采用胶粘剂粘贴内置式密封止水带时，应涂布底涂料，并宜在厂家规定的时间内用配套的胶粘剂粘贴止水带，止水带与变形缝两侧混凝土基层的粘结宽度均不应小于80mm（图27-78）。当采用螺栓固定内置式密封止水带时，宜先在变形缝两侧埋设膨胀螺栓或用化学植筋方法设置螺栓，螺栓间距不宜大于300mm，转角附近的螺栓可适当加密，止水带与变形缝两侧混凝土基层的粘结宽度各不应小于100mm。在混凝土基层及金属压板间，应用丁基橡胶防水密封胶粘带压密封实，螺栓根部应做好密封处理（图27-79）。当工程埋深较大且静水压力较高时，宜采用螺栓固定内置式密封止水带，并采用纤维内增强型密封止水带；在易受外力破坏的环境中使用，应采取可适应形变的止水带保护措施。

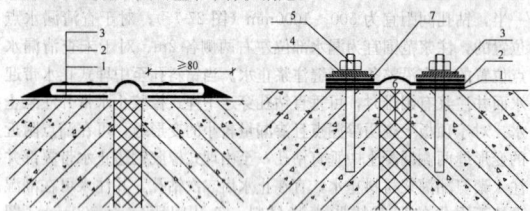

图27-78　粘贴内置式密封止水带
1—胶粘剂层；2—内置式密封止水带；3—胶粘剂固化形成的锚固点

图27-79　螺栓固定内置式密封止水带
1—丁基橡胶防水密封胶粘带；2—内置式密封止水带；3—金属压板；4—金属垫片；5—预埋螺栓；6—填缝材料；7—丁基橡胶防水密封胶粘带

施工时止水带的安装应在无渗漏水的条件下进行。与止水带接触的混凝土基层表面条件应符合设计要求。内装可卸式橡胶止水带的安装应符合《地下工程防水技术规范》（GB 50108）的规定。粘贴内置式密封止水带，阴角处应使用专用修补材料做成圆角或钝角。底涂料及专用胶粘剂应涂布均匀，用量符合设计要求；粘贴止水带时，宜使用压辊在止水带与混凝土基层搭接部位来回多遍辊压排气；胶粘剂未完全固化前，止水带应避免受压或发生位移，并宜采取保护措施。螺栓固定内置式密封止水带，阴角处应使用专用修补材料做成钝角，并宜配备专用的金属压板配件；膨胀螺栓的长度和直径应符合设计要求，金属膨胀螺栓宜采取防锈处理工艺。安装时应采取措施，避免造成变形缝两侧混凝土的破坏。进行止水带外设保护装置施工时，应采取措施避免造成止水带破坏。

（4）对于注浆止水后遗留局部、微量渗漏水或受现场施工条件限制无法彻底止水的变形缝，可沿变形缝走向，在结构顶部及两侧设置排水槽。排水槽宜为不锈钢或塑料材质，并宜与排水系统相连，排水应畅通，排水流量应大于最大渗漏量。采用排水系统时，应加强对结构安全的监测。施工中安装变形缝外置排水槽时，排水槽应固定牢固，排水坡度应符合设计要求，转角部位宜使用专用的配件。

8. 地下连续墙幅间接缝渗漏治理

当渗漏量小时，宜先沿接缝走向采用钻孔注浆或快速封堵止水，再在接缝部位两侧各500mm范围内的基层表面涂布水泥基渗透结晶型防水涂料，并宜用聚合物水泥防水砂浆找平或重新浇筑补偿收缩混凝土。浇筑补偿收缩混凝土前，宜在混凝土基层表面涂布水泥基渗透结晶型防水涂料，补偿收缩混凝土的浇筑及养护宜符合《地下工程防水技术规范》（GB 50108）的规定。采用注浆止水宜先钻孔穿过接缝，并注入聚氨酯灌浆材料止水，再二次钻孔注入可在潮湿环境下固化的环氧树脂类灌浆材料，注浆压力不宜小于静水压力的2倍。采用快速封堵止水，宜沿接缝走向切割形成U形凹槽，凹槽的宽度不宜小于100mm，深度不宜小于50mm。嵌填速凝型无机防水堵漏材料止水后，预留凹槽的深度不小于20mm。

当渗漏水量大、水压高且可能发生涌水、涌砂、涌泥等险情或危及结构安全时，应先在基坑内侧渗漏部位回填土方或砂包，再在基坑接缝外侧用高压旋喷注入速凝型水泥-水玻璃灌浆材料，形成止水帷幕，止水帷幕应深入结构底板2m以下。待渗漏水量减小后，宜再逐步挖除土方或移除砂包，并按本条第1款的规定从内侧止水

并设置刚性防水层。设置止水帷幕时应采取措施，防止对周围建筑物或构筑物造成的破坏。高压喷射成型止水帷幕，宜由具有地基处理专业施工资质的队伍施工。

9. 混凝土蜂窝、麻面的渗漏

宜先止水再设置刚性防水层，必要时宜重新浇筑补偿收缩混凝土修补。止水前宜先凿除混凝土中的酥松及杂质，再根据渗漏现象，分别采用钻孔注浆或嵌填速凝型无机防水堵漏材料止水，宜在渗漏部位及其周边200mm的范围内涂布水泥基渗透结晶型防水涂料，并抹压聚合物水泥防水砂浆。当混凝土质量较差时，宜在止水后先清理渗漏部位及其周边1m范围内的基层，露出坚实的混凝土，再涂布水泥基渗透结晶型防水涂料，并浇筑补偿收缩混凝土。当清理深度大于钢筋保护层厚度时，宜在新浇混凝土中设置直径不小于6mm的钢筋网片。混凝土蜂窝、麻面渗漏治理的施工，宜分别按照裂缝、孔洞或大面积潮湿等不同病害形式进行处理。

27.1.5.4　实心砌体结构地下工程渗漏治理

实心砌体结构地下防水工程渗漏治理后，宜在背水面形成完整的防水层。

1. 裂缝或砌块灰缝的渗漏

渗漏量大时，采用埋管注浆止水。注浆管（嘴）宜选用金属管或硬质塑料管，并配置阀门。注浆管（嘴）宜沿裂缝及砌块灰缝走向布置，间距不应小于500mm。埋设注浆管（嘴）前宜在选定位置开凿深度为30~40mm，宽度不大于30mm的U形凹槽，注浆嘴应垂直对准凹槽中心部位裂缝，并用速凝型无机防水堵漏材料埋置牢固，注浆前阀门宜保持开启状态。裂缝表面宜采用速凝型无机防水堵漏材料封闭，封缝的宽度不宜小于50mm。注浆材料宜选用丙烯酸盐、水溶性聚氨酯等黏度较小的灌浆材料，注浆压力不宜大于0.3MPa。注浆宜按照从下往上、由里向外的顺序进行。当观察到浆液从相邻注浆嘴中流出时，宜关闭阀门并停止从该注浆孔注浆，并从相邻注浆嘴开始注浆。注浆全部结束、待孔内灌浆材料固化，并经检查无明水后，应按要求处理注浆嘴、封孔并清理基面。

渗漏量小时，可注浆止水也可采用快速封堵止水。沿裂缝或接缝走向，切割出深度20~30mm、宽度不大于30mm的U形凹槽，然后在凹槽中嵌填速凝型无机防水堵漏材料止水，再用聚合物水泥防水砂浆找平。

设置刚性防水层时，宜沿裂缝或接缝走向在两侧各200mm范围内的基层表面涂布渗透型环氧树脂防水涂料或抹压聚合物水泥防水砂浆。对于裂缝分布较密的基层，宜大面积设置刚性防水层。

2. 实心砌体结构地下工程墙体大面积渗漏的治理

先在有明水渗出的部位埋管引水卸压，再在砌体结构表面大面积抹压厚度不小于5mm的速凝型无机防水堵漏材料止水。经检查无渗漏后，宜涂刷改性渗透型环氧树脂防水涂料或抹压聚合物水泥防水砂浆，最后再用速凝型无机防水堵漏材料封闭引水孔。当基层表面无渗漏明水时，宜直接大面积多遍涂刷改性渗透型环氧树脂防水涂料，并单层抹压聚合物水泥防水砂浆。在砌体结构表面抹压速凝型无机防水堵漏材料止水前，宜清理基层表面，做到坚实、干净，再抹压速凝型无机防水堵漏材料止水。

3. 砌体结构地下工程管道根部渗漏的治理

宜先止水，再设置刚性防水层，必要时设置柔性防水层。

4. 砌体结构地下工程发生因毛细作用导致的墙体返潮、析盐等病害

宜在墙体下部用聚合物水泥防水砂浆设置防潮层，防潮层的厚度不宜小于10mm并应抹压平整。

27.1.5.5　PCM聚合物水泥砂浆及混凝土治理地下渗漏工程

北京某别墅小区共有连体别墅50多幢，均有埋深约2m的半地下室，因该工程处于地下水位较低的地段，故底板不是钢筋混凝土结构，也未进行刚性或柔性的防水设防。地下室外墙的迎水面，也仅涂刷了一道塑料油膏进行防潮处理，未能在地下室的迎水面形成全封闭的防水层。工程完工后，由于地表水和周围生活用水等作用的结果，使地下室发生了不同程度的渗漏水现象，严重影响了地下室的使用功能。为此，建设单位要求对该小区的地下室全面进行防水堵漏处理。

1. 治理原则

由于地下室底板仅为 50mm 厚的 C20 素混凝土，刚度不足，抗裂性能较差，本应浇筑钢筋混凝土对底板进行增强处理，由于多种因素难以实施，故改用抗裂和抗渗性能优良的 PCM 聚合物纤维混凝土进行增强的防水处理；对墙体，则采用铺抹纤维聚合物水泥砂浆的方法，从背水面进行防水抗渗治理。

2. 材料

PCM 防水胶主要为丙烯酸酯多元共聚乳液，pH 值为 3～5，固体含量为 40%±2%。将其掺入水泥砂浆或混凝土中，可以显著增大对基层的粘结性能，并能在固结体内形成互穿网络的结构，可以填充和堵塞毛细孔隙。固结体内填充的聚合物遇水后，尚能产生适度的溶胀作用，从而进一步切断渗漏水的通道，提高砂浆或混凝土的防水抗渗功能。聚丙烯纤维采用表面经过特殊化学处理的聚丙烯纤维，掺入水泥砂浆或混凝土中，极易均匀分散并形成乱向的支撑体系，从而大幅度地提高砂浆或混凝土的抗裂性能。聚丙烯纤维的主要性能如下：密度 0.91g/cm³；直径 18～30μm；长度 6～12mm；抗拉强度 276MPa；弹性模量 3793MPa；极限伸长率 15%；熔点 165℃；耐酸碱性优良。水泥采用抗压强度等级不低于 32.5 级的硅酸盐水泥或 42.5 级的普通硅酸盐水泥，不得使用过期和受潮结块的水泥。砂采用粒径为 2～3mm 的中砂，含泥量小于 2%。石采用粒径为 5～20mm 的豆石或碎石，含泥量小于 1%。水采用符合《混凝土用水标准》（JGJ 63—2006）规定的洁净水。

3. 配合比及其性能指标

纤维聚合物水泥砂浆配合比（重量比）：PCM 防水胶：水泥：中砂：洁净水：聚丙烯纤维＝20：100：250：38：0.24。主要性能指标为初凝≥30min；终凝≤4h；28d 抗折强度 6.9MPa；抗压强度 36.8MPa；粘结强度 1.0MPa；抗渗等级≥P12。

纤维聚合物混凝土配合比（重量比）：PCM 防水胶：水泥：砂：石：聚丙烯纤维：洁净水＝20：100：250：300：0.36：（35～38）。

4. 墙体施工工艺基层处理

凡有渗漏水的部位，先采用压力灌注化学浆液或用速凝堵漏材料封堵漏水点。对基层有松散和空鼓的混凝土应剔除，并将基层表面的尘土、杂物清理干净，再用水冲洗一遍。将 PCM 界面胶、水和水泥按 1：10：15 的比例配合，用电动搅拌器搅拌均匀至无粉团后，即可用棕刷均匀涂刷在干净而无明水的基层表面。涂刷时不得漏涂或堆积，其厚度以 0.1～0.3mm 为宜。

铺抹 PCM 防水砂浆：按配合比要求，先将水泥、中砂和聚丙烯纤维放入砂浆搅拌机中干拌 1～2min，再将 PCM 防水胶与水按规定比例混合均匀后，倒入搅拌机中继续搅拌 2min，倒出待用。将拌好的 PCM 防水砂浆，及时铺抹在界面剂表干后的基层上（不得在界面剂涂层实干后铺抹，否则容易降低其粘结性能）。铺抹砂浆时，需二道成活，每道砂浆厚度宜为 5～8mm，且应连续铺抹，尽量不留或少留施工缝。必须留设施工缝时，应留阶梯坡形槎，并且离开阴阳角处不得小于 200mm。其中，第二道砂浆应抹压密实，表面搓毛，第二道砂浆应抹平压光，二道砂浆的施工缝必须错开 500mm 以上，其总厚度不得小于 15mm。

养护：铺抹完的 PCM 砂浆防水层应保湿养护不少于 7d，7d 后可在自然环境中养护。

验收：PCM 砂浆防水层的施工质量检验数量，应按施工面积每 100m² 抽查 1 处，每处 10m²，且应不少于 3 处。砂浆防水层各层之间必须结合牢固，不得有空鼓和渗漏现象。砂浆防水层应密实、平整，不得有裂纹、起砂、起皮、麻面等缺陷，阴阳角应抹成圆弧形。砂浆防水层的施工缝位置应正确，接槎应按层次顺序操作，层层搭接紧密。

5. 地面施工工艺

基层处理及涂刷 PCM 界面剂同上。

（1）浇筑 PCM 防水混凝土：按配合比要求，先将石、砂、水泥和聚丙烯纤维按顺序投入混凝土搅拌机中，干拌 1～2min，再将 PCM 防水胶与水按规定比例混合均匀后，倒入搅拌机中继续搅拌 2～3min，即可将其浇筑在界面剂表干的素混凝土地面上。每个房间地面的混凝土应一次浇筑完成，不得留设施工缝，混凝土的厚度

应控制在 35～40mm，抹压时不得在表面洒水、加水泥浆或撒干水泥，混凝土收水后应进行二次压光。混凝土地面与立墙的交接处，应抹成圆弧形（图 27-80）。

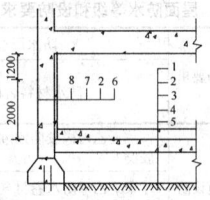

图 27-80　PCM 防水构造示意图
1—PCM 防水混凝土；2—PCM 界面剂；3—素混凝土地面；4—夯实灰土；5—夯实素土；6—PCM 防水砂浆；7—混凝土墙体；8—塑料油膏防潮层

（2）养护：PCM 防水混凝土浇筑完成后应及时进行保湿养护，养护时间不得少于 14d，养护初期地面不得上人。

（3）验收：PCM 防水混凝土的施工质量检验数量，应按施工面积每 100m² 抽查 1 次，每处 10m²，且不得少于 3 处。PCM 防水混凝土的厚度不应小于 35mm，表面应坚实、平整，不得有裂纹和渗漏现象。

6. 治理效果

按上述办法对该小区 3 万多 m² 的地下室进行治理后，已达到不再渗漏的要求。经建设、监理和施工等部门检查验收，一致认为治理效果良好，具有推广应用价值。

27.1.5.6　质量验收

1. 对于需要进场检验的材料，应进行现场抽样复验，材料的性能应提交检验合格报告。隐蔽工程在隐蔽前，应由施工方会同有关各方进行验收。工程施工质量的验收，应在施工单位自行检查评定合格的基础上进行。渗漏治理的部位应全数检查。工程质量验收应有调查报告、设计方案、图纸会审记录、设计变更、洽商记录单；施工方案及技术交底、安全交底；材料的产品合格证、质量检验报告；隐蔽工程验收记录；工程检验批质量验收记录；施工队伍的资质证书及主要操作人员的上岗证书；技术总结报告等其他必须提供的资料。

2. 质量验收

（1）主控项目

检查出厂合格证、质量检测报告等检查材料性能应符合设计要求；检查计量措施或试验报告及隐蔽工程验收记录等检查浆液配合比应符合设计要求；观察检查或采用钻孔取芯等方法检查注浆效果必须符合设计要求；观察检查止水带与固结压块以及止水带与基面之间应结合紧密；检查隐蔽工程验收记录或用涂层测厚仪量测检查涂料防水层的用量或平均厚度应符合设计要求，最小厚度不得小于设计厚度的 80%；观察检查和隐蔽工程验收记录检查，柔性涂料防水层在管道根部等细部做法应符合设计要求；观察和用小锤轻击检查，聚合物水泥砂浆防水层与基层及各层之间应粘结牢固，无脱层、空鼓和裂缝；观察检查，渗漏治理效果应符合设计要求，治理部位不得有渗漏或积水现象，排水系统应畅通。

（2）一般项目

检查隐蔽工程验收记录，检查注浆孔的数量、钻孔间距、钻孔深度及角度应符合设计要求，注浆过程中的压力控制和进浆量应符合设计要求；观察检查，涂料防水层应与基层粘结牢固，涂刷均匀，不得有皱折、鼓泡、气孔、露胎体和翘边等缺陷；观察和尺量检查，水泥砂浆防水层的平均厚度应符合设计要求，最小厚度不得小于设计值的 85%。

27.2　屋面防水工程

屋面防水工程作为屋面工程中最重要的一个分项工程，其施工质量的优劣，不仅关系到建筑物的使用寿命，而且直接影响到生产活动和人民生活的正常进行。屋面工程防水设计遵循"合理设防、防排结合、因地制宜、综合治理"的原则，确定屋面防水等级和设

防要求，根据设防等级和要求，综合考虑其主要物理性能是否满足工程需要来选用防水材料。屋面防水层的施工内容详见本手册第26章相关章节。屋面防水等级和设防要求，见表27-28。

屋面防水等级和设防要求　表27-28

防水等级	建筑类别	防水设计	设防要求	防水层选用材料		
					防水材料名称	厚度(mm)≥
Ⅰ级	重要的建筑高层建筑	20年	单道设防		三元乙丙橡胶防水卷材（硫化橡胶类）	1.5
					聚氯乙烯防水卷材（内增强型）	2.0
					弹性体（塑性体）改性沥青防水卷材（聚酯胎、Ⅱ型）	5.0
			二道设防	主防水层	合成高分子防水卷材	1.2
					高聚物改性沥青防水卷材	3.0
					自粘聚合物改性沥青聚酯胎防水卷材	2.0
				次防水层	合成高分子防水卷材	1.0
					高聚物改性沥青防水卷材	3.0
					合成高分子防水涂料	1.5
					高聚物改性沥青防水涂料	2.0
					自粘橡胶沥青防水卷材	2.0
					自粘聚合物改性沥青聚酯胎防水卷材	2.0
Ⅱ级	一般建筑	10年	单道设防		合成高分子防水卷材	1.5
					高聚物改性沥青防水卷材	4.0
					合成高分子防水涂料	2.0
					自粘橡胶沥青防水卷材	1.5
					自粘聚合物改性沥青聚酯胎防水卷材	3.0
					高聚物改性沥青防水涂料	3.0
					金属板、采光顶	
			复合防水		合成高分子防水卷材	1.2
					复合合成高分子防水涂料	1.0
					高聚物改性沥青防水卷材	3.0
					复合高聚物改性沥青防水涂料	1.2
					自粘橡胶沥青防水卷材	1.2
					复合合成高分子防水涂料	1.0
					聚乙烯丙纶防水卷材	0.8
					复合聚合物水泥防水胶粘材料	1.2
					瓦面＋垫层	

27.3 室内防水工程

厕浴间、厨房等室内的楼地面应优先选用涂料或刚性防水材料在迎水面做防水处理，也可选用柔性较好且易于与基层粘贴牢固的防水卷材。墙面防水层宜选用刚性防水材料或经表面处理后与粉刷层有较好结合性的其他防水材料。水池中使用的防水材料应具有良好的耐水性、耐腐性、耐久性和耐菌性；高温池防水，宜选用刚性防水材料。选用柔性防水层时，材料应具有良好的耐热性、热老化性能稳定性、热处理尺寸稳定性；在饮用水水池和游泳池中使用的防水材料及配套材料，必须符合现行国家标准《生活饮用水输配水设备及防护材料的安全性评价标准》（GB/T 17219）等现行有关标准的规定。

27.3.1 基本规定

27.3.1.1 设计基本规定

1. 设计选材

室内防水工程做法和材料选用，根据不同部位和使用功能，可按表27-29、表27-30的要求设计。

室内防水做法选材（楼地面、顶面）　**表27-29**

序号	部位	保护层、饰面层	楼地面（池底）	顶面
1	厕浴间、厨房间	防水层面直接贴瓷砖或抹灰	各种防水涂料、刚性防水材料、聚乙烯丙纶卷材	
		混凝土保护层	刚性防水材料、合成沥青涂料、改性沥青涂料、渗透结晶防水涂料、自粘卷材、弹（塑）性体改性沥青卷材、合成高分子卷材	
2	蒸汽浴室、高温水池	防水层面直接贴瓷砖或抹灰	刚性防水材料	聚合物水泥防水砂浆、刚性无机防水材料
		混凝土保护层	刚性防水材料、合成高分子涂料、聚合物水泥砂浆、渗透结晶防水涂料、自粘橡胶沥青卷材、弹（塑）性体改性沥青卷材、合成高分子卷材	
		无饰面层	刚性防水材料	
3	游泳池、水池（高温）	防水层面直接贴瓷砖或抹灰	刚性防水材料、聚乙烯丙纶卷材	
		混凝土保护层	刚性防水材料、合成高分子涂料、改性沥青涂料、渗透结晶防水涂料、自粘橡胶沥青卷材、弹（塑）性体改性沥青卷材、合成高分子卷材	

室内防水做法选材（立面）　**表27-30**

序号	部位	保护层、饰面层	立面（池壁）
1	厕浴间、厨房间	防水层面直接贴瓷砖或抹灰	刚性防水材料、聚乙烯丙纶卷材
		防水层面经处理或钢丝网抹灰	刚性防水材料、合成高分子防水涂料、合成高分子卷材
2	蒸汽、浴室	防水层面直接贴瓷砖或抹灰	刚性防水材料、聚乙烯丙纶卷材
		防水层面经处理或钢丝网抹灰、脱离式饰面层	刚性防水材料、合成高分子防水涂料、合成高分子卷材
3	游泳池、水池（高温）	无保护层和饰面层	刚性防水材料
		防水层面直接贴瓷砖或抹灰	刚性防水材料、聚乙烯丙纶卷材
		混凝土保护层	刚性防水材料、合成高分子防水涂料、改性沥青防水涂料、渗透结晶防水涂料、自粘橡胶沥青卷材、弹（塑）性体改性沥青卷材、合成高分子卷材
4	高温水池	防水层面直接贴瓷砖或抹灰	刚性防水材料
		混凝土保护层	刚性防水材料、合成高分子防水涂料、渗透结晶防水涂料、合成高分子卷材

2. 室内工程防水层最小厚度要求

室内工程防水层最小厚度要求，见表27-31。

序号	防水层材料类型		厕所、卫生间、厨房	浴室、游泳池、水池	两道设防或复合防水
1	聚合物水泥、合成高分子涂料		1.2	1.5	1.0
2	改性沥青涂料		2.0	—	1.2
3	合成高分子卷材		1.0	1.2	1.0
4	弹（塑）性体改性沥青防水卷材		3.0	3.0	2.0
5	自粘橡胶沥青防水卷材		1.2	1.5	1.2
6	自粘聚酯胎改性沥青防水卷材		2.0	3.0	2.0
7	刚性防水材料	掺外加剂、掺合料防水砂浆	20	25	20
		聚合物水泥防水砂浆Ⅰ类	10	20	10
		聚合物水泥防水砂浆Ⅱ类、刚性无机防水材料	3.0	5.0	3.0
		水泥基渗透结晶型防水涂料	0.8	1.0	0.6

室内工程防水层最小厚度（mm）　　表 27-31

3. 排水坡度

地面向地漏处排水坡度应不小于 1%；从地漏边缘向外 50mm 内的排水坡度为 5%。大面积公共厕浴间地面应分区，每一个分区设一个地漏。区域内排水坡度应不小于 1%，坡度直线长度不大于 3m。

27.3.1.2 施工基本规定

（1）二次埋置的套管，其周围混凝土强度等级应比原混凝土提高一级，并应掺膨胀剂；二次浇筑的混凝土结合面应清理干净后进行界面处理，混凝土应浇捣密实；加强防水层应覆盖施工缝，并超出边缘不小于 150mm。防水卷材与基层应采用满粘法铺贴，卷材接缝必须粘贴严密。以水泥基胶结作搭接缝胶粘剂的卷材，用于水池防水时，单层卷材搭接缝和双层迎水面卷材搭接缝，应进行密封处理。

（2）施工管理：自然光线较差的室内防水施工应配备足够的照明灯具。通风较差时，应准备通风设备；施工现场应配备防火器材，注意防火、防毒。

27.3.2 防水细部构造

27.3.2.1 厕浴间、厨房防水细部构造

（1）厕浴间防水平面构造见图 27-81，防水细部剖面构造见图 27-82。

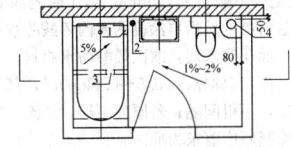

图 27-81　厕浴间防水平面构造
1—检查门；2—地漏；3—排水孔；4—下水立管

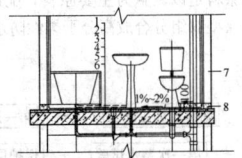

图 27-82　厕浴间防水剖面构造
1—饰面层地面；2—水泥砂浆保护层；3—防水层；4—水泥砂浆找平层；5—找坡层；6—钢筋混凝土楼板；7—轻质隔墙；8—混凝土防水台

（2）套管防水构造见图 27-83。如立管是热水管，在立管外设置外径大 2～5mm 的套管，立管与套管间的空隙嵌填密封胶。套管安装时，在套管周边预留 10mm×10mm 凹槽，凹槽内嵌填密封胶。套管高度不小于 50mm。

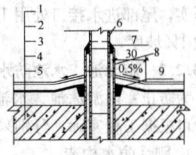

图 27-83　厕浴间套管防水剖面
1—饰面层；2—水泥砂浆保护层；3—防水层；4—水泥砂浆找平层；5—钢筋混凝土楼板；6—立管；7—建筑密封胶；8—套管；9—建筑密封胶

（3）转角墙下水管防水构造见图 27-84。管根孔洞在立管定位后，楼板四周缝隙用微膨胀水泥砂浆堵严。缝大于 40mm 时，先做底模再用微膨胀豆石混凝土堵严。垫层向地漏处找 2% 的坡，小于 30mm 厚用混合砂浆，大于 30mm 厚用 1：6 水泥焦渣。管根平面与管根周围立面转角处抹出找平层圆弧，做防水附加层和涂膜水层。在管根与混凝土（或水泥砂浆）之间应留凹槽，槽深 10mm、宽 20mm，凹槽内嵌填密封胶。管根四周 50mm 处，最少高出地面 5mm。立管位置靠墙或转角处，向外坡度为 5%。

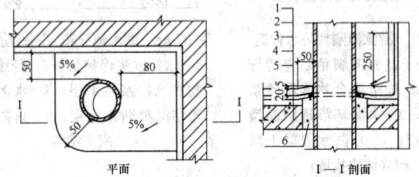

图 27-84　转角墙下水管防水构造
1—饰面层；2—防水层；3—水泥砂浆找平层；4—垫层；5—钢筋混凝土楼板；6—填防水砂浆或豆石混凝土

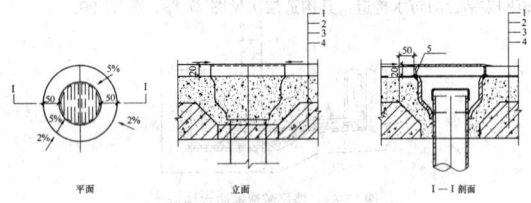

图 27-85　地漏防水构造
1—饰面层；2—防水层；3—水泥砂浆找平层；4—垫层及混凝土楼板；5—建筑密封胶封严

（4）地漏防水构造见图 27-85。与土建施工配合，定出地漏标高，向上找泛水。立管定位后，楼板四周缝隙用微膨胀水泥砂浆堵严。缝大于 40mm 时，先做底模再用微膨胀细石混凝土堵严。垫层向地漏处找 2% 的坡，小于 30mm 厚用混合砂浆；大于 30mm 厚用 1：6 水泥焦渣。15mm 厚 1：2.5 水泥砂浆找平、压光，做防水附加层和涂膜防水层。地漏上口外围找平层处留 10mm×15mm 的凹槽，在凹槽中填嵌防水密封胶，上做防水层。地漏四周 50mm 内，找 3%～5% 的坡，便于排水。地漏箅子安装在面层，并要低于地坪面层不小于 5mm。

（5）蹲式大便器防水构造见图 27-86。立管定位后，与周边楼板的缝隙用微膨胀水泥砂浆堵严。缝大于 40mm 时，先做底模再用微膨胀细石混凝土堵严。立管和大便器接口周围在找平层上留 10mm×10mm 的凹槽，凹槽内填嵌密封材料。大便器找正位置后插入立管的内壁，将胶泥挤实。把挤出的油灰刮净、挤实、抹平，严禁用水泥砂浆抹口承插连接。尾部进水接口处极易漏水。在安装胶皮碗前，应检验胶皮碗与大便器进水连接处是否有破损处，口径要吻合，绞紧端头，经试水无渗漏。稳定大便器，填 1：6 水泥焦

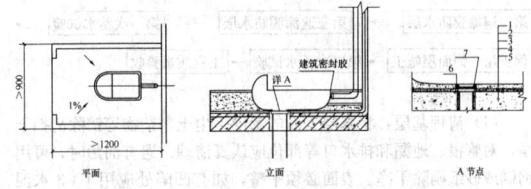

图 27-86　大便器防水构造
1—大便器底；2—保护层或垫层；3—防水层；4—水泥砂浆找平层；5—混凝土楼板；6—建筑密封胶；7—10×10 建筑密封胶交圈

渣压实，尾部进水接口处用干砂填满，上部按设计要求做面层，向内找1%坡度。

27.3.2.2 游泳池、水池防水构造

为防止室内游泳池、水池等的渗漏或水的流失和便于循环使用，可根据工程实际，分别采用刚性防水或刚柔结合的防水构造。

1. 刚性防水构造：

对工程结构稳固、基本无振动或结构变形的池体工程，一般采用多道刚性或以刚性为主的防水构造，其构造层次见图27-87、图27-88。

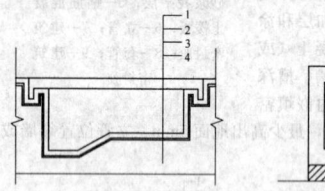 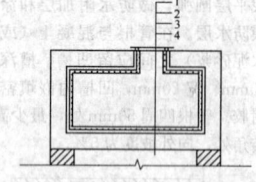

图27-87 游泳池刚性防水构造
1—高分子益胶泥满粘贴瓷砖饰面层；2—纤维聚合物水泥砂浆防水层；3—水泥基渗透结晶型防水涂层；4—自防水混凝土结构（结构找坡）

图27-88 贮水池（箱）刚性防水构造
1—水泥砂浆保护层；2—纤维聚合物水泥砂浆防水层；3—水泥基渗透结晶型防水涂层；4—自防水混凝土结构

2. 刚柔结合防水构造：

对工程结构基本稳固并有可能产生微量变形的工程，宜选用多道刚柔结合的防水构造，其构造层次见图27-89、图27-90。

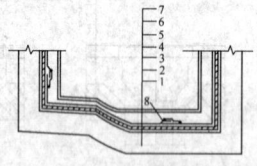

图27-89 楼层游泳池防水构造
1—自防水混凝土结构；2—水泥砂浆找平层；3—沥青基聚氨酯涂膜防水层；4—自粘型高分子卷材防水层；5—自粘卷材附加补强层；6—细石混凝土保护层；7—饰面材料；8—自粘卷材附加缝

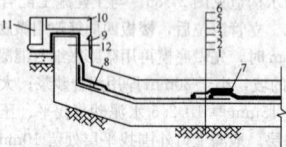

图27-90 贮水池或喷水池防水构造
1—素土夯实；2—自防水混凝土结构找底板；3—基层处理剂；4—自粘型高分子卷材防水层搭接缝；5—自粘卷材附加补强层；6—细石混凝土保护层；7—密封胶嵌缝；8—自粘卷材附加缝；9—高分子益胶泥粘结层；10—饰面块体材料；11—混凝土压块；12—自防水混凝土结构池壁

27.3.3 涂料防水

27.3.3.1 单组分聚氨酯防水涂料施工

1. 工艺流程

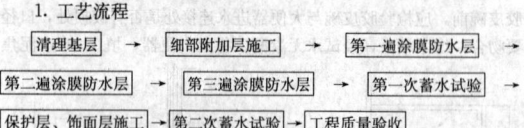

清理基层 → 细部附加层施工 → 第一遍涂膜防水层 → 第二遍涂膜防水层 → 第三遍涂膜防水层 → 第一次蓄水试验 → 保护层、饰面层施工 → 第二次蓄水试验 → 工程质量验收

2. 操作要点

(1) 清理基层：将基层表面的灰皮、尘土、杂物等铲除清扫干净，对管根、地漏和排水口等部位认真清理。遇有油污时，可用钢刷或砂纸刷除干净。表面必须平整，如有凹陷处应用1：3水泥砂浆找平。最后，基层用干净的湿布擦拭一遍。

(2) 细部附加层施工：地漏、管根、阴阳角处应用单组分聚氨酯涂刮一遍做附加层处理，两侧各在交接处涂刷200mm。地面

四周与墙体连接处以及管根处，平面涂膜防水层宽度和平面拐角上返高度各≥250mm。地漏口周边平面涂膜防水层宽度和进入地漏口下返均为≥40mm，各细部附加层也可做一布二涂单组分聚氨酯涂刷处理。

(3) 常温下第一遍涂膜达到表干时间后，再进行第二遍涂膜施工。

27.3.3.2 聚合物水泥防水涂料（简称JS防水涂料）施工

1. 工艺流程

清理基层 → 配制防水涂料 → 底面防水层 → 细部附加层 → 涂刷中间防水层 → 涂刷表面防水层 → 第一次蓄水试验 → 保护层、饰面层施工 → 第二次蓄水试验 → 工程质量验收

2. 操作要点

(1) 细部附加层：对地漏、管根、阴阳角等易发生漏水的部位应进行密封或加强处理，方法如下：按设计要求在管根等部位的凹槽内嵌填密封胶，密封材料应压嵌严密，防止裹入空气，并与缝壁粘结牢固，不得有开裂、鼓泡和下塌现象。在地漏、管根、阴阳角和出入口等易发生漏水的薄弱部位，可加一层增强胎体材料，材料宽度不小于300mm，搭接宽度应不小于100mm。施工时先刷一层JS防水涂料，再铺胎体增强材料，最后，涂一层JS防水涂料。

(2) 大面积涂刷涂料时，不用加铺胎体；如设计要求增加胎体时，须使用耐碱网格布或40g/m²的聚酯无纺布。

27.3.3.3 聚合物乳液（丙烯酸）防水涂料施工

1. 工艺流程

清理基层 → 底面防水层 → 细部附加层 → 涂刷中间防水层 → 铺贴增强层 → 涂刷上层防水层 → 涂刷表面防水层 → 防水层第一次蓄水试验 → 保护层、饰面层施工 → 第二次蓄水试验 → 工程质量验收

2. 操作要点

(1) 涂刷底层：取丙烯酸防水涂料倒入一个空桶中约2/3，少许加水稀释并充分搅拌，用滚刷均匀地涂刷底层，用量约为0.4kg/m²，待手摸不粘手后进行下一道工序。

(2) 细部附加层：按设计要求在管根等部位的凹槽内嵌填密封胶，密封材料应压嵌严密，防止裹入空气，并与缝壁粘结牢固，不得有开裂、鼓泡和下塌现象；地漏、管根、阴阳角等易漏水部位的凹槽内，用丙烯酸防水涂料涂覆找平。在地漏、管根、阴阳角和出入口易发生漏水的薄弱部位，须增加一层胎体增强材料，宽度不于300mm，搭接宽度不得小于100mm，施工时先涂刷丙烯酸防水涂料，再铺增强层材料，然后再涂刷两遍丙烯酸防水涂料。

(3) 涂刷中、面层防水层：取丙烯酸防水涂料，用滚刷均匀地涂在底层防水层上面，每遍涂约0.5～0.8kg/m²，其下层增强层和中层必须连续施工，不得间隔；若厚度不够，加涂一层或数层，以达到设计规定的涂膜厚度要求为准。

27.3.3.4 改性聚脲防水涂料施工

1. 材料

改性聚脲防水涂料是以聚脲为主要原料，配以多种助剂制成，属于无有机溶剂环保型双组分合成高分子柔性防水涂料。

2. 施工要点

(1) 工艺流程

清理基层 → 细部附加层施工 → 第一遍涂膜防水层 → 第二遍涂膜防水层 → 第一次蓄水试验 → 保护层、饰面层施工 → 第二次蓄水试验 → 工程质量验收

(2) 操作要点：①配料：将甲、乙料先分别搅拌均匀，然后按比例倒入配料桶中充分拌合均匀备用，取用涂料应及时密封。配好的涂料应在30min内用完。②附加层施工：地漏、管根、阴阳角等处用调制好的涂料涂刷（或刮涂）一遍，做附加层处理。③涂膜施工：附加层固化后，将配好的涂料用塑料刮板在基层表面均匀刮涂，厚度应均匀、一致。第一遍涂膜固化后，进行第二遍刮涂。刮涂要求与第一遍相同，刮涂方向应与第一遍刮涂方向垂直。在第二

遍涂膜施工完毕尚未固化时，其表面可均匀地撒上少量干净的粗砂。

27.3.3.5 水泥基渗结晶型防水涂料施工

1. 工艺流程

基层检查 → 基层处理 → 基层润湿 → 制浆 → 重点部位的加强处理
→ 第一遍涂刷涂料 → 制浆 → 第二遍涂刷涂料 → 检验 → 养护 → 检验
→ 第一次蓄水试验 → 找坡层、垫层、饰面层施工 → 第二次蓄水试验
→ 工程质量验收

2. 操作要点

(1) 基层处理：先修理缺陷部位，如封堵孔洞，除去有机物、油漆等其他粘结物，遇有大于 0.4mm 以上的裂纹，应进行裂缝修补；对蜂窝结构或疏松结构，均应凿除，松动杂物用水冲刷至见到坚实的混凝土基面并将其润湿，涂刷浓缩剂浆料，再用防水砂浆填补、压实，掺剂的掺量为水泥含量的 2%；打毛混凝土基面，使毛细孔充分暴露，底板与边墙相交的阴角处加强处理。用浓缩剂料团趁潮湿嵌填于阴角处，用手锤或抹子捣固压实。

(2) 制浆：按体积比将粉料与水倒入容器内，搅拌 3～5min 混合均匀。一次制浆不宜过多，要在 20min 内用完，混合物变稠时要频繁搅动，中间不得加水、加料。

(3) 第一遍涂刷涂料：涂料涂刷时，需用半硬的尼龙刷，不宜用抹子、滚筒、油漆刷等；涂刷时应来回用力，以保证凹凸处都能涂上，涂层要求均匀，不应过薄或过厚，控制在单位用量之内。

(4) 第二遍涂刷涂料：待上道涂层终凝 6～12h 后，仍呈潮湿状态时进行；如第一遍涂层太干，则应先喷洒些雾水后再进行增效剂涂刷。此遍涂层也可使用相同量的浓缩剂。

(5) 养护：养护必须用干净水，在涂层终凝后做喷雾养护，不出现明水，一般每天需喷雾水 3 次，连续数天，在热天或干燥天气应多喷几次，使其保持湿润状态，防止涂层过早干燥。蓄水试验需在养护完 3～7d 后进行。

(6) 重点部位加强处理：房间的地漏、管根、阴阳角、非混凝土或水泥砂浆基面等处用柔性涂料做加强处理。做法同柔性涂料或参考细部构造做法，厕浴间下水立管防水做法见图 27-91，地漏防水做法见图 27-92。

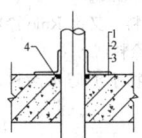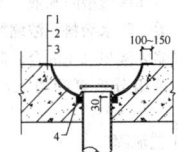

图 27-91 下水立管防水做法
1—柔性材料附加层；2—水泥基渗透结晶型防水材料；3—现浇混凝土；4—浓缩剂半干料团

图 27-92 地漏防水做法
1—柔性材料附加层；2—水泥基渗透结晶型防水材料；3—现浇混凝土；4—浓缩剂半干料团

27.3.4 复合防水施工

27.3.4.1 聚乙烯丙纶卷材-聚合物水泥复合防水施工

指采用聚乙烯丙纶卷材为主体以一定厚度的聚合物水泥防水粘结料冷粘卷材，形成整体的复合防水层施工。聚乙烯丙纶卷材的中间芯片为低密度聚乙烯片材，两面为热压一次成型的高强丙纶长丝无纺布，厚度≥0.7mm。聚乙烯丙纶的原料必须是原生的正规优质品，严禁使用再生原料及二次复合生产的卷材。聚合物水泥防水粘结料是以配套专用胶与水泥加水配制而成，粘结料应具有较强的粘结力和防水功能。

1. 工艺流程

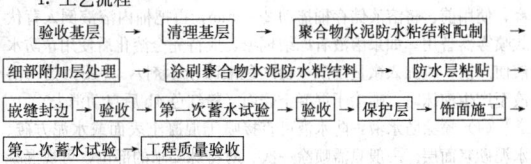

验收基层 → 清理基层 → 聚合物水泥防水粘结料配制 →
细部附加层处理 → 涂刷聚合物水泥防水粘结料 → 防水层粘贴 →
嵌缝封边 → 验收 → 第一次蓄水试验 → 验收 → 保护层 → 饰面施工 →
第二次蓄水试验 → 工程质量验收

2. 操作要点

(1) 聚合物水泥防水粘结料配制及使用要求：配制时，将专用胶放置于洁净的干燥器中，边加水边搅拌至专用胶全部溶解，然后加入水泥继续搅拌均匀，直至浆液无凝结块体、不沉淀时即可使用。每次配料必须按作业面工程量预计数量配制，聚合物水泥粘结料宜于 4h 内使用完，剩余的粘结料不得随意加水使用。聚合物水泥防水粘结料用于卷材与基层或卷材与卷材之间粘结，也可作为卷材接缝的密封嵌填。

(2) 防水层应先做立墙、后做地面，墙体防水做法见图 27-93，管道穿楼面防水做法见图 27-94。

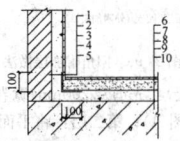

图 27-93 墙体防水做法
1—釉面砖专用粘铺料粘铺；2—卷材一层 1.3 厚专用贴铺料铺贴；3—墙体用水泥砂浆找平；4—墙地转角处及管遇套管等处需附加一层点粘防水卷材；5—外墙；6—防滑地砖用砂浆铺；7—40 厚细石混凝土；8—卷材一层 1.3 厚专用贴铺料铺贴；9—门口处水泥砂浆找 1%坡，坡向地漏；10—现浇混凝土

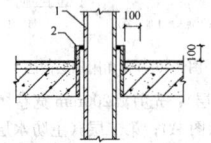

图 27-94 管道穿楼面防水做法
1—套管按工程设计；2—套管外复加卷材一层

(3) 管根附加层处理，详见图 27-95。

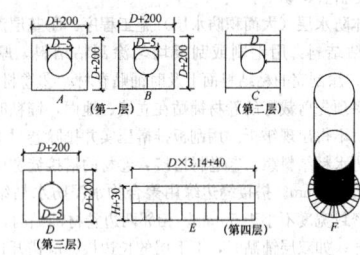

图 27-95 管根附加层做法示意

第一层：先测出已安装的（非敞开管口）管道直径 D，然后以 $D+200$mm 为边长，裁卷材成正方形，在正方形卷材中心以 $D—5$mm 为直径画圈，用剪刀沿圆周边剪下（图 A），再从正方形一边的中部为起点裁剪开至圆形外径（图 B）；在已裁好的正方形卷材和管根部位，分别涂刷聚合物水泥防水粘结料，将附加层卷材套粘在管道根部紧贴于管壁和地面上，粘贴必须严密压实、不空鼓；第二层：指大面防水层的卷材作业至管根时，方法与第一层相同，圆口应大于直径剪裁，粘贴时应注意剪裁口应与第一层的剪裁口错开（图 C）；第三层：另剪裁一块正方形卷材，尺寸均同第一层做法，但侧边的剪口，粘贴时应与图 A 相反（图 D）；然后，涂刷聚合物水泥防水粘结料在管根粘贴牢固；第四层：做管根卷材围子。裁一块长方形卷材，长度为管周长即 $D×3.14+40$mm，宽度为围子高度即 $H+30$mm（H 一般为 80mm），从垂直长边方向均匀剪成小口，剪裁尺寸深度等于二分之一高度（图 E）。将卷材围子与管根分别涂刷聚合物水泥防水粘结料，绕管根将围子紧紧粘贴牢固并压实，用粘结料封边（图 F）。

(4) 地漏、坐便器出水管、穿墙管做法的卷材裁剪，与图 27-95 相同，但不剪口，直接套在管根上。

(5) 阳角附加层做法见图 27-96。

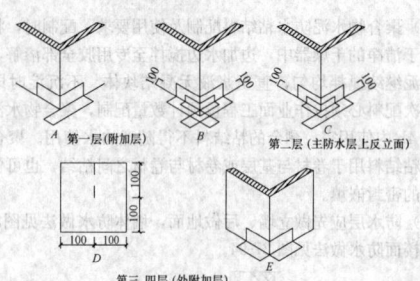

图 27-96　阳角附加层做法

第一层（内附加层）：先剪裁200mm宽卷材做附加层，立面与平面各粘结100mm（图A）；第二层：将平面交接处的卷材向上返至立面大于250mm（图B、图C）；第三层及第四层（外附加层）：另剪裁一块200mm的正方形卷材，从任意一边的中点剪口直线至中心，剪开口朝上，粘贴在阳角主防水上（图D）；第四层：再剪裁与上述尺寸相同的附加层，剪口朝下，粘贴在阳角上（图E）。

（6）阴角附加层见图27-97。

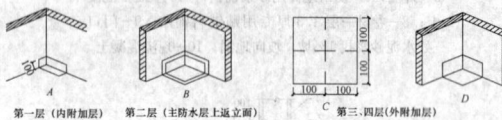

图 27-97　阴角附加层做法

第一层（内附加层）：先剪裁200mm宽卷材做附加层，立面与平面各粘结100mm（图A）；第二层（主防水层）：将平面交接处的卷材向上翻至立面大于250mm（图B）；第三层及第四层（外附加层）：将卷材用剪刀裁成200mm的正方形片材，从其中任意一边的中点剪至方片中心点（图C）；然后，将被剪开部位折合重叠，折叠口朝上，涂刷水泥粘结阴角部位（图D）；第四层方法与第三层相同，只是折叠口朝下。

（7）主体防水层（大面积防水层）施工程序：①基层涂刷聚合物水泥防水粘结料：用毛刷或刮板均匀涂刮粘结料，厚度达到1.3mm以上，涂刮完的粘结料面上及时铺贴卷材。②卷材的铺贴：按粘贴面积将预先剪裁好的卷材铺贴于立墙、地面，铺粘时不应用力拉伸卷材，不得出现皱折。用刮板推擀压实并排除卷材下面的气泡和多余的防水粘结料浆。③卷材搭接：卷材的搭接缝宽度长边为100mm，短边120mm。搭接缝边缘用聚合物水泥防水粘结料勾缝涂刷封闭，密封宽度不小于50mm。相邻两边卷材铺贴时，两个短边接缝应错开；如双层铺贴时，上下层的长边接缝应错开1/2～1/3幅宽。

27.3.4.2　刚性防水材料与柔性防水涂料复合施工

刚柔防水材料复合施工，指底层采用无机抗渗堵漏防水材料做刚性防水，上层做柔性涂膜防水的两者复合施工。

1. 无机抗渗堵漏防水材料与单组分聚氨酯防水涂料复合施工

无机抗渗堵漏防水材料是由无机粉料与水按一定比例配制而成的刚性抗渗堵漏剂。

（1）工艺流程

清理基层　→　细部附加层　→　刚性防水层　→　单组分聚氨酯防水涂料柔性防水层　→　撒砂　→　第一次蓄水试验　→　保护层、面层施工　→　第二次蓄水试验　→　工程质量验收

（2）操作要点

1）附加层施工：将地漏、管根、阴阳角等部位清理干净，用无机抗渗堵漏材料嵌填、压实、刮平。阴阳角用抗渗堵漏材料刮涂两遍，立面与平面分别为200mm。

2）刚性防水层：以抗渗堵漏材料与水按产品使用说明比例配制，搅拌成均匀、无团块的浆料，用橡胶刮板均匀刮涂在基面上，要求往返顺序刮涂，不得留有气孔和砂眼，每遍的刮压方向与上遍相垂直，共刮两遍，每遍刮涂完毕，手轻压无印痕时，开始洒水

养护，避免涂层粉化。

3）柔性防水层：刚性防水层养护表干后，管根、地漏、阴阳角等节点处用单组分聚氨酯涂刮一遍，做法同附加层施工。

4）大面积涂刮单组分聚氨酯防水涂料，涂刷2～3遍。

5）最后一遍防水涂料施工完尚未固化前，可均匀撒布粗砂，以增加防水层与保护层之间的粘结力。

2. 抗渗堵漏防水材料与聚合物防水涂料复合施工

（1）工艺流程

清理基层　→　细部附加层　→　刚性防水层　→　聚合物水泥防水涂料柔性防水层　→　撒砂　→　第一次蓄水试验　→　保护层、面层施工　→　第二次蓄水试验　→　工程质量验收

（2）操作要点

1）附加层施工：地漏、管根、阴阳角、沟槽等处清理干净，用水不漏材料嵌填、压实、刮平。

2）刚性防水层：将缓凝型水不漏搅拌成均匀浆料。用抹子或刮板抹两遍浆料，抹毕后潮湿养护。

3）柔性防水层：刚性防水层表面必须平整干净，阴阳角处呈圆弧形。按规定比例配制聚合物水泥防水涂料，在桶内用电动搅拌器充分搅拌均匀，直到料中不含团粒。

4）涂覆底层：待刚性防水层干固后，即可涂覆底层涂膜。

5）涂覆中、面层：待底层涂膜干固后，即可涂覆中、面层涂膜。涂膜厚度不小于1.2mm。涂覆时涂料如有沉淀，应随时搅拌均匀；每层涂覆必须按规定取料，切不可过多或过少；涂覆要均匀，不应有局部沉积。涂料与基层之间粘结严密，不得留有气泡；各层之间的间隔时间，以前一层涂膜干固，不粘手为准。

27.3.4.3　界面渗透型防水液与柔性防水涂料复合施工

采用界面渗透型防水液进行大面积喷涂，管根、阴阳角等细部采用柔性防水涂料进行处理的复合防水施工。界面渗透型防水液可直接喷于混凝土表面、水泥砂浆和水泥方砖面层，柔性防水涂料可采用浓缩乳液防水涂料、单组分聚氨酯防水涂料、聚合物水泥防水涂料。

1. 材料

（1）界面渗透型防水液，又称防水液、DPS。

（2）柔性防水涂料：浓缩乳液防水涂料，又称Rmo涂料，是以防水浓缩乳液与水泥混合后制成的防水涂料。

（3）单组分聚氨酯防水涂料、聚合物水泥防水涂料、水泥同前。

2. 工艺流程

清理基层　→　基层湿润　→　大面喷涂防水液（刚性防水层）　→　细部附加层施工（柔性防水涂料）　→　局部涂刷柔性防水涂料　→　第一次蓄水试验　→　保护层施工　→　饰面层施工　→　第二次蓄水试验　→　工程质量验收

3. 操作要点

（1）基层处理：基层应清除干净，去除污迹、灰皮、浮渣等。混凝土基层应坚实、平整；若有蜂窝、麻面、干裂、酥松等缺陷，应进行修补。修补前剔凿缺陷部位，彻底清洗干净后喷涂界面渗透型防水液，用水泥砂浆修补抹平。遇有可见裂缝，用浓缩乳液防水涂料刮涂。

（2）基层湿润：旧混凝土或新浇筑的混凝土表面，先用水冲刷或润湿，湿润后的基层不应有明水。

（3）制备防水液：防水液是使用原液直接喷涂，严禁掺水稀释；使用前，将溶液储存桶摇动2～3min，再把桶内溶液倒入背伏式喷雾器备用。如果溶液有冻结现象，应待完全溶化后使用；防水液使用前，应加入微量酚酞（粉红色酸碱指示剂），并用力摇匀溶液至产生泡沫时，喷涂于混凝土表面（粉红色4h后自动消失）。

（4）喷涂防水液：防水液可直接喷于混凝土表面或水泥方砖、水泥砂浆面层。一般只需喷涂一次。对特殊要求的部位，可视混凝土及砂浆表面粗糙程度不同加喷。新浇筑混凝土强度到1.2MPa能

上人时，即可进行喷涂。大面积喷涂时，应先里后外，左右喷射，每次喷涂应覆盖前一喷涂圈的一半，使防水液充分、均匀地浸透全部施工面。平面与立面之间的交接处喷涂，应有150mm的搭接层。垂直表面上喷涂时，如果溶液往下流，应加快喷嘴喷射速度；同时，边喷边刷，使整个区域均匀覆盖之后再以同样的覆盖率进行一次。为使喷涂面完全饱和，要在喷涂后15~20min内检查该区域；如发现某些区域干得较快，则待检查完毕再重新在该区域加以喷涂，多余的防水液并不能渗透，而浮于表面轻黏稠状。对多余的黏状物，可用水冲掉或刮掉。防水液正常的渗透时间为1~2h；若天气干燥时，可在喷涂后1h于混凝土表面轻喷清水，以便溶液更好地渗入。30min后便可允许轻度触碰。处理3h后或表面干燥时可行走，喷涂24h后可进行其他作业。

（5）细部附加层施工：①采用浓缩乳液防水涂料施工：先按体积比配制涂料，搅拌均匀后静止10min（使其反应充分）待用，严禁在使用过程中加水、加料。已搅拌好的浓缩乳液防水涂料应在2h内用完，已凝固的料不得搅拌再用。在大面积涂刷防水液24h后，对管根、阴阳角、地漏等部位，即可进行局部附加层部位的施工。先在附加层部位涂刷底料，涂刷第一遍净浆冷粘料。每次涂层表干后（约4h）再涂刷一遍，一般涂刷3~4遍，每次涂刷均匀，总涂层厚度为0.8mm。冬期施工时，可用热风机进行局部加热。管道穿墙防水构造见图27-98，下水立管防水构造见图27-99，套管防水构造见图27-100，地漏防水构造见图27-101。②采用单组分聚氨酯防水材料、聚合物水泥防水涂料（JS）做附加层施工：在大面积喷涂完防水液24h后，对管根、阴阳角、地漏等部位，即可进行局部附加层部位的施工。附加层涂层厚度不小于1.5mm。操作要点与单组分聚氨酯防水材料、聚合物水泥涂料施工相同。混凝土基层出现表面疏松或可见裂缝较多时，应采用刚柔复合做法。

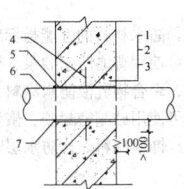 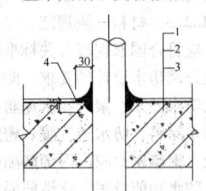

图 27-98 管道穿墙防水构造
1—柔性材料附加层；2—界面渗透型防水液；3—现浇混凝土；4—翼环；5—套管；6—金属管；7—建筑密封胶

图 27-99 下水管防水构造
1—柔性材料附加层；2—界面渗透型防水液；3—现浇混凝土；4—聚合物涂料

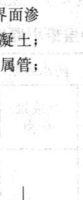 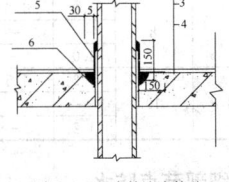 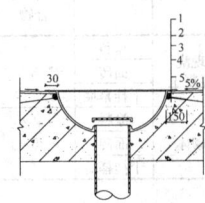

图 27-100 套管防水构造
1—面层；2—柔性材料附加层；3—界面渗透型防水液；4—现浇混凝土；5—建筑密封胶；6—管根加强处理

图 27-101 地漏防水构造
1—地漏；2—找坡层；3—柔性材料附加层；4—界面渗透型防水液；5—现浇混凝土

27.3.5 泳池用聚氯乙烯膜片施工

27.3.5.1 材料

聚氯乙烯膜片是以聚氯乙烯树脂为主要原料、并加入添加剂等制成的片材，分为增强型聚氯乙烯膜片和非增强型聚氯乙烯膜片，增强型是在膜片中加入纤维网而提高片材的强度。该膜片可用于主体结构为混凝土或钢等材料的泳池的防水和装饰工程，铺设在泳池主体结构的迎水面。

27.3.5.2 设计

聚氯乙烯膜片的安装方式可分为导轨锁扣式和聚氯乙烯复合型钢（钢板）焊挂式。应根据工程的具体条件，选择聚氯乙烯膜片的安装方式。对有特殊防滑要求的部位，应铺设具有特殊防滑功能的聚氯乙烯膜片。在泳池底表面，最好在聚氯乙烯膜片下设置聚酯无纺布。对聚氯乙烯膜片下设置盲沟的工程，优先选用增强型聚氯乙烯膜片，并在聚氯乙烯膜片下铺设聚酯无纺布。

27.3.5.3 施工要点

1. 施工准备

聚氯乙烯膜片用于不同形状、规模、结构的泳池时，池壁表面应顺直（顺直度在3mm以内）、平整，池底表面应平整（平整度在3mm以内）、光滑、干净，不得有砂砾或其他尖锐物件留存，并通过专项验收；泳池的排水系统、过滤系统、预埋管件、预留洞口等，应按设计要求完成，并通过专项验收；聚氯乙烯膜片施工前，主体结构的基层表面应进行杀菌处理。

2. 工艺流程

铺设泳池池壁 → 铺设泳池池底 → 铺设泳池池角或弧形角边 → 焊接泳池池壁和池底的交接叠缝 → 检验 → 修补 → 复验

3. 操作要点

（1）聚氯乙烯膜片施工的环境气温宜为10~36℃。（2）聚氯乙烯膜片铺设应符合下列规定：①膜片铺设前应作下料分析，绘出铺设顺序和裁剪图；②膜片铺设时应拉紧，不可人为硬折和损伤；③膜片之间形成的节点，应采用T形，不宜出现十字形；④膜片应采用固定件固定，铆钉间距为200mm；⑤池壁应先沿水平方向铺设，然后自上而下铺设。宽幅聚氯乙烯膜片必须铺在池壁上端。池壁上端的聚氯乙烯膜片应压住下端的聚氯乙烯膜片；⑥池底平面铺设宜沿横向进行，多层搭接应留在阴角处；⑦池壁与池底的焊接缝应留在池底距池壁150mm处。（3）工程塑料导轨和聚氯乙烯型钢复合件与泳池主体结构的连接应采用机械式或焊接固定，固定点间隔不得大于200mm。（4）锁扣与工程塑料导轨间应紧密结合，聚氯乙烯膜片受压时不得脱落。（5）法兰片应坚固密封；法兰上的螺钉头不得外露。（6）加强型聚氯乙烯膜片应采用热空气焊接技术。（7）应采用聚氯乙烯膜片密封胶对焊接缝进行密封处理。涂密封胶处应均匀、圆滑，密封胶缝的宽度宜为2~5mm。（8）非加强型聚氯乙烯膜片按照泳池的实际尺寸，采用高周波焊接机焊接加工后，再运至泳池现场安装。

27.3.5.4 维护和管理

膜片泳池工程竣工验收后，应由使用单位指派专人负责管理。严禁在聚氯乙烯膜片上穿孔打洞、重物冲击；不得在聚氯乙烯膜片上堆放杂物和增设构筑物。需要在聚氯乙烯膜片上增加设施时，应做好相应的防水和装饰处理；泳池每7~15d应定期进行水线清洗；泳池中严禁直接投加原装药品。药品应进行稀释后投加；泳池池水的pH值应控制在7.2~7.6范围内；当聚氯乙烯膜片表面有明显污迹时，应及时采用专用吸污工具清理干净，严禁使用金属刷或其他尖锐、锋利工具清洁聚氯乙烯膜片表面。不得采用硫酸铜类清洗剂清洗；对难洗的严重污渍，可采用低酸化学清洁剂清洗；泳池使用时，环境温度应控制在5~40℃范围内。当环境温度低于5℃、在冰冻来临前，应在聚氯乙烯膜片泳池内安装或使用防冰冻装置（例如：泳池防冰冻浮箱、防冰冻液等）；同时，应将池水排干，及时清洗聚氯乙烯膜表面上的脏物、污迹，做好保护措施。

27.3.6 刚 性 防 水

27.3.6.1 聚合物水泥防水砂浆施工

施工要点：同27.1.2.2中7聚合物水泥防水砂浆的施工要点。室内施工时，应注意管根部、地漏口、结构转角等细部构造处，应进行增强处理。管根部周围在基层剔凿深约为10mm的槽，用聚合物水泥防水砂浆嵌布后涂抹聚合物水泥防水砂浆一遍，压入一层网格布。其上再进行聚合物水泥防水砂浆抹灰。

27.3.6.2 水泥基渗透结晶型防水砂浆施工

1. 工艺流程

基层检查 → 基层处理 → 基层润湿 → 制水泥浆

第一遍涂刷水泥净浆 → 调制防水砂浆 → 防水砂浆施抹 → 检验 → 养护

```
→ 重点部位的加强处理 → 检验 → 第一次蓄水试验 →
找坡层、垫层、饰面层施工 → 第二次蓄水试验 → 工程质量验收
```

2. 操作要点

（1）先处理缺陷部位、封堵孔洞，除去有机物、油漆等其他粘结物，清除油污及疏松物等。如有大于 0.4mm 以上的裂纹，应先进行裂缝修理；沿裂缝两边凿出 20（宽）mm×30（深）mm 的 U 形槽，用水冲净、润湿后，除去明水，沿槽内涂刷浆料后用浓缩剂半干料团填满、夯实；遇有蜂窝或疏松结构应凿除，将所有松动的杂物用水冲刷掉，直至见到坚实的混凝土基面并将其润湿后，涂刷灰浆，再用防水砂浆填补、压实；经处理过的混凝土表面，不应存留任何悬浮等物质。

（2）底板与边墙相交的阴角处应做加强处理，用浓缩剂料团趁潮湿嵌填于阴角处，用手锤或抹子捣固压实。用油漆刷等将水泥净浆涂刷在基层上。

（3）配制防水砂浆，将制备好的防水砂浆均摊在处理过的结构基层上用抹子用力抹平、压实，所有施工方法按防水砂浆的施工方法及标准进行施工。陶粒、砖等砌筑墙面在做地面砂浆防水层时，可进行侧墙防水砂浆层的施抹，施抹完成后即完成了防水施工作业。

（4）防水砂浆施工面积大于 36m² 时应加分格缝，缝隙用柔性嵌缝膏嵌填。

（5）防水砂浆层养护必须用干净水做喷雾养护，不应出现明水，一般每天需喷雾 3 次。连续 3～4d，热天或干燥天气应多喷几次用湿草垫或湿麻袋片覆盖养护，保持湿润状态，防止防水砂浆层过早干燥。蓄水试验需在养护完 3～7d 后进行。

（6）重点部位附加层处理：地漏、管根、阴阳角等处用柔性涂料做附加层处理，方法同柔性涂料施工，参照细部构造图（见图 27-102）。

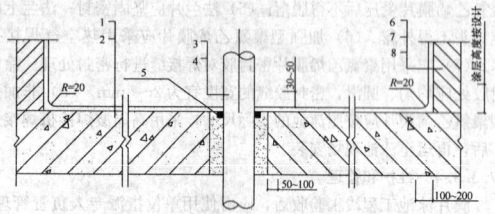

图 27-102　水泥基渗透结晶型防水砂浆立管做法
1—水泥基掺剂防水砂浆层；2—结构底板；3—内加网格布；
4—管道；5—水泥基浓缩剂半干料团 10×10；6—水泥基掺合剂防水砂浆层；7—胶粘剂涂层；8—墙体

27.3.7　工程质量检验与验收

建筑室内防水工程各分项工程的施工质量检验批应符合下列规定：

（1）防水混凝土的施工质量检验数量，应按混凝土外露面积每 100m² 抽查 1 处，每处 10m²，且不得少于 3 处；细部构造应按全数检查。

（2）砂浆防水层、涂膜防水层、卷材防水层应按防水施工面积每 100m² 抽查 1 处，每处 10m²，且不得少于 3 处。

（3）单间防水施工面积小于 30m² 时，按单间总量的 20% 抽查，且不得少于 3 间。

（4）所有有防水要求的房间均应进行二次蓄水检验。

（5）细部构造应根据分项工程的内容全部进行检查。

27.4　外墙防水及抗渗漏

墙体是建筑物的重要组成部分。墙体的渗漏现象，在各类建筑体系中都不同程度地出现。外墙渗漏不仅影响建筑的使用寿命和结构安全，而且还直接影响使用功能。随着墙体多种新型材料的开发与应用，导致外墙面的渗漏率有逐年增加的趋势，给人们的生活和工作带来极大的不便，特别是多雨地区高层建筑外墙渗漏更为严

重，危害更大。为了克服外墙渗漏问题，应采取有针对性的技术措施。

27.4.1　基本规定

27.4.1.1　建筑外墙防水防护应满足的基本功能要求

应具有防止雨雪水侵入墙体的作用，保证火灾情况下的安全性，可承受风荷载的作用及可抵御冻融和夏季高温破坏的作用。

27.4.1.2　防水设防要求

（1）符合下列情况之一的外墙，应采用墙面整体防水设防：

1）年降水量≥800mm 地区的外墙。

2）年降水量≥600mm 且基本风压≥0.5kN/m² 地区的外墙。

3）年降水量≥400mm 且基本风压≥0.4kN/m²，或年降水量≥500mm 且基本风压≥0.35kN/m²，或年降水量≥600mm 且基本风压≥0.3kN/m² 的地区有外保温的外墙。

（2）以上条件之外，年降水量≥400mm 地区的外墙，应采用节点构造防水措施。

27.4.2　一般规定

27.4.2.1　设计一般规定

（1）建筑外墙的防水防护层应设置在迎水面。

（2）不同结构材料的交接面应采用宽度不小于 300mm 的耐碱玻璃纤维网格布或经防腐处理的金属网片做抗裂增强处理。

（3）外墙各构造层次之间应粘结牢固，并宜进行界面处理。界面处理材料的种类和做法，应根据构造层次材料确定。

27.4.2.2　施工一般规定

外墙门窗框及伸出外墙的管道、设备或预埋件应在防水防护施工前安装完毕，并验收合格。其他规定同防水工程相关内容。

27.4.2.3　材料一般规定

应符合国家现行有关标准的要求，防水材料的性能指标应满足建筑外墙防水设计的要求，防水材料可使用普通防水砂浆、聚合物水泥防水砂浆、聚合物水泥防水涂料、聚合物乳液防水涂料、聚氨酯防水涂料、防水透气膜，密封材料可使用硅酮密封胶、聚氨酯密封胶、聚硫密封胶、丙烯酸酯密封胶。饰面材料兼作防水层时，应满足防水功能及耐老化性能要求。

27.4.2.4　外墙防水防护层最小厚度要求

外墙防水防护层最小厚度要求，见表 27-32。

外墙防水防护层最小厚度要求（mm）　表 27-32

墙体结构	饰面层	防水砂浆			防水涂料	防水饰面涂料
		干粉聚合物	乳液聚合物	普通防水砂浆		
现浇混凝土	涂料	3	5	8	1.0	1.2
	面砖				—	—
	干挂幕墙				1.0	—
砌体	涂料	5	8	10	1.2	1.5
	面砖				—	—
	干挂幕墙				1.2	—

27.4.3　构造及细部节点防水

27.4.3.1　外墙防水构造

1. 外墙防水防护层构造

外墙防水防护构造，见表 27-33。

外墙防水防护层构造　表 27-33

外墙体系	饰面材料	防水层设置位置	防水材料选用
无外保温外墙	涂料	找平层和涂料面层之间（见图 27-103）	防水砂浆和防水涂料
	面砖	找平层和面砖粘结层之间（见图 27-104）	防水砂浆
	幕墙	找平层和幕墙饰面之间（见图 27-105）	防水砂浆、聚合物水泥防水涂料、丙烯酸酯防水涂料或聚氨酯防水涂料

续表

外墙体系	饰面材料	防水层设置位置	防水材料选用
外保温外墙	涂料	聚合物水泥防水砂浆设在保温层和涂料饰面之间（见图27-106）；涂料防水层设在抗裂砂浆层和涂料饰面之间（见图27-107）	聚合物水泥防水砂浆和防水涂料，聚合物水泥防水砂浆可兼作保温层的抗裂砂浆层
	面砖	保温层的迎水面上（见图27-108）	聚合物水泥防水砂浆，并可兼做保温层的抗裂砂浆层
	幕墙	找平层和幕墙饰面之间（见图27-109）	聚合物水泥防水砂浆、聚合物水泥防水涂料、丙烯酸防水涂料、聚氨酯防水涂料、防水透汽膜（当保温层选用矿物棉材料时采用）

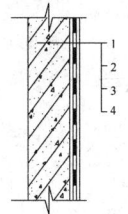

图 27-103　涂料饰面外墙
防水防护构造
1—结构墙体；2—找平层；
3—防水层；4—涂料面层

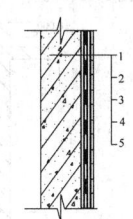

图 27-104　面砖饰面外墙
防水防护构造
1—结构墙体；2—找平层；3—防水层；4—粘贴层；5—饰面砖面层

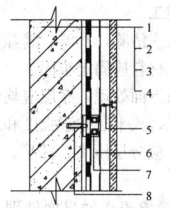

图 27-105　幕墙饰面外墙防水防护构造
1—结构墙体；2—找平层；3—防水层；4—面板；5—挂件；6—竖向龙骨；7—连接件；8—锚栓

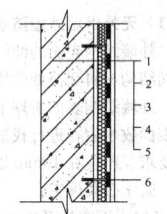

图 27-106　涂料饰面外墙防水防护构造
1—结构墙体；2—找平层；3—保温层；4—防水层；5—涂料层；6—锚栓

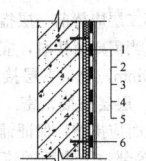

图 27-107　抗裂砂浆层兼作防水层的外墙面防水防护构造
1—结构墙体；2—找平层；3—保温层；4—防水抗裂层；5—防水层；6—锚栓

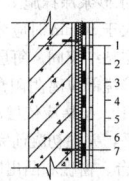

图 27-108　砖饰面外保温外墙防水防护构造
1—结构墙体；2—找平层；3—保温层；4—防水层；5—粘贴层；6—饰面面砖层；7—锚栓

2. 砂浆防水层分格缝

砂浆防水层留分格缝，分格缝设置在墙体结构不同材料交接处，水平缝与窗口上沿或下沿平齐；垂直缝间距不大于6m，且与门、窗框两边垂直线重合。缝宽为8～10mm，缝内采用密封材料或防水涂料做嵌实处理，涂层厚度不小于1.2mm。

3. 外墙饰面层要求

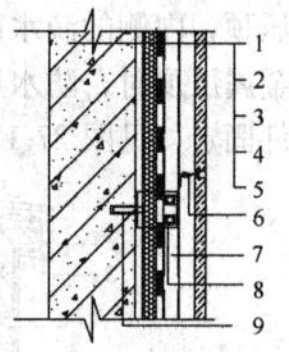

（1）防水砂浆饰面层应留置分格缝，分格缝间距根据建筑层高确定，但不应大于6m，缝宽为10mm。

（2）面砖饰面层留设宽度为5～8mm的面砖接缝，用聚合物水泥砂浆勾缝，勾缝能够连续、平直、密实、光滑、无裂缝、无空鼓。

（3）涂料饰面层应涂刷均匀，厚度应根据具体的工程与材料进行，但不得小于1.5mm。

（4）幕墙饰面的石材面板吸水率不得大于0.8%，板缝间留设宽度为5～8mm的接缝，并用密封材料封严。

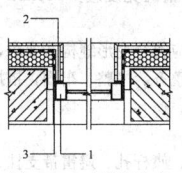

图 27-109　幕墙饰面外保温外墙防水防护构造
1—结构墙体；2—找平层；3—保温层；4—防水层；5—面板；6—挂件；7—竖向龙骨；8—连接件；9—锚栓

27.4.3.2　外墙门窗防水

（1）门窗框与墙体间的缝隙宜采用发泡聚氨酯填充。外墙防水层应延伸至门窗框，防水层与门窗框间应预留凹槽、嵌填密封材料；门窗上楣的外口应做滴水处理；外窗台应设置坡度不小于5%的排水坡度（见图27-110、图27-111）。

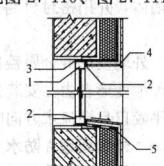

图 27-110　门窗框防水防护平剖面构造
1—窗框；2—密封材料；3—发泡聚氨酯填充

图 27-111　门窗框防水防护立剖面构造
1—窗框；2—密封材料；3—发泡聚氨酯填充；4—滴水槽或鹰嘴；5—外墙防水层

（2）窗框不应与外墙饰面齐平，应凹进不少于50mm，窗框周边装饰时应留设凹槽。外墙装饰面层收口后，窗框内、外侧的四周均嵌填耐候密封胶，胶体应连续，厚度、宽度符合设计要求。

（3）塑钢窗扇百叶及平开窗的滑撑螺钉均采用橡胶垫片支垫，操作不便部位用耐候胶封闭螺钉顶面及四周，防止雨水进入塑钢窗空腔。

（4）推拉窗的下框轨道应设置泄水槽或泄水孔。

27.4.3.3　屋盖处墙体防裂防水

对于钢筋混凝土屋盖的温度变化和砌体干缩变形引起的墙体裂缝（如顶层墙体的"八"字缝、水平缝等）可根据具体情况采取下列预防措施：

（1）浇筑顶层梁、板、檐口板、天沟等处的混凝土时，应选用水化热低的水泥。

（2）屋盖上宜设置保温层或隔热层。在我国，北方寒冷地区宜设保温层，南方炎热地区宜设隔热层。

（3）对于非烧结硅酸盐砖和砌块房屋，应严格控制块体出厂到砌筑的时间，应避免现场堆放时块体遭受雨淋。

（4）顶层砌体承重墙应合理设置圈梁及构造配筋。

（5）顶层空心板应改为柔性接头，在空心板支撑处铺一层油毡隔开，缝内填可塑性材料。

27.4.3.4　女儿墙防裂防水

（1）现浇钢筋混凝土女儿墙应双向配筋，厚度应≥150mm；设分格缝，间距6m，缝宽20～30mm，用密封材料填嵌密实；女儿墙混凝土应与屋面结构同跨同时浇筑；如必须留设施工缝时，应在与女儿墙相连接的屋面结构层以上100mm处留设向外倾的斜搓施工缝，缝的外端应嵌填密封材料。

（2）砖混结构女儿墙不应设分格缝，避免出现渗水。

（3）保温层、找平层与女儿墙之间应留50～80mm伸缩缝，内填密封油膏，以构成柔性防水节点。

（4）刚性或板块保护层与女儿墙接合处应设30mm宽变形缝，缝内清理干净后用密封材料嵌填严实。

（5）女儿墙压顶宜采用现浇钢筋混凝土或金属压顶，压顶向内找坡，坡度不应小于2%。采用混凝土压顶时，外墙防水层应上翻

至压顶，内侧的滴水部位用防水砂浆作防水层（见图27-112）。采用金属压顶时，防水层应做到压顶的顶部，金属压顶采用专用金属配件固定（见图27-113）。

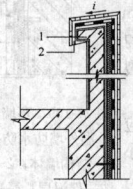 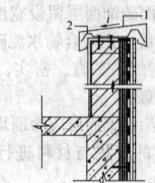

图 27-112 混凝土压顶   图 27-113 金属压顶
女儿墙防水构造   女儿墙防水构造
1—混凝土压顶；2—防水砂浆   1—金属压顶；2—金属配件

27.4.3.5 外墙变形缝防水构造

（1）变形缝内应清理干净，不得填塞建筑垃圾，寒冷地区填嵌保温材料。

（2）变形缝处应增设合成高分子防水卷材附加层，卷材两端应满粘于墙体，并用密封材料密封，满粘的宽度应≥150mm（见图27-114）。

（3）外墙变形缝金属盖板的设置应符合变形缝构造要求，确保沉降、伸缩变形自由。安装盖板必须整齐、平整、牢固，搭接接头处必须平咬口且顺流水方向咬口严密。

27.4.3.6 外墙预埋件防水

外墙预埋件，如水落管卡具栽钩、旗杆孔、避雷带支柱、空调托架、接地引下线竖杆等，必须在外墙饰面前，安装预埋完毕，严禁在装饰后凿洞埋设预埋件。预埋件根部应精心抹压严密，严禁急压成活或挤压成活。外墙预埋件四周应用密封材料封闭严密，密封材料与防水层应连续。

27.4.3.7 外墙穿墙孔洞防水

穿过外墙的管道宜采用套管，墙管洞应内高外低，坡度不小于5%，套管周边应做防水密封处理（见图27-115）。

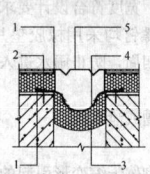 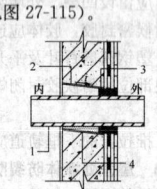

图 27-114 变形缝防水防护构造   图 27-115 穿墙管道防水防护构造
1—密封材料；2—锚栓；3—保   1—穿墙管道；2—套管；
温衬垫材料；4—合成高分子防   3—密封材料；4—聚合物砂浆
水材料（两端粘结）；5—不
锈钢板或镀锌薄钢板

27.4.3.8 挑檐、雨罩、阳台、露台等节点防水

（1）突出外墙面的腰线、檐板等部位，均做成不小于5%的向外排水坡，下部做滴水，与墙体交角处做成直径100mm的圆角。与外墙连接的根部缝隙应嵌填密封材料。

（2）雨篷应设置坡度不小于1%的排水坡，外口下沿应做滴水处理；雨篷与外墙交接处的防水层应连续；雨篷防水层应沿外口下翻至滴水部位（见图27-116）。

（3）阳台、露台等地面应做防水处理，标高应低于同楼层地面标高20mm，阳台、露台应向水落口设置坡度不小于1%的排水坡，

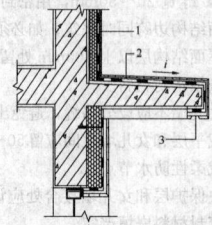

图 27-116 雨篷防水防护构造
1—外墙防水层；2—雨棚防水层；3—滴水

水落口周边留槽嵌填密封材料，外口下沿做滴水设计（见图27-117）。阳台栏杆与外墙体交接处，应用聚合物水泥砂浆做好填嵌处理。

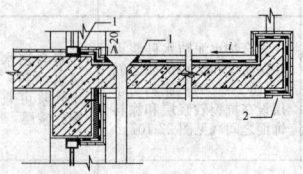

图 27-117 阳台、露台防水防护构造
1—密封材料；2—滴水

27.4.3.9 上部结构与地下室墙体交接部位节点防水

在严寒和寒冷地区外墙保温层及防水防护层延伸至室外地坪下，深度应根据当地的冻土深度确定，并不小于1000mm，防水层与地下外墙防水层搭接，搭接长度不小于150mm，收头用密封材料封严（见图27-118）。

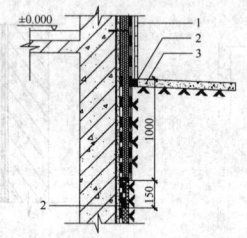

图 27-118 上部结构与地下室墙体交接部位防水防护构造
1—外墙防水层；2—密封材料；3—室外地坪（散水）

27.4.4 外墙防水施工

27.4.4.1 无外保温外墙防水防护施工

（1）外墙结构表面的油污、浮浆应清除，孔洞、缝隙应堵塞抹平，不同结构材料交接处的增强处理材料应固定牢固。

（2）外墙结构表面清理干净，做界面处理，涂层应均匀，不露底，待表面收水后，进行找平层施工。找平层砂浆强度和厚度应符合设计要求。厚度在10mm以上时，应分层压实、抹平。

（3）防水砂浆施工：

1）基层表面应为平整的毛面，光滑表面做界面处理，并充分湿润。

2）防水砂浆按规定比例搅拌均匀，配制好的防水砂浆在1h内用完，施工中不得任意加水。

3）界面处理材料涂刷厚度应均匀、覆盖完全，收水后应及时进行防水砂浆的施工。

4）防水砂浆涂抹施工：

厚度大于10mm时应分层施工，第二层应待前一层指触不粘时进行，各层粘结牢固。每层连续施工，当需要留槎时，应采用阶梯坡形槎，接槎部位离阴阳角不小于200mm，上、下层接槎应错开300mm以上。接槎应依层次顺序操作、层层搭接紧密。涂抹时应压实、抹平，并在初凝前完成。遇气泡时应挑破，保证铺抹密实。

5）窗台、窗楣和凸出墙面的腰线等部位上表面的流水坡应找准确，外口下沿的滴水线应连续、顺直。

6）砂浆防水层分格缝的留设位置和尺寸应符合设计要求。分格缝的密封处理应在防水砂浆达到设计强度的80%后进行，密封前将分格缝清理干净，密封材料应嵌填密实。

7）砂浆防水层转角抹成圆弧形，圆弧半径应大于等于5mm，转角抹压应顺直。

8）门框、窗框、管道、预埋件等与防水层相接处留8～10mm宽的凹槽，做密封处理。

9）砂浆防水层未达到硬化状态时，不得浇水养护或直接受雨水冲刷。聚合物水泥防水砂浆硬化后，应采用干湿交替的养护方法；普通防水砂浆防水层应在终凝后进行保湿养护。养护时间不少于14d，养护期间不得受冻。

(4) 防水涂膜施工：

1) 涂料施工前应先对细部构造进行密封或增强处理。

2) 涂料的配制和搅拌：双组分涂料配制前，将液体组分搅拌均匀。配料应按规定要求进行，采用机械搅拌。配制好的涂料应色泽均匀，无粉团、沉淀。

3) 涂料涂布前，应先涂刷基层处理剂。

4) 涂膜分多遍完成，后遍涂布应在前遍涂层干燥成膜后进行。每遍涂布应交替改变涂层的涂布方向，同一涂层涂布时，先后接槎宽度为30～50mm。甩槎应避免污损，接涂前应将甩槎表面清理干净，接槎宽度不小于100mm。

5) 胎体增强材料应铺贴平整、排除气泡，不得有褶皱和胎体外露，胎体层充分浸透防水涂料；胎体的搭接宽度不小于50mm，底层和面层涂膜厚度不小于0.5mm。

27.4.4.2 外保温外墙防水防护施工

(1) 保温层应固定牢固，表面平整、干净。

(2) 外墙保温层的抗裂砂浆层施工

1) 抗裂砂浆施工前应先涂刮界面处理材料，然后分层抹压抗裂砂浆。

2) 抗裂砂浆层的中间设置耐碱玻纤网格布或金属网片。金属网片与墙体结构固定牢固。

3) 玻纤网格布铺贴应平整、无皱折，两幅间的搭接宽度不小于50mm。

4) 抗裂砂浆应抹平压实，表面无接槎印痕，网格布或金属网片不得外露。防水层为防水砂浆时，抗裂砂浆表面搓毛。

5) 抗裂砂浆终凝后，及时洒水养护，时间不得少于14d。

(3) 防水层施工同无外保温外墙防水施工。

(4) 防水透汽膜施工：

1) 基层表面应平整、干净、干燥、牢固，无尖锐凸起物。

2) 铺设从外墙底部一侧开始，将防水透汽膜沿外墙横向展开，铺于基面上。沿建筑立面自下而上横向铺设，按顺水方向上下搭接。当无法满足自下而上铺设顺序时，应确保顺水方向上下搭接。

3) 防水透汽膜横向搭接宽度不小于100mm，纵向搭接宽度不小于150mm。搭接缝采用配套胶粘带粘结。相邻两幅膜的纵向搭接缝相互错开，间距不小于500mm。

4) 防水透汽膜随铺随固定，固定部位预先粘贴小块衬基胶带，用带塑料垫片的塑料锚栓将透汽膜固定在基层墙体上，固定点每平方米不少于3处。

5) 铺设在窗洞或其他洞口处的防水透汽膜，以I形展开，用配套胶粘带固定在洞口内侧。与门、窗框连接处应使用配套胶粘带满粘密封，四角用密封材料封严。

6) 幕墙体系中穿透防水透汽膜的连接件周围用配套胶粘带封严。

27.4.4.3 整体浇筑混凝土外墙防水施工

墙顶一次浇筑在支设外墙板外侧模板时，在其顶端加设楔形衬模，见图27-119（a）；墙顶分开浇筑时，墙板混凝土应高出板底20～30mm，待顶板模板支设后将浮浆剔除，使墙体上口高出板底10mm，形成企口缝，以达到止水效果，见图27-119（b）。

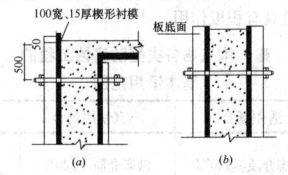

图27-119 剪力墙与顶板交接处示意

27.4.4.4 外墙砌体防水施工

(1) 砌块墙构造柱与框架梁的节点做成柔性节点，使其既能抵抗地震时的水平推力，又能消除柱两侧墙体压应力集中导致的剪切变形开裂。

(2) 悬臂梁上的墙体，在L形和T形交接处均设置构造柱，与悬臂梁节点柔性连接。每2皮砌块高度设2φ6通长拉结筋，与构造柱可靠连接，墙顶与悬臂梁之间用20mm厚聚苯板填实。内外装饰时留出10mm宽缝，用耐候硅酮胶嵌成防水柔性缝，以消除悬臂梁下挠而导致的墙体开裂。

(3) 砌筑过程中，砌体与框架柱、剪力墙的节点缝逐皮填实砂浆后，再每侧划入30mm深；每砌完5皮砌块，用嵌缝抹子将内外灰缝原浆压实，以封闭毛细孔。

(4) 在墙体预埋电气配管，可待砌体砂浆达到设计强度后用无齿锯切槽，使槽深大于配管直径10mm，将配管在槽内固定牢固。用喷雾器吹洗湿润管槽后，再用1:2石膏砂浆抹平、压实并凿毛。对穿越墙体的通风空调管道，在砌筑时准确预留孔洞，严禁遗漏；对消防、给水系统穿越墙体的管道，用成孔机在墙体上打孔，并埋设钢套管。

27.4.5 质量检查与验收

27.4.5.1 外墙防水防护工程的质量规定

(1) 防水层不得有渗漏现象。

(2) 使用的材料应符合设计要求。

(3) 找平层应平整、坚固，不得有空鼓、酥松、起砂、起皮现象。

(4) 门窗洞口、穿墙管、预埋件及收头等部位的防水构造，应符合设计要求。

(5) 砂浆防水层应坚固、平整，不得有空鼓、开裂、酥松、起砂、起皮现象。防水层平均厚度不小于设计厚度，最薄处不小于设计厚度的80%。

(6) 涂膜防水层应无裂纹、皱折、流淌、鼓泡和露胎体现象。平均厚度不小于设计厚度，最薄处不小于设计厚度的80%。

(7) 防水透汽膜应铺设平整、固定牢固，构造符合设计要求。

27.4.5.2 外墙防水层渗漏检查

应在持续淋水30min后进行。

27.4.5.3 外墙防水防护使用的材料要求

应有产品合格证和出厂检验报告，对进场的防水防护材料应抽样复检，并提出抽样试验报告，不合格的材料不得在工程中使用。

27.4.5.4 外墙防水防护工程检验批划分

外墙防水防护工程分为砂浆防水层、涂膜防水层、防水透汽膜防水层三个分项，各分项按外墙面积，每100m² 查一处，每处10m²，不少于3处；不足100m²时，按100m²计算。节点构造全部检查。

27.4.5.5 工程隐蔽验收记录

工程隐蔽验收记录包括防水层的基层；密封防水处理部位；门窗洞口、穿墙管、预埋件及收头等细部做法。

27.4.5.6 外墙面防水工程质量检验项目、标准及方法

外墙面防水工程质量检验项目、标准及方法，见表27-34。

质量检验项目、标准及方法　　　　表27-34

分部分项工程名称	检验项目	标 准	检验方法
外墙面防水工程	门窗口	周围密封	观察、水密性试验
	面砖缝	勾缝材料质量符合要求	观察检查
	板缝密封	密封完全	观察、淋水试验
	窗台坡度、滴水	向外排水、滴水	浇水检查
	不同材料交接处密封	密封严密	观察检查

28 建筑防腐蚀工程

28.1 建筑防腐蚀工程基本类型与要求

钢材、水泥与砂石等的不同组合，形成了以钢结构为主或钢筋混凝土结构为主的各类建筑物、构筑物。处于工业环境的建筑物、构筑物由于受到各种腐蚀性介质的影响，材料失效发生结构腐蚀破坏而造成损失。如何采取措施将损失减少到最低限度，是建筑防腐蚀工程面临的重要问题。

28.1.1 建筑防腐蚀工程的基本类型

工业生产环境中的建、构筑物，受到各种腐蚀介质作用，产生不同程度的物理、化学、电化学腐蚀，引起结构破坏而失效。各种腐蚀介质按其聚集态可分为气态、液态和固态。

1. 气态介质

气态介质对建、构筑物的腐蚀程度取决于气体的性质、作用量、环境相应湿度、温度、作用时间，也和建筑材料的性质、致密性相关。对气态介质腐蚀最敏感的建筑材料是金属，比如钢结构生锈等，其次是钢筋混凝土，后者在气相腐蚀环境中也主要表现为钢筋腐蚀。在同等条件下，黏土砖、混凝土在气相腐蚀环境中腐蚀较轻缓。在各种腐蚀气体中，以氯化氢、氯、硫酸酸雾等酸性气体对钢结构和混凝土结构的腐蚀最为严重。湿度是气体对金属形成电化学腐蚀的重要因素，在一定温度条件下，大气湿度如果保持在60%以下，金属的腐蚀速度比较缓慢，随着大气温度、湿度的增加，腐蚀速度急剧加快。对于钢筋混凝土来说，环境湿度的作用是通过对材料的渗透在其内部显现的，故材料的致密性决定了水分的渗透量。

2. 液态介质

液态介质对建、构筑物的腐蚀程度取决于液体的性质、浓度、作用量、作用时间和温度以及建筑材料的性质、致密程度。液态介质主要作用于设备基础、地面、基础和地基，也作用于墙面和柱面等其他部位。不同性质的液体对建筑材料的腐蚀差别很大。例如酸对钢结构的腐蚀，体现在可以直接与钢结构发生化学反应置换出氢，导致钢材强度快速消失，酸对于混凝土的腐蚀也十分严重。而碱对钢结构、混凝土结构的腐蚀则较轻缓。硫酸钠虽然是盐类，但高浓度的硫酸钠溶液对砖墙的腐蚀甚至比酸还严重。对一般建筑材料，溶液浓度越高，腐蚀性越强。液态介质的腐蚀作用不仅在建筑物表面进行化学溶蚀，同时还在其内部进行。

3. 固态介质

固态介质对建筑物、构筑物的腐蚀程度取决于固体的性质、溶解度、吸湿性、再结晶后的体积膨胀率及环境的温度、湿度以及建筑材料的性质及致密程度。附着在金属构件表面的吸湿性固体盐会导致金属构件表面的露点降低，形成附着液膜，此时电阻降低而腐蚀加快，形成菜芽对建筑物、构筑物的腐蚀。盐的溶解度和吸湿性越大，腐蚀性也越强。大部分盐类都具有再结晶的特点，盐类吸湿溶解后渗入材料内，可因水分的挥发在材料的孔隙中产生再结晶，在此条件下，材料的致密性和盐类再结晶后的体积膨胀率是导致材料发生膨胀腐蚀的重要因素。

4. 化学溶蚀

腐蚀介质与材料相互作用，生成可溶性化合物或无胶结性能产物的过程，称为化学溶蚀。建筑材料的化学溶蚀主要与三个因素有关：一是介质的 pH 值，pH 值愈低，则腐蚀性愈强；二是建筑材料中与介质可起化学反应的组分愈多，则腐蚀性愈强；三是腐蚀产物的溶解度愈高，则腐蚀速度愈快。这类腐蚀以酸对水泥类材料的腐蚀最具代表性。

5. 膨胀腐蚀

腐蚀介质与建筑材料组分发生化学反应，生成体积膨胀的新物质，或盐溶液渗入材料孔隙积聚后再脱水结晶，形成固态水化物体积膨胀，在材料中产生内应力，使材料结构破坏的过程，称为膨胀腐蚀。一般情况下，硫酸盐类的膨胀腐蚀比较严重且最具代表性。

钢结构、钢筋混凝土结构等是工业建筑的主体，建筑物防腐蚀工程针对材料失效引起的结构破坏，通过采取多种措施，有效减少这些危害，以延长建筑物、构筑物使用寿命，确保工业生产安全。这些措施包括：科学合理地进行结构计算、在建筑结构上采取加强措施（尤其是细部结构、重要构配件：如地漏、围堰、隔离设施、防水层等）降低腐蚀影响；对腐蚀情况严重、介质经常作用、反复作用的部位，正确选用各种耐蚀材料，有针对性地采用耐蚀材料保护；防腐蚀施工中严格掌握操作规程，严格执行各项管理制度，严格检查每一道工序与工程质量。

工业建筑由于所处环境、作用部位、介质条件不同，其防腐蚀技术有严格的适用范围。有时为达到更理想的防护效果，或由于使用条件及介质情况复杂，采用一种防腐蚀材料或措施无法进行有效保护时，就需要采用两种或多种材料复合、多种结构复合等技术与措施作联合保护。

28.1.1.1 涂料类防腐蚀工程

简单、方便、常用、有效的表面防护工程，若与树脂材料构造复合使用，防护效果更好，更具耐久性。主要用于大气环境下的墙面及部分构筑物的保护。

28.1.1.2 树脂类防腐蚀工程

简单、常用、高效、复杂介质、苛刻条件下的防护工程，若用于耐蚀块材的砌筑或复合，防护耐久性高、效果更好，周期短、可修复性强。

28.1.1.3 水玻璃类防腐蚀工程

氧化性强酸介质条件下混凝土结构表面的防护工程，常用于砌筑耐蚀块材，也可单独使用，但一般情况需采用树脂材料设置隔离层。

28.1.1.4 块材类防腐蚀工程

必须与其他材料复合，一般不能单独使用。主要用于重要建、构筑物，如池、槽、设备基础的防护，针对介质状况，可采用树脂材料作结合层。

28.1.1.5 聚合物水泥砂浆防腐蚀工程

碱、碱性盐介质条件下混凝土结构表面的防护工程，还可用于砌筑耐蚀块材。

28.1.1.6 其他类型防腐蚀工程

塑料类防腐蚀工程：可与其他材料复合，也可单独使用。

沥青类防腐蚀工程：主要用于地下工程。

建筑防腐蚀工程涉及建筑物、构筑物的各个方面，从地下结构到地面结构以及顶部结构，从室内到室外，范围很广，处理方法各异，但就工业建筑遇到的腐蚀情况分析，最主要的包括三个方面：第一，地面的防护；第二，墙面（含结构）等防护；第三，重要的构筑物保护，如池、槽、设备基础等。

上述防腐蚀工程类型的基本应用范围见表 28-1，根据表中所列举的因素可以初步确认材料选用、施工原则及注意事项，对保证防腐蚀工程质量具有积极作用。

建、构筑物各类型防腐蚀工程的基本适用范围　　　　表 28-1

种类		适用场合	不宜使用场合	慎用场合
涂料类	温度	液态介质≤120℃	液态介质>120℃	大于 80℃ 的液态介质
	介质	中弱腐蚀性液态介质、气态介质、大气腐蚀	中高浓度液态介质、经常作用	用于特殊环境或有复杂介质作用
	部位	建筑结构构配件的表面防护（包括轻微腐蚀的地面、基础表面等）、弱腐蚀污水池衬里	有机械冲击和磨损的部位、重要的池槽衬里	高温或高湿环境

续表

种类		适用场合	不宜使用场合	慎用场合
树脂类	温度	液态介质≤140℃，气态介质≤180℃	大于160℃的介质或环境	液态介质>120℃，气态介质>140℃
	介质	酸溶液（含氧化性）、碱、盐和腐蚀性水溶液、烟道气、气态介质	高浓度氧化性酸、热碱液、高温醋酸、冰醋酸、丙酮等有机溶剂	氢氟酸、常温强碱液、氨水、各类有机溶剂
	部位	楼面、地面、设备基础、沟槽、池和各类上部结构的表面防护、烟道衬里、块材砌筑	屋面等室外长期暴晒部位、地下构筑物	室外工程、潮湿环境
水玻璃类	温度	液态介质≤300℃	液态介质>1000℃	液态介质>300℃
	介质	中高浓度的酸、氧化性酸	氢氟酸、碱及呈碱性的介质、干湿交替的盐类	盐类、经常有pH>1稀酸或水作用
	部位	池槽衬里、设备基础、烟囱衬里、块材砌筑	室外工程、经常有水作用	地下工程
聚合物水泥砂浆类	温度	液态介质≤60℃，气态介质≤80℃	液态介质>60℃，气态介质>80℃	
	介质	中等以下浓度的碱液、部分有机溶剂、中性盐、腐蚀性水（pH>7）	各类酸溶液、中等浓度以上的碱	稀酸（>2%）、盐类
	部位	室内外地面、设备基础及上部结构表面防护、块材砌筑	池槽衬里	污水池衬里

28.1.1.7 地面的防护方法

地面面层材料，根据腐蚀性介质的类别、性能、浓度以及对建筑结构材料的腐蚀等级条件，结合设备安装和生产过程中的机械磨损等要求有诸多选择：

耐酸石材；耐酸砖、耐酸耐温砖；树脂胶泥或树脂砂浆；水玻璃混凝土；聚合物水泥砂浆；软PVC板等。

目前施工工艺较为成熟、应用范围较广的是树脂胶泥或砂浆地面、耐酸石材、耐酸砖、耐酸耐温砖等块材地面（采用树脂胶泥、砂浆、水玻璃材料挤缝或灌缝）。

28.1.2 腐蚀性介质分类

腐蚀性介质按其性质、含量、环境条件及对建筑材料的长期作用可分为：强腐蚀、中腐蚀、弱腐蚀、微腐蚀四个等级。环境相对湿度以工程所在地区年平均相对湿度值或构配件所处部位的实际相对湿度为准。

28.1.2.1 气态介质对建筑材料与结构的腐蚀性

常温下，气态介质对建筑材料、构筑物的腐蚀性见表28-2。

气态介质对建筑材料与结构的腐蚀性等级 表28-2

介质类别	介质名称	介质含量(mg/m³)	环境相对湿度(%)	钢筋混凝土、预应力混凝土	水泥砂浆、素混凝土	普通碳钢	烧结砖砌体
Q1、Q3	氯、氯化氢	>1.0	>75	强	中	强	中
			60~75	强	弱	强	弱
			<60	中	微	中	微
Q2、Q4		≤1.0	>75	中	弱	强	弱
			60~75	弱	微	中	微
			<60	弱	微	弱	微

续表

介质类别	介质名称	介质含量(mg/m³)	环境相对湿度(%)	钢筋混凝土、预应力混凝土	水泥砂浆、素混凝土	普通碳钢	烧结砖砌体
Q5	氮氧化物（折合二氧化氮）	5~25	>75	强	中	强	中
			60~75	中	弱	中	弱
			<60	弱	微	中	微
Q6		0.1~5.0	>75	强	弱	强	弱
			60~75	弱	微	中	微
			<60	微	微	弱	微
Q10	二氧化硫	10~200	>75	强	强	强	中
			60~75	中	弱	中	弱
			<60	弱	微	中	微
Q11		0.5~10.0	>75	强	弱	强	弱
			60~75	弱	微	中	微
			<60	微	微	弱	微
Q12	硫酸酸雾	经常作用	>75	强	强	强	中
Q13		偶尔作用	>75	弱	弱	强	弱
			≤75	弱	弱		
Q14	醋酸酸雾	经常作用	>75	强	强		
Q15		偶尔作用	≤75	弱	弱		
Q17	氨	>20	>75	弱	微		
			60~75	弱	微		
			<60	微	微		

28.1.2.2 液态介质对建筑材料与结构的腐蚀性

常温下，液态介质对建筑物、构筑物的腐蚀性见表28-3。

液态介质对建筑材料与结构的腐蚀性等级 表28-3

介质类别		介质名称	pH值或浓度	钢筋混凝土、预应力混凝土	水泥砂浆、素混凝土	烧结砖砌体
Y1	无机酸	硫酸、盐酸、硝酸、铬酸、磷酸、各种酸洗液、电镀液、电解液（pH值）	<4.0	强	强	强
Y2			4.0~5.0	中	中	中
Y3			5.0~6.5	弱	弱	弱
Y4	有机酸	含氟酸（%）	>2	强	强	强
Y5		醋酸、柠檬酸（%）	>2	强	强	中
Y6		乳酸、C5—C20脂肪酸（%）	>2	强	弱	弱
Y7	碱	氢氧化钠（%）	>15	强		
Y8			8~15	中		
Y9		氨水（%）	>10	弱	微	中
Y10	盐	钠、钾、铵的碳酸盐（%）	>2	弱	弱	中
Y11		钠、钾、铵、镁、铜、镉、铁的硫酸盐（%）	>1	强	强	强
Y12		钠、钾的亚硫酸盐（%）	>1	强	弱	中
Y13		硝酸铵（%）	>1	强	弱	中
Y14		钠、钾的硝酸盐、亚硝酸盐（%）	>2	弱	弱	中
Y15		铵、铝、铁的氯化物（%）	>1	强	强	强
Y16		钙、镁、钾、钠的氯化物（%）	>1	强	弱	中
Y17		尿素（%）	>10	中	中	中

注：表"%"系指介质的质量分数。

28.1.2.3　固态介质对建筑材料与结构的腐蚀性

常温下，固态介质(含气溶胶)对建筑物、构筑物的腐蚀性见表28-4。

固态介质对建筑材料与结构的腐蚀性等级　表28-4

介质类别	溶解性	吸湿性	介质名称	环境相对湿度(%)	钢筋混凝土预应力混凝土	水泥砂浆素混凝土	普通碳钢	烧结砖砌体
G1	难溶	—	硅酸铝，磷酸钙、钙、钡、铅的碳酸盐和硫酸盐，镁、铁、铬、铝、硅的氧化物和氢氧化物	>75	弱	微	弱	微
				60~75	微	微	弱	微
				<60	微	微	弱	微
G2			钠、钾的氯化物	>75	中	弱	强	弱
				60~75	中	弱	强	弱
				<60	弱	微	强	弱
G3	易溶	难吸湿	钠、钾、铵、锂的硫酸盐和硝酸盐，氯化铵	>75	中	中	强	中
				60~75	中	中	中	中
				<60	弱	弱	弱	弱
G4			钠、钡、铅的硝酸盐	>75	弱	弱	中	中
				60~75	弱	弱	弱	中
				<60	微	微	弱	微
G5			钠、钾、铵的碳酸盐	>75	弱	弱	弱	中
				60~75	弱	弱	弱	弱
				<60	微	微	微	微
G6	易溶	易吸湿	钙、镁、锌、铁、铝的氯化物	>75	强	中	强	中
				60~75	中	弱	中	中
				<60	弱	弱	中	微
G7			镉、镁、镍、锰、铜、铁的硫酸盐	>75	中	中	强	中
				60~75	弱	弱	中	中
				<60	弱	弱	弱	弱
G8	易溶	易吸湿	钠、钾的亚硝酸盐，尿素	>75	弱	弱	中	中
				60~75	弱	弱	弱	中
				<60	微	微	弱	微
G9	易溶	易吸湿	钠、钾的氢氧化物	>75	弱	弱	中	强
				60~75	弱	弱	中	中
				<60	弱	弱	中	中

注：1. 在1L水中，盐、碱类固态介质的溶解度小于2g时为难溶，大于或等于2g时为易溶。

2. 20℃时，盐、碱类固态介质平衡时的相对湿度<60%时为易吸湿，≥60%时为难吸湿。

28.1.2.4　典型生产部位腐蚀性介质类别

工业领域各种工艺过程中典型生产部位腐蚀性介质类别见表28-5。

生产部位腐蚀性介质类别　表28-5

续表

行业	生产部位名称	环境相对湿度(%)	气态介质 名称	气态介质 类别	液态介质 名称	液态介质 类别	固态介质 名称	固态介质 类别
化工	硫酸净化工段、吸收工段	—	二氧化硫	Q10	硫酸	Y1	—	—
	硫酸街区大气	—	二氧化硫	Q11	—	—	—	—
	稀硝酸泵房	—	氮氧化物	Q6	硝酸	Y1	—	—
	浓硝酸厂房	—	氮氧化物	Q5	硝酸	Y1	—	—
	食盐离子膜电解厂房	—	氯	Q2	氢氧化钠、氯化钠	Y7、16	—	—
化工	盐酸吸收、盐酸脱析	>75	氯化氢	Q3	盐酸	Y1	—	—
	氯碱街区大气	—	氯、氯化氢	Q2、4	—	—	—	—
	碳酸钠碳化工段	—	二氧化碳、氨	Q16、17	碳酸钠、氯化钠	Y10、16	碳酸钠	G5
	氯化铵滤液机、离心机部位	—	氨	Q17	氯化铵母液	Y15	—	—
	硫酸铵饱和部位	>75	硫酸雾、氨	Q12、17	硫酸、硫铵母液	Y1、11	—	—
	硝酸铵中和工段	—	氯化氢、氨	Q6、17	硝酸、硝酸铵	Y1、13	—	—
	尿素散装仓库	60~75	氨	Q17	—	—	尿素	G8
	醋酸氧化工段、精馏工段	—	醋酸酸雾	Q14	醋酸	Y5	—	—
	氢氟酸反应工段	—	氟化氢	Q9	硫酸	Y1	—	—
有色冶金	铜电解液废液处理	>75	硫酸酸雾	Q12	硫酸、硫酸铜	Y1、11	—	—
	铜浸出、电解硫酸盐	>75	硫酸酸雾	Q12	硫酸	Y1	硫酸铜	G7
	锌电解过滤、压滤	>75	硫酸酸雾	Q12	硫酸、硫酸锌	Y1、11	—	—
	镍电解净液	>75	硫酸酸雾、氯化氢	Q12、4	硫酸	Y1	—	—
	钴电解净液	>75	硫酸酸雾	Q12	硫酸	Y1	—	—
	铅电解	60~75	氟化氢	Q9	氟硅酸	Y4	—	—
	氟化盐制酸车间酸吸收塔部位	—	氟化氢	—	氢氟酸	Y4	—	—
	氧化铝压滤厂房、分解过滤厂房	—	碱雾	Q18	氢氧化钠、碳酸钠	Y7、10	—	—
	镁电解	—	氯、氯化氢	Q1、3	—	—	氯化镁	G6
钢铁	酸洗	>75	氯化氢	Q3	硫酸	Y1	—	—
	半连轧酸洗槽	>75	硫酸酸雾	Q12	盐酸	Y1	—	—

注：1. 环境相对湿度表中未注明者，可按地区年平均相对湿度确定。

2. 本表为典型生产状况下的腐蚀性介质类别，当工艺流程变更或采用先进工艺或设备而改变腐蚀条件时，生产部位的腐蚀性介质和类别应根据实际情况确定。

28.1.3　建筑防腐蚀工程的基本要求

建筑防腐蚀工程要求整体性好、抗渗性强，基层有足够的强度、干燥度、洁净度和平整度。防腐蚀施工的特点：怕水、怕脏、怕晒，合理安排防腐蚀工程与相关建筑、安装工程相互协调，密切配合，施工后应注意充分养护。

28.1.3.1　防腐蚀材料的规定

(1) 建筑物、构筑物防腐蚀工程施工前，首先明确耐腐蚀材料是否符合现行国家标准的施工使用指南。材料供应方对防腐蚀施工所用材料均须提供完整的产品质量证明文件，供货时应确认产品质量，提供产品说明书、合格证、质量检验报告、材料的使用方法、注意事项等；建设方应及时对材料进行现场检验、检测。

(2) 建筑物、构筑物防腐蚀工程中耐腐蚀材料的使用，必须有施工使用指南。

(3) 施工时，进入现场的所有材料，必须计量准确，有配制要求的应进行试配，确定配合比满足施工范围规定，供应方提供的材料，应说明确说明其施工配合比调整范围。

(4) 根据施工环境温度、湿度、原材料及工况特点，通过试验选定适宜的施工配合比和施工操作方法，再进行大面积施工。

28.1.3.2 防腐蚀工程要求

(1) 施工技术、施工环境条件、施工准备符合相关技术规范。

(2) 防腐蚀层必须均匀、平滑、致密，满足设计要求。

28.1.4 建筑防腐蚀工程常用的技术规范

建筑物、构筑物防腐蚀工程的设计、施工、验收等过程，均应严格执行国家相关规范。

28.1.4.1 设计环节

国家标准《工业建筑防腐蚀设计规范》(GB 50046)、《建筑地面设计规范》(GB 50037)、《建筑结构可靠度设计统一标准》(GB 50068)、《岩土工程勘察规范》(GB 50021) 及《建筑防腐蚀构造》(08J333) 等。

28.1.4.2 施工环节

国家标准《建筑防腐蚀工程施工及验收规范》(GB 50212)、《建筑地面工程施工及验收规范》(GB 50209)。

28.1.4.3 质量验收

国家标准《建筑防腐蚀工程施工质量验收规范》(GB 50224)。

28.1.4.4 相关技术规范

有关环境保护、安全施工与管理的规定。

28.2 基层处理及要求

建筑防腐蚀面层结构常出现短期内开裂、脱壳、起鼓、剥落等现象，而不能达到预期的效果。重要原因就是基层表面处理施工工艺存在缺陷，技术手段落后。随着科学技术的进步和处理要求的不断提高，基面处理机械、装备广泛应用，不仅减少工作强度、有利环境保护，同时提高了施工质量和效率。

28.2.1 钢结构基层

钢结构的基层表面处理工艺与技术，通常执行我国现行国家标准《涂装前钢材表面锈蚀等级和除锈等级》(GB 8923)。钢结构的表面处理过程包含这样两个方面：

(1) 建筑防腐蚀工程对钢结构基层表面的基本要求；

(2) 采取正确处理工艺使钢结构表面符合施工要求。

28.2.1.1 钢结构基层表面的基本要求

(1) 表面平整，施工前把焊渣、毛刺、铁锈、油污等清除干净并不破坏基层平整性。在清理铁锈、油污的过程中，不损坏基层强度。

(2) 保护已经处理的钢结构表面不再次污染，受到二次污染时，重新进行表面处理。

(3) 已经处理的钢结构基层，及时涂刷底层涂料。

28.2.1.2 基层处理方法及质量

建筑防腐蚀工程常采用：喷射或抛射除锈、手工和动力工具除锈，其质量要求如下：

(1) 喷射或抛射除锈：喷射或抛射除锈等级，Sa2 级、Sa2½ 级，其含义是：

1) Sa2 级：钢材表面无可见的油脂和污垢，并且氧化皮、铁锈和涂料等附着物已基本清除，其残留物是牢固可靠的。

2) Sa2½级：钢材表面无可见的油脂、污垢、氧化皮、铁锈和涂料等附着物，任何残留的痕迹应仅是点状或条状的轻微色斑。

(2) 手工和动力工具除锈：手工和动力工具除锈等级，St2 级、St3 级，其含义是：

1) St2 级：钢材表面无可见的油脂和污垢，并且没有附着不牢的氧化皮、铁锈和涂料等。

2) St3 级：钢材表面无可见的油脂和污垢，并且没有附着不牢的氧化皮、铁锈和涂料等附着物。除锈等级应比 St2 更为彻底，底材显露部分的表面具有金属光泽。

28.2.1.3 基层表面处理的工程验收

建筑防腐蚀工程施工前，对钢结构基层进行检查交接。基层检查交接记录通常作为交工验收文件。对基层的交接包括：有无焊渣、毛刺、油污，除锈等级是否符合设计要求。当工程施工质量不符合设计要求时，必须修补或返工。返修记录也同时纳入交工验收文件。

28.2.1.4 常用机具

建筑防腐蚀工程中，钢结构表面处理的常用设备包括：铣刨机、研磨机、抛丸机等，这些设备可以根据钢材的厚度、施工质量及不同的处理要求来选用。

1. 喷射或抛射除锈的设备

抛丸机是利用电机驱动抛丸轮产生的离心力将大量的钢丸以一定的方向"甩"出，这些钢丸以巨大的冲击能量打击待处理的表面，然后在大功率除尘器的协助下返回到储料斗循环使用。

2. 手工和动力工具除锈的机具

(1) 铣刨机

铣刨机是以铣刀来铣钢结构表面，其强烈的冲击力能应用于钢结构表面的清洗、拉毛和铣刨。铣刨的工作类似于一种"抓挠"的方法。其机器带有电机或汽油机驱动的刀毂，刀毂上根据钢结构材质和目的不同安装有一定数量、类似齿轮形状刀齿的铣刨刀片。

(2) 研磨机

研磨机是利用水平旋转的磨盘来磨平、磨光或清理钢结构的表面。其工作原理是利用沉淀在一定硬度的金属基体内、分布均匀、有一定的颗粒大小和数量要求的金刚石研磨条，镶嵌在圆形或三角形的研磨片上，在电机或其他动力的驱动下高速旋转，以一定的转速和压力作用在钢结构的表面，对钢结构表面进行磨削处理。

(3) 手持式轻型机械

钢结构表面少量的有机涂层、油污等附着物，可用手持式轻型处理机械，如手持式研磨机、砂轮机等来去除。

28.2.2 混凝土结构基层

加强对混凝土基层处理的控制，可以有效地保证防腐蚀层的施工质量和使用效果，最大程度地减少损失及资源浪费，提高整个防腐蚀工程的安全性、耐久性。

28.2.2.1 混凝土基层的基本要求

(1) 坚固、密实，有足够强度。表面平整、清洁、干燥，没有起砂、起壳、裂缝、蜂窝、麻面等现象。

(2) 施工块材铺砌，基层的阴阳角应做成直角。进行其他类型防腐蚀施工时，基层的阴阳角处应做成斜面或圆角。

(3) 施工前清理干净基层表面的浮灰、水泥渣和疏松部位，有污染的部位用溶剂擦净并晾干。

(4) 预先埋置或留设穿过防腐蚀层的管道、套管、预留孔、预埋件。

28.2.2.2 基层处理方法及质量

基层表面采用机械打磨、铣刨、喷砂、抛丸，手工或动力工具打磨处理，质量要求包括：

(1) 检测强度符合设计要求并坚固、密实，没有地下水渗漏、不均匀沉陷，没有起壳、脱壳、裂缝、蜂窝、麻面等现象。

(2) 基层表面平整，用 2m 直尺检查平整度：

1) 当防腐蚀面层厚度大于 5mm 时，允许空隙不应大于 4mm；

2) 当防腐蚀面层厚度小于 5mm 时，允许空隙不应大于 2mm。

(3) 基层干燥，在深度为 20mm 的厚度层内，含水率不大于 6%；采用湿固化型材料时，表面没有渗水、浮水及积水；当设计对湿度有特殊要求时，应按设计要求进行施工。

(4) 检测基层坡度符合设计要求，允许偏差应为坡长的 ±0.2%，最大偏差值不大于 30mm。

(5) 采取措施使用大型清水模板或脱模剂不污染基层的钢模板，一次浇筑承重及结构件等重要部位混凝土：

1) 用大型木质模板，减少模板拼缝。

2) 两模板搭接处用胶带粘贴，避免漏浆。

3) 采用水溶性材料作隔离剂，以利脱模和脱模后的清理。

(6) 施工块材铺砌时，基层的阴阳角应做成直角；其他施工时，基层的阴阳角做成圆角 $R=30\sim50\text{mm}$，或 45°斜角的斜面。

(7) 经过养护的基层表面，去除白色析出物。防腐蚀层施工选用耐碱性良好的材料。

28.2.2.3　基层表面处理的工程验收

建筑防腐蚀工程基层表面的验收，包括中间交接、隐蔽工程交接。基层表面检查交接记录应纳入交工验收文件中。

1. 基层交接

密实度、强度等级、含水率、坡度、平整度、阴阳角处理、穿过防腐蚀层的套管、预留孔、预埋件是否符合设计要求，基层表面有无起砂、起壳、裂缝、麻面、油污等缺陷。质量不符合设计要求时，必须修补或返工。返修记录应纳入交工验收文件中。

2. 强度检测

严格检查地下水渗漏及不均匀沉陷。采用强度测定仪、回弹仪等。定量给出实测指标，判断基层是否可以做防腐蚀构造层。对地下水渗漏、不均匀沉陷、裂缝、蜂窝、麻面等，通过目测判断是否存在问题。经过养护的基层表面用钢丝刷轻拉表面判断是否存在起砂，用小榔头敲打判断是否存在起壳、空鼓等现象，通过上述方法直观而准确地检验基层强度。

3. 平整度

《建筑地面工程施工及验收规范》（GB 50209）规定，基层允许空隙不超过2mm。在块体砌筑中，随着块材加工技术装备、机械和工具的提高与改进，块材平整度完全可以根据要求加工。所需费用较低，是经济、可靠的手段。因此选用机械切割生产、厚度较薄的块材并采用揉挤法施工时，其基层平整度允许空隙不超过2mm。采用树脂、水玻璃材料、聚合物水泥砂浆等整体构造或厚度大于40mm的块材时，基层允许空隙不超过4mm（以上测试均采用2m直尺）。

4. 基层含水率

（1）薄膜覆盖法：用薄膜覆盖基层表面，封闭四周，观察水分情况。

（2）取样称重法：属破坏性检测手段，取适当大小样块，称重、烘干、再称重，计算失重百分比。

（3）仪器检测法：可选择各类含水率测定仪，随时随地、任意选择测试点，定量分析。

28.2.2.4　常用机具

1. 常见设备的种类和功能

混凝土表面处理机械主要包括研磨设备、铣刨设备和抛丸设备等，其工作原理与钢结构表面处理设备基本相同，通过改变机械的功率，选用不同种类的刀具而达到处理混凝土表面的功能。

2. 机器的选择和应用

（1）研磨机的选择

1）手持研磨机

处理边角等大型机器不能处理的地方，也常用来进行小面积凹凸不平的打磨处理。

2）轻型研磨机

新建地面的处理。可以连接除尘器，或根据不同场合选配不同的工具。轻型研磨机可以处理到距离边角10mm的地方，便于搬运，效率高。

3）重型研磨机

新建地面的处理以及旧地面的涂层的处理。机器的自重一般超过120kg，效率高，可以连接除尘器，有单盘和双盘、多盘等机型。

（2）铣刨机的选择

去除表面的旧涂层和凸起较大情况下的找平处理。机器的重量和功率的大小直接影响机器清理的深度和效率。一般来讲，4kW以下的机器很难清理超过2mm的旧环氧涂层。但要注意机器会对混凝土地面造成轻度的损坏（很粗糙）。

混凝土地面可以选择标准刀片，标准刀片数量的多少直接决定了处理后地面的粗糙程度。去除旧环氧涂层时，可采用星形刀片，对原来地面的损坏比较小，但刀片的寿命相对比较低。

（3）抛丸机的选择

处理的地面会留下均匀的粗糙表面，可以大大提高涂层的结合强度，选择时要注意：电机的功率和抛丸的幅度直接影响清理的效率。功率大施加在钢丸上的动能大，可以去除的浮浆、涂层的厚度大。抛丸幅度的大小应和电机的功率匹配。

28.3　涂料类防腐蚀工程

适用于建筑物、构筑物遭受化工大气或粉尘腐蚀、酸雾与盐雾腐蚀、腐蚀性固体作用及液体滴溅等部位。涂料是由成膜物质（油脂、树脂）与填料、颜料、增韧剂、有机溶剂等按一定比例配制生产而成。

常用的耐腐蚀涂料品种有：

环氧树脂涂料、聚氨酯树脂涂料、玻璃鳞片涂料、高氯化聚乙烯涂料、氯化橡胶涂料、丙烯酸树脂及其改性涂料、醇酸树脂耐酸涂料、聚氨酯聚脲代乙烯互穿网络涂料、氟碳涂料、有机硅树脂耐高温涂料、专用底层涂料（富锌涂料、热喷涂等）、锈面涂料（俗称"带锈涂料"）、喷涂型聚脲涂料等建构筑物、构配件防腐蚀涂料。环氧树脂自流平涂料、防腐蚀耐磨洁净涂料、防腐蚀导静电涂料、防水防霉涂料等建筑防腐蚀特种功能、特种地面涂料及其他防护涂料。

28.3.1　防腐蚀涂料品种的选用

耐蚀涂料的选用包括：面层耐蚀涂料的品种选择与综合性能、中间涂层（过渡层或称加强层）耐蚀涂料的品种选择与综合性能、底层耐蚀涂料的品种选择与综合性能、防护结构的选择要求、涂层之间的配套性、涂层年限、涂层总厚度等。

28.3.1.1　面层耐蚀涂料的品种选择与综合性能

常用的耐蚀涂料品种很多，在涂装设计与涂料施工前，必须对面层涂料的综合性能有所了解，表28-6列出了常用防腐蚀面层涂料的性能。耐蚀涂料品种除表中列出的常用品种外，还有很多新型涂料，如：耐候型脂肪族聚氨酯面层涂料、喷涂型聚脲防腐蚀涂料、氟碳涂料等。

常用防腐蚀面层涂料的性能　　表28-6

涂料种类	耐酸	耐碱	耐水	耐候	耐磨	耐油	与基层附着力（混凝土）	与基层附着力（钢）	使用温度（℃）
环氧	√	☆	√	○	☆	√	☆	☆	≤60
高氯化聚乙烯	√	√	√	√	○	√	√	√	≤90
氯化橡胶	√	√	√	☆	○	√	√	√	≤50
聚氨酯聚乙烯互穿网络	☆	√	☆	○	○	√	√	√	≤120
玻璃鳞片涂料	☆ ☆	○ ☆	√ √	√ ☆	☆ √	√ √	√	√	60～80
聚氨酯（含氟凝）	√	√	√	☆	☆	√	√	√	≤130
									≤120
环氧沥青	√	√	√	○	√	√	√	√	≤50
醇酸	○	×	○	☆	☆	×	○	√	≤70
有机硅	○	○	○	☆	√	—	○	√	≤450

注：1. 表中符号"☆"表示性能优异，优先使用；"√"表示性能良好，推荐使用；"○"表示性能一般，可以使用，但使用年限降低；"×"表示性能差，不宜使用。

2. 厚膜型涂料的性能与同类涂料基本相同，但一次成膜较厚。

3. 涂料基层的附着力与钢材的除锈等级和混凝土含水率等因素有关，本表系在同等湿态条件下的相对比较。

4. 表中使用温度除注明者外，均为静态环境温度；用于气态介质时，使用温度可相应提高10～20℃。

5. 乙烯基酯树脂鳞片涂料的最高使用温度（湿态）与树脂型号有关，酚醛环氧型可以达到80～120℃。

28.3.1.2　中间涂层耐蚀涂料的品种选择与综合性能

经过专用生产机械加工的涂料，其分散性、机械性能才可得以体现。中间涂层耐蚀涂料品种，主要功能是增加保护厚度、提供优良的力学性能、有效的层间过渡。用于中间修补，更具优越性。

当设计方案或现场施工没有中间层涂料，需要修补时，可采用

耐腐蚀树脂配制胶泥修补。不得自行将涂料掺加粉料，配制胶泥，也不得在现场用树脂等自配涂料。

28.3.1.3 底层耐蚀涂料的品种选择与综合性能

防腐耐蚀涂料应用于钢结构时，应注意选择合适的配套底涂层。表 28-7 列出了常用防腐蚀底层涂料的品种与性能。

常用防腐蚀底层涂料的品种与性能 表 28-7

底层涂料名称	性能	适用基层		
		钢铁	锌、铝	水泥
无机富锌	对钢铁基层有阴极保护作用，耐水、耐油、防锈性能优异，耐高温，不能在低温环境下施工；对除锈要求很严格，与有机、无机涂料均能配套，但不得与油性涂料配套；不宜涂刷过厚，并不得长期暴露。适用于高温或室外潮湿环境的钢铁基层	√	—	×
环氧富锌	对钢铁有阴极保护作用，耐水、耐油、附着力强，基层除锈要求严格，适用于室内外潮湿环境或对涂层耐久性要求较高的钢铁基层，后道涂料宜采用环氧云铁	√	—	×
环氧云铁	附着力与物理力学性能良好，具有较好的耐盐雾、耐湿热和耐水性能，适用于环氧富锌的后道涂料，也可直接作底层涂料，可与多种涂料配套	√	√	×
环氧铁红	涂膜坚韧，附着力良好，能与多种涂料配套，不适用于有色金属基层的底层涂料	√	×	×
环氧锌黄	涂膜坚韧，附着力良好，适用于有色金属基层，也可用于钢铁基层，可与多种涂料配套	√	√	×
稳定型锈面涂料	根据不同品种和要求，可对钢铁基层进行简单除锈后使用，能与多种涂料配套，对锈蚀基面有一定要求，施工时不易掌握，确有经验时可使用	√	×	×
镀锌板专用底层涂料	附着力好，耐盐水、盐雾和湿热，适用于锌、铝等有色金属基层	—	√	×

注：表中符号"√"表示适用；"—"表示不推荐；"×"表示不适用。

28.3.1.4 防护结构的涂装厚度与使用年限的选择要求

腐蚀环境下的结构设计，除根据各类材料对不同化学介质的适应性，合理选择结构材料、结构类型、布置和构造，有利于腐蚀性介质的及时排除和减少在构件表面的积聚，方便防护层的设置和维护外，还要保证在合理设计、正确施工和正常维护的条件下，防腐蚀构件、地面、墙面涂层等防护层能满足正常使用年限。

在气态和固态粉尘介质作用下，钢筋混凝土结构和预应力混凝土结构的表面防护厚度按表 28-8 确定，钢结构的表面防护厚度按表 28-9 确定，室外工程的涂层厚度宜增加 20～40μm。基础梁表面防护层，可根据腐蚀性介质的性质和作用程度、基础梁的重要性及基础与垫层的防护要求选用。

钢筋混凝土结构和预应力混凝土结构的涂层厚度 表 28-8

防护层设计使用年限 (a)	强腐蚀	中腐蚀	弱腐蚀
10～15	≥200μm	≥160μm	≥120μm
5～10	≥160μm	≥120μm	1. ≥80μm 2. 普通内外墙涂料两遍
2～5	≥120μm	1. ≥80μm 2. 普通内外墙涂料两遍	不做表面防护

钢结构保护层厚度，包括涂料层的厚度或金属层与涂料复合层的厚度。采用喷锌、铝及其合金时，金属层厚度不宜小于 120μm；采用热镀浸锌时，锌的厚度不宜小于 85μm。

钢结构的表面防护层最小厚度 表 28-9

防护层设计使用年限 (a)	防腐蚀涂层最小厚度（μm）		
	强腐蚀	中腐蚀	弱腐蚀
10～15	320	280	240
5～10	280	240	200
2～5	240	200	160

储槽和污水池的内表面防护层厚度可根据腐蚀性介质的性质和作用程度以及储槽和污水池的重要性等因素按表 28-10 确定。储槽和污水池的内表面防护措施是玻璃钢增强后在表面上涂刷树脂面料的，也包含在涂装结构中，采用玻璃钢复合涂层防护的储槽和污水池，在受冲刷和磨损的部位还要增设块材或树脂砂浆层。

储槽和污水池的表面防护层厚度 表 28-10

腐蚀性等级	侧壁和池底		钢筋混凝土顶盖的底面
	储槽	污水处理池	
强	—	—	玻璃鳞片胶泥（厚度≥2mm）
中	玻璃鳞片胶泥（厚度≥2mm）		1. 玻璃鳞片胶泥（厚度≥2mm） 2. 玻璃鳞片涂层（厚度≥250μm） 3. 厚浆型防腐蚀涂层（厚度≥300μm）
弱	玻璃鳞片胶泥（厚度≥2mm）	1. 玻璃鳞片涂层（厚度≥250μm） 2. 厚浆型防腐蚀涂层（厚度≥300μm）	防腐蚀涂层（厚度≥200μm）

28.3.1.5 钢铁基层防护结构的除锈等级与配套底涂层的选择要求

钢铁基层的除锈等级与配套的底涂层，按表 28-11 确定。

钢铁基层的除锈等级与配套的底涂层 表 28-11

项目	最低除锈等级
喷锌及其合金	Sa2 $\frac{1}{2}$
富锌底涂料	Sa2 $\frac{1}{2}$
环氧或乙烯基酯玻璃鳞片底涂料	Sa2
氯化橡胶、聚氨酯、环氧、聚氨酯聚取代乙烯互穿网络、高氯化聚乙烯、丙烯酸及其改性树脂等底涂料	Sa2 或 St3
锈面涂料	除去浮锈等不牢物

28.3.2 一 般 规 定

28.3.2.1 材料规定

(1) 耐腐蚀涂料的使用要注意涂层之间的配套性。

(2) 施工后，涂膜一般均需自然养护 7d 以上，充分干燥后方可使用。

(3) 使用前应先搅拌均匀，选用有固化剂的合成树脂涂料应根据品种随用随用。

(4) 涂料及其辅助材料应有产品质量证明文件，符合相关规定，涂料供应方还需提供 MSDS 文件。

28.3.2.2 施工规定

(1) 刷涂施工应在处理好的基层上按底层、中间层（过渡层）、面层的顺序进行，涂刷方法随涂料品种而定，一般涂料可先斜后直、纵横交刷，从垂直面开始自上而下再到水平面。涂刷完毕后，工具应及时清洗，以防止涂料固化。溶剂型树脂涂料的施工用具严禁接触水分而影响附着力。

(2) 喷涂施工应按自上而下，先喷垂直面后喷水平面的顺序进行。喷枪沿一个方向来回移动，使雾流与前一次喷涂面重合一半。

喷枪应匀速移动，以保证涂层厚度一致，喷涂时应注意涂层不易过厚，以防止流淌或溶剂挥发不完全而产生气泡，同时应使空气压力均匀。喷涂完毕后要及时用溶剂清洗喷涂用具，涂料要密闭保存。

(3) 施工环境温度为 10～30℃，相对湿度不大于 85%。施工现场应控制或改善环境温度、相对湿度和露点温度。

(4) 在大风、雨、雾、雪天及强烈日光照射下，不宜进行室外施工；通风较差的施工环境，须采取强制通风，以改善作业环境。

(5) 钢材表面温度必须高于露点温度 3℃方可作钢结构涂装施工。

28.3.2.3 质量检验规定

用 5～10 倍的放大镜检查涂层表面是否光滑平整，颜色一致，有无流挂、起皱、漏刷、脱皮等现象，涂层厚度是否均匀、符合设计要求。对于钢基层可采用磁性测厚仪检查；对于水泥砂浆、混凝土基层，在其上进行涂料施工时，可同时做出样板，测定其厚度。

28.3.3　常用涂料品种及涂层的质量要求

28.3.3.1 环氧树脂涂料

涂膜坚韧耐久，附着力好，耐水、抗潮性好，环氧树脂底层涂料与环氧树脂鳞片涂料配套使用可提高涂膜防潮、防盐雾、防锈蚀性能，并且能耐溶剂和碱腐蚀。适用于钢结构、地下管道、水下设施等混凝土表面的防腐蚀涂装。但是这类涂料耐候性能较差。

28.3.3.2 聚氨酯树脂涂料

防锈性能优良，涂膜坚韧、耐磨、耐油、耐水、耐化学品，对室内混凝土结构防水、地下工程堵漏、水泥基面防水性能优越。特别适合于钢结构的涂装保护。也可用作地面涂装、墙体及有色金属涂装。随着技术的提高，许多新品种综合性能更为优异。如：耐候防腐蚀脂肪族聚氨酯涂料、环保型水性聚氨酯涂料，不仅用于防水、堵漏，还广泛应用于复杂化工腐蚀环境、户外建构筑物保护、车间地面等。

水性聚氨酯是以水代替有机溶剂作为分散介质的新型无污染聚氨酯体系，包括单组分水性聚氨酯涂料、双组分水性聚氨酯涂料和特种涂料 3 大类。

28.3.3.3 玻璃鳞片涂料

适用于腐蚀条件较为苛刻的环境。具有防腐蚀范围广、抗渗性突出、机械性能好、强度高、能耐温度剧变、施工方便、修复容易等特点，是公认的长效重防腐蚀涂料。应用效果较突出的品种，包括：环氧树脂、不饱和聚酯树脂、环氧乙烯基酯树脂为成膜物的玻璃鳞片涂料。

28.3.3.4 高氯化聚乙烯涂料

高氯化聚乙烯（含氯量＞65%）为主要成膜物。其特点是：性能稳定，具有优良的耐老化性、耐盐雾性、防水性。对气态复杂介质具有优良的防腐蚀性；涂层含薄片状填料，具有独特的屏障结构，延缓了化学介质的渗透作用；良好的防霉性和阻燃性。适用于室内外钢结构涂装；防止工业大气腐蚀及酸、碱、盐等介质腐蚀。

28.3.3.5 氯化橡胶涂料

主要特点是：耐候性好，抗渗透能力强，施工方便，耐紫外线性能显著，气干性好，低温可以施工，又可防水。常用于室内外钢结构及混凝土结构的保护。

28.3.3.6 丙烯酸树脂涂料

优异的耐候性、耐化学品腐蚀性；高光泽度，较强的抗洗涤剂性；气干性较佳，涂膜附着力好，硬度高。主要应用于各种腐蚀环境下建筑物内外墙壁、钢结构表面的防腐蚀。

28.3.3.7 醇酸树脂耐酸涂料

普通防腐蚀涂料，工程中常选用耐候性突出的品种。涂层的耐久性较差，不宜作为长效涂料使用。

28.3.3.8 聚氨酯聚脲取代乙烯互穿网络涂料

双组分常温干燥的防腐蚀材料。具有防腐蚀性较好、附着力高、使用范围广、耐候、耐水、干燥迅速、施工简单及维修方便等特点。

28.3.3.9 氟碳涂料

氟碳涂料分氟橡胶涂料、氟树脂涂料两大类。具有耐温、耐候、耐冷热交变、抗辐射、抗污染、阻燃、可常温固化、易维修保

养等特性；具有较强的附着力和硬度。

28.3.3.10 有机硅涂料

附着力强，耐腐蚀、耐油；抗冲击、防潮。具有常温干燥或低温烘干，高温下使用的优点。能耐 400～600℃高温，适用于＜500℃高温的钢或镀锌基体。

28.3.3.11 专用底层涂料

钢结构施工中，有些涂料专用于底层防锈，不仅防锈功能好，而且附着力强，与面层有良好的过渡并结合牢固。如：富锌涂料、热喷涂等。

28.3.3.12 锈面涂料（俗称"带锈涂料"）

该涂料是根据现场施工的实际情况研制、开发的一类实用型涂料。它可以在未充分除锈的钢材基面涂刷。

28.3.3.13 喷涂型聚脲涂料

喷涂聚脲防腐涂料包括芳香族聚脲和聚脲聚氨酯，其结构基本特征为：以端异氰酸酯基半预聚体、端氨基聚醚和胺扩链剂为基料，在设备内经高温高压混合喷涂而形成防护层。

良好的耐腐蚀能力和抗渗透能力且对腐蚀介质的适用性广，能耐稀酸、稀碱、无机盐、海水等的侵蚀。耐老化性、耐候性及耐温性比聚氨酯涂料优异。施工工艺性好，对施工环境的水分、湿气及温度的敏感度比一般涂料低，广泛适用于混凝土表面微裂纹抗渗。喷涂聚脲不含挥发溶剂，凝胶固化速度快，施工养护周期短，2～10s 就能达到初凝状态，并且在任意型面、垂直面及顶部连续喷涂而不产生流挂现象，施工厚度一次喷涂可达 1～3mm。喷涂聚脲涂层具有良好的力学性能，拉伸强度 5～25MPa，邵氏硬度达 A60～D65，伸长率在 30%～450%内可调节，喷涂聚脲在钢材及混凝土表面有良好的附着力，一般为 5～10MPa。

喷涂聚脲弹性体涂料依其用途分为Ⅰ型和Ⅱ型。Ⅰ型为弹性防腐蚀涂装材料，主要用于石油、石化、油田、化工等行业的各类混凝土储槽及附属设施；Ⅱ型为弹性耐蚀铺装材料，主要用于工业地面、建筑防水以及各类防护工程。

28.3.3.14 环氧自流平地面涂料

以无溶剂环氧树脂为主要成膜物，配合耐磨颜料组成，可用于环保、卫生、洁净、耐磨要求的食品、医药、医院等场合地面及建筑物表面涂装。

28.3.3.15 防腐蚀耐磨洁净涂料

以无机耐磨填料为主、配合涂层制作的无机材料地面。具备耐磨、洁净、防起尘、抗冲击和承载高之特种功能。表面平滑、整体无缝，强韧耐磨，适合各种有防尘、洁净要求的仓库等场所。性能稳定，使用寿命长久。

28.3.3.16 防腐蚀导静电涂料

综合性能优越、涂层附着强度高、结构致密、美观，装饰效果好。适用于有防静电要求的生产工厂，钢、混结构表面涂装。

28.3.3.17 防腐蚀防霉防水涂料

防止霉菌衍生，符合食品卫生要求。耐腐蚀性优越、涂层粘附强度高，结构致密、抗紫外线辐射，可有效地防止霉菌的生长，适用于钢材及混凝土表面防护。

28.3.4　施　工　准　备

28.3.4.1 材料验收

(1) 进场材料应有出厂质量检验报告、产品合格证，经检验合格后，方能使用。

(2) 防腐蚀涂料多为易燃物质，各种溶剂为有毒、易燃液体，挥发出的气体与空气混合可形成爆炸性气体。

(3) 材料应密闭保存在阴凉干燥仓库内，温度以 10℃为宜，不应低于 0℃。夏季应能自然通风或机械通风。

28.3.4.2 人员培训

编制施工网络图，人员均已进行三级安全教育、技术交底、施工技能与工艺要求的培训，并经理论与实践操作考核"合格"。

28.3.4.3 施工环境

现场温度一般以 15～30℃为宜，相对湿度以 60%～70%较好。若喷涂现场自然通风不能满足要求，应进行机械通风。防暴晒、防尘及防火措施应到位。

28.3.5　涂料的施工要点

28.3.5.1　涂料的配制与施工

建筑物、构筑物涂料类防腐蚀工程中，有些涂料品种比较有特色，其相应的施工工艺如下：

1. 聚氨酯涂料的施工要点

聚氨酯底层涂料、中层涂料、面层涂料、防水聚氨酯等，有单组分与双组分之分，要特别注意配套使用。

(1) 各组分按比例配好，混合均匀。

(2) 配好的涂料不宜放置太久。

(3) 水泥砂浆、混凝土基层，先用稀释的聚氨酯涂料打底，在金属基层上直接用聚氨酯底层涂料打底。涂料实干前即可进行下层涂料的施工。

(4) 聚氨酯涂料对水分、胺类、含有活泼氢的醇类都很敏感，除使用纯度较高的溶剂外，容器、施工工具等都必须清洁、干燥。建筑物及构件表面除污清理，保持混凝土干燥。

2. 高氯化聚乙烯涂料的施工要点

高氯化聚乙烯涂料的成膜物"高氯化聚乙烯"兼有橡胶和塑料的双重特性，对各种类型的材质都有良好的附着力。涂料为单组分，常温干燥，施工方便。

(1) 钢铁基层除锈要求不得低于 St3 级或 Sa2 级。

(2) 施工时不需要加稀释剂，但必须充分搅拌均匀。

(3) 涂料分普通型和厚膜型。

(4) 钢材基层常用的配套方案：环氧铁红底层涂料、高氯化聚乙烯中间层涂料、面层涂料。

3. 树脂玻璃鳞片防腐蚀涂料的施工要点

(1) 配料时注意投料顺序，涂刷前需搅拌充分。

(2) 乙烯基酯树脂玻璃鳞片涂料采用环氧类底层涂料时，应做表面处理。

(3) 树脂鳞片涂料，不允许加稀释剂及其他溶剂。

(4) 常用的配套方案：

1) 钢结构表面：环氧富锌类底层涂料、环氧云铁类中间层涂料、树脂玻璃鳞片涂料。也可采用环氧铁红底层涂料、树脂玻璃鳞片涂料中间层涂料、树脂玻璃鳞片涂料。

2) 混凝土基层：树脂玻璃鳞片底层涂料、中间涂料（玻璃鳞片胶泥）、面层涂料。

4. 有机硅耐高温涂料的施工要点

有机硅耐高温涂料兼有耐温、防腐蚀等特性。具有附着力强、耐温度剧变、干燥迅速、施工简单等特点。

(1) 有机硅耐高温涂层总厚度 $80\sim100\mu m$；

(2) 涂料需随配随用，边用边搅拌，不需要加稀释剂，注意通风、防火、防毒；

(3) 施工环境温度不宜低于5℃，相对湿度不应大于70%；不得用乙烯磷化底层涂料打底。

28.3.5.2　施工工艺新发展

涂料在建筑、构筑物防腐蚀工程中应用非常广泛，它的特点是施工方便，价格低，但也存在污染环境的弊端。因此近年来防腐蚀涂料的施工除传统的刷涂、滚涂、喷涂和高压无气喷涂外，大力发展无公害化涂料是总趋势。在研发新品种涂料时，综合考虑成膜物质、耐蚀颜料、溶剂及助剂、原料的合成及涂料生产过程、基材预处理过程、施工过程等整体的无公害化，形成清洁防腐蚀涂料体系。比如：水性无机富锌料是防腐蚀底层涂料的重要品种，具有优异的耐蚀性能。高固体分子与无溶剂是近几年来低污染涂料中发展最快、应用最广的品种。比如，采用活性稀释剂的环氧树脂涂料，对环境污染少，特殊的施工工具和工艺，综合性能更加显著。环氧粉末涂料是新建管道工程的首选防腐蚀涂料品种，但在建筑防腐蚀工程中应用较少，其耐冲击性、吸湿性、贮存稳定性及涂覆施工性方面的性能有待改善和提高。

28.3.6　喷涂型聚脲涂料的施工

喷涂聚脲弹性体技术（SPUA）适应环保要求、无溶剂、无污染的喷涂施工技术。

28.3.6.1　喷涂设备的选择

适用于喷涂聚脲弹性体的设备，要求具有的主要性能在于 A、R 料混合反应，均采用 RIM 瞬间撞击混合原理。

28.3.6.2　基面状况验收

基面状况，符合"28.2 基层处理及要求"的内容规定。

28.3.6.3　施工工艺流程

(1) 底层清理、修复：清除表面浮灰，底层涂料填补细小孔洞，形成表面连续结合层。

(2) 立面和顶面施工：用环氧涂料滚刷一道，厚度 $0.20\sim0.40\mu m$（干膜），将涂料渗透到基面，养护干燥 $2\sim8h$ 后用环氧或丙烯酸修补，补孔率100%。干膜养护 $2\sim4h$ 后打磨平整，去除浮灰。

(3) 潮湿面的施工要求：清除积水、渗水，漏水处用快干材料堵漏。

(4) 采用聚氨酯水性涂料满刮一道，干膜厚度一般为 $0.3\sim0.4mm$，保证充分渗透，并且封闭基面细孔。≥15℃，养护 $8\sim12h$，或≤15℃，养护 $16\sim24h$，喷涂聚脲层。

(5) 养护干燥后，检查是否有未封闭的细孔及底面渗水，若有则重复前述步骤。

28.3.6.4　修补与检验

质量检查：涂层的外观，涂膜光滑平整、颜色均匀一致，无返锈、无气泡、无流挂、无开裂及剥落等缺陷；涂层表面采用电火花检测，无针孔；涂层厚度均匀。金属表面可用测厚仪、水泥基层及混凝土表面可用无损探测仪器直接检测，也可对同步样板进行检测；涂层附着力应符合设计要求。

28.3.7　环氧自流平涂料的施工

双组分常温固化的厚膜型无溶剂环氧树脂地面涂料，通常称为"无溶剂环氧自流平洁净耐磨地面涂料"，即俗称的"环氧自流平地面涂料"，以活性溶剂配合环氧树脂为主要成膜物，辅以耐磨填料组成，可满足有环保、卫生、洁净、耐磨要求的食品、医药、医院等场合地面及建筑物表面涂装。

28.3.7.1　环氧自流平地面涂料技术

耐磨、洁净、防腐蚀之特种功能；表面平滑整体无缝，强韧耐磨，适合有防尘、洁净要求的场所；具有排除积累静电荷的能力，性能稳定，长期有效地防止静电。材料在施工过程中能呈现良好的流展性，固化后涂膜平整光滑，一次成膜可达 3mm。主要用于地面防护。

28.3.7.2　环氧自流平地面涂料的参考配合比、性能与一般规定

(1) 常用环氧自流平地面涂料的参考配方与配合比，见表 28-12；

(2) 涂料与涂层的技术指标，见表 28-13；

(3) 涂膜耐药品性，见表 28-14。

无溶剂环氧自流平耐磨洁净地面涂料参考配方　表 28-12

环氧自流平地面涂料	组　成
树脂组分	229
脂环族固化剂组分	103
砂＜0.06mm	132
砂＜0.1～0.3mm	264
砂＜0.1～0.75mm	264
颜料	5
消泡剂	3
总份数	1000
基料含量	33%

环氧自流平地面涂料与涂层的技术指标　表 28-13

项　目	技术指标
容器中涂料的状态	搅拌混合后无硬块、呈均匀状态
施工性	刮涂无障碍
涂膜外观	正常
黏度 25℃＞	1.0Pa·s
铅笔硬度≥	2H

续表

项　目	技术指标
固体含量	85%
20℃表干时间≤	8h
20℃实干时间≤	48h
涂层抗冲击强度 1kg钢球	1m自由下落，无开裂、不起壳
涂层抗压强度	70MPa
涂层粘结强度	2.5MPa
耐磨性（CS17，500g，1000R）	40mg

环氧自流平地面涂料涂膜耐药品性

（参照 ISOC59SC3 法）　　　　　表 28-14

药品名	评定	药品名	评定
大豆油	耐	5%氢氧化钠	耐
润滑油	耐	10%氢氧化钠	耐
5%醋酸	尚耐	酒精	耐
1%盐酸	耐	汽油	耐
15%盐酸	耐（略变色）	洗涤剂	耐
5%苯酚	不耐	丙酮	尚耐
20%硫酸	耐（略变色）	饱和食盐水	尚耐
15%氨水	耐		

现场施工，根据各涂料供应方提供的材料配合比配制，通常涂料与固化剂的比例为：环氧自流平涂料主料 A：固化剂 B=100：25 左右。

28.3.7.3　环氧自流平地面涂料施工工艺

1. 施工基面要求

符合"28.2 基层处理及要求"的内容规定，且符合下列要求：

（1）基层强度：采用钢丝刷或回弹仪作混凝土基面强度测试，也可用小铁锤敲打基层面来判定，还可现场做粘结强度（大于1MPa为宜）试验。

（2）基层干燥度：以养护时间来简单判定，即观察表面是否发白，见表28-15；或者现场测含水率。

混凝土干燥程度的简单判定法　　表 28-15

施工季节	混凝土施工后	找平层施工后
夏季	3～4星期	1～2星期
冬季	5～6星期	3～4星期

（3）基层平整度：用2m直尺贴于基面，确认所出现的缝隙是否在2mm以内来作为基层平整度测定的方法。施工时，可借助机械打磨机进行局部"找平"或修整。

（4）基层粗糙度：采用轻度喷砂（丸）机进行适当表面处理，并吸去浮尘。

2. 涂装施工工具

（1）主要工具：打磨机、喷砂机、电动工业吸尘器、手提式电动磨光机、铁锤、錾刀、手提式电动搅拌机（主材与固化剂混合用）。

（2）其他工具及材料：电子秤（最大限度20kg）、照明灯、消泡针（辊）、涂料刷子、滚筒、带锯齿刮板、橡胶刮板、护面胶带、提示板。

3. 主要施工工序

环氧自流平地面涂料主要施工工序，见表28-16。

环氧自流平地面涂料施工工序　　表 28-16

工序	用量（kg/m² 道）	作业方式	保养时间（h）
基面处理		打磨、吸尘	
底层	0.1～0.2	刷涂或辊涂	12
中间层	按基层需要处理	抹刮	24～72
面层	0.4～0.6/1.4～1.6	镘刮（自流平）	＞24
养护		打蜡抛光	＞7d

4. 施工中常见问题及对策

施工环节由于环境温度、湿度、作业面及工期等诸多因素的影响，常常会有一些施工缺陷。针对这些问题，可以采取相应的技术措施进行改进，见表28-17。

常见施工缺陷、原因及处理对策　　表 28-17

类型	缺陷状况	原　因	处理对策
与基层有关的问题	1. 凸起 表面有直径2～5mm到30～50mm的凸起 2. 剥离 （1）基层与涂层界面剥离 （2）涂膜与涂膜之间剥离 3. 裂缝 （1）涂膜收缩而断开 （2）受基层裂缝影响涂膜断开	（1）基层干燥不够，气体聚集在涂膜之下；固化之前杂质未清除 （2）涂膜的抗张强度大大超过基层强度 （3）底层附着力差 （4）复涂间隔长导致层间剥离 （5）颜基比偏差较大 （6）基面裂缝，涂膜附着力越好越易随基层裂缝变动；附着力不好，涂膜易起壳	（1）有问题的部分进行小修补 （2）表面打磨后全面重涂 （3）涂膜全部铲掉，清扫干净，重新施工
施工中常见的问题	固化慢：温度较低固化变慢 涂膜被灰尘、沙粒等污染 固化不均：出现软和硬涂膜 固化不良：硬度状态差，重物或人员走动有压痕 表面发粘：初凝时，表面发粘 表面发白：表面呈云雾状 不固化	（1）低于10℃，硬化变慢，现场加溶剂，溶剂的挥发带走一部分热量而冷却涂膜 （2）配好的涂料在容器里放置过久，蓄积反应热，固化变快，可使用时间大大缩短 （3）混合过程搅拌不匀 （4）施工温度低，反应不完全，或固化剂加入比例不符 （5）涂料搅拌不充分，有游离的未反应成分 （6）环境潮湿，涂膜结霜，固化剂里的胺析出产生白雾 （7）固化剂计量不准或加错	（1）施工环境温度：15～25℃，现场不要随意加溶剂 （2）混合好的材料，及时流展在施工基层面上，涂料接触混凝土被冷却，可使时间相对延长。严格根据环境温度的变化确定固化剂及其用量 （3）搅拌工序标准化，人员专门培训 （4）采用加温、保暖措施，提高环境温度 （5）跟（3）相同 （6）打开窗户尽量减少室温与地面的温差 （7）加强管理，对施工人员进行技术培训，及时发现问题、解决问题
涂膜施工面的问题	1. 针孔 施工面上出现许多针状孔隙 2. 环形山孔 施工面发生环形状的孔 3. 凹陷 施工面上出现圆形凹窝的状态	（1）固化剂与主料混合时，因搅拌使在涂料里产生大量气泡，气泡不断发散，基层面留下痕迹而成为针孔 （2）基面不密实，填料分散不良 （3）涂料表面张力不均，局部呈现不规则性	（1）用抹子边压气泡边抹，每一次涂膜厚度不超过2mm （2）严格控制涂膜质量。在夏季，施工人员流淌的汗珠如滴在未固化涂膜上往往也会造成凹陷，施工时防止任何水分接触材料（未固化前）
涂膜均一性的问题	1. 抹刀痕迹 用抹刀涂抹后留下痕迹 2. 涂抹接头 接头部分不均匀 3. 颜色不均 加工面有色差	（1）涂料缺少流平性或施工人员操作不熟练 （2）接头材料初凝时间相差较大或施工人员不熟练 （3）颜料分散不良，或溶剂、助剂与填料相容性不好	（1）检查颜料、填料、树脂的配合状态和黏度。合格的地面涂料，熟练程度对抹痕影响极大 （2）尽量选择性质接近的颜料、填料等，控制研磨细度

28.3.8　常用防腐蚀涂层配套举例

在气态和固态粉尘介质作用下，常用防腐蚀涂层的配套可按表28-18选用。

防腐蚀涂层配套举例   表 28-18

基层材料	除锈等级	涂层构造 底层 涂料名称	遍数	厚度(μm)	中间层 涂料名称	遍数	厚度(μm)	面层 涂料名称	遍数	厚度(μm)	涂层总厚度(μm)	使用年限(a) 强腐蚀	中腐蚀	弱腐蚀
钢材	St2	醇酸底涂料	2	80				醇酸面涂料	2	80	160	—	—	2~5
		锈面涂料	1	30	环氧云铁中间涂料	1	60		2	70	160	—	—	2~5
	Sa2或St3		2	60					3	100	1600	—	—	2~5
		与面层同品种的底涂料	1	30	环氧云铁中间涂料	1	60	环氧、聚氨酯、氯化橡胶、丙烯酸、高氯化聚乙烯、聚氨酯取代乙烯互穿网络等面涂料	2	70	160	—	—	2~5
			3	100					3	100	200	—	2~5	5~10
			2	60	环氧云铁中间涂料	1	70		2	70	200	—	5~10	5~10
			2	60		1	80		3	100	240	2~5	5~10	10~15
	St2½		2	60		1	80		3	100	240	5~10	10~15	15~18
		环氧防锈底涂料	2	60	环氧云铁中间涂料	2	120		3	100	280	5~10	10~15	15~18
			2	60		1	60	环氧、聚氨酯厚膜型面涂料	2	160	320	10~15	15~18	18~20
			2	100		2	100		2	160	320	10~15	15~18	18~20
			2	60				环氧、聚氨酯、乙烯基酯玻璃鳞片面涂料	2	260	320	10~15	15~18	18~20
		乙烯基酯玻璃鳞片底涂料	1	60				乙烯基酯玻璃鳞片面涂料	2	260	320	10~15	15~18	18~20
钢材	St2½	富锌底涂料	见表注	70	环氧云铁中间涂料	1	60	环氧、聚氨酯、氯化橡胶、丙烯酸、高氯化聚乙烯、聚氨酯聚取代乙烯互穿网络等面涂料	2	70	200	—	2~5	5~10
				70		1	70		3	100	240	2~5	5~10	10~15
				70		2	110		3	100	240	2~5	5~10	10~15
				70		1	50	环氧、聚氨酯厚膜面涂料	2	160	280	5~10	10~15	15~18
				70		2	90		2	160	320	10~15	15~18	18~20
				70		1	50	环氧、聚氨酯、乙烯基酯玻璃鳞片面涂料	2	200	320	10~15	15~18	18~20
混凝土		与面层同品种的底涂料	1	30				环氧、聚氨酯、氯化橡胶、丙烯酸、高氯化聚乙烯、聚氨酯取代乙烯互穿网络等面涂料	2	60	90	—	2~5	5~10
			2	60					2	60	120	5~10	10~15	10~15
			2	60					3	100	160	5~10	10~15	15~18

注：富锌底涂料的遍数与品种有关，当采用正硅酸乙酯富锌底涂料、硅酸锂富锌底涂料、硅酸钾富锌底涂料时，宜为 1 遍；当采用环氧富锌底涂料、聚氨酯富锌底涂料、硅酸钠富锌底涂料和冷涂锌底涂料时，宜为 2 遍。

28.3.9　环保与绿色施工工艺

倡导环保与绿色建筑防腐蚀工程就是要求"节约能源、节约资源、保护环境、以人为本"。现场环境控制达标是企业环境绩效的基本要求，达标以环境设施、人员、材料、设备、污水、噪声、扬尘为主要控制内容，并强化过程控制和应急管理。

施工现场设置满足污水处理要求的隔油池、化粪池、沉淀池等，并保证正常发挥作用；按照规定配置消防设施，配备与火灾等级、种类相适应的灭火器材，并有防火标识；对于裸露的空地进行种树、植草，垃圾或废弃物分类堆放；按规定设置环境管理部门，配备满足环境管理需要的作业人员，按规定对作业人员进行环境交底、培训、检查等，满足施工现场环境管理需要；所有进场材料应验收合格，符合环保要求。尤其加强防腐蚀涂料、稀释剂、固化剂等辅助材料的环保验收，并保存验收资料，不得使用环保不达标或国家明令禁止的材料；施工现场配置的设备，应满足噪声、能耗等环境管理要求，如设备的能耗、尾气和噪声排放，不得出现漏油、遗洒、排放黑烟，不得超出相关法规的限值要求；施工现场污水排放应达到国家标准《污水综合排放标准》(GB 8978) 的要求。污水排放应委托有资质的单位进行废水水质检测，提供相应的污水检

测报告；确保扬尘控制目标、指标和控制措施完善有效；制定有毒有害气体排放计划，有效控制有毒有害气体排放。

28.3.10　质量要求及检验

涂料类防腐蚀工程施工的质量要求及涂层的检验，最常用的方法，包括：

(1) 涂层外观：涂层表面应光滑平整，颜色一致，无流挂、起皱、漏刷、脱皮等现象，用 5~10 倍的放大镜进行检查。

(2) 涂层厚度：涂层厚度应均匀并符合设计要求。钢基层可采用磁性测厚仪检查；水泥砂浆、混凝土基层，在其上进行涂料施工时，可同时做出样板，测定其厚度。

(3) 涂层附着力、底涂层及层间附着力应符合设计规定，可采用拉拔仪进行试验检测。

(4) 针孔：涂层应无针孔，可采用电火花仪进行检测。

28.3.11　安　全　防　护

(1) 涂料中的大部分溶剂和稀释剂具有不同程度的毒性，故施工前应对施工人员进行安全教育。

(2) 施工现场严禁烟火，必须配备消防器材和消防水源。

(3) 现场具有通风排气设备，有害气体、粉尘符合表 28-19 的规定，不超过最高允许浓度。

(4) 涂料操作人员必须穿戴防护用品，必要时按规定佩戴防毒面具。

施工现场有害气体、粉尘的最高允许浓度

表 28-19

物质名称	最高允许浓度 (mg/m³)	物质名称	最高允许浓度 (mg/m³)
二甲苯	100	溶剂油	350
甲苯	100	硫化氢	10
苯乙烯	40	二氧化硫	15
苯（皮）	40	甲醛	3
环己酮	50	含有 10%以上游离二氧化硅粉尘（石英、石英岩等）	2
丙酮	400	含有 10%以下游离二氧化硅的水泥粉尘	6

注：1. "皮"标记为除经呼吸道外，还经皮肤吸收的有毒物质。
2. 本表所列各项有毒物质的检验方法，应按国家现行标准《车间空气监测检验方法》执行。

28.4 树脂类防腐蚀工程

树脂类防腐蚀工程有：树脂胶料铺刷的玻璃钢整体面层和隔离层（衬里结构）；树脂胶泥、树脂砂浆铺砌或树脂胶泥灌缝的块材面层（池、槽、地面）；树脂稀胶液或砂浆制作的单一与复合的整体面层及隔离层；树脂玻璃鳞片胶泥面层等。树脂类防腐蚀工程往往采用几种构造复合使用，适用于腐蚀状况比较严重、介质条件复杂且苛刻的液态环境，与其他耐蚀材料相比，选用的树脂材料品种不同，防腐蚀工程的功能以及适用范围将有很大的不同，这也使得树脂类防腐蚀工程更具有针对性、广泛性、适应性。

28.4.1 一 般 规 定

28.4.1.1 材料规定

（1）用于建筑防腐蚀工程施工的树脂材料包括：环氧树脂、环氧乙烯基酯树脂、不饱和聚酯树脂、呋喃树脂等。施工材料必须具有产品质量证明文件，其主要内容：

1）产品质量合格证及材料检测报告。
2）质量技术指标及检测方法。
3）复验报告或技术鉴定文件。

（2）建筑防腐蚀工程使用的材料必须符合下列规定：

1）需要现场配制的材料，其配合比必须经试验确定，符合《建筑防腐蚀施工及验收规范》（GB 50212）的规定。经试验确定的配合比不得任意改变。

2）树脂、固化剂、稀释剂等材料应密闭贮存在阴凉、干燥的通风处，并采取防火措施。玻璃纤维布（毡）、粉料等材料均应防潮贮存。

3）环氧树脂的固化剂，应优先选用低毒固化剂，对潮湿基层可采用湿固化型环氧树脂固化剂。

4）环氧乙烯基酯树脂和不饱聚酯树脂常温固化使用引发剂和促进剂。

28.4.1.2 施工规定

树脂类防腐蚀工程质量的优劣不仅取决于树脂材料本身的质量性能，还取决于现场施工的管理。

（1）施工必须严格按设计文件规定进行。当需要变更设计、材料代用或采用新材料时，必须征得设计部门的同意。

（2）树脂类防腐蚀工程使用的材料，均属化学反应型，各反应组分加入量对材料的耐蚀效果有明显影响。制成品是多种材料混配的，当级配不恰当时，不仅影响耐蚀效果，也影响施工工艺性及物

理力学性能，因此所有材料在进入现场施工时，必须计量准确，按配制要求进行试配，确定的配合比必须同时满足施工规范的规定。

配制施工材料时，应注意：

1）出厂时生产企业已经明确施工配合比的，如双组分材料，现场施工时只需按要求将两组分直接混合均匀，不需调整配合比。

2）虽然施工配合比有一定的范围，但由于加入量相对较大，对整个系统影响不显著的材料，如环氧树脂、环氧树脂胶泥等施工时固化剂的加入，按施工规范试验确定至一个相对稳定的配合比，不宜经常调整。

3）不饱和聚酯树脂、环氧乙烯基酯树脂等，其固化体系中加入的材料种类较多，且每种材料加入量随施工环境条件的变化影响较大，因此施工时，其配合比除应符合规范规定的范围外，还应通过试验确定一个固定值，当环境条件发生较大变化时，必须重新确定。

（3）施工环境温度宜为 15～30℃，相对湿度不宜大于 80%。施工环境温度低于 10℃时，应采取加热保温措施，严禁用明火或蒸汽直接加热。原材料使用时的温度，不低于允许的施工环境温度。

（4）呋喃树脂在基层表面应采用环氧树脂胶料、环氧乙烯基酯树脂胶料、不饱和聚酯树脂类胶料或玻璃钢作隔离层。

28.4.1.3 质量检验规定

（1）原材料进场后，必须检查其规格、质量是否符合要求。

（2）树脂等原材料应根据出厂说明确定是否在有效期内，如无说明或黏度过大时应进行检测，合格后才能使用。

（3）其他辅助材料应根据实际情况，进行必要的检测。

（4）上述原材料和配好的复合材料均需密封贮存于阴凉干燥库房内，并标明材料名称、性能等有关参数。同时注意落实防火、防晒、防毒、防爆、防高温等措施。

28.4.2 原材料和制成品的质量要求

树脂类防腐蚀工程常用材料与制品的质量，包括树脂材料、固化剂、纤维增强材料（如：玻璃纤维丝、玻璃纤维布、玻璃纤维表面毡、玻璃纤维短切毡或涤纶布、涤纶毡和丙纶布、丙纶毡等）、填充材料（如：粉料、细骨料和经过处理的玻璃鳞片等）。

28.4.2.1 树脂类材料及其制成品的质量要求

1. 环氧树脂等

环氧树脂、呋喃树脂是传统的耐蚀树脂。其共同特点是通常条件下树脂的黏度比较大，施工操作较困难，常常需要加入稀释剂，固化剂的加入量较大（约占 15%～30%）。

2. 不饱和聚酯树脂

分为：双酚 A 型不饱和聚酯树脂、二甲苯型不饱和聚酯树脂、对苯型不饱和聚酯树脂、间苯型不饱和聚酯树脂、邻苯型不饱和聚酯树脂等五类。在过氧化物引发下，进行室温接触成型，工艺简单，除了采用手工操作工艺外，机械化连续生产工艺也得到快速发展。

防腐蚀工程用的不饱和聚酯树脂具有一定的耐蚀性，在固化过程中不产生小分子，没有挥发物逸出，能室温下固化，常压下成型，并可以通过多种措施来调节其工艺性能，因而施工方便，容易保证质量。耐腐蚀树脂按照性能用途不同可分为中等耐腐蚀树脂和高度耐腐蚀树脂，高度耐腐蚀按结构不同又包括：双酚 A 型树脂、二甲苯型树脂等品种，中等耐腐蚀树脂有：对苯型、间苯型树脂。

不饱和聚酯树脂（技术指标见表 28-20）具有如下特性：

（1）工艺性能良好，具有适宜的黏度，可以在室温下固化，常压下成型，颜色浅，易制成浅色或彩色制品。

（2）固化过程中没有挥发物逸出，制品综合性能良好。

（3）耐腐蚀性能突出。常温下对非氧化酸、盐溶液、极性溶液等都较稳定。

3. 环氧乙烯基酯树脂

综合性能优越、高度耐蚀材料，综合了环氧树脂与不饱和聚酯

树脂的优点,树脂固化产物的性能类似于环氧树脂,而比不饱和聚酯树脂好多了。环氧乙烯酯树脂的工艺性能与固化性能类似于不饱和聚酯树脂,改进了环氧树脂低温固化时的操作性。这类树脂的突出优点还在于:耐腐蚀性及良好的韧性、对玻璃纤维的浸润性。大量的工程以及试验表明:环氧乙烯基酯树脂的耐酸性超过胺固化环氧树脂,耐碱性超过酸固化环氧树脂及不饱和聚酯树脂,耐有机物和含氯介质腐蚀性能强,其耐温范围80～120℃。

用于防腐蚀工程效果突出的几个品种:丙烯酸双酚A环氧型乙烯基酯树脂、甲基丙烯酸双酚A环氧型乙烯基酯树脂、酚醛环氧型乙烯基酯树脂、阻燃性环氧型乙烯基酯树脂等。常用的环氧乙烯基酯树脂品种的主要技术性能,见表28-21。

典型不饱和聚酯树脂品种的技术指标 表 28-20

项目名称	双酚A型不饱和聚酯树脂	二甲苯型不饱和聚酯树脂	对苯型不饱和聚酯树脂	间苯型不饱和聚酯树脂	邻苯型不饱和聚酯树脂
外观	浅黄色液体	淡黄色至浅棕色液体	黄色浑浊液体	黄-棕色液体	淡黄色透明液体
黏度 Pa·s (25℃)	0.45±0.10	0.32±0.09	0.40±0.10	0.45±0.15	0.40±0.10
含固量(%)	62.5±4.5	63.0±3.0	62.0±3.0	63.5±2.5	66.0±2.0
酸值(mgKOH/g)	15.0±5.0	15.0±4.0	20.0±4.0	23.0±7.0	25.0±3.0
凝胶时间(min)(25℃)	14.0±6.0	10.0±3.0	14.0±4.0	8.5±1.5	6.0±2.0
热稳定性(h)(80℃)	≥24	≥24	≥24	≥24	≥24

常用环氧乙烯基酯树脂品种的主要技术性能 表 28-21

项目名称	丙烯酸双酚A型环氧型乙烯基酯树脂	甲基丙烯酸双酚A环氧型乙烯基酯树脂	酚醛环氧型乙烯基酯树脂	阻燃性环氧型乙烯基酯树脂
外观	淡黄色透明	淡黄色透明液体	淡黄色液体	淡黄色透明液体
黏度 Pa·s(25℃)	0.50±0.15	0.35	0.28±0.08	0.40±0.10
含固量(%)	58.0±4.0	苯乙烯45%	63.0±3.0	61.0±3.0
拉伸模量(GPa)	3.5	2.9	3.6	3.4
弯曲强度(MPa)	110	148	110	90
HDT(℃)	90	99～104	120	108

4. 不饱和聚酯树脂、环氧乙烯基酯树脂的耐蚀性

不饱和聚酯树脂、环氧乙烯基酯树脂具有良好的耐蚀性,其耐腐蚀性能见表28-22。

常温下不饱和聚酯树脂、环氧乙烯基酯树脂耐腐蚀性能 表 28-22

介质名称	不饱和聚酯类材料					环氧乙烯基酯类材料
	双酚A型	二甲苯型	对苯型	间苯型	邻苯型	
硫酸(%)	≤70 耐	≤70 耐	≤60 耐	≤50 耐	≤50 耐	≤70 耐
盐酸(%)	耐	≤31 耐	≤31 耐	≤31 耐	≤20 耐	耐
硝酸(%)	≤40 耐	≤40 耐	≤25 耐	≤20 耐	≤5 耐	≤40 耐
醋酸(%)	≤40 耐	≤40 耐	≤40 耐	≤40 耐	≤30 耐	≤40 耐

介质名称	不饱和聚酯类材料					环氧乙烯基酯类材料
	双酚A型	二甲苯型	对苯型	间苯型	邻苯型	
铬酸(%)	≤20 耐	≤20 耐	≤10 耐	≤10 耐	≤5 耐	≤20 耐
氢氟酸(%)	≤40 耐	≤30 尚耐	≤30 耐	≤30 耐	≤20 耐	≤30 耐
氢氧化钠	尚耐	尚耐	尚耐	尚耐	不耐	尚耐
碳酸钠	≤20 耐	耐	尚耐	尚耐	不耐	耐
氨水	不耐	不耐	不耐	不耐	不耐	尚耐
尿素	耐	耐	耐	耐	耐	耐
氯化铵	耐	耐	耐	耐	耐	耐
硝酸铵	耐	耐	耐	耐	耐	耐
硫酸钠	尚耐	耐	尚耐	尚耐	尚耐	耐
丙酮	不耐	不耐	不耐	不耐	不耐	不耐
乙醇	尚耐	耐	尚耐	尚耐	尚耐	尚耐
5%硫酸和5%氢氧化钠交替	尚耐	耐	尚耐	尚耐	不耐	耐

酚醛环氧乙烯基酯树脂、双酚A型环氧乙烯基酯树脂是目前国内外工程建设中最常用的耐蚀材料。

5. 不饱和聚酯树脂、环氧乙烯基酯树脂制品性能

不饱和聚酯树脂、环氧乙烯基酯树脂常用的材料制品,包括树脂胶泥、树脂砂浆、玻璃钢和树脂玻璃鳞片等,其物理力学性能,见表28-23。

不饱和聚酯树脂、环氧乙烯基酯树脂材料制品物理力学性能 表 28-23

项目		不饱和聚酯类材料					环氧乙烯基酯类材料
		双酚A型	二甲苯型	对苯型	间苯型	邻苯型	
抗压强度(MPa)不小于	胶泥	80	80	80	80	80	80
	砂浆	70	70	70	70	70	70
抗拉强度(MPa)不小于	胶泥	9	9	9	9	9	9
	砂浆	7	7	7	7	7	7
	玻璃钢	100	100	95	90	90	100
胶泥粘结强度(MPa)不小于	与耐酸砖	2.5	2.5	2.5	2.5	2.5	2.5
	与花岗石	2.5	2.5	2.5	2.5	2.5	2.5
	与水泥基层	1.5	1.5	1.5	1.5	1.5	1.5
收缩率不大于(%)	胶泥	0.4	0.4	0.4	0.4	0.9	0.8
	砂浆	0.3	0.3	0.3	0.3	0.7	0.6
胶泥使用温度(℃)不大于		100	—	90	100	60	—

注:1. 各种树脂胶泥、玻璃钢的吸水率不大于0.2%,砂浆的吸水率不大于0.5%。

2. 表中使用温度是指无腐蚀条件下的温度;环氧乙烯基酯树脂胶泥的使用温度与品种有关,为80～140℃;二甲苯型不饱和聚酯树脂胶泥的使用温度与品种有关,为65～85℃。

3. 当采用石英粉、石英粉时,玻璃钢的密度为1.6～1.8g/cm³,砂浆的密度为2.2～2.4g/cm³。

28.4.2.2 辅助材料的质量指标

辅助材料:交联剂、引发剂、促进剂等,常用填充料:石英砂、石英粉、重晶石砂、重晶石粉。增强材料:玻璃纤维、玻璃纤维布、玻璃纤维毡、涤纶纤维、丙纶纤维等。制成品包括:整体玻璃钢结构(面层、隔离层等)、树脂砂浆、树脂胶泥等。

1. 树脂用辅助材料

(1) 常用的交联剂:交联剂除在固化时能同树脂分子链发生交联,产生网状和体形结构的大分子外,还起着稀释剂的作用,形成

具有一定黏度的树脂溶液。交联剂常用的是苯乙烯，加入量为树脂重量的 20%～50%。含有交联剂的树脂与引发剂、促进剂混合后，便开始固化。

（2）常用的阻聚剂：为增加贮存期可加入阻聚剂，常用的阻聚剂是对苯二酚，加入量为树脂重量的 0.01%，贮存期可以用加入量的多少来控制。

（3）常用的引发剂：引发剂习惯称之为固化剂或催化剂（表 28-24），一般为过氧化物。

不饱和聚酯树脂、环氧乙烯基酯
树脂常用的引发剂 表 28-24

名　称	组　成	用量	备　注
Ⅰ引发剂（催化剂糊 B）	过氧化苯甲酰二丁酯糊	2%～4%	与Ⅰ促进剂配套
Ⅱ引发剂（催化剂糊 H）	过氧化环己酮二丁酯糊	1.5%～4%	与Ⅱ或Ⅲ引发剂配套使用
Ⅲ引发剂（催化剂 M）	过氧化甲乙酮溶液	1%～3%	与Ⅲ或Ⅱ促进剂配套

（4）常用的促进剂：促进剂习惯称之为加速剂（表 28-25），其作用是加速引发树脂与交联剂发生聚合反应，它是常温固化中不可缺少的。

不饱和聚酯树脂、环氧乙烯基酯树脂
常用的促进剂 表 28-25

名　称	组　成	用量	备　注
Ⅰ引发剂（加速剂 D）	二甲基苯胺苯乙烯液	1%～4%	与Ⅰ引发剂配套使用
Ⅱ引发剂（加速剂 E）	萘酸钴液	1%～4%	与Ⅱ或Ⅲ引发剂配套使用
Ⅲ引发剂（加速剂 E）	异辛酸钴液	1%～4%	与Ⅲ或Ⅱ引发剂配套使用

2. 增强纤维材料的品种、性能和质量指标

增强纤维主要采用玻璃纤维及其制品，按接触的化学介质及其性能、工艺条件不同，也常选用棉、麻纤维，或合成纤维及其制品。有关玻璃纤维制品本章不作赘述，仅讨论玻璃纤维毡、棉纤维、合成纤维。

（1）玻璃纤维毡：短切毡和表面毡。短切毡的基本特点为：由长度 50～70mm 不规则分布的短切纤维粘结而成。胶粘剂常用不饱和聚酯、环氧乙烯基酯树脂，也有用机缝的方法使其有一定强度。它铺覆性好，无定向性，不仅适用于手糊成型，也可用于模压及各种连续预浸渍工艺。表面毡的基本特点：用胶粘剂将定长玻璃纤维随机、均匀铺放后粘结成毡。这种毡很薄，约为 0.3～0.4mm，主要用于手糊成型制品表面，使制品表面光滑，而且树脂含量较高，防止胶衣层产生微细裂纹，有助于遮住下面的玻璃纤维纹路，使表面具有一定弹性，改善其抗冲击性、耐磨性、耐老化性、耐腐蚀性。

（2）棉纤维：棉纤维的表面有许多褶皱，有利于树脂吸附，与树脂浸润性好，粘结强度高。它有纱布、棉布两类，前者经酒精脱脂后常用作玻璃钢衬里的底层使用。脱脂纱布衬里与基体的粘结强度高于玻璃纤维，能防止树脂层的开裂、降低固化收缩率，故近年亦有用于耐腐蚀涂料的增强层。由于棉纤维的抗拉强度和弹性模量低于玻纤，因此不用来制作大承载力的玻璃钢部件。棉纤维的耐酸性能低于玻纤，故在玻璃钢衬里设备中，常用于底层衬里。棉纤维的物理机械性能见表 28-26。

棉纤维的性能 表 28-26

项　目	性　能
拉伸模量（MPa）	641～1048
弹性模量（MPa）	9800～11760
断裂伸长率（%）	7.8
伸长率可延伸部分（%）	2～3

（3）合成纤维：用作增强材料的合成纤维主要有聚酯纤维及织物、聚丙烯纤维、改性丙烯酸酯纤维等有机纤维薄纱。在耐腐蚀增强塑料领域，均被作为防腐蚀富树脂层的增强材料。它与合成树脂有较高的黏附性和浸润性，制品表面光滑、耐磨、抗刮削。合成树脂薄纱可以防止树脂热应力和热变形所导致的开裂，提高防腐蚀层的抗渗能力。芳酰胺纤维是最新开发的一类新型合成纤维，密度低、强度和模量高，热稳定性好，在高温下不熔融软化，可代替玻璃纤维和棉纤维。

1）聚酯纤维：聚酯纤维俗称涤纶纤维，学名为聚对苯二甲酸乙二酯纤维。密度约 $1.38g/cm^3$，纤维软化点 238～249℃，熔点 255～260℃。能满足玻璃钢衬里设备的使用温度。其耐盐酸性能优于玻璃纤维，但耐硫酸性能较差，可用于玻纤不耐蚀的含氟介质环境。聚酯纤维晶格布在工程施工时须进行防缩处理。采用聚酯短纤维制成的涤纶毡（即涤纶无纺布）对树脂的浸润性优于涤纶布。

2）聚丙烯纤维：俗称"丙纶纤维"，学名等规聚丙烯纤维，纤维的软化点为 140～165℃，熔点为 160～177℃，可满足衬里的使用温度。耐蚀性能优良，可耐除氯磺酸、浓硝酸及某些氧化剂之外的任何酸、碱介质。亦可用于玻纤不能使用的氢氟酸及含氟介质腐蚀。

涤纶布和丙纶布的经纬密度，为每平方厘米 8×8 根纱。

3. 填充料的品种、性能和质量指标

粉料、细骨料、粗骨料、片状骨料可以统称为填充料。加入适当的填充料可以降低制品的成本，改善其性能。在胶液中填充料的用量一般为树脂用量 20%～40%（重量），配制胶泥时加入量可多些，一般可为树脂用量的 2～4 倍。常用的粉料为石英粉，此外还有石墨粉、辉绿岩粉、滑石粉、云母粉等。粉料的主要物理性能见表 28-27；常用的粉料性能比较，见表 28-28；配制树脂砂浆用的细（粗）骨料常用石英砂；常用片状骨料为玻璃鳞片，此外还有石墨鳞片、云母鳞片等。

用玻璃鳞片增强的树脂系统，具有耐腐蚀性强、耐磨及抗渗漏，物理机械性能良好、施工简便等特点。玻璃鳞片增强树脂防腐蚀材料是一种玻璃薄片（薄片像鱼鳞，故称鳞片）和耐蚀树脂的混合物。玻璃鳞片的厚度为 2～5μm、粒径 0.2～3mm。表面经过一定的加工处理，具有良好的分散性能、抗渗透效果和机械强度。

粉料的主要物理性能 表 28-27

项　目		要　求
耐酸率（%）≮		9
含水率（%）≯		0.5
细　度	0.15mm 筛孔筛余量（%）	≯5
	0.09mm 筛孔筛余量（%）	10～30

注：1. 如用酸性固化剂时粉料耐酸率不小于 97%，无铁质杂物。
　　2. 如含水率过大，使用前应加热脱水。

常用粉料的性能比较 表 28-28

性能 ＼ 材料	玻璃鳞片	碳酸钙	辉绿岩粉	云母粉	石英粉	滑石粉	石墨粉	重晶石粉
相对密度	2.50～2.65	2.60～2.75	1.60～1.70	2.70～3.02	2.50～2.65	2.70～2.85	2.10～2.15	4.30～4.50
耐酸性	好	不耐	好	好	较好	不耐	好	好
耐氢氟酸性	不耐	不耐	不耐	不耐	不耐	不耐	好	好
耐碱性	一般	好	好	一般	一般	好	好	好
耐热性	一般	一般	好	好	一般	一般	好	好
导热性	一般	一般	一般	一般	一般	一般	高	一般
吸水性	较高	高	一般	较高	高	低	较高	
耐磨强度	高	一般	高	一般	一般	一般	低	高
收缩率	小	小	小	小	大	小	小	中
价格	很高	一般	一般	一般	低	低	较高	中

4. 各种材料品种的匹配与选用原则

（1）在含氟介质中，填料应选用重晶石类或沉淀硫酸钡。为改变脆性，可混合使用硫酸钡和石墨粉（1∶1）。为增强密实度，提

高粘结强度和降低收缩率，可混合使用石英粉和硅石粉（4∶1）；增强材料应采用涤纶纤维。

（2）碱环境下，增强材料不宜采用玻璃纤维类。

28.4.3 施工准备

施工准备工作是全面质量管理最重要的一环。其内容包括：原材料的准备、施工现场察看、施工机具的安排、技术培训、管理网络的制定等。

28.4.3.1 材料的准备、保管、检查与验收

1. 原材料

原材料进场后，必须检查其规格、质量是否符合要求。树脂材料应根据出厂说明确定是否在有效期内，如无说明或黏度过大时应进行检测，合格后才能使用。对其他辅助材料应根据实际情况，进行必要的检测分析。上述原材料和辅助材料均需密封贮存于阴凉干燥仓库内，并标明材料名称、性能等有关参数。

2. 纤维材料及填充材料的贮存、保管与检验

石蜡润滑剂型玻璃布应进行脱蜡处理，脱蜡后放于干燥处备用。不宜折叠，以免产生皱纹，影响玻璃钢质量。

其他纤维材料、涤纶、棉纤维材料须进行防缩处理。

填充材料应注意防潮、防水、防污染。

28.4.3.2 人员培训

对施工人员做好技术交底和技术培训工作。

28.4.3.3 施工环境

施工前，有关人员应当查看了解环境。一般环境温度以15～25℃为宜，相对湿度不应大于80%。温度低于10℃，应采取加热保温措施，但不得用明火、蒸汽等直接加热升温。室外施工时应搭设棚盖，以防雨、防晒、防风沙。

28.4.3.4 施工机具设备

往复式粉料筛分机、防腐蚀胶泥真空搅拌机、砖板切割机、气割设备、电热切割设备、普通砂轮机等。

28.4.3.5 技术准备

重视企业自身建设，加强人员的培训，提高员工的素质，加强技术创新和环境意识，经常与建设、监理、设计等各方沟通协调。

（1）施工组织设计阶段，根据施工现场的环境状况制定相应的技术实施细则、环保措施，在进行工艺和施工设备、机具选型时，优先选用技术领先的有利于环保的机具、设备。

（2）技术交底阶段，加强管理人员的业务学习，由管理人员对操作人员进行培训，增强整体质量意识、环保意识，对质量终身负责，自觉履行环保义务。

（3）施工阶段，要求操作人员严格按照制定的技术规程、环保措施进行操作；倡导操作人员节约用水、节约材料、注重机械设备的保养，注意施工现场的清洁文明施工。

（4）施工过程中，把质量管理、安全管理、环保管理有机地结合起来，做到既注重质量安全，又重视环保，质量、环保两不误。通过加强施工的全程控制，改进生产工艺，合理利用资源，展开清洁生产，减少废物及污染物的产生和排放，促进施工现场与环境相协调，全面提高工程质量，在竞争激烈的防腐蚀工程中立于不败之地。

28.4.4 树脂材料的配制及施工

28.4.4.1 材料的配合比、配制工艺及施工要点

1. 环氧树脂类胶料、胶泥和砂浆的配制

（1）环氧树脂胶料的配制：配合比参考表28-29。将稀释剂和预热至约40℃左右的环氧树脂，按需要量称取并加入容器内，搅拌均匀后冷却至室温待用。使用时称取一定量树脂，加入固化剂搅拌均匀即制成环氧树脂胶料。配制玻璃钢封底料时，可加入一些稀释剂，然后加入固化剂并搅拌均匀。

环氧树脂胶料、胶泥及砂浆材料的参考配合比　　表 28-29

材料名称		环氧树脂	稀释剂	固化剂		矿物颜料	耐酸粉料	石英砂
				低毒固化剂	乙二胺			
封底料		100	40～60	15～20	6～8	0～2		
修补料			10～20				150～200	
树脂胶料	铺衬与面层胶料							
	胶料							
胶泥	砌筑或勾缝料						150～200	
稀胶泥	灌缝或地面面层料						100～150	
砂浆	面层或砌筑料						150～200	300～400
	石材灌浆料						100～150	150～200

注：1. 除低毒固化剂和乙二胺外，还可用其他胺类固化剂，应优先选用低毒固化剂。
　　2. 当采用乙二胺时，将所用乙二胺预先配制成乙二胺丙酮溶液（1∶1）。
　　3. 当使用活性稀释剂时，固化剂的用量适当增加。
　　4. 本表以环氧树脂 EP01451-310 举例。

（2）环氧树脂胶泥的配制：称取一定数量环氧树脂胶料，搅拌均匀后加入粉料，再进行搅拌，配制成胶泥。如固化速度快或初凝期短，可在环氧树脂中先加粉料拌匀，使用前再加固化剂。

（3）环氧树脂砂浆的配制：称取一定数量环氧树脂胶料，搅拌均匀后按一定配入细（粗）骨料，再进行搅拌，配制成砂浆。如固化速度快或初凝期短，可在环氧树脂中先加骨料拌匀，使用前再加固化剂。

2. 不饱和聚酯树脂类胶料、胶泥和砂浆的配制

（1）不饱和聚酯树脂胶料的配制：配合比参考表28-30。将不饱和聚酯树脂，按需要量称取放入容器内，按比例加入促进剂，搅拌均匀后，再加入引发剂进行搅拌，搅拌均匀即制成不饱和聚酯树脂胶料。配制封底料时，可先在树脂中加入苯乙烯，再按上述步骤操作。

不饱和聚酯树脂胶料、胶泥及砂浆材料的参考配合比　　表 28-30

材料名称		树脂	引发剂	促进剂	苯乙烯	矿物颜料	苯乙烯石蜡液	粉料		细骨料	
								耐酸粉	硫酸钡粉	石英砂	重晶石砂
树脂胶料	封底料	100	2～4	0.5～4	0～15	—	—	200～350	(400～500)		
	修补料				—		—	0～15			
	铺衬与面层胶料				—	0～2					
	封面料						3～5	—			
	胶料				0～15						
胶泥	砌筑或挤缝料				0～15			200～300	(250～350)		
稀胶泥	灌缝或地面整体面层料							120～200			
砂浆	面层或砌筑料					0～2		150～200	(350～450)	300～450	(600～750)
	石材灌浆料						3～5	120～150		150～180	—

注：1. 表中括号内的数据用于耐含氟类介质工程。
　　2. 苯乙烯石蜡液的配合比为苯乙烯∶石蜡=100∶5；配制时，先将石蜡削成碎片，加入苯乙烯中，用水浴法加热至60℃，待石蜡完全溶解后冷却至常温。苯乙烯石蜡液应在最后一遍封面料中使用。

(2) 不饱和聚酯树脂胶泥的配制：称取一定数量的不饱和聚酯树脂胶料，按比例加入粉料，进行搅拌，配制成胶泥。

(3) 不饱和聚酯树脂砂浆的配制：称取定量已配好的不饱和聚酯树脂胶料，随即倒入已按比例称量拌匀的砂、粉混合料中充分搅拌均匀，配制成砂浆。

注意事项：1. 树脂和引发剂等的作用是放热反应，胶液应随配随用，在初凝期内用完；
2. 施工过程发现凝聚、结块等现象，不得继续使用；
3. 树脂胶泥、树脂砂浆需机械搅拌，当用量不大时，可用人工搅拌，但必须充分拌匀；
4. 严禁将引发剂和促进剂直接混合。

3. 环氧乙烯基酯树脂类胶料、胶泥和砂浆的配制

环氧乙烯基酯树脂胶料、胶泥和砂浆的配制工艺均同不饱和聚酯树脂。

目前，环氧乙烯基酯树脂材料有些已采用预促进技术，促进剂在树脂出厂时加入，施工现场只需要加入引发剂即可。

28.4.4.2 树脂底涂层的施工工艺要点

(1) 基层表面处理要求与工艺：符合国家标准《建筑防腐蚀工程施工及验收规范》(GB 50212) 并经过验收；地面防腐蚀施工还应同时符合国家标准《建筑地面工程施工质量验收规范》(GB 50209) 的要求并经过检查验收合格。

(2) 采用喷涂法施工，也可以用毛刷、滚筒蘸封底料在基层上进行二次封底施工，期间应自然固化 24h 以上。封底厚度不应超过 0.4mm，不得有流淌、气泡等。

(3) 胶泥修补：基层表面或基层面间凹陷不平处，需用胶泥予以填平修补，24h 后再进行下道工序。胶泥不宜太厚，否则会出现龟裂。

(4) 混凝土表面施工操作过程一般应注意：涂刷第一道底涂层时，胶料应渗入到基层。固化后，如果基层表面整体情况差 (如麻面、凹凸不平等) 应满刮树脂胶泥，通常情况下采用局部刮树脂胶泥，待树脂胶泥固化后再进行第二道底涂层的施工。

28.4.4.3 树脂玻璃钢的施工要点

树脂玻璃钢的主要用途在于：防护构造的隔离层部分、玻璃钢防腐蚀整体构造层。

1. 玻璃纤维材料的准备

玻璃钢成型用的玻璃纤维布要预先脱脂处理，在使用前保持不受潮、不沾染油污。玻璃纤维布不得折叠，以免因褶皱变形而产生脱层。

(1) 玻璃纤维布的经纬向强度不同，对要求各向同性的施工部位，应注意使玻璃纤维布纵横交替铺放。对特定方向要求强度较高时，则可使用单向布增强。

(2) 表面起伏很大的部位，有时需要在局部把玻璃纤维布剪开，但应注意尽量减少切口，并将切口部位层间错开。

(3) 璃纤维布搭接宽度一般为 50mm，在厚度要求均匀时，可采用错缝搭接。

(4) 糊制圆弧结构部分时，玻璃布可沿径向 45°的方向剪成布条，以利用布在 45°方向容易变形的特点，糊制圆弧。剪裁玻璃纤维布块的大小，应根据现场作业面尺寸要求和操作难易来决定。布块小，接头多，强度低。因此，如果强度要求严格，尽可能采用大块布施工。

(5) 涤纶、棉纤维材料须进行防缩处理。

2. 施工要点

玻璃钢的施工有手糊法、模压法、喷射法等几种。建筑防腐蚀工程现场施工利用手糊成型工艺较多，手糊工艺各工序要点如下：

(1) 基层处理：检查验收合格，涂刷底涂层。

(2) 粘贴玻璃布：

1) 玻璃布的粘贴顺序：一般应与泛水方向相反，先沟道、孔洞、设备基础等，后地面、墙裙、踢脚。其搭接顺物料流动方向，搭接宽度一般不小于 50mm，各层搭接缝应互相错开。铺贴时玻璃布不要拉得太紧，达到基本平衡即可。

2) 粘贴方法：包括间断法和连续法两种，应根据施工条件和要求选用。如施工面积大，便于流水作业，防污染的条件较好，宜

采用间断法；否则，宜采用连续法。不饱和聚酯树脂和乙烯基酯树脂，宜采用连续法。环氧树脂，应采用间断法施工。

3) 连续法：用毛刷蘸上胶料纵横各刷一遍后，随即粘贴第一层玻璃布，并用刮板或毛刷将玻璃布靠紧压实，也可用辊子反复滚压使充分渗透胶料，挤出气泡和多余的胶料。待检查修补合格后，不待胶料固化即按同样方法连续粘贴，直至达到设计要求的层数和厚度。玻璃布一般采用鱼鳞式搭接法，即铺两层时，上层每幅布压住下层各幅布的半幅；铺三、四、五层时，每幅布应分别压住前一层各幅布的 2/3、3/4 幅。连续法施工一般铺层数以三层为宜，否则容易出现脱层、脱落等质量事故，铺贴中的缺陷不便于修补。

4) 间断法：贴第一层玻璃布的方法同上。贴好后再在布上涂刷胶料一层，待其自然固化 24h，再铺贴第二层。依此类推，直至完成所需层数和厚度。在铺贴每层时都需进行质量检查，清除毛刺、突边和较大气泡等缺陷并修理平整。

注：贴布时，玻璃布的衬底应该调树脂胶料浸入到玻璃纤维中去，保证每一层玻璃布贴实，不产生气泡等缺陷。当采用环氧乙烯基酯树脂和不饱和聚酯树脂制作玻璃钢整体面层施工时，应在最后一道的封面胶料中添加苯乙烯石蜡溶液，以隔绝空气防止树脂表面发粘。在立面或斜面铺贴玻璃钢时，由于树脂自重及黏度小，往往造成树脂胶料流挂现象，因此工程中可在胶料中加入 1%～3%的轻质二氧化硅 (俗称"气相白炭黑")，以使胶料具有良好的触变性能。阴阳角处的玻璃钢与基层仅是点线的接触，应将阴阳角处理成圆角 (如上面采用块材铺砌，应处理成 45°斜角，使玻璃钢与基层形成平稳过渡的面接触，同时在转角处增加 1～2 层玻璃布。在阴阳角处铺贴玻璃钢时，由于不处于同一平面上，铺贴的玻璃布在树脂未固化前有回缩作用而造成气泡，因此可在衬布树脂胶料中加入适量粉料，以增加树脂黏性，起到压住玻璃布，消除气泡的作用。用玻璃钢作隔离层时，在做完最后一层玻璃布以后，表面稀撒一层砂，以利于树脂砂浆整体面层或衬砌块材的施工。在转角处、管、孔、预埋件、设备基础周围，多应把布剪开铺平，并可多铺 1～2 层，予以增强。

(3) 涂刷面层料：面层料要求有良好的耐磨性和耐腐蚀性，表面要光洁。一般应在贴完最后一层玻璃布的第二天涂刷第一层面胶料，干燥后再涂第二层面胶料。当以玻璃钢做隔离层，其上采用树脂胶泥或树脂砂浆材料施工时，可不涂刷面层胶料。

(4) 养护：玻璃钢施工后，需经常温养护或热处理后方可交付使用。养护时间，见表 28-31。

玻璃钢常温养护时间   表 28-31

名　　称 内　容	养护期不少于 (d)
	隔离层
环氧玻璃钢	7
不饱和聚酯玻璃钢	7
环氧乙烯基酯玻璃钢	7

注：1. 常温养护温度不低于 20℃。
2. 养护时严禁明火、蒸汽、水及日晒。

28.4.4.4 树脂稀胶泥、树脂砂浆整体面层施工工艺流程

在建筑防腐蚀工程中，除防腐蚀外，还对耐磨、承载等有要求。树脂稀胶泥、树脂砂浆整体防腐蚀面层，与块材砌筑相比具有特别重要的意义：

(1) 自重轻，减少结构承重载荷，综合造价大大小于块材构造。

(2) 选用树脂余地较大，特别是不饱和聚酯树脂及环氧乙烯基酯树脂的选用，提高了耐蚀等级。

(3) 整体无缝隙的构造，随意调配的色彩，不仅便于清洗，且有较好的装饰效果。

(4) 抗渗、耐磨及承载、抗冲击能力高。

1. 整体面层施工步骤

设置在不饱和聚酯树脂及环氧乙烯基酯树脂玻璃钢隔离层上，面层与隔离层的施工间隔时间一般>24h。

(1) 隔离层上应先薄且均匀地涂刷树脂浆料。

(2) 随即在树脂浆料上铺树脂砂浆，并随铺摊随揉压，使表面出浆，然后一次抹平压光。

(3) 施工缝应留成整齐的斜槎。继续施工时，应将斜槎清理干

净，涂一层树脂浆料后继续摊铺。

（4）抹压好的砂浆自然固化后，表面涂第一层封面料，待其固化后，再涂第二层封面料。

2. 整体面层施工注意事项

树脂砂浆整体面层的施工方法是成熟的。近年来出现的整体地面质量问题，主要归结为：施工环境温度过低、湿度过大，在工期不允许又没有采取措施的情况下施工，而致使树脂砂浆假固化；树脂砂浆中的树脂含量过低，填料多，致使砂浆的力学性能下降，使用寿命缩短；骨料含水率过高，导致砂浆固化程度不完全，其耐腐蚀和力学性能达不到设计要求。为提高施工效率，采用施工机械进行树脂砂浆的摊铺，机械抹压制成的树脂砂浆地面性能更佳。

3. 环氧乙烯基酯树脂或不饱和聚酯树脂砂浆面层施工注意事项

（1）隔离层的设置：环氧乙烯基酯树脂或不饱和聚酯树脂砂浆整体面层下设置不小于1mm的玻璃钢隔离层，实际使用效果比没有设置隔离层的要好。玻璃钢隔离层能起到第二道防线的作用。

（2）树脂浆料工序：在玻璃钢隔离层（或基层）上摊铺树脂砂浆前，应涂刷树脂浆料（树脂胶料），它是保证树脂砂浆与玻璃钢（或基层）粘结良好，防止砂浆与玻璃钢隔离层（基层）之间脱层的主要措施之一。

（3）树脂砂浆的凝胶时间：凝胶时间太快，来不及施工而浪费材料，或造成树脂砂浆收缩应力集中而产生裂缝或起壳现象。凝胶时间太慢，往往延长施工工期和养护期，同时树脂砂浆的强度偏低。

（4）树脂砂浆骨料和粉料的级配：往往有两种情况，第一种是采用大量粗骨料，且粒径大于2mm，而细骨料、粉料用量少，这种级配虽然可以起到防止树脂砂浆开裂作用，但由于其空隙率大，密实性差，易造成树脂胶料向底部沉降，抗渗性能降低；第二种情况是细骨料、粉料用量太大，这种级配虽然可以使树脂砂浆的密实性提高，表面美观性增强，但随之带来的问题是会出现裂缝或不规则的短小微裂纹。因此需要选择粗细骨料及粉料的合理级配。

（5）树脂砂浆的立面施工：立面用的树脂砂浆如采用平面用的树脂砂浆配合比，常常发生树脂砂浆下滑现象，因此立面用的树脂砂浆应调整粗细骨料的比例，以细骨料（40～70目）和粉料为主，不用或少用粗骨料，使砂浆密度下降。

28.4.4.5 树脂胶泥、树脂砂浆铺切块材施工工艺流程

抗重载、耐磨耗环境下，块材通过胶泥、砂浆的过渡有效地与基层结合在一起。

1. 铺砌材料

耐腐蚀用的块材包括天然石材、耐酸砖、耐酸耐温砖、铸石板及石墨砖（碳砖）等。

小型块材及薄型块材铺砌应采用揉挤法。铺砌时，块材间的缝隙较小，一般采用树脂胶泥，既做结合层又作块材缝隙间的防腐蚀层。揉挤法操作分为两步：第一步打灰：包括打坐灰和砖打灰。打坐灰就是在基层或已砌好的前一块砖上刮胶泥，以保铺砌密实。砖打灰最好分两次进行，第一次用力薄薄打一层，要求打满，厚薄均匀。第二次再按结合层厚度略厚2mm的要求，满打一层。打灰应由一端向另一端用力打过去，不要来回刮，以免胶泥卷起，包入空气形成气泡，影响密实性。第二步铺砌，把打好灰的砖找正缝，使缝内挤出胶泥，然后用刮刀刮去。

大型块材宜采用坐浆法施工。坐浆法施工时，先在基层铺上一层树脂砂浆或树脂胶泥，厚度大于设计的结构层厚度1/2，将块材找准位置轻轻放下，找正压平，并将缝清理干净，待勾（灌）缝施工。

立面块材连续铺砌高度，应与胶泥硬化时间适应，以防砌体变形。

2. 块材勾缝与灌缝

树脂胶泥挤缝、灌缝，必须待铺砌胶泥养护后方可进行。

采用树脂胶泥或砂浆进行大型块材铺砌时，块材间的缝隙较大，一般采用耐腐蚀胶泥做挤（灌）缝材料。铺砌块材时，用按灰缝宽度要求备好的木条顶留出缝隙。待铺砌的胶泥初凝后，将木条取出，用抠灰刀修缝，保证缝底平整，缝内无灰尘油垢等，然后在

缝内涂一遍环氧或不饱和聚酯树脂打底料，待其干燥后再勾缝。勾缝胶泥要饱满密实，不得有空隙、气泡，灰缝表面平整光滑。

树脂胶泥铺砌块材的结合层厚度、灰缝宽度和挤灌缝尺寸见表28-32。

块材的结合层厚度、灰缝宽度和挤缝灌缝尺寸

表 28-32

块材种类	铺砌（mm）		灌缝或挤缝（mm）	
	结合层厚度	灰缝宽度	缝宽	缝深
耐酸砖	4～6	2～4	2～4	≥15
耐酸耐温砖	4～6	2～4	2～4	≥10
铸石板	4～6	3～5	6～8	≥10
花岗石及其条石	4～12	4～12	8～15	≥20

3. 树脂胶泥及其树脂砂浆灌注法施工工艺流程

树脂胶泥或树脂砂浆在进行大型块材铺砌时，可以采用灌注法施工。在水平面施工时，更显优越性。铺砌块材时，用按灰缝宽度要求备好的木条顶留出缝隙，采用碎料将块材铺平整，将木条取出。通过注入法或灌注法将树脂材料充入块材结合层，待铺砌的胶泥初凝后，用抠灰刀修缝，保证缝底平整，缝内无灰尘油垢等，检查缝隙，使得树脂胶泥或树脂砂浆饱满密实，无空隙、气泡，灰缝表面平整光滑。

28.4.4.6 树脂玻璃鳞片胶泥面层施工工艺流程

树脂玻璃鳞片胶泥面层，主要适用于：操作平台、部分池槽、建筑构配件等受液相复杂介质作用的部位，其施工工艺、作业流程和质检规章的主要内容，包括：

（1）施工准备：制定详细的施工技术方案书、施工作业规程及质检验收表。配备完好的施工质检仪器，施工用材料、机具与设备齐全合格。施工现场环境条件满足施工作业要求。施工对象（构件）满足设计要求，具备施工条件。

（2）表面处理：防腐蚀表面的油污，油脂以及较厚的锈进行预处理。焊缝、焊渣及飞溅物，加工面毛刺应打磨光滑平整。表面喷砂处理达到Sa1 1/2级。

（3）封底料及面层涂刷：表面处理后立即完成第一层封底料喷涂。涂刷前，表面必须清扫并用挥发性溶剂清洗干净。

封底料配制应符合施工技术要求，涂刷应无漏涂，涂刷表面应无突出流滴。第二道涂应在第一道底涂初凝后即涂刷，且涂刷方向与第一道相垂直。涂刷后的构件应采取遮雨、防潮措施。

（4）第一道鳞片涂抹时，涂抹面必须干净，焊缝处涂覆应相应凸起，自然固化、修补。

（5）第二道鳞片涂抹与上述操作相同，施工料颜色与第一道不同，自然固化、修补。

（6）增强层：表面无缺欠、大气泡存在，增强区底部用腻子找平，增强范围应符合工艺规定，增强用胶应符合工艺配比要求，增强区固化后，其端面应打磨光滑，表面无毛刺及胶滴。

（7）面层料：被涂表面洁净无尘，无滴落的残料及其他杂物，面层料配制应符合工艺规定。二次涂刷方向垂直、涂刷面无漏涂，涂刷后表面明亮无气泡、杂物，色泽均匀。

（8）养护：养护期间表面无损伤、划伤，无腐蚀性介质及溶剂泼溅，养护期符合工艺规定。

28.4.5　树脂喷射工艺的施工

高效率工法，适用于池、槽等衬里，也适用于隔离层。防腐蚀层均匀、密实，防护效果好。

28.4.5.1　喷射设备的选择

喷射成型的主要设备是喷枪和玻璃纤维切割器。

1. 喷枪

压缩空气将树脂和玻璃纤维压送到喷枪，主要有三个喷嘴，中间一个喷嘴喷射玻璃纤维短切丝，旁边两个喷嘴喷射经过计量控制的引发剂（固化剂）和加有促进剂的树脂。

2. 玻璃纤维切割器

玻璃纤维切割器的作用是把玻璃纤维切短，切割器由两个辊轮

组成，其中一个辊轮（或两个辊轮）表面用橡胶包覆，另一个辊轮装有数片刀片，由风动电动机带动有刀片的辊轮转动，引入的玻璃纤维挤在两个辊轮中间被刀片切断。

28.4.5.2　基面状况验收

基层表面处理要求与工艺：符合国家标准《建筑防腐蚀工程施工及验收规范》（GB 50212）并经过验收；地面防腐蚀施工还应同时符合国家标准《建筑地面工程施工质量验收规范》（GB 50209）的要求并经过检查验收合格。

28.4.5.3　施工工艺流程

利用喷枪将树脂和引发剂喷成细粒，并与玻璃纤维切割器喷射出来的短切纤维混合后喷覆在基层表面，再经滚压固化而成。建筑防腐蚀工程采用这套工艺制作隔离层。

具体做法是：加有促进剂的树脂和引发剂（或固化剂）分别由喷枪上的两个喷嘴喷出，与其协同动作的切割器将连续玻璃纤维切割成短切纤维，由喷枪的第三个喷嘴同时均匀地喷射到基层表面，然后用小碾压实，经固化而成制品。

喷射成型也可称为半机械化手糊法，其优点有：

（1）利用粗纱代替玻璃布，可降低材料费用。

（2）半机械化操作，生产效率可比手糊法高2～4倍。

（3）喷射成型无搭接缝，构件整体性好，树脂含量高。

喷射成型的主要工序包括：树脂和引发剂组分喷射、玻璃纤维粗纱切断和喷散，沉积在基层表面或被衬里基层表面的树脂/纤维铺层辊压、固化、脱模及后处理等。

树脂喷射系统分两部分：

（1）树脂喷射系统有两个贮罐，分别装入引发剂（或固化剂）和含有促进剂的树脂；

（2）从两个贮罐中取出等量的分别加有促进剂和引发剂的树脂的混合设备。树脂喷射系统是用压缩空气或低压泵使树脂雾化。

28.4.5.4　施工工艺过程注意事项

（1）喷射工艺操作是在常温常压下进行，其适宜温度为25±5℃。如温度过高，树脂胶料固化太快，会引起喷射系统的阻塞。温度过低，树脂胶料过黏，混合不均，难以喷射，而且固化太慢。

（2）喷射装置的容器和管路内，不允许有水分，否则会影响固化。

（3）喷射时三种成分的喷出物应积聚在离喷枪口外300～500mm的成型面上。喷射时，喷枪应对准被喷射的表面。先开启两个组分的树脂开关，在基层表面喷一层树脂，然后开动切割器，开始喷射纤维和树脂混合物。

（4）注意喷枪匀速移动，不要留有空缺，每次喷层（指松散的纤维树脂层）厚度控制在1.0mm左右。

喷射成型后的工序（固化、后处理、涂面层等）同手糊法。喷射完毕后，所用容器、管道及压辊等都要及时清洗干净，防止树脂固化后损坏设备。

28.4.6　树脂缠绕工艺的施工

28.4.6.1　缠绕工艺的应用范围

建筑防腐蚀工程中，有些重要的构配件需要现场缠绕。

28.4.6.2　施工工艺

缠绕成型工艺按树脂基体的状态不同分为干法、湿法和半干法三种。

1.干法

缠绕前预先将玻璃纤维制成预浸渍带，然后卷在卷盘上待用。使用时使浸渍带加热软化后绕制在芯模上。这种方法可提高缠绕速度至100～200m/min，缠绕张力均匀，设备清洁，劳动条件得到改善，易实现自动化缠绕，可严格控制纱带的含胶量和尺寸，制品质量较稳定。

2.湿法

缠绕成型时将玻璃纤维经集束后进入树脂胶槽浸胶，在张力控制下直接缠绕在芯模上，然后固化成型。这种方法设备较简单，对原材料要求不高，对纱带质量不易控制、检验，张力不易控制，对缠绕设备如浸胶辊、张力控制器等，要经常维护，不断洗刷，否则，一旦在辊上发生纤维缠结，将影响生产的正常进行。

3.半干法

这种方法与湿法相比，增加了烘干工序；与干法相比，缩短了烘干时间，降低了绞纱的烘干程度，使缠绕过程可以在室温下进行，这样既除去了溶剂，又提高了缠绕速度和制品质量。

4.缠绕工艺后处理

（1）固化

充分固化是保证制品质量的重要条件，直接影响制品的物理性能。固化包括加热的温度范围、升温速度、恒温温度及时间、降温冷却等。

根据制品的不同性能要求可采用不同的固化方法，而且不同的树脂系统，固化方法也不相同。一般都要根据树脂配方、制品性能要求，以及制品的形状、尺寸及构造情况，通过实验来确定合理的固化方法。

（2）工艺措施

1）逐层递减张力

由于缠绕张力的作用，后绕上的一层纤维会对先绕上的纤维发生压缩变形造成内松外紧，纤维不能同时受力，严重影响强度和疲劳性能。采用逐层递减张力后，可使整个玻璃钢层都具有相同的初应力和张紧程度，受压时同时受力，强度发挥好，制品质量高。

2）分层固化

在内衬上先缠绕一定厚度的玻璃钢缠绕层，使其固化，冷却至室温经表面打磨再缠绕第二次，依次类推，直至缠绕到强度设计要求的层数为止。

28.4.7　环保与绿色施工工艺

建筑防腐蚀工程施工对自然资源、环境影响较大，围绕环保综合要求，以节约能源、降低能耗、减少污染为宗旨。

（1）工艺设备选型时，优先采用技术成熟、能源消耗低的设备。

（2）采用高强、高性能的材料，减少传统材料用量，扩大新材料、新工艺的使用。

（3）施工与生产过程中不使用容易形成新污染源的材料，使用以提高生产质量、改善生态环境为目标的防腐蚀材料。

（4）减少污染物排放，限制采用高VOC材料，最大限度地减少对周围环境的影响。

1）分析施工现场扬尘状况：施工现场的粉尘源，主要是基面处理时，由于机械打磨过程产生的扬尘，易产生尘埃物料（填充料、耐酸粉料、砂石等）的运输、存放，建筑垃圾的运输、存放。

2）扬尘的控制措施：采用大型工业吸尘机同步配套，净化基面；覆盖易产生尘埃的物料；洒水降尘，施工现场垃圾封闭处理；施工车辆出入现场采取措施防止泥土带出现场；施工过程堆放的废料采取防尘措施并及时清运。

28.4.8　质量要求及检验

28.4.8.1　玻璃钢防腐蚀构造的质量检验

质量检验标准在国家标准《建筑防腐蚀工程施工及验收规范》（GB 50212）中有较细致的要求，内容包括：树脂原材料标准、制成品质量检验标准、工程验收与评定标准等，并经过组织验收。

28.4.8.2　树脂增强玻璃鳞片的质量检验

鳞片衬里施工的质检范围包括该技术施工的全部工序，每道工序施工完毕后，都应严格按规定的质检条款验收。凡未经质检人员质检并签署工序合格手续的部分，不得转入下道工序。

28.4.8.3　喷射成型工艺的质量控制

玻璃钢喷射成型各组分比例的控制是决定玻璃钢制品性能的关键因素，因此必须严格控制各工艺参数。

1.树脂含量要求

喷射成型属于接触成型，树脂含量要求较高，约在60%左右。含胶量过低，纤维浸渍不透也不均匀，粘结不牢。调整树脂贮罐压力，能改变树脂喷射量。

2.喷雾压力选择

喷雾压力大小要保证两种不同组分树脂均匀混合，同时还要减少树脂的损失。压力太小树脂雾化效果不好，两种组分树脂混合不

匀。压力太大则树脂流失过多。压力大小的调整与树脂黏度有关。当树脂黏度降低时，喷射压力可适当减少。

28.4.9 安 全 防 护

(1) 树脂类防腐蚀工程中的许多原材料，如乙二胺、苯类、酸类等，都具有不同程度的毒性或刺激性，使用或配制时要有良好的通风。

操作人员应进行体格检查。患有气管炎、心脏病、肝炎、高血压者以及对某些物质有过敏反应者均不得参加施工。

研磨、筛分、搅拌粉状填料最好在密封室内进行。操作人员应戴防护口罩、防护眼镜、手套、工作服等防护用品，工作完毕应冲洗、淋浴。

(2) 施工过程中不慎与腐蚀或刺激性物质接触后，要立即用水或乙醇清洗。毒性较大的材料施工时，应适当增加操作人员的工间休息。施工前应制定有效的安全、防护措施，并应遵照安全技术及劳动保护制度执行。

(3) 在配制、使用乙醇、苯、丙酮等易燃材料的施工现场，应严禁烟火，并应配备消防器材，还要有适当的通风。

(4) 为防止与有害物质接触，一般可用乳胶手套。与有害物质接触不多时也可用"液体"手套。这种手套由干酪素混合液形成薄膜，把皮肤与有害物质隔开而起保护作用，它不溶于大多数溶剂但溶于水。

28.5 水玻璃类防腐蚀工程

建筑防腐蚀工程中水玻璃类材料是适用于高浓度酸介质环境下的主要材料。水玻璃类防腐蚀工程所用的材料包括水玻璃胶泥、水玻璃砂浆和水玻璃混凝土，水玻璃胶泥和水玻璃砂浆又是耐蚀块材砌筑的胶结料。水玻璃材料品种，依据化学成分可分为：钠水玻璃、钾水玻璃及其改性产品。这类材料是以水玻璃为胶粘剂、固化剂、一定级配的耐酸粉料或粗细骨料配制而成。其特点是耐蚀性能好，尤其对较高浓度的无机酸稳定性更好，机械强度高，资源丰富，价格较低，但抗渗性和耐水性能较差，不耐碱。施工较复杂，养护期较长。其中水玻璃胶泥和水玻璃砂浆的主要用途是铺砌各种耐酸块材面层，水玻璃混凝土常用于浇筑整体面层、设备基础及池槽体等。

28.5.1 一 般 规 定

28.5.1.1 材料规定

水玻璃类材料应具有出厂合格证和质量检验资料。对原材料的质量有怀疑时，应进行复验。按《建筑防腐蚀工程施工质量验收规范》(GB 50224) 规定的有关检验项目和《建筑防腐蚀工程施工及验收规范》(GB 50212) 中有关试验方法进行复验。

(1) 钠水玻璃的使用温度不低于 15℃，钾水玻璃使用温度不应低于 20℃。钠水玻璃材料施工的环境温度低于 10℃、钾水玻璃材料施工的环境温度低于 15℃时，水玻璃的黏度增大不利于施工，质量指标低。

(2) 水玻璃应防冻，受冻的水玻璃必须加热并充分搅拌均匀后方可使用。

(3) 钾水玻璃材料的注意点：

1) 直接与细石混凝土、黏土砖砌体或钢铁基层接触，不宜用水泥砂浆找平。

2) 钾水玻璃的固化剂已缩合磷酸铝，已掺入钾水玻璃胶泥、砂浆或混凝土混合料内。

3) 拌制好的水玻璃胶泥、水玻璃砂浆、水玻璃混凝土内严禁加入任何物料，必须在初凝前 30min 内用完。每次拌合量不宜太多，胶泥或砂浆一般以 3kg 为宜。

(4) 水玻璃类材料在氧化性酸和高浓度、高温酸性介质作用的部位具有良好的耐蚀性能，但在盐类介质干湿交替作用频繁、碱及呈碱性反应的介质、含氟酸作用的部位等不得使用。

(5) 密实型水玻璃材料适用于常温介质作用的环境。当介质温度高于 100℃时，应选用普通型水玻璃材料。经常有稀酸或水作用的部位，不应选用普通型水玻璃材料。

(6) 钠水玻璃材料不得与水泥砂浆、混凝土等呈碱性反应的基层直接接触。配筋水玻璃混凝土的钢筋表面，应涂刷环氧或其他类型防腐蚀涂料。

28.5.1.2 施工规定

1. 施工环境温度

水玻璃类防腐蚀工程施工的环境温度宜为 15~30℃，高于 30℃时，水玻璃的黏稠度显著增加，不易于施工，配制的水玻璃材料易过早脱水硬化反应不完全，质量指标低。但采取适当的技术措施，如：防曝晒措施、保证原配合比等质量情况下水玻璃比重降低，是可以满足于 30~38℃施工的；当钠水玻璃材料施工的环境温度低于 10℃，钾水玻璃材料施工的环境温度低于 15℃时，养护期达到 28d 或更长时间，但在浸水 28d 或更长时间，会导致已成型的制品溶解溃裂，这是水玻璃类材料的通性。低于施工环境温度，采取加热保温措施，亦是可以满足施工要求的。施工时钠水玻璃材料温度不应低于 15℃，钾水玻璃材料温度不应低于 20℃。

2. 防冻措施

水玻璃受冻后，冻结部分无法与混合料混合。在使用前将冻结的水玻璃加热搅拌溶化，即能得到有效恢复，使其与冻结前的溶液性能相近。

3. 防止早期过快脱水

水玻璃类材料施工后的养护期间严禁与水或水蒸气接触。因为水解化合反应，尚未充分形成稳定的 Si-O 键，没有参与反应的部分或反应不完全的部分，如遇到水或水蒸气，都会被溶解析出而遭到破坏。过早脱水，材料来不及进行充分反应而达到硬化，制成品质量指标很低，遇水就会溶解析出。

4. 灌缝

块材砌筑工程灌缝前应清除缝内杂物。灌缝时应随时分层捣至表面泛浆，刮除多余的水玻璃砂浆，并在初凝前整平压实。采用密实型水玻璃胶泥、砂浆时，灰缝应饱满密实，可用木抹轻捣或分层轻捣，排除气泡泛浆。

5. 隔离层设置

在混凝土基层上进行水玻璃类材料施工，先采用树脂材料做玻璃钢隔离层和卷材隔离层；也可以采用底涂层做隔离。

6. 施工机具

除使用一般混凝土施工用具外，还需配置各类专用机具，包括：氟硅酸钠加热脱水设备、氟硅酸钠和粉料密封搅拌箱、强制式搅拌机、粉料密封搅拌箱、平板或插入式振动器、比重计、铁板、抽油器等。

28.5.2 原材料和制成品的质量要求

28.5.2.1 钠水玻璃

1. 钠水玻璃外观为略带色的透明黏稠状液体，技术指标见表 28-33。

钠水玻璃技术指标　　　　　　表 28-33

项　目	指　标
模　数	2.6~3.0
密度 (g/cm³)	1.38~1.42

注：1. 液体内不得混入油类或杂物，必要时使用前应过滤。
　　2. 钠水玻璃模数及密度如不符合本表要求时，应进行调整。

2. 氟硅酸钠分子式为 Na_2SiF_6，外观为白色、浅灰或浅黄色粉末，其技术指标见表 28-34。

氟硅酸钠的技术指标　　　　　表 28-34

项　目	技术指标	
	一级	二级
外观	白色或浅黄色	浅灰色
氟硅酸钠含量 (%) 不小于	95	93
游离酸含量 (以盐酸计) (%) 不大于	0.2	0.3
氯化钠含量 (%) 不大于	3	5
含水率 (%) 不大于	1	1.2
细度 (0.15mm 筛孔)	全部通过	全部通过

氟硅酸钠的用量可根据下式计算：

$$G = 1.5 \times \frac{N_1}{N_2} \times 100 \qquad (28\text{-}1)$$

式中　G——氟硅酸钠用量占水玻璃用量的百分率（%）；

N_1——水玻璃中 Na_2O 含量（%）；

N_2——氟硅酸钠纯度（%）。

注：受潮结块时，应在不高于 100℃ 的温度下烘干并研磨过筛后使用。

3. 钠水玻璃材料配套粉料、粗细骨料的质量

（1）常用粉料：铸石粉、石英粉、辉绿岩粉、安山岩粉、瓷粉和石墨粉等，其技术指标见表 28-35。

粉料技术指标　　表 28-35

项　目		指　标
耐酸率（%）不小于		97
含水率（%）不大于		0.5
亲水系数，不大于		1.1
细度	0.15mm 筛孔余量（%）不大于	5
	0.09mm 筛孔余量（%）	10～30

注：石英粉因粒度过细，收缩率大，易产生裂纹，故可与等重量的铸石粉混合使用。

（2）细骨料常用石英砂，其技术指标见表 28-36。

细骨料技术指标　　表 28-36

项　目	指　标
耐酸率（%）不小于	95
含水率（%）不大于	1
含泥量（%）不大于（用天然砂时）	1

注：一般工程中也可用黄砂，但需经严格筛选，并作必要的耐腐蚀检验。

（3）粗骨料常用石英石、花岗石，其技术指标见表 28-37。

粗骨料技术指标　　表 28-37

项　目	指　标
耐酸率（%）不小于	95
含水率（%）不大于	0.5
吸水率（%）不大于	1.5
含泥量	不允许
浸酸安定性	合格

4. 细、粗骨料的颗粒级配要求

当用钠水玻璃砂浆铺砌块材时，采用细骨料的粒径不大于 1.25mm。钠水玻璃混凝土用细骨料和粗骨料颗粒级配要求见表 28-38 和表 28-39。

钠水玻璃混凝土用细骨料级配要求　　表 28-38

筛孔（mm）	5	1.25	0.315	0.16
累计筛余量（%）	0～10	20～55	70～95	95～100

钠水玻璃混凝土用粗骨料级配要求　　表 28-39

筛孔（mm）	最大粒径	1/2 最大粒径	5
累计筛余量（%）	0～5	30～60	90～100

注：粗骨料的最大粒径，应不大于结构最小尺寸的 1/4。

5. 钠水玻璃制成品的技术指标见表 28-40 和表 28-41。

钠水玻璃胶泥技术指标　　表 28-40

项　目		指　标
凝结时间	初凝（min）不小于	0～45
	终凝（h）不大于	0～12
抗拉强度（MPa）不小于		2.5
浸酸安定性		合格
吸水率（%）不大于		0～15
与耐酸砖粘结强度（MPa）不小于		1.0

钠水玻璃砂浆、钠水玻璃混凝土、密实型钠水玻璃混凝土技术指标　　表 28-41

项　目	指　　标		
	钠水玻璃砂浆	钠水玻璃混凝土	密实型钠水玻璃混凝土
抗压强度（MPa）不小于	15	20	25
浸酸安定性	合格	合格	合格
抗渗强度（MPa）不小于	0.2	0.2	1.2

28.5.2.2　钾水玻璃

1. 钾水玻璃外观为无色透明液体，其技术指标见表 28-42。

钾水玻璃技术指标　　表 28-42

项　目	指　标
模　数	2.6～2.9
密度（g/cm³）	1.4～1.45

注：1. 液体内不得混入油类或杂物，必要时使用前应过滤。

2. 钾水玻璃模数或密度如不符合本表要求时，应进行调整。

2. 缩合磷酸铝

钾水玻璃的固化剂已经商品化，其有效成分缩合磷酸铝已掺入钾水玻璃胶泥、钾水玻璃砂浆或钾水玻璃混凝土混合料内。

3. 钾水玻璃材料的粉料、粗细骨料的质量

（1）粉料同钠水玻璃材料常用：铸石粉、石英粉、安山岩粉等，其技术指标见表 28-35。

（2）细骨料同钠水玻璃材料常用：石英砂等，其技术指标见表 28-36。

（3）粗骨料同钠水玻璃材料常用：石英石、花岗石，其技术指标见表 28-37。

4. 钾水玻璃胶泥、砂浆、混凝土混合料的质量

（1）钾水玻璃胶泥混合料的含水不大于 0.5%，细度要求 0.45mm 筛孔筛余量不大于 5%，0.16mm 筛孔筛余量宜为 30%～50%。

（2）钾水玻璃砂浆混合料的含水率不大于 0.5%，细度要求见表 28-43。

钾水玻璃砂浆混合料的细度　　表 28-43

最大粒径（mm）	筛余量（%）	
	最大粒径的筛	0.16mm 的筛
1.25	0～5	60～65
2.5	0～5	63～68
5.0	0～5	67～72

（3）钾水玻璃混凝土混合料的含水率不大于 0.5%，粗骨料的最大粒径，不大于结构截面最小尺寸的 1/4，用作整体地面面层时，不大于面层厚度的 1/3。

5. 钾水玻璃制成品的质量

钾水玻璃制成品的质量，见表 28-44。

钾水玻璃制成品的质量　　表 28-44

项　目	密实型			普通型		
	胶泥	砂浆	混凝土	胶泥	砂浆	混凝土
初凝时间（min）不小于	45			45		
终凝时间（h）不大于	15			15		
抗压强度（MPa）不小于	—	25	25	—	20	20
抗拉强度（MPa）不小于	2.5	2.5		3	3	
与耐酸砖粘结强度（MPa）不小于	1.2	1.2	1.2	1.2	1.2	1.2
抗渗等级（MPa）不小于		1.2			0.4	
浸酸安定性		合格			合格	
耐热极限温度（℃）	100～300	—	合格			
	300～900	—	合格			

注：1. 表中砂浆抗拉强度和粘结强度，仅用于最大粒径 1.25mm 的钾水玻璃砂浆。

2. 表中耐热极限温度，仅用于有耐热要求的防腐蚀工程。

28.5.2.3 水玻璃类材料的物理力学性能

水玻璃类材料的物理力学性能，见表28-45。

水玻璃类材料的物理力学性能 表 28-45

项 目	普通型钾水玻璃	密实型钾水玻璃	普通型钠水玻璃	密实型钠水玻璃
抗压强度（MPa）不小于	砂浆 20 混凝土 20	砂浆 25 混凝土 25	砂浆 15 混凝土 20	砂浆 20 混凝土 25
抗拉强度（MPa）不小于	胶泥、砂浆 3.0	胶泥、砂浆 2.5	胶泥、砂浆 2.5	胶泥、砂浆 2.5
粘结强度（MPa）不小于	胶泥、砂浆与耐酸砖 1.2 砂浆与水泥基层 1.0	胶泥、砂浆与耐酸砖 1.0		
抗渗等级（MPa）不小于	0.4	1.2	0.2	1.2
吸水率（%）不大于	10	3	15	—
使用温度（℃）不大于	300	100	300	100

28.5.2.4 水玻璃模数和密度调整方法

钾水玻璃、钠水玻璃或它们的混合物，化学组成可分别表示为：

钾水玻璃 $K_2O \cdot mSiO_2 \cdot nH_2O$ (28-2)

钠水玻璃 $Na_2O \cdot mSiO_2 \cdot nH_2O$ (28-3)

式中 m——玻璃的模数，它决定于水玻璃中 SiO_2 与 Na_2O（K_2O）的含量，可表示如下：

$$模数 m = \frac{SiO_2 \ 摩尔数}{Na_2O \ 摩尔数} = 1.031 \times \frac{SiO_2 \ 含量\%}{Na_2O \ 含量\%} \quad (28-4)$$

式中 1.031——Na_2O 分子量与 SiO_2 分子量比值。

$$模数 m = \frac{SiO_2 \ 摩尔数}{K_2O \ 摩尔数} = 1.567 \times \frac{SiO_2 \ 含量\%}{K_2O \ 含量\%} \quad (28-5)$$

式中 1.567——K_2O 分子量与 SiO_2 分子量比值。

水玻璃的模数、密度是影响水玻璃胶泥性能的重要参数，在配制胶泥时必须严格控制。模数以 2.6～2.8 为宜。高模数胶泥的耐酸性能及强度较好，但固化速度太快，表面结皮对施工不利；低模数胶泥的耐酸性能差，固化时间长，施工时易流淌，影响衬里质量。

水玻璃的密度决定于水玻璃中固体物含量，配制水玻璃胶泥时以 1.4～1.5 为宜。密度过大含水量低，黏度大；密度小含水量高则胶泥的孔隙率高，强度低。

28.5.2.5 水玻璃材料的耐蚀性能

水玻璃类材料与其他耐蚀材料相比，在氧化性酸和高浓度、高温度的酸性介质作用的部位具有良好的耐蚀性能，但是在盐类介质干湿交替作用频繁的部位、碱及呈碱性反应的介质、含氟酸作用的部位等，由于耐蚀性能很差，所以不得用在上述部位。其在常用介质条件下的耐蚀性能，见表28-46。

水玻璃材料在常用化学介质中的耐蚀性能

表 28-46

介质名称	水玻璃类材料
硫酸（%）	耐
醋酸（%）	耐
氢氧化钠	不耐
尿素	不耐
硫酸钠	尚耐
5%硫酸和 5%氢氧化钠交替作用	不耐
盐酸（%）	耐
铬酸（%）	耐

续表

介质名称	水玻璃类材料
碳酸钠	不耐
氯化铵	尚耐
乙醇	渗透作用
丙酮	渗透作用
硝酸（%）	耐
氢氟酸（%）	不耐
氨水	不耐
硝酸铵	尚耐
汽油	渗透作用
苯	渗透作用

注：1. 表中介质为常温，%系指介质的质量百分比浓度。
2. 水玻璃类材料对氯化铵、硝酸铵、硫酸钠"尚耐"，仅适用于密实型水玻璃类材料。

28.5.3 施 工 准 备

28.5.3.1 材料的验收、保管

(1) 材料进场后，应进行核对，注明品名、规格，根据材料性能、特点分别采取防雨、防潮、防火、防冻等措施。

(2) 氟硅酸钠有毒，应作出标记，安全存放，专人保管。

28.5.3.2 人员培训

水玻璃类材料防腐蚀工程对施工、技术人员要求较高。应具备一定的化学知识，进行技术培训。按照工种不同实施技术考核，合格后方可上岗。编好施工方案，做好技术交底工作，会同材料供应方熟悉材料性能，有序组织生产。

28.5.3.3 施工环境

水玻璃类防腐蚀工程施工的环境温度，一般为 15～30℃，相对湿度为不大于 80%。当施工的环境温度，钠水玻璃材料低于10℃，钾水玻璃材料低于 15℃时，应采取加热保温措施。原材料使用时的温度，钠水玻璃不应低于 15℃，钾水玻璃不应低于 20℃。

28.5.3.4 施工机具

强制式搅拌机、平板或插入式振动器、密度测定仪、电子秤、容器等。

氟硅酸钠加热脱水装备、氟硅酸钠和粉料密封搅拌箱。

28.5.3.5 技术准备

技术准备工作的主要内容包括：

加强技术创新和环境意识；技术方案与建设、监理、设计等各方协调；技术交底。

(1) 以技术创新为切入点，优先选用技术领先的工艺和施工设备、机具。

(2) 加强管理人员的培训，兼顾质量终身负责制，使施工过程体现优质高效。

(3) 施工阶段严格按照技术规程、环保措施进行操作，厉行节约，施工现场清洁文明。

28.5.4 材料的配制及施工

28.5.4.1 水玻璃类材料的配制

水玻璃类胶泥材料的配合比根据所用原料的不同略有差异，表28-47 为常用水玻璃胶泥材料的配合比。

常见水玻璃胶泥材料的配合比 表 28-47

原 料	配料比	
	钠水玻璃	钾水玻璃
钠水玻璃	40～42	
钾水玻璃		42～44
氟硅酸钠	6	
缩合磷酸铝		6
耐酸粉料	100	94

(1) 严格控制原料的技术性能指标，施工前每批原料要进行性能测定。

(2) 配制胶泥时必须搅拌均匀。施工前应进行试验，验证配料比和性能是否适宜。

(3) 施工过程中不要往胶泥中补加水玻璃、固化剂或耐酸粉料。

28.5.4.2 密实型钾水玻璃砂浆整体面层的施工

受液态介质作用的部位应选用密实型钾水玻璃砂浆，钾水玻璃砂浆整体面层的施工宜分段或分段进行。平面的钾水玻璃砂浆整体面层，宜一次抹压完成。面层厚度小于 25mm 时，宜选用混合料最大粒径为 2.5mm 的钾水玻璃砂浆；面层厚度大于 25mm 时，宜选用混合料最大粒径为 5mm 的钾水玻璃砂浆。立面的钾水玻璃整体面层，应分层抹压，每层厚度不宜大于 5mm，总厚度应符合设计要求，混合料的最大粒径应为 1.25mm。抹压钾水玻璃砂浆时，平面应按同一方向抹压平整；立面应由下往上抹压平整。每层抹压后，当表面不粘抹具时轻拍压实，不得出现褶皱和裂纹。

28.5.4.3 水玻璃混凝土的施工

浇筑水玻璃混凝土的模板应支撑牢固，拼缝严密，表面应平整，并涂矿物油脱模剂。当水玻璃混凝土内埋有金属嵌件时，金属件必须除锈，并应涂刷防腐蚀涂料。

水玻璃混凝土设备（如耐酸贮槽）的施工浇筑必须一次完成，严禁留设施工缝。当浇筑厚度大于规定值时（当采用插入式振动器时，每层灌筑厚度不宜大于 200mm，插点间距不应大于作用半径的 1.5 倍，振动器应缓慢拔出，不得留有孔洞。当采用平板振动器或人工捣实时，每层灌筑厚度不宜大于 100mm。应分层连续浇筑）。分层浇筑时，上一层应在下一层初凝前完成。水玻璃混凝土整体地面施工，分格间距不宜大于 3m，缝宽宜为 12～16mm。待地面浇筑硬化后，再用钾水玻璃砂浆填实压实。地面浇筑时，应控制平整度和坡度。平整度采用 2m 直尺检查，允许空隙不大于 4mm；坡度允许偏差为坡长的 ±0.2%，最大偏差值不大于 30mm。水玻璃混凝土浇筑应在初凝前振捣至排除气泡泛浆，最上一层捣实后，表面应在初凝前压实抹平。当需要留施工缝时，在继续浇筑前应将该处打毛清理干净，薄涂一层水玻璃胶泥，稍干后再继续浇筑。地面施工缝应留成斜槎。水玻璃混凝土在不同环境温度下的立面拆模时间见表 28-48。

水玻璃混凝土的立面拆模时间　表 28-48

材 料 名 称		拆模时间（d）不少于			
		10～15℃	16～20℃	21～30℃	31～35℃
钠水玻璃混凝土		5	3	2	1
钾水玻璃混凝土	普通型	—	5	4	3
	密实型	—	7	6	5

承重模板的拆除，应在混凝土的抗压强度达到设计值的 70% 时方可进行。拆模后不得有蜂窝、麻面、裂纹等缺陷。当有大量上述缺陷时应返工。少量缺陷应将该处的混凝土凿去，清理干净，待稍干后用同型号的水玻璃胶泥或水玻璃砂浆进行修补。

28.5.4.4 水玻璃类材料的养护及酸化处理

水玻璃类材料的养护期见表 28-49。

水玻璃类材料的养护期　表 28-49

材 料 名 称		养护期（d）不小于			
		10～15℃	16～20℃	21～30℃	31～35℃
钠水玻璃材料		12	9	6	3
钾水玻璃材料	普通型	—	14	8	4
	密实型	—	28	15	8

水玻璃类材料防腐蚀工程养护后，应采用浓度为 30%～40% 硫酸作表面酸化处理，酸化处理至无白色结晶盐析出时为止。酸化处理次数不宜少于 4 次。每次间隔时间：钠水玻璃材料不应少于 8h；钾水玻璃材料不应少于 4h。每次处理前应清除表面的白色析出物。如为酸池衬里时，可不进行酸化处理。

28.5.4.5 水玻璃胶泥的酸化工艺

(1) 水玻璃类材料块材铺砌层施工后应在不低于 15℃ 的气温下养护 14d，加热可促进胶泥固化，但温度不宜过高，一般以低于 60℃ 为宜。

(2) 养护 14d 后的水玻璃类材料块材铺砌层在使用前应以 40% 硫酸溶液或 20% 盐酸溶液进行胶泥缝的酸化处理，每隔 4h 处理一次，共处理 4 次，仅限于比较重要的构筑物或构配件处理。

28.5.5 环保与绿色施工工艺

绿色施工包括：施工管理、环境保护、节约材料、合理利用资源等。绿色施工是资源节约型、环境友好型社会建设的需要。在保证工程质量、安全的前提下，要求工程技术人员通过分析和研究、科学管理、技术创新，最大限度地节约资源和减少对环境的负面影响。

(1) 合理利用新技术、新材料、新工艺，以减少传统材料的用量。

(2) 施工中力求做到降低能耗，提高能源利用率。施工现场采用与工程量相匹配的施工机械设备，引进变频技术、改进设备的能耗，优化施工方案，合理安排工序，提高机械设备的满载率。

(3) 加强施工现场管理，合理规划施工现场管理区、生活服务区、材料堆放与仓储区、材料加工作业区，并对临时用房、围墙、道路等根据施工规模、员工人数、材料设备需用计划和现场条件进行控制。对于材料的供应、存储、加工、成品半成品堆放使用，进行合理的流水管理，避免二次搬运。根据工程量的大小，确定采购产品的数量，尽量达到零库存。

(4) 在进行水玻璃类材料防腐蚀工程施工过程中，尽可能避免和减少对环境的破坏。水玻璃类材料防腐蚀工程施工过程中主要的污染物来自于胶泥和辅助的有机溶剂（如清洗用丙酮）。胶泥的使用应按施工规范的要求，定量配用。对于剩余的胶泥进行收集，作为固体垃圾交由环保部门处理。对于施工过程中用于清洗设备和工具的有机溶剂，要做到集中回收，集中处理，不能随意倾倒，以免造成环境污染。

28.5.6 质量要求及检验

28.5.6.1 水玻璃胶泥、砂浆整体面层质量检验

(1) 水玻璃类材料的整体面层应平整洁净、密实、无裂缝、起砂、麻面、起皱等现象。面层与基层应结合牢固，无脱层、起壳等缺陷。

(2) 水玻璃类材料整体面层的平整度，采用 2m 直尺检查，其允许空隙不大于 4mm。坡度应符合设计要求，允许偏差为坡长的 +0.2%，最大偏差值不得大于 30mm。作泼水试验时，水应能顺利排除。

28.5.6.2 水玻璃类材料块材铺砌层的质量检验

(1) 水玻璃胶泥或砂浆铺砌块材的结合层和灰缝应饱满密实，粘结牢固，无疏松、裂缝和起鼓现象。

(2) 块材面层的平整度和坡度、排列、缝的宽度应符合设计要求。

(3) 块材铺砌时要保证胶泥饱满，防止胶泥流淌和块材移位。

(4) 块材铺砌层的养护和热处理要符合热处理要求。

28.5.6.3 水玻璃类材料块材铺砌层常见的缺陷和原因

水玻璃类材料块材铺砌层施工中常见的缺陷和原因见表 28-50，根据所分析的原因，采取相应措施。

衬里施工缺陷和原因　表 28-50

缺陷与现象	原因与处理
块材移动、胶泥固化速度慢、强度低	(1) 施工现场温度低； (2) 固化剂用量不足； (3) 水玻璃模数高； (4) 水玻璃密度小
固化速度快	(1) 施工现场温度高； (2) 固化剂加入量大； (3) 水玻璃模数低； (4) 水玻璃密度大

续表

缺陷与现象	原因与处理
粘结力差	(1) 被粘结物面不清洁； (2) 胶泥配方不当； (3) 胶泥不饱满，有空洞
胶泥空隙率大	(1) 水玻璃密度小； (2) 填料细度级配不合适
胶泥表面裂纹	(1) 施工时接触水； (2) 填料颗粒太细； (3) 固化速度太快

28.6　聚合物水泥砂浆类防腐蚀工程

氯丁胶乳水泥砂浆、聚丙烯酸酯乳液水泥砂浆和环氧乳液水泥砂浆。这类材料的特点是粘结力强，可在潮湿的水泥基层上施工，能耐中等浓度以下的碱和呈碱性盐类介质的腐蚀。在防腐蚀工程中聚合物水泥砂浆常用于混凝土、砖石结构或钢结构表面上铺抹的整体面层和铺砌的块材面层。

28.6.1　一　般　规　定

28.6.1.1　材料规定

原材料的技术指标应符合要求，并具有出厂合格证或检验资料，对原材料的质量有怀疑时，应进行复验。

28.6.1.2　施工规定

(1) 聚合物水泥砂浆不应在养护期少于 3d 的水泥砂浆或混凝土基层上施工。

(2) 聚合物水泥砂浆在水泥砂浆或混凝土基层上进行施工时，基层表面应平整、粗糙、清洁、无油污、起砂、空鼓、裂缝等现象。

(3) 聚合物水泥砂浆在钢基层上施工时，基层表面应无油污、浮锈，除锈等级宜为 St3。焊缝和搭接部位，应用聚合物水泥砂浆或聚合物水泥砂浆找平后，再进行施工。

(4) 施工前，应根据施工环境温度、工作条件等因素，通过实验确定适宜的施工配合比和操作方法后，方可进行正式施工。

(5) 施工用的机械和工具必须及时清洗。

28.6.1.3　质量检验规定

按《建筑防腐蚀工程施工质量验收规范》(GB 50224) 规定的有关检验项目和《建筑防腐蚀工程施工及验收规范》(GB 50212) 中有关试验方法进行复验。

28.6.2　原材料和制成品的质量要求

28.6.2.1　氯丁胶乳

1. 硅酸盐水泥

氯丁胶乳水泥砂浆应采用强度等级不低于 42.5 的硅酸盐水泥或普通硅酸盐水泥。硅酸盐水泥和普通硅酸盐水泥的质量应符合现行国家标准《通用硅酸盐水泥》(GB 50175) 的规定。

2. 细骨料及颗粒级配

拌制聚合物水泥砂浆的细骨料应采用石英砂或河砂。砂料应满足国家建筑用砂标准的规定，细骨料的质量与颗粒级配见表 28-51 和表 28-52。

细骨料的质量　　　表 28-51

含泥量（%）	云母含量（%）	硫化物含量（%）	有机含量
≤3	≤1	≤1	浅于标准色

注：有机含量比标准色深时，应配成砂浆进行强度对比试验，抗压强度比不低于 0.95。

细骨料的颗粒级配　　　表 28-52

筛孔（mm）	5.0	2.5	1.25	0.63	0.315	0.16
筛余量（%）	0	0～25	10～50	41～70	70～92	90～100

注：细骨料的最大粒径不宜超过涂层厚度或灰缝宽度的 1/3。

3. 氯丁胶乳的质量

(1) 氯丁胶乳的质量见表 28-53。

氯丁胶乳的质量　　　表 28-53

项　目	氯丁胶乳
外　观	乳白色无沉淀的均匀乳液
黏度	10～55（MPa·s）
总固物含量（%）	≥47
密度（g/cm³）不小于	1.080
贮存稳定性	5～40℃，三个月无明显沉淀

(2) 氯丁胶乳助剂的质量：拌制好的水泥砂浆应具有良好的和易性，并不应有大量气泡；助剂应使胶乳由酸性变为碱性，在拌制砂浆时不应出现胶乳破乳现象。

4. 氯丁胶乳水泥砂浆配合比

氯丁胶乳水泥砂浆配合比，见表 28-54。

氯丁胶乳水泥砂浆配合比（质量比）　表 28-54

项　目	氯丁砂浆	氯丁净浆
水泥	100	100～200
砂料	100～200	—
氯丁胶乳	38～50	38～50
稳定剂	0.6～1.0	0.6～2.0
消泡剂	0.3～0.6	0.3～1.2
pH值调节剂	适量	适量
水	适量	适量

注：氯丁胶乳的固体含量按 50%，当采用其他含量的氯丁胶乳时，可按含量比例换算。

28.6.2.2　聚丙烯酸酯乳液

1. 硅酸盐水泥

聚丙烯酸酯乳液水泥砂浆宜采用强度等级不低于 42.5 的硅酸盐水泥或普通硅酸盐水泥。硅酸盐水泥和普通硅酸盐水泥的质量应符合现行国家标准《通用硅酸盐水泥》(GB 50175) 的规定。

2. 细骨料及颗粒级配

拌制聚合物水泥砂浆的细骨料应采用石英砂或河砂。砂料应满足国家建筑用砂标准的规定，细骨料的质量与颗粒级配见表 28-51 和表 28-52。

3. 聚丙烯酸酯乳液的质量

聚丙烯酸酯胶乳的质量见表 28-55。

聚丙烯酸酯胶乳的质量　　　表 28-55

项　目	聚丙烯酸酯乳液
外　观	乳白色无沉淀的均匀乳液
黏度	11.5～12.5（涂4杯，MPa·s）
总固物含量（%）	39～41
密度（g/cm³）不小于	1.056
贮存稳定性	5～40℃，三个月无明显沉淀

注：聚丙烯酸酯乳液配制丙乳砂浆不需另加助剂。

4. 聚丙烯酸酯乳液水泥砂浆配合比

聚丙烯酸酯乳液水泥砂浆配合比，见表 28-56。

聚丙烯酸酯乳液水泥砂浆配合比（质量比）

表 28-56

项　目	丙乳砂浆	丙乳净浆
水泥	100	100～200
砂料	100～200	—
聚丙烯酸酯乳液	25～38	50～100
水	适量	适量

注：表中聚丙烯酸酯乳液的固体含量按 40% 计。

28.6.2.3　环氧乳液

环氧乳液所用的辅助材料，与其他聚合物基本相同。

聚合物水泥砂浆类材料的物理力学性能，见表28-57。

聚合物水泥砂浆类材料的物理力学性能　表28-57

项　目	氯丁胶乳水泥砂浆	聚丙烯酸酯乳液水泥砂浆	环氧乳液水泥砂浆
抗压强度(MPa)不小于	20	30	35
抗拉强度(MPa)不小于	3.0	4.5	5.0
粘结强度(MPa)不小于	与水泥基层 1.2 与钢铁基层 2.0	与水泥基层 1.2 与钢铁基层 1.5	与水泥基层 2.0 与钢铁基层 2.0
抗渗等级(MPa)不小于	1.5	1.5	1.5
吸水率(%)不大于	4.0	5.5	4.0
使用温度(℃)不大于	60	60	70

28.6.2.4　材料的耐蚀性能

聚合物水泥砂浆类材料的耐腐蚀性能，见表28-58。

聚合物水泥砂浆类材料的耐腐蚀性能　表28-58

介质名称	氯丁胶乳水泥砂浆	聚丙烯酸酯乳液水泥砂浆	环氧乳液水泥砂浆
硫酸（%）	不耐	≤3 尚耐	≤5 尚耐
盐酸（%）	≤2 尚耐	≤3 尚耐	≤5 尚耐
硝酸（%）	≤2 尚耐	≤5 尚耐	≤5 尚耐
醋酸（%）	≤2 尚耐	≤3 尚耐	≤5 尚耐
铬酸（%）	≤2 尚耐	≤3 尚耐	≤3 尚耐
氢氟酸（%）	≤2 尚耐	≤3 尚耐	≤3 尚耐
氢氧化钠（%）	≤20 尚耐	≤20 尚耐	≤30 尚耐
碳酸钠	尚耐	尚耐	耐
氨水	耐	耐	耐
尿素	耐	耐	耐
氯化铵	尚耐	尚耐	尚耐
硝酸铵	尚耐	尚耐	尚耐
硫酸钠	耐	耐	耐
丙酮	耐	耐	耐
乙醇	耐	耐	耐
汽油	耐	耐	耐
苯	耐	耐	耐
5%硫酸和 5%氢氧化钠交替	不耐	不耐	尚耐

28.6.3　施　工　准　备

28.6.3.1　材料的验收

（1）原材料进场后应放在防雨的干燥仓库内。胶乳、乳液、复合助剂和水泥等应分别堆放，避免曝晒和杂物污染；冬季应采取防冻措施。

（2）胶乳、乳液的贮存温度一般为 5～30℃。贮存超过 6 个月的产品，应经质量检查合格后方可使用。

28.6.3.2　人员培训

同前所述。

28.6.3.3　施工环境

聚合物水泥砂浆施工的环境温度宜为 10～35℃。当施工环境温度低于 5℃时，应采取加热保温措施。不宜在大风、雨天或阳光直射、高温环境中施工。

28.6.3.4　施工机具

（1）通风机具。

（2）水泥砂浆施工机具，施工量大时，配备水泥拌合机械、离心式或积压式喷浆机。

28.6.4　材料的配制及施工

28.6.4.1　聚合物水泥砂浆类材料的配制

（1）聚合物水泥砂浆宜采用人工拌合。当采用机械拌合时，应使用立式复式搅拌机。

（2）氯丁砂浆配制时应按确定的施工配合比称取定量的氯丁胶乳，加入稳定剂、消泡剂及 pH 值调节剂，并加入适量水，充分搅拌均匀后，倒入预先拌合均匀的水泥和砂子的混合物中，搅拌均匀。拌制时，不宜剧烈搅动。拌匀后，不宜再反复搅拌合加水。配制好的氯丁砂浆应在 1h 内用完。

（3）丙乳砂浆配制时，应先将水泥与砂子干拌均匀，再倒入聚丙烯酸酯乳液和试拌时确定的水量，充分搅拌均匀。配制好的丙乳砂浆应在 30～45min 内用完。

（4）拌制好的聚合物水泥砂浆应在初凝前用完，如发现有凝胶、结块现象，不得使用。拌制好的水泥砂浆应有良好的和易性，水灰比宜根据现场试验最后确定。每次拌合量应以施工能力确定。

28.6.4.2　聚合物水泥砂浆材料整体面层施工工艺流程

聚合物水泥砂浆整体面层的施工：聚合物水泥砂浆不应在养护期少于 3d 的水泥砂浆或混凝土基层上施工。施工前应用高压水冲洗并保持潮湿状态，但不得有积水。抹抹聚合物水泥砂浆前应先在基层上涂刷一层薄且均匀的氯丁胶乳水泥浆或聚丙烯酸酯乳液水泥浆，边刷涂边摊铺聚合物水泥砂浆。聚合物水泥砂浆一次施工面积不宜过大，应分条或分块错开施工，每块面积不宜大于 10m²，条宽不宜大于 1.5m，补缝或分段错开的施工间隔时间不应小于 24h。接缝用的木条或聚氯乙烯条应预先固定在基层上，待砂浆抹面后可抽出留缝条并在 24h 后进行补缝。分层施工时，留缝位置应相互错开。聚合物水泥砂浆摊铺完毕后应立即压抹，并宜一次抹平，不宜反复抹压。遇有气泡时应刺破压紧，表面应密实。在立面或仰面上施工时，当面层厚度大于 10mm 时，应分层施工，分层抹面厚度宜为 5～10mm。待前一层干至不黏手时可进行下一层施工。聚合物水泥砂浆施工 12～24h 后，宜在面层上在涂刷一层水泥净浆。聚合物水泥砂浆抹面后，表面干至不黏手时即进行喷雾或覆盖塑料薄膜等进行养护。塑料薄膜四周应封严，潮湿养活 7d，在自然养护 21d 后方可使用。

丙乳砂浆整体面层施工时，也可采用挤压式灰浆泵或混凝土潮喷机进行喷涂施工。施工中使用的机具必须随时清洗。对于未硬化的聚合物水泥砂浆，可用水清洗；对于已硬化的聚合物水泥砂浆，可采用石脑油和甲苯的混合溶剂进行浸泡，软化后再进行铲除。

28.6.4.3　聚合物水泥砂浆铺切块材的施工

聚合物水泥砂浆铺砌耐酸砖块材面层时，应预先用水将块材浸泡 2h，擦干水迹即可铺砌。铺砌耐酸砖块材时应采用揉挤法。铺砌厚度大于等于 60mm 的天然石材时可采用坐浆法。铺砌块材时应在基层上边涂刷接浆料边铺砌，块材的结合层及灰缝应密实饱满，并应采取措施防止块材移动。立面块材的连续铺砌高度应与胶泥、砂浆的硬化时间相适应，防止位移变形。铺砌块材时，灰缝应填满压实，灰缝的表面应平整光滑，并应将块材上多余的砂浆清理干净。聚合物水泥砂浆铺砌块材时的结合层厚度、灰缝宽度见表28-59。

结合层厚度和灰缝宽度（mm）　表 28-59

块材种类		结合层厚度	灰缝宽度
耐酸砖、耐酸耐温砖		4～6	4～6
天然石材	厚度≤30	6～8	6～8
	厚度>30	10～15	8～15

28.6.5　环保与绿色施工工艺

聚合物水泥砂浆类材料防腐蚀工程施工过程中，主要的污染物来自于胶泥和辅助的有机溶剂（如丙酮）、配料过程少量的粉尘等。由于是水性材料，污染情况并不严重。胶泥的使用应按施工规范的要求定量配用，对于剩余的胶泥要注意收集，作为固体垃圾交由环保部门处理。对于施工过程中用于清洗设备和工具的有机溶剂，要

做到集中回收，集中处理，不能随意倾倒，以免造成环境污染。

28.6.6 质量要求及检验

28.6.6.1 整体面层的质量要求与检验

（1）聚合物水泥砂浆整体面层应与基层粘结牢固，表面应平整，无裂缝、起壳等缺陷。

（2）对于金属基层，应使用测厚仪测定聚合物水泥砂浆面层的厚度。对于水泥砂浆和混凝土层，每 $50m^2$ 抽查一处，进行破坏性凿取检查测定厚度。对不合格处及在检查中破坏的部位必须全部修补好后，重新进行检验直至合格。

（3）整体面层的平整度，采用 2m 直尺检查，其允许空隙不应大于 4mm。

（4）整体面层的坡度允许偏差为坡长的 $\pm0.2\%$，最大偏差值不得大于 30mm；作泼水试验时，水应能顺利排除。

28.6.6.2 块材面层平整度和坡度的质量要求与检验方法

见本章有关内容。

28.7 块材防腐蚀工程

块材砌筑就是在混凝土或金属结构的表面贴衬耐腐蚀花岗岩、耐酸砖、耐酸耐温砖等材料，块材类防腐蚀工程是以各类防腐蚀胶泥或砂浆为胶结材料，铺砌各种耐腐蚀块材，适用重载、强冲击、重腐蚀环境的建、构筑物。其范围决定于胶泥和块材的物理、机械性能和耐腐蚀性能。因而在进行块材铺砌时，应根据工艺操作条件进行胶泥和耐酸砖板的选择，并进行合理的铺砌结构设计和施工。块材砌筑具有较好的耐蚀性、耐热性和机械强度，抗冲击性优越，一些难以用其他方法解决的腐蚀问题，采用块材砌筑，得到了较好的解决。但块材砌筑整体性、热稳定性较差，接缝易出现质量问题，使用维护不当时易渗漏。在建筑防腐蚀工程中常用作地面、沟槽、基础的防腐蚀面层或衬里。

28.7.1 一般规定

28.7.1.1 块材规定

块材的品种、规格等级应符合设计要求。并具有出厂合格证或检验资料。对外观质量应按规定进行检查和挑选，对其质量有怀疑时，应进行复验。按《建筑防腐蚀工程施工质量验收规范》（GB 50224）规定的有关检验项目和《建筑防腐蚀工程施工及验收规范》（GB 50212）中有关试验方法进行复验。

28.7.1.2 施工规定

混凝土基层，见"28.2 基层处理及要求"的有关内容。

（1）块材使用前应挑选、洗净、干燥后备用。

（2）铺砌前，对块材先实施排。铺砌时，铺砌顺序应由低往高，先埋坑、地沟，后地面、踢脚板或墙裙。阴角处立面块材应压住平面块材，阳角处平面块材应盖住立面块材。块材铺砌不应出现十字通缝，多层块材不得出现重叠缝。

（3）块材的结合层及灰缝应饱满密实，粘结牢固，不得有疏松、裂缝和起鼓现象。灰缝的表面应平整，结合层和灰缝的尺寸应符合施工规范的规定。

（4）采用树脂胶泥灌缝或挤缝的块材面层，铺砌时应随时刮除缝内多余的胶泥或砂浆。挤缝前，应将灰缝清理干净。

28.7.1.3 质量检验规定

（1）块材表面如沾有油污、其他杂质或潮湿都会导致铺砌后的块材粘结不牢，使用后局部会产生脱落现象。故施工前认真挑选，并对块材表面进行处理，保持块材表面洁净、干燥。

（2）块材防蚀层的质量主要取决于灰缝的质量。灰缝尺寸的大小是由块材种类及灰缝填充材料决定的。灰缝过小，施工时不易做到饱满密实，影响使用年限。灰缝过大，则胶泥或砂浆用量多，造价高，灰缝中胶泥或砂浆收缩亦大，易出现裂纹。

28.7.2 原材料和制成品的质量要求

28.7.2.1 耐腐蚀胶泥或砂浆

耐腐蚀块材砌筑用胶粘剂俗称胶泥或砂浆，常用的耐蚀胶泥或

砂浆包括：树脂胶泥或砂浆（环氧树脂胶泥或砂浆、不饱和树脂胶泥或砂浆、环氧乙烯基酯树脂胶泥或砂浆、呋喃树脂胶泥）、水玻璃胶泥或砂浆（钠水玻璃、钾水玻璃）、聚合物水泥砂浆（氯丁胶乳水泥砂浆、聚丙烯酸酯乳液水泥砂浆和环氧乳液水泥砂浆）等。

各种胶泥的主要性能、特性见表 28-60。

各类胶泥的主要性能、特征　　表 28-60

胶泥名称	性能、特征
环氧树脂胶泥	耐酸、耐碱、耐盐、耐热性能低于环氧乙烯基酯树脂和呋喃树脂；粘结强度高；使用温度 60℃ 以下
不饱和聚酯树脂胶泥	耐酸、耐碱、耐盐、耐热及粘结性能低于环氧乙烯基酯树脂和呋喃树脂，常温固化，施工性能好、品种多、选择余地大，耐有机溶剂性差
环氧乙烯基酯树脂胶泥	耐酸、耐碱、耐有机溶剂、耐盐、耐氧化性介质，强度高；常温固化，施工性能好，粘结力较强，品种多、耐热性好
呋喃树脂胶泥	耐酸、耐碱性能较好；不耐氧化性介质，强度高；抗冲击性能差；施工性能一般
水玻璃胶泥	耐温、耐酸（除氢氟酸）性能优良，不耐碱、水、氟化物及 300℃ 以上磷酸，空隙率大，抗渗性差
聚合物水泥砂浆	耐中低浓度酸、碱性盐；不耐碱、酸性盐；空隙率大，抗渗性差

28.7.2.2 耐腐蚀块材

常用的耐腐蚀块材有：耐酸砖、耐酸耐温砖、天然耐酸碱石材、铸石制品、浸渍石墨等。

1. 耐酸砖

常用的耐酸砖制品是以黏土为主体，并适当地加入矿物、助熔剂等，按一定配方混合、成型后经高温烧结而成的无机材料。耐酸砖的主要化学成分是二氧化硅和氧化铝，根据原料的不同一般可分为陶制品和瓷制品。陶制品表面大多呈黄褐色，断面较粗糙，孔隙率大，吸水率高，强度低，耐热冲击性能好；瓷制品表面呈白色或灰白色，质地致密，孔隙率小，吸水率低，强度高，耐腐蚀性能优良，可耐酸、碱、盐类介质的腐蚀，但不耐含氟酸和熔融碱的腐蚀。一般用的耐酸砖和耐酸耐温砖均属此类。其物理化学性能见表 28-61。

耐酸砖的物理化学性能　　表 28-61

项　目	要　求		
	1 类	2 类	3 类
吸水率（%），≤	0.5	2.0	4.0
弯曲度（MPa），≥	39.2	29.8	19.6
耐酸度（%），≥	99.80	99.80	99.70
耐急冷急热性（℃）	100	130	150
	试验一次后，试样不得有裂纹、剥落等损坏现象		

化工陶瓷砖板的耐化学介质腐蚀性能优良，除氢氟酸、300℃ 以上的磷酸、硅氟酸和浓度较高的碱类介质会破坏其结构外，对各类无机酸、有机酸、氧化性介质、氯化物、溴化物都具有较强的抵抗力。

常用耐酸砖的规格，见表 28-62，施工现场还可以根据用户要求定制、加工异型砖。耐酸砖的外形尺寸、外观质量等要求，见表 28-63。耐酸砖的长度偏差及变形，见表 28-64。

常用耐酸砖规格　　表 28-62

产品名称		外形尺寸（长×宽×厚）mm	
耐酸砖	标型砖	230×113×65	230×113×55
	普型砖	230×113×75	210×100×60
		200×100×50	200×50×30
	楔型砖	230×113×55/65	230×113×60/65
		230×113×45/55	230×113×45/65
		230×113×55/65	230×113×25/75
		230×113×45/65	
	耐酸薄砖	200×100×20	180×110×20
		180×90×20	180×75×20
		150×150×20	110×75×20
		200×200×20	100×100×20

耐酸砖的外观质量（mm） 表 28-63

缺陷类别	质量要求（mm）	
	一 等 品	合 格 品
裂纹	工作面：不允许有裂纹；非工作面：宽不大于 0.25mm，长 5～15mm，允许 2 条	工作面：宽不大于 0.25mm，长 5～15mm，允许 1 条；非工作面：宽不大于 0.25mm，长 5～15mm，允许 2 条
磕碰	工作面：深入工作面 1～2mm，砖厚小于 20mm 时，深不大于 3mm，砖厚 20～30mm 时，深不大于 5mm，砖厚大于 30mm 时，深不大于 10mm 的磕碰允许 2 处，总长不大于 35mm；非工作面：深 2～4mm，长不大于 35mm，允许 3 处	工作面：深入工作面 1～4mm，砖厚小于 20mm 时，深不大于 5mm，砖厚 20～30mm 时，深不大于 8mm，砖厚大于 30mm 时，深不大于 10mm 的磕碰允许 2 处，总长不大于 40mm；非工作面：深 2～5mm，长不大于 40mm，允许 4 条
疵点	工作面：最大 1～2mm，允许 3 个；非工作面：最大 1～3mm，每面允许 3 个	工作面：最大 2～4mm，允许 3 个；非工作面：最大 3～6mm，每面允许 4 个
开裂	不允许	不允许
缺釉	总面积不大于 1cm²，每处不大于 0.3cm²	总面积不大于 2cm²，每处不大于 0.5cm²
釉裂	不允许	
桔釉		
干釉		

注：裂纹长小于 5mm 时不考核，其他同样的表达方式，含义相同。

耐酸砖的长度偏差及变形 表 28-64

项 目		允许偏差（mm）	
		一等品	合格品
长度偏差	长度≤30mm	±1	±2
	长度 30～150mm	±2	±3
	长度>150mm	±2	±4
翘 曲		2	2.5
大小头		2	3

2. 耐酸耐温砖

耐温性能大大提高。其物理化学性能见表 28-65，规格与耐酸砖相同，其外形尺寸、外观质量等要求见表 28-66，其长度偏差及变形见表 28-67。

耐酸耐温砖的物理化学性能 表 28-65

项 目	要 求	
	NSW1 类	NSW2 类
吸水率（%）	≤5.0	5.0～8.0
耐酸度（%）≥	99.7	99.7
压缩强度（MPa）≥	80	60
耐急冷急热性	试验温差 200℃	试验温差 250℃
	试验 1 次后，试样不得有新生裂纹和破损剥落	

耐酸耐温砖的外观质量 表 28-66

缺陷类别		要求（mm）		
		优等品	一级品	合格品
裂纹	工作面	不允许有裂纹	1～2mm 的允许 3 条	3～5mm 的允许 3 条
	非工作面	3～5mm 的允许 3 条	3～5mm 的允许 5 条	3～5mm 的允许 3 条
磕碰	工作面	不允许	1～2mm 的允许 3 条	3～5mm 的允许 3 条
	非工作面	3～5mm 的允许 3 条	3～5mm 的允许 3 条	3～5mm 的允许 3 条

续表

缺陷类别	要求（mm）		
	优等品	一级品	合格品
穿透性裂纹	不允许		
疵点 工作面	1～2mm，允许 2 个	1～2mm，允许 2 个	1～2mm，允许 2 个
疵点 非工作面	1～2mm，每面允许 2 个	1～2mm，每面允许 2 个	1～2mm，每面允许 2 个
缺釉		总面积小于 1cm²	总面积大于 1cm²
釉裂	不允许	不允许	不明显
桔釉、干釉		不明显	不严重

注：缺陷不允许集中，10cm² 正方形内不得多于 5 处。

耐酸耐温砖的尺寸偏差及变形 表 28-67

项 目		允许偏差（mm）		
		优等品	一级品	合格品
长度偏差	长度小于 30mm	±1	±1	±2
	长度 30～150mm	±1.5	±2	±3
	长度大于 150mm	±2	±3	±4
变形	翘曲	1.5	2	2.5
	大小头			

3. 天然石材

天然耐酸石材常用的有花岗岩、安山岩等，其主要化学成分由二氧化硅、三氧化二铝以及钙、镁、铁等氧化物所组成，其性能取决于化学组成和矿物组成。防腐蚀工程用的天然石材由各种岩石直接加工而成。根据天然石材的化学组成及结构致密程度分为耐酸和耐碱两大类，其中二氧化硅含量不低于 55% 者耐酸，含量越高越耐酸；氧化镁、氧化钙含量越高者越耐碱。由于地质状况的差异，同一种石材的氧化硅、氧化铝及氧化铁的含量有较大差异。有些石料虽然二氧化硅含量很高，但由于它具有结构致密、表观密度大、孔隙率小的优点，亦可作耐碱材料使用。

在进行防腐蚀施工时要尽可能选用铁含量低的石材。常见的各种天然耐酸石材的性能见表 28-68、耐化学介质腐蚀性能见表 28-69、物理、力学性能见表 28-70。

天然耐酸石材性能特征 表 28-68

项 目	性能特征	
	花岗岩	安山岩
主要化学成分	SiO_2，Al_2O_3，CaO，MgO	SiO_2，Al_2O_3，CaO，MgO
耐腐蚀性	耐酸性能优良，不耐氢氟酸	耐酸性能一般
加工性能	加工困难	易加工
使用温度	200～300℃	

天然耐酸石材的耐化学介质性能 表 28-69

化学介质	评 定	
	花岗岩	安山岩
98%硫酸	耐	耐
36%盐酸	耐	耐
磷酸	不耐（高温）	耐
氢氟酸	不耐	不耐
碱类	不耐	不耐
有机物	耐	耐

天然耐酸石材物理、力学性能　表 28-70

项　目	性能指标	
	花岗岩	安山岩
密度（g/cm³）	2.5～2.7	2.7
抗压强度（MPa）	>88.3	196
抗弯强度（MPa）		39.2
吸水率（%）	<1	<1
耐酸度（%）	>96	>98
热稳定性		600℃合格

建筑防腐蚀工程中，可能用到的天然石材除上面的两种外，还经常遇到其他各种耐酸碱石材。为了方便选材，将这些石材的组成、性能和质量要求列入表 28-71 和表 28-72。

各种耐酸碱石材的组成及性能　表 28-71

性能	花岗岩	石英岩	石灰岩	安山岩	文岩
组成	长石、石英及少量云母等组成的火成岩	石英颗粒被二氧化硅胶结而成的变质岩	次生沉积岩（水成岩）	长石（斜长石）及少量石英、云母组成的火成岩	由二氧化硅等主要矿物组成
颜色	呈灰、蓝、或浅红色	呈白、淡黄或浅红色	呈灰、白、黄褐或黑褐色	呈灰、深灰色	呈灰白色或肉红色
特性	强度高、抗冻性好、热稳定性差	强度高、耐火性好，硬度大，不易于加工	热稳定性好，硬度较小	热稳定性好，硬度较小，加工比较容易	构造层理呈薄片状，质软易加工
主要成分	SiO₂：70%～75%	SiO₂：90%以上	CaO：61%～65%	SiO₂：61%～65%	SiO₂：60%以上
密度（g/cm³）	2.5～2.7	2.5～2.8	—	2.7	2.8～2.9
抗压强度（MPa）	110～250	200～400	22～140	200	50～100
耐酸　硫酸（%）	耐	耐	不耐	耐	耐
耐酸　盐酸（%）	耐	耐	不耐	耐	耐
耐酸　硝酸（%）	耐	耐	不耐	耐	耐
耐碱	耐	耐	耐	较耐	不耐

各种耐酸碱石材表面的外观质量要求　表 28-72

名称		质量要求	用　途
粗豆光		要求边、角、面基本上平整，以便砌缝坐浆；表面凿间距在 12～15mm，凹凸高低相差不超过 5mm	用于底层地面
豆光面	细豆光	要求凿点细密、均匀、整齐、平直、凿点间距在 6mm 左右，表面平坦度在 300mm 直尺下，低凹处不超过 5mm，从正面直观不得有凹窟，其面、边、角平直方整，不能有掉棱缺角和扭曲	用于楼、地面的正面和侧面
剁斧面		细剁斧加工、表面粗糙，具有规划的条状斧纹，平整度允许公差 2.0mm	用于楼、地面的正面
机刨面		经机械加工，表面平整，有相互平行的机械刨纹，平整度允许 2.0mm	用于楼地面的正面

注：1. 耐酸石材的规格及加工尺寸允许偏差；
2. 耐酸石材采用手工加工时，正面和侧面的表面加工要求为细豆光，其允许偏差为不超过 5mm；背面为中豆光，其允许偏差不超过 8mm。规格一般为 600mm×400mm×（80～100mm）和 400mm×300mm×（50～60mm）；采用机械切割和机械刨光时，其表面允许偏差不超过 2mm，规格一般为 300mm×200mm×（20～30mm）。

4. 铸石制品

铸石是用辉绿岩、玄武岩等火成天然岩石矿物为主要原料，并适当地混以工业废渣，加入一定的附加剂（如角闪岩、白云石、萤石等）和结晶剂（如铬铁矿、钛铁矿等）经高温熔化、浇铸、结晶、退火等工序制成的一种非金属耐腐蚀材料（人造石材）。铸石材料制品具有耐磨、耐腐蚀、绝缘和较高的力学性能。铸石的耐酸性能优良，除了氢氟酸、含氟介质、热磷酸、熔融碱外，对各种酸、碱、盐类及各种有机介质都是稳定的，耐蚀性能突出。并可用于 100℃以内的稀碱中，常用于塔、池、槽、沟等衬里。

铸石的化学组成见表 28-73。铸石板强度高，硬度高，耐磨性好，孔隙率小，介质难以渗透。缺点是脆性较大，不耐冲击，传热系数小，热稳定性差，不能用于有温度剧变的场合。其物理、力学性能见表 28-74。铸石板的 SiO₂ 含量并不高，但由于它经过高温熔融，结晶后形成了结构致密而均匀的普通辉绿岩晶体。同时又由于铸石与酸、碱作用后，表面会逐步形成一层硅的铝化合物薄膜，这层薄膜达到一定厚度，即在铸石表面与酸、碱介质之间形成了一层保护膜，最后使介质的化学腐蚀趋于零，这是铸石能够高度耐蚀的主要原因。耐化学介质腐蚀性能见表 28-75。铸石板因为太硬，现场难以加工，对其衬里异形结构部位应选用异型铸石板，常用制品的规格及尺寸见表 28-76。

铸石的主要化学组成　表 28-73

化学成分	SiO₂	Al₂O₃	CaO	MgO	Na₂O+K₂O	Fe₂O₃
含量（%）	47～52	16～21	9.0～11.0	6.0～8.0	3.0～6.0	6.0～9.0

铸石的物理、力学性能　表 28-74

项　目	性能指标
耐急冷急热性能	水溶法 20～70℃ 反复一次（50/14）
	水溶法 25～200℃ 反复一次（50/19）
密度（g/cm³）	2.9～3.0
抗压强度（MPa）	196～294
抗拉强度（MPa）	39.2
磨损度（g/cm²）	<0.09（通用型）
	<0.12（通用异型）
抗弯强度（MPa）	49.0～73.5
抗冲击强度（J/cm²）	8.14
耐磨系数（g/cm²）	0.36

注：1.（50/14）表示抽取 50 块样品经检验后，不合格品不超过 14 块，则该指标合格。
2.（50/19）表示抽取 50 块样品经检验后，不合格品不超过 19 块，则该指标合格。

铸石的耐化学介质性能　表 28-75

化学介质	浓度（%）	耐酸度（%）
硫酸	95～98	>99
硫酸	20	>96
盐酸	30	>98
硝酸	97	>99
磷酸	浓	>90
醋酸	浓	>99

铸石制品的规格与尺寸　　　表 28-76

名称	尺寸（mm）		
	L	H	δ
平板	180	150	15，20，30
	110	70	15，20
	150	150	20
	150	110	15，20
	195	93	20
	200	200	25
	220	180	25
	300		25
	300	300	20
	400		25
	400	300	30
	400	350	35
弧型板	300~1000	100	140
		125	165
		150	190
		175	215
		200	240
		250	280

5. 浸渍石墨材料

石墨材料有天然石墨和人造石墨两种，作为防腐蚀材料一般使用人造石墨材料。由于人造石墨在制造过程中挥发份的逸出，使其本身具有多孔性，其空隙率在 30%左右，所以使用时均以各种浸渍剂进行浸渍，以增加其致密性（不透性），常用的浸渍剂有酚醛树脂、环氧乙烯基酯树脂、呋喃树脂、水玻璃、聚四氟乙烯乳液等。浸渍石墨材料具有优良的导热性、耐腐蚀性、耐磨性，并且热膨胀系数很小。表 28-77 为各类浸渍石墨制品的物理、力学性能，其耐化学介质腐蚀性能主要取决于各类胶泥的耐化学介质腐蚀性能。

各类浸渍石墨板的物理、力学性能　　表 28-77

项 目	酚醛浸渍	呋喃浸渍	水玻璃浸渍
密度（g/cm³）	1.8~1.9	1.8	
抗压强度（MPa）	58.8~68.6	49.0~58.8	40.67
抗拉强度（MPa）	7.35~9.81	7.85~9.81	4.99
抗弯强度（MPa）	23.5~27.5	23.5	
抗冲击强度（J/cm²）	0.275~0.314		
热导率（W/m·K）	116~128	116~128	
线膨胀系数（10⁻⁶/K）	55		
水压试验（MPa）	0.588 不透	0.588 不透	0.294 不透
最高使用温度（℃）	180	200	450
长期使用温度（℃）	−30~+120	−30~+180	−30~+420

28.7.2.3　国内外常用耐腐蚀块材的规格

1. 国产耐酸耐温砖性能指标，见表 28-78 所示。

耐酸耐温砖性能指标　　　表 28-78

项 目	指 标
抗压强度（MPa），>	98.06
耐温急变性 400→20℃	一次不裂，二次有裂纹但仍有钢音
耐酸度（%），<	0.3
抗渗透性（50mm）（MPa）	0.98（50min 不透）
弹性模量（MPa）	37069
平均热膨胀系数（10⁻⁶/K）	7.6~10.7

2. 日本国耐酸砖规格，见表 28-79 所示。

日本国耐酸砖性能指标　　　表 28-79

项 目	耐酸瓷砖		耐酸耐温砖	
	一类	二类	一类	二类
弯曲强度（MPa），>	39.2	19.2	—	—
耐热试验（℃），>	100	130		250
吸水率（%），<	0.5	2.0		8
耐酸度（%），<	0.2	0.2		0.3

3. 德国耐酸砖的化学组成，见表 28-80，物理、力学性能，见表 28-81。

德国耐酸砖化学组成　　　表 28-80

组 分	化学组成（%）	
	Sk-A	SF
SiO₂	70±2	70±2
Al₂O₃	23±1.5	23±1.5
TiO₂	1~1.5	1~1.5
Fe₂O₃	1~1.5	1~1.5
CaO+MgO	0.5~1.0	0.5~1.0
Na₂O+K₂O	3	3

德国耐酸砖性能指标　　　表 28-81

项 目	性能指标	
	SK-A	SF
密度（g/cm³）	2.10±0.05	2.10±0.05
孔隙率（%）	<15	<11
吸水率（%）	<6	<5
耐热冲击性/次	>10	>6
抗压强度（MPa）	>60	>60
耐酸度（%）	<1.5	<1.5
最大工作温度（℃）	900	900

28.7.3　施 工 准 备

28.7.3.1　材料的验收

（1）块材应具备产品合格证、质量证明书或第三方的性能检测报告，其规格、型号、尺寸、外观、物理和化学性能等应符合设计要求和相关规范规定。

（2）块材加工方法，一般可分为动力工具切割法、手工法、烧割法和电割法。

1）动力工具切割法是采用手提式电动切割机直接对块材进行切割。在切割过程中，由于摩擦放热，因此应采取浇水的办法来进行降温，以保证切割的正常进行。

2）手工法主要是用手锤分次敲击，利用材料脆性的特点，先在砖板边缘处用力击破一点，然后逐步向里敲至要求位置。对于耐酸砖，如需从横向断开时，先划好线，然后用钻头沿线将表皮剥离，再用力敲击，即能沿线断裂。加工后砖板的断面如果不平可在普通砂轮机上研磨。弧面也可用手工法加工。

3）烧割法适用于铸石制品。根据铸石制品质脆、耐热冲击性能较差、冷热不均时开裂的特点，用两块浸过水的石棉布放在铸石板上，中间留出一条加工线，然后用氧乙炔沿加工线烧 1~2min，铸石板即开裂。

4）电割法适用于加工厚度 20mm 以下的陶瓷、铸石板。用镍铬电阻丝缠绕在加工位置上，控制调压器，使电阻丝烧红，加热 2~3min 后断电，用冷水沿加工线刷一下，板材即开裂。

（3）在正式铺砌砖板前，应先在铺砌位置进行块材预排。当块材排列尺寸不够时，不能用碎砖、石或胶泥填塞，需对块材进行加工。将块材加工到适当尺寸，使之与实际需要的尺寸相符。块材加工一般可用手工（手锤和錾子）或用切割机切割。

28.7.3.2　人员培训

(1) 建立施工项目组织机构，明确各级责任人。

(2) 应按工程大小、施工进度，配备操作工。

(3) 对施工作业人员进行基本知识、操作、安全措施等的培训，经考核合格后方可上岗。

28.7.3.3　施工环境

(1) 个人防护用具已备齐，现场的消防器材、安全设施经安全监督部门验收通过。

(2) 施工机具应按规定位置就位，安装引风和送风装置，安装动力电源和低压安全照明设备。

(3) 材料已经验收合格。露天场所应搭起临时工棚、配制材料的工作台。

28.7.3.4　施工机具

(1) 空压机(泵)、手提砂轮机、磨光机、砖板切割机、胶泥搅拌机、灰刀、刮刀、手捶等。气割设备(烧割铸石板用)、电热切割设备(2cm以下板材加工用)、普通砂轮机、其他工具。

(2) 操作人员必须严格遵守设备安全操作规程，不得违章作业。

(3) 新增设备使用前，施工单位应将机械性能、操作要领、注意事项、常见故障的排除和保养知识等向操作人员进行交底，确认掌握操作要领后方可上岗操作。

28.7.3.5　施工技术准备

(1) 块材砌筑施工应具备下列技术文件:

1) 设计图纸和技术说明文件、相关的施工规范及质量验收标准。

2) 根据施工图及相关法规、标准及现场条件编制施工方案。

(2) 编制包含下面内容的施工组织技术方案:

1) 施工概况及特点;

2) 施工编制依据;

3) 施工详图、施工进度安排及网络计划;

4) 劳动力需要计划、施工机具及施工用料计划;

5) 施工程序与施工操作工艺、方法;

6) 质量及验收标准。

28.7.4　块材的施工工艺

28.7.4.1　块材铺砌"揉挤法"工艺

主要适用于耐酸砖等人工生产的块材、厚度小于30mm的天然石材等块材的砌筑。特点是:块材体积小、重量轻、表面平整，通常用胶泥作为砌筑材料。

(1) 平面铺砌块材时，不宜出现十字通缝。立面铺砌块材时，可留置水平或垂直直通缝。在进行块材铺砌时，块材必须错缝排列，可提高砌层的强度。对于立面铺砌，横向应为连续缝，纵向应错开。

(2) 铺砌平面和立面的交角时，阴角处立面块材应压在平面块材之上。阳角处平面块材应压住立面块材。铺砌一层以上块材时，阴阳角的立面和平面块材应互相交错，不宜出现重叠缝。

(3) 块材砌筑胶泥缝的结构形式分为挤缝和灌缝两种形式。挤缝俗称"揉挤法"，是指块材铺砌时，将砌筑的基体表面按二分之一结合层厚度涂抹胶泥，然后在块材砌筑面涂抹胶泥，中部胶泥涂量应高于边部，然后将块材按压在应铺砌的位置，用力揉挤，使块材间及块材与基体间的缝隙充满胶泥的操作方法。揉挤时只能用手挤压，不能用木槌敲打。挤出的胶泥应及时用刮刀刮去，并应保证结合层的厚度与胶泥缝的宽度。

(4) 块材铺砌时应拉线控制标高、坡度，平整度，并随时控制相邻块材的表面高差及灰缝偏差。铺砌顺序应由低往高，先地沟、后地面再踢脚墙裙。

(5) 平面铺砌施工:在平面上铺砌块材时，块材排列一般以横向为连续缝、纵向为错缝。块材砌筑时，每铺砌一块，在待铺的另一行用块材顶住以防止滑动，待胶泥稍干后，进行下一行铺砌。

(6) 立面铺砌施工:铺砌立面时，应由下向上铺砌，铺砌上层块材时会对下层块材产生压力，使下层砌好但胶泥未固化的块材错位或移动。因此，立面铺砌不能连续铺砌多层，连续铺砌2～3

层高度后，应稍停片刻，待下层胶泥初凝不发生位移后继续铺砌。

28.7.4.2　块材铺砌"坐浆法"工艺

主要适用于厚度大于30mm的天然石材等块材砌筑工艺。特点是:块材面积较大、重量大、表面平整性一般，无法采用胶泥为结合层，必须用砂浆材料砌筑的构造。

(1) 采用"坐浆法"施工的块材，通常进行灌缝处理。灌缝是指采用抗渗性较差，成本较低的胶泥(一般用水玻璃胶泥)做结合层铺砌块材，而块材四周沟缝用树脂胶泥填满的操作方法。灌缝操作时，要按规定留出块材四周结合缝的宽度和深度。为了保证结合缝的尺寸，可在缝内预埋等宽的木条或硬聚氯乙烯板条，在砖板结合层固化后，取出预埋条，清理干净预留缝，然后刷一遍环氧树脂打底。采用树脂胶泥灌缝的块材面层，铺砌时，应随时剔除缝内多余的胶泥或砂浆。灌缝前，应将灰缝清理干净。

(2) 块材铺砌坐浆灌缝处理法，容易使铺砌的相邻部分的灰缝在凝固阶段受到震动，产生微小裂缝或松动，垂直面也易成中空，因此推荐采用揉挤法，必要时辅以木槌敲打。

28.7.4.3　铺砌块材的"挤缝"

耐酸砖、厚度小于30mm的天然石材等表面平整度高的块材砌筑工艺，通常用胶泥作为砌筑材料，一次成型，结合层与砖缝构成一体化的防护构造。厚度大于30mm、面积较大的天然石材等块材砌筑工艺，由于表面平整性一般，无法采用胶泥作为结合层，必须用砂浆材料砌筑，这样形成的缝隙较宽，必须注灌。

(1) 块材铺砌前应对基层或隔离层进行质量检查，合格后再进行施工。块材铺砌前应先预排。铺砌顺序应由低往高，先地沟、后地面再踢脚墙裙。平面铺砌块材时，不宜出现十字通缝。立面铺砌块材时，可留置水平或垂直直通缝再进行块材砌砌。

(2) 铺砌平面和立面的交角时，阴角处立面块材应压在平面块材之上，阳角处平面块材应压住立面块材。铺砌一层以上块材时，阴阳角的立面和平面块材应互相交错，不宜出现重叠缝。

28.7.4.4　大型块材铺砌的灌注工艺

对于厚度大于60mm、面积很大的、人工开凿出的天然石材等块材砌筑工艺，由于重量和面积均很大，表面平整性一般，移动十分困难，无法采用胶泥或铺砌砂浆材料砌筑，因此采用灌注技术。

28.7.4.5　块材铺砌的机械注射工艺

对于精度、平整度要求高的块材施工，无法采用胶泥或铺砌砂浆材料砌筑，可采用机械注射灌注技术。有些注射工艺还准备有注射袋，以保证注射量与参数的准确控制。

28.7.4.6　环保与绿色施工工艺

耐蚀块材砌筑施工，由于用到了各种胶泥:树脂胶泥、水玻璃类胶泥、聚合物水泥砂浆等有机或无机材料，应尽量避免和减少对环境的破坏。各类胶泥防腐蚀材料在施工过程中，主要的污染物来自于有机溶剂(如清洗用丙酮)。胶泥的使用应按施工规范的要求，定量配用，对于剩余的胶泥要注意收集，交由环保部门处理。对于施工过程中用于清洗设备和工具的有机溶剂，要做到集中回收，集中处理，不能随意倾倒。

28.7.5　质量要求及检验

28.7.5.1　块材面层的质量检验

(1) 天然石材、耐酸砖板及铸石制品的品种、规格等级应符合设计要求及规范要求。

(2) 块材结合层及灰缝内的胶结料应饱满密实，粘结牢固，不得有疏松、裂纹、起泡等现象。块材和灰缝表面应平整无损，灰缝尺寸应符合各种胶结材料的有关要求。块材砌筑不宜出现十字通缝，多层块材不得出现重叠缝。

(3) 块材砌筑采用揉挤法与座浆灌缝处理法。后一种容易使铺砌的相邻部分的灰缝在凝固阶段受到震动，产生微小裂缝或松动，垂直面也易成中空，必要时辅以木槌敲打。

(4) 块材面层的平整度，相邻块材之间的高差和坡度应符合设计要求，允许偏差为坡长的±0.2%，最大允许偏差不得大于30mm。作泼水试验时，水应能顺利排除。

28.7.5.2　块材面层的平整度、相邻块材之间的高差和坡度的检验

（1）地面的面层应平整，并采用 2m 直尺检查，其允许空隙不应大于下列数值：

耐酸砖，耐酸耐温砖的面层　　　　　4mm
天然石材的面层（厚度≤30mm）　　4mm
天然石材的面层（厚度>30mm）　　8mm

（2）块材面层相邻块材之间的高差，不应大于下列数值：

耐酸砖，耐酸耐温砖的面层　　　　　1mm
天然石材的面层（厚度≤30mm）　　1mm
天然石材的面层（厚度>30mm）　　2mm

28.7.5.3　块材砌筑的结合层厚度、灰缝宽度和灌缝尺寸（mm）的检验

块材砌筑的结合层及灰缝应饱满密实、粘结牢固，不得有疏松、裂纹、起鼓和固化不完全等缺陷。灰缝表面应平整、色泽均匀。灰缝尺寸如设计无规定时，应符合表 28-82 的规定。

砖、板结合层厚度、灰缝宽度和勾缝尺寸（mm）
表 28-82

块材种类	水玻璃胶泥衬砌				聚合物水泥砂浆		树脂胶泥衬砌	
	结合层厚度		灰缝宽度					
	钠水玻璃胶泥	钾水玻璃胶泥	钠水玻璃胶泥	钾水玻璃胶泥	结合层厚度	灰缝宽度	结合层厚度	灰缝宽度
标形耐酸瓷砖	7～8	6～8	2～3	4～6	7～8	6～8	(4～6)	(2～4)
板形耐酸瓷砖	4～5	4～5	1～2	3～4	5～7	5～7	(4～6)	(2～4)
浸渍石墨板	4～5	4～5	1～2	3～4	5～7		3～4	(2～4)
铸石板	4～5	4～5	1～2	2～6	5～7		3～4	1～1.5

28.7.5.4　块材砌筑层的检验

（1）施工中应进行中间检查，有可疑处，根据实际情况揭开 5～7 块，检查胶泥气孔和胶泥饱满程度，如不符合规范要求时，可再揭开 15 块以上，如仍不合格，则全部拆除返工。

（2）用 5～10 倍的放大镜检查胶泥衬砌砖、板的质量，胶泥缝不得有气孔和裂纹现象。

（3）用手锤轻轻敲击砖、板面，如发出金属清脆声，证明衬砌良好，质量合格；若有空音，则胶泥与砖、板结合不好，应返工重衬。

（4）胶泥固化度的检查：

1）检查胶泥的抗压强度；

2）用白棉花团蘸丙酮擦拭胶泥表面，如无染色或粘挂现象，则表面树脂已固化。

28.7.5.5　块材砌筑主要质量控制环节及控制点

块材砌筑质量主要控制环节及控制点见表 28-83。

块材砌筑的控制环节及控制点
表 28-83

控制环节	控制点
钢基面处理	1）焊缝；2）除锈等级
底涂	1）除锈后上底涂时间；2）底涂无酸性作用
衬砖	1）胶泥的固化特性；2）胶泥的防流淌；3）胶泥与砖板的粘结
养护及热处理	1）养护时间与温度；2）热处理时间及降温速度；3）酸化处理效果

28.7.5.6　块材砌筑质量检验记录

块材砌筑质量检验记录见表 28-84。

块材砌筑质量检验记录　　表 28-84

工程编号或名称：　　　　　　　年　月　日

衬里部位	基层表面处理		隔离层			块材砌筑面层			质量评定
	处理方法	检验结果（等级）	固化情况	层数或厚度	检验结果	固化情况	灰缝与结合层	检验结果	

技术负责人：　　　施工班（组）：　　　质检员：

28.7.5.7　块材砌筑应注意的质量问题

块材砌筑操作中常见缺陷与原因分析见表 28-85。

衬里操作中常见缺陷与原因分析　　表 28-85

现　象	原　因　分　析
硅质胶泥固化慢，影响施工质量	（1）水玻璃模数低于 2.5 （2）氟硅酸钠贮存或处理不当，分解变质 （3）水玻璃密度低，填料中水分或其他杂质较多
硅质胶泥固化过快，固化后产生裂缝	（1）水玻璃模数超过 3.0，密度超过 1.5g/cm³ 以上时 （2）固化剂加入过多 （3）热处理时局部过热
合成树脂胶泥膨胀，敲碎胶泥后内部充满气泡	填料中含有碳酸盐，与酸性固化剂作用后生成大量气体产生膨胀
合成树脂胶泥不固化或固化过慢	（1）呋喃胶粘剂 1）树脂中水分超过 5% 2）用硫酸乙酯固化剂时，硫酸含量低 （2）环氧胶粘剂 1）用乙二胺做固化剂时，乙二胺浓度低于 80% 2）增塑剂加入量超过 20%
合成树脂胶粘剂硬化过快，或产生焦化现象	（1）配制量过多，以致配制时产生的热量不能放出，产生焦化现象 （2）呋喃胶粘剂用硫酸乙酯固化剂，在空气不流通、温度过高的地方会发生焦化
合成树脂胶粘剂贴衬立面砖板材料时，胶泥流淌	（1）树脂过粘，填料混入很少，没过到配比要求。 （2）固化剂加入量不够或失效，胶泥不硬，立面砖板层会产生胶泥流失 （3）胶泥配制过稀与温度低于 10℃，立面可产生流失现象
砖板粘结不牢，使用后局部脱落	（1）胶泥质量不佳，如树脂聚合时不良，杂物多 （2）衬前砖板表面油污未清除 （3）砖板表面不干燥，有积水，粘结不良，当合成树脂接触有水的砖板时，也不粘结 （4）衬砌时未打底，砖板表面较光滑，则粘结不牢
胶泥渗透	（1）硅质胶泥本身有一定渗透性，如果填料中的水分过多，水玻璃密度过低，则增加固化后的孔隙加速渗透 （2）合成树脂胶粘剂水分过多，溶剂加入过多，虽然固化，但造成胶泥中大量孔隙，渗透性大 （3）填料中水分含量超过指标，以及有微量碳酸盐存在造成孔率大

28.7.5.8　块材砌筑保护

（1）交工前再次检查，确认其合格无损后方可投入使用。

1）由施工单位做好："防火、防冻、防水"。

2）交付试车时，特殊区域非操作人员严禁入内。

（2）使用后的保护：

1）投入使用后应严格按照生产工艺条件进行操作。

2) 避免局部冲击。

28.7.6 安 全 防 护

28.7.6.1 职业健康安全主要控制措施

(1) 从事防腐蚀工程的操作人员，应采取下列劳动保护措施：操作人员应根据施工工艺的要求，配备必要的劳动保护用品如工作服、工作鞋、手套、安全帽、防护眼镜、防尘防毒口罩、防护面具、急救氧气呼吸器、毛巾、肥皂及防护油膏等；操作人员定期进行健康检查，不适合从事某项防腐蚀作业的人员，应调离此项工作岗位。

(2) 表面处理时，应穿戴好防尘面具等设施，严防吸入粉尘。

(3) 在研磨筛选、干燥、酸处理粉状填料时，要防止吸入粉尘，防止酸液接触皮肤和粉尘飞入眼睛。

(4) 配制各种胶粘剂时，操作场所必须有良好的通风设施。

(5) 在密闭环境内施工时，必须装有移动式通风机。当使用易燃和含挥发性溶剂（丙酮、甲苯、酒精等）的材料时，应注意防火，所用照明设备应有防爆装置。

28.7.6.2 环境管理主要控制措施

施工现场和各种粉尘、废气、废水、固体废物、震动对环境污染和危害应采取相应的措施，环境因素辨识及控制措施见表28-86。

环境因素辨识及控制措施　　　　表 28-86

序号	主要作业活动	环境因素	主要控制措施
1	表面处理	砂尘、噪声、除锈废弃物	封闭施工，及时清除喷砂产生的砂尘。施工设备和电动工具应定期保养和维护，减少或降低因摩擦产生的噪声。废弃物应妥善处理
2	底涂、衬砖施工	易燃、有害气体	开启排风通风设备。严禁烟火
3	配料	易燃、有害气体；固化废物；切割剩余废砖	通风，固体废物妥善处理

注：表中内容仅供参考，现场应根据实际情况辨识。

28.7.6.3 作业环境要求

(1) 现场通风：施工现场应设置排风通风设备，有害气体粉尘不得超过允许含量极限，施工人员要在上风操作。

(2) 现场照明：在自然光线不足的作业点或者夜间作业时，采取合适的方式照明。

(3) 电气设备必须接地。每个电源开关应安装漏电安全保护开关。

(4) 电气工具在使用完后或操作人员离开工作岗位时，关闭电气开关，切断电源。

28.7.6.4 现场安全措施和设施

(1) 施工时应设有专人负责安全管理工作。

(2) 在封闭式防腐蚀作业时，至少应设有二个人孔，设置送排气量机，保证足够的换气量。

(3) 在高度2m以上的脚手架或吊架上进行操作时，应戴安全帽及安全带。

(4) 在易燃、易爆气体环境中，动火除必须办理动火证外，还应经安全部门批准后，方可动火。

28.8 其他类型防腐蚀工程

28.8.1 塑料板防腐蚀工程

主要有硬聚氯乙烯板和软聚氯乙烯板两种，由于其具有良好的耐蚀性能和加工性能，因此在建筑防腐蚀工程中得到了广泛应用。

其中硬聚氯乙烯板产量大，价格低，其板材可用作池、槽的衬里，也可用于排气筒、地漏和下水管等的配件。软聚氯乙烯板的耐候性较差，易老化，其板材可用于池、槽衬里及室内地面面层。聚乙烯塑料和聚丙烯塑料目前在建筑防腐蚀工程中应用较少，主要用于制作构配件。

28.8.1.1 一般规定

(1) 原材料的质量应符合要求，并具有产品出厂合格证和检验资料。对质量有怀疑时，应进行复验。按《建筑防腐蚀工程施工及验收规范》(GB 50212) 中有关实验方法检测。

(2) 混凝土基层，应符合本手册"28.2基层要求及处理"的有关内容。

(3) 从事聚氯乙烯塑料板焊接作业的焊工，须经考核合格，并持证上岗。

(4) 施工前焊工应焊接试件，接受过程测试，并通过试件检测及过程测试鉴定。

28.8.1.2 原材料和制成品的质量要求

1. 聚氯乙烯、聚乙烯和聚丙烯塑料的质量要求

作为衬里的普通塑料：聚氯乙烯、聚乙烯和聚丙烯的主要性能和用途见表28-87。

聚氯乙烯、聚乙烯和聚丙烯的主要性能和用途

表 28-87

名称	英文	熔点 (℃)	密度 (g/cm³)	用　　途
聚氯乙烯	PVC	80	1.4~1.6	池槽衬里、耐蚀地面：化工设备、管道、阀门及其衬里
聚乙烯	PE	110~131	0.96	化工管道、设备及其衬里
聚丙烯	PP	164~170	0.9	化工管道、设备、换热器及其衬里

2. 胶粘剂的质量要求

用于聚氯乙烯塑料粘贴法施工的氯丁胶粘剂、聚异氰酸酯的质量见表28-88。超过生产期三个月或保质期的产品应取样检验，合格后方可使用。

氯丁胶粘剂、聚异氰酸酯质量指标　　表 28-88

项　　目	指　　标	
	氯丁胶粘剂	聚异氰酸酯
外　　观	米黄色黏稠液体	紫红色或红色液体
固体含量 (%)	≥25	20±1
黏度 (25℃，Pa·s)	2~3	≤0.1
使用温度 (℃)	≤110	

3. 聚氯乙烯焊条

聚氯乙烯焊条应与焊件材质相同，焊条表面应平整光洁、无节瘤、折痕、气泡和杂质，颜色均匀一致。

4. 辅助材料及质量要求

由于聚乙烯和聚丙烯塑料在建筑防腐蚀工程中应用较少，多用于购配件的制造，因此相关的辅助材料及其质量要求，在此不作赘述。

28.8.1.3 施工准备

1. 材料的准备

(1) 板材进场后，应贮存在通风良好的仓库内，并按其规格和类别分别堆放。避免表面受到损伤或冲击。距离热源应不小于1m，贮存温度不宜大于30℃。在低于0℃环境中贮存的板材，使用前应在室温下保持24h。

(2) 软板应在使用前24h打开包装卷、放平，解除包装应力，并尽可能放到施工地点，使材料温度能与施工温度相同，以便裁切和施工尺寸准确。

(3) 塑料板接缝处均应进行坡口处理。粘接时坡口多做成同向

顺坡,焊接时多做成V形坡口。坡口角度与板材厚度、焊缝形式有关,一般板厚则坡口夹角小,板薄则坡口夹角大。

2. 施工准备

(1) 软板粘贴前应用酒精或丙酮等溶剂进行去污脱脂处理,粘贴面应打毛至无反光。

(2) 焊枪 枪嘴有直形、弯形两种。枪嘴直径与焊条直径相等为宜。如采用双焊条时也可使用双管枪嘴。

(3) 调压变压器 每把焊枪需配1kVA的调压变压器,如焊枪较多,可配备较大容量的调压变压器。

(4) 空气压缩机 根据工程量大小选用。

(5) 其他小工具、机具:如V形切口刀、切条刀、刮板、焊条、压辊等。

(6) 施工环境温度宜为15~30℃,相对湿度不宜大于70%。

28.8.1.4 聚氯乙烯塑料板防腐蚀工程施工

(1) 施工时基层阴阳角应做成圆角,圆角半径宜为30~50mm。基层表面平整度用2m直尺检查,允许空隙不应大于2mm,混凝土基层强度应大于C20。

(2) 聚氯乙烯塑料板防腐蚀工程的画线、下料应准确。尽量减少焊缝,不宜采用十字焊缝和在焊缝上开口。在焊接或粘贴前应进行预拼。形状复杂的部位,应制作样板,按样板下料。

(3) 硬板的焊接:

1) 焊接的结构形式,应根据结构的特点、施工便利和经济性来决定。焊条的直径与被焊材料厚度有关,可参考表28-89。

焊条的直径与被焊材料厚度关系　　表28-89

焊件厚度 (mm)	2~5	5.5~15	16以上
焊条直径 (mm)	2~2.5	2.6~3	3~4

2) 焊接时第一条焊条(根部焊条)最好选用2~2.5mm的,以便焊条挤入坡口根部。

3) 焊接温度与焊接速度:聚氯乙烯在180℃以上处于黏流状态,附加不大的压力即可彼此粘结。焊接温度一般可控制在200~240℃,枪嘴喷出温度一般控制在230~270℃,可用温度计测量。焊接速度一般以15~25cm/min为宜。

4) 焊条与焊件的夹角一般应保持在90°左右,如使用焊条压辊时,随焊随推进压辊将焊缝压牢。

5) 焊枪嘴与焊件的夹角,一般应为30°~45°。焊条粗、焊件薄时应少加热焊条,即焊嘴与焊件的夹角取得小一些;焊件厚、焊条细时则应多加热焊件,及焊嘴与焊件的夹角取得大一些。为达到加热均匀,焊枪应上下左右抖动。

6) 为了保证焊缝强度,焊缝应高出母材表面2mm左右,如表面要求平整时再用铲刀把高出部分铲去。用两根以上焊条的焊缝,焊条接头必须错开,一般在100mm以上。

(4) 软板的粘贴:

1) 软板粘贴时坡口应做成同向顺坡,搭接宽度应为25~30mm;搭缝处应用热熔法焊接。焊接时,在上、下两板搭接内缝每200mm先点焊固定,再采用热风枪本体熔融加压焊接,不宜采用烙铁烫焊和焊条焊接。搭接外缝处应用焊条满焊封缝。

2) 粘贴方法:ⓐ满涂胶粘法用于摩擦力较大的地方,胶粘剂耗量较大;ⓑ局部涂胶粘法:在接头的两旁和房间或场地的周边涂胶粘剂。塑料板中间胶粘剂带的间距不大于500mm,其宽度一般为100~200mm。胶粘剂耗量较小。

3) 粘贴时,应在塑料板和基础面上各涂胶粘剂两遍,纵横交错进行。薄涂均匀,不要漏涂。第二须在第一遍胶粘剂干至不黏手时再涂。第二遍涂好后其略干再粘贴塑料板。软板粘贴后可用辊子滚压,或软板高支点法进行压合,赶出气泡,接缝处必须压合紧密。粘贴时不得用力拉扯塑料板,不得出现剥离和翘角等缺陷。

4) 粘贴完成后应进行养护,养护时间以所用粘合剂固化期而定。硬化前不应使用或扰动。为保证粘结质量,在阴阳角处可用沙袋加压。

5) 当胶粘剂不能满足耐腐蚀要求时,应在接缝处用焊条封焊。

6) 胶粘剂和溶剂多为易燃毒品,应带防毒口罩和手套,操作要有良好通风,并做好防火措施。

(5) 软板的空铺法和压条焊栓固定法。为方便施工,软板的预拼焊工作应在设备外进行;施工时接缝应搭接,搭接宽度宜为20~25mm。应先铺衬立面,后铺衬底部。支撑扁钢或压条下料应准确。棱角应打磨光滑,焊接接头应磨平,支撑扁钢与池槽内壁应撑紧,压条用螺钉拧紧,固定牢靠。支撑扁钢或压条外应覆盖软板并焊牢。用压条螺钉固定时,螺钉应成三角形布置,行距约为400~500mm。软板焊缝应采用热风枪本体熔融加压焊接法。不宜采用烙铁烫焊法和焊条焊接法。焊接前,距离焊道每侧各100mm范围内的软板表面,应用干净抹布擦净灰尘和油污。必要时,可用酒精进行脱脂处理。焊接时,应用分段预热法,将其焊道预热到发软时,立即进行焊接。焊接工艺参见表28-90。每条焊缝应一次连续焊完,接头处必须焊透。焊接时,压碾锤头用力应均匀一致,并紧随焊枪向前压碾,不得中断或延后。软板与介质接触的一面,焊后应削去边缘棱角。

软板本体熔融加压焊接工艺参数　　表28-90

名　　　　称	工 艺 参 数
焊嘴静态出口温度(℃)	160~170
焊接速度(m/min)	4~0.5
焊嘴与焊道间夹角(°)	30
焊枪与软板平面夹角(°)	
平焊(cm/min)	20~25
立焊(cm/min)	20~30

28.8.1.5 质量要求及检验

塑料板防腐蚀工程的质量要求及检验方法,包括外观检验、坡度检验、密封效果检验等等,常见的标准与方法,见表28-91。

塑料板防腐蚀工程的质量要求及检验方法

表28-91

项次	项目	标　准	检验方法
1	塑料板外表面	平整光滑、色泽一致,无裂纹、皱纹、孔洞	外观查看
2	板材截面	厚薄均匀一致,无杂物、气泡	切开观察
3	焊条外表面	光滑且粗细一致,无裂纹、褶皱	外观查看
4	焊条截面	质均、无孔眼、无杂物、无气泡	切开观察
5	焊条抗拉强度(MPa)	不小于11	查试验记录
6	焊条180°弯折(15℃)	无裂纹	试验观察
7	工程外表面	平整、光滑无隆起、无皱纹、不得翘边和鼓泡。接缝横竖顺直	外观查看
8	工程表面平整度	不多于1处,不大于2mm	用2mm靠尺及楔形塞尺检查
9	相邻板块高差	相邻板块的拼缝高差应不大于0.5mm	用尺量检查
10	粘贴脱胶现象	(1) 3mm厚板材的脱胶处不得大于20cm² (2) 0.5~1mm厚板材脱胶处不得大于9 cm² (3) 各板材胶粘处间距不得小于50cm	用锤敲击法估计(原局部粘贴的不在此限)
11	焊缝外表面	平整、光滑、无焦化变色、无斑点瘤瘤起鳞,无缝隙,凹凸不大于±0.6mm	缝隙用20倍放大镜观察,凹凸误差用板尺检查

续表

项次	项目	标　准	检验方法
12	焊缝牢固度	用焊枪吹烤不应开裂，拉扯焊条不应轻易脱落。焊条排列必须紧密，不得有空隙。接头必须错开，距离一般在100mm以上	用焊枪吹烤检查。外观查看
13	焊缝强度（焊缝系数）	不小于60%，一般应在75%	作焊件材料和焊件试件拉伸试验求得

（1）空铺法衬里和压条螺钉固定法衬里应进行24h的注水试验，检漏孔内应无水渗出。若发现渗漏，应进行修补。修补后应重新试验，直至不渗漏为合格。

（2）做气密实验检测。可将氨气通入建筑、构筑物衬里的夹层中，维持试验压力为98～196Pa。用浸有酚酞指示剂的试纸在焊道上移动，试纸不变色即为合格。修焊缺陷处时，必须置换合格，方可动火施焊。

（3）用电火花检测仪进行针孔检查，探头电火花长度应为25mm。

28.8.2　沥青类防腐蚀工程

沥青胶泥、沥青砂浆、沥青混凝土、碎石灌沥青、沥青卷材等。在防腐蚀工程中，沥青胶泥常用于混凝土表面铺设沥青卷材隔离层或涂覆隔离层；沥青砂浆、沥青混凝土多用于垫层；碎石灌沥青多用于基础垫层；沥青卷材则用于防腐蚀隔离层。

28.8.2.1　一般规定

（1）原材料的技术指标应符合要求，并具有出厂合格证和检验资料。对原材料的质量有怀疑时，应进行复验。按《建筑防腐蚀工程施工质量验收规范》（GB 50224）规定的有关检验项目和《建筑防腐蚀工程施工及验收规范》（GB 50212）中有关试验方法进行检测。

（2）混凝土基层符合"28.2基层要求及处理"的有关内容。

28.8.2.2　原材料和制成品的质量要求

（1）常用的为石油沥青中的道路石油沥青和建筑石油沥青。高聚物改性沥青防水卷材质量，见表28-92。

高聚物改性沥青防水卷材的质量　　表28-92

项　目		I类	II类	III类	IV类
拉伸性能	拉力（N）≥	400	400	50	200
	延伸率（%）≥	30%	5	200	3
耐热度（85±2℃，2h）		不流淌，无集中性气泡			
柔性（−5℃～−25℃）		绕规定直径圆棒无裂纹			
不透水性	压力	0.2MPa			
	保持时间≥	30min			

（2）沥青类材料制成品的质量：
1）沥青胶泥的技术指标见表28-93。

沥青胶泥的技术指标　　表28-93

项　目	使用部位最高温度（℃）			
	30	31～40	41～50	51～60
耐热稳定性（℃）不低于	40	50	60	70
浸酸后重量变化率（%）	1			

2）沥青砂浆和沥青混凝土的技术指标见表28-94。

沥青砂浆和沥青混凝土的技术指标　　表28-94

项　目		指　标
抗压强度（MPa）	20℃时不小于	3
	50℃时不小于	1
饱和吸水率（%）以体积计不大于		1.5
浸酸安定性		合格

28.8.2.3　施工准备

1. 材料的保管及检验
（1）沥青卷材应立放，不可平放，要防雨、防晒。
（2）耐酸粉料、细骨料等应放在防雨棚内。
（3）沥青应按不同标号、品种分开存放，避免曝光或黏附杂物。

2. 施工机具
（1）搭设防雨工作棚。
（2）备好熔解设备、浇注壶、烙铁、铁板、铁桶、铁锹、铁勺、台秤、温度计以及碾压滚筒（40～50kg重）、平板振捣器等。

3. 施工环境的温度
不宜低于5℃，施工时工作面应保持清洁干燥。

28.8.2.4　材料配制与施工

1. 材料参考配合比及制配工艺
（1）沥青胶泥的施工配合比和制配工艺

沥青胶泥的施工配合比应根据工程部位、使用温度及施工方法等因素确定。配制工艺：将沥青碎块加热至160～180℃搅拌脱水、去渣，使不再起泡沫；当用两种不同软化点的沥青时，应先熔低软化点的，待其熔融后，再加高软化点的；当沥青升至规定温度时（建筑石油沥青200～300℃），按施工配合比，将预热至114～140℃的干燥粉料（有时加入纤维填料）逐渐加入，不断搅拌，直至均匀。当施工环境温度低于5℃时，应取最高值。熬好的沥青胶泥，应取样做软化点试验。熬制好的沥青胶泥应一次用完，在未用完前，不得再加入沥青或填料。取用沥青胶泥时，应先搅匀，以防填料沉底。

（2）沥青砂浆和沥青混凝土的施工配合比和制配工艺
1）粉料及骨料混合物的颗粒级配，见表28-95。

粉料及骨料混合物的颗粒级配　　表28-95

种类	混合物累计筛余（%）								
	25	15	5	2.5	1.25	0.63	0.315	0.16	0.08
沥青砂浆	—	—	0	14.38	33～57	45～71	55～80	63～86	70～90
细粒式沥青混凝土	—	0	22～37	37～60	47～70	55～78	65～85	70～88	75～90
中粒式沥青混凝土	0	10～20	30～50	43～75	52～75	60～82	68～87	72～90	77～92

2）沥青砂浆和沥青混凝土的施工配合比，见表28-96。

沥青砂浆、沥青混凝土参考配合比　　表28-96

种　类	粉料骨料混合物	沥青（重量计,%）
沥青砂浆	100	11～14
细粒式沥青混凝土	100	8～10
中粒式沥青混凝土	100	7～9

注：1. 为提高沥青砂浆抗裂性可适当加入纤维状填料；
　　2. 沥青砂浆用于涂抹立面时，沥青用量可减少25%；
　　3. 本表是采用平板振动器振实的沥青用量，采用碾压机或热滚筒压实时，沥青用量应适当减少；用平板振动器或热滚筒压实时宜采用30号沥青，采用碾压机施工时宜采用60号沥青；普通石油沥青不宜用于配制沥青砂浆和沥青混凝土。

3) 沥青砂浆和沥青混凝土的配制：沥青的熬制与配制沥青胶泥时相同。按施工配合比将预热至140℃左右的干燥粉料和骨料混合均匀，随即将熬制好升温至200～230℃的沥青逐渐加入，拌合至全部粉料和骨料被沥青包匀为止。拌合温度：当环境温度在5℃以上时为160～180℃；当环境温度在一10～5℃时为190～210℃。

(3) 常温固化沥青（俗称"冷底子油"）质量配合比及配制工艺

1) 沥青冷底子油配合比：第一遍，建筑石油沥青与汽油之比为30：70；第二遍，建筑石油沥青与汽油之比为50：50。建筑石油沥青与煤油或轻柴油之比为40：60。

2) 冷底子油的配制：将沥青碎块加热溶化，冷却至100℃左右时，将汽油徐徐注入，并搅拌均匀。

2. 沥青类防腐蚀工程施工

(1) 沥青玻璃布卷材隔离层的施工

沥青类防腐蚀隔离层一般有两种：卷材式隔离层和涂覆式隔离层。其施工要点如下：① 采用卷材隔离层时，卷材使用前表面撒布物应清除干净，并保持干燥。卷材隔离层的基层表面应涂冷底子油两遍，待其干燥后方可做隔离层。卷材铺贴顺序应由低往高，先平面后立面，地面隔离层延续铺至墙面的高度为100～150mm。贮槽等构筑物的隔离层应延续铺至顶部，转角或穿过管道处，均应做成小圆角，并附加卷材一层。② 卷材隔离层的施工应随浇随贴，每层沥青稀胶泥的涂抹厚度不应大于2mm，铺贴必须展平压实，接缝处应粘牢。卷材的搭接宽度，短边和长边均不应小于100mm。上下两层卷材的搭接缝、同一层卷材的短边搭接缝均应错开。③ 沥青稀胶泥的浇铺温度应不低于190℃。当环境温度低于5℃时，应采取措施提高温度后方可施工。④ 隔离层上采用树脂砂浆材料、水玻璃类材料施工时，应在铺完的油毡上浇铺一层沥青胶泥，并随即均匀稀撒预热的耐酸粗砂粒（粒径2.5～5mm）。砂粒嵌入沥青胶泥的深度为1.5～2.5mm。涂覆的隔离层的层数，当设计无要求时，宜采用两层，总厚度宜为2～3mm。⑤ 涂抹时要纵横交错进行。

(2) 高聚物改性沥青卷材隔离层的施工

1) 施工作业的共性说明：铺贴卷材前，应先在基层上满涂一层底涂料，底涂料宜选用与卷材材性相容的高聚物改性沥青胶粘剂。底料干燥后，方可进行卷材铺贴。施工环境的温度不宜低于0℃，热熔法施工环境温度不宜低于一10℃。最高施工环境温度不宜大于35℃。不应在雨、雪和大风天气进行室外施工。铺贴卷材应采用搭接法，上下层及相邻两幅卷材的搭接缝应错开，不得相互垂直铺贴，搭接宽度宜为100mm。

2) 冷粘法铺贴卷材：胶粘剂涂刷应均匀，不得漏涂。胶粘剂涂刷和铺贴的间隔时间，应按产品说明。铺贴卷材时，应排除卷材下面的空气，并辊压粘贴牢固。铺贴卷材时应平整顺直，搭接尺寸准确，不得扭曲、皱折。搭接缝应满涂胶粘剂。接缝处应用密封材料封严，宽度不应小于10mm。

3) 自粘法铺贴卷材：铺贴卷材前，基层表面应均匀涂刷与卷材相配套的基层处理剂，干燥后应及时铺贴卷材。铺贴卷材时，应将自粘胶底面隔离纸完全撕净，并应排除卷材下面的空气，辊压结牢固。铺贴的卷材应平整顺直，搭接尺寸应准确，不得扭曲、皱折。搭接部位宜采用热风焊枪加热，加热后随即粘贴牢固，溢出的自粘胶随即刮平封口。接缝处应用密封材料封严，宽度不应小于10mm。

4) 热熔法铺贴卷材：火焰加热器的喷嘴与卷材的加热距离，与卷材表面熔融直光亮黑色为宜，加热应均匀，不得烧穿卷材。卷材表面热熔后应立即滚铺卷材，并应排除卷材下面的空气使之平展，不得出现皱折，并应辊压粘贴牢固。在搭接缝部位应有热熔的改性沥青溢出，并应随即刮封接口。铺贴卷材时应平整顺直，搭接尺寸准确，不得扭曲。

(3) 沥青砂浆、沥青混凝土的施工

沥青砂浆和沥青混凝土，应采用平板振动器或碾压机和热滚筒压实。墙脚等处，应采用热烙铁拍实。沥青砂浆或沥青混凝土摊铺前，应在已涂有沥青冷底子油的水泥砂浆或混凝土基层上先涂一层沥青稀胶泥（沥青：粉料=100：30质量比）。沥青砂浆和沥青混

凝土一般情况下铺摊温度为150～160℃，压实后的温度不低于110℃。当环境温度低于5℃时，开始压实温度应取最高值，压实后的温度不低于100℃。铺摊后应用热滚筒压实。为防止滚筒表面粘结，可涂刷防粘液（柴油：水=1：2质量比）。沥青砂浆或沥青混凝土应尽量不留施工缝。如工程量大，需留施工缝时，垂直施工缝应留成斜楂并拍实。继续施工时应把楂面清理干净，然后覆盖热沥青砂浆或热沥青混凝土进行预热，预热后将覆盖层除去，涂一层热沥青或沥青稀胶泥后继续施工。分层施工时，上下层的垂直施工缝要错开，水平施工缝间也应涂一层热沥青或沥青稀胶泥，沥青砂浆和细粒式沥青混凝土每层压实厚度不宜超过30mm。中粒式沥青混凝土不应超过60mm，虚铺厚度应经试压确定，用平板振动器时一般为压实厚度的1.3倍。立面涂抹沥青砂浆时每层厚度应不大于7mm，最后一层用热烙铁烫平。沥青砂浆或沥青混凝土表层如有起鼓、裂缝、脱落等缺陷，可将缺陷处挖除，清理干净后涂一层热沥青，然后用沥青砂浆或沥青混凝土趁热填补压实。

(4) 碎石灌沥青的施工

碎石灌沥青垫层不得在有明水或冻结的基土上进行施工。沥青软化点不低于90℃，石料应干燥，质应符合设计要求。碎石灌沥青时，先在基层土上铺一层粒径30～60mm的碎石并夯实，再铺一层粒径10～30mm的碎石找平拍实，随后浇灌热沥青。如设计要求表面平整时，在浇灌热沥青后随即撒布一层粒径为5～10mm的细石找平，面上再浇一层热沥青。

28.8.2.5 质量要求及检验

(1) 卷材隔离层的质量标准及检验方法，见表28-97。

卷材隔离层的质量标准及检验方法 表 28-97

项 目	标 准	检验方法
与基层粘结	牢固无空鼓	观察、手触
平面、转角及边沿	平整、无翘皮、无皱折、封口严实	
卷材搭接 搭接长度搭接处	不小于100mm粘结严实、无翘边	尺量、观察
平面延伸至立面高度	不小于150mm	尺量

(2) 沥青砂浆或混凝土面层应密实，无裂纹、无空鼓和缺损现象。表面平整度用2m直尺检查，允许空隙不应超过6mm。面层坡度允许偏差为坡长的+0.2%，最大偏差值不大于30mm。泼水试验时，水应顺利排除。

28.8.2.6 安全防护

(1) 高温条件下的施工需注意高温防护、安全防护检查。

(2) 沥青类防腐施工，高温下挥发物多，具有一定的毒副作用，必须注意通风，防护措施要落实。

28.9 地 面 防 护 工 程

28.9.1 地面防护工程的基本类型

28.9.1.1 涂装型地面防腐蚀工程

针对引进项目对建筑防腐蚀提出的要求，国内研制、开发出具有防腐蚀、导静电、洁净、耐磨等多功能地面材料和技术，并在许多工程项目得到应用。这些材料构成多数为环氧树脂类与聚氨酯类，其施工工艺以涂装的方式为主，操作简便，效果显著。

1. 典型主要材料的技术性能指标

典型主要材料的技术性能指标，见表28-98。

典型主要材料的技术性能指标 表 28-98

名称	抗压强度（MPa）	粘结强度（MPa）	耐磨性（CS17，500g，1000R）	抗冲击性（1kg钢球1.0m自由落地）	表面电阻（Ω）
MS	≥60	2.5～5.0	≤26mg/cm²	无裂缝、不起砂	—
MX	≥60	2.5～5.0	≤40mg/cm²	无裂缝、不起砂	1.0×10^5～1.0×10^{10}

2. 构造及施工工艺

涂装型环氧类地面涂料施工工序主要步骤，如表28-99所示。

涂装型环氧类地面涂料施工工序   表28-99

工 序	用量（kg/m² 道）	作业方式
1. 基面处理		打磨、吸尘
2. 底层	0.1～0.2	刷涂或辊涂
保养时间	12 小时	
3. 中间层	按基层需要处理	抹刮
保养时间	24～72h	
4. 面层	0.4～0.6/1.4～1.6 mm	镘刮（自流平）
保养时间	24h 以上	
5. 打蜡抛光		毛巾、拖把、抛光机

施工时，根据作业环境、构造有较大的变化，主要是厚度增加，施工方法随之作相应改变。由于每一种材料的配比都有区别，施工过程应严格执行有关技术规程、标准。

28.9.1.2 树脂类整体地面防腐蚀工程

树脂类整体地面可用于有耐磨、洁净要求的环境。树脂砂浆地面材料可用于有重载、抗冲击的场合。

复杂介质环境条件下，树脂类整体地面构造采用玻璃纤维增强材料作为隔离层。当玻璃纤维增强材料不能满足介质环境时，根据试验情况可以采用有机纤维等其他增强材料。

28.9.1.3 型材贴面地面防腐蚀工程

工程中应用广泛的是：聚氯乙烯材料及其改性材料为主的卷材或块材。

28.9.1.4 块材类地面防腐蚀工程

以天然石材、人工烧结或机械加工的砌块材料为主。

28.9.1.5 复合结构地面防腐蚀工程

上述几种方式或材料的集成。

28.9.2 地面防护工程的构造选择

28.9.2.1 涂装型地面防腐蚀工程的适用范围与选择

涂装型地面防腐蚀工程的适用范围与选择，如图28-1所示。检查基面（基面要求）根据国家标准《建筑防腐蚀工程施工及验收规范》（GB 50212）基层处理条款：目视混凝土地面是否密实、无空壳、不起砂。

28.9.2.2 树脂类整体地面防腐蚀工程的适用范围与选择

树脂类整体地面防腐蚀工程的适用范围与选择，如图28-2所示。

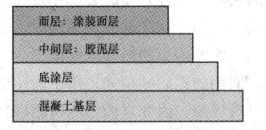 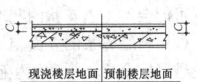

图28-1 涂装型地面构造示意图   图28-2 树脂类整体地面构造图

28.9.2.3 型材贴面地面防腐蚀工程的适用范围与选择

1. PVC 地板（块材防静电）采用高级银纳米技术，抗菌处理：有抗菌、杀霉菌特点 尺寸稳定性：采用高级玻璃纤维吸声性能极佳：15dbB 极佳耐污性、容易清洁：特殊 U.V. 处理防火性：0.58kW/m² 超耐磨性：采用高厚度耐磨层和特殊 U.V. 处理 U.V. 涂层免打蜡。

使用范围：制药厂医院办公室宾馆餐厅学校健身房体育场家庭等等。

2. 特性：

（1）确保地板长期使用；

（2）多种厚度可供不同耐用度和预算的需求；

（3）多种色彩可供组合，提供更多的设计选择；

（4）商用片装地材，适用于所有商业环境；

（5）片装地材修补只需调换污染严重的部位即可。

28.9.2.4 块材类地面防腐蚀工程的适用范围与选择

块材类地面防腐蚀工程的适用范围与选择，如图28-3和图28-4所示。

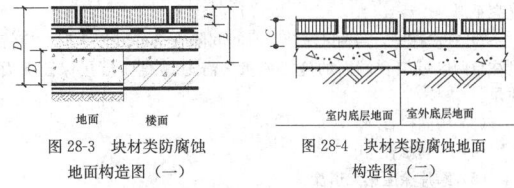

图28-3 块材类防腐蚀   图28-4 块材类防腐蚀地面
地面构造图（一）   构造图（二）

28.9.2.5 复合结构地面防腐蚀工程的适用范围与选择

复合结构地面防腐蚀工程的适用范围与选择，如图28-5所示。

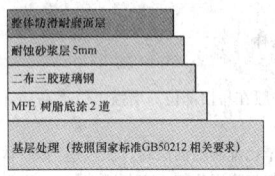

图28-5 复合结构防腐蚀地面构造示意图

28.9.3 地面防护工程的施工工艺

28.9.3.1 涂装型地面防腐蚀工程的施工工艺

以树脂玻璃鳞片胶泥涂装型面层。

1. 材料配制

大面积施工，胶泥由生产厂家直接生产、供料。用量很小也可以进行现场配料。施工时，按有关配比及操作规程进行。

2. 基层处理

基层符合"28.2 基层处理及要求"。

施工工序：

待施工的基层表面应保持干燥、清洁、无杂物、无污染。

用树脂胶料打底二道。涂刷方向互相垂直。

刮涂鳞片胶泥，一般厚度为 0.8～1.2mm。

3. 注意事项

（1）施工现场必须通风良好，注意防火、防风雨、防阳光直射。

（2）配制胶泥的玻璃鳞片不得受潮或被污染。

（3）每次操作都要注意一定的时间间隔（一般为 12～24h），使其自然固化。

（4）两次涂抹的端界面应避免对接，必须采用搭接方式。每一施工层应有不同颜色，以便发现漏涂。

4. 树脂玻璃鳞片涂层施工工艺

（1）底料涂刷

1）根据环境条件，确定固化体系加入量，以利施工。

2）取规定量封底料液，加入现固化剂，充分搅拌均匀。

3）封底应在喷砂清扫后 5h 内涂覆。涂刷前应使用易挥发溶剂将表面擦洗一遍，待溶剂充分挥发后方可涂刷。

4）将调好的底层胶料液，用刷子或辊子均匀地涂覆在施工面上，避免漏涂。

5）一次配制胶液使用时间为 30～40min，应设专人配料。

（2）鳞片涂层第一道施工

1）封底涂层干燥并清扫干净后才可实施鳞片涂抹施工。

2）取鳞片混合料，加入规定量的固化剂和颜料，经真空搅拌机搅拌均匀，每次混料量≤8kg。

3）将调制好的混合料铲到木质托板上，用金属抹刀尽可能均匀地将其涂覆到待施工物表面上，控制涂抹厚度为 1.0±0.2mm。调好的混合料应尽量减少在容器及工具上蹭动。

4）在混合料的涂覆过程中，如发现混合料的流淌性较严重，应通过触变剂调整料的黏度。若施工料过干，则需加相关溶剂调整。

5）在混合料涂抹过程中，要求施工面始终保持清洁无尘、无

溶剂、无水污染。

6) 涂抹后，应直接用浸有少许液体（环氧用丙酮或酒精，聚酯及环氧乙烯基酯用苯乙烯）的羊毛礅用力反复推滚，使衬层表面光亮平滑。

7) 在涂抹中，若两区域施工时间间隔在 30min 以上时，应特别注意两区域结合端面的施工质量，需通过斜面搭接保证端面质量。

(3) 中间检查

(4) 中间修补

(5) 鳞片涂层第二道涂抹

1) 涂抹过程及要求同上述规定。

2) 涂抹厚度为 2.0±0.2mm。

(6) 中间检查

(7) 中间修补

(8) 增强

鳞片涂层一般在易损部位需增强，以提高局部机械强度。

(9) 面涂

1) 取足够量已配制的面层料，加入适当颜料，充分搅拌均匀。

2) 取面层料加入固化剂，充分搅拌均匀。

3) 用刷子或毛辊均匀涂刷，直至被防护面完全覆盖为止。

4) 应连续涂刷二道面料，时间间隔为 4h。

(10) 终检

1) 应严格执行质检规定。

2) 终检应由三方，即使用方、施工方、质检方联合进行。

5. 鳞片涂料施工

鳞片涂料因填料加入量较一般涂料大，且为片状粒料，又加了抗沉剂，黏度较一般涂料大得多，涂刷亦较难。故其涂刷工艺与一般涂料相比，其主要技术问题如下：

(1) 防止起毛：鉴于鳞片涂料黏度较大，且为片状填料。施工中，如刷子来回无规律的涂刷，将会因刷子毛的回弹作用，使涂刷面起毛，导致表面疏松，产生许多孔隙。在下一道鳞片涂料涂刷时，这些孔隙就会因难以填满而产生层下气泡。此外，用贫胶的刷子有序定向涂刷亦有此效应。因此，施工时，刷子应定向有序涂刷，不得来回随意或无规则涂刷。当需对涂层重复涂刷压实抹光时，刷子应蘸少量易挥发溶剂。

(2) 相交涂刷原则：在施工中，要求每层鳞片涂料相交涂刷，以便涂层厚度相互补偿。同时，也有利于因起毛而产生的孔隙的充填与封闭。

(3) 因为在涂刷中，刷子下去时初始涂刷区总是较终点涂刷区厚。

(4) 若总沿一个方向刷，一般情况下，难以保证涂层均匀。

刷子断面亦有厚薄不均匀处，特别在刷子贫胶时。相交涂刷原则从施工规范角度改变了施工者的行为，从而改善了厚度不均程度。

28.9.3.2　树脂类整体地面防腐蚀工程的施工工艺

没有重载、强冲、运输车辆进出等情况下可采用树脂稀胶泥、树脂砂浆整体防腐蚀面层。

1. 整体面层施工步骤

不饱和聚酯树脂及环氧乙烯基酯树脂砂浆面层，一般设置在不饱和聚酯树脂及环氧乙烯基酯树脂玻璃钢隔离层上，厚度为 4～6mm。面层与隔离层的施工间隔时间一般 ≥24h。施工时，每次拌制量不宜过多，以 5kg 左右为宜。施工要点如下：

(1) 隔离层上应先刷接浆料（其配比同玻璃钢面层料）。涂刷要薄且均匀。

(2) 随即在接浆料上铺树脂砂浆，并随摊随压，使表面出浆，然后一次抹平压光。抹压应在砂浆胶凝前完成，已胶凝的砂浆不得使用。

(3) 施工缝应留成整齐的斜槎。继续施工时，应将斜槎清理干净，涂一层接浆料，然后继续摊铺。

(4) 抹压好的砂浆经自然固化后，表面涂第一层封面料，待其固化后，在涂第二层封面料。

(5) 采用彩色面层时，可添加颜料，但应严格注意颜料品种并

控制掺入量，最好将一个区域的用料一次拌好。当大面积施工时，可以采取多种方式减少色差。比如：将颜料加入树脂中；面层胶料由生产单位直接配制成有色料等。

2. 整体面层施工注意事项

近年来出现的整体地面质量问题，主要归结为：施工环境温度过低、湿度过大，在工期不允许又没有采取措施的情况下施工，而致使树脂胶浆假固化。树脂胶浆中的树脂含量过低、填料多，致使砂浆的力学性能下降，使用寿命缩短。粗细粉骨料含水率过高，导致砂浆固化程度不完全，其耐腐蚀和力学性能达不到设计所规定的要求。只要严格按规范规定的要求操作，是完全可以保证质量的。为提高施工效率，目前还可以采用施工机械进行树脂砂浆的摊铺，机械抹压制成的树脂砂浆地面性能更佳。

采用环氧乙烯基酯树脂或不饱和聚酯树脂砂浆面层时，须注意：

(1) 隔离层的设置：在环氧乙烯基酯树脂或不饱和聚酯树脂砂浆整体面层下设置 ≥1mm 玻璃钢隔离层的实际使用效果比没有设计隔离层的要好。玻璃钢隔离层能起到第二道防线的作用。

(2) 接浆料工序：在玻璃钢隔离层（或基层）上摊铺树脂砂浆前，应涂刷接浆料（树脂胶料），保证树脂砂浆与玻璃钢（或基层）粘结良好，防止砂浆与玻璃钢隔离层（或基层）之间脱层。

(3) 树脂砂浆的凝胶时间：凝胶时间太快，往往造成来不及施工而浪费材料，或造成树脂砂浆收缩应力集中而产生裂缝或起壳现象。凝胶时间太慢，往往延长施工工期和养护期，同时树脂砂浆的强度偏低。大面积施工前，必须做凝胶试验。

(4) 树脂砂浆骨料和粉料的级配：往往有两种情况，第一种是采用大量粗骨料，且粒径大于 2mm，而细骨料、粉料用量少，这种级配虽然可以起到防止树脂砂浆开裂作用，但由于其空隙率大，密实性差，易造成树脂胶料向底部沉降，使树脂砂浆强度下降，抗渗性能降低；第二种情况是细骨料、粉料比例大，这种级配虽然可以使树脂砂浆的密实性提高，表面美观性增强，但会出现裂缝或不规则的短小微裂纹。因此需要选择粗细骨料及粉料的合理级配。

(5) 树脂砂浆局部固化不良主要原因有：过氧化苯甲酰二丁酯等糊状固化剂未能在树脂中混合均匀；局部位置受水分影响；固化剂、促进剂加入量不准确；粗细骨料和粉料含水率过大。

(6) 树脂砂浆面层上用树脂稀胶泥罩面后会产生细微裂纹的原因：树脂砂浆整体面层施工养护 2～3d 后，树脂砂浆的收缩率基本趋于稳定，所以在树脂稀胶泥罩面之前，树脂砂浆养护时间不应少于 3 昼夜，否则急于在树脂砂浆上进行稀胶泥罩面，胶泥固化产生的收缩应力能使砂浆面层产生短小微裂纹。树脂稀胶泥的厚度不宜大于 0.5mm。设计要求超过 1mm 时，则应分 2～3 次抹涂。罩面稀胶泥的粉料选用辉绿岩粉比石英粉有较小的收缩率，但前者价格高，且面层不易着色。当防腐蚀面层用于碱性介质时，选用辉绿岩粉比石英粉有更好的耐碱性。选用石英粉作树脂稀胶泥填料时，罩面后可能会产生雪花状的花斑，其主要原因是粉料吸水受潮。

(7) 树脂砂浆的立面施工：立面用的树脂砂浆如采用平面用的树脂砂浆配合比，常常发生砂浆下滑现象，因此立面用的树脂砂浆应调整粗细骨料的比例，以细骨料（40～70 目）和粉料为主，不用或少用粗骨料，使砂浆密度下降。由于细骨料和粉料的比表面积比粗骨料大，拌合在树脂中其相互间接触面增大，黏性也增大，可以防止立面砂浆的下滑。当立面的树脂砂浆厚度超过 3mm 时，宜分次抹压。另外立面用的树脂砂浆应适当增加固化剂用量。采用上述措施后，立面砂浆可能会产生细微裂纹（不是裂缝！），这种短小不连续的微裂纹是不影响工程使用的。为了防止微裂纹的产生，可以在树脂砂浆料中添加加入适量的热塑性树脂（如聚氯乙烯、聚丙烯、聚乙烯等）。热固性树脂固化时能使热塑性树脂受热膨胀，冷却后热塑性树脂周围产生空穴，抵消了热固性树脂固化时产生的收缩。因热塑性树脂品种的不同，其加入量应经试验确定。加入量过多，成本提高，树脂砂浆的机械性能会有所下降。

28.9.3.3　型材贴面地面防腐蚀工程的施工工艺

参见"28.8.1.4 聚氯乙烯塑料板材防腐蚀工程施工"。

28.9.3.4　块材类地面防腐蚀工程的施工工艺

(1) 铺砌材料。耐腐蚀用的块材包括天然石材、耐酸砖、耐酸

耐温砖、铸石板等。当采用酸性固化剂配制胶泥时，在水泥砂浆、混凝土和金属基层上必须先涂一道环氧或不饱和聚酯树脂打底料，以免基层受酸性腐蚀，影响粘结。

小型块材及薄型块材铺砌应采用揉挤法。铺砌时，块材间的缝隙较小，一般采用单一的胶泥，既做结合层又作块材缝隙间的防腐蚀材料。揉挤法操作分为二步：第一步打灰，包括打坐灰和砖打灰。打坐灰就是在基层或已砌好的前一块砖上刮胶泥，以保铺砌密实。砖打灰最好分二次进行，第一次用力薄薄打上一层，要求打满，厚薄均匀。第二次再按结合层厚度略厚2mm的要求，满打一层。打灰应由一端向另一端用力打过去，不要来回刮，以免胶泥卷起，包入空气形成气泡，影响密实性。第二步铺砌，把打好灰的砖找正放平，使缝内挤出胶泥，然后用刮刀刮去。

大型块材宜采用座浆法施工。座浆法施工时，先在基层铺上一层树脂砂浆或树脂胶泥，厚度大于设计的结构层厚度1/2，将块材找准位置轻轻放下，找正压平，并将缝清理干净，待勾（灌）缝施工。

（2）块材灌缝。树脂胶泥灌缝，待铺砌胶泥养护后方可进行。

采用树脂胶泥或砂浆进行大型块材铺砌时，块材间的缝隙较大，一般采用耐腐蚀胶泥做缝缝材料。铺砌块材时，用事先按灰缝宽度要求备好的木条预留出缝隙。待铺砌的胶泥初凝后，将木条取出，用抠灰刀修缝，保证缝底平整，缝内无灰尘油垢等，然后在缝内涂一遍环氧、不饱和聚酯树脂打底料，待其干燥后再灌缝。灌缝胶泥要饱满密实，不得有空隙、气泡，灰缝表面要平整光滑。

树脂胶泥铺砌块材的结合层厚度、灰缝宽度和灌缝尺寸见表28-100。

块材构造结合层厚度、灰缝宽度和灌缝尺寸
表28-100

块材种类	铺砌（mm）		灌缝（mm）	
	结合层厚度	灰缝宽度	缝度	缝深
耐酸砖	4～6 (3～5)	2～4 (3～5)	6～8 (8～10)	≥15 (15～25)
耐酸耐温砖	4～6 (3～5)	2～3 (3～5)	6～8 (8～10)	≥10 (15～25)
铸石板	4～6 (3～5)	2～3 (3～5)	6～8 (8～10)	≥10 (15～25)
花岗石及其条石	4～12 (8～15)	4～12 (8～15)	8～15 (10～15)	≥20 (>25)

注：本表（ ）内数据为采用YJ型呋喃胶泥的数据。

树脂胶泥的常温养护期、热处理温度及时间可以参照树脂玻璃钢（见表28-31），块材铺砌前应对基层或隔离层进行质量检查，合格后再进行施工。

（3）块材铺砌前应先试排。铺砌顺序应由低往高，先地沟、后地面再踢脚墙裙。

（4）平面铺砌块材时，不宜出现十字通缝。立面铺砌块材时，可留出水平或垂直直通缝在进行块材铺砌时，块材必须错缝排列，这对单层铺砌来说，可提高胶层的强度，而对多层铺砌来说通过层与层之间的错缝，不仅可以提高结构强度，还可增加防渗透能力。一般来说，对于立面铺砌，横向应为连续缝，纵向应错开。

（5）阴角处立面块材应压住平面块材；阳角处平面块材应压住立面块材。铺砌一层以上块材时，阴阳角的立面和平面块材应互相交错，不宜出现重叠缝。

（6）块材铺砌时应控制标高、坡度、平整度，并随时控制相邻块材的表面高差及灰缝偏差。

1）平面铺砌施工
在平面上铺砌块材时，块材排列以横向为连续缝、纵向为错缝。块材砌筑时，应每铺砌一块，在待铺的另一行用块材顶住以防止滑动，待胶泥稍干后，进行下一行铺砌。

2）立面铺砌施工
铺砌立面时，应由下向上铺砌，铺砌上层块材时会对下层块材

产生压力，使下层铺好但胶泥未固化的块材层错位或移动。因此，立面铺砌时不能连续铺砌多层，一般可连续铺砌2～3层高度后，应稍停片刻，待下层胶泥初凝结牢后才可继续铺砌。

28.10 重要工业建、构筑物的防护与工程案例分析

28.10.1 化学工业的基本防护类型与实例

28.10.1.1 化肥装置

1. 尿素造粒塔的结构特点及腐蚀状况

尿素造粒塔是尿素生产工艺过程中的一个重要装置，其直径大于20m，塔高接近100m，就其构造讲是一座建筑物，就其功能来说，是十分重要的非金属化工设备。

（1）尿素造粒塔的结构特点

尿素造粒塔由喷淋层、筒体造粒及刮料层三部分构成，其特点是：刚度好、整体性好、稳定行好、抗渗性好。

（2）尿素造粒塔内腐蚀特点

尿素颗粒在干燥状态，腐蚀性很小，一旦受潮、吸水、溶解，则腐蚀危害极大。

尿素在造粒塔内的形成是由熔融尿液经过塔顶喷头喷射，遇到上升冷气流时急剧收缩的结果。现代化大型装置的生产工艺，提高了喷头出口温度，塔内基本形成气、液、固三相，对塔壁内壁产生腐蚀影响。塔顶高温潮湿气雾的扩散、渗透；塔中部液体渗透、结晶、溶胀；塔下部颗粒冲刷。其中，塔中部腐蚀最为严重，破坏性最大。

2. 尿素造粒塔常见的防护效果

针对尿素腐蚀对造粒塔内的影响（塔壁、塔底、刮料层），曾经采取了不少防护措施，产生的效果也有较大区别，每种防护措施都有一定的局限性。

塔底及刮料平台多采用不锈钢板、花岗石或两者搭接作面层，下面附设防腐蚀隔离层，并采用防腐蚀材料作结合层的结构，提高抗渗、抗冲、承载及防腐蚀功能。

塔外表面选择抗紫外线、耐候性较好的防腐蚀涂料进行防护。

3. 新型防腐蚀材料选用及构造设计

（1）新型材料选用原则及依据

选用塔内壁防腐蚀材料，必须具备：自身寿命长、耐温度急变性好、抗渗透性能强、粘结强度高、防腐蚀效果突出。塔外表面材料应能抗紫外线、耐蚀性好、对刮料平台还要考虑抗冲击性能。

（2）防腐蚀构造设计及特点

综合塔内腐蚀特点，防蚀层构造设计，除保留传统的做法外，应在提高耐温、抗渗、抗黏塔、抗冲刷方面有新的进步。若兼顾施工等因素，塔内壁防腐蚀构造设计如下：

1）［方案A］

· 浇筑塔体（加减水剂、密实剂等）提高抗渗强度等级。

· 基层表面处理，符合《建筑防腐蚀工程施工及验收规范》（GB 50212）要求。

· 稀释的环氧乙烯基酯树脂打底二道（视具体情况，酌情增加粉料）。

· 环氧乙烯基酯树脂贴玻纤布二层、玻纤毡一层（形成富脂层）。

· 环氧乙烯基酯鳞片涂料三道（达到抗渗、耐磨效果），涂层厚度≥300m。

· 自然养护7～15d。

2）［方案B］

· 浇筑筒体（加减水剂、密实剂等）提高抗渗强度等级。

· 基层表面处理符合国家规范《建筑防腐蚀工程施工及验收规范》（GB 50212）要求。

· 稀释的环氧乙烯基酯树脂打底二道。

· 环氧乙烯基酯树脂鳞片胶泥一道厚度≥1mm。

· 环氧乙烯基酯鳞片涂料二道，涂层厚度＞2mm。

· 自然养护7～15d。

（3）两种防腐蚀构造设计方案的比较

方案 A 采用环氧乙烯基酯树脂作为耐蚀树脂，玻璃鳞片为抗渗、耐磨填料，结构设计合理，这是一种"刚柔相济"的构造，实践证明取得了良好防腐蚀效果。方案 B 复合构造性能及施工优点更加突出。方案 A 与方案 B 具体防护特点比较见表 28-101。

方案 A 与方案 B 具体防护特点比较　表 28-101

	方案 A：玻璃钢（FRP）结构	方案 B：鳞片胶泥结构
基层材料	混凝土结构	混凝土结构
基本要求	混凝土符合：GB 50212	混凝土符合：GB 50212
甲基丙烯酸型耐蚀树脂	甲基丙烯酸乙烯基酯树脂	甲基丙烯酸型乙烯基酯树脂
增强材料	玻璃布/毡	玻璃鳞片（片径：2～3mm）
施工方法	间歇式手糊成型	手工镘、刮、压平成型
施工周期	成型慢，要求施工人员素质高，阴阳角处理复杂，施工周期较长	非常适合结构较复杂的场合，容易成型，施工周期较短
粘结力	FRP 成型太厚收缩应力大，易引起起壳而破坏粘结	片状填料使横向应力很小，粘结强
耐磨耗性	一般	好
修复性	不易修复	修复容易，操作简单

简单归纳如下：

1) 抗渗透性能

据测定，1mm 厚的玻璃鳞片胶泥层有 100 多层鳞片平行排列，因此，气体、液体要透过涂层常常需要迂回曲折，延长了腐蚀路径。

2) 粘结力

鳞片胶泥固化时，鳞片同树脂在法线方向的收缩应力受到限制，因而胶泥与基体的粘结力强。如果施工中不采取一定的措施，玻璃钢是很容易起壳的。

3) 施工结构

FRP 一般要达到 2～3mm，某些部位甚至更厚，玻璃鳞片胶泥通常只须 1～1.5mm 即可达到要求，施工过程大为简化。

4. 新型防腐蚀构造设计的应用前景

方案 A 的构造设计，已经在我国西北某大化肥厂尿素造粒塔选用，经过十余年的运转，虽然生产过程经常有开停车，但应用状况良好。方案 B 的构造设计，目前在北方某化学工业公司大型尿素装置造粒塔使用，经过十多年的运转，效果显著。

采用树脂鳞片胶泥涂层的方案，不但兼顾了贴布、复合涂料等特点，而且在提高施工可操作性、加速工程进度、有利控制工程质量等方面，显出优越性。

目前采用的防护措施，综合造价基本与环氧树脂同类构造相当，经济上是合理的，从而具有十分广阔的应用前景。大力推广这项新技术，具有特别重要的意义，它不仅对尿素造粒系统有利，对硝铵、磷肥等造粒过程也都大有益处。当然，我们还应不断改进，加强新型构造设计的开发，使这些新型耐蚀材料及综合应用技术更上新台阶。

28.10.1.2　纯碱装置

1. 纯碱生产概况

纯碱生产通常采用氨碱法工艺，目前的工艺技术和国外先进的单机设备，综合了长距离（数十公里）输卤管道、盐矿、泊位码头、热电装置、玻璃行业生产线和完善的基础设施。纯碱产品，包括：轻质纯碱、重质纯碱、食品纯碱和副产品芒硝。

2. 纯碱工艺

（1）纯碱工艺路线

纯碱生产主要采用氨碱法和联碱法两种生产工艺，少量以天然碱为原料加工制作。氨碱法因不需要配套合成氨装置，纯碱产品质量优异而备受欢迎。目前国内大规模的纯碱生产装置多采用氨碱法，主要以粗盐、石灰石、氨及无烟煤为原料，生产轻质纯碱，以固相水合法生产重质纯碱。

（2）工艺原理

氨碱法生产纯碱为比利时人 solvay 首创，故也称索尔维制碱法。它是以食盐和氯化钠为原料，在氨参与下，通过一系列反应而制得的。

（3）工艺流程

1) 盐硝车间

来自硝盐矿车间和从盐矿购进的原料卤水混合进入氨蒸发器，由液氨蒸发间接冷冻降温度，产生 $Na_2SO_4 \cdot 10H_2O$ 结晶后进入沉硝罐。经自然沉降分离后，脱硝卤水，进入制盐多效蒸发器，蒸发浓缩产生固体盐结晶。盐结晶重新溶解制成饱和盐盐水。饱和粗盐水经旋液分离器夹带的盐结晶后被送至重碱车间盐水岗位，用于纯碱生产。

2) 石灰车间

石灰石和无烟煤块按照一定的比例混合后进入石灰窑，空气从石灰窑底部进入，使无烟块煤与焦炭和石灰石燃烧，利用无烟煤块燃烧产生的热量令石灰石分解成为 CO_2、氧化钙。CO_2 从石灰窑顶离开并经过窑气净化系统除尘处理后到重碱车间压缩岗位。氧化钙则从石灰窑底离开后进入化灰机，与热水混合消化成石灰乳送至重碱车间蒸吸和盐水岗位，分离出来的未分解石灰石则返回石灰窑再次利用。

3) 重碱车间

利用盐硝送来的粗盐水经过石灰纯碱法精制合格的精盐水。

利用精盐水、CO_2 和液氨，生产中间产品碳酸氢钠，并送往煅烧车间。利用来自石灰车间的石灰乳、压缩岗位送来的低压蒸汽回收生产母液中的氨，循环用于碳酸氢钠的生产，并产生蒸馏废液，送往石灰车间净化岗位处理。

4) 煅烧车间

碳酸氢钠结晶在轻灰煅烧炉内与中压蒸汽间接换热，产生分解反应，生成纯碱产品，并分解出 CO_2 和水，从轻灰炉出来的轻灰进行凉碱炉进行降温，分类包装。

5) 热电车间

自来水或直流水依次经过机械过滤器去除机械杂质、反渗透装置去除有机杂质、阳离子交换床去除阳离子和阴离子交换床去除阴离子后成为脱盐水，作为锅炉给水进入锅炉。

3. 腐蚀与防护方案选择

（1）腐蚀与防护方案选择的原则和依据

目前我国纯碱生产企业由于腐蚀存在的问题很多，主要包括：防腐蚀材料选择单一、不合理、传统材料有局限性；结构设计不严密，总体构造简单，没有根据实际做针对性防护；施工环节监控力度不够，施工技术水平不高，缺乏对新材料、新技术的认识；疏于管理，缺少经常性、制度化的维护检修，小缺陷形成大漏洞。

（2）腐蚀与防护方案的基本要点

1) 盐硝车间

①介质情况：

Na_2SO_4、$Na_2SO_4 \cdot 10H_2O$ 晶浆、母液、卤水、饱和粗盐水。

②防护方案要点：

室内楼层地面：环氧自流平，厚度 3mm（有冲击部位，环氧树脂砂浆，厚度 5mm）；

室内底层地面：环氧乙烯基酯树脂砂浆，厚度 5mm（局部贴耐酸砖）；

室内墙面：环氧玻璃鳞片涂料，厚度 300μm；

室外墙面：高氯化聚乙烯涂料，厚度 200μm；

母液、卤水、饱和粗盐水池：环氧乙烯基酯树脂玻璃钢衬里，厚度大于 4mm；

同时复合玻璃鳞片涂层，厚度 2mm；

2) 石灰车间

①介质情况：

原料石灰石、石灰乳、氧化钙、澄清清废液、碱渣等。

②防护方案要点：

室内楼层地面：环氧自流平，厚度 3mm（有冲击部位，环氧树脂砂浆，厚度 5mm）；

室内底层地面：环氧乙烯基酯树脂砂浆，厚度 5mm（局部贴耐酸砖）；

室内墙面：环氧玻璃鳞片涂料，厚度 300μm；

室外墙面：高氯化聚乙烯涂料，厚度 200μm；

澄清桶：环氧乙烯基酯树脂玻璃钢衬里，厚度大于 4mm；

同时复合玻璃鳞片涂层，厚度 2mm；

碱渣外运平台：环氧乙烯基酯树脂砂浆，厚度 5mm（局部贴耐酸砖）。

3）重碱车间

①介质情况：

粗盐水、精盐水、增稠盐泥、碳酸氢钠、液氨等。

②防护方案要点：

室内楼层地面：环氧自流平，厚度 3mm（有冲击部位，环氧树脂砂浆，厚度 5mm）；

室内底层地面：环氧乙烯基酯树脂砂浆，厚度 5mm（局部贴耐酸砖）；

室内墙面：环氧玻璃鳞片涂料，厚度 300μm；

室外墙面：高氯化聚乙烯涂料，厚度 200μm；

精盐水、饱和粗盐水池：环氧乙烯基酯树脂玻璃钢衬里，厚度大于 4mm；

同时复合玻璃鳞片涂层，厚度 2mm。

4）煅烧车间

①介质情况：

碳酸氢钠、重碱、回收碱液等。

②防护方案要点：

室内楼层地面：环氧自流平，厚度 3mm（有冲击部位，环氧树脂砂浆，厚度 5mm）；

室内底层地面：环氧乙烯基酯树脂砂浆，厚度 5mm（局部贴耐酸砖）；

室内墙面：环氧玻璃鳞片涂料，厚度 300μm；

室外墙面：高氯化聚乙烯涂料，厚度 200μm；

回收碱液：环氧乙烯基酯树脂玻璃钢衬里，厚度大于 4mm；

同时复合玻璃鳞片涂层，厚度 2mm。

5）热电车间

①介质情况：

脱盐水等。

②防护方案要点：

室内楼层地面：环氧自流平，厚度 3mm（有冲击部位，环氧树脂砂浆，厚度 5mm）；

室内底层地面：环氧乙烯基酯树脂砂浆，厚度 5mm（局部贴耐酸砖）；

室内墙面：环氧玻璃鳞片涂料，厚度 300μm；

室外墙面：高氯化聚乙烯涂料，厚度 200μm；

脱盐水箱：环氧乙烯基酯树脂玻璃钢衬里，厚度大于 4mm；

同时复合玻璃鳞片涂层，厚度 2mm。

（南方地区，可以直接采用：环氧树脂玻璃鳞片涂层，厚度 2mm）

4. 传统的防护方案介绍

目前，在纯碱行业中，传统的防腐蚀方案及材料，包括：

（1）地面：聚合物水泥砂浆，厚度 10～20mm（有冲击部位，厚度 25mm）；

（2）墙面：氯磺化聚乙烯涂料或高氯化聚乙烯涂料，厚度 200μm；

（3）设备：环氧树脂玻璃钢衬里，厚度大于 4mm。

28.10.2 有色工业的基本防护类型与实例

28.10.2.1 有色冶金电解装置

电解槽是有色冶金的关键设备，如果防腐蚀措施不当、效果不

理想，对建筑的安全构成危害。

（1）镍电解槽（典型规格 7500×1500×1200），典型工艺条件：

温度：60～70℃；pH：1.5～2.5；腐蚀环境成分：Ni^{2+}：60～80g/L；CL^-：60～100g/L；SO_4^{2-}：90～120g/L；Na^+：20～50g/L；硼酸：4～10g/L。

（2）镍电积槽（典型规格 7500mm×1500mm×1200mm，采用不溶阳极），典型工艺条件：

温度：65～85℃；H_2SO_4：50～60g/L；腐蚀环境成分：Ni^{2+}：75～85g/L；CL^-：60～80g/L；SO_4^{2-}：90～120g/L；硼酸：5～10g/L；在阳极区有 O_2 放出。

（3）铜电解槽：（典型规格 5700mm×1200mm×1400mm），典型工艺条件：

温度：60～70℃；H_2SO_4：160～200g/L；腐蚀环境成分：Cu^{2+} 45～55g/L；Ni^{2+}<20g/L；CL^-<0.005g/L。

（4）钴电积槽（典型规格 6100mm×1000mm×1300mm），典型工艺条件：

温度：60～70℃；pH：0.5～2.0；游离氯：阳极区＜30mg/L，阳极罩内：400～550mg/L；腐蚀环境成分：Cu^{2+}＜0.0005g/L；CL^-＜0.005g/L；硼酸：5～10g/L。在阳极区有 CL^- 放电产生 CL_2。

28.10.2.2 防腐蚀措施概述

FRP 具有质量轻、强度高、绝缘、耐温性好、良好的施工工艺性和可设计等特点，某冶炼厂于 20 世纪 90 年代开始使用 FRP 内衬或 FRP 整体设备，主要应用在铜、镍等电解槽上。电解槽防腐蚀方案见表 28-102。

某公司若干电解槽防腐蚀情况　　　表 28-102

		镍电槽	镍电积槽	铜电解槽	钴电积槽
曾用防护方案		①混凝土衬生漆麻布；②混凝土衬软 PVC；③混凝土衬硬 PVC，维护量大，使用寿命短，平均使用 1.3 年就大修更换；④呋喃混凝土槽，大型槽体极易出现裂缝，成本高	—	①混凝土衬呋喃煤焦油；②197＃聚酯混凝土槽；③呋喃混凝土槽；④整体花岗石槽；⑤混凝土衬环氧玻璃钢	①环氧整体 FRP 槽；②197＃、3301聚酯整体 FRP 槽；变形渗漏、表面粗化
现采用方案	选用树脂	E44 环氧树脂	MFE-3 树脂	MFE-3 树脂	MFE-4 树脂
	防护结构	①混凝土衬 0.2mm 厚 6 布中碱无纺方格布环氧玻璃钢；②混凝土衬 0.2mm 厚 6 层布中碱无纺方格布环氧玻璃钢	混凝土衬 0.2mm 厚 6 层布中碱无纺布＋50g/m² 表面毡两层	混凝土衬 0.2mm 厚＋0.4 布＋短切毡＋表面毡	混凝土衬 0.2mm 布＋表面毡

28.10.2.3 合理选材步骤

FRP 的耐腐蚀性能主要取决于耐蚀树脂的品种以及耐腐蚀层结构中的树脂含量。目前采用的电解槽 FRP 结构中，较多采用表面毡或短切毡，在制品表面形成富树脂层（其含胶量可以达到70%～90%）以进一步提高耐蚀等级。常用树脂类材料的性能比较见表 28-103。

常用树脂类材料的性能比较　表 28-103

树脂		工艺性能	备注
环氧树脂		粘结强度高，收缩率低，吸水率小，耐热能较差（＜60℃），容易改性，工艺性能良好	低温时施工需改进
不饱和聚酯树脂	二甲苯型	黏度低，收缩小，耐热性一般，有厌氧性，对玻璃纤维浸润性好，固化时无小分子放出，机械强度高，施工操作方便	应用广，成型快
	双酚A型	黏度低，耐热性较好，有厌氧性，其他同二甲苯树脂	施工方便，成型快
环氧乙烯基酯树脂		黏度低，粘结强，收缩率大，韧性好，机械强度高，对纤维浸润性好，施工操作简便，耐温性好（80～150℃）	应用范围广，施工简便，成型快
呋喃树脂		耐热性能好（＜160℃），粘结强度低，性质较脆，通过改性可提高强度，工艺性较复杂，固化反应剧烈	一次成膜太厚易出现小分子聚集，产生"气泡"，后期固化需加热处理

28.10.2.4 新型环氧乙烯基酯树脂

针对有色行业电解槽的腐蚀工况，选用 MFE-3 环氧乙烯基酯树脂作为防腐蚀材料。

MFE-3 树脂的力学性能突出，韧性高、抗疲劳性好，特别适用于制作玻璃钢制品的抗渗漏层。

（1）施工工艺性

MFE-3 树脂具有类似于不饱和聚酯树脂的优良成型工艺性，即适宜的黏度、室温固化和凝胶时间的可调节性，其分子中羟基的存在还有助于提高了树脂对玻璃纤维的浸润性，适合于制作玻璃钢制品。其质量指标见表 28-104。

MFE-3 树脂质量指标　表 28-104

项　目	MFE-3
外观	淡黄色透明液体
黏度（Pa·s）（25℃）	0.40±0.10
酸值（mgKOH/g）	14.0±4.0
凝胶时间（min）（25℃）	12.0±4.0
固含量（%）	60.0±3.0
热稳定性（h）（80℃）	≥24

（2）耐腐蚀性能

MFE-3 树脂的酯基都处在可交联双键附近，树脂固化后形成的不溶、不熔致密三维网状结构大分子对酯基有空间保护作用，从而使其具有高度的水解稳定性。其耐腐蚀性能见表 28-105。

MFE-3 树脂相关耐腐蚀性能（浇筑体）　表 28-105

介质	浓度（%）	使用温度（℃）
Cl_2（气相）	—	105
盐酸	≤20	95
	20～36	75
氯化钠	饱和	95
次氯酸	10	85
	20	70
次氯酸钠	5～15	65
氢氧化钠	10	75

（3）力学性能

MFE-3 树脂分子链中的双酚A结构、交联剂中的苯环赋予了固化物良好的刚性、高的热变形温度及硬度，其韧性、抗疲劳性、防渗漏性和密封性较为突出。这对应力下减少 FRP 的微裂纹，提高耐蚀性有着重大意义。其力学性能见表 28-106。

MFE-3 树脂力学性能（浇筑体）　表 28-106

项　目	MFE-3
拉伸强度（MPa）	60
拉伸模量（MPa）	$3.5×10^3$
断裂延伸率（%）	4.0
弯曲强度（MPa）	105
弯曲模量（MPa）	$3.3×10^3$
热变形温度（℃）	105

28.10.3 钢结构公共设施的基本防护类型与实例

28.10.3.1 工程概况

上海铁路南站位于上海市西南部的柳州路、沪闵（徐家汇—闵行）高架公路、桂林路、石龙路范围内的区域中。北与地铁 1 号线、3 号线相接，原有沪杭（上海—杭州）铁路线从上海地图纬线坐标 H7 和 H8 轴线中穿行。

28.10.3.2 建筑特点

造型新颖、结构独特的大型钢结构建筑物，是当前世界上第一座主站建筑采用圆形平面造型的铁路客站。客站直径为 φ278m，屋面高度 42m，屋面由中心内亚环、钢柱、叉叉钢梁、钢檩条、钢管等 4000 余件钢构件焊接而成，大型钢结构屋面通过地面均布的 18 根钢内柱和 36 根钢外柱、支撑于标高 9.9m 的环形钢筋混凝土结构的平台上。钢结构工程安装面积 6 万余平方米，钢材用量 7000 余吨，防护涂料用量 100 余吨。

28.10.3.3 涂装设计

为保证钢结构工程底涂料的附着力、涂层系统（涂层结构）各类不同涂料的相容性（配套性）及涂装的可操作性，制定涂装设计前，工程建设单位和相关单位对工程拟用涂料进行了相容实验、附着力实验及层间附着实验，确定了上海南站大型钢结构涂装设计方案和涂装作业方案，工程涂装前还对进场涂料实物进行了质量抽查送检和试涂。

钢结构涂装设计方案为：钢结构表面喷射处理/水性硅酸锂富锌底涂料一道/环氧封闭涂料一道/环氧云铁中间涂料一道/可覆性聚氨酯丙烯酸面涂料两道。设计涂层厚度为 290μm。要求硅酸锂富锌底涂料与钢材表面拉开法附着力≥3.5MPa，各类涂膜之间的划格法层间附着≥1 级。涂层设计预期使用寿命＞10 年。

钢结构涂装作业方案为：①于钢结构企业工厂内实施钢构件制造、表面处理、硅酸锂富锌底涂料及环氧封闭涂料的涂装。②于工程现场实施钢构件安装、损坏涂膜的修复、环氧云铁中间涂料及聚氨酯丙烯酸面涂料的涂装。③涂装工艺（方法）为：依钢构件形状、多寡、面积等状况，采用刷涂、辊涂、高压无气喷涂或空气喷涂。

28.10.3.4 钢结构表面处理和涂装

1. 钢结构工厂表面处理和涂装

钢结构表面喷砂处理，质量等级 Sa2½ 级，表面粗糙度 40～70μm。

2. 钢结构表面涂装

第一道涂装　硅酸锂富锌底涂料，干膜厚度 100μm，覆涂间隔时间 24～144h（25℃，RH≥65%）。

第二道涂装　环氧封闭涂料，干膜厚度 30μm 最小覆涂间隔时间≥6h（25℃）。

3. 现场安装钢结构后涂装

修补运输和安装时不慎损坏的涂膜，现场涂装。

第三道涂装　环氧铁红中间涂料，干膜厚度 80μm，最小覆涂间隔时间≥6h（25℃）。

第四道涂装　聚氨酯丙烯酸面涂料（中灰色），干膜厚度 40μm，最小覆涂间隔时间≥6h（25℃）。

第五道涂装　聚氨酯丙烯酸面涂料，干膜厚度 80μm，涂层厚度＞290μm。

实践表明，上海铁路南站建设单位对其大型钢结构工程的涂装设计、涂装方案、涂装实验、涂料抽检等技术管理举措，是保证钢结构涂装工程质量和涂装工程进度的重要因素。

28.10.4 电力行业的基本防护类型与实例

28.10.4.1 火电厂湿法烟气脱硫技术

硫烟气处于脱硫工况时，在强制氧化环境作用下，烟气中的 SO_2 首先与水生成 H_2SO_3 及 H_2SO_4，再与碱性吸收剂反应生成硫酸盐沉淀分离。

28.10.4.2 脱硫装置腐蚀区域及构成

主要分为三个部分：一是烟气输送及热交换系统；二是烟气含 SO_2 的吸收及氧化系统；三是吸收剂（石灰石浆液）传输及回收

系统。图 28-6 为湿法空塔吸收烟气脱硫装置工艺流程示意图。

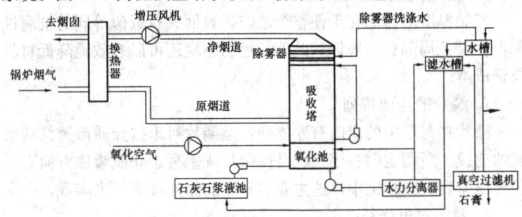

图 28-6 湿法空塔吸收烟气脱硫装置工艺流程示意

28.10.4.3 烟气脱硫装置结构的防腐蚀设计

吸收塔作为烟气脱硫装置的主要工作设备，因其承载较大，在设备结构设计中，其结构、强度、刚性往往考虑较充分。

烟道结构设计整体结构强度及钢性实施烟道防腐蚀结构设计。

28.10.4.4 衬里结构总体设计

充分认识防腐蚀衬里材料特性和待衬设备的结构、强度、刚性及装置运行状态对衬里材料的影响，有效兼顾鳞片防腐蚀衬里材料与待衬设备的结构、强度、刚性及运行状态的匹配关系。各区域腐蚀环境分析和衬里结构构成见表 28-107。

各区域腐蚀环境分析和衬里结构构成 表 28-107

普通型		耐磨型 A		耐磨型 B		耐热型		耐热耐磨型	
结构层	型号	结构层	型号	结构层	型号	结构层	型号	结构层	型号
≤100		≤100		≤100		≤160		≤160	
◎		◎		◎		◎		◎	
○		⊙		◎		○		○	
底漆层	YZD-2	底漆层	YZD-2	底漆层	YZD-2	底漆层	YZD-3	底漆层	YZD-3
普通型 FGL 层	YZJ-2	耐磨 FGL 层		耐磨型 FGL 层		耐热型 FGL 层		耐热耐磨型 FGL 层	
普通型 FGL 层	YZJ-2	耐磨 FGL 层		耐磨型 FGL 层		耐热型 FGL 层		耐热耐磨型 FGL 层	
面漆层	YZM-2	耐磨面漆层		耐磨型砂浆层		耐热面漆层		耐热耐磨型砂浆层	
				耐磨面漆层				耐热耐磨面漆层	
5～2.0mm		2.0mm		3.5mm		1.5～2.0mm		3.5mm	

| 该结构适用区域为吸水塔出口烟道，除雾器区、静烟气换热器区烟道内壁及出口烟道。其主要腐蚀环境条件为：
（1）该区烟气温度为 40～90℃。
（2）含微量 SO_2 腐蚀性湿烟气引发的内壁腐蚀。
（3）大气环境湿度及湿烟气引发的内壁露点腐蚀。
（4）低固体含量、高流速烟气引发的内衬层轻度磨损 | 该结构适用区域为吸收塔 SO_2 吸收区及氧化池侧壁。其主要腐蚀环境条件为：
（1）该区烟气温度为 46℃。
（2）脱硫液固体含量为 <25wt%。
（3）SO_2 吸收过程中的新生态稀亚硫酸引发的内壁腐蚀。
（4）高固体含量浆液自重落体引发的内衬材料冲刷中度磨损。
（5）低温热应力引发的内衬材料轻度热应力破坏 | 该结构适用区域为氧化池底部及上延 1m 高、搅拌浆中心 2m 区域。其主要腐蚀环境条件为：
（1）在机械搅拌及氧化空气作用下高固体含量浆液引发的内衬层的重度磨损。
（2）低温热应力引发的内衬层的轻度热应力破坏。
（3）在维修条件下人为机械力碰撞破坏引发的内衬层机械力损伤。
（4）因设备基座变形导致设备底板形变引发的内衬层形变应力开裂。
（5）氧化空气冲刺作用引发的下方防腐层局部腐蚀 | 该区是指原烟气换热器出口烟道至吸收塔入口烟道。其主要腐蚀环境条件为：
（1）该区烟气温度为 101～150（事故状态）℃。
（2）未处理烟气固体含量为 3～8wt%。
（3）树脂高温失强，烟道刚性不足，因结构震颤引发的衬里重度龟裂脱粘失效。
（4）高温 SO_2 烟气引发的内衬层烧蚀腐蚀（温度大于 160℃时）。
（5）装置停用时大气环境湿度吸收残存 SO_2 引发的露点腐蚀。
（6）低固体含量、高流速引发的内衬层轻度磨损 | 该结构适用区域为高温原烟气与低温脱硫液交汇区域，即吸收塔入口及浆液喷淋区。其主要腐蚀环境条件为：
（1）该区烟气温度为 101～146℃，低温脱硫液温度为室温。
（2）脱硫浆液固体含量为 25wt%。
（3）高固体含量浆液压力喷射及自重落体引发的内衬冲刷重度磨损。
（4）区域环境冷热分布不均导致的内衬层强应力开裂破坏（喷浆管口腐蚀扩嘴形成或非雾化喷凍时）。
（5）树脂高温失强导致耐磨性能下降，力学龟裂形成介质穿透性渗透导致金属基体腐蚀 |

说明：表中符号：◎—好；⊙—较好；○—可。

以鳞片结构层（抗渗层）、纤维鳞片结构层（抗渗、抗热应力层）、鳞片纤维耐磨砂浆结构层（抗渗、抗磨、抗热应力层）、鳞片耐磨砂浆结构层（抗渗、抗磨）作为复合衬里结构的基本结构层。其复合结构衬里基本材料的物理力学性能见表 28-108。

烟气脱硫装置用鳞片衬里材料性能 表 28-108

型号 性能	YZJ-3 高温胶泥	YZJ-2 低温胶泥	YNM-3 耐磨砂浆	YZD-3 高温底漆	YZM-3 高温面漆	YZD-2 低温底漆	YZM-2 低温面漆
抗拉强度 （MPa）	36	35					
弯曲强度 （MPa）	82	79	69				
抗压强度 （MPa）	13,4	12,8	98				
冲击强度 （J/cm²）	0,43	0,52	0,38				

续表

型号 性能	YZJ-3 高温胶泥	YZJ-2 低温胶泥	YNM-3 耐磨砂浆	YZD-3 高温底漆	YZM-3 高温面漆	YZD-2 低温底漆	YZM-2 低温面漆
密度 （g/cm³）	1,47	1,52	1,32	1,1	1,1	1,1	1,1
树脂含量 （重量%）	49	48	45	90	80	90	80
孔隙率 （%）	1,41	1,43	1,30				
巴氏硬度	54	52	58				
线膨胀系数 （$10^{-6}K^{-1}$）	1.04	1.06	1.07				
固化收缩率 （%）	≤0.5	≤0.5	≤0.5				

续表

型号 性能	YZJ-3 高温胶泥	YZJ-2 低温胶泥	YNM-3 耐磨砂浆	YZD-3 高温底漆	YZM-3 高温面漆	YZD-2 低温底漆	YZM-2 低温面漆
磨损系数	59	57	80		74		68
使用温度(℃)	160	90	160	160	160	90	90
不可溶含量(%)	88	86	90				
黏度(MPa·s,25℃)	胶泥状	胶泥状	胶泥状	≈5	≈10	≈5	≈10
施工料使用时间(h)	40~50	40~50	40~50	40~50	40~50	40~50	40~50
单层施工厚度(mm)	1~0.2	1~0.2	0.3~0.5	50μm	100μm	50μm	100μm
单层涂敷料量(g/m²)	2250	2250	1100	≈180	≈300	≈180	≈300
涂敷间隔时间(h)	4	4	4	4	4	4	4

28.10.4.5　鳞片衬里施工技术

1. 施工料固化时间的控制

所谓固化时间，从施工角度讲就是施工料配制后的有效使用时间，这一时间的有效控制是方便施工和保证施工质量的前提。控制固化时间应兼顾：固化剂用量范畴（或最佳用量）；配料量；施工人员单位施工能力；施工现场条件（包括温度、湿度、配料场所与施工现场的距离）；被防护设备及零部件施工难度等几个方面的问题。

2. 界面生成气泡的消除

鳞片衬里材料填料量大、十分黏稠，在大气中任何情况下的翻动及搅拌、堆滩都会导致料体与空气界面裹入大量空气，形成气泡。此外，在鳞片衬里涂抹过程中，被防护表面与涂层间也不可避免地要包裹进许多空气，形成气泡。鉴于上述两类气泡均是由界面包裹进空气生成，故称之为界面生成气泡。对于界面生成气泡的消除，主要可从抑制生成及滚压消除两方面入手。抑制生成是从控制施工操作入手，对施工人员提出两个方面的要求：一是施工用料在施工作业中严禁随意搅动，托料、上抹刀、镘抹依此循序进行，应尽可能减少随意翻动，堆积等习惯性行为；二是镘抹时，抹刀刃与被抹面保持一适当角度，施工操作应沿夹角方向适当速度推抹，使胶料沿被防护表面逐渐涂敷，达到使界面间空气在涂抹中不断自界面间推挤出来。

3. 滚压作业

滚压作业是鳞片衬里施工特有的一道工序，其方法是用专门制作的沾有少量滚压液的羊毛滚在已施工镘抹安定位的鳞片衬里表面往复滚动施压。滚压时应特别注意以下几点：一是滚压液不可浸沾过多；二是不可漏滚；三是当衬层出现流淌现象时，应多次重复滚压。

4. 表面流淌性的抑制

鳞片衬里涂抹后的流淌性是由高分子材料的特性及鳞片衬里本身因重力悬垂产生的坠流引起的。尽管在材料配方中已考虑此问题，但由于树脂黏度是随温度变化的，故还需视现场环境气温条件加以调整。

5. 衬层层间界面及端面面处理

鳞片衬里每次施工只能是区域性的，因此，就有一个端面面处理问题。在施工中，端面面必须采用搭接，不允许对接（见图28-7）。因为端界面形状自由性较大，对接难以保证两端面相互有效密合，鳞片排列亦处于不良状态，使其成为防腐蚀薄弱点。此外，每层施工的端界面应尽可能相互错开，使其处于逐层封闭状态。

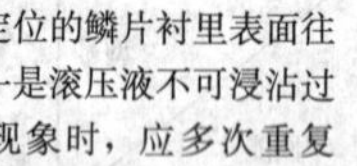

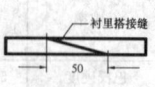

图28-7　端界面搭接结构

6. 衬层厚度控制

控制厚度的目的在于使整个被防护表面具有近似等同的抗腐蚀能力，避免局部首先破坏。此外，控制厚度还可以有效地降低材料投资成本。

7. 鳞片的定向排列

鳞片在衬层中的定向有序排列，是鳞片衬里抗介质渗透结构形成的前提。所谓定向有序，就是使鳞片成垂直于介质渗透方向有序的叠压排列。在施工中，这主要靠有序的涂抹及滚压来实现。

8. 鳞片衬里修补

在鳞片衬里施工中，不可避免地会出现这样那样的施工缺陷，因此必须通过修补，将经检测确认的衬里施工质量缺陷完全消除。(1)衬层针孔；(2)表面损伤；(3)层内有显见杂物；(4)衬层厚度不足区；(5)衬层固化不足区；(6)表面流淌；(7)脚手架支撑点拆除后补涂。其修补过程是：首先用砂轮机将检查出来的缺陷处打磨成平滑的波形凹坑（针孔打磨至金属基体表面），且务必将缺陷完全消除，而后用溶剂擦洗干净打磨区，按鳞片衬里施工方法逐次补涂。具体各类缺陷的修补要求见图28-8。

图28-8　填补型修补

对漏涂、施工厚度不合格质量缺陷实施填补型修补。填平补齐，滚压合格即可。

对漏滚、表面流淌质量缺陷实施调整型修补，即将漏滚麻面、流淌痕打磨平滑用溶剂擦洗干净后，填平补齐，滚压合格即可见图28-9。

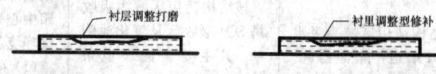

图28-9　调整型修补

对第一道鳞片衬里未硬化、漏电点、夹杂物、碰伤等质量缺陷实施挖除型修补。衬里缺陷区打磨坑边沿坡度为15°~25°，用溶剂擦洗干净后按鳞片衬里施工方法逐次补涂见图28-10。

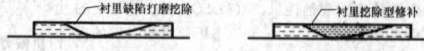

图28-10　挖除型修补

对第二道鳞片衬里漏电点、碰伤质量缺陷实施两道一起挖除型修补，需用砂轮机将缺陷处打磨至底漆后用溶剂擦洗干净，依图28-11按鳞片衬里施工方法逐次补涂。

图28-11　两道衬里缺陷挖除型修补

9. 玻璃钢局部增强结构作业

采用玻璃布增强时，应先用预先配制好的略稠胶泥为待增强鳞片衬里表面区找平，然后按玻璃钢施工规程逐层铺帖。需要强调的是，玻璃布增强后端部的玻纤毛刺由于胶液浸渍固化而成坚硬的毛刺或翘边，妨碍面漆的刷涂及时对玻璃布端部的封闭，因此，必须打磨平整。

28.11　建筑防腐蚀工程验收

建筑防腐蚀工程的施工过程，包括：基层表面处理→防腐蚀结构底层→防腐蚀结构中层或过渡层→防腐蚀结构面层→防腐蚀结构保护等阶段，每一个阶段均是前一步的隐蔽工程。新版国家标准规定要对防腐蚀施工进行过程控制，因而每个环节的交接构成了防腐蚀工程验收的全部内容。

28.11.1　防腐蚀工程交工

建筑防腐蚀工程的交工过程，有许多内容凡是涉及的部分，都必须进行交接，方可进入下一步的施工。以地面防腐蚀工程交工要求为例：

1. 基层检查交接

基层检查交接记录是交工验收文件的重要组成，其内容包括：混凝土基层和钢结构基层。

(1) 混凝土基层交接要求见表 28-109。

混凝土基层交接要求　　　　表 28-109

强度	无起砂、起壳、开裂
密实度	无蜂窝麻面
干燥度	含水率在 20mm 厚度内＜6％
坡度	符合设计要求
洁净度	无油污、水泥皮等
平整度	用 2m 直尺检查
阴阳角	已做处理
预留孔	符合规范要求

(2) 钢结构基层交接要求见表 28-110。

钢结构基层交接要求　　　　表 28-110

表面	无焊渣、毛刺
除锈	符合设计要求
洁净	无油污、灰尘
保护	已做配套底层涂装处理

进行工程交接时，须有明确写明交接内容：合格、需要整改或不合格字样的签单，工程签单须由设计方、业主、施工方、质检方（监理方）代表共同签字有效，并作为最终交工验收文件。

2. 中间交接

建筑防腐蚀工程面层以下各部分，以及其他将为以后工序所覆盖的工程部位和部件，在覆盖前应进行中间交接、隐蔽工程记录交接。防腐蚀工程的中间交接、隐蔽工程记录，包括下列内容：

(1) 底涂层和刮胶泥：打底胶料有无漏涂、流挂，胶泥料填充凹陷处的质量。

(2) 隔离层：层数或厚度，玻璃布浸透、接缝、脱层、气泡、毛刺、阴阳角处增加的玻璃纤维布层数。

(3) 砂浆整体面层：坡度、平整度、裂缝、起壳、脱壳、固化程度。

(4) 块材结合层：饱满密实程度、粘结强度。

(5) 钢结构：达到的除锈等级，底涂、中间涂的厚度测定。

3. 工程结束时的交接

全部内容结束，须进行工程结束时的交工。交工现场应处于全封闭状态，工作面无垃圾等杂物，且表面已经进行过整理。

当建筑防腐蚀工程施工质量不符合国家规范规定和设计要求时，须进行返工或修补，这部分内容亦作为交工记录列入工程验收文件中。

28.11.2 工程验收

28.11.2.1 资料准备

建筑防腐蚀工程的交工验收，应提交下列资料：

原材料的出厂合格证、质量检验报告（质量保证书）或复验报告。

耐腐蚀胶泥、砂浆、混凝土、玻璃钢胶料和涂料的配合比及主要技术性能的试验报告。各类试验项目用的试件，在现场随施工一起制作，每一试验项目应各取试件一组，工程量较大时，应适当增加试件。

设计变更单、材料代用单。

基层检查交接记录。

中间交换或隐蔽工程记录。

修补或返工记录。

交工验收记录。

28.11.2.2 各种检查、检验记录及其表格

建筑防腐蚀工程检验批、分项工程、分部（子分部）工程质量的验收流程大致为：施工单位自检合格、各检验批的质量符合规定、进行分部（子分部）工程验收。

同时根据需要提交下列资料，见表 28-111～表 28-118。

检验批质量验收记录　　　　表 28-111

单位工程名称				
分项工程名称			验收部位	
施工单位		分项技术负责	项目经理	
分包单位		施工班组长	分包项目经理	
施工执行标准名称及编号				

施工质量验收规范规定		施工单位检查记录	监理（建设）单位验收记录
主控项目	1		
	2		
	3		
	4		
基本项目	项目		
	1		
	2		
	3		
	4		
一般项目 允许偏差项目	项目 允许偏差(mm)		
	1		
	2		
	3		
	4		
	5		
	6		
其他	1		
	2		

检查结果	主控项目		
	基本项目	检查　项，其中合格　项，合格率　％	
	一般项目 允许偏差项目	检查　点，其中合格　点，合格率　％	
	其他		

施工单位检查结果	
	项目专业质量检查员：　　　　年　月　日

监理（建设）单位验收结论	
	监理工程师（建设单位项目专业技术负责人）：　　　　年　月　日

分项工程质量验收记录　表 28-112

单位工程名称					
分部工程名称				检验批数	
施工单位		项目技术负责人		项目经理	
分包单位		分包单位负责人		分包项目经理	
序号	检验批部位、区段		施工单位检查结果	监理（建设）单位验收结论	
检查结论	项目专业质量检查员： 项目技术负责人：		验收结论	（建设单位项目专业技术负责人）	

分部（子分部）工程质量验收记录　表 28-113

单位工程名称					
施工单位		项目技术负责人		项目经理	
分包单位		分包单位负责人		分包项目经理	
序号	分项工程名称	检验批数	施工单位检查意见	监理（建设）单位验收结论	
验收单位	分包单位	项目经理： 年 月 日			
	施工单位	项目经理： 年 月 日			
	建设单位	项目专业技术负责人： 年 月 日			
	监理单位	总监理工程师： 年 月 日			

质量保证资料核查记录　表 28-114

单位工程名称		施工单位		
序号	资料名称	份数	核查意见	核查人
1	原材料出厂合格证、质量证明书或复验报告			
2	耐腐蚀胶泥、砂浆、混凝土、玻璃钢胶料和涂料的配合比和主要技术性能的试验报告			
3	设计变更单、材料代用单			
4	基层检查交接记录			
5	中间交接记录			
6	隐蔽工程施工记录			
7	修补或返工记录			
8	交工验收记录			
结论：				

施工单位项目经理：　　　　　　　总监理工程师：
　　　　　　　　　　　年 月 日（建设单位项目
负责人）　　　　　　　　　　　　　　年 月 日

注：1. 有特殊要求的可据实增加核查项目。
　　2. 质量证明书、合格证、试（检）验单或记录内容应齐全、准确、真实；复印件应注明原件存放单位，并有复印件单位的签字和盖章。

隐蔽工程检查记录　表 28-115

工程名称		分部分项名称	
图号		隐蔽日期	
隐蔽内容			
简图或说明			
检查意见			
建设单位（或总承包） 现场代表：	监理单位： 现场代表：	施工单位： 技术负责人： 质量检查员： 施工班组长：	
年 月 日	年 月 日	年 月 日	

基层表面处理检查记录　　表 28-116

工程名称		项目经理	
部位名称		施工图号	
相对湿度		环境温度	
处理等级		表面处理方式	

实测项目	质量标准	实测数据（表面粗糙度）							
			3	4	5	8	9	1	平均

建设单位（或总承包）：	监理单位：	施工单位：
		技术负责人：
现场代表：	现场代表：	质量检查员：
		施工班组长：
年　月　日	年　月　日	年　月　日

建筑防腐蚀工程施工记录　　表 28-117

工程名称		项目经理	
分项名称		施工图号	
检查部位		施工阶段	
防腐种类		环境温度（℃）	
检查内容	目测	防腐层数	
检查结果			

实测项目	实测值		平均值
	厚度(mm)		

建设单位（或总承包）：	监理单位：	施工单位：
		技术负责人：
现场代表：	现场代表：	质量检查员：
		施工班组长：
年　月　日	年　月　日	年　月　日

建筑防腐蚀工程交接报告　　表 28-118

工程名称			
开工日期	年 月 日	移交日期	年 月 日

工程简要内容：

交工情况：（符合设计的程度，主要缺陷及处理意见）

工程质量：

工程接收意见：

建设单位（或总承包）：	监理单位：	施工单位：
现场代表：	现场代表：	技术质量负责人：
		项目负责人：
年　月　日	年　月　日	年　月　日

29 建筑节能与保温隔热工程

29.1 基 本 规 定

29.1.1 建筑节能涵盖的范围

建筑节能是指在建筑物的规划、设计、建造和使用过程中，依据建筑节能标准和施工质量验收规程，合理设计建筑围护结构的热工性能，采用低能耗建材材料、设备与系统，提高采暖、制冷、配电与照明、给水排水和通风系统的运行效率，加强建筑物用能设备的运行管理，以及利用可再生能源，在保证建筑物使用功能和室内热环境质量的前提下，降低建筑能耗，合理、有效地利用能源。

29.1.2 建筑节能工作的重点

建筑节能的重点是降低建筑物的建造和使用能耗，提高能源的有效利用率。

对于新建建筑来讲，应注重节能设计，使用低能耗建材材料、设备和系统，绿色施工，节能减排，提高采暖、制冷、照明、给水排水和通风系统的运行效率，加强建筑物用能设备的运行管理，以及最大可能地利用可再生能源。

对于既有建筑来讲，建筑节能的重点是降低采暖空调通风能耗，加强建筑物用能设备的运行管理，并提高全民节能意识，重视采用节能型的照明、炊事和家用电器，减少能耗。既有建筑中节能建筑的重点是提高采暖、制冷、照明、给水排水和通风系统的运行效率，加强建筑物用能设备的运行管理；非节能建筑的重点是要进行节能改造，提高建筑围护结构的保温隔热性能、选用节能型的用能设备和提高采暖、制冷、照明、给水排水和通风系统的运行效率，加强建筑物用能设备的运行管理。

29.1.3 建筑节能工作目标

建筑节能的总体目标：到 2020 年，我国住宅和公共建筑建造和使用的能源资源消耗水平要接近或达到现阶段中等发达国家的水平。

29.1.4 建筑节能工程

按照《建筑节能工程施工质量验收规范》（GB 50411）的规定，建筑节能工程包括新建、改建和扩建的民用建筑工程中墙体、幕墙、门窗、屋面、地面、采暖、通风与空调、采暖与空调系统的冷热源和附属设备及其管网、配电与照明、监测与控制等建筑节能工程，本章仅涉及与建筑节能有关的施工要点、质量控制和检测验收。常规施工请查阅本手册相应的章节。

29.1.5 建筑节能工程技术与管理的规定

（1）承担建筑节能工程的施工企业应具备相应的资质，施工现场应建立相应的质量管理体系、施工质量控制和检验制度，具有相应的施工技术标准。

（2）参与工程建设各方不得任意变更建筑节能施工图设计。当确需变更时，应与设计单位洽商，办理设计变更手续。当变更可能影响建筑节能效果时，设计变更应获得原审查机构审查同意，并应获得监理或建设单位的确认。

（3）建筑节能工程采用的新技术、新设备、新材料、新工艺，应按照有关规定进行鉴定及备案。施工前应对新的或首次采用的施工工艺进行评价，并制定专门的施工技术方案。

（4）单位工程的施工组织设计应包括建筑节能工程施工内容。建筑节能工程施工前，施工单位应编制建筑节能工程施工技术方案并经监理（建设）单位审查批准。施工单位应对从事建筑节能

施工作业的人员进行技术交底和必要的实际操作培训。

（5）既有建筑节能改造前，根据节能诊断和节能改造技术经济性评估，按照节能要求，进行既有居住建筑节能改造设计。当涉及主体和承重结构改动或增加荷载时，必须由原设计单位或具有相应资质的设计单位对既有建筑结构的安全性进行核验确认后，方可实施。

（6）建筑节能工程施工检测验收应符合《建筑节能工程施工质量验收规范》（GB 50411）的规定及现行的相关标准。

29.1.6 建筑节能工程材料与设备的规定

（1）建筑节能工程材料、构件与设备必须符合国家有关标准规定和设计要求。严禁使用国家明令禁止使用的、已淘汰的材料与设备。

（2）材料、构件和设备进场应对其品种、规格、包装、外观和尺寸等进行检查验收，并应经监理工程师（建设单位代表）确认，形成相应的质量记录。材料和设备应有质量合格证明文件、中文说明书和相关性能检测报告；进口材料和设备应按规定进行出入境商品检验。

（3）建筑节能工程使用材料的燃烧性能等级和阻燃处理，应符合设计要求和《高层民用建筑设计防火规范》（GB 50045）、《建筑内部装修设计防火规范》（GB 50222）和《建筑设计防火规范》（GB 50016）等规范的规定。

（4）建筑节能工程使用的材料应符合《民用建筑室内环境污染控制规范》（GB 50325）和国家现行有关标准对材料有害物质限量的规定，不得对室内外环境造成污染。

（5）建筑节能工程进场材料和设备应按照表 29-1 规定的项目及合同中约定的项目进行复验，应有 30% 为施工现场见证取样送检。

（6）现场配制的材料，应按产品说明、设计要求配制。当无上述要求时，应按施工技术方案或试验室给出的配合比配制。

29.1.7 建筑节能工程施工与控制的规定

（1）建筑节能工程应按照经审查合格的设计文件和经审查批准的节能施工技术方案的要求施工。

（2）建筑节能工程施工前，对于采用相同建筑节能设计的房间和构造做法，应在现场采用相同材料和工艺制作样板间或样板构件，经有关各方确认后方可进行施工。

（3）建筑节能工程施工中，应采取覆盖、隔离、专人看管有机保温隔热材料等措施，并应制定火灾应急预案。

（4）建筑节能工程的施工作业环境条件，应满足相关标准和施工工艺的要求。

29.1.8 建筑节能工程验收的规定

（1）建筑节能工程为单位建筑工程的一个分部工程，必须在单位工程竣工验收前，对建筑节能分部工程进行验收，验收合格后，方可进行工程竣工验收。

（2）建筑节能工程划分为墙体、幕墙、门窗、屋面、地面、采暖、通风与空调、空调与采暖系统的冷热源和附属设备及其管网、配电与照明、监测与控制、太阳能光热系统节能工程、太阳能光伏系统节能工程、地源热泵换热系统节能工程等 13 个分项工程（表 29-1）进行验收。当建筑节能分项工程的工程量较大时，可以将分项工程划分为若干个检验批进行验收。

建筑节能分项工程划分、复验项目与验收内容

表 29-1

序号	章节号	分项工程	进场材料与设备复验项目	主要验收内容
1	29.4	墙体节能工程	1. 保温材料：导热系数、密度、抗压或拉伸强度、燃烧性能和保温浆料的软化系数和凝结时间等； 2. 粘结材料：粘结强度； 3. 增强网：力学性能、抗腐蚀性能	主体结构基层；保温材料；粘结材料；饰面层；隐蔽工程等

续表

序号	章节号	分项工程	进场材料与设备复验项目	主要验收内容
2	29.5	幕墙节能工程	1. 保温材料：导热系数、密度和燃烧性能； 2. 幕墙玻璃：可见光透射比、传热系数、遮阳系数、中空玻璃露点、密封性能； 3. 隔热型材：抗拉强度、抗剪强度； 4. 透光、半透光遮阳材料的太阳光透射比、太阳光反射比	主体结构基层；隔热材料；保温材料；隔汽层；单元式幕墙板块；通风换气系统；遮阳设施；冷凝水收集排放系统；幕墙的气密性；隐蔽工程
3	29.6	门窗节能工程	1. 严寒、寒冷地区：气密性、传热系数和露点； 2. 夏热冬冷地区：气密性、传热系数； 3. 夏热冬暖地区：气密性、传热系数、玻璃透过率、可见光透射比	门；窗；玻璃；遮阳设施
4	29.7	屋面节能工程	保温材料：导热系数、密度、压缩强度、燃烧性能	基层；保温隔热层；保护层；防水层；面层
5	29.8	地面节能工程	保温材料：导热系数、密度、压缩强度、燃烧性能	基层；保温隔热层；隔离层；保护层；防水层；面层
6	29.9	采暖节能工程	1. 保温材料：导热系数、密度、吸水率； 2. 散热设备的热工性能（单片散热量、金属热强度等）	系统制式；散热器；设备、阀门与仪表；热力入口装置；保温材料；调试
7	29.10	通风与空调节能工程	1. 风机盘管机组的供冷（供热）量、风量、出口静压、噪声及功率； 2. 绝热材料：导热系数、密度、吸水率	系统制式；通风与空气设备；空调末端设备；阀门与仪表；绝热材料；调试
8	29.11	空调与采暖系统的冷热源及附属设备及管网节能工程	绝热材料：导热系数、密度、吸水率	系统制式；冷、热源设备；辅助设备；管网；阀门与仪表；绝热、保温材料；调试
9	29.12	配电与照明节能工程	1. 低压配电电缆截面、电阻值； 2. 照明光源、灯具及其附属装置的技术性能	低压配电电源；照明光源、灯具；附属装置；控制功能；调试
10	29.13	监测与控制节能工程	—	冷热源系统的监测控制系统；通风与空调系统的监测控制系统；监测与计量装置；供配电的监测控制系统；照明自动控制系统；综合控制系统

续表

序号	章节号	分项工程	进场材料与设备复验项目	主要验收内容
11	29.14	太阳能光热系统节能工程	1. 集热设备的集热效率； 2. 保温材料的导热系数、密度吸水率	太阳能集热器、储热水箱、控制系统、管路系统（包括混水阀、花洒等配件）等
12	29.15	太阳能光伏系统节能工程	光伏组件（太阳能电池）	太阳能电池板、逆变器、蓄电池、配电系统，计量仪表等
13	29.16	地源热泵换热系统节能工程	1. 地埋管材及管件导热系数、公称压力及使用温度等参数； 2. 绝热材料的导热系数、密度、吸水率	地埋管换热系统、热泵机组、室内末端系统、控制系统等

(3) 当建筑节能工程验收中，无法按规定进行分项工程和检验批划分时，可由建设、监理、施工等各方协商进行划分。但验收项目、验收内容、验收标准和验收记录均应遵守《建筑节能工程施工质量验收规范》（GB 50411）的规定。

(4) 建筑节能分项工程（包括隐蔽工程）和检验批的验收应单独填写验收记录，节能验收资料应齐全完整和单独组卷。

29.2 建筑节能的影响因素

29.2.1 围护结构对建筑能耗的影响

29.2.1.1 围护结构热工性能对建筑采暖能耗的影响

围护结构的热工性能决定了围护结构的传热耗热量和空气渗透耗热量，直接影响着建筑物的采暖和空调能耗。

1. 围护结构传热系数对耗热量的影响

(1) 不同节能阶段对围护结构传热系数的规定

围护结构传热系数是指在稳态条件下，围护结构两侧空气温差为1℃，在单位时间内通过单位面积围护结构的传热量。冬季，采暖建筑室内外温差大，外围护结构各部位由室内向室外传热，传热系数越大通过该部位向外的传热耗热量就越大。在不同的节能阶段，对围护结构主要部位的传热系数限值作了相应的减少，对减少建筑能耗是明显的。

围护结构各部位的传热耗热量在不同节能阶段耗热量指标是不同的，随着对建筑物节能要求提高，围护结构各部位的耗热量逐渐下降。以北京地区三个节能阶段对居住建筑围护结构各部位的传热系数限值为例，见表29-2。

北京地区居住建筑围护结构各部位传热系数限值   表29-2

项目	基线0%（80住2-4）S=0.28	节能30%（JGJ 26-86）		节能50%（JGJ 26-95）		节能65%（DBJ 11-602-2006）	
		$S \leqslant 0.3$	$S > 0.3$	$S \leqslant 0.3$	$S > 0.3$	4层及以上建筑	3层及以下建筑
外墙 K [W/(m²·K)]	1.57	1.25	1.16	0.82		0.60（0.30）	0.45
屋顶 K [W/(m²·K)]	1.26	0.91		0.6		0.6	0.45
窗户（阳台门玻璃）K [W/(m²·K)]	6.40	6.40		4.00		2.80	
阳台门下部 K [W/(m²·K)]	6.40	1.72		1.70		1.70	

续表

项 目		基线0%(80住2-4)	节能30%(JGJ 26-86)		节能50%(JGJ 26-95)		节能65%(DBJ 11-602-2006)	
		$S=0.28$	$S\leq0.3$	$S>0.3$	$S\leq0.3$	$S>0.3$	4层及以上建筑	3层及以下建筑
不采暖楼梯间	户门 K [W/(m²·K)]	2.91	2.91		2.00		2.00	
	隔墙 K [W/(m²·K)]	1.83	1.83		1.83		1.50	
地面 K [W/(m²·K)]	周边	0.52	0.52		0.52		0.52	
	非周边	0.30	0.30		0.30		0.30	
地板 K [W/(m²·K)]	接触室外空气				0.50		0.50	
	不采暖空间上部				0.55		0.55	
空气渗透	换气次数(次/h)	0.8	0.8		0.5		0.5	
	耗热量(W/m²)*	8.19	8.19		5.12		5.12	
采暖耗热量指标(W/m²)		31.82	25.3		20.6		14.65**	
采暖耗煤量指标(kg/m²)		25.09	17.4		12.4		8.82**	

注：表中，K 为传热系数限值，节能50%以后的外墙传热系数限值应为平均传热系数；括号内的数据是外墙内保温主体传热系数限值；S 为体型系数。

* 空气渗透耗热量按北京地区（80住2-4）住宅建筑计算值。

** 此数值是计算值，不是标准规定指标。

(2) 不同气候区、不同体形系数建筑对围护结构各部位传热系数限值的规定

1) 不同气候区（表29-3～表29-6）

严寒地区对围护结构各部位传热系数限值的规定　表29-3

气候区 (JGJ 26—2010)	严寒(A)区			严寒(B)区			严寒(C)区		
围护结构部位	传热系数 K[W/(m²·K)]								
	≤3层	4~8层	≥9层	≤3层	4~8层	≥9层	≤3层	4~8层	≥9层
体形系数	≤0.50	≤0.30	≤0.28/0.25	≤0.50	≤0.30	≤0.28/0.25	≤0.50	≤0.30	≤0.28/0.25
屋面	0.20	0.25	0.25	0.25	0.30	0.30	0.30	0.40	0.40
外墙	0.25	0.40	0.50	0.30	0.45	0.55	0.35	0.50	0.60
架空或外挑楼板	0.30	0.40	0.40	0.30	0.45	0.45	0.35	0.50	0.60
非采暖地下室顶板	0.35	0.45	0.45	0.35	0.50	0.50	0.50	0.60	0.60
分隔采暖与非采暖空间的隔墙	1.2			1.2			1.5		
分隔采暖非采暖空间的户门	1.5			1.5			1.5		
阳台门下部门芯板	1.2				1.2				

寒冷地区对围护结构各部位传热系数限值的规定　表29-4

气候区 (JGJ 26—2010)	寒冷(A)区			寒冷(B)区		
围护结构部位	传热系数 K[W/(m²·K)]					
	≤3层	4~8层	≥9层	≤3层	4~8层	≥9层
体形系数	≤0.52	≤0.33	≤0.28	≤0.52	≤0.33	≤0.30/0.28*
屋面	0.35	0.45	0.45	0.35	0.45	0.45
外墙	0.45	0.60	0.70	0.45	0.60	0.70
架空或外挑楼板	0.45	0.60	0.60	0.45	0.60	0.60
非采暖地下室顶板	0.50	0.65	0.65	0.50	0.65	0.65
分隔采暖与非采暖空间的隔墙	1.5			1.5		
分隔采暖非采暖空间的户门	2.0			2.0		
阳台门下部门芯板	1.7			1.7		
外窗 窗墙面积比≤20%	2.8	3.1	3.1	2.8	3.1	3.1
20%<窗墙面积比≤30%	2.5	2.8	2.8	2.5	2.8	2.8
30%<窗墙面积比≤40%	2.0	2.5	2.5	2.0	2.5	2.5
40%<窗墙面积比≤45%	1.8	2.0	2.3	1.8	2.0	2.3

注：表29-3和表29-4摘自《严寒和寒冷地区居住建筑节能设计标准》（JGJ 26—2010）。

* "/" 的左侧为 9～13 层的体形系数限值，"/" 的右侧为 ≥14 层的体形系数限值。

（续表，严寒地区外窗）

气候区 (JGJ 26—2010)	严寒(A)区			严寒(B)区			严寒(C)区		
围护结构部位	传热系数 K[W/(m²·K)]								
	≤3层	4~8层	≥9层	≤3层	4~8层	≥9层	≤3层	4~8层	≥9层
外窗 窗墙面积比≤20%	2.0	2.5	2.5	2.0	2.5	2.5	2.0	2.5	2.5
20%<窗墙面积比≤30%	1.8	2.0	2.2	1.8	2.0	2.2	1.8	2.0	2.2
30%<窗墙面积比≤40%	1.6	1.8	2.0	1.6	1.8	2.0	1.6	2.0	2.0
40%<窗墙面积比≤45%	1.5	1.6	1.8	1.5	1.7	1.8	1.5	1.8	1.8

夏热冬冷地区居住建筑围护结构各部分的传热系数 K[W/(m²·K)]　表29-5

标准号	体形系数	屋顶	外墙	外窗(含阳台门透明部分)	分户墙和楼板	底面接触室外空气的架空或外拉挑楼板	户 门
JGJ 134—2010	≤0.40	$D\leq2.5$, $K\leq0.8$ / $D>2.5$, $K\leq1.0$	$D>2.5$, $K\leq1.0$ / $D\leq2.5$, $K\leq1.5$	见表29-12	$K\leq2.0$	$K\leq1.5$	$K\leq3.0$(通往封闭空间) / $K\leq2.0$(通往非封闭空间或户外)
	>0.40	$D\leq2.5$, $K\leq0.5$ / $D>2.5$, $K\leq0.6$	$D\leq2.5$, $K\leq1.0$ / $D>2.5$, $K\leq1.5$		$K\leq2.0$	$K\leq1.0$	$K\leq3.0$(通往封闭空间) / $K\leq2.0$(通往非封闭空间或户外)

注：D 为热惰性指标表征围护结构抵御温度波动和热流波动能力的无量纲指标，其值等于各构造层材料热阻与蓄热系数的乘积之和。当屋顶和外墙的 K 值满足要求，但 D 值不满足要求时，应按《民用建筑热工设计规范》（GB 50176）的规定验算隔热设计要求。

夏热冬暖地区居住建筑屋顶与外墙的传热系数 K [W/(m^2·K)]　　表 29-6

屋顶	外墙	天窗
$K\leqslant1.0$，$D\geqslant2.5$	$K\leqslant2.0$，$D\geqslant3.0$ 或 $K\leqslant1.5$，$D\geqslant3.0$ 或 $K\leqslant1.0$，$D\geqslant2.5$	天窗面积不应大于屋顶总面积的 4%，$K\leqslant4.0$，天窗本身的遮阳系数 $SC_C\leqslant0.5$
$K\leqslant0.5$	$K\leqslant0.7$	

注：$D<2.5$ 的轻质屋顶和外墙，还应满足《民用建筑热工设计规范》(GB 50176) 所规定的隔热要求。

2) 不同体形系数（表 29-7、表 29-8）。

不同体形系数(S)公共建筑对围护结构的传热系数限值 K[W/(m^2·K)]　　表 29-7

气候分区	屋顶		外墙（包括非透明幕墙）		底面接触室外空气的架空或外挑楼板		非采暖房间与采暖房间的隔墙或楼板	
	$S\leqslant0.3$	$0.3<S\leqslant0.4$	$\leqslant0.3$	$0.3<S\leqslant0.4$	$S\leqslant0.3$	$0.3<S\leqslant0.4$	$S\leqslant0.3$	$0.3<S\leqslant0.4$
严寒地区 A 区	≤0.35	≤0.30	≤0.45	≤0.40	≤0.45	≤0.40	≤0.6	≤0.6
严寒地区 B 区	≤0.45	≤0.35	≤0.50	≤0.45	≤0.50	≤0.45	≤0.8	≤0.8
寒冷地区	≤0.55	≤0.45	≤0.60	≤0.50	≤0.60	≤0.50	≤1.5	≤1.5
夏热冬冷地区	≤0.70		≤1.0		≤1.0		—	
夏热冬暖地区	≤0.90		≤1.5		≤1.5		—	

不同体形系数(S)公共建筑对外窗的传热系数限值 K[W/(m^2·K)]　　表 29-8

窗墙面积比 M_C	严寒地区 A 区		严寒地区 B 区		寒冷地区		夏热冬冷	夏热冬暖
	$S\leqslant0.3$	$S>0.3$，$S\leqslant0.4$	$S\leqslant0.3$	$S>0.3$，$S\leqslant0.4$	$S\leqslant0.3$	$S>0.3$，$S\leqslant0.4$		
$M_C\leqslant0.2$	≤3.0	≤2.7	≤3.2	≤2.8	≤3.5	≤3.0	≤4.7	≤6.5
$0.2<M_C\leqslant0.3$	≤2.8	≤2.5	≤2.9	≤2.5	≤3.0	≤2.5	≤3.5	≤4.7
$0.3<M_C\leqslant0.4$	≤2.5	≤2.2	≤2.6	≤2.2	≤2.7	≤2.3	≤3.0	≤3.5
$0.4<M_C\leqslant0.5$	≤2.0	≤1.7	≤2.1	≤1.8	≤2.3	≤2.0	≤2.8	≤3.0
$0.5<M_C\leqslant0.7$	≤1.7	≤1.5	≤1.8	≤1.6	≤2.0	≤1.8	≤2.5	≤3.0

注：1. 表 29-7、表 29-8 摘自《公共建筑节能设计标准》(GB 50189)。
2. 单一朝向外窗，包括透明幕墙。

2. 体形系数对围护结构耗热量的影响

建筑物体形系数是建筑物与室外大气接触的外表面积与其所包围的体积的比值。体形系数越大，建筑物的外表面积越大，则冬天通过外表面的传热耗热量越大，建筑物热损失越大；夏天室内通过外表面的传热得热也大，增加冷负荷，对节能不利。相反，体形系数太小，又不利于建筑造型、平面布局等。因此，不同气候区根据体形系数大小对不同类型建筑围护结构的传热系数作了相应的规定。体形系数越大，要求围护结构的传热系数限值越小，见表 29-2～表 29-8。

根据建筑物体形系数对围护结构耗热量的影响和结合当地气候条件，在建筑节能设计标准中对不同类型的建筑的体形系数作了规定（见表 29-9）。

不同气候区对居住和公共建筑体形系数的规定　　表 29-9

<table>
<tr><th>标准号</th><th colspan="2">气候区</th><th colspan="5">对建筑物体形系数的规定</th></tr>
<tr><td>JGJ 26—95</td><td colspan="2">采暖居住建筑部分</td><td colspan="3">>0.3 时，屋顶和外墙应加强保温</td><td colspan="2">≤0.3</td></tr>
<tr><td rowspan="3">JGJ 26—2010</td><td rowspan="3">严寒与寒冷地区居住建筑</td><td>建筑层数</td><td colspan="2">≤3 层</td><td>4～8 层</td><td>9～13 层</td><td>≥14 层</td></tr>
<tr><td>严寒</td><td colspan="2">0.50</td><td>0.30</td><td>0.28</td><td>0.25</td></tr>
<tr><td>寒冷</td><td colspan="2">0.52</td><td>0.33</td><td>0.30</td><td>0.26</td></tr>
<tr><td>JGJ 134—2001</td><td colspan="2" rowspan="3">夏热冬冷地区居住建筑</td><td colspan="2">点式建筑不应超过 0.40</td><td colspan="3">条式建筑不应超过 0.35</td></tr>
<tr><td rowspan="2">JGJ 134—2010</td><td>3 层</td><td>4～11 层</td><td colspan="3">>12 层</td></tr>
<tr><td>0.55</td><td>0.40</td><td colspan="3">0.35</td></tr>
<tr><td>JGJ 75—2003</td><td colspan="2">夏热冬暖地区居住建筑</td><td colspan="2">塔式住宅不宜超过 0.40</td><td colspan="3">北区内，单元式、通廊式住宅不宜超过 0.35</td></tr>
<tr><td>DBJ 11—602—2006</td><td colspan="2">北京市居住建筑</td><td colspan="2">低层住宅不宜超过 0.45</td><td colspan="2">多层住宅不宜超过 0.35</td><td>高层和中层住宅不宜超过 0.3</td></tr>
<tr><td>GB 50189—2005</td><td colspan="2">公共建筑节能设计标准</td><td colspan="5">严寒、寒冷地区应小于或等于 0.40</td></tr>
<tr><td>DBJ 01-621-2005</td><td colspan="2">北京市公共建筑</td><td colspan="5">不宜大于 0.40</td></tr>
</table>

3. 窗墙面积比对围护结构耗热量的影响

窗墙面积比是建筑物窗户洞口面积与房间立面单元面积（即建筑层高与开间定位线围成的面积）之比。外窗的传热系数远大于墙面的平均传热系数，外窗的面积越大，通过外窗的传热损失就越大，窗缝隙的空气渗透也会导致热损失。在节能建筑中窗墙面积比应给予一定的限制，窗墙面积比与传热系数限值（或允许最小传热阻）的对应关系也应作出规定。

(1) 在不同气候区的居住建筑中对不同朝向的窗墙面积比的规定，见表 29-10。

不同气候区居住建筑不同朝向窗墙面积比　　表 29-10

标准号	气候区	建筑类型	朝向	北	东、西	南
JGJ 26—2010	严寒	居住建筑	窗墙面积比	0.25	0.30	0.45
	寒冷			0.30	0.35	0.50
JGJ 75—2003	夏热冬暖			0.45	0.30	0.50
JGJ 134—2010	夏热冬冷			0.40	0.35	0.45

(2) 不同气候区对建筑外窗的窗墙面积比与传热系数限值的规定见表 29-8、表 29-16。

29.2.1.2　围护结构空气渗透对建筑能耗的影响

当室内外空气存在压差时，高压部分的空气通过围护结构上的缝隙、洞口渗透到低压一侧，为空气渗透。夏季室内外温差比较小，主要是风压造成空气渗透；冬季室内采暖，室内外温差比较大，室外的冷空气从建筑物下部的开口进入，室内的热空气从建筑物上部的开口流出，热压形成烟囱效应会增强空气渗透。因此，空气渗透会消耗热量，以北京地区不同节能阶段对居住建筑围护结构的空气渗透耗热量为例，由表 29-2 可见，空气渗透耗热量在不同节能阶段占围护结构各部位总耗热量分别为 23%、28%、21% 和 28%。在不同节能阶段，对围护结构各部位保温隔热采取措施的同时要对外围护结构的气密性进行改善，确保总体建筑的总耗热量降低的要求。

气密性是指外门窗在正常关闭状态时，阻止空气渗透的能力或幕墙可开启部分在关闭状态时，可开启部分以及幕墙整体阻止空气渗透的能力，用单位开启缝长空气渗透量（在标准状态下，单位时间通过单位开启缝长的空气量）和单位面积空气渗透量（在标准状态下，单位时间通过试件单位面积的空气量）表示。气密性越差，通过空气渗透的耗热量越大。

换气次数作为房间气密性的指标，是建筑物在自然状态下单位时间内通过缝隙，渗入室内的空气量与换气体积的比值。换气次数

大，通过空气渗透的耗热量大；反之，换气次数小，通过空气渗透的耗热量也小。在人活动的建筑物中，需要不断有新鲜空气供应室内，并排除污浊空气，这就是通风换气。当保证新鲜空气不断供应的同时，室外低温（或高温）空气进入室内，与室内的空气温度热交换，而使室内空气温度下降（或上升），需要消耗热量（或冷量）来维持室内舒适环境。

1. 不同地区建筑对换气次数和外窗气密性的要求

（1）不同地区建筑对换气次数和外窗气密性的要求（表 29-11）

不同地区建筑对换气次数和外窗气密性的要求　表 29-11

标准号	气候区	换气次数（次/h）	外窗气密性的要求
JGJ 26—95	采暖居住建筑部分	0.5	1~6 层建筑外窗空气渗透量≤2.5m³/(m·h)
			7~30 层建筑外窗空气渗透量≤1.5m³/(m·h)
JGJ 26—2010	严寒地区居住建筑		建筑外窗空气渗透量≤1.5m³/(m·h)，单位面积的空气渗透量不应大于 4.5m³/(m²·h)
	寒冷地区居住建筑	0.5	1~6 层建筑外窗空气渗透量≤2.5m³/(m·h)，单位面积的空气渗透量不应大于 7.5m³/(m²·h)
			7 层及 7 层以上建筑外窗空气渗透量≤1.5m³/(m·h)，单位面积的空气渗透量不应大于 4.5m³/(m²·h)
JGJ 134—2001	夏热冬冷地区居住建筑	1.0	1~6 层建筑外窗空气渗透量≤2.5m³/(m·h)
			7~30 层建筑外窗空气渗透量≤1.5m³/(m·h)
JGJ 134—2010			1~6 层建筑外窗空气渗透量≤3.0m³/(m·h)，单位面积的空气渗透量不应大于 9.0m³/(m²·h)
			7 层及 7 层以上建筑外窗空气渗透量≤2.5m³/(m·h)，单位面积的空气渗透量不应大于 7.5m³/(m²·h)
JGJ 75—2003	夏热冬暖地区居住建筑	1.0	1~9 层建筑外窗空气渗透量≤2.5m³/(m·h)，单位面积的空气渗透量不应大于 7.5m³/(m²·h)
			10 层及 10 层以上建筑外窗空气渗透量≤1.5m³/(m·h)，单位面积的空气渗透量不应大于 4.5m³/(m²·h)
GB 50189—2005	公共建筑	按主要空间设计新风量	外窗可开启面积不应小于窗面积的 30%，单位缝长的空气渗透量在 0.5~1.5m³/(m·h)的范围内，单位面积的空气渗透量在 1.5~4.5m³/(m²·h)的范围内

（2）建筑外窗气密性能分级表（表 29-12）

建筑外窗气密性能分级表　表 29-12

分级	1	2	3	4	5	6	7	8
单位缝长分级长指标值 q_1 [m³/(m·h)]	4.0≥q_1>3.5	3.5≥q_1>3.0	3.0≥q_1>2.5	2.5≥q_1>2.0	2.0≥q_1>1.5	1.5≥q_1>1.0	1.0≥q_1>0.5	q_1≤0.5

续表

分级	1	2	3	4	5	6	7	8
单位面积分级长指标值 q_2 [m³/(m²·h)]	12≥q_2>10.5	10.5≥q_2>9.0	9.0≥q_2>7.5	7.5≥q_2>6.0	6.0≥q_2>4.5	4.5≥q_2>3.0	3.0≥q_2>1.5	q_2≤1.5

注：摘自《建筑外窗气密、水密、抗风压性能分级及检测方法》(GB/T 7106)。

2. 建筑幕墙气密性能的规定

（1）建筑幕墙对气密性能设计要求（表 29-13）

建筑幕墙对气密性能的设计要求　表 29-13

地区分类	建筑层数、高度	气密性能分级	气密性能指标小于	
			开启部分 q_L [m³/(m·h)]	幕墙整体 q_A [m³/(m²·h)]
夏热冬暖地区	10 层以下	2	2.5	2.0
	10 层以上	3	1.5	1.2
其他地区	7 层以下	2	2.5	2.0
	7 层及以上	3	1.5	1.2

（2）建筑幕墙开启部分气密性能分级指标（表 29-14）

建筑幕墙开启部分气密性能分级指标　表 29-14

分级代号	1	2	3	4
分级指标值 q_L (m³/m·h)	4.0≥q_L>2.5	2.5≥q_L>1.5	1.5≥q_L>0.5	q_L≤0.5

（3）建筑幕墙整体（含开启部分）气密性能分级指标（表 29-15）

建筑幕墙整体（含开启部分）气密性能分级指标　表 29-15

分级代号	1	2	3	4
分级指标值 q_A (m³/m²·h)	4.0≥q_A>2.0	2.0≥q_A>1.2	1.2≥q_A>0.5	q_A≤0.5

注：摘自《建筑幕墙》(GB/T 21086)。

29.2.1.3　建筑遮阳对建筑能耗的影响

在建筑中玻璃的通透性能使人们充分感受到自然景观、自然光线和自然空间，但通过玻璃进入室内的热量，使室内温度迅速上升，产生温室效应。在夏季，通过采用建筑遮阳，可以遮挡紫外线和辐射热，调节可见光，防止眩光，减少传入室内的太阳辐射热量，有效地降低室内温度，减少空调的能耗。而在冬季，最好减少遮阳，让阳光进入室内，提高室内温度，降低采暖能耗。采用对太阳光线中的热辐射有遮蔽作用的建筑构件或遮阳设施，可以节约空调用电 25%左右，设置良好遮阳的建筑，可以使外窗保温性能提高约一倍，节约建筑采暖用能 10%左右。因此，应选用合适的遮阳设施。

1. 遮阳系数包括综合遮阳系数（SC）、玻璃遮阳系数（SC_B）、窗本身的遮阳系数（SC_C）和建筑外遮阳系数（SD）。

（1）综合遮阳系数（SC）是窗本身的遮阳系数（SC_C）与窗口的建筑外遮阳系数（SD）的乘积。

（2）玻璃遮阳系数（SC_B）是透过窗玻璃的太阳辐射得热与透过 3mm 透明窗玻璃的太阳辐射得热的比值。

（3）窗本身的遮阳系数（SC_C）可近似地取窗玻璃的遮阳系数乘以窗玻璃面积与整窗面积之比。当窗口外面没有任何形式的建筑外遮阳时，综合遮阳系数（SC）就是窗本身的遮阳系数（SC_C）。

（4）建筑外遮阳系数（SD）是依据建筑外遮阳设施的外挑系统和挡板轮廓透光比及构造透射比计算。

2. 不同建筑对外窗的传热系数 K 和综合遮阳系数作了相应的规定。

（1）居住建筑，见表 29-16~表 29-18。

夏热冬暖地区北区居住建筑外窗的传热系数 K 和综合遮阳系数 SC 的限值　表 29-16

外墙	外窗综合遮阳系数 SC	外窗的传热系数限值 K[W/(m²·K)]				
		CM≤0.25	0.25<CM≤0.3	0.3<CM≤0.35	0.35<CM≤0.4	0.4<CM≤0.45
K≤2.0 D≥3.0	0.9	2.0	—	—	—	—
	0.8	≤2.5	—	—	—	—
	0.7	≤3.0	≤2.0	≤2.0	—	—
	0.6	≤3.0	≤2.5	≤2.5	≤2.0	—
	0.5	≤3.5	≤2.5	≤2.5	≤2.0	≤2.0
	0.4	≤3.5	≤3.0	≤2.5	≤2.5	≤2.5
	0.3	≤4.0	≤3.5	≤2.5	≤2.5	≤2.5
	0.2	≤4.0	≤3.5	≤3.0	≤3.0	≤3.0
K≤1.5 D≥3.0	0.9	≤5.0	≤3.5	—	—	—
	0.8	≤5.5	≤4.0	—	—	—
	0.7	≤6.0	≤4.5	≤3.5	≤2.5	—
	0.6	≤6.5	≤5.0	≤4.0	≤3.0	≤3.0
	0.5	≤6.5	≤5.0	≤4.5	≤3.5	≤3.5
	0.4	≤6.5	≤5.5	≤4.5	≤4.0	≤3.5
	0.3	≤6.5	≤6.0	≤5.0	≤4.0	≤4.0
	0.2	≤6.5	≤6.0	≤5.0	≤4.0	≤4.0
K≤1.0 D≥2.5 或 K≤0.7	0.9	—	—	—	≤2.5	—
	0.8	≤6.5	≤5.0	≤4.0	≤3.5	≤2.5
	0.7	≤6.5	≤5.5	≤5.5	≤4.5	≤3.5
	0.6	≤6.5	≤6.0	≤6.0	≤5.0	≤4.0
	0.5	≤6.5	≤6.0	≤6.0	≤5.0	≤4.5
	0.4	≤6.5	≤6.5	≤6.0	≤5.5	≤5.0
	0.3	≤6.5	≤6.5	≤6.0	≤5.5	≤5.0
	0.2	≤6.5	≤6.5	≤6.5	≤6.0	≤5.5

注：表中：CM 为平均窗墙面积比，是整栋建筑外墙面上的窗及阳台门的透明部分的总面积与整栋建筑的外墙面总面积（包括其上的窗及阳台门的透明部分面积）之比。

夏热冬暖地区南区居住建筑外窗的综合遮阳系数 SC 的限值　表 29-17

外墙 (ρ≤0.8)	外窗的综合遮阳系数 SC				
	CM≤0.25	0.25<CM≤0.3	0.3<CM≤0.35	0.35<CM≤0.4	0.4<CM≤0.45
K≤2.0, D≥3.0	≤0.6	≤0.5	≤0.4	≤0.4	≤0.3
K≤1.5, D≥3.0	≤0.8	≤0.7	≤0.6	≤0.5	≤0.4
K≤1.0, D≥2.5 或 K≤0.7	≤0.9	≤0.8	≤0.7	≤0.6	≤0.5

注：外窗包括阳台门透明部分；《夏热冬暖地区居住建筑节能设计标准》(JGJ 75) 对南区对外窗的传热系数不作规定；ρ 为外墙外表面太阳辐射吸收系数。

寒冷 (B) 区外窗综合遮阳系数 SC 限值　表 29-18

外窗	SC（东、西向/南、北向）		
	≤3层	(4~8)层	≥9层
窗墙面积比≤0.2	—/—	—/—	—/—
0.2<窗墙面积比≤0.3	—/—	—/—	—/—
0.3<窗墙面积比≤0.4	0.45/—	0.45/—	0.45/—
0.4<窗墙面积比≤0.5	0.35/—	0.35/—	0.35/—

注：见《严寒和寒冷地区居住建筑节能设计标准》(JGJ 26)。

(2) 公共建筑，见表 29-19、表 29-20。

公共建筑不同窗墙面积比下的外窗遮阳系数 SC① 限值　表 29-19

窗墙面积比 Mc	寒冷地区（东、南、西向/北向）	夏热冬冷地区（东、南、西向/北向）	夏热冬暖地区（东、南、西向/北向）
Mc≤0.2	—	—	—
0.2<Mc≤0.3	—	≤0.55/—	≤0.50/0.60
0.3<Mc≤0.4	≤0.70/—	≤0.50/0.60	≤0.45/0.55
0.4<Mc≤0.5	≤0.60/—	≤0.45/0.55	≤0.40/0.50
0.5<Mc≤0.7	≤0.50/—	≤0.40/0.50	≤0.35/0.45
屋顶透明部分	≤0.50	≤0.40	≤0.35

注：摘自《公共建筑节能设计标准》(GB 50189)，外窗是单一朝向外窗，包括透明幕墙。当有外遮阳时，SC① = SC_B × SD，无外遮阳时，SC① = SC_B。

北京市公共建筑不同窗墙面积比下的外窗遮阳系数 SC① 限值　表 29-20

窗墙面积比 Mc	甲类建筑（东、南、西向）	乙类建筑（东、南、西向）
Mc≤0.2	—	—
0.2<Mc≤0.3	—	—
0.3<Mc≤0.4	≤0.60	≤0.70
0.4<Mc≤0.5	≤0.55	≤0.60
0.5<Mc≤0.7	≤0.50	≤0.50
0.7<Mc≤0.85	≤0.45	—
0.85<Mc≤1.00	≤0.45	—
屋顶透明部分	M≤0.20　≤0.50	≤0.50
	0.20<M≤0.25　≤0.40	
	0.25<M≤0.3　≤0.30	

注：M 为屋顶透明部分与屋面之比。

29.2.1.4　围护结构隔热对建筑能耗的影响

围护结构的隔热性能是指在夏季自然通风房间中，围护结构阻隔太阳辐射热和室外高温的影响，内表面保持较低温度的能力。夏季的太阳辐射热和室外高温，通过外围护结构进入室内的热量，造成室内升温，增加空调负荷，约占建筑空调负荷的 40%。在自然通风房间中，如果围护结构的隔热性能较差，其内表面的温度较高，室内热舒适性就差。因此，围护结构采取隔热措施，能有效降低空调能耗。

29.2.2　采暖、空调及照明配电系统对建筑能耗的影响

29.2.2.1　采暖系统对建筑能耗的影响

采暖能耗是用于建筑物采暖所消耗的能量。其中，热量来自采暖系统供热（约占 70%~80%）、太阳辐射得热（通过窗和其他部位进入室内约占 15%~20%）和建筑物内部得热（包括炊事、照明、家电和人体散热，约占 8%~12%）。建筑物得到这些热量，通过围护结构的传热和门窗缝隙的空气渗透向外散失。当得热与失热达到平衡时，室内温度得到保持。

集中供热采暖系统运行的能耗，取决于燃料本身的热值，热源（锅炉）的可供利用的有效热能（即锅炉的运行效率）以及室外管网输送效率。采暖供热系统的节能，关键是采用高热值的清洁燃料或可再生能源的热量、提高热源的运行效率和室外管网输送效率。

目前，热源除了锅炉房集中供热系统外，还有城市热网供热系统、电、热、冷联供系统、地下水源热泵系统、埋管式地源热泵系统等。例如地源热泵比电采暖节能 70%，比燃气炉效率提高 48%。住宅室内温度每降低 1℃，可节约燃料 10%。

采暖系统能耗的影响因素包括采暖系统的设计参数、设计工况、系统形式、设备性能、运行工况等多种因素。因此，一方面在设计阶段选用节能的采暖系统和高效的设备，另一方面要保证采暖系统实际运行时，各项运行工况和指标都能够达到设计工况。特别是系统形式确定后，由于设备的效率高低、实际运行工况和设计工况的不同，造成整个系统的能耗高低不同，是影响采暖系统能耗的主要因素。对于集中供热系统能耗的影响因素如下。

1. 室外管网水力平衡度

水力平衡度是在集中热水采暖系统中，整个系统的循环水量满足设计条件时，建筑物热力入口处循环水量（质量流量）的测量值与设计值之比。水力平衡度体现集中热水采暖系统的系统供热质量，当水力失调时，就会造成系统冷热不均，距离热源较近的用户，室内温度较高，距离远的用户室内温度偏低。为了使远端用户的室内温度达到标准温度，而加大供热量，使近端用户的室内温度出现过热现象，结果大大浪费了热能。供热系统室外管网的水力平衡度应符合《建筑节能工程施工质量验收规范》（GB 50411）中的规定，控制在 0.9～1.2 范围内。

2. 供热系统补水率

供热系统补水率是供热系统在正常运行条件下，检测持续时间内系统的总补水量与设计循环水量累计值之比。供热补水率越低，系统热损失越小，说明系统运行正常；反之，就要检查水密程度、损失的原因，及时避免不必要的能耗。供热系统补水率应符合《建筑节能工程施工质量验收规范》（GB 50411）的规定，不大于 0.5%。

3. 室外管网热输送效率

室外管网热输送效率是管网输出总热量与输入管网的总热量的比值。室外管网热输送效率越大，反映室外管道保温隔热越好，热损失越少；反之就必须检查系统管道的保温性能和水密程度，查出热损失率大的原因，减少能量的浪费。室外管网热输送效率应符合《建筑节能工程施工质量验收规范》（GB 50411）的规定，不小于 0.92。

4. 采暖系统耗电输热比

采暖系统耗电输热比是在采暖室内外计算温度下，全日理论水泵输送耗电量与全日系统供热量的比值。采暖系统热水循环水泵的耗电输热比越小越好，说明此热水循环水泵越节能。采暖系统中循环水泵的耗电输热比应符合《严寒和寒冷地区居住建筑节能设计标准》（JGJ 26）的规定，计算见本章式（29-33）。

5. 锅炉运行效率

锅炉运行效率是采暖期内锅炉实际运行工况下的效率。锅炉运行效率的高低，直接影响着整个系统的能耗，因此选用锅炉额定效率高的产品，有利于建筑节能。采暖锅炉日平均运行效率不应小于《严寒和寒冷地区居住建筑节能设计标准》（JGJ 26）的规定，见表 29-21。

采暖锅炉最低设计效率　　　表 29-21

锅炉类型、燃料种类		在下列锅炉容量（MW）下的设计效率（%）						
		0.7	1.4	2.8	4.2	7.0	14.0	>28.0
燃煤	烟煤 II			73	74	78	79	80
	烟煤 III			74	76	78	80	82
燃油、燃气		86	87	87	88	89	90	90

29.2.2.2　空调系统对建筑能耗的影响

空调系统向建筑物内提供冷量或热量，以保持室内的舒适环境或满足工艺条件。空调能耗是指空调系统提供冷量或热量所消耗的能量。降低空调能耗的主要途径是降低建筑物的耗冷量或耗热量，

以及提高空调系统与设备的能源利用效率。

影响空调系统能耗的主要因素和采暖系统基本相似，也包括系统形式、材料设备的性能和实际运行工况等，对于集中空调系统能耗的影响因素主要有以下几个方面。

1. 风机的单位风量耗功率

风机的单位风量功率越大，空调系统能耗越大。在公共建筑中，选用空气调节风系统的风机单位风量耗功率不应大于表 29-22 中的规定值。

风机单位风量耗功率 [W/（m³/h）]　　　表 29-22

系统型式	办公建筑		商业、旅馆建筑	
	粗效过滤	粗、中效过滤	粗效过滤	粗、中效过滤
两管制定风量系统	0.42	0.48	0.46	0.52
四管制定风量系统	0.47	0.53	0.51	0.58
两管制变风量系统	0.58	0.64	0.62	0.68
四管制变风量系统	0.63	0.69	0.67	0.74
普通机械通风系统	0.32			

注：摘自《公共建筑节能设计标准》（GB 50189）中风机单位风量耗功率的规定，普通机械通风系统中不包括厨房等需要特定过滤装置的房间内的通风系统；严寒地区增设预热盘管时，单位风量耗功率可增加 0.035[W/（m³/h）]；当空气调节机组内采用湿膜加湿方法时，单位风量耗功率可增加 0.053[W/（m³/h）]。

2. 风系统平衡度

风系统平衡度是风系统某支路的实际风量与设计风量之比，平衡系统风量，不至于有的地方冷，而有的地方温度降不下去。定风量系统平衡度应保证 90% 的受检支路的平衡度符合《公共建筑节能检测标准》（JGJ/T 177）的规定，达到 0.9～1.2。

3. 输送能效比

输送能效比是空调冷热水循环水泵在设计工况点的轴功率，与所输送的显热交换量的比值。在公共建筑中，选用空气调节冷热水系统的输送能效比不应大于表 29-23 中的规定值。

空调冷热水系统的最大输送能效比　　表 29-23

管道类型	两管制热水管道			四管制热水管道	空调冷水管道
	严寒地区	寒冷/夏热冬冷地区	夏热冬暖地区		
ER	0.00577	0.00618	0.00865	0.00673	0.0241

注：摘自《公共建筑节能技术规范》（JGJ 176）中空调冷热水系统的最大输送能效比的规定。适用于独立建筑物内的空调冷热水系统，最远总长度一般在 200～500m；对于区域供冷（热）或超大建筑物设集中供冷（热）站，管道总长达长的水系统可参照执行。两管制热水管道系统中的输送能效比值，不适用于采用直燃式冷（温）水机组、空气源热泵、地源热泵等作为热源，供回水温差小于 10℃ 的系统。

4. 冷源系统能效系数

冷源系统能效系数是冷源系统单位时间制冷量与冷水机组、冷冻水泵、冷却水泵和冷却风机单位时间能耗的比值。冷源系统能效系数限值见表 29-24。

冷源系统能效系数限值　　　表 29-24

类型	单台额定制冷量（kW）	冷源系统能效系数（kW/kW）
水冷冷水机组	<528	2.3
	528～1163	2.6
	>1163	3.1

续表

类 型	单台额定制冷量 (kW)	冷源系统能效系数 (kW/ kW)
风冷或蒸 发冷却	≤50	1.8
	>50	2.0

注：摘自《公共建筑节能检测标准》(JGJ/T 177) 中冷源系统能效系数限值的规定。

5. 制冷性能系数

制冷性能系数是制冷机在规定工况下的制冷量与相应输入功率之比。制冷性能系数对不同类型的机组有相应的要求。

(1) 在公共建筑中，选用电机驱动压缩机的蒸汽压缩循环冷水（热泵）机组，在额定制冷工况和规定条件下，性能系数 (COP) 不应低于表 29-25 的规定。

(2) 蒸汽、热水型溴化锂吸收式冷水机组及直燃型溴化锂吸收式冷（温）水机组，在实测工况下的性能系数应符合表 29-26 的规定。

冷水（热泵）机组制冷性能系数　表 29-25

类 型	额定制冷量 (kW)	性能系数 (W/W)
水冷	活塞式/涡旋式 <528	3.8
	528~1163	4.0
	>1163	4.2
	螺杆式 <528	4.10
	528~1163	4.30
	>1163	4.60
	离心式 <528	4.40
	528~1163	4.70
	>1163	5.10
风冷或蒸汽冷却	活塞式/涡旋式 ≤50	2.40
	>50	2.60
	螺杆式 ≤50	2.60
	>50	2.80

注：摘自《公共建筑节能设计标准》(GB 50189) 中的冷水（热泵）机组制冷性能系数。

溴化锂吸收式机组性能参数　表 29-26

机型	名义工况			性能参数		
	冷(温)水进 /出口温度 (℃)	冷却水进 /出口温度 (℃)	蒸汽压力 (MPa)	单位制冷量 蒸汽耗量 [kg/(kW·h)]	性能系数	
					制冷	供热
蒸汽 双效	18/13	30/35	0.25	≤1.40		
			0.4			
	12/7		0.6	≤1.31		
			0.8	≤1.28		

续表

机型	名义工况			性能参数		
	冷(温)水进 /出口温度 (℃)	冷却水进 /出口温度 (℃)	蒸汽压力 (MPa)	单位制冷量 蒸汽耗量 [kg/(kW·h)]	性能系数	
					制冷	供热
直燃	供冷 12/7	30/35			≥1.10	
	供热出口 60					≥0.90

注：直燃机的性能系数为：制冷量(供热量)/[加热源消耗量(以低位热值计)＋电力消耗量(折算成一次能)]，摘自《公共建筑节能设计标准》(GB 50189)。

6. 空调水系统水力平衡

空调水系统和采暖系统相同，水力失调将会直接造成过冷或过冷、设备运行在低效率段，增加运行能耗。在《建筑节能工程施工质量验收规范》(GB 50411) 中规定：空调系统冷热水、冷却水总流量允许偏差不大于 10%；空调机组的水流量允许偏差不大于 20%。

29.2.2.3　照明与配电系统对建筑能耗的影响

在建筑能耗中照明与配电系统的能耗约占 14%，因此，建筑节能工程中对照明与配电系统采取必需的节能措施是重要环节之一。我国照明耗电约占全国总发电量的 10%~12%，今后全国照明耗电量还将以每年 15% 的速度递增。为了能使国民经济持续、高速、健康地发展，必须控制照明用电量、减少配电线路电能损耗，重视配电与照明节能事业的发展。

1. 照明系统能耗的影响因素

照明系统能耗的影响因素包括照度值、照明功率密度、灯具效率和公共区照明控制等因素，决定着照明系统的节电率。常用光源的主要性能及适用场所，见表 29-101。

(1) 表面上一点的照度 (E) 是入射在包含该点的面元上的光通量除以该面元面积之商。照度值不得小于设计值的 90%。

(2) 照明功率密度 (LPD) 是单位面积上的照明安装功率（包括光源、镇流器或变压器）。不同类型的建筑照明功率密度应符合《建筑照明设计标准》(GB 50034) 的规定。居住建筑每户照明功率密度值不宜大于 6W/m²；办公建筑照明功率密度值按不同用途，可为 7~15W/m²；商业建筑照明功率密度值按不同类型，可为 10~17W/m²；旅馆建筑照明功率密度值按不同用途，可为 4~15W/m²；医院建筑照明功率密度值按不同用途，可为 5~25W/m²；学校建筑照明功率密度值按不同用途，可为 9~15W/m²。

(3) 灯具效率是在相同的使用条件下，灯具发出的总光通量与灯具内所有光源发出的总光通量之比。荧光灯灯具和高强度放电灯灯具的效率不应低于表 29-96 的规定。

2. 配电系统能耗的影响因素

低压供配电系统的电能质量是系统能耗的主要影响因素，它包括三相电压不平衡、谐波电压及谐波电流、功率因数、电压偏差等。谐波会使系统的能效下降，产生额外热效应。适当增大导线截面以减小配电线路的电能损耗，从而达到在不增加变压器容量的情况下增加供电能力的目的，减少导线、电缆对线路能耗的影响。

(1) 三相电压不平衡度是指三项电力系统中三相不平衡的程度，用电压或电流负序分量与正序分量的均方根值百分比表示。三相电压不平衡度允许值为 2%，短时不超过 4%。

(2) 总谐波畸变率是周期性交流量中的谐波含量的均方根值与其基波分量的均方根之比。公共电网谐波电压限值为 380V 的电网标称电压，电压总谐波畸变率 (THDu) 为 5%，奇次 (1~25 次)，谐波含有率为 4%；偶次 (2~24 次)，谐波含有率为 2%。谐波电流不应超过表 29-99 的允许值。

(3) 供电电压允许偏差：三相供电电压允许偏差为标称系统电压的 ±7%；单相 220V 为 +7%，−10%。

29.2.3　我国不同地区节能建筑热工性能要求

29.2.3.1　建筑热工设计气候区的划分

我国所处地理位置为北半球的中低纬度（北纬 20°~55°）；大

部分地区属于东亚季风气候，同时带有很强的大陆性气候特征。冬季十分寒冷，冬季气温与世界同纬度地区相比，低5～18℃；夏季十分炎热，夏季气温与世界同纬度地区相比，又高出2℃，并有不断增高的趋势；同时，冬夏持续时间长，春秋季节短。按《民用建筑热工设计规范》（GB 50176）中全国建筑热工设计分区图见图29-1。

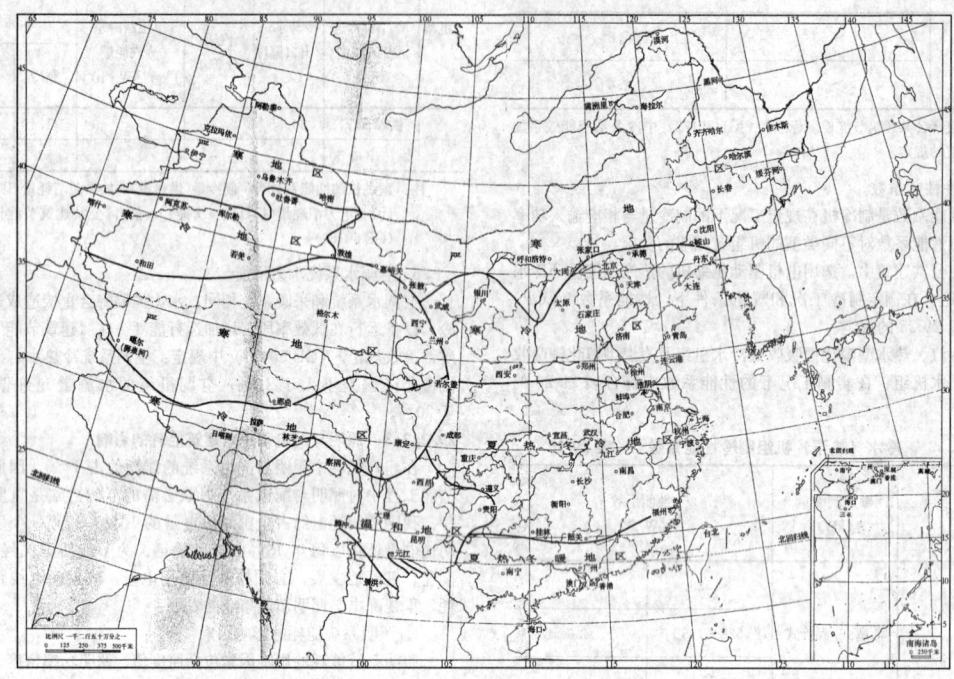

图 29-1　全国建筑热工设计分区图

29.2.3.2　我国不同气候区的代表性城市

我国不同气候区的代表性城市见表 29-27。

不同气候区的代表性城市　表 29-27

气候分区		代表性城市
严寒地区Ⅰ	A	图里河、海拉尔、博克图、新巴尔虎右旗、阿尔山、那仁宝拉格、漠河、呼玛、黑河、孙吴、嫩江、伊春、色达、狮泉河、改则、那曲、班戈、申扎、帕里、乌鞘岭、刚察、玛多、河南（青海）、托托河、曲麻莱、达日、杂多
	B	东乌珠穆沁旗、西乌珠穆沁旗、阿巴嘎旗、锡林浩特、二连浩特、林西、多伦、化德、敦化、桦甸、长白、哈尔滨、克山、海伦、齐齐哈尔、富锦、泰来、安达、宝清、通河、虎林、鸡西、尚志、牡丹江、绥芬河、若尔盖、理塘、索县、丁青、合作、冷湖、大柴旦、都兰、同德、玉树、阿勒泰、富蕴、和布克赛尔、北塔山
	C	围场、丰宁、蔚县、大同、河曲、呼和浩特、扎鲁特旗、巴林左旗、林西、通辽、满都拉、朱日和、赤峰、额济纳旗、达尔罕联合旗、乌拉特后旗、海力素、集宁、巴音毛道、东胜、鄂托克旗、沈阳、彰武、清原、本溪、宽甸、长春、前郭尔罗斯、长岭、四平、临江、集安、松潘、德格、甘孜、康定、稻城、德钦、日喀则、隆子、酒泉、张掖、岷县、西宁、德令哈、格尔木、乌鲁木齐、哈巴河、塔城、克拉玛依、精河、奇台、巴伦台、阿合奇
寒冷地区Ⅱ	A	承德、张家口、怀来、表龙、唐山、乐亭、太原、原平、离石、榆社、介休、阳城、运城、临河、吉兰太、朝阳、锦州、营口、丹东、大连、赣榆、长岛、龙口、成山头、潍坊、沂源、青岛、日照、菏泽、费县、临沂、孟津、卢氏、马尔康、巴塘、毕节、威宁、昭通、拉萨、昌都、林芝、榆林、延安、宝鸡、兰州、敦煌、民勤、西峰镇、平凉、天水、武县、银川、盐池、中宁、伊宁、库车、阿拉尔、巴楚、喀什、莎车、安德河、皮山、和田
	B	北京、天津、石家庄、保定、沧州、泊头、弄台、徐州、射阳、亳州、济南、惠民县、德州、酸县、兖州、定陶、安阳、郑州、西华、西安、吐鲁番、哈密、库尔勒、铁干里克、若羌
夏热冬冷地区		南京、蚌埠、合肥、九江、武汉、上海、杭州、宁波、宜昌、长沙、南昌、韶关、桂林、重庆、成都、遵义、衡阳
夏热冬暖地区		福州、泉州、厦门、广州、深圳、湛江、汕头、海口、南宁、北海、梧州
温和地区		昆明、贵阳、西昌、大理

注：摘自《民用建筑热工设计规范》（GB 50176）和《严寒与寒冷地区居住建筑节能设计标准》（JGJ 26）

29.2.3.3　不同气候区对建筑热工性能的设计要求

不同气候区对建筑热工性能的设计要求见表 29-28。

不同气候区对建筑热工性能的设计要求　表 29-28

分区名称	分区指标				设计要求
	平均温度（℃）		天数（d）		
	最冷月	最热月	≤5℃	≥25℃	
严寒地区	≤-10	—	≥145	—	必须充分满足冬季保温要求，一般可不考虑夏季防热
寒冷地区	-10～0	—	90～145	—	应满足冬季保温要求，部分地区兼顾夏季防热
夏热冬冷地区	0～10	25～30	0～90	40～110	必须满足夏季防热要求，适当兼顾冬季保温
夏热冬暖地区	>10	25～29	—	100～200	必须充分满足夏季防热要求，一般可不考虑冬季保温
温和地区	0～13	18～25	0～90	—	部分地区应考虑冬季保温，一般可不考虑夏季防热

29.2.3.4　严寒与寒冷地区主要城市的建筑物耗热量指标

严寒与寒冷地区主要城市的建筑物耗热量指标见表 29-29～表 29-33。

严寒Ⅰ（A）地区主要城市的建筑物耗热量指标　表 29-29

城　市	建筑物耗热量指标（W/m²）			
	≤3层	4～8层	9～13层	≥14层
图里河	24.3	22.5	20.3	20.1
博克图	21.1	19.4	17.4	17.3
新巴尔虎右旗	20.9	19.3	17.3	17.2
漠河	25.2	23.1	20.9	20.6
黑河	22.4	20.5	18.5	18.4

续表

城　　市	建筑物耗热量指标（W/m²）			
	≤3层	4～8层	9～13层	≥14层
嫩江	22.5	20.7	18.6	18.5
色达	12.1	10.3	8.5	8.1
改则	13.3	11.4	9.6	8.5
班戈	12.5	10.7	8.9	8.6
帕里	11.6	10.1	8.4	8.0
刚察	14.1	11.9	10.1	9.9
河南（青海）	13.1	11.0	9.2	9.0
曲麻菜	13.8	12.1	10.2	9.9
杂多	12.7	11.1	9.4	9.1
海拉尔	22.9	20.9	18.9	18.8
阿尔山	21.5	20.1	18.0	17.7
那仁宝拉格	19.7	17.8	15.8	15.7
呼玛	23.3	21.4	19.3	19.2
孙吴	22.8	20.8	18.8	18.7
伊春	21.7	19.9	17.9	17.7
狮泉河	11.8	10.1	8.2	7.8
那曲	13.7	12.3	10.5	10.3
申扎	12.0	10.4	8.6	8.2
乌鞘岭	12.6	11.1	9.3	9.1
玛多	13.9	12.5	10.6	10.3
托托河	15.4	13.4	11.4	11.1
达日	13.2	11.2	9.4	9.1

严寒Ⅰ（B）地区主要城市的建筑物耗热量指标　　　表 29-30

城　　市	建筑物耗热量指标（W/m²）			
	≤3层	4～8层	9～13层	≥14层
东乌珠穆沁旗	23.6	20.8	19.0	17.6
阿巴嘎旗	23.1	20.4	18.6	17.2
二连浩特	17.1	15.9	14.0	13.8
林西	20.8	17.9	16.6	14.6
桦甸	22.1	19.3	17.7	16.3
哈尔滨	22.9	20.0	18.3	16.9
海伦	25.2	22.0	20.2	18.7
富锦	24.1	21.1	19.3	17.8
安达	23.2	20.4	18.6	17.2
通河	24.4	21.3	19.5	18.0
鸡西	21.4	18.8	17.1	15.8
牡丹江	21.9	19.2	17.5	16.2
若尔盖	12.4	11.2	9.9	9.1
索县	12.4	11.2	9.9	8.9
合作	13.3	12.0	10.7	9.9
大柴旦	15.3	13.9	12.4	11.5
同德	14.6	13.3	11.8	11.0
阿勒泰	19.9	17.7	16.1	14.9
和布克赛尔	16.6	14.9	13.4	12.4
北塔山	17.8	15.8	14.3	13.3
西乌珠穆沁旗	21.4	18.9	17.2	16.0
锡林浩特	21.6	19.1	17.4	16.1
多伦	19.2	17.1	15.5	14.3
化德	18.4	16.3	14.8	13.6
敦化	20.6	18.0	16.5	15.2
长白	21.5	18.9	17.2	15.9
克山	25.6	22.4	20.6	19.0

续表

城　　市	建筑物耗热量指标（W/m²）			
	≤3层	4～8层	9～13层	≥14层
齐齐哈尔	22.6	19.8	18.1	16.7
泰来	22.1	19.4	17.7	16.4
宝清	22.2	19.5	17.8	16.5
虎林	23.0	20.1	18.5	17.0
尚志	23.0	20.1	18.4	17.0
绥芬河	21.2	18.6	17.0	15.6
理塘	9.6	8.9	7.7	7.0
丁青	11.7	10.5	9.2	8.4
冷湖	15.2	13.8	12.3	11.4
都兰	12.8	11.6	10.3	9.5
玉树	11.2	10.2	8.9	8.2
富蕴	21.9	19.5	17.8	16.6

严寒Ⅰ（C）地区主要城市的建筑物耗热量指标　　　表 29-31

城　　市	建筑物耗热量指标（W/m²）			
	≤3层	4～8层	9～13层	≥14层
围场	19.3	16.7	15.4	13.5
蔚县	18.1	15.6	14.4	12.6
河曲	17.6	15.2	14.0	12.3
扎鲁特旗	20.6	17.7	16.4	14.4
满都拉	19.2	16.6	15.3	13.4
赤峰	18.5	15.6	14.7	12.9
达尔罕联合旗	20.0	17.3	16.0	14.0
海力素	19.1	16.6	15.3	13.4
巴音毛道	17.1	14.9	13.7	12.0
鄂托克旗	16.4	14.2	13.1	11.4
彰武	19.9	17.1	15.8	13.9
本溪	20.2	17.3	16.0	14.0
长春	23.3	19.9	18.6	16.3
长岭	23.5	20.1	18.8	16.5
延吉	22.5	17.9	17.9	15.7
集安	20.8	17.7	16.5	14.4
德格	11.6	10.0	9.0	7.8
康定	11.9	10.3	9.3	8.0
稻城	9.9	8.7	7.7	6.3
隆子	11.5	10.0	9.0	7.6
张掖	15.8	13.7	12.6	11.0
西宁	15.3	13.3	12.1	10.5
格尔木	14.0	12.3	11.2	9.7
哈巴河	22.2	19.1	17.8	15.6
克拉玛依	23.6	20.3	18.9	16.8
奇台	24.1	20.9	19.4	17.2
阿合奇	16.0	13.9	12.8	11.2
丰宁	17.8	15.4	14.2	12.4
大同	17.6	15.2	14.0	12.2
呼和浩特	18.4	15.9	14.7	12.9
巴林左旗	21.4	18.4	17.1	15.0
通辽	20.8	17.8	16.5	14.5
朱日和	20.5	17.6	16.3	14.3
额济纳旗	17.2	14.9	13.7	12.0

续表

城 市	建筑物耗热量指标 (W/m²)			
	≤3层	4~8层	9~13层	≥14层
乌拉特后旗	18.5	16.1	14.8	13.0
集宁	19.3	16.6	15.4	13.4
东胜	16.8	14.5	13.4	11.7
沈阳	20.1	17.2	15.9	13.9
清原	23.1	19.7	18.4	16.1
宽甸	19.7	16.8	15.6	13.7
前郭尔罗斯	24.2	20.7	19.4	17.0
四平	21.3	18.2	17.0	14.9
临江	23.8	20.3	19.0	16.7
松潘	11.9	10.3	9.3	8.0
甘孜	10.1	8.9	7.9	6.6
德钦	10.9	9.4	8.5	7.2
日喀则	9.9	8.7	7.7	6.4
酒泉	15.7	13.6	12.5	10.9
岷县	13.8	12.0	10.9	9.4
德令哈	16.2	14.0	12.9	11.2
乌鲁木齐	21.8	18.7	17.4	15.3
塔城	20.2	17.4	16.1	14.3
精河	22.7	19.4	18.1	15.9
巴伦台	18.1	15.5	14.3	12.6

寒冷Ⅱ(A)地区主要城市的建筑物耗热量指标　表29-32

城 市	建筑物耗热量指标 (W/m²)			
	≤3层	4~8层	9~13层	≥14层
唐山	17.6	15.3	14.0	12.4
承德	21.6	18.9	17.4	15.5
怀来	18.9	16.5	15.1	13.5
太原	17.7	15.4	14.1	12.5
介休	16.7	14.5	13.3	11.8
原平	18.6	16.2	14.9	13.3
监河	20.0	17.5	16.0	14.3
锦州	21.0	18.3	16.9	15.0
大连	16.5	14.3	13.0	11.5
朝阳（辽宁）	21.7	18.9	17.2	15.5
长岛	14.4	12.4	11.2	9.9
成山头	13.1	11.3	10.1	9.0
潍坊	16.1	13.9	12.7	11.3
沂源	15.7	13.6	12.4	11.0
日照	12.7	10.8	9.7	8.5
荷泽	13.7	11.8	10.7	9.5
卢氏	14.7	12.7	11.5	10.2
马尔康	12.7	10.9	9.7	8.8
毕节	11.5	9.8	8.8	7.7
昭通	10.2	8.7	7.6	6.8
昌都	15.2	13.1	11.9	10.5
延安	17.9	15.6	14.3	12.7
榆林	20.5	17.9	16.5	14.7
西峰镇	16.9	14.7	13.4	11.9
平凉	16.9	14.7	13.4	11.9
天水	15.7	13.5	12.3	10.9
银川	18.8	16.4	15.0	13.4
伊宁	20.5	17.8	16.5	14.8
阿拉尔	18.9	16.6	15.1	13.7
喀什	16.2	14.1	12.8	11.6
安德河	18.5	16.2	14.8	13.4
和田	15.5	13.5	12.2	11.0
乐亭	18.4	16.1	14.7	13.1
张家口	20.2	17.7	16.2	14.5
青龙	20.1	17.6	16.2	14.4
榆社	18.6	16.2	14.8	13.2
阳城	15.5	13.5	12.2	10.9
离石	19.4	17.0	15.6	13.8
吉兰太	19.8	17.3	15.8	14.2
营口	21.8	19.1	17.6	15.6
丹东	20.6	18.0	16.6	14.7
赣榆	14.0	12.1	11.0	9.7

续表

城 市	建筑物耗热量指标 (W/m²)			
	≤3层	4~8层	9~13层	≥14层
龙口	15.0	12.9	11.7	10.4
海阳	14.7	12.7	11.5	10.2
朝阳（山东）	15.6	13.6	12.3	11.0
青岛	13.0	11.1	10.0	8.8
费县	14.0	12.1	10.9	9.7
临沂	14.2	12.3	11.1	9.8
孟津	13.7	11.8	10.7	9.4
巴塘	7.8	6.6	5.5	5.1
威宁	12.0	10.3	9.2	8.2
拉萨	11.7	10.0	8.9	7.9
林芝	9.4	8.0	6.9	6.2
宝鸡	14.1	12.2	11.1	9.8
兰州	16.5	14.4	13.1	11.7
敦煌	19.1	16.7	15.3	13.8
民勤	18.4	16.1	14.7	13.2
成县	8.3	7.1	6.0	5.5
中宁	17.8	15.5	14.2	12.6
盐池	18.6	16.2	14.8	13.2
库车	18.8	16.5	15.0	13.5
巴楚	17.0	14.9	13.5	12.2
莎车	16.3	14.2	12.9	11.7
皮山	16.1	14.1	12.7	11.5

寒冷Ⅱ(B)地区主要城市的建筑物耗热量指标　表29-33

城 市	建筑物耗热量指标 (W/m²)			
	≤3层	4~8层	9~13层	≥14层
北京	16.1	15.0	13.4	12.1
石家庄	15.7	14.6	13.1	11.6
泊头	16.1	15.0	13.4	11.9
邢台	14.9	13.9	12.3	11.0
徐州	13.8	12.8	11.4	10.1
射阳	12.6	11.6	10.3	9.2
济南	14.2	13.2	11.7	10.5
兖州	14.6	13.6	12.0	10.8
陵县	15.9	14.8	13.2	11.8
郑州	13.0	12.1	10.7	9.6
安阳	15.0	13.9	12.4	11.0
铁干里克	19.8	18.6	16.7	15.2
吐鲁番	19.9	18.6	16.8	15.0
天津	17.1	16.0	14.3	12.7
保定	16.5	15.4	13.8	12.2
沧州	16.2	15.1	13.5	12.0
运城	15.5	14.4	12.9	11.4
亳州	14.2	13.2	11.8	10.4
惠民县	16.1	15.0	13.5	12.0
德州	14.4	13.6	11.9	10.7
定陶	14.7	13.6	12.1	10.8
西华	13.7	12.7	11.3	10.0
库尔勒	18.6	17.5	15.6	14.1
若羌	18.6	17.4	15.5	14.1
哈密	21.3	20.0	18.0	16.2

29.3　建筑节能工程常用的计算

29.3.1　围护结构热工性能计算方法●

29.3.1.1　导热系数

导热系数按式（29-1）计算：

● 当计算方法与现行标准有矛盾时，以现行标准为准。

$$\lambda = \delta / R \tag{29-1}$$

式中　λ——材料导热系数[W/(m·K)]；

δ——材料层厚度(m)；

R——该厚度材料层的热阻（m^2·K/W），按式（29-2）计算：

$$R = \Delta T \cdot A / Q \tag{29-2}$$

式中　ΔT——材料试件冷、热表面的温度差(K)；

A——材料试件计量单元的面积（m^2）；

Q——在稳定状态下流过材料试件计量单元的一维恒定热流量，其值等于平均发热功率(W)。

29.3.1.2　传热系数

1. 传热系数的计算

（1）实测围护结构热流密度计算传热系数

围护结构热流密度平均值 q(W/m^2)，按式(29-3)计算：

$$q = \Sigma q_{in} / n \tag{29-3}$$

式中　q_{in}——每次时间间隔的围护结构实测热流密度(W/m^2)；

n——测试次数。

室内(外)空气温度平均值 $T_{p,in}$($T_{p,en}$)(℃)，按式(29-4)计算：

$$T_{p,in}(T_{p,en}) = \Sigma T_{in}(T_{en}) / n \tag{29-4}$$

围护结构热阻 R[(m^2·K)/W]，按式(29-5)计算：

$$R = (T_{p,iB} - T_{p,eB}) / q \tag{29-5}$$

式中　$T_{p,iB}$——围护结构内表面温度算术平均值(℃)；

$T_{p,eB}$——围护结构外表面温度算术平均值(℃)。

围护结构传热系数 K[W/(m^2·K)]，按式(29-6)计算：

$$K = 1/(1/\alpha_i + R + 1/\alpha_e) = 1/(R_i + R + R_e) \tag{29-6}$$

式中　α_i/R_i——内表面换热系数[W/(m^2·K)]/{换热阻[(m^2·K)/W]}，取值见表29-45；

α_e/R_e——外表面换热系数[W/(m^2·K)]/{换热阻[(m^2·K)/W]}，取值见表29-46。

（2）实测围护结构传热量计算传热系数

围护结构传热系数 K[W/(m^2·K)]，按式(29-7)、式(29-8)计算：

$$K_n = Q_n / [A_1 \cdot (T_{in} - T_{en})] \tag{29-7}$$

$$K = \Sigma K_n / n \tag{29-8}$$

式中　Q_n——热箱单位测试时间通过围护结构传输的热量(W)；

A_1——热箱内开口面积（m^2）；

K_n——第 n 次测出的传热系数值[W/(m^2·K)]；

n——数据采集的有效次数($n \geqslant 48$)；

T_{in}——室内空气温度(℃)；

T_{en}——室外空气温度(℃)。

（3）理论传热系数计算

1）单层结构热阻 R[W/(m^2·K)]，按式(29-9)计算：

$$R = \delta / \lambda \tag{29-9}$$

式中　δ——材料层厚度(m)；

λ——材料导热系数[W/(m·K)]。

2）多层结构热阻 R[W/(m^2·K)]，按式(29-10)计算：

$$R = R_1 + R_2 + \cdots\cdots R_n$$
$$= \delta_1/\lambda_1 + \delta_2/\lambda_2 + \cdots\cdots + \delta_n/\lambda_n \tag{29-10}$$

式中　R_1、R_2、…、R_n——各层材料热阻[(m^2·K)/W]；

δ_1、δ_2、…、δ_n——各层材料厚度(m)；

λ_1、λ_2、…、λ_n——各层材料导热系数[W/(m·K)]。

3）围护结构的传热阻 R_0，按式(29-11)计算：

$$R_0 = R_i + R + R_e \tag{29-11}$$

式中　R_i——内表面换热阻[(m^2·K)/W]，取值见表29-45；

R_e——外表面换热阻[(m^2·K)/W]，取值见表29-46；

R——围护结构热阻[(m^2·K)/W]。

4）围护结构传热系数 K[W/(m^2·K)]，按式(29-12)计算：

$$K = 1/R_0$$
$$= 1/(R_i + R + R_e) = 1/[(1/\alpha_i) + R + (1/\alpha_e)]$$
$$= 1/\{R_i + [(\delta_1/\lambda_1) + (\delta_2/\lambda_2) +$$
$$\cdots\cdots + (\delta_n/\lambda_n)] + R_e\} \tag{29-12}$$

2. 平均传热系数计算

（1）围护结构受周边热桥的影响部位的热工性能，以平均传热系数表示，按式(29-13)计算：

$$K_i = (K_P \cdot F_P + K_{B1} \cdot F_{B1} + K_{B2} \cdot F_{B2} + K_{B3} \cdot F_{B3}) /$$
$$(F_P + F_{B1} + F_{B2} + F_{B3}) \tag{29-13}$$

式中　K_i——平均传热系数[W/(m^2·K)]；

K_P——主体部位的传热系数[W/(m^2·K)]；

K_{B1}、K_{B2}、K_{B3}——周边各热桥部位的传热系数[W/(m^2·K)]；

F_P——主体部位的面积（m^2）；

F_{B1}、F_{B2}、F_{B3}——周边各热桥部位的面积（m^2）。

（2）传热系数计算实例：

某住宅楼围护结构各部位传热系数，依据竣工图计算如下：

1）单玻彩钢窗传热系数，按式(29-13)计算：

实测：窗户面积：1.94m^2；窗框面积：0.60m^2；玻璃面积：1.34m^2；窗框传热系数：5.11W/(m^2·K)；玻璃传热系数：8.43W/(m^2·K)

计算：$K_{彩钢} = (5.11 \times 0.60 + 8.43 \times 1.34) / 1.94$
$$= 7.4 \text{W/}(m^2 \cdot K)$$

2）双玻塑钢窗传热系数，按式(29-13)计算：

实测：窗户面积：2.07m^2；窗框面积：0.53m^2；玻璃面积：1.54m^2；窗框传热系数：2.29W/(m^2·K)；玻璃传热系数：2.95W/(m^2·K)

计算：$K_{塑钢} = (2.29 \times 0.53 + 2.95 \times 1.54) / 2.07$
$$= 2.8 \text{W/}(m^2 \cdot K)$$

3）外墙平均传热系数

① 围护结构各部位的面积

外围护结构：东、西方向：3105.66m^2；南向：1444.47m^2；北向：1444.47m^2；地下室顶板、屋顶（包括楼梯间）：792.99m^2

外门窗：东、西方向：1029.60m^2；南向：533.43m^2；北向：528.67m^2

热桥面积：楼板：东、西方向：105.24m^2；南向：44.80m^2；北向：44.80m^2

隔墙：东、西方向：9.00m^2；南向：7.488m^2；北向：7.488m^2

分户墙：东、西方向：54.216m^2

主体墙面积：（不含热桥）

东、西向：3105.66－1029.6－105.24－54.216－9=1907.604m^2

南向：1444.47－533.43－44.80－7.488=858.752m^2

北向：1444.47－528.67－44.80－7.488=863.512m^2

② 实测主体北墙外保温、主体西墙内保温及屋顶的传热系数为：

$$K_{北墙外保温} = K_{东西墙外保温} = 0.83 \text{W/}(m^2 \cdot K)$$
$$K_{西墙内保温} = 0.83 \text{W/}(m^2 \cdot K)$$
$$K_{屋顶} = 0.49 \text{W/}(m^2 \cdot K)$$

③ 楼板、隔墙、分户墙热桥传热系数：（热桥均为现浇混凝土），按式(29-6)计算：

$$K_{楼板} = 1/(0.11 + 0.18/1.74 + 0.05/1.74 + 0.04)$$
$$= 3.54 \text{W/}(m^2 \cdot K)$$
$$K_{隔墙} = 3.54 \text{W/}(m^2 \cdot K)$$
$$K_{分户墙} = 3.54 \text{W/}(m^2 \cdot K)$$

④ 外墙平均传热系数，按式(29-13)计算：

计算：$K_i = [K_P \cdot (F_{P北} + F_{P西} + F_{P东西}) + K_B \cdot (F_{B楼板} + F_{B隔墙} + F_{B分户墙})] / (F_{P北} + F_{P西} + F_{P东西} + F_{B楼板} + F_{B隔墙} + F_{B分户墙})$

$$K = (863.512 + 858.752 + 1907.604) \times 0.83 + (105.24 + 54.216 + 9 + 44.80 + 7.488 + 44.80 + 7.488) \times 3.54 / (863.512 + 858.752 + 1907.604 + 105.24 + 54.216 + 9 + 44.80 + 7.488 + 44.80 + 7.488)$$

$$= (3629.868 \times 0.83 + 273.032 \times 3.54) / 3902.900$$

$$= (3012.790 + 966.533) / 3902.900 = 1.02 \text{W}/(\text{m}^2 \cdot \text{K})$$

地下室顶板传热系数，按式（29-6）计算：

$$K_{\text{地下室顶板}} = 1/(0.11 + 0.2/1.74 + 0.04) = 3.77 \text{W}/(\text{m}^2 \cdot \text{K})$$

3. 线传热系数

（1）结构性热桥线传热系数。在建筑外围护结构中，墙角、窗间墙、凸窗、阳台、屋顶、楼板、地板等处形成的热桥称为结构性热桥。结构性热桥对墙体、屋面传热的影响，可用线传热系数描述，按《严寒与寒冷地区居住建筑节能设计标准》（JGJ 26—2010）中附录 B 计算。

（2）框与面板接缝的线传热系数。门窗或幕墙玻璃（或其他镶嵌板）边缘与框的组合传热效应所产生附加传热量的参数为线传热系数，按《建筑门窗玻璃幕墙热工计算规程》（JGJ 151—2008）中第 7 章的规定计算。

29.3.1.3　建筑物耗热量的计算方法

（1）建筑物耗热量指标 q_{H}（W/m²），按式（29-14）计算：

$$q_{\text{H}} = q_{\text{HT}} + q_{\text{INF}} - q_{\text{IH}} \tag{29-14}$$

式中　q_{H}——建筑物耗热量指标（W/m²）；

q_{HT}——折合到单位建筑面积上单位时间内通过围护结构传热耗热量（W/m²）；

q_{INF}——折合到单位建筑面积上单位时间内的空气渗透耗热量（W/m²）；

q_{IH}——折合到单位建筑面积上单位时间内的建筑物内部得热，取 3.80W/m²。

（2）围护结构传热耗热量 q_{HT}（W/m²），按式（29-15）计算：

1）建筑围护结构的传热量 q_{HT}，按式（29-15）计算：

$$q_{\text{HT}} = q_{\text{Hq}} + q_{\text{Hw}} + q_{\text{Hd}} + q_{\text{Hmc}} + q_{\text{Hy}} \tag{29-15}$$

式中　q_{Hq}——折合到单位建筑面积上单位时间内通过墙的传热量（W/m²）；

q_{Hw}——折合到单位建筑面积上单位时间内通过屋顶的传热量（W/m²）；

q_{Hd}——折合到单位建筑面积上单位时间内通过地面的传热量（W/m²）；

q_{Hmc}——折合到单位建筑面积上单位时间内通过门、窗的传热量（W/m²）；

q_{Hy}——折合到单位建筑面积上单位时间内非采暖封闭阳台的传热量（W/m²）。

2）外墙的传热量，按式（29-16）计算：

$$q_{\text{Hq}} = \Sigma q_{\text{Hqi}}/A_0 = [\Sigma \varepsilon_{qi} K_{mqi} F_{qi}(t_n - t_e)]/A_0 \tag{29-16}$$

式中　q_{Hq}——折合到单位建筑面积上单位时间内通过外墙的传热量（W/m²）；

t_n——室内计算温度，取 18℃；当外墙内侧是楼梯间时，则取 12℃；

t_e——采暖期室外平均温度（℃），按相关标准确定；

ε_{qi}——外墙传热系数的修正系数，按相关标准确定；

K_{mqi}——外墙平均传热系数 [W/(m²·K)]；

F_{qi}——外墙的面积（m²）；

A_0——建筑面积（m²）。

3）屋顶的传热量，按式（29-17）计算：

$$q_{\text{Hw}} = \Sigma q_{\text{Hwi}}/A_0 = [\Sigma \varepsilon_{wi} K_{mwi} F_{wi}(t_n - t_e)]/A_0 \tag{29-17}$$

式中　q_{Hw}——折合到单位建筑面积上单位时间内通过屋顶的传热量（W/m²）；

ε_{wi}——屋顶传热系数的修正系数，按相关标准确定；

K_{mwi}——屋顶传热系数 [W/(m²·K)]；

F_{wi}——屋顶的面积（m²）。

4）地面的传热量，按式（29-18）计算：

$$q_{\text{Hd}} = \Sigma q_{\text{Hdi}}/A_0 = [\Sigma K_{di} F_{di}(t_n - t_e)]/A_0 \tag{29-18}$$

式中　q_{Hd}——折合到单位建筑面积上单位时间内通过地面的传热量（W/m²）；

K_{di}——地面的传热系数 [W/(m²·K)]；

F_{di}——地面的面积（m²）。

5）外窗（门）的传热量按式（29-19）计算：

$$q_{\text{Hmc}} = \Sigma q_{\text{Hmci}}/A_0 = [\Sigma K_{mci} F_{mci}(t_n - t_e) - I_{tyi} C_{mci} F_{mci}]/A_0 \tag{29-19}$$

$$C_{mci} = 0.87 \times 0.70 \times SC \tag{29-20}$$

式中　q_{Hmc}——折合到单位建筑面积上单位时间内通过外窗（门）的传热量（W/m²）；

K_{mci}——窗（门）的传热系数 [W/(m²·K)]；

F_{mci}——窗（门）的面积（m²）；

I_{tyi}——窗（门）外表面采暖期平均太阳辐射热（W/m²），按相关标准确定；

C_{mci}——窗（门）的太阳辐射修正系数，按相关标准确定；

SC——窗的综合遮阳系数，按式 29-24 计算；

0.87——3mm 普通玻璃的太阳辐射透过率；

0.70——折减系数。

6）非采暖封闭阳台的传热量，按式（29-21）计算：

$$q_{\text{Hy}} = \Sigma q_{\text{Hyi}}/A_0 = [\Sigma K_{qmci} F_{qmci} \zeta_i(t_n - t_e) - I_{tyi} C'_{mci} F_{mci}]/A_0 \tag{29-21}$$

$$C'_{mci} = (0.87 \times 0.70 \times SC_{\text{W}}) \times (0.87 \times 0.70 \times SC_{\text{N}}) \tag{29-22}$$

式中　q_{Hy}——折合到单位建筑面积上单位时间内通过非采暖封闭阳台的传热量（W/m²）；

K_{qmci}——分隔封闭阳台和室内的墙、窗（门）的平均传热系数 [W/(m²·K)]；

F_{qmci}——分隔封闭阳台和室内的墙、窗（门）的面积（m²）；

ζ_i——阳台的温差修正系数，按相关标准确定；

I_{tyi}——封闭阳台外表面采暖期平均太阳辐射热（W/m²），按相关标准确定；

F_{mci}——分隔封闭阳台和室内的窗（门）的面积（m²）；

C'_{mci}——分隔封闭阳台和室内的窗（门）的太阳辐射修正系数；

SC_{W}——外侧窗的综合遮阳系数，按式（29-24）计算；

SC_{N}——内侧窗的综合遮阳系数，按式（29-24）计算。

（3）建筑物空气换气耗热量 q_{INF}（W/m²），按式（29-23）计算：

$$q_{\text{INF}} = \Delta T_{\text{标}}(C_p \cdot \rho \cdot N \cdot V)/A \tag{29-23}$$

式中　q_{INF}——折合到单位建筑面积上单位时间内建筑物的空气换气耗热量（W/m²）；

C_p——空气比热容，取 0.28W·h/(kg·K)；

ρ——空气密度（kg/m³），取 t_e 下的值；

N——换气次数，取 0.5 次/h；检测验算：当测得值小于 0.5 次/h 时，取标准值 0.5 次/h；当测得值大于 0.5 次/h 时，取实测值；

V——换气体积（m³）。

29.3.1.4　关于面积和体积的计算

1. 围护结构各部分的面积计算（m²）

（1）屋顶或顶棚面积：按支承屋顶的外墙外包线围成的面积计算。

（2）外墙面积：按不同朝向分别计算。某一朝向的外墙面积，由该朝向外表面积减去窗户和外门洞口面积。当楼梯间不采暖时，减去楼梯间的外墙面积。

（3）外窗（包括阳台门上部透明部分）面积，按朝向和有无阳台分别计算，取洞口面积。

（4）外门面积：按不同朝向分别计算，取洞口面积。

（5）阳台门下部不透明部分面积：不同朝向分别计算，取洞口面积。

（6）地面面积：按外墙内侧围成的面积计算。

（7）地板面积：按外墙内侧围成的面积计算，并应区分接触室外空气的地板和不采暖地下室上部的地板。

2. 建筑面积（A_0），按各层外墙外包线围成的平面面积的总和计算，包括半地下室的面积，不包括地下室的面积。

3. 建筑体积（V_0），按与计算建筑面积所对应的建筑物外表面

和底层地面所围成的体积计算。

4. 换气体积（V），楼梯间及外廊不采暖时按 $V=0.60V_0$；楼梯间及外廊采暖时，按 $V=0.65V_0$ 计算。

5. 凹凸墙面的朝向归属

(1) 当某朝向有外凸部分时，应符合下列规定：

1) 当凸出部分的长度（垂直于该朝向的尺寸）小于或等于 1.5m 时，该凸出部分的全部外墙面积应计入该朝向的外墙总面积；

2) 当凸出部分的长度大于 1.5m 时，该凸出部分应按各自实际朝向计入各自朝向的外墙总面积。

(2) 当某朝向有内凹部分时，应符合下列规定：

1) 当凹入部分的宽度（平行于该朝向的尺寸）小于 5m，且凹入部分的长度小于或等于凹入部分的宽度时，该凹入部分的全部外墙面积应计入该朝向的外墙总面积；

2) 当凹入部分的宽度（平行于该朝向的尺寸）小于 5m，凹入部分的长度大于凹入部分的宽度时，该凹入部分的两个侧向外墙面积应计入北向的外墙总面积，该凹入部分的正面外墙面积应计入该朝向的外墙总面积；

3) 当凹入部分的宽度大于或等于 5m 时，该凹入部分应按各自实际朝向计入各自朝向的外墙总面积。

6. 内天井墙面的朝向归属应符合下列规定：

(1) 当内天井的高度大于或等于内天井最宽边长的 2 倍时，内天井的全部外墙面积应计入北向的外墙总面积；

(2) 当内天井的高度小于内天井最宽边长的 2 倍时，内天井的外墙应按各实际朝向计入各自朝向的外墙总面积。

29.3.1.5　综合遮阳系数

综合遮阳系数（SC），按式（29-24）计算：

$$SC = SC_C \times SD = SC_B \times (1 - F_K/F_C) \times SD \quad (29\text{-}24)$$

式中　SC——综合遮阳系数；

SC_C——窗本身的遮阳系数；

SC_B——玻璃的遮阳系数；

F_K——窗框的面积（m^2）；

F_C——窗的面积（m^2）（F_K/F_C 为窗框面积比，PVC 塑钢窗或木窗可取 0.30，铝合金窗取 0.20）；

SD——建筑外遮阳系数。

29.3.1.6　室内外计算温度条件下热桥部位内表面温度

室内外计算温度条件下热桥部位内表面温度，按式（29-25）计算：

$$\theta_1 = t_{di} - [(t_{rm} - \theta_{lm})/(t_{rm} - t_{em})] \cdot (t_{di} - t_{de}) \quad (29\text{-}25)$$

式中　θ_1——室内外计算温度条件下热桥部位内表面温度（℃）；

θ_{lm}——检测持续时间内热桥部位内表面表面逐时值的算术平均值（℃）；

t_{rm}——受检房间的室内平均温度（℃）；

t_{em}——检测持续时间内室外空气温度逐时值的算术平均值（℃）；

t_{di}——冬季室内计算温度（℃），应根据具体设计图纸确定或按《民用建筑热工设计规范》（GB 50176）中的规定；

t_{de}——围护结构冬季室外计算温度（℃），应根据具体设计图纸确定或按《民用建筑热工设计规范》（GB 50176）中的规定。

29.3.1.7　换气次数

1. 50Pa、−50Pa 压差下房间的换气次数 N_{50}（h^{-1}），按式（29-26）计算：

$$N_{50} = L/V \quad (29\text{-}26)$$

式中　N_{50}^+、N_{50}^-——50Pa、−50Pa 压差下房间的换气次数（h^{-1}）；

L——空气流量的平均值（m^3/h）；

V——被测房间换气体积（m^3）。

2. 房间的换气次数 N（h^{-1}）（换算系数为 17），按式（29-27）计算：

$$N = (N_{50}^+ + N_{50}^-)/2 \times 17 \quad (29\text{-}27)$$

29.3.2　采暖、空调及照明与配电系统性能计算方法

29.3.2.1　采暖系统

1. 室外管网水力平衡度（HB_j），按式（29-28）计算：

$$HB_j = G_{wm,j}/G_{wd,j} \quad (29\text{-}28)$$

式中　HB_j——第 j 个热力入口的水力平衡度；

$G_{wm,j}$——第 j 个热力入口循环水量检测值（m^3/s）；

$G_{wd,j}$——第 j 个热力入口的设计循环水量（m^3/s）。

2. 供热系统补水率（R_{mu}），按式（29-29）～式（29-31）计算：

$$R_{mp} = (g_a/g_d) \times 100\% \quad (29\text{-}29)$$
$$g_d = 0.861 \times g_p/(t_s - t_r) \quad (29\text{-}30)$$
$$g_a = G_a/A_0 \quad (29\text{-}31)$$

式中　R_{mp}——采暖系统补水率；

g_a——采暖系统单位设计循环水量 [kg/（$m^2 \cdot h$）]；

g_d——检测持续时间内采暖系统单位补水量 [kg/（$m^2 \cdot h$）]；

G_a——检测持续时间内采暖系统平均单位时间内补水量（kg/h）；

A_0——居住小区内所有采暖建筑物的总建筑面积（m^2）；

g_p——供热设计热负荷指标（W/m^2）；

t_s、t_r——采暖热源设计供水、回水温度（℃）。

3. 室外管网热损失率（α_{ht}），按式（29-32）计算：

$$\alpha_{ht} = (1 - \Sigma Q_{a,j}/Q_{a,t}) \quad (29\text{-}32)$$

式中　α_{ht}——采暖系统室外管网热损失率；

$Q_{a,j}$——检测持续时间内第 j 个热力入口处的供热量（MJ）；

$Q_{a,t}$——检测持续时间内热源的输出热量（MJ）。

4. 采暖系统耗电输热比

采暖系统循环水泵耗电输热比（EHR），按式（29-33）计算：

$$HER = N/Q\eta \leqslant A \times (20.4 + \alpha \Sigma L)/\Delta t \quad (29\text{-}33)$$

式中　N——水泵在设计工况点的轴功率（kW）；

Q——建筑供热负荷（kW）；

η——电机和传动部分的效率（%），见表 29-34；

Δt——设计供回水温度差（℃），按设计要求选取；

A——计算系数，见表 29-34；

ΣL——室外管网主干线（包括供回水管）的总长度（m）；

α——系数，其取值：当 $\Sigma L \leqslant 400m$ 时，$\alpha = 0.0115$；当 $400m \leqslant \Sigma L < 1000m$ 时，$\alpha = 0.003833 + 3.067/\Sigma L$；当 $\Sigma L \geqslant 1000m$ 时，$\alpha = 0.0069$。

电机和传动部分的效率及循环水泵的耗电输热比计算系数

表 29-34

热负荷 Q（kW）		<2000	$\geqslant 2000$
电机和传动部分的效率 η	直联方式	0.87	0.89
	联轴器连接方式	0.85	0.87
计算系数 A		0.0062	0.0054

5. 锅炉运行效率

采暖锅炉日平均运行效率，按式（29-34）计算：

$$\eta_{2,a} = (Q_{a,t}/Q_i) \times 100\% \quad (29\text{-}34)$$
$$Q_i = G_c \cdot Q_c^y \cdot 10^{-3} \quad (29\text{-}35)$$

式中　$\eta_{2,a}$——检测持续时间内采暖锅炉日平均运行效率；

$Q_{a,t}$——检测持续时间内采暖锅炉的输出热量（MJ）；

Q_i——检测持续时间内采暖锅炉的输入热量（MJ）；

G_c——检测持续时间内采暖锅炉的燃料用量（kg）或（Nm^3）；

Q_c^y——检测持续时间内燃料的平均低位发热量（kJ/kg）或（kJ/Nm^3）。

29.3.2.2　空调系统

1. 单位建筑面积采暖空调能耗，按式（29-36）计算：

$$E_0 = \Sigma E_i/A \quad (29\text{-}36)$$

式中　E_0——单位建筑面积采暖、空调能耗；

E_i——各个系统一年的采暖、空调能耗；

A——建筑面积（m^2），不包括没有设置采暖空调的地下车

库面积。

2. 年冷源系统能效系数（EER_{-SL}），按式（29-37）计算：

$$EER_{-SL} = Q_{SL}/\Sigma N_{si} \qquad (29-37)$$

式中　EER_{-SL}——年冷源系统能效系数；

Q_{SL}——冷源系统供冷季的总供冷量（kW·h）；

N_{si}——冷源系统供冷季各设备所消耗的电量（kW·h）。

3. 风机单位风量耗功率（W_s），按式（29-38）计算：

$$W_s = N/L \qquad (29-38)$$

式中　W_s——单位风量耗功率 [W/（m³/h）]；

N——风机的输入功率（W）；

L——风机的实际风量（m³/h）。

4. 定风量系统平衡度（FHB_j），按式（29-39）计算：

$$FHB_j = G_{a,j}/G_{d,j} \qquad (29-39)$$

式中　FHB_j——第 j 个支路的风系统平衡度；

$G_{a,j}$——第 j 个支路的实际风量（m³/h）；

$G_{d,j}$——第 j 个支路的设计风量（m³/h）。

5. 输送能效比（ER）

在公共建筑中，选用空气调节冷热水系统的输送能效比（ER），按式（29-40）计算：

$$ER = 0.002342H/(\Delta T \cdot \eta) \qquad (29-40)$$

式中　H——水泵设计扬程（m）；

ΔT——供回水温差（℃）；

η——水泵在设计工作点的效率（%）。

6. 冷源系统能效系数（EER）

（1）冷源系统供冷量（Q_0），按式（29-41）计算：

$$Q_0 = V\rho c\Delta t/3600 \qquad (29-41)$$

式中　Q_0——冷源系统供冷量（kW）；

V——冷水平均流量（m³/h）；

ρ——冷水平均进、出口温差（℃）；

c——冷水平均密度（kg/m³）；

Δt——冷水平均定压比热 [kJ/（kg·℃）]。

ρ、c 根据介质进出口平均温度由物性参数表查取。

（2）冷源系统能效系数（EER），按式（29-42）计算：

$$EER = Q_0/\Sigma N_i \qquad (29-42)$$

式中　EER——冷源系统能效系数（kW/kW）；

ΣN_i——冷源系统各用电设备的平均输入功率之和（kW）。

7. 制冷性能系数（COP）

（1）冷水（热泵）机组的供冷（热）量（Q_0），按式（29-43）计算：

$$Q_0 = V\rho c\Delta t/3600 \qquad (29-43)$$

式中　Q_0——冷水（热泵）机组的供冷（热）量（kW）；

V——冷水平均流量（m³/h）；

ρ——冷水平均进、出口温差（℃）；

c——冷水平均密度（kg/m³）；

Δt——冷水平均定压比热 [kJ/（kg·℃）]。

ρ、c 根据介质进出口平均温度由物性参数表查取。

（2）电驱动压缩机的蒸汽压缩循环冷水（热泵）机组的实际性能系数（COP_d），按式（29-44）计算：

$$COP_d = Q_0/N \qquad (29-44)$$

式中　COP_d——电驱动压缩机的蒸汽压缩循环冷水（热泵）机组的实际性能系数；

N——实测工况下机组平均输入功率（kW）。

（3）溴化锂吸收式冷水机组的实际性能系数（COP_x），按式（29-45）计算：

$$COP_x = Q_0/[(Wq/3600)+p] \qquad (29-45)$$

式中　COP_x——溴化锂吸收式冷水机组的实际性能系数；

W——实测工况下机组平均燃气消耗量（m³/h），或燃油消耗量（kg/h）；

q——燃料发热量（kJ/m³ 或 kJ/kg）；

p——实测工况下机组平均电力消耗量（折算成一次能，kW）。

8. 空调实际耗电量计算

空调实际耗电量计算，因为空调制冷有开有停，间隙工作，空调的工作时间又因房间面积、设置温度和室内温度的不同而有长有短，因此，需要实测空调的累计工作时间才能算出空调的实际耗电量，按式（29-46）计算：

空调日耗电量（kWh）＝制冷功率（W）×日累计工作小时（h）/1000
　　　　　　　　　　　　　　　　　　　　　　　　　　（29-46）

1 匹的制冷量大约为 2000kcal/h，换算为国际单位 1kcal/h=1.163W，1 匹空调的制冷量为 2000×1.163=2326W。如果，空调日累计 4 小时工作，1 匹空调日耗电量＝2326×4/1000＝9.30（kWh）。

9. 空调系统的水力计算

系统正常运行过程中，实测主机房总冷却水管的冷热水、冷却水总流量（简称水总流量）与设计值之比，按式（29-47）计算：

空调系统的水力＝[（设计水总流量值－实测水总流量）/设计水总流量值] ×100%　（29-47）

29.3.2.3　照明与配电系统

1. 照明系统节能率 η（%），按式（29-48）计算：

$$\eta = 1 - [(E_z' + A)/E_z] \times 100\% \qquad (29-48)$$

式中　E_z、E_z'——改造前后照明耗量（kW·h）；

A——调整量（kW·h）。

2. 照明功率密度值 ρ（kW/m²），按式（29-49）计算：

$$\rho = P/S \qquad (29-49)$$

式中　P——实测照明功率（kW）；

S——被测区域面积（m²）。

29.3.3　建筑材料热工计算参数

29.3.3.1　常用建筑材料热工计算参数

1. 建筑材料热物理性能计算参数（表 29-35）

建筑材料热物理性能计算参数　　　表 29-35

序号	材料名称		干密度 ρ (kg/m³)	计算参数			
				导热系数 λ [W/(m·K)]	蓄热系数 S（周期24h）[W/(m²·K)]	比热容 C [kJ/(kg·K)]	蒸汽渗透系数 μ [g/(m·h·Pa)]
1	普通混凝土	钢筋混凝土	2500	1.74	17.20	0.92	0.0000158
		碎石、卵石混凝土	2300	1.51	15.36	0.92	0.0000173
			2100			0.92	0.0000173
2	轻骨料混凝土	膨胀矿渣珠混凝土	2000	0.77	10.49	0.96	
			1800	0.63	9.05		
			1600	0.53	7.87		
		自然煤矸石、炉渣混凝土	1700	1.00	11.68	1.05	0.0000548
			1500	0.76	9.54		0.0000900
			1300	0.56	7.63		0.0001050
		粉煤灰	1700	0.95	11.40	1.05	0.0000188
			1500	0.70	9.16		0.0000975
			1300	0.57	7.78		0.0001050
			1100	0.44	6.30		0.0001350
			1600	0.84	10.36		0.0000315
			1400	0.70	8.93		0.0000390
			1200	0.53	7.25		0.0000405
			1300	0.52	7.25		0.0000855
		黏土陶粒混凝土	1500	0.77	9.65	1.05	0.0000315
			1300	0.63	8.16		0.0000390
			1100	0.50	6.70		0.0000435
			1700	0.57	6.30		0.0000395
			1500	0.67	9.09		
			1300	0.53	7.54		0.0000188
			1100	0.42	6.13		0.0000353
3	轻混凝土	加气混凝土、泡沫混凝土	700	0.22	3.59	1.05	0.0000998
			500	0.19	2.81	1.05	0.0001110
4	砂浆	水泥砂浆	1800	0.93	11.37	1.05	0.0000210
		石灰水泥砂浆	1700	0.87	10.75	1.05	0.0000975
		石灰砂浆	1600	0.81	10.07	1.05	0.0000443
		石灰石膏砂浆	1500	0.76	9.44	1.05	
		保温砂浆	800	0.29	4.44	1.05	

续表

序号	材料名称	干密度ρ (kg/m³)	导热系数λ [W/(m·K)]	蓄热系数S(周期24h) [W/(m²·K)]	比热容C [kJ/(kg·K)]	蒸汽渗透系数μ [g/(m·h·Pa)]
5	重砂浆砌筑黏土砖砌体	1800	0.81	10.63		0.0001050
	轻砂浆砌筑黏土砖砌体	1700	0.76	9.96		0.0001200
	灰砂砖砌体	1900	1.10	12.72	1.05	0.0001050
砌体	硅酸盐砌体	1800	0.87	11.11		0.0001050
	炉渣砖砌体	1700	0.81	10.43		0.0001050
	重砂浆砌筑26、33及36孔黏土空心砖砌体	1400	0.58	7.92		0.0000158
6	矿棉、岩棉、玻璃棉板	80以下	0.050	0.59	1.22	—
		80~200	0.045	0.75	1.22	0.0004880
	矿棉、岩棉、玻璃棉毡	70以下	0.050	0.58	1.34	—
纤维绝热材料		70~200	0.045	0.77	1.34	0.0004880
	矿棉、岩棉、玻璃棉松散材料	70以下	0.050	0.46	0.84	—
		80~120	0.045	0.51	0.84	0.0004880
	麻刀	150	0.070	1.34	2.10	
7	水泥膨胀珍珠岩	800	0.26	4.37	1.17	0.0000420
		600	0.21	3.44	1.17	0.0000900
膨胀珍珠岩、蛭石制品		400	0.16	2.49	1.17	0.0001910
	沥青、乳化沥青膨胀珍珠岩	400	0.12	2.28	1.55	0.0000293
		300	0.093	1.77	1.55	0.0000675
	水泥膨胀蛭石	350	0.14	1.99	1.05	—
8	聚乙烯泡沫塑料	100	0.047	0.70	1.38	
	聚苯乙烯泡沫塑料	30	0.042	0.36	1.38	0.0000162
	聚氨酯硬泡沫塑料	30	0.033	0.36	1.38	0.0000234
	聚氯乙烯硬泡沫塑料	130	0.048	0.79	1.38	
泡沫材料、多孔聚合物	钙塑	120	0.049	0.83	1.59	
	泡沫玻璃	140	0.058	0.70	0.84	0.000225
	泡沫石灰	300	0.116	1.70	1.05	
	炭化泡沫石灰	400	0.14	2.33	1.05	
	泡沫石膏	500	0.19	2.78	1.05	0.0000375
9	橡木、枫树(热流方向垂直木纹)	700	0.17	4.90		0.0000562
	橡木、枫树(热流方向顺木纹)	700	0.35	6.93		0.0003000
木材	松木、云杉(热流方向垂直木纹)	500	0.14	3.85	2.51	0.0000345
	松木、云杉(热流方向顺木纹)	500	0.29	25.55		0.0001680

续表

序号	材料名称	干密度ρ (kg/m³)	导热系数λ [W/(m·K)]	蓄热系数S(周期24h) [W/(m²·K)]	比热容C [kJ/(kg·K)]	蒸汽渗透系数μ [g/(m·h·Pa)]
10	胶合板	600	0.17	4.57	2.51	0.0000225
	软木板	300	0.093	1.95	1.89	0.0000255
		150	0.058	1.09	1.89	0.0000285
	纤维板	1000	0.34	8.13	2.51	0.0001200
		600	0.23	5.28	2.51	0.0001130
建筑板材	石棉	1800	0.52	8.52	1.05	0.0000135
	石棉水泥隔热板	500	0.16	2.58	1.05	0.0003900
	石膏板	1050	0.33	5.28	1.05	0.0000790
	水泥刨花板	1000	0.34	7.27	2.01	0.0000240
		700	0.19	4.56	2.01	0.0001050
	稻草板	300	0.13	2.33	1.68	0.0003000
	木屑板	200	0.065	1.54	2.10	0.0002630
11	锅炉渣	1000	0.29	4.40	0.92	0.0001930
	粉煤灰	1000	0.23	3.93	0.92	
	高炉炉渣	900	0.26	3.92	0.92	0.0002030
	乳石、凝灰岩	600	0.28	3.05	0.92	0.0002630
无机松散材料	膨胀蛭石	300	0.14	1.79	1.05	
		200	0.10	1.24	1.05	
	硅藻土	200	0.076	1.00	0.92	
	膨胀珍珠岩	120	0.07	0.84	1.17	
		80	0.058	0.63	1.17	
12	木屑	250	0.093	1.84	2.01	0.0002630
有机松散材料	稻壳	120	0.06	1.02	2.01	
	干草	100	0.047	0.83	2.01	
13	夯实黏土	2000	1.16	12.99		
		1800	0.93	11.03		
	加草黏土	1600	0.76	9.37	1.01	
土壤		1400	0.58	7.69		
	轻质黏土	1200	0.47	6.36		
	建筑用砂	1600	0.58	8.26		
14	花岗岩、玄武岩	2800	3.49	25.49		0.0000113
	大理石	2800	2.91	23.27		0.0000113
石材	砾石、石灰石	2400	2.04	18.03	0.92	0.0000375
	石灰石	2000	1.16	12.56		0.0000600
15	沥青油毡、油毡纸	600	0.17	3.33	1.47	
防水材料	混凝土	2100	1.05	16.39	1.68	0.0000075
	石油沥青	1400	0.27	6.72	1.68	
		1050	0.17	4.71	1.68	0.0000075
16	平板玻璃	2500	0.76	10.69	0.84	
玻璃	玻璃钢	1800	0.52	9.25	1.26	
17	紫铜	8500	407	324	0.42	
	青铜	8000	64.0	118	0.38	
金属	建筑钢材	7850	58.2	126	0.48	
	铝	2700	203	191	0.92	
	铸铁	7250	49.9	112	0.48	

注：摘自《民用建筑热工设计规范》(GB 50176)。

2. 建筑门窗、玻璃幕墙用材料热工计算参数（表 29-36）

建筑门窗、玻璃幕墙用材料热工计算参数

表 29-36

用途	材料	密度 (kg/m³)	导热系数 λ [W/(m·K)]	表面发射率	
框	铝	2700	237.0	涂漆	0.90
				阳极氧化	0.20~0.80
	铝合金	2800	160.0	涂漆	0.90
				阳极氧化	0.20~0.80
	铁	7800	50.0	镀锌	0.20
				氧化	0.80
	不锈钢	7900	17.0	浅黄	0.20
				氧化	0.80
	建筑钢材	7850	58.2	镀锌	0.20
				氧化	0.80
				涂漆	0.90
	PVC	1390	0.17	0.90	
	硬木	700	0.18	0.90	
	软木(用于建筑构件中)	500	0.13	0.90	
	玻璃钢(UP 树脂)	1900	0.40	0.90	
透明材料	建筑玻璃			玻璃面	0.84
				镀膜面	0.03~0.80
	丙烯酸树脂玻璃	1050	0.20	0.90	
	PMMA(有机玻璃)	1180	0.18	0.90	
	聚碳酸酯	1200	0.20	0.90	
隔热材料	聚酰胺(尼龙)	1150	0.25	0.90	
	尼龙 66+25%玻璃纤维	1450	0.30		
	高密度聚乙烯 HD	980	0.52		
	低密度聚乙烯 LD	920	0.33		
	固体聚丙烯	910	0.22		
	聚丙烯+25%玻璃纤维	1200	0.20		
	PU(聚氨酯树脂)	1200	0.25		
	刚性 PVC	1390	0.17		
防水密封条	氯丁橡胶(PCP)	1240	0.23	0.90	
	EPDM(三元乙丙)	1150	0.25		
	纯硅胶	1200	0.35		
	柔性 PVC	1200	0.14		
	柔酯马海毛	—	0.14		
	柔性人造橡胶泡沫	60~80	0.05		
密封剂	PU(硬质聚氨酯)	1200	0.25	0.90	
	固体/热熔异丁烯	1200	0.24		
	聚硫胶	1700	0.40		
	纯硅胶	1200	0.35		
	聚异丁烯	930	0.20		
	聚酯树脂	1400	0.19		
	硅胶(干燥剂)	720	0.13		
	分子筛	650~750	0.10		
	低密度硅胶泡沫	750	0.12		
	中密度硅胶泡沫	820	0.17		

注：摘自《建筑门窗玻璃幕墙热工计算规程》(JGJ/T 151)。

3. 导热系数的修正系数 a 值（表 29-37）

导热系数 λ 及蓄热系数 S 的修正系数 a 值

表 29-37

序号	材料、构造、施工、地区及使用情况	a 值
1	作为夹芯层浇筑在混凝土墙体及屋面构件中的块状保温材料(如加气混凝土、泡沫混凝土及水泥膨胀珍珠岩等)，因干燥缓慢及灰缝的影响	1.60
2	铺设在密闭屋面中的多孔保温材料(加气混凝土、泡沫混凝土、水泥膨胀珍珠岩及石灰炉渣等)，因干燥缓慢	1.50
3	铺设在密闭屋面中用作为夹芯层浇筑在混凝土构件中的半硬质矿棉、岩棉、玻璃棉板等，因压缩及吸湿	1.20
4	作为夹芯层浇筑在混凝土构件中的泡沫塑料等，因压缩	1.20
5	开孔型保温材料(水泥刨花板、木丝板、稻草板等)，表面抹灰或与混凝土浇筑在一起，因灰浆渗入	1.30
6	加气混凝土、泡沫混凝土砌块墙体及加气混凝土条板墙体、屋面，因灰缝的影响	1.25
7	填充在空心墙体及屋面构件中的松散保温材料(如稻壳、木屑、矿棉、岩棉等)，因下沉	1.20
8	矿渣混凝土、炉渣混凝土、浮石混凝土、粉煤灰陶粒混凝土、加气混凝土等实心墙体及屋面构件，在严寒地区，且室内平均相对湿度超过 65%的采暖房间内使用，因干燥缓慢	1.15

注：摘自《民用建筑热工设计规范》(GB 50176)。

4. 常用建筑材料的导热系数

(1) 金属的导热系数（表 29-38）

金属的导热系数

表 29-38

材料	钻石	银	铜	金	锡	铅
λ [W/(m·K)]	2300	429	401	317	67	34.8
密度 (g/cm³)	3.52		8.93	19.32		
折射率	2.417					

(2) 窗体材料的导热系数

1) 窗框材料的导热系数（表 29-39）

窗框材料的导热系数

表 29-39

窗框材料	不锈钢	铝合金	PVC	软木	松木	UP 玻璃钢	铁
密度 (kg/m³)	7900	2800	1390	500	700	1900	7800
λ [W/(m·K)]	17	160	0.17	0.13	0.18	0.4	50

2) 玻璃材料的导热系数（表 29-40）

玻璃材料的导热系数

表 29-40

材料	普通玻璃	石英玻璃	燧石玻璃	重燧石玻璃	精制玻璃	有机玻璃	聚碳酸酯
温度 ℃	20	4	32	12.5	12		
λ [W/(m·K)]	1.0	1.46	0.795	0.78	0.9	0.18	0.2

3) 阻断热桥用材料的导热系数（表 29-41）

阻断热桥用材料的导热系数

表 29-41

阻断材料	聚酰胺树脂	高密度聚乙烯	低密度聚乙烯	聚丙烯	25%玻纤聚丙烯	聚氨酯	刚性 PVC
密度 (kg/m³)	1150	980	920	910	1200	1200	1390
λ [W/(m·K)]	0.25	0.5	0.33	0.22	0.25	0.25	0.17

4) 密封材料的导热系数（表 29-42）

密封材料的导热系数

表 29-42

密封材料	氯丁橡胶	三元乙丙	硅胶	柔性PVC	柔性橡胶泡沫	固体热熔异丁烯	聚硫	聚异丁烯	聚酯	硅胶泡沫
密度 (kg/m³)	1240	1150	1200	1200	60~80	1200	1700	930	1400	750
λ [W/(m·K)]	0.23	0.25	0.35	0.14	0.05	0.24	0.4	0.2	0.19	0.12

5. 围护结构传热系数举例
(1) 几种窗的线传热系数（表 29-43）

几种窗的线传热系数 ψ [W/ (m² · K)]　表 29-43

窗框材料	双层或三层未镀膜中空玻璃 ψ [W/ (m² · K)]	双层 Low-E 镀膜或三层（其中两片 Low-E 镀膜）中空玻璃 ψ [W/ (m² · K)]
木窗框和塑料窗框	0.04	0.06
带热断桥的金属窗框	0.06	0.08
没有热断桥的金属窗框	0	0.02

注：表 29-43 摘自《建筑门窗玻璃幕墙热工计算规程》(JGJ/T 151)。

(2) 几种保温外墙的传热系数（表 29-44）

几种保温外墙的传热系数　表 29-44

序号	外墙名称	保温层厚度 (mm)	热惰性指标 D	传热阻 R_0 [(m² · K)/W]	传热系数 K_P [W/ (m² · K)]
1	180mm 现浇混凝土＋模塑聚苯板	70	2.38	1.65	0.60
		100	2.64	2.25	0.44
2	240mm KP1 多孔砖＋模塑聚苯板	60	3.80	1.76	0.57
		100	4.14	2.56	0.39
3	190mm 混凝土空心砌块＋模塑聚苯板	70	1.98	1.71	0.58
		110	2.33	2.51	0.40
4	180mm 现浇混凝土＋单层钢丝网架聚苯板	90	2.55	1.68	0.59
		110	2.72	2.00	0.50
5	180mm 现浇混凝土＋（无网）聚苯板	75	2.43	1.67	0.60
		95	2.59	2.05	0.49
6	180mm 现浇混凝土＋面砖聚氨酯复合板	40	2.35	1.68	0.59
		70	2.77	2.75	0.36
7	240mm KP1 多孔砖＋面砖聚氨酯复合板	35	3.77	1.81	0.55
		70	4.27	3.06	0.33
8	190mm 混凝土空心砌块＋装饰面砖聚氨酯复合板	40	1.94	1.74	0.58
		70	2.37	2.81	0.36
9	加气混凝土砌块 $\lambda_c = 0.2$ (W/m · K) 计	300	5.62	1.68	0.59
		450	8.24	2.43	0.41
10	240mm 砖墙＋胶粉聚苯颗粒外保温	50	4.32	1.23	0.81
		60	4.50	1.39	0.72
11	240mm 黏土多孔砖墙，胶粉聚苯颗粒外保温	50	4.41	1.35	0.74
		60	4.59	1.49	0.67
12	200mm 混凝土墙，胶粉聚苯颗粒外保温	50	2.82	1.03	0.97
		60	3.00	1.18	0.85
13	190mm 混凝土空心砌块墙，胶粉聚苯颗粒外保温	50	2.27	1.14	0.88
		60	2.45	1.30	0.77

6. 内表面换热系数和换热阻（表 29-45）

内表面换热系数 α_i 和换热阻 R_i　表 29-45

选用季节	表面特性	α_i [W/(m²·K)]	R_i [(m²·K)/W]
冬季和夏季	墙面、地面、表面平整或有肋状突出物的顶棚，当 $h/s \leqslant 0.3$ 时	8.7	0.11
	有肋状突出物的顶棚，当 $h/s > 0.3$ 时	7.6	0.13

7. 外表面换热系数和换热阻（表 29-46）

外表面换热系数 α_e 和换热阻 R_e　表 29-46

选用季节	表面特性	α_e [W/(m² · K)]	R_e [(m² · K)/W]
冬季	外墙、屋顶、与室外空气直接接触的表面	23.0	0.04
	与室外空气相通的不采暖地下室上面楼板	17.0	0.06
	闷顶、外墙上有窗的不采暖地下室上面楼板	12.0	0.08
	外墙上无窗的不采暖地下室上面楼板	6.0	0.17
夏季	外墙、屋顶	19.0	0.05

注：表 29-45 和表 29-46 摘自《民用建筑热工设计规范》(GB 50176)

29.3.3.2　建筑材料光学、热工参数

1. 典型玻璃系统的光学热工参数，在没有精确计算的情况下，表 29-47 中数值作为玻璃系统光学热工参数的近似值。

典型玻璃系统的光学热工参数　表 29-47

玻璃品种		可见光透射比 τ_v	太阳光总透射比 g_g	遮阳系数 SC	传热系数 K_g [W/(m² · K)]
透明玻璃	3mm 透明玻璃	0.83	0.87	1.00	5.8
	6mm 透明玻璃	0.77	0.82	0.93	5.7
	12mm 透明玻璃	0.65	0.74	0.84	5.5
吸热玻璃	5mm 绿色吸热玻璃	0.77	0.64	0.76	5.7
	6mm 蓝色吸热玻璃	0.54	0.62	0.72	5.7
	5mm 茶色吸热玻璃	0.50	0.62	0.72	5.7
	5mm 灰色吸热玻璃	0.42	0.60	0.69	5.7
玻璃	6mm 高透光热反射玻璃	0.56	0.56	0.64	5.7
	6mm 中等透光热反射玻璃	0.40	0.43	0.49	5.4
	6mm 低透光热反射玻璃	0.15	0.26	0.30	4.6
	6mm 特低透光热反射玻璃	0.11	0.25	0.29	4.6
单片 Low-E	6mm 高透光 Low-E 玻璃	0.61	0.51	0.58	3.6
	6mm 中等透光 Low-E 玻璃	0.55	0.44	0.51	3.5
中空玻璃	6 透明＋12 空气＋6 透明	0.71	0.75	0.86	2.8
	6 绿色吸热＋12 空气＋6 透明	0.66	0.47	0.54	2.8
	6 灰色吸热＋12 空气＋6 透明	0.38	0.45	0.51	2.8
	6 中透光热反射＋12 空气＋6 透明	0.28	0.29	0.34	2.4
	6 低透光热反射＋12 空气＋6 透明	0.16	0.16	0.18	2.3
	6 高透光 Low-E＋12 空气＋6 透明	0.72	0.47	0.62	1.9
	6 中透光 Low-E＋12 空气＋6 透明	0.62	0.37	0.50	1.8
	6 较低透光 Low-E＋12 空气＋6 透明	0.48	0.28	0.38	1.8
	6 低透光 Low-E＋12 空气＋6 透明	0.35	0.20	0.30	1.8
	6 高透光 Low-E＋12 氩气＋6 透明	0.72	0.47	0.62	1.5
	6 中透光 Low-E＋12 氩气＋6 透明	0.62	0.37	0.50	1.4

注：摘自《建筑门窗玻璃幕墙热工计算规程》(JGJ/T 151)。

2. 常用遮阳设施的太阳辐射热透过率（表 29-48）

常用遮阳设施的太阳辐射热透过率（%）表 29-48

外窗类型	窗帘内遮阳		活动外遮阳	
	浅色较紧密织物	浅色紧密织物	铝制百叶卷帘（浅色）	金属或木制百叶卷帘（浅色）
单层普通玻璃窗 3～6mm 厚玻璃	45	35	9	12
单框双层普通玻璃窗 (3+3) mm 厚玻璃	42	35	11	13
(6+6) mm 厚玻璃	42	35	13	15

3. 遮阳板的透射比（η^*）（表 29-49）

遮阳板的透射比　　表 29-49

遮阳用材料	规　格	η^*
织物面料	浅色	0.40
玻璃钢类板	浅色	0.43
玻璃、有机玻璃类板	深色：$0 < SC_g \le 0.6$	0.60
	浅色：$0.6 < SC_g \le 0.8$	0.80
金属穿孔板	开孔率：$0 < \phi \le 0.2$	0.10
	$0.2 < \phi \le 0.4$	0.40
	$0.4 < \phi \le 0.6$	0.60
	$0.6 < \phi \le 0.8$	0.70
铝合金百叶板	—	0.20
木质百叶板	—	0.25
混凝土花格	—	0.50
木质花格	—	0.45

29.4　墙体节能工程

29.4.1　一　般　规　定

29.4.1.1　保温隔热墙体的热工性能

1. 采用的板材、浆料、块材等保温隔热材料或构件，其规格、性能必须符合节能设计要求及相关标准的规定。

2. 构造合理，特殊部位的措施到位：

（1）外墙热桥部位应按设计要求采取隔断热桥和保温措施；

（2）窗口外侧四周墙面应按设计要求进行保温处理；

（3）机械固定系统的金属锚固件、网片和承托架等，应满足防锈要求；

（4）外墙采用内保温构造时，应按设计要求采取可靠的防潮、防结露措施，热桥部位宜有保温或"断桥"措施。

3. 设计变更不得降低保温隔热墙体的热工性能。

29.4.1.2　墙体节能工程施工

1. 主体结构完成后进行施工的墙体节能工程，应在基层质量验收合格后施工。

2. 保温工程：

（1）保温材料在运输、储存和施工过程中应采取防潮、防水、防火等保护措施；

（2）保温层（板）与基层及各类构造层之间的粘结或连接必须牢固安全，粘结强度和连接方式应符合设计要求；

（3）外墙与屋面的热桥部位和变形缝等均应进行保温处理，并应保证热桥部位和变形缝两侧墙的内表面温度不低于室内空气设计温、湿度条件下的露点温度，防止结露；

（4）地下室外墙应根据地下室不同用途，采取合理的保温措施。

3. 防护层施工必须按系统供应商的要求做好防裂处理，并符合系统性能要求。

4. 施工过程中应及时进行质量检查、隐蔽工程验收和检验批验收，施工完成后进行墙体分项工程验收。

29.4.1.3　隐蔽工程验收

应随施工进度及时验收，并做好下列内容的详细文字记录和必要的图像资料：

（1）保温层附着的基层及其表面处理；

（2）保温板粘结或固定；

（3）锚固件；

（4）增强网铺设；

（5）墙体热桥部位处理；

（6）预置保温板或保温墙板的板缝及构造节点；

（7）现场喷涂或浇注有机类保温材料的界面；

（8）被封闭的保温材料厚度；

（9）保温隔热砌块填充墙体。

29.4.2　外墙外保温系统施工方法

29.4.2.1　聚苯板薄抹灰外墙外保温系统

1. 基本构造与适用范围

（1）基本构造

聚苯板薄抹灰外墙外保温系统是以阻燃型聚苯乙烯泡沫塑料板为保温材料，用聚苯板胶粘剂（必要时加设机械锚固件）安装于外墙外表面，用耐碱玻璃纤维网格布或者镀锌钢丝网增强的聚合物砂浆作防护层，用涂料、饰面砂浆或饰面砖等进行表面装饰，具有保温功能和装饰效果的构造总称。聚苯乙烯泡沫塑料板保温板包括模塑聚苯板（EPS板）和挤塑聚苯板（XPS板）。聚苯板薄抹灰外墙外保温系统基本构造，见表 29-50。系统饰面层应优先采用涂料、饰面砂浆等轻质材料。

（2）适用范围

采取防火构造措施后，聚苯板薄抹灰外墙外保温系统适用于各类气候区域的，按设计需要保温、隔热的新建、扩建、改建的，高度在 100m 以下的住宅建筑和 24m 以下的非幕墙建筑。基层墙体可以是混凝土或砌体结构。

聚苯板薄抹灰外墙外保温系统基本构造　　表 29-50

基层墙体①	基本构造							构造示意图
	粘结层②	保温层③	抹面层				饰面层⑧	
			底层④	增强材料⑤	辅助联结件⑥	面层⑦		
现浇混凝土墙体各种砌体墙	聚苯板胶粘剂	聚苯乙烯泡沫塑料板	抹面砂浆	耐碱玻纤网或镀锌钢丝网	机械锚固件	抹面砂浆	涂料、饰面砂浆或饰面砖	

2. 系统性能

聚苯板薄抹灰外墙外保温系统性能指标，见表 29-51。

聚苯板薄抹灰外墙外保温系统性能指标　　表 29-51

项　目			指标	
			涂料饰面系统	饰面砖系统
系统热阻（m²·K/W）			复合墙体热阻符合设计要求	
外观质量			无可见裂缝、无粉化、空鼓、剥落现象	
耐候性	系统拉伸粘结强度（MPa）	EPS板	≥0.10	
		XPS板	≥0.20	
	面砖拉伸粘结强度（MPa）			切割至抹面砂浆表面 ≥0.40
抗冲击性	二层及以上		3J级	—
	首层		10J级	—
不透水性			试样防护层内侧无水渗透	
耐冻融	外观		表面无裂纹、空鼓、起泡、剥离现象	
	拉伸粘结强度（MPa）		≥0.10	≥0.40
水蒸气湿流密度（包括外饰面）[g/（m²·h）]			≥0.85	
24h吸水量（g/m²）			≤500	

3. 施工流程

施工准备→基层处理→测量、放线→挂基准线→配胶粘剂（XPS

板背面涂界面剂)→贴翻包网布→粘贴聚苯板（按设计要求安装锚固件，做装饰条）→打磨、修理、隐检→（XPS板面涂界面剂）抹聚合物砂浆底层→压入翻包网布和增强网布→贴压增强网布→抹聚合物砂浆面层→（伸缩缝）→修整、验收→外饰面→检测验收。

4. 施工要点

(1) 外保温工程应在外墙基层的质量检验合格后，方可施工。施工前，应装好门窗框及附框、阳台栏杆和预埋件等，并将墙上的施工孔洞堵塞密实。

(2) 聚苯板胶粘剂和抹面砂浆应按配合比要求严格计量，机械搅拌。超过可操作时间后严禁使用。

(3) 粘贴聚苯板时，基面平整度≤5mm时宜采用条粘法，>5mm时宜采用点框法；当设计饰面为涂料时，粘结面积率不小于40%；设计饰面为面砖时粘结面积率不小于50%；聚苯板应错缝粘贴，板缝拼严。对于XPS板宜采用配套界面剂涂刷后使用。

(4) 锚固件数量。当采用涂料饰面时，墙体高度在20～50m时，不宜少于4个/m²，50m以上时不宜少于6个/m²；当采用面砖饰面时不宜小于6个/m²。锚固件安装应在聚苯板粘贴24h后进行，涂料饰面外保温系统安装时锚固件盘片压住聚苯板，面砖饰面盘片压住抹面层的增强网。

(5) 增强网：涂料饰面时应采用耐碱玻纤网，面砖饰面时宜采用后热镀锌钢丝网；施工时增强网应绷紧绷平，搭接长度玻纤网不少于80mm，钢丝网不少于50mm且保证两个完整网格的搭接。

(6) 聚苯板安装完成后应尽快抹灰封闭，抹灰分底层砂浆和面层砂浆两次完成，中间包裹增强网，抹灰时切忌不停揉搓，以免形成空鼓；抹灰总厚度宜控制在表29-52范围内。

抹面砂浆厚度　表29-52

外饰面	涂料		面砖		
增强网	玻纤网		玻纤网		钢丝网
层数	单层	双层	单层	双层	单层
抹面砂浆总厚度 (mm)	3～5	5～7	4～6	6～8	8～12

(7) 各种缝、装饰线条及防火构造措施的具体做法参见相关标准。

(8) 外墙饰面宜选用涂装饰面。当采用面砖饰面时，其相关产品要求应符合《外墙饰面砖工程施工及验收规程》（JGJ 126）、《外墙外保温工程技术规程》（JGJ 144）和《膨胀聚苯板薄抹灰外墙外保温系统》（JG 149）等相关现行标准的规定。外饰面应在抹面层达到施工要求后方可进行施工。选择面砖饰面时应在样板件检测合格、抹面砂浆施工7d后，按《外墙饰面砖工程施工及验收规程》（JGJ 126）的要求进行。

29.4.2.2 聚苯板现浇混凝土外墙外保温系统

1. 基本构造与适用范围

(1) 基本构造

采用内表面带有齿槽的聚苯板作为现浇混凝土外墙的外保温材料，聚苯板内外表面喷涂界面剂，安装于墙体钢筋之外，用尼龙锚栓将聚苯板与墙体钢筋绑扎，安装内外大模板，浇筑混凝土墙体并拆模后，聚苯板与混凝土墙体联结成一体，在聚苯板表面薄抹抹面抗裂砂浆，同时铺设玻纤网格布，再做涂料饰面层。其基本构造见表29-53。

聚苯板现浇混凝土外墙外保温系统基本构造
表29-53

基层墙体 ①	系统的基本构造				构造示意图
	保温层②	联结件③	抹面层④	饰面层⑤	
现浇混凝土墙体或砌体墙	EPS板或XPS板	锚栓	抗裂砂浆薄抹面层	涂料	

(2) 适用范围

采取防火构造措施后，聚苯板现浇混凝土外墙外保温系统可适用于各类气候区域现浇混凝土结构的100m以下住宅建筑和24m以下非幕墙建筑涂料做法。

2. 系统性能

聚苯板现浇混凝土外墙外保温系统性能指标，见表29-54。

聚苯板现浇混凝土外墙外保温系统性能指标
表29-54

项　目		指　标
抗风压值（kPa）		≥1.5倍风荷载设计值
系统热阻（m²·K/W）		复合墙体热阻符合设计要求
耐候性	外观质量	无宽度大于0.1mm的裂缝，无粉化、空鼓、剥离现象
	系统拉伸粘结强度（MPa） EPS板	切割至聚苯板表面≥0.10
	XPS板	切割至聚苯板表面≥0.20
抗冲击强度（J）	标准做法	≥3.0且无宽度大于0.1mm的裂缝
	首层加强做法	≥10.0且无宽度大于0.1mm的裂缝
不透水性		试样防护层内侧无水渗透
耐冻融		表面无裂纹、空鼓、起泡、剥离现象
水蒸气湿流密度（包括外饰面）[g/（m²·h）]		≥0.85
24h吸水量（g/m²）		≤500
耐冻融（10次）		裂纹宽度≤0.1mm，无空鼓、剥落现象

3. 施工流程

聚苯板分块→聚苯板安装→模板安装→混凝土浇筑→模板拆除→涂刮抹面层浆→压入玻纤网布→饰面→检测验收。

4. 施工要点

(1) 垫块绑扎。外墙围护结构钢筋验收合格后，应绑扎按混凝土保护层厚度要求制作的水泥砂浆垫块，同时在外墙钢筋外侧绑扎砂浆垫块（不得采用塑料垫卡），每 m² 内不少于 3 块，用以保证保护层厚度并确保保护层厚度均匀一致。

(2) 聚苯板安装。当采用 XPS 保温板时，内外表面及钢丝网均应涂刷界面砂浆，采用 EPS 保温板时，外表面应涂刷界面砂浆。施工时先安装阴阳角保温构件，再安装角板之间的保温板。安装前先在保温板高低槽口均匀涂刷聚苯胶，将保温板竖缝两侧相互粘结在一起。在保温板上弹线标出锚栓的位置再安装尼龙锚栓，其锚入混凝土长度不得小于 50mm。

(3) 模板安装。宜采用钢质大模板，按保温板厚度确定模板配制尺寸、数量。安装外墙外侧模板前应在保温板外侧根部采取可靠的定位措施，模板连接必须严密、牢固，以防止出现错台和漏浆现象。不得在墙体钢筋底部布置定位筋。宜采用模板上部定位。

(4) 浇筑混凝土。混凝土浇筑前在保温板槽口处用金属"Ⅱ"形遮盖"帽"，将外模板和保温板扣上。现浇混凝土的坍落度应不小于 180mm，分层浇筑，每次浇筑高度不大于 500mm，捣实，注意门窗洞口两侧对称浇注。

(5) 模板拆除后穿墙套管的孔应以干硬性砂浆捻塞，保温板部位孔洞用保温浆料堵塞。聚苯板表面凹进或破损、偏差过大的部位，应用胶粉聚苯颗粒保温浆料填补找平。

(6) 抹面层。用聚合物水泥砂浆抹灰。标准层总厚度 3～5mm，首层加强层 5～7mm。玻纤网搭接长度不小于 80mm。首层与其他需加强部位应满足抗冲击要求，在标准外保温做法的基础上加铺一层玻纤网，并再抹一道抹面砂浆罩面，厚度 2mm 左右。

(7) 各种缝、装饰线条及防火构造措施的具体做法参见相关标准。

29.4.2.3 聚苯板钢丝网架现浇混凝土外墙外保温系统

1. 基本构造与适用范围

(1) 基本构造

聚苯板钢丝网架现浇混凝土外墙外保温系统是采用外表面有梯形凹槽和带斜插丝的单面钢丝网架聚苯板，在聚苯板内外表面及钢丝网架上喷涂界面剂，将带网架的聚苯板安装于墙体钢筋之外，在聚苯板上插入经防锈处理的 L 形 φ6 钢筋或尼龙锚栓，并与墙体钢筋绑扎，安装内外大模板，浇筑混凝土墙体并拆模后，有网聚苯板与混凝土墙体联结成一体，在有网聚苯板表面厚抹掺有抗裂剂的水泥

砂浆，再做饰面层。其基本构造，见表29-55。

聚苯板钢丝网架现浇混凝土外墙外保温系统基本构造

表29-55

基层墙体①	系统的基本构造					构造示意图
	保温层②	抹面层③	钢丝网④	饰面层⑤	联结件⑥	
现浇混凝土墙体	EPS单面钢丝网架	聚合物砂浆厚抹面层	钢丝网架	饰面砖或涂料	钢筋	

（2）适用范围

采取防火构造措施后，聚苯板钢丝网架现浇混凝土外墙外保温系统适用于各气候分区高度小于100以下的住宅建筑和24m以下的非幕墙建筑涂料或面砖做法。

2. 系统性能

聚苯板钢丝网架现浇混凝土外墙外保温系统性能指标，见表29-56。

聚苯板钢丝网架现浇混凝土外墙外保温系统性能指标

表29-56

项　　目			指　标	
			非饰面砖系统	饰面砖系统
抗风压值（kPa）			≥1.5倍风荷载设计值	
系统热阻（m² · k/W）			复合墙体热阻符合设计要求	
耐候性	外观质量		无宽度大于0.1mm的裂缝，无粉化、空鼓、剥落现象	
	系统拉伸粘结强度（MPa）	EPS板	切割至聚苯板表面≥0.10	
		XPS板	切割至聚苯板表面≥0.20	
	面砖拉伸粘结强度（MPa）		切割至抹面砂浆表面≥0.40	
抗冲击强度（J）	标准做法		≥3.0且无宽度大于0.1mm的裂缝	
	首层加强做法		≥10.0且无宽度大于0.1mm的裂缝	
不透水性			试样防护层内侧无水渗透	
耐冻融			表面无裂纹、空鼓、起泡、剥离现象	
水蒸气湿流密度（包括内饰面）[g/(m² · h)]			≥0.85	
24h吸水量（g/m²）			≤1000	
耐冻融（10次）			裂纹宽度≤0.1mm，无空鼓、剥落现象	面砖拉伸粘结强度切割至抹面砂浆表面≥0.40MPa

3. 施工流程

钢丝网架聚苯板分块→钢丝网架聚苯板安装→模板安装→混凝土浇筑→模板拆除→抹专用抗裂砂浆→外饰面。

4. 施工要点

（1）安装聚苯板。保温板内外表面及钢丝网均应涂刷界面浆料。施工时外墙钢筋外侧需绑扎水泥砂浆垫块（不得采用塑料垫卡），安装保温板就位后，应将塑料锚栓穿过保温板，锚入混凝土长度不得小于50mm，螺钉应拧入套管，保温板和钢丝网宜按楼层层高断开，中间放入泡沫塑料棒，外表用嵌缝膏嵌缝。板缝处钢丝网用火烧丝绑扎，间隔150mm。

（2）砂浆抹灰。拆除模板后，应用专用抗裂砂浆分层抹灰，在常温下待第一层抹灰初凝后方可进行上层抹灰，每层抹灰厚度不大于15mm。总厚度不宜大于25mm。

（3）采用涂料饰面时，应在抗裂砂浆外再抹5～6mm厚聚合物水泥砂浆防护层。

（4）各种缝、装饰线条及防火构造措施的具体做法参见相关标准。

29.4.2.4 胶粉聚苯颗粒保温复合型外墙外保温系统

1. 基本构造与适用范围

（1）基本构造

胶粉聚苯颗粒保温复合型外墙外保温系统是设置在外墙外侧，由胶粉聚苯颗粒保温浆料复合基层墙体或复合其他保温材料构成的具有保温隔热、防护和装饰作用的构造系统。其较典型的做法有胶粉聚苯颗粒外墙外保温系统（简称保温浆料系统）和胶粉聚苯颗粒贴砌聚苯板外墙外保温系统（简称贴砌聚苯板系统），其基本构造分别见表29-57和表29-58。

胶粉聚苯颗粒外墙外保温系统基本构造 表29-57

基层墙体	系统基本构造				构造示意图
	界面层①	保温层②	抗裂防护层③	饰面层④	
混凝土墙及各种砌体墙	界面砂浆	胶粉聚苯颗粒保温浆料	抗裂砂浆复合耐碱涂塑玻纤网或热镀锌钢丝网	涂料或面砖	

胶粉聚苯颗粒贴砌聚苯板外墙外保温系统基本构造

表29-58

基层墙体①	系统基本构造				构造示意图
	界面层②	保温层③	抗裂防护层④	饰面层⑤	
混凝土墙及各种砌体墙	界面砂浆	贴砌浆料＋梯形槽EPS板或双孔XPS板＋贴砌浆料（设计要求时）	抗裂砂浆复合耐碱涂塑玻纤网或热镀锌钢丝网	涂料或面砖	

（2）适用范围

采取防火构造措施后，胶粉聚苯颗粒复合型外墙外保温系统可适用于建筑高度在100m以下的的住宅建筑和50m以下的非幕墙建筑，基层墙体可以是混凝土或砌体结构。而单一胶粉聚苯颗粒外墙外保温系统不适用于严寒和寒冷地区。

2. 系统性能

（1）胶粉聚苯颗粒复合型外墙外保温系统性能指标，见表29-59。

胶粉聚苯颗粒复合型外墙外保温系统性能指标

表29-59

项　　目		性　能　指　标	
耐候性		不得出现开裂、空鼓或脱落，抗裂砂浆层与保温层的拉伸粘结强度不应小于0.1MPa，破坏部位位于保温层	
吸水量（g/m²），浸水1h		≤1000	
抗冲击性	涂料饰面	普通型（单网）	3J级
		加强性（双网）	10J级
抗风压值		不小于工程项目的风荷载设计值	
耐冻融		30次循环表面无裂纹、空鼓、起泡、剥离现象	
水蒸气湿流密度（g/m² · h）		≥0.85	
不透水性		试样抗裂砂浆层内侧无水渗透	
耐磨性，500L砂		无开裂、龟裂或表面剥落、损伤	
抗拉强度（涂料饰面）（MPa）		≥0.1并且破坏部位不得位于各层界面	
饰面砖拉拔强度（MPa）		≥0.4	
抗震性能（面砖饰面）		设防烈度地震作用下面砖饰面及外保温系统无脱落	

（2）胶粉聚苯颗粒浆料性能指标

胶粉聚苯颗粒浆料性能指标，见表29-60。

胶粉聚苯颗粒浆料性能指标　　表29-60

项　目	胶粉聚苯颗粒保温浆料	胶粉聚苯颗粒粘结找平浆料
湿表观密度（kg/m³）	≤420	≤520
干表观密度（kg/m³）	≤250	≤300
导热系数〔W/(m·K)〕	≤0.060	≤0.070
蓄热系数〔W/(m²·K)〕	≥0.95	
抗压强度（56d）（MPa）	≥0.25	≥0.3
压剪粘结强度（56d）（kPa）	≥50	
线形收缩率（%）	≤0.3	
软化系数	≥0.5	
拉伸粘结强度，常温常态56d（与带界面砂浆的聚苯板）（MPa）		≥0.10或聚苯板破坏
拉伸粘结强度，常温常态56d（与带界面砂浆的水泥砂浆试块）（MPa）		≥0.12
燃烧性能	B1级	B1级

3. 施工流程

基层处理→喷刷基层界面砂浆→吊垂直线、弹控制线→抹胶粉聚苯颗粒保温浆料（或贴砌聚苯板→喷刷聚苯板界面砂→抹胶粉聚苯颗粒找平浆料→抹抗裂砂浆复合增强网布）→外饰面→检测验收。

4. 施工要点

（1）基层处理。基层墙面应清理干净、清洗油渍、清扫浮灰等。墙面松动、风化部分应剔除干净。墙表面凸起物大于10mm时应剔除。

（2）界面处理。基层均应做界面处理，用喷枪或滚刷均匀喷刷界面处理剂。

（3）采用保温浆料系统时，应先按厚度控制线做标准厚度灰饼、冲筋。当保温层厚度大于20mm时应分层施工，抹灰不应少于两遍，每遍施工间隔应在24h以上，最后一遍宜为10mm。

（4）采用贴砌聚苯板系统时，梯形槽EPS板应在工厂预制好横向梯形槽并且槽面涂刷好界面砂浆。XPS板应预先用专用机械钻孔，贴砌面涂刷XPS板界面剂。贴砌聚苯板时，胶粉聚苯颗粒粘结层厚度约15mm，聚苯板间留约10mm的板缝用浆料砌筑，灰缝不饱满处及聚苯两开孔处用浆料填平。贴砌24h后再满涂聚苯板界面砂浆，涂刷界面砂浆再经24h后用胶粉聚苯颗粒粘结找平砂浆罩面找平。

（5）抗裂砂浆施工。待聚苯颗粒保温层或找平层施工完成3～7d且验收合格后方可进行抗裂砂浆层施工。涂料饰面时抗裂砂浆复合耐碱玻纤网布，总厚度3～5mm；面砖饰面时抗裂砂浆复合热镀锌电焊网，总厚度8～12mm。

（6）在抗裂砂浆抹灰基面达到施工要求后，按相应标准进行外饰面施工。

29.4.2.5 喷涂硬泡聚氨酯外墙外保温系统

1. 基本构造与适用范围

（1）基本构造

喷涂硬泡聚氨酯外墙外保温系统是指由聚氨酯硬泡保温层、界面层、抹面层、饰面层构成，形成于外墙外表面的非承重保温构造的总称。其聚氨酯硬泡保温层为采用专用的喷涂设备，将A组分料和B组分料按一定比例从喷枪口喷出后瞬间均匀混合，迅速发泡，在外墙基层上形成无接缝的聚氨酯硬泡体，基本构造见表29-61。

（2）适用范围

采取防火构造措施后，喷涂硬泡聚氨酯外墙外保温系统可适用于各类气候区域建筑高度在100m以下的住宅建筑和24m以下的非幕墙建筑，基层墙体为混凝土或砌体结构。

2. 系统性能

（1）喷涂硬泡聚氨酯外墙外保温系统性能指标见表29-62。

喷涂硬泡聚氨酯外墙外保温系统基本构造　　表29-61

基层墙体①	系统的基本构造					构造示意图
	保温层②	界面层③	增强网④	防护层⑤	饰面层⑥	
混凝土墙或砌体墙（砌体墙需用水泥砂浆找平	喷涂的聚氨酯硬泡体	硬泡聚氨酯专用界面剂	耐碱网格布或热镀锌钢丝网	抹面胶浆	柔性耐水腻子＋涂料或面砖	

喷涂硬泡聚氨酯外墙外保温系统性能指标　　表29-62

试验项目	性能指标
热阻（m²·K/W）	符合设计要求
耐候性	不得出现开裂、空鼓或脱落。抹面层与保温层的拉伸粘结强度不应小于0.1MPa，破坏界面应位于保温层
吸水量（g/m²）浸水1h	≤1000
抗冲击性 普通型（单网）	3J级
抗冲击性 加强型（双网）	10J级
抗风压值	不小于工程项目的风荷载设计值
耐冻融	严寒及寒冷地区30次冻融循环，夏热冬冷地区10次循环后，表面无裂缝、空鼓、起泡、剥离现象
水蒸气湿流密度〔g/(m²·h)〕	≥0.85
不透水性	试样防护层内侧2h无水渗透
耐磨损，500L砂	无开裂，龟裂或表面剥落、损伤
系统抗拉强度（涂料饰面）（MPa）	≥0.1且破坏部位不得位于各层界面
饰面砖粘结强度（MPa）（现场抽测）	≥0.4

（2）硬泡聚氨酯主要性能指标见表29-63。

硬泡聚氨酯主要性能指标　　表29-63

项　目	指　标
喷涂效果	无流挂、塌泡、破泡、烧芯等不良现象，泡孔均匀、细腻，24h后无明显收缩
表观密度（kg/m³）	30～50
导热系数〔W/(m·K)〕	≤0.025
抗拉强度（kPa）	≥150
压缩强度（屈服点时或变形超过10%时的强度）（kPa）	≥150
水蒸气透湿系数〔ng/(pa·m·s)〕	≤6.5
吸水率（V/V）（%）	≤3
尺寸稳定性（48h）（%）	≤5

（3）喷涂硬泡聚氨酯外墙外保温系统材料的其他性能还需符合《聚氨酯硬泡外墙外保温工程技术导则》的要求。

3. 施工工艺流程

基层处理→吊垂线、弹控制线→门窗口等部位遮挡→喷涂硬泡聚氨酯保温层→修整硬泡聚氨酯保温层→涂刷聚氨酯专用界面剂→抹面胶浆复合增强网→饰面层→检测验收。

4. 施工要点

(1) 基层处理。基层墙体应干燥、干净、坚实平整，平整度超差时可用抹面砂浆找平，找平后允许偏差应小于 4mm，潮湿墙面和透水墙面宜先进行防潮和防水处理，必要时外墙基层应涂刷界面剂。

(2) 硬泡聚氨酯喷涂施工。喷涂施工前，门窗洞口及下风口宜做遮蔽，防止泡沫飞溅污染环境。喷涂施工时的环境温度宜为 10～40℃，风速应不大于 5m/s（3 级风），相对湿度应小于 80%，雨天不得施工。喷枪头部作业面的距离不宜超过 1.5m，移动的速度要均匀。在作业中，上一层喷涂的聚氨酯硬泡表面不粘手后，才能喷涂下一层。喷涂后的聚氨酯硬泡保温层应避免雨淋，表面平整度允许偏差不大于 6mm，且应充分熟化 48～72h 后，再进行下道工序的施工。

(3) 硬泡聚氨酯保温层处理。聚氨酯保温层表面应用聚氨酯专用界面进行涂刷。

(4) 防护层抹灰。硬泡聚氨酯保温层经过处理后用抹面胶浆进行找平刮糙，抹面胶浆中应复合耐碱纤网布或热镀锌钢丝网。

29.4.3 外墙内保温系统施工方法

29.4.3.1 增强石膏聚苯复合保温板外墙内保温施工方法

1. 基本构造与适用范围

(1) 基本构造

增强石膏聚苯复合保温板外墙内保温施工方法是采用工厂预制的以聚苯乙烯泡沫塑料板同中碱纤网涂塑网格布、建筑石膏等复合而成的增强石膏聚苯复合保温板，在外墙内面用石膏胶粘剂进行粘贴，然后在板面铺设中碱纤涂塑网格布并满刮腻子，最后在表面做饰面层施工。其基本构造，见表 29-64。

(2) 适用范围

增强石膏聚苯板复合保温板适用于各气候区域的钢筋混凝土、混凝土砌块、多孔砖、其他非黏土砖等外墙内保温施工，但不宜用于厨房、卫生间等潮湿的房间。

增强石膏聚苯复合保温板外墙内保温基本构造

表 29-64

外墙①	保温系统构造			构造示意
	空气层②	保温层③	面层④	
钢筋混凝土、混凝土砌块、多孔砖、其他非黏土砖等外墙	如设计无特殊要求，其他非则一般为 20mm 厚	增强石膏聚苯复合保温板	接缝处贴 50mm 宽玻纤布条，整个墙面粘贴中碱纤涂塑网格布，满刮腻子	

2. 系统性能

(1) 增强石膏聚苯复合保温板性能要求，见表 29-65。

增强石膏聚苯复合保温板性能要求   表 29-65

项　目	指　标
热阻（m² · K/W）	符合设计要求
面密度（kg/m²）	≤25
含水率（%）	≤5
抗弯荷载（G）（板材重量）	≥1.8
面层抗压强度（MPa）	≥7.0
收缩率（%）	≤0.08
软化系数	≥0.5
抗冲击性	垂直冲击 10 次，背面无裂纹
燃烧性能	B1

(2) 其他材料性能，见相关规定。

3. 施工流程

基层处理→分档、弹线→配板→抹冲筋点→安装接线盒、管卡、埋件→粘贴防水保温踢脚板→粘贴、安装保温板→板缝处理、粘贴玻纤网格布→保温墙面刮腻子→饰面→检测验收。

4. 施工要点

(1) 施工前基层墙面应进行处理，特别是结构墙体表面凸出的混凝土或砂浆要剔除，表面应清理干净，预埋件要留出位置或埋设完。

(2) 根据开间或进深尺寸及保温板实际规格，预排保温板。排板应从门窗口开始，非整板放在阴角，有缺陷的板应修补，弹线时应按保温层的厚度在墙、顶上弹出保温墙面的边线；按防水保温踢脚层的厚度在地面上弹出踢脚边线，并在墙体上弹出踢脚的上口线。

(3) 抹冲筋点。在冲筋点位置，用钢丝刷刷出直径不少于 100mm 的洁净面并浇水润湿，并刷一道聚合物水泥浆；用 1:3 水泥砂浆做 φ100 冲筋点，厚度 20mm 左右（空气层厚度），在需设置埋件处做出 200mm×200mm 的灰饼。

(4) 粘贴防水保温踢脚板。在踢脚板内侧，上下各按 200～300mm 的间距布设粘结点，同时在踢脚板底面和侧面满刮胶粘剂。按线贴踢脚板。粘结时用橡皮锤贴紧挤实，挤实碰头灰缝，并将挤出的胶粘剂随时清理干净。粘贴踢脚板必须平整和垂直，踢脚板与结构墙间的空气层控制在 10mm 左右。

(5) 粘贴、安装保温板。将接线盒、管卡、埋件的位置准确地翻样到板面，并开出洞口。在冲筋点、相邻板侧面和上端满刮胶粘剂，并且在板中间抹梅花状粘结石膏点，数量大于板面面积的 10%，按弹线位置直接与墙体粘牢。粘贴后的保温板整体墙面必须垂直平整，板缝及接线盒、管卡、埋件与保温板开口处的缝隙，应用胶粘剂嵌实密实。

(6) 保温墙上贴玻纤网布。保温板安装完和胶粘剂达到强度后，检查所有缝隙是否粘结良好。板拼缝处应粘贴 50mm 宽玻纤网格布一层，门窗口角加贴玻纤网格布，粘贴时要压实、粘牢、刮平。墙面阴角和门窗口阳角处加贴 200mm 宽玻纤网布一层（角两侧各 100mm）。然后在板面满贴玻纤布一层，玻纤布应横向粘贴，粘贴时并力拉紧、拉平，上下搭接不小于 50mm，左右搭接不小于 100mm。

(7) 待玻纤布粘贴层干燥后，墙面满刮 2～3mm 石膏腻子，分 2～3 遍刮平，与玻纤布一起组成保温墙的面层，最后按设计规定做内饰面层。

29.4.3.2 增强粉刷石膏聚苯板外墙内保温施工方法

1. 基本构造与适用范围

(1) 基本构造

增强粉刷石膏聚苯板外墙内保温系统，是由石膏粘聚苯板保温层、粉刷石膏抗裂防护层和饰面层构成的外墙内保温构造。其基本构造，见表 29-66。

增强粉刷石膏聚苯板外墙内保温系统基本构造

表 29-66

基层墙体①	系统的基本构造				构造示意图
	胶粘层②	保温层③	抗裂防护层④	饰面层⑤	
钢筋混凝土墙、砌体墙、框架填充墙等	用 10mm 厚粘结石膏粘结	聚苯板（厚度按设计要求）	抹粉刷石膏 8～10mm 横向压入 A 型玻璃纤维网布，再用建筑胶粘一层 B 型玻璃纤维网布	耐水腻子＋涂料或壁材	

注：1. A 型玻璃纤维网格布：被覆面，网孔中距 4～6mm，单位面积质量≥130g/m²，经向断裂强力≥600N/50mm，纬向断裂强力≥400N/50mm。

2. B 型玻纤涂塑网格布，粘贴用，网孔中距 2.5mm，单位面积质量≥40 g/m²，经向断裂强力≥300N/50mm，纬向断裂强力≥200N/50mm。

(2) 适用范围

增强粉刷石膏聚苯板外墙内保温系统适用于各气候区域的钢筋

混凝土、混凝土砌块、多孔砖、其他非黏土砖等外墙内保温施工，但不宜用于厨房、卫生间等潮湿房间和踢脚板等部位。

2. 系统性能

增强粉刷石膏聚苯板外墙内保温系统性能指标，见表29-67。

增强粉刷石膏聚苯板外墙内保温系统性能指标

表29-67

项　目	性　能　要　求
抗冲击性（含饰面层）	3J级
吸水量（含饰面层）（24h）	小于2.0kg/m²
水蒸气渗透阻（含饰面层）	符合设计要求
热　阻	复合墙体热阻符合设计要求
抗裂性	墙体表面无裂痕、空鼓
燃烧性能	B1

3. 施工流程

基层处理→吊垂直、套方、弹线控制→配制粘贴石膏→粘贴聚苯板→抹灰，压入A型玻纤网格布→做门窗洞口护角及踢脚→粘B型玻纤网格布→刮柔性耐水腻子→涂刷饰面→检测验收。

4. 施工要点

(1) 基层处理。去除墙面影响附着的物质，凸出的混凝土或砂浆应剔平。

(2) 弹线、贴灰饼。根据空气层与聚苯板的厚度以及墙面平整度，在与墙体内表面相邻的墙面、顶棚和地面上弹聚苯板粘贴控制线，门窗洞口控制线；如对空气层厚度有严格要求，可根据聚苯板粘贴控制线，做出50mm×50mm灰饼，按2m×2m的间距布置在基层墙面上。

(3) 粘贴聚苯板。墙面聚苯板应错缝排列，拼缝处不得留在门窗口四角处。加水配制的粘结石膏一次拌合量要确保50min内用完，稠化后严禁加水稀释再用。粘贴聚苯板可用点框法和条粘法。点框法适用于平整度较差的墙面，应保证粘贴面积不少于30%。如采用挤塑聚苯板，应先在挤塑板上涂刷挤塑胶界面剂，界面剂表干后再用粘结石膏。聚苯板的粘结要确保垂直度和平整度，粘贴2h内不得触碰、扰动。

(4) 抹灰、挂网格布。用粉刷石膏胶浆在聚苯板面上按常规抹灰做法做出标准灰饼，抹灰平均厚度8～10mm，待灰饼硬化后即可大面积抹灰。在抹灰层初凝之前，横向绷紧A型网格布，用抹子压入到抹灰层内，网格布要尽量靠近表面。网格布接槎处搭接不小于100mm。待粉刷石膏抹灰层基本干燥后，再在抹灰层表面绷紧粘B型网格布，网格布接槎处搭接不小于150mm。

(5) 刮腻子。待网格布胶粘剂凝固硬化后，宜在网格布上直接刮内墙柔性腻子，腻子层控制在1～2mm，不宜在保温墙再抹灰找平。

(6) 门窗洞口护角、厨间、踢脚板的处理。门窗洞口、立柱、墙阳角部位宜用粉刷石膏抹灰找平垂直后压入金属护角。水泥踢脚应先在聚苯板上满刮一层建筑界面剂，拉毛后再用聚合物水泥砂浆抹实；预制踢脚板应采用瓷砖胶粘剂满贴。厨房、卫生间墙体宜采用聚合物水泥胶粘剂和聚合物水泥罩面砂浆，防水层的施工宜在保温施工后进行。

29.4.3.3 胶粉聚苯颗粒保温浆料玻纤网格布聚合物砂浆外墙内保温施工方法

1. 基本构造与适用范围

(1) 基本构造

胶粉聚苯颗粒保温浆料玻纤网格布聚合物砂浆外墙内保温系统由界面层、胶粉聚苯颗粒保温浆料保温层、抗裂防护层和饰面层构成。其基本构造，见表29-68。

(2) 适用范围

胶粉聚苯颗粒保温浆料玻纤网格布聚合物砂浆外墙内保温做法适用于夏热冬冷和夏热冬暖地区钢筋混凝土、混凝土砌块、多孔砖、其他非黏土砖等外墙内保温施工和寒冷地区无条件实现外保温的楼梯间、电梯间等部位的局部保温。

胶粉聚苯颗粒保温浆料玻纤网格布聚合物砂浆外墙内保温系统基本构造

表29-68

基层墙体①	系统基本构造				构造示意图
	界面层	保温层②	抗裂防护层③	饰面层④	
混凝土墙及各种砌体墙	界面砂浆	胶粉聚苯颗粒保温浆料	抗裂砂浆复合耐碱涂塑玻璃纤维网格布	涂料或壁材	

2. 系统性能

同增强粉刷石膏聚苯板外墙内保温系统性能指标，见表29-67。其他材料符合《胶粉聚苯颗粒外墙外保温系统》（JG 158）中的相关要求。

3. 施工要点

(1) 基层处理：基层均应做界面处理，用喷枪或滚刷均匀喷刷。

(2) 界面砂浆基本干硬后方可抹保温浆料，保温浆料应分层抹灰，每层抹灰厚度宜为20mm左右，间隔时间应在24h以上，第一遍抹灰应压实，最后一遍抹灰厚度宜控制在10mm左右。

(3) 门窗边框与墙体连接应预留出保温层的厚度，缝隙应分层填塞密实 并做好门窗框表面的保护。

(4) 保温层固化干燥后方可抹抗裂砂浆，抗裂砂浆抹灰厚度为3～4mm，然后压入玻纤网格布，网格布搭接宽度不小于100mm，楼梯间隔墙等需要加强的位置应铺设双层网格布，底层网格布采用对接，面层网格布采用搭接。门窗洞孔边角处应沿45°方向提前设置增强网格布，网格布尺寸宜为400mm×200mm。

(5) 抹完抗裂砂浆24h后方可进行饰面施工。

29.4.4　夹芯保温系统施工方法

29.4.4.1　混凝土砌块外墙夹芯保温施工方法

1. 基本构造与适用范围

(1) 基本构造

混凝土砌块外墙夹芯保温系统是集承重、保温和装饰为一体的墙体构造。该系统由内叶结构层、保温层、外叶装饰层组成，结构层由承重砌块砌筑，装饰层由装饰砌块砌筑，保温层由聚苯板、聚氨酯泡沫塑料、玻璃棉等保温材料填充。结构层、保温层、装饰层随砌随放置拉结钢筋网片，使三层牢固结合，外墙全部荷载由结构层承担，在圈梁和门窗洞口过梁挑出的混凝土挑檐支撑外侧装饰层。混凝土砌块外墙夹芯保温系统基本构造以190承重砌块和90装饰砌块加保温材料为例，及保温材料主要性能指标见表29-69。

(2) 适用范围

混凝土小型空心砌块夹心墙体系适用于多层与中、低层建筑的墙体，可用于不同气候区的节能设计要求。

2. 施工流程

施工准备→砌筑内叶承重结构层→防锈钢筋网片放置→按步砌筑→勾缝→贴保温层→砌筑外叶装饰层→芯柱施工→检测验收。

3. 施工要点

(1) 施工准备

1) 砌块应按设计的强度等级和施工进度要求，配套运入施工现场。

2) 砌块的堆放场地应夯实或硬化并便于排水，不宜贴地放。砌块须按规格、强度等级分别覆盖码放，且码放高度不宜超过两垛，二次搬运和装卸时，不得采用翻斗卸车和随意抛掷。

3) 砌筑前要先根据排块图，进行摆底排砖，由墙体转角开始，沿一个方向排，宜据设计图上的门、窗洞口尺寸、柱、过梁和芯柱位置及楼层标高、预留洞大小、管线、开关、插座的位置、砌块的规格、灰缝厚度，编制排块图。排块应对孔、错缝搭接排列，并以主砌块为主，辅以相应的辅助块。

4) 墙体砌筑前，应在转角处立好皮数杆，间距宜小于15m，

皮数杆应标明砌块的皮数、灰缝的厚度以及门窗洞口、过梁、圈梁和楼板等部位的位置。

5) 工具准备：灰斗、线垂、小线、柳叶铲、橡胶锤、切割机等。

(2) 砌筑内外墙

1) 混凝土砌块应反砌（底面朝上），错缝对孔（每步 600mm 高）。内、外墙同时砌筑。墙体临时间断处，必须留斜槎。斜槎的长度不应小于高度的 2/3。

混凝土砌块外墙夹芯保温系统基本构造及保温材料主要性能指标 表 29-69

混凝土砌块外墙夹芯保温系统	基 本 构 造
聚苯乙烯泡沫板	③190 砌块 / ①90 装饰砌块 / 基础梁 / φ4 镀锌网片@100 ② / 拉结钢丝网片沿高间距400设置 / 90 / d / 190 1. 90 厚装饰砌块 2. d 厚夹心空腔内填聚苯板（或灌装氨酯发泡） 3. 190 厚承重砌块 4. 内墙抹灰按工程设计

模塑聚苯板厚度 d (mm)	传热系数 [W/(m²·K)]	挤塑聚苯板厚度 d (mm)	传热系数 [W/(m²·K)]	硬泡聚氨酯厚度 d (mm)	传热系数 [W/(m²·K)]	软泡聚氨酯厚度 d (mm)	传热系数 [W/(m²·K)]
				灌发泡聚氨酯体系			
30	1.04	25	0.95	20	0.97	25	1.21
40	0.87	30	0.85	25	0.85	30	1.01
50	0.75	40	0.70	30	0.75	30	0.85
60	0.66	50	0.59	35	0.67	70	0.73
70	0.59	60	0.52	40	0.61	70	0.64
80	0.54	70	0.46	45	0.56	70	0.57
90	0.49	80	0.41	50	0.52	80	0.52
100	0.45	90	0.37	55	0.48	90	0.47
110	0.42	95	0.35	60	0.44	100	0.43
120	0.36	—	—	65	0.42	110	0.40
130	0.35	—	—	70	0.39	120	0.37
—	—	—	—	80	0.34	130	0.34

2) 不得使用潮湿、含水率超标的砌块。不得使用断裂或有竖向裂缝的砌块。砌块承重墙不得混用其他墙体材料。

3) 砌筑时，先砌承重部分，网片随砌放，每 600mm 高度一道。承重部分砌筑到一步的高度，在承重墙外侧粘贴一步 600mm 高的聚苯保温板，再砌筑一步 600mm 高外叶装饰部分。

4) 砌筑灰缝要求：

灰缝做到横平竖直，竖缝两侧的砌块两面挂灰，水平灰缝、竖缝砂浆饱满度不低于 90%，不得出现瞎缝、透明缝。水平灰缝的厚度和垂直灰缝的厚度控制在 8～12mm。

砌筑时的铺灰长度不得超过 400mm（一个砌块的长度），严禁用水冲浆灌缝，不得用石子、木楔等垫塞灰缝。

墙体砌筑前除在墙的转角处设皮数杆外，墙的中心部位宜设皮数杆，皮数杆间距不大于 6m，砌筑时为防止中间部位弹线，应挑线作业，以保证水平灰缝的顺直。严禁用水冲浆灌逢。砌筑时宜以原浆压缝。随砌随压。竖向灰缝在已施工的墙体上或梁的部位用粉线弹好控制线，及时用垂线检查竖向灰缝的情况，以确保竖向灰缝的垂直。

5) 网片设置原则：

为了防止砌块墙体开裂，砌块砌体灰缝中设置 φ4 镀锌拉接网片，网片必须置于灰缝和芯柱内，不得流放，网片搭接长度≥40d、且不小于 200mm，竖向间距不大于 400mm。

6) 导水麻绳设置：

由于雨水可能进入（或因"结露"）砌块墙的空腔内，为防止水掺入室内，需在有可能形成积水的部位设置导水麻绳。具体设置原则：在外墙无芯柱处、圈梁或暗混凝土现浇带上第一皮砌块下放 φ8mm 的麻绳，水平间距 200mm，一头压入砌块空隙内，另一头出墙体约 5cm 便于排水又不影响墙体美观（待外墙勾缝完工后可截去外露部分）。

(3) 内外墙勾缝

1) 内墙勾缝

内墙用原浆勾缝，在砂浆达到"指纹硬化"时随即勾缝，要压密实平整，勾成平缝。墙体平整度、垂直度很好的情况下可以直接刮腻子，不再抹灰。

2) 外墙勾缝

为防止外墙灰缝渗水，外墙可采用二次勾缝。

① 首先砌筑时按原浆勾缝。在砂浆达到"指纹硬化"时，把灰缝略勾深一些，留 10～15mm 的余量，灰缝要压密实，不必压光（拉毛处理）。

② 主体完成另行二次勾缝，勾缝前将墙体灰缝处用喷壶稍加湿润，勾缝砂浆采用 1：2：（0.03～0.05）的防水砂浆勾成凹缝，压密实、保持光滑平整均匀，外留 2～4mm 左右。

(4) 芯柱施工

1) 每根芯柱柱脚应设清扫口，砌筑时清扫口内的砂浆和杂物须及时清扫。

2) 每层的板带位置的芯柱应上下贯通，飘窗、梁等位置须浇筑混凝土的芯柱，砌筑时应在砌筑的第一皮砌块留有清扫口。

3) 当砌筑砂浆的平均强度大于 1MPa 时方可进行芯柱灌筑，灌筑芯柱混凝土前，须浇水湿润，先浇 50mm 厚的水泥砂浆，水泥砂浆应与芯柱混凝土的成分相同。

4) 芯柱混凝土宜采用流态混凝土，每楼层每根芯柱的混凝土分 3～4 段连续浇灌振捣密实，若混凝土坍落度大于 200mm 可一次浇灌，分 2～3 段振捣密实。

5) 芯柱施工应实行混凝土定量浇灌，并设专人检查混凝土灌入量，认可后方可继续施工。浇灌后的芯柱面应低于最上一皮砌块表面 30～50mm。

4. 成品保护

砌筑时应严格控制砌筑砂浆的黏稠度，铺浆应均匀饱满，不宜过多，以防挤出的砂浆坠落到已砌筑的墙体上。

成品砌筑完成后，应防止砂浆早期受冻或烈日曝晒而影响质量。外侧装饰性砌块每层砌筑完工后，应及时冲刷干净，并注意防止人为破损、污染。对已砌筑完工的墙体遮盖保护。

为防止污染，支模时应严密，模板与墙体不留缝隙，周围用海棉条粘贴防止漏浆，模板间的缝隙用胶带粘贴，对已经漏浆的墙体应及时用高压水或清洗剂清洗，直至清除整个墙体。

29.4.4.2 砖砌体夹芯保温施工方法

1. 基本构造及特征

砖砌体夹芯保温系统是在砖砌体的内叶墙和外叶墙中间安装保温材料而形成的外墙复合保温体系。通常集承重、保温和装饰为一体。常用砖砌体材料主要有多孔砖、烧结砖、蒸压灰砂砖和空心砖等。该体系的特点是施工速度快、外观效果佳，造价相对较低等优点。但由于砖砌体夹芯保温系统需要设置拉结钢筋把内叶墙、保温层和外叶墙拉结成稳固的整体，所以保温性能受到影响。

2. 施工流程

施工准备→砌筑内叶承重结构层→防锈钢筋网片放置→按步砌筑→勾缝→贴保温层→砌筑外叶装饰层→芯柱施工→检测验收。

3. 施工要点

(1) 施工准备

1) 砌筑前要先根据图纸设计排块图，由墙体转角开始，沿一个方向排，宜根据设计图上的门、窗洞口尺寸、柱、过梁和芯柱位置及楼层标高、预留洞大小、管线、开关、插座的位置、砌块的规格、灰缝厚度编制排块图。并根据排块图剪裁保温板的规格及尺寸。

2) 砖砌块应按设计的强度等级和施工进度要求，配套运入施

工现场。堆放场地应夯实或硬化并便于排水，不宜贴地码放。砌块须按规格、强度等级分别覆盖码放。二次搬运和装卸时，不得采用翻斗车和随意抛掷。

3）墙体砌筑前，应在转角处立好皮数杆，间距宜小于 15m，皮数杆应标明砌块的皮数、灰缝的厚度以及门窗洞口、过梁、圈梁和楼板等部位的位置。

4）工具准备：线锤、小线、柳叶铲、橡胶锤、切割机等。

(2) 砌筑内墙和放置保温板

1）砌筑时先砌内叶承重部分。做法应符合砖砌体结构砌筑的相关要求。

2）内叶承重墙经质量检查合格后，方可在内叶墙外侧放置保温板。现场剪裁保温板应使用专用工具。最下层保温板应从防潮层向上安装。施工时注意成品保护，当保温板出现空隙时应用同材质保温材料补实，同时防止砂浆落在保温板上造成热桥。

(3) 砌筑外墙

1）保温层经质量检查合格并做好隐蔽工程记录后，方可进行外叶墙砌筑施工。做法应符合砖砌体结构砌筑的相关要求。

2）内外墙拉结钢筋随砌随放。竖向距离不大于 500mm，水平距离不大于 1000mm。并应埋置在砂浆层中。

3）墙体端部构造：沿高度方向每 300mm 设置一道拉结钢筋，见图 29-2。

(4) 圈梁及过梁处构造

外墙圈梁及过梁外侧在浇筑混凝土前应采用保温材料进行处理，见图 29-3。

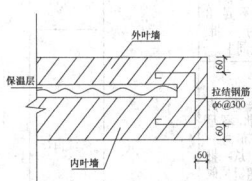

图 29-2 门窗洞口边拉结详图

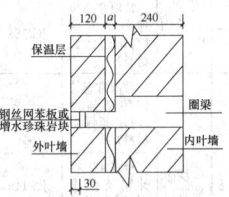

图 29-3 圈梁挑耳外侧保温详图

(5) 成品保护

做好外墙防污染，对已砌筑完工的墙体遮盖保护。为防止污染，支模时应严密，模板与墙体不留缝隙，周围用海棉条粘贴防止漏浆，模板间的缝隙用胶带粘贴，对已经漏浆的墙体应及时用高压水或清洗剂清洗，直至清除整个墙体。

29.4.5 自保温系统施工方法

墙体自保温系统中采用蒸压砂加气混凝土、陶粒增强加气砌块和硅藻土保温砌块（砖）等为墙体材料，辅以节点保温构造措施，适用于夏热冬冷地区和夏热冬暖地区的节能设计要求；辅以其他保温隔热措施，可用于不同气候区的节能设计要求。

1. 主要材料及技术要求

(1) 砌块常用规格尺寸和主要性能指标，见表 29-70。

(2) 砌块砌筑应使用砌筑胶粘剂，其主要性能指标，详表 29-71。

2. 施工流程

施工准备→砌块砌筑→安装 L 形铁件→砌筑混凝土砌块→安装门窗过梁→墙体顶部嵌填→修正墙面→粘贴玻璃纤维网布或设置钢丝网片→饰面层→检测验收。

3. 施工要点

砌块常用规格尺寸和主要性能指标　表 29-70

项 目	密度级别	B04	B05
规格尺寸	长度（mm）	600	600
	高度（mm）	250	250
	厚度（mm）	200、250、300	200、250、300
干密度（kg/m³）		≤430	≤530
抗压强度（MPa）		≥2.0	≥2.5
干燥收缩值（mm/m）		≤0.5	≤0.5

砌筑胶粘剂主要性能指标　表 29-71

试 验 项 目		性 能 指 标
外观		均匀，无结块
保水性（mg/cm²）		≤8
流动度（mm）		150～180
28d 抗压强度（MPa）		7.0～15.0
28d 抗折强度（MPa）		≥2.2
压剪胶接强度（MPa）	原强度	≥1.0
	耐冻融	≥0.4

(1) 施工准备

1）弹好轴线、墙身线以及门窗洞口的位置线，经验线符合设计要求，并办理完预检手续。

2）砌筑前要先编制排块图，根据排块图进行摆底排砖。

3）砌块应堆置于室内或不受雨、雪影响并能防潮的干燥场所。

4）墙体砌筑前，应在转角处立好皮数杆，间距宜小于 15m，皮数杆应标明砌块的皮数、灰缝的厚度以及门窗洞口、过梁、圈梁和楼板等部位的位置。

5）主要机具：刮刀、橡皮锤、水平尺、搅拌器、射钉枪、磨砂板、台式切割机等。

(2) 砌块砌筑和安装 L 形铁件

1）砌筑胶粘剂等应使用电动工具搅拌均匀，水灰比按产品说明书规定。

2）砌块不得洒水后进行砌筑。

3）第一皮砌块砌筑前，应先用水湿润基面，再施铺 M7.5 水泥砂浆，并将砌块底面水平灰缝和侧面垂直灰缝满涂胶粘剂后方可砌筑。

4）第二皮砌块的砌筑，应待第一皮砌块灰缝砂浆和胶粘剂初凝后方可进行。

5）已砌筑的砌块表面（铺灰面）应平整，否则，需用磨砂板磨平并清理尘灰后，方可继续往上砌筑。

6）砌筑砌块时，砌块之间（灰缝）的胶粘剂应饱满并相互挤紧；砌块与墙体间的粘结面必须均匀满铺胶粘剂，不得漏铺，严禁空鼓和裂缝。灰缝大小宽度和厚度应为 2～3mm，并及时将挤出的胶粘剂清理干净。

7）砌上墙或刚砌筑的砌块不应受到外来撞击或随意移动。若需校正，应重新铺抹胶粘剂后进行砌筑。

8）砌块与结构柱相接处应顶留 10～15mm 宽的缝隙，并按每两皮砌块高度设置 L 形铁件。缝隙内侧应嵌塞 PE 棒再打发泡剂，外侧缝隙应在发泡剂外再用外墙弹性腻子封闭。

9）砌块墙体砌完后，应检查墙体平整度。不平整之处，应用钢齿磨板和磨砂板磨平，控制偏差值在允许范围内。

(3) 安装门窗过梁等其他施工要点

1）安装砌块墙体内的过梁、圈梁、连梁、窗台扳、预制混凝土块等构件应平齐，还应按设计要求采取保温措施。

2）建筑物外围的混凝土结构柱和梁应根据设计要求，采用保温措施，如外侧粘贴保温块，其表面应与相接的填充墙齐平。

3）砌块墙体上的各种预留孔洞，管线槽、接线盒等应在安装后用专用修补材料修补，也可用砌块碎屑拌以水泥、石灰膏及适量的建筑胶水进行修补，配合比为水泥：打灰膏：砌块碎屑=1:1:3。

4）砌块墙体与构造柱、剪力墙、框架柱、混凝土梁交界处批嵌时，应贴粘耐碱网格布；粉刷时，应设置镀锌钢丝网片。镀锌钢丝网片中钢丝直径为 1.0mm，网孔尺寸为 10mm×10mm。宽度为界面缝两侧各不小于 100mm。

(4) 饰面层

1）砌块墙体外粉刷施工前，墙面应满刷专用界面剂或专用防水界面剂。粉刷施工应分层进行，总厚度宜为 20mm。

2）砌块墙体外饰面采用饰面砖时，必须按满粘法粘贴牢固。饰面砖的厚度宜≤10mm。

3）砌块墙体内侧的粉刷、批嵌、饰面砖粘贴及饰面板安装应

按相应规定执行。

4. 施工要点

(1) 在建筑构造柱、圈梁、框架梁柱的部位要采用高效保温材料做外保温防止"冷桥"的形成。

(2) 含水率对保温材料热工性能的影响很大，加气混凝土尤其突出，在施工过程中应采取措施减少加气混凝土的含水率。

(3) 在施工中应采取措施减少砌筑灰缝对加气混凝土墙体的整体热工性能影响。

29.4.6 检 测 与 验 收

29.4.6.1 检测

1. 材料检测

外墙节能的材料进厂后需进行抽样复验，其具体检测项目见表29-72。

2. 现场实体检测

外墙节能工程完工后，需对节能构造进行实体检测。当对围护结构的传热系数进行检测时，应由建设单位委托具备检测资质的检测机构承担。外墙节能构造的现场检验应在监理（建设）人员见证下实施，可委托有资质的检测机构实施，也可由施工单位实施。

检测方法：按照《建筑物围护结构传热系数及采暖供热量检测方法》（GB/T 23483）和《居住建筑节能检测标准》（JGJ/T 132）和有关规定进行。

检测数量：抽样数量当无合同约定时每个单位工程的外墙至少抽查3处，每处一个检查点。当一个单位工程外墙有两种以上节能保温做法时，每种节能保温做法的外墙应抽查不少于3处。

当合同中对检测方法、抽样数量、检测部位和合格判定标准等有约定时，按约定进行。

29.4.6.2 外墙节能工程质量验收

1. 一般规定

(1) 保温系统的性能和构造措施应符合《建筑节能工程施工验收规范》（GB 50411）、《外墙外保温工程技术规程》（JGJ 144）等相关技术标准的要求。当采用粘贴饰面砖做饰面层时，饰面砖粘结强度尚应符合《建筑工程饰面砖粘结强度检验标准》（JGJ 110）的规定。

(2) 对于隐蔽工程及特殊部位的验收，应有详细的文字记录和必要的图像资料。

(3) 外墙饰面层施工质量应符合《建筑装饰装修工程施工质量验收规范》（GB 50210）的规定。

2. 主控项目

(1) 所用材料和半成品、成品的品种、规格、性能必须符合设计和有关标准的要求。

1) 检查产品合格证和型式检验报告；

2) 检查进场复验报告，复验项目见表29-1，要求见表29-72。

围护结构保温隔热用材料质量控制 表 29-72

序号	材料名称	控制项目	检验方法标准	现场抽样数量	评定标准	备注
1	模塑聚苯乙烯泡沫塑料板（EPS）	表观密度	GB/T 6343	以同一厂家生产、同一规格产品、同一批次进场，每1000m²扣除窗洞面积的墙面使用的材料为一个检验批，每个检验批抽查1次；不足1000m²时也抽查1次。墙面超过1000m³时，每增加2000m²为一批，不足500m³也为一批	设计指标/JGJ 144、JG 149	
		抗拉强度	JG 149			
		尺寸稳定性	GB/T 8811			
		导热系数	GB 10294、GB 10295			
		燃烧性能	GB 8626、GB 2406			
2	挤塑聚苯乙烯泡沫塑料板（XPS）	压缩强度	GB/T 8813	墙面超过5000m²时，每增加3000m²增加1次抽样。节能保温隔热材料的燃烧性能每种产品应至少检验1次	设计指标/GB/T 10801.2	
		尺寸稳定性	GB/T 8811			
		导热系数	GB 10294、GB 10295			
		燃烧性能	GB 8626			
3	围护结构用绝热用岩棉	渣球含量	GB 5480	以同一厂家、同一原料、同一生产工艺、同一品种、同一批次进场，以5000m²为一批，不足5000m²也为一批	GB/T 19686	同厂家、同品种、同规格产品，每1000m²扣除窗洞面积的墙面使用的材料为一个检验批，每个检验批抽查1次；不足1000m²时抽查1次。墙面超过1000m²时，每增加2000m²应增加1次抽样；墙面超过5000m²时，每增加3000m²应增加1次抽样。节能保温隔热性能每种产品应至少检验1次
		纤维平均含量	GB 5480			
		密度	GB 5480			
		热阻	GB 10294、GB 10295			
4	硬质聚氨酯泡沫塑料（PU）	表观密度	GB/T 6343	每10t为一批，不足10t为一批	设计指标	
		抗拉强度	JG 149			
		导热系数	GB 10294、GB 10295			
5	胶粉聚苯颗粒保温浆料	导热系数	GB 10294、GB 10295	每35t为一批，不足35t亦为一批。每批现场制作3块同条件试样	设计指标	
		干密度	JG 158			
		压缩强度	JG 158			
6	胶粘剂	常温常态拉伸粘结强度（与水泥砂浆）	JG 149	每30t为一批，不足30t也为一批。其余同上	设计指标	
		浸水48h拉伸粘结强度（与水泥砂浆）	GB/T 9779		设计指标	
7	界面剂	常温常态拉伸粘结接强度（与配套保温材料）	JG 158	每3t为一批，不足3t亦为一批。其余同上	设计指标	
8	抹面胶浆	常温常态拉伸粘结强度（与配套保温材料）	JG 149	每30t为一批，不足30t亦为一批。从一批中随机抽取5袋，每袋取2kg，总计不少于10kg	设计指标	
		浸水48h拉伸粘结强度（与配套保温材料）	JG 149			
		柔韧性				
		抗冲击强度				
9	耐碱玻纤网格布	耐碱拉伸断裂强度（抗腐蚀性能）	GB/T 20102		设计指标/JGJ 144	
		断裂强度保留率				
10	保温板钢丝网	锌量指标	GB/T 2973	每7000m²为一批，不足7000m²亦为一批	GB/T2973	
		网孔中心距			设计指标/产品标准	
		丝径	GB/T 3897		设计指标/产品标准	
		焊点强度				
11	聚氨酯饰面板	保温层厚度	JGJ 144	每5000m²为一批，不足5000m²亦为一批	设计指标/产品标准	
		保温板瓷砖拉结强度	JGJ 110		设计指标/产品标准	
12	瓷砖胶粘剂	粘结拉伸强度	JC/T 547	每30t为一批，不足30t亦为一批，其余同上	设计指标	
13	聚合物水泥聚苯保温板	保温层厚度	JGJ 144	每5000m²为一批，不足5000m²亦为一批	设计指标/产品标准	
14	保温砌块	热阻	GB/T 13475		设计指标/产品标准	
		密度	GB/T 4111		设计指标/产品标准	

(2) 墙体节能工程的施工，应符合下列规定：

1) 保温隔热材料的厚度必须符合设计要求。

2) 保温板材与基层及各构造层之间的粘结或连接必须牢固。保温板材与基层的粘结面积、拉伸粘结强度和连接方式应符合设计要求。保温板材与基层的拉伸粘结强度应做现场拉拔试验。保温板材与基层粘结的饱满度应符合设计和标准要求，应进行饱满度检

查。

3）当采用保温浆料做外保温时，保温浆料与基层之间及各层之间的粘结必须牢固，不应脱层、空鼓和开裂，拉伸粘结强度应符合设计要求，保温浆料与基层的拉伸粘结强度应做现场拉拔试验。

4）当墙体节能工程的保温层采用预埋或后置锚固件固定时，锚固件数量、位置、锚固深度和拉拔力应符合设计要求。后置锚固件应进行锚固力现场拉拔试验。

检验方法：观察；手扳检查；保温材料厚度采用尺量、钢针插入或剖开检查；粘结面积采用剥离检验；保温板材、保温浆料与基层的拉伸粘结强度现场拉拔试验；锚固拉拔力核查试验报告；隐蔽工程核查验收记录。检查数量：每个检验批抽查不少于 3 处。粘结面积检验每个检验批抽检不少于 2 处。

(3）外墙采用预置保温板现场浇筑混凝土墙体时，保温板的安装位置正确、接缝严密，保温板应固定牢固，在浇筑混凝土过程中不得移位、变形，保温板表面应采取界面处理措施，与混凝土粘结牢固。混凝土和模板的验收，应按《混凝土结构工程施工规范》（GB 50666）和《混凝土结构工程施工质量验收规范》（GB 50204）的相关规定执行。全数观察检查，并核查其隐蔽工程验收纪录。

(4）板状保温材料厚度用钢针插入和尺量检查，检查隐蔽工程验收记录。其负偏差不得大于 3mm，现场喷涂的保温材料厚度不得有负偏差。

(5）外墙采用内置保温板现场浇筑混凝土墙体时，观察检查，检查隐蔽工程验收记录。保温板的安装位置正确、接缝严密，保温板在浇筑混凝土过程中不得移位、变形，钢丝网的位置和间距应符合设计和标准要求，保温板内外表面及钢丝网表面应预喷涂界面剂，与混凝土粘结应牢固。

(6）采用预制保温墙板现场安装的墙体，核查型式检验报告，检查隐蔽工程验收记录，应符合下列规定：

1）保温墙板应有型式检验报告，其安全性应符合设计要求；

2）保温墙板的结构性能、热工性能及与主体结构的联结方法应符合设计要求，与主体结构连接必须牢固；

3）保温墙板的板缝处理、构造节点及嵌缝做法应符合设计要求；

4）保温墙板板缝不得渗漏。

(7）饰面层采用饰面板块开缝安装时，保温层表面应按设计要求采取相应的防水措施。对照设计观察检查，检查隐蔽工程验收记录。

(8）当设计要求在墙体内设置隔气层、防火隔离带时，隔气层、防火隔离带的位置、使用的材料及构造做法应符合设计要求和相关标准的规定。观察检查，检查隐蔽工程验收记录。

(9）公共建筑及 7 层以上（含 7 层）居住建筑，其外墙外保温工程当采用预制构件、定型产品或成套技术时，应提供型式检验报告。型式检验报告中应包括安全性能、耐久性能和节能性能。当无型式检验报告时，应委托具备资质的检测机构对产品或工程的安全性能、耐久性能和节能性能进行现场抽样检验。抽样检验的方法、结果应符合相关标准和设计的要求。按照构件、产品或成套技术的类型进行核查型式检验报告或抽样检验报告。

(10）严寒和寒冷地区外保温使用的粘结材料，其冻融试验结果应符合该地区最低气温环境的使用要求。全数核查其质量证明文件。

(11）墙体节能工程各类饰面层的基层及面层施工，应符合设计和《建筑装饰装修工程质量验收规范》（GB 50210）的要求，并应符合下列规定：

1）饰面层施工前应对基层进行隐蔽工程验收。基层应无脱层、空鼓和裂缝，并应平整、洁净，含水率应符合饰面层施工的要求。

2）外墙外保温工程不宜采用粘贴饰面砖做饰面层；7 层以上（含 7 层）建筑不得采用粘贴饰面砖做饰面层。

当 7 层以下外保温建筑采用粘贴饰面砖做饰面层时，应按外保温要求单独进行型式检验并应合格，耐候性检验中应包含耐冻融周期试验，其安全性与耐久性必须符合设计要求。饰面砖应做粘结强度拉拔试验，试验应符合设计和有关标准的要求。

3）外墙外保温工程的饰面层不得渗漏。当外墙外保温工程的饰面层采用饰面板块开缝安装时，保温层表面应具有防水功能或采取其他防水措施。

4）外墙外保温层及饰面层与其他部位交接的收口处，应采取密封措施。

全数观察检查，并核查试验报告和隐蔽工程验收记录。

(12）保温砌块砌筑的墙体，应采用具有保温功能的砂浆砌筑。砌筑砂浆的强度等级及导热系数应符合设计要求。砌体的水平灰缝饱满度不应低于 90%，竖直灰缝饱满度不应低于 80%。检验方法：对照设计核查砂浆品种，核查砂浆强度试验及导热系数报告。用百格网检查灰缝砂浆饱满度。检查数量：每个楼层的每个施工段至少抽查一次，每次抽查 5 处。每处不少于 3 个砌块。

3. 一般项目

(1）进场节能保温材料与构件的外观和包装应完整、无破损，符合设计要求和产品标准的规定。全数观察检查。

(2）保温层表面应平整洁净无裂缝，接茬平整，线角顺直、清晰。观察检查和尺量检查。

(3）增强网应铺压严实，不得有空鼓、褶皱、翘曲、外露等现象，搭接长度必须符合设计要求。加强部位的做法应符合设计要求。每个检验批抽查不少于 5 处，每处不少于 2m²。观察检查，检查隐蔽工程验收记录。

(4）设置空调的房间，其外墙热桥部位应按设计要求采取隔断热桥措施。按不同热桥种类，每种抽查 10%，并不少于 5 处。可采用对照设计和施工方案观察检查；使用热成像仪检查和核查隐蔽工程验收记录。

(5）施工产生的墙体缺陷，如穿墙套管、脚手眼、孔洞等，应按照施工方案采取隔断热桥措施，不得影响墙体热工性能。检验方法：对照施工方案观察检查。检查数量：全数检查。

(6）墙体保温板材的粘贴面积、粘贴方法和接缝方法应符合施工方案要求。保温板接缝应平整严密。每个检验批抽查 10%，并不少于 5 处，进行观察检查。

(7）墙体采用保温浆料时，保温浆料宜连续施工；保温浆料厚度应均匀、接槎应平顺密实。全数观察，保温浆料厚度每个检验批抽查 10%，并不少于 10 处，用尺量检查。

(8）墙体上容易碰撞的阳角、门窗洞口及不同材料基体的交接处等特殊部位，其保温层应采取防止开列和破损的加强措施。按不同部位，每类抽查 10%，并不少于 5 处进行观察检查，并核查隐蔽工程验收记录。

(9）采用现场喷涂或模板浇注的有机类保温材料做外保温时，有机保温材料应达到陈化时间后方可进行下道工序施工。全数对照施工方案和产品说明书进行检查。

29.4.6.3 墙体节能分项工程检测验收

1. 节能工程应按照分项工程进行验收。当建筑节能分项工程的工程量较大时，可以将分项工程划分为若干个检验批进行验收。

2. 检验批按主控项目和一般项目验收，主控项目应全部合格，一般项目应合格；当采用计数检验时，至少应有 90% 以上的检查点合格，且其余检查点不得有严重缺陷。

3. 当全部检验批验收合格后，方可进行分项工程验收。并核查隐蔽工程验收资料、检验批资料、材料的质量证明文件及复试报告、墙体节能专项方案等资料。

29.5 幕墙节能工程

29.5.1 一般规定

29.5.1.1 建筑幕墙的热工性能

1. 用于幕墙节能工程的材料和构件等其品种、规格必须符合节能设计要求及相关标准的规定。

2. 隔热型材的生产厂（供应商）应提供型式隔热材料的力学性能和耐老化性能试验报告。

3. 使用的材料、构件进场时，应进行复验，复验项目见表 29-1。

4. 构造合理，特殊部位的措施到位。

5. 设计变更不得降低保温隔热建筑幕墙的热工性能。

29.5.1.2　幕墙节能工程施工安装

1. 附着于主体结构上的隔气层、保温层应在主体结构工程质量验收合格后施工。

2. 施工过程中应及时进行质量检查、隐蔽工程验收和检验批验收，施工完成后进行幕墙节能分项工程验收。

3. 对隐蔽部分工程进行验收，并有详细的文字和图片资料：

(1) 被封闭的保温材料厚度和保温材料的固定；

(2) 幕墙周边与墙体、屋面、地面的接缝处保温、密封构造；

(3) 构造缝、结构缝保温、密封构造；

(4) 隔汽层；

(5) 热桥部位、断热节点；

(6) 单元式幕墙板块之间的保温、密封接缝构造；

(7) 凝结水收集和排放构造；

(8) 幕墙的通风换气装置；

(9) 遮阳构件的锚固。

4. 幕墙节能工程使用的保温材料在安装过程中，应采取防潮、防水等保护措施。

29.5.2　玻璃幕墙的新型节能形式

29.5.2.1　双层通风玻璃幕墙

双层通风玻璃幕墙又称为热通道幕墙、呼吸式幕墙、通风式幕墙等，国外也有称作主动式幕墙，由内、外两道幕墙组成：外幕墙有点支式玻璃幕墙和有框玻璃幕墙；内层采用有框玻璃幕墙，常常开有门、窗。热空气由内、外幕墙之间的空间，通过下部的进风口进入，从上部排风口排出，热量可以在这空间自由流动。

1. 分类

双层通风玻璃幕墙有封闭式内通风玻璃幕墙和开敞式外通风玻璃幕墙两类。

(1) 封闭式内通风玻璃幕墙的外幕墙是密闭的，从室内的下通道吸入空气，从热通道上升至上部排风口，空气排至吊顶的排风管排出。由于进风是室内空气，所以热通道的温度基本上与室内相同，这样就大大减少了取暖或制冷的电能消耗。这种形式的通风玻璃幕墙多用于北方地区以取暖为主的建筑物中。但这种封闭循环体系依赖于机械通风，对设备有较高要求。

(2) 开敞式外通风玻璃幕墙的内幕墙是密闭的，室外空气由外幕墙的下部进风和上部排风，利用室外来的新风和向室外排气，带走夏季太阳辐射产生的热量，节约能源；冬天关闭上、下风口，形成封闭的温室，在太阳光辐射下温度升高，达到保温节能的效果。

2. 节能效果

与传统的单层玻璃幕墙相比，双层通风玻璃幕墙能耗在采暖时节省40%～50%；在制冷时节省40%～60%。其隔声的效果也十分显著。

29.5.2.2　智能玻璃幕墙

智能玻璃幕墙是指幕墙和自动监测系统、自动控制系统相结合，根据外界条件的变化（如光、热、烟等条件变化），自动调节幕墙的一些功能部件，实现遮光、进风、排风、室内温度调节、火灾排烟等建筑功能。

智能玻璃幕墙一般包括以下几个部分：热通道幕墙、通风系统、遮阳系统、空调系统、环境监测系统、智能化控制系统等。智能玻璃幕墙与建筑物内的空调、通风、遮阳、灯光、数字控制系统相连，根据外界条件变化进行自动调节，高效利用能源。据国外对某已建成的智能玻璃幕墙进行测算，其能耗只相当于传统建筑能耗的30%。

智能玻璃幕墙节能的关键在于智能化控制系统。这种智能化控制系统是从功能要求到控制模式，从信息采集到执行指令传动机构的全过程的控制系统。它通过对气候、温度、湿度、空气新鲜度、照度的监测，自动控制取暖、通风、空调、遮阳等多方面因素，调节室内的热舒适性和视觉舒适性等。

29.5.3　节能幕墙的面板材料

29.5.3.1　幕墙用自洁玻璃

通过在玻璃内植入电热夹层，防止冷凝现象。玻璃表面敷加不粘涂层，防止积灰。玻璃上覆盖反应涂层，在紫外线作用下可以把有机污物分解。目前国外已经在玻璃上被覆特殊的涂层，达到自行清洁的功能。涂层材料的颗粒小到纳米，也称之为纳米材料玻璃或纳米玻璃。

29.5.3.2　幕墙用自动变性玻璃

1. 将溶胶夹在两层玻璃之间制成幕墙玻璃和窗玻璃，溶胶随温度的变化而自动从透明渐变为不透明。当温度低时溶胶是透澈的，能透过90%的阳光。当温度高时溶胶从透明状态变为不透明的白色，可阻挡90%的阳光透过。它具有自动调光和调节室内温度的作用。

2. 在两层玻璃之间加入两层很薄的氧化钨和氧化钒电解液，通电后，玻璃之间的化学成分产生电脉冲，使玻璃随阳光强弱改变颜色。阳光强时，玻璃呈蓝色，95%的阳光被反射出去；阳光弱时，玻璃无色透明，大部分阳光可进入室内。

29.5.3.3　幕墙用热玻璃

1. 电热玻璃

电热玻璃是由两块浇铸玻璃型料之间铺设极细的电热丝热压成，吸光量在1%～5%之间。用在幕墙工程中，这种玻璃面上不会发生结露和冰花等现象，可减少采暖能耗。

2. 低辐射玻璃（Low-E玻璃）

低辐射玻璃是对近红外线具有较高的透射，它能使太阳光中的近红外线透过玻璃进入室内；而被太阳光加热的室内物体所辐射出的3μm以上的远红外线则几乎不能透过玻璃向室外散失，因而具有良好的太阳光取暖效果。低辐射玻璃对可见光具有很高的透射比（75%～90%），具有良好的自然采光效果。低辐射玻璃特别适用于严寒、寒冷地区的建筑物等。

29.5.3.4　幕墙用阳光辐射控制玻璃

1. 光谱选择透过性玻璃

光谱选择透过性玻璃是通过在玻璃表面覆盖一层或几层特殊材料涂层，使玻璃对不同波长的太阳辐射或者热辐射具有不同的透过率，使该玻璃能满足人们特定需要的透过特性。它可以使太阳辐射中的可见光最大量的通过，同时阻挡具有较高热量的紫外线或者红外线，从而最大限度地利用自然光照亮室内，从采光和制冷（或者采暖）两方面同时起到了节能效果。也可以使用它相反的特性，阻挡可见光，透过热量，从而适用于高纬度地区以消除进入室内的眩光，同时充分利用太阳辐射热来加温室内空气。目前，国外光谱选择透过性玻璃的可见光透过率与太阳辐射能透过率之比可达到2.0。

2. 透过率可调玻璃

透过率可调玻璃是一种能随外部条件的变化而改变自身颜色的玻璃。可用于建筑装饰幕墙和各种特殊要求的门窗玻璃。该种玻璃随环境改变自身光学特性，实现对太阳辐射能量的有效控制，满足节能要求。根据玻璃特性改变的机理不同，这种可调玻璃又分为热致变色玻璃、光致变色玻璃和电致变色玻璃。热致变色就是玻璃随着温度升高而透过率降低，光致变色就是玻璃随光强增大而透过率降低，电致变色则是当有电流通过的时候玻璃透过率降低。以上过程都是可逆的。其中，光致色变玻璃和电致色变玻璃是较为主要的两种类型。

(1) 光致变色玻璃是在玻璃的组成原料中加入卤化银或者在玻璃与有机夹层中加入了铝和钨的感光化合物而制成的。目前，光致色变玻璃的可见光透过率可以在25%～75%的范围内变化，太阳辐射能透过率的变动范围是23%～53%。

(2) 电致变色玻璃是指在电场或电流的作用下，玻璃对光的透射和发射率能够产生可逆变化的一种玻璃。目前，电致变色玻璃可以在5分钟内实现可见光透过率10%～67%、太阳辐射能透过率10%～66%的变化。

29.5.3.5　幕墙用隔热玻璃

1. 惰性气体隔热玻璃

通过在中空玻璃的空腔内充入惰性气体,可以得到更高隔热性能的玻璃。国外已有充氪气的三层中空玻璃(4+8+4+8+4),结合 Low-E 技术,它的传热系数可以达到 $0.7W/(m^2 \cdot K)$。

2. 气凝胶隔热玻璃

气凝胶是以超微颗粒相互聚集构成纳米多孔网络结构,并在网络孔隙中充满气态分散介质的轻质纳米固态材料。具有极低的热导率和较高的透光性,在两层普通玻璃中间夹一层气凝胶,使传热系数从 $3W/(m^2 \cdot K)$ 下降到 $0.5W/(m^2 \cdot K)$。

3. 真空隔热玻璃

通过把中空玻璃空腔里的空气抽走,消除掉空腔内部的对流和传导传热,可以获得更好的隔热效果。这种玻璃的空腔很窄,一般为 $0.5\sim2.0mm$,两层玻璃之间用一些均匀分布的支柱分开。通过附加 Low-E 涂层改善其辐射特性,真空隔热玻璃的传热系数已经达到 $0.5W/(m^2 \cdot K)$。这种隔热玻璃相对于其他的隔热玻璃有厚度薄、重量轻的优点,但生产工艺较为复杂,中间小立柱的存在也影响了它的外观,在一定程度上限制了它在幕墙、门窗上的应用。

4. 吸热玻璃

吸热玻璃是指能吸收大量红外线辐射能而又保持良好的可见光透过率的玻璃。其节能性能有:

(1) 吸收太阳的辐射热,吸热玻璃的颜色和厚度不同,对太阳的辐射热吸收程度也不同。可根据不同地区日照条件选择不同颜色的吸热玻璃。如 6mm 蓝色吸热玻璃可挡住 50% 左右的太阳辐射热,所以有明显的隔热效果。

(2) 吸收太阳的可见光,比普通玻璃吸收可见光要多很多。如 6mm 厚的普通玻璃能透过太阳光的 78%,同样厚度的古铜色镀膜玻璃仅能透过太阳光的 26%。能使刺目的阳光变得柔和,起到良好的反眩作用,特别在炎热的夏天,能有效地改善室内色泽,使人感到凉爽舒适。

(3) 吸收太阳的紫外线,还可以显著减少紫外线透射对人体的伤害。

(4) 具有一定的透明度,能清晰地观察室外景物,广泛适用于既需采光又需隔热的空间,尤其是炎热地区需设置空调、避免眩光的建筑物门窗或建筑幕墙。

5. 热反射玻璃

热反射玻璃对太阳光具有较高的反射比和较低的总透射比,能较好地隔绝太阳辐射能。热反射玻璃的太阳光反射比可达 $10\%\sim40\%$(普通玻璃仅为 7%),太阳光总透射比为 $20\%\sim40\%$。遮蔽系数为 $0.20\sim0.45$。热反射玻璃具有良好的隔绝太阳辐射能作用,可降低夏季制冷电能消耗。

29.5.3.6 幕墙用隔声玻璃

幕墙、门窗的隔声降噪性能无论对于创造舒适的室内环境还是减少室内噪声对环境的污染来讲都是至关重要的。目前国外已经出现了一种新型 PVB 材料(聚乙烯醇缩丁醛),使用该种 PVB 的夹层玻璃的隔声性能提高 $5\sim15dB$。

29.5.3.7 光电玻璃幕墙

1. 光电玻璃幕墙的组成

将足够大面积的太阳能板封装在两片透明玻璃之间,并将引线引出,形成光电玻璃幕墙单元。然后,将若干光电玻璃幕墙单元组装到幕墙框架或支承钢结构上,形成整幅的光电玻璃幕墙。

光电玻璃幕墙系统由各种太阳能板(如屋面太阳能板、玻璃幕墙太阳能板、窗下墙太阳能板等)在阳光照射下产生直流电,汇集成足够大的电流,通过变流器转换为交流电,适应现有的办公和家庭用电设备。

光电目前产生的电流无法贮存,当夜晚和阴雨天无法直接利用光电玻璃幕墙的电力时,还要由市电供电,因此,光电玻璃幕墙不可单独作为供电电源,只能作为市电的补充和调峰,起削峰填谷、平衡负荷的作用。

2. 光电玻璃幕墙的几个技术问题

(1) 在幕墙构件中安装光电板

按照工艺流程生产出光电板,可将光能转换为电能。但用于光电玻璃幕墙,这些太阳能板要与幕墙构件有机地结合起来,这就要求建筑设计师与幕墙厂家紧密合作,恰当地布置太阳能光电板的位置,既保证充分发挥光电作用,又能适当遮阳。

(2) 光电玻璃幕墙的安装方向

太阳直射光中蕴藏的能量较大,所以光电玻璃幕墙通常只安装在楼房中受阳光照射时间长的部位,但并不意味着只有直射光才能够被光电板吸收,故在既能接受直射光也能接受漫射光的表面安装光电玻璃幕墙效果最好。

通常光电玻璃幕墙应面向南,在东南和西南之间,在一定条件下也可面向东和面向西。安装遮阳板和顶棚应考虑到其通过雨水的玻璃幕墙自我清洁作用,因此,其倾角角度应不低于 20°,而垂直的幕墙则无需考虑附加清洁设施。

29.5.4 幕墙节能工程施工安装要点

29.5.4.1 一般要求

1. 安装幕墙的主体结构,应符合有关结构施工质量验收规范的要求。

2. 进场安装幕墙的构件及附件的材料品种、规格、色泽和性能,应符合设计要求。

3. 建筑幕墙的安装施工应单独编制施工组织设计,具体安装施工详见本手册第 22 章相关内容。

29.5.4.2 幕墙玻璃安装要点

1. 玻璃安装前应进行表面清洁。除设计另有要求外,应将单片阳光控制镀膜玻璃的镀膜面朝向室内,非镀膜面朝向室外。

2. 按规定型号选用玻璃四周的密封材料,并应符合现行有关标准的规定:

(1) 橡胶条,其长度宜比边框内槽口长 2%;橡胶条斜面断开后应拼成预定的设计角度,并应采用胶粘剂粘结牢固,镶嵌平整。

(2) 硅酮建筑密封胶不宜在夜晚、雨天打胶,打胶温度、湿度应符合设计要求和产品要求,打胶前应使打胶面清洁、干燥。

3. 铝合金装饰压板的安装,应表面平整、色彩一致,接缝均匀严密。

4. 密封胶在接缝内应与缝隙的两侧面粘结,与缝隙的底面或嵌填的泡沫材料不粘结。密封胶注胶应严密平顺,粘结牢固,不渗漏、不污染相邻的表面。

29.5.4.3 附着于主体结构上的隔汽层、保温层施工要点

1. 当幕墙的隔汽层和保温层附着在建筑主体的实体墙上时,保温材料和隔汽层需要在实体墙的墙面质量满足要求后才能进行施工作业。

2. 保温材料性能及填塞、厚度应符合设计要求,填塞饱满、铺设平整、固定牢固,拼接处不留缝隙。在安装过程中应采取防潮、防水等保护措施。在采暖地区,保温棉板的隔汽铝箔面应朝向室内,无隔汽铝箔面时应在室内侧有内衬隔汽板。

3. 隔汽层(或防水层)、凝结水收集和排放构造必须符合设计要求。

4. 凝结水管排出管及其附件应与水平构件预留孔连接严密,与内衬板出水孔连接处应设橡胶密封圈密封。

29.5.4.4 隔热构造施工要点

1. 铝合金隔热型材,既有足够的强度,又有较小的导热系数,应满足设计要求和有关标准规定。

用穿条工艺生产的隔热型材,其隔热材料应使用尼龙(聚酰胺+玻璃纤维)材料,不得使用 PVC 材料;用浇注工艺生产的隔热型材,其隔热材料应使用 PUR(聚氨基甲酸乙酯)材料。连接部位的抗剪强度必须满足设计要求。

2. 当幕墙节能工程采用隔热型材时,隔热型材生产企业应提供型材隔热材料的力学性能、隔热性能和耐老化性能试验报告。

29.5.4.5 幕墙其他部位安装施工要点

1. 幕墙周边与墙体缝隙的密封,幕墙周边与墙体缝隙处、幕墙的构造缝、沉降缝、热桥部位、断热节点等部位,必须按设计要求处理好。

2. 其他通气槽孔及雨水排出口等应按设计要求施工,不得遗漏。

3. 单元式幕墙板块间的接缝构造及单元式幕墙板块间缝隙的

密封非常重要，应做好防空气渗漏和雨水渗漏的措施。

4. 封品应按设计要求进行封闭处理。

5. 幕墙的通风换气装置，必须按设计要求安装。

29.5.5　建筑幕墙节能工程检测与验收

29.5.5.1　一般要求

1. 适用于透明和非透明的各类建筑幕墙节能工程的质量验收。

2. 对隐蔽部分工程进行验收，应有详细的文字和图片资料。

3. 幕墙用材料质量控制见表29-73。

4. 建筑幕墙节能工程质量检测验收，按照《建筑装饰装修工程质量验收规范》（GB 50210）的规定执行。

幕墙用材料质量控制　　　　　表29-73

控制项目	检验方法标准	现场抽样数量	评定标准
气密性、水密性	GB 7106	以同一厂家、同一原料、同一生产工艺、同一品种、同一批次10000m² 建筑面积为一个检验批，不足10000m² 亦为一批	设计要求
传热系数	GB/T 8484		
玻璃传热系数	GB/T 8484		
玻璃遮阳系数	GB/T 2680		
玻璃可见光透射比	GB/T 2680		
中空玻璃露点	GB/T 11944		

29.5.5.2　主控项目

1. 幕墙用材料、构件应符合下列规定：

（1）保温材料

1）导热系数应不大于设计值；

2）表观密度偏差不超过10%；

3）燃烧性能应符合相关标准和法规、管理文件的规定。

（2）幕墙玻璃

1）品种、性能应符合设计要求；

2）传热系数不应大于设计值；

3）遮阳系数应符合设计要求；

4）可见光透射比不小于设计值；

5）中空玻璃露点、密封性能应满足产品标准要求。

（3）隔热型材

1）导热系数应不大于设计值；

2）隔热型材的力学性能及耐老化性能应符合设计要求和相关产品标准的规定。

（4）密封材料

1）硅酮结构密封胶、硅酮耐候密封胶必须与所接触材料相容；

2）橡胶条的老化性能，必须符合设计要求。

（5）遮阳材料

1）遮阳构件的尺寸、材料及构造应符合设计要求。

2）透光、半透光遮阳材料的太阳光透射比、太阳光反射比应符合设计要求。

3）遮阳产品的抗风性能应符合设计要求。

检查方法：检查材料的质量证明文件、进场复验报告。检查数量：全数核查。

2. 幕墙节能工程使用的材料、构件等进场时，应对其下列性能进行复验，复验应为见证取样送检：

（1）保温材料：导热系数、密度；

（2）幕墙玻璃：可见光透射比、传热系数、遮阳系数、中空玻璃密封性能；

（3）隔热型材：抗拉强度、抗剪强度；

（4）有机保温材料的燃烧性能；

（5）透光、半透光遮阳材料的太阳光透射比、太阳光反射比。

检验方法：进场时抽样复验，验收时核查复验报告。幕墙玻璃检验宜在材料进场随机抽样送检。检查数量：同一生产厂家的同一种产品每一批次抽查不于一组，中空玻璃密封性能抽样每组应为10块。

3. 幕墙气密性

（1）气密性能指标应符合设计规定的等级要求。当幕墙面积大于建筑外墙面积50%或3000m² 时，应按规定进行气密性能检测，

检测结果应符合设计规定的等级要求。

（2）密封条应镶嵌牢固、位置正确、对接严密。单元幕墙板块之间的密封应符合设计要求。开启扇应关闭严密。

检查方法：观察及启闭检查；核查气密性能检测报告、见证记录、隐蔽工程验收记录。检查数量：现场检查按检验批划分的检查数量抽查30%并不小于5件（处）。气密性能检测应对一个单位工程中面积超过1000m² 的每种幕墙均进行检测。

4. 每幅建筑幕墙的传热系数、遮阳系数、可见光透射比等性能性能指标均应符合设计要求。检查方法：查幕墙热工性能计算书，幕墙节点及安装应与设计计算书进行核对。检查数量：计算书全数核查，节点及开启窗按照检验批抽查30%，并不少于10处。

5. 保温材料应可靠固定，保温材料的厚度应不小于设计值。检验方法：对保温板或保温层采取针插法或剖开法，尺量厚度；手扳检查。检查数量：按检验批抽查10%，并不少于10处。

6. 遮阳设施的安装位置应满足设计要求。遮阳设施的安装应牢固，满足抗震、维护检修的要求，外遮阳设施还应满足抗风的要求。检验方法：核查质量证明文件，检查隐蔽工程验收记录，观察，尺量，手扳检查。检查数量：核查全数的10%，并不少于10处；全数检查牢固程度，全数核查报告。

7. 幕墙工程热桥部分的隔断热桥措施应有效可靠，断热节点的连接应牢固。检查方法：对照幕墙热工性能设计文件，观察检查。检查数量：按检验批10%，并不少于5处抽查。

8. 幕墙可开启部分开启后的通风面积应满足设计要求。幕墙通风器的通道应通畅、尺寸满足设计要求，开启装置应能顺畅开启和关闭。检验方法：尺量核查开启窗通风面积，观察、手试检查，通风器启闭测试。检查数量：按检验批抽查30%并不少于5处，开启窗通风面积全数核查。

9. 幕墙隔汽层应完整、严密、位置正确，穿透隔汽层处的节点构造采取密封措施。检查方法：观察检查。检查数量：按检验批划分的检查数量抽查10%，并不少于10处。

10. 冷凝水的收集和排放应通畅，并不得渗漏。检查方法：通水试验、观察检查。检查数量：按检验批划分的检查数量抽查10%，并不少于5处。

29.5.5.3　一般项目

1. 镀（贴）膜玻璃的安装方向、位置应正确。中空玻璃采用双道密封，中空玻璃的均压管密封处理。进行观察，检查施工记录。按检验批划分的检查数量抽查10%，并不少于5件（处）。

2. 单元式幕墙板块组装，按检验批抽查10%，并不少于5处（件），通过观察检查，手扳检查或通水试验。检查结果应符合下列要求：

（1）密封条：规格正确，长度无负偏差，接缝的搭接符合设计要求；

（2）保温材料：固定牢固，厚度无负偏差；

（3）隔汽层：密封完整、严密；

（4）冷凝水排水通畅，无渗漏。

3. 幕墙与周边墙体间的缝隙应采用弹性闭孔材料填充饱满，并采用耐候性密封胶密封。通过观察检查，按检验批抽查10%，并不少于5处（件）。

4. 建筑伸缩缝、沉降缝、防震缝的保温或密封做法，按检验批抽查10%，并不少于5处（件），通过对照设计文件观察检查，检查结果应符合设计要求。

5. 活动遮阳设施的调节机构，按检验批抽查10%，并不少于10处（件）通过现场调节试验，观察检查，应灵活，并应能调节到位。

29.6　门窗节能工程

29.6.1　一般规定

29.6.1.1　门窗节能工程的分类

建筑外门窗节能工程包括金属门窗、塑料门窗、木质门窗、各

种复合门窗、特种门窗、天窗以及门窗玻璃安装等节能工程。

29.6.1.2 节能门窗产品的质量

1. 断桥铝合金门窗的品种、类型、规格、尺寸、性能、开启方向及铝合金门窗的型材壁厚应符合设计要求；塑料门窗的品种、类型、规格、尺寸、开启方向及填嵌密封处理、内衬增强型钢的壁厚及设置应符合设计要求和国家现行产品标准的质量要求。

2. 节能门窗气密性能、保温性能、采光性能须达到节能设计要求。

3. 不同气候区域，外门窗选用节能门窗时，必须确保其保温隔热性、气密性。严寒和寒冷地区，不宜采用推拉窗和凸窗。

29.6.1.3 节能门窗的施工安装

1. 节能门窗进入施工现场时，应按表 29-83 和表 29-84 进行复验。

2. 门窗正式施工前，应在现场制作样板间或样板件，经有关各方确认后方可进行施工。

3. 门窗工程施工中，应进行隐蔽工程验收，并应有验收记录和必要的图像资料。隐蔽工程验收记录应包括以下几方面：

(1) 外门窗框与周边墙体连接部位的保温和密封处理。

(2) 遮阳构件的锚固。

(3) 天窗的密封处理。

(4) 门窗安装的允许偏差：结构施工门窗留洞偏差、门窗安装的允许偏差及检验方法遵照第 23 章门窗工程中相关规定执行，并做好隐蔽验收记录。

(5) 金属副框安装：

1) 金属副框隔热断桥方式；

2) 金属副框的防腐处理，预埋件的数量、位置、埋设方式、与门窗框的连接方式；

3) 外门窗框或副框与洞口之间的间隙处理。

(6) 其他。

29.6.2 节能门窗的类型及特点

29.6.2.1 按框扇材料分类

1. 金属保温门窗

节能金属保温门窗种类较多，目前采用较为普遍的有断桥铝合金门窗、涂色镀锌钢板门窗、铝塑门窗和铝镁门窗等。

(1) 断桥铝合金门窗

断桥铝合金门窗是利用 PA66 尼龙将室内外两层铝合金既隔开又紧密连接成一个整体，构成一种新的隔热型的铝型材，按其连接方式不同可分为穿条式和注胶式。门窗两面为铝材，中间用 PA66 尼龙做做热材料，兼顾尼龙与铝合金两种材料的优势，同时满足装饰效果和门窗强度及耐老性能的多种要求。断桥铝型材可实现门窗的三道密封结构，合理分离水气腔，成功实现气水等压平衡，显著提高门窗的水密性和气密性。

断桥铝合金门窗的传热系数 K 值为 3W/(m²·K) 以下，比普通门窗热量散失减少一半，降低取暖费用 30% 左右，隔声量达 29dB 以上，水密性、气密性良好，均达国家 A1 类窗标准。断桥铝合金门窗性能参数表见表 29-74。

断桥铝合门窗性能参数表　　表 29-74

项目 门窗型号		玻璃配置 （白玻）	抗风压性能 （kPa）	水密性能 ΔP(Pa)	气密性能		保温性能 K [W/(m²·K)]
					q_1 [m³/(m·h)]	q_2 [m³/(m²·h)]	
A 型	60 系列 平开窗	5+9A+5	≥3.5	≥500	≤1.5	≤4.5	2.9~3.1
		5+12A+5	≥3.5	≥500	≤1.5	≤4.5	2.7~2.8
		5+12A+5 暖边	≥3.5	≥500	≤1.5	≤4.5	2.5~2.7
		5+12A+5 Low-E	≥3.5	≥500	≤1.5	≤4.5	1.9~2.1
		5+12A+5+ 6A+5	≥3.5	≥500	≤1.5	≤4.5	2.2~2.4

续表

项目 门窗型号		玻璃配置 （白玻）	抗风压性能 （kPa）	水密性能 ΔP(Pa)	气密性能		保温性能 K [W/(m²·K)]
					q_1 [m³/(m·h)]	q_2 [m³/(m²·h)]	
A 型	70 系列 平开窗	5+12A+5	≥3.5	≥500	≤1.5	≤4.5	2.6~2.8
		5+12A+5 暖边	≥3.5	≥500	≤1.5	≤4.5	2.4~2.6
		5+12A+5 Low-E	≥3.5	≥500	≤1.5	≤4.5	1.8~2.0
		5+12A+5+ 6A+5	≥3.5	≥500	≤1.5	≤4.5	2.1~2.4
	90 系列 推拉窗	5+12A+5	≥3.5	≥350	≤1.5	≤4.5	<3.1
	60 系列 平开门	5+12A+5	≥3.5	≥500	≤1.0	≤1.5	<2.5
	60 系列 折叠门	5+12A+5	≥3.5	≥500	≤1.5	≤4.5	<2.5
	提升 推拉门	5+12A+5	≥3.5	≥350	≤1.5	≤4.5	<2.8
B 型	EAHX50 平开窗	5+12A+5	≥3.5	≥350	≤1.5	≤4.5	2.7~2.8
	EAHX55 平开窗	5+12A+5	≥3.5	≥350	≤1.5	≤4.5	2.7~2.8
	EAHD65 平开窗	5+9A+5+ 9A+5	≥4		≤1.5	≤4.5	2.0
	EAHX60 平开窗	5+12A+5	≥3.5	≥350	≤1.5	≤4.5	2.7~2.8
	EAHD60 平开窗	5+9A+5+ 9A+5	≥4		≤1.5	≤4.5	2.0
	EAHX65 平开窗	5+12A+5	≥3.5	≥350	≤1.5	≤4.5	2.7~2.8
	EAHD65 平开窗	5+9A+5+ 9A+5	≥4		≤1.5	≤4.5	2.0
	EAH70 平开窗	5+9A+5+ 9A+5	≥4		≤1.5	≤4.5	2.0

(2) 涂色镀锌钢板门窗

涂色镀锌钢板门窗，又称"彩板钢门窗"、"镀锌彩板门窗"，是钢门窗的一种。涂色镀锌钢板门窗是以涂色镀锌钢板和 4mm 厚平板玻璃或双层中空玻璃为主要材料，经过机械加工制成。其门窗四角用插件插接，玻璃与门窗交接处以及门窗框与扇之间的缝隙，全部用橡皮密封条和密封胶密封。传热系数 K 值可达 3.5W/(m²·K)，空气渗透值可达 0.5m³/(m·h)，具有很好的密封性能。

根据构造的不同，涂色镀锌钢板门窗又分为带副框和不带副框两种类型。带副框涂色镀锌钢板门窗适用于外墙面为大理石、玻璃马赛克、瓷砖、各种面砖等材料，或门窗与内墙面需要平齐的建筑；不带副框涂色镀锌钢板门窗适用于室外为一般粉刷的建筑，门窗与墙体直接连接，但洞口粉刷成型尺寸必须准确。

钢塑共挤复合门窗和不锈钢门窗亦属于钢门窗，其保温隔热性能均高于普通碳钢和铝门窗的保温隔热性能。

节能性能：①具有良好的保温、隔声性能，当室外温度降到 -40℃时，室内玻璃仍不结霜；②装饰性、气密性、防水性和使用的耐久性好。

(3) 铝塑门窗

铝塑门窗是将铝型材与塑料异型材复合在一起的，即外部铝合金框，内部塑料异型材框。组装时通过各自的角码用加工断桥铝的

组角机连接。铝塑门窗性能参数，见表 29-75。

铝塑门窗性能参数表 表 29-75

门窗型号		玻璃配置（白玻）	抗风压性能（kPa）	水密性能 ΔP(Pa)	气密性能		保温性能 K[W/(m²·K)]
					q_1 [m³/(m·h)]	q_2 [m³/(m²·h)]	
H型	60系列平开窗	5+9A+5	≥4.5	≥350	≤1.5	≤4.5	2.7~2.9
		5+12A+5 Low-E	≥4.5	≥350	≤1.5	≤4.5	2.3~2.6
		5+12A+5 Low-E	≥4.5	≥350	≤1.5	≤4.5	1.8~2.0
		5+12A+5+12A+5	≥4.5	≥350	≤1.5	≤4.5	1.6~1.9
		5+12A+5+12A+5 Low-E	≥4.5	≥350	≤1.5	≤4.5	1.2~1.5

（4）铝镁门窗

铝镁合金门窗一般采用推拉门。因为材质较轻常用于厨、卫推位门，目前较少用于外门窗。

2. 非金属保温门窗

（1）塑料门窗

非金属节能保温门窗节能效果从材质热传导系数、结构的保温节能和玻璃的保温节能三种特性归纳来讲首推塑料门窗。塑料门窗是继木门窗、钢门窗、铝门窗之后的第四代节能门窗，是以聚氯乙烯（UPVC）树脂为主要原料，经挤出成型材，然后通过切割、焊接或螺栓连接的方式制成门窗框扇，配装上密封胶条、毛条、五金件等，同时为增强型材的刚性，超过一定长度的型材空腔内需要填加钢衬（加型钢或钢筋），这样制成的门窗，称之为塑料门窗。

塑料窗的开启方式主要有推拉、外开、内开、内开上悬等，新型的开启方式有推拉上悬式。不同的开启方式各有其特点，一般讲，推拉窗有立面简洁、美观、使用灵活、安全可靠、使用寿命长、采光率大、占用空间小、方便带纱窗等优点；外开窗则有开启面大、密封性、通风透气性、保温抗渗性能优良等优点。

节能性能：① 保温节能效果好，具有良好的隔热性能，尤其是多腔室结构的塑料门窗的传热性能更小；②物理性能良好；③隔声性好。塑料门窗性能参数，见表 29-76、表 29-77。

塑料门窗性能参数表 表 29-76

门窗型号		玻璃配置（白玻）	抗风压性能（kPa）	水密性能 ΔP(Pa)	气密性能		保温性能 K[W/(m²·K)]
					q_1 [m³/(m·h)]	q_2 [m³/(m²·h)]	
C型	60系列平开窗	4+12A+4	5.0	333	0.42	1.62	1.9
	60A系列平开窗	4+12A+4	4.9	300	0.41	1.58	1.9
	66系列平开窗	4+12A+4	4.9	300	0.41	1.58	1.9
	65系列平开窗	4+12A+4	5.0	150	0.46	1.73	2.0
	68系列平开窗	5+9A+5	4.8	333	0.22	0.80	2.1
	70A系列平开窗	5+9A+4+9A+5	3.5	133	0.46	1.76	1.7
	80系列推拉窗	4+12A+4	1.6	167	1.37	4.36	2.3
	88系列推拉窗	4+12A+4	2.1	250	1.21	3.83	2.2
	88A系列推拉窗	4+12A+4	2.1	250	1.21	3.83	2.2
	95系列平开窗	4+12A+4	2.9	250	1.74	5.44	2.1
	106系列平开门	4+12A+4	3.5	100	1.05	3.28	2.1
	62系列推拉窗	4+12A+4	1.5	100	1.51	4.38	2.2
D型	60系列内平开窗	4+12A+4	3.6	300	0.40	0.90	1.9
	80系列推拉窗	5+9A+5	3.2	250	1.00	3.10	2.2
	88系列推拉窗	5+6A+5	3.2	250	1.00	3.10	2.3
E型	60F系列平开窗	4+12A+4	4.9	420	0.02	1.00	2.176
	60G系列平开窗	4+12A+4	4.7	390	0.15	1.20	2.198
	60C系列平开窗	4+12A+4+12A+4	5.0	450	0.64	1.26	1.769
	60C系列平开窗	框 4+10A+4+10A+4 扇 4+12A+4+12A+4	3.0	250	0.60	1.00	1.893

续表

门窗型号		玻璃配置（白玻）	抗风压性能（kPa）	水密性能 ΔP(Pa)	气密性能		保温性能 K[W/(m²·K)]
					q_1 [m³/(m·h)]	q_2 [m³/(m²·h)]	
F型	AD58内平开窗	6Low-E+12A+5	4.0	500	0.5	—	1.8
	AD58外平开窗	6Low-E+12A+5	3.5	500	0.5	—	1.82
	MD58内平开窗	6Low-E+12A+5	4.5	700	0.5	—	1.73
	AD60彩色共挤内平开窗	6Low-E+12A+5	4.0	600	0.5	—	1.82
	AD60彩色共挤外平开窗	6Low-E+12A+5	3.5	600	0.5	—	1.82
	MD60塑铝内平开窗	6Low-E+12A+5	4.0	350	1.0	—	2.0
	MD65内平开窗	6Low-E+12A+5	4.0	600	0.5	—	1.70
	MD70内平开窗	6Low-E+12A+5	4.5	700	0.5	—	1.5
	美式手摇外开窗	5+12A+5		350			2.5
	上、下拉提窗	5+12A+5		350			2.5
	83推拉窗	5+12A+5		350			2.5
	85彩色共挤推拉窗	5+12A+5		350			2.5
	73推拉门	5+12A+5		350	1.5		2.5
	90推拉窗	5+12A+5		350	1.5		2.5
	90彩色共挤推拉门	5+12A+5		350	1.5		2.5

60系列平开窗隔声性能表 表 29-77

玻璃配置（白玻）	5+9A+5	5+12A+5	Low-E	12A+5	5+12A+5+12A+5	Low-E
隔声性能（DB）	R_w≥30	R_w≥32	R_w≥32	R_w≥30	R_w≥35	R_w≥35

（2）玻璃钢门窗

玻璃钢门窗是以玻璃纤维及其制品为增强材料，以不饱和聚酯树脂为基体材料，通过拉挤工艺生产出空腹异型材，然后通过切割等工艺制成门窗框，再配上毛条、橡胶条及五金件制成成品门窗。

玻璃钢门窗是继木、钢、铝、塑料后又一新型门窗，玻璃钢门窗综合了其他类门窗的防腐、保温、节能性能，更具有自身的独特性能，在阳光直接照射下无膨胀，在寒冷的气候下无收缩，轻质高强无需金属加固，耐老化使用寿命长，其综合性能优于其他类门窗。

节能性能：轻质高强，密封性能佳，节能保温，尺寸稳定性好，耐候性好。玻璃钢门窗性能参数，见表 29-78。

玻璃钢门窗性能参数表 表 29-78

门窗型号	玻璃配置（白玻）	抗风压性能（kPa）	水密性能 ΔP(Pa)	气密性能		保温性能 K[W/(m²·K)]
				q_1 [m³/(m·h)]	q_2 [m³/(m²·h)]	
G型	50系列平开窗	4+9A+5	3.5	250	0.10	0.3	2.2
	58系列平开窗	5+12A+5 Low-E	5.3	250	0.46	1.20	2.2
	58系列平开窗	5+9A+4+6A+5	5.3	250	0.46	1.20	1.8
	58系列平开窗	5Low-E+12A+4+9A+5	5.3	250	0.46	1.20	1.3
	58系列平开窗	4+V（真空）+4+9A+5	5.3	250	0.46	1.20	1.0

3. 发展趋势

（1）组成材料的生产配方向高效、无毒高性能发展。采用钙锌稀土或有机锡稳定剂等无铅或低铅配方取代铅盐配方，以满足与增强环保意识的需求。目前，严格限制产品中的铅含量已经成为许多发达国家的一个基本国策。我国在这方面还有相当大的差距，还有

待改进。

（2）防菌塑料异型材是采用银离子等防菌配方，可以满足健康意识的需求。

（3）增强型材物理性能：

1）在严寒与寒冷地区，适当增加抗冲击改性剂或采用新型抗冲击改性剂 ACR 取代原抗冲击改性剂 CPE，以提高塑料异型材抗冲击性能。

2）在炎热、紫外线辐射强度高的地区，适当增加钛白粉、紫外线吸收剂掺量，以提高塑料异型材的抗老化性能。

3）在沿海地区高层建筑，应使用壁厚 2.8mm 或 2.5mm 型腔较大的异型材，以提高塑料门窗抗风压性能。

29.6.2.2　按玻璃构造分类

1. 中空玻璃窗

中空玻璃窗是一种良好的隔热、隔声、美观适用的节能窗。中空玻璃是由两层或多层平板玻璃构成，四周用高强度气密性好的复合粘剂将两片或多片玻璃与铝合金框、橡皮条或玻璃条粘结、密封，密封玻璃之间留出空间，充入干燥气体或惰性气体，框内充入干燥剂，以保证玻璃片间空气的干燥度，以获取优良的隔热隔声性能。由于玻璃间封存的空气或气体传热性能差，因而产生优越的隔声隔热效果。

中空玻璃采用的玻璃厚度有 4、5、6mm，空气层厚度有 6、9、12mm。根据要求可选用各种不同性能的玻璃薄片，如无色透明浮法玻璃、压花玻璃、吸热玻璃、热反射玻璃、夹丝玻璃、钢化玻璃等与边框（铝框架或玻璃条等）、胶胶结、焊接或熔接而成。

中空玻璃是采用密封胶来实现系统的密封和结构稳定性，中空玻璃在使用期间始终面临着外来的水汽渗透和温度变化的影响以及来自外界的温差、气压、风荷载等外力的影响，因此，要求密封胶不仅防止外来的水汽进入中空玻璃的空气层内，而且还要保证系统的结构稳定，保证中空玻璃空气层的密封和保持中空玻璃系统的结构稳定性是同样重要的。中空玻璃系统采用双道密封，第一道密封胶防止水汽的进犯，第二道密封胶保持结构的稳定性。

在两层玻璃中间除封入干燥空气之外，还在外侧玻璃中间空气层内侧，涂上一层热性能好的特殊金属膜，它可以截止由太阳射到室内的相当的能量，起到更大的隔热作用。这种高性能中空玻璃，遮蔽系数可达到 $0.22\sim0.49$，减轻室内空调（冷气）负荷；传热系数达到 $1.4\sim2.8$W/(m²·K)，减轻室内采暖负荷，发挥更大的节能效率。

节能性能：①良好的保温、隔热、隔声性能；②抗水汽渗透能力和防渗水能力强；③抗紫外线能力强。

2. 双玻窗

双玻窗是一个窗扇上装两层玻璃，两层玻璃之间有空气层的窗。双层玻璃有利于隔热、隔声。提高双玻窗保温隔热效果的主要手段之一是增加玻璃与窗框之间的密封，确保双层玻璃之间空气层为不流动空气。根据窗的传热系数计算公式可得出：传热系数并不是随着空气层厚度逐渐增加而降低，是有一定范围的。当空气层厚度在 $6\sim30$mm 范围内，传热系数呈递减趋势（见图 29-4），超过 30mm 以上传热系数降低幅度不大，一般采用 20mm 左右的空气层比较合适。

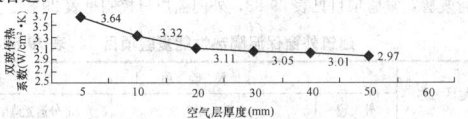

图 29-4　不同空气层厚度的双玻传热系数

普通双玻窗构造及安装工艺简单，没有分子筛、干燥剂和密封，只是简单地用隔条将两层玻璃隔开，因此，保温隔热性能不如中空玻璃窗，易生雾、结露、凝霜，适用于中低档住宅的隔热保温。

节能性能：①相对于单玻窗，提高了保温隔热性能；②性价比比较合适。

3. 多层窗

多层窗是由两道或以上窗框和两层或以上的多层中空玻璃组成的保温节能窗。多层窗集双玻窗及中空玻璃窗的性能优点，其结构

特点决定了多层窗保温节能效果优于双玻窗和中空玻璃窗，适用于严寒地区和大型公建、高档公寓、高级饭店及特殊要求的建筑物。

4. 发展趋势

（1）构造先进性。随着节能要求的不断提高，节能门窗从结构上不断改进，出现了三玻窗及多层窗，使保温节能更趋于理想效果。

（2）太阳能热反射玻璃，又称阳光控制玻璃。特点是利用镀膜能透过可见光而把起到加热作用的远红外光反射到室外，同时玻璃材料吸收的太阳热能被镀膜所隔离，使热主要散到室外一侧，尽可能地减少太阳的热作用，使室内热环境得到控制，同时减少眩光和色散，降低室内空调负荷和减少设备投资，从而达到节能的目的。

（3）低辐射玻璃（ILE）和多功能镀膜玻璃（IMF）又称保温镀膜玻璃，这类材料具有最大的日光透射率和最小的反射系数，可让 80% 的可见光进入室内被物体所吸收，同时又能将 90% 以上的室内物体所辐射的长波保留在室内。ILE 和 IMF 大大提高了能量的利用率，在寒冷地区能有选择地传输太阳能，同时把大部分的热辐射反射进室内，因此，在采暖建筑中可起到保温和节能的作用。IMF 与 ILE 相比，在热传输控制方面作用相同，但在减少热进入室内方面更为优越。另外，低辐射玻璃和多功能镀膜玻璃对不同频谱的太阳光透过具有选择性，它能滤掉紫外线，还能吸收部分可见光，可起到防眩光的作用，因此，广泛用于美术馆以及科学实验楼等。

还有一种节能更好的 Low-E 玻璃，也称低辐射镀膜玻璃，是一种对中远红外线（波长范围 $2.5\sim25\mu$m）具有较高反射率的镀膜玻璃。辐射率 $E<0.25$，当外来辐射的能量通过低辐射镀膜玻璃时，只有小于 25% 的能量被辐射（散失）出去。而普通透明玻璃 $E=0.84$。

薄膜型热反射材料是一种新型功能复合材料，它不仅能反射较宽频带的红外线，还具有较高的可见光透射率。可见光透射率高达 70% 以上，太阳光全光谱不同波长反射率在 75% 以上，在 4mm 厚普通玻璃上贴一层隔热膜后，太阳热辐射透过减少 82.5%，在建筑上有极为广泛的应用前景。

（4）高性能中空玻璃，用不同的镀膜玻璃和普通透明玻璃的多种组合，能形成具有特殊性能的中空玻璃，形成优良的隔热隔声和艺术效果，尤其适合在大型公共建筑门窗、采光天棚中应用。高性能中空玻璃可达到 $0.22\sim0.49$ 遮蔽系数，确保传热系数到 $1.4\sim2.8$W/(m²·K)。由于中空玻璃中间封入干燥空气，随着温度、气压的变化，内部空气压力也随之变化，玻璃面上会产生很小的变形，同时制造时亦可能产生微小翘曲，再加上施工过程中也可能形成畸变。因此，在一些安全要求高的建筑物上，其节能门窗中空玻璃也可采用钢化玻璃。

29.6.2.3　不同节能门窗适用区域

不同节能门窗适用区域见表 29-79。

不同节能门窗适用区域　　表 29-79

构造分类	名称	适用气候	适用地区	适用建筑
框扇材料	断桥铝合金门窗	严寒、寒冷地区	东北、西北、华北	大型公建、住宅、公寓、办公楼等
	涂色镀锌钢板门窗	我国各个地区		商店、超级市场、试验室、教学楼、宾馆、剧场影院、住宅等
	塑料门窗	夏热地区		公建、住宅、公寓、办公楼、试验室、教学楼等
	玻璃钢门窗	我国各个地区		办公楼、试验室、教学楼、洁净厂房等
玻璃构造	双玻窗	严寒、寒冷地区		大型公建、住宅、公寓、办公楼等
	中空玻璃窗	我国各个地区		住宅、饭店、宾馆、办公楼、学校、医院、商店、展览馆、图书馆等
	多层窗	严寒地区	东北、西北	大型公建、高档公寓、高级饭店

29.6.2.4 不同窗的节能效果比较实例

严寒地区某普通住宅，建筑面积96m²，窗户总面积占房间建筑面积的12%。选取有代表性的9种平开式窗户，对其传热系数（K）和太阳得热系数（SHGC）进行计算对比。K值的计算条件：室外气温−16℃，室内温度21℃；风速6.7m/s；无阳光。SHGC的计算条件：室外气温−30℃，室内温度26℃，风速3.4m/s；太阳直射783W/m²。玻璃厚度为6mm。中空窗结构：6mm玻璃＋12mm干燥空气层＋6mm玻璃。低辐射镀膜玻璃的膜层位于两层玻璃之间朝外的玻璃上。计算结果见表29-80。

不同材料和构造的节能窗的传热系数及太阳得热系数汇总表
表29-80

窗户编号	玻璃类型	窗框材料	K[W/(m²·K)]	SHGC
1	白色单玻	铝合金	7.50	0.80
2	白色单玻	塑料	4.83	0.62
3	白色中空玻璃	铝合金断热	3.71	0.65
4	白色中空玻璃	塑料	2.78	0.55
5	双层白玻璃	木框	2.77	0.56
6	茶色中空玻璃	塑料	2.60	0.44
7	三层白玻璃	塑料	2.01	0.53
8	中空低辐射膜，e=0.2	塑料	1.86	0.52
9	中空低辐射膜，e=0.08	塑料	1.71	0.41

注：表中 e 表示低辐射镀膜玻璃的远红外发射率。

由表29-79可见，相同的窗框材料和窗型，而玻璃的类型不同对窗的传热系数影响较大。选择不同的玻璃和构造，可以获得满足不同气候区对窗户的传热系数要求的节能窗。

以表29-79中编号为1号窗户的传热系数为基准，记为H，其他窗户的传热系数为 H_n，相对节能率 HR 按式（29-50）计算，HR 越大，节能效果越好。计算结果见表29-81。

$$HR = [(H - H_n)/H] \times 100\% \qquad (29-50)$$

式中　H_n——其他窗户的传热系数；
　　　H——基准窗户的传热系数。

窗户节能效果和传热系数对照表　**表29-81**

窗户编号	1	2	3	4	5	6	7	8	9
K[W/(m²·K)]	7.50	4.83	3.71	2.78	2.77	2.60	2.01	1.86	1.70
HR(%)	100	36	51	63	63	65	73	75	77
节能效果排序	9	8	7	5	4	6	3	1	2

29.6.3 节能门窗施工安装要点

29.6.3.1 门窗框、副框和扇的安装要点

1. 门窗框、副框和扇的安装必须牢固。固定片或膨胀螺栓的数量与位置应正确，连接方式应符合设计要求，安装实施中，不应影响门窗的气密性能、保温性能。固定点应距墙角、中横框、中竖框150～200mm，固定点间距应不大于600mm，并做好隐蔽验收记录。门窗外框与副框间隙应满足表29-82的要求。

门窗外框与副框间隙表　　**表29-82**

项目名称	技术要求
左、右间隙值（两侧）	4～6mm
上、下间隙值（两侧）	3～5mm

2. 塑料门窗拼樘料内衬增强型钢的规格、壁厚必须符合设计要求，型钢应与型材内腔紧密吻合，其两端必须与洞口固定牢固。窗框必须与拼樘料连接紧密，固定点间距不大于600mm。

29.6.3.2 门及窗框与墙体间缝隙保温密封处理要点

1. 窗框与墙体间缝隙应采用高效保温材料填堵，表面采用弹性密封胶密封；外窗（门）洞口室外部分的侧墙面应做保温处理。并做好隐蔽验收记录。

2. 不同气候区封闭式阳台的保温应符合下列规定：

（1）当阳台和直接连通的房间之间不设置隔墙和门、窗时，阳台与室外空气接触的墙板、顶板、地板的传热系数应符合表29-3

～表29-6中的规定，阳台的窗墙面积比必须符合表29-10的规定。

（2）当阳台和直接连通的房间之间设置隔墙和门、窗，且所设隔墙、门、窗的传热系数不大于表29-3～表29-6中所列限值，窗墙面积比不超过表29-10的限值时，可不对阳台外表面作特殊热工要求。

（3）当阳台和直接连通的房间之间设置隔墙和门、窗，且所设隔墙、门、窗的传热系数大于表29-3～表29-6中所列限值时，应按《严寒和寒冷地区居住建筑节能设计标准》（JGJ 26）的规定，进行围护结构的热工性能的权衡判断。

当阳台的面宽小于直接连通房间的开间宽度时，可按房间的开间计算隔墙的窗墙面积比。

29.6.4 检测与验收

29.6.4.1 一般要求

1. 门窗工程施工前，施工单位须备齐相关资质、门窗工程设计和门窗制品各项检验报告等文件资料。

2. 建筑外门窗进场后，应对其外观、品种、规格及附件等进行检查验收，对质量证明文件进行核查。

3. 当门窗采用隔热型材时，隔热型材生产厂家应提供型材所使用的隔热材料的力学性能和热变形性能试验报告。

4. 在建筑外门窗施工中，对隐蔽部位或项目进行隐蔽工程验收。

5. 外门窗检验批的划分：

（1）同一厂家的同一品种、类型、规格的门窗每100樘划分为一个检验批，不足100樘也为一个检验批。

（2）同一品种、类型、规格的特种门窗每50樘划分为一个检验批，不足50樘也为一个检验批。

（3）对于异形或有特殊要求的门窗，检验批划分可根据其特点和数量，由监理（建设）单位与施工单位协商确定。

6. 检验数量：

（1）每个检验批抽查5%，并不少于3樘，不足3樘时，全数检查。

（2）高层建筑的外窗，每个检验批抽查10%，并不少于6樘，不足6樘时，全数检查。

（3）特种门每个检验批抽查50%，并不少于10樘，不足10樘时，全数检查。

29.6.4.2 主控项目

1. 建筑外门窗的品种、类型、规格、可开启面积应符合设计要求和相关标准的规定。按29.6.4.1中检验数量的规定，通过观察和尺量检查，并核查质量证明文件。

2. 建筑门窗玻璃应符合下列要求：

玻璃的品种、传热系数、可见光透射比、中空玻璃露点、密封性和遮阳系数应符合设计要求。按29.6.4.1中检验数量的规定，通过观察，检查施工记录和技术性能检测报告。

3. 建筑外窗进入现场后，应按现行有关规定，进行见证取样送检。随机抽样，同一厂家、同一品种、同一类型的产品各抽查不少于3樘（件）（复验传热系数1樘即可），送第三方见证试验室进行复验，复验项目见表29-83，外门窗质量控制见表29-84。

建筑外窗保温隔热性能复验项目　　**表29-83**

地区名称	复验项目		
	外窗	玻璃	透光、部分透光遮阳材料
严寒、寒冷地区	气密性、传热系数	中空玻璃露点、密封性能	
夏热冬冷地区	气密性、传热系数	中空玻璃露点、密封性能、玻璃遮阳系数、可见光透射比	太阳光透射比、太阳光反射比
夏热冬暖地区	气密性	中空玻璃露点、密封性能、玻璃遮阳系数、可见光透射比	

4. 外门窗框的隔断热桥措施应符合设计要求和产品标准的规定，金属副框的隔断热桥措施应与门窗框的隔断热桥措施相当。检

验方法：随机抽样同一厂家同一品种、类型的产品各抽查不少于 1 樘，金属副框的隔断热桥措施按检验批抽查 30%，对照产品设计图纸，剖开或拆开检查。

5. 严寒、寒冷地区以及超高层建筑的建筑外窗，应对其气密性做现场实体检验，检测结果应满足设计需要。检验方法：随机抽样同一厂家同一品种、类型的产品各抽查不少于 3 樘，现场检验。

外门窗质量控制 表 29-84

控制项目	检验方法标准	现场抽样数量	评定标准
气密性	GB 7106	不少于 3 樘（件）	设计要求/产品标准
传热系数	GB/T 8484	以同一厂家、同一原料、同一生产工艺、同一批次 10000m² 建筑面积为一个检验批，不足 10000m² 亦为一批 不少于 1 樘（件）	
玻璃传热系数遮阳系数	GB/T 8484 GB/T 2680	不少于 3 樘（件）	
玻璃可见光透射比	GB/T 2680	不少于 3 樘（件）	
遮阳材料太阳光透射比及太阳光反射比	GB/T 2680	不少于 3 樘（件）	
中空玻璃露点、V 密封性能	GB/T 11944	10 块	

6. 外门窗框或副框与洞口之间的间隙应采用弹性闭孔材料填充饱满，并使用密封胶密封；外门窗框与副框之间的缝隙应使用密封胶密封。全数观察检查，核查隐蔽工程验收记录。

7. 严寒、寒冷地区的外门应按照设计要求采取保温、密封等节能措施。全数观察检查。

8. 外窗遮阳设施的性能、位置、尺寸应符合设计和产品标准要求。遮阳设施的安装位置正确、牢固，满足安全和使用功能的要求。按 29.6.4.1 中检验数量的规定进行核查质量证明文件，观察、尺量、手扳检查，核查遮阳设施的抗风计算报告。全数检查安装牢固程度。

9. 特种门的性能应符合设计和产品标准要求；特种门安装中的节能措施，应符合设计要求。全数核查质量证明文件，观察、尺量检查。

10. 天窗安装的位置、坡向、坡度应正确，封闭严密，嵌缝处不得渗漏。按 29.6.4.1 中检验数量的规定进行观察检查，用水平尺（坡度尺）检查，淋水检查。

29.6.4.3 一般项目

1. 门窗扇和玻璃的密封条，其物理性能应符合相关标准的规定。查看该工程使用的密封条型式检验报告和全数观察检查结果。密封条位置应正确，嵌装牢固，不得脱槽，接头处不得开裂，关闭门窗时密封条是否接触严密。

2. 五金件全数观察检查，应符合设计要求及产品相关规定。

3. 镀（贴）膜玻璃的安装方向应正确，采用密封胶密封的中空玻璃采用双道密封，均压管密封处理。全数观察检查。

4. 外观检查：

(1) 金属门窗表面应洁净、平整、光滑、色泽一致、无锈蚀。大面无划痕、碰伤，漆膜或保护层应连续；

(2) 塑料门窗表面应洁净、平整、光滑，大面无划痕、碰伤；

(3) 门窗镀（贴）膜玻璃的安装方向应正确，中空玻璃的均压管应密封处理。

5. 遮阳设施检测，核查质量证明文件，观察、尺量、手扳检查，并全数检查：

(1) 遮阳设施的性能尺寸，应符合设计和产品标准要求；

(2) 遮阳设施的安装应位置正确牢固，满足安全和使用功能的要求；

(3) 遮阳设施调节应灵活，能调节到位。

29.7 屋面节能工程

屋面节能主要措施有保温屋面（用高效保温隔热材料做外保温或内保温）、加贴绝热反射膜的"凉帽"屋面、架空通风屋面、蓄水屋面、绿化屋面和坡面等。

屋面保温可采用板状高效保温材料或加贴绝热反射膜的保温材料、现场整体喷涂保温材料作保温层。封闭式保温层的含水率应相当于该材料在当地自然风干状态下的平衡含水率。

屋面隔热可采用架空、蓄水、种植或加贴绝热反射膜的隔热层。但当屋面防水等级为Ⅰ级、Ⅱ级时，或在寒冷地区、地震地区和振动较大的建筑物上，不宜采用蓄水屋面；架空屋面宜在通风较好的建筑物上采用，不宜在寒冷地区采用；种植屋面根据地域、气候、建筑环境、建筑功能等条件，选择相适应的屋面构造形式。屋面节能工程的施工、质量控制等内容，详见本手册第 26 章"屋面工程"，本节只涉及屋面节能工程的检测验收。

29.7.1 一 般 规 定

29.7.1.1 屋面保温隔热用材料的质量

1. 保温隔热材料包括松散材料、现浇材料、喷涂材料、板材和块材以及绝热反射膜、绝热反射涂料等应符合设计要求和国家现行产品标准的质量要求。严禁使用国家明令禁止的材料和严格执行限用材料的使用范围。

2. 不同气候区域选用保温屋面、加贴绝热反射膜（或绝热反射涂料）的"凉帽"屋面、架空通风屋面、蓄水屋面、绿化屋面、采光屋面和坡屋面等，以达到节能设计要求。

29.7.1.2 屋面保温隔热的施工

1. 屋面保温隔热施工，应基层质量验收合格后进行。

2. 施工过程中，应及时进行质量检查、隐蔽工程验收，并应有验收记录和必要的图像资料。隐蔽工程验收记录应包括以下几方面：

(1) 基层；

(2) 保温层的敷设方式、厚度，板材缝隙填充质量；

(3) 屋面热桥部位；

(4) 隔汽层。

3. 屋面保温隔热层施工完成后，应及时进行找平层和防水层施工，避免保温隔热层受潮、浸泡或受损。

29.7.2 主 控 项 目

29.7.2.1 保温隔热材料

1. 用于屋面节能工程的保温隔热材料的品种、规格，按进场批次，每批随机抽取 3 个试样进行检查，并对质量证明文件按照其出厂检验批进行核查，应符合设计要求和相关标准的规定。

检验方法：观察、尺量检查；核查质量证明文件。

2. 保温隔热材料的导热系数、密度、抗压强度或压缩强度、燃烧性能，全数核查质量证明文件及进场复验报告，应符合设计要求。

3. 保温隔热材料，进场时应对其导热系数、密度、抗压强度或压缩强度、燃烧性能进行复验。复验应为见证取样送检，核查复验报告，应符合设计要求。

检查数量：同厂家、同品种，每 1000m² 屋面使用的材料为一个检验批，每检验批抽查 1 次；不足 1000m² 时抽查 1 次；屋面超过 1000m² 时，每增加 1000m² 应增加 1 次抽验。

保温隔热材料的燃烧性能每种产品应至少检验 1 次。

同项目、同施工单位且同时施工的多个单位工程（群体建筑）可合并计算屋面抽检面积。

29.7.2.2 屋面保温隔热层

屋面保温隔热层的敷设方式、厚度、缝隙填充质量及屋面热桥部位的保温隔热做法，每 100m² 抽查一处，每处 10m²，整个屋面抽查不得少于 3 处，进行观察、尺量检查，应符合设计要求和有关标准的规定。

29.7.2.3 屋面的通风隔热架空层

屋面的通风隔热架空层的架空高度、安装方式、通风口位置及尺寸，每 100m² 抽查一处，每处 10m²，整个屋面抽查不得少于 3 处，进行观察和尺量检查，应符合设计及有关标准要求。架空层内不得有杂物。架空面层应完整，不得有断裂和露筋等缺陷。

29.7.2.4 采光屋面

1. 采光屋面的传热系数、遮阳系数、可见光透射比、气密性，全数观察检查并核查质量证明文件，应符合设计要求。节点的构造做法应符合设计和相关标准的要求。采光屋面的可开启部分按外门窗节能工程的相关要求验收。

2. 采光屋面的安装质量，全数检查，应牢固、坡度正确、封闭严密，嵌缝处不得渗漏。

29.7.2.5 屋面的隔汽层

屋面的隔汽层位置，每100m²抽查一处，每处10m²，整个屋面抽查不得少于3处。对照设计观察检查，并核查隐蔽工程验收记录，应符合设计要求，隔汽层应完整、严密。

29.7.3 一 般 项 目

29.7.3.1 屋面保温隔热层

屋面保温隔热层应按施工方案施工，并应符合下列规定：

(1) 松散材料应分层敷设，按要求压实，表面平整，坡向正确。

(2) 现场采用喷、浇、抹等工艺施工的保温层，其配合比应计量准确，搅拌均匀、分层连续施工，表面平整，坡向正确。

(3) 板材应粘贴牢固、缝隙严密、平整。

检验方法：观察、尺量、称重检查。检查数量：每100m²抽查一处，每处10m²，整个屋面抽查不得少于3处。

29.7.3.2 金属板保温夹芯屋面

金属板保温夹芯屋面应铺装牢固、接口严密、表面洁净、坡向正确。

检验方法：全数观察，尺量检查，核查隐蔽工程验收记录。

29.7.3.3 坡屋面、内架空屋面

坡屋面、内架空屋面当采用敷设于屋面内侧的保温材料做保温隔热层时，保温隔热层应有防潮措施，其表面应有保护层，保护层的做法应符合设计要求。

检验方法：观察检查，核查隐蔽工程验收记录。检查数量：每100m²抽查一处，每处10m²，整个屋面抽查不得少于3处。

29.8 地面节能工程

楼、地面的保温隔热技术一般分两种，普通的楼、地面在楼板的下方粘贴膨胀聚苯板或其他高效保温材料后吊顶；另一种采用地板辐射采暖的楼、地面，在楼、地面基层完成后，在该基层上先铺保温材料，再将交联聚乙烯、聚丁烯、无规共聚聚丙烯、嵌段共聚聚丙烯、耐热聚乙烯或铝塑复合等材料制成的管道，按一定的间距，双向循环的盘曲方式固定在保温材料上，然后回填豆石混凝土，经平整振实，最后在其上铺设地面材料。地板辐射采暖地面工程，应符合《地面辐射采暖技术规程》(JGJ 142)的规定。地面节能工程的施工和质量控制等内容，详见本手册第25章"地面工程"，本节只涉及地面节能工程的检测验收。

29.8.1 一 般 规 定

29.8.1.1 适用范围

地面的保温隔热包括不采暖地下室顶板作为首层的保温隔热，楼板底面下方接触室外空气、土壤或毗邻不采暖空间的地面节能工程；也包括分户采暖和计量收费的建筑，上下楼层之间的楼地面要求保温隔热。

29.8.1.2 地面节能工程的施工

应在主体或基层质量验收合格后进行。施工过程中应及时进行质量检查、隐蔽工程验收和检验批验收，施工完成后应进行地面节能分项工程验收。

29.8.1.3 隐蔽工程验收

应对以下部位进行隐蔽工程验收，并应有详细的文字记录和必要的图像资料：

(1) 基层；

(2) 被封闭的保温材料厚度；

(3) 保温材料粘结；

(4) 隔断热桥部位。

29.8.1.4 地面节能分项工程检验批划分

应符合下列规定：

(1) 检验批可按施工段或变形缝划分；

(2) 当面积超过200m²时，每200m²划分为一个检验批，不足200m²也为一个检验批；

(3) 不同构造做法的地面节能工程应单独划分检验批。

29.8.2 主 控 项 目

29.8.2.1 用于地面节能工程的材料的质量

1. 地面节能工程使用的保温材料品种和规格，按进场批次，每批随机抽取3个试样进行观察、质量或称重检查，质量证明文件按其出厂检验批进行核查，应符合设计要求和相关标准的规定。

2. 地面节能工程使用的保温材料导热系数、密度、抗压强度或压缩强度、燃烧性能全数核查质量证明文件和复验报告，应符合设计要求。

3. 地面节能工程采用的保温材料，进场时应对其导热系数、密度、抗压强度或压缩强度、燃烧性能进行复验，复验应为见证取样送检。核查复验报告，应符合设计要求。

检查数量：同厂家、同品种，每1000m²地面使用的材料为一个检验批，每检验批抽查1次；不足1000m²时抽查1次；地面超过1000m²时，每增加1000m²应增加1次抽样。

同项目、同施工单位且同时施工的多个单位工程（群体建筑）可合并计算地面抽检面积。

29.8.2.2 地面节能工程施工

1. 地面节能工程施工前，应对基层进行处理，全数对照设计和施工方案观察检查，使其达到设计和施工方案的要求。

2. 地面保温层、隔离层、保护层等各层的设置和构造做法以及保温层的厚度全数对照设计和施工方案观察检查和尺量检查，应符合设计要求，并应按施工方案施工。

3. 地面节能工程的施工质量应符合下列规定：

(1) 保温板与基体之间、各构造层之间的粘结应牢固，缝隙应严密；

(2) 保温浆料应分层施工；

(3) 穿越地面直接接触室外空气的各种金属管道应按设计要求，采取隔断热桥的保温措施。

每个检验批抽查2处，每处10m²，穿越地面的金属管道处全数观察检查，并核查隐蔽工程验收记录。

29.8.2.3 有防水要求的地面

全数用长度500mm水平尺检查节能保温做法不得影响地面排水坡度，观察检查保温层面层不得渗漏。

29.8.2.4 有采暖要求的地面

有采暖要求的地面全数对照设计观察检查，应符合设计要求。

29.8.2.5 保温层的表面防潮层、保护层

全数观察检查，应符合设计要求。

29.8.3 一 般 项 目

采用地面辐射供暖的工程，其地面节能做法全数观察检查，应符合设计要求，并应符合《地面辐射供暖技术规程》(JGJ 142)的规定。

29.9 采暖节能工程

29.9.1 一 般 规 定

29.9.1.1 采暖节能工程系统用材料

1. 设备、配件：采暖节能工程系统所采用的散热器、各类阀门、仪表、管材等必须符合设计要求和国家现行的有关标准和规范的要求。施工过程中不得随意减少和更换。

2. 保温隔热材料的导热系数、密度、吸水率是采暖节能的重要性能参数，必须符合设计要求和国家现行的有关标准和规范的要求。

29.9.1.2 采暖系统施工安装和调试

1. 室内热水采暖系统形式，必须按照图纸设计的采暖系统形式施工，不得任意更改。

2. 对于低温热水地板辐射采暖系统，施工时应按照设计划分的采暖分区进行施工，不得任意更改采暖分区和回路。

3. 室内热水采暖节能系统安装应符合设计要求，如散热器、阀门、过滤器、温度计的安装位置、数量符合设计要求，不得随意增减和更换；室内温控装置、计量装置、水力平衡装置、热力入口装置的安装位置和方向符合设计要求，并便于观察、操作和调试；保温隔热材料性能和厚度符合设计要求，系统安装均不能影响节能效果。

4. 采暖系统的调试是检测采暖系统是否满足设计对其功能的要求，确保系统在设计工况状态下正常运行。否则可能造成系统水力失衡，局部过热或不热，从而造成系统热量损耗超出设计指标。它是影响采暖系统正常运行和节能的重要因素。

29.9.1.3 采暖节能工程的其他要求

1. 施工前应编制专门节能系统施工技术方案，报监理（建设）单位审批。

2. 施工应按照规范要求单独作为分部工程进行验收。

3. 施工方案应包括设计要求的设备、材料的质量指标、复验要求、施工工艺、系统检测、质量验收要求等。

29.9.2 材料与设备

29.9.2.1 散热器

1. 散热器是采暖系统中重要的末端的设备，散热器的单位散热量、金属热强度是采暖散热器热效率的重要参数。

2. 散热器的单位散热量 K 值：是指散热器内热媒的平均温度与室内气温相差 1℃ 时，每平方米散热面积单位时间所传出的热量。该值与暖气片面积（F）的乘积，再乘以标准传热温度（64.5℃）就是该散热器的标准散热量（Q），即 $Q=K \cdot F \cdot 64.5$。在散热面积一定的情况下，K 值越大，则暖气片的散热量就越大。K 值测量方法按《采暖散热器散热量测试方法》（GB/T 13754）采用上进下出连接方式，在闭式小室条件下检测确定。

3. 散热器的金属热强度（q）是指 1kg 的采暖散热器片每升高 1℃ 所散发的热量。q 值越大，说明散出同样的热量所耗用的金属质量越少。这个指标是衡量同一材质散热器节能和经济性的一个指标。对于各种不同材质的散热器，应分别按本材质的金属热强度进行比较，见表 29-85。

4. 散热器表面涂料：散热器一般采用银粉漆作表面涂料，这种金属涂料对散热器的辐射散热有一定的阻隔作用。为改善散热器的热工品质，节约能耗，应尽量采用非金属涂料。非金属涂料一般可使散热量提高 13%～17%，参见表 29-86。且非金属涂料颜色和种类很多，可配合建筑装修选择协调一致的颜色，增加室内的美观。

各类型散热器金属热强度值 [W/（kg·℃）]　表 29-85

散热器类型	钢制柱型散热器	钢制板型散热器	钢管散热器	铝制柱翼型散热器	铜铝复合柱翼型散热器	铜管对流散热器	铸铁散热器	卫浴型采暖散热器		
金属热强度	1.1	1.2	1.1	2.8	2.0	1.8	0.35	钢质	不锈钢质	铜质
								0.80	0.75	1.0

不同表面状况的散热率　表 29-86

表面状况	散热效率（%）
银粉漆	100
自然金属表面	109
浅绿色漆	113
乳白色漆	114
米黄色漆	116
深棕色漆	116
浅蓝色漆	117

29.9.2.2 采暖系统附属配件

1. 散热器温度控制阀

散热器温度控制阀，属于比列式调节阀，利用感温元件控制阀门开度，改变采暖热水流量，达到调节、控制室内温度目的。工作过程无需外加能量，用于分户控制散热器散热量的热水采暖系统。可节约能量 20%～25%。

2. 热量表

热量表是用于测量及显示水流经热交换系统所释放或吸收热量的仪表，安装在热交换回路的入口或出口，用以对采暖设施中的热耗进行准确计量及收费控制。智能型热量表见图 29-5。

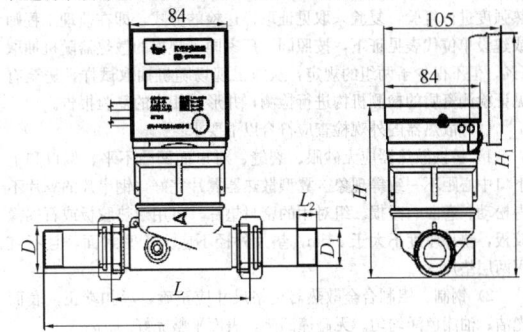

图 29-5 智能型热量表

3. 平衡阀

平衡阀分为动态和静态平衡阀。动态流量平衡阀亦称自力式流量控制阀、自力式平衡阀、定流量阀、自动平衡阀等，它根据系统工况（压差）变动而自动变化阻力系数，即当阀门前后的压差增大时，通过阀门的自动关小的动作能够保持流量不增大，反之，当压差减小时，阀门自动开大，流量仍保持恒定，从而在一定的压差范围内，有效地控制通过的流量保持一个常值，见图 29-6。

静态平衡阀是一种具有数字锁定特殊功能的调节型阀门，采用直流型阀体结构，阀门设有开启度指示、开度锁定装置及用于流量测定的测压小阀，只要在各支路及用户入口装上适当规格的平衡阀，并用专用智能仪表进行一次性调试后锁定，即可将系统的总水量控制在合理的范围内，从而克服了"大流量、小温差"的不合理现象，见图 29-7。

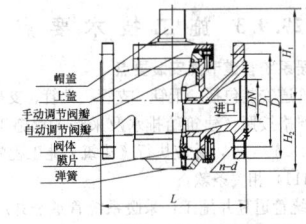

图 29-6 动态平衡阀

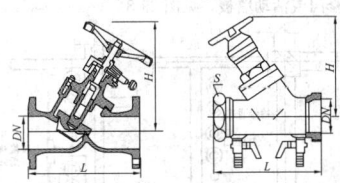

图 29-7 静态平衡阀

29.9.2.3 设备材料检验

1. 采暖系统管材阀门仪表等配件验收

（1）采暖系统的散热设备、阀门、仪表、管材、保温材料等产品进场时，按设计要求对其类型、材质、规格及外观等进行逐一核对验收。验收应由供货商、监理单位、施工单位的代表等共同参加，并应经监理工程师（建设单位代表）检查确认，且形成相应的验收记录。各种产品和设备的质量证明文件和相关技术资料应齐全，并应符合国家现行有关标准的规定。

（2）采暖系统选用的管道其质量应符合相应产品标准中的各项规定和要求，并应符合以下规定：

1）加热管的表面应光滑、清洁，无分层、针孔、裂纹、气泡；并应有连续、清晰的生产厂家和生产标准的明确标识。

2）加热管和管件的颜色、材质应一致，色泽均匀，无分解变色。分、集水器（含连接件等附件）的材质一般为黄铜。黄铜件直接与PP-R或PP-B接触的表面必须镀镍。金属连接及过渡管件之间应采用专用管螺纹连接密封。

2. 散热器验收

（1）散热器应有产品合格证，进场时对其单位散热量、金属热强度进行复验，复验采取见证取样送检的方式，即在监理工程师或建设单位代表见证下，按照同一厂家同一规格的散热器随机抽取1%，但不得少于两组的规定，从施工现场随机抽取试样，送至有见证检测资质的检测机构进行检测，并形成相应的复验报告。

（2）散热器的外观检查应符合以下要求：

1）铸铁散热器应无砂眼、裂缝、对口面凹凸不平，偏口和上下口中心距不一致等现象。翼型散热器翼片完好，钢串片的翼片不得松动、卷曲、碰损。组对用的密封垫片，可用耐热胶板或石棉橡胶板，垫片厚度不大于1mm，垫片外径不应大于密封面，且不宜用两层垫片。

2）钢制、铝制合金散热器规格尺寸应正确，丝扣端正，表面光洁、油漆色泽均匀。无碰撞凹陷，表面平整完好。

3）散热器的组对零件：对丝、丝堵、补心、丝扣圆翼法兰盘、弯管、短丝、三通、弯头、活接头、螺栓螺母等应符合质量要求，无偏扣、方扣、乱扣、断扣，丝扣端正，松紧适宜。石棉橡胶垫以1mm厚为宜（不超过1.5mm厚），并符合使用压力要求。

4）散热器安装其他材料：圆钢、拉条垫、托钩、固定卡、膨胀螺栓、钢管、放风阀、机油、铅油、麻丝及防锈漆的选用应符合质量和规范要求。

3. 保温材料

保温材料的性能、规格应符合设计要求，并有合格证。保温材料进场时，应对其导热系数、密度、吸水率进行复验，复验采取见证取样送检的方式，即在监理工程师或建设单位代表见证下，按照同一厂家同材质的保温材料见证取样送检的次数不得少于两次的规定，从施工现场随机抽取试样，送至有见证检测资质的检测机构进行检测，并形成相应的复验报告。

29.9.3 施工技术要点

29.9.3.1 采暖系统管道节能安装要点

采暖系统管道安装包括：干管、支管、立管、支架及附属装置安装，施工时严格按照《建筑给排水及采暖工程施工质量验收规范》（GB 50242）施工外，并应执行《建筑节能工程施工质量验收规范》（GB 50411）相关条款。

1. 采暖系统管道竖井施工：采暖系统管道竖井应保证留有保温施工安装及检修的空间，当竖井不能进入时，其中一侧须设置能够开启的检修门或活动墙板，见图29-8。

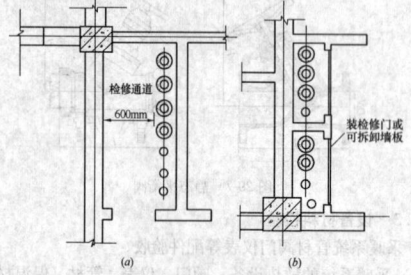

图29-8 竖向管井的管道排列
(a) 进入检修管井；(b) 开门检修管井

2. 在采暖系统中，散热器的连接应尽量采用上进下同侧连接方式，既节省管材、方便安装，散热效果也好。下进下出的连接方式散热效果较差，常用于单管水平串联系统中。而下进上出的连

接方式散热效果最差，一般不宜采用。散热器连接方式对散热效果的影响见表29-87。

散热器不同连接方式的散热效率 表 29-87

图 示	连接方式	散热效果（%）
	同侧上进下出	100
	异侧上进下出	99
	异侧下进下出	81
	异侧下进上出	73
	同侧下进下出	71

29.9.3.2 散热器安装

散热器安装应控制散热器中心线与墙面的距离和与窗口中心线取齐；同一层或同一房间的散热器，应安装在同一水平高度。

1. 各种散热器的固定卡及托钩的型式、位置应符合标准图集或说明书的要求。各种散热器支架、托架数量，应符合设计或产品说明书要求。如设计无要求时，应符合表29-88的规定。

散热器支架、托架数量 表 29-88

项次	散热器形式	安装方式	每组片数	上部托钩或卡架数	下部托钩或卡架数	合计
1	长翼型	挂墙	2～4	1	2	3
			5	2	2	4
			6	2	3	5
			7	2	4	6
2	柱型柱翼型	挂墙	3～8	1	2	3
			9～12	2	2	4
			13～16	2	4	6
			17～20	2	5	7
			21～25	2	6	8
3	柱型柱翼型	带足落地	3～8	1		1
			8～12	1		1
			13～16	2		2
			17～20	2		2
			21～25	2		2

2. 散热器安装底部距地大于或等于150mm，当散热器下部有管道通过时，距地高度可提高，但顶部必须低于窗台50mm。

3. 散热器的背面与装修后的墙内表面安装距离，应符合设计及产品说明要求，如设计无要求，应为30mm。

4. 散热器与管道连接，必须安装可拆卸件。

5. 散热器的外表面刷非金属性涂料。

29.9.3.3 采暖系统阀件附属设备安装

1. 恒温阀、温度调控装置安装

（1）恒温阀主要用于分户控制散热器散热量的热水采暖系统。

（2）恒温阀或温度控制装置的型号、规格、公称压力及安装位置应符合设计要求。

（3）室内温控装置传感器安装在距地面1.4m的内墙面上（或与室内照明开关并排设置），不要装在阳光直射、冷风直吹或受散热器直接影响的位置。

（4）明装散热器的恒温阀不应安装在狭小和封闭空间，其恒温阀阀头水平安装，且不应被散热器、窗帘或其他障碍物遮挡。暗装

散热器的恒温阀采用外置式温度传感器。

（5）为了避免由焊渣及其他杂物引起功能故障，应对管道和散热器进行彻底清洗。对特别旧的采暖系统进行改装时，宜在散热器恒温阀前端安装过滤器。

（6）采暖恒温调节阀尺寸及安装见图 29-9、图 29-10。

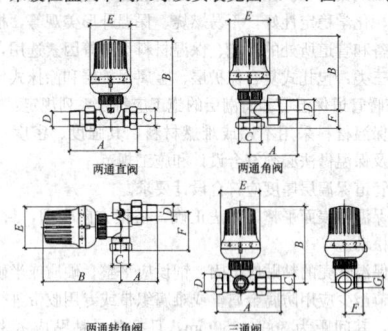

两通直阀　　　　两通角阀

两通转角阀　　　　三通阀

图 29-9　采暖恒温调节阀尺寸

2. 热计量装置安装

（1）户用热量表主要用于集中供暖系统分户热计量，通常有普通型及预付费两种类型。

（2）热量表水平安装在进水管道上。水流方向与热量表箭头指示的方向一致。安装时热量表表头位置如果不便读数，可旋转表头至适合读数的位置，旋转时用力应均衡。

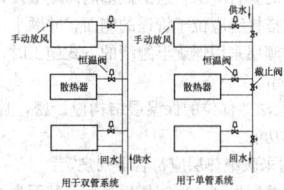

图 29-10　采暖恒温调节阀安装示意图

（3）热量表前应留够一定距离的直管段（大于 200mm）。

（4）测温球阀或测温三通必须安装在散热回路的回水管管道上。

（5）热量表表前应安装过滤器，并且系统管路在安装热量表前进行彻底清洗，以保证管道中没有污染物和杂物。

（6）流量传感器的方向不能接反，且前后管径要与流量计一致。

（7）热量表安装见图 29-11。

3. 减压阀安装

（1）减压阀的型号、规格、公称压力及安装位置应符合设计要求。安装时要按照产品说明书进行操作，使阀后压力符合设计要求。减压阀安装时，减压阀前的管径与阀体的直径要一致，减压阀后的管径宜比阀前的管径大 1～2 号。

（2）减压阀的阀体要垂直安装在水平管路上，阀体上的箭头必须与介质流向一致。减压阀两侧安装阀门，采用法兰连接截止阀。

（3）减压阀前应装有过滤器，对于带有均压管的薄膜式减压阀，其均压管接在低压管道的一侧。

（4）减压阀前、后均安装压力表。减压阀安装见图 29-12。

4. 平衡阀、调节阀安装

（1）平衡阀属于调节阀，包括动态平衡阀和静态平衡阀。平衡

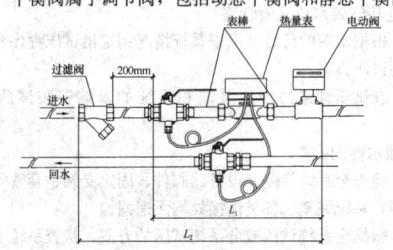

图 29-11　热量表安装示意图

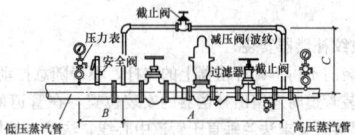

图 29-12　减压阀安装图

阀的选用应严格按照设计图纸要求的种类选用，特别是用于系统初平衡的静态平衡阀，不得更改为动态平衡阀。

（2）平衡阀安装时，平衡阀及调节阀的型号、规格、公称压力及安装位置应符合设计要求。

（3）平衡阀按设计要求安装在设计指定的管路上。

（4）由于平衡阀具有流量计量功能，为使流经阀门前后的水流稳定，保证测量精度，应尽可能将平衡阀安装在直管段处。

（5）平衡阀安装见图 29-13。

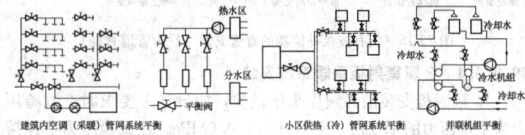

建筑内空调（采暖）管网系统平衡　　小区供热（冷）系统平衡　　并联机组平衡

图 29-13　平衡阀安装示意图

5. 安全阀安装

（1）安全阀安装在振动较小、便于检修的地方，且垂直安装，不得倾斜。

（2）与安全阀连接的管道应畅通，出口管道的公称直径应不小于安全阀连接口的公称直径，排出管应向上排至室外，离地面2.5m 以上。

6. 补偿器安装

热水管道应尽量利用自然弯补偿热伸缩量，直线管段过长应设置补偿器。补偿器的型号、安装位置及预拉伸和固定支架的构造及安装位置应符合设计要求。

（1）方型补偿器安装

1）安装前检查是否符合设计要求，补偿器的三个臂应在一个平面上。水平安装时应与管道坡度、坡向一致。当沿其臂长方向垂直安装时，高点设放风阀，低点处设疏水器。安装时调整支架，使补偿器位置标高正确，坡度符合规定。

2）应做好预拉伸，设计无要求时预拉神长度为其伸长量的一半。

3）方形伸缩器制作时，$DN40$ 以下可采用焊接钢管，$DN50$ 以上弯制补偿器用整根无缝钢管煨制，如需要接口，其焊口位置设在垂直臂的中间位置，且接口必须焊接。

4）方形伸缩器外形见图 29-14（弯曲半径 $R=4D$）。

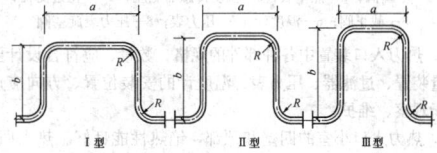

Ⅰ型　　　　Ⅱ型　　　　Ⅲ型

图 29-14　方形伸缩器

（2）套筒补偿器安装

1）套筒补偿器应靠近固定支架，并将外套管一端朝向管道的固定支架，内套管一端与产生热膨胀的管道连接。

2）套筒补偿器的预拉伸长度应根据设计要求。预拉伸时，先将补偿器的填料压盖松开，将内套管拉出预拉伸的长度，然后再将填料压盖紧住。填料采用涂有石墨粉的石棉盘根或浸过机油的石棉绳，压盖的松紧程度在试运行时进行调整，以不漏水、不漏气，内套管又能伸缩自如为宜。

3）安装管道时应留出补偿器的安装位置，在管道两端各焊一片法兰盘，焊接时要求法兰垂直于管道中心线，法兰与补偿器表面相互平行，加垫后衬垫应受力均匀。

4）为保证补偿器的正常工作，安装时必须保证管道和补偿器中心线一致，并在补偿器内套管端设置 1～2 个导向滑动

支架。

（3）波纹补偿器安装

1）安装前不得拆卸补偿器上的拉杆，不得随意拧动拉杆螺母。

2）安装管道时应留出补偿器的安装位置，在管道两端各焊一片法兰，焊接时要求法兰垂直于管道中心线，法兰与补偿器表面相互平行，加垫后衬垫应受力均匀。补偿器安装时，卡架不得吊在波节上。试压时不得超压，不允许侧向受力，将其固定牢固。

3）固定管架和导向管架的分布应符合：第一导向管架与补偿器端部的距离不超过 4 倍管径；第二导向架与第一导向架的距离不超过 14 倍管径；第二导向管架以外的最大导向间距由设计确定，见图 29-15。

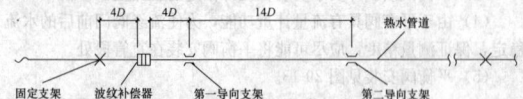

图 29-15 装有波纹补偿器的管道支架（*D* 为管道直径）

29.9.3.4 金属辐射板采暖系统安装

1. 辐射板安装前必须作水压试验，如设计无要求时，试验压力为工作压力的 1.5 倍，但不得小于 0.6MPa。在试验压力下保持 2～3min 压力不降且不渗不漏为合格。

2. 辐射板管道与带状辐射板之间的连接，宜使用法兰连接。辐射板的送、回水管，不宜与辐射板安装在同高度上。送水管宜高于辐射板，回水管宜低于辐射板，并且有不小于 5‰ 的坡度坡向回水管。

3. 辐射板之间的连接设置伸缩器，辐射板安装后不得低于最低安装高度。

4. 辐射板在安装完毕应参与系统进行试压、冲洗。冲洗时加临时过滤网，防止系统管道内杂质进入辐射板排管内的保护措施。

5. 辐射板表面的防腐及涂漆要附着良好，无脱皮、起泡、流淌和漏涂缺陷。板面宜采用耐高温防腐蚀漆。

29.9.3.5 热力入口装置安装

1. 典型带计量地上安装热力入口安装见图 29-16。

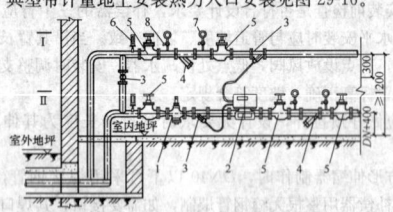

图 29-16 带计量地上安装热力入口示意
1—平衡阀；2—热量表；3—温度传感器底座；4—y 型过滤器；
5—截止阀；6—温度计；7—压力表；8—压力表旋塞阀

2. 热力入口装置中各种部件的规格、数量、应符合设计要求；热计量装置、过滤器、压力表、温度计的安装位置、方向应正确，并便于观察、维护。

3. 热力入口小室的四壁和顶部，绝热性能良好。热水回水管上要加装平衡阀，阀前装过滤器，避免杂质流回换热站。热力入口管道、阀门保温应符合设计和规范要求，接缝应严密，减少热量损失。

4. 热力入口干管上的阀门均应在安装前进行水压试验。水力平衡装置及各类阀门的安装位置、方向应正确，并便于操作和调试。安装完毕后，应根据系统水力平衡要求进行调试并做出标志。

5. 室内采暖系统的管道冲洗一般以热力入口作为冲洗的排水口，具体的排水部位是尚未与外网联通的干管头，而不宜采用泄水阀作排水口。

6. 热力入口安装的温度计和压力表，其规格应根据介质的工作最高和最低值来选择温度计，压力表则按系统在该点处的静压和动压之和来确定其量程范围。安装仪表后做好保护工作，避免受损。

29.9.3.6 保温工程

保温结构一般由保温层和保护层组成。保温结构的设计或选用应符合保温效果好、造价低、施工方便、防火、耐火、美观等要求。

保温层结构按保温材料和施工方法不同，分为绑扎式、涂抹式、预制保温管、浇灌式、填充式、喷涂式等。

保护层应具有保护保温层和防潮的性能，且要求其容重轻、耐压强度高、化学稳定性好，不易燃烧、保温外形美观等，根据供应条件、设备和管道所处的环境、保温材料类型等因素选用，常用的保护层有三类：包扎式复合保护层、金属保护层和涂抹式保护层。

1. 采暖管道保温层和防潮层的施工应符合系列规定：

（1）保温材料采用不燃或难燃材料，其强度、密度、导热系数、规格及保温做法必须符合设计和施工规范。

（2）管道保温层厚度应符合设计要求。

（3）保温层表面平整，做法正确，搭接方向合理，封口严密，无空鼓和松动。

（4）保温管壳的粘贴应牢固、铺设应平整；硬质或半硬质的保温管壳每节至少应用防腐金属丝或难腐织带或专用胶带进行捆扎或粘贴两道，其间距为 300～350mm，且捆扎、粘贴应紧密，无滑动、松弛及断裂现象。

（5）硬质或半硬质保温管壳的拼接缝隙不应大于 5mm，并用粘结材料勾缝填满；纵缝应错开，外层的水平接缝应设在侧下方。

（6）松散或软质保温材料应按规定的密度压缩其体积，疏密应均匀；毡类材料在管道上包扎时，搭接处不应有空隙。

（7）防潮层应紧密粘贴在保温层上，封闭良好，不得有虚粘、气泡、褶皱、裂缝等缺陷。

（8）防潮层的立管应由管道的低端向高端敷设，环向搭接缝应朝向低端；纵向搭接缝应位于管道的侧面，并顺水。

（9）卷材防潮层采用螺旋形缠绕的方式施工时，卷材的搭接宽度宜为 30～50mm。

（10）阀门及法兰部位的保温层结构应严密，且能单独拆卸并不得影响其操作功能。

2. 地板辐射采暖绝热层应符合下列规定：

（1）土壤防潮层上部、住宅楼板上部及其下为不供暖房间的楼板上部的地板加热管之下，以及辐射采暖地板沿外墙的周边，应铺设绝热层。

（2）绝热层采用聚苯乙烯泡沫塑料板时，厚度不宜小于下列要求（当采用其他绝热材料时，宜按等效热阻确定其厚度）：楼板上部：30mm（受层高限制时不应小于 20mm）；土壤上部：40mm；沿外墙周边：20mm。

（3）铺设绝热层的地面应平整、干燥、无杂物。墙面根部应平直，且无积灰现象。绝热层的铺设应平整，绝热层相互接合应严密。

（4）当敷有真空镀铝聚酯薄膜或玻璃布基铝箔贴面层时，铝箔面朝上。当钢筋、电线管、散热器支架、加热管固定卡钉或其他管道穿过时，只允许垂直穿过，不准斜插，其插口处用胶带封贴严实、牢固，不得有其他破损。

（5）绝热层铺设结合处应无缝隙，绝热层厚度允许偏差 +0.1δ。

29.9.4 试运转与检测验收

29.9.4.1 试运转

1. 工艺流程

连接管路→检查采暖系统→管道冲洗→试压→系统调试。

2. 连接安装水压试验管路

（1）根据水源的位置和工程系统情况制定出试压程序和技术措施，编制试压方案。

（2）在试压管路的加压泵端和系统的末端安装试压用的压力表。

3. 灌水前的检查

（1）检查全系统管路、设备、阀件、固定支架、套管等，必须安装无误，系统完整。各类连接处均无遗漏。

（2）根据全系统试压或分系统试压的方案，检查系统上各类阀门的开、关状态，不得漏检。试压管道阀门全打开，试验管段与非

试验管段连接处必须隔断。

　　4. 水压试验

　　(1) 打开水压试验管路中的阀门，开始向采暖系统注水。开启系统中各高处的排气阀，使管道及供暖设备里的空气排尽。待水注满后，关闭排气阀和进水阀。

　　(2) 打开连接加压泵的阀门，用试压泵通过管路向系统加压，同时打开压力表上的旋塞阀，观察压力升高情况，每加压至一定数值时，停下来对管道进行全面检查，无异常现象再继续加压，一般分 2~3 次升至试验压力。

　　(3) 试验压力应符合设计要求。当设计无规定时，应按《建筑给水排水及采暖工程施工质量验收规范》(GB 50242) 的相关规定执行。

　　5. 室内采暖系统冲洗

　　(1) 系统试压合格后，对系统中的过滤器进行清洗。

　　(2) 采暖系统冲洗时全系统内各类阀件应全部开启，并拆下除污器、自动排气阀等。

　　(3) 冲洗中，管路通畅，无堵塞现象，当排入下水道的冲洗水为清净水时可认为冲洗合格。全部冲洗后，再以流速 1~1.5m/s 的速度对全系统循环，延续 20h 以上，循环水色透明为合格。

　　6. 采暖系统调试

　　(1) 系统冲洗完毕应充水，进行试运行和调试。

　　(2) 制定出调试方案、人员分工和处理紧急情况的各项措施。

　　(3) 向系统内充水（以软化水为宜），先打开系统最高点的排气阀，指定专人看管。再打开系统回水干管的阀门，待最高点的排气阀见水后立即关闭。然后开启总进口供水管的阀门，最高点的排气阀须反复开闭数次，直至将系统中冷空气排净。

　　(4) 调整各个分路、立管、支管上的阀门，使其基本达到平衡。

　　(5) 高层建筑的采暖系统调试，可按设计系统的特点进行划分，按区域、独立系统、分若干层等逐段进行。

29.9.4.2 采暖系统节能性能检测验收

　　1. 一般要求

　　温度不超过 95℃，室内集中热水采暖系统的施工质量验收，除应符合《建筑节能工程施工质量验收规范》(GB 50411) 的规定外，尚应按照批准的设计图纸和《建筑给水排水及采暖工程施工质量验收规范》(GB 50242) 及《通风与空调工程施工质量验收规范》(GB 50243) 等的规定执行。

　　2. 主控项目

　　(1) 采暖系统节能工程采用的散热设备、阀门、仪表、管材、保温材料等产品进场时，应按设计要求对其类型、材质、规格及外观等进行验收，并应经监理工程师（建设单位代表）检查认可，且应形成相应的验收记录。各种产品和设备的质量证明文件和相关技术资料应齐全，并应符合国家现行有关标准和规定。全数观察检查，并核查其质量证明文件和相关技术。

　　(2) 采暖系统节能工程采用的散热器和保温材料等进场时，应对其下列技术性能参数进行复验，复验应为见证取样送检：

　　1) 散热器的单位散热量、金属热强度；

　　2) 保温材料的导热系数、密度、吸水率。

　　检验方法：现场随机抽样送检；核查复验报告。

　　检查数量：同一厂家、同材质、同规格的散热器，按其数量 500 组及以下时，各抽检 2 组，500 组以上时，各抽检 3 组；由同一施工单位施工的同一建设单位的多个单位工程（群体建筑），当使用同一生产厂家、同材质、同规格、同批次的散热器时，可合并计算按每 10 万 m² 建筑各抽检 3 组。同一厂家同材质的保温材料见证取样送检的次数不得少于 2 次。

　　(3) 采暖系统的安装应符合下列规定：

　　1) 采暖系统的制式，应符合设计要求；

　　2) 散热设备、阀门、过滤器、温度计及仪表应按设计要求安装齐全，不得随意增减和更换；

　　3) 室内温度调控装置、热计量装置、水力平衡装置以及热力入口装置的安装位置和方向应符合设计要求，并便于观察、操作和调试；

　　4) 温度调控装置和热计量装置安装后，采暖系统应能实现设计要求的分室（户或区）温度调控、分楼栋热计量和分户或分室（区）热量（费）分摊的功能。

　　检验方法：观察检查。检查数量：全数检查。

　　(4) 散热器及其安装应符合下列规定：

　　1) 每组散热器的规格、数量及安装方式应符合设计要求；

　　2) 散热器外表面应刷非金属性涂料。

　　检验方法：观察检查。检查数量：按散热器组数抽查 5%，不得少于 5 组。

　　(5) 散热器恒温阀及其安装应符合下列规定：

　　1) 恒温阀的规格、数量应符合设计要求；

　　2) 明装散热器恒温阀不应安装在狭小和封闭空间，其恒温阀阀头应水平安装，且不应被散热器、窗帘或其他障碍物遮挡；

　　3) 暗装散热器的恒温阀应采用外置式温度传感器，并应安装在空气流通且能正确反映房间温度的位置上。

　　检验方法：观察检查。检查数量：按总数抽查 5%，不得少于 5 个。

　　(6) 低温热水地面辐射供暖系统的安装除了应符合本节 (3) 条的规定外，尚应符合下列规定：

　　1) 防潮层和绝热层的做法及绝热层的厚度应符合设计要求；

　　2) 室内温控装置的传感器应安装在避开阳光直射和有发热设备且距地 1.4m 处的内墙面上。

　　检验方法：防潮层和绝热层隐蔽前观察检查；用钢针刺入绝热层、尺量；观察检查、尺量室内温控装置传感器的安装高度。检查数量：防潮层和绝热层按检验批抽查 5 处，每处检查不少于 5 点；温控装置按每个检验批抽查 10 个。

　　(7) 采暖系统热力入口装置的安装应符合下列规定：

　　1) 热力入口装置中各种部件的规格、数量，应符合设计要求；

　　2) 热计量装置、过滤器、压力表、温度计的安装位置、方向应正确，并便于观察、维护；

　　3) 水力平衡装置及各类阀门的安装位置、方向应正确，并便于操作和调试。安装完毕后，应根据系统水力平衡要求进行调试并做出标志。

　　检验方法：观察检查；核查进场验收记录和调试报告。检查数量：全数检查。

　　(8) 采暖管道保温层和防潮层的施工应符合下列规定：

　　1) 保温材料的燃烧性能、材质、规格及厚度等应符合设计要求；

　　2) 保温管壳的粘贴应牢固、铺设应平整。硬质或半硬质的保温管壳每节至少应用防腐金属丝或难燃织带或专用胶带进行捆扎或粘贴 2 道，其间距为 300~350mm，且捆扎、粘贴应紧密，无滑动、松弛及断裂现象；

　　3) 硬质或半硬质保温管壳的拼接缝隙不应大于 5mm，并用粘结材料勾缝填满；纵缝应错开，外层的水平接缝应设在侧下方；

　　4) 松散或软质保温材料应按规定的密度压缩其体积，疏密均匀。毡类材料在管道上包扎时，搭接处不应有空隙；

　　5) 防潮层应紧密粘贴在保温层上，封闭良好，不得有虚粘、气泡、褶皱、裂缝等缺陷；

　　6) 防潮层的立管应由管道的低端向高端敷设，环向搭接缝朝向低端；纵向搭接缝应位于管道的侧面，并顺水；

　　7) 卷材防潮层采用螺旋形缠绕的方式施工时，卷材的搭接宽度宜为 30~50mm；

　　8) 阀门及法兰部位的保温层结构应严密，且能单独拆卸并不得影响其操作功能。

　　检验方法：观察检查；用钢针刺入保温层、尺量。检查数量：按数量抽查 10%，且保温层不得少于 10 段，防潮层不得少于 10m，阀门等配件不得少于 5 个。

　　(9) 采暖系统应随施工进度对与节能有关的隐蔽部位或内容进行验收，并应有详细的文字记录和必要的图像资料。全数观察检查；核查隐蔽工程验收记录。

　　(10) 采暖系统安装完毕后，应在采暖期内与热源进行联合试运转和调试。联合试运转和调试结果应符合设计要求，采暖房间温

度不得低于设计计算温度2℃，且不高于设计值1℃。全数检查室内采暖系统试运转和调试记录。

3. 一般项目

（1）采暖系统过滤器等配件的保温层应密实、无空隙，并符合采暖系统过滤器等配件的保温层施工的要求。

（2）采暖系统过滤器等配件的保温，不得影响其操作功能。通过观察检查，抽查同类别数量的10%，且不少于2件。

29.10 通风与空调节能工程

29.10.1 一 般 规 定

29.10.1.1 通风与空调节能工程使用的设备、材料

通风与空调工程使用的材料与设备必须符合设计要求及国家有关标准的规定，严禁使用国家明令禁止使用与淘汰的产品。

1. 风管系统

（1）风管的材质、断面尺寸及厚度应符合设计要求；

（2）正确选用保温材料，降低冷量损耗。

2. 水管系统

（1）管材和各类阀门的选用应符合设计和规范的要求；

（2）正确选用水力平衡阀门，保证其调节作用的实现；

（3）正确选用保温材料，降低冷量损耗。

3. 应选用节能设备，其规格、数量应符合设计要求。如在系统中使用变频水泵、热回收机组等。

29.10.1.2 通风与空调节能工程施工安装

空调系统的制式应严格按照设计要求，并做好施工和调试工作，保证其功能的实现。

1. 节能系统对施工的要求往往比较高，应提高施工技术和方法，严格按照设计要求进行施工，保证节能系统的良好运行。

（1）风管的制作与安装

1）风管与部件、风管与土建风道及风管间的连接应严密、牢固；

2）做好风管系统的保温隔热，有防热桥处理，并应符合设计要求。

（2）水管系统安装

1）水管的安装应符合设计要求，做好防渗漏处理和防腐保温隔热；

2）确保水系统的水力平衡，根据设计要求水力平衡阀门安装的数量和部位正确无误；

3）水系统阀门的安装应严格按规范进行，防止阻力增加或者漏水造成安全隐患。

（3）设备的安装

1）安装位置和方向应正确，且风管、送风静压箱、回风箱的连接应严密可靠；

2）现场组装的组合式空调机组各功能段之间连接应严密，并应做现场漏风量检测；其漏风量必须符合现行国家标准《组合式空调机组》（GB/T 14294）的规定；

3）机组内的空气热交换器翅片和空气过滤器应清洁、完好，且安装位置和方向正确。

通风与空调系统施工中，对隐蔽部位或内容进行验收，并有详细的文字记录和必要的图像资料：

（1）风管制作；

（2）水管系统：

1）管道绝热层的基层及其表面处理；

2）管道绝热层的铺设、厚度、粘结或固定；

3）管道绝热层的接缝、构造节点、热桥部位处理；

4）管道穿楼板、穿墙处绝热层；

5）管道防潮层铺设、接缝处理；

6）管道阀门、过滤器、法兰部位绝热层铺设、厚度；

7）冷热水管道与支、吊架连接的绝热衬垫安装、填缝处理。

3. 随施工进度，做好节能系统的调试工作，并有详细的文字记录和必要的图像资料：

（1）风管系统：

1）风管安装检查、漏风量测试记录；

2）风机盘管检查、试验记录；

3）通风机、空调风机检查、试运行记录；

4）风口风量测试、调整记录；

5）通风空调系统总风量测试记录。

（2）水管系统：

1）管道系统冲洗记录；

2）水泵试运行记录。

29.10.2 材料、设备进场检验

29.10.2.1 风管材料进场检验

1. 风管的材料品种、规格、性能及厚度等应符合设计和《通风与空调工程施工质量验收规范》（GB 50243）的有关规定。

2. 成品风管的材质、厚度、尺寸偏差等应符合设计和有关国家规范、标准的要求。

29.10.2.2 空调水管材料及阀门、配件进场检验

1. 空调水管及阀门的材质、规格、型号、厚度及连接方式等应符合设计和有关国家规范、标准的规定。

2. 焊接管件外径和壁厚应与管材匹配，管道、阀件法兰密封面不得有毛刺及径向沟槽，带有凹凸面的法兰应能自然嵌合，凸面的高度不得小于凹槽的深度。

3. 阀件铸造规矩、无毛刺、裂纹，开关灵活严密。

4. 法兰垫片应质地柔韧，无老化变质或分层现象，表面不应有折损、皱纹等缺陷。

29.10.2.3 保温隔热材料进场检验

保温隔热材料进场应复检，复检其导热系数、密度、吸水率、有机保温材料的燃烧性能等性能。复验应为见证取样送检。同一厂家同材质的保温隔热材料复检次数不得小于两次。

29.10.2.4 通风与空调设备进场检验

各种设备的型号、规格、技术参数应符合设计要求。

1. 通风机及空调机组、风机盘管的风机应有性能检测报告及出厂合格证。

2. 进场复验，现场随机见证取样送检。

（1）风机盘管，应对其供冷量、供热量、风量、出口静压、噪声及功率；

（2）多联式空调（热泵）机组室内机和室外机的制冷量、制热量、风量、功率、噪声；

检查数量：同一厂家的风机盘管机组或多联式空调（热泵）机组室内机，总台数在500台及以下时，抽检2台；500台以上时抽检3台。由同一施工单位施工的同一建设单位的多个单位工程（群体建筑），当使用同一生产厂家的风机盘管机组或多联式空调（热泵）机组室内机时，可合并计算按每10万m²抽检3组。多联式空调（热泵）机组室外机按室外机总台数复验5%，但不得少于1台。

3. 设备开箱检验：开箱后检查设备名称、规格、型号是否符合设计图纸要求，产品说明书、合格证是否齐全。并根据装箱清单和设备技术文件，检查设备附件、专用工具等是否齐全，设备表面有无缺陷、损坏、锈蚀、受潮等现象。填写开箱检验记录，参与开箱检查责任人员签字盖章，作为交接资料和设备技术档案依据。

29.10.3 施 工 技 术 要 点

29.10.3.1 风管系统

通风与空调节能工程中的送、排风系统及空调风系统中使用的金属、非金属与复合材料风管或风道的制作、加工、安装、清洗及其严密性，应符合设计要求或现行国家规范《通风与空调工程施工质量验收规范》（GB 50243）的有关规定。

1. 风管的制作要点

（1）风管的材质、断面厚度及尺寸应符合设计要求。

（2）根据施工图纸和现场实测情况绘制风管加工图，板材的放样、下料要尺寸准确，切边平直。

（3）风管的密封可采用密封胶嵌缝和其他方法密封。密封胶性

能应符合使用环境的要求，密封面宜设在风管的正压面。

（4）常用风管配件如弯管、三通、异径管及来回弯管等，其加工所使用的材料厚度、连接方法及制作要求与风管制作相同。

2. 风管的安装要点

（1）风管安装的位置、标高、走向，应符合设计要求。

（2）风管接口的连接应严密、牢固。连接法兰的螺栓应均匀拧紧，法兰垫片厚度不应小于 3mm。

（3）风管与部件、风管与土建风道及风管间的连接应严密、牢固。

（4）各类风管部件及操作机构的安装，应能保证其正常的使用功能，并便于操作。

3. 风管的严密性及风管系统的严密性检验与漏风量

风管系统安装后，进行严密性检验，合格后方能交付下道工序。风管系统严密性检验以主、干管为主。低压系统风管可采用漏光法检测。

4. 空调风管系统清洗

依据《空调通风系统清洗规范》(GB 19210) 所规定的风管清洗操作规程进行清洗。

（1）部分直径小的风管使用手动设备进行清洗，将风管内的灰尘杂物扫落或松动。

（2）使用大功率吸尘设备，利用强大气流将扫除和松动的灰尘等杂物吸入完全密闭的积尘箱，彻底清除有害物质。

（3）高精密度的风管检测仪和清扫机器人彻底侦测了解风管内部情况。

（4）施工前后用机器人对风管内部进行检测录像，并做好记录。

29.10.3.2　空调水系统

空调工程水系统主要包括冷（热）水、冷却水、凝结水系统的管道及附件施工。

空调水系统中管道的主要连接方式有焊接、丝接、法兰连接、卡箍连接等。为了减少系统阻力，保证系统的抗压能力，提高系统的运行效率，从而减少不必要的能量损失，在施工中要严格按照规范要求和相关规定进行安装，安装完毕后，还要依据《建筑节能工程施工质量验收规范》(GB 50411) 进行验收。为满足节能要求，在管道施工中施工要点如下：

1. 管道安装施工要点

（1）空调水系统的管道、管配件及阀门的规格、材料及连接形式应符合设计规定。

（2）管道与设备的连接，应在设备安装完毕后进行，与水泵、制冷机组的接管必须为柔性接口。

（3）管道阀部件的安装位置、高度、进出口方向必须符合设计要求，连接应牢固紧密。

2. 管道强度与严密性检验

冷热水和冷却循环水管道安装完毕，应分段、分系统进行强度与严密性检验；冷凝水管安装完毕进行充水试验。

29.10.3.3　保温施工技术要点

1. 玻璃棉板保温

（1）保温钉连接固定，保温钉与风管、部件及设备表面的连接，采用粘结，结合应牢固，不得脱落；保温钉的分布应均布，其数量底面每平方米不应少于 16 个，侧面不应少于 12 个，顶面不应少于 8 个。首行保温钉至风管或保温材料边沿的距离应小于 120mm。

（2）保温材料纵向接缝不宜设在风管底面，保温钉按要求放置，并牢固可靠。

（3）保温材料紧贴风管表面，不得有明显突起和散材外露，包扎牢固严密。

2. 橡塑海绵板

（1）橡塑保温板的安装根据管道外形剪裁后，保温材料内表面至少 80% 涂上胶水，粘贴在风管上；在接缝处使用 10cm 宽的胶带密封，防止水气渗入。

（2）绝热制品的拼缝宽度，当作为保温层时，不大于 5mm；当作为保冷层时，不大于 2mm。

（3）在绝热层施工时，同层应错缝，上下层应压缝，其搭接的长度不宜小于 50mm。当外层管壳绝热层采用粘接带密封时，可不错缝。

（4）水平管道的纵向接缝位置，不得布置在管道垂直中心线 45°范围内。当采用大管径的多块硬质成型绝热制品时，绝热层的纵向接缝位置，可不受此限制，但应偏离管道垂直中心线位置。

29.10.3.4　设备安装技术要点

1. 风机安装

（1）安装在无减振器支架上的风机，应垫 4～5mm 厚的橡胶板（消防风机除外），找平、找正后固定牢固。

（2）安装在有减振器基座上的风机，地面要平整，各组减振器承受的荷载应均匀，不得偏心；安装后应采取保护措施，防止减振器损坏。

（3）风机吊挂安装时，宜采用减振吊架。为减少吊架因风机启动的位移，应设置吊架摆动限制装置，以阻止风机启动惯性前移过量。

（4）风机与电机用皮带连接时，两者应进行找正，使两个皮带轮的中心线重合。

（5）风机与电机的传动装置外露部分应安装防护罩，风机的吸入口或吸入管直通大气时，应加装保护网或其他安全装置。

（6）风机进、出口通过软短管与风管连接，进、出风管应有单独的支撑。

（7）轴流风机安装在墙内时，应在土建施工时配合预留孔洞和预埋件，墙外应装带钢丝网的 45°弯头，或在墙外安装活动百叶窗。

2. 组合式空调机组安装

（1）组合式空调机组安装前应检查各段体与设计图纸是否相符，各段体内所安装的设备、部件是否完备无损，配件是否齐全。

（2）多台空调箱安装前对段体进行编号，段体的排列顺序必须与设备图相符。

（3）清理干净段体内的杂物、垃圾和积尘，从设备的一端开始，逐一将段体抬上基础，校正位置后加上衬垫，将相邻两个段体连接严密、牢固。

（4）过滤器的安装应平整、牢固，并便于拆卸和更换；过滤器与框架之间、框架与机组的围护结构之间缝隙应封堵严密。

（5）机组组装完毕，应做漏风量检测，漏风量必须符合现行国家标准《组合式空调机组》(GB/T 14294) 的规定。

3. 柜式空调机组、新风机组安装

（1）安装位置应正确；与风管、静压箱的连接应严密、可靠；与管道连接采用软连接。

（2）冷凝水管的水封高度应符合要求。

4. 风机盘管安装

（1）吊挂安装的风机盘管应平整牢固，位置应正确；吊架应固定在主体结构上，吊架不应自由摆动，吊杆与托架相连应用双螺母紧固。

（2）凝结水管的坡度和坡向应正确，凝结水应能畅通地流到指定位置。

（3）供回水阀、过滤器、电磁阀应靠近风机盘管安装，尽量安装在凝结水盘上方范围内，凝结水盘不得倒坡。

5. 风幕安装

（1）安装位置、方向应正确，与门框之间采用弹性垫片隔离，防止风幕的振动传递到门框上产生共振。

（2）风幕的安装不得影响其回风口过滤网的拆卸和清洗。

（3）安装高度应符合设计要求，风幕吹出的空气应能有效地隔断室内外空气的对流。

（4）纵向垂直度和横向水平度的偏差均不应大于 2/1000。

6. 单元式空调机组安装

（1）分体单元式空调器的室外机和风冷整体单元式空调器的安装，固定应牢固可靠，无明显振动。遮阳、防雨措施不得影响冷凝器排风。

（2）分体单元式空调器的室内机的位置应正确，并保持水平，冷凝水排放应畅通，管道穿墙处必须密封，不得有雨水渗入。

(3) 整体单元式空调器的四周应留有相应的检修空间。

(4) 冷媒管道的规格、材质、走向及保温应符合设计要求；弯管的弯曲半径不应小于 3.5D（管道直径）。

7. 热回收装置安装

(1) 转轮式热回收装置安装的位置、转轮旋转方向及接管应正确，运转应平稳。

(2) 排风系统中的排风热回收装置的进、排风管的连接应正确、严密、可靠，室外进、排风口的安装位置、高度及水平距离应符合设计要求。

29.10.4　系统调试与检测验收

根据《建筑节能工程施工质量验收规范》（GB 50411）要求，通风与空调节能工程，安装完成后，为了达到系统正常运行和节能的目标，必须进行通风机和空调机组等设备的单机试运转和调试及系统的风量平衡。本章的调试主要是通风系统和空调风管系统的调试，以及水系统的联动调试。

29.10.4.1　调试流程

1. 无负荷试运

施工准备→设备单机试运转→无负荷联合试运转的测定与调整（风机风量、风压及转速测定，系统风口风量平衡，冷热源试运转，制冷系统压力、温度及流量等测定）。

2. 有负荷调试

带负荷综合效能的测定与调整（室内温度、相对湿度的测定与调整，室内气流组织的测定，室内噪声的测定，自动调节系统参数整定和联合试运调试，防排烟系统测定）→综合效能评定。

29.10.4.2　准备工作

1. 绘制系统单线布局示意图，在示意图中标注各管段风量、风口风量、阀件位置、测点位置等。

2. 根据实际情况确定系统内风量、风压、风速的检测方法及各室内送风口、回风口风速、风量的检测方法。

3. 准备好测试用的器具和仪表。主要测量器具：压力表、温度计、转速表、电流表、声级计、风速表、风压表、湿度计等。计量器具的种类、规格及精度应满足有关规定的要求，并应检定合格，使用时在有效期内。

4. 设备单机试运前应对设备本体进行检查测试：

(1) 系统已全部安装完毕，满足使用功能。

(2) 电气及控制系统：电力供电已正常；电气控制系统已进行模拟动作试验；接地和绝缘已检测合格，敏感元件、调节器、调节执行机构等安装接线完毕，具备调试条件；自动控制装置的性能已达到要求；自动控制系统已进行模拟动作试验。

(3) 设备、零部件上的杂物、灰尘、油污已彻底清理，运转部件处于良好润滑状态。

(4) 手动盘车，机械转动部位灵活，无卡住、阻滞现象，传动情况良好。

(5) 设备、底座与基础连接无误，减振器安装牢固。

(6) 相关项目已没有影响调试结果的后续工序。

(7) 已具备调试场所，调试安全设施完善。

29.10.4.3　设备单机试运转

通风与空调系统安装完毕后，进行通风机和空调机组等设备的单机试运转和调试，单机试运转和调试结果应符合设计要求。

(1) 通风机、空调机组中的风机，叶轮旋转方向正确、运转平稳、无异常振动与声响，其电机运行功率应符合设备技术文件的规定。在额定转速下连续运行 2h 后，滑动轴承外壳最高温度不得超过 70℃；滚动轴承不得超过 80℃；

(2) 按照《制冷设备、空气分离设备安装工程施工及验收规范》（GB 50274）的有关规定，设备正常运转不应少于 8h；

(3) 电控防火、防排烟风阀（口）的手动、电动操作应灵活、可靠，信号输出正确。

29.10.4.4　系统联动调试

1. 空调冷（热）水、冷却水系统的联动

系统调试前应对管路系统进行全面检查。支架固定良好；试压、冲洗用的临时设施已拆除，系统已复原；管道保温已结束等。

(1) 将调试管路上的手动阀门、电动阀门全部开到最大状态，开启排气阀。

(2) 向系统内充水，充水过程中要有人巡视，发现漏水情况及时处理。

(3) 系统冲满水后启动循环水泵和冷却塔，观察各部位的压力表和流量计读数及冷却塔集水盘的水位，流量和压力应符合设计要求。

(4) 调试定压装置。采用高位水箱的，应调试浮球阀的进水水位至最佳位置；采用低位定压装置的，应调试其正常工作压力。

(5) 调整循环水泵进出口阀门开启度，使其流量、扬程达到设计要求（总流量与设计流量的偏差不应大于 10%）。同时观察分水器、集水器上的压力表读数和压差是否正常，如不正常，调整压差旁通控制系统，直至达到设计要求（压差旁通控制系统手动调试只能粗调）。调整管路上的静态平衡阀，使其达到设计流量。

(6) 调试水处理装置、自动排气装置等附属设施，使其达到设计要求。

(7) 投入冷、热源系统及空调风管系统，进行系统的联动调试与检测。

2. 风量、风压的测定与调整

(1) 系统总风量、风压的测定截面位置应选择在气流均匀处，按气流方向应选择在局部阻力之后 4～5 倍管径（或矩形风管大边尺寸）或局部阻力之前 1.5～2 倍管径（或矩形风管大边尺寸）的直管段上。测定截面上测点的位置和数量主要根据风管形状（矩形或圆形）和尺寸大小而定。

(2) 送、回风口风量测定可用热电风速仪或叶轮风速仪测得风速，求得风量。测量时应贴近格栅或网格，采用匀速移动法或定点测量法测定平均风速，匀速移动法不应少于 3 次，定点测量法不应少于 5 个，散流器可采用加罩测量法。风口的风量与设计风量的允许偏差不应大于 15%。

3. 系统风量调整一般采用流量等比分配法结合基准风口调整法进行。

(1) 流量等比分配法：一般从系统的最远管段，即从最不利风口开始，逐步调向风机。

(2) 基准风口调整法：调整前，将全部风口的送风量初测一遍，计算出各个风口的实测风量与设计风量比值的百分数，选取最小比值的风口分别作为调整各分支干管上风口风量的基准风口；借助调节阀，使基准风口与任一风口的实测风量的比值百分数近似相等。

4. 经调整后，在各调节阀不动的情况下，重新测定各处的风量作为最后的实测风量，实测风量与设计风量偏差应不大于 10%。使用红油漆在所有风阀的把柄处作标记，并将风阀位置固定。

5. 防排烟系统及正压送风系统调试完成后，应与消防系统联动调试。

6. 风管系统测试的主要内容

(1) 风机的风量、风压、噪声；

(2) 系统的总风量及各风口的风量、风速；

(3) 正压送风区域的正压；

(4) 卫生间负压；

(5) 空调房间的气流组织和噪声。

29.10.4.5　通风与空调工程节能性能的检测验收

1. 一般要求

(1) 通风与空调系统节能工程验收应符合《建筑节能工程施工质量验收规范》（GB 50411）和《通风与空调工程施工质量验收规范》（GB 50243）等国家现行相关标准的要求。

(2) 通风与空调系统节能工程所使用的设备、管道、阀门、仪表、绝热材料等产品的规格、型号和技术参数符合施工图设计要求。

(3) 对于随施工进度验收的隐蔽工程和内容，应有详细的文字记录和必要的图像资料。

(4) 通风与空调系统节能工程验收，可按系统、楼层进行，并符合相关标准要求。对于楼层较多、系统较大的空调系统，可将 6～9 楼层的空调系统作为一个检验批，但一个项目不少于两个检

验批。

2. 主控项目

(1) 对通风与空调系统节能工程所使用的材料、设备进场检验项目，全数检查其技术资料、性能检测报告和复验报告质量证明文件与实物核对。通风与空调节能工程用材料及系统质量控制，见表29-106和表29-107。

(2) 风管及风管系统必须通过工艺性检测或验证，其严密性和强度应符合设计和国家现行标准《通风与空调工程施工质量验收规范》(GB 50243) 的有关规定，并做好现场检测。按数量抽查10%，且不少于1个系统，观察、尺量检查，并核查风管严密性和强度的检测报告。

(3) 联转式运转及调试结果应符合设计要求，且允许偏差或规定值应符合《建筑节能工程施工质量验收规范》(GB 50411) 的要求，见表29-95。

(4) 现场组装的组合式空调机组应做现场漏风量检测；其漏风量必须符合《组合式空调机组》(GB/T 14294) 的规定。按同类产品的数量抽查20%，且不少于1台，观察检查，并核查组合式空调机组漏风量检测报告。

(5) 空调机组内的空气过滤器应现场检测初阻力。当设计未注明过滤器的阻力时，应满足表29-89中的要求。同类产品的数量抽查20%，且不少于1台，观察检查，并核查组合式空调机组空气过滤器的初阻力检测报告。

空气过滤器的初阻力　　表 29-89

| 粗效过滤器的初阻力 (Pa) | ≤50 | 粒径≥5.0μm，效率：80%>E≥20% |
| 中效过滤器的初阻力 (Pa) | ≤80 | 粒径≥1.0μm，效率：70%>E≥20% |

(6) 风机盘管机组其安装的位置、高度及方向应正确，且与风管、回风箱及风口的连接严密、可靠。按总数抽查10%，且不少于5台，对照设计图纸，观察检查，并查阅产品进场验收记录。

(7) 系统中风机的型号、规格、方向、台数及技术性能参数应符合施工图设计要求，其单位风量耗功率应满足国家现行标准的规定。风机安装的位置及出口方向应正确。全数检查，对照设计图纸，观察检查，并查阅产品进场验收记录。

(8) 带热回收功能的双向换气装置和集中排风系统中的排风热回收装置的型号、规格、方向、台数及技术性能参数应符合施工图设计要求，额定热回收效率(全热和显热)不低于60%，安装和进出口位置及接管应正确。按总数抽查20%，且不少于1台，对照设计图纸，观察检查，并查阅产品进场验收记录。

(9) 空调机组回水管上和风机盘管机组回水管上的电动两通调节阀、空调冷热水系统中的水力平衡装置、冷(热)量计量装置等自控阀门与仪表，其型号、规格、方向、台数及技术性能参数应符合施工图设计要求，安装位置、方向应正确。按类别数量抽查10%，且均不少于1台，对照设计图纸，观察检查，并查阅产品进场验收记录。

(10) 绝热工程

1) 空调风管系统及部件的绝热层和防潮层施工应符合下列规定：

① 绝热材料的燃烧性能、材质、规格及厚度等应符合设计要求；

② 绝热层与风管、部件及设备应紧密贴合，无裂缝、空隙等缺陷，且纵、横向的接缝应错开；

③ 绝热层表面应平整，当采用卷材或板材时，其厚度允许偏差为5mm；采用涂抹或其他方式时，其厚度允许偏差为10mm；

④ 风管法兰部位绝热层的厚度，不应低于风管绝热层厚度的80%；

⑤ 风管穿楼板和穿墙处的绝热层应连续不间断；

⑥ 防潮层(包括绝热层的端部)应完整，且封闭良好，其搭接缝应顺水；

⑦ 带防潮层隔汽层绝热材料的拼缝处，应用胶带封严，粘胶带的宽度不应小于50mm；

⑧ 风管系统部件的绝热，不得影响其操作功能。

检验方法：观察检查；用钢针刺入绝热层、尺量检查。检查数量：管道按轴线长度抽查10%；风管穿楼板和穿墙处和阀门等配件抽查10%，且不得少于2个。

2) 空调水系统管道、冷媒管道及配件的绝热层和防潮层施工，应符合下列规定：

① 绝热材料的燃烧性能、材质、规格及厚度等应符合设计要求；

② 绝热管壳的粘贴应牢固、铺设应平整；硬质或半硬质的绝热管壳每节至少应用防腐金属丝或难腐织带或专用胶带进行捆扎或粘贴2道，其间距为300~350mm，且捆扎、粘贴应紧密，无滑动、松弛与断裂现象；

③ 硬质或半硬质绝热管壳的拼接缝隙，保温时不应大于5mm、保冷时不应大于2mm，并用粘结材料勾缝填满；纵缝应错开，外层的水平接缝应设在侧下方；

④ 松散或软质保温材料应按规定的密度压缩其体积，疏密应均匀；毡类材料在管道上包扎时，搭接处不应有空隙；

⑤ 防潮层与绝热层应结合紧密，封闭良好，不得有虚粘、气泡、褶皱、裂缝等缺陷；

⑥ 防潮层的立管应由管道的低端向高端敷设，环向搭接缝朝向低端；纵向搭接缝应位于管道的侧面，并顺水；

⑦ 卷材防潮层采用螺旋形缠绕的方式施工时，卷材的搭接宽度宜为30~50mm；

⑧ 空调冷热水管穿楼板和穿墙处的绝热层应连续不间断，且绝热层与穿楼板和穿墙处的套管之间应用不燃材料填实不得有空隙；套管两端应进行密封封堵；

⑨ 管道阀门、过滤器及法兰部位的绝热结构应能单独拆卸，且不得影响其操作功能。

检验方法：观察检查；用钢针刺入绝热层、尺量检查。检查数量：按数量抽查10%，且绝热层不得少于10段、防潮层不得少于10m、阀门等配件不得少于5个。

3) 空调水系统的冷热水管道及冷媒管道与支、吊架之间应设置绝热衬垫，其厚度不应小于绝热层厚度，宽度应大于支、吊架支承面的宽度。衬垫的表面应平整，衬垫与绝热材料之间应填实无空隙。按数量抽检5%，且不得少于5处。观察、尺量检查。

(11) 通风与空调系统安装完毕，应进行通风机和空调机组等设备的单机试运转和调试，并应进行系统的风量平衡调试。单机试运转和调试结果应符合合设计要求，系统的总风量与设计风量的允许偏差不应大于10%，风口的风量与设计风量的允许偏差不应大于15%。全数观察检查，并核查试运转和调试记录。

(12) 多联机空调系统安装完毕，应对系统进行气密性试验和抽真空干燥试验，以及制冷剂充注；在系统工程验收前，尚应进行系统带负荷运行的综合效果检验，检验效果应符合设计要求。全数核查系统清洗、气密性、真空干燥的试验记录及运行效果检验记录。

(13) 单机试运行和调试及空调通风系统在无生产负荷上的联合试运行和调试，应符合施工图设计要求。全数检查，观察检查各系统试运行和调试的记录及第三方检测报告。

3. 一般项目

(1) 空气风幕机的规格、数量、安装位置和方向应正确，纵向垂直度和横向水平度偏差均不应小于2‰。按总数抽查10%，且不少于1台，观察检查。

(2) 变风量末端装置与风管连接前宜做动作试验，确认运行正常后再封口。按总数抽查10%，且不少于2台，观察检查。

29.11 空调与采暖系统冷热源及管网节能工程

29.11.1 一般规定

29.11.1.1 空调与采暖系统冷热源设备、辅助设备的性能

1. 锅炉的单台容量及其额定热效率；

2. 热交换器的单台换热量；

3. 电机驱动压缩机的蒸气压缩循环冷水（热泵）机组的额定制冷量（制热量）、输入功率、性能系数及综合部分负荷性能系数；

4. 电机驱动压缩机的单元式空气调节机、风管送风式和屋顶式空气调节机的名义制冷量、供热量、输入功率、性能系数；

5. 蒸汽和热水型溴化锂吸收式机组及直燃型溴化锂吸收式冷（温）水机组的名义制冷量、供热量、输入功率、性能系数；

6. 集中采暖系统热水循环水泵流量、扬程、电机功率及耗电输热比；

7. 空调冷热水循环水泵流量、扬程、电机功率及输送能效比；

8. 冷却塔的流量及电机功率；

9. 自控阀门与仪表的技术参数。

29.11.1.2 空调与采暖系统冷热源及管网组成形式

采暖及制冷系统组成形式指冷热源系统管道的制式，按照《严寒和寒冷地区居住建筑节能设计标准》（JGJ 26）及相关节能的要求。

1. 当系统的规模较大时，宜采用间接连接的一、二次水系统。

2. 系统容量较大时，可合理增加台数。

3. 对锅炉房、热力站和建筑物入口进行参数监测与计量的要求。锅炉房总管，热力站和每个独立建筑物入口应设置供回水温度计、压力表和热表（或热水流量计）。补水系统应设置水表。

4. 施工图纸修改必须有设计单位的设计变更通知书或技术核定签证。

29.11.1.3 空调与采暖系统冷热源及管网施工安装及调试

1. 冷热源系统设备及管网的（主要包括冷热源设备、辅助设备及管网、保温等）的安装符合相关节能技术规范的要求。空调采暖系统中冷热源设备的规格、数量符合设计要求，安装位置连接合理、正确。

2. 空调与采暖系统冷热源及管网系统的施工安装，应符合下列规定：

(1) 管道系统的制式及其安装，应符合施工图设计要求；

(2) 各种设备、自控阀门与仪表应安装齐全，不得随意增加、减少和更换；

(3) 空调冷（热）水系统的变流量或定流量运行，应达到设计要求；

(4) 热水采暖系统能根据热负荷及室外温度的变化，自动控制运行；

(5) 空调与采暖系统冷热源及管网系统的施工安装中，随施工进度对与节能有关的隐蔽部位或内容进行验收，并有详细的文字记录和图片资料。

3. 绝热工程

绝热材料的安装符合相关节能技术规范的要求；冷热源管道绝热层施工时加强对下列部位的处理：

(1) 冷热源管道绝热层的基层及其表面处理，绝热层的铺设、厚度，粘结或固定，绝热层的接缝、构造节点、热桥部位处理；

(2) 冷热源管道阀门、过滤器、法兰部位绝热层的铺设、厚度；

(3) 冷热源管道与支、吊架的绝热衬垫安装和填缝处理。

4. 系统调试

空调与采暖系统冷热源和辅助设备及其管道和管网系统安装完毕后，进行空调冷热源和辅助设备的单机试运转及系统调试，并应有详细的文字记录和必要的图像资料。

1) 空调水系统流量测试记录；

2) 冷却塔安装调试记录；

3) 循环水泵安装、试运行记录；

4) 冷热源、辅助设备单机安装、试运行记录；

5) 冷热源、辅助设备与空调系统联机试运行记录。

29.11.2 材 料 与 设 备

29.11.2.1 锅炉

锅炉是利用热能将水加热使其产生热水或蒸汽的热源装置。锅炉的额定热效率是反映设备节能效果的重要参数，其数值越大，节能效果就越好。

锅炉的额定效率不应低于《建筑节能工程施工质量验收规范》（GB 50411）中规定值，见表 29-21。

29.11.2.2 冷水（热泵）机组

1. 冷水机组是将蒸气压缩循环压缩机、冷凝器、蒸发器以及自控元件等组装成一体，可提供冷水的压缩式制冷机。冷水机组见图 29-17。

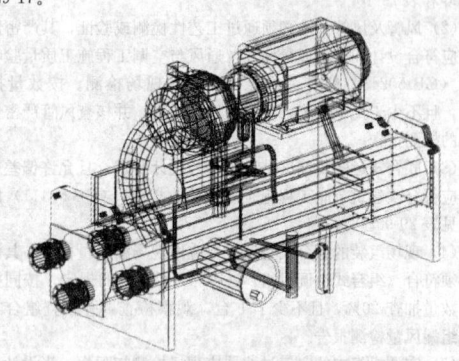

图 29-17 冷水机组线框图

2. 热泵机组是将蒸气压缩循环压缩机、冷凝器、蒸发器以及自控元件等组装成一体，能实现蒸发器与冷凝器功能转换，可提供热水（风）、冷水（风）的压缩式制冷机。

3. 冷水（热泵）机组要求制冷性能系数：

冷水（热泵）机组工况差异对机组满负荷效率存在很大的影响。故在选用冷水机组时，必须重视工况不同对冷水机组性能产生的影响，考虑并满足中国气候和水质条件的要求，以保证机组长期高效运行。

冷水（热泵）机组的制冷性能系数（COP）及综合部分负荷性能系数（$IPLV$）不应低于《建筑节能工程施工质量验收规范》（GB 50411）中规定值，见本章表 29-25 及表 29-90 中所示。

冷水（热泵）机组综合部分负荷性能系数（$IPLV$）

表 29-90

类 型		额定制冷量（kW）	综合部分负荷性能系数（W/W）
水冷	螺杆式	<528	4.47
		528~1163	4.81
		>1163	5.13
	离心式	<528	4.49
		528~1163	4.88
		>1163	5.42

29.11.2.3 吸收式制冷机组

1. 以热能为动力，由制冷剂气化、蒸汽被吸收液吸收、加热吸收液取出制冷剂蒸汽以及制冷剂冷凝、膨胀等过程组成的制冷循环，完成制冷循环和吸收剂循环的制冷机组，称吸收式制冷机组。

2. 溴化锂吸收式机组要求性能参数，见表 29-26。

29.11.2.4 空调机组

由各种空气处理功能段组装而成的不带冷、热源的一种空气处理设备。这种机组应能用于风管静压力等于大于 100Pa 的空间系统；机组的功能段是对空气进行一种或几种处理功能的单元体，功能段可包括：空气混合、均流、粗效过滤、中效过滤、离中拉过滤或亚高效过滤、冷却、一次和二次加热、加湿、送风机、回风机、中间、喷水、消声、热回收等。

空调机组节能效果是以能效比为依据，能效比越高，能耗越小。空调能效比是空调器的制冷性能系数，表示空调器的单位功率制冷量（EER＝制冷量/制冷消耗功率）。

空调机组能效比（EER）不应低于《建筑节能工程施工质量验收规范》（GB 50411）中规定值，见表 29-91。

29.11.2.5 冷却塔

冷却塔是利用水和空气的接触，通过蒸发作用来散去工业上或制冷空调中产生的废热的一种设备。冷却塔根据其通风方式、水和空气接触方式、热水和空气的流动方向等，可分许多种不同形式冷

却塔，冷却塔示意图见图 29-18。

单元式机组能效比（EER） 表 29-91

类 型		能效比（W/W）
风冷式	不接风管	2.60
	接风管	2.30
水冷式	不接风管	3.00
	接风管	2.70

冷却塔热力性能好坏、噪声高低、耗电大小、漂水多少是衡量冷却塔品质优劣的关键，是在选用冷却塔时关注的焦点。

29.11.2.6 换热器

换热器是将热流体的部分热量传递给冷流体的设备，又称热交换器，见图 29-19。

换热器在使用时，应选用传热系数高、使用寿命长的换热器。

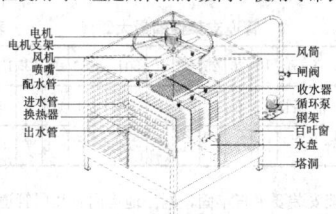

图 29-18 冷却塔示意图

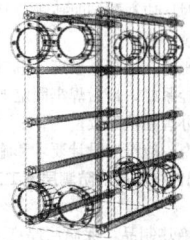

图 29-19 板式换热器

29.11.2.7 冰蓄冷设备

冰蓄冷设备是利用用电高、低峰期的电价差额，通过有效控制下的能量储存和释放，为空调系统提供经济冷源的设备。蓄冰槽亦可与电热锅炉配合，用于蓄热系统。

冰蓄冷设备主要是以设备制冷系统的蒸发温度、名义蓄冷量、净可利用蓄冷量、蓄冰率、融冰率、蓄冷特性与释冷特性等几方面来看。其中蓄冰率与融冰率这两个概念是冰蓄冷式系统中评价冰蓄冷设备的两个非常重要数值。通常对于同种冰蓄冷设备在相同条件下，其制冰率和融冰率越高越好，见表 29-92。

冰蓄冷设备的蓄冰率 表 29-92

类型	冷媒盘管式	完全冻结式	制水滑落式	冰晶或冰泥	冰球式
蓄冰率 IPF1	20%～50%	50%～70%	40%～50%	45%左右	50%～60%
蓄冰率 IPF2	30%～60%	70%～90%	—		90%以上

29.11.2.8 绝热材料

绝热材料是指阻抗热流传递的材料或者材料复合体。绝热材料一方面满足了建筑空间或热工设备的热环境，另一方面也节约了能源。

绝热材料在建筑中常见的应用类型及设计选用应符合《建筑绝热材料的应用类型和一般规定》（GB/T 17369）的规定。

选用时除应考虑材料的导热系数外，还应考虑密度、吸水率等指标。

29.11.2.9 绝热管道

聚氨酯直埋保温管采用高功能聚醚多元醇和多次甲基多苯基多异氰酸酯为主要原料，在催化剂、发泡剂、表面活性剂等作用下，经化学反应发泡而成。

聚氨酯直埋保温管结构为：外保护层、保温层、防渗漏层三部分，外保护层材料为聚乙烯或玻璃钢或其他材料，其结构形式见图 29-20。直埋保温管及其配件检验要求详见表 29-93。

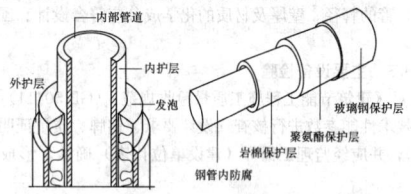

图 29-20 直埋保温管结构

直埋保温管及其配件检验要求 表 29-93

序号	产品名称	执行标准	复验时主要的检验项目	复验批构成	备注
1	"钢套钢"直埋保温管	—	防腐层性能	每公里为一批	
2	"钢套塑"直埋保温管	CJ/T 114	外护管：壁厚、拉伸屈服强度、断裂伸长率；V 保温层：密度	每公里为一批	
3	通用阀门	GB/T 3927	壳体强度、密封试验、上密封试验	每公里为一批	
4	压力容器波纹膨胀节	GB 16749	尺寸公差、压力试验	每公里为一批	

29.11.3 设备、材料进场检验

29.11.3.1 一般要求

空调与采暖系统冷热源及管网节能工程所使用的设备、管道、阀门、仪表、绝热材料等产品进场验收，应遵守下列规定：

1. 对材料和设备的类型、材质、规格、包装、外观等进行检查验收，并应经监理工程师（建设单位代表）确认，形成相应的验收记录。

2. 对材料和设备的质量证明文件进行核查，并应经监理工程师（建设单位代表）确认，纳入工程技术档案。上述材料和设备均应有出厂合格证、中文说明书及相关性能检测报告；进口材料和设备应有商检报告。

29.11.3.2 主要材料检验

1. 绝热材料及其制品，必须具有产品质量证明书或出厂合格证，其规格、性能等技术要求应符合设计文件的规定。

2. 绝热材料的材质、密度、规格和厚度应符合设计要求；绝热材料不得受潮；进场后，应对其导热系数、密度和吸水率进行复验。

3. 当绝热材料及其制品的产品质量证明书或出厂合格证中所列的指标不全或对产品质量（包括现场自制品）有怀疑时，供货方应负责对下列性能进行复检，并应提交检验合格证：

（1）多孔颗粒制品的密度、机械强度、导热系数、外形尺寸等；松散材料的密度、导热系数和粒度等；

（2）矿物棉制品的密度、导热系数、使用温度和外形尺寸等；散棉的密度、导热系数、使用温度、纤维直径、渣球含量等；

（3）泡沫多孔制品的密度、导热系数、含水率、使用温度和外形尺寸等；

（4）软木制品的密度、导热系数、含水率和外形尺寸等；

（5）用于奥氏体不锈钢设备或管道上的绝热材料及其制品，应提交氯离子含量指标。

4. 对防潮层、保护层材料及其制品的复检，应符合下列规定：

（1）外形尺寸应符合要求，不得有穿孔、破裂、脱层等缺陷；

（2）绝热结构用的金属材料，应符合现行国家《铝及铝合金热轧板》（GB 3193）、《一般工业用铝及铝合金板、带材第 3 部分：尺寸偏差》（GB/T 3880.3）、《碳素结构钢和低合金结构钢 热轧

薄钢板和板带》（GB 912）和《连续热镀锌薄钢板和钢带》（GB/T 2518）等标准的要求；

（3）抽样检查：抗拉强度、抗压强度、密度、透湿率、耐热性、耐寒性等指标，均应符合标准或产品说明书的要求；

（4）管的管径、壁厚及材质的化学成分应符合设计和国家标准要求。

29.11.3.3　主要设备检验

1. 对《建筑节能工程施工质量验收规范》（GB 50411）要求的设备的技术性能参数进行核查（设计要求、铭牌、质量证明文件进行核对），并应经监理工程师（建设单位代表）确认，形成相应的验收记录。

2. 冷热源设备及附属设备的型号、规格和技术参数必须符合设计要求，设备主体和零部件表面应无缺损、锈蚀等情况。

（1）为了保证空调与采暖系统冷热源及管网节能工程的质量，在空调与采暖系统冷热源及其辅助设备进场时，应对其热力等技术性能进行核查，应根据设计要求对其技术资料和相关性能检测报告等所表示的热工等技术性能参数进行一一核对。

（2）锅炉的额定热效率、电机驱动压缩机的蒸汽压缩循环冷水（热泵）机组的性能系数和综合部分负荷性能系数、单元式空气调节机、风管送风式和屋顶式空气调节机组的能效比、蒸汽和热水型溴化锂吸收式机组及直燃型溴化锂吸收式冷（温）水机组的性能参数，其数值越大，节能效果就越好；反之亦然。因此，在上述设备进场时，应核查它们的有关性能参数是否符合设计要求并满足国家现行有关标准的规定。

3. 整体式蓄冰装置的保温结构，应在安装地区气候条件下外壁不结露的计算书。

4. 其他材料和设备的要求，符合相关标准。

29.11.4　施工技术要点

29.11.4.1　设备安装通用施工要点

1. 设备进场前，应熟悉和审查对应设备的施工图纸，检查样本，基础图是否符合要求；提前完成设备基础的验收工作，并作好同装修配合工作；检查机组安放位置及基础尺寸是否符合要求；做好设备安装时人、机、料的安排工作。

2. 设备进场时，应对设备进行拆箱检查，按照产品装箱清单清点附件，并检查设备的有关性能参数是否符合设计要求并满足国家现行有关标准的规定。

3. 设备安装时应注意事项：

（1）设备就位的先后顺序，应由里向外。

（2）设备的减振形式及位置正确。减振器的型号、定位尺寸、选配数量等参数直接关系到设备的稳定性和减振效果，该参数的确定必须是经过厂家技术人员的精确核算，并征得设计师确认。

（3）设备不得承担外接管道的重量，所有进出风管应设支承和固定。

（4）固定时地脚螺栓稳固，承受荷载范围应满足规范要求，并有防松动措施。

29.11.4.2　冷热源系统管道及管网安装

1. 冷热源室外管网安装

（1）室外冷热源管道一般采用聚氨酯直埋保温管。

（2）管道系统的制式，应符合设计要求。

（3）根据设计图纸的位置，进行测量、扫桩、放线、挖土、地沟垫层处理等。

1）为便于管道安装，挖沟时应将挖出来的土堆放在沟边的一侧。土堆底边应与沟边保持 0.6～1m 的距离。

2）下沟前，应检查沟底标高、宽窗尺寸是否符合设计要求。保温管应检查保温层是否有损伤，如局部有损伤时，应将损伤部位放在上面，并做好标记，便于统一修理。

3）管道应先在沟外进行分段焊接以减少固定焊口。每段长度一般在 25～35m 为宜。

4）沟内管道焊接，连接前必须清理管腔，找平找直，焊接处要挖出操作坑，其大小要便于焊接操作。

5）阀门、配件、补偿器支架等，应在施工前按施工要求预先

放在沟边沿线，并在试压前安装完毕。

6）管道水压试验应符合设计要求和规范规定，办理隐检试压手续。

7）管道防腐应预先集中处理，管道两端留出焊口的距离，焊口处的防腐在试压完后再处理。

2. 地沟管道安装

（1）在地沟安装管道时，应在土建垫层完毕后立即进行安装。

（2）土建打好垫层后，按图纸标高进行复查并在垫层上弹出地沟的中心线，按规定间距安放支座及支架。

（3）管道应先在沟边分段连接，管道放在支座上时，用水平尺找平找正。

（4）地沟的管道应安装在地沟的一侧或两侧，支架一般采用型钢，支架的最大距离按照《通风与空调工程施工质量验收规范》（GB 50243）中要求执行，见表 29-94。管道的坡度应按设计规定确定。

<table>
<tr><td colspan="13">管道支架件的最大距离　　　　　　　表 29-94</td></tr>
<tr><td>公称直径 DN（mm）</td><td>15</td><td>20</td><td>25</td><td>32</td><td>40</td><td>50</td><td>65</td><td>80</td><td>100</td><td>125</td><td>150</td><td>200</td><td>250</td><td>300</td></tr>
<tr><td rowspan="2">支架最大间距</td><td>保温管</td><td>1.3</td><td>2</td><td>2</td><td>2.5</td><td>3</td><td>3</td><td>4</td><td>4</td><td>4.5</td><td>5</td><td>6</td><td>7</td><td>8</td><td>8.5</td></tr>
<tr><td>不保温管</td><td>2.5</td><td>3</td><td>3.5</td><td>4</td><td>4.5</td><td>5</td><td>6</td><td>6.5</td><td>7</td><td>8</td><td>9.5</td><td>11</td><td>12</td></tr>
</table>

（5）支架安装要平直牢固，同一地沟内有几层管道时，安装顺序应从最下面一层开始，再安装上面的管道，为了便于焊接，焊接连接口要选在便于操作的位置。

（6）遇有伸缩器时，应在预制时按规范要求做好预拉伸并做好记录，按设计位置安装。

（7）管道安装时坐标、标高、坡度、甩口位置、变径等复核无误后，再把吊卡架螺栓紧好，最后焊牢固定卡处的止动板。

（8）试压冲洗，办理隐检手续。

（9）管道防腐保温，应符合设计要求和施工规范规定。

29.11.4.3　管道及配件绝热层、防潮层施工工艺

1. 绝热层的施工

（1）当采用一种绝热制品，保温层厚度大于 100mm，保冷层厚度大于 80mm 时，应分为两层或多层逐层施工，各层的厚度宜接近。

（2）当采用两种或多种绝热材料复合结构的绝热层时，每种材料的厚度必须符合设计文件的规定。

（3）绝热制品的拼缝宽度，当作为保温层时，不应大于 5mm；当作为保冷层时，不应大于 2mm。

（4）在绝热层施工时，同层应错缝，上下层应压缝，其搭接的长度不宜小于 50mm。当外层管壳绝热层采用粘胶带封缝时，可不错缝。

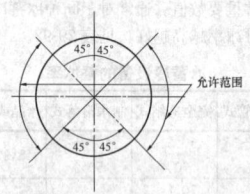

图 29-21　纵向接缝布置

（5）水平管道的纵向接缝位置，不得布置在管道垂直中心线 45°范围内（图 29-21）。当采用大管径的多块硬质成型绝热制品时，绝热层的纵向接缝位置，可不受此限制，但应偏离管道垂直中心线位置。

（6）方形设备或方形管道四角的绝热层采用绝热制品敷设时，其四角角缝应做成封盖式搭缝，不得形成垂直通缝。

（7）干拼缝应采用性能相近的矿物棉填塞严密，填缝前，必须清除缝内杂物。湿砌带浆缝应采用同于砌体材质的灰浆拼砌。灰缝应饱满。

（8）保温设备或管道上的裙座、支座、吊耳、仪表管座、支架、吊架等附件，当设计无规定时，可不必保温。保冷设备或管道

的上述附件，必须进行保冷，其保冷层长度不得小于保冷层厚度的四倍或敷设至垫木处。

(9) 支承件处的保冷层应加厚；保冷层的伸缩缝外面，应再进行保冷。

(10) 管道端部或有盲板的部位，应敷设绝热层，并应密封。

(11) 除设计规定需按管束保温的管道外，其余管道均应单独进行保温。

(12) 施工后的绝热层，不得覆盖设备铭牌，可将铭牌周围的绝热层切割成喇叭形开口，开口处应密封规整。

2. 防潮层的施工

(1) 设备或管道保冷层和敷设在地沟内管道的保温层，其外表面均应设置防潮层。

(2) 设置防潮层的绝热层外表面，应清理干净，保持干燥，并应平整、均匀。不得有突角、凹坑及起砂现象。

(3) 室外施工不宜在雨、雪天或夏日曝晒中进行。操作时的环境温度应符合设计文件或产品说明书的规定。

(4) 防潮层以冷法施工为主。当用沥青胶粘贴玻璃布，绝热层为无机材料(泡沫玻璃除外)时，方可采用热法施工。沥青胶的配方，应按设计文件或产品标准的规定执行。

(5) 当涂抹沥青胶或防水冷胶料时，应满涂至规定厚度，其表面应均匀平整。并应符合下列规定：

1) 玻璃布应随沥青层边涂边贴。其环向、纵向缝搭接不应小于 50mm，搭接处必须粘贴密实。

2) 立式设备和垂直管道的环向接缝，应为上搭下。卧式设备和水平管道的纵向接缝位置，应在两侧搭接，缝口朝下。

3) 粘贴的方式，可采用螺旋形缠绕或平铺。待干燥后，应在玻璃布表面再涂抹沥青胶或防水冷胶料。

(6) 管道阀门、支、吊架或设备支座处防潮层的做法，应按设计文件的规定进行。

3. 修补

管道下沟、组焊、试压完毕进行补口。由于补口工作在管沟内完成，管道表面多粘有泥土、水及铁锈，为降低其对防腐质量的影响，可用氧—乙炔焰除去补口部位的粉尘及水分。补口处的防腐层结构与管身防腐层结构相同，补口层与原防腐层搭接宽度应不小于 100mm。

(1) 防腐管线补伤使用的材料及防腐层结构，应与管体防腐层相同。

(2) 将已损坏的防腐层清除干净，用砂纸打毛，损伤面及附近的防腐层。

(3) 将表面灰尘清扫干净，按规定的顺序和方法涂漆及缠玻璃布，搭接宽度应不小于 50mm。当防腐层破损面积较大时，应按补口方法处理。

(4) 补伤处防腐层固化后，按规定进行质量检验，其厚度只测 1 个点。

29.11.5 系统调试与检测验收

29.11.5.1 设备单机调试

调试前，应编制调试方案，报送专业监理工程师审核批准；调试结束后，必须提供完整的调试资料和报告。

1. 制冷机组

(1) 制冷机组的单机调试应在冷冻水系统和冷却水系统正常运行的过程中进行，由制冷机组厂家技术人员完成。

(2) 制冷机组主要检验、测试的内容：蒸发器/冷凝器气压/水压试验、整机强度试验、氨检漏、电气接线测试、绝缘测试和运转测试等。各项测试的结果应符合设计和设备技术文件的要求，然后进行不少于 8 小时的试运转。

(3) 各保护继电器、安全装置的整定值应符合技术文件规定，其动作应灵敏可靠。

(4) 机组的响声、振动、压力、温度、温升等应符合技术文件的规定，并记录各项数据。

2. 冷却塔

(1) 冷却塔进水前，应将冷却塔布水槽、集水盘内清扫干净。

(2) 冷却塔风机的电绝缘应良好，风机旋转方向应正确。

(3) 冷却塔运转时，应检查风机的运转状态和冷却水循环系统的工作状态，并记录运转中的情况及有关数据，如无异常情况，连续运转时间应不少于 2h。

(4) 冷却塔运转结束后，应将集水盘清洗干净，如长期不使用，应将循环管路及集水盘中的水全部排出，防止设备冻结。

3. 锅炉

锅炉的单体调试必须在燃烧系统、供水系统、供气(油)系统、安全阀、配电及控制系统均能正常运行的条件下进行。锅炉调试的内容有：

(1) 锅炉所有转动设备的转向、电流、振动、密封、噪声等检测，保护联锁定值的设定。

(2) 水位保护、安全联锁指示调整。

(3) 燃烧系统联锁保护调整：火焰检测保护系统；点火系统；安全保护联锁系统；各负荷、风、燃料配比系统。

4. 水泵

(1) 水泵试运转前，应检查水泵和附属系统的部件是否齐全，用手盘动水泵应轻便灵活、正常，不得有卡碰现象。

(2) 水泵在试运前，应将入口阀打开，出口阀关闭，待水泵启动后缓慢开启出口阀门。

(3) 点动，检查水泵的旋转方向是否正确。

(4) 水泵启动时，若声音、振动异常，应立即停机检查。

(5) 水泵正常运转后，定时测量轴承温升，所测温度应低于设备说明书中的规定值，如无规定值时，一般滚动轴承的温度不大于 75℃；滑动轴承的温度不大于 70℃。运转持续时间不小于 2h。

(6) 水泵试运转结束后，应将水泵进出口阀门和附属管路系统的阀门关闭，将泵内积存的水排净，防止锈蚀或冻裂。

29.11.5.2 系统联动调试

通风与空调系统的联动调试应在风系统的风量平衡调试结束和冷冻水、冷却水及热水循环系统均运转正常的条件下进行。

1. 空调冷(热)水、冷却水系统的调试

(1) 系统调试前应对管路系统进行全面检查。支架固定良好；试压、冲洗用的临时设施已拆除，系统已复原；管道保温已结束等。

(2) 将调试管路上的手动阀门、电动阀门全部开到最大状态，开启排气阀。

(3) 向系统内充水，充水过程中要有人巡视，发现漏水情况及时处理。

(4) 系统冲满水后启动循环水泵和冷却塔，观察各部位的压力表和流量计读数及冷却塔集水盘的水位，流量和压力应符合设计要求。

(5) 调试定压装置。采用高位水箱的，应调试浮球阀的进水水位至最佳位置；采用低位定压装置的，应调试其正常工作压力、启泵压力、停泵压力至设计要求。

(6) 调整循环水泵进出口阀门开启度，使其流量、扬程达到设计要求(总流量与设计流量的偏差不应大于10%)。同时观察分水器、集水器上的压力表读数和压差是否正常，如不正常，调整压差旁通控制系统，直至达到设计要求(压差旁通控制系统手动调试只能粗调)。

(7) 调整管路上的静态平衡阀，使其达到设计流量。

(8) 调试水处理装置、自动排气装置等附属设施，使其达到设计要求。

(9) 投入冷、热源系统及空调风管系统，进行系统的联动调试与检测。

2. 供热系统联动调试与检测

(1) 开启锅炉房分汽缸或分水器的阀门，向空调系统供热，调整减压阀后的压力至设计要求。

(2) 调试换热装置进汽(热水)管上的温控装置，使换热装置出口的温度、压力、流量等达到设计要求。

(3) 观察分水器、集水器及空调末端水系统的温度，应符合设计要求。

(4) 供热系统调试过程中，应检查锅炉及附属设备的热工性能

和机械性能；测试给水、炉水水质、炉膛温度、排烟温度及烟气的含尘、含硫化合物、一氧化碳、二氧化碳等有害物质的浓度是否符合国家规定的排放标准（此项应事先委托环保部门测试）；测试锅炉的出率（即发热量或蒸发量）、压力、温度等参数；同时测试给水泵、油泵、除氧水泵等的相关参数。

3. 供冷系统联动调试

制冷机组投入系统运行后，进行水量、温度、压力、电流、油温等参数及控制的调试。

29.11.5.3 检测验收

1. 一般要求

空调与采暖系统冷、热源和辅助设备及其管网系统的施工质量验收，除应符合《建筑节能工程施工质量验收规范》（GB 50411）的规定外，尚应按照批准的设计图纸和《建筑给水排水及采暖工程施工质量验收规范》（GB 50242）及《通风与空调工程施工质量验收规范》（GB 50243）等现行相关技术标准的规定执行。

2. 主控项目

(1) 空调与采暖系统冷、热源和辅助设备及其管网系统的安装质量全数观察检查，应符合下列规定：

1) 管道系统的制式，应符合设计要求；

2) 各种设备、自控阀门与仪表应按设计要求安装齐全，不得随意增减和更换；

3) 空调冷（热）水系统，应能实现设计要求的变流量或定流量运行；

4) 供热系统应能根据热负荷及室外温度变化实现设计要求的集中质调节、量调节或质—量调节相结合的运行。应符合施工图设计要求。

(2) 空调与采暖系统冷、热源和辅助设备及其管网系统的设备的型号、规格、技术参数及台数应符合施工图设计要求。通过对照设计图纸核查、观察检查，查阅产品进场的验收记录对系统设备全数检查。

(3) 空调与采暖系统冷热源设备、辅助设备的性能应符合施工图设计要求。通过对照设计要求及有关国家现行标准，核对有关设备的性能参数，对系统设备全数检查。

(4) 空调与采暖系统冷、热源和辅助设备及其管网系统的安装完毕后，必须进行单机试运行及调试和管网平衡调节；整个空调和采暖系统安装完毕后，必须进行系统无生产负荷下的联合试运行及调试，应满足施工图设计要求。并应经有检测资质的第三方检测，出具报告，合格后方可通过验收。单机试运行及调试按设备数量抽查10%，且不少于1台；系统联合试运行及调试，检查整个系统。

(5) 联合式运转及调试结果应符合设计要求，且允许偏差或规定值应符合《建筑节能工程施工质量验收规范》（GB 50411）的要求，见表29-95。

联合试运转及调试检测项目与允许偏差或规定值

表 29-95

序号	检 测 项 目	允许偏差或规定值
1	室内温度	冬季不得低于设计计算温度2℃，且不应高于1℃；夏季不得高于设计计算温度2℃，且不应低于1℃
2	供热系统室外管网的水力平衡度	0.9~1.2
3	供热系统的补水率	≤0.5%
4	室外管网的热输送效率	≥0.92
5	空调机组的水流量	≤20%
6	空调系统冷热水、冷却水总流量	≤10%

(6) 空调与采暖系统冷热源及管网节能工程用材料和设备质量控制见表29-103和表29-104。

3. 一般项目

(1) 空调与采暖系统冷热源设备、辅助设备和配件的绝热，不

得影响其操作功能。通过观察检查，抽查同类别数量的10%，且不少于2件。

(2) 空调与采暖系统冷、热源和辅助设备及其管网系统的绝热衬垫和防潮应符合空调与采暖系统的绝热衬垫和防潮施工的要求。

29.12 配电与照明节能工程

29.12.1 一 般 规 定

29.12.1.1 对材料、设备的一般规定

1. 建筑节能工程使用的材料、设备等，必须符合设计要求及国家有关标准的规定。严禁使用国家明令禁止使用或淘汰的材料、设备。

2. 材料和设备进场验收应遵守下列规定：

(1) 对材料和设备的品种、规格、包装、外观和尺寸等进行检查验收，并应经监理工程师（建设单位代表）确认，形成相应的验收记录。

(2) 对材料和设备的质量证明文件进行核查，并应经监理工程师（建设单位代表）确认，纳入工程技术档案。进入施工现场用于节能工程的材料和设备均应具有出场合格证、中文说明书及相关性能检测报告；定型产品和成套技术应有型式检验报告，进口材料和设备应按规定进行出入境商品检验。

3. 建筑节能工程使用材料的燃烧性能等级和阻燃处理，应符合设计要求和国家现行标准《高层民用建筑设计防火规范》（GB 50045）、《建筑内部装修设计防火规范》（GB 50222）和《建筑设计防火规范》（GB 50016）的规定。

4. 建筑节能工程使用的材料应符合国家现行有关标准对材料有害物质限量的规定，不得对室内外环境造成污染。

29.12.1.2 建筑节能对配电与照明材料的特殊要求

1. 荧光灯灯具、高强度放电灯灯具及 LED 灯具的效率

(1) 荧光灯灯具和高强度放电灯灯具的效率不应低于表29-96的规定。

荧光灯灯具和高强度气体放电灯灯具的效率允许值

表 29-96

灯具出光口形式	开敞式	保护罩（玻璃或塑料）		格栅	格栅或透光罩	功率因数
		透明	磨砂、棱镜			
荧光灯灯具	75%	65%	55%	60%	—	0.9
高强度气体放电灯灯具	75%			60%	60%	0.9

(2) LED 灯具的效率不应低于表29-97的规定。

LED 灯具的效率允许值

表 29-97

灯具类型	光源效率 (Lm/W)	电源效率 (%)	功率因数	整灯光效 (Lm/W)
LED 面板灯	120	92	0.95	75
LED 灯管	120	92	0.95	90
LED 筒灯	120	85	0.90	65
LED 路灯	120	90	0.95	90
LED 投光灯	120	90	0.95	80

2. 管型荧光灯镇流器能效限定值不应小于表29-98的规定。

镇流器能效限定值

表 29-98

标称功率（W）	18	20	22	30	32	36	40
镇流器能效因数 (BEF)	电感型						
	3.154	2.952	2.77	2.232	2.146	2.03	1.992
电子型	4.778	4.370	3.998	2.870	2.678	2.402	2.270

3. 照明设备谐波含量限值应符合表29-99的规定。

照明设备谐波含量的限值　　表29-99

谐波次数 n	基波频率下输入电流百分比数表示的最大允许谐波电流（%）
2	2
3	30×λ（电路功率因数）
5	10
7	7
9	5
11≤n≤39（仅有奇次谐波）	3

4. 低压配电系统选择的电线、电缆每芯导体电阻值应符合表29-100的规定。

不同标称截面的电缆、电线每芯导体最大电阻值
表29-100

标称截面（mm²）	20℃时导体最大电阻（Ω/km）圆铜导体（不镀金属）
0.5	36
0.75	24.5
1	18.1
1.5	12.1
2.5	7.41
4	4.61
6	3.08
10	1.83
16	1.15
25	0.727
35	0.524
50	0.387
70	0.268
95	0.193
120	0.153
150	0.124
185	0.0991
240	0.0754
300	0.0601

29.12.2　配电与照明节能工程技术要点

29.12.2.1　按设计及规范要求选择合理的材料

1. 照明光源、灯具及其附属装置、电线、电缆选择必须符合设计要求。

2. 常用光源的主要性能及适用场所，见表29-101。

常用光源的性能及适用场所　　表29-101

光源名称	发光效能（lm/W）	显色指数（Ra）	使用寿命（h）	使用场所
白炽灯	8～12	99	1000	严格限制
卤素灯	12～16	99	2000	商店小型贵重商品的重点照明
直管荧光灯（卤磷酸钙荧光粉）	60～80	57～72	8000	不再应用
直管荧光灯（三基色荧光粉）	70～100	83～85	12000	办公室、镜头、走廊、餐厅、会议室
紧凑型荧光灯（三基色荧光粉）	45～65	80～85	6000	大堂、电梯厅、客房、走廊、多功能厅
石英金属卤化物灯	60～90	65	6000～8000	高空间、夜景照明
陶瓷金属卤化物灯	70～100	80～85	6000	中庭、大堂、商店
高压钠灯	90～130	23～25	16000	道路照明
发光二极管（LED）	40～60	80～85	30000～50000	夜景照明、标志灯、广告牌

3. 选用高效长寿电光源：

（1）高发光效率，预计气体放电灯光效将普遍超过100lm/W，HID灯将更高。

（2）高显色性能，多数光源的显色指数将超80，荧光灯将普遍使用三基色荧光粉。

（3）使用寿命长，气体放电灯将超过10000h。

4. 选用高效节能的照明灯具及配件：

（1）高效率、高光通维持率和配光合理，适合不同使用功能的灯具。

（2）低损耗节能的配电线路，尽量少地产生谐波，与高效节能灯具相配套的配件与系统。

5. 选用智能化自动控制系统。

29.12.2.2　对材料设备的质量控制及检测

1. 光源灯具及其附属装置的质量控制

（1）物资进场后，通过现场检查，对其技术资料和性能检测报告等质量证明文件与实物进行一一核对。

（2）检查内容包括产品出厂质量证明文件及检测报告（或相关认证文件）是否齐全；实际进场产品及其配件数量、规格等是否满足设计及施工要求；产品的外观质量能否满足设计要求或有关标准的规定。

合格证明文件必须是中文的表示形式，应具备产品名称、规格、型号，国家质量标准代号，出厂日期，生产厂家的名称、地址，必要的检测报告，检测报告内容必须包含《建筑节能工程施工质量验收规范》（GB 50411）中的相关性能参数，其性能参数应满足规范对照明光源灯具及其附属装置的参数要求。

2. 电缆、电线的质量控制

（1）除应进行常规检查外，还要在监理或甲方的监督下进行见证取样，送到具有国家认可检测资质的检验机构进行检验，并出具检验报告。

（2）检验内容包括主要检测电线电缆导体电阻，送检的电线电缆应全部合格，并由检测单位出具检测报告，检测结果中的电线电缆导体电阻应符合表29-100的要求。

（3）检查数量，按照《建筑节能工程施工质量验收规范》（GB 50411）要求，检查数量为同厂家各种规格总数的10%，且不少于两个规格。其中相同截面、相同材料（如镀金属、圆或成型铝导体、铝导体）导体和相同芯数为同规格，如 VV-3×50 与 YJV-3×50 为同规格，BV2.5 及 BVV2.5 为同规格。

29.12.2.3　减少母线、电缆因安装造成的能源消耗

加强母线接头的制作质量，母线与母线、母线与电器接线端子搭接时，母线与各类搭接连接的钻孔直径和搭接长度及力矩扳手钢制连接螺栓的力矩值应符合《建筑电气工程施工质量验收规范》（GB 50303）中的要求，防止接头虚接造成的局部发热，造成无用的能源消耗。

29.12.3　配电与照明节能工程调试与测试

29.12.3.1　照明通电试运行及照度检测

1. 通电前的检查

（1）电气线路的绝缘电阻满足规范要求（不小于0.5MΩ）。

（2）复查总电源开关至各照明回路开关接线是否正确，各回路标识正确一致。

（3）检查漏电保护器的接线是否正确，严格区分工作零线与保护接地线，保护接地线严禁接入漏电开关。

（4）检查开关箱内各接线端子连接是否正确、牢固可靠。

（5）断开所有开关、合上总进线开关，检查漏电测试按钮是否灵敏可靠，并用漏电开关测试仪检测，动作电流≤30mA，在 0.1s 漏电开关能有效跳闸。

（6）分回路试通电：

1）各回路灯具等用电设备全部置于断开位置；

2）分路电源开关逐次合上，并应合一路试一路，以保证标志和顺序一致；

3）逐个合上灯具的开关，检查灯具的开关控制顺序是否对应；

4）用插座检验器检查各插座相序连接是否正确，漏电时是否跳闸；

5）将插座加入设计负荷，进行负荷试验。

2. 查找故障

（1）发现故障应首先断开电源。确认无电后，再进行修复或整改。

（2）对开关一经闭合，漏电保护器马上跳闸的现象，应重点检查工作零线是否与保护地线混接，导线是否绝缘不良，也可能外接负荷接地绝缘不良。

3. 系统通电运行

公用建筑照明系统通电连续试运行时间应为 24h，民用住宅照明系统通电连续试运行时间应为 8h，所有照明器具均应开启，照明插座应按设计负荷每 2h 记录运行状态一次。通电试运行中还应测试并记录照明系统的照度和功率密度，测试所得的照度值不小于设计值的 90%。

照度值检验应与功率密度检验同时进行，被检测区内发光灯具的安装总功率除以被检测区域面积即可得出被检测区域的照明功率密度值。每种功能区检查不少于两次。

4. 照度测量

（1）一般照明时测点的布置

预先在测定场所打好网格，作测点记号，一般室内或工作区为 2~4m 正方形网格。对于小面积的房间可取 1m 的正方形网格。对走廊、通道、楼梯等处在长度方向的中心线上按 1~2m 的间隔布置测点。网格边线一般距房间各边 0.5~1m。

（2）局部照明时测点布置

局部照明时，在需照明的地方测量。当测量场所狭窄时，选择其中有代表性的一点；当测量场所广阔时，可按一般照明时测点的布置所述布点。

（3）测量平面和测点高度

无特殊规定时，一般为距地 0.8m 的水平面。对走廊和楼梯，规定为地面或距地面为 15cm 以内的水平面。

（4）测量条件

根据需要点燃必要的光源，排除其他无关光源的影响。测定开始前，白炽灯需点燃 5min，荧光灯需点燃 15min，高强气体放电灯需点燃 30min，待各种光源的光输出稳定后再测量。对于新安设的灯，宜在点燃 100h（气体放电灯）和 20h（白炽灯）后进行照度测量。

（5）测量仪器

照度测量应采用照度计，用于照明测量的照度计宜为光电池式照度计。按接收器的材料，照度计可分为硒光电池式和硅光电池式的照度计。照明测量宜采用精确度为二级以上的照度计。

（6）测量方法

1）测量时先用大量程挡数，然后根据指示值大小逐步找到需测的挡数，原则上不允许在最大量程的 1/10 范围内测定。

2）指示值稳定后读数。

3）要防止测试者人影和其他各种因素对接收器的影响。

4）在测量中宜使电源电压不变，在额定电压下进行测量，如做不到，在测量时应测量电源电压，当与额定电压不符时，则应按电压偏差对光通量变化予以修正。

5）为提高测量的准确性，一测点可取 2~3 次读数，然后取算术平均值。

（7）测量数据要求

1）照度值不得小于设计值的 90%。

2）功率密度值不得大于《建筑照明设计标准》（GB 50034）中的规定。

29.12.3.2 低压配电电源质量检测

1. 工程安装完成后对低压配电系统进行调试，调试合格后对低压配电电源质量进行检测。

2. 全数检测，在已安装的变频和照明等可产生谐波的用电设备均可投入使用的情况下，使用三相电能质量分析仪在变压器的低压侧（变压器低压出线或低压配电总进线柜）进行测量。

3. 检测结果应符合下列要求，并形成检测记录。

（1）三相供电电压允许偏差：三相供电电压允许偏差为标称系统电压的 ±7%；单相 220V 为 +7%，−10%。

（2）公共电网谐波电压限值为：380V 的电网标称电压，电压总谐波畸变率（THD_u）为 5%，奇次（1~25 次）含有率为 4%，偶次（2~24 次）含有率为 2%。

（3）谐波电流不应超过表 29-102 中规定的允许值。

谐波电流允许值　　　　　　　　　　表 29-102

标称电压 (kV)	基准短路容量 (MVA)	谐波次数及谐波电流允许值 (A)										
		2	3	4	5	6	7	8	9	10	11	12	13
0.38	10	78	62	39	62	26	44	19	21	16	28	13	24
		谐波次数及谐波电流允许值 (A)										
		14	15	16	17	18	19	20	21	22	23	24	25
		11	12	9.7	18	8.6	16	7.8	8.9	7.1	14	6.5	15

（4）三相电压不平衡度允许值为 2%，短时不得超过 4%。

29.12.3.3　大容量导线或母线检测

大容量（630A 及以上）导线或母线连接处，在设计计算负荷运行情况下应作温度抽查记录，温升稳定且不大于设计值。

29.12.4　配电与照明节能工程施工质量验收

29.12.4.1　一般规定

1. 配电与照明节能工程的施工质量验收适用于建筑物内的低压配电（380/220）和照明配电系统，以及与建筑物配套的道路照明、小区照明、泛光照明等。

2. 配电与照明节能工程的施工质量验收，除应符合《建筑节能工程施工质量验收规范》（GB 50411）和《建筑电气工程施工质量验收规范》（GB 50303）的有关规定外，还应按照批准的设计图纸，合同约定的内容和相关技术规定进行。

29.12.4.2　主控项目

1. 动力设备、电线电缆、照明光源、灯具及其附属装置的选择必须符合设计要求，进场验收时应对其类型、材质、规格及外观等进行验收，并经监理工程师（建设单位代表）检查认可，形成相应的验收、核查记录。质量证明文件和相关技术资料齐全，并符合国家现行有关标准和规定。检验方法：观察检查；技术资料和性能检测报告等质量证明文件与实物核查。检查数量：全数核查。

2. 照明光源、灯具及其附属装置进场时应对其下列技术性能进行复验，复验应为见证取样送检：

（1）荧光灯灯具和高强度放电灯灯具的效率不应低于表 29-96 的规定。

（2）荧光灯、金属卤化物灯、高压钠灯初始光效不应低于表 29-97 的规定。

（3）管型荧光灯镇流器能效限定值不应小于表 29-98 的规定。

（4）照明设备谐波含量限值应符合表 29-99 的规定。

检验方法：现场随机抽样送检，核查复验报告。检查数量：同一厂家、同材质、同类型的，按其数量 500 个（套）及以下时各抽检 2 个（套），500 个（套）以上时各抽检 3 个（套）；由同一施工单位施工的同一建设单位的多个单位工程（群体建筑），当使用同一生产厂家、同材质、同类型、同批次的，可合并计算按每 10 万平方米建筑各抽检 3 个（套）。

3. 低压配电系统选择的电缆、电线截面不得低于设计值，进场时应对其截面和每芯导体电阻值进行见证取样送检。每芯导体电阻值应符合表 29-100 的规定。检验方法：进场时抽样送检，验收时核查检验报告。检查数量：同生产厂各种规格总数的 10%，且不少于 2 个规格。

4. 工程安装完成后应对低压配电系统进行调试，调试合格后应对低压配电电源质量进行检测。对供电电压允许偏差、公共电网谐波电压限值、谐波电流、三相电压不平衡度允许值测量仪器全部进行测定，检测结果应符合 29.12.3.2 中的规定。

29.12.4.3　一般项目

1. 母线与母线或母线与电器接线端子，使用力矩扳手按母线检验批抽查 10%，对压接螺栓进行力矩检测。当采用螺栓搭接连接时，应采用力矩扳手拧紧，制作符合《建筑电气工程施工质量验收规范》（GB 50303）标准中的有关规定。母线搭接螺栓的拧紧力

矩见表 29-103。

母线搭接螺栓的拧紧力矩　　**表 29-103**

螺栓规格	M8	M10	M12	M14	M16	M18	M20	M24
力矩值 (N·m)	8.8～10.8	17.7～22.6	31.4～39.2	51.0～60.8	78.5～98.1	98.0～127.4	156.9～196.2	274.6～343.2

2. 交流单芯电缆或分项后的每项电缆全数观察检查，宜品字形（三叶形）敷设，且不得形成闭合铁磁回路。

3. 三相照明配电干线的各相负荷宜分配平衡，在建筑物照明通电试运行时开启全部照明负荷，使用三相功率计检测各相负载电流、电压和功率，全数检查。其最大相负荷不宜超过三相负荷平均值的 115%，最小相负荷不宜小于三相负荷平均值的 85%。

29.13　监测与控制节能工程

29.13.1　一　般　规　定

29.13.1.1　监测与控制系统设置

1. 集中采暖与空调系统应进行监测与控制。

2. 间歇运行的空调系统，宜设自动启停控制装置。

3. 对建筑面积 20000m² 以上的全空调建筑，在条件许可的情况下，空调系统、通风系统以及冷热源系统宜采用直接数字控制系统。

4. 总装机容量较大、数量较多的大型工程冷、热源机房，宜采用机组群控方式。

5. 采用集中空调系统的公共建筑，宜设置分楼层、分室内区域、分用户或分室的冷、热量计量装置；建筑群的每栋公共建筑及其冷、热源站房，应设置冷、热量计量装置。

29.13.1.2　与建筑节能工程相关部分的建筑设备监测与控制

1. 可再生能源的利用。

2. 建筑冷热电联供系统。

3. 能源回收利用。

4. 其他与节能有关的项目。

29.13.1.3　监测与控制节能工程监控项目

监测与控制节能工程监控具体项目汇总，见表 29-104。

建筑节能工程系统监测与控制项目汇总表　　**表 29-104**

类型	系统名称	监测与控制项目	备注
通风与空气调节控制系统	空气处理系统控制	空调箱手、自动状态显示 空调箱启停控制状态及故障显示 送回风温湿度检测 焓值控制 过渡季节新风温度控制 最小新风量控制 过滤器报警	
	空气处理系统控制	送风压力检测 风机故障报警 冷（热）水流量调节 加湿器控制 风门控制 风机变频调速 二氧化碳浓度、室内温湿度检测 与消防自动报警系统联动	
	变风量空调系统控制	总风量调节 变静压控制 定静压控制 加热系统控制 智能化变风量末端装置控制 送风温湿度控制 新风量控制	
	通风系统控制	风机手、自动状态显示 风机启停控制状态显示 风机故障报警 风机排风排烟联动 地下车库二氧化碳浓度控制 根据室内外温差中空玻璃幕墙通风控制	
	风机盘管系统控制	室内温度检测 冷热水量开关控制 风机启停和状态显示 风机变频调速控制	

类型	系统名称	监测与控制项目	备注
冷热源、空调的监测控制	压缩制冷机组控制	运行状态、故障状态监视 启停程序控制与连锁 台数控制（机组群控） 机组疲劳度均衡控制	能耗计量
	变制冷剂流量空调系统控制		
	吸收式制冷系统/冰蓄冷系统控制	运行状态、故障状态监视 启停控制 制冰/蓄冷控制 对设备（冷机、蓄冰箱、乙二醇泵、冰水泵、冷却水泵、冷却塔、软水装置、膨胀水箱等）的监控	冰库蓄冰量检测、能耗累计
	锅炉系统控制	台数控制 燃烧负荷控制 换热器一次侧供回水温度监视 换热器一次侧供回水流量控制 换热器二次侧供回水温度监视 换热器二次侧供回水流量控制 换热器二次侧变频泵控制 换热器二次侧供回水压力监视 换热器二次侧供回水压差旁通控制 换热站其他控制	能耗计量
冷热源、空调的监测控制	再生能源系统	太阳能热水系统	供回水温度监视 辅助能源能耗计量	
		热泵系统	供回水温度监视 系统能效比 机组性能系数	
	冷冻水系统控制	供回水温差控制 供回水流量控制 水泵水流开关检测 冷冻机组蝶阀控制 冷冻水循环泵启停控制和状态显示（二次冷冻水循环泵变频调速） 冷冻水循环泵过载报警 供回水压力监视 供回水压差旁通控制	冷源负荷监视，能耗计量
	冷却水系统控制	冷却水进出口温度检测 冷却水泵启停控制和状态显示 冷却水泵变频调速 冷却水循环泵过载报警 冷却塔风机启停控制和状态显示 冷却塔风机变频调速 冷却塔风机故障报警 冷却塔排污控制	能耗计量
	供配电系统监测	功率因数控制 电压、电流、功率、频率、谐波、功率因数检测 中/低压开关状态显示 中/低压开关故障报警 变压器温度检测与报警	用电量计量
	建筑热电联供系统	初级能源检测与计量 发电系统运行状态显示 蒸气（热水）系统检测与控制 备用电源控制系统	
	照明系统控制	磁卡、传感器、照明的开关控制 根据照度进行调节的照明控制 办公区照度控制 时间表控制 自然采光控制 公共采光区（减半）开关控制 局部照明控制 照明的全系统优化控制 室内场景设定控制 室外景观照明场景设定控制 路灯时间表及亮度开关控制	照明系统用电量计量

续表

类型	系统名称	监测与控制项目	备注
综合控制系统	综合控制系统	建筑能源系统的协调控制 采暖、空调与通风系统的优化监控 能源回收利用检测	
建筑能源管理系统的能耗数据采集与分析	建筑能源管理系统的能耗数据采集与分析	管理软件功能检测	

29.13.1.4 监测与控制节能工程的施工

监测与控制节能工程施工应符合国家现行有关标准与施工图的节能设计要求。

29.13.2 监测与控制要点

29.13.2.1 冷热源系统控制

1. 对系统冷、热量的瞬时值和累计值进行监测，冷水机组优先采用由冷量优化控制运行台数的方式。
2. 冷水机组或热交换器、水泵、冷却塔等设备连锁启停。
3. 对供、回水温度及压差进行控制或监测。
4. 对设备运行状态进行监测及故障报警。
5. 技术可靠时，宜对冷水机组出水温度进行优化设定。

29.13.2.2 空气调节系统控制

1. 空气调节冷却水系统控制
(1) 冷水机组运行时，冷却水最低回水温度的控制；
(2) 冷却塔风机的运行台数控制或风机调速控制；
(3) 采用冷却塔供应空气调节冷水时的供水温度控制；
(4) 排污控制。
2. 空气调节风系统（包括空调机组）控制
(1) 空气温、湿度的监控；
(2) 采用定风量全空气空调系统时，宜采用变新风比焓值控制方式；
(3) 采用变风量系统时，风机宜采用变速控制方式；
(4) 设备运行状态的监测及故障报警；
(5) 需要时，设置盘管防冻保护；
(6) 过滤器超压报警或显示。
3. 采用二次泵系统的空气调节水系统，其二次泵应采用自动变速控制方式。
4. 对末端变水量系统中风机盘管，应采用电动温控阀和三挡风速结合的控制方式。
5. 以排除房间余热为主的通风系统，宜设置通风设备的温控装置。
6. 地下停车库的通风系统，宜根据使用情况对通风机设置定时启停（台数）控制或根据车库内的 CO 的浓度进行自动运行控制。

29.13.3 检 测 验 收

29.13.3.1 一般要求

1. 监测与控制系统施工质量的检测验收执行《智能建筑工程质量验收规范》（GB 50339）和《建筑节能工程施工质量验收规范》（GB 50411）的相关规定。
2. 监测与控制系统的验收分为工程实施和系统检测两个阶段。
(1) 工程实施由施工单位和监理单位随工程实施过程进行，分别对施工质量管理文件、设计符合性、产品质量、安装质量进行检查，及时对隐蔽工程和相关接口进行检查，同时，应有详细的文字和图像资料，并对监测与控制系统进行不少于 168h 的不间断试运行。工程实施过程检查为逐项检查。
(2) 系统检测由具备相应资质的专业检测机构检测。检测内容应包括对工程实施文件和系统自检文件进行复核，对监测与控制系统的安装质量、系统优化监控功能、能源计量及建筑能源管理等进

行检查和检测。系统检测内容分为主控项目和一般项目，系统检测结果是监测与控制系统验收依据。
3. 对不具备试运行条件的项目，应在审核调试记录的基础上进行模拟检测，以检测监测与控制系统的节能监控功能。

29.13.3.2 主控项目

1. 监测与控制系统采用的设备、材料及附属产品进场时，应按照设计要求对其品种、规格、型号、外观和性能等进行检查验收，并应经监理工程师（建设单位代表）检查认可，且应形成相应的质量记录。各种设备、材料和产品附带的质量证明文件和相关技术资料应齐全，并应符合国家现行有关标准和规定。全数进行外观检查，对照设计要求核查质量证明文件和相关技术资料。还应对下列产品进行重点检查：
(1) 涉及系统集成的部分应在设备进场前进行工厂测试（FAT），测试内容包括接口兼容性、接口双方各自故障不影响另一方；
(2) 自动控制阀门和执行机构应检查相关设计计算书，并校核阀门口径等参数；
(3) VAV 末端自带控制器时，控制器应具备 PID 控制功能和基本运算功能。
2. 监测与控制系统安装质量应符合以下规定：
(1) 传感器的安装质量应符合《自动化仪表工程施工及验收规范》（GB 50093）的有关规定；
(2) 阀门型号和参数应符合设计要求，其安装位置、阀前后直管段长度、流体方向等应符合产品安装要求；
(3) 压力和差压仪表的取压点、仪表配套的阀门安装应符合产品要求；
(4) 流量仪表的型号和参数、仪表前后的直管段长度等应符合产品要求；
(5) 温度传感器的安装位置、插入深度应符合产品要求；
(6) 变频器安装位置、电源回路敷设、控制回路敷设应符合设计要求；
(7) 智能化变风量末端装置的温度设定器安装位置应符合产品要求；
(8) 涉及节能控制的关键传感器应预留检测孔或检测位置，管道保温时应做明显标注；
(9) 阀门执行机构、变频器的动力线路必须与控制线路分管走线，在与马达连接处应采用软管连接；
(10) 模拟控制线应采用多芯铜导线，并做好屏蔽和接地；
(11) 户外设备进入建筑物时应设置防雷装置。

每种仪表按 20% 抽检，不足 10 台全部检查。对照图纸或产品说明书目测和尺量检查。
3. 软件安装完毕并完成系统地址配置后，在软件加载到现场控制器前，应对中央控制站软件功能进行逐条测试，测试内容包括：系统集成功能、数据采集功能、报警连锁控制、设备运行状态显示、远动控制功能、程序参数下载、瞬间保护功能、紧急事故运行模式切换、历史数据处理等。上述检测均应符合设计要求。全部按照施工检测验收大纲进行检测。
4. 对现场控制器和现场仪表进行逐台通电测试。检验方法：用信号发生器、毫伏表、脉冲发生器等输入现场控制器，观察系统参数采集控制器输出等功能。
5. 系统调试和试运行

系统调试应和 HAVC 的系统平衡调试一起进行，实现监控系统和被控设备协调稳定运行，自动控制系统成功投入并稳定运行。系统调试完成后应进行不少于 168h 的连续试运行，其中应包括不少于 24h 的满负荷运行。
6. 对经过试运行的项目，其系统的投入情况、监控功能、故障报警连锁控制及数据采集等功能，应符合设计要求。检验方法：调用节能监控系统的历史数据、控制流程图和试运行记录，对数据进行分析。检查数量：检查全部进行过试运行的系统。
7. 空调与采暖的冷热源、空调水系统的监测控制系统应成功运行，控制及故障报警功能应符合设计要求。全部检测，在中央工作站使用监测系统软件，或采用在直接数字控制器或冷热源系统自

带控制器上改变参数设定值和输入参数值,检测控制系统的投入情况及控制功能;在工作站或现场模拟故障,检测故障监视、记录和报警功能。

8. 通风与空调的监测控制系统的控制功能及故障报警功能应符合设计要求。按总数的 20% 抽样检测,不足 5 台全部检测。在中央工作站使用系统监测软件,或采用在直接数字控制器或通风与空调系统自带控制器上改变参数设定值和输入参数值,检测控制系统的投入情况及控制功能;在工作站或现场模拟故障,检测故障监视、记录和报警功能。

9. 监测与计量装置的检测计量数据应准确,并符合系统对测量准确度的要求。检验方法:用标准仪器仪表在现场实测数据,将此数据分别与直接数字控制器和中央工作站显示数据进行比对。检查数量:按 20% 抽样检测,不足 10 台全部检测。

10. 供、配电的监测与数据采集系统应符合设计要求。全部检测,试运行时,监测供配电系统的运行工况,在中央工作站检查运行数据和报警功能。

11. 照明自动控制系统的功能应符合设计要求,当设计无要求时应实现下列控制功能:

(1) 大型公共建筑的公用照明区应采用集中控制并应按照建筑使用条件和天然采光状况采取分区、分组控制措施,并按需要采取调光或降低照度的控制措施;

(2) 旅馆的每间(套)客房应设置节能控制型总开关;

(3) 居住建筑有天然采光的楼梯间、走道的一般照明,应采用节能自熄开关;

(4) 房间或场所设有两列或多列灯具时,应按下列方式控制:

1) 所控灯列与侧窗平行;

2) 电教室、会议室、多功能厅、报告厅等场所,按靠近或远离讲台分组。

(5) 每个照明开关所控制的光源数量不宜太多,每个房间的开关数不宜少于 2 个(只设一个光源除外)。

现场操作检查为全数检查,在中央工作站上检查按照明控制箱总数的 5% 检测,不足 5 台全部检测。检验方法:①现场操作检查控制方式;②依据施工图,按回路分组,在中央工作站上进行被检回路的开关控制,观察相应回路的动作情况;③在中央工作站改变时间表控制程序的设定,观察相应回路的动作情况;④在中央工作站采用改变光照度设定值、室内人员分布等方式,观察相应回路的控制情况;⑤在中央工作站改变场景控制方式,观察相应的控制情况。

12. 综合控制系统应对以下项目进行功能检测,检测结果应满足设计要求:

(1) 建筑能源系统的协调控制;

(2) 采暖、通风与空调系统的优化监控。

全部检测,采用人为输入数据的方法进行模拟测试,按不同的运行工况检测协调控制和优化监控功能。

13. 建筑能源管理系统的能耗数据采集与分析功能,设备管理和运行管理功能,优化能源调度功能,数据集成功能应符合设计要求。全部检查,对管理软件进行功能检测。

14. 监测与计量系统需符合以下要求:

(1) 数据应准确,用于结算的计量装置应符合《中华人民共和国计量法》的规定;用于节能、管理的监测装置应符合设计要求或系统对测量准确度的要求;

(2) 重要计量、监测装置应采用不间断电源供电;

(3) 重要数据应具备存储、导出功能;

(4) 监测装置设置应符合以下原则:

1) 分区、分类、分系统、分项进行监测;

2) 对主要能耗系统、大型设备的耗量量(含燃料、水、电、汽)、输出冷(热)量等参数进行检测;

(5) 系统宜具备数据远传功能。

检验方法:观察检查,用标准仪器现场实测数据,并将此数据与直接数字控制器和工作站显示数据进行比对。检测数量:按总数 20% 抽样,10 台以下全部检测。

15. 可再生能源监测系统的功能应符合设计要求,当设计无要求

时,应实现下列监测功能:

(1) 地源热泵系统:室外温度、典型房间室内温湿度、系统热源侧与用户侧进出水温度和流量、系统耗电量、机组热源侧与用户侧进出水温度和流量、机组耗电量。

(2) 太阳能热水、太阳能供热采暖系统:室外温度、典型房间室内温度、辅助热源耗电量、集热系统进出口水温、集热系统循环水流量、太阳总辐射量。

(3) 太阳能供热制冷系统:室外温度、辅助热源耗电量、集热系统进出口水温、集热系统循环流量、机组进出口水温、机组用户侧循环水流量、典型房间室内温湿度。

(4) 太阳能光伏系统:室外温度、太阳总辐射量、光伏组件背板表面温度、发电量。

检验方法:用标准仪器仪表在现场实测数据,将此数据分别与工作站显示数据进行比对,电量变送器精度偏差不大于 1%,温度传感器精度偏差不大于 0.1℃。检验数量:全部检查。

16. 冷冻水泵采取变频调节控制方式时,其最低频率工况下,机组、水泵应能满足设计要求,安全、可靠、节能运行。全部检测。用标准仪器现场实测数据,计算得出机组 COP、水泵运行效率。

17. 自动扶梯无人乘行时,应自动减速运行或停运。全部观察检查。

29.13.3.3 一般项目

检测监测与控制系统的可靠性、实时性、可维护性等系统性能,主要包括下列内容:

(1) 控制设备的有效性,执行器动作应与控制系统的指令一致,控制系统性能稳定符合设计要求;

(2) 控制系统的采样速度、操作响应时间、报警反应速度应符合设计要求;

(3) 冗余设备的故障检测正确性及其切换时间和切换功能应符合设计要求;

(4) 应用软件的在线编程(组态)、参数修改、下载功能,设备及网络故障自检测功能应符合设计要求;

(5) 控制器的数据存贮能力和所占存储容量应符合设计要求;

(6) 故障检测与诊断系统的报警和显示功能应符合设计要求;

(7) 设备启动和停止功能及状态显示应正确;

(8) 被控设备的顺序控制和连锁功能应可靠;

(9) 应具备自动控制/远程控制/现场控制模式下的命令冲突检测功能;

(10) 人机界面及可视化检查。

全部检测,分别在中央站、现场控制器和现场利用参数设定、程序下载、故障设定、数据修改和事件设定等方法,通过与设定的显示要求对照,进行上述系统的性能检测。

29.14 太阳能光热系统节能工程

29.14.1 一 般 规 定

29.14.1.1 太阳能光热系统

太阳能光热系统包括太阳能热水系统和太阳能供热采暖系统节能工程。

1. 太阳能热水系统是将太阳能转换成热能,以加热水的装置。系统通常包括太阳能集热器、贮水箱、泵、连接管道、支架、控制系统和必要时配合使用的辅助能源。

2. 太阳能供热采暖系统是将太阳能转换成热能,供给建筑物冬季采暖和全年其他用热系统。系统通常包括太阳能集热器、换热蓄热装置、控制系统、其他能源辅助加热/换热设备、泵或风机、连接管道和末端供热采暖系统等。

29.14.1.2 太阳能光热系统分类

太阳能光热系统按照供水方式分为分散式、集中分散式、集中式。

29.14.1.3 太阳能光热系统节能工程的验收

1. 可根据施工安装特点按系统组成、楼层等进行验收。

2. 验收主要项目有太阳能集热器、储热水箱、控制系统、管路系统等。

29.14.2 主 控 项 目

29.14.2.1 材料与设备进场检验

1. 太阳能光热系统节能工程采用的集热设备、贮热设备、辅助热源设备、换热器、水处理设备、水泵、电磁阀、阀门及仪表、管材、保温材料、电气及控制设备等产品进场时，应按设计要求对其类型、材质、规格及外观等进行验收，并应经监理工程师（建设单位代表）检查认可，且应形成相应的验收记录。各种产品和设备的质量证明文件和相关技术资料应齐全，并应符合国家现行有关标准和规定。全数观察检查，核查质量证明文件和相关技术资料。

2. 太阳能光热系统节能工程采用的集热设备和保温材料等进场时，应对其下列技术性能进行复验，复验应为见证取样送检：

(1) 集热设备的集热效率；

(2) 保温材料的导热系数、密度、吸水率。

检验方法：现场随机抽样送检；核查复验报告。检查数量：同一厂家同一品种的集热器按照下列规定进行见证取样送检，分散式：500 台及以下抽检 1 台，500 台以上抽检 2 台；集中分散式、集中式：200 台及以下抽检 1 台，200 台以上抽检 2 台；同一厂家同材质的保温材料见证取样送检的次数不得少于 2 次。

29.14.2.2 设备与系统安装

1. 太阳能光热系统的安装全数观察检查，应符合下列规定：

(1) 太阳能光热系统的形式，应符合设计要求；

(2) 集热器、阀门、过滤器、温度计及仪表应按设计要求安装齐全，不得随意增减和更换；

(3) 贮热装置、水泵、换热装置、水力平衡装置安装位置和方向应符合设计要求，并便于观察、操作和调试；

(4) 超温报警装置必须可靠并应与安全阀联动；

(5) 集热系统基座应与建筑主体结构连接牢固；支架应采取抗风、抗震、防雷、防腐措施，并与建筑物接地系统可靠连接。

2. 集热器及其安装按总数抽查 5%，但不得少于 5 组观察检查，应符合下列规定：

(1) 每台集热器的规格、数量及安装方式应符合设计要求；

(2) 集热器与基座、支架连接必须牢固且应做防腐处理；

(3) 集热器安装倾角和定位应符合设计要求，安装倾角和定位误差为±3°；

(4) 集热器连接波纹管安装不得有凸起现象。

3. 贮水箱检验，应符合下列规定：

(1) 用于制作贮水箱的材质、规格应符合设计要求；

(2) 贮水箱应与底座固定牢靠；

(3) 贮水箱内外壁均按设计要求做好防腐处理，内壁防腐应卫生、无毒，且应能承受所贮存热水的最高温度和压力要求；

(4) 贮水箱内部应做接地处理；

(5) 贮水箱保温材料及性能应符合设计要求；

(6) 敞口水箱的满水试验和密闭水箱的水压试验必须符合设计。

检验方法：观察检查；满水试验静置 24h 观察，不渗不漏；水压试验在试验压力下 10min 压力不降，不渗不漏。检查数量：同一厂家同一品种的集热器按照下列规定进行见证取样送检，分散式：500 台及以下抽检 1 台，500 台以上抽检 2 台；集中分散式、集中式：200 台及以下抽检 1 台，200 台以上抽检 2 台；同一厂家同材质的保温材料见证取样送检的次数不得少于 2 次。

4. 排气阀、安全阀及其安装，按总数抽查 5%，排气阀不得少于 5 个，安全阀不得少于 1 个，观察检查，应符合下列规定：

(1) 排气阀、安全阀的规格、数量应符合设计要求；

(2) 排气阀、安全阀安装位置应符合设计要求，并便于观察、操作和调试；

5. 太阳能光热系统的管道敷设安装，全数观察检查，核查进场验收记录和调试报告，应符合下列规定：

(1) 管道部件的材质及规格应符合设计要求；

(2) 管道应独立设置管井，冷热水管道分别敷设，压力表、

温度计的安装位置、方向应正确，并便于观察、维护；

(3) 各类阀门的安装位置、方向应正确，并便于操作、调试和维修。安装完毕后，应根据系统要求进行调试并做出标志；

(4) 管道的坡向及坡度应符合设计要求，当设计没有要求时，坡度为 0.3%～0.5%；

(5) 管道的最高端排气阀及最低端排污阀数量、规格、位置应符合设计要求；

(6) 水泵等设备在室外安装应采取妥当的防雨、防晒、防冻等保护措施。

29.14.2.3 系统检测

1. 太阳能光热系统的管道安装完成后必须全数进行观察检查，管道的水压试验及管道的冲洗且水压试验及管道冲洗必须符合设计要求。当设计未注明时，管道系统水压试验压力为系统顶点压力加 0.1MPa，同时在系统顶点压力的试验压力不小于 0.3MPa；管道冲洗排放口水质必须清澈无杂质。

2. 辅助能源加热设备的电水加热器安装，全数观察检查，核查质量证明文件和相关技术资料，应符合设计要求，对永久接地保护可靠固定，并加装防漏电、防干烧等保护装置。

3. 太阳能光热系统的控制系统安装，全数观察检查，核查质量证明文件和相关技术资料，应符合下列规定：

(1) 传感器的规格、数量及安装方式应符合设计要求。

(2) 传感器的接线应牢固可靠，接触良好。接线盒与管套之间的传感器屏蔽线应做二次防护处理，两端均做防水保护。

(3) 所有电气设备和与电气设备相连接的金属部件应做接地处理。

(4) 电气与自动控制系统高温保护、防冻保护、过压保护必须可靠并应与安全报警联动。

29.14.2.4 绝热工程

1. 管道保温层和防潮层的施工应符合下列规定：

(1) 管道保温应在水压实验合格后进行，保温层的燃烧性能、材质、规格及厚度等应符合设计要求；

(2) 保温管壳的粘贴应牢固、铺设应平整。软质保温材料应按规定的密度压缩其体积，疏密应均匀。毡类材料在管道上包扎时，搭接处不应有空隙；

(3) 防潮层应紧密粘贴在保温层上，封闭良好，不得有虚粘、气泡、褶皱、裂缝等缺陷；

(4) 防潮层的立管应由管道的低端向高端敷设，环向搭接缝应朝向低端；纵向搭接缝位于管道的侧面，并顺水；

(5) 卷材防潮层采用螺旋形缠绕的方式施工时，卷材的搭接宽度宜为 30～50mm；

(6) 阀门及法兰部位的保温层结构应严密，且能单独拆卸并不得影响其操作功能。

检验方法：观察检查；用钢针刺入保温层、尺量。检查数量：按数量抽查 10%，且保温层不得少于 10 段、防潮层不得少于 10m，阀门等配件不得少于 5 个。

29.14.2.5 隐蔽工程

太阳能热水系统应随施工进度对与节能有关的隐蔽部位或内容进行全数观察检查，核查隐蔽工程验收记录，并应有详细的文字记录和必要的图像资料。

29.14.2.6 系统验收

1. 太阳能热水系统安装完毕后，应进行联合试运转和调试。联合试运转和调试结果应符合设计要求。系统联动调试完成后，系统应连续运行 72h，设备及主要部件的联动必须协调，动作准确，无异常现象。全数检查系统试运转和调试记录。

2. 太阳能热水系统联合试运转和调试正常后应对太阳能系统热性能进行现场检验，应符合表 29-105。

检验方法：现场实体检验，根据辐照量、环境温度、贮热水箱温度、集热系统进出口温度、系统流量、系统耗电量、辅助能源耗电量、控制系统进行检查得热量、系统保证率等进行现场检验。

检查数量：分散式：500 台及以下抽检 1 台，500 台以上抽检 2 台；集中分散式、集中式：200 台及以下抽检 1 台，200 台以上抽检 2 台。

不同资源区的太阳能保证率要求　表 29-105

资源区划	年太阳辐照量 MJ/ (m² · a)	太阳能保证率 (%)
Ⅰ 资源丰富区	≥6700	≥60
Ⅱ 资源较富区	5400～6700	≥50
Ⅲ 资源一般区	4200～5400	≥40
Ⅳ 资源贫乏区	<4200	≥30

29.14.3　一　般　项　目

1. 太阳能热水系统过滤器等配件的保温层应密实、无空隙，且不得影响其操作功能。

检验方法：观察检查。检查数量：按类别数量抽查 10%，且均不得少于 2 件。

2. 末端用热水设备（淋浴器、水龙头）其安装，按散热器组数抽查 5%，不得少于 5 组，观察检查，应符合下列规定：

（1）每组设备的规格、数量及安装方式应符合设计要求；

（2）启闭阀门应灵活、并便于操作。

3. 太阳能集中热水供应系统，全数观察检查，核查质量证明文件和相关技术资料。应设热水回水管道；应保证干管和立管中的热水循环及供水压力平衡。

4. 根据建筑类型和使用要求合理确定太阳能热水系统在建筑中的位置，并做到太阳能热水系统与建筑一体化。全数观察检查，核查质量证明文件和相关技术资料。

29.15　太阳能光伏节能工程

29.15.1　一　般　规　定

29.15.1.1　太阳能光伏系统

太阳能光伏系统即太阳能光伏发电系统，是利用太阳能电池或光伏子系统有效地吸收太阳光辐射能转换成电能。

29.15.1.2　分类

1. 独立运行的太阳能电池发电系统是指与电力系统不发生任何关系的完备系统，通常由太阳能电池板、逆变器、配电系统、计量仪表、蓄电池等组成，见图 29-22。

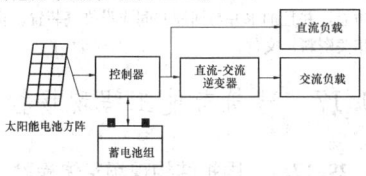

图 29-22　太阳能电池发电系统示意图

2. 太阳能光伏系统是由光伏子系统、功率调节器、电网接入单元、主控和监视系统、配套设备等组成的。

29.15.1.3　太阳能光伏系统节能工程的验收

1. 可根据施工安装特点按系统组成进行验收。

2. 太阳能光伏系统节能工程验收主要内容项目有太阳能电池板、逆变器、配电系统、计量仪表、蓄电池等。

29.15.2　主　控　项　目

29.15.2.1　材料与设备进场检验

太阳能光伏系统节能工程采用的太阳能电池板、逆变器、配电系统、计量仪表、蓄电池或光伏组件、汇流箱、电缆、并网逆变器、配电设备等进场时，应按设计要求对其类型、材质、规格及外观等进行验收，并应经监理工程师（建设单位代表）检查认可，且应形成相应的验收记录。各种产品和设备的质量证明文件和相关技术资料应齐全，并应符合国家现行有关标准的规定。全数观察检查，核查质量证明文件和相关技术资料。

29.15.2.2　设备与系统安装

1. 太阳能光伏系统的安装，全数观察检查，应符合下列规定：

（1）太阳能光伏系统的形式，应符合设计要求。

（2）光伏组件、汇流箱、直流配电柜、连接电缆、触电保护和接地、并网逆变器、配电设备及配件等应按照设计要求安装齐全，不得随意增减、合并和替换。

（3）配电设备和控制设备安装位置等应符合设计要求，并便于观察、操作和调试。

（4）电气设备的外观、结构、标识和安全性应符合设计要求。

2. 太阳能光伏系统的性能，全数观察检查，应符合下列规定：

（1）测量显示正常；

（2）数据存储与传输正常；

（3）交（直）流配电设备保护功能应合格；

（4）标签与标识应合格。

29.15.2.3　系统试运行及检测

太阳能光伏系统的试运行与测试，根据项目类型，抽取不少于每个类型 2 个点进行观察检查内容及专业测试设备如万用表、光照测试仪等，应符合下列规定：

（1）电气设备的应符合《建筑物电气装置》（GB/T 16895）的要求；

（2）保护装置和等电位体的测试应合格；

（3）极性测试应合格；

（4）光伏组串电流和试运转应合格；

（5）功能测试应合格；

（6）光伏方阵绝缘阻值测试应合格；

（7）光伏方阵标称功率测试应合格；

（8）电能质量的测试应合格；

（9）系统电气效率测试应合格。

29.16　地源热泵换热系统节能工程

29.16.1　一　般　规　定

地源热泵换热系统是利用浅层地热资源（包括地埋管、地下水、地表水、海水、污水）的低品位的热能转换为高品位的热能，可供采暖或制冷的换热系统节能工程，见图 29-23。

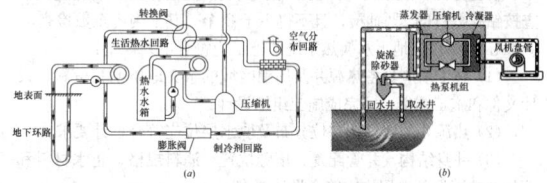

图 29-23　地源热泵换热系统示意图
(a) 地源热泵供热系统工作原理示意图；
(b) 地源热泵空调系统工作原理示意图

29.16.2　主　控　项　目

29.16.2.1　材料与设备进场检验

1. 地源热泵换热系统节能工程采用的管材、管件、热源井水泵、阀门、仪表及绝热材料等产品进场时，应按设计要求对其类型、材质、规格及外观等进行验收，并应经监理工程师（建设单位代表）检查认可，且应形成相应的验收记录。各种产品和设备的质量证明文件和相关技术资料应齐全，并应符合国家现行有关标准和规定。全数观察检查，核查性能检测报告等质量证明文件和相关技术资料。

2. 地源热泵换热系统节能工程的地埋管材及管件、绝热材料进场时，应对其下列技术性能参数进行复检，复检应为见证取样送检。

（1）地埋管材及管件导热系数、公称压力及使用温度等参数；

（2）绝热材料的导热系数、密度、吸水率。

检验方法：现场随机抽样送检，核查复验报告。检查数量：每批次地埋管材进场取 1～2m 进行见证取样送检；每批次管件进场按其数量的 1% 进行见证取样送检；同一厂家、同材质的绝热材料

见证取样送检的次数不得少于 2 次。

29.16.2.2 地源热泵换热系统施工

1. 地源热泵地埋管换热系统设计施工前，应对项目地点进行岩土热响应试验，并应符合下列规定：

(1) 地源热泵系统的应用面积小于 $10000m^2$ 时，设置一个测试孔；

(2) 地源热泵系统的应用面积大于或等于 $10000m^2$ 时，测试孔的数量不应少于 2 个。

全数观察检查，核查热响应试验测试报告。

2. 地源热泵地埋管换热系统的施工应符合下列规定：

(1) 施工前应具备埋管区域的工程勘察资料、设计文件和图纸，了解埋管地内已有地下管线、其他构筑物的功能及其准确位置，进行地面清理和平整，完成施工组织设计；

(2) 钻孔、水平埋管的位置和深度、地埋管的材质、直径、厚度及长度均应符合设计要求；

(3) 回填料及配比应符合设计要求，回填应密实；

(4) 水压试验应符合国家行业标准《地源热泵系统工程技术规范》(GB 50366) 的有关规定；

(5) 各环路流量应平衡，且应满足设计要求；

(6) 循环水流量及进出水温差均应符合设计要求。

检验方法：通过观察检查管道上的标注尺寸或利用铅坠和鱼线采用悬吊法检测下管长度；核查单孔回填材料数量；核查相关资料、文件、进场验收记录及检测与复验报告。检查数量：钻孔深度、垂直地埋管长度及回填密实度按钻孔数量的 2% 抽检，且不得少于 2 个。其他内容全数检查。

3. 地源热泵地埋管换热系统的管道安装施工应符合下列规定：

(1) 埋地管道应采用热熔或电熔连接，并应符合国家现行标准《埋地聚乙烯给水管道工程技术规程》(CJJ 101) 的有关规定；

(2) 竖直地埋管换热器的 U 形弯管接头，应选用定型的 U 形弯头成品件；

(3) 竖直地埋管换热器 U 形管的组队长度应能满足插入钻孔后于环路集管连接的要求，组队好的 U 形管的两井口端部应及时密封。

检验方法：观察检查；核查相关资料。检查数量：管道连接检查按钻孔数目的 2% 抽检，且不得少于 2 个。其他内容全数检查。

4. 地源热泵地下水换热系统的施工应符合下列规定：

(1) 施工前应具备热源井及周围区域的水文地质勘察资料、设计文件和施工图纸，并完成施工组织设计；

(2) 热源井的数量、井位分布及取水层位应符合设计要求；

(3) 井身结构、井管配置、填砾位置、滤料规格、止水材料和管材及抽灌设备选用均应符合设计要求；

(4) 对热源井和输水管网应单独进行验收，且应符合现行国家标准的规定；

(5) 热源井持续出水量和回灌量应稳定，并应满足设计要求；

(6) 抽水试验结束前应采集水样进行水质测定和含沙量测定，经处理后的水质应满足系统设备的使用要求；

(7) 施工单位应提交热源成井报告作为验收依据。报告应包括热源井的井位图和管井综合柱状图，洗井和回灌试验、水质检验及验收资料。

全数观察检查，核查相关资料、文件、进场验收记录及检测报告。

5. 地源热泵地表水换热系统的施工应符合下列规定：

(1) 施工前应具备地表水换热系统勘察资料、设计文件和施工图纸，并完成施工组织设计；

(2) 换热盘管的材质、直径、厚度及长度，布置方式及管道设置，均应符合设计要求；

(3) 水压试验应符合国家行业标准《地源热泵系统工程技术规范》(GB 50366) 的有关规定；

(4) 各环路流量应平衡，且应满足设计要求；

(5) 循环水流量及进出水温差均应符合设计要求。

全数观察检查，核查相关资料、文件、进场验收记录及检测报告。

6. 地源热泵海水换热系统的施工应符合下列规定：

(1) 施工前应具备当地海域的水文条件、设计文件和施工图纸，并完成施工组织设计；

(2) 水泵，管材，阀门，换热器选型均应符合设计要求；

(3) 系统应具备过滤、杀菌祛藻类设备；

(4) 取水口与排水口设置应符合设计要求，并应保证取水外网的布置不影响该区域的海洋景观或船只等的航线。

全数观察检查，核查相关资料、文件、进场验收记录及检测报告。

7. 地源热泵污水换热系统的施工应符合下列规定：

(1) 施工前应对项目所用污水的水质，水温及水量进行测定，应具备相应设计文件和施工图纸，并完成施工组织设计；

(2) 水泵，管材，阀门，过滤设备，换热器选型均应符合设计要求，并应具备防垢设备；

(3) 循环水流速应符合设计要求；

(4) 水压试验应符合国家行业标准《地源热泵系统工程技术规范》(GB 50366) 的有关规定。

全数观察检查，核查相关资料、文件、进场验收记录及检测报告。

29.16.2.3 隐蔽工程

地源热泵换热系统应随施工进度对与节能有关的隐蔽部位或内容进行验收，并应有详细的文字记录和必要的图像资料。全数观察检查，核查隐蔽工程验收记录。

29.16.2.4 地源热泵换热系统验收

地源热泵换热系统安装完毕后，应根据国家现行有关规范的规定进行整体运转与调试。整体运转与调试结果应符合设计要求。全数检查系统整体运转与调试记录。

29.16.3 一 般 项 目

1. 地源热泵地埋管换热系统的水平干管管沟开挖及管沟回填应符合下列规定：

(1) 水平干管管沟开挖应保证 0.002 的坡度；

(2) 水平管沟回填料应保证与管道接触紧密，并不得损伤管道。

全数观察检查，核查隐蔽工程验收记录。

2. 地源热泵地下水换热系统的热源井应具备长时间抽水和回灌的双重功能，并且抽水井与回灌井间应设排气装置。全数观察检查，核查相关资料、文件。

29.17 建筑节能工程现场检验

29.17.1 围护结构现场实体检验

29.17.1.1 现场检验范围

1. 围护结构的传热系数

节能建筑围护结构施工完成后，应对围护结构的外墙节能构造和严寒、寒冷、夏热冬冷地区的外窗进行现场实体检测其传热系数。

2. 建筑外门窗气密

严寒、寒冷、夏热冬冷地区的外门窗现场实体检测，按照国家现行有关标准的规定执行。检验建筑外窗气密性是否符合节能设计要求和国家有关标准的规定。

3. 外墙节能构造

用钻芯检验方法，检测墙体保温材料的种类是否符合设计要求，保温层厚度是否符合设计要求和保温层构造做法是否符合设计和施工方案要求。

29.17.1.2 现场实体检验数量

外墙节能构造和外窗气密性的现场实体检验抽样数量可以在合同中约定，但合同中约定的抽样数量不应低于下列规定，或无合约定时应按照下列规定抽样：

1. 每个单位工程的外墙至少抽查 3 处，每处一个检查点。当一个单位工程外墙有两种以上节能保温做法时，每种节能保温做法

的外墙应抽查不少于 3 处。

2. 每个单位工程的屋面至少抽查 3 樘。

3. 当一个单位工程外窗有两种以上品种、类型和开启方式时，每种品种、类型和开启方式的外窗应抽查不少于 3 樘。

29.17.1.3 现场实体检验

1. 外墙节能构造的现场检验应在监理（建设）人员见证下实施，可委托有资质的检测机构实施，也可由施工单位实施。

2. 外窗气密性的现场实体检测应在监理（建设）人员见证下抽样，委托有资质的检测单位实施。

3. 当对围护结构的传热系数进行检测时，应由建设单位委托具备检测资质的检测机构承担；其检测方法、抽样数量、检测部位和合格判定标准等可于合同中约定。

29.17.1.4 现场实体检验的判定

当外墙节能构造或外窗气密性现场实体检验出现不符合设计要求和标准规定的情况时，应委托有资质的检测机构扩大一倍数量抽样，对不符合要求的项目或参数再次检验。仍然不符合要求时应给出"不符合设计要求"的结论。

29.17.1.5 现场实体检验不符合项的处理

1. 对于不符合设计要求的围护结构节能构造应查找原因，对因此造成的对建筑节能的影响程度进行计算或评估，采取技术措施予以弥补或消除后重新进行检测，合格后方可通过验收。

2. 对于建筑外窗气密性不符合设计要求和国家现行标准规定的，应查找原因进行修理，使其达到要求后重新进行检测，合格后方可通过验收。

29.17.2 系统节能性能检测

29.17.2.1 系统节能性能检测

采暖、通风与空调、配电与照明系统工程安装完成后，应进行系统节能性能的检测，且应由建设单位委托具有相应检测资质的检测机构检测并出具报告。受季节影响未进行的节能性能检测项目，应在保修期内补做。

29.17.2.2 系统节能性能检测内容及要求

1. 采暖、通风与空调、配电与照明系统节能性能检测的主要项目其检测方法应按国家现行有关标准规定执行，见表 29-106。

系统节能性能检测项目汇总表 表 29-106

分项工程	项目名称	试验项目	相关检验标准	取样规定
采暖节能工程	保温材料	导热系数 表观密度 吸水率	GB/T 10294 GB/T 10295 GB/T 6343 GB/T 17794	同一厂家、同材质的保温材料送检不得少于 2 次
	散热器	单位散热量 金属热强度	GB/T 13754	单位工程同一厂家、同一规格按数量的 1‰送检，不得少于 2 组
	采暖系统（自检）	系统水压试验、室内外系统联合运转及调试水力平衡 室内温度补水率	GB 50242 GB 50411 JGJ 132	全数检查 调试后检测
通风与空调节能工程	保温绝热材料	导热系数 表观密度 吸水率	GB/T 10294 GB/T 10295 GB/T 6343 GB/T 17794	同一厂家、同材质的绝热材料送检不得少于 2 次
	风机盘管	供冷量、供热量、风量、出口静压、功率、噪声	GB/T 19232	同一厂家的风机盘管机组按数量复验 2%，不得少于 2 组
	风管系统严密性（自检）	漏风量	GB 50234	抽查 10%，且不得少于 1 个系统
	现场组装的组合式空调机组（自检）	漏风量	GB 50243 GB/T 14294	抽查 20%，且不得少于 1 台
	通风与空调系统设备（自检）	单机试运转及调试	GB 50243	全数检查

续表

分项工程	项目名称	试验项目	相关检验标准	取样规定
空调与采暖系统冷热源及管网节能工程	保温绝热材料	导热系数 密度 吸水率	GB/T 10294 GB/T 10295 GB/T 6343 GB/T 17794	同一厂家、同材质的绝热材料送检不得少于 2 次
	冷热源及管网系统（自检）	系统运转和调试	GB 50243	
	锅炉	单台容量 额定热效率	GB 50411	
	热交换器	单台换热量	GB 50411	
	电机驱动压缩机	蒸汽压缩循环冷水（热泵）机组	额定制冷量（制热量）输入功率、性能系数（COP）、综合部分负荷性能系数（IPLV）	GB/T 18430.1	全数检查
		单元式空气调节机、风管送风式和屋顶式空气调节机组	名义制冷量、输入功率及能效比（EER）	GB/T 17758 GB/T 18836 GB/T 20738	
		蒸汽和热水型溴化锂吸收式机组及直燃型溴化锂吸收式冷（温）水机组	名义制冷量、供热量、输入功率及性能系数	GB/T 18431 GB/T 18362	
		集中采暖系统热水循环水泵	流量、扬程、电机功率及输电耗热比（EHR）	GB 50189	
		空调冷热水系统循环水泵	流量、扬程、电机功率及输送能效比（ER）	GB 50189	
		冷却塔	流量 电机功率	GB 50189	

2. 系统节能性能检测主要项目的要求见表 29-107。

系统节能性能检测主要项目及要求 表 29-107

序号	检验项目	抽样数量	允许偏差或规定值
1	室内温度	居住建筑每户抽测卧室或起居室 1 间，其他建筑按房间总数抽测 10%	冬季不得低于设计计算温度 2℃，且不应高于 1℃；夏季不得高于设计计算温度 2℃，且不应低于 1℃
2	供热系统是外管网的水力平衡度	每个热源与换热站均不少于 1 个独立的供热系统	0.9～1.2
3	供热系统的补水率		≤0.5%
			≥0.92
4	室外管网的热输送效率		
5	各风口的风量	按风管系统数量抽查 10%，且不得少于 1 个系统	≤15%
6	通风与空调系统的总风量		≤10%
7	各空调机组的水流量	按系统数量抽查系统 10%，且不得少于 1 个系统	≤20%
8	空调冷热水、冷却水总流量	全数	≤10%
9	平均照度与照明功率密度	按同一功能区不少于 2 处	照度不小于设计值 90%，功率密度不大于设计或规范要求值

29.18 建筑节能工程质量验收

29.18.1 一 般 规 定

建筑节能工程应在检验批、分项工程全部验收合格的基础上，

进行外墙节能构造实体检验，严寒、寒冷和夏热冬冷地区的外窗气密性现场检测，以及系统节能性能检测和系统联合试运转与调试，确认建筑节能工程质量达到验收条件后方可进行。

29.18.2 建筑节能工程验收的程序和组织

建筑节能工程应遵守《建筑工程施工质量验收统一标准》（GB 50300）的要求，并符合下列规定：

1. 节能工程的检验批验收和隐蔽工程验收应由监理工程师主持，施工单位相关专业的质量检查员与施工员参加。

2. 节能分项工程验收应由监理工程师主持，施工单位项目技术负责人和相关专业的质量检查员、施工员参加；必要时可邀请设计单位相关专业的人员参加。

3. 节能工程验收应由总监理工程师（建设单位项目负责人）主持，施工单位项目经理、项目技术负责人和相关专业的质量检查员、施工员参加；施工单位的质量或技术负责人应参加；设计单位节能设计人员应参加。

29.18.3 建筑节能工程检验批质量验收

建筑节能工程的检验批质量验收合格，应符合下列规定：

1. 检验批应按主控项目和一般项目验收；

2. 主控项目应全部合格；

3. 一般项目应合格；当采用计数检验时，至少应有 90% 以上的检查点合格，且其余检查点不得有严重缺陷；

4. 应具有完整的施工操作依据和质量验收记录。

29.18.4 建筑节能分项工程质量验收

建筑节能分项工程质量验收合格，应符合下列规定：

1. 分项工程所含的检验批均应合格；

2. 分项工程所含检验批的质量验收记录应完整。

29.18.5 建筑节能工程质量验收

建筑节能工程质量验收合格，应符合下列规定：

1. 分项工程应全部合格；

2. 质量控制资料应完整；

3. 外墙节能构造现场实体检验结果应符合设计要求；

4. 严寒、寒冷和夏热冬冷地区的外窗气密性现场实体检验结果应合格；

5. 建筑设备工程系统节能性能检测结果应合格；

6. 建筑能效测评达到设计要求。

29.18.6 建筑节能工程资料验收

建筑节能工程验收时应对下列资料核查，并纳入竣工技术档案：

1. 设计文件、图纸会审记录、设计变更和洽商；

2. 主要材料、设备和构件的质量证明文件、进场检验记录、进场核查记录、进场复验报告、见证试验报告；

3. 隐蔽工程验收记录和相关图像资料；

4. 分项工程质量验收记录，必要时应核查检验批验收记录；

5. 建筑围护结构节能构造现场实体检验记录；

6. 严寒、寒冷和夏热冬冷地区外窗气密性现场检测报告；

7. 风管及系统严密性检验记录；

8. 现场组装的组合式空调机组的漏风量测试记录；

9. 设备单机试运转及调试记录；

10. 系统联合试运转及与调试记录；

11. 系统节能性能检验报告；

12. 其他对工程质量有影响的重要技术资料。

29.19 既有建筑节能改造工程

29.19.1 一 般 规 定

1. 节能改造前的诊断：

（1）既有建筑节能改造前应首先进行抗震、结构、防火安全评估，对不能保证继续安全使用 20 年的建筑，不宜开展建筑节能改造，或者对此类建筑应同步开展安全和节能改造。

（2）既有建筑节能改造前应进行节能诊断，由建设单位委托具备相应资质的检测、评估机构进行。

1）居住建筑节能诊断内容，见表 29-108。

居住建筑节能诊断内容　　　　　表 29-108

诊断部位	节能诊断内容
围护结构热工性能	1）建筑围护结构主体部位的传热系数； 2）建筑围护结构施工缺陷； 3）建筑围护结构热桥部位内表面温度
供热采暖系统	1）热源运行效率； 2）循环水泵耗电输热比； 3）建筑物室内平均温度； 4）室外管网水力平衡度； 5）供热系统补水率； 6）室外管网输送效率

2）既有公共建筑节能诊断内容，见表 29-109。

既有公共建筑节能诊断内容　　　　表 29-109

诊断部位	节能诊断内容
围护结构热工性能	1）传热系数； 2）热工缺陷及热桥部位内表面温度； 3）遮阳设施的综合遮阳系数； 4）外围护结构的隔热性能； 5）玻璃及其他透明材料的可见光透射比和遮阳系数； 6）外窗、透明幕墙的气密性； 7）房间气密性或建筑物整体气密性
采暖通风空调及生活热水供应系统	1）建筑物室内平均温度、湿度； 2）冷水机组、热泵机组的实际性能系数、运行效率、新风量； 3）锅炉运行效率； 4）水系统回水温度一致性； 5）水系统供回水温差； 6）水泵效率； 7）水系统补水率； 8）冷却塔冷却性能； 9）冷源系统能效系数； 10）风机单位风量耗功率； 11）系统新风量； 12）风系统平衡度； 13）能量回收装置效率； 14）空气过滤器的积尘情况； 15）管道保温性能
供配电系统	1）系统中仪表、电动机、电器、变压器等设备状况； 2）供配电系统容量及结构； 3）用电分项计量； 4）无功补偿； 5）供用电能质量； ①三相电压不平衡度； ②功率因数； ③各次谐波电压和电流及谐波电压和电流总畸变率； ④电压偏差
照明系统	1）灯具类型； 2）照明灯具效率和照度值； 3）照明功率密度值； 4）照明控制方式； 5）有效利用自然光的情况； 6）照明系统的节能率

续表

诊断部位	节能诊断内容
监测与控制系统	1）集中采暖与空调系统监测与控制的基本要求； 2）生活热水供应系统监测与控制的基本要求； 3）照明、动力设备监测与控制的基本要求； 4）现场控制设备及元件状况： 　①控制阀门及执行器的选型与安装； 　②变频器型号与参数； 　③温度、流量、压力仪表的选型与安装； 　④与仪表配套的阀门安装； 　⑤传感器的准确性； 　⑥控制阀门、执行器及变频器工作状态

3）既有公共建筑在分项节能诊断的基础上进行综合诊断。包括以下内容：

①公共建筑的年能耗量及其变化规律；

②能耗构成及各分项所占比例；

③针对公共建筑的能源利用情况，分析存在的问题和关键因素，提出节能改造方案；

④进行节能改造的技术经济分析；

⑤编制节能诊断总报告。

2. 根据节能诊断和节能改造技术经济性评估，按照节能改造设计要求，施工单位编制既有建筑节能改造施工技术方案。

3. 节能改造工程应优先选用对住户干扰小、工期短、对环境污染小、安装工艺便捷的围护结构及系统的改造技术。

4. 对于基层结合因素复杂的工程，应在既有建筑基层的结合力（粘结力和锚固力）试验验收合格的基层上制作从结合层、保温层到抹面层和装饰层的系统样板，样板通过验收后方可大面积施工。

5. 节能改造工程施工前，施工单位按施工技术方案对施工人员进行技术交底和专业技术培训并按相关的施工技术标准对施工过程及结果进行质量控制。

6. 节能改造工程施工前，按相关的安全、防火的标准规范，做好安全防护措施。

7. 节能改造各分项工程具体施工方法，参见本章相应各节内容。

8. 采暖供热系统改造与调试应在冬期采暖前完成，不得影响冬期采暖和热计量系统的使用。

9. 节能改造工程验收应符合《建筑节能工程施工质量验收规范》（GB 50411）的规定及国家现行相关标准。

29.19.2　围护结构节能改造

29.19.2.1　既有居住建筑围护结构节能改造

1. 改善围护结构保温隔热性，对屋面、外墙（包括不采暖楼梯间隔墙）、直接接触室外空气和非采暖地下室的楼地面、外窗、户门、不封闭阳台门和单元入口门以及分户采暖的户与户之间的隔墙和楼地面，增加保温隔热措施。

对外墙与屋面的热桥部位进行保温隔热处理，使其内表面温度不低于室内空气露点温度。

2. 改善外门窗的气密性，对外窗、户门、不封闭阳台门和单元入口门等及其周围增加密封措施。

29.19.2.2　既有公共建筑围护结构节能改造

1. 对外墙、屋面、外窗或幕墙进行节能改造时，应对原结构的安全性进行复核、验算；当结构安全不能满足节能改造要求时，应采取结构加固措施。

2. 围护结构节能改造过程中应对冷热桥采取合理措施。

3. 对于制冷负荷大的建筑，外窗或透明幕墙进行遮阳设施改造时，优先采用外遮阳措施。

29.19.2.3　注意事项

1. 围护结构改造施工准备，对基层进行处理，损坏的、不平整的表面予以修复，污染的清理，达到施工要求后，方可施工。

2. 应提前安装完毕，并预留出外保温层的厚度。墙外侧管道、线路应拆除改装，在可能的条件下，宜改为地下管道或暗线。

3. 脚手架宜采用与墙面分离的双排脚手架。

4. 墙体增加保温层，使原有窗台相应加宽，要注意可能踩踏窗台的安全性。

5. 注重细节的处理，包括首层托架、阴阳角、窗口滴水檐、窗台、窗口侧边、防火隔离带等。

6. 外保温系统和保温隔热屋面系统，应做好相应的防水密封。

7. 采用预制外保温系统板缝应采用相应保温和防水材料进行防水密封，满足保温防水及防裂要求。

29.19.3　系统节能改造

29.19.3.1　既有居住建筑采暖供热系统节能改造

1. 对热源（或热力站）增加气候补偿装置、烟气余热回收装置、锅炉集中控制系统和风机变频装置。

2. 对室外管网增加水力平衡、气候补偿和变流量调节装置，还应根据各建筑实际使用时段采用分时供热装置。

3. 室内采暖系统采用增加温控装置、计量装置和采用自动排气阀。

4. 对于分户采暖系统，可采用太阳能热水采暖系统。

5. 注意事项：应根据既有室内采暖系统现状选择改造后的室内采暖系统形式，改造应尽量减少对居民生活的干扰。

29.19.3.2　既有公共建筑采暖通风空调及生活热水供应系统节能改造

1. 冷热源系统

（1）冷水机组或热泵机组，在确保系统的安全性、匹配性及经济性的情况下，在原机组上增设变频装置，提高机组实际运行效率；

（2）采用蒸汽吸收式制冷机组，宜采用闭式系统回收凝结水；

（3）对于室内有稳定的大量余热的建筑物，宜采用水环热泵空调系统；

（4）集中生活热水供应系统的热源，优先采用工业余热、废热和冷凝热；有条件时，可利用地热和太阳能；

（5）燃气锅炉和燃油锅炉，增设烟气热回收装置。

2. 输配系统

（1）对于全空气空调系统，可增设风机变速控制装置，改善各区域的冷热负荷差异和变化大低负荷运行时间长等缺陷；对于随季节或使用情况变化较大的系统和集中热水水箱的生活热水系统，也可增设变速控制系统；

（2）对于系统较大、阻力较高、各环路负荷或压力损失相差较大的一次泵系统，可采用二次泵系统变流量控制方式；

（3）空调冷却水系统，增设随系统负荷以及外界温湿度的变化而自动控制装置；

（4）在采暖空调水系统的分、集水器和主管段处，应增设平衡装置。

3. 末端系统

（1）对于全空气空调系统，宜采用新风和回风的焓值控制方法，实现全新风和可调新风比的运行方式；

（2）过渡季节或供暖季节局部房间需要供冷时，可采用直接利用室外空气降温；

（3）对排风系统应设置排风热回收装置；

（4）对于风机盘管加新风系统，处理后和新风宜直接送入空调区域。

29.19.3.3　既有公共建筑供配电与照明系统节能改造

1. 供配电系统

（1）改造的线路敷设宜使用原有路由，当现场条件不允许或原路由不合理时，应按照合理、方便施工的原则重新敷设；

（2）根据变压器、配电回路的情况，合理设置用电分项计量监测系统；

（3）无功补偿宜采用自动补偿设备；

（4）供用电电能质量改造按照测试结果确定改造的位置和方式。

2. 照明系统

（1）采用节能灯具；

（2）公共区照明采用就地控制方式时，设置声控或延时等感应功能；当采用集中控制时，根据照度自动控制照明；

（3）充分利用自然光。

29.19.3.4 既有公共建筑监测与控制系统节能改造

1. 采暖通风空调及生活热水供应系统

（1）冷热源监控系统，宜对冷冻、冷却水进行变流量控制，并具有连锁保护功能；

（2）公共场合的风机盘管温控器，宜联网控制；

（3）生活热水供应系统监控系统应具备以下功能：热水出口压力、温度、流量显示，运行状态显示，顺序启停控制，安全保护和设备故障信号显示，能耗量统计记录以及热交换器按出水温度自动控制进汽或进水量，并能与热水循环泵连锁控制。

2. 供配电与照明系统

（1）低压配电系统电压、电流、有功功率、功率因数等监测参数，宜满足分项计量的要求；

（2）照明系统监测及控制应具备以下功能：分组照明控制，经济技术合理时，宜采用办公区的照明调节控制，照明系统与遮阳系统的联动控制，走道、门厅、楼梯的照明控制，洗手间的照明控制

与感应控制，泛光照明控制和停车场照明控制。

29.19.3.5 注意事项

1. 系统节能改造应根据单项判定，对于不能在原基础上改造的系统，应更新；

2. 对于既有居住建筑系统节能改造，主要是针对集中供热系统。

29.19.4 节能改造效果检测与评估

1. 节能改造完成后，对改造工程的节能效果进行检测与评估。

2. 检测与评估应由建设单位委托具有相应检测资质的检测机构检测，并出具报告。

3. 检测与评估内容包括：

（1）改造后建筑物能耗测试及与改造前能耗的对比分析，并测算建筑物的节能率，应符合节能改造设计要求；

（2）建筑物平均室温测试与分析；

（3）单项改造措施效果测试与分析；

（4）改造投资与技术经济分析。

30 既有建筑鉴定与加固改造

所谓既有建筑,《民用建筑可靠性鉴定标准》(GB 50292) 定义为:已建成两年以上且已投入使用的建筑物。

在我国,既有建筑加固改造工程正在与日俱增,范围广、数量多,主要原因有:

(1) 新中国成立以来所建造的大量工业建筑与民用建筑,已超过或临近设计使用年限。由于环境因素的影响,材料逐渐老化,房屋的可靠度和可靠性逐渐降低,需要进行加固改造;一些古建筑,因为建造年代久远或其他原因,也需要进行加固和修缮,继续延长使用寿命。

(2) 2008 年四川汶川地震后,国家提高了中小学校舍等一些重要公共建筑的抗震设防标准,需要进一步鉴定和加固。

(3) 随着信息化技术的发展,为改变房屋的使用功能或提高使用质量,部分建筑存在改造、加固的客观需求。

(4) 与世界其他国家相比,我国人口众多,人均占地非常少,建设用地与农业等其他用地的矛盾越来越突出,城市建设用地越来越紧张,地价越来越贵,新建房屋成本越来越高,而对既有建筑进行加固改造,是节约建设用地,节省投资的有效途径。

(5) 我国是个自然灾害频发的国家,因遭受自然灾害(如地震、水灾、风沙灾害、冰雪灾害、滑坡、泥石流、沉陷灾害等)和人为灾害(如人为爆炸、火灾等)造成损坏的建筑物,需要根据检测鉴定意见进行加固,以恢复房屋的使用功能。

既有建筑加固改造是通过对既有建筑工程的检测鉴定并结合业主要求,分别对地基与基础、主体结构、装饰装修、机电设备等进行加固或改造。

30.1 基 本 规 定

既有建筑的加固改造,除了遵守《建筑结构加固工程施工质量验收规范》(GB 50550)等相关规定外,还符合下列基本要求。

30.1.1 掌握既有建筑加固改造的主要特点

既有建筑加固、改造与新建工程的差异,主要体现在既有建筑构配件可能给加固改造施工造成不便,应掌握既有建筑加固改造的主要特点。

1. 未知因素多

原结构的隐蔽工程及施工偏差、长期使用或承受突变荷载导致构件内部变化等情况,难以全面掌握。对一些建造年代较早、几经改造而资料又不完整的工程,加固改造施工图与现场实况的出入会更大,未知因素更多,增大了加固改造的施工难度和风险。

2. 原结构影响加固改造施工

加固改造施工是在已经定格的有限空间内实施,限制了某些施工机械的使用,原结构构件、设备、管道也会妨碍某些施工操作,呈现出结构加固施工困难、机械化作业程度低、人工降效等特点。需要针对加固改造工程的特点,认真考虑经济合理的施工技术方案。

3. 加固改造带来系列次生问题

加固改造施工过程中,免不了对原结构进行剔凿、开孔、局部拆除,可能影响既有建筑某些构件的强度、刚度和稳定性,也可能造成既有建筑防水系统的破坏;管道进出穿过建筑物外墙、外框柱加固对外墙的拆改可能埋下外墙渗水的隐患;楼板洞口粘钢加固、楼地面布线等影响,会导致相应部位地面加厚,可能涉及建筑50cm线(或 1m 线)的调整,进而影响到安装标高与 50cm 线密切相关的构配件(如电气开关等)安装位置调整;随着改造工程系统升级,吊顶内可能需要增设大量的管线、桥架、设备等,以吊顶标高下降压缩原有净空,甚至影响门窗开启等使用功能。需要充分

考虑加固改造带来系列次生问题,在加固改造施工中一并完善。

30.1.2 合理选用加固改造的方法

既有建筑的改造加固,既可以直接对工程部件进行加固,提高其强度、刚度、稳定性,也可以通过增加支点、托梁拔柱、改变结构类型等形式改变传力途径,使结构的受力体系发生改变达到加固改造既有建筑的目的。既有建筑物的加固改造,需要合理选用加固方法。

地基、基础、结构构件(杆件)主要加固方法见表 30-1。

地基、基础、结构构件(杆件)主要加固方法

表 30-1

部件		主要加固方法
地基		灰土桩法、深层搅拌法、硅化法、碱液法、注浆法
基础		基础补强注浆法、加大基础底面积法、加深基础法、锚杆静压桩法、树根桩法、坑式静压桩法、预压桩托换法、灌注桩托换法、打入桩托换法、沉井托换法
墙	混凝土墙	增大截面加固法、局部置换混凝土加固法、钢绞线网片—聚合物砂浆复合面层加固法、钢筋网—砂浆面层加固法
	砌体墙	钢绞线网片—聚合物砂浆复合面层加固法、砂浆面层加固法、钢筋网—砂浆面层加固法、增设扶壁柱法、增大截面加固法
柱	混凝土柱	增大截面加固法、粘贴钢板加固法、粘贴纤维增强复合材料加固法、外包钢加固法、局部置换混凝土加固法、体外预应力加固法、绕丝加固法
	钢柱	增大截面加固法、体外预应力加固法、增补型钢加固法
	砌体柱	外包钢筋混凝土加固法、外包钢加固法、外加预应力撑杆法、增大截面加固法
构件(杆件)	梁 / 混凝土梁	增大截面加固法、粘贴钢板加固法、粘贴纤维增强复合材料加固法、局部置换混凝土加固法、钢绞线网片—聚合物砂浆复合面层加固法、增设支点加固法、体外预应力加固法
	钢梁	增大截面加固法、增设支点加固法、体外预应力加固法
	楼板 / 混凝土楼板	增大截面加固法、粘贴钢板加固法、粘贴纤维增强复合材料加固法、钢绞线网片-聚合物砂浆复合面层加固法、增设支点加固法、体外预应力加固法
	钢楼板	增大截面加固法、增设支点加固法、体外预应力加固法
	屋架 / 混凝土屋架	增大截面加固法、体外预应力加固法、改变传力途径加固法、外粘型钢加固法、增设支点加固法
	钢屋架	增大截面加固法、体外预应力加固法、增设支点加固法、改变支座连接加固法、增设杆件加固法

改变结构体系的加固改造，也有多种形式。如：框架结构体系，可增加剪力墙，形成框架-剪力墙结构体系，也可在部分柱间加交叉钢支撑，形成带钢支撑系统的框架结构体系；混凝土弱剪力墙体系，可加厚剪力墙或拆除薄弱墙段改为增强的新墙段，形成强剪力墙结构体系；砌体结构体系，可将部分墙段改为混凝土夹板墙或混凝土墙，形成砌体和混凝土的复合结构体系，等等。

30.1.3　建筑物加固改造施工注意事项

（1）施工中发现原结构或相关工程隐蔽部位的构造或质量有严重缺陷时，应暂停施工，会同设计、建设、监理单位相关人员协商处理，采取有效措施处理后方可继续施工，必要时进行地基和结构的补充勘察和检测。

（2）施工中应尽量采取避让或减少损伤原结构的措施。保护好保留的设备、管线。避免对未加固构件或设施造成不利影响。

（3）施工时应按设计规定的顺序进行加固和治理。

（4）对原结构需要采取保护措施的部位（件），应事先制定保护方案，做好保护工作，并由专人负责。

（5）应采取措施，处理好新增构件或加固部件与原有构件的连接，确保新增构件、扩大截面与原结构可靠连接，形成共同工作的整体，同时避免对未加固构配件造成不利影响。

（6）加强现场和图纸的双向了解：

需要充分考虑既有建筑对加固改造施工的影响，是加固改造工程与新建工程的明显不同。因此，施工前要深入现场，充分了解原工程概况，认真熟悉图纸，掌握加固改造的施工内容，加强图纸和现场的双向了解，提早发现和解决问题，保障加固改造施工顺利进行。

（7）关注规范的适应性：

《建筑结构加固工程施工质量验收规范》（GB 50550）已于2010年颁布，2011年2月起执行。该规范规定某些工序验收如加大钢筋混凝土截面的受力钢筋的连接和安装等仍是按照《混凝土结构工程施工质量验收规范》（GB 50204）执行。

改造工程的验收，若完全执行新建工程的质量验收标准，对于某些特殊部位，确实存在一定的施工难度。特殊情况下需要事先与工程参建方共同协商，并确定解决办法。

（8）综合考虑加固改造施工对土建、设备、电气等相关专业的影响，消除质量隐患。

（9）优化加固改造方案：

加固施工必然引发拆改施工，某些拆改工程往往牵一发而动全身，引起关联构件连环拆改。加固构件引起拆除但加固施工完成后仍需恢复原貌时，宜反复斟酌，全面分析构件受力状态，综合利用加固技术，优化加固改造方案，降低改造成本。

（10）施工期间应加强沉降观测，尤其是地基与基础施工时应加大观测频率，发现异常情况，及时报告有关人员，采取相关措施。

（11）加固改造工程的施工，应根据设计要求和现场情况，认真策划，精心组织，精心施工。

30.2　既有建筑的鉴定与评估

30.2.1　鉴定分类

（1）按照鉴定对象的不同可分为三类：民用建筑可靠性鉴定、工业建筑可靠性鉴定和建筑抗震鉴定。目前这三类鉴定相应的国家规范分别是：《民用建筑可靠性鉴定标准》（GB 50292）、《工业建筑可靠性鉴定标准》（GB 50144）和《建筑抗震鉴定标准》（GB 50023）。

（2）按照鉴定的性质，一般建筑物鉴定可分为日常鉴定和应急鉴定。日常鉴定是日常管理、定期维修和房屋改造、扩建、加固之用，鉴定比较全面，工作较细，资料齐全，花费时间较长。应急鉴定是日常鉴定或突发事故发现重大问题时，要求简便、直观、快速，主要以目测调查和简单工具检测以及必要的结构验算，结合相关情况和以往积累的经验进行分析与判断，最后得出建筑物可靠性

鉴定意见。

30.2.2　可靠性鉴定适用条件、鉴定程序及其工作内容

由于工业建筑的鉴定和民用建筑的鉴定程序基本一致，且民用建筑量大面广，故本手册主要针对民用建筑可靠性鉴定做介绍。

30.2.2.1　民用建筑可靠性鉴定适用条件

（1）民用建筑可靠性鉴定适用于以下三种情况：
1）建筑物的安全鉴定（其中包括危房鉴定及其他应急鉴定）；
2）建筑物使用功能鉴定及日常维护检查；
3）建筑物改变用途、改变使用条件或改造前的专门鉴定。

（2）民用建筑可靠性鉴定，可分为安全性鉴定和正常使用性鉴定。
1）在下列情况下，应进行可靠性鉴定：
①建筑物大修前的安全检查；
②重要建筑物的定期检查；
③建筑物改变用途或使用条件的鉴定；
④建筑物超过设计基准期继续使用的鉴定；
⑤为制定建筑群维修改造规划而进行的普查。
2）在下列情况下，可仅进行安全性鉴定：
①危房鉴定及各种应急鉴定；
②房屋改造前的安全检查；
③临时性房屋需延长使用期的检查；
④使用性鉴定中发现的安全问题。
3）在下列情况下，可仅进行正常使用性鉴定：
①建筑物日常维护的检查；
②建筑物使用功能的鉴定；
③建筑物有特殊使用要求的专门鉴定。

30.2.2.2　可靠性鉴定内容

1. 确定鉴定目的、范围和内容

既有建筑可靠性鉴定的目的、范围和内容，应在接受鉴定委托时根据委托方提供的鉴定原因和要求，经协商后确定。

2. 初步调查

初步调查宜包括收集图纸资料、了解建筑物历史、考察现场以及制定详细调查计划及检测、试验工作大纲并提出需由委托方完成的准备工作，拟订鉴定方案。

3. 鉴定方案

应根据鉴定对象的特点和初步调查结果、鉴定目的和要求制定鉴定方案。

4. 详细检查

可根据实际需要选择下列工作内容：
（1）结构基本情况勘查；
（2）结构使用条件调查核实；
（3）地基基础（包括桩基础）检查；
（4）材料性能检测分析；
（5）承重结构检查；
（6）围护系统使用功能检查；
（7）易受结构位移影响的管道系统检查。

5. 可靠性分析和验算

应根据详细调查与检测结果，对建、构筑物的整体和各个组成部分的可靠度水平进行分析与验算。

30.2.3　鉴定评级

既有建筑的可靠性鉴定评级，划分为构件、子单元、鉴定单元三个层次，这三个层次的鉴定评级均分为安全性等级和正常使用性等级评定。当不要求评定可靠性等级时，可直接给出安全性和正常使用性评定结果。本手册以构件的安全性鉴定评级、子单元正常使用性鉴定评级和鉴定单元安全性及使用性评级为例对鉴定内容加以说明。

30.2.3.1　构件的安全性评级

1. 一般规定

（1）当验算被鉴定结构或构件的承载能力时，应遵守下列

规定:

1) 结构构件验算采用的结构分析方法, 应符合国家现行设计规范的规定。

2) 结构构件验算使用的计算模型, 应符合其实际受力与构造状况。

3) 结构上的作用应经调查或检测核实, 并应按《民用建筑可靠性鉴定标准》(GB 50292) 附录 B 的规定取值。

4) 结构构件作用效应的确定, 应符合下列要求:

① 作用的组合、作用的分项系数及组合值系数, 应按《建筑结构荷载规范》(GB 50009) 的规定执行。

② 当结构受到温度、变形等作用, 且对其承载有显著影响时, 应计入由之产生的附加内力。

5) 构件材料强度的标准值应根据结构的实际状态按下列原则确定:

① 若原设计文件有效, 且不怀疑结构有严重的性能退化或设计、施工偏差, 可采用原设计的标准值。

② 若调查表明实际情况不符合上款的要求, 应进行现场检测, 按照《民用建筑可靠性鉴定标准》(GB 50292) 附录 C 的规定确定其标准值。

6) 结构或构件的几何参数应采用实测值, 并应计入锈蚀、腐蚀、腐朽、虫蛀、风化、局部缺陷或缺损以及施工偏差等的影响。

7) 当需检查设计责任时, 应按原设计计算书、施工图及竣工图, 重新进行一次复核。

(2) 结构构件安全性鉴定采用的检测数据, 应符合下列要求:

1) 检测方法应按国家现行有关标准采用。

2) 检测应按相关标准划分的构件单位进行, 并应有取样、布点方面的详细说明。

3) 当怀疑检测数据有异常值时, 其判断和处理应符合国家现行有关标准的规定, 不得随意舍弃数据。

(3) 当需通过荷载试验评估结构构件的安全性时, 应按现行专门标准进行。

(4) 当建筑物中的构件符合下列条件时, 可不参与鉴定:

1) 该构件未受结构性改变、修复、修理或用途、使用条件改变的影响。

2) 该构件未遭明显的损坏。

3) 该构件工作正常, 且不怀疑其可靠性不足。

(5) 当检查一种构件的材料与时间有关的环境效应或其他系统性因素引起的性能退化时, 允许采用随机抽样的方法, 在该种构件中确定 5~10 个构件作为检测对象, 并按现行的检测方法标准测定其材料强度或其他力学性能。

2. 混凝土构件

(1) 混凝土结构构件的安全性鉴定, 应按承载能力、构造以及不适于继续承载的位移 (或变形) 和裂缝等四个检查项目, 分别评定每一受检构件的等级, 并取其中最低一级作为该构件安全性等级。

(2) 当混凝土结构构件的安全性按承载能力评定时, 应按规定分别评定每一验算项目的等级, 然后取其中最低一级作为该构件承载能力的安全性等级。

(3) 当混凝土结构构件的安全性按构造评定时, 应按《民用建筑可靠性鉴定标准》(GB 50292) 表 4.2.3 的规定, 分别评定各个检查项目的等级, 然后取其中较低一级作为该构件构造的安全性等级。

(4) 当民用建筑的混凝土结构构件的安全性按不适于继续承载的位移或变形评定时, 应遵守下列规定:

1) 对桁架 (屋架、托架) 的挠度, 当其实测值大于其计算跨度的 1/400 时, 应按《民用建筑可靠性鉴定标准》(GB 50292) 第 4.2.2 条验算其承载能力。验算时, 应考虑由位移产生的附加应力的影响, 并按下列原则评级:

① 若验算结果不低于 b 级, 仍可定为 b 级, 但宜附加观察使用一段时间的限制;

② 若验算结果低于 b 级, 可根据其实际严重程度定为 c 级或 d 级。

2) 对其他受弯构件的挠度或施工偏差造成的侧向弯曲, 应按《民用建筑可靠性鉴定标准》(GB 50292) 表 4.2.4 中的规定评级。

3) 对柱顶的水平位移 (或倾斜), 当其实测值大于《民用建筑可靠性鉴定标准》(GB 50292) 表 6.3.5 所列的限值时, 应按下列规定评级:

① 若该位移与整个结构有关, 应根据《民用建筑可靠性鉴定标准》(GB 50292) 第 6.3.5 条的评定结果, 取与上部承重结构相同的级别作为该柱的水平位移等级;

② 若该位移只是孤立事件, 则应在其承载能力验算中考虑此附加位移的影响, 并根据验算结果按本条第 1 款的原则评级;

③ 若该位移尚在发展, 应直接定为 d 级;

(5) 当混凝土结构构件出现《民用建筑可靠性鉴定标准》(GB 50292) 表 4.2.5 中所列受力裂缝时, 应视为不适于继续承载裂缝, 并根据其实际严重程度评定为 cu 级或 du 级。

(6) 当混凝土结构构件出现下列情况的非受力裂缝时, 也应视为不适于继续承载的裂缝, 并应根据其实际严重程度定为 cu 级或 du 级:

1) 因主筋锈蚀产生的沿主筋方向的裂缝, 其裂缝宽度已大于 1mm;

2) 因温度收缩等作用产生的裂缝, 其宽度已比规定的弯曲裂缝宽度值超出 50%, 且分析表明已显著影响结构的受力。

(7) 当混凝土结构构件出现下列情况之一时, 不论其裂缝宽度大小, 应直接定为 du 级:

1) 受压区混凝土有压坏迹象;

2) 因主筋锈蚀导致构件掉角以及混凝土保护层严重脱落。

3. 砌体结构构件

(1) 砌体结构构件的安全性鉴定, 应按承载能力、构造以及不适于继续承载的位移和裂缝等四个检查项目, 分别评定每一受检构件等级, 并取其中最低一级作为该构件的安全性等级。

(2) 当砌体结构的安全性按承载能力评定时, 应按《民用建筑可靠性鉴定标准》(GB 50292) 表 4.4.2 的规定, 分别评定每一验算项目的等级, 然后取其中最低一级作为该构件承载能力的安全性等级。

(3) 当砌体结构构件的安全性按构造评定时, 应按《民用建筑可靠性鉴定标准》(GB 50292) 表 4.4.3 的规定, 分别评定两个检查项目的等级, 然后取其中低一级作为该构件构造的安全性等级。

(4) 当砌体结构构件安全性按不适于继续承载的位移或变形评定时, 应遵守下列规定:

1) 对墙、柱的水平位移 (或倾斜), 当其实测值大于《民用建筑可靠性鉴定标准》(GB 50292) 表 6.3.5 所列的限值时, 应按下列规定评级:

① 若该位移与整个结构有关, 应根据《民用建筑可靠性鉴定标准》(GB 50292) 第 6.3.5 条的评定结果, 取与上部承重结构相同的级别作为该墙、柱的水平位移等级;

② 若该位移系孤立事件, 则应在其承载能力验算中考虑此附加位移的影响; 若验算结果不低于 b 级, 仍可定为 b 级; 若验算结果低于 b 级, 可根据其实际严重程度定为 c 级或 d 级;

③ 若该位移尚在发展, 应直接定为 d 级;

2) 对偏差或其他使用原因造成的柱 (不包括带壁柱) 的弯曲, 当其矢高实测值大于柱的自由长度的 1/500 时, 应在其承载能力验算中计入附加弯矩的影响, 并根据验算结果按本条第 1 款第 2 项的原则评级。

3) 拱或壳体结构构件出现下列位移或变形时, 可根据其实际严重程度定为 c 级或 d 级:

① 拱脚或壳的边梁出现水平位移;

② 拱轴线或筒拱、扁壳的曲面发生变形。

(5) 当砌体结构的承重构件出现下列受力裂缝时, 应视为不适于继续承载的裂缝, 并应根据其严重程度评为 c 级或 d 级:

1) 桁架、主梁支座下的墙、柱的端部或中部, 出现沿块材断裂 (贯通) 的竖向裂缝;

2) 空旷房屋承重外墙的变截面处, 出现水平裂缝或斜向裂缝;

3) 砌体过梁的跨中或支座出现裂缝; 或虽未出现肉眼可见的

裂缝，但发现其跨度范围内有集中荷载；

4) 筒拱、双曲筒拱、扁壳等的拱面、壳面，出现沿拱顶母线或对角线的裂缝；

5) 拱、壳支座附近或支承的墙体上出现沿块材断裂的斜裂缝（块材指砖或砌块）；

6) 其他明显的受压、受弯或受剪裂缝。

（6）当砌体结构、构件出现下列非受力裂缝时，也应视为不适于继续承载的裂缝，并应根据其实际严重程度评为 c 级或 d 级：

1) 纵横墙连接处出现通长的竖向裂缝；

2) 墙身裂缝严重，且最大裂缝宽度已大于 5mm；

3) 柱已出现宽度大于 1.5mm 的裂缝，或有断裂、错位迹象；

4) 其他显著影响结构整体性的裂缝。

30.2.3.2　子单元正常使用性鉴定评级

1. 一般规定

民用建筑安全性的第二层次鉴定评级，应按地基基础（含桩基和桩，以下同）、上部承重结构和围护系统的承重部分划分为三个子单元，并应分别按规定的鉴定方法和评级标准进行评定。

2. 地基基础

（1）地基基础（子单元）的安全性鉴定，包括地基、桩基和斜坡三个检查项目，以及基础和桩两种主要构件。

（2）当鉴定地基、桩基的安全性时，应遵守下列规定：

1) 一般情况下，宜根据地基、桩基沉降观测资料或其不均匀沉降在上部结构中的反应的检查结果进行鉴定评级。

2) 当现场条件适宜于按地基、桩基承载力进行鉴定评级时，可根据岩土工程勘察档案和有关检测资料的完整程度，适当补充近位勘探点，进一步查明土层分布情况，并采用原位测试和取原状土做室内物理力学性能试验方法进行地基检验，根据以上资料并结合当地工程经验对地基、桩基的承载力进行综合评价。

若现场条件许可，尚可通过在基础（或承台）下进行载荷试验以确定地基（或桩基）的承载力。

3) 当发现地基受力层范围内有软弱下卧层时，应对软弱下卧层地基承载能力进行验算。

4) 对建造在斜坡上或毗邻深基坑的建筑物，应验算地基稳定性。

3. 上部承重结构

（1）上部承重结构（子单元）的正常使用性鉴定，应根据其所含各构件的使用性等级和结构的侧向位移等级进行评定。

（2）当评定一种构件的使用性等级时，应根据其每一受检构件的评定结果，按下列规定进行评级：

1) 对主要构件，应按《民用建筑可靠性鉴定标准》（GB 50292）表 7.3.2-1 的规定评级；

2) 对一般构件，应按《民用建筑可靠性鉴定标准》（GB 50292）表 7.3.2-2 的规定评级。

（3）当上部承重结构的正常使用性需考虑侧向（水平）位移的影响时，可采用检测或计算分析的方法进行鉴定。

（4）上部承重结构的使用性等级，按下列原则确定：

1) 一般情况下，应按各种主要构件与结构侧移所评等级，取其中最低一级作为上部承重结构的使用性等级；

2) 若上部承重结构按上款评为 As 级或 Bs 级，而一般构件所评等级为 Cs 级时，尚应按下列规定进行调整：

① 当仅发现一种一般构件为 Cs 级，且其影响仅限于自身时，可不作调整，若其影响波及非结构构件、高级装修或围护系统的使用功能时，则可根据影响范围的大小，将上部承重结构所评等级调整为 Bs 级或 Cs 级；

② 当发现多于一种一般构件为 Cs 级时，可将上部承重结构所评等级调整为 Cs 级。

（5）当遇到下列情况之一时，而直接将该上部承重结构定为 Cs 级：

1) 在楼层中，其楼面振动（或颤动）已使室内精密仪器不能正常工作，或已明显引起人体不适感；

2) 在高层建筑的顶部几层，其风振效应已使用户感到不安；

3) 振动引起的非结构构件开裂或其他损坏，已可通过目测

判定。

30.2.3.3　鉴定单元安全性及使用性评级

1. 鉴定单元安全性评级

（1）民用建筑鉴定单元的安全性鉴定评级，应根据其地基基础、上部承重结构和围护系统承重部分等的安全性等级，以及与整幢建筑有关的其他安全问题进行评定。

（2）鉴定单元的安全性等级，按下列原则确定：

1) 一般情况下，应根据地基基础和上部承重结构的评定结果按其中较低等级确定；

2) 当鉴定单元的安全性等级按上款评为 Asu 级或 Bsu 级，围护系统承重部分的等级为 Cu 级或 Du 级时，可根据实际情况将鉴定单元所评等级降低一级或二级，但最后所定的等级不得低于 Csu 级。

（3）对下列任一情况，可直接评为 Dsu 级建筑：

1) 建筑物处于有危房的建筑群中，且直接受到其威胁；

2) 建筑物朝一方向倾斜，且速度开始变快。

（4）当新测定的建筑物动力特性，与原先记录或理论分析的计算值相比，有下列变化时，可判其承重结构可能有异常，经进一步检查、鉴定后，再评定该建筑物的安全性等级：

1) 建筑物基本周期显著变长（或基本频率显著下降）；

2) 建筑物振型有明显改变（或振幅分布无规律）。

2. 鉴定单元使用性评级

（1）民用建筑鉴定单元的正常使用性鉴定评级，应根据地基基础、上部承重结构和围护系统的使用性等级，以及与整幢建筑有关的其他使用功能问题进行评定。

（2）鉴定单元的使用性等级，按三个子单元中最低的等级确定。

（3）当鉴定单元的使用性等级按本节第 2 条评为 Ass 级或 Bss 级，但若遇到下列情况之一时，宜将所评等级降为 Css 级：

1) 房屋内外装修已大部分老化或残损；

2) 房屋管道、设备已需全部更新。

30.2.3.4　民用建筑可靠性评级

（1）民用建筑的可靠性鉴定，应按《民用建筑可靠性鉴定标准》（GB 50292）第 3.2.5 划分的层次，以其安全性和正常使用性的鉴定结果为依据逐层进行。

（2）当不要求给出可靠性等级时，民用建筑各层次的可靠性，可采取直接列出其安全性等级和使用性等级的形式予以表示。

（3）当需要给出民用建筑各层次的可靠性等级时，可根据其安全性和正常使用性的评定结果，按下列原则确定：

1) 当该层次安全性等级低于 bu 级、Bu 级或 Bsu 级时，应按安全性等级确定；

2) 除上款情形外，可按安全性等级和正常使用性等级中较低的一个等级确定；

3) 当考虑鉴定对象的重要性或特殊性时，允许对本条第 2 款的评定结果作不大于一级的调整。

30.2.3.5　民用建筑适修性评估

（1）在民用建筑可靠性鉴定中，若委托方要求对 Csu 级和 Dsu 级鉴定单元，或 Cu 级和 Du 级子单元（或其中某种构件）的处理提出建议时，宜对其适修性进行评估。

（2）适修性评估按《民用建筑可靠性鉴定标准》（GB 50292）第 3.3.4 条进行，并可按下列处理原则提出具体建议：

1) 对评为 Ar、Br 或 A'r、B'r 的鉴定单元和子单元（或其中某种构件），应予以修复使用；

2) 对评为 Cr 的鉴定单元和 Cr 子单元（或其中某种构件），应分别做出修复与拆换两方案，经技术、经验评估后再作选择；

3) 对评为 Csu-Dr、Dsu-Dr 和 Cu-Dr、Du-Dr 的鉴定单元和子单元（或其中某种构件），宜考虑拆换或重建。

（3）对有纪念意义或有文物、历史、艺术价值的建筑物，不进行适修性评估，而应予以修复和保存。

30.2.4 建筑抗震鉴定

30.2.4.1 基本规定

(1) 现有建筑的抗震鉴定应包括下列内容及要求：

1) 搜集建筑的勘察报告、施工和竣工验收的相关原始资料；

2) 调查建筑现状与原始资料相符合的程度、施工质量和维护状况，发现相关的非抗震缺陷；

3) 根据各类建筑结构的特点、结构布置、构造和抗震承载力等因素，采用相应的逐级鉴定方法，进行综合抗震能力分析；

4) 对现有建筑整体抗震性能做出评价，对符合抗震鉴定要求的建筑应说明其后续使用年限，对不符合抗震鉴定要求的建筑提出相应的抗震减灾对策和处理意见。

(2) 现有建筑的抗震鉴定，应根据下列情况区别对待：

1) 建筑结构类型不同的结构，其检查的重点、项目内容和要求不同，应采用不同的鉴定方法；

2) 对重点部位与一般部位，应按不同的要求进行检查和鉴定；

3) 对抗震性能有整体影响的构件和仅有局部影响的构件，在综合抗震能力分析时应分别对待。

(3) 抗震鉴定分为两级。第一级鉴定应以宏观控制和构造鉴定为主进行综合评价，第二级鉴定应以抗震验算为主结合构造影响进行综合评价。

1) A类建筑的抗震鉴定，当符合第一级鉴定的各项要求时，建筑可评为满足抗震鉴定要求，不再进行第二级鉴定；当不符合第一级鉴定要求时，除《建筑抗震鉴定标准》(GB 50023) 各章有明确规定的情况外，应由第二级鉴定做出判断。

2) B类建筑的抗震鉴定，应检查其抗震措施和现有抗震承载力再做出判断。当抗震措施不满足鉴定要求而现有抗震承载力较高时，可通过构造影响系数进行综合抗震能力的评定；当抗震措施鉴定满足要求时，主要抗侧力构件的抗震承载力不低于规定的 95%，次要抗侧力构件的抗震承载力不低于规定的 90%，也可不要求进行加固处理。

(4) 现有建筑宏观控制和构造鉴定的基本内容及要求，应符合下列规定：

1) 当建筑的平、立面、质量、刚度分布和墙体等抗侧力构件的布置在平面内明显不对称时，应进行地震扭转效应不利影响的分析；当结构竖向构件上下不连续或刚度沿高度分布突变时，应找出薄弱部位并按相应的要求鉴定；

2) 检查结构体系，应找出其破坏会导致整个体系丧失抗震能力或丧失对重力的承载能力的部件或构件；当房屋有错层或不同类型结构体系相连时，应提高其相应部位的抗震鉴定要求；

3) 检查结构材料实际达到的强度等级，当低于规定的最低要求时，应提出采取相应的抗震减灾对策；

4) 多层建筑的高度和层数，应符合规定的最大值限值要求；

5) 当结构构件的尺寸、截面形式等不利于抗震时，宜提高该构件的配筋等构造抗震鉴定要求；

6) 结构构件的连接构造应满足结构整体性的要求；装配式厂房应有较完整的支撑系统；

7) 非结构构件与主体结构的连接构造应满足不倒塌伤人的要求；位于出入口及人流通道等处，应有可靠的连接；

8) 当建筑场地位于不利地段时，尚应符合地基基础的有关鉴定要求。

(5) 6度和《建筑抗震鉴定标准》(GB 50023) 各章有具体规定时，可不进行抗震验算；当6度第一级鉴定不满足时，可通过抗震验算进行综合抗震能力评定；其他情况时，至少在两个主轴方向分别按《建筑抗震鉴定标准》(GB 50023) 各章规定的具体方法进行结构的抗震验算。

当《建筑抗震鉴定标准》(GB 50023) 未给出具体方法时，可采用《建筑抗震设计规范》(GB 50011) 规定的方法，按式 (30-1) 进行结构构件抗震验算：

$$S \leqslant R / \gamma_{Ra} \qquad (30-1)$$

式中 S——结构构件内力(轴向力、剪力、弯矩等)组合的设计值；计算时，有关的荷载、地震作用、作用分项系

数、组合值系数，应按《建筑抗震设计规范》(GB 50011) 的规定采用；其中，地震作用效应(内力)调整系数应按规定采用，8、9度的大跨度和长悬臂结构应计算竖向地震作用；

R——结构构件承载力设计值，按《建筑抗震设计规范》(GB 50011) 的规定采用；其中，各类结构材料强度的设计指标应按相关规范，材料强度等级按现场实际情况确定；

γ_{Ra}——抗震鉴定的承载力调整系数，一般情况下，可按《建筑抗震设计规范》(GB 50011) 的承载力抗震调整系数值采用，A 类建筑抗震鉴定时，钢筋混凝土构件应按《建筑抗震设计规范》(GB 50011) 承载力抗震调整系数值的 0.85 倍采用。

(6) 对不符合鉴定要求的建筑，可根据其不符合要求的程度、部位对结构整体抗震性能影响的大小，以及有关的非抗震缺陷等实际情况，结合使用要求、城市规划和加固难易等因素的分析，提出相应的维修、加固、改变用途或更新等抗震减灾对策。

(7)《建筑抗震鉴定标准》(GB 50023) 中根据房屋结构形式的不同，将常见房屋分为六类：多层砌体房屋、多层及高层钢筋混凝土房屋、内框架和底层框架砖房、单层钢筋混凝土柱厂房、单层砖柱厂房和空旷房屋、木结构和土石墙房屋，对这六类房屋分类进行抗震鉴定，并介绍了两种构筑物(烟囱和水塔)的抗震鉴定方法。本手册主要对多层砌体房屋和多层及高层钢筋混凝土房屋的抗震鉴定进行介绍。

30.2.4.2 抗震鉴定原则

(1) 既有建筑的抗震鉴定应按照《建筑抗震鉴定标准》(GB 50023) 进行。

(2)《建筑抗震鉴定标准》(GB 50023) 适用于抗震设防烈度为 6~9 度地区现有建筑抗震鉴定，不适用于新建建筑工程抗震设计和施工质量评定，也不适用于古建筑的抗震鉴定。

(3) 下列情况下，现有建筑应进行抗震鉴定：

1) 接近或超过设计使用年限需要继续使用的建筑；

2) 原设计未考虑抗震设防或抗震设防要求提高的建筑；

3) 需要改变结构的用途和使用环境的建筑；

4) 其他有必要进行抗震鉴定的建筑。

(4) 现有建筑应按《建筑工程抗震设防分类标准》(GB 50223) 分为四类，其抗震措施核查和抗震验算的综合鉴定应符合下列要求：

1) 丙类，应按本地区设防烈度的要求核查其抗震措施并进行抗震验算；

2) 乙类，6~8 度应按比本地区设防烈度提高一度的要求核查其抗震措施，9 度时应适当提高要求；抗震验算应不低于本地区设防烈度的要求采用；

3) 甲类，应经专门研究按不低于乙类的要求核查其抗震措施，抗震验算应按高于本地区设防烈度的要求采用；

4) 丁类，7~9 度时，应允许按比本地区设防烈度降低一度的要求核查其抗震措施，抗震验算应允许比本地区设防烈度适当降低要求；6 度时应允许不做抗震鉴定。

(5) 现有建筑应根据实际需要和可能，按下列规定选择其后续使用年限：

1) 在 20 世纪 70 年代及以前建造经耐久性鉴定可继续使用的现有建筑，其后续使用年限不应少于 30 年；在 20 世纪 80 年代建造的现有建筑，其后续使用年限宜采用 40 年或更长，且不得少于 30 年；

2) 在 20 世纪 90 年代(按当时施行的抗震设计规范系列设计)建造的现有建筑，后续使用年限不宜少于 40 年，条件许可时应采用 50 年；

3) 在 2001 年以后(按当时施行的抗震设计规范系列设计)建造的现有建筑，后续使用年限宜采用 50 年。

(6) 不同后续使用年限的现有建筑，其抗震鉴定方法应符合下列要求：

1) 后续使用年限 30 年的建筑(简称 A 类建筑)，应采用《建

筑抗震鉴定标准》（GB 50023）各章规定的 A 类建筑抗震鉴定方法；

2）后续使用年限 40 年的建筑（简称 B 类建筑），应采用《建筑抗震鉴定标准》（GB 50023）各章规定的 B 类建筑抗震鉴定方法；

3）后续使用年限 50 年的建筑（简称 C 类建筑），应按《建筑抗震设计规范》（GB 50011）的要求进行抗震鉴定。

30.2.4.3 多层砌体房屋抗震鉴定

1. 一般规定

（1）本节所说的多层砌体房屋指烧结普通黏土砖、烧结多孔黏土砖、混凝土中型空心砌块、混凝土小型空心砌块、粉煤灰中型实心砌块砌体承重的多层房屋。

（2）现有多层砌体房屋抗震鉴定时，房屋的高度和层数、抗震墙的厚度和间距、墙体实际达到的砂浆强度等级和砌筑质量、墙体交接处的连接以及女儿墙、楼梯间和出屋面烟囱等易引起倒塌伤人的部位应重点检查；7～9 度时，尚应检查墙体布置的规则性、检查楼、屋盖处的圈梁，检查楼、屋盖与墙体的连接构造等。

（3）多层砌体房屋的外观和内在质量应符合下列要求：

1）墙体不空鼓、无严重酥碱和明显歪闪；

2）支承大梁、屋架的墙体无竖向裂缝，承重墙体、自承重墙体及其交接处无明显裂缝；

3）木楼、屋盖构件无明显变形、腐朽蚁蚀和严重开裂；

4）砌体结构中的混凝土构件符合《建筑抗震鉴定标准》（GB 50023）相应的规定。

（4）现有砌体房屋的抗震鉴定，应按房屋高度和层数、结构体系的合理性、墙体材料的实际强度、房屋整体性连接构造的可靠性、局部易损易倒部位构件自身及其与主体结构连接构造的可靠性以及墙体抗震承载力的综合分析，对整幢房屋的抗震能力进行鉴定。当砌体房屋层数超过规定时，应评为不满足抗震鉴定要求；当仅有出入口和人流通道处的女儿墙、出屋面烟囱等不符合规定时，应评为局部不满足抗震鉴定要求。

（5）对多层砌体房屋应根据其后续使用年限的不同，分别按照《建筑抗震鉴定标准》（GB 50023）中 A 类砌体房屋或 B 类砌体房屋的建筑抗震鉴定方法进行。

1）A 类砌体房屋应进行综合抗震能力的两级鉴定。在第一级鉴定中，墙体的抗震承载力应依据纵、横墙间距进行简化验算，当符合第一级鉴定的各项规定时，应评为满足抗震鉴定要求；不符合第一级鉴定要求时，除有明确规定的情况外，应在第二级鉴定中采用综合抗震能力指数的方法，计入构造影响做出判断。

2）B 类砌体房屋，在整体性连接构造的检查中尚应包括构造柱的设置情况，墙体的抗震承载力应采用《建筑抗震设计规范》（GB 50011）的底部剪力法等方法进行验算，或按照 A 类砌体房屋计入构造影响进行综合抗震能力的评定。

2. 鉴定方法

（1）A 类多层砌体房屋的鉴定方法

1）A 类多层砌体房屋的鉴定方法与《建筑抗震鉴定标准》（GB 50023）的适用范围基本相同。其强调房屋综合抗震能力，将承重墙体、次要墙体、附属构件、楼盖和屋盖整体性及各种连接的要求归纳起来进行综合评价，来评价整幢房屋的综合抗震能力。并根据现有房屋的特点，对其抗震能力进行分级鉴定。

2）A 类多层砌体房屋的第二级鉴定实质就是进行抗震承载力验算，应根据房屋的实际情况区别采用不同的方法进行：

① 房屋质量和刚度沿高度分布明显不均匀，或 7、8、9 度时房屋层数分别超过 6、5、3 层，可按 B 类砌体房屋的抗震承载力验算方法进行验算。

② 第①款中所述以外的情况，应根据房屋不符合第一级鉴定的具体情况，分别采用楼层平均抗震能力指数方法、楼层综合抗震能力指数方法和墙端综合抗震能力指数方法进行第二级鉴定。

3）A 类多层砌体房屋第二级鉴定的三种鉴定方法

① 楼层平均抗震能力指数方法

现有结构体系、整体性连接和易引起倒塌的部位符合第一级鉴定，但横墙间距和房屋宽度均超过或其中一项超过第一级鉴定限值

的房屋，可采用楼层平均抗震能力指数方法进行第二级鉴定，又称二（甲）级鉴定。

② 楼层综合抗震能力指数方法

现有结构体系、楼屋盖整体性连接、圈梁布置和构造柱及易引起局部倒塌的结构构件不符合第一级鉴定的房屋，可采用楼层综合抗震能力指数方法进行第二级鉴定，又称二（乙）级鉴定。

③ 墙端综合抗震能力指数方法

实际横墙间距超过刚性体系规定的最大值、有明显扭转效应和易引起局部倒塌的结构构件不符合第一级鉴定要求的房屋，当最弱的楼层综合抗震能力指数小于 1.0 时，可采用墙端综合抗震能力指数法进行第二级鉴定，又称二（丙）级鉴定。

（2）B 类多层砌体房屋的鉴定方法

1）B 类多层砌体房屋主要是针对按照 89 版抗震设计规范设计建造的房屋，其适用范围除增加多孔砖外，基本与 89 抗震设计规范一致。对 B 类建筑抗震鉴定的主要内容是依据 89 规范中的有关条文，从鉴定的角度予以归纳、整理而成，同 A 类建筑相同的是，同样对结构体系、材料强度、整体连接和局部易损部位进行鉴定，不同的是，B 类建筑还必须经过墙体抗震承载力的综合评定。

2）B 类多层砌体房屋第二级鉴定

① 对 B 类现有砌体房屋的抗震分析，可采用底部剪力法，并可按《建筑抗震设计规范》（GB 50011）规定，只选择从属面积较大或竖向应力较小的墙段进行抗震承载力验算；

② 各层层高相当且较规则均匀的 B 类多层砌体房屋，尚可按 A 类砌体房屋的第二级鉴定方法进行综合抗震能力验算。

30.2.4.4 多层及高层钢筋混凝土框架房屋抗震

1. 一般规定

（1）本节所说的框架房屋是指现浇及装配整体式钢筋混凝土框架（包括填充墙框架）、框架一抗震墙及抗震墙结构。

（2）现有钢筋混凝土房屋的抗震鉴定，应依据其设防烈度重点检查下列薄弱部位：

1）6 度时，应检查局部易掉落伤人的构件、部件以及楼梯间非结构构件的连接构造；

2）7 度时，除应按第 1）项检查外，尚应检查梁柱节点的连接方式、框架跨数及不同结构体系之间的连接构造；

3）8、9 度时，除应按第 1）、2）项检查外，尚应检查梁、柱的配筋，材料强度，各构件间的连接，结构体型的规则性，短柱分布，使用荷载的大小和分布等。

（3）钢筋混凝土房屋的外观和内在质量宜符合下列要求：

1）梁、柱及其节点的混凝土仅有少量微小开裂或局部剥落，钢筋无露筋、锈蚀；

2）填充墙无明显开裂或与框架脱开；

3）主体结构构件无明显变形、倾斜或歪扭。

（4）现有钢筋混凝土房屋的抗震鉴定，应按结构体系的合理性、结构构件材料的实际强度、结构构件的纵向钢筋和横向箍筋的配置和构件连接的可靠性、填充墙等与主体结构的拉接构造以及构件抗震承载力的综合分析，对整幢房屋的抗震能力进行鉴定。

当梁柱节点构造和框架跨数不符合规定时，应评为不满足抗震鉴定要求；当仅有出入口、人流通道处的填充墙不符合规定时，应评为局部不满足抗震鉴定要求。

（5）A 类钢筋混凝土房屋应进行综合抗震能力两级鉴定。当符合第一级鉴定的各项规定时，除 9 度外应允许不进行抗震验算而评为满足抗震鉴定要求；不符合第一级鉴定要求和 9 度时，除有明确规定的情况外，应在第二级鉴定中采用屈服强度系数和综合抗震能力指数的方法做出判断。

B 类钢筋混凝土房屋应根据所属抗震等级进行结构布置和构造检查，并应通过内力调整进行抗震承载力验算；或按照 A 类钢筋混凝土房屋计入构造影响对综合抗震能力进行评定。

（6）当砌体结构与框架结构相连或依托于框架结构时，应加大砌体结构所承担的地震作用，再按《建筑抗震鉴定标准》（GB 50023）第 5 章进行抗震鉴定；对框架结构的鉴定，应计入两种不同性质的结构相连导致的不利影响。

（7）砖女儿墙、门脸等非结构构件和突出屋面的小房间，应符

合《建筑抗震鉴定标准》（GB 50023）第 5 章的有关规定。

2. 鉴定方法

（1）现有钢筋混凝土房屋的抗震鉴定，应按结构体系的合理性、结构构件材料实际强度、结构构件的纵向钢筋和横向箍筋的配置和构件连接的可靠性、填充墙等与主体结构的拉结构造以及构件抗震承载力的综合分析，对整栋房屋的抗震能力进行鉴定。当梁柱节点处构造和框架跨数不符合规定时，应评为不满足抗震鉴定要求，如 8、9 度时的单向框架，以及乙类设防的框架为单跨结构等。当仅有出入口、人流通道处的填充墙不符合规定时，应评为局部不满足抗震鉴定要求，应进行处理。

（2）A 类钢筋混凝土房屋的抗震鉴定方法：进行综合抗震能力两级鉴定，当符合第一级的各项规定时，除 9 度外应允许不进行抗震验算而评为满足抗震鉴定要求；不符合第一级鉴定要求和 9 度时，除明确规定的情况外，应在第二级鉴定中采用屈服强度系数和综合抗震能力指数的方法做出判断。

（3）B 类钢筋混凝土房屋的抗震鉴定方法：应根据所属的抗震等级进行结构布置和构造检查，并应通过内力调整进行抗震承载力验算；或按照 A 类钢筋混凝土房屋计入构造影响对综合抗震能力进行评定。

30.3 地 基 加 固

既有建筑地基加固常用的方法有灰土桩法、深层搅拌桩法、硅化法、碱液法、注浆加固法、石灰桩法、高压喷射注浆法等。本节只对灰土桩法、深层搅拌法、硅化法、碱液法进行详细叙述，注浆加固法、石灰桩法、高压喷射注浆法的施工方法及质量控制要点详见本手册 10.3 章节相关内容。

30.3.1 灰 土 桩 法

灰土桩法又称灰土挤密桩法，由土桩挤密法发展而成，是将不同比例的石灰和土掺合，通过不同方式将灰土夯入孔内，在成孔和夯实灰土时将周围土挤密，提高桩间土密度和承载力。

灰土桩适用范围如下：（1）消除地基的湿陷性；（2）地下水位以上湿陷性黄土、素填土、杂填土、黏性土、粉土的地基处理；（3）灰土桩复合地基承载力可达 250kPa，可用于 12 层左右的建筑物地基处理；（4）深基开挖中，用来减少主动土压力和增大坑内被动土压力；（5）用于公路或铁路路基加固；（6）大面积的堆载加固等。当地基含水量大于 23％及其饱和度大于 65％时，不宜采用灰土桩。

30.3.1.1 材料与机具

1. 材料

主要材料有石灰和天然土，掺料有粉煤灰、炉渣、水泥等。

2. 机具

主要机具有成孔机和夯实机，应依据不同的施工环境、地层和施工工艺，选择合理的施工机具。

30.3.1.2 施工方法

1. 施工流程

施工准备→机械或人工成孔→分层填料→机械或人工夯实。

2. 施工要点

（1）依据设计和规范要求，编制合理的施工方案，做好交底工作，平整施工场地，检查好所有施工机具，准备足够的填料。

（2）灰土桩法各种施工工艺都是由成孔和夯实两部分工艺所组成，且成孔和夯实均有机械和人工两种方式。成孔和夯实内回填夯实在整片处理时，宜从里（或中间）向外间隔 1～2 孔进行，对大型工程可采用分段施工；当局部处理时，宜从外向里间隔 1～2 孔进行。

（3）根据现场实际条件和设计情况，选择机械或人工法进行成孔。

（4）用机械或人工将拌制好的灰土料分层填入孔内，再用机械或人工进行分层夯实，完成灰土桩施工。

（5）沉管法施工是利用沉管灌注桩机，打入或振入套管，到设计深度后，拔出套管，分层投入灰土，利用套管反插或用夯实机分层夯实。

（6）冲击成孔法是利用冲击钻机将 0.6～3.2t 重的锥形锤头提升 0.5～2m 的高度后自由落下，反复冲击下沉成孔，锤头直径 350～450mm，孔径可达 500～600mm，成孔深度不受机架限制，成孔后分层填入灰土，用锤头分层击实。

（7）管内夯击法是在成孔前，管内填入一定数量的灰土，内击式锤将套管打至设计深度，提管并冲击管内灰土；分层投入灰土，用内击锤分层夯实，内击锤重 1～1.5t，成孔深度不大于 10m。

30.3.1.3 质量控制要点

（1）在机械或人工成孔时，设计标高上的预留土层应满足下列要求：沉管（锤击、振动）成孔宜为 0.50～0.70m，人工成孔宜为 0.50～0.70m，冲击成孔宜为 1.20～1.50m。

（2）灰土桩需对桩间土进行挤密，挤密效果以桩间土平均压实系数不小于 0.93 来控制。

（3）灰土桩的材料质量，应满足下列要求：宜采用有机质含量不大于 5％的素土，严禁使用膨胀土、盐碱土等活动性较强的土。使用前应过筛，最大粒径不得大于 15mm。石灰宜用消解（闷透）3～4d 的新鲜生石灰块，使用前过筛，粒径不得大于 5mm，熟石灰中不得夹有未熟的生石灰块。

（4）灰土料应按设计体积比要求拌合均匀，颜色一致。施工时使用的灰土含水量应接近最优含水量，应通过击实试验确定，一般控制灰土的含水量为 10％左右，施工现场检验的方法是用手将灰土紧握成团，轻捏即碎为宜，如果含水量过多或不足时，应晒干或洒水湿润，拌合后的灰土料应当日使用。

（5）灰土桩的成桩质量检验标准见表 30-2。

灰土桩成桩质量检验标准　　　　**表 30-2**

项目	序号	检查项目	允许偏差或允许值		检查方法
			单位	数值	
主控项目	1	桩体及桩间土干密度	设计要求		现场环刀取样检查
	2	桩长	mm	+500，−0	测桩管长度或垂球测孔深
	3	地基承载力	设计要求		按规定的方法
	4	桩径	mm	−20	尺量
一般项目	1	灰料有机质含量	％	≤5	试验室焙烧法
	2	石灰粒径	mm	≤5	筛分法
	3	桩位偏差		满堂布桩≤0.4D，条基布桩≤0.25D	用钢尺量，D 为桩径
	4	垂直度	％	≤1.5	用经纬仪测桩管

30.3.2 深 层 搅 拌 法

深层搅拌法是用深层搅拌机钻进切削土体，同时注入水泥浆液，经反复搅拌充分混合后，形成搅拌桩。搅拌桩有较好的抗渗能力，是一种较好的地基处理方法，目前有单轴、双轴和三轴三种形式。深层搅拌法适用于淤泥、淤泥质土、粉土和含水量较高的黏性土等土层的地基处理。

30.3.2.1 材料与机具

1. 材料

主要材料有水泥、石灰、沥青、水玻璃、氯化钙、尿素树脂、丙烯酸盐等。

2. 机具

主要机具设备有深层搅拌机、起吊设备、灰浆搅拌机、灰浆泵、水泵等。

30.3.2.2 施工方法

1. 工艺流程

施工准备→搅拌机就位→制备泥浆→预搅下沉→提升喷浆搅拌→重复上、下搅拌→清洗→移位。

2. 施工要点

（1）依据设计和规范要求，编制合理的施工方案，做好交底工作，平整施工场地，检查好所有施工机具，尤其应检查主机上的水

平控制装置，确保主机架处于铅垂状态。

（2）将搅拌机械按设计位置就位，为保证桩位准确，桩位应使用定位卡，桩位对中偏差不大于 20mm，导向架和搅拌轴应与地面垂直，垂直度的偏差不大于 1.5%。按设计确定的配合比拌制水泥浆，压浆前将水泥浆倒入集料斗。

（3）待搅拌机的冷却水循环正常后，启动搅拌机电机，放松起重机钢丝绳，使搅拌机沿导架搅拌切土下沉，搅拌机下沉时开启灰浆泵将水泥浆压入地基中，边喷边搅拌，直至设计深度，继续压浆，并按照方案确定的提升速度搅拌提升。

（4）搅拌机提升至设计加固深度的顶面标高时，集料斗中的水泥浆应正好排空，为使软土和水泥浆搅拌均匀，再次将搅拌机边旋转边沉入土中，至设计加固深度后再将搅拌机提升出地面，搅拌过程同时喷水泥浆。

（5）尽量保证输浆均匀，应根据地层吃浆变化，调整输浆量，总浆量应不少于设计要求。输浆压力宜为 0.3～1.0MPa。

（6）为保证桩孔不偏斜，开始入土时不宜用高速钻进，一般钻进速度不应大于 0.8m/min；土层较硬时，速度不应大于 0.6m/min。

（7）提升速度和输浆量应密切配合。提升速度快，输浆量应大，二者关系可按设计水泥掺入量来确定。

（8）主机调平后，可能因施工振动产生整机滑移，造成桩位偏差，为减少累计误差，应及时进行校核。

（9）当施工完一个单元后，向集料斗注入适量热水，开启灰浆泵、清洗全部管线中的残存水泥浆，直到基本干净，将粘附在搅拌头上的杂物清洗干净，并将搅拌机移入下一单元进行施工。

（10）压浆阶段不允许发生断浆现象，输浆管不能发生堵塞。严格按设计控制喷浆、搅拌和提升速度，以保证加固范围得到充分搅拌。

（11）如遇意外使成桩施工中断，为防止断桩，在搅拌机重新启动后，应将深层搅拌叶片下沉半米后再继续成桩。

（12）对于桩状加固体，相邻两桩施工间隔时间不得超过 12h；对于壁状加固体，为确保其连续性，按设计要求桩体要搭接一定长度时，原则上每一施工段要连续施工，相邻桩体施工间隔时间不得超过 24h。

（13）在搅拌桩施工中，根据摩擦型搅拌桩受力特点，可采用变掺量的施工工艺，即用不同的提升速度和注浆速度来满足水泥浆的掺入比要求。

30.3.2.3　质量控制要点

（1）深层搅拌桩使用的水泥品种、强度等级、水泥浆的水灰比，水泥加固土的掺入比和外加剂的品种掺量，必须符合设计要求。

（2）加固体内任意一点的水泥土均能被搅拌 20 次以上，按《建筑地基处理技术规范》（JGJ 79）条文说明中第 11.3.2 条公式（10）计算出每遍搅拌次数 N，再确定搅拌遍数。

（3）每根桩搅拌遍数不应少于 3 遍。

（4）深层搅拌桩的深度、断面尺寸、搭接情况、整体稳定、桩身强度必须符合设计要求。一般成桩后两周内用钻心取样检验，开挖检查断面尺寸，观察桩身搭接情况及搅拌均匀程度，桩身不能有渗水现象。进行轻便触探，根据触探击数判断搅拌桩各段水泥浆强度。

（5）利用现场载荷试验进行工程加固效果检验。

30.3.3　硅　化　法

硅化法可分单液硅化法和双液硅化法，硅化法根据溶液注入的方式分为压力硅化、电动硅化和加气硅化三类。双液硅化法是指依据地层条件，将水玻璃与氯化钙（或铝酸钠）溶液用泵或压缩空气，通过注浆管压入土中，溶液接触反应后生成硅胶，将土壤颗粒胶结在一起，起到加固和止水作用。

单液硅化法和双液硅化法施工只是使用的材料和适用的地层不一样，其工艺和质量控制要点基本相同，因此，在此只阐述双液硅化法（电动）的施工，单液硅化法可参考双液硅化法。当地基土为渗透系数大于 2.0m/d 的粗颗粒土时，可采用双液硅化法（水玻璃和氯化钙）；当地基土为渗透系数介于 0.1～2.0m/d 之间的湿陷性黄土时，可采用单液硅化法（水玻璃）；对自重湿陷性黄土宜采用无压力单液硅化法。

电动双液硅化法、电化学加固法，是在压力双液硅化法的基础上设置电极通入直流电，经电渗作用扩大溶液的分布半径。施工时，把有孔灌浆液液管作为阳极，铁棒作为阴极（也可用滤水管进行抽水），将水玻璃和氯化钙溶液先后由阳极压入土中，通电后，孔隙水由阳极流向阴极，而化学溶液也随之渗流分布于土的孔隙中，经化学反应后生成硅胶。经过电渗作用还可以使硅胶部分脱水，加速加固过程，并增加其强度。

双液硅化法具有价格低廉、施工简单、施工工期短、质量易于保证、不需要投入大型设备、浆液渗透性强、对环境无污染、加固效果明显、浆体结石率高、加固过程中附加沉降小、对相邻建筑基础无扰动、能够保证整体结构的安全等特点，被广泛用于既有建筑地基的补强加固工程，也是加固既有建筑地基行之有效且较为成熟的方法之一。

30.3.3.1　材料与机具

1. 材料

使用的材料主要有水玻璃、氯化钙、铝酸钠等，其主要性能参数见表 30-3。

材料的主要性能参数　　　　表 30-3

序号	溶液名称	主要性能
1	水玻璃	模数 2.3～2.5，比重 1.35～1.44，杂质不得超过 2%
2	氯化钙	比重 1.26～1.28，pH 值＞5.5，杂质的含量＜60g/L，悬浮颗粒＜1%
3	铝酸钠	含铝量为 180g/L，苛化系数为 2.4～2.5

2. 机具设备

使用的主要机具设备见表 30-4。

主要机具设备　　　　表 30-4

序号	机具设备名称	使用功能
1	振动打拔管机	打拔管
2	齿轮泵	压力注入浆液
3	浆液搅拌机	搅拌浆液
4	蓄浆桶	蓄存浆液
5	磅秤	称量浆液材料
6	压力管	压力输送浆液
7	注浆花管	插入地层注入浆液

30.3.3.2　施工方法

1. 工艺流程

施工准备→选择浆液及配合比→灌浆试验确定技术参数→放线布孔→成孔→灌注浆液→封孔。

2. 施工要点

（1）施工前，依据设计和规范要求，编制好施工方案，尤其应先在现场进行灌浆试验，确定各项技术参数，选择好浆液及配合比。

（2）按照设计位置，进行灌浆管的设置。采用打入法或钻孔法（振动打拔管机、振动钻或三角架穿心锤）将灌浆管沉入土中；灌注溶液钢管可采用内径为 20～50mm，壁厚大于 5mm 无缝钢管，灌浆管网系统的规格能应适应灌注溶液所采用的压力，灌浆间距为 1.73R，各行间距为 1.5R（R 为一根灌浆管的加固半径，灌浆管四周孔隙用土填塞夯实。电极可用打入法或先钻孔 2～3m 再打入，电极沿每行注液管设置，间距与灌浆管相同。通过不加固土层的注浆管和电极表面，须涂沥青绝缘，以防电流的损耗和作防腐。

（3）泵或空气压缩设备应能以 0.2～0.6MPa 的压力，向每个灌浆管供应 1～5L/min 的溶液压入土中。

（4）灌注溶液的压力一般在 0.2～0.4MPa（始）和 0.8～1.0MPa（终）范围内，采用电动硅化法时，不超过 0.3MPa（表

压）。

（5）灌注溶液次序，根据地下水的流速而定，当地下水流速在 1m/d 时，向每个加固层自上而下的灌注水玻璃，然后再自下而上的灌注氯化钙溶液，每层厚 0.6~1.0m；当地下水流速为 1~3m/d 时，轮流将水玻璃和氯化钙溶液均匀地注入每个加固层；当地下水流速大于 3m/d 时，应同时将水玻璃和氯化钙溶液注入，以降低地下水流速，然后再轮流将两种溶液注入每个加固层。

（6）加固程序，一般自上而下进行，如土的渗透系数随深度增大时，则应自下而上进行；如相邻土层的土质不同，渗透系数较大的土层应先进行加固；砂类土每一加固层的厚度为灌浆管有孔部分的长度加 0.5R，湿陷性黄土及黏性土按试验确定。

（7）加固土层以上应保留 1m 厚的不加固土层，以防溶液上冒，必要时须夯填素土或打灰土层。

（8）硅化完毕，用桩架或三脚架借倒链或绞磨将注浆管和电极拔出，遗留孔洞用 1:5 水泥砂浆或黏性土填实封孔，进行养护。

（9）地基加固结束后，尚应对已加固地基的建（构）筑物或基础进行沉降观测，直至沉降稳定，观测时间不应少于半年。

30.3.3.3 质量控制要点

（1）注浆点位置、浆液配比、注浆施工参数、注浆顺序、注浆过程的压力控制、检测要求等应符合设计和规范要求。

（2）硅酸钠溶液灌注完毕，检查应在注浆 15d（砂土、黄土）或 60d（黏性土）进行。

（3）单液硅化法处理后的地基验收，应检查注浆体强度、承载力及其均匀性，应采用动力触探或其他原位测试检验，检查孔数为总量的 2%~5%，不合格率大于或等于 20% 时应进行二次注浆。必要时，应在全部深度内，每隔 1m 取土样进行室内试验，测定其压缩性和湿陷性。

（4）原材料要有材质报告，且应定期检查材料的比重。

（5）砂性土的硅化地基加固体的检测应在施工完毕 15d 后进行，黏性土的硅化地基加固体的检测应在 60d 进行。

30.3.4　碱　液　法

碱液法加固是将一定浓度、温度的碱液借自重以无压自流方式注入土中，与土中二氧化硅及三氧化铝、氧化钙、氧化镁等可溶性及交换性碱性金属阳离子发生置换反应，使土粒表面胶合形成胶结难溶于水的且具有一定强度的钙、铝硅酸盐胶结物，胶结物能起到胶结土颗粒，使土粒相互牢固地粘结在一起，增强土颗料附加粘聚力的作用，从而使土体得到加固，提高地基承载力。碱液法适用于非自重湿陷性黄土地基加固。

30.3.4.1　材料与机具

1. 材料

材料主要有氢氧化钠和氯化钙。

2. 机具

机具主要有贮浆桶、注浆管、输浆胶管、磅秤、浆液搅拌机、贮液罐、阀门以及加热设备等。

30.3.4.2　施工方法

1. 工艺流程

施工准备→定位埋管（钻）→封孔→配制浆液→灌注浆液→拔管→管路冲洗→填孔。

2. 施工要点

（1）施工前，依据设计和规范要求，编制好施工方案，做好交底工作。

（2）进行单孔灌注试验，以确定单孔加固半径、溶液灌注速度、温度及灌注量等技术参数。

（3）灌注孔可用洛阳铲或麻花钻成孔，或用带锥形头的钢管打入土中然后拔出成孔，直径一般为 50~70mm。

（4）插入直径 20mm 镀锌铁皮注液管，下部沿管长每 20cm 钻 3~4 个直径 3~4mm 的孔眼。向孔中填入粒径 5~10mm 石子，直至注液管下端标高。

（5）灌注孔应分期分批间隔打设和灌注，同一批打设的灌注孔的时间距为 2~3m，每个孔必须灌注完全部溶液后，才可打设相邻的灌注孔。

（6）碱液加固所用 NaOH 溶液可用浓度大于 30% 或固体烧碱加水配制，对于 NaOH 含量大于 50g/L 的工业废碱液和土烧碱液，经试验对加固有效时亦可使用。配制好的碱液中，其不溶性杂质含量不宜超过 1g/L，Na_2CO_3 含量不应超过 NaOH 的 5%。$CaCl_2$ 溶液要求杂质含量不超过 1g/L，而悬浮颗粒不得超过 1%，pH 值不得小于 5.5~6.0。

（7）碱液加固多采用不加压的自渗方式灌注，溶液宜采取加热（温度 90~100C°）和保温措施。

（8）单液法先灌注浓度较大（100%~130%）的 NaOH 溶液，接着灌注较稀（50%）的 NaOH 溶液，灌注应连续进行，不应中断。双液法按单液法灌完 NaOH 溶液后，间隔 4h 至 1d 再灌注 $CaCl_2$ 溶液。$CaCl_2$ 溶液同样先浓（100%~130%）后稀（50%）。为加快渗透硬化，灌注完后，可在灌注孔中通入 1~1.5 大气压的蒸汽加温约 1h。

（9）当碱液的加入量为干土重的 2%~3% 时，土体即可得到很好的加固。单液加固每方土体需 NaOH 为 40~50kg，双液加固 NaOH、$CaCl_2$ 各需 30~40kg。

（10）加固时，用蒸汽保温可使碱液与地基地层作用快而充分，即在 70~100kPa 的压力下通蒸汽 1~3h，如需灌 $CaCl_2$ 溶液，在通气后随即灌注。对自重湿陷性显著的黄土而言，需用挤密成孔方法，并且注浆和通汽要交叉进行，使地基尽快获得加固强度，以消除灌浆过程中所产生的附加沉降。

（11）加固已湿陷基础，灌浆孔设在基础两侧或周边各布置一排。如要求将加固体连成一体，孔距可取 0.7~0.8m。单孔的有效加固半径 R 可达 0.4m，有效厚度为孔长加 0.5R。如不要求加固体连接成片，加固体可视作桩体，孔距为 1.2~1.5m，加固土柱强度可按 300~400kPa 考虑。

30.3.4.3　质量控制要点

（1）应在盛溶液桶中将碱液加热到 90℃ 以上才能进行灌注，灌注过程中桶内温度应保持不低于 80℃。

（2）灌注碱液的速度，宜为 2~5L/min。

（3）当采用双液加固时，应先灌注氢氧化钠溶液，间隔 8~12h 后，再灌注氯化钙溶液，后者用量为前者的 1/2~1/4。

（4）注浆施工时，宜采用自动流量和压力记录仪，并应及时对资料进行整理分析。

（5）碱液加固地基验收，应在加固施工完毕 28d 后进行。可通过开挖或钻孔取样，对加固土体进行无侧限抗压强度试验和水稳性试验。取样部位应在加固土体中部，试块数不少于 3 个，28d 龄期的无侧限抗压强度平均值不得低于设计值的 90%。将试块浸泡在自来水中，无崩解现象。当需要查明加固土体的外形和整体性时，可对有代表性加固土体进行开挖，量测其有效加固半径和加固深度。

（6）地基经碱液加固后应继续进行沉降观测，观测时间不得少于半年，按加固前后沉降观测结果或用触探法检测加固前后土中阻力的变化，确定加固质量。

30.4　基　础　加　固

30.4.1　基础补强注浆加固法

基础补强注浆加固是指依据液压、气压或电化学原理，通过注浆管把按一定配比拌合的具有流动性、填充性、胶凝性的浆液，注入开挖或损坏的基础裂隙中，使浆液与原来基础材料胶结成整体，从而提高原来基础的强度。其注浆类型按加固机理分为充填注浆、渗透注浆、挤密注浆和劈裂注浆等四种方法，可根据不同的地层选用不同的注浆类型。

30.4.1.1　材料与机具

1. 材料

主要材料有注浆管（可采用 PVC 管或普通钢管）、浆液（一般为水泥浆、水泥砂浆或环氧树脂胶泥）。浆液应具有流动性、填充性和胶凝性。在凝固后，浆液凝固体应有一定的强度和黏性，以满足注浆和加固的作用。

2. 机具

主要机具有钻孔机、空压机、注浆机、搅拌机等。

30.4.1.2 施工方法

1. 施工流程

施工准备→搭设钻孔平台→分区或分段钻孔→清孔→搅拌浆液→安放注浆管→注浆→封堵→等强→效果检测。

2. 施工要点

(1) 施工前应编制好施工方案，确定施工参数，依据施工方案做好交底工作，检查所需材料和设备机具满足施工要求。

(2) 依据加固基础的结构形式，用脚手架或型钢，搭设稳固的钻孔平台，平台应满足钻孔设备钻孔施工要求。

(3) 在搭设好的钻孔平台上，用钻机按设计位置，在原基础裂损处钻孔。钻孔应分区分段进行，钻孔应沿裂隙方向或重力方向向下钻孔，满足浆液的流动性和填充性。钻孔孔径应比注浆管直径大2～3mm，对独立基础每边钻孔不应少于2个，对条形基础应沿基础纵向分段进行。

(4) 钻孔完成后，用空压机的高压风管对准孔内，将杂物或粉末清理干净。

(5) 按方案中的配合比和搅拌机的容积，配置浆液材料，放入搅拌筒内，经搅拌机拌制均匀。浆液材料可采用水泥浆、水泥砂浆或环氧树脂胶泥浆等。

(6) 依据钻孔深度，安放注浆管，检查注浆头及管路状况是否良好，防止堵塞。

(7) 开启注浆机，进行注浆，注浆压力可取 0.1～0.3MPa。

(8) 当基础裂缝内浆液饱和、压力升高且达到注浆量时，上提注浆管。

(9) 注浆过程中主要通过听声音、看压力、看注浆量来判断注浆效果。

(10) 在注浆操作及拆除管路时，应戴防护眼镜，以免浆液溅入眼内，并做好劳动防护，作业人员必须佩戴橡胶手套。

(11) 注浆完成后，及时清洗注浆机、搅拌机和管路。

(12) 应依据现场试验和实际情况，对布孔方式、注浆参数、浆液配比及浆液材料进行调整。

(13) 建立沉降观测网，对既有建筑及相关建筑、地下管线和地面的沉降、倾斜、位移和裂缝进行连续监测，做好监测记录，内容包括建筑物损坏区的照片、裂缝位置和裂缝开展日期、编号、大小及其发展等。

30.4.1.3 质量控制要点

基础补强注浆加固质量控制要点按表 30-5 执行。

基础补强注浆加固质量控制标准 表 30-5

项目	序号	检查项目		允许偏差或允许值		检查方法
				单位	数值	
主控项目	1	原材料检验	水泥	设计要求		检查产品合格证书或抽样送检
			注浆用砂：粒径	mm	<2.5	试验室试验
			细度模数		<2.0	
			含泥量及有机物含量	%	<3	
			粉煤灰：细度	不粗于同时使用的水泥		试验室试验
			烧失量	%	<3	抽样送检
			水玻璃：模数	2.5～3.3		查出厂质保书或抽样送检
			其他化学浆液	设计要求		
	2	注浆体强度		设计要求		取样检验
	3	地基承载力		设计要求		按规定的方法
一般项目	1	各种注浆材料称量误差		%	<3	抽查
	2	注浆孔位		mm	±20	用钢尺量
	3	注浆孔深		mm	±100	量测注浆管长度
	4	注浆压力（与设计参数比）		%	±10	检查压力表读数

30.4.2 加大基础底面积法

当既有建筑的地基承载力或基础面积尺寸不满足设计要求时，可用混凝土套或钢筋混凝土套加大基础承载面积，提高承载力，达到加固既有建筑物的目的。

30.4.2.1 材料与机具

1. 材料

主要材料有锚栓、界面剂、钢筋、混凝土、水泥等。

2. 机具

主要机具有小型挖掘机、空压机、清洗机、钻孔机、风镐或凿子、电焊机、振捣器等。

30.4.2.2 施工方法

1. 施工流程

施工准备→挖出原基础→清理原基础面→凿露钢筋或钻孔植筋→焊接、绑扎钢筋→搭设模板→浇筑混凝土→拆除模板→回填土方。

2. 施工要点

(1) 当基础偏心受压时，可采用不对称加宽；当基础中心受压时，可采用对称加宽。

(2) 当采用混凝土套加固时，基础每边加宽的宽度及外形尺寸应符合《建筑地基基础设计规范》(GB 50007)中有关刚性基础台阶宽高比允许值的规定。

(3) 当采用钢筋混凝土套加固时，加宽部分主筋宜与原基础内主筋焊接。

(4) 加宽部分基础垫层铺设厚度和材料均与原基础垫层一致。

(5) 施工前详细调查加固基础的环境条件，编制可行的施工方案，做好交底工作，准备好的施工机具与设备，采购合格材料，满足施工要求。

(6) 用小型设备或人工开挖出原基础，开挖深度控制在原基础垫层位置，清理干净原基础面，且开挖时应防止原基础破坏。

(7) 用风镐或凿子凿除加宽部位基础混凝土，露出主筋，也可采取植筋措施将增加钢筋与原基础连接。

(8) 按设计和规范要求将新增钢筋与原基础钢筋进行焊接和绑扎，支设稳固模板支架。

(9) 在浇注混凝土前，应将原基础凿毛和刷洗干净，再涂刷水泥浆或混凝土界面剂，以增加新老混凝土基础的粘结力。

(10) 对条形基础加宽时，应按长度 1.5～2.0m 划分成单独区段，分批、分段、间隔进行施工。

(11) 分层浇筑混凝土，待强度达到拆模要求时拆除模板并回填土方。

30.4.2.3 质量控制要点

(1) 植筋施工应满足《混凝土结构后锚固技术规程》(JGJ 145)，钻孔过程中严禁切断原受力钢筋，防止留下结构安全隐患。

(2) 钢筋的连接应符合《混凝土结构设计规范》(GB 50010)及设计要求。

(3) 混凝土施工质量应符合《混凝土结构工程施工质量验收规范》(GB 50204)的规定。

(4) 进场水泥或界面剂材料应符合质量要求，应有产品合格证、产品质量检验报告、产品试验报告。

30.4.3 加深基础法

加深基础法适用于地基浅层有较好的土层可作为持力层且地下水位较低的情况。可将原基础埋置深度加深，使基础支承在较好的持力层上，以满足设计对地基承载力和变形的要求。当地下水位较高时应采取相应的降水或排水措施。加深基础法费用低、施工简便，加固施工期间既有建筑仍可以使用。

30.4.3.1 材料与机具

1. 材料

主要材料有混凝土墩、混凝土、水泥、砂、木板等。

2. 机具

主要机具有小型挖掘机、砂浆搅拌桶、镐、铲等。

30.4.3.2 施工方法

1. 施工流程

开挖托换导坑→将导坑扩展至托换基础下方→挖至基础下方持力层→用混凝土浇筑基础下方导坑→填实现浇混凝土与基础间空隙,重复上述步骤,直至基础托换全部完成。

2. 施工要点

(1) 根据被托换加固结构荷载和坑下地基承载力大小,选用间断或连续混凝土墩进行加深基础。

(2) 进行间断的墩式托换,应满足建筑物荷载条件对坑底土层的地基承载力要求。施工时,首先设置间断墩,以提供临时支承。

(3) 当间断混凝土墩的底面积不能满足建筑物荷载提供足够支承时,则可设置连续墩式基础。开挖间断墩间土,坑内灌注混凝土,干填砂浆,形成连续混凝土墩式基础。

(4) 当大的柱基用坑式托换时,可将柱基面积划分几个单元,进行逐坑托换。

(5) 依据基础的形式和设计情况,在贴近被托换基础侧面,人工或机械开挖一个比原有基础底面深 1.5m 且满足施工要求的竖向导坑。在开挖原基础和加深开挖时,应依据开挖深度,做好支护和防雨等施工措施,防止导坑壁坍塌,确保施工安全。

(6) 将导坑扩展到托换基础下面,并继续在基础下面开挖至设计持力层标高。

(7) 用现浇混凝土浇筑基础下的挖坑,至离原有基础底面 8~10cm 处停止浇筑,养护一天后,用干硬性水泥砂浆塞填 8~10cm 的空隙,用铁锤锤击短木,使填塞砂浆充分捣实成为密实的填充层。

(8) 采用同样的步骤,继续分段分批挖坑和修筑墩子,直至基础托换全部完成。

30.4.3.3 质量控制要点

(1) 应严格按设计文件和有关规范要求进行施工。

(2) 混凝土、砂浆等材料应有产品合格证、质量检验报告、产品试验报告,符合规范及设计要求。

(3) 施工工序应严格进行隐蔽验收。

30.4.4 锚杆静压桩法

锚杆静压桩法是利用建(构)筑物的自重作为压载,先在基础上开凿出压桩孔和锚杆孔,借锚杆反力,通过反力架用千斤顶将桩段从基础压桩孔内逐段压入土中,然后将桩与基础连接在一起,从而达到提高既有建筑物地基承载力和控制沉降的目的。施工示意见图 30-1。

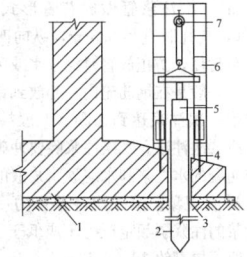

图 30-1 锚杆静压桩装置示意图
1—基础;2—桩;3—压桩孔;4—锚杆;
5—千斤顶;6—反力架;7—电动葫芦

锚杆静压桩法具有施工机具轻便灵活、施工方便、作业面小、可室内施工,且耗能低、无振动、无噪声、无污染、施工不影响建筑物的使用等优点,广泛应用于既有建筑基础加固工程中,适用于粉土、黏土、人工填土、淤泥、淤泥质土、黄土等地层的既有建筑基础加固,特别适用于地基不均匀沉降引起上部结构开裂或倾斜、建筑物加层或厂房扩大、在密集建筑物群中或在精密仪器车间附近建造多层建筑物。

30.4.4.1 材料与机具

1. 材料

主要施工材料有锚杆螺栓、预制桩段、硫磺胶泥、环氧树脂胶泥、钢筋等。

2. 机具

主要机具有小型挖掘机、钻孔机、锚杆静力压桩机、电焊机、切割机、空压机、风钻、风镐、配制环氧树脂胶泥(砂浆)及硫磺胶泥用的器具等。

30.4.4.2 施工方法

1. 施工流程

施工准备→挖出基础工作面→开凿压桩孔→钻锚杆孔→埋设锚杆→安装压桩架→起吊桩段→就位桩孔→压桩→起吊下节桩段→接桩→压桩→重复桩压桩直至满足设计要求→封桩→桩与基础连接→压桩施工完成。

2. 施工要点

(1) 锚杆静压桩设计应综合考虑既有建筑上部荷载和基础结构形式、加固目的、地质和水文条件以及周围地下管线、地下障碍、周围环境等因素。

(2) 当既有建筑基础承载力不能满足压桩要求时,应先对基础进行加固补强;也可采用新浇筑钢筋混凝土挑梁或抬梁作为压桩的承台。

(3) 依据设计和规范要求,编制合理的施工方案,做好交底工作,制作加工好桩段、锚杆螺栓、硫磺胶泥,平整施工工作面。

(4) 用小型挖掘机或人工开挖基础上部土方,提供工作面。

(5) 按设计要求凿出压桩孔,并将压桩孔壁打毛,清理压桩孔。

(6) 按设计要求施钻锚杆孔,清理锚杆孔,孔内必须清洁干燥后再埋设粘结锚杆。

(7) 压桩架应安装牢固,并保持竖直,应均衡紧固锚固螺栓的螺帽或锚具,压桩过程中应随时检查螺帽,如有松动立即拧紧。

(8) 就位的桩段应保持垂直,使千斤顶、桩段及压桩孔轴线重合,不得偏心加压,压桩时应垫钢板或麻袋,套上钢桩帽后再进行压桩,防止桩段破碎。

(9) 整根桩应一次连续压到设计标高,当必须中途停压时,桩端应停留在软弱土层中,且停压的间隔时间不宜超过 24h。

(10) 压桩施工时,不应将数台压桩机放在一个独立基础上同时加压,施工期间压桩力的总和不得超过该基础及上部结构所能承受的自重,以防基础上抬造成破坏。压桩应连续进行,不得中途停顿,以防因间歇时间过长使压桩力骤增,造成桩压不下去或把桩头压碎。当压力表读数突然上升或下降时,要停机对照地质资料进行分析,判断是否遇到障碍物或产生断桩现象等。压桩施工应对称进行,防止基础受力不平衡而导致倾斜。

(11) 接桩时或中途暂停压桩时,应避免桩端停在砂土层上,以免再压桩时阻力增大压入困难。

(12) 当采用焊接接桩时,应对准上、下节桩的垂直轴线,清除焊面铁锈,进行满焊施工连接,确保焊接质量。

(13) 采用硫磺胶泥接桩时,硫磺胶泥的重量配合比可参照:硫磺:水泥:砂:聚硫橡胶=44:11:44:1,可通过试配试验后适当调整施工配比。

(14) 桩尖应到达设计持力层深度,压桩力应达到《建筑地基基础设计规范》(GB 50007)规定的单桩竖向承载力标准值的 1.5 倍,持续时间不应少于 5min。

(15) 桩顶未压到设计标高时,外露的桩头必须切除。严禁在悬臂情况下,切除桩头。

(16) 封桩(桩与基础的联结)是整个压桩施工中的关键工序之一,可分不施加预应力法和预应力法两种方法。当封桩不施加预应力时,在桩端达到设计压桩力和设计深度后,使千斤顶卸载,拆除压桩架,切除外露桩头,清洗孔壁,清除压桩孔内杂物,焊接锚杆交叉钢筋,涂刷混凝土界面剂,然后与桩帽梁一起浇筑 C30 微膨胀早强混凝土,使桩与桩承台结合成整体,保湿养护 7d 以上,封桩混凝土达到设计强度后,方可卸载。

30.4.4.3 质量控制要点

(1) 桩身和封桩混凝土质量应符合设计要求,硫磺胶泥性能应符合《建筑地基与基础工程施工及验收规范》(GB 50202)的规定。

(2) 压桩孔与设计位置的平面偏差不得超过±20mm。压桩时桩段的垂直偏差不得超过桩段长的1%。

(3) 压桩施工的控制标准应以设计最终压桩力为主，设计桩入土深度为辅。最终压桩力与桩压入深度应符合设计要求。严格控制接桩间歇时间和施工质量。压桩力不得大于该加固部分的结构自重，压桩孔宜为上小下大的正方棱台状，其孔口每边宜比桩截面边长大50～100mm。

(4) 钢筋混凝土桩宜为方桩，其边长为180～300mm，桩身混凝土强度等级不应低于C30。桩内主筋应按计算确定。当方桩截面边长为200mm时，配筋不宜少于4Φ10；当边长为250mm时，配筋不宜少于4Φ12；当边长为300mm时，配筋不宜少于4Φ16。

(5) 每段桩节长度应根据施工净空高度及机具条件确定，宜为1.0～3.0m。

(6) 原基础承台应满足有关承载力要求，承台周边至边桩的净距不宜小于200mm，承台厚度不宜小于350mm。

(7) 桩顶嵌入承台内长度应为50～100mm；当桩承受拉力或有特殊要求时，应在桩顶四角增设锚固筋，伸入承台内的锚固长度应满足钢筋锚固要求。

(8) 压桩孔内应采用C30微膨胀早强混凝土浇筑密实。

(9) 当原基础厚度小于350mm时，封桩孔应用2Φ16钢筋交叉焊接于上，并应在浇筑压桩孔混凝土的同时，在桩身顶面以上浇筑桩帽，厚度不得小于150mm。

(10) 锚杆规格及质量应满足设计要求。锚杆可用光面直杆镦粗螺母或焊箍螺栓。当压桩力小于400kN时，可采用M24锚杆；当压桩力为400～500kN时，可采用M27锚杆；锚杆螺栓的锚固深度可采用10～12倍螺栓直径，并不应小于300mm；锚杆露出承台顶面长度应满足压桩机具要求，一般不应小于120mm。锚杆螺栓在锚杆孔内的胶粘剂可采用环氧树脂胶泥，或硫磺胶泥；锚杆与压桩孔、周围结构及承台边缘的距离不应小于200mm。

(11) 当桩身承受拉应力时，应采用焊接接头，桩节两端均应设置预埋铁件。其他情况可采用硫磺胶泥接头连接，桩节两端应设置焊接钢筋网片，一端预埋插筋，另一端预留插筋孔和吊装孔。

(12) 桩与基础联结前，应对压桩孔进行认真检查，验收合格后，方可浇捣混凝土。

30.4.5 树根桩法

树根桩是一束不同倾斜度、向各方向分叉开、形状如同树根的小直径钻孔灌注桩，其直径通常为100～300mm。国外是在钢套管的导向下用旋转法钻进。在托换工程中使用时，往往要钻穿既有建筑基础进入地基中直至设计标高，清孔后下放钢筋（钢筋数量从1根到数根，视桩径而定），同时放入注浆管，压力注入水泥浆或水泥砂浆；边灌、边振、边拔管（升浆法）而成桩。亦可放入钢筋笼和注浆管，再填骨料，然后通过注浆管注入水泥浆或水泥砂浆而成桩。树根桩有垂直的和倾斜的，有单根的和成排的，有端承桩和摩擦桩。

采用树根桩法有以下特点：施工方便、噪声小、振动小、所需施工场地小、不危害既有建筑物、不扰动地基土、整体性好，可适用于碎石土、砂土、粉土、黏性土、湿陷性黄土、淤泥、淤泥质土、人工填土和岩石等各类地层。

30.4.5.1 材料与机具

1. 材料

主要施工材料有钢筋、水泥、砂子、碎石、混凝土等。

2. 机具

主要施工机具有钻机、电焊机、切割机、注浆泵等。

30.4.5.2 施工方法

1. 施工流程

施工准备→钻孔→清孔→安放钢筋笼和注浆管→填灌碎石→注浆→拔注浆管→振捣桩头→浇筑承台。

2. 施工要点

(1) 依据设计和规范要求，编制合理的施工方案，做好交底工作，制作加工好钢筋笼、注浆管，合理选择起吊设备，尽可能一次起吊钢筋笼，平整施工工作面。

(2) 钻机就位后，按设计钻孔倾角和方位，调整钻机的方向和

立轴的角度，钻机要求安装牢固和平衡。

(3) 钻进到设计标高后进行清孔，控制供水压力的大小，直至孔口溢出清水为止。

(4) 用起吊设备起吊钢筋笼，钢筋笼应顺直，因大部分钻孔是斜孔，下钢筋笼时，以人工配合，顺放钢筋笼至设计深度。在吊放钢筋笼的过程中，若发现缩颈、塌孔而使钢筋笼下放困难时，应起吊钢筋笼，分析原因后进行扫孔。特殊环境可分节起吊钢筋笼，用机械连接或焊接不断接长，施工时应尽量缩短吊放和焊接时间。

(5) 注浆管可采用直径20～25mm无缝铁管，在接头处应采用内缩节，使外管壁光滑，便于拔出，注浆管的管底口需用黑胶布或聚氯乙烯布封住。

(6) 钢筋笼和注浆管入孔后，应立即投入用水清洗过的粒径为5～25mm的碎石，如果钻孔深度超过20m时，可分二次投入。碎石应计量投入孔口填料区，并轻摇钢筋笼，促使石子下沉和密实，直至填满桩孔。填入量不应小于计算体积的0.9倍，在充灌过程中应始终利用注浆管注水清孔。

(7) 注浆时应控制压力，使浆液均匀上冒（俗称升浆法）。注浆管可在注浆过程中随注随拔，且埋入水泥浆和水泥砂浆中2～3m，以保证浆体质量。注入水泥浆和水泥砂浆时，碎石孔隙中的泥浆，被比重较大的水泥浆和水泥砂浆所置换，直至水泥浆和水泥砂浆从钻孔口溢出为止。注浆压力随桩长而增加，当桩长为20m时，其压力为0.3～0.5MPa；当桩长为30m时，其压力为0.6～0.7MPa。在注浆过程中，应对注浆管进行不定时上下松动。注浆施工时，应采用间隔施工、间歇施工或增加速凝剂掺量等措施，以防止出现相邻桩冒浆和串孔现象。树根桩施工不应出现缩颈和塌孔。

(8) 浆液材料通常采用P.O 42.5或P.O 52.5普通硅酸盐水泥，砂料需过筛，配制中可加入适量减水剂及早强剂。纯水泥浆的水灰比一般为0.4～0.55。水泥砂浆的水灰比可控制在0.5～0.6。由于压浆过程会引起振动，使桩顶部石子有一定数量的沉落，故在整个压浆过程中，应逐渐投入石子至桩顶，当浆液泛出孔口，压浆方可结束。

(9) 注浆结束后，应拔注浆管，每拔1m必须补浆一次，直至拔出为止。拔出注浆管之后，再往桩头加入水泥、砂子和石子，并在1～2m范围内补充注浆，然后用细长软管振动棒振捣密实。

(10) 树根桩用作承重、支护或托换时，为使各根桩能联系成整体和加强刚度，通常都需浇筑承台，应凿开树根桩桩顶混凝土，露出钢筋，锚入所浇筑的承台内。

(11) 为提高树根桩的承载力，采用二次注浆的成桩法，需置二根注浆管。一般二次注浆管做成花管形式，在管底口以上1.0m范围作成花管，其孔眼直径0.8cm，纵向四排，间距10cm，然后用聚氯乙烯胶布封住，防止放管时浆水或第一次注浆时水泥浆进入管内，注浆管一般是在钢筋笼内一起放到钻孔中。采用二次注浆工艺时，应在第一次注浆达到初凝（一般控制在60min范围内）后，才能进行第二次注浆。二次注浆除要冲破封口的聚氯乙烯胶布外，还要冲破初凝的水泥浆和水泥砂浆浆液的凝聚力并剪裂围土体，从而产生劈裂现象。第二次注浆压力一般为2～4MPa。因此，用于二次注浆的注浆泵额定压力不应低于4MPa。经二次注浆后，桩承载力一般可提高约25%～40%。

30.4.5.3 质量控制要点

(1) 桩位平面位置允许偏差±20mm，直桩垂直度和斜桩倾斜度偏差均应按设计要求不得大于1%。

(2) 钢筋笼主筋间距允许偏差为±10mm，长度允许偏差±100mm，钢筋材质应满足设计要求，箍筋间距允许偏差±10mm。

(3) 每3～6根桩应留一组试块，测定抗压强度，桩身强度应符合设计要求。

(4) 应采用载荷试验检验树根桩的竖向承载力，有条件时也可采用动测法检验桩身质量，两者均应符合设计要求。

30.4.6 坑式静压桩法

坑式静压桩法亦称压入桩或顶承静压桩，是在已开挖基础下的

托换坑内,利用建筑物上部结构自重做支撑反力,用千斤顶将预制好的钢管桩或钢筋混凝土桩段接长后逐段压入土中的托换方法。坑式静压桩法是将坑式托换与桩式托换融为一体的托换方法,适用于淤泥、淤泥质土、黏性土、粉土和人工填土等且地下水位较低的情况。

30.4.6.1　材料与机具

1. 材料

主要材料有预制桩段、环氧树脂胶泥（砂浆）及硫磺胶泥（砂浆）等。

2. 机具

主要机具有油压千斤顶、高压油泵、电动葫芦、电焊机、切割机、空气压缩机、风钻、风镐、配制环氧树脂胶泥（砂浆）及熬制硫磺胶泥（砂浆）用的器具等。

30.4.6.2　施工方法

1. 施工流程

施工准备→开挖竖向导坑→开挖托换坑→托换压桩→接桩→封顶→回填托换坑及导坑。

2. 施工要点

（1）坑式静压桩是在既有建筑物基础底下进行施工作业,难度大且有一定的风险,施工前应详细调查加固基础的环境条件,编制可行的施工方案,做好交底工作,准备完好的施工机具与设备,采购合格材料,清理好压桩作业面,满足施工要求。

（2）施工时先在被托换既有建筑的一侧,用人工或小型设备开挖一个比原有基础底面深 1.5m 的竖向导坑。

（3）将竖向导坑朝横向扩展到基础梁、承台梁或基础板下,垂直开挖一个托换坑。对不能直立的砂土或软土坑壁,进行适当支护;如坑内有水时,应在不扰动地基土的条件下降水后施工;为保护既有建筑安全,托换坑不能连续开挖,必须进行间隔式开挖和托换加固。

（4）压桩托换时,先在托换坑内垂直放正第一节桩,并在桩顶上加钢垫板,再在钢垫板上安装千斤顶及压力传感器,校正好桩的垂直度后,驱动千斤顶压桩,每压入一节桩,再接上一节桩。当日开挖的托换应当日托换完成,切不可撤除千斤顶,决不可使基础梁和承台梁处于悬空状态。压桩过程中,应随时注意使桩保持轴心受压,若有偏移,要及时调整。

（5）当钢管桩压入到位时,要拧紧钢板垫上的大螺栓,即顶紧螺栓下的钢管桩。对钢管桩,接桩可采用焊接;对钢筋混凝土桩,接桩可采用硫磺胶泥或焊接。接桩时应保证上、下节桩的轴线一致,并尽可能地缩短接桩时间。

（6）在压桩过程中,应随时记录压入深度及相应的桩阻力,并须随时校正桩的垂直度。

（7）对钢管桩,应根据工程要求,在钢管内浇筑 C20 微膨胀早强混凝土,最后用 C30 混凝土将桩与原基础浇筑成整体。

（8）对钢筋混凝土方桩,用 C30 微膨胀早强混凝土将桩与原基础浇筑成整体。当施加预应力桩时,可采用型钢支架,而后浇筑混凝土。

（9）封顶回填时,应根据不同的工程类型,确定封顶回填的方案,通常在封顶混凝土里掺加膨胀剂或预留空隙后填实的方法。

30.4.6.3　质量控制要点

（1）桩位平面允许偏差为±20mm,桩节垂直度不得大于 1% 的桩节长。

（2）施工前应对成品桩做外观及强度检验,接桩用焊条或半成品硫磺胶泥应有产品合格证书;压桩用千斤顶应进行标定后方可使用。硫磺胶泥半成品每100kg做一组试件（3件）进行试验。

（3）桩尖应到达设计持力层深度,压桩力应到到《建筑地基基础设计规范》（GB 50007）规定的单桩竖向承载力标准值的 1.5 倍,且持续时间不应少于 5min。

（4）压桩过程中应检查压力、桩垂直度、接桩间歇时间、桩的连接质量及压入深度。

30.4.7　预压桩托换法

预压桩的设计思路是针对坑式静压桩的施工存在的问题而予以

改进的工法。坑式静压桩施工中在撤出千斤顶时,桩体会发生回弹,影响施工质量。预压桩能阻止坑式静压桩施工中撤出千斤顶时压入桩的回弹,其方法是在撤出千斤顶之前,在被预压的桩顶与基础之间加进一个楔紧的工字钢。预压桩主要适用于黄土、湿陷性黄土、地下水位较高且建筑物荷载不大的情况。施工示意图见图 30-2。

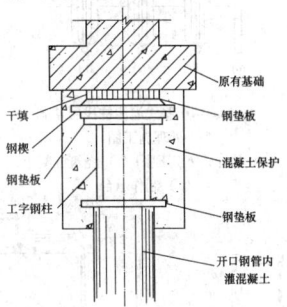

图 30-2　预压桩施工示意图

30.4.7.1　材料与机具

1. 材料

主要材料有预制桩段、工字型钢、钢垫板、环氧树脂胶泥（砂浆）及硫磺胶泥（砂浆）等。

2. 机具

主要机具有油压千斤顶、高压油泵、电动葫芦、电焊机、切割机、空气压缩机、风钻、风镐、配制环氧树脂胶泥（砂浆）及熬制硫磺胶泥（砂浆）用的器具等。

30.4.7.2　施工方法

1. 施工流程

施工准备→开挖竖向导坑→开挖托换坑→托换压桩→安装托换千斤顶→塞入钢柱及钢垫板→托换千斤顶卸载至零→钢柱两端与桩顶和基底焊接牢固→回填→支模、浇筑混凝土承台。

2. 施工要点

（1）当钢管桩达到要求的设计深度,即可进行预压,如果是预制钢筋混凝土桩,则需要等混凝土强度达到预压要求后才能进行预压。

（2）用两个并排设置的千斤顶放在基础底和桩顶面之间,其间应能够安放楔紧的工字钢钢柱。

（3）加荷至设计荷载的150%,保持荷载不变,等桩基础沉降稳定后（一个小时内沉降量不增加被认为是稳定的）,将一段工字钢竖放在两个千斤顶之间并打紧,这样就有一部分荷载由工字钢承担,并有效地对桩体进行了预压,并阻止了其回弹,此时可将千斤顶撤出。

（4）撤出千斤顶后,将混凝土灌注到基础底面,将桩顶与工字钢柱用混凝土包起来。

（5）一般不采用闭口或实体的桩,因为桩顶的压力过高或桩端遇到障碍物时,闭口钢管或预制混凝土难以顶进。

（6）沉桩过程中,出现压力桩反常,桩身倾斜,桩身或桩顶破损等异常情况时,应停止沉桩,会同有关方面查明原因,并进行必要的处理后,方可继续进行施工。

30.4.7.3　质量控制要点

（1）施工前应对成品桩做外观及强度检验,接桩用焊条或半成品硫磺胶泥应有产品合格证书;压桩用千斤顶应进行标定后方可使用。硫磺胶泥半成品应每100kg做一组试件（3件）进行试验。

（2）桩尖应到达设计持力层深度,压桩力应达到《建筑地基基础设计规范》（GB 50007）规定的单桩竖向承载力标准值的 1.5 倍,且持续时间不少于 5min。

（3）压桩过程中应检查压力、桩垂直度、接桩间歇时间、桩的连接质量及压入深度。

30.4.8　其他基础加固技术

30.4.8.1　灌注桩托换法

从目前国内工程实例来看,由于地层原因而无法使用静压成桩

工法时，普遍采用的是灌注桩托换法。灌注桩托换可分为浅层地基处理和深层地基处理，其施工示意如图30-3、图30-4所示。

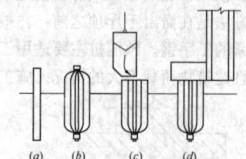

图30-3　压胀式灌注桩浅层基础
处理施工图
(a) 桩杆；(b) 压胀；(c) 浇筑混凝土；
(d) 制作承台

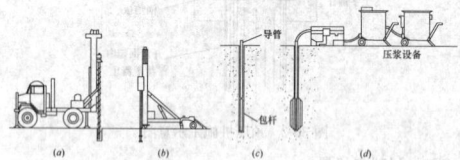

图30-4　压胀式灌注桩深层基础处理施工图
(a) 钻孔；(b) 放包杆；(c) 包杆与导管就位；(d) 压力注浆

灌注桩托换的优点是能在密集建筑群而又不搬迁的条件下进行施工，而且其施工占地面积较小，操作灵活，能够根据工程的实际情况变动桩径和桩长。其缺点是如何发挥桩端支撑力和改善泥浆的处理、回收工作。

压胀式灌注桩用于基础托换工程，此种工法桩杆材料是由薄钢板折叠制成，使用时靠注浆的压力张开。在施工前要先行成孔，然后放入钻杆。若进行浅层处理，则用气压将桩杆胀开，然后截至后浇筑混凝土而成桩的外露端头（图30-3）；若进行的是深层处理，则用压力注浆设备和导管，将桩杆胀开的同时，压入水泥砂浆而成桩（图30-4）。

30.4.8.2　打入桩托换法

当地层中含有障碍物，或是上部结构较轻且条件较差而不能提供合适的千斤顶反力，或是桩身设计较深而成本较高时，静压成桩法不再适用，此时可考虑采用打入桩进行托换加固。

打入桩的桩体材料主要采用钢管桩，这是由于相比其他形式的桩，钢管桩更容易连接，其接头可用铸钢的套管或焊接而成。常用的打桩设备是压缩空气锤，空气锤安装在叉式装卸车或特制龙门导架上。导架的顶端是敞口的，这样可以更充分地利用有限的空间。在打桩过程中，还需要在桩管内不断取土。如遇有障碍物时，可采用小型冲击式钻机，通过开口钢管劈裂破碎或钻穿而将土取出。这种钻机可使钢管穿越最难穿透的卵石、碎石层。在桩端到达设计土层深度时，则可以进行清孔和浇筑混凝土。

在所有的桩都按要求施工完成后，则可用搁置在桩上的托换梁（抬梁法或挑梁法托换）或承台系统来支撑被托换的柱或墙，其荷载的传递是靠钢楔或千斤顶来转移的。

打入桩的另一个优点是钢管桩桩端是开口的，对桩周的土体排挤较少，所以对周围环境影响不大。

30.4.8.3　沉井托换加固法

沉井托换加固法也是建筑物增层、纠偏时常用的方法。尤其是在场地比较狭窄的既有建筑加固工程中，更有其明显的效果。

图30-5 (a) 为柱下条形基础，由于地基不均匀沉降造成基础开裂，采用沉井托换加固法支撑已经开裂的条形基础。用千斤顶和挖土法支撑条基并使沉井下沉，达到设计标高后封底或全部灌填低强度等级素混凝土，然后将已开裂的基础进行灌浆加固修复。

图30-5 (b) 是采用沉井托换加固桩基础。由于单桩承载力不足，造成建筑物下沉，或在增加荷载作用下，原桩基础承载力已不能满足要求时，可在承台下开挖施工坑，并现场浇筑沉井，分节下沉，用挖土法和千斤顶加压法，至计算标高后，清底并封底或全部充填低强度等级素混凝土。

图30-5 (c) 是采用沉井托换加固法修复已断的桩基础。

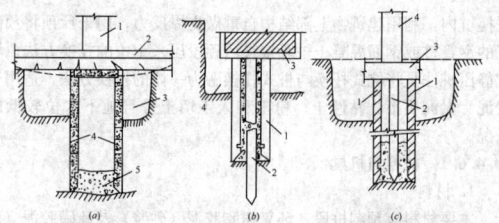

图30-5　沉井托换加固法
(a) 柱下条基加固法；(b) 沉井法加固桩基础；(c) 沉井法修复已断桩基础
(a) 1—墙体；2—条基；3—挖坑；4—沉井；5—填混凝土；
(b) 1—沉井；2—原桩；3—基础；4—挖坑；
(c) 1—沉井；2—原桩；3—基础；4—墙体

30.5　结　构　加　固

30.5.1　阻　尼　器

阻尼器是一种采用特殊阻尼材料制作的被动减振装置，通过与主体结构相连，利用其阻尼特性耗散结构构件在地震或风振等作用下的能量，减轻结构的变形和损伤，改善既有建筑的抗震性能。具有施工工艺简单，安装便捷，性能稳定，对建筑物的空间配置及外观影响小，地震后检验修复及更换方便等优点。适用于需要减小地震或风等外部动力作用下振动反应的钢结构、钢筋混凝土结构、劲性钢筋混凝土结构等类型的建筑物。

30.5.1.1　材料与机具

1. 阻尼器

根据阻尼材料和耗能机理不同，结构减振常用阻尼器有油阻尼器、黏滞阻尼器、黏弹阻尼器、软钢阻尼器和摩擦阻尼器等多种类型。

（1）油阻尼器、黏滞阻尼器：都属于流体体系阻尼器，利用阻尼器内流体惯性力耗散结构振动能量的称为油阻尼器，利用阻尼器内流体黏滞力耗散结构振动能量的称为黏滞阻尼器。油阻尼器构造由油缸、活塞杆、调压阀、溢流阀等组成，通过油缸内活塞部分内藏的阀门产生阻尼力，阻尼器用油有：精制矿物油、硅油等。黏滞阻尼器构造有由油缸、活塞杆、活塞和硅流体组成的"流动阻抗型"和由外部钢板构成的墙形容器中注入高黏度的黏滞体，并在外部钢板之间插入多层内部钢板组成的"剪切阻抗型"，其中"剪切阻抗型"又分为墙型、多层型及旋转筒型。其黏滞体一般为烃类和丁烷类高分子材料。

（2）黏弹阻尼器：黏弹阻尼器是采用黏弹性材料夹在两块平板之间使其产生剪切变形的构造，当两块外部钢板产生相对平行位移时，黏弹性体产生剪切变形，有滞回特性的阻力发挥作用达到吸收振动能量的目的。其构造类似于三明治，阻尼材料的主要成分一般为苯乙烯类合成橡胶和丙烯类黏弹性体，其与平板的结合，采用化学胶粘结和利用材料本身固有的粘结等方式。

（3）软钢阻尼器：利用软钢作为能量吸收材料，通过金属屈服（弹塑性变形）来耗散振动输入能量，达到结构减振目的。其构造是采用软钢制作的平板钢支撑芯材和对其进行防弯曲加固的一般钢管所构成，阻尼材料为阻尼器专用软钢。

（4）摩擦阻尼器：通过受预紧力的两块固体之间的相对滑动所产生的摩擦力来耗散结构振动能量，达到减振目的。其构造由发生装置、摩擦材料和对手材料组成，发生装置主要有螺栓装置、环形装置等；阻尼材料主要有复合类摩擦材料、金属类摩擦材料等。

2. 相关要求

（1）阻尼器产品外观及相关性能应满足设计要求。

（2）钢板、焊条等应符合设计及相关规范要求。板材切割、成孔应机械作业。

（3）结构胶满足植筋的相关要求，高强度螺栓满足钢结构的相关规定。

3. 机具

主要机具设备有电锤、钢筋探测仪、磁力钻、电焊机、钢板矫平机、切割机、倒链、水准仪等。

30.5.1.2 阻尼器的设置形式及连接方法

1. 阻尼器的设置形式

阻尼器的设置形式有支撑型、墙型、剪切连接型、节点型、中间柱型、角撑型、悬臂型、阶梯柱型、放大装置型等（图30-6）。

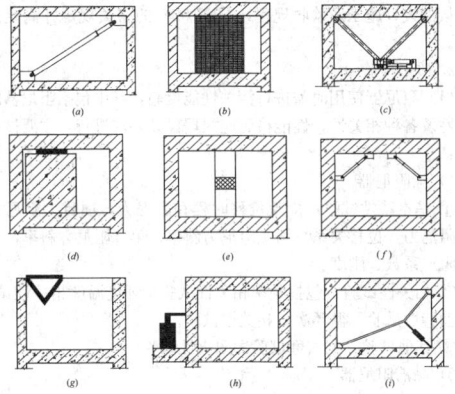

图30-6 阻尼器设置形式

(a) 支撑型；(b) 墙型；(c) 剪切连接型；
(d) 节点型；(e) 中间柱型；(f) 角撑型；
(g) 悬臂型；(h) 阶梯柱型；(i) 放大装置型

2. 阻尼器与结构连接

阻尼器与结构之间一般通过后置锚板连接。设置在加固改造工程现浇结构上时，阻尼器也可通过预埋件连接主体结构。后置锚板通过植筋塞焊或化学锚栓固定在主体结构上，阻尼器通过焊接、铰接或高强度螺栓与后置锚板（或预埋件）连接。阻尼器的连接要利于充分发挥其性能。

(1) 油阻尼器与结构的连接

油阻尼器的设置方式有支撑型、剪切连接型等，考虑连接部分的刚度、节点有无间隙等因素，其连接有铰接和高强度螺栓连接两种。铰接是后置锚板上设置球面轴承后与阻尼器连接，必须根据用途区分有间隙和无间隙的情况。在连接长度无富余的情况下采用高强度螺栓连接，油阻尼器两端带球面轴承的法兰盘与后置锚板上设置的法兰盘用高强度螺栓连接。

(2) 黏滞阻尼器与结构的连接

1) 流动阻抗式

流动阻抗式的设置方式有支撑型、剪切连接型等。与结构的连接设置中有采用两端面轴承的铰接方式，也有采用单侧铰接、另侧螺栓固定的方式。

2) 剪切阻抗式

① 墙型、多层型

墙型、多层型黏滞阻尼器的设置方式一般为墙型，采用焊接或高强度螺栓与结构连接。连接方法一般是连接在上下层的梁之间，垂直于水平楼面设置，保证黏滞体表面必须水平。

② 旋转筒型

旋转筒型一般设置在上下层的梁之间，形式有支撑型和剪切连接型。与结构的连接设置中有铰接、螺栓固定和焊接多种方式。对支撑型的情况，阻尼器速度放大部分应朝向支撑构件的任一端部。对剪切连接型的情况，阻尼器速度放大部分应朝向柱的端部。

(3) 黏弹阻尼器与结构的连接方法

1) 剪切连接型、中间柱型、墙型

剪切连接型、中间柱型、墙型的黏弹阻尼器分别通过支撑构件、中间柱构件、墙式支承构件、节点板连接到主体结构框架的梁、柱上。连接方法一般采用焊接或高强度螺栓，当需对阻尼器进行更换时多采用高强度螺栓连接。

2) 支撑型

支撑型黏弹阻尼器通过节点板连接到框架的梁柱节点或梁中

央。连接方法一般采用焊接或高强度螺栓，有时也可采用铰接。当需对阻尼器进行更换时多采用高强度螺栓连接。

(4) 软钢阻尼器与结构的连接方法

软钢阻尼器与主体结构连接方法与一般钢结构构件大致相同，考虑到特殊情况下，构件更换的可能性，常采用的是高强度螺栓连接。考虑到为防止主体结构和连接构件的变形导致阻尼器发生附加弯曲变形时，也可采用铰连接和焊接。

(5) 摩擦阻尼器与结构的连接方法

摩擦阻尼器与主体结构的连接可采用具有内部摩擦装置的整体型支撑阻尼器通过高强度螺栓、铰、现场焊接等的连接；剪切连接型阻尼器＋支撑的连接；支撑与主结构连接部分直接采用平板型摩擦阻尼器的连接，将平板型摩擦阻尼器组装在中间柱内的连接等。

30.5.1.3 施工方法

1. 阻尼器在混凝土结构加固中的施工方法

(1) 工艺流程

施工准备→测量放线→基层处理→后置锚板安装→阻尼器安装→验收及保养。

(2) 施工要点

1) 施工准备

① 根据设计图纸和生产厂家提供的操作使用说明书，准备阻尼器安装配件。

② 搭设操作平台，并拆除既有建筑中影响阻尼器安装的构配件。

③ 对原结构梁、柱、板构件的轴线尺寸进行实测和检查，发现原结构有严重破损影响阻尼器安装使用时，应及时反馈给相关方采取补强措施。

④ 采用钢筋探测仪器探查原有混凝土结构内钢筋位置，并作出标记。

2) 测量放线

按设计图纸要求在施工面划定后置锚板（埋件）准确位置、植筋孔位等，用水准仪抄测阻尼器的安装标高，轴线校核准确。标出植筋孔位，植筋位置与原结构钢筋位置冲突时与设计协商调整。

3) 基层处理

剔除原结构装饰层及抹灰层，露出混凝土表面。检查混凝土质量情况，对于混凝土表面有剥落、腐蚀、松动等现象时，将该部位剔凿至坚实基层后，用清水冲洗润湿，然后用环氧砂浆进行修复。对于混凝土表面不平整的部位，用混凝土角磨机、砂纸等工具将表面的凸起部位磨平。如混凝土构件存在裂缝，裂缝部分应进行封闭或灌浆处理。

4) 后置锚板安装

后置锚板与结构的连接一般采用植筋塞焊或化学锚栓固定的形式。

① 钻孔、植筋（化学螺栓）

植筋（化学螺栓）一般采用电锤钻孔，孔深及孔径按照设计要求，成孔深度、直径及清理、植筋（化学锚栓）等要求详见30.5.5"混凝土钻孔植筋"的有关内容。

② 钢板成孔

为避免偏差，后置锚板一般采用后开孔的方式，即植筋（化学螺栓安装）完成后，将构件上的实际孔位反映到锚板上，用石笔画出钻孔位置，然后用磁力钻钻孔。

如采用植筋塞焊的方式，应先将钢板钻穿后扩孔。先用大于植筋直径4mm的钻头钻孔，再用大钻头进行扩孔，扩孔应扩成45°坡口。

③ 锚板安装

后置锚板与钢筋采用塞焊连接时，应认真按坡口焊接的有关要求执行。每一焊道焊接完成后应及时清理焊渣及表面飞溅物，发现影响焊接质量的缺陷时，应清除后重新焊接。

钢板表面在焊接后应用角磨机磨平，打磨至光滑。锚板安装示意见图30-7。

采用化学锚栓固定时，按照设计要求预紧至相应力值，紧固螺栓。

钢板与混凝土之间缝隙采用灌注结构胶填实或按设计要求进行

图 30-7 后置锚板成孔及安装示意图

处理。

5) 阻尼器安装

阻尼器与后置锚板的安装固定主要是焊接、铰接和高强度螺栓连接三种形式，其安装方法类似钢结构安装，施工工艺可参照钢结构连接的相关章节执行。

① 焊接

a. 按设计图纸要求在施工面弹出阻尼器安装位置线。

b. 按照安装位置线将阻尼器吊装就位。在加固工程的施工中，因受场地条件限制，阻尼器体型较大或较重时，可采用倒链吊装就位。在安装前应提前搭设吊装支撑架，或采用在上层楼板设置吊钩固定倒链。

c. 焊接。阻尼器位置经检查无误后进行焊接作业，焊接工艺参见钢结构安装相关内容。

d. 阻尼器与连接构件焊接时，应对称施焊，减少焊接变形。

e. 分层焊接。阻尼器焊缝应分层焊接，且每焊完一层，应用小锤将焊皮敲净，然后继续焊接，直至焊缝饱满、均匀。

f. 焊缝检测。阻尼器在焊接完毕后应进行焊缝检测。可采用超声波探伤仪进行检测，阻尼器安装焊缝为Ⅰ级焊缝，需要进行100%焊缝检测。

② 铰接和高强度螺栓连接

铰接和高强度螺栓连接时，先将节点板（法兰盘）与后置锚板焊接，然后节点板（法兰盘）与阻尼器采用高强度锚栓连接，见图30-8、图30-9。

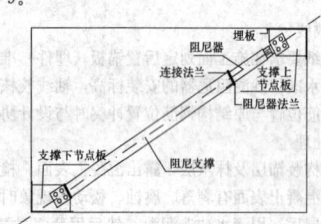

图 30-8 阻尼器高强度螺栓连接图

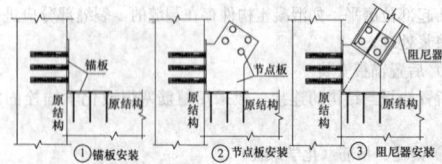

图 30-9 高强度螺栓连接安装顺序

a. 节点板（法兰盘）安装

节点板（法兰盘）下料前，应进行现场放样，保证开孔位置准确，并复核上下节点板之间销轴孔的净距离无误后与后置锚板焊接固定。

b. 上下节点板焊接完成后，按照设计图纸要求，将阻尼器吊装就位，调整完毕后用高强度螺栓将阻尼器的铰座与连接板连接，连接方法参见钢结构连接章节中相关内容。

6) 验收及保养

① 阻尼器安装完成后应对其设置位置、连接情况、外观等进行验收，验收合格后按照设计要求进行防腐、防火处理。

② 阻尼器在使用期间，需定期进行检测和保养，保证其工作性能。

③ 阻尼器在经历水灾、火灾或设计水平之上的地震、大风之后，需要对阻尼器进行检查及性能检测，对已不能满足性能要求的阻尼器，需及时更换。

2. 阻尼器在钢结构加固中的施工方法

在钢结构的加固施工中，后置锚板安装一般直接与原钢结构构

件进行焊接，然后再进行阻尼器的安装固定，阻尼器的安装方法与在混凝土结构加固中的施工方法相同。

30.5.1.4 质量控制要点

1. 质量要求

施工质量应符合《混凝土结构后锚固技术规程》（JGJ 145）、《钢结构工程施工质量验收规范》（GB 50205）、《钢结构高强度螺栓连接的设计施工及验收规程》（JGJ 82）的相关规定并满足设计要求。

2. 质量检验

（1）阻尼器使用时需进行相关性能检验，其中包括阻尼器的基本特性及各种相关性，性能检验应根据设计要求进行，主要试验项目有：

1）油阻尼器

① 基本特性试验：检验位移时程和阻尼力，项目为阻尼力时程、阻尼力—位移关系、第1阻尼力斜率、第2阻尼力斜率、等效黏滞阻尼系数、刚度。

② 相关性试验：包括频率相关性试验、环境温度相关性试验、微振动特性试验、循环次数相关性试验。

③ 其他试验：耐久性试验和耐火性试验。

2）黏滞阻尼器

① 基本特性试验：检验阻尼力和滞回曲线的平滑性。

② 相关性试验：包括频率相关性试验、速度相关性试验、位移振幅相关性试验、温度相关性试验。

③ 其他试验：循环性能、老化性能、耐火性、耐热性、温度稳定性、耐候性、耐水性。

3）黏弹阻尼器

① 基本特性试验：储存弹性模量和损失系数。

② 相关性试验：包括应变相关性试验、频率相关性试验、温度相关性试验。

③ 其他试验：疲劳曲线、老化性能、耐水性、耐候性、耐火性。

4）软钢阻尼器

① 基本特性试验：滞回曲线、弹性刚度、第2刚度、屈服承载力、极限位移。

② 相关性试验：包括位移速度相关性试验、循环次数相关性试验、频率相关性试验。

③ 其他试验：疲劳曲线、累积塑性变形量。

5）摩擦阻尼器

① 基本特性试验：滞回曲线、刚度、摩擦荷载、最大荷载、平均摩擦荷载，起点位移和第2刚度。

② 相关性试验：包括位移速度相关性试验、振幅相关性试验、频率相关性试验、温度相关性试验。

③ 其他试验：磨耗耐久、耐水性、耐候性、耐火性。

（2）阻尼器安装检查项目及方法如表30-6所示。

阻尼器的安装检验　　　　　　　　　表 30-6

检查项目	检查数量	检查方法	控制标准
设置位置	全数检查	外观检测	确认设置方向及产品类型
连接螺栓的紧固状况	全数检查	外观检测	螺栓数量无误，紧固螺栓无松弛
与建筑物的相互影响	全数检查	外观检测	是否存在阻碍阻尼器工作的障碍物
外观	全数检查	外观检测	涂层无脱落和生锈
保养	全数检查	外观检测	确认保养材料的状态

（3）对钢构件的安装质量要求及检查

钢构件的检验按《钢结构工程施工质量验收规范》（GB 50205）执行。

（4）植筋、化学锚栓等锚固件的质量检查

在施工现场同种环境下做抗拔试验，抗拔力应达到设计要求。

（5）对高强度螺栓的安装质量要求及检查

需进行高强度螺栓连接摩擦面的抗滑移系数试验和复验，高强度螺栓连接副的施拧顺序和初拧、复拧扭矩应符合设计要求和《钢

结构高强度螺栓连接的设计施工及验收规程》(JGJ 82)的规定。

30.5.2 增加竖向结构

增加竖向结构是提高既有建筑承载力及抗震性能的加固方法，常用于增层改造对原结构的墙、柱进行加固或新增墙、柱构件以提高工程整体承载力，以及通过增加剪力墙将框架结构变成框剪结构，改变原结构形式，提高既有建筑抗震性能。

增加竖向结构施工中涉及的加大构件截面、粘贴钢板、植筋等加固技术，在本章其他节均有详述，因此，本节只侧重介绍增加竖向结构连接节点的做法。

30.5.2.1 材料与机具

1. 材料

(1) 混凝土

1) 混凝土应满足设计和相关规范的要求，其强度等级应比原结构构件提高一级，且不低于C20，并适量添加膨胀剂。

2) 必要时可选用高强度灌浆料来替代混凝土。

(2) 钢材

1) 钢材的品种、质量和性能应满足设计和相关规范的要求。

2) 钢材的连接方式、工艺等应满足设计和相关规范的要求。

2. 机具

主要施工机具有开洞用的水钻、拆除混凝土用的墙锯、打孔用的电锤等。

30.5.2.2 施工方法

1. 局部置换混凝土

局部置换混凝土是指用合格的混凝土置换既有混凝土结构构件中存在裂损、蜂窝、孔洞、夹渣、疏松或混凝土强度偏低等缺陷或劣化的混凝土，达到恢复结构基本功能的目的。

施工要点：

(1) 置换前进行全部卸荷或部分卸荷，并进行施工阶段的结构强度验算。

(2) 将原构件缺陷或劣化混凝土剔凿至密实部位，并将表面用花锤打毛或人工凿出横向沟槽，沟槽深度不宜小于6mm，间距为100～150mm，除去浮渣、粉尘及松动的石子。

(3) 新旧混凝土结合面冲洗干净。混凝土浇筑前涂刷同等级水泥浆或界面剂，然后浇筑混凝土。置换混凝土的强度等级应比原混凝土提高一级，且不应小于C25。

2. 增加柱节点连接

(1) 新加框架柱与原基础的连接

1) 当基础需要进行加固时，可结合基础加固一起考虑，把新加纵向钢筋锚入加固基础内，并满足锚固长度要求，见图30-10。

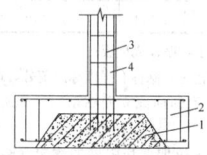

图30-10　新加柱纵向钢筋锚入
原基础示意
1—原基础；2—基础加固部分；
3—新加柱纵筋；4—新加柱

2) 当原基础不需要加固时，增加柱纵向钢筋可通过植筋植入原基础。在原基础顶面新加柱部位凿毛，按新加纵向钢筋位置钻孔植筋，植筋直径与新加纵筋相同，植入基础深度不小于15倍钢筋直径，伸出基础的长度根据钢筋的连接形式确定，并满足国家现行规范要求。

(2) 新加框架柱穿过中间楼层的连接

1) 新加柱纵向钢筋需穿过中间各楼层，无抗震要求时搭接位置可从各楼层板面开始；有抗震要求时搭接位置应避开柱端箍筋加密区。

2) 新加纵向钢筋穿过楼层，其中间的钢筋与楼层梁相遇时，可采用绕梁而过。绕梁困难时，可在梁上做钢套，将不能穿过楼板的纵向钢筋与钢套的角钢焊接，钢套侧面钢板截面按未穿过楼板的钢

筋进行等强代换来确定，见图30-11。

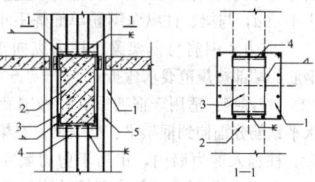

图30-11　新加纵向钢筋与钢套连接示意
1—新加柱；2—原梁；3—钢套；4—钢套角钢；
5—新加纵向钢筋

(3)（增层时）新加框架柱与原框架顶层的连接

1) 当原框架柱承载力不能满足要求需要加固时，在对原框架柱加固过程中，将下层柱加固纵向钢筋穿过楼板作为新加框架柱的纵向钢筋。

2) 当原框架柱承载力满足要求不需要加固时，可把原框架最顶层梁下一段（避开不好焊接操作的部位）的柱表面凿毛并露出需要连接的原柱内纵向钢筋，将新加柱的纵向钢筋伸到屋面以下与原柱纵向钢筋焊接（单面焊10*d*，*d*为植筋直径），然后浇筑混凝土。也可把原柱顶的混凝土保护层打掉，按新加柱纵筋的位置钻孔植筋，植入深度不宜小于为15*d*，见图30-12。当原柱顶钢筋较多，钻孔位置发生偏离时，可用角钢在原柱顶部位做钢套，将新加柱纵向钢筋按设计位置焊接在钢套上。

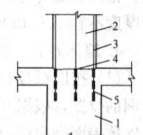

图30-12　新加柱柱脚
纵向钢筋植筋示意
1—原柱；2—新加柱；
3—新加柱纵筋；4—原
柱顶混凝土保护层剔凿
面；5—新加纵筋
植入原柱中

3. 增加墙节点连接

(1) 增加剪力墙的做法要求

1) 剪力墙应设在框架柱之间并靠近框架轴线位置。剪力墙的厚度不宜小于160mm，且不小于墙净高的1/20。

2) 钢筋采用双排钢筋，钢筋直径不应小于8mm，钢筋间距一般为200mm、250mm，最大不宜大于300mm；双排钢筋之间的拉筋直径不宜小于6mm，间距不应大于600mm。若有开洞应符合有关规定，并在洞口四周设置加强钢筋。

3) 与剪力墙连接的原框架梁、柱等构件，如有损伤或裂缝，应先进行修补处理后才可施工剪力墙；原框架梁、柱与剪力墙的接触面应凿毛和清洁处理，在浇筑混凝土前涂刷一道界面结合剂。

4) 增设剪力墙在底层应设有基础，并和两侧框架柱的基础可靠连接成整体，共同受力。如剪力墙下为软弱地基，应进行地基处理，防止不均匀沉降。

(2) 剪力墙与框架梁、柱的连接要求

可根据现场实际情况采用以下连接方式：

1) 植筋连接：适用于原框架梁、柱不需要加固的情况。植筋直径宜用10～16mm，植筋距梁、柱边缘不宜小于5*d*（*d*为钢筋直径），排距不宜小于5*d*；沿梁长、柱高方向的间距可根据剪力墙钢筋的位置每隔1～2根植筋，但不宜大于500mm，两排植筋应梅花形布置，植筋的总截面面积不得小于剪力墙各自方向钢筋截面面积的总和；植入梁柱的深度不应小于10*d*，锚入剪力墙内的长度不应小于40*d*。植筋施工工艺参见30.5.5"混凝土钻孔植筋"的有关内容。

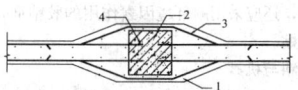

图30-13　新加剪力墙包裹柱示意
1—斜腋；2—原柱；3—斜腋
钢筋；4—新增剪力墙钢筋

2) 焊接连接：适用于原框架梁、柱不需要加固的情况。施工时，把框架梁、柱与剪力墙接触面的混凝土保护层凿开，并露出纵筋，根据剪力墙钢筋的位置，焊接连接短筋，短筋的总截面面积不

得小于剪力墙各自方向的钢筋截面面积的总和，连接短筋锚入剪力墙的长度不小于40d，与梁、柱纵向钢筋单面焊不小于10d，双面焊不小于5d。当剪力墙钢筋与框架梁、柱内纵向钢筋有偏离时，可在剪力墙钢筋的端部按规范要求弯折。

3）外包梁、柱连接：适用于框架梁、柱做围套的情况。剪力墙的竖向和水平钢筋分别伸到框架梁、柱表面，在梁、柱的侧面另加钢筋绕过梁、柱锚入剪力墙内，相当于剪力墙在梁、柱处加斜腋，斜腋的坡度为1∶3，绕过柱的斜腋钢筋的直径和间距与剪力墙的水平钢筋相同，见图30-13；穿过楼板的斜腋钢筋间距一般是剪力墙竖向钢筋间距的1～2倍，但不应大于1m，穿过楼板的斜腋钢筋总截面面积不应少于剪力墙竖向钢筋截面面积的总和，所有斜腋钢筋锚入剪力墙的长度不小于40d，见图30-14。

4）锚入柱围套连接：适用于框架柱做围套的加固，剪力墙的水平钢筋直接锚入围套内，锚入长度为35d，与剪力墙连接一侧的围套厚度不宜小于150mm。

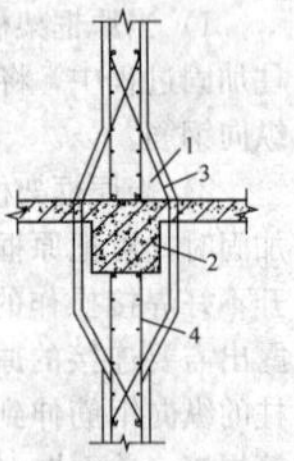

4. 墙体开洞、扩洞

（1）按图纸设计要求测量确定墙体开洞、扩洞的位置，根据开洞尺寸确定加固方法，并在墙体表面做出标记。

（2）若洞宽度较大时，开洞、扩洞前要对洞上方的梁板进行临时支撑。必要时要沿开洞方向搭设横梁进行临时支撑，待粘钢加固完毕后再行拆除。

图30-14　新加剪力墙包裹梁示意
1—斜腋；2—原梁板；3—斜腋钢筋；4—新增剪力墙钢筋

（3）墙体开洞、扩洞时，先用静力切割将拆除部分墙体与保留结构断开，再将切下的混凝土整体移除或就地进行破碎后清除。

（4）开洞、扩洞的洞口混凝土应采用人工凿平，严禁用风镐等振动大的机具进行剔凿。

（5）开洞扩洞完成后，可按设计要求采用粘钢加固、粘碳纤维加固或在洞口四周增加梁柱加固等方法进行加固处理。

（6）拆弃的混凝土块体或渣土应及时清运，严禁集中堆放在楼板上。

30.5.2.3 质量控制要点

（1）植筋施工应符合《混凝土结构后锚固技术规程》（JGJ 145）及设计要求的相关规定，钻孔过程中严禁切断原受力钢筋，防止留下结构安全隐患。

（2）钢筋的连接应符合《混凝土结构设计规范》（GB 50010）及设计要求。

（3）混凝土施工质量应符合《混凝土结构工程施工质量验收规范》（GB 50204）的规定。

30.5.3　碳纤维粘贴

碳纤维粘贴加固是指碳纤维材料通过胶粘剂（浸渍树脂）充分浸润、固化，完全粘结固定在构件表面，形成坚硬的复合层，从而对被加固构件起到补强作用。要求被加固构件的现场实测混凝土强度等级不低于C15，且混凝土表面的正拉粘结强度不低于1.5MPa。

粘贴在混凝土构件表面的碳纤维，不得直接暴露于阳光或有害介质中，其表面应进行防护处理。被加固的混凝土结构长期使用的环境温度不应高于60℃，如果被加固结构处于特殊环境（如高温、高湿、介质侵蚀、放射等）中，除按国家现行有关标准要求采取相应防护措施外，还应采用耐环境因素作用的胶粘剂，并按专门的工艺要求进行粘贴。

30.5.3.1　材料与机具

1. 材料

（1）碳纤维

1）碳纤维必须为连续纤维，应选用聚丙烯腈基（PAN基）12k或12k以下的小丝束碳纤维，严禁使用大丝束纤维。

2）碳纤维的安全性能指标应符合表30-7的要求。其抗拉强度标准值应根据置信水平$c=0.99$，保证率为95%的要求确定。

碳纤维复合材料安全性及适配性检验合格指标

表30-7

类别 项目	单向织物（布）		条形板	
	高强度Ⅰ级	高强度Ⅱ级	高强度Ⅰ级	高强度Ⅱ级
抗拉强度标准值$f_{f,k}$（MPa）	≥3400	≥3000	≥2400	≥2000
受拉弹性模量E_f（MPa）	≥2.4×10⁵	≥2.1×10⁵	≥1.6×10⁵	≥1.4×10⁵
伸长率（%）	≥1.7	≥1.5	≥1.7	≥1.5
弯曲强度（MPa）	≥700	≥600	—	—
层间剪切强度（MPa）	≥45	≥35	≥50	≥40
仰贴条件下纤维复合材料与混凝土正拉粘结强度（MPa）	≥2.5，且为混凝土内聚破坏			
纤维体积含量（%）	—	—	≥65	≥55
单位面积质量（g/m²）	≤300	≤300	—	—

注：L形板的安全性及适配性检验合格指标按高强度Ⅱ级条形板预成型板（条形板）采用。

3）承重结构的现场粘贴加固，严禁使用单位面积质量大于300g/m²的碳纤维织物或预浸法生产的碳纤维织物。

（2）胶粘剂

1）碳纤维配套用胶粘剂必须进行安全性能检验，其粘结抗剪强度标准值应根据置信水平$c=0.99$，保证率为95%的要求确定。

2）浸渍、粘结碳纤维的胶粘剂必须采用专门配套的改性环氧树脂胶粘剂，其安全性能指标应符合表30-8的规定。承重结构加固工程中不得使用不饱和聚酯树脂、醇酸树脂等作浸渍、粘结胶粘剂。

碳纤维浸渍/粘结用胶粘剂安全性能指标　表30-8

	性能项目	性能要求		试验方法标准
		A级胶	B级胶	
胶体性能	抗拉强度（MPa）	≥40	≥30	GB/T 2567
	受拉弹性模量（MPa）	≥2500	≥1500	
	伸长率（%）	≥1.5		
	弯曲强度（MPa）	≥50	≥40	
		且不得呈脆性（碎裂状）破坏		
	抗压强度（MPa）	≥70		
粘结强度	钢—钢拉伸抗剪强度标准（MPa）	≥14	≥10	GB/T 7124
	钢—钢不均匀扯离强度（kN/m）	≥20	≥15	GJB 94
	与混凝土的正拉粘结强度（MPa）	≥2.5，且为混凝土内聚破坏		GB 50367 附录F
	不挥发物含量（固体含量）（%）	≥99		GB/T 2793

注：1. B级胶不用于粘贴预成型板；

2. 表中的性能指标，除标有强度标准值外，均为平均值；

3. 当预成型板为仰面或立面粘贴时，其所使用胶粘剂的下垂度（40℃）不应大于3mm；

4. 当按《胶粘剂拉伸剪切强度的测定（刚性材料对刚性材料）》（GB/T 7124）制备试件时，其加压养护应在侧立状态下进行。

3）底胶和修补胶应与浸渍、粘结胶粘剂相适配，其安全性能应分别符合表30-9和表30-10的要求。

底胶的安全性能指标　　　表30-9

性能项目	性能要求		试验方法标准
钢—钢拉伸抗剪强度标准值（MPa）	当与A级胶匹配：≥14	当与B级胶匹配：≥10	GB/T7124
与混凝土的正拉粘结强度（MPa）	≥2.5，且为混凝土内聚破坏		GB 50367 附录F
不挥发物含量（固体含量）（%）	≥99		GB/T 2793
混合后初粘度（23℃时）（MPa·s）	≤6000		GB/T 22314

修补胶的安全性能指标 表 30-10

性能项目	性能要求	试验方法标准
胶体抗拉强度（MPa）	≥30	GB/T 2567
胶体抗弯强度（MPa）	≥40，且不得呈脆性破坏	GB/T 2567
与混凝土的正拉粘结强度（MPa）	≥2.5，且为混凝土内聚破坏	GB 50367 附录 F

注：表中的性能指标均为平均值。

4）碳纤维粘贴工艺有两种：一种是由配套底胶、修补胶和浸渍、粘结胶组成；另一种为免底涂，且浸渍、粘结与修补兼用的单一胶粘剂；工艺应符合设计要求，当设计无要求时，可根据工程需要任选一种。当选用免底涂胶粘剂时，厂商应出具免底涂胶粘剂的证书，使用单位应留档备查。

5）碳纤维粘贴用胶粘剂，应通过毒性检验，严禁使用乙二胺作改性环氧树脂固化剂，严禁掺加挥发性有害溶剂和非反应性稀释剂。

2. 机具

碳纤维粘贴加固的机具设备主要有角磨机（金刚石碗磨）、吹风机、小台称、滚刷等，可根据现场情况及施工面积、工期要求合理配置。

30.5.3.2 施工方法

1. 工艺流程

基面处理→底涂胶配制、涂刷→找平胶配制、修补混凝土表面不平整处→粘结胶配制、涂刷→粘贴第一层碳纤维布→粘贴第二层碳纤维布→表面防护。

2. 操作要点

（1）基面处理

1）按设计图尺寸要求进行放线定位。

2）剔除混凝土表面疏松混凝土，修补混凝土内部的裂缝。

3）打磨平整被粘贴的混凝土表面，露出混凝土结构新面。转角处打磨成圆弧状，圆弧半径不小于 25mm，见图 30-15。

4）将混凝土表面清理干净，去除灰尘并保持混凝土表面干燥。若混凝土表面有油污，可用棉纱蘸丙酮擦拭混凝土表面。

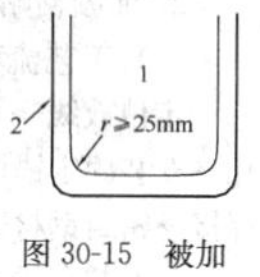

（2）涂刷底涂胶

1）按配合比准确计量配制底涂胶，搅拌均匀。

2）用专用工具将底涂胶均匀涂抹在混凝土表面。待胶表面指触干燥时即可进行下一工序施工。

（3）修补基面

1）按配合比准确计量配制找平胶，搅拌均匀。填充料根据施工情况进行适量添加。

2）用找平胶填补平整混凝土表面凹陷部位，且没有棱角。转角处用找平胶修整为光滑的圆弧。

3）待找平胶表面指触干燥时，即可进行下一工序施工。

（4）粘贴碳纤维布

1）按设计要求的尺寸裁剪碳纤维布。裁剪好的碳纤维布必须成卷妥善摆放，不得展开铺在地上，防止污染。

裁剪及使用碳纤维片材时应尽量远离电源，与高压电线及输电线路要有可靠隔离措施。

2）配制粘结胶，严格按粘结胶配合比准确计量，搅拌均匀后涂抹于所要粘贴的混凝土表面，再将裁剪好的碳纤维布粘到涂好加固部位。

配制胶粘剂的原料应密封贮存。碳纤维片材的配套用胶及用丙酮时应远离火源，避免阳光直接照射。

3）用专用滚刷沿粘贴方向多次涂刷，挤出气泡，使胶液充分浸渍纤维布。涂刷时不得损伤碳纤维布。

4）多层粘贴时重复上述步骤，待纤维布表面指触干燥时，即可进行下一层的粘贴。

5）在最后一层的碳纤维布表面均匀涂抹粘结胶。

（5）表面防护

图 30-15 被加固结构转角处打磨示意
1—被加固构件；2—拟粘贴的碳纤维

在纤维布外表面粘贴洁净砂，增加碳纤维表面粗糙度，以保证防护材料与原有纤维布之间有可靠的粘结。

30.5.3.3 质量控制要点

（1）碳纤维片材及其配套胶进场时，必须有生产厂家提供的产品出厂合格证及质量证明文件，各项性能指标应符合有关标准的规定。

（2）每一道工序结束后，均按工艺要求进行检查，做好相关验收记录，如出现质量问题，应立即返工。

（3）大面积粘贴前需做样板，待相关材料现场复试验证后，方可大面积施工。为了确保碳纤维片材与混凝土之间的粘结质量，基底处理首先检查需加固部位本身的质量情况，对不符合要求的部位应采取措施进行处理。

（4）碳纤维与混凝土间的粘结质量，可用小锤轻轻敲击或手压碳纤维表面的方法检查，总有效粘结面积不应低于 95%。当碳纤维的空鼓面积不大于 10000mm² 时，允许采用注射法充胶修复；当空鼓面积大于 10000mm² 时，应割除修补，重新粘贴等量的碳纤维。粘贴时，其受力方向（顺纹方向）每端的搭接长度不应小于 200mm；若粘贴层数超过 3 层，该搭接长度不应小于 300mm；对非受力方向（横纹方向）每边的搭接长度可取为 100mm。

（5）严格控制施工现场的温度和湿度，冬期施工要有可靠的保证措施。

（6）碳纤维片材和配套胶粘剂按规范规定进行现场取样复试。

碳纤维粘贴施工质量现场检验按规范要求进行拉脱试验，现场检验应在已完成碳纤维粘贴加固的结构表面上进行。取样原则：按实际粘贴碳纤维加固结构表面面积计，500m² 以下取一组试样，500～1000m² 取两组试样，1000m² 以上工程每 1000m² 取两组试样。

（7）施工质量应符合《碳纤维片材加固修复混凝土结构技术规程》（CECS 146）的规定。

30.5.4 钢 板 粘 贴

钢板粘贴加固法是用胶粘剂将钢板粘贴在混凝土构件表面，以提高原构件的承载能力的加固方法。粘贴施工时，应采取措施卸除作用在被加固结构上的全部或大部分活荷载。

钢板粘贴加固按工艺分为直接粘贴钢板加固和灌注粘贴钢板加固两种。直接粘贴钢板加固是用胶粘剂直接将钢板粘贴在被加固构件混凝土表面。如果钢板不能在粘贴施工前完成焊接，则应采用灌注粘贴钢板加固。灌注粘贴钢板加固是先将钢板安装到被加固构件混凝土表面，焊接完成后用封缝胶密封钢板边缘与混凝土间、钢板间的所有缝隙，并留出灌胶嘴和排气嘴，最后将胶粘剂灌满钢板与混凝土间的间隙，完成钢板加固。

粘贴在混凝土构件表面的钢板，其外表面应进行防锈蚀处理，表面防锈蚀材料对钢板及胶粘剂应无害。被加固的混凝土结构长期使用的环境温度不应高于 60℃，如果被加固结构处于特殊环境（如高温、高湿、介质侵蚀、放射等）中，除按国家现行有关标准的要求采取相应的防护措施外，还应采用耐环境因素作用的胶粘剂，并按专门的工艺要求粘贴。

30.5.4.1 材料与机具

1. 材料

（1）钢材

1）钢材的品种、质量和性能应满足设计和相关规范的要求。

2）钢材的连接方式、工艺等应满足设计和相关规范的要求。

（2）粘钢胶粘剂

1）粘贴钢板的胶粘剂必须采用专门配制的改性环氧树脂胶粘剂，其安全性能指标必须符合表 30-11 的规定。

2）粘钢用胶粘剂必须进行安全性能检验。检验时，其粘结抗剪强度标准值应根据置信水平 $c=0.90$，保证率为 95% 的要求确定。

3）混凝土结构加固用粘钢胶粘剂，应通过毒性检验。对完全固化的胶粘剂，其检验结果应符合实际无毒卫生等级的要求。严禁使用乙二胺作改性环氧树脂固化剂，严禁掺加挥发性有害溶剂和非反应性稀释剂。

（3）混凝土基材

若采用粘贴钢板加固，被加固混凝土结构实测混凝土强度等级不得低于C15，且混凝土表面的正拉结强度不得低于1.5MPa。

粘钢用胶粘剂安全性能指标 表30-11

性能项目		性能要求		试验方法标准
		A级胶	B级胶	
胶体性能	抗拉强度（MPa）	≥30	≥25	GB/T 2567
	受拉弹性模量（MPa）	≥3.5×10³（3.0×10³）		
	伸长率（%）	≥1.3	≥1.0	
	抗弯强度（MPa）	≥45	≥35	
		且不得呈脆性（碎裂状）破坏		
	抗压强度（MPa）	≥65		
粘结能力	钢—钢拉伸抗剪强度标准值（MPa）	≥15	≥12	GB/T 7124
	钢—钢不均匀扯离强度（kN/m）	≥16	≥12	GJB 94
	钢—钢粘结抗拉强度（MPa）	≥33	≥25	GB/T 6329
	与混凝土的正拉结强度（MPa）	≥2.5，且为混凝土内聚破坏		GB 50367 附录F
不挥发物含量（固体含量）（%）		≥99		GB/T 2793

注：表中括号内的受拉弹性模量指标仅用于灌注粘结型胶粘剂。

风化混凝土、严重裂损混凝土、不密实混凝土、结构抹灰层、装饰层等均不得作为粘贴基面。

2. 机具

粘贴钢板加固的机具设备主要有角磨机（金刚石碗磨）、吹风机、空压机、等离子切割机、剪板机、钢筋探测仪、电锤、台钻、注胶泵、小台称、电焊机等，可根据现场情况及施工面积、工期要求合理配置。

30.5.4.2 施工方法

1. 粘贴钢板加固

（1）工艺流程

定位放线→混凝土基面处理→钢板加工→确定锚栓位置、钻孔→预安装→混凝土基面再清理→钢板除锈、表面清理→配制胶粘剂→粘贴钢板→固化养护。

（2）操作要点

1）定位放线

根据施工图纸要求及现场具体情况，确定钢板的数量、规格、粘贴位置。

2）混凝土基面处理

剔除加固区域结构表面装饰层、抹灰层等直至混凝土结构层，对粘合面凸凹较大的部位用凿子将凸面打平，用角磨机打磨混凝土粘合面，直至露出坚硬新茬，要求混凝土基面平整度≤2mm/m。打磨区各边比粘钢区宜大20mm。

打磨好后用钢丝刷或无油空压机清除表面浮灰，如发现构件表面有蜂窝麻面缺陷，要将疏松混凝土剔除，用胶粘剂填补平整。如果混凝土表面有油污或其他污染，可用脱脂棉蘸丙酮进行清洗、擦拭，达到手触无灰尘无油污为止。

3）钢板加工

按设计要求及现场构件实际尺寸统计钢板的尺寸、接头位置和数量，列表作为钢板的下料单。钢板下料按实际尺寸下料，钢板加工时采取措施防止窄条钢板翘曲变形，一旦产生变形必须事先调直调平，成形钢板要做出标识堆放在坚实平整的地面上，钢板搬运过程中，要保证钢板不变形。

钢板长度不够时可采用等强度焊接接长，钢板焊接全部采用等强全熔焊缝，焊接要求和焊缝质量要符合规范的有关要求。钢板焊接前要做焊接试件，合格后方可大批量焊接。

4）确定锚栓位置、钻孔

根据设计要求，在混凝土表面确定锚栓位置并钻孔，钻孔前用钢筋探测仪探明钻孔处是否有受力钢筋，若遇钢筋可作适当调整，孔深、孔径根据固定锚栓的规格而定，成孔后用高压空气吹净孔内浮尘。然后按混凝土表面钻孔的位置量测到钢板上，并在钢板上对应位置成孔。

5）预安装

将固定锚栓安装好，再将钢板安装到粘贴位置，钢板与混凝土面就位线要吻合，且平整度要符合要求。如果不符合要求，要对混凝土面再进行处理，直至合格为止。

6）混凝土表面再清理

再次对混凝土表面进行清理，清除干净浮尘。粘钢时保持混凝土表面干净干燥，无油污、浮尘等杂物。

7）钢板除锈、表面清理

采用平砂轮打磨钢板粘贴面，直至出现金属光泽，打磨纹路要与钢板受力方向垂直。并对钢板粘贴面进行除锈、清洗，要求表面干净无尘无污染。禁止使用锈蚀严重的钢板。

8）配制胶粘剂

粘钢用胶粘剂均由甲、乙两组份组成。应严格按照产品说明书要求的比例准确计量、分份配制、搅拌均匀。配好的胶要在固化前用完。

9）粘贴钢板

钢板粘贴前，用抹灰刀将配制好的胶粘剂同时均匀地涂抹在钢板或混凝土表面，涂抹厚度为1～3mm，中间厚，两边薄。然后将钢板粘贴于预定位置，用锚栓紧固施压，也可用可调支撑进行加压支撑，使胶粘剂从钢板边缘挤出。并用手锤沿粘贴面轻轻敲击钢板，如无空洞声，表示已粘贴密实。否则要剥下钢板，重新补胶粘贴。

10）固化养护

粘钢后在−5～0℃固化养护48h，0℃以上固化时间为24h即可，三天达到受力使用要求。固化期内不得在粘贴好的构件上走动、堆放重物或其他作业，严禁扰动粘钢构件。

11）清理

粘贴钢板达到受力条件后，拆除加压支撑，并及时进行清理。剔除挤出的胶粘剂残渣并磨平钢板侧楞和胶的毛刺，清除其他杂物，检查粘钢质量。

2. 灌胶粘贴钢板加固

（1）工艺流程

定位放线→混凝土基面处理→钢材加工→确定锚栓位置、钻孔→安装固定锚栓→混凝土基面清理→钢材除锈、清理→安装钢板、焊接→密封钢材边缘与混凝土间缝隙→灌注胶粘剂→固化养护。

（2）操作要点

1）定位放线

根据施工图纸要求及现场具体情况，确定钢板的数量、规格、粘贴位置。

2）混凝土基面处理

剔除加固区域结构表面装饰层、抹灰层等直至混凝土结构层，对粘合面凸凹较大的部位用凿子将凸面打平，用角磨机打磨混凝土粘合面，直至露出坚硬新槎。打磨区各边比粘钢区宜大20mm。用钢丝刷或无油空压机清除混凝土表面的浮灰，如发现构件表面有蜂窝麻面缺陷，要将疏松混凝土剔除。如果混凝土表面有油污或其他污染，可用脱脂棉蘸丙酮进行清洗、擦拭，达到手触无灰尘无油污为止。

3）钢板加工

按设计要求及现场构件实际尺寸统计钢板的尺寸、接头位置和数量，列表作为钢板的下料单。钢板下料应按实际尺寸下料，钢板加工时采取措施防止窄条钢板翘曲变形，一旦产生变形必须事先调直调平，成形钢板要做出标识堆放在坚实平整的地面上，钢板搬运过程中，要保证钢板不变形。

4）确定固定锚栓位置、钻孔

在混凝土表面确定锚栓位置并钻孔，钻孔前用钢筋探测仪探明钻孔处是否有受力钢筋，若遇钢筋可作适当调整，孔深、孔径根据固定锚栓的规格而定，成孔后用高压空气吹净孔内浮尘。然后按混凝土表面钻孔的位置量测到钢板上，并在钢板上对应位置成孔。

5）混凝土基面再清理

再次对混凝土表面进行清理，清除干净浮尘，粘钢时保持混凝土表面干净干燥，无油污、浮尘等杂物。

6) 钢板除锈、清理

采用角磨机打磨钢材粘贴面，直至出现金属光泽，打磨纹路要与钢材受力方向垂直。并对钢材粘贴面进行除锈、清洗，要求表面干净无尘无污染。禁止使用锈蚀严重的钢板。

7) 安装钢板、焊接

按设计要求安装钢板，拧紧锚栓固定钢板，将需连接的钢板焊接好。钢材焊接采用等强全熔焊缝，焊接要求和焊缝质量要符合有关规范要求。

钢材焊接前要做焊接试件，合格后方可进行焊接，电焊工要持证上岗。

8) 密封钢材边缘与混凝土间缝隙

用密封粘剂将钢板与混凝土间的缝隙及固定锚栓的孔隙密闭严密，并根据钢板的尺寸大小，安装足够的灌浆嘴和排气孔。待胶粘剂固化后进行密封情况检查，对未密封好的部位再补胶，直至全部密封。

9) 灌注胶粘剂

粘钢灌注胶粘剂由甲、乙两种组分组成。配制使用时必须严格按照产品说明书要求的比例进行准确计量、分份配制、搅拌均匀。配好的胶要在固化前用完。

用专用灌注设备将配制好的灌注胶粘剂从下向上（或从一端向另一端）进行灌注，当相邻的排气孔出胶后，将正灌注的灌胶嘴密封，把出胶的排气孔作为灌浆嘴继续灌胶，依次进行直至灌完。灌胶过程中要检查是否有漏胶的情况，若有漏胶现象则立即停止灌胶，将漏胶部位封闭严密后方可继续灌胶。灌胶结束后要及时检查灌胶效果，若发现有欠灌的情况，及时打孔补灌。

10) 固化养护

固化期内不得在粘贴好的构件上走动、堆放重物或其他作业，严禁扰动粘钢构件。低于常温时，固化时间随温度降低而延长。

11) 检查验收

粘钢结束后及时清理混凝土表面。剔除胶粘剂残渣并磨平钢板侧楞和胶的毛刺，清除其他杂物。清理完毕后，再用小锤轻轻敲击钢板进行检查，从声音判断灌胶效果。发现漏灌面积大于规范规定时，要钻孔补灌。

30.5.4.3 质量控制要点

(1) 钢板及胶粘剂应有出厂合格证及质量证明文件，并按规范要求进行复试，合格后方可使用。

(2) 施工质量应符合按《混凝土结构加固技术规范》（CECS 25）的规定。

(3) 基面打磨要尽可能平整，混凝土表面要清理干净，并保持干燥。基底处理要彻底，不能只停留在构件的表面处理。对于老结构，先检查是否有空鼓、裂缝等现象，粘钢前采取相应措施保证粘贴质量。

(4) 在灌注胶粘剂前要将钢板四周的所有缝隙封堵严密，防止有漏胶剂的现象发生。

(5) 对于重大工程，尚需抽样进行荷载试验，一般仅作标准使用荷载试验，即将卸去的荷载重新全部加上，其结构的变形和裂缝开展应满足设计使用要求。

30.5.5 混凝土钻孔植筋

植筋是将胶粘剂灌注于已清洁好的基材（混凝土）孔中，然后把钢筋（或螺杆）植埋于孔中与胶粘剂粘结固化于基材中。植筋部位的混凝土不得有缺陷，新增构件为悬挑结构构件的，其原构件混凝土强度等级不得低于C25；新增构件为非悬挑结构构件的，其原构件混凝土强度等级不得低于C20。

采用植筋锚固的混凝土结构，其长期使用环境温度不应高于60℃。处于特殊环境（如高温、高湿、介质腐蚀等）的混凝土结构植筋时，除应按国家现行有关标准的规定采取相应的防护措施外，尚应采用耐环境因素作用的胶粘剂。

30.5.5.1 材料与机具

1. 材料

(1) 钢材

1) 钢材的品种、质量和性能应满足设计和相关规范的要求。

2) 当植埋钢螺杆时，钢螺杆应符合下列规定：

①应采用锚入部位有螺纹或全螺纹的螺杆，不得采用锚入部位无螺纹的螺杆；

②螺杆的钢材等级应为Q345级及Q235级；

③螺杆的质量应符合《低合金高强度结构钢》（GB/T 1591）和《碳素结构钢》（GB/T 700）的规定。

3) 当植埋锚栓时，锚栓的钢材性能指标应符合表30-12或表30-13的规定。

碳素钢及合金钢锚栓的钢材安全性能指标

表 30-12

性能等级	4.8	5.8	6.8	8.8
抗拉强度标准值 f_{stk}（MPa）	400	500	600	800
屈服强度标准值 f_{yk} 或 $f_{s,0.2k}$（MPa）	320	400	480	640
伸长率 δ_5（%）	14	10	8	12

注：性能等级 4.8 表示：$f_{stk}=400$MPa；$f_{yk}/f_{stk}=0.8$。

不锈钢锚栓的钢材安全性能指标　　表 30-13

性能等级	50	70	80
螺纹公称直径 d（mm）	≤39	≤24	≤24
抗拉强度标准值 f_{stk}（MPa）	500	700	800
屈服强度标准值 f_{yk} 或 $f_{s,0.2k}$（MPa）	210	450	600
伸长率 δ_5（mm）	0.6d	0.4d	0.3d

4) 当植埋钢筋时，植筋用钢筋的质量和规格应符合现行国家标准的规定。

(2) 植筋锚固胶

1) 植筋锚固胶必须采用专门配制的改性环氧树脂粘剂或改性乙烯基脂类锚固胶（包括改性氨基甲酸酯锚固胶），按其基本性能分为A级胶和B级胶；对重要结构、悬挑构件、承受动力作用的结构、构件，或植筋直径大于22mm时应采用A级胶；对一般结构可采用A级胶或B级胶。

2) 植筋锚固胶按使用形态可分为管装式、现场配制式、机械注入式等，应根据使用对象的特征和现场条件合理选用。

3) 植筋锚固胶必须进行安全性能检验。检验时，其粘结抗剪强度标准值应根据置信水平 $c=0.90$、保证率为95%的要求确定。

4) 植筋锚固胶的性能指标应符合表30-14的规定。植筋锚固胶中的填料必须在工厂制造时添加，严禁在施工现场掺入。

植筋锚固用胶粘剂安全性能指标　　表 30-14

性 能 项 目		性能要求		试验方法标准
		A级胶	B级胶	
胶体性能	劈裂抗拉强度（MPa）	≥8.5	≥7.0	GB 50367 附录 G
	抗弯强度（MPa）	≥50	≥40	GB/T 2567
	抗压强度（MPa）	≥60		GB/T 2567
粘结能力	钢套筒拉伸抗剪强度标准值（MPa）	≥16	≥13	GB 50367 附录 J
	约束拉拔条件下带肋钢筋与混凝土的粘结强度（MPa） C30、Φ25，$l=150$mm	≥11.0	≥8.5	GB 50367 附录 J
	C60、Φ25，$l=125$mm	≥17.0	≥14.0	
不挥发物含量（固体含量）（%）		≥99		GB/T 2793

注：1. 表中各项性能指标，除标有强度标准值外，均为平均值。

2. 表中 l 为钢筋植入混凝土构件的植入深度。

3. 当按现行国家标准《树脂浇铸体性能试验方法》（GB/T 2567）进行胶体抗弯强度试验时，其试件的厚度 h 应取为8mm。

5) 混凝土结构加固用植筋锚固胶，应通过毒性检验，对完全固化的植筋锚固胶，其检验结果应符合实际无毒卫生等级的要求。严禁使用乙二胺作改性环氧树脂固化胶，严禁掺加挥发性有害溶剂和非反应性稀释剂。

(3) 混凝土基材

1) 混凝土基材应坚实可靠且具有较大体量，能承担对被连接件的锚固和传递的荷载。

2) 风化混凝土、严重裂损混凝土、不密实混凝土、结构抹灰层、装饰层等均不得作为锚固基材。

3) 混凝土基材的强度等级不应低于C20。

2. 机具

主要机具设备有水钻、电锤、吹风机、空压机、钢筋探测仪、注胶泵、小台秤等，根据现场情况及施工面积、工期要求合理配置。

30.5.5.2 施工方法

1. 工艺流程

定位放线→钻孔→清孔→钢筋或螺杆处理→注胶→插入钢筋（或螺杆）→固定养护。

流程图示见图30-16。

钻孔　　清孔　　清孔　　注胶　　植筋

图30-16 植筋工艺流程图

2. 操作要点

（1）测量放线、定位

按设计要求进行测量定位，并在混凝土表面标出钻孔的位置。要求植筋钻孔最小间距不小于 $5d$，最小边距不小于 $5d$（d 为植入钢筋直径或螺杆外径）。

钻孔前应用钢筋探测仪探测钻孔处混凝土内部是否有受力钢筋，若有受力钢筋，则必须调整钻孔位置以避开钢筋，防止钻孔过程中切断原受力钢筋。

（2）钻孔

根据钻孔直径、现场条件可选用电锤或水钻进行钻孔，钻孔直径和深度按设计要求确定，若设计无要求时可参照表30-15来确定。钻孔深度允许偏差为 $0 \sim 20mm$，垂直度允许偏差为 $5°$，位置允许偏差为5mm。

各种直径钢筋的钻孔直径和深度对应表 表30-15

钢筋直径 d（mm）	10	12	14	16	18	20	22	25	28	32
钻孔直径（mm）	14	16	18	20	22	25	28	32	35	40
钻孔深度（mm）	100~150	120~180	140~210	160~320	180~360	260~400	300~440	375~500	420~560	460~640

（3）清孔

若电锤钻孔，先用高压空气将孔内的粉尘吹出，再用毛刷或棉纱进行擦拭，重复以上操作直至清理干净孔壁。

若用水钻钻孔，可用高压空气吹出孔内的粉尘及积水，再用毛刷或棉纱进行擦拭；也可先用高压水冲洗孔壁，再用棉纱擦干孔内的水，最后晾干孔壁，必要时对孔壁进行烘烤，保证植筋施工时孔壁干燥。

（4）钢筋（螺杆）处理：加工植筋用钢筋，将钢筋截成植筋设计长度。对钢筋植筋端进行除锈，若钢筋上有油污，则用清洗剂对植筋端进行清洗并晾干。

植筋用螺杆，先用清洗剂清洗干净螺杆植筋端，然后用胶带对螺栓外露部分进行包裹，以防植筋锚固胶粘到螺栓丝扣上，影响螺母安装。

（5）注胶：将注胶管伸入到孔底，从孔底开始注胶，直至注满孔深的2/3左右。

（6）插入钢筋（螺杆）：将钢筋（螺杆）插入注好植筋锚固胶的孔内，一边插边按一个方向旋转，确保旋达孔底。

（7）固定养护：钢筋（螺杆）插好后，等待锚固胶固化，期间不得扰动钢筋（螺杆）。

30.5.5.3 质量控制要点

（1）施工前，应确认植筋锚固胶、钢筋（螺杆）的产品合格证、出厂检验报告，各项性能指标应符合有关标准的规定。

（2）严格按照产品说明书使用植筋锚固胶，若现场配制锚固胶，应按配合比准确计量，配胶由专人进行，搅拌均匀，配好的胶要在规定的时间内用完（25℃条件下约40min）。植筋锚固胶配制

时称量、搅拌用容器应保持清洁，切忌有水滴入盛胶容器内。

（3）钻孔深度、孔径、钢筋（螺杆）处理、配胶等均要按设计要求及材料、工艺要求进行，专人验收，合格后方可进行下一工序施工。

（4）确保养护质量，养护期间严禁扰动植埋好的钢筋（螺杆）。

（5）钢材和植筋锚固胶按规范规定进行现场取样复试。

植筋（螺杆）施工质量现场检验按规范要求进行拉拔试验，现场检验可根据结构构件的重要性或设计要求进行破坏性抽样检验，也可进行非破损抽样检验。若受现场条件限制，无法进行原位取样检验时，也可进行模拟试件检验。

（6）植筋质量现场检验抽样时，应以同品种、同规格、同强度等级的，安装于锚固部位基本相同的同类构件为一检验批，并从每一检验批中进行抽样。取样原则：对重要结构构件，应按其检验批植筋总数的3%，且不少于5件进行随机抽样；对一般结构构件，应按其检验批植筋总数的1%，且不少于3件进行随机抽样。

（7）施工质量应符合《混凝土结构后锚固技术规程》（JGJ 145）、《建筑结构加固工程施工质量验收规范》（GB 50550）及设计要求。

30.5.6 高强度化学螺栓

高强度化学螺栓锚固是指用化学药剂将高强度螺栓锚固在基材（混凝土）中的后锚固连接方式，适于锚固在普通混凝土承重结构，不能锚固在轻质混凝土及严重风化的结构。采用高强度化学螺栓时，重要构件混凝土强度等级不应低于C30，一般构件混凝土强度等级不应低于C20。

30.5.6.1 材料与机具

1. 材料

化学螺栓：由药剂管、螺管、垫圈及螺母组成。螺杆、垫圈、螺母一般有镀锌和不镀锌两种，药剂管内药剂有反应树脂、固化剂和石英颗粒等成分。

2. 机具

主要机具设备有水钻、电锤、吹风机、空压机、钢筋探测仪、手枪钻等，可根据现场情况及施工面积、工期要求合理配置。

30.5.6.2 施工方法

1. 工艺流程

钻孔→清孔→置入药剂管 →钻入螺杆 →凝胶固化→安装被固定物。

2. 操作要点

（1）钻孔：根据设计要求，按图纸间距、边距定好位置，在混凝土中进行钻孔，钻孔直径、深度按设计化学螺栓型号确定，钻孔深度一般大于锚固深度。化学螺栓型号的选择要满足锚固厚度的要求。

（2）清孔：用高压空气或手持式风机将孔内浮尘清除，保持孔内洁净。

图30-17 旋入螺杆

（3）置入药剂管：将药剂管插入洁净的孔中，保证药剂管中的树脂在室温条件下能像蜂蜜一样流动。

（4）旋入螺杆：用低速电钻旋入螺杆，药剂管破碎，树脂、固化剂和石英颗粒混合，并填充螺杆与孔壁间的孔隙，直至螺杆插至预定深度为止，这时应有药剂流出，见图30-17。

（5）凝胶固化：螺杆插入到孔底后，调整好角度，保持不动，静待药剂固化。凝胶硬化时间不低于表30-16的要求。

30.5.6.3 质量控制要点

（1）材料进场应有化学螺栓的产品合格证、出厂检验报告，各项性能指标应符合有关标准的规定。化学螺栓的间距、边距、构件厚度等数据以厂家提供的技术参数为准。

(2) 钻孔时，宜使用与化学螺栓相匹配的钻头，钻孔时不得损伤原混凝土中的钢筋。必要时可用钢筋探测仪探测钢筋位置，钻孔若遇钢筋可作适当的调整以避开原有钢筋。

化学螺栓凝胶固化时间　表 30-16

温度（℃）	初凝时间（min）	固化时间（d）
−5～0	60	15
0～10	30	10
10～20	20	5
20～40	10	3

(3) 化学螺栓施工质量现场检验按规范要求进行拉拔试验，现场检验可根据结构构件的重要性或设计要求进行破坏性抽样检验，也可进行非破损抽样检验。若受现场条件限制，无法进行原位取样检验时，也可进行模拟试件检验。

(4) 现场检验抽样时，应以同品种、同规格、同强度等级、安装于锚固部位基本相同的同类构件为一检验批，并从每一检验批中抽样。取样原则：应按其检验批植筋总数的1%，且不少于3件进行随机抽样。

(5) 施工质量应符合《混凝土结构后锚固技术规程》（JGJ 145）及设计要求。

30.5.7 喷 射 混 凝 土

喷射混凝土由喷射砂浆发展而来，它是利用压缩空气或其他动力，将按一定配比拌制的混凝土混合物，沿管路输送到喷头处，以较高速度垂直喷射于受喷面，依赖喷射过程中水泥与骨料的连续撞击压密而形成的一种混凝土。

喷射混凝土加固施工技术常用于加大构件截面施工，可以省去支模、浇筑和拆模工序，将混凝土的搅拌、输送、浇筑和捣实合为一道工序，具有与基层粘接力强（新旧结构粘接抗拉强度接近于混凝土的内聚拉抗强度）、加快施工进度、强度增长快、密实性良好、施工准备简单、适应性较强、应用范围较广、施工技术易掌握、工程投资较少等优点，缺点是施工厚度不易掌握、回弹量较大、表面不平整、劳动条件较差需用专门的施工机械等。

30.5.7.1 材料与机具

1. 原材料

(1) 水泥：优先采用硅酸盐或普通硅酸盐水泥；也可采用矿渣硅酸盐水泥或火山灰质硅酸盐水泥。强度等级应不低于 32.5MPa。水泥性能应符合国家现行有关水泥标准的规定。当有防腐、耐高温等要求时，应采用特种水泥。

(2) 骨料：喷射混凝土用的骨料及其质量，除应符合国家现行有关标准的规定外，尚应符合下列要求：

1) 细骨料应采用坚硬耐久性好的中粗砂，细度模数不宜小于2.5，使用时砂子含水率宜控制在5%～7%。

2) 粗骨料应采用坚硬耐久性好的卵石或碎石，粒径不应大于12mm。当使用短纤维材料时，粗骨料粒径不应大于10mm。不得使用含有活性二氧化硅制成的粗骨料。粗骨料的级配宜采用连续级配，且应满足表 30-17 的要求。

粗骨料通过筛径的累计重量百分率（%）　表 30-17

筛网孔径（mm）	0.15	0.3	0.6	1.2	3.5	5.0	10.0	12.0
优	5～7	10～15	17～22	23～31	35～43	50～60	73～82	100
良	4～8	5～22	13～31	18～41	26～54	40～70	62～90	100

3) 粗骨料的材质应满足表 30-18 的要求。

喷射混凝土用粗骨料的材质要求　表 30-18

项 目		石子	砂子
		碎石 卵石	
强度	岩石试块（边长≥50mm的立方体）在饱和状态下的抗压强度与喷射混凝土抗压强度设计强度之比不小于	200	
	软弱颗粒含量按重量计不大于（%）	— 5	
	针状、片状颗粒含量按重量计不大于（%）	15 15	

续表

项 目	石子		砂子
	碎石	卵石	—
泥土杂物含量（用冲洗法试验）按重量计不大于（%）	—	1	3
有机质含量（用比色法试验）			颜色不深于标准色，如深于标准色，则对混凝土进行强度试验加以复核

注：1. 对有抗冻性能要求的喷射混凝土，所采用的碎石和卵石，除符合上述要求外，尚应有足够的坚实性，即在硫酸钠溶液中浸泡至饱和又使其干燥，反复循环5次后，其重量损失不得超过10%；
2. 石子中不得掺入煅烧过的白云石或石灰石块，碎石中不宜含有石粉，卵石中不得含有石粉，卵石中也不得含有黏土团块或冲洗不掉的黏土薄膜。

4) 喷射混凝土拌合用水的水质与普通混凝土相同，必须符合《混凝土用水标准》（JGJ 63）的规定。不得采用污水、pH 值小于4的酸性水、硫酸盐按 SO_4^{2-} 含量大于水重1%的水和海水等。

5) 砌体结构加固用的混凝土，当采用预拌混凝土时，其所掺的粉煤灰应为Ⅰ级灰，且其烧失量不应大于5%。

(3) 外加剂

1) 当掺用速凝剂时，应采用无机盐类速凝剂，并与水泥相容，初凝时间不超过5min，终凝时间不应超过10min，掺量宜为水泥重量的2%～4%。

2) 当掺用增黏剂（黏稠剂）时，增黏剂性能应能满足相关要求，过期变质的不得使用，不得对混凝土性能有不良影响。

3) 膨胀剂掺量应按说明书使用，最佳掺量通过试验确定。

(4) 短纤维材料

1) 当掺用钢纤维时，钢纤维直径宜为 0.25～0.4mm，长度宜为20～25mm，抗拉强度不应低于380MPa，掺量宜为1%～1.5%（按混凝土体积计）。

2) 当掺用合成短纤维时，短纤维不能含有杂质或被污染，纤度不小于 13.5dtex（g/10^4m）；（dtex 是分特，纤维纤度国际单位），单丝拉断力不小于 $3.5×10^{-2}$N，长度为12～19mm，具有良好的耐酸、耐碱性和化学稳定性、耐老化性能，分散性好，不结团，每立方米混凝土掺量宜为 0.6～0.9kg。

2. 配合比

(1) 喷射混凝土的配合比宜通过配试确定。其强度应符合设计要求，且应满足节约水泥、回弹量少、黏附性好等要求。喷射混凝土的胶（水泥）骨（砂+石子）比宜为1:（3.5～4.5），砂率宜为 0.45～0.55，水灰比宜为 0.4～0.5。施工中，由于粗骨料易于回弹，故受喷面上的实际配合比中水泥含量较高。

(2) 喷射混凝土的抗压强度一般可达 20～35MPa，轴心抗拉强度约为抗压强度的 8.5%～10.2%，抗弯强度约为抗压强度的15%～20%，抗剪强度一般在 3～6.5MPa，与旧混凝土的黏结强度一般在 1.0～2.5MPa，弹性模量在（2.16～2.85）×10^4MPa，抗渗指标一般在 0.5～3.2MPa（抗渗等级可达 P8），抗冻性良好（抗冻等级可达 F200～F300）。

(3) 当喷射混凝土掺入外加剂和短纤维时，其掺量、配合比和搅拌时间应通过配试喷确定。加入合成短纤维可与水泥、粗细骨料一起搅拌，搅拌时间延长 20s。

3. 施工机具

喷射混凝土的施工机具，包括混凝土喷射机（分干式和湿式两类）、喷嘴、混凝土搅拌机、上料装置、动力及贮水容器等。

30.5.7.2 施工方法

1. 施工准备

(1) 喷射混凝土加固修复工程施工前应编制施工方案。

(2) 加固修复结构构件的表面，应按下列方法处理：

1) 混凝土结构的表面必须清除装饰层，露出原结构层后进行凿毛处理，再用压缩空气和水交替冲洗干净；

2) 对砌体结构表面，除清除装饰层外，还应对受浸蚀砌体或疏松灰缝进行处理。灰缝的处理深度宜为10mm；

(3) 当结构加固部位的配筋有锈蚀现象时，钢筋表面应除锈；

当结构中钢筋锈蚀造成的截面面积削弱达原截面的 1/12 以上时，应补配钢筋。

（4）喷射混凝土前应支设边框模板。边框模板应牢固。在大面积加固时应设置喷射厚度标志，其间距宜为 1000~1500mm。

（5）喷射混凝土前应对空压机、喷射机进行试运转。经检验运转正常后，应对混凝土拌合料输送管道进行送风试验、对水管进行通水试验，不得出现漏风、漏水情况。

（6）在喷射作业前，应检查结构加固配筋与锚固件的连接是否牢固可靠。

（7）当喷射机司机与喷射手不能直接联系时，应配备联络装置。

（8）作业区应有良好的通风和照明。

（9）采用湿法喷射时，宜备有液态速凝剂并应检查速凝剂的泵送及计量装置性能。

2. 喷射作业

（1）喷射作业的好坏直接影响混凝土强度的高低和均匀与否。喷射作业时，必须调整好喷射空气压力、水压力和水量大小、喷射角度、喷射距离、喷射顺序和喷射头的移动轨迹、喷射段高、喷射和找平的配合作业等。

（2）在喷射作业前应对受喷表面进行喷水湿润。喷射作业应按施工技术方案要求分片、分段进行，且应按先侧面后顶面的喷射顺序自下而上施工。

（3）当设计的加固修复厚度大于 70mm 时，可分层喷射。一次喷射厚度可按表 30-19 的规定选用。对于砌体结构采用喷射混凝土加固时，外加面层的截面厚度不应小于 50mm。

素喷混凝土一次喷射厚度（mm）　　表 30-19

喷射方法	部位	配比成分	
		不掺速凝剂	掺速凝剂
干法	侧立面	50~70	70~100
	顶面	30~40	50~60
湿法	侧立面	—	80~150
	顶面	—	60~100

（4）当分层喷射时，前后两层喷射的时间间隔不应少于混凝土的终凝时间。当在混凝土终凝 1h 后再进行喷射时，应先喷水湿润前一层混凝土的表面。当在间隔时间内，前层混凝土表面有污染时，应先采用风、水清洗干净。

（5）为了控制喷射厚度，一般在喷射之前，制作标志筋或者贴灰饼，喷射作业完成后由抹灰工及时用刮尺找平以满足抹灰的要求。

（6）用于喷射混凝土作业的台架，必须牢固可靠，并应设置安全护栏。

（7）钢纤维喷射混凝土施工中，应采取措施防止钢纤维扎伤操作人员。

（8）当采用大风压处理堵管故障时，应先停风关机将输料软管顺直，并锤击管路堵塞部位，使输塞料松散；加大风压清除堵塞料时，操作人员必须紧靠喷头，喷头前方不得有人，疏通管道的风压不得超过 0.4MPa。

（9）喷射混凝土时，应采用湿喷。对于干法喷射混凝土，应用综合方法减少粉尘。

（10）混凝土喷射操作应遵守下列规定：

1）混凝土喷射手必须经过专业培训方可上岗；

2）应保持喷头具有良好的工作性能；施工中应经常检查输料管、接头和出料弯头的磨损情况。当有磨薄、击穿或松脱等现象时应及时处理。

3）喷头与受喷面应基本垂直，喷射距离宜保持 0.6~1.0m；

4）干法喷射时，喷射手应控制好水灰比，保持喷射混凝土表面平整、湿润光泽，无干块滑移、流淌现象；

5）应控制喷射混凝土作业的回弹率，墙面不宜大于 20%，楼板（向上喷射）或拱面不宜大于 30%。落地回弹料宜及时收集并打碎，防止结块。回弹料经过筛分类，其粒径满足表 30-17 粗骨料通过筛径的累计重量百分率（％）要求的可再利用，已污染的回弹料不得再用于结构加固。

（11）喷射混凝土的养护应遵守下列规定：

1）喷射混凝土厚度达到设计要求后，应刮抹修平，修平应在混凝土初凝后及时进行，修平时不得扰动新鲜混凝土的内部结构及其与基层的粘结；

2）待最后一层喷射混凝土终凝 2h 后，应保湿养护，养护时间不应少于 14d；

3）当气温低于 +5℃ 时，不宜喷水养护，应采取保水养护。

（12）冬期施工应遵守下列规定：

1）喷射作业区的气温不应低于 +5℃；

2）混合料进入喷射机的温度不应低于 +5℃；

3）喷射混凝土强度在下列数值时不得受冻：

① 普通硅酸盐水泥配制的喷射混凝土低于设计强度等级 30％ 时；

② 矿渣硅酸盐水泥配制的喷射混凝土低于设计强度等级 40％ 时。

30.5.7.3 质量控制要点

（1）喷射混凝土的原材料检验应遵守下列规定：

1）每批材料均应进行质量检查，合格后方可使用：

① 水泥进场时必须有质量合格证明书，并应对其品种、级别、包装或散装仓号、出厂日期等进行检查。当发现问题时应进行复检，并按其复检结果使用；

② 进场的粗、细骨料应有质量合格证明，按批进行现场检验，符合质量要求方可使用；

③ 当喷射混凝土施工使用非饮用水时，应对水质进行检验，其中的 pH 值和水中硫酸盐按 SO_4^{2-} 的含量，应符合规范要求，不能采用污水和海水；

④ 外加剂的质量应符合现行国家标准的要求，外加剂的品种和掺量应根据对喷射混凝土性能的要求、施工和气候条件、喷射混凝土所采用的原材料及其配合比等因素，根据相关规定确定。

2）喷射混凝土混合料配合比和拌合均匀性，每工作班的检查次数不宜少于两次，条件变化时，应及时检查。

（2）喷射混凝土加固层厚度的检验方法及允许偏差应符合下列规定：

1）喷射混凝土施工时，可用测针、预埋短钢筋和砂浆饼厚度标志等方法控制喷射层厚度。当无厚度检控标志时，应在喷射施工结束后 8h 以内钻孔检查喷射加固层厚度；

2）喷射混凝土加固层厚度的检查部位，应根据不同构件的加固面确定。检查点间距不得大于 2m，单个构件每一加固面的检查点不宜少于 3 个；

3）喷射混凝土加固层厚度允许偏差值为：+8mm 或 −5mm。当设计有特殊规定时，应符合其规定的值，但设计规定的允许偏差值，不得大于相关规范规程要求的规定值。

（3）喷射混凝土强度的检验应遵守下列规定：

1）喷射混凝土必须进行抗压强度试验，当设计有特殊要求时，应增做相应性能要求的试验。

2）采用同材料、同配合比、同喷射工艺的喷射混凝土可划分为一个验收批，在同一验收批中，每一工作班每 50m³ 或小于 50m³ 混凝土应至少制取一组（3 块）用于检验混凝土强度的试块。

3）用于检验喷射混凝土抗压强度的试块，应在喷射现场随机制取。

4）喷射混凝土抗压强度是指在与实际工程相同的条件下，向规定尺寸的模具中喷筑喷射混凝土板件，并在标准养护条件下养护 28d 后，切割成边长 100mm 的立方块试块或钻取成 Φ100mm×100mm 的芯样试块，用标准试验方法得到的极限抗压强度。

（4）每组 3 个试块应在同一批混凝土喷筑的同一板件上制取，对有明显缺陷的试块应予舍弃。

（5）喷射混凝土强度的合格判定应按承重构件和非承重构件分别进行。

（6）当对喷射混凝土试块强度的代表性有怀疑时，可采用直接从喷射混凝土构件上钻取样芯的方法，对受检构件喷射混凝土的强

度进行推定。

(7) 结构加固修复工程竣工后, 应按设计要求和质量合格条件进行分项工程验收。

30.5.8 加大混凝土截面

加大混凝土截面加固法是在原结构构件外增加(大)钢筋混凝土截面, 使之与原结构形成整体, 共同受力, 达到提高构件承载力和满足正常使用要求的加固方法。

一般来说, 加大混凝土截面壁厚较薄, 见图 30-18, 采用喷射混凝土施工更加可行。但当加大截面的混凝土强度等级>C35, 喷射混凝土难于满足要求时, 宜采用支模浇筑混凝土的施工方法。

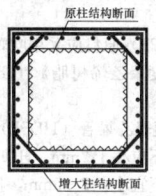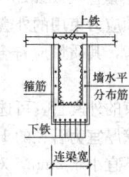

图 30-18 加大钢筋混凝土截面示意图

30.5.8.1 材料与机具

1. 材料

主要材料: 钢筋、混凝土、模板、木方、Φ48×3.5钢管、扣件、型钢柱箍、Φ14及以上规格通丝对拉螺杆等; 钢筋、商品混凝土等工程实体材料应具有质量证明书, 符合设计要求和国家现行规范的规定。

2. 机具

主要机具有錾子、电锤、水钻、钢筋加工机械(切断机、调直机、套丝机等)、木加工机械(电锯、电刨等)、振捣棒、钢钎等。

30.5.8.2 施工方法

1. 工艺流程

基层处理→钢筋制安→模板支设→混凝土浇筑→混凝土养护。

2. 施工要点

(1) 基层处理

对需要加大截面的混凝土构件表面装饰层、抹灰层等剔除干净, 并用錾子凿毛。原结构构件混凝土强度等级较高凿毛困难时, 可以采用打沟槽的方式, 沟槽深度不宜小于 6mm, 间距不大于箍筋间距及 200mm。打掉混凝土棱角, 并除去浮渣和尘土, 以保证新旧混凝土结合良好。

剔凿前应先对增大构件截面外边线(与其他构件相连部位)弹线, 顺线用切割机切至原结构混凝土表层下约 10mm 深, 然后剔毛原结构加大截面的结合部位, 避免剔凿时混凝土崩裂豁缺伤及非加大截面而增大支模难度, 同时减少修复工作。

(2) 钢筋制安

1) 加大截面的纵向受力钢筋, 可采取植筋、锚入加大截面、穿越原结构构件、焊接等多种形式与原结构相连, 应符合设计和现行规范要求。

2) 下料前, 应充分熟悉图纸和既有建筑的现状, 对于贯通纵筋, 要计算钢筋接头的部位并考虑现场连接时的可操作性。受空间限制钢筋机械连接无法实施时, 应满足焊接接头的相关规定。

3) 箍筋批量制作前, 应先进行试套。检查既有结构构件是否妨碍箍筋入位, 如需调整箍筋形式, 应办理设计变更。

4) 施工前, 对原结构构件的实际尺寸、偏差、钢筋位置进行实测实量, 根据设计图纸推算加大截面的钢筋排布, 需要调整时, 需征得设计人员同意。

5) 受既有结构限制, 钢筋接头位置、锚固长度等难以满足现行规范要求时, 要与设计、甲方、监理沟通, 达成一致处理意见。

(3) 模板支设

1) 为了适应加大截面的各种状态和组拼方便, 宜采用木模板。

2) 加大截面加固施工, 截面加大尺寸较小而钢筋较粗, 致使混凝土浇筑振捣尤为困难。当无法实施插入式振捣时, 需要通过敲打模板背楞等措施加强外部振捣, 因此, 模板的强度、刚度、稳定

性比新建工程要求更高。

① 加大混凝土截面柱模板宜用型钢柱箍加通丝螺杆加固, 通丝对拉螺杆规格不应小于Φ14。第一道柱箍离地≤250mm, 其余间距以不大于500mm为宜。外侧设置钢管斜撑加固模板, 斜撑的设置数量根据模板的高度确定, 间距以1~2m为宜。

② 加大混凝土截面墙模板必须设置穿越原结构构件墙体的对拉螺栓, 水平和竖向间距宜≤500mm。当层高较高时, 模板支撑可分别支顶于楼板和顶板上, 以确保支撑稳定。

③ 模板背楞宜比新建工程同类构件的模板背楞适当加密。

3) 竖向构件加大截面的模板宜一次支设到顶。层高较高时, 可在模板侧面沿高度方向每隔2m和水平方向每隔1m留置混凝土浇筑口。浇筑口宜统一规格, 孔口模板做成活动盖板的形式, 待混凝土浇筑至孔口部位, 将孔口模板盖上, 用两道柱箍或钢管背楞锁紧, 防止孔口模板歪斜。根据混凝土的浇筑进程, 从下至上依次封堵浇筑口模板。

(4) 混凝土浇筑

1) 浇筑前用水冲洗并充分润湿表面, 打沟槽的混凝土表面用界面剂进行表面处理。

2) 宜采用自密实混凝土或扩展度大的细石混凝土, 通过试配确定配合比, 混凝土坍落度宜大于 200mm。大面积施工前, 先选择1~2个代表性构件浇筑混凝土, 验证施工方案的可行性, 获取混凝土施工相关数据, 积累经验教训, 为顺利开展大面施工创造条件。

3) 浇筑混凝土前, 先浇筑同强度等级的砂浆封闭墙脚和柱脚, 砂浆铺筑厚度约为 50mm。

4) 混凝土应严格分层浇筑, 每层浇筑高度不宜超过 300mm, 待下层混凝土振捣密实, 方可浇筑上层混凝土。混凝土的振捣可采取内外振捣相结合的方式。当不能进行插入式振捣时, 可从对称的两个面敲击柱箍、背楞等方式加强外部振捣混凝土, 外部振捣严禁直接敲击模板。

5) 混凝土应从顶部浇筑口(或模板两侧浇筑口)对称下料, 见图 30-19。接近板底时, 相邻孔间作为浇筑口和出气口, 加强浇筑口混凝土振捣, 直至出气口混凝土翻浆至与原结构板面平。避免相邻孔口同时浇筑导致模内闭气影响混凝土质量。

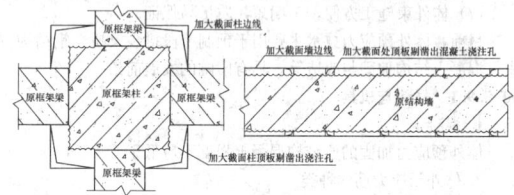

图 30-19 加大截面构件顶板混凝土浇筑的设置

加大截面构件上口顶着梁底时, 宜在结合处设置簸箕口, 混凝土浇筑至突出构件30~50mm, 侧模拆除后剔除多余部分。

6) 施工过程中, 严禁对自密实混凝土或高流动性细石混凝土加水, 避免混凝土离析, 影响混凝土强度。需要添加外加剂时, 应在技术人员指导下进行。

(5) 混凝土养护

加大混凝土截面构件宜包裹(缓拆模板、外包塑料薄膜等)养护, 也可涂刷养护剂养护。包裹应严密, 保湿养护时间不少于 14d。

30.5.8.3 质量控制要点

(1) 合理安排施工顺序, 由底层向顶层组织加固施工。

(2) 严格控制钢筋制作和安装的施工质量, 钢筋连接应符合《混凝土结构设计规范》(GB 50010)及设计要求。

(3) 模板应拼缝严密、支撑牢固, 强度、刚度、稳定性及制作安装质量应满足《混凝土结构工程施工质量验收规范》(GB 50204)的规定。

(4) 混凝土应符合设计要求并有良好的扩展度, 浇筑时禁止加水和擅自添加外加剂, 施工质量应符合《混凝土结构工程施工质量验收规范》(GB 50204)的规定。

(5) 植筋施工应符合《混凝土结构后锚固技术规程》（JGJ 145）及设计要求的相关规定，钻孔过程中严禁切断原受力钢筋，防止留下结构安全隐患。

30.5.9 体 外 预 应 力

体外预应力加固法分为预应力筋（束）加固法和预应力拉杆横向收紧加固法（包括水平拉杆加固法、下撑式拉杆加固法和组合式拉杆加固法）两种。预应力筋（束）加固法是指将经过防腐处理的带有外套管的高强度低松弛钢绞线布置于被加固构件体外，通过千斤顶张拉钢绞线达到加固目的的一种加固方法；预应力拉杆横向收紧加固法通常采用的是 HPB235 级钢筋或 HRB335 级钢筋作为补强拉杆置于被加固构件上，通过人工横向收紧产生预应力而达到加固的目的。

由于预应力拉杆横向收紧加固法施加的预应力值较低，只能用于加固单跨钢筋混凝土梁或屋架，且长期条件下，钢筋松弛后预应力损失较大以及钢筋锈蚀严重等原因使其加固作用减小，近年来在加固工程中很少应用。本节主要介绍体外预应力筋（束）加固法。

近 20 多年来，采用高强度低松弛预应力钢绞线进行体外预应力加固工程的应用较多，其适用范围非常广泛，既可用于预应力桥梁、特种结构和建筑工程结构等新建结构，也可用于既有钢筋混凝土结构、钢结构或其他结构类型的加固与改造等工程。与传统的预应力筋布置于混凝土截面内的体内预应力结构相比，体外预应力筋（束）是布置在结构截面之外的一种预应力筋，通过与结构构件相连的锚固端块和转向块将预应力传递到结构上。

体外预应力束在加固改造工程的应用中具有以下优点：

(1) 能在结构使用期内检测、维护和更换；

(2) 减小结构尺寸，减轻结构自重；

(3) 体外束形简单，一般为折线布置，摩阻损失小；

(4) 由于体外预应力束自身材质的特点可以连续跨布束，加强了结构的整体性；

(5) 提高结构刚度和承载能力，适用于加固不能满足正常使用极限状态和承载能力极限状态的结构；

(6) 由于原有结构梁的强度可以充分利用，且只需要对结构本身进行加固，柱子和基础可以不做加固处理，所以加固费用较低；

(7) 体外束施工方便，工期短，质量易保证。

目前，体外预应力技术主要用于预制节段拼接梁桥、钢结构拉索、混凝土结构加固与改造等，具有广阔的发展前景。

30.5.9.1 材料与机具

1. 混凝土

体外预应力加固的原结构混凝土强度不应低于 C30。

2. 体外预应力筋的种类

(1) 单根有（无）粘结束：带 HDPE（高密度聚乙烯或聚丙烯套管材料，以下简称 HDPE）套管、钢套管或其他套管的单根有（无）粘结束。

(2) 多根有（无）粘结束：带 HDPE 套管、钢套管或其他套管内的多根有（无）粘结束。

(3) 无粘结钢绞线多层防护束：带 HDPE 套管、钢套管或其他材料套管，套管内可采取灌浆与不灌浆两种方式。

(4) 多层防护的热挤聚乙烯成品体外预应力束：工厂加工制作的成品束，包括热挤聚乙烯高强钢丝拉索，热挤聚乙烯钢绞线拉索。

(5) 双层涂塑多根无粘结筋带状束：在单根无粘结筋的基础上，开发的多根并联式双层涂塑预应力筋。

(6) 体外束预应力筋可选用镀锌预应力筋、环氧涂层钢绞线、缓粘结预应力钢绞线、精轧螺纹钢筋和拉杆等。

3. 对体外预应力束的材料要求

(1) 预应力钢材

1) 预应力筋的技术性能应符合现行国家标准，并应附有钢绞线生产厂家提供的产品质量证明文件以及检测报告。

2) 体外预应力束折线筋应按《预应力混凝土用钢绞线》（GB/T 5224）附录 B 偏斜拉伸试验方法确定其力学性能。

3) 设计和施工对体外预应力筋的特殊要求。

(2) 护套（HDPE 用于无粘结和缓粘结预应力筋）

1) 体外预应力束的护套和连接接头应完全密闭防水，护套应能承受 1.0N/mm² 的内压，在使用期内应有可靠的耐久性。

2) 体外预应力束护套应能抵抗运输、安装和使用过程中所受到的各种作用力。

3) 体外预应力束护套的原料应与预应力筋和防腐蚀材料具有兼容性。

4) 体外预应力束护套的原料采用挤塑型高密度聚乙烯树脂，其质量应符合《高密度聚乙烯树脂》（GB/T 1115）的规定。

5) 在建筑工程中，应采取必要防火保护措施，以符合设计要求的耐火性技术指标。

(3) 外套管（HDPE）

体外预应力束用的外套管（HDPE）原料应采用吹塑型高密度聚乙烯树脂，其质量应符合《高密度聚乙烯树脂》（GB/T 1115）的规定。

体外束的外套管，可选用高密度聚乙烯管（HDPE）或镀锌钢管。钢管壁厚宜为管径的 1/40，且不应小于 2mm。HDPE 管壁厚：对波纹管不宜小于 2mm，对光圆管不宜小于 2～5mm，且应具有抗紫外线功能。

体外束的外套管应同时满足上述护套（HDPE）要求。

(4) 防腐蚀材料

无粘结预应力钢绞线束多层防腐蚀体系由多根平行的无粘结预应力筋组成，外套高密度聚乙烯管或镀锌钢管，管内应采用水泥灌浆或防腐油脂保护。体外束的防腐蚀材料应符合下列要求：

1) 对于水泥基浆体材料，其原浆浆体的质量要求应符合现行国家标准《混凝土结构工程施工质量验收规范》（GB 50204）的规定，且应能填满外套管和连续包裹无粘结预应力筋的全长，并使气泡含量最小。

2) 专用防腐油脂的质量要求符合《无粘结预应力筋专用防腐润滑脂》（JG 3007）的规定。

3) 采用防腐化合物如专用防腐油脂等填充管道时，除应遵守有关标准规定的温度和内压外，在管道和防腐化合物之间，因温度变化发生的效应不得对钢绞线产生腐蚀作用。

4) 工厂制作的体外预应力束防腐蚀材料，在加工制作、运输、安装和张拉等过程中，应能保持稳定性、柔性和无裂缝，并在所要求的温度范围内不流淌。

5) 防腐蚀材料的耐久性能指标应能满足体外预应力束所处的环境类别和相应设计使用年限的要求。

4. 对选择锚固体系的要求

(1) 体外束的锚固体系、在锚固区体外束与锚固装置的连接符合下列规定：

1) 体外束的锚固体系应按使用环境类别和结构部位等设计要求选用，可采用后张锚固体系或体外束专用锚固体系，其性能应符合《预应力筋用锚具、夹具和连接器》（GB/T 14370）的规定。

体外预应力锚具应满足分级张拉及调束补张拉预应力筋的要求；对于有整体调束要求的钢绞线夹片锚固体系，可采用外螺母支撑承力方式调束；对处于低应力状态下的体外束，对锚具夹片应设防松装置；对于有更换要求的体外束，应采用体外束专用锚固体系，且应在锚具外预留预应力筋的张拉工作长度。

2) 体外束应与承压板相垂直，其曲线段的起始点至张拉锚固点的直线段长度不宜小于 600mm。

3) 在锚固区附近体外束最小曲率半径宜按表 30-21 适当增大采用。

(2) 对于有灌浆要求的体外预应力体系，体外预应力锚具或附件上宜设置灌浆孔或排气孔。灌浆孔的孔位及孔径应符合灌浆工艺要求，且应有与灌浆管连接的构造。

(3) 体外预应力锚具应有完善的防腐蚀构造措施，且能满足结构工程的耐久性要求。

5. 钢构件制作质量要求

(1) 钢构件由钢板焊接而成，钢板材质和焊接的等级应符合设计要求。

(2) 为保证钢构件制作的质量，应选择在工厂加工，钢板切割

采用切板机切割，机床成孔。采用机械加工工艺能确保钢构件的材质不受影响。

（3）焊接工艺宜采用气体保护焊，按有关要求选择焊条。在锚固端的钢构件由于尺寸小，宜采用手工焊接，为确保焊缝的质量，应进行熔透焊。在跨中和张拉端的钢构件尺寸较大，焊接的钢板数量又多，可采用间隔焊但必须采取工艺措施（如临时焊接支架）以减小焊接变形。

6. 结构胶

用于生根的结构锚固胶应能在潮湿环境下施工和固化，并能确保螺栓锚固生根连接可靠，其胶体性能达到30.5.5"混凝土钻孔植筋"所要求的"植筋锚固用胶粘剂安全性能指标"表30-14中A级胶的标准。

7. 机具设备

主要机具设备见表30-20。

主要机具设备表   表 30-20

序号	设备名称	单位	用　　途
1	钢筋探测仪	台	探测钢筋位置
2	静力钻孔机	台	混凝土上打孔
3	电焊机	台	点焊螺母
4	磨光机	台	磨平混凝土表面
5	千斤顶、油泵、压力表	套	张拉设备
6	电线盘（220V）、电线盘（380V）	套	张拉、切割
7	倒链	个	张拉用
8	水准仪	台	测量用
9	砂轮切割机	台	用于切割钢绞线
10	百分表	套	计量用
11	台称	台	配胶计量用
12	通信设备	台	张拉通话用

30.5.9.2 体外预应力混凝土结构构造

1. 一般规定

（1）体外预应力体系包括可更换束和不可更换束两大类。可更换束又包括整体更换和套管内单根换束两种。对整体更换的体外束，在锚固端和转向块处，体外束套管应与结构分离，以方便更换体外束。对套管内单根换束的体外束预应力筋与套管应能够分离。

（2）体外束的锚固区除进行局部受压承载力计算外，尚需对锚固区与主体结构之间的抗剪承载力进行验算；转向块需根据体外束产生的垂直分力和水平分力进行设计，并考虑转向块的集中力对结构局部受力的影响，以保证将预应力可靠地传递至主体结构。

（3）对于荷载变化以活载为控制因素的情况，加固体外预应力束的张拉控制应力不宜过大，需要对体外预应力束张拉施工阶段进行验算。

（4）体外预应力转向块处曲率半径 R 不宜小于表30-21的最小曲率半径 R_{min}。

体外束最小曲率半径 R_{min} 表 30-21

钢绞线束	最小曲率半径 R_{min}（m）
7 Φ^s15.2（12 Φ^s12.7）	2.0
12 Φ^s15.2（19 Φ^s12.7）	2.5
19 Φ^s15.2（31 Φ^s12.7）	3.0
37 Φ^s15.2（55 Φ^s12.7）	5.0

（5）体外束及其锚固区应进行防腐蚀保护，并应符合相关的防火设计规定。

2. 体外预应力束布置

（1）根据结构设计需要，体外预应力束可选用直线、双折线或多折线布置方式，见图30-20。

体外预应力束布置应使结构对称受力，对矩形或工字形截面梁，体外束应布置在梁腹板的两侧；对箱形截面梁，体外束应布置在梁腹板的内侧。

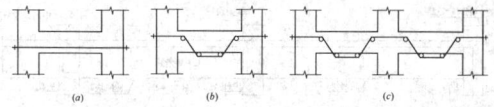

图 30-20　体外预应力束布置
（a）直线形；（b）双折线形；（c）多跨双折线形

（2）体外预应力束的锚固点，宜位于梁端的形心线以上。对多跨连续梁采用多折线多根体外束时，可在中间支座或其他部位增设锚固点。

（3）对多折线体外束，弯折点宜位于距梁端1/4~1/3跨度范围内。体外束锚固点与转向块之间或两个转向块之间的自由端长度不应大于8m；超过该长度时宜设置防振动装置。

（4）体外束在每个转向块处的弯折角不应大于15°。体外束与鞍座的接触长度由设计计算确定。

（5）体外预应力束与转向块之间的摩擦系数 μ 可按表30-22取值。

转向块处摩擦系数 μ 表 30-22

体外束套管	μ 值
镀锌钢管	0.20~0.25
HDPE 塑料管	0.15~0.20
无粘结预应力筋	0.08~0.12

3. 体外预应力体系构成

体外预应力体系有单根无粘结钢绞线体系、多根有粘结预应力筋体系、无粘结钢绞线束多层防腐蚀体系等，可根据结构特点、体外束作用、防腐蚀要求等选用。

体外预应力体系主要有以下部分构成：

（1）体外预应力束主体（包括预应力筋材料、单层或多层外套管及防腐材料等）；

（2）体外预应力锚固系统（包括锚具、连接器、中间锚具及锚固系统的防护构造等）；

（3）体外预应力转向块节点及转向器构造或装置；

（4）体外预应力束的减振装置与定位构造。

4. 体外预应力构造要求

（1）混凝土箱形梁

混凝土箱形梁体外预应力的构造，见图30-21。

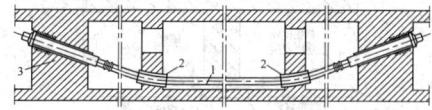

图 30-21　箱形梁体外束布置构造
1—预应力束及套管；2—转向块；3—锚固端

1）体外束的锚固端宜设置在梁端隔板或腹板外凸块处，应保证传力可靠，且变形符合设计要求。

2）体外束的转向块可采用通过隔梁、肋梁或独立的转向块等形式实现转向。转向块处的钢套管鞍座应预先弯曲成型，埋入混凝土中。

3）对可更换的体外束，在锚固端和转向块处与结构相连的鞍座套管应与外套管分离且相对独立。

（2）混凝土框架梁加固

1）体外束锚固端设置在柱两侧的边梁上，再传至框架柱上；转向块设置在框架梁两侧的次梁底部，利用U形钢卡箍上的圆钢实现转向，见图30-22。

在靠近预应力梁端，设计一个用膨胀螺栓（或高强度螺栓）锚固在混凝土梁上的钢制转向装置，使体外束由斜向转为水平向。

2）体外束锚固端应采用钢板箍或钢板块传递预应力。在框架梁底横向设置双悬臂的短钢梁，并在钢梁底焊有圆钢带圆弧曲面的转向块。

5. 体外预应力锚固区

（1）体外束的锚固区应保证传力可靠且变形符合设计要求。

（2）混凝土梁加固用体外束的锚固端可采用下列构造：采用现

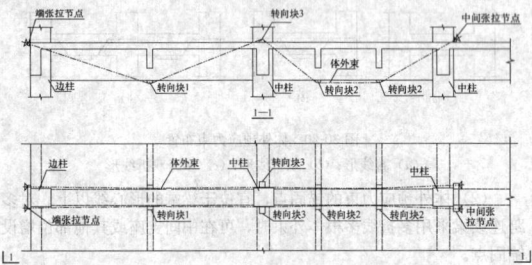

图 30-22 框架梁单根体外束布置构造

浇混凝土将预应力传至混凝土梁或楼板上；采用梁侧牛腿将预应力直接传至混凝土梁上；采用钢板箍或钢板块将预应力传至框架柱上；采用混凝土或钢垫块先将预应力传至端横梁，再传至框架柱上，见图 30-23 和图 30-24。

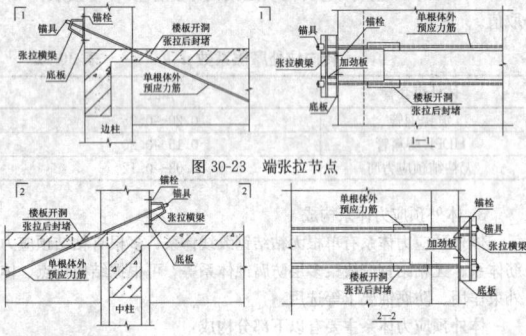

图 30-23 端张拉节点

图 30-24 中间张拉节点

6. 体外预应力转向块

体外束的转向块应能保证将预应力可靠地传递给结构主体，可采用独立转向块或结合横向次梁设置转向块。构成转向块的钢板、半圆钢、锚栓和厚壁钢套管应在计算基础上确定规格和连接构造。转向块处的鞍座（或厚壁钢套管）预先弯曲成形并应保证体外束的转向角度和最小曲率半径。转向块构造示例图，见图 30-25～图 30-28。

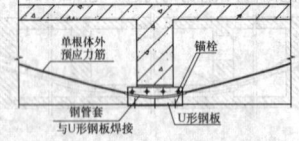

图 30-25 转向块 1 做法示意图

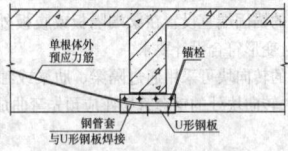

图 30-26 转向块 2 做法示意图

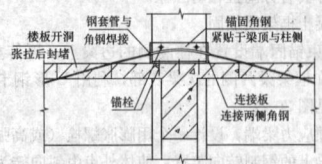

图 30-27 转向块 3 做法示意图

7. 体外预应力防腐与减振器安装施工

（1）体外束体防腐系统包括预应力筋的防腐和锚固区防腐。

（2）预应力筋的防腐方法见表 30-23。

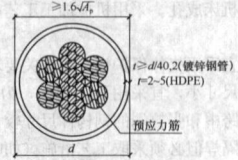

图 30-28 体外束外套管要求
注：A_p 为预应力筋总面积（含 PE 护套）

预应力筋的防腐方法   表 30-23

种 类	防腐方法	示 意 图
无套管	单根无粘结预应力筋（单层 PE）	 防腐油脂　PE 护套　预应力筋
无套管	单根无粘结预应力筋（双层 PE）	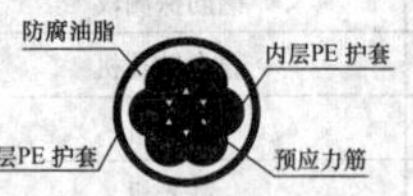 防腐油脂　内层 PE 护套　外层 PE 护套　预应力筋
	成品索	专业公司产品
有套管	预应力筋＋套管	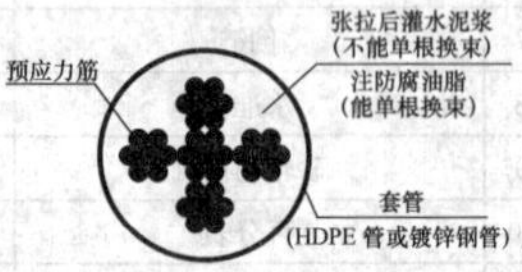 张拉后灌水泥浆（不能单根换束）注防腐油脂（能单根换束）预应力筋　套管（HDPE 管或镀锌钢管）
有套管	无粘结预应力筋＋套管	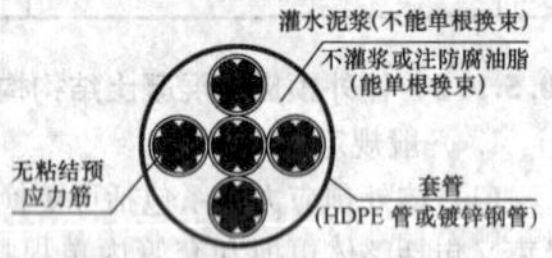 灌水泥浆（不能单根换束）不灌浆或注防腐油脂（能单根换束）无粘结预应力筋　套管（HDPE 管或镀锌钢管）

（3）对于有套管的预应力筋，套管内壁应光滑，张拉时不损伤预应力筋及其防护层，并能抵抗运输、安装和使用过程中的各种作用，其性能及壁厚应符合图 30-28 的要求。

（4）对于无套管的预应力筋，预应力筋与转向块的鞍座（或厚壁钢套管）直接接触，转向鞍座（或厚壁钢套管）应平整，以确保张拉时不损伤预应力筋及其防护层。

（5）多根无粘结预应力筋组成的体外束锚固区防腐构造示例见图 30-29。

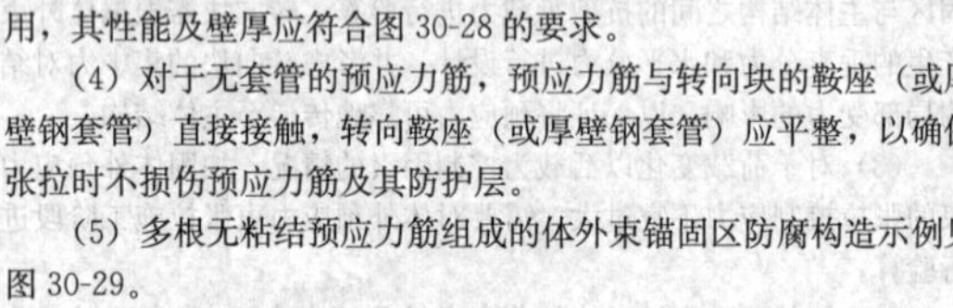

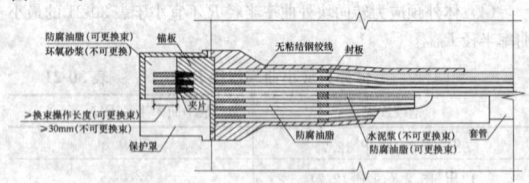

图 30-29 无粘结预应力钢绞线束锚固区防腐蚀体系示意图

（6）体外束设外套管且采用水泥灌浆时，如采用无粘结，宜在灌浆后进行张拉施工；如采用有粘结预应力筋，需在张拉结束后灌浆。

（7）体外束体防护完成后，按设计要求的预定位置安装体外束体减振器，固定减振器的支架与主体结构应有可靠的固定。

30.5.9.3 施工方法

1. 体外预应力施工注意事项

（1）混凝土结构的体外预应力加固设计应与施工方法紧密结合，采取有效措施，合理选用预应力筋、锚固方式、张拉方式等，

保证受力合理、施工方便；并应避免对未加固部分以及相关的结构和构件造成不利影响。

(2) 体外束制作应保证束体的耐久性等要求。当有防火要求时，应涂刷防火涂料或采取其他可靠防火措施。防火涂料技术性能应符合《钢结构防火涂料》(GB 14907) 的规定。

(3) 体外束外套管的安装应保证连接平滑和完全密封防水，束体线形和安装误差应符合设计和施工要求。在穿束过程中应防止束体护套受到机械损伤。

(4) 在混凝土梁加固工程中，体外束锚固端的孔道可采用静态开孔成型。在箱梁底板加固工程中，体外束锚固块的做法可开凿底板植入锚筋、绑扎钢筋和锚固件，再浇筑端块混凝土。

(5) 在转向块鞍座出口处进行倒角处理形成圆弧曲面，避免预应力体外束出现尖锐的转折或受到损伤；转向块的偏转角制造误差应小于 1.2°，安装误差应控制在 ±5% 以内，否则应采用可调节的转向块。

(6) 布置在梁两边体外束，应对称张拉和保证受力均匀，以免梁发生侧向弯曲或失稳。

(7) 体外束的张拉应保证构件对称均匀受力，必要时可采取分级循环张拉方式。在构件加固中，如体外束的张拉力小，也可采用横向张拉或机械调节方式。

(8) 在钢结构中，张拉端锚垫板应垂直于预应力筋中心线，与锚垫板接触的钢管与加劲肋端切口的角度应准确，表面应平整。锚固区的所有焊缝应符合《钢结构设计规范》(GB 50017) 的规定。

(9) 钢结构中施加的体外预应力，应验算施工过程中的预应力作用，制定可靠的张拉工序，并经设计人员确认。

(10) 如果无粘结预应力筋平行，并在转向块处有传力装置，则可以将钢丝线张拉到 10% 抗拉强度标准值后进行灌浆，该体系允许逐根张拉无粘结预应力筋。若采取措施将单根无粘结预应力筋定位，也可以在张拉后向孔道内灌水泥浆进行防腐保护。

(11) 体外束在使用过程中完全暴露于空气中，应保证其耐久性。对刚性外套管，应具有可靠的防腐蚀性能，在使用一定时期后应重新涂刷防腐涂料；对高密度聚乙烯等塑料外套管，应保证长期使用的耐久老化性能，并允许有必要时予以更换。

(12) 体外束的锚具应设置全密封防护罩。对不可更换的体外束，可在防护罩内灌注水泥浆或其他防腐蚀材料；对可更换的束应保留必要的预应力筋长度，在防护罩内灌注油脂或其他可清洗掉的防腐蚀材料。

(13) 为防止预应力钢绞线弹伤伤人，未拆捆的钢绞线应放在牢固的放线架中，然后拆除包装，进行下料。

(14) 新建体外预应力结构工程中，体外束的锚固区和转向块应与主体结构同时施工。预埋锚固件与管道的位置和方向应符合设计要求，混凝土必须精心振捣，保证密实。

(15) 体外束施工除遵守上述规定外，尚应符合设计、施工及现行国家与行业标准的有关规定。

2. 工艺流程

施工准备→定位放线→钻孔→钢构件与混凝土连接界面剔凿、打磨和清理→试安装钢构件→预应力束的制作和防护处理→安装钢构件→预应力筋穿束、锚具安装→预应力筋张拉→隐蔽验收→张拉端端部处理→对钢构件、锚具防腐处理→张拉端端部的钢构件、锚具封闭→检查验收。

3. 操作要点

(1) 施工准备

1) 搭设操作平台，操作平台面距离梁底 1.2~1.5m。

2) 距离梁边 300mm 范围内的设备、管道及阻碍预应力束通过的障碍应拆除并清理干净。

3) 根据设计图纸和施工方案的要求对原结构梁、柱、板构件的轴线尺寸进行实测。

4) 如发现原混凝土梁柱截面破损严重，应进行核算并经设计人员确认后采取补强措施。

5) 落实所有预应力钢材、钢构件、螺栓安排采购和加工制作、验收、运输、现场临时存放点。

6) 锚固体系和转向器、减振器的验收与存放。

7) 准备好体外预应力束安装设备。

8) 准备好已经标定的张拉设备。

9) 准备好灌浆材料与设备等。

(2) 定位放线

1) 在钻孔前应清除装饰层，露出密实结构基层。

2) 根据结构竣工图或钢筋探测仪器探查钻孔部位原有混凝土结构内钢筋分布情况。

3) 按设计图纸要求在施工面划定钻孔位置，孔径一般大于钢筋直径 (d) 6~10mm 或由设计选定。

4) 但若结构上存在受力钢筋，钻孔位置可适当调整 (宜在 4d 范围内)，但对梁、柱均宜在箍筋 (或分布筋) 内侧或由设计确定。

5) 钻孔位置标明后由现场负责人验线。

(3) 高强度螺栓钻孔

1) 根据螺栓直径选定钻头和机械设备。

2) 采用水钻成孔操作时，严格按照定位放线的位置钻孔，并保证钻杆的平直度。

3) 孔径、孔深需经验收合格后方可进行下一步施工。

(4) 钢构件与混凝土连接的界面剔凿、打磨和清理

1) 所有与钢构件连接的混凝土表层剥落、空鼓、蜂窝、腐蚀等劣化部位应予以凿除，对于较大面积的劣质层在凿除后，用清水冲洗润湿，用环氧砂浆进行修复。

2) 对于露筋的混凝土表面，需用钢丝刷将钢筋表面除锈，再剔除松动的混凝土，用清水冲洗润湿，用环氧砂浆进行修复。

3) 必要时，混凝土梁柱裂缝部分应进行封闭或灌浆处理。

4) 用混凝土角磨机、砂纸等工具除去混凝土表面的浮浆、油污等杂质，与钢构件连接界面的混凝土要打磨平整，表面的凸起部位要磨平，为安装钢构件做好准备。

5) 用吹风机将混凝土表面及高强螺栓孔内粉灰、杂物清理干净并保持干燥。

(5) 试安装钢构件

1) 钢构件安装要经过试安装阶段。将螺栓放入孔道内，检验螺栓孔位是否合适，以及钢构件安装后高度是否满足设计要求。在这两种条件均能满足的条件下进行钢构件的安装。

2) 根据试安装结果将钢构件配对情况逐一记录，并在钢构件上做好标记，以便正确安装。

(6) 预应力束的制作及防护处理

1) 体外预应力筋的制作

① 为使预应力束在受荷后组成的各根钢绞线均匀受力，制束下料时应尺寸精确、等长。

② 下料设备采用砂轮切割机进行下料。

③ 每根钢绞线之间保持相互平行，防止互相扭结。

2) 体外预应力筋的耐腐蚀的防护

① 在单根无粘结预应力筋外包裹 1.5mm 厚高密度聚乙烯 HDPE 塑料护套。

② 多根预应力筋平行组成一束后，每隔 1m 同样用高强粘胶带缠绕扎紧，束外再采用 HDPE 塑料外套管包裹，管与预应力束间的空隙用专用的无粘结油脂或水泥基浆料填充。

③ 预应力筋在套管就位以后，用防水胶带封堵两端部位，以防油脂溢出。

(7) 安装钢构件

1) 锚固螺栓安装

① 用电动钢丝刷或人工钢丝刷清除螺栓表面的锈蚀、油污及灰尘。

② 使用前将螺栓锚固部用丙酮或酒精清洗干净。

③ 螺丝段用塑料管套保护好。

2) 配胶和螺栓植锚

锚固胶的配置和螺栓植锚参 30.5.5 "混凝土钻孔植筋" 施工工艺及要求。

3) 安装钢构件

① 待结构胶凝固后，根据试安装钢构件的配对记录表，将钢构件对应就位，两人配合施工，注意调整好钢构件角度，放入垫片和螺母并拧紧。

② 个别钢构件与混凝土之间如有空隙要用砂浆填塞密实。

(8) 预应力筋穿束、锚具安装

1) 安装顺序。从低点到高点，预应力束依次通过各钢构件节点。

2) 调整。预应力束就位后，需对束位进行调整，以满足设计图纸的要求。调整的重点在跨中和弯折钢构件节点，要让预应力束与钢构件形成线接触，避免点接触。

3) 安装锚具。预应力束就位后，立即复核图纸尺寸，留出两端张拉设备需要的长度，打紧张拉端锚具夹片，避免预应力束下滑造成返工或安全事故。

(9) 预应力筋张拉

1) 预应力张拉前标定张拉设备

张拉设备采用相应的千斤顶和配套油泵。根据设计和张拉工艺要求的实际张拉力对千斤顶、油泵进行标定。所用压力表的精度不宜低于1.4级。

2) 张拉控制应力

预应力筋的张拉控制应力应符合设计要求。施工中如需超张拉，可比设计规定提高5%，但其最大张拉控制应力：钢丝、钢绞线不得超过$0.65f_{ptk}$，精轧螺纹钢筋不得超过$0.65f_{pyk}$。

锚具下口建立的最大预应力值：对于预应力钢丝和钢绞线不宜大于$0.60f_{ptk}$，对于精轧螺纹钢筋不宜大于$0.6f_{pyk}$。

3) 预应力束张拉采用"应力控制、伸长值校核"法，每束预应力筋在张拉以前先计算理论伸长值和控制压力表读数作为施工张拉的依据。实际伸长值与计算伸长值之差应控制在+6%至−6%以内，如发现异常，应暂停张拉，待查明原因，采取措施后再继续张拉。

4) 计算伸长值 Δl

体外预应力筋的计算伸长值 Δl 可按式（30-2）、式（30-3）计算：

$$\Delta l = \frac{P \cdot l}{A_p \cdot E_s} \quad (30\text{-}2)$$

$$P = P_j \left(\frac{1 + e^{-(kx + \mu\theta)}}{2} \right) \quad (30\text{-}3)$$

式中 P——预应力筋平均张拉力，取张拉端拉力 P_j 与计算截面扣除孔道摩擦损失后的拉力平均值；

l——预应力筋的实际长度。

5) 张拉操作要点

① 张拉设备安装

钢绞线体外束安装预紧就位后，使用大吨位千斤顶对体外束进行整体张拉；或采用两次张拉法，即采用小型千斤顶逐根张拉的方式，再进行整体调束张拉到位。

② 预应力张拉

油泵启动供油正常后，开始加压，当压力达到设计拉力时，超张拉3%，然后停止加压，完成预应力张拉。张拉时，要控制给油速度，给油时间不应低于0.5min。

③ 张拉时，千斤顶应与承压板垂直，高压油管不能出现死弯现象。

④ 张拉操作现场10m范围内不应有闲杂人员，防止预应力筋滑落和油管崩裂伤人。

⑤ 张拉作业时，在任何情况下严禁站在预应力束端部正后方位置。操作人员严禁站在千斤顶后部。在张拉过程中，不得擅自离开岗位。张拉操作工人必须持证上岗，其他操作人员必须经过专业培训上岗。

6) 预应力张拉测量记录

由于张拉控制应力较低，为避免测量伸长值过大误差，初始张拉力可提高到20%σ_{con}作用下的长度作为原始长度。张拉前测量预应力筋端头至承压板的长度 L_1，并作记录，然后安装千斤顶，启动油泵进行预应力筋的张拉，张拉力达到设计值后退出千斤顶，测量预应力筋端头至承压板的长度 L_2，并作记录，L_2 与 L_1 之差即为实际伸长值。

7) 预应力同步张拉的控制措施

张拉时每根预应力筋都在两端同时张拉，需要多台千斤顶同时张拉，因此控制张拉的同步是保证结构受力均匀的重要措施。控制张拉同步按如下步骤进行：首先在张拉前调整预应力筋的长度，使露出的长度相同，即初始张拉位置相同。第二在张拉过程中将每级张拉力在张拉过程中再次细分为若干小级，在每小级中尽量使千斤顶给油速度同步，在张拉完成每小级后，所有千斤顶停止给油，测量预应力筋的伸长值。如果同一束体两侧的伸长值不同，则在下一级张拉时候，伸长值小的一侧首先张拉出这个差值，然后通知另一端张拉人员再进行张拉。如此通过每一个小级停顿调整的方法来达到整体同步的效果。

(10) 隐蔽验收

按预应力张拉施工顺序每张拉至一定数量孔数后，及时组织有关人员进行验收合格后，方可进行下一步施工。

(11) 张拉端端部处理

1) 经隐检验收合格后，用手提式砂轮切割机切割掉锚具外多余的钢绞线，外露长度不小于30mm。

2) 在锚具的外侧面安装防松板通过螺栓与锚具紧密相连。确保锚具中的夹片在任何情况下不会产生松动或脱落。

3) 按设计要求所有螺栓上的螺母与钢件必须点焊3点。点焊中注意保护预应力筋和高密度聚乙烯塑料套管。

(12) 对钢构件、锚具防腐处理

对外露的钢构件、锚具，应按设计要求进行防腐处理。

(13) 张拉端端部的钢构件、锚具封闭

1) 在两端的张拉端端部根据钢构件外尺寸加工木盒并支模。

2) 用C35微膨胀混凝土浇捣密实进行封闭。

30.5.9.4 质量控制要点

1. 质量检验标准

工程质量应符合《无粘结预应力混凝土结构技术规程》（JGJ 92）、《钢结构工程施工质量验收规范》（GB 50205）、《建筑工程预应力施工规程》（CECS 180）、《混凝土结构后锚固技术规程》（JGJ 145）、《混凝土结构工程施工质量验收规范》（GB 50204）的有关规定。

2. 质量要求

(1) 对预应力钢绞线的检验及要求

1) 进场检查，对进场的预应力钢绞线，应按照《预应力混凝土用钢绞线》（GB/T 5224）标准规定，检验其力学性能。按《无粘结预应力钢绞线》（JG 161）和《无粘结预应力筋专用防腐润滑脂》（JG 3007）标准规定检查预应力筋外包层材料和内灌油脂的质量。

2) 铺设检查，检查预应力筋的下料长度和其摆放位置的准确性和牢固程度是否满足设计和规范要求。铺设完后的两端头外露长度应满足张拉设备及配件的需要。

(2) 对预应力筋用锚、夹具的质量检验

锚、夹具的质量检验应按《预应力筋用锚具、夹具和连接器》（GB/T 14370）执行。

(3) 对钢构件的安装质量要求及检查

1) 钢构件的检验按《钢结构工程施工质量验收规范》（GB 50205）执行。钢材应有出厂质量证明，并进行化学、机械性能复试。焊缝应进行超声波探伤。

2) 钢构件在工厂加工完毕，经厂方检验合格后，方可运到现场。

3) 钢构件到场后经验收后才能进行安装。

(4) 对锚固件的质量检查

1) 严格按使用说明书使用胶料，计量要准确，按照比例用台秤称量，配胶由专人负责，搅拌要均匀（用搅拌器），配好胶后要在规定时间内用完。

2) 钻孔深度、孔径、螺栓处理、配胶等严格按设计要求及材料、工艺要求进行专人验收，合格后方可进行下步施工。

3) 在施工现场同种环境下做抗拔试验，抗拔力应达到设计要求。

4) 结构胶配料时禁止有水漏入胶桶内。容器应清洁。

5) 确保养护质量，保证养护天数。

6) 锚固件施工质量应符合《混凝土结构后锚固技术规程》(JGJ 145) 的有关规定。

(5) 对张拉设备的检验

张拉设备的检验期限，正常使用不宜超过半年。新购置和使用过程中发生异常情况的张拉设备，要及时进行配套检验，并应有标定检验报告。

(6) 对预应力张拉的质量检验

预应力部分施工质量应符合《混凝土结构工程施工质量验收规范》(GB 50204) 和《无粘结预应力混凝土结构技术规程》(JGJ 92) 的有关规定。

30.5.10　混凝土裂缝压力灌浆

既有混凝土结构的裂缝修补时根据现场调查、检测和分析，对裂缝起因、属性和类别进行判断，并根据裂缝的发展程度、所处的位置与环境，对受检裂缝可能造成的危害等作出鉴定，确定修补方法。

混凝土结构的裂缝通常分为：静止裂缝、活动裂缝和尚在发展的裂缝，其中，活动裂缝和尚在发展的裂缝通常需对裂缝观察一段时间，待裂缝发展稳定后，按静止裂缝的处理方法进行修补。

为延长结构实际使用年数，保持结构的完整性，恢复结构的使用功能的需要，常用的裂缝修补方法分为：表面封闭法、柔性密封法、压力注浆法。

表面封闭法：主要针对 $\omega \leqslant 0.3$ mm 的混凝土表层微细独立裂缝或网状裂纹，采用具有良好渗透性的修补胶液进行封闭处理。

柔性密封法：适用于处理 $\omega \geqslant 0.5$ mm 的活动裂缝和静止裂缝，沿裂缝走向骑缝凿出 U 形沟槽，用改性环氧树脂或弹性填缝材料充填，并粘贴纤维复合材料封闭表面。

压力注浆法：适用于 0.05 mm $\leqslant \omega \leqslant 1.5$ mm 的独立裂缝、贯穿性裂缝以及蜂窝状局部缺陷，以一定的压力将修补裂缝用的裂缝修补胶或注浆料压入裂缝腔内处理大型结构贯穿性裂缝、大体积混凝土的蜂窝状严重缺陷以及深而蜿蜒的裂缝内进行补强和封闭。

对因结构承载力不足而产生的裂缝，除对混凝土构件进行裂缝压力注浆的修补外，还要采用必要的加固方法进行结构加固。

混凝土裂缝自动压力灌浆技术是最常用的压力注浆裂缝修补方法。混凝土裂缝自动压力灌浆技术是混凝土裂缝灌浆领域包括材料、机具、施工的一项综合技术，能够针对既有建筑的混凝土静止裂缝 0.05 mm $\leqslant \omega \leqslant 2$ mm 进行处理。根据低压注入和毛细原理，依靠自动压力灌浆器的弹簧压力，将配套的灌浆树脂自动注入混凝土微细裂缝或空鼓孔洞部位中，使之充填完全并粘结牢固，实现裂缝修补。混凝土自动压力灌浆技术操作简便，裂缝封堵效果直观，灌浆树脂及其配套材料抗腐蚀及耐久性能极佳，不影响原构件尺度和外观，是应用较多的结构裂缝修补方法之一。

30.5.10.1　材料和机具

1. 材料

主要材料有裂缝修补胶、裂缝注浆料、封缝胶、混凝土界面剂、酒精、丙酮等。

(1) 裂缝修补胶

混凝土裂缝修补胶是以低黏度改性环氧类胶粘剂配制的、用于填充、封闭混凝土裂缝的胶粘剂，也称裂缝修补剂。适用于定压注射器注胶和机控压力注胶。当有可靠的工程经验时，也可用其他改性合成树脂替代改性环氧树脂进行配制。若工程要求恢复开裂混凝土的整体性和强度时，应使用高粘结性结构胶配制的具有修复功能的裂缝修补胶（剂）。

裂缝修补胶的使用，要根据工艺要求和低黏度胶液的可灌注性以及其完全固化后所能达到的粘结强度选择，其安全性能指标应符合表 30-24 的要求。

(2) 裂缝注浆料

混凝土裂缝注浆料是一种高流态、塑性的、采用压力注入的修补裂缝材料，一般分为改性环氧类注浆料和聚合物改性水泥基类注浆料，适用于机控压力注浆。在既有结构加固工程中应用的注浆料，必须具有不分层、不分化、固化收缩极小、体积稳定的物理特性和粘结特性。

1) 混凝土裂缝用注浆料工艺性能要求应符合表 30-25 的要求。

裂缝修补胶（剂）安全性能指标　　表 30-24

检验项目		性能指标	试验方法标准
胶体性能	钢—钢拉伸抗剪强度标准值（MPa）	≥10	GB/T 7124
	抗拉强度（MPa）	≥20	GB/T 2567
	受拉弹性模量（MPa）	≥1500	GB/T 2567
	抗压强度（MPa）	≥50	GB/T 2567
	抗弯强度（MPa）	≥30，且不得呈脆性（碎裂状）破坏	GB/T 2567
不挥发物含量（固体含量）		≥99%	GB/T 14683
可灌注性		在产品使用说明书规定的压力下能注入宽度为 0.1mm 的裂缝	现场试灌注固化后取芯样检查

注：当修补目的仅为封闭裂缝修补，而不涉及补强、防渗的要求时，可不做可灌注性检验。

混凝土裂缝用注浆料工艺性能要求　　表 30-25

检验项目		注浆料性能指标		试验方法标准
		改性环氧类	改性水泥基类	
密度（g/cm³）		>1.0		GB/T 13354
初始黏度（mPa·s）		≤1500		
流动度（自流）	初始值（mm）	—	≥380	GB/T 50448
	30min 保留率（%）	—	≥90	
竖向膨胀率	3h（%）	—	≥0.10	GB/T 50448
	24h 与 3h 之差值（%）	—	0.02～0.20	GB/T 50119
23℃下 7d 无约束线性收缩率（%）		≤0.10		HG/T 2625
泌水率（%）		—	≥0	GB/T 50080
25℃测定的可操作时间（min）		≥60	≥90	GB/T 7123
适合注浆的裂缝宽度（ω）		1.5mm＜ω ≤3.0mm	3.0mm＜ω ≤5.0mm 且符合产品说明书规定	

2) 聚合物改性水泥基类注浆料其安全性能指标应符合表 30-26 的要求。改性水泥基注浆料中氯离子含量不得大于胶凝材料质量的 0.05%。

修补裂缝用聚合物水泥注浆料安全性能指标　　表 30-26

检验项目		性能或质量指标	试验方法标准
浆体性能	劈裂抗拉强度（MPa）	≥5	GB 50367 附录 G
	抗压强度（MPa）	≥40	GB/T 2567
	抗折强度（MPa）	≥10	GB 50367 附录 H
注浆料与混凝土的正拉粘结强度（MPa）		≥2.5，且为混凝土破坏	GB 50367 附录 F

(3) 封缝胶

沿裂缝表面涂刮，对裂缝表面进行封闭，材料性能及工艺要求见表 30-27；

裂缝封缝胶材料性能　　表 30-27

材料名称	配比	用量	工艺	性能特点
快干型封缝胶	100:(2～5)	沿缝刮一道	按配合比拌匀甲乙组分，立即封缝和粘底座，刮严实，确保缝封死、底座粘牢。封缝胶配现用，每次不超过 200g，夏季乙组分适当减少	硬化快，5～20min 固化；强度高、粘结牢，封缝的 1～3h 后即可进行压力灌浆

续表

材料名称	配比	用量	工艺	性能特点
高强封缝胶	单组分	0.5kg/m²密闭	一般基层如混凝土、抹灰砂浆、涂料墙面可直接涂刮于裂缝表面；对表面有粉处的基层如批刮腻子层、石膏砌块、石膏条板或油漆等特殊面层应先作适当处理，根据不同基层选择石膏板板渗刷或混凝土界面处理剂等涂刷一道，然后再涂刮封缝胶。封缝胶干燥后可在上面再涂料或其他装饰	高弹封缝胶系单组分青状体，开盖即用，涂刮时不流淌下坠，手感舒适，操作自如，与基层有良好附着力

2. 机具

自动压力灌浆器是一种袖珍式、可对混凝土微细裂缝进行自动灌浆注入的新型工具，该机轻便灵巧，不用电、无噪声、操作简便，有以下两种型式，见图30-30。该机配有灌浆底座、灌浆连接头（注浆嘴）、灌浆堵头、灌浆软管等配件。灌浆器擦拭干净后能够重复使用。在灌浆时根据裂缝长度可数个或数十个同进并用，不断注入注浆料，并可用肉眼直接观察和确认注入情况，质量易于保证与控制。

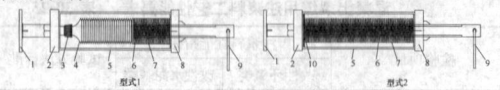

图30-30　自动压力灌浆器构造
1—底座；2—前盖；3—连接头；4—软管；5—筒体；
6—拉杆；7—弹簧；8—后盖；9—拉环；10—橡胶垫

30.5.10.2　施工方法

1. 施工准备

（1）现场准备

搭设施工操作平台。沿结构构件裂缝方向两侧各约100mm范围内将所有装饰层全部剔除干净，露出坚实的骨料新面，并将表面清理干净；对裸露的混凝土构件进行全面检查，观察裂缝状况及分布情况，调查结构概况、裂缝产生原因及发展情况，确定并标注裂缝深度，核实混凝土厚度，检查有无漏水、泛白情况；用10倍放大镜对裂缝宽度进行测量并标注在裂缝上方，如有贯穿裂缝要注明。

（2）基底处理

沿裂缝方向清除裂缝表面的灰尘、浮渣等，然后用空气压缩机将裂缝内的灰尘吹出，并把裂缝表面清理干净，必要时用棉丝蘸酒精擦洗表面；对于表面收缩裂缝及露筋等现象，采用修补砂浆进行封闭修复处理，并将修复砂浆表面刮平光；将修复、打磨过的混凝土表面清理干净并保持干燥。对潮湿或有水的基层涂刷界面剂，使基层干燥不透水。

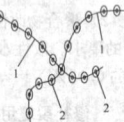

图30-31　裂缝底座安设示意图
1—裂缝；2—底座

2. 压力灌浆

（1）配料

根据裂缝宽度和修补要求选择注浆料，并根据注浆料的甲、乙组分按重量配比倒进混合容器，搅拌至颜色均匀，随配随用，一次配胶量不宜超过500g，以40～50min用完为宜。

（2）封闭裂缝，安设底座

根据裂缝情况选择注浆口位置，一般选在容易注入的部位，如裂缝较宽处、裂缝分支汇合处等，注浆口距离相隔200～400mm为宜，裂缝越细，注浆口距离越短，并在裂缝交汇处、裂缝转角处需留设注胶口。在注浆口位置贴上普通布带。对于板、梁、柱等构件的贯穿裂缝需在构件两侧留设注浆口，且交错布置。裂缝底座安放位置见图30-31。

将调好的封缝胶涂于裂缝表面，用刮刀刮严，确保裂缝完全封闭，封缝胶厚度为1mm左右，宽度为20～30mm。揭掉预留孔的胶带，用封缝胶将底座粘于进胶口上，底座的圆孔一定要与裂缝的注浆口对准。每米裂缝留出1～2个底座作为排气孔及出浆口，水

平裂缝留在两端末梢裂缝较细的部位。待封缝胶完全干燥后，即可开始注浆。

（3）裂缝注胶

将灌浆器安设到底座上，放松弹簧，利用弹簧压力自动注浆。一般竖向裂缝按从下向上顺序，水平裂缝按从一端向另一端顺序，灌胶时从一个底座开始注入，待第二个注浆底座流出胶后为止，然后将第一个底座进胶嘴堵死，再从第二个注胶底座注入，如此顺序进行。

待灌浆器软管中浆液基本进入裂缝，应更换灌浆器，补充注入，直至裂缝充满。当注浆量超过理论值时，进胶速度明显减慢至几乎不再进胶，且出浆口有浆液流出，说明裂缝已充满，这时用堵头将出胶口堵严，灌浆器保持注浆状态以防浆液倒流，待浆液初凝，可卸下灌浆器。24h内不得扰动注胶底座，2～3d后可拆除底座，剔除高出基层的封缝胶，恢复基层原状。

（4）贯穿裂缝注浆

对于楼板出现的贯穿裂缝，应对板底用封缝胶进行封闭，并留设少量出浆口，以便观察注浆效果，板面留设注浆口做法同常规裂缝处理，注浆从板上部进行，注浆时观察板面及板底的出浆口出浆情况。对于混凝土梁、柱等构件出现的贯通裂缝，需在裂缝两侧留设注浆口，且交错布置，注浆从构件两侧同时进行，至注浆饱满。

30.5.10.3　质量控制要点

1. 质量要求

（1）注浆料、封缝胶应符合材料质量要求。裂缝注浆料进场时，应认真阅读产品使用说明书，检查其品种、型号、出厂日期及出厂检验报告等相关资料；当有恢复截面整体性要求时，尚应对其安全性能和工艺性能进行见证抽样复验。

（2）改性环氧类注浆料的双组分浆液，使用时按重量比使用。一定要搅拌均匀，搅拌后立即注入，随配随用。

（3）每条裂缝必须留设排气孔或出浆口，否则无法灌浆。灌浆时应肉眼观察浆液注入情况，确保裂缝灌注密实。对于宽度均匀的裂缝采用同一种型号的即可完成，在宽度差距较大时，应将不同型号的注浆料配合起来使用，以使不同缺陷的部位都得以饱满合理的填充。

（4）封缝工序必须确保质量，如有漏浆部位要及时封堵。

（5）操作工人必须经过培训，施工前先做样板，验收合格后方可大面积施工。

（6）对于结构承载力不足、处于运动和不稳定扩展状态的裂缝，应先考虑加固和补救措施后，方可采用压力灌浆法进行修补。

2. 裂缝修补检测

（1）当加固设计为恢复结构的使用功能，提高其防水、抗渗能力，混凝土裂缝修补完成，胶粘材料到达7d固化期时，可用浇注压力水观察或蓄水观察的方法进行检验，蓄水观察以蓄水24小时不渗漏为合格；也可立即采用超声波法或取芯法进行检测，当采用超声波探测时，其测定的浆体饱满度不应小于90%；当采用取芯法时，钻芯前应先通过探测避开钢筋，在裂缝中部随机钻取直径D不小于50mm的芯样，检查芯样裂缝是否被胶体填充密实、饱满、粘结完整。

（2）当加固设计对修补混凝土结构裂缝有补强要求时，应当在胶粘材料到达7d固化期时，立即采取钻取芯样进行检验，钻孔位置应取得设计同意，芯样检验采用劈裂抗拉强度测定方法。当检验结果符合下列条件之一时判为符合设计要求：

1）沿裂缝方向施加的劈力，其破坏发生在混凝土内部；

2）破坏虽有部分发生在界面上，但这部分破坏面积不大于破坏面总面积的15%。

30.5.11　钢筋阻锈剂

钢筋阻锈剂是通过电化学腐蚀过程使钢筋表面的钝化膜保持稳定或能在钢筋表面形成保护膜，以阻止或减缓钢筋锈蚀，实现提高钢筋混凝土结构耐久性、延长其使用寿命的有效措施的化学物质。对既有钢筋混凝土结构、构件，在其表面使用具有渗透性、密封性和滤除有害物质功能的外涂型钢筋阻锈剂，能很好地实现减缓钢筋锈蚀和对锈蚀损坏的修复，延长既有钢

筋混凝土结构、构件的使用年限。掺加内掺型钢筋阻锈剂的混凝土或砂浆用于对既有钢筋混凝土结构进行修复。在下列情况下，应进行阻锈处理：

(1) 结构安全性鉴定发现下列问题之一时：

1) 承重构件混凝土的密实性差，且已导致其强度等级低于设计要求的等级两档以上；

2) 混凝土保护层厚度平均值不足《混凝土结构设计规范》(GB 50010) 规定值的 75%；或两次抽检结果，其合格点率均达不到《混凝土结构工程施工质量验收规范》(GB 50204) 的规定；

3) 锈蚀探测表明内部钢筋已处于"有腐蚀可能"状态；

4) 重要结构的使用环境或使用条件与原设计相比，已显著改变，其结构可靠性鉴定表明这种改变有损于混凝土构件的耐久性。

(2) 未作钢筋防锈处理的露天重要结构、地下结构、文物建筑、使用除冰盐的工程以及临海的重要工程结构；

(3) 委托方要求对已有结构、构件的内部钢筋进行加强防护时。

30.5.11.1 钢筋阻锈剂分类

(1) 按使用方式分类，见表 30-28。

按使用方式分类　　　　　　表 30-28

分类	使用方式	适用部位
内掺型	作为外加剂掺入混凝土或砂浆	混凝土构件外增作混凝土保护层或修复
外涂型	通过渗透作用进入混凝土构件内部，到达钢筋表面	所有混凝土构件

混凝土结构钢筋的防锈，宜采用外涂型钢筋阻锈剂。对掺加氯盐、使用除冰盐和海盐以及受海水侵蚀的混凝土承重结构加固时，必须采用外涂型钢筋阻锈剂，并在构造上采取措施进行补救。外涂型钢筋阻锈剂主要有喷涂、刷涂、滚涂等操作方法。

(2) 按作用方式，分为烷氧基类和氨基类，见表 30-29。

按作用方式分类　　　　　　表 30-29

烷氧基类钢筋阻锈剂		氨基类钢筋阻锈剂	
检验项目	合格指标	检验项目	合格指标
外观	透明、琥珀色液体	外观	透明、微黄色液体
浓度	0.88g/mL	相对密度 (20℃时)	1.13
pH 值	10~11	pH 值	10~12
黏度 (20℃时)	0.95MPa·s	黏度 (20℃时)	25MPa·s
烷氧基复合物含量	≥98.9%	氨基复合物含量	>15%
硅氧烷含量	≤0.3%	氯离子含量 Cl⁻	无
挥发性有机物含量	<400g/L	挥发性有机物含量	<200g/L

(3) 按形态分类，分为粉剂型和水剂型。内掺型钢筋阻锈剂有粉剂型和水剂型两种，外涂型钢筋阻锈剂主要为水剂型。见表 30-30。

按形态分类　　　　　　　　表 30-30

性能＼形态	粉剂型	水剂型
外观	灰色粉末	微黄透明液体
pH 值	中性	7~9
密度	—	≥1.23
细度①	≥20%	—

注：① 细度指筛孔净空 0.246mm 筛余百分率。

水剂型钢筋阻锈剂可混入拌合水使用，同时应扣除与所加液体钢筋阻锈剂等量的水。

粉剂型钢筋阻锈剂可干拌，也可拌入拌合水中使用，需延长拌合时间不少于 3min，在保持同流动度的条件下适当减少。

(4) 按化学成分分类，见表 30-31。

按化学成分分类　　　　　　表 30-31

分类	主要成分	作用
阳极型	亚硝酸钙、亚硝酸钠、铬酸钠、重铬酸钠、硼酸钠、硅酸钠、磷酸钠、苯甲酸钠、二氧化锡、钼酸钠等	缓解钢筋腐蚀
有机型	高级脂肪酸胺、羧酸盐类、磷酸盐类、锌盐、乙二胺、二甲基乙醇胺、乙基马来酰亚胺、氨基甲酸胺、羟基磷酸胺、黄原酸盐、季磷盐、亚磷酸二环己胺、有机胺类、有机表面活性剂等	缓解钢筋腐蚀，使用安全
复合型	通过渗透作用，进入到混凝土内部到达钢筋表面	将两种缓蚀剂组合使用，可以显著提高阻锈效果

阳极型钢筋阻锈剂当在氯离子浓度大到一定程度时会产生局部腐蚀和加速腐蚀，所以，对混凝土承重结构破损界面的修复，不得在新浇筑的混凝土中采用以亚硝酸盐类为主成分的阳极型钢筋阻锈剂。

30.5.11.2 材料与设备

1. 钢筋阻锈剂的选用

(1) 按照环境对钢筋和混凝土材料的腐蚀机理，将钢筋混凝土结构所处环境分为五类，见表 30-32。

环境类别　　　　　　　　　表 30-32

环境类别	名称	腐蚀机理
Ⅰ	一般环境	保护层混凝土碳化引起钢筋锈蚀
Ⅱ	冻融环境	反复冻融导致混凝土损伤
Ⅲ	海洋氯化物环境	氯盐引起钢筋锈蚀
Ⅳ	除冰盐等其他氯化物环境	氯盐引起钢筋锈蚀
Ⅴ	化学腐蚀环境	硫酸盐等化学物质对混凝土的腐蚀

注：一般环境指无冻融、氯化物和其他化学腐蚀物质作用的环境。

(2) 环境对钢筋混凝土结构的作用程度采用环境作用等级表达，环境作用等级的划分见表 30-33。

环境作用等级　　　　　　　表 30-33

环境类别＼环境作用等级	A 轻微	B 轻度	C 中度	D 严重	E 非常严重	F 极端严重
一般环境	Ⅰ-A	Ⅰ-B	Ⅰ-C	—	—	—
冻融环境	—	—	Ⅱ-C	Ⅱ-D	Ⅱ-E	—
海洋氯化物环境	—	—	Ⅲ-C	Ⅲ-D	Ⅲ-E	Ⅲ-F
除冰盐等其他氯化物环境	—	—	Ⅳ-C	Ⅳ-D	Ⅳ-E	—
化学腐蚀环境	—	—	Ⅴ-C	Ⅴ-D	Ⅴ-E	—

(3) 对于既有钢筋混凝土结构工程，按照以下规定选用钢筋阻锈剂：

当混凝土保护层因钢筋锈蚀失效时，宜选用掺加内掺型钢筋阻锈剂的混凝土或砂浆进行修复。

当环境作用等级为 Ⅲ-E、Ⅲ-F、Ⅳ-E 时，应采用外涂型钢筋阻锈剂。

当环境作用等级为 Ⅲ-C、Ⅲ-D、Ⅳ-C、Ⅳ-D 时，宜采用外涂型钢筋阻锈剂。

当环境作用等级为 Ⅰ-A、Ⅰ-B、Ⅰ-C 时，可采用外涂型钢筋阻锈剂。

当环境作用等级为 Ⅲ-C、Ⅲ-D、Ⅳ-C、Ⅳ-D、Ⅰ-A、Ⅰ-B、Ⅰ-C，且存在下列情况之一时，应采用外涂型钢筋阻锈剂：

1) 混凝土的密实性差；

2) 混凝土保护层厚度不满足《混凝土结构工程施工质量验收规范》(GB 50204) 的规定；

3) 锈蚀检测表明内部钢筋已处于有腐蚀可能的状态；

4) 结构的使用环境或使用条件与原设计相比，发生显著改变，且结构可靠性鉴定表明这种改变会导致钢筋锈蚀而有损于结构的耐久性。

(4) 钢筋阻锈剂的性能指标应符合表 30-34 的规定，其技术指标根据环境类别确定，并应根据使用方式不同，分别符合表 30-35

和表 30-36 的规定。

外涂型钢筋阻锈剂的性能指标   表 30-34

检验项目	合格指标	检验方法标准
氯离子含量降低率	≥90%	JTJ 275
盐水浸渍试验	无锈蚀，且电位为 0～－250mV	YB/T 9231
干湿冷热循环试验	60 次，无锈蚀	YB/T 9231
电化学试验	电流小于 150μA，且破坏检查无锈蚀	YBJ 222
现场锈蚀电流检测	喷涂 150d 后现场测定的电流降低率≥80%	GB 50367

注：对亲水性的钢筋阻锈剂，宜在增喷附加涂层后测定其氯离子含量降低率。

内掺型钢筋阻锈剂的技术指标   表 30-35

环境类别	检验项目		技术指标	检验方法
I、III、IV	盐水浸烘环境中钢筋腐蚀面积百分率		减少 95% 以上	JGJ/T 192
	凝结时间差	初凝时间	－60～＋120min	GB 8076
		终凝时间		
	抗压强度比		≥0.9	
	坍落度经时损失		满足施工要求	
	抗渗性		不降低	GB/T 50082
III、IV	盐水溶液中的防锈性能		无腐蚀发生	JGJ/T 192
	电化学综合防锈性能		无腐蚀发生	

注：1. 表中所列盐水浸烘环境中钢筋腐蚀面积百分率、凝结时间差、抗压强度比、抗渗性均指掺加钢筋阻锈剂混凝土与基准混凝土的相对性能比较；
2. 凝结时间差技术指标中的"－"号表示提前，"＋"号表示延缓；
3. 电化学综合防锈性能试验仅适用于阳极型钢筋阻锈剂。

外涂型钢筋阻锈剂的技术指标   表 30-36

环境类别	检验项目	技术指标	检验方法
I、III、IV	盐水溶液中的防锈性能	无腐蚀发生	JGJ/T 192
	渗透深度	≥50mm	
III、IV	电化学综合防锈性能	无腐蚀发生	

注：电化学综合防锈性能试验仅适用于阳极型钢筋阻锈剂。

2. 机具

常用机具为秤、滚子、喷雾器、钢丝刷、空压机等。

30.5.11.3 施工方法

1. 内掺型钢筋阻锈剂

（1）施工准备

对于既有建筑应先剔除结构已被腐蚀、污染或中性化的混凝土层，暴露出混凝土结构基层。采用除锈剂或钢刷清除钢筋表面锈层。

混凝土配合比设计采用工程使用的原材料，当使用水剂型钢筋阻锈剂时，混凝土拌合水中要扣除钢筋阻锈剂中含有的水量。混凝土在浇筑前，要确定钢筋阻锈剂对混凝土初凝和终凝时间的影响。

（2）内掺型钢筋阻锈剂施工

当损坏部位较小、修补较薄时，宜用砂浆进行修复；当损坏部位较大、修补较厚时，宜采用混凝土进行修复。

根据加固构件的设计尺寸支设模板，并留设进浆口。按照普通混凝土施工要求浇筑掺有钢筋阻锈剂的混凝土。

混凝土或砂浆的搅拌、运输、浇筑和养护执行《混凝土质量控制标准》（GB 50164）的规定。

（3）加入钢筋阻锈剂的钢筋混凝土技术性能见表 30-37（参考《钢筋混凝土阻锈剂》JT/T 537）。

加入钢筋阻锈剂的钢筋混凝土技术性能表   表 30-37

项　　目			技术性能
钢　筋	耐盐水浸渍性能		无腐蚀
	耐腐蚀性能		无腐蚀
混凝土	凝结时间差	初凝	－60～＋120min
		终凝	
	抗压强度比	7d	
		28d	＞0.90

注：1. 表中所列数据为掺钢筋阻锈剂混凝土与基准混凝土的差值或比值。
2. 凝结时间指标："－"表示提前，"＋"表示延缓。

2. 外涂型钢筋阻锈剂

（1）施工准备

1）拆除原有的装饰层，露出原混凝土结构基层。

2）基底处理：

①对混凝土表层出现剥落、疏松、蜂窝、腐蚀、露筋、孔洞等劣化现象部位，先将劣化部位剔除，露出坚实的混凝土基层后，用专用的混凝土修补料进行修补。

②对外露并已经锈蚀的钢筋，先采用钢丝刷对钢筋进行除锈后，再用修补料进行修补。

③清除混凝土表面的粉尘、油污、涂料、脏物等，可用高压水枪彻底清洁，在干燥、清洁的基层涂刷将达到最佳效果。

（2）外涂型钢筋阻锈剂施工

先根据设计要求及拟涂刷的面积，确定涂刷用量。在清理后的混凝土结构基层进行涂刷。涂刷前，混凝土龄期不少于 28d，局部修补的混凝土，其龄期不少于 14d。根据现场实际选择采用喷涂、刷涂及滚涂方法进行施工，直至浸透。并根据基层实际状况采用不同的涂刷遍数。当需要多遍涂刷时，宜在前一遍涂刷干燥后再进行。每一遍喷涂后，均要采取防止日晒雨淋的措施。施工完成后，宜覆盖薄膜养护 7d。

30.5.11.4 质量控制要点

（1）钢筋阻锈剂进场必须有产品合格证、产品使用说明、出厂检验报告和性能检测报告，并经现场见证取样复试合格后方可施工。同一进场、同种型号的钢筋阻锈剂，每 50t 应作为一个检验批，不足 50t 的应作为一个检验批。每检验批的钢筋阻锈剂应至少检验一次。验收合格后密封避光存放。

（2）基底处理应符合技术要求，并经现场验收合格后方可施工。

（3）钢筋阻锈剂应连续、均匀涂刷，不得漏刷和少刷，并根据设计要求保证用量。

（4）室外施工应避免雨天及大风天气，在阳光直射下应采取遮阳措施，混凝土表面温度应控制在 5～45℃范围内。

（5）工具和容器使用前应保持干燥，施工完后应立即用清水清洗干净。

（6）在每次涂刷前，将涂刷部位对施工人员进行明确交底，当日完成交底部位的所有构件的涂刷，涂刷部位干燥后由检查人员确认后进行标注，并形成施工记录。

（7）对露天工程或在腐蚀性介质的环境中使用亲水性阻锈剂时，需要在构件表面增喷附加涂层进行封护。

（8）外涂型钢筋阻锈剂的检测：通过对既有混凝土结构喷涂阻锈剂前后量测其内部钢筋锈蚀电流的变化，对该阻锈剂的阻锈效果进行评估。

1）评估用的检测设备和技术条件应符合下列规定：

①应采用专业的钢筋锈蚀电流测定仪及相应的数据采集分析设备，仪器的测试精度应能达到 $0.1\mu A/cm^3$。

②电流测定可采用静态化学电流脉冲法（GPM），也可采用线性极化法（LPM）。当为仲裁性检测时，应采用静态化学电流脉冲法。

③仪器的使用环境要求及测试方法应按厂商提供的仪器使用说明书执行，但厂商必须保证该仪器测试的精度能达到使用说明书规定的指标。

2）测定钢筋锈蚀电流的取样规则应符合下列规定：

①梁、柱类构件，以同规格、同型号的构件为一检验批。每批构件的取样数量不少于该批构件总数的 1/5，且不得少于 3 根；每根受检构件不应少于 3 个测值；

②板、墙类构件，以同规格、同型号的构件为一检验批。至少每 200m³（不足者按 200m³ 计）设置一个测点，每一测点不应少于 3 个测值；

③露天、地下结构以及临海混凝土结构，取样数量应加倍；

④测量钢筋中的锈蚀电流时，应同时记录环境的温度和相对湿度。条件允许时，宜同步测量半电池电位、电阻抗和混凝土中的氯离子含量。

3）喷涂阻锈迹效果的评估应符合下列规定：

① 应在喷涂阻锈剂150d后，采用同一仪器（至少应采用相同型号的测试仪）对阻锈处理前测试的构件进行原位复测。其锈蚀电流的降低率应按式（30-4）计算：

$$锈蚀电流的降低率 = \frac{I_0 - I}{I_0} \times 100\% \quad (30-4)$$

式中　I——150d后的锈蚀电流平均值；
　　　I_0——喷涂阻锈迹前的初始锈蚀电流平均值。

② 当检测结果达到下列指标时，可认为该工程的阻锈处理符合本规范要求，可以重新交付使用：

a. 初始锈蚀电流$\geq 1\mu A/cm^2$ 的构件，其 150d 后锈蚀电流的降低率不小于80%；

b. 初始锈蚀电流$< 1\mu A/cm^2$ 的构件，其 150d 后锈蚀电流的降低率不小于50%。

30.5.12　钢绞线网片—聚合物砂浆复合面层

钢绞线网片—聚合物砂浆复合面层加固法是指在被加固混凝土构件表面固定高强钢丝绳网片，并用聚合物砂浆粘合，形成具有整体性复合截面的直接加固法。它通过提高原构件的配筋量，外加层与原构件共同受力，协调变形，从而达到结构补强的效果。

钢绞线网片—聚合物砂浆复合面层加固法适用于钢筋混凝土梁、板、墙、柱构件的加固，对钢筋混凝土梁和柱的外加层采用三面或四面围套构造，见图 30-32、图 30-33；对板和墙采用单面或对称的双面外加层构造，见图 30-34、图 30-35。

图 30-32　四面围套的外加层　　　图 30-33　三面围套的外加层

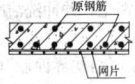　　　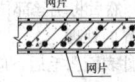

图 30-34　单面外加层　　　　　图 30-35　外加层

钢绞线网片—聚合物砂浆复合面层加固法施工便捷，外加层对结构外观和形状影响不大，有技术优势，但限于加固机理和加固层材料的原因，被加固混凝土结构的长期使用环境温度不应高于60℃，现场检测被加固构件的混凝土强度等级不得低于C15。

30.5.12.1　材料与机具

1. 材料要求

（1）钢绞线网片由高强度钢丝绳和卡口经工厂专门制作而成，高强度钢绞线分高强度不锈钢绞线和高强度镀锌钢绞线两种。

高强度不锈钢丝含碳量应不大于 0.15%，硫、磷含量均应不大于 0.025%；高强度镀锌钢丝硫、磷含量均应不大于 0.03%。高强度镀锌钢丝的锌层重量及镀层质量应符合《钢丝镀锌层》（GB/T 15393）对 AB 级的规定。高强度不锈钢绞线和高强度镀锌钢绞线的强度标准值、设计值应符合表 30-38 的要求。

高强度不锈钢绞线和高强度镀锌钢绞线的物理性能　　　　　　　表 30-38

种类	符号	高强度不锈钢绞线			高强度镀锌钢绞线		
		钢绞线公称直径(mm)	抗拉强度标准值(MPa)	抗拉强度设计值(MPa)	钢绞线公称直径(mm)	抗拉强度标准值(MPa)	抗拉强度设计值(MPa)
6×7 +IWS	ϕ_r	2.4~4.0	1800	1100	2.5~4.5	1650	1050
			1700	1050		1560	1000
1×19	ϕ_s	2.5	1560	1050	2.5	1560	1100

钢绞线网片的外观质量：钢绞线网片表面不得有油污，钢绞线应无裂纹、无死折、无锈蚀、无机械破损、无散开束，卡口由钢绞线同品种钢材制作，应无开口、脱落，网片的主筋与横向筋间距均匀。

（2）聚合物砂浆是指掺有改性环氧乳液或其他改性共聚物乳液的高强度水泥砂浆，主要品种有改性环氧类聚合物砂浆、改性丙烯酸酯共聚物乳液配制的聚合物砂浆和乙烯—醋酸乙烯共聚物配制的聚合物砂浆等。

聚合物砂浆按照强度分为Ⅰ级和Ⅱ级，物理性能应分别符合表 30-39 的要求。

聚合物砂浆的物理性能　　　　　　表 30-39

检验项目 砂浆等级	劈裂抗拉强度(MPa)	正拉粘结强度(MPa)	抗折强度(MPa)	抗压强度(MPa)	钢套筒粘结抗剪强度标准值(MPa)
Ⅰ 级	≥7.0	≥2.5，且为混凝土内聚破坏	≥12	≥55	≥12
Ⅱ 级	≥5.5		≥10	≥45	≥9

聚合物砂浆内严禁含有氯化物和亚硝酸盐成分；配置砂浆的聚合乳液，其挥发性有机化合物和游离甲醛含量应满足《民用建筑工程室内环境污染控制规范》（GB 50325）的要求。

（3）界面处理剂：一般为聚合物砂浆配套使用的乳液，经界面处理剂处理过的基层能够增强聚合物砂浆与混凝土表面的粘结力。

（4）配套材料：指端部拉环、固定钢绞线网片的专用金属胀栓、U 形卡具以及界面保护砂浆等。界面保护砂浆是当被加固结构表面有防火要求时，对外加层进行防护的材料。

（5）材料储运保管与检验：储运时注意防潮，避免和化学物质及有机溶剂等有害物质接触。不同品种、规格、等级的产品应分别存放。进场材料应有出厂合格证、检测报告、耐火检验报告和用于验证主材间及配套材料间匹配加固效果的型式检验报告，进场材料应按规定取样复试。端部拉环、专用金属胀栓、U 形卡具应在使用前逐个进行外观检查。

2. 施工机具

主要有手持电钻、钢绞线网紧线器、钢丝剪、砂浆搅拌器，抹灰常用工具，剔凿清理用簪子、锤子、钢丝刷、毛刷、小型空压机、手持电动打磨机、高压水枪等。

30.5.12.2　施工方法

1. 施工准备

（1）对原构件的装饰现状和基本结构状况进行全面细致勘察，编制加固施工方案。

（2）按照施工方案搭设操作架，安装垂直运输机械，准备机械设备和工具，接通水源、电源，根据施工图纸提出材料计划，明确材料的规格、数量、进场日期和验收标准。

2. 工艺流程

定位放线→混凝土基层打磨修补处理→钢绞线网片固定→基层浮尘清理→涂刷界面剂→聚合物砂浆分层抹压→湿润养护。

3. 操作要点

（1）放线定位

核对加固构件与设计图纸尺寸的偏差，无误后，按图纸要求放线定位，确定加固范围。

（2）基层处理

清除加固构件的装饰层，露出混凝土结构基层，对有锈蚀的钢筋进行除锈，修补混凝土的缺陷，对光滑坚实的混凝土表面凿毛，将表面的粉尘吹干净。

（3）钢绞线网片的安装

1）钢绞线网片下料：确定钢绞线网片规格时，应量测被加固构件的实际尺寸，根据钢绞线绷紧时长度变化造成的施工余量、设计要求的网片搭接和端头网片错位锚固的构造要求以及每个网片易于安装等综合因素确定。钢绞线网片应有加工配料单，各种形状和规格的钢绞线网片应加以编号。

对钢绞线进行剪裁时钢绞线断口处的钢丝不得散开。

2) 钻孔：按照设计要求在适当位置钻孔，打孔时应注意避让构件原有钢筋和预埋管线，避免或减少损伤原结构。端部锚栓进入被加固结构深度应不小于 60mm，其他锚栓进入被加固结构深度应不小于 40mm。对局部修补的混凝土表面，必须在修补材料具有强度后再打孔，以免破坏基层。

3) 钢绞线网固定：根据绷网的部位进行绷网方向的确认，一般平行于主受力方向的钢绞线在加固面外侧，垂直于主受力方向的钢绞线在加固面内侧。固定网片前，先在网片的主筋端部安装拉环，相邻两根钢绞线可共用一个拉环，作为一个固定点，拉环要扎紧钢绞线头，每个拉环的夹裹力一致，安装后仔细检查每个拉环，如有松动或脱落进行更换。先安装网片一端，将专用金属锚栓穿过端部拉环锤击至已钻好的孔中，U 形卡具卡在锚栓顶部和拉环之间，避免网片滑落，固定好后，用紧线器拉紧钢绞线另一端，绷网的松紧程度以用手推压受力钢绞线松开后无任何弯曲变形发生，或用手握紧相邻两根钢绞线有弹性为宜，张紧后用专用金属锚栓将其固定在结构另一端，在网片的纵横线交叉空格处用专用金属胀栓和 U 形卡具固定，固定点呈梅花形布置，间距应符合设计要求，安装完的网片应平直、不低垂，网线间距均匀，纵横向垂直。

钢绞线网片外保护层厚度不应小于 10mm，钢绞线网片与构件表面的空隙宜在 4～5mm，施工时可视实际情况于网片和基层之间放置同品种聚合物砂浆预制垫块。

(4) 基层清理养护

用压缩空气和水交替冲洗混凝土表面，被加固构件表面应保持湿润干净，喷水养护至少 24h 后进行界面剂施工。

(5) 界面剂施工

基层养护完成后即在基层和片上涂刷界面剂，界面剂按产品说明书要求配置，搅拌均匀，随用随配，涂刷之前，基层表面不得有明水，界面剂应涂刷均匀。

(6) 聚合物砂浆抹灰

聚合物砂浆配制：按产品说明中配合比要求配制聚合物砂浆，砂浆存放时间不得超过 30min，每次搅拌的砂浆不宜过多，应随用随配。

第一层聚合物砂浆抹灰：一般在界面剂涂刷后 1h 内抹第一遍聚合物砂浆。施工时应使用铁抹子用力赶压密实，使聚合物砂浆透过网片与被加固构件基层紧密结合，第一遍抹灰厚度不宜过厚，以基本覆盖网片为宜，抹灰后，表面应拉毛，为下层抹灰做好准备。

后续聚合物砂浆抹灰：后续抹灰应在前次抹灰初期硬化时进行，后续抹灰的分层厚度不超过 6mm 为宜，抹灰要求挤压密实，使前后抹灰层紧密结合，直至设计厚度，表面用铁抹子抹平、压实、压光。

(7) 养护

常温下，聚合物砂浆施工完毕 6h 后，采用严密包裹塑料布保湿养护措施，养护时间为 7～14h，在养护期间加固部位严禁扰动。聚合物砂浆层未达到硬化状态时，不得浇水养护或直接受雨水冲刷。特殊情况的养护应参照设计要求或产品说明书要求进行。

30.5.12.3 质量控制要点

(1) 操作人员应持证上岗，施工单位应有加固资质及相应的施工经验，应严格按照设计图纸和有关规范进行操作，保证施工质量。

(2) 不得使用主成分及主要添加剂成分不明的聚合物砂浆，不得使用无出厂合格证、无标志或未经进场检验的材料。

(3) 原构件表面处理、钢绞线网片安装、聚合物砂浆抹灰，对各关键工序施工的质量及时进行检查，每道工序施工前应先做样板，验收合格后方可大面积施工，检验批验收合格后，方可进行下道工序施工。对存在的问题做到早发现、早处理。

(4) 不宜在雨天及 5 级以上大风中进行聚合物砂浆抹灰，冬期施工时，施工温度应在 5℃ 以上，且基层表面温度应保持 0℃ 以上；夏季应采取措施防止烈日暴晒，气温不应高于 35℃，做好保湿养护工作。

(5) 预留管道孔洞应事先明确定位，严禁在后期施工切断钢绞线。

(6) 钢绞线—聚合物砂浆复合面层加固工程的质量检验标准，

可按界面处理、钢绞线网片安装、聚合物砂浆面层施工三个分项工程进行质量验收，检验项目可参照《钢筋焊接网混凝土结构技术规程》(JGJ 114)、《建筑装饰装修工程质量验收规范》(GB 50210)和《建筑结构加固工程施工质量验收规范》(GB 50550)的基本规定执行。

30.5.13 绕丝加固

绕丝加固法是在梁柱构件外表面按一定间距连续、均匀缠绕经退火后的钢丝，然后在构件表面喷射或浇筑混凝土的加固方法，可以提高被加固构件的承载力，约束构件斜裂缝发展。

30.5.13.1 材料与机具

1. 材料

主要材料有退火钢丝、钢筋、混凝土、焊接材料、植筋用胶粘剂、钢筋除锈剂等。

2. 机具

主要有剔凿清理用錾子、锤子、钢丝刷、毛刷、空压机、高压水枪、手持电动打磨机、手持电钻、电焊机、混凝土喷射机、靠尺等。

30.5.13.2 施工方法

1. 工艺流程

基层处理→剔除局部混凝土→界面处理→绕丝施工→混凝土面层施工→混凝土养护。

2. 施工要点

(1) 基层处理

清除加固构件的装饰层，露出混凝土结构基层。对有锈蚀的钢筋进行除锈，修补混凝土的缺陷，对光滑坚实的混凝土表面凿毛，錾击为尖锐、突出部位，但应保持其粗糙状态，将表面的松动的骨料和粉尘清除干净。

(2) 剔除局部混凝土

按设计的规定，凿除绕丝、焊接部位的局部混凝土保护层。其范围和深度大小以能进行焊接作业为度；对矩形截面构件，尚应凿除其四周棱角进行圆化处理；圆化半径不宜小于 40mm，且不应小于 25mm。然后将绕丝部位的混凝土表面凿毛，并冲洗洁净。

(3) 界面处理

原构件表面凿毛后，应按设计要求涂刷结构界面胶(剂)，界面胶(剂)的性能和质量应符合《建筑结构加固工程施工质量验收规范》(GB 50550)的规定，涂刷工艺和涂刷质量应符合产品说明书的要求。

(4) 绕丝施工

绕丝前，应采用多次点焊法将钢丝、构造钢筋的端部焊牢在原构件纵向钢筋上。若混凝土保护层较厚，焊接构造钢筋时可在原纵向钢筋上加焊短钢筋作为过渡。

绕丝应连续，间距应均匀，在施力绷紧的同时，每隔一定距离用点焊加以固定。绕丝的末端也应与原钢筋焊牢。绕丝焊接固定完成后，尚应在钢丝与原构件表面之间未绷紧的部位打入钢片以楔紧。

(5) 浇筑、喷射混凝土面层

1) 混凝土浇筑前涂刷同等级水泥浆或界面剂，或提前 24h 浇水，将原构件表面润湿。

2) 混凝土面层的施工，可选用喷射法或浇筑法，宜优先采用喷射法施工。钢丝的保护层厚度不应小于 30mm。

3) 采用喷射法施工时，其施工要点参见 30.5.7 "喷射混凝土"，采用浇筑法施工时，其施工要点参见 30.5.8 "加大混凝土截面加固"。

(6) 混凝土养护

加固构件宜包裹(缓拆模板、外包塑料薄膜等)养护，也可涂刷养护剂养护。包裹应严密，保湿养护时间不少于 14d。

30.5.13.3 质量控制要点

(1) 应严格按照设计图纸和有关规范进行操作，保证施工质量。

(2) 绕丝用钢丝进场时，应按《一般用途低碳钢丝》(GB/T 343)中关于退火钢丝的力学性能指标进行复验。其复验结果的抗

拉强度最低值不应低于490MPa，并应符合设计要求。不得有机械损伤、裂纹、油污和锈蚀。

（3）严格控制钢丝制作和安装的施工质量，满足《建筑结构加固工程施工质量验收规范》（GB 50550）的相关规定。

（4）采用浇筑法施工面层混凝土时，混凝土应符合设计要求并有良好的流动性，浇筑时禁止加水和擅自添加外加剂，施工质量应符合《混凝土结构工程施工质量验收规范》（GB 50204）的规定。

30.5.14　砌体或混凝土构件外加钢筋网—砂浆面层

外加钢筋网—砂浆层加固法是对砌体构件外加钢筋网—高强度水泥砂浆面层或对混凝土构件外加钢筋网—水泥砂浆层的双面（或单面）加固方法。砌筑墙体通常作双面加固，俗称夹板墙，见图30-36。夹板墙可以较大幅度地提高墙体的承载能力和抗侧刚度。

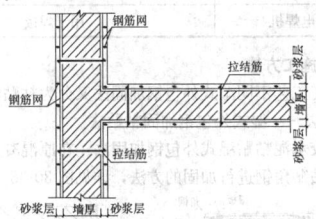

图30-36　纵横墙双面加固

30.5.14.1　材料与机具

1. 材料

（1）主要材料：钢筋、干拌砂浆、火烧丝、界面剂等。砌体或混凝土构件采用普通砂浆或复合砂浆时，其强度等级必须符合设计要求。

（2）进场材料应有产品合格证和相关的试验报告，并应按规范要求进场复试，合格后方可使用。

2. 机具

主要机具有錾子、电锤、钢筋加工机械（切断机、调直机等）、抹灰常用工具等。

30.5.14.2　施工方法

1. 工艺流程

基层处理→界面处理→钢筋网片制作安装→钢筋网砂浆层施工→养护。

2. 施工要点

（1）基层处理

凿去原墙表面的抹灰层，用钢丝刷除碎末灰粉，对于清水墙，应剔除已松动的勾缝砂浆，深度不小于10mm。剔凿完毕，用清水冲洗干净。

（2）界面处理

原结构构件经剔凿、修整、清理、冲刷干净以后，按设计要求喷涂界面剂。设计对原构件表面有湿润要求时，应顺墙面反复浇水润湿，并应待墙面无明水后再进行面层施工。若设计无此要求，不得擅自浇水。

（3）钢筋网片制作安装

钢筋网的直径宜为 $\phi4 \sim \phi8$；网格间距不宜小于150mm，也不宜大于500mm，钢筋网片的钢筋间距应符合设计要求。钢筋网片可点焊也可绑扎，竖筋靠墙面，钢筋网片与原构件表面的净距为5mm，钢筋网片间的搭接宽度不小于100mm。

钢筋网片应按设计要求用拉结钢筋与墙体连接固定。对于双面加固的墙体，钻孔穿筋后拉结筋两端应弯折成S形，将两面钢筋网片勾绑扎为一体，并用水泥素浆灌孔。对于单面加固的墙体，锚筋一般采用化学植筋，植筋深度不小于 $20d$，d 为钢筋直径，钢筋端应弯钩，与钢筋网片勾绑扎为一体。拉结钢筋间距宜为 $1000 \sim 1200$mm，且呈梅花状布置。

钢筋网四周应与楼板、梁、柱或墙体连接，可采用锚筋、插入短筋、拉结筋等连接方法。

当钢筋网的横向钢筋遇有门窗洞口时，单面加固宜将钢筋弯入窗洞侧边锚固；双面加固宜将两侧横向钢筋在洞口闭合。

（4）抹水泥砂浆层

加固砂浆，宜选用强度等级为 32.5～42.5 级的硅酸盐水泥或普通硅酸盐水泥，砂浆稠度在 70～80mm，强度等级不小于 M10。

抹水泥砂浆前，应提前24h为墙面浇水润湿，待墙面表面阴干后再进行抹面，按施工规程分层抹至设计厚度，每层厚度 10～15mm，当设计厚度 $t \leqslant 35$mm 时，宜分 2～3 层抹压，第一层揉匀刮糙，第二、三层再压实抹平。当 $t > 35$mm 时，尚应适当增加抹压层数。

当厚度大于45mm时，面层宜采用细石混凝土喷射法施工，混凝土强度等级宜采用 C15 或 C20，其施工要点参见 30.5.7 "喷施混凝土"。

（5）水泥砂浆层养护

水泥砂浆终凝后，墙面面层应每天浇水 3～5 遍，以防止表面干裂。

30.5.14.3　质量控制要点

（1）钢筋网安装及砂浆面层的施工，应按先基础后上部、自下而上的顺序逐层进行；同一楼层尚应分区分段加固；不得擅自改变施工图规定的程序。

（2）钢筋网与原构件的拉结采用穿墙"S"筋时，"S"筋应与钢筋网片点焊，其点焊质量应符合《钢筋焊接及验收规程》（JGJ 18）的规定。

（3）钢筋网与原构件的拉结采用种植Γ形剪切销钉、胶粘螺杆与尼龙锚栓时，其孔径及孔深应符合设计要求；其植筋质量应符合规范规定。

（4）穿墙"S"筋的孔洞、楼板穿筋的孔洞以及种植Γ形剪切销钉和尼龙锚栓的孔洞，均应采用机械钻孔。

（5）施工质量应满足《建筑结构加固工程施工质量验收规范》（GB 50550）的相关规定。

30.5.15　外包钢加固

外包钢加固法是对现浇钢筋混凝土梁柱、砌体柱及窗间墙外包型钢（角钢或槽钢）的加固方法，二者共同工作，整体受力。适用于使用上不允许增大混凝土截面尺寸，而又需要大幅度提高承载能力和抗震能力的钢筋混凝土梁、柱构件加固及砌体柱和窗间墙加固。外包钢加固使用面广，但加固费用较高。下面以混凝土构件为例介绍外包钢加固法的施工技术。

30.5.15.1　构造与分类

1. 基本构造

外包钢加固法是沿梁长、柱高方向每隔一定距离，用箍板或扁钢缀板与型钢进行焊接的加固方法，典型加固构造做法见图30-37。

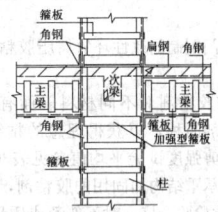

图30-37　梁柱外包钢加固
构造节点示意图

2. 分类及适用范围

外包钢加固法分为湿式外包钢和干式外包钢，见表30-40。

外包钢加固法分类一览表　　　　表30-40

序号	分类		
1	湿式外包钢法	粘贴法	乳胶水泥粘贴法
			结构胶粘贴法
		灌注法	改性环氧树脂胶粘剂灌注法
2	干式外包钢法		

湿式外包钢加固法是用乳胶水泥或改性环氧树脂水泥砂浆把型钢贴在原构件角部，并用钢缀板（或箍板、U形螺栓套箍等）加强，再抹20mm厚水泥砂浆保护（或做防腐防火处理）的加固方法。

干式外包钢加固法是结构柱采用外包型钢加固，当型钢与原柱间无任何连结，或虽填塞水泥砂浆，但仍不能确保结合面剪力有效传递时，称为干式外包钢加固法。

当采用化学注浆外包钢加固时，型钢表面温度不应高于60℃；当环境具有腐蚀性介质时，应有可靠的防护措施。

30.5.15.2　材料与机具

1. 材料要求

（1）水泥

1）混凝土结构加固用的水泥，其强度等级应不低于42.5级。

2）当混凝土结构有耐腐蚀、耐高温要求时，应采用相应的特种水泥。

3）配制聚合物砂浆用的水泥，其强度等级不应低于42.5级，且应符合聚合物砂浆产品说明书的规定。

（2）混凝土

1）结构加固用的混凝土，其强度等级应比原结构、构件提高一级，且不得低于C20。

2）结构加固用的混凝土，可使用商品混凝土，但所掺的粉煤灰应为Ⅰ级灰，且烧失量不应大于5%。

3）结构加固工程选用的聚合物混凝土、微膨胀混凝土、喷射混凝土，应在施工前进行试配，经检验其性能符合设计要求后方可使用。

（3）钢材及焊接材料

1）不得使用无出厂合格证、无标志或未经进场检验的钢材以及再生钢材。

2）混凝土结构加固用的钢板、型钢、扁钢等应采用Q235级（3号钢）或Q245级（16Mn）钢材；对重要结构的焊接构件，若采用Q235级钢，应选用Q235-B级钢。焊条型号应与被焊接钢材的强度相适应。

3）采用的原材料及成品应进行进场验收，凡涉及安全、功能的原材料及成品应按规范规定进行复验，并应经见证取样、送样，复试合格后使用。

（4）乳胶水泥砂浆应根据加固工程的具体要求进行配合比试验。

（5）结构加固用胶粘剂

1）承重结构用胶粘剂，按其韧性和耐湿热老化性能的合格指标不同，一般分为A级胶和B级胶。重要结构、悬挑构件、承受动力作用的结构、构件，应采用A级胶，一般结构可采用A级胶或B级胶。

2）必须采用专门配制的改性环氧树脂胶粘剂，其安全性能指标见本章表30-14。

3）不同品种的胶粘剂对不同材料表面有不同的粘结性能，需选择合适的胶粘剂品种，以获得理想的粘结效果。不同胶粘剂的钢—钢粘结抗剪强度试验平均值参见表30-41。

4）钢筋混凝土承重结构加固用的胶粘剂，其钢—钢粘结抗剪性能必须经湿热老化检验合格。对不熟悉或质量有怀疑的胶粘剂，必须进行见证抽样的湿热老化检验，且不得以其他人工老化试验替代湿热老化检验。

不同胶粘剂的钢—钢粘结抗剪强度试验平均值

表30-41

胶粘剂名称	JGN-Ⅰ结构胶	JGN-Ⅱ结构胶	YJS-Ⅰ结构胶	AC结构胶	CJ-Ⅰ结构胶	WSJ结构胶	法31号结构胶
钢—钢粘结抗剪试验平均值（MPa）	18.0	15.0	17.0	16.0	16.0	18.0	15.0

5）寒冷地区加固混凝土结构使用的胶粘剂，应具有耐冻融性能试验合格证书。

2. 机具设备

外包钢加固所用的主要机具设备见表30-42。

主要机具设备表　　　　表30-42

序号	名称	用途
1	磁力钻机	钢板成孔
2	空压机	清理
3	吹风机	加热、清理
4	电锤、水钻	混凝土成孔
5	注胶泵	压力注浆
6	小型台秤	配胶计量
7	钢丝轮	打磨混凝土、型钢、钢板
8	角磨机	打磨混凝土面、角钢内侧
9	等离子切割机	切割型钢和钢板
10	电焊机	用于焊接

30.5.15.3　施工方法

根据施工工艺不同湿式外包钢加固法又分为粘贴法和灌注法。

1. 粘贴法——湿式外包钢加固粘贴法

（1）乳胶水泥粘贴湿式外包钢加固法：在原混凝土梁、柱角部用乳胶水泥粘贴角钢进行加固的方法，详见图30-38。

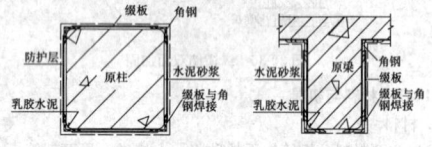

图30-38　乳胶水泥粘贴法示意图

因乳胶水泥砂浆具有不耐潮湿，不耐低温，不耐老化，不能长期置于户外等缺点，工程应用上有一定的局限性。

（2）结构胶粘贴湿式外包钢加固法：在原混凝土结构四角用结构胶粘贴角钢和钢板的加固方法。下面以JGN结构胶为代表，详细阐述结构胶粘贴湿式外包钢加固法。

1）JGN结构胶特点及适用范围

①JGN结构胶使用时间较早、应用较广、产品性能安全可靠，是目前加固施工中较常见的胶种。其各项强度指标见表30-43。

JGN结构胶的粘结强度　　表30-43

被粘基层材料种类	破坏特征	抗剪强度（MPa）			轴心抗拉强度（MPa）		
		试验值（f_v^0）	标准值（f_{vk}）	设计值（f_v）	试验值（f_t^0）	标准值（f_{tk}）	设计值（f_t）
钢—钢	胶层破坏	≥18	9	3.6	≥33	16.5	6.6
钢—混凝土	混凝土破坏	$\geq f_v^0$	f_{cvk}	f_{cv}	$\geq f_{ct}^0$	f_{ctk}	f_{ct}
混凝土—混凝土	混凝土破坏	$\geq f_v^0$	f_{cvk}	f_{cv}	$\geq f_{ct}^0$	f_{ctk}	f_{ct}

注：混凝土的抗剪强度试验值 f_{cv}^0 和标准值 f_{cvk}、设计值 f_{cv} 及混凝土的轴心抗拉强度标准值 f_{ctk} 及设计值 f_{ct}，按《混凝土结构设计规范》规定采用。

②应用范围：适用于承受静力作用的一般受弯及受拉构件；基层混凝土强度等级必须≥C15。可采用此加固方法时，以环境温度不超过60℃，相对湿度不大于70%，及无化学腐蚀的使用条件为限，否则应采取有效保护措施。

2）工艺特点

①需大幅提高承载力大型工程，加固钢构件常采用强度较高的16锰钢，角钢型号也较大，一般有L200×14、L180×12、L160×12、L125×12、L100×12等，钢板厚度采用6mm、8mm、10mm、12mm、14mm等。

②焊工、粘钢工技术水平、熟练程度要求高，施工程序复杂，各工序的组织与配合非常重要，协调、组织能力要很强。

③粘结质量控制难。根据JGN胶的特点，在60℃以上温度时，剪切强度下降20%以上，而16Mn钢熔透焊需要1000℃以上温度，要求必须先粘后焊，除局部乳胶水泥砂浆粘贴、交错施焊、

边焊边降温等措施外，还需调整缀板的连接方式，避免高温焊接对结构胶的影响。改变缀板连接方式的方法见图30-39和图30-40。

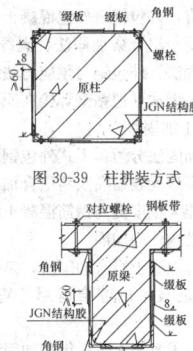

图 30-39　柱拼装方式

图 30-40　梁拼装方式

3) 工艺流程

定位、放线→混凝土结合面处理（钢件结合面处理、下料制作）→预贴→卸荷→配制胶液→钢件粘贴→固定加压→缀板焊接、焊缝探伤→固化→验收→钢件防腐、防火处理。

4) 防护架、操作架搭设

① 梁底架体搭设：沿梁长度方向，搭设架高距梁底 1.2～1.5m 防护、操作架。

② 柱架体搭设：柱周搭设方斗架，供焊接人员使用，操作面满铺50mm厚松木脚手板，当钢构件超重、工人无法挪动时，通过定滑轮将各部分吊装就位，然后将其焊接在一起，形成加固框架。

5) 定位、放线及混凝土结合面处理

在钢筋混凝土梁、柱上弹线，标出粘钢位置线，按此位置线进行混凝土结合面处理。混凝土面用金刚石钻头打磨机打磨平整，并磨去混凝土老化层、油污、灰浆等，阳角磨出弧度与角钢内角相吻合的小圆角，按照设计要求在梁、柱上钻胀栓孔（钻孔位置要避开梁、柱内钢筋），清理粉尘，保持结合面洁净。

6) 钢件结合面处理、下料制作、预贴

① 依据设计图纸及混凝土构件上胀栓的实际尺寸在被粘钢板上放线钻孔。

② 对结合面进行打磨，除去表面锈迹，并磨出金属光泽，打磨出的粗糙度越大越好，打磨纹路与钢件受力方向垂直。

③ 缀板加工：梁两侧及柱各个侧面上每条缀板加工成两块，其中一块的一端切成坡口，用于与角钢对接焊（工厂加工），另一块与角钢搭接焊（现场焊接），钢构件粘胶贴合后，搭接缀板焊为一体。

④ 角钢按设计图纸位置就位，留出胶的空隙，用螺栓临时固定。

⑤ 预贴：涂胶前，应先进行预贴试验，以确保混凝土构件与钢构件结合面吻合、胀栓孔位置合适。

⑥ 缀板与角钢拼装点焊，检查位置无误后，将两侧带有缀板的角钢卸下，按Ⅰ级焊缝要求焊接。

⑦ 卸荷：梁粘钢前采用千斤顶卸荷。对承受均布载的梁，应采用多点（至少2点）均匀顶升；对于有次梁的主梁，每根次梁下都要放置千斤顶顶升。顶升一般以顶面不出现裂缝为准或梁跨中最大位移控制在 2mm 以内。

⑧ 调胶：将JGN结构胶甲乙组分按 4∶1 的比例配制混合。为方便搅拌，调胶前一天将甲、乙组分 JGN 胶桶倒置，使沉于桶底的石英砂与表面的胶浆自然融合。采用搅拌器或手工搅拌均匀，要求胶内无单组分条块，颜色均匀即可。每次配胶量以本次使用量为准（一般用胶量 10～15kg/m²）。

⑨ 粘贴、固定加压：预贴试验合格后，将钢件、混凝土构件结合面用丙酮擦拭 2～3 次，使之干净、无油污。在钢件和混凝土结合面涂胶，胶层厚度 5～8mm，中间厚、边缘薄。

梁加固时，先安装梁下部两角钢，底部用胀栓压紧，两侧用夹具夹紧，再安装上部两角钢，与楼板上钢板用螺栓拧紧，梁两侧用

螺栓固定。柱加固时，先安装一侧两角钢，再安装另一侧两角钢，上下端用柱箍箍紧。

立面粘贴时，混合胶液中掺加 10% 石英砂，调拌均匀，把胶涂在混凝土结合面上，然后将钢构件按划定部位粘于结构上，固定加压。就位时切不可滑动，动作要轻而稳，较长钢构件安装需多人配合，动作协调一致，使缀板避开混凝土面的胶层。贴好后，用手锤沿粘贴面轻轻敲击钢构件进行检验，如无空洞声，表示已粘贴密实，否则应从外侧塞胶补填。在确定密实后，用膨胀螺栓固定均匀用力加压，以使胶从钢构件边缘刚好溢出为度。

10) 缀板焊接、探伤：将焊接在角钢上的缀板进行搭接焊，缀板焊接时，必须分段交错施焊，应尽量在胶浆初凝前完成。焊接质量达到Ⅰ级焊缝标准，采用 K₂ 探头进行超声波探伤。梁柱节点按设计图制作安装，角钢后焊部位可局部改用乳胶水泥粘贴。

11) 固化：固化期间，不得再对型钢进行锤击、移动、焊接。常温条件下（20℃以上）24h 即可拆除夹具或支撑，固化3d后即可受力使用，若环境温度低于 15℃，采用人工加温。

12) 验收：混凝土基层及钢构件处理、钢构件焊缝、粘贴等工序，在施工完毕后必须进行自检，合格后组织相关部门进行验收。

13) 钢件防腐、防火处理：检验合格后，对型钢表面（包括混凝土表面）抹厚度不小于 25mm 的高强度等级水泥砂浆作保护层，可在构件表面先加设钢筋网或点粘一层豆石，然后再抹灰，防其脱落和开裂，也可采用其他具有防腐蚀和防火性能的饰面材料加以保护。

2. 灌注法——湿式外包钢加固

(1) 工作原理

在现浇钢筋混凝土梁、柱四角包贴型钢，型钢肢之间沿梁长、柱高方向每隔一定距离，用箍板或缀板与型钢焊接形成钢骨架，然后以改性环氧树脂为粘结材料，并通过压力灌注工艺使钢构件与混凝土结构间面形成饱满而高强的胶层，从而使加固部分与原结构协同工作，以提高其承载力和满足正常使用要求，见图30-41。

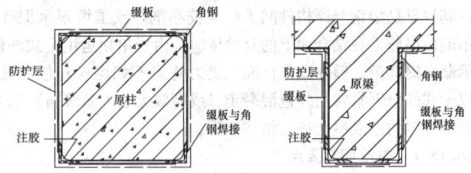

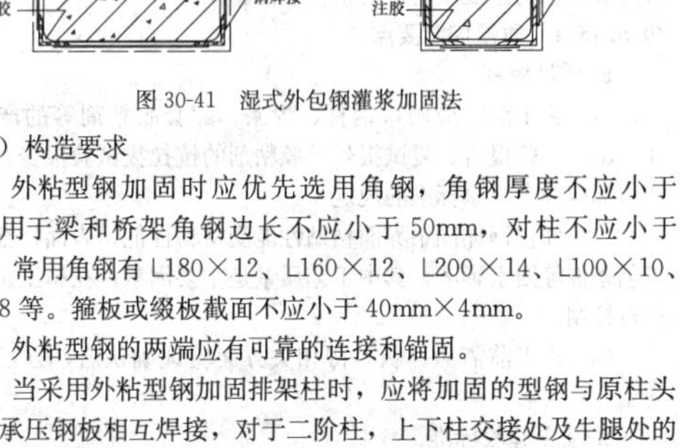

图 30-41　湿式外包钢灌浆加固法

(2) 构造要求

1) 外粘型钢加固时应优先选用角钢，角钢厚度不应小于5mm，用于梁和桥架角钢边长不应小于 50mm，对柱不应小于75mm。常用角钢有 L180×12、L160×12、L200×14、L100×10、L100×8 等。箍板或缀板截面不应小于 40mm×4mm。

2) 外粘型钢的两端应有可靠的连接和锚固。

3) 当采用外粘型钢加固排架柱时，应将加固的型钢与原柱头顶部的承压钢板相互焊接，对于二阶柱，上下柱交接处及牛腿处的连接构造应予加强。

(3) 工艺流程

防护架、操作架搭设→定位放线→混凝土面层打磨处理→钢件加工制作→钢件打磨表面处理→预贴→卸荷→钢件焊接安装→焊缝探伤→埋设注浆嘴→缝隙密封→配制结构胶→压力灌胶→固化养护→检验和验收→钢件防腐、防火处理。

(4) 操作要点

基本与"结构胶粘贴湿式外包钢加固法"的操作要点相同，不同之处如下：

1) 钢件焊接安装，焊缝探伤检验

预贴试验合格后，将钢件、混凝土构件结合面用丙酮擦拭2～3次，保证结合面干净、无油污。按照施工设计图纸要求，以混凝土构件为单元，将钢板、角钢安装焊接组装就位，检查钢件安装偏差。焊缝质量达到Ⅰ级焊缝标准，采用 K 探头进行超声波探伤。

2) 安装灌浆嘴、封缝

沿钢件与混凝土之间的缝隙全部用环氧胶泥嵌补严密，在利于灌浆的适当位置钻孔，粘贴浆嘴（通常在较低处）并留出排气孔间距约1m，待胶泥固结后通气试压。

3）配制结构胶

① 按照设计要求及相关规定确定结构胶的品种，按产品说明书的要求进行配制。

② 结构胶使用前须先将各组分分别在包装桶内搅拌至均匀（结构胶在停放及运输过程中易分层离析）。

③ 另取一个容器将用量较多的组分（主要成分）按比例称量倒入容器，再把其他组分分别称量后混合在一起，用转速为100～300r/min的轴式搅拌器搅拌，每台搅拌器至少备3～4个搅拌叶片，应同一方向搅拌，防止产生气泡。搅拌后的胶内要无硬块且颜色均匀，10～15min后观察无单组分条块，呈黏稠状即可。

④ 每次配胶量以当次使用量为准（一般用胶量10～15kg/m²）。

⑤ 胶粘剂的固化一般受自身、构件和环境温度限制，一般温度越高固化周期越短。气温较高时，配置的结构胶在2h内必须用完。如气温较低，胶液黏度太大，可用水浴给胶适当升温，使其黏度降低，再进行结构胶的配制。

4）压力灌注结构胶

① 将配置好的结构灌注胶注入灌浆泵内。

② 用空压机将灌浆泵内的结构胶以0.2～0.4MPa压力从灌浆嘴压入到混凝土与钢件的接触面间。灌注时，从一端依次灌入另一端，当观察到结构胶从另一侧的透气嘴有结构胶溢出时，应停止加压以树脂胶泥封堵透气嘴，再以较低压力维持10min左右，立即以胶泥封堵该灌浆嘴与出气嘴，依次灌向另一端，直到灌注满整个接触面。

③ 灌注结构胶应由上到下，由左到右，依次灌注。

3. 干式外包钢法

干式外包钢加固法是用型钢柱进行外包加固，形成型钢框架体系，其特点是型钢与原构件间无任何胶粘剂，或虽填塞水泥砂浆，但不能确保剪力在结合面上的有效传递。由于单独运用干式外包钢法承载力提高量、整体工作性能及受力特点不如湿式外包钢有效，所以干式外包钢常与外包混凝土（或高效无收缩灌浆料）结合起来形成外包劲性混凝土进行结构加固。

30.5.15.4 质量控制要点

1. 质量控制

（1）施工前，应确认钢材、焊条、配套胶粘剂等的产品合格证、出厂检验报告、复试报告及胶粘剂的抗拉拔试验报告，各项性能指标应符合国家标准的规定。

（2）外包钢加固中界面粘贴性能受材料性能、表面特征及粘结工艺条件等因素影响，其中工艺质量是主要因素，在施工过程中应重点控制。

（3）施工前需做样板，待相关方面验证确认后，方可大面积施工。

2. 质量验收标准

（1）撤除临时固定设备后，应用小锤轻轻敲击粘结钢构件，从音响判断粘结效果或用超声波法探测粘结密实度。如锚固区粘结面积小于90%，非锚固区粘结面积小于70%，则此粘结件无效，应剥下重新粘结或采用压力灌胶方法进行补救。

（2）外包钢粘贴质量现场检验按规范要求进行拉拔试验，现场检验应在已完成粘贴加固的结构表面进行。取样原则应符合《混凝土结构加固设计规范》（GB 50367）的要求。

（3）钢构件组拼坡口、焊缝、防火防腐的涂装等应符合《钢结构工程施工质量验收规范》（GB 50205）的规定，对全焊透的一级、二级焊缝采用超声波或射线探伤进行100%检查。

（4）对于重大工程，尚需抽样进行荷载试验，一般仅作标准使用荷载试验，将卸去的荷载重新全部加上，其结构的变形和裂缝开展应满足设计及规范要求。

30.5.16 组 合 加 固

组合加固法是指综合运用两种或两种以上加固技术（方法）对现浇钢筋混凝土结构构件进行加固的方法。

30.5.16.1 种类

常用的组合方法有：外包钢—外包混凝土形成的外包劲性混凝土固法、型钢—混凝土组合梁加固法、碳纤维（CFRP）布和钢板（或角钢）组合加固法、外包钢与预应力法结合形成的预加应力外包钢加固法、焊接粘钢法（把粘钢焊接在原构件主筋上）等。

1. 外包劲性混凝土加固法

外包劲性混凝土加固法分为：干式外包钢—外包混凝土组合加固法与干式外包钢—高效无收缩灌浆料组合加固法，只需较小的增大构件断面尺寸，就能大幅度提高钢筋混凝土结构承载力，较多应用于现浇钢筋混凝土结构柱的加固。

干式外包钢—外包混凝土组合加固法，是干式外包钢加固法和增大截面加固法、锚筋技术的综合运用，基本加固方法详见图30-42。

干式外包钢—高效无收缩灌浆料组合加固法：在柱四角外包钢，沿柱高方向四面设置缀板，与四个角钢肢焊接，形成钢骨架，然后将30mm厚灌浆料灌入角钢及缀板与混凝土柱之间的空隙内，以加大柱断面使钢骨架和灌浆料与原柱混凝土共同受力，满足设计使用要求，见图30-43。

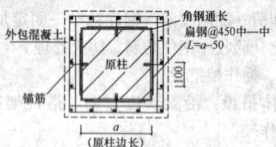

图 30-42 外包劲性混凝土（一）

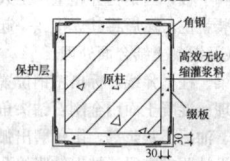

图30-43 外包劲性混凝土（二）

2. 型钢—混凝土组合梁加固法

为了大幅度提高原现浇钢筋混凝土框架梁的承载力和刚度，满足截面抗剪要求，采用在混凝土梁（板）底沿其轴线方向增加H型钢梁，形成型钢—混凝土组合结构，见图30-44。

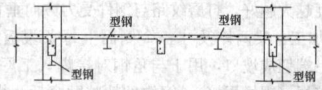

图30-44 型钢—混凝土组合梁加固

3. 碳纤维（CFRP）布和钢板（或角钢）组合加固法

为了弥补原设计楼板和主次梁支撑处混凝土抗弯承载力和刚度的不足，可采用在板底粘贴碳纤维布、梁顶粘贴钢板的组合加固方法，用于现浇钢筋混凝土梁、板结构加固。

30.5.16.2 材料与机具

1. 材料要求

（1）水泥、混凝土、钢材及焊接材料、结构加固用胶粘剂的技术性能要求，详见30.5.15"外包钢加固"相关内容。

（2）灌浆料，满足设计及使用要求。

2. 机具设备

（1）水钻：吸附式金刚石钻孔机、手持式钻机。

（2）空压机、电锤、注胶泵、吹风机、小型台秤、搅拌器、钢筋探测仪。

（3）钢丝轮、角磨机、等离子切割机、电焊机等。

30.5.16.3 施工方法

1. 干式外包钢—外包混凝土混合形成的外包劲性混凝土加固法

（1）工艺流程

基层处理→角钢预拼→钻植筋孔→角钢、缀板拼焊→植筋→钢筋绑扎→支模→浇筑混凝土→拆模→验收。

（2）操作要点

1）剔凿混凝土表面，露出坚硬新槎，清除浮石、灰尘等，便于新旧混凝土良好结合。

2）角钢预拼合，根据植筋位置在原钢筋混凝土构件钻孔，钻孔植筋的施工工艺参见 30.5.5 "混凝土钻孔植筋"。

3）角钢、缀板的拼焊：构件表面必须打磨平整，无杂物和尘土，施焊钢板（缀板）时，应用夹具夹紧角钢。原柱与所加的钢板或角钢之间所有缝隙必须用 M15 水泥砂浆灌满。

4）绑扎外包钢筋网片，将植入短筋与钢筋网片连成一体。

5）混凝土浇筑：若新浇筑的混凝土壁厚小于 100mm 时，应支模浇筑细石混凝土或采用喷射混凝土，成型后应加强养护。

2. 干式外包钢—高效无收缩灌浆料组合形成的外包劲性混凝土加固法

（1）工艺流程

基层处理→角钢拼焊→支模→灌注浆料→验收。

（2）操作要点

1）基层处理：用角磨机除去构件表混凝土风化层，并将表面凿毛或打成小沟槽，深度约为 6mm；柱面亏损处，应剔凿到坚实的混凝土面。对角钢粘贴面进行除锈和粗糙处理，打磨纹路要与角钢受力方向垂直。

2）模板支设

① 柱角钢拼焊验收合格后，支设模板，使角钢和缀板之间形成封闭空腔。柱支模必须自上向下进行，避免灰尘颗粒落到缀板下部模板上，影响加固质量。

② 柱支模采用包钢内框法，用 50mm×30mm 的方木，按角钢、缀板之间的实测尺寸支内模，方木与柱相接的面要刨平，方木可多次周转使用。模板支设见图 30-45。

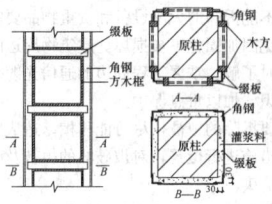

图 30-45 包钢框内芯支模示意图

3）灌浆料浇注

灌浆料是以高强度材料为骨料，以水泥作为结合剂，加水即可使用，具有大流动度、不泌水、不离析、微膨胀、强度高、使用范围广、施工工效高、操作简单等优点，膨胀率大于 0.02%，28d 抗压强度超过 C55 混凝土，在 −100～600℃ 环境下，均能保持良好性能。

浇注灌浆料应自下而上进行，沿柱高每隔 1.2m 将缀板上方木拆除，作为浇注孔，同时拆除对称一侧方木作为出气孔。当灌浆料在出气孔一侧溢满缀板时，表明下部灌浆料已浇注密实。浇注孔和出气孔要随拆随用，及时封堵。灌浆料可随用随拌制，也可连续浇注，直至全部完成。灌注过程中，应保证缀板处浇注密实。灌注时，头步控制高度应不超过 1m。

4）养护

灌浆完毕后裸露部分应及时用包裹塑料薄膜进行养护，养护时间不得少于 7d，应保持灌浆部位处于湿润状态。拆模和养护时间及环境温度的关系见表 30-44。

拆模和养护时间及环境温度的关系 **表 30-44**

日最低气温（℃）	拆模时间（h）	养护时间（d）
−10～0	96	14
0～5	72	10
5～15	48	7
≥15	24	7

5）保护层施工

检验合格后，在型钢表面（包括混凝土表面）抹厚度不小于 25mm 的高强度等级水泥砂浆作保护层，为防止发生脱落和开裂，可在表面先加设钢丝网，然后再分层抹灰，也可采用其他具有防腐蚀和防火性能的饰面材料加以保护。

3. 型钢—混凝土组合梁加固法

型钢—混凝土组合梁加固法是钢梁与原来钢筋混凝土框架梁相互依托，互为支撑，共同工作，协调变形。充分利用钢材与混凝土的强度，有效地解决梁、板承载力和刚度问题，满足截面抗剪要求，而且现场工作量小，施工周期短，对结构净空影响小。

（1）工艺流程

1）混凝土楼板加固流程

型钢梁准备→卸荷→基底处理→梁端节点板制作安装→配胶→粘贴→梁端连接→固定及加压→固化→检查→耐火防锈处理。

2）混凝土框架梁加固流程

型钢梁准备→卸荷→基底处理→打孔→梁端节点板（带长梁）制作安装→长梁固定→高强度螺栓与短梁连接→植化学螺栓→检查→耐火防锈处理。

（2）操作要点

1）加固施工前，根据节点详图和受力特点策划好加固施工先后顺序。

2）钢梁与混凝土楼板交界面作粘钢处理，端部与混凝土框架梁采用节点板连接固定。梁端与框架梁连接处处设置一块钢垫板，采用化学螺栓固定于混凝土框架梁两侧，垫板上再焊接钢板，焊接钢板与 H 型钢梁采用高强度螺栓连接。

3）混凝土框架梁加固方法是 H 型钢梁与框架梁采用化学锚栓进行连接。为了保证质量，减少现场工作量，在钢梁的两端各设置一个 0.5m 长的短梁，短梁一端与节点板在构件厂焊接，另一端采用高强度螺栓与中间部分钢梁在现场拼接。

4）混凝土框架梁加固中化学锚栓位置的确定：先在混凝土梁上打孔，再根据混凝土梁上孔的位置返到钢梁翼缘上，以保证化学锚栓安装位置的准确性。

另外，在结构改造工程中，常常遇到增设电梯的情况，主要做法是先在框架梁、柱上钻孔，穿入四根钢筋，端头用双螺母拧紧，再用环氧胶泥填塞密实；型钢梁与穿梁、柱锚筋的钢板焊接，同时型钢梁与原楼板间填充无收缩水泥浆，以利于荷载直接传力。

图 30-46 为某办公楼楼板上增设电梯的工程实例。

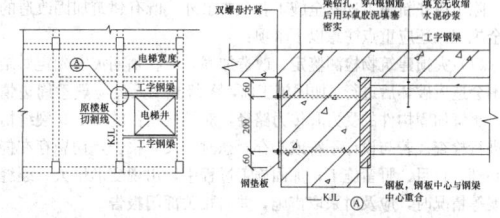

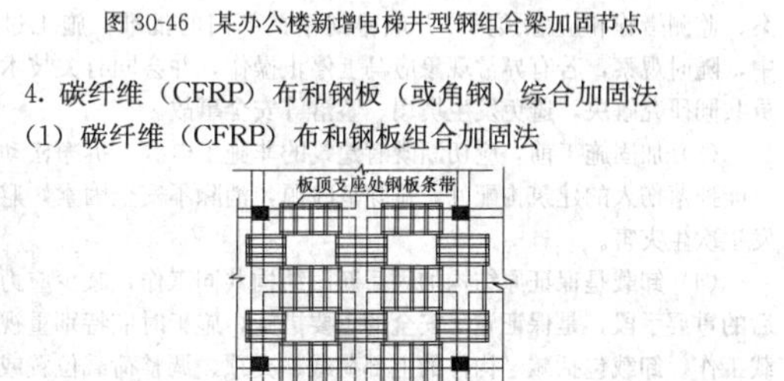

图 30-46 某办公楼新增电梯井型钢组合梁加固节点

4. 碳纤维（CFRP）布和钢板（或角钢）综合加固法

（1）碳纤维（CFRP）布和钢板组合加固法

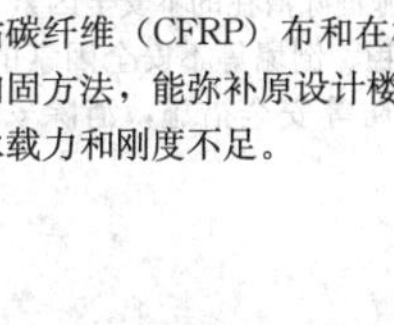

图 30-47 板顶支座粘贴
钢板带平面示意

在楼板板底粘贴碳纤维（CFRP）布和在板顶主、次梁支承处粘贴钢板条的组合加固方法，能弥补原设计楼板中心处和主次梁支承处的混凝土抗弯承载力和刚度不足。

加固方法：通常采用碳纤维（CFRP）布宽100mm，粘贴长度为楼板的3/4净跨；钢板条为100mm×6mm，在支承处分别外伸，长度相当于楼板的1/4净跨，钢板和楼板间用结构胶和M10螺杆固定，见图30-47和图30-48。

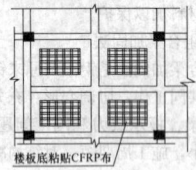

图 30-48　板底粘贴 CFRP
布平面示意

（2）碳纤维（CFRP）布和角钢组合加固法

图30-49是楼板开洞、洞边采用碳纤维（CFRP）布进行加固、与洞边梁采用锚栓角钢固定的典型做法。

2）施工要点

1）为减轻和消除粘贴钢板后应力、应变滞后的现象，粘贴前宜对构件适量卸荷，以保证钢板可与加固构件有效协同受力。除采用千斤顶卸荷外，还可根据工程实际情况，采用可调丝杠多点顶升的支撑卸荷方式，根据楼板洞口的大小和附近的荷载确定可调丝杆数量，绘制支撑平面布置图。

2）其他施工要点详见 30.5.3"碳纤维粘贴"。

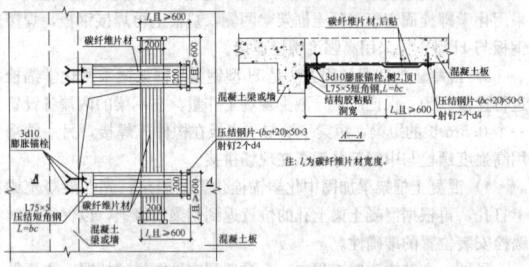

图 30-49　碳纤维片材与梁（墙）和混凝土板连接示意

30.6　建筑物加固改造安全施工

除了遵守新建工程安全施工各项要求外，既有建筑加固改造的安全施工，还应重点注意以下事项：

（1）灾损建筑物检测鉴定、改造加固，应在预期灾害判定对结构不会造成破坏后进行。加固施工前，各级施工人员应熟悉周边情况，了解加固构件的受力和传力路径，对结构构件的变形、裂缝情况进行检查。若与设计不符或心存疑虑时应及时报告，切忌存在侥幸心理，盲目、野蛮施工；加固施工过程中，出现变形增大、裂缝发展等情况时，应及时采取措施，并向相关部门报告。

（2）加固危险构件、受荷大的构件，应制定切实可行的安全方案、监测措施和应急预案，并应得到相关部门的批准；施工过程中，随时观察，若有异常现象应马上停止操作，并会同有关技术人员共同研究解决，避免发生坍塌、坠落等安全事故。

（3）加固施工前，应切断既有建筑的非施工电源，拆除松动并可能掉落伤人的建筑构配件，排除危险源，消除不安全因素，避免发生次生灾害。

（4）卸载是保证原结构加固后新旧结构共同工作，减少应力滞后的重要手段，是保证施工安全的重要措施，施工时应特别重视卸载工作。卸载包括减轻构件的上部荷载、支顶、调整荷载位置或改变原有荷载的传力路径等方法。卸载措施应保证安全、可靠、简便易行，不影响施工操作；

（5）加固施工涉及其他构件拆改时，要观察分析拆改可能带来的安全隐患，采取措施消除潜在的不安全因素。对拆改、加固可能导致开裂、倾斜、失稳、倒塌等不安全因素的结构构件，加固之前，应采取支顶、支防等安全措施，消除安全隐患，防止事故发生。

对于重要构件的拆卸，为了保证安全，还应采取监控措施。

（6）钢结构的加固施工应保证结构的稳定性，应事先检查各连接点是否牢固。必要时可先加固连接点或增设临时支撑。钢结构负荷加固时，必须对施工期间钢结构的工作条件和施工过程进行控制，确保施工过程的安全。

（7）既有建筑加固工程施工时，若是建筑工程的一部分仍在使用，另一部分建筑需要进行加固改造施工，则需采取有效的隔离、降尘、防护措施，确保人员安全。

（8）既有建筑内的临边、洞口应严格防护，无人作业区域应上锁或封闭，花格吊顶等高危区域有人作业时，上人马道等出入通道口应设专人看守，作业人员应佩戴好个人防护用品，确保安全施工。

（9）应经常检查加固工程搭设的安全支撑体系和工作平台，避免使用时间过长或结构受力发生变化，导致安全支撑体系作用减弱、失效，造成事故。

（10）加固材料中易燃易爆和高温性能失效的材料很多，因此，施工现场应严格动火制度，并必须配备消防器材。

30.7　建筑物加固改造绿色施工

既有建筑加固改造的绿色施工，除了遵循新建工程的相关规定外，还应重点做好以下措施。

30.7.1　加强对既有建筑的防护和利用

（1）对既有建筑和周围场地进行调查，对既有建筑及设施再利用的可能性和经济性进行分析，合理安排工期，提高资源再利用率。

（2）加强对既有建筑及周围设施的防护。

既有建筑中不能拆卸的大型设备和贵重物品要制定防护措施或派专人看管，避免因加固施工被损坏。建筑物周边的古树名木要制定保护方案，及时了解、掌握工程周边的通信光缆等重要设施的分布情况并做好标识，加以重点保护。

因施工而需要拆除的植被，尽可能移植。造成的裸露地面，必须及时采取有效措施进行覆盖，对被破坏的植被及时恢复绿化，以避免土壤侵蚀、流失。

（3）施工现场应建立可回收再利用物资清单。既有建筑因加固改造施工需要拆卸的材料、设备及构配件，宜轻拆轻放，对可再利用物资登记造册。力争物尽其用，减少新材料的投入。

可回收再利用物资宜存放在不需加固改造施工、能够妥善保管的库房，避免材料的丢失，也可减少随改造施工场地的变迁来回倒运材料带来的物资损耗。

30.7.2　营造绿色施工环境

加固改造施工中，要确保作业环境的安全，加强操作工人的劳动保护。

（1）深井、地下隧道、管道施工、地下室防腐、防水作业等不能保证良好自然通风的作业区，应配备强制通风设施。

（2）对既有建筑进行拆除、机械剔凿作业、钻孔施工、喷射混凝土及聚合物砂浆配置等高粉尘环境或有毒有害气体作业场所时，作业面局部遮挡、掩盖或采取水淋等降尘措施，操作人员应佩戴防护口罩或防毒面具。

（3）水钻施工时，既要注意降尘防护，也要注意调节好用水量，杜绝长流水现象，每天做到工完场清。

（4）焊接作业、拆除管路及注浆操作时，操作人员应佩戴防护面罩、护目镜及胶手套等个人防护用品。

（5）配置或使用含有机溶剂型的材料时，必须通风良好，工作场地应严禁吸烟或用明火取暖，远离火源。

（6）施工操作时，作业人员应穿戴工作服、安全帽、防护口罩、乳胶手套、防护眼镜、安全带等所需劳动保护工具，并严禁在现场进食。

（7）作业环境应采取措施，保持通风良好，现场应配备必要的消防器材。

30.7.3　选用环保加固材料

（1）优化设计，选用绿色材料，积极推广新材料、新工艺，促进材料的合理使用。

（2）粘贴用胶粘剂，应通过毒性检验，严禁使用乙二胺作改性环氧树脂固化剂，严禁掺加挥发性有害溶剂和非反应性稀释剂。

（3）溶剂型胶粘剂，其挥发性有机化合物和苯的含量，其限量应满足《民用建筑工程室内环境污染控制规范》（GB 50325）的相关规定。

（4）使用含有机溶剂型的材料，切忌入口，防止吸入中毒。

（5）加固工程中胶粘剂、阻锈剂等主要成分是有机化学物质，应密封储存，远离火源，避免阳光直射，专人保管，严格实行限量领料。在其运输和使用时，应避免渗漏，污染水土。施工现场存放的油料和化学溶剂应设有专门的库房，地面应做防渗漏处理。

30.7.4　妥善处理施工废弃物

30.7.4.1　拆卸废弃物的处理

加固改造施工剥离既有建筑被加固构件的装饰层，剔凿原结构至露出致密基层，或拆除某些改造部位（件），都会产生大量的建筑垃圾，因此应做好拆卸废弃物的处理。

（1）优化施工方案，积极采取措施，尽量减少拆除工作量及施工固体废弃物的产生。

（2）建筑物内施工垃圾的清运应采用密闭容器运输，严禁凌空抛洒。当多、高层建筑采用垃圾道垂直倒运垃圾时，应检查并保持垃圾通道密闭完好，避免扬尘。

（3）施工现场易飞扬、细颗粒散体材料，应密闭存放。施工垃圾应及时清运并适量洒水，防止对大气污染。材料运输时要防止遗洒、飞扬，卸运时采取码放措施，减少污染。

（4）施工现场应设置封闭式垃圾站，施工垃圾、生活垃圾应分类存放，拆除工程中产生的大量固体废旧物资应及时整理或回收，并按规定及时清运消纳。

30.7.4.2　加固废弃物的处理

（1）对于有使用时限要求的加固材料，应根据作业条件合理配置，物尽其用，减少废弃物的产生。

（2）剩余的灌浆材料、废弃的油料和化学溶剂、施工中产生的固体废弃物应集中处理，严禁随意倾倒，严禁排入污水管线，防止造成水土污染。

（3）施工现场严禁焚烧各类废弃物。

参 考 文 献

1. 蒋通　译. 被动减震结构设计、施工手册(第2版). 日本隔震结构协会编，2008.
2. 王玉岭，肖绪文等. 既有建筑结构加固改造技术手册. 北京：中国建筑工业出版社，2010.
3. 丁绍祥. 混凝土结构加固工程技术手册. 武汉：华中科技大学出版社，2008.
4. 杨宗放，李金根. 现代预应力工程施工(第二版). 北京：中国建筑工业出版社，2008.
5. 李晨光，刘航等. 体外预应力结构技术与工程应用. 北京：中国建筑工业出版社，2008.
6. 何旭东，申家海. 新华社报刊楼混凝土柱外包钢加固技术，施工技术，2006(3).
7. 李砚波. 钢—混凝土组合结构在加固工程中的应用，施工技术，2007(5).

31 古建筑工程

31.1 古建筑概述

31.1.1 总　述

一座典型的中国古建筑的构成是在建筑的下端用砖石砌出一个基座，即台基。在台基之上用柱、梁、檩、椽等组成木构架，作为建筑的主体结构。有时还会在木构架体系中使用斗栱。在台基上围绕木构架砌墙用于围护保温和分隔空间等。用木料做成槅扇，作为门窗或室内空间的分隔。在木构架之上用灰泥、瓦料做成屋顶。用木装修、抹灰、粉饰、砖雕、木雕、石雕、脊饰等作为上述各部位的装饰，或本身就具有使用功能。在木构架和槅扇及其他木装修的表面常常还要涂饰油漆，这既增加了色彩，又能保护木料。在木构架、木装修或墙壁等处往往还要绘制彩画。

中国历史悠久、幅员辽阔，不同的历史时期、不同的地区、不同的民族，建筑形式都会有所不同。在各个历史时期的建筑中，以汉、唐、宋、明、清这几代的建筑最有代表性。在各个地区的建筑中，以北京地区为代表的北方建筑（或称官式建筑）和以苏州地区为代表的江南建筑最有代表性。在各个民族建筑中，以汉民族建筑最有代表性。若论中华民族各时期、各地区和各民族建筑的集大成者，或说最能代表中国建筑风格的，当属清代官式建筑。

本章以清代官式建筑为主要编写对象，按建筑的部位组成和专业分工，分部介绍常见的古建筑在构造做法和施工方面的一般知识。

31.1.2 台　基

古建筑中的台基在建筑形象方面起着至关重要的作用，不像西方建筑那样可有可无。对于"三段式"的建筑意匠，宋代人喻皓将其总结为"三分说"，即"自梁以上（指屋顶）为上分，地以上（指屋身）为中分，阶（指台基）为下分"（《木经》）。台基在古建筑形象方面的突出作用表现在造型和尺度两个方面。台基造型的基本类型有两种，一种是直方型（或方整型），一种是须弥座形式。这两种基本类型还可以演变出它们的叠加形式或组合形式，再加上台基的附属物栏杆和台阶的变化，就使得古建筑的台基式样变得十分丰富。早期的须弥座造型较为简洁，中间部分所占比例较大，至明清时期，线脚变得更加丰富，中间部分的比例缩小，但江南地区的一些须弥座仍保持着唐宋遗风。中国建筑的台基在尺度上表现为既高又宽，这种特征在早期的建筑中表现得尤为突出。明清时期，台基尺度已有所缩小，由"大壮"转向了"适型"。台基高度一般保持在檐柱高的1/4～1/7。江南园林住宅的台基高度更加"便生"，一般不超过檐柱高的1/10。

稍讲究一点的古建筑，其基座必大部或全部使用石活，尤其是须弥座，多为通体石活。石料具有晶莹硬朗的特质，在台基部位的集中使用，使造型更显俊朗清晰，尺度更显舒展大气，而石料的色泽与其他部位的明显不同，更使得台基形象在"三段式"中赫然独立，很好地诠释了中国建筑"三段式"的特点。古代诗文中所说的"红墙碧瓦，玉石栏杆"就是对中国建筑这一典型特性的准确写照。

31.1.3 大木构架

以现代的房屋结构理论而言，木构架的结构体系中应包括斗栱，但在古建筑行业中，习惯上是分开看待的，柱、梁、檩、枋、椽等总称"大木"，大木专业系称"大木作"，斗栱专业系则称"斗栱作"。

丰富的古建筑屋面造型是由丰富的大木构架形式决定的。大木构架的形式虽然多种多样，但最基本的形式却不外六种：单坡面的

平台（平顶）形式，两坡面的硬山和悬山形式，以及四坡面的歇山、庑殿和攒尖形式。这六种基本形式及其变化形式再加上建筑的平面变化，以及多重檐的叠加，就可以组合出丰富多变的构架形式。

大木构架的基本受力连接形式是用柱、梁（柁）以搭接方式为主组成排架（今人称之为"抬梁式"），或用柱、穿（枋）相互穿插组成排架（今人称之为"穿斗式"）。排架间以檩（桁）、枋相连，形成房屋的基本单元"间"，并用以承托屋面木基层。在檩（桁）上以密集的木椽相连，并作为承托瓦面的基层。抬梁式的特点是同一排架两柱间的跨度较大，但梁的用料也较大。穿斗式结构的特点正好相反，两柱间的跨度较小但排架方向不必使用大料。抬梁式结构广泛用于北方地区和典型的江南古建筑中，穿斗式结构用于南方的部分地区，如岭南、西南及长江流域的部分地区。在中国建筑木构架形式中，除了抬梁式和穿斗式这两种形式外，还有被今人称为"干式"和"井干式"等较简单的结构形式，但都没有成为木结构形式的主流。

将建筑的外围柱子做成略向内倾斜是历代延续的做法，宋代以前称"侧脚"，明清时期称"掰升"。早期建筑的柱侧脚较大，可达到柱高的3%左右，明清以后，尤其是清代建筑，柱子掰升已变得较小，一般不超过1%。宋代的建筑，柱子的高度自明间向两侧逐渐提升，至角柱最高，房脊也因此变成两端翘起的弧状，这种做法称"生起"。一间大殿最多可生起三十多厘米。元代以后，"生起"渐弱，明代生起更小，至清代已不再生起。至今在一些南方建筑中仍保持着的两端上翘的弧状房脊做法就是早期建筑生起做法的遗风。

坡屋面系由檩（桁）的高低不同形成，相邻两檩的高差称"举架"（江南建筑称"提栈"，早期称"举折"）。早期建筑的屋面坡度较缓，如唐代建筑梁架的中脊高度不到全长的五分之一，至清代至少占到三分之一。与西方建筑平直的坡屋面不同，中国建筑的屋顶呈优美的凹曲形，而这一曲线效果是以木椽连成的折线形坡面为基础做出的。自檐头至屋脊采用不同（逐渐加高）的举架（提栈），木椽自然随之钉出折线形效果。

屋架上用密集的木椽做成屋檐向外远远地伸出是中国木结构建筑的固定构造法，最初是为了承载厚重的瓦面和保护土墙免受雨淋，后来成了中国建筑的一大特征。古人用"上栋下宇"描述宫室屋顶，宇就是屋檐，可见这种由木椽形成的结构给人的印象有多深。四周都出檐的建筑在转角处的出檐称"翼角"（江南古建筑称"戗角"），翼角椽较普通椽子向上逐渐翘起，在水平方向上形成一优美的曲线，而这一中国建筑中极有代表性的"翘飞"造型，其实也是由角梁的构造方式而自然产生。

从现存实物看，历代大木构架的总体风格是：唐代木构架柱子粗壮，屋架坡度平缓，出檐深远；宋元时期屋架坡度增高，木构架风格趋于柔美华丽；至明清时期，官式建筑屋架坡度更陡，梁架截面宽度尺寸加大，木构架更注重装饰效果。但在地方建筑中，如江南、河南、山西等地区的古建筑仍保留着一些宋代建筑的木构架做法特征。

31.1.4 墙　体

如前所述，中国建筑有着明显的"三段式"特征。以房屋的整体印象而言，墙体是这一段中最有代表性的。中国建筑的墙体在结构作用方面与西方建筑迥然不同，西方建筑的主体受力体系多以砖石结构为主，而中国建筑的主体受力体系以木结构为主，墙体主要是作为围护结构，中国建筑有着"墙倒屋不塌"的特征和优点。但另一方面，木结构受力体系的过早成熟，反过来又压抑了砖石结构的探索和发展，这导致了在中国（乃至影响到日本、朝鲜等东方国家），以砖石结构为受力体系的建筑形式始终没有成为主流，这种结果又导致了砖石工艺技术在很大程度上转向了模仿木构件的发展方向。例如，用砖石材料仿制梁枋、斗栱等，甚至用砖石仿木塔、仿木牌楼等。

在现代建筑中，墙体大多是垂直砌筑的，但古建筑的墙体则大多要向中心线方向倾斜砌筑，这种倾斜砌筑的做法称为"收分"，清代称为"升"。早期建筑的房屋墙体"收分"很大，一般在墙高

的8%以上（指每侧墙面），明代以后逐渐变小，至清代晚期，“升”已很小，有时往往小到仅以调整视差为度。“升”的大小还因功能部位的不同而不同，如城墙、府墙较大，房屋墙体较小。有些墙面如山墙里皮、后檐墙里皮等，由于柱子向内倾斜的缘故，有时还需做出“倒升”，即偏离中心线向外倾斜。

虽然制砖工艺在中国早已成熟，且实物证明早期的砖比起明清时期砖的质量毫不逊色，但早期建筑还是习惯大量使用土坯砌墙，直至明代以后这种习惯才有所改变，甚至直到今天，在一些地区仍能见到土墙做法。砖既可以直接砌筑，也可以先经砍磨加工后再砌筑，如官式建筑有经精细加工后砌筑的干摆、丝缝；简单加工后砌筑的淌白，以及不做加工直接砌筑的糙砌等多种做法。江南古建筑则有不做加工的普通砌法和经精细加工后砌筑的“砖细”做法。砖细也叫清水砖或清水砖细。

也许是因为“墙倒屋不塌”，早在用土坯砌墙的时代古人就不太在意砖的摆砌样式对墙体受力的影响，更在意的是摆砌的样式本身。因此，自早期开始就未采用层层卧砌的垒砌方法，而“三平一竖（立砌）”或“一平一竖”等才是常见的垒砌方法。至明清时期，仍然看重的是砖缝的摆砌式样而非受力的合理性，常见的摆砌式样官式建筑有十字缝、一顺一丁、三顺一丁等。在江南古建筑筑中有实滚墙、花滚墙、斗子墙等多种式样，更是带有着更多的早期砌法痕迹。由于采用了不同规格的砖、不同的砌筑方法以及在结构转折处采用了不同的处理形式，因此，组合出了多种多样的墙面艺术形式。用石料砌墙也是古建墙体的常见形式，有全部采用石料砌筑者，也有砖石混合砌筑者。石料可加工成规则形状后再砌筑，也可不经加工就砌筑。古建墙面还常采用抹灰做法。有趣的是，墙面抹灰既是普通民居的标识，又是宫殿、坛庙建筑礼制、等级的象征，而造成这两者巨大差别的往往仅在于颜色的区分。至于现代仿古建筑，墙面还可以采用镶贴仿古面砖的做法。显而易见，古代建筑具体的建筑式样和构造方式主要是由当时所能使用的材料和工艺决定的。因此，建筑技术是建筑风格的主要影响者。在中国建筑发展史中，由技术决定了的某种建筑风格一旦被确定后，又会作为一种固有模式与技术的继续发展，共同影响着后期的建筑风格，而且这种风格上的演进还会因地区的不同或功能的不同而有所不同。例如，早期用土坯砌墙，为避免雨水冲刷，山墙和后檐墙外都需有木椽伸出。因此，宋元以前的建筑多为四面出檐的式样。明清以后砖墙大量使用，墙面不再怕雨水冲刷，可以直接用砖“封檐”和“封山”。因此，出现了只在房屋的正面一面出檐这样的新式样。但由于这一变化是渐进的，虽在明代就已出现了“封山”做法的硬山建筑，但后檐墙大多还是采用“老檐出”做法，直到清代才改为“封后檐”做法，而在江南等地，直到今天，仍能见到许多四面出檐的硬山建筑。又如，早期因采用土坯砌墙。因此，墙上大多要抹泥灰，无论建筑的等级如何采用的技术都只能如此，而仅在涂饰的颜色上有所区分。明清时期，一方面确已随着材料工艺的改变出现了大量的砖墙形式；但另一方面，在一些重要的礼制建筑、寺庙和宫殿建筑中，仍常采用墙面抹红灰这一古老的做法。

中国古代砌墙大多要分出下碱（下肩）与上身两部分（江南古建筑称勒脚与墙身），上身较下碱（勒脚）要向内稍稍退进一些。下碱（勒脚）至上身（墙身）交接处，往往还要改砌石活，在墙体的转角处或端头处，也常常使用石活。早期的土坯墙或夯土墙易受潮损坏，拐角处易磕碰，而石料可以有效地防止墙体受潮和磕碰。到了明清时期虽然砖已大量使用，但古建筑在砌体的转折部位使用石活早已定型为一种风格，并一直延续至今。

自古以来中国人就喜欢用青砖盖房，不像西方建筑大多使用红砖。这种审美取向决定了中国建筑的外墙以素雅宁静的灰色调为主。外墙如抹灰，则因地区或用途不同而不同。如北方民居用灰或深灰色，北方庙宇用深灰色或红色，江南民居用白色，江南庙宇及一些公共建筑（祠堂、会馆等）用黄色，宫殿坛庙外侧用红色，内侧用黄色等。

31.1.5 斗 栱

斗栱在宋代官书《营造法式》中称“铺作”，在清工部颁行的《工程做法则例》中称“斗科”，在江南古建筑的代表性著作《营造法原》一书中，称“牌科”，民国以来通称斗栱。从严格意义上讲，斗栱也是木构架的组成部分。典型的斗栱是梁架之上具有结构之美的椽檐的承托构件，由数件向外支出的曲木，以及夹隔其间的横向曲木重叠而成。斗栱具有多种功能，例如结构构造功能、装饰功能、标示建筑特性（历史特性、地域特性等）、标示建筑等级、权衡建筑与构件尺度等。斗栱的产生与木构架力求出檐深远、托垫桁檩，使其增加承载能力有关。斗栱的构造源于夏商周时期大型房屋柱梁间的“垫托木”、“助托木”及斜撑等原始助力构件。在秦汉时期已出现了简单的斗栱。经过历代的不断探索，至唐代斗栱构造已完备，技术上已完全成熟，这个时期的斗栱悬挑受力特征明显，形象疏朗硕大。至宋代，斗栱的构造做法形成定制，每个建筑上的斗栱数量增加而单个斗栱的体积变小，形象秀巧。金元时期承袭宋代风格而斗栱体积更小。明代开始求变，其形态总体特征“袭元似清”。明末清初斗栱变革成功，并在构造做法上重新形成了定制。以功能而言，其结构功能减弱而装饰功能增强。这个时期的斗栱虽官式做法与地方做法不尽相同，但总体而言，清代斗栱与历代相比体积最小，分布最密，装饰效果最为华丽，是历代斗栱中最能代表中国建筑的斗栱形象。

清官式斗栱的种类繁多，即使同一种斗栱也会因分类方法的不同而不同。例如，以对应梁架的不同位置命名时，柱上的为柱头科，柱间的为平身科，转角处的为角科；侧重斗栱的分件组合情况时，有单翘单昂、单翘重昂、重翘重昂斗栱等名称；当强调形状特征时，又有麻叶斗栱、溜金斗栱、隔架斗栱、品字斗栱等名称。清官式斗栱以“斗口”为模数。斗口的直观字意是指斗栱最底层构件坐斗的开口宽度。这个宽度有着明确的规定，从1寸起按0.5寸递增至6寸，共有11种规格，选定其中一种规格后，所有构件即可按与斗口的倍数关系推算出具体的长宽厚尺寸。如正心瓜栱规定长6.2斗口，当斗口选定为2寸时，正心瓜栱长应为1尺2寸4分。清官式斗栱模数制的特征还表现在与大木构架的比例关系上，按清代颁行的《工程做法则例》规定，有斗栱的建筑，一旦确定了斗口，大木构架的权衡尺度也就随之确定。例如，檐柱净高规定为60斗口，檐柱径为6斗口，当斗口选定为3寸时，檐柱净高应为18尺，檐柱径应为1.8尺。

斗栱逐层挑出称“出踩”或“出跴”（宋代称“出跳”）。确定出踩数目时先将斗栱中心算做“一”，如向内外各出一踩则称三踩，如此继续出挑则有五踩、七踩、九踩、十一踩等。典型的清官式斗栱在横向（与桁平行的方向）上主要由栱组成，纵向方面主要由翘、昂和要头组成，纵横构件交汇在斗上，升则位于翘的端头承托上层构件。

江南古建筑牌科（斗栱）有五类：一类是一斗三升及一斗六升，这类斗栱的特点是平面呈一字状，故又叫一字牌科。二类是十字科，其形态与典型的官式斗栱相同，即主要构件纵横交错，呈十字状。三类是丁字科，这类斗栱从室外看与十字科完全相同，从室内看则类似一斗六升，故其平面呈丁字状。四类是琵琶科。类似官式做法的溜金斗栱。五类是网形科，北方称如意斗栱，其最大特点是相邻的栱或昂呈相互交织状。江南牌科不以斗口为规制，规格也不如官式斗栱那么多，常见者仅三种，即五七式、四六式和双四六式。每种都有其固定的做法规定。五七式之名由坐斗的规格比例而来，即坐斗高五寸宽七寸。其他分件也都有固定的尺寸，如栱高三寸半厚二寸半，升高二寸半宽三寸半等。各分件自身各部分的比例关系也是固定的，如斗底宽五寸，斗高分作五份，斗腰占三份，斗底占二份等。四六式的规格小于五七式，其所有尺寸均按五七式八折（可适当调整），如坐斗高四寸宽六寸。双四六式是三种规格中最大的，其所有尺寸均比四六式大出一倍，如坐斗高八寸宽十二寸。牌科逐层挑出称“出参”，即清官式斗栱的“出踩”，确定出参数目时，也是先将斗栱中心算做“一”，如向内外各出一参称三出参，如此继续出挑则有五出参、七出参、九出参、十一出参等。

31.1.6 装 修

现代建筑中的装修一词来源于古建筑，但两者的含意不尽相

同，现代装修所指部位通常包括室内外墙面、室内地面、吊顶、门窗等，包含的工作有木活、油漆、抹灰、镶贴、裱糊等；而古建筑中的装修仅包含木活，按照《工程做法则例》的规定，装修是指门（板门和槅扇门）窗（槅扇窗）及其周边的槛框（江南古建筑称"宕子"），以及天花木顶槅。在近代的一些书籍中，也有将栏杆、楣子、花罩、博古架及护墙板等木制品列入古建装修的。在清官式建筑中装修专业称"装修作"，在宋式建筑中，称"小木作"。在西方古建筑中，门窗是在墙上开出的洞口上安装的，而在中国古建筑中，门窗是安装在柱间的，因而可以做得更加开敞，布置起来也更加灵便。正是由于这两者的不同，西方建筑的立面给人的印象常以墙面效果为主，而中国古建筑的立面效果，除了墙以外，门窗效果给人的印象也很深，尤其是在正立面，门窗的效果往往会起到主导性的作用。有趣的是，尽管西方建筑的门窗位置选择从建筑构造上不如中国建筑那样灵便，但事实上却更加自由随意。中国建筑中，门窗一般只设在房屋的前面，在院落中，四面房屋的门窗大多都朝向中心，围成"四合"形式。山墙和后檐墙上往往不设门窗，尤其是临街的一面墙，住宅建筑更是很少开窗。这种现象是固有的中国早期建筑布局及形态特征的延续，也是中国人内向含蓄性格的必然取向。

装修的式样因所处时代或地域的不同而不同，也因使用功能的不同而不同。例如，唐、宋、明、清历代的式样不同，地方建筑与皇家建筑的式样不同，各地区的装修风格也不相同。即使在同一建筑中，内、外檐装修也不尽相同。

31.1.7　屋　　面

屋面外形有硬山、悬山、歇山、庑殿（江南称"四合舍"）、攒尖、平顶六个基本形式及各种变化形式如重檐、多角、盝顶等。与西方建筑的屋顶相比，西方建筑的屋顶一望而知是防雨设施，而中国建筑的屋顶更像是建筑的美丽冠冕。这来自它华丽飘逸的屋檐，优美多变的造型，淡艳相宜的色彩和生动有趣的脊饰。

除了瓦屋面之外，中国历史上还曾创造出其他多种屋面材料作法，例如：茅草屋面、泥土屋面、灰泥屋面、灰屋面、焦渣灰屋面、石板屋面等。在各种材料作法中，以瓦屋面取得的成就最高，瓦屋面中又有筒瓦、板瓦、琉璃瓦等多种形式。在周代已出现了筒瓦屋面，那时的筒瓦尺寸较大，且瓦当为半圆形，秦汉时期开始出现圆形瓦当。宋代以后筒瓦尺寸逐渐变小，明清以后尺寸更小。在五代时期就出现了合瓦（小青瓦）屋面，宋代以后小青瓦屋面更是成为了南方广大地区的一种常见作法。北方则仍以筒瓦屋面为主，至元明以后，华北地区的普通民居逐渐改用合瓦屋面，只是在游廊、影壁及小型的砖门楼等处才使用最小号的筒瓦。清代中期，山西地区的工匠创造了世界独一无二的干槎瓦技术，后流传到河北、河南等地，并一直流传至今。琉璃瓦用于屋面迟始于北魏，后又失传，隋唐又恢复，但只用在檐口或屋脊处。宋、辽、金时期进一步发展，但一般房屋仍习惯用在檐口或屋脊处。明清两代是琉璃技术大发展的时期，清乾隆时期达到极盛。由于工艺技术上的原因，从古至今琉璃瓦的颜色一直都是以黄、绿两色为主。唐宋时期的琉璃瓦以绿色为主，元代沿袭宋代风格，并出现了黑色琉璃瓦。明代沿袭元代风格，黑色琉璃仍在使用，至清代黑琉璃不再用于重要建筑（有特殊寓意的除外）。明清两代，尤其是清代，除仍以黄绿两色为主外，在园林建筑中还使用了其他多种颜色。琉璃瓦一直是封建等级的象征，黄琉璃为皇家独有，亲王、郡王可以用绿琉璃，其他任何人是不能使用琉璃的。在普通陶瓦的颜色选择上，如同自古以来喜欢用青砖砌墙一样，中国人喜欢用灰瓦，不像西方人那样喜欢用红瓦，尽管灰瓦比红瓦的烧制工艺更复杂。这种审美取向决定了中国建筑的屋面以素雅宁静的灰色调为主。为与琉璃瓦相区别，凡筒瓦、合瓦等灰瓦屋面通称"布瓦"或"黑活"。

与西方建筑相比，中国的瓦面做法工艺更多。中国不但创造了与西方相似的筒瓦屋面，还创造了底瓦垄和盖瓦垄都用板瓦的"合瓦"屋面，尤其是创造了带釉的瓦（琉璃）屋面和只用底瓦垄不用盖瓦垄的"干槎瓦"屋面。无论就瓦面的装饰性或工艺技术而言，

中、西方相比，中国的水平更高，历代相比，清代的水平最高。

瓦面垫层在古建筑中叫做"背"，其施工过程叫做"苫背"。在北方地区，凡做瓦屋面都要先苫背，清中期以后，屋面苫背发展为更加注重防水功能的施工技术。在南方地区，有苫背的，也有不苫背直接在木椽上铺瓦的。

31.1.8　地　　面

古建筑地面的种类主要有：一是砖地面，包括方砖和条砖地面，条砖包括城砖和小砖。经特殊工艺制作，质量极好的方砖或城砖称作"金砖"。二是石地面，包括毛石、块石、条形石、卵石地面等。三是焦渣地面。以焦砟与白灰拌和后铺筑的地面。四是土地面，以原生土筑打的地面，这是历史上最早的地面做法，直到近代仍在使用。五是灰土地面，用黄土与白灰拌和后铺筑的地面。用砖、石所做的地面或用砖、石做地面这一过程，在清官式做法中都称作"墁地"，在江南古建筑中则称"铺地"。

中国建筑的庭院铺地由甬路、散水和海墁组成。散水铺在房子的前后或四周。甬路是院中的道路，在宫殿中称御路。海墁铺在甬路以外。

古建地面，尤其是砖墁地面是很讲究拼缝形式的。例如，同样是方砖地面，在清官式做法中，趟与趟之间必须错半砖（称十字缝），而在江南古建筑中，多做成横竖缝均相通的"井字格"形式。

官式建筑的地面，无论室内还是庭院均以砖墁地居多，宫殿建筑在重点部位用方整石料铺墁。园林庭院除砖料外，也偶用青石板或鹅卵石等铺墁。

江南古建筑室内铺地砖铺地以砖为主，常见的是方砖或黄道砖铺地。用黄道砖铺地时多将砖陡望并拼成图案。在江南古建筑中最讲究的做法是用金砖铺地，这与官式建筑只在重要的宫殿室内才用金砖墁地的习惯有所不同。江南古建筑的室外铺地以石料和砖料为主，园林铺地以石料为主。常见的石地做法有乱石（毛石）地、方整石地、条石地、冰裂纹石板地等。最能代表江南园林庭院铺地风格的是"花街铺地"。这是一种用砖、瓦、各色卵石或陶瓷碎片拼出各式图案花饰的铺地形式。

31.1.9　油　漆

油漆的历史在中国至少已有六千年以上。早期使用的油漆是天然材料，清晚期以后逐渐被现代化工材料所取代。对于传统油漆来说，可细分为两类，一类是油，以桐树籽榨出的油（桐油）为主要材料制成，称光油。另一类是漆，以漆树上流出的乳液（生漆）为主要材料制成，称大漆。南方地区建筑既用光油，也用大漆；北方建筑只用光油，极少用大漆。传统材料无论是光油还是大漆，其质量都优于现代化工油漆，不易开裂、褪色和老化。但制作工艺复杂，价格较贵。

油漆不但能使木构件更有光泽，还可以保护木质，从而延长了建筑的寿命。作为木材表面的涂层，在历史上很长的一段时间内是将油漆直接涂在木材上，至今不少地区仍延续着这种做法。在明代以后，发明了先用砖灰等材料做成基底层（称"地仗"）再涂刷油漆的做法，明末清初又在地仗中增加了麻纤维层。地仗形成的壳层有助于防止木材开裂，其平整细腻的表面更提高了油漆的光洁度。地仗工艺的发明，使得明清官式建筑比历代建筑都更加光彩照人，同时也为彩画工艺水平的提高奠定了基础。

历代都十分重视和讲究油漆的色彩。《考工记》记述夏朝崇尚黑色，商朝崇尚白色，周朝崇尚红色。《礼记》记述春秋战国时"楹（柱）：天子丹（红）、诸侯黝（黑）、大夫苍（青）、士黈（黄）"，说明自古以来油漆色彩与时代习俗、社会等级都有密切的关系。明清以后，色彩更趋丰富，据清工部《工程做法则例》所记载的油漆颜色就有22种之多，各地区各民族的油漆颜色也十分丰富，且都形成了各自的用色规律。至清代晚期以后，中国建筑的油漆颜色以红、黑、棕、绿、灰等颜色为主，其中最具中国特色的油漆颜色当属红色。

31.1.10　彩　画

据考古发现，原始时期就有建筑彩画，文献证明周代已在梁枋

上施彩画。秦、汉、南北朝时期图案纹样已十分丰富，到了隋唐时期工艺技法已很成熟，并已形成了彩画制度。宋代彩画进一步完善，出现了五彩遍装、青绿彩画和土朱刷饰三类形式，梁额彩画构图形成定式，彩画工艺中的典型技法退晕与对晕等也已成熟。由官方编修的《营造法式》一书中记录了详尽的彩画内容，说明中国建筑彩画至宋代无论是设计、施工，还是管理；无论是图案、构图、工艺，还是等级制度等比起前代都更加完备。元代在沿袭着宋代彩画风格的基础上，创造出了被后人称为"旋子彩画"的形式，并出现了墨线点金五彩遍装、墨线青绿叠晕装和灰底色黑白纹饰三种装饰等级。明代在元代彩画的基础上继续演变，构图更加严谨，枋心部位的端头造型形成定式，枋心内一般不画纹饰，只平涂颜色（素枋心）。旋花进一步图案化，并形成了具有明代风格的固定式样。"箍头"画法作为构件的端头处理，在明代已经定型。彩画的装饰重点转移到了梁、檩、枋等所谓"上架"（柱头部位以上）的大木构件上。画满彩画的斗栱和柱身也很少见了。从现存实物看，明代彩画的类别以旋子彩画为主，少量为龙纹枋心、锦纹找头彩画。总体色调以青（指群青蓝色）、绿为主。

清代彩画比起前代来说画题和工艺更加繁富，构图和纹饰更趋定型，并产生出了适用于不同建筑环境的多种类别的彩画。虽然在清代早期彩画类别就已十分丰富，但那时是直接按工艺做法或纹饰命名，明确地将清宫式彩画按类别划分是清代晚期以后的事，见诸文字更晚，如"旋子彩画"、"和玺彩画"均出自二十世纪三十年代梁思成先生编著的《清式营造则例》一书。至二十世纪八十年代以前，一般认为清宫式彩画可分为"和玺彩画"、"旋子彩画"和"苏式彩画"三大类。以后又经一些研究者加以补充，形成了不同的分类方法。清官式彩画的装饰重点是檩（桁）、垫板、檩枋（额枋）、梁及柱头等部位。因此，常称为梁枋彩画。所谓和玺、旋子、苏画及其他类别的分类主要是针对这些构件而言，各类彩画在构图、纹样等方面的规制也主要是针对这些部位而言的。与梁枋相关联的其他部位的彩画多集中在斗栱、天花、椽望、角梁等处。应该说，这些部位的彩画没有太明确的类别划分，只是图案纹样和工艺的选择与上述各类彩画是有着一定的对应关系。以椽头彩画为例，不能说椽头的旋子彩画应当怎么画，而是当梁枋画旋子彩画时，椽头应当怎么画。毋庸置疑，梁枋与斗栱、天花、椽望是明清官式彩画重点或首先应装饰的部位，但在园林建筑或寺庙建筑中，也往往在廊心墙、室内后檐墙及山墙、梁枋间的木板上绘制彩画，这些部位的彩画大多以较自由的壁画形式出现。

除了官式彩画之外，中国各地区各民族也创造出了多种多样的建筑彩画。例如山西、河南、东北、江浙等地区的彩画水平也很高，尤其是山西、河南地区的彩画更为突出，且沿袭了宋代彩画的一些风格特点。与官式彩画相同的是，这些地区的彩画也首先是画在梁枋上。而其他一些地区的彩画的装饰重点往往集中在墙壁或是屋脊等部位。

如果说唐代建筑更多的是表现为一种纯真直率的结构美，宋代转向结构美与装饰美并重，那么明清两代在建筑的装饰美方面表现得尤为突出。色彩是装饰的重要手段，在这一方面，除了琉璃和油漆之外，最重要的就是彩画。在梁枋上施彩画是中国建筑的特点之一，而清官式彩画最能代表中国建筑彩画。以清官式彩画为代表的中国建筑彩画的艺术特征主要表现在以下几个方面：1）色彩以青（指群青蓝色）、绿色调为主，同时又非常艳丽华美、富丽堂皇，色相和明度反差都很大。中国建筑彩画与西方建筑绘画的一个重要区别是，中国建筑彩画敢于将原色不加调兑直接使用。由于有黑色、白色等中性色的协调，退晕的过渡，同时各种颜色又被统一在明度最高的金色（贴金）之下，这就获得了装饰性极强，又十分协调的效果。2）图案形式多样，内容丰富。同一种图案因工艺不同产生出多种效果，形成了千变万化的装饰美感。3）构图严密系统。不同的类别有不同的构图方式，种类又有许多等级，各类各等级都有相应的格式、内容、工艺要求和装饰对象。色彩的安排也有相应的规则。4）工艺独特。仅常见的绘制工艺就多达十几种，诸如退晕、沥粉贴金、切活等，相同的纹饰用不同的工艺绘制后，其装饰效果完全不同。

31.2 瓦石作材料

31.2.1 古建筑常用砖料的种类及技术要求

31.2.1.1 古建筑常用砖料的种类、规格及用途

1. 传统青砖

古建筑采用的传统青砖是以黏土为主要原料，经过成型、干燥、焙烧和洇窑工艺制成的青（灰）色的砖。古建筑砖料可分为条砖类和方砖类。条砖类又可分为城砖类和小砖类。各类砖又可因产地、规格和工艺的不同而产生多种名称。常见古建筑砖料的名称、用途及参考尺寸见表31-1。

现行古建筑砖料一览表（单位：mm） 表 31-1

名 称		主 要 用 途	参考尺寸（糙砖规格）	说 明
城砖	大城样（大城砖）	大式干摆、丝缝、糙砌、淌白墙面；小式干摆下碱；大式地面；檐料；杂料	480×240×130	如需砍磨加工，砍净尺寸按糙砖尺寸扣减 5～30mm 计算
	二城样（二城砖）	同大城砖	440×220×110	
停泥砖	大停泥	大、小式墙身干摆、丝缝；檐料；杂料	410×210×80 320×160×80	
	小停泥	小式墙身干摆、丝缝；小式地面；檐料；杂料	295×145×70 280×140×70	
	四丁砖	仿古建筑淌白墙；糙砖墙；檐料；杂料；墁地	240×115×53	四丁砖有两种，即手工砖和机制砖，机制砖较难砍磨加工
	地趴砖	室外地面；杂料	420×210×85	
方砖	尺二方砖	小式墁地；博缝；檐料；杂料	400×400×60 360×360×60	如需砍磨加工，砍净尺寸按糙砖尺寸扣减 10～30mm 计算
	尺四方砖	大、小式墁地；博缝；檐料；杂料	470×470×60 420×420×60	
	尺七方砖	大式墁地；博缝；檐料；杂料	570×570×80	
	二尺方砖		640×640×96	
	金砖（尺七～二尺四）	宫殿室内墁地；宫殿建筑杂料	同尺七～二尺四方砖规	

2. 仿古面砖

仿古面砖是以黏土和少量细砂为原料，经钢模冲压成型，并经干燥、焙烧和洇窑工艺制成的青（灰）色面砖，常见的仿古面砖的规格有 3 种：62×250×11、62×280×11、100×400×20。

31.2.1.2 砖的质量鉴别

砖的质量可根据以下方面和方法检查鉴别：

1. 规格尺寸是否符合要求，尺寸是否一致。

2. 强度是否能满足要求，除通过试验室出具的试验报告判定外，现场可通过敲击发出的声音来判别，有哑音的砖强度较低。

3. 棱角是否完整直顺，露明面的平整度如何。

4. 颜色差异能否满足工程要求，有无串烟变黑的砖。

5. 有无欠火砖，甚至没烧熟的生砖。欠火砖的表面或心部呈暗红色，敲击时有哑音。

6. 有无过火砖，尤其是用于干摆、丝缝墙面或用于砖雕的砖料，如选用的是过火砖，将很难砍磨加工。过火砖的颜色较正常的颜色更深，多有弯曲变形，敲击时声音清脆，似金属声。

7. 有无裂纹。在晾坯过程中出现的"风裂"可通过观察发现，烧制造成的砖内的"火裂"可通过敲击声音来辨别。表面或内部有裂纹的砖会使强度降低，且容易造成冻融破坏。

8. 砖的密实度检查。可通过检查泥坯（干坯）的断面和成品砖的断面鉴别，有孔洞、砂眼、水截层、砂截层及含有杂质或生土

块等的砖，其密实度都会受到影响。

9. 有无泛霜（起碱）。有泛霜的砖不能用于基础或潮湿部位，严重泛霜的为不合格的砖。

10. 其他检查。如土的含砂量是否过大，是否含有浆石籽粒，是否有石灰籽粒，甚至出现石灰爆裂，砖坯是否淋过雨，砖坯是否受过冻或曾含有过冻土块等。这些现象的存在都会造成砖的质量下降，应仔细观察。

11. 除应检查厂家出具的试验报告外，砖料运至现场后，施工单位应独立抽取样本复试。复试结果应符合相关标准的要求。

31.2.2　常用黑活（布瓦）瓦件的种类及技术要求

31.2.2.1　布瓦瓦件的种类、规格及用途

布瓦瓦件包括瓦件和脊件，是以黏土为主要原料，经成型、干燥、焙烧和洇窑工艺制成的青（灰）色瓦料和脊料。当区别于琉璃瓦时，常称为黑活。布瓦的规格按"号"划分，从大到小排列有头号（又称特号或大号）、1号、2号、3号和10号共五种规格。布瓦的种类及常见尺寸见表31-2。

布瓦一览表（单位：cm）　　　表31-2

名　　称		常见尺寸	
		长	宽
筒瓦	头号筒瓦	30.5	16
	1号筒瓦	21	13
	2号筒瓦	19	11
	3号筒瓦	17	9
	10号筒瓦	9	7
板瓦	头号板瓦	22.5	22.5
	1号板瓦	20	20
	2号板瓦	18	18
	3号板瓦	16	16
	10号板瓦	11	11
勾头	头号勾头	33	16
	1号勾头	23	13
	2号勾头	21	11
	3号勾头	19	9
	10号勾头	11	7
滴水	头号滴水	25	22.5
	1号滴水	22	20
	2号滴水	20	18
	3号滴水	18	16
	10号滴水	13	11
花边瓦	头号花边瓦		22.5
	1号花边瓦		20
	2号花边瓦		18
	3号花边瓦		16
	10号花边瓦		11

31.2.2.2　布瓦瓦件的质量鉴别

布瓦瓦件的质量可根据以下方面和方法检查鉴别：

1. 规格尺寸是否符合要求，尺寸是否一致。筒瓦"熊头"的仔口是否整齐一致，前后口的宽度是否一致。勾头、滴水、花边瓦的形状、花纹图案是否相同，滴水垂、勾头盖的斜度是否相同。吻、兽、脊件的外观是否完好，造型、花纹是否相同。

2. 强度是否能满足要求。除通过试验检测外，在现场还可通过敲击的声音来判断，有哑音的瓦强度较低。

3. 有无变形或缺棱掉角。

4. 有无串烟变黑。

5. 有无欠火瓦。欠火瓦表面呈红色或暗红色。

6. 有无过火瓦。过火瓦的表面呈青绿色，且多伴有变形发生。

7. 有无裂纹、砂眼甚至孔洞。砂眼、孔洞和较明显的裂纹可通过观察检查发现，细微的裂纹和肉眼看不出的裂纹隐残，要用铁器敲击的办法检查，敲击时发出"啪啦"声的，即表明有裂纹或隐残。

8. 密实度如何。可在现场作渗水试验。将瓦的凹面朝上放置，用砂浆堵住瓦的两端，在瓦上倒水，随即观察瓦下渗水情况，渗出速度快、水珠大的瓦密实度较差。

9. 其他检查。如土的含砂量是否过大，是否含有浆石籽粒、是否有石灰籽粒甚至石灰爆裂，瓦坯是否淋过雨，瓦坯是否受过冻或曾含有冻土块等。

10. 除应检查厂家出具的试验报告外，瓦件运至现场后，项目部应独立抽取样本进行复试。复试结果应符合相关标准的要求。

31.2.3　琉璃瓦件的种类及技术要求

31.2.3.1　琉璃瓦件的种类及规格

琉璃瓦件包括瓦件和脊件，是以陶土为原料，表面施釉料，经成型、干燥、焙烧制成的瓦料和脊料。琉璃瓦的釉色有多种，以黄、绿两种最常用。清代官式琉璃瓦的规格尺寸按"样"划分，二样最大，九样最小。二样和三样极少使用。常见琉璃瓦件的种类及规格见表31-3。

常见琉璃瓦件一览表（单位：cm）　　　表31-3

名　称		样数（规格）					
		四样	五样	六样	七样	八样	九样
正吻	高	256~224	160~122	115~109	102~83	70~58	51~29
	宽	179~157	112~86	81~76	72~58	49~41	36~20
	厚	33	27.2	25	23	21	18.5
剑把	长	80	48	29.44	24.96	19.52	16
	宽	35.2	20.48	12.8	10.88	8.4	6.72
	厚	8.96	8.64	8.32	6.72	5.76	4.8
背兽（见表注）	正方	25.6	16.64	11.52	8.32	6.56	6.08
吻座	长	33	27.2	25	23	21	18.5
	宽	25.6	16.64	11.52	8.32	6.72	6.08
	厚	29.44	19.84	14.72	11.52	9.28	8.64
赤脚通脊	长	76.8					
	宽	33					
	高	43					
黄道	高	76.8	五样以下无				
	宽	33					
	厚	16					
大群色（相连群色条）	长	76.8					
	宽	33					
	厚	16					
群色条	长	无	41.6	38.4	35.2	34	31.5
	宽		12	12	10	10	8
	厚		9	8	7.5	8	6
正通脊（正脊筒子）	长	无	73.2	70.4	67.4	64	60.8
	宽		27.2	25	23	21	18.5
	高		32	28.4	25	20	17
垂兽（见表注）	高	50.4	44	38.4	32	25.6	19.2
	宽	50.4	44	38.4	32	25.6	19.2
	厚	28.5	27	23.04	21.76	14	12.8
垂兽座	长	51.2	44	38.4	32	25.6	22.4
	宽	28.5	27	23.04	21.76	14	12.8
	高	5.76	5.12	4.48	3.84	2	2.56
联座（联办兽座）	长	86.4	70.4	67.2	41.6	28.8	23.8
	宽	28.5	27	23.04	21.76	20	12.8
	高	36.8	28.6	23	17	17	15
承奉连砖（大连砖）	长	44.8	41	39	37	33	31.5
	宽	28.5	26	25	21.5	20	17.5
	高	14	13	12	9	9	8
三连砖	长	43.5	41	39	35.2	33.6	31.5
	宽	29	26	23	21.76	20.8	19
	高	10	9	8	7.5	7	6.5
小连砖	长	七样以上无				32	28.8
	宽					16	12.8
	高					6.4	5.76
垂通脊（垂脊筒子）	长	83.2	76.8	70.4	64	60.8	54.4
	宽	28.5	27	23.04	21.76	20	17
	高	36.8	28.6	23	21	18	15

续表

名　称		样数(规格)					
		四样	五样	六样	七样	八样	九样
戗兽 (见表注)	高	44	38.4	32	25.6	19.2	16
	宽	44	38.4	32	25.6	19.2	16
	厚	27	23.04	21.76	20.08	12.8	9.6
戗兽座	长	44	38.4	32	25.6	19.2	12.8
	宽	27	23.04	21.76	20.8	12.8	9.6
	高	5.12	4.48	3.84	3.2	2.56	1.92
戗通脊 (戗脊筒子)	长	76.8	70.4	64	60.8	54.4	48
	宽	27	23.04	21.76	20.8	17	9.6
	高	28.6	23	21	17	15	13
撺头	长	44.8	41	39	36.8	33.6	31.5
	宽	28.5	26	23	21.76	20.8	19
	高	14	9	8	7.5	7	6.5
挡头	长	38.4	35.2	32	30.4	30.08	29.76
	宽	26	23	20	19	18	17
	高	7.68	7.36	7.04	6.72	6.4	6.08
列角盘子	长			40	36.8	33.6	27.2
	宽			23.04	21.76	20.8	19.84
	高			6.72	6.4	6.08	5.76
三仙盘子	长			40	36.8	33.6	27.2
	宽			23.04	21.76	20.8	19.84
	高			6.72	6.4	6.08	5.76
仙人 (见表注)	长	33.6	30.4	27.2	24	20.8	17.6
	宽	5.9	5.3	4.8	4.3	3.7	3.2
	高	33.6	30.4	27.2	24	20.8	17.6
走兽 (见表注)	宽	18.24	16.32	14.4	12.48	10.56	8.64
	厚	9.12	8.16	7.2	6.24	5.28	4.32
	高	30.4	27.2	24	20.8	17.6	14.4
吻下当沟	长	33.6	28.3	26.7	24	22	20.4
	宽	21	16.5	15	14.5	13.5	13
	厚	2.24	2.24	1.92	19.2	1.6	1.6
托泥当沟	长	33.6	28.3	26.7	24	22	20.4
	宽	21	16.5	15	14.5	13.5	13
	厚	2.24	2.24	1.92	19.2	1.6	1.6
平口条	长	28.8	27.2	25.6	24	22.4	20.8
	宽	8.64	8	7.36	6.4	5.44	4.48
	厚	1.92	1.92	1.6	1.6	1.28	1.28
压当条	长	28.8	27.2	25.6	24	22.4	20.8
	宽	8.64	8	7.36	6.4	5.44	4.48
	厚	1.92	1.92	1.6	1.6	1.28	1.28
正当沟	长	33.6	28.3	26.7	24	22	20.4
	宽	21	16.5	15	14.5	13.5	13
	厚	2.24	2.24	1.92	1.92	1.6	1.6
斜当沟	长	46	39	37	32	30	28.8
	宽	21	16.5	15	14.5	13.5	13
	厚	2.24	2.24	1.92	1.92	1.6	1.6
套兽 (见表注)	长	25.2	23.6	22	17.3	16	12.6
	宽	25.2	23.6	22	17.3	16	12.6
	高	25.2	23.6	22	17.3	16	12.6
博脊连砖	长	五样以上无		40	36.8	33.6	30.4
	宽			22.4	16.5	13	10
	高			8	7.5	7	6.5
承奉博脊连砖	长	46.4	43.2	六样以下无			
	宽	23.68	23.36				
	高	14	13				
挂尖	长	46.4	43.2	40	36.8	33.6	30.4
	宽	23.68	23.36	22.4	16.5	13	10
	高	24	22	16.5	15	14	13
博脊瓦	长	46.4	43.2	40	36.8	33.6	30.4
	宽	27.2	25.6	24	22.4	20.8	19.2
	高	6.5	6	5.5	5	4.5	4

续表

名　称		样数(规格)					
		四样	五样	六样	七样	八样	九样
博通脊 (围脊筒子)	长	76.8	70.4	56	46.4	33.6	32
	宽	27.2	24	21.44	20.8	19.2	17.6
	高	31.36	26.88	24	23.68	17	15
满面砖	长	44.8	41.6	38.4	35.2	32	28.8
	宽	44.8	41.6	38.4	35.2	32	28.8
	厚	5.44	5.12	4.8	4.48	4.16	3.84
蹬脚瓦	长	35.2	33.6	30.4	27.2	24	20.8
	宽	17.6	16	14.4	12.8	11.2	9.6
	高	8.8	8	7.2	6.4	5.6	4.8
勾头	长	36.8	35.2	32	30.4	28.8	27.2
	宽	17.6	16	14.4	12.8	11.2	9.6
	高	8.8	8	7.2	6.4	5.6	4.8
滴水 (滴子)	长	40	38.4	35.2	32	30.4	28.8
	宽	30.4	27.2	25.6	22.4	20.8	19.2
	高	14.4	12.8	11.2	9.6	8	6.4
筒瓦	长	35.2	33.6	30.4	28.8	27.2	25.6
	宽	17.6	16	14.4	12.8	11.2	9.6
	高	8.8	8	7.2	6.4	5.6	4.8
板瓦	长	38.4	36.8	33.6	32	30.4	28.8
	宽	30.4	27.2	*25.6	22.4	20.8	19.2
	高	6.08	5.44	4.8	4.16	3.2	2.88
合角吻	高	89.6	76.8	60.8	32	22.4	19.2
	宽	64	54.4	41.6	22.4	15.68	13.44
	长	64	54.4	41.6	22.4	15.68	13.44
合角剑把	长	25.6	22.4	19.2	9.6	6.4	5.44
	宽	5.44	5.12	4.8	4.48	4.16	3.84
	厚	1.92	1.76	1.6	1.6	1.28	0.96

注:1. 背兽长宽量至眉毛。
　　2. 垂兽、戗兽高量至眉毛;宽指身宽。
　　3. 仙人高量至鸡的眉毛;走兽高自筒瓦上皮量至眉毛。
　　4. 套兽长量至眉毛。
　　5. 清中期以前,六样板瓦宽为24cm,与近代出入较大,文物建筑修缮时应特别注意。

31.2.3.2　琉璃瓦件的质量鉴别

琉璃瓦件的质量可根据以下方面和方法检查鉴别:

1. 规格尺寸是否符合要求,尺寸是否一致。筒瓦"熊头"的仔口是否整齐一致,前后口宽度是否一致。勾头、滴水的形状、图案是否一致,滴水垂、勾头盖的斜度是否相同。吻、兽、脊件的造型、花纹是否相同,外观是否完好。

2. 有无变形、缺棱掉角,表面有无粘疤或釉面剥落,脊件线条是否直顺。

3. 有无欠火现象。可通过敲击判断,声音发闷的为火欠瓦件。欠火瓦件易造成冻融破坏,导致坯体酥粉。

4. 有无过火瓦件。可通过敲击判断。声音过于清脆者为过火瓦件。过火瓦件强度很高,吸水率也较小,但因坯体表面光亮质硬,故不利于釉料附着,易造成釉面脱落。

5. 有无裂纹、砂眼甚至孔洞。砂眼、孔洞和较明显的裂纹可通过观察检查发现,细微的裂纹和肉眼看不出的裂纹隐残可通过用铁器敲击的方法检查。敲击时发出"啪啦"声的说明有裂纹或隐残。

6. 釉面质量如何。有无缺釉、掉釉、起釉泡、局部釉料未融、串色、釉面中有脏物杂质等现象以及严重程度。对色差的挑选:由于烧制时釉料的融化流淌会造成釉层薄厚不均,以及窑内温差对釉色产生的影响,琉璃瓦会不可避免地存在色差。这也正是传统琉璃色的一大特点。因此,不必要求釉色完全一致,只能要求"顺色",即应将釉色相近的瓦挑出,集中使用。

7. 坯体内是否含有石灰籽粒等杂质。

8. 检查厂家出具的试验报告。瓦件运至现场后，可复试。琉璃瓦的抗折强度一般都能满足工程需要，可不再做弯曲破坏荷重复试。可在现场选几块瓦片，反扣在地上，人站在上面瓦不折断就说明瓦的强度可以满足需要。瓦的吸水率和急冷急热有必要复试。对于冻融试验来说，如用于南方地区，可不做复试，如用于北方地区，一定要做复试，如用于东北偏北或国外高寒地区时，试验应按工程所在地的最低温度，而不应按国家标准规定的试验温度进行。

31.2.4 古建筑常用石料的种类及技术要求

31.2.4.1 古建筑常用石料的种类及应用

1. 青白石。青白石是一个含义较广的名词，同为青白石，颜色和花纹相差很大。因此，它们又有着各自不同的名称，如：青石、白石、青白石碴、砖碴石、豆瓣绿、艾叶青等。青白石质地较硬、质感细腻，不易风化。多用于宫殿建筑和较讲究的大式建筑，还可用于带雕刻的石活。青白石中颜色较白的，仅用于少数重要的宫殿建筑、重要建筑的少量重要部位或石塔、经幢等重要构筑物。

2. 汉白玉。汉白玉具有洁白晶莹的质感，质地较软，石纹细腻，因此适于雕刻，多用于宫殿建筑中带雕刻的石活。与青白石相比，汉白玉虽然更加漂亮，但其强度及耐风化、耐腐蚀的性能均不如青白石。汉白玉的实际产量非常少，目前人们所称的汉白玉绝大多数是一种叫做"房山白"的石料。这种石料实际上是青白石中颜色发白、无杂色的一类，而不是真正的汉白玉。

3. 青砂石。青砂石又叫砂石或小青子。呈浅绿色或青绿色。与同样呈青绿色的青白石相比，无晶莹感，石质稍粗糙。青砂石因产地不同质量相差很大，较差者表现为磨损或风化后表面会出现片状层理。青砂石是普通官式建筑（包括民宅等小式建筑和王府、寺庙等大式建筑）中最常用的一种石料。近年来由于产量下降，逐渐被相近颜色的青白石和一种叫做"石府石"（又叫西山石府）的青绿色石料取代，石府原来主要用于制作石磨，石质细腻坚硬，因此价格较贵。

4. 花岗石。在各地有不同名称，如毛石、豆渣石、金山石、焦山石、粗粒花、芝麻花等等。京城一带的官式建筑所用的花岗石为黄褐色，称虎皮石。花岗石质地坚硬，不易风化，适于用做护岸、地面等，在地方（民间）建筑中，也用做基台和台阶。由于石纹粗糙有颗粒，不易雕刻，因此，不适用于高级石雕制品。

5. 雪花白。雪花白是河北曲阳及山东莱州等地出产的一种石料。雪花白色白而略带青色，有晶莹感，内有雪花状纹绞。用于石栏杆、须弥座等雕刻较多的构件。清代以前，京城一带的官式建筑不使用这种石料，近年来才开始使用。因此，修复文物古建筑时不应使用。由于雪花白与汉白玉有些相似，应注意识别，不要当做汉

白玉购买。

6. 凝灰岩类石料。颜色品种较多，有青石、灰石、红石、白石、绿石、绿石、墨石等多种。凝灰岩类石料质感细腻，不易风化，不同品种石质软硬差距较大。产地分布较广，适用于各类古建筑。

31.2.4.2 古建筑石料的挑选

1. 石料的常见缺陷

石料的常见缺陷有：裂缝、隐残（内部有裂缝）、纹理不顺、污点、红白线、石瑕、石铁等。带有裂缝的石料不可选用。敲击声音发闷的说明有隐残，不可用做独立的雕刻构件。如果裂缝或隐残不甚明显，可考虑用在不重要的部位。同木材一样，石料也有纹理。纹理的走向可分为顺柳、剪柳（斜纹理）和横活（横纹理）。纹理的走向以顺柳最好。剪柳较易折，横活最易折断。因此，剪柳或横活石料不宜用作作中间悬空的构件及最挑构件，也不宜制作石雕制品。带有污点或红、白线等外观不佳的石料应选作次要部位的构件。石瑕是指石料表面的干裂纹。日久石料容易从石瑕处断裂。因此，有明显石瑕的石料不应作重要构件，尤其不应用作悬挑构件和石雕制品。石铁是指在石面上出现的局部发黑（或为黑线），或局部发白（白石铁）而石性极硬的现象。带有石铁的石料不但外观不佳，且该处不易磨光磨齐。重要部位或需磨光的构件应避免选用带石铁的石料。

2. 石料挑选

传统建筑的石料品种选择有一定的习惯性，官式建筑与地方建筑不完全相同，如官式建筑的台明、台阶不用花岗石，小式建筑很少用青白石等。各地的建筑由于古时大多都是就地取材，在用材上也都形成了各自的特点。在运输便利、物流畅通的今天，这些特点很容易被改变。因此，在选购石料时，应注意保持当地的传统风格，尤其是文物建筑和有文物价值的建筑，必须使用与原有材质相同的石料。

挑选石料时应先将石料表面清扫干净，仔细观察有无缺陷，然后用铁锤仔细敲打，击打声音较清脆者为好料。声音混浊、沙哑或发闷的，表示有隐残或瑕疵，或质地不均匀，应谨慎挑选。冬季不宜挑选石料，因为当裂纹内结冰时，也会发出清脆的声音，只能靠仔细观察，难度较大。挑选时还应注意观察石料纹理的走向，以便确定荒料的切割方向，如阶条石、踏跺石、压面石等，石纹应为水平走向，柱子、角柱等，石纹应垂直走向。如纹理不太清楚时，可先用磨头将石料的局部磨光，再仔细观察。

31.2.5 古建筑常用灰浆的种类及技术要求

古建筑常用传统灰浆的种类、主要用途、配制方法及质量要求等，见表31-4。

古建筑常用灰浆一览表   表31-4

名 称		主要用途	配比及制作要点	说 明
按灰的调制方法分类	泼灰	制作各种灰浆的原材料	生石灰用水反复均匀泼洒成为粉状后过筛。现多以成品（袋装）灰粉代替，成品灰粉可直接使用	存放时间：用于灰土，不超过3～4天，用于室外抹灰，不超过3～6个月。成品灰粉掺水后至少应放置8小时再使用，以免生灰起拱
	泼浆灰	制作各种灰浆的原材料	泼灰过细筛后分层用青浆泼洒，放至20天后使用。白灰：青灰＝100：13	超过半年后不宜用于室外抹灰
	煮浆灰（灰膏）	室内抹灰；配制各种打点勾缝用灰	生石灰加水搅成细浆，过细筛后发胀而成	不宜用于室外露明处，不宜用于苫背
	老浆灰	丝缝墙、淌白墙勾缝	青灰、生石灰浆过细筛后发胀而成。青灰：生灰块＝7：3或5：5（视颜色需要定）	用于丝缝墙应呈灰黑色，用于淌白墙颜色可稍浅
按有无麻刀分类	素灰	淌白墙、糙砖墙、琉璃砌筑	泼灰或泼浆灰加水调制。砌黄琉璃用泼灰加红土浆，其他色琉璃用泼浆灰	素灰是指灰内没有麻刀，但可掺颜色
	麻刀灰 大麻刀灰	苫背；小式石活勾缝	泼浆灰加青，需要时以青浆代水，调匀后掺麻刀搅匀。灰：麻刀＝100：5	
	中麻刀灰	调脊；宽瓦；墙面抹灰；堆抹墙帽	各种浆灰调匀后掺入麻刀搅匀。灰：麻刀＝100：4	用于抹灰面层，灰：麻刀＝100：3
	小麻刀灰	打点勾缝	调制方法同大麻刀灰。灰：麻刀＝100：3。麻刀剪短，长度不超过1.5mm	

续表

名称			主要用途	配比及制作要点	说明
按颜色分类	纯白灰		金砖墁地；砌糙砖墙、淌白墙；室内抹灰		即泼灰（现多用成品灰粉），室内抹灰可用灰膏
按颜色分类	月白灰	浅月白灰	调脊；宽瓦、砌糙砖墙、淌白墙；室外抹灰	泼浆灰加水搅匀。如需要可掺麻刀	
按颜色分类	月白灰	深月白灰	调脊；宽瓦；琉璃勾缝（黄琉璃除外）；淌白墙勾缝；室外抹灰	泼浆灰加青浆搅匀。如需要可掺麻刀	
按颜色分类	葡萄灰		抹饰红灰墙面；黄琉璃勾缝	泼灰加水后加氧化铁红加麻刀搅匀。白灰：氧化铁红：麻刀=100：3：4	
按颜色分类	黄灰		抹饰黄灰墙面	泼灰加水后加土黄粉加麻刀搅匀。白灰：土黄粉：麻刀=100：5：4	
按专项用途分类	扎缝灰		宽瓦时扎缝	月白大麻刀灰或中麻刀灰	
按专项用途分类	抱头灰		调脊时抱头	月白大麻刀灰或中麻刀灰	
按专项用途分类	节子灰		宽瓦时勾抹瓦脸	素灰适量加水调稀	
按专项用途分类	熊头灰		宽筒瓦时挂抹熊头	小麻刀灰或素灰。宽黄琉璃瓦掺红土粉，宽其他琉璃瓦及布瓦掺青灰	
按专项用途分类	护板灰		苫背垫层中的第一层	较稀的月白麻刀灰。灰：麻刀=100：2	
按专项用途分类	夹垄灰		筒瓦夹垄；合瓦夹腮	泼浆灰、煮浆灰加适量水或青浆，调匀后掺入麻刀搅匀。泼浆灰：煮浆灰=5：5。灰：麻刀=100：3	黄琉璃瓦应将泼浆灰改为泼灰，青浆改为氧化铁红。白灰：氧化铁红=100：6
按专项用途分类	裹垄灰		筒瓦裹垄	泼浆灰加水调匀后掺入麻刀。灰：麻刀=100：3	
添加其他材料的灰浆	油灰		细墁地面砖棱挂灰	细白灰粉（过箩）、面粉、烟子（用胶水搅成膏状），加桐油搅匀。白灰：面粉：烟子：桐油=1：2：0.7：2.5	可用青灰面代替烟子，用量根据颜色定
添加其他材料的灰浆	砖面灰（砖药）		干摆、丝缝墙面、细墁地面打点	砖面经研磨后加灰膏。砖面与灰的比例根据砖色定	
添加其他材料的灰浆	掺灰泥		宽瓦；墁地	泼灰与黄土拌匀后加水，灰：黄土=3：7	黄土以粉质黏土较好
添加其他材料的灰浆	滑秸泥		苫泥背	与掺灰泥制作方法相同，但应掺入滑秸（麦秸或稻草）。灰：滑秸=10：2（体积比）	可用麻刀代替滑秸
白灰浆	生石灰浆		宽瓦沾浆；石活灌浆；砖砌体灌浆	生石灰块加水搅成浆状，过细筛除去灰渣	用于石活可不过筛
白灰浆	熟石灰浆		砌筑灌浆；墁地坐浆	泼灰加水搅成浆状	
月白浆	浅月白浆		墙面刷浆	白灰浆加少量青浆，过箩后掺适量胶类物质。白灰：青灰=10：1	
月白浆	深月白浆		墙面刷浆；布瓦屋面刷浆	白灰浆加青浆。白灰青：灰=100：25	用于墙面刷浆应过箩，并应掺适量胶类物质
桃花浆			砖石砌体灌浆	白灰浆加黏土浆。白灰浆：黏土浆=3：7	
青浆			青灰背、青灰墙面赶轧刷浆；布瓦屋面刷浆；琉璃瓦（黄琉璃除外）夹垄赶轧刷浆	青灰加水搅成浆状后过细筛	兑水2次以上时，应补充青灰
烟子浆			筒瓦檐头绞脖；眉子、当沟刷浆	黑烟子用胶水搅成膏状，加水搅成浆	
红土浆			抹饰红灰时的赶轧刷浆；黄琉璃瓦夹垄赶轧刷浆	红土粉兑水搅成浆状兑入适量胶水	可用氧化铁红兑水再兑入适量胶水
包金土浆			抹饰黄灰时的赶轧刷浆	土黄粉兑水搅成浆状兑入适量胶水	

31.3 砖料加工与石料加工

31.3.1 砖 料 加 工

31.3.1.1 墙面砖的加工要点

1. 五扒皮（干摆墙面用砖）

（1）用刨子铲面并用磨头磨平。现多用大砂轮直接磨平。

（2）用平尺和钉子顺条的方向在面的一侧划出一条直线来（即“打直”），然后用扁子和木敲手沿直线将多余的部分凿掉（即“打扁”）。

（3）在“打扁”的基础上用斧子进一步劈砍（即“过肋”），后口要多砍去一些，即应砍“包灰”。城砖包灰不超过8mm，小砖不超过7mm。过完肋后用磨头磨肋。

（4）以砍磨过的肋为准，按“制子”（用木或竹片做成的尺寸标准）用平尺、钉子在“面”（露明面）的另一侧打直，然后打扁、过肋和磨肋，并在后口留出包灰。

（5）顺着“头”（丁头）的方向在面的一端用方尺和钉子划出直线并用扁子和木敲手打去多余的部分，然后，然后用斧子劈砍并用磨头磨平，即“截头”。“头”的后口也要砍包灰。

（6）以截好的这面"头"为准，用制子和方尺在另一头打直、打扁和截头，后口仍要砍包灰。

丁头砖只砍磨一个头，另一头不砍。两肋和两面要砍包灰，但只需砍至砖长的6/10处，长短和薄厚均按制子。

"转头砖"（转角砖）砍磨一个面和一个头，两肋要砍包灰。"转头"可暂时不截长短，待砌筑时根据实际情况加工。

现代施工中常采用砂轮机、切割机等机械加工方式代替上述部分工序。机械加工的特点是可以提高效率，但精细程度稍差。

2. 膀子面（丝缝墙面用砖）

膀子面与五扒皮的砍磨方法大致相同，不同的是：先铲磨一个肋，这个肋要求与面互成直角或略小于直角，这个肋就叫膀子面。做完膀子面之后，再铲磨面或头。

3. 淌白砖（淌白墙面用砖）

（1）淌白截头（细淌白）：先铲磨露明"面"（或"头"），然后按制子截头。

（2）淌白拉面（糙淌白）：只铲磨"面"（或"头"），不截头。

31.3.1.2 地面砖（条砖）的加工要点

墁地用的条砖有大面朝上和小面朝上两种。小面朝上时，砍磨方法与五扒皮的砍磨方法相同。大面朝上时要先铲磨大面，然后砍磨四个肋，四个肋应互成直角。

砍砖前要选择比较细致的一面——"水面"，作为砍磨的正面。地面砖的转头肋应大于墙身砖，其宽度不小于10mm。地面砖的包灰可小于墙面砖，一般不大于5mm。

31.3.1.3 砖加工的技术要点与质量要求

（1）砖加工的质量是决定墙面外观质量的直接原因，如果砖加工的质量不好，砌墙时就很难提高墙面的外观质量。因此，砖加工和砌筑最好能安排同一组人员完成，可以加强砖加工人员的工作自觉性，一旦墙面外观出现问题时，也容易分清责任。

（2）事先选派技术好的工人精心砍制出"官砖"（样板砖），以"官砖"为尺寸比对标准。

（3）需制作多个"制子"的，每个"制子"都应以"官砖"为标准，而不应以制作好的前一个"制子"为标准。在加工过程中，要经常以"官砖"为标准校对复核"制子"，尺寸如有改变应重新制作"制子"。砍砖的人员较多时，专业质检员宜配备"官制子"，以便随时检查操作者的"制子"准确度。

（4）磨光应打磨充分，局部和整体都应平整。

（5）在搬运、加工、成品码放等过程中，自始至终都应尽量保护砖的棱角不受损坏。

（6）包灰尺寸不应过大，尤其是机械加工更应注意。

（7）砖肋不应砍成"棒锤肋"或"剪子股"，否则会造成砖缝不严。

（8）每块砖的规格尺寸都应尽量准确，尤其是不能小于官砖尺寸，否则会造成砖缝不严。

（9）转头、八字砖的角度应准确、一致。异形砖的角度、形状应准确。

（10）干摆、丝缝墙及细墁地面砖料加工质量的允许偏差和检验方法见表31-5。

干摆、丝缝墙及细墁地面砖料
允许偏差和检验方法 表31-5

序号	项 目	允许偏差（mm）	检验方法
1	砖面平整度	0.5	在平面上用平尺进行任意方向搭尺检查和尺量检查
2	砖的看面长宽尺寸	0.5	用尺量，与"官砖"（样板砖）相比
3	砖的累加厚度（地面砖不检查）	+2 负值不允许	上小摆，与"官砖"（样板砖）的累加厚度相比，用尺量
4	砖棱平直	0.5	两块砖相摆，楔形塞尺检查
5	截头方正	墙身砖 0.5	方尺贴一面，尺量另一面缝隙
		地面砖 1	

续表

序号	项 目			允许偏差（mm）	检验方法
6	包灰（每面）	城砖	墙身砖（6mm）	2	尺量和用包灰尺检查
			地面砖（3mm）		
		小砖方砖	墙身砖（5mm）	2	
			地面砖（3mm）		
7	转头砖、八字砖角度			+0.5 负值不允许	方尺或八字尺搭靠，用尺量端头误差

31.3.2 石 料 加 工

31.3.2.1 石料表面的加工要求分类

不同的建筑形式或不同的使用部位，对石料表面往往有着不同的加工要求。石活的加工手法有许多，对于成品而言，以什么手法作为最后一道工序，就叫什么做法。例如，打完道后以剁斧作为最后一道工序的，就叫剁斧做法。但剁完后以后又继续打道并以此交活时，就叫打道做法。常见的几种做法如下：

1. 打道

打道是指用锤子和錾子在已基本凿平的石料表面上依次凿打，使表面显露出直顺且宽窄相同深浅一致的沟道。打道分打糙道与打细道两种做法。打细道又叫"刷道"。同为打道做法，糙、细两种做法的差异很大。打糙道是各种手法中最粗糙的一种，多用于井台、路面等需要防滑的部位，而刷细道是非常讲究的做法。糙、细之分由道的密度决定。在一寸长的宽度内打3道叫"一寸三"，打5道叫"一寸五"。以此类推则有"一寸七"、"一寸九"等。"一寸三"和"一寸五"属糙道做法，是普通建筑石活中的常见手法。少于"一寸三"的打道，大多是用在石料的初步加工阶段，作为表面的处理手法，仅用在井台、桥券底等少数部位。"一寸七"以上属细道做法，是比较讲究的石活的常见手法，也常用于普通建筑的挑檐石、腰线石的侧面。一寸之内刷十一道以上的做法则属于非常细致讲究的做法，很少采用。

2. 砸花锤

锤顶表面带有网格状尖棱的锤子叫花锤，石料经凿打，已基本平整后，用花锤进一步把表面砸平称砸花锤。经砸花锤处理的石料表面，类似现代装饰石材表面烧毛的效果。多用于铺墁地面，也常见于地方建筑中。

3. 剁斧

剁斧是指在经过加工已基本平整的石料表面上，用斧子剁斩，使之更加平整，且表面显露出直顺、匀密的斧迹。剁斧是清代官式石活的一种较常见的表面处理方法，近年来已成为最常见的做法形式。

4. 扁光与磨光

扁光是指用锤子和扁錾子将石料表面打平剔光。如改用"磨头"（砂轮）磨平磨光，则称磨光。经扁光的石料，表面平整光顺，但不如磨光的石料那样光亮。扁光或磨光多用于石雕或须弥座、陈设座等。

5. 做细与做糙

做细与做糙都是指石活加工的基本要求。做细是指应将石料加工至表面平整、规格准确。露明面以外观细致、美观。不露明的面也应较平整，不应有妨碍安装的多出部分。剁斧、砸花锤、打细道、扁光和磨光手法都属于做细的范围。例如，露明处采用剁斧，不露明处采用打糙道，即为做细。做糙是指石料加工得较粗糙，规格基本准确。露明面的外观基本平整，但风格疏朗粗犷。用于不露明的面时，可以更粗糙，但也应符合安装要求。打糙道和一般的成形凿打都属于做糙的范围。

31.3.2.2　石料加工的技术要点与质量要求

（1）传统石活的表面加工采用何种工艺手法有一定的习惯性，在实际施工中往往改变了原有的手法，常见的现象如：石料文物表面原状为扁光的，常被改为磨光做法；又如传统做法的腰线石外侧往往采用打道工艺，台阶、台明、地面牙子石等处也常采用打糙道或打细道工艺，而这些在施工中却大多被改为了剁斧工艺。因此，在加工时应保持石料表面原有的传统工艺特点，尤其是在文物建筑或有文物价值的建筑修缮工程中更应注意保持原做法不变。

（2）剁斧不细密是经常出现的质量通病，克服这一通病的方法是经常磨斧刃使斧刃保持锋利，剁斧时不能光图快，也不能跳着行剁，应一斧紧挨着一斧剁。为确保剁斧细密，必要时可以多剁几遍。对于外加工的成品石料，应对加工方提出要求并重点对这道工序验收。

（3）在现代施工中，传统的手工加工方式已部分，甚至大部分被机械加工方式所取代，常见的方法是先将石料用机械切割成符合安装要求的规格材料，然后在石料的看面（露明面）采用人工剁斧、打道等方法继续加工，或采用机械加工代替人工打道的方法。机械加工在大幅度地提高了效率的同时，也使石料的加工质量出现了一些新的问题。此外与传统加工方法相比，石料表面的工艺观感效果也会产生一些变化，尤其是对于文物建筑或有文物价值的建筑来说，如不注意，将很难保持原有的工艺特征。因此，在加工时应注意以下几点：

1）用锯床加工代替手工打道做法只能用在具有民族形式的现代建筑中，不宜用在传统建筑中，更不应用在文物建筑或有文物价值的建筑修缮中。

2）采用传统方法加工后，金边是略低于剁斧或打道表面的。现行加工方法常常是将石料锯开后，直接在上面剁斧，四周留出金边，不再用扁子刮金边。因此，造成剁斧表面低于金边的现象，且金边很不整齐。故此，剁斧完成后一定要刮一次金边，使金边低于石料表面，尤其是在文物建筑或有文物价值的建筑的修缮工程中，更应保持这一传统的工艺特征。

3）现有的锯成材石料表面常常带有锯痕，继续加工（如剁斧）时应注意将锯痕去掉，不得留有锯痕。如因某种原因（如设计或建设单位要求），表面不再继续加工，只能直接使用光面石料时，应尽量将有锯痕的石料裁开用做边角料，或用在非主要位置上。

4）现行施工中常出现以锯成材光面石料直接作为成品石料的现象，石料表面不再进行剁斧、打道或砸花锤等加工。常被改变做法的部位有踏跺（石台阶）、台明（阶条和陡板）、地面等。施工时应注意避免这一弊病，尤其是文物建筑或有文物价值的建筑，更应注意不要改变原状。

5）在现代锯成材石料上剁斧或打道后的效果，与在手工加工后的石料上剁斧或打道后的效果是有所不同的。前者斧迹或錾沟间为光平面，而后者的斧迹或錾沟间为麻面，尤其是当斧迹不够细密或打糙道（錾沟间距较大）时，这一现象更为明显。这既与传统加工方法产生的糙麻效果不同，也不如糙麻的质感效果好。因此，在改进加工方法的同时，也应尽量保持纯正的传统风格，尤其是文物建筑或有文物价值的建筑，更应保持原有的工艺特征。对于剁斧和打糙道的石料，可先用花锤将表面砸一遍，或先将石料表面烧毛，使表面粗麻后再剁斧或打糙道。剁斧做法的也可采用多剁几遍斧的办法，先左、右斜向将光面基本剁对，再直向剁1～2遍。对于打细道的石料，可先行剁斧至石料表面斧迹细密后，再开始打道。

6）用锯成材石料加工的构件由于不露明的部分没有多余的尺寸，且表面为平整的光面。因此与传统方法相比，不利于与砌体的附着结合，年久容易造成石活移位走闪。因此宜增加一些稳固措施，如铁件拉结、制作仔口等。

（4）成品石活的质量要求

1）不得有明显的裂纹和隐残。石纹的走向应符合构件的受力要求。

2）用于重要建筑的主要部位时，石料外观应无明显缺陷。

3）石料加工后，规格尺寸必须符合要求，表面应洁净完整，无缺棱掉角。外观尚应符合下列规定：

①表面剁斧的石料，斧印应直顺、均匀、深浅一致，刮边宽度一致。

②表面磨光的石料，应平滑光亮，扁光后应平整光顺，无麻面，无砂沟，不露斧印等上道工序痕迹。

③表面打道的石料，道应直顺、均匀、深度相同，无明显乱道、断道等不美观现象，刮边宽度一致。道的密度：糙道做法的每10cm不少于10道，细道做法的每10cm不少于25道。

④表面砸花锤的石料，应不露錾印，无漏砸之处。

4）石料加工质量的允许偏差和检验方法见表31-6。

石料加工质量的允许偏差和检验方法　　　　表31-6

序号	项　　目		允许偏差	检验方法
1	表面平整	砸花锤、打糙道 二遍斧 三遍斧、打细道、磨光	4mm 3mm 2mm	用1m靠尺和楔形塞尺检查
2	死坑数量 （坑径4mm， 深3mm）	二遍斧 三遍斧、磨光、打细道	3个/m² 2个/m²	抽查3处，取平均值
3	截头方正		2mm	用方尺套方（异形角度用活尺），尺量端头处偏差
4	打道密度	糙道 （每100mm内）	±2道	尺量检查，抽查3处，取平均值
		细道 （每100mm内）	正值不限， 一5道	
5	剁斧密度（45道/100mm宽）		正值不限， 一10道	尺量检查，抽查3处，取平均值

注：表面做法为打糙道或砸花锤做法的，不检查死坑数量。

31.4　古建筑砌体

31.4.1　干摆墙的砌筑方法

1. 弹线、样活

先将基层清扫干净，然后用墨线弹出墙的厚度、长度及八字的位置、形状等。根据设计要求，按照砖缝的排列形式（如三顺一丁、十字缝等）进行试摆，即"样活"。

2. 拴线、衬脚

在两端拴两道立线，叫做"曳线"。在两道曳线之间拴两道横线，下面的叫"卧线"，上面的叫"罩线"（"打站尺"后拿掉）。砌第一层砖之前，要先检查基层（如台明、土衬石等）是否凹凸不平，如有偏差，应以麻刀灰抹平，叫做"衬脚"。

3. 摆第一层砖、打站尺

在抹好衬脚的基层（如台明）上按线砍放"五扒皮"砖，砖的立缝和卧缝都不挂灰，即要"干摆"。砖的后口要用石片垫在下面，即"背撒"。背撒时应注意石片不要长出砖外，即不应有"露头撒"；砖的接缝即"顶头缝"处一定要背好，即一定要有"别头撒"；不能用两块重叠起来背撒，即不能有"落落撒"。摆完砖后要用平尺板逐块"打站尺"，具体方法是将平尺板的下面放在基层上弹出的砖墙外皮墨线处，尺边靠近卧线和罩线（站尺线），然后逐块检查砖的上、下棱是否也贴近了平尺板，如未贴近或顶尺，应予纠正。

4. 背里、填馅

如果只在外皮干摆，里皮要用糙砖随外皮砌好，即为背里。如里、外皮均为干摆做法，中间的空隙要用碎砖砌实，即为填馅。背里或填馅时应注意与外皮砖不宜紧挨，应留有适当的"浆口"。

5. 灌浆

灌浆要用白灰浆或桃花浆。宜分为三次灌入，第一次灌"半口浆"，即只灌1/3，第三次为"点落窝"，即在两次灌浆的基础上弥补不足之处。灌浆既应注意不要有空虚之处，又要注意不要过量，否则易将墙面撑开。点完落窝后，刮去砖上的浮灰，然后用灰将灌

过浆的地方抹住，即抹线（锁口）。抹线可不逐层进行，小砖不超过 7 层，城砖不超过 5 层至少应抹线一次。抹线可以防止上层灌浆往下流造成墙面鼓出。

6. 刹趟

灌完浆后，用磨头将砖的上棱高出的部分磨平，并随时用平尺板检查上棱的平整度。刹趟是为了摆砌下一层砖时能严丝合缝，故应同时注意不要刹成局部低洼，当高出的部分低于卧线标准时，则不宜再刹趟。

7. 逐层摆砌

从第二层开始，除了不打站尺以外，摆砌方法都与上述方法相同，同时应注意以下几点：

（1）摆砌时应做到"上跟绳，下跟棱"，即砖的上棱应以卧线为标准，下棱以底层砖的上棱为标准。

（2）摆砌时，可将砍磨得比较好的棱朝下，有缺陷的棱朝上。因为缺陷有可能在刹趟时磨去。

（3）下碱的最后一层砖，应使用有一个大面没有包灰的砖，这个大面应朝上放置，以保证下碱退"花碱"后墙角的垂直完整。

（4）如发现砖有明显缺陷，应重新砍磨或换砖。当发现砖的四个角与周围墙面不在同一个平面上时，应将一个角凸出墙外，即允许"扒活"，但不得凹入墙内，否则将不易修理。

（5）要"一层一灌，三层一抹，五层一趟"，即每层都要灌浆，但可隔几层抹一次线，摆砌若干层以后，可适当搁置一段时间，后再继续摆砌。

8. 墁干活

墙面砌完后，用磨头将砖与砖之间接缝处高出的部分磨平。

9. 打点

用"砖药"（砖面灰）将砖表面的孔眼及砖缝不严之处填平补齐并磨平。砖药的颜色（指干后颜色）应近似砖色。

10. 墁水活

用磨头沾水将墁过干活和打点过的地方再仔细地磨一次，并沾水把整个墙面揉磨一遍，以求得整个墙面色泽和质感的一致。

以上工序可随摆砌过程随时进行。

11. 清洗

墁完水活后，用清水和软毛刷将墙面清扫、冲洗干净，使墙面显露出"真砖实缝"。清洗墙面应尽量安排在墙体全部完成后，拆脚手架之前进行，以免因施工弄脏墙面。

31.4.2　丝缝墙的砌筑方法

丝缝墙与干摆墙的砌筑方法大略相同，不同之处如下：

（1）丝缝墙的砖与砖之间要铺垫老浆灰。灰缝一般为 3～4mm。挂灰时，一手拿砖，一手用瓦刀把砖的露明侧的棱上打上灰条，在朝里的棱上打上两个小灰墩，这样可以保证在灌浆时浆液能够流入。砖的顶头缝的外棱处也应打上灰条。砖的大面的两侧也要抹上灰条。为了确保灰缝严实，可以在已砌好的砖层外棱上也打上灰条（锁口灰）。

（2）丝缝墙可以用"五扒皮"砖，也可以用"膀子面"砖。如用膀子面，习惯上应将砖的膀子面朝下放置。

（3）丝缝墙一般不刹趟。

（4）如果说干摆砌法的关键在于砍磨精确，那么丝缝砌法还要注重灰缝的平直，宽度一致，并要注意砖不能"游子走缝"。

（5）丝缝墙砌好后要"耕缝"。耕缝所用的工具是将前端削成扁平的竹片或较硬的金属丝制成"溜子"。灰缝如有空虚不齐之处，事先应经打点补齐。耕缝要安排在墁水活、冲水之后进行。耕缝时要用平尺板对齐灰缝贴在墙上，然后用溜子顺着平尺板在灰缝上耕压出缝子来。耕完卧缝以后再把立缝耕出来。

31.4.3　淌白墙的砌筑方法

（1）淌白墙要用淌白砖，根据具体要求用淌白拉面（糙淌白）或淌白截头（细淌白）砖。

（2）用月白灰打灰条（灰只抹在棱上），灰缝厚 4～6mm。

（3）每层砌完后要用白灰浆灌浆。

（4）砖缝处理采用"打点缝子"的方法。淌白墙打点缝子要

深月白灰或老浆灰。先用瓦刀、小木棍儿或钉子等顺砖缝镂划，使灰凹进缝内，然后用专用工具"小鸭嘴儿"或小轧子将灰分两次"喂"进砖缝。第二次灰应与砖墙平，随后将灰轧平，然后用短毛刷子沾少量清水（沾后甩一下）顺砖缝刷一下，叫"打水茬子"。这样既可以使灰附着得更牢，又可使砖棱保持干净。轧活与打水茬子要交替进行几次，直至灰缝达到平整、无裂缝，既不低于也不高于砖表面的效果为止。

31.4.4　古建墙面砖缝排列方式

古建筑墙面砖缝的排列形式有多种，其中最常见是十字缝和三七缝（三顺一丁）（图 31-1）。

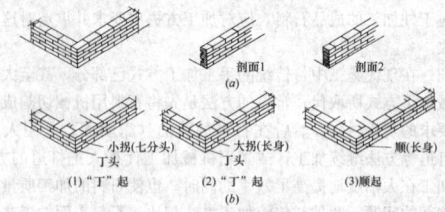

图 31-1　砖缝排列形式
（a）十字缝；（b）三顺一丁

31.4.5　墙体砌筑的技术要点与质量要求

（1）整砖墙面外露砖的排列组砌应符合下列规定：

1）除廊心墙外，墙的下碱层数必须为单数。

2）同一墙面的两端若组砌形式相同，则同一层砖的两端转角砖的摆法应相同，如同为丁头或同为七分头摆法。

3）廊心墙、落膛槛墙、"五出五进"、"圈三套五"、影壁等有固定传统做法的墙面艺术形式，以及檐橼、博缝、梢子、花砖、花瓦墙等有固定传统式样的部位，砖的形制或摆放应符合相应的传统规制。

4）砖的水平排列应符合传统的排砖规则，不得采用现代"满丁满条"（一层砌丁砖一层砌条砖）做法。以条砖砌的槛墙、象眼部位，应采用十字缝排砖方法，不应采用三顺一丁等其他方法。

5）墀头、象眼、砖砌墙帽、砖券等对砖的卧、立缝有特殊要求的，应符合相应的传统排砖规则。

6）山墙的山尖式样应与屋脊的正脊形式对应，有正吻的正脊和小式清水脊、皮条脊，应为尖山式样。过垄脊、鞍子脊，应为圆山式样。

（2）山墙、后檐墙外皮对应柱根的位置应放置砖透风，透风最低处应比台明高 2 层砖（城砖为 1 层）。透风至柱根的一段应留出空当，以使空气流通。

（3）砌体内的组砌应符合下列规定：

1）砌体内、外砖（包括砂浆）厚度相同时，每皮均应有内、外搭接措施。厚度不同时，平均每 3 皮砖应找平一次并应有内、外搭接措施。

2）外皮砖遇丁砖时，必须使用整砖。与之相压接的里皮砖的长度应大于半砖。

3）砌体的填馅砖应严实、平整，逐层进行，不得以灰浆填充，也不得采用只放砖不铺灰或先放砖后灌浆的操作方法。填馅砖水平灰缝最大不超过 12mm，掺灰泥最大不超过 30mm。

（4）砌体至梁底、檩底或檐口等部位，应使里皮砖顶实上部，严禁外实里虚。

（5）干摆、丝缝墙的摆砌"背撒"，应于砖底两端各一块石片；砖顶头缝处应背"别头撒"；不得出现叠放的"落落撒"和长出砖外的"露头撒"。

（6）墙面上需要陡置的砖、石构件，应使用必要的拉结措施（如"木仁"、"铁拉扯"、"铁银锭"等），拉结物应压入背里墙或用其他方法固定。

（7）含有白灰的传统灰浆，不得使用灰膏，不得使用失效（如冻结、脱水硬化）的熟石灰，生石灰必须调成浆状，并淀去沉渣后才能使用。袋装石灰粉要用水充分浸泡 8h 后使用。

（8）砌体灰浆的填充以灌浆方法为主时，应分 3 次灌入，第一次和第三次应较稀。

（9）掺灰泥、桃花浆等用白灰、黄土掺和的灰浆，白灰的用量不应少于总量的 3/10。

（10）里、外皮因做法不同存在通缝的砌体（如"五出五进"做法与背里墙、博缝砖与金刚墙、陡板石与金刚墙等），应在原有砌筑方法的基础上，在里、外皮交接部位灌浆，每 3 层至少灌一次，宜使用白灰浆或桃花浆。

（11）下列情况下应"抹线"（用灰封盖住砖的接缝处，以防止水渗入砌体中）：

1）施工过程中砌体可能会受到雨淋，又无法苫盖时，操作间歇前应抹线。

2）可能渗水的部位（如院墙顶部、硬山墙的顶部、封后檐墙的顶部等），砌砖完成后应使用麻刀灰或水泥砂浆抹线并适当赶轧。

3）灰浆的填充以灌浆为主要方式的砌体，小砖至少每七层，城砖至少第五层宜抹线一次。

（12）以灌浆为主要方式的砌体，每砌高 1m，应间隔 1h 后才能继续砌筑。

（13）整砖墙的墙面应平整、洁净、棱角整齐。

（14）琉璃砖的釉面应无破损。

（15）干摆、丝缝墙面必须用清水刷洗，且必须冲净，露出砖的本色。墙面不得刷浆。

（16）干摆墙面的砖缝应严密，无明显缝隙。

（17）墙面灰缝应直顺、严实、光洁，无裂缝和野灰，宽窄深浅一致，接槎无明显搭痕，打点缝子做法的，应先划缝，划缝深度不少于 5mm。打点前应将砖缝湿润。灰缝的材料做法应符合下列规定：

1）丝缝墙的灰缝应使用老浆灰，并应在砌砖时抹在砖棱上，灰缝宽度应为 2~4mm，深 2~3mm。

2）淌白墙的灰缝应使用专用工具"小鸭嘴儿"打点，材料应使用深月白灰或老浆灰，宽度为 4~6mm（城砖为 6~8mm）。灰缝应与砖表面打平，不得凹进砖内。

3）糙砖墙灰缝的材料做法应符合下列规定：

①应采用原浆勾缝或打点缝子做法。

②采用原浆勾缝时应使用月白灰（文物建筑原来使用白灰的应保持原做法）。直接用瓦刀或木棍儿划成凹缝，不得用现代勾缝工具勾成轧光的凹缝。

③采用打点缝子时应使用深月白灰。用"鸭嘴儿"打点成平缝，不得勾成凹缝。

④小砖的灰缝宽度应为 5~8mm，城砖的灰缝宽度应为 8~10mm。

4）黄色琉璃砖的灰缝应使用红麻刀灰打点，其他颜色的琉璃应使用深月白刀灰打点。卧砖墙的灰缝宽度应为 8~10mm，面砖或花饰砖的灰缝宽度应为 3~4mm，灰缝应与砖抹平，不得凹进砖内。

5）砖檐的灰缝应打点成平缝。不得凹进砖内，也不得采用现代清水墙勾缝做法，砖檐（不包括琉璃）灰缝应使用深月白灰，颜色以干后近似砖色为宜。

6）方正石、条石等石墙的灰缝应使用月白麻刀灰或油灰，仿古建筑可使用水泥砂浆。灰缝应勾成平缝，不得勾成凹缝。宽度为 5~20mm。虎皮石墙应使用深月白灰或老浆灰。灰缝应勾成凸缝，不应勾成凹缝，宽度应为 20~30mm。

（18）墙面质量的允许偏差和检验方法见表 31-7、表 31-8。

干摆、丝缝墙的允许偏差和检验方法　表 31-7

序号	项目			允许偏差 (mm)	检验方法
1	轴线位移			±5	与图示尺寸比较，用经纬仪或拉线和尺量检查
2	顶面标高			±10	水准仪或拉线和尺量检查。设计无标高要求的，检查四个角或两端水平标高的偏差

续表

序号	项目			允许偏差 (mm)	检验方法
3	垂直度	要求"收分"的外墙		±5	用经纬仪、吊线和尺量方法检查
		要求垂直的墙面	5m以下或每层高	3	
		全高	10m以下	6	
			10m以上	10	
4	墙面平整度			3	用2m靠尺横、竖、斜搭均可，楔形塞尺检查
5	水平灰缝平直度	2m以内		2	拉2m线，用尺量检查
		2m以外		3	拉5m线（不足5m拉通线），用尺量检查
6	丝缝墙灰缝厚度（灰缝厚 3~4mm）			1	抽经观察测定的最大灰缝，用尺量检查
7	丝缝墙面游丁走缝	2m以下		5	吊线和尺量方法检查，以底层第一层为准
		5m以下或每层高		10	
8	洞口宽度（后塞口）			±5	尺量检查，与设计尺寸比较

注：1. 轴线位移不包括柱顶石瓣升所造成的偏移。
　　2. 要求收分的墙面，如设计无规定者，收分按 3‰~7‰ 墙高。
　　3. 仿丝缝做法的墙面（用淌白砖砌筑的），应按淌白墙标准检查验收。

淌白墙的允许偏差和检验方法　　表 31-8

序号	项目			允许偏差 (mm)	检验方法
1	轴线位移			±5	与图示尺寸比较，用经纬仪或拉线和尺量检查
2	顶面标高			±10	水准仪或拉线和尺量检查。设计无标高要求的，检查四个角或两端水平标高的偏差
3	垂直度	要求"收分"的外墙		±5	用经纬仪和吊线和尺量检查
		要求垂直的墙面	5m以下或每层高	5	
		全高	10m以下	10	
			10m以上	20	
4	墙面平整度			3	用2m靠尺横、竖、斜搭均可，楔形塞尺检查
5	水平灰缝平直度	2m以内		3	拉2m线，用尺量检查
		2m以外		4	拉5m线（不足5m拉通线），用尺量检查
6	水平灰缝厚度（10层累计）	淌白仿丝缝		±4	与皮数杆相比较，尺量检查
		普通淌白墙		±8	
7	墙面游丁走缝	淌白截头	2m以下	6	吊线和尺量检查，以底层第一皮砖为准
			5m以下或每层高	12	
		淌白拉面	2m以下	8	
			5m以下或每层高	15	
8	门窗洞口宽度（后塞口）			±5	尺量检查，与设计尺寸比较

注：1. 轴线位移不包括柱顶石瓣升所造成的偏移。
　　2. 要求收分的墙面，如设计无规定者，收分按 3‰~7‰ 墙高。

31.4.6　镶贴仿古面砖

31.4.6.1　镶贴仿古面砖的一般方法

1. 基层处理

基底为混凝土墙面时，先将凸出墙面的混凝土剔平，对于钢模施工的混凝土表面应凿毛，并用钢丝刷刷满刷一遍，再浇水润湿，如混凝土表面很光滑，应进行"毛化处理"。基底为砖墙面时，抹灰前墙面必须清扫干净，浇水润湿。基底处理完成后，可进行吊垂直、套方、找规矩、贴灰饼、充筋等抹灰准备工作。如墙面面积不大，基底比较平整，也可以在基底处理完成后，直接抹灰。

2. 抹砂浆

先浇水湿润墙面，然后刷一道水泥素浆，浆内宜掺兑增强粘结力的外加剂，紧跟着抹底层砂浆，抹后及时用扫帚扫毛。待第一遍干至六七成干时，可抹第二遍砂浆，随即用木杠刮平，木抹子搓毛，终凝后浇水养护。

3. 排砖、样活

按古建传统排砖组砌方法排砖，确定第一层砖的排列形式。仿丝缝墙面效果的，排砖时应考虑灰缝所占的宽度，灰缝宽度可按3～4mm确定。

4. 浸砖

仿古面砖镶贴前应先在水中充分浸泡，时间不小于3min。

5. 镶贴面砖

用水泥砂浆（或混合砂浆）从下至上镶贴仿古面砖，在最下一层砖下皮位置稳好靠尺，以此托住第一皮面砖，在面砖外皮上口拉水平通线，作为镶贴的标准。

6. 勾缝、清理

仿丝缝墙面做法的应在镶贴时留出3～4mm的灰缝。贴完面砖以后，灰缝内填入灰黑色灰浆，并用溜子将灰缝勾平，深浅一致。最后将墙面清扫干净。

31.4.6.2 镶贴仿古面砖技术要点与质量要求

（1）设计无明确要求时宜采用仿丝缝墙面做法。

（2）尽量将砖一次贴好，一旦贴好就不要再反复敲砸，否则，很容易造成砖的空鼓浮摆。

（3）宜将面砖背后用砂轮划毛或将背后凸起的梗条划出几道豁口，可以使得砖与砂浆结合得更牢，有效地防止面砖空鼓脱落。

（4）宜在砂浆中掺胶类物质。这样既能增强与面砖的粘结力，又能堵塞砖内毛隙孔，减轻面砖表面的返碱泛白现象。

（5）在砌墙前，应提前想到因贴砖使墙厚增厚出现的问题，如贴砖后会使台明的"金边"（退台）减少，甚至消失，还会使砖檐、梢子第一层砖的出挑尺寸减小，甚至消失等。因此，应提前采取相应措施，例如加大砖檐、梢子的出挑尺寸等。

（6）镶贴仿干摆做法的面砖时，应将已贴好的面砖上棱的灰浆擦净后，再贴下一层砖，否则，将会影响砖缝的严密程度。

（7）镶贴前必须将砖充分浸泡，含水率宜接近饱和状态。

（8）墙面贴好后，必须反复浇水养护。浇水的次数以能使墙面持续保持湿润为准。养护时间应不少于两周以上。

（9）仿干摆做法的墙面，尤其是作为室内高级装修的仿干摆墙面，可用砂纸（布砂纸）将砖的相邻处磨平，最后用细砂纸将墙面通磨一遍。

（10）砖至顶部不应出现半块砖，为此应在排砖时提前算好。

（11）散水的墙面在贴砖时，宜在第一层砖以下加贴1～2层，

以防止地坪降低后"露脏"。

（12）贴仿古面砖的允许偏差和检验方法见表31-9。

镶贴仿古面砖的允许偏差和检验方法 表31-9

序号	项	目		允许偏差(mm)	检 验 方 法
1	表面平整度			5	用2m靠尺和楔形塞尺检查
2	垂直度	要求收分的外墙		5	用2m托线板检查
		要求垂直的墙面	5m以下	4	
			10m以下 全高	8	
			10m以上	15	
3	阳角方正			2	用方尺和楔形塞尺检查
4	水平灰缝平直度	2m以内		2	拉2m线，用尺量检查
		2m以外		3	拉5m(不足5m拉通线)用尺量检查
5	相邻砖接缝高低差	3m以内		1.5	用尺量检查，抽查经观察测定的最大偏差处
		3m以上		3	
6	仿干摆墙相邻砖表面高低差	3m以内		1	短尺平贴于表面，用楔形塞尺检查，抽查经观察测定的最大偏差处
		3m以上		2	
7	仿丝缝墙灰缝厚度(灰缝厚度3～4mm)			1	用尺量检查，抽查经观察测定的最大灰缝
8	仿丝缝墙面游丁走缝	2m以下		5	吊线和尺量方法检查
		5m以下或每层高		10	

31.4.7 古建筑石作工程

31.4.7.1 普通台基石活

1. 普通台基石活组成

古建筑的普通台基由下列毛活组成：土衬石（土衬）、陡板石（陡板）、埋头角柱（埋头）、阶条石（阶条）、柱顶石（柱顶）（图31-2）。

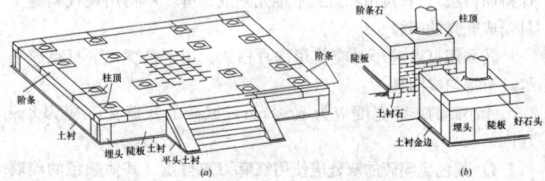

图31-2 普通台基上的石活
(a) 普通台基示意；(b) 普通台基石活组合

2. 普通台基石活尺寸

普通台基石活尺寸见表31-10。

普通台基石活尺寸表 表31-10

项 目	长	宽	高	厚	其 他
土衬石	通长：台基通长加2倍土衬金边宽 每块长：无定	陡板厚加2倍金边宽 金边宽，大式宽约2寸，小式宽约1.5寸	—	同阶条厚 大式不小于5寸，小式不小于4寸 土衬露明：1～2寸，或与室外地坪齐，必要时也可全部露出	如落槽（落仔口），槽深1/10本身厚，槽宽稍大于陡板厚
陡板石	通长：台基通长减2倍角柱石宽，如无角柱石，等于台基通长 每块长：无定		台明高（土衬上皮至阶条上皮）减阶条厚，土衬落槽者，应加落槽尺寸	1/3本身高，或按阶条厚	与阶条石、角柱石相接的部位可做榫头，榫长0.5寸

续表

项 目		长	宽	高	厚	其 他
埋头角柱（埋头）			同阶条石宽，或按墀头角柱减2寸	台明高减阶条厚，土衬落槽者，应再加落槽尺寸	同本身宽	侧面可做榫或榫窝，与陡板连接
阶条石	好头石	尽间面阔加山出，2/10～3/10定长	最小不小于1尺，最宽不超过下檐出尺寸（柱中至台明外皮），以柱顶石外皮至台明外皮尺寸为宜		大式：一般为5寸或按1/4本身宽 小式：一般为4寸	大面可做泛水。 台基上如安栏板柱子，阶条石上可落地栿槽
	落心（好头石之间的阶条石）	等于各间面阔，尽间落心等于柱中至好头石之间的距离				
	两山条石	通长：两山台基通长减2份好头石宽 每块长：无定	硬山：1/2前檐阶条宽 周围廊歇山、庑殿及无山墙的悬山建筑：同前檐阶条宽 无廊的歇山、庑殿及有山墙的悬山建筑：可同前檐阶条，但一般不应大于山墙外皮至台明外皮的尺寸			
柱顶石		大式：2倍柱径，见方 小式：2倍柱径减2寸，见方 鼓镜宽：约1.2倍柱径			大式：1/2本身宽 小式：1/3本身宽，但不小于4寸 鼓镜高：1/10～2/10檐柱径	檐柱顶、金柱顶及山柱顶虽宽度不同，但厚度宜相同

31.4.7.2 须弥座式台基石活

1. 须弥座式台基的基本组成

典型的清官式石须弥座由下列石活组成：土衬、圭角、下枋、下枭、束腰、上枭、上枋（图31-3）。

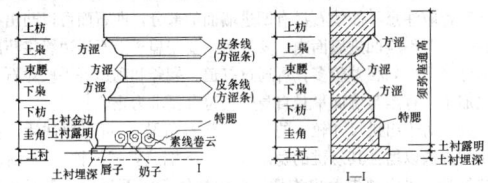

图31-3 清官式石须弥座的组成及各部名称

2. 石须弥座的尺度确定

清官式石须弥座的高度权衡及各层之间的比例关系，如图31-4所示。

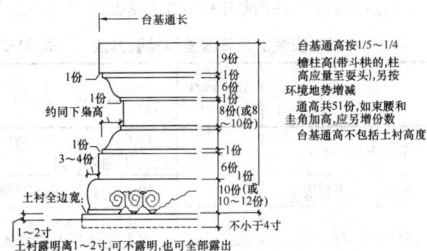

图31-4 清官式石须弥座的权衡尺度

31.4.7.3 石栏杆

1. 石栏杆组成

清官式石栏杆称栏板望柱或栏板柱子，由地栿、栏板和望柱（柱子）组成（图31-5）。台阶上的栏板柱子由地栿、栏板、望柱（柱子）和抱鼓组成（图31-7）。台阶上的栏板、柱子等因立在垂带之上，故称"垂带上栏板柱子"，分别有"垂带上柱子"、"垂带上栏板"和"垂带上地栿"。

2. 栏板望柱的尺度确定

栏板望柱的权衡尺度及各部比例关系，如图31-6、图31-7所示。

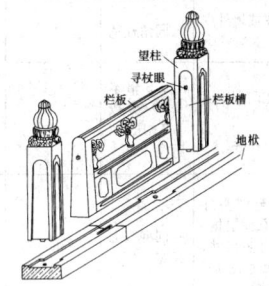

图31-5 栏板柱子组合示意

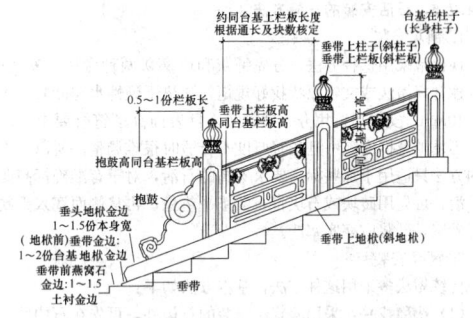

图31-6 垂带上栏板柱子组成及权衡尺度

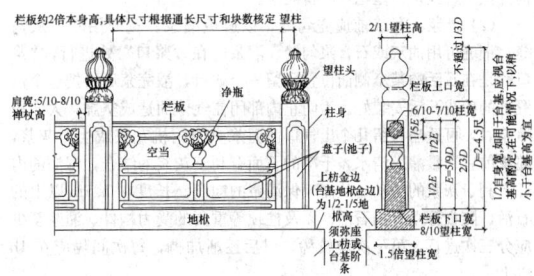

图31-7 栏板柱子的权衡尺度

31.4.7.4 墙身石活

1. 墙身石活组成

常见的墙身石活有：角柱、压面石、腰线石、挑檐石（图31-8）。

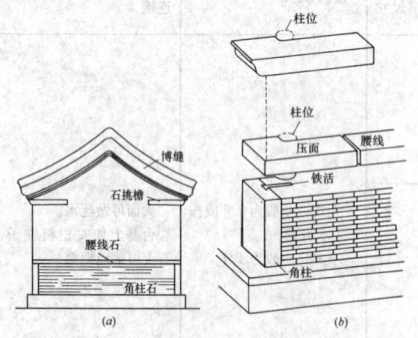

图31-8 墙身石活
(*a*) 墙身石活所在位置及名称；(*b*) 墙身石活分件图

2. 墙身石活尺寸

墙身各件石活尺寸见表31-11。

墙身石活尺寸表 表31-11

项目	长	宽	高	厚
角柱石		同墀头下碱宽	下碱高减压面石厚	同阶条石厚
压面石	墀头外皮或墙外皮至金檩中	同角柱宽		同阶条石厚
腰线石	通长：在两端压面石之间 每块长：无定		1.5倍本身厚或按1/2压面石宽	同阶条石厚
挑檐石	金檩中至墀头外皮，加梢子头大层檐，再加本身出挑尺寸，本身出挑尺寸按1.2～1.5本身厚	同墀头上身宽		约4/10本身宽，或按比阶条石稍厚算。大式一般可按6寸，小式一般可按5寸

31.4.7.5 石活安装的一般方法

1. 铺灰安装

现代常采用这种方法，分先铺灰和后塞灰两种做法。安装前，按古建常规做法或文物原状找好规矩，铺垫干硬性水泥砂浆，厚度20～40mm。安好后，用夯、锤蹾实，且表面高度符合要求。由于石活不便随意拆安，一旦灰浆厚度不合适很难调整。所以，先铺灰的方法只适用于那些标高要求不高的石活，对于有准确标高要求的石活，可先用砖块或石块将石活垫平垫稳，再从侧面塞入干硬性水泥砂浆，砂浆应塞实塞严。

2. 灌浆安装

传统做法多采用这种方法，基本方法如下：

(1) 垫稳找平：采用灌浆法安装的石构件，可先在石构件下适当铺坐灰浆，石构件就位后，用石片或铸铁片"背山"，按线把石构件找平、找正、垫稳，准备灌浆。

(2) 灌浆：灌浆前应先勾缝，以避免漏浆。宽缝用麻刀灰勾缝，细缝可用油灰或石膏浆勾缝。灌浆应在"浆口"处进行，"浆口"是在石活的某个侧面位置预留一个缺口，灌完浆后再把这个位置上的砖或石活安装好。为防止内部闭住气体而造成空虚，大面积灌浆时，可适当多留几个出气口。灌浆应使用桃花浆或生石灰浆，灌浆前宜适当灌入清水，干净的石面有利于灰浆的结合，湿润的内部有利于灰浆的流动，从而确保灌浆的饱满。长度在1.5m以上的石活、陡板等立置的石活，以及柱顶等重要的受力构件，灌浆至少应分三次进行，第一次应较稀，以后逐渐加稠，每次间隔应在4h以上。

(3) 钢连接件的使用：易受到振动的石活（如石桥），立置的石活（如陡板、角柱），不易用灰浆稳固的石活（如地栿、石牌楼），灰浆易受到水浸的石活（如驳岸）以及其他需要增加稳定性的石活（如石券），应使用钢连接件，如使用"银锭"、"扒锔"、"拉扯"等。

(4) 修活、打点：石构件安装后，对石构件的接槎、水平缝等要进行适当的修活、打点。局部凸起不平处，可通过打道或剁斧等手段将石面"洗平"。

(5) 勾缝：石构件安装完成后，应将石活与砖砌体接缝处，用月白麻刀灰或油灰勾抹严实。

31.4.7.6 石活安装的技术要点与质量要求

(1) 仿古建筑采用锯成材石板直接安装的，应尽量不选有明显锯痕的石板，不得不使用时，应将其安排在次要部位，同一部位应安排在相对不显著的位置。例如，用做地面时应安排在人流相对少的地方，用做台阶时应安排在两侧。

(2) 石活背山的材料宜使用硬度不低于原石料的石块或生铁，不宜以砖块背山。

(3) 采用灌浆方法安装的，宜选用生石灰浆，不应选用水泥砂浆，以避免因其收缩而造成内部空虚。

(4) 石活勾缝宜选用深月白灰，不宜使用水泥砂浆（仿古建筑除外）。灰缝应与石活勾平，不得勾成凹缝。灰缝应刷青浆并应赶轧出亮。文物建筑应保持原做法不变。

(5) 采用锯成材光面石活的，安装后应按照传统风格在石活表面做剁斧或打道等进一步加工，不应直接以光面交活（仿古建筑除外），尤其是柱顶石、台明、台阶等部位更，应注意保持石料表面留有斧迹、錾迹这一传统风格。

(6) 安装柱顶石时，其鼓径宜略高于设计标高，待全部安装完成后，再通过剁斧等手法将柱顶石打平。

(7) 安装阶条石、压面石、角柱石、挑檐石等时，应与台帮砖外皮或墙面外皮保持平。不得凸出在墙外。

(8) 安装石活过程中，如发现石活的棱线不能与砖上皮线完全吻合时，应注意不能使石活有凹进墙面的部分，即石面可以凸出在墙面外，但不应凹进墙面内。安装后，要用扁子沿石活边缘将凸出的部分打平。如相差较多，可通过打道、剁斧和刮边等手段对石面再次加工，直至与墙面平且自身外观符合要求为止。

(9) 对于出挑尺寸较多的石活（如石角梁），可采用铁活下托上压的方法以增强其悬挑的稳定性。在下端放置"托铁"，石活表面的托铁位置应预先凿出沟槽，以便托铁隐入石活内，表面用灰（颜色近似石色）抹平。有条件者，还可在石活的上端口处放置长"压铁"，然后利用砌体或上层石构件将"压铁"压住。

(10) 前檐阶条石（好头石除外）和台阶宜尽量拖后安装，这既有利于成品保护，也便于施工运输。

(11) 石活安装的允许偏差和检验方法见表31-12的规定。

石活安装的允许偏差和检验方法 表31-12

序号	项 目	允许偏差 (mm)	检 验 方 法
1	截头方正	2	用方尺套方（异形角度用活尺），尺量端头偏差
2	柱顶石水平程度	2	用水平尺和楔形塞尺检查
3	柱顶石标高	±5 负值不允许	用水准仪复查或检查施工记录
	台基标高	±8	
4	轴线位移（不包括掰升尺寸造成的偏差）	3	与面阔、进深相比，用尺量或经纬仪检查
5	台阶、阶条、地面等大面平整度	5	拉3m线，不足3m拉通线，用尺量检查
6	外棱直顺	5	
7	相邻石高低差	2	用短平尺贴于高出的石料表面，用楔形塞尺检查相邻处
8	相邻石出进错缝	2	
9	石活与墙面进出错缝（只检查应在同一平面处）	3	

31.5 古建筑砖墁地面

31.5.1 古建筑砖墁地面的种类

在传统施工做法中，用砖装地面称"墁地"，其种类可按所用砖的规格来区分，也可按铺墁的做法区分。

1. 按砖的规格划分的墁地形式

包括方砖和条砖两大类。方砖类，包括尺二方砖地面、尺四方砖地面、尺七方砖地面等；条砖类，包括城砖地面、地趴砖地面、停泥砖地面、四丁砖地面等。

2. 按做法划分的墁地形式

（1）细墁地面

细墁地面地面的做法特点：砖料应经过砍磨加工，加工后的砖规格准确、表面平整、棱角挺直。墁好后砖的灰缝很细，表面平整洁净、细致美观、砖表面经桐油浸泡后色泽深沉、坚固耐磨。

细墁地面多用于室内地面，做法讲究的室外地面也可用细墁做法，但一般限于甬路、散水等主要部位，很讲究的做法才全部采用细墁做法。

室内细墁地面一般都使用方砖，按规格的不同，有"尺二细地"、"尺四细地"等不同做法。小式建筑的室外细墁地面多使用方砖，大式建筑的室外细墁地面除方砖外，还常使用城砖。

（2）糙墁地面的做法特点：砖料不需砍磨加工，地面砖的接缝较宽，砖与砖相邻处的高低差以及地面的平整程度，都比细墁地面显得粗糙一些。

大式建筑多采用城砖或方砖糙墁，小式建筑多采用方砖糙墁。普通民宅可用四丁砖、开条砖等条砖糙墁。

糙墁地面多用于一般建筑的室外。在做法简单的建筑及民居建筑中，糙墁地面也用于室内。

31.5.2 古建筑地面分层材料做法

砖墁地面通常由基底（垫层）、结合层和面层组成。普通的砖墁地多以素土找平夯实后直接作为基底，较讲究的做法可采用2：8灰土或3：7灰土夯实作为垫层。做法讲究的大式建筑的灰土垫层往往要用两步甚至三步以上。重要的宫殿建筑还常以墁砖的方式做为垫层，层数可由三层到多达十几层，立置与平置交替铺墁。每层砖之间不铺灰泥，每铺一层砖，灌一次生石灰浆，称"铺浆做法"。基底（垫层）至砖底的距离（结合层）可控制在5cm，局部凹凸偏差不宜超过1.5cm。砖墁地的结合层大多采用掺灰泥，灰泥比例不小于3：7。细墁地面在正式铺墁之前还要在泥上浇白灰浆，糙墁地面也可不浇浆。近年来，也有用灰土代替掺灰泥，类似现代建筑地面使用的干硬性砂浆。

31.5.3 墁地的一般方法

1. 细墁地面

（1）垫层（基层）处理。挂通线，对已进行整理、夯实的场地作进一步的检查，局部凹凸处要补土或铲平，并再一次夯实。原土地坪如较低，应铺打素土或灰土。室内地面，普通小式建筑可不打灰土，较讲究的做法可打一步灰土。室外地面至少应打一步灰土。文物建筑的地面应以多层灰土或墁砖方式为基底的，应保持原做法。

（2）按设计标高抄平。室内地面可按平线在四面墙上弹出墨线，其标高应以柱顶盘为准。廊内地面外侧以阶条石里棱为准。

（3）冲墁。在两端拴好曳线并各墁一趟砖，即为"冲墁"。室内方砖地面，应在室内正中再冲一趟砖。

（4）样趟。细墁地面的砖在墁好后要揭起来再墁一次，墁第一次就叫做"样趟"（墁第二次叫"上缝"）。样趟可以使砖更加稳固，并可提前得知砖至墙边等处时砖的形状尺寸，以便提前加工。样趟从冲好的一趟砖处开始，例如，室内地面要从明间冲趟处开始，每趟从前檐起算，墁至后檐结束，逐趟揭墁，退至两山墙结束。在曳线间拴卧线，以卧线为标准铺墁墁砖，砖与砖之间应空出砖缝的宽度。

（5）揭趟、浇浆。将墁好的砖揭下来，必要时可逐一打号，以便对号入座。泥的低洼之处可做补垫，然后在泥上泼洒白灰浆。

（6）上缝（第二次墁砖）。将砖的里口刷湿，随后在砖的里口砖棱处抹上油灰，然后把砖重新墁好，并用蹾锤将砖"叫"平"叫"实。砖棱应跟线，砖缝应严实。

（7）铲齿缝（墁干活）。用竹片将表面多余的油灰铲掉，然后用磨头将砖与砖接缝处凸起的部分（相邻砖高低差）磨平。

（8）刹趟。以卧线为标准，检查砖棱，如有多出（相邻砖头错缝），要用磨头磨齐。

以后每一趟都如此操作，全部墁好后，还要做以下工作：

（9）打点。砖面上如有残缺或砂眼，要用"砖药"填平补齐。

（10）墁水活并擦净。再次检查地面相邻砖的高低差情况，如有凹凸不平，要用磨头沾水磨平。磨平之后将地面全部沾水细致地揉磨一遍，最后擦拭干净。

（11）钻生。待地面完全干透后，在地面上均匀地洒满生桐油，并持续一段时间使桐油充分渗入砖内，然后将浮在表面上的油皮刮掉。除不净的油可用生石灰面（内掺青灰）铺洒在油皮上，两天后可随灰面除净，最后将地面扫干净，用软布反复揉擦地面，直至地面光亮。

2. 糙墁地面

糙墁地面所用的砖是未经加工的砖，其操作方法与细墁地面大致相同，但不抹油灰，也可以不揭趟（称"坐浆墁"）、不刹趟、不墁水活，也不钻生，最后要用白灰将砖缝守严扫净。

3. 庭院地面施工要点

（1）散水要有泛水。散水里口应与台明的土衬石找平，外口应按室外海墁地面找平。

（2）海墁应考虑到全院的排水问题，即地面应有泛水。由于室外地面有坡度，而土衬石是水平的。因此，散水两端的泛水大小是不一样的。

（3）室外地面施工的先后顺序是：砸散水、冲甬路、装海墁（被甬路隔开的地面）。

31.5.4 古建筑地面排砖及做法通则

1. 排砖通则

清官式的地面砖缝应按"十字缝"方式排砖，不应按现代地面的分缝方式排砖。

2. 做法通则

（1）室内地面

1）通缝的走向应与进深方向平行。中间的一趟应位于室内正中位置（图31-9）。

2）门口位置正中一趟的第一块砖应放置整砖，即排砖应从门口开始向里赶排，从中间开始向两边赶排（图31-9）。

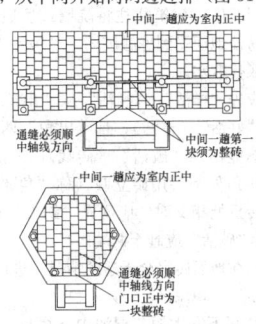

图31-9 室内及廊子方砖分位

（2）散水

房屋周围的散水，其宽度应根据出檐的远近或建筑的体量决定，从屋檐流下的水最好能砸在散水上。

（3）甬路

分大式与小式做法。小式建筑须用小式做法，大式建筑一般要用大式做法，但在园林中，也可采用小式做法。

1）甬路一般要用方砖铺墁，趟数应为单数，一般不超过五趟。

2) 大式甬路的牙子砖可改为石活。

3) 小式建筑中的甬路交叉转角处多采用"筛子底"和"龟背锦"做法。大式甬路的交叉转角处以"十字缝"做法为主（图 31-10），大式建筑的园林路面也可采用小式做法。

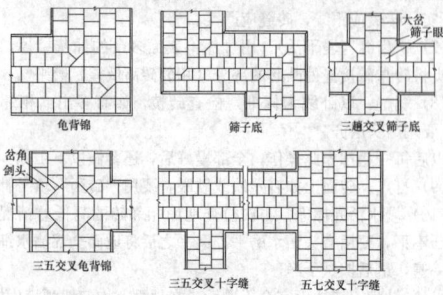

图 31-10 甬路交叉、转角处的排砖方法

4) 甬路排砖从交叉、转角处开始，"破活"赶至甬路边端。

（4）海墁

1) 方砖甬路和海墁的关系是"竖墁甬路横墁地"，即甬路砖通缝走向与甬路平行，而海墁砖的通缝应与院内主要甬路相互垂直（图 31-11）。

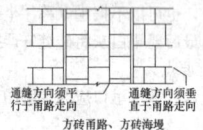

图 31-11 甬路与海墁砖的分位关系

2) 庭院海墁排砖应从甬路处开始，"破活"应赶排到院内最不显眼的地方。

31.5.5 墁地的技术要点与质量要求

（1）地面施工应尽量安排在工程的最后阶段进行。必须提前施工时，应采取有效的成品保护措施。

（2）冬季严禁室外地面施工，进入冬季前地面应能干透，否则不应安排施工。出现了未干透的情况时，应采取有效的覆盖保温措施。覆盖物应在有阳光的时候打开，晾晒地面。

（3）院内正中十字甬路处是全院显眼的地方，雨后积水最容易被发现，同时这个地方也是挂线时线条最容易下垂的地方。因此，坐中的一块方砖宜在原高度的基础上再稍稍抬高一些（如3mm），与之相邻的砖在相邻的一侧也要随之抬高，即不要形成高低错缝。

（4）园林工程或仿古建筑往往将院墙或房屋的砖散水改为草坪，其渗水不但易使地面受到冻融破坏，对房屋地基也很不利。因此，不应以草坪取代散水。

（5）砸散水应先"样活"，"样活"从"出角"（阳角）开始，即"出角"应为"好活"（整活），且"出角"两侧的砖应对称一致。中间部位也不能出现"破活"（砖找）。无论"出角"，还是"窝角"（阴角）转角处都要用砖立栽（称"角梁"）将两侧隔开，与牙子砖及台明转折处相交时，应砍成"剑头"和"燕尾"。栽牙子要从中间开始，"破活"应赶至两端。

（6）钻生必须在地面砖完全干透的情况下进行，提前钻生会造成颜色不匀和"顶生"现象。

（7）钻生的时间不宜太短。桐油中不得兑入稀释剂。必须是"钻"生，不得"刷"生，即必须将生桐油倒在地上并保持一定厚度，不得采用刷子沾油刷地的方法。在桐油中兑入稀释剂或刷生虽然能达到省油的目的，但地面的耐磨程度会较差。

（8）为确保不出现浮摆松动现象，细墁地面坐浆应充足，糙墁地面也可以增加坐浆工序。细墁或糙还可以增加串浆（灌浆）工序。墁地时在适当的部位留出空当（浆口）暂不墁砖，然后灌白灰浆或桃花浆。

（9）打点砖药的颜色应与砖色一致，所打点的灰既应饱满又应

磨平。

（10）墁干活应充分，相邻砖不得出现高低差。墁水活应全面磨到，不应有漏磨之处。墁完水活后应将地面刷洗干净，不应留有砖浆污渍。

（11）砖墁地面的质量允许偏差和检验方法见表 31-13。

砖墁地面的允许偏差和检验方法　　表 31-13

序号	项 目		允许偏差(mm)			检验方法
			细墁地面	糙墁地面		
				室内	室外	
1	表面平整	青砖	2	4	7	用2m靠尺和楔形塞尺检查
		水泥仿方砖	3			
2	砖缝直顺		3	4	5	拉5m线，不足5m拉通线，用尺量检查
3	灰缝宽度	细墁地(2mm)	±1			抽查经观察测定的最大偏差处，用尺量检查
		糙墁地(5mm)		1 -2	5 -3	
4	相邻砖高低差	青砖	0.5	2	3	用短平尺贴于高出的表面，用楔形塞尺检查相邻处
		水泥仿方砖	1			

31.6 古建筑屋面

31.6.1 屋面施工流程

31.6.1.1 琉璃屋面施工流程

1. 琉璃硬、悬山屋面施工流程

（1）圆山（卷棚）式硬、悬山屋面

苫背→分中号垄找规矩(瓦垄平面定位)→边垄(瓦垄高度定位)→调排山脊(垂脊)→调过垄脊(正脊)→瓦面施工(宽瓦)→屋面清垄、擦瓦

（2）尖山式硬、悬山屋面

苫背→分中号垄找规矩(瓦垄平面定位)→边垄(瓦垄高度定位)→调排山脊(垂脊)→瓦面施工(宽瓦)→调大脊(正脊)→屋面清垄、擦瓦

2. 琉璃庑殿屋面施工流程

苫背→分中号垄找规矩(瓦垄平面定位)→边垄(瓦垄高度定位)→瓦面施工(宽瓦)→调正脊→调垂脊→屋面清垄、擦瓦

3. 琉璃歇山屋面施工流程

（1）圆山（卷棚）式歇山屋面

苫背→分中号垄找规矩(瓦垄平面定位)→调过垄脊(正脊)→边垄(瓦垄高度定位)→调排山脊(垂脊)→翼角宽瓦→调戗脊(岔脊)→瓦面施工(宽瓦)→调博脊→屋面清垄、擦瓦

（2）尖山式歇山

苫背→分中号垄找规矩(瓦垄平面定位)→宽边垄(瓦垄高度定位)→调排山脊(垂脊)→翼角宽瓦→调戗脊(岔脊)→瓦面施工(宽瓦)→调大脊(正脊)→调博脊→屋面清垄、擦瓦

4. 琉璃攒尖屋面施工流程

苫背→分中号垄找规矩(瓦垄平面定位)→宽边垄(瓦垄高度定位)→瓦面施工(宽瓦)→安宝顶→调垂脊→屋面清垄、擦瓦

5. 琉璃重檐下层檐屋面施工流程

苫背→分中号垄找规矩(瓦垄平面定位)→宽边垄(瓦垄高度定位)→瓦面施工(宽瓦)→调围脊→调角脊→屋面清垄、擦瓦

31.6.1.2 大式黑活屋面施工流程

1. 大式硬、悬山筒瓦屋面施工流程

苫背→分中号垄找规矩(瓦垄平面定位)→宽边垄(瓦垄高度定位)→调排山脊(垂脊)→调过垄脊、大脊等正脊→瓦面施工(宽瓦)→屋面清垄→瓦面屋脊刷浆、檐头绞脖

2. 大式庑殿筒瓦屋面施工流程

苫背→分中号垄找规矩(瓦垄平面定位)→调正脊→宽边垄(瓦

垄高度定位)→调垂脊→瓦面施工(宽瓦)→屋面清垄→瓦面屋脊刷浆、檐头绞脖

3. 大式歇山筒瓦屋面施工流程

(1) 圆山(卷棚)式歇山屋面

苫背→分中号垄找规矩(瓦垄平面定位)→调过垄脊(正脊)→宽边垄(瓦垄高度定位)→调排山脊(垂脊)→调戗脊(岔脊)→调博脊→瓦面施工(宽瓦)→屋面清垄→瓦面屋脊刷浆、檐头绞脖

(2) 尖山式歇山屋面

苫背→分中号垄找规矩(瓦垄平面定位)→宽边垄(瓦垄高度定位)→调排山脊(垂脊)→调大脊(正脊)→调戗脊(岔脊)→调博脊→瓦面施工(宽瓦)→屋面清垄→瓦面屋脊刷浆、檐头绞脖

4. 大式攒尖筒瓦屋面施工流程

苫背→分中号垄找规矩(瓦垄平面定位)→调垂脊→安宝顶→宽边垄(瓦垄高度定位)→瓦面施工(宽瓦)→屋面清垄→瓦面屋脊刷浆、檐头绞脖

5. 大式重檐筒瓦下层檐屋面施工流程

苫背→分中号垄找规矩(瓦垄平面定位)→调围脊→调角脊→宽边垄(瓦垄高度定位)→瓦面施工(宽瓦)→屋面清垄→瓦面屋脊刷浆、檐头绞脖

31.6.1.3　小式黑活屋面施工流程

1. 小式筒瓦屋面施工流程

(1) 小式硬、悬山筒瓦屋面

苫背→分中号垄找规矩(瓦垄平面定位)→宽边垄(瓦垄高度定位)→调排山脊(垂脊)→调过垄脊、清水脊等正脊→瓦面施工(宽瓦)→屋面清垄→瓦面屋脊刷浆、檐头绞脖

(2) 小式歇山筒瓦屋面

苫背→分中号垄找规矩(瓦垄平面定位)→调过垄脊(正脊)→宽边垄(瓦垄高度定位)→调排山脊(垂脊)→调戗脊(岔脊)→调博脊→瓦面施工(宽瓦)→屋面清垄→瓦面屋脊刷浆、檐头绞脖

(3) 小式攒尖筒瓦屋面

苫背→分中号垄找规矩(瓦垄平面定位)→调垂脊→安宝顶→宽边垄(瓦垄高度定位)→瓦面施工(宽瓦)→屋面清垄→瓦面屋脊刷浆、檐头绞脖

(4) 小式重檐筒瓦下层檐屋面

苫背→分中号垄找规矩(瓦垄平面定位)→调围脊→调角脊→宽边垄(瓦垄高度定位)→瓦面施工(宽瓦)→屋面清垄→瓦面屋脊刷浆、檐头绞脖

2. 合瓦(小式硬山)屋面施工流程

苫背→分中号垄找规矩(瓦垄平面定位)→宽边垄(瓦垄高度定位)→调披水排山脊或披水梢垄→调合瓦过垄脊或鞍子脊或清水脊或皮条脊等正脊→瓦面施工(宽瓦)→屋面清垄→瓦面、屋脊刷浆

31.6.2　屋　面　苫　背

31.6.2.1　苫背施工的一般方法

1. 传统灰泥背做法

(1) 在木望板上抹一层月白麻刀灰(护板灰),厚度一般为10～20mm。护板灰应较稀软,灰中的麻刀也可少一些。

如基层为席箔或苇箔等其他做法,则不用护板灰。

(2) 在护板灰上苫2～3层泥背。普通建筑多用滑秸泥,宫殿建筑多用麻刀泥。每层泥背厚度不超过50mm。每苫完一段泥背后,至七到八成干时要用铁制的圆形拍子"拍背"。拍背可以使泥背层变得更密实,是一道十分关键的工序。

(3) 在泥背上苫2～4层大麻刀灰或大麻刀月白灰。每层灰背的厚度不超过30mm。每层苫完后要反复赶轧坚实后再开始苫下一层。

(4) 在最后一层月白灰背上开始苫青灰背。青灰背也用大麻刀月白灰,苫好后将事先择好的麻刀均匀地铺满灰背表面,并将麻刀层轧入灰背内(以上工序称"拍麻刀",拍完麻刀后要用轧子反复轧背,每次赶轧前都要刷青浆。

为加强屋面的整体性,防止瓦面下滑,青灰背表面可采取以下措施:

1) 打拐子与粘麻:在青灰背干至八成时,用"拐子"(梢端呈

半圆状的木棍)在灰背上戳打出许多圆形的浅窝。"拐窝"间可用稀灰将成缕的长麻粘在灰背上,待宽瓦时将麻翻铺在底瓦泥(灰)上。一般建筑也可只打拐子不粘麻。

2) 搭麻辫:搭麻从脊上开始,每苫完一段青灰背,趁灰背较软时将麻匀散地搭在灰背上,然后将麻轧进灰背里。麻辫的下端应搭至屋面的中腰附近。搭麻辫做法多用于坡大高陡的屋顶。

2. 传统灰背的现行做法

传统灰背的现行做法比原来有了较大的简化。通行的方法是在望板上抹一层护板灰,在护板灰上抹1～2层滑秸泥背(近年多改用麻刀泥背),然后再抹一层青灰背,也有在泥背下增加一层现代防水层的。

现代建筑中的仿古屋面,瓦面的垫层有了更大的变化,一般不再做多层灰泥背,而往往只抹2～3层水泥砂浆。有较高防水要求的屋面,往往增加新型防水材料的防水层。如做防水层,应先抹找平层。如防水层易被硬物损坏,应在防水层上再抹一层保护层。如防水层较光滑,应在表面粘上粗砂或小石砾,不适宜粘砂砾的要设置防滑条。超过30mm厚的垫层应分层苫背,抹好后应反复赶轧。赶轧时不必过分强调垫层的平整度和光亮程度,但应做到表面无裂缝。高陡的坡面应增加防止瓦面滑坡措施。

31.6.2.2　古建筑屋面分层材料做法

常见的屋面分层材料做法如表31-14～表3-18所示。

(1) 用于普通民宅　　　　表31-14

分层做法	参考厚度(mm)
合瓦(影壁、小门楼可为10号筒瓦)	
宽瓦泥	40
月白灰背或青灰背1层	20～30
滑秸泥背1～2层	50～80
木椽、上铺席箔或苇箔	

(2) 用于小式或大式建筑　　　　表31-15

分层做法	参考厚度(mm)
小式用合瓦(影壁、小门楼为10号筒瓦)大式用筒瓦或琉璃瓦	
宽瓦泥	4
青灰背1层	20～30
月白灰背1层	20～30
滑秸泥背1～2层	50～80
护板灰	10～15
木椽、上铺木望板	

(3) 用于宫殿建筑　　　　表31-16

分层做法	参考厚度(mm)
筒瓦或琉璃瓦	
宽瓦泥或瓦灰	40
青灰背1层	20～30
月白灰背2层以上	20～30(每层)
麻刀泥背3层以上	50(每层)
护板灰	10～15
木椽、上铺木望板	

(4) 用于仿古建筑　　　　表31-17

分层做法	参考厚度(mm)
瓦面	
宽瓦灰浆(白灰砂浆、混合砂浆或水泥砂浆)	40
水泥砂浆或细石混凝土找平层	30～60
防裂金属网(钢筋混凝土基层可不设)	
木望板或钢筋混凝土基层	

(5) 用于仿古建筑　　表 31-18

分层做法	参考厚度(mm)
瓦面	
宽瓦灰浆(白灰砂浆、混合砂浆或水泥砂浆)	40
水泥砂浆保护层，表面粘粗砂或小石砾	20
防水层(新型防水材料)	
水泥砂浆或细石混凝土找平层	30～60
钢筋混凝土基层	

31.6.2.3　苫背的技术要点与质量要求

1. 苫背施工应注意的几个共性问题

(1) 施工的季节性。深秋季节施工，至少要在上冻一个月前全部完成。未完全干透的灰背一旦冻结就会极大地降低灰背的强度，甚至造成彻底毁坏。夏季施工应避免雨水冲刷，一般不宜安排在雨季苫背，不得不在雨季施工时，应在大雨来临之前用苫布将灰背盖好。

(2) 苫背的总厚度不可太薄，否则，防水和保温效果都不会太好。应分层苫抹，否则，苫背的密实度将达不到要求，防水效果也会较差。

(3) 苫背时每层应尽量一次完成，尤其是最后一层灰背更要尽量一次苫完。如果屋面面积太大无法一次完成时，应对接槎部分（"槎子"）进行如下处理：1）必须留"软槎子"（斜槎），不能留"硬槎子"（直槎）；2）槎子宽度不小于 200mm；3）槎子处不刷浆；4）槎子必须为"毛槎"，以用木抹子剎出的毛槎效果最好，最忌将槎子赶轧光亮；5）如果在接槎时感觉槎子"老"（干）了，要用水洇湿，并用木抹子将槎子搓毛。

2. 苫抹泥背的技术质量要点

(1) 泥背每层厚不应大于 50mm，总厚超过 50mm 时，应分层苫抹。

(2) 泥背所用泥应为掺灰泥，泥中应拌和相当数量的麦秸、稻草或麻刀等纤维物。

(3) 苫泥背所用的白灰应符合以下要求：1）不得使用白灰膏；2）泼灰中不得混入生石灰渣；3）如使用生石灰和泥，应先将生石灰调成浆状并滤去沉渣后再兑入泥中；4）袋装石灰粉应经水充分浸泡 8h 后再使用。

(4) 至七成干后，要用铁拍子拍背。拍背要逐层进行，每层拍背次数不少于 3 次。

(5) 最后一层泥背拍背后必须晾背，晾至泥背开裂充分后再开始苫抹灰背。

3. 苫抹灰背的技术质量要点

(1) 苫月白灰背或青灰背应使用泼浆灰，不应使用白灰膏。

(2) 灰背每层厚不应大于 30mm，厚度超过 30mm 时，必须分层苫抹。最后一层灰背宜为青灰背做法。

(3) 灰背中的麻刀含量应充足（不少于 5%），拌和前应将麻刀充分拆散，拌和应反复充分进行，直至麻刀均匀为止。苫抹时应将"麻刀蛋"（麻刀团）挑出。

(4) 灰背苫抹至最后一层时，宜在表面"拍麻刀"，拍麻刀应使用细软的麻刀绒。麻刀绒必须分布匀密。泼青浆后赶轧，使麻刀绒揉实入骨。

(5) 除护板灰外，每层灰背均应充分赶轧，七成干后赶轧要用小轧子，不得使用铁抹子。最后一层的赶轧遍数从七成干以后算起，不应少于 5 遍。每次均应先刷青浆。青浆的调制可随灰背的逐渐硬结由稠逐渐变稀。

(6) 瓦前的最后一遍灰背苫完后必须晾背，晾背后发现的开裂处必须重新补抹，补抹前宜用小锤沿裂缝砸成小沟，补抹后确认不再发生开裂时才能开始宽瓦。

4. 屋面垫层使用水泥砂浆、新型防水材料时的要求

(1) 易被硬物碰破的防水材料，表面应抹水泥砂浆保护层。

(2) 表面光滑的防水材料，应采取粘砂砾等防滑措施。

(3) 采用水泥砂浆垫层，又无新型防水材料的屋面，应采取加设金属网、分层苫抹并反复赶轧等措施防止水泥砂浆的开裂。

(4) 坡面高陡的屋面应在找平层或保护层上采取防止瓦面滑坡的措施。可采取下列措施：1）在表面抹出简单的礓礤形式或防滑埂；2）铺金属网；3）沿屋面纵向放置连通前后坡的钢筋，钢筋平均间距不大于 1m。或在混凝土中预埋立置短钢筋，并露出保护层 30mm。沿屋面横向放置钢筋，间距不大于 1.5m，与纵向筋或预埋钢筋焊牢。

31.6.3　宽　　瓦

31.6.3.1　瓦垄定位

1. 平面定位—分中、号垄、排瓦当

这里所说的瓦当是指两垄底瓦之间的空当（间隙），瓦当太大或太小对质量都会产生不利影响，故需经核算确定。由于木瓦口的大小决定了瓦当的大小，因此在有木瓦口的情况下，排瓦当就是核算瓦口的尺寸。瓦口宽度的决定：琉璃瓦应按正当沟长加灰缝定瓦口尺寸；筒瓦按走水当略大于 1/2 底瓦宽；合瓦按走水当不小于 1/3 板瓦宽。

(1) 硬、悬山屋面

1）在檐头找出整个房屋的横向中点并做出标记（图 31-12），这个中点就是屋顶中间一趟底瓦的中点。再从两山博缝外皮往里返大约两个瓦口的宽度，并做出标记。这两个瓦口就是两条边垄底瓦的位置（其中一垄只有一块割角滴子）。上述做法适用于铃铛排山做法，如为披水排山做法，应先定披水砖檐的位置，然后从砖檐里口往里返两个瓦口，这两个瓦口就是两条边垄底瓦的位置。

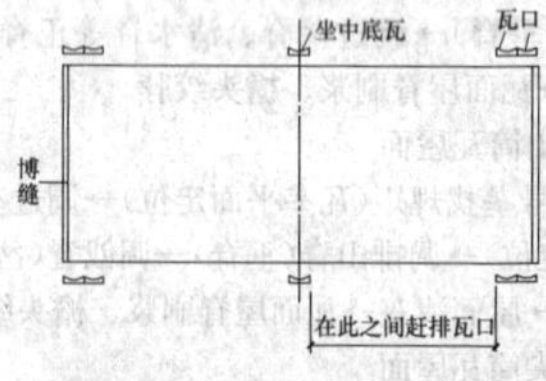

图 31-12　硬、悬山屋面的分中号垄

2）排瓦当、钉瓦口

在已确定的中间一趟底瓦和两端瓦口之间赶排木瓦口，如不能排出整活，可对临近边垄的几垄瓦口尺寸进行调整。排好后将瓦钉在连檐上。钉瓦口时应注意退雀台，即应比连檐略退进一些。瓦口钉好后，每垄底瓦的位置也就确定了。

3）号垄

将各垄的盖瓦中点平移至屋脊位置，并在灰背上做出标记。

(2) 庑殿屋面

庑殿式屋面分为三个部分：前后坡、撒头和翼角（图 31-13）。

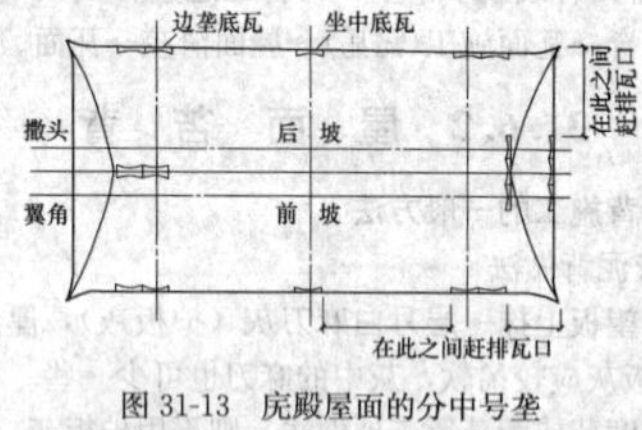

图 31-13　庑殿屋面的分中号垄

1）前后坡分中号垄方法：①找出正脊的横向中点。②从扶脊木（或脊檩）两端往里返两个瓦口并找出第二个瓦口的中点。③将三个中点平移到前、后坡檐头并按中点在每坡钉好 5 个瓦口（图 31-13）。④在确定了的瓦口之间赶排瓦口，如不能排出整活，可对临近边垄的几垄瓦口尺寸进行调整。排好后钉好瓦口。⑤号垄：将各垄的盖瓦中点在脊上做出标记。

2）撒头分中号垄方法：①找出扶脊木（脊檩）正中，并在撒头灰背上做出标记。从扶脊木正中向檐头中正引线，这条中线就是撒头中间一趟底瓦的中线。②以这条中线为中心，放三个瓦口，找出另外两瓦口的中点，然后将三个中点号在灰背上。③将这三个中点平移到连檐上，按中点钉好 3 个瓦口（图 31-13）。由于庑殿撒头只有一垄底瓦和两垄盖瓦，所以在分中的同时，就已将瓦当排好并已在脊上号出标记了。

以上前后坡和两撒头总共 12 道中线就是庑殿屋面瓦垄的平面

定位线。

3）翼角不分中，在前后坡和撒头钉好的瓦口与连檐合角处之间赶排瓦口，应注意前后坡与撒头相交处的两个瓦口应比其他瓦口短 2/10～3/10，否则勾头可能压不住割滴子的瓦翘。如不能排出整活，可对临近连檐合角处的几垄瓦口尺寸进行调整。

（3）歇山屋面（图 31-14）

1）歇山前后坡分中号垄：①在屋脊部位找出横向中点，此点即为坐中底瓦的中点。②两端从博缝外皮往里返活，找出两个瓦口的位置和第二块瓦口中点，这个中点就是边垄底瓦中。③将上述三个中点号在脊部灰背上。④将这三中点平移到檐头连檐上并钉好 5 个瓦口。⑤在钉好的瓦口之间赶排瓦口（图 31-14），如不能排出整活，可对临近边垄的几垄瓦口尺寸进行调整。

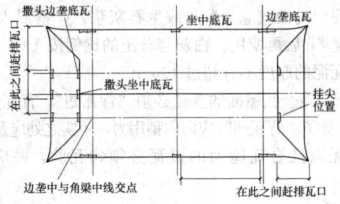

图 31-14　歇山屋面的分中号垄

2）撒头分中号垄方法：

①按照前后坡檐头边垄中点至翼角转角处的距离，向撒头量出撒头部位的边垄中。

②撒头正中即为撒头坐中底瓦中。

③按照这三个中，钉好 3 个瓦口。

④在这三个瓦口之间赶排瓦口。如不能排出整活，可对边端的几垄瓦口尺寸进行调整。

⑤将各垄盖瓦中平移到上端，并在灰背上号出标记。

3）翼角部分的分中号方法与庑殿屋面的翼角分中号垄方法相同。

（4）攒尖屋面

攒尖建筑，无论是四方、六方，还是八方等，每坡都只分一道中，这个中即坐中底瓦的中，然后往两端赶排瓦口，方法同庑殿翼角做法。

2. 高度定位——宽垄，拴定位线

在每坡两端边垄位置拴线、铺灰，各宽两趟底瓦、一趟盖瓦。硬、悬山或歇山屋面，要同时宽好排山勾滴。披水排山做法的，要下好披水檐，做好梢垄。两端的边垄应平行，囊（瓦垄曲线）要一致。在实际操作中，宽完边垄后应随即调垂脊，调完垂脊后再宽瓦。

以两端边垄盖为标准，在正脊、中腰和檐头位置拴三道横线，作为整个屋面瓦垄的高度标准。脊上的叫"齐头线"，中腰的叫"楞线"或"腰线"，檐头的叫"檐口线"（檐线）。脊上与檐头的两条线又可统称为上下齐头线。如果屋大坡长，可以增设 1～2 道楞线。

31.6.3.2　宽琉璃瓦

在宽瓦之前应对瓦的质量逐块检查，这道工序叫做"审瓦"。

1. 冲垄

冲垄是在大面积宽瓦之前先宽几垄瓦，实际上"宽边垄"也可以看成是在屋面的两侧冲垄。边垄"冲"好后，按照边垄的曲线（"囊"）在屋面的中间将三趟底瓦和两趟盖瓦宽完。如果宽瓦的人员较多，可以再分段冲垄。这些瓦垄都必须以拴好的"齐头线"、"楞线"和"檐口线"为高度标准。

2. 宽檐头勾滴瓦

勾滴，即勾头和滴子（滴水）瓦。宽檐头勾滴瓦要拴两道线，一道拴在滴子尖的位置，滴子的高低和出檐均以此为标准。第二道即冲垄之前拴好的"檐口线"，勾头的高低和出檐均以此为标准。滴子的出檐最多不超过本身长度的一半，一般在 60～100mm 之间。勾头出檐为瓦头（瓦当）的厚度，即勾头要紧靠着滴子。

两垄滴子瓦之间的空当处（"蚰蜒当"），要放一块遮心瓦（一

般用碎瓦片代替，釉面朝下）。遮心瓦的作用是挡住勾头里的盖瓦灰。然后用钉子从勾头上的圆洞入钉入灰里，钉子上扣放钉帽，内用麻刀灰塞严。在实际操作中，为防止钉帽损坏，往往最后扣安。为操作方便，宽檐头勾滴瓦可随宽每垄瓦进行。

3. 宽底瓦

（1）开线

先在齐头线、楞线和檐口线上各拴一根短铅丝（叫做"吊鱼"），"吊鱼"的长度根据线到边垄底瓦翘的距离确定，然后"开线"：按照排好的瓦当和脊上号好垄的标记把线（一般用帘绳或"三股绳"）的一端固定在脊上，另一端拴一块瓦，吊在房檐下。这条宽瓦用线叫做"瓦刀线"，瓦刀线的高低应以"吊鱼"的底端为准，如瓦刀线的囊与边垄的囊不一致时，可在瓦刀线的适当位置绑上几个钉子来调整。底瓦的瓦刀线应拴在瓦的左侧（宽盖瓦时拴在右侧）。

（2）宽瓦

拴好瓦刀线后，铺灰（或泥）宽底瓦（图 31-15）。如用泥（掺灰泥）宽瓦，还可在铺泥（术语称"打泥"）后再浇上白灰浆（称"坐浆宽"）。底瓦灰（泥）的厚度一般为 40mm。底瓦应窄头朝下，从下往上依次摆放。底瓦的搭接密度应能做到"三搭头"，即每三块瓦中，第一块与第三块能做到首尾搭接。"三搭头"是指大部分瓦而言，檐头和脊则应"稀宽檐头密宽脊"。底瓦灰（泥）应饱满，瓦要摆正，不得偏歪。底瓦垄的高低和直顺程度都应以瓦刀线为准。每块底瓦的"瓦翘"，宽头的上棱都要贴近瓦刀线。宽底瓦时还应注意"喝风"与"不合蔓"的问题。"不合蔓"是指瓦的弧度不一致造成合缝不严，"喝风"是泛指合缝不严，既包括瓦的不合蔓，也包括由于摆放不当造成的合缝不严。

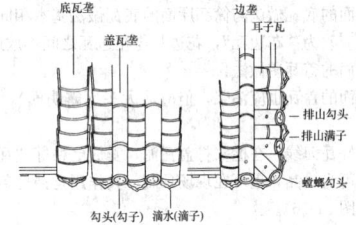

图 31-15　宽筒、板瓦示意图

（3）背瓦翘

摆好底瓦以后，要将底瓦两侧的灰（泥）用瓦刀向内抹足抹齐，不足之处要用灰（泥）补齐，"背瓦翘"一定要将灰（泥）"背"足、拍实。

（4）扎缝

"背"完瓦翘后，要在底瓦垄之间的缝隙处（"蚰蜒当"）用大麻刀灰塞严塞实。扎缝灰应能盖住两底瓦垄的瓦翘。

按照传统做法，琉璃瓦不勾瓦脸（用素灰勾抹底瓦搭接处）。理由是为了有利于瓦下水分的蒸发，以防止望板槽朽，同时可以确保不弄脏釉面。但近年来发现不少屋面因雨水从搭接处回流造成漏雨。因此，在混凝土板上所做的琉璃屋面，或檐头部分的琉璃瓦还是应勾瓦脸（做法参见宽筒瓦）。

4. 宽盖瓦

按楞线到边垄盖瓦瓦翘的距离调整好"吊鱼"的长短，然后以吊鱼为高低标准"开线"。瓦刀线两端以排好的盖瓦垄为准。盖瓦灰（泥）应比底瓦灰（泥）稍硬，盖瓦不要紧挨底瓦，它们之间的距离叫"睁眼"。睁眼不小于筒瓦高的 1/3。盖瓦要熊头朝上，从下往上依次安放，上面的筒瓦应压住往下面筒瓦的熊头，熊头上要挂素灰，即应抹"熊头灰"（又叫"节子灰"）。熊头灰应根据琉璃瓦的颜色掺色，黄色琉璃瓦掺红土粉，其他掺青灰。熊头一定要抹足挤严。盖瓦垄的高低、直顺都要以瓦刀线为准，每块盖瓦的瓦翘都应贴近瓦刀线。如果瓦的规格不一致，应特别注意不必每块都"跟线"，要"大瓦跟线，小瓦跟中"，否则会出现一侧齐一侧不齐的状况。

5. 捉节夹垄

将瓦垄清扫干净后用小麻刀灰（掺色）在筒瓦相接的地方勾抹

（"捉节"），然后用夹垄灰（掺色）将睁眼抹平（"夹垄"）。夹垄应分糙细两次夹，操作时要用瓦刀把灰塞严拍实（"背瓦翅"）。上口与瓦翅外棱抹平。

6. 清垄擦光

将瓦垄内和盖瓦的余灰、脏物等除掉，全面彻底清扫瓦垄，用布将釉面擦净擦亮，最后用水把瓦垄冲洗一遍。

31.6.3.3 宽筒瓦

筒瓦屋面是布瓦（黑活）屋面的一种，它以板瓦做底瓦，筒瓦做盖瓦。筒瓦屋的宽瓦方法与琉璃瓦基本相同。不同之处是：

1）在宽瓦之前除应"审瓦"之外，还应"沾瓦"，即要用生石灰浆浸沾底瓦的前端（小头）。

2）清垄后要用素灰将底瓦搭接处勾抹严实，并用刷子沾水勒刷，叫做"勾瓦脸"，也叫"挂瓦脸"或"打点瓦脸"。应先打点瓦脸后宽盖瓦。

3）捉节夹垄用灰及熊头灰等要用月白灰。

4）筒瓦既可以采用捉节夹垄做法，也可以采用裹垄做法，其方法如下：用裹垄灰分糙、细两次抹，打底要用泼浆灰，罩面要用煮浆灰。先在两肋夹垄，夹垄时应注意下脚不要大，然后在上面抹裹垄灰。最后用浆刷子沾青浆刷光并用瓦刀赶轧出亮。裹垄原本为查补雨漏时的修缮手法，近些年才用于成为新作手法，因此文物建筑屋面重新翻修时，还应采用捉节夹垄做法。

5）宽完瓦后，整个屋面应刷浆提色。瓦面刷深月白浆或青浆，檐头（包括排山勾滴）、眉子、当沟刷烟子浆。为保证滴子底部能刷严，可在沾瓦时就用烟子浆把滴子沾好。

31.6.3.4 宽合瓦

合瓦又称阴阳瓦。合瓦屋面的盖瓦多使用2号瓦或3号瓦。

合瓦屋面的底瓦做法与筒瓦屋面的底瓦做法基本相同，但檐头瓦的滴子应改为"花边瓦"，花边瓦与花边瓦之间不放遮心瓦。

合瓦屋面的盖瓦垄做法：

合瓦屋面的盖瓦也应沾浆，但应沾大头（露明面），且应沾月白浆。

（1）拴好瓦刀线，在檐头打盖瓦泥，安放已粘好"瓦头"的花边瓦。瓦头可为成品，也可在现场预制，其作用是挡住盖瓦花边瓦内的灰泥（图31-16）。

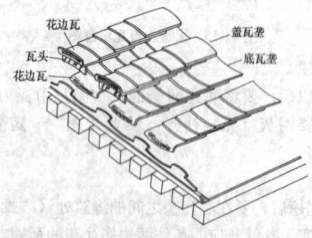

图31-16　合瓦做法示意

（2）打盖瓦泥，开始宽盖瓦。盖瓦底瓦相反，要凸面向上，大头朝下。瓦与瓦的搭接密度也应做到"三搭头"。盖瓦的"睁眼"不超过6cm。瓦垄与脊根处的瓦要搭接严实。

（3）盖瓦宽完后在搭接处用素灰勾瓦脸，并用水刷子沾水勒刷（"打水梃子"）。

（4）夹腮。先用麻刀灰在盖瓦睁眼处糙抹一遍，然后再用夹垄灰细抹一遍，灰要堵严塞实，并用瓦刀拍实。夹垄灰要直顺，下脚应干净利落，无小孔洞（称"蛐蛐窝"），无多出的灰（称"嘟噜灰"）。下脚要与上口垂直，盖瓦上应尽量少沾灰，与瓦翅相交处要随瓦翅的形状用瓦刀背好，并"打水梃子"，最后反复刷青浆并用瓦刀轧实轧光。

（5）屋面刷青浆。但檐头瓦不再"绞脖"（刷烟子浆），也刷青浆。

31.6.3.5 宽瓦的技术要点与质量要求

（1）瓦件在运至屋面前应集中对瓦逐块"审瓦"。有裂缝、砂眼、残损、变形严重、釉色剥落的瓦不得使用。板瓦还必须用瓦刀（或铁器）敲击检查，发现微裂纹、隐残和瓦音不清的应及时挑出。

（2）筒瓦屋面的底瓦、合瓦屋面的底、盖瓦，在运至屋面前应

集中逐块"沾瓦"。沾瓦应做到：

1）底瓦沾浆必须用生石灰浆；

2）每块瓦的沾浆长度不少于本身长的4/10；3）底瓦应沾小（窄）头，盖瓦应沾大（宽）头。

（3）合瓦屋面的底瓦规格宜盖瓦大一号。例如，2号合瓦屋面宜使用1号板瓦作为底瓦。

（4）瓦垄应符合"底瓦坐中"的原则。瓦面分中时如发现与木工已钉好的椽当坐中有偏差时，应以椽为准进行调整。

（5）板瓦的摆放应符合以下要求：

1）檐口部位的瓦不应出现倒喝水现象；

2）板瓦应无明显侧偏或喝风现象；

3）板瓦之间的搭接应能"压六露四"（三搭头）。

（6）瓦泥中的白灰应为泼灰或生石灰浆。严禁混入生石灰渣。拌和后应放至8h后再使用。白灰与黄土的比例按4∶6（体积比）。

（7）底瓦泥的厚度不宜超过40mm。

（8）底瓦以及合瓦屋面的盖瓦必须"背瓦翅"，背瓦翅应使用瓦刀，不宜使用抹子。背瓦翅时应向内稍用力，不实之处应及时补足。

（9）底瓦以及合瓦屋面的盖瓦必须勾瓦脸，并应做到以下几点：

1）灰应较稀；

2）勾瓦脸应在宽瓦之前进行，合瓦的盖瓦勾瓦脸应在夹垄之前进行；

3）勾瓦脸前应将瓦垄清扫干净，用水洇透；

4）要用"小鸭嘴儿"勾瓦脸，不要用瓦刀；

5）勾瓦脸向里抠抹，将灰勾足，但瓦外不留多余灰；

6）用微湿的短毛刷子勒刷灰与瓦的交接处。应在灰七八成干时进行，不应随勾随打水梃子。

（10）打盖瓦泥（灰）之前必须先在蛐蜒当处用灰（泥）扎缝，扎缝灰（泥）应严实。

（11）筒瓦、琉璃瓦的熊头灰应抹足挤严，不得采用只"捉节"，不抹熊头灰的做法。

（12）提节夹垄（合瓦夹腮）应做到以下几点：

1）不得使用灰膏；

2）要用瓦刀不要用铁抹子或轧子夹垄；

3）应分糙、细两次夹垄。第一次夹垄时要用灰将盖瓦内塞严并用瓦刀向内拍实；

4）第二次夹垄后，应做到瓦垄直顺，下脚应与上口垂直，与底瓦交接处无蛐蛐窝、嘟噜灰（野灰），筒瓦的瓦翅上余灰不宜过多，琉璃瓦的瓦翅上不宜留有余灰，合瓦的瓦翅上余灰不宜过多，且应棱角分明；

5）夹垄灰七成干后应打水梃子，并应反复刷青浆（黄琉璃刷红土浆）赶轧。夹垄灰应赶轧坚实、光顺、无裂缝、不翘边。

（13）瓦面刷浆应注意下列问题：

1）刷浆前应将瓦清扫；

2）合瓦应刷青浆，筒瓦宜刷深月白浆；

3）筒瓦屋面应在檐头用烟子浆绞脖，绞脖宽度宜为一块勾头瓦的长度。合瓦屋面不绞脖；

4）梢垄应刷烟子浆，拔水砖的上面也应随之刷烟子浆，侧面及底面应刷深月白浆。

（14）瓦面和屋脊施工质量的允许偏差和检验方法见表31-19～表31-24。

琉璃屋面的允许偏差和检验方法　　表31-19

序号	项目		允许偏差（mm）	检验方法
1	底瓦泥厚 40mm		±10	与设计要求或本表各项规定值对照，用尺量检查，抽查3点，取平均值
2	睁眼高度（筒瓦翅至底瓦的高度）	5样以上高 40mm	+10 −5	
		6～7样高 30mm	+10 −5	
		8～9样高 20mm	+10 −5	
3	当沟灰缝	8mm	+7 −4	

续表

序号	项 目		允许偏差(mm)	检 验 方 法
4	瓦垄直顺度		8	拉 2m 线，用尺量检查
5	走水当均匀度	4 样以上	16	用尺量检查相邻三垄瓦及每垄上、下部
		5～6 样	12	
		7～9 样	10	
6	瓦面平整度		25	用 2m 靠尺横搭于瓦面，尺量盖瓦跳垄程度，檐头、中腰、上腰各抽查一点
7	正脊、围脊、博脊平直度	3m 以内	15	3m 以内拉通线，3m 以外拉 5m 线，用尺量检查
		3m 以外	20	
8	垂脊、岔脊、角脊直顺度（庑殿带旁囊的垂脊不检查）	2m 以内	10	3m 以内拉通线，3m 以外拉 5m 线用尺量检查
		2m 以外	15	
9	滴水瓦出檐直顺度		10	拉 3m 线，用尺量检查

筒瓦屋面的允许偏差和检验方法　　表 31-20

序号	项 目		允许偏差(mm)	检 验 方 法
1	底瓦泥厚 40mm		±10	与设计要求或本表各项规定值对照，用尺量检查，抽查 3 点，取平均值
2	睁眼高度（筒瓦至底瓦的高度）	头～1 号瓦高 35mm	+10 5	
		2～3 号瓦高 30mm		
		10 号瓦高 20mm		
3	瓦垄直顺度		8	拉 2m 线，用尺量检查
4	走水当均匀度		15	用尺量检查相邻的三垄瓦及每垄上、下部
5	瓦面平整度		25	用 2m 靠尺横搭于瓦面，尺量盖瓦跳垄程度，檐头中腰，上腰各抽查一处
6	正脊、围脊、博脊平直度	3m 以内	15	3m 内拉通线。3m 以外拉 5m 线，用尺量检查
		3m 以外	20	
7	垂脊、岔脊、角脊直顺度（庑殿带旁囊的垂脊不检查）	2m 以内	10	2m 以内拉通线，2m 以外拉 3m 线，用尺量检查
		2m 以外	15	
8	滴水瓦出檐直顺度		10	拉 3m 线，用尺量检查

合瓦屋面的允许偏差和检验方法　　表 31-21

序号	项 目		允许偏差(mm)	检 验 方 法
1	底瓦泥厚 40mm		±10	与设计要求或本表各项规定值对照，用尺量检查，抽查 3 点，取平均值
2	盖瓦翘上棱至底瓦高 70mm		+20 -10	
3	瓦垄直顺度		8	拉 2m 线，用尺量检查
4	走水当均匀度		15	用尺量检查相邻的三垄瓦及每垄上下部
5	瓦面平整度		25	用 2m 靠尺横搭于瓦面，尺量盖瓦跳垄程度，檐头中腰、上腰各抽查一点
6	正脊平直度	3m 以内	15	3m 以内拉通线，3m 以外拉 5m 线，用尺量检查
		3m 以外	20	
7	垂脊直顺度	2m 以内	10	2m 以内拉通线，2m 以外拉 3m 线，用尺量检查
		2m 以外	15	
8	花边瓦出檐直顺度		10	拉 5m 线，用尺量检查

31.6.4　琉璃屋脊的构造做法

31.6.4.1　硬、悬山屋面

卷棚式硬、悬山屋面琉璃屋脊的构造做法，如图 31-17 所示。尖山式硬、悬山屋面琉璃屋脊的构造做法，如图 31-18 所示。

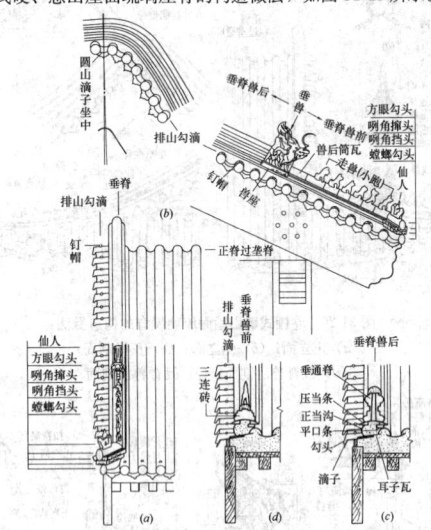

图 31-17　卷棚式硬、悬山屋面琉璃屋脊的构造做法（此例为悬山）
(a) 正立面；(b) 侧立面；(c) 垂脊兽后剖面；(d) 垂脊兽前剖面

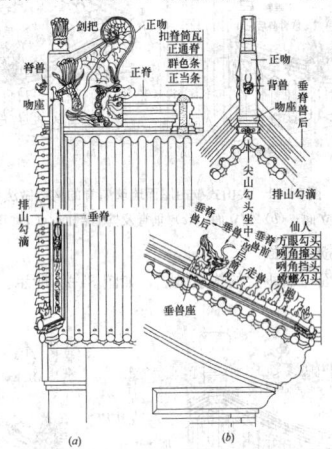

图 31-18　尖山式硬、悬山屋面琉璃屋脊的构造做法（此例为硬山）
(a) 正立面；(b) 侧立面

31.6.4.2　庑殿屋面

庑殿屋面琉璃屋脊的构造做法，如图 31-19 所示。

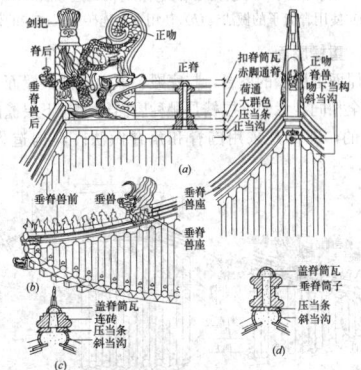

图 31-19　庑殿屋面琉璃屋脊的构造做法（以四样为例）
(a) 正脊、正吻与垂脊兽后；(b) 垂脊；
(c) 垂脊兽后剖面；(d) 垂脊兽前剖面

31.6.4.3 歇山屋面

卷棚式歇山屋面琉璃屋脊的构造做法，如图 31-20 所示。尖山式歇山屋面琉璃屋脊的构造做法，如图 31-21 所示。

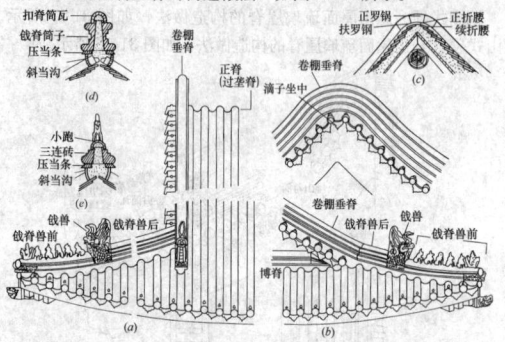

图 31-20　卷棚式歇山屋面琉璃屋脊的构造做法
(a) 正立面；(b) 侧立面；(c) 正脊剖面；
(d) 戗脊兽后剖面；(e) 戗脊兽前剖面

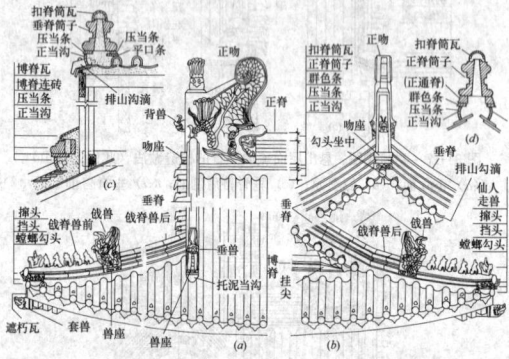

图 31-21　尖山式歇山屋面琉璃屋脊的构造做法
(a) 正立面；(b) 侧立面；(c) 垂脊及博脊剖面；(d) 正脊剖面

31.6.4.4 攒尖屋面

攒尖屋面琉璃垂脊的构造做法，如图 31-22 所示。

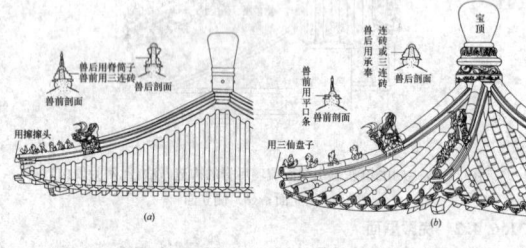

图 31-22　攒尖屋面琉璃垂脊的构造做法
(a) 使用脊筒子的做法；(b) 使用承奉连砖或三连砖的做法

31.6.4.5 重檐屋面

重檐屋面上层檐的屋脊，与庑殿、歇山或攒尖屋面上层檐的屋脊做法完全相同。无论上层檐是哪种屋面形式，下层檐的屋脊做法都是相同的，即都是采用围脊和角脊做法。其构造做法，如图31-23所示。

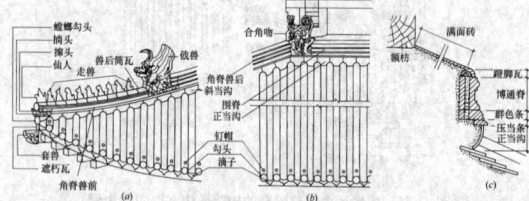

图 31-23　重檐屋面下层檐琉璃屋脊的构造做法
(a) 角脊立面；(b) 围脊立面；(c) 围脊剖面

31.6.5　大式黑活屋脊的构造做法

31.6.5.1　硬、悬山屋面

卷棚式硬、悬山形式的大式黑活屋脊的构造做法，如图 31-24 所示。尖山式硬、悬山形式的大式黑活屋脊的构造做法，如图 31-25 所示。

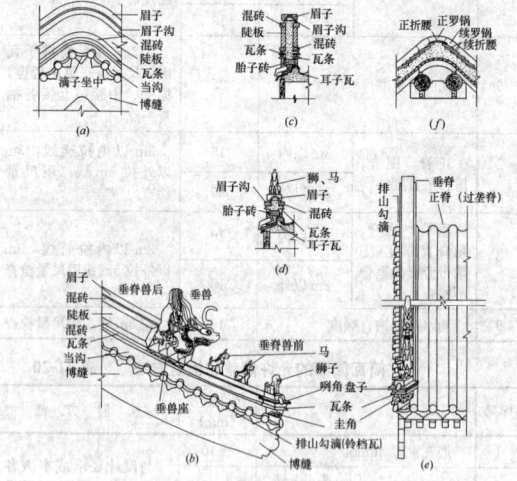

图 31-24　卷棚式硬、悬山屋面大式黑活屋脊的构造做法
(a) 垂脊"箍头"部分；(b) 垂脊兽后与兽前；(c) 垂脊兽后剖面；
(d) 垂脊兽前剖面；(e) 过垄脊（正脊）及垂脊正立面；
(f) 过垄脊（正脊）剖面

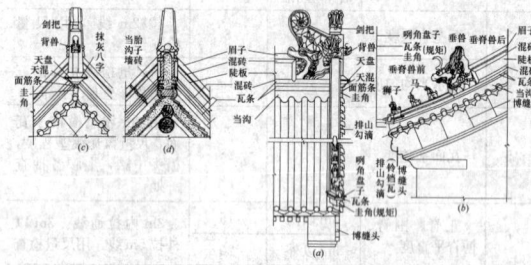

图 31-25　尖山式硬、悬山屋面大式黑活屋脊的构造做法
(a) 正脊及垂脊正立面；(b) 垂脊兽前侧面；
(c) 垂脊兽后侧面；(d) 正脊剖面

31.6.5.2　庑殿屋面

庑殿屋面大式黑活屋脊的构造做法，如图 31-26 所示。

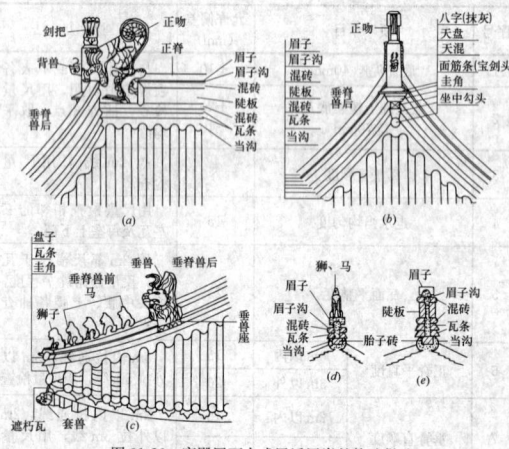

图 31-26　庑殿屋面大式黑活屋脊的构造做法
(a) 正脊和垂脊兽后；(b) 垂脊兽后与兽前；(c) 山面；
(d) 垂脊兽前剖面；(e) 垂兽后剖面

31.6.5.3 歇山屋面

歇山屋面大式黑活屋脊的构造做法，如图 31-27 所示。

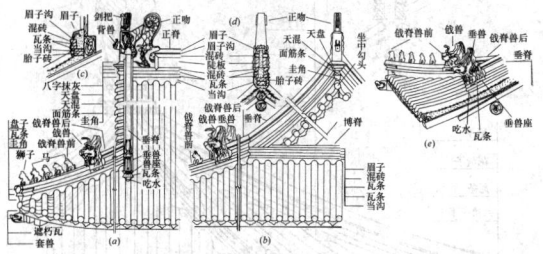

图 31-27　歇山屋面大式黑活屋脊的构造做法（本例为尖山式）
(a) 正立面；(b) 山面；(c) 博脊剖面；
(d) 正脊剖面；(e) 从内侧面看垂脊和戗脊

31.6.5.4 攒尖屋面

攒尖屋面大式黑活屋脊的构造做法，如图 31-28 所示。

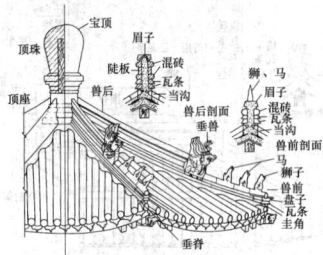

图 31-28　攒尖屋面大式黑活屋脊的构造做法

31.6.5.5 重檐屋面

重檐屋面上层檐的屋脊，与庑殿、歇山或攒尖屋面上层檐的屋脊做法完全相同。无论上层檐是哪种屋面形式，下层檐的屋脊做法都是相同的，即都是采用围脊和角脊做法。其构造做法如图 31-29 所示。

31.6.6　小式黑活屋脊的构造做法

31.6.6.1 硬、悬山屋面

1. 正脊做法

小式黑活正脊的常见做法有：过垄脊、鞍子脊和清水脊。过垄脊用于筒瓦屋面，鞍子脊用于合瓦屋面，清水脊既用于合瓦屋面，也可用于筒瓦屋面。过垄脊的构造做法如图31-24所示。鞍子脊的构造做法如图31-30所示。清水脊的构造做法如图31-31所示。

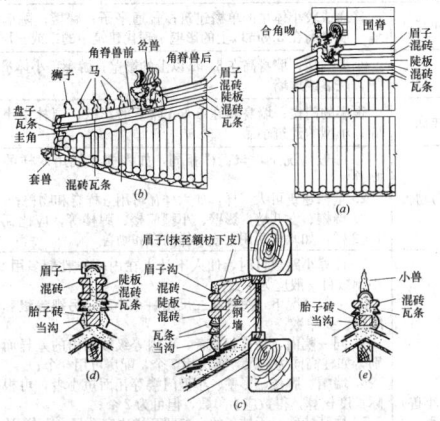

图 31-29　重檐屋面下层檐大式黑活屋脊的构造做法
(a) 围脊与角脊兽后；(b) 角脊；(c) 围脊剖面；
(d) 角脊兽后剖面；(e) 角脊兽前剖面

2. 垂脊做法

硬、悬山屋面小式黑活垂脊的做法有两种：铃铛排山脊（图

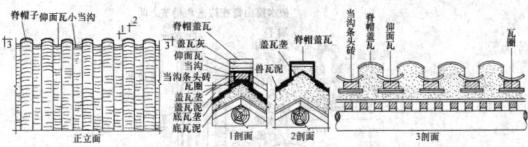

图 31-30　鞍子脊

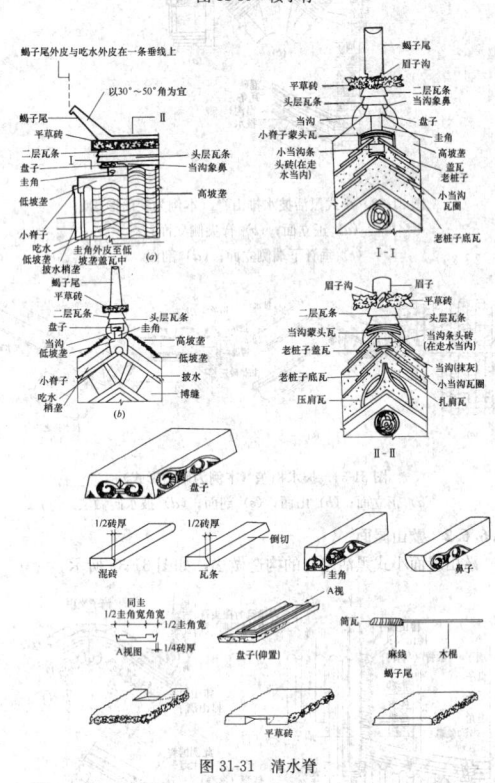

图 31-31　清水脊

注：

1. 圆混砖和瓦条用停泥或开条砖砍制，瓦条也可用板瓦对开代替，即为软瓦条做法。

2. 圭角或鼻子用大开条砍制，宽度为盘子宽度的一半。

3. 盘子用大开条砍制。

4. 蝎子尾其余部分留待安装时与眉子一起完成。

5. 草砖用 3 块方砖（如脊短可用 2 块）宽度为脊宽的 3 倍。

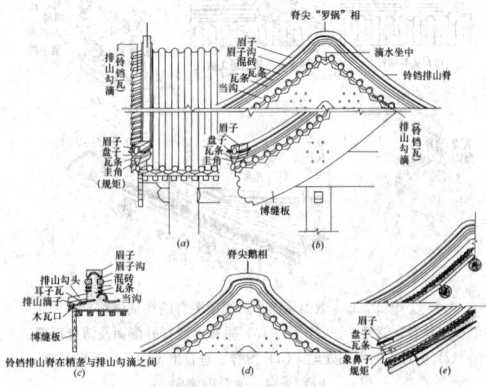

图 31-32　小式黑活铃铛排山脊（本例为悬山形式）
(a) 正立面；(b) 侧立面；(c) 剖面；
(d) 脊尖鹅相做法；(e) 从内侧看排山脊

31-32）和披水排山脊（图 31-33）。在垂脊的位置上如不做复杂的垂脊，应以披水砖和筒瓦做成"披水梢垄"形式，其构造做法如图31-34 所示。

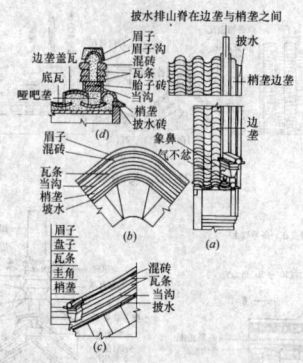

图 31-33　小式黑活披水排山脊（本例为硬山形式）
(a) 正立面；(b) 脊尖侧立面；
(c) 垂脊下端侧立面；(d) 剖面

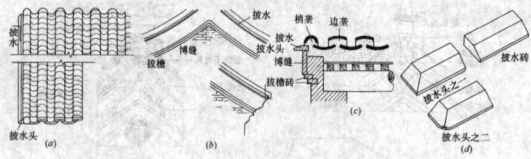

图 31-34　披水梢垄（本例为硬山形式）
(a) 正立面；(b) 山面；(c) 剖面；(d) 披水砖做法

31.6.6.2　歇山屋面

歇山屋面小式黑活屋脊的构造做法，如图 31-35 所示。

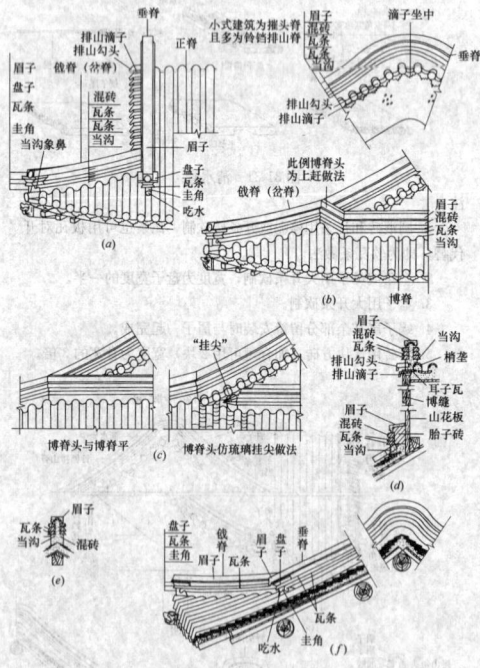

图 31-35　歇山屋面小式黑活屋脊的构造做法
(a) 垂脊、戗脊、正脊正面；(b) 垂脊、戗脊外侧面及博脊正面；
(c) 博脊头的不同处理；(d) 博脊、垂脊剖面；(e) 戗脊剖面；
(f) 垂脊、戗脊内侧面

31.6.6.3　攒尖屋面

攒尖屋面小式黑活屋脊的构造做法，如图 31-36 所示。

31.6.6.4　重檐屋面

重檐屋面上层檐的小式黑活屋脊与硬、悬山及歇山、攒尖屋面的小式黑活屋脊做法完全相同。重檐屋面下层檐的小式黑活屋脊的构造做法，如图 31-37 所示。

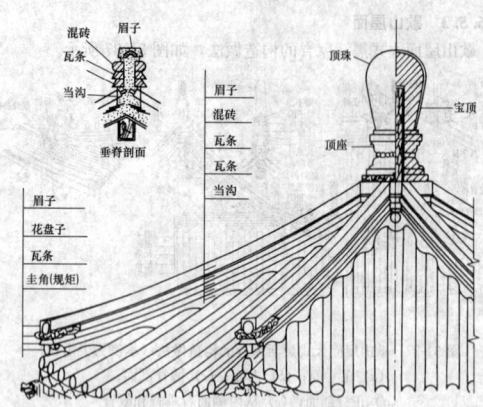

图 31-36　小式攒尖屋面的垂脊和宝顶

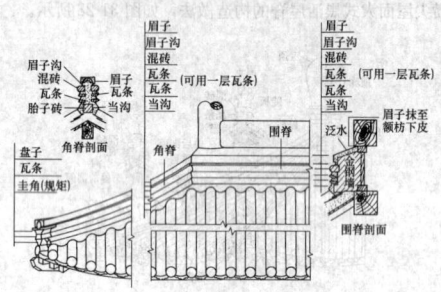

图 31-37　重檐下层檐屋面小式黑活屋脊的构造做法

31.6.7　瓦面及屋脊规格的选择、确定

琉璃瓦及屋脊、吻兽规格的选择，参见表 31-22，筒瓦及黑活屋脊、吻兽的规格选择，参见表 31-23。合瓦规格的选择，参见表 31-24。

琉璃瓦及脊兽规格选择参考表　　表 31-22

项　目	选择确定依据
四样瓦	大体量重檐建筑的上层檐；现代高层建筑的顶层
五样瓦	普通重檐建筑的上层檐；大体量重檐建筑的下层檐；大体量的单檐建筑；现代高层建筑及多层建筑中五层以上檐口
六样瓦	普通重檐建筑的上层或下层檐；较大体量（如建筑群中的主要建筑）或普通的单檐建筑；牌楼；现代建筑中的三或四层高檐口
七样瓦	普通或较小体量的单檐建筑；普通亭子；牌楼；院墙或矮墙；墙身高在 3.8m 以上的影壁；现代建筑中的二或三层高
八样瓦	小型门楼；墙身高在 3.8m 以上的影壁；游廊；小体量的亭子；院墙或矮墙
九样瓦	很小的门楼；墙身高在 2.8m 以下的影壁；园林中小型游廊；小型的建筑小品
屋脊与吻兽	1. 一般情况下，与瓦样相同，如六样瓦就用六样的脊和吻兽； 2. 重檐建筑可大一样，如六样瓦可用五样脊和吻兽； 3. 墙帽、女儿墙、影壁、小型门楼、牌楼等，应比瓦样小 1～2 样，如六样瓦用七或八样的脊和吻兽。
小跑（小兽）数目	1. 计算小跑数目时，仙人不计入在内，一般最多用 9 个，小跑数目一般应为单数； 2. 一般情况下，每柱高二尺用一个小跑，另视等级和檐出酌定，要单数； 3. 同一院内，柱高相似者，可因等级或檐出的差异而有区别，如柱高同为八尺，正房用 7 个，配房可用 5 个； 4. 墙帽、牌楼、影壁、小型门楼等瓦面短小者，可根据实际长度核算，得到数目为 2 个时，应做为 2 个； 5. 柱高特殊或无柱子的，参照瓦样决定数目：九样用 1～3 跑，八样用 3 跑，七样用 3 跑或 5 跑，六样用 5 跑，五样用 5 跑，四样用 7 跑或 9 跑； 6. 小跑的先后顺序：龙、凤、狮子、天马、海马、狻猊、押鱼（鱼）、獬豸、斗牛（牛）、行什（猴），其中天马与海马、狻猊与押鱼的位置可以互换。数目达不到 9 个时，按先后顺序用在前者；小跑与垂（戗兽）之间要用一块筒瓦隔开，小跑下的坐瓦（筒瓦）与坐瓦之间的距离最多不超过一块筒瓦

续表

项 目	选择确定依据
套兽	应选择与角梁相近的尺寸，宜大不宜小，如瓦样为七样，但角梁宽200mm，与六样套兽宽度相近，就应选择六样套兽
合角吻（兽）	1. 围脊用博通脊(围脊筒子)，样数随通脊； 2. 围脊用承奉博脊连砖或博脊连砖，合角吻的样数随之减小； 3. 在已知瓦件尺寸的情况下，根据所选定的做法，查出博通脊或博脊连砖等的高度，以此核算吻样，吻高为博通脊或博脊连砖高的2.5～3倍，哪种合角吻的尺寸合适就选哪种

筒瓦及黑活脊兽规格选择参考表 表 31-23

项 目	选择确定依据
特号瓦	大体量重檐建筑的上层檐；檐口高在8m以上的仿古建筑
1号瓦	大体量重檐建筑的下层檐；普通重檐建筑的上层檐；大体量或较大的单檐建筑；檐口高在6～8m的仿古建筑
2号瓦	普通重檐建筑的下层檐；普通的单檐建筑；牌楼；皇家或王府花园中的亭子；檐口高在5m以下的王府院墙；墙身高在3.8m以上的影壁；檐口高在5m以下的仿古建筑
3号瓦	较小体量的单檐建筑；大式建筑群中的游廊；小体量的亭子；墙身高在3.8m以下的院墙、影壁或砖石结构的小型门楼（亦可用2号瓦）；牌楼；檐口高在4m以下的仿古建筑
10号瓦	大型建筑群中的小型建筑小品；小式建筑群中的影壁、亭子、看面墙和檐口高在3.2m以下的小型门楼；仿古院墙及檐口高在2.8m以下的仿古屋面
正脊高	1. 按檐柱高的1/5～1/6； 2. 仿古建筑：10号瓦，脊高40cm以下。3号瓦，脊高55cm以下，2号瓦，脊高约65cm。1号瓦，脊高约70cm。特号瓦，脊高不低于85cm； 3. 影壁、小型砖结构门楼：檐口高3m左右，脊高40cm以下。檐口高4m左右，脊高55cm以上。檐口高4m以上，脊高约65cm； 4. 牌楼：3号瓦，脊高约65cm或脊高约70cm
垂脊、围脊高	按8/10～9/10正脊高
戗脊高	按9/10垂脊高
角脊高	按9/10围脊高
宝顶高	1. 一般情况下，按2/5檐柱高； 2. 楼阁或柱子超高者，按1/3檐柱高； 3. 山上建筑、高台建筑及重檐建筑，可按2.5/5～3/5檐柱高
正吻	1. 按脊高定吻高。先计算出正吻吞口（大嘴）中所含脊件陡板与一层混砖的总厚，若大于该厚度3倍的尺寸即是适宜的正吻高度，如无合适者，可选择稍小的正吻。第一层混砖上皮至眉子上皮总高的1.67倍即为正脊兽的理想尺寸。 2. 按柱高定吻高。吻高约为柱高的2/5～2/7，选择与此范围尺寸相近的正吻； 3. 影壁、牌楼、墙帽上的正吻：1)吞口尺寸宜小于陡板和一层混砖的厚度；2)正吻全高不超过吞口高的3倍； 4. 墙帽正脊不用陡板，正吻吞口尺寸按一层瓦条加一层混砖的厚度
垂兽、戗兽	兽高与其身后的垂脊或戗脊之比为5：3
狮马	1. 第一个用狮子，从第二个开始，无论几个都要用马； 2. 狮马高（量至脑门）约为兽高（量至眉）的6.5/10； 3. 数目确定：1)狮马总数应为单数；2)每柱高二尺放一个，要单数，另视等级和出檐定；3)最多放5个；4)同一院内，位置相似者，用同等级、出檐之不同而有差异；5)墙帽、牌楼、小型门楼等较短的坡面可放2个或1个
套兽	应选择与角梁宽度（角椽径）相近的尺寸，宜大不宜小。如角梁宽20cm，可选用宽稍大于20cm的套兽
合角吻（兽）	1. 核算出陡板和一层混砖的总厚度，选择吞口尺寸与此厚度相近的合角吻，宜小不宜大； 2. 吞口尺寸与合角吻高之比约为1：2.5或1：3； 3. 如不用陡板，吞口尺寸应等于一层瓦条和一层混砖的高度； 4. 如因木构件高度所限，合角吻高度需要降低时，吞口尺寸小于上述高度，相差的部分要用砖垫平，表面用灰抹平

合瓦规格选择参考表 表 31-24

规 格	瓦号适用范围
1号合瓦	椽径10cm以上的建筑；檐口高3.5m以上的建筑
2号合瓦	椽径7～10cm的建筑；檐口高3.5m以下的建筑
3号合瓦	椽径6～8cm的建筑；檐口高2.8m以下的建筑；檐口高2.8～3m的建筑用3号瓦或2号瓦

31.6.8 调脊（屋脊砌筑）的技术要点与质量要求

（1）调脊不应使用掺灰泥。屋脊打点勾缝用灰的颜色为：黄色琉璃用红麻刀灰，其他颜色的琉璃以及黑活屋脊用一律用深月白灰。

（2）脊件的分层做法与屋脊的端头形式，应符合古建常规做法或设计要求。

（3）吻兽、小跑及其他脊饰的位置、尺度、数量等应符合古建常规做法或设计要求。

（4）两坡铃铛排山脊交于脊尖处的勾头瓦或滴子瓦的确定：

1）正脊两端有正吻或端头脊饰，使山尖顶部形成"尖山"形式的，应"勾头坐中"；

2）正脊为过垄脊、鞍子脊等，使山尖的顶部形成"圆山"形式的，应"滴子坐中"。

（5）正脊排活应从屋面中点开始。坐中放置脊件后再向两边排活，破活应赶至两端。

（6）屋脊内（琉璃脊筒子内除外）应灰浆饱满，至少每3层用麻刀灰苫抹一次。

（7）陡板等立置的脊件应采取拉结、灌浆等加固措施。

（8）吻兽及高大的正脊内尖设置吻桩、兽桩、脊桩。琉璃脊筒子等大型脊件内宜加设钢筋，并应与桩桩连接。

（9）垂脊、戗脊等斜脊，应在脊内设置防屋脊下滑的钢筋、铅丝等拉结物。

（10）屋脊之间或屋脊与山花板、围脊板、屋脊与墙体等的交接处应严实。交接处的脊件应随形砍制，灰缝宽度不应超过10mm。内部背里材料应饱满密实，并应采取灌浆措施。

（11）黑活屋脊刷浆应符合以下要求：

1）屋脊的眉子、当沟应刷烟子浆，其余部分刷深月白浆；

2）铃铛排山脊：排山勾滴部分应刷烟子浆，其余部分刷深月白浆；

3）披水排山脊：披水砖的上面和侧面应刷烟子浆；

4）披水梢垄：梢垄及披水砖的上面应刷烟子浆，披水砖侧面和底面刷深月白浆。

（12）屋脊直顺度和平直度的允许偏差和检验方法，见表31-19～表31-21。

31.6.9 古建筑屋面荷载及瓦件重量参考

古建各种屋面做法的荷载及瓦件重量，见表31-25～表31-48。

总说明：

1）各种屋脊和吻兽都包括了灰浆的重量；

2）灰浆的种类考虑了多种做法，使用时只要确定了灰浆的种类和脊（或吻兽）的规格，就能查出相应的屋脊（或吻兽）的重量；

3）表31-25除可用于瓦下垫层的重量计算外，还可用于平台屋面及天沟等无瓦屋面的重量计算。使用时只要确定了苫背的种类及厚度，就能查出相应的重量；

4）表31-47、表31-48可用做瓦件运输时的吨位计算依据；

5）各种瓦面重量表不包括苫背垫层的重量和屋木基层（如木椽、望板或混凝土板）的重量，也不包括屋脊所占重量，但包括瓦所用的灰浆重量；

6）各种瓦面、屋脊及苫背垫层重量表中的数据均为湿重量；

7）各表均不包括施工荷载及风、雪荷载；

8）各表是以清官式做法为基础数据测算的。

每平方米苦背垫层重量表（kg）   表 31-25

苫背种类 ＼ 厚度	1cm	2cm	3cm	4cm	6cm	8cm	10cm	15cm	20cm
护板灰	21								
滑秸泥背 麻刀泥背			60	80	120	160	200	300	400
纯白灰背			45	60	90	120	150	225	300
麻刀灰背（月白灰背 或青灰背）		34	51	68	102	136	170	255	340
水泥砂浆	20	40	60	80	120				
水泥白灰焦渣						78	104	130	195

每平方米琉璃瓦屋面重量表（kg）   表 31-26

瓦样 ＼ 瓦所用灰浆	掺灰泥	混合砂浆、麻刀灰、白灰砂浆	白灰	水泥砂浆
二样	311	291	271	321
三样	298	279	260	307
四样	283	265	247	292
五样	306	287	267	316
六样	274	257	239	283
七样	249	234	218	257
八样	230	215	201	237
九样	240	226	212	247

每平方米筒瓦与屋面重量表（kg）   表 31-27

灰浆瓦面规格 ＼ 完瓦所用	掺灰泥		混合砂浆 白灰砂浆		白 灰		水泥砂浆	
	裹垄	捉节夹垄	裹垄	捉节夹垄	裹垄	捉节夹垄	裹垄	捉节夹垄
特号瓦（头号）	306	278	287	264	269	248	315	287
1号瓦	264	237	246	222	227	206	273	245
2号瓦	248	222	231	207	214	193	257	229
3号瓦	254	229	237	215	220	200	262	236
10号瓦	331	307	314	292	298	278	340	314

每平方米合瓦屋面重量表（kg）   表 31-28

瓦面规格 ＼ 完瓦所用灰浆	掺灰泥	混合砂浆、白灰砂浆	白 灰	水泥砂浆
1号瓦	370	350	331	380
2号瓦	350	331	313	359
3号瓦	360	342	324	369

每米琉璃正脊重量表（kg）   表 31-29

正脊规格 ＼ 脊内灰浆品种	混合砂浆、麻刀灰、白灰砂浆	白灰	水泥砂浆
四样	439	419	469
五样	294	276	321
六样	231	217	252
七样	187	175	205
八样	163	154	177
九样	144	136	155

注：不包括正吻重量

每米琉璃垂脊重量表（kg）   表 31-30

垂脊规格 ＼ 脊内灰浆品种	混合砂浆、麻刀灰、白灰砂浆	白灰	水泥砂浆
四样	215	200	237
五样	189	176	209
六样	156	145	173
七样	135	126	150
八样	114	106	126
九样	79	73	88

注：不包括垂兽重量。

每米琉璃戗（岔）脊及下檐角脊重量表（kg）   表 31-31

戗脊、角脊规格 ＼ 脊内灰浆品种	混合砂浆、麻刀灰、白灰砂浆	白灰	水泥砂浆
四样	189	176	209
五样	156	145	173
六样	135	126	150
七样	114	106	126
八样	79	73	88
九样	71	66	80

注：不包括戗（岔）兽重量。

每米琉璃博脊重量表（kg）   表 31-32

博脊规格 ＼ 脊内灰浆品种	混合砂浆、麻刀灰、白灰砂浆	白灰	水泥砂浆
四样	200	185	222
五样	173	159	193
六样	142	131	158
七样	118	110	131
八样	97	90	108
九样	75	69	85

每米琉璃围脊重量表（kg）   表 31-33

围脊规格 ＼ 脊内灰浆品种	混合砂浆、麻刀灰、白灰砂浆	白灰	水泥砂浆
四样	213	199	236
五样	190	176	210
六样	159	148	175
七样	121	112	134
八样	102	95	113
九样	90	83	99

注：不包括合角吻的重量

琉璃正吻重量表（kg）   表 31-34

规格 ＼ 所用灰浆	白 灰	混合砂浆、麻刀灰、白灰砂浆	水泥砂浆
四样	2065	2156	2292
五样	696	727	774
六样	434	448	468
七样	169	175	185
八样	64	67	73
九样	53	56	60

琉璃垂兽重量表（kg） 表 31-35

所用灰浆 规格	白 灰	混合砂浆、麻刀灰、 白灰砂浆	水泥砂浆
四样	256	274	301
五样	214	231	256
六样	121	130	143
七样	96	103	114
八样	66	72	81
九样	53	58	65

琉璃戗兽（岔兽）、角兽重量表（kg） 表 31-36

所用灰浆 规格	白 灰	混合砂浆、麻刀灰、 白灰砂浆	水泥砂浆
四样	214	231	256
五样	121	130	143
六样	96	103	114
七样	66	72	81
八样	53	58	65
九样	40	44	50

琉璃合角吻重量表（kg） 表 31-37

所用灰浆 规格	白 灰	混合砂浆、麻刀灰、 白灰砂浆	水泥砂浆
四样	304	315	333
五样	254	263	278
六样	122	127	139
七样	106	112	120
八样	101	106	114
九样	90	95	102

注：合角吻按份(对)算，每个转角处用一份。

琉璃宝顶重量表（kg） 表 31-38

脊内灰浆品种 宝顶全高	混合砂浆、麻刀灰、 白灰砂浆	白 灰	水泥砂浆
高度在 0.8～1.1m （可对应于九或八样瓦）	254	247	266
高度在 1.2～1.5m （可对应于八或七样瓦）	933	904	975
高度在 1.6～1.8m （可对应于六或五样瓦）	1931	1864	2031

注：宝顶座与宝顶珠均以琉璃制品为准。如为金属制品，重量应另行计算。

每米黑活正脊重量表（kg） 表 31-39

	脊内灰浆 正脊种类	白灰	混合砂浆、麻刀灰、 白灰砂浆	水泥 砂浆
大式正脊	高在 50cm 以下（可对应于 3 号瓦）	223	230	238
	高在 70cm 以下（可对应于 2 号瓦）	245	253	261
	高在 70cm 以上（可对应于 1 号瓦）	267	276	286
	皮条脊、清水脊	98	104	110

注：1. 不包括正吻重量；
　　2. 筒瓦过垄脊的重量按普通瓦重量计算；
　　3. 合瓦鞍子脊的重量按普通瓦面重量乘 1.95 系数计算。

每米黑活垂脊、戗（岔）脊重量表（kg） 表 31-40

	脊内灰浆 脊的规格种类	白灰	混合砂浆、麻刀灰、 白灰砂浆	水泥 砂浆
大式	兽后高在 40cm 以下（可对应 2 号瓦）	133	139	145
	兽后高在 40cm 以上（可对应 1 号瓦）	130	136	142
	小式（无陡板）（可对应 3 号瓦）	64	68	70

注：不包括垂兽、戗(岔)兽的重量。

每米黑活博脊与围脊重量表（kg） 表 31-41

	脊内灰浆 脊的种类	白灰	混合砂浆、麻刀灰、 白灰砂浆	水泥 砂浆
围脊	高在 40cm 以下（可对应 2 号瓦）	129	135	141
	高在 40cm 以上（可对应 1 号瓦）	131	138	144
	无陡板做法（可对应 3 号瓦）	57	60	64
	博脊	57	60	64

注：不包括合角吻的重量。

黑活正吻重量表（kg） 表 31-42

所用灰浆 规格	白灰	混合砂浆、麻刀灰、 白灰砂浆	水泥 砂浆
高在 70cm 以内（可对应 3 号瓦）	61	64	70
高在 110cm 以内（可对应 2 号瓦）	157	163	173
高在 150cm 以内（可对应 1 号 瓦或特号瓦）	221	235	255

黑活垂兽重量表（kg） 表 31-43

所用灰浆 规格	白灰	混合砂浆、麻刀灰、 白灰砂浆	水泥 砂浆
高在 40cm 以下（可对应 1 号或特号瓦）	116	125	138
高在 32cm 以下（可对应 2 号瓦）	92	99	110
高在 26cm 以下（可对应 3 号瓦）	64	70	79

注：兽高指眉高。

黑活戗(岔)兽及角兽重量表（kg） 表 31-44

所用灰浆 规格	白灰	混合砂浆、麻刀灰、 白灰砂浆	水泥 砂浆
高在 32cm 以内（可对应于 1 号 或特号瓦）	92	99	110
高在 26cm 以内（可对应于 2 号瓦）	64	70	79
高在 20cm 以内（可对应于 3 号瓦）	52	57	64

注：兽高指眉高。

黑活合角吻重量表（kg） 表 31-45

所用灰浆 规格	白灰	混合砂浆、麻刀灰、 白灰砂浆	水泥 砂浆
高在 25cm 以内（可对应 3 号瓦）	81	86	92
高在 35cm 以内（可对应 2 号瓦）	95	101	108
高在 80cm 以内（可对应 1 号或特号瓦）	229	237	250

注：合角吻按份(对)算，每个转角处用一份。

黑活宝顶重量表（kg） 表 31-46

脊内灰浆 脊的规格	白灰	混合砂浆、麻刀灰、 白灰砂浆	水泥 砂浆
高在 0.8～1.2m（可对应于 3 号或 10 号瓦）	354	367	386
高在 1.3～1.6m（可对应于 3 号或 2 号瓦）	1106	1148	1211
高在 1.7～2m（可对应于 1 号或特号瓦）	2222	2305	2430

琉璃瓦单件重量参考表（kg/块）　表 31-47

名称 \ 规格	四样	五样	六样	七样	八样	九样
板瓦(机制)	4.0	3.6	2.2	1.8	1.4	1.2
板瓦(手工)	4.6	4.0	3.0	2.6	2.0	1.8
滴水(机制)	4.6	4.0	2.8	2.0	1.6	1.4
滴水(手工)	5.2	4.6	3.3	2.4	1.8	1.6
割角滴水(机制)	2.6	1.4	1.2	1.0	1.0	1.0
割角滴水(手工)	3.7	2.3	2.1	1.4	1.2	1.2
筒瓦	3.0	2.6	2.0	1.7	1.2	1.0
钉帽	0.2	0.2	0.1	0.1	0.1	0.1
满面砖	32×32 5.2	30×30 5.0				
博脊瓦	15.2	12.4	9.9	7.8	5.6	
勾头	4.0	3.0	2.4	2.0	1.4	1.0
方眼勾头	3.6	2.8	2.3	2.0	1.5	1.3
镜面勾头	2.8	2.6	2.0	1.6	1.4	1.0
斜当沟	2.6	1.2	1.0	0.8	0.7	0.6
螳螂勾头	4.1	3.0	2.2	1.8	1.5	1.2
正当沟	1.5	1.1	1.0	0.8	0.4	0.4
托泥当沟	8.4	7.4	5.8	4.6	4.2	3.6
吻下当沟	11.0	9.0	6.2	5.4	4.0	3.0
元宝当沟	1.2	0.8	0.6			
遮朽瓦	2.0	1.4	1.2	1.0	0.8	0.5
斜房檐	3.0	2.5	2.0	1.8	1.6	1.4
水沟头	7.6					
水沟筒	6.6					
赤脚通脊	101					
黄道	31					
大群色	40					
群色条		4.6	3.6	3.0	3.0	2.6
正脊筒		68	50	31.2	28.4	24
压当条	1.1	0.7	0.6	0.5	0.4	0.4
平口条	1.5	0.7	0.6	0.5	0.4	0.4
垂脊筒	40	32.7	25	20	16.5	13.4
岔脊筒	35	30	21	18	15	11
割角岔脊筒	27	22	19	15	12	9
燕尾垂脊筒	28	23.2	21	17.5	13.5	10
博通脊(围脊筒)	40	30	22.4			
承奉博脊连砖	15	13.4	12	10.5	8.9	6.0
博脊连砖	12.2	10	8.2	6	5.4	4.5
承奉连砖	18	15.6	13	11	9	7.5
三连砖	13.5	10	8.5	7	5.9	3.2

续表

名称 \ 规格	四样	五样	六样	七样	八样	九样
燕尾三连砖	10.2	8.7	7	5.4	3.3	2.8
正通脊(单片)	19	12.8	10	6.4	6	5.5
黄道(单片)	6.5					
大群色(单片)	8.3					
垂脊筒(单片)	16.2	12	8	6.7	6.2	6
岔脊筒(单片)	12	8	6.5	6.2	5.8	5.5
承奉连挂尖	16	14.9	12.6	12	9	8
三连砖挂尖	15.6	14	12.8	9	7.5	6.5
垂兽座	27	15	11.6	5.4	3.8	3.8
垂兽	76	61	25	22	9.4	6.6
垂兽角(每对)	1.6	1.2	0.8	0.6	0.4	0.2
背兽	4	2.8	1	0.8	0.6	0.2
吻座	12	9.2	6	5.2	2.8	2.4
正吻	1384	462	332	119	35	32
剑把	9.2	5.5	4.2	2.4	1.6	0.8
套兽	17.4	11.6	10.2	4.2	3.4	3.0
走兽	6.2	5.0	3.4	3.0	2.1	1.2
撺头	12.8	10.2	8.0	7.0	6.0	5.0
头	8.6	6.6	5.6	4.2	2.6	2.0
咧角撺头	15	12.4	10.0	9.0	8.0	6.5
咧角头	6.9	5.6	4.8	3.2	2.0	1.8
三仙盘子			5.5	4.5	4.0	
披水砖		2.5	1.8	1.7		
披水头		2.4	1.7	1.6		
宝顶座		166	85.2	40		
宝顶珠		145	78.2	44.5		

布瓦（黏土瓦）单件重量参考表（kg/块）　表 31-48

名称 \ 规格	特号瓦	1号瓦	2号瓦	3号瓦	10号瓦
筒瓦	2.62	1.24	1.00	0.75	0.60
板瓦	2.27	1.20	0.90	0.80	0.65
勾头	3.49	1.65	1.25	0.95	0.75
滴子	3.02	1.70	1.15	0.95	0.80
花边瓦		1.70	1.20	1.05	

31.7 大木制作与安装

31.7.1 木作用料

古建大木构件用料应符合表 31-49 的规定。

大木选材标准　表 31-49

构件类别	腐朽	木节	斜率	虫蛀	裂缝	髓心	含水率
柱类构件	不允许	活节：数量不限，每个活节最大尺寸不得大于原木周长 1/6；死节：直径不大于原木周长的 1/5，且每 2m 长度内不多于 2 个	扭纹斜率不大于12%	不允许(允许表面层有轻微虫眼)	外部裂缝深度和径裂不大于直径的 1/3，轮裂不允许	不限	不大于25%
梁类构件	不允许	活节：在构件任何一面，任何150mm长度上所有木节尺寸的总和不大于所在面宽 1/3；死节：直径不大于20mm且每2m中不多于1个	扭纹斜率不大于8%	不允许(允许表面层有轻微虫眼)	外部裂缝深度和径裂不大于直径的 1/3，轮裂不允许	不限	不大于25%
枋类构件	不允许	活节：所有活节构件任何一面，任何150mm内的尺寸的总和不大于所在面的 1/3，榫卯部分不大于1/4；死节：直径不大于20mm且每延长米中不多于1个，榫卯处不允许有节疤	扭纹斜率不大于8%	不允许	榫卯不允许其他部位外部裂缝和劲裂不大于木材宽厚的 1/3，轮裂不允许	不限	不大于25%

续表

构件类别	腐朽	木　节	斜率	虫蛀	裂　缝	髓心	含水率
板类构件	不允许	任何150mm长度内木节尺寸的总和，不大于所在面宽的1/3	扭纹斜率不大于10%	不允许	不超过后的1/4，轮裂不允许	不限	不大于10%
桁檩构件	不允许	任何150mm长度上所有活节尺寸的总和不大于圆周长的1/3，每个木节的最大尺寸不大于周长的1/6。死节不允许	扭纹斜率不大于8%	不允许	榫卯处不允许，其他部位裂缝深度不大于檩径1/3（在对面裂缝时用两者之和）	不限	不大于20%
椽类构件（重点建筑圆椽尽量使用杉圆）	不允许	任何50mm长度上所有活节尺寸的总和不大于圆周长的1/3，每个木节的最大尺寸不大于圆周长的1/6。死节不允许	扭纹斜率不大于8%	不允许	外部裂缝不大于直径的1/4，轮裂不允许	不限	不大于10%
连檐类	不允许	正身连檐任一面150mm长度上所有木节尺寸的总和不大于面宽的1/3，翼角连檐活节尺寸总和不大于面宽1/5	不允许	不允许	正身连檐裂缝深度不大于1/4，翼角连檐不允许	不允许	不限（制作时）

31.7.2　备料、验料及材料的初步加工

1. 备料

备料是按设计要求，以幢号为单位（如正殿7间、配殿各5间、钟鼓楼各1座等），开列出各种构件所需材料的种类、数量、规格方面的料单，提供给材料部门进行采购或进行加工。

备料要考虑"加荒"，所备毛料要比实用尺寸略大一些，以备砍、刨、加工。

2. 验料

验料就是对所备出的材料质量进行检验，包括检验有无腐朽、虫蛀、节疤、劈裂、空心以及含水率大小等内容。

3. 材料的初步加工

材料的初步加工是指大木画线以前，将荒料加工成规格材料的工作，如枋材宽厚去荒，刮刨成规格枋材，圆材径寸去荒，砍刨成规格的柱、檩材等。

梁、枋等方形构件的初步加工，应先选择一个面为底面，首先将底面刮刨直顺、光平，要注意加工后的面绝对不能扭曲。底面刮刨完毕后，再加工侧面，方法是以底面为准，用90°角尺在迎头勾画底面的中垂线，要保证构件两端的中垂线互相平行。然后以中线为准，按材料实用厚度画出左右侧面线。再将迎头的侧面线弹在长身的上下两面，然后按线砍刨去荒，使材料的薄厚符合构件的尺寸要求。如是枋类构件，还应加工第四面，使材料高度也符合要求。如是桁梁一类构件，第四面为梁背，可以不再加工。加工好的木件，应按类别码放整齐，以备画线制作。

柱、檩类圆形构件的初步加工是取直、砍圆、刮光，传统的方法是放八卦线。放八卦线方法如下：将已经截好的柱子（或檩）荒料两端垫平，首先，在圆木两端画出十字中线。两根中线要互相垂直，圆木两端对应的中线要互相平行。图31-38所示为放八卦线的全过程，已画好的十字中线相交于O点，先以O为中心，根据柱（或檩）的直径，在十字中线上分别点出A、B、C、D各点，使AB=CD=柱（或檩）径（放柱子八卦线时要注意分清上下端，两端柱径不等），分别过A、B、C、D各点作十字中线的平行线，围成边长等于直径的EFGH正方形。正方形方框以外部分，即是应砍去的部分。两端四方线都放好后，可将应砍去的部分在圆木长身上用墨线弹出来，然后按墨线痕迹将圆木砍刨成正四方形。四方砍刨完成后再放八卦线。用柱（或檩）直径2R×0.414，得出长度l，分别以A、B、C、D为中点，以1/2为线段在A、B、C、D两侧直线上点出各点，然后，把这些相邻的点连起来，构成正八方形；

再将迎头八方线按上述方法弹在木件长身上，砍去八方线以外的部分，这时木件已被砍刨成正八方形，再在八方的基础上放十六方形，砍刨多余的部分，再放三十二边形，直至刨圆为止。

其他构件材料，如垫板、飞椽、望板等也需进行初步加工，加工成需要的规格材料，以备画线、制作。

31.7.3　丈杆的作用与制备

丈杆是古建筑大木制作和安装时使用的一种特殊工具。在大木制作之前，先将建筑物的柱高、面阔、进深、出檐尺寸、榫卯位置都刻画在丈杆上，然后凭着丈杆上刻画的尺寸去画线，进行大木制作。在大木安装时，也用丈杆来校核木构件安装的位置是否准确。凭丈杆来进行大木构件的制作和安装是祖先留下来的传统施工方法。这个方法稳妥可靠，可避免发生差错，而且运用起来很方便，至今仍广泛采用。

丈杆分为总丈杆和分丈杆两种。总丈杆是反映建筑物面阔、进深、柱高等总尺寸的丈杆，它是确定建筑物高宽大小的总根据。分丈杆是反映建筑物具体构件部位尺寸的丈杆，如檐柱丈杆、金柱丈杆、明间面宽丈杆、次间面宽丈杆等，是丈量记载各部具体尺寸和榫卯位置的分尺。

丈杆是用质地优良，不易变形的木材做成的长木杆（一般用红白松或杉木制作），总丈杆较长，断面也较大，一般断面尺寸为40mm×60mm或更大一些。它不直接用来画线，而是作为总的尺寸根据。分丈杆的长短，按不同类型构件的长短来定，断面也相对较小，通常为30mm×40mm或稍大一些即可。分丈杆是直接用于大木制作和安装的度量工具。

制备丈杆称为"排丈杆"，排丈杆的方法如下：

1. 排总丈杆

大木制作之前，首先要排出总丈杆，方法是将四面刨光的木杆任意一面作为第一面，排面宽尺寸。先排明间，将明间面宽实际尺寸标画在丈杆上，两端线标注中线符号，表明是明间檐柱柱中位置。排完后，注明"明间面宽"字样，然后再标画次间面宽，以明间一端尺寸为准，在另一端画出次间面宽的实际尺寸，画上中线符号，并注明"次间面宽"字样。如梢间与次间面宽不同，再标画梢间面宽；如相同，则应在"次间面宽"处同时注上"梢间面宽"字样，第一面标画完毕。第二面标画进深尺寸，进深尺寸即前后檐柱主松头的中至中尺寸（柱侧脚尺寸不包括在内）。如果平面有四translate柱，则进深尺寸应是包括前后廊在内的通进深。首先画出进深方向的中线（如果进深过大，丈杆上画不开，可画通进深的一半），在中线上画上"老中"符号，表明这是建筑物进深的总中线（或脊檩中）。然后按步架尺寸画出每步架的中线，并画出梁头位置，标上截线，分别标明是三架梁、五架梁、七架梁。有抱头梁（或桃尖梁）的，还应标画出廊步架和抱头梁位置，注明这一面是进深丈杆。第三面，标画柱高尺寸。柱高尺寸应包含檐柱和金柱柱高在内，有重檐金柱的，则应标画上重檐金柱的尺寸及榫卯位置。面宽、进深、柱高尺寸标画完毕后，第四面可标画出檐平出尺寸（由檐柱中至飞椽椽外皮），带斗栱的建筑还应标出斗栱出踩尺寸。排丈杆的工作一般应由木工工长来做，也可由班组技术负责人进行。总丈杆排好以后，要由工程技术负责人及各作工长共同验杆，仔细核对确保尺寸准确无误。丈杆的种类及排法见图31-39。

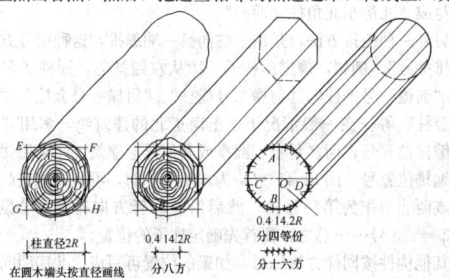

柱直径2R
在圆木端头按直径画线

0.414.2R
分八方

0.414.2R
分四等份
分十六方

图31-38　柱、檩放八卦线示意

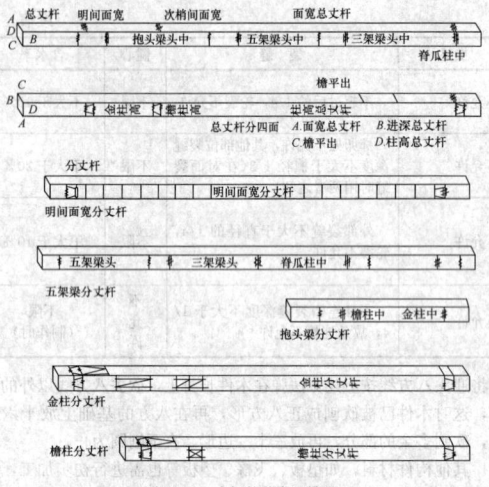

图 31-39 丈杆的种类及排法

2. 排分丈杆

总丈杆排完验讫以后，即可排分丈杆。为使用方便，分丈杆最好每类相同构件排 1 根，如檐柱、金柱、明间面宽、次间面宽、梢间面宽、抱头梁、七架梁、五架梁、三架梁各排出 1 根分丈杆，并在丈杆上写明同类构件的数量，制作完成一类构件后，就可将这类的分丈杆收起来备查，以免出现差错。

排分丈杆，要从总丈杆上过线，不要重新画线，以防捐量尺寸不一致或看错尺寸。每排 1 根分丈杆都要对准总丈杆上的对应尺寸，用方尺过线。分丈杆用途实用，因此，上面的符号也应标画的更加齐全。如排面宽丈杆时，不仅应当画出面宽尺寸，还应画出檩子燕尾榫长度、卯口深度、椽花位置等等。哪条是中线、哪条是截线，都要标画清楚。又如，排进深丈杆，不仅应画出老中、各步架中、梁头外皮位置，还应注明哪是中线、哪是截线等。再如排柱高丈杆，应将上下柱头肩膀线、馒头榫、管脚榫、枋子口、透眼、半眼等各个榫卯位置都要标画清楚，使之一目了然。排分丈杆可由工长，也可由班组技术负责人进行，一般说，谁承担大木画线工作，就应当由他来排丈杆。分丈杆排好后，也要仔细检查，与总丈杆核对，以免出现差错。

丈杆用途很广，在大木制作和安装的全过程中都离不开它，因此，丈杆的使用保管都要有专人负责，不要乱扔，更不得损坏涂改。每次使用丈杆之前，要检查有无损坏或人为破坏，以免造成工程损失。

31.7.4 大木画线符号和大木位置号的标写

1. 大木画线符号及其应用

大木制作第一道工序就是大木画线。大木画线是在已初步加工好的规格料上把构件的尺寸、中线、侧脚、榫卯位置和大小等等用墨线表示出来，然后，工人才能按线进行操作。古建大木制作所用的画线符号有多种，它们分别是：中线、升线、截线、断肩线、透眼线、半眼线、大进小出卯眼线、有用的线、废弃的线（错线）还有表示构件部位的平水线、抬头线、熊背线、滚楞线等。

（1）中线：中线是大木画线时最常用也是最重要的线，俗话说"大木不离中"，离开中线，大木的制作、安装都失掉了依据。中线用于构件长方向向，一般就是在构件自身居中弹出一条线，线上不用任何符号作为标记。如在制作梁时，首先要画上迎头中线，在梁底和梁背上也要居中弹出中线。制作枋、随梁等构件时也要首先在构件迎头和长身的上下面弹出中线，制作檩子时要在迎头画上十字中线，并在长身上弹出四面中线（上下及两侧面）。制作柱子时，也要在两端头画上十字中线，并在长身弹出四面中线，有侧脚的檐柱，在中线内一侧还要弹出侧脚线，即"升线"。为了区别中线和升线，在中线上画一个"中"字或"㐅"符号，这是中线的标记。在排架丈杆或制作梁架时，将各步架的中表示出来，为了区别中线和其他线（如梁头截线、垫板口子线等），也要在线上标上"㐅"

符号。中线还分一般中线和"老中"，所谓老中是指几道中线在一起时，最原始的那条中线，如搭交檩子在梁（或角梁）侧面形成三条中线的交点，称为"老中"，老中线的符号是"㐅"，以示同一般中线的区别，一根梁架的总中线，也可用老中符号表示。

（2）升线：是专门用来表示柱子侧脚的线，仅用于外檐柱上，弹在柱子中线里侧。在直线上画四道斜线，用"㐅"来表示。大木安装时，这道升线要垂直于水平面，使柱子向内倾。

在直线上画三条斜线"㐅"表示截断的意思，称为"截线"，用于构件的端头。在直线上画两条斜线"㐅"表示要从这里断肩，多用于各种榫的两侧。同时画了两条线，其中一条正确，一条错误，可在正确的线上画×，"㐅"表示这条线是正确的，在错误的线上画 O，"⊖"或"〜"表示这条线已经废弃不用。

凿作透眼，在卯眼的边框内画双向对角线"⊠"，表示这里要凿成透眼；凿作半眼，在卯眼边框内画单向对角线"⊡"，表示这里要凿半眼。大进小出卯眼，是将二者结合至一起，用"⊠"表示。剔凿枋子口，在一个梯形枋子口边框内画单向对角线"⊿"，同时，枋子口的上端要画断肩线或截线。图 31-40 为以上各种线在大木画线中应用的示意图，从中可以看到各种线的用法。

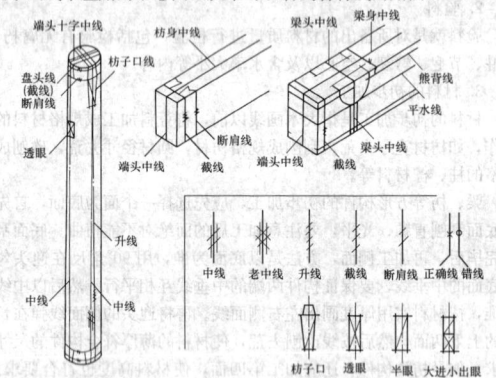

图 31-40 大木画线符号及其应用

2. 大木位置号及其标写方法

木构架是由许多单件组成的，每一个单件都有它的具体位置。

标写大木位置号，首先要在平面上先排出柱子的位置。柱位的排法常见的有两种，一种是从一幢建筑的明间开始向两侧排起，这种编号方法称为"开关号"。图 31-41（a）是一幢五开间北房建筑平面示意图，上面标有各个柱子的位置名称。运用这种"开关号"编排方法时，首先应写明这根柱子是用于那一幢房子的，它在明间的那一侧，还要写明它位于前檐还是后檐，它是什么柱子，写字的一面朝那个方向。如图中①号柱位于明间东侧第一缝，是前檐柱，字写在里侧（柱子上注写位置号时，字都要写在内侧，转角处的柱子字要注在对角线内一侧），写字的一面向北，那么，这根柱子的位置号就应写成："北房明间东一缝前檐檐柱向北"。②号柱的名称就应写成："北房明间西一缝前檐金柱向北"。③号柱应写成"北房明间西二缝后檐金柱向南"。④号柱应写成"北房东山柱向西"。⑤号柱写成"北房东北角柱向西南"。

另外一种编排方法，是由一端向另一端排起，这种编号方法叫做"排关号"。例如，规定出柱子一律从左侧排起，则柱子名称应注成"前檐一号檐柱"、"前檐二号檐柱"、"后檐一号金柱"、"后檐二号金柱"等。在一般情况下，正南正北的建筑物，多用"开关号"编排位置号，而多角亭、圆亭或其他异形建筑，才采用"排关号"编排位置号。图 31-41（b）为八角亭平面，可事先规定好从东南角或西北角作为第一号柱，然后沿顺时针方向排列，分别为 1 号、2 号、3 号……总之，要首先确定柱子的位置。

其他构件按同样方法标写，如梁的位置可写成"北房明间东一缝五架梁"、"北房明间西二缝前檐抱头梁"等。

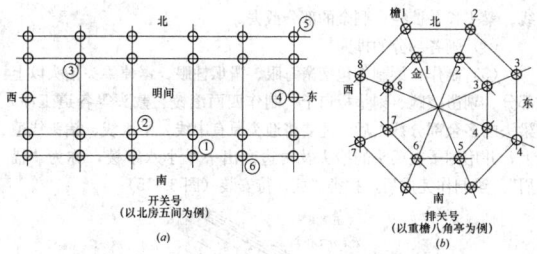

图 31-41 柱子位置号的编排及标注方法
①明间东一缝前檐金柱向北；②明间西一缝前檐金柱向北；
③明间西二缝后檐金柱向南；④东侧山柱向西；⑤东北角檐
柱向西南；⑥明间东二缝前檐柱向北

多角亭、圆亭或其他异形建筑梁、枋的注法，应与柱子排号一致，可在枋子的两端分别标上它与哪一根柱相交。编排异形建筑柱位号还可以采用图示意图的方法，事先画出一张平面草图，在上面注明柱子的位置号，安装时将柱子上标写的位置号与草图对照安装，也可以避免差错。

总之，标写大木位置号是一项很重要的工作，不论大木制作或安装时都不可缺少，必须引起高度重视。本节所述大木画线符号以及大木位置号的标写方法，仅限北京地区，至于其他地区以及地方手法，则应因地而异，不能一概套用。

31.7.5 柱 类 构 件 制 作

柱类构件指各种檐柱、金柱、中柱、山柱、通柱、童柱、擎檐柱等各种圆形、方形、八角、六角形截面的木柱。

柱类构件制作之前，应按设计图纸给定的尺寸和总丈尺（或原构件尺寸）排出柱高分丈杆，并在分丈杆上标明各面榫卯位置、尺寸，作为柱子制作的依据，按丈杆画线。

檐柱或最外圈的柱子必须按设计要求做出侧脚，侧脚大小应符合各代有关营造法则或设计要求的规定。如早期古建筑包括檐柱在内的所有柱子均有侧脚时，应按时代做法做出侧脚。

在通常情况下柱子榫卯的规格尺寸及做法应须符合以下规定：

（1）柱子上、下端馒头榫、管脚榫的长度不应小于柱径的1/4，不应大于柱径的3/10，榫子直径（或宽度）与长度相同。

（2）柱头上端之枋子口，其深度不应小于柱直径的1/4，不应大于柱直径的3/10。枋子口最宽处不大于柱直径的3/10，不应小于柱直径的1/4。

（3）柱身上面半眼的深度不应大于柱径的1/2，不应小于柱径的1/3。

（4）凡柱身透卯均应采用大进小出做法。大进小出卯眼的半眼部分，其深度要求同半眼。

（5）柱子上各种半眼、透眼的宽度，圆柱不应超过柱径的1/4，方柱不应超过柱径的3/10。

柱身卯眼上端应留胀眼，胀眼尺寸一般为卯眼高度的1/10。

文物古建筑柱子的榫卯尺寸、规格及做法必须符合法式要求或按原做法不变。

柱子制作完成后，其上之中线、升线、大木位置号的标写必须清晰齐全，不得缺线、缺号，以备安装。

1. 檐柱制作

（1）在已经砍刨好的柱料两端画上迎头十字中线。

（2）把迎头中线弹在柱子长身上。

（3）用柱高丈杆在一个侧面的中线上点出柱头、柱脚、馒头榫、管脚榫的位置线和枋子口线。

（4）根据柱头、柱脚位置线，弹出柱子的升线。

（5）升线弹出后，要以升线为准，用方尺画拃围画柱头和柱根线。

（6）画柱子的卯眼线。小式檐柱两侧有檐枋枋子口，进深方向有穿插枋眼，画枋子口时是以垂直地面的升线为口子中来画线，以保证枋子与地面垂直。柱子画完以后，要在内侧下端标写位置号（位置号的最后一个字距柱根300mm左右为宜），然后交制作人员

进行制作（图31-42）。

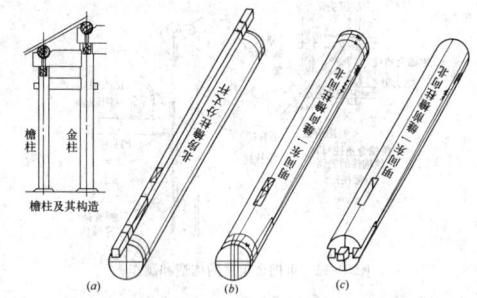

图 31-42 檐柱制作程序举例
（a）用丈杆点线；（b）画线；（c）锯解制作完毕

2. 金柱制作

（1）画迎头十字中线，并在柱长身弹出四面中线，要求同前。

（2）按金柱丈杆上面所标注的尺寸，在中线上点出柱头、柱脚、上下榫以及枋子口、抱头梁、穿插枋卯眼的位置。

（3）按所点各线，分别围画上下柱脖线、上下榫外端截线、枋子口、抱头梁及穿插枋卯眼等线，要注意卯眼方向。

（4）画完以后，在柱内侧标写大木位置号，进行加工制作。

金柱仅有收分，无侧脚，所以只需弹四面中线，画枋子口、卯眼时要按中线搭尺，以保证卯眼垂直于地面。

3. 重檐金柱制作

重檐金柱的画线和制作方法与檐柱金柱相同。但重檐金柱贯穿于两重檐之间，与它相交的构件比檐柱、金柱要多。因此，制作重檐柱，首先要清楚这根柱子在建筑物中的位置，它与其他构件之间是什么关系，有哪些构件与它交在一起？交在什么部位，是什么方向，这些构件与柱子如何安装，节点处应该做什么榫卯才能既符合结构要求又便于进行组装？只有将这些问题都搞清楚，才能进行准确的画线和制作。

图31-43为重檐金柱构造和制作示意图。

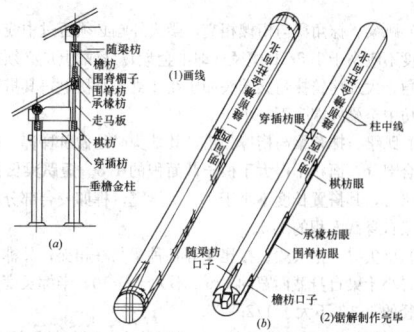

图 31-43 重檐金柱构造及制作示意图
（a）重檐金柱构造示意；（b）制作示意

4. 重檐角金柱

重檐角金柱是位于转角部位的重檐金柱。在平面上为长方形或正方形的建筑中，它与交角成90°的两个方向的构件相交。在多角形建筑（如重檐六角亭、八角亭）中，它与夹角为120°或135°的两个方向的构件相交，这是它与正身重檐金柱不同的地方。因此，柱上卯口的方向要随构件搭交方向的变化而变化。

假定重檐角金柱与上述重檐金柱同在一座建筑物上，那么，它与其他构件的关系如图31-44所示，在建筑物的面宽和进深方向，由上向下，分别有上层檐枋、围脊枋、承椽枋、棋枋与该柱子成90°角相交。在与面宽进深各成45°的方向，有斜抱头梁、斜穿插枋与它相交。在斜抱头梁和斜穿插枋的两侧，还有面宽和进深两个方向的正抱头梁和正穿插枋与它相交。此外，在斜抱头梁方向，还有插金角梁穿入这根柱子，构件间的空间关系比较复杂。要将这种卯口错综复杂的构件各部位的线画得准确无误，必须熟悉建筑构造，

了解各构件之间的位置关系和尺寸（见图31-44）。

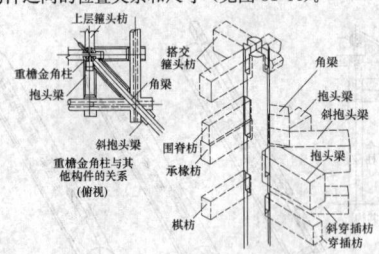

图31-44 重檐金角柱的构造和制作

31.7.6 梁类构件制作

梁类构件系指二、三、四、五、六、七、八、九架梁、单步梁、双步梁、三步梁、天花梁、斜梁、递角梁、抱头梁、桃尖梁、接尾梁、抹角梁、踩步金梁、承重梁、踩步梁等各种受弯承重构件。

梁类构件制作之前，应按设计图纸给定的各种梁的尺寸和总丈杆，排出各种梁的分丈杆，在分丈杆上标出梁头、梁身、侧面各部位榫卯位置、尺寸，作为梁类构件制作的依据，并按丈杆画线制作。

梁丈杆排出后，须经两人以上查对校核，不得有任何差错。

在通常情况下，梁的榫卯、规格、做法必须符合以下规定：

（1）二、三、四、五、六、七、八、九架梁、抱头梁、斜抱头梁、递角梁、双步梁、三步梁等，其梁头檩碗深度不得大于1/2檩径，不得小于1/3檩径。

（2）梁头垫板口子，深度不得大于垫板自身厚度。垫板口子刻出后，先不要剔除口内木质，待安装时再行剔除。

（3）凡正身部位之梁，其梁头两侧檩碗之间必须有鼻子榫，鼻子榫宽为梁头宽的1/2。承接梢檩的梁头做小鼻子榫，榫子高、宽不应小于檩径的1/6，不应大于1/5。

（4）承接转角搭交檩的梁头，做搭交檩碗，搭交檩碗内不做鼻子榫。

（5）趴梁、抹角梁与桁檩相交，梁头外端必须压过中线，过中线的长度不应小于1.5/10檩径（即半金盘）。梁端上皮必须按椽子上皮抹角。大式建筑抹角梁端头如压在斗栱正心枋上，其搭置长度由正心枋中至梁外端头不应小于3马口。

（6）趴梁、抹角梁与桁檩扣搭，其端头必须做阶梯榫，榫头与桁檩咬合部分，面积不得大于檩子截面积的1/5。短趴梁做榫搭置于长趴梁时，其搭置长度不小于1/2趴梁宽。榫卯咬合部分面积不大于趴梁自身截面积的1/5。

（7）桃尖梁、抱头梁、接尾梁等各种梁与柱相交，其榫子截面宽度不得小于梁自身截面宽的1/5，不大于3/10，半榫长度不小于对应柱径的1/3，不大于1/2。

梁类构件制作四面须做滚棱，滚棱尺寸为各面自身宽度的1/10，滚棱形状为浑圆。

文物古建筑梁的规格及做法必须符合法式要求或按原文物建筑做法不变。

梁类构件制作完成后，其上之上下中线、迎头中线、平水线、抬头线、熊背线、滚棱线均应齐全清晰，大木位置号按规定标写清楚，以备安装。

1. 五架梁制作

五架梁画线程序：

（1）将已初步加工完毕的木料在迎头画上垂直平分底面的中线，在中线上，分别按平水高度（即垫板高，通常为0.8檩径）和梁头高度（通常为0.5檩径）画出平水和抬头线位置，过这些点画出迎头的平水线和抬头线。

（2）将两端头的中线以及平水线、抬头线分别弹在梁的长身各面，再以每面1/10的尺寸弹出梁底面和侧面的滚棱线。

（3）用分丈杆在梁底面或背面中线上点出梁头及各步架的中线，并将这些中线用90°方尺勾画到梁的各面，同时画出梁头外端

线。梁头长一檩径，剩余的部分截去。

（4）画各部分的榫卯。

（5）制作：梁制作包括凿海眼、凿瓜柱眼、锯掉梁头抬头以上部分、剔凿檩碗、刻垫板口子、制作四面滚棱、截头等各道工序。梁头的多余部分截去后，还要将迎头原有中线、平水线、抬头线覆上，并用刨子在迎头的抬头及两边刮出一个小八字棱，称为"描眉"。梁制作完成后，按类码放，待安装（图31-45）。

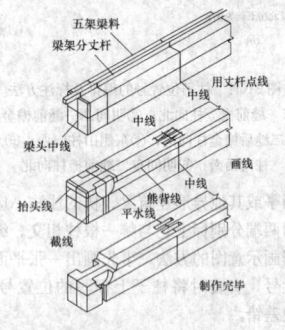

图31-45 五架梁制作过程图

2. 三架梁及其附属构件角背和脊瓜柱制作

三架梁放置在五架梁的瓜柱上，三架梁上安装脊瓜柱，辅助脊瓜柱的构件有脊角背。

三架梁制作程序同五架梁，包括画迎头中线、平水线、梁头、海眼、瓜柱眼等，然后按线制作（图31-46）。

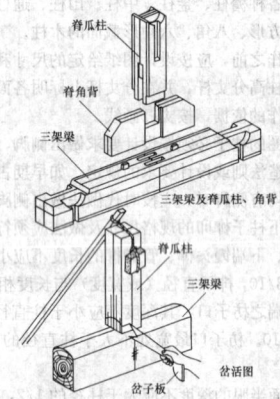

图31-46 三架梁、脊瓜柱、角背制作

三架梁、角背和脊瓜柱做好以后，要将它们组装起来，并且与同组的五架梁、瓜柱装在一起，拼成一组梁架待安装。

31.7.7 枋类构件制作

枋类构件指檐枋、金枋、脊枋、大额枋、小额枋、单额枋、随梁枋、穿插枋、跨空枋、承椽枋、天花枋、棋枋、关门枋等起拉接作用的构件。

枋类构件制作之前，应先按设计图纸给定的尺寸和总丈杆，排出枋子的分丈杆；在丈杆上标出枋子榫卯位置及尺寸，以作为枋类构件画线制作的依据，并按丈杆画线制作。

枋类丈杆排出后，须经二人以上对校验，不得有任何差错。

1. 枋各部节点、榫卯规格做法

（1）檐枋、额枋、金枋、脊枋、随梁枋等端头做燕尾的枋子，其燕尾榫长度，不应小于对应柱径的1/4，不应大于对应柱径的3/10，榫子截面宽度要求同长度。燕尾榫的"乍"和"溜"都应按榫长或宽的1/10收请（每面各收1/10）。

（2）穿插枋、跨空枋等拉结枋，端头做透榫时，必须做大进小出榫，榫厚为檐柱径的1/5~1/4，其半样部分的长度不得大于1/2柱径，不得小于1/3柱径。

（3）起拉结作用的枋（或随梁），如端头只能做半榫时，其下所施的辅助拉结构件雀替或替木必须是通雀替或通替木。

(4) 用于庑殿、歇山，多角亭等转角建筑的枋在转角处相交时，必须做箍头榫，不得做燕尾榫和假箍头撺，其榫厚不小于柱径的 1/4，不大于柱径的 3/10。

(5) 承椽枋、棋枋等榫的截面宽度不应小于枋自身宽的 1/4 或柱径的 1/3，榫长不小于 1/3 柱径。承椽枋侧面椽碗深度不应小于 1/2 椽径。

(6) 圆形、扇形建筑物的檐枋、金枋等弧形物件，在制作时必须放实样、套样板，枋子弧度必须符合样板。端头榫卯做法要求同上。

文物古建筑的枋类构件榫卯规格，构造做法必须符合法式要求，或按原文物建筑做法不变。

枋类构件制作，四角须做滚棱，滚棱尺寸为各面自身宽的 1/10，滚棱形状为浑圆。

枋类构件制作完成后，其上下、端头中线，滚棱线均应齐全清晰，大木位置号按规定标写清楚，以备安装。

2. 额枋（檐枋）制作

额枋（或檐枋）的画线制作程序如下：

(1) 将已备好的额枋规格料两端迎头画好中线，并将中线弹在枋子长身的上下两面，四面弹出滚棱线。

(2) 用面宽分丈杆上所标的面宽（柱子中一中）尺寸，减去檐柱直径 1 份（每端各减半份）作为柱间净距尺寸，点在枋子中线上，再向两端分别加上枋子榫长度（按柱径 1/4），为枋子满外尺寸，剩余部分作为长荒截去。

(3) 用柱头断面样板（系直径与柱头相等的圆，上面有十字中线、枋子卯口，可供柱头及枋子头画线用）或柱头半径画杆，画出柱头外缘与枋相交的弧线（即枋子肩膀线）这种以柱中心为圆心，以柱半径为半径，向枋方向确定枋子肩膀线的方法称为"退活"。以枋中线为准，居中画出燕尾榫宽度。燕尾榫头部宽度可与榫长相等（1/4 柱径），根部每面按宽度的 1/10 收分，使榫呈大头榫。

(4) 将燕尾榫侧面肩膀分为 3 等份，1 份为撞肩，与柱外缘相抵；2 份为回肩，向反向画弧，并将肩膀线用方尺过画到枋子侧面，画上断肩符号。

(5) 将枋子翻转使底面朝上，画出底面燕尾榫，方法同上面画法。枋底面的燕尾榫头部、根部都要比上面每面收分 1/10，使榫子上面略大、下面略小，称为"收溜"。画完后，画出肩膀线，画法与枋子上面相同。最后，在枋子上面注写大木位置号（见图 31-47）。

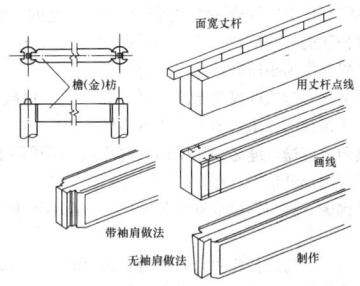

图 31-47　枋的构造与制作

额枋榫有带袖肩和不带袖肩两种不同做法，采用哪种做法，可根据具体情况决定。

额枋制作包括截头、开榫、断肩、砍刨滚棱等工序。

3. 金、脊枋

位于檐枋和脊枋之间的所有枋子都称金枋，它们依位置不同可分别称为下金、中金、上金枋。处于正脊位置的枋子称为脊枋。这些金枋或脊枋，它们的两端或交于金柱或瓜柱（包括金瓜柱或脊瓜柱），或交于梁架的侧面（一檩二件无垫板做法，枋子直接交于梁侧，占垫板位置）。

金、脊枋的做法与额枋、檐枋基本相同。两端如与瓜柱桎墩或梁架相交时，肩膀不做弧形抱肩，改做直肩，两侧照旧回肩。

4. 箍头枋制作

用于稍间或山面转角处，做箍头榫与角柱相交的檐枋或额枋称为箍头枋。多角亭与角柱相交的檐枋都是箍头枋，而且两端都做箍头榫。箍头枋有单面箍头枋和搭交箍头枋两种，用于悬山建筑稍间的箍头枋为单面箍头枋；用于庑殿、歇山转角或多角形建筑转角的箍头枋为搭交箍头枋。箍头枋也分大式小、式两种，带斗栱的大式建筑箍头枋的头饰常做成"霸王拳"形状，无斗栱小式建筑则做成"三岔头"形状。

箍头枋画线与制作程序如下：

(1) 在已初步加工好的枋料迎头画中线，并将中线弹在长身上下两面，同时弹上四面滚棱线。

(2) 用梢间面宽分丈杆，在长身中线上点线画线，内一端做燕尾榫与正身檐柱相交，榫长度与肩膀画法同额枋或檐枋。外一端点出檐角柱中心位置，并由柱中心向外留出箍头榫长度，其余作为长荒截去。箍头榫长度，大式霸王拳做法由柱中向外加长 1 柱径，小式三岔头做法由柱中向外加长 1.25 柱径。

(3) 用柱头画线样板或柱头半径画杆，以柱中心点为准，画出柱头圆弧（退活）。在圆弧范围内，以中线为准，画出榫厚（箍头榫厚应同燕尾榫，为柱径的 1/4—3/10）。箍头枋的头饰（带装饰性的霸王拳或三岔头）宽窄高低均为枋子正身部分的 8/10。因此，先画出扒腮线，将箍头两侧按原枋厚各去掉 1/10，高度由底面去掉枋高的 2/10。箍头与枋外缘相抵处也按撞一回二的要求，画出撞肩和回肩。

(4) 将肩膀线、榫子线以及扒腮线均过画到枋子底面。全部线画完后，在枋子上面标写大木位置号。

(5) 按线制作，可遵循如下程序：先扒腮，将箍头两侧面及底面多余部分锯掉，两侧扒至外肩膀线即可，下面可扒至减榫线。扒腮完成后在箍头侧面画出霸王拳或三岔头形状，并按线制作。箍头做好后，再制作通榫，可先将榫子侧面刻掉一部分，刻口宽度略宽于锯条宽度，然后将刻口剔平，将锯条平放在刻口内，按通榫外边线锯解，两面同样制作，最后断肩。然后，对已做出的箍头及榫子加以刮削修饰，枋身制作滚棱，箍头制作即告完成。如果所做箍头枋为搭交箍头枋，那么，在箍头榫做好后，要将中线过画到榫侧面，按线做出搭交刻半口子，两根箍头枋在角柱十字口内相搭交，刻口时注意，檐面一根做等口，山面一根做盖口，安装时先装檐面等口枋子，再装山面盖口枋子，使山面压檐面（以上均见图 31-48）。

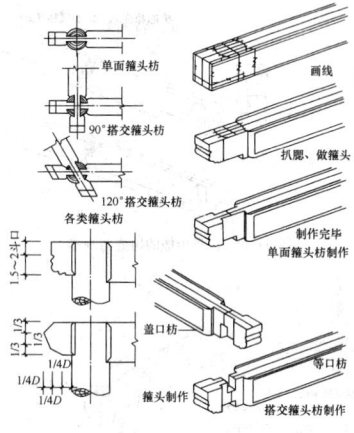

图 31-48　箍头枋的构造与制作

31.7.8　檩（桁）类构件制作

桁、檩类构件指檐檩、金檩、脊檩、正心桁、挑檐桁、金桁、脊桁、扶脊木等构件。

桁、檩类构件在制作之前，应先按设计图纸给定的尺寸和总丈杆，排出檩子分丈杆，在丈杆上标出檩子榫卯及椽花等榫卯位置，以作为檩子制作的依据，并按丈杆画线制作。

1. 檩（桁）的节点、榫卯规格、做法

(1) 桁檩延续连接，接头处燕尾榫的长、宽均不小于桁檩直径的 1/4，不大于 3/10。

(2) 两檩（桁）以 90°或其他角度扣搭相交时，凡能做搭交榫者，均须做搭交榫。榫截面积不小于檩（桁）径截面积的 1/3。

(3) 檩（桁）与其他构件（如枋、垫板、扶脊木、衬头木）相叠时，必须在叠合面（底面或上面）做出金盘，金盘宽度不大于檩径的 3/10，不小于檩径的 1/4。

(4) 圆形、扇形建筑的弧形檩，在制作前必须放实样，套样板，按样板制作。檩子弧度必须符合样板。

(5) 扶脊木两侧椽窝深度不小于椽径的 1/3，不大于椽径的 1/2。

文物古建筑桁、檩的榫卯规格及做法必须符合法式要求，或按原做法不变。

檩类构件制作完成后，其上下、两侧中线、椽花线必须齐全清晰，大木位置号按规定标写清楚准确，以备安装。

2. 正身桁檩（檐檩、金檩、脊檩）制作

搭置于正身梁架的桁檩均为正身桁檩，正身桁檩包括檐、金、脊檩（桁）以及正身挑檐桁。

正身檩长按面宽，一端加榫长按自身直径 3/10。

画线及制作方法如下：

将已初步加工好的规格料迎头画好十字中线，要使两端中线互相平行，并将中线弹在檩子长身的四面。将面宽丈杆放在檩子中线上，按面宽点出檩子肩膀尺寸，并在一端留出燕尾榫长。

另一端按榫的长度由中线向内画出搭接头燕尾口子尺寸，并同时画出燕尾榫及卯口线（榫宽同长，根部按宽的 1/10 收分）。檩两端搭置于梁头之上，梁头有鼻子榫。由于各层梁架粗厚不同，梁头鼻子的宽窄也不同，按檩子所在梁头（或脊瓜柱头）上鼻子的大小，在檩子两端的下口，按鼻子榫宽的一半刻去鼻子所占的部分。要檩子的底面或背面，凡与其他构件（如垫板、檩枋、扶脊木、拽枋等）相叠，都须砍刨出一个平面，目的在于使叠置构件稳定。这个平面称为“金盘”。金盘宽为 3/10 檩径，如果檩子的上面或下面无构件相叠，则可不做金盘，如金檩，可以仅做下金盘，脊檩则必须同时做出上下金盘。檩子榫卯画完后，还要在上面按丈杆点出椽花线（椽子的中线位置），并标写大木位置号。

正身檩子制作包括截头、刻口、剔凿卯口、做榫、断肩、砍刨上下金盘，复线等工序。做完后，分幅分间码放待安（图31-49）。

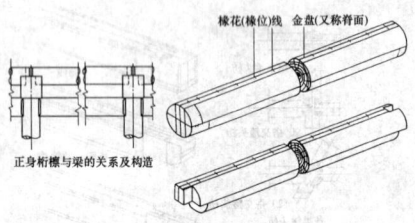

椽花（椽位）线　金盘（又称脊面）

正身桁檩与梁的关系及构造

图 31-49　正身桁檩的构造与制作

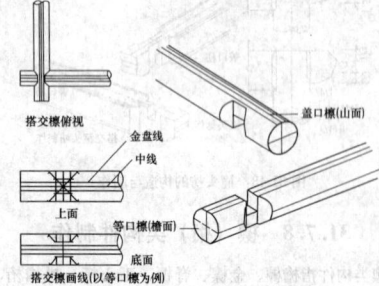

搭交檩俯视
盖口檩（山面）
金盘线
中线
上面
等口檩（檐面）
底面
搭交檩画线（以等口檩为例）

图 31-50　正搭交檩的画线和制作

3. 正搭交桁檩制作

所谓正搭交桁檩，指按 90°直角搭交的檩子。歇山、庑殿及四角攒尖建筑转角处，两个方向的檩子作榫成 90°互相扣搭相交，

称为搭交檩。

搭交檩头做法如下：

以面宽中与檩中线交点为准，分别沿檩子长身方向和横向，将檩径宽度分为四等份，中间二份为卡腰榫。用 45°角尺，过两中线交点画对角线，此线为两根卡腰榫的交线。两根卡腰，按山面压檐面的规定，檐面一根做等口，刻去上半部分；山面一根做盖口，刻去下半部分。榫卯锯解顺序，先在刻口面，沿对角线下锯，锯至檩中；再沿中线两侧的刻口或刻出口子，深按檩径的一半。最后，沿对角线将搭交檩两腮部分刻透，锯之后用扁铲或凿子将无用部分剔去，所留即为卡腰榫（图31-50）。

31.7.9　板类构件制作

板类构件指各种檐垫板、金垫板、脊垫板、山花板、博缝板、滴珠板、挂檐板、由额垫板、木楼板、榻板等。

在通常情况下，板类构件制作必须符合以下规定：

(1) 博缝板、挂檐板、榻板等板类构件以窄木板列攒为宽板时，必须在背面（或小面）穿带或镶嵌银锭榫，穿带（或银锭榫）间距不大于板自身宽的 1~2 倍，穿带深度为板厚的 1/3。

(2) 立闸滴珠板、挂檐板拼接，立缝须做企口榫；水平穿带不得少于两道。

(3) 立闸山花板拼接，立缝必须做企口榫或龙凤榫。木楼板拼接，缝间必须做企口榫或龙凤榫。

(4) 博缝板按一定举架（角度）延续对接，其接缝必须在檩头中线上；接头部分必须做龙凤榫，下口做托舌，托舌高不应小于一椽径。

(5) 圆形、弧形建筑的垫板，由额垫板在制作前必须放实样、套样板，板的弧度必须合乎样板。

文物古建筑的板类构件制作必须符合法式要求或按原文物建筑做法不变。

板类构件制作完成后，其位置必须按规定标写齐全、清晰，以备安装。

31.7.10　屋面木基层部件制作

屋面木基层部件包括檐椽、飞椽、罗锅椽、翼角椽、翘飞椽、连瓣椽以及大连檐、小连檐、椽碗、椽中板、望板等。

屋面木基层檐椽、飞椽及翼角椽、翘飞椽、罗锅椽等制作之前，应放置实样、套样板或排丈杆，按样板和丈杆制作。

1. 屋面木基层部件制作

(1) 飞椽制作必须符合一头二五尾或一头三尾的比例（即尾部长度是头部长度的 2.5 倍或 3 倍），不得小于这个比例。

(2) 飞椽制作须头尾套裁，以节约用料。

(3) 明清官式建筑的翼角椽制作必须符合第一根撇 1/3 椽径，翘飞椽撇 1/2 椽径的要求（地方做法可不循此例）。

(4) 翼角大连檐破缝必须用手锯或薄片锯，不得用电锯或厚片锯，以确保起翘部分连檐的厚度。

(5) 罗锅椽下脚与脊檩或脊枋条的接触，面不得小于椽自身截面的 1/2。

(6) 椽碗必须与椽径相吻合，不得有大缝隙。椽碗应连做，除翼角部分外不得做单椽碗。

文物古建筑的椽、飞椽、连檐、瓦口等构造做法必须符合法式要求或按文物建筑原做法不变。

翼角椽、翘飞椽在制作过程中位置号必须标写齐全、清晰，以便于安装。

2. 椽类构件制作

(1) 檐椽、飞椽（附大、小连檐、里口木、闸挡板、椽碗、椽中板）

1) 檐椽即钉置于檐（或廊）步架，向外挑之椽。与檐椽一起挑出的，还有附在檐椽之上的飞檐椽，简称飞椽。檐椽长按檐步架加檐平出尺寸（如有飞椽，则檐平出占总平出的 2/3，如无飞椽，则檐椽平出即椽子总平出），再按檐步举架加斜（五举乘 1.12，或按实际举架系数加斜）。檐椽直径，小式按 1/3D，大式按 1.5 斗口。椽断面有圆形和方形两种，通常大式做法多为圆椽，小

式做法多为方椽。

2）飞椽附着于檐椽之上，向外挑出，挑出部分为椽头，头长为檐总平出的1/3乘举架系数（通常按三五举），后尾钉附在檐椽之上，成楔形，头、尾之比为1：2.5。飞椽径同檐椽。

与檐椽、飞椽相关连的构件还有大连檐、小连檐（或里口木）、闸挡板、椽碗、椽中板等。

3）大连檐是钉附在飞椽椽头的横木，断面呈直角梯形，长随通面宽，高同椽径，宽1.1～1.2椽径。它的作用在于联系檐口所有飞檐椽，使之成为整体。

4）小连檐是钉附在檐椽椽头的横木，断面呈直角梯形或矩形。当檐椽之上钉横望板时，由于望板做柳叶缝，小连檐后端亦应随之做出柳叶缝。如檐椽之上钉顺望板，则不做柳叶缝口。小连檐长随通面宽，宽同椽径，厚为望板厚的1.5倍。

5）闸挡板是用以堵飞椽之间空当的闸板。闸挡板厚同望板，宽同飞椽高。长按净椽当加两头入槽尺寸。闸挡板垂直于小连檐，它与小连檐是配套使用的，如安装里口木时，则不用小连檐和闸挡板。

6）里口木可以看做是小连檐和闸挡板二者的结合体，里口木长随通面宽，高（厚）为小连檐一份加飞椽高一份（约1.3椽径），宽同椽径。里口木，按飞椽位置刻口，飞椽头从口内向外挑出，空隙由未刻掉的木块堵严。里口木宋代称大连檐，明代称里口木，清代演变为小连檐。

7）椽碗是封堵圆椽之间椽当的挡板，长随面宽，厚同望板，宽为1.5椽径或按实际需要。椽碗是在檐里安装修（装修安在檐柱间，以檐柱为界划分室内外）时，用于檐檩之上的构件，它的作用与闸挡板近似，有封堵椽间空隙，分隔室内外，防寒保温，防止鸟雀钻入室内等作用。椽碗碗口的位置由面宽丈杆的椽花线定，碗口高低位置及角度通过放实样确定。椽碗垂直钉在檐檩中线内侧，其外皮与檩中线齐。先钉好椽碗，再钉椽椽，椽从碗洞内穿过，明早期椽碗做法，沿板宽的中线分为上下两半，先安装下面一半，再安檐椽，最后安上面一半，上下接缝处做龙凤榫，做工相当考究。金里安装修时，不用此板。

8）椽中板，是在金里安装修时，安装在金檩之上的长条板，作用与椽碗相同，但做法不同。椽中板夹在檐椽与下花架椽之间，故名"椽中"，它位于檩中线外侧的金盘上，里皮与檩中线齐。板厚同望板，宽1.5椽径或根据实际要求定，长随面宽（图31-51）。

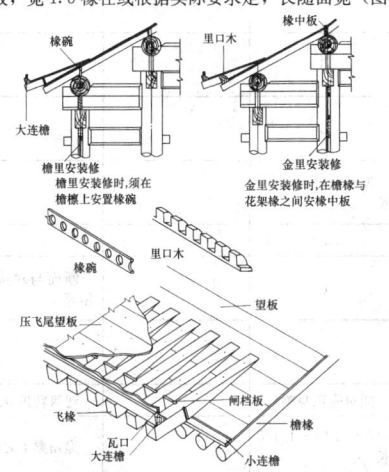

图31-51 檐椽、飞椽、连檐、瓦口、闸挡板等件构造及组合

檐椽、飞椽以及椽碗等件制作前都应放实样，套样板，按样板画线，以保证做出来的所有构件尺寸一致。

（2）罗锅椽

用于双檩卷棚屋面顶步架侧面呈弧形的椽子称罗锅椽。罗锅椽长按顶步架（2～3椽径）加檩金盘一份，断面尺寸同檐椽。罗锅椽制作之前须放实样套样板，按样板制作。放实样程序如下：

先按顶步架大小及檩径尺寸画出双脊檩实样尺寸，做十字中线定出檩中心点。按举架画出脑椽（或檐椽），交于脊檩外金盘，过

檩中心，分别作脑椽下皮线的垂直线，两线共同交于 O 点，以 O 为圆心，O 点至脑椽下皮和上皮的垂直距离为半径，画弧，所得即为罗锅椽图样。另一方法为，以檩上皮线向上一椽径，定作罗锅椽底皮线，再以此底皮线，按椽径确定上皮线。两种方法均可。

罗锅椽与脑椽接荐处上皮应平，不应有错荐。为避免造成罗锅椽脚部分过高，常在脊檩金盘上置脊枋条作为衬垫。脊枋条宽0.3檩径，厚为宽的1/3。先将脊枋条钉置在檩脊背上，再钉罗锅椽。如使用脊枋条，在放实样时应一同放出来，套罗锅椽样板时将它所占高度减去（图31-52）。

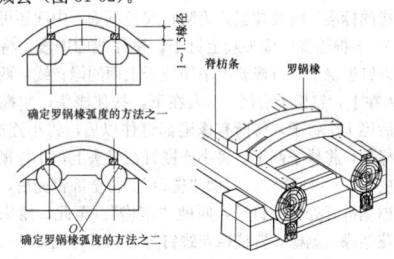

图31-52 罗锅椽的构造和制作

3. 瓦口类

瓦口是钉附在大连檐之上，专门承托底瓦和盖瓦的构件。瓦口总长按通面宽，明间正中以底瓦座中，每档尺寸大小须根据瓦号及分档号垄的结果确定，如为琉璃瓦，垄宽可按正当沟定。

瓦口有两种，一种为筒瓦屋面所用的瓦口，此种瓦口只有托底瓦的弧形凸面，无瓦口山，板瓦屋面所用瓦口还要做出瓦口山，瓦口高按椽径的1/2，厚按高的1/2，带瓦口山的瓦口，高度应适当增加，以保证底盖瓦之间有一定的睁眼（通常为2寸左右）。

瓦口制作要套样板，按样板画线。备料宽度应以对头套画两根瓦口为准。瓦口面弧度应根据底瓦口面弧度大小确定。瓦口钉置在大连檐之上时，应垂直于地面，不应随大连檐外口向外倾斜，钉瓦口时，一般应比大连檐外楞退进3分（1cm）左右，瓦口底面应随连檐上口刮刨成斜面（图31-51）。

31.7.11　大　木　安　装

将制作好的柱、梁、枋、檩、垫板、椽望等大木构件，按设计要求组装起来的工作，叫大木安装，又称"立架"。

大木安装是一项非常严谨的工作，事前要有充分准备，要有严密的组织，并由几个工种密切配合来共同完成。

大木安装的一般程序和规律，可概括为这样几句话：对号入座，切记勿忘；先内后外，先下后上；下架装齐，验核丈量；吊直拨正，牢固支戗；上架构件，顺序安装；中线相对，勤校勤量；大木装齐，再装椽望；瓦作完工，方可撤戗。

其中，"对号入座，切记勿忘"是要求必须按木构件上标写的位置号来安装。构件上注写的什么位置，就要安装在什么位置，不要以任何理由掉换构件位置。

"先内后外，先下后上"是讲大木安装的一般顺序，应先从里面的构件安起，再由里到外；先从下面的构件安起，再由下至上。如一座四排柱（内两排金柱，外两排檐柱）建筑，首要要先立里边的金柱以及金柱间的联系构件，如棋枋、承椽枋、金枋、进深方向的随梁枋等。面宽方向若干间，也要从明间开始安装，再依次安装次间、梢间。

遇有平面成丁字、十字、拐角、凸字等形状的建筑物时，应先从丁字、十字的交点或中心部分开始，依次安装。

"下架装齐，验核丈量，吊直拨正，牢固支戗"。在大木构架中，柱头以下构件称为"下架"，柱头以上构件称为"上架"。当大木安装至下架构件齐全（檐枋、金枋、随梁枋等构件都安齐）以后，就暂停安装，此时要用丈杆认真核对各部面宽、进深尺寸，看看有无闯退中线的现象。

上述柱头一端检验尺寸的工作完成后，要进行吊直拨正和支戗的工作。先拨正，从明间里围柱开始，用撬棍或"推磨"的方法，使柱根四面中线与柱顶石中线相对，拨完里面的金柱，接着拨外围

的檐柱,使柱中线对准柱顶石中线。明间柱子拨正后,就可以用戗,戗分"迎门戗"和"龙门戗"两种,用于进深方向的戗为"迎门戗",用于面宽方向的戗为"龙门戗"。支戗和吊直是同时进行的。

"上架构件,顺序安装,中线相对,勤校勤量",是讲安装上架构件,也是由内向外,由下向上顺序进行。

待大木构件完全装齐之后,即可开始安装椽望、连檐等构件。首先安装檐椽,在建筑物的一面,两尽端各钉上1根檐椽,椽子的平出尺寸要符合设计要求。在椽头尽端上楞子上钉子,挂线,作为钉其他檐椽的标准。线要拉紧。为防止线长下垂,中间还可在适当位置再钉2~3根檐椽,椽头栽上钉子,挑住线的中段。将线调直后,就可以钉檐椽了。钉檐椽要严格按椽子上面的椽花线,两人一档进行,1人在上,钉椽子后尾,1人在下,扶住椽头,掌握高低出进。先钉后尾1个钉子,待所有椽尾都钉住以后,将小连檐拿来,放在檐椽椽头,将椽子调正,将小连檐钉在椽头上,小连檐外皮要距椽头外皮1/5~1/4椽径,叫做"雀台"。钉全部完后,再将所有檐椽与檐檩搭置处钉上钉子,叫做"牢椽"。至此,檐椽钉置完毕,其余花架椽、脑椽,皆按椽花线钉好。椽子钉完后即可铺钉檐头望板。望板的顺缝要严,顶头缝应在椽背中线。每铺钉50~60cm宽,望板接头要错过几当椽子,称作"窜当"。檐头望板钉置一定宽度(超过飞头尾长即可)后就可以钉飞椽,方法略同于钉檐椽。先在檐口两尽端按飞椽平出尺寸的要求各临时钉上1根飞椽,然后在飞椽迎头上楞钉钉子挂线。为避免垂线,中间可以再挑上1~2根,将线调直,即可钉其他飞椽,仍旧两人一档,上面1人在

飞尾钉钉,下面1人掌握飞椽头的高低、出进。钉飞椽要注意对准下面的檐椽,为使上下椽对齐,有时需在檐椽望板上事先弹出檐椽的一侧边线,然后按线定飞椽。待飞椽全部钉完,即可安装大连檐。大连檐外皮与飞椽头外皮也要留出雀台,约1/4椽径即可。将所有飞椽当子调匀,与檐椽对齐,与大连檐钉在一起,然后再在飞椽中部加钉,与望板和檐椽钉牢,每根加2个钉即可,也称为"牢椽"。飞椽钉完后,接着安闸挡板,然后再铺钉飞头望板和压飞尾望板。

该建筑如为檐里安装修,则应在钉檐椽之前,先将椽碗钉置在檐檩中线一侧,然后再安檐椽。如为金里安装修,则应在檐椽钉齐后,在椽尾先安装中板,再钉花架椽。如建筑物为凉亭一类,无须分隔室内外的话,则不必安椽碗或椽中板。

如为四面出檐的建筑,转角部分要安装角梁,钉翼角椽和翘飞椽。如为硬山建筑,大连檐要挑出于边椽之外。挑出长度要略大于山墙墀头的厚度,待瓦工安装戗檐以后,再解戗檐外皮截去多余部分。

木工全部立架安装工作完成以后,戗杆仍不要撤掉,待瓦工的屋面工程、墙身工程等全部完成以后,再解掉戗杆。如个别戗杆有碍瓦工作业时,可与有关人员商议,得到允许后撤去个别戗杆,或变换支戗位置。

31.7.12　大木构件尺寸表

大、小式建筑各部构件尺寸,详见构件权衡尺寸表(表31-50)。

清式带斗栱大式建筑木构件权衡表（单位：斗口）   表 31-50

类别	构件名称	长	宽	高	厚	径	备注
柱类	檐柱			70（至挑檐桁下皮）		6	包含斗栱高在内
	金柱			檐柱加廊步五举		6.6	
	重檐金柱			按实计		7.2	
	中柱			按实计		7	
	山柱			按实计		7	
	童柱			按实计		5.2 或 6	
梁类	桃尖梁	廊步架加斗栱出踩加 6 斗口		正心桁中至耍头下皮	6		
	桃尖假梁头	平身科斗栱全长加 3 斗栱		正心桁中至耍头下皮	6		
	桃尖顺梁	梢间面宽加斗栱出踩加 6 斗口		正心桁中至耍头下皮	6		
	随梁			4 斗口+1/100 长	3.5 斗口+1/100 长		
	趴梁			6.5	5.2		
	踩步金			7 斗口+1/100 长或同五、七架梁高	6		断面与对应正身梁相等
	踩步金枋（踩步随梁枋）			4	3.5		
	递角梁	对应正身梁加斜		同对应正身梁	同对应正身梁		建筑转角处之梁
	递角随梁			4 斗口+1/100 长	3.5 斗口+1/100 长		递角梁下之辅助梁
	抹角梁			6.5 斗口+1/100 长	5.2 斗口+1/100 长		
	七架梁	六步架加 2 檩径		8.4 或 1.25 倍厚	7 斗口		六架梁同此宽厚
	五架梁	四步架加 2 檩径		7 斗口或七架梁高的 5/6	5.6 斗口或 4/5 七架梁厚		四架梁同此宽厚
	三架梁	二步架加 2 檩径		5/6 五架梁高	4/5 五架梁厚		月梁同此宽厚
	三步梁	三步架加 1 檩径		同七架梁	同七架梁		
	双步梁	二步架加 1 檩径		同五架梁	同五架梁		

续表

类别	构件名称	长	宽	高	厚	径	备注
梁类	单步梁	一步架加1檩径		同三架梁	同三架梁		
	顶梁(月梁)	顶步架加2檩径		同三架梁	同三架梁		
	太平梁	二步架加檩金盘一份		同三架梁	同三架梁		
	踏脚木			4.5	3.6		用于歇山
	穿			2.3	1.8		用于歇山
	天花梁			6.5斗口+2/100长	4/5高		
	承重梁			6斗口+2寸	4.2斗口+2寸		
	帽儿梁					4+2/100长	天花骨干构件
	贴梁		2		1.5		天花边框
枋类	大额枋	按面宽		6	4.8		
	小额枋	按面宽		4	3.2		
	重檐上大额枋	按面宽		6.6	5.4		
	单额枋	按面宽		6	4.8		
	平板枋	按面宽	3.5	2			
	金、脊枋	按面宽		3.6	3		
	燕尾枋	按出稍		同垫板	1		
枋类	承椽枋	按面宽		5~6	4~4.8		
	天花枋	按面宽		6	4.8		
	穿插枋			4	3.2		《清式营造则例》称随梁
	跨空枋			4	3.2		
	棋枋			4.8	4		
	间枋	同面宽		5.2	4.2		同于楼房
桁檩类	挑檐桁					3	
	正心桁	按面宽				4~4.5	
	金桁	按面宽				4~4.5	
	脊桁	按面宽				4~4.5	
	扶脊木	按面宽				4	
瓜柱	柁墩	2檩径	按上层梁厚收2寸		按实际		
	金瓜柱		厚加1寸	按实际	按上一层梁收2寸		
	脊瓜柱		同三架梁	按举架	三架梁厚收2寸		
	交金墩		4.5斗口		按上层柁厚收2寸		
	雷公柱		同三梁架厚		三架梁厚收2寸		庑殿用
	角背	一步架		1/2~1/3脊瓜柱高	1/3高		
垫板角梁	由额垫板	按面宽		2	1		
	金、脊垫板	按面宽	4		1		金脊垫板也可随梁高酌减
	燕尾枋		4		1		
	老角梁			4.5	3		
	仔角梁			4.5	3		
	由戗			4~4.5	3		
	凹角老角梁			3	3		
	凹角梁盖			3	3		

续表

类别	构件名称	长	宽	高	厚	径	备注
橡飞连檐望板瓦口衬头木	方椽、飞椽		1.5		1.5		
	圆椽					1.5	
	大连檐		1.8	1.5			里口木同此
	小连檐		1		1.5 望板厚		
	顺望板				0.5		
	横望板				0.3		
	瓦口				同望板		
	衬头木			3	1.5		

小式（或无斗栱大式）建筑木构件权衡表

表 31-51

类别	构件名称	长	宽	高	厚	径	备注
歇山悬山楼房各部	踏脚木			4.5	3.6		
	穿			2.3	1.8		
	草架柱			2.3	1.8		
	燕尾枋			4	1		
	山花板				1		
	博缝板		8		1.2		
	挂落板				1		
	滴珠板				1		
	沿边木			同楞木或加1寸	同楞木		
	楼板				2寸		
	楞木	按面宽		1/2 承重高	2/3 自身高		
柱类	檐柱（小檐柱）			11D 或 8/10 明间面宽		D	
	金柱（老檐柱）			檐柱高加廊步五举		D+1寸	
	中柱			按实计		D+2寸	
	山柱			按实计		D+2寸	
	重檐金柱			按实计		D+2寸	
梁类	抱头梁	廊步架加柱径一份		1.4D	1.1D 或 D+1寸		
	五架梁	四步架加 2D		1.5D	1.2D 或金柱径＋1寸		
	三架梁	二步架加 2D		1.25D	0.95D 或 4/5 五架梁厚		
	递角梁	正身梁加斜		1.5D	1.2D		
	随梁			D	0.8D		
	双步梁	二步架加 D		1.5D	1.2D		
	单步梁	一步架加 D		1.25D	4/5 双步梁厚		
	六架梁			1.5D	1.2D		
梁类	四架梁			5/6 六架梁高或 1.4D	4/5 六架梁高或 1.1D		
	月梁（顶梁）	顶步架加 2D		5/6 四架梁高	4/5 四架梁厚		
	长趴梁			1.5D	1.2D		
	短趴梁			1.2D	D		
	抹角梁			1.2D～1.4D	D～1.2D		
	承重梁			D+2寸	D		
	踩步梁			1.5D	1.2D		用于歇山
	踩步金			1.5D	1.2D		用于歇山
	太平梁			1.2D	D		
枋类	穿插枋	廊步架＋2D		D	0.8D		
	檐枋	随面宽		D	0.8D		
	金枋	随面宽		D 或 0.8D	0.8 或 0.65D		
	上金、脊枋	随面宽		0.8D	0.65D		
	燕尾枋	随檩出梢		同垫板	0.25D		

续表

类别	构件名称	长	宽	高	厚	径	备注
檩类	檐、金、脊檩					D或0.9D	
	抹脊木					0.8D	
垫板类	檐垫板老檐垫板			0.8D	0.25D		
	金、脊垫板			0.65D	0.25D		
柱瓜类	柁墩	2D	0.8上架梁厚	按实际			
	金瓜柱		D	按实际	上架梁厚的0.8		
	脊瓜柱		D~0.8D	按举架	0.8三架梁厚		
	角背	一步架		1/2～1/3脊瓜柱高	1/3自身高		
角梁类	老角梁			D	2/3D		
	仔角梁			D	2/3D		
	由戗			D	2/3D		
	凹角老角梁			2/3D	2/3D		
	凹角梁盖			2/3D	2/3D		
椽望连檐瓦口衬头木	圆椽					1/3D	
	方、飞椽		1/3D		1/3D		
	花架椽		1/3D		1/3D		
	罗锅椽		1/3D		1/3D		
	大连檐		0.4D或1.2椽径		1/3D		
	小连檐		1/3D		1.5望板厚		
	横望板				1/15D 或 1/5D椽径		
	顺望板				1/9D或1/3D椽径		
	瓦口				同横望板		
	衬头木				1/3D		
歇山悬山楼房各部	踏脚木			D	0.8D		
	草架柱		0.5D		0.5D		
	穿		0.5D		0.5D		
	山花板				1/3～1/4D		
	博缝板	2~2.3D 或 6~7椽径			1/3~1/4D 或 0.8~1椽径		
	挂落板				0.8椽径		
	沿边木				0.5D+1寸		
	楼板				1.5~2寸		
	楞木				0.5D+1寸		

31.8 斗栱制作与安装

斗栱包括各类不出踩斗栱、出踩斗栱，柱头科、角科、平身科、三滴水平座品字科、内里品字科、溜金斗栱，以及藻井等处用作装饰的斗栱等。

各类斗栱制作之前必须按设计尺寸放实样、套样板。每件样板必须外形、尺寸准确，各层叠放在一起，总尺寸符合设计要求。斗栱昂、翘、要头、六分头、麻叶头、栱头卷杀等必须符合设计要求，或不同时期、不同地区的造型特点。

在通常情况下，斗栱榫卯节点做法必须符合以下规定：

（1）斗栱纵横构件刻半相交，要求翘、昂、要头、撑头木等构件必须在腹面刻口，瓜栱、万栱、厢栱等构件在背面刻口。角科斗栱等三层构件相交时，向斜向挑出的构件（如斜翘、斜昂等），必须在腹面刻口，其余二层构件的刻口规定以山面压檐面。

（2）斗栱纵横构件刻半相交，节点处必须做包掩，包掩深度为0.1斗口。

（3）斗栱昂、翘、要头等水平构件相叠，每层用于固定作用的暗梢不少于2个，坐斗、三才升、十八斗等暗梢每件1个。

文物古建筑的斗栱，其尺度、做法、斗饰、尾饰的形状及雕饰纹样等须按法式要求，或按原文物建筑的做法不变。

斗栱分件制作完成后，在正式安装前，须以攒为单位，进行草验摆放，注明每攒的位置号，并以攒为单位保存，以待安装。

31.8.1 清式斗栱的模数制度和基本构件的权衡尺寸

清式带斗栱的建筑，各部位及构件尺寸都是以"斗口"为基本模数的。斗栱作为木结构的重要组成部分，也同样严格遵循这个模数制度。清工部《工程做法则例》卷二十八《斗科各项尺寸做法》，开宗明义就作了如下明确的规定："凡算斗科上升、斗、栱、翘等件长短高厚尺寸，俱以平身科迎面安翘昂斗口宽尺寸为法核算。""斗口有头等材、二等材，以至十一等材之分。头等材迎面安翘昂，斗口六寸；二等材斗口宽五寸五分；自三等材以至十一等材各递减五分，即得斗口尺寸。"这项规定，将斗栱各构件的长、短、高、厚尺寸以及比例关系，讲得十分明确。对于斗栱与斗栱之间的分当尺寸（即每攒斗栱之间的中～中距离），也有明确规定："凡斗科分

当尺寸，每斗口一寸，应当宽一尺一寸。从两斗底中线算，如斗口二寸五分，每一当应宽二尺七寸五分。"《则例》的这个规定，使斗栱与斗栱之间摆放的疏密，也有了明确的遵循，可以避免在设计或施工中斗栱摆放过稀过密的问题。

斗栱攒当尺寸的规定，与斗栱横向构件——栱的长度是有直接关系的。清代《则例》规定，瓜栱长度为 6.2 斗口，万栱长度为 9.2 斗口，厢栱长度为 7.2 斗口，这个长度规定，在攒当为 11 斗口的前提下才能成立。如果攒当大于或小于 11 斗口时，瓜栱、万栱、厢栱的尺寸也应随之调整。

关于各类斗栱分件的权衡尺寸，清《工程做法则例》卷二十八作了极其详细的规定。为了便于查找，现将这些构件尺寸列成表 31-52。

清式斗栱各件权衡尺寸表（单位：斗口）　　　　　　　　　　　表 31-52

斗栱类别	构件名称	长	宽	高	厚(进深)	备注
平身科斗栱	大斗		3	2	3	
	单翘	7.1(7)	1	2		
	重翘	13.1(13)	1	2		用于重翘九踩斗栱
	正心瓜栱	6.2		2	1.24	
	正心万栱	9.2		2	1.24	
	头昂	长度根据不同斗栱定	1	前3后2		
	二昂	长度根据不同斗栱定	1	前3后2		
	三昂	长度根据不同斗栱定	1	前3后2		
	蚂蚱头(耍头)	长度根据不同斗栱定	1	2		
	撑头木	长度根据不同斗栱定	1	2		
	单才瓜栱	6.2		1.4	1	
	单才万栱	9.2		1.4	1	
	厢栱	7.2		1.4	1	
	桁碗	根据不同斗栱定	1	按拽架加举		
	十八斗	1.8		1	1.48(1.4)	
	三才升	1.3(1.4)		1	1.48(1.4)	
	槽升	1.3(1.4)		1	1.72	
柱头科斗栱	大斗		4	2	3	用于柱科斗栱，下同
	单翘	7.1(7.0)	2	2		
	重翘	13.1(13.0)	*	2		*柱头科斗栱昂翘宽度的确定按如下公式：以桃尖梁头之宽，减去柱头坐斗斗口之宽所得之数，除以桃尖梁之下昂翘的层数(单翘单昂或重昂五踩者除2，单翘重昂七踩者除3，九踩者除4)所得为一份，除单翘(如无头翘即为头昂)按2斗口不加外，其上每层递加一份，所得即为各层昂翘宽度尺寸
	头昂	长度根据不同斗栱定	*	前3后2		
	二昂	长度根据不同斗栱定	*	前3后2		
	筒子十八斗	按其上一层构件宽度再加0.8斗口为长		1	1.48(1.4)	
	正心瓜栱、正心万栱、单才瓜栱、单才万栱、厢栱、槽升、三才升诸件尺寸见平身科斗栱					
角科斗栱	大斗		3	2	3	计算斜昂翘实际长度之法：应按拽架尺寸加斜后再加自身宽度一份为实长
	斜头翘	按平身科头翘长度加斜	1.5	2		
	搭交正头翘后带正心瓜栱	翘 3.55	1	2		
		栱 3.1	1.24	2		
	斜二翘	按计算斜昂翘实际长度之法定	*	2		*确定各层斜昂翘宽度之法与确定柱头科斗栱各层翘昂宽度之法同，以老角梁之宽减去斜头翘之宽，按斜昂翘层数除之，每层递增一份即是
	搭交正二翘后带正心万栱	翘 6.55	1	2		
		栱 4.6	1.24	2		
	搭交闹翘后带单才瓜栱	翘 3.55	1	2		用于重翘重昂角科斗栱
		栱 6.1	1	1.4		
	斜头昂	按对应正昂加斜，具体方法同前	宽度定法见斜二翘*	前3后2		

续表

斗栱类别	构件名称	长	宽	高	厚（进深）	备 注
角科斗栱	搭交正头昂后带正心瓜栱或正心万栱或正心枋	根据不同斗栱定	昂1栱枋1.24	前3后2		搭交正头昂后带正心瓜栱用于单昂三踩或重昂五踩；搭交正头昂后带正心万栱用于单翘单昂五踩或单翘重昂七踩；搭交正头昂后带正心枋用于重翘重昂九踩
	搭交闹头昂后带单才瓜栱或万栱	根据不同斗栱定	昂1栱1	前3后2		
	斜二昂后带菊花头	根据不同斗栱定	宽度定法见斜二翘*	前3后2		
角科斗栱	搭交正二昂后带正心万栱或带正心枋	根据不同斗栱定	昂1栱、枋1.24	前3后2		正二昂后带正心万栱用于重昂五踩斗栱；后带正心枋用于单翘重昂七踩斗栱
	搭交闹二昂后带单才瓜栱或单才万栱	根据不同斗栱定	昂1栱1	前3后2		
	由昂上带斜撑头木	根据不同斗栱定	宽度定法见斜二翘*	前5后4		由昂与斜撑头木连做
	斜桁碗	根据不同斗栱定	同由昂	按拽架加举		
	搭交正蚂蚱头后正心万栱或正心枋	根据不同斗栱定	蚂蚱头1栱或枋1.24	2		搭交正蚂蚱头后带正心枋用于三踩斗栱
	搭交闹蚂蚱头后带单才万栱或拽枋	根据不同斗栱定	1	2		
	搭交正撑头木后带正心枋	根据不同斗栱定	前1后1.24	2		
	搭交闹撑头木后带拽枋	根据不同斗栱定	1	2		
	里连头合角单才瓜栱	根据不同斗栱定		1.4	1	用于正心内一侧
	里连头合角单才万栱	根据不同斗栱定		1.4	1	用于正心内一侧
	里连头合角厢栱	根据不同斗栱定		1.4	1	用于正心内一侧
	搭交把臂厢栱	根据不同斗栱定		1.4	1	用于搭交挑檐枋之下
	盖斗板、斜盖斗板、斗槽板（垫栱板）				0.24	
	正心枋	根据开间定	1.24	2		
	拽枋、挑檐枋、井口枋、机枋	根据开间定	1	2		井口枋高万斗口
	宝瓶			3.5	径同由昂宽	
溜金斗栱	麻叶云栱	7.6		2	1	
	三幅云栱	8.0		3	1	
	伏莲销	头长1.6			见方1	溜金后尾各层之穿销
	菊花头				1	
	正心栱、单才栱、十八斗、三才升诸件					俱同平身科斗栱
一斗二升交麻叶一斗三升斗栱	麻叶云	12	1	5.33		用于一斗二升交麻叶平身科斗栱
	正心瓜栱	6.2		2	1.24	
	柱头坐斗		5	2	3	用于柱头科斗栱
	翘头系抱头梁或与桦头连做	8（由正心枋中至梁头外皮）	4	同梁高		用于一斗二升交麻叶柱头科斗栱
	翘头系抱头梁或与桦头连做	6（由正心枋中至梁头外皮）	4	同梁高		用于一斗三升柱头科斗栱
	斜昂后带麻叶云子	16.8	1.5	6.3		
	搭交翘带正心瓜栱	6.7		2	1.24	
	槽升、三才升等					均同平身科
	攒当		8			指大斗中一中尺寸
三滴水品字斗栱「平座斗栱」	大斗		3	2	3	用于平身科
	头翘	7.1(7.0)	1	2		用于平身科
	二翘	13.1(13.0)	1	2		用于平身科
	撑头木后带麻叶云	15	1	2		用于平身科
	正心瓜栱	6.2		2	1.24	用于平身科
	正心万栱	9.2		2	1.24	用于平身科
	单才瓜栱	6.2		1.4	1	用于平身科
	单才万栱	9.2		1.4	1	用于平身科
	厢栱	7.2		1.4	1	用于平身科

斗栱类别	构件名称	长	宽	高	厚(进深)	备注
三滴水品字斗栱「平座斗栱」	十八斗		1.8	1	1.48(1.4)	用于平身科
	槽升子		1.3(1.4)	1	1.72(1.64)	用于平身科
	三才升		1.3(1.4)	1	1.48(1.4)	
	大斗		4	2	3	柱头科
	头翘	7.1(7.0)	2			柱头科
	二翘及撑头木(与踩步梁连做)					柱头科
三滴水品字斗栱「平座斗栱」	角科大斗		3	2	3	用于角科
	斜头翘		1.5	2		用于角科
	搭交正头翘后带正心瓜栱	翘 3.55(3.5) 栱 3.1	1 1.24	2		用于角科
	斜二翘(与踩步梁连做)					用于角科
	搭交正二翘后带正心万栱	翘 6.55(6.5) 栱 4.6	1 1.24	2		用于角科
	搭交闹二翘后带单才瓜栱	翘 6.55(6.5) 栱 3.1	1	2		用于角科
	里连头合角单才瓜栱	5.4		1.4	1	用于角科
	里连头合角厢栱			1.4	1	用于角科
内里棋盘板上安装品字科斗栱	大斗		3	2	1.5	系半面做法
	头翘	3.55(3.5)	1	2		系半面做法
	二翘	6.55(6.5)	1	2		系半面做法
	撑头木带麻叶云	9.55(9.5)	1	2		系半面做法
	正心瓜栱	6.2		2	0.62	系半面做法
	正心万栱	9.2		2	0.62	系半面做法
	麻叶云	8.2		2	1	
	槽升		1.3(1.4)	1	0.86	
	其余栱子					同平身科
隔架斗栱	隔架科荷叶	9		2	2	
	栱	6.2		2	2	按瓜栱
	雀替	20		4	2	
	贴大斗耳	3		2	0.88	
	贴槽升耳	1.3(1.4)	1	0.24		

注：本表根据清工部《工程做法则例》卷二十八开列

31.8.2 平身科斗栱及其构造

尽管清式斗栱种类繁多，构造复杂，但各类构件之间的组合是有一定规律的。了解斗栱的基本构造和构件间的组合规律，是掌握斗栱技术的关键。

现以单翘单昂五踩平身科斗栱为例，将斗栱的基本构造和构件组合规律简要介绍如下：

单翘单昂平身科斗栱，最下面一层为大斗，大斗又名坐斗，是斗栱最下层的承重构件，方形，斗状，长（面宽）宽（进深）各 3 斗口，高 2 斗口，立面分为斗底、斗腰、斗耳三部分，各占大斗全高的 2/5、1/5、2/5（分别为 0.8、0.4、0.8 斗口）。大斗的上面，居中刻十字口，以安装翘和正心瓜栱之用。垂直于面宽方向的刻口，即通常所讲的"斗口"，宽度为 1 斗口，深 0.8 斗口，是安装翘的刻口（如单昂三踩斗栱或重昂五踩斗栱，则安装头昂）。平行于面宽的刻口，是安装正心栱的刻口，刻口宽 1.24（或 1.25）斗口，深 0.8 斗口。在进深方向的刻口内，通常还要做出鼻子（宋称"隔口包耳"），作用类似于梁头的鼻子。在坐斗的两侧，安装垫栱板的位置，还要剔出垫栱板槽，槽宽 0.24 斗口，深 0.24 斗口。

第二层，平行于面宽方向安装正心瓜栱一件，垂直于面宽方向扣头翘一件，两件在大斗刻口内成十字形相交。斗栱的所有横向和纵向构件，都是刻十字口相交在一起的。纵横构件相交有一个原则，为"山面压檐面"，所有平行于面宽方向的构件，都做等口卯（在构件上面刻口），垂直于面宽方向的构件，做盖口卯（在构件底面刻口），安装时先安面宽方向构件，再安进深方向的构件。

正心瓜栱长6.2斗口，高2斗口（足材），厚1.24斗口，两端各置槽升一个。为制作和安装方便，正心瓜栱和两端的槽升常由1根木材连做，在侧面贴耳朵。升耳按槽升尺寸，长1.3（或1.4）斗口，高1斗口，厚0.2斗口。正心瓜栱（包括槽升）与垫栱板相交处，要刻剔垫栱板槽。

头翘长7.1（7）斗口，这个长度是按2拽架加十八斗斗底一份而定的。翘高2斗口，厚1斗口。

头翘两端各置十八斗一件，以承其上的横栱和昂。十八斗在宋《营造法式》中称交互斗，说明它的作用在于承接来自面宽和进深两个方向的构件。十八斗长1.8斗口，这个尺寸是十八斗名称的来源，即斗长十八之意。由于它的特殊构造和作用，十八斗不能与翘头连做，需单独制作安装。

栱和翘的端头需做出栱瓣，栱瓣画线的方法称为卷杀法。瓜栱、万栱、厢栱分瓣的数量不等，有"万三、瓜四、厢五"的规定。翘关分瓣同瓜栱，具体做法可见平身科斗栱分件图（图31-53）。

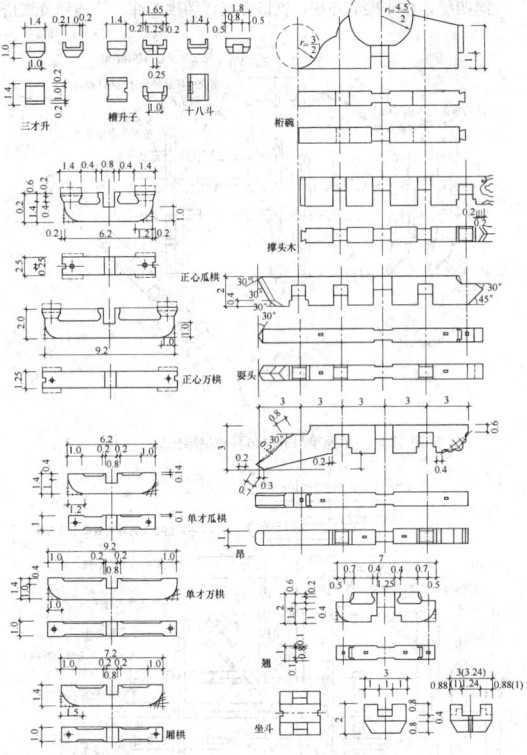

图31-53　平身科斗栱分件图（单翘单昂五踩）

第三层，面宽方向在正心瓜栱之上，置正心万栱一件，头翘两端十八斗之上，各置单才瓜栱一件，单才瓜栱两端各置三才升一件。正心万栱两端带做成槽升子，不再另装槽升。进深方向，扣昂后带菊花头一件，昂头之上置十八斗一件，以承其上层栱子和蚂蚱头。

第四层，面宽方向，在正心万栱之上安装正心枋，在单才瓜栱之上，安装单才万栱。单才万栱两端头各三才升一件，以承其上之拽枋，在昂头十八斗之上安装厢栱一件，厢栱两端各置三才升一件。进深方向，扣蚂蚱后代六分头一件。

第五层，面宽方向，在正心枋之上，叠置正心枋一层，在里外拽万栱之上各置里外拽枋一件，在外拽厢栱之上置挑檐枋一件，在要头后尾六分头之上，置里拽厢栱一件，厢栱两端各置三才升一件。进深方向，扣撑头木后带麻叶头一件。在各拽枋、挑檐枋上端分别置斜斗板、盖斗板。斜斗板、盖斗板有遮挡拽枋以上部分及分隔室内外空间、防寒保温、防止鸟雀进入斗栱空隙内等作用。

第六层，面宽方向，在正心枋之上，续叠正心枋至正心桁底

皮，枋高由举架定。在内拽厢拱之上，安置井口枋。井口枋高3斗口，厚1斗口，高于内外拽枋，为安装室内井口天花之用。进深方向安桁碗。

从以上单翘单昂五踩斗栱及其他出踩斗栱的构造可以看出，进深方向构件的头饰，由下至上分别为翘、昂和蚂蚱头。斗栱层增加时，可适当增加昂的数量（如单翘重昂七踩）或同时增加昂翘的数量（重翘重昂九踩），蚂蚱头的数量不增加，进深方向杆件的后尾，由下至上依次为：翘、菊花头、六分头、麻叶头。其中，麻叶头、六分头、菊花头各一件，如斗栱层数增加时，只增加翘的数量。面宽方向横栱的排列也有其规律性。由正心开始，每向外（或向内）出一踩为挑出瓜栱一件，万栱一件，最外侧或最内侧一为厢栱一件。正心枋是一层层叠起来，直达正心桁下皮。其余里、外拽枋每出一踩用1根，作为各攒斗栱间的联络构件。挑檐枋、井口枋亦各用1根。

斗栱斗翘的头饰、尾饰的尺度，清工部《工程做法则例》也有明确规定，现择录如下："凡头昂后带翘头，每斗口一寸，从十八斗底中线以外加长五分四厘。唯单翘单昂者后带菊花头，不加十八斗底。"

"凡二昂后带菊花头，每斗口一寸，其菊花头应长三寸。"

"凡蚂蚱头后带六分头，每斗口一寸，从十八斗外皮以后再加长六分。唯斗口单昂者后带麻叶头，其加长照撑头木上麻叶头之法。"

"凡撑头木后带麻叶头，其麻叶头除一拽架分位外，每斗口一寸，再加长五分四厘，唯斗口单昂者后不带麻叶头。"

"凡昂，每斗口一寸，具从昂嘴中线以外再加昂翅长三分。"

斗栱斗饰、尾饰形状做法详见平身科斗栱分件图（图31-53）。

31.8.3　柱头科斗栱及其构造

柱头科斗栱位于梁架和柱头之间，由梁架传导的屋面荷载，直接通过柱头科斗栱传至柱子、基础。因此，柱头科斗栱较之平身科斗栱，更具承重作用。它的构件断面较之平身科也要大得多。

现以单翘单昂五踩柱头科为例，将柱头科斗栱的构造及特点简述如下：

柱头科斗栱第一层为大斗。大斗长4斗口，宽3斗口，高2斗口，构造同平身科大斗。

第二层，面宽方向，置正心瓜栱一件，瓜栱尺寸构造同平身科斗栱，进深方向扣头翘一件，翘宽2斗口，翘两端各置筒子十八斗一件。

第三层，面宽方向，在正心瓜栱上面叠置正心万栱一件，在翘头十八斗上安置单才瓜栱各一件。柱头科翘两端所用的单才瓜栱，由于要同昂相交，因此，栱子刻口的宽度要按昂的宽度而定，一般是昂宽减去两侧包掩（包掩一般按1/10斗口）各一份，即为瓜栱刻口的宽度。单才瓜栱两端各置三才升一件。在进深方向，扣昂一件。单翘单昂五踩柱头科昂尾做成雀替形状，其长度要比对应的平身科昂长一拽架（3斗口）。

第四层，面宽方向，在正心万栱之上，安装正心枋。在内外拽单才瓜栱之上，叠置内外拽单才万栱，安装在昂上面的单才万栱要与其上的桃尖梁相交，故栱子刻口宽度要由桃尖梁对应部位的宽度减去包掩2份而定。内、外拽单才万栱分别与桃尖梁（宽4斗口）和桃尖梁身（宽6斗口）相交，刻口宽度也不相同。在昂头之上，安置筒子十八斗一只，上置外拽厢栱一件，厢栱两端各安装三才升一只。

进深方向安装桃尖梁。桃尖梁的底面与蚂蚱头下皮平，上面与平身科斗栱桁碗上皮平。因此，它相当于蚂蚱头、撑头木和桁碗三件连做在一起，既有梁的功能，又有斗栱的功能。

在桃尖梁两侧安装栱和翘时，为了保持桃尖梁的完整性和结构功能，仅在梁的侧面剔凿半眼裁做假栱头，两侧的拽枋、正心枋、井口枋、挑檐枋等件也通过半榫或刻槽与梁的侧面交在一起。

柱头科斗栱各件做法详见柱头科斗栱分件图（图31-54）。

以上为单翘单昂五踩柱头科斗栱的构造，如果斗栱踩数增加，桃尖梁以下的昂翘层数也随之增加，昂翘各尾的尾饰，除贴桃尖梁一层为雀替外，其余各层均为翘的形状。

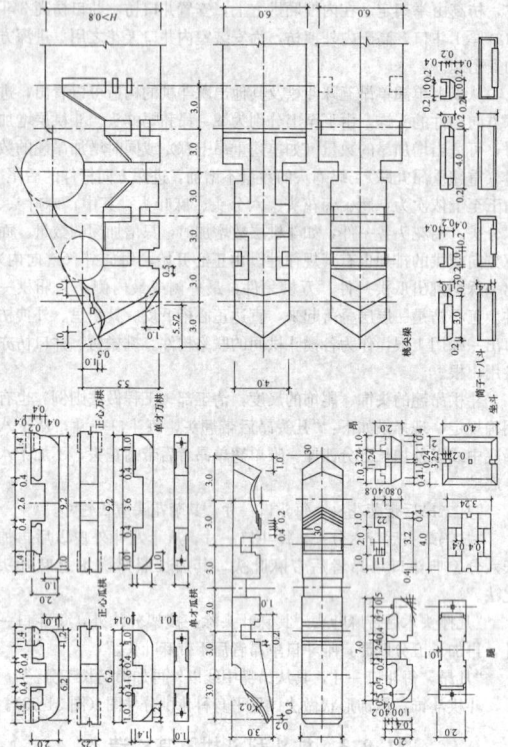

图31-54　柱头科斗栱分件图（单翘单昂五踩）

31.8.4　角科斗栱及其构造

　　角科斗栱位于庑殿、歇山或多角形建筑转角部位的柱头之上，具有转折、挑檐、承重等多种功能。由于角科斗栱处在转角位置，来自两个方向的构件以90°角（或120°或135°）搭置在一起，同时还要同沿角平分线挑出的斜栱和斜昂交在一起。因此，它的构造要比平身科、柱头科斗栱复杂得多。

　　角科斗栱构造复杂，还因为它所处的位置特殊。按90°角搭置在一起的构件，其前端如果是檐面的进深构件（翘、昂、耍头等），后尾就变成了山面的面宽构件（栱和枋）；同理，在山面是进深构件的翘和昂，其后尾则成了檐面的栱或枋。因此，角科斗栱的正交构件，前端具有进深杆件翘昂的形态和特点，后尾具有面宽构件栱或枋的形态和特点。而每根构件前边是什么，后边是什么，都是由与它相对应的平身科斗栱的构造决定。

　　现以单翘单昂五踩为例，将角科斗栱的基本构造简述如下（见图31-55～图31-59角科斗栱分层分件构造图）。

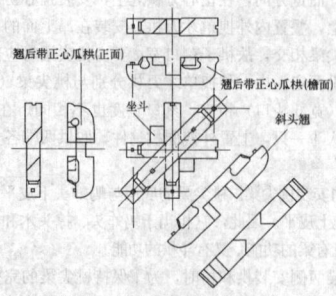

图31-55　单翘单昂五踩角科斗栱第一、二层——坐斗、翘

　　角科斗栱第一层为大斗，大斗见方3斗口，高2斗口（连瓣斗做法除外，角科斗栱若用于多角形建筑时，大斗的形状随建筑平面的变化而变化）。角科大斗刻口要满足翘（或昂）、斜翘搭置的要求，除沿面宽、进深方向刻十字口外，还要沿角平分线方向刻斜口

子，以备安装斜翘或昂。斜口的宽度为1.5斗口。此外，由于角科斗栱落在大斗刻口内的正搭交构件前端为翘，后端为栱，故每个刻口两端的宽度不同，与翘头相交的部位刻口宽为1斗口，与正心瓜栱相交的部位，刻口宽度为1.24斗口，而且要在栱子所在的一侧的斗腰和斗底上面刻出垫栱板槽（图31-55）。

　　第二层，正十字口内置搭交翘后带正心瓜栱二件，45°方向扣斜翘一件。搭交正翘的翘头上各置十八斗一件，斜翘头上的十八斗采取与翘连做的方法，将斜十八斗的斗腰斗底与斜翘用一木做成。两侧另贴斗耳（图31-56）。

　　第三层，在正心位置安装搭交正昂后带正心万栱二件，叠放在搭交翘后带正心瓜栱之上，在外侧一拽架处，安装搭交闹昂后带单才瓜栱二件，内侧一拽架处，安装里连头合角单才瓜栱二件，此瓜栱通常与相邻平身科的瓜栱连做，以增强角科栱与平身科斗栱的联系。在搭交正昂、闹昂前端，各置十八斗一件，在搭交闹昂后尾的单才瓜栱栱头各置三才升一件。在45°方向扣斜头昂一件。斜昂昂头上的十八斗与昂连做，以方便安装（图31-56）。

　　第四层，在斗栱最外端，置搭交把臂厢栱二件，外拽部分置搭

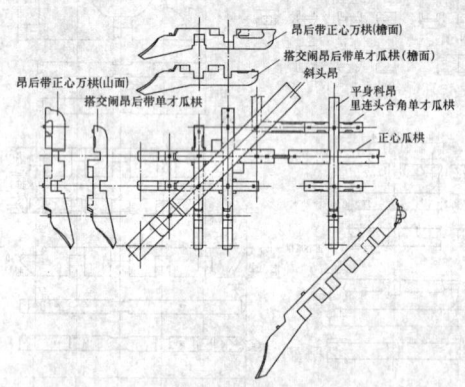

图31-56　单翘单昂五踩角科斗栱第三层——昂

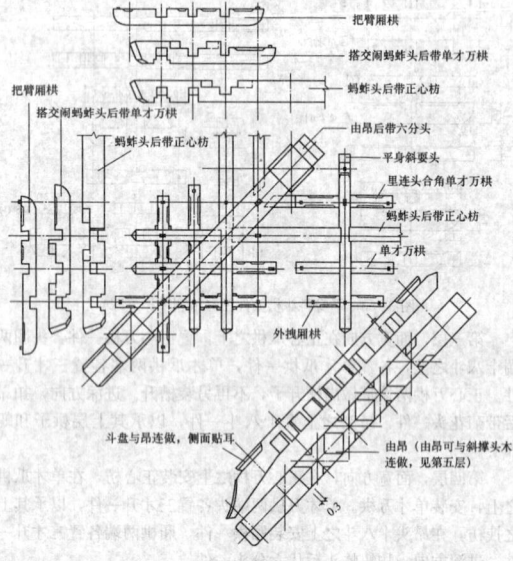

图31-57　单翘单昂五踩角科斗栱第四层——昂

交闹蚂蚱头后带单才万栱二件，正心部位置搭交正蚂蚱头后带正心枋二件。里拽，在里连头合角单才瓜栱之上，置里连头合角单才万栱二件，各栱头上分别安装三才升。45°方向，安装由昂一件。由昂是角科斗栱斜向构件最上面一层昂，它与平身科的耍头处在同一水平位置。由昂常与其上面的斜撑头木连做。采用两根构件用一木连做，可加强由昂的结构功能，是实际施工中经常采用的方法（图31-57）。

第五层，搭交把臂厢栱之上，安装搭交挑檐枋二件，外拽部分，在搭交闹蚂蚱头后带单才万栱之上置搭交闹蚂蚱头木后带外拽枋二件，正心部位，在搭交正蚂蚱头后带正心枋之上，安装搭交正撑头木后带正心枋二件，在里连头合角单才瓜栱之上安置里拽枋二件，在里拽厢栱位置安装里连头合角厢栱二件（图31-58）。

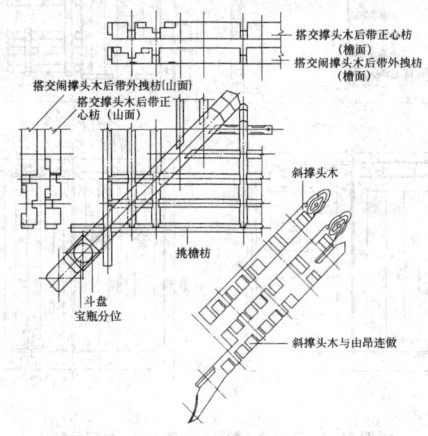

图31-58　五踩角科斗栱第五层——撑头木

这里需要特别注意，角科斗栱中，三个方向的构件相交在一起时，一律按照山面压檐面（即进深方向构件压面宽方向构件），斜构件压正构件的构造方式进行构件的加工制作和安装（详细构造及榫卯见图）。由昂以下构件（包括由昂），都按这个构造方式。当由昂与斜撑头木连做时，需要将斜撑头木的刻口改在上面，这是例外的特殊处理。

第六层，在45°方向置斜桁碗，正心枋做榫交于斜桁碗侧面，内侧井口枋做合角榫交于斜桁碗尾部（图31-59）。

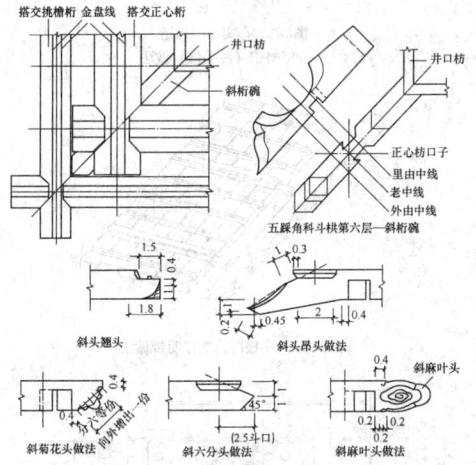

图31-59　单翘单昂五踩角科斗栱第六层——斜桁碗及斗栱分件图

以上为单翘单昂角科斗栱的一般构造。

31.8.5　斗栱的制作与安装

斗栱制作，关键在于熟悉和掌握构造，了解斗栱构件间榫卯的组合规律。

斗栱纵横构件十字搭交节点部分都要刻十字卯口，按山面压檐面的原则扣搭相交。角科斗栱三交构件的节点卯口，也可按单体建筑物的面宽进深方位，采用斜构件压纵横构件，纵横构件按进深压面宽的原则扣搭相交。斗栱纵横构件十字相交，卯口处都应有包掩（俗称"袖"），包掩尺寸为0.1斗口。

斗栱各层构件水平叠落时，须凭暗销固定。每两层构件叠合，至少有两个固定的暗销。

坐斗、十八斗、三才升等件与其他构件叠落时，也要凭暗销固

定，每个斗（或升）栽销子1个。

斗栱杆件与杆件间的榫卯结构及做法，参见图31-53～图31-59。

1. 斗栱制作

斗栱制作，首先需要放实样、套样板。放实样是按设计尺寸在三合板上画出1：1的足尺大样，然后分别将坐斗、翘、昂、要头、撑头木及桁碗、瓜、万、厢栱、十八斗、三才升等，逐个套出样板，作为斗栱单件画线制作的依据，然后按样板在加工好的规格料上画线并制作。样板要忠实反映每个构件，构件的每个部位，榫卯的尺寸、形状、大小、深浅，以保证成批制作出来的构件能顺利地、严实地按构造要求组装在一起。

斗栱按样板画线的工作完成以后，即可制作。制作必须严格按线，锯解剔凿都不能走线。卯口内壁要求平整方正，以保证安装顺利。

2. 斗栱安装

为保证斗栱组装顺利，在正式安装之前要进行"草验"，即试装。试装时，如果榫卯结合不严，要修理，使之符合榫卯结合的质量要求。试装好的斗栱一攒一攒地打上记号，用绳临时捆起来，防止与其他斗栱混杂。正式安装时，将组装在一起的斗栱成攒地运抵安装现场，摆在对应位置。各间的平身科、柱头科、角科斗栱都运齐之后，即开始安装。斗栱安装，要以幢号为单位，平身、柱头、角科一起逐层进行。先安装第一层大斗，以及与大斗有关的垫栱板，然后再按照山面压檐面的构件组合规律逐层安装。安装时注意，草验过的斗栱拆开后，要按原来的组合程序重新组装，不要掉换构件的位置。安装斗栱每层都要挂线，保证各攒、各层构件平、齐，有毛病要及时修理。正心枋、内外拽枋、斜斗板、盖斗板等件要同斗栱其他构件一起安装。安装至要头一层时，柱头科要安装桃尖梁。

斗栱安装，要保证翘、昂、要头出入平齐，高低一致，各层构件结合严实，确保工程质量合格。

31.9　木装修制作与安装

古建筑木装修指大门、隔扇、槛窗、支摘窗、风门、帘架、栏杆、楣子、什锦窗、花罩、碧纱橱、板壁、楼梯、天花、藻井等室内外木装修等。

各类木装修制作所采用的树种、材质等级、含水率和防腐、防虫蛀等措施必须符合设计要求和相关规范的规定。

各类木装修制作应遵守节约木材的原则，根据设计要求计划用材，避免大材小用，长材短用，优材劣用。

各类木装修制作完成时，应进行质量检验、并作好施工记录。

各类木装修制品在运输时，应采取防潮、防暴晒、防污染、防碰伤等措施。

木装修施工应符合《建筑设计防火规范》（GB 50016—2006）的规定。

31.9.1　槛框制作与安装

槛框指古建筑门、窗的外框，这些外框附着在柱、枋等大木构件上，相似于现代建筑的门窗口。古建筑的槛框由垂直和水平构件组成，其中水平构件为槛，垂直构件为框。

古建木装修槛框名称，见图31-60。

槛框制作主要是画线和制作榫卯，在正式制作槛框之前，要对建筑物的明、次、梢各间尺寸一次实量。由于大木安装中难免出现误差，因此，各间的实际尺寸与设计尺寸不一定完全相符，实量各间的实际尺寸可以准确掌握误差情况，在画线时适当调整。

装修槛框的制作和安装，往往是交错进行的。一般是在槛框画线工作完成之后，先做出一端的榫卯，另一端将榫锯解出来，先不断肩，安装时，视误差情况再断肩。

槛框的安装程序一般是先安装下槛（包括安装门枕石在内），然后安装门框和抱框。安装抱框时，要岔活，方法是将已备好的抱框半成品柱子就位、立直，用线坠将抱框吊直（要沿进深和面宽两个方向吊线）。然后将岔子板一叉沾墨，另一叉抵住柱子外皮，

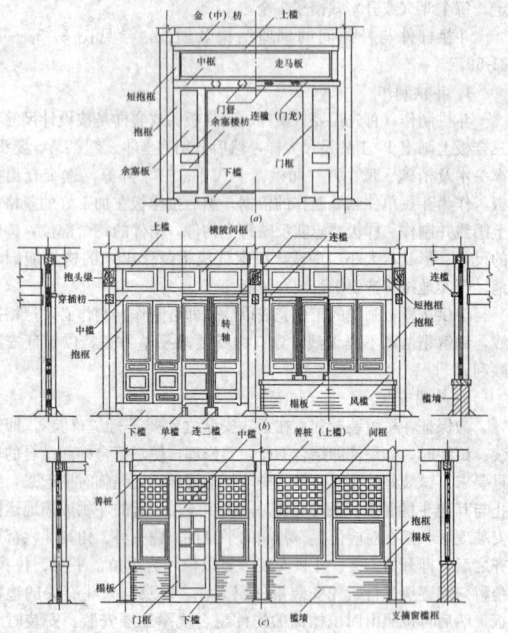

图 31-60 槛框部位名称图

(a) 大门槛框部位名称；(b) 隔扇槛窗框部位名称；(c) 夹门窗槛框部位名称

由上向下在抱框上画墨线。内外两面都岔完之后，取下抱框，按墨线砍出抱豁（与柱子皮弧形面相吻合的弧形凹面）。岔活的目的是使抱框与柱子贴紧、贴实，不留缝隙。由于柱子自身有收分（柱根粗、柱头细），柱外皮与地面不垂直，在岔活之前，应先将抱框里口吊直，然后再抵住柱外皮岔活，既可保证抱框里口与地面垂直，又可使外口与柱子吻合，这就是岔活的作用。抱框岔活以后，在相应位置剔凿出溜销卯口，即可安装。岔活时应注意保证槛框里口的尺寸。在安装抱框、门框的同时安装腰枋；然后，依次安装中槛、上槛、短抱框、横陂间框等件。槛框安装完毕后，可接着安装连槛、门簪。装隔扇的槛框下面还可安装单槛、连二槛等件。

其余走马板、余塞板等件的安装依次进行。

槛墙上榻板的安装须在槛框安装之前进行。

31.9.2 板门制作

1. 各种板门的名称、用途、尺度与权衡

（1）实榻门

实榻门是用厚木板拼装起来的实心镜面大门，是各种板门中型制最高、体量最大、防卫性最强的大门，专门用于宫殿、坛庙、府邸及城垣建筑。门板厚者可达 5 寸（15cm）以上，薄的也要 3 寸上下，门扇宽度根据门口尺寸定，一般都在 5 尺以上（图 31-61a）。

实榻门的构造及各部分尺寸，见图 31-62～图 31-64。

（2）攒边门（棋盘门）

攒边门是用于一般府邸民宅的大门，四边用较厚的边抹攒起外框，门心装薄板穿带，故称攒边门。因其形如棋盘，又称棋盘门。这种门的门心板与外框一般都是平的，但也有门心板略凹于外框的做法（图 31-61c）。攒边门比起实榻门，要小得多，轻得多。攒边门的尺寸，也是按门口尺寸定。攒边大门构造见图 31-65。

（3）撒带门

撒带门（图 31-61b）与攒边门类似，它由两部分组成：门心板和门边带门轴。它的安装方法同攒边门，需留出上下掩缝及侧面掩缝，按尺寸统一画线后，先将门心板拼攒起来，与门边相交的一端穿带做透榫，门边对应位置凿做透眼，分别做好后一次拼攒成活（图 31-66）。

（4）屏门

屏门（图 31-61d）通常是用一寸半厚的木板拼攒起来的，板缝拼接除应裁做企口缝外，还应辅以穿带。屏门一般穿明带，穿

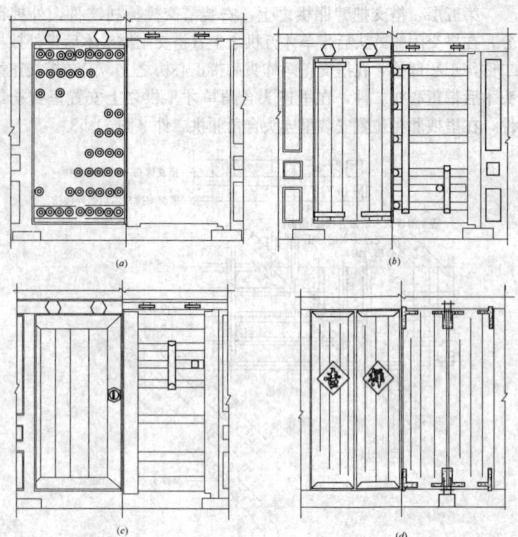

图 31-61 实榻门、撒带门、攒边门、屏门示意
(a) 实榻门；(b) 撒带门；(c) 攒边门；(d) 屏门

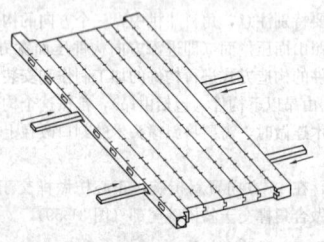

图 31-62 实榻门构造
——穿暗带（抄手带）做法

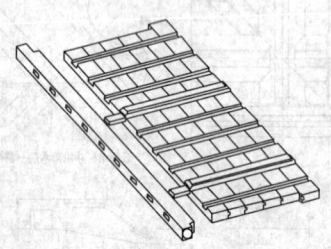

图 31-63 实榻门构造穿明带做法

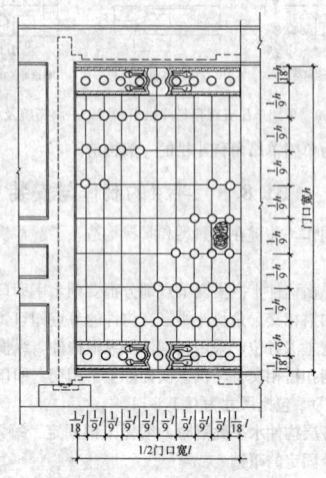

图 31-64 实榻门各部分尺寸

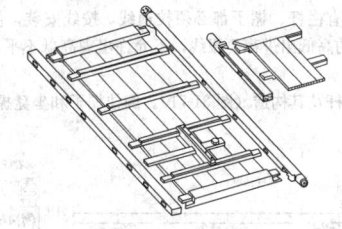

图 31-65 攒边大门构造榫卯图

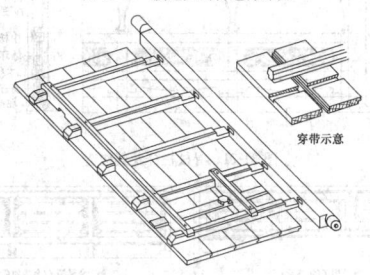

穿带示意

图 31-66 撒带大门构造示意

带与门板平。屏门没有边框，为使拼在一起的门板不致散落，上下两端要贯穿横带，称为"拍抹头"。

屏门的安装方式与前三种门不同，是在门口内安装。因此，上下左右都不加掩缝，门扇尺寸按门口宽分为四等份，门扇高同门口高。

2. 各种大门的铜铁饰件及安装

铜铁饰件是各种大门的重要附属构件，它们对加固装饰大门、开启门扉等起着重要作用。

(1) 用于实榻门的饰件

门钉——按等级规定或九路、或七路、或五路，安装在实榻门正面，起加固门板与穿带的结构作用，还有表现建筑等级的作用和装饰作用。清式《则例》规定："凡门钉以门扇除里大边一根之宽定圆径高大。如用钉九路者，每钉径若干，空当照每钉之径空一份。如用七路者，每钉径若干，空当照每钉之径空一份二厘。如用五路者，每钉径若干，空当照每钉之径空二份，门钉之高与径同。"

铺首（又称铪钑兽面）——安装于宫门正面，为铜质面叶贴金造，形如雄狮，凶猛而威武，大门上安装铺首，象征天子的尊贵和威严。

兽面直径为门直径的 2 倍，每个兽面带仰月千年锦一份。

大门包叶——铜制，表面贴金，正面铪钑大蟠龙，背面流云，每扇门用四块，用小泡头铜钉在大门上下边，包叶宽约为门钉径的 4 倍。大门包叶有防止门板散落及装饰功能。

寿山福海——安装于实榻门上下门轴的旋转枢纽构件，是套筒、护口及踩钉、海窝的总称，用于上面称为寿山，用于下面称为福海，通常为铁质。

(2) 用于攒边门的饰件

门钹——安装于攒边门正面，为扣门和开启门的拉手，一般为铜制，六角形。门钹对面直径尺寸同门边宽，上带纽头圈子。

(3) 用于屏门上的饰件

鹅项、碰铁、屈戌、海窝——都是用于开启门扇的枢纽构件，鹅项安装于屏门门轴一侧。因屏门无门轴，鹅项即门轴，上下各一件，碰铁安装在门的另一边，上下各一件，作为门关闭时与门槛的碰头。屈戌为固定鹅项的构件，海窝相当于大门门轴下的海窝，安装在连二槛上（以上均见图 31-67）。

(4) 大门的安装

大门的安装十分简单，只要将门轴上端插入连槛上的门碗，门轴下面的踩钉对准海窝入位即可。由于古建大门门边很厚，如两扇之间分缝太小，则开启关闭时必然碰撞。因此，在安装前，必须将分缝制作出来，不仅要留出开启的空隙，还要留出门表皮油漆地仗所占的厚度（一般地仗为 3~5mm 厚）。分缝须在安装前做好，安装以后，如不合适还可修理。

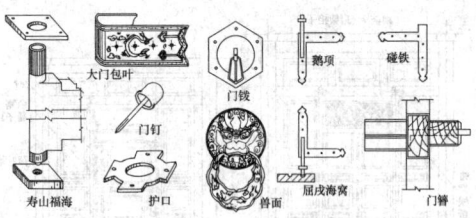

大门包叶 鹅项 碰铁

门锁

门钉

寿山福海 护口 屈戌海窝 门簪

兽面

图 31-67 大门铜铁饰件图

31.9.3 槅扇、槛窗

1. 槅扇、槛窗的功能、种类及权衡尺度

槅扇，宋代称"格子门"，是安装于建筑物金柱或檐柱间，用于分隔室内外的空间修。槅扇由外框、槅扇心、裙板及绦环板组成，外框是槅扇的骨架，槅扇心是安装于外框上部的仔屉，通常有菱花和棂条花心两种。裙板是安装在外框下部的槅板，绦环板（宋称腰华板）是安装在相邻两根抹头之间的小块槅板。裙板和绦环板上常做各种装饰性很强的雕刻。

明清槅扇自身的宽、高比例大致为 1:3~1:4，用于室内的壁纱橱，宽、高比有的可达 1:5~1:6。每间安装槅扇的数量，要由建筑物开间大小来定，一般为 4~8 扇（偶数）。

明清建筑的槅扇，有六抹（即 6 根横抹头，下同）、五抹、四抹，以及三抹、二抹等，依功能及体量大小而异。通常用于宫殿、坛庙一类大体量建筑的槅扇，多采用六抹、五抹二种，这不仅是为显示帝王建筑的威严豪华，更是结构坚固的需要。四抹槅扇多见于一般寺院和体量较小的建筑，三抹槅扇多见于宋代，明清时期较为少见。有些宅院花园的花厅及轩、榭一类建筑，常做落地明槅扇，这种槅扇一般采取三抹及二抹的形式，下面不安装裙板（以上参见图 31-68）。

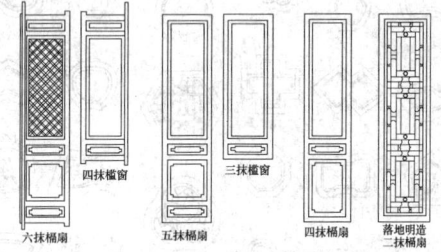

四抹槛窗   三抹槛窗

六抹槅扇   五抹槅扇   四抹槅扇   落地明造二抹槅扇

图 31-68 槅扇、槛窗形式举例

明清槅扇上段（棂条花心部分）与下段（裙板绦环部分）的比例，有六、四分之说，即假定槅扇全高为 10 份，以中绦环的上抹头上皮为界，将槅扇全高分成两部分，其上占六份，其下占四份。这个规定，对统一各类槅扇的风格有重要作用。

在古建筑中，与槅扇门共用的窗称为槛窗。槛窗等于将槅扇的裙板以下部分去掉，安装于槛墙之上，槛墙的高矮由槅扇裙板的高度定，即：裙板上皮为槛窗下皮尺寸，槛窗以下为风槛，风槛之下为槅板、槛墙。槛窗的优点是，与槅扇共用时，可保持建筑物整个外貌的风格和谐一致，但槛窗又有笨重，开关不便和实用功能差的缺点。所以这种窗多用于宫殿、坛庙、寺院等建筑，民居中是绝少使用槛窗的。

与槅扇、槛窗配套使用的还有横陂、帘架。

横陂是槅扇槛窗装修的中槛和上槛之间安装的窗扇。明清时期的横陂窗，通常为固定扇，不开启，起亮窗作用，由外框和仔屉两部分构成。横陂窗在一间里的数量，一般比槅扇或槛窗少一扇。如槅扇（或槛窗）为四扇，横陂则为三扇，如槅扇为六扇则横陂为五扇。横陂的外框、花心与槅扇、槛窗相同。

帘架，是附在槅扇或槛窗上挂帘帘用的架子。用于槅扇门上的称门帘架，用于槛窗上的称窗帘架。帘架宽为两扇槅扇（或槛窗）之缝再加槅扇边梃宽一份即是，高同槅扇（或槛窗），立边上下加出长度，用铁制帘架掐子安装在横槛上（图 31-69）。

关于槅扇边梃的断面尺寸，清式则例规定，槅扇边梃看面宽为

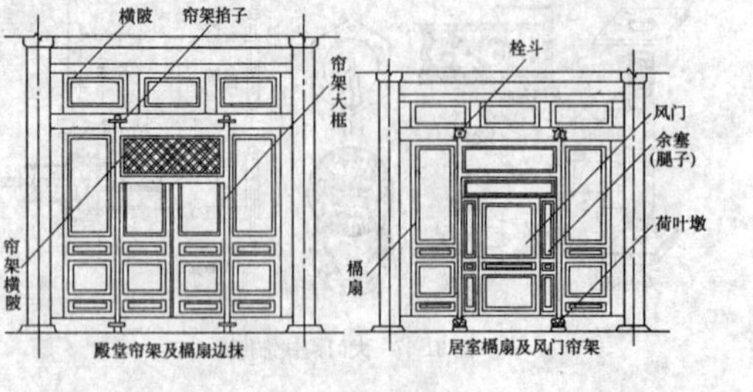

图 31-69　帘架及横陂

槅扇宽的 1/10～1/11，边梃厚（进深）为宽的 1.4 倍，槛窗、帘架、横陂的边梃尺寸与槅扇相同。

2. 槅扇、槛窗的基本构造和饰件

隔扇、槛窗是由边框、槅心、裙板和绦环板这些基本构件组成的。边框的边和抹头是凭榫卯结合的，通常在抹头两端做榫，边梃上凿眼，为使边抹的线条交圈，榫卯相交部分须做大割角、合角肩。槅扇边抹宽厚，自重大，榫卯须做双榫双眼。

裙板和绦环板的安装方法，是在边梃及抹头内面打槽，将板子做头缝榫装在槽内，制作边框时连同裙板、绦环板一并制作安装。

31.9.4　牖窗、什锦窗

古代称墙上开的窗为牖，牖窗有方形、长方形、圆形等。什锦窗是牖窗的一种特殊形式，主要用于园林建筑的隔墙上，起到装饰墙面及框景等作用。什锦窗形式丰富多样，图形多采自生活中常见的器物或图案化了的果实、花卉等，如玉盏、玉壶、花瓶、扇面、寿桃、柿子、石榴、卷书、银锭、五方、六方、双环、套方等（见图 31-70）。

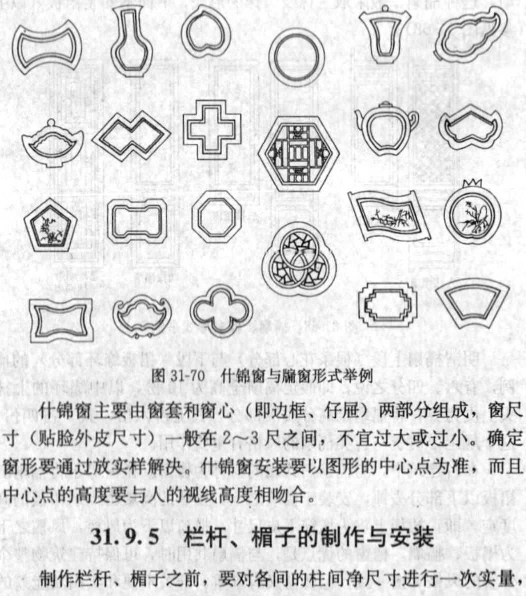

图 31-70　什锦窗与牖窗形式举例

什锦窗主要由窗套和窗心（即边框、仔屉）两部分组成，窗尺寸（贴脸外皮尺寸）一般在 2～3 尺之间，不宜过大或过小。确定窗形要通过放实样解决。什锦窗安装要以图形的中心点为准，而且中心点的高度要与人的视线高度相吻合。

31.9.5　栏杆、楣子的制作与安装

制作栏杆、楣子之前，要对各间的柱间净尺寸进行一次实量，掌握实际尺寸与设计尺寸之间的误差，制作时可根据实际情况适当调整尺寸。

在通常情况下，是将栏杆、楣子做好后整体安装。但有时为了安装时操作方便，也可做成半成品。比如，寻杖栏杆的望柱与建筑物檐柱间相结合的面是凹弧形面，安装时需要砍抱豁（如安装抱框那样）。为操作方便，在制作栏杆时，横枋与望柱之间榫卯入位时可先不要抹鳔胶。将栏杆的半成品运抵现场后，用长木杆掐量柱间实际尺寸画在栏杆上，以确定望柱外侧抱豁砍斫的深度。然后将望柱退下来，进行砍抱豁剔溜销槽等工序的操作，然后再抹鳔胶，将望柱与栏杆组装在一起，在柱子对应位置钉上（或栽上）溜销，用上起下落法安装入位。

楣子与柱子接触面较小，不用此法，可直接掐量尺寸，过画到楣子上，稍加刨砍整修，即可安装。

安装所有栏杆、楣子都必须拉通线，按线安装，使各间栏杆（或楣子）的高低出进都要跟线，不允许出现高低不平、出进不齐的现象。

寻杖栏杆及其构造（图 31-71）。倒挂楣子和坐凳楣子（图 31-72）。

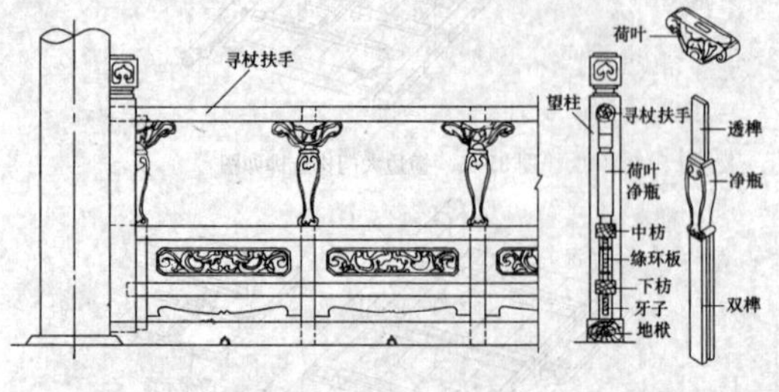

图 31-71　寻杖栏杆及其构造

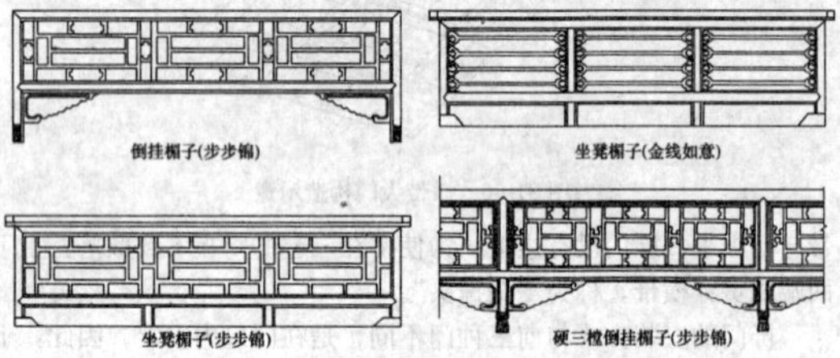

图 31-72　倒挂楣子和坐凳楣子

31.9.6　花罩、碧纱橱

1. 花罩、碧纱橱的种类和功用

花罩、碧纱橱是古建筑室内装修的重要组成部分，主要用来分隔室内空间，并有很强的装饰功能。由于花罩、碧纱橱做工十分讲究，集各种艺术、技术于一身，又成为室内重要的艺术装饰品。

古建木装修中的花罩有几腿罩、落地罩、落地花罩、栏杆罩、炕罩等，其中落地罩当中又有不同的形式，常见者有圆光罩八角罩以及一般形式的落地罩，各种花罩除炕罩外，通常都安装于居室进深方向柱间，起分间的作用，造成室内明、次、梢各间，既有联系，又有分隔的空间气氛。

几腿罩：由槛框、花罩、横陂等部分组成，其特点是整组罩子仅有两根腿子（抱框），腿子与上槛、挂空槛组成几案形框架，两根抱框恰似几案的两条腿，安装在挂空槛下的花罩，横贯两抱框之间，挂空槛下也可只安装花牙子。几腿罩通常用于进深不大的房间（图 31-73）。

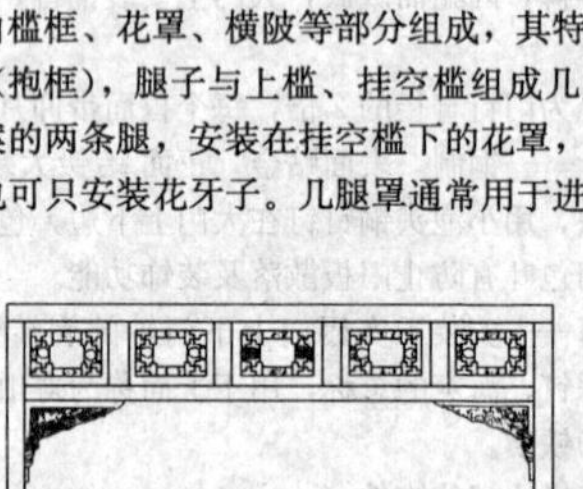

图 31-73　几腿罩

栏杆罩：主要由槛框、大小花罩、横陂、栏杆等部分组成，整组罩子有 4 根落地的边框，两根抱框、两根立框，在立面上划分出中间为主、两边为次的三开间的形式。中间部分形式同几腿罩，两边的空间，上安花罩、下安栏杆（一般做成寻杖栏杆形式），称为栏杆罩。这种花罩多用于进深较大的房间。整组罩子分为三樘，可避免因跨度过大造成的空旷感觉，在两侧加立框装栏杆，也便于室内其他家具陈设的放置（图 31-74）。

落地罩：形式略同于栏杆罩，但无中间的立框栏杆，两侧各安装一扇隔扇，隔扇下置须弥墩（图 31-75）。

图 31-74 栏杆罩

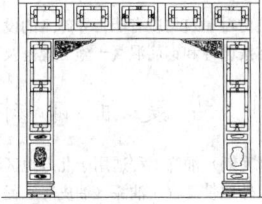

图 31-75 落地罩

落地花罩：形式略同几腿罩，不同之处：安置于挂空槛之下的花罩沿抱框向下延伸，落在下面的须弥墩上（图 31-76）。这种形式较之几腿罩和一般落地罩更加豪华富丽。

炕罩，又称床罩，是专门安置在床榻前面的花罩，形式同一般落地罩，贴床榻外皮安在面宽方向，内侧挂软帘。室内顶棚高者，床罩之上还要加顶盖，在四周做毗卢帽一类装饰（图 31-77）。

图 31-76 落地花罩

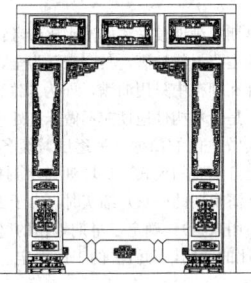

图 31-77 床罩

花罩中的另一类，是圆光罩和八角罩，其功能、构造与上述各种花罩略有区别。这种罩是在进深柱间作满装修，中间留圆形或八角形门，使相邻两间分隔开来（图 31-78）。

图 31-78 圆光罩
(a) 圆光罩；(b) 八角罩

碧纱橱，是安装于室内的槅扇，通常用于进深方向柱间，起分隔空间的作用。碧纱橱主要由槛框（包括抱框、上、中、下槛）、槅扇、横陂等部分组成，每樘碧纱橱由六至十二扇槅扇组成。除两扇能开启外，其余均为固定扇。在开启的两扇隔扇外侧安帘架，上安帘子钩，可挂门帘。碧纱橱槅扇的裙板、绦环上做各种精细的雕刻，仔屉为夹樘做法（俗称两面夹纱），上面绘制花鸟草虫、人物故事等精美的绘画或题写诗词歌赋，装饰性极强（图 31-79）。

图 31-79 碧纱橱

2. 花罩、碧纱橱的构造、做法及拆安

室内花罩、碧纱橱都是可以任意拆安移动的装修。因此。它的构造、做法须符合这种构造要求。

花罩、碧纱橱的边框榫卯做法，略同外檐的隔扇槛框，横槛与柱子之间用倒退榫或溜销榫，抱框与柱间用挂销或溜销安装，以便于拆安移动。花罩本身是由大边和花罩心两部分组成的，花罩心由1.5～2寸厚的优质木板（常见者有红木、花梨、楠木、楸木等）雕刻而成，周围留出仔边，仔边上做头缝榫或栽销与边框结合在一起。包括边框在内的整个花罩，安装于槛框内时也是凭销子榫结合的，通常做法是在横边上栽销，在挂空槛对应位置凿做销子眼，立边下端，安装带装饰的木销，穿透立边，将花罩销在槛框上。拆除时，只要拔下两立边上的插销，就可将花罩取下。

栏杆罩下面的栏杆，也凭销子榫安装。通常是在栏杆两条立边的外侧面打槽，在抱框及立框上钉溜销，以上起下落的方法安装（图 31-80）。

碧纱橱的固定隔扇与槛框之间，也凭销子榫结合在一起。常采用的做法是，在槅扇上、下抹头外侧打槽，在挂空槛和下槛的对应部分通长钉溜销，安装时，将槅扇沿溜销一扇一扇推入。在每扇与每扇之间，立边上也栽做销子榫，每根立边栽2～3个，可增强碧纱橱的整体性，并可防止槅扇边梃年久走形。也可在边梃上端做出销子榫安装（图 31-81）。

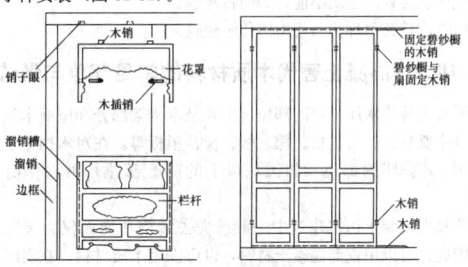

图 31-80 花罩的榫卯构造　图 31-81 碧纱橱的构造及拆装示意

清式木装修各件权衡见表 31-53。

清式木装修各件权衡表　　　表 31-53

构件名称	宽（看面）	厚（进深）	长	备注
下槛	0.8D	0.3D	面宽减柱径	
中槛挂空槛	0.66D	0.3D	面宽减柱径	
上槛	0.5D	0.3D	面宽减柱径	

续表

构件名称	宽（看面）	厚（进深）	长	备注
风槛	0.5D	0.3D	面宽减柱径	
抱槛	0.66D	0.3D	面宽减柱径	
门框	0.66~0.8D	0.3D		
间框	0.66D			支摘窗间框
门头枋	0.5D			
门头板		0.1D		
楣板	1.5D	3/8D	随面宽	
连槛	0.4D	0.2D		
门簪	径按4/5中槛宽	头长为1/7门口宽	头长＋中槛厚＋连槛宽＋出榫长	
门枕	0.8D	0.4D	2D	
荷叶墩	3倍隔扇框宽	1.5倍边梃深厚	2倍边梃看面	
槅扇边梃	1/10隔扇宽或1/5D	1.5倍看面或3/10D		
槅扇抹头	1/10隔扇宽或1/5D	1.5倍看面或3/10D		
仔边	2/3边梃看面	2/3边梃进深		
棂条	4/5仔边看面6分（1.8cm）	9/10仔边进深8分（2.4cm）		指菱花棂指普通棂条
绦环板	2倍边抹宽	1/3边梃宽		
裙板	0.8扇宽	1/3边梃宽		
花（隔）心			3/5隔扇高	
帘架心			4/5隔扇高	
大门边抹	0.4D	0.7看面宽		用于实榻门、攒边门

注：D为柱径。

31.10 钢筋混凝土仿古建筑

31.10.1 释　义

钢筋混凝土仿古建筑，指的是用钢筋混凝土材料代替木质材料，按古代建筑的形制、尺寸、权衡、比例和外型、色彩建造的仿古建筑。其余，仅求形似，不求神似，仅在檐口、瓦面等处点缀一些古代建筑元素的建筑不能称为仿古建筑。

仿古建筑又可称为当代中国传统建筑。

31.10.2 混凝土替代木质材料的常见部位与做法

混凝土替代木质材料的部位，主要是木构架部分和屋面木基层部分，主要有柱、梁、枋、檩、板、椽、望板等。在对木构建筑的仿建中，不露明的部位（如天花以上的隐蔽部位）可以作简化处理。

斗栱在混凝土仿古建筑中一般已失去结构功能而仅为装饰构件。因此，可以用钢筋混凝土材料，也可以用木质材料。在实际操作中还有用钢板焊制或用玻璃钢材料的，但比较少见。

门窗及其他外檐木装修（如楣子、栏杆、雀替等），则大多仍采用木质材料。近年，也有用塑钢、断桥铝等现代材料仿制古建木门窗的做法。

31.10.3 钢筋混凝土仿古建筑的要义、规范和标准

钢筋混凝土仿古建筑是用钢筋混凝土材料建造的中国传统建筑，它的要义是忠实于传统建筑的形制、尺寸、权衡、比例和外形色彩。应当是高仿、精仿，而不是粗仿、滥仿。钢筋混凝土仿古建

筑从设计开始就必须精细到位，有好的设计才能有好的作品。

钢筋混凝土仿古建筑，凡采用钢筋混凝土材料的部分，其外形要按古建筑的形制、尺寸、权衡、比例和外形；其施工工艺应按照钢筋混凝土构件的施工工艺和要求，执行非标准构件的工艺操作程序和标准，钢筋混凝土仿古建筑的质量标准，应当是木结构外形质量标准和混凝土施工质量标准的综合。

凡钢筋混凝土构件与木构件结合部位（如木质斗栱与混凝土部位的结合，木质槛框与混凝土柱、梁的结合，以及木质屋面木基层与钢筋混凝土主框架的结合等），要确保预埋钢件的牢固和安装位置的准确。

凡钢筋混凝土仿古建筑均应有能指导施工的设计图纸，施工过程的实现应当严格按设计和钢筋混凝土施工规范及质量标准进行。

31.11 古建油饰材料

古建传统（清晚期）油饰工程适用于北方地区清官式文物建筑和仿古建筑的室内外地仗工程、油漆（油皮）工程、饰金工程、烫蜡擦软蜡工程、一般大漆工程、粉刷工程等，其中地仗工程的众霸胶溶性单披灰地仗适用于南北方仿古建筑的混凝土面施工。

31.11.1 地仗油水比的确定和要求

（1）传统地仗常用油水比：有两油一水、一个半油一水、一油一水等配比，是地仗施工的主要胶粘剂，即"油满"。油满的油水比是以灰油与石灰水比（曾以灰油与白坯满比），油满的作用见31.11.2古建和仿古建常用地仗材料，油满的油水比，见表31-57。

以前，在古建筑地仗工程施工中曾用两种油水比，为平衡上下架大木油漆彩画的使用周期性，上架大木、椽望、斗栱等部位用一油一水，下架大木因易受风吹雨打、日晒的侵蚀则用一个半油一水，但上架的山花、博缝、连檐瓦口、椽头、挂檐板等部位同样易受侵蚀。因此，油水比按下架大木油水比要求，这是以前地仗施工曾分上下架的原因之一。

（2）地仗工程施工油水比的要求：油灰地仗做法确定之后，依据国家定额（北京地区）、施工规范、文物工程要求，地仗施工的油水比确定为一个半油一水，能满足地仗工程施工进度和质量的要求。因此，作为地仗工程施工的固定油水比（打油满）模式。做净满地仗和其他地区地仗工程施工的油水比，应以设计要求为准或符合地区的要求。

（3）清代中早期净满地仗做法的油水比参考：北京地区清代官式建筑地仗施工的主要材料油满，其"满"为全，是指材料已下齐全，在粗灰、使麻和糊布中只用油满，即为"净满"，其"净"为纯，指不掺料，是新木构地仗前不做斧迹处理和旧地仗油皮上通过斧痕处理继续做地仗的依据。为逐层减缓各遍灰层的不同强度，采用了不固定打油满的模式，从增油撤水到撤油增水的配比，逐层减缓；而在（清晚期的中灰）细灰时，由于工艺的要求掺入了血料（官书扣制不用血料），确定了早期地仗的坚固耐久（明代无麻层）。清代油水比的使用，随做法的工序而定，即为不固定油水比，参考如下：

1）两麻一布七灰的油水比是：捉缝灰、通灰、使麻、压麻灰为两油一水，使二道麻、压麻灰为一个半油一水，糊布、压布灰为一油一水，中灰、细灰为一油两水，细灰掺入血料，拨浆灰以血料为主，为打油满4种。

2）一麻一布六灰的油水比是：捉缝灰、通灰、使麻、压麻灰为一个半油一水，糊布、压布灰为一油一水，中灰、细灰为一油两水，细灰掺入血料，拨浆灰以血料为主，为打油满3种。

3）两麻六灰的油水比是：捉缝灰、通灰、使麻、压麻灰为一个半油一水，使二道麻、压麻灰为一油一水，中灰、细灰为一油两水，细灰掺入血料，拨浆灰以血料为主，为打油满3种。

4）一麻五灰的油水比是：捉缝灰、通灰为一个半油一水，使麻、压麻灰为一油一水，中灰、细灰为一油两水，细灰掺入血料，拨浆灰以血料为主，为打油满3种。

5）一麻三灰的油水比（可用于连檐瓦口）是：捉缝灰、使麻为一油一水，中灰、细灰为一油两水，细灰掺入血料，为打油满

2 种。

6) 三道灰的油水比是：捉缝灰为一油一水，中灰、细灰为一油两水，中灰不掺或少掺血料，细灰掺入血料，为打油满 2 种。二道灰的油水比为打油满 1 种。

(4) 恢复清代的净满地仗做法时，应采用传统不固定的油水比（打油满）模式。

31.11.2 古建和仿古建常用地仗材料及用途

1. 生桐油（俗称生油）

为干性油，目测外观清澈透明，为棕黄色，鼻闻清香，其折光指数（25℃）1.5165，酸值 8（不高于），碘指 163（不低于），相对密度（15.5℃/15.5℃）0.9400～0.9430，用检测达到二级以上，无混入其他油类的纯生桐油，无杂质及其他异味。钻油前，其干燥速度试验符合要求后再使用。冬季施工，生桐油的存放环境温度不得低于 5℃，不得用"睡了"（凝固）的生桐油，应待生桐油"苏醒"（自然溶化）后再用，用于操油、钻生桐油、熬炼光油、灰油、金胶油。

2. 灰油

主要以调配地仗灰而得名。因此，称"灰油"。以生桐油为主按季节加土籽面、樟丹粉熬炼制成。北京集贤血料厂等售货，地仗施工应按季节购用，进场观测外观深褐色，搅动检查有黏稠度和皮头，无杂质及其他异味。专用于打"油满"，作为配制地仗灰的主要胶粘剂。不得使用过嫩的（无皮头）和过老（皮头过大）的灰油。灰油易起皱，光泽差，灰油皮子在闷热高温天气受热易自燃。灰油熬炼的方法和季节配比见 31.11.3.1 和表 31-54。

3. 白面

普通食用白面，进场检查无杂质杂物及硬疙瘩以及受潮霉变，不宜用黏度（筋劲）大的面粉。料房的白面应堆放在架空的木板之上，防止受潮，码放整齐。用于打油满和打面胶糊纸作砖石成品保护。

4. 生石灰

有块状和粉状两种。要用块状生石灰，不得使用粉状熟石灰，经水溶解试验易粉化、温度高为合格。生石灰应存放在干燥的铁桶内。主要用于打油满和发血料及粉刷墙面。《清工部工程做法》按每用 5000kg 生桐油，2500kg 石灰块，2500kg 白面。

5. 石灰水

将生石灰块放入半截铁桶内，泼入清水，粉化后再加入清水搅匀，过 40/目细纱箩，即可用于打油满。要求石灰水的稠度按每150kg 灰油不宜少于 20kg 石灰块，以木棍搅动石灰水提出为实白色。要求石灰水的温度为 40℃左右或以手试蘸石灰水略高于手指温度，避免打的油满面油分离。

6. 油满

先用石灰水和白面烧结调制成"白坯满"，随继加入灰油的调制过程即称打"油满"。应根据工程进度随打随打，油满的表面要用盖水覆盖严实，不得存放过久。使用的油满内不得有结皮、长毛、发酵、发霉和硬块。净满地仗做法时灰层干燥慢、成本高、工期长、坚固延年。油满配合比见表 31-57。传统曾以一个容量的白坯满作为水，加入一个半容量的灰油，即为一个半油一水的"油满"。

7. 血料

(1) 用加工的纯鲜猪血和石灰水发制而成的熟血料，作为配制地仗灰的主要胶结材料之一。目测为暗紫红色，手捻有黏性，微有弹性，似软胶冻状或南豆腐状或嫩豆腐状，搅拌呈稠粥状。备用血料在夏季高温天气可存放一两日，要存放在阴凉通风处，否则，易变质泻成血料汤，甚至腐臭、发霉。不得使用或掺用血料渣、硬血料块及变质的血料汤。使用血料应随用随（发制）购，稀释的血料待回头（将血料放置时间长些泻软再用）后使用。在其他粗灰遍不得使用。发血料的方法见 31.11.3.2。

(2) 清真牛血料：加工发制方法、作用及特性基本同猪血料，因牛羊血料黏性差。为增加其黏性打油满为一个半油一水，调地仗灰采取粗中灰、使麻糊布增满撒料、细灰增油不撒料的调灰方法。清真油灰配比见 31.11.4.3。

8. 砖灰

以烧制的土质青砖、瓦为原料，呈灰色。要求干燥，不含酸、碱性和砂性，砖灰分粗、中、细三类七种规格，有楞籽灰、大籽灰、中籽灰、小籽灰、鱼籽灰、中灰、细灰。砖灰潮湿时，应晾晒干燥再用。料房存放的砖灰要按规格标识，分别码放在架空的木板上，防止受潮，以便应用。砖灰规格及级配见表 31-55、31-56。

9. 线麻

有人工梳理线麻和机制盘麻。用本色白微有黄头和微有光泽，并具有纤维拉力强的上等柔软线麻，手拉线麻丝不易拉断。不得使用过细（似麻绒）的机制线麻或拉力差、发霉的线麻。使用的线麻中不得有大麻披、麻秸、麻疙瘩、杂草、杂物、尘土以及变质麻。梳理线麻的方法见 31.11.3.3。

10. 夏布

使用以苎麻纤维织成的布，布丝柔软、清洁、布纹孔眼微大为佳，每厘米长度内以 10～18 根丝为宜，应根据使用部位使用薄厚（布丝粗细）的夏布。不得使用拉力差、发霉及跳丝破洞的夏布。

11. 熟桐油（光油）

为一般光油，呈浅棕黄色，清澈透明，无杂质，搅动检查有黏稠度。专用于调制细灰和调制石膏油腻子，使用时应过 40～60 目箩除去油皮子，不能用于配制颜料光油或罩油，凡有黏稠度的罩油易起皱时，均可用于调制细灰。不能掺用其他油料、稀料或含有其他油漆的光油。

12. 土籽面

土籽有豆粒状和块状，豆粒状为黑褐色，块状为褐色，是一种含有二氧化锰的矿石。用前将干燥的土籽粒，碾碎过 60 目箩成土籽面。一般常用粒状的土籽。采购的土籽面用时要干燥、颜色一致，无杂质、杂物。用于熬炼灰油、漆光地仗、配水色。

13. 樟丹粉

又名红丹、铅丹，目测呈橙红色，是一氧化铅和过氧化铅混合而成，催干能力比土籽缓慢。熬油时与土籽面配合使用。用时要干燥，无杂质、杂物。

14. 毛竹竿

使用毛竹应干燥宜粗不宜细，用于制作竹轧子、竹钉、竹扁、抿尺，不得用当年新毛竹。

15. 松香水

用汽油 200 号或无铅汽油，用于操底油的稀释，不得使用其他性质的稀释剂。

16. 防锈漆

有铁红防锈漆、红丹防锈漆、樟丹油、锌黄防锈漆、醇酸铁红底漆等，用于预埋钢连接件或钢铁构件表面防锈，使用前要搅匀，涂刷后的涂膜薄厚要均匀亮度适宜，涂刷后 10 天内做地仗，有较好的防锈性能。

17. 镀锌白铁、马口铁

用于制作各种大小类型轧子，厚度要求 0.5mm、0.75mm、1mm 不等。应根据轧线规格尺寸选用薄网纸厚度，以防轧线变形。

18. 混凝土基层面胶溶性地仗主要材料

(1) 氯化锌和硫酸锌溶液：用于混凝土基层含水率微偏高需施工时，通过防潮湿处理后进行施工，方法可采用 15%～20%浓度的硫酸锌或氯化锌溶液涂刷数遍，待干燥后除去盐碱等析出物可地仗施工。也可用 15%的醋酸或 5%浓度的盐酸溶液进行中和处理，再用清水冲洗净，待干燥后再施工。

(2) 界面剂：众霸-Ⅱ型为界面剂，具有渗透性，能充分浸润基层材料表面，防止空鼓，增加粘接性能。使用时应有产品合格证书。作用如同混凝土基层面做传统油灰地仗的刷稀底油。

(3) 胶粘剂：众霸-Ⅰ型胶粘剂的粘接性能强，加入 791 胶作为混合胶粘剂，配合比为 2∶1，如 791 胶达不到操作（和易性和可塑性）要求时，以众霸Ⅱ型代替，配合比均可 1∶1，使用时应有产品合格证书。

(4) 其他胶粘剂：胶溶性单披灰地仗表面做溶剂型涂料，其地仗的中灰层、细灰层用聚醋酸乙烯乳胶液时，外檐应用外用乳液，不能用 10℃以下的冷水稀释。羧甲基纤维素溶液浓度为 5%，为提高灰层强度应适量加入光油（熟桐油）。

（5）填充料：用强度等级 32.5 以上普通硅酸盐水泥、籽灰、鱼籽灰、中灰，可根据混凝土基层面缺陷的具体情况选用砖灰粒径。其地仗表面选用溶剂型涂料时，面灰主要以中、细灰为填充料。

31.11.3 地仗材料的加工方法及配制

31.11.3.1 熬制灰油的方法

1. 灰油的熬制

应根据春秋两季配合比和"冬加土籽、夏加丹"的技术要点熬炼灰油。

熬炼方法：先将土籽面和章丹粉同时放入锅内炒之去潮，呈开锅冒泡状，待颜色变深潮气全部消失后，再倒入生桐油加火继续熬，用长把的铁勺随时搅拌扬油放烟，油开锅前至颜色由黄中偏红色变驼色至黑褐色时，油温不得超过 180 度，即可试油，试成熟后撇沫出锅，继续扬油放烟冷却待用。熬灰油季节配合比见表 31-54

2. 试油方法

将油滴入冷水碗中，成油珠不散，下沉水底而慢慢返回水面，即可撤火，以有充分出锅时间，如油珠不再返回水面，应立即撤火出锅。

熬灰油季节配合比（重量比）　　表 31-54

季 节	材 料		
	生桐油	土籽面	樟丹
春、秋季	100	7	4
夏季	100	6	5
冬季	100	8	3

3. 熬制灰油注意事项

（1）地仗施工如需熬制灰油时，应经有关部门批准，应远离建筑物和火源并备有个人安全用具（手套、围裙、护袜）和防火设备（如铁锹、铁板、砂子、潮湿麻袋、灭火器材等），方可熬制。

（2）熬制灰油时，放入锅内的土籽面和樟丹粉应炒至潮气全部消失，以防炸响、出沫油溢锅着火；应掌握生桐油的含水率，入锅要少量，灶锅附近应备有凉生桐油（冷油），预防熬油溢锅着火；油开锅后应随时搅拌扬油放烟和观察油的颜色，及时试油以防整锅油暴聚造成经济损失。

（3）夏季熬制灰油每次灰油出锅后，清理洗刷锅内的灰油皮子要随时清除、妥善处理，以防高温天气受热自燃。

31.11.3.2 发血料的方法

先用碎藤瓢子或干稻草揉搓鲜生猪血，将血块、血丝揉搓成稀粥状血浆后，加入适量的清水搅动均匀基本同原血浆稠度，另过箩于干净铁桶内去掉杂质。在稀释适度的血浆内，进行点 4%～7% 的温度和稠度适宜的石灰水，并随点随用木棍顺一个方向轻轻搅动均匀，待两个小时左右凝聚成微有弹性的及黏性的熟血料，即可使用。

发血料注意事项：

（1）初次发血料先试验，根据血浆稀稠度掌握调整石灰水的温度和稠度及石灰水的加入量，试验成熟再批量发血料，并根据使用要求发制调粗灰的血料和调细灰的血料。

（2）发血料不得使用加过水（由深红色变浅红色）的和加盐（有咸味）的鲜生猪血，经加工（搅好的）的血浆加入清水控制在 15%～20%，血浆起泡沫时可滴入适量的豆油作消泡剂。

（3）目前鲜生猪血可用机械加工，在其他地区发血料应具备卫生条件及废弃物的处理条件。如在室内或搭棚封闭加工操作，废血水血渣可排入污水池。

31.11.3.3 梳理线麻的方法

1. 初截麻

梳麻前先打开麻捆，剁掉麻根部分，顺序拧紧，剁成肘麻（肘麻是指一肘长，即用手攥住麻头绕过肘部至肩膀的长度）为 700mm 左右长。

2. 梳麻

经初截麻后，在架子的合适高度拴个绳套，将肘麻搭在绳套

上，用左手攥住绳套部分的麻，右手拿麻梳子梳麻，将麻梳成细软的麻丝存放。

3. 截麻

梳麻后，需根据部位的具体情况（如柱、枋、隔扇）再进行截麻，部位面积较大时按原尺寸使用，部位面积较小时，可截短些。

4. 择麻

截麻后进行择麻，就是将梳麻中漏梳的大麻披和麻中的麻秸、麻疙瘩以及杂草等择掉，使麻达到干净无杂物。

5. 掸麻

麻择干净后，使用两根掸麻秆进行掸麻，用未挑麻的麻秆打挑麻的麻秆和麻，使麻达到干净、无杂物和尘土，再将麻摊顺成铺顺序码放在席上，足席卷捆待用。

梳麻注意事项：梳理线麻时应通风良好，并戴双层口罩，注意麻梳子扎手。

31.11.3.4 砖灰加工方法、规格及级配要求

砖灰用青砖、瓦经粉碎分别过筛后，达到不同规格的颗粒及粉末，使用砖灰前同种规格的砖灰，如有杂质或粒径不一致时，油料房要按目数过筛分类再用。砖灰的使用，即根据基层表面的缺陷大小来选用砖灰粒径，又依据部位的地仗做法及工序进行砖灰级配，不可忽视。选用砖灰的规格和级配见表 31-55、表 31-56。

砖 灰 规 格　　表 31-55

规格\类别	细灰	中灰	粗 灰				楞籽孔径（mm）
			鱼籽	小籽	中籽	大籽	
目数	80	40	24	20	16	10～12	
粒径（mm）			0.6～0.8	1.2	1.6	2.2～2.4	3～5

注：1. 目数为平方英寸的数。
　　2. 粒径约控制在表内范围（参考数）。

砖 灰 级 配　　表 31-56

灰 遍		砖 灰 级 配			
1	捉缝灰、衬垫灰、通灰	大籽 45%	小籽 15%	鱼籽 10%	中灰 30%
2	第一道压麻灰	中籽 50%	小籽 10%	鱼籽 10%	中灰 30%
3	第二道压麻灰、填槽灰	小籽 30%		鱼籽 40%	中灰 30%
4	压布灰、填槽灰	鱼籽 60%			中灰 40%
5	轧鱼籽中灰线	鱼籽 40%			中灰 60%
6	中灰	鱼籽 20%			中灰 80%

注：此表为两麻一布七灰做法的砖灰级配参考数。一麻五灰做法的捉缝灰、衬垫灰、通灰的级配参考表中，第一道压麻灰的数据，一麻五灰做法的压麻灰和填槽灰的级配，及三道灰做法的捉缝灰级配参考表中第二道压麻灰的数据。在地仗工程施工中，应根据基层面的实际情况及各部位地仗做法及工序，掌握好砖灰级配，使地仗灰层收缩率小，避免灰面粗糙和龟裂纹、增强密实度。

31.11.3.5 打油满的方法及要求

（1）地仗工程施工的油满油水比为一个半油一水，作为地仗工程施工打油满配合比固定模式的依据，文物和设计另有要求应符合文物和设计要求，不得随意撤油增水或增油撤水，不得反，不得胡掺乱兑。打油满的重量比和容量比见表 31-57。

打油满材料配合比　　表 31-57

灰 油		石 灰 水		白 面	
重量比	容量比	重量比	容量比	重量比	容量比
150	1.5	100	1	67～75	1

注：1. 打油满的底水和盖水应使用配合比之内的石灰水，不得使用配合比之外的石灰水。
　　2. 人工或机械打油满时，每 150kg 灰油其白面用量应控制在 67～75kg。

（2）配制油满：

1）调制石灰水：按每 150kg 灰油，不少于 20kg 石灰块，将生石灰块放入半截铁桶内，泼入清水，粉化后再加入清水搅匀，过 40/目铁纱箩即可。石灰水的稠度以木棍搅动石灰水提出全覆盖木

棍为实白色为宜，石灰水的温度40℃左右，或以手指试蘸石灰水略高于手指温度为宜，避免打的油满面油分离。

2) 打油满：先将底水倒入容器内，放入定量的白面粉，陆续加入稠度、温度适宜的石灰水，搅拌成糊状，无面疙瘩，颜色成淡黄色（即为白坯满）时，再加入定量的灰油搅拌均匀，即成"油满"，随之将油满表面倒入盖水待用。底水和盖水约各占配比的10%，打白坯满的石灰水约占配比的80%。

3) 打油满注意事项：

① 打油满应专人负责，严格按配比统一计量配制，不得随意撤油增水或增油撒水。用成品灰油或熬制的灰油在打油满前要搅匀过20/目铁筛，并将桶底沉淀的灰油中的土籽章丹收刮干净过筛，用于油满中。过筛的灰油皮子在阳光暴晒及夏季闷热高温天气受热易自燃，不得随便乱扔，必须随时清除并妥善处理，防止因发热自燃。

② 打油满的底水和盖水，不得使用配合比之外的石灰水，并要控制石灰水的温度和稠度防止油满面油分离。打油满要随用随打，特别是夏季要控制，防止油满结皮、长毛、发酵、发霉。

③ 灰油有皮头大小和老嫩之分，皮头大（老）的灰油虽不影响地仗质量，但在打油满时，费时、费力，甚至难以打成油满，如用此油满调地仗，人不进灰或不易入灰影响砖灰加入量，操作时达不到使用的要求而影响地仗质量。应在打油满前将10%~20%皮头大的和80%~90%皮头适合的灰油掺合调均匀后，再打油满。根据调匀的灰油情况还可适量减少白面的加入量，使油满的黏稠度满足调地仗灰的要求。皮头较小或没有皮头（嫩）的灰油，打成的油满调地仗灰黏接力差、干燥慢，操作时油灰发散、粘铁板、不起棱、掉灰粒等，直接影响到地仗的质量，应退回或回锅熬炼再使用。

31.11.4 地仗灰的调配要求及配合比

1. 地仗灰的（油灰和胶溶性灰）配制要求

油料房专职人员对进场材料应严格控制，不合格的材料不得进入材料房。严格按各部位的地仗做法进行配比调制，并符合表31-55、表31-56、表31-57、表31-58、表31-59、表31-60材料配比的要求，地仗灰配制时要根据工程进度随用随调，用多少，调配多少。调配油灰时，先将定量的油满和定量的血料倒入容器内搅拌均匀，然后按定量的砖灰级配分别加入，随加随搅拌均匀，无疙瘩灰即可。调配各种轧线灰和细灰应棒些，调配细灰应选用调细灰的血料（细灰料）和有黏稠度的光油。调配各种灰应满足和易性、可塑性和工艺质量的要求。在油料房存放的油灰表面要用湿麻袋片遮盖掩实，作好标识并按标识认真收发。

2. 地仗灰的调配及使用注意事项

(1) 配制地仗灰严禁使用长毛、发酵、发霉、结块的油满，不得使用和掺用血料渣、硬血料块、血料汤及其他不合格的材料。

(2) 材料房要保持整齐清洁，容器具要干净并备有灭火器材等。

(3) 操作者未经允许不得进入材料房随意材料调配，作业现场剩余的灰料应按标识及时送回材料房。

(4) 调配的材料运放在作业现场时，应作好标识，由使用者负责放适当位置避免曝晒、雨淋、坠杂物，油灰表面要湿麻袋片并保持湿度。用灰者应按标识随用，随平整，并随时遮盖掩实，保持灰桶内无杂物、洁净。操作者不得胡掺乱丢。

31.11.4.1 古建、仿古建木基层面麻布油灰地仗材料配合比

古建、仿古建木基层面底布油灰地仗材料配合比，见表31-58。

古建木基层面麻布油灰地仗材料配合比 　表 31-58

序号	材料类别	油满		血料		砖灰		光油		清水		生桐油		汽油	
		容量	重量	容量	重量	容量	重量	容量	重量	容量	重量	容量	重量	容量	重量
1	支油浆	1	0.88	1						8~12	8~12				

（续表）

序号	材料类别	油满		血料		砖灰		光油		清水		生桐油		汽油	
		容量	重量	容量	重量	容量	重量	容量	重量	容量	重量	容量	重量	容量	重量
2	木质风化水锈操油											1	1	2~4	1.5~3
3	捉缝灰	1	0.88	1	1	1.5	1.3								
4	衬垫	1	0.88	1	1	1.5	1.3								
5	通灰	1	0.88	1	1	1.5	1.3								
6	使麻浆	1	0.88	1.2	1.2										
7	压麻灰	1	0.88	1.2	1.2	2.3	2.0								
8	使麻浆	1	0.88	1.2	1.2										
9	压麻灰	1	0.88	1.2	1.2	2.3	2.0								
10	糊布浆	1	0.88	1.2	1.2										
11	压布灰	1	0.88	1.5	1.5	2.3	2.1								
12	轧中灰线	1	0.88	1.5	1.5	2.3	2.1								
13	槛框填槽灰	1	0.88	1.5	1.5	2.3	2.1								
14	中灰	1	0.88	1.8	1.8	3.2	2.9								
15	轧细灰线	1	0.88	10	10	40	37.8	2	2	2~3	2~3				
16	细灰	1	0.88	10	10	39	36.9	2	2	3~4	3~4				
17	潲生	1	0.88							1.2	1.2				

注：1. 此表以传统二麻一布七灰地仗做法材料配合比安排，其中第15、16项的油满比例不少于表中数据的10%时，其光油的比例改成3~4。

2. 凡一麻五灰地仗做法均可不执行表中第6、7、8、9项的配合比；如一麻五灰做法均可不执行表中第6、7、10、11项的配合比；如一麻一布六灰地仗做法均可不执行表中第6、7项的配合比；如二麻六灰地仗做法均可不执行表中第10、11项的配合比。

3. 木构件表面有木质风化现象，挠净松散木质后操油，应根据木质风化程度调整生桐油的稀稠度。

4. 凡一布四灰或四道灰糊布条地仗做法中采用压布的配合比需减少血料0.3的配比。压麻灰、压布灰、中灰在强度上为预防龟裂纹隐患，可减少血料0.2的配比。

31.11.4.2 古建、仿古建木基层面、混凝土面单披灰油灰地仗材料配合比

古建、仿古建木基层面、混凝土面单披灰地仗材料配合比，见表31-59。

古建木基层面、混凝土面单披灰油灰地仗材料配合比 　表 31-59

序号	材料类别	油满		血料		砖灰		光油		清水		生桐油		汽油	
		容量	重量	容量	重量	容量	重量	容量	重量	容量	重量	容量	重量	容量	重量
1	汁油浆	1	0.88	1	1					20	20				
2	木质风化水锈操油											1	1	2~4	1.5~3.5
3	混凝土面操油							1	1					3~4	2.5~4
4	捉缝灰	1	0.88	1	1	1.5	1.3								
5	衬垫	1	0.88	1	1	1.5	1.3								
6	通灰	1	0.88	1	1	1.5	1.3								

续表

序号	类别	油满		血料		砖灰		光油		清水		生桐油		汽油	
		容量	重量	容量	重量	容量	重量	容量	重量	容量	重量	容量	重量	容量	重量
7	轧中灰线	1	0.88	1.5	1.5	2.5	2.3								
8	槛框填槽灰	1	0.88	1.5	1.5	2.3	2.1								
9	中灰	1	0.88	1.8	1.8	3.2	2.9								
10	轧细灰线	1	0.88	10	10	40	37.8	2	2	2~3	2~3				
11	细灰	1	0.88	10	10	39	36.9	2	2	3~4	3~4				

注：1. 此表以传统四道灰地仗做法材料配合比安排，其中第10、11项的油满比例在上下架大木、门窗和连檐瓦口、椽头及风吹日晒雨淋的部位，不少于表中数据的10%时，其光油的比例改成3～4。

2. 凡三道灰地仗做法的配合比执行表中第8、9、11项的配合比，其三道灰的捉缝灰执行表第8项配合比。凡二道灰地仗做法的配合比执行表中第9、11项的配合比。

3. 凡椽望、斗栱、棚子、花活、窗屉等部位的细灰中均可不加入油满，其光油的比例不宜少于3，肘细灰时所用的细灰不得用使用中剩余的细灰做肘灰用。

4. 四道灰做法支流垫浆应符合表31-58的规定，其中灰可减少血料0.2的配比。

31.11.4.3 清真地仗工程油灰参考配合比

1. 麻布地仗油灰配合比

(1) 汁浆=油满：牛血料：清水=1.2：1：10

(2) 捉缝灰=油满：牛血料：砖灰=1.2：1：1.7

(3) 通灰=油满：牛血料：砖灰=1.2：1：1.7

(4) 头浆=油满：牛血料=1：1

(5) 压麻灰=油满：牛血料：砖灰=1：1.2：1.8（含填槽灰、压布灰）

(6) 中灰线=油满：牛血料：砖灰=1：1.2：2

(7) 中灰=油满：牛血料：砖灰=1：1.5：2.5

(8) 细灰=油满：牛血料：砖灰：光油：清水=1：10：39：4：适量

(9) 潲生=油满：清水=1：1

2. 四道灰地仗油灰配合比

(1) 汁浆=油满：牛血料：清水=1.2：1：10

(2) 捉缝灰=油满：牛血料：砖灰=1.2：1：1.7

(3) 通灰=油满：牛血料：砖灰=1.2：1：1.7

(4) 中灰=油满：牛血料：砖灰=1：1.5：2.5

(5) 细灰=油满：牛血料：砖灰：光油：清水=1：10：39：4：适量

3. 三道灰地仗油灰配合比

(1) 汁浆=油满：牛血料：清水=1：1：10

(2) 捉缝灰=油满：牛血料：砖灰=1：1.2：1.8

(3) 中灰=油满：牛血料：砖灰=1：1.5：2.5

(4) 细灰=油满：牛血料：砖灰：光油：清水=1：10：39：4：适量

4. 二道灰地仗油灰配合比

(1) 汁浆 =油满：牛血料：清水=1：1：15

(2) 捉中灰=油满：牛血料：砖灰=1：1.5：2.5

(3) 细灰 =油满：牛血料：砖灰：光油：清水=1：10：39：4：适量

注：1. 凡细灰配合比中的油满不得少于数据的10%。

2. 木件表面有水锈、槽朽（风化）操油比应为生桐油：汽油=1：1.5～3，操油的浓度（应根据木质水锈及槽朽（风化）程度调整）以干燥后，其表面既不结膜光亮，又要起到增加木质强度为准。

31.11.4.4 仿古建混凝土面、抹灰面众霸胶溶性单披灰地仗材料配合比

仿古建混凝土面、抹灰面众霸胶溶性
单披灰地仗材料配合比（重量） 表31-60

序号	类别	混合胶	众霸Ⅱ型界面剂	砖灰级配		水泥	纤维素溶液	乳液	光油	生桐油	汽油	清水
1	涂界面剂		1									0.5
2	捉缝灰	2		籽灰1	鱼籽1	3						
3	衬垫灰	2		籽灰1	鱼籽1	3						
4	通灰	2		鱼籽2		3						
5	操底油									1	4	
6	轧中灰线			鱼籽1.2	中灰2.5	2.5	1	0.6				
7	中灰			鱼籽1	中灰2.5	2.5	1	0.5				
8	轧细灰线			细灰5		2.5	1	0.5				
9	细灰			细灰4.8		2.5	1	0.5				

注：1. 此表主要适应于仿古建混凝土面众霸胶溶性四道地仗做法；三道做法则不进行第4项配比。

2. 凡外檐地仗施工应使用外用乳液调制。

3. 纤维素溶液的浓度为5%，无纤维素溶液可以混合胶代替，但配合比应经试验（和易性和可塑性）符合施工要求时，方可施工。

4. 本表的材料配合比，适应于边远地区仿古建混凝土面无血料、灰油、打油满的情况下施工。

5. 混合胶=众霸Ⅰ型胶粘剂：791胶=2：1。如791胶达不到操作（和易性和可塑性）要求时，可以众霸Ⅱ型代替，配合比均可1：1。

6. 表中水泥为普通硅酸盐水泥，强度等级42.5以上。

7. 表中第2、3、4项砖灰级配的籽灰粒径可根据基层面缺陷情况适当调整。

8. 为适应北京地区近代文物建筑混凝土面的施工，地仗表面做油漆彩画时，采用表中第1～5项，其中第6～9项中的材料配合比，应改用表31-59的第7～11项的材料配合比。

9. 仿古建木基层面的麻布油灰地仗材料配合比应参照表31-58的配合比。

31.11.5 古建和仿古建常用油漆材料及用途

(1) 光油

以桐油为主和苏子油熬炼、聚合，从中加入催干剂熬炼制成，为古建油饰的特制光油。分为净油、二八油、三七油、四六油等，是根据生桐油中加入苏子油的比例不同得名，浅棕黄色，清澈透明，较黏稠，光泽大，干燥时间基本同普通油基漆，耐磨、耐水、油膜弹性好、保光性和耐候性好。除用于罩光油外，还用于配制颜料光油和配制金胶油。耐磨性、光亮度不如加入松香的光油好，但油膜弹性稍差。

(2) 颜料光油

用光油和颜料以传统方法配制而成，是传统古建自制的油漆涂料，其品种有限，主要按所加颜料的名称和所配制的颜色命名的，适用于古建、仿古建的油饰。常用颜料光油有如下品种：

1) 樟丹油：除用于配制柿红油外，主要用于朱红油、二朱油的头道油和配制柿红油，除起底油、封闭、遮盖、防锈和节约面油外，主要起衬托面油的色彩作用，使银朱油或二朱油的色调明快、鲜艳。油饰牌楼时，涂饰两遍樟丹油后，既起底油作用，还起防锈作用。

2) 朱红油（银朱油）：以银朱和光油配制而成，串油的银朱颜

料颗粒要细，色彩鲜艳，没有杂质。传统用"正尚银珠"或"合和银珠"串油，用佛山银朱串油不多，出水串油的方法与章丹油相同。现多用上海银朱串油，但颜料不用开水浇沏泡，因颜料轻用煤油稀释研磨后串油，方法同广红土油。用于配制二朱油和古建筑的连檐瓦口、斗栱眼、垫板、花活地、匾托、霸王杠及御用建筑的盖斗板等油饰部位。

3) 二朱油：曾以二成银朱油和八成广红土油配制成二朱油，现多用八成银朱油和二成铁红油配制成二朱油，至今颜色尚无定制。据清《工程做法》中使三麻二布七灰和使二麻一布七灰的糙油、垫光油、朱红油饰，是以银朱、南片红土、红土及光油等配制成朱红油饰，其做法颜色比后做法艳，相当于银朱油∶广红土油=5∶4。按现今颜料配二朱油即银朱油∶铁红油约=5∶2.5～3，适用于御用建筑的朱红油饰部位。

4) 广红土油（红土子油）：传统以南片红土、红土颜料配制广红土油，现以氧化铁红颜料配制铁红油取代广红土油，但色暗发紫。广红土油耐晒、遮盖力强、不易褪色，色彩稳定适用于古建、仿古建的油饰。

5) 柿红油：以红土子油加入适量的章丹油配制而成，比广红土油鲜艳。适用于古建、仿古建的油饰。清代工程做法中记载有柿黄油，以光油、栀子、槐子、南片红土调配而成。

6) 洋绿油：清早期用大绿油和瓜皮绿油，清晚期曾用鸡牌绿油。现多用巴黎绿油或用氧化铁绿油或用两绿合一配成。多用于古建、仿古建的飞头、椽肚、屏门、梅花柱子、坐凳油饰、窗屉、绿圆柱子等。

7) 黑烟子油：适用于小式建筑的筒子门和做黑红镜油饰。黑色面积大时加少许广红土油。

8) 墨绿油：以绿油为主加少许黑烟子油调配而成，适用于小式建筑及铺面房。

9) 定粉油：传统以中国粉研细配制定粉油，因以木箱包装，油画作均以原箱粉与光油配制，适用于古建、仿古建的内檐油饰和配色，如瓦灰色，用于黑烟子油的头道油。

10) 米黄油：以中国粉配制的定粉油和黄丹油（金黄油）调配而成。清代工程做法中记载以光油、定粉、彩黄、淘丹、青粉调配而成，适用于小式建筑的室内。

11) 紫油：以朱红油为主（清中早期加黑油）加佛青油和少许黄丹油调配而成，适用于小式建筑。

12) 香色油：以黄油为主（早期用采黄加青粉、土子）加白油和少许蓝油调配而成，适用于小式建筑。

13) 羊肝色油：以广红土油为主（铁红油需加少许朱红油）加黑烟子油调配而成，适用于小式建筑。

14) 荔（栗）色油：以广红土油为主加适量黑烟子油和黄丹油调配而成，适用于小式建筑。

15) 瓦灰油：以定粉油为主加少许黑烟子油调配而成，适用于小式建筑及铺面房。

(3) 古建油饰常用颜料品种较多，串油颜料多用矿物颜料，不溶于水、溶剂，具有较好的化学稳定性和物理性能。耐晒、耐磨、遮盖力强，附着力强。

1) 樟丹（又名红丹、铅丹）（Pb_3O_4）呈橙红色，结晶形粉，质细，密度较大，是铅的氧化物，具有耐碱性，但在酸中易溶解，防锈、防腐、化学稳定性好，配成的油附着力强，易干燥，使用前需用开水浇沏几遍，将其所含的硝质杂物冲净研细后，方可配制樟丹油使用。可用它调配防锈涂料。操作后要洗手，以防铅中毒。

2) 银珠：又名艰朱、朱磦、汞朱，朱磦是鲜红色粉末。"合和银珠"和"正尚银珠"，以"正尚银珠"为上品。为提炼后的三氧化二铁细粉。其色随制造条件不同而变动，于橙光红到蓝光红及紫光红之间，色变的原因由其分子颗粒形状不同的缘故，有较好的化学稳定性，在日光、大气及酸碱类作用下都很稳定。只有在浓酸中加热浸泡时才能把它溶解，其遮盖力及着色性都很强。有块状和粉状两种，质轻色发红，击碎后擦角尖锐有光亮者为上品。串油前，须用清水浸泡研细后除去杂质，现用上海银朱串油。

3) 广红土：有南片红土、红土、铁红、铁丹、铁朱、印度红等品种，前两者最佳，是天然红土，色正，附着力强，还具有耐

晒、遮盖力强、不褪色等特点，用途广泛，是配制广红土油的颜料。红土子又是刷红墙的原料，但红土着色力差，色彩较灰暗。

4) 洋绿（氧化铬绿）：又名巴黎绿，是化学性质不活泼的矿物颜料，在酸碱和硫化物的作用下都不起变化。它具有耐光照、耐高温、耐氧化的特性。洋绿（氧化铬）可以和颜料及胶粘剂（光油、水胶和乳液）相混合。用手试之，如捻细砂，用水浸泡沉淀后，水仍澄清而无绿色，水清者为上品；次者体轻、颗粒如粉、色浅略呈黄或蓝黑色，说明内含杂质较多为矾类。串油前须用清水浸泡研细后除去杂质。洋绿具有毒性，在研磨出水和操作时要洗手，以防中毒。

5) 氧化铁红（Fe_3O_4）：有天然和人造两种，遮盖力和着色力都很强，有良好的耐光、耐高温、耐大气和污浊气体及耐碱性能，并能抵抗紫外线的侵蚀。是配制铁红油的颜料，又是粉刷中较好及最经济的红色颜料。由于色头原因，古建、仿古建不宜使用色头偏黄和色头偏紫的氧化铁红。

6) 中国粉：（即为铅粉）多产在广东韶州故名韶粉，俗名胡粉，适用于配制定粉油的颜料。原箱粉为好的定粉，块粉各半，色白，手捻时发涩，粉不挂手，味酸，适用配制定粉油的颜料，也是彩画施工不可缺少的颜料。

7) 铅粉：（天字古塔牌）又名中国粉、白铅粉、铅白粉、定儿粉，适用于配制定粉油的颜料，原箱粉为好的定粉块粉各半，色白，手捻时发涩，粉不挂手，味酸，适用配制定粉油的颜料，也是彩画施工不可缺少的颜料。

8) 碳黑（烟子）：是有机物燃烧后的产物，俗名烟子。一般用木柴煅烧的是在氧化不足的情况下得到的，质轻应用酒精配兑，适用于配制黑烟子油的颜料，也是彩画施工不可缺少的颜料。

9) 土粉子：土黄色，比大白粉体重；用于调配血料腻子，干后收缩性小。施工中无土粉子时，可用大白粉代替，但不得使用滑石粉。

10) 石黄：又名雄黄、雌黄，为三硫化砷，因成分纯杂不同，色彩随之有深浅，古人称发深红而结晶者为雄黄，其色正黄，不甚结晶者为雌黄。《本草纲目》有雌黄，即石黄之载，色彩纯正，细腻，遮盖力强。用于串黄油，可兑入微量樟丹和清漆工程调色。

11) 生石膏粉：主要用于调配光油石膏腻子，可兑入微量大白粉使油石膏腻子细腻。

12) 混色油漆（溶剂型）：仿古建和古建室内装修的油饰，选择外用长油度和通用中油度的醇酸油漆，常用品种有各色醇酸磁漆，各色醇酸调合漆，铁红地板漆。常用颜色有朱红、铁红、绿色、中黄、白色、黑色、蓝色等，其品种性能等参见涂料工程。

(4) 硝基磁漆、底漆：常用颜色为黑硝基磁漆，用于牌匾做硝基漆磨退，仿大漆效果。

(5) 稀释剂：用于调整涂料施工黏度，以利施工操作符合施工要求，达到涂层表面平整、光亮、光滑的目的，且不可多加。

1) ×6醇酸稀料：用于作稀释醇酸成膜物质的各种长、中油度醇酸漆。

2) 松香水（汽油）、松节油、无铅汽油：起稀释作用，用于操底油及调整油漆施工粘度。

3) 煤油：用于稀释上海银朱便于研磨后配制银朱油和用于磨退工艺。

4) 白酒或酒精：用于配制黑烟子油。

5) ×20硝基漆稀释剂：防白性比×1好，主要用于牌匾做硝基漆稀释。

(6) 催干剂：又名干燥剂，有固体和液体两种，是一种能够促使可氧化的漆料加速干燥的物质，对干性漆膜的吸氧、聚合作用，能起一种类似催化剂促进作用。用量应按要求和配合比加入。否则，就会产生外干里不干，引起返粘、皱皮、易使漆膜老化。

1) 土籽：为最古老的催干剂，有粒状和块状，豆粒状为黑褐色，块状为褐色，熬炼光油一般常用粒状，是一种含有二氧化锰的矿石，是氧化和聚合作用同时进行的一种催干剂，氧化作用稍强于聚合作用，其表干的活性和透干性都较强，仍需加入其他催干剂配合使用。干后油膜较硬而脆，色深容易发黄，不宜使在白漆中。

2) 黄丹粉：成分属一氧化铅。为铅催干剂主要是促进聚合反

应，使油膜表面和内层同时干燥，油膜干后柔韧，可伸缩，经久性和耐候性好。熬炼桐油内加入黄丹粉除起催干作用外，还能使脏物坠底，改变油质颜色，增加美观效果，可串黄油用，清代称金黄油。

(6) 古干料：液体催干剂是钴、铅和锰催干剂的混合液体，使用量不得超过漆重量的 0.5%。如冬季、低温或阴雨天施工，或油漆贮存过久催干性能减退时，补加催干剂的用量不得超过漆重量的 0.7%~1%。

(7) 砂布、砂纸：用于磨腻子、磨油皮，有 1/2 号、1 号、11/2 号。

(8) 水砂纸：用于油漆的磨光和磨退工艺。有 200 号、220 号、240 号、260 号、280 号、300 号、320 号、340 号、360 号、380 号、400 号等。

(9) 密陀僧与松香：陀僧是清代熬光油所下材料之一，因市场缺（无）货，长时期熬光油已不下陀僧。松香用于熬制罩光油能提高油膜硬度和耐磨性及光泽，因底层颜料光油的油膜软而面层罩光油的油膜硬，数年后背阴处的面层油膜易出现龟裂纹、蛤蟆斑。

(10) 原子灰腻子：干燥快和附着力好，可用于仿古建醇酸油漆复找腻子。

(11) 川蜡、黄蜡（蜂蜡）、砂蜡、软蜡（上光蜡）、地板蜡：川蜡、黄蜡用于烫蜡；砂蜡、软蜡用于清色活工艺及磨退工艺；地板蜡用于地板养护。

(12) 木炭：传统主要用于楠木古建筑、匾面烫蜡。

(13) 其他材料见 31.11.1 和参见涂饰工程。

31.11.6　传统油漆的加工方法及配制

(1) 熬光油：

光油：以桐油为主和苏子油熬炼、聚合、加入催干剂制成。分为净油、二八油、三七油、四六油等，是根据生桐油中加入苏子油的比例不同而得名，浅棕黄色，清澈透明，较黏稠，比一般清油光泽大，干燥快、耐磨、耐水、漆膜坚韧、保光性和耐候性相近，适用于配制颜料光油和罩光油。

熬光油用生桐油、苏子油、土籽、黄丹粉、定粉材料，配合比见表 31-61。做罩光油另加松香。熬制前要把土籽、黄丹粉、研细定粉分别入锅焙干，先把苏子油熬沸后，将其均匀的土籽放置勺内，浸入油中颠翻炸透，倒入锅内，再以微火慢熬，随熬随扬油放烟，试油见水成珠搅动抱棍，即为熬成坯油。取净土籽，出锅将烟放尽，直至油凉为止。再熬炼生桐油，开锅后入坯油，随熬随扬油放烟，开锅后下定粉，以微火慢熬，油色发黄时滴油见水成珠，手试拉丝即可出锅，加入黄丹粉，继续扬油放烟，待油凉后即可使用（据记载宋代熬净光油，以取出炸透土籽次下松香化后再下定粉，滴油见水成珠手试拉丝下黄丹去火搅冷使用）。

以苏子油煎坯油时，加热到 190~200℃，煎 3h 方可得到平滑的油膜。熬制罩光油在熬炼时可加入 0.5~0.8 的松香粉末。在熬制桐油时需加热到 200℃保持 0.5h 或迅速加热到 260℃聚合后，并快速冷却。但容易导致胶化成坨，因此，在熬制加热时应严格控制温度和时间，并在每次熬油 50kg 需储备 30kg 以桐油熬制的嫩点的冷坯油，作为熬光油时骤冷用，以免成胶报废。

熬光油材料配合比（重量比）　表 31-61

季节	材料					
	生桐油	土籽	黄丹粉	密陀僧	研细定粉	老松香粉
春、秋季	100	4	2.5	已不下	0.5	0.5~0.8
夏季	100	3	2.5	已不下	0.5	0.5~0.8
冬季	100	5	2.5	已不下	0.5	0.5~0.8

注：1. 清早期熬光油，每 100 桐油用土籽 6 斤 4 两，黄丹 6 斤 4 两，陀僧 6 两 4 钱折合 200g。
　　2. 加入松香是为了提高罩光油的油膜硬度和耐磨性及光泽，用松香应经试验好后再入，如用干松香油膜有回粘感，用四醇松香油膜硬，耐水性、耐碱性、耐候性都比较好。

熬光油注意事项：

1) 熬制光油时，应经有关部门批准，应远离建筑物和火源并备有个人安全用具（手套、围裙、护林）和防火设备（如铁锹、铁板、砂子、潮湿麻袋、灭火器材等），方可熬制。

2) 熬制光油时用的生桐油、苏子油含水率不大于 1%，土籽、黄丹粉、密陀僧、定粉必须是干燥的，以防炸响溅油及涨锅溢油，导致着火。

3) 熬制光油时，不能为了避免成胶报废，而采取多加土籽来降温冷却，使所熬光油涂饰后，易出现表干里不干、起皱等质量问题。

(2) 颜料串油，传统多用无机矿物颜料串油，根据颜料颗粒粗细、轻重等原因进行分别串油，方法有出水串油、干串油、酒水串油等。其一，出水串油的颜料如巴黎绿、鸡牌绿、章丹、银硃、黄丹及定粉，因矿物质颜料颗粒内含硝和杂质，且有毒；必须通过开水漂洗去除硝和杂质，水研磨罗细，再出水串油；定粉颗粒虽细因质重有黏度成块状，需水研磨罗细，进行出水串油；其二，干串油的颜料如广红土、佛青、因颗粒细腻与油融合可直接串油。上海银朱虽细腻、质轻飘浮力略差、与水与油难于融合，可用精煤油闷透，或研细，再串油；其三，酒水串油的颜料如黑烟子，因细腻、质轻飘浮、与水与油难于溶合。因此，需先用酒闷透再用热水浇沏，或直接加热的酒水闷透，再串油。颜料串油应达到使用质量要求，其方法如下：

1) 洋绿、章丹、银珠出水串油

洋绿、章丹、银珠等，串油前需分别先用开水多次浇沏，直至水面无泡沫，使盐、碱、硝等杂质除净。再用小磨研细，待其颜料沉淀后将浮水倒出。出水串油时，在一处逐次加浓度光油，用木棒搅批，当颜料与油黏合一起时，水被逐步分离挤出，用毛巾将水吸净，陆续加油搅批使水出净，再根据虚实串油，待油适度盖好掩纸，在日光下晾晒，出净油内水分后待用。

2) 干串广红土油及用途

将广红土颜料放入锅内焙炒，使潮气出净，再将炒干的广红土过筛倒入缸盆内，加入适量光油搅拌均匀，用牛皮纸掩实盖好，放在阳光下曝晒，使其颜料颗粒沉淀时间越长越好，不得随用随配。油层分净、实、粗三种油，分别按上、中、下三层，使用在不同部位和不同的工序上。上层的净油为"油漂"，做末道油时亮用，中层的油实做下架头、二道油用，下层的油微油粗多用于上架檐头。

3) 黑烟子酒水串油

将烟子轻轻倒入笋内，盖纸放进盆中，用干刷子轻揉，使烟子落入盆内，筛后去笋。用高力纸盖好，在高力纸上倒白酒或温白酒，使白酒逐渐渗透烟子，再用开水浇沏，闷透烟子为止，揭纸渐渐倒出浮水；并在一处逐次加浓度光油，用木棒搅批，当烟子与油黏合一起时，水被逐步挤出，用毛巾将水吸净，然后根据虚实串油，待油适度后盖好掩纸，在日光下晾晒，出净油内水分后待用。

(3) 古建仿古建油漆工程调配色时，应在天气较好，光线充足的条件下进行。所用的油漆类型批量必须相同。配色时，应掌握"油要浅、浆要深"，"有余而不多、先浅而后深、少加而次多"的操作要点，按照各种色漆的配合比，依次称取其数量，再依次将次色、副色调入主色，搅拌均匀，而不得相反，并符合样板和设计要求后，还应掌握催干剂、稀释剂等的加入量。由于多种颜料密度不同，成品色漆或调成的色漆，常常发生"浮色"弊病。因此，在调色时，一般应添加入微量（千分之一）的硅油溶液加以调整，以免发生"浮色"。在油饰工程中用的干颜料，不但要鲜艳，而且要经久耐用。

31.11.7　浆灰、血料腻子、石膏油腻子材料配合比

油漆工程的浆灰、血料腻子、石膏油腻子材料配合比，见表 31-62。

油漆工程的浆灰、血料腻子、石膏油腻子材料配合比（重量）　表 31-62

类别/材料	血料	细灰	土粉子	光油	调合漆	石膏粉	清水
浆灰	1	1					
血料腻子	1		1.5				0.3

续表

类别/材料	血料	细灰	土粉子	光油	调合漆	石膏粉	清水
石膏油腻子				6	1	10	6

注：1. 调配浆灰，应以调配细灰的血料（行话细灰料）调配浆灰，不得行龙。

2. 调血料腻子时，施工中应使用土粉子，可用大白粉代替，且不得使用滑石粉，外檐墙面用血料腻子要滴入适量光油。

3. 调制活的血料腻子，强度不足时可加入血料或滴入适量光油，不得用剩余的腻子做代用品。

4. 调配石膏油腻子，用石膏粉加光油、色调合漆调匀，逐步加清水及微量石膏粉或大白粉调至上劲，速加清水调成挑丝不倒即可。

5. 调制大白油腻子用大白粉加色调合漆调匀，逐步加清水及大白粉调至有可塑性即可。

31.11.8　饰金常用材料及用途

1. 库金箔

明代称"薄金"，清早中期称"红金"，晚清至今称"库金"，又称"库金箔"，颜色发红，金的成色最好，含金量为98%，又称九八库金箔，库金箔是与2%的银和其他稀有材料经锤制而成。由于含金量高色泽为纯金色，因而品质稳定、耐晒、耐风化，不受气候环境影响，色泽经久不变辉煌延年；其中颜色发黄的称"黄金"（似苏大赤），金的成色稍差；清代工程做法中红黄两色金均指"红金"、"黄金"。在古建中常采用库金箔饰金，规格93.3mm×93.3mm/张和50mm×50mm/张，厚度只有0.13微米左右，光照不得有砂眼。金箔计量按10张为一贴，10贴为1把，5把为1包，两包为1具＝1000张。

2. 赤金箔

颜色浅发青白头称赤金箔（似田赤金），又称七四赤金箔，金的成色较差，含金量为74%，每万张耗金量为110g，耗银量为28～30g和其他稀有材料经锤制而成的。亮度同库金箔，但延年程度远不如库金箔，多用于两色金。外檐中容易受气候环境影响，光泽逐渐发暗，甚至发黑。贴赤金箔后，需在表面罩光油或涂透明清漆防护。规格83.3mm×83.3mm/张。金箔计量同库金箔。

3. 铜箔

比金箔厚，是近些年来代替金箔用于建筑物的，由于易氧化变黑，需在表面涂透明涂料防护，故不适应环境湿度大的地方。规格为正方形，有100mm×00mm，120mm×120mm，140 mm×40mm等。铜箔不宜使用在文物建筑上。

4. 银箔

以白银和其他稀有材料经锤制而成的，规格同赤金箔大小，亮度和延年程度都远不如金箔，主要用于银箔罩漆，是仿金色的一种需求。过去适用于佛像、佛龛和铺面房（轿子铺、药铺、香蜡铺等）的室内装修，此做法不适应建筑物装修，明清漆工常用在器物上。

5. 光油

特制加工的有黏稠度的光油，经试验不易起皱纹的光油，见31.11.5 常用油漆及材料。

6. 金胶油

以特制加工的有黏稠度的光油为主要材料，加入适量豆油坯或糊粉为配制加工，即为金胶油，根据使用要求，分隔夜金胶油和爆打爆贴的金胶油，不论配制隔夜的金胶油，还是配制爆打爆贴的金胶油，均应在建筑物贴金的部位上进行样板验证，要控制好贴金前后时间，否则影响贴金质量。隔夜金胶油适用于5～8月份贴金工程，爆打爆贴的金胶油适用于9月份至来年4月份贴金工程。好的隔夜金胶油干燥时间在24小时后脱滑，从17（下午一点至来日辰时六点）小时后，开始贴金7小时内拢瓢子吸金，金面饱满光亮好。好的爆打爆贴的金胶油一般要求在10小时后脱滑，从5（晨时八点至下午一点）小时后，开始贴金5小时内光亮不花为好。因此，使用油金胶在四季中应充分利用夏季的特点，该季节的金胶结膜后，以手指背触感有粘指感，似油膜回潮，既不过劲，也不脱滑，正拢瓢子吸金，贴金后金面饱满光亮足，不易产生绽口和花。且不可将金胶油内掺入大量成品油漆作为金胶油使用，易造成贴金后的多种通病。传统为了打金胶防止落刷掺入了微量的颜料光油，20世纪60

年代以来掺黄或红调和漆。

7. 豆油

又称大豆油，需用粗制豆油，呈黄棕色或红棕色，为半干性油，淡黄色，碘值（120～141），干燥缓慢、涂膜柔韧、不易泛黄、保色性好，不耐碱、不防水，最宜于制造白漆。用豆油改性的醇酸树脂不会变色，如加入等量桐油一起熬炼制，可改善涂膜干性和耐水性。不得使用提纯的豆油，用豆油前需经熬炼成坯，豆油坯兑入金胶油内起到延缓金胶油干燥时间的作用。

8. 糊粉

将定粉（中国铅粉）放入锅内砂，以温火炒煳后即成糊粉。用于兑入金胶油内起到增强粘度、稠度和催干等（在净光油内起丽色）作用。

9. 棉花

贴金时用于帚金既能帚掉飞金，还可弥补贴金面亏金，使贴金面光亮一致、整齐。

10. 白芨、鸡蛋清

白芨属于药材，中药店有售，要用新鲜的白芨粘性大，调制塑金以白芨、鸡蛋清为胶粘剂，用于拨金或描金工艺中，不宜使用陈旧的白芨，因黏性太小，不能起粘合作用。

11. 黄丹油、红或黄调和漆及酚醛漆

用于金胶油作为岔色防漏刷。

12. 青粉或大白粉及大白块

用于油地打金胶油前呛粉，防止不贴金的油膜吸金；大白块用于贴金时压住金箔呛汗手。

13. 毛竹板

用于打样板试验金胶油。

14. 罩光油、丙烯酸清漆、醇酸清漆

用于赤金箔、铜箔透明防护。丙烯酸清漆透明度好色正。

15. 腰果酚醛清漆、腰果醇酸清漆

为色清漆，透明度有深浅之分，有大漆的某些特点，北京地区多用于佛像、佛龛金箔罩漆。

31.11.9　常用大漆及材料

1. 大漆

又名天然漆、国漆、土漆、生漆。大漆是天然树脂漆的一种，是从漆树身上割取出来的乳白色汁液，经过初步加工滤去杂质称原漆，又称为生漆。经多次过滤再经日晒脱去水分的漆，才经特殊精制而成的纯生漆，叫做棉漆，又叫精致生漆。用生漆或棉漆加入10%～30%坯油的为夹生漆，加入40%以上的坯油时就称为广漆；生漆经过熬炼后，再加适量坯油和加少量未经熬炼制的生漆，称熟漆，或者叫推光漆；还可以加入颜料（如瓷粉、石墨），配制成各种颜色的鲜艳、光彩夺目的色漆，其变化和用途无穷尽。大漆具有漆膜坚硬、耐久性、耐磨性、耐化学腐蚀、耐热、耐水、耐潮、绝缘防渗性等良好的特点。

2. 推光漆

（T09-9 黑油性大漆）该漆是由生漆、亚麻仁油与氢氧化铁以100：5～20：4的比例混合，并经加工处理而配制。漆膜耐磨、耐水、耐碱等性能均好，主要用于工艺美术漆器、高级木器家具、牌匾及实验台的表面涂饰。

3. 黑推光漆

（T09-8 黑精制大漆）该漆是将生漆与氢氧化铁加工处理而制成的，漆膜坚硬、耐久性、保光性、遮盖力、附着力均好，并且具有较好的耐磨性。漆膜经推光后黑而有光，可用于工艺漆器，如漆器屏风的装饰，以及用于高级木器制品、牌匾等。

4. 广漆、赛霞漆、金漆、笼罩漆、透纹漆

（T09-1 油性大漆）属于清漆类。该漆的组成是将生漆与油料（如熟桐油和亚麻仁油）加工处理而成。其配比是生漆：油料＝30～70：70～30进行配制。该漆具有耐水、耐温、耐光和干燥快（6h即可干燥）的特性。主要用于木器家具、工艺漆器、房屋内部表面的涂饰等。

5. 201 透明金漆

（T09-3 油基大漆）该漆未加入颜料之前属于清漆类。是由生

漆和亚麻仁油及顺丁烯二酸酐树脂混合，并加入着色剂和有机溶剂加工配制而成。漆膜光亮、能透视出底部的本色及木纹，附着力强、耐水、耐久、耐候、耐烫性能均好，漆膜干燥较快（表干为4h，实干于24h）。可用于木器家具、室内陈设物及工艺漆器的贴金、罩光等，也可根据需要调入颜料配制成色漆。

6. 其他材料

桐油、光油、灰油、砖灰、瓷粉、血料、生猪血、黄丹粉、土籽面、夏布、线麻、生石膏粉、熟石膏粉、松香（97 号汽油）、豆油、精煤油、酒精、黑烟子、酸性大红、酸性品红、黑纳松等等。

31.11.10 粉刷常用材料

古建和仿古建常用材料有大白块、大白粉、生石膏粉、地板黄、广红土、氧化铁红（色头应同广红土色）、墨汁、32.5 级以上普通硅酸盐水泥、青灰、生石灰块、土粉子、熟桐油、纤维素、火碱、众霸-Ⅱ型界面剂、众霸-Ⅰ型胶粘剂、791 胶、青灰、滑石粉、防水腻子、砂布、砂纸等。

31.11.11 粉刷自制涂料的调配

配制水性涂料和色浆掌握多种颜料密度和各种颜色的色素组合，正确区分主色与次色及配料时各色掺加的次序。配料时要掌握"油要浅、浆要深"，"有余而不多、先浅而后深、少用而次多"等要领。

1. 面胶大白浆

先将泡好的大白适量加水搅拌成糊状过 80 目细箩后，再将淀粉或面粉适量加水搅拌无疙瘩过 80 目细箩，在搅拌时适量滴入火碱水，逐渐变稠呈浅黄时，继续用力急速搅拌，搅之稠度不变时，陆续加水继续急速搅拌至所需稠度为宜。然后将面胶适量加入素大白浆中，搅拌均匀符合遮力和涂刷要求即可。大白：淀粉：火碱水：水＝25：1：0.3：适量。

2. 包金土色浆（即为深米色浆）

先将适量矿物质颜料（地板黄无红头时加微量广红土）加水溶解后，过 80 目细箩兑入过滤好的素大白浆中至颜色符合要求，加入适量面胶搅拌均匀，符合遮盖力和涂刷要求即可。

3. 喇嘛黄浆

喇嘛黄浆调配方法同包金土色浆，但另加入微量石黄比包金色浆深，喇嘛黄浆的颜色近似僧衣颜色。

4. 石灰油浆（传统适宜外白墙）

先将块石灰、适量光油、微量大盐同时放入大铁桶内，逐渐加入清水以淹没块石灰即可，待油与水烧开后，再加清水经搅拌符合喷刷要求和遮盖力，过 80 目细箩即可。配比约：块石灰：光油：大盐：水＝4：0.5：0.2：适量。

5. 配制外墙色浆

（1）红土浆（传统适宜外墙）：先将广红土加适量水溶解后，兑入血料和微量大盐（也有加胶的）搅拌均匀，过 60 目细箩符合遮盖力和涂刷要求即可，后多用骨胶水或乳胶配兑氧化铁红调配成红土浆。配比约：广红土：血料：大盐：水＝5：1：0.2：适量。现多用外墙涂料所代替，但色泽应与广红土色泽相符。

（2）红土油浆（传统多适宜宫墙）：在配制石灰油浆的同时加入广红土，附着力差时加血料水，配制方法同石灰油浆，配比约：广红土：块石灰：光油：大盐：水＝5：1：0.6：0.2：适量。

（3）青灰浆（传统适宜砖墙冰盘沿、墙裙）：配制方法同红土浆，配比约：青灰：块石灰：骨胶：大盐：水＝2：4：0.3：0.1：适量。但骨胶需先加水泡胀，再加水熬成胶水待用。

6. 成品涂料

用成品涂料调配包金土色涂料时，先将适量地板黄或微量广红土加水溶解后，过 80 目细箩兑入过滤好的白涂料中搅拌均匀，符合颜色（涂料色艳而尖，文物需加黑压艳去尖头）、遮盖力和涂刷要求即可。

31.11.12 常用自制腻子的调配及用途

1. 血料腻子

调配内檐墙面的血料腻子见表 31-62 的配合比，外檐墙心应适

量加入光油增加强度和耐水性。

2. 水石膏

用生石膏粉加入清水，在未凝固前用于嵌缝、嵌凹坑，缝隙和凹坑大时，在水石膏内适量加入乳胶，一般用于室内外抹灰面嵌找，抹灰面强度低时，不宜使用水石膏。

3. 大白腻子

用龙须菜胶冻或火碱面胶，或纤维素溶液加入大白粉或滑石粉调配而成，均可适量加入乳胶提高强度，无其他腻子应用防水腻子，一般用于室内粉刷。

4. 众霸水泥腻子

众霸水泥腻子参照实行表 31-63 配合比。一般用于仿古建混凝土面、水泥砂浆抹灰面的外墙涂饰工程，但使用的涂料应具备防酸防碱的性能。

外墙混凝土面、水泥砂浆抹灰面水泥腻子配合比见表 31-63。

外墙混凝土面、水泥砂浆抹灰
面众霸水泥腻子配合比   表 31-63

序号	材料类别	众霸-Ⅰ型胶粘剂	众霸-Ⅱ型界面剂	791胶	鱼籽砖灰	强度等级32.5水泥	清水
1	涂界面剂		1				2
2	嵌找腻子	1		0.5	适量	2～3	
3	垫找腻子	1		0.5	适量	2～3	
4	满刮腻子	1		0.5		2～4	

31.12 地 仗 工 程

31.12.1 地仗工程的分类及常规做法

31.12.1.1 地仗工程分类

地仗工程按材料性质分净满地仗（为清早、中期工艺做法）、油灰地仗（为清晚期至今沿用的传统地仗工艺做法）、胶溶性地仗（为适应仿古建混凝土面的工艺做法）；按工艺做法分麻布地仗、单披灰地仗、众霸胶溶性单披灰地仗、修补地仗。

31.12.1.2 地仗工程的常规做法

1. 麻布地仗

传统针对大木构件衬地的油灰层中，既有麻层，又有布层的地仗，或只有麻层和只有布层的地仗，均称为麻布地仗。

（1）常做传统麻布地仗有：二麻一布七灰地仗、二麻六灰地仗、一麻一布六灰地仗、一麻五灰地仗、一布五灰地仗、一布四灰地仗和四道灰肩角节点糊布条地仗及三道灰肩角节点糊布条地仗。

（2）适用范围：传统麻布地仗主要适用于木基层面积大的构件及山花的雕刻寿带部位。如上下架大木构件、栈板墙、罗汉墙、挂檐板、围脊板、各类大门、博缝、隔扇、槛窗、匾额、支条、天花、巡杖扶手杆和望柱及横抹间柱、花栏杆的巡杖扶手和望柱、什锦窗的贴脸及边框、木楼梯等部位。

2. 单披灰地仗

传统主要针对大木，而大木分麻布地仗与单披灰地仗两大类工艺做法。只用油灰衬地的称单披灰地仗，这类做法明代地仗较薄，清代至今基本由四道灰完成。所以传统单披灰均指大木做四道灰而言，如连檐瓦口、椽头、椽望、斗栱、花活等部位在做法上不称单披灰。现在人们常将所有不使麻，不糊布的地仗，均称单披灰。设计和技术交底中不能出现连檐瓦口、椽头、斗栱、椽望做单皮灰地仗（即为莫糊做法），交底中允许出现砍单披灰的词语。

（1）常做传统单皮灰地仗：四道灰地仗、三道灰地仗、二道灰地仗。

（2）适用范围：传统单皮灰地仗既适用于木基层面、混凝土面等大面积的部位还适用于小面积的部位，如常做单皮灰地仗的部位有连檐瓦口、椽头、椽望、斗栱、菱花屉、花活、荷叶净瓶、花板、绦环板、牙子、棂条花格、仔屉棂条、花栏杆棂条、美人靠；近些年来基本不做单皮灰地仗的部位有上下架大木构件（除混凝土

面构件)、隔扇、槛窗、支条、天花、巡杖扶手栏杆、什锦窗贴脸及边框。

3. 胶溶性单披灰地仗

是近些年来，在不断发扬继承传统技术的同时，为适应仿古建筑的混凝土、抹灰表面的地仗施工，采用传统操作工艺、运用新材料，取得的成功经验，形成了新型材料胶溶性单披灰地仗工艺和做法。根据主要材料胶粘剂的名称命名的，分为乳液胶溶性单披灰地仗，血料胶溶性单披灰地仗，众霸胶溶性单披灰地仗，现施工多采用众霸胶溶性单披灰地仗工艺和做法。

(1) 常做胶溶性单披灰地仗有：四道灰地仗、三道灰地仗、二道灰地仗。

(2) 适用范围：胶溶性单披灰地仗主要适用于仿古建筑的混凝土面较大面积的部位和小面积的部位，如上下架大木、连檐瓦口、椽头、椽望、斗栱等部位。

4. 修补 (找补) 地仗

根据不同部位地仗做法的不同和损坏程度的不同，而采取不同的地仗修补 (找补) 施工做法。

(1) 修补 (找补) 地仗有：二麻六灰地仗、一麻一布六灰地仗、一麻五灰地仗、一布五灰地仗、一布四灰地仗、四道灰地仗、三道灰地仗、二道灰地仗、道半灰地仗等。

(2) 适用范围：同传统麻布地仗、传统单披灰地仗、胶溶性单披灰地仗的适用范围，一般山花、博缝头、下架柱子、槛框、隔扇、踏板、坐凳、各类大门、牌匾额等油活部位的地仗修补较多。

31.12.1.3 地仗的组成及隐蔽验收项目

地仗工艺基本是以一麻五灰工艺原理变通的，根据不同的木基层面需要进行增减麻布或增减灰遍而基层处理随之有变，形成不同的地仗工艺。一麻五灰操作工艺的工序顺序为：斩砍见木、撕缝、下竹钉、支油浆、捉缝灰、通灰、使麻、磨麻、压麻灰、中灰、细灰、磨细灰、钻生刷油。

1. 传统麻布地仗的麻灰层组成及隐蔽验收项目：

(1) 二麻一布七灰地仗：基层处理、捉缝灰、通灰、使头遍麻及磨麻、压麻灰、使二遍麻及磨麻、压麻灰、糊布及磨布、压布灰、中灰、细灰、磨细钻生桐油。

(2) 二麻六灰地仗：基层处理、捉缝灰、通灰、使头遍麻及磨麻、压麻灰、使二遍麻及磨麻、压麻灰、中灰、细灰、磨细钻生桐油。

(3) 一麻一布六灰地仗：基层处理、捉缝灰、通灰、使麻及磨麻、压麻灰、糊布及磨布、压布灰、中灰、细灰、磨细钻生桐油。

(4) 一麻五灰地仗：基层处理、捉缝灰、通灰、使麻及磨麻、压麻灰、中灰、细灰、磨细钻生桐油。

(5) 一布五灰地仗：基层处理、捉缝灰、通灰、糊布及磨布、压布灰、中灰、细灰、磨细钻生桐油。

(6) 一布四灰地仗：基层处理、捉缝灰、通灰、糊布及磨布、鱼籽中灰压布、细灰、磨细钻生桐油。

(7) 四道灰糊布条地仗：基层处理、捉缝灰、通灰、糊布条及磨布、鱼籽中灰 (含压布条)、细灰、磨细钻生桐油。

(8) 三道灰糊布条地仗：基层处理、捉缝灰、糊布条及磨布、中灰 (含压布条)、细灰、磨细钻生桐油。

2. 传统单皮灰地仗灰层组成及隐蔽验收项目

(1) 四道灰地仗：基层处理、捉缝灰、通灰、中灰、细灰、磨细钻生桐油。

(2) 三道灰地仗：基层处理、捉缝灰、中灰、细灰、磨细钻生桐油。

(3) 二道灰地仗：基层处理、捉中灰、满细灰、磨细钻生桐油。

(4) 道半灰地仗：基层处理、捉中灰、找细灰、磨细操生桐油。

3. 胶溶性单披灰地仗灰层组成及隐蔽验收项目

同传统单披灰地仗灰层组成及隐蔽验收项目。

31.12.1.4 地仗做法的确定和选择

一般根据建筑物各部位油饰彩画的老化程度和旧地仗破

损、脱落、翘皮、裂缝、龟裂等程度，以及木基层风化程度等具体情况周全考虑，确定做法首先考虑：其一，根据现状对木基层处理 (如根据木基层风化程度，是否需操油，操什么油好) 提出要求；其二，根据纹饰和线型损伤程度提出恢复要求；其三，根据建筑物各部位实际情况要达到的质量要求确定地仗做法；其四，受使用方经济原因确定做法，地区原因确定做法，建设方特殊需要确定做法，依据文物要求确定做法等。现仅按常规确定地仗做法参考如下：

(1) 根据传统麻布地仗的适用范围，一般选择一麻五灰地仗做法较多，但根据下架柱子、槛框、板门类山花博缝及寿带、罗汉墙、风檐板等部位受风吹雨打、日晒等损坏程度的具体情况，可选择一麻一布六灰地仗做法，花活的雀替大边可随上架大木地仗做法。栈板墙、包镶柱子、大门一般可选择二麻一布七灰地仗或一麻一布六灰地仗做法。在仿古建筑中如有混凝土构件与木构件交接安装时，其木构件可选择一麻五灰地仗做法。大式隔扇、槛窗、巡杖扶手栏杆、花栏杆、支条、天花板一般选择一麻五灰地仗做法。小式隔扇、槛窗、支条、巡杖扶手栏杆、花栏杆一般做一布五灰或一布四灰地仗，或边抹做四道灰肩角节点糊布条做法。但旧木裙板、绦环板做一布五灰地仗或新木一布四灰地仗。凡混凝土构件缺陷大者，或表面有不规则的炸纹 (细龟裂纹)，应做一布五灰或一布四灰。

(2) 根据传统单披灰地仗适用范围，混凝土面缺陷大者选择四、五道灰地仗做法，上下架大木构件可选择四道灰地仗做法，易出现裂缝；连檐瓦口、椽头等受风吹雨打常选择四道灰地仗做法；椽望、斗栱、心屉、槅子、菱花、花活等部位多做三道灰地仗做法，新花牙子、菱花、槅子瓣、雕刻等可选择二道灰地仗做法；但文物工程经多次修缮，基层处理后表面凹凸不平、线路面目全无、纹饰缺损不清，如椽望三道灰地仗做法难以达到表面基本圆平，可改做四道灰地仗。又如菱花、槅瓣、花活等做三道灰地仗难以恢复线路纹饰原状，或改做四道灰地仗或用工乘系数。

(3) 根据胶溶性单披灰地仗适用范围，一般混凝土面上下架构件缺陷大者选择四、五道灰地仗做法，混凝土面上下架构件缺陷小者和混凝土面连檐瓦口、椽头、椽望、斗栱等部位多选择三道灰地仗做法，混凝土面基本无缺陷时，可选择二道灰地仗做法。

(4) 根据修补 (找补) 地仗适用范围，一般以建筑物各部位的原地仗做法及损坏的程度确定做法，如原麻布地仗层尚好局部开裂、翘裂、损坏或麻上灰局部龟裂和普遍龟裂或细灰层局部龟裂和普遍龟裂，一般选择将局部开裂、翘裂等损坏处除净旧地仗，做修补一麻五灰地仗做法；麻上灰局部龟裂和普遍龟裂选择掭砍至压麻灰做一布四灰地仗做法时，但应注意灰层强度虽好而原构件木质风化疏散不宜保留灰层 (因通过掭砍易将麻层以下灰层震脱层)；如原单披灰地仗局部开裂、翘裂、脱落等缺陷，选择局部除净旧地仗做修补二、三、四道灰地仗做法。总之，要根据具体情况选定常规修补 (找补) 地仗的某一种地仗做法。

31.12.2 地仗工程常用工具和机具及用途

1. 斧子

应使用专用的小斧子，用于砍活旧地仗清除，新木构件剁斧迹。

2. 挠子

应使用专用的挠子，根据木构件和花活选用大小，用于旧地仗清除挠活。

3. 铁板

用于地仗施工中刮灰、拣灰。以钢板裁成，常用五种规格和一种搓线角铁板，有3寸×6寸、2.5寸×5寸、2寸×4寸、1.5寸×3寸、1寸×2.5寸和2寸×2寸。现规格多种，做什么活用什么规格的铁板，灰层要求平整的不能用有弹性的铁板，花活雕刻、堆字、线活、填底等，每遍灰需多块铁板或用两块不同的斜铁板。要求所用矩形铁板四边直顺、四角方正。

4. 皮子

用于地仗施工中搓灰、复灰、收灰。清代用牛皮制作皮子，现

用熟橡胶制作皮子。皮子大者一般为 3 寸×4 寸，基本以手大小为准，厚度一般为 3~5mm。皮子分大中小数种规格，又分软硬皮子，在活上分细灰皮子和粗灰皮子，还分细灰皮子、搽灰皮子、中灰皮子，要求根据具体工序不同部位，使用不同的皮子，皮子的皮口直顺厚薄一致。

5. 板子

用于地仗施工中过板子。以柏木板制成，板子一般分大中小三种规格，有二尺四、尺八、尺二或一尺，板子宽度四寸，板子尾部厚六分，口尾厚五分，坡口处不足一分。由于木质板子刮灰时易磨损。因此，要求板子的板口在使用中随时检查直顺。现多用松木板子更易磨损，使用前在生桐油内浸泡多日，干后再使用。

6. 麻轧子

用于使麻工序的砸干轧、水翻轧、整理活。以柏木、枣木树杈制成。

7. 轧子

用于地仗施工中轧线。轧子为轧各种线形的模具，轧子有框线轧子、云盘线轧子、套环线轧子、皮条线轧子、两柱香轧子、井口线轧子、梅花线轧子、平口线轧子等。轧子用竹板、镀锌白铁、马口铁（0.5~1mm 厚度）制成，竹轧子一般轧有弧度的线形最佳，铁片轧子一般轧直顺的线形最佳。

8. 铲刀

用于地仗施工时撕缝、揎缝、除铲、磨灰、修活等。

9. 剪刀、铁剪刀

用于地仗施工糊布剪布边、剪掩子，制作轧子剪铁片。

10. 鸭嘴钳子、钳子、扒搂子

鸭嘴钳子用于地仗施工制作轧子。钳子、扒搂子用于起钉子。

11. 灰扒、铁锹

用于地仗施工中打油满、调粗、中、细灰。

12. 长短木尺棍

用于地仗施工大木捉缝灰后衬垫灰前的检测及轧线。尺棍最长者以抱框高度或间次面阔为准，最短者为 70cm。

13. 粗细箩、筛子

用于地仗施工中砖灰过滤，过筛。

14. 砂布、砂纸

用于地仗施工中除锈、磨布、小部位磨细灰。有 1 号、11/2 号、2 号。

15. 粗细金刚石

用于地仗施工中磨活。粗金刚石磨粗灰，细金刚石磨细灰，要求磨活的粗细金刚石块两大面平整，不少于一个侧面棱方正、整齐、直顺、平整。

16. 糊刷、刷子、生丝

用于地仗施工中开头浆、花活肘细灰、钻生桐油。

17. 粗布、麻袋片

用于地仗施工中磨粗中灰后抽掸活，将麻袋片蘸水再甩掉水珠盖油灰。

18. 半截大桶、把桶、水桶、油勺、小油桶、粗碗

用于地仗施工中盛油满、血料、油灰、盛灰油、盛水、盛砖灰，钻生桐油等。粗碗用于地仗施工中盛灰、拣灰。

19. 抿尺

在地仗施工中临时用毛竹砍制成，代替铁板皮子不易操作的部位，用于燕窝、翼角处抿灰。

20. 大小笤帚

用于地仗施工中磨粗中灰后清扫灰尘及杂物。

21. 抽油器

用于地仗施工中抽生桐油。

22. 砂轮机、角磨机、油石

用于地仗施工中磨斧子、挠子、铲刀，磨修皮子、铁板。角磨机用于混凝土构件除垢及不规矩处的角磨整修，角磨机用于旧木构件砍活，代替挠子除垢不损伤木骨，有利于文物建筑保护。

23. 调灰机

用于地仗施工中打油满、调灰。

24. 80~100cm 长的细竹秆、席子

用于地仗施工中梳理线麻时弹麻，堆放麻。

31.12.3 地仗工程施工条件与技术要求

(1) 地仗工程施工时，屋面瓦面工程、地面工程、抹灰工程、木装修等土建工程湿作业已完工后并具备一定的强度，室内环境比较干燥再进行地仗工程施工。

(2) 地仗工程施工前应对木基层面、混凝土基层面认真进行工种交接验收；基层表面不得有松动、翘裂、脱层、缺损等缺陷；基层强度、圆平直、方正度、雕刻纹饰规则度等应符合相应质量标准的规定。

(3) 凡古建、仿古建当年的土建工程，屋顶（面）的木基层（望板）未做防潮、防水，而直接做苦背（护板灰、泥背和灰背）时，其檐头的望板、连檐瓦口、椽头部位不宜地仗、油漆工程施工，应待来年再进行地仗、油漆工程施工；如当年进行地仗、油漆工程施工，易造成连檐瓦口、望板腐烂，地仗、油漆造成地仗附着力差、裂缝、鼓包、翘皮、脱落等缺陷，新木构件含水率高，同样出现此类缺陷。

(4) 地仗施工前应提前搭设脚手架，并以不妨碍油饰彩画操作为准。操作前，应经有关安全部门检查鉴定验收合格后，方可施工。施工中脚手板不得乱动，上架操作人员应保管好手动工具并注意探头板，垂直作业要戴好安全帽。使用机械要有专人保管，由电工接好电源，并做好防尘和自我护工作。

(5) 板门、博缝板基层处理前，应提前拆卸木质（含金属钉）门钉、博缝钉并保存好，以便地仗钻生后安装。上架博缝与博脊交接处应先做好防水漏雨（先钉好铁皮条或油毡条）后，再进行地仗施工。

(6) 施工砍活前，应提前将铜铁饰件（面页）拆卸完毕，方可砍活；地仗施工前，应提前将松动的和高于木材面的铁箍、铆钉等加固铁件恢复（低于木材面 5~10mm）原位，方可地仗施工。

(7) 天花板砍活前，需拆卸时要认真核查编号，砍活后需整修加固时，要将相关工种遗留问题妥善处理，地仗施工全过程不得损毁号码。

(8) 室内外同时地仗施工前，应将固定的门窗扇安装完毕。搭设脚手架前，如需活动开启的隔扇、槛窗、板门等，另行搭设脚手架时并固定，以不妨碍操作为准，要通风良好、防雨淋，以便安全操作。防止局部地仗因难于操作遗留质量缺陷。需拆卸时，要认真检查门窗扇之间分缝尺寸并作记录和编号，地仗施工全过程不得损毁号码，以便安装准确，符合使用功能。

(9) 砍活前应对各种线的规格尺寸做好普查记录，并制作成轧子妥善保存，以便按规制恢复。如上架大木彩画为明式时，下架斩砍见木前，应将木作线型（明式眼珠子线）保留，并制成轧子以便恢复。

(10) 地仗工程施工时的环境、温度要求：

1) 施工环境温度不宜低于 5℃，相对湿度不宜大于 60%。

2) 当室外连续 5d 平均气温稳定低于 5℃时，既转入冬期施工。冬期施工应在采暖保温条件下进行，温度应保持均衡，同时设专人负责开关门窗（如保暖门帘）以利通风排除湿气。冬季采取保温措施，禁止实施地仗工程。当次年初春连续 7d 不出现负温度时，既转入常温施工。

3) 雨期施工期间应制定雨施方案，方可进行地仗工程施工。施操中应防止雨淋，泥浆、颜料玷污，并保持施工操作环境通风、干燥；阴雨季节相对湿度大于 70%两天以上，不能地仗施工。

4) 施工过程中应注意气候变化，当室外遇有大风、大雨情况时，不能地仗施工。

(11) 地仗工程施工前，基层表面必须干燥。木基层面施工传统油灰地仗时，含水率不宜大于 12%；混凝土、抹灰面基层施工传统油灰地仗时，含水率不宜大于 8%；混凝土、抹灰面基层施工胶溶性地仗时，表面含水率不宜大于 10%；金属面基层做地仗时，表面不能有湿气和不干性油污。

(12) 地仗施工前，应对各部位的木构件进行普查，有构件残缺部通知木作或楗活者，将残缺部分按原状修配整齐。地仗施工后，达到恢复原状和统一外观质量的要求。如个别木构件变形较大，修配或楗活达不到恢复原状，在地仗施工时，以最佳效果原状

恢复，但不得影响相邻构件的原状。

（13）地仗工程施工时，必须待前遍灰干燥后，方可进行下遍工序。通亮层出现龟裂纹时，应用同性质的油灰以铁板刮平。干燥后，方可进行使麻或糊布工序，连檐、椽头通灰挠掉重新通灰。压麻灰层出现细微裂纹较多时，可进行糊布处理。中灰、细灰遍出现龟裂纹较多时，应挠掉重新中灰、细灰。

（14）麻布地仗施工中，遇特殊原因临时停工时，应在捉缝灰或通灰工序后停工，不得搁置在麻遍或布遍及其以上工序上。使麻糊布工序前，应完成与麻布拉接相邻部位的灰遍及打磨，使麻糊布工序后，不宜搁置4d以上。环境温度20℃以上相对湿度60％，在第3d内磨麻，磨麻后应风吹晾干1～2d在进行压麻灰工序。麻以上灰遍干燥后，应及时进行下遍工序，以防前遍灰层晾晒时间长产生裂变。

（15）地仗施工中，凡坐斗枋、霸王拳的上面和斗栱的掏里应不少于一遍油灰及磨细钻生。

（16）地仗工程下架檐框起轧混线时，混线的规格尺寸应根据建筑物的等级、比例（规格尺寸与柱高、面阔和建筑物的比例要协调）与彩画等级相配。起轧混线的规格尺寸及线形应符合文物、设计的要求，并符合传统规则，混线的规格尺寸参考表31-64，符合以下要求：

1）下架檐框需起混线时，线路规格尺寸应以明间立抱框的面宽或大门门框的面宽为依据。立抱框的宽度，以距地1200mm处为准。确定框线规格尺寸时，均以120mm（约营造尺4寸）抱框宽度为2分线，并以此为基数。抱框面宽每增宽10mm，其框线度应增宽1mm。确定檐框混线线路规格尺寸的计算公式为：檐框需起混线，线路规格尺寸等于混线基数规格尺寸加增宽混线尺寸。增宽混线尺寸等于每增宽线尺寸乘（实测框面尺寸减框面基数尺寸）除每增宽框面尺寸。

2）古建筑各间的上槛、小抱框、小间柱及中槛上的线路的规格尺寸，应于立抱框的规格尺寸一致。围脊板和象眼等四周另起套线的规格尺寸，允许略窄于立抱框的线路规格。

3）抱框面宽尺寸较窄时，檐框线路的规格尺寸作适当调整。遇此种情况时，其檐框线路规格尺寸均以80mm框面宽度为20mm框线做基数，抱框面宽尺寸按每增10mm，其框线宽度应增宽1mm。

4）古建群体的檐框线路规格，应结合建筑的主次协调框线宽度。如主座的檐框线路规格，均可与大门的规格一致或略窄于大门的线路规格；配房的檐框线路规格应一致，但应略窄于主座的线路规格；厢房的檐框线路规格略窄于配房；其他附属用房相应类推。

5）大木彩画的等级饰金量为依据。墨线大点金彩画或相应等级者，均可根据古建筑物的等级起混线贴金或起混线不贴金。彩画等级较低者或者说彩画无金活者不宜起混线，特殊要求除外。

6）檐框混线均以大木彩画主线路饰金为起混线和贴金的依据。如墨线大点金彩画或相应等级者，均可根据古建筑物的等级起混线贴金，或起混线不贴金，或不起混线。彩画等级较低者，或者说彩画无金活者，可起混线，不宜贴金，或不起混线，特殊要求除外。

（17）制作白铁轧子时，要依据线型的规格尺寸选用马口铁或镀锌白铁的厚度，以防轧线时线型走样变形。如八字基础线和平口线及混线轧子的铁皮厚度的选用为，规格尺寸2～24mm（分线）不得小于0.5mm厚度，25～34mm（分线）不得小于0.5mm厚度，35～40mm（分线）不得小于0.75mm厚度，41mm（分线）以上应使用1mm厚度。梅花线与柱径200mm以内时使用0.5mm厚度，柱径200～300mm时应使用0.75mm厚度，柱径300mm以上时应使用1mm厚度。皮条线和月牙轧子（泥鳅背）使用0.75～1mm厚度，云盘线和缘环线要使用竹板制作的轧子。

（18）地仗工程的做法、油水比和所用的材料品种、质量、规格、配合比、原材料、熬制材料、自制加工材料的计量、调配工艺及储存时间必须符合设计要求及文物工程的有关规定。原材料、成品材料应有材料的产品质量合格证书、性能检测报告。

（19）木基层地仗施工严禁使用非传统性质的地仗灰。

（20）油料房应设在土地面上。如设在砖、石地面时，应先遮挡保护后再进行码放材料和调配，以防造成污染砖、石地面。材料的调配应由材料房专人负责，应严格按配合比统一配制，并随时了解施工现场用料情况，不得减斤减量。油料房要严禁火源，并通风要良好，操作者未经允许不得胡掺乱兑。

（21）调配的材料（各种油灰和头浆）运放在作业现场时，应存放在适当位置和阴凉处，需盖油灰的麻袋片和盖头浆的牛皮纸掩子要保持湿度，不得曝晒、雨淋。用灰者应随用、随平整，并随时遮盖掩实，保持灰桶内无杂物、洁净。操作者不得胡掺乱兑。

31.12.4 麻布地仗施工要点

31.12.4.1 麻布地仗工程施工主要工序
木基层面麻布地仗施工工艺见表31-64。

木基层面麻布地仗施工工序 表31-64

起线阶段	主要工序（名称）	顺序号	工艺流程（内容名称）	两麻一布七灰	两麻六灰	一麻五灰	一麻一布六灰	一布五灰	一布四灰	糊布条四道灰
砍修八字基础线	基层处理									
	斩砍见木	1	旧地仗清除、砍修线口，新木基层剁斧迹、砍线口	+	+	+	+	+	+	+
	撕缝	2	撕缝	+	+	+	+	+	+	+
	下竹钉	3	下竹钉、植缝（木件修整）、铁件除锈、刷防锈漆	+	+	+	+	+	+	+
	支油浆	4	相邻土建的成品保护工作、木件表面水锈、糟朽操油	+	+	+	+	+	+	+
		5	清扫、支油浆	+	+	+	+	+	+	+
捉裹掐轧基础线	捉缝灰	6	横披竖划、补缺、衬平、灰楞、灰线口	+	+	+	+	+	+	+
		7	局部磨粗灰清扫湿布掸净、衬垫灰	+	+	+	+	+	+	+
	通灰	8	磨粗灰、清扫、湿布掸净	+	+	+	+	+	+	
		9	通灰、（过板子）、拣灰	+	+	+	+	+	+	
	使麻	10	磨粗灰、清扫、湿布掸净	+	+		+			
		11	开头浆、粘麻、砸干轧、潲生、水翻轧、整理活	+	+		+			
	磨麻	12	磨麻、清扫掸净	+	+		+			
	压麻灰	13	压麻灰、（过板子）、拣灰	+	+		+			
	使麻	14	磨压麻灰、清扫、湿布掸净	+						
		15	开头浆、粘麻、砸干轧、潲生、水翻轧、整理活	+						
	磨麻	16	磨麻、清扫掸净	+						
	压麻灰	17	压麻灰、（过板子）、拣灰	+						
	糊布	18	磨压麻灰、清扫、湿布掸净	+			+	+	+	
		19	开头浆、糊布、整理活	+			+	+	+	+

续表

起线阶段	主要工序(名称)	顺序号	工艺流程(内容名称)	两麻一布七灰	两麻六灰	一麻五灰	一麻一布六灰	一布五灰	一布四灰	糊布条四道灰
砍修八字基础线	压布灰	20	磨布、清扫揸净	+			+	+	+	+
		21	压布灰、(过板子)、拣活	+			+		+	
轧中灰线胎	中灰	22	磨压布灰、清扫、湿布揸净	+			+	+	+	+
		23	抹鱼籽中灰、闸线、拣活	+	+	+	+	+	+	+
		24	磨线路、湿布擦净、刮填槽灰	+			+	+	+	
		25	磨填槽灰、湿布揸净、刮中灰	+			+			
轧修细灰定型线	细灰	26	磨中灰、清扫、潮布揸净	+	+	+	+	+	+	+
		27	找细灰线、轧细灰线、溜细灰、细灰填槽	+	+	+	+	+	+	+
	磨细灰	28	磨细灰、磨线路	+	+	+	+	+	+	+
	钻生桐油	29	钻生桐油、擦浮油	+	+	+	+	+	+	+
		30	修线角、找补钻生桐油	+	+	+	+	+	+	+
		31	闷水起纸、清理	+	+	+	+	+	+	+

注：1. 表中"+"号表示应进行的工序。
　　2. 本表均以下架大木槛框麻布地仗起线所做工艺流程设计，上架大木或不轧线的部位，应依据实际情况进行相应的工艺流程。
　　3. 一布四地仗做法和四道灰溜布条做法进行闸线时，可参照一布五灰做法的工序。
　　4. 支条、天花、隔扇、槛窗、栏杆、垫拱板等木装修不进行第3项的下竹钉。

31.12.4.2 木基层处理的施工要点

1. 斩砍见木

(1) 旧地仗清除，在砍活时要掌握"横砍、竖挠"的操作技术要领。用专用锋利的小斧子垂直木纹将旧油灰皮全部砍掉。砍时用力不得忽大忽小，不得将斧刃顺木纹砍，以斧刃触木为度。挠活时，用专用锋利的挠子顺着构件木纹，将所遗留的旧油灰皮挠净，不易挠掉的灰垢、灰迹，刷水闷透湿挠干净。但刷水不得过量，必要时可采取顺木茬斜挠，并将灰迹（污垢）挠至见新木茬，平光面应留有斧迹、无木毛、木茬，挠活不得横着（垂直）木纹挠。楠木构件挠活时，应随凹就凸掏着法挠净灰迹见新木即可，不得超平找圆搪。旧木疖疤应砍深3～5mm。应掌握"砍净挠白，不伤木骨"的质量要求。挠活时采用角磨机代替挠子除垢不损伤木骨，有利于文物建筑保护，大木构件光滑平整处应剁斧迹。

水锈、质风化：木件表面及木筋内凡有水锈、槽朽的木质部位，应挠净见新木茬，水锈处木筋深时尽力挠净。木质风化现象应将松散及木毛挠净，凡水锈的部位有木质槽朽需剔凿补入。

麻布地仗部位的雕刻花基层处理：旧灰皮清除可采取干挠法或湿挠法，用精小的锋利的工具进行挠、剔、刻、刮，不得损伤纹饰的原形状。

(2) 砍修线口：槛框原混线的线口尺寸及镊口，不符合文物要求及传统规则时，应砍修。遇有不宜砍修时，应待轧八字基础线时纠正。需砍修线口或八字基础线口尺寸同"砍线口"尺寸。

(3) 剁斧迹：新木件表面用专用锋利的小斧子垂直木纹掭砍剁出斧迹，剁斧迹的间距 10～18mm，木筋肥硬时 15～20mm，深度 2～3mm。凡疖子直径 20mm 以上者，应砍深3～5mm。有木疖疤直径 20mm 以上的，应砍深3～5mm。木疖疤的树脂用铲刀或挠子清除干净，并将木构件表面的标皮、沥青、泥浆、泥点、灰渣、泥水、雨水的锈迹，以及防火涂料等污垢、杂物应清除干净。

(4) 砍线口：槛框凡起混线时，砍线口的线口宽度，为混线规格的1.3倍，正视面（大面）为混线规格的1.2倍，侧视面（小面）为混线规格的一半，槛框交接处的线角应方正、交圈。

2. 撕缝

木结构缝隙内的旧灰迹及缝口应清除干净，新旧木构件 3mm 以上宽度的缝隙，应撕全撕到对撕出缝口称"V"字形，以扩大缝口宽度1倍为宜。

3. 下竹钉

(1) 下竹钉凡下架柱框、上架大木构件、博缝等新旧木件的裂缝 3mm 以上宽度应下竹钉，其中旧木件为补下竹钉，缺多少补多少。竹钉用毛竹制成，分单钉、靠背钉、公母钉，竹钉厚度不少于 7mm，长度为 25～40mm 不等，宽度为 3～12mm 不等，呈宝剑头状，一般常用单钉。要求一道缝隙下竹钉。先下两头，再下中间，数钉同时下击。如缝隙 300mm 长，竹钉应下 3 枚。并列缝隙下竹钉应错位，基本成梅花型，竹钉应严实、平整、牢固，间距（间距 150mm±20mm）均匀。严禁漏下、松动，新旧木构件不得下母活（又称母钉）；竹钉形状和下法见图 31-82。对于矩形构件（如梅花柱子、板面、槛框、踏板等）宽度、厚度小于 200mm×100mm 时，表面的裂缝 150mm 左右需下扒锔子，似"Ⅱ"形状（扒锔钉长为 15mm 左右，宽为缝隙的1～1.5倍）。两个扒锔子之间的缝隙下一个竹钉。下竹钉不得下硬钉（如3mm缝隙下4mm竹钉为佳，下5mm以上宽度的竹钉为硬下，易撑裂构件），所下竹钉以不松动、能防止木材收缩为宜，但竹钉帽或扒锔子不得高于木材表面。

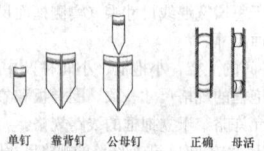

单钉　靠背钉　公母钉　　正确　母活

图 31-82 竹钉形状和下法

(2) 揸缝：木件缝隙 10mm 宽度以上的竹钉与竹钉之间，新木件用竹扁或干木条揸实，旧木件用干木条揸实，不得高于木材表面，并将结构缝和构件松动残缺部分，以及纹饰残缺部分按原状修配成型。

(3) 铁件除锈防锈：应将松动的高于木材面的铁活恢复原位，箍紧钉牢实，帽长应低于木材面5mm为佳。凡预埋加固铁件（如铁箍、扒锔等）的锈蚀物进行除锈，除污垢，应清除干净。涂刷防锈漆两道后按金属面配套使用。要求涂膜均匀，不得遗漏。

4. 地仗灰施操前的准备工作

(1) 砍下的旧油皮及污垢杂物应及时清理干净。

(2) 操油、支油浆前，凡与地仗施操构件相邻的成品部位进行保护。对砖墙腿子、砖坎墙、砖墙心、柱顶石等磨石活应糊纸，台明、踏步等刷浆，以防地仗灰污染（有条件时铺垫编织布）。

(3) 木构件表面凡有水锈、槽朽处和木质风化、松散现象，施涂操油要刷严、刷到、刷均匀，操油比例见表 31-58。但操油的浓度应根据木质现状而调整配比以涂刷不结膜、增加木质强度为宜。

5. 支油浆

支油浆前，先将木件表面的浮尘杂物清扫干净，汁浆比例见表 31-58。支油浆用糊箍或刷子涂刷均匀，要求支严刷到、不遗漏、不亮等缺陷；除异形构件外，不得使用机器喷涂汁浆。

31.12.4.3 捉缝灰

(1) 支油浆干燥后，用小笤帚将表面清扫干净，油灰配比见表 31-58。以铁板捉缝，遇缝要掌握"横披竖划"的操作要领，并披满捉实。5mm 以上缝隙和缺陷处，应先捉灰，随后揸入干木条，再规矩，并捉成整铁板灰。不得捉蒙头灰，不能捉鸡毛灰。除缝隙外，还要补缺、衬平、借圆、裹灰线口、檩背、枋肩及合楞、柱头、柱根要裹贴整齐，柱秋、柱边、框边要贴整齐，找出规矩（含构件和纹饰残缺部分按原状找齐），斧痕、木筋深而多时要刮平，要刮净野灰、飞翅。严禁连捉带扫荡，不得遗漏。凡新旧隔扇

槛窗及门窗肩角节点缝处，除捉缝隙外，捉成整铁板灰，橙子心和海棠盒的心地初步捉平。捉缝灰厚度要根据木件现状掌握，捉缝灰遇竖缝由下至上捉，遇横缝从左至右捉，捉好一部件再捉另一部件，捉好一步架再捉另一步架，直至捉完。

(2) 衬垫灰。捉缝灰干燥后，凡需衬垫灰处，用金刚石打磨平整、光洁，有野灰、余灰、残存灰及飞翅，用铲刀铲掉，并扫净浮灰粉尘后，湿布掸净。

1) 用靠尺板检测木构件表面残损及微有变形等缺陷，油灰配比同捉缝灰。应用皮子、灰板和铁板分次衬平、找直、借圆、补齐成形。分次衬垫灰应在捉缝灰工序中完成，如缺陷稍大，均可在通灰后再分次垫找，为使灰层干燥快，每次衬垫灰层的厚度易薄不宜厚，根据缺陷选用籽灰粒径。

2) 凡木件的局部缺陷在楦活、捉缝灰、衬垫灰时，要达到随木件原形的要求，但不能影响木件整体外观形状，更不能影响相邻木件外观的形状。

3) 捉缝灰时，各种线形的灰线口捉裹掐基本规矩干燥后，对不规矩的八字线口不能砍修时，为避免麻层以上灰层过厚，以专人先轧混线的八字基础线和梅花线的基础线及合棱，八字基础线的线口尺寸同砍线口尺寸。旧隔扇槛窗橙子心（裙板）云盘线地和海棠盒（绦环板）绦环线地，用铁板将心地填灰刮平，拣净野灰、飞翅，秧角干净利落。凡新隔扇、槛窗的云盘线、绦环线，可先用毛竹轧子轧好。凡是新旧隔扇、槛窗轧云盘线、绦环线，应注意风路的均称一致和线肚高为线底宽的43%。

31.12.4.4 通灰（扫荡灰）

(1) 衬垫灰干燥后，磨捉缝灰用金刚石打磨光洁平整，有野灰、余灰、残存灰及飞翅用铲刀铲掉，并将打磨不能到位的浮籽铲掉。通灰前，扫净浮灰粉尘后用湿布逐步掸净，不得随磨随通灰。

(2) 通灰以搽灰者、过板者、拣灰者三人操作，油灰配比见表31-58。掌握"竖扫荡"和"右板子"及"俊粗灰"的操作要领。搽灰者先上后下，由左至右用皮子搽灰，并掌握抹横先竖后横，抹竖先横后竖，抹严造实复灰抹匀的操作方法。过板者（如柱）由左向右将灰让均匀，由右向左一板刮灰成活。手持灰板要垂直、劲始终、脚步稳，倒手不停板。拣灰者应掌握"粗拣低"的技术要点，用铁板拣平划痕、接头及野灰。要求凡新木件过板灰层厚度以滚籽灰为度，凡旧木构件过板灰层厚度，基本以滚籽灰为宜。表面要光洁应衬平、借圆、掐直，阴阳角直顺、整齐，不得出现漏板和喇叭口及籽粒粗糙、龟裂、划痕、脱层。

(3) 新旧隔扇、槛窗通灰轧泥鳅背，或两炷香或皮条线时（包含使麻做法的支条通灰轧八字基础线），第一步通灰先轧大边、抹头的基础线，轧线前用小皮子抹灰要来回通造严实，覆灰要均匀。轧线应横平、竖直、饱满，拣灰不得拣高，湿拣或干拣线角处要交圈方正，不走线型，线路两侧的野灰、飞翅要拣净。轧线时不宜用马口铁轧子抹灰造灰，以防轧子磨损快、易变形。第二步宜用毛竹挖修成云盘线和绦环线轧子轧基础线。轧线前，用小皮子抹灰要来回通造严实，覆灰要均匀，轧线时轧直线要直，轧弧线要流畅，线路宽窄一致；肩角和风路要均称，线肚高为线底宽的43%，拣净野灰、飞翅。前两步程序完成干燥后，应打磨清扫，湿布掸净。第三步用铁板将边抹的五分、口、碰头、门肘及新隔扇、槛窗的云盘线、绦环线的地刮平，裹圆，秧角、棱角整齐，拣净野灰、飞翅。支条用铁板通灰填槽。

31.12.4.5 使麻

(1) 通灰干燥后，局部有龟裂应用铁板刮平。磨通灰用金刚石打磨平整、光洁，无浮籽，金刚石不能到位的浮籽用铲刀铲掉。有野灰、余灰、残存灰及飞翅用铲刀铲掉，打磨后，使麻前由上至下扫净浮灰粉尘，用湿布逐步掸净，不得随磨随使麻。

(2) 使麻步骤为开头浆、粘麻、砸干轧、潲生、水翻轧、整理活。头浆、潲生配比见表31-61。分当人员组合一般有五人、七人、九人、十一人、十三人，使麻应按施工面大小及步骤分配人员进行流水配合作业，如十三人的分当组合，既开头浆一人、粘麻一人、砸干轧四人、潲生一人、水翻轧四人、整理活二人。使麻不得使完节点缝的麻干后，再使大面的麻。

1) 开浆者掌握要点是先开节点多秧处，少开先拉当，浆匀浸麻面，便轧实整理，然后开大面。开头浆时，用刷子正兜反甩，通长轻顺要均匀，不宜开浆过多以防封皮，并与粘麻者配合操作。

2) 粘麻者粘麻的麻丝应与木构件的木丝纹理交叉垂直，麻丝与构件的节点缝（如连接缝、拼接缝、交接缝、肩角对接缝）交叉垂直，木件的断面（柁头、檩头等）可交叉粘或粘乱麻，木构件使麻的麻丝与混凝土构件连接缝拉接宽度不少于50mm。大木粘麻掌握粘横，由上向下甩麻尾，粘竖向左甩麻尾，放松按平薄厚抻匀，亏补打找麻顺均匀；粘上架大木麻时，先使柁帮与檩、垫的拉接麻和柁底与柱头的拉接麻，经整理后粘柁头麻。经整理后，再围绕粘柁帮柁底的麻和粘柱头麻与枋的拉接……经整理活后，随即粘檩垫枋大面的麻。檩垫枋应分两次粘，先粘檩和垫的麻，再粘枋子的麻拉上槛的秧及雀替大边的秧；下架大木粘麻时，先粘柱拉上槛的麻，经整理活后粘上槛的麻拉间柱和立框，经整理活后粘柱与立框的麻，经整理活后粘柱拉中槛的麻，经整理活后粘中槛的麻拉立框和间柱的麻，经整理活后粘柱与立框的麻，经整理活后粘柱拉踏板再拉风槛的麻，经整理活后粘风槛的麻拉踏板，经整理活后再粘踏板及以下柱子的麻至拉下槛，最后粘下槛和拉立框的麻。凡下架大木粘麻的麻丝应裹槛框口和拉横披窗及拉死槅扇的边抹秧；槅扇粘麻时，先粘边框再粘抹头，其麻丝应裹口和拉仔屉秧及绦环板和裙板秧，再使（粘）绦环板和裙板时先粘线路后粘心地。

3) 砸干轧者在粘好的麻上，用麻轧子砸横木件的麻时，横着麻丝由右向左先顺秧砸，后顺边砸，再砸大面。砸竖木件的麻时，横着麻丝由下向上顺秧砸，秧和边砸好，后砸大面，逐次砸实以挤出底浆为度。砸干轧且记先砸大面后，砸秧易出抽筋、崩秧现象。遇边口、墙身、柱根等用手拢着麻须往里砸，随砸随拢不要窝边砸，砸干轧时遇有麻披、麻秸、麻梗、麻疙瘩等杂物要择出。刮风时应紧跟粘麻者，快速砸秧，砸边棱，砸中间，防止将麻刮走。

4) 潲生者在砸干轧后，有干麻处潲生并做好配合操作，潲生配比为油满：清水＝1：1.2。用刷子蘸生顺麻刷，在砸干轧未浸透麻层的干麻上，以不露干麻为宜，使之洇湿闷软浸透干麻与底浆结合，便于水翻轧整理活。潲生且不可过大，否则，不利于轧实轧平，如底浆薄潲生大麻层干缩后易脱层。不宜用头浆潲生，不利于浸透干麻与底浆结合，不得用头浆加水代替潲生使用，使其降低头浆黏结度。

5) 水翻轧者应掌握"横翻顺轧"的技术要领。水翻轧者用麻轧子尖或麻针横着麻丝拨动将麻翻虚，有干麻、干麻包随时补浆浸透，并将麻丝拨均匀，有麻薄漏籽处，要补浆、补麻、再轧实，随后用麻轧子将翻虚的麻，从秧角着手轧实后，顺着麻丝来回擀轧至大面，挤净余浆逐步轧实、轧平。有轧不倒的麻披、麻梗用麻针挑起抻出。局部囊麻层和秧角窝浆处，可补干麻或用干麻蘸出余浆，再进行擀轧挤净，防止麻层干缩后不平易灰厚、易顺麻丝裂纹和秧角崩秧及空鼓，严禁不翻麻而用铁板将麻刮平。

6) 整理活者在水翻轧后，用麻压子逐步复轧（擀轧）过程中检查、整理麻层中的缺陷，秧角线棱有浮翘麻要整理轧实；有囊麻层处，秧角有窝浆处，要整理挤净轧实轧平；有露籽、脱截处，要抻补找平轧实；有麻疙瘩、麻梗、麻缕要整理轧平；有抽筋麻，要抻起落实再轧实，麻层要密实、平整、粘接牢固，麻层厚度不少于1.5～2mm之间。凡使麻的麻丝应距离瓦砖石20～30mm，麻层整理好后多余的浆要擦净。麻层不得有麻疙瘩、抽筋麻、干麻、露籽、干麻包、空鼓、崩秧、窝浆、囊麻等缺陷。

31.12.4.6 磨麻

使麻后不易放置时间过长，否则磨麻不易出绒。一般使麻后放置一两天即可磨麻。七、八月份阴雨时，可放置两3天麻层干了再磨，不得湿磨麻，也就是说麻层九成干时，磨麻易出麻绒，磨麻应掌握"短磨麻"的操作要领。磨麻时，用刚瓦片或金刚石的楞横着麻丝磨。磨寸麻，基本不磨断表面麻丝为宜，应断斑、出绒，不得遗漏。有抽筋麻用铲刀割断，压麻灰前由上至下，将浮绒浮尘清扫干净，不得随磨随压麻灰。

31.12.4.7 糊布

糊布步骤按开头浆、糊布、整理活进行，头浆配比见表31-61，混凝土构件与木构件的连接缝，糊布拉接宽度不少于30mm。操作时由上至下，从左至右。开浆者与糊布者配合操作，开头浆要

均匀一致。糊布者应先将布的折边剪掉成毛边，糊布应拉结构的连接缝、交接缝、肩角节点缝（含溜布条做法），明圆柱应缠绕糊布。糊上架大木布时，先小件，后大件（先柁头柱头后糊檩垫枋）。整理活者用硬皮子把浆挤压干净，要求布面密实平整，对接严紧牢固，不露籽，秧角严实，不得顺木件木纹对接缝。栏杆的扶手和上抹抱裹的对接缝，不得放在明显面，阴阳角处不得有对接缝和搭接缝，不得有窝浆、崩秧、干布、死折、空鼓等缺陷。凡下架大木糊布应裹槛框口和拉横披窗，以及拉死槅扇的边抹秧。槅扇糊布时，先糊边框布，再糊抹头布，应裹口和拉仔屉秧，以及绦环板和裙板秧，再糊绦环板和裙板布时，线路和心地一起糊，线路的肩角拐弯死角等处有死折时，用锋利的铲刀将死折拉开再压实。

31.12.4.8　压麻灰（含压布灰）

（1）磨布用11/2号砂布或砂纸磨，要求断斑（磨破浆皮），不得磨断布丝或漏磨，有翘边用铲刀铲掉，磨布后由上至下，扫净浮绒粉尘。

（2）压麻灰以搽灰者、过板者、拣灰者三人操作，油灰配比见表31-61，掌握“横压麻”和“右板子”，以及“俊粗灰”的操作要领，压麻灰一般顺序是先上后下，由左至右横排进行。搽灰者用皮子搽灰，依据灰板长度并掌握抹横先竖后横，抹竖先横后竖，抹严造实与麻绒充分结合，复灰薄厚要抹均匀。过板者手持灰板要与通灰的板口位置错开，灰让均匀垂直构件顺麻丝滚籽刮灰厚度，过板遇秧角稍停错口切直、楞角掐直。拣灰者用铁板将板口，以及抹不到去地方的余灰拣净，并将划痕、漏板飘浮刮平，并掌握“粗拣低”的技术要点。表面光洁要平、圆、直，秧角和棱角直顺、整齐，不得有脱层、空鼓、龟裂纹等缺陷。

31.12.4.9　中灰（按下架分三个步骤进行）

（1）磨压麻灰（含磨压布灰），压麻灰或压布灰干燥后，用金刚石（见工具要求）打磨平整、光洁，秧楞角穿磨直顺、整齐，有野灰、余灰、残存灰及飞翅用铲刀铲掉，并将金刚石打磨不能到位的残存灰、浮籽铲掉。凡属轧线部位由轧线者细心穿磨，磨完后中灰前扫净浮灰、粉尘后，逐步用湿布掸净。

（2）第一步：轧线时的油灰配比见表31-58，调轧线灰应棒。轧线以搽灰者、轧线者、拣灰者三人完成。轧混线操作方法见轧细灰线，要求灰线与压麻灰（压布灰）粘接牢固，轧混线的鱼籽中灰线轧子（线胎宽度），要小于细灰轧子（定型线）1～2mm。凡隔扇边抹轧线应先轧竖后轧横，即先轧竖两柱香或皮条线，后轧横两柱香或皮条线。表面光洁、直顺、整齐、不显接头，不得有错位、断裂纹、线角倾斜等缺陷。轧线拣灰用小铁板将线路两侧的野灰和飞翅拣净，不得碰伤线膀并掌握“粗拣低”的操作要领。

第二步：轧混线、梅花线、支条的眼珠子线等干后磨去飞翅，进行填槽灰和刮口。轧皮条线、两柱香干后磨去飞翅，进行刮口和五分。轧云盘线、绦环线干后磨去飞翅，进行填地，油灰配比见表31-58，使用灰板刮灰或铁板刮灰，表面要平整，秧角直顺，不得有空鼓、脱层、龟裂纹等。填槽灰干燥后将其表面和线路，用金刚石块穿磨平整、光洁，扫净浮灰后，用湿布掸净。

第三步：中灰时，油灰配比见表31-58，平面构件使用铁板刮中灰，应来回刮严，再克骨刮平。圆构件可用硬皮子攒刮中灰应来回造严，再克骨收平圆，圆柱掌握“粗灰连根倒”的操作要领，灰层厚度以中灰粒径为准，不得有空鼓、脱层、龟裂纹等。

31.12.4.10　细灰（按下架分四个步骤进行）

（1）中灰干燥后，磨中灰带铲刀，用金刚石（见工具要求）块穿磨平整、光洁、秧角棱角穿磨直顺、整齐，无接头、野灰、余灰、残存灰，凡属线路由轧线者细心穿磨。磨完后细灰前，由上至下逐步将浮灰粉尘清扫干净，需支水浆一遍或用湿布将要进行细灰的部位逐步掸净掸湿。

（2）细灰不宜细得过多，应根据天气细多少，磨多少。控制在半日内或一日内磨细钻生完成，再细为宜，细灰不得晾晒时间过长。细灰配比参照表31-61，调轧线灰应棒。

第一步：轧各种线时以搽灰者、轧线者、拣灰者三人完成，搽灰者用皮子搽灰，应抹严造实，复灰要饱满均匀。轧线者手持轧子让灰均匀后，用清水清洗轧子，再稳住手腕轧灰线，拣灰者用铁板拣净两侧余灰，拣线处要随线形，可拣高不得拣低。轧云盘线要使用竹轧子。

1）轧混线操作方法是：抹灰者根据轧线者所使用的轧子种类，采用不同的操作方法。如采用铁片轧子时，应从左框上至下用小皮子开始抹灰，再由左上至右转圈抹下来。如使用竹轧子时，应由左框下至上抹灰，再从左上至右转圈抹下来。轧线者右手持铁片轧子，由左框上起手，将轧子的内线膀膀臂卡住框口，坡着轧子让灰，让灰均匀后靠尺棍。轧子在尺棍的上端和下端找准镘口后，固定尺棍。再由上戳起轧子稳住手腕向下拉轧子，向右转圈至右框轧下来；使用传统竹轧子轧线时，应由左框下起手，将轧子大牙卡住框口，坡着轧子让灰，再从左框下戳起轧子，稳住手腕向上提轧子。向右转圈至右框轧下来；轧线时应注意框与槛的线路镘口一致，否则不交圈不方正。拣灰者在轧过线的部位，用小铁板将线路两侧的野灰和飞翅刮净，不得碰伤线膀，拣线角时分“湿拣”和“干拣”，并掌握“细拣高”的操作要领，传统湿拣线角是用小方铁板，将未干的槛框两条线路交接处，直接填灰按线型找好规矩。现多采取干拣线角是指所有线路轧完干燥后，进行拣线角，方法同湿拣。

2）轧线质量要求：所轧细灰线（混线规格尺寸参照表31-65），表面饱满光洁，直顺，对角交圈方正。曲线自然流畅，肩角匀称。隔扇的云盘线、绦环线、两柱香的线肚高为线底宽的45%；混线要求“三停三平”正视面宽度为线口宽度的90%；梅花线的线肚大小适宜并匀称，平口线为槛框宽度、厚度的十分之一；皮条线总宽度为四份，两侧窝角线尺寸之合与凹槽尺寸相等，两个凸平面尺寸为皮条线总宽度的四分之二，凹槽尺寸与凸平面尺寸一份相等微窄。不得出现接头、断裂纹、龟裂纹等缺陷。

第二步：找细灰，应使用铁板操作。所找细灰的构件为秧角、边角、墙柱边、檩背、柱头、柱根、板口等处要求找细灰，应平整、直顺、薄厚均匀、不得有龟裂纹等缺陷。

第三步：溜细灰，圆构件使用细灰皮子分段、分部操作，掌握“左皮子和细灰两头跑”的操作要领。溜明圆柱细灰时，先溜膝盖以上至手抬高处，抹灰从右里向左抹灰，上下打围脖（上过顶下过膝），抹严、抹实、抹匀，竖收灰，要蹲膝、坐腰、腕子稳、皮口直。待此段细灰干时，分别溜柱子的上段（上步架子）细灰和柱根处（膝盖以下）的细灰。溜上桁条（檩）细灰时，从左插手，根据开间大小分一皮子活、两皮子活、三皮子活，所留接头不宜多，溜细灰不得拽灰、代响。所溜细灰应与中灰结合牢固，无蜂窝、扫道；不得出现龟裂纹、空鼓、脱层等缺陷。

第四步：细灰填槽部位和构件平面宽时，用灰板细灰，构件平面窄时用铁板细灰，凡矩形构件（如霸王拳、将出头、踏板、坐凳面等）掌握“隔一面细一面”的技术要领。

（3）细灰质量要求：所细的细灰应与中灰结合牢固，表面平整，细灰厚度约2mm。薄厚一致，以磨细灰达到平圆直不漏籽为宜，无蜂窝麻面、扫道，不得出现龟裂纹、空鼓、脱层等缺陷。

31.12.4.11　磨细灰

细灰干后应及时磨细灰，应根据部位选用大小适宜的细金刚石块，要棱直面平，由下而上将金刚石块放平磨，磨好一段，再磨另一段，并掌握“长磨细灰”的操作要领。磨细灰时先穿后磨，大面可竖穿横磨或横穿竖磨，先穿平凸面至全部磨破浆皮，断斑后随即透磨平直，圆柱应随磨随用手摸，以手感找磨圆、平、直。凡平圆大面可用大张对折细砂纸顺木件，将穿磨的缕痕轻磨蹚平蹚圆，秧角、棱角要穿磨直顺、整齐。线路的线口处由专人（轧线者）磨，先磨好线口两侧，线口用麻头磨好，各种线形、线口尺寸、线肚和山花结带，以及大小樘子心地、纹饰应细心磨平、磨规矩，不走样。表面要平、直、圆、光洁，不得碰伤棱角、线帮，不得有漏磨、不断斑、龟裂纹、空鼓、脱层、裂纹、接头、露籽等缺陷。注意大风天不宜磨细灰。磨细灰前后发现有成片的龟裂纹、风裂纹，应及时铲除细灰层，不留后患，重新细灰。

31.12.4.12　钻生桐油

细灰磨好一段，钻生者应及时钻好一段，磨好的细灰不能晾放，以防出风裂纹（激炸纹）。钻生前应将表面的浮粉末清扫干净，柱根处的细灰粉末围柱划沟。钻生时，以丝头或刷子蘸原生桐油搓刷，要肥而均匀，应连续地、不间断地钻透细灰层，钻生桐油的表

面应色泽一致。遇细灰未干处和未磨的细灰交接处及线口，要闪开10～20mm。不得采取喷涂法，不得有漏刷、龟裂纹、风裂纹、裂纹、污染等缺陷。仿古建筑钻头遍生桐油内可兑5%的汽油，便于渗入更深的灰层。所磨细灰生桐油钻完渗足后，在当日内，用麻头将表面的浮油和流痕通擦干净，不得漏擦防止挂甲。室内钻生后应通风良好，凡擦过生桐油的麻头，应及时收回，妥善处理。钻生后，严禁用细灰粉面擦饰浮生油及风裂纹（为掩蔽风裂纹，即治标不治本）。

31.12.4.13 修整线角与线形

地仗全部钻生七八成干时，派专人用斜刻刀对所轧线形的肩角、拐角、线角、线脚等处进行修整，特别是对槛框交接处的线角修整，应带斜刻刀和铁板，其规格不小于2寸半，并要求直顺、方正。修线角时先将铁板的90°角对准槛框交接处横竖线路的外线膀肩角，用斜刻刀轻划90°白线印，再用斜刻刀在方形的白线印内按线型修整。先修外线膀找准坡度和45°角，再修内线膀坡度和45°角，最后修肚圆，接通45°角。线角的线型按轧线的线路、线型修整成型并接通后，要交圈方正平直，将全部修整的线角找补生油。

31.12.4.14 古建槛框混线规格与八字基础线口尺寸

古建槛框混线规格与八字基础线口尺寸，见参考表31-65。

古建槛框混线规格与八字基础线口尺寸参考表（单位mm）　　**表31-65**

线口名称 线口尺寸 框面尺寸	混线宽度与愎口的要求			八字基础线口宽度与愎口的要求		
	框线规格	正视面（看面）	侧视面（进深）	基础线规格	正视面（看面）	侧视面（进深）
古建筑明间抱框宽度	128	20	18	7	26	24	10
	157	23	21	9	30	27	12
	176	25	23	10	33	30	13
	205	28	25	11	36	33	14
	224	30	27	12	39	36	15
	253	33	30	13	43	40	17
	272	35	32	14	46	42	18
	301	38	35	15	49	45	19
	320	40	37	16	52	48	20
	349	43	40	17	56	52	22
	368	45	42	18	59	54	23

注：1. 表中抱框宽度尺寸，以清营造尺（折320mm）为推算单位。线型正视面尺寸为看面尺寸，侧视面尺寸为进深的小面尺寸。

2. 凡设计和营建施工混凝土或木框架结构的仿古建筑混线规格尺寸时，参考和运用表中尺寸，即能避免大量的剔凿或斩砍，又能确保结构和油饰质量。

31.12.5 单披灰地仗施工要点

31.12.5.1 木材面单披灰地仗工程施工主要工序

木材面单披灰地仗工程施工主要工序，见表31-66。

木材面单披灰地仗施工主要工序　　**表31-66**

起线阶段	主要工序（名称）	顺序号	工艺流程	工程做法		
				四道灰	三道灰	二道灰
砍修八字基础线	斩砍见木	1	旧木构件斩砍见木、砍修线口、除铲等	+	+	+
			新木构件剁斧迹、砍线口	+		
	撕缝	2	撕缝	+	+	+
	下竹钉	3	下竹钉、捎缝	+	+	+
	支油浆	4	清扫、成品保护（糊纸、刷泥）、支浆	+	+	+

续表

起线阶段	主要工序（名称）	顺序号	工艺流程	工程做法		
				四道灰	三道灰	二道灰
捉裹捐轧基础线	捉缝灰	5	捉缝灰、掖、补缺、衬平、找规矩、捉轧灰线口	+	+	
		6	衬垫	+		
	通灰	7	磨粗灰、清扫、湿布掸净	+		
		8	抹通灰、过板子、拣灰	+		
		9	磨粗灰、清扫、湿布掸净	+		
扎中灰线胎	中灰	10	抹鱼籽中灰、轧线、拣灰	+		
		11	磨线路、湿布擦净、填槽鱼籽灰	+		
		12	刮中灰	+	+	
		13	磨中灰、清扫掸净	+	+	+
轧修细灰定型线	细灰	14	轧细灰线、填刮细灰	+	+	
			找细灰、溜细灰	+	+	+
	磨细灰	15	磨细灰	+	+	+
			磨线路	+		
	钻生油	16	钻生桐油、擦浮油	+	+	+
		17	修线角、找补钻生桐油	+	+	
		18	闷水起纸、清理	+	+	+

注：1. 表中"+"号表示应进行的工序。

2. 表中二道灰、三道灰、四道灰地仗做法中，连檐瓦口椽头、椽望、斗栱、花活等部位不做剁斧迹、下竹钉工序。

31.12.5.2 混凝土面单披灰油灰地仗施工主要工序

混凝土面单披灰油灰地仗施工主要工序见表31-67。

混凝土面、抹灰面单披灰油灰地仗施工主要工序　　**表31-67**

主要工序	顺序号	工艺流程	工程做法		
			四道灰	三道灰	二道灰
基层处理	1	旧混凝土面清除旧地仗	+	+	+
	2	新混凝土面清理除铲及修整	+	+	
操底油	3	成品保护、新混凝土面防潮与中和处理	+	+	+
	4	操底油	+	+	+
捉缝灰	5	捉缝灰、补缺、找规矩	+	+	+
	6	衬垫	+		
通灰	7	磨粗灰、清扫掸净	+		
	8	抹通灰、过板子、拣灰	+		
	9	磨通灰、清扫掸净	+		
中灰	10	轧鱼籽中灰线、填槽	+		
	11	刮中灰	+	+	
	12	磨中灰、清扫掸净	+	+	+
细灰	13	找细灰、轧细灰线、溜细灰、细灰填槽	+	+	+
磨细灰	14	磨细灰、磨细灰线	+	+	+
钻生油	15	钻生桐油、擦浮油	+	+	+
	16	闷水起纸、清理	+	+	+

注：1. 表中"+"号表示应进行的工序。

2. 四道灰设计做法要求起线，可按木材面单披灰油、灰地仗施工主要工序增加基础线、轧胎线、轧修细灰定型线工序。

31.12.5.3 木材面、混凝土面四道油灰地仗施工技术要点

1. 新旧木材面和新旧混凝土面基层处理。

(1) 新旧木基层处理的施工要点，同 31.12.4.2 木基层处理的施工要点。

(2) 混凝土构件初旧地仗清除和新混凝土构件基层处理。

1) 混凝土构件砍挠旧地仗清除，在砍活时用专用锋利的小斧子将旧油灰皮全部砍掉，砍时用力不得忽大忽小，深度以伤斧刃为宜。挠活时用专用锋利的挠子将所遗留的旧油灰皮挠净，不易挠掉的灰垢灰迹，用角磨机清除干净。

2) 新混凝土基层清理除铲，构件表面的缺陷部位应用水泥砂浆补规矩，并应符合《建筑装饰装修工程质量验收规范》（GB 50210）第 4.2.11 条规定。凸出部位不符合古建构件形状，应剔凿或用角磨机找规矩，如下枋子上下硬棱改圆合棱，硬抱肩改圆抱肩等，应剔凿成八字形，但不得露钢筋，并将表面的水泥渣、砂浆、脱模剂、泥浆痕迹等污垢、杂物及疏松的附着物清除干净，不得遗漏。

2. 凡与地仗灰施操构件相邻的成品部位进行保护

应对砖墙腿子、砖坎墙、砖檐心柱顶石、台明及踏步等应糊纸、刷泥，以防地仗灰污染（有条件铺些编织布）。

(1) 新混凝土基层含水率大于 8% 时，应通过防潮湿处理后施工，方法可采用 15%～20% 浓度的氯化锌或硫酸锌溶液涂刷数遍，待干燥后除去盐碱等析出物，方可地仗施工，也可用 15% 的醋酸或 5% 浓度的盐酸溶液进行中和处理，再用清水冲洗干净，待干燥后，方可进行油灰地仗施工。

(2) 混凝土构件做传统油灰地仗前应操油一道，操油配比为光油：汽油＝1：2～3，凡混凝土面微有起砂的部位操油配比为生桐油：汽油＝1：1～3，混合搅拌均匀。操油前先将表面的灰尘、杂物等清扫干净。操油时用刷子涂刷，应随时搅拌均匀，涂刷要均匀一致，不漏刷。操油的浓度干燥后，其表面既不要结膜起亮，又要增加强度。

(3) 木材面、混凝土面四道油灰地仗的施工要点，同 31.12.4 麻布地仗第 3 至 4 项和第 8 至 13 项的施工要点。做传统油灰地仗应注意新木材面基层含水率不大于 12% 和新混凝土基层含水率不宜大于 8%。

(4) 混凝土面四道灰地仗和木材面麻布地仗的施工要点，同 31.12.4 麻布油灰地仗相应施工要点，其混凝土面柱子与木材面槛框的交接缝，要求通灰工序后，槛框使麻的麻丝拉接宽度不少于 50mm。

31.12.5.4 椽头部位连檐瓦口、椽头四道油灰地仗与椽望三道油灰地仗施工要点

1. 上架椽头部位的连檐瓦口、椽头做四道灰地仗与椽望做三道灰地仗主要工序顺序为：

基层处理→揎攒角→支油浆→椽望捉缝灰→连檐瓦口椽头捉缝灰→连檐瓦口椽头通灰→连檐瓦口椽头中灰→椽望中灰→连檐瓦口椽头细灰→椽望细灰→磨细灰→钻生桐油

(1) 椽头部位旧地仗清除和新旧活清理除铲

1) 旧地仗清除，用铲刀或挠子将旧油灰及灰垢挠干净，见新木茬，椽头、椽子旧油灰不易挠掉，可用小斧子掯砍掉，灰垢和灰迹不易挠掉时，刷水闷透灰垢和灰迹再挠净，并将椽秧、椽子、望板缝隙内的灰垢剔挠干净。凡椽子缝隙应撕成 V 字形，连檐、椽头有水锈处，挠之见新木茬。椽望有外露钉尖盘弯击入木内，不得将钉尖直着砸回。不得有遗留的旧地仗灰、灰垢、灰尘现象。

2) 新旧活清理除铲

① 新活清理铲除，用铲刀或挠子、钢丝刷、角磨机将表面树脂、沥青、青浆点、泥点、泥浆痕迹和雨淋痕迹除铲干净，见新木茬，遇缝隙应撕成 V 字形，不得遗漏。有翘木应钉牢，椽望的外露钉尖盘弯击入木内，不得将钉尖直着砸回。

② 旧活清理铲除（满过刀），用铲刀或挠子将油皮表面的油斑、蛤蟆斑、油痱子铲挠干净，可用砂纸通磨油皮以成粗糙面，并将椽秧、缝隙内的灰垢剔挠干净，有翘皮、空鼓、脱皮、松散的旧地仗铲挠干净，边缘铲出坡口。遇缝隙应撕成 V 字形，有水锈处挠之见新木茬。椽望有外露钉尖盘弯击入木内，不得将钉尖直着砸

回。表面浮尘清扫干净。

(2) 有松动、短缺的燕窝、闸档板及槽朽的椽头、望板等现象应通知有关人员修整。

2. 揎攒角（翼角）

攒角部位揎活，主要揎老檐椽的斜档档，呈规律的梯形错台，而每步错台凹面位置应高于绿椽帮上线，先计算尺寸，攒角部位梯形错台尺寸计算方法为：以挨着老角梁的第一根老檐斜椽的总长度÷斜椽的档数＝每根椽档的错台尺寸。揎斜椽档时，根据计算好的梯形错台尺寸，用锯和小斧子将干木条锯劈成长短、宽窄适宜的尺寸，钉揎在老檐斜椽的椽档上。一般先揎老角梁与第一根斜椽的窄当，距老檐椽头约 15mm，再由最长的斜椽当揎起，揎至挨着正身椽最短的斜椽当为止，所揎干木条要钉揎牢固。每个攒椽梯形错台尺寸分配应基本一致，斜椽当的错台长短允许偏差 20 mm 左右，揎斜椽当的错台凹面位置应在椽高（径）的 1/2 处，凹面位置应高于绿椽帮上线约 3mm，椽当凹面不能高低明显，四角八面应基本一致。老檐方圆椽揎斜椽当凹面严禁与椽肚平行。

3. 支油浆

(1) 水锈操油：凡有水锈、木质风化（槽朽）处和旧地仗边缘铲出坡口处及仿古建硅酸岩水泥望板应操油，操油配比为生桐油：汽油＝1：1～3，搅拌均匀，用刷子涂刷均匀，不漏刷。操油的浓度干燥后，表面既不要结膜起亮，又要增加木质强度。

(2) 支油浆：表面清扫干净。连檐瓦口、椽头汁浆配比为油满：血料：清水＝1：1：8～12，椽望汁浆配比为油满：血料：清水＝1：1：20，搅拌均匀，支油浆时用刷子满刷一遍，椽秧、缝隙内要刷严，表面涂刷要均匀，不漏刷，不污染，不结膜起亮，不宜使用机器喷涂支油浆。

4. 椽望捉缝灰

椽望捉缝灰带铲刀，捉攒角带大小尺尺，材料配合比，见表 31-59 第 8 项，捉椽秧根据椽径可调整籽灰粒径。捉椽望用铁板先贴椽秧披严刮直，后捉望板柳叶缝及椽子缝隙，并掌握"横披竖划"的技术要点，应横披严，捉实，刮平，柳叶缝卷翘处刮借顺平，不得有蒙头灰。捉椽用铁板将破棱掉角补缺捉整齐，圆方椽凹陷处应找刮平，拣净野灰、飞翅。圆椽盘椽根披严实，抿抹成马蹄形，方椽根披严，抿抹成小角。攒角处专人捉灰要规矩，窄椽用尺捉好，应干净利落。不得有粗糙麻面、龟裂纹、脱层、黑缝。

5. 连檐瓦口、椽头捉缝灰

连檐瓦口椽头捉缝灰，材料配合比，见表 31-59 第 4 项，用铁板先捉瓦口和水缝，捉水缝由左至右披灰捉实，稍斜铁板刮直坡度约 35°左右，坡度一致。捉连檐、椽头遇缝掌握"横披竖划"的技术要点，连檐凹处衬平棱角补齐，雀台缝严有坡度，飞檐椽头、老檐椽头缺棱掉角要裹补贴严，同时找正、找方、借圆。拣净野灰、飞翅，不得有粗糙麻面、蒙头灰、龟裂纹、脱层、污染。

6. 连檐瓦口、椽头通灰

(1) 捉缝灰干燥后，磨灰者带铲刀，用金刚石通磨一遍，将飞翅、浮籽等打磨掉，下不去金刚石处和有残存余灰、野灰等用铲刀修整齐，打磨后清扫干净，不得遗漏。

(2) 连檐瓦口椽头通灰，材料配合比，见表 31-59 第 4 项。用铁板大小尺适宜，先将瓦口刮平，刮直水缝坡度一致，拣净野灰。刮连檐通灰要通灰反复刮严，滚籽刮平，少留接头刮平，下棱切齐，拣净野灰。再上下刮飞檐椽头，由正面向四棱备灰，左右刮平，直铁板贴帮切四棱。后通老檐椽头，以铁板由右向左下，再向右转刮灰，由正面向圆棱备灰，左右刮平，直铁板贴帮切圆棱。不得有粗糙麻面、龟裂纹、脱层、污染。

7. 连檐瓦口、椽头中灰

(1) 通灰干燥后，磨灰者带铲刀，用金刚石通磨一遍，接头处穿磨平整，将飞翅、浮籽等打磨掉，下不去金刚石处和有残存灰及余灰、野灰等用铲刀铲修整齐，打磨后清扫干净，不得遗漏。

(2) 连檐瓦口、椽头中灰，材料配合比，见表 31-59，由左至右分两次返头进行：

第一次由左至右，先进行裹老檐椽头帮，横甩铁板转圆抹灰刮圆椽头，正面野灰切齐刮净。同时刮瓦口水缝，刮水缝应斜着铁板直刮，坡度一致，切齐连檐上棱，收净瓦口飞翅。随后用铁板刮飞

檐椽头四帮，正面横刮找方，切齐拣净野灰，不得有脱层、龟裂纹、污染，到头返回。

第二次由左至右先刮老檐椽头，横用铁板由右向左下，再向右转刮灰，由正面向圆棱备灰，左右刮平，直铁板贴帮切圆棱，同时刮连檐中灰，横用铁板反复刮严，克骨刮平，下棱切齐，拣净野灰。随后刮飞檐椽头灰，横用铁板左右刮灰，由正面向四棱备灰，上下刮平，直铁板贴帮切四棱。不得有龟裂纹、脱层。

8. 椽望中灰

(1) 椽望缝灰干燥后，望板、椽子有缺陷处，应用捉缝灰的材料配比衬垫规矩。干燥后，磨灰者带铲刀，用金刚石通磨一遍，将飞翅、浮籽等打磨掉，下不去金刚石处和有残存灰及余灰、野灰等用铲刀铲修整齐。打磨后清扫干净，不得遗漏。

(2) 椽望中灰，材料配合比，见表 31-59。

1) 老檐椽望用微硬的皮子中灰，分两次进行：先中椽子后中望板，每根椽子中灰由椽根至椽头一气贯通，两人对脸操作不易出竖接头，椽子干后，再返回用铁板中望板，不能放竖接头或横接头，不得长灰，灰层厚度以中灰粒径为准，并将椽秧、燕窝野灰、飞翅收净，不得有龟裂纹、脱层。

2) 飞檐椽望用铁板中灰，分两次进行：先中椽帮后中望板代椽肚，椽帮中灰横着铁板抹灰靠骨刮平，切齐底棱，拣净望板野灰。刮完椽帮后返回，再刮望板及椽肚，望板中灰以直铁板上抹灰，下刮灰，并将接头和两秧野灰收净。中椽肚横铁板上抹灰下刮灰，靠骨刮平切直两棱。最后刮闸档板及小连檐，拣净野灰、飞翅，不得有龟裂纹、脱层。

9. 连檐瓦口、椽头细灰

(1) 磨檐头中灰干燥后，磨灰者带铲刀用金刚石通磨连檐瓦口椽头和椽望中灰，接头处穿磨平整，磨掉飞翅、浮籽等，下不去金刚石处和有残存灰及余灰、野灰等用铲刀铲修整齐，磨后清扫干净。

(2) 连檐瓦口、椽头细灰材料配合比见表 31-59，由左至右分三次返头进行，细灰薄厚应一致，薄处不少于 1mm，不得有龟裂纹、脱层、污染。细灰不得晾晒时间过长，细灰不宜细得过多，要根据天气，细多少，磨多少，能在半日内或一日内磨细钻生完成，更细为宜。

第一次由左至右，用铁板细水缝时，先将细灰刮严、抹实、抹匀。斜插水缝稳住手腕一气刮直，坡度一致，切齐连檐上棱拣净瓦口野灰，随后用铁板细雀台和飞檐椽头底帮，到头返回。

第二次由左至右，横用铁板进行老檐椽头帮打围脖，裹圆切棱，随后横用铁板细飞檐椽头的两帮灰，刮平切齐棱角，到头返回。

第三次由左至右进行老檐椽头，横用铁板由右向左下抹灰，向右转圆棱备灰，左右刮平，直铁板贴帮切圆棱，同时直铁板进行细瓦口灰，再横用铁板，由左至右抹连檐细灰，让均匀一气刮平，直切上下棱，拣净雀台野灰，再细飞檐椽头灰，横用铁板上下抹灰，向四棱备灰，左右刮平，直铁板切四棱。

10. 椽望细灰

椽望细灰材料配合比见表 31-59，细灰厚度约 1mm，薄厚应均匀。帚细灰时，使用细灰加适量清水做帚灰用，调配均匀以覆盖力强和附着力强为宜，涂刷中随时搅拌。

(1) 细老檐椽望用细灰皮子细灰，分两次进行，先细椽子，后细望板。每根椽子细灰由椽根至椽头一气贯通，俩人对脸操作不出竖接头，椽子干后再返回。用铁板细望板不能放竖接头或横接头，不得放厚灰，并将椽秧野灰收净。燕窝处用刷子帚细灰，要帚均匀，帚严、帚到，表面干净利落。

(2) 细飞檐椽望用铁板细灰，分两次进行，先细椽帮，后细望板代椽肚，椽帮细灰横着铁板上抹下刮，一气刮平，不得放接头、厚灰，直切底棱，拣净望板野灰，细完椽帮返回。再细望板及椽肚，细望板以直铁板上抹灰，下刮灰，并将两秧刮严，椽肚横着铁板上抹灰下刮灰，一气刮平，不得放接头，直切两棱。最后，将闸档板及小连檐细严实，拣净野灰，表面干净利落。

11. 磨细灰

檐头磨细灰，使用的细金刚石块棱直、面平、大小适宜，代铲刀，并掌握“长磨细灰”的技术要点。

(1) 连檐瓦口、椽头磨细灰，先从瓦口开始磨断斑后，穿磨水缝断斑、坡度一致、直顺，金刚石块放平长磨连檐断斑磨平，上下棱角磨直磨齐。随后磨椽头细灰，由外向内转圈，磨面断斑磨平，再磨四帮和圆帮，方椽头磨帮找方四棱磨平磨直，圆椽头磨帮找圆磨棱，然后轻蹭四棱和圆棱（轻磨硬尖棱，俗称倒棱），方椽头方正，圆椽头成圆规矩，大小一致，棱角直顺、整齐。表面不得有不断斑、漏磨、龟裂纹缺陷，基本无露籽、砂眼、麻面、划痕等缺陷。

(2) 椽望磨细灰先用金刚石，放平由左至右长磨老檐椽望的望板和圆椽子，基本断斑后，用砂布放平长磨望板取平、圆椽子取圆，椽秧顺直整齐。攒角和燕窝的犄角旮旯，以及盘椽根处，用砂布和铲刀打磨光洁，修磨整齐；再由左至右磨飞檐椽望，放平金刚石长磨望板和方椽子，穿磨断斑后，用砂布放平蹭磨取平。椽秧顺直整齐、方椽棱角直顺整齐，然后用砂布和铲刀将闸档板和小连檐及攒角处打磨光洁，不得有不断斑、漏磨、龟裂纹等缺陷，基本无露籽、砂眼、麻面、划痕等缺陷。

12. 檐头钻生桐油

(1) 用丝头或刷子蘸生桐油搓刷，要先钻好连檐瓦口、椽头。钻生桐油遇细灰未干处和未磨的细灰交接处，要闪开 10～20mm。磨好的细灰不能晾放，为防止出风裂纹应及时钻生。钻生桐油时，以细灰磨好一段，钻生者及时钻好一段，搓刷生桐油要均匀，不得间歇，应连续钻透细灰层，连檐瓦口椽头钻原生桐油应肥而均匀，其表面要颜色一致。椽望钻生的表面要颜色均匀一致，不得有漏刷、龟裂纹、裂纹等缺陷。

(2) 钻生桐油完成后，应在当日内用麻头通擦将浮油和流痕擦净，表面应光洁，不能有漏擦、挂甲等缺陷。室内钻生后应通风良好，凡擦过生桐油的麻头应及时收回妥善处理。

31.12.5.5 斗栱三道油灰地仗施工要点

1. 斗栱湿清除挠旧地仗和新木基层清理除铲三道灰地仗主要工序

基层处理→垫拱板砍活至钻生桐油→支油浆→捉缝灰→中灰→细灰→磨细灰→钻生桐油

2. 斗栱湿挠清除旧地仗和新木基层清理铲除

(1) 斗栱湿挠旧地仗清除，因此部位彩画颜料多数有毒不易干挠法，常采取湿挠法。用刷子蘸清水刷于表面，以闷透颜料、灰皮及灰垢为宜，刷水不得过量，否则易起木毛。从里到外，由上至下闷透一部分，用挠子挠净一部分，挠时用锋利的挠子一小件一小件地顺着木纹，将闷软的旧油灰挠干净。斗栱雕刻部位用锋利的小挠子，顺着纹饰的木纹掏着轻挠干净，犄角旮旯下不去小挠子处，用小刻刀将颜料灰垢剔刮干净，见新木茬，不得损伤木骨和雕刻纹饰，遇缝隙应撕成 V 字形。斗栱起木毛时，待斗栱干燥后，再用锋利的挠子将木毛挠净。斗栱部位采取湿挠或干挠，均要戴口罩操作，防尘防中毒。

(2) 新活斗栱清理除铲，用铲刀或挠子将表面树脂、泥点、泥浆等铲挠干净，遇缝隙应撕成 V 字形，不能有遗漏。

(3) 斗栱旧地仗清除后和新活斗栱清理除铲后，有丢失、缺损、变形、松动的木件等缺陷，应通知有关人员修补、拨正、加固。

3. 斗栱部位的垫拱板多做使麻或糊布地仗

其砍活至钻生桐油同 31.12.4 麻布地仗相应施工要点与质量要求。垫拱板地仗施工应同时完成正心拱帮（如使麻时其麻须应拉接正心拱帮上）处。

4. 斗栱支油浆

(1) 斗栱表面的浮尘、杂物等应清扫干净。

(2) 汁浆配比为油满：血料：清水=1：1：20，支油浆用刷子由左角科开始，支完平身科支柱头科。斗栱支油浆时，从里到外，由上至下，顺着木件木纹满刷一遍，支油浆过程应随时搅拌均匀，表面涂刷要均匀，刷严、刷到、不漏刷，不结膜。

(3) 旧斗栱做地仗钻生干燥后，彩画后，表面易裂纹，最好做地仗前操稀生桐油。

5. 斗栱捉缝灰

斗栱捉缝灰材料配合比见表31-59第8项。斗栱捉缝灰宜在垫拱板压麻灰后进行。斗栱捉缝灰时带铲刀，用铁板从里到外，由上至下捉裂缝、节点缝、连接缝，并掌握"横掖竖划"的技术要点，以竖铁板纵横掖、捉严、捉实、刮平，不得有蒙头灰。遇微有松动的木件应嵌入木条，牢固后再刮平。升、拱、翘、昂、斗、蚂蚱头、雕刻纹饰等部位残缺处，用铁板补齐棱角，凹面刮平，残缺处补缺、贴齐、找规矩、随形不走样，捉好一处，随时收净野灰、飞翘，再捉另一处，不得遗漏。

6. 斗栱中灰

(1) 斗栱捉缝灰干燥后，磨灰者带铲刀，用金刚石通磨一遍，将飞翘、浮籽等打磨掉，下不去金刚石处和有残存灰及余灰、野灰等缺陷，用铲刀修整齐，磨后将表面清扫干净，不得遗漏。

(2) 斗栱中灰时，材料配合比见表31-59，中灰时从里到外，由上至下进行，用铁板将盖斗板或趋(斜)斗板以及以下平面靠骨刮平。升、拱、翘、昂、斗、蚂蚱头、雕刻纹饰等部位中灰，用铁板先将两侧面靠骨一去一回刮平，直铁板切齐棱角，侧面中灰干后，一去一回刮升、拱、翘、斗的正面，再一去一回刮昂、蚂蚱头的底面，直铁板切齐棱角，再用皮子将昂的上面抹严收圆，最后用铁板和皮子抹刮拱眼中灰(单材拱清式烂明式荷包凹面刮平，秧角整齐，单材拱明式烂明式荷包抹成凸圆面，足材拱清式荷包抹成凸圆面，秧角整齐)，棱、秧角整齐利落。斗栱有雕刻纹饰部位用皮子和铁板随形抹刮中灰，棱角、秧角整齐，纹饰规矩，随形不走样。中灰应随时收净野灰、飞翘。

7. 斗栱细灰

(1) 斗栱中灰干燥后，磨灰者带铲刀，用金刚石通磨一遍，将飞翘、浮籽等打磨掉，下不去金刚石和有残存灰及余灰、野灰等缺陷用铲刀修整齐，磨后将表面清扫干净，不得遗漏。

(2) 斗栱细灰，材料配合比见表31-59，细灰厚度约1mm，薄厚应均匀。细灰时从里到外，由上至下进行。先细盖斗板或趋(斜)斗板以及以下平面，可用皮子将灰抹严、抹匀，再用铁板刮平。升、拱、翘、昂、斗、蚂蚱头等部位用铁板细灰掌握隔一面、细一面的技术要点。先将两侧面细灰刮平，直铁板切齐棱角，侧面细灰泃干后。再抹严、刮平升、拱、翘、斗、蚂蚱头的正面细灰，然后昂、蚂蚱头的底面细灰刮平，直铁板切齐棱角。用皮子将昂的上面、圆面烂眼边、凸圆面荷包抹严收圆，收净野灰。用铁板将斜棱烂眼边刮整齐、凹面荷包刮平，收净野灰，最后用铁板细昂嘴。斗栱有雕刻纹饰部位用皮子和铁板随形贴五分，干后抹灰油面，细部纹饰帚细灰，帚严帚到，不掉粉、透底、漏帚。斗栱部位的棱角允许先用角子轧细灰棱角，再用皮子细好圆面，用铁板将平面抹严细平。

8. 斗栱磨细灰

斗栱磨细灰，使用的细金刚石块磨直、面平、大小适宜，代铲刀，掌握"长磨细灰"的技术要点。从里到外，先从盖斗板或趋斗板及以下平面，磨基本断斑后用11/2号砂布打磨平整、光洁。凡升、拱、翘、昂、斗、蚂蚱头磨细灰时，将金刚石放平，由外向内磨面，按仕长短穿磨断斑至平整，棱角、秧角直顺、整齐，下不去金刚石处，用11/2号砂布打磨平整、光洁。雕刻纹饰不晴、不乱，随形不走样，不得碰伤棱角，不得有不断斑、漏磨、露籽缺陷，无砂眼、麻面、划痕等缺陷。

9. 斗栱钻生桐油

用丝头或刷子蘸生桐油搓刷，细灰磨好五攒左右钻生者应及时钻好，磨好的细灰晾放控制在1小时左右，搓刷生桐油要均匀，要连续钻透细灰层，不得间歇。钻生桐油的表面应颜色一致，遇细灰未刊处和未磨的细灰交接处，要闪开10～20mm。待细灰干后和细灰交接处磨平后再钻透，不得有漏刷、龟裂纹、裂纹等缺陷，不得喷涂法操作。

钻生桐油完成后，应在当日内要用麻头通擦一遍，并将浮油和流痕擦净，表面应光洁，不能有漏擦、挂甲等缺陷。凡擦过生桐油的麻头应及时收回妥善处理。

31.12.5.6 花活三道油灰地仗施工要点

适用于雀替、花牙子、垂头、荷叶墩、净瓶、云龙透雕花板、绦环板、三幅云、神龛的透雕蟠龙柱、浮雕龙凤樘等雕刻花活

部位。

1. 花活湿挠旧地仗清除和新木基层清理除铲三道油灰地仗主要工序

基层处理 → 支油浆 → 捉缝灰 → 中灰 → 细灰 → 磨细灰 → 钻生桐油

2. 花活湿挠旧地仗清除和新木基层除铲

(1) 花活雕刻部位旧油灰皮清除一般采取湿挠。用刷子刷清水闷透旧油灰皮，用锋利的挠子顺木纹挠干净，边框牵木纹短者应轻挠干净，有水锈或木质糟朽处细挠干净，见新木茬。雕刻纹饰用特制锋利小挠子顺着纹饰的木纹细致地掏严，轻挠干净。小挠子下不去犄角旮旯处，用小刻刀将颜料、灰垢、旧油皮刷、刻、刮刀干净，见新木面。刷清水不得过量，以闷透闷软旧灰皮为宜，不得损伤雕刻纹饰及原形状，遇缝隙应撕成V字形并剔净缝内旧油灰，并将表面清扫干净。表面起木毛，待干燥后再让锋利的挠子将木毛挠净。

(2) 新花活雕刻木基层清理除铲，用铲刀或挠子将表面树脂、泥点、泥浆等挠干净，将表面清扫干净，不能有遗漏。

(3) 花活雕刻旧地仗清除后和新雕刻花活清理铲除后，有雕刻纹饰缺损、松动等缺陷，应通知有关人员修整补齐、加固。

3. 花活支油浆

(1) 花活雕刻表面的浮尘、杂物等应先清扫干净。

(2) 花活雕刻汁浆，配比为油满：血料：清水＝1:1:20；支油浆用刷子顺着雕刻纹饰及边框满刷一遍，应随时搅拌均匀。纹饰和缝隙内应掏严刷到，表面涂刷均匀。不漏刷，不结膜起皮。

(3) 花活雕刻水锈或木质有糟朽(风化)处应操油，配比为生桐油：汽油＝1:1～3，用刷子涂刷操油一道，应随时搅拌均匀，涂刷要均匀，不遗漏。操油的浓度待干燥后，其表面既不结膜起亮，又要增加木质强度。

4. 花活捉缝灰

花活雕刻捉缝灰，材料配合比见表31-59第8项。花活的边框凡与麻布地仗连接木件处，在使麻糊油前应事先将缝隙、边框捉好，以便衔接。花活雕刻和边框用铁板捉缝灰时，将缝隙捉严捉实，缺棱短角补齐，纹饰残缺处顺纹饰走向捉找随形，按纹饰层次、阴阳找规矩，随形不走样，干净利落，不遗漏。

5. 花活中灰

(1) 花活雕刻捉缝灰干燥后，磨灰者带铲刀，用金刚石通磨一遍，将飞翘、浮籽等打磨掉，下不去金刚石处和有残存灰及余灰、野灰等缺陷用铲刀铲修整齐，打磨将表面浮灰、灰尘清扫干净，不得遗漏。不得碰损雕刻纹饰。

(2) 花活雕刻中灰，材料配合比见表31-59，雕刻纹饰部位中灰时，带铲刀，选用中小铁板将边框和落地平面靠骨刮平切齐。泃干后，将边框五分及纹饰侧面用小铁板随形靠骨贴刮整齐，泃干后将纹饰的平面或翻、转、折、叠面用小铁板顺纹饰靠骨刮平，纹饰的表面为凸圆面时，用小皮子顺纹饰刮圆。纹饰走向规矩，层次、阴阳清楚，随形不走样，棱角、秧角整齐，收净野灰、飞翘，不遗漏。

6. 花活细灰

(1) 花活雕刻中灰干燥后，磨灰者带铲刀，用金刚石通磨一遍，将飞翘、浮籽等打磨掉，下不去金刚石处和有残存灰及余灰、野灰等缺陷用铲刀铲修整齐，打磨将表面浮灰、灰尘清扫干净，不得遗漏，不得碰损雕刻纹饰。

(2) 花活雕刻细灰材料配合比见表31-59，边框细灰厚度不少于1mm，薄厚应均匀。帚细灰时使用细灰加适量清水做帚灰用，调配均匀，以覆盖力强和附着力强为宜，涂刷中应随时搅拌。

1) 花活雕刻细灰时，边框和多平面处用铁板细灰隔一面细一面，边框的小池子线先轧细灰线再用铁板细灰面，落地平面用小铁板抹刮平整，边框五分及纹饰侧面用小铁板随形贴刮整齐，纹饰的表面为平面时，用小铁板顺纹饰刮平，纹饰的表面为凸圆面时，用小皮子顺纹饰细平，拣净野灰。

2) 凡新花活雕刻和旧花活雕刻，帚细灰能达到质量要求时及透雕花活，用小刷子帚细灰，帚严、帚到、帚均匀。帚细灰干燥后不得手擦掉粉、透底、漏帚。

7. 花活磨细灰

花活磨细灰，使用的细金刚石块棱直、面平、大小适宜，代铲刀和竹刀，用1号、11/2号砂布或砂纸磨细灰，边框掌握“长磨细灰”的技术要点。边框平面用细金刚石块穿磨断斑后，再通长磨平、光洁、棱角线直顺、秧角整齐。用砂布打磨雕刻纹饰部位，按纹饰走向打磨平光，棱角、秧角整齐。雕刻纹饰走向规矩，层次、阴阳清晰，随形不走样，不得碰伤棱角，不得有漏磨、露籽、麻面、砂眼、划痕和不断斑缺陷。

8. 花活钻生桐油

细灰磨好一部分，钻生者以丝头或刷子蘸生桐油搓刷，及时钻好一部分，应先钻好边框，再钻雕刻纹饰，搓刷生桐油要均匀，要连续钻透细灰层，搓刷不得间歇，钻生桐油的表面应颜色一致，不得有漏刷、龟裂纹、裂纹等缺陷，除透雕花活外，不得喷涂法操作。

钻生桐油完成后，应在当日内要用麻头将浮油和流痕擦净，表面应光洁，不能有漏擦、挂甲等缺陷。凡擦过生桐油的麻头，应及时收回，妥善处理。

31.12.5.7 心屉、棂子三道油灰地仗施工要点

适用于隔扇槛窗的窗屉、支摘窗、横披窗、帘架、风门、坐凳棂子、倒挂棂子等装修的心屉、棂子、菱花、棂条（遇表面线形模糊者，恢复原状应按地仗工艺难度确定做法）部位。

1. 仔边、棂子边框三道灰地仗与菱花、棂条二道灰地仗主要工序

基层处理→支油浆→捉缝灰→中灰→细灰→磨细灰→钻生桐油

2. 心屉、棂子清除旧油灰皮和新旧木基层清理除铲

(1) 清除旧油灰皮，分两种清除方法：

1) 旧地仗灰松散、油皮基本脱落的清除，用铲刀或挠子将心屉、棂子边框的旧地仗灰垢和灰迹及旧油皮挠干净，灰垢和灰迹不易挠掉时，刷水闷透灰垢和灰迹再挠干净，见新木茬，菱花、棂条侧面用11/2号砂布打磨和细木锉掏锉干净。

2) 心屉的菱花、棂条表面的旧油皮使用化学脱漆剂洗挠清除，应先拆卸、钉牌编号，在场地宽敞的土地面上洗挠，并将窗屉码放在木块或砖块上，离开土地面平稳后洗挠。使用碱液（浓火碱水）脱漆剂或水制酸性、碱性脱漆剂清除旧油漆膜时，戴好橡胶手套和防护眼镜及护鞋，用粗线麻拴成刷子蘸碱液或用刷子蘸水制脱漆剂，反复涂刷于旧油漆面上，待旧油漆面松软后，用铲刀或挠子将油垢铲挠干净（包括秧角、线），见新木茬。用清水将木材面的酸、碱液反复冲刷干净，待木材面干后表面不泛白霜为脱碱干净，洗挠不得损伤木骨。洗挠清除易起木毛，待木材面干燥后，用锋利的挠子或用11/2号砂布打磨，将木毛清除干净。心屉的菱花、棂条使用有机溶剂脱漆剂（如T—1、T—2、T—3）清除旧油漆膜时，应远离易燃物和建筑物，旧油漆膜清除干净后，用稀释剂擦洗一遍晾干。最后，将表面清扫干净，不得有遗留的旧地仗灰、灰垢、油垢、灰尘现象。

(2) 新活清理除铲，用铲刀或挠子将表面树脂、灰浆点、泥点、雨淋流痕铲挠干净，见新木茬，再将表面清扫干净，不得遗漏。

(3) 心屉、棂子旧油灰皮清除后，菱花和菱花扣、棂条有缺损、松动等缺陷应通知有关人员修整补齐、加固。

3. 心屉、棂子支油浆

(1) 心屉、棂子表面的浮尘、杂物等应先清扫干净。

(2) 心屉、棂子支油浆，配比为油满：血料：清水＝1：1：20。用刷子先边框后菱花、棂条满刷一遍，应随时搅拌均匀，应掏严刷到，涂刷均匀，不漏刷，不结膜起皮。

(3) 心屉、棂子水锈或木质有糟朽（风化）处应操油，配比为生桐油：汽油＝1：1～3，用刷子涂刷操油一道，应随时搅拌均匀，表面应掏严刷到，涂刷要均匀，不漏刷。操油的浓度以干燥后，其表面既不结膜起亮，又增加木质强度。

4. 仔屉、棂子捉缝灰

心屉、棂子捉缝灰，材料配合比见表31-59第8项，心屉、棂子的边框凡与麻布地仗连接木件处，在使麻糊布前应事先将缝隙、边框捉好，以便拉接。心屉、棂子捉缝灰时，用铁板将边框及菱花、棂条肩角、节点缝捉严，边框卧角线、棱角线残缺处补缺、捉整齐，收净野灰、飞翅，不得遗漏。

5. 心屉、棂子中灰

(1) 捉缝灰干燥后，磨灰者带铲刀，用金刚石通磨一遍，将飞翅、浮籽等打磨掉，下不去金刚石处和有残存灰及余灰、野灰等缺陷，用铲刀铲修整齐。打磨后，将表面浮灰、灰尘清扫干净，不得遗漏。

(2) 心屉、棂子中灰，材料配合比见表31-59，边框中灰时带铲刀，先将卧角线或其他线轧好，沏干后用铁板将面靠骨刮平，切齐棱角线，洗挠的旧菱花、棂条如细灰达不到质量要求时，以中灰用铁板将正侧平面满克骨刮平，棂条正面为凸圆面时，用微硬的小皮子刮圆。棱角、线和秧角应干净利落。新旧菱花、棂条用铁板将肩角节点缝捉严、捉整齐，戗茬处补缺刮平，收净飞翅。

6. 心屉、棂子细灰

(1) 中灰干燥后，磨灰者带铲刀，用金刚石通磨一遍，将飞翅、浮籽等打磨掉，菱花用11/2号砂布将飞翅等打磨掉，下不去金刚石处和有残存灰及余灰、野灰等缺陷用铲刀铲修整齐，打磨后将表面浮灰、灰尘清扫干净，不得遗漏。

(2) 心屉、棂子细灰，材料配合比见表31-59，边框细灰厚度木少于1mm，薄厚应均匀。帚细灰时使用细灰加适量清水做帚灰用，调配均匀以覆盖力强和附着力强为宜，涂刷中应随时搅拌。

1) 心屉、棂子部位细灰带铲刀时，先将边框卧角线或其他线的细灰线轧好，沏干后用铁板将面细平，凡雀替头用铁板细灰应隔一面细一面，拣净野灰。洗挠的旧菱花、棂条如帚细灰达不到质量要求时，用铁板和皮子刮细平圆整齐。

2) 新菱花、棂条和洗挠的旧菱花、棂条如帚细灰能达到质量要求时，用小刷子帚细灰，帚严帚到、帚均匀。帚细灰干燥后不得手擦掉粉、透底、漏帚。

7. 心屉、棂子磨细灰

心屉、棂子磨细灰，使用的细金刚石块棱直、面平、大小适宜，代铲刀和竹刀，用1号、11/2号砂布或砂纸磨细灰时，边框掌握“长磨细灰”的技术要点，代铲刀，边框平面用细金刚石块穿磨基本断斑后，通长穿磨平整、光洁，棱角线、秧角整齐，不得有漏磨、碰伤棱角、不断斑缺陷，不宜有麻面、露籽、砂眼、划痕；从下至上用1号、11/2号砂布或砂纸先打磨菱花、棂条部位，按走向打磨断斑平顺光洁，棱角线、秧角应直顺、整齐。

8. 仔屉、棂子钻生桐油

细灰磨好一部分，钻生者以丝头或刷子蘸生桐油搓刷，及时钻好一部分，应先钻好边框，再钻菱花、棂条。搓刷生桐油要均匀，要连续钻透细灰层，搓刷不得间歇，钻生桐油的表面应颜色均匀，不得有漏刷、龟裂纹、裂纹等缺陷，除菱花外不得喷涂法操作。

钻生桐油完成后，应在当日内用麻头通擦一遍，并将浮油和流痕擦净，表面应光洁，不能有漏擦、挂甲等缺陷。凡擦过生桐油的麻头，应及时收回妥善处理。

31.12.6 众霸胶溶性单披灰地仗施工要点

混凝土基层地仗应与面层涂饰、油饰、彩画配套施工。选择众霸胶溶性地仗施工，地仗面层做油饰彩画时，众霸胶溶性地仗的通灰表面应操油，其后两道灰再以传统中灰和细灰为隔层，不得掺用硅酸盐水泥做填充骨料，否则，油饰彩画会受碱性引起皂化反应（咬花、变色、不能耐久）而脱落。

31.12.6.1 众霸胶溶性单披灰地仗工程施工主要工序

混凝土面众霸胶溶性单披灰地仗工程施工主要工序，见表31-68。

混凝土面众霸胶溶性单披灰地仗工程施工主要工序

表 31-68

主要工序	顺序号	工艺流程	工程做法		
			四道灰	三道灰	二道灰
基层处理	1	旧混凝土面清除旧地仗	+	+	+
	2	新混凝土面清理除铲及修整	+	+	+
涂界面剂	3	成品保护，新混凝土面防潮与中和处理	+	+	+
	4	涂界面剂	+	+	+

续表

主要工序	顺序号	工艺流程	工程做法		
			四道灰	三道灰	二道灰
捉缝灰	5	捉缝灰、补缺、找规矩	+	+	+
	6	衬垫	+	+	
通灰	7	磨粗灰、清扫掸净	+		
	8	抹通灰、过板子、拣灰	+		
操油	9	磨通灰、清扫掸净	+		
	10	操油	+	+	+
中灰	11	轧鱼籽中灰线、填心	+	+	
	12	刮中灰	+	+	
细灰	13	磨中灰、清扫掸净	+	+	
	14	找细灰、轧细灰线、溜细灰、细灰填槽	+	+	
磨细灰	15	磨细灰、磨细灰线	+	+	
钻生油	16	钻生桐油、擦浮油	+	+	
	17	闷水起纸、清理	+	+	

注：1. 表中"＋"号表示应进行的工序。
2. 此表主要以上下架混凝土件操作工序安排。施工时可根据具体部位的实际情况调整程序。
3. 四道灰设计做法要求起线，木材面单披灰油灰地仗施工主要工序增加基础线、轧胎灰、轧修细灰定型线工序。

31.12.6.2 混凝土构件的交接处与木质构件做麻布地仗

应符合第 31.12.4 的施工要点和木基层面麻布地仗施工工序，见表 31-64 的要求。

31.12.6.3 混凝土面众霸胶溶性四道灰地仗施工要点

(1) 混凝土面旧地仗清除和新混凝土面基层处理：

1) 混凝土构件砍挠旧地仗清除，在砍活时，用专用锋利的小斧子将旧油灰皮全部砍碎。砍时用力不得忽大忽小，深度以不伤斧刃为宜。挠活时用专用锋利的挠子将所遭留的旧油灰皮挠净，不易挠掉的灰垢、灰迹，应用角磨机清除干净。

2) 新混凝土面清理除铲，新混凝土表面的缺陷部位应用水泥砂浆补规矩，并应符合《建筑装饰装修工程质量验收规范》(GB 50210) 第 4.2.11 条规定。凸出部位不符合古建构件形状应刨凿或用角磨机找规矩，如下枋子上下硬楞改圆合楞，硬抱肩改圆抱肩等，应刨凿成八字形，但不得露钢筋，并将表面的水泥渣、砂浆、脱模剂、泥浆痕迹等污垢、杂物及疏松的附着物清除干净，不得遗漏。

(2) 涂界面剂：

1) 凡与地仗灰施操构件相邻的成品部位要保护。应对砖墙腿子、砖坎墙、砖墙心柱顶石，台明及踏步等应糊纸、刷泥，以防地仗灰污染 (有条件铺垫编织布)。

2) 新混凝土基层含水率大于 10%时，应通过防潮湿处理后施工，方法可采用 15%~20%浓度的氯化锌或硫酸锌溶液涂刷数遍，待干燥后除去盐碱等析出物，方可进行地仗施工。也可用 15%的醋酸或 5%浓度的盐酸溶液进行中和处理，再用清水冲洗干净，待干燥后，方可进行油灰地仗施工。

3) 涂刷界面剂，用众霸Ⅱ型界面剂应根据混凝土面的强度确定稀稠度，配合比参见表 31-60。涂刷界面剂时用刷子涂刷，应随时搅拌均匀，涂刷要均匀一致，不漏刷，界面剂的浓度待干燥后，其表面不得结膜起亮为宜。如个别构件或局部混凝土面的强度不足再补刷一道众霸Ⅰ型胶粘剂。

(3) 混凝土面众霸胶溶性捉缝灰、通灰的配合比：

见表 31-60 第 1~4 项，捉缝灰、通灰的施工要点同 31.12.4.3~4 麻布地仗的施工相应要点。

(4) 混凝土面打磨通灰后操油：

1) 磨通灰用金刚石打磨平整、光洁，无浮籽，金刚石不能到位的浮籽用铲刀铲净，有野灰、余灰、残存灰及飞翅用铲刀铲掉，打磨后由上至下将表面的灰尘、杂物等清扫干净。

2) 操油，配比为生桐油：汽油＝1：4，混合搅拌均匀。操油

时用刷子涂刷，应随时搅拌均匀，涂刷要均匀一致，不漏刷。操油的浓度待干燥后，其表面不得结膜起亮为宜。

(5) 混凝土面操油干燥后，如遇混凝土构件与木构件 (槛框) 交接时，木构件木装修应做传统麻布地仗，此时进行木材面 (槛框) 做一麻五灰地仗的施工。施工要点同 31.12.4 麻布地仗相应施工技术要点。待槛框使麻工艺时，木构件使麻的麻丝或糊布要求与混凝土构件交接缝拉接宽度不少于 50mm。使麻、糊布的施工要点同 31.12.4.5~7 糊布地仗相应的施工要点。材料配合比见表 31-59 及表注。

(6) 混凝土面中灰前应待木材面的槛框压麻灰 (含压布灰) 工艺后进行，以便压麻灰 (含压布灰)，过板子将拉接过麻丝压好。压麻灰 (含压布灰) 的施工要点同 31.12.4.8 糊布地仗相应的施工要点。材料配合比见表 31-59 及表注。

(7) 混凝土面通灰操油干燥后，进行中灰、细灰、磨细灰、钻生桐油时，施工地区无条件使用传统地仗灰，其材料配合比见表 31-60 第 6~9 项及表注，施工要点基本同 31.12.4.9~13 糊布地仗相应的施工要点。凡遇混凝土构件与木构件 (槛框) 交接时，与木构件传统相应施工要点同步进行，材料配合比见表 31-59 及表注。

31.12.7 修补地仗施工技术要点

(1) 修补地仗工程的施工工序见表 31-64、表 31-66、表 31-57 等的相应工序。

(2) 修补地仗的基层处理、砍活：旧油皮除铲和打磨，旧地仗局部开裂、翘皮、破损处应砍出新茬呈坡口 (灰口、麻或布口)，砍裂缝处应预留使麻或糊布拉接的宽度不少于 60mm，无松动、松散灰，不得遗漏，不得损伤木骨。如有缝隙见缝撕缝并将撕缝旧灰剔净，补下竹钉。旧地仗保留灰层或压麻灰层时，颠纹用力要轻而均匀，不得砍伤麻面，保留压麻灰层应基本平整。遇麻层以下灰层强度尚好，而构件木质风化疏松，此时不宜保留麻以下灰层。如回粘旧地仗的底面应有一定强度，基层应干净，用油满或乳胶粘贴牢固。

(3) 修补地仗工程的地仗前应做成品保护工作，捉缝灰前见木骨需支油浆，见木质有水锈、风化糟朽、灰口、麻、布口和旧灰层 (如压麻灰层)，以及回粘地仗的背面需操给稀生增加强度，遇混凝土面做传统地仗需操油，凡航砍到麻面时伤麻处应刷头浆补麻，做众霸胶溶性地仗需涂界面剂，其施工要点应符合糊布地仗、单披灰地仗、胶溶性单披灰地仗的要求。

(4) 修补地仗应根据设计要求及旧地仗的做法修补。地仗工程施工条件与技术要求见 31.12.3，施工要点见 31.12.4~6 相应的施工要点。基层新旧灰接槎处与各遍灰之间和麻布之间必须粘接牢固。

(5) 修补地仗工程的油水比见表 31-57，油灰材料配合比见表 31-58、表 31-59，众霸胶溶性地仗材料配合比见表 31-60。

31.12.8 地仗施工质量要求

31.12.8.1 麻布地仗、四道灰地仗质量要求

1. 麻布地仗、四道灰地仗主控项目质量要求

(1) 麻布地仗、四道灰 (大木及装修) 地仗的做法、工艺及所选用材料的品种、规格、质量、配合比、加工计量，应符合文物设计要求和古建操作规程要求，以及现行材料标准的规定。

(2) 麻布地仗、四道灰 (大木及装修) 地仗的各遍灰层之间和麻或布之间与基层必须粘结牢固；修补新旧麻布地仗、四道灰 (大木及装修) 地仗的各遍灰层之间与基层及接槎处必须粘结牢固。

(3) 地仗表面严禁出现漏裂、干麻、干麻包、崩秧、窝浆、脱层、空鼓、崩秧、翘皮、漏刷、挂甲、裂缝等缺陷。

2. 麻布地仗、四道灰地仗 (大木及装修) 一般项目表面质量要求

(1) 表面平整、光洁、色泽一致，接头平整、棱角秧角整齐，合楞大小与木件协调一致，圆面手感无凹凸缺陷，无龟裂纹，彩画部位无麻面、砂眼、划痕、表面洁净。

(2) 线口表面规矩光洁，色泽一致，线肚饱满均称，线秧清晰，秧角、棱角整齐，线角交圈方正、规矩，曲线圆润自然流畅，

风路均匀对称、肩角匀称、规矩；两柱香线、云盘线肚高为线底宽的43%，允许偏差±2%；框线三停三平，正视面宽度不小于线口宽度的90%，不大于94%；梅花线、两柱香线的线肚凸凹一致；皮条线的凸凹线面等分匀称、中间凹面允许窄1mm，两侧卧角线宽窄一致；无接头、龟裂纹、断裂，表面洁净、美观。

（3）山花结带表面平整光洁，色泽一致，秧角、棱角整齐，纹饰层次清晰、阴阳分明、自然流畅，无龟裂纹、窝灰等缺陷，表面美观、洁净，纹饰忠于原样、无走形。

3. 允许偏差项目质量要求

四道灰、麻布地仗允许偏差项目，见表31-69。

四道灰、麻布地仗允许偏差项目　　表31-69

项次	项目	允许偏差（mm）		检验方法
1	大面平整度（每延长米）	下架大木和木装修上架大木	±1 ±2	用1m靠尺和楔形塞尺检查
2	棱角、秧角平直合楞平直	下架大木和木装修 2m以内	±2	拉通线和尺量检查
		2m以上	±3	
		上架大木	±3	
3	五分宽窄度		±2	尺量检查
4	线路平直	2m以内	±1	拉通线和尺量检查
		2m以上	±2	
		4m以上	±3	
5	线口宽窄度		±1	尺量检查

注：1. 框线线口宽度允许正偏差不允许负偏差。
　　2. 原木件有明显弯曲、变形缺陷者，地仗表面平整度应平顺，棱角、秧角、合楞平直度应顺平展直。

31.12.8.2　单披灰地仗（二道灰、三道灰、四道灰地仗）质量要求

1. 单披灰地仗（二道灰、三道灰、四道灰地仗）主控项目质量要求

（1）单披灰地仗的做法、工艺及所选用材料的品种、规格、质量、配合比、加工计量，应符合文物、设计要求和古建操作规程要求，以及现行材料标准的规定。

（2）单披灰地仗的各遍灰层之间与基层必须粘结牢固；修补新旧单披灰地仗的各遍灰层之间与基层及接槎处必须粘结牢固。

（3）地仗表面严禁出现脱层、空鼓、翘皮、黑缝、漏刷、挂甲、裂缝等缺陷。

2. 单披灰地仗（二道灰、三道灰、四道灰地仗）一般项目质量要求

（1）连檐瓦口地仗表面质量要求

表面平整、光洁，接头平整，色泽一致，水缝坡度一致，棱角直顺、整齐，无裂缝、龟裂纹，无明显麻面、露籽、划痕、砂眼等缺陷，表面洁净。

（2）椽头地仗表面质量要求

表面平整、光洁，色泽一致，方椽头四棱四角平直、方正、整齐，圆椽头成圆规矩、棱角整齐，不得出现喇叭口；新椽头大小一致，旧椽头大小均匀，无裂缝、龟裂纹、露籽、砂眼、麻面、划痕等缺陷，表面洁净。

（3）椽望地仗表面质量要求

表面平整、光洁，色泽均匀，望板平整、柳叶缝卷翘处顺八，椽秧严实直顺，盘椽根严实规矩整齐，闸档板、小连檐、燕窝处严实光滑，方椽棱角直顺、整齐，翼角椽档错台规矩，其长短允许偏差10mm，凹面规矩深度不低于椽径1/2位置，四个翼角基本一致，无裂缝、龟裂纹、黑缝，无明显麻面、露籽、砂眼、划痕，表面洁净。

（4）斗栱地仗表面质量要求

表面平整、光洁、色泽一致，棱角直顺整齐，秧角整齐，无裂缝、龟裂纹、黑缝、露籽、砂眼、麻面、划痕等缺陷，表面洁净。

（5）花活地仗表面质量要求

表面色泽一致，边框平整、光洁，棱角线直顺、整齐，纹饰层次、阴阳清晰，棱角、秧角整齐，纹饰随形不走样，无裂缝、龟裂纹、露籽、麻面、砂眼、划痕，表面洁净。

（6）仔屉、楣子地仗表面质量要求

表面色泽均匀，边框平整，菱花、棂条基本平、光洁，棱角线和秧角直顺、整齐。无裂缝、龟裂纹，无明显麻面、露籽、砂眼、划痕，表面洁净。

（7）单皮灰（二道灰）地仗表面质量要求

大面光滑平整，小面光滑，色泽均匀，棱角直顺、整齐，秧角通顺、整齐，无龟裂纹、接头、麻面、砂眼、划痕。

（8）修补地仗表面质量见麻布地仗和单皮灰地仗，以及众霸胶溶性单皮灰地仗相应的质量要求。

31.13　油漆（油皮）工程

适用于古建筑、仿古建筑的油漆（油皮）工程和混色油漆（溶剂型）工程。室内涂饰（清漆和美术油漆）和水性涂料类涂饰工程的要求。

31.13.1　古建油漆色彩及常规做法

古建筑油饰的设色历代各朝均有定制，常规油饰色彩做法均为明清设色，一般皇帝理政、朝贺庆典的主要殿宇朱红油饰（饰二朱红），寝宫、配殿及御用坛庙朱红油饰（饰略深二朱红），宫中附属建筑及佛寺、道观、神社、祀祠等饰柿红或广红土，王公府邸饰紫朱，衙门官员私宅饰羊肝色（红土烟子油），一般的饰黑红镜、墨绿、黑，园林多饰绿色、香色、羊肝色、荔色、瓦灰、红土、紫朱等色彩。

清代《工程做法》中记载油作名色做法较多，仅朱红一色就多种细目。因此，仅以常规油饰色彩做法为列。古建油饰色彩、色彩分配以及绿椽肚的长度，应符合文物要求和设计要求，无文物、设计要求时，应符合传统规则或建设（甲）方的要求。

1. 大式建筑

（1）下架大木（柱子、槛框、踏板）装修：依据建筑等级常做二朱红油（朱红油饰）三道，罩油一道，或做三道广红土油，均可罩油一道或不做罩油。

（2）隔扇、帘架、菱花屉（花园式建筑的棂条心屉均可饰绿色）、山花、博缝、围脊板等部位：随下架大木油漆色彩及做法。

（3）椽望：红帮绿底做法的红帮三道油漆，色彩随下架大木，椽肚做一道绿油，均可罩油一道。绿椽帮高为椽高（径）45%，绿椽肚长为椽长的4/5，大门内檐和室内的绿椽肚无红椽根，廊步一般依据檐檩有无燕窝，有燕窝（里口木）者外留竹无红椽根，无燕窝者外无内留红椽根，椽望沥粉贴金应符合设计要求。

（4）连檐、瓦口和雀台做樟丹油打底、二道朱红油、均可罩油一道。

（5）彩画部位的油漆色彩及做法：斗栱部位的盖斗板或趋斗板随下架大木油漆色彩及做法；斗栱部位的烂椹边、荷包、灶火门做三道朱红油；垫板除苏式彩画和旋子彩画等级低者不做油漆外，一般做三道朱红油；花活地一般做三道朱红油；飞檐椽头做三道绿油；牌楼上架大木彩画部位做罩油一道。

（6）面叶：随下架大木油漆色彩为两道油做法，面油表面多做贴金。

（7）实榻大门、棋盘门、挂檐板、罗汉墙常规做三道二朱红油，或做三道红土油，罩油一道。

（8）霸王杠：做三道朱红油。

（9）巡杖扶手栏杆：常规做三道二朱红或红土子油。裙板、荷叶净瓶一般做彩画。

（10）山花、博缝部位：随下架大木油漆色彩，常规三道油做法、均可罩油一道。

（11）额：俗称斗子圌，如斗处云龙雕刻使油贴金（龙、宝珠火焰、斗沿库金，做彩云）斗沿侧面及雕刻地常规做三道朱红油（贴金处一道樟丹油，一道朱红油，打金胶油贴金，地扣一道朱红油），圌心（字堂）筛扫大青，铜字贴金或镏金。

2. 小式建筑

(1) 下架大木（柱子、槛框、踏板）：常规油饰色彩做法同大式下架大木油饰色彩做法。

1) 传统有黑红镜做法：柱子、檩垫枋及门窗做三道黑烟子油，槛框的做三道红土子油；柱子、檩垫枋及槛框做三道黑烟子油，门窗做三道红土子油或黑烟子油其阴面（如裙板、鱼鳃板）做红土油点缀。

2) 柱子与坐凳楣子色彩及常规做法：圆柱子与坐凳面做三道红土子油，楣子大边做三道朱红油，棂条做三道绿油；梅花柱子与坐凳面做三道绿油，仿古建可做三道墨绿油，楣子大边做三道朱红油，棂条做三道红土油；美人靠色彩多随柱子，有靠背的棂条与柱子红绿岔色之分；垂花门大面全绿凹面做红点缀。

3) 各部位或窗扇做斑竹纹彩画时，绿斑竹部位做二道浅绿油，老斑竹部位做二道米色油。

(2) 隔扇、菱花窗扇：随下架大木油漆色彩及做法，仔屉棂条随园林做三道绿油。

(3) 椽望：红帮绿底做法的油漆色彩、绿椽帮高度和绿椽肚长度要求同大式建筑的要求，廊子的红椽根一般檐檩外有内无，皇家园林的（如颐和园）长廊只限于飞檐椽有红椽根。

(4) 连檐、瓦口和雀台樟丹油（仿古建涂娃娃油）打底、二道朱红油、均可罩油一道。仿古建屋面为合瓦，可做三道铁红醇酸调合漆，或三道二朱红醇酸调合漆，均可罩光油一道。

(5) 彩画部位的油漆色彩及做法：檩、垫、枋做掐箍头搭包袱彩画时，找头和聚锦部位做三道红土（铁红）油；檩、垫、枋做掐箍头彩画时，搭包袱和找头及聚锦部位做三道红土子油；花活地一般做三道朱红油，飞檐椽头做三道绿油；吊挂楣子的棂条做彩画时，大边做三道朱红油。

(6) 屏门、月亮门：常规做三道绿油，仿古建可做三道墨绿油。

(7) 巡杖扶手栏杆、花栏杆：做三道二朱红或红土子油。裙板、荷叶净瓶一般做彩画或饰绿油。

(8) 牖窗、什锦窗：贴脸常规做三道红土子油，边框做三道朱红油，仔屉及棂条做三道绿油；做黑红镜做法时，贴脸常规做三道黑烟子油，边框做三道朱红油，仔屉或棂条做三道绿油。

(9) 门簪：大小式建筑的门簪油饰色彩同下架大木，正面边线及图案饰金同混线，心做青或无青。

(10) 椽头：飞檐椽头做三道绿油（沥粉后拍二道绿油，贴金后扣绿油一道），做无金彩画时拍二道破色绿油；老檐椽头无彩画时刷群青色。

31.13.2　古建和仿古建油漆常用工具及用途

1. 半截大桶、水桶、大小油桶、大小缸盆：用于调配颜料光油和盛油。

2. 小石磨、毛巾：小石磨用于研磨颜料；毛巾用于出水串油。

3. 铁锅、大小油勺：用于熬油。

4. 细箩：用于过滤油。

5. 布子、丝头：布子用于搆活、擦活；丝头即为生丝，用于搓光油。

6. 油栓：是用牛尾或犀牛尾制作的，俗称牛尾油栓，又称漆栓。做大漆活，也用此工具，规格有五分栓、寸栓、寸半栓、二寸栓、二寸半栓、三寸栓。主要用于搓油后顺油，根据不同部位的面积大小选用。以前属于自制工具，先将牛尾或犀牛尾刮直用水煮，晾干浸透油满，放平顺梳直刮直，按规格尺寸薄厚，垫木条压砖，通风晾干端啊刮漆灰，糊夏布、刮漆灰、刮漆腻子、水磨光，刷两遍退光漆，每遍工序需入阴干燥，使用前开口即能用。

7. 铁板、皮子：用于油漆施工中刮浆灰、刮血料腻子、找油腻子。根据部位大小选用。

8. 刷子：用于油漆施工中帚腻子，仿古建筑涂刷油漆。有五分刷子、1寸刷子、2寸刷子、2.5寸刷子、3寸刷子、3.5寸刷子、4寸刷子。根据部位大小选用。

9. 筷子笔：用于小部位涂刷油漆、齐边、齐角。

31.13.3　油漆工程施工条件与技术要求

(1) 油漆工程的做法等级和加工材料、成品材料的品种、质量、颜色应符合设计要求、文物工程的要求及有关规定。颜色的分色无设计和文物要求时应符合传统要求。

(2) 油漆工程基层含水率要求：基层表面涂刷油漆时，混凝土、抹灰基层含水率不得大于 8%，木基层含水率不得大于 12%；施涂水性涂料时，混凝土、抹灰基层含水率不得大于 10%。

(3) 油漆工程施工气温环境要求：

1) 油漆工程的施工气温不得低于 5℃ 以下，相对湿度不宜大于 60%。

2) 油漆工程施工过程中应注意气候变化，当遇有大风、雨、雾情况时，不能搓刷油漆施工。

3) 油漆过程中环境应干燥、洁净，油漆干燥前应防止雨淋、尘土污染和热空气、雾、霜侵袭及阳光暴晒；四级风以上不宜搓刷油漆。气温、环境达不到要求时，应采取相应的采暖保温封闭措施。雨季施工期间，应制定行之有效的防雨措施方案，方可施工。

(4) 油漆工程使用的腻子，和易性及可塑性应满足施工要求，应严格按配合比调制，保证腻子与基层和面层的粘结强度，干燥后应坚固，并按施涂材料的性质配套使用；底腻子、复找腻子应充分干燥后，经打磨光滑平整，除净粉尘方可涂刷制、面层油漆涂料。

(5) 室外涂饰溶剂型涂料应使用标明外用油漆（即长油度）和标明外用涂料标识的材料及合格证书。自制颜料光油，应使用矿物质颜料，颜料需有质密度及着色力，不得含有盐类、腐殖土及碳质等。

(6) 油漆工程所用的油漆在施涂前，均应充分搅拌过滤，避免出现颜色不均（浮色）、粗糙等缺陷。施涂后应盖纸掩。

(7) 油饰工程施涂各类油漆涂料时，必须待前遍油漆涂料结膜干燥后，方可进行下遍油漆涂料，每遍油漆应涂刷均匀，表面应与基层粘接牢固。

(8) 油饰工程涂刷成品油漆气温 5℃ 以下和搓刷颜料光油气温 10℃ 以下，或湿度大的环境时，施涂时，应在太阳升起九点钟以后和下午四点钟以前施涂，但不宜末道成品油漆、颜料光油、罩光油、打金胶油的施涂。搓刷颜料光油、罩光油、打金胶油易出现超亮（呈半透明乳色或浑浊乳色胶状物）时，用砂纸打磨干净或用稀释剂擦洗干净，重新搓油。

(9) 油漆工程使用的颜料光油、罩光油和成品油漆应提前打样板，经有关人员认可（含颜色）后实施。其工作粘度必须加以控制，施涂中不得任意稀释。文物建筑工程施涂颜料光油，应符合设计要求的道数和油膜饱满光亮的质量要求，其面油严禁罩清漆。仿古建工程严禁硬度高的面漆与硬度低的底漆配套，否则面漆会发生龟裂的毛病，允许硬度高的醇酸油漆作底漆与硬度低的颜料光油或罩光油作面漆配套。

(10) 油饰工程的色彩和色彩分配及红帮绿底做法应符合文物要求和设计要求。传统的红帮绿底要求绿椽帮高为椽高（径）的 45%，绿椽肚长为椽长的 4/5，大门内檐和室内的绿椽肚无红椽根，廊步依据檐檩有燕窝（里口木）者外留内无红椽根，无燕窝者外无内留红椽根。廊子的红椽根一般檐檩外有内无，皇家园林的（如颐和园）长廊只限于飞檐椽有红椽根。如嵩岳寺，历代帝王庙红帮绿底按清中期遗迹恢复的，其老檐椽无红椽根，飞檐椽红椽根为椽长的 1/10，绿椽帮高同传统椽高（径）的 45%。

(11) 油漆工程最后的一道颜料光油（面漆）前，门窗的玻璃应安装齐全。凡格扇、推窗、门窗等活动扇的上下口及坐凳楣子大边反手涂刷油漆不少于两遍。

(12) 配制颜料光油前，凡出水的颜料需经过出水使颜料中盐、碱、硝等溶于水后易清除干净，用光油逐步挤出颜料中剩余的水分，能减少杂质对油质的破坏，增加油膜的光亮度和色度，达到耐久的装饰效果。

(13) 油漆工程所用的原材料、半成品、成品材料均应有品名、类别、颜色、规格、制作时间、贮藏有效期、使用说明和产品合格证；加工材料、施涂现场调制的材料应有严格的设计做法、技术交底，并按其要求及配合比调制。

(14) 油饰工程应统一设置材料房，现场使用的加工材料（光油、金胶油、腻子等）、成品漆均应由材料房专职人员统一加工、配兑，施工人员不得胡掺乱兑；油料房要严禁火源，通风要良好。

（15）地仗工程及细木装修必须充分干燥后，无顶生缺陷时，方可进行油漆工程的工序。

（16）油漆施工中的脚手架、脚手板不得乱动，操作时注意探头板，垂直作业要戴好安全帽。

（17）使用机械要有专人保管，由电工接好电源，并做好防尘和自护工作。

31.13.4　古建和仿古建油漆施工要点

1. 传统油漆施工主要工序

溶剂型混色油漆施工要点除涂刷工具使用刷子，涂刷朱红油、二朱油的头道油用娃娃油漆打底和不呛粉及水砂纸打磨外，其他基本同传统油漆施工要点。主要工序见表31-70。

大木、门窗及椽望揸搓颜料光油施工主要工序　表 31-70

序号	主要工序	工艺流程	大木门窗	椽望
1	磨生找刮浆灰	磨生地、除净粉尘	+	+
		找刮浆灰	+	
2	攒刮腻子	刮血腻子	+	+
3	磨腻子	磨腻子，除净粉尘	+	+
4	头道油（垫光油）	垫光头道油，理顺	+	+
5	找腻子	复找石膏油腻子	+	+
6	磨垫光	呛粉，磨垫光，除净粉尘	+	+
7	光二道油	搓刷二道油	+	+
8	磨二道油装饰线等贴金	呛粉，磨二道油，除净粉尘	+	+
		打金胶油，贴金	+	+
9	光三道油（扣油）	装饰线和纹饰齐金、搓刷三道光油、理顺	+	
		椽望弹线、搓刷绿椽肚		+
10	罩光油	呛粉、打磨、罩清光油	+	+

注：1. 表中"+"表示应进行的工序。

2. 如设计做法，椽望沥粉贴金时，沥粉应在第1道工序磨生、弹线后进行，贴金在第9道工序搓刷绿椽肚之后进行，其他工序相同。

3. 椽望搓刷绿椽肚指常规建筑，故宫三大殿为青、绿椽肚（望板和椽望沥粉贴金）。

2. 磨生油及找刮浆灰

（1）磨生油：地仗表面钻生桐油干燥后，提前用11/2号砂纸将油漆部位打磨光滑，进行晾生（预防地仗钻生外干内不干出现顶生现象）期间闷水起皮，将墙腿子、槛墙、柱门子等糊纸皮及柱顶石清理干净，踏板下棱不整齐处，用铲刀和金刚石铲修穿磨直顺、整齐。

（2）未晾生而确认钻生干透后，用11/2号砂纸将油漆部位打磨光滑，并将浮尘清扫掸净，不得遗漏，除椽望、棋花、棋条外其他部位需湿布掸净。

（3）找刮浆灰：生油地有砂眼、划痕、接头及柱根、边柱等处用铁板找刮浆灰。生油地蜂窝麻面粗糙处用铁板满刮浆灰。找刮或满刮浆灰时，应克骨刮浆灰，要一去一回操作，不得有接头。凡彩画部位和找刮浆灰毛病大处或满刮浆灰的部位，待浆灰干燥，磨浆灰后，需刷生油一遍，配比为生桐油∶汽油＝1∶2.5，涂刷应均匀，干后不得有亮点，操油处打磨光滑，浆灰配比见表31-62。

3. 攒刮血料腻子

（1）平面以铁板刮血料腻子，圆面以皮子攒血料腻子，以一去一回操作，要与细木接头错开，应刮严刮到，平整光洁，不得刮攒厚腻子和接头，不得污染相邻成品部位。棋花、棋条帚血料腻子要有遮盖力（要起弥补细微砂眼作用），不得遗漏。所攒、刮、帚的血料腻子应有强度手划不得掉粉，彩画施工部位或顶生处不得攒刮血料腻子。腻子配比见表31-62。

（2）椽望攒刮血料腻子以三人操作，两人对脸操作，平面用铁板刮血料腻子，圆面以皮子攒血料腻子，要一去一回，并一气贯通不得留

横接头，不得刮攒厚腻子，帚血料腻子者用小刷子将椽秧、燕窝、闸挡板秧等处帚匀、帚到，并将野腻子帚开，无黑缝，不得遗漏。不得污染成品部位和画活部位。

（3）磨血料腻子，用11/2号砂纸或砂布打磨腻子，掌握"长磨腻子"的技术要领，表面光滑，大面平整，秧角干净利落，不得有划痕、野腻子、接头、漏磨，并除净粉尘。

4. 头道油（垫光油）

头道油，搓刷者用生丝团蘸颜料光油搓，要干、到、匀，顺油者用牛尾栓"横登、竖顺"将油理均匀、理顺，操作（揸搓成品油漆）时两人一挡，一人搓一人顺，由上至下从左至右操作。搓柱子时，每步架起有一挡操作。要求表面薄厚均匀一致，栓路通顺，基本无皱纹、流坠，不得有超亮、透底、漏刷、污染等缺陷；搓刷朱红油、二朱油的部位应垫光章丹油（成品油漆可垫光娃娃颜色油漆）。

5. 复找石膏油腻子

头道油干燥后，用铁板或刮刀找刮石膏油腻子或大白油腻子，应细致的按顺序将接头、砂眼、划痕等缺陷找平补齐；应避免出现因地仗及磨细油灰造成表面不平，而在头道油后或局部满刮腻子。

6. 磨垫光

腻子干后，油皮表面呛粉，磨腻子并用乏旧砂纸磨油皮表面缺陷，应光滑平整，并用布擦净油皮表面浮物（成品油漆不呛粉）。

7. 光二道油

操作方法同头道油，搓刷均匀到位，不得遗漏；表面基本饱满、光亮，颜色均匀，栓路通顺，分色处平直、整齐，基本无皱纹、流坠，不得有超亮、透底、漏刷、污染等缺陷。

8. 磨二道油、装饰线等贴金

（1）二道油干燥后，满呛粉，用乏旧砂纸通磨油痱子等缺陷（成品油漆不呛粉，可用260～320号水砂纸细磨缺陷），表面平整、光滑、不得磨露底。磨砂纸后将脚手板和地面的粉尘、杂物清扫干净，泼水湿润地面。

（2）凡有装饰线、门钉、梅花钉、面叶、栈花扣等贴金部位均可刷浅黄油一道，干燥后乏旧砂纸细打，擦除浮物，在贴金部位的边缘呛粉，随后打金胶油，贴金，其方法见31.14饰金工程。

9. 光三道油（贴金部位此道称扣油）

（1）椽望搓刷绿椽肚前，应先弹椽根通线及椽帮分界线；绿椽肚高为椽高（径）4/9。绿椽肚长为椽长的4/5，翼角通线弧度应与小连椽弧度取得一致。搓刷分色界线应直顺整齐，颜色一致，栓路通顺，翼角处绿椽肚红椽档界线分明，大面、皱纹、流坠，不得有顶生、超亮、透底、漏刷、污染等缺陷。

（2）搓刷三道油

1）搓刷三道油前，彩画（贴金）部位完成后，将脚手板和地面的粉尘、杂物、纸屑清扫干净，泼水湿润地面，用布擦净油皮表面浮物。进行上架三道油施涂，柱槛框与隔扇门窗应分别施涂。

2）搓刷三道油操作方法同头道油，贴金装饰线和纹饰的分色界线应先齐平直、流畅、整齐，随后搓刷大面。油皮表面要求平整光滑，无明显油痱子，饱满光亮，栓路通顺不明显，颜色一致，分色界线平直，曲线流畅，整齐，大面、小面无明显皱纹、流坠，不得有顶生、超亮、透底、漏刷、污染等缺陷。

10. 罩光油（罩清光油）

罩光油前需呛粉（仿古建醇酸油漆不呛粉）、满磨乏旧砂纸，并用布擦净油皮表面浮物和纸屑，不得损伤贴金面；罩光油操作方法同头道油，油皮表面要求平整，饱满光亮一致，栓路通顺不明显，无明显油痱子。大面无小面无明显皱纹、流坠，不得有顶生、超亮、透底、漏刷、污染等缺陷。

31.13.5　古建和仿古建油漆质量要求

1. 大木门窗及椽望地仗基层面搓刷光油及涂饰油漆主控项目质量要求

（1）油漆工程的工艺做法及所用材料（颜料光油、罩光油和混色油漆及血料腻子等）品种、质量、性能、颜色和色彩分配等必须符合设计要求及文物要求。

（2）油漆工程的地仗饰面应平整，油膜均匀、饱满，粘结牢固，严禁出现脱层、空鼓、脱皮、裂缝、龟裂纹、反锈、顶生、漏

刷、透底、超亮等缺陷。

检验方法：观察检查，手击声检并检查材料出厂合格证书和现场材料验收记录。

2. 大木门窗及椽望地仗基层面搓刷光油及涂饰油漆

一般项目表面质量要求，见表31-71。

一般项目表面质量要求　　表31-71

项次	项目	表面质量要求		
		中级油漆	高级油漆	传统光油
1	流坠、皱皮	大面、小面无明显流坠、皱皮	大面、小面明显处无流坠、皱皮	大面、小面无明显流坠、皱皮
2	光亮、光滑	大面光亮、光滑，小面光亮、光滑基本无缺陷	光亮均匀一致、光滑无挡手感	大小面光亮，光滑基本无缺陷（基本无油漂子）
3	分色、裹楞、分色线平直、流畅、整齐	大面无裹楞，小面明显处无裹楞，分色线平直、流畅，分色线无明显偏差、整齐	大小面无裹楞，分色线平直、流畅无偏差、整齐	大面无裹楞，小面无明显裹楞，分色线明显偏差、整齐
4	绿椽帮高4/9、绿椽肚长4/5、椽帮肩角与弧线	高、长无明显偏差，椽帮肩角、弧线无明显缺陷	高、长基本无偏差，弧线与小连檐一致，椽帮肩角、弧线无明显缺陷	高、长无明显偏差，椽帮肩角、弧线无明显缺陷
5	颜色、刷纹（拴路）	颜色一致、基本不显刷纹	颜色一致、基本不显刷纹	颜色一致、基本不显刷纹（暗拴路通顺）
6	相邻部位洁净度	基本洁净	洁净	基本洁净

注：1. 大面指隔扇、门窗关闭后的表面及大木构件的表面，其他指小面。

2. 小面明显处指装修扇开启后，除大面外及上下架大木视线所能见到的地方。

3. 中级做法：二道醇酸调合漆及一道醇酸磁漆成活或三道醇酸调合漆（含罩光油一道）成活的工程。高级做法指三道醇酸磁漆（含罩光油一道）成活的工程。

4. 弧线或弧度指翼角处的绿椽肚通线，应与小连檐的弧度取得一致。

5. 凡隔扇门的上下口和栏杆坐凳楣的下抹反手面要求不少于一道油漆。

6. 超亮：又称倒光、失光，俗称冷超、热超。光油、金胶油、成品油漆刷后在短时间内，光泽逐渐消失或局部消失或有一层白雾凝聚在油漆面上，呈半透明乳色或浑浊乳色胶状物。搓颜料光油、罩光油和打金胶油严禁超亮，呈半透明乳色或浑浊乳色胶状物时，应用砂纸打磨干净或用稀释剂擦洗干净，重新搓刷光油或打金胶油。

检验方法：观察、手触感检查和尺量检查。

31.14 饰金（铜）工程

饰金（铜）工程，分贴金、扫金、堆金（含描金）三种工艺做法，从质量效果看：堆金的质量最好，金色厚足而耐久；扫金稍次之，面积大要比贴金的色泽度一致；贴金次之，但贴金适用范围广。贴金分撒金、片金、两色金、浑金等做法。主要适用于古建筑、仿古建筑的室内外各类彩画和新式彩画饰金部位及佛像、佛龛、牌匾、框线、云盘线、菱花扣、梅花钉、门钉、山花结带等部位的饰金工程。

31.14.1 饰金常用工具及用途

1. 金夹子、金撑子

属于自制工具，金夹子用毛竹板经铲、刨、泡、磨、锉、粘、修而制成。长度为170～230mm。用硬杂木做金撑子保护金夹子的尖端，贴金时还可起压金箔的作用。

2. 捻子

以前属于自制工具，是用硬点的头发制作的，有圆的、扁的、大小不同，制作方法同油桶，只是用血料加点油满浸透而已。主要用于打金胶油、齐字、拉各种线。

3. 筷子笔

俗称油画笔，用于打金胶油。

4. 粗碗

用于打金胶时盛金胶油。

5. 麻连绳

用于打碗捞子（一个约180～200cm）。

6. 金帚子

以前属于自制工具，是用山羊胡子制作的，将根部墩齐蘸蜡拴于木把上，即可使用，与画家使用的抓笔相似。特点是毛长不易弯曲，软硬适度不伤金。主要用于扫金时帚金，一般用于云龙透雕花板、神龛的透雕蟠龙柱、九龙竖额的匾边、浮雕龙凤橙等雕刻花活贴金时帚金。

7. 罗

主要用于盛折好的金箔。

8. 金帐子

用于挡风贴金。

9. 罗金筒

用于制作罗金粉的专用器具，是用粗竹筒做的，为双层合一的筒子，上面敞口，中间层是细罗，下层是竹节封底。

31.14.2 贴金（铜）施工条件与技术要求

(1) 贴金（铜）工序应待施贴部位的油漆、涂料、颜色、沥粉必须充分干燥后，方可进行施贴工序。所用的金箔、赤金箔、铜箔的材质必须符合国家相应标准，库金箔不得小于98%的含金量，苏大赤不得小于95%的含金量，赤金箔不得小于74%的含金量。

(2) 环境温度要求：

1) 贴金施工温度不宜低于5℃以下，相对湿度不大于60%。

2) 贴金工程应防止雨淋，尘土污染和冷热空气、雾、霜侵袭及阳光暴晒；贴金易在风和日丽的条件下进行，四级风以上应在封闭条件下作业。温度、环境达不到要求时，应采取相应的采暖保温封闭措施。雨季施工期间，应制定行之有效的雨施措施方案，方可进行施工。

3) 贴金工程的施工环境应干燥、洁净。

(3) 贴金工程使用的加工材料（光油、金胶油等），均应由材料房专职人员统一加工、配兑。贴金过程使用的金胶油不得掺入稀释剂或不相配套的其他材料，更不得胡掺乱兑。

(4) 贴金工程应提前10～20d先行样板金胶油，并在贴金部位处试验，掌握好金胶油的性能及贴金（铜）箔的准确时间，采取打、爆贴金胶油时，认真对待。经有关人员认可后，方可大量配兑施工（打金胶油、贴金）。掌握"夏天过不了的油金胶"的操作要领，即5～8月份使用隔夜金胶油（今天打金胶，次日贴金），金胶油中允许掺入0.1%～0.5%的红或黄调合漆作为岔色用途（以防漏刷）。

(5) 贴金工程的基层面应平整光亮（油漆基层面的油漆膜应饱满，油漆基层面打一道金胶油，彩画饰金部位包油黄胶基层面打一道金胶油，彩画饰金部位包色黄胶（用乳胶或骨胶调制的黄胶）基层面要求打两道金胶油。

(6) 打金胶油出现超亮（呈半透明乳色或浑浊乳色胶状物）时，用砂纸打磨干净或用稀释剂擦洗干净，重新打金胶油。

(7) 铜件带有锈蚀时，可用铬酸去掉氧化铜膜，涂刷铁红环氧底漆或铁红醇酸底漆一遍，再搓刷油漆、打金胶油。传统工艺不做此工序，为增加金属面与底漆和面漆的附着力可参照实行。

(8) 贴金操作时，夏季凡手掌易出汗者不宜担任贴金工作。

31.14.3 贴金（铜）施工要点

1. 油漆饰金部位及彩画饰金部位表面贴金（铜）箔施工主要工序

油漆饰金全部位及彩画饰金全部位表面贴金（铜）箔施工主要工序，见表31-72。

油漆饰金部位及彩画饰金部位表面贴金（铜）箔施工主要工序　　　表31-72

序号	主要工序	工 艺 流 程	彩画基层面饰金（铜）	油漆基层面饰金（铜）
1	磨砂纸	油漆表面细磨，擦净粉尘，彩画沥粉细磨，掸净粉尘	＋	＋
2	包黄胶	沿施贴部位及纹饰包黄胶	＋	＋
3	呛粉	施贴相邻部位呛粉	＋	
4	打金胶	沿金部位打金胶油	＋	＋
5	拆金	拆金、打捆	＋	＋
6	贴金	按施贴部位纹饰撕金、划金、贴金	＋	＋
7	帚金整理	对贴金面按金、拢金、帚金、理顺	＋	＋
8	扣油	装饰线和纹饰齐金、搓刷三道光油、理顺		＋
9	罩油	赤金箔、铜箔等罩油封闭	＋	＋

注：1. 表中"＋"表示应进行的工序。
　　2. 黄胶：指与金（铜）箔近似的颜料和油漆。
　　3. 彩画部位的油漆基层面和银朱色底贴金，均应呛粉。
　　4. 金胶油、罩油材料不得稀释，但牌楼彩画罩油，一般要求无光泽，需有光泽应符合设计要求。

2. 基层处理

(1) 油漆表面饰金部位如槛框的混线、隔扇的云盘线、套环线、牌匾字、博缝山花的梅花钉、绶带间叶、菱花扣等应在二道或三道油漆充分干燥后，对贴金部位及相邻部位的颜料光油表面用乏旧砂纸磨光滑，成品油漆表面用水砂纸蘸水磨光滑，擦净浮物。贴金的基层要平整光滑，不得有刷痕、流坠、皱纹等缺陷。参照古建和仿古建油漆31.13.4相应施工要点。

(2) 彩画部位饰金，沥粉工序完成后，并对沥粉加强自检或交接验收合格后，方可刷色、包（码）黄胶、打金胶工序；要求沥粉不得出现粉条变形、断条、瘪粉、疙瘩粉、刀子粉等缺陷，沥粉的粉条缺陷，应在沥粉时随时纠正（铲掉重沥和修整及细磨）。

3. 包（码）黄胶

油漆基层面用浅黄色油漆（即调制与金或铜箔相似颜色的油漆）沿贴金部位涂刷一遍，要求表面颜色一致、漆膜饱满，薄厚均匀，到位、整齐，无裹楞、流坠、刷纹、接头、漏刷、污染等缺陷。干燥后应用细砂纸满轻磨，并擦净浮物。

4. 打金胶（油）

(1) 室内外作业粉尘较多的施工环境，风力较大的天气，应采取遮挡封闭措施，所用金胶油和工具应洁净，方可进行打金胶油工序。打金胶油严禁超亮（失光），出现后打磨后重新打金胶。

(2) 油漆基层面饰金部位，除撒金做法外，在打金胶前必须对贴金的相邻范围进行呛粉，防止吸（咬）金造成贴金部位边缘的不整齐。

(3) 彩画部位的两色金、三色金和柱子浑金做法中的两色金，即打库（红与黄）、赤两色金。在打金胶油时应分开打贴。不得同时打，同时贴，也不得同时打两次贴。

(4) 打金胶掌握操作要点是：先打上，后打下；先打里，后打外；先打左，后打右；先打难，后打易。

(5) 打金胶油表面光亮饱满，均匀一致，到位（含路线、沥粉条两侧，绶带、老金边的五分等到位），整齐，无痱子、微小颗粒，不得裹楞、流坠、洇色、接头、串秧、皱纹、超亮、漏贴、污染等缺陷。

5. 折金箔

折金（铜）箔，打开包装进一步检查金（铜）箔材质、密实度、有无糊边变质、砂眼、数量是否符合要求。折金时，应将每贴金的整边放在左边再折叠金箔，折金不得从中对齐折叠，应错开5～10mm，再按每10贴一把打捆存放罗内，满足两小时以上半

天贴金用量即可，有糊边变质金摘除。

6. 贴金（铜）箔

(1) 首先要掌握好贴金的最佳时间（金胶油未结膜前不可过早贴金，否则造成金木或金胶油脱滑前不宜再贴金，否则易造成金花），应以手指背触感有粘指感不粘油，似漆膜回黏，既不过劲，也不脱滑，还拢瓢子吸金，贴金后金面饱满光亮足，不易产生绽口和花。

(2) 贴金时，应掌握"真的不能剪、假的不能撕"的要领，以左手拿整金，先从破边处撕，不得先撕夹金纸的折边处，不得撕窄，允许大于1mm，整条金撕好后，右手拿金夹子贴金。掌握贴金的操作要领是：撕金宽窄度要准，划金的劲头要准，夹子插金口要准，贴金时不偏要准，金纸崩直紧跟手，一去一回无绽口，风时贴顶不贴顺，刮风贴金必挡帐。

(3) 掌握熟记贴金的操作要点是：先贴下，后贴上；先贴外，后贴里；先贴左，后贴右；先贴直，后贴弯；先贴宽，后贴窄；先贴整，后贴破；贴条不贴豆金；先贴难，后贴易。

7. 帚金整理

贴金后帚金时，用新棉花团在贴金的表面轻按金、轻拢金、轻帚金、理顺金。轻按金，即为将金逐步按实，不抬手随之轻拢金将浮金、飞金、重叠金揉拢在金面。不抬手，随之轻帚金，顺一个方向移动（既能将细微漏贴的金弥补上有能使金厚实饱满）帚好。帚完一个局部或一个图案边缘飞金时，随之就将金面理顺、理平、无缕纹即可，透雕饰饰内用毛笔帚好。贴金表面应与金胶油粘接牢固，光亮足实，线路饰饰整齐、直顺流畅、到位（含路线、沥粉条两侧，绶带、老金边的五分到位），色泽一致，两色金界线准确，距2m处无金排子，不得出现绽口、崩秧、飞金、漏贴、木花等缺陷。

8. 扣油

油漆部位贴金后，应满扣油一道（面漆），先对装饰线和纹饰齐金，直线扣油应直顺，曲线扣油应流畅，拐角处应整齐方正。不得出现越位或不到位及污染现象，确保贴金的规则度，扣油方法见油漆（油皮）工艺。

9. 罩油

所贴赤金箔、铜箔必须罩油（丙烯酸清漆或清光油）封闭不少于一道。库金箔一般不罩油，如牌楼彩画为防雨淋需罩油，连库金箔一起罩，如框线、云盘线、缘环线、门钉、面叶等贴库金部位，为防游人触摸需罩油，但要符合文物或设计要求。罩油应待贴金后的金胶油充分干燥后进行，罩油内不得掺入稀释剂。罩油表面应光亮、饱满，色泽一致，整齐，不得有咬花、流坠、污染及漏罩油等缺陷，严禁超亮。

10. 罩漆

传统金箔罩漆如佛像、佛龛、法器等均罩透明金漆，根据罩漆颜色要求浅时罩漆一道，颜色要求深时罩漆两道。现多采用腰果酚醛清漆、腰果醇酸清漆，金箔罩漆效果同金漆，质量要求同罩油。

31.14.4　撒金做法技术质量要点

(1) 撒金做法不做基层处理，直接在油漆表面贴金。

(2) 照壁门、屏门、匾及室内楸望做撒金做法，末道油或罩油成膜后贴金，既不呛粉，也不打金胶，贴金光亮即可。

(3) 室内楸望做撒金做法时，贴金纵横斜向基本成行、成列，金块方形、三角形不规则，大小25mm左右，间距25cm左右，但每块金并不在望板和楸肚（方楸）的中间贴。

(4) 照壁门、屏门、匾，做撒金做法时，贴金纵横斜向基本成行、成列，金块方形、三角形不规则，大小25mm左右，间距15cm左右。

31.14.5　扫金做法技术质量要点

扫金做法一般适用于面积稍大的平面，传统扫金多为扫金匾，字做退光漆，匾地扫金，即为黑字金地。做扫金匾地的特点是金面饱满光亮足，色泽一致，没有绽口、不花。

1. 金粉的制作方法

用羊毛笔挑起每张库金箔、苏大赤、赤金箔，放入罗金筒子敞

口里，用羊毛笔头揉碎中间层细罗的金箔，揉碎的金箔通过细罗进入下层竹节底的，即为金粉。

2. 打金胶油

传统所用金胶油为漆金胶，在退光漆罩地表面打漆金胶。现多在打磨过的黑磁漆或黑喷漆罩地表面打油金胶，扫金时间掌握在以手指背触感有粘指感，似漆膜回黏，此时最拢瓢子吸金，否则，费金而不亮。

3. 扫金

扫金前要把打过油金胶的部位四周围好防风，将罗金筒下层竹节里的金粉倒在圈的一端，然后用金帚子、羊毛板刷或羊毛排笔拢着金粉，向另一个方向移动扫金，但油金胶表面无金粉时，细羊毛板刷或细羊毛排笔不得越位空扫。否则，前功尽弃。扫金后，根据金面情况有用大棉花团掸金的。扫金实际的用金量比计算的用金量略省。质量要求扫金圈地金面饱满光亮足，色泽一致，无绽口、不花。

4. 成品保护

扫金后将字面和扫金表面金粉整理干净，不得触摸，需垫棉花封棉纸保护。

31.14.6　泥金、堆金、描金做法技术质量要点

适应于佛龛、佛像、法器、壁画、屏风等。用金量的计算掌握，"一贴、三扫、九泥（堆）金"是指贴金、扫金、泥（堆）金三种不同工艺做法中所需用金量的计算要点。扫金的用金量是贴金的三倍，而泥金或堆金的用金量是扫金的三倍，则是贴金的九倍。

1. 泥金粉的制作方法

泥金粉末是将数张金箔放在细瓷盘内，滴入广胶水，用手指调和研磨至胶水干结，倒入开水待胶溶化金末沉底，将胶水倒出。根据要求的金粉末细腻度，再滴入广胶水……反复二至三次将其金箔研成极细的金粉末，最后将细瓷器内的金粉末凉晒干，过细箩待用。由于加工方法似和泥浆所制成的金粉而得名"泥金"，要比箩金筒罗出的金粉细腻。

2. 堆金（泥金）浆的配制

堆金（泥金）浆以新鲜白芨汁液、鸡蛋清为胶粘剂，与泥金的金粉调制成的堆金（泥金）浆，或用箩金筒箩出的金粉调制成堆金（泥金）浆，应充分搅拌均匀，其虚实度以不透底为宜。且记堆金（泥金）浆应随使随配，用多少配多少，不宜存放，否则，造成浪费。

3. 泥金工艺

泥金工艺面积大做浑金时，可根据面积宽窄选用羊毛板刷大小，用羊毛板刷蘸堆金（泥金）浆涂刷均匀，不宜过厚。金面应饱满光亮柔和，色泽一致，整齐，不得流坠、透底、漏刷、掉粉。

4. 描金工艺

描金工艺是在绘制好的图案上或装饰线上描金，选用所需宽度的小捻子或毛笔蘸堆金（泥金）浆描金，质量要求基本同泥金工艺。

还可根据使用要求，选用好的铜粉加稀释剂和清água调制成的金粉，在图案上描金。如需分色纯金粉颜色较少，因铜粉的目数粗细不同其颜色效果也不同，但亮度不长久易变黑，罩清漆可延长亮度。

5. 堆金工艺

堆金工艺一般适用于彩堆拨金做法或拨金色做法。拨金是一种极为精致的彩画，在有颜色的底上显露清晰的金色纹饰。工艺做法是在平光的油地上，涂匀的堆金浆（也有打金胶、贴金的）用玛瑙轧子轧平轧光，再涂鸡蛋清一遍。干后以蛋清调好所需颜料着色均匀，潮干时小地打谱子捂盖湿布，再用麻秆竹签或象牙签做成笔尖状，揭开湿布按图案（熟练者凭记忆或看图样），一点一点地将颜料层拨开，露出金色底，未拨的地方即留下鲜艳的色彩。拨时应随拨、随揭，至全部拨完，图案不走样，金线纹饰流畅、明亮柔和。

31.14.7　油漆彩画工程饰金质量要求

1. 油漆、彩画部位贴金（铜）箔主控项目质量要求

（1）贴金工程的工艺做法和所用材料的品种、质量、颜色、性能及金胶油配兑、图案式样、两色金分配、金箔罩油、罩漆，必须符合设计要求和文物要求及有关材料标准的规定。

（2）贴金工程的基层饰面应平滑，金胶油膜均匀、饱满、光亮、光洁、到位，严禁裂缝、漏刷（打）、超亮、泅、顶生。

（3）贴金工程的金（铜）箔必须与金胶油粘结牢固，严禁裂缝、顶生、脱层、空鼓、崩秧、氧化变质（含糊边糊心）、漏贴、金木等缺陷。金箔罩油、罩漆应色泽一致，严禁咬底、咬花、超亮、漏罩。

检验方法：观察检查并检查产品合格证和金箔检测报告及验收记录。

2. 油漆与彩画部位贴金（铜）箔

一般项目表面质量要求，见表31-73。

一般项目表面质量要求　　　　表31-73

项次	项　　目	表面质量要求
1	饱满、流坠、皱皮、串秧	饱满，大面无流坠、皱皮、串秧，小面明显处无流坠、皱皮
2	光亮、金胶痱子微小颗粒	光亮足，距离1.5m正斜视无明显痱子及微小颗粒
3	平直、流畅、裹楞、整齐	线条平直，宽窄一致，流畅、到位，分界线整齐，大面无裹楞，小面明显处无裹楞
4	色泽、纹理、刷纹	金箔色泽一致，铜箔色泽基本一致，明显处无纹理、刷纹
5	绽口、花	大面无绽口、花，小面明显处无绽口、花
6	飞金、洁净度	大面洁净，无污染、飞金，小面无明显脏活、飞金

注：1. 大小面明显处指视线看到的位置。在检验时，未罩油的饰金面严禁用手触摸。
　　2. 纹理：是指贴金时金箔与金箔重叠的缕纹未理平。
　　3. 绽口：是指贴金时的金箔因金胶油黏度不够所形成的不规则离缝。
　　4. 泅：指金胶油内掺入稀释剂造成金面不亮，渗透扩散彩画颜色变深，不整齐等。
　　5. 金木：俗称金面发木，是指贴金箔、铜箔等，表面无光泽或微有光泽，甚至既无光泽，又有折皱（贴金时被金胶油淹没）缺陷。

31.15　烫蜡、擦软蜡工程

适用于古建筑各部位（除山花博缝、连檐瓦口、椽头）、牌匾、木装修（花罩）、花活及木地板等。

31.15.1　烫硬蜡、擦软蜡操作要点

31.15.1.1　烫硬蜡、擦软蜡一般要求和工机具

（1）擦软蜡工程的做法、材料、蜡质的品种、质量、颜色、川蜡和黄蜡配比应符合设计要求。

（2）烫硬蜡应有防火措施；烫硬蜡、擦软蜡不得出现斑迹、烫坏木质基层。

（3）新细木制品的木质颜色应一致，不得有外露钉帽、欠茬、翘裂。

（4）大小油桶、粗布、刷子、棉丝、麻头、木炭蜡烘子、电炉倒置烘子、大功力吹风机等。

31.15.1.2　烫硬蜡、擦软蜡

使用材料见31.11.5和31.11.9～10。

31.15.1.3　硬蜡加工方法及刮腻子、润粉、刷色要求

（1）将硬蜡（用块状川蜡和黄蜡）刨成薄片，再将川蜡内掺入不少于5%的黄蜡混合均匀，如硬蜡不能加工成薄片或剩余的蜡粉末，可将硬蜡和黄蜡放在无锈蚀的锅内加热融化成水，过40目箩滤去杂质，倒入分格的木槽内，待冷却凝结后，将硬蜡刨成薄片待用。对外檐立面木构件和木装修烫蜡，将川蜡和不少于10%的黄蜡加热融化成水待用。

（2）木件和木装修润粉、刷水色应符合设计要求，润水粉、刷水色的颜材料应使用石性颜料（加水胶）或酸性染料。

润粉的调配：水粉用大白粉加石性颜料和水胶调配成，油粉用大白粉加石性颜料或色调合漆和光油及汽油调配成。润粉应来回多次揩擦物面，应擦满棕眼。揩擦可逐面分段进行，大面积要一次做成，润粉应熟练做到快速、均匀、洁净的要领。表面颜色一致、无余粉、积粉现象，木纹、线角、纹饰应清晰、洁净。刷水色时应顺木纹逐面刷，表面应颜色一致，不得有接头痕迹。

注意事项：润水粉不得使用素水粉，易造成半棕眼和木纹不清楚；润油粉不宜油大，油性大润粉时粉料不易进入棕眼内。水粉干燥快，易引起木材膨胀起木筋，比油粉清晰度高，但透明度不如油粉好。

31.15.1.4　清色活楠木本色施工工序及操作要点

新旧活楠木基层处理 → 撒蜡与涂蜡 → 烫蜡与擦蜡 → 起蜡与翻蜡 → 出亮。

1. 旧楠木基层处理

（1）旧楠木件基层处理时，用钢丝棉或铜丝刷及11/2号砂纸将表面的水锈污垢清除干净，呈现楠木本色，不得损伤木骨和雕刻纹饰；如木筋凸起水锈污垢严重时，均可用蒸气压力枪除净，并能除净木筋内的水锈污垢，不损伤木骨和雕刻纹饰，呈现楠木本色并清晰。

（2）新楠木磨白茬：用11/2号砂纸或砂布包方木块顺木纹方向打磨平整、光滑、无硬楞。不得出现横竖交错的乱磨痕迹及漏磨现象，并掸干净，表面不得有污迹。

2. 撒蜡与涂蜡

（1）对于不烫蜡的匾字地，应提前用光油和汽油兑成稀底油漆扣一遍，干燥后烫蜡，防止烫蜡进入字地，否则涂绿油、扣油筛扫或打金胶油不易干燥。

（2）将硬蜡薄片均匀地撒于匾面，并将匾字地的硬蜡片用毛笔剔扫干净。立面木件和木装修，用刷子蘸加热熔化的蜡水均匀地涂抹在表面。蜡水温度应适宜，温度高刷毛卷胡，温度低涂抹不均匀易白。

3. 烫蜡与擦蜡

（1）先将烫蜡的木炭烘子点燃，待有火苗不掉火星时烫蜡，也可采用1500W电炉倒置烘子，烫蜡由两人共同操作，烫蜡时用蜡烘子将蜡熔化，擦蜡者随时用粗布将烤化的蜡蜡均匀，蜡烘子移动要稳逐步烫完。不得将蜡擦在匾字地，不得烫坏木质。

（2）将涂抹在立面木件或木装修表面的蜡未凉前，应随后用大功力吹风机将蜡烤化，再用粗布将烤化的蜡擦均匀，逐步烫完，不得烫坏木质。

4. 起蜡与翻蜡

用牛角板或竹片刀，将多余的蜡刮掉、收回，蜡薄处再撒蜡或涂蜡，翻蜡是用蜡烘子或大功力吹风机再次烫蜡，通过起蜡和翻蜡，使蜡质充分渗入木质内，表面饱满均匀一致。

5. 出亮

用鬃刷或粗布、棉丝反复顺木纹擦理，达到木纹清晰光亮柔和、色泽一致。

31.15.1.5　擦软蜡施工工序及操作要点

施工工序

1. 新旧基层处理→擦软蜡→出亮

2. 新旧基层处理

（1）磨白茬操作方法同新活烫蜡，如进行润粉、刷色符合设计要求，润粉、刷色方法见31.15.1.3。

（2）旧漆面擦蜡养护，用粗布过肥皂水或洗涤灵水，将油污及污垢清洗干净后再过清水。

（3）重新擦蜡养护用粗布和棉丝将尘埃、尘土擦干净，表面有油污及污垢可用松节油或汽油擦洗干净。

3. 木装修擦软蜡

擦软蜡用棉丝蘸上光蜡或用松节油稀释蜂蜡，在木装修表面按木纹逐面擦严、擦到、擦均匀，秧角窝蜡用竹刀剔净，无漏擦缺陷。

4. 出亮

用棉丝、棕刷在木装修表面按木纹逐面来回擦亮，无蜡缕缺陷。

31.15.2　烫蜡、擦软蜡质量要求

1. 大木及木装修、花活烫硬蜡、擦软蜡表面质量要求

蜡洒布均匀、无露底、光亮柔和、光滑、色泽一致、木纹清晰、厚薄一致，楠木保持原色，表面洁净，无窝蜡、蜡缕等缺陷。

2. 木装修、花活擦软蜡表面质量要求

蜡洒布均匀，无露底，棕眼平整，光亮柔和、光滑，色泽一致、木纹清晰、表面洁净、无斑迹、无蜡柳、窝蜡等缺陷。

31.16　匾　额　油　饰

匾额油饰工艺除包括31.12～17外，还包括色彩、字形、拓放字样、灰刻字、堆字、筛扫工艺做法，主要适用于古建筑、仿古建筑的室内外匾、额、楹、包柱对子，统称为"匾"，其主要使用材料、材料加工及调配同31.11.1～8，只是工艺和使用材料（如黑硝基磁漆代替大漆）及调配略有不同。

31.16.1　匾额施工要求

（1）匾额施工应具备操作场地并防雨，室内施工应通风良好，冬季施工应有保温措施。

（2）匾额施工应符合设计要求（如材料和材料配比、做法、色彩等）文物工程的要求及及有关规定，并符合地仗、油漆、饰金、烫蜡工程的相应施工要点。

（3）匾额施工砍活前应对匾额的铜字镶嵌或旧匾的字样进行拓字留样，在起卸铜字时不得损坏扒掌，并对铜字和拓字样妥善保管。

（4）匾额施工前应对原匾额的色彩、字形和位置记录保存，对成品匾额未挂匾前应采取保护措施。

31.16.2　匾额种类与色彩

1. 斗子匾

因形状似容量粮食的木斗而得名，斗子匾的匾心多做扫青或刷青，字多为铜胎金字，大多镏金或贴金。斗的四边外口和侧面常规做三道朱红油，斗边线贴库金，或斗边框内浮雕五条龙贴库金。有一种斗子匾的匾心做扫青或刷青，铜字白色，因字横向排列多而扁长。

2. 雕龙匾

其形状同斗子匾，斗边框内雕刻云龙五至九条不等，做浑金的两色金的或龙贴金彩色云的（斗边线贴金）斗边外口和侧面及雕刻地常规做三道朱红油，匾心做扫青或刷青，铜字贴金或镏金，匾心有印章的大多在中上方为朱红地，其四边和阳字为金色，或四边字地浑金。

3. 花边匾

匾的四边多为规则性图案，常见万字、回纹图案。花边匾有黑地白字赤金花边、绿地白字赤金花边、黑地库金字朱红花边、朱红地白字库金花边、青地库金字浮雕云龙浑金花边等。匾心有印章的大多在中上方，印章地一般随大字颜色，印章四边和字为朱红色。包柱对子多为花边匾格式或平面匾格式，花边匾（有黑地库金字浮雕九条云龙浑金花边）多用于室内。也有匾的四边起线为金，黑地金字，中上方印章三方，两侧印章字阴刻为朱红，地为金，中间印章字和边阳刻为金，地为朱红。

4. 平面匾

此匾应用普遍似平面板，匾面多为黑地金字或金地黑字或白地黑字。大多有落款，落款大多在字头，也有字头字尾均有落款，落款的字随大字色彩。名印章地多为金色，其四边和字为朱红色，也有章号字和边为金色地为朱红。

5. 清色匾

指透木纹的匾，多为木质较好的平面匾。一般为楠木、樟木等刻镂阳字，做本木色，其字多为绿色，但色泽艳（如鸡牌绿）；也有根据木质和上色深浅的不同其字的颜色也不同，清色匾大多做烫

蜡或做清漆磨退，其字多为金色、鲜绿色或白色。

6. 奇形匾

指匾形奇特的匾，常见的有扇面匾、卷书匾、套环匾（有三连环匾，青地白字，印章在中上方，金花边）等多种。奇形匾的色彩相对灵活，一般有黑地金字、黑地绿字、白地黑字、朱红地白字、朱红地金字、蓝地金字、绿地金字等。一般朱红地、蓝地、绿地做撒金，字贴金。

7. 其他匾

堆字匾有黑地金字、青地金字、混金地黑字、扫金地黑字。有的匾地做扫蒙金红字贴金或扫青扫绿，有的匾地做立玻璃碴字贴金。有的为纸绢匾，多长方形，字名人书写，镶木边框刷油漆。

8. 匾托

既起撑托匾额作用又起装饰作用，匾托一般分金属的和木质的，铁制品多为朱红色，木质的为雕刻花纹其地为朱红色，花纹表面贴金，也有混金的。

31.16.3　匾额的字形

匾额的字形分原匾额铜字的字形和木刻的字形及灰刻的字形。

1. 铜字

是匾龙匾、斗子匾上的字，笔画断面为平面，铜字的笔画基本相互连接，有分离的笔画以铜带在背面连接，其铜带称扒掌。因此，拆卸前必须对铜字进行拓字样，并包括字与字间距、位置，拓下留样，妥善保管。在油灰地仗的表面将铜字落檀镶嵌于匾面为刻平刻阴字。

2. 木刻字

指透木纹匾上的字，在木质较好的木板上直接刻字，一般木刻字为锓阳字，笔画的字墙微有倾斜度，其中间凸起的断面为圆弧面，锓阳字立体感强。木刻阴字极少（多见于石匾、石碑），笔画的字墙垂直其中间凹的断面为圆弧面。

3. 灰刻字

在油灰地仗的表面刻字为平刻锓阳字，一般依据匾额及字体的大小，地仗表层的渗灰厚度一般为 5mm 左右，灰刻字均为锓阳字，笔划的断面字墙微有倾斜度，其字墙的锓口向外倾斜角度约 25°角，中间凸起的断面为圆弧面，锓阳字立体感强。字体大笔划宽 100mm 左右时，笔划中间凸起的断面为平坦圆弧面，锓阳字立体效果稍差。如落款小字笔划宽 2mm 左右时，笔划中间的断面为"V"字形，俗称两撇刀。

4. 灰堆字

在油灰地仗的表面，主要用油灰堆成的字为平堆阳字。笔画断面凸起较大为圆弧面，一般依据匾额及字体的大小，掌握笔画宽度、字面弧度和高度与字体大小、笔锋协调。灰堆字效果饱满，立体感极强。

5. 印章

同一般印章一样，分阴刻或阳刻，不同之处是在匾的平面直接刻印章，但号章阴刻多其四边外侧与匾面平。阳刻印章四边外侧呈坡面微低于匾面，名章阳刻多效果突出。

31.16.4　拓字留样

匾额油饰，不论是新字做新匾，还是旧匾旧字做新，或是铜字的匾额做新都要拓字留样。

新字做新匾，是为了防止错刻，以便核对复杂的笔划及笔锋而留样；旧匾旧字做新，是为了防止砍活磨掉旧字而拓字留样便于恢复；铜字的匾额做新，在砍活前需起卸铜字的扒掌，虽然不会损坏，是为了记录原来的字样位置及铜字背面的扒掌与字的连接关系，或两种文字及三种文字的连接关系，以便恢复原来的字样位置。因此，必须事先拓字留样。

1. 拓铜字

起卸铜字的扒掌前，进行拓铜字，又因铜字笔划清楚，棱角整齐突出比较好拓。将事先准备好的高力纸按匾心尺寸裁粘好，然后铺于匾心对正位置固定，用棉花团蘸黑烟子揉擦纸面，遇楞稍重揉，字的边楞便清楚地显现于纸上，拓好铜字样之后，还要拓扒掌，是将起卸的铜字放在已拓好的字样上面，铜字与字样找准位置

后，按住不得移动，用铅笔勾画铜字的扒掌形状。字样与扒掌拓勾成一体后，拓原字样是将字样纸翻过来，一般用炭铅笔在纸背面将字迹与扒掌勾描出轮廓，以便拓在匾额上，将拓好的字样保存待用期间，不得遗失。起卸铜字时，不得损坏铜字和扒掌。

2. 拓锓阳字

在砍活前首先将旧匾的字用高力纸拓好，拓字前按旧匾尺寸裁粘好高力纸，然后铺于匾面四边对齐，按住不得移动。用棉花团蘸黑烟子在字的部位揉擦纸面，遇楞稍重揉，字的边楞便清楚地显现于纸面；再进行拓取第二张字样，拓好后将字样保存待用期间，不得遗失。

如旧匾落款小字较多，印章中笔划多或印章小，防止拓字不清楚，可按下例方法操作：按旧匾尺寸裁粘好高力纸，铺于匾面四边对齐，按住不得移动，用水喷湿纸面，再复同样大的干高力纸，用大刷子戳拍字迹后，下层纸便紧贴在匾面和字的笔划上面，揭掉上层纸待下层纸干后，便紧顺贴在匾面字迹十分清楚，用纱布包棉花干蘸油墨或墨汁，在字的部位顺序拍字迹周边，笔划凹面无墨迹为白色，平面为黑色，这样拓字虽说费时，但小字清楚。第二张字样拓好后，将字样保存待用期间，不得遗失。

3. 拓灰堆字

在砍活前也要拓字，因其字表面圆滑，不能直接拓字，首先将灰堆字铲掉，留下原字的底座，保持底座原字棱的形状，再将事先准备好的高力纸按匾心尺寸裁粘好，然后铺于匾心对正位置固定，用棉花团蘸黑烟子拍擦纸面，遇楞稍重拍，字的边楞便清楚地显现于纸面。拍好字样后，将字样保存待用期间，不得遗失。

4. 放字样

一般指新字做新匾或旧匾改新字，新写的字如按匾的规格写，需将字用铅笔或炭铅笔拓描在高力纸上面，并修整笔锋，保留原样以便核对复杂的笔划及笔锋。如新写的字小就需放大，在放大时应考虑到匾额的上下天地、左右留边、字的间距等问题，再进行放大，方法有幻灯放大、打九宫格放大、电脑打印放大、复印机放大；然后，在匾上找准位置后粘贴字样。

31.16.5　斗子匾、雕龙匾额油饰操作质量要点

1. 主要施工工序

拓铜字→起卸铜字→拓扒掌→斩砍见木→撕缝→支浆→捉缝灰→通灰→使麻→磨麻→压麻灰→中灰→细灰→磨细灰→钻生桐油→磨生→刮浆灰→磨浆灰→拓原字样→剔槽→装装→找补地仗→磨细找补生桐油→找补浆灰磨浆灰→刮血料腻子（雕刻处带血料腻子）→磨腻子→垫光油→光二道油→边抹雕刻包油黄胶→打金胶油→贴金→匾（字堂）心打金胶油→匾（字堂）心扫青→扣油→封匾

2. 拓铜字→起卸铜字→拓扒掌

参照 31.16.4 拓字留样。

3. 斩砍见木→撕缝→支浆

参照实行麻布地仗 31.12.4 相应的施工要点，汁浆材料配合比见表 31-58。

4. 捉缝灰→通灰→使麻→磨麻→压麻灰→中灰→细灰→磨细灰→钻生桐油

参照麻布地仗 31.12.4 相应的施工要点，油灰地仗材料配合比见表 31-58。

5. 磨生→刮浆灰→磨浆灰

钻生桐油干燥后，用砂纸或砂布通磨光滑，打扫干净，平面用铁板靠骨刮浆灰，不得漏刮。干燥后，用砂纸或砂布通磨光滑，打扫干净。

6. 拓原字样

将原字样纸翻过来，一般用炭铅笔在纸背面将字迹与扒掌勾出轮廓，按原位置固定匾额中心，用布擦拓于匾额上，如字迹不太清楚，再用炭铅笔在匾额上拓描一次。

7. 剔槽→装装

用木凿子按扒掌的轮廓线剔槽，槽的深度略深于扒掌的厚度，然后将铜字按字迹摆好，待扒掌入槽卧好，再用螺旋刀具将扒掌以木螺钉拧紧，铜字便固定好，要求铜字与地仗平，扒掌不得外露。

8. 找补地仗→磨细找补生桐油

剔槽按装铜字后，将槽剔多的部分地仗和扒掌外露的部分，用粗、中、细灰找补平整，然后磨细找补生桐油。参照麻布地仗31.12.4相应的施工要点，油灰材料配合比见表31-58。

9. 找补浆灰→磨浆灰→刮血料腻子（雕刻处帚血料腻子）→磨腻子

参照古建和仿古建油漆31.13.4相应的施工要点，材料配合比见表31-62。

10. 垫光油→光二道油→扣油

参照古建和仿古建油漆31.13.4相应的施工要点。

11. 边抹雕刻或铜字包油黄胶→打金胶油→贴金

参照31.14.3贴金（铜）施工要点。

12. 匾（字堂）心打金胶油（光油）→匾（字堂）心扫青→扣油→封匾

匾（字堂）心扫青参照31.16.8颜料筛扫技术质量要点；扣油（指朱红油）参照古建和仿古建油漆31.13.4相应的施工要点。

31.16.6 灰刻锓阳字匾油饰操作质量要点

1. 主要施工工序

拓字→斩砍见木→撕缝→支浆→捉缝灰→通灰→使麻→磨麻→压麻灰→中灰→渗灰→细灰→磨细灰→钻生桐油→磨生→过水→粘字样→刻字→闷水起纸→找补生桐油→刮浆灰→磨浆灰→刮腻子→磨腻子→进行油漆工艺（大漆工艺和贴金工艺，或磨退工艺和贴金工艺）。

2. 拓字

应符合31.16.4拓字留样。

3. 斩砍见木→撕缝→支浆

参照麻布地仗31.12.4相应的施工要点，汁浆材料配合比见表31-58。

4. 捉缝灰→通灰→使麻→磨麻→压麻灰

参照麻布地仗31.12.4相应的施工要点，油灰地仗材料配合比见表31-58。

5. 匾背面

进行中灰→细灰→磨细灰→钻生桐油→油漆

参照麻布地仗31.12.4相应的施工要点，油灰地仗材料配合比见表31-58；匾背面油漆时参照古建和仿古建油漆31.13.4相应的施工要点。

6. 匾正面中灰

中灰前用金刚石磨压麻灰，应打磨平整光滑，扫净浮灰粉尘后，湿布掸净。

中灰应使用铁板刮靠骨灰，要平整，不得长灰，油灰地仗材料配合比见表31-58。

7. 匾正面渗灰

渗灰前磨中灰，用金刚石块穿磨平整、光滑，扫净浮灰粉尘后，支水浆一遍。

渗灰材料配合比见表31-57的15项，其光油的比例改成3～4，需掺入微量籽灰。匾面渗灰前为便于掌握渗灰的厚度，均可用铁板找细灰贴出板口，干后进行渗灰，用皮子抹严造实，复灰要均匀，再用灰板通长刮平，厚度3～5mm（以字样大小而定），搭水糊刷或水条帚做划痕，阴干、再细灰。

8. 匾正面细灰

用铁板细灰时，先细四口，平面用铁板干刮细灰，待四口细灰干后，细面用皮子抹严造实，复灰要均匀，用灰板通长刮平，阴干。表面要平整，不得有蜂窝麻面、扫道、接头、龟裂、空鼓、脱层等缺陷。细灰材料配合比见表31-58的15项，其光油的比例改成3～4。

9. 匾正面磨细灰

用大块平整的细金刚石穿磨，要长磨细灰，应横穿竖磨或竖穿横磨，要磨断斑，表面平整、四口方正直顺、光洁、整齐，不得出现龟裂纹、漏磨、划痕等缺陷。

10. 匾正面钻生桐油

匾面钻生油时，先将磨下来的细灰面围堆在匾的四边，倒入原生桐油数小时后，用麻头擦净浮油，在室内阴干。匾面垂直无法放平时，钻生桐油参照实行麻布地仗31.12.4相应的施工要点。匾面钻生后八九成干时即能刻字。

11. 灰刻锓阳字

灰刻锓阳字匾分六个步骤：磨生油→过水布→粘贴字样→刻字→闷纸→找补生油。

钻生桐油干后，磨生后满过水布，干后找准字样刷稀浆糊，粘贴字样（也有在匾额刻字部位擦立德粉，画十字线垫复写纸，摆放字样，用圆珠笔或铅笔沿字的边缘描画，撤走字样，字体显留在匾额面上，但字体白粉易擦掉刻字，易走形）要上下留天地，左右留边，位置准确，端正匀称，用刻刀刻字先刻字外围，而字面微有倾斜度，其字面的锓口角度约25°角，注意字面深度和锓口角度一致，铲坡弧度不宜一手持刻刀，字面坡弧度圆滑与字体大小、笔锋协调，不得反刻斜插刀，否则，崩掉字墙及走样，笔锋和碎笔处不得刻乱。刻完后刷水闷纸起净，找补生油。

12. 灰刻锓阳字匾表面质量要求

位置准确，端正匀称，匾地平整光洁，字体光洁，色泽一致，字墙深度和字面坡弧度圆滑，应与字体大小及笔锋协调，字楞和字秧直顺、流畅、清晰、整齐，字面深度和锓口角度一致，刻字忠于原字样，不走样，无龟裂、麻面、砂眼、划痕等缺陷；表面洁净、清晰、美观。检验方法：观察检查并与原字样对照。

13. 刮浆灰→磨浆灰

找补生油干后，磨生用11/2号砂纸或砂布通磨光滑，打扫干净，以铁板进行满刮浆灰。应靠骨刮浆灰，要一去一回操作，不得有接头。刮浆灰时连灰刻锓阳字一起埋没，最后用小铁板或竹刀，刮字面和剔字仰，干后磨砂纸。材料配合比见表31-62。

14. 刮腻子→磨腻子

参照古建和仿古建油漆31.13.4相应的施工要点，材料配合比见表31-62。

15. 匾面施涂油漆工艺（大漆工艺参照31.17.4大漆操作要点及质量要求），涂饰黑醇酸磁漆不少于四道磨退工艺，字面打金胶油、贴金参照实行31.14.3贴金（铜）施工要点。

16. 匾面喷漆操作工艺

工艺顺序为喷刷头道底漆及打磨→喷刷二道底漆及打磨→喷涂黑硝基磁漆及打磨→磨退→打砂蜡→擦蜡出亮→打金胶油→贴金→封匾

（1）喷刷头道底漆及打磨

打磨血料腻子及掸净后，喷涂或刷涂醇酸底漆要均匀，干后如有复找腻子处，可用原子灰腻子复找，腻子干燥后用300号水砂纸蘸水打磨光滑，并用湿布擦净。

（2）喷刷二道底漆及打磨

喷涂或刷涂醇酸二道底漆（细腻，以填平补齐砂眼、划痕或纹道）要均匀，干后用320号水砂纸蘸水打磨光滑，并用湿布擦净。

（3）喷涂黑硝基磁漆及打磨

喷涂黑硝基磁漆用香蕉水稀释，喷涂不少于三遍，以达到磨退质量要求为准。前后遍喷漆要横竖交错、光亮均匀一致，最后一遍喷漆应丰满。每遍喷漆干后要用320号水砂纸蘸水打磨平整光滑，并擦干净。喷涂时喷嘴距离物面过远，会出现无光泽的漆膜，达不到磨退的质量要求；过近易出现流坠，可控制在30cm左右，气压控制在0.3～0.4MPa之间，每遍喷漆应后枪压前枪一半（喷过的漆面范围重叠一半）。

（4）磨退→打砂蜡→擦蜡出亮

最后一遍喷漆干后，用380～400号水砂纸蘸水或蘸煤油打磨平整光滑，擦干净后无亮星无挡手感。打砂蜡时将砂蜡内加入少许煤油，用纱布包干净的棉纱蘸砂蜡在漆面上来回擦，将每个局部摩擦发热出亮，再用干净的棉纱擦净匾面和字面，然后用干净的棉纱在漆面上打上光蜡或擦核桃油，用洁净的细白棉布或毛巾反复擦蜡发热，直至漆面光亮柔和，光滑平整，无挡手感。

（5）打金胶油→贴金→封匾

字面打金胶油前，用干净的棉纱蘸汽油擦净蜡质。打金胶油、贴金参照31.14.3贴金（铜）施工要点，贴金后用洁净的白棉布或毛巾擦净匾面浮物用棉纸封匾。

31.16.7　匾额堆字油饰操作质量要点

（1）主要施工工序：

拓字→斩砍见木→撕缝→支浆→捉缝灰→通灰→使麻→磨麻→压麻灰→中灰→（根据施工要点进行渗浆）→细灰→磨细灰→钻生桐油→磨生→过水→粘字样→堆字→找补生桐油。刮浆灰→磨浆灰→刮腻子→磨腻子→进行油漆工艺（大漆工艺和贴金工艺，或磨退工艺和贴金工艺）。

（2）堆字地仗施工参照灰刻锓阳字匾额地仗 2、3、4、5、6、8、9、10 施工要点。

（3）灰堆字要求木制字胎卧槽时，参照 31.16.5 斗子匾第 7 的施工要点。

（4）拓原字样：是将原字样纸翻过来，一般用炭铅笔在纸背面将字迹拓描出轮廓，按原位置固定匾额心中，用布擦拓于匾额上，如字迹不太清楚，再用炭铅笔在匾额上拓描一次，字样不得遗失。

（5）如要求灰堆字的木制字胎卧槽时，先剔槽，用木扁铲按拓于匾额上的字迹轮廓线外围剔，要求字墙深度一致，铲坡度落平不宜一次到位，卧槽的深度 3mm 左右，不得反刻斜插刀，否则会崩掉字墙及走样，笔锋处不得刻乱。

（6）做字胎：卧槽木制字胎或匾面直接做木字胎，先按字的笔划宽度和高度做成统一标准的木条，但是木条宽度和高度应小于原字样，然后按字的笔划长短截断，用木钻打眼、木条打眼的底部涂油满，按字的笔划粘于槽内或匾，再将长于木条高度 15～20mm 的圆钉钉涂胶下于木条打眼处，油满与乳胶干后，用木扁铲及木锉修整字胎的字形及笔锋。

另外一种做字胎的方法是在匾面拓描出字迹轮廓上钉钉子，再在钉子上缠绕线麻，做灰，油灰应与线麻和填揎的木条粘结牢固，其他工序同字胎地仗。

（7）字胎地仗：

1）字胎支浆后，用大小斜直铁板捉缝灰，按字形直、曲、圆捉齐补缺。如捉钉子上缠绕线麻的字胎，用大籽灰堆揎。干后用金刚石通磨打扫干净。油灰地仗材料配合比见表 31-58。

2）通灰，以大小不同的月牙形竹轧子进行通灰。拣净野灰，干后用金刚石通磨打扫干净。油灰地仗材料配合比见表 31-58。

3）糊布，用夏布、绸布或高力纸剪成条糊，开头浆要均匀一致，糊布应拉对接缝，整理活者用硬皮子整理布面，要求布面平整、严实牢固、搭接严紧、不露籽灰、不露白、阴角严实，不得有窝浆、崩秧、干布、空鼓等缺陷。头浆配比参照表 31-58。

磨布用砂布磨，要求断斑（布破浆皮），不得磨破布层或遗漏，扫净浮灰粉尘后，湿布掸净。

4）压布灰，用鱼籽中灰压布，以大小不同的月牙形竹轧子进行压布灰。拣净野灰，干后用金刚石通磨接头、余灰，并用湿布掸干净。油灰地仗材料配合比见表 31-58。

5）细灰，用小皮子抹细灰，先将细灰造严复细灰要均匀，然后用湿布条反以两指指掐住笔划字仰勒光滑，拣净野灰。油灰地仗材料配合比见表 31-58。

6）磨细灰、钻生桐油，用 11/2 号砂纸或砂布按字形细磨，磨好后用小刷子一次性钻透生桐油。

（8）匾额堆字表面质量要求：位置准确，端正匀称，匾地平整光洁，字体光洁，色泽一致；字面弧度和高度应与字体大小及笔锋协调，字秧直顺、流畅、整齐、清晰，堆字忠于原字样，不走样；无龟裂纹、麻面、砂眼、划痕，表面洁净、清晰、美观。

（9）刮浆灰→磨浆灰→刮腻子→磨腻子→进行油漆贴金，参见31.16.6 灰刻锓阳字匾油饰操作质量要点第 13～15（或见大漆工程和见饰金工艺）。

31.16.8　颜料筛扫技术质量要点

31.16.8.1　匾额扫青技术质量要点

匾额字堂扫青时，要求颜料干燥有利于筛扫与光油粘结。由于佛（大）青颜料体轻、细腻。因此，筛扫佛（大）青时，应掌握"湿扫青"的操作要领。筛扫时，应待额字贴金后，进行筛扫。

1．主要施工工序

材料配合比见表 31-62。

匾额字堂心垫光浅蓝油→光二道浅蓝油→铜字刷底漆→包黄胶→打金胶油→贴金→扣光油→筛扫→整理→扣油→用纸封或挂匾额

2．匾额字堂心垫光蓝油→光二道蓝油

参照古建和仿古建油漆 31.13.4 相应的施工要点。

3．铜字刷底漆→包黄胶→打金胶油→贴金

匾字堂心的铜字需贴金时，刷底漆，应刷铁红环氧底漆或铁红醇酸底漆。包黄胶前，用旧砂纸或旧砂布将蓝油地和底漆打磨光滑，擦干净。打金胶油前，应用旧砂纸或旧砂布将包黄胶打磨光滑，擦干净。呛粉，参照 31.14.3 贴金（铜）施工技术要点。

4．扣光油

用丝头蘸光油搓均匀，再用油栓及大小捻子或大小筷子笔顺油齐字边。表面要饱满均匀一致、到位、整齐，栓路直顺，不得有超亮、皱纹、漏刷、污染等缺陷。

5．筛扫

字堂心蓝油地扣完光油即可筛扫，是将罗内的佛（大）青在额地上筛均匀，筛至颜料不洇油为止，即可太阳光晒，使其速干。

6．整理

筛扫速干后，用羊毛板刷或排笔将表面多余的颜料扫净，色彩沉稳有绒感，色泽一致。

7．扣油

用毛笔和羊毛刷将匾额的贴金和扣油处的浮物清净，扣朱红油，要求同 4 扣光油。

8．用纸封或挂匾额

匾额扣油干后，用纸封或挂匾额。

31.16.8.2　牌匾烫蜡、扫绿技术质量要点

牌匾做扫绿做法时，要求颜料干燥有利于筛扫与油粘结。由于洋绿颜料体重、粉末细。因此，筛扫洋绿（鸡牌绿）时，应掌握"干扫绿"的操作要领。筛扫时，应待牌匾地做烫蜡抛光后进行筛扫。

1．主要施工工序

做清色活本木色施工工序：磨白茬→撒蜡→烫蜡→擦蜡→清扫干净→起蜡→翻蜡→清扫干净→出亮→绿油扣字→过砂纸→清扫干净→光油齐字→筛扫→阴干→整理→封匾或挂匾

2．磨白茬

用 11/2 号砂纸或砂布包方木块，顺木纹打磨平整、光滑并掸干净，表面不得有污迹。

3．做清色活本木色烫蜡出亮施工工序及操作方法

见 31.15 硬蜡、软蜡工程。

4．绿油齐字

刷油齐字前，先用汽油将匾字地内的蜡擦干净，用大小捻子或大小筷子笔蘸浅绿油齐字，表面均匀颜色一致、整齐，栓路直顺，不得有超亮、皱纹、漏刷、污染等缺陷。

5．光油齐字

绿油干后，用旧砂纸或旧砂布打磨光滑，擦干净。用大小捻子或大小筷子笔蘸光油齐字，表面要饱满均匀一致，到位、整齐、栓路直顺、不得有超亮、皱纹、漏刷、污染等缺陷。

6．筛扫

绿油字扣完光油待六、七成干时进行筛扫，先将笤内的洋绿在字地上筛均匀，筛至颜料不洇油为止，进行阴干。

7．整理

阴干后，用羊毛板刷或排笔将表面多余的颜料轻扫干净，色彩鲜明有绒感，色泽一致、到位、整齐。用干净布将蜡面浮物擦净出亮，明亮一致。用纸封或挂匾。

31.17　一般大漆工程

大漆做法，工序繁复，北方地区需经过窨干。所以明、清宫殿外檐大木少用金漆做法，一般仍以使用桐油为主。因此，适用于古建筑、仿古建筑室内细木装修、高级木器家具、牌匾、化验台等涂刷生漆、广漆、推光漆等工程的施工。

31.17.1　大漆施工常用工具及用途

斧子、挠子、铁板、皮子、板子、麻轧子、轧子、粗碗、刷子、粗笤帚、砂布、砂纸、水砂纸、油桶、粗细金刚石、大小笤帚、剪刀、调灰桶、调灰板、腻子板、大中小牛角板、漆栓、排笔等。

31.17.2　大漆施工基本条件要求

大漆施工在自然条件下，当温度在常温 20℃～35℃下，相对湿度在 80% 以上时，如不具备温度、湿度两个条件时，应采取升温保暖和墙面挂湿草席及地面经常浇水保湿的措施，否则不宜施工。

31.17.3　漆灰地仗操作要点

1. 漆灰地仗材料要求

(1) 抄生漆用原生漆。头道抄生漆均可加汽油 10%，最后一道抄生漆不得加汽油。

(2) 捉缝灰、通灰、压布灰、细灰应用生漆加土籽灰或生漆加瓷粉，其比例为 1:1。如使用土籽灰，在调细灰时应用碾细的土籽面。如使用瓷粉，在调压布灰和细灰时，应用碾细的瓷粉。

(3) 溜缝、糊布所用的漆灰，应用三份原生漆和一份土籽灰调匀即可。

2. 漆灰地仗的主要工序

油灰地仗的主要工序，见表 31-74。

漆灰地仗主要工序　　表 31-74

项次	主要工序	工艺流程
1	基层处理	旧活斩砍见木、挠、新活剁斧迹、撕缝、清扫、成品保护
2	抄生油	刷生漆、磨平、清扫掸净
3	捉缝灰	捉缝灰、磨平、清扫掸净
4	溜缝	缝子溜布条、磨平、清扫掸净
5	通灰	抹灰、刮灰、拣灰、磨平、清扫掸净
6	糊布	满糊夏布、磨平、清扫掸净
7	压布灰	抹灰、刮灰、拣灰、磨平、清扫掸净
8	细灰	找细灰、轧灰、溜细灰、刮细灰、磨平、洗净
9	抄生油	刷生漆、理栓路

注：1. 基层处理时，大木构件均应下竹钉。
　　2. 凡做漆灰不糊布粘布时，则不能进行第 6 项工序，改使麻工序。

3. 漆灰地仗施工操作要点

(1) 基层处理参照麻布地仗 31.12.4 相应的施工要点。

(2) 抄生漆：用漆栓蘸生漆满刷一道，应刷均匀，无流坠、漏刷。生漆干后，用 11/2 号砂纸或砂布通磨光洁，平整，应清扫掸净。

(3) 捉缝灰：用铁板蘸缝隙横披竖划捉饱满，缺楞补齐，捉规矩，遇缝以整铁板灰提出本口，以使布与木缝结合牢固。灰缝干后，用金刚石通磨平整，无飞翘、野灰等缺陷，并清扫掸净。

(4) 溜缝：先剪去夏布边，再将夏布斜剪成布条，宽度可窄于铁板提出的缝隙布口。按缝隙（含结构缝）布口刷糊布漆，应薄厚均匀，可用轧子将布条轧实贴牢，不得出现崩秧、窝浆。干后用金刚石磨平，无疙瘩为止，磨后清扫掸净。

(5) 通灰：用铁板通灰一道，圆面用皮子，面积大用板子，应衬平、刮直、找园，干后应金刚石磨平，清扫水布掸净。

(6) 糊布：先剪去夏布边，满横糊夏布，不得漏粘，应将夏布轧实贴牢，糊圆柱时应缠绕糊。干后用金刚石磨平，清扫水布掸净（糊布或使麻遍数根据做法而定），如糊两道应一横一竖为宜。

(7) 压布灰：用皮子、板子、铁板横布一道，应刮平、衬圆、找直。干透后用铲刀修整，金刚石磨平，清扫，水布掸净。

(8) 细灰：以铁板找漆灰，将楞角找出规矩（贴秧找楞）。过线用轧子轧成型。圆面用皮子溜，接头位置应与压布灰错开。大平面用板子过平，小面用铁板细灰。接头应平整，细漆灰厚度约

2mm，细瓷粉漆灰由压布灰至细灰需刮二、三道为宜。

(9) 磨细漆灰：细漆灰干透后，用细金刚石蘸水磨平、直、圆，棱角整齐，清水洗净。

(10) 抄生漆：生漆应刷均匀，无流坠、漏刷。该道抄生漆应随刷随用皮子或水布理开栓路。

(11) 漆灰地仗表面的质量见 31.12.8。

31.17.4　大漆操作要点及质量要求

1. 涂饰大漆做油灰麻布地仗、单披灰油灰地仗的施工主要工序

见表 31-64 和表 31-66，材料配比表 31-58 和表 31-59。

2. 涂饰大漆做漆灰地仗

见 31.17.3 漆灰地仗操作要点，涂饰大漆的主要工序见表 31-75。

涂饰大漆主要工序　　表 31-75

序号	主要工序	工艺流程	中级	高级	地仗 中级	地仗 高级
1	地仗浆灰	地仗打磨、浆漆灰			+	+
2	底层处理	起钉子、除铲灰砂污垢等	+	+		
3	打磨	磨砂纸、清扫掸净	+	+	+	+
4	满刮腻子	刮腻子	+	+	+	+
5	打磨	磨砂纸、清扫掸净	+	+	+	+
6	找补腻子	找补腻子、磨砂纸、掸净	+	+	+	+
7	抄漆面	涂第一遍漆	+	+	+	+
8	打磨	磨水砂纸	+	+	+	+
9	垫光漆	涂第二遍漆	+	+	+	+
10	打磨	磨水砂纸	+	+	+	+
11	罩面漆	涂第三遍漆	+	+	+	+
12	水磨	磨水砂纸		+		+
13	退光	磨瓦浆		+		+
14	打蜡	打上光蜡、擦理上光		+		+

3. 涂饰大漆所用材料要求

(1) 地仗浆灰：漆灰地仗的浆漆灰配比为生漆：细土籽面 = 1:1，传统油灰地仗的浆灰配比，见表 31-62。

(2) 地仗腻子：用生漆加团粉（淀粉）或加石粉，其配合比为生漆：团粉 = 1:1.5。

(3) 大漆品种的选用、质量、做法应符合设计要求和有关规定。

4. 涂饰大漆操作要点

(1) 地仗干燥后用 11/2 号砂纸或砂布打磨平整光洁，不得漏磨，清扫干净后用湿布掸净浮尘。

(2) 地仗浆灰：平面用铁板，圆形面用皮子，批刮浆灰应满靠骨刮，平整光洁，无飞翘、接头和漏刮缺陷。干后用 1 号砂纸打磨光洁平整，用湿布掸净浮尘。

(3) 地仗漆腻子：同批刮浆灰，干后应用 0 号砂纸打磨光滑平整，用湿布掸净浮尘。

(4) 底层处理应将表面灰砂、铁锈、污垢、毛刺等缺陷除铲干净，如有钉子应拔掉，使表面平整光滑。如有胶迹应用温热水浸胀，刮磨干净。

(5) 满刮腻子前掸净粉尘应将木缝、钉眼、凹坑、缺角等严重缺陷处嵌补找平，待干后经打磨清理干净后，再满刮腻子。刮时将牛角刮翘压紧一去一回，腻子应收净，表面无残余腻子，无半棕眼现象，线脚花纹干净利落，无漏刮现象，如有缺陷直至找平为止。

(6) 腻子干燥后，应用 1 号砂纸仔细的打磨腻子，表面光滑平整，无残余腻子。如对木纹有特殊要求时，木纹要清晰。如榆木擦漆做法不得磨掉底色，腻子磨好后应掸净粉尘，如有不平整和缺陷处，则应复补腻子，直至无缺陷。再用砂纸打磨平整光滑为止。

（7）涂饰头道生漆、二道生漆，用漆刷上漆、理漆方法同传统理顺油光油，入阴（入窨）干后打磨，用 0 号旧砂布或 320 号水砂纸顺木纹打磨，应磨到、磨平、不得遗漏，严禁磨透底。

（8）罩面漆：上推（退）光漆，用牛角刮翘批漆（开漆），再用漆刷横竖理顺刷理均匀一致。

（9）磨退应待罩面漆入窨干透后（约 2～3d 实干）。水磨应用 320 号至 400 号水砂纸蘸水打磨，应顺木纹磨长度适宜、刷纹（栓路）平整、光滑为准，楞角轻磨，不得磨透底（磨穿）。退光应用 400 号以上的旧水砂纸或头发团成把蘸瓦灰浆细磨，不得遗漏，直至灰茬变色，手感光滑。漆膜呈现暗光时，再用手掌按住瓦灰浆，将每个局部摩擦发热出亮。

（10）打上光蜡或川蜡薄片撒在漆面上，用洁净的细白棉布或毛巾反复擦蜡发热，直至漆面光亮柔和，光滑平整，无挡手感。

（11）圃面推光漆磨退、字贴金：可涂饰一道生漆、推（退）光漆 3～4 道，每涂饰一道推光漆需水磨净，最后一道推光漆入窨干透后，均可用羊肝石或灰条蘸水细磨，将亮光磨断斑不得磨透底（磨穿）。出亮时用头发团成把蘸杉木炭粉和水，将每个局部摩擦出亮后擦净，再用手撑摩擦发热出亮，然后进行字打油金胶或打漆金胶，贴金，或再擦核桃油出亮，最后用纸封圃或挂圃。

5. 大漆质量要求

（1）大漆主控项目质量要求

① 大漆工程所用大漆和半成品材料的种类、颜色、性能必须符合设计要求和现行材料标准的规定。

② 大漆工程的工艺做法应符合设计要求和有关标准的规定。

③ 大漆工程严禁出现脱皮、空鼓、裂缝、漏刷等缺陷。

检验方法：观察、鼻闻、手试并检查产品出厂日期、合格证。

（2）大漆施涂一般项目

表面质量要求，见表 31-76。

表面质量要求　　　　表 31-76

项次	项　目	表 面 质 量 要 求	
		中　级	高　级
1	流坠、皱皮	大面无、小面无皱皮、无明显流坠	大、小面无
2	光亮、光滑	大面光亮光滑，小面有轻微缺陷	光亮均匀一致，光滑无挡手感
3	颜色、刷纹	颜色一致，无明显刷纹	颜色一致，无刷纹
4	划痕、针孔	大面无，小面不超过 3 处	大面无，小面不超过 2 处
5	相邻部位洁净度	基本洁净	洁净

注：1. 中级指罩面漆成活，高级指罩面漆后磨退成活。

2. 大面指上、下架大木表面、隔扇、木器、家具、牌圃、化验台及装修的里外面，其他为小面。小面明显处，指视线所见到的地方。

3. 划痕是指打磨时留下的痕迹。

4. 针孔在工艺设备、化验台及防护功能的物体大漆涂饰中不得出现。

31.17.5　擦漆技术质量要点

榆木擦漆是大漆工艺中的一种工程做法，将榆木制品通过上色、刷生猪血、刮漆腻子、擦漆、揩漆、罩面漆、撑平等工序做成红中透黑、黑中透红的木器制品。

（1）榆木擦（楷）漆的主要工序应符合以下要求：

基层处理→磨白茬→第一遍刷色→刷生猪血→第一遍满刮漆腻子→通磨→第二遍刷色→第二遍满刮漆腻子→通磨→第三遍刷色或修色→擦漆→细磨→擦漆（2～4 遍）及细磨。

（2）基层处理，有钉子应起掉，用锋利的快刀或玻璃片将油污、墨线等刮掉。有的木材需热水擦，使木毛刺、棕眼膨胀，有利于砂纸打磨。如有胶迹应用温热水浸泡，刮磨干净。

（3）用 1 1/2 号砂纸或砂布顺木纹打磨，平面包裹木块打磨平

整光滑。表面无木刺、刨迹、绒毛，棱角无尖棱，无铅笔印、水锈痕迹等缺陷。

（4）刷色，用酸性大红加水煮搅动溶解，如用酸性品红染料上色可加入微量绿及墨汁，刷色用羊毛刷涂刷均匀，不宜裹楞，应颜色一致，不得有漏刷、流坠等缺陷，干后严禁溅水点。

（5）刷生猪血不可稠，要求同刷色。干后用乏旧细砂纸轻磨一遍，并用擦布揩擦干净。干后严禁溅水点，否则，使颜色发花。

（6）满刮漆腻子前掸净粉尘应将木缝、钉眼、凹坑、缺棱等缺陷处嵌补找平，待干后，经打磨清理干净后，再进行满刮腻子。刮时应将牛角刮翘压紧一去一回，腻子应收净，表面无残余腻子，无半棕眼现象，线脚花纹干净利落，无漏刮现象，如有缺陷直至找平为止。

漆腻子，用生漆加石膏粉和适量颜料水色与适量剩余的水色，基本比例＝4：3：0.5：1.6，调漆腻子时生漆不宜少，刮时腻子发散还易卷皮，使颜色发花。

（7）腻子干燥后，用 1 号砂纸仔细的打磨腻子，表面光滑平整，无残余腻子，木纹要清晰，不得磨掉底色及磨露棱角。腻子磨好后，应掸净粉尘，如有不平整和缺陷处，则应复补腻子，直至无缺陷，再用砂纸打磨平整光滑为止。

（8）第二遍刷色，可在第一遍刷色的基础上加入适量黑纳粉，方法同第一遍刷色。刷色时不得重刷子，色浅的部件可再刷，使整体颜色达到一致。

（9）第二遍满刮漆腻子及打磨腻子，同第一遍满刮漆腻子，打磨可用 0 号砂纸。

（10）第三遍刷色或修色同第二遍刷色，修色的水色可略淡些，也可用酒色进行修色，但不宜使用碱性染料，颜色达到设计要求和整体颜色一致的效果。

（11）如两遍满刮漆腻子，棕眼饱满平整，可不刮第三遍漆腻子。如满刮漆腻子，漆腻子可稀些，满刮应干净利落，无漏刮。干后磨腻子要用 0 号砂纸，腻子磨好后应掸净粉尘。

（12）擦漆的生漆应事先过滤，小面擦漆用漆刷逐面上漆，刷理要均匀。平面大时用丝棉团擦漆，可用牛角刮翘批漆（开漆），然后用丝棉团揩擦，擦漆、揩漆（同清喷漆擦理方法），生漆干燥快时可掺入适量豆油，揩擦的漆膜要薄均匀一致，雕刻花活及各种线秧不得有窝漆、流坠、皱纹。

（13）擦漆入阴（入窨）干后，用乏旧细砂纸磨光滑，不得磨露底层，磨好后擦净。

（14）擦漆不少于两遍，多则四遍，一般三遍。第二遍擦漆入阴（入窨）干后，可用 380 号水砂纸蘸水细磨、擦净，擦面漆经漆刷理漆后，再用棸板刷进一步理顺，可用手掌肌肉紧压擦面，顺木纹将漆来回揩抹均匀平整，雕刻花活及各线秧处用手指肚揩抹平，达到无栓路。漆面光滑平整，光亮如镜，漆面干透后黑中透红、红中透黑。

（15）擦漆质量要求：棕眼饱满，光亮柔和一致，光滑细腻，无挡手感，严禁有漏刷、脱皮、斑迹，不得有裹楞、流坠、皱皮，相邻部位洁净。

31.18　粉　刷　工　程

粉刷工程分传统粉刷（自制涂料）工程和涂料（乳液型）工程，其中水性涂料（乳液型）工程的材料应符合装饰工程的要求。

适用于古建筑、仿古建筑的内、外顶墙混凝土面、抹灰面基层粉刷工程的施工。

31.18.1　粉刷常用工具

有开刀、刮板、排笔、小扫帚、小捻子、粗碗、筷子笔、细笋、半截大桶、水桶、大小油桶、喷浆机、高凳等。

31.18.2　粉刷施工要求

（1）粉刷工程所用水性涂料（乳液型）、自制涂料和颜色及墙面花边、色边、花纹和颜色、粉线尺寸应符合文物工程和设计的要求，基层面的质量应符合粉刷工程的相应等级的规定。

（2）粉刷工程的基层面充分干燥后，方可施工。基层的含水率不宜大于10%，环境温度不得低于5℃。

（3）所用腻子的可塑性应满足施工操作要求，应按配合比调制和使用，保证腻子与基层和面层的粘接强度，并按施涂材料的性质配套使用；底腻子、复找腻子应充分干燥后，经打磨光滑平整，除净粉尘方可刷底、面层涂料。

（4）涂刷水性涂料（乳液型）的基层面疏松时，在刮腻子前后，要涂刷界面剂或操底油一遍，增强涂层附着力。色浆或色涂料在涂刷前应做样板，符合设计要求后方可大面积施工。

（5）文物粉刷工程做包金土色涂料、墙边刷色、拉线做法或红线切活勾填纹饰等做法时，不宜采用滚涂包金土色水性涂料。仿古建筑如进行滚涂法的涂料，必须流平性好，不得有滚涂凸点，以防拉线、切活勾填纹饰不整齐。

（6）粉刷工程凡室内吊顶各种板面露有金属螺钉时，钉帽不得高于板面，应涂刷防锈漆。胶合板、石膏板等对接缝宽度不得少于3mm。嵌缝腻子不宜过软，最好适量加入乳胶，提高粘结度，防止一条缝变两条缝。嵌缝干燥后，应在缝处涂乳胶糊粘50mm宽的白色棉棉布带，并粘结牢固。凡板面与大木连接缝处应操油，地仗施工随同连接缝处，使麻和糊布相应在拉接缝处。

（7）室内粉刷工程应待地仗工程钻生桐油干燥后，或头道油漆完成后进行，室内有彩画时，应在刷色前完成两遍浆或两遍涂料。

31.18.3 粉刷施工操作要点

（1）混凝土面、水泥砂浆抹灰面、麻刀灰抹灰面施涂内外墙涂料（含自制涂料）施工主要工序见表31-77。

混凝土面、抹灰面施涂内外墙涂料
（含自制涂料）施工主要工序 表31-77

序号	主要工序	工艺流程	内墙涂料	外墙涂料
1	除铲	除铲清理、扫净浮砂灰	+	+
2	套胶	抅水石膏、套胶一道	+	+
3	刮腻子	满刮腻子一道	+	+
4	打磨	细砂纸打磨平整、扫净浮尘	+	+
5	刮腻子	满刮腻子一道	+	+
6	打磨	细砂纸打磨平整、扫净浮尘	+	+
7	第一遍涂料	涂刷第一遍涂料	+	+
8	第二遍涂料	干燥后轻磨、除浮尘、涂刷第二遍涂料	+	+
9	第三遍涂料	涂刷第三遍涂料成活或喷刷成活	+	+
10	墙边刷色、拉线	刷绿大边，拉红、白粉线成活	+	

注：1. 表中"+"表示应进行的工序。
2. 外檐墙面必须使用外用标识的涂料，如需加入颜料，应使用矿物质颜料。
3. 机械喷涂不可受表面遍数限制，以达到质量要求为准。

（2）基层处理：新顶墙混凝土面、抹灰面应除净浮砂、灰尘、灰包、污垢，砂纸打磨光滑平整；旧顶墙面应除净旧浆皮和附着力差旧涂料，不得遗漏，表面不得有旧腻子和粉末，不得出现铲伤墙面灰皮现象。

（3）抅水石膏：先将缺陷处涂刷清水，然后用开刀将粗棉内的生石膏粉加入适量清水和乳胶搅拌均匀。在未凝固前，嵌找缝隙和凹坑及缺棱，每次用多少调多少，嵌找不得高于墙表面，干后打磨平整。

（4）套胶：旧顶墙面满刮底胶一道，配为乳胶和水＝3：7；如旧抹灰墙面强度低可操底油一道，配为光油和松香水＝3：5~7；混凝土面、水泥砂浆抹灰面要涂界面剂配合比众霸Ⅱ型：清水＝1：0.5~1；涂刷时应刷刷到，不得漏刷。

（5）刮腻子：用钢皮刮板满刮腻子两道，常用自制腻子的调配及用途见31.11.12。头道干后刮第二道，刮严刮到，不得遗漏，表面平整光洁，易薄不宜厚，表面和秧角干净利落，边角、棱角直顺，整齐，不得有扫道（划痕）脱层、翘皮等现象。

（6）磨砂纸：刮腻子干燥后，用0号或1号砂纸打磨平整光滑，边角、秧角、楞角直顺，整齐，无扫道（划痕）、砂眼，不得漏磨，除净粉尘。

（7）刷涂料：刷浆或刷涂料一般采用排笔刷，先上后下，涂面基本均匀，刷纹顺通，不得有接头、流坠、明显纹理等缺陷，无咬色、返碱、污染现象。

（8）复找腻子：头道涂料干后用开刀找腻子，色浆或色涂料的腻子内适量加入颜色。色腻子应浅于色浆或色涂料，将砂眼和轻微不平处、划痕、缺棱短角找平、补齐，复找腻子不宜片大。腻子复找干后，用旧砂纸轻磨平整，并清扫干净。

（9）刷二遍浆或刷二遍涂料：涂刷头道浆或涂料干燥后，二遍浆后不得有凹坑、划痕等缺陷。打磨光滑后，再进行涂刷第三遍浆或涂料，涂刷墙面应上下接好，涂刷顶部应顺房间方向刷。涂层均匀，表面平整、光滑，色浆或色涂料颜色一致，与相邻部位分色清楚，秧角、楞角直顺，整齐，无明显刷痕，砂眼、划痕。不得有接头、流坠、掉粉、透底、咬花、漏刷、污染等缺陷。

（10）喷浆：喷浆成活的墙面应事先刷好分色线及口圈，喷浆内要适量加入古胶水或乳胶。喷涂最后一浆需多加入适量古胶水或乳胶，但要防止外焦里嫩和表面胶花。

（11）墙面刷色、拉线做法及质量要求：
1）清代《工程做法则例》中墙边刷色、拉线做法为《画描边衬二绿刷大绿界红白线》《墙边刷大绿界白粉黑线》。墙心刷包金土色浆，墙边刷绿色（绿边宽度根据墙面高宽定，常规绿边宽度有120mm、100mm，少有90mm。象眼绿边宽度同墙面，如像眼小绿边宽度视情况而定，但要比例协调、均称、交圈），红白线宽度应墙面高宽定，常见3分线约10mm和5分线为16mm，两线风路为一线宽。墙边少见做法为；包金土色。墙边沥粉贴金纹饰红白线及切活勾填纹饰红白线，墙心为包金土色。
2）墙边刷色、拉线表面平整，粉线肩角交圈，线条横平竖直，宽窄一致，曲线流畅、整齐，颜色一致，无接头、错位、虚花等缺陷，严禁掉粉、透底。

31.18.4 粉刷质量要求

1. 墙面施涂内外墙涂料（含自制涂料）主控项目质量要求

（1）墙面粉刷工程的做法及材料品名、种类、质量、颜色和花墙边、色墙边拉线的做法、图案、颜色应符合设计要求；符合选定样品的要求，以及文物建筑操作工艺的要求（新产品应附有使用说明书）。

（2）墙面粉刷工程和墙面花边、色墙边拉线应涂饰均匀、光洁，粘结牢固。严禁脱层、空鼓、裂缝、漏刷、起皮、透底、掉粉。

检验方法：观察、手摸检查，检查产品合格证、性能检测报告和进场验收记录。

2. 墙面施涂内外墙涂料（含自制涂料）
一般项目表面质量要求，见表31-78。

一般项目表面质量要求 表31-78

项次	项目	表面质量要求		
		自制内外墙浆料	外墙涂料	内墙涂料
1	反碱、咬色、疙瘩	允许少量	允许轻微少量	不允许
2	流坠、划痕、砂眼	允许少量	允许轻微少量	不允许
3	颜色、刷纹	颜色均匀一致，无明显刷纹	颜色一致，基本无刷纹	颜色一致，无刷纹
4	分色线平直	允许偏差外3mm，内2mm	允许偏差2mm	允许偏差1mm

续表

项次	项 目	表面质量要求		
		自制内外墙浆料	外墙涂料	内墙涂料
5	与相邻部位洁净度	洁净无明显缺陷	洁净无明显缺陷	洁净

注：1. 表中内外墙涂料指成品内外墙涂料（含乳胶漆）或经配色的成品涂料。

2. 外檐墙面必须使用外用标识的涂料，应使用矿物质颜料（氧化铁红类）。

3. 外墙水性涂料或自制水性涂料颜色一般为红土色（即大红墙色）、瓦灰或浅灰色，内墙水性涂料或自制水性涂料颜色一般为白色、米黄色、包金土色、喇嘛黄色等。

4. 粉刷工程无墙边做法时，采取滚涂法的滚点应疏密均匀，1m外正、斜视滚点均匀，不允许连片。

31.19 古建彩画当今常用颜材料种类、规格及用途

古建彩画当今常用颜料种类、规格及用途，见表31-79。

古建彩画当今常用颜材料种类、规格及用途 表31-79

系列	颜材料名称	产地、质量及性质等	于彩画的主要用途	约于彩画运用时期
青色蓝色系列	群青	现代国产化工颜料		从20世纪60年代初至今，于彩画作为青色颜料被大量广泛运用
	石青	国产天然矿物颜料，天然铜化物。因人工研制加工颗粒大小的区别，颜色明度各有不同，颗粒大者称头青，其次者称二青，再次称三青或石三青，再再次称四青或青华，但统称为石青	涂刷于彩画某些特定部位的小片地子色及绘白活用色	用于各个时期彩画
	普蓝（彩画行业中亦称毛蓝）	国产化工无机颜料，深蓝色粉末，不溶于水和乙醇。色泽鲜艳，着色力强，半透明，遮盖力较差，耐光、耐气候、耐酸，极不耐碱，颜色持久不易褪色	用于彩画绘制白活及与其颜色配兑小色	多用于清晚期以来的彩画
绿色系列	巴黎牌洋绿	由德国进口，近代化工颜料（有毒）	代替传统大绿以及以后运用的其他洋绿，主要用做彩画的绿大色及调配有关皋色、小色	从20世纪60年代起一直运用至今
	砂绿	近代国产化工颜料。成细颗粒状，明度较深，色彩不耐久，较易褪色（有毒）	一般仅用做绿墙边刷饰等	从20世纪50年代至今一直有少量运用
	石绿	国产天然矿物颜料，天然铜化物。因人工研制颗粒大小的不同颜色明度各有不同，其中颗粒大者称为头绿或首绿，其次者称二绿，再次称三绿，再再次称绿华或四绿，但都统称为石绿。颜色明度及彩度都较低，颜色柔和，与其他颜色相混合或相重叠涂刷不易产生化学变化，不易褪色，覆盖力较强（有毒）	仅用于涂刷彩画某些特定部位的小片地子色及绘制白活用色	用于各个时期彩画

续表

系列	颜材料名称	产地、质量及性质等	于彩画的主要用途	约于彩画运用时期
红褚色系列	上海牌银朱	现代国产化工颜料，学名硫化汞，粉末状，颜色明度较高，色彩鲜艳，半透明，有较强着色力，耐酸碱，颜色较持久（有毒）	用做彩画大色及配兑各种小色（用做大色时，应由丹色垫底，罩刷银朱色，本色不能人漆）	从20世纪60年代代替其他银朱，一直运用至今，清代各个时期彩画
	南片红土	国产天然氧化铁红。因清代彩画崇尚我国南方地区生产红土，故称为南片红土。细颗粒状、颜色明度较低，色彩柔和，有耐高温、耐光等优良特性，颜色经久不褪色	用做某些彩画特定部位基底色，因该色有紫味因而有时代替紫色用	清代各个时期彩画
	氧化铁红	现代国产化工颜料，色彩较鲜艳，明度深于广红土，其他基本同于上述广红土	同于上述广红土	自20世纪70年代初，代替广红土较大量地运用至今
	赭石	国产天然赤铁矿物，块状，须经手工研制后使用、颜色半透明、与其他颜色重叠运用不起化学反应，颜色经久不变色	用于彩画白活绘画等	清代各个时期彩画
	胭脂	国产植质颜料，颜色透明鲜艳、不耐日晒、不耐大气影响、不耐久	用于彩画白活绘画等	清代各个时期彩画
	西洋红	由国外进口，植物质颜料，颜色透明鲜艳，不耐晒及大气影响，颜色不耐久	用做白活绘画	从清晚期一直至20世纪70年代末，后逐渐被国产曙红取代
	章丹	国产化工颜料，桔红色粉末、颜色遮盖力强、耐高温、耐腐蚀、不耐酸、易与硫化氢作用变为硫化铅，若暴露于空气中，有生成碳酸铅变白现象	主要用做彩画朱红色的垫刷底色及某些彩画特定部位地子色等	古建各个时期彩画
黄色系列	石黄	国产天然颜料，学名三硫化砷，古人称颜色发红结晶者为雄黄，其色正黄，而不结晶者为雌黄。颜色的明度高，彩度中、色彩柔和与其他颜色重叠或混合涂刷不易起化学变化，颜色经久不易褪色（有毒）	用做某些彩画做法的轮廓线、图案撬退及白活绘画等	古建各个时期彩画
	铬黄	国产现代化工颜料，细粉末状，色彩鲜艳，颜色明度略深于石黄（有毒）	多用做低级彩画的主体大线、斗栱轮廓边框线的黄线条	从20世纪60年代延续运用至今
	土黄	国产天然颜料，细颗粒状，色彩柔和，遮盖力强、与其他颜色相重叠或相混合运用，不易起化学变化、耐日晒、耐大气影响、颜色经久不易变色（有毒）	用于某些做法彩画的基底色等	古建各个时期彩画
	藤黄	从印度、泰国等国进口、植物质颜料、颜色透明不耐久、不耐日光（有毒）	主要用于彩画白活绘画	古建各个时期彩画

续表

系列	颜材料名称	产地、质量及性质等	于彩画的主要用途	约于彩画运用时期
黑色系列	黑烟子(亦名南烟子)	国产,因清代彩画崇尚运用我国南方地区生产的烟子,因而当时称作"南烟子",系由木材经燃烧后而产生的无机黑色颜料,细粉末状、质量很轻、覆盖力强、与其他任何颜料相混合或相重叠运用不起化学变化、颜色经久不褪色、不变色	运用于古建彩画某些特定部位的基底色及某些等级做法的轮廓线等	各个时期古建彩画
	香墨	国产,系由松烟、油烟子经深加工入胶做成块状,颜色性质与上述黑烟子基本相同	经研磨后用于彩画白活绘画	古代各个时期彩画
白色系列	中国铅粉(亦名定粉、白铅粉、铅白粉)	国产化工颜料,学名碱式碳酸铅,古建彩画最基本的白色颜料,颗粒状、质量较重、覆盖力强、有毒、与其他颜色相重叠或相混合运用不易变化、颜色耐久	用作某些彩画某些特定部位的底子色、调配各种晕色、拉饰粗细白色线等	各个时期古建彩画
	立德粉	早期由国外进口,20世纪50年代后国产现代化工颜料,粉末状、重量较轻、与洋绿相混合或相重叠涂刷,极易产生化学反应而变色	作为白色颜料于彩画某些特定部有所运用	自20世纪50年代后一直延续有所运用至今
	钛白粉	现代产化工颜料,白色细粉末状、质量较轻	作为白色颜料于彩画有所运用(多用做画白活)	自20世纪50年代后一直延续有所运用至今
金属光泽色系列	库金箔(指九八库金箔)	国产,古建彩画一般多运用南京金箔厂或南京江宁金箔厂出产的金箔,该金箔含金98%,含银2%,长宽度规格为93.3mm×93.3mm。金箔色彩黄中透红,明度偏深,经久不易褪失光泽色	按古代彩画法式,贴饰于中、高等级彩画	自清代三寸红金箔断档后,作为替代金箔一直运用至今
	赤金箔(指七四赤金箔)	国产,古建彩画一般多运用南京金箔厂或南京江宁金箔长出产的金箔,该金箔含金74%,含银26%,长宽度规格为83.3mm×83.3mm,金箔色彩黄中透青白,与库金箔比较,明度偏浅,暴露于自然环境中易褪光泽色	按古代彩画法式做法,贴饰于中、高等级彩画。现今,因该金箔易氧化变色,因而凡于彩画中贴饰赤金箔的部位,均须罩净光油加以保护	自清代三寸黄金箔断档后替代黄金箔一直运用至今
其他材料系列	土粉子	国产天然材料,颗粒状、质量较轻、不与任何颜色相互起化学变化	彩画施工以土粉为主(约70%),以青粉(或大白粉)为辅(约占30%)作为沥粉的干粉填充料	各个时期古建彩画
其他材料系列	大白粉	国产	代替已断档的青粉,用作调制彩画沥粉的部分干粉填充料	于20世纪60年代后,代替青粉,用于调制沥粉
	水胶(亦名广胶、骨胶等)	国产,动物的皮骨熬制而成的粘结胶。水胶经加水制成,成较透明的浅褐黄色	传统古建彩画工程中用作调制沥粉、颜色的基本粘结胶	各个时期古建彩画
	光油(特指净光油)	国产,以桐树籽榨取的生桐油作为基本油料,再加入一定量的苏子油及助才材料,经人工熬制的一种树脂油。该油颜色深黄透明,具有较强的粘性,干燥结膜后具有一定韧性光泽亮度,油膜耐久	作为古建彩画一种调制颜色用油及调制沥粉中为防起翘的少量用油	各个时期古建彩画
	油满	由古建专业人员自行调制,主要由一定比例的灰油、白面、生石灰水合成,成较黏稠的糊状	于气候偏冷的季节彩画施工,有的做法用其代水胶,作调制沥粉用	自清初一直延续运用至今
	聚醋酸乙烯乳液	现代国产化工胶。该胶未干燥时成乳白色,干燥后坚固结实透明,具有一定韧性。对该胶的保存或运用时,必须做到防冻,否则冰点会失去胶性而变质	作为一种新型粘结胶,较广泛地被试用于调制各种古建彩画颜色及沥粉	自20世纪70年代起,一直延续使用至今
	白矾(亦名明矾、明矾石)	国产,系天然矾石、六角结晶体、溶于水、透明、尝试有涩感	用做调配胶矾水,用以矾纸(使生纸转变成熟纸)、矾已涂刷的地子色,使之便于做渲染色	各个时期古建彩画
	牛皮纸	国产,褐黄色、具有较强拉力韧性,古建彩画施工一般采用薄厚适中、拉力较强的品种	用做各种彩画起扎谱子用纸	各个时期古建彩画
	高丽纸	早期从高丽国进口,以后国产。产品分手工造及机制造,古建彩画施工崇尚用手工造高丽纸,这纸纸手感绵软,具有较强拉力韧性,纸色洁白	用做软天花彩画、朾样、刮擦老彩画纹饰用纸	各个时期古建彩画
	靠背纸	国产,非常薄而半透明	用于过描老彩画纹样	近现代彩画

31.20　颜材料运用选择

(1) 文物建筑彩画修复工程的颜材料选择运用,必须执行国家文物法,必须执行设计对于颜材料的具体要求规定,应当符合具体时期古代建筑彩画所运用颜材料的传统。

(2) 仿古建筑彩画工程的颜材料选择运用,必须执行设计对于颜材料的具体要求规定,亦应当尽量做到符合所仿具体时期古建筑彩画所运用颜材料的传统。

(3) 无论文物建筑彩画修复工程及仿古建筑彩画工程的颜材料选用，对于已经断档的某些颜材料或因某些特殊客观原因无法实现运用的颜材料，经设计许可，可以选用一定的现代优质新型材料作为替代颜材料，但这些新型颜材料要与被替代的传统颜材料非常接近，并具有基本同等的作用效果。

31.21 颜材料加工与调配

31.21.1 颜材料调配前的再加工

彩画运用的各种颜料，绝大部分都是由市场供应的或成粉末状或成细小颗粒状较纯净的干粉产品，另外，还有一些树脂油类等。这些颜料在施工单位的储存及多次搬运的过程中，不可避免地会落入其他杂物，或因受潮而结成块状，或因保存不善而变质变色，油脂类因放置日久而发生起皮等各种不良现象。当施工调配这些颜料前，必须经再加工后使用。

对于已变质变色颜料或两种以上不同性质颜料，因保存不善已相混且无法相区分的颜料，均应予以报废，禁止用于彩画；对于落入其他固体杂物的颜料及起皮油类，调配前必须过以细箩（其中干粉类一般过以80目/cm²箩，油类过箩可相对较粗些），筛出其中的固体杂物后，方可使用；对于某些本来就成块状的颜料（如定粉），及因受潮形成块状的颜料，须经重新粉碎过箩后使用。

31.21.2 调制颜材料的用胶区别

传统古建彩画调制各种颜材料的用胶基本情况是：普通绝大多数的彩画做法是运用水胶做粘结胶（即动物质皮骨胶），用做调制沥粉及各种颜料的，对这种用胶做法的彩画，一般统称为"胶做彩画"；少量因特殊需要的彩画做法，以光油代水胶作为粘结胶，只用做调制各种颜料。对于用光油代水胶做法的彩画，一般统称为"油做彩画"；主要因季节气候原因（如早春、晚秋天气很冷时，但又非冬期施工时）、不便施工原因，以油作的油灰用的油满代水胶（运用水胶极易凝结）作为粘结胶，只限用做调制沥粉。

31.21.3 水胶溶液的熬制法及运用

各种形状的固体干水胶，于熬制前须先用净凉水浸泡开来。熬制水胶的器具，传统崇尚运用砂锅，不宜运用铁制及其他金属器具。熬制水胶过程中，宜用微火，忌用急火和熬糊（因水胶熬糊后，必然变色及降低水胶应有的黏性）。熬制水胶应熬至沸点，使胶质充分地溶解于水，成为水胶溶液，经过箩滤去杂质后使用。

天气炎热季节，水胶溶液极易发霉变质丧失胶性，为防腐变，每天须将水胶溶液重新熬沸一至两次。

无论入胶调制沥粉或颜色，对水胶溶液必须经加热化开后运用。严禁运用已变质的水胶调制各种颜色材料于彩画施工。

31.21.4 运用水胶调制沥粉及各种颜色方法

彩画普通的做法是以运用水胶作为颜材料的粘结胶。但无论是运用水胶，还是运用其他黏性材料代水胶调制沥粉及各种颜料，其方法是基本相同。下面叙述的是以水胶调制沥粉及各种颜色的方法：

1. 颜材料入胶量的合理运用及控制

由于入胶调制沥粉及各种颜色直接关系到彩画质量优劣的一个关键性的技术问题，故历来的彩画施工中，都非常重视并对这项工作实行严格管理控制，即一般于彩画施工材料房设有施工经验的专业技术人员，不但直接管理及调制各种颜材料，还要在施工中不断跟踪监督对已入胶颜材料，是否被切实合理使用的全过程。因为，体现各种彩画外表色彩画的很多部位的做法，是由多道工序的含胶颜色重叠构成的。

历来彩画施工调制沥粉及各种颜色，其入胶量的总体控制原则是：沥粉的用胶量必须大于各种大色，各种大色的用胶量必须大于各种小色。就是说，由最底层的沥粉起或无沥粉彩画由最底层的基底大色起，至表层，各层颜色的用胶量控制方法，必须是按工序颜色由大至小的呈递减趋势的做法。这是因为如果按工序层颜色由大至小的呈递减趋势的做法。这是因为如果按工序层颜色

用胶量出现了本末倒置的错误，则必然会出现因表层颜色的干燥等作用所引起的表层颜色抓起底层颜色等质量问题。

入胶调制沥粉及各种颜色，必须做到用胶量适度，否则，必然会因为用胶量过大或偏小，而出现各种不良质量问题。例如，调制沥粉用胶量若过于大，沥粉粉条会出现断裂、翘起乃至脱落。若用胶量偏小，会出现粉条缺乏强度，不坚固，粉条面粗糙不光滑，乃至于其上面蒙刷颜色时被一同刷起，或当蒙刷颜色干燥后，被表层色抓起的质量问题。

调制颜色若用胶量过大，则色度偏暗不正，色面出现明显胶花及龟裂，严重者甚至会起翘脱落。若用胶量偏小，则色面干燥后，手触摸掉色粉，若在其色面上重叠涂刷它色时，极易泛起底色，出现两层色彩间的相互混色等问题。

热季无论调制成的沥粉及各种颜色，因放置时间稍长，易自行走胶，失去部分胶力作用，故此时施工，每天应由专职人员适度向已调制成的颜材料内补加胶液。

2. 调制沥粉

古建各种有贴金的彩画，其贴金部位的绝大部分做法，都要先进行沥粉，因为纹饰一经沥粉，则凸起于彩画平面，形成浅浮雕式的立体花纹。彩画通过沥粉的作用，不仅要直接体现某些特定的光泽色效果。这种工艺在我国古建和古建彩画中运用，至少已有了千余年的历史。

彩画沥粉的做法，对凡运用水胶作为粘结胶的，术语称为"胶砸沥粉"，对凡运用油满作为粘结胶的，术语称为"满砸沥粉"。无论胶砸沥粉和满砸沥粉，除了它们间的用胶不同外，其他如沥粉材料的合成、调制方式，大体上是相同的，下面以胶砸沥粉为代表，作些基本说明。

胶砸沥粉是以土粉为主（约占干粉直译料的70%）、青粉为辅（约占干粉填充料的30%）、少许光油（约占沥粉总重量的3%～5%）、水胶溶液及适量的清水调合而成。胶砸沥粉所以需用这些成分合成，主要是由于土粉子质地相对较粗硬，可起到填充骨料作用；青粉质地相对较细软，不仅起到填充料作用，还在于沥粉时利于出条、粉条干燥后使粉条面光滑美观，得于体现金箔的光泽作用；光油可起到增加粉条韧性、缓干、防止粉条断裂、使沥粉持久延年等作用；水胶主要起粘结作用；清水可起机动的调解稀稠作用。

调制沥粉分调制沥大粉与沥小粉，所谓沥大粉，即沥粉粉条相对较粗运用的沥粉，如彩画主体大线的箍头线、方心线、皮条线等大线的沥粉。所谓沥小粉，即沥粉粉条相对较细所运用的沥粉，如彩画细部纹饰的龙凤、卡子、卷草纹等纹的沥粉。

调制具体沥粉的用胶量是因具体实际情况而定，大体的原则方法是沥大粉的用胶量大于沥小粉的胶量，气候偏凉且干燥的季节。为防粉条断裂及利于施涂，沥粉用胶量相对宜小些、稀些。气候炎热且潮湿的季节，为防沥粉走胶及沥粉时不坠条，用胶量相对宜大些，沥粉宜浓些。无论在什么季节调制沥粉，总的要求都以用胶量适度、便于实施，沥粉粉条坚固结实美观，无断裂、起翘，无脱落作为基本质量标准。

每次调制沥粉量视具体工程的运用及当时的季节情况而定，如果沥粉调制过多，放置日久，其内的水胶极易变质。调制沥粉时，必须用加热化开的水胶液。首先把干粉材料、水胶液、光油及少许水倒于一起，用木棒做缓缓搅和，使几种材料成分初步合拢成膏状，然后用木棒挑着膏状沥粉，在容器内借着其内所含胶的黏力，用力反复多次地做揣砸动作，使胶、油、水与干粉材料相互浸透，并充分地结合于一体后，再陆续加水调和到适宜运用的稀稠度，经实际试沥合格后待用。传承所谓"砸沥粉"，即由此而得名。

3. 几种主要大色的调制方法

大色指彩画运用量较大的颜色。例如，包括主要用做涂刷彩画大片基底色及其他多种用途的天大青、大绿、洋青（群青）、洋绿、定粉、银朱、黑烟子等色，对于这些颜色，画作都泛称为大色。

调制颜色，术语还通称为"跐色"。调制彩画颜色盛色用的器皿，为防止颜色与器皿间产生化学反应而变色，传统崇尚运用瓷盆、瓷碗或瓦盆等类制品。

由于每种大色的颜色性质各具特点，因而其入胶调制的某些方法亦各有所有，以下就彩画基本常用的几种主要大色的一般调制方法，作些代表性说明：

(1) 调制群青

调制群青的用胶量忌过大，否则，颜色呈墨黑，不能正确地反映出该色的固有色貌。调制方法为将群青干粉置于容器，应由少渐多的视量陆续地边搅拌，边加入胶液，使群青、胶液先黏结成较硬的团状，之后借颜色内已含胶的黏度，用力反复地做以盹搅动作，将团内未浸入胶液的干粉全部盹拉开，使之亦浸湿胶液，再后便加足胶液，以及适量的清水调拌均匀。经试刷后，以颜色干燥时，色彩亮丽、遮地不虚花、色面整洁美观结实、手触摸不落色粉、重叠涂刷它色时，两色不混色及好用为基本标准。调制群青色的标准，一般说来，也是代表调制其他大色应达到的标准。

另外，凡易被雨淋构件部位彩画运用的群青色，为防雨淋及使彩画延年持久，一般都要通罩光油，故传统做法则单独调配罩油群青。罩油群青的调配，即于已调制好的群青色内，再加入适量的已调配好的定粉相混合而成。这里所以要加入适量定粉，其作用是以此提高群青的明度，以取得与不罩油群青间明度大体的一致性。因为，若为纯群青色直接罩油，则明度太暗。势必形成与同建筑彩画的未罩油群青间的，难以接受的色差效果（说明，由于以下的调制其他各种大色的过程、手法及应达到的合格标准，与上述调制群青是基本相同的，故有关这方面的相同内容，则不再做重复叙述）。

(2) 调制洋绿

洋绿密度较大涂刷时极易沉淀，为缓解涂刷时的沉淀现象及颜色的牢固耐久。调制时，一般还要加入约 2%～3% 重量的清油或光油；因洋绿色覆力相对较弱，为涂刷该大色美观及达到刷色标准，一般要涂刷两遍色成活，因此，调制洋绿色的浓度，一般都特意地略调得稀些。

(3) 调制定粉

因定粉相对比其他颜料较重，涂刷该色时，不但有涩笨感，而且色面还极易刷厚，从而使之产生龟裂、爆皮等不良现象。因此，调制定粉的用胶量，应特别注意不要过大。

调制定粉极容易，而且也切忌将颜色"盹泡"（盹泡，即关于调坏了颜色的术语）。以调制定粉为例，所谓被盹泡了，即在入胶调制过程中，因调制操作率简单或方法不对，离谱所致。其不良现象表现为：水胶、定粉、清水未能较好融为一体，颜色表层浮现许多水胶气沫，颜色中含水量有许多细小颗粒及涂刷颜色不遮地等现象。

入胶盹制定粉过程中，当胶量已基本加足且已经过充分盹制过程，并拧结成硬团后，一般还需经手工反复地搓成条状，然后浸泡于清水中约 2～3d。用时捞出，并再略加些水胶及适量清水，经加热化开调匀后即可使用。在盹制的过程中，其无论是将已入胶的定粉搓成条以及将已含胶定粉条再于清水浸泡，目的都是为进一步使水胶、定粉及清水充分地融为一体，避免将定粉盹泡，使调制定粉达到合格质量标准的有效途径。

另外，因某些彩画做法的需要，还有两种特殊调制定粉的方法需作些说明：

方法 1，为特意增强定粉的覆盖力，以定粉约 60%～70%、土粉子约 30%～40% 一并入胶调制，调制法与上述调制定粉相同，术语称此粉为"鸳鸯粉"。

方法 2，其他调制等均与上述调制定粉相同，只是当进行到手工搓粉条时，每搓一根粉条沾一次香油，使香油亦一同搓进定粉内。此定粉只专用做彩塑人物裸露肉体部分的吊白粉用，术语称此粉为"亮粉"。

(4) 调制黑烟子

黑烟子具有非常体轻不易与水胶相结合的特点。调制黑烟子时，最忌一下子入胶量过急过多。否则，非常容易盹泡而达不到调色要求。正确调制法的关键是，最初入胶必须少量缓慢，渐进式地入胶，并同时做到随入胶，随轻轻搅拌，直至被拧结成硬团，然后再加力经反复地盹搅，使被团内的烟子全部被胶液浸透后，然后再加足水胶量及适量清水调成。

(5) 调制银朱

调制银朱的方法要求基本与调制黑烟子相同。另外，因调制银朱用胶量的多少，直接关系到银朱色彩的体现。因而传统调制银朱，为使该颜色达到稳重艳丽的效果，相对于调制其他大色而言，一般特意地使其用胶量要略大些。行业中长期口头流传的"若使银朱红，务必用胶浓"的谚语口诀，就是针对调制银朱关于用胶量道理的准确提示。

(6) 几种常用小色的调配及用途

彩画作所称的小色，是相对所运用色中的大色而言的，通常泛指运用量较小、明度较浅的各种颜色。如三青、三绿、粉三青、粉三绿、粉紫、水红、香色、米色等颜色，都被笼统地泛称为小色。

古建各类彩画运用的各种小色，从其颜色的性质方面分析，大体可分为如下三种：

1) 直接运用主要由天然矿物颜色所构成的颗粒较细、明度较浅的石色（如清《工程的法则例》所载述的三青、三绿色）作为小色。

2) 由两种原色（一次色）而调配成的复合色作为小色，例如由银朱色加一定量的定粉所调成的粉红（亦称硝红）等类小色。

3) 由多种原色（一次色）而调配成的复合色为小色，例如香色、紫色等类小色。

古建各类彩画，特别是清晚期以来，各类彩画基本常用的主要小色有粉三现场采访、粉三绿、粉此、浅香色等。

粉三青：由洋青（群青）加一定量的定粉（白色）调成。

粉三绿：由洋绿加一定量的定粉调成。

粉紫：由银朱加一定量的群青，加一定量的定粉调成。主要用做细部攒退我的晕色等。

浅香色：由石黄或其他等黄色加适量群青、黑色、银朱或丹色等色调成。

31.21.5 入胶颜色的出胶方法

古建彩画运用的主要颜色，大多是较贵重的天然矿物颜料或化工颜料。在一项彩画工程的施工中，对已入胶调制的这些颜色的运用，不可能一下用完，为不浪费这些已入胶颜色，传统做法利用这些颜色比重大于水及水胶的小于水、溶于水的特点，做好已入胶颜色的出胶工作。

方法是首先用沸开水将含胶颜色浸泡，并充分地盹开；再倒入宽裕的开水，用木棍将颜色搅荡多遍，然后静放一段时间由颜色自然沉淀。待颜色沉淀后，慢慢澄出漂于颜色上端的浮水胶色之后再次向剩余的颜色内重新注入开水，再搅荡，静放沉淀澄出浮水，如此重复约 3～4 遍，当见到上端浮水已基本成清水时，则说明颜色内的胶质已基本出完，然后将湿颜色晾干，备再次重复使用。

31.21.6 配制胶矾水

胶矾水系由水胶、白矾及清水配制的，配制方法为：由于矾一般成块状，须先砸碎并用开水化开，水胶亦须加热化开，再按具体做法，加入所需要胶矾水的浓度，加入适量的清水，将三者相混合调制均匀即成。

配制胶矾水的基本要求是：胶、矾、水各自的用量适宜，净洁无杂物。在某层地子色上过该胶矾水后，确能起到阻隔作用，即若在该地子色上再着染色时，地子色较结实，得操作，不吸附、不混淆、再渲染色。在生纸上过该胶矾水后，可使生纸转变成可施工用的熟纸，且其熟纸的手感不脆硬，着色时不洇不漏色。

31.22 古建彩画对施工条件的基本要求

(1) 彩画施工，应针对季节气候的变化，建立防雨、防风、防冻等具体相应防范措施。

(2) 无论任何季节、地域的彩画施工，其昼夜气温最低温度不得低于 5℃，以避免彩画颜材料中的粘结胶因气温低，造成"凝胶"，而影响到彩画施工的操作质量，甚至因经冰冻造成颜材料中胶分的变质，而失去应有的粘结作用。

(3) 冬季的彩画施工（指当年 11 月 15 日到来年的 3 月 15 日

间的彩画施工），对被施工建筑物，必须搭设暖棚，棚内的昼夜气温最低不得低于5℃。

无论在任何油作地仗上进行彩画施工，必须待油作地仗充分干透后，方可施工。严禁在未干油作地仗上和含水率超高的构件面施工彩画。

31.23　古建彩画绘制工艺

明代及清代官式彩画做法，其法式规矩是非常严密规范的，等级层次及其适用建筑的范围是非常清晰严明的。如果具体到某种具体彩画做法，无论其对纹饰的运用及画法、设色、工艺等，也是有其许多各自特点的。为说明这方面的问题，以下仅以明、清古建筑官式彩画的基本做法作些扼要的分类表述，参见表31-80、表31-81。

31.23.1　明代官式彩画基本做法分类

明代官式彩画基本做法分类　　表31-80

类别及等级顺序名称	使用建筑范围	做法特点及基本要求
1. 金线点金彩画（高等级）	皇宫内主要殿宇和重要坛庙的主殿	彩画全部运用国产矿质颜料，如石青、石绿、银朱等多色多数彩画的做法，纹饰设色做以青、绿相间式设色的同时，巧妙地间设以红色方心多为素方心做法，极少做法亦有做龙纹。主体框架大线全部沥粉贴金；细部多种多样的旋花，做局部点级沥粉贴金，彩画绝大部分（椽飞头、宝瓶、金活等除外）一律采用退晕，凡晕色中的最浅色，不用白色
2. 墨线点金彩画（中等级）	皇宫内后、妃居住地殿堂和比较重要的殿宇及各种宗教寺庙的主要殿宇	彩画主体框架大线一律为墨线，其他基本同于上述"金线点金彩画"
3. 无金彩画（低等级）	多见于北方寺庙次要殿宇	无论彩画主体框架大线及细部多种多样的旋花，均为颜色做，不沥粉贴金。其他基本同于上述1金线点金彩画

31.23.2　清代官式彩画基本做法分类

清代官式彩画基本做法分类　　表31-81

类别名称	做法等级顺序名称	运用建筑范围	做法特点及基本要求
和玺彩画	龙和玺	只适于皇帝登基、理政、居住的殿宇及重要坛庙建筑	1. 大木彩画按分三停规矩构图，设箍头（大开间加画盒子）、找头、方心。凡方心头、岔口线、皮条线、主线光等线造型，采用"Σ"形斜线；2. 细部主题纹饰，主要运用象征皇权的龙纹，并沥粉贴以两色金或贴一色金；3. 按纹饰部位做青、绿相间式设色。早中期和玺，主要运用国产矿质颜料；晚期和玺逐渐主要改用了进口化工颜料；4. 彩画主体框架大线（包括斗栱、角梁等部位的造型轮廓线）一律为片金做法（其中斗栱多为不沥粉的平贴金做法）
	龙凤和玺	帝后寝宫及祭天坛庙主要建筑	梁枋大木的方心、找头、盒子及平板枋等部位的细部主题纹饰，相匹配地绘以龙纹、凤纹为特征。其他基本同于上述龙和玺
	龙凤方心西番莲灵芝找头和玺	帝后寝宫等建筑	梁枋大木的西部主题纹饰，其中方心及盒子绘以龙纹盒凤纹，找头分别绘以西番莲盒灵芝为特征。其他基本同于上述龙和玺
和玺彩画	龙草和玺	皇宫的重要宫门及其主轴线上的配殿和重要的寺庙殿堂	梁枋大木的方心、找头、盒子、平板枋等构件，主题绘以龙纹与吉祥草纹，并采用互换排列方式为特征。其他基本同于上述龙和玺
	凤和玺	皇后寝宫及祭祀后土神坛的主要建筑	梁枋大木的方心、找头、盒子及平板枋等部位的细部主题纹饰，主要绘以凤纹为特征。其他基本同于上述凤和玺
	梵纹龙和玺	敕建藏传佛教庙宇的主要建筑	梁枋大木的方心、找头、盒子及平板枋等部位的细部主题纹饰，主要绘以梵纹、龙纹为特征。其他基本同于上述龙和玺
旋子彩画	浑金旋子彩画	清式旋子彩画类中一种极为特殊、等级排位最高的彩画做法。从清代彩画遗存实例中看，大面积的做于梁枋大木彩画，仅见运用于北京故宫奉先殿内檐彩画	大木彩画的构图，设箍头（大开间者，加画盒子）、找头、方心（方心内不设细部纹饰），找头等部位的细部主题纹饰画旋花等类处理。凡彩画的主体框架线，旋花等全部纹饰，均沥粉，整个画面不施用其他颜料色，全部贴以金箔
	金琢墨石碾玉旋子彩画	清代作为一类彩画，其中包括各个等级做法的旋子彩画，运用于皇宫、皇家园囿中次要建筑、皇宫内外祭祀祖先的殿堂、重要祭祀坛庙的次要建筑及一般庙宇和王府等建筑。具体金琢墨石碾玉等级做法，于组群建筑带花的等级排序中，相对适用于低于和玺彩画，高于烟琢墨石碾玉旋子彩画的建筑	1. 大木彩画按分三停规矩构图，设箍头（大开间加画盒子）、找头、方心。细部主题纹饰具有旋转感的旋花等类处理；2. 主体框架线及旋花等类细部的轮廓线，均沥粉贴金，全部饰为青、绿叠晕做法；3. 凡青、绿主色设色，均按彩画的部位做青、绿相间式设色；4. 不同位置的彩画，细部主题纹饰的运用有多种，但各种运用方式，原则都是与具体建筑的功能作用相协调统一的
旋子彩画	烟琢墨石碾玉旋子彩画	清代作为一类彩画的运用范围，同于金琢墨石碾玉具体烟琢墨石碾玉等级做法，于组群建筑彩画的等级排序中，相对适用于低于金琢墨石碾玉，高于金线大点金旋子彩画的建筑	彩画的主体框架线及细部主体旋花等类纹饰的旋眼、菱角地、栀花心、宝剑头沥粉贴金。旋花等类花纹的外轮廓线都为墨线，靠墨线以白粉线。主体框架线及旋花等类细部主题花纹全部为青、绿叠晕做法。其他如大木彩画的分三停构图、青、绿主色的设色、细部主题纹饰的运用原则方法等，基本同于金琢墨石碾玉旋子彩画
	金线大点金旋子彩画	清代作为一类彩画的运用范围，同于金琢墨石碾玉具体金线大点金做法等级，于组群建筑彩画的等级排序中，相对适用于低于烟琢墨石碾玉，高于墨线大点金旋子彩画的建筑	彩画的主体框架线及细部主体旋花等类纹饰的旋眼、菱角地、栀花心、宝剑头沥粉贴金。旋花等类细部主体花纹的外轮廓线都为墨线，靠墨线以里画以白粉线。主体框架线（包括箍头线、盒子线、皮条线、岔口线、方心线等大线）一般为青、绿叠晕做法。其他如大木彩画的分三停构图、青绿绿色的设色、细部主题纹饰的运用原则方法等，基本同于烟琢墨石碾玉旋子彩画
	墨线大点金旋子彩画	清代作为一类彩画的运用范围，同于金琢墨石碾玉。具体墨线大点金做法等级，于组群建筑彩画的等级排序中，相对适用于低于金线大点金，高于小点金旋子彩画的建筑	彩画的主体框架线及细部主体旋花等纹饰的外轮廓都为墨线，靠墨线以里饰白粉线，所运用盒子一般多为死盒子，旋花的旋眼、菱角地、宝剑头及栀花心沥粉贴金。其他如大木彩画的分三停构图方式、青绿绿色的设色方法、细部主题纹饰的运用原则方法等，基本同于金线大点金旋子彩画

续表

类别名称	做法等级顺序名称	运用建筑范围	做法特点及基本要求
旋子彩画	小点金旋子彩画	清代作为一类彩画的运用范围，同于金琢墨石碾玉。具体小点金做法等级，于组九建筑画的等级排序中，相对适用于低于墨线大点金，高于雅五墨旋子彩画的建筑	彩画的细部主体旋花等类纹饰，只于旋眼及栀花心粉贴金。其他基本同于墨线大点金旋子彩画
	雅五墨旋子彩画	清代作为一类彩画的运用范围，同于金琢墨石碾玉。具体雅五墨做法等级最低，相对适用于低于小点金旋子彩画的建筑	彩画的全部纹饰做法，不做沥粉贴金，全部由颜料素画。其他基本同于小点金旋子彩画
	雄黄玉旋子彩画	清代作为一类彩画的运用范围，同于金琢墨石碾玉。具体本雄黄玉新画法，是一种特殊的专用彩画，主要用于炮制祭品的建筑装饰，如帝后陵寝及坛庙的神厨、神库等。其彩画等级相当于雅五墨旋子彩画	大木彩画的基底色，一律涂刷以雄黄色（或土黄色），主体框架线及细部主体旋花等类纹饰造型，由浅青色及浅绿色体现，浅色外绿色轮廓线，用白线、圈全部适用于颜料色素画，无沥粉贴金。其他基本同于雅五墨旋子彩画
苏式彩画	金琢墨苏式彩画	主要运用于皇家园林的主要建筑	1. 大木彩画分为方心式、包袱式、海墁式三种基本构图形式； 2. 早中期苏画，细部主题纹饰主要运用龙纹、吉祥图案纹为特点，晚期苏画多绘以写实性给画为特点； 3. 采画基底设色，在运用青、绿主色的同时，还兼用各种中间色； 4. 金琢墨苏画主体线路为金线。细部的各种纹饰，以活箍头、卡子等图案为金琢墨攒退做法。包袱、方心等实性白活，多绘以线法，窝角地花等，整体彩画的绘制工艺，以非常精细考究为特点
	金线苏式彩画	主要运用于皇家园林的主要建筑，具体到金线苏画，于组群建筑的等级排序中，相对适用于低于金琢墨苏画做法的建筑	大木彩画构图形式经部主题纹饰的运用、彩画基底设色，同于金琢墨苏画。金线苏画的主体线路为金线，活箍头、卡子多为片金或玉做，无论各部位的规矩活及白活绘画做法，就整体彩画而言，相对较低于金琢墨苏画
	墨线（或黄线）苏式彩画	主要运用于皇家园林的次要建筑。具体到墨线（或黄线）苏画，相对适用于低于金线苏画做法的建筑	大木彩画构图形式、彩画基底设色同于金线苏式彩画，早、中期墨线、苏画、细部主题纹饰一般多运用龙纹、吉祥图案等到晚期墨线（或黄线）苏画，主要绘以定性性绘画为特点。 墨线（或黄线）苏画主体线路为墨线（或黄线），箍头多为死箍，卡子等细部图案为玉做（指攒退活）。各部位的无论规矩活及写实性绘画就整体彩画而言，相对都低于金线苏画。大多彩画做法全由颜料色做，少量做法亦有在彩画局部，做些点金贴金做法

续表

类别名称	做法等级顺序名称	运用建筑范围	做法特点及基本要求
吉祥草彩画	金琢墨吉祥草彩画（亦称西番草三宝珠金琢墨）	彩画遗存实例仅见用于皇宫城门和皇帝陵寝寝建筑	构图于梁枋两端设箍头，于构件中部绘三宝珠，周围构成硕大卷草，共同构成大形团花，由枋底向两侧展开。侧面于箍头以里的上端绘一个由卷草组合的岔角形纹饰。其他短、窄棂构件上同吉祥草画法，可相应做灵活处理画面找到内的基底设色，统一为朱红色素卷草包瓣沥粉贴金，大草做青、绿、香、紫色攒退；三宝珠外框沥粉贴金，内心做青、绿相间设色攒退。整体彩画以效果简洁粗犷、色彩热烈为突出特点
	烟琢墨吉祥草彩画（亦称烟琢墨西番草三宝珠伍墨）	同于金琢墨吉祥草彩画	其他均同于金琢墨吉祥草彩画，所不同点只是彩画不沥粉贴金，全部由颜料色做
海墁彩画		皇家园林的个别建筑及王公大臣府第花园中的个别建筑	常见有如下三种做法： 1. 在建筑的上下架构件，遍绘斑竹纹，以彩画装饰艺术，创造出一种天然质朴美； 2. 在建筑内檐所有构件，分别涂刷浅黄或清绿底色，在底色上面遍绘各种藤蔓类花卉，以创造出一种写实的自然环境美； 3. 在建筑的上架大木构件或某些部位，遍大青底色，全部绘以彩色流云

31.23.3　各种建彩画工程施工一般涉及的基本工艺、技术要点与质量要求

1. 拓描旧彩画或刮擦旧彩画

古建彩画的设计与施工，为了保留或为按原样恢复修整某些旧彩画，对于有沥粉纹饰的旧彩画取样，有拓描或刮擦两种方法。

(1) 拓描旧彩画

分两个工作步骤：

首先是拓，拓又名捶拓，方法基本与传统的捶拓碑文基本相同。彩画拓片用纸一般用高丽纸，拓前须预先将高丽纸略加喷湿，使其具有柔软性。

捶拓用色，于黑烟子中加入适量胶液，为缓干，一般还需加入少量蜂蜜。

捶拓工具须备两个包有棉花的布包，一是净棉花包，专用做捶卧纸用；另一个是专用做沾色着色用的布包。

捶拓方法，将拓纸蒙于旧彩画面并固定，先用净包对彩面进行全面的反复拍打，将纸卧实，以使旧彩画的沥粉纹凸起于纸面，然后再用含色的布包反复捶拍，沥粉花纹便显现于纸面，取下则成为旧彩画拓片。

其次是描，所谓描，一般泛指真描及拓描。真描，即指对拓片的含糊不清晰的线纹部分作如实加重地复描。拓描是指运用透明或半透明纸，蒙于无沥粉旧彩画的纹饰上面，按其纹饰原样如实地过描。

(2) 刮擦旧彩画

亦用高丽纸稍加喷湿，蒙固于旧彩画面，然后用较软的小皮子对纸面反复轻刮，使纸面卧实并凸显出沥粉纹，再用包有黑烟子干粉的布包反复轻擦，则沥粉纹亦可较清楚地显现于纸面，取下亦可作为旧彩画的样片。

以上无论拓描或刮擦旧彩画的工作，都以不损坏、不脏污原旧彩画、样片纹饰清晰、准确，记录详细为准则。

2. 丈量

运用长度计量器具，对要施工彩画构件的长度、宽度作实际测

量记录。

3. 配纸

亦名拼接谱子纸,即为彩画施工用的起扎谱子,按实际需要的具体尺寸面积,运用拉力较强的牛皮纸,经剪裁粘接备纸。

配纸要求做到粘结牢固、平整、位置适当、尺寸适度,在配纸的端头标有明确显著、不易磨损掉的(一般要求用墨迹)具体构件或构件部位的名称、尺寸等。

4. 起、扎谱子

起谱子,清代早中期时称为"朽样",后渐统称为起谱子。起谱子于彩画工程中,是一项相对独立性的工作,即在相关的配纸上。首先,画施工时所依据的标准样式线描图。一项彩画工程可谓谱子为本,彩画谱子起画的正确与否,将直接影响该工程质量的优劣,故起谱子在彩画工程中是一项非常高技术要求,并具有决定性的关键性工艺,为历来的彩画施工所重视。

彩画施工,凡构件或构件部位的纹饰相同,纹饰的占地面积相同,且在彩画上重复出现两次以上的,都做起谱子。谱子的纹饰形象、尺度、风格等,应与设计纹样,与传统旧彩画的原样或与标样一致,并保持其时代风格。

扎谱子,即用针严格地按照起谱子的纹饰,扎成均匀的孔洞,用以通过拍谱子工序(参见下述拍谱子)体现出谱子的纹饰。

扎谱子的针孔不得偏离谱子纹饰,针孔端正,孔距均匀,一般要求主体轮廓大线孔距不超过 6mm,细部花纹孔距不超过 2mm。

5. 磨生、过水

磨生,俗称磨生油地一是用砂纸打磨油作所钻出生桐油,并已充分干透的油灰地仗表层的浮灰、生油流痕或生油挂甲等不良现象;二是使油仗形成细微的麻面,从而利于彩画施工的沥粉、着色等的美观结实。

过水,即用净水布擦拭磨过油地的施工面,使之彻底去掉浮尘。

无论磨生、过水,都要求做到不遗漏,周到。

6. 合操

油灰地仗经磨生过水后的一道相继工序做法。该工序做法用料,由较稀的胶矾水加少许深色(一般为黑色或深蓝色)合成,均匀涂刷于地仗面。其作用有二:(1)使得经磨生过水已经变浅的地仗色,再由浅返深,利于以后拍谱子工序花纹的显示。(2)防止该工序下层地仗的油气上咬该工序以上的颜色,以利于体现及保持彩画颜色的干净鲜艳。

7. 分中

分中,亦称在构件上面标画出中分线。方法即如三角形的一个顶点与对边中点的连线方式。彩画施工中,一般多做于横向大木构件,即把横向构件之长向的上下两条边线做中点并连线。此线即为该构件长向的中分线(同开间同一立面的,长度大体相同各个构件的分中,均以该间最上端构件的分中线为准,向其下方各个构件做垂直连线,即为该间同立面横向各构件统一的分中线)。

横向构件的分中线,实际即构件彩画纹饰成左右对称的轴线,该线都为暂时虚设,只是专用来为拍谱子工序标示出所必须依据码放的准确位置线,尔后一经刷色工序便不复存在。

对分中线的要求必须做到准确、端正、直顺、对称无偏差。

8. 拍谱子

亦名打谱子,即将谱子纸铺实于构件面,用能透漏土粉颗粒的布,包裹土粉和大白粉,经手工对谱子的反复拍打,使粉包中的土粉透过谱子的针孔,将谱子的纹饰成细粉点样的,投放于构件面上去的一项工作。

对拍谱子的要求是使用谱子正确无差错,纹饰放置端正,主体线路衔接直顺连贯,花纹粉迹清晰。

9. 描红墨与摊找活

描红墨,清早中期彩画做法拍谱子以后的一项相继工序工艺。该工艺通过运用小捻子(画工自制画刷)醮与胶的红土子色,一是描画、校正、补画拍于构件上的不端正、不清晰及少量漏拍谱子粉迹的不良现象纹饰。二是描画出不起拍谱子的,如桃尖梁头、穿插坊头、三岔头、霸王拳、宝瓶、角梁等构件彩画的纹饰。这项工艺的施工,从清代晚期以来逐渐地被"摊找活"工艺所取代。

摊找活,清晚期以来彩画做法,在拍谱子工序后的一项工序工艺,其方法及作用,与上述的描红墨基本相同,不同的只是,改描红墨为用白色粉笔描绘出纹饰。

无论描红墨与摊找活的纹饰,有谱子部分,应与谱子相一致。无谱子的构件部位,应与设计或标样、或与传统法式做法相一致,纹饰清晰准确、齐整美观、线路平直。

10. 号色

古建彩画施工涂刷色前,按彩画色彩的做法制度,预先对设计图、对彩画谱子、对大木彩画的各个具体部位,运用彩画颜色代号,做出具体颜色的标色,用以指导彩画施工刷色。

11. 沥粉

沥粉,是我国传统古建彩画做法中的一种独特的工艺技术,各类古建彩画较高等级的做法,凡贴金处绝大部分一般都先进行沥粉。沥粉是通过运用沥粉工具,经手力的挤压操作,使粉袋内的含胶液的流体状沥粉经过粉尖子出口,按着谱子的粉迹纹饰,沥粘于彩画作业面上的一种特殊纹饰表现方式,凡各种纹饰一经沥粉,则成为凸起于彩画平面的半浮雕式纹饰。彩画做法通过这种工艺,不但直接体现这部分花纹的立体质感,同时更主要的作用还在于通过沥粉能有效地衬托挥影这些花纹所贴金箔的光泽色效果。

就一座建筑彩画沥粉的粗细度而言,粉尖口径大小运用的不同,相对被区分为沥大粉、沥二路粉和沥小粉,其中粉条最粗者称沥大粉,稍细者称沥二路粉,最细者称为沥小粉。一般沥大粉普遍用做沥彩画的主体轮廓大线,沥二路粉和沥小粉,则是有分别地用做沥彩画的细部花纹。

沥大小粉的程序规矩是,先沥大粉,后沥二路粉及小粉。

凡沥粉,都应遵照谱子的粉迹纹饰施沥,做到全面、准确地体现出谱子纹饰的画法特征,不得随意发挥个人的画法风格。沥粉气运应做到连贯一致,粉条表面光滑圆润,粉条凸起度饱满(一般要求以达到近似半圆程度),粉条干燥后坚固结实,沥粉粉条无断条、无明显接头及错茬、无瘪窝、无蜂窝麻面飞翅等各种不良现象。

凡直接沥粉要求必须依直尺操作,不允许徒手施沥。直线沥粉的竖线条应做到垂直;横线条做到平直;倾斜线条做到斜度一致。纹饰端正、对称,线条宽度一致,边线宽度及纹饰间的风路宽度一致。

凡曲线沥粉,纹饰亦应做到端正、对称,弯曲转折自然流畅,线条宽度、边线宽度及纹饰间隔宽度一致。

细部彩画的沥小粉(包括曲线小粉),线条应做到利落、清晰、准确,体现出谱子纹饰应有的神韵。不得出现并条、沥乱、错沥、漏沥等现象。

12. 刷色

即平涂各种颜色。刷色包括刷大色、二色、抹小色、剔填色、掏刷色。

刷色程序应先深刷各种大色,后刷各种小色。涂刷主大色青、绿色,应先刷绿色后刷青色。

因洋绿色性质成细颗粒状,入胶易易沉淀,又因其遮盖力稍差,用做涂刷基底大色粒,一般要求涂刷两遍色成活。

彩画刷各种颜色的排列方式,工程施工有设计者,必须做到符合设计要求。无设计者,或做到符合传统彩画的设色制度,或做到符合标样。

刷色应做到涂刷均匀平整,严到饱满,不透也虚花,无刷痕及颜色流坠痕,无漏刷,颜色干后结实,手触摸不落色粉,在刷色面上(颜色干燥后),再重叠涂刷它色时,两色之间不混色。刷色的直线直顺、曲线圆润、衔接处自然美观。

13. 包黄胶

亦简称包胶。包黄胶的用料,包括用黄色色胶(清代传统彩画的包黄胶由彩黄色加水胶调成)和包黄色油胶(指现代直接运用黄色树脂漆或黄色酚醛漆)两种黄胶。

包黄胶的作用,一是为彩画的贴金奠定基础,通过包黄胶,可阻止下层的颜色对上层以后的打金胶油的吸吮,利于打金胶油的饱满,从而最终有效地衬托贴金的光泽。二是向贴金者标示出打金胶及贴金的准确位置范围。

包黄胶应符合设计等的要求,做到用色颜色纯正、包得位置范

围准确、包得严到（要求包至沥粉的外缘）、涂刷整齐平整、无流坠、无起皱、无漏包、不沾污其他画面。

14. 拉大黑、拉晕色、拉大粉

（1）拉大黑

即于彩画施工中，以较粗的画刷，运用黑烟子色画较粗的直、曲形线条。这些粗黑色线，主要用做中、低等级彩画的主体轮廓大线，以及部分构件彩画的边框大线。

（2）拉晕色

晕色，是对包括彩画的各种晕色的总称，一种具体晕色于彩画的运用，是根据这种晕色在色相上基本相同，而在明度上又有明显差别的相关深色而言的。换言之，凡每种晕色，在明度上都必定浅于与这种晕色色相基本机同相关的深色，那么它对这种相关联的深色才能起到"晕"色的作用。例如，三青色作为一种浅青色，与大青色色相相同，则可以作为该深大青色的晕色。粉红色作为一种浅红色与朱红色色相基本相同，则粉红色可以作为明度较深的朱红色的晕色，如此等等。

所谓拉晕色，即泛指于彩画工程中画各种晕色，主要指大木彩画主体大线旁侧或部位构件造形边框以内的，凡与大青色、大绿色相关联的三青色（或粉三青色）及三绿色（或粉三绿色）的浅色带。

晕色做于各种彩画中，若只针对与其色相相同相关的深色而言，可直接地起到对这种深色的晕染艺术效果的作用。对整体彩画而言，可起到丰富彩色的表现层次，使纹饰的表现更加细腻，提高整体色彩的明度，降低各种色彩间的强烈对比，使整体色彩效果趋向柔和与统一等各种综合作用。

（3）拉大粉

拉大粉就是用画刷通过运用白色，在彩画施工中画较粗的曲、直白线条。这些白色线条，被广泛的施拉于彩画的或黑色、或金色、或黄色的主体轮廓大线的侧或两侧。因为，白色在各种色彩中为极色，色彩明度最高，故于上述大线旁拉饰大粉，可使得这些大线更为突出醒目；同时，也亦起到晕染晕色作用，使整体彩画加强了色彩感染力。若于金色大线旁拉饰大粉，不仅同时起到上述作用，还起到齐金的重要作用。

由于大粉是依附于各种大线旁而拉饰的一道工序，故拉大粉必须于大黑线或金线或黄线完成以后才可进行。另外，凡于金线旁做有晕色的彩画做法，必须待及大线及其晕色两项工艺内容完成后，才可进行拉大粉。无论拉饰大黑、晕色、大粉，凡直线都要求依直尺（弧形构件的直线，必须依弧形直尺）操作，禁止徒手进行。凡直线条，达到直顺无偏斜、宽度一致。曲形线条弧度一致，对称，转折处自然美观。凡各种颜色的着色，达到结实、手触摸不落色粉、均匀饱满、整齐美观，无虚花透地、无明显接头、无起爆翘起脱落、无遗漏、无不同色间的相互脏污等各种不良现象。

15. 拘黑

"拘"是规定的意思。拘黑，主要指于旋子彩画施工中，以中、小型的捻子，运用黑烟子色，按清式旋子彩画纹饰的法式规矩圈画出彩画细部旋花等的黑色轮廓线。

拘黑工艺的实施，当该彩画主体纹饰框架大线完成之后（即拉大黑完成之后）进行，有金旋子彩画当于贴金工序完成以后进行。拘黑起到两个重要作用，一是勾勒出旋花等花纹的轮廓线，二是在有金彩画同时，对其贴金起到齐金作用。

文物建筑旋子彩画工程的施工，还特殊要求于拘黑前，必须第二次套拍谱子，拘黑按谱子粉迹纹饰完成。

凡拘黑纹饰，要求做到符合设计或符合传统法式规矩，线条宽度一致，直线平整、斜度一致，旋花瓣栀花瓣等纹饰体量和弧度一致、纹饰工整对称、不落色。

16. 拉黑缘

拉黑缘（亦称拉黑掏），简单地说，就是指某些等级彩画的某些特定部位拉饰较细的黑色线。古建各类彩画工程，当其主要工序已经完成，约于最后的打点活工序前，在彩画的如下主要部位范围、一般都要做拉黑缘：

（1）在两个相连接构件彩画相交的秩角处（如檩与垫板、大额枋与由额垫板、檩于随檩枋、柁与随柁枋等两个相连接构件相交的

秩角处），起自构件此端内侧箍头以里，至彼端内侧的箍头线之间一般要做拉黑缘（其中凡包袱式苏画的黑缘线，须隔开包袱拉缘）。

（2）大木和玺彩画、旋子彩画、苏式彩画，凡彩画主体轮廓大线为金线者，其中和玺彩画指于线光心金线的外侧，圭线光金线于不饰白色线的另一侧、找头圭线及岔口金线于金线的内侧做拉黑缘；金琢墨石碾玉、烟琢墨石碾玉、金线大点金岔口的金线，于金线不饰白粉线的内侧做拉黑缘；金线苏式彩画，于方心岔口金线内侧，找头金圭线内侧、池子岔口金线（指池子外的主线）内侧做拉墨缘。

（3）角梁、霸王拳、穿插枋头、桃尖梁头、三岔头等类构件彩画做金老者，方心、雀替等部位做金老者，均于各金老外圈画黑缘。

（4）各类彩画的青、绿相间退晕金龙眼外椽头，在金龙眼圈画黑缘。

因各种古建彩画在各种建筑构件的表现形式多样复杂，关于彩画应画黑缘的范围，以上仅择其主要的部分予以叙述，至于其他也拉黑缘的彩画部位，在此不再赘述。

彩画的拉饰黑缘，目的主要是用以起到齐色、齐金，增加色彩表现层次，使得彩画效果更加细腻、齐正、稳重、美观等多种重要作用。

拉黑缘应做到位置准确、完整，宽度一致，不脏污其他颜色。

17. 压黑老

"老"，亦称随形老，即包括彩画的方心、箍头、角梁、斗拱、挑尖梁头、霸王拳、穿插枋头等部位，按着这些部位的外形于其中央缩画的，与其部位外形基本相同的各种图形。这些图形，其中凡用黑色画的称为黑老，凡用沥粉贴金表现的称为金老。

压黑老，即用黑色画黑老，由于其所运用的颜色为黑色。该项工艺多于彩画基本完成以后施做，故名。压黑老要做到黑老居中直顺，造形宽窄适度，颜色足实。

18. 平金开墨

该工艺的实施操作，早期一般由描金专业人员完成。随着时间的推移，以后逐渐被画作所取代。

平金开墨，泛指于平贴金的地子面上，运用黑色或朱红色以色线方式，描画出各种具有一定讲究的花纹，对所勾描花纹一般要求做到利落、清晰、准确。

19. 切活

"切活"，清代早中期称为"描机"，以后逐渐改称"切活"。

切活工艺较广泛地运用于清式各类彩画中，尤其多运用于旋子彩画中。如做在活盒子岔角三青、三绿地上的切活、较窄枋底的切活。

以及池子心三青、三绿地上的切活，低等级彩画宝瓶丹色地上的切活等。

切活亦称为"反切"，即于或三青色或于三绿色或于丹色的地子上，通过运用黑色进行有章法的勾绘平填操作，使得原先涂刷的三青等地色，转变成为花纹图形色，尔后所勾填的黑色，却转变成了地子色的一种单纯独特表现纹饰的做法。

彩画施工做各种切活，一般不起谱子，通常要求做到一蹴而就式的成活。由于切活运用的是黑色，一旦切错不易修改。因此，完成好切活纹的前提是要求操作者对各种图案的构成画法，必须具有纯熟的造形能力功底。一般当切较为复杂的图案时，为实现纹饰的准确美观，要做些简单地摊稿再切活，而大多数较简单的切活，都是凭操作者的技能，直接自如地切出各种纹饰造形。

清式各类彩画活盒子岔角的切活规则的要求是，凡设三青基底色者，必须切以卷草纹，凡设三绿基底色者，必须切以水牙纹（水纹）。

彩画的切活，先涂刷基底色，后做切活。切活应做到符合设计要求或文物建筑规程规定，底色深浅适度、纹饰端正对称、主线和子线宽窄适度、勾填黑色匀衬、线条挺拔、花纹美观。

20. 吃小晕

亦名吃小月。运用细毛笔或较细软的捻子，用白色于旋子彩画旋花瓣等纹饰，幂其拘黑线或金色的轮廓线以里，依照其纹饰走

向，画出细白色线纹。由于该白线相对于彩画较宽的晕色（亦俗称吃大晕）较细，色彩明度又最高，一经画上去便使整体花纹立即产生醒目提神的明显作用，于彩画做法同样亦起到晕色作用，故名为吃小晕。

彩画行业中，对小晕应达到的标准要求中，历来有"丑黑俊粉"的形容，就是说施工中所拘的黑色花纹，不一定都是规范的、美的。但应通过吃小晕的实施白粉时，对不规范的所谓丑黑部分做应有纠正，使之达到圆、直等俊美。

吃小晕应具体做到线条宽度一致，直线平正，曲线圆润自然，颜色洁白饱满，无明显接头、毛刺。

21. 行粉

亦名开白粉，泛指于彩画细部图案各种攒退活做法中，画较细白色线道工艺，其用笔、用色、作用、要求等，基本与上述"吃小晕"相同，参见上述吃小晕。

22. 纠粉

纠粉，即于已涂刷了某种深色基底色花纹上，做渲染的白色的一种彩画做法。该做法多运用于建筑木雕刻构件部位，如包括花板、雀替、花牙子、三福云、垂头、荷叶墩、净瓶等的低等级彩画的做法。

凡各种木雕刻花纹做纠粉前，都要按彩画的设色规矩，首先垫刷各种重彩地子色，如包括分别垫刷或大青、大绿、深香、紫等色之后，再用毛笔（一般用两支毛笔作轮换替式的运用，一支笔专用做抹白，另一支笔专用做搭清水渲染），沿花纹凡凸鼓面的边缘，做对白粉的渲染，经渲染使白粉的着色形成，其边缘的由最白过渡为虚白，由虚白过渡到已刷深色的色彩效果。由于纠粉是只运用白色对各种深色做渲染的一种做法，通过做这样所装饰的木雕花纹，可产生出一种轮廓清晰醒目、单纯素雅的装饰效果。

对纠粉做法要求做到，渲染白色不兜起已深刷的基底色，对白色要纠晕开，白色与基底色间色彩过渡自然美观，无白色流痕，不同颜色间不相互脏污。

23. 浑金、片金、平金、点金、描金

(1) 浑金

彩画的着色，如在某种彩画的全部，或在某种彩画的某些特定部位的全部，都以贴饰金箔色为特征的一种彩画做法。古建彩画中，如包括大木沥粉浑金彩画、柱子沥粉浑金彩画、木雕花板及雀替浑金彩画、斗栱浑金彩画、宝瓶沥浑金彩画等。

以沥粉贴两色金的浑金蟠龙柱彩画做法为例，其操作自拍谱子工艺项目叙起，须经过拍谱子、摊找活、沥大小粉、垫光米色油、打金胶贴赤金、打金胶贴库金、贴赤金部位罩光油完成。

浑金做法的彩画，可产生浑厚豪华、高级凝重的装饰效果。

(2) 片金

体现图案花纹的色彩，经由沥粉、贴金，成金色特征。该做法是清式各类彩画纹饰表现的基本做法之一，如片金龙、凤，片金卡子，片金西番莲等。

纹饰的片金做法，是相对于纹饰的其他各种做法而言的，是一种比较粗放式单纯的做法，其操作只须经由沥粉、包黄胶、打金胶贴金完成。由于这种金色纹饰在光的作用下非常显著耀目，多被用做彩画的主体大线、部位构件造型的边框线、金老及各种花纹造形的体现。

各种片金花纹图案在整体彩画中不是独立的存在的，它是在由其他各种颜色为背地的衬托下，共同地作用于彩画装饰的，故这种彩画做法可产生金碧辉煌的装饰效果，在古建各类中高等纹饰彩画做法中，被不同程度地普遍采用。

(3) 平金，亦称平金，多用做斗栱，各种部件彩画的边框轮廓贴金，及雀替彩画的老金边贴金。

平金的做法、作用、效果等基本同于片金，不同点只是在做法上免去了其中的沥粉工艺，制作等级略低于上述片金，参见上述"片金"。

(4) 点金

亦名点贴金，是针对彩画贴金的用金量较为有限，其表现方式的一个笼统的形容词。如彩画中某些少量花纹的做法，凡成分散撒花式的贴金方式，都可被笼统地称为点金。

点金的做法、作用效果基本同于片金（参见上述片金）。只是在装饰效果方面，由于点贴金于彩画在光的作用下，可不同程度地产生于平实中见高级、繁星闪耀的效果感受。

(5) 描金

以细毛笔，运用泥金做颜色，在某些重彩画法的人物画，或彩画的某些特殊需要的图案，在已涂刷或渲染了其他各种颜色的基础上，勾画精细的如衣纹、图案轮廓等金色线条的操作。

无论对彩画图案或重彩人物画的着色，一经描金，便会产生较精致高级的装饰效果。

以上凡贴金，包括所述的贴浑金、片金、平金、点金，一般都要求做到，金胶油纯净无杂物，打金胶整齐光亮，无流坠、无起皱、无漏打现象。贴金面饱满、平整洁净、色泽光亮一致，两色金做法金分布准确，无遗漏、无鏊口、无崩秧。于贴金面罩光油严实周到、光亮一致、无流坠起皱。

凡描金线纹，要求道劲准确，符合纹理规范，颜色饱满光亮。

24. 彩画贴两色金

彩画贴两色金做法，即彩画的贴金，分贴以红金箔（相当于当今的库金箔，以下简称为库金），及黄金箔（相当于当今的赤金箔，以下简称为赤金）的一种贴金做法，多运用于清代中早期高等级的和玺彩画、旋子、苏式彩画等。因建筑、彩画种类、纹饰构成表现等的不同，各具体贴两色金彩画的做法是不拘一格的。其中较具有共性的一点是，彩画的主体框架大线（包括橼桎头、挑尖梁头、穿插枋头、角梁、斗栱等），一般多普遍地贴以库金。其他各细部纹饰的贴金，一般按有分割的纹饰部位，有的部位纹饰，仍可与其大线的贴金库金相重复地贴以库金，有的部位纹饰，则与所贴的库金成相对应式的贴以赤金，使得彩画不同色彩的贴金与其他不同色彩颜色的运用一样，亦能产生色彩明度对比方面的某些意味变化。

彩画贴两色金要求做到，做法正确，所打金胶油必须整齐、光亮、线路直顺，不得有流坠、起皱或漏打现象，金箔质的饱满，无遗漏、无鏊口，色泽一致，线路整齐洁净，两色金分布准确。凡贴赤金的部位必须通罩光油，其质量要求基本与上述的打金胶相同。

25. 攒退活

攒退活，是古建彩画细部图案，包括金琢墨攒退、烟琢墨攒退、烟琢墨攒退间点金、玉做、玉做间点金等类具体做法的统称。

攒退活提法中的"攒"，侧重于指图案的着色结果，是通过运用相互作用的多层次颜色（其中主要指运用相互作用的同色相的多层次的晕色）的积聚重叠而言的。其中的"退"，侧重指图案的绘制过程，是由底层向表层按工序的移退式操作方法而言的。

攒退活作为彩画的局部做法，若仅就这个范围从区分其做法等级分析，可相对地分为三种基本常见的等级性做法，它们依次是金琢墨攒退、烟琢墨攒退及玉做。另外，因彩画装饰的具体需要，上述三种基本常见的等级做法外，还往往夹夹有两种不太常见的做法：一种是等级略高于烟琢墨攒退的烟琢墨攒退间点金；另一种是等级略高于玉做的玉做间点金。

体现攒退活的主要颜色是各种小色（作为晕色），攒退活图案小色的设色，从广泛并非绝对的意义上说，彩画做法等级较高且讲究者，一般由多种小色（如由三青、三绿、粉紫或杨红、黄色、浅香色等）合理搭配式的岔齐颜色。彩画等级较低的做法者，一般由两种小色（常见做法如三青、三绿）岔齐颜色，有的做法甚至只用一种小色设色。

做于某种小色中间或中央或一侧的同色相的深色，称为"色老"，色老于操作中被称为"攒色"或"压色老"。

攒退活图案边缘轮廓色的做法，因做法及做法等级的不同，或体现为沥彩贴金，并于金线以里描白粉线、或圈描墨线，并于墨线以里描白粉线，或只描以白粉线。

由于攒退活图案施描白粉方法的不同，对凡于图案宽向的两侧描以白粉线，两白粉线之间留晕，于晕色的中间攒以深色的做法，术语称为"双夹粉攒退"；对凡于图案宽向的一面描白粉，另面攒深色，中间留晕色的做法，术语称为"筋斗粉攒退"。

(1) 金琢墨攒退图案

图案的外轮廓线以做沥粉贴金为做法特征，其操作自沥粉工艺

叙起，须经沥粉、抹小色、包黄胶、打金胶贴金、行白粉、攒色完成。此种图案做法的效果以高级华贵、工整细腻为特点。

（2）烟琢墨攒退图案

图案的外轮廓线以描黑底色为做法特征，其操作自抹小色叙起，须经抹小色、圈描黑色外轮廓线、行白粉、攒色完成。此种图案做法的效果以工整、稳定为特点。

（3）玉做

图案的轮廓线，以圈描白色线为做法特征。其操作自抹小色叙起（有的做法因为要借小色地为晕色，故须从满涂刷小色地，再经拍谱子叙起），须经抹小色、圈描图案白色轮廓线、攒色完成。此种图案做法的效果以工整、单纯、素雅为特点。

以上各种攒退活的做法及操作，要求做到必须符合设计要求。

攒退的开墨要求做到线条宽度一致、流畅圆润、纹饰端正、对称；攒退活的攒色要求做到，明度适度、足实、宽度适当、整齐一致。

26. 接天地

接天地，是彩画某些白活（写实性绘画）做法涂刷基底色的包括"接天"与"接地"项目工艺的统称。彩画的白活，其中凡画硬抹实开线法、洋抹山水、硬抹实开花卉、硬抹实开或洋抹金鱼等类做法的绘画，都要先做接天地。

另外，还有一种不大常见接天地做法，其浅蓝色置于画面的上下两端，白色置于画面的中部，此种较特殊接天地做法，仅见于某些心、池子画花卉的少量做法。

白活的接天地有两个明显的作用：（1）使画面初步形成为具有一定空间感的写实效果。（2）在整体彩画色彩布局中，与其他不接天地的全部刷成白基地色的各个画面间发生色调对比，从而使彩画的各画面的色彩排列不雷同和具有变化的趣味性。

接天地的刷色要求，原则同于前述"刷色"（参见上述的刷色项目内容），同时还要求做到，所运用的浅蓝色应深浅适度，白色与浅蓝色的衔接润合自然，不骤深、骤浅，无明显刷痕，色彩洁净。

27. 过胶矾水

过胶矾水，是彩画渲染绘画做法中、在已涂刷了某种颜色的地子表面，运用柔软排笔或板刷，涂刷由动物质胶、白矾及清水合成的透明溶液，使之充分地浸透并饱和地子色的一项工艺。某种地子色一经过胶矾水并干燥后，其上面再次重复地做渲染色时，则该地子色不再容易吸收水分，可起到封护起地子色效果，利于再做渲染色的双重作用。

渲染绘画做法的过胶矾水，要求每刷一遍颜色（或每渲染一遍颜色）后，只要该着色一遍以后相继仍需要再次地重复做渲染着色时，则其上下两遍的着色之间，都须通过胶矾水一遍。

28. 硬抹实开

硬抹实开，彩画白活写实性绘画的一种绘法，一般多用做画花卉、线法（以画建筑为主的风景画）、人物等画。以此绘法画花卉者，称为"硬抹实开花卉"，画线法者称为"硬抹实开线法"……其他不一而足。

（1）硬抹实开的表现特点

运用硬抹实开绘法无论绘什么为题材的画，虽因作者与作者间的表现风格及方法有某些不尽相同外，大体上仍具有如下几个基本的共同表现特点：

1）为达到较写实的白活绘画效果，从作画开始涂刷基底色时，一般普遍地要做以接天地的技术处理。

2）对所摊稿的各种形象造形，按表现形象色彩的实际需要，先满做平涂各种颜色——即所谓"硬抹"色式的成形着色。

3）对各种题材造形的轮廓线，绝大部分要通过勾线加以肯定，如按所绘物的实际需要，有的要勾以墨线，有的要勾以其他色线。

4）体现各种形象的着色，是经过如平涂色、垫染色、分染色、着色、嵌浅色等多道工序做法完成的。

由于硬抹实开绘法工细考究，按传统作画一般又多采用矿质色，其题材造形的体现是经过勾线及多道次的润色渲染完成的，经这种绘法所绘制的作品，其艺术效果更加写实逼真，其白活绘画的保持年代则更能延年持久。

（2）硬抹实开花卉绘法程序

1）涂刷基底色时并做接天地；2）摊活（描绘画稿）；3）垛抹花卉等底色造形之后并过头道胶矾水；4）垫染花头或果实色；5）按所绘各部位的实际需要，开勾墨线或其他色线的轮廓线；6）在过第二道胶矾水基础上，对花卉的各个部分做以渲染、着色、嵌浅色；7）点花蕊或果实斑点色完成。

（3）硬抹实开线法绘法程序

1）涂刷基底色时并做接天地；2）摊活；3）从远景至近景对景物造形抹色；4）对造形形象分别开勾墨线或其他色线轮廓线；5）在过矾水基础上按所绘物各部位的实际需要，分别渲染、着色、嵌浅色完成。

注：若于硬抹实开线法中如加画人物者，其人物亦做硬抹实开绘法。方法为，在画面的建筑等景物基本绘完以后，对人物需先垫抹白color造形，尔后按人物各部色彩的需要，分别抹以各种小色，再经开墨色等轮廓线、过矾水、渲染、着色、嵌浅色、开眉眼至完成。

运用硬抹实开绘法无论绘什么题材的画，其立意、章法、绘法、设色应符合彩画白活表现传统。画花卉形象准确生动，具有神韵，勾线具有力度、渲染色彩层次鲜明，表现工整细腻美观。画线法，建筑造型准确，符合透视原理，直线直顺曲线转折自然，布景具有深远空间感，色彩渲染层次鲜明，表现工整细腻美观。

29. 作染

作染，画作对包括无论绘于何种基底色上的花卉、流云、博古、人物等各种写实性题材形象的表现，其绘法是涉及渲染技法者做法的一种泛称。古建彩画通常多用来画作染花卉、作染流云、作染博古等类绘画。

以基本常见的作染花卉绘法为例，一般又多绘于某些彩画（主要是苏画）某些特定部位的大青、大绿及三绿、石三青、紫色、朱红等色地上的花卉，这些地上花卉的绘法，基本同于上述硬抹实开花卉的绘法程序，所不同处只是，其基底色中做平涂刷饰，不强调花卉造形的轮廓普遍要做勾线（参见上述"硬抹实开"的有关部分）。

以常见的五彩流云绘法为例，一般多绘于某些彩画（主要是苏画）某些特定部位的大青、深香、朱红色地上，其一般绘法程序为：

（1）用白色先垛出流云造形；（2）对云纹过胶矾水；（3）分色垫染各色五彩云纹；（4）用深色做认色的勾云纹线完成。

无论绘作染花卉、作染流云等各种作染题材绘画，其表现风格、构图章法、绘法应符合传统，绘画效果具有神韵、自然、色彩鲜丽美观。

30. 落墨搭色

落墨搭色，彩画写实性白活的一种绘法，一般多用作画山水、异兽、翎毛花卉、人物、博古等。该绘画特点，对各种形象的表现，一般都先做以落墨勾线作为绘画造形的墨骨，在墨骨的基础上诸如画地坡、山石、山水树木等类题材形象者，还往往要按表现需要，经皴、擦、点、染（包括用色的点染及腾染，如腾染黑色、广红墨色、赭墨色或墨色）等表现技法的实施，进一步刻画形象的质感，此凡施以墨色者，都属于落墨概念的范畴。

至于对各种形象在落墨基础上的着染其他色彩，一般只着染以较透明清淡的色彩，故名为"搭色"，其搭染之色效果，是以既达到了着色目的，又能以目测直观，仍显现底层之墨骨墨气为度。

运用落墨搭色绘法，无论画什么题材的画，主要是运用墨色表现绘画形象，而其他着色，只是作为辅助着色而体现的，故通过该绘法所画之画，可给人以浓郁的水墨书画气效果的感受，作为一种基本绘法，为彩画白活所长期的运用。

落墨搭色绘法是经涂刷彩画白色基底色、摊活、落墨、过胶矾水、着染其他各种清淡彩色等几个主要绘法程序完成的。一般要求该绘法的立意、章法、设色等，应符合彩画白法表现传统，落墨线条有力度神韵，墨气足实，着色明晰，造形自然生动美观。

31. 洋抹

洋抹，顾名思义，应为外国抹法，它是我国古建彩画白活写实

性绘画的表现形式吸收国外绘画技法而逐渐形成的一种新绘法，于彩画的运用约兴起于清代中期，盛行于清代晚期，多用来画洋抹山水、洋抹花卉、洋抹金鱼、洋抹博古等题材和内容。

洋抹的画法特点，以常见的绘于包袱、方心、池子等部位的洋抹山水、花卉、金鱼画为例，涂刷基底色时也同时做接天地，作画一般都是凭着作者纯熟的造形功力（一般不起稿），直接运用颜色抹出所要绘的各种形象，形象表现一般很少或不做勾线，绘出效果追求写实逼真，具有深远感、质感等为目标。

彩画对各种洋抹画的一般要求为，构图布局合理、造形准确生动，符合透视原理、色彩稳重鲜丽、效果真实美观。

32. 拆垛

拆垛，彩画纹饰表现的一种绘法，运用此绘法，于苏画特定部位的各种特定彩色地子上，多绘散点式构图图案，如落地梅、桃花、百蝶梅、皮裘花，以及于某些低等级苏画的某些特定部位的各种特定彩色地子上，绘以藤萝花、葫芦、牵牛花、香瓜、葡萄等较小型的花卉画。另外，于某些低等级苏画的白活中，有时也绘做一些较大型的花鸟画。

拆垛，术语亦称为"一笔两色"作画。绘法特点是运用笔锋很短的圆头毛笔或适宜的捻子，先饱蘸白色，然后于笔端再蘸所需的深色，于调色板上经反复轻轻按压，使笔内所含白色与笔端的深色形成相互有所润合过渡性的色彩效果，再凭作者作画的造形功力，运用此含色笔直接在画面做各种花卉画。其中，凡各种较小圆点花瓣等形，只需经按点即成；对较大面积的图形，除了运用按点方法外，有的甚至还要起某些抹画方法成形；长条形图形（如长条形叶片、花卉枝框等）一般运用侧锋托笔画成。具体形象表现的需要，为求于完美，对有些形象的部位，往往还要运用同一色相的深色，有重点地做些勾线和点绘加以强调。

因拆垛用色的不同，对只运白色与蓝色进行拆垛的纹饰做法，称为"三蓝拆垛"或"拆三蓝"；对运用白色与其他各种颜色拆垛的做法，称为"拆垛"或"多彩拆垛"。

拆垛应符合彩画传统，章法有聚有散，布局合理，造形生动美观，色彩鲜明。

33. 退烟云

烟云，主要指苏画包袱的边框、方心岔口或池子岔口等部位，其纹饰成由浅至深、由多道色阶线条为构成特征的一种独特表现形式。这些部位纹饰通过退烟云工艺，其色彩表现鲜艳夺目，能产生出一种很强的立体空间感效果，故以烟云作为彩画部位的装饰边框，能非常有效地起到衬托起其部位中心所包含主题纹饰的作用。

早期苏画包袱的烟云，多为单层式的软烟云（构成烟云的线条色阶成弧曲线）画法，烟云的色阶道数多者可达九道左右，各个包袱烟云的用色还比较单一，常见一般只运用黑色或蓝色。清晚期苏画的烟云，无论画法设色都发生了明显变化，画法方面出现在彩画中既主要运用软烟云，亦同时对某些重点包袱兼用起硬烟云（构成烟云的线条色阶成直线形）的画法。凡烟云普遍由烟云筒（烟云内端的部分）和烟云托子（烟云云外廓的部分）两部分构成。烟云筒的色阶道数从少至多，可分为三、五、七、九及至十一道的画法，其中以运用五道及七道烟云的画法为多见；烟云托子色阶道数分为三道或五道画法，其中以运用三道画法为多见。一般说来，凡烟云色阶道数多的画法者，用于中高等级的苏画做法，反之用于低等级的苏画做法。

清晚期（尤其表现在清晚期的末期）苏画烟云的设色，一般黑烟云筒配深浅红托子；蓝烟云筒配浅黄、杏黄托子；绿烟云筒配深浅粉紫托子；紫烟云筒配深浅绿托子；红烟筒配深浅绿或深浅蓝托子等。

退烟云，即实际操作烟云。无论退各种形式的烟云，退时包括烟云托子的全部及烟云筒相当部分的范围，都必须先统一垫刷白色，之后当退第二道色阶时（关于退硬烟云方法，见以下另论），先留出白色阶，再按从浅至深色的退法顺序。每退下道色时，必须留出前道色阶的适宜宽度，并又叠压着前道色阶填色时特意多填出的颜色部分，按色阶道循序渐进地退成。

硬烟云筒退法，烟云筒的色阶表现必须分成横面与竖面而退，术语称为"错色退或倒色退"，即退时两个面之间必须错开一个色

阶，直到退完两个面的全部色阶。例如，设烟云筒横面的第一道色阶用明度最浅的白色，则竖面的第一道色阶就不能也用白色，而必须用横面深于白色的第二道色阶色，做竖面的第一道色，按此法竖面的第二道色阶，要用横面的第三道色阶色……直至退完全部色阶色。

硬烟云托子退法分两种：退法一，完全与上述的硬烟筒退法相同。退法二，不分横面竖面，其色阶均自白色阶起，按色阶自浅至深的退成，只是凡色阶的横竖线道退法都必须随顺于硬烟云托子外廓线画法的走向。

凡退硬烟云，一般要求依直尺操作，以实现直线条的横平竖直。无论退软、硬烟云，都要求做到色彩运用准确，符合规矩，明度运用准确，色阶层次清晰分明，过渡自然，不骤深骤浅，宽度、角度恰当，整齐美观。

34. 捻连珠

连珠，一种于条带形地子内、经退晕构成的一个个圆形的并成连续式排列的图案。该图案见于清式各主要类别的彩画，其中广泛地见于清中、晚期苏画箍头的一侧或两侧的带状纹饰。

所谓捻连珠，即运用无笔锋的圆头毛笔或适宜的捻子实际操作连珠。捻连珠操作虽然比较简单，但都是按着一定的操作规范完成的。下面以苏画箍头联箍带捻联珠的规范画法体为例作一些集中说明：

（1）连珠带的基底设色

凡各种颜色珠子之连珠带的基底色者一律设为黑色

（2）单个珠子退晕的色彩层次构成

就单个珠子的色彩构成而言，一般由白色高光点、圆形晕色及圆形老色三退晕形式构成。

（3）连珠带珠子的设色与其相靠连主箍头设色间的关系

凡某构件的主箍头为青色的，则其旁侧连珠带的珠子，必须做成香色退晕；凡某构件的主箍头为绿色的，则其旁侧连珠带珠子必须做成紫色退晕。

（4）连珠在构件连珠带的放置方法及画法体现

捻连珠前，应首先针对构件的构成情况，统筹规划并确定珠子与珠子间的风路距离，珠子在某构件的数量及大小，珠子在枋底的放置形式，珠子在各构件的表现如何，必须避开构件之棱及构件与构件的相交之秧角。

捻连珠对珠子方向的放置方法为：无论件为横向或竖向，其连珠带的珠子，（含枋底连珠带画法），对连珠带全部长度，要准确规划、设计珠子数量，枋底宽度若置单数珠子的法者，在枋底连珠带的正中处，必须置一个坐中珠子。所谓坐中珠子，即珠子的白色光点、晕色、老色圆形成俯视正投影式的画法。枋底若置双数珠子法者，应于枋底中，相反向两侧方向按序排列。

（5）要求捻连珠达到的基本标准

凡珠子要求捻圆，珠子的直径及珠子间的间距一致，相同长度宽度的联珠带，其珠子的数量一致对称，珠子不吃压旁侧的大线，颜色足实，色度层次清晰。

35. 阴阳倒切或金琢墨倒切万字箍头或回纹箍头

阴阳倒切或金琢墨倒切万字箍头或回纹箍头，多见于苏式彩画活箍头的两种不同等级的箍头做法，于彩画的实际运用，其中金琢墨倒切箍头等级高于阴阳倒切箍头的做法等级。

（1）阴阳倒切万字箍头或阴阳回纹倒切箍头做法

做法特点，纹饰的轮廓线用白粉线勾勒，纹饰的着色不做里与面的区分，无论纹饰的基底色及其晕色，统一运用同一色相，但明度不同的颜色表现，后经切黑、拉白粉完成。其纹饰做法程序，自涂刷箍头内的基地色述起，须经涂刷基底色、用晕色写（即画）万字或回纹、切黑、拉白粉完成。本箍头做法，一般运用于自金线苏画等级以下的各种苏画做法。

（2）金琢墨倒切里倒切万字箍头或金琢墨倒切里倒切回纹箍头做法

做法特点，纹饰的轮廓线用沥粉贴金线勾勒（靠金线以里亦做拉白粉），纹饰的着色区分为里与面色的不同而表现，其中纹饰的面色为青色或为绿色，凡为青色的面者其基底色为大青色，晕色为三青。而其里的基底色则为丹色，晕色为黄色；凡为绿色的面者，其基底色为大绿色，晕色为三绿，则其里的基底色为朱红色，

晕色为粉红。其纹饰的做法程序，自筹沥粉述起，须经沥粉、涂刷基底色、包黄胶、切黑、拉白粉完成。本箍头做法，一般只用于最高等级的金琢墨苏画做法。

做阴阳倒切的万字，或回纹箍头，做金琢墨倒里倒切万字或回纹箍头要求做到，写纹饰的晕色深浅适度，花纹宽度一致，纹饰端正对称，棱角齐整；万字、回纹的切黑法正确，方向方位正确，线条宽度适度、直顺，切角斜度一致、对称；拉白粉线的方向方位正确、宽度一致、线条平直、棱角齐整、颜色足实。

36. 软件天花用纸的上墙及其过胶矾水

彩画软件天花，一般采用具有一定厚度、拉力较强的手抄高丽纸，因历来市场供应的高丽纸都为生纸（于生纸的作画着色，有向四外散开或渗透的特点），故施工不能直接使用，为把生纸转变成可做彩画的熟纸，则需对该用纸做过胶矾水。

对高丽纸过胶矾水，应将纸张上墙或上板，先用胶水粘实一面纸口，然后用排笔将纸张通刷胶矾水，待纸张约干到七八成时，再用胶水打粘纸张的其余三面纸口，待充分干透后即可施工彩画。

高丽纸过胶矾水，应矾到、矾透，所矾高丽纸以手感不脆硬、着色时不泅、不漏色为准。

37. 裱糊软天花

裱糊软天花，主要指把做到纸上的天花彩画粘贴到天棚上。粘贴方法一般既要在天花的背面涂刷胶，亦要于被粘贴天花的实画面上涂刷胶，涂刷要严到，但刷胶不宜过厚。裱糊天花要求做到端正、接缝一致、老金边宽度一致、不脏污画面、严实牢固。

38. 打点活

打点活，即收拾或料理彩画已基本完成的已做之活。打点活是各种彩画绘制工程的诸多工序已经完成以后的最后一道必不可少的重要工序。通过该工序的工作，包括要对已施工彩画的所有工作成果，如对纹饰的画法、做法、设色等各个方面的质量，要全面地实现了设计的各种具体要求，要符合各具体传统彩画的各项制度及规范要求，要达到该具体彩画应达到的各项质量标准等，要认真全面地逐一检查，对检查中发现的各种质量问题，要一一地加以修改修正，使彩画的绘制全部达到工程验收的水平。

31.24 古建筑绿色施工

31.24.1 古建筑绿色施工概述

与现代建筑施工相比，传统古建筑施工在加工过程、安装过程、装饰装修过程中，存在着更多的手工操作，机械化作业程度相对较低；此外，传统木结构古建筑在单体体量、总体规模、使用功能等方面有一定的局限性；同时，传统古建筑更易符合节地、节能、节水、节材以及环保的要求。

（1）占用土地资源较少，对周边自然生态干扰较小；

（2）附属设备少，较多利用自然通风和采光，能耗低；

（3）用水量小，对地下水资源影响极小；

（4）因地制宜的预制过程和较短的安装周期便利于材料的合理利用；

（5）施工污染（扬尘污染、有害气体排放、水土污染、噪声污染、光污染等）较小。

古建筑绿色施工，指在严格执行建筑工程类的相关绿色施工管理规程的同时，针对古建筑传统施工工艺的特点，在施工过程中，采取有效的技术措施，对施工安全、污染排放等作出控制，降低施工活动对环境造成的不利影响，提高施工人员的职业健康安全水平，保护施工人员的安全与健康。

按古建施工工艺划分，在瓦石作业、木作作业、油饰作业和彩画作业过程中，应分别针对下列问题作出有效的控制。

31.24.2 瓦石绿色施工

施工现场进行石材、瓦件、砖等切割和二次加工作业时，应采取封闭、遮挡、洒水等防尘、降尘措施。砂石料场等应及时覆盖，加工棚应设置挡尘封闭，不使粉尘外泄。

水泥、白灰等易产生粉尘的库房应进行有效的封闭。

从事切割、加工作业的人员在扬尘环境中应佩戴口罩等防尘防护用具。

冲洗打灰机、搅拌机、混凝土泵、手推车以及涂料容器等的施工污水应经沉淀、中和等无害化处理。施工污水应设管道集中排放，不得向市政雨水管道排放（《污水综合排放标准》（GB 8978））。

石灰渣、青灰渣等应与砖石建筑垃圾分类放置和处理，建筑垃圾与生活垃圾应分类放置和处理。各种垃圾均应正确回收，不得随意消纳。

在瓦石作业过程中，应对机械噪声采取遮挡、限时等措施，并符合相应的施工机具噪声排放标准要求（《建筑施工场界噪声限值》（GB 12523））。

冬季墙体保温覆盖时，应选择阻燃、无污染的保温材料。

冬季现场取暖，应采用符合环保排放标准的能源。

31.24.3 木作绿色施工

杀虫、灭菌、防腐等化学制剂的废弃物，以及其他各种有毒有害固体废弃物应分类存放、有效管理，应进行无害化处理并正确回收。

施工现场的木工操作间应作封闭处理，控制锯末粉尘排放，对刨花、锯末按规定消纳。

木工操作间、油工配料间严禁吸烟或明火作业，必须设置消防设施。

木料堆放、搭设符合要求。

现场从事架上大木安装的人员须采取安全措施（安全帽、安全带）。

进行起重机械吊装作业时，须由持证专业人员指挥和操作。正确选用和使用吊索具。

古建筑大木安装工程所用脚手架多为异型脚手架，要注意以下问题：

（1）从事脚手架搭拆作业的人员必须符合特殊工种上岗要求。

（2）脚手架必须使用合格产品。架体制作和组装须符合设计要求并经验收。人员上下通道、材料升降设施、集料平台需符合要求。集料平台设限定荷载标牌，护栏高度不低于1.5m。

（3）脚手架基础平整夯实，有排水措施。脚手架底部按规定垫木并加绑扫地杆。

（4）脚手架操作面要满铺脚手板，设防护栏杆和挡脚板，临边护栏高度应不低于1.2m。

（5）脚手架上的物料要避免集中或不均匀堆放。

（6）进行立体交叉作业时，在同一垂直方向要采取隔离防护措施。

采用钢筋混凝土仿古施工工艺的，执行相应的绿色施工标准。

31.24.4 油饰绿色施工

熬制灰油、光油、金胶油的场所，必须具备有效的消防条件和消防设施。如：灶台砌要要远离建筑物及易燃物，作业现场备有灭火器材和个人防护用具。熬制过程中要掌握现场生桐油的含水率，以防起沫溢锅引发火灾，同时要安排专人负责防火工作。

发血料（加工生猪血）的场所，需具备卫生条件及废弃物的处理条件。如在室内或搭棚封闭加工操作，废血水、血渣应排入污水池。

对上架大木、斗栱、花活、支条天花等彩画部位的地仗进行清除时，应避免干挠法（易扬尘），需采取湿挠法。操作人员要戴口罩以防中毒（剧毒巴黎绿和含铅颜料），要及时洗手（洗澡），发现头晕、恶心、口甜时务必到医院检查。

隔扇槛窗的心屉菱花、棂条使用化学脱漆剂以及碱液（火碱水）脱漆剂、水制酸性、碱性脱漆剂清除油漆膜时，操作人员必须戴好橡皮手套和防护眼镜及护鞋。所处理的构件要用清水冲洗干净，以木材面干燥后不得出现白霜为准。凡使用以上脱漆剂、有机溶剂脱漆剂（如T—1、T—2、T—3）清除旧油漆膜时，操作场所应远离建筑物、易燃物和树丛、草坪。

地仗施工中凡浸擦过桐油、灰油、汽油的棉纱、丝团、布子和

麻头以及灰油皮子等易燃物，不得随意乱扔，必须随时清除或及时清运出现场，并妥善处理，防止发热自燃。

油漆施工中，凡触摸斗栱、花活、上架大木等彩画部位，以及进行颜料光油的配制和搓刷时，需防中毒（剧毒巴黎绿和含铅颜料），操作人员要及时洗手（洗澡），发现头晕、恶心、口甜时要到医院检查。

预防生漆过敏。漆树和生漆易引起皮肤过敏反应；一是直接污染皮肤或间接污染了皮肤所引起的过敏反应，二是由呼吸道吸入生漆中的挥发物质引起的皮肤过敏反应。前者的预防是避免皮肤直接接触生漆，以及操作后将手擦洗干净，避免接触人体其他部位。后者的预防是有高度过敏性者，不宜从事大漆工作，或远离生漆挥发物质污染区，这些人在有风时，不宜在下风向行走。

大漆施工时，需预先戴上医用薄膜手套，无医用薄膜手套时，可用豆油、香油等不干性油涂抹于暴露的皮肤表面。施工后洗手时，应先用煤油将生漆及漆迹擦净，然后用肥皂洗手，清水冲洗干净。如手上仍有生漆的黑色斑迹，一定要清洗干净，还可用1%的硝酸酒精擦净，再用肥皂洗手，清水冲洗干净。

大漆施工期间应加强施工现场的通风，每日工作前后，用2%～5%的食盐溶液或1∶500的高锰酸钾溶液，待冷却后擦洗全身一遍，起到预防生漆过敏的作用。

31.24.5 彩画工程绿色施工

古建筑彩画运用的各种颜料大部分对人的身体都有一定的毒害性，其中毒性较大的有洋绿、砂绿、石黄、藤黄、中国铅粉、银朱等。因而，为防范、防止中毒事件的发生，在接触、储存、运输、加工、调配，以及操作使用这些有毒颜料的整个过程中，除事先建立具有可操作性的、有针对性的、严格的制度和措施以外，至少要控制好以下几点：

在过箩筛制各种有毒颜料干粉时，作业人员必须戴防毒面具。

在停止工艺操作，如捣砸、筛细、入胶调制、涂刷等时（如下班或阶段中止操作），作业人员应立即将手洗净，之后方可进行其他事宜。

操作有毒颜料（如藤黄）用于绘画时，绝对严禁口中舐笔。

过箩筛制各种有毒干粉颜料时，必须轻缓操作，严禁用力过猛，防止毒粉飞扬。

彩画施工作业过程中，仅允许将颜色绘于工作面，不得将颜料到处乱涂乱画。

32 机电工程施工通则

32.1 常用机电工程设计图例与图示

机电施工图所涉及的内容往往根据建筑物不同的功能而有所不同,主要有给水排水、暖通空调、建筑电气、建筑弱电等方面。机电工程图大多是采用统一的图形符号并加注文字符号绘制而成,要求施工人员必须熟悉各种图例符号,理解图例、符号所代表的内容。以下是机电施工图常用的设计图例及说明。

32.1.1 建筑给水排水及采暖工程设计图例

建筑给水排水及采暖常用设计图例如图32-1、图32-2所示。

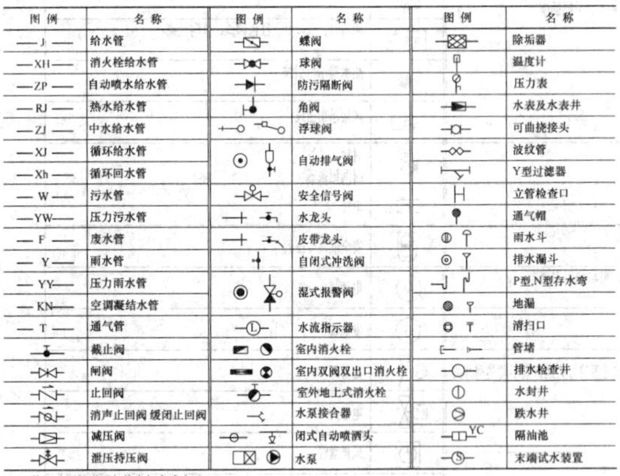

注:分区管道用加注脚标方式表示。

图 32-1 给水排水设计图例

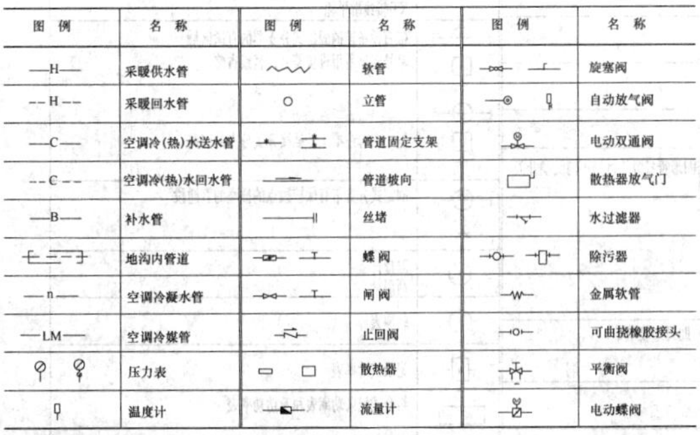

图 32-2 采暖设计图例

32.1.2 通风与空调工程设计图例

常见通风与空调设备、风管及其附件的设计图例分别见图32-3和图32-4。

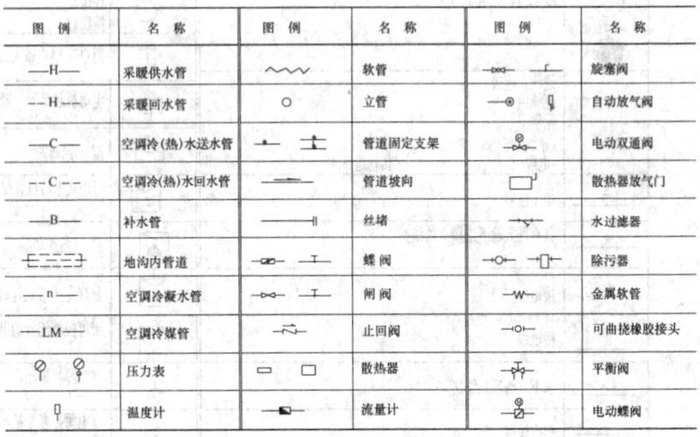

图 32-3 通风空调设计图例

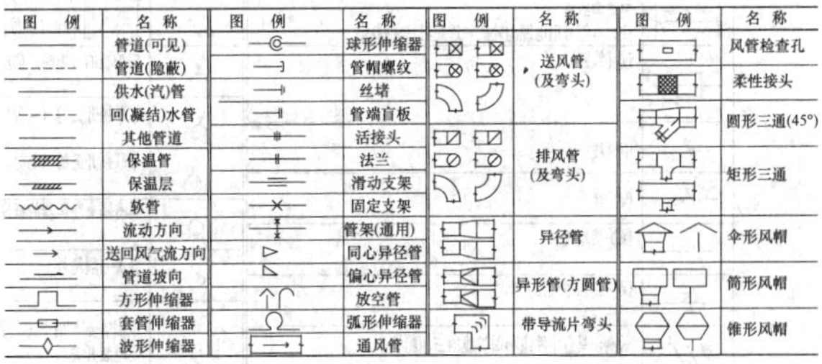

图 32-4 风管及其附件设计图例

32.1.3 建筑电气工程设计图例

建筑电气主要包括电力设备、配电系统、照明电气、防火消防、防雷接地等,其中部分常用的设计图例分别见图32-5、图32-6、图32-7。

图 例	说　明	图 例	说　明	图 例	说　明
规划（设计）的／运行的或未加规定的	发电站	配电中心 示出五路馈线		⊗*	如需要指出灯具种类，则在"*"位置标出数字或下列字母： W-壁灯 C-吸顶灯 R-筒灯 EN-密闭灯 EX-防爆灯 G-圆球灯 P-吊灯 L-花灯 LL-局部照明灯 SA-安全照明 ST-备用照明
规划（设计）的／运行的或未加规定的	热电站	符号就近标注种类代码"*"，表示的配电柜（屏）、箱、台： 种类代码AP，表示为动力配电箱 种类代码APE，表为应急电力配电箱 种类代码AL，表示为照明配电箱 种类代码ALE，表示为应急照明配电箱	*		
规划（设计）的／运行的或未加规定的	变电所、配电所	○	盒（箱）一般符号	荧光灯，一般符号 发光体，一般符号 示例：三管荧光灯	
	连线、连接 示例 -导线　　-电线 -电缆　　-传输通路	◉	连接盒 接线盒	五管荧光灯	
	地下线路	中	用户端 供电输入设备 示出带配线	二管荧光灯	
	具有埋入地下连接点的线路	◁	电动机起动器 一般符号	如需指出灯具种类，则在"*"位置标出下列字母： EN-密闭灯 EX-防爆灯	
	接地极	◁	调节-起动器	⊗	投光灯，一般符号
E	接地极	◁	可逆式电动机直接在线接触器式起动器	⊗→	聚光灯
	水下（海底）线路	△	星-三角起动器	⊗←	泛光灯
	架空线路	◁	自耦变压器式起动器		气体放电灯的辅助设备 注：仅用于辅助设备与光源不在一起时
	管道线路 附加信息可标注在管道线路的上方，如孔的数量	◁	带可控整流器的调节-起动器	×	在专用电路上的事故照明灯
6	示例：6孔管道的线路	⅄	（电源）插座，一般符号	⊠	自带电源的事故照明灯
	电缆桥架线路 注：本符号用电缆桥架轮廓和连线组组合而成	⅄	（电源）多个插座示出三个		障碍灯，危险灯，红色闪烁、全向光束
	电缆沟线路 注：本符号用电缆沟轮廓和连线组组合而成	⅄	带保护接点（电源）插座	●	热水器示出引线
	过孔线路	⅄	根据需要在"*"处用下述文字区别不同插座 1P-单相（电源）插座 3P-三相（电源）插座 1C-单相暗敷 3C-三相暗敷 1EX-单相防爆（电源）插座 3EX-三相防爆（电源）插座 1EN-单相密闭（电源）插座 3EN-三相密闭（电源）插座	⊸∞	风扇示出引线
	中性线	⅄	带接板的（电源）插座		时钟 时间记录器
	保护线	⅄	带单极开关的（电源）插座		电锁
	保护接地线	⅄	带联锁开关的（电源）插座		安全隔离变压器
	保护线和中性线共用线	Ω	具有隔离变压器的插座 示例：电动剃刀用插座	Ⓜ	电动机
⫻⫻	示例：具有中性线和保护线的三相配线	σ	开关 一般符号	Ⓖ	发电机
	向上配线	σ	根据需要"*"用下述文字标注在图形符号旁边区别不同类型开关 C-暗装开关 EX-防爆开关 EN-密闭开关		电动阀
	向下配线	σ	带指示灯的开关		电磁阀
	垂直通过配线	σ	单极限时开关		风机盘管
方法a／方法b	用单根连接表示线组线（线束）	σ	多拉单极开关（如用于不同照度）		窗式空调器
	单根连接线汇入线束示例	σ	两控单极开关		设备盒（箱） 注：星号专门的设备符号代替或省略 本图集星号用下列字母表示设备盒（箱）的种类： F-开关熔断器组（负荷开关）、熔断器盒 K-刀开关箱 Q-断路器箱、母线槽插接箱 XT-接线端子箱
	连线示例 单极表示／多极表示	σ	中间开关 等效电路图		带有设备的固定式分支器的直通区域 星号应以所用设备符号代替或省略
	避雷线 避雷带 避雷网	σ	调光器		例：在母线槽上经插接开关分支的回路
	避雷针	σ	单极拉线开关		固定式分支带有保护触点的插座的直通段
	物件，例如： -设备 -器件 -功能单元 -元件 -功能元件 符号轮廓内填入或加上适当的代号或代号以表示物件的类别	◉	按钮	⊙	温度计 高温计
		◉	根据需要"*"用下述文字标注在图形符号旁边区别不同类型开关： 2-二个按钮单元组成的按钮盒 3-三个按钮单元组成的按钮盒 EX-防爆型按钮 EN-密闭型按钮	⊙	转速表
		◉	带有指示灯的按钮		记录式功率表
*AC	轮廓外就近标注种类代号"*"，表示电气箱（柜） 种类代码AC，表示为控制箱 种类代码AFC，表示为火灾报警控制器 种类代码ABC，表示为建筑自动化控制器 种类代码ACP，表示为并联电容器箱 种类代码AD，表示为直流配电箱 种类代码AE，表示为隔离箱 种类代码AF，表示为熔断器式开关、开关熔断器组 种类代码AS，表示为信号箱 种类代码AT，表示为电源自动切换箱 种类代码AW，表示为电度表箱 种类代码AX，表示为插座箱	◉	防止无意操作的按钮（例如借助打碎玻璃罩）	W W	组合式记录功率表和无功功率表
			限时设备 定时器		录波器
		⊙-	定时开关		电度表（瓦时计）
		Ⓩ	钥匙开关 看分柴统装置		复费率电度表，示出二费率
		⊗	灯 一般符号 如果要求指出灯光源类型，则在靠近符号处标出下列代码： Na-钠气 Hg-汞 I=碘 IN-白炽 ARC-弧光 FL-荧光 IR-红外线 UV-紫外线 MH=金属卤化物灯 HI-石英灯		超量电度表
*AP	轮廓内用位置代码"*"，表示电气柜（屏）、箱、台				带发送器电度表
					带最大需量指示器电度表

图 32-5　建筑电气图例

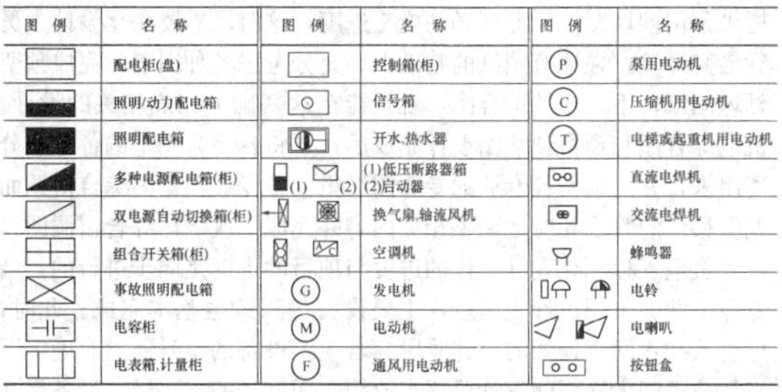

图例	名称	图例	名称	图例	名称
	配电箱(盘)		控制箱(柜)	(P)	泵用电动机
	照明/动力配电箱		信号箱	(C)	压缩机用电动机
	照明配电箱		开水、热水器	(T)	电梯或起重机用电动机
	多种电源配电箱(柜)	(1)(2)	(1)低压断路器箱 (2)启动器		直流电焊机
	双电源自动切换箱(柜)		换气扇、轴流风机		交流电焊机
	组合开关箱(柜)		空调机		蜂鸣器
	事故照明配电箱	(G)	发电机		电铃
	电容柜	(M)	电动机		电喇叭
	电表箱、计量柜	(F)	通风用电动机		按钮盒

图 32-6 电气设备设计图例

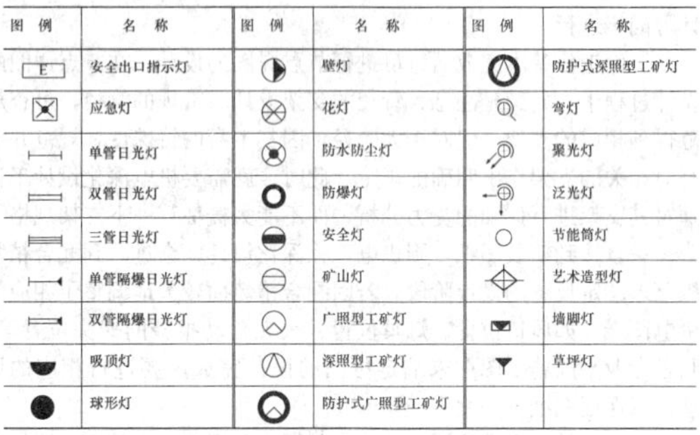

图例	名称	图例	名称	图例	名称
	安全出口指示灯		壁灯		防护式深照型工矿灯
	应急灯		花灯		弯灯
	单管日光灯		防水防尘灯		猩光灯
	双管日光灯		防爆灯		泛光灯
	三管日光灯		安全灯		节能筒灯
	单管隔爆日光灯		矿山灯		艺术造型灯
	双管隔爆日光灯		广照型工矿灯		墙壁灯
	吸顶灯		深照型工矿灯		草坪灯
	球形灯		防护式广照型工矿灯		

图 32-7 电气照明设计图例

32.1.4 智能建筑工程设计图例

建筑弱电系统主要是通信网络系统(含电话、电视、广播、计算机网络等)和安防监控系统(含火灾和可燃气体探测系统、报警及消防联动系统、视频监控系统,楼宇对讲系统、出入口控制(门禁)系统,停车管理系统、入侵报警系统和巡更系统等),其部分常用设计图例分别见图 32-8 和图 32-9。

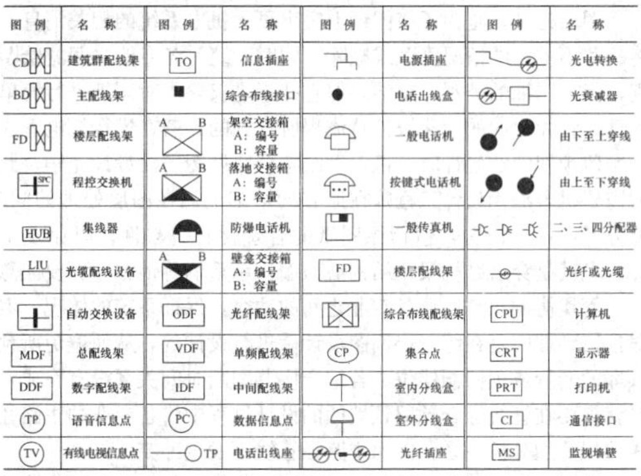

图例	名称	图例	名称	图例	名称
CD	建筑群配线架	TO	信息插座		光电转换
BD	主配线架		综合布线接口		光衰减器
FD	楼层配线架 A:编号 B:容量		架空交接箱 A:编号 B:容量		由下至上穿线
	程控交换机 A:编号 B:容量		落地交接箱 A:编号 B:容量		由上至下穿线
HUB	集线器		防爆电话机		一般传真机
LIU	光缆配线设备		壁龛交接箱 A:编号 B:容量	FD	楼层配线架
	自动交换机	ODF	光纤配线架		综合布线配线架
MDF	总配线架	VDF	音频配线架	CPU	计算机
DDF	数字配线架	IDF	中间配线架	CRT	显示器
TP	语音信息点	PC	数据信息点	PRT	打印机
TV	有线电视信息点	TP	电话出线座	CI	通信接口
			室外分线盒	MS	监控插座

图 32-8 通信网络设计图例

图例	名称	图例	名称	图例	名称
	防盗探测器		电磁门锁	DMD	对讲门口子机
	防盗报警控制器		出门按钮	KVD	可视对讲门口主机
	电控门锁		紧急按钮		按键式自动电话
	电磁门锁		脚挑报警开关	DZ	室内对讲机
MI	紧急按钮开关		磁卡读卡机		室内可视对讲机
	门锁开关		指纹读卡机	KY	操作键盘
	层报线箱		非接触式读卡机	ACI	报警通信接口
	变压器		报警警铃		报警开关
	感温探测器		报警闪灯		紧急按钮开关
	出门按钮		报警喇叭		紧急脚挑开关
	门磁开关		巡更站		报警喇叭
	振动感应器		保安对讲		可视对讲户外机
	电控门锁	DMZH	对讲门口主机		可视对讲门口主机
	对讲门口主机		保安巡更打卡器		可视电话机
	彩色摄像接收机		对讲电话分机		报警警铃
	楼宇对讲电控防盗门主机		声光报警		报警警灯
				U	超声波探测器
				M	微波探测器
				IR	红外探测器
					玻璃破碎探测器
				V	震动探测器
					感烟探测器
					压力垫开关
					可燃气体探测器
					电视摄像机
					彩色电视摄像机
					带云台的摄像机
					电视接收机
					电视接收机
					调制器
					混合器

图 32-9 安防监控设计图例

32.2 机电工程深化设计管理

32.2.1 机电工程深化设计目的

近几年随着境外公司在国内大城市投资和管理的项目越来越多,国外的一些先进的工程管理模式也随之而来。在国外设计和施工是分开来的,设计又分为方案设计和施工图设计,这两个部分的设计一般也会有不同的部门或公司配合完成,这样就会非常专业,而且图纸也非常细致到位,给施工也带来了很大的方便。尤其是一些高档的项目,甲方为了便于管理要求各施工单位在施工前要先进行施工图深化设计,待深化设计图纸审批好以后才施工,目的就是要求各施工单位在施工前先理一遍思路,消化成熟后再施工,避免出错,而且可以统一做法确保效果。

深化设计是指在工程实施过程中对招标图纸或原施工图的补充与完善,使之成为可以现场实施的施工图。深化设计是为了将设计师的设计理念、设计意图在施工过程中得到充分体现;是为了在满足甲方需求的前提下,使施工图纸更加符合现场实际情况,是施工单位的施工理念在设计阶段的延伸;是为了更好地为甲方服务,满足现场不断变化的需要,优化设计方案在现场实施的过程;是为了达到满足功能的前提下降低成本,为企业创造更多利润。

即使是在业主所提供的施工图相对完善的情况下,通过深化设计,可对机电各系统的设备管线进行精确定位,明确各设备管线的细部做法,直接指导施工。还可综合协调机房、各楼层、设备竖井、专业的管线位置以及墙壁、顶棚上机电末端器具,力求各专业的管线及设备布置合理、整齐美观,并提前解决图纸中可能存在的问题,避免因变更和拆改造成不必要的损失。在满足规范的前提下,合理布置机电管线,为业主提供最大的使用空间。机电工程深化设计,还是企业为实现价值工程提供有利的依据。因企业与供应商之间的天然密切联系关系,使得企业比设计院更有便利条件实现价值工程,优化各系统。

32.2.2 机电工程深化设计的依据

机电工程深化设计的前提是业主或设计单位所提供的有指导意义的图纸。深化设计,并不是要颠覆原设计思想,改变原设计功能,而是弥补设计单位施工经验不足,弥补设计单位对建筑材料市场了解不足,弥补设计单位和施工单位之间的真空,优化、完善建筑工程各系统的设计。因而,业主或设计单位所提供的图纸,即成为机电工程深化设计的前提。在这前提下,机电工程深化设计的依据,包括了以下几部分:

(1)相关设计、施工规范,行业标准以及标准图集。机电工程的深化设计工程,离不开相关规范,是深化设计的基础。

(2)项目合同中规定的技术说明书以及招标过程中业主对承包方的技术答疑回复。因在投标过程中,业主有可能已通过技术答疑的形式对机电原系统进行了部分调整,如取消某设备或增加某系统,若机电在深化设计过程中并没有体现技术答疑的相关技术问题,其实就是没有充分体现业主对该项目的需求。

(3)项目合同中包括的建筑、结构、装修、机电及相关专业图纸以及设计变更和工程洽商。建筑、结构、装修等专业图纸,是机电各系统为实现系统功能而进行设计协调的基础。

(4)供货商所提供的图纸以及设备信息。供货商所提供的图纸以及设备信息,是进行系统校验计算的基础,是进行技术间大样图设计的关键信息。只有在此基础设计的技术间大样图,才能保证系统的准确性,并有效指导现场的施工。

(5)专业分包商提供的图纸。如玻璃幕墙分包、电梯分包、火灾自动报警分包等。因这些专业性质所决定了专业分包的图纸才能更为有效地表达其专业系统的功能,更有效地指导专业系统的施工。

(6)业主的有效指令

只有结合了以上几部分,才使得机电工程的深化设计工作有了依据。尤其是涉及变更图纸的相关内容。在有理有据的情况下,如业主对承包方的技术答疑回复、或业主的有效指令、或设计院所提

供的设计变更等，才有可能为后期的二次经营创造有利的条件，而且才能使深化设计的图纸更能满足业主要求。

32.2.3　机电工程深化设计工作流程

32.2.3.1　机电深化设计总流程

图 32-10 所示为深化设计总流程图。可看到，在开展机电工程深化设计工作之前，先要完成相关的准备工作，包括合同、图纸、技术规范的收集。因这些都是深化设计工作的前提和依据。

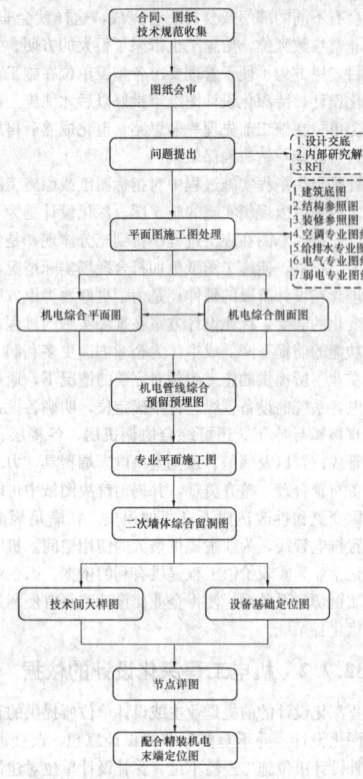

图 32-10　深化设计总流程图

相关的资料收集完毕后，要对图纸进行会审，将相关的问题提出，为下一步的工作做好铺垫。涉及业主或设计院的问题，可通过RFI（Request for Information）的形式向其正式提交，并做好相关记录；其他的，就需要通过内部研究解决，并对相关设计人员做好设计交底。在这过程中，各专业负责人需要将本专业的大概情况作一个介绍，让其他专业的工程师对其有一个初步的了解，为下一步的机电综合做好准备。

平面施工图的处理，主要是为在图纸上突出显示机电专业的消息，如将建筑底图无用的标注、字体隐藏，将颜色统一为 8 号色等。同时也统一各专业之间 CAD 绘图原则，包括线型、颜色、字体、尺寸标注等，尤其是各颜色的统一。机电工程所包括的专业较多，若不统一 CAD 绘图原则，最终出来的机电综合图将会给人眼花缭乱，无所适从。此阶段还有一个重要的任务就是检查图纸设计的完整性和正确性。因有些项目，尤其是国外的项目，所接收到的图纸只是扩初设计阶段，甚至只是初设阶段，图纸和项目的技术规范书，和相关的标准等难免会存在些冲突。此时，在各专业的平面施工图阶段，就要将相关的错误及时更改，特别是各专业的主管线。若在这阶段没有发现，后面的工作量就会成倍地增长。

平面施工图处理完后，就可以进入机电综合平面图的设计。在此过程中，机电综合剖面图是同时进行的。两者是相辅相成的，平面图是剖面图的基础，剖面图检验平面图的正确、合理性。

机电综合图的设计完成后，才能进行机电管线综合预留预埋图的设计。但这里根据项目的情况，可能会有所调整。在一些工程里，因进场时间较晚或工程进度较紧张，没有充足的时间预留给机电深化设计人员完成上面的工作，包括机电综合图的设计，就需要

提供预留预埋图以保证现场的施工进度，这时就需要深化设计人员凭借其经验，在原有图纸的基础上，充分考虑各种因素，完成预留预埋图纸，下一步的综合图，就只能在这基础上完成相关的设计。机电综合图与预留预埋图设计完成后，要将各综合图里的各专业分离出来，并反馈回各专业的专业图纸里。各专业根据因综合协调而调整移位的管线相应地调整相关内容并完成二次墙体综合留洞图。

机电工程深化设计工作的进度与项目的进度是同步进行的。当专业平面施工图完毕后，主要设备的采购也基本完成。此时，可进入技术间大样图的设计阶段。若主要设备的型号还没有确定下来，技术间大样图的设计可适当放缓，因型号的不一样，设备尺寸会有所变化。在技术间大样图的设计过程中，设备基础定位图的设计可同步进行。

上面工作基本完成后，可进行节点详图的设计。在节点详图的设计过程中，尤其是注意大管径的支架设计。常规的管径，可查规范得到相应的支架。但对于大管径，因其本身的特殊性，规范并没有对相关的支架作出明确的规定。此时，就需要机电深化设计工程师对其支架进行详细的受力分析，而不能大概估算一下支架规格。

一旦接到精装图纸，则机电工程深化设计就会进入到配合精装机电末端定位图的设计阶段。若因配合精装而较大地调整了相应的机电图纸，如风口位置、灯具位置、火灾自动报警的探头位置等，则各专业平面施工图在末端定位图的设计完成后要进行相应的调整，以保证图纸统一性。

在最后的末端定位图设计结束并通过监理或业主的审批后，对所设计的图纸进行整理、归档。至此，一个项目的机电深化设计工作基本结束。

32.2.3.2　机电管线综合预留预埋图设计流程

机电管线综合预留预埋图设计流程，主要分三步：
- 图层处理
- 管线协调
- 管线/基础定位

图层处理，是为了在图纸上突出显示机电系统的相关消息，而将一些不重要的情况隐藏或删除。同时，统一各专业之间的绘图原则，保证图纸的美观、整洁。但它并不是仅要求对图纸进行简单的处理。正如上面的深化设计总流程所提到的，若在进行机电管线综合预留预埋图的设计时，机电管线综合协调图还没设计完毕，此时就需要机电深化设计工程师在原有的基础上，在图层处理的同时，充分考虑各种情况，包括原图纸的合理性、完整性，以免发生遗漏。尤其是穿透结构梁、结构剪力墙、承重墙等地方，更要注意。

管线协调，是协调各专业之间的冲突，保证系统的体现。但一般预留预埋图是在综合协调图设计后进行设计的，从而避免所预留预埋的套管或预留洞错位。若综合协调图因时间关系没有完成，此时就需要在管线综合预留预埋图的设计过程中将各专业的主路径管线首先叠加分析一番，确保主路径管线不发生冲突。

管线/基础定位，是将所要预留预埋的套管或预留洞的轴线位置反映在图纸上，包括套管或预留洞的标高、专业归属、洞口功能，若该套管是防水套管等特殊材质，还需要在图纸上将其反映出来。

一张合理的综合预留预埋图，在完成机电各专业协调完成后，有必要提交给结构专业核实一下。若结构专业认为有部分套管或预留洞的位置会影响结构，甚至是无法实现，如在结构梁的边缘处预留一个占结构梁高 3/4 的预留洞，机电专业就要根据结构专业的意见调整相关的套管或预留洞，以保证实际施工的可行性。

只有最终经过结构专业的审核，机电管线综合预留预埋图才算设计完毕。

32.2.3.3　机电管线综合协调图设计流程

机电管线综合协调图设计流程，主要分六步：
- 各专业管线综合协调
- 图层叠加
- 综合协调图
- 专业图层处理
- 管线/设备定位
- 专业深化设计

各专业在进行机电图层叠加前要首先进行管线的初次综合协调，尤其是各专业主路径的综合协调，从而避免在综合协调图的设计过程中协调各专业的主路径管线。

经过各专业的初次综合协调后，可将各专业的图层叠加在一张图纸上，分区综合协调。若发生如上面所提到的情况，机电管线综合协调图是在管线预留预埋图设计完成后进行设计，此时，综合协调图就需要将预留预埋图作为首要图层叠加在图纸上，各专业管线首先要在此套管或预留洞中穿过，才能保证出来的机电管线综合协调图能满足现场实际的施工要求。

综合协调完毕后，各专业要将自身专业的管线从协调图中挑选出来，反馈回自身的专业图纸当中，并根据协调图中的位置，调整自身专业图纸，完成各专业的深化设计。

32.2.3.4 机电末端装修配合图设计流程

此部分工作内容属综合协调平、剖面图范畴，但是需要在排布之前，首先与精装设计及业主沟通，拿到精装吊顶造型、标高，以及其他书面要求，在此基础上进行机电管线的综合排布。配合流程如图 32-11 所示。

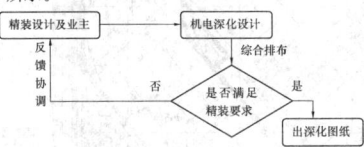

图 32-11 配合精装机电综合排布流程图

需要注意的是，与精装设计及业主的沟通之前，首先要基本完成机电各专业系统的深化设计，涉及有吊顶区域的地方，最好能先完成机电管线综合协调图，将吊顶的最低标高基本排布出来。这样，在与精装专业沟通时，能使吊顶的标高控制在机电管线综合排布可接受的范围之内，而不会出现后期机电专业与精装专业因标高问题而诸多争吵的情况出现，也不会出现后期因机电某专业系统在深化设计过程中，发现漏掉了某设备而要调整精装图纸的情况。

32.2.4 机电工程深化设计工作内容

机电工程深化设计工作内容，主要取决于与业主合同的约定，一般情况分为以下类型：

(1) 根据总包合同，主要负责机电工程的预留预埋图；机电管线综合协调图；机房大样图；与精装配合图纸。在这类合同情况下，机电各专业平面施工图可不需要做详细的深化设计，但仍需机电深化设计工程师对各自的专业图纸进行检验。

(2) 根据机电工程分包合同，主要负责与土建配合图；机电各专业深化设计；机电管线综合协调图；机房大样图；与精装配合图纸。在这类合同情况下，机电各专业平面施工图就需要机电深化设计工程师对各自的专业图纸进行详细的深化设计，以保证各专业系统的完整性和准确性。

但不管是哪一种类型，深化设计工作都会包括以下内容：

(1) 深化设计人员首先熟悉合约、技术规格说明书及当地设计规范，以及合约过程中所涉及的技术性文件以及业主的相关指令文件；

(2) 深化设计人员熟悉相关的设计交底，全面了解设计情况、设计意图及施工图的要求；

(3) 对建设单位提供的仅有指导意义的施工图纸的缺少部分，如安装节点详图、各种支架（吊架和托架）的结构图、设备的基础图、预留孔图、预埋件位置和构造进行补充设计；

(4) 设计单位提供的施工图纸中，不改变所设计的机电工程各系统的设备、材料、规格、型号又不改变原有使用功能的前提下，布置设备的管路、路线系统或做位置的移动，使之更合理，进行优化设计，达到节省工程造价的目的；

(5) 由于设备位置移动，尤其是设备移动后的变动，系统的线路、管道和风管等相应移位或长度发生变化，带来运行时电气线路压降、管道管路阻力、风管的风量损失和阻力损失等发生的变化，都应在深化设计时进行校验计算，核算设备能力是否满足要求，如果能力不能满足或能力有过量富余时，则需对原有设计选型的设备

规格中的某些参数进行调整。例如管道工程中的水泵的扬程、空调工程中风机的风量，电气工程中的电缆截面积等，总之调整的原则要坚持不影响预期的使用功能，并达到节省工程造价的目的；

(6) 深化设计完成后，机电安装总承包方要按总承包合同约定，将其送原设计单位或业主指定单位审批。只有经审批确认的深化设计施工图纸，才能作为施工的依据；

(7) 复核计算系统的容量、负荷、管线支吊架等，发现问题及时向建设单位提出，并提供相关的支持性文件。

32.2.5 机电工程深化设计深度

32.2.5.1 机电管线综合预留预埋图

机电管线综合预留预埋图，并不是指所有的机电管线都有反映在该图纸上，如电气专业的照明、插座管线，火灾自动报警系统的管线、给水排水管线的末端管线等要埋暗埋敷设管路。这些都是属于末端支管，是不需要反映到该图纸上的。机电管线综合预留预埋，是指机电各专业在一些土建结构上，楼板、结构剪力墙、承重墙、结构梁等，一旦后期需要补打孔洞时会影响到土建结构，甚至破坏土建结构等，此时需要在土建浇筑混凝土前在相应位置预留套管或木盒。而机电管线综合预留预埋图，就是反映这些套管或木盒的尺寸、标高。如电气专业的防雷接地系统，当需要在楼层底板上设置接地装置（接地井）时，因要切断底板钢筋，因而需要做预留洞，连接各接地装置之间的 UPVC 管，则无需反映到底板钢筋，而无需反映在预留预埋图中。如电气专业的各灯具底盒，插座底盒，当需要嵌入到楼板、结构剪力墙、承重墙等时需要事先将底盒安装埋设在内。但这类底盒在各专业里数量较多，体积较小，且涉及各管线敷设方向。若也反映到预留预埋图时，不但繁琐，且不能保证准确，现场施工也不需要这部分内容。因而这部分内容可不反映到预留预埋图纸当中。只有那种体积较大的暗装箱，如嵌入结构承重墙内的消火栓箱，要穿透墙，但因箱体积较大，若事先不预留木盒在承重墙内，后期的安装则要切断墙体钢筋，影响到墙体的支撑力，以及穿透楼板、结构剪力墙、承重墙、结构梁等机电各专业的主路径的管路（因各专业的主路径管路通常是大于 100mm×10mm 或 DN100 的管路），包括各专业进、出挡土墙的管线，竖井里的管线等，预留预埋洞都要反映在图纸上。

反映在预留预埋图中的各套管、木盒，都需要标注其洞口尺寸，洞口轴线位置，基础尺寸，基础位置和基础标高，同时还需要简短的说明，如专业归属、洞口功能，方便现场施工时核实，以免遗漏。

32.2.5.2 机电管线综合协调图

管线综合协调图是机电工程深化设计工作的重点，也是难点。它包括空调送、回、新风管，防排烟管，空调水管，给水管，排水管，电力桥架、线槽，电力母线，安防、消防、电话网络等弱电线槽、消防喷淋管等多专业的协调。

机电管线综合协调图的设计，要满足四个基本要求：1）满足管线交叉要求，包括满足各专业本身与其他专业之间交叉敷设的要求，如净距要求，空间排布要求，检修维护要求等。2）满足净高要求，尤其是有吊顶区域的高度要求。3）节省成本的要求，尽可能地减少翻弯。4）满足图纸的整洁美观。

通过某实例来具体说明综合协调图的设计尝试：

图 32-12 是某机电工程综合协调图。从此图可看到，各专业的管线，包括空调风管、水管、线槽桥架、消防喷淋，都要求一一反映在图纸当中。若有吊装风机，还需要将吊顶风机按实际比例反映到图纸当中。各专业管线的弯头，都要按实际的情况充分地在图纸上反映出来，包括风管的弯头、桥架的弯头等，其中，弯头包括水平弯头和垂直弯头两种。只有这样，才能保证图纸在现场的实际施工中不会因安装空间不足而变为形式上的协调图纸或设计工作和现场施工的无谓返工。要注意的是，虽然支架的安装并没有在图纸中反映出来，但需要为其留有足够的安装位置，否则到了实际现场施工时，只是"纸上谈兵"。

当仅用综合协调平面图仍不能完全说明各专业的平面协调关系和空间位置时，则要借助于剖面图来说明。图 32-13 是某工程综合剖面图。

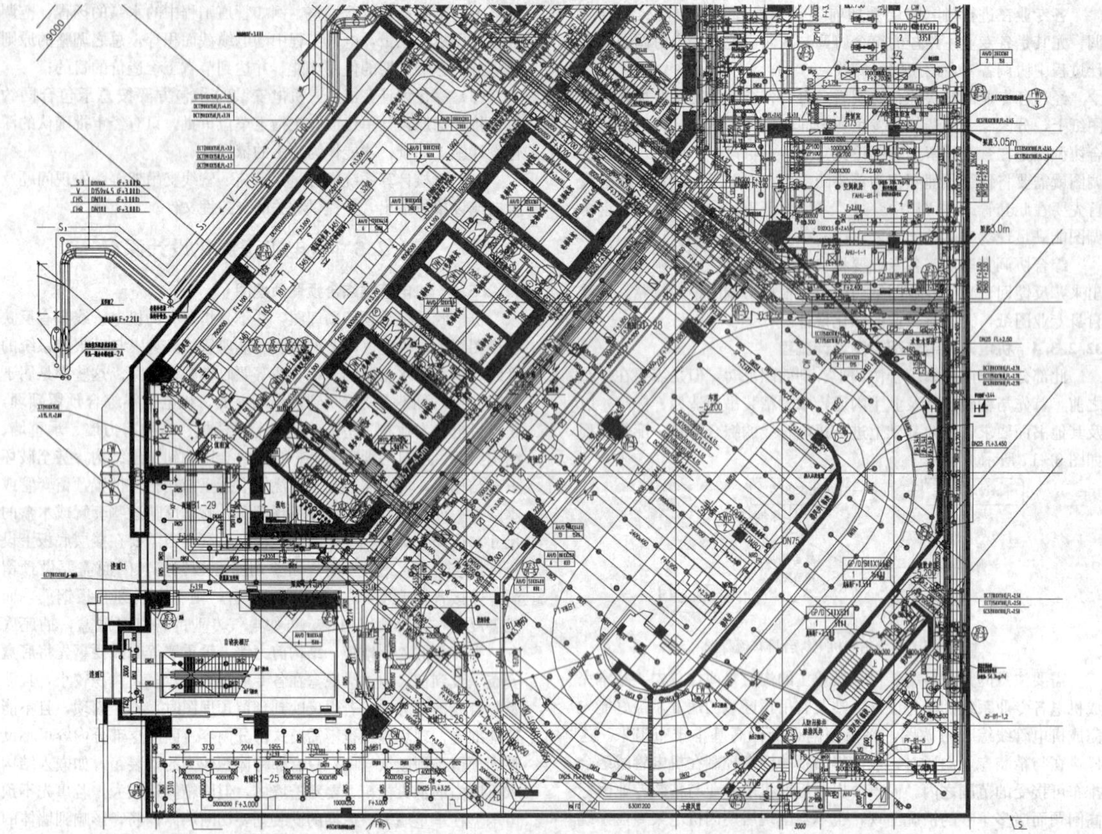

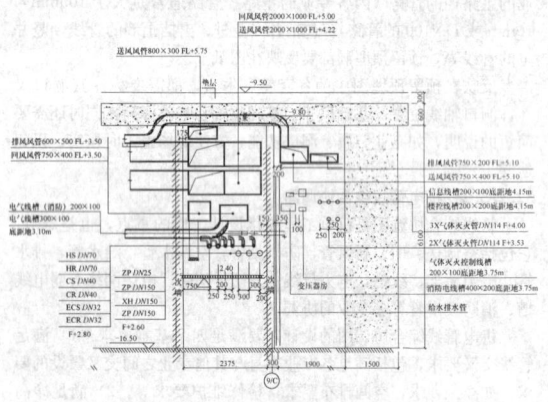

图 32-12 某工程综合协调图

图 32-13 某工程综合协调剖面图

通过综合协调剖面图，可以直观地反映出机电管线主路径的平面协调关系和空间排布位置，还可直观地知道其净高的情况。

并不是要求综合协调平面图中任何部位都要有相应的剖面图，但在关键部位和管线复杂的地方，是需要相应的剖面图来作为其平面图的补充说明。

一旦需要画相应剖面图，就需要按实际管路尺寸，将其反映在图纸上，包括屋高、建筑完成图、轴线、墙厚、吊顶、吊顶的龙骨、管线轴线位置、管线标高、管线弯头、风管和水管的保温层、支吊架、螺栓等，在现场实际情况会出现的都要尽量反映在图纸上。只有涵盖了以上各部分内容的剖面图，才能如实地反映现场实际情况，指导现场施工。

32.2.5.3 机电管线专业平面图

1. 空调风管平面图

(1) 绘出建筑轮廓、主要轴线号、轴线尺寸、室内外地面标高、房间名称。底层平面图上绘出指北针。

(2) 通风、空调平面用双线绘出风管。标注风管尺寸、标高及风口尺寸（圆形风管标注管径、矩形风管标注宽×高）、设计风量及风速；各种设备及风口安装的定位尺寸和编号；消声器、调节阀、防火阀等各种部件位置及风管、风口的气流方向。

2. 消防风管平面图

(1) 绘出建筑轮廓、主要轴线号、轴线尺寸、室内外地面标高、房间名称。绘出平面防火、防烟分区，标注防火、防烟分区面积，并编号。底层平面图上绘出指北针。

(2) 消防风管平面图用双线绘出风管。标注风管尺寸及定位尺寸，标高及风口尺寸（圆形风管标注管径、矩形风管标注宽×高）、设计风量及风速；各种设备及风口安装的定位尺寸和编号；消声器、调节阀、防火阀等各种部件位置及风管、风口的气流方向。

3. 空调水管平面图

(1) 绘出建筑轮廓、主要轴线号、轴线尺寸、室内外地面标高、房间名称。底层平面图上绘出指北针。

(2) 采暖平面绘出散热器位置，注明片数或长度，采暖干管及立管位置、编号；管道的阀门、放气、泄水、固定支架、补偿器、入口装置、减压装置、疏水器、管沟及检查人孔位置。注明干管管径及标高。

(3) 二层以上的多层建筑，其建筑平面相同的，采暖平面二层至顶层可合用一张图纸，散热器数量应分层标注。

(4) 单线绘出空调冷热水、凝结水等管道。标注水管管径、设计流量和流速、标高、坡度、坡向及定位尺寸；各种设备的安装定位尺寸和编号；干管及立管位置、编号；管道的阀门、放气、泄水、固定支架（包括安装详图）、伸缩器、入口装置、减压装置、疏水器、管沟及检查人孔位置。

4. 给水排水平面图

(1) 绘出建筑轮廓、主要轴线号、轴线尺寸、室内外地面标高、房间名称。底层平面图上绘出指北针。

(2) 平面用双线绘出水管，包括其管路弯头。标注水管尺寸及

定位尺寸、标高及管路材质、设计流量及流速；各种设备及排水口的定位尺寸和编号

　　5. 电气专业平面图

　　灯具开关、插座平面布置、管线选取、管线的敷设；防雷接线图的网络尺寸、定位尺寸，接地网的安装要求，接地电阻，管井的接地干线，主设备房的接地要求等；配电箱、桥架、母线、线槽的协调定位、选取，二次原理图的控制要求的注明。

32.2.5.4　技术间大样图

　　1. 给水排水专业

　　包括卫生间大样图、生活及消防水泵房大样图、水箱间大样图、中水机房大样图、直饮水机房大样图、气体灭火机房大样图等，这些图均须标注设备及管道尺寸及平面定位和标高。

　　2. 暖通专业

　　(1) 平面图

　　1) 机房图应根据需要增大比例，绘出通风、空调、制冷设备（如冷水机组、新风机组、空调器、冷热水泵、冷却水泵、通风机、消声器、水箱等）的轮廓位置及编号，注明设备和基础距离墙或轴线的尺寸。

　　2) 绘出连接设备的风管、水管位置及走向；注明尺寸、管径、标高、设计流量及流速。

　　3) 标注机房内所有设备、管道附件（各种仪表、阀门、柔性短管、过滤器等）的位置；并注明管道阀门、补偿器、管道固定支架安装位置以及就地安装一次测量仪表的位置等。

　　4) 空调、制冷机房应有控制原理图，图中以图例绘出设备、传感器及控制元件位置，并配备相关的文字说明。注明控制要求、逻辑程序及必要的控制参数。

　　(2) 剖面图

　　1) 当其他图纸不能表达复杂管道相对关系及竖向位置时，应绘制剖面图。

　　2) 剖面图应绘出对应于机房平面图的设备、设备基础、管道和附件的竖向位置、竖向尺寸和标高。标注连接设备的管道位置尺寸；注明设备和附件编号以及详图索引编号。

　　3. 锅炉房及换热间大样图

　　(1) 锅炉房

　　1) 热力系统图。应绘出设备、各种管道工艺流程，绘出就地测量仪表设置的位置。按本专业制图规定注明符号、管径及介质流向，并注明设备名称或设备编号。标注控制要求、逻辑程序及必要的控制参数。

　　2) 绘出设备平面布置图，对规模较大的锅炉房还应绘出主要设备剖面图，注明设备定位尺寸及设备编号。

　　3) 绘出汽、水、风、烟等管道布置平面图，应绘出管道布置剖面图，并注明管道阀门、补偿器、管道固定支架安装位置以及就地安装一次测量仪表的位置等。注明各种管道管径尺寸、设计流量和流速及安装标高，还应注明管道坡度及坡向。

　　4) 其他图纸，如机械化运输平、剖面布置图，设备安装详图、非标准设备制造图或制作条件图（如油罐等）应根据工程情况进行绘制。

　　(2) 其他动力站房

　　1) 管道系统图（或透视图）。对换热换站，气体站房和柴油发电机房等绘制系统图，深度参照锅炉房。对燃气调压站和瓶组站绘制透视图，并注明标高。标注控制要求、逻辑程序及必要的控制参数。

　　2) 设备管道平面图、剖面图。绘出设备及管道平面布置图，当管道系统较复杂时，应绘出管道布置剖面图、图纸内容和深度参照锅炉房平、剖面图的有关要求。

　　4. 机房管井

　　机电管井大样图主要包括设备管井及电气管井两类。其中设备管井可分为单专业管井及综合管井。在管井大样排布前，首先要明确管井中所涉及内容，将所有管线及设备综合后进行综合排布。

　　(1) 设备管井

　　设备管井的排布要以井外管线为依据，排布时要考虑管线检修问题，将需要检修的管线排布在检修门侧。按照规范要求保持适当

间距，并留出足够空间以满足保温、支架的安装要求。

　　需要注意的是，各层管井的排布要上下层保持贯通，即上下层管线位置一致，避免仅做本层排布而导致管线位置颠倒。

　　在管井排布时，要参考梁图及现场实际情况，避免过于理想化导致现场施工困难。

　　在设备管井中既有风管又有水管时，要将风管与水管分开排列，切忌交错排布。

　　深化设计具有前瞻性，在现场施工前，如果发现建筑设计预留管井规格偏小，则可以通过以下三种方法进行沟通解决：

　　1) 校核管线规格，看在满足设计规范的前提下管线规格是否有优化的可能性，通过减小管线截面来解决管井空间不够之问题。

　　2) 及时与专业设计、建筑设计及业主沟通，看是否能够对原有竖井规格进行扩大。这种情况下，竖井将占去更多使用空间，需要与业主及时沟通。

　　3) 在满足规范的前提下没有优化空间，并且由于建筑、结构问题不能进行管井扩大的情况下，则需要建筑及机电设计改变原有方案，进行管井的移位。

　　管井大样图的排布过程中，需要注意土建专业是否留出检修门或检修口位置，如果没有留出或者数量位置有误，则需深化设计人员与土建技术部门进行及时沟通。通常，在水管立管有阀门或检查口位置需要预留检修门。有些时候风管立管上装有阀门，也需要在阀门附近竖井上预留检修门。

　　(2) 电气竖井

　　电气竖井的综合排布同样需要明确所有设备及管线，并注意以下几点：

　　在排布强弱电井时尤其需要强弱电专业密切配合，配电箱柜及出线路由尽量分布在竖井的两侧，做到排布协调互不干扰。

　　如果发现竖井规格偏小，需要及时与建筑及电气设计进行沟通。

　　配电箱的定位需要考虑安装及检修方便，定位标注要以轴线为基准，上下层间管线路由同样需要保持贯通。

　　配电箱柜的出线风格要保持一致，箱柜水平分布，以确保进出线路顺畅。

　　在管井预留洞时，母线要单独留洞，以符合现场施工工艺要求。

　　机房及管井大样图的绘制，可以正确指导现场施工，协调各专业间的配合，并及时发现原设计不足并加以补充协调，以减少施工的二次拆改并保证施工的顺利进行，良好的机房及管井排布，对于后期物业维保工作也具有重大意义。同时，在满足设计与施工验收规范及业主要求的前提下，增强机房及管井内视觉效果，也是体现施工单位实力的很好载体。因此，在深化设计及现场施工工作中，管井及机房大样图具有举足轻重的作用。

　　变配电室大样图，需要标注高、低压柜、模拟屏、直流屏、变压器等的布置，灯具开关和插座的平面布置、管线选取、管线的敷设；应急发电机房大样图，需要标注发电机的布置，灯具开关和插座的平面布置、管线选取、管线的敷设。

32.2.5.5　机电末端装修配合图

　　1. 立面及节点配合

　　由于精装造型包括平面及立面造型，通常在机电管线排布时首先考虑平面造型及标高的满足。然而立面造型的配合也非常关键，如：侧风口的规格及定位、防雨百叶的定位，排烟防火阀手动按钮定位等。

　　2. 综合顶棚图纸的配合

　　在配合精装施工图纸，综合顶棚图的配合是一项重要内容。一般意义上，机电各末端需要由机电设计提至精装设计，双方进行沟通，在综合考虑技术与观感因素后，精装设计给出综合顶棚图。该图纸经过各相关施工单位校核与沟通后，最终由精装设计出图，精装设计、机电设计及业主签字下发施工单位。

　　3. 地砖排布的配合

　　由于在地面上有机电专业的疏散指示灯、地插等末端，按照精装设计要求，需要在地砖排布时进行协调。一般机电末端都是按照设计规范要求进行定位，在排布时只能微调，过程同顶棚末端

定位。

4. 开关面板等末端定位

电气开关面板、温控器等末端一般都是按照施工验收规范进行预留或定位，在配合精装设计过程中，需要精装设计考虑此因素来确定墙面、柱面等处理方式。

32.2.5.6　机电系统相关计算

机电系统的计算包括了水力计算、支架受力计算、电气负荷计算等计算。

业主提供的设计图纸里，设计院对空调水系统的水力或许进行了计算，但因后期设备选型的差异等各种原因，在进行深化设计的过程中，仍需要进行空调水系统水力计算，分析其比摩阻 R 的取值范围的不同对管材、阀门、附件、工程造价带来的影响，从中选取最佳方案。

大型机电项目中，机电大管径管道较多，尤其是制冷主机房、管道井、设备层。由于管道支架受力计算复杂，管道支架的选取一般是根据经验估算，选取一个认为保守的方案，缺乏足够的计算依据，管道系统的安全性得不到保障。而规范又只对常规管径做了规定，并没有提供对大管径选择依据。因此，在机电的深化设计的过程中，在遇到大型管径的管道时，即使计算复杂，仍需要细致地对其计算、检验，以保证管道系统的安全性。

电气专业是个独立而又是个辅助的专业。设备选型的不同或其他专业的调整变更，都将会影响到电气负荷的计算。为此，电气专业在系统图的深化设计过程中，要对其各负荷重新进行核算，保证专业之间的统一性。

32.2.6　机电工程深化设计协调

32.2.6.1　机电工程各专业间协调

机电深化设计各专业除了安装空间协调外，还要进行系统功能的协调配合。如空调专业要和电气专业进行设备电气参数以及控制方式的协调配合，要为电气专业设备间提供空调通风系统；空调专业要给水排水专业提供足够的热源，提供本专业排水点位置和管线尺寸等；空调专业与弱电专业进行设备自控方式，控制流程，以及点位等相关信息的综合协调。同样道理，电气、给水排水和弱电专业在设计过程中要与机电其他专业进行全面协调配合。从而保证各系统功能的实现，安全高效运行。

32.2.6.2　机电工程专业和土建专业的协调

机电专业在设计过程中，需要与土建等专业密切配合，从而全面了解建筑信息，保证与相关专业正确的结合，避免出现专业冲突。土建专业为各专业提供标准的建筑底图，提供必要的建筑信息，综合协调各专业在设计过程中出现的与建筑相关问题。机电专业绘制机电专业管线预留预埋图纸，经土建专业审核后提交。

与土建专业的配合，还包括技术间的设备基础的配合，尤其是安装在屋顶上的大型设备，土建专业有可能要根据设备的基础增加次梁等设计。因而，机电专业在绘制完设备基础定位图后，要及时与土建专业进行协调，并在土建专业审核后提交。

32.2.6.3　机电专业和精装修专业的协调

机电专业不能在深化设计的过程中静待精装修专业图纸。因精装区域的标高、灯具的数量、送风口、回风口、火灾自动报警系统的感烟探测器、感温探测器、应急照明、疏散照明、消防喷淋头等，精装修专业都有可能只是在原图纸的基础上进行设计。但在机电的深化设计过程中，这些内容都有可能已进行了调整、优化。若此过程中与精装修专业没有建立起有效地协调途径，后期会有可能发生较大的冲突，尤其是净高的冲突。因投资方为节省成本，都不可能将层高建设得过高，而又希望将精装区域的吊顶尽量调高，所带来的结果就是机电专业与精装修专业在净高的要求上，往往有较大的冲突。因此，机电专业与其需要有充分地沟通，在满足规范要求的基础上，尽可能地保证吊顶的安装高度。

32.2.6.4　机电管线综合协调原则

1. 总体原则

风管布置在上方，桥架和水管在同一高度时候，水平分开布置，在同一垂直方向时，桥架在上，水管在下进行布置。综合协调，利用可用的空间。

2. 避让原则

有压管让无压管，小管线让大管线，施工简单的避让施工难度大的。

3. 管道间距

考虑到水管外壁，空调水管、空调风管保温层的厚度。电气桥架、水管，外壁距离墙壁的距离，最小有100mm的距离，直管段风管距墙距离最小150mm，沿结构墙等90°拐弯风管及有消声器、较大阀部件等区域，根据实际情况确定距墙柱距离，管线布置时考虑无压管道的坡度。不同专业管线间距离，尽量满足施工规范要求。

4. 考虑机电末端空间

整个管线的布置过程中考虑到以后灯具、烟感探头、喷洒头等的安装，电气桥架安装后放线的操作空间及以后的维修空间，电缆布置的弯曲半径不小于电缆直径的15倍。

5. 垂直面排列管道

热介质管道在上，冷介质在下；

无腐蚀介质管道在上，腐蚀性介质管道在下；

气体介质管道在上，液体介质管道在下；

保温管道在上，不保温管道在下；

高压管道在上，低压管道在下；

金属管道在上，非金属管道在下；

不经常检修管道在上，经常检修的管道在下。

上述为管线布置基本原则，管线综合协调过程中根据实际情况综合布置，管间距离以便于安装、检修为原则。其具体尺寸要参照相关的规范。

32.2.7　机电工程深化设计软件介绍

目前市场上有很多相关的机电工程深化设计软件，如 Auto-Plant、天正软件、MagiCAD 等，其都各有特点，各有优势。但都并不是完全针对机电的深化设计工作。如 AutoPlant 能三维反映出机电管线之间的综合协调，但其主要用于工业厂房项目，且软件复杂，操作不便，并要预先建模，不能广泛应用于建筑行业里的机电工程深化设计；天正软件是在 AUTOCAD 平台上开发的专业设计软件，可用于系统计算、方案设计、国内标准施工图设计等，但它是将三个专业分开，没有综合在一起，在机电管线综合设计中需要频繁切换，没有国内机电产品库，绘图效率不高，偏重于设计院进行初设图、施工图设计，仍不是机电工程深化设计的理想工具；MagiCAD 是芬兰公司的新一代软件，在北欧建筑设备（包括暖通空调、给水排水、消防和电气专业）设计领域内占有绝对的市场优势，是三维绘图，有自动碰撞检测功能，有设备材料自动统计等功能，并能自动生成并更新剖面图。但它需要事先建模，最大的缺点是没有国内机电产品图库。同时，三个专业仍独立分开，还不能较好地适合绘制机电综合协调图。某种意义上，深化设计软件目前在国内还是一个较大的空白。

因机电工程深化设计，不仅是图纸绘制，还包括机电系统的相关计算。现市场上有各种各样的机电系统的相关计算。但完全适用于建筑行业的机电深化设计软件，目前仍不多见，较多的仍是基于 EXCEL 表格上个人使用版本的部分计算表格。因而，与深化设计软件一样，在国内仍处于一个较大的空缺。

32.3　机电工程施工管理

机电施工现场管理应遵循国家、地方、行业有关法律法规和强制性标准的规定，现场各方主体应建立完善的组织机构，明确职责和要求，规范作业，文明施工。加强科学技术研究和先进技术的推广应用，提高机电施工现场管理水平，实现施工现场管理科学化、规范化和标准化。

32.3.1　机电工程设备、材料管理

为保证工程质量，必须加强对机电工程所使用设备、材料的管理。施工单位应建立一整套严格的质量管理体系，建立健全各项管理制度。从采购、运输、验收、保管、安装和调试等各环节严格把关，实行专人负责和共同审核机制，会同施工、建设、监理三方对

主要设备和重点工程进行审核验收并签字确认。落实责任追究制度，奖罚分明，管理有序，确保机电工程的施工质量。

32.3.1.1 设备、材料的基本要求

机电工程所使用的主要材料、成品、半成品、配件、器具和设备必须符合国家或行业的现行技术标准，满足设计要求。其基本要求如下：

（1）实行生产许可证和安全认证制度的产品，比如：机电设备、施工机具、照明灯具、开关插座、安保器材、仪器仪表、管件阀门等，必须具有许可证编号和安全认证标志，相关证书资料齐全有效。

（2）在施工中应用的设备、材料必须具有质量合格证明文件，规格、型号及性能检测报告。进场时应做检查验收，对其规格、型号、数量及外观质量进行检查，不合格的建材产品应立即退货。涉及安全、节能、环保等功能的产品，应按各专业工程质量验收规范的规定进行复验（试），复验合格并经监理工程师检查认可后方可使用。

（3）按规定须进行抽检的建材产品，应按规定程序由相关单位委托具有法定资质的检测机构，会同监理（建设）、施工单位，按相关标准规定的取样方法、数量和判定原则，进行现场抽样检验。施工单位应根据工程需要配备相应的检测设备，检测设备的性能应符合有关施工质量检测的规定。

（4）建筑给水、排水及采暖工程所使用的管材、管件、配件、器具及设备必须是认证厂家生产的合格品，并有中文质量合格证明文件，生活给水系统所涉及的材料必须达到饮用水卫生标准。

（5）主要器具和设备必须有完整的安装使用说明书，设备有铭牌，注明厂家、型号。在运输、保管和施工过程中，应采取有效措施防止损坏或腐蚀。

（6）机电设备安装施工用的辅助材料原则上使用厂家指定产品，非指定产品必须要求材料供应商提供材料的材质证明及合格证，其规格和质量必须符合工艺标准规定的技术参数指标，以确保达到工程质量标准。

（7）管道使用的配件的压力等级、尺寸规格等应和管道配套。塑料和复合管材、管件、胶粘剂、橡胶圈及其他附件应是同一厂家的配套产品。

（8）工程中使用的设备、材料优先选用环保节能产品，辅助材料必须满足有关环保及消防要求。

（9）电气设备上计量仪表和与电气保护有关的仪表应检定合格，投入试运行时，应在有效期内。

（10）电力变压器、柴油发电机组、不间断电源柜、高低压成套配电柜、控制柜（屏、台）及动力、照明配电箱（盘）等重要电力设备应有出厂试验记录及完整的技术资料。

（11）防腐保温材料除应符合设计的质量要求外，还应符合环保、消防等方面的技术规范要求。

32.3.1.2 设备、材料的检验与试验

机电工程的设备、材料、成品和半成品必须进行入场检验，查验产品外包装、品种、规格、附件等，如对产品质量有异议应送有资质第三方检验机构进行抽样检测，并出具检测报告，确认符合相关技术标准规定并满足设计要求，才能在施工中应用。成套设备或控制系统除符合相关技术标准规定外，还应有出厂检验与试验记录，并提供安装、调试、使用和维修的完整技术资料，确认符合相关技术规范规定和设计要求，才能在施工中应用。入场检验工作应由工程总承包方牵头，协调施工、建设、监理和供货商共同参与完成，检验工作程序规范，结论明确，记录完整。具体要求如表32-1所示。

机电工程设备、材料进场检验要求　　表32-1

序号	设备、材料	检验项目	查验要求
1	开关、插座、接线盒和风扇及其附件	产品证书	查验合格证 防爆产品有防爆标志和防爆合格证号 安全认证标志
		外观检查	完整、无破裂、零件齐全 风扇无变形损伤，涂层完整，调速器等附件适配
		电气性能	现场抽样检测 对塑料绝缘材料阻燃性能有异议时，按批抽样送有资质的试验室检测

续表

序号	设备、材料	检验项目	查验要求
2	电线、电缆	产品证书	按批查验合格证、生产许可证编号和安全认证标志
		外观检查	包装完好，抽检的电线绝缘层完整无损，厚度均匀 电缆无压扁、扭曲，铠装不松卷 耐热、阻燃的电线、电缆外护层有明显标识和制造厂家
		电气性能	现场抽样检测绝缘层厚度和圆形线芯的直径符合制造标准对电线、电缆绝缘性能、导电性能和阻燃性能有异议时，按批抽样送有资质的试验室检测
3	电气工程用导管	产品证书	按批查验合格证
		外观检查	钢导管无压扁、内壁光滑 非镀锌钢导管无严重锈蚀，油漆完整 镀锌钢导管镀层均匀完整、表面无锈斑 绝缘导管及配件无碎裂、表面有阻燃标记和制造厂标
		质量性能	现场抽样检测导管的管径、壁厚及均匀度符合出厂标准对绝缘导管及配件的阻燃性能有异议时，按批抽样送有资质的试验室检测
4	安装用型钢和电焊条	产品证书	按批查验合格证和材质证明书
		外观检查	型钢表面无严重锈蚀，无过度扭曲、弯折变形 电焊条包装完整，拆包抽检，焊条尾部无锈斑
5	镀锌制品和外线金具	产品证书	按批查验合格证或厂家出具的镀锌质量证书
		外观检查	镀锌层覆盖完整、表面无锈斑、无砂眼、无变形 金具配件齐全
6	电缆桥架、线槽	产品证书	查验合格证
		外观检查	部件齐全、表面光滑、不变形 钢制桥架涂层完整、无锈蚀 玻璃钢制桥架色泽均匀，无破损碎裂 铝合金桥架涂层完整，无扭曲变形，不压扁、无划伤
7	封闭母线、插接母线	产品证书	查验合格证和随带安装技术文件
		外观检查	插接母线上的静触头无缺损、表面光滑、镀层完整 母线螺栓搭接面平整、镀层覆盖完整，无起皮和麻面 防潮密封良好，各段编号标志清晰 附件齐全，外壳不变形
8	裸母线、裸导线	产品证书	查验合格证
		外观检查	包装完好，裸母线平直，表面无明显划痕 裸导线表面无明显损伤，不松股、扭折和断股（线）
		质量性能	测量厚度和宽度符合制造标准 测量线径符合制造标准
9	电缆头部件及接线端子	产品证书	查验合格证
		外观检查	部件齐全，表面无裂纹和气孔 随带的袋装涂料或填料不泄漏
10	照明灯具及附件	产品证书	普通灯具应有安全认证标志 防爆灯具应有防爆标志和防爆合格证号 新型气体放电灯具应有随带的技术文件和产品合格证
		外观检查	检查灯具涂层完整，无任何变形损伤 附件齐全
		质量性能	抽样检测成套灯具的绝缘电阻、内部接线等性能指标 对游泳池和类似场所灯具（水下灯及防水灯）的密闭和绝缘性能有异议时，按批抽样送有资质的试验室检测

续表

序号	设备、材料	检验项目	查验要求
11	仪表设备及材料	开箱检查	产品包装及密封无破损，外观完好 产品的技术文件和质量证明书齐全 铭牌标志、附件、备件齐全 型号、规格、数量与设计要求相符
12	仪表盘柜、箱	外观检查	表面平整，内外表面漆层完好 型号、规格与设计要求相符 盘、柜、箱内的仪表、电源设备及其所有部件的外形尺寸和安装孔尺寸准确，安装定位牢固可靠
13	高低压成套配电柜、控制柜（屏、台）及动力、照明配电箱（盘）	产品证书	查验产品合格证和随带技术文件
		外观检查	涂层完整，无明显变形损伤 检查柜内元器件无损坏丢失、接线牢固可靠
14	蓄电池柜、不间断电源柜	产品证书	许可证编号和安全认证标志 不间断电源柜应有出厂试验记录
		外观检查	蓄电池柜内电池壳体无碎裂、漏液，充油充气设备无泄漏
15	柴油发电机组	产品证书	查验产品合格证和附带的技术文件 发电机及其控制柜应有出厂试验记录
		开箱检查	依据装箱单，核对主机、附件、专用工具、备品备件
16	电动机、电加热器、电动执行机构和低压开关设备	产品证书	查验合格证、许可证编号和安全认证标志 安装、调试、使用说明等技术文件
		开箱检查	查验电气接线端子完好，元器件装配牢固无缺损，附件齐全
17	变压器、箱式变电所、高压电器及电瓷制品	产品证书	产品合格证和技术文件齐全完整 变压器应有出厂试验记录
		开箱检查	检查绝缘件无缺损、裂纹、渗漏现象 充气高压设备气压指示正常 涂层完整，无损伤 查验附件

机电工程其他专用设备、附件、辅材均应符合相关质量要求，有产品合格证及性能检测报告或厂家的质量证明书，并符合工程设计要求。仪表设备的性能试验应按现行相关技术规范的规定执行。

32.3.1.3 设备、材料现场保管的要求

进入现场的设备、器具要妥善安放，入库材料应由有关责任人和仓库保管员负责入库验收。验收内容为材料的类别、规格、型号、数量以及采购材料的合格证明等。室外保管要有完整的外包装，采取防雨、防晒、防风和防火等必要的防护措施。室内保管要注意防潮防火，易破碎物品要采取保护措施并予以醒目标识。具体要求如下：

(1) 现场的材料应按型号、品种分区摆放，并分别编号、标识。

(2) 易燃易爆的材料应专门存放、专人负责保管，并有严格的防火、防爆措施。

(3) 有防湿、防潮要求的材料，应采取防湿、防潮措施，做好标识。

(4) 有保质期的库存材料应定期检查，防止过期，并做好标识。

(5) 易损坏的材料应保护好外包装，防止损坏。

(6) 材料的账、卡、物及其质量保证文件齐全、相符。

(7) 仪表设备及材料验收后，应按其要求的保管条件分区保管。主要的仪表材料应按照其材质、型号及规格分类保管。

(8) 仪表设备及材料在安装前的保管期限，不应超过一年。当超期保管时，应符合设备及材料保管的专门规定。

(9) 油漆、涂料必须在有效期内使用，如过期，应送技检部门鉴定合格后，方可使用。

(10) 保温材料在贮存、运输、现场保管过程中应不受潮湿及机械损伤。

(11) 灯具、材料在搬运存放过程中应注意防震、防潮，不得随意抛扔、超高码放。应存放在干燥通风，不受撞击的场所。

32.3.2 机电工程施工现场管理

机电工程施工涉及众多学科和专业，大量采用新技术、新工艺、新材料、新设备，具有安装工艺流程复杂，技术更新快，科技含量高的特点。随着智能化建筑的推广普及，机电工程在建设项目中所占比例越来越大，技术标准也在不断提高，这些使得施工现场管理成为项目施工的关键环节，它将直接影响项目的成本目标、进度目标、质量目标和安全目标的实现。

32.3.2.1 现场成本管理

现场成本管理的原则是合理配置生产要素，采用优化配置、动态控制和科学调度等手段，对施工的全过程中所消耗的人力资源、物质资源和费用开支，进行指导、监督、调节和限制，及时纠正已经发生和控制将要发生的偏差，以使各项费用控制在计划成本的范围内，保证成本目标的实现。

1. 人力资源管理

(1) 实行人力资源的优化配置。按照机电安装工人劳动生产率定额、施工进度计划、工程量、施工技术方案和施工人员素质等制定劳动力需求计划，原则是满足基本施工需求、适当留有余地，注意工种组合及技工配比。

(2) 根据施工需要对人力资源进行动态管理，及时协调、调配、补充或减员，实现人力资源的优化组合，对劳动力的表现进行跟踪考核，并记入用工档案。

(3) 按要求组织员工培训，根据工程特点、技术难点、四新技术的应用，组织作业人员进行技术操作培训和岗前培训。建立特种作业人员管理档案，记录培训考试、证书审验、岗位调配和工作业绩等。

(4) 加强对员工作业质量和效率的检查评比，建立激励机制，兑现绩效奖励。

2. 工程设备和材料管理

(1) 根据设计文件的要求，组织制定工程设备和主要材料需用量计划以及辅助材料需用量计划，并按施工进度计划确定分期分批供货计划。

(2) 按需用量计划和分批供货计划组织采购，建立设备制造商和供应商信息数据库，了解供应商的产品价格、性能、信用、供货能力，建立长远、稳定、多渠道、可选择的货源基地。

(3) 机电工程所需的材料按类别分级组织采购。A类材料应由企业物资部门订货或市场采购；B类和C类材料应按承包人授权由项目经理部采购。项目经理部应编制采购计划，报企业物资部门批准，按计划采购。特殊和零星材料的品种，在"项目管理目标责任书"中约定。

(4) 分别建立工程设备和材料台账，严格履行物料收发手续，做到账、物相符。贵重物品应跟踪使用，并做好记录。

(5) 建立使用限额领料制度和周转材料保管、使用制度，做好使用、报废、节约及超用状况记录。

(6) 实施材料使用监督制度，定期检查、定期盘点，及时办理剩余材料、部件和配件的退库手续，做好包装物及废料的回收和处理。

3. 施工机械设备和检测器具管理

(1) 项目经理部根据施工进度计划、施工技术方案的要求，制定施工机械设备和检测器具使用计划。

(2) 施工机械设备和检测器具进入现场时，应进行完好程度、使用文件齐全状况等检查，机械设备的能力、检测器具的量程、设备和检测器具的精度和数量等应满足机电安装工程的需要。

(3) 建立施工现场的机械设备和检测器具台账，制定相关的定机定人定岗位的责任制和操作规程，使用中做好维护和保养，使设备始终处于完好状态，检测器具保持有效性，保证安全使用合理。

(4) 加强施工机械设备和检测器具的动态管理,合理调度和协调,既能满足施工需要,又能提高其利用率。

(5) 定期或随时抽检设备所处状态及操作或使用的合理性、安全性,做好记录,发现问题应及时分析和处理。

4. 技术管理

(1) 施工前技术准备工作

施工技术资料准备;施工现场、作业环境的技术准备;参与设计图纸的会审和设计交底;编制施工组织总设计、单位工程施工组织设计和施工方案;项目施工人员的资格认定;技术交底和施工安全技术交底;编制工程设备和材料、施工机械设备以及检测器具的需用计划等。

(2) 施工过程中技术管理工作

施工指导和监督;办理设计修改、材料或设备变更手续;因施工条件变化修订原施工技术方案;指导和处理新技术的应用工作;制定调试和试运转方案;参加质量事故、安全事故的处理;及时填写技术日志等。

(3) 交竣工验收中技术管理工作

收集、汇总和整理工程技术资料;绘制竣工图、参加工程竣工自检工作;参加交竣工各类文件资料的检查、整理和编制工程档案;编写工程施工技术总结等。

5. 资金管理

(1) 依据工程承包合同的付款方式和施工进度计划做出项目收入预测表,统一对外收支和结算,及时催收预付款和结算工程款。

(2) 根据成本费用控制计划、项目管理实施规划和施工组织总设计、工程设备和材料储备计划和工程进度计划做出资金支出预测,合理调配资金支付各项支出,重视资金支出的时间价值,提高资金利用效率。

(3) 按资金收支对比差额筹措资金。在充分利用自有资金的基础上,多渠道筹措资金,尽量利用低利率贷款。

32.3.2.2 现场进度管理

现场进度管理要根据机电工程施工作业工序多、交叉作业量大、工艺复杂的特点,重点抓好施工组织的连续性和均衡性,协调好各个工种的相互配合,合理调配人力资源,保障施工机具、设备、材料按计划供应,及时解决施工中出现各种问题,确保进度计划正常实现。

1. 施工作业计划编制

(1) 根据项目总进度计划和单位工程进度计划的实施情况或业主提出的实时进度指标,施工项目经理部在掌握和了解各单位工程中各分部分项工程的施工资源、现场条件、设备与材料供应等情况基础上,编制月、旬作业计划。

(2) 施工的月、旬作业计划应明确:具体的计划任务目标;所需要的各种资源量;各工种之间和相关方的具体搭接与接口关系;存在问题及解决问题的途径和方法等。

(3) 施工月、旬计划的编制一般可采用横道图形式表示,并应有计划说明和实施措施。

2. 施工作业计划实施

(1) 项目经理部在计划实施前要进行计划交底,并对分承包方和施工队下达计划任务书。

(2) 施工队应根据施工月、旬作业计划编制施工任务单,将计划任务落实到施工作业班组;施工任务单的内容应有具体的施工形象进度和工程实物量、技术措施和质量要求等。在实施进度计划过程中要做好施工记录,任务完成后由施工队进行检查验收并及时回收施工任务单。

(3) 根据月、旬施工进度计划,掌握计划实施情况,协调施工中的各个环节、各个专业工种、各相关方之间协作配合关系,采取措施调度生产要素,加强薄弱环节,处理施工中出现的各种矛盾,保证施工有条不紊地按计划进行。

3. 施工作业计划调整

施工作业出现进度偏差时,一般采用的调整主要方法有:

(1) 局部工作增加或减少施工内容。

(2) 改变施工方案和施工方法,使单位时间内工程量增加或减少。

(3) 在相应工作时差允许范围内改变起止时间。

(4) 调整施工作业计划的方法和措施确定后,重新编制符合实际情况的进度计划。

4. 加强沟通协调,保障现场施工条件

(1) 施工单位应加强与建设方和监理方的沟通协调,就施工进度及其影响因素进行密切交流与协商,争取得到各方的支持与配合。

(2) 处理好施工现场与周边单位的关系,保证施工现场的水、电、气供应,协调好交通运输、社区安全、环保、消防等各方面,保障现场的作业环境和施工条件。

(3) 施工过程中要随时掌握现场气候、环境、交通、安全等影响施工的信息,制定各种应急预案,及时调整部署,从容应对各种突发事件。

(4) 按施工进度计划制定分期分批供货计划,按时组织采购、进货、验收和供应。采购部门或人员应随时了解施工现场情况,配合现场施工进度及时调整采购计划,避免物料供应与施工进度脱节,造成物料积压或不足的现象。

5. 制定奖惩制度

对于优质高效、完成施工计划并积极为下道工序创造条件的人员给予适当的奖励,对于无故延期、返工、浪费材料以及影响其他工序的进度和质量的人员给予必要的处罚并追究相关管理人员的责任。

32.3.2.3 现场质量管理

施工现场质量管理主要包括:工程质量管理体系和责任制度建立与落实,设备与材料质量控制,施工过程管理与控制,现场质量检验与试验,质量事故处理等全面质量管理工作。

1. 建立现场质量管理体系和质量责任制度

(1) 明确规定工程项目领导和各级管理人员的质量责任。

(2) 明确规定从事各项质量管理活动人员的责任和权限。

(3) 规定各项工作之间的衔接、控制内容和控制措施。

(4) 审核施工单位资质,施工管理人员、班组长、操作人员应具备相应的管理业务水平和技术操作能力,安装电工、焊工、起重吊装工、电气调试人员持证上岗。

(5) 定期、不定期地检查工程质量控制和质量保证情况,并做出客观的评价。

2. 建立严格的施工技术管理体系

(1) 针对工程的特点,组建现场技术管理体系,解决施工过程中遇到的技术性问题,严格控制工程施工质量。

(2) 施工前,认真组织各专业技术人员,熟悉掌握图纸和进行专业技术图纸会审,进行设计交底和施工技术交底,明确下达施工任务单,操作人员按任务单施工。

(3) 机电工程设计中若需要技术变更,应事先得到厂家及业主(监理工程师)的签字确认后进行,技术变更应保持完整记录。

(4) 严格遵守技术复核制度,对建筑物的方位、标高、高度、轴线、图纸尺寸、误差等作复核记录,经复核无误后再进行资料存档管理。

(5) 隐蔽工程施工时,质量检查人员、专业技术负责人和专职质检员必须共同进行监督,没有工程技术负责人,监理和有关工长、质检员签字,不准进入下一道工序。

(6) 在分部分项工程施工中,相关专业工种之间应进行交接检验并形成记录,未经监理工程师(建设单位技术负责人)检查认可不得进行下道工序施工。

3. 现场会议制度

(1) 施工现场必须建立、健全和完善现场会议制度,并协调有关单位间的业务活动。

(2) 定期或不定期召开现场质量检查会议,及时分析、通报工程质量状况,保证施工的各个环节在相应管理层次的监督下有序进行。

4. 现场质量检验制度

(1) 根据设计要求和产品质量标准,确定对工程设备、材料进货检查和验收,施工监理参与检验并确认。

(2) 控制重点施工部位或关键工序,施工技术人员和质量检验

人员事先对工序进行分析，针对施工过程中容易出现的质量问题，采取质量预控措施予以预防。

(3) 施工现场质量管理按《施工现场质量管理检查记录》进行检查记录。

(4) 隐蔽工程质量检验和试验应按已制定的质量检验计划的规定进行。如接地系统测试、管道强度试验、通球和吹扫试验等，经测试合格并形成验收记录，各方签字确认后，才能进行隐蔽施工。

(5) 机电设备安装完成后，按规定进行单机调试和试运转，按工艺系统进行联动调试和试运转，检验设备功能特性和安装质量是否符合工艺设计的要求，达到设计预期使用功能。

(6) 严格按施工验收规范要求填写机电设备运行和试验记录、安全测试记录、试运行记录、工序交接验收合格等施工安装记录。

(7) 建立质量统计报表制度，对已完成的检验批、分项工程、分部工程的质量评定情况进行统计分析，提高质量管理工作的科学性和时效性。

5. 质量事故报告和处理制度

(1) 提供真实数据资料

施工单位提供有关合同的合同文件，如工程承包合同、设计合同、设备、材料采购合同、监理合同及分包工程合同等；有关技术文件和档案，如有关设计文件；与施工有关的技术文件和档案资料；施工组织设计或施工方案、施工计划、施工记录、施工日志；有关材料的质量证明文件资料、有关设备检验材料、质量事故发生后事故状况的观测、试验记录和试验、检测报告等。

(2) 提交质量事故报告

施工单位在质量事故发生后应提交报告。内容包括质量事故发生的时间、地点、工程项目名称及工程的概况；质量事故状况的描述；质量事故现场勘察笔录、证物照片、录像、证据资料、调查笔录等；质量事故的发展变化情况等。

(3) 确定质量事故的原因

在事故调查与分析基础上，必要时请第三方进行试验验证，确认事故原因，并明确责任。

(4) 提交完整的事故处理报告

事故处理后应提交完整的事故处理报告，其内容包括：事故调查的原始资料、测试数据；事故原因分析、论证；事故处理依据；事故处理方案、方法及技术措施；事故处理结论等。

32.3.2.4 现场安全管理

机电工程施工安全管理包括施工安全组织、制度建设、施工管理、风险防控、技术措施、应急预案、事故处理等诸多方面。

1. 项目安全技术职责划分

(1) 项目经理对本工程项目的安全生产负全面领导责任，应组织并落实施工组织设计中安全技术措施，监督施工中安全技术交底制度和机械设备、设施验收制度的实施。

(2) 项目总工程师对本工程项目的安全生产负技术责任，参加并组织编制施工组织设计及编制、审批施工方案时，要制定、审查安全技术措施，保证其可行性与针对性，并随时检查、监督、落实。

(3) 工长（施工员）对所管辖劳务队（或班组）的安全生产负直接领导责任，针对生产任务特点，向管辖的劳务队（或班组）进行书面安全技术交底，履行签认手续，并对规程、措施、交底要求的执行情况经常检查，随时纠正违章作业。

(4) 安全员负责按照安全技术交底的内容进行监督、检查，随时纠正违章作业。

(5) 劳务队长或班组长要认真落实安全技术交底，每天做好班前教育。

2. 机电工程施工安全管理制度

(1) 严格遵守国家、地方政府、行业和企业制定的建筑施工安全管理制度和相应的安全技术操作规程，贯彻执行安全生产的各项规定，确保施工安全。

(2) 严格执行用工管理制度，建立三级教育、特种作业教育和经常性教育体系，承担专业技术工种作业的工人如电工、焊工、起重工等，必须达到该项作业的技术等级要求，持证上岗。未经培训或考核不合格者，不得独立操作。

(3) 制定设备检测、维修、使用和报废管理制度，大型施工机具设备设专人负责管理，定期维护保养，保证其技术状况良好。手持式电动工具的管理、使用、检查和维修，应符合现行国家标准《手持式电动工具管理、使用、检查和维修安全技术规程》的规定。

3. 施工安全技术交底

(1) 工程开工前，工程技术负责人要将工程概况、施工方法、安全技术措施等向全体职工进行详细交底。

(2) 分项、分部工程施工前，工长（施工员）向所管辖的班组进行安全技术措施交底，如交底到劳务队长而不包括作业人员时，劳务队长还应向作业人员进行书面交底。

(3) 两个以上施工队或工种配合施工时，工长（施工员）要按工程进度向班组长进行交叉作业的安全技术交底。

(4) 班组长要认真落实安全技术交底，每天要对工人进行施工要求、作业环境的安全交底。

(5) 针对新工艺、新技术、新设备、新材料施工的特殊性进行安全技术交底。

(6) 工长（施工员）进行书面交底后应保存安全技术交底记录和所有参加交底人员的签字，安全技术交底记录一式三份，分别由工长、施工班组、安全员留存。

4. 作业环境安全管理

(1) 施工现场用电、照明用电、使用各种电气机具必须符合行业标准《施工现场临时用电安全技术规范》的要求，配电箱、开关箱处悬挂安全用电警示牌及安全危险标志，所有用电施工设备一机一闸，严禁随意私拉乱接电源线，供电容量应与用电负荷相符。

(2) "五口"（即楼梯口、电梯口、外墙预备洞口、通道口和地坑口）必须有防护设施，夜间应有明显的红灯。

(3) 施工现场高大脚手架、塔式起重机等大型机械设备应与架空输电导线保持安全距离，高压线路应采用绝缘材料进行安全防护。

(4) 施工现场必须按规定设置安全网，凡4m以上的在建工程，必须随施工层支3m宽的安全网，首层必须固定一道3～6m宽的安全网。高层施工时，除在首层固定一道安全网外，每隔四层还要固定一道安全网。

(5) 施工现场必须严格遵守消防管理制度，配置消防设施，有明火作业的施工现场，要有专人负责，作业结束后必须认真清理现场，消除各种火灾隐患。

5. 针对安全危险较大的施工作业制定技术安全措施

(1) 设备调试和试运行必须严格按调试、试运行方案、操作规程和有关规定进行操作，事先制订相应的应急预案并采取必要的安全防护措施，参加调试、试运行的指挥人员和操作人员及监护人员不得随意改变操作程序和内容。

(2) 制定高空作业、机械操作、起重吊装作业、动用明火作业、在密闭容器内作业、带电调试作业、管道和容器的压力试验、临时用电、单机试车和联动试车等工程项目施工全过程的安全技术措施。

(3) 确定重大危险源的部位和过程，对危险大和专业性较强的工程项目施工，如：大型设备吊装，大型网架整体提升，在易燃易爆或危险化学品区域施工作业，动用明火，高电压作业和高压试验等，必须先进行安全论证，制订相应的安全技术措施。依据有关法规规定，报送相关的监督机构审批。

(4) 针对采用新工艺、新技术、新设备、新材料施工以及工程项目的特殊性制定相应的安全技术措施。针对特殊需求，补充相应的安全操作规程或措施。

(5) 针对特殊气候条件如雨季、高温、冰雪、大风以及夜间施工等制定相应的安全技术措施。按各施工专业、工种的特点以及施工各阶段、交叉作业等编制针对性的安全技术措施。

6. 制定应急措施及事故处理预案

(1) 有组织、有秩序地抢险救人，采取有效措施防止事故蔓延扩大。

(2) 保护事故现场，妥善保管有关证物、现场痕迹、设备和物料状态，直至事故结束。

(3) 及时报告有关部门，妥善处置后续工作。

7. 现场安全事故处理程序

(1) 施工现场如发生安全生产事故，负伤人员或最先发现事故的人员应立即报告；施工总承包单位应按照国家有关伤亡事故报告和调查处理的规定，及时、如实地向负责安全生产监督管理的部门、建设行政主管部门或其他有关部门报告；特种设备发生事故的，还应当同时向特种设备安全监督管理部门报告。

(2) 伤亡事故按其严重程度分为轻伤事故、重伤事故、死亡事故、重大死亡事故、特别重大事故等（建设部按程度不同把重大事故分为一～四级）。轻伤事故和重伤事故由施工企业调查、处理结案；重大死亡事故按照企业隶属关系由省级主管部门会同同级劳动、公安、监察、工会及其他有关部门人员组成事故调查组，由同级劳动部门处理结案。

(3) 安全事故的处理参照《企业职工伤亡事故报告和处理规定》执行。

32.4　机电工程绿色施工管理

绿色施工是指在工程建设中，在保证质量、安全等基本要求的前提下，通过科学管理和技术进步，最大限度地节约资源与减少对环境负面影响的施工活动，实现"四节一环保"（节能、节地、节水、节材和环境保护）的目标。

实施绿色施工，应建立绿色施工管理体系，并制定相应的管理制度与目标。项目经理为绿色施工第一责任人，负责绿色施工的组织实施及目标实现。

绿色施工管理包括规划管理、实施管理、评价管理、人员安全与健康管理等，应对整个施工过程实施动态管理，加强对施工策划、材料采购、现场施工、工程验收等各阶段的控制，实行施工全过程的管理和监督。

32.4.1　机电绿色施工的基本规定

机电工程的绿色施工应符合国家法律、法规及相关的标准规范，按因地制宜的原则，贯彻执行国家、行业和地方相关的技术经济政策，实现经济效益、社会效益和环境效益的统一。具体要求和规定如下：

(1) 机电工程施工必须严格遵守《环境保护法》、《水污染防治法》、《大气污染防治法》、《固体废物污染环境防治法》、《环境噪声污染防治法》等国家关于保护和改善环境、防治污染的法律法规。

(2) 绿色施工应积极采用先进的生产工艺、技术措施和施工方法，发展绿色施工的新技术、新设备、新材料与新工艺，限制和淘汰能耗高的老旧技术、工艺、设备和材料，在建设成本允许的前提下，提供功能型、智能型、节能型、环保型的绿色建筑，积极推行节能环保的应用示范工程。

(3) 加强信息技术应用，如绿色施工的虚拟现实技术、三维建筑模型的工程量自动统计、绿色施工组织设计数据库建立与应用系统、数字化工地、基于电子商务的建筑工程材料、设备与物流管理系统等，利用现代信息技术对施工进行精密规划、设计，实现精确管理和施工，提高绿色施工的各项指标。

(4) 绿色施工管理应将有关内容分解到管理体系目标中，施工前应根据设计图纸、标准规范编制机电工程施工质量、环境、安全和节约控制措施，并严格实施过程控制，避免因施工管理缺失或控制措施不到位而导致质量事故、损坏设备、浪费资源、污染环境。

(5) 施工前，项目部应组织施工、设备安装人员针对每项作业活动所涉及的环境控制措施、环境操作基本要求、环境检测等内容以及防火、防爆、设备试车等应急准备响应中的关键特性和注意事项进行环境交底，避免因作业人员的不掌握环境方面的基本要求造成噪声超标，有害气体、废水排放，热辐射、光污染、振动、扬尘、遗洒、漏油、废物遗弃污染大气、污染土地和地下水等环境影响。

(6) 在施工过程中，建立环境安全监测评价体系，定期对重点工序和作业场地进行环境评测，记录评测结果，奖优罚劣；对于发现的问题或不足，通过调整作业程序、改变施工工艺、更换设备和材料等措施及时改进，不断提高环境管理绩效。

(7) 报废的机电器材、包装材料、容器用具、施工辅料、建筑垃圾以及废旧电池、墨盒、试剂等应分类回收，妥善保管，收集一个运输单位后交有资质单位或环卫部门处理，防止乱扔污染土地、污染地下水。

(8) 施工中应具备文物保护意识，涉及文物古迹、古建筑、古树名木保护的由建设单位提供政府主管部门批准的文件，未经批准，不得施工，建设项目场址内因特殊情况不能避开地上文物，应积极履行经文物行政主管部门审核批准的原址保护方案，确保其不受施工活动损害。

32.4.2　机电绿色施工的资源节约

机电工程施工应根据绿色施工总体目标制定工程项目节能降耗的具体措施，控制施工过程中的资源消耗，提高资源利用效率。

32.4.2.1　节约土地

机电工程施工应遵守建筑施工现场管理规范，最大限度地节约使用土地，减少施工活动对土地环境的污染破坏。

(1) 根据施工规模及现场条件等因素合理确定临时设施，如临时加工厂、现场作业棚、材料堆放场地、办公生活设施等的占地指标，临时设施的占地面积应按用地指标所需的最低面积设计。

(2) 要求平面布置合理、紧凑，在满足环境、职业健康与安全及文明施工要求的前提下尽可能减少废弃地和死角，临时设施占地面积有效利用率大于90%。

(3) 红线外临时占地应尽量使用荒地、废地，少占用农田和耕地。工程完工后，及时对红线外占地恢复原地形、地貌，使施工活动对周边环境的影响降到最低。

(4) 利用和保护施工用地范围内原有绿色植被，对于施工周期较长的现场，可按建筑永久绿化的要求，安排场地新建绿化。

(5) 施工总平面布置应做到科学、合理，充分利用原有建筑物、构筑物、道路、管线为施工服务，施工期间充分利用场地及周边现有给水、排水、供暖、供电、燃气、电信等市政管线工程。

(6) 工程开工前，建设单位应组织对施工场地所在地区的土壤环境现状进行调查，制定科学的保护或恢复措施，防止施工过程中造成土壤侵蚀、退化，减少施工活动对土壤环境的破坏和污染。

(7) 对于因施工而破坏的植被、造成的裸土，必须及时采取有效措施，以避免水土侵蚀、流失。如采取覆盖砂石、种植速生草种等措施。施工结束后，被破坏的原有植被场地必须恢复或进行合理绿化。

32.4.2.2　节约能源

机电工程施工应遵守《中华人民共和国节约能源法》、《民用建筑节能设计标准》、《民用建筑节能管理规定》、《公共建筑节能设计标准》、《公共建筑节能评审标准》、《环境管理体系要求》等国家法律法规及地方有关法规的规定，推进建筑节能降耗，最大限度地节约资源和保护环境。

(1) 机电施工应按设计要求采用节能型的建筑结构、材料、器具和产品，积极开发利用太阳能、地热等可再生能源和新能源，积极推广使用节能新技术、新工艺、新设备和新材料，提高能源和资源利用率。

(2) 在编制机电工程施工组织设计或专项方案中，应有节能降耗的专项措施，内容应满足法律法规要求和达到建筑节能降耗的技术标准，具体包括节能降耗对象、目标（定额）、施工方法和途径、资源配置和考核奖惩等。

(3) 机电施工过程中，在满足设计要求前提下，应选用节能型设备、机具和材料，禁止使用《淘汰落后生产能力、工艺和产品目录》所限制或淘汰的产品与材料，推广使用节能环保型产品（如节水阀门、节能灯具等）。

(4) 机电施工过程中，合理安排各分项工程施工工序，提高各种机械的使用率和满载率，降低各种设备的单位能耗。

(5) 推广运用冷热回收技术、变频节能技术、智能照明控制技术、均衡供热管理技术和新能源综合利用等节能新技术、新工艺，提高系统的用能效率，降低系统的运行维护费用，实现良好的节能效果。

(6) 现场供水、供电系统应保持正常完好，所用管件、线路应

符合产品质量要求；施工中应安排专人对供水、供电系统及其配套设施进行检查维护，及时消除系统存在的各种隐患，避免产生跑、冒、滴、漏。

（7）优先使用国家、行业推荐的节能、高效、环保的施工设备和机具，如选用变频技术的节能施工设备、低能耗的手持电动工具等，选择功率与负载相匹配的施工机械设备，避免大功率施工机械设备低负载长时间运行。

（8）施工现场应实行用电计量管理，分别设定生产、生活、办公和施工设备的用电控制指标，严格控制施工阶段用电量。

32.4.2.3 节约水源

机电工程施工应对现场用水实行总量控制和分级管理，尽可能使用循环水和废水再利用，达到节水的控制目标。

（1）施工现场用水器具必须符合《节水型生活用水器具》CJ 164 标准中的规定及《节水型产品通用技术条件》GB/T 18870 的要求。

（2）施工现场分别对生活用水与工程用水确定用水定额指标，并分别计量管理，生产、生活用水必须使用节水型生活用水器具，在水源处应设置明显的节约用水标识，实行用水计量管理，严格控制施工阶段用水量。

（3）施工作业过程中应加强对供水、供热系统的检查、维护，及时消除系统存在的各种隐患，避免发生管道爆裂、冻裂跑水等事故，防止浪费水资源。

（4）施工现场供水管网应根据用水量设计布置，管径合理、管路简捷，采取有效措施减少管网和用水器具的漏损。

（5）施工中优先采用先进的节水施工工艺，临时用水应使用节水型产品，安装计量装置，现场机具、设备、车辆冲洗用水必须设立循环用水装置，采取针对性的节水措施。

（6）大型施工现场，可建立雨水或可再利用废水的收集处理系统，使水资源得到梯级循环利用。

32.4.2.4 节约材料

机电施工过程中，通过制度建设和加强管理，严格控制施工材料的采购、运输、保管、发放、使用和回收等各环节，防止产生非生产性消耗和施工浪费。

（1）在编制机电工程施工组织设计或专项方案中，应审核材料消耗的相关内容，优化施工方案，避免现场临时变更设计或不合理施工造成的浪费。优先选用绿色环保材料，积极推广新材料、新工艺，促进材料的合理使用，降低材料消耗量。

（2）电气安装前应根据工艺流程，合理安排施工顺序，避免施工顺序颠倒造成费时或返工，增加能耗，浪费材料。

（3）所有材料应执行限额领料制度，按领料单控制发放，做到账物相符；计划外用料执行严格审批制度，避免随意领取、少用多领、先用后批的不良习惯，防止可能产生的浪费、失窃等现象。

（4）根据施工进度、材料周转时间、库存情况等制定采购计划，合理确定采购数量、进场时间和批次，减少库存。避免积压浪费；在材料发放时，应对有保质期要求的材料（如水泥、油漆、涂料、耐火材料、保温材料等）做到先进先出，避免材料过期失效或增加检测费用，造成额外损耗。

（5）给水排水管道敷设前应按设计图纸和实际路径计算管道的长度，合理安排管道的取料尺寸，减少管道接头和管道余料，减少管道接口和焊接施工。

（6）风管管件和部件等材料的选用必须符合有关质量和环境管理的要求，下料前先做好整体规划设计，加工过程中注意材料的合理利用及边角料的再利用。

（7）施工现场应建立可回收再利用物资清单，制定并实施可回收废料的回收管理办法，提高废料回收利用率；临时设施（设备安装调试、给水排水、照明、消防管道及消防设备）应采用可拆除可循环使用材料，并在相关专项方案中列出回收再利用措施，对周转材料进行保养维护，维护其质量状态，延长其使用寿命。

（8）现场材料堆放有序，按照材料存放要求进行搬运、装卸和保管，储存环境适宜，措施得当，保管制度健全，责任明确，避免因保管不善而导致浪费。

32.4.3 机电绿色施工的环境保护

机电施工过程中必须自觉遵守《环境保护法》、《大气污染防治法》、《固体废物污染环境防治法》、《环境噪声污染防治法》等国家关于保护和改善环境、防治污染的法律法规。最大限度地降低噪声、水污染、光污染、废弃物和有害气体排放，保障安全生产和施工人员的身体健康。

32.4.3.1 施工环境影响控制

施工单位必须强化环保责任意识，结合施工项目特点和现场环境建立绿色施工管理体系和控制目标，制定具体的控制措施并落实到每个作业现场，对施工全过程进行严格监督管理，实现绿色施工管理目标。

（1）施工前要做好施工项目的环境方面策划，制定环境控制目标，配置必需的资金、物资和人力资源，明确环境主管部门、人员的职责和权限，编制项目专项的环境管理措施或程序及应急响应准备计划并严格实施。

（2）施工单位应按总体要求及有关规定进行施工过程控制，编制施工方案时应根据工程特点、工期要求、施工条件等因素进行综合权衡，选择适用于本工程重要环境因素控制的先进、经济、合理的适用方法，以达到保证工程质量控制环境影响的效果。

（3）施工前应针对项目施工的重大环境因素、环境法律法规及其他要求、控制方法和措施等进行环境管理培训，使相关人员树立环境保护意识，遵守环境保护的法律法规及其他要求，预防环境污染事故。

（4）机电施工前组织工程施工、设备安装人员针对每项作业所涉及的环境影响因素进行专项环境交底，避免因作业人员不掌握环境控制要求而造成噪声超标、有害气体、废水排放、热辐射、光污染、振动、扬尘、遗洒、漏油、废物遗弃等环境污染。

（5）在施工过程中，应按企业和法律法规要求，对噪声、有害气体、废水排放、热辐射、光污染、振动、扬尘、遗洒、漏油、废物遗弃、火灾、爆破、泄漏、跑水等重要环境因素，严格按照环境管理措施、组织的管理程序、法律法规和其他要求进行严格控制；对噪声、扬尘、废水排放向当地环保部门办理相关手续，对火灾、泄漏等环境事故或事件及时上报并按环保部门的意见进行处置。

（6）施工中对项目分包方、供应商按合同或协议进行全程控制或监测，使整个工程的环境影响因素都处于受控状态，保证各种环境控制措施和程序得到有效实施。

（7）机电工程施工中应使用环保的材料与产品，优先选用坚持能源、资源的回收利用与审慎利用相结合的原则，一方面对废弃后可以再生利用的材料、能源和资源，应考虑其再生利用；另一方面，对废弃处理后难以再利用和降解的物资、材料审慎利用，以防产生新的环境污染。

（8）妥善处置施工产生的废弃物，涂刷处理剂和胶粘剂的工具报废后不得随意抛弃，收集后归类统一处理，以免污染环境。

32.4.3.2 灰尘固体悬浮物污染控制

（1）施工现场堆放易飞扬、细颗粒散体材料应采取覆盖措施，粉末状材料应密闭存放，施工场地应全部硬底化，未做硬底化的场地，要定期压实地面和洒水，减少灰尘对周围环境的污染。

（2）运输残土、垃圾及容易散落、飞扬、流漏物料的车辆，必须采取措施封闭严密，保证车辆清洁。施工现场主要道路应根据用途进行硬化处理。

（3）施工现场非作业区达到目测无扬尘的要求。对现场易飞扬物质采取有效措施，如洒水、地面硬化、围挡、密网覆盖、封闭等，防止扬尘产生。

（4）拆卸设备、管道及其他产生扬尘的破拆作业，采取洒水、覆盖等防护措施，达到作业区目测扬尘高度小于 1.5m，不扩散到场区外。

（5）结构、设备、管道安装施工，机械剔凿或打孔作业可用局部遮挡、掩盖、水淋等防护措施防尘，作业区目测扬尘高度小于 0.5m。

（6）设备、管路、工作场地等除尘尽量使用吸尘器，避免使用压缩空气吹扫等易产生扬尘的设备。高层或多层建筑清理垃圾应搭

设封闭性临时专用道或采用容器吊运。

32.4.3.3 废水排放污染控制

（1）施工现场应设置排水沟及沉淀池，现场废水不得直接排入市政污水管网和河流，污水排放应达到国家标准《污水综合排放标准》GB 8978 的要求。

（2）在施工现场对于化学品等有毒材料、油料的储存地，应有严格的隔水层设计，做好渗漏液收集和处理。

（3）化学除锈液、清洗液、乳化除油液、脱脂剂使用后应经沉淀后，安排专人清除废渣后循环使用；废弃的酸性或碱性液体应经中和、稀释达到排放标准后才能排入市政污水管网，未经处理的废液不得随意泼洒或直接排放。

（4）保护地下水环境。采用隔水性能好的边坡支护技术。在缺水地区或地下水位持续下降的地区，基坑降水尽可能少地抽取地下水；当基坑开挖抽水量大于 50 万 m^3 时，应进行地下水回灌，并避免地下水被污染。

（5）搅拌机前台、混凝土输送泵及运输车辆清洗处应设置沉淀池，废水不得直接排入市政污水管网，经二次沉淀后循环使用或用于洒水降尘。

（6）食堂、盥洗室、淋浴间的下水管线应设置隔油网，并应与市政污水管线连接，保证排水通畅。厕所的化粪池必须进行抗渗处理，防止渗入地下，污染地下水。

32.4.3.4 噪声污染控制

（1）施工现场应按照现行国家标准《建筑施工场界环境噪声排放标准》GB 12523 及《建筑施工场界噪声测量方法》GB 12524 的规定对噪声进行实时监测与控制。

（2）使用强噪声和振动的施工机具、设备，应当采取消声、吸声、隔声等降噪措施，减少噪声的污染。

（3）合理安排施工工序，防止强噪声设备夜间作业扰民，对因生产工艺要求或其他特殊需要，确需在夜间进行强噪声施工的，施工单位应在施工前向有关部门提出申请，经批准后方可进行夜间施工，并公告附近居民，最大限度减少施工噪声。

（4）施工过程中设专人定期对施工机具设备进行检查和保养，发现问题及时维修，以降低作业噪声和保证施工安全。

32.4.3.5 光污染控制

（1）施工照明按有关部门的规定执行，对施工照明器具的种类、灯光亮度及照射范围严格管理和控制，减少施工照明对城市居民的危害。

（2）施工现场大型照明灯安装要有俯射角度，要设置挡光板控制照明光的照射角度，应无直射光线射入非施工区。

（3）进行电焊作业时应采取遮挡措施，避免电弧光外泄。

（4）夜间施工应合理调整灯光照射范围和方向，在保证现场施工作业面有足够光照的条件下，减少对周围居民生活的干扰。

32.4.3.6 固体废弃物污染控制

（1）施工中应减少施工固体废弃物的产生，工程结束后，对施工中产生的固体废弃物必须全部清除。

（2）施工现场生活区设置封闭式垃圾容器，施工场地生活垃圾实行袋装化，及时清运，对建筑垃圾进行分类，并收集到现场封闭式垃圾站，集中运出。

（3）施工现场应设置密闭式垃圾站，垃圾应按普通建筑垃圾、可回收利用垃圾和有毒有害废弃物分类存放，及时分拣和回收利用，严禁随意抛撒施工垃圾。

（4）施工中产生的施工辅料、包装材料、容器用具等废弃物应分类存放，集中清运，严禁随意丢弃，做到工结、料清、场清。

（5）施工车辆运输砂石、土方、渣土和建筑垃圾，必须采取密封、覆盖措施，避免泄漏、遗洒，垃圾清运必须运到批准的消纳场地，严禁乱倒乱卸。

（6）施工现场严禁焚烧各类废弃物。

32.4.3.7 有害气体排放污染控制

（1）机电施工辅助材料必须满足《室内装饰装修材料有害物质限量》GB/T 18580～18588 和《建筑材料放射性核素限量》GB 6566 的要求，防止有害物质超标。

（2）接触或施工中可能产生有毒有害气体的作业人员应接受相

关培训，了解环境控制的要求，熟练掌握操作技术，避免操作不当造成环境污染。

（3）易挥发的油漆、油料、有机溶剂和其他化学品未使用部分和使用后应进行封闭、覆盖，避免直接向大气挥发。

（4）不得在施工现场熔融沥青，严禁在施工现场焚烧含有有毒、有害化学成分的装饰废料、油毡、油漆、垃圾等各类废弃物。

32.4.4 机电绿色施工的职业健康与安全

机电绿色施工应针对作业要求和环境情况落实必要的安全防护措施，严格执行安全生产管理制度和卫生防疫制度，确保施工人员的长期职业健康。

32.4.4.1 职业健康防控

（1）机电工程特种作业人员必须持证上岗，按规定着装，并佩戴相应的个人劳动防护用品。劳动防护用品的配备应符合《劳动防护用品选用规则》GB 11651 规定。

（2）施工现场应在易产生职业病危害的作业岗位和设备、场所设置警示标识或警示说明；根据施工现场多发性事故治理，如高处坠落、触电、物体打击、机械伤害、坍塌事故等，分别预先制定应急预案和急救措施，尚要配备急救器材。

（3）制订施工防尘、防毒、防辐射等职业危害的防护措施，定期对从事有毒有害作业人员进行职业健康培训和体检，指导操作人员正确使用职业病防护设备和个人劳动防护用品。

（4）施工现场应采用低噪声设备，推广使用自动化、密闭化施工工艺，降低机械噪声。作业时，操作人员应戴耳塞进行听力保护。

（5）深井、地下隧道、管道施工、地下室防腐、防水作业等不能保证良好自然通风的作业区，应配备强制通风设施。操作人员在有毒有害气体作业场所应戴防毒面具或防护口罩。

（6）在粉尘作业场所，应采取喷淋等设施降低粉尘浓度，操作人员应佩戴防尘口罩，焊接作业时，操作人员应佩戴防护面罩、护目镜及手套等个人防护用品。

（7）防腐、保温作业人员实施涂刷、喷漆、充填、打磨等有毒有害作业时，必须戴防毒口罩和防护用品，并使用其他规定的劳动防护用品。

（8）施工过程中，如操作人员发生恶心、头晕、过敏等情况时，要立即停止工作，撤离现场休息，由专人看护，如有异常应马上送医院进行处理。

（9）高温作业时，施工现场应配备防暑降温用品，合理安排作息时间。

32.4.4.2 卫生防疫防控

（1）施工现场建立卫生急救、保健防疫制度，利用板报等形式向职工介绍防病的知识和方法，针对季节性流行病、传染病做好对职工卫生防病的宣传教育工作。

（2）施工人员发生传染病、食物中毒、急性职业中毒时，应及时向发生地的卫生防疫部门和建设主管部门报告，并按照卫生防疫部门的有关规定进行处置。

（3）合理布置施工场地，保护生活及办公区不受施工活动的有害影响，办公区和生活区应设专职或兼职保洁员，负责卫生清扫和保洁，并有灭鼠、蚊、蝇、蟑螂等措施。

（4）施工现场员工膳食、饮水、休息场所应符合卫生标准，生活区应设置密闭式容器，垃圾分类存放，定期灭蝇，及时清运。

（5）食堂应有相关部门发放的卫生许可证，各类器具及时清洗消毒，炊事人员必须持有健康证，上岗应穿戴洁净的工作服、工作帽和口罩，并应保持个人卫生。

32.4.4.3 作业环境安全防控

（1）施工现场必须采用封闭式硬质围挡，一般路段工地围挡高度不得低于 1.8m，市区主要路段工地围挡要高于 2.0m。

（2）施工区域、办公区域和生活区域应有明确划分，设标志牌，明确负责人。施工现场办公区域和生活区域应根据实际条件进行绿化。办公室、宿舍和更衣室要保持清洁有序。

（3）施工现场应设置标志牌和企业标识，按规定应有现场平面布置图和安全生产、消防保卫、环境保护、文明施工制度板，公示

突发事件应急处置流程图。

（4）施工现场出入口、施工起重机械、临时用电设施、脚手架、出入通道口、楼梯口、电梯井口、孔洞口、桥梁口、隧道口、基坑边沿、爆破物及有害危险气体和液体存放处等危险部位，应设置明显的安全警示标志，安全警示标志必须符合国家标准。

32.5　机电工程施工的协调与配合

机电工程施工涉及机械、电气、电子、管道、暖通空调、压力容器、仪器仪表等多个专业领域，具有工艺复杂、技术标准高、工序衔接紧密、交叉作业多等特点。因此施工中各专业之间的协调和配合尤为重要，如进度安排、工作面交换、工序衔接、各专业管线的综合布置等都应在统一管理下有条不紊进行，加强协调与配合是按时完成施工进度计划和确保工程质量的重要保证。

32.5.1　与业主、设计及监理方的协调与配合

为确保机电工程项目的顺利实施，项目管理人员必须与业主、设计单位和监理单位建立良好的合作关系。其中，项目经理承担主导角色，应就工程项目实施过程中的诸多问题与相关方进行充分交流、协商、相互配合，以对业主和工程负责的态度，严格履行工程合同，详细了解设计意图，认真听取客户的要求和意见，接受监理单位的监督检查，并且将其贯穿于建设工程项目实施的全过程。

32.5.1.1　建立沟通管理制度，制订具体沟通计划

（1）沟通计划应明确沟通的具体内容、对象、方式、目标、责任人、完成时间、奖罚措施等，并定期或不定期地进行检查、考核和评价，确保沟通计划落到实处。

（2）沟通计划内容主要有：施工进度、质量、安全、成本、资金、环保、设计变更、索赔、材料供应、设备使用、人力资源、文明工地建设、思想政治工作等。

（3）按时间分主要有：项目管理实施规划、年度计划、半年计划、季度计划、月计划、旬计划、周计划等。

（4）项目管理人员应利用各种先进的方法和手段，在项目实施全过程与相关方进行充分、准确、及时的沟通与协调，并针对项目实施的不同阶段出现的矛盾和问题，调整和修正沟通计划。

32.5.1.2　施工准备阶段的协调与沟通

（1）项目经理应要求建设单位按规定时间履行合同约定的责任，并配合做好征地拆迁、施工场地规划、道路交通、水电接入、施工审批手续等工作，为工程顺利开工创造条件。

（2）工程开工前，施工单位在全面理解设计图纸的基础上，会同建设单位和监理单位与设计单位进行充分的交流沟通和图纸会审，相关方就机电设计的具体问题，如设备安装位置、管线布局走向、暖通、给水排水、供配电以及安保、消防、智能化系统等机电系统的匹配设计等进行讨论协商，修正可能出现的设计错误或遗漏，最大限度地减少施工过程中的临时修改和设计变更。

（3）机电项目开工前，施工单位在做好全部施工准备的基础上，会同建设单位与监理单位进行充分的交流沟通和施工交底，就项目的进度计划、成本控制、质量保障以及施工队伍、作业机械、环境影响等方面进行详细讨论说明，争取与建设单位达成高度一致，以便在后续的施工过程中得到建设单位的支持与配合。

（4）积极配合施工监理审查施工组织设计与专项施工方案，细化施工图设计，绘制出主要电器设备、控制装置、管道线路及强、弱电竖井等部位安装详图，说明技术关键和施工难点，主动接受施工监理的监督审理，认真听取其审查意见并予以落实。

（5）引入竞争机制，采取招标的方式，选择符合要求的施工分包商。在施工管理、作业内容、质量目标、成本控制、进度计划以及风险控制、事故预防、安全环保等各方面充分协商一致的基础上签订分包合同并严格履行。

32.5.1.3　施工阶段的协调与沟通

（1）施工期间，施工单位应按时向建设、设计、监理等单位报送施工计划、统计报表和工程事故报告等资料，接受其检查、监督和管理；对拨付工程款、设计变更、隐蔽工程签证等关键问题，应取得相关方的认同，并完善相关手续和资料。对施工单位应按月下

达施工计划，定期进行检查、评比。对材料供应单位严格按合同办事，根据施工进度协商调整材料供应数量。

（2）建立专门的协调会议制度，施工过程中，施工单位与建设单位、监理单位人员应定期举行协调会议，沟通情况，解决施工中存在的问题；对于较复杂的工程和重点部位，在施工前应组织专门的协调会，使各方了解施工方法和预期结果，共同制定质量控制措施，明确各自应承担的责任和义务；不论是会签、会审还是隐蔽工程验收，所有参与的技术、管理人员，签字确认，并对自己承担的工作逐级落实。

（3）在施工全过程中，严格按照经业主和监理批准的施工方案、施工组织设计等进行质量管理。各分部分项工程均在施工单位自检合格的基础上，接受监理的检查验收，并按照监理的要求予以整改。对可能出现的工作意见不一致的情况，遵循"先执行监理的指导后予以磋商统一"的原则，在现场质量管理工作中，维护好监理的权威性。

（4）依据相关施工程序及建设监理条例，建立严格的隐蔽验收与中间验收制度，严格执行"上道工序不合格，下道工序不施工"的准则，隐蔽工程遮蔽前和分项目竣工交接前，施工方应主动协调相关的建设、监理方到现场进行审核、验收，签字确认；对于工程中发现的问题，及时采取有效手段予以解决和补救，防止以后出现推诿扯皮现象。

（5）实行物料报审制度，所有进入现场使用的成品、半成品、设备、材料、器具，均主动向监理提交产品合格证或质量证明书，按照规定使用前需进行复试的材料、设备，主动递交检验记录，在物料订货前提出申报，经审核满足设计要求与质量标准方可订货。

（6）施工过程中，施工单位要在严格履行项目合同的基础上，与各相关方共享项目实施有关的信息。通过及时、全面的信息交流，让客户了解自己的项目进度计划、质量目标、保证措施以及其他客户关心的内容，以坦诚公开的态度，得到客户的信任与支持。

32.5.1.4　竣工阶段的沟通与协调

（1）机电施工单位主动协调建设单位、监理单位、供货商、分项施工单位等相关单位和技术人员参与机电设备或系统的试压、试车、试运行等调试作业，协同相关各方共同进行验收，确认合格后再投入使用。

（2）竣工验收阶段，按照建设工程竣工验收的有关规范和要求，积极配合建设单位搞好工程验收工作，及时提交有关资料，确保工程顺利移交。

（3）对项目实施各阶段出现的矛盾和问题，项目管理人员应积极主动，通过与各相关方的有效沟通与协调，取得各方的认同、配合或支持，达到解决问题、排除障碍、形成合力、确保建设工程项目管理目标实现的目的。

32.5.1.5　外部沟通与协调

（1）施工期间，施工单位应自觉以法律、法规和社会公德约束自身行为，主动协调政府有关职能部门（如建委、城管、环保、公安、司法等）、新闻机构、社区街道及其居民等外层关系，取得政府部门、社会各界的支持、理解与配合。当出现矛盾和问题时，首先应按程序沟通解决，必要时借助社会中介组织的力量，调节矛盾、化解纠纷，妥善解决项目实施过程中的各种问题。

（2）项目管理者要运用现代信息和通信技术，以计算机、网络通信、数据库为技术支撑，对项目全过程所产生的各种沟通与协调信息进行汇总、整理，形成完整的档案资料，使其具有可追溯性。

32.5.2　与结构专业的协调与配合

机电工程各专业施工贯穿于整个建筑工程的各个环节之中。在土建施工的不同阶段都要为机电各专业做好预理预留工作，机电专业施工也要兼顾土建施工的工艺特点和结构要求。如果双方配合不到位，不仅影响后续施工进度和质量，还会给整个工程造成难以弥补的损失，因此，机电工程与土建施工的协调配合十分重要。

32.5.2.1　施工前准备阶段的协调与配合

（1）施工前机电工程专业人员应会同土建施工技术人员共同审核土建和机电施工图纸，明确对土建结构施工的预留预理要求，如：大型设备的吊装孔、人防工程的通风管、给水排水管道的孔洞

预留、穿墙穿梁套管预埋、通风空调的设备构件预留、电气设备和线路的固定件预埋等，并落实到土建图纸上。其他机电施工的特殊要求也应在图纸上注明，以防遗漏和发生差错。

(2) 机电安装人员应了解土建施工进度计划和施工方法，尤其是梁、柱、地面、屋面的施工工艺和工序，仔细地校核准备采用的电气安装方法能否和这一项目的土建施工相适应，还必须在施工前制作和备齐土建施工阶段中的预埋件、预埋管道和零配件。

(3) 机房、设备间、控制室等机电设备集中地方应设置排水设施，施工前应给出具体施工要求，并反映在土建施工图纸上，交由土建施工实施。

32.5.2.2 基础施工阶段的协调与配合

在基础工程施工时，机电安装专业的施工员应配合土建做好给水排水管道穿墙套管的预埋、大型机电设备（如中央空调主机）型钢构件的预埋、强弱电专业的进户电缆穿墙管及止水挡板的预埋工作。这些工作应该赶在土建做墙体防水处理之前做好，避免电气施工破坏防水层造成墙体渗漏。

32.5.2.3 主体结构施工阶段的协调与配合

在主体结构施工阶段，机电安装专业应密切配合土建浇筑混凝土的进度要求及作业的顺序，及时完成各种预埋构件、管线的施工任务。

32.5.2.4 粗装修阶段的协调与配合

一切可能损害装饰层的工作都必须在墙面工程施工前完成，配合土建墙面工程，机电安装施工人员应仔细核对土建施工中的预埋件、预留工作有无遗漏，暗配管路有无堵塞，以便进行必要的补救工作。

32.5.2.5 其他与土建配合施工应注意的问题

(1) 机电安装施工员要与土建施工员做好每个阶段的交接工作，准确把握土建施工进度，及时跟进，确保预留孔洞、管线的位置准确、无遗漏。需要预埋的铁件、吊卡、木砖、吊杆基础螺栓及配电柜基础型钢等预埋件，机电施工人员应配合施工进度，提前做好准备，土建施工到位及时埋入，不得遗漏。

(2) 在浇捣混凝土过程中机电安装人员必须时时跟踪，以保证预埋工程的完整性。并时刻与土建施工员保持联系，以便在土建施工到位时能够及时跟进预留到位，机电施工人员应随时检查由土建负责的预留孔洞以防遗漏。

(3) 加强给水排水与建筑结构的协调，卫生间等地方给水排水管线预留空洞与施工后卫生洁具之间的位置，以及管线标高，部分穿楼板水管的防渗漏。

(4) 配合土建结构施工进度，及时做好各层的防雷引下线焊接工作，如利用柱子主筋作防雷引下线应按图纸要求将各处主筋的两根钢筋用红漆做好标记。继续在每层对该柱子的主筋绑扎接头按工艺要求作焊接处理，一直到楼层顶端，再用φ12镀锌圆钢与柱子主筋焊接引出女儿墙与屋面防雷网连接。

32.5.3　与精装修专业的协调与配合

机电工程与精装修配合主要是协调好作业顺序和互相做好成品保护，原则上要以精装修施工进度为主，机电专业紧密配合交叉进行。具体要点如下：

(1) 机电施工与建筑装修方共同审核设计图纸，排出配合交叉施工的计划，明确各自的施工工序和作业时间，施工过程中注意协调配合，避免发生遗漏和差错，对于建筑装修与机电图纸有冲突的地方，及时沟通，协调解决。

(2) 在装修施工之前，根据装修设计图纸进行墙内和吊顶内管线敷设，预埋好各种配件，并做必要的防腐处理。

(3) 装修吊顶内敷设的冷水和排水管道必须采取防结露措施，保证冷凝水管道的坡度要求，避免管道倒坡或集水盘溢水淋湿吊面板，防止凝结水下滴产生渗水痕迹。

(4) 涉及风管、水管、照明灯具以及通信、消防等多系统复杂的公共空间内安装作业，施工时应严格按照装修图纸中风口、灯具、烟感器等的位置进行施工，管线按专业分区域布置，同时严格按照图纸标定的标高施工，以便装修尽可能保证楼层净空。

(5) 建筑物走廊吊顶内汇集较多管线，施工单位应根据通风空调管道、消防喷淋管道、电气线槽、照明等设计图纸进行综合布置，绘制走廊吊顶内各种管线综合布置图，协调各专业的施工顺序，并与装修作业配合施工。

(6) 露出吊顶的设备，如灯具、送排风口、烟感器等必须与建筑装修的整体风格协调一致，合理选择、定购明装机电设备的外形、颜色、开关插座及照明配电等，颜色必须与业主、监理及装修承包商协商；风口、回风箱的形状、颜色与装饰造型统一，位置准确，安装平整，与建筑装修的顶棚、灯具、柱、墙面配合严密、整齐、美观。

(7) 施工人员在安装风口、卫生洁具、五金配件、开关、插座面板、喷淋头等机电产品时，应戴白手套，用专用工具仔细安装，防止损伤机电产品的表面，注意保护精装修的墙面。机电产品完成后，要因地制宜制定切实可行的成品保护措施，保证已安装完的机电产品完好如初地移交给业主。

(8) 在多个专业队伍交叉施工中要特别注意合理安排各工种施工顺序，密切配合，避免相互干扰和影响作业质量，装修后期的机电安装作业，尤其要注意对于已经完成装修的建筑物表面的成品保护。

32.5.4　与幕墙专业的协调与配合

幕墙专业涉及机电专业的主要有预埋管件、墙盒、照明灯座以及防雷接地等内容，配合施工要点如下：

(1) 幕墙与主体结构连接件和机电预埋管件应在主体结构施工时，按设计要求的数量、位置和方法进行埋设。若建筑设计或幕墙承包商有特殊要求时，应给出书面要求并提供预埋件图、样品等，反馈给土建施工方，在主体结构施工图中注明要求。

(2) 机电施工人员应在幕墙安装前检查预埋管件是否齐全，位置是否符合设计要求，并完成穿线、稳固墙盒、支架、基座等作业，配合后续的幕墙安装作业。

(3) 涉及建筑电气、有线电视、计算机网络、安保消防等安装作业应在幕墙施工完成，现场清理干净之后进行。施工过程中采取保护措施，防止损坏幕墙。

(4) 幕墙防雷系统要和整栋建筑物防雷系统连接起来，预先按设计要求为幕墙防雷提供足够的保护接合端，以便与防雷系统直接连接，要求防雷系统使用独立接地，不能与供电系统合用接地地线。

32.5.5　与供货商的协调与配合

施工单位需要按照施工进度和采购计划与供货商协调好机电设备、材料的订货、采购，按供货合同及时联系和安排供货商送货、验收以及退换货工作，并联系供货商或厂家对设备的安装、调试提供技术支持和售后服务，以保证施工进度和工程质量。

(1) 机电设备、材料进入施工现场后，施工方同监理工程师和供货商进行验收交接。首先检查货物是否符合规范要求，核对设备、材料的型号、规格、性能参数是否与设计一致；清点说明书、合格证、零配件，安全认证标志及外观检查；做好开箱记录，并妥善保管。

(2) 对主要材料，应有出厂合格证或质量证明书等。对材料质量发生怀疑时，应现场封样，及时到当地有资质的检测部门去检验，合格后方能进入现场投入使用。

(3) 设备、材料因质量问题不能安装使用，应及时协调供货商进行退、换货处理，避免长时间积压造成浪费。

(4) 大型设备、高技术产品和较复杂系统签订采购合同时，应附加安装调试技术支持的内容，设备安装、调试、试运行期间，施工方应协调厂方派技术人员提供现场支持，帮助处理相关的技术问题，并由厂方提供设备保修服务。

(5) 设备在安装、调试期间发生故障，应及时联系供货商协调解决，禁止随意拆卸或破坏设备上的封签，影响责任认定。

(6) 按行业规范和法定程序选择有资质的材料设备供应商，严格按项目质量标准和设计要求进行订货、采购。在与供应商签订合同之前，就设备材料的产品质量、技术要求、配套设施、零配件供应、售后服务以及交货时间、检验方法和运输保管等进行充分交流

沟通，并体现在订货合同中。

32.5.6 机电系统各专业间的协调与配合

机电系统各专业之间存在大量交叉作业和工序衔接问题，各方在施工场地、作业时间、操作空间以及排管布线、设备安装、系统调试等诸多方面有冲突和矛盾，需要加强沟通协调，密切合作才能顺利完成施工任务。任何一方都不能忽略与各相关专业的协调配合而擅自施工，以免延误工期甚至造成返工浪费或质量事故。

32.5.6.1 给水排水与通风和空调专业间的协调与配合

给水排水与通风和空调专业间的冲突主要在于管道安装空间。通风与空调系统的管路占据空间较大，而且多为现场加工制作，具有施工难度高、工程量大的特点。给水排水专业施工应给以合理避让，通过协商妥善解决施工过程中的矛盾。

（1）施工前，给水排水、通风与空调系统应进行管路综合设计，将建筑内各项管线工程统一安排，以便于发现各项管线工程设计上存在的问题，对单项工程原来布置的走向、位置有不合理或与其他工程发生冲突的情况，提出调整位置或相互协调的意见，并会同有关单位商讨解决。

（2）合理安排各系统管线在建筑内的空间位置，协调设计单位解决各专业诸如因多管道并列等原因引起的标高、尺寸之间的矛盾，并积极修正可能出现的设计错误，既要便于管线工程的施工，又要便于以后的运行使用、维修管理。

（3）在保证施工总进度计划的基础上，编制消防、给水排水、通风与空调工程进度计划，根据各分项施工的实际情况，协调好施工时间和顺序，灵活选择分步施工、穿插作业、交叉作业等施工组织形式，同时搞好分项图纸审查及有关变更工作，确认无误，再行施工，避免返工浪费。

（4）加强各专业管线交叉施工协调管理，遵循管线避让规则，合理安排管线标高和坡度，避免出现气囊现象影响管网循环，在不可避免出现气囊部位设置排气阀并将排气管出口接至利于系统排气处，施工中加强协调，及时解决现场遇到的技术问题。

32.5.6.2 给水排水与建筑电气专业间的协调与配合

给水排水与建筑电气专业间的矛盾主要在于排管位置发生冲突时的处理，很多问题可以在深化设计或图纸会审时协商解决，施工现场如果出现问题应按保证安全和管线避让规则，通过协调解决。

1. 施工前根据现场情况进行水、电、暖通专业之间综合布置图的深化设计，细化各系统的空间布置、管线走向、交叉避让等细节设计，修正设计错误和偏差，防止施工时被迫变更设计，影响工程进度和质量。

2. 给水排水与建筑电气管线交叉避让应遵循的原则是：

（1）有压系统给无压系统让路；

（2）电气专业给水暖专业让路；

（3）电气管线要位于水暖管线上方。

3. 主配电缆桥架、母线槽和主干钢管的敷设与给水排水管路发生矛盾时，应主动与给水排水专业人员商讨，必要时调整线路，优先保证排水管道在该位置上的标高，确保其排水坡度。

4. 给水排水、水暖和电气工程师必须要看懂对方的图纸，保持经常沟通，施工中注意避让水表、阀门、散热器、仪表盘、控制箱（柜）、电源插座、开关等位置，防止先期作业给后续作业造成障碍，避免由此引发的矛盾和纠纷，进而影响整体工程质量。

32.5.6.3 建筑电气与通风、空调专业间的协调与配合

建筑电气与通风、空调专业间的矛盾主要发生在走线和排风口、灯具、控制装置的安装位置上。在管线布置上通风、空调系统优先于电气系统；在控制柜、箱、盘、盒的布置上要由大到小依次考虑。

（1）施工前仔细审查施工图，协商解决建筑电气与通风、空调专业管线交叉问题，依照"小让大"的原则修改电气线路设计；合理布置控制盘、柜；通风、空调专业对供电的要求也一并讨论确认，并经设计、监理、建设单位审查确认。

（2）通风、空调专业的管线应先于电气管线施工，当通风管道穿墙或楼面穿空受限时，在确保通风截面的前提下可以采用异型风管，电气管线也可以与通风管线公用支、吊架，但应事先充分协调，不影响各自的安装与后期维护。

（3）照明灯具应避开风口安装，避免通风口直接吹向照明灯具。

（4）建筑电气与通风、空调系统分路控制，合理布局并明确标识。

32.5.6.4 给水排水、建筑电气、通风与空调和智能建筑专业间的协调与配合

给水排水、建筑电气、通风与空调和智能建筑专业间的施工存在多工种交叉作业、多方协同配合的问题。协调配合的重点是前期的图纸会审，工程总承包方应召集各专业技术人员，会同设计、监理和业主单位进行图纸会审。之前充分讨论，之后严格按审定的施工图施工，现场发生冲突，按既定的避让规则协商处理。

（1）施工前做好统筹规划，由总承包单位按采暖→通风与空调→给水排水及水消防→动力系统→供电照明→网络通信→安防与智能控制等顺序安排各专业的管线敷设及设备安装，个别管线相碰处，根据避让规则进行协商调整。

（2）建筑物走廊的吊顶内汇集许多管线，施工前电气工程师、水暖工程师、消防专业人员、空调专业人员、业主及监理单位应充分协商讨论，研究各专业管路的排布问题，依据避让规则进行协调，兼顾具体作业的可操作性和后期安装及维修的操作空间，取得一致后绘制出管线排布的截面图，并签字确认。

（3）多系统交叉作业时，应注意现场施工顺序和位置的协调，里边的管线先施工，需保温的管线放在易施工的位置；优先保证重力流水管线的布置，满足其坡度的要求，达到水流通畅；电缆（动力、自控、通信）桥架与水系统的管线应分开布置，以免管道渗漏时，损坏电缆或造成更大的事故，若必须在一起敷设，电缆应考虑设套管等保护措施；管线安装一般是先布置管径大的管线，后考虑管径小的管线；先固定支、托、吊架，后安装管道；注意预留安装间距、支托吊架的距离和检查维修的空间。

（4）在公共区大厅的顶棚上端涉及风管、水管、照明灯具以及通信、消防系统的安装位置，施工前必须协调好各系统的位置、尺寸、连接、固定以及后期安装和维修等施工工艺问题，施工时应严格按照装修图纸中风口、灯具、烟感器等位置进行施工，管线按专业分区域布置，布置整齐有序，便于以后管理和维护。

（5）设备区管线较多，需要前期工程预留足够的安装空间，对于机房、设备间、控制室及照明配电室等设备集中处，施工前应画出详细的平面布置图及管线布置图，协调土建、装修等相关各方配合，严格按图纸要求进行施工。

（6）根据各种管线位置和各系统安装要求，合理编排施工顺序和分阶段施工计划。原则上按先上后下，先大后小排序，即大风管、管道、电缆先行施工，弱电系统、末端设备及中央设备安装均集中在后期进行。

（7）施工中各专业强调互相支持和协作，先施工的为后续施工预留空间和场地，后续施工注意成品保护，交叉施工时注意管道保护，及时沟通信息，提醒工序交接的操作要点和注意事项，避免相互影响或造成施工障碍。

（8）管道施工过程中未封闭的管口要做临时封堵，在焊接钢管安装前必须用机械或人工清除污垢和锈斑，当管内壁清理干净后，将管口封闭待装，以免污物进入，管道连接封闭前要仔细检查并清污。

（9）组织协调好电气系统各分包工程（网络、有线电视、电话、消防、空调等）的交叉施工，合理安排作业场地和顺序，各系统采用独立线槽并明确标识，敷设好后要按规定进行分系统线路测试和调试，在各系统正常的基础上进行联调联试。

（10）机电安装工程中有政府明令监督的特种设备安装、消防、监控等设备安装，应按国家的法律法规和当地监管部门的相关规定，列出计划，依报检、过程监督、最终准用等程序办理一切法定手续。

32.6 机电工程支、吊架系统

32.6.1 机电工程支、吊架系统一般说明

机电工程支架主要是指支承管道，并限制管道变形和位移，承

受从管道传来的内压力、外载荷及温度变形的弹性力，通过它将这些力传递到支承结构或地上。管道支架根据用途和结构的不同，可以分为固定支架和活动支架。

1. 固定支架

固定支架用于不允许管道轴向和径向位移的地方。它除承受管道的重量外，还分段控制着管道的热胀冷缩变形。因此固定支架必须固定在 C13 级以上的钢筋混凝土结构上或专设的构筑物上。

2. 活动支架

活动支架分为滑动支架、导向支架、滚动支架和吊架。

(1) 滑动支架：滑动支架主要承受管道的重量和因管道热位移摩擦而产生的水平推力，保证在管道发生温度变化时，能够使其变形自由移动，滑动支架在管道工程上用得最为广泛。

(2) 导向支架：是为了限制管子径向位移，使管子在支架上滑动时不致偏移管子轴心线设置的。通常的做法是，在管子托架的两侧 3～5mm 处各焊接一块短角钢或扁钢，使管子托架在角（扁）钢制成的导向板范围内自由伸缩。

(3) 滚动支架：装有滚筒或球盘使管道在位移时产生滚动摩擦的支架称为滚动支架。滚动支架分滚珠和滚柱支架，主要用于管径较大而无横向位移的管道，两者比较起来，滚珠支架可承受较高的介质温度，而滚柱支架的摩擦力较滚珠大。

(4) 吊架由固定部分、连接部分及管卡装配而成，它适用于不便安装滑动支架的地方。对于没有温度变形的管道，吊架的吊杆要垂直安装；对于有温度变形的管道，吊杆要向管道热膨胀相反方向偏移一定距离倾斜安装，其偏移值为该处安全热膨胀位移量的二分之一。

3. 管道支架的选用

管道支架的选用按以下原则确定：

(1) 管道支吊架的设置和造型，要能正确的支吊管道，并满足管道的强度、刚度、输送介质的温度、压力、位移条件等各方面的要求。

(2) 支架还要能承受一定量的管道在安装状态、工作状态中一些偶然的外来荷载作用。

(3) 管线上的固定支架，设计者根据工程实际和使用要求作了综合考虑，一般都在施工图上作标注，安装时，按设计要求施工即可。

(4) 固定支架是固定管道不得有任何位移的，因此固定支架要生根在牢固的厂房结构或专设的建（构）筑物上。

(5) 在管道上无垂直位移或垂直位移很小的地方，可安装活动支架或刚性吊架，以承受管道重量，增强管道的稳定性，活动支架的形式要根据管道对支架的不同摩擦作用力来选取。

1) 对由于摩擦而产生的作用力无严格限制时，可采用滑动支架；

2) 当要求减少管道轴向摩擦作用力，可采用滚柱支架；

3) 当要求减少管道水平位移的摩擦作用，可采用滚珠支架。滚柱和滚珠支架结构较为复杂，一般只用于介质温度较高和管径大的管路上。

(6) 在水平管道上只允许管道单向水平位移的地方，铸铁阀门两侧、方形补偿器两侧从弯头起弯点算起的第二个支架应设导向支架。

(7) 塑料管的强度刚度比铸铁管和钢管都差，因此，凡管径≥50mm 的塑料管道上安装阀门、水表等必须设独立的支架（座）。

(8) 轴向波纹管补偿器的两侧均需设导向支架，导向支架间距要根据波纹管补偿器的规格、要求确定。轴向波纹管补偿器和填料式补偿器要设双向限位导向支架，防止轴向和径向位移超过补偿器的允许值。

(9) 凡连接 DN≥65mm 的法兰闸阀的管路上，法兰闸阀处需加设独立支架。

(10) 对于架空敷设的大规格管道的独立支架，要设计成柔性和半铰接的支架，也可采用可靠的滚动支架，尽量避免采用刚性支架或滑动支架。

(11) 填料式补偿器轴向推力大，易渗漏；当管道稍有角向位移和径向位移时，易造成套筒卡住，故使用单向填料式补偿器，并

要在补偿器两侧设置导向支架。

32.6.2 机电工程支、吊架材料的选用

1. 悬臂支架

悬壁支架是以型钢（单肢和双肢）生根在建筑物的柱或墙上构成悬臂的一种管架，悬臂梁用来承受管道的垂直荷载和水平荷载。

悬臂梁的结构材料以选用角钢、不等边角钢、型钢和工字钢，也可以根据情况选择使用桁架等形式。结构材料选用得是否合适，需通过按强度条件计算其受力最不利点的应力，以其不超过钢材的许用应力者为合格。受力最不利点的应力可采用双向受弯的合成应力计算，受力情况如图 32-14 所示，计算公式为：

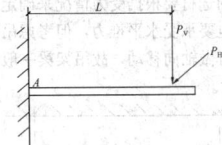

图 32-14　悬壁支架受力情况示意图

$$\sigma_A = \sqrt{\left(\frac{M_H}{W_X}\right)^2 + \left(\frac{M_V}{W_Y}\right)^2} = \sqrt{\left(\frac{P_V L}{W_X}\right)^2 + \left(\frac{P_H L}{W_Y}\right)^2} \leqslant [\sigma] \tag{32-1}$$

也可以按垂直应力与水平应力之和来计算，

$$\sigma_A = \frac{M_V}{W_X} + \frac{M_H}{W_Y} = \frac{P_V L}{W_Y} + \frac{P_H L}{W_X} \leqslant [\sigma] \tag{32-2}$$

式中　σ_A——悬臂梁 A 点的应力（MPa）；

P_V——支架承受的垂直荷载（N）；

P_H——支架承受的水平荷载（N）；

L——悬臂梁的计算长度（mm）；

M_V、M_H——分别为 A 点的垂直弯矩和水平弯矩（N·mm）；

W_X、W_Y——分别为型钢 x-x 轴和 y-y 轴的截面系数（mm³）；

$[\sigma]$——所用型钢的许用应力。

悬臂支架除按强度条件计算其应力外，还需要按刚度条件计算其挠度，以检验其挠度是否超过管架最大允许挠度，其计算公式如下：

$$f = \frac{L^3}{3E}\sqrt{\left(\frac{P_V}{I_X}\right)^2 + \left(\frac{P_H}{I_Y}\right)^2} \leqslant [f_y] \tag{32-3}$$

式中　f——型钢悬臂产生的最大挠度（mm）；

E——钢材的弹性模数，一般取 $E=2\times10^5$ MPa；

I_X、I_Y——为型钢 x——x 轴和 y——y 轴的惯性矩（mm⁴）；

$[f_y]$——管架最大允许挠度。

腐蚀性较强环境中的型钢管架为保证其安全，选材时可以将型钢的规格加大一号。

2. 三角支架

三角支架要综合考虑悬臂梁和斜撑的强度，根据细长比来最终确定三角支架的选材。如图 32-15 所示，为单管三角支架受力情况图。

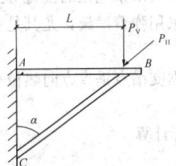

图 32-15　三角支架受力示意

(1) AB 梁的强度计算 A 点的应力为：

$$\sigma_A = \frac{P_V \mathrm{tg}\alpha}{F} + \frac{P_H L}{W_Y} \leqslant [\sigma] \tag{32-4}$$

式中　σ_A——A 点的应力（MPa）；

F——型钢的截面积（mm²）。

(2) BC 斜撑的强度计算

BC 支撑的应力为

$$\sigma_{BC} = \frac{P_V}{\varphi F \cos\alpha} \leqslant [\sigma] \tag{32-5}$$

式中 σ_{BC}——BC 支撑的应力（MPa）；

φ——降低系数，依受压杆件的细长比 λ 而定；

F——型钢的横截面积（mm²）。

细长比 λ 按下式计算：

$$\lambda = \frac{l}{i\sin\alpha} \qquad (32\text{-}6)$$

l——横梁的计算长度（mm）；

i——型钢的惯性半径（mm）。

由于 AB 梁按承受全部水平荷载的考虑，故 BC 斜撑不考虑水平荷载，腐蚀性较强的情况下型钢规格要加大一号。

3. 型钢横梁双杆吊架

吊架型钢横梁的选材要根据受力情况来确定，双杆吊架本身既要承受铅垂荷载，也要承受水平推力，但考虑吊架属柔性结构，在水平推力作用下梁可做轴向移动，故吊架梁一般仅需作单向受力验算，如图 32-16 所示。

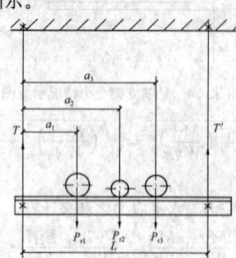

图 32-16 双吊杆型钢吊架受力情况示意

（1）两吊杆承受的拉力为：

$$T = P_{r1}a_1 + P_{r2}a_2 + P_{r3}a_3 - T' \qquad (32\text{-}7)$$

$$T' = \frac{P_{r1}a_1 + P_{r2}a_2 + P_{r3}a_3}{l} \qquad (32\text{-}8)$$

式中 T、T'——两吊杆承受的拉力（N）；

P_{r1}、P_{r2}、P_{r3}——各点的垂直荷载（N）。

（2）横梁各点的垂直弯矩 M

在垂直荷载 P_{v1} 的受力点

$$M_1 = Ta_1 \qquad (32\text{-}9)$$

在垂直荷载 P_{v2} 的受力点

$$M_2 = Ta_2 + P_{v1}(a_2 - a_1) \qquad (32\text{-}10)$$

在垂直荷载 P_{v3} 的受力点

$$M_2 = Ta_3 P_{v1}(a_3 - a_1)(a_3 - a_2) \qquad (32\text{-}11)$$

根据 M_1、M_2、M_2 求出最大的叠加值 M_{max}，以此值按下式计算出所需要的横梁截面系数：

$$W_X = \frac{M_{max}}{[\sigma]} \qquad (32\text{-}12)$$

根据计算出的 W_X 值，选取型钢规格，以其 W_X 值等于或大于计算的 W_X 值为合格。腐蚀性较强时型钢规格要加大一号。

4. 弹簧支吊架

根据管线的布置和支吊架生根的位置等具体情况，选用弹簧管托架或管吊架。一般采用弹簧吊架，尤其是在水平力较大的地方不能选用弹簧管托架。

弹簧的选择要根据支吊点垂直方向热位移值和工作荷重按下列公式计算：

（1）弹簧型号选择计算

热位移向上：

$$P_{gz}\frac{F_{max}}{F_{max} - \frac{\Delta Y_t}{n'}} \leq P_{max} \qquad (32\text{-}13)$$

热位移向下：

$$P_{gz} \leq P_{max} \qquad (32\text{-}14)$$

（2）弹簧数量

$$N = \frac{\Delta Y_t}{C'KP_{gz}} \qquad (32\text{-}15)$$

式中 P_{gz}——管道的结构荷重（N）；

P_{max}——弹簧的最大允许荷重（N）；

F_{max}——弹簧最大允许变形量（mm）；

C'——初选荷重变化系数；

K——弹簧系数；

n'——初选弹簧个数；

ΔY_t——管道支架点垂直热位移（mm）。

经过上述计算可以按产品说明书选择弹簧型号。

5. U 形管卡

普通 U 形管卡是由圆钢（扁钢）管卡、螺母和垫圈组成。圆钢管卡的展开长度为：

$$L = \pi(R + d) + 2H \qquad (32\text{-}16)$$

式中 L——圆钢展开长度（mm）；

R——钢管半径（mm）；

d——圆钢直径（mm）；

H——管中心到圆钢螺纹端的距离（mm）。

32.6.3 机电工程支、吊架安装的技术要求

（1）支、吊架的制作要遵守下列规定：

1）支、吊架的形式、材质、加工尺寸、精度及焊接等要符合设计和使用要求。

2）支架底板及支、吊架弹簧盒的工作面要平整。

3）支、吊架焊缝要进行外观检查，不能有漏焊、欠焊、裂纹、咬肉等缺陷。

4）制作合格的支、吊架的成品要进行防腐处理，合金钢支、吊架要有材质标记。

（2）支、吊架在安装固定前要进行标高和坡度测量并放线，固定后的支、吊架位置要正确，安装要平整牢固、与管子接触良好，裁埋式安装的支架，充填的砂浆要饱满、密实。

（3）导向支架或滑动支架的滑动面要平整，不能有歪斜和卡涩现象，滑托与滑槽两侧要有 3～5mm 间隙，安装位置要从支承面中心向位移反向偏移，偏移值为移位值一半。保温层不能妨碍热位移。

（4）弹簧支吊架的安装高度，要按设计要求调整，并做好记录。弹簧的临时固定件，要待系统安装、试压、绝热完毕后，方可拆除。

（5）管架紧固在槽钢或工字钢的翼板斜面上时，其螺栓要有相应的斜垫片。

（6）无热位移的管道，吊架的吊杆要垂直安装；有热位移的管道，在热负荷状态下，要及时对支、吊架进行检查与调整。

（7）管道固定点间的最大间距按设计要求，如果设计没有要求按表 32-2 所示。

管道固定点的最大间距　　表 32-2

补偿器类型	敷设方式	管径（mm）														
		40	50	70	80	100	120	125	150	200	250	300	350	400	450	500
方形（Ⅱ型）	架空	45	50	55	60	65	70	80	90	100	115	130	145	160	180	200
鼓形（波浪式）	架空						15	15	15	15	20	20	20	25	25	25
套筒式（填函式）	架空							50	55	90	100	110	120	120		140
Ω型	架空	45	50	55	60	65	70	80	90	100	115	130	145	160	180	200

（8）室内中、低压钢管活动支架的间距要按设计要求布置，当设计无明确要求时，对室内钢质管道按表 32-3 设置，并不能以过墙套管作支承点。

钢管管道支架的最大间距　　表 32-3

公称直径		15	20	25	32	40	50	70	80	100	125	150	200	250	300
支架的最大间距（m）	保温管	1.5	2	2	2.5	3	3	4	4.5	5	6	7	8	8.5	
	不保温管	2.5	3	3.5	4	4	5	6	6.5	7	8	9.5	11	12	

（9）对于室外管道的跨距，要根据输送介质的特点，分别按强度及刚度计算选用。

（10）垂直管道穿过楼板或屋面时，要设套管，套管不要限制

管道位移和承受管道垂直荷载。

(11) 固定在建筑结构上的管架，不能影响结构安全。

(12) 在预埋钢板上焊接支、吊架时，要注意下列几点检验程序：

1）在柱子或墙面上的预埋板，均应在土建施工时进行预埋。焊接支吊架前要测量预埋钢板的标高及坡降，经过测量后要在预埋钢板上划线确定位置，按照划线来焊接支吊架。

2）在测量预埋钢板的同时，要检查预埋钢板的牢固性，当发现预埋钢板不牢固时，要用混凝土补强后，方可焊接支吊架。

(13) 在砖墙上设置管道支架时，要注意下述操作程序：

1）孔洞不能打得过大，四周的砖层不要由于受震而松动。

2）安装支吊架浇筑混凝土之前要将孔洞内的沙子及砖砾用水冲洗干净，以使混凝土和砖层牢固结合。浇筑混凝土不低于C8级。

3）混凝土强度没达到预计强度的 65%～70%时，不能安装管道。

(14) 采用膨胀螺栓和射钉锚固管道支吊架时要注意下述几项内容：

1）螺栓孔放线正确。钻孔或射钉位置准确。

2）在砖墙上钻孔和射钉时应避免在砖缝内。

3）钻头直径应与螺栓直径相一致。

32.7 机电系统管线标识

32.7.1 机电系统管线标识的要求

管道标识是采用一定的标注方式对施工现场使用的机电系统管道进行标注、识别和管理的过程。

32.7.1.1 给水排水管道标识要求

给水排水管道涂漆除了为了防腐外，还有一种装饰和辨认作用。特别是工厂厂区和车间内，各类工业管道很多，为了便于操作者管理和辨认，在不同介质的管道表面或保温层表面，涂上不同颜色的油漆和色环，如表 32-4 所示。

给水排水管道涂色和色环　　　表 32-4

序号	管道名称 （按输送介质划分）	油漆颜色	
		基本色	色 环
1	工业用水管	黑	—
2	工业用水与消防用水合用管	黑	橙黄
3	消防用水管	橙黄	—
4	生活饮用水管	蓝	—
5	雨水管	黑	绿
6	中水管	浅绿	—
7	排水管	绿	蓝
8	压出水管道	绿	—
9	回流水管道	褐	—
10	热水管	绿	蓝
11	污水管道	黑	—
12	污泥管道	黑	—
13	自来水管道	浅灰	—

32.7.1.2 消防水管道标识要求

消防水管道应执行 GB 13495—1992《消防安全标志》的有关规定，对消防水附属设施该设立明显的标志。

消防水管道标识应采用表面涂色和色环进行标识，如表 32-5 所示。

消防水管道涂色和色环　　　表 32-5

序号	管道名称（按输送介质划分）	油漆颜色	
		基本色	色 环
1	工业用水与消防用水合用管	黑	橙黄
2	消防水	红	—
3	消防泡沫	红	—
4	井水	绿	—
5	冷冻水（上）	淡绿	—
6	生活水	绿	—

32.7.1.3 空调水管道标识要求

为了便于运行管理，明装管道的表面和保温层的外表面要涂以颜色不同的涂料、色环和箭头，以表示管道内所输送介质的种类和流动方向，管道要根据敷设方式和热媒种类，决定其表面涂漆的颜色。架空管道全部涂色，通行地沟内管道每隔 10m 涂色 1m，不通行地沟内管道仅在检查井内涂色，并用箭头标出热媒流动方向。例如：饱和蒸汽管道涂红色，无圈；凝结水管道涂绿色，红圈；回水管道涂绿色，褐圈。圈与圈的间距为 1m，圈宽 50mm。管道支座一律涂灰色，所有阀件均涂黑色，其油漆和色环应符合表 32-6 规定。

空调水管道涂色及色环　　　表 32-6

序号	管道名称（按输送介质划分）	油漆颜色	
		基本色	色 环
1	过热蒸汽管	红	黄
2	饱和蒸汽管	红	—
3	排汽管	红	黑
4	废汽管	红	绿
5	锅炉排污管	黑	—
6	锅炉给水管	绿	—
7	疏水管	绿	黑
8	凝结水管	绿	红
9	软化水（补给水）管	绿	白
10	盐水管	浅黄	—
11	余压凝结水管	绿	白

32.7.1.4 通风管道标识要求

通风管道涂色及色环　　　表 32-7

序号	管道名称（按输送介质划分）		油漆颜色	
			基本色	色 环
1	通风管道		灰	—
2	采暖管道		银	—
3	制冷系统管道	吸入管	蓝	—
4		液体管	黄	—
5		压出管	红	—
6		氨管道 油管	淡黄	—
7		空气管	白	—
8		安全管	棕	—
9		盐水管道 压出管	绿	—
10		回流管	褐	—
11		水管道 压出管	浅蓝	—
12		回流管	紫	—

32.7.1.5 其他管线标识

其他管线涂色及色环　　　表 32-8

序 号	管道名称（按输送介质划分）	油漆颜色	
		基本色	色 环
1	油管	棕	—
2	高热值煤气管	黄	—
3	低热值煤气管	黄	褐
4	液化石油气管	黄	绿
5	压缩空气管	浅蓝	—
6	净化压缩空气管	浅蓝	黄
7	乙炔管	白	—
8	氧气管	蓝	—
9	氢气管	白	红
10	氮气管	棕	—
11	排气管	红	黑

32.7.2 机电系统管线标识的方法

机电系统管线标识的方法

有涂色及色环、粘贴标识、铭牌（挂牌、立牌）等方法，可任选一种或组合使用标注方式。

最常用的标识方法是基本识别色标识方法，基本识别色和色样如表32-9所示。

八种基本识别色和色样及颜色标准编号　表32-9

物质种类	基本识别色	颜色标准编号	物质种类	基本识别色	颜色标准编号
水	艳绿	G03	酸或碱	紫	P02
水蒸气	大红	R03	可燃气体	棕	YR05
空气	淡灰	B03	其他液体	黑	
气体	中黄	Y07	氧	淡蓝	PB06

32.7.2.1 管道标识用材料要求

1. 油漆

不保温的设备和管道应根据防腐工艺要求和油漆的性能选用油漆，选用的油漆种类、颜色和涂刷遍数应符合下列规定：

（1）室内布置的设备和管道，宜先涂刷2遍防锈漆，再涂刷1～2遍油性调和漆；室外布置的设备和汽水管道，宜先涂刷2遍环氧底漆，再涂刷2遍醇酸磁漆或环氧磁漆；室外布置的气体管道，宜先涂刷2遍云母氧化铁酚醛底漆，再涂刷2遍云母氧化铁面漆。

（2）油管道和设备外壁，宜先涂刷1～2遍醇酸底漆，再涂刷1～2遍醇酸磁漆；油箱、油罐内壁，宜先涂刷2遍环氧底漆，再涂刷1～2遍铝粉缩醛磁漆或环氧耐油漆。

（3）管沟中的管道，宜先涂刷2遍防锈漆，再涂刷2遍环氧沥青漆。

（4）循环水管道、工业水管道、工业水箱等设备，宜先涂刷2遍防锈漆，再涂刷2遍沥青漆；直径较大的循环水管道内壁，宜涂刷2遍环氧富锌底漆。

（5）排汽管道应涂刷1～2遍耐高温防锈漆。

（6）制造厂供应的设备（如水泵、风机、容器等）和支吊架，若油漆损坏时，可涂刷1遍颜色相同的油漆。

设备和管道的油漆颜色可按表32-9执行（管道油漆颜色表）。

2. 标牌

一般为矩形，标牌一般做成250mm×150mm的，标牌上要标明流体名称，标出介质流向。单根、空间管段，便于观察的场合可采用挂牌方式；架空、埋地或设备装置中多根管段，可采用立牌方式。铭牌固定应牢固，位置便于观察。挂牌应采用金属箍或钢丝等材料将其固定在压力管道的起、止端处或靠近设备的管段上，高度宜为1.5～1.7m，并采用醒目的单根色环加以提示；立牌应将其固定在管段、设备或装置旁的地面或平台上。

3. 胶带

管道标识胶带是以聚氯乙烯（PVC）薄膜为基材，使用橡胶型压敏胶制造而成，适用于风管、水管、输油管等地面及地下管路的防腐保护。斜纹印刷胶带可用于地面、立柱等警示标志。

32.7.2.2 管道标识操作要求

1. 一般规定

（1）管道的表面色应根据其重要程度和不同介质涂刷不同的表面色和标志。

（2）凡表面层采用搪瓷、陶瓷、塑料、橡胶、有色金属、不锈钢、镀锌薄钢板（管）、合金铝板、石棉水泥等材料的设备和管道可保持制造厂出厂色或材料表色，不再涂色，只刷标志。

（3）对涂刷变色漆的设备和管道的表面严禁再涂色，但应刷标志，且标志不得妨碍对变色漆的观察。

（4）厚型防火涂料的外表面不宜涂表面色。确需涂装时，按规定采用与钢结构涂色相协调的颜色。

（5）在外径≤50mm的管道上刷标志有困难时可采用标志牌。

（6）选用管道基本识别色和标志的原则：

1）表面色要求美观、雅静、色彩协调，色差不宜过大。

2）采用比较容易记忆的颜色，例如水管用绿色，空气、氧气

管用天蓝色。

3）尽可能采用人们习惯颜色，例如污水管用黑色。

4）对危险管道、消防管道，应采用容易引起人们注意的红色。

5）颜色要统一，装置内同一介质的管道应刷同一种颜色，以便于操作管理。

2. 色环及识别符号的涂装要求

（1）色环的间距要分布均匀，便于观察，一般在直管段上其间距以5m左右为宜。色环的宽度可按管径大小来确定，外径（包括绝热层）在150mm以内，色环宽度可采用50mm；外径在150～300mm之间，色环宽度为70mm；外径在300mm以上者，色环宽度为100mm。

（2）色环、流体名称或化学符号和箭头要涂刷在管道起点、终点、交叉点、阀门和穿孔洞两侧的管道上，以及需要观察识别的部位。识别符号由物质名称、流向和主要工艺参数等组成。

（3）输送的流体如果是双向流动的，要标出两个相反方向的箭头。箭头一般涂成白色或黄色，底色浅者则涂成深色箭头。

（4）当识别符号直接涂刷在外径小于90mm的管道上且不易识别时，可在所有需要识别的部位挂贴一标牌。

（5）根据色环材料的不同，可分油漆和黏性色带两种。

3. 基本识别色标识方法

工业管道的基本识别色标识方法，使用应从以下五种方法中选择。

1）管道全长上标识；

2）在管道上以宽为150mm的色环标识；

3）在管道上以长方形的识别色标牌标识；

4）在管道上以带箭头的长方形识别色标牌标识；

5）在管道上以系挂的识别色标牌标识。

4. 识别符号

工业管道识别符号由物质名称、流向和主要工艺参数等组成，其标识应符合下列要求：

（1）物质名称的标识

1）物质全称。例如：氮气、硫酸、甲醇。

2）化学分子式。例如：N_2、H_2SO_4、CH_3OH。

（2）物质流向的标识

1）工业管道内物质的流向用箭头表示，如图32-17所示，如果管道内物质的流向是双向的，则以双向箭头表示。

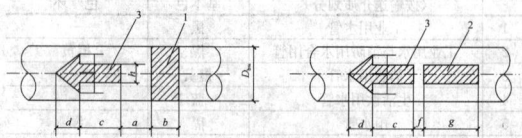

图32-17　管道的色环、介质名称及介质流向箭头的位置和形状
1—色环；2—介质名称；3—介质流向箭头

管道的色环、介质名称及介质流向箭头的位置、形状尺寸（mm）
表32-10

序号	保温外径或防腐管道外径 D_{bw}	a	b	c	d	f	g	h
1	≤50	24	30			45	100	20
2	51～100	28	30			55	100	25
3	101～200	35	70	$\frac{1}{5}D_{bw}+50$	$\frac{1}{2}c$	60	200	50
4	201～300	55	85			80	200	70
5	>300	65	130			80	400	100

2）当基本识别色的标识方法采用标牌时，则标牌的指向就作为表示管道内的物质流向，如果管道内物质流向是双向的，则标牌指向应做成双向的。

（3）物质的压力、温度、流速等主要工艺参数的标识，使用方可按需自行确定采用。

（4）标识中的字母、数字的最小字体，以及箭头的最小最外形尺寸，应以能清楚观察识别符号来确定。

32.8 机电系统联合调试

32.8.1 机电系统联合调试前提条件

(1) 通风空调工程，及相应电气工程、自动控制工程安装工作结束之后，经建设单位和施工单位对各分部、分项工程进行工程质量检查，达到了国家有关工程质量验收规范的要求。

(2) 制定出机电系统联合调试方案，明确参加联合调试的施工单位、建设单位、监理部门联合调试现场负责人，以及设计单位有关专业设计人员。同时还应明确现场各专业技术负责人，以便协调和解决联合调试工作中所出现的一些重大技术问题。

(3) 准备好与机电系统联合调试有关的设计图纸和设备技术文件，熟悉掌握机电设备的工作性能，了解设备技术文件中的主要技术参数。

(4) 检查在机电系统联合调试中所需要的电、水、蒸汽、天然气等动力，及气动调节系统的压缩空气等，应具备使用条件。

(5) 机电设备及附属设备所在场地的土建施工已完成，且相应门、窗齐全，场地应清扫干净。

(6) 在机电系统联合调试期间，各专业工作技术人员以及所使用的测量仪器仪表能够按照计划进入调试现场。

(7) 机电系统联合调试工作，必须在机电设备单机试运转及调试合格后进行。

(8) 机电系统联合调试工作应由施工单位负责，监理单位进行监督，设计单位与建设单位及有关设备生产厂家参与和配合。

(9) 调试工作所使用的测试仪器仪表，性能应稳定可靠，其精度等级及最小分度值应能满足测定的需要，并应符合国家有关计量法规及检定规程的规定。

(10) 施工单位编制的调试方案应报送监理工程师审核批准；调试工作结束后，必须提供完整的调试报告和调试资料。

(11) 空调系统中相关设备的联合运转程序：
1) 空调机组运转；
2) 冷冻水、冷却水系统及热水系统运转；
3) 空调冷水机组运转；
4) 冷冻水压差调节系统和空调控制系统运行；
5) 自动调节及检测系统的联动运转。

(12) 空调系统带冷（热）源的正常联合连续试运转时间不应少于 8h，当竣工季节与设计条件相差较大时，仅做不带冷（热）源的试运转。

(13) 通风、除尘系统的连续试运转时间不应少于 2h。

(14) 净化空调系统运行前应在新风口、回风口处，以及在粗效、中效过滤器前设置临时用过滤器（如无纺布等），即要实行对净化空调系统的保护。

(15) 净化空调系统的检测和调整，应在对系统进行了全面清扫工作，并且系统已连续运行 24h 及以上时间达到稳定后进行。

(16) 洁净室空气洁净度等级的检测，应在空态或静态下进行（或按合约规定进行）。在进行室内空气含尘浓度的检测时，测定人员不宜多于 3 人，且均必须穿与洁净室内洁净度等级相适应的洁净工作服。

32.8.2 机电系统联合调试内容

32.8.2.1 通风与空调系统的联合调试内容

(1) 通风、空调系统总送风量调试；
(2) 排风、除尘系统总排风量调试；
(3) 单向流洁净室的室内截面平均风速测试；
(4) 空调系统中冷冻水、冷却水及热水的总流量调试；
(5) 湿式除尘机组的供水与排水系统运行调试；
(6) 舒适性空调系统的温度、相对湿度测定；
(7) 恒温恒湿空调及净化空调系统的温度、相对湿度测定以及波动范围；
(8) 空调室内静压差的调试；
(9) 室内噪声的测定；

(10) 洁净室空气含尘浓度的测定；
(11) 电气控制、监测设备与系统检测元件和执行机构的工作情况检查。

32.8.2.2 消防系统的联合调试内容

(1) 正压送风系统风量调试；
(2) 正压送风系统各送风口的风速、风量调试；
(3) 排烟系统风量调试；
(4) 排烟系统各排风口的风速、风量调试；
(5) 安全区的正压调试。

32.9 机电工程成品保护

32.9.1 进场机电材料、设备的成品保护

(1) 成品、半成品加工成型后，应存放在宽敞、避雨、避雪的仓库或棚中，置于干燥隔潮的木头垫上、架上，按系统、规格和编号堆放整齐，避免相互碰撞造成表面损伤，要保持所有产品表面的光滑、洁净。

(2) 各种水龙头、喷水头等，尤其是卫生器具上的水龙头，一般在要验交时再安装，以免过早安装时，容易损坏和丢失。

(3) 硬质氯乙烯管材强度较低，并且脆性高，为减少破损率，在同一安装部位要将其他材质管道安装完后再进行安装。硬质氯乙烯管材堆放要平整，防止遭受日晒和冷冻。管子、管道附件及阀门等在施工过程中要妥善保管和维护，不能混淆堆放。

(4) 堆放的塑料管材，不得在上面随意踩踏和搭设支撑跳板等。

(5) 阀门的手轮在安装时要卸下，交工前统一安装完好；水表要有保护措施，为防止损坏，可统一在交工前装好。

(6) 卫生设备安装前，要将上、下水接口临时堵死。卫生设备安装后要将各进入口堵塞好，并且要及时关闭卫生间。

32.9.2 机电安装工程中的成品保护

32.9.2.1 通风与空调安装工程中的成品保护

1. 风机设备安装的成品保护

(1) 吊装暖风机时，绳索固定在风机轴承箱的两个受力环上或电机受力环上，以及机壳侧面的法兰圆孔上。与机壳边缘接触的绳索，在棱角处要垫好棉纱、破布、橡胶等软物，防止绳索受力将棱边磨损。为了使风机上升时不与建筑物相碰，要另绑牵引绳控制方向。

(2) 通风机在运输中要防止雨淋。安装在室外的电动机应设防雨罩。

(3) 整体安装的通风机，搬运和吊装的绳索不能捆绑在机壳和轴承盖上，与机壳边接触的绳索，在机体棱角处应垫好柔软的材料，防止磨损机壳及绳索。风机搬运过程中，不应将叶轮和齿轮轴直接放在地上滚动或移动。

(4) 通风机的进风管、出风管装置应有单独的支撑，并与基础或其他建筑物连接牢固。风管与风机连接时，法兰面不得有硬拉和别劲，机壳不应承受其他机件的重量，以防止机壳变形。

(5) 安装空气处理室的过程中，上下班要关锁；搬运零、部件时，注意勿撞伤安装好的成品。如果用玻璃挡水板，最好放在最后安装。

(6) 洁净室安装，各种构件配件和材料应存放在有围护结构的清洁、干燥的环境中，平整地放置在防潮膜上，安装过程中不得撕下壁板表面的塑料保护膜，禁止撞击和蹬踏板面。

(7) 净化设备应按出厂时外包装标志的方向装车、放置，运输过程中防止剧烈振动和碰撞。对于风机底座与箱体软连接的设备，搬运时应将底座架固定，就位后放下。

(8) 净化设备运到现场开箱之前，应在较清洁的房间内存放，并应采取防潮措施。当现场不具备室内存放条件时，允许在室外短期存放，但应有防雨、防潮措施。

2. 风管的成品保护措施

(1) 不锈钢板风管、铝板风管与配件的表面，不得有划伤、刻

痕等缺陷。

(2) 成品、半成品运输、装卸时，应轻拿轻放。风管较多或高出车身的部分要绑扎牢固，避免来回碰撞，损坏风管及配件。

(3) 吊运、安装风管及配件时要先按编号找准、排好，然后再进行吊运、安装，减少返工。并要注意安全，不要掉下来损坏风管及配件或伤人。

(4) 板料凸出平整时，严防在板料上留下锤痕，切不可乱打。

(5) 对通风部件的加工，首先要选择好场地，通常在加工车间进行。因为部件加工工种多，零件多，加工环境对装配质量有着直接关系。

(6) 洁净系统使用的部件，装配好后要进行洁净处理。处理好后用塑料薄膜分个进行包装。

(7) 通风部件在运输过程中，要轻拿轻放。

(8) 吊运、安装风管及配件时要先按编号找准，排好，然后再进行吊运、安装，减少返工。并要注意安全，防止掉下重物损坏风管及配件或伤人。

3. 制冷系统管道及附件安装成品保护措施

(1) 机房要能关锁，房内要清洁，散装压缩机等零部件及半安装成品要及时遮盖保护。

(2) 设备充灌的保护气体，开箱检查后，应无泄漏，并采取保护措施，不宜过早或任意拆卸，以免设备受损。

(3) 制冷设备的搬运和吊装，应符合下列规定：

1) 安装前放置设备，应用衬垫将设备垫妥，防止设备变形及受潮。

2) 设备应捆扎稳固，主要承力点应高于设备重心，以防倾倒。

3) 对于具有公共底座机组的吊装，其受力点不得使机组底座产生扭曲和变形。

4) 吊索的转折处与设备接触部位，应以软质材料衬垫，以防设备、机体、管路、仪表、附件等受损和擦坏油漆。

(4) 玻璃钢冷却塔和用塑料制品作填料的冷却塔，应严格执行防火规定。

(5) 管道的预制加工、防腐、安装、试压等工序应紧密衔接进行，如施工有间断（包括下班时间），应及时将各管口封闭，以免进入杂物堵塞管道。

(6) 吊装重物不得采用安装好的管道做吊点、支承点，不得在管道上施放脚手板踩蹬作业。

4. 空调水系统管道与设备的成品保护

(1) 中断施工时，管口一定要作好封闭工作。隔了一段时间又开始工作时，在与原口相接以前要特别注意检查原口内是否有其他异物。

(2) 敷设在地沟内的管道，施工前要先清理管沟内的渣土、污物；已保温的管道不允许随意踩蹬，并且要及时盖好地沟盖板。

(3) 加工好的管端密封面应沉入法兰内 3～5mm，并及时填写高压管螺纹加工记录。

(4) 加工好的管子管不安装时，应在加工面上涂油防锈并封闭管口，妥善保管。

(5) 当弯管工作在螺纹加工之后进行时，应对螺纹和密封面采取有效保护措施。

(6) 交工验收前，施工单位要专门组织成品保护人员，24h 有人值班，能关锁车间、场地要及时关锁。

(7) 已安好的塑料管或堆放的塑料管材，不得在上面随意踩踏和搭设支撑跳板等。

5. 防腐和绝热工程成品保护措施

(1) 在进行防腐油漆施工前，应清理周围环境，防止尘土污染油漆表面。

(2) 室内进行防腐油漆施工，每遍油漆后，将门窗关闭；室外工程应建立值班制度负责看管，禁止摸碰。

(3) 施工过程中遇有雨雪、风沙或曝晒，应及时采取措施加以防护。室内油漆后 4h 以内要防雨淋。

(4) 防腐油漆的除锈和刷漆（或喷漆）要注意对建筑物装饰层的保护，不要造成交叉污染。

(5) 保温材料应放在干燥处妥善保管。如果在露天堆放时，应

有防潮、防雨雪措施，并且防止挤压损伤变形（如矿纤材料）。

(6) 施工时尽量采用先上后下、先里后外的方法，确保施工完的保温层不损坏。

(7) 操作人员或其他人员不得脚踏、挤压或将工具及其他物件放在已施工好的绝热层上，已安装的金属护壳上严禁踩踏或堆放物品。对于不可避免的踩踏部位，采取临时防护措施。

(8) 固定保冷结构的金属保护层，使用手提电钻钻孔时，必须采取措施，严禁损坏防潮层。

(9) 拆移脚手架时不得破坏保温层。由于脚手架或其他因素影响施工的地方，过后应及时补好，不得遗漏。

(10) 当与其他工种交叉作业时，要注意共同保护好成品，不要造成互相污染、互相损坏，已装好门窗的场所，下班后应关窗锁门。

32.9.2.2 建筑给水排水与采暖安装工程中的成品保护

1. 室内给水系统的成品保护

(1) 从安装开始到竣工验收之前，施工现场必须建立严格的成品保护值班制度。

(2) 贯彻施工方案规定的成品保护措施，现场必须建立值班制度。安装的建筑物必须能加锁；要建立严格的钥匙交接制度。尤其是多单位在内施工的项目，一定要建立值班交接制度。

(3) 中断安装时，必须将留下的管口做临时封闭（木塞、专用塑料塞，或用塑料布、牛皮纸包扎好）。

(4) 严禁非操作人员随意开关水泵。

(5) 交工验收前，施工单位要专门组织成品保护人员，24h 有人值班，能关锁车间、场地要及时关锁。

2. 室内排水系统的成品保护

(1) 室内排水管容易造成堵塞，要注意防治。防治措施如下：接口时严格清理管内的泥土与污物，甩口要封好堵严。卫生器具的排水口在未通水前要堵严，存水弯的排水丝堵可以后安装；管件安装时要尽量采用阻力小的，如 Y 型或 TY 型三通、45°弯头等。

(2) 塑料排水管必须按规定安装伸缩节。立管要每一层设一只伸缩节；横干管设置伸缩节要按设计伸缩量确定；横支管上合流配件的立管的直线管段超过 2m 时要设伸缩节，但伸缩节之间的最大距离不能超过 4m。

3. 卫生器具的成品保护措施

(1) 搬运和安装陶瓷、搪瓷卫生器具时，要注意轻拿轻放，避免损坏。

(2) 工程竣工前，将瓷器表面擦拭干净。

4. 室内采暖系统的成品保护措施

(1) 在管道进行刷漆时，要清理环境，防止灰尘污染油漆表面。每次油漆后，要将门窗关闭，并且禁止有人摸碰。油漆后 4h 以内严禁淋水。在管道保温后，在未达到一定强度前，严禁碰撞和挤压。

(2) 暖气立管、支管等严禁踩蹬或作为脚手架的支撑。

(3) 热水采暖防止超压事故。热水系统静水压力超过一般铸铁散热器所能承受的压力时，会造成散热器超压而破裂。铸铁散热器一般工作压力在 0.4MPa 左右，因此膨胀水箱的水面与系统底层散热器高差不能超过 40m；对于高于 40m 的高层建筑或地形高差很大时，要采用能承受高压的钢制散热器。

(4) 散热器等设备支架、托架要在土建抹灰或作面饰前进行安装。

(5) 散热器等设备及其支架，严禁踩蹬及作脚手架支撑。

5. 室外给水管网的成品保护

(1) 管道防腐层必须按设计或规范及时完成。输送腐蚀性较强的水时，钢管及铸铁管内壁要考虑作水泥砂浆防腐涂料。

(2) 刚打好口的管道（承插、套箍接口等），不能随意踩踏、冲撞和重压。

(3) 水压试验要密切注意最低点的压力不可超过管道附件及阀门的承受能力。排放水时，必须先打开上部排气阀。

6. 室外排水管网的成品保护

(1) 钢筋混凝土管、混凝土管、石棉水泥管、陶土管均承受外压较差，易损坏，搬运和安装过程中不能碰撞，不能随意滚动，要

轻放，尤其陶土管不能随意踩踏或在管道上压重物。

(2) 回填土注意事项：

1) 管道施工完毕（指已闭水试验合格者），要及时进行回填，严禁晾沟；

2) 浇筑混凝土管墩、管座时，要待混凝土的强度达到 5MPa 以上方可填土；

3) 填土时，不能将土块直接砸在接口抹带及防腐层部位；

4) 管顶 50cm 范围内，要采用人工填埋。

7. 室外热水系统成品保护

(1) 敷设在地沟内的管道施工前，要清理干净地沟内的渣土及污物；已保温后的管道不允许踩踏，并及时盖好盖板。

(2) 搬运阀门时，不允许随手抛掷；吊装时，绳索要拴在阀体与阀盖上的法兰连接处，不能拴在手轮或阀杆上。

32.9.2.3 建筑电气安装工程中的成品保护

1. 电机的成品保护措施

(1) 安装前的保管（系指保管期限一年以内者），电机及其附件宜存放在清洁、干燥的仓库或厂房内。也可就地保管，但应有防潮、防雨、防尘等措施。

(2) 起吊电机转子时，不可用吊绳绑在滑环、换向器或轴颈部分。

(3) 电机安装场地要能关锁，并要保持清洁。尤其对解体安装的电机，尚未安装的部分，休工时要及时用塑料布遮盖。并且要有成品保护的值班制度。

(4) 电机存放应放在垫有枕木的水泥上。存放的电机装应在室内。或有屋顶的地方；木箱保持 400mm 的间隔。不使用暂被存放的电机，应定期进行检查，每三个月不少于一次，如发现电机防锈层损坏时，应用干净的棉纱或布擦去，仔细检查其表面；有锈蚀时，应清理并洗净该处，重新涂上防锈剂，然后再包扎好。

(5) 低压电器的运输、保管应符合国家有关物资的运输保管规定；当产品有特殊要求时，尚应符合产品的规定。

(6) 电器安装结束后，施工中造成的建筑物损坏部分应修补完整。

(7) 安装施工作业过程中，要注意对已完工项目及设备的成品保护，防止磕碰摔碰和在上面搭撑任何物体，未经批准不得拆卸，不应拆卸的设备零件及仪表等，防止损坏。

(8) 要注意保护建筑物、构筑物的墙面、地面、顶棚、门窗及油漆，防止碰坏及污染。剔槽打眼要尽量减少影响范围，尽量采用膨胀螺栓固定。

2. 电缆的成品保护措施

(1) 在运输装卸过程中，不应使电缆及电缆盘受到伤损，禁止将电缆盘直接由车上推下。电缆盘不应平放运输、平放储存。充油电缆至压力箱间的油管应妥善固定及保护。

(2) 运输或滚动电缆盘前，必须检查电缆盘的牢固性。充油电缆应定期检查油压，并做好记录，必要时加装报警装置，防止油压降至最低值。如油压降至零或出现真空时，在未处理前严禁滚动。

(3) 电缆在保管期间，应每三个月检查一次。木盘应完整，标志应齐全，封端应严密，铠装应无锈蚀。如有缺陷应及时处理。充油电缆应定期检查油压，并做好记录，必要时加装报警装置，防止油压降至最低值。如油压降至零或出现真空时，在未处理前严禁滚动。

(4) 装卸电缆时，不允许将吊绳直接穿入轴孔吊装，以防止电缆盘孔被损坏。

(5) 电缆卸车时，如采用木跳板溜下时，应做到跳板坚固，不可过窄、过陡，坡度不可过大，下溜时要缓慢进行，轴前不可站人。

(6) 敷设电缆时需从中间倒电缆，必须按 "8" 字形或 "S" 形进行，不得倒成 "O" 形。

3. 变压器的成品保护措施

(1) 变压器门应加锁，未经安装单位许可，闲杂人员不得入内。

(2) 对就位的变压器高压和低压瓷套管及环氧树脂铸件，应有防砸及防碰撞措施。

(3) 变压器身要保持清洁干净，油漆面无碰撞损伤。干式变压器就位后，要采取保护措施，防止铁件掉入线圈内。

(4) 在变压器上方作业时，操作人员不得蹲踩变压器，并带工具袋以防工具材料掉下砸坏、砸伤变压器。

(5) 变压器发现渗漏油，应及时处理。防止油面太低潮气侵入，降低线圈绝缘程度。

(6) 对安装完的电气管线及其支架应注意保护，不得碰撞损伤。

(7) 变压器上方操作电气焊时，对变压器进行全方位的保护，防止焊渣掉落下来损伤设备。

32.9.3 机电施工中对其他专业的成品保护

32.9.3.1 对结构专业的成品保护

(1) 对已抹好水泥或白灰的墙面、做好的地坪，要注意保护。尽量减小打洞，并且要控制洞的大小；管道的固定支、吊架，尽量采用膨胀螺栓固定。

(2) 管道穿过墙与楼板的孔洞修补工作，必须在建筑物面层粉饰之前全部完成。安装过程中，同样要注意对建筑物成品保护，不得碰坏或污染建筑表面。

(3) 楼地面施工时，应用旧报纸或水泥纸将四周墙面保护好，防止污染，对地漏排水栓等应用编织布木塞堵口和低标号砂浆封闭，避免堵塞。

(4) 在机电工程安装过程中，严防施工机具把防水保护层破坏。突出地面管根部，地漏、排水口、卫生洁具等处的防水层不得碰损。

(5) 搬运材料、机具或施焊时，应轻拿轻放，下方垫木板或木方，施焊点周围应备防火布或其他防火材料，避免将已做好的墙面、地面弄脏、砸坏等现象发生。

(6) 散热器往楼内搬运时，应注意不要将木门口、墙角、地面磕碰坏。装饰罩不得提前安装。在轻质墙上栽托钩及固定时，应用电钻打洞，防止将板墙剔裂。

(7) 水箱等各设备安装条件，必须土建已完成粗装修（湿作业），设备房内门锁、门窗已全部安装完毕，方可进行设备安装。设备安装后，应防止跑水、损坏装饰成品。设备安装施工前后，应锁好门窗，并通知成品人员看护并办移交手续。

32.9.3.2 对装修专业的成品保护

(1) 如果需要动用气焊时，对已经做完装饰的房间墙面、地面，要用铁皮遮挡。

(2) 建筑物装饰施工期间，必要时应设专人监护已安装完的管道、阀部件、仪表等。

(3) 制冷设备安装，必须在机房土建工程已完工，包括墙面粉饰工作、地面工程全部完工。但要保证对墙面、地面不得碰坏或污染。

(4) 机电工程打压试水，如果必须在装修项目施工完成之后进行时，各专业均必须分层安排足够人员进行巡视检查，发现问题及时处理，避免或最大限度地减少因跑水造成的成品损坏。

(5) 机电安装工程与装修工程同时进行时，应注意各工种之间的交叉作业，要对已装修完的部位要进行保护。

(6) 安装接地体时不得破坏散水和外墙装修，焊接时注意保护墙面。

32.9.3.3 对幕墙专业的成品保护

(1) 在玻璃幕墙附近施工时，电焊火花要采用接渣斗（内加防火棉），防止火球下溅；严禁电焊火花损伤幕墙表面。

(2) 严禁钢管、材料、工具等重物下落。对雨篷等水平安装的玻璃，应在上部盖防护层，防止上方施工的可能坠物。

(3) 在与玻璃幕墙工程交叉作业的时候，与其他幕墙临界接口处或其他交叉作业的地方，必须知会施工单位注意成品保护。

(4) 在进行机电工程吊运时应轻拿轻放，并采取必要的保护措施，严禁与幕墙发生碰撞，必要时要设置隔离带。

参 考 文 献

1. 中华人民共和国国家标准. 建筑工程施工质量验收统一标准. GB 50300—2001. 北京：中国建筑工业出版社，2001.

2. 中华人民共和国国家标准. 建筑电气工程施工质量验收规范.

GB 50303—2002. 北京：中国计划出版社，2002.

3. 中华人民共和国国家标准. 电梯工程施工质量验收规范. GB 50310—2002. 北京：中国建筑工业出版社，2002.

4. 中华人民共和国国家标准. 通风与空调工程施工质量验收规范. GB 50243—2002. 北京：中国计划出版社，2002.

5. 中华人民共和国国家标准. 建筑给水排水及采暖工程施工质量验收规范. GB 50242—2002. 北京：中国建筑工业出版社，2002.

6. 中华人民共和国国家标准. 建筑防腐蚀工程施工及验收规范. GB 50212—2002. 北京：中国标准出版社，2002.

7. 中华人民共和国国家标准. 建筑工程施工现场供用电安全规范. GB 50194—93. 北京：中国建筑工业出版社，1993.

8. 中华人民共和国国家标准. 现场设备、工业管道焊接工程施工及验收规范. GB 50236—2011. 北京：中国计划出版社，2011.

9. 中华人民共和国国家标准. 建筑节能工程施工质量验收规范. GB 50411—2007. 北京：中国建筑工业出版社，2007.

10. 中华人民共和国国家标准. 建筑工程项目管理规范. GB/T 50326—2006. 北京：中国建筑工业出版社，2006.

11. 中华人民共和国国家标准. 环境管理体系要求及使用指南. GB/T 24001—2004、ISO 14001：2004. 北京：北京世纪拓普顾问有限公司，2004.

12. 中华人民共和国行业标准. 施工现场临时用电安全技术规范.

JGJ 46—2005. 北京：中国建筑工业出版社，2005.

13. 中华人民共和国行业标准. 建筑机械使用安全技术规程. JGJ 33—2001. 北京：中国建筑工业出版社，2001.

14. 中华人民共和国行业标准. 建筑施工现场环境与卫生标准. JGJ 146—2004. 北京：中国建筑工业出版社，2004.

15. 北京市地方标准. 绿色施工管理规程. DB 11/513—2008. 北京：北京市建设委员会，2008.

16. 中华人民共和国. 建设部绿色施工导则建质[2007]223号.

17. 中华人民共和国国家标准. 工业建筑防腐蚀设计规范. GB 50046—2008. 北京：中国计划出版社，2008.

18. 中华人民共和国国家标准. 建筑防腐蚀工程施工及验收规范. GB 50212—2002. 北京：中国计划出版社，2002.

19. 中华人民共和国国家标准. 设备及管道保温技术通则. GB/T 4272—2008. 北京：中国标准出版社，2008.

20. 中华人民共和国行业标准. 石油化工设备和管道涂料防腐蚀技术规范（SH 3022—1999）. 北京：中国石化出版社，1999.

21. 中国建筑工程总公司编著. 施工现场环境控制规程. 北京：中国建筑工业出版社，2005.

22. 李昂，吴密主编. 建筑安装分项工程施工新技术、新工艺、新标准实用手册. 北京：当代中国音像出版社.

33 建筑给水排水及采暖工程

33.1 室内给排水及采暖工程施工基本要求

33.1.1 质量管理

(1) 建筑给水、排水及采暖工程施工现场应具有必要的施工技术标准、健全的质量管理体系和工程质量检测制度，实现施工全过程质量控制。

(2) 建筑给水、排水及采暖工程的施工应按照批准的工程设计文件和施工技术标准进行施工。修改设计应有设计单位出具的设计变更通知单。

(3) 建筑给水、排水及采暖工程的施工应编制施工组织设计或施工方案，经批准后方可实施。

(4) 建筑给水、排水及采暖工程的分部、分项工程划分见表33-1。

分部、分项工程划分　　　　表33-1

分部工程	序号	子分部工程	分项工程
建筑给水、排水及采暖工程	1	室内给水系统	给水管道及配件安装、室内消火栓系统安装、给水设备安装、管道防腐、绝热
	2	室内排水系统	排水管道及配件安装、雨水管道及配件安装
	3	室内热水供应系统	管道及配件安装、辅助设备安装、防腐、绝热
	4	卫生器具安装	卫生器具安装、卫生器具给水配件安装、卫生器具排水管道安装
	5	室内采暖系统	管道及配件安装、辅助设备及散热器安装、金属辐射板安装、低温热水地板辐射采暖系统安装、系统水压试验及调试、防腐、绝热
	6	室外给水管网	给水管道安装、消防水泵接合器及室外消火栓安装、管沟及井室
	7	室外排水管网	排水管道安装、排水管沟与井池
	8	室外供热管网	管道及配件安装、系统水压试验及调试、防腐、绝热
	9	建筑中水系统及游泳池系统	建筑中水系统管道及辅助设备安装、游泳池水系统安装
	10	供热锅炉及辅助设备安装	锅炉安装、辅助设备及管道安装、安全附件安装、烘炉、煮炉和试运行、换热站安装、防腐、绝热

(5) 建筑给水、排水及采暖工程的分项工程，应按系统、区域、施工段或楼层等划分成若干个检验批进行验收。

(6) 建筑给水、排水及采暖工程的施工单位应当具有相应的资质，工程质量验收人员应具备相应的专业技术资格。

33.1.2 材料设备管理

(1) 建筑给水、排水及采暖工程所使用的主要材料、成品、半成品、配件、器具和设备必须具有中文质量合格证明文件，规格、型号及性能检测报告应符合国家技术标准或设计要求。进场时应做

检查验收，并经监理工程师核查确认。

(2) 所有材料进场时应对品种、规格、外观等进行验收。包装应完好，表面无划痕及外力冲击破损。

(3) 主要器具和设备必须有完整的安装使用说明书。在运输、保管和施工过程中，应采取有效措施防止损坏或腐蚀。

(4) 阀门安装前，应作强度和严密性试验。试验应在每批（同牌号、同型号、同规格）数量中抽查10%，且不少于一个。对于安装在主干管上起切断作用的闭路阀门，应逐个作强度和严密性试验。

(5) 阀门的强度和严密性试验，应符合以下规定：阀门的强度试验压力为公称压力的1.5倍；严密性试验压力为公称压力的1.1倍；试验压力在试验持续时间内应保持不变，且壳体填料及阀瓣密封面无渗漏。阀门试压的试验持续时间应不少于表33-2的规定。

阀门试验持续时间　　　　表33-2

公称直径 DN (mm)	最短试验持续时间（s）		
	严密性试验		强度试验
	金属密封	非金属密封	
≤50	15	15	15
65～200	30	15	60
250～450	60	30	180

(6) 管道上使用冲压弯头时，所使用的冲压弯头外径应与管道外径相同。

(7) 材料、设备、配件等在搬运、堆放存储、安装的过程中应符合下列要求：

1) 在运输、装卸和搬运时应轻放，严禁剧烈撞击或与尖锐物品碰撞，不得抛、摔、滚、拖等，并采取有效措施防止损坏或腐蚀。

2) 管材应水平堆放在平整的地面上或管架上，不得不规则堆放，避免受力弯曲。当用支垫物支垫时，支垫宽度不得小于75mm，其间距不得大于1m，端部外悬部分不得大于500mm，高度适宜且不高于1.5m。

3) 对于塑料、复合管材、管件及橡胶制品，要防止阳光直射，应存放在温度不大于40℃的库房内，避免油污，距热源不小于1m，库房且有良好的通风。

4) 管件应按品种、规格、型号等放置。

5) 胶粘剂、丙酮、机油、汽油、防腐漆及油漆等易燃物品，在存放和运输时，必须远离火源，封闭保存。存放处应安全可靠，阴凉干燥，并应随用随取。

33.1.3 施工过程的质量控制

(1) 建筑给水、排水及采暖工程与相关各专业之间，应进行交接质量检验，并形成记录。

(2) 隐蔽工程应在隐蔽前经验收各方检验合格后才能隐蔽，并形成记录。

(3) 地下室或地下构筑物外墙有管道穿过的，应采取防水措施。对有严格防水要求的建筑物，必须采用柔性防水套管。

(4) 管道穿过结构伸缩缝、抗震缝及沉降缝敷设时，应根据情况采取下列保护措施：

1) 在墙体两侧采取柔性连接。

2) 在管道或保温层外皮上、下部留有不小于150mm的净空。

3) 在穿墙处做成方形补偿器，水平安装。

(5) 在同一房间内，同类型的采暖设备、卫生器具及管道配件，除有特殊要求外，应安装在同一高度上。

(6) 明装管道成排安装时，直线部分应互相平行。曲线部分：当管道水平或垂直并行时，应与直线部分保持等距；管道水平上下并行时，弯管部分的曲率半径应一致。

(7) 管道支、吊、托架的安装，应符合下列规定：

1) 位置正确，埋设应平整牢固。

2) 固定支架与管道接触应紧密，固定应牢靠。

3) 滑动支架应灵活，滑托与滑槽两侧间应留有3～5mm的间

4）无热伸长管道的吊架、吊杆应垂直安装。

5）有热伸长管道的吊架、吊杆应向热膨胀的反方向偏移。

6）固定在建筑结构上的管道支、吊架不得影响结构的安全。

（8）钢管水平安装的支、吊架间距不应大于表33-3的规定。

钢管支架的最大间距表　　表33-3

公称直径 (mm)		15	20	25	32	40	50	70	80	100	125	150	200	250	300
支架的最大间距 (m)	保温管	2	2.5	2.5	2.5	3	3	4	4	4.5	6	7		8	8.5
	不保温管	2.5	3	3.5	4	4.5	5	6	6.5	7	8	9.5	11		12

（9）采暖、给水及热水供应系统的塑料管及复合管垂直或水平安装的支架间距应符合表33-4的规定。采用金属制作的管道支架，应在管道与支架间加衬非金属垫或套管。

塑料管及复合管管道支架的最大间距表　表33-4

管径 (mm)		12	14	16	18	20	25	32	40	50	63	75	90	110
最大间距 (m)	立管	0.5	0.6	0.7	0.8	0.9	1.1	1.3	1.6	1.8	2.0	2.2	2.4	
	水平管 冷水管	0.4	0.4	0.5	0.5	0.6	0.7	0.8	0.9	1.0	1.1	1.2	1.35	1.55
	水平管 热水管	0.2	0.2	0.25	0.3	0.3	0.35	0.4	0.5	0.6	0.7	0.8		

（10）铜管垂直或水平安装的支架间距应符合表33-5的规定。

铜管管道支架的最大间距表　　表33-5

公称直径 (mm)		15	20	25	32	40	50	65	80	100	125	150	200
支架的最大间距 (m)	垂直管	1.8	2.4	2.4	3.0	3.0	3.0	3.5	3.5	3.5	3.5	4.0	4.0
	水平管	1.2	1.8	1.8	2.4	2.4	3.0	3.0	3.5	3.5	3.5	3.5	3.5

（11）不锈钢管道支架安装：

1）薄壁不锈钢管的固定支架的根部必须支撑在地面、混凝土柱、墙面上，不可支撑在轻质隔墙上。

2）支架应安装在管接头附近，特别是在弯管、变径、分支、接口附近。安装支架一定要在管接头卡压前进行，如后安装支架，卡压时易造成管子的弯曲。配管如果很长时，在外层套管上固定，即在保温层外加以固定。

3）水平管的防震固定支架间距不宜大于15m，热水管固定支架间距应根据管线热膨量、膨胀节允许补偿量等确定，固定支架宜设置在变径、分支、接口及穿越承重墙、楼板的两侧等处。活动支架的间距可按表33-6选用。

不锈钢管道活动支架的间距 (mm)　　表33-6

公称直径 DN	10~15	20~25	32~40	50~65	80~100
水平管	1000	1500	2000	2500	3000
立管	1500	2000	2500	3000	3000

4）管道支架为非不锈钢、塑料制品时，金属支架或管卡与薄壁不锈钢管材间必须采用塑料或橡皮隔离，以免使不锈钢管受到腐蚀。公称直径不大于25mm的管道安装时，可采用塑料管卡。采用金属管卡或吊架时，金属管卡或吊架与管道之间应采用塑料带或橡胶等软物隔垫。

5）薄壁不锈钢管管壁较薄，若按相同管径施工规范规定的支架间距进行安装，难以保证管道的强度，根据施工经验，卡压薄壁不锈钢管的支架间距≮2m。

6）主管的钢支架用切割机下料，用台钻钻孔，严禁用气割割孔。

7）管卡型号规格必须与管材型号规格相匹配，严禁以大代小，管卡螺母必须配备平垫圈。此外，管道安装及管道和阀门位置应在允许偏差范围内。

8）管道的固定支架间距应根据直线管端的伸缩量、设置波形膨胀节的允许伸缩量和管段走向的布置等因素确定，一般不宜大于15m。固定支架宜在变径、分支、接口及穿越承重墙、楼板等处确定。立管底部应设固定支架。

（12）沟槽管道支架安装：

1）立管支架（管卡）：当楼层高度不大于5m时，每层必须安装1个；当楼层高大于5m时，每层不少于2个。当立管上无支管接出时，

支架（管卡）安装高度距地面应为1.5～1.8m。

2）横管吊架（托架）：每一直线管段必须设置1个；直线管段上2个吊架（托架）间的距离不得大于表33-7的规定。

沟槽管道活动支架的间距 (m)　　表33-7

公称直径 DN (mm)	50	70	80	100	125	150	200	250	300	350~400	450~600
刚性接头	3.00	3.65	4.25	5.15	5.75	7.00					
挠性接头	3.60			4.20			4.80			5.40	6.00

注：本表适用于非保温管道。对保温管道，应按管道上保温材料重量的影响相应缩小吊架的间距。

3）横管吊架（托架）应设置在接头（刚性接头、挠性接头、支管接头）两侧和三通、四通、弯头、异径管等管件上下游连接接头的两侧。吊架（托架）与接头的净间距不宜小于150mm和大于300mm。

（13）采暖、给水及热水供应系统的金属管道立管管卡安装应符合下列规定：

1）楼层高度小于或等于5m，每层必须安装1个。

2）楼层高度大于5m，每层不得少于2个。

3）管卡安装高度，距地面应为1.5～1.8m，2个以上管卡应匀称安装，同一房间管卡应安装在同一高度上。

（14）管道及管道支墩（座），严禁铺设在冻土和未经处理的松土上。

（15）管道穿过墙壁和楼板，应设置金属或塑料套管。安装在楼板内的套管，其顶部应高出装饰地面20mm；安装在卫生间及厨房内的套管，其顶部应高出装饰地面50mm，底部应与楼板底面相平；安装在墙壁内的套管其两端与饰面相平。穿过楼板的套管与管道之间缝隙应用阻燃密实材料和防水油膏填实，端面光滑。穿墙套管与管道之间缝隙宜用阻燃密实材料填实，且端面应光滑。管道的接口不得设在套管内。

（16）螺纹连接管道安装后的管螺纹根部应有2～3扣的外露螺纹，多余的麻丝应清理干净并做防腐处理。

（17）承插口采用水泥捻口时，油麻必须清洁、填塞密实，水泥应捻入并密实饱满，其接口面凹入承口边缘的深度不得大于2mm。

（18）卡箍（套）式连接两管口端应平整、无缝隙，沟槽应均匀，卡紧螺栓后管道应平直，卡箍（套）安装方向应一致。

（19）各种承压管道系统和设备应做水压试验，非承压管道系统和设备应做灌水试验。

33.2　室内给水系统安装

33.2.1　建筑给水系统

33.2.1.1　室内给水系统的划分

建筑给水系统的划分，是根据用户对水质、水压、水量的要求，并结合外部给水系统情况进行的。按用途划分参见表33-8所示。

室内给水系统的划分　　表33-8

序号	系统名称	用途说明
1	生活给水系统	供生活饮用及洗涤、冲刷等用水
2	生产给水系统	供生产设备用水（包括产品本身用水、生产洗涤用水及设备冷却用水等）
3	消防给水系统	扑灭火灾时向消火栓及自动喷水灭火系统供水（包括湿式、干式、预作用、雨淋、水幕等自动喷水灭火给水系统供水）

根据具体情况，有时将表中三种基本给水系统或其中两种基本系统再合并成：生活—生产—消防给水系统、生活—消防给水系统、生产—消防给水系统。

33.2.1.2 给水方式

给水方式即为给水方案，它与建筑物的高度、性质、用水安全性、是否设消防给水、室外给水管网所能提供的水量及水压等因素有关，最终取决于室内给水系统所需总水压 H 和室外管网所具有的资用水头（服务水头）H_0 之间的关系。

给水方式有许多种，在工程中可根据实际情况采用一种或几种，综合组成所需要的形式。室内给水系统常见供水方式见表 33-9 所示。

室内给水系统常见供水方式 表 33-9

名称	图式	供水方式说明
直接给水方式		由室外给水管网直接供水，是最简单、经济的给水方式。它适用于室外管网的水量、水压在一天内均能满足用水要求的建筑
设水箱的给水方式		设水箱的给水方式宜在室外给水管网供水压力周期性不足时采用。当室外给水管网水压偏高或不稳定时，为保证建筑内给水系统的良好工况或满足稳压供水的要求，也可采用设水箱的给水方式
水泵水箱联合供水		室外给水管网压力低于或经常不满足建筑内给水管网所需的水压且室内用水不均匀时采用。特点是水泵及时向水箱充水，使水箱容积减小，又由于水箱的调节作用，使水泵工作状态稳定，可以使其在高效率下工作，同时水箱的调节，可以延时供水，供水压力稳定，可以在水箱上设置液体继电器，使水泵启闭自动化
水泵给水方式		1. 恒速泵 适用室外管网压力经常不满足水压要求，室内用水量大且均匀，多用于生产给水。 2. 变频调速泵给水 适用当建筑物内用水量大且用水不均匀时，可采用变频调速供水方式。特点是变负荷运行，节省减少能量浪费，不需设调节水箱
设贮水池、水泵、水箱联合工作的给水方式		室外给水管网水压经常不足，而且不允许水泵直接从室外管网吸水和室内用水不均匀时，常采用这种方式。这种给水方式由于水泵与水箱联合工作，水泵及时向水箱充水，可减少水箱容积。同时在水箱的调节下，水泵的工作稳定，能经常处在高效率下工作，节省电耗。在多层建筑中，考虑下部几层由室外管网直接供水，上部由水箱水泵联合供水，这样分区、分压供水系统更为经济合理

续表

名称	图式	供水方式说明
气压给水方式		在给水系统中设置气压给水设备，利用该设备的气压水罐内气体的可压缩性，升压供水。该给水方式宜在室外给水管网压力低于或经常不能满足建筑内给水管网所需水压，室内用水不均匀，且不宜设置高位水箱时采用
分区给水方式		当室外给水管网的压力只能满足建筑下层供水要求时可采用分区给水方式。室外给水管网水压线以下的楼层为低区由外网直接供水，以上楼层为高区由升压贮水设备供水
分质给水方式		根据不同用途所需的不同水质，分别设置独立的给水系统。饮用水给水系统供饮用、烹饪等生活用水；杂用水给水系统，水质较差，只能用于建筑内冲洗便器、绿化、洗车、扫除等用水

33.2.1.3 给水管道布置和敷设要求

1. 给水管道的布置原则

(1) 力求经济合理，满足最佳水力条件

1) 给水管道布置力求短而直。

2) 室内给水管网宜采用枝状布置，单向供水。

3) 为充分利用室外给水管网中的水压，给水引入管宜布设在用水量最大处或不允许间断供水处。

4) 室内给水干管宜靠近用水量最大处或不允许间断供水处。

(2) 满足美观要求，便于维修及安装

1) 管道应尽量沿墙、梁、柱直线敷设。

2) 对美观要求较高的建筑物，给水管道可在管槽、管井、管沟及吊顶内暗设。

3) 为便于检修，管道井应每层设检修设施，每两层应有横向隔断，检修门宜开向走廊。暗设在顶棚或管槽内的管道，在阀门处应留有检修门。管道井当需要进行检修时，其通道宽度不宜小于 0.6m。

4) 室内管道安装位置应有足够的空间以利拆换附件。

5) 给水引入管应有不小于 0.3% 的坡度坡向室外给水管网或坡向阀门井、水表井，以便检修时排放存水。

(3) 保证生产及使用的安全性

1) 给水管道的位置不得妨碍生产操作、交通运输和建筑物的使用。管道不得布置在遇水会引起燃烧、爆炸或损坏的原料、产品和设备上面，并应避免在生产设备上面通过。

2) 给水管道不得敷设在烟道、风道内；生活给水管道不得敷设在排水沟内，管道不宜穿过橱窗、壁柜、木装修，并不得穿过大便槽和小便槽。当给水立管距小便槽端部小于及等于 0.5m 时，应采用建筑隔断措施。

3) 给水引入管与室内排出管管外壁的水平距离不宜小于 1.0m。给水引入管过墙：在基础下通过，留洞；穿基础预留洞口，洞口尺寸 $(DN+200)\times(DN+200)$mm，如图 33-1 所示。

4) 建筑物内给水管与排水管之间的最小净距，平行埋设时应

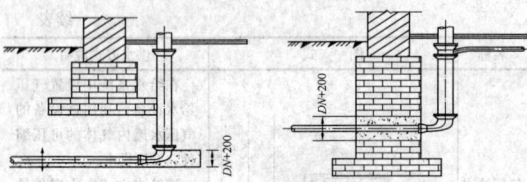

图 33-1 引入管进入建筑物

为 0.5m；交叉埋设时应为 0.15m，且给水管宜在排水管的上面。

5）需要泄空的给水管道，其横管宜有 0.2%～0.5% 的坡度坡向泄水装置。

6）给水管道宜敷设在不结冻的房间内，如敷设在有可能结冻的地方，应采取防冻措施。

7）室内给水管道不应穿越变配电房、电梯机房、通信机房、大中型计算机房、计算机网络中心、音像库房等遇水会损坏设备和引发事故的房间，并应避免在设备上方通过。

2. 给水管道敷设要求

（1）给水横干管宜敷设在地下室、技术层、吊顶或管沟内，立管可敷设在管道井内。生活给水管道暗设时，应便于安装和检修。塑料给水管道室内宜暗设，明设立管应布置在不宜受撞击处，如不能避免时，应在管外加保护措施。

（2）塑料给水管道不得布置在灶台上方边缘，塑料给水立管明设距灶边不得小于 0.4m，距燃气热水器边缘不得小于 0.2m，达不到此要求必须有保护措施。塑料热水管道不得与水加热器或热水炉直接连接，应有不小于 0.4m 的过渡段。

（3）生产给水管道应沿墙、柱、桁架明设，当工艺有特殊要求时可暗设，但应便于安装和检修。

（4）给水管道穿过承重墙或基础处应预留洞口，且管顶上部净空不得小于建筑物的沉降量，一般不小于 0.1m。

（5）给水管道穿越地下室或地下构筑物外墙时，应采取防水措施。对有严格防水要求的建筑物，必须采用柔性防水套管，见图 33-2 所示，柔性防水套管尺寸见表 33-10，刚性防水套管见图 33-3，刚性防水套管尺寸重量表见表 33-11～表 33-13。

DN	D_1	D_2	D_3	D_4	D_5	L	L_0 I	L_0 II	L_1	L_2	δ_1	δ_2	δ_3	nM
80	89	127	95	180	235	65	28	25	76	38	4	4	10	4-M16
100	108	146	114	200	255	65	28	25	76	38	4	4.5	10	4-M16
125	133	180	140	235	290	65	28	25	76	38	6	6	10	6-M16
150	159	203	165	260	315	65	28	25	76	38	4.5	6	10	6-M16
200	219	265	226	320	375	65	28	25	76	38	6	6	10	6-M16
250	273	325	280	380	435	65	28	25	76	38	8	8	10	8-M16
300	325	377	333	435	495	72	32	30	90	48	8	8	10	8-M20
350	377	426	385	485	545	72	32	30	90	48	6	10	10	8-M20
400	426	480	435	540	600	72	32	30	90	48	6	10	10	12-M20
450	480	530	490	590	650	72	32	30	90	48	6	10	10	12-M20
500	530	585	538	645	705	72	32	30	90	48	6	10	10	16-M20
600	630	690	640	755	820	75	40	40	104	54	8	12	10	16-M24
700	720	780	730	845	910	75	40	40	104	54	10	12	10	20-M24
800	820	880	830	950	1020	80	40	40	117	60	10	12	10	20-M27
900	920	980	1050	1120	80	40	40	117	60	10	12	10	20-M27
1000	1020	1080	1030	1150	1220	80	40	40	117	60	12	12	10	20-M27

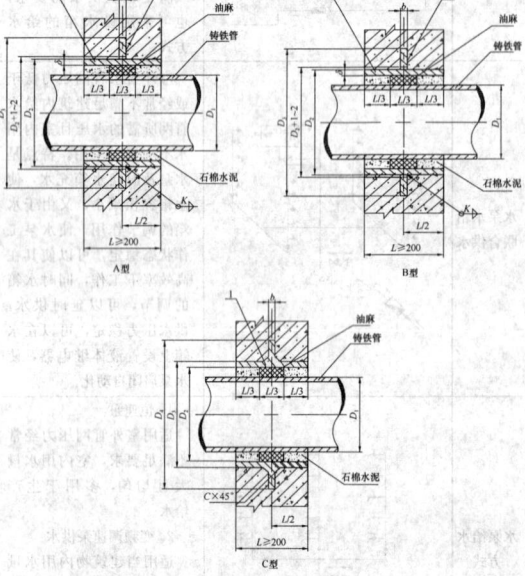

图 33-3 刚性防水套管

1—钢制套管；2—翼环

说明：

1. 套管穿墙处如遇非混凝土墙壁时，应改用混凝土墙壁，其浇筑范围应比翼环直径（D_4 或 D_3）大 200，而且必须将套管一次浇固于墙内。套管内的填料应紧密捣实。

2. 穿墙处混凝土墙厚应不小于 200，否则应使墙壁一边加厚或两边加厚。加厚部分的直径至少为 $D_4(D_3)+200$。

3. 当套管（件 1）采用卷制成型时，周长允许偏差为：$D_3(D_2) \leqslant 600$，±2，$D_3(D_2) > 600$，±0.0035$D_3(D_2)$。

4. 套管的重量以 $L=200$ 计算，当 $L>200$ 时，应另行计算。

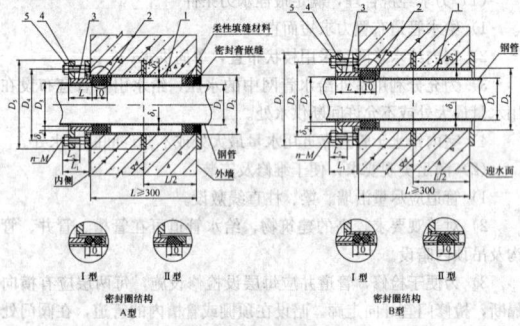

图 33-2 柔性防水套管

1—套管；2—密封圈 I 型、II 型；3—法兰压盖；4—螺柱；5—螺母

说明：

1. 柔性防水套管（A 型），当迎水面为腐蚀性介质时，可采用封堵材料将缝隙封堵。

2. 柔性防水套管（B 型），柔性填料材料为沥青麻丝、聚苯乙烯板、聚氯乙烯泡沫塑料板。密封膏为聚硫密封膏、聚氨酯密封膏。

3. 套管穿墙处如遇非混凝土墙壁时，应局部改用混凝土墙壁，其浇筑范围应比翼环直径（D_5）大 200，而且必须将套管一次浇固于墙内。

4. 穿墙处混凝土墙厚应不小于 300，否则应使墙壁一边加厚或两边加厚。加厚部分的直径至少为 D_5+200。

5. 套管的重量以 $L=300$ 计算，如墙厚大于 300 时，应另行计算。

柔性防水套管尺寸表　　　表 33-10

DN	D_1	D_2	D_3	D_4	D_5	L	L_0 I	L_0 II	L_1	L_2	δ_1	δ_2	δ_3	nM
50	60	95	65	145	200	65	28	—	72		3.5	4	8	4-M12
65	76	114	80	165	220	65	28	25	72	30	3.75	4	8	4-M12

刚性防水套管（A 型）尺寸、重量表　　表 33-11

DN	D_1	D_2	D_3	D_4	δ	b	K	重量（kg）
50	60	80	114	225	3.5	10	4	4.49
65	75.5	95	121	230	3.75	10	4	4.66
80	89	110	140	250	4	10	4	5.33
100	108	130	159	270	4.5	10	5	6.36

续表

DN	D_1	D_2	D_3	D_4	δ	b	K	重量（kg）
125	133	155	180	290	6	10	6	8.33
150	159	180	219	330	6	10	6	10.06
200	219	240	273	385	8	12	8	15.90
250	273	295	325	435	8	12	8	18.68
300	325	345	377	500	10	14	10	27.40
350	377	400	426	550	10	14	10	30.95
400	426	445	480	600	10	14	10	34.35
450	480	500	530	650	10	14	10	37.85
500	530	550	590	730	10	16	10	44.54
600	630	660	690	830	10	16	10	54.50
700	720	750	790	920	10	16	10	61.43
800	820	850	880	1020	10	16	10	69.12
900	920	950	980	1120	10	16	10	76.81
1000	1020	1050	1080	1230	10	16	10	84.50
1200	1220	1250	1290	1430	12	20	12	122.5
1400	1420	1450	1490	1630	12	20	12	141.3
1600	1620	1650	1690	1830	14	20	14	176.4
1800	1820	1850	1900	2040	16	20	16	216.6
2000	2020	2050	2100	2240	16	20	16	239.3

刚性防水套管（B型）尺寸、重量表　表33-12

DN	D_1 铸铁管	D_1 球墨铸铁管	D_2	D_3	δ	b	K	重量（kg）
75	93	—	140	250	4	10	4	5.33
100	118	118	168	280	4.5	10	5	6.72
150	169	170	219	330	6	10	6	10.06
200	220	220	273	385	8	12	8	15.90
250	271.6	274	325	435	8	12	8	18.68
300	322.8	326	377	500	10	14	10	27.40
350	374	378	426	550	10	14	10	30.98
400	425.6	429	480	600	10	14	10	34.35
450	476.8	—	530	650	10	14	10	37.85
500	528	532	590	730	10	16	10	44.54
600	630.8	635	690	830	10	16	10	54.50
700	733	738	790	930	10	16	10	62.19
800	836	842	900	1040	10	16	10	70.65
900	939	945	1000	1140	10	16	10	78.34
1000	1041	1048	1100	1240	10	16	10	104.7
1100	1144	—	1200	1340	12	20	12	114.1
1200	1246	1255	1310	1450	12	20	12	124.4

刚性防水套管（C型）尺寸、重量表　表33-13

DN	D_1 铸铁管	D_1 球墨铸铁管	D_2	D_3	D_4	b	C	重量（kg）
75	93	—	115	135	245	12	10	9.25
100	118	118	140	160	270	12	10	10.89
150	169	170	190	220	330	16	12	21.12
200	220	220	240	270	380	16	12	25.91
250	271.6	274	295	325	435	18	14	31.17
300	322.8	326	377	380	500	18	14	37.40
350	374	378	400	435	555	20	16	50.66
400	425.6	429	450	485	605	20	16	56.45
450	476.8	—	500	535	655	20	16	62.24

续表

DN	D_1 铸铁管	D_1 球墨铸铁管	D_2	D_3	D_4	b	C	重量（kg）
500	528	532	555	595	735	22	18	81.94
600	630.8	635	660	700	840	22	18	96.27
700	733	738	760	805	945	26	20	126.1
800	836	842	865	910	1050	26	20	142.4
900	939	945	970	1020	1160	28	20	175.3
1000	1041	1048	1075	1125	1265	28	20	193.3
1100	1144	—	1170	1225	1365	30	24	229.4
1200	1246	1255	1280	1335	1475	30	24	250.0

（6）给水管道穿过墙壁和楼板，应设置金属或塑料套管。安装在楼板内的套管，其顶部应高出装饰地面20mm，安装在卫生间及厨房内的套管，其顶部应高出装饰地面50mm，底部应与楼板底面相平；安装在墙壁内的套管其两端与饰面相平。套管直径宜大于管道直径两个规格。

（7）给水管道不宜穿过伸缩缝、沉降缝和抗震缝，管道必须穿过结构伸缩缝、抗震缝及沉降缝敷设时，可选取下列保护措施：

1）在墙体两侧采取柔性连接见图33-4。

2）在管道或保温层外皮上、下部留有不小于150mm的净空。

3）在穿墙处做成方形补偿器，水平安装见图33-5。

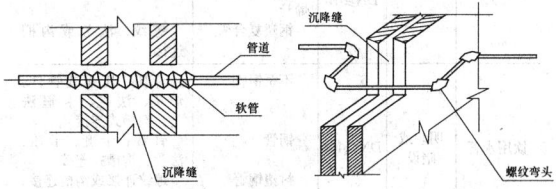

图33-4　墙体两侧采用柔性连接　　图33-5　在穿墙处水平安装示意图

4）活动支架法，将沉降缝两侧的支架做成能使管道垂直位移而不能水平横向位移，以适应沉降缝的伸缩应力。

（8）给水立管和装有3个或3个以上配水点的支管始端，均应安装可拆卸的连接件。

（9）冷、热水管道同时安装应符合下列规定：

1）上、下平行安装时热水管应在冷水管上方。

2）垂直平行安装时热水管应在冷水管左侧。

（10）明装支管沿墙敷设时，管外皮距墙面应有20～30mm的距离。

（11）管与管及与建筑物构件之间的最小净距见表33-14。

管与管及与建筑物构件之间的最小净距　表33-14

名　称	最　小　净　距（mm）
水平干管	1. 与排水管道的水平净距一般不小于500 2. 与其他管道的净距不小于100 3. 与墙、地沟壁的净距不小于80～100 4. 与柱、梁、设备的净距不小于50 5. 与排水管的交叉垂直净距不小于100
立　管	不同管径下的距离要求如下： 1. 当DN≤32时，至墙的净距不小于25 2. 当DN32～DN50时，至墙面的净距不小于35 3. 当DN70～DN100时，至墙面的净距不小于50 4. 当DN125～DN150时，至墙面的净距不小于65
支　管	与墙面净距一般为20～25
引入管	1. 在平面上与排水管道不小于1000 2. 与排水管水平交叉时，不小于150

33.2.2　建筑给水管道及附件安装

33.2.2.1　管材与连接方式

给水管材的选用和连接方式，见表33-15。

给水管材的选用和连接方式　表 33-15

管 名	敷设方式	管径 (mm)	管材	连接方式
生活给水管 生产给水管 中水给水管	明装或暗设	$DN \leqslant 100$	铝塑复合管	卡套式连接
			钢塑复合钢管	螺纹连接、沟槽或法兰连接
			给水硬聚氯乙烯管	密封圈柔性连接、胶粘连接
			聚丙烯管 (PPR)	热熔、电熔、法兰式连接
			给水铜管	钎焊、卡套、卡压、法兰、沟槽式连接
			不锈钢管	卡压、压缩式管件、焊接、法兰、卡箍法兰、沟槽式连接
			热镀锌钢管	螺纹连接、沟槽或法兰连接
		$DN > 100$	热镀锌钢管	沟槽式或法兰连接
			钢塑复合钢管	沟槽式或法兰连接
			给水硬聚氯乙烯管	密封圈连接、胶粘连接
			给水铜管	焊接或卡套式连接
	埋地	$DN < 75$	热镀锌钢管	螺纹连接
			给水硬聚氯乙烯管	密封圈连接、胶粘连接
			聚丙烯管 (PPR)	热熔、电熔连接
		$DN \geqslant 75$	给水铸铁管	石棉水泥、膨胀水泥、青铅或橡胶圈接口
			给水硬聚氯乙烯管	胶粘结口
			钢塑复合管	螺纹、法兰或沟槽连接
饮用水管	明装或暗设	$DN \leqslant 100$	不锈钢管	卡压、压缩式管件、焊接、法兰、卡箍法兰、沟槽式连接
			铜管	钎焊、卡套、卡压、法兰、沟槽式连接
			衬塑钢管	螺纹连接或沟槽连接
			聚丙烯管 (PPR)	热熔、电熔、法兰式连接
消防给水管	明装或暗设	$DN \leqslant 100$	焊接钢管 热镀锌钢管	焊接或螺纹连接 螺纹连接
		$DN \geqslant 100$	焊接钢管 镀锌钢管	焊接或法兰连接 沟槽连接
	埋地地沟	$DN \leqslant 100$	镀锌钢管	螺纹连接
		$DN \geqslant 100$	无缝钢管 给水铸铁管	法兰及焊接连接 石棉水泥接口或橡胶圈接口
自动喷洒管	明装或暗设	$DN \leqslant 150$	镀锌钢管	螺纹、法兰、沟槽连接
		$DN \geqslant 150$	镀锌无缝钢管	沟槽连接或法兰连接
	埋地		给水铸铁管	石棉水泥接口或橡胶圈接口

33.2.2.2 室内给水管道施工安装工艺流程

室内给水管道施工安装工艺流程，见图 33-6。

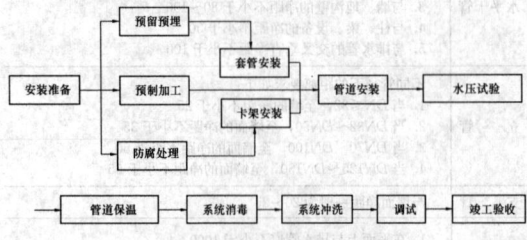

图 33-6 室内给水管道安装工艺流程图

33.2.2.3 管道施工安装前的准备

1. 材料、设备要求

（1）建筑给水所使用的主要材料、成品、半成品、配件、器具和设备必须具有有效的质量合格证明文件，规格、型号及性能检测报告应符合国家技术标准或设计要求。各类管材应有产品材质证明文件。各系统设备和阀门等附件、绝热、保温材料等应有产品质量合格证及相关检测报告。主要设备、器具、新材料、新设备还应附有完整的安装、使用说明书。对于国家及地方规定的特定设备及材料还应附有相应资质检测单位提供的检测报告。

（2）所有材料、成品、半成品、配件、器具和设备进场时应对品种、规格、外观等进行验收，包装应完好，表面无划痕及外力冲击破损，无腐蚀，并经监理工程师核查确认。

（3）各种联动管件不得有砂眼、裂纹、破损、划伤、偏扣、乱扣、丝扣不全和角度不准等现象。

（4）各种阀门的外观要规矩、无损伤，阀杆不得弯曲，阀体严密性好，阀门安装前，应做强度和严密性试验。

（5）其他材料例如：石棉橡胶垫、油麻、线麻、水泥、电焊条等辅材，质量都必须符合设计及相应产品标准的要求和规定。

2. 安装准备

（1）认真熟悉施工图纸，参看有关专业施工图和建筑装修图，核对各种管道标高、坐标是否有交叉，管道排列所占用空间是否合理。管道较多或管路复杂的空间、设备机房等部位应与相关专业进行器具、设备、管道综合排布的细部设计。

（2）根据施工方案决定的施工方法和技术交底的具体措施，按照设计图纸、检查、核对预留孔洞位置、尺寸大小等是否正确，将管道坐标、标高位置划线定位。

（3）施工或审图过程中发现问题必须及时与设计人员和有关人员研究解决，办好变更洽商记录。

（4）经预先排列各部位尺寸都能达到设计、技术交底及综合布置的要求后，方可下料。

3. 配合土建预留孔洞和预埋件

室内给水管道安装不可能与土建主体结构工程施工同步进行，因此在管道安装前要配合土建进行预留孔洞和预埋件的施工。

给水管道安装前需要预留的孔洞主要是管道穿墙和穿楼板孔洞及穿墙、穿楼板套管的安装。一般混凝土结构上的预留孔洞，由设计在结构图上给出尺寸大小；其他结构上的孔洞，当设计无规定时应按表 33-16 规定预留。

给排水管道预留孔洞尺寸　表 33-16

项次	管道名称		明管留孔尺寸 （长×宽） (mm)	暗管墙槽尺寸 （宽×深） (mm)
1	给水立管	管径≤25mm	100×100	130×130
		管径 32～50mm	150×150	150×130
		管径 70～100mm	200×200	200×200
2	两根给水立管	管径≤32mm	150×150	150×130
		管径≤50mm	150×150	200×130
3	一根排水立管	管径≤50mm	150×150	200×130
		管径 70～100mm	200×200	250×200
4	一根给水立管和一根排水立管在一起	管径≤50mm	200×150	200×150
		管径 70～100mm	250×200	250×200
5	两根给水立管和一根排水立管在一起	管径≤50mm	200×150	200×130
		管径 70～100mm	250×200	250×200
6	给水支管	管径≤25mm	100×100	60×60
		管径 32～40mm	150×130	150×100
7	排水支管	管径≤80mm	250×200	
		管径≤100mm	300×250	
8	排水主干管	管径≤80mm	300×250	
		管径≤100～125mm	350×250	
9	给水引入管	管径≤100mm	300×300	
10	排水排出管穿基础	管径≤80mm	300×300	
		管径≤100～150mm	（管径+300）×（管径+200）	

注：1. 给水引入管，管顶上部净空一般不小于 100mm；
　　2. 排水排出管，管顶上部净空一般不小于 150mm。

给水管道安装前的预埋件包括管道支架的预埋件和管道穿过地下室外墙或构筑物的墙壁、楼板处的预埋防水套管的形式和规格也应由给排水标准图或设计施工图给出，由施工单位技术人员按工艺标准组织施工。

33.2.2.4 给水铝塑复合管安装

1. 铝塑复合管材料要求

(1) 铝塑复合管不得用于室内消防供水系统或生活与消防合用的供水系统。

(2) 铝塑复合管管材及管件应符合国家现行有关标准的要求。生活饮用水系统使用的铝塑复合管的管材及管件，应具备法定卫生检验部门的检验报告或认证文件。管材及管件应具有法定质量检验部门认定的出厂许可证和质量合格证，并有明显标志表明生产厂家的名称和规格。包装上应标有批号、数量、生产日期和检验代号。

(3) 铝塑复合管的连接管件，应由生产厂家配套供应。

(4) 冷、热水管均可使用中间铝层为搭接焊或对接焊的铝塑复合管，内、外层应为中高密度聚乙烯。用途代号为"L"，外层颜色为白色者用于冷水管；用途代号为"R"，外层颜色为橙红色者用于热水管。热水管管材可用于冷水管，而冷水管管材不得用于热水管。

(5) 铝塑复合管管材，管壁的颜色应一致，内、外壁应光滑、平整、无气泡、裂口、裂纹、脱皮、痕纹、碰撞等缺陷。公称外径 D_e 不大于 32mm 的盘管卷材，调直后截断断面应无明显的椭圆变形现象。

(6) 铝塑复合管的工作压力检验：将管材浸入水槽，一端封堵，另一端通入 1.0MPa 的压缩空气，稳压 3min，管壁应无膨胀、无裂纹、无泄漏。

(7) 铝塑复合管的静液压强度检验应符合表 33-17 的规定。

静液压强度检验　表 33-17

管材用途	试验温度(℃)	静液压强度(MPa)	持压时间(h)	合格指标
冷水管	60±2	2.48±0.07	10	管壁无膨胀、破裂、泄漏
热水管	82±2	2.72±0.07		

2. 管道安装在施工前应具备的条件

(1) 同一系统的管材应同一种颜色，不得混淆。

(2) 管材和管件应存放在通风良好的库房内，不得露天存放，防止阳光直射，应远离热源。严禁与油类或化学品混合堆放，并应注意防火。

(3) 管材应水平堆放在平整地面上，避免局部受压使管材变形，堆置高度不宜超过 2.0m。管件应原箱码堆，堆高不宜超过3 箱。

(4) 室内明敷的管道，宜在内墙面粉刷层或（贴面层）完成后进行安装；直埋或暗敷的管道，应配合土建进行安装。暗装管道其外径一般不大于 25mm，敷设的管道应采用整条管道，中途不设三通接出支管，阀门设在管道的端部。嵌墙敷设的横管距地面的高度宜不大于 0.45m，且应遵守热水管在上冷水管在下的规定。

(5) 公称外径 D_e 不大于 32mm 的管道，转弯处应尽量利于管道自身直接弯曲。直接弯曲的弯曲半径，以管轴心计不得小于管道外径的 5 倍。管道弯曲时使用专用的弯曲工具，并一次弯曲成型，不得多次弯曲。

(6) 暗敷在吊顶、管井内的管道，管道表面（有保温层时按保温层表面计）与周围墙、板面的净距不宜小于 50mm。

(7) 明敷给水管道不得穿越卧室、贮藏室、变配电间、电脑房等遇水会损坏的设备或物品的房间，不得穿越烟道、风道、便槽。给水管道应远离热源，立管距灶边的净距不得小于 0.4m，距燃气器具的距离不得小于 0.2m，不满足此要求时应采取隔离措施。

3. 管道连接和敷设

铝塑复合管的连接方式采用卡套式连接。其连接件是由具有阳螺纹和倒牙的管芯的主体、锁紧螺母及金属紧箍环组成。

(1) 公称外径 D_e 不大于 25mm 的管道，安装时应先将管盘卷展开、调直。

(2) 管道安装应使用管材生产厂家配套管件及专用工具进行施工。截断管材应使用专用管剪或管子割刀。

(3) 管道连接宜采用卡套式连接，卡套连接应按下列程序进行：

1) 管道截断后，应检查管口，如发现有毛刺、不平整或端面不垂直管轴线时应修正。

2) 使用专用刮刀将管口处的聚乙烯内层削坡口，坡角为 20°～30°，深度为 1.0～1.5mm，且应用清洁的纸或布将坡口残屑擦干净。

3) 用整圆器将管口整圆。将锁紧螺帽、C 型紧箍环套在管上，用力将管芯插入管内，至管口达管芯根部。

4) 将 C 型紧箍环移至距管口 0.5～1.5mm 处，再将锁紧螺帽与管道本体拧紧。

(4) 直埋敷设管道的管槽，宜配合土建施工时预留。管槽的底和壁应平整，无凸出尖锐物。管槽宽度宜比管道公称外径大 40～50mm，管槽深度宜比管道公称外径大 20～25mm。管道安装后，应用管卡将管道固定牢固。

4. 管道穿越无防水要求的墙体、梁、板的做法应符合的规定

(1) 靠近穿越孔洞的一端应设固定支承件将管道固定。

(2) 管道与套管或孔洞之间的环形缝隙应用 M7.5 水泥砂浆填实。

5. 管道的最大支承间距（表 33-18）

铝塑复合管管道最大支承间距（mm）　表 33-18

公称外径 D_e	立管间距	横管间距	公称外径 D_e	立管间距	横管间距
12	500	400	40	1300	1000
14	600	400	50	1600	1200
16	700	500	63	1800	1400
18	800	500	75	2000	1600
20	900	600	90	2200	1800
25	1000	700	110	2400	2000
32	1100	800			

6. 管道支承和支承件

(1) 无伸缩补偿装置的直线管段，固定支承件的最大间距：冷水管不宜大于 6.0m，热水管不宜大于 3.0m，且应设置在固定配件附近。

(2) 穿越管道伸缩器的直线管段，固定支承件的间距应经计算确定，管道伸缩补偿器应设在两个固定支承件中间部位。

(3) 采用管道折角进行伸缩补偿时，悬臂长度不应大于 3.0m，自由臂长度不应小于 300mm。

(4) 固定支承件的管卡与管道表面应为面接触，管卡的宽度宜为管道公称外径的 1/2，收紧管卡时不得损坏管壁。

(5) 滑动支承件的管卡应卡住管道，可允许管道轴向滑动，但不允许管道产生横向位移，管道不得从管卡中弹出。

(6) 管道穿越楼板、屋面时，穿越部位应设置固定支撑件，并应有严格的防水措施。

(7) 铝塑复合管管道连接的各种阀门，应固定牢靠，不应将阀门自重和操作力矩传递给管道。

33.2.2.5 钢塑复合管管道连接

1. 一般规定

(1) 涂塑镀锌焊接钢管（焊接钢管）应符合现行行业标准《给水涂塑复合钢管》CJ/T 120 的有关要求。

(2) 衬塑镀锌焊接钢管（焊接钢管）应符合现行行业标准《给水衬塑复合钢管》CJ/T 136 的要求。衬塑无缝钢管应符合现行行业标准《给水衬塑复合钢管》CJ/T 136 的有关要求。

(3) 内衬不锈钢复合钢管应符合现行行业标准《给水内衬不锈钢复合钢管管道工程技术规程》CECS 205 的要求。

(4) 给水系统采用的钢塑复合管管件应符合下列要求：

1) 衬塑可锻铸铁管管件应符合现行行业标准《给水衬塑可锻铸铁管件》CJ/T 137 的要求。

2) 衬塑钢件应符合现行行业标准《给水衬塑复合钢管》CJ/T 136 的有关要求。

3) 涂塑钢管件、涂塑球墨铸铁管件、涂塑铸钢管件应符合现行行业标准《给水涂塑复合钢管》CJ/T 120 的有关要求。

4) 与内衬不锈钢复合管配套使用的管件，应采用内衬不锈钢可锻铸铁管件、衬塑可锻铸铁管件、镀合金可锻铸铁管件或不锈钢管件。

5) 输送冷热水管道的管件采用的橡胶密封圈，其材质应按温度要求选用并符合现行行业标准《橡胶密封件、给排水及污水管道用接口密封圈、材料规范》HG/T 3091 的规定。

(5) 水池（箱）内管道选择应符合下列要求：

1) 水池（箱）内浸水部分的管道应采用内外涂塑焊接钢管及管件（包括法兰、水泵吸水管、溢流管、吸水喇叭、溢水漏斗等）或外覆塑料的内衬不锈钢复合钢管，管件应采用不锈钢管件、镀合金可锻铸铁管件。

2) 泄水管、出水管应采用涂塑无缝管或涂塑焊接管。

3) 管道穿越钢筋混凝土水池（箱）的部位应采用耐腐蚀防水套管。

4) 管道的支承件、紧固件均应采用经过防腐处理的金属支承件。

(6) 钢塑复合管安装前应符合下列要求：

1) 室内埋地管道应在底层土建地坪施工前安装。

2) 室内埋地管道安装埋设深度应不小于 300mm，安装至外墙的管道埋设深度应不小于 700mm，管口应及时封堵。

3) 钢塑复合管不得设于钢筋混凝土结构层中。

(7) 管道穿越楼板、屋面、水箱（池）壁（底），应预留孔洞或预埋套管，并应符合下列要求：

1) 预留孔洞尺寸应为管道外径加 40mm。

2) 管道在室内暗敷设，墙体内需开管槽时，管槽宽度和深度应为管道外径加 30mm。且管槽的坡度应为管道坡度。

(8) 钢筋混凝土水箱（池），进水管、出水管、泄水管、溢水管等穿越处应预埋防水套管；管径大于 50mm 时可用弯管机冷弯，但其弯曲曲率半径不得小于 8 倍外径，弯曲角度不得大于 10°。

(9) 埋地、嵌墙暗敷设的管道，应在水压试验合格后再进行隐蔽工程验收。

(10) 切割管道宜采用锯床不得采用砂轮机切割。当采用盘锯切割时，其转速不得大于 800r/min；当采用手工切割时，其锯面应垂直于管轴心。

2. 钢塑复合管螺纹连接

(1) 套丝符合下列要求：套丝应采用自动套丝机。套丝机应采用润滑油润滑。圆锥形管螺纹应符合现行国家标准《用螺纹密封的管螺纹》GB/T 7306 的要求，并采用标准螺纹规检验。

1) 钢塑复合管套丝应采用自动套丝机。

2) 套丝机应使用润滑油润滑。

3) 圆锥形管螺纹应符合现行国家标准的要求，并应采用标准螺纹规检验。

(2) 管端清理：

1) 用细锉将金属管端的毛边修光。

2) 使用棉丝和毛刷清除管端和管螺纹内的油、水和金属切屑。

3) 衬塑管应采用专用绞刀，将衬塑层厚度 1/2 倒角，倒角坡度宜为 10°～15°。

4) 涂塑管应用削刀刮成内倒角。

(3) 管端、管螺纹清理加工后，应进行防腐、密封处理，宜采用防锈密封胶和聚四氟乙烯生料带缠绕螺纹，同时应用色笔在管壁上标记拧入深度。

(4) 不得采用非衬塑可锻铸铁管件。

(5) 管子与配件连接前，应检查衬塑可锻铸铁管件内橡胶密封圈或厌氧密封胶，然后将配件用手拧上管螺丝扣，在确认管件接口已插入衬（涂）塑钢管后，用管子钳进行管子与配件的连接（注：不得逆向旋转）。

(6) 管子与配件连接后，外露螺纹部分及所有钳痕和表面损伤的部位应涂防锈密封胶。

(7) 用厌氧密封胶密封的管接头，养护期不得少于 24h，期间不得进行试压。

(8) 钢塑复合管不得与阀门直接连接，应采用黄铜质内衬塑的内外螺纹专用过渡管接头。

(9) 钢塑复合管不得与给水栓直接连接，应采用黄铜质专用内螺纹管接头。

(10) 钢塑复合管与铜管、塑料管连接时应采用专用过渡管接头。

(11) 当采用内衬塑料的内外螺纹专用过渡管接头与其他材质的管配件、附件连接时，应在外螺纹的端部采取防腐处理。

3. 钢塑复合管法兰连接

(1) 钢塑复合管法兰现场连接应符合下列要求：

1) 在现场配接法兰时，应采用内衬塑凸面带颈螺纹钢制管法兰。

2) 被连接的钢塑复合管上应铰螺纹密封用的管螺纹，其牙形应符合现行国家标准《用螺纹密封的管螺纹》GB/T 7306 的要求。

(2) 钢塑复合管法兰连接根据施工人员技术熟练程度采取一次安装法或二次安装法。

1) 一次安装法：现场测量、绘制管道单线加工图，送专业工厂进行管段、配件涂（衬）加工后，再运抵现场安装。

2) 二次安装法：现场用非涂（衬）钢管和管件，法兰焊接，拼装管道，然后拆下运抵专业加工厂进行涂（衬）加工，再运抵现场进行安装。

(3) 钢塑复合管法兰连接当采用二次安装法时，现场安装的管段、管件、阀件和法兰盘均应打上钢印编号。

4. 钢塑复合管沟槽连接

(1) 沟槽连接方式可适用于公称直径不小于 65mm 的涂（衬）塑钢管的连接。

(2) 沟槽式管接头应符合国家现行的有关产品标准。

(3) 沟槽式管接头的工作压力应与管道工作压力相匹配。

(4) 用于输送热水的沟槽式管接头应采用耐温型橡胶密封圈。用于饮用纯净水的管道的橡胶材质应符合现行国家标准《生活饮用水输配水设备及防护材料的安全性评价标准》GB/T 17219 的要求。

(5) 对于衬塑复合钢管，当采用现场加工沟槽并进行管道安装时，应优先采用成品沟槽式涂塑管件。

(6) 连接管段的长度应为管段两端口净长度减去 6～8mm 断料，每个连接口之间应有 3～4mm 间隙并用钢印编号。

(7) 当采用机械截管，截面应垂直轴心，允许偏差为：管径不大于 100mm 时，偏差不大于 1mm；管径大于 125mm 时，偏差不大于 1.5mm。

(8) 管外壁端面应用机械加工 1/2 壁厚的圆角。

(9) 应用专用滚槽机压槽，压槽时管段应保持水平，钢管与滚槽机正面 90°。压槽时应持续渐进，槽深应符合表 33-19 的规定，并应用标准量规测量槽的全周深度。如沟槽过浅，应调整压槽机后再行加工。沟槽过深，则应作废品处理。

沟槽标准深度及公差（mm） 表 33-19

管径	沟槽深度	公差	管径	沟槽深度	公差
65～80	2.20	+0.3	200～250	2.50	+0.3
100～150	2.20	+0.3	300	3.0	+0.5

(10) 与橡胶密封圈接触的管外端应平整光滑，不得有划伤橡胶圈或影响密封的毛刺。

(11) 涂塑复合钢管的沟槽连接方式，宜用于现场测量、工厂预涂塑加工、现场安装。

1) 管段在涂塑前应压制标准沟槽。

2) 管段涂塑除涂内、外壁外，还应涂管口端和管端外壁与橡胶密封圈接触部位。

(12) 衬（涂）复合钢管的沟槽连接应按下列程序进行：

1) 检查橡胶密封圈是否匹配，涂润滑剂，并将其套在一根管段的末端；将对接的另一根管段套上，然后将胶圈移至连接段中央。

2) 将卡箍套在胶圈外，边缘卡入沟槽中。

3）将带变形块的螺栓插入螺栓孔，并用螺母旋紧。对称交替旋紧，防止胶圈起皱。

（13）内衬不锈钢复合管沟槽式卡箍连接：

1）在管材、管件平口端的接头部位加工环形沟槽，用拼合式卡箍件、C型橡胶密封圈和紧固件组成的快速拼装接头。

2）安装时在相邻管端套上橡胶密封圈，将卡箍的内缘嵌固在管端沟槽内，用拧紧箍上的螺栓紧固。

3）构造不同卡箍分为刚性卡箍和柔性卡箍两种。柔性卡箍允许相邻管端有少量相对角变位和相应的轴向转动。卡箍式连接管道，无须考虑管道因热胀冷缩的补偿。

（14）超薄壁不锈钢塑料复合管管材和管件的要求：

1）管材与管件连接用的橡胶圈、特种胶粘剂、低温钎焊料和有关施工工具等，均应由管材生产企业配套供应。施工机具应附有操作说明。

2）管材、管件内外表面应光滑平整，色泽一致，无明显的痕纹凹陷，断口平直，冷热水标志醒目，内壁清洁无污染。

3）预置橡胶圈的承插式管件，其橡胶件应平整，座入位置正确。

4）管材压力条块等级为1.6MPa，规格和壁厚见表33-20。

超薄壁不锈钢塑料复合管管材规格和壁厚（mm）

表33-20

公称外径 DN		16	20	25	32	40	50	63	75	90	110
1	不锈钢厚度	0.25	0.25	0.28	0.30	0.35	0.40	0.45	0.50	0.55	0.60
2	粘结层厚度	0.10	0.10	0.10	0.10	0.10	0.15	0.20	0.20	0.25	0.25
3	1 PE类塑料厚度	1.65	1.65	2.12	2.60	3.05	4.35	4.35	5.00	5.90	7.15
	管壁总厚	2.00	2.00	2.50	3.00	3.50	4.00	5.00	6.00	7.00	8.00
	2 聚氯类塑料厚度	1.15	1.15	1.62	2.10	2.05	2.40	2.85	3.30	3.70	4.15
	管壁总厚	1.50	1.50	2.00	2.50	2.50	3.00	3.50	4.00	4.50	5.00

5）管材、管件的物理力学性能应符合表33-21的规定。

超薄壁不锈钢塑料复合管管材、管件的物理力学性能

表33-21

项　目	单位	技　术　性　能
外表质量		表面平整光滑，无裂纹、拉丝痕迹、凹陷
压扁性能	%	压至50%，壳体与塑料不分离
耐压试验（1h）	MPa	$DN < 90$ 为6.7MPa，$DN \geqslant 90$ 为4.5MPa
管材、管件组合性能试验（15℃）	MPa	100h 4.2MPa，连接处无渗漏 165h 2.5MPa，连接处无渗漏
热水管冷热水循环试验		1.0MPa 20～95℃，冷热水循环500次，内层塑料不变形、不分离，连接点不渗漏

6）管材、管件在运输或工地搬运时，应小心轻放，不得剧烈碰撞、抛摔、滚拖、受油腻沾污。

7）管材、管件储存应符合下列规定：

①管材按规格堆放整齐，管端口应有管堵或管塞封口，严格防止尘土或异物进入管内。管材堆放高度不宜大于2.0m，堆放场地应平整，支垫物间距不宜大于1.0m，且应采用木材制作。

②管件应逐件包装，包装箱按规格堆放整齐，堆放高度不宜大于1.5m。

③管材、管件应存放在通风良好的库房内，距热源应大于1.0m，不得露天堆放。

8）沟槽式卡箍接头安装：

沟槽式卡箍接头安装程序见表33-22。

沟槽式卡箍管件安装图　　**表33-22**

1. 安装检查沟槽是否符合标准，去掉管子和密封圈上的毛刺、铁锈、油污等杂质 | 2. 在管子端部和橡胶圈上涂上润滑剂

3. 将密封橡胶垫圈套入一根钢管的密封部位 | 4. 将另一根加工好的沟槽的钢管靠拢，将橡胶套入管端，使橡胶圈刚好位于两根管子的密封部位

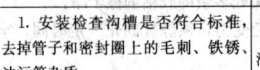

5. 确认管卡已经卡住管子 | 6. 拧紧螺栓，安装完成

5. 管道支承

（1）支承设置时注意横管的任何两个接头之间均应有支承，支撑点不得设置在接头上。

（2）管道最大支承间距应不大于表33-23规定之最小值。

管道最大支承间距　　**表33-23**

管径（mm）	最大支承间距（m）
65～100	3.5
125～200	4.2
250～315	5.0

33.2.2.6　给水硬聚氯乙烯管管道连接

给水硬聚氯乙烯管道配管时，应对承插口的配合程度进行检验。将承插口进行试插，自然试插深度以承口长度的1/2～2/3为宜，并做出标记。采用粘结接口时，管端插入承口的深度不得小于表33-24的规定。

管端插入承口的深度（mm）　　**表33-24**

公称直径	20	25	32	40	50	75	100	125	140
插入深度	16	19	22	26	31	44	61	69	75

1. 管道粘结连接要求

（1）管道粘结不宜在湿度很大的环境下进行，操作场所应远离火源、防止撞击和阳光直射。在−20℃以下的环境中不得操作。

（2）涂抹胶粘剂应使用鬃刷或尼龙刷。用于擦措承插口的干布不得带有油腻或污垢。

（3）在涂抹胶粘剂之前，应先用干布将承、插口处粘结面擦净。若粘结表面有油污，可用干布蘸清洁剂将其擦净。粘结表面不得沾有尘埃、水迹及油污。

（4）涂抹胶粘剂时，必须先涂承口，后涂插口。涂抹承口时，应由里向外。胶粘剂应涂抹均匀，并适量。每个胶粘剂用量参考表33-25，表中数值为插口和承口两表面的使用量。

胶粘剂用量表　　**表33-25**

序号	管材公称外径（mm）	胶粘剂用量（g/接口）	序号	管材公称外径（mm）	胶粘剂用量（g/接口）
1	20	0.40	7	75	4.10
2	25	0.58	8	90	5.73
3	32	0.88	9	110	8.34
4	40	1.31	10	125	10.75
5	50	1.94	11	140	13.37
6	63	2.97	12	160	17.28

（5）涂抹胶粘剂后，应在 20s 内完成粘结。若操作过程中胶粘剂出现干涸，应在清除干涸的胶粘剂后，重新涂抹。

（6）粘结时，应将插口轻轻插入承口中，对准轴线，迅速完成。插入深度至少应超过标记。插接过程中，可稍做旋转，但不得超过 1/4 圈。不得插到底后进行旋转。

（7）粘结完毕，应立刻将接头处多余的胶粘剂擦干净。

（8）初粘结好的接头，应避免受力，须静置固化一定时间，牢固后方可继续安装。

（9）在零度以下粘结操作时，不得使胶粘剂结冻。不得采用明火或电炉等加热装置加热胶粘剂。

（10）塑料管道粘结承口尺寸如图 33-7 和表 33-26 所示。

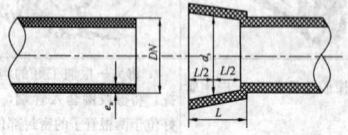

图 33-7 塑料管粘结连接承插口

公称外径	最小深度	中部平均内径（d_s）		公称外径	最小深度	中部平均内径（d_s）	
		最小	最大			最小	最大
20	16.0	20.1	20.3	63	37.5	63.1	63.3
25	18.5	25.1	25.3	75	43.5	75.1	75.3
32	22.0	32.1	32.3	90	51.0	90.1	90.3
40	26.0	40.1	40.3	110	61.0	110.1	110.4
50	31.0	50.1	50.3				

粘接承口尺寸　表 33-26

2. 橡胶圈柔性连接

（1）清理干净承插口工作面，由上表划出插入长度标记线。

（2）正确安装橡胶圈，不得装反或扭曲。

（3）把润滑剂均匀涂于承口处、橡胶圈和管插口端外表面，严禁用黄油或其他油类作润滑剂以防腐蚀胶圈。

（4）将连接管道的插口对准承口，使用拉力工具，将管在平直状态下一次插入至标线。若插入阻力过大，应及时检查橡胶圈是否正常。用塞尺沿管材周围检查安装情况是否正常。

（5）橡胶圈连接见图 33-8，管长 6m 的管道伸缩量见表 33-27 所示。

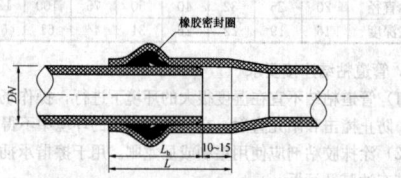

图 33-8 橡胶圈柔性连接

施工时最低环境温度（℃）	设计最大温差（℃）	伸缩量（mm）
15	25	10.5
10	30	12.6
5	35	14.7

管长 6m 的管道伸缩量　表 33-27

3. 塑料管与金属管配件的螺纹连接

（1）塑料管与金属管配件采用螺纹连接的管道系统，其连接部位管道的管径不得大于 63mm。塑料管与金属管配件连接采用螺纹连接时，必须采用注射成型的螺纹塑料管件。

（2）注射成型的螺纹塑料管件与金属管配件螺纹连接时，宜将塑料管件作为外螺纹，金属管配件为内螺纹；若塑料管件为内螺纹，则宜使用注射螺纹端外部嵌有金属加固圈的塑料连接件。

（3）注射成型的螺纹塑料管件与金属管配件螺纹连接，宜采用聚四氟乙烯生料带作为密封填充物，不宜使用厚白漆、麻丝。

33.2.2.7 给水聚丙烯 PPR 管管道安装

1. 管道连接一般要求

（1）同种材质的给水聚丙烯管材与管件应采用热熔连接或电熔连接，安装时应采用配套的专用热熔工具。

（2）给水聚丙烯管道与金属管道、阀门及配水管件连接时，应采用带金属嵌件的聚丙烯过渡管件，该管件与聚丙烯管应采用热熔连接，与金属管及配件应采用丝扣或法兰连接。

（3）暗敷在地坪面层下或墙体内的管道，不得采用丝扣或法兰连接。

2. 管道热熔连接

（1）接通热熔专用工具电源，待其达到设定工作温度后，方可操作。

（2）管道切割应使用专用的管剪或管道切割机，管道切割后的断面应去除毛边和毛刺，管道的截面必须垂直于管轴线。

（3）熔接时，管材和管件的连接部位必须清洁、干燥、无油。

（4）管道热熔时，应量出熔接的深度，并做好标记，热熔深度可按表 33-28 的规定。在环境温度小于 5℃ 时，加热时间应延长 50%。

公称外径（mm）	热熔深度（mm）	加热时间（s）	加工时间（s）	冷却时间（min）
20	14	5	4	3
25	16	7	4	3
32	20	8	4	4
40	21	12	6	4
50	22.5	18	6	5
63	24	24	6	6
75	26	30	10	8
90	32	40	10	8
110	38.5	50	15	10

热熔连接技术要求　表 33-28

（5）安装熔接弯头或三通时，应按设计要求，注意其方向，在管件和管材的直线方向上，用辅助标志，明确其位置。

（6）连接时，把管端插入加热套内，插到所标志的深度，同时把管件推到加热头上达到规定标志处。加热时间应满足表 33-28 的规定。

（7）达到加热时间后，立即把管材与管件从加热套与加热头上同时取下，迅速无旋转地直线均匀插入到所标深度，使接头处形成均匀凸缘。

（8）在规定的加工时间内，刚熔好的接头还可校正，但严禁旋转。管道连接如图 33-9 所示。

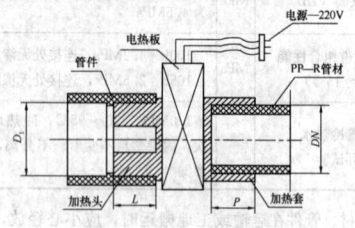

图 33-9 承口、插口热熔连接

3. 管道电熔连接

（1）电熔连接主要用于大口径管道或安装困难场合。应保持电熔管件与管材的熔合部位不受潮。

（2）电熔承插连接管材的连接端应切割垂直，并应用洁净棉布擦净管材和管件连接面上的污物，标出插入深度，刮净其表面。

（3）调直两面对应的连接件，使其处于同一轴线上。

（4）电熔连接机具与电熔管件的导线连接应正确。检查通电加热的电压，加热时间应符合电熔连接机具与电熔管件生产厂家的有关规定。

（5）在电熔连接时，在熔合及冷却过程中，不得移动、转动电

熔管件和熔合的管道，不得在连接件上施加任何压力。

（6）电熔连接的标准加热时间应由生产厂家提供，并应根据环境温度的不同而加以调整。电熔连接的加热时间与环境温度的关系可参考表33-29的规定。若电熔机具有自动补偿功能，则不需调整加热时间。电熔连接见图33-10。

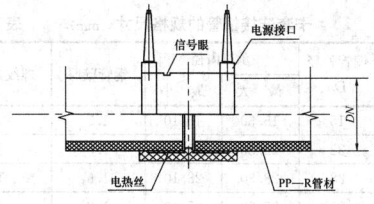

图33-10 电熔连接

（7）电熔过程中，当信号眼内熔体有突出沿口现象，通电加热完成。

电熔连接的加热时间与环境温度的关系 表33-29

环境温度 T（℃）	修正值	举例（s）
−10	$T+12\%T$	112
0	$T+8\%T$	108
+10	$T+4\%T$	104
+20	标准加热时间 T	100
+30	$T-4\%T$	96
+40	$T-8\%T$	92
+50	$T-12\%T$	88

4. 管道法兰连接

（1）将相同压力等级的法兰盘套在管道上。调直两对应的连接件，使连接的两片法兰垂直于管道轴线，表面相互平行。

（2）管道接口处的密封圈，应采用耐热、无毒、耐老化的弹性垫圈。

（3）应使用相同规格的螺栓，安装方向应一致。螺栓应对称拧紧，紧固好的螺栓应露出螺母以外2～3扣丝，宜平齐。螺栓、螺母宜采用镀锌或镀铬件。

（4）安装连接管道的几何尺寸要正确。当紧固螺栓时，不应使管道产生轴向拉力。

（5）法兰连接部位应设置支、吊架。

33.2.2.8 给水铜管管道安装

1. 建筑给水系统的铜管管材

（1）铜管采用钎焊、卡套、卡压连接时，其规格可按表33-30确定。

建筑给水铜管管材规格（mm） 表33-30

公称直径 DN	外径 D_e	工作压力 1.0MPa		工作压力 1.6MPa		工作压力 2.5MPa	
		壁厚 δ	计算内径 D_j	壁厚 δ	计算内径 D_j	壁厚 δ	计算内径 D_j
6	8	0.6	6.8	0.6	6.8		
8	10	0.6	8.8	0.6	8.8		
10	12	0.6	10.8	0.6	10.8		
15	15	0.7	13.6	0.7	13.6		
20	22	0.9	20.2	0.9	20.2		
25	28	0.9	26.2	0.9	26.2		
32	35	1.2	32.6	1.2	32.6		
40	42	1.2	39.6	1.2	39.6		
50	54	1.2	51.6	1.2	51.6	—	—
65	67	1.2	64.6	1.5	64.0		
80	85	1.5	82	1.5	82		
100	108	1.5	105	2.5	103	3.5	101
125	133	1.5	130	3.0	127	3.5	126

续表

公称直径 DN	外径 D_e	工作压力 1.0MPa		工作压力 1.6MPa		工作压力 2.5MPa	
		壁厚 δ	计算内径 D_j	壁厚 δ	计算内径 D_j	壁厚 δ	计算内径 D_j
150	150	2.0	155	3.0	153	4.0	151
200	200	4.0	211	4.0	211	5.0	209
250	250	4.0	259	5.0	257	6.0	255
300	300	4.0	315	6.0	313	8.0	309

注：1. 壁厚不大于3.5mm的管材壁厚允许偏差为±10%，壁厚大于3.5mm的管材壁厚允许偏差为±15%。
2. 管材外径允许偏差应符合GB/T 18033的规定。

（2）采用沟槽连接的铜管应选用硬态铜管，其壁厚不应小于表33-31规定的数值。

沟槽连接时铜管的最小壁厚（mm） 表33-31

公称直径 DN	外径 D_e	最小壁厚 δ	公称直径 DN	外径 D_e	最小壁厚 δ
50	54	2.0	150	159	4.0
65	67	2.0	200	219	6.0
80	85	2.5	250	267	6.0
100	108	3.5	300	325	6.0
125	133	3.5			

2. 铜管安装一般规定

（1）铜管管道安装前应检查铜管的外观质量和外径、壁厚尺寸。有明显伤痕的管道不得使用，变形管口应采用专用工具整圆。受污染的管材其内外污垢和杂物应清理干净。

（2）管道切割可采用手动或机械切割，不得采用氧气一乙炔火焰切割，切割时，应防止操作不当使管子变形，管子切口的端面应与管子轴线垂直，切口的毛刺等应清理干净。管道坡口加工应采用锉刀或坡口机，不得采用氧气一乙炔火焰切割加工。夹持铜管用的台虎钳钳口两侧应垫以木板衬垫。切割采用切管器或每10mm不少于13齿的钢锯和电锯、砂轮切割机等设备。切割的管子断面应垂直平整，且应去除管口内外毛刺并整圆。

（3）预制管道时应测量正确的实际管道长度在地面预制后，再进行安装。有条件的应尽量用铜管直接弯制的弯头。多根管道平行时，弯曲部位应一致，使管道整齐美观。

（4）管径不大于25mm的半硬态铜管可用专用工具冷弯；管径大于25mm的铜管转弯时宜使用弯头。

（5）采用铜管加工补偿器时，应先将补偿器预制成形后再进行安装。采用定型产品套筒式或波纹管式补偿器时，也宜将其与相邻管子预制成管段后再进行安装，特别是选用不锈钢等异种材料需与铜管钎焊连接的补偿器时，一般应将补偿器与铜管先预制成管段后，再进行安装。敷设管道所需的支吊架，应按施工图标明的形式和数量进行加工预制。

（6）铜管连接可采用专用接头或焊接，当管径小于22mm时宜采用承插式或套管钎焊，承口应迎介质流向安装；当管径大于等于22mm时宜采用对口焊接。

（7）管道支撑件宜采用铜合金制品，当采用钢件支架，管道与支架之间应设软性隔垫，隔垫不得对管道产生腐蚀。

（8）采用胀口或翻边连接的管材，施工前应每批抽1%且不少于两根做胀口或翻边试验。当有裂纹时，应在退火处理后重做试验。如仍有裂纹，则该批管材应逐根退火试验，不合格者不得使用。

（9）在施工过程中应防止铜管与酸、碱等有腐蚀性液体、污物接触。

3. 铜管钎焊

（1）铜管钎焊连接前应先确认管材、管件的规格尺寸是否满足连接要求。依据图纸现场实测配管长度，下料应正确。铜管钎焊宜采用氧一乙炔火焰或氧一丙烷火焰。软钎焊也可用丙烷一空气火焰和电加热。

（2）钎焊强度小，一般焊口采用搭接形式。搭接长度为管壁厚度的6～8倍，管道的外径 D 小于等于28mm时，搭接长度为(1.2

~1.5)D。

(3) 焊接前应对铜管外壁和管件内壁用细砂纸、钢丝刷或含其他磨料的布砂纸将钎焊处外壁和管道内壁的污垢与氧化膜清除干净。

(4) 硬钎焊可用各种规格铜管与管件的连接，钎料宜选用含磷的脱氧元素的铜基无银、低银钎料。铜管硬钎焊可不添加钎焊剂，但与铜合金管件钎焊时，应添加钎焊机。

(5) 软钎焊可用与管径不大于DN25的铜管与管件的连接，钎料可选用无铅锡基、无铅锡银钎料。焊接时应添加钎焊剂，但不得使用含氨钎焊剂。

(6) 钎焊时应根据工件大小选用合适的火焰功率，对接头处铜管与承口实施均匀加热，达到钎焊温度时即向接头处添加钎料，并继续加热，钎焊时钎料填满焊缝后应立即停止加热，保持自然冷却。

(7) 焊接过程中，焊嘴应根据管径大小选用得当，焊接处及焊条应加热均匀。不得出现过热现象，焊料渗满焊缝后应立即停止加热，并保持静止，自然冷却。

(8) 铜管与铜合金管件或铜合金管件与铜合金管件间焊接时，应在铜合金管件焊接处使用助焊剂，并在焊接完后，清除管道外壁的残余熔剂。

(9) 覆塑铜管焊接时应将钎焊接头处的铜管覆塑层剥离，剥出长度不小于200mm裸铜管，并在两端连接点缠绕湿布冷却，钎焊完成后复原覆塑层。

(10) 钎焊后的管件，必须在8h内进行清洗，除去残留的熔剂和熔渣。常用煮沸的含10%～15%的明矾水溶液或含10%柠檬酸水溶液涂刷接头处，然后用水冲擦干净。

(11) 焊接安装时应尽量避免立焊。钎焊铜管承、插口规格尺寸见表33-32。

钎焊铜管承、插口规格尺寸（mm）　　表 33-32

公称直径 DN	铜管外径 De	插口外径	承口内径	承口长度	插口长度	最小管壁		
						1.0MPa	1.6MPa	2.5MPa
6	8	8±0.03	8+0.05	7	9			
8	10	10±0.03	10+0.05					
10	12	12±0.03	12+0.05	9	11	0.75		
15	15	15±0.03	15+0.05	11	13			
20	22	22±0.04	22+0.06	15	17			
25	28	28±0.04	28+0.08	17	19		1.0	—
32	35	35±0.05	35+0.08	20	22			
40	42	42±0.05	42+0.12	22	24	1.0		
50	54	54±0.05	54+0.15	25	27		1.5	
65	67	67±0.06	67+0.18	28	30			
80	85	85±0.06	85+0.23	32	34	1.5	2.5	
100	108	108±0.06	108+0.25	36	38	2.0	3.0	3.5
125	133	133±0.10	133+0.28	38	41	2.5	3.5	4.0
150	159	159±0.18	159+0.28	41	44	3.0	4.0	4.5
200	219	219±0.30	219+0.30	45	48	4.0	4.0	6.0
250	267	273±0.25	273+0.30	48	51	4.0	5.0	7.0
300	325	325±0.30	325+0.30	50	53	4.0	6.0	8.0

(12) 钎焊时应根据工件大小适用合适的火焰功率，对接头处铜管与承口实施均匀加热，达到钎焊温度时即向接头处添加钎料，并继续加热，钎焊时钎料填满焊缝后立即停止加热，保持自然冷却。钎焊完成后，应将接头处残留钎焊剂和反应物用干布擦拭干净。

4. 铜管卡套连接

(1) 对管径不大于DN50、需拆卸的铜管可采用卡套连接。

(2) 管口断面垂直平整，且应使用专用工具将其整圆或扩口。

(3) 应使用活络扳手或专用扳手，严禁使用管钳旋紧螺母。

(4) 连接部位宜采用二次装配，第二次装配时，拧紧螺母应从力矩激增点后再将螺母旋转1/4圈。

(5) 一次完成卡套连接时，拧紧螺母应从力矩激增点起再旋转1～1.25圈，使卡套刃口切入管子，但不可旋得过紧。

(6) 卡套连接铜管的规格尺寸详见表33-33。

卡套连接铜管的规格尺寸（mm）　　表 33-33

公称直径 DN	铜管外径 De	承口内径		铜管壁厚	螺纹最小长度
		最大	最小		
15	15	15.30	15.10	1.2	8.0
20	22	22.30	22.10	1.5	9.0
25	28	28.30	28.10	1.6	12.0
32	35	35.30	35.10	1.8	12.0
40	42	42.30	42.10	2.0	12.0
50	54	54.30	54.10	2.3	15.0

5. 铜管卡压连接

(1) 管径不大于DN50的铜管可采用卡压连接，采用专用的与管径相匹配的连接管件和卡压机具。

(2) 管口断面应垂直平整，且管口无毛刺。

(3) 在铜管插入管件的过程中，管件内密封圈不得扭曲变形。管材插入管件到底后，应轻轻转动管子，使管材与管件的结合段保持同轴后再卡压。

(4) 压接时，卡钳端面应与管件轴线垂直，达到规定卡压压力后应保持1～2s，方可松开卡钳卡压。

(5) 卡压连接应采用硬态铜管，卡压连接铜管规格尺寸见表33-34。

卡压连接铜管的规格尺寸（mm）　　表 33-34

公称直径 DN	铜管外径 De	承口内径		铜管壁厚	公称直径 DN	铜管外径 De	承口内径		铜管壁厚
		最大	最小				最大	最小	
15	15	15.20	15.35	0.7	32	35	35.30	35.50	1.2
20	22	22.20	22.35	0.9	40	42	42.30	42.50	1.2
25	28	28.25	28.40	0.9	50	54	54.30	54.50	1.2

6. 铜管法兰连接

(1) 法兰连接时，松套法兰规格应满足规定。垫片可采用耐温夹布橡胶板或铜垫片，紧固件应采用镀锌螺栓，对称旋紧。

(2) 铜及铜合金管道上采用的法兰根据承受压力的不同，可选用不同形式的法兰连接。法兰连接的形式一般有翻边活套法兰、平焊法兰和对焊法兰等，具体选用应按设计要求。一般管道压力在2.5MPa以内采用光滑面铸铜法兰连接。法兰及螺栓材料牌号应根据国家颁布的有关标准选用。

(3) 与铜管及铜合金管道连接的铜法兰宜采用焊接，焊接方法和质量要求应与钢管道的焊接一致。当设计无明确规定时，铜及铜合金管道法兰连接中的垫片一般可采用橡胶石棉垫或铜垫片，也可以根据输送介质的温度和压力选择其他材质的垫片。

(4) 法兰外缘的圆柱面上应打出材料牌号、公称压力和公称通径的印记。

(5) 管道采用活套法兰连接时，有两种结构：一种是管子翻边（见图33-11），另一种是管端焊接环。焊环的材质与管材相同。

(6) 铜及铜合金管翻边模具有内模及外模。内模是一圆锥形的钢模，其外径应与翻边管子内径相等或略小。外模是两片长颈法兰，见图33-12。

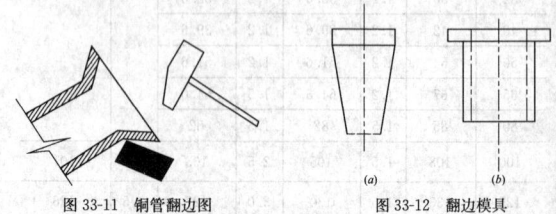

图 33-11　铜管翻边图　　　　　　图 33-12　翻边模具

(7) 为了消除翻边部分材料的内应力，在管子翻边前，先量出管端翻边宽度（见表33-35），然后划好线。将这段长度用气焊嘴加热到再结晶温度以上，一般为450℃左右。然后自然冷却或浇水急冷。待管端冷却后，将内外模套上并固定在工作平台上，用手锤敲击翻边或使用压力机。全部翻后再敲光锉平，即完成翻边操作。

铜管翻边宽度（mm）　　　　　　表 33-35

公称直径（DN）	15	20	25	32	40	50	65	80	100	125	150	200	250
翻边宽度	11	13	16	18	18	18	18	18	18	20	20	20	24

(8) 铜管翻边连接应保持两管同轴，公称直径≤50mm，其偏差≯1mm；公称直径>50mm，其偏差≯2mm。

7. 铜管沟槽连接

(1) 管径不小于DN50的铜管可采用沟槽连接。

(2) 当沟槽连接件为非铜材质时，其接触面应采取必要的防腐措施。

(3) 铜管槽口尺寸见表33-36。

铜管槽口尺寸（mm）　　　　　　表 33-36

公称直径 DN	铜管外径 D_e	铜管壁厚	槽 宽	槽 深
50	54	14.5	9.5	2.2
65	67	14.5	9.5	2.2
80	85	14.5	9.5	2.2
100	108	16.0	9.5	2.2
125	133	16.0	9.5	2.2
150	159	16.0	9.5	2.2
200	219	16.0	13.0	2.5
250	267	19.0	13.0	2.5
300	325	19.0	13.0	3.3

8. 黄铜配件与附件连接

黄铜配件与附件螺纹连接时，宜采用聚四氟乙烯生料带，应先用手拧入2～3扣，再用扳手一次拧紧，不得倒回，装紧后应留有2～3扣螺尾。

33.2.2.9 不锈钢给水管道施工技术

1. 建筑给水薄壁不锈钢管材、管件

(1) 管材、管件应符合国家标准《流体输送用不锈钢焊接钢管》GB/T 12771、《生活饮用水输配水设备及防护材料的安全性评价规范》(卫法监发 [2001] 161号文附件2)和《不锈钢卡压式管件连接用薄壁不锈钢管》GB/T 19228.2的要求。

(2) 给水不锈钢管道与其他材料的管材、管件和附件相连接时，应采取防止电化学腐蚀的措施。

(3) 对暗埋敷设的不锈钢钢管，其管材牌号宜采用0Cr17Ni12Mo2，并对管沟或外壁采取防腐蚀措施。

(4) 在引入管、折角进户管件、支管、接出和仪表接口处，应采用螺纹转换接头或法兰连接。

(5) 当热水水平干管与支管连接，水平干管与立管连接，立管与每层热水支管连接时，应采取在管道伸缩时互相不受影响的措施。

(6) 给水不锈钢管明敷时，应采取防止结露的措施，当嵌墙敷设时，公称直径不大于20mm的热水配水支管，可采用覆塑薄壁不锈钢水管，公称直径大于20mm的热水管应采用保温措施，保温材料应采用不腐蚀不锈钢管的材料。

2. 不锈钢管道卡压连接

(1) 卡压式管件连接：根据施工要求考虑接头本体插入长度决定管子的切割长度，管子的插入长度按表33-37选用。

不锈钢管活动插入长度（mm）　　　表 33-37

公称直径 DN	10	15	20	25	32	40	50	65
插入长度	18	21	24	24	39	47	52	64

(2) 管子切断前必须确认没有损伤和变形，使用产生毛刺和切屑较少的旋转式管子切割器垂直与管的轴心线切断，切割时不能用力过大以防止管子失圆。切断后应清除管端的毛刺和切屑，粘附在管子内外的垃圾和异物用棉纱或纱布等擦干净，否则会导致插入接头本体时密封圈损坏不能完全结合而引起泄漏。锉刀和除毛刺器一定要用不锈钢专用，如果曾在其他材料上使用过，可能会沾染上锈蚀。

(3) 用画线器在管子上标记，确保管子插入尺寸符合要求。

(4) 将管子笔直地慢慢地插入接头本体，确保标记到接头端面在2mm以内。插入前要确认密封圈安装在U形位置上。如插入过紧可在管子上沾点水，不得使用油脂润滑，以免油脂使密封圈变性失效。

(5) 卡压连接：

1) 管道的连接采用专用管件，先按插入长度表在管端划线做标记，用力将管子插入管件到划线处。

2) 将专用卡压工具的凹槽与管子环形凸槽贴合，确认钳口与管子垂直后，开始作业，缓慢提升卡压机的压力至35～40MPa，压至卡压工具上，当下钳口闭合时，完成卡压连接。

3) 卡压完成后应缓慢卸压，以防压力表被压坏。要确认卡压钳口凹槽安置在接头本体圆弧突出部位，卡压应按住卡压工具，直到解除压力，卡压处若有松弛现象，可在原卡压处重新卡压一次。

4) 带螺纹的管件应先锁紧螺纹后再卡压，以免造成卡压好的接头因拧螺纹而松脱。

5) 配管弯曲时，应在直管部位修正，不可在管件部位矫正，否则可能引起卡压处松弛造成泄漏。对DN65～DN100用环模，然后再次加压到位，见表33-38。

不锈钢管卡压压力　　　　　　表 33-38

公称通径 DN （mm）	卡压压力 （MPa）	公称通径 DN （mm）	卡压压力 （MPa）
15～25	40	65～100	60
32～50	50		

(6) 卡压检查：卡压完成后检查划线处与接头端部的距离，若DN15～DN25距离超过3mm，DN32～DN50距离超过4mm，则属于不合格，需切除后重新施工。卡压处使用六角量规测量，能够完全卡入六角量规的判定为合格。若有松弛现象，可在原位重新卡压，直至用六角量规测量合格。二次卡压仍达不到卡规测量要求，应检查卡压钳口是否磨损，有问题及时与供货商联系。一般情况下卡压机连续使用三个月或卡压5000次就送供货商检验保养。

(7) 采用EPDM或CIIR橡胶圈，放入管件端部U形槽内时，不得使用任何润滑剂。

3. 不锈钢压缩式管件的安装

(1) 断管，用砂轮切割机将配管切断，切口应垂直，且把切口内外毛刺修净。

(2) 将管件端口部分螺母拧开，并把螺母套在配管上。用专用工具（胀形器）将配管内胀成山形台凸缘或外边加一档圈。

(3) 将硅胶密封圈放入管件端口内，将事先套入螺母的配管入管件内。

(4) 手拧螺母，并用扳手拧紧，完成配管与管件一个部分的连接。

(5) 配管胀形前，先将需连接的管件端口部分螺母拧开，并把他套在配管上。

(6) 胀形器按不同管径附有模具，公称直径15～20mm用卡箍式（外加一档圈），公称直径25～50mm用胀箍式（内胀成一个山形台），装卸时借助木槌敲击。

(7) 配管胀形过程凭借胀形器专用模具自动定位，上下拉动摇杆至手感力约30～50kg，配管卡箍或胀箍位置应满足表33-39的规定。

管子胀形位置基准值（mm）　　　表 33-39

公称直径 DN	15	20	25	32	40	50
胀形位置外径 ϕ	16.85	22.85	28.85	37.70	42.80	53.80

(8) 硅胶密封圈应平放在管件端口内，严禁使用润滑油。把胀

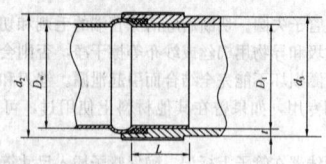

图 33-13 不锈钢压缩式管件承口

形后的配管插入管件时，切忌损坏密封圈或改变其平整状态。

（9）不锈钢压缩式管件承口尺寸的规格应符合图 33-13 和表 33-40 的规定。

（10）不锈钢压缩式管材与管材连接见图 33-14。

不锈钢压缩式管件承口尺寸（mm） 表 33-40

公称直径 DN	管外径 D_w	承口内径 D_1	螺纹尺寸 d_2	承口外径 d_3	壁厚 t	承口长度 L
15	14	$14^{+0.07}_{-0.02}$	G1/2	18.4	2.2	10
20	20	$20^{+0.09}_{-0.02}$	G3/4	24	2	10
25	26	$26^{+0.104}_{-0.02}$	G1	30	2	12
32	35	$35^{+0.15}_{-0.05}$	G11/4	38.6	1.8	12
40	40	$40^{+0.15}_{-0.05}$	G11/2	44.4	2.2	14
50	50	$50^{+0.15}_{-0.05}$	G2	56.2	3.1	14

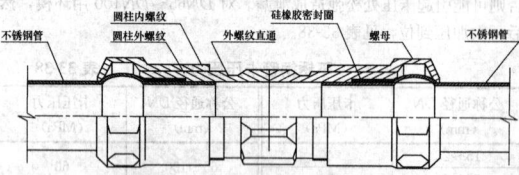

图 33-14 不锈钢压缩式管件与管材连接

4. 不锈钢管焊接

（1）不锈钢管道焊接可分为承插搭接焊和对接焊两种。影响手工氩弧焊焊接质量的主要因素有：喷嘴孔径，气体流量，喷嘴至工件的距离，钨极伸出长度，焊接速度，焊枪和焊丝与工件间的角度等。喷嘴孔径范围一般为 $\phi 5\sim 20mm$，喷嘴孔径越大，保护范围越大；但喷嘴孔径过大，氩气耗量大，焊接成本高，而且影响焊工的视线和操作。对氩弧焊管材与管材连接见图 33-15。

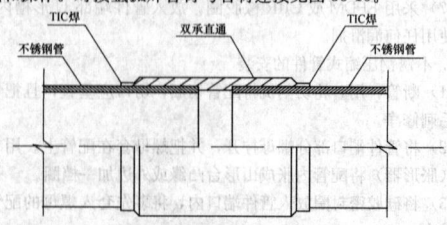

图 33-15 不锈钢氩弧焊管件与管材连接

（2）氩气流量范围在 $5\sim 25L/min$，流量的选择应与喷嘴相匹配，气流过低，喷出气体的挺度差，影响保护效果；气流过大，喷出气流会变成紊流，卷进空气，也会影响保护效果。焊接时不仅往焊枪内充氩气，还要在焊前往管子内充满氩气，使焊缝内外均与空气不接触。管道尾端的封闭焊必须用水溶纸代替挡板封闭管口（焊后挡板不能取出，纸在管道水压试验时被水溶化）。

（3）焊接检验

为保证焊接工程质量，必须全过程跟踪检查。

1）焊前检查：坡口加工，管口组对尺寸，焊条干燥情况，环境温度等。

2）中间检查：重点检查焊接中条条有无横向摆动，会不会产生层间温度过高的情况，每层焊缝焊完的清渣去瘤质量等。

3）焊后检查：首先进行外观检查。外观检查合格后，抽查焊口总数5%的数量进行无损探伤超声波检验（或X射线透视）。若

发现不合格焊口，对同标记焊口加倍抽检。不合格焊口，必须返修或割掉重焊，同一焊缝返修不能超过两次，焊后再次检查。必须及时真实填写检验记录，测试报告。

5. 不锈钢管法兰式连接

（1）被连接的管道分别装上一个带槽环的法兰盘，对两根管材端口进行 $90°$ 翻边工艺处理，翻边后的端口平面打磨，应垂直平整，无毛刺，无凹凸、变形，管口需要专用工具整圆，应无微裂纹，厚薄均匀，宽度适中。

（2）将两侧已装好 O 形密封圈的金属密封环，嵌入带槽环的法兰盘内。用螺栓将法兰盘孔连接，对称拧紧螺栓组件。拧紧过程中，沿轴向推动两根管材的各翻边平面，均匀压缩两侧 O 形密封圈，使接头密封。

6. 不锈钢管卡箍法兰连接

（1）左右两法兰片分别与需要连接的两管材端口，用氩弧焊接，焊角尺寸不小于管壁厚度。

（2）左右两法兰片间衬密封垫，用卡箍卡住两法兰片，用后紧定螺钉紧固。

（3）不锈钢卡箍法兰式管道连接见图 33-16。

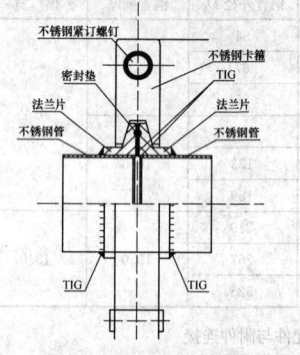

图 33-16 不锈钢卡箍法兰式管道连接

7. 不锈钢管沟槽连接

（1）不锈钢管沟槽连接时，先将被连接的管材端部用专业厂提供的滚槽机加工出沟槽。对接时将两片卡箍卡入沟槽内，用力矩扳手对称拧紧卡箍上的螺栓，起密封和紧固作用。

（2）不锈钢沟槽式管道连接见图 33-17。

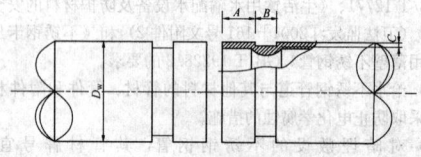

图 33-17 不锈钢沟槽式管道连接
A：管端长度；B：滚槽宽度；C：滚槽深度；D_w：管外径

8. 阀门与不锈钢管道连接

不锈钢管道与阀门、水表、水嘴等的连接采用转换接头，严禁在薄壁不锈钢水管上套丝。安装完毕的干管，不得有明显的起伏、弯曲等现象，管外壁无损伤。

9. 不锈钢水管道的消毒冲洗

饮用水不锈钢管道在试压合格后宜采用0.03%高锰酸钾消毒液灌满管道进行消毒，应将消毒液倒入管道中静置24h，排空后再用饮用水冲洗。冲洗前应对系统内的仪表加以保护，并将有碍冲洗的节流阀、止回阀等管道附件拆除和妥善保管，待冲洗后复位。饮用水水质应达到《生活饮用水卫生标准》GB 5746 的要求。

33.2.2.10 给水碳钢管道安装

1. 管道螺纹连接

螺纹连接管道安装后的管螺纹根部应有 2~3 扣的外露螺纹，多余的麻丝等填料应清理干净并做防腐处理。

（1）套丝：将断好的管材，按管径尺寸分次套制丝扣，一般以管径15~32mm者套二次，40~50mm者套三次，70mm以上者套3~4次为宜。

1) 用套丝机套丝，将管材夹在套丝机卡盘上，留出适当长度将卡盘夹紧，对准板套号码，上好板牙，按管径对好刻度的适当位置，紧住固定推机，将润滑剂管对准丝头，开机推板，待丝扣套到适当长度，轻轻松板机。

2) 用手工套丝板套丝，先松开固定推机，把套丝板盘退到零度，按顺序上好板牙，把板盘对准所需刻度，拧紧固定板机，将管材放在台虎钳压力钳内，留出适当长度卡紧，将套丝板轻轻套入管材，使其松紧适度，而后两手推套丝板，带上2～3扣，再站到侧面扳转套丝板，用力要均匀，待丝扣即将套成时，轻轻松开板机，开机退板，保持丝扣锥度。

(2) 配装管件：根据现场测绘草图，将已套好丝扣的管材，配装管件。配装管件时应将所需管件带入管丝扣，试试松紧度（一般用手带入3扣为宜），在丝扣处涂抹铅油、缠麻后（或生料带等）带入管件（缠麻方向要顺管件上紧方向），然后用管钳将管件拧紧，使丝扣外露2～3扣，去掉麻头，擦净铅油（或生料带等多余部分），编号放到适当位置等待调直。

2. 管道法兰连接

(1) 凡管段与管段采用法兰连接或管道与法兰阀门连接者，必须按照设计要求和工作压力选用标准法兰盘。

(2) 法兰盘的连接螺栓直径、长度应符合标准要求，紧固法兰盘螺栓时要对称拧紧，紧固好的螺栓，突出螺母的丝扣长度应为2～3扣，不应大于螺栓直径的1/2。

(3) 法兰盘连接衬垫，一般给水管（冷水）采用厚度为3mm的橡胶垫，供热、蒸汽、生活热水管道应采用厚度为3mm的石棉橡胶垫。法兰连接时衬垫不得凸入管内，其外边缘接近螺栓孔为宜，不得安放双垫或偏垫。

3. 管道沟槽式连接

(1) 沟槽式管接头采用平口端环形沟槽必须采用专门的滚槽机加工成型。可在施工现场按配管长度进行沟槽加工。钢管最小壁厚和沟槽尺寸、管端至沟槽边尺寸应符合表33-41和图33-18的规定。

钢管最小壁厚和沟槽尺寸（mm）　　表33-41

公称直径 DN	钢管外径 D_e	最小壁厚 δ	管端至沟槽边尺寸 $A^{+0.0}_{-0.5}$	沟槽宽度 $B^{+0.5}_{-0.0}$	沟槽深度 $C^{+0.5}_{-0.0}$	沟槽外径 D_1
20	27	2.75			1.5	24.0
25	33	3.25	14	8		28.4
32	42	3.25			1.8	38.4
40	48	3.50				44.4
50	57	3.50				52.6
50	60	3.50	14.5			55.6
65	76	3.75				71.6
80	89	4.00				84.6
100	108	4.00				103.6
100	114	4.00				109.6
125	133	4.50		9.5	2.2	128.6
125	140	4.50	16			135.6
150	159	4.50				154.6
150	165	4.50				160.6
150	168	4.50				163.6
200	219	6.00				214.0
250	273	6.50	19		2.5	268.0
300	325	7.50				319.0
350	377	9.00		13		366.0
400	426	9.00	25		5.5	415.0
450	480	9.00				469.0
500	530	9.00				519.0
600	630	9.00				619.0

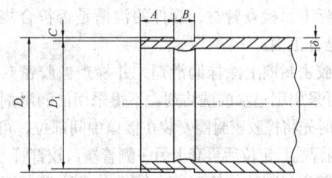

图33-18　钢管沟槽尺寸图

(2) 当立管上设置支管时，应采取标准规格的沟槽式三通、沟槽式四通等管件连接。沟槽式三通、沟槽式四通、机械三通、机械四通等管件必须采用标准规格产品，支管接头采用专门的开孔机，当支管的管径不符合标准规格时，可在接出管上采用异径管等转换支管管径。

(3) 沟槽式管接头、沟槽式管件、附件在装卸、运输、堆放时，应小心轻放，严禁抛、摔、滚、拖和剧烈撞击。严禁与有腐蚀和有害于橡胶的物资接触，避免雨水淋袭。橡胶密封圈应放置在卡箍内一起贮运和存放，不得另行分包。紧固件应于卡箍件螺栓孔松套相连。

(4) 管材切割应按配管图先标定管子外径，外径误差和壁厚误差应在允许公差范围内。管材切口端面应垂直与管道中心轴线，其倾斜角偏差 e 不得大于表33-42。

切割面倾斜角允许偏差（mm）　表33-42

公称直径 DN	切割端面倾斜角允许偏差 e
≤80	0.8
100～150	1.2
≥200	1.6

(5) 管道切割应采用机械方法。切口表面应平整，无裂缝、凹凸、缩口、熔碴、氧化物，并打磨光滑。当管端沟槽加工部位的管口不圆整时应整圆，壁厚应均匀，表面的污物、油漆、铁锈、碎屑等应予清除。

(6) 用滚槽机加工沟槽时应按下列步骤进行：

1) 将切割合格的管子架设在滚槽机上或滚槽机尾架上。

2) 在管子上用水平仪量测，使其处于水平位置。

3) 将管子端面与滚槽机止面贴紧，使管轴线与滚槽机止面垂直。

4) 启动滚槽机，滚压环行沟槽。

5) 停机，用游标卡尺量测沟槽的深度和宽度，在确认沟槽尺寸符合要求后，滚槽机卸荷，取出管子。

6) 在滚槽机滚压沟槽过程中，严禁管子出现纵向位移和角位移。

(7) 滚槽机滚压成型的沟槽应符合下列要求：

1) 管端至沟槽段的表面应平整，无凹凸、无滚痕。

2) 沟槽圆心应与管壁同心，沟槽宽度和深度符合要求。

3) 用滚槽机对管材加工成型的沟槽，不得损坏管子的镀锌层及内壁各种涂层和内衬层。

4) 滚槽时，加工一个沟槽的时间不宜小于表33-43的要求。

沟槽加工用时一览表　　　　表33-43

公称直径 DN（mm）	50	65	80	100	125	150	200	250	300	350	400	450	500	600
时间（min）	2	2	2.5	2.5	4	4	5	6	6	7	8	10	12	16

5) 滚槽机应有限位装置。

(8) 在管道上开孔应按下列步骤进行：

1) 将开孔机固定在管道预定开孔的部位，开孔的中心线和钻头中心线必须对准管道中轴线。

2) 启动电机转动钻头，转动手轮使钻头缓慢向下钻孔，并适时、适量地向钻头添加润滑剂直至钻头在管道上钻完孔洞。

3) 开孔完毕后，摇回手轮，使开孔机的钻头复位。

4) 撤除开孔机后，清除开孔部位的钻落金属和残渣，并将孔洞打磨光滑。

5) 开孔直径不小于支管外径。

(9) 沟槽式接头安装步骤：

1）用游标卡尺检查管材、管件的沟槽是否符合规定，以及卡箍件的型号是否正确。

2）在橡胶密封圈上涂抹润滑剂，并检查橡胶密封圈是否有损伤。润滑剂可采用肥皂水或洗洁剂，不得采用油润滑剂。

3）连接时先将橡胶密封圈安装在接口中间部位，可将橡胶密封圈先套在一侧管端，定位后再套上另一侧管端，较直管道中轴线。

4）在橡胶密封圈的外侧安装卡箍件，必须将卡箍件内缘嵌固在沟槽内，并将其固定在沟槽中心部位。

5）压紧卡箍件至端面闭合后，即刻安装紧固件，应均匀交替拧紧螺栓。

6）在安装卡箍件过程中，必须目测检查橡胶密封圈，防止起皱。

7）安装完毕后，检查并确认卡箍件内缘全圆周嵌固在沟槽内。

（10）支管接头安装应按下列步骤进行：

1）在已开孔洞的管道上安装机械三通或机械四通时，卡箍件上连接支管的管中心必须与管道上孔洞的中心对准。

2）安装后机械三通、机械四通内的橡胶密封圈，必须与管道上的孔洞同心，间隙均匀。

3）压紧支管卡箍件至两端面闭合时，即刻安装紧固件，应均匀交替拧紧螺栓。

4）在安装支管卡箍件过程中，必须目测检查橡胶密封圈，防止起皱。

33.2.2.11　给水铸铁管道安装

1. 石棉水泥接口

（1）一般用线麻（大麻）在5％的65号或75号熬热普通石油沥青和95％的汽油的混合液里浸透，晾干后即成油麻。捻口用的油麻填料必须清洁。

（2）将4级以上石棉在平板上把纤维打松，挑净混在其中的杂物，将42.5级硅酸盐水泥（捻口用水泥强度不低于42.5MPa即可），给水管道以石棉∶水泥＝3∶7之比掺合在一起搅合，搅好后，用时加其混合总重量的10％～12％的水（加水量在气温较高或风较大时选较大值），一般采用喷水的方法，即把水喷洒在混合物表面，然后用手拿实揉搓，当抓起被湿润的石棉水泥成团，一触即又松散时，说明加水适量，调合即用。由于石棉水泥的初凝期短，加水搅拌均匀后立即使用，如超过4h则不可用。

（3）操作时，先清洗管口，用钢丝刷刷净，管口缝隙用楔铁临时支撑找匀。

（4）铸铁管承插捻口连接的对口间隙应不小于3mm。

（5）铸铁管沿直线敷设，承插捻口的环形间隙应符合规定；沿曲线敷设，每个接口允许有2°转角。

（6）将油麻搓成环形间隙的1.5倍直径的麻辫，其长度搓拧后为管外径周长加上100mm。从接口的下方开始向上塞进缝隙里，沿着接口向上收紧，边收边用麻凿打入承口，应相压打两圈，再从下向上依次打实打紧。当锤击发出金属声，捻凿被弹打好，被打实的油麻深度应占总深度1/3（2～3圈，注意两圈麻接头错开）。

（7）麻口全打完达到标准后和灰打匀，将调好的石棉水泥均匀地铺在盘内，将拌好的灰从下至上塞入已打紧的油麻承口内，塞满后，用不同规格的捻凿及手锤将填料搞实。分层打紧打实，每层要打至锤击时发出金属的清脆声，灰色呈黑色，手感有回弹力，方可填料打下一层，每层厚约10mm，一直打击至凹入承口边缘深度不大于2mm，深浅一致，表面用捻凿连打几下灰面再不凹即可，大管径承插铸铁管接口时，由两个人左右同时进行操作。

（8）接口捻完后，用湿泥抹在接口外面，春秋季每天浇两次水，夏季用湿草袋盖在接口上，每天浇四次水，初冬季在接口上抹湿泥覆土保湿，敞口的管线两端用草袋塞严。

（9）水泥捻口的给水铸铁管，在安装地点有侵蚀性的地下水时，应在接口处涂抹沥青防腐层。

2. 膨胀水泥接口

（1）拌合填料：以0.2～0.5mm清洗晒干的砂和硅酸盐水泥为拌合料，按砂∶水泥∶水＝1∶1∶0.28～0.32（重量比）的配合比拌合而成，拌好后的砂浆和石棉水泥的湿度相似，拌好的灰浆在1h内用完。冬期施工时，须用80℃左右热水拌合。

（2）操作：按照石棉水泥接口标准要求填塞油麻。再将调好的砂浆一次塞满在已填好油麻的承插间隙内，一面塞人填料，一面用灰凿分层捣实，可不用手锤。表面捣出有稀浆为止，如不能和承口相平，则再填充后找平。一天内不得受到大的碰撞。

（3）养生：接口完毕后，2h内不准在接口上浇水，直接用湿泥封口，上留检查口浇水，烈日直射时，用草袋覆盖住。冬季可覆土保湿，定期浇水。夏天不少于2d，冬天不少于3d，也可用管内充水进行养生，充水压力不超过200kPa。

3. 青铅接口

一般用于工业厂房室内铸铁给水敷设，设计有特殊要求或室外铸铁给水管紧急抢修，管道连接急于通水的情况下可采用青铅接口。

（1）按石棉水泥接口的操作要求，打实油麻。

（2）将承插口的外部用密封卡或包有粘性泥浆的麻绳，将口密封，上留留出浇铅口。

（3）将铅锭熔成几块，然后投入铅锅内加热熔化，铅熔至紫红色（500℃左右）时，用加热的铅勺（防止铅在灌口时冷却）除去液面的杂质，盛起铅液浇入承插口内，灌铅时要慢慢倒入，使管内气体逸出，至高出灌口为止，一次浇完，以保证接口的严密性。对于大管径管道灌铅速度可适当加快，防止熔铅中途凝固。

（4）铅浇人后，立即将泥浆或密封卡拆除。

（5）管径在350mm以下的用手钎子（捻凿）一人打，管径在400mm以上的，用带把钎子两人同时从两边打。从管的下方打起，至上方结束。上面的铅头不可剁掉，只能用铅塞刀打紧急挤掉。第一遍用剁子，然后用小号塞刀开始打。逐渐增大塞刀号，打实打紧打平，打光为止。

（6）化铅与浇铅时，如遇水会发生爆炸（又称放炮）伤人，可在接口内灌人少量机油（或蜡），则可以防止放炮。

4. 承插铸铁给水管橡胶圈接口

（1）胶圈形体应完整，表面光滑，粗细均匀，无气泡，无重皮。用手扭曲、拉、折表面和断面不得有裂纹、凹凸及海绵状等缺陷，尺寸偏差应小于1mm，将承口工作面清理干净。

（2）安放胶圈，胶圈擦拭干净，扭曲，然后放入承口内的圈槽里，使胶圈均匀严整地紧贴承口内壁，如有隆起或扭曲现象，必须调平。

（3）画安装线：对于装入的管道，清除内部及插口工作面的粘附物，根据要插入的深度，沿管子插口外表面画出安装线，安装面应与管轴相垂直。

（4）涂润滑剂：向管子插口工作面和胶圈内表面刷水擦上肥皂。

（5）将被安装的管子插口锥面插人胶圈内，稍微顶紧后，找正将管子垫稳。

（6）安装安管器：一般采用钢箍或钢丝绳，先捆住管子。安管器有电动、液压驱动，出力在50kN以下，最大不超过100kN。

（7）插人：管子经调整对正后，缓慢启动安管器，使管子沿圆周均匀地进入并随时检查胶圈不得被卷入，直至承口端与插口端的安装线齐平为止。

（8）橡胶圈接口的管道，每个接口的最大偏转角不得超过如下规定：DN≤200mm时，允许偏转角度最大为5°；200mm＜DN≤350mm时，为4°；DN＝400mm，为3°。

（9）检查接口、插入深度、胶圈位置（不得离位或扭曲），如有问题时必须拔出重新安装。

（10）采用橡胶圈接口的埋地给水管道，在土壤或地下水对橡胶有腐蚀的地段，在回填土前应用沥青胶泥、沥青麻丝或沥青锯末等材料封闭橡胶圈接口。

33.2.3　给水管道支架安装

根据管道支架的结构形式，一般将支架分为吊架、托架和卡架。

33.2.3.1　支架安装前的准备工作

（1）管道支架安装前，首先应按设计要求定出支架位置，再按管道标高，把同一水平直管段两间点的距离和坡度的大小，算出两

点间的高差。然后在两点间拉直线，按照支架的间距，在墙上或柱子上画出每个支架的位置。

(2) 如果土建施工时已在墙上预留埋设支架的孔洞，或在钢筋混凝土构件上预埋了焊接支架的钢板，应检查预留孔洞或预埋钢板的标高及位置是否符合要求。

33.2.3.2 常用支、吊架的安装方法

(1) 墙上有预留孔洞的，可将支架横梁埋入墙内。埋设前应清除洞内的碎砖及灰尘，并用水将洞浇湿。填塞用 M5 水泥砂浆，要填得密实饱满。

(2) 钢筋混凝土构件上的支架，可在浇筑时在各支架的位置预埋钢板，然后将支架横梁焊接在预埋钢板上。

(3) 在没有预留和预埋钢板的砖墙或混凝土构件上，可以用射钉或膨胀螺栓安装支架。

(4) 沿柱敷设的管道，可采用抱柱式支架。

(5) 室内给排水管道支架安装的几种形式见图 33-19 所示。

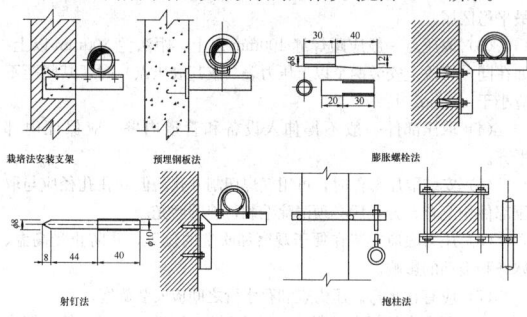

射钉法安装支架　预埋钢板法　膨胀螺栓法

射钉法　抱柱法

图 33-19　室内给排水管道支架常用安装形式

(6) 管支架间距分为 1.5、3、6m 三种。型钢支、吊架根据全国通用图集室内管道支架及吊架 (03S402) 选用，管道的吊架由吊架根部、吊杆及管卡三个部分组成，可根据工程需要组合选用。

(7) 吊架根部。根据安装方法，常用的吊架根部有下面几种类型：

1) 穿吊型：吊架安装在楼板上，吊杆贯穿楼板，适用于公称直径 15～300mm 的管道。使用时必须在楼板面施工前钻孔安装。常用的有 A1 型和 A2 型两种形式，如图 33-20 所示，材料及尺寸表见表 33-44。

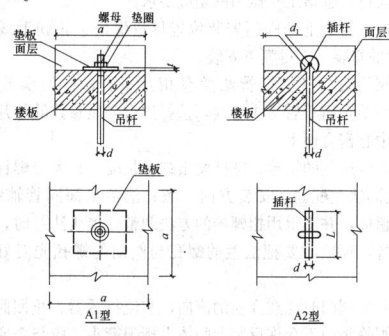

A1 型　　A2 型

图 33-20　穿吊型吊架根部

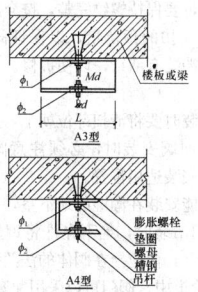

A3 型

A4 型

图 33-21　锚固型吊架根部

穿吊型吊架根部材料明细表　　表 33-44

序号	公称直径 DN	吊架间距 (m)	单管重 (kg) 保温 不保温	吊杆直径 (d)	A1 型						A2 型	
					垫板 规格	件数	螺母 规格	个数	垫圈 内径	个数	插杆 规格 ($d_1 \times L$)	件数
1	15	1.5	10	10	$-100 \times 100 \times 8$	1	M10	1	10.5	1	10×300	1
		1.5	10									
2	25～32	1.5	20	10	$-100 \times 100 \times 8$	1	M10	1	10.5	1	10×300	1
		3	20									
3	40～50	3	40	10	$-100 \times 100 \times 8$	1	M10	1	10.5	1	10×300	1
		3	30									
4	65～100	3	100	10	$-100 \times 100 \times 8$	1	M10	1	10.5	1	10×300	1
		6	170									
5	125	1.5	70	10	$-100 \times 100 \times 8$	1	M10	1	10.5	1	10×300	1
		3	120									
6	150	3	180	10	$-100 \times 100 \times 8$	1	M10	1	10.5	1	12×360	1
		3	160								10×300	1
7	200～250	3	450	12	$-120 \times 120 \times 8$	1	M12	1	12.5	1	14×420	1
		3	420									
8	300	3	260	16	$-120 \times 120 \times 8$	1	M16	1	16.5	1	18×540	1
		3	590									
9	125	6	140	10	$-100 \times 100 \times 8$	1	M10	1	10.5	1	12×360	1
		6	240									
10	150	6	360	10	$-120 \times 120 \times 10$	1	M12	1	12.5	1	14×420	1
		6	320		$-100 \times 100 \times 8$	1					12×360	1
11	200	6	610	16	$-120 \times 120 \times 10$	1	M16	1	16.5	1	18×540	1
		6	570								$14 \times L$	1
12	250	6	890	20	$-120 \times 120 \times 10$	1	M20	1	21.5	1	18×540	1
		6	840				M16		16.5			
13	300	6	1240	20	$-160 \times 160 \times 10$	1	M20	1	21.5	1	22×660	1
		6	1180		$-120 \times 120 \times 10$	1					18×540	1

2) 锚固型：吊架根部用膨胀螺栓锚固在楼板或梁上，如图 33-21 所示，适用于公称直径 15～150mm 的管道。材料及尺寸表见表 33-45。

锚固型吊架材料明细表　　表 33-45

序号	公称直径 DN (mm)	吊架间距 (m)	管重 (kg) 保温 不保温	吊杆直径 d (mm)	A3 型						A4 型			
					胀锚螺栓 规格 Md	个数	螺母 规格	个数	垫圈 内径	个数	槽钢 规格	长度	件数	重量 (kg)
1	15	1.5	10	10	M12	1	M12	1	12.5	1	C10	100	1	1.00
		1.5	10											
2	20～32	1.5	20	10	M12	1	M12	1	12.5	1	C10	100	1	1.00
		3	20											
3	40～50	3	40	10	M12	1	M12	1	12.5	1	C10	100	1	1.00
		3	30											
4	65～100	3	100	10	M12	1	M12	1	12.5	1	C10	100	1	1.00
		6	170											
5	125	1.5	70	10	M12	1	M12	1	12.5	1	C10	100	1	1.00
		3	120											
6	125	3	140	10	M12	1	M12	1	12.5	1	C10	100	1	1.00
		6	240											
7	125	3	180	10	M12	1	M12	1	12.5	1	C10	100	1	1.00
		6	320	12										

3) 焊接型：吊架根部焊接在梁侧预埋钢板或钢结构型钢上，适用于公称直径 15～300mm 的管道。常用的有 A4，A5，A6 型几种形式。如图 33-22 所示。

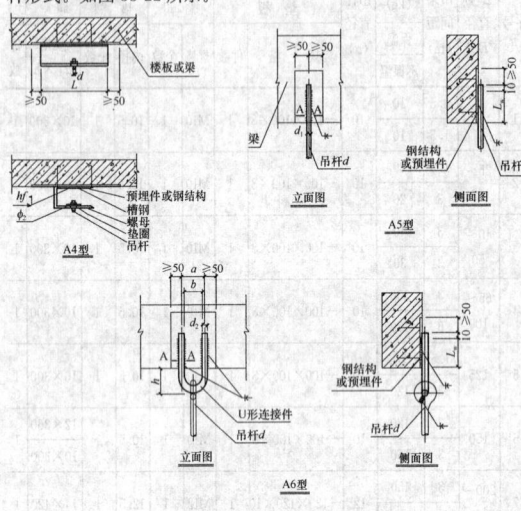

图 33-22　焊接型吊架根部

33.2.4　给水管道附件安装

33.2.4.1　材料要求

（1）所有材料使用前应做好产品标识，注明产品名称、规格、型号、批号、数量、生产日期和检验代码等，并确保材料具有可追溯性。

（2）铸铁给水管及管件的规格应符合设计压力要求，管壁薄厚均匀，内外光滑整洁，不得有砂眼、裂纹、毛刺和疙瘩；承插口的内外径及管件应造型规矩，管内外表面的防腐涂层应整洁均匀，附着牢固。

（3）镀锌碳素钢管及管件的规格种类应符合设计要求，管壁内外镀锌均匀，无锈蚀、无飞刺。管件无偏扣、乱扣，丝扣不全或角度不准等现象。

（4）水表的规格应符合设计要求，热水系统选用符合温度要求的热水表。表壳铸造规矩，无砂眼、裂纹，表玻璃无损坏，铅封完整，有出厂合格证。

（5）阀门的规格型号应符合设计要求，热水系统阀门符合温度要求。阀体铸造规矩，表面光洁，无裂纹、开关灵活，关闭严密，填料密封完好无渗漏，手轮无损坏，有出厂合格证。

（6）试验合格的阀门，应及时排尽内部积水，并吹干；密封面上应涂防锈油，关闭阀门，封闭出入口，做出明显的标记，并应按规定格式填写"阀门试验记录"。

（7）所有材料、成品、半成品、配件、器具和设备进场时应对品种、规格、外观等进行验收，包装应完好，表面无划痕及外力冲击破损，无腐蚀，并经监理工程师核查确认。

（8）各种联结管件不得有砂眼、裂纹、破损、划伤、偏扣、乱扣、丝扣不全和角度不准等现象。

（9）各种阀门的外观要规矩、无损伤，阀杆不得弯曲，阀体严密性好，阀门安装前，应做强度和严密性试验。

33.2.4.2　水表安装要求

（1）水表应安装在便于检修和读数，不受曝晒、冻结、污染和机械损伤的地方。

（2）螺翼式水表的上游侧，应保证长度为 8～10 倍水表公称直径的直管段，其他类型水表前后直线管端的长度，应小于 300mm 或符合产品标准规定的要求。

（3）注意水表安装方向，务须使进水方向与表上标志方向一致。旋翼式水表和垂直螺翼式水表应水平安装，水平螺翼式和容积式水表可根据实际情况确定水平、倾斜或垂直安装；垂直安装时，水流方向必须由下而上。

（4）对于生活、生产、消防合一的给水系统，如只有一条引入管时，应绕水表安装旁通管。

（5）水表前后和旁通管上均安装检修阀门，水表与水表后阀门间装设泄水装置。为减少水头损失并保证表前管内水流的直线流动，表前检修阀门宜采用闸阀。住宅中的分户水表，其表后检修阀及专用泄水装置可不设。

（6）当水表可能发生反转、影响计量和损坏水表时，应在水表后设止回阀。

（7）明装在室内的分户水表，表外壳距墙不得大于 30mm。

（8）水表下方设置表托架宜采用 25×25×3 的角钢制作，牢固、形式合理。

33.2.4.3　压力表安装要求

（1）在管道上取压时，取压点应选择在流速稳定的直线管段上，不应在管路分岔、弯曲、死角等管段上取压。

（2）在容器内取压时，取压点应选择在容器内介质流动最小、最平稳区域。

（3）取压点一般应距焊缝 100mm 以上，距法兰 300mm 以上。如在同一管段上安装两个以上压力表（或其取压点）时，其间距不应小于 150mm。

（4）取压部件一般不得伸入设备和管道内壁，应保证内部平齐。

（5）安装取压部件时，可用气焊切割开孔。但开孔孔径应与取压部件相配合，开孔后必须清除毛刺，锉圆磨光。

（6）压力表应安装在便于观察和吹洗的位置，并防止受高温、冰冻和震动的影响。

（7）应有存水弯。压力表和存水弯之间应安装旋塞。

（8）压力表的刻度极限值，应为工作压力的 1.5～2 倍，精度等级为 1.5 级。

33.2.4.4　水位计安装

（1）水位计应有指示最高和最低安全水位的明显标记，玻璃板（管）的最低可见边缘应比最低安全水位低 25mm；最高可见边缘应比最高安全水位高 25mm。

（2）玻璃管式水位计应安装防护装置；水位计应有放水旋塞（或放水阀门）。

33.2.4.5　阀门安装

（1）选用的法兰盘的厚度、螺栓孔数、水线加工、有关直径等几何尺寸要符合管道工作压力的相应要求。

（2）水平管道上的阀门安装位置尽量保证手轮朝上或者倾斜 45°或者水平安装，不应朝下安装。

（3）阀门法兰盘与钢管法兰盘相互平行，一般误差应小于 2mm，法兰要垂直于管道中心线，选择适合介质参数的垫片置于两法兰盘的中心密合面上。

（4）连接法兰的螺栓、螺杆突出螺母长度不宜大于螺杆直径的 1/2。螺栓同法兰配套，安装方向一致；法兰平面同管轴线垂直，偏差不得超标，并不得用扭螺栓的方法调整。焊接法兰时，应注意与阀门配合，焊接时要把法兰的螺孔与阀门的螺孔先对好，然后焊接。

（5）安装阀门时注意介质的流向，水流指示器、止回阀、减压阀及截止阀等阀门不允许反装。阀体上标识箭头，应与介质流动方向一致。

（6）螺纹式阀门，要保持螺纹完整，按介质不同涂以密封填料物，拧紧后螺纹要有 3 扣的预留量，以保证阀体不致拧变形或损坏。紧靠阀门的出口端装有活结，以便拆修。安装完毕后，把多余的填料清理干净。

（7）过滤器：安装时要将清扫口部位朝下，并要便于拆卸。

（8）截止阀和止回阀安装时，必须注意阀体所标介质流动方向，止回阀还需注意安装适用位置。

（9）明杆阀门不能安装在潮湿的地下室，以防阀杆锈蚀。

（10）较重的阀门吊装时，绝不允许将钢丝绳拴在阀杆手轮及其他传动杆件和零件上，而应拴在阀体的法兰处。

（11）塑料给水管道中，阀门可以采用配套产品，其阀门型号、承压能力必须满足设计要求，符合《生活饮用水标准检验方法》卫

生要求，必要时阀门两端应设置固定支架，以免使得阀门扭矩作用在管道上。

33.2.5 给水设备安装

33.2.5.1 一般规定

1. 施工要求

（1）给水设备在安装前，应按设计图纸对设备基础的混凝土强度、坐标、标高、几何尺寸和螺栓孔位置要求进行复核或检验，施工时宜采用预留螺栓孔洞的方法，进行二次灌浆。待混凝土达到设计强度后，再进行给水设备的安装。立式水泵的减振装置不得采用弹簧减振器。

（2）给水设备安装完毕后，应按照设备说明书的规定，进行电气测试。设备试运转试验，其轴承温升必须符合设备说明书的规定。给水设备无负荷试验正常后，方可进行带负荷运行。并做好试运行记录，经监理工程师签字为合格。

2. 设备运输

（1）设备运抵现场后，可根据施工位置、施工进度、场地库房情况等确定卸车地点，利用铲车、汽车吊、塔式起重机等卸车，可直接运至设备所在楼层。

（2）设备在楼层内运输可用卷扬机牵引拖排运输等方法运至基础附近，也可用捯链、撬棍、滚杠等拖运，有条件时可用铲车运送。

（3）设备进场装卸、运输及吊装时，应注意包装箱上的标记，不得翻转倒置、倾斜、不得野蛮装卸。

（4）按包装箱上的标志绑扎牢固，捆绑设备时受力点要高于重心；捆绑位置须根据设备及内部结构选定，支垫位置一般在底座、加强圈或有内支撑的位置，并尽量扩大支垫面积，消除应力集中，以防局部变形。

（5）不得将钢丝绳、索具直接绑在设备的非承力外壳或加工面上，钢丝绳与设备接触处要用软木条或加胶皮垫等保护，避免划伤设备。

（6）严禁碰撞与敲击设备，以保证设备运输装卸安全。

（7）因吊装及运输需要，需拆卸设备的部件时，按设备部件装配的相反顺序来拆卸，并及时在其非工作面上作上标记，避免以后装配时发生错误。

（8）由于受到层高及高度的限制，当设备无法吊送到位时，要搭设专用平台，先将设备吊送至平台上，再用拖排运至室内，吊送和拖运时要注意设备的方向和方位，避免不必要的掉头和翻身，以便于吊装和组装作业。

3. 基础验收复核

（1）土建移交设备基础时，组织施工班组依照土建施工图及时提交的有关技术资料和各种测量记录、安装图和设备实际尺寸对基础进行验收，并做好记录。

（2）具体验收内容包括以下各项工作：

1）检查土建提供的中心线、标高点是否准确。

2）对照设备和工艺图检查基础的外形尺寸、标高及相互位置尺寸等。

3）基础外观不得有裂纹、蜂窝、空洞、露筋等缺陷。

4）所有遗留的模板和露出混凝土的钢筋等必须清除，并将设备安装场地及地脚螺栓孔内的脏物、积水全部清除干净。

5）设备基础部分的偏差必须符合表33-46的要求。

设备基础部分的偏差（mm）　　表 33-46

项次	项　　目		允许偏差	检 验 方 法
1	基础坐标值		20	经纬仪、拉线和尺量
2	基础各不同平面的标高		0，−20	水准仪、拉线尺量
3	基础平面外形尺寸		20	尺量检查
4	凸台上平面尺寸		0，−20	
5	凹穴尺寸		+20，0	
6	基础上平面水平度	每米	5	水平仪（水平尺）和楔形塞尺检查
		全长	10	

续表

项次	项　　目		允许偏差	检 验 方 法
7	竖向偏差	每米	5	经纬仪或吊线和尺量
		全高	10	
8	预埋地脚螺栓	标高（顶端）	+20，0	水准仪、拉线和尺量
		中心距（根部）	2	
9	预留地脚螺栓孔	中心位置	10	尺量
		深度	−20，0	
		孔壁垂直度	10	吊线和尺量
10	预埋活动地脚螺栓锚板	中心位置	5	拉线和尺量
		标高	+20，0	
		水平度（带槽钢板）	5	水平尺和楔形塞尺检查
		水平度（带螺纹孔锚板）	2	

4. 基础放线及垫铁布置

（1）基础验收合格后进行放线工作，划出安装基准线及定位基准线、地脚螺栓的中心线。对相互有关联或衔接的设备，按其关联或衔接的要求确定共同的基准。

（2）在基础平面上，划出垫铁布置位置，放置时按设备技术文件规定摆放。垫铁放置的原则是：负荷集中处，靠近地脚螺栓两侧，或是机座的立筋处。相临两垫铁组间距离一般规定为300～500mm，若设备安装图上有要求，应按设备安装图施工。垫铁的布置和摆放要做好记录，并经监理代表签字认可。

（3）整个基础平面要修整铲麻面，预留地脚螺栓孔内的杂物清理干净，以保证灌浆的质量。垫铁组位置要铲平，宜用砂轮机打磨，保证水平度不大于2mm/m，接触面积大于75%以上。图纸上有要求的基础，要按其要求施工。

33.2.5.2 水泵机组安装

1. 水泵机组安装

（1）离心泵机组分带底座和不带底座两种形式。一般小型离心泵出均与电动装配线在同一铸铁底座上，口径较大的泵出厂时不带底座，水泵直接安装在基础上。

（2）带底座水泵的安装

1）安装带底座的小型水泵时，先在基础面和底座面上划出水泵中心线，然后将底座吊装在基础上，套上地脚螺栓和螺母，调整底座位置，使底座上的中心线和基础上的中心线一致。

2）用水平仪在底座加工面上检查是否水平。不水平时，可在底座下承垫垫铁找平。

3）垫铁的平面尺寸一般为：60mm×800mm～100mm×150mm，厚度为10～20mm。垫铁一般放置在底座的地脚螺栓附近。每处叠加的数量不宜多于三块。

4）垫铁找平后，拧紧设备地脚螺栓上的螺母，并对底座水平度再次进行复核。

5）底座装好后，把水泵放在底座上，并对水泵的轴线、进、出水口中心线和水泵的水平度进行检查和调整。

6）如果底座上已装有水泵和电机时，可以不卸下水泵和电动机而直接进行安装，其安装方法与无共用底座水泵的安装方法相同。

（3）无共用底座水泵的安装

1）安装顺序是先安装水泵，待其位置与进出水管的位置找正后，再安装电动机。吊水泵可采用三脚架，起吊时一定要注意，钢线绳不能系在泵体上，也不能系在轴承架上，更不能系在轴上，只能系在吊装环上。

2）水泵就位后应进行找正。水泵找正包括中心找正、水平找正和标高找正。找正找平要在同一平面内两个或两个以上的方向上进行，找平要根据要求用垫铁调整精度，不得用松紧地脚螺栓或其他局部加压的方法调整。垫铁的位置及高度、块数均应符合有关规范要求，垫铁表面污物要清理干净，每一组放置整齐平稳、接触良好。

3）中心线找正：水泵中心线找正的目的是使水泵摆放的位置正确，不歪斜。找正时，用墨线在基础表面弹出水泵的纵横中心线。然后在水泵的进水口中心和轴的中心分别用线坠吊垂线，移动水泵，使线锤尖和基础表面的纵横中心线相交。

4）水平找正：水平找正可用水准仪或0.1～0.3mm/m精度的

水平尺测量。小型水泵一般用水平尺尺测量。操作时，把水平尺放在水泵轴上测其轴向水平，调整水泵的轴向位置，使水平尺气泡居中，误差不应超过 0.1mm/m，然后把水平尺平行靠边在水泵进出水口法兰的垂直面上，测其径向水平。大型水泵找平可用水准仪或吊垂线法进行测量。吊垂线法是将垂线从水泵进出口吊下，如用钢板尺测出法兰面距垂线的距离上下相等，即为水平；若不相等，说明水泵不水平，应进行调整，直到上下相等为止。

5）标高找正：标高找正的目的是检查水泵轴中心线的高程是否与设计要求的安装高程相符，以保证水泵能在允许吸水高度内工作。标高找正可用水准仪测量，小型水泵也可用钢板尺直接测量。

2. 电动机安装（联轴器对中）

（1）安装电动机时以水泵为基准，将电动机轴中心调整到与水泵的轴中心线在同一条直线上。

（2）通常是靠测量水泵与电动机连接处两个联轴器的相对位置来完成。即把两个联轴器调整到既同心又相互平行。调整时，两联轴器间的轴向间隙，应符合下列要求：小型水泵（吸入径在300mm 以下）间隙为 2～4mm；中型水泵（吸入径在 350～500mm 以下）间隙为 4～6mm；大型水泵（吸入径在 600mm 以上）间隙为 4～8mm。

（3）两联轴器的轴向间隙，可用塞尺在联轴器间的上下左右点测得；塞尺片最薄为 0.03～0.05mm。各处间隙相等，表示两联轴器平行。测定径向间隙时，可把直角尺一边靠在联轴器上，并沿轮缘圆周移动。如直角尺各点都和两个轮缘的表面靠紧，则表示联轴器同心。

（4）电动机找正后，拧紧地脚螺栓和联轴器连接螺栓，水泵机组即安装完毕。

（5）在安装过程中，应同时填写"水泵安装记录"。

3. 潜水泵安装

安装前制造厂为防止部件损坏而包装的防护粘贴不得提早撕离，底座安装要调整水平，水平度不大于 1/1000，安装位置和符合设计要求，平面位置偏差要小于±10mm，标高偏差不大于±20mm；潜水泵出水法兰面必须与管道连接法兰面对齐、平直紧密。

4. 水泵隔振措施

1）水泵机组隔振方式应采用支承式，当设有惰性块或型钢座时隔振元件应设置在惰性块或型钢座的下面。水泵机组的隔振元件应符合下列要求：弹性性能优良固有频率合适；承载力大强度高阻尼比适当；性能稳定耐久性好；抗酸碱油的侵蚀能力较好；维修更换方便。

2）水泵机组隔振应根据水泵型号、规格、水泵机组转速、系统质量和安装位置荷载值频率比要求等因素选用隔振元件一般宜选用橡胶隔振垫、阻尼弹簧隔振器和橡胶隔振器，卧式水泵宜采用橡胶隔振垫，安装在楼层时宜采用多层串联适合的橡胶隔振垫或橡胶隔振器或阻尼弹簧隔振器。立式水泵宜采用橡胶隔振器，水泵机组隔振元件支承点数量应为偶数且不小于 4 个，一台水泵机组的各个支承点的隔振元件其型号规格性能应尽可能保持一致。橡胶隔振器或弹簧隔振器安装见图 33-23，橡胶隔振垫安装见图 33-24。SD 型橡胶隔振垫安装见图 33-25。

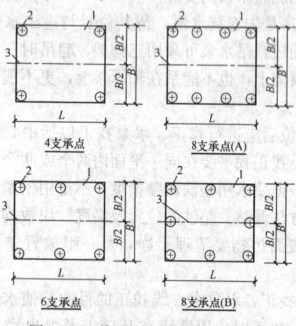

图 33-23 橡胶隔振器或弹簧隔振器
安装平面示意图
1—基座；2—橡胶隔振器或弹簧隔振器；
3—水泵机组中轴线

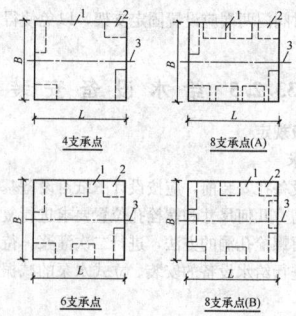

图 33-24 橡胶隔振垫安装平面示意图
1—基座；2—橡胶隔振器或弹簧隔振器；
3—水泵机组中轴线

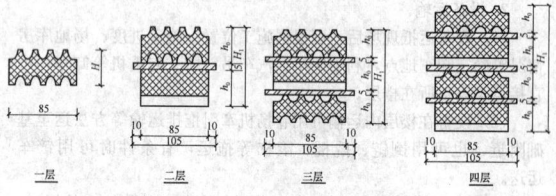

图 33-25 SD 型橡胶隔振垫安装图

3）隔振元件应按水泵机组的中轴线作对称布置，橡胶隔振垫的平面布置可按顺时针方向或逆时针方向布置，当机组隔振元件采用六个支承点时，其中四个布置在惰性块或型钢机座四角，另两个应设置在长边线上，并调节其位置使隔振元件的压缩变形量尽可能保持一致。

4）卧式水泵机组隔振安装橡胶隔振垫或阻尼弹簧隔振器时，一般情况下橡胶隔振垫和阻尼弹簧隔振器与地面及与惰性块或型钢机座之间无需粘结或固定。

5）立式水泵机组隔振安装使用橡胶隔振器时在水泵机组底座下宜设置型钢机座并采用锚固式安装，型钢机座与橡胶隔振器之间应用螺栓加设弹簧垫圈固定。在地面或楼面中设置地脚螺栓，橡胶隔振器通过地脚螺栓后固定在地面或楼面上，橡胶隔振垫的边线不得超过惰性块的边线。

6）型钢机座的支承面积应不小于隔振元件顶部的支承面积，橡胶隔振垫单层布置频率比不能满足要求时可采取多层串联布置，但隔振垫层数不宜多于五层，串联设置的各层橡胶隔振垫其型号、块数、面积及橡胶硬度均应完全一致。

7）橡胶隔振垫多层串联设置时每层隔振垫之间用厚度不小于4mm 的镀锌钢板隔开，钢板应平整，隔振垫与钢板应用粘合剂粘结，镀锌钢板的平面尺寸应比橡胶隔振垫每个端部大 10mm。

5. 管道隔振措施

（1）一般规定：

1）当水泵机组采取隔振措施时，水泵吸水管和出水管上均应采用管道隔振元件，管道隔振元件应具有隔振和位移补偿双重功能。

2）采用管道隔振元件时应根据隔振要求、位移补偿要求、环境条件等因素选用。一般宜采用以橡胶为原料的可曲挠管道配件，管道穿墙和穿楼板处均应有防固体传声措施。

（2）可曲挠橡胶管道配件：

1）当采用可曲挠橡胶管道配件时应根据安装位置、泵房面积大小、隔振和位移补偿要求、管道配件数量、管径大小等因素选用法兰或螺纹连接的可曲挠橡胶接头。

2）可曲挠橡胶接头等管道隔振元件的数量应由隔振和位移补偿两方面的要求确定，可曲挠橡胶管道配件的位移补偿应包括轴向位移和横向位移。

3）可曲挠橡胶管道配件的橡胶材料应根据流体介质成分、温度等环境条件确定，用于生活饮水管道的可曲挠橡胶管道配件其水质仍应符合饮用水水质标准；用于水泵出水管的可曲挠橡胶管道配

件应按工作压力选用可曲挠橡胶管道配件；用于水泵吸水管时应按真空度选用可曲挠橡胶管道配件。

(3) 管道安装应在水泵机组隔振元件安装后 24h 进行，安装在水泵进出水管上的可曲挠橡胶接头必须在阀门和止回阀近水泵的一侧。可曲挠橡胶管道配件宜安装在水平管上。

(4) 可曲挠橡胶管道配件应在不受力的自然状态下进行安装，严禁处于极限偏差状态。与可曲挠橡胶管道配件连接的管道均应固定在支架、吊架、托架或锚栓上。

(5) 法兰连接的可曲挠橡胶管道配件的特制法兰与普通法兰连接时螺栓的螺杆应朝向普通法兰一侧，每一端面的螺栓应对称逐步均匀加压拧紧，所有螺栓的松紧程度应保持一致。法兰连接的可曲挠橡胶管道配件串联安装时在两个可曲挠橡胶管道配件的松套法兰中间应加设一个用于连接的平焊钢法兰。

(6) 当对可曲挠橡胶管道配件的压缩或伸长的位移量有控制时，应在可曲挠橡胶管道配件的两个法兰间设限位控制杆。

(7) 当对可曲挠橡胶管道配件的压缩或伸长的位移量有控制时，应在可曲挠橡胶管道配件的两个法兰间设限位控制杆，可曲挠橡胶管道配件外严禁刷油漆，当管道需要保温时保温做法不影响可曲挠橡胶管道配件的位移补偿和隔振要求。

6. 水泵设备安装的允许偏差和检验方法（表 33-47）

水泵设备安装的允许偏差和检验方法　表 33-47

项　目		允许偏差 (mm)	检验方法
离心式水泵	立式泵体垂直度（m）	0.1	水平尺和塞尺检查
	卧式泵体垂直度（m）	0.1	水平尺和塞尺检查
	联轴器同心度 轴向倾斜（每米）	0.8	在联轴器互相垂直的四个位置上用水准仪、百分表或测微螺钉和塞尺检查
	联轴器同心度 径向位移	0.1	

7. 地脚螺栓灌浆及二次灌浆

(1) 地脚螺栓光杆部分的油脂、污物及氧化皮要清理干净，螺纹部分要涂油脂。放置时要垂直不歪斜，与孔壁及孔底的间隙要符合规范要求；设备底座套入地脚螺栓要有调整余地，不得有卡住现象，螺母、垫圈与设备底座间接触良好。

(2) 找正找平、隐蔽工程检查合格后方可进行预留孔灌浆工作。用比基础混凝土强度高一级的细石混凝土浇筑，捣固密实，且不影响地脚螺栓和安装精度。

(3) 强度达到设计强度的 75% 以上时，方可进行设备的精平及紧固地脚螺栓工作。最终找正找平后将地脚螺栓拧紧，每组垫铁点焊牢固。

(4) 拧紧螺栓时应对称均匀，并保持螺栓的外露螺纹 2～3 扣要求。

(5) 在隐蔽工程检查合格、最终找正找平并检查合格后 24h 内进行二次灌浆工作，待强度达到设计要求后，基础表面要抹面处理。一台设备要一次浇筑完成。

8. 水泵配管

(1) 在水泵二次灌浆混凝土强度达到 75% 以后，水泵经过精校后，可进行配管安装。

(2) 配管时，管道与泵体连接不得强行组合连接，且管道重量不能附加在泵体上。

(3) 对水平吸水管有以下几点要求：

1) 水泵吸水管道如变径，应采用偏心大小头，并使平面朝上，带斜度的一段朝下（以防止产生"气囊"）。

2) 为防止吸水管中积存空气而影响水泵运转，吸水管的安装应具有沿水流方向连续上升的坡度接至水泵入口，坡度应小于 0.005。

3) 吸水管道靠近水泵进水口处，应有一段长约 2～3 倍管道直径的直管段，避免直接安装弯头，否则水泵进水口处流速分布不均匀，使流量减少。

4) 吸水管应设有支撑件。

5) 吸水管段要短，配管及弯头要少，力求减少管道压力损失。

6) 水泵底阀与水底距离，一般不小于底阀或吸水喇叭口的外径；水泵出水管安装止回阀和阀门，止回阀应安装在靠近水泵一侧。

9. 支架隔振措施

(1) 当水泵机组的基础和管道采取隔振措施时，管道支架采用弹性支架。

(2) 弹性支架应具有固定架设管道与隔振双重功能。

(3) 支架隔振元件应根据管道的直径、重量、数量、隔振要求和与楼板或地面距离，可选用弹性支架、弹性托架、弹性吊架。

(4) 框架式弹性支架的型号应根据隔振要求、水泵机组转速和水泵机组安装位置确定。

(5) 支架数量根据管道重量确定，支架悬挂物体的总重量应不大于支架容许额定荷载量。

(6) 弹性吊架应均匀布置，间距可按表 33-48 的规定。

弹性吊架安装间距表　表 33-48

序号	公称直径 DN (mm)	安装间距 (m)	序号	公称直径 DN (mm)	安装间距 (m)
1	25	2～3	4	100	5～6
2	50	2.5～3.5	5	125	7～8
3	80	3～4	6	150	8～10

10. 多功能水泵控制阀安装

(1) 多功能控制阀的选用应符合下列要求：

1) 多功能水泵控制阀的直径宜根据流速 1.5～3.0m/s 选定。

2) 多功能水泵控制阀的压力等级应不小于水泵零流量时的压力值。

3) 用于热水供应的多功能水泵控制阀，应采用热水型多功能水泵控制阀。

(2) 多功能水泵控制阀应设置在单向流动的管道上，其设置应方便维修。

(3) 多功能水泵控制阀可设置在水平管道或立管上。水平安装时，阀盖必须朝上；立式安装时，介质流向必须向上。

(4) 多功能水泵控制阀宜设置在水泵出口处，其出口端应设置检修用的阀门，不应另设止回阀。

(5) 多功能水泵控制阀的进水口和出水口宜安装压力表。

(6) 橡胶软接头应安装在多功能水泵控制阀的出口端。

(7) 当阀体安装在井或管沟内时，应留有检修用的空间。

(8) 每台水泵出口处应单独设置多功能水泵控制阀。多功能水泵控制阀可与水泵一起采取多台并联的安装方式。

(9) 在管道可能产生水柱中断的部位，应装有真空破坏阀。

(10) 配置多功能水泵控制阀的水泵，在水泵进水管道上不宜设置底阀；当必须设置底阀时，应采用缓闭式底阀。

(11) 当多功能水泵控制阀的出口静压与进口静压之差小于 0.05MPa 时，应设置高位补给水箱或采取其他能增大阀门出口与进口间静压差的技术措施。

(12) 安装前必须清洗管道，不得留有焊渣、螺栓等异物。

(13) 吊装、搬运时不得用阀门控制管承吊，以免损伤控制管。

(14) 安装前应先检查阀门各部件是否完好，确保紧固件齐全、无松动。

(15) 安装时应注意阀体上箭头指示方向与水流方向一致，不得反装。

(16) 安装阀门时，应采取固定措施。

(17) 安装后，应检查阀体与管路连接是否紧固。

(18) 调试前应进行下列检查：

1) 设置、安装是否正确。

2) 可能产生真空的管路，真空破坏阀应有足够的过流面积，动作应准确可靠。

3) 进、出水管路上的阀门应完全开启，其他装置均应处于正常工作状态。

(19) 调试应按下列步骤进行：

1) 打开多功能水泵控制阀控制管系统的进、出口调节阀。

2) 将控制室上腔内的空气排尽。

3) 将控制管系统的进、出口调节阀打开至半开开度。

4) 启动水泵,检查多功能水泵控制阀的运行状态。

5) 调节控制管系统的进、出口调节阀的开度来修正开启和缓闭的时间,使多功能水泵控制阀处于最佳工作状态。

(20) 调试运行后,应满足下列要求:停泵暂态过程最高压力不大于水泵出口额定压力的1.3～1.5倍;停泵暂态过程最高反转速度不大于水泵额定转速的1.2倍,超过额定转速的持续时间不应多于2min。

(21) 当用于消防工程时,应定期进行启动试验和检查,防止产生水垢,造成阀门失灵。

11. 消防供水设施安装与施工

(1) 消防水泵、消防水箱、消防气压给水设备、消防水泵接合器等供水及其附属管道的安装,应消除其内部污垢和杂物。安装中断时,其敞口处应封闭。

(2) 供水设施安装时,其环境温度不应低于5℃。

12. 消防水泵、稳压泵的安装

(1) 应符合现行国家标准《机械设备安装工程施工及验收通用规范》GB 50231的有关规定。消防水泵和稳压泵的规格、型号应符合设计要求,并应有产品合格证和安装使用说明书。

(2) 当设计无要求时,消防水泵的出水管上应安装止回阀和压力表,并宜安装检查和试验用的放水阀门,消防水泵泵组的总出水管上还应安装压力表和泄压阀,安装压力表时应加设缓冲装置。压力表和缓冲装置之间应安装旋塞,压力表量程应为工作压力的1.5～2倍。

(3) 吸水管及其附件的安装应符合下列要求:

1) 吸水管上的控制阀应在消防水泵固定于基础上之后再进行安装,其直径不应小于消防水泵吸水直径,且不应采用蝶阀。

2) 当消防水泵和消防水池位于独立的两个基础上且为刚性连接时,吸水管上应加设柔性连接管。

3) 吸水管水平段上不应有气囊和漏气现象。

33.2.5.3 水箱安装

1. 水箱安装

(1) 验收基础,并填写"设备基础验收记录"。

(2) 作好设备检查,并填写"设备开箱记录"。水箱如在现场制作,应按设计图纸或标准图进行。

(3) 设备吊装就位,进行校平找正工作。

(4) 现场制作的水箱,按设计要求制作成水箱后须做盛水试验或煤油渗透试验。

(5) 盛水试验后,内外表面除锈,刷红丹防锈漆两遍。

(6) 整体安装或现场制作的水箱,按设计要求其内表面刷汽包漆两遍,外表面如不作保温再刷油性调用漆两遍,水箱底部刷沥青漆两遍。

(7) 水箱支架或底座安装,其尺寸及位置应符合设计规范规定;埋设平整牢固。美观大方,防腐良好。

(8) 按图纸安装进水管、出水管、溢流管、排污管、水位讯号管等。水箱溢流管和泄放管应设置在排水地点附近但不得与排水管直接连接。

(9) 水箱水位计下方应设置带冲洗的角阀,生活给水系统总供水管上应设置消毒设施。

2. 消防水箱安装

(1) 消防水箱的容积、安装位置应符合设计要求。消防水箱间的主要通道宽度不应小于0.7m;消防水箱顶至楼板或梁底的距离不得小于0.6m。

(2) 消防水箱的溢流管、泄水管不得与生产或生活用水的排水系统直接相连。

3. 消防气压给水设备安装

(1) 消防气压给水设备的气压罐、其容积、气压、水位及工作压力应符合设计要求。

(2) 消防气压给水设备上的安全阀、压力表、泄水管、水位指示器等的安装应符合产品使用说明书的要求。

(3) 消防气压给水设备安装位置,进水管与出水管方向应符合

设计要求、安装时其四周应检修通道,其宽度不应小于0.7m,消防气压给水设备顶部至楼台板或梁底的距离不得小于1.0m。

33.2.5.4 室内给水水泵及水箱安装的允许偏差

(1) 室内给水水泵及水箱安装的允许偏差和检验方法见表33-49所示。

室内给水水泵及水箱安装的允许偏差和检验方法

表33-49

项次	项 目		允许偏差 (mm)	检验方法
1	静止 设备	坐标	15	经纬仪或拉线、尺量检查
		标高	±5	用水准仪、拉线和尺量检查
		垂直度(每米)	5	吊线和尺量检查
2	离心 式水泵	立式泵体垂直度(每米)	0.1	水平尺和塞尺检查
		卧式泵体水平度(每米)	0.1	水平尺和塞尺检查
	联轴器 同心度	轴向倾斜(每米)	0.8	在联轴器互相垂直的四个位置上用水准仪、百分表或测微螺钉和塞尺检查
		径向位移	0.1	

(2) 管道及设备保温层的厚度和平整度的允许偏差应符合表33-50的规定。

管道及设备保温层的允许偏差和检验方法 表33-50

项次	项 目		允许偏差(mm)	检验方法
1	厚度		$+0.1\delta$ -0.05δ	用钢针刺入
2	表面平 整度	卷材	5	用2m幕尺和楔形塞尺检查
		涂抹	10	

注:δ为保温层厚度。

33.2.5.5 给水设备试验与检验

1. 设备耐压及严密性试验

(1) 设备耐压和严密性试验用以验证设备无宏观变形(局部膨胀、延伸)及泄漏等各种异常现象,在设计压力下检测设备有无微量渗透。

(2) 耐压和严密性试验可分别采用水压、干燥压缩空气进行。

(3) 试验前设备上的安全装置、阀类、压力计、液位计等附件及全部内件装配齐全,并进行外、内部检查,检查几何形状、焊缝、连接件及衬垫等是否符合要求,管件及附属装置是否齐备、操作是否灵活、正确,紧固件是否齐全且紧固完毕;检查内部是否清洁。

(4) 图纸标明不耐压部件要用盲板隔离或拆除。

(5) 试验时在设备的最高、低处安装压力表,以最高处的读数为准。

(6) 对注明无需作耐压试验的设备可只作气密性试验。

2. 水箱试验

敞口水箱的满水试验:

1) 盛水试验:将水箱充满水,经2～3h后用锤(一般0.5～15kg)沿焊缝两侧约150mm的部位轻敲,不得有漏水现象;若发现漏水部位须铲去重新焊接,再进行试验。

2) 煤油渗漏试验:在水箱外表面的焊缝上,涂满白垩粉或白粉,晾干后在水箱内焊缝上涂煤油,在试验时间内涂2～3次,使焊缝表面能得到充分浸润,如在白垩粉或白粉上没有发现油迹,则为合格。试验要求时间为:对垂直焊缝或煤油由下往上渗透的水平焊缝为35min;对煤油由上往下渗透的水平焊缝为25min。

3) 敞口水箱的满水试验和密闭水箱(罐)的水压试验如无设计要求,应符合下列规定:敞口箱、罐安装前,应做满水试验;满水试验静置24h观察,不渗不漏为合格。密闭箱、罐,水压试验在试验压力下10min压力不下降,不渗不漏为合格。

33.2.5.6　设备保温

1. 设备胶泥结构保温

(1) 设备胶泥保温结构的做法及所用的保温材料与管道保温基本相同。如图 33-26 所示。

(2) 保温钩钉。保温钩钉用 $\phi=5\sim6mm$ 的圆钢制作，详图参见图 33-27。将设备外壁清扫干净，焊保温钩钉，间距 250～300mm。

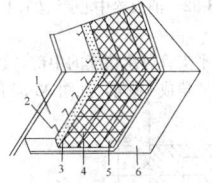

图 33-26　胶泥保温结构
1—热力设备；2—保温钩钉；3—保温层；
4—镀锌铁丝；5—镀锌铁丝网；6—保护层

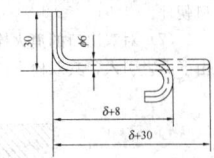

图 33-27　保温钩钉

(3) 涂抹与外包。刷防锈漆后，再将已经拌合好的保温胶泥分层进行涂抹。第一层可用较稀的胶泥散敷，厚度为 3～5mm，待完全干燥后再敷第二层，厚度为 10～15mm，第二层干燥后再敷第三层，厚度为 20～25mm。以后分层涂抹，直至达到设计要求厚度为止。然后外包镀锌铁丝网一层，并镀锌铁丝绑在保温钩钉上。如果保温厚度在 100mm 以上或形状特殊，保温材料容易脱落的，可用两层镀锌铁丝网，外面再作 15～20mm 的保护层。保护层应抹成表面光滑无裂缝。

(4) 保温层厚度均匀，结构牢固，无空鼓；表面平整度允许偏差 10mm；厚度允许偏差 $-5\text{‰}\sim+10\text{‰}$。

2. 平壁设备保温结构

保温预制板的纵横接缝要错开。但每层要分别固定，而且内外层纵横接缝要错开，板与板之间的接缝必须用相同的保温材料填充。在外面再包上镀锌铁丝网，平整地绑在保温钩钉上，为作保护层做准备。最后做石棉水泥或其他保护层，涂抹时必须有一部分透过镀锌铁丝网与保温层接触。外表面一定要抹得平整、光滑、棱角整齐，而且不允许有铁丝或铁丝网露出保护层外表面。

3. 立式圆形设备保温结构

属于该类设备有立式热交换器、给水箱、软水罐、塔类等。保温钩钉布置结构见图 33-28、图 33-29 所示。

施工方法与平壁设备保温结构基本相同，敷设保温板材宜根据筒体弧度制成的弧形瓦，如果筒体直径很大时，可用平板的保温板材进行施工。最难施工的部位是顶部封头及底部封头。尤其是底部的封头更加困难，在安装保温板时需要进行支撑。用镀锌铁丝牢，否则自重下沉。板与板之间的缝隙必须用相同的保温材料填充。圆形设备有一定曲度缝隙可能大些，填充时要填好。然后敷设镀锌铁丝网并做好石棉水泥保护层或其他保护层。

4. 卧式圆形设备保温结构

这类设备有热交换器、除氧器以及其他设备。施工方法基本与立式圆形设备相同，筒体上焊保温钩钉时。要在封头及筒体中间焊接水平支承板，支承板的宽度为保温层厚度的 3/4。支承板厚度为 5mm。筒体保温钩钉及支承板布置见图 33-30；封头上保温钩钉及支承板布置见图 33-31。卧式圆形设备上半部施工比较方便，封头及下半部施工较困难。铁丝必须绑紧，防止下部出现下坠现象。外面包上镀锌铁丝网，再包保护层。

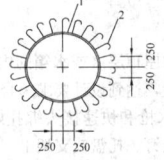

图 33-28　筒体上保温钩钉布置
1—筒体；2—保护钩钉

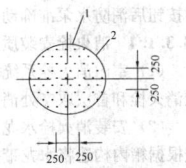

图 33-29　顶部及底部封头
保温钩钉的布置
1—顶部或底部封头；2—保温钩钉

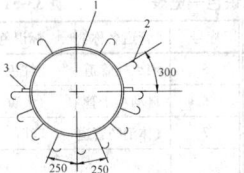

图 33-30　卧式设备上保温钩钉及
支承板布置图
1—卧式圆形设备筒体；2—保温钩钉；
3—支承板

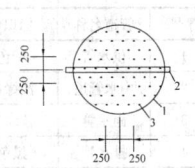

图 33-31　封头上保温钩钉及
支承板的布置
1—封头；2—支承板；
3—保温钩钉

5. 设备自锁垫圈结构保温

(1) 施工程序及方法与设备绑扎结构基本相同，所不同的是，绑扎结构用带铆的保温钉，是用镀锌铁丝绑扎。而自锁垫圈结构中用的保温钉是直的，利用自锁垫圈直接卡在保温钉上从而固定住保温材料。

(2) 保温钉及自锁垫圈的制作

各种不同类型的保温钉分别用 $\phi6mm$ 的圆钢、尼龙、白铁皮制作。保温钉的直径应比自锁垫圈上的孔大 0.3mm。

自锁垫圈用 $\delta=0.5mm$ 镀锌钢板制作，制作工艺如下：下料→冲孔→切开→压筋。用模具及冲床冲制。

用于温度不高的设备保温时，可购买塑料保温钉及自锁垫圈。也可单独购买自锁垫圈，然后自己制作保温钉来完成保温。

(3) 施工方法

先将设备表面除锈，清扫干净，焊保温钉，涂刷防锈漆，保温钉的间距应按保温板材或棉毡的外形尺寸来确定，一般为 250mm 左右，但每块保温板不少于两个保温钉为宜。然后敷设保温板，卡在保温钉上，使保温钉露出头来，再将镀锌铁丝网敷上，用自锁垫圈嵌入保温钉上，压紧铁丝网，嵌入后保温钉至少应露出 5～6mm。镀锌铁丝网必须平整并紧贴在保温材料上，外面作保护层。圆形设备、平壁设备施工作法相同，但底部封头施工比较麻烦，敷上保温材料就要嵌上自锁垫圈，然后再敷设镀锌铁丝网，在镀锌铁丝网外面再嵌一个自锁垫圈，这样做是防止底部或曲率过大部分的保温材料下沉或翘起，最后作保护层。

33.2.6　管道标识

管道标识的主要作用是使复杂的机电管线通过各种管道上的标识进行系统的划分，使建筑物的管理者能够在很短的时间内进行相关的紧急抢修和合理的日常维护。

33.2.6.1　管道标识的基本方法

(1) 在管道全长上标识。

(2) 在管道上以宽为 150mm 的色环标识。

(3) 在管道上以长方形的识别色标牌标识。

(4) 在管道上以带箭头的长方形识别色标牌标识。

(5) 在管道上以系挂的识别色标牌标识。

(6) 管道标识可采用附有文字说明和不同颜色的自粘式胶带进行标识。

33.2.6.2　管道标识的设置部位

管道的起点、终点、交叉点、转弯处、阀门、穿墙孔两侧、技术层、吊顶内、管井内管道在检查口和检修口、走廊顶下明露管道、设备机房内的管道等的管道上和其他需要标识的部位。两个标识之间的最小间距为 10m。竖向管道的粘贴高度应为 1.5m。

33.2.6.3　管道标识的施工操作

清洁管道表面，并在管道表面用标记笔标出粘贴位置，将标识自底纸撕下并贴于管道表面。粘贴标识的原则是：所有标识的部位，应以易于查看部位为宜，管井内管道文字标识应向管井门或与管井成 45°为宜；天花内的管道宜标识在管道底部；上下布置的管道，上部的管线的标识应做在管道侧向为宜。

33.2.6.4　管道的标识色

管道标识以设计为准，表 33-51 仅为参考。

管道的标识色一览表   表 33-51

序号	管道名称	标识色	序号	管道名称	标识色
1	供水管	绿色	5	消火栓管道	红色
2	中水管道	浅绿色	6	自动喷水管	大黄
3	雨水管	蓝绿色	7	气体消防管道	红色
4	排水管	黑色			

33.3 室内消防系统安装

33.3.1 室内消火栓安装

建筑物室内消火栓系统组成：水枪、水龙带、消火栓、消防水喉、消防管道、水箱、消防水泵接合器、增压设备等。

33.3.1.1 安装准备

1. 技术准备

(1) 认真熟悉图纸，根据施工方案，安全技术交底的具体措施选用材料，测量尺寸，绘制草图，预制加工。

(2) 核对有关专业图纸，核对消火栓设置方式、箱体外框规格尺寸和栓阀单栓或双栓情况，查看各种管道的坐标、标高是否有交叉或排列位置不当，及时与设计人员研究解决，办理洽商手续。

(3) 检查预埋件和预留洞是否准确。对于暗装或半暗装消火栓，在土建主体施工过程中，要配合土建做好消火栓的预留洞工作。留洞的位置和标高应符合设计要求，留洞的大小不仅要满足箱体的外框尺寸，还要留出从消火栓箱侧面或底部连接支管所需要的安装尺寸。

(4) 要安排合理的施工顺序，避免工种交叉作业干扰，影响施工。

2. 作业条件

(1) 主体结构已验收，现场已清理干净。施工现场及施工用的水、电、气应满足施工要求，并能保证连续施工。

(2) 管道安装所需要的基准线应测定并标明，如吊顶标高、地面标高、内隔墙位置线等。安装管道所需要的操作架应由专业人员搭设完毕。

(3) 设备平面布置图、系统图、安装图等施工图及有关技术文件应齐全。

(4) 设计单位应向施工单位进行技术交底。

(5) 系统组件、管件及其他设备、材料，应能保证正常施工。

(6) 检查管道支架、预留孔洞的位置、尺寸是否正确。

33.3.1.2 消火栓安装要点

1. 消火栓箱安装

(1) 消火栓箱体要符合设计要求（其材质有木、铁和铝合金等），栓阀有单出口和双出口等。产品均应有消防部门的制造许可证、合格证及 3C 认证报告方可使用。

(2) 安装消火栓支管，以栓阀的坐标、标高定位，甩口。核定后稳固消火栓箱。对于暗装的消火栓应先核实预留洞口的位置、尺寸大小，不适合的应进行修正，然后把消火栓箱预放入孔洞内，无误后用专用机具在消火栓箱上管道穿越的地方开孔，如箱体预留有穿越孔则把该孔内铁片敲落，开孔大小合适，且应保证管道居中穿越。位置确定无误后稳装。安装好消火栓支管后协调土建填实封闭孔洞。

(3) 对于明装的消火栓箱，先在箱体背面四角适当位置用专用工具开螺栓孔，大小适宜。然后用专用机具在消火栓箱上管道穿越地方开孔，如箱体预留有穿越孔则将铁片敲掉，开孔大小合适。确定消火栓箱位置，保证安装到箱体平正牢固，穿越管道居中。在墙体或支架的对应位置上安装固定螺栓，位置正确、牢固。稳装消火栓箱，消火栓箱体安装在轻质隔墙上时，应有加固措施。

(4) 对于暗装的消火栓箱应先核实预留洞口的位置、尺寸大小，不适合的应进行修正；然后把消火栓箱预放入孔洞内，无误后用专用机具在消火栓箱上管道穿越的地方开孔，如箱体预留有穿越孔则把该孔内铁片敲落，开孔大小合适，且应保证管道居中穿越。

确定位置无误后，进行稳装，先用砖石固定消火栓箱，位置准确、箱体平整牢固，安装好消火栓支管后协调土建填实封闭孔洞。

(5) 封堵消火栓支管穿越箱体处孔洞，与箱体吻合无明显缝隙，平滑、色泽与箱体一致。工程竣工前安装消火栓箱柜、箱门，并安放消火栓配件。箱门开闭灵活，门框接触紧密无明显缝隙，平正牢固。

(6) 对单出口的消火栓、水平支管，应从箱的端部经箱底由下而上引入，其安装位置尺寸如图 33-32，消火栓中心距地 1.1m，栓口朝外。

(7) 对双出口的消火栓，其水平支管可从箱底的中部，经箱由下而上引入，其双栓出口方向与墙角成 45°角，如图 33-33 所示。

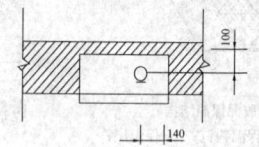

图 33-32 单出口消火栓

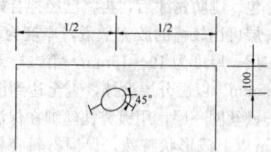

图 33-33 双出口消火栓

(8) 消火栓安装完毕，应清除箱内杂物，箱体内外有损伤部位局部刷漆，暗装在墙内的消火栓箱体周围不应有空鼓现象，管道穿过箱体空隙应用水泥砂浆、密封膏、或密封盖板（圈）封严。

2. 消火栓配件安装

(1) 在交工前进行，消防水龙带应折好放在挂架、托盘、支架上或采用双头盘带的方式卷实，盘紧放在箱内。

(2) 安装消火栓水龙带，水龙带与水枪和快速接头绑扎好后，应根据箱内构造将水龙带挂放在箱内的挂钉、托盘或支架上。消防水龙带与水枪的连接，一般采用卡箍，并在里侧绑扎两道 14♯铁丝。消防水龙带要竖放在箱体内侧，自救式水枪和软管应放在挂卡上或放在箱底部。

(3) 设有电控按钮时，应注意与电气专业配合施工。

33.3.1.3 消火栓试射试验

(1) 消火栓系统干、立、支管道的水压试验按设计要求进行。当设计无要求时，消火栓系统试验宜符合试验压力，稳压 2h 管道及各节点无渗漏的要求。

(2) 将屋顶检查试验用消火栓箱打开，取下消防水龙带接好栓口和水枪，打开消火栓阀门，拉到半屋顶上，按下消防泵启动按钮，水平向上倾角 30°～45°试射，测量射出的密集水柱长度并做好记录；在首层（按同样步骤）将两支水枪拉到要测试的房间或部位，按水平向上倾角试射。观察其能否两股水柱（密集、不散花）同时到达，并做好记录。

(3) 消火栓（箱）位置设置应符合消防验收要求，标志明显，消火栓水带取用方便，消火栓开启灵活无渗漏。开启消火栓系统最高与最低点消火栓，进行消火栓试验，当消火栓栓口喷水时，信号能及时传送到消防中心并启动系统水泵，消火栓栓口压力不大于0.5MPa，水枪的充实水柱应符合设计及验收规范要求。且按下消防按钮后消防水泵准确动作。

33.3.1.4 消火栓安装质量标准

(1) 室内消火栓系统安装完成后应取屋顶层（或水箱间内）试验消火栓和首层取二处消火栓做试射试验，达到设计要求为合格。

(2) 安装消火栓水龙带，水龙带与水枪和快速接头绑扎好后，应根据箱内构造将水龙带挂放在箱内的挂钉、托盘或支架上。

(3) 箱式消火栓的安装应符合下列规定：

1) 栓口应朝外，并不应安装在门轴侧。

2) 栓口中心距地面为 1.1m，允许偏差±20mm。

3) 阀门中心距箱侧面为 140mm，距箱后内表面为 100mm，允许偏差±5mm。

4) 消火栓箱体安装的垂直度允许偏差为 3mm。

33.3.2 自动喷水灭火系统的组件安装

33.3.2.1 喷头安装

1. 喷头布置

(1) 喷头的规格、类型、公称动作温度应符合设计要求；喷头的商标、型号、动作温度、制造厂及生产年、月等标志齐全；外观无加工缺陷和机械损伤，感温包无破碎和松动，易熔片无脱落和松动；螺纹密封面应无伤痕、毛刺、缺损或断丝等现象。

(2) 喷头溅水盘与顶棚、楼板、屋面板的距离：除吊顶型喷头及吊顶下安装的喷头外，直立型、下垂型标准喷头，其溅水盘与顶板的距离，不应小于 75mm，且不应大于 150mm。

(3) 喷头与隔断的距离：直立型、下垂型喷头与不到顶隔墙的水平距离，不得大于喷头溅水盘与不到顶隔墙顶面垂直距离的 2 倍。

(4) 闭式系统的喷头，其公称动作温度宜高于环境最高温度 30℃。

(5) 湿式系统的喷头选型应符合下列规定：

1) 不作吊顶的场所，当配水支管布置在梁下时，应采用直立型喷头。

2) 吊顶下布置的喷头，应采用下垂型喷头或吊顶型喷头。

3) 顶板为水平面的轻危险级、中危险级、居室和办公室，可采用边墙型喷头。

4) 自动喷水-泡沫联用系统应采用洒水喷头。

5) 易受碰撞的部位，应采用带保护罩的喷头或吊顶型喷头。

(6) 干式系统、预作用系统应采用直立型喷头或干式下垂型喷头。

(7) 水幕系统的喷头选型应符合下列规定：

1) 防火分隔水幕应采用开式洒水喷头或水幕喷头。

2) 防护冷却水幕应采用水幕喷头。

(8) 下列场所宜采用快速响应喷头：

1) 公共娱乐场所、中庭环廊。

2) 医院、疗养院的病房及治疗区域，老年、少儿、残疾人的集体活动场所。

3) 超出水泵接合器供水高度的楼层。

4) 地下商业及仓储用房。

(9) 同一隔间内应采用相同热敏性能的喷头。

(10) 雨淋系统的防护区内应采用相同的喷头。

(11) 自动喷水灭火系统应有备用喷头，其数量不应少于喷头总数的 1%，且每种型号均不得少于 10 只。

2. 喷头的安装

(1) 喷头安装应在管道系统试压合格并冲洗干净后进行，安装前已按建筑装修图确定位置，吊顶龙骨安装完毕按吊顶材料厚度确定喷头的标高。封吊顶时按喷头预留口位置在吊顶板上开孔。喷头安装在系统管网试压、冲洗合格，油漆管道完后进行。核查各甩口位置准确，甩口中心成排成线。安装在易受机械损伤处的喷头，应加喷头防护罩。

(2) 喷头管径一律为 25mm，末端用 25mm×15mm 的异径箍紧结喷头，管箍口应与吊顶装修平齐，可采用拉网格线的方式下料、安装。支管末端的弯头处 100mm 以内应加卡件固定，防止喷头与吊顶接触不牢，上下错动。支管安装完毕，管箍口须用丝堵拧紧封堵严密，准备系统试压。

(3) 安装喷头使用专用扳手（灯叉形）安装喷头，严禁使喷头的框架和溅水盘受力。安装中发现框架或溅水盘变形的喷头应立即用相同喷头更换。喷头安装时，不能对喷头进行拆卸、改动，严禁给喷头加任何装饰性涂层。填料宜采用聚四氟乙烯生料带，喷头的两翼方向应成排统一安装，走廊单排的喷头两翼应横向安装。护口盘要贴紧吊顶，人员能触及的部位应安装喷头防护罩。

(4) 吊顶上的喷头须在顶棚安装前安装，并做好隐蔽记录，特别是装修时要做好成品保护。吊顶下喷头等顶棚施工完毕后方可安装，安装时注意型号使用正确。

(5) 吊顶下的喷头须配有可调式镀铬黄铜盖板，安装高度低于 2.1m 时，加保护套。当有的框架、溅水盘产生变形，应采用规格、型号相同的喷头更换。

(6) 支吊架的位置以不妨碍喷头喷洒效果为原则。一般吊架距喷头应大于 300mm，对圆钢吊架可以小到 70mm，与末端喷头之间的距离不大于 750mm。

(7) 为防止喷头喷水时管道产生大幅度晃动，干管、立管、支管末端均应加设防晃固定支架。干管或分层干管可设在直管段中间，距主管与末端不宜超过 12m。管道改变方向时，应增设防晃支架。防晃支架应能承受管道、零件、阀门及管内水的总量和 50% 水平方向推动力而不损坏或产生永久变形。立管要设两个方向的防晃固定支架。

(8) 当喷头溅水盘高于附近梁底或高于宽度小于 1.2m 的通风管道、排管、桥架腹面时，喷头溅水盘高于梁底、通风管道、排管、桥架腹面的最大垂直距离。

(9) 当梁、通风管道、排管、桥架宽度大于 1.2m 时，增设的喷头应安装在其腹面以下部位。当喷头安装在不到顶的隔断附近时，喷头与隔断的水平距离和最小垂直距离应符合表 33-52、表 33-53 的规定（见图 33-34）。

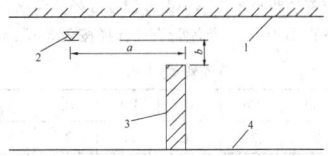

图 33-34 喷头与隔断障碍物的距离
1—顶棚或屋顶；2—喷头；3—障碍物；4—地

喷头与隔断的水平距离和最小垂直距离（直立与下垂喷头）

表 33-52

喷头与隔断水平距离 a（mm）	喷头与隔断的最小垂直距离 b（mm）	喷头与隔断水平距离 a（mm）	喷头与隔断的最小垂直距离 b（mm）
a<150	80	450≤a<600	320
150≤a<300	150	600≤a<750	390
300≤a<450	240	a≥750	460

喷头与隔断的水平距离和最小垂直距离（大水滴喷头）

表 33-53

喷头与隔断的水平距离 a（mm）	喷头与隔断的最小垂直距离 b（mm）	喷头与隔断的水平距离 a（mm）	喷头与隔断的最小垂直距离 b（mm）
a<150	40	450≤a<600	130
150≤a<300	80	600≤a<750	140
300≤a<450	100	750≤a<900	150

33.3.2.2 组件安装

1. 报警阀组安装

(1) 报警阀应有商标、规格、型号及永久性标志，水力警铃的铃锤转动灵活，无阻滞现象。

(2) 报警阀处地面应有排水措施，环境温度不应低于 5℃。报警阀组应设在明显、易于操作的位置，距地高度宜为 1m 左右。

(3) 报警阀组应按产品说明书和设计要求安装，控制阀应有启闭指示装置，阀门处于常开状态。

(4) 报警阀组安装前应逐个进行渗漏试验，试验压力为工作压力的 2 倍，试验时间 5min，阀瓣处应无渗漏。报警阀组的安装应先安装水源控制阀、报警阀，然后再进行报警阀组辅助管道的连接。

(5) 水源控制阀、报警阀与配水干管的连接，应使水流方向一致。

(6) 水力警铃应安装在相对空旷的地方。报警阀、水力警铃排水应按照设计要求排放到指定地点。

2. 水流指示器安装

(1) 水流指示器应有清晰的铭牌、安全操作指示标志和产品说

明书；还应有水流方向的永久性标志。除报警阀组控制的喷头只保护不超过防火分区面积的同层场所外，每个防火分区、每个楼层均应设水流指示器。仓库内顶板下喷头与货架内喷头应分别设置水流指示器。

(2) 水流指示器一般安装在每层的水平分支干管或某区域的分支干管上。水流指示器应安装在水平管道上侧，其动作方向应和水流方向一致；安装后的水流指示器桨片、膜片应动作灵活，不应与管壁发生碰擦。

(3) 水流指示器的规格、型号应符合设计要求，应在系统试压、冲洗合格后进行安装。

(4) 水流指示器前后应保持有五倍安装管径的直线段，安装时注意水流方向与指示器的箭头一致。

(5) 国内产品可直接安装在丝扣三通上，进口产品可在干管开口，用定型卡箍紧固。水流指示器适用于 50～150mm 的管道安装。

3. 节流装置安装

(1) 在高层消防系统中，为防止低层的喷头和消火栓流量过大，可采用减压孔板或节流管等装置均衡。

(2) 减压孔板应设置在直径不小于 50mm 的水平管段上，孔口直径不应小于安装管端直径的 50%，孔板应安装在水流转弯处下游一侧的直管段上。

(3) 与弯管的距离不应小于设置管段直径的两倍，采用节流管时，其长度不宜小于 1m。节流管直径选择按表 33-54 选用。

节流管直径 (mm)　　　　　　　表 33-54

管段直径	50	70	80	100	125	150	200
节流直径	25	32	40	50	80	80	100

4. 水泵接合器安装

(1) 水泵接合器规格应根据设计选定，其安装位置应有明显的标志，阀门位置应便于操作，接合器附近不得有障碍物。

(2) 安全阀应按系统工作压力定压，防止消防车加压过高破坏室内管网及部件，接合器应安装泄水阀。

5. 报警阀配件安装

(1) 报警阀配件交工前进行安装，延迟器安装在闭式喷头自动喷水灭火系统上，是防止误报警的设施。可按说明书及组装图安装，应装在报警阀与水力警铃之间的信号管上。与报警阀连接的管道应采用镀锌钢管。

(2) 排气阀的安装应在管网系统试压、冲洗合格后进行，排气阀应安装在配水干管顶部、配水管的末端，且应确保无渗漏。

(3) 信号阀安装在水流指示器前的管道上，与水流指示器之间的距离不应少于 300mm。末端试水装置安装在系统管网末端或分区管网末端。

(4) 水力警铃应安装在公共通道或值班室的外墙上。水力警铃与报警阀的连接管应采用镀锌管；管经为 15mm 时，其长度不应大于6m，管经为 20mm 时，其长度不应大于 20m。

6. 信号阀安装

信号阀应安装在水流指示器前的管道上，与水流指示器之间的距离不应小于 300mm。

7. 末端试水装置

(1) 每个报警阀组控制的最不利点喷头处，应设末端试水装置，其他防火分区、楼层的最不利点喷头处，均应设直径为 25mm的试水阀。

(2) 末端试水装置应由试水阀、压力表以及试水接头组成。试水接头出水口的流量系数，应等同于同楼层或防火分区内的最小流量系数喷头。末端试水装置出水，应采取孔口出流的方式排入排水管道。

33.3.2.3 通水调试

管道系统强度及严密性试验可分层、分区、分段进行。埋地、吊顶内、保温等暗敷管道在隐蔽前应做好单项水压试验。管道系统安装完后进行综合水压试验。

1. 系统试压和冲洗

管网安装完毕后，对其进行强度试验、严密性试验和冲洗。强度试验和严密性试验用水进行。试压用的压力表不少于二只，精度

不低于 1.5 级，量程为试验压力值的 1.5～2 倍。对不能参与试压的设备、仪表、阀门及附件加以隔离或拆除；加设的临时盲板要具有突出于法兰的边牙，且作明显标志。系统试压过程中出现泄漏时，要停止试压，并放空管网中的试验介质，消除缺陷后再试。

2. 系统调试

(1) 准备工作

系统调试应在其施工完成后进行，且具备下列条件：消防水池、消防水箱已储备设计要求的水量；系统供电正常；气压给水设备的水位、气压符合设计要求；灭火系统管网内已充满水，阀门均无泄漏；配套的火灾自动报警系统处于正常工作状态。

(2) 调试内容包括：水源测试，消防水泵调试，稳压泵调试，报警阀调试等，排水装置设计和联动试验。

(3) 调试要求：

1) 水源测试：按设计要求核实消防水箱的容积、设置高度及消防储水不作他用的技术措施；按设计要求核实水泵接合器的数量和供水能力。

2) 消防水泵调试要求：以自动或手动方式启动消防水泵时，消防水泵应在 5min 内投入正常运行；备用电源切换时，消防水泵应在 1.5min 内投入正常运行；稳压泵调试时，模拟设计压力时，稳压泵应自动停止运行。

3) 报警阀调试：

① 湿式报警阀调试：在其试水装置处放水，报警阀及时动作，当延时不超过 90s 后，水力警铃应发出报警信号，水流指示器应输出报警电信号，压力开关接通电路报警，及时反映在消防控制室，并立即启动相应消防水泵。

② 干式报警阀调试：开启系统试验阀门，检查并核实报警阀的启动时间、启动压力、水流到试验装置出口所需时间均应满足设计要求。当管网空气压力下降至供水压力的 12.5% 以下时，试水装置连续出水，水力警铃发出报警信号。

4) 排水装置调试：开启排水装置的主排水阀，应按系统最大设计灭火水量作排水试验，并使压力达到时稳定。

5) 启动最不利点的一只喷头以 0.94～1.5L/s 的流量从末端试水装置处放水，水流指示器、压力开关和消防水泵应及时动作，并发现准确的信号。

33.3.3 气体灭火系统安装

33.3.3.1 安装准备

1. 施工前的准备

为确保气体灭火系统的施工质量，使气体灭火系统能够安装正确，运行可靠的必要条件是设计正确、施工合理、产品质量合格，因此施工前应具备如下的技术资料。

(1) 经公安消防监督机构审核的施工图，设计说明书，系统及组件的使用、维护保养说明书。

(2) 灭火剂储存容器、选择阀、单项阀、集流管、启动装置、喷嘴、安全阀等重要组件，应具有国家质量检测部门的检测、检验报告和出厂产品的合格证。灭火剂输送管道及管道组件的质量保证书和合格证。

(3) 系统中采用的不能复验复检的组配件，如膜片必须具有生产厂批量生产的产品检验报告和产品合格证。

2. 材料要求

(1) 气体灭火设备、管材、管件、各类阀门及附属制品配件等，出厂质量合格证明文件及检测报告齐全、有效。进入现场后，安装使用前检查、验证工作。必须符合国家有关规范、部颁标准及消防监督部门的规定要求。对于有特殊要求的材料宜抽样送试验室检测。

(2) 管材一般采用镀锌钢管、镀锌无缝钢管、加厚镀锌钢管及管件。管壁内外镀锌均匀，无锈蚀，内壁无卡筋，管壁厚度符合设计要求。选择管材时，内经受压力应满足设计要求。

(3) 管件：管件应采用锻压钢件内外镀锌。镀锌层表面均匀，无锈蚀、无偏扣、乱扣、方扣、丝扣不全、角度不准等现象。特别是法兰盘要内外镀锌，镀锌层完整，水线均匀，不得有断裂、粘着污物等现象。

(4) 有色金属管道及管件：管壁厚度内外均匀，管皮内表面光滑平整，管件不得有角度不准等现象。

(5) 施工前系统组件的外观检查：

1) 系统组件无碰撞变形及机械性损伤。

2) 组件外露非机械加工表面保护涂层完好。

3) 组件所有外露接口设有防护装置且封闭良好，接口螺纹和法兰密封面无损伤。

4) 铭牌清晰，其内容应符合国家要求且必须有效。

5) 保护同一防护区的灭火剂贮存容器规格应一致，其高度差不宜超过 20mm。

6) 气动驱动装置的气体贮存容器规格应一致，其高度差不宜超过 10mm。

(6) 施工前应检查灭火剂贮存容器内的充装量与充装压力：

1) 灭火剂贮存容器的充装量不应小于设计充装量，且不应超过设计充装量的 1.5%。

2) IG-541 和七氟丙烷灭火系统应检查灭火剂贮存容器内的贮存压力，灭火剂贮存容器内的实际压力不应低于相应温度下的贮存压力，且不应超过该贮存压力的 5%；三氟甲烷灭火系统应进行称重检漏检查，其损失不应超过 10%。

(7) 气体钢瓶、启动装置箱及箱内附属设备及零配件的规格、型号、尺寸、质量必须符合设计要求。设备的零配件应齐全，表面外观规整，无损伤。搬运时带上瓶盖，不能倒置、冲击，慎重操作，不允许放在日光直射及高温、附近有危险物等场所。

3. 作业条件

(1) 保护区及灭火剂储存室（点）土建工程施工全部完成，设置安装条件与设计要求符合。

(2) 系统组件及主要材料齐全，品种、规格、型号和质量符合设计要求。系统所需的预埋件和孔洞符合设计要求。

(3) 管网安装所需基准线应测定并标明，吊顶内管道应在封吊顶前完成。

(4) 设备安装应在设备间完成粗装修进行。

(5) 干管安装：位于各段顶层干管，在各段结构封顶后安装；位于楼板下的干管，应在结构进入上一层且模板已经拆除并清理干净后进行；位于吊顶内的干管，必须在吊顶安装前安装完毕。

(6) 立管安装：应在抹好地面后进行，如需在抹地面前安装时，必须保证水平线和地表面标高准确。

(7) 支管安装：必须在抹完墙面后进行安装。墙面不做抹灰时，支管应在刮腻子后再进行安装。

33.3.3.2 气体灭火系统安装要点

1. 气体灭火管道系统组成

管道一般包括主干管、支干管、支立管、分支管、集合管、导向管安装。安装时由主管道开始，其他分支可依次进行。

2. 灭火剂输送管道的安装

(1) 灭火剂输送管道连接应符合下列规定

1) 采用螺纹连接时，管材宜采用机械气割；螺纹不得有缺陷、断纹等现象；螺纹连接的密封材料应均匀附着在管道的螺纹部分，拧紧螺纹时，不得将填料挤入管道内；安装后的螺纹根部应有 2~3 丝外露螺纹；连接后，应将连接处外部清理干净并做防腐处理。填料应用封闭性能好的聚四氟乙烯生料带，不能用麻纱做填料。

2) 采用法兰连接时，衬垫不得凸入管内，其外边缘宜接近螺栓，不得放双垫或偏垫。连接法兰的螺栓，直径和长度应符合标准，拧紧后，凸出螺母的长度不应大于螺杆直径的 1/2 且保证有不少于 2 丝外露螺纹。法兰垫应用耐热石棉，切忌采用高压橡胶垫，因为橡胶垫容易膨胀，导致漏气。

3) 已经防腐处理的无缝钢管不宜采用焊接连接，与选择阀等个别连接部位采用法兰焊接连接时，应对被焊接损坏的防腐层进行二次防腐处理。

4) 焊接后的管道应进行二次镀锌处理。管道预排列时应充分考虑到管道进行二次镀锌的拆卸，在合适的位置上设置可拆卸的连接方式。管道焊接完后，对管道按照连接顺序进行编号，并在管道的确定位置上打上永久标识，按顺序拆卸后进行二次镀锌处理，然后按编号进行二次安装，安装位置与一次安装位置一致。

5) 铜管道连接采用扩口接头，把扩口螺母带上铜管，然后用胀管工具扩管，应用指定的胀管工具扩管，不能用其他方法扩管。使用专用扳手把扩口螺母拧紧，不能用活动扳手等。

6) 三通的水平分流，由于灭火剂喷放时，在管网中呈气液两相流动，且压力越低流体中含气率越大，为较准确地控制流量分配，管道三通管接头分流出口应水平安装。

(2) 管道穿过墙壁、楼板处应安装套管。套管公称直径比管道公称直径至少应大 2 级，穿墙套管长度应与墙厚相等，穿楼板套管长度应高出地板 50mm。管道与套管间的空隙应采用防火封堵材料填塞密实。当管道穿越建筑物的变形缝时，应设置柔性管段。

(3) 管道支、吊架的安装应符合下列规定：

1) 管道应固定牢靠，管道支、吊架的最大间距应符合表 33-55 的规定。

支、吊架之间最大间距　　　　表 33-55

DN (mm)	15	20	25	32	40	50	65	80	100	150
最大间距 (m)	1.5	1.8	2.1	2.4	2.7	3.0	3.4	3.7	4.3	5.2

2) 管道末端应采用防晃支架固定，支架与末端喷嘴间的距离不应大于 500mm。

3) 公称直径大于或等于 50mm 的主干管道，垂直方向和水平方向至少应安装 1 个防晃支架，当穿过建筑物楼层时，每层应设 1 个防晃支架。当水平管道改变方向时，应增设防晃支架。

4) 埋设在混凝土墙内的管道，必须根据设计要求施工，须在埋设部位卷上聚乙烯胶带或同类产品。在防护区域内，管道所穿过的间隙应填上不燃性材料，并考虑必要的伸缩，充分填实。

(4) 灭火剂输送管道安装完毕后，应进行强度试验和气压严密性试验，并合格。

(5) 灭火剂输送管道的外表面宜涂红色油漆。

3. 设备支架安装

(1) 按照设计图纸要求，进行设备支架组装，组装时注意按照图纸顺序编号进行安装，安装后再进行矫正。

(2) 各部件的组装应使用配套附件螺栓、螺母、垫圈、U 形卡等，注意不要组装错位。外露螺栓长度为直径的 1/2 为宜。

(3) 贮藏容器支架组装完成，经复核符合设计图纸要求后，用四根膨胀螺栓固定在贮藏容器室的地面上。

4. 灭火剂储存装置的安装

(1) 储存装置的安装位置应符合设计文件的要求。

(2) 灭火剂储存装置安装后，泄压装置的泄压方向不应朝向操作面。低压二氧化碳灭火系统的安装阀应通过专用的泄压阀接到室外。

(3) 储存装置上压力计、液位计、称重显示装置的安装位置应便于人员观察和操作。

(4) 储存容器的支、框架应固定牢靠，并应做防腐处理。

(5) 储存容器宜涂红色油漆，正面应标明设计规定的灭火剂名称和储存容器的编号。

(6) 安装集流管前应检查内腔，确保清洁。

(7) 集流管上的泄压装置的泄压方向不应朝向操作面。

(8) 连接储存容器与集流管间的单向阀的流向指示箭头应指向介质流动方向。

5. 集流管的制作安装

(1) 集流管汇集各个贮存容器中施放的灭火剂，向指定的防护区域输送，它的出口通过短管与选择阀连接，入口通过高压软管与贮存容器的容器阀连接。集流管采用高压钢管焊接而成，进出口采用机械钻孔，不允许气割，以保证设计所需通径。焊接并检验合格后进行内外镀锌。

(2) 集流管安装前应对内腔清理干净并封闭出口，支、框架固定牢固，并作防腐处理。

(3) 集流管外面涂红色油漆。装有泄压装置的集流管泄压方向不应朝向操作面，泄压时不致伤人。

(4) 同一瓶站的多根集流管采用法兰连接，以保证集流管容器接口安装角度一致。

(5) 当钢瓶架高度超过 1.5m 时，集流管应适当降低标高，以使选择阀安装高度（手柄高度）1.7m。

(6) 安全阀应安装在避开操作面的方向。

6. 选择阀及信号反馈装置的安装

(1) 选择阀操作手柄应安装在操作面一侧，当安装高度超过 1.7m 时应采用便于操作的措施。

(2) 采用螺纹连接的选择阀，其与管网连接处宜采用活接。

(3) 选择阀的流向指示箭头应指向介质流动方向。

(4) 选择阀上应设置标明防护区或保护对象名称或编号的永久性标志牌，并应便于观察。

(5) 信号反馈装置的安装应符合设计要求。

(6) 在组合分配系统中，集流管上要安装多个选择阀，与多组管道相连。选择阀操作手柄均布置在操作面一侧，安装高度超过 1.7m 时，应设置登梯或操作平台，以便操作。采用螺纹连接的选择阀，与管道连接处要采用活接头。为便于人员辨别选择阀所控制的防护区，要在选择阀上标明防护区名称或编号。

7. 阀驱动的安装

1) 电磁驱动装置的安装要求

1) 安装前检查：电磁驱动装置的电源电压应符合系统设计要求。通过检查电磁铁芯，其行程应能满足系统启动要求，且动作灵活无卡阻现象；气动驱动装置贮存容器内气体压力不应低于设计压力，不得超过设计压力的 5%；气动驱动装置中的单向阀芯应启闭灵活，无卡阻现象。

2) 安装过程：电气连接线应沿固定灭火剂贮存容器的支、框架或墙面固定。拉索式的手动驱动装置的安装应符合下列规定：拉索除必须外露部分外，采用经内外防腐处理的钢管防护；拉索转弯处应采用专用导向滑轮；拉索末端拉手应设在专用的保护盒内；拉索套管和保护盒必须固定牢靠。

(2) 气动驱动装置的气瓶支、框架或箱体应固定牢靠，且应做防腐处理，并标明驱动介质的名称和对应防护区名称和编号。气动管道应铜管。由于管子长且根数多，应布置成横平竖直，管子交叉要尽量少，管子采用管夹固定，管夹的间距不宜大于 0.6m，转弯处应增设一个管夹。

(3) 安装后应进行气密性试验：气动驱动装置的管道，试验介质采用氮气或空气，试验压力不低于驱动气体贮存压力，试验时应隔断气体进入灭火剂贮存容器的容器阀内，可拆下这一端，加上一个气体单向阀。试验时，压力升至试验压力后关闭加压气源，5min 内压力不变化为合格。

8. 喷嘴的安装

(1) 喷嘴与连接管的连接，采用聚四氟乙烯缠绕丝牙部分或密封胶密封，安装时不得将密封材料挤入管内和喷嘴内。

(2) 安装在吊顶下的下带装饰圈罩的喷嘴，其连接管丝牙部分不应露出吊顶，安装带装饰圈罩的喷嘴时，其装饰圈罩应紧贴吊顶。

(3) 喷嘴安装位置应根据设计图安装，并逐个核对其型号、规格、喷孔方向，使之符合设计要求。

(4) 安装喷嘴保护罩，次罩一般采用小喇叭形状，作用是防止喷嘴孔口堵塞。

9. 控制组件的安装

(1) 灭火控制装置的安装应符合设计要求，防护区内火灾探测器的安装应符合现行国家标准《火灾自动报警系统施工及验收规范》GB 50166 的规定。

(2) 设置在防护区处的手动、自动转换开关应安装在防护区入口便于操作的部位，安装高度为中心点距地（楼）面 1.5m。

(3) 手动启动、停止按钮应安装在防护区入口便于操作的部位，安装高度为中心点距地（楼）面 1.5m；防护区内的声光报警装置安装应符合设计要求，并应安装牢固，不得倾斜。

(4) 气体喷放指示灯宜安装在防护区入口的正上方。

33.3.3.3 气体灭火系统的试验

1. 水压试验

(1) 水压强度试验压力按下列数值取值：

1) 对高压二氧化碳系统取 1.5MPa；对低压二氧化碳系

取 0.4MPa。

2) 对 IG541 混合气体灭火系统应取 13.0MPa。

3) 对卤代烷 1301 和七氟丙烷灭火系统，应取 1.5 倍系统工作最大压力。系统最大工作压力见表 33-56。

系统储存压力、最大工作压力 表 33-56

系统类别	最大充装密度 (kg/m³)	储存压力 (MPa)	最大工作压力 (MPa)(50℃)
混合气体（IG541）灭火系统	—	15.0	17.2
	—	20.0	23.2
卤代烷 1301 灭火系统	1125	2.50	3.93
		4.20	5.80
七氟丙烷灭火系统	1150	2.5	6.7
	1120	4.2	6.7
	1000	5.6	7.2

(2) 进行水压试验时，以不大于 0.5m/s 的升压速率缓慢升压至试验压力，保压 5min，检查管道各处无渗漏、无变形为合格。

(3) 当水压强度试验条件不具备时，可采用气压强度试验代替。气压强度试验压力取值：二氧化碳灭火系统取 80% 水压强度试验压力；IG541 混合气体灭火系统取 10.5MPa；卤代烷 1301 灭火系统和七氟丙烷灭火系统取 1.15 倍最大工作压力。气压预实验压力 0.2MPa，试验时缓慢增加压力，压力升至 50% 时，如未发现异状或泄漏，继续按试验压力的 10% 逐级升压，每级稳压 3min，直至试验压力。保压检查管道无变形，无渗漏为合格。

(4) 气密试验：气密试验压力应按下列规定取值。对灭火剂输送管道，应取水压强度试验压力的 2/3；对气动管道，应取驱动气体储存压力。进行气密试验时，应以不大于 0.5MPa/s 的升压速率缓慢升压至试验压力，关断试验气源 3min 内压力降不超过试验压力的 10% 为合格。气压试验必须采取有效的安全措施，加压介质可采用空气或氮气。

(5) 吹扫管道可采用压缩空气或氮气，吹扫时，管道末端的气体流速不应小于 20m/s，采用白布检查，直至无铁锈、尘土、水渍及其他异物。

2. 系统调试

(1) 一般规定

1) 气体灭火系统的调试应在系统安装完毕，并宜在相关的火灾报警系统和开口自动关闭装置、通风机械和防火阀等联动设备的调试完成后进行。

2) 调试前应检查系统组件和材料的型号、规格、数量以及系统安装质量，并应及时处理所发现的问题。

3) 进行调试试验时，应采取可靠措施，确保人员和财产安全。

4) 调试项目应包括模拟启动试验、模拟喷气试验和模拟切换操作试验。调试完成后应将系统各部件及联动设备恢复正常状态。

(2) 系统调试

1) 模拟启动试验方法

系统调试采用手动和自动两种操作的模拟试验，因此调试工作不仅在自身系统安装完毕，而且有关的火灾自动报警系统和开口自动关闭装置、通风机械和防火阀等联动设备安装完毕并经调试后才能进行。进行调试试验时，应采取可靠的安全措施，确保人员安全和避免灭火剂的误喷射。试验要求见表 33-57。

模拟启动试验方法 表 33-57

试验内容	试 验 要 求
手动模拟试验	按下手动启动按钮，观察相关动作信号及联动设备动作是否正常（如发出声、光报警，启动输出端的负载响应，关闭通风空调、防火阀等）。人工使压力信号反馈装置动作，观察相关防护区门外的气体喷放指示灯是否正常
自动模拟启动试验	人工模拟火警使该防护区内任意一个火灾探测器动作，观察单一火警信号输出后，相关报警设备动作是否正常。人工模拟火警使防护区内另一个火灾探测器动作，观察复合火警信号输出后，相关动作信号及联动设备动作是否正常
模拟启动试验结果	延迟时间与设定时间相符，响应时间满足要求。有关声、光报警信号正确。联动设备动作正确。驱动装置动作可靠

2）模拟喷气试验方法

① IG541混合气体灭火系统及高压二氧化碳灭火系统应采用其充装的灭火剂进行喷气模拟试验。试验采用的存储容器应采用其充装的灭火剂进行模拟喷气试验。试验采用的容器数应为选定试验的防护区域或保护对象设计用量所需容器总数的5%，且不少于1个。

② 低压二氧化碳灭火系统应采用二氧化碳灭火剂进行模拟喷气试验。试验应选定输送管道最长的防护区或保护对象进行，喷放量不应小于设计用量的10%。

③ 卤代烷灭火系统模拟喷气试验不应采用卤代烷灭火剂，宜采用氮气，也可采用压缩空气。氮气或压缩空气储存容器与被试验的防护区或保护对象用的灭火剂储存容器的结构、型号、规格应相同。连接与控制方式应一致，氮气或压缩空气的充装压力按设计要求执行。氮气或压缩空气储存容器数不少于灭火剂储存容器的20%，且不得少于一个。

④ 模拟喷气试验宜采用自动启动方式。

3）模拟喷气试验结果应符合下列规定：

① 延迟时间与设定时间相符，响应时间满足要求。

② 有关声、光报警信号正确。

③ 有关控制阀门工作正常。

④ 信号反馈装置动作后，气体防护区门外的气体喷放指示灯应正常工作。

⑤ 储存容器间内设备和对应防护区域或保护对象的灭火剂输送管道无明显晃动和机械损坏。

⑥ 试验气体能喷入被试防护区或保护对象上，且能从每个喷嘴喷出。

33.3.3.4 气体灭火系统质量标准

1. 防护区或保护对象与储存装置间验收

防护区或保护对象的位置、用途、划分、几何尺寸、开口、通风、环境温度、可燃物的种类、防护区围护结构的耐压、耐火极限及门、窗可自行关闭装置应符合设计要求。

2. 防护区安全设施的设置要求

（1）防护区的疏散通道、疏散指示标志及应急照明装置。

（2）防护区内和入口处的声光报警装置、气体喷放指示灯、入口处的安全标志。

（3）无窗或固定窗扇的地上防护区和地下防护区的排气装置。

（4）门窗设有密封条的防护区的泄压装置。

（5）专用的空气呼吸器或氧气呼吸器。

3. 储存装置间的位置

（1）储存装置间的位置、通道、耐火等级、应急照明装置、火灾报警控制装置及地下储存装置间机械排风装置应符合设计要求。

（2）火灾报警控制装置及联动设备应符合设计要求。

4. 设备和灭火剂输送管道验收

（1）灭火剂储存容器的数量、型号和规格，位置与固定方式、油漆和标志，以及灭火剂储存容器的安装质量应符合设计要求。

（2）储存容器内的灭火剂充装量和储存压力应符合设计要求。

（3）集流管的材料、规格、连接方式、布置及其泄压装置的泄压方向符合设计要求和规范规定。

（4）选择阀及信号反馈装置的数量、型号、规格、位置、标志及其安装质量应符合设计要求和规范规定。

（5）阀驱动装置的数量、型号、规格和标志，安装位置，气动驱动装置中驱动气瓶的介质名称和充装压力，以及气动驱动装置管道的规格、布置和连接方式应符合设计要求和规范规定。

（6）驱动气瓶和选择阀的机械应急手动操作处，均应有标明对应防护区或保护对象名称的永久标志。驱动气瓶的机械应急操作装置均应设安全销并加铅封，现场手动启动按钮应有防护罩。

（7）灭火剂输送管道的布置与连接方式、支架和吊架的位置及间距、穿过建筑构件及其变形缝的处理、各管段和附件的型号规格以及防腐处理和涂刷油漆颜色，应符合设计要求规范规定。

（8）喷嘴的数量、型号、规格、安装位置和方向，应符合设计要求规范规定。

5. 系统功能验收

（1）系统功能验收时，应进行模拟启动试验，并合格。

检查数量：按防护区或保护对象总数（不足5个按5个计）的20%检查。

（2）系统功能验收时，应进行模拟喷气试验，并合格。

检查数量：组合分配系统不少于1个防护区或保护对象，柜式气体灭火装置、热气溶胶灭火装置等预制灭火系统应各取1套。

（3）系统功能验收时，应对设有灭火剂备用量的系统进行模拟切换操作试验，并合格。

（4）系统功能验收时，应对主、备用电源进行切换试验，并合格。

33.3.4　细水喷雾灭火系统安装

33.3.4.1　安装准备

1. 施工前的准备

（1）为了确保细水喷雾灭火系统的施工质量，使细水喷雾灭火系统能够安装正确，运行可靠的必要条件是设计正确、施工合理、产品质量合格，因此施工前应具备如下的技术资料。

（2）细水喷雾灭火系统的施工图设计文件必须经过当地的消防监督机构进行审核，审核批准后方可施工。有重大设计变更的图纸应重新报原审核机关进行审核，审核批准后方可进行施工。

2. 材料要求

（1）细水喷雾灭火系统管材、管件、各类阀门及附属制品配件等，出厂质量合格证明文件及检测报告齐全、有效。必须符合国家有关规范、部颁标准及消防监督部门的规定要求。系统选用的各种组件和材料，尤其是系统的主要组件，除公安消防监督机构在审核、验收时应认真审查，看其是否选用符合市场准入原则的消防产品外，产品到达施工现场后，施工单位和建设单位还应主动认真地进行检查。必要时请公安消防监督机构和建设单位主管部门共同对产品质量做现场检查，把隐患消灭在安装前，这样做，对确保系统功能是非常重要的。

（2）细水喷雾喷头、雨淋阀组等必须采用经国家消防产品质量监督检测中心检测，并符合现行的有关国家标准的产品。水雾喷头的选型应符合下列要求：扑救电气火灾应选用离心雾化型水雾喷头；腐蚀性环境应选用防腐型水雾喷头；粉尘场所所设置的水雾喷头应有防尘罩。雨淋阀组的功能应符合下列要求：接通或关断水喷雾灭火系统的供水；接收电控信号可电动开启雨淋阀，接收传动管信号可液动或气动开启雨淋阀；具有手动应急操作阀；显示雨淋阀启、闭状态；驱动水力警铃；监测供水压力；电磁阀前应设过滤器。

（3）控制阀、储水容器、储气容器、集流管等细水喷雾灭火系统的关键部件不但要操作灵活，而且应具有一定耐压强度和严密性能，特别是对于组合分配系统尤为重要。因此在安装前应对这些部件逐一进行试验。

33.3.4.2　细水喷雾灭火系统安装要点

1. 喷头布置

（1）水雾喷头与保护对象之间的距离不得大于水雾喷头的有效射程。

（2）水雾喷头的平面布置方式可为矩形或菱形。当按矩形布置时，水雾喷头之间的距离不应大于1.4倍水雾喷头的水雾锥底圆半径；当按菱形布置时，水雾喷头之间的距离不应大于1.7倍水雾喷头的水雾锥底圆半径。

（3）当保护对象为油浸式电力变压器时，水雾喷头布置应符合下列规定：

1）水雾喷头应布置在变压器的周围，不宜布置在变压器顶部。

2）保护变压器顶部的水雾不应直接喷向高压套管。

3）水雾喷头之间的水平距离与垂直距离应满足水雾锥相交的要求。

4）油枕、冷却器、集油坑应设水雾喷头保护。

（4）当保护对象为可燃气体和甲、乙、丙类液体储罐时，水雾喷头与储罐外壁之间的距离不应大于0.7m。

（5）当保护对象为球罐时，水雾喷头布置尚应符合下列规定：

1）水雾喷头的喷口应面向球心。

2）水雾锥沿纬线方向应相交，沿经线方向应相接。

3) 当球罐的容积等于或大于 1000m³ 时，水雾锥沿纬线方向应相交，沿经线方向宜相接，但赤道以上环管之间的距离不应大于 3.6m。

(6) 无防护层的球罐钢支柱和罐体液位计、阀门等处应设水雾喷头保护。

(6) 当保护对象为电缆时，喷雾应完全包围电缆。

(7) 当保护对象为输送机皮带时，喷雾应完全包围输送机的机头、机尾和上、下行皮带。

2. 管道安装

(1) 管道连接后不应减少过水横断面面积。热镀锌钢管安装采用螺纹、沟槽式管件连接或法兰连接。当使用铜管、不锈钢管等其他管材时，应符合相应技术要求。

(2) 管网连接前应校直管道，并清除管道内部的杂物，在具有腐蚀性场所，安装前应校直管道，并按设计要求对管道、管件等进行防腐处理，安装时应随时清除管道内部杂物。

(3) 沟槽式管件连接应符合下列要求：

1) 沟槽式管件连接时，其管道连接沟槽和开孔应用专用滚槽机和开孔机加工，并应做防腐处理。连接前应检查沟槽和孔洞尺寸，加工质量应符合技术要求，沟槽、孔洞不得有毛刺、破损性裂纹和脏物。

2) 橡胶密封圈应无破损和变形。沟槽式管件的凸边应卡进沟槽后再紧固螺栓，两边应同时紧固，紧固时发现橡胶圈起皱应及时更换新橡胶圈。

3) 机械三通连接时，应检查机械三通与孔洞的间隙，各部位应均匀，然后再紧固到位。机械三通开孔间距不应小于 1000mm，机械三通、机械四通连接时支管口径应满足表 33-58 的要求。

采用支管接头（机械三通、机械四通）时的
支管最大允许管径（mm）   表 33-58

主管直径 DN		50	65	80	100	125	150	200	250
支管直径	机械三通	25	40	40	65	80	100	100	100
	机械四通	—	32	40	50	65	80	100	100

4) 配水干管（立管）与配水管（水平管）连接，应采用沟槽式管件，不应采用机械三通。

(4) 螺纹连接应符合下列要求：

1) 管道宜采用机械切割，切割面不得有飞边、毛刺，管道螺纹密封面应符合现行国家标准《普通螺纹 基本尺寸》GB/T 196、《普通螺纹 公差》GB/T 197、《普通螺纹 管路系列》GB/T 1414 的有关规定。

2) 当管道变径时，宜采用异径接头，在管道弯头处不宜采用补芯，当需要采用补芯时，三通上可用一个，四通上不超过两个，公称直径大于 50mm 的管道不宜采用活接头。

3) 螺纹连接的密封填料应均匀附着在管道的螺纹部分，拧紧螺纹时，不得将填料挤入管道内，连接后，应将连接处外部清理干净。

(5) 法兰连接可采用焊接法兰或螺纹法兰。焊接法兰处应做防腐处理，并宜重新镀锌后再连接。

(6) 细水雾灭火系统的取水设施应采取防止被杂物堵塞的措施，严寒和寒冷地区的细水喷雾灭火系统的给水设施应采取防冻措施。

(7) 管道减压措施

管道采用减压孔板时宜采用圆缺型孔板。减压孔板的圆缺孔应位于管道底部，减压孔板前水平直管段的长度不应小于该段管道公称直径的 2 倍。

(8) 管道采用节流管时，节流管内水的流速不应大于 20m/s，长度不宜小于 1.0m。其公称直径宜按表 33-59 要求选取。

(9) 给水管道应符合下列要求：

1) 过滤器后的管道，应采用内外镀锌钢管，且宜采用丝扣连接。

2) 雨淋阀后的管道上不应设置其他用水设施。

3) 应设泄水阀、排污口。

节流管公称直径（mm）   表 33-59

管道	50	65	80	100	125	150	200	250
节流管	40	50	65	80	100	125	150	200
	32	40	50	65	80	100	125	150
	25	32	40	50	65	80	100	125

3. 系统组件要求

(1) 水雾喷头、雨淋阀组等必须采用经国家消防产品质量监督检测中心检测，并符合现行的有关国家标准的产品。

(2) 水雾喷头的选型应符合下列要求：

1) 扑救电气火灾应选用离心雾化型水雾喷头。

2) 腐蚀性环境应选用防腐型水雾喷头。

3) 粉尘场所设置的水雾喷头应有防尘罩。

(3) 雨淋阀组的功能应符合下列要求：

1) 接通或关断水喷雾灭火系统的供水。

2) 接收电控信号可电动开启雨淋阀，接收传动管信号可液动或气动开启雨淋阀。

3) 具有手动应急操作阀。

4) 显示雨淋阀启、闭状态。

5) 驱动水力警铃。

6) 监测供水压力。

7) 电磁阀前应设过滤器。

(4) 雨淋阀组应设在环境温度不低于 4℃、并有排水设施的室内，其安装位置宜在靠近保护对象并便于操作的地点。

(5) 雨淋阀前的管道应设置过滤器，当水雾喷头无滤网时，雨淋阀后的管道亦应设过滤器。

4. 给水

(1) 细水雾灭火系统的用水可由给水管网、工厂消防给水管网、消防水池或天然水源供给，并确保用水量。

(2) 细水雾灭火系统的取水设施应采取防止被杂物堵塞的措施，寒冷地区的水喷雾灭火系统的给水设施应采取防冻措施。

5. 操作和控制

(1) 细水雾灭火系统应设有自动控制、手动控制和应急操作三种控制方式。当响应时间大于 60s 时，可采用手动控制和应急操作两种控制方式。

(2) 火灾探测器可采用缆式线型定温火灾探测器、空气管式感温火灾探测器或闭式喷头。当采用闭式喷头时，应采用传动管传输火灾信号。

(3) 传动管的长度不宜大于 300m，公称直径宜为 15~25mm。传动管上闭式喷头之间的距离不宜大于 2.5m。

(4) 当保护对象的保护面积较大或保护对象的数量较多时，水喷雾灭火系统宜设置多台雨淋阀，并利用雨淋阀控制同时喷雾的水雾喷头数量。

(5) 保护液化气储罐的水喷雾灭火系统的控制，除应能启动直接受火罐的雨淋阀外，尚应能启动距离直接受火罐 1.5 倍罐径范围内邻近罐的雨淋阀。

(6) 分段保护皮带输送机的水喷雾灭火系统，除应能启动起火区段的雨淋阀外，尚应能启动起火区段下游相邻区段的雨淋阀，并应能同时切断皮带输送机的电源。

33.3.4.3 细水喷雾灭火系统安装质量标准

质量验收是系统竣工后，检查工程情况和测试系统运行的最终环节，因此，质量验收所包含的内容是比较全面的，而且还应该能够把握住系统的关键点。质量验收应该包括设计资料、施工记录以及各种系统测试，以确保在系统质量验收合格后，能够立刻投入运行。

(1) 雨淋阀组的安装

1) 雨淋阀组可采用电动开启、传动管开启或手动开启，开启控制装置的安装应安全可靠。水传动管的安装应符合湿式系统有关要求。

2) 预作用系统雨淋阀组后的管道若需充气，其安装应按干式报警阀组有关要求进行。

3) 雨淋阀组的观测仪表和操作阀门的安装位置应符合设计要

求，并便于观测和操作。

　　4）雨淋阀组手动开启装置的安装位置应符合设计要求，且在发生火灾时应能安全开启和便于观察。

　　5）压力表应安装在雨淋阀的水源一侧。

　　（2）雨淋阀调试宜利用检测、试验管道进行。自动和手动方式启动雨淋阀，应在15s之内启动。公称直径大于200mm的雨淋阀调试时，应在60s内启动。雨淋阀调试时，当报警水压为0.05MPa，水力警铃应发出报警铃声。

　　（3）预作用系统、雨淋系统、水幕系统的联动试验，可采用专用测试仪表或其他方式，对火灾自动报警系统的各种探测器输入模拟水灾信号，火灾自动报警控制器应发出声光报警信号并启动自动喷水灭火系统。采用传动器启动的雨淋系统、水幕系统联动试验时，启动一只喷头，雨淋阀打开，压力开关动作，水泵启动。

33.3.5　大空间智能型主动喷水灭火系统安装

33.3.5.1　安装准备

　　1. 施工前的准备

　　为确保大空间智能型主动喷水灭火系统的施工质量，使大空间智能型主动喷水灭火系统能够安装正确，运行可靠的必要条件是设计正确、施工合理、产品质量合格，因此施工前应具备经公安消防监督机构审核的施工图纸，设计说明书，系统及组件的使用、维护保养说明书等技术资料。

　　2. 材料要求

　　（1）大空间智能型主动喷水灭火系统管材、管件、各类阀门及附属制品配件等，出厂质量合格证明文件及检测报告齐全、有效。进入现场后，安装使用前检查、验证工作。必须符合国家有关规范、部颁标准及消防监督部门的规定要求。对于有特殊要求的材料宜抽样送试验室检测。

　　（2）室内管道应采用内外壁热镀锌钢管、不锈钢内衬热镀锌钢管、涂塑钢管，不得采用普通焊接钢管、铸铁管及各种塑料管。管壁内外镀锌均匀，无锈蚀、内壁无卡垢，管壁厚度符合设计要求。选择管材时，内部经受压力应满足设计要求。

33.3.5.2　大空间智能型主动喷水灭火系统安装要点

　　1. 消防水炮安装方式及要求

　　设置大空间智能型主动喷水灭火系统的场所，当喷头或高空水炮为边墙式或悬吊式安装，且喷头及高空水炮以上空间无可燃物时，设置场所的净空高度可不受限制。各种喷头和高空水炮应下垂式安装。同一个隔间内宜采用同一种喷头或高空水炮，如要混合采用多种喷头或高空水炮，且合用一组供水设施时，应在供水管路的水流指示器前，将供水管道分开设置，并根据不同喷头的工作压力要求、安装高度及管道水头损失来考虑是否设置减压装置。

　　2. 水炮配管形式及安装主要要求

　　（1）在系统管网最不利点处设置模拟末端试水装置，出口接DN100的排水管。

　　（2）水箱与自动喷水灭火系统和消火栓系统的水箱共用，出水管单独接出，设置止回阀及检修阀。

　　（3）所选用的智能灭火系统是由智能灭火装置中的红外探测组件直接通过电气启动水泵进行喷水灭火。

　　（4）系统中电磁阀的安装位置靠近灭火装置安装。

　　（5）联动控制柜安装于最底层楼面处，其中心线距楼面高度为1.5m，且应周围无明显的障碍物，以便现场控制。

　　3. 智能型红外探测组件设置

　　（1）智能型红外探测组件应平行或低于吊顶、梁底、屋架底和风管底设置大空间智能灭火装置的智能型红外探测组件安装要求：安装高度应与喷头安装高度相同；一个智能型红外探测组件最多可覆盖4个喷头（喷头为矩形布置时）的保护区；设在舞台上方时每个智能型红外探测组件控制1个喷头；设在其他场所时一个智能型红外探测组件可控制1~4个喷头；一个智能型红外探测组件控制1个喷头时，智能型红外探测组件与喷头的水平安装距离不应大于600mm；一个智能型红外探测组件控制2~4个喷头时，智能型红外探测组件距各喷头布置平面的中心位置的水平安装距离不应大于600mm。

　　（2）自动扫描射水灭火装置和自动扫描射水高空水炮灭火装置的智能型红外探测组件与扫描射水喷头（高空水炮）为一体设置，智能型红外探测组件的安装符合以下规定：安装高度与喷头（高空水炮）安装高度相同；一个智能型红外探测组件的探测区域应覆盖一个喷头（高空水炮）的保护区域；一个智能型红外探测组件只控制1个喷头（高空水炮）。

　　4. 电磁阀

　　（1）大空间智能型主动喷水灭火系统灭火装置配套的电磁阀，阀体及内件应采用不锈钢或铜质材料；电磁阀在不通电条件下应处于关闭状态；电磁阀的开启压力不应大于0.04MPa；电磁阀的公称压力不应小于1.6MPa。

　　（2）电磁阀的安装要求：电磁阀宜靠近智能型灭火装置设置，若电磁阀设置在吊顶内，吊顶在电磁阀的位置应预留检修孔洞。

　　（3）电磁阀的控制方式：由红外探测组件自动控制；消防控制室手动强制控制并设有防误操作设施；现场人工控制（严禁误喷场所）。

　　5. 水流指示器

　　（1）水流指示器的性能应符合国家标准《自动喷水灭火系统　第7部分：水流指示器》GB 5135.7的要求。

　　（2）每个防火分区或每个楼层均应设置水流指示器。

　　（3）大空间智能型主动喷水灭火系统与其他自动喷水灭火系统合用一套供水系统时，应独立设置水流指示器，且在其他自动喷水灭火系统湿式报警阀或雨淋阀前将管道分开。

　　（4）水流指示器应安装在配水管上、信号阀出口之后。

　　（5）水流指示器公称压力不应小于系统的工作压力。

　　（6）水流指示器应安装在便于检修的位置，如安装在吊顶内，吊顶应预留检修孔洞。

　　6. 信号阀

　　（1）每个防火分区或每个楼层均应设置信号阀。

　　（2）信号阀应安装在配水管上。

　　（3）信号阀正常情况下应处于开启位置。

　　（4）信号阀的公称压力应大于或等于系统工作压力。

　　（5）信号阀应安装在便于检修的位置，如安装在吊顶内，吊顶应预留检修孔洞。

　　（6）信号阀应安装在水流指示器前。

　　（7）信号阀的公称直径应与配水管管径相同。

　　7. 管道安装

　　（1）配水管的工作压力不应大于1.2MPa，并不应设置其他用水设施。

　　（2）室内管道应采用内外壁热镀锌钢管、不锈钢内衬热镀锌钢管、涂塑钢管，不得采用普通焊接钢管、铸铁管及各种塑料管。

　　（3）室外埋地管道应采用内外壁热镀锌钢管、不锈钢内衬热镀锌钢管、涂塑钢管、塑料管和塑料复合管，不得采用普通焊接钢管、铸铁管。

　　（4）室内管道的直径不宜大于200mm，大于200mm宜采用环状管双向供水。

　　（5）室内外系统金属管道、金属复合管的连接，应采用沟槽式连接件（卡箍），或丝扣、法兰连接。室外埋地塑料管道应采用承插、法兰、热熔或胶粘方式连接。

　　（6）系统中室内外直径等于或大于100mm的架空安装的管道，应分段采用法兰或沟槽式连接件（卡箍）连接。水平管道上法兰（卡箍）间的管道长度不宜大于20m；立管上法兰（卡箍）间的距离，不应跨越3个及以上楼层。净空高度大于8m的场所内，立管上应采用法兰或沟槽式连接。

　　（7）配水管水平管道入口处的压力超过限定值时，应设置减压装置，或采用其他减压措施。

　　（8）水平安装的管道宜有坡度，并应坡向泄水阀，管道的坡度不宜小于2‰。

　　（9）当管道穿越建筑变形缝时，应采取吸收变形的补偿措施。

　　（10）室内管道应涂与其他管道区别的识别色及文字或符号。

　　（11）当管道穿越承重墙、地下室等时应设金属套管，并采取防水措施。

33.3.5.3 大空间智能型主动喷水灭火系统试验

(1) 水炮系统管道压力下稳压 30min，压力降不得大于 0.05MPa，管网无变形，无渗漏。

(2) 水压严密性试验在水压强度试验和管网冲洗合格后进行，试验压力为设计的工作压力，稳压 24h，应无渗漏。

(3) 管道在隐蔽前做好单项水压试验。系统安装完后进行综合水压试验。

(4) 压力管道试压注水要从底部缓慢进行，等最高点放气阀出水，确认无空气时再打开，打至工作压力时检查管道以及各接口、阀门有无渗漏，如无渗透漏时再继续升压至试验压力，如有渗透漏时要及时修好，重新打压。如均无渗漏，持续规定时间内，观察其压力下降在允许范围内，通知有关人员验收，办理交接手续，然后把水泄尽。

(5) 试压前要先封好盲板，认真检查管路是否连接正确，有无管内堵死现象；把不能参与试压的设备、阀门隔断封闭好，确保其安全。

(6) 试压时要设多人进行巡回检查，严防跑水、冒水现象。

33.4 室内排水系统安装

33.4.1 室内排水系统的分类和组成

33.4.1.1 室内排水系统的分类

(1) 生活污水系统：用于排除住宅、公共建筑和工厂各种卫生器具排出的污水，还可分为粪便污水和生活废水。

(2) 雨水排水系统：排除屋面的雨水和融化的雪水。

(3) 工业废水排水系统：排除工厂企业在生产过程中所产生的工业污水和工业废水。

33.4.1.2 建筑内排水系统的组成

建筑内排水系统的组成，见表 33-60。

建筑内排水系统的组成   表 33-60

名称	组　成
受水器	受水器是接受污、废水并转向排水管道输送的设备，如各种卫生器具、地漏、排放工业污水或废水的设备、排除雨水的雨水斗等
存水弯	存水弯指的是在卫生器具内部或器具排水管段上设置的一种内有水封的配件。卫生器具本身带有存水弯的就不必再设存水弯
排水支管	排水支管为连接卫生器具和横支管之间的一段短管，除坐便器以外其间还包括水封装置
排水立管	接受来自各横支管的污水，然后再排至排出管
排水干管	排水干管是连接两根或两根以上排水立管的总横支管。在一般建筑中，排水干管埋地敷设，在高层多功能建筑中，排水干管往往设置在专门的管道转换层
排出管	排出管是室内排水立管或干管与室外排水检查井之间的连接管段
通气管	通气管通常是指立管向上延伸出屋面的一段（称伸顶通气管）；当建筑物到达一定层数且排水支管连接卫生器具大于一定数量时，设有通气管

33.4.2 管道布置和安装技术要求

33.4.2.1 卫生器具的布置和敷设原则

(1) 卫生器具布置要根据卫生间和公共厕所的平面尺寸，选用适当的卫生器具类型和尺寸进行。

(2) 现在常用的卫生间排水管线方案主要有 4 种：穿板下排式、后排式、卫生间下沉式和卫生间垫高式。

33.4.2.2 室内排水立管的布置和敷设

(1) 排水立管可靠在厨卫间的墙边或墙角处明装，也可沿外墙室外明装或布置在管道井内暗装。

(2) 立管宜靠近杂质最多、最脏和排水量最大的卫生器具设置，应减少不必要的转折和弯曲，尽量做直线连接。

(3) 不得穿过卧室、病房等对卫生、安静要求较高的房间，也不宜靠近与卧室相邻的内墙；立管宜靠近外墙，以减少埋地管长度。

度，便于清通和维修。

(4) 立管应设检查口，其间距不大于 10m，但底层和最高层必须设置。

(5) 检查口中心距地面为 1.0m，并高于该层最高卫生器具上边缘 0.15m。

(6) 塑料立管明设且其管径不小于 110mm 时，在立管穿越楼层处应采取防止火灾贯穿的措施，设置防火套管或阻火圈。

33.4.2.3 室内排水横支管道的布置和敷设原则

(1) 排水横支管不宜太长，尽量少转弯，一根支管连接的卫生器具不宜太多。

(2) 横支管不得穿过沉降缝、伸缩缝、烟道、风道，必须穿过时采取相应的技术措施。

(3) 悬吊横支管不得布置在起居室、食堂及厨房的主副食操作和烹调处的上方，也不能布置在食品储藏间、大厅、图书馆和某些对卫生有特殊要求的车间或房间内，更不能布置在遇水会引起燃烧、爆炸或损坏原料、产品和设备的上方。

(4) 当横支管悬吊在楼板下，并接有 2 个及 2 个以上大便器或 3 个及 3 个以上卫生器具时，横支管顶端应升至地面设清扫口；排水管道的横管与横管、横管与立管的连接，宜采用 45°斜三（四）通或 90°斜三（四）通。

33.4.2.4 横干管及排出管的布置与敷设原则

(1) 横干管可敷设在设备层、吊顶层内，底层地坪下或地下室的顶棚下等地方，排出管一般敷设在底层地坪下或地下室的屋顶下。

(2) 为了保证水流畅通，排水横干管应尽量少转弯。

(3) 横干管与排出管之间，排出管与其同一检查井的室外排水管之间的水流方向的夹角不得小于 90°。

(4) 当跌落差大于 0.3m 时，可不受角度的限制。

(5) 排出管与室外排水管连接时，其管顶标高不得低于室外排水管顶标高。

(6) 排水管穿越承重墙或基础处应预留孔洞，且管顶上部净空高度不得小于房屋的沉降量，不小于 0.15m。

(7) 排出管穿过地下室外墙或地下构筑物的墙壁时，应采取防水措施。

33.4.2.5 通气管系统的布置与敷设原则

(1) 生活污水管道或散发有害气体的生产污水管道，均应设置通气管。

(2) 通气立管不得接纳污水、废水和雨水，通气管不得与风道或烟道连接。

(3) 通气管高出屋面 0.3m 以上且必须大于该地区最大降雪厚度。屋顶如有人停留，应大于 2.0m，并应根据防雷需求设置防雷装置。

(4) 通气管出口 4m 以内有门、窗时，通气管应高出门窗顶 0.6m 或引向无门窗的一侧；通气管顶应设风帽或网罩。

(5) 对卫生、安静要求高的建筑物的生活污水管道宜设器具通气管，器具通气管应设在存水弯出口端。

(6) 环形通气管宜从两个卫生器具间接出并与排水立管呈垂直或 45°上升连接。

(7) 在与通气立管相接时，应在卫生器具上边缘 0.15m 以上的地方连接，且应有 1‰ 的坡度坡向排水支管或存水弯。

33.4.3 排水管道安装

33.4.3.1 一般规定

(1) 金属排水管道上的吊钩或卡箍应固定在承重结构上。固定件间距：横管不大于 2m；立管不大于 3m。楼层高度小于或等于 4m，立管可安装 1 个固定件。立管底部的弯管处应设支墩或采取固定措施。

(2) 用于室内排水的水平管道与水平管道、水平管道与立管的连接，应采用 45°三通或 45°四通和 90°斜三通或 90°斜四通。立管与排出管端部的连接，应采用两个 45°弯头或曲率半径不小于 4 倍管径的 90°弯头。

(3) 在生活污水管道上设置的检查口或清扫口，当设计无要求

时应符合下列规定：

1) 在立管上每隔一层设置一个检查口，但在最底层和有卫生器具的最高层必须设置。如为两层建筑时，可仅在底层设置立管检查口；如有乙字弯管时，则在该层乙字弯管上部设置检查口。检查口中心高度距操作地面为1m，允许偏差±20mm；检查口的朝向应便于检修。暗装立管，在检查口处应安装检修门。

2) 如排水支管设在吊顶内，应在每层立管上均安装立管检查口，以便做灌水试验。

3) 在连接2个或2个以上大便器或3个及3个以上卫生器具的污水横管上应设置清扫口。当污水管在楼板下悬吊敷设时，可将清扫口设在上一层楼地面上，污水管起点的清扫口与管道相垂直的墙面距离不得小于200mm；若污水管起点设置堵头代替清扫口时，与墙面距离不得小于400mm。

4) 在转角小于135°的污水横管上，应设置检查口或清扫口。

5) 污水横管的直线管段，应按设计要求的距离设置检查口或清扫口。

6) 埋在地下或地板下的排水管道的检查口，应设在检查井内。井底表面标高与检查口的法兰相平，井底表面应有5%坡度，坡向检查口。

(4) 通向室外的排水管，穿过墙壁或基础必须下返时，应采用45°三通和45°弯头连接，并应在垂直管段顶部设置清扫口。

(5) 由室内通向室外排水检查井的排水管，井内引入管应高于排出管或两管顶相平，并有不小于90°的水流转角，如跌落差大于300mm可不受角度限制。

(6) 安装未经消毒处理的医院含菌污水管道，不得与其他排水管道直接连接。

(7) 饮食业工艺设备引出的排水管及饮用水水箱的溢流管，不得与污水管道直接连接，并应留出不小于100mm的隔断空间。

(8) 钢支架螺纹孔径≤M12支架，不得使用电气焊开孔、切割、扩孔，应使用台钻。螺纹孔径≥M12管道支架，如需电气焊开孔、切割时应对开孔或切割处进行处理。支架孔眼及支架边缘应光滑平整，孔径不得超过穿孔螺栓或圆钢直径5mm。穿墙套管的长度不得小于墙厚，穿楼板套管应高出楼板结构面50mm。当设计无规定时，套管内径可采用排水铸铁管外径大50mm。铸铁管与套管间的空隙应采用填缝材料填实后封堵。穿内墙的管道和套管之间的空隙，宜采用沥青玛碲脂、橡胶类腻子等弹性材料填缝和封口。穿越防火墙时应采用防火材料填缝和封口；当外墙有防水要求时，应结合外墙防水层施工达到穿越管处的密封要求。

(10) 污水横管的直线管段较长时，为便于疏通防止堵塞，应按表33-61的规定设置检查口或清扫口。

污水横管上检查口或清扫口的最大间距　表33-61

管径 DN (mm)	生产废水	生活污水及与之类似的生产污水	含有较多悬浮物和沉淀物的生产污水	清扫设备种类
	最大间距（m）			
≤75	15	12	10	检查口
≤75	10	8	6	清扫口
100～150	15	10	8	清扫口
100～150	20	15	12	检查口
200	25	20	15	检查口

(11) 地漏的作用是排除地面污水，因此地漏应设置在房间最低处，地漏箅子面应比地面低5mm，安装地漏前，必须检查其水封深度不得低于50mm，水封深度小于50mm的地漏不得使用。

(12) 室内排水管道防结露隔热措施：为防止夏季排水管表面结露，设置在楼板下、屋顶内及管道结露影响使用要求的生活污水排水横管，应按设计要求做好防结露措施，保温材料和厚度应符合设计规定。

(13) 隐蔽或埋地的排水管道在隐蔽前必须做灌水试验和通球试验。

33.4.3.2 排水铸铁管道安装

1. 排水铸铁管石棉水泥连接

为了减少在安装中安装捻固定灰口，对部分管材与管件可预先按测绘的草图捻好灰口，并编号，码放在平坦的场地，管段下面用木方垫平垫实。捻好灰口的预制管段，对灰口进行养护，一般可采用湿麻绳缠绕灰口，浇水养护，保持润湿。冬季宜采用防冻措施，一般常温24～48h后方能移动，运到现场安装具体方法同给水管道。

2. 柔性接口承插式铸铁管连接

(1) 承插式柔性接口排水铸铁管宜在有下列情况时采用：

1) 要求管道系统接口具有较大的轴向转角和伸缩变形能力；

2) 对管道接口安装误差的要求相对较低时；

3) 对管道的稳定性要求较高时。

(2) 柔性接口铸铁管的紧固件材质应为热镀锌碳素钢。当埋地敷设时，其接口紧固件应为不锈钢材质或采取相应防腐措施。

(3) 安装前应将铸铁直管及管件内外表面粘结的污垢、杂物和承口、插口、法兰压盖结合面上的泥沙等附着物清除干净。用手锤轻轻敲击管材，确认无裂缝后才可以使用，法兰密封面质量合格。

(4) 插入过程中，插入管的轴线与承口的轴线应在同一直线上，在插口端先套入法兰压盖，再套入橡胶密封圈，橡胶密封圈右侧边缘与安装线对齐。将法兰压盖套入插口端，再套入橡胶密封圈。

(5) 将直管或管件插口端插入承口，并使插口端部与承口内底留有5mm的安装间隙。在插入过程中，应尽量保证插入管的轴线与承口管的轴线在同一直线上。

(6) 校准直管或管件位置，使橡胶密封圈均匀紧贴在承口倒角上，用支（吊）架初步固定管道。

(7) 将法兰压盖与直管法兰螺孔对正，紧固连接螺栓。紧固螺栓时应注意使橡胶密封圈均匀受力。三耳压盖螺栓应三个角同步进行，逐个逐次拧紧；四耳、六耳、八耳压盖螺栓应按对角线方向依次逐步拧紧。拧紧应分多次交替进行，使橡胶圈均匀受力，不得一次拧完。

(8) 法兰连接螺栓长度合适，紧固后外露丝扣为螺栓直径的1/2。螺栓布置朝向一致，螺栓安装前要抹黄油。螺栓紧固时要用力均匀，防止密封垫偏斜或将螺栓胀裂。

(9) 铸铁直管需切割时，其切割端面应与直管轴线相垂直，并将切口处打磨光滑。建筑排水柔性接口法兰承插式铸铁管与塑料管或钢管连接时，如两者外径相等，应采用柔性接口；如两者外径不同，可采用刚性接口。

3. 卡箍式铸铁管连接

(1) 卡箍式柔性接口排水铸铁管宜在下列情况时采用：

1) 安装要求的平面位置小，需设置在尺寸较小的管道井内或需紧贴墙面安装时；

2) 需各层同步安装和快速施工时；

3) 需分期修建或有改建、扩建要求的建筑。

(2) 安装前，必须将管材、管件内部的砂泥杂物清除干净，用手锤轻轻敲击管材，确认无裂缝后才可以使用。

(3) 连接时，取出卡箍内橡胶密封套。卡箍为整圆不锈钢套环时，可将卡箍先套在接口一端的管材管件上。卡箍接口安装（图33-35）和密封区长度（表33-62和表33-63）。

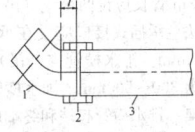

图 33-35　卡箍接口安装
1—管件；2—不锈钢卡箍；3—直管

密封区长度（mm）　　　　　表 33-62

公称直径	密封区长度 l	公称直径	密封区长度 l
50	30	150	50
75	35	200	60
100	40	250	70
125	45	300	80

橡胶密封圈尺寸（mm） 表 33-63

公称直径 DN	橡胶密封圈内径 D₁	橡胶密封圈外径 D₂	F	E
50	60	80	24	4.0
75	85	105	24	4.0
100	110	130	24	4.0
125	135.5	159	28	4.5
150	160	184	28	4.5
200	212	244	34	4.6
250	263.5	310	38	9.0
300	297	317.5	38	12.0

（4）在接口相邻管端的一端套上橡胶密封圈套，使管口达到并紧贴在橡胶密封圈套中间肋的侧边上。将橡胶密封套的另一端向外翻转。

（5）将连接管的管端固定，并紧贴在橡胶密封套中间肋的另侧边上，再将橡胶密封套翻回套在连接管的管端上。

（6）安装卡箍前应将橡胶密封套擦拭干净。当卡箍产品要求在橡胶密封套上涂抹润滑剂时，可按产品要求涂抹。润滑剂应由卡箍生产厂配套提供。

（7）在拧紧卡箍上的紧固螺栓前应分多次交替进行，使橡胶密封套均匀紧贴在管端外壁上。

4. 钢带型卡箍连接

钢带型卡箍可用在高、低层建筑物的平口铸铁管排水管道系统。管道系统下列部位和情况时宜采用加强型卡箍。

（1）生活排水管道系统立管管道的转弯处。

（2）屋面雨水排水系统的雨水接口处和管道转弯处。

（3）管道末端堵头处。

（4）无支管接入的排水立管和雨落管，且管道不允许出现偏转角时。

5. 管道支（吊）架

（1）建筑排水柔性接口铸铁管安装，其上部管道重量不应传递给下部管道。立管重量应由支架承受，横管重量应由支（吊）架承受。

（2）建筑排水柔性接口铸铁管立管应采用管卡在柱上或墙体等承重结构部位锚固。

（3）管道支（吊）架设置位置应正确，埋设应牢固。管卡或吊卡与管道接触应紧密，并不得损伤管道外表面。管道支吊架可按给水管道支架选用。其固定件间距：横管不大于 2m，立管不大于 3m（楼层高度小于等于 4m 时，立管可安装一个固定件）；立管底部的弯管处应设支墩或其他固定措施。对于高层建筑，排水铸铁管的立管应每隔一～二层设置落地式型钢支架。

（4）管道支（吊）架应为金属件，并做防腐处理，有条件时宜由直管、管件生产厂配套供应。

（5）排水立管应每层设支架固定，支架间距不宜大于 1.5m，但层高小于或等于 3m 时可只设一个立管支架。法兰承插式接口立管管卡应设在承口下方，且与接口间的净距不宜大于 300mm。

（6）排水横管每 3m 管长应设两个支（吊）架，支（吊）架应靠近接口部位设置（法兰承插式接口应设在承口一侧），且与接口间的净距不宜大于 300mm。排水横管支（吊）架与接入立管或水平管中心线的距离宜为 300～500mm。排水横管在平面转弯时，弯头处应增设支（吊）架。排水横管起端和终端应采用防晃支架或防晃吊架固定。当横干管长度较长时，为防止管道水平位移，横干管直线段防晃支架或防晃吊架的设置间距不应大于 12m。

6. 防渗漏填塞措施

建筑排水柔性接口铸铁管穿越楼板、屋面板预留孔洞缝隙处应严格采取下述其中一项措施。

（1）采用二次浇捣方法用 C20 细石混凝土将缝隙填实，楼板面层用沥青油膏或其他防水油膏嵌缝，屋面层可用水泥砂浆做防水台。

（2）先在排水铸铁管外壁位于楼板、屋面板中间位置套上橡胶密封圈，再采用上述第（1）项措施封堵孔洞缝隙。

33.4.3.3 硬聚乙烯排水管道安装

1. 建筑排水用硬聚氯乙烯排水安装要点

（1）硬聚氯乙烯排水管道安装前应对其管材、管件等材料进行检验。管材、管件应有产品合格证，管材应标有规格、生产厂名和执行的标准号；在管件上应有明显的商标和规格；包装上应标有批号、数量、生产日期和检验代号。胶粘剂应有生产厂名、生产日期和有效日期，并具有出厂合格证和说明书。

（2）生活污水塑料管道的坡度必须符合设计或国家规范的要求。坡度值见表 33-64。

生活污水塑料管道坡度值 表 33-64

项次	管径（mm）	标准坡度（‰）	最小坡度（‰）
1	50	25	12
2	75	15	8
3	110	12	6
4	125	10	5
5	160	7	4

（3）排水塑料管道支、吊架间距应符合表 33-65 的规定。

排水塑料管道支、吊架最大间距（m） 表 33-65

管径（mm）	50	75	110	125	160
立管	1.2	1.5	2.0	2.0	2.0
横管	0.5	0.75	1.10	1.30	1.60

（4）排水塑料管必须按设计要求及位置装设伸缩节，如设计无要求时，伸缩节的间距不得大于 4m。排水横管上的伸缩节位置必须装设固定支架。

（5）立管伸缩节设置位置应靠近水流汇合管件处，并应符合下列规定：

1）立管穿越楼层处为固定支承且排水支管在楼板之上接入时，伸缩节应设置于水流汇合管件之下。

2）立管穿越楼层处为固定支承且排水支管在楼板之下接入时，伸缩节应设置于水流汇合管件之上。

3）立管穿越楼层处为不固定支承时，伸缩节应设置于水流汇合管件之上或之下。

（6）排水立管仅设伸顶通气管时，最低横支管与立管连接处至排出管管底的垂直距离 h 不得小于表 33-66 的规定。

最低横支管与立管连接处至排出管管底的垂直距离 表 33-66

建筑层数	垂直距离 h（m）	建筑层数	垂直距离 h（m）
≤4	0.45	13～19	3.0
5～6	0.75	≥20	6.0
7～12	1.20		

注：1. 当立管底部、排出管管径放大一号时，可将表中垂直距离缩小一档；

2. 当立管底部不能满足本条要求时，最低横支管应单独排出。

（7）塑料排水（雨水）管道伸缩节应符合设计要求，设计无要求时应符合以下规定：

1）当层高小于或等于 4m 时，污水立管和通气管应每层设一个伸缩节。

2）污水横支管、横干管、通气管、环形通气管和汇合通气管上无汇合管件的直线管段大于 2m 时，应设伸缩节，伸缩节之间的最大距离不得大于 4m。高层建筑中明设排水塑料管应按设计要求设置阻火圈或防火套管。

3）伸缩节设置位置应靠近水流汇合管件。立管和横管应按设计要求设置伸缩节。横管伸缩应采用弹性橡胶密封圈管件；当管径大于或等于 160mm 时，横干管宜采用弹性橡胶密封圈连接形式。当设计对伸缩量无规定时，管端插入伸缩节预留的间隙应为：

夏季，5～10mm；冬季 15～20mm。

（8）结合通气管当采用 H 管时可隔层设置，H 管与通气立管

的连接点应高出卫生器具上边缘0.15m。当生活污水立管与生活废水立管合用一根通气立管，且采用H管为连接管件时，H管可错层分别与生活污水立管和废水立管间隔连接，但最低生活污水横支管连接点以上应装设结合通气管。

（9）立管管件承口外侧与墙饰面的距离宜为20～50mm。

（10）管道的配管及坡口应符合下列规定：

1）锯管长度应根据实测并结合各连接件的尺寸逐段确定。

2）锯管工具宜选用细齿锯、割管机等机具。端面应平整并垂直于轴线；应清除端面毛刺，管口端面处不得划痕、凹陷。

3）插口处可用中号板锉锉成15°～30°坡口。坡口厚度宜为管壁厚度的1/3～1/2。坡口完成后应将残屑清除干净。

（11）塑料管与铸铁管连接时，宜采用专用配件。当采用水泥捻口连接时，应先将塑料管插入承口部分的外侧，用砂纸打毛或涂刷胶粘剂后滚粘干燥的粗黄砂；插入后应用油麻丝填塞均匀，用水泥捻口。塑料管与钢管、排水栓连接时应采用专用配件。

（12）管道穿越楼层处的施工应符合下列规定（图33-36）：

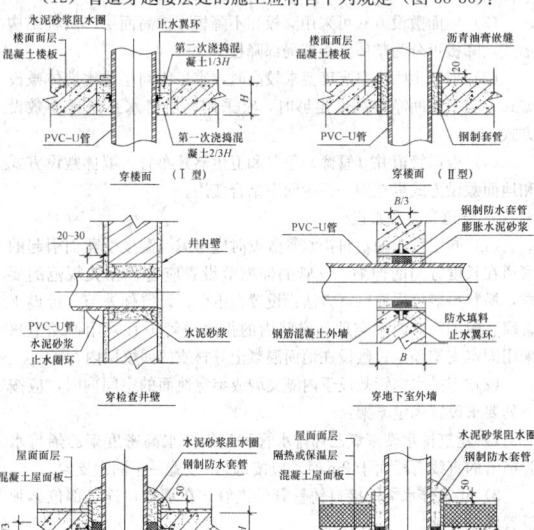

图33-36 管道穿楼面、屋面、地下室外墙及检查井壁

说明：

1. 管道穿越楼、屋面板、地下室外墙及检查井壁处外表面用砂纸打毛，或刷胶粘剂后涂干燥黄砂一层；

2. 管道过检查井壁嵌缝处缝隙应用M7.5水泥砂浆分二次嵌实，不得留孔隙，第一次在井壁中心处，井内外壁各留20～30mm，待第一次嵌缝的水泥砂浆初凝后，再进行第二次嵌实；

3. 上述步骤进行完毕，用水泥砂浆在检查井外壁周围抹起突起的止水圈环，圈环厚度为20～30mm。

1）管道穿越楼板处为固定支承点时，管道安装结束应配合土建进行支模，并应采用C20细石混凝土分二次浇捣密实。浇筑结束后，结合找平层或面层施工，在管道周围应筑成厚度不小于20mm，宽度不小于30mm的阻水圈。

2）管道穿越楼板处为非固定支承时，应加装金属或塑料套管，套管内径可比穿越管外径大10～20mm，套管高出地面不得小于50mm。

3）高层建筑内明敷管道，当设计要求采取防止火灾贯穿措施时，应符合下列规定：

① 立管管径大于或等于110mm时，在楼板贯穿部位应设置阻火圈或长度不小于500mm的防火套管。

② 管径大于或等于110mm的横支管与暗设立管相连接时，墙体贯穿部位应设置阻火圈或长度不小于300mm的防火套管，且防火

套管的明露部分长度不宜小于200mm。

2. 排水塑料管道支、吊架间距

1）非固定支件的内壁应光滑，与管壁之间应留有微隙。

2）管道支承件的间距，立管管径为50mm的，不得大于1.2m；管径大于或等于75mm的，不得大于2m；横管直线管段支承件间距宜符合表33-67的规定。

排水塑料管道支、吊架最大间距（m） 表33-67

管径（mm）	50	75	110	125	160
立管	1.2	1.5	2.0	2.0	2.0
横管	0.5	0.75	1.10	1.30	1.60

3. 建筑排水用硬聚氯乙烯内螺旋管管道安装

（1）在高层建筑中，管道布置应符合下列规定：

1）立管宜敷设在建筑物的管道井内，并靠近一端的内墙。

2）管径不小于110mm的明设立管，在穿越井内楼层楼板处应有防止火贯穿的措施。

3）管径不小于110mm的明设排水横管接入管道井内立管时，在穿越井壁处应有防止火贯穿的措施。当管道井内在每层楼板处有防火分隔时，上述横管在穿越井壁处可不设防火措施。

（2）管道连接应符合下列要求：

横管接入立管的三通和四通管件，必须采用具有螺母挤压密封圈接头的旋转进水型管件。横管接头宜采用螺母挤压密封圈接头，亦可采用粘结接头。

（3）伸缩节的设置：

1）当层高不大于4m时，内螺旋管立管可不设置伸缩节。

2）横管应采用可伸缩的螺母挤压密封圈接头。当其直线管段长度不大于4m时可不设置伸缩节。

3）横管采用粘结接头时，其伸缩节的设置应符合下列规定：

① 横管上固定支承到立管距离小于4m时，可不设置伸缩节。

② 横管上固定支承（或三通、弯头等连接管件）之间直线距离大于2m时应设置伸缩节，二个伸缩节之间的距离不宜大于4m。

③ 横管上直线距离大于4m时，应根据管道设计伸缩量和伸缩节最大允许伸缩量，由计算确定。

④ 管道设计伸缩量不得大于伸缩节的允许伸缩量。横管伸缩节宜设在水流汇合管件上游端。

⑤ 埋地排出管上一般不设置伸缩节。

⑥ 埋设于混凝土墙或柱内的管道不应设置伸缩节。

（4）立管支座的设置应符合下列规定：

1）立管穿越楼板处应按固定支座设计。建筑物管道井内的立管固定支座，应设置在每层楼板位置井内的刚性平台或支架上。

2）当层高不大于4m时，立管在每层可设一个滑动支座；当层高大于4m时，滑动支座间距不宜大于2m。

（5）横管支座的设置应符合下列规定：

1）管托的管卡或管箍的内壁应光滑。在活动支座处，管卡或管箍与管壁之间应留有微隙；在固定支座处，应箍紧管壁并保持符合要求的固定度。

2）固定支座的支架应采用型钢制作并锚固在墙或柱上；悬吊在楼板、梁或屋架下的横管的固定支座，其吊架应采用型钢制作并锚固在支承结构内。

3）悬吊于地下室的架空排出管，对立管底部管箍的吊架或托架，应考虑管内落水的冲击力。在高层建筑中，当$d\leqslant100mm$时，不宜小于30kN；$d=160mm$时，不宜小于60kN。

（6）高层建筑内明设管道，当设计要求采取防止火贯穿措施时，应符合下列要求：

1）立管管径不小于110mm时，在楼板贯穿部位应设置防火套管或阻火圈。防火套管套在穿越楼板处上、下端的外壁，其长度不应小于0.5m。阻火圈一般设在楼板穿越处板底部。

2）横管管径不小于110mm时，穿越管道井外墙的贯穿部位应设置防火套管或阻火圈。防火套管或阻火圈可设在墙的外侧，防火套管长度不应小于0.3m。

3）横管穿越防火分区隔墙时，在管道穿过墙体处两侧均应设

置防火套管或阻火圈。

(7) 室内管道安装可按下列规定进行：

1) 室内明设管道的安装宜在墙面粉饰完成后连续进行。安装前应复核预留孔洞的标高及位置；发现不符合要求时，应在安装前采取措施满足安装要求。

2) 安装前应按实测尺寸绘制小样图，选定合格的管材和管件，进行配管和断管。预制管段配制完成后，应按小样图核对节点尺寸及管件接口朝向。

3) 管道安装宜自下向上分层进行，先安装立管，后安装横管，连续施工，安装间断时，敞口处应临时封闭。

(8) 立管安装可按下列规定进行：

1) 应按设计要求设置固定支座和滑动支座后，进行立管吊装。

2) 立管采用旋转进水型管件，连接管管端插入深度应按施工现场温度计算确定，亦可按规范采用。

3) 安装时先将管段吊正，随即将立管固定在预设的支座上。立管管件螺丝帽外侧与饰面的距离不得小于 25mm，不宜大于 50mm。

4) 立管安装完毕后，应按设计图纸将其穿板处的孔洞封严。

5) 立管顶端伸出屋顶的通气管安装后，应立即安装通气帽。

(9) 横管安装可按下列规定进行：

1) 应先按设计要求设置固定支座和滑动支座。楼板下的悬吊管应设置固定支架和吊杆。

2) 先将制好的管段用铁丝吊挂在预埋的支件或临时设置的吊件上，查看无误后进行伸缩节安装及管段间的连接。

3) 管段连接后应及时调整位置，其坡度不得小于设计规定值。当设计无规定时，坡度可采用 2%～2.5%。

4) 采用粘结接头的管道可采取临时固定措施，待粘结固化后再紧固支架上的管卡，拆除铁丝。

(10) 管道配管应符合下列规定：

1) 锯管长度应根据实测并结合连接管件的尺寸逐层确定。

2) 锯管工具宜采用细齿锯、割刀或专用断管机具。

3) 断口应平整并垂直于轴线，断面处不得有任何变形，并除去断口处的毛刺和毛边。

4) 粘结连接的插口管端应削倒角，倒角宜为 15°，倒角坡口后管端厚度一般为 1/3～1/2 管壁厚。削角可用板锉，完成后应将残屑清除干净，不留毛刺。

5) 应对承插口的配合程度进行检验，可进行试插。粘结连接的承口与插口的紧密程度应符合规定的公差要求。用力插入，试插深度宜为承口长度的 1/2～2/3，合格后做出标记，进行对号入座安装。

6) 管道的螺纹胶圈滑动接头应符合下列规定：

① 应采用注塑螺纹管件，不得在管件上车制螺纹。

② 密封圈止水翼的位置应正确。

③ 应清除管子和管件上的油污杂物，接头应保持洁净，管端插入接头允许滑动部分的伸缩量应按闭合温差计算确定。

33.4.3.4 同层排水系统管道及附件安装要点

同层排水系统是排水支管不穿越本层楼板到下层空间与卫生器具同层敷设并接入排水立管的排水系统。

1. 一般规定

(1) 同层排水系统卫生器具排水管和排水横支管应与卫生器具同层敷设，不得穿越楼板进入下层空间，排水立管可穿越楼板。

(2) 同层排水系统适用于重力作用下的生活排水。

(3) 同层排水系统宜采用污废水合流系统。

(4) 同层排水系统在满足卫生和功能要求的前提下，应符合节能、节水和环保的要求。同层排水系统的卫生器具应符合国家要求的节水型产品。除卫生器具自带存水弯外，选用带存水弯的排水附件应具有安装和检修方便的特点。

(5) 同层排水系统的底层排水支管宜单独排出。

(6) 同层排水系统采用的管材、管件和配件应满足系统设计使用寿命。

(7) 同层排水系统的设计不应产生不利影响，不应发生影响用户健康和安全的情况。

(8) 同层排水系统的排水管道井（管窿）平面位置宜上、下楼层对准布置。

(9) 当排水管道井（管窿）面积较小、难以设置专用通气立管时，宜采用特殊单立管排水系统。

(10) 构造内无存水弯的卫生器具及地漏等配件，与生活排水管道或其他可能产生有害气体的排水管道连接时，必须在卫生器具及地漏的排水口下设存水弯。存水弯管径不应小于卫生器具排水管管径，并尽量缩短卫生器具与存水弯之间的管道长度。

(11) 存水弯的水封深度不得小于 50mm，水封出水端的断面积不宜小于进水端的断面积。

(12) 同层排水系统中不得采用存水弯串联设置。

(13) 当给水管道利用同层排水系统暗敷区域敷设时，给水管道材质应耐腐蚀，具有足够的强度和刚度，接口应严格防渗。

2. 系统分类和选用

(1) 同层排水系统按排水横管敷设方式可分为墙体敷设和地面敷设两种。

(2) 地面敷设方式可采用降板和不降板（抬高面层）两种结构形式，降板可分为整体降板或局部降板。

(3) 当卫生间净空高度要求较高时，宜采用同层排水墙体敷设方式；当卫生间净空高度足够时，宜采用同层排水系统地面敷设方式。

(4) 根据管道井（管窿）位置和卫生器具布置，墙体敷设方式和地面敷设方式可在同一卫生间中结合使用。

3. 管道布置和敷设

(1) 同层排水的塑料排水管敷设时应考虑因温度变化而引起的管道在长度方向的伸缩。立管的伸缩节设置应符合相关规范的要求，横管一般可采取以下方法：设置自由壁；设置伸缩节（敷设于管窿、附加夹墙或架空地面空间内的排水横管不宜采用伸缩节）；采用固定支架固定；敷设在地面混凝土等材质的回填层内。

(2) 当排水横管敷设于内隔夹墙或架空地面的空间内时，应按下列要求设置固定支架：

1) 建筑排水硬聚氯乙烯排水管和建筑排水高密度聚乙烯排水管横管的直线管段大于 2m 时，应每隔 2m 设置一个固定支架。

2) 建筑排水柔性接口铸铁管的横管，在承插口连接部位必须设置固定支架。

3) 固定支架应固定在承重结构上，其支承力应大于管道因温度变化引起的膨胀力。

4. 墙体敷设方式

(1) 一般规定

1) 墙体敷设方式的排水管道及其管件应敷设在非承重隔墙或内隔墙内，该墙体厚度应满足排水管和附件的敷设要求。当采用隐蔽式水箱时，还应满足该水箱的敷设要求。

2) 卫生器具的布置应有利于排水管道及其管件的敷设，排水管道不宜穿越承重墙体。

3) 卫生器具宜布置在同一墙面或相邻墙面上。

4) 大便器应靠近排水立管布置，地漏宜靠近排水立管布置。

(2) 卫生器具及排水附件选用

1) 大便器应采用壁挂式坐便器或后排式坐（蹲）便器。壁挂式坐便器宜采用隐蔽式冲洗水箱，冲洗水箱宜采用整体成型工艺。

2) 净身盆和小便器应采用后排式，宜为壁挂式。

3) 浴盆及淋浴房宜采用内置存水弯的排水附件。

4) 地漏宜采用内置水封的直埋式地漏，水封深度不得小于 50mm。

(3) 卫生器具支架

1) 墙体敷设方式的卫生器具应采用配套的支架，支架应有足够的强度、刚度及防腐措施。壁挂式卫生器具应固定在隐蔽式支架上。

2) 隐蔽式支架应安装在非承重墙或内隔墙内，并固定牢固。

(4) 管道布置和敷设

1) 排水支管的高差不大于 1000mm 时，其展开长度不应大于表 33-68 的数值。当排水支管的高差大于 1000mm 或展开长度大于表内的数值时，应放大一级管径或设置器具通气管。

高差大于1000mm时排水支管的最大展开长度

表 33-68

DN（mm）		排水支管的最大展开长度（m）
50		3
75		5
100	大便器	5
	非大便器	10

2）地漏宜单独接入排水立管。

3）当排水横支管与立管的连接采用球形四通等特殊配件时，应由厂方提供配件产品的水力参数。

4）排水横支管始端宜设置清扫口。

5. 地面敷设方式

（1）一般规定

1）地面敷设方式宜采用降板结构形式。

2）地面敷设方式排水管的连接可采用排水管道通用配件或排水汇集器等。

3）卫生间应根据卫生器具的布置采用局部降板或整体降板，在保证管道敷设、施工维修等要求的前提下宜缩小降板的区域。降板区域的净高度应根据卫生器具的布置、接管要求、管道材质及降板方式等确定。采用排水管道通用配件时，住宅卫生间局部降板高度不宜小于260mm，整体降板高度不宜小于300mm；采用排水汇集器时，降板高度应根据产品的要求确定。

4）排水横管宜敷设在填充层内，当有特殊要求时也可敷设在架空层内。

（2）卫生器具和排水附件选用

1）大便器宜采用下排式坐便器或后排式蹲便器。当采用隐蔽式水箱时，可采用壁挂式坐便器。

2）排水汇集器应符合下列规定：

① 断面设计应保证汇集器内的水流不会回流到汇集器上游管道内。

② 材质和技术要求应符合现行的有关产品标准的规定和检测机构的认可。

③ 排水汇集器宜采用铸铁或硬聚氯乙烯等材质。当采用塑料材质时，应符合国家有关的消防规范、标准。

④ 排水汇集器应在生产工厂内组装成型，并通过产品标准规定的密封性试验。

⑤ 排水汇集器应有专用清扫口。

（3）管道布置和敷设

1）地漏接入排水横管时，接入位置沿水流方向应在大便器、浴盆排水管接入口的上游。

2）排水汇集器的管道连接应符合下列规定：

① 各卫生器具和地漏的排水管应单独与排水汇集器相连。

② 排水汇集器排出管的管径应经水力计算确定，但不应小于接入排水汇集器的最大横管的管径。

③ 排水汇集器的设置位置应便于清通。

3）卫生间降板区域楼板面与完成地面层均应做有效的防水措施。

4）在降板区域防水层施工完毕后方可进行排水管道的安装，排水管道的支架应有效、可靠，支架的固定不得破坏已做好的防水层。

33.4.4　卫生器具安装

33.4.4.1　卫生器具分类

卫生器具是建筑内部给水排水系统的重要组成部分，是收集和排除生活及生产中产生的污、废水的设备。按其作用分为以下几类：

1. 便溺用卫生器具

（1）厕所或卫生间中的便溺用卫生器具，主要作用是收集和排除粪便污水。

（2）我国常用的大便器有坐式、蹲式和大便槽式三种类型。

（3）大便器按其构造形式分盘形和斗形。按冲洗的水力原理，大便器分冲洗式和虹吸式两种。冲洗式大便器是利用冲洗设备具有的水头冲洗，而虹吸式大便器是借冲洗水头和虹吸作用冲洗。常见的坐便器有以下几种：

1）冲落式坐便器。利用存水弯水面在冲洗时迅速升高水头以实现排污，所以水面窄，水在冲洗时发出较大的噪声。其优点是价格便宜和冲水量少。这种大便器一般用于要求不高的公共厕所。

2）虹吸式坐便器。便器内的存水弯是一个较高的虹吸管。虹吸管的断面略小于盆内出水口断面，当便器内水位迅速升高到虹吸顶并充满虹吸管时，便产生虹吸作用，将污物吸走。这种便器的优点是噪声小，比较卫生、干净，缺点是用水量较大。这种便器一般用于普通住宅和建筑标准不高的旅馆等及公共卫生间。

3）喷射虹吸式大便器。它与虹吸式坐便器一样，利用存水弯建立的虹吸作用将污物吸走。便器底部对着排出口设有一个喷射孔，冲洗水不仅从便器的四周出水孔冲出，还从底部出水口喷出，直接推动污物，这样能更快更有力地产生虹吸作用，并降低冲洗噪声作用。另一特点是便器的存水面大，干爆面小，是一种低噪声、最卫生的便器。这种便器一般用于高级住宅和建筑标准较高的卫生间里。

4）旋涡虹吸式连体坐便器。特点是把水箱与便器结合成一体，并把水箱浅水口位置降到便器水封面以下，并借助右侧的水道使冲洗水进入便器时在水封面下成切线方向冲出，形成旋涡，有消除冲洗噪声和推动污物进入虹吸管的作用。水箱配件也采取稳压消声设计，所以进水噪声低，对进水压力适用范围大。另外由于水箱与便器连成一体，因此体型大，整体感强，造型新颖，是一种结构先进、功能好、款式新、噪声低的高档坐便器。

5）喷出式坐便器。这是一种配用冲洗阀并具有虹吸作用的坐便器。在底部水封下部对着排污出口方向，设有喷水孔，靠强大快速的水流将污物冲走，因此污物不易堵塞，但噪声大，只适用在公共建筑的卫生间内。

（4）小便器分为壁挂式、落地式和小便槽三种。

2. 盥洗、淋浴卫生器具

（1）洗脸盆分为台上盆、台下盆、立柱盆、挂盆、碗盆等。

（2）盥洗槽设在公共建筑、集体宿舍、旅馆等的盥洗室里，有长条形和圆形两种。

（3）浴盆一般设在宾馆、高级住宅、医院的卫生间及公共浴室内。

（4）淋浴器有成品也有现场组装的。

3. 洗涤用卫生器具

如洗涤盆、化验盆、污水盆等。

4. 专用卫生器具

如医疗、科学研究实验室等特殊需要的卫生器具。

33.4.4.2　施工准备

（1）所有与卫生器具连接的管道强度严密性试验、排水管道灌水试验均已完毕，并已办好预检和隐检手续。墙面地面装修、隔断均已基本完成，有防水要求的房间均已做好防水。

（2）卫生器具型号已确定，各管道甩口确认无误。根据设计要求和土建确定的基准线，确定好卫生器具的位置、标高。施工现场清理干净，无杂物，且已安好门窗，可以锁闭。

（3）浴盆的稳装应待土建做完防水层及保护层后配合土建进行施工。

（4）蹲式大便器应在其台阶砌筑前安装；坐式大便器应在其台阶地面完成后安装；台式洗脸盆应在台面安装完成，台面上各安装孔洞均已开好，外形规矩，坐标、标高、尺寸等经检查无误后安装。

（5）其他卫生器具安装应待室内装修基本完成后再进行稳装。

33.4.4.3　施工工艺

1. 材料要求

卫生器具在安装前应进行检查、验收、清洗。所有器具外表面应光滑，造型周正，边缘无棱角毛刺，无裂纹，色调一致；卫生器具的配件与卫生器具应配套，规格应标准，外表光滑，螺纹清晰，电镀均匀，锁母松紧适度，无砂眼裂纹等缺陷。部分卫生器具应进行预制再安装。

2. 卫生器具安装通用要求

(1) 卫生器具的安装应采用预埋螺栓或膨胀螺栓安装固定。

(2) 卫生器具安装高度如无设计要求应符合规定。

(3) 卫生器具的支、托架必须防腐良好，安装平整、牢固，与器具接触紧密、平稳。

(4) 卫生器具安装的允许偏差应符合表 33-69、表 33-70 的规定。

(5) 卫生器具安装参照产品说明及相关图集。

(6) 所有与卫生器具连接的给水管道强度试验、排水管道灌水试验均已完毕，办好预检或隐检手续。

3. 洗脸（手）盆安装

(1) PT 型支柱式洗脸盆安装：按照排水管口中心画出竖线，将支柱立好，将脸盆放在支柱上，使脸盆中心对准竖线，找平后画好脸盆固定孔位置。同时将支柱在地面位置作好印记。按墙上印记打出 $\phi 10 \times 80mm$ 的孔洞，栽好固定螺栓；将地面支柱印记内放好白灰膏，稳好支柱及脸盆，将固定螺栓加胶皮垫、眼圈、带上螺母拧至松紧适度；再次将脸盆面找平，支柱找直。将支柱与脸盆接触处及支柱与地面接触处用白水泥勾缝抹光。

卫生器具的安装高度　　表 33-69

项次	卫生器具名称		卫生器具安装高度（mm）		备 注
			居住和公共建筑	幼儿园	
1	污水盆（池）	架空式	800	800	
		落地式	500	500	
2	洗涤盆（池）		800	800	
3	洗脸盆、洗手盆（有塞、无塞）		800	500	自地面至器具上边缘
4	盥洗槽		800	500	
5	浴盆		≥520		
6	蹲式大便器	高水箱	1800	1800	自台阶面至高水箱底
		低水箱	900	900	自台阶面至低水箱底
7	坐式大便器	高水箱	1800	1800	自地面至高水箱底
		低水箱 外露排水管式虹吸喷射式	510 470	370	自地面至低水箱底
8	小便器	挂式	600	450	自地面至下边缘
9	小便槽		200	150	自地面至台阶面
10	大便槽冲洗水箱		≤2000		自台阶面至水箱底
11	妇女卫生盆		360		自地面至器具上边缘
12	化验盆		800		自地面至器具上边缘

卫生器具安装的允许偏差和检验方法　表 33-70

项次	项 目		允许偏差（mm）	检验方法
1	坐标	单独器具	10	拉线、吊线和尺量检查
		成排器具	5	
2	标高	单独器具	±15	
		成排器具	±10	
3	器具水平度		2	用水平尺和尺量检查
4	器具垂直度		3	吊线和尺量检查

(2) 台上盆安装：将脸盆放置在依据脸盆尺寸预制的脸盆台面上，保证脸盆边缘能与台面严密接触，且接触部位能有效保证承受脸盆水满的重量。脸盆安装好后在脸盆边缘与上台面接触部位的接缝处使用防水性能较好的硅酸铜密封胶或玻璃胶进行抹缝处理，宽度均匀、光滑、严密连续，宜为白色或透明的，保证缝隙处理美观。

(3) 台下盆安装：依据脸盆尺寸、台面高度及脸盆自带固定支架形式，使用膨胀螺栓固定住脸盆支架。在脸盆支架的高度微调螺栓与脸盆间垫入橡胶垫，利用微调螺栓调整脸盆高度，使脸盆上口与台面下平面严密接触。洗脸盆安装好后在脸盆边缘与台面下平面接触部位的内接缝处使用防水性能好的硅酸铜密封胶进行抹缝处理，宽度均匀、光滑、严密连续宜为白色或透明的，保证缝隙处理美观。脸盆不得采用胶粘方法和台石相接。

(4) 常见洗脸盆安装见图 33-37。

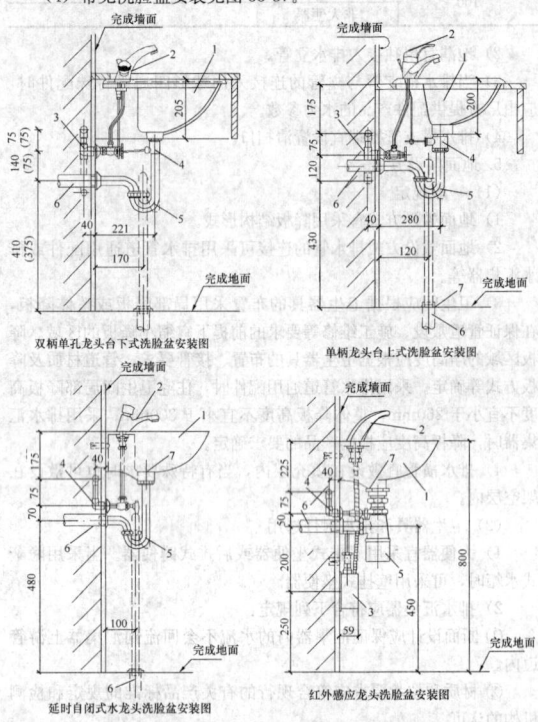

图 33-37　常见洗脸盆安装
1—洗脸盆；2—龙头；3—内螺纹接头；4—提拉排水装置；
5—存水弯；6—排水管；7—罩盖

4. 净身盆安装

(1) 净身盆配件安装完以后，应接通临时水试验无渗漏后方可进行稳装。

(2) 将排水预留管口周围清理干净，将临时管堵取下，检查有无杂物。将净身盆排水三通下口管道装好。

(3) 将净身盆排水管插入预留排水管口内，将净身盆稳平正。净身盆尾部距墙尺寸一致。将净身盆固定螺栓孔及底座画好印记，移开净身盆。

(4) 将固定螺栓孔印记画好十字线，剔成 $\phi 20 \times 60mm$ 孔眼，将螺栓插入洞内栽好，再将净身盆孔眼对准螺栓放好，与原印记吻合后再将净身盆下垫好白灰膏，排水管套上护口盘。净身盆稳牢、找平、找正。固定螺栓上加胶垫、眼圈，拧紧螺母。清除余灰，擦拭干净。将护口盘内加满油灰与地面按实。净身盆底座与地面有缝隙之处，嵌入白水泥浆补齐、抹光。

5. 蹲便器安装

(1) 首先，将胶皮碗套在蹲便器进水口上，要套正、套实，胶皮碗大小两头用成品喉箍紧固或用 14 号的铜丝分别绑两道，严禁压接在一条线上，铜丝拧紧要错位 90°左右。

(2) 将预留排水口周围清扫干净，把临时管堵取下，同时检查管内有无杂物。找出排水管口的中心线，并画在墙上，用水平尺（或线坠）找好竖线。

(3) 将下水管口内抹上油灰，蹲便器位置下铺垫白灰膏，然后将蹲便器排水口插入排水管承口内靠好。同时用水平尺放在蹲便器上沿，纵横双向找平、找正。使蹲便器进水口对准墙上中心线，同时蹲便器两侧用砖砌好抹光，将蹲便器排水口与排水管承口接触处的油灰压实、抹光，最后将蹲便器的排水口用临时堵头封好。

(4) 稳装多联蹲便器时，应先检查排水管口的标高、甩口距墙

的尺寸是否一致，找出标准地面标高，向上测量蹲便器需要的高度，用小线找平，找好墙面距离，然后按上述方法逐个进行稳装。

（5）高水箱稳装：应在蹲便器稳装之后进行。首先检查蹲便器的中心与墙面中心线是否一致，如有错位应及时进行调整，以蹲便器不扭斜为准。确定水箱出水口的中心位置，向上测量出规定高度。同时结合高水箱固定孔与给水孔的距离找出固定螺栓高度位置，在墙上划好十字线，剔成 $\phi30\times100mm$ 深的孔眼，用水冲净孔眼内的杂物，将燕尾螺栓插入洞内用水泥捻牢。将装好配件的高水箱挂在固定螺栓上，加胶垫、眼圈，带好螺母拧至松紧适度。

（6）多联高水箱应按上述做法先共挂两端的水箱，然后拉线找平、找直，再稳装中间水箱。

（7）远传脚踏式冲洗阀安装：将冲洗弯管固定在台钻卡盘上，在与蹲便器连接的直管上打 D8 孔，孔应打在安装冲洗阀的一侧；将冲洗管上的锁母和胶圈卸下，分别套在冲洗管直管段上，将弯管的下端插入胶皮碗内 20～50mm，用喉箍卡牢。再套上端插入冲洗阀内，推上胶圈，调直校正，将螺母拧至松紧适度。将 D6 铜管两端分别与冲洗阀、控制器连接；将另一根一头带胶套的 D6 的铜管其带螺纹锁母的一端与控制器连接，另一端插入冲洗管打好孔内，然后推上胶圈，插入深度控制在 5mm 左右。螺纹连接处应缠生料带，紧锁母时应先垫上棉布再用扳手紧固，以免损伤管子表面。脚踏钮控制器距后墙 500mm，距蹲便器排水管中 350mm。

（8）延传自闭冲洗阀安装：根据冲洗阀至胶皮碗的距离，断好 90° 弯的冲洗管，使两端合适。将冲洗阀锁母和胶圈卸下，分别套在冲洗管直管段上，将弯管的下端插入胶皮碗内 40～50mm，用喉箍卡牢。将上端插入冲洗阀内，推上胶圈，调直找正，将锁母拧至松紧适度。扳把式冲洗阀的扳手应朝向右侧，按钮式冲洗阀按钮应朝向正面。

（9）蹲便器安装常见几种形式见图 33-38、图 33-39。

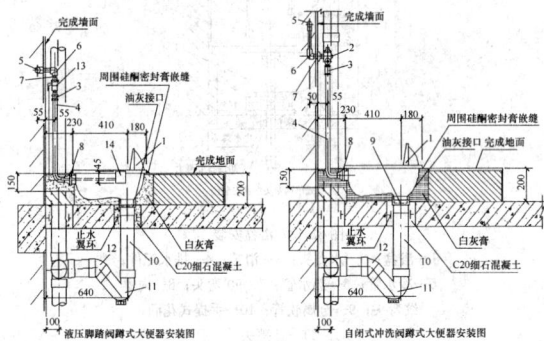

图 33-38 蹲式大便器安装（一）

1—蹲式大便器；2—自闭式冲洗阀；3—防污器；4—冲洗弯管；5—冷水管；6—内螺纹弯头；7—外螺纹短管；8—胶皮碗；9—便器接头；10—排水管11—P 型存水弯；12—45° 弯头；13—液压脚踏阀；14—脚踏控制器

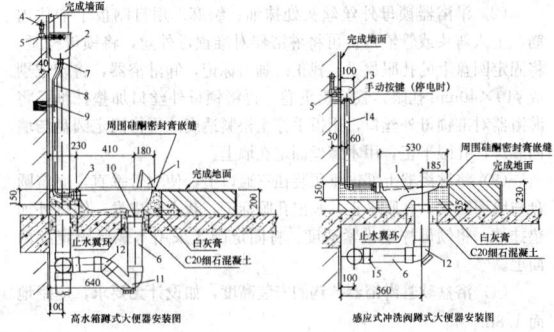

图 33-39 蹲式大便器安装（二）

1—蹲式大便器；2—高水箱；3—胶皮碗；4—冷水管；5—内螺纹弯头；6—排水管；7—高水箱配件；8—高水箱冲洗阀；9—弯卡；10—便器接头；11—P 型存水弯；12—45° 弯头；13—90° 弯头；14—冲洗弯头；15—90° 顺水三通

6. 坐便器安装

（1）将坐便器预留排水管口周围清理干净，取下临时管堵，检查管内有无杂物。

（2）将坐便器出水口对准预留排水口放平找正，在坐便器两侧固定螺栓眼处画好印记后，移开坐便器，将印记画好十字线。

（3）在十字线中心处剔 $\phi20\times60mm$ 的孔洞，把 $\phi10mm$ 螺栓插入孔洞内用水泥栽牢，将坐便器试稳装，使固定螺栓与坐便器吻合，移开坐便器。将坐便器排水口及排水管口周围抹上油灰后将坐便器对准螺栓放平、找正，螺栓上套好胶皮垫，带上眼圈、螺母拧至松紧适度。

（4）坐便器无进水螺母的可采用胶皮碗的连接方法。

（5）背水箱安装：对准坐便器尾部中心，在墙上画好垂直线和水平线。根据水箱背面固定孔眼的距离，在水平线上画好十字线剔 $\phi30\times70mm$ 深的孔洞，把带有燕尾的镀锌螺栓（规格 $\phi10\times100mm$）插入孔内，用水泥栽牢。将背水箱挂在螺栓上放平、找正。与坐便器中心对正，螺栓上套好胶皮垫，带上眼圈、螺母拧至松紧适度。

（6）坐便器安装常见几种形式见图 33-40、图 33-41。

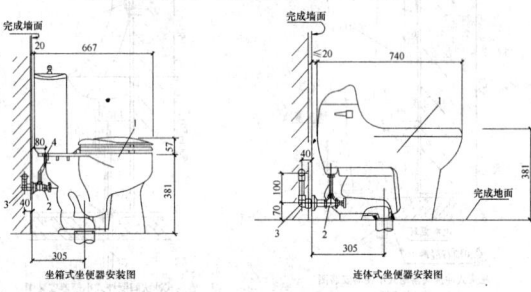

图 33-40 坐便器安装（一）

1—坐便器；2—角式截止阀；3—内螺纹弯头；4—冲水阀配件

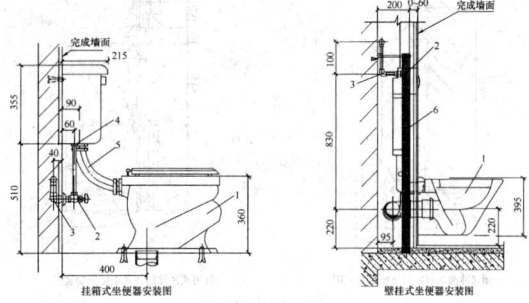

图 33-41 坐便器安装（二）

1—坐便器；2—角式截止阀；3—内螺纹弯头；4—冲水阀配件；5—角尺弯；6—金属柜架

7. 小便器安装

（1）挂式小便器安装：首先，对准给水管中心画一条垂线，由地坪向上量出规定的高度画一水平线。根据产品规格尺寸，由中心向两侧固定孔眼的距离，在横线上画好十字线，再画出上、下孔眼的位置；将孔眼位置剔成 $\phi10\times60mm$ 的孔眼，栽入 $\phi6mm$ 螺栓。托起小便器挂在螺栓上。把胶垫、眼圈套入螺栓，将螺母拧至松紧适度。将小便器与墙面的缝隙嵌入白水泥浆补匀、抹光。

（2）立式小便器安装：立式小便器安装前应检查给、排水预留管口是否在一条垂线上，间距是否一致。符合要求后按照管口找出中心线；将下水管周围清理干净，取下临时管堵，抹好油灰，在立式小便器下铺垫水泥、白灰膏的混合灰（比例为 1:5）。将立式小便器稳装找平、找正。立式小便器与墙面、地面缝隙嵌入白水泥浆抹平、抹光。

8. 隐蔽式自动感应出水冲洗阀安装

（1）根据设计图纸及施工图集在所要设置的墙体上标出安装位置及盒体尺寸。

(2) 依据墙体材质及做法的不同进行电磁阀盒的安装固定。对于砌筑墙体应采用剔凿的方式；对于轻钢龙骨隔墙则使用螺栓或铆钉将盒体固定在预留的轻钢龙骨上。

(3) 将电磁阀的进水管与预留的给水管进行连接安装。

(4) 将电磁阀的出水口与出水管进行连接，并连接电源线（电源供电）及控制线（感应龙头）。

(5) 将感应面板安装到位，应采用吸盘进行操作，以免损坏面板。

(6) 对于感应龙头将电磁阀控制线连接到龙头的感应器上。

(7) 明装自动感应出水阀安装：将电磁阀与外保护盒盒体进行固定安装；用短管将给水管预留口与电磁阀进水口连接固定。安装后应保持盒体周正；用出水冲洗短管连接电磁阀出水口及卫生器具冲洗口，并连接电源线或者安放电池。

(8) 小便器安装常见几种形式见图33-42。

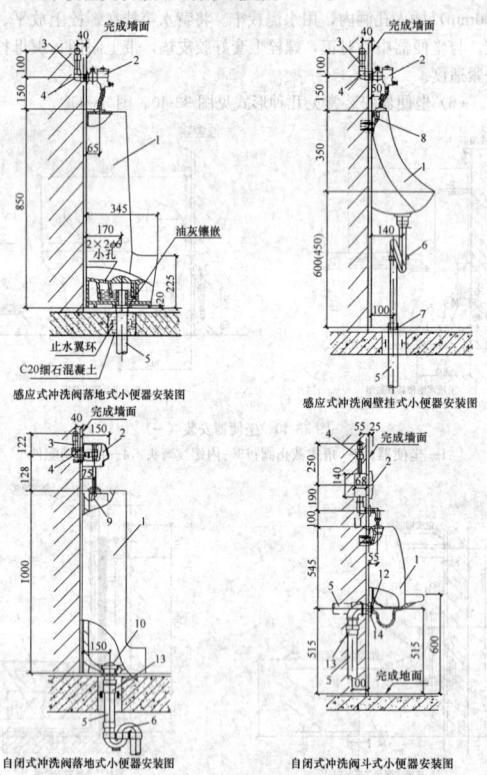

图33-42　小便器安装

1—小便器；2—冲洗阀；3—冷水管；4—内螺纹弯头；5—排水管；
6—存水弯；7—罩盖；8—挂钩；9—喷水鸭嘴；10—花篮罩；
11—挂钩；12—橡胶止水环；13—转换弯头；14—排水法兰

9. 浴盆安装

(1) 浴盆稳前应将浴盆内表面擦拭干净，同时检查瓷面是否完好。带腿的浴盆先将腿部的螺丝卸下，将销母插入浴盆底卧槽内，把腿扣在浴盆上带好螺母拧紧找平。浴盆如砌砖腿时，应配合土建施工把砖腿按标高砌好。将浴盆稳于砖台上，找平、找正。浴盆与砖腿缝隙处用1：3水泥砂浆填充抹平。

(2) 有饰面的浴盆，应留有通向浴盆排水口的检修门。

浴盆排水安装：将浴盆排水三通套在排水横管上，缠好油盘根绳，插入三通中，拧紧锁母。三通下口装好铜管，插入排水预留管口内（铜管下端扳边）。将排水口圆盘下加胶垫、油灰，插入浴盆排水孔眼，外面再套胶垫、眼圈，丝扣处涂铅油、缠麻。将溢水立管下端套上锁母，缠上油盘根绳，插入三通上口对准浴盆溢水孔，带上锁母。溢水管弯头处加1mm厚的胶垫、油灰，将浴盆堵螺栓穿过溢水孔花盘，上入弯头"一"字丝扣上，无松动即可。再将三通上口锁母拧至松紧适度。浴盆排水三通出口和排水管接口处缠绕

油盘根绳捻实，再用油灰封闭。

混合水嘴安装：将冷、热水管找平、找正。把混合水嘴转向对丝抹铅油、缠麻丝，带好护口盘，用自制扳手插入转向对丝内，分别拧冷、热水预留管口，校好尺寸，找平、找正。使护口盘紧贴墙面。然后将混合水嘴对正转向对丝，加垫后拧紧锁母找平、找正。用扳手拧至松紧适度。

水嘴安装：先将冷、热水预留管口用短管找平、找正。如暗装管道进墙较深者，应先量出短管尺寸，套好短管，使冷、热水嘴安完后距墙一致。将水嘴拧紧找正，除净外露麻丝。有饰面的浴盆，应留有通向浴盆排水口的检修门。

(3) 浴盆安装常见几种形式见图33-43。

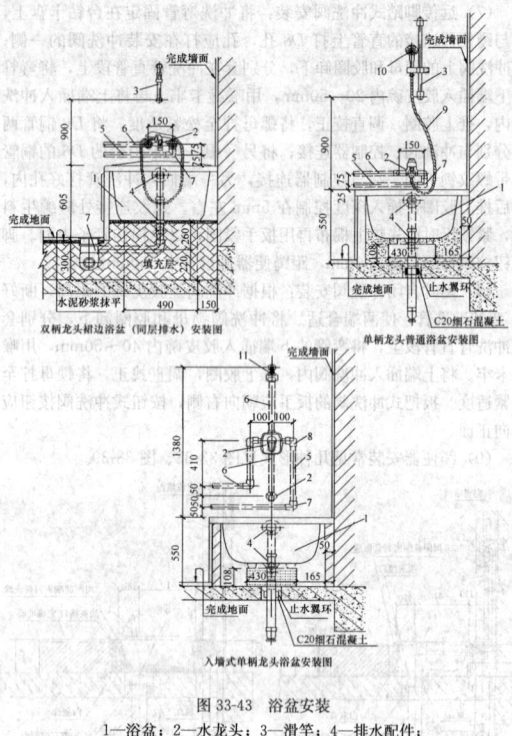

图33-43　浴盆安装

1—浴盆；2—水龙头；3—滑竿；4—排水配件；
5—冷水管；6—热水管；7—90°弯头；8—内螺
纹弯头；9—金属软管；10—手提式花洒；
11—莲蓬头

10. 淋浴器安装

(1) 暗装管道先将冷、热水预留管口加丝管找平、找正。量好短管尺寸，断管、套丝、涂铅油、缠麻，将弯头上好。明装管道按规定标高煨好"Ⅱ"弯（俗称元宝弯），上好管箍。

(2) 淋浴器锁母外丝丝头处抹油、缠麻。用自制扳手卡住内筋，上入弯头或管箍内。再将淋浴器对准锁母外丝，将锁母拧紧。将固定圆盘上的孔眼找平、找正。画出标记，卸开淋浴器，将印记刨成φ10×40mm孔眼，栽好铅皮卷。再将锁母外丝口加垫抹油，将淋浴器对准锁母外丝口，用扳手拧至松紧适度。再将固定圆盘与墙面靠严，孔眼平正，用木螺丝固定在墙上。

(3) 将淋浴器上部铜管预装在三通口上，使立管垂直，固定圆盘与墙面贴实，孔眼平正，画出孔眼标记，栽入铅皮卷，锁母加垫抹油，将锁母拧至松紧适度。将固定圆盘采用木螺丝固定在墙面上。

(4) 浴盆软管淋浴器挂钩的安装高度，如设计无要求，应距地面1.8m。

11. 小便槽安装

小便槽冲洗管应采用镀锌管或硬质塑料管。冲洗孔应斜向下方安装，冲洗水流向墙面成45°角。镀锌钢管钻孔后应进行二次镀锌。

12. 排水栓和地漏的安装

排水栓和地漏安装应平正、牢固，低于排水表面，周边无渗

漏。地漏水封高度不得小于 50mm。

13. 卫生器具交工前应做满水和通水试验，进行调试

(1) 检查卫生器具的外观，如果被污染或损伤，应清理干净或重新安装，达到要求为止。

(2) 卫生器具的满水试验可结合排水管道满水试验一同进行，也可单独将卫生器具的排水口堵住，盛满水进行检查，各连接件不渗不漏为合格。

(3) 给卫生器具放水，检查水位超过溢流孔时，水流能否顺利溢出；当打开排水口时，排水应该迅速排出。关闭水嘴后应能立即关住水流，龙头四周不得有水渗出。否则应拆下修理后再重新试验。

(4) 检查冲洗器具时，先检查水箱浮球装置的灵敏度和可靠程度，应经多次试验无误方可。检查冲洗阀冲洗水量是否合适，如果不合适，应调节螺钉位置达到要求为止。连体坐便水箱内的浮球容易脱落，造成关闭不严而长流水，调试时应缠好填料将浮球拧紧。冲洗阀内的虹吸小孔容易堵塞，从而造成冲洗后无法关闭，遇此情况，应拆下来进行清洗，达到合格为止。

(5) 通水试验给、排水畅通为合格。

33.5 雨水系统安装

33.5.1 雨水系统的组成及分类

33.5.1.1 雨水系统组成

(1) 雨水斗：一般有 65 型（铸铁）、79 型（钢焊制）两种。

布置：以伸缩缝或沉降缝为分水线，伸出屋面的防火墙可作为分水线，也可在伸缩缝、防火墙、沉降缝二侧各设雨水斗，悬吊管穿越伸缩缝时应作伸缩接头。

(2) 悬吊管：当雨水斗不能直接接立埋地时，用悬吊管在空中吊设，适当位置接立管。$i \not< 0.003$，端头及 $L > 15m$，设检查口，检查口间距 $\geq 20m$。悬吊管铸铁安装固定在墙梁桁架上。

(3) 立管：要求和悬吊管同，且不宜大于 300mm，检查口距地面 1.0m。

(4) 排出管：$DN \not< $ 立管管径。

(5) 埋地横管：$DN \geq 200$。

33.5.1.2 建筑雨水排水系统的分类

(1) 屋面建筑雨水系统主要分类：屋面雨水系统主要分为重力流（87 型斗）雨水系统、压力流（虹吸式）雨水系统。

(2) 屋面雨水系统按其他标准分类方式：

1) 按管道的设置位置分为：内排水系统、外排水系统。

2) 按屋面的排水条件分为：檐沟排水、天沟排水及无沟排水。

3) 按出户横管（渠）在室内部分是否存在自由水面分：密闭系统和敞开系统。

33.5.2 雨水管道及配件安装

33.5.2.1 施工准备

(1) 地下雨水管道的铺设必须在基础墙达到或接近 ±0 标高，土回填到管底或稍高的高度，土沿管线位置无堆积物，且管道穿过建筑基础处，已按设计要求预留管洞。

(2) 楼层内雨水管道的安装，应于结构施工隔开 1～2 层，管道穿越结构部位的孔洞等均已预留完毕，室内模板或杂物清除后，室内弹出房间尺寸线及准确的水平线完毕。

(3) 应在屋面结构层施工验收完毕后方可进行雨水漏斗安装。

33.5.2.2 施工工艺

通用要求：

(1) 雨水管道安装结合室内给水与排水管道安装相关章节。

(2) 悬吊式雨水管道的敷设坡度不得小于 5‰；埋地雨水管道的最小坡度，应符合表 33-71 的规定。

(3) 雨水斗管的连接应固定在屋面承重结构上。雨水斗边缘与屋面相连处应严密不漏。连接管管径应符合设计的要求，当设计无要求时，不得小于 100mm。

地下埋设雨水排水管道的最小坡度　表 33-71

项次	管径（mm）	最小坡度（‰）	项次	管径（mm）	最小坡度（‰）
1	50	20	4	125	6
2	75	15	5	150	5
3	100	8	6	200～400	4

(4) 悬吊式雨水管道的检查口或带法兰堵口的三通的间距不得大于表 33-72 的规定。

悬吊管检查口间距　表 33-72

项次	悬吊管直径（mm）	检查口间距（m）	项次	悬吊管直径（mm）	检查口间距（m）
1	≤150	≥15	2	≥200	≥20

(5) 雨水管道如采用塑料管，其伸缩节应符合设计要求。

(6) 雨水管道不得与生活污水管道相连接。

(7) 为防止屋面雨水在施工期间进入建筑物内，室内雨水系统应在屋面结构层施工验收完毕后的最佳时间内完成。

(8) 雨水管道不得与生活污水管相连接。雨水斗的连接应固定在屋面承重结构上。雨水斗边缘与屋面相连接处应严密不漏。连接管径当设计无要求时，不得小于 100mm。高层建筑的雨水立管应采用耐压排水塑料管或柔性接口机制排水铸铁管。

(9) 雨水管道安装方法同室内排水管道安装章节。

33.5.3 质 量 标 准

(1) 安装在室内的雨水管道安装后应做灌水试验，灌水高度必须到每根立管上部的雨水斗。灌水试验持续 1h，不渗不漏为合格。

(2) 雨水管道如采用塑料管，其伸缩节安装应符合设计要求。

(3) 悬吊式雨水管道的敷设坡度不得小于 5‰；埋地雨水管道的最小坡度，应符合规定。

(4) 雨水管道不得与生活污水管道相连接。

(5) 雨水斗管的连接应固定在屋面承重结构上。雨水斗边缘与屋面相连处应严密不漏。连接管管径当设计无要求时，不得小于 100mm。

33.5.4 虹吸排水施工技术

33.5.4.1 虹吸式雨水系统的组成

1. 虹吸雨水系统组成

由虹吸式雨水斗、尾管、连接管、悬吊管、立管、埋地管、检查口和固定及悬吊系统组成。虹吸式雨水斗一般由反旋涡顶盖、格栅片、底座和底座支管组成。

2. 管材和管件

用于虹吸式屋面雨水排水系统的管道，应采用铸铁管、钢管（镀锌钢管、涂塑钢管）、不锈钢管和高密度聚乙烯（HDPE）管等材料。用于同一系统的管材和管件以及与虹吸式雨水斗的连接管，宜采用相同的材质。这些管材除承受正压外，还应能承受负压。

3. 固定件

管道安装时应设置固定件。固定件必须能承受满流管道的重量和高速水流所产生的作用力。对高密度聚乙烯（HDPE）管道必须采用二次悬吊系统固定。

33.5.4.2 深化设计及水力计算

1. 系统深化设计一般规定

(1) 虹吸雨水排水系统采用设计重现期，应根据建筑物的重要程度、水区域性质、气象特征等因素确定。对于一般建筑物屋面，其设计重现期不宜小于 2～5 年；对于重要的公共建筑屋面、生产工艺不允许渗漏的工业厂房屋面，其设计重现期应根据建筑的重要性和溢流造成的危害程度确定，不宜小于 10 年。

(2) 虹吸屋面雨水排水系统的雨水斗应采用经检测合格的虹吸雨水斗。

(3) 对于水面积大于 5000m^2 的大型屋面，宜设置不少于 2 组独立的虹吸屋面雨水排水系统。

(4) 虹吸雨水系统应设溢流口或溢流系统。虹吸式屋面雨水排

水系统和溢流系统的总排水能力,不宜小于设计重现期为 50 年、降雨历时 5min 的设计雨水流量。

(5) 不同高度的屋面、不同结构形式的屋面汇集雨水,宜采用独立的系统单独排除。

(6) 其他屋面雨水排水系统的管道接入虹吸式屋面雨水排水系统时,应有确保虹吸系统发挥正常功能的措施。

(7) 与排出管连接的雨水检查井应能承受水流的冲击,应采用钢筋混凝土结构或消能井,并宜有排气措施。

2. 水力计算

虹吸式屋面雨水排水系统的水力计算,应包括对系统中每一管路水力工况的精确计算。

(1) 虹吸式屋面雨水排水系统的水力计算应符合下列规定:

1) 虹吸式雨水斗的设计流量应由雨水斗产品的水力测试确定。设计流量不得大于经水力测试的最大流量。

2) 虹吸式屋面雨水排水管系中,雨水斗至过渡段的总水头损失(包括沿程水头损失和局部水头损失)与过渡段流速水头之和不得大于雨水斗至过渡段的几何高差。

(2) 雨水斗顶面至过渡段的高差,在立管管径不大于 DN75 时,宜大于 3m;在立管管径不小于 DN90 时,宜大于 5m。

(3) 悬吊管设计流速不宜小于 1.0m/s;立管设计流速不宜小于 2.2m/s,且不宜大于 10m/s。

(4) 虹吸式屋面雨水排水管系过渡段下游的流速,不宜大于 2.5m/s;当流速大于 2.5m/s 时,应采取消能措施。

(5) 立管管径应经计算确定,可小于上游悬吊管管径。虹吸雨水系统水力计算应参考相关资料。

33. 5. 4. 3 管道的布置原则与敷设

1. 管道敷设原则

(1) 悬吊管可无坡度敷设,但不得倒坡。

(2) 管道不宜敷设在建筑的承重结构内。因条件限制管道必须敷设在建筑的承重结构内时,应采取措施避免对建筑的承重结构产生影响。

(3) 管道不宜穿越建筑的沉降缝或伸缩缝。当受条件限制必须穿越时,应采取相应的技术措施。

(4) 管道不宜穿越对安静有较高要求的房间。当受条件限制必须穿越时,应采取隔声措施。

(5) 当管道表面可能结露时,应采取防结露措施。

(6) 管道可采用铁管、不锈钢管、衬塑不锈钢管、衬塑钢管、涂塑钢管及 HDPE 管等。当采用 HDPE 等塑料材质时,应符合国家有关防火标准的规定,管材管件应采用不低于 PE80 等级的高密度聚乙烯原材料制作。管材纵向收缩率不应大于 3%。

(7) 过渡段的设置位置应通过计算确定,宜设置在排出管上,并应充分利用系统的动能。

(8) 过渡段下游管道应按重力流雨水系统设计,并符合现行国家标准《建筑给水排水设计规范》GB 50015 的规定。

(9) 虹吸式屋面雨水排水系统的最小管径不应小于 DN40。

(10) 溢流口或溢流系统应设置在溢流时雨水能通畅流达的场所。溢流口或溢流装置的设置高度应根据建筑屋面允许的最高溢流水位等因素确定。最高溢流水位低于建筑屋面允许的最大积水水深。

2. 雨水管道敷设一般规定

(1) 雨水立管应按设计要求设置检查口,检查口中心宜距地面 1.0m。当采用高密度 HDPE 管时,检查口最大间距不宜大于 30m。

(2) 雨水管道按照设计规定的位置安装。

(3) 连接管与悬吊管的连接宜采用 45°三通。

(4) 悬吊管与立管、立管与排出管的连接应采用 2 个 45°弯头或 R 不小于 4D 的 90°弯头。

(5) 高密度聚乙烯 HDPE 管道穿越墙壁、楼板或有防火要求的部位时,应按设计要求设置阻火圈、防火胶带或防火套管。

(6) 雨水管穿过墙壁或楼板时,应设置金属或塑料套管。楼板内套管其顶部应高出装饰地面 20mm,底部与楼板底面齐平。墙壁内的套管,其两端应与饰面齐平。套管与管道之间的间隙应采用阻燃密实材料填实。在安装过程中,管道和雨水斗敞开口应采取临时

封堵措施。

33. 5. 4. 4 虹吸式雨水排放系统管道及附件的安装

1. 雨水斗的安装要求

(1) 雨水斗的进水口应水平安装。

(2) 雨水斗的进水口高度应保证天沟内的雨水能通过雨水斗排净。

(3) 雨水斗应按产品说明书的要求和顺序进行安装。

(4) 在屋面结构施工时,必须配合土建工程预留符合雨水斗安装需要的预留孔。

(5) 安装在钢板或不锈钢天沟内的(檐沟)内的雨水斗,可采用氩弧焊等与天沟(檐沟)焊接连接或其他能确保防水要求的连接方式。

(6) 雨水斗安装时,应在屋面防水施工完成、确认雨水管道畅通、清除流入短管内的密封膏后,再安装整流器、导流罩等部件。

(7) 雨水斗安装后,其边缘与屋面相连处应严密不漏。

2. 管道安装

(1) 钢管安装应采用法兰连接或沟槽连接,内外表面镀锌。不锈钢管应采用焊接连接、法兰连接或沟槽连接。

(2) 碳素钢管宜采用机械方法切割,当采用火焰切割时,应清除表面的氧化物。不锈钢管应采用机械或等离子方法切割。钢管切割后,切口应平整,并与管道的中轴线垂直。

(3) 法兰连接时,法兰应垂直于管道中心线,两个法兰的表面应相互平行,紧固螺栓的方向一致,紧固后螺栓端部宜与螺母齐平。

(4) 沟槽连接时,应检查沟槽加工的深度和宽度尺寸是否符合产品要求。安装橡胶密封圈时应检查是否有损伤,并涂抹润滑剂。卡箍紧固后其内缘应卡进沟槽里。

(5) 螺纹连接时,对套丝扣时破坏的镀锌层表面外露螺纹部分应做防腐处理。管径大于 100mm 的镀锌钢管应采用法兰连接或卡套式专用管件连接,在镀锌钢管与法兰连接处应二次镀锌。

3. 铸铁管安装

(1) 铸铁管件应采用机械式接口或卡箍式连接。

(2) 铸铁管应采用机械方法切割,切口表面应平整无裂纹。

(3) 铸铁管连接时,应先除去连接部位的沥青、砂、毛刺等物。

(4) 机械式接口连接时,在插口端应先套入法兰压盖,再套入橡胶密封圈,然后应将插口端推入承口内,对称交叉地紧固法兰压盖上的螺栓。

(5) 卡箍式连接时,应将管道或管件的端口插入橡胶套筒和不锈钢节套内,然后拧紧套上的螺栓。

4. 高密度聚乙烯(HDPE)管安装

HDPE 管的焊接方法主要分为热熔对焊和电熔连接法,具体如下:

(1) 热熔对焊连接

电焊机由加热片、切割器以及钳夹器组成。电焊机可用于连接管径 40~315mm 的管件。把需要连接的两管件放置在钳夹器间,确保管道尾端与钳夹器之间的差距大约 20mm。锁紧扣把手。将管件顶在切割盘上,切割管道直到两个被连接的管端都完全一样、平直以及无缝于管端合拢之间。把焊机的温度稳定在 210℃。将两管件仔细地放置于电焊机熔床上,直到焊接表面的凸出达到相等于管壁厚 1/3 厚度为止。将两管按焊接所需要的压力仔细的拼拢。在焊接处完全冷却前,不要松开锁扣把手。要达到完好的焊接,两管件的焊接面需要有正确的切割角度。电焊机也必须维持在 210±5℃的温度下。

(2) 电熔连接法

当平焊连接无法进行时,电熔便是最好的连接法。它适用于现场焊接、改装、加补螺装、修补。管箍在加热后的收缩效应提供了焊接所需的压力。管箍的加热和熔融区分开,其中央部分以及外表不会被熔融,据此提供安全的焊接。

管件端须磨砂纸或刮削器除去氧化层。管箍内侧保持干净、无油脂。把管件嵌入管箍连接。接通电熔焊机(220V、50~60Hz),开始焊接直至红色显示灯停止亮起。电熔焊机会自动切断

电源。电焊管箍不能连续使用两次。如想重复使用，必须等到整个管箍完全冷却为止。

(3) HDPE 管与金属不锈钢管的连接方法

采用法兰连接，法兰通常采用后安装的方法，待管道安装好、导向支架与固定支架安装定位后，再安装法兰，以确保法兰的同心度不受影响。法兰密封面及密封垫片应进行外观检查，不得有影响密封性能的缺陷存在。法兰端面应保持平行，偏差应不大于法兰外径的1.5%，且不大于2mm。不得采用加偏垫、多层垫或强力拧紧法兰一侧螺栓的方法，消除法兰接口端面的缝隙。法兰连接应使用同一规格的螺栓、安装方向应一致，紧固螺栓时应对称、均匀地进行、松紧适度。紧固后丝扣外露长度应不超过2～3倍螺距，需要用垫圈调整时，每个螺栓只能用一个垫圈。

5. 固定件安装

(1) 管道支架应固定在承重结构上，位置应正确，埋设应牢固。

(2) 钢管的支吊架间距，横管不应大于表33-73的规定。

钢管管道支吊架最大间距（m）　　**表 33-73**

公称直径（mm）	50	70(80)	100	125	200	250	300
保温管	4	4.2	4.5	6	7	8	8.5
不保温管	5	6	6.5	7	9.5	11	12

(3) 铸铁管的支吊架间距，对横管不应大于2m，对立管不应大于3m。当楼层高度不大于4m时，立管可安装一个支架。

(4) 钢管沟槽式接口，铸铁管机械接口和卡箍式接口的支、吊架位置应靠近接口，但不妨碍接口的拆装。卡箍式铸铁管在弯管处应按照拉杆装置进行固定。

(5) 高密度聚乙烯 HDPE 管悬挂在建筑承重结构上，宜采用导向管卡和锚固管卡连接在方形钢导管上。

(6) 高密度聚乙烯 HDPE 悬吊管的锚固管卡安装在管道的端部和末端，以及 Y 型支管的每个方向上，2 个锚固管卡间距不应大于5m。当雨水斗与立管之间的悬吊长度超过1m时，应安装带有锚固管卡的固定件。当悬吊管的管径大于200mm时，在每个固定点上使用2个锚固管卡。立管锚固管卡间距不应大于5m，导向管卡间距不应大于15倍管径。

(7) 当虹吸雨水斗的下端与悬吊管的距离不小于750mm时，在方形钢导管上或悬吊管上应增加2个侧向管卡。在雨水立管底部弯管处应设支墩或采取牢固的固定措施。

33.5.4.5 虹吸式雨水排放系统试验与检验

1. 雨水排放试验

(1) 试验所有工作都必须在监理和业主的统一领导、指挥下进行。并由他们确定时间、系统、上水设备和足够水量。

(2) 安装单位做好配合准备工作台，如安装蝶阀（或安装法兰和堵水封板）、清理管道、天沟、隔断天沟、配备人力、设备、工具和通信设备等。

(3) 试验步骤：

1) 消除天沟和管道内的杂物和垃圾，检查雨水斗及管道出水是否通畅无阻。

2) 检查所有安装的虹吸系统的水平、垂直管道，以及各种接头、弯头，管件是否有焊接缺陷和渗漏现象。

3) 用水枪或接管不断向天沟内放水（水量以系统最大设计排量；连续稳定供水达5min）。观察虹吸的产生；观察天沟内最高水位；观察并记录天沟水平误差；观察各接口是否有渗漏；观察出水口排水顺畅。

4) 以确定管道内无阻塞；接口无渗漏；在稳定最大设计排量下天沟不泛水为合格（注：流量法必须确保供水量得以证实）。

5) 向系统内注水直到天沟内水位达到最高极限。测量天沟的水平误差，计算天沟的容积和系统容积，并做好记录。

6) 打开放水蝶阀（或迅速抽出封板）立即开始计时。观察出水口虹吸现象的连续性；直到天沟水位降至空气挡板；空气开始进入系统停止计时。

2. 系统密封性能验收

(1) 堵住所有雨水斗，向屋面或天沟灌水。水位淹没雨水斗，持续1h后，雨水斗周围屋面应无渗漏现象。

(2) 安装在室内的雨水管道，应根据管材和建筑高度选择整段方式或分段方式进行灌水试验，灌水高度必须达到每根立管上部雨水斗口。灌水试验持续1h后，管道及其所有连接处应无渗漏现象。

33.6　建筑中水系统管道及辅助设备安装

33.6.1　一般规定

中水给水管道管材及配件应采用耐腐蚀的给水管管材及附件。

33.6.2　中水处理流程

建筑中水系统安装包括中水原水管道系统安装、水处理设备安装及中水供水系统安装。其安装工艺流程如图33-44所示。

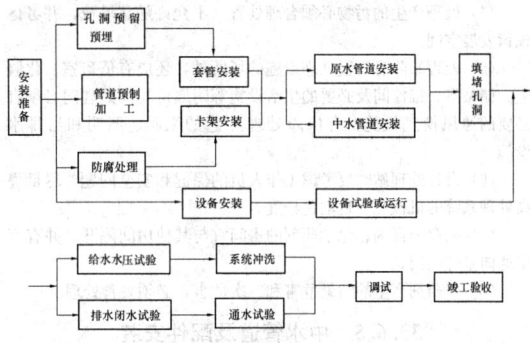

图33-44　建筑中水系统安装工艺流程示意图

33.6.3　中水管道铺设

33.6.3.1　中水原水管道系统安装要求

(1) 中水原水管道系统宜采用分流集水系统，以便于选择污染较轻的原水，简化处理流程和设备，降低处理经费。

(2) 便器与洗浴设备应分设或分侧布置，以便于单独设置支管、立管，有利于分流集水。

(3) 污废水支管不宜交叉，以免横支管标高降低过多，影响室外管线及污水处理设备的标高。

(4) 室内外原水管道及附属构筑物均应防渗漏，并盖应做"中"字标志。

(5) 中水原水系统应设分流、溢流设施和跨越管，其标高及坡度应能满足排放要求。

33.6.3.2　中水供水系统

中水供水系统是给水供水系统的一个特殊部分，所以其供水方式与给水系统相同。主要依靠最后处理设备的余压供水系统、水泵加压供水系统和气压罐供水系统等。

(1) 中水供水系统必须单独设置。中水供水管道严禁与生活饮用水给水管道连接，中水管道及设备、受水器等外壁应涂浅绿色标志。中水池（箱）、阀门、水表及给水栓均应有"中水"标志。

(2) 中水管道不宜暗装于墙体和楼板内。如必须暗装于墙槽内时，必须在管道上有明显且不会脱落的标志。

(3) 中水管道与生活饮用水管道、排水管道平行埋设时，其水平净距不得小于0.5m，交叉埋设时，中水管道应位于生活饮用水管道下面，排水管道的上面，其净距不应小于0.15m。

(4) 中水给水管道不得装设取水水嘴。便器冲洗宜采用密闭型设备和器具。绿化、浇洒、汽车冲洗宜采用壁式或地下式的给水栓。

(5) 中水高位水箱应与生活高位水箱分设在不同的房间内，如条件不允许只能设在同一房间时，与生活高位水箱的净距应大于2m。止回阀安装位置和方向应正确，阀门启闭应灵活。

(6) 中水供水系统的溢流管、泄水管均应采取间接排水方式排

出，溢流管应设隔网。

(7) 中水供水管道应考虑排空的可能性，以便维修。

(8) 为确保中水系统的安全，试压验收要求不应低于生活饮用给水管道。

(9) 原水处理设备安装后，应经试运行检测中水水质符合国家标准后，方可办理验收手续。

33.6.4 中水处理站设置要求

(1) 中水处理站的位置应根据建筑的总体布局、中水原水的主要出口、中水的用水位置、环境卫生、便于隐藏隔离和管理维护等综合因素确定，注意充分利用建筑空间，少占地面。最好有方便的、单独的道路和进出口，便于进出设备、排出污物等。

(2) 对于单栋建筑的中水处理站可设在地下室或建筑附近，对于建筑群的中水处理站应靠近主要集中用水处。

(3) 尽量利用中水原水出口高程，使处理过程在重力流动下进行。

(4) 处理产生的污物必须合理处置，不允许随意堆放，并考虑预留发展空间。

(5) 处理站除有安置处理设施的场所外，还应有值班室、化验室、储藏室、维修间和必要的生活设施等附属房间。处理间必须有必要的通风换气设施，有保障处理工艺的采暖、照明和给排水设施。

(6) 设计处理站时要考虑工作人员的保健和安全问题，尽量提高处理系统的机械化、自动化程度。

(7) 贮存消毒剂、化学药剂的房间宜与其他房间隔开，并有直接通向室外的门。

(8) 对药剂产生的污染危害和二次危害，必须妥善处理。

33.6.5 中水管道及配件安装

(1) 中水供水系统与给水供水系统相同，主要依靠最后处理设备的余压供水系统、水泵加压供水系统和气压罐供水系统等。

(2) 中水管道不宜暗装在墙内或楼板内。如必须暗装于墙槽内，必须在管道上有明显且不易脱落的标志。

(3) 中水管道与生活饮用水管道、排水管道平行埋设时，其水平距离不得小于 0.5m，交叉埋设时，中水管道应位于生活饮用水管道下面，排水管道上面，其净距不应小于 0.15m。

(4) 中水供水管道应考虑排空的可能性，以便于维修。

33.6.6 中水供水系统安装质量标准

(1) 中水高位水箱应与生活高位水箱分设在不同的房间内，如条件不允许只能设在同一房间时，与生活高位水箱的净距离应大于2m。止回阀安装位置和方向应正确，阀门启闭应灵活。

(2) 中水给水管道不得装设取水水嘴。便器冲洗宜采用密闭型设备和器具。绿化、浇洒、汽车冲洗宜采用壁式或地下式的给水栓。

(3) 中水供水管道严禁与生活饮用水给水管道连接，并应采取下列措施：

1) 中水管道外壁应涂浅绿色标志。

2) 中水池(箱)、阀门、水表及给水栓均应有"中水"标志。

3) 中水给水管道管材及配件应采用耐腐蚀的给水管管材及附件。

33.7 管道直饮水系统

33.7.1 管道直饮水系统的定义和分类

(1) 管道直饮水系统是指原水经过深度净化处理达到标准后，通过管道供给人们直接饮用的供水系统。这里所说的原水指的是未经深度净化处理的生活饮用水或任何与生活饮用水水质相近的水。

(2) 管道直饮水按照水源和水处理工艺的不同，分为管道饮用净水、管道饮用纯净水和其他类型的管道直饮水。

1) 管道饮用纯净水：是通过反渗透、蒸馏等净化处理方法

(脱盐率>95%)制成的管道直饮水。

2) 管道饮用净水：是通过微滤、超滤、纳滤等净化处理方法制成的管道直饮水。

(3) 具体可依照《管道直饮水系统技术规程》CJJ110 执行。

33.7.2 管道直饮水系统设置的一般规定

(1) 通常做法就是在居住小区内设净水站，将自来水进一步深度处理、加工和净化，在原有的自来水管道系统上，再增设一条独立的优质供水管道，将水输送到用户，供居民直接饮用。

(2) 管道直饮水系统采用的管材、管件、设备、辅助材料应符合国家现行有关标准，卫生性能应符合现行国家标准《生活饮用水输配水设备及防护材料的安全性评价标准》GB/T 17219 的规定。

(3) 管材应选用不锈钢管、铜管或其他符合食品级要求的优质给水塑料管和优质钢塑复合管；室内分户计量水表应采用直饮水水表；采用直饮水专用水嘴；系统中宜采用与管道同材质的管件及附配件。

(4) 管道直饮水系统用户端的水质应符合国家现行标准《饮用净水水质标准》CJ94 和《生活饮用水水质卫生规范》的要求。

(5) 管道直饮水系统应对原水进行深度净化处理。深度净化处理采用膜处理技术(包括微滤、超滤、纳滤和反渗透)，膜处理应根据处理后的水质标准和原水水质进行选择。

(6) 管道直饮水系统宜采用调速泵供水系统和处理设备置于屋顶的水箱重力式供水系统两种方式。管道直饮水系统必须是独立的系统。

(7) 管道直饮水系统设计应设循环管道，供回水管网应设计为同程式。

(8) 直饮水在供配水系统中的停留时间不应超过 12h。

(9) 配水管网循环立管上端和下端应设阀门，供水管网应设检修阀门。在管网最低端应设排水阀，管道最高处应设排气阀。排气阀应有滤菌、防尘装置。排水阀设置处不得有死水存留现象，排水口应有防污染措施。

(10) 管道直饮水系统回水宜回流至净水箱或原水水箱。回流到净水箱时，应加强消毒。采用供水泵兼做循环泵使用的系统时，循环回水管上应设置循环回水流量控制阀。

(11) 居住小区集中供水系统中每幢建筑的循环回水管接至室外回水管之前宜采用安装流量平衡阀等措施。

(12) 各用户从立管上接出的支管不宜大于 3m。

(13) 管道不应靠近热源。室内明装管道宜做隔热保温处理。

33.7.3 管道直饮水系统的施工安装要点

33.7.3.1 一般规定

(1) 同一工程应安装同类型的设施或管道配件，除有特殊要求外，应采用相同的安装方法。

(2) 不同的管材、管件或阀门连接时，应使用专用转换连接件。不得在塑料管上套丝。

(3) 管道安装前，管内外和接头处应清洁，受污染的管材和管件应清理干净；安装过程中严禁杂物及施工碎屑落入管内；施工后应及时对敞口管道采取临时封堵措施。

(4) 钢塑复合管套丝时应采用水溶性润滑油。

(5) 丝扣连接时，宜采用聚四氟乙烯生料带等材料，不得使用厚白漆、麻丝等对水质可能产生污染的材料。

(6) 当采用钢塑复合管材连接时，直饮水与钢管不得直接接触。

(7) 系统控制阀门应安装在易于操作的明显部位，不得安装在住户内。

33.7.3.2 管道敷设

(1) 室外埋地管道的覆土深度，应根据各地区土壤冰冻深度、车辆荷载、管道材质及管道交叉等因素确定，管顶最小覆土深度不得小于土壤冰冻线以下 0.15m，行车道下的管顶覆土深度不宜小于 0.7m。

(2) 当室外埋地管道采用塑料管时，在穿越小区道路时应设钢套管保护。

（3）室外埋地管道管沟的沟底应为原土层，或为夯实的回填土，沟底应平整，不得有突出的尖硬物体。沟底土壤的颗粒直径大于12mm时宜铺100mm厚的砂垫层。管周回填土不得夹杂硬物直接与管壁接触。应先用砂土或颗粒径不大于12mm的土壤回填至管顶上侧300mm处，经夯实后方可回填原土。

（4）埋地金属管道应做防腐处理。

（5）建筑物内埋地敷设的直饮水管道与排水管之间平行埋设时净距不应小于0.5m，交叉埋设时净距不应小于0.15m，且直饮水管应在排水管的上方。

（6）建筑物内埋地敷设的直饮水管道埋深不宜小于300mm。

（7）室外明装管道应进行保温隔热处理。

（8）室外明装管道宜在建筑装修完成后进行。

（9）室内直饮水管道与热水管上下平行敷设时应在热水管下方。

（10）直饮水管道不得敷设在烟道、风道、电梯井、排水沟、卫生间内。直饮水管道不宜穿越橱柜、壁柜。

（11）塑料直埋暗管封闭后，应在墙面或地面标明暗管的位置和走向。

（12）减压阀组的安装应符合下列规定：

1）减压阀组应先组装、试压，在系统试压合格后安装到管道上。

2）可调式减压阀组安装前应进行调压，并调至设计要求压力。

（13）水表安装应符合现行国家标准《冷水水表第2部分安装要求》GB/T 718.2的规定，外壳距墙壁净距不宜小于10～30mm，距上方障碍物不宜小于150mm。

33.7.3.3 设备安装

（1）净水设备的安装必须按照工艺要求进行。在线仪表安装位置和方向应正确，不得少装、漏装。

（2）筒体、水箱、滤器及膜的安装方向应正确，位置应合理，并应满足正常运行、换料、清洗和维修要求。

（3）设备与管道的连接及可能需要拆换的部分应采用活接头连接方式。

（4）设备排水应采取间接排水方式，不应与下水道直接连接，出口处应设防护网罩。

（5）设备、水泵等应采取可靠的减振装置，其噪声应符合现行国家标准《民用建筑隔声设计规范》GB J118的规定。

（6）设备中的阀门、取样口等应排列整齐，间隔均匀，不得渗漏。

33.7.3.4 管道试压、清洗和消毒

1. 管道试压

（1）管道安装完成后，应分别对立管、连通管及室外管段进行水压试验。系统中不同材质的管道应分别试压。水压试验必须符合设计要求。不得使用气压试验代替水压试验。

（2）当设计未注明时，各种材质的管道系统试验压力应为管道工作压力的1.5倍，且不得小于0.6MPa。暗装管道必须在隐蔽前进行试压及验收。热熔连接管道，水压试验时间应在连接完成24h后进行。

（3）金属及复合管管道系统在试验压力下观察10min，压力降不应大于0.02MPa，然后降到工作压力进行检查，管道及各连接处不得渗漏。

（4）塑料管管道系统在试验压力下稳压1h，压力降不得大于0.05MPa，然后在工作压力的1.15倍状态下稳压2h，压力降不得大于0.03MPa，管道及各连接处不得渗漏。

（5）净水水罐（箱）应做满水试验。

2. 管道清洗和消毒

（1）管道直饮水系统试压合格后应对整个系统进行清洗和消毒。

（2）直饮水系统冲洗前，应对系统内的仪表、水嘴等加以保护，并将有碍冲洗工作的减压阀等部件拆除，用临时短管代替，待冲洗后复位。

（3）管道直饮水系统应采用自来水进行冲洗。冲洗水流速宜大于2m/s，冲洗时应保证系统中每个环节均能被冲洗到。系统最低

点应设排水口，以保证系统中的冲洗水能完全排出。清洗标准为冲洗出口处（循环管出口）的水质与进水水质相同。

（4）直饮水系统较大时，应利用管网中设置的阀门分区、分幢、分单元进行冲洗。

（5）用户支管部分的管道使用前应再进行冲洗。

（6）在系统冲洗的过程中，应同时根据水质情况进行系统的调试。

（7）直饮水系统经冲洗后，采用消毒液对管网灌洗消毒。消毒液可采用含20～30mg/L的游离氯或过氧化氢溶液，或其他合适的消毒液。

（8）循环管出水口处的消毒液浓度应与进水口相同，消毒液在管网中应滞留24h以上。

（9）管网消毒后，应使用直饮水进行冲洗，直至各用水点出水水质与进水口相同为止。

（10）净水设备的调试应根据设计要求进行。石英砂、活性炭应全部清洗后才能正式通水运行；连接管道等正式使用前应进行清洗消毒。

33.7.3.5 施工验收

（1）管道直饮水系统安装及调试完成后，应进行验收。系统验收应符合下列规定：

1）工程施工质量应按照现行国家标准《建筑给水排水及采暖工程施工质量验收规范》GB 50242及《建筑工程施工质量验收统一标准》GB 50300进行验收。

2）机电设备安装质量应按照国家现行标准《电气装置安装工程低压电器施工及验收规范》GB 50254和《建筑电气工程施工质量验收规范》GB 50303的规定进行验收。

3）水质验收应经卫生监督管理部门检验，水质应符合国家现行标准《饮用净水水质标准》CJ 94的规定。水质采样点应符合《管道直饮水系统技术规程》CJJ 110的规定。

（2）竣工验收还应包含以下内容：

1）系统通水能力检验。按设计要求同时开放的最大数量的配水点应全部达到额定流量；

2）循环系统的循环水应顺利回至机房水箱内，并达到设计循环流量；

3）系统各类阀门的启闭灵活性和仪表指示的灵敏性；

4）系统工作压力的正确性；

5）管道支、吊架安装位置和牢固性；

6）连接点或接口的整洁、牢固和密封性；

7）控制设备中各按钮的灵活性，显示屏显示字符清晰度；

8）净水设备的产水量应达到设计要求；

9）如采用臭氧消毒，净水机房内空气的臭氧浓度应符合现行国家标准《室内空气质量标准》GB/T 18883的规定。

（3）系统竣工验收合格后施工单位应提供以下的文件资料：

1）施工图、竣工图及设计变更资料；

2）管材、管件及主要管道附件的产品质量保证书；

3）管材、管件及设备的省、直辖市级及以上卫生许可批件；

4）隐蔽工程验收和中间试验记录；

5）水压试验和通水能力检验记录；

6）管道清洗和消毒记录；

7）工程质量事故处理记录；

8）工程质量检验评定记录；

9）卫生监督部门出具的水质检验合格报告。

（4）验收合格后应将有关设计、施工及验收的文件立卷归档。

33.8　室内热水供应系统安装

33.8.1　热水供应系统组成与分类

33.8.1.1　热水供应系统的组成

热水供应系统主要由热源供应设备、换热设备、热水贮存设备、管道系统和其他设备组成。

（1）热源供应设备

热源供应设备主要是锅炉。当有条件时也可以利用工业余热、废热、地热、太阳能和电能为热源。

(2) 换热设备和热水贮存设备

换热设备主要指加热水箱和换热器，它们用蒸汽或高温水把冷水加热成热水。热水贮存设备用于贮存热水，有热水箱和热水罐。

(3) 管道系统

管道系统有冷水供应管道系统和热水供应管道系统。冷水供应管道系统主要是向锅炉、换热设备和热水贮存设备供应冷水；热水供应管道系统主要是向用水器具（如洗脸盆、洗涤池、浴盆、淋浴器等）供应热水。管道系统除管道外，还在管道上安装有阀门、补偿器、排气阀、泄水装置等附件。

(4) 其他设备

在全循环、半循环热水供应系统中，其循环管道上安装有循环水泵。为了控制加热水温，在换热设备的进热媒管道上安装有温度自控装置，在蒸汽管道末端安装疏水器。

33.8.1.2 热水供应系统的分类

(1) 按供水范围分类：局部热水供应系统、集中热水供应系统、区域热水供应系统。

(2) 按热水管网循环方式分类：无循环热水供应系统（布置方式见图 33-45）、全循环热水供应系统（布置方式见图 33-46）和半循环式热水供应系统。

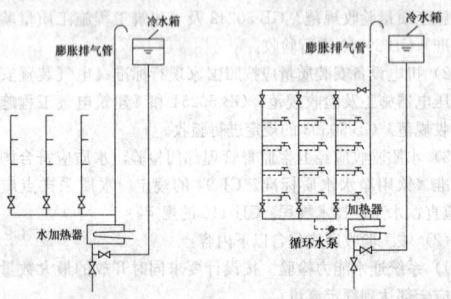

图 33-45　无循环热水供应系统　　图 33-46　全循环热水供应系统

半循环方式又分为干管循环和立管循环方式（布置方式见图 33-47、图 33-48）。

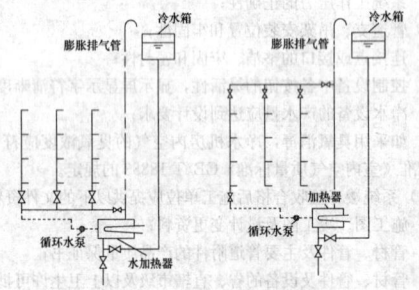

图 33-47　干管循环热水供应系统

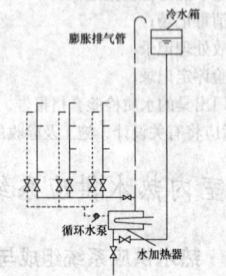

图 33-48　立管循环热水供应系统

(3) 按热水管网运行方式分类：全天循环热水供应系统、定时循环热水供应系统。

(4) 按热水管网循环动力分类：自然循环热水供应系统、机械循环热水供应系统。

(5) 按热水管网的压力工况，可分为开式和闭式两类。

(6) 按热水配水管网水平干管的位置不同，可分为下行上给供水方式和上行下给供水方式。

33.8.2　热水加热方式

生活热水系统常用的加热方式分为直接加热、间接加热、汽水混合加热等。

(1) 直接加热也称一次换热，是用加热设备把冷水直接加热到所需温度，或者是将蒸汽或高温水通过穿孔管或喷射器直接通入冷水混合制备热水（图 33-49、图 33-50）。如电加热（器）炉、燃气加热（器）炉、燃油加热炉、太阳能加热器等。

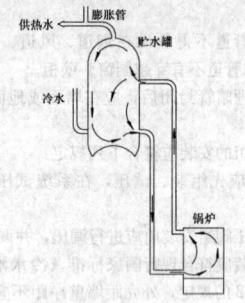

图 33-49　热水锅炉直接加热

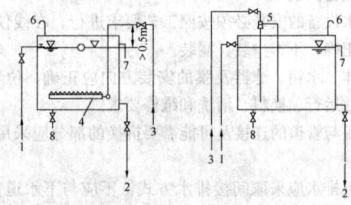

图 33-50　蒸汽多孔管和蒸汽混合喷射器直接加热
1—给水；2—热水；3—蒸汽；4—多孔管；
5—喷射器；6—通气管；7—溢水管；8—泄水管

(2) 间接加热也称二次换热，是将热媒通过水加热器把热量传递给冷水达到加热冷水的目的（图 33-51），在加热过程中热媒（台蒸汽）与被加热水不直接接触，如水-水换热器等。

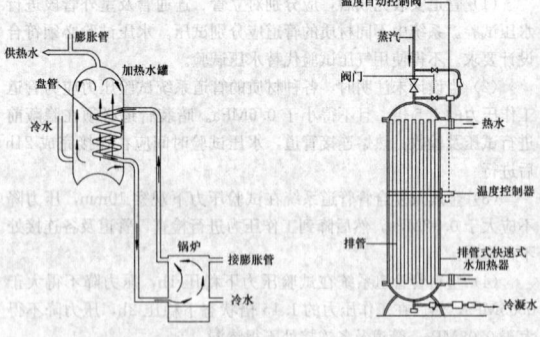

图 33-51　热水锅炉间接加热和蒸气—水加热器间接加热

(3) 汽水混合加热是将蒸汽直接通入水中的加热方式，开口的蒸汽管直接插在水中，在加热时，蒸汽压力大于开式加热水箱的水头，蒸汽从开口的蒸汽管进入水箱，在不加热时，蒸汽管内压力骤降，为防止加热水箱内的水倒流至蒸汽管，应采取防止热水倒流的措施，如提高蒸汽管标高、设置止回装置等，采用这中加热方式，必须保证稳定的蒸汽压力和供水压力，保证安全可靠的温度控制，否则，应在其后加贮热设备，以保证安全供水。

汽水混合加热会产生较高的噪声，影响人们的工作、生活和休

息，应采用消声混合器，可降低加热时的噪声，将噪声控制在允许范围内。

33.8.3　热水管道及附件安装

33.8.3.1　热水系统管道和管件的要求

由于热水供应系统的使用温度高、温差大，所以系统使用的管材、管件除应满足室内给水系统的相关要求外，还应满足以下要求和规定：

(1) 热水系统采用的管材和管件，应符合现行产品标准的要求。管道的工作压力和工作温度不得大于产品标准标定的允许工作压力和工作温度。

(2) 热水管道应选用耐腐蚀和安装连接方便可靠的管材。一般可采用薄壁铜管、不锈钢管、塑料热水管、塑料和金属复合热水管等。

当采用塑料热水管或塑料和金属复合热水管材时应符合下列要求：

1) 管道的工作压力应按相应温度下的允许工作压力选择；

2) 管件宜采用和管道相同的材质；

3) 定时供应热水不宜选用塑料热水管；

4) 设备机房内的管道不宜采用塑料热水管。

33.8.3.2　热水供应系统的附件安装

(1) 自动温度调节装置安装

热水供应系统中为实现节能节水、安全供水。在水加热设备的热媒管道上一般装设自动温度调节装置来控制出水温度。自动调温装置有直接式和电动式两种类型。自动温度调节装置安装位置要正确，接触紧密。

(2) 疏水器

热水供应系统以蒸汽作热媒时，为保证凝结水及时排放，同时又防止蒸汽漏失，在用汽设备的凝结水回水管上应每台设备设疏水器，当水加热器的换热设备确保凝结水回水温度不大于80℃时，可不装疏水器。

疏水器的安装符合下列要求：

1) 疏水器的安装位置应便于检修，并尽量靠近用汽设备，安装高度应低于设备或蒸汽管道底部150mm以上，以便凝结水排出。

2) 浮筒式或钟形浮子式疏水器应水平安装。

3) 加热设备宜各自单独安装疏水器，以保证系统正常工作。

4) 疏水器一般不装设旁通管道，但对于特别重要的加热设备，如不允许短时间中断排除凝结水或生产上要求速热时，可考虑装设旁通道。旁通管应在疏水器上方或同一平面上安装，避免在疏水器下方安装。

5) 当采用余压回水系统，回水管高于疏水器时，应在疏水器后装设止回阀。

6) 当疏水器距加热设备较远时，宜在疏水器与加热设备之间安装回汽支管。

7) 当凝结水量很大，一个疏水器不能排除时，则需几个疏水器并联安装。并联安装的疏水器应同型号、同规格，一般宜并联2个或3个疏水器，且必须安装在同一平面内。

(3) 减压阀

热水供应系统中的加热器以蒸汽为热媒时，若蒸汽管道供应的压力大于水加热器的需求压力，则应设减压阀把蒸汽压力降到需要值，才能保证设备使用安全。

减压阀是利用流体通过阀瓣产生阻力而减压并达到所求值的自动调节阀，其阀后压力可在一定范围内进行调整。减压阀按其结构形式可分为薄膜式、活塞式和波纹管式三类。

减压阀的安装要求：

1) 减压阀应安装在水平管道上，阀体应保持垂直。

2) 阀前、阀后均应安装闸阀和压力表，阀后应设安全阀，一般情况下还应设置旁通管。

(4) 自动排气阀

为排除热水管道系统中热水气化产生的气体，以保证管内热水畅通，防止管道腐蚀，上行下给式系统的配水干管最高处应自动排气阀。

(5) 膨胀管、膨胀水罐和安全阀

在集中热水供应系统中，冷水被加热后，水的体积要膨胀，如果热水系统是密闭的，在卫生器具不用水时，必然会增加系统的压力，有胀裂管道的危险，因此需要设置膨胀管、安全阀或膨胀水罐。

1) 膨胀管用于高位冷水箱向水加热器供应冷水的开式热水系统，膨胀管的设置应符合下列要求：

当热水系统由生活饮用高位冷水箱补水时，不得将膨胀管引至高位冷水箱上空，以防止热水系统中的水体升温膨胀时，将膨胀的水量返至生活用冷水箱，引起冷水箱内水体的热污染。通常可将膨胀管引入同一建筑物的中水供水箱、专用消防供水箱等非生活饮用水箱的上空。

膨胀管上严禁装设阀门，且应防冻，以确保热水供应系统的安全。

2) 膨胀水罐

闭式热水供应系统的日用热水量＞10m³时，应设压力膨胀水罐（隔膜式或胶囊式）以吸收贮热设备及管道内水升温时的膨胀量，防止系统超压，保证系统安全运行。压力膨胀水罐宜设置在水加热器和止回阀之间的冷水进水管或热水回水管的分支管上。

3) 安全阀

闭式热水供应系统的日用热水量≤10m³时，可采用设安全阀泄压的措施。承压热水锅炉应设安全阀，并由制造厂配套提供。开式热水供应系统的热水锅炉和水加热器可不装安全阀（劳动部门有要求者除外）。设置安全阀的具体要求如下：

水加热器采用微启式弹簧安全阀，安全阀应设防止随意调整螺丝的装置。

安全阀的开启压力，一般取热水系统工作压力的1.1倍，但不得大于水加热器本体的设计压力。

安全阀应直立安装在水加热器的顶部。

安全阀装设位置应便于检修。其排出口应设导管将排泄的热水引至安全地点。

安全阀与设备之间，不得装设取水管、引气管或阀门。

(6) 自然补偿管道和伸缩器

热水供应系统中管道因受热膨胀而伸长，为保证管网使用安全，在热水管网上应采取补偿管道温度伸缩的措施，以避免管道因为承受了超过自身所许可的内应力而导致弯曲甚至破裂。

补偿管道热伸长技术措施有两种，即自然补偿和设置伸缩器补偿。自然补偿即利用管道敷设自然形成的L形或Z形弯曲管段，来补偿管道的温度变形。通常的做法是在转弯前后的直线段上设置固定支架，让其伸缩在弯头处补偿。弯曲两侧管段的长度不宜超过表33-74中数值。

不同管材弯曲两侧管段允许的长度　表33-74

管材	薄壁铜管	薄壁不锈钢管	衬塑钢管	PP-R	PEX	PB	铝塑管
长度 (m)	10.0	10.0	8.0	1.5	1.5	2.0	3.0

当直线管段较长，不能依靠管路弯曲的自然补偿作用时，每隔一定的距离应设置不锈钢波纹管、多球橡胶软管等伸缩器来补偿管道伸缩量。

热水管道系统中使用最方便、效果最佳的是波形伸缩器，即用不锈钢制成的波纹管，用法兰或螺纹连接，具有安装方便、节省面积、外形美观及耐高温、耐腐蚀、寿命长等优点。

另外，近年来也有在热水管中采用可曲挠橡胶接头代伸缩器的做法，但必须注意采用耐热橡胶。

33.8.3.3　热水系统管道和管件安装

热水系统管道和管件安装参见"33.2室内给水系统安装"的相应要求

33.8.4　附属设备安装

附属设备主要有换热器、热水器、水箱、水泵等，热水器指住宅等民用建筑中局部热水供应的燃气热水器、电热水器和太阳能热水器。

33.8.4.1 换热器安装

1. 设备基础验收及处理

(1) 设备安装前，应对基础进行检查，混凝土基础的外形尺寸、坐标位置及预埋件，应符合设备图纸的要求。

(2) 预埋地脚螺栓的螺纹，应无损坏、锈蚀，且有保护措施。

(3) 滑动端预埋板上表面的标高、纵横向中心线及外形尺寸、地脚螺栓，应符合设计图纸的要求。

(4) 预埋板表面应光滑平整，不得有挂渣、飞溅及油污。

(5) 在基础验收合格后，在放置垫铁的位置处凿出麻面。

2. 垫铁的选用及安装要求

(1) 设备每个地脚螺栓近旁放置一组垫铁，垫铁组尽量靠近地脚螺栓。

(2) 垫铁组放置尽量放在设备底座的加强筋下，相邻两垫铁组的距离宜为 500m。

(3) 每一组垫铁组的高度一般为 30~70mm，且不超过 5 块，设备安装后垫铁露出设备支板边缘 10~20mm。斜垫铁成对使用，斜面要相向使用，搭接长度不小于全长的 3/4，偏斜角度不超过 3°。

3. 设备及其附件检查

(1) 设备及其附件进场后应进行检验，并需提供出厂合格证及安装说明书。

(2) 设备开箱应由施工方、生产厂家和建设单位（监理单位）几方共同参加，按照装箱清单，逐一核实设备及零部件的名称、型号和规格。

(3) 检查设备和零部件的外观和包装情况，如有缺陷损坏和锈蚀，应做出记录，并报建设单位进行处理。

(4) 开箱检查完好的设备如不能马上就位，必须对设备及其零、部件和专用工具妥善保管，不得使其变形、损坏、锈蚀、错乱或丢失。

(5) 设备和备件、附件及技术文件等验收时，应清点登记，并妥善保管，形成验收记录。

(6) 换热设备存放地点，应设在地势较高，易排水，道路通畅的场所。在露天存放的换热设备，应用不透明的覆盖物遮盖，所有管口必须封闭。

(7) 不锈钢换热设备的壳体、管束及板片等不得与碳钢设备及碳钢材料接触混放。

4. 换热设备安装

(1) 换热设备安装前，设备上的油污、泥土等杂物均应清除干净。

(2) 根据设计图纸核对设备的管口方位、中心线和重心位置，确认无误后方可就位。设备的找正与找平应按基础上的安装基准线（中心标记、水平标记）对应设备上的基准测点进行调整和测量。设备各支架的底面标高应以基础上的标高基准线为基准。

(3) 整体换热器安装：根据现场条件采用叉车、滚杠等将换热器运到安装部位；采用汽车吊、拔杆、悬吊式滑轮组等设备机具将换热器吊到预先准备好的支架或支座上，同时进行设备定位复核（许多整体换热器都带有支座，直接吊装到位即可）。

(4) 设备找平，应采用垫铁或其他调整件进行，严禁采用改变地脚螺栓紧固程度的方法。

(5) 换热设备安装的允许偏差，应符合规范要求。

(6) 卧式换热设备的安装坡度，应按设计图样或技术文件的要求确定。

(7) 滑动支座上的开孔位置、形状尺寸，应符合设计图样要求。

(8) 地脚螺栓与相应的长圆孔两端的间距，应符合设计图样或技术文件的要求。不符合要求时，允许扩孔修理。

(9) 换热器设备安装合格后应及时紧固地脚螺栓。

(10) 换热设备的配管完成后，应松动滑动端支座螺母，使其与支座板面间留出 1~3mm 的间隙，然后再安装一个锁紧螺母。

(11) 换热器重叠安装时，应按制造厂的施工图样进行组装。重叠支座间的调整垫板，应在试压合格后焊在下层换热设备的支座上。

(12) 对热交换器以最大工作压力的 1.5 倍做水压试验，蒸汽部分应不低于蒸汽供汽压力加 0.3MPa；热水部分应不低于 0.4MPa。在试验压力下，保持 10min 压力不降为合格。

(13) 壳管式热交换器的安装，如设计无要求时，其封头与墙壁或屋顶的距离不得小于换热管的长度。

(14) 管道连接和仪表安装：各种控制阀门应布置在便于操作和维修的部位。仪表安装位置便于观察和更换。交换器蒸汽入口处应按要求装设减压装置。交换器上应装压力表和安全阀。回水入口应设置温度计，热水出口应设温度计和放气阀。

(15) 换热器安装完毕进行保温施工。

33.8.4.2 太阳能热水器安装

太阳能热水器由集热器储热水箱管道控制器、支架及其他部件等组成。太阳能热水器按运行方式分为自然循环和强制循环；按集热器的形式分为平板型、全玻璃真空管型和热管真空管型。

(1) 安装准备，根据设计要求开箱核对热水器的规格型号是否正确，配件是否齐全，清理现场，画线定位。

(2) 支座制作安装，应根据设计详图配制，一般为成品现场组装。其支座架地面盘安装应符合设计要求。

(3) 热水器设备组装：

1) 在安装太阳能集热器玻璃前，应对集热排管和上、下集热管作水压试验，试验压力为工作压力的 1.5 倍。试验压力下 10min 内压力不降，不渗不漏为合格。

2) 制作吸热钢板凹槽时，其圆度应准确，间距应一致。安装集热排管时，应用卡箍和钢丝紧固在钢板凹槽内。

3) 安装固定式太阳能热水器朝向应正南，如受条件限制时，其偏移角不得大于 15°。集热器的倾角，对于春、夏、秋三个季节使用的，应采用当地纬度为倾角；若以夏季为主，可比当地纬度减少 10°。

4) 太阳能热水器的最低处应安装泄水装置。

5) 太阳能热水器安装的允许偏差应符合表 33-75 的规定。

太阳能热水器安装的允许偏差和检验方法 表 33-75

项　目			允许偏差	检验方法
板式直管太阳能热水器	标高	中心线距地面 (mm)	±20	尺量
	固定安装朝向	最大偏移角	不大于 15°	分度仪检查

(4) 直接加热的贮热水箱制作安装：

1) 给水应引至水箱底部，可采用补偿水箱或漏斗配水方式。

2) 热水应从水箱上部流出，接管高度一般比上循环管进口低 50~100mm，为保证水箱内的水能全部使用，应从水箱底部接出管与上部热水管并联。

3) 上循环管接自水箱上部，一般比水箱顶低 200mm 左右，并要保证正常循环时淹没在水面以下，并使浮球阀安装后工作正常。

4) 下循环管接自水箱下部，为防止水箱沉积物进入集热器，出水口宜高出水箱底 50mm 以上。

5) 由集热器上、下集管接往热水箱的循环管道，应有不小于 0.5‰ 的坡度。

6) 水箱应设有泄水管、透水管、溢流管和需要的仪表装置。

7) 自然循环的热水箱底部与集热器上集管之间的距离为 0.3~1.0m，上下集管设在集热器以外时应高出 600mm 以上。

(5) 自然循环系统管道安装：

1) 为减少循环水头损失，应尽力缩短上、下循环管道的长度和减少弯头数量，应采用大于 4 倍曲率半径、内壁光滑的弯头和顺流三通。

2) 管路上不宜设置阀门。

3) 在设置几台集热器时，集热器可以并联、串联或混联，循环管路应对称安装，各回路的循环水头损失平衡。

4) 循环管路（包括上下集管）安装应有不小于 1% 的坡度，以便于排气。管路最高点应设通气管或自动排气阀。

5) 循环管路系统最低点应加泄水阀，使系统存水能全部泄净。

每台集热器出口应加温度计。

6) 机械循环系统适合大型热水器设备使用。安装要求与自然循环系统基本相同，还应注意以下几点：

水泵安装应能满足系统100℃高温下正常运行。

间歇加热系统高点应设膨胀管或膨胀水箱。

7) 热水器系统安装完毕，在交工前按设计要求安装温控仪表。

8) 凡以水作介质的太阳能热水器，在0℃以下地区使用，应采取防冻措施。热水箱及上、下集管等循环管道均应保温。

9) 太阳能热水器系统交工前进行调试运行。系统上满水，排除空气，检查循环管路有无气阻和滞流，机械循环系统应检查水泵运行情况及各回路温升是否均衡，做好温升记录，水通过集热器一般应升温3~5℃。符合要求后办理交工验收手续。

33.8.4.3 电热水器安装

电热水器分为贮水式和快速式两种：

(1) 电热水器不应安装在易燃物堆放或对燃气管、表或电气设备产生影响及有腐蚀性气体和灰尘多的地方。

(2) 电热水器必须带有接地等保证使用安全的装置。

(3) 不同容量壁挂式电热水器的湿重范围为50~160kg，通过支架挂在墙上，应按不同的墙体承载能力确定安装方法。对承重墙用膨胀螺钉固定支架；对轻质薄墙及墙厚小于120mm的砌体应采用穿透螺栓固定支架；对加气混凝土等非承重砌块用膨胀螺钉固定支架，并加托架支撑热水器本体。

(4) 落地贮水式电热水器应放在室内平整的地面或者高度50mm以上的基座上。

(5) 热水器的安装位置宜尽量靠近热水使用点，并留有足够空间进行操作维修或更换零件。

(6) 贮水式电热水器，给水管道上应设置止回阀；当水压力超过热水器铭牌上规定的最大压力值时，应在止回阀前设减压阀。

33.8.4.4 燃气热水器安装

燃气热水器按给排气方式及安装位置分为烟道式、强制排气式、平衡式、室外式和强制给排气式；按构造分为容积式和快通式。

(1) 燃气热水器不应安装在易燃物堆放或对燃气管、表或电气设备产生影响及有腐蚀性气体和灰尘多的地方。

(2) 燃气热水器必须带有保证使用安全的装置。严禁在浴室内安装直接排气式燃气热水器等在使用空间内积聚有害气体的加热设备。

(3) 对燃气容积式热水器，给水管道上应设置止回阀；当给水压力超过热水器铭牌上规定的最大压力值时，应在止回阀前设减压阀。

(4) 燃气热水器应安装在不可燃材料建造的墙面上。当安装部位是可燃材料或难燃材料时，应采用金属防热板隔热，隔热板与墙面距离应大于10mm。排气管、给排气管穿墙部分可采用设预制带洞混凝土块或预埋钢管留洞方式。

(5) 燃气热水器所配备的排气管或给排气管应采用不锈钢或钢板双面搪瓷处理（厚度不小于0.3mm），或同等级耐腐、耐温及耐燃的其他材料。其密封件应采用耐腐蚀的性材料。

(6) 热水器本体与可燃材料、难燃材料装修的建筑物部位的间隔距离应大于表33-76的数值。

热水器与可燃材料、难燃材料装修的建筑物部位的最小距离（mm）　　　　表33-76

型　式		间　隔　距　离			
		上方	侧方	后方	前方
室内式	烟道式强制排气式 热负荷11.6kW以下	—	45	45	45
	烟道式强制排气式 热负荷11.6~69.8kW	—	150 (45)	150 (45)	150
	平衡式强制给排气式 快速式	45	45	45	45
	平衡式强制给排气式 容积式	45	45	45	45

续表

型　式		间　隔　距　离			
		上方	侧方	后方	前方
室外式	自然排气式 无烟罩	600 (300)	150 (45)	150 (45)	150
	自然排气式 有烟罩	150 (100)	150 (45)	150 (45)	150
	强制排气式	150 (45)	150 (45)	150 (45)	150 (45)

注：( ) 内表示安装隔热板时的最小距离。

(7) 热水器的排气筒、给排气筒与可燃材料、难燃材料装修的建筑物间的相隔距离应符合下表33-77要求。

(8) 排气筒、给排气筒风帽与周围建筑物的相隔距离。

烟道式热水器的排气筒风帽伸出屋顶的垂直高度必须大于600mm，并高出相邻1000mm建筑物屋檐600mm以上，以避开正压区，防止倒烟。

强制排气式、平衡式、强制给排气式风帽排气出口与可燃材料、难燃材料装修的建筑物的距离，以及室外式的排气出口与周围的距离应符合有关规定。

排气筒、给排气筒与可燃材料、难燃材料装修的建筑物间距离（mm）　　　　表33-77

烟气温度		260℃及以上	260℃以下	
部位		排气筒	排气筒	给排气筒
开放部位	无隔热层	150以上	D/2以上	0以上
	有隔热层	隔热层厚度100以上时，0以上	隔热层厚度20以上时，0以上	—
隐蔽部位		隔热层厚度100以上时，0以上	隔热层厚度20以上时，0以上	20以上
贯通部位措施		应有下列措施之一 (1) 150以上的空间 (2) 钢制保护板：150以上 (3) 混凝土保护板：100以上	应有下列措施之一 (1) D/2以上的空间 (2) 钢制保护板：D/2以上 (3) 非金属不燃材料卷制或缠绕：20以上	0以上

注：D为排气筒直径。

33.8.4.5 水泵安装

水泵安装参见室内给水系统。

33.8.4.6 水箱安装

水箱安装参见室内给水系统。

33.8.5 系统试验与调试

33.8.5.1 系统试验

(1) 热水供应系统安装完毕，管道保温之前应进行水压试验

1) 试验压力应符合设计要求。当设计未注明时，热水供应系统水压试验压力应为系统顶点的工作压力加0.1MPa，同时在系统顶点的试验压力不小于0.3MPa。

2) 钢管或复合管道系统试验压力下10min内压力降不大于0.02MPa，然后降至工作压力检查，压力应不降，且水渗不漏；塑料管道系统在试验压力下稳压1h，压力降不得超过0.05MPa，然后在工作压力1.15倍状态下稳压2h，压力降不得超过0.03MPa，连接处不得渗漏。

3) 热水供应系统调试前，必须对热水供水、回水及凝结水进行冲洗，以清除管道内的焊渣、锈屑等杂物，一般在管道压力试验合格后进行。对于管道内杂质较多的管道系统，可在压力试验合格前进行。冲洗前，应将阻碍水流流通的调节阀、减压阀及其他可能损坏的温度计等仪表拆除，待冲洗合格后重新装上。如管道分支较多、末端截面较小时，可将干管中的阀门拆掉1~2个，分段进行清洗；如分支管道不多，排水管可以从管道末端接出，排水管截面

积不应小于被冲洗管道截面积的60%。排水管应接至排水井或排水沟，并应保证排泄和安全。冲洗时，以系统可能达到的最大压力和流量进行，同时开启设计要求同时开放的最大数量的配水点，直至所有配水点均放出洁净水为合格。

（2）辅助设备要进行单机调试

水箱试水合格，水泵应进行2h的单机试运转合格，热水锅炉、热水器要调试合格。

33.8.5.2 系统调试

（1）系统按照设计要求全部安装完毕、工序检验合格后，开始进行全面、有效地各项调试工作。

（2）制订调试人员分工处理紧急情况的各项措施，备好修理、排水、通讯及照明等器具。

（3）调试人员按责任分工，分别检查采暖系统中的泄水阀门是否关闭，立、支管上阀门是否打开。

（4）向系统内充入热水，打开系统最高点的放气阀门，同时应反复开闭系统的最高点放气阀，直至系统中冷空气排净为止。充水前应先关闭用户入口内的总供水阀门，开启循环管和总回水管的阀门，由回水总干管送热水，以利系统排除空气。待系统的最高点充满水后再打开总供水阀，关闭循环管阀门，使系统正常循环。

（5）在巡查中如发现问题，先查明原因在最小的范围内关闭供、回水阀门。及时处理和返修，修好后随即开启阀门。

（6）系统正常运行后，如发现热水不均，应调整各个分路、立管和支管上的阀门，使其基本达到平衡。

33.9　特殊建筑给水排水系统安装

33.9.1　游泳池水系统

33.9.1.1　水循环系统的安装

（1）游泳池应设置循环净化水系统。

（2）池水的循环应保证被净化过的水能均匀地到达游泳池的各个部位；应保证池水能均匀、有效排除，并回到池水净化处理系统进行处理。

（3）不同使用要求的游泳池应分别设置各自独立的池水循环净化过滤系统。对符合第四条规定的水上游乐池，多座水上游乐池可共用一套池水循环净化过滤系统。

（4）水上游乐池采用多座不连通的池子共用一套池水循环净化系统式应符合下列规定：

1）净化后的池水应经过分水器分别接至不同用途的游乐池；

2）应有确保每个池子的循环水流量、水温的措施。

（5）水上游乐设施功能性循环给水系统的设置，应符合下列规定：

1）滑道润滑水和环流河的水推流系统应采用独立的循环给排水系统；

2）瀑布和喷泉宜采用独立的循环给水系统；

3）根据数量、水量、水压和分布地点等因素，一般水景宜合成若干组循环给水系统。

（6）儿童戏水池设置的水滑梯的润滑水供应，应符合下列规定：

1）儿童戏水池补充水利用城市自来水直接供应时，供水管应设倒流防止器；

2）从池水循环净化系统单独接出管道供水时，供水管应设控制阀门；

3）润滑水供水量和供水管径可根据供应商产品要求确定，但设计时应进行核算。

33.9.1.2　水的净化

1. 一般规定

（1）池水净化工艺及设备配置应保证出水水质符合本规程要求。

（2）池水净化工艺应保证各工序环节工作运行可靠，且符合安全运行要求。配置的设备应有适量的备用余量。

（3）池水净化工艺的主要设备宜设置运行参数检测和动态监测

控制的仪表。

（4）过滤器（机组）的设置应符合下列规定：

1）数量应根据循环水量、出水水质、运行时间和维护条件等，经技术经济比较确定，过滤器可不设备用。但每座游泳池不宜少于2台；

2）过滤器宜按24h连续运行设计；

3）不同用途的游泳池的过滤器应分开设置；

4）压力过滤器宜采用立式，当石英砂压力过滤器直径大于2.6m时应采用卧式；单个石英砂过滤器的过滤面积不宜大于10.0m²；

5）重力式过滤器应采取应对因突然停电池水溢流事故的措施。

2. 净化工艺

（1）池水循环运行工艺流程应根据游泳池的用途、水质要求、游泳池负荷、消毒方式等因素确定。

（2）采用石英砂过滤器时，宜采用如下池水净化工艺流程：

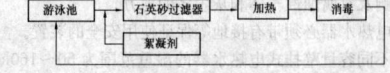

（3）采用硅藻土过滤器时，宜采用如下净化工艺流程：

游泳池 → 硅藻土过滤器 → 加热 → 消毒

（4）如采用臭氧消毒时，按池水消毒相关规定执行。

3. 预净化设备

（1）使用过的池水在进行过滤净化之前，应先经过毛发聚集器对池水进行预净化。

（2）毛发聚集器的设置应符合下列规定：

1）应装设在循环水泵的吸水管上；

2）过滤筒（网）可以清洗或更换；

3）当为两台循环水泵时，应交替运行。

（3）毛发聚集器的构造应符合下列规定：

1）外壳耐压不应小于0.4MPa，且构造应简单，方便拆卸；

2）外壳应为耐腐蚀的材料，如为碳钢或铸钢材质时，应进行防锈处理；

3）过滤芯为过滤筒时，孔眼的总面积不应小于连接管道截面面积的2.0倍，过滤筒的孔眼直径宜采用3~4mm；

4）过滤芯为过滤网时，过滤网眼宜采用10~15目；

5）过滤筒（网）应采用耐腐蚀的铜、不锈钢或高密度塑料等材料制造。

4. 石英砂过滤器

（1）石英砂过滤器内的滤料应符合下列规定：

1）比表面积大、孔隙率高、截污能力强、使用周期长；

2）不含杂物和污泥，不含危害游泳者健康的有毒、有害物质；

3）化学性能稳定，不恶化水质；

4）机械强度高，耐磨损，抗压性能好。

（2）石英砂压力过滤器的过滤速度宜按下列规定选用：

1）竞赛池、公共池、专用池、休闲游乐池等，宜采用15~25m/h中速过滤；

2）私人池、放松池等，可采用超过本规程规定的过滤速度。

（3）压力过滤器的滤料组成、过滤速度和滤料层厚度，应经试验后确定。当试验有困难时，可按表33-78选用。

压力过滤器的滤料组成、过滤速度和滤料层厚度选用表

表33-78

滤料种类		滤料组成粒径（mm）			过滤速度（m/h）
		粒径（mm）	不均匀系数（K80）	厚度（mm）	
单层滤料	级配石英砂	$D_{min}=0.50$ $D_{max}=1.00$	<2.0	≤700	15~25
	均匀石英砂	$D_{min}=0.60$ $D_{max}=0.80$	<1.40	≥700	15~25
		$D_{min}=0.50$ $D_{max}=0.70$			

续表

滤料种类		滤料组成粒径（mm）			过滤速度（m/h）
		粒径（mm）	不均匀系数（K80）	厚度（mm）	
双层滤料	无烟煤	D_{min}=0.85 D_{max}=1.60	<2.0	300～400	14～18
	石英砂	D_{min}=0.50 D_{max}=1.00		300～400	
多层滤料	沸石	D_{min}=0.75 D_{max}=1.20	<1.70	350	20～30
	活性炭	D_{min}=1.20 D_{max}=2.00	<1.70	600	
	石英砂	D_{min}=0.80 D_{max}=1.20	<1.70	400	

注：1. 其他滤料如纤维球、树脂、纸芯等，可按生产厂商提供并经有关部门认证的数据选用；

2. 滤料的相对密度：石英砂 2.5～2.7、无烟煤 1.4～1.6、重质矿石 4.4～5.2；

3. 压力过滤器的承托厚度和卵石粒径，可根据配水形式按生产厂提供并经有关部门认证的资料确定。

（4）石英砂压力过滤器应符合下列规定：

1）应设置保证布水均匀的布水装置；

2）集水、配水装置下面的死水区宜采用混凝土填充；

3）应设置检修孔、进水管、出水管、泄水管、自动排气机、人工排气管、取样管、观察窗、卸料口、各类阀件和各种仪表；

4）必要时，还应设置空气反冲洗或表面冲洗装置；

5）反冲洗排水管应设可观察冲洗排水清澈度的透明管段或装置。

（5）压力过滤器采用石英砂或石英砂-无烟煤作为滤料时，承托的组成和厚度应根据配水形式经试验确定；有困难时，可按下列规定确定：

1）采用大阻力配水系统时，可按表 33-79 采用；

大阻力配水系统滤料选用表（mm）　　表 33-79

层次（自上而下）	材料	粒径（mm）	厚度
1	卵石	2.0～4.0	100
2	卵石	4.0～8.0	100
3	卵石	8.0～16.0	100
4	卵石	16.0～32.0	100（从配水系统管顶算起）

2）采用中阻力配水系统或小阻力配水系统时，承托层应由粒径为 1～2mm 的粗砂层组成，其厚度应高出配水系统管顶或滤头帽顶不小于 100mm。

5. 硅藻土过滤器

（1）硅藻土过滤器的选用宜符合下列规定：

1）宜采用牌号为 700 号硅藻土助滤剂；

2）单位过滤面积的硅藻土用量宜为 0.5～1.0kg/m²；

3）硅藻土预涂膜厚度不应小于 2mm，且厚度应均匀一致；

4）根据所用硅藻土特性和出水水质要求，过滤速度应经试验确定。

（2）硅藻土过滤器外壳及附件的材质质量应符合下列规定：

1）板框式硅藻土过滤器的板框应用高强度、耐压、耐腐蚀、不变形和不污染水质的工程塑料；

2）烛式压力硅藻土过滤器外壳的材质应符合规定；

3）硅藻土过滤器滤元的材质不应变形，并耐腐蚀；

4）滤布（网）应纺织密度均匀、伸缩性小、捕捉性能强。

（3）采用硅藻土过滤机时不应少于 2 台。

6. 过滤器反冲洗

（1）过滤器应采用水进行反冲洗。有条件时，石英砂过滤器宜采用气、水组合进行冲洗。

（2）过滤器宜采用池水进行反冲洗，如采用城市生活饮用水反冲洗时，应设隔断水箱。

（3）重力式过滤器的反冲洗，应按有关标准和设备制造厂商提供的产品要求确定。

（4）压力过滤器采用水反冲洗时的反冲强度和反冲时间，可按表 33-80 执行。

反冲强度和反冲时间要求表　　表 33-80

滤料类型		反冲洗强度[L/(s·m²)]	膨胀率(%)	冲洗持续时间(min)
单层石英砂		12～15	45	10～8
双层滤料		13～16	50	10～8
三层滤料		16～17	55	7～5
硅藻土	板框式	1.4		1～2
	烛式	3.0		1～2

（5）过滤器的反冲洗应符合下列规定：

1）利用城市生活饮用水时，水质应符合现行国家标准《生活饮用水水质标准》GB 5749 的要求；

2）利用游泳池水时，反冲洗应在游泳池每日停止使用后进行。

（6）压力过滤器采用气、水组合反冲洗时，应符合下列规定：

1）气源应洁净、不含杂质、无油污；

2）应先气冲洗，后水冲洗；

3）气水冲洗强度及冲洗持续时间，可按表 33-81 采用。

气水冲洗强度及冲洗持续时间选用表　　表 33-81

滤料类别	先气冲洗		后水冲洗	
	强度[L/(s·m²)]	持续时间(min)	强度[L/(s·m²)]	持续时间(min)
单层级配砂滤料	15～20	3～1	8～10	7～5
双层煤、砂级配滤料	15～20	3～1	6.5～10	6～5

（7）压力过滤器的反冲洗排水管不得直接与其他排水管连接。当有困难时，应设置防止污水或雨水倒流的装置。

33.9.1.3　游泳池其他附属设施安装要求

（1）游泳池的给水口、回水口、泄水口应采用耐腐蚀的铜、不锈钢、塑料等材料制造。溢流槽、格栅应为耐腐蚀材料制造，并为组装型。安装时其外表面应与池壁或池底面相平。

检验方法：观察检查。

（2）游泳池的毛发聚集器应采用铜或不锈钢等耐腐蚀材料制造，过滤筒（网）的孔径应不大于 3mm，其面积应为连接管截面积的 1.5～2 倍。

检验方法：观察和尺量计算方法。

（3）游泳池地面，应采取有效措施防止冲洗排水流入池内。

检验方法：观察检查。

（4）游泳池循环水系统加药（混凝剂）的药品溶解池、溶液池及定量投加设备应采用耐腐蚀材料制作。输送溶液的管道应采用塑料管、胶管或铜管。

检验方法：观察检查。

（5）游泳池的浸脚、浸腰消毒池的给水管、投药管、溢流管、循环管和泄空管应采用耐腐蚀材料制成。

33.9.1.4　系统试验与调试

1. 管道检测和试验

（1）施工安装单位应由质检人员对施工安装质量进行检验并应做好文字记录。

（2）建设单位和施工监理部门应委派质检人员对工程质量进行全程监督和检查。

（3）质检人员应按设计文件和产品说明书对管道进行如下内容的外观检查：

1）管道规格、位置、标高，阀门、各种仪表及支承件数量；

2）管道连接处表面洁净度。

（4）各种承压管道系统和设备，均应做水压试验；非承压管道系统和设备应做灌水试验。

（5）管道水压试验前具备的条件应符合下列规定：

1）塑料管道系统应安装完毕并在常温下养护 24h，且经外观

检查合格后，方可进行水压试验；

2）应关闭所有设备与管道连接的隔断阀门、封堵管道甩口，并打开管道系统上的管道阀门；

3）试验压力表应经过校验，精度不得低于 1.5 级，表盘面压力刻度值应为试验压力的 2 倍，表的数量不得少于 2 块；压力表应安装在系统的最低部位，试验加压泵在试验压力表附近。

4）试用用水应符合现行国家标准《生活饮用水卫生标准》GB 5749 要求。水压试验时的环境温度不得低于 5℃；冬季水压试验时应采取有效防冻措施，并应在试验后立即泄空管内试用用水。

5）水压试验应进行 1h 的强度试验和 2h 的严密性试验，并应按相关规定做好实验记录。

（6）强度试验压力应为 1.5 倍的设计压力，但不应小于 0.60MPa 的水压进行试验，并应按下列规定进行：

1）应向管内缓慢充试验用水，并彻底排除管内空气。

2）用加压泵缓慢补水将压力升高至试验压力后，升压时间不得少于 10min。

3）管道加压到规定的实验压力后，应停止加压并稳压 1h，如压力降不超过 0.05MPa，可判定为强度试验合格。

（7）严密性试验应在强度试压合格后立即连续进行，并应将强度试验压力降低至管道设计工作压力的 1.15 倍的水压状态下稳压 2h；如压力降不超过 0.03MPa，同时管道所有连接部位无渗漏，可判定为严密试验合格。

（8）非压力流管道应按现行国家标准《建筑给水排水及采暖工程施工质量验收规范》GB 50242 中的规定进行闭水试验。

（9）埋入混凝土垫层内的管道，应在水压试验合格后，进行后续土建施工，并应有确保土建施工不损坏管道的措施。

2. 设备检测和测试

（1）单机水泵的检测和实验内容及要求应符合现行国家标准《压缩机、风机、泵安装工程施工及验收规范》GB 50275 的有关规定。

（2）所有设备应由生产厂按国家现行有关标准进行检测和试验，并应出具产品合格证。

（3）各类水池（箱）根据材质，应分别按现行国家标准《给水排水构筑物工程施工及验收规范》GB 50141 及《建筑给水排水采暖工程施工质量验收规范》GB 50242 有关规定进行检测试验。

（4）净化水系统的功能试验应符合下列规定：

1）系统功能检测试应在各单项设备、设施、管道、阀门、附件及电气设备检测试验合格后进行；

2）系统功能试验应在设计满负荷工况下进行，全系统联合运行时间不得少于 72h；

3）设备及装置检测试验时，还应有当地质量监督部门、卫生监督部门及环境部门等有关部门的代表参加和确认。

（5）系统功能检测和试验过程中，应对所有设备、配套装置、仪表及控制设备的数据进行记录，记录内容包括：

1）循环流量、过滤速率、循环周期、反冲洗强度；

2）各种化学药剂溶液浓度、投加量；

3）过滤设备过滤效果：进水浑浊度、出水浑浊度，吸附过滤器吸附效果：进水口氧化还原电位、出水口氧化还原电位；

4）各类仪表读数；

5）控制设备及水质监测系统工作状态；

6）转动设备的运行工况、轴承温度、填料密封、振动、噪声、电动机电流电压等与设计和产品标牌的对比；

7）臭氧发生器的工作参数：电压、电流、频率、气体通过能力、臭氧浓度；

8）水质。

（6）太阳能热水工程应符合现行国家标准《太阳能热水系统设计、安装及工程验收技术规范》GB/T 18713 的相关规定。

33.9.2 洗衣房水系统

洗衣房主要设备有：全自动干洗机（干洗机）、自动洗衣脱水机（水洗机）、烘干机（干衣机）、自动熨平机、自动折叠机、自动人像机、去渍机和熨烫设备等均为成套设备由设备供应商供应及安装，给排水专业要根据设备要求提供充足的水源和顺畅的排水设施，具体接入方式按设计要求进行。

33.9.3 公共浴室水系统

33.9.3.1 水质

（1）淋浴用水水质应符合现行《生活饮用水卫生标准》GB 5749 的要求。

（2）沐浴用水加热前水质是否进行软化处理，应根据水质、水量、水温等因素，经技术经济比较确定。按 50℃ 计算的热水，小时耗水量小于 15m³ 时，其原水可不进行软化处理。

（3）浴池池水的水质，应符合下列要求：

1）浑浊度不得大于 3°；

2）游离余氯宜保持在 0.4～0.6mg/L，化合性余氯应为 1.0mg/L；

3）细菌总数不得超过 1000 个/mL，总大肠菌群不得超过 18 个/L，不得检出致病菌。

33.9.3.2 水温

（1）公共浴室各种沐浴用水水温，应按表 33-82 确定。

（2）热水供应系统配水点的水温不得高于 50℃，热水锅炉或水加热器的出水温度不宜高于 55℃。

（3）淋浴器的用水温度应根据当地气候条件、使用对象和使用习惯确定。对于幼儿园、托儿所和体育场（馆）的公共浴室，淋浴器用水温度可采用 35℃。

（4）冷水的计算温度，应以当地最冷月平均水温资料确定。当无水温资料时，可按表 33-83 采用。表中分区的划分，应按现行《室外给水设计规范》GB 50013 的规定确定。

沐浴用水水温表 表 33-82

序号	设备名称		水温（℃）
1	淋浴器		37～40
2	浴盆		40
3	洗脸盆		35
4	浴池	热水池	40～42
		温水池	35～37
		烫脚池	48～52

冷水计算温度表 表 33-83

分区	地面水水温（℃）	地下水水温（℃）
第 1 分区	5	10～20
第 2 分区	4	10～15
第 3 分区	4	6～15

33.9.3.3 用水定额

（1）公共浴室给水用水定额应根据当地气候条件、使用对象和使用习惯，按表 33-84 确定。

公共浴室给水用水定额小时变化系数表 表 33-84

序号	淋浴设备设置情况	单位	生活用水定额（最高日）（L）	小时变化系数
1	有淋浴器	每顾客每次	100～150	2.0～1.5
2	有淋浴器、浴池、浴盆及理发室	每顾客每次	80～170	2.0～1.5

（2）卫生器具一次和一小时热水用水定额及水温，应按表 33-85 确定。

卫生器具一次和一小时热水用水定额及水温表 表 33-85

序号	设备名称	一次用水量（L）	1h 用水量（L）	水温（℃）
1	浴盆 带淋浴器	200	400	40
	不带淋浴器	125	250	40

续表

序号	设备名称	一次用水量（L）	1h用水量（L）	水温（℃）
2	淋浴器 单间 有隔断 通间 附设在浴池间	100~150 80~130 70~130 45~54	200~300 450~540 450~540 450~540	37~40 37~40 37~40 37~40
3	洗脸盆	5	50~80	35

33.9.3.4 供水系统

（1）公共浴室的热源，应根据当地条件、耗热量大小等因素，按下列顺序选用：

1）工业余热、废热、地热和太阳能；

2）全年供热的城市热力管网；

3）区域性锅炉房或合用锅炉房；

4）专用锅炉房。

（2）利用废热（废汽、烟气、高温废液等）作为热源时，应采取下列措施：

1）加热设备应防腐，其构造应便于清除水垢和杂物；

2）防止热源管道渗漏而污染水质；

3）消除废汽压力波动；

4）废汽应除油。

（3）利用地热水作为热源或沐浴用水时，应视地热水的水温、水质、水量和水压状况，采取相应的技术措施，使处理后的地热水符合使用要求。

（4）利用太阳能作为热源时，应根据当地气候条件和使用要求，配置辅助加热装置。

（5）用热水锅炉直接制备热水的供水系统，应设置贮水罐，且冷水给水管宜由贮水罐底部接入。

（6）采用蒸汽直接加热的加热方式，宜用于开式热水供应系统，蒸汽中应不含油质及有毒物质，并应采用消声措施，控制噪声不高于允许值。

（7）在设有高位热水箱的热水供应系统中，应设置冷水补给水箱。

（8）热水箱溢流管管底标高，高于冷水箱最高水位标高的高差，不应小于0.1m。

（9）在设有热水贮水箱或容积式水加热器的开式热水供应系统中，应设膨胀管。膨胀管引至冷水箱。且其最高点标高应高于冷水箱溢流水位0.30m。

（10）膨胀管上严禁装设阀门，当膨胀管有可能冻结时，应采取保温措施。膨胀管的最小管径，宜按表33-86确定。

膨胀管最小管径 表33-86

锅炉或水加热器的传热面积（m²）	<10	10~15	15~20	>20
膨胀管最小管径（mm）	25	32	40	50

（11）在闭式热水供应系统中，应设置安全阀或隔膜式压力膨胀罐。安全阀应装设在锅炉或加热设备的顶部。

（12）隔膜式压力膨胀罐宜装设在加热设备与止回阀之间的冷水进水管或热水循环水泵回水管的分支管上。其调节容积应大于热水供应系统内水加热后的总膨胀量。

（13）冷水箱有效容积应根据供水的保证程度确定，可采用0.5~1.5h的设计小时流量。

（14）公共浴室淋浴宜采用带脚踏开关的双管系统、单管热水供应系统或其他节水型热水供应系统。

（15）带脚踏开关双管淋浴系统的双管配水管网，最小管径不宜小于32mm。

（16）公共浴室的热水管网，一般不设置循环管道，当热水干管长度大于60m时，可对热水干管设置循环管道，并应用水泵强制循环。在循环回水干管接入加热设备或贮水罐前应装设止回阀。

（17）淋浴器或带淋浴器浴盆的出水水温应稳定且便于调节，宜采用下列措施：

1）宜采用开式热水供应系统；

2）淋浴器及带淋浴器浴盆的配水管网宜独立设置；

3）多于3个淋浴器的配水管道，宜布置成环形；

4）组成淋浴器配水支管的沿程水头损失：当淋浴器数量小于或等于6个时，可采用每米不大于200Pa；当淋浴器数量大于6个时，可采用每米不大于350Pa；

5）淋浴器配水支管的最小管径不得小于25mm。

（18）向浴池供水的给水配水口高出浴池壁顶面的空气间隙，不得小于配水出口处给水管径的2.5倍。

（19）浴池池水用蒸汽直接加热时，应控制噪声不高于允许值，并应采取防止热水倒流入蒸汽管的措施，对蒸汽管道可能被浴者触及处，应采取安全防护措施。

（20）公共浴室不宜设置公共浴池。

（21）公共浴室应采用水质循环净化、消毒加热装置。

33.9.4 水景工程水系统

33.9.4.1 一般规定

（1）水景喷泉工程水系统的安装应编制施工组织设计，并应包括与土建施工、设备安装、装饰装修的协调配合方案和安装措施等内容。

（2）水景喷泉工程系统安装前应具备下列条件：

1）设计文件齐备，且通过审查。

2）施工组织设计和施工方案已经批准。

3）施工场地符合施工组织设计要求。

4）现场水、电、场地、道路等条件能满足正常施工需要。

5）预留基础、孔洞、预埋件等符合设计图纸要求，并已验收合格。

（3）水景喷泉工程系统所使用的主要材料、成品、半成品、配件和设备必须具有中文质量合格证明文件，规格、型号及性能检测报告应符合国家现行标准或设计要求。进口设备材料应有报关单，当需要时应有商检证。

（4）所有材料进场时应对品种、规格、型号、外观等进行验收、清点和分类。包装应完好，表面应无划痕和外力冲击破损，并经监理人员核查确认。在存放、搬运、吊装中不应碰撞和损坏。

（5）水景喷泉工程系统所采用的喷头、管材、水泵和设备的布置和安装应符合国家现行有关标准或满足工艺设计要求。修改工程设计必须经设计单位书面认可。

（6）主要设备必须有完整的安装使用说明书。

（7）凡利用现有建（构）筑物作为水景喷泉工程系统的建（构）筑物的，在施工、安装时不得损害其结构和防水功能等。

33.9.4.2 泵、阀、管道、喷头、水下动力设备

（1）水景喷泉工程系统的泵、阀、管道、喷头和水下动力设备等的安装应符合现行国家标准《建筑工程施工质量验收统一标准》GB 50300、《压缩机、风机、泵安装工程施工及验收规范》GB 50275和《建筑给排水及采暖工程施工质量验收规范》GB 50242的规定。

（2）水景喷泉水池土建主体应预埋各种预埋件，穿越池壁和池底的管道应采取防渗漏措施。

（3）管道安装应符合下列规定：

1）管道安装宜先安装主管，后安装支管，管道位置和标高应符合设计要求。

2）配水管网管道水平安装时，应有2‰~5‰的坡度坡向泄水点。

3）管道下料时，管道切口应平整，并与管中心垂直。

4）各种材质的管材连接应保证不渗漏。

5）各种支吊架安装应符合现行国家标准《建筑给排水及采暖工程施工质量验收规范》GB 50242的规定。

（4）潜水泵安装应符合下列规定：

1）潜水泵应采用法兰连接。

2）同组喷泉用的潜水水泵安装在同一高程。

3）潜水泵淹没深度小于500mm时，应在泵吸入口处加装防流防护网罩。

（5）水景喷泉的喷头安装应符合下列规定：

1）管网安装完成并进行冲洗后，方能安装喷头。

2) 喷头前应有长度不小于 10 倍喷头公称尺寸的直线管道或设整流装置。

3) 应根据溅水不得溅至水池外面的地面上或收水线以内的要求,确定喷头距水池边缘的距离。

4) 同组喷泉用的喷头安装形式宜相同。

5) 隐蔽安装的喷头,喷口出流方向水流轨迹上不应有障碍物。

(6) 阀门安装前,应做强度和严密性试验。

(7) 高压人工造雾装置的基础设施应满足荷载、防震、底部通风、排水等要求。

(8) 高压人工造雾装置正面的操作空间宽度不宜小于 1.5m,特殊情况下不应小于 1.3m。

(9) 高压人工造雾装置为落地式安装并有侧、后开门或有可卸下安装的面板时,高压人工造雾装置侧、后面的操作空间宽度不宜小于 1m,特殊情况下不应小于 0.8m。

(10) 高压人工造雾装置的金属框架和基础型钢必须可靠接地(PE)或接零(PEN);装有电器的可开启门,门和框架的接地端子间应用裸编制铜线连接,且有标识。接地连接线的最小截面积应符合现行国家标准《建筑电气工程施工质量验收规范》GB 50303 的规定。

(11) 高压人工造雾配水管网中管材与管材、管件与管件、配件与喷头之间宜采用卡套式专用接头连接。连接应密封可靠,不漏水。

33.10 建筑室外给排水工程

33.10.1 建筑室外给水管网工程

33.10.1.1 安装前的准备工作

1. 管材及附件的现场检查

(1) 管材的检查

1) 管材、管件应符合设计要求和国家有关标准及规范,并有出厂合格证、检验报告。

2) 管壁内外应光滑,厚度均匀。铸铁管不得有裂纹、砂眼、管口损伤等;衬塑钢管内衬层与钢管应连接紧密,不得脱层且冷热水管识别标志应明显。

3) 采用橡胶圈接口的管子和管件工作面应光滑,不得有影响接口密封性能的缺陷。

4) 管口端面应无变形,管子无弯曲。

5) 管道端面应标注公称直径、产品批号、压力等级、制造厂名称等。

(2) 阀门的检查

1) 复核阀门的型号、规格、材质是否符合设计要求。

2) 阀体有无裂纹、砂眼、沾砂等外观缺陷,阀门传动机构应该灵活可靠、无卡涩,阀板牢固,阀芯与阀座吻合,密封面有无缺陷。

3) 到货阀门应从每批(同制造厂、同规格、同型号)中抽查 10% 且不少于一个,进行壳体压力试验和密封试验,若有不合格再抽查 20%,如仍有不合格则应逐个试验。

2. 沟槽的开挖与验收

(1) 测量放线

1) 管线工程的施工定位应在放线与测量前完成定位和高程的测量布点工作,并对基准点采取保护措施。

2) 施工测量应沿管道线路设置便于观测的临时水准点和管道轴线控制桩,当管道线路与原有地下管道、电缆及其他构筑物交叉时,应设置明显标志。

3) 管道定位完成后,须对起点、终点、中间各转角点的中线桩进行加固,并绘制点位记录。

4) 管道转角点须设置在附近永久性建筑物或构筑物上,以免因各种原因造成损坏而导致大量的重复测量工作。

5) 具体测量放线仪器的使用和方法详见施工测量的有关内容。

(2) 沟槽开挖

1) 沟槽的常见端面形式有直槽、梯形槽、混合槽等,如图 33-

52 所示。

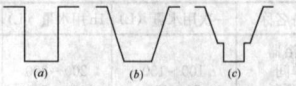

图 33-52 沟槽形式
(*a*) 直槽;(*b*) 梯形槽;(*c*) 混合槽

根据管道埋设深度及现场土质情况合理选择所开挖沟槽的形式,沟槽形式的选择还应考虑管沟断面尺寸、水文地质条件、施工方法等因素。

2) 沟槽断面尺寸的确定

① 沟槽底部开挖宽度可按式(33-1)确定:

$$B = D_0 + 2(b_1 + b_2 + b_3) \qquad (33-1)$$

式中 B——管道沟槽底部的开挖宽度(mm);

D_0——管道结构的外缘宽度(mm);

b_1——管道一侧的工作面宽度,可按表 33-87 选用(mm);

b_2——有支撑要求时,管道一侧的支撑厚度,取 150 ~200mm;

b_3——现场浇筑混凝土或钢筋混凝土管渠一侧模板的厚度(mm)。

管道单侧的工作面宽度 表 33-87

管道结构的外缘宽度 D_0	管道单侧的工作面宽度 b_1		
	混凝土类管道		金属管道、化学建材管道
≤500	刚性接口	400	300
	柔性接口	300	
500<D_0≤1000	刚性接口	500	500
	柔性接口	400	
1000<D_0≤1500	刚性接口	600	
	柔性接口	500	
1500<D_0≤3000	刚性接口	800~1000	700
	柔性接口	600	

②地质条件良好、土质均匀,地下水位低于沟底高程,且边坡不加支撑时,沟槽深度符合表 33-88 要求的,可不设边坡。

沟槽不设边坡的允许深度 表 33-88

土的类别	允许深度值(m)
密实、中密的砂土,碎石类土	1.00
硬塑、可塑的粉土,粉质黏土	1.25
硬塑、可塑的黏土	1.50
坚硬的黏土	2.00

沟槽深度超过表 33-88 数值,且槽深在 5m 以内,不加支撑的沟槽边坡坡度可参照表 33-89。

沟槽边坡坡度值 表 33-89

土的类别	边坡坡度(高:宽)		
	坡顶无载荷	坡顶有静载	坡顶有动载
中密的砂土	1:1.00	1:1.25	1:1.50
中密的碎石类土(充填物为砂土)	1:0.75	1:1.00	1:1.25
硬塑的粉土	1:0.67	1:0.75	1:1.00
中密的碎石类土(充填物为黏性土)	1:0.50	1:0.67	1:0.75
硬塑的粉质黏土、黏土	1:0.33	1:0.50	1:0.67
老黄土	1:0.10	1:0.25	1:0.33
软土(经井点降水后)	1:1.25		

③槽边临时堆土时,不得影响建筑物、原有管道和其他设施的安全。堆土的高度不超过 1.5m,距沟槽边缘不小于 0.8m,且堆土不得掩埋测量标志、原有消火栓及阀门井等设施。

④为有效控制槽底高程和坡度，控制点在管道直线段的间距保持在20m左右，在曲线段上根据曲率半径应加密设置。

⑤采用机械开挖时，槽底应预留200mm，由人工清理至设计标高。

⑥沟槽开挖前应与相关单位沟通，事先了解地下原有构筑物敷设情况，做好保护预案，严防对原有地下管道的破坏。

⑦沟槽开挖要严防超挖，做到不扰动天然地基。具体质量目标如下：

a. 沟壁应平整；

b. 边坡坡度符合规定；

c. 管道中心线每侧的净宽不小于规定尺寸；

d. 沟槽底面高程允许偏差：土壤底面±20mm；岩石底面 $^{0}_{-200}$mm。

33.10.1.2　室外给水管道安装

1. 一般规定

(1) 本内容适用于民用、公用建筑群的场区室外给水管网安装工程。

(2) 严格根据设计要求选择管材。

(3) 架空或地沟内管道敷设时其管道安装要求执行室内给水管道的要求。塑料管道不得露天架空安装。

(4) 管道应敷设在当地冰冻线以下，如确实需要高于冰冻线敷设的，须有可靠的保温措施。绿化带人行道的管道埋深不低于0.8m，道路范围内的管道埋深不低于1.2m。管道穿越道路及墙体时须安装钢套管。

(5) 塑料管道上的阀门、水表等附件均应单独设置支墩。

(6) 管道不得直接敷设在冻土和未经处理的松土上。

(7) 当地下水位较高或雨季进行管道施工时，沟槽内应有可靠的降水、排水措施，防止因基层土的扰动而影响土的持力层。

2. 给水铸铁管安装

(1) 管道安装程序：安装准备→散管→下管→挖工作坑→对口、接口及养护→井室砌筑→管道试压→管道冲洗→回填土。

(2) 管道安装要点：

1) 确定施工方法和施工程序并进行施工前的安全检查。

2) 沟槽开挖后进行槽底处理时，即可将管道运至沟边，沿沟排管。布管不得影响机械的通行，当管道排布完成后再对沟管进行一次综合检查，当管道标高、槽底回填合格后方可进行下管工作。

3) 根据每节管道的重量及现场环境的影响，选择机械下管或人工下管。

①人工下管：一般使用溜管法、压绳下管法、桅杆捯链施工法。常用的人工下管方法为压绳下管法，如图33-53所示。

压绳法的具体操作方法为：把绳索的一端系在距沟边较远的地锚上，绳索的另一端从管底穿过，在地锚上统一圈后拉在手中，用撬杠把管子滚到沟边，使管子沿沟槽壁或斜方木滑滚到沟底。

②机械下管：要注意采用两点起吊，钢丝绳不得从管心穿过吊装，下管应轻放，以免造成管材损坏，下管用的吊车应停放在坚实的地面上，若地面松软，要用方木、钢板等铺垫进行加固。下管时要有专人指挥。

4) 管道下沟后开始对口工作，对口前应用钢丝刷、绵纱布等仔细将承口内腔和插口管外表面的泥沙及其他异物清理干净，不得含有泥沙、油污及其他异物。

5) 管道对口完毕后即在承口下挖打口工作坑，如图33-54所示。工作坑以满足打口条件即可，亦可参照规范要求。

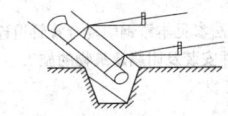

图33-53　压绳下管法

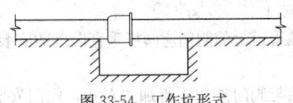

图33-54　工作坑形式

6) 铸铁管承接口的对口间隙应小于3mm，最大间隙需符合表33-90的要求。

铸铁管承插口的对口最大间隙（mm）　**表33-90**

管径	沿直线敷设	沿曲线敷设
75	4	5
100～250	5	7～13
300～500	6	14～22

铸铁管承插口的环形间隙应满足表33-91的要求。

铸铁管承插口的环形间隙（mm）　**表33-91**

管　径	环形间隙	允许偏差
80～200	10	+3 −2
250～450	11	+4 −2
500～900	12	−2

7) 承插式铸铁管的接口形式分为刚性接口和柔性接口，如图33-55、图33-56所示。

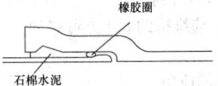

图33-55　刚性接口形式

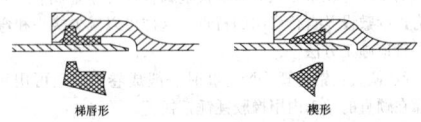

图33-56　柔性接口形式

刚性接口由嵌缝材料和密封材料两部分组成，柔性接口采用专用橡胶圈密封。

①石棉水泥接口

a. 接口前应先在承插口内打上油麻，油麻辫比管口间隙大1.5倍，然后塞入管内依次打实，填麻深度应是承口深度的1/3。

b. 上层填料采用P·O 42.5硅酸盐水泥，3～4级石棉绒，重量比为水：石棉绒：水泥＝1:3:7。

c. 捻口操作：将灰填入管口逐层进行打实。当灰口凹入承口2～3mm，深浅一致时即完成。

d. 捻口完成后，要对接口进行不少于48h的养护。

②膨胀水泥接口

a. 采用成品膨胀水泥。

b. 根据现场管道接口数量控制填料拌和数量，填料使用时间不得超过30min。

c. 抹口前将管道承口（填料间隙）清理干净。并在承口内填麻辫打实，其深度为承口深度的1/3左右。

d. 将填料搓成条状，向承口分层用力填进，并用灰凿分层填实，最后抹平压实，表面应凹入承口边缘2mm随即润湿养护。

③橡胶圈接口

a. 管道接口清理干净后，将随管配套的胶圈清理干净并捏成"8"字形安放在承口内。

b. 胶圈安放完毕后用肥皂水作润滑剂，将承口内胶圈和插口端充分湿润，起到润滑作用，安装时可减轻施工难度。

c. 铸铁管承插施工完后，管道承插头处及中部立即回填土，轻夯压实，避免铸铁管在施工时发生偏移。

3. 硬聚氯乙烯室外给水管安装

(1) 管道安装一般规定

1) 下管前，管沟应清理完毕且验收合格，设计或规范要求的砂石垫层施工完毕后方可下管。

2) 下管前应检查管材、管件、胶圈是否有损伤，若有缺陷不得使用。

3) 在管道安装期间，须防止石块或其他坚硬物体坠入管沟，

以免管道受损。

4) 管道在水平或垂直转弯，管道变径、三通、阀门等处均应设置支墩。

(2) 管道接口形式及操作方法

1) 橡胶圈接口

① 插口沿 20°角度削外角，预留尖端厚度约为 1/4～1/3 管壁厚。

② 自承口内取出橡胶圈擦拭干净，沟槽内也相应擦拭干净，然后再将胶圈套回槽内。

③ 插口端标注插入长度记号一般控制在 15～16cm。

④ 橡胶圈内面与插口部分涂敷润滑剂，以利于橡胶圈套入。

⑤ 两管套接后中心应位于同一轴线上，管道套接完毕后应用米尺插入两管的间隙，以测量胶圈位置，若位移须重新套接。

2) 粘结接口

① 插口端沿 30°～45°角削外角，预留之尖端厚度为 1/3 壁厚。

② 承口内壁及管端外壁插入范围，先用干布擦拭干净，然后两管插入范围各涂上适量的配套胶水。

③ 待部分溶剂挥发而胶着性增强时，则将管道插接在一起，插入后管道可稍做转动，使胶水分布更为均匀。

④ 管道粘结后，应维持约 30s 方可移动。

4. 铝塑复合管

(1) 铝塑复合管的应用

铝塑复合管是集金属与塑料的优点于一体的管道，克服了以往许多管材的缺点，在很多领域可取代金属管并优于金属管。铝塑复合管具有连续敷设及自行弯曲的特点，这样可以减少接口和弯头。

(2) 管道施工方法

1) 管道调直：铝塑管 $DN \leqslant 32$ 时一般成卷供应，可用手粗略调直后靠在顺直的角钢内用橡胶锤锤打找直。

2) 管子切割：管道切割可采用专用剪刀，也可采用钢锯或盘锯，然后用整圆扩孔器将管口整圆。

3) 管道制弯：$DN \leqslant 32$ 的管道弯曲时先将弯管弹簧塞进管内到弯曲部位，然后均匀加力弯曲，弯曲成型后抽出弹簧。由于铝塑复合管中的铝管材质的最小延伸率为 20%，因此弯曲半径不能小于所弯管段圆弧外径的 5 倍；$DN \geqslant 40$ 的管道弯曲时宜采用专用弯管器，否则容易使所弯管段圆弧外侧的外层和铝管出现过度的拉伸而出现塑性拉伸裂纹，影响管子的使用性能。

4) 管道连接：

① 按所需长度截断管子，用整圆器将切口整圆，并将端头倒角。

② 将螺帽和 C 形环先套入管子端头。

③ 将管件本体内芯插入管内腔，应用力将内芯全长压入为止。

④ 拉回 C 形套环和螺帽，用扳手将螺帽拧固在管件本体的外螺纹上。

5. 聚乙烯管（PE 管）

(1) 管道安装规定

1) 管道的铺设应在沟底标高和管道基础质量检查合格后进行。

2) 管材在吊运及放入沟内时，应采用可靠的软带吊具，平稳下沟，不得与沟壁或沟底剧烈碰撞。

3) 施工完毕后及时封堵管口，防止被水浸泡。

4) 熔融、对接、加压、冷却等工序所需的时间，必须按工艺规定，用秒表计时。

5) 在保压冷却期间不得移动连接件或在连接件上施加外力。

(2) 管道安装方法

1) 热熔连接

① 热熔对接施工要求：

a. 将待连接管材置于焊机夹具上并夹紧。

b. 清洁管材待连接端并铣削连接面。

c. 校直两对接件，使其错位量不大于壁厚的 10%。

d. 放入加热板加热，加热完毕，取出加热板。

e. 迅速接合两加热端，升压至熔接压力并保压冷却。

② 热熔对接施工步骤及方法：

a. 清理管端。

b. 将管子夹紧在熔焊设备上，使用双面修整机具修整两个焊接接头端面。

c. 取出修整机具，通过推进器使两管端相接触，检查两表面的一致性，严格保证管端正确对中。

d. 在两端面之间插入 210℃ 的加热板，以指定压力推进管子，将管端压紧在加热板上，在两管端周围形成一致的熔化束。

e. 完成加热后迅速移出加热板，避免加热板与管子熔化端摩擦。

f. 以指定的连接压力将两管端推进至结合，形成一个双翻边的熔化束（两侧翻边、内外翻边的环状凸起），熔焊接头冷却至少 30min。施工效果见图 33-57。

图 33-57 管道对接

加热板的温度由焊机自动控制在预先设定的范围内。如果控制设施失控，加热板温度过高，会造成溶化端面的 PE 材料失去活性，相互间不能熔合。

2) 电熔焊接

① 清理管子接头内外表面及端面，清理长度要大于插入管件的长度。

② 管子接头外表面（熔合面）用专用工具刨掉薄薄的一层，保证接头外表面的老化层和污染层彻底被除去。

③ 将处理好的两个管接头插入管件。

④ 将焊接设备连到管件的电极上，启动焊接设备，输入焊接加热时间。开始焊接至焊机在设定时间停止加热。

⑤ 焊接接头冷却期间严禁移动管子。

6. 衬塑钢管

衬塑钢管继承了钢管和塑料管各自的优点，广泛应用于给水系统。连接方式有沟槽（卡箍）连接和丝扣连接，施工工艺类似钢管的沟槽连接与丝扣连接。

(1) 管道沟槽连接

1) 用切管机将钢管按需要的长度切割，用水平仪检查切口断面，确保切口断面与管道中轴线垂直。切口如果有毛刺，应用砂轮机打磨光滑。

2) 将需要加工沟槽的钢管架设在滚槽机和滚槽机尾架上，用水平尺抄平，使管道处于水平位置。

3) 将钢管加工端断面紧贴滚槽机，使钢管中轴线与滚轮面垂直。

4) 缓缓压下千斤顶，使上压轮贴紧管材管道，开动滚槽机，徐徐压下千斤顶，使上压轮均匀滚压钢管至预定沟槽深度为止，压槽不得损坏管道内衬塑层。

5) 停机后用游标卡尺检查沟槽深度和宽度，确认符合标准要求后，将千斤顶卸荷，取出钢管。

6) 将橡胶密封圈套在一根钢管端部，将另一根端部周边已涂抹润滑剂（非油性）的钢管插入橡胶密封圈，转动橡胶密封圈，使其位于接口中间部位。

7) 在橡胶密封圈外侧安装上下卡箍，并将卡箍凸边送进沟槽内，把紧螺栓即完成。

(2) 螺纹连接方法参见本章钢塑复合管管道连接部分

33.10.1.3 管道附件安装及附属建筑物的施工

1. 管道附件的安装

(1) 阀门安装

1) 阀门在搬运和吊装时，不得使阀杆及法兰螺栓孔成为吊点，应将吊点放在阀体上。

2) 室外埋地管道上的阀门应阀杆垂直向上的安装于阀门井内，以便于维修操作。

3) 管道法兰与阀门法兰不得加力对正，阀门安装前应使管道

上的两片法兰端面相互平行及同心。把紧螺栓时应十字交叉进行，以免加力不均导致密封不严。

4) 安装止回阀、截止阀等阀门时须使水流方向与阀体上的箭头方向一致。

5) 大口径阀门及阀门组须设置独立的支墩。

（2）室外水表安装

1) 安装时进水方向必须与水表上的箭头方向一致。

2) 为避免紊流现象影响水表的计量准确性，表前阀门与水表的安装距离应大于 8～10 倍管径。

3) 大口径水表前后应设置伸缩节。

4) 水表阀门组应设置单独的支墩见图 33-58。

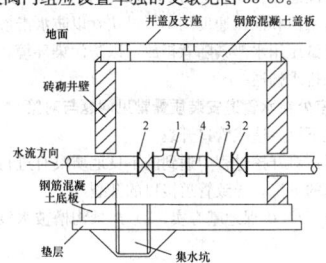

图 33-58　水表井示意图
1—水表；2—阀门；3—止回阀；4—伸缩接头

（3）室外消火栓安装

1) 室外消火栓一般设在绿化带内，距人行道边 1m 左右，安装位置及布置一定要符合设计及规范要求。

2) 室外地下式消火栓与主管连接的三通及弯头处应固定在混凝土支墩上，消火栓处应有明显标记。

3) 室外地上式消火栓的安装一般高出地面 640mm。

（4）消防水泵结合器安装

1) 消防水泵结合器的安装位置必须符合设计要求，若设计没有要求时，其安装位置应为距人行道边 1m 处。

2) 安装于消防水泵结合器上的止回阀、安全阀的位置及方向应正确。

3) 地下式消防水泵结合器顶部进水口与井盖底面距离不大于 400mm，以便于连接。

2. 附属构筑物的施工

给水管道附属构筑物包括阀门井、消火栓及消防水泵结合器井、水表井和支墩等构筑物。井室的砌筑应符合设计要求或设计指定的标准图集的施工要求。

（1）一般要求

1) 各类井室的井底基础与管道基础应同时浇筑。

2) 砌筑井室时，用水冲净、湿润基础后方可铺浆砌筑，砌筑砌块必须做到满铺满挤，上下搭砌，砌块间灰缝厚度为 10mm 左右。

3) 砌筑圆筒形井室时，应随时检测直径尺寸，当需要收口时若四面收进，每次收进不得大于 30mm，若三面收进，则每次收进不得大于 50mm。

4) 井室内壁应用原浆勾缝，有抹面要求时内壁抹面应分层压实，外壁应砂浆搭缝并应挤压密实。

5) 各类井室的井盖须符合设计要求，有明显的标志，且各类井盖不得混用。

6) 设在车行道下的井室必须使用重型井盖，人行道下的井室采用轻型井盖，井盖表面与道路相平；绿化带中的井盖可采用轻型井盖，井盖上表面高出地平 50mm，井口周围设置 2% 的水泥砂浆护坡。

7) 重型铸铁井盖不得直接安装在井室的砖墙上，应安装在厚度不小于 80mm 的混凝土垫圈上。

8) 井室砌筑质量标准：

① 井室的勾缝抹面和防渗层应符合质量要求。

② 阀门的手柄应与井口对中。

③ 检查井允许偏差应符合表 33-92 的要求。

检查井尺寸允许偏差表　　　　表 33-92

序号	项目		允许偏差（mm）	检验频率		检验方法
				范围	点数	
1	井深尺寸	长、宽	±20	每座	2	尺量
		直径	±20	每座	2	尺量
2	井盖高程	非路面	±20	每座	1	水准仪
		路面	与道路平	每座	1	水准仪
3	井底高程	$D<1000mm$	±10	每座	1	水准仪
		$D>1000mm$	±15	每座	1	水准仪

（2）阀门井砌筑要点

1) 井室砌筑前应进行红砖淋水工作，使砌筑时红砖吸水率不小于 35%。

2) 阀门井应在管道和阀门安装完成后开始砌筑，其尺寸应按照设计或设计指定的图集施工，阀门的法兰不得砌在井外或井壁内，为便于维修阀门的法兰外缘一般距井壁 250mm。

3) 砌筑时应随时检测直径尺寸，注意井筒的表面平整。

4) 井内爬梯应与井盖口边位置一致，铁爬梯安装后，在砌筑砂浆及混凝土未达到规定抗压强度前不得踩踏。

（3）支墩

由于给水管道的弯头、三通等处在水压作用下产生较大的推力，易会使承插口松动而漏水，因而当管道弯头、三通等部位应设置支墩防止管口松动。根据现场实际情况支墩一般采用砖砌或混凝土浇筑。

33.10.1.4　管沟回填

回填工作在管道安装完成，并经验收合格后进行，回填时管道接口处的前后端 200mm 范围内不得回填，以便在管道试水时观察接口是否存在漏水现象，且应保证回填土的厚度不应少于管顶 500mm，以防试水时管道出现移位。试压合格后再进行大范围回填。

1. 沟槽回填要求

管沟回填应分为三部分进行，分别为管道两侧（Ⅰ），管顶以上 500mm 内（Ⅱ），管顶以上 500mm 外（Ⅲ），如图 33-59 所示。

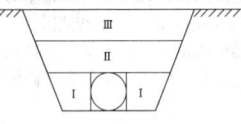

图 33-59　回填土横断面

（1）沟槽两侧回填压实度须人工夯实，压实度须达到 95%，管口操作坑内必须仔细回填夯实。

（2）管顶以上 500mm 以内采用人工夯实，打夯时不得损伤管道及管道防腐层，压实度不小于 85%。

（3）管顶 500mm 以外可以采用机械回填，机械不得直接作用于管道上，回填土压实度不小于 95%。

（4）管沟回填宜在管道充满水的情况下进行，管道敷设后不宜长期处于空管状态。

2. 管沟回填方法

（1）先将沟内积水排除，以免形成夹水覆土，产生"弹性土"，造成以后路面沉陷。

（2）选用无腐蚀性、无砖瓦石块等硬物并且较干燥的土覆于管道的两侧与上方。

（3）当沟边土不符合要求时，可过筛再用或换合格的土壤。

（4）管道两侧及管顶以上 0.5m 内的回填土不得含有碎石、砖块、垃圾等杂物，不得用冻土回填。距离管顶 0.5m 以上的回填土内允许有少量直径不大于 100mm 的石块。

（5）回填土时应将管道两侧回填土同时夯实。

（6）沟槽应分层回填，分层夯实。一般情况下每层铺土厚度，人工木夯铺土 20～25cm，蛙式夯 25～30cm，压路机为 25～40cm。

（7）沟槽的支撑应在保证施工安全的情况下，按回填进度依次拆除。拆除竖板桩后，应以砂土填实缝隙。

(8) 对石方段管沟，应用细土回填超挖的管沟，其厚度不得小于 300mm。严禁用片石或碎石回填。

(9) 雨季回填时，应先测土壤含水量，对过湿的土壤应晒干或加白灰拌和后回填。沟内有水时，应先排除。应随填随夯，防止松土淋洗。

33.10.1.5 室外给水管道水压试验和冲洗

1. 管道水压试验方法

管道试压应符合设计要求和施工质量验收规范要求。

(1) 管道试压前应具备以下条件：

1) 水压试验前，管道节点、接口、支墩等及其他附属构筑物等已施工完毕并且符合设计要求。

2) 落实管道的排气、排水装置已经准备到位。

3) 试压应做后背，试压后背墙必须平直并与管道轴线垂直。

4) 管道试验长度不超过 1km，一般以 500～600m 为宜。

5) 水压试验装置如图 33-60 所示，管道试压前，向试压管道充水，充水时水自管道低端流入，并打开排气阀，当充水至排出的水流中不带气泡且水流连续时，关闭排气阀，停止充水。试压管道充水浸泡的时间一般是钢管不少于 24h，塑料管不少于 48h。

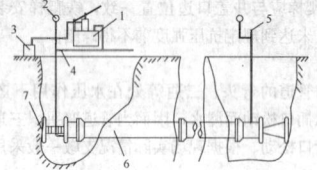

图 33-60 水压试验装置
1—手摇泵；2—压力泵；3—量水箱；
4—注水管；5—排水管；6—试验管
段；7—后背

(2) 管道试压方法。管线试压是非常危险的，应做好各项安全技术措施。试验用的临时加固措施应经检查确认安全可靠，并做好标识。试验用压力表应在检定合格期内，精度不低于 1.5 级，量程是被测压力的 1.5～2 倍，试压系统中的压力表不得少于 2 块。管道试验压力为工作压力的 1.5 倍，但不得小于 0.6MPa。如遇泄漏，不得带压修理，缺陷消除后，应重新试压。

1) 钢管、铸铁管试压，在试验压力下 10min 内压力降不大于 0.05MPa，然后降至工作压力检查，压力保持不变，不渗漏为合格。

2) 塑料管、铝塑管符合试压，在试验压力下稳压 1h，压力降不大于 0.05MPa，然后降至工作压力进行检查，压力降保持不变，不渗漏为合格。

3) PE 管道试压应分 2～3 次升至试验压力，然后每隔 3min 记录一次管道剩余压力，记录 30min，若 30min 内管道试验压力有上升趋势时则水压试验合格；如剩余压力没有上升趋势，则应当再持续观察 60min，在整个 90min 中压力降不大于 0.02MPa，则水压试验合格。

2. 管道冲洗方法

管道试压合格后应进行通水冲洗和消毒，以使管道输送的水质能够符合《生活饮用水的水质标准》的有关规定。

(1) 管道冲洗

管道冲洗分为消毒前冲洗和消毒后冲洗。消毒前冲洗是对管道内的杂质进行清洗；消毒后清洗是对管道内的余氯进行清洗，使水中余氯能够达到卫生指标要求的规定值。

1) 冲洗管道的水流速不小于 1.0m/s，冲洗应连续进行，直至出水洁净度与冲洗进水相同。

2) 一次冲洗管道长度不宜超过 1000m，以防止冲洗前蓄积的杂物在管内移动困难。

3) 放水路线不得影响交通及附近建筑物的安全。

4) 安装放水口的管上应装有阀门、排气管和放水取样龙头，放水管的截面不应小于进水管截面的 1/2。

5) 冲洗时先打开出水阀门，再开来水阀门。注意冲洗管段，特别是出水口的工作情况，做好排气工作，并派专人监护放水路

线，有问题及时处理。

(2) 管道消毒

生活饮用水管道，冲洗完毕后，管内应存水 24h 以上再化验。如水质化验达不到要求标准，应用漂白粉溶液注入管道浸泡消毒，然后再冲洗，经水质部门检验合格后交付验收。

3. 管道水压试验和冲洗安全作业

(1) 管道加压试压过程中要设专人观察压力表的变化，若发生压力急剧变化，立即停止试压，检查原因。

(2) 在升压过程中，定时对管道进行巡视，检查管端设施有无泄漏，与试压无关的人员严禁进入试压区域。

(3) 不得随意延长试验过程的稳压时间，且不得超压。

(4) 管道升压和泄压速度均不得过快，以防水击损伤管道。

(5) 管道试压用水严禁随意排放，以防污染环境，排水应由专人负责，确保排水畅通。

33.10.1.6 室外给水管道安装质量常见问题与对策

(1) 基坑下沉，造成管口开裂

原因分析：对开挖过程中遇到的不良地质没有进行地质加固措施，造成管基的下沉，导致管道接口的开裂等。

预防措施：1) 确保地基夯实；2) 严禁沟槽被水浸泡而导致的基坑下陷。

(2) 管道铺设不顺直

原因分析：未复测或修整沟槽即开始铺管或铺管时中线桩、平桩布置间距过大。

预防措施：1) 验槽合格后方可铺管；2) 严格控制中线桩、平桩等的间距，以 10m 为宜。

(3) 管道通水量不足或不通水

原因分析：1) 管道堵塞；2) 管道存在气阻。

预防措施：1) 管道安装完毕后清理管道；2) 在管道返弯处设置排气阀。

(4) 管道在施工过程中或输水过程中发生断裂

原因分析：1) 管材质量不合格；2) 管道地基产生不均匀沉降。

预防措施：1) 加强管材质量的检查验收工作；2) 验槽合格后方可下管。

33.10.1.7 室外给水管网分部工程施工质量验收

1. 给水管道安装

铸铁管刚性接口：

1) 打麻时须将水油麻拧成麻花状，油麻填料必须清洁，打实的麻深度应是承口深度的 1/3，见表 33-93。

承插铸铁管填料深度表（mm）　　表 33-93

管径	接口间隙	承口总深	接口填料深度			
			石棉水泥接口		铅接口	
			麻	灰	麻	铅
75	10	90	33	57	40	50
100～125	10	95	33	62	45	50
150～200	10	100	33	67	50	50
250～300	11	105	35	70	55	50

2) 捻口水泥标号为不小于 P.O42.5 硅酸盐水泥，接口水泥应饱满，接口水泥灰口凹入承口不大于 2～3mm。

3) 主控项目：

① 铸铁管承插接口连接时，两管节中轴线应保持同心，承口、插口部位无破损、变形、开裂，插口插入深度应符合要求。

检查方法：逐个观察，检查施工记录。

② 聚乙烯、聚丙烯管道接口焊缝应完整、无缺损变形、无气孔；对接错边量不大于管壁厚的 10%，且不大于 3mm。

检查方法：观察。

③ 管道敷设安装必须稳固，管道安装后应成线形平直。

检查方法：观察，检查测量记录。

④ 管网必须进行水压试验，且管道试验压力不低于 0.6MPa。

检查方法：参照管道试压方法。

⑤ 钢管埋地防腐必须符合设计要求，卷才与管材间应粘贴牢固、无空鼓、滑移、接缝不严等。

检查方法：观察，切开防腐层检查。

4）一般项目：

① 管道和金属支架的涂漆应附着良好，无脱皮、起泡、流淌和漏涂等缺陷。

检查方法：现场观察检查。

② 管道连接应符合工艺要求，阀门、水表等安装位置应正确。

检查方法：现场观察检查。

③ 给水管道与污水管道在不同标高平行敷设时，其垂直间距在 500mm 以内，给水管管径小于或等于 200mm 时，管壁水平间距不得小于 1.5m；管径大于 200mm 的，不得小于 3m。

检查方法：观察和尺量检查。

2. 消防水泵结合器及室外消火栓安装

（1）消防水泵结合器及室外消火栓的安装位置应设置在便于消防车接近的人行道或非机动车道上。

（2）地下式消防水泵结合器和地下式消火栓的接口距离地面不得大于 0.4m。

（3）消防水泵结合器和室外消火栓应设有明显的区别标志。

（4）主控项目：

1）消防系统必须进行水压试验，试验压力为工作压力的 1.5 倍，但不得小于 0.6MPa。

检验方法：试验压力下，10min 内压力降不得大于 0.5MPa，然后降至工作压力进行检查，压力保持不变，不渗不漏为合格。

2）消防管道在竣工前，必须对管道进行冲洗。

检验方法：观察冲洗出水的浊度干净为合格。

3）消防水泵接合器和消火栓的位置标志应明显。栓口的位置应方便操作。

检验方法：观察和尺量。

（5）一般项目：

1）泵接合器的安全阀及止回阀安装位置和方向应正确，阀门启闭应灵活。

检验方法：现场观察和手扳检查。

2）室外消火栓和消防水泵接合器的各项安装尺寸应符合设计要求，栓口安装高度允许偏差为 ±20mm。

检验方法：尺量检查。

3. 管沟及井室

（1）管沟与井室的挖方工程应符合现行《建筑地基基础工程施工质量验收规范》的有关规定。

（2）管沟的沟底应是原土或夯实的回填土，沟底应平整，不得有尖锐的物体和块石。

（3）管沟基为岩石，或沟底有不易消除的块石，或槽底为砾石层时，槽底应下挖 100～200mm 后铺细砂或石屑，夯实到沟底标高后方可进行管道施工。

（4）管沟回填应分层夯实，机械夯实时每层回填厚度不得大于 300mm，人工夯实时每层回填厚度不大于 200mm。

（5）井室的底板应与管道的基础同时浇筑。

（6）在车行道下的井室井盖须采用重型井盖，重型井盖的井圈不得直接放在井室的砖墙上，应安装在厚度不小于 80mm 的 C20 混凝土井圈上。

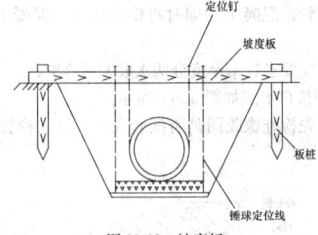

图 33-61　坡度板

（7）主控项目：

1）管沟或井室的原状土土基不得受到扰动、水浸或冰冻，其基础必须符合设计要求。

2）各类井室的标识应明显，不得混用。

3）地基的压实度、厚度应符合要求，沟槽不得带水回填。

（8）一般规定：

1）沟槽的开挖允许偏差应符合表 33-94 的要求。

沟槽开挖允许偏差　　　　　表 33-94

序号	检查项目	允许偏差（mm）	检查范围		检查方法
			范围	点数	
1	槽底高程	土方　±20	两井之间	3	水准仪
		石方　+20，−200			
2	槽底中线每侧宽度	不小于规定	两井之间	6	尺量
3	沟槽边坡	不陡于规定	两井之间	6	尺量

2）井室的规格、尺寸、位置、标高应符合设计要求，基础浇筑合格，井室抹灰严密不透水。

33.10.2　建筑小区室外排水管网

33.10.2.1　安装前的准备工作

1. 施工技术交底

施工技术交底是现场技术人员在熟悉设计文件和施工现场的情况下，为贯彻施工组织设计的意图，对施工班组交待施工工序、施工方法、质量要求和安全操作规程等的一项工作。

2. 确定施工方案

施工方案是在图纸会审后进行编制的，方案应符合工程施工组织设计对技术、质量、工期、环境保护等的要求，其编制内容根据工程的难易程度和规模而定。

3. 测量放线

为保证测量精确度及减少施工后的测量工作量，管线测量可按下列内容操作：

（1）为方便测量可从永久性水准点引临时水准点至管道沿线的各构筑物或桩点，其精度应符合规范要求，水准点闭合误差不大于 4mm/km；

（2）用全站仪或经纬仪定出管道的中心线位置，标注管线的起点、终点、转角点和交汇点作为中心桩控制；

（3）根据管道坡度控制的要求，每隔 20～30m 设置一块坡度板，如图 33-61 所示。

（4）根据管道设计高程和现场实际高程计算沟槽开挖深度，施工前宜将施工现场的实际高程平整至实际设计高程，否则极易造成管沟开挖超深，造成施工难度增加。

33.10.2.2　管道开槽法施工

排水管道一般包括污废水管道、雨水管道。管道所用材质、接口形式、基础类型、施工方法及验收标准均不相同。开槽法施工包括土方开挖、管沟排水、管道基础施工、管道施工、构筑物砌筑和土方回填等分项工程。

沟槽开挖及回填分别参照本节 33.10.1.2 和 33.10.1.5 的内容。

1. 施工排水

当管道雨期施工或管道敷设在地下水位以下时，沟槽应当采取有效的降低地下水位的方法，一般采用明沟排水和井点降水法。

明沟排水法适用于挖深浅、土质好和排出降雨等地面水的施工环境中；井点井水适用于地下水位比较高、挖深大、砂性土质的施工环境中。

（1）明沟排水

明沟排水包括地面截水和坑内排水。

1）地面截水

用于排除地表水和雨水，通常利用所挖沟槽土沿沟槽侧筑 0.5～0.8m 高的土堤，地面截水应尽量利用天然排水沟道，当需要挖排水沟排水时，应注意已有构筑物的安全。

2）坑内排水

当沟槽开挖过程中遇到地下水时，在沟底随同挖方一起设置积水坑，并沿沟底开挖排水沟，使水流入积水坑内，然后用水泵抽出坑外。详见图 33-62。

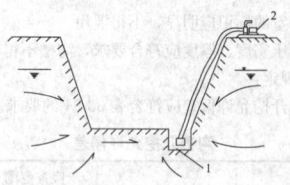

图 33-62　排水明沟
1—积水坑；2—排水泵

明沟排水一般先挖积水坑，再挖沟槽，以便干槽施工。

进入积水坑的排水沟尺寸一般不小于 0.3×0.3m，按 1‰～5‰ 的坡度坡向积水坑，积水坑应设在沟槽的同一侧。根据地下水量的大小和水泵的排水能力，一般每个 50～100m 设置一个。积水坑的直径（或边长）不小于 0.7m，积水坑底应低于槽底 1～2m。坑壁应用木板、铁笼、混凝土滤水管等简易支撑加固。坑底应铺设 30cm 左右碎石或粗砂滤水层，以免抽水时将泥沙抽出，并防止坑底的土被搅动。

（2）井点降水

井点降水就是在沟槽开挖前预先埋设一定数量的滤水管，利用真空原理，不断抽出地下水，以达到降低水位的目的。在管道铺设完成前抽水工作不能间断，当管道铺设完成后再停止抽水拆除井点设备，恢复地貌。

2. 排水管道基础

管道基础的作用是分散较为集中的管道荷载，减少管道对单位面积上地基的作用力，同时减少土方对管壁的作用力。

排水管道的基础包括平基和管座，管座包角度数一般分为三种，即 90°、120°、180°管道基础。如图 33-63 所示。

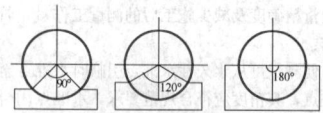

图 33-63　管道基础

管道基础的施工需符合设计或设计指定的标准图集的要求。

3. 下管与稳管

（1）下管

为保证管道安装质量及施工安全，安装前应按规范要求对管道及管沟、基础、机械设备等做如下检查和准备。

1）需检查管子是否符合规范要求，塑料管材内壁应光滑，管身不得有裂缝，管口不得有破损、裂口、变形等缺陷；混凝土管内外表面应无空鼓、露筋、裂纹、缺边等缺陷。

2）管沟标高、坐标、中心线、坡度等符合图纸设计要求，检查井是否根据图纸要求与管沟一起开挖。

3）检查管道平基和检查井基础是否满足设计要求。

4）管道施工所需机械及临时设施是否完好，人员组织是否到位且有统一指挥。

5）采用沟边布管法，管道承口方向迎着水流方向排布，以减少沟内管道运输量，安装应由下游向上游进行。

6）根据所安装管道直径和工程量选择合适的下管方法。

（2）稳管

稳管是管道对中、对高程、对接口间隙和坡度等的操作。

1）管道接口、对中按下述程序进行：将管道用手扳葫芦吊起，一人使用撬棍将被吊起的管道与已安装的管道对接，当接口合拢时，管材两侧的手扳葫芦应同步落下，使管道就位。

2）为防止已经就位的管道轴线位移，需采用灌满黄沙的编织袋或砌块稳固在管道两侧。

3）管道对口间隙应符合表 33-95、表 33-96 的要求。

钢筋混凝土管管口间的纵向间隙（mm）　表 33-95

管材种类	接口形式	管内径	总线间隙
钢筋混凝土管	平口、企口	500～600	1.0～5.0
		≥700	7.0～15
	承插接口	600～3000	5.0～1.5

预应力钢筒混凝土管口间最大轴线间隙（mm）　表 33-96

管 内 径	内衬式管（衬筒管）		埋置式管（埋筒管）	
	单胶圈	双胶圈	单胶圈	双胶圈
600～1400	15	—	—	—
1200～1400	—	25	—	—
1200～4000	—	—	25	25

4）管道接口的允许转角应符合表 33-97、表 33-98、表 33-99 的要求。

预（自）应力混凝土管沿曲线安装接口允许转角　表 33-97

管材种类	管内径（mm）	允许转角（°）
预应力混凝土管	500～700	1.5
	800～1400	1.0
	1600～3000	0.5
自应力混凝土管	500～800	1.5

预应力钢筒混凝土管沿曲线安装接口的最大允许转角　表 33-98

管材种类	管内径（mm）	允许平面转角（°）
预应力钢筒混凝土管	600～1000	1.5
	1200～2000	1.0
	2200～4000	0.5

玻璃钢管沿曲线安装接口允许转角　表 33-99

管内径（mm）	允许转角（°）	
	承插式接口	套筒式接口
400～500	1.5	3.0
500～1000	1.0	2.0
1000～1800	1.0	1.0
1800 以上	0.5	0.5

4. 排水管道接口

排水管道种类较多，接口形式多样，应根据设计采用的管材和接口形式确定施工方法。接口形式大致分为刚性、柔性、粘结和电、热熔接口等形式。

（1）钢筋混凝土管

1）钢丝网水泥砂浆抹带接口形式如图 33-64 所示。

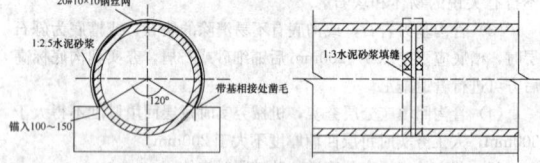

图 33-64　钢丝网水泥砂浆带接口

① 抹带前将管口凿毛，将宽度为 100mm 的铁丝网以管口为中线平分于管口两侧。

② 在浇筑管道混凝土基础时将铁丝网插入混凝土基础 100～150mm 深。

③ 按照图集要求抹带厚度分两次成型后养护。

2）橡胶圈接口形式如图 33-65 所示。

① 接口前先检查橡胶圈是否配套完好，确认橡胶圈安放深度符合要求。

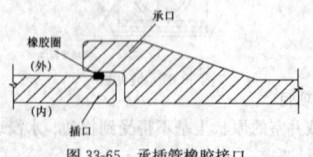

图 33-65　承插管橡胶接口

② 接口时，先将承口的内壁清理干净，并在承口内壁及插口橡胶圈上涂润滑剂，然后将承插口端面的中心轴线对齐。

③ 接口合拢后，用捯链拉动管道，使橡胶密封圈正确就位，不扭曲、不脱落。

（2）UPVC 排水管粘结

接口形式见图 33-66。

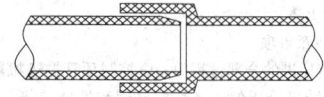

图 33-66　粘结接口

1）粘结不宜在湿度较大和 5℃ 以下的环境中进行，操作环境应远离火源，防撞击。

2）粘结前应将接口打毛，并将管口清理干净，不得含有污渍。

3）用毛刷涂胶粘剂，先涂抹承口后涂抹插口，随即用力垂直插入，插入胶水时将接口稍作转动，以利于胶粘剂分布均匀。

4）约 30～60s 即可粘结牢固。粘结牢固后立即将溢出的胶粘剂擦拭干净。

（3）HDPE 排水管电熔连接

1）连接前将两根管调整一定的高度后保持一定的水平，顶着管子的两端，尽量使接口处接触严密。

2）用布擦净管道接口处的外侧的泥土、水等。

3）将电热熔焊接带的中心放在连接部位后包紧（有电源接头的在内层）。

4）用紧固带扣紧电热熔焊连接带，使之完全贴合，并用 100mm 宽的胶条填实。

5）连接电熔焊连接带两边的电源接头后，设定电熔机的加热电流与加热时间后即可进行焊接。

6）通电熔接时要特别注意的是连接电缆线不能受力，以防短路。通电完成后，取走电熔接设备，让管的连接处自然冷却。自然冷却期间，保留夹紧带和支撑环，不得移动管道。待表面温度低于 60℃ 时，方可拆除夹紧带。

5. 管道铺设

排水管道铺设方法有平基铺管法和垫块敷管法。

（1）平基铺管法

适用于地基土质不良、雨季和管径大于 700mm 的情况下使用。

1）沟槽开挖验收合格后，根据所敷设管道管径不同，确定平基宽度后，沿沟槽设置模板，所支设的模板应便于二次浇筑时的模板搭接。

2）管道平基浇筑的高程不得高于设计高程。

3）混凝土基础浇筑后应注意维护保养，在混凝土强度达到设计强度的 50% 或抗压强度不小于 5MPa 时方可下管。

4）下管前平基础表面应清洁，管道铺设后应立刻进行管座的混凝土浇筑工作，混凝土的浇筑应在管道两侧同时进行，以免混凝土将铺设的管道挤倒。

5）振捣时，振捣棒应沿平基和模板拖曳行走，不得碰触管身。

6）管座浇筑角度需满足设计要求，其振捣面应密实，不得有蜂窝、疏松等缺陷。

（2）垫块敷管法

适用于土质好、大口径管道和工期紧张的情况下使用，优点是平基与管座同时浇筑，整体性好，有利于保证管道安装质量。

1）预制与基础强度相同的混凝土垫块，垫块的长度和高度等于基础的宽度和高度。

2）为保证管道稳固，每节管道需要放置两块混凝土垫块。

3）根据每节管道的长度和井点间管道长度，计算并提前布置混凝土垫块的安放位置，管道直接放置与垫块上并对接完毕后应使用砌块等稳住管道，以免管道自垫块上滚落。

4）管道安装一定数量后开始支设模板，混凝土的浇筑同平基管座的浇筑相同，以免发生质量事故。

33.10.2.3　地下管道不开槽法施工

非开挖施工技术又称为水平定向钻进管道铺设技术，是指在不开挖地表的情况下探测、检查、修复、更换和铺设各种地下公用设施的任何一种技术和方法。

与传统的挖槽施工法相比，它不影响交通，不破坏周围环境；施工周期短，综合造价低。

1. 盾构顶管施工法

（1）施工准备工作

1）现场调研

① 掌握所埋设管道的管径、材质及接口形式。

② 勘探所埋设管道沿线 5m 范围内土质情况，地下水位情况及相关的资料。

③ 全面了解所穿越部位的原有管线情况，并有原有管线施工图纸，必要时探管核查。

④ 研究现场情况确定顶进井和接收井的位置。

⑤ 制定符合现场实际情况的施工方案。

2）工作坑尺寸确定

工作坑尽量选在管道井室的位置，且便于排水、出土和运输；在地下水位以下顶进时，工作坑要设在管线下游，逆管道坡度方向顶进，有利于管道排水，工作坑宽度计算可按公式（33-2）计算。

$$B = D_1 + S \qquad (33-2)$$

式中　B——矩形工作坑的底部宽度（m）；

　　　D_1——管道外径（m）；

　　　S——操作宽度，可取 2.4～3.2m。

工作坑底长计算可按公式（33-3）计算。

$$L = L_1 + L_2 + L_3 + L_4 + L_5 \qquad (33-3)$$

式中　L——矩形工作坑的底部长度（m）；

　　　L_1——顶管掘进机长度，当作为管道第一节作为顶管掘进机时，钢筋混凝土管不宜小于 0.3m，钢管不宜小于 0.6m；

　　　L_2——管节长度（m）；

　　　L_3——输土工作间长度（m）；

　　　L_4——千斤顶长度（m）；

　　　L_5——后座墙的厚度（m）。

3）后座墙施工

后座墙是顶进管道时为千斤顶提供反作用力的一种结构，也称为后背墙等。后座墙必须保持稳定，一旦后座墙遭到破坏，顶管施工就要停顿。

后座墙的结构形式一般可分为整体式和装配式两类。一般较常采用结构简单、拆装方便的装配式后座墙。

① 装配式后座墙采用方木、型钢或钢板等组装，组装后的后座墙应有足够的强度和刚度。

② 后座墙土体壁面应平整，并与管道顶进方向垂直。

③ 装配式后座墙的底部宜在工作坑底以下。

④ 后座墙土体壁面应与后座墙贴紧，有间隙时应采用砂石料填塞密实。

⑤ 组装后座墙的构件在同层内的规格应一致，各层之间的接触应紧密，并层层固定。

⑥ 顶管工作坑及装配式后座墙的墙面应与管道轴线垂直，其施工允许偏差应符合表 33-100 规定。

4）导轨的施工

导轨是在基础上安装的轨道，管节在顶进前先安放在导轨上。在顶进管道入土前，导轨承担导向功能，以保证管节按设计高程和方向前进。

由于导轨面标高与管子底的标高是相等的，因此两轨道之间的宽度 B 可以根据公式（33-4）计算。

工作坑及装配式后座墙的允许偏差　表 33-100

项　　目		允　许　偏　差
工作坑每侧	宽度	不小于施工设计规定
	长度	
装配式后背墙	垂直度	$0.1\%H$
	水平扭转度	$0.1\%L$

注：1. H 为装配式后墙的高度（mm）；
　　2. L 为装配式后墙的长度（mm）。

$$B = \sqrt{D_0^2 - D^2} \qquad (33-4)$$

式中 B——基坑导轨两轨间的宽度（m）；

   D_0——顶进管道外径（mm）；

   D——顶进管道内径（mm）。

导轨形式如图 33-67 所示。

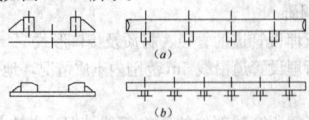

图 33-67 导轨形式

(a) 普通导轨；(b) 复合导轨

导轨安装应符合下列要求：

① 两导轨应顺直、平行、等高，其坡度应与管道设计坡度一致。当管道坡度>1%时，导轨可按平坡铺设。

② 导轨安装的允许偏差为：轴线位置 3mm；顶面高程 0～+3mm；两轨内距 ±2mm。

③ 安装后的导轨必须稳固，在顶进中承受各种负载时不产生位移、不沉降、不变形。

④ 导轨安放前，应先复核管道中心的位置，并应在施工中经常检查校核。

5) 顶力计算

顶管施工必须有足够的顶进力才能克服土对顶进管道的摩擦力，为保证设备选型正确，顶进力可按式（33-5）计算。

$$P = f \times r \times D_1 \times \left[2H + (2H + D_1) \right.$$
$$\left. \times \tan^2 \left(45° - \frac{g}{2} \right) + \frac{\omega}{r + D_1} \right] \times L + P_s \qquad (33-5)$$

式中 P——计算的总顶力（kN）；

   r——管道所处顶土层的重力密度（kN/m³）；

   D_1——管道外径（mm）；

   H——管道顶部以上覆土深度（m）；

   g——管道所处土层的内摩擦角；

   ω——管道单位长度的自重；

   L——管道的计算顶进长度（m）；

   f——顶进时，管道表面与其周围土层之间的摩擦系数，见表 33-101；

   P_s——顶进时顶管掘进机的迎面阻力（kN）。

顶进管道与其周围土层的摩擦系数 表 33-101

土层类型	湿	干	土层类型	湿	干
黏土、亚黏土	0.2～0.3	0.4～0.5	砂土、亚砂土	0.3～0.4	0.5～0.6

6) 顶管设备

顶进设备包括：顶管掘进机、主顶装置（主顶油缸、主顶油泵和操纵台及油管）及顶铁、输土装置、地面起吊设备、注浆系统等组成，如图 33-68 所示。

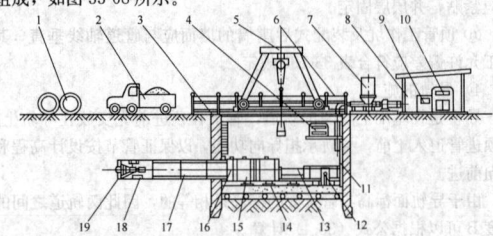

图 33-68 顶进施工示意

1—混凝土管；2—运输车；3—扶手；4—主顶油泵；5—行车
6—安全扶手；7—润滑注浆系统；8—操纵房；9—配电系统
10—操纵系统；11—后座；12—测量系统；13—主顶油缸
14—导轨；15—弧形顶板；16—环形顶板；17—混凝土管
18—运土车；19—机头

(2) 掘土与顶进

1) 工作原理

在正常作业前，泥水仓处于密闭状态，以延缓泥水压力泄漏，

当泥水旁路切换为大循环时，泥水压力的波动对开挖面的扰动降到最小，待泥水仓中压力稳定后，启动中心轴动力泵站带动中心轴及刀架向前运动，使刀架与刀盘分离，在两者之间形成四条进土间隙，中心轴及刀架伸出带动刀盘的盘体运动，使之与壳体保持一定距离，此时机头即处于待工作状态，启动刀盘驱动电机，通过第一级减速，其输出轴上的小齿轮带动中心轴上的大齿轮最终带动刀盘及刀架，切削土体。

2) 施工注意事项

① 在管道顶进的全部过程中，应控制顶管掘进机前进的方向，并应根据测量结果分析偏差产生的原因和发展趋势，确定纠偏的措施。

② 管道顶进过程中，顶管掘进机的中心和高程测量应每顶进300mm，测量不应少于一次，管道进入土层后正常顶进时，每顶进1000mm，测量不应少于一次，纠偏时应增加测量次数。

③ 顶管穿越铁路或公路时，除应遵守顶管施工规范外，还应符合铁路或公路有关技术安全规定。

④ 管道顶进应连续作业。

2. 直接顶进法

管道直接顶进法是将锥形头或管帽安装在管道端部，顶进时锥形头顶入土内，在土中形成一个大于管径的孔洞，顶进的管道阻力和摩擦力主要来自锥形头，因而管道本身自摩擦阻力并不大，此种方法适用于小口径短距离顶入的钢管或铸铁管，工作坑的长短由管道的长度决定，管子的中心位置和高程由管子的导向架控制。

3. 定向钻管道施工法

管道敷设前先顶入钻杆，当钻杆顶入另一端工作坑后，在钻杆上装上扩孔装置回拉扩孔，最后再将所要铺设的管子拉入而完成管道敷设的技术，称为定向钻管道施工法，如图 33-69 所示。

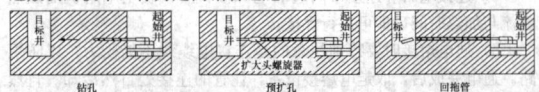

图 33-69 非开挖水平导向铺管示意图

管道施工一般分为二个阶段：第一阶段是按照设计曲线准确的钻一个导向孔；第二阶段是将导向孔进行扩孔，并将管线沿着扩大了的导向孔回拖到导向孔中，完成管线穿越工作。

操作施工注意事项：

(1) 根据穿越部位的地质情况，选择合适的钻头和导向板。

(2) 钻头在钻机的推力作用下由钻机驱动旋转切削地层，不断前进，每钻完一根钻杆要测量一次钻头的实际位置，以便及时调整钻头的钻进方向，保证所完成的导向孔曲线符合设计要求，如此反复，直到钻头在预定位置出土，完成整个导向孔的钻孔作业。

(3) 由于钻出的孔往往小于回拖管线的直径，为了使钻出的孔径达到回拖管线直径的 1.3～1.5 倍，需要用扩孔器从出土点拖回入土点，将导向孔扩大至要求的直径。

(4) 经过预扩孔，达到了回拖要求之后，将钻杆、扩孔器、回拖活节和被安装管线依次连接好后，从出土点开始，再将管线回拖至入土点，管道安装工作即完成，回拖活节详见图 33-70 所示。

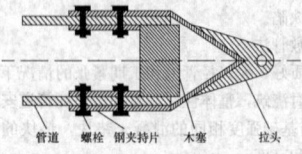

图 33-70 回拖活节

管道 螺栓 钢夹持片 木塞 拉头

33. 10. 2. 4 附属构筑物的施工

1. 检查井、雨水口的砌筑

(1) 常用检查井及雨水口

检查井分为圆形井、矩形井、扇形井、跌水井、闸槽井和沉泥井。

雨水口分为平箅式雨水口和立箅式雨水口两种。

圆形井适用于 $D200～1000mm$ 的雨污水管道，分为直筒井和收口井两种。

矩形井适用于 $D800\sim2000mm$ 的雨水管道, $D800\sim1500mm$ 的污水管道的三通井、四通井以及分直线井。

扇形井使用于上下游管道角度为 90°、120°、135°、150° 的转弯井。

管道跌水水头大于 2m 的必须设置跌水井,跌水水头为 1~2m 的宜设跌水井,跌水井有竖管式、竖槽式和阶梯式三种,管道转弯处不宜设置跌水井。

雨水口井圈表面高程应比该处道路路面低 30mm(立箅式雨水口立算下沿高程应比该处道路路面低 50mm),并与附近路面接顺。当道路为土路时,应在雨水口四周浇筑混凝土路面。

雨水口管及雨水口连接管的敷设、接口、回填等应与雨水管相同,管口与井内墙平。

检查井及雨水井的施工需满足设计及设计指定图集的要求。

(2)井室砌筑要点

1)井底基础与管道基础应同时浇筑。

2)砖砌检查井应随砌随检查尺寸,收口时每次收进不大于 30mm,三面收进时每次不大于 50mm。

3)检查井的流槽宜在井壁砌至管顶以上时砌筑。污水管道流槽高度应与所安管道的管顶平,雨水管道流槽应达到所安管道管径的一半。

4)检查井预留支管应随砌随稳。

5)管道进入检查井的部位应砌拱砖。

6)检查井及雨水井砌筑完毕后应及时浇筑井圈,以便安装井盖。

7)井室内壁及导流槽应做抹面压光处理。

2. 化粪池的砌筑

化粪池的容积、结构尺寸、砌筑材料等均应符合设计或设计指定的图集的要求。

砌筑化粪池所用的材料应有产品的合格证书、产品性能检测报告。块材、水泥、钢筋、外加剂等应有材料主要性能的进场复验报告。

(1)砖砌式化粪池底均应采用厚度不小于 100mm,强度不低于 C25 的混凝土做底板,无地下水的使用素混凝土,有地下水的采用钢筋混凝土。

(2)砌筑用砖及嵌缝抹面砂浆须符合设计要求,严禁使用干砖或含水饱和的砖;抹面砂浆必须是防水砂浆,厚度不得低于 20mm,且应做压光处理。

(3)化粪池进出水口标高要符合设计要求,其允许偏差不得大于 ±15mm。

(4)大容积化粪池砌筑时在墙体中间部位应设置圈梁,以利于结构的稳定性。

(5)化粪池顶盖板应使用钢筋混凝土盖板。

33.10.2.5 管道交叉处理措施

管道施工交叉较为常见,因而后增加管道施工前必须及时了解原有地下管线埋设情况,并在管沟开挖前做好标记,否则若处理不当将会发生严重的事故,严重影响管道施工。

1. 在已建金属管下新建排水管

当新建管道沟槽开挖后遇原有管道后应按设计要求处理,并应通知相关单位确认,管道交叉一般按下列原则处理。

(1)当所交叉的钢管道或铸铁管道的管径不大于 400mm 时,宜在混凝土管道两侧砌筑砖墩支承,如图 33-71 所示。

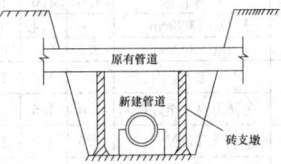

图 33-71 管道保护支承管墩

(2)所挖沟槽较窄时,可用同级配砂石或灰土回填。

(3)砖砌支墩基础压力不应小于地基承载力。

(4)沟槽回填土时,应分层回填、夯实,回填至已建管道下部

时,应用木夯捣实。

2. 排水管道在上、金属管道在下,同期施工

当排水管道与金属管道同期施工,且在金属管道下方敷设时,安装于下方的管道需要加设套管或管廊,如图 33-72 所示。

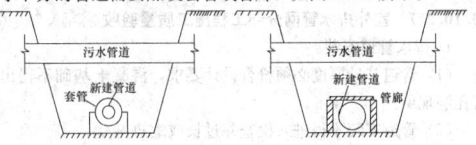

图 33-72 管道交叉保护

(1)套管或管廊的净宽不小于管子外径加 300mm。

(2)套管或管廊的长度不宜小于上方排水管道基础宽度加管道交叉高差的 3 倍,且不宜小于基础宽度加 1m。

(3)套管及管廊两段应封堵严密。

3. 在已建电缆管块下铺设排水管道

由于电缆管块每节长度较短,排水管道开挖遇到此管道时需采用吊架或托架及时支撑,以免电缆管块掉落,损伤电缆,如图 33-73 所示。

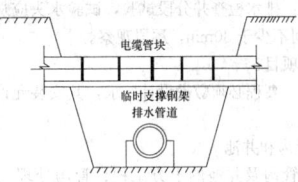

图 33-73 电缆管块保护

(1)排水管道施工到此部位时要加快施工进度,缩短管道外露时间。

(2)回填采用回填进行,当回填至电缆块下方 10cm 左右时,浇筑混凝土底板以支撑被扰动的电缆管块。

(3)当所浇筑混凝土强度达到 75% 时,方可拆除支撑,回填此管段。

4. 管道敷设高程相同时的处理

施工前需认真熟悉图纸,发现问题提前协调修改,以免管道施工后因管线交叉而影响全部的管道安装方案。

若交叉冲突点位不多应参照下列原则施工:

(1)压力管道避让重力流管道。

(2)小口径管道避让大口径管道。

33.10.2.6 沟槽回填

1. 沟槽回填土的要求

(1)槽底至管顶以上 50cm 范围内,不得含有有机物、冻土以及粒径大于 50mm 的砖石等硬块;在抹带接口处,应采用细粒土回填。

(2)机械夯实每层虚土厚度应不大于 300mm,人工夯实每层虚土厚度应不大于 200mm。

(3)井室外围应围绕井室中心对称回填并分层夯实,不得漏夯。路面范围内的井室周围宜用石灰土、砂砾等材料回填并夯实。

(4)管顶敷土厚度小于 0.7m 时,不得采用大、中型机械设备压实,且不得有其他机械设备通行。

2. 回填土的施工要点

(1)采用明沟排水时,应保持排水沟畅通,沟槽内不得有积水;采用井点降低地下水位时,其动水位应保持在槽底以下不小于 0.5m。

(2)需要拌和的回填材料,应在运入槽前拌和均匀,不得在槽内拌和。

(3)管道两侧和管顶以上 50cm 范围内的回填材料,应由沟槽两侧对称运入槽内,不得直接扔在管道上;回填其他部位时,应均匀运入槽内,不得集中推入。

(4)分段回填压实时,相邻段的接茬应呈阶梯形,且不得漏夯。

3. 沟槽回填土冬期施工

(1)土方必须在不冻的情况下进行回填夯实。

(2) 若无未冻土方,管顶 200mm 内可以回填砂或石屑,200mm 以上可以均匀回填含有较小块体的土方。

(3) 土方回填每层的厚度可以小于其他季节。

(4) 堆土上的结冰或积雪应在回填前清除,不得填入沟内。

33.10.2.7 室外排水管网分部工程施工质量验收

1. 排水管道安装

(1) 管道基础厚度必须符合设计要求,混凝土基础不得出现蜂窝孔洞现象。

(2) 管道安装不得进入检查井过长或缩进井壁。

(3) 管道砂浆抹带接口不得出现空鼓或开裂,铁丝网搭接长度不得少于 100mm,钢丝网不得外露。

(4) 承插口管安装应将插口顺水流方向,承口逆水流方向,由管道下游往上游安装。

(5) 主控项目:

1) 管道坡度必须符合设计及施工规范要求,严禁无坡或倒坡。

检验方法:水准仪、拉线尺量。

2) 管道埋地前应做灌水试验和通水试验,排水应畅通无堵塞,管道接口无渗漏。

检验方法:排水检查井分段试验,试验水头应从试验段上游管顶加 1m,时间不少于 30min,逐段观察。

(6) 一般项目:

管道轴线、高程必须敷设设计要求,其安装允许偏差应符合表 33-102 的规定。

2. 排水管沟和井池

(1) 排水管沟及井池的土方工程、管沟处理、管道穿井壁处理、回填处理等均应符合规定执行。

(2) 各种排水井、池应按设计指定的标注图集施工,其底板均应做混凝土底板,厚度不得小于 100mm。

(3) 主控项目

1) 沟基的处理和井池底板混凝土强度必须符合要求。

检验方法:查看夯实情况,检查混凝土强度报告。

管道敷设的允许偏差和检验方法   表 33-102

检查项目		允许偏差(mm)	检查数量		检验方法
			范围	点数	
1	水平轴线	无压管道 15			经纬仪测量
		压力管道 30			
2	管底高程	$D \leqslant 1000$ 无压管道 ±10	每节管	1 点	水准仪测量
		$D \leqslant 1000$ 压力管道 ±30			
		$D > 1000$ 无压管道 ±15			
		$D > 1000$ 压力管道 ±30			

2) 排水检查井、化粪池的底板及进水管的标高必须符合设计要求。

检验方法:水准仪及尺量。

(4) 一般项目

1) 井池的规格尺寸、位置应正确,砌筑和抹灰需符合要求。

检验方法:观察、尺量。

2) 井盖应安装正确,标志明显,标高正确。

检验方法:观察、尺量。

33.11 建筑燃气系统

33.11.1 建筑小区燃气管道安装

33.11.1.1 燃气的分类及性质

1. 燃气的分类

燃气是气体燃料的总称,它能燃烧而放出热量,供城市居民和工业企业使用。城镇燃气一般包括天然气、液化石油气和人工煤气。

(1) 按工作压力分

城镇燃气管道按燃气设计压力分为 7 级,划分等级见表 33-103。

城镇燃气设计压力(表压)分级表   表 33-103

名称		压力(MPa)
高压燃气管道	A	$2.5 < P \leqslant 4.0$
	B	$1.6 < P \leqslant 2.5$
次高压燃气管道	A	$0.8 < P \leqslant 1.6$
	B	$0.4 < P \leqslant 0.8$
中压燃气管道	A	$0.2 < P \leqslant 0.4$
	B	$0.01 \leqslant P \leqslant 0.2$
低压燃气管道		$P < 0.01$

(2) 按用途分

1) 长距离输气管道。

2) 城镇燃气管道:

① 城镇输气干管;② 用户引入管道;③ 室内燃气管道。

3) 工业企业燃气管道。

(3) 按敷设方式分

1) 地下燃气管道。

2) 架空燃气管道。

2. 燃气的性质

(1) 易扩散性和易燃易爆。当容器或管道发生泄漏后,燃气会扩散到空气中,和空气混合达到燃爆极限浓度后,遇到明火会发生燃爆。

(2) 毒性。燃气中含有一氧化碳、硫化氢等对人体有害的气体。

(3) 腐蚀性。一些燃气中含有的杂质如硫化氢等对容器、管道有腐蚀性。

(4) 含有水分。人工煤气含有水蒸气,当温度降低时会产生凝结水,使输气不畅,导致用户压力波动和燃烧不稳定。因此,人工煤气管道应设置排除凝水的装置。

33.11.1.2 燃气管道布置与敷设

1. 管道的布置

(1) 布置原则

1) 地下燃气管道不得从建筑物和大型构筑物的下面穿越(不包括架空的建筑物和大型构筑物)。

① 地下燃气管道与建筑物、构筑物或相邻管道之间的水平和垂直净距,不应小于表 33-104 和表 33-105 的规定。

地下燃气管道与建筑物、构筑物或相邻管道之间的水平净距(m)
表 33-104

项目		地下燃气管道			
		低压	中压		高压
			B	A	B	A
建筑物	基础	0.7	1.0	1.5	—	—
	外墙面(出地面处)	—	—	—	4.5	6.5
给水管		0.5	0.5	0.5	1.0	1.5
污水、雨水排水管		1.0	1.2	1.2	1.5	2.0
电力电缆(含电车电缆)	直埋	0.5	0.5	0.5	1.0	1.5
	在导管内	1.0	1.0	1.0	1.0	1.5
通信电缆	直埋	0.5	0.5	0.5	1.0	1.5
	在导管内	1.0	1.0	1.0	1.0	1.5
其他燃气管道	$D_n \leqslant 300mm$	0.4	0.4	0.4	0.4	0.4
	$D_n > 300mm$	0.5	0.5	0.5	0.5	0.5
热力管	直埋	1.0	1.0	1.0	1.5	2.0
	在管沟内(至外壁)	1.0	1.5	1.5	2.0	4.0
电杆(塔)的基础	$\leqslant 35kV$	1.0	1.0	1.0	1.0	1.0
	$> 35kV$	2.0	2.0	2.0	5.0	5.0
通讯照明电杆(至电杆中心)		1.0	1.0	1.0	1.0	1.0
铁路路堤坡脚		5.0	5.0	5.0	5.0	5.0
有轨电车钢轨		2.0	2.0	2.0	2.0	2.0
街树(至树中心)		0.75	0.75	0.75	1.2	1.2

地下燃气管道与构筑物或相邻管道之间垂直净距（m）

表 33-105

项　目		地下燃气管道（当有套管时，以套管计）
给水管、排水管或其他燃气管道		0.15
热力管的管沟底（或顶）		0.15
电缆	直埋	0.50
	在导管内	0.15
铁路轨底		1.20
有轨电车轨底		1.00

注：1. 当次高压燃气管道压力与表中数不相同时，可采用直线方程内插法确定水平净距。
　　2. 如受地形限制不能满足时，经与有关部门协商，采取有效的安全防护措施后，表33-94和表33-95规定的净距，均可适当缩小，但低压管道不应影响建（构）筑物和相邻管道基础的稳定性，中压管道距建筑物基础不应小于0.5m且距建筑物外墙面不应小于1m，次高压燃气管道距建筑物外墙面不应小于3.0m。其中当对次高压A燃气管道采用有效的安全防护措施或当管壁厚不小于9.5mm时，管道距建筑物外墙面不应小于6.5m；当管壁厚度不小于11.9mm时，管道距建筑物外墙面不应小于3.0m。

②表33-104和表33-105规定除地下燃气管道与热力管的净距不适于聚乙烯燃气管道和钢骨架聚乙烯塑料复合管外，其他规定均适用于聚乙烯燃气管道和钢骨架聚乙烯塑料复合管。聚乙烯燃气管道与热力管道的净距应按国家现行标准《聚乙烯燃气管道工程技术规程》CJJ 63执行。

③地下燃气管道与电杆（塔）基础之间的水平净距，还应满足表33-106地下燃气管道与交流电力线接地体的净距规定。

地下燃气管道与交流电力线接地体的净距（m）

表 33-106

电压等级（kV）	10	35	110	220
铁塔或电杆接地体	1	3	5	10
电站或变电所接地体	5	10	15	30

2）地下燃气管道的地基宜为原土层。凡可能引起管道不均匀沉降的地段，其地基应进行处理。

3）地下燃气管道不得在堆积易燃、易爆材料和具有腐蚀性液体的场地下面穿越，并不宜与其他管道或电缆同沟敷设。当需要同沟敷设时，必须采取防护措施。

（2）布置形式

燃气管道布置形式与城市给水管道布置形式相似，根据用气建筑的分布情况和用气特点，室外燃气管网的布置方式有：树枝式、双干线式、辐射式、环状式等形式。

以上四种布置形式都设有放散管，以便在初次通入燃气之前排除干管中的空气，或在修理管道之前排除剩余的燃气。

2. 管道的敷设

（1）地下燃气管道埋设的最小覆土厚度（路面至管顶）应符合下列要求：

1）埋设在车行道下时，不得小于0.9m；

2）埋设在非车行道（含人行道）下时，不得小于0.6m；

3）埋设在庭院（指绿化地及载货汽车不能进入之地）内时，不得小于0.3m；

4）埋设在水田下时，不得小于0.8m；

5）当采取行之有效的防护措施后，上述规定均可适当降低。

（2）输送湿燃气的燃气管道，应埋设在土壤冰冻线以下。输送湿燃气的管道应采取排水措施，在寒冷地区还应采取保温措施。燃气管道坡向凝水缸的坡度不宜小于0.003。

（3）地下燃气管道穿过排水管、热力管沟、联合地沟、隧道及其他各种用途沟槽时应将燃气管道敷设于套管内。套管伸入构筑物外壁不应小于燃气管道与该构筑物的水平净距。套管两端应采用柔性的防腐、防水材料密封。

（4）燃气管道穿越铁路、高速公路、电车轨道和城镇主要干道时应符合下列要求：

1）穿越铁路和高速公路的燃气管道，其外应加套管。当燃气管道采用定向钻穿越并取得铁路或高速公路部门同意时，可不加套管。

2）穿越铁路的燃气管道的套管，应符合下列要求：

①套管埋设深度：铁路轨底至套管顶不应小于1.20m，并应符合铁路管理部门的要求；

②套管宜采用钢管或钢筋混凝土管；

③套管内径比燃气管道外径大100mm以上；

④套管两端与燃气管的间隙应采用柔性的防腐、防水材料密封，其一端应装设检漏管；

⑤套管端部距路堤坡脚外距离不应小于2.0m。

3）燃气管道穿越电车轨道和城镇主要干道时宜敷设在套管或地沟内；穿越高速公路燃气管道的套管，穿越电车轨道和城镇主要干道的燃气管道的套管或地沟，应符合下列要求：

①套管内径应比燃气管道外径大100mm以上，套管或地沟两端应密封，在重要地段的套管或地沟端部宜安装检漏管；

②套管端部距电车边轨不应小于2.0m，距道路边缘不应小于1.0m。

4）燃气管道宜垂直穿越铁路、高速公路、电车轨道和城镇主要干道。

（5）燃气管道通过河流时，可采用穿越河底或采用管桥跨越的形式。当条件许可时也可利用道路桥梁跨越河流。并应符合下列要求：

1）利用道路桥梁跨越河流的燃气管道，其管道的输送压力不应大于0.4MPa；

2）当燃气管道随桥梁敷设或采用管桥跨越河流时，必须采取安全防护措施；

3）燃气管道随桥梁敷设，宜采取如下安全防护措施：

①敷设于桥梁上的燃气管道应采用加厚的无缝钢管或焊接钢管，尽量减少焊缝，对焊缝进行100%无损探伤；

②跨越通航河流的燃气管底标高，应符合通航净空的要求，管架外侧应设置护桩；

③在确定管道位置时，与随桥敷设的其他管道的间距应符合国家现行标准《工业企业煤气安全规程》GB 6222支架敷管的有关规定；

④管道应设置必要的补偿和减震措施；

⑤对管道应作较高等级的防腐防护。对于采用阴极保护的埋地钢管与随桥管道之间应设置绝缘装置；

⑥跨越河流的燃气管道的支座（架）应采用不燃烧材料制作。

（6）燃气管道穿越河底时，应符合下列要求：

1）燃气管道宜采用钢管；

2）燃气管道至规划河底的覆土厚度，应根据水流冲刷条件确定，对不通航河流不应小于0.5m；对通航的河流不应小于1.0m，还应考虑疏浚和投锚深度；

3）稳管措施应根据计算确定；

4）在埋设燃气管道位置的河流两岸上、下游应设立标志。

（7）穿越或跨越重要河流的燃气管道，在河流两岸均应设置阀门。

（8）在次高压、中压燃气干管上，应设置分段阀门，并在阀门两侧设置放散管。在燃气支管的起点处，应设置阀门。

（9）室外架空的燃气管道，可沿建筑物外墙或支柱敷设。并应符合下列要求：

1）中压和低压燃气管道，可沿建筑耐火等级不低于二级的住宅或公共建筑的外墙敷设；次高压B、中压和低压燃气管道，可沿建筑耐火等级不低于二级的丁、戊类生产厂房的外墙敷设。

2）沿建筑物外墙的燃气管道距住宅或公共建筑物门、窗洞口的净距，中压管道不应小于0.5m，低压管道不应小于0.3m。燃气管道距生产厂房建筑物门、窗洞口的净距不限。

3）架空燃气管道与铁路、道路、其他管线交叉时的垂直净距不应小于表33-107的规定。

（10）工业企业内燃气管道沿支柱敷设时，尚应符合现行的国家标准《工业企业煤气安全规程》GB 6222的规定。

架空燃气管道与铁路、道路、其他管线交叉时的垂直净距 (m)

表 33-107

建筑物和管线名称		最小垂直净距	
		燃气管道下	燃气管道上
铁路轨顶		6.0	—
城市道路路面		5.5	—
厂区道路路面		5.0	—
人行道路路面		2.2	—
架空电力线,电压	3kV 以下		1.5
	3～10kV		3.0
	35～66 kV		4.0
其他管道,管径	≤300mm	同管道直径,但不小于 0.10	同左
	>300mm	0.30	0.30

注:1. 厂区内部的燃气管道,在保证安全的情况下,管底至道路路面的垂直净距可取 4.5m;管底至铁路轨顶的垂直净距,可取 5.5m。在车辆和人行道以外的地区,可在从地面到管底高度不小于 0.35m 的低支柱上敷设燃气管道;

2. 电气机车铁路除外;

3. 架空电力线与燃气管道的交叉垂直净距尚应考虑导线的最大垂度。

33.11.1.3 常用管材及附件

1. 常用管材

(1) 燃气管道常用的管材有钢管、铸铁管和塑料管等管材。

(2) 中压和低压燃气管道宜采用聚乙烯管、机械接口球墨铸铁管、钢管或钢骨架聚乙烯塑料复合管。聚乙烯及其复合管严禁用于地上燃气管道和室外明设燃气管道。

(3) 高压、次高压燃气管道应采用钢管。管道附件不得采用螺旋焊缝钢管制作,严禁采用铸铁制作。

2. 燃气管道的特有附件

除常见的阀门、法兰、波纹补偿器等以外,燃气管道还有以下附件:

(1) 凝水缸

主要设置在人工煤气管道上。天然气管道因气质干燥,一般不设置凝水缸。用于:

1) 收集管道中的冷凝水及冷凝物。

2) 中压管道的凝水缸除了具有抽放水的功能外,还承担着初始运行时的放散置换和管道带气作业时的放散降压的作用。

(2) 检漏管

检漏管是用来检查燃气管道可能出现的渗漏问题,通常安装在燃气管道检查段最高点。具体设置地点是:

1) 重要地段的套管或地沟端部;

2) 地质条件不良的地段;

3) 不易检查的重要焊缝处。

(3) 放散管

要排掉燃气管道内的空气及燃气与空气的混合气体;或者检修时排掉管内残留的燃气时,都要用到放散管,放散管应设置在管路最高点和每个阀门之前,当燃气管道正常运行时,须关闭放散管上的球阀。

(4) 盲板、盲板环及盲板支承

盲板环、盲板和盲板支撑应设置在燃气管道的适当部位,以备在管道检修时使用。盲板环平时安装在运行状态的管道中间,而与其配套等厚的盲板平时备用放置在旁边,一旦需要完全切断燃气输送时,就松开螺栓将盲板取出,并换装上盲板。盲板分承压盲板和不承压盲板,停用或停气检修时,用不承压盲板;在燃气管道运行状态下进行检修时,用承压盲板。盲板环、盲板的安装位置通常在两法兰之间或阀门后面(按气流方向)。盲板支撑是为了便于拆除盲板环和安装盲板时撑开法兰而设置的。

33.11.1.4 室外地下燃气管道安装

地下燃气管道安装方法与室外给水管道、室外热力管道基本相同,本节只阐述室外燃气管道安装特点。

1. 钢管燃气管道安装

(1) 地下燃气钢管安装程序

测量放线→沟槽开挖→沟槽检查→管道外防腐→吊装下管→槽下稳管、修口挖工作坑→焊固定口→安装管件与附件→固定口包绝缘层→管道检查→吹扫→强度试验→气密性试验→固定焊口防腐→标志桩埋设→回填。

(2) 地下燃气钢管安装要点

1) 管道应在沟底标高和管基质量检查合格后,方可安装。

2) 管道下沟前,应清除沟内的所有杂物,管沟内积水应抽净。

3) 管道下沟宜使用吊装机具,严禁采用抛、滚、撬等破坏防腐层的做法。吊装时应保护管口不受损伤。

4) 管道下沟前必须对防腐层进行 100% 的外观检查,回填前应进行 1% 电火花检漏,回填后必须对防腐层完整性进行全线检查。不合格必须返工处理直至合格。

5) 穿越铁路、公路、河流及城市道路时,应减少管道环向焊缝的数量。

2. 铸铁管燃气管道安装

输送中、低压燃气时可使用铸铁管,其安装工艺与室外给水铸铁管基本相同。

(1) 一般规定

1) 球墨铸铁管的安装应配备合适的工具、器械和设备。

2) 应使用起重机或其他合适的工具和设备将管道放入沟渠中,不得损坏管道和保护性涂层。当起吊或放下管道的时候,应使用钢丝绳或尼龙吊具。当使用钢丝绳的时候,必须使用衬垫或橡胶套。

3) 安装前应对球墨铸铁管及管件进行检查,并应符合下列要求:

① 管材及管件表面不得有裂纹及影响使用的凹凸不平等缺陷。

② 使用橡胶密封圈密封时,其性能必须符合燃气输送介质的使用要求。橡胶圈应光滑、轮廓清晰,不得有影响接口密封的缺陷。

③ 管材及管件的尺寸公差应符合现行国家标准《离心铸造球墨铸铁管》GB 13295 和《球墨铸铁管件》GB 13294 的规定。

(2) 管道连接

1) 管材连接前,将管材中的异物清理干净。

2) 清除管道承、插口端面的铸瘤和多余的涂料等杂物,并整修光滑擦净。

3) 在承口密封面、插口端和密封圈上应涂一层润滑剂,将压兰套在管道的插口端,使其延长部分唇缘面向插口端方向,然后将密封圈套在管道的插口端,使胶圈的密封斜面也面向管道的插口方向。

4) 将管道的插口端插入到承口内,并紧密、均匀地将密封胶圈按进填料槽内,橡胶圈就位后不得扭曲。连接过程中的承插接口环形间隙应均匀,其值及允许偏差应符合表 33-108 的规定。

承插接口环形间隙及允许偏差 (mm)   表 33-108

管道公称直径	环 形 间 隙	允 许 偏 差
80～200	10	+3 -2
250～450	11	
500～900	12	+4 -2
1000～1200	13	

5) 将压兰推向承口端,压兰的唇缘应靠在密封胶圈上,插入螺栓。

6) 应使用扭力扳手拧紧螺栓。拧紧螺栓顺序:底部的螺栓—顶部的螺栓—两边的螺栓—其他对角线的螺栓。拧紧螺栓时应重复上述步骤分几次逐渐拧紧至其规定的扭矩。

7) 螺栓宜采用可锻铸铁;当采用钢质螺栓时,必须采取防腐措施。

8) 应使用扭力扳手来检查螺栓和螺母的紧固力矩。紧固扭矩符合表 33-109 的规定。

(3) 球墨铸铁管敷设

1）管道安装就位前，应采用测量工具检查管段的坡度，并应符合设计要求。

2）管道或管件安装就位时，生产厂的标记宜朝上。

3）管道最大允许借转角度及距离不应大于表 33-110 的规定。

螺栓和螺母的紧固扭矩　　　　　表 33-109

管道公称直径（mm）	螺栓规格	扭矩（kgf·mm）
80	M16	6
100～600	M20	10

管道最大允许借转角度及距离　　表 33-110

管道公称直径（mm）	80～100	150～200	250～300	350～600
平面借转角度（°）	3	2.5	2	1.5
竖直借转角度（°）	1.5	1.25	1	0.75
平面借转距离（mm）	310	260	210	160
竖向借转距离（mm）	150	130	100	80

注：本表适用于6m长规格的球墨铸铁管，采用其他规格的球墨铸铁管时，可按产品说明书的要求执行。

4）采用两根相同角度的弯管相接时，借转距离应符合表 33-111 的规定。

弯管借转距离　　　　　　　　表 33-111

管道公称直径（mm）	借转距离（mm）				
	90°	45°	22°30′	11°15′	1 根乙字管
80	592	405	195	124	200
100	592	405	195	124	200
150	742	465	226	124	250
200	943	524	258	162	250
250	995	525	259	162	250
300	1297	585	311	162	250
400	1400	704	343	202	400
500	1604	822	418	242	400
600	1855	941	478	242	—
700	2057	1060	539	243	—

5）管道敷设时，弯头、三通和固定盲板处均应砌筑永久性支墩。

6）临时盲板应采用足够的支撑，除设置端墙外，应采用两倍于盲板承压的千斤顶支撑。

3. 聚乙烯燃气管道安装

（1）一般规定

1）聚乙烯燃气管道不得从建筑物和大型构筑物的下面穿越（不包括架空的建筑物和立交桥等大型构筑物）；不得在堆积易燃、易爆材料和具有腐蚀性液体的场地下面穿越；不得与非燃气管道或电缆同沟敷设。

2）聚乙烯燃气管道与热力管道之间垂直净距和水平净距不应小于表 33-112、表 33-113 的规定，且燃气管道周围土壤温度不大于 40℃。

聚乙烯燃气管道与热力管道的垂直净距　表 33-112

项　　目		燃气管道（当有套管时，从套管外径计）（m）
热力管	燃气管在直埋管上方	0.5（加套管）
	燃气管在直埋管下方	1.0（加套管）
	燃气管在管沟上方	0.2（加套管）或 0.4
	燃气管在管沟下方	0.3（加套管）

聚乙烯燃气管道与热力管道的水平净距　表 33-113

项　　目		地下燃气管道（m）			
		低压	中压		次高压
		B	A	B	
热力管	直埋 热水	1.0	1.0	1.0	1.5
	直埋 蒸气	2.0	2.0	2.0	3.0
	在管沟内（至外壁）	1.0	1.5		2.0

3）聚乙烯燃气管道埋设的最小管顶覆土厚度应符合下列规定：

① 埋设在车行道下时，不得小于 0.9m。

② 埋设在非车行道下时，不得小于 0.6m。

③ 埋设在机动车不可能到达的地方时，不得小于 0.5m。

④ 埋设在水田下时，不得小于 0.8m。

4）聚乙烯燃气管道在输送含有冷凝液的燃气时，应埋设在土壤冰冻线以下，并设置凝水缸。管道坡向凝水缸的坡度不宜小于 0.003。

5）聚乙烯燃气管道引入管，与建筑物外墙或内墙上安装的调压箱相连时，接管出地面，应采取保护和密封措施，不应裸露，且不宜直接引入建筑物内。

6）管道存放和搬运：

① 管材应存放在通风良好的库房或棚内，远离热源，并应有防晒、防雨淋措施。严禁与油类或化学品混合存放，库区应有防火措施。

② 管材应水平堆放在平整的支撑物或地面上。当直管采用分层货架存放时，每层货架高度不宜超过 1m，堆放总高度不宜超过 3m；采用其他方式堆放高度不宜超过 1.5m。

③ 管材搬运时，不得抛、摔、滚、拖；冬季搬运小心轻放。吊装和捆扎、固定都应采用非金属绳（带）。

（2）管道连接

1）当管材存放处与施工现场温差较大时，连接前应将管材在施工现场放置一定时间，使其温度接近施工现场温度。

2）聚乙烯管材的切割应采用专用割刀或切管工具，切割端面应平整、光滑、无毛刺，端面应垂直于管轴线。

3）聚乙烯燃气管材的连接，必须根据不同连接形式选用专用的连接机具，不得采用螺纹连接或粘结。连接时，严禁采用明火加热。

4）聚乙烯燃气管材的连接应采用热熔对接连接或电熔连接（电熔承插连接、电熔鞍形连接）；聚乙烯燃气管道与金属管道或金属附件连接，应采用法兰连接或钢塑转换接头连接；采用法兰连接时宜设置检查井。

5）管道热熔或电熔连接的环境温度宜在 −5～45℃ 范围内。在环境温度低于 −5℃ 或风力大于 5 级的条件下进行热熔或电熔连接操作时，应采取保温、防风措施，并应调整连接工艺；在炎热的夏季进行热熔或电熔连接操作时，应采取遮阳措施。

6）管道热熔或电熔连接时，在冷却期间不得移动连接件或在连接件上施加任何外力。

7）管道连接时，每次收工，管口应采取临时封堵措施。

8）热熔连接

① 根据管材规格，选用相应的夹具，将连接件的连接端伸出夹具，自由长度不应小于公称直径的 10%，移动夹具使连接件端面接触，并较直对应的待连接件，使其在同一轴线上，错边不应大于壁厚的 10%。

② 将聚乙烯管材的连接部位擦净，并铣削连接件端面，使其与轴线垂直。切削平均厚度不宜大于 0.2mm，切削后的熔接面应防止污染。

③连接件的端面应采用热熔对接连接设备加热。

④吸热时间达到工艺要求后，应迅速撤出加热板，检查连接件加热面熔化的均匀性，不得有损伤。在规定的时间内均匀用力使连接面完全接触，并翻边形成均匀一致的对称凸缘。

9) 电熔连接

① 将管材连接部位擦拭干净，测量管件承口长度，并在管材插入端标出插入长度和刮除插入长度加 10mm 的插入段表皮，刮削氧化皮厚度宜为 0.1~0.2mm。

② 钢骨架聚乙烯复合管道和公称直径小于 90mm 的聚乙烯管道，因管材不圆度影响安装时，应用整圆工具对插入端进行整圆。

③ 将管材插入端插入电熔承插管件承口内，至插入长度标记位置，并应检查配合尺寸。

④ 通电前，应较直两对应的连接件，使其在同一轴线上，并应采用专用夹具固定管材。

⑤ 电熔鞍形连接操作应符合下列规定：

a. 应采用机械装置固定干管连接部位的管段，使其保持直线度和圆度。

b. 应将管材连接部位擦拭干净，并宜采用刮刀刮除管材连接部位表皮。

c. 通电前，应将电熔鞍形连接管件用机械装置固定在管材连接部位。

10) 法兰连接

① 聚乙烯管端的法兰盘连接应符合下列规定：

a. 应将法兰盘套入待连接的聚乙烯法兰连接件的端部。

b. 按热熔或电熔连接要求，将法兰连接件平口端与聚乙烯管道进行连接。

② 两法兰盘上螺孔应对中，法兰面相互平行，螺栓孔螺栓直径应配套，螺栓规格应一致，螺母应在同一侧；紧固法兰盘上的螺栓应按对称顺序分次均匀紧固，不应强力组装；螺栓拧紧后宜伸出螺母 1~3 丝扣。

③ 法兰密封面、密封件不得有影响密封性能的划痕、凹坑等缺陷，材质应符合输送城镇燃气的要求。

④ 法兰盘、紧固件应经防腐处理，并应符合设计要求。

11) 钢塑转换接头连接

① 钢塑转换接头的聚乙烯管端与聚乙烯管道连接应符合上述热熔或电熔连接的规定。

② 钢塑转换接头钢管端与金属管道连接应符合相应的钢管焊接或法兰连接的规定。

③ 钢塑转换接头钢管端与钢管焊接时，在钢塑过渡段应采取降温措施。

④ 钢塑转换接头连接后应对接头进行防腐处理，防腐等级应符合设计要求。

(3) 管道敷设

1) 聚乙烯管道宜蜿蜒状敷设，并可随地形自然弯曲敷设，管道允许弯曲半径不应小于 25 倍公称直径；当弯曲管段上有承口管件时，管道允许弯曲半径不应小于 25 倍公称直径。

2) 钢骨架聚乙烯复合管道宜自然直线敷设。钢丝网骨架聚乙烯复合管道允许弯曲半径应符合表 33-114 的规定，孔网钢带聚乙烯复合管道允许弯曲半径应符合表 33-115 的规定。

钢丝网骨架聚乙烯复合管道

允许弯曲半径（mm） 表 33-114

管道公称直径 DN	允许弯曲半径 R
50≤DN≤150	80DN
150<DN≤300	100DN
300<DN≤500	110DN

孔网钢带聚乙烯复合管

道允许弯曲半径（mm） 表 33-115

管道公称直径 DN	允许弯曲半径 R
50≤DN≤110	150DN
140<DN≤250	250DN
DN≥315	350DN

3) 管道在地下水位较高的地区或雨季施工时，应采取降低水位或排水措施，及时清除沟内积水。管道在漂浮状态下严禁回填。

4) 管道试压。聚乙烯燃气管道的强度试验压力应为设计压力的 1.5 倍，且最低试验压力应符合下列规定：

① SDR11 聚乙烯管道不应小于 0.40MPa；

② SDR17.6 聚乙烯管道不应小于 0.20MPa；

③ 钢骨架聚乙烯复合管道不应小于 0.40MPa。

试验时应缓慢升压，首先升至试验压力的 50%，进行初检，无泄漏和异常则继续升至试验压力后，稳压 1.0h，观察压力计不应小于 30min，无明显压力降为合格。

5) 管道吹扫。

吹扫和试压的介质应采用压缩空气，其温度不宜高于 40℃；压缩机出口端应安装油水分离器和过滤器。

33.11.1.5 燃气管道的试压与吹扫

燃气管道应在系统安装完毕，外观检查合格后，依次进行管道强度试验、严密性试验和吹扫。

1. 管道的试压

(1) 强度试验

1) 管道进行压力试验前，应核算管道及其支撑结构的强度，必要时应临时加固。试压宜在环境温度 5℃ 以上进行，否则应采取防冻措施。

2) 管道应分段进行压力试验，试验管道分段最大长度宜按表 33-116 执行。

3) 强度试验压力和介质应符合表 33-117 的规定。

4) 试验管段的焊缝应外露，不得有防腐层。

5) 进行强度试验时，压力应逐步缓升，首先升至试验压力的 50%，应进行初检，如无泄漏、异常，继续升至试验压力，然后稳压 1h 后，观察压力计不应少于 30min，无压力降为合格。可使用肥皂液涂抹焊口、法兰等部位的方法进行外观检查。

管道试压分段最大长度 表 33-116

设计压力 PN（MPa）	试验管段最大长度（m）
PN≤0.4	1000
0.4<PN≤1.6	5000
1.6<PN≤4.0	10000

强度试验压力和介质 表 33-117

管道类型	设计压力 PN（MPa）	试验介质	试验压力（MPa）
钢管	PN>0.8	清洁水	1.5PN
	PN≤0.8		1.5PN 且≮0.4
球墨铸铁管	PN	压缩空气	1.5PN 且≮0.4
钢骨架聚乙烯复合管	PN		1.5PN 且≮0.4
聚乙烯管	PN(SDR11)		1.5PN 且≮0.4
	PN(SDR17.6)		1.5PN 且≮0.2

6) 试压时所发现的缺陷，必须待试验压力降至大气压时后进行处理，处理合格后应重新进行试验。

(2) 严密性试验

1) 严密性试验在强度试验合格后进行。

2) 试验介质宜采用空气，试验压力应满足下列要求：

① 设计压力小于 5kPa 时，试验压力应为 20kPa。

② 设计压力大于或等于 5kPa 时，试验压力应为设计压力的 1.15 倍，且不得小于 0.1MPa。

3) 严密性试验稳压的持续时间应为 24h，每小时记录不应少于 1 次，当修正压力降小于 133Pa 为合格。修正压力降应按式 (33-6) 确定：

$$\Delta P' = (H_1 + B_1) - (H_2 + B_2)(273 + t_1)/(273 + t_2)$$

$$(33-6)$$

式中　$\Delta P'$——修正压力降（Pa）；

　　H_1、H_2——试验开始和结束时的压力计读数（Pa）；

　　B_1、B_2——试验开始和结束时的气压计读数（Pa）；

　　t_1、t_2——试验开始和结束时的管内介质温度（℃）。

4）所有未参加严密性试验的设备、仪表、管件，应在严密性试验合格后进行复位，然后按设计压力对系统升压，应采用发泡剂检查设备、仪表、管件及其与管道的连接处，不漏为合格。

2. 管道的吹扫

（1）管道吹扫应按下列要求选择气体吹扫或清管球清扫：

1）球墨铸铁管道、聚乙烯管道、钢骨架聚乙烯复合管道和公称直径小于 100mm 或长度小于 100m 的钢质管道，可采用气体吹扫。

2）公称直径大于或等于 100mm 的钢质管道，宜采用清管球进行清扫。

（2）管道吹扫应符合下列要求：

1）吹扫范围内的管道安装工程除补口、涂漆外，已按设计图纸全部完成。

2）管道安装检验合格后，施工单位应在吹扫前编制吹扫方案。

3）应按主管、支管、庭院管的顺序进行吹扫，吹扫出的脏物不得进入已合格的管道。

4）吹扫管段内的调压器、阀门、孔板、过滤网、燃气表等设备不应参与吹扫，待吹扫合格后再安装复位。

5）吹扫口应设在开阔地段并加固，吹扫时应设安全区域，吹扫出口前严禁站人。

6）吹扫压力不得大于管道的设计压力，且不应大于 0.3MPa。

7）吹扫介质宜采用压缩空气，严禁采用氧气和可燃性气体。

8）吹扫合格设备复位后，不得再进行影响管内清洁的其他作业。

（3）气体吹扫应符合下列要求：

1）吹扫气体流速不宜小于 20m/s。

2）吹扫口与地面的夹角应在 30°～45° 之间，吹扫口管段与被吹扫管段必须采取平缓过渡对焊，吹扫口直径应符合表 33-118 的规定。

吹扫口直径（mm）　　表 33-118

末端管道公称直径 DN	DN<150	150≤DN≤300	DN≥350
吹扫口公称直径	与管道同径	150	250

3）每次吹扫管道的长度不宜超过 500m；当管道长度超过 500m 时，宜分段吹扫。

4）当管道长度在 200m 以上且无其他管段或储气容器可利用时，应在适当部位安装吹扫阀，采取分段储气，轮换吹扫；当管道长度不足 200m，可采用管道自身储气放散的方式吹扫，打压点与放散点应分别设在管道的两端。

5）当目测排气无烟尘时，应在排气口设置白布或涂白漆木靶板检验，5min 内靶上无铁锈、尘土等其他杂物为合格。

（4）清管球清扫应符合下列要求：

1）管道直径必须是同一规格，不同管径的管道应断开分别进行清扫。

2）对影响清管球通过的管件、设施，在清管前应采取必要措施。

3）清管球清扫完成后，用白布或涂白漆木靶板进行检验，如不合格可采用气体再清扫合格。

3. 燃气管道置换

新建燃气管道投入使用时，往新建管道内输入燃气时将出现混合气体，所以应先进行燃气置换，且必须在严密的安全技术措施保证前提下才可进行置换工作。

（1）置换方法

1）间接置换法是用不活泼的气体（一般用氮气）先将管内空气置换，然后再输入燃气置换。此工艺在置换过程中安全可靠，缺点是费用高昂，顺序繁多，一般很少采用。

2）直接置换法。在新建管道与老管道连通后，即可利用老管道燃气的工作压力直接排放新建管道内的空气，当置换到管道内燃

气含量达到合格标准（取样及格）后便可正式投产使用。该工艺操作简便、迅速，但由于在用燃气直接置换管道内空气的过程中，燃气与空气的混合气体随着燃气输入量的增加其浓度可达到爆炸极限，此时在常温及常压下遇到火种就会爆炸。所以从安全角度上严格来讲，新建燃气管道（特别是大口径管道）用燃气直接置换空气方法是不够安全的。但是鉴于施工现场条件限制和节约的原则，如果采取相应的安全措施，用燃气直接置换法是一种既经济又快速的换气工艺。长期实践证明，这种方法基本上属于安全的，目前在新建燃气管道的换气操作上被广泛采用。

（2）置换注意事项

1）在换气时间内杜绝火种，关闭门窗，建立放散点周围 20m 以上的安全区。放散点上空有架空电缆线部位时应将放散管延伸避让。组织消防队伍，确定消防器材现场设置点。

2）换气工作不宜选择在晚间和阴天进行。因阴雨天气压较低，置换过程中放散的燃气不易扩散，故一般选择在天气晴朗的上午为好。风量大的天气虽能加速气体扩散，但应注意下风向处的安全措施。

3）在换气开始时，燃气的压力不能快速升高。特别对于大口径的中压管道，在开启阀门时应逐渐进行，边开启边观察压力变化情况。因为阀门快速开启容易在置换管道内产生涡流，出现燃气抢先至放散（取样）孔排出，会产生取样"合格"的假象。施工现场阀门启闭应由专人控制并听从指挥的命令。

4. 工程竣工验收资料

（1）工程竣工验收应以批准的设计文件、国家现行有关标准、施工承包合同、工程施工许可文件和本规范为依据。

（2）工程竣工验收的基本条件应符合下列要求：

1）完成工程设计和合同约定的各项内容。

2）施工单位在工程完工后对工程质量自检合格，并提出《工程竣工报告》。

3）工程资料齐全。

4）有施工单位签署的工程质量保修书。

5）监理单位对施工单位的工程质量自检结果予以确认并提出《工程质量评估报告》。

6）工程施工中，工程质量检验合格，检验记录完整。

（3）竣工资料的收集、整理工作应与工程建设过程同步，工程完工后应及时做好整理和移交工作。整体工程竣工资料宜包括下列内容：

1）工程依据文件

① 工程项目建议书、申请报告及审批文件、批准的设计任务书、初步设计、技术设计文件、施工图和其他建设文件；

② 工程项目建设合同文件、招投标文件、设计变更通知单、工程量清单等；

③ 建设工程规划许可证、施工许可证、质量监督注册文件、报建审核书、报建图、竣工测量验收合格证、工程质量评估报告。

2）交工技术文件

① 施工资质证书；

② 图纸会审记录、技术交底记录、工程变更单（图）、施工组织设计等；

③ 开工报告、工程竣工报告、工程保修书等；

④ 重大质量事故分析、处理报告；

⑤ 材料、设备、仪表等的出厂合格证明，材质书或检验报告；

⑥ 施工记录：焊接记录、管道吹扫记录、强度和严密性试验记录、阀门试验记录、隐蔽工程记录、电气仪表工程的安装调试记录等；

⑦ 竣工图纸：竣工图应反映隐蔽工程、实际安装定位、设计中未包含的项目、燃气管道与其他市政设施特殊处理的位置等。

3）检验合格记录

① 测量记录；

② 隐蔽工程验收记录；

③ 沟槽及回填合格记录；

④ 防腐绝缘合格记录；

⑤ 焊接外观检查记录和无损探伤检查记录；

⑥ 管道吹扫合格记录;

⑦ 强度和严密性试验合格记录;

⑧ 设备安装合格记录;

⑨ 储配与调压各项工程的程序验收及整体验收合格记录;

⑩ 电气、仪表安装测试合格记录;

⑪ 在施工中受检的其他合格记录。

(4) 工程竣工验收应由建设单位主持,可按下列程序进行:

1) 工程完工后,施工单位按照要求完成验收准备工作后,向监理部门提出验收申请。

2) 监理部门对施工单位提交的《工程竣工报告》、竣工资料及其他材料进行初审,合格后提出《工程质量评估报告》,并向建设单位提出验收申请。

3) 建设单位组织勘察、设计、监理及施工单位对工程进行验收。

4) 验收合格后,各部门签署验收纪要。建设单位及时将竣工资料、文件归档,然后办理工程移交手续。

5) 验收不合格时应提出书面意见和整改内容,签发整改通知限期完成。整改完成后重新验收。整改书面意见、整改内容和整改通知编入竣工资料文件中。

(5) 工程验收应符合下列要求:

1) 审阅验收材料内容,应完整、准确、有效。

2) 按照设计、竣工图纸对工程进行现场检查。竣工图真实、准确,路面标志符合要求。

3) 工程量符合合同的规定。

4) 设施及设备的安装符合设计的要求,无明显的外观质量缺陷,操作可靠,保养完善。

5) 对工程质量有争议、投诉和检验多次才合格的项目,应重点验收,必要时可开挖检验、复查。

33.11.1.6 室内燃气管道及设备安装

燃气室内工程所用的管道组成件、设备及有关材料的规格、性能等应符合国家现行有关标准及设计文件的规定,并应有出厂合格文件;燃具、用气设备和计量装置等必须选用经国家主管部门认可的检测机构检测合格的产品,不合格者不得选用。

1. 室内燃气管道安装程序

(1) 安装程序

安装准备→引入管安装→干管安装→立管安装→支管安装→气表安装→管道试压→管道吹扫→防腐、刷油。

(2) 作业条件

1) 地下管道铺设必须在房心回填土夯实或挖到管底标高后进行,沿管线铺设位置清理干净,立管安装宜在主体结构完成后进行。

2) 管道穿墙处应预留孔洞或套管,其洞口尺寸和套管规格符合要求,坐标、标高正确。

3) 暗装管道应在管道井和吊顶未封闭前进行,支架安装完毕并符合要求;明装干管的托、吊卡件均已安装牢固,位置正确。

4) 立管安装前每层均应有明确的标高线,暗装在竖井内的管道,应先把竖井内的模板及杂物清除干净。

5) 支管安装应在墙体砌筑完毕,墙面未装修前进行。

2. 室内燃气管道安装

室内管道安装一般应先安装引入管,后安装干管、立管、水平管、支管等。室内水平管道遇到障碍物,直管不能通过时,可采取煨弯或使用管件绕过障碍物。当两层楼的墙面不在同一平面上时,应采用"来回弯"形式敷设。

(1) 一般规定

1) 在燃气管道安装过程中,未经原建筑设计单位的书面同意,不得在承重的梁、柱和结构缝上开孔,不得损坏建筑物的结构和防火性能。

2) 当燃气管道穿越管沟、建筑物基础、墙和楼板时应符合下列要求:

① 燃气管道必须敷设于套管中,且宜与套管同轴;

② 套管内的燃气管道不得设有任何形式的连接接头(不含纵向或螺旋焊缝及经无损检测合格的焊接接头);

③ 套管与燃气管道之间的间隙应采用密封性能良好的柔性防腐、防水材料填实,套管与建筑物之间的间隙应用防水材料填实。

3) 燃气管道穿过建筑物基础、墙和楼板所设套管的管径不宜小于表 33-119 的规定,高层建筑引入管穿越建筑物基础时,其套管管径应符合设计文件的规定。

燃气管道的套管直径 表 33-119

燃气管直径 (mm)	DN10	DN15	DN20	DN25	DN32	DN40	DN50	DN65	DN80	DN100	DN150
套管直径 (mm)	DN25	DN32	DN40	DN50	DN65	DN65	DN80	DN100	DN125	DN150	DN200

4) 燃气管道穿墙套管的两端应与墙面平齐;穿楼板套管的上端宜高于最终形成的地面 50mm,下端应与楼板底齐平。

5) 管子的现场弯制除应符合国家现行标准《工业金属管道工程施工及验收规范》GB 50235 的有关规定外,还应符合下列规定:

① 弯制时应使用专用弯管设备或专用方法进行;

② 焊接钢管的纵向焊缝在弯制过程中应位于中性线位置处;

③ 管子外径的比率应符合表 33-120 的规定。

管子最小弯曲半径和最大直径、最小直径的差值
与弯管前管子外径的比率 表 33-120

	钢管	铜管	不锈钢管	铝塑复合管
最小弯曲半径	$3.5 D_0$	$3.5 D_0$	$3.5 D_0$	$5 D_0$
弯管的最大直径与最小直径的差与弯管前管子外径之比率	8%	9%	—	—

注: D_0 为管子的外径。

6) 燃气管道选用:

① 当管子公称尺寸小于或等于 DN50,且管道设计压力为低压时,宜采用热镀锌钢管和镀锌管件;

② 当管子公称尺寸大于 DN50 时,宜采用无缝钢管或焊接钢管;

③ 铜管宜采用牌号为 TP2 的铜管及铜管件;当采用暗埋形式敷设时,应采用塑覆铜管或包有绝缘保护材料的铜管;

④ 当采用薄壁不锈钢管时,其厚度不应小于 0.6mm;

⑤ 不锈钢波纹软管的管材及管件的材质应符合国家现行相关标准的规定;

⑥ 薄壁不锈钢管和不锈钢波纹软管用于暗埋形式敷设或穿墙时,应具有外包覆层;

⑦ 当工作压力小于 10kPa,且环境温度不高于 60℃时,可在户内计量装置后使用燃气用铝塑复合管及专用管件。

7) 燃气管道采用的支撑形式宜按表 33-121 选择,高层建筑室内燃气管道的支撑形式应符合设计文件的规定。

燃气管道采用支撑形式 表 33-121

公称尺寸	砖砌墙壁	混凝土制墙板	石膏空心墙板	木结构墙	楼板
DN15~DN20	管卡	管卡	管卡、夹壁管卡	管卡	吊架
DN25~DN40	管卡、托架	管卡、托架	夹壁管卡	管卡	吊架
DN50~DN65	管卡、托架	管卡、托架	夹壁托架	管卡、托架	吊架
>DN65	托架	托架	不得依敷	托架	吊架

8) 管道支架、托架、吊架、管卡(以下简称支架)的安装应符合下列要求:

① 管道的支架应安装稳定、牢固,支架位置不得影响管道的安装、检修与维护;

② 每个楼层的立管至少应设支架 1 处；

③ 当水平管道上设有阀门时，应在阀门的来气侧 1m 范围内设支架并尽量靠近阀门；

④ 与不锈钢波纹软管、铝塑复合管直接相连的阀门应设有固定底座或管卡；

⑤ 钢管支架的最大间距宜按表 33-122 选择；铜管支架的最大间距宜按表 33-123 选择；薄壁不锈钢管道支架的最大间距宜按表 33-124 选择；不锈钢波纹软管的支架最大间距不宜大于 1m；燃气用铝塑复合管支架的最大间距宜按表 33-125 选择；

⑥ 水平管道转弯处应在以下范围内设置固定托架或管卡座：

a. 钢质管道不应大于 1.0m；

b. 不锈钢波纹软管、铜管道、薄壁不锈钢管道每侧不应大于 0.5m；

c. 铝塑复合管每侧不应大于 0.3m。

⑦支架的结构形式应符合设计要求，排列整齐，支架与管道接触紧密，支架安装牢固，固定支架应使用金属材料；

钢管支架最大间距 表 33-122

公称直径（mm）	最大间距（m）	公称直径（mm）	最大间距（m）
15	2.5	100	7.0
20	3.0	125	8.0
25	3.5	150	10.0
32	4.0	200	12.0
40	4.5	250	14.5
50	5.0	300	16.5
70	6.0	350	18.5
80	6.5	400	20.5

铜管支架最大间距 表 33-123

外径（mm）	15	18	22	28	35	42	54	67	85
垂直敷设（m）	1.8	1.8	2.4	2.4	3.0	3.0	3.0	3.5	3.5
水平敷设（m）	1.2	1.2	1.8	1.8	2.4	2.4	2.4	3.0	3.0

薄壁不锈钢管支架最大间距 表 33-124

外径（mm）	15	20	25	32	40	50	65	80	100
垂直敷设（m）	2.0	2.0	2.5	2.5	3.0	3.0	3.0	3.0	3.5
水平敷设（m）	1.8	1.8	2.0	2.0	2.5	2.5	2.5	3.0	3.5

燃气用铝塑复合管支架最大间距 表 33-125

外径（mm）	16	18	20	25
垂直敷设（m）	1.2	1.2	1.2	1.8
水平敷设（m）	1.5	1.5	1.5	2.5

⑧ 当管道与支架为不同种类的材质时，二者之间应采用绝缘性能良好的材料进行隔离或采用与管道材料相同的材料进行隔离；隔离薄壁不锈钢管道所使用的非金属材料，其氯离子含量不应大于 50×10^{-6}；

⑨ 支架的涂漆应符合设计要求。

9）室内、外燃气管道的防雷、防静电措施应按设计文件要求进行。室内燃气管道严禁作为接地导体或电极。

10）沿屋面或外墙明敷的室内燃气管道，不得布置在屋面上的檐角、屋檐、屋脊等易受雷击部位。当安装在建筑物的避雷保护范围内时，应每隔 25m 至少与避雷网采用直径不小于 8mm 镀锌圆钢进行连接，焊接部位采取防腐措施，管道任何部位的接地电阻值不得大于 10Ω；当安装在建筑物的避雷保护范围外时，应符合设计文件的规定。

11）在建筑物外敷设燃气管道，当与其他金属管道平行敷设的净距小于 100mm 时，每 30m 之间应至少采用截面积不小于 6mm² 的铜绞线将燃气管道与平行的管道进行跨接。

12）当屋面管道采用法兰连接时，在连接部位的两端应采用截面积不小于 6mm² 的金属导线进行跨接；当采用螺纹连接时，应使用金属导线跨接。

13）当燃气管道与其他管道平行敷设时，应敷设在其他管道的外侧。

（2）引入管安装

1）引入管是指连接室内、外燃气管道的一段管道。一般可采用地下引入和地上引入两种方式引入室内。

① 地下引入法如图 33-74 所示。燃气管道由室外直接引入室内，管材采用无缝钢管煨弯，套管可用普通钢管，外墙至室内地面之间的管段采用加强防腐层。引入管室内竖管部分宜靠实体墙固定。

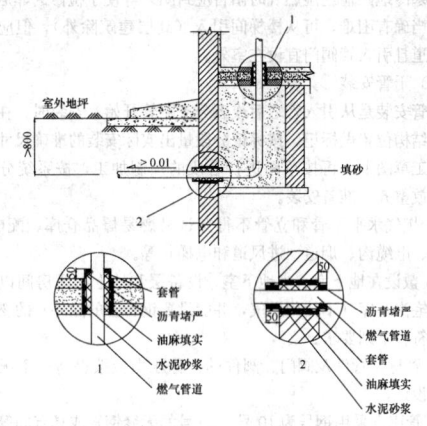

图 33-74 地下引入法

② 地上引入法如图 33-75 所示。适用于北方寒冷地区。管材采用镀锌钢管丝扣方式连接做特加强级防腐，以及填充膨胀珍珠岩保温，砖砌台保护。

a. 引入管升向地面的弯管应符合要求。

b. 引入管与建筑物外墙之间的净距应便于安装和维修，宜为 0.10～0.15m。

c. 引入管上端弯曲处设置的清扫口宜采用焊接连接。

d. 引入管保温层的材料、厚度及结构应符合设计文件的规定，保温层表面应平整，凹凸偏差不宜超过±2mm。

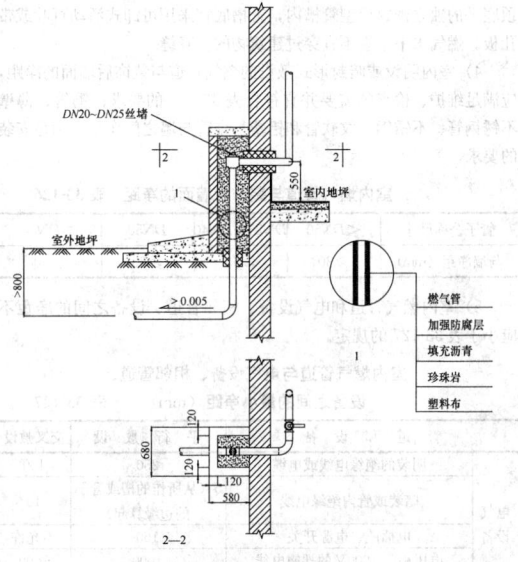

图 33-75 地上引入法

2）在地下室、半地下室、设备层和地上密闭房间及地下车库安装燃气引入管道时应符合设计文件的规定；当设计文件无明确要求时，应符合下列规定：

① 引入管道应使用钢号为 10、20 的无缝钢管或具有同等及同等以上性能的其他金属管材；管道的连接必须采用焊接连接。

② 管道的敷设位置应便于检修，不得影响车辆的正常通行，且应避免被碰撞。

3) 输送湿燃气的引入管应坡向室外，其坡度宜大于或等于 0.01。

4) 燃气引入管不得敷设在卧室、卫生间、易燃或易爆品的仓库、有腐蚀性介质的房间、发电间、配电间、变电室、不使用燃气的空调机房、通风机房、计算机房、电缆沟、暖气沟、烟道和进风道、垃圾道等地方。

5) 住宅燃气引入管宜设在厨房、走廊、与厨房相连的封闭阳台内（寒冷地区输送湿燃气时阳台应封闭）等便于检修的非居住房间内。当确有困难时，可从楼梯间引入（高层建筑除外），但应采用金属管道且引入管阀门宜设在室外。

（3）干管安装

干管安装是从引入管之后或者分支路管开始。安装时，在实际安装的结构位置做标记，按标记分段量出实际安装的准确尺寸，绘制在施工草图上，再按草图进行管段的预制加工，按系统分组编号，码放整齐，准备安装。

1) 燃气水平干管和立管不得穿过易燃易爆品仓库、配电间、变电室、电缆沟、烟道、进风道和电梯井等。

2) 敷设在地下室、半地下室、设备层和地上密闭房间以及竖井、住宅汽车库（不使用燃气，并能设置钢套管的除外）的燃气管道时应符合下列要求：

① 管材、管件及阀门、阀件的公称压力应按提高一个压力等级进行设计；

② 管道宜采用钢号为 10 号、20 号的无缝钢管或具有同等以上性能的其他金属管材；

③ 除阀门、仪表等部位和采用加厚的低压管道外，均应焊接和法兰连接；应尽量减少焊缝数量，钢管道固定焊口应进行 100%射线照相检验，活动焊口应进行 10%射线照相检验，其质量不得低于现行国家标准《现场设备、工业管道焊接工程施工及验收规范》GB 50236 中的Ⅲ级；其他金属管材的焊接质量应符合相关标准的规定。

3) 燃气室内水平干管宜明设，当建筑设计有特殊美观要求时可敷设在能安全操作，通风良好和检修方便的吊顶内；当吊顶内设有可能产生明火的电气设备或空调回风管时，燃气干管宜设在与吊顶底平的独立密闭∩型管槽内，管槽底宜采用可卸式活动百叶或带孔板。燃气水平干管不宜穿过建筑物的沉降缝。

4) 室内明设或暗封形式敷设的燃气管道与装饰后墙面的净距，应满足维护、检查的需要并宜符合表 33-126 的要求；铜管、薄壁不锈钢管、不锈钢波纹软管和铝塑复合管与墙之间净距应满足安装的要求。

室内燃气管道与装饰后墙面的净距 表 33-126

管子公称尺寸	<DN50	DN25~DN40	DN50	>DN50
与墙距离（mm）	≥30	≥50	≥70	≥90

5) 室内燃气管道和电气设备、相邻管道、设备之间的净距不应小于表 33-127 的规定。

室内燃气管道与电气设备、相邻管道、设备之间的最小净距（mm） 表 33-127

管道和设备		平行敷设	交叉敷设
电气设备	明装的绝缘电线或电缆	250	100
	暗装或管内绝缘电线	5（从所作的槽或管子的边缘算起）	10
	电插座、电源开关	150	不允许
	电压大于 1000V 的裸露电线	1000	1000
	配电盘或配电箱、电表	300	不允许
相邻管道		应保证燃气管道、相邻管道的安装、检查和维修	2

续表

管道和设备	平行敷设	交叉敷设
燃具	主立管与燃具水平净距不应小于 300mm；灶前管与燃具水平净距不得小于 200mm；当燃气管道在燃具上方通过，应位于抽油烟机上方，且与燃具的垂直净距大于 1000mm	

注：1. 当明装电线加绝缘套管且套管的两端各伸出燃气管道 1000mm 时，套管与燃气管道的交叉净距可降至 10mm；
  2. 当布置确有困难时，采取有效措施后可适当减小净距；
  3. 灶前管不含铝塑复合管。

（4）立管安装

1) 立管安装应垂直，每层偏差不应大于 3mm/m 且全长不大于 20mm。当因上层与下层墙壁厚不同而无法垂于一线时，宜做乙字弯进行安装。当燃气管道垂直交叉敷设时，大管宜置于小管外侧。

2) 先核对各层预留孔洞位置是否垂直，吊线、剔眼、裁卡子。将预制好的管道按编号顺序运到安装地点。

3) 安装前先卸下阀门盖，有钢套管的先穿到管上，按编号从第一节开始安装。涂铅油缠麻丝，将立管对准接口转动入口，拧到松紧适度，对准调直标记要求，丝扣外露 2～3 扣，预留口子正为止，并清净麻头。

4) 检查立管的每个预留口标高、方向等是否准确、平整。将事先做好的管卡子松开，把管放入卡内拧紧螺栓，用吊杆、线坠从第一节开始找好垂直度，扶正钢套管，最后配合土建填堵好孔洞，预留口必须加好临时丝堵。立管阀门安装朝向应便于操作和修理。

5) 燃气管道穿越楼板的孔洞宜从最高层向下钻孔，逐层以重锤垂直确定下层孔洞位置；因上层与下层墙壁厚不同而无法垂于一线时，宜作乙字弯使之靠墙避免用管件转向。

6) 燃气立管一般敷设在厨房内或楼梯间。当室内立管管径不大于 50mm 时，一般每隔一层楼板设一个活接头，位置距地面不小于 1.2m。遇有阀门时，必须装设活接头，活接头的位置应设在阀门后边。管径大于 50mm 的管道上可不设活接头。

7) 燃气立管不得敷设在卧室或卫生间内。立管穿过通风不良的吊顶时应设在套管内。

8) 室内立管宜明设，当设在便于安装和检修的管道竖井内时，应符合下列要求：

① 燃气立管可与空气、惰性气体、上下水、热力管道等设在一个公用竖井内，但不得与电线、电气设备或氧气管、进风管、回风管、排气管、排烟管、垃圾道等共用一个竖井；

② 竖井内的燃气管道尽量不设或少设阀门等附件。竖井内燃气管道的最高压力不得大于 0.2MPa；燃气管道应涂黄色防腐识别漆；

③ 竖井应每隔 2～3 层做相当于楼板耐火极限的不燃烧体进行防火分隔，且应设法保证平时竖井内自然通风和火灾时防止产生"烟囱"作用的措施；

④ 每隔 4～5 层设一燃气浓度检测报警器，上、下两个报警器的高度差不应大于 20m；

⑤ 管道竖井井体为耐火极限不低于 1.0h 的不燃烧体，井壁上的检查门采用丙级防火门。

9) 高层建筑的燃气立管应有承受自重和热伸缩推立的固定支架和活动支架。

（5）支管安装

1) 检查煤气表安装位置及立管预留口是否准确。量出支管尺寸和灯叉弯的大小，管道与墙面的净距为 30～50mm，水平管应保持 0.1%～0.3%的坡度，坡向燃具。

2) 安装支管，按量出支管的尺寸，然后断管、套丝、煨弯和调直。将灯叉弯或短管两头缠聚四氟乙烯胶带，装好活接头，接煤气表。

3) 用钢尺、水平尺、线坠校对支管的坡度和平行距墙尺寸，并复查立管及燃气表有无移动，合格后用支管替换下燃气表。按设

计或规范规定压力进行系统试压及吹洗，吹洗合格后在交工前拆下连接管，安装燃气表。合格后办理验收手续。

（6）阀门安装

室内燃气管道宜采用球阀，在下列部位应设置阀门：

1）燃气引入管；

2）调压器前和燃气表前；

3）燃气用具前；

4）测压计前；

5）放散管起点。

（7）室内燃气管道试验

1）强度试验

①试验范围：

a. 明管敷设时，居民用户应为引入管阀门至燃气计量表前阀门之间的管道；暗埋或暗封敷设时，居民用户应为引入管阀门至燃具接入管阀门（含阀门）之间的管道；

b. 工业企业和商业用户应为引入管阀门至燃具接入管阀门（含阀门）之间的管道（含暗埋或暗封的燃气管道）。

②试验压力：试验压力应为设计压力的 1.5 倍不得低于为0.1MPa。试验介质应采用空气或氮气。

a. 在低压燃气管道系统达到试验压力时，稳压不少于 0.5h后，用发泡剂检查所有接头，无渗漏、压力表无压力降为合格；

b. 在中压燃气管道系统达到试验压力时，稳压不少于 0.5h后，用发泡剂检查所有接头，无渗漏、压力表无压力降为合格；或稳压不少于 1h，观察压力表，无压力降为合格；

c. 当中压以上燃气管道系统进行强度试验时，应在达到试验压力的 50% 时停止不少于 15min，用发泡剂检查所有接头，无渗漏后方可继续缓慢升压至试验压力并稳压不少于 1h 后，压力表无压力降为合格。

2）严密性试验

严密性试验范围为引入管阀门至燃具前阀门之间的管道。通气前要对燃具前阀门至燃具之间的管道进行检查。严密性试验应在强度试验合格之后进行。

①低压管道试验压力应为设计压力且不得低于 5kPa。在试验压力下，居民用户稳压不少于 15min，商业和工业企业用户稳压不少于 30min，并用发泡剂检查全部连接点，无渗漏、压力表无压力降为合格。

当试验系统中有不锈钢波纹软管、覆塑铜管、铝塑复合管、耐油胶管时，在试验压力下的稳压时间不宜小于 1h，除对各密封点检查外，还应对外包覆管端面是否有渗漏现象进行检查。

②中压以上管道的试验压力应为设计压力且不得低于0.1MPa，在试验压力下稳压不得少于 2h，用发泡剂检查全部连接点，无渗漏、压力表无压力降为合格。

③低压燃气管道严密性试验应采用 U 形压力计。

3. 室内燃气设备安装

家用燃具安装应符合现行行业标准《家用燃气燃烧器具安装及验收规程》CJJ12 规定。

（1）燃气表安装

1）宜安装在不燃或难燃结构的室内通风良好和便于查表、检修的地方。

2）严禁安装在下列场所：

①卧室、卫生间、更衣室内；

②有电源、电器开关及其他电器设备的管道井内，或有可能滞留泄漏燃气的隐蔽场所；

③环境温度高于 45℃的地方；

④经常潮湿的地方；

⑤堆放易燃易爆、易腐蚀或有放射性物质等危险的地方；

⑥有变、配电等电器设备的地方；

⑦有明显振动影响的地方；

⑧高层建筑中的避难层及安全疏散楼梯间内。

3）燃气计量表与燃具、电气设施最小水平净距应符合表33-128的要求。

燃气计量表与燃具、电气设施之间的最小水平净距（mm）

表 33-128

名称	与燃气计量表的最小水平净距
相邻管道、燃气管道	便于安装、检查及维修
家用燃气灶具	300（表高位安装时）
热水器	300
电压小于 1000V 的裸露电线	1000
配电盘或配电箱、电表	500
电源插座、电源开关	200
燃气计量表	便于安装、检查及维修

①燃气计量表安装后应横平竖直，不得倾斜；

②燃气计量表应使用专用的表连接件安装；

③燃气计量表宜采用有效的固定支架。

4）商业及工业企业燃气计量表安装应符合下列要求：

①最大流量小于 65m³/h 的膜式燃气计量表，采用高位安装时，表后距墙净距不宜小于 30mm，并应加表托固定；采用低位安装时，应平稳地安装在高度不小于 200mm 的砖砌支墩或钢支架上，表后距墙净距不应小于 30mm。

②最大流量大于或等于 65m³/h 的膜式燃气计量表，应平正地安装在高度不小于 200mm 的砖砌支墩或钢支架上，表后距墙净距不宜小于 150mm；腰轮表、涡轮表和旋进旋涡表的安装场所、位置、前后直管段及标高应符合设计文件的规定，并应按产品标识的指向安装。

（2）燃气灶具安装

1）燃气灶具与墙面的净距不得低于 100mm。当墙面为可燃或难燃材料时，应加防火隔热板。

2）燃气灶具的灶面边缘和烤箱的侧壁距木质家具的净距不得小于 200mm，当达不到时，应加防火隔热板。

3）放置燃气灶的灶台应采用不燃材料，当采用难燃材料时，应加防火隔热板。

4）商业用气设备的安装应符合下列规定：

①用气设备之间的净距应满足设计文件、操作和检修的要求；

②用气设备前宜有宽度不小于 1.5m 的通道；

③用气设备与可燃的墙壁、地板和家具之间应按设计文件要求作耐火隔热层，当设计文件无规定时，其厚度不宜小于 1.5mm，隔热层与可燃的墙壁、地板和家具之间的间距宜大于 50mm。

（3）燃气热水器安装

1）燃气热水器应安装通风良好的非居住房间、过道或阳台内；

2）有外墙的卫生间内，可安装密闭式热水器，但不得安装其他类型热水器；

3）装有半密闭式热水器的房间，房间门或墙的下部应设有效截面积不小于 0.02m² 的格栅，或在门与地面之间留有不小于30mm 的间隙；

4）房间净高宜大于 2.4m；

5）可燃或难燃的墙壁或地板上安装热水器时，应采取有效的防火隔热措施；

6）热水器的给排气筒宜采用金属管道连接；

7）商业用沸水器的安装应符合下列规定：

①安装沸水器的房间应按设计文件检查通风系统；

②沸水器应采用单独烟道；当使用公共烟囱时，应设防止串烟装置，烟囱应高出屋顶 1m 以上，并应安装防止倒风的装置，其结构应合理；

③沸水器与墙净距不宜小于 0.5m，沸水器顶部距屋顶的净距不应小于 0.6m；

④当安装两台或两台以上沸水器时，沸水器之间净距不宜小于 0.5m。

33.11.1.7　燃气分部工程施工质量验收

（1）施工单位在工程完工自检合格的基础上，监理单位应组织进行预验收。预验收合格后，施工单位应向建设单位提交竣工报告并申请进行竣工验收。建设单位应组织有关部门进行竣工验收。

(2) 工程竣工验收应包括下列内容：

1) 工程的各参建单位向验收组汇报工程实施的情况；

2) 验收组对工程实体质量（功能性试验）进行抽查；

3) 对施工文件进行抽查；

4) 签署工程质量验收文件。

(3) 工程竣工验收前应具有下列文件：

1) 设计文件；

2) 设备、管道组成件、主要材料的合格证、检定证书或质量证明书；

3) 施工安装技术文件记录、焊工资格备案、阀门试验记录、射线探伤检验报告、超声波试验报告、隐蔽工程记录、燃气管道安装工程检查记录、室内燃气系统压力试验记录；

4) 质量事故处理记录；

5) 城镇燃气工程质量验收记录；

6) 其他相关记录。

33.11.2 管道防腐、保温与标识

33.11.2.1 管道防腐

1. 一般规定

(1) 室内明设钢管、暗封形式敷设的钢管及其管道附件连接部位的涂漆，应在检查、试压合格后进行。

(2) 非镀锌钢管、管件表面除锈应符合现行国家标准《涂装前钢材表面锈蚀等级和除锈等级》GB 8923 中规定的不低于 St2 级的要求。

(3) 钢管及管道附件涂漆要求：

1) 非镀锌钢管：应刷两道防锈底漆、两道面漆；

2) 镀锌钢管：应刷两道面漆；

3) 面漆颜色应符合设计的规定；当设计文件未明确规定时，燃气管道宜为黄色；

4) 涂层厚度、颜色应均匀。

2. 室外地下燃气钢管的防腐

钢管在土壤中的腐蚀过程主要是电化学溶解过程，由于形成了腐蚀电池从而导致管道的锈蚀穿孔。燃气管道一旦蚀穿漏气会造成起火、爆炸，往往会导致重大人身伤亡和财产损失。因此，城镇燃气埋地钢质管道必须采用防腐层进行外保护。涂层保护埋地敷设的钢质燃气干管宜同时采用阴极保护。

(1) 管道的防腐绝缘层的基本要求

1) 与钢管的粘结性好，保持连续完整；

2) 电绝缘性能好，对击穿电压有足够的耐压强度和足够的电阻率；

3) 具有良好的防水性和化学稳定性；

4) 能抗生物侵蚀，有足够的机械强度、韧性及塑性；

5) 材料来源充足，价格低廉，便于机械化施工；

6) 涂层易于修补。

(2) 钢管防腐绝缘层种类

埋地钢管所采用的防腐绝缘层的种类很多，有沥青绝缘层、煤焦油沥青绝缘层、聚氯乙烯包扎带、塑料薄膜涂层等等。沥青是以前应用最多和效果较好的防腐材料，但塑料绝缘层在强度、弹性、受撞击、粘结力、化学稳定性、防水性和电绝缘性等方面，均优于沥青绝缘体，所以目前在我国大量应用聚乙烯胶粘带防腐层、聚乙烯防腐层等进行防腐。

1) 石油沥青防腐层

① 材料：

a. 沥青底漆。它的作用是增加沥青与钢管表面的粘结力。底漆用的石油沥青应与面漆用的石油沥青标号相同，底漆配制时石油沥青与汽油的体积比（汽油相对密度为 0.80～0.82）应为 1：2～3。

b. 石油沥青。在金属管道防腐方面，我国都采用石油建筑沥青 30 号甲、30 号乙和 10 号，或专用沥青 1 号、2 号和 3 号。其质量符合《建筑石油沥青》（GB494）的有关规定。

c. 玻璃布。为网状平纹布，是在绝缘之间起加强作用的包扎材料，以增强绝缘层的强度，起骨架的作用。其布纹两边宜为

独边。

d. 外包保护层。通常采用聚氯乙烯工业膜，其耐寒性能要求在零下 30 度时不脆裂，耐热温度为 70 度时强度不会降低。厚度为 0.20mm，用于外包扎层，即可防腐，又可起保护沥青层的作用，使预制绝缘层的钢管在运输、入沟、安装和回填土时，其绝缘层免遭损坏。

② 石油沥青防腐层施工要点：

a. 石油沥青防腐层等级及结构应符合表 33-129 的要求。

b. 钢管除锈。清除钢管表面的焊渣、毛刺、油污和铁锈等附着物，露出金属本色。

c. 底漆涂制。严禁用含铅汽油调制底漆，配制底漆用的汽油应沉淀脱水，底漆涂刷应均匀，不得漏涂，不得有凝块和流痕等缺陷，厚度应为 0.1～0.2mm。

石油沥青防腐层等级及结构 表 33-129

防腐等级	防腐层结构	总厚度(mm)	每层沥青厚度
普通级（三油三布）	底漆—石油沥青—玻璃布—石油沥青—玻璃布—石油沥青—外保护层	≥4.0	第一道石油沥青厚度≥1.5mm，其余每道宜在1.0～1.5mm之间
加强级（四油四布）	底漆—石油沥青—玻璃布—石油沥青—玻璃布—石油沥青—玻璃布—石油沥青—外保护层	≥5.5	
特加强级（五油五布）	底漆—石油沥青—玻璃布—石油沥青—玻璃布—石油沥青—玻璃布—石油沥青—玻璃布—石油沥青—外保护层	≥7.0	

d. 沥青熬制。熬制开始时缓慢加热，温度控制在 230℃ 左右，最高不超过 250℃。熬制中经常搅拌，清除表面上的漂浮物。熬制时间控制在 4～5h，确保脱水完全。

e. 沥青涂制。底漆干后即可涂刷热沥青，涂刷时保持厚度均匀。管子两端应按管径大小预留出一段不涂石油沥青，管端预留段的长度为 150～200mm。

f. 玻璃布包扎。涂刷热沥青后立即缠绕玻璃布，玻璃布应干燥、清洁。缠绕时应紧密无褶皱，压边均匀，压边宽度为 20～30mm，搭接长度为 100～150mm，玻璃布的石油沥青浸透率应达到 95% 以上，严禁出现大于 50mm×50mm 的空白。

g. 外包保护层。外保护层包扎应松紧适宜，无破损、皱褶、脱壳现象，压边宽度为 20～30mm，搭接长度为 100～150mm。

③ 石油沥青防腐层的质量检查：

a. 外观。用目测法逐根检查防腐层的外观质量，表面应平整，无明显气泡、麻面、皱纹、凸痕等缺陷。

b. 厚度。用防腐层测厚仪检测，厚度符合表 33-129 的规定。

c. 粘结力。在防腐层上切一夹角为 45°～60° 的切口，切口边长约为 40～50 mm，从角尖端撕开防腐层，撕开面积宜为 300～500mm²。防腐层应不易撕开，且撕开后粘附在钢管表面上的第一层石油沥青或底漆占撕开面积的 100% 为合格。

d. 涂层连续完整性。按《管道防腐层检漏试验方法》SY0063 中方法 B 的规定，采用高压电火花检漏仪对防腐管逐根进行检查，其检漏电压应符合表 33-130 的规定。

检漏电压 表 33-130

防腐等级	普通级	加强级	特加强级
检漏电压（kV）	16	18	20

e. 补口与补伤。管道对接焊缝经外观检查、无损检测合格后，应进行补口。应使用与管本体相同的防腐材料、防腐等级及结构进行补口、补伤。玻璃布之间、外包保护层之间的搭接宽度应大于 50mm。当损伤面积小于 100mm² 时，可直接用石油沥青修补。

2) 环氧煤沥青防腐层

环氧沥青防腐涂料由环氧树脂、煤焦油沥青、颜料、填料、溶剂和固化剂等组成，具有漆膜坚硬、耐磨、对底材有极好的附着力、耐水性好、抗微生物侵蚀等特点，并具有良好的耐化学药

品性能以及一定的绝缘性能。可按设计配方由厂家配套供货。

① 材料：

a. 环氧煤沥青涂料。是甲、乙双组分涂料，由底漆的甲组分加乙组分（固化剂）、面漆的甲组分加乙组分（固化剂）组成，并和相应的稀释剂配套使用。

b. 玻璃布。采用玻璃布作防腐层加强基布时，宜选用经纬密度为（10×10）根/cm²、厚度为 0.10～0.12mm、中碱（碱量不超过 12%）、无捻、平纹、两边封边带芯轴的玻璃布卷。

c. 底漆、面漆、固化剂、稀释剂四种配套材料应由同一生产厂供应。

d. 四种配套材料应有厂名、出厂日期、存放期限等内容完整的商品标志、产品使用说明书及质量合格书，否则应拒收。

② 环氧煤沥青防腐层施工要点：

a. 环氧煤沥青防腐层等级及结构应符合表 33-131 的规定。

环氧煤沥青防腐层等级及结构　　表 33-131

等级	结构	干膜厚度（mm）
普通级	底漆—面漆—面漆—面漆	≥0.30
加强级	底漆—面漆—面漆—玻璃布—面漆—面漆	≥0.40
特加强级	底漆—面漆—面漆—玻璃布—面漆—面漆—玻璃布—面漆—面漆	≥0.60

注："面漆、玻璃布、面漆"应连续涂敷，也可用一层浸满面漆的玻璃布代替。

b. 钢管除锈。钢管表面应干净无灰尘，无锈瘤、棱角和毛刺。

c. 涂料配制。由专人按产品使用说明书所规定的比例往漆中加入固化剂，并搅拌均匀。使用前应静置熟化 15～30min，熟化时间视温度的高低而缩短或延长。

d. 底漆涂刷。钢管表面预处理合格后应尽快涂底漆。涂敷均匀无漏涂、无气泡和凝块。

e. 打腻子。在底漆表干后，对高于钢管表面 2mm 的焊缝两侧，应抹腻子使其形成平滑过渡面。腻子由配好固化剂的面漆加滑石粉调匀制成，调制时不能加入稀释剂，调好的腻子宜在 4h 内用完。

f. 涂面漆和缠玻璃布。底漆或腻子表干后、固化前涂第一道面漆。涂刷均匀无漏涂。

每道面漆实干后，固化前涂下一道面漆，直至达到规定层数。加强级防腐层，第一道面漆实干后、固化前涂第二道面漆，随即缠绕玻璃布。玻璃布要拉紧、表面平整、无皱褶和鼓包，压边宽度为 20～25mm，布头搭接长度为 100～150mm。玻璃布缠绕后即涂第三道漆，要求漆量饱满，玻璃布所有网眼应灌满涂料。第三道面漆实干后，涂第四道面漆。

也可用浸满面漆的玻璃布进行缠绕，代替第二道面漆、玻璃布和第三道面漆，待其实干后，涂第四道面漆。

特加强级防腐层涂面漆和缠玻璃布依此类推。

g. 涂敷好的防腐层，宜静置自然固化。防腐层的干性检查：

表干——手指轻触防腐层不粘手或虽发黏，但无漆粘在手指上；

实干——手指用力推防腐层不移动；

固化——手指甲用力刻防腐层不留痕迹。

③ 环氧煤沥青防腐层的质量检查：

a. 外观。应逐根目测检查。无玻璃布的普通级防腐层，漆膜表面应平整、光滑，对缺陷处应在固化前补涂面漆至符合要求。有玻璃布的加强级和特加强级防腐层，要求表面平整、无空鼓和皱褶，压边和搭边粘结紧密。

b. 厚度。用磁性测厚仪抽查，对厚度不合格防腐管，应在涂层未固化前修补至合格。

c. 漏点检查。应采用电火花检漏仪对防腐管逐根进行漏点检查，以无漏点为合格。检漏电压：普通级 2000V；加强级 2500V；特加强级 3000V。也可设定检漏探头发生的火花长度至少是防腐层设计厚度的 2 倍。在连续检测时，检漏电压或火花长度应每 4h 校正一次。检查时探头应接触防腐层表面，以约 0.2m/s 的

速度移动。漏点应补涂，将漏点周围约 50mm 范围内的防腐层用砂轮或砂纸打毛，然后涂刷面漆至符合要求，固化后应再次进行漏点检查。

d. 粘结力检查：

（a）普通级防腐层应符合下列规定：

用锋利刀刃垂直划透防腐层，形成边长约 40mm、夹角约 45°的 V 形切口，用刀尖从切割线交点挑剥切口内的防腐层，符合下列条件之一认为防腐层粘结力合格：

a）实干后只能在刀尖作用处被局部挑起，其他部位的防腐层应和钢管粘结良好，不出现成片挑起或层间剥离的情况；

b）固化后很难将防腐层挑起，挑起处的防腐层呈脆性点状断裂，不出现成片挑起或层间剥离的情况。

（b）加强级和特加强级防腐层应符合下列规定：

用锋利刀刃垂直划透防腐层，形成边长约 100mm、夹角约 45°～60°的 V 形切口，从切口尖端撕开玻璃布，符合下列条件之一认为防腐层粘结力合格：

a）实干后的防腐层，撕开面积约 500mm²，撕开处不露铁，底漆与面漆普遍粘结；

b）固化后的防腐层，只能撕裂，且破坏处不露铁，底漆与面漆普遍粘结。

粘结力不合格的防腐管，不允许补涂处理，应铲掉全部防腐层重新施工。

e. 补口与补伤。应使用与管本体相同的防腐材料、防腐等级及结构进行补口、补伤。

3）聚乙烯防腐层

聚乙烯防腐层一般在工厂使用专用的塑料挤出机，将聚乙烯粒料加热熔融，然后挤向经过清除并被加热至 160～180℃ 的钢管表面，涂层冷却后聚乙烯膜牢固地粘附在管壁上。

① 材料：

挤压聚乙烯防腐层分二层结构和三层结构两种。二层结构的底层为胶粘剂，外层为聚乙烯；三层结构的底层为环氧粉末涂料，中间层为胶粘剂，外层为聚乙烯。

② 挤压聚乙烯防腐层质量检验：

a. 防腐层外观采用目测法逐根检查。聚乙烯表面应平滑，无暗泡、麻点、皱折、裂纹，色泽应均匀。管端预留长度应为 100～150mm，且聚乙烯层端面应形成小于或等于 30° 的倒角。

b. 防腐层的漏点采用在线电火花检漏仪检查，检漏电压为 25kV，无漏点为合格。单管有两个或两个以下漏点时，可按规定进行修补；单管有两个以上漏点或单个漏点沿轴向尺寸大于 300mm 时，该管为不合格。

c. 采用磁性测厚仪测量钢管圆周方向均匀分布的四点的防腐层厚度，结果应符合表 33-132 的规定，每 4h 至少在两个温度下各抽测一次。

防腐层的厚度　　表 33-132

钢管公称直径 DN（mm）	环氧粉末涂层（μm）	胶粘剂层（μm）	防腐层最小厚度（mm）	
DN≤100	≥80	170～250	1.8	2.5
100<DN≤250			2.0	2.7
250<DN<500			2.2	2.9
500≤DN<800			2.5	3.2
DN≥800			3.0	3.7

③ 挤压聚乙烯防腐管的存放：

a. 挤压聚乙烯防腐管的吊装应采用尼龙带或其他不损坏防腐层的吊具。

b. 堆放时，防腐管底部应采用两道或以上支垫垫起，支垫间距为 4～8m，支垫最小宽度为 100mm，防腐管离地面不得少于 100mm，支垫与防腐管及防腐管相互之间应垫上柔性隔离物。运输时，宜使用尼龙带等捆绑固定。装车过程中，应避免硬物混入管垛。

c. 挤压聚乙烯防腐管的允许堆放层数应符合表 33-133 的规定。

挤压聚乙烯防腐管的允许堆放层数 表 33-133

公称直径 DN (mm)	DN<200	200≤DN<300	300≤DN<400	400≤DN<600	600≤DN<800	DN≥800
堆放层数	≤10	≤8	≤6	≤5	≤4	≤3

d. 挤压聚乙烯防腐管露天存放时间不宜超过一年；若需存放一年以上时，应用不透明的遮盖物对防腐管加以保护。

4) 聚乙烯胶粘带防腐层

聚乙烯胶粘带防腐层是一种在聚乙烯薄膜上涂以特殊的胶粘剂而制成的防腐材料。在常温下有压敏粘结性能，温度升高后能固化而与金属有很好的附着力。

① 材料：

a. 防腐层结构分为：

（a）由底漆、防腐胶粘带（内带）和保护胶粘带（外带）组成的复合结构；

（b）由底漆和防腐胶粘带组成的防腐层结构。

b. 防腐层等级。

根据管径、环境、防腐要求、施工条件的不同，防腐层结构和厚度可以改变，但总厚度不应低于表 33-134 的规定。埋地管道的聚乙烯胶粘带防腐层宜采用加强级和特别强级。

聚乙烯胶粘带防腐层的等级和厚度 表 33-134

防腐层等级	总厚度（mm）
普通级	≥0.7
加强级	≥1.0
特加强级	≥1.4

c. 露天铺设的管道应采用耐候专用保护带。

② 聚乙烯胶粘带防腐层质量检验：

a. 对防腐层进行 100%目测检查。防腐层表面应平整、搭接均匀、无永久性气泡、无皱褶和破损。工厂预制聚乙烯胶粘带防腐层，管端应有 150±10mm 的焊接预留段。

b. 每 20 根防腐管随机抽查一根，每根测三个部位，每个部位测量沿圆周方向均匀分布的四点的防腐层厚度。每个补口、补伤随机抽查一个部位。不合格时应加倍抽查，仍不合格时则判为不合格。不合格的部分应进行修复。

c. 工厂预制防腐层，应逐根进行电火花检验；现场涂敷的防腐层应进行全线电火花检漏，补口、补伤逐个检查。发现漏点及时修补。检漏时，探头移动速度不大于 0.3m/s。

d. 剥离强度测试在缠好胶粘带 24h 后进行。测试时的温度宜为 20~30℃。

③ 聚乙烯胶粘带防腐管的存放：

a. 防腐管的吊装应采用宽尼龙带或专用吊具，轻吊轻放，严禁损伤防腐层。

b. 防腐管的堆放层数以不损伤防腐层为原则，不同类型的防腐管应分别堆放，并在防腐管层间及底部垫上软质垫层。

c. 埋地用聚乙烯胶粘带防腐管露天堆放时间不宜超过三个月。

5) 交工资料

在一项工程的管道防腐完成后，应提交以下技术资料：

① 防腐管出厂合格证及质量证明书；

② 防腐材料合格证、各种化验及检查记录；

③ 补口记录；

④ 检漏补伤记录等。

（3）阴极保护（牺牲阳极）

阴极保护是通过降低腐蚀电位，使管道腐蚀速率显著减小而实现电化学保护的一种方法。牺牲阳极就是与被保护管道连接而形成电化学电池，并在其中呈低电位的阳极，通过阳极溶解释放负电流以对管道实现阴极保护的金属组元。牺牲阳极通常有镁、锌、铝三类。

1) 一般规定

① 城镇燃气埋地钢质管道应设置绝缘装置，以形成相互独立、体系统一的阴极保护系统。管道阴极保护可采用强制电流法或牺牲阳极法。

② 采用涂层保护埋地敷设的钢质燃气干管宜同时采用阴极保护。

市区外埋地敷设的燃气干管，当采用阴极保护时，宜采用强制电流方式。

市区内埋地敷设的燃气干管，当采用阴极保护时，宜采用牺牲阳极法。

③ 管道阴极保护应避免对相邻埋地管道或构筑物造成干扰。

④ 市区或地下管道及构筑物拥挤的地区应采用牺牲阳极阴极保护。具备条件时，可采用柔性阳极阴极保护。

⑤ 在有条件实施区域性阴极保护的场合，可采用深井阳极地床的阴极保护。

⑥ 新建管道的阴极保护设计、施工应与管道的设计、施工同时进行，并同时投入使用。

⑦ 在役管道追加阴极保护时，应对防腐层绝缘电阻进行定量检测。

⑧ 对已实施阴极保护的在役管道进行接、切线作业时，对新接入的管道实施阴极保护。

2) 牺牲阳极法

① 牺牲阳极埋设有立式和卧式两种，埋设位置分轴向和径向。阳极埋设位置一般距管道 3~5m，最小不宜小于 0.3m；埋设深度以阳极顶部距地面不小于 1m 为宜，必须埋设在土壤冰冻线以下，在地下水位低于 3m 的干燥地带，阳极应适当加深埋设。在河流中阳极应埋设在河床的安全地带，以防洪水冲刷和挖泥清淤时损坏。

② 注意阳极与管道之间不应有金属构筑物。成组布置时，阳极间距以 2~3m 为宜。

③ 立式阳极宜采用钻孔法施工，卧式阳极宜采用开槽法施工。

④ 牺牲阳极使用前应对表面进行处理，清除表面的氧化膜及油污，使其呈金属光泽。

⑤ 阳极连接电缆的埋设深度不应小于 0.7m，四周垫有 5~100mm 厚的细砂，砂的上部应覆盖水泥护板或红砖。敷设时，电缆长度要留有一定裕量。

⑥ 阳极电缆可以直接焊接到被保护管道上，也可通过测试桩中的连接片相连。与钢制管道相连接的电缆应采用铝热焊接技术相连。焊点应重新进行防腐绝缘处理，防腐材料和等级应和原有覆盖层相一致。

⑦ 电缆和阳极钢芯采用焊接连接，双边焊缝长度不得小于 50mm。电缆与阳极钢芯焊接后，应采取必要的保护措施，以防施工中连接部位断裂。

⑧ 阳极端面、电缆连接部位及钢芯均要防腐绝缘。

⑨ 为改善埋地阳极工作条件而填塞在阳极四周的导电性材料叫填包料。

填包料可在室内包装，也可在现场包装，其厚度不应小于 50mm。无论用什么方式，都应保证阳极四周的填包料厚度一致、密实。室内预包装的袋子必须采用天然纤维（棉布或麻袋）织品，严禁使用人造纤维织品。

填包料应调拌均匀，不得混入石块、泥土、杂草等。阳极埋地后充分灌水并达到饱和。

⑩ 阴极保护使用的电绝缘装置可包括绝缘法兰、绝缘接头和绝缘垫块等。

高压、次高压、中压管道宜使用整体埋地型绝缘接头。

⑪ 下列部位应安装绝缘接头或绝缘法兰：

a. 被保护管道的两端及保护与非保护管道的分界处；

b. 储配站、门站、调压站（箱）的进口与出口处；

c. 杂散电流干扰区的管道；

d. 大型穿跨越地区的管道两端；

e. 需要保护的引入管末端。

⑫ 阴极保护系统宜适量埋设检查片，且应符合下列规定：

a. 应选择不同类型的地段及土壤环境埋设；

b. 检查片的制作、埋设及测试方法应符合国家现行标准《埋地钢质检查片腐蚀速率测试方法》SY/T0029 的规定。

33.11.2.2 管道标识

（1）燃气管道宜涂以黄色的防腐识别漆。

（2）室内暗埋燃气管道的色标，应在埋设位置使用带色颜料作为永久色标。当设计无明确规定时，颜色宜为黄色。

（3）埋地燃气管道警示带和管道路面标志的设置要求应符合下列规定：

1）警示带敷设

①埋设燃气管道的沿线应连续敷设警示带。警示带敷设前应将敷设面压实，并平整地敷设在管道的正上方，距管顶的距离宜为0.3～0.5m，但不得敷设于路基和路面里。

②警示带平面布置可按表33-135规定执行。

警示带平面布置　　　　表33-135

管道公称直径（mm）	≤400	>400
警示带数量（条）	1	2
警示带（间距）	—	150

③警示带宜采用黄色聚乙烯等不易分解的材料，并印有明显、牢固的警示语，字体不宜小于100×100mm。

2）管道路面标志设置

①当燃气管道设计压力大于或等于0.8MPa时，管道沿线宜设置路面标志。

对混凝土和沥青路面，宜使用铸铁标志；对人行道和土路，宜使用混凝土方砖标志；对绿化带、荒地和耕地，宜使用钢筋混凝土桩标志。

②路面标志应设置在燃气管道的正上方，并能正确、明显地指示管道的走向和地下设施。设置位置应为管道转弯处、三通、四通处、管道末端等，直线管段路面标志的设置间隔不宜大于200m。

③路面上已有能标明燃气管线位置的阀门井、凝水缸部件时，该部件可视为路面标志。

④路面标志上应标注"燃气"字样，可选择标注"管道标志"、"三通"及其他说明燃气设施的字样或符号和"不得移动、覆盖"等警示语。

⑤铸铁标志和混凝土方砖标志的强度和结构应考虑汽车的荷载，使用后不松动或脱落；钢筋混凝土桩标志的强度和结构应满足不被人力折断或拔出。标志上的字体应端正、清晰，并凹进表面。

⑥铸铁标志和混凝土方砖标志埋人后与路面齐平；钢筋混凝土桩标志埋人的深度，应使回填后不遮挡字体。混凝土方砖标志和钢筋混凝土桩标志埋人后，采用红漆将字体描红。

33.12 建筑采暖工程

33.12.1 室内采暖系统安装

33.12.1.1 采暖管道及设备安装

1. 采暖管道安装

（1）管材及配件的选用及连接方式

1）碳钢类管材、管件：传统的室内采暖系统一般选用焊接钢管或镀锌钢管。

焊接钢管，管径小于或等于DN32的采用螺纹连接；管径大于DN32的采用焊接或法兰连接。

镀锌钢管，管径小于或等于100mm的镀锌钢管采用螺纹连接，套丝时破坏的镀锌层表面及外露螺纹部分做防腐处理；管径大于100mm的镀锌钢管采用法兰或卡套式专用管件连接，镀锌钢管与法兰的焊接处进行二次镀锌。

2）铝塑复合管材、管件：一般采用铜管件卡套式连接。

3）非金属管材、管件：包括交联聚乙烯（PE-X）管，聚丁烯（PB）管，无规共聚聚丙烯（PP-R）管，丙烯腈/丁二烯/苯乙烯共聚物（ABS）管等，采用热熔连接，与阀门连接时可使用丝接或法兰转换管件。

（2）施工工艺流程

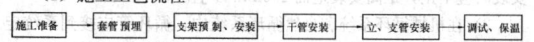

施工准备→套管预埋→支管预制、安装→干管安装→立、支管安装→调试、保温

（3）施工准备

1）经过设计交底和图纸会审，施工方案已编制并通过审批。

2）进行采暖管线深化设计，包括配合土建预留预埋图和经过管线综合平衡后的采暖管线平面图。

3）按图纸设计要求选用管材、管件和阀门等，物资供应部门根据物资需用量计划提出物资采购计划，经审批后进行采购，并按照计划要求进行供应。

4）主要施工机具准备齐全。

5）结构施工基本结束，具备室内采暖系统安装作业面，建筑已提供准确的各楼层地面标高线，主要作业条件满足施工要求。

（4）套管预埋

1）管道穿过墙壁和楼板应配合土建预埋套管或预留孔洞，如设计无要求，应符合表33-136的规定。

预留孔洞尺寸（mm）　　　　表33-136

项次	管道名称		明管	暗管
			孔洞尺寸长×宽	孔洞尺寸长×宽
1	采暖立管	（管径≤25）	100×100	130×130
		（管径32～50）	150×150	150×130
		（管径70～100）	200×200	200×200
2	两根采暖立管	（管径≤32）	150×100	200×130
3	采暖主立管	（管径≤80）	300×250	
		（管径100～125）	350×300	
4	散热器支管	（管径≤25）	100×100	60×60
		（管径32～40）	150×130	150×100

2）安装在楼板内的套管，其顶部应高出装饰地面20mm；安装在卫生间及厨房间的套管，其顶部应高出装饰地面50mm，底部应于楼板底面相平；安装在墙壁内的套管其两端与饰面相平。穿过楼板的套管与管道之间缝隙，应用阻燃密实填塞，防水油膏封口，端面应光滑。

（5）管道支、吊、托架及管托安装

1）管道支架材料采用普通型钢或镀锌型钢加工而成，金属管道的管托及管卡采用金属制成品，铝塑复合管和非金属管道采用专用的非金属管卡。

2）支架形式、尺寸、规格要符合设计和现场实际要求，支架孔、眼一律使用电钻或冲床加工，其孔径应比管卡或吊杆直径大1～2mm，管卡的尺寸与管子的配合要接触紧密。

3）管卡要安装于保温层外，管卡部位的保温层厚度与管道保温层厚度设计一致，选用中硬度的木材或硬质人造发泡绝热材料，使之具有足够的支撑强度，较好的绝热性能和一定的使用年限。

4）支、吊架的生根结构，特别是固定支架的生根部位，尽可能地选择梁、柱等建筑结构上，采用预埋钢板或者膨胀螺栓固定。

5）立管和支管的支架可能要设置到砖墙、空心砌块等轻质墙体上，根据实际情况，采取事先预留孔洞的办法，支架安装后，与土建专业密切配合，及时填塞C20细石混凝土，并捣固密实，当砌体达到强度的75%时，方可安装管道，否则不允许使用该支架固定管道。

6）安装滑动支架的管道支座和零件时，考虑到管道的热位移，要向管道膨胀的相反方向偏移该处全部热位移的1/2距离。滑动支架应灵活，滑托与滑槽两侧间应留有3～5mm的间隙，纵向移动量要符合设计要求。

7）选用吊架安装时，有热位移的管道吊杆要向管道膨胀的相反方向偏移该处全部热位移的1/2距离，注意双管吊架不能同时吊置热位移方向相反的任何两条管道。

8）固定支架与管道接触紧密，固定牢固，其设置数量和具体位置应根据图纸设计和现场实际情况进行布置。

9）立管管卡的安装按下列规定：楼层高度小于或等于5m，每层必须安装一个；楼层高度大于5m，每层不得小于2个；管卡安装高度距地面为1.5～1.8m，2个以上管卡要匀称安装，同一单位工程中管卡要安装在同一高度上。

10）其他参照室内给水、热水管道支架安装要求。

（6）干管安装

1）干管安装应从进户或分支路点开始，安装前检查管道内是

否干净。

2) 按设计要求确定的管道走向和轴线位置，在墙（柱）上弹画出管道安装的定位坡度线。

3) 按经过深化设计后的施工图进行管段的加工预制，包括：断管、套螺纹、上零件、调直、核对好尺寸，按环路分组编号，码放整齐。

4) 按设计要求或规范规定的间距进行支吊架安装，吊卡安装时，先把吊杆按坡向、顺序依次穿在型钢上，吊环按间距位置套在管上，再把管道抬起穿上螺栓拧上螺母，将管道固定。安装托架上的管道时，先把管道就位在托架上，把第一节管道装好 U 形卡，然后安装第二节管道，以后各节管道均照此进行，紧固好螺栓。

5) 遇有伸缩器，应考虑预拉伸及固定支架的配合。干管转弯作为自然补偿时，应采用煨制弯头。

6) 在管道干管上焊接垂直或水平分支管道时，干管开孔所产生的钢渣及管壁等废弃物不得残留管内，且分支管道在焊接时不得插入干管内。

7) 在干管上变径时，采用偏心异径管，偏心位置应符合如下要求：

供汽管：汽、水同向流的应管底平，反向流的应管顶平。

供水管：水、气同向流的，应管顶平，反向流的应管底平。

回水管：水、气总是反向流的，应管顶平。

8) 架空布置的采暖干管，一般沿墙敷设，遇到墙面有突出立柱的，管道可移至柱外直线敷设，支架的横梁加长，避免绕柱。

9) 地面上沿墙敷设的，遇到墙面突出立柱时，管道应制成方型弯管绕柱敷设，方型弯管相当于方型补偿器，但弯管可采用冲压弯头或焊接弯头组成，也可采用曲率半径为 2～2.5 倍外管径的弯管组成。

10) 地面上沿墙布置的水平管，在过门地沟处，最低处应安装放水丝堵，地沟上返高处应安装排气阀。

11) 管道安装完毕，检查坐标、标高、预留口位置和管道变径等是否正确，然后找直，用水平尺等校对复核坡度、调整合格后，再调整吊卡螺栓、U 形卡，使其松紧适度，平正一致，最后焊牢固定卡处的止动板。

12) 摆正或安装好管道穿结构处的套管，填堵管洞口，预留口处应加好临时管堵。

(7) 立、支管安装

1) 核对各层预留孔位置是否垂直，吊线、剔眼、栽卡子，将预制好的管道按编号顺序运到安装地点。

2) 安装前先卸下阀门盖，有钢套管的先穿到管上，按编号从第一节管开始安装。涂铅油缠麻，将立管对准接口转动入扣，一把管钳咬住管件，一把管钳拧管，拧到松紧适度，对准调直时的标记要求，螺纹外露 2～3 螺距，预留口平正为止，清净麻头。

3) 检查立管的每个预留口标高、方向、半圆弯等是否准确、平正。将事先安装好的支架卡子松开，把管放入卡内拧紧螺栓，用吊杆、线坠从第一节管开始找好垂直度，扶正钢套管，最后填堵孔洞，预留口必须加好临时丝堵。

4) 立管遇支管垂直交叉时，支管应该设半圆形让弯绕过立管，如图 33-76 所示，让弯的尺寸见表 33-137。

让弯尺寸表（mm）   表 33-137

DN	α (°)	α1 (°)	R	L	H
15	94	47	50	146	32
20	82	41	65	170	35
25	72	36	85	198	38
32	72	36	105	244	42

5) 室内干管与立管连接不应采用丁字连接，应煨乙字弯或用弯头连接形成自然补偿器，如图 33-77 所示。

(8) 采暖管道的坡度要求

室内采暖管道安装要注意坡向、坡度，管路布置要平直、合理，不能出现水封和气塞。对于蒸汽采暖，管路布置要有利于排除凝结水；对于热水，管路布置要有利于排除系统内的空气，分别防

止水击和气塞，保证系统正常运行。

管道的坡度大小应符合设计要求，当设计未注明时，应符合以下要求：

1) 气、水同向流动的热水采暖管道和汽、水同向流动的蒸汽管道及凝结水管道，坡度应为 3‰，不得小于 2‰；

2) 气、水逆向流动的热水采暖管道及汽、水逆向流动的蒸汽管道，坡度不小于 5‰；

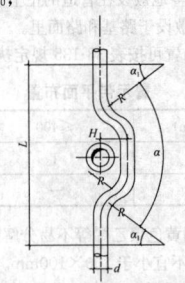

图 33-76   让管安装示意图

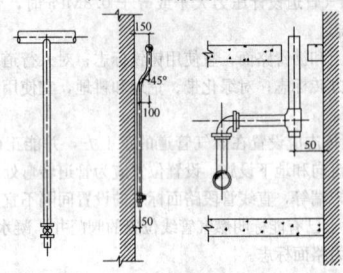

图 33-77   干管与立管连接

3) 散热器支管的坡度应为 1%，由供水管坡向散热器，回水支管坡向立管，下供下回式系统由顶层散热器放气阀排气时，该支管应坡向立管；

4) 水平串联系统串联管应水平安装，每个立管应安装 1 个活接头，便于拆修。

(9) 采暖管道安装的允许偏差应符合表 33-138 的规定。

采暖管道安装的允许偏差和检验方法   表 33-138

项次	项	目		允许偏差	检验方法
1	横管道纵、横方向弯曲 (mm)	每 1m	管径≤100mm	1mm	用水平尺、直尺、拉线和尺量检查
			管径>100mm	1.5mm	
		全长 (25m 以上)	管径≤100mm	≥13mm	
			管径>100mm	≥25mm	
2	立管垂直度 (mm)	每 1m		2mm	吊线和尺量检查
		全长 (5m 以上)		≥10mm	
3	弯管	椭圆率 $\dfrac{D_{max}-D_{min}}{D_{max}}$	管径≤100mm	10%	用外卡钳和尺量检查
			管径>100mm	8%	
		折皱不平度 (mm)	管径≤100mm	4mm	
			管径>100mm	5mm	

注：D_{max}、D_{min} 分别为管子最大外径和最小外径。

2. 采暖设备安装

(1) 膨胀水箱

膨胀水箱是用来贮存热水采暖系统加热的膨胀水量，在自然循环上供下回式系统中，还起着排气作用。膨胀水箱的另一个作用是恒定采暖系统的压力。

膨胀水箱一般采用碳钢板或不锈钢板制成，通常是圆形或者矩形。水箱上连有膨胀管、溢流管、信号管、排水管及循环管等管路。

1) 膨胀水箱安装在系统最高点并高出集气罐顶 300mm 以上，安装时应平正，距离安装地面 250mm 以上。

2) 在机械循环系统和自然循环系统中，循环管应接到系统定压点前的水平回水干管上（图 33-78），膨胀管与系统的连接点之间保持 1.5～3m 的距离，这样可让少量热水能缓慢地通过循环管

和膨胀管流过水箱，以防水箱里的水冻结，同时膨胀水箱要考虑保温。

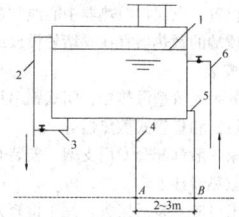

图 33-78　膨胀水箱连接管示意图
1—膨胀水箱；2—溢流管；3—排污管；
4—膨胀管；5—循环管；6—补水管

3）在膨胀管、循环管和溢流管上，严禁安装阀门，以防止系统超压、水箱水冻结或水从水箱内溢出。

4）溢水管的管径应大于水箱的补水管管径。

5）排污管安装在靠近水箱溢流管的底部，出水箱后与溢流管相连，经过排水漏斗后接入污水系统。

6）膨胀水箱安装完毕，进行灌水试验，检查其强度及是否渗漏。

7）采暖系统冲水时，水位到达信号管高度即可。

（2）集气罐

集气罐是由直径为 100~250mm 的短管制成，有立式、卧式之分，其构造如图 33-79 所示。集气罐顶部设有 DN15 的放气管，管端装有自动排气阀门，就近接到污水盆或其他卫生设备处。在系统工作期间，手动集气罐应定期打开阀门将积聚在罐内的空气排出系统。若安装集气罐的空间尺寸允许，应尽量采用容量较大的立式集气罐。集气罐的安装位置在上拱式系统中应为管网的最高点，为了利于排气，应使供水干管水流方向与空气气泡浮升方向相一致，这就要求管道坡度与水流方向相反，否则设计时应注意使管道的水流速度小于气泡浮升速度，以防气泡被水流卷走。

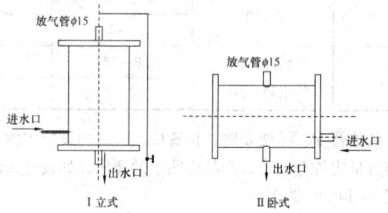

图 33-79　集气罐示意图

1）集气罐一般安装于采暖房间内，否则应采取防冻措施。

2）安装时应有牢固的支架支承，一般采用角钢栽埋于墙内作为横梁，再配以 φ12 的 U 形螺栓进行固定。

3）集气罐在系统中与管配件保持 5~6 倍直径的距离，以防涡流影响空气的分流。

4）排气管一般采用 DN15，其上应设截止阀，中心距地面 1.8m 为宜。

（3）补偿器

采暖系统的热补偿器有套管式、球形、波纹管及方形补偿器 4 大类。

1）套管式补偿器

①套管式补偿器有单向和双向两种形式。

②套管式补偿器安装前应按生产厂给定的试验压力试压。试压时，套管应处于最大伸长量，试验压力下 5~10min 内应不渗不漏。

③套管补偿器安装长度应考虑预拉伸伸出长度。双向套管补偿器安装于两固定支架中间，两侧管道最少应各安装两个导向支架。单向补偿器靠一端固定支架安装时，另一端应安装两个以上导向支架。

④套管补偿器安装时，应保证其中心线与管线中心线的一致，不可歪斜。

2）球形补偿器

①用于有三向位移的管道，其折曲角一般不大于 30°。

②球形补偿器不能单个使用，根据管路系统可由 2~4 个配套使用。

③球形补偿器两侧管支架，宜用滚动支架。

④用做采暖管道的球形补偿器安装时，需进行预压缩，其折曲角应向反方向偏转。

3）波纹补偿器

补偿器接口有法兰连接和焊口连接两种方式，安装方法一种是随着管道敷设同时安装补偿器；也可以先安装管道，系统试压冲洗后，再安装补偿器。视条件和需要确定。

①先测量好波纹补偿器的长度，在管道波纹补偿器安装位置上画出切断线。

②依线切断管道。

③先用临时支、吊架将补偿器支吊好，使两边的接口同时对好口，同时点焊。检查补偿器安装是否合适，合适后按顺序施焊。焊后拆除临时支吊架。

④法兰接口的补偿器：先将管道接口用的法兰、垫片临时安装到波纹补偿器的法兰盘上，用临时支、吊架将补偿器支撑就位，补偿器两端的接口要同时对好管口，同时将法兰盘点焊。检查补偿器位置合适后，卸下法兰螺栓，卸下临时支、吊架和补偿器。然后对管口法兰进行对称施焊，按照焊接质量要求清理焊渣，检查焊接质量，合格后对内外焊口进行防腐处理。最后将波纹补偿器进行正式连接。

⑤选用内衬套筒的波纹补偿器时，套筒有焊缝的一端应处于介质流向的上游。

⑥波纹补偿器在安装前，应按工作压力的 1.5 倍进行水压试验。

⑦波纹补偿器的预拉伸应由厂方进行，订货时应提供预拉伸量或必要的数据。波纹管补偿器由于生产厂家不同，应按厂家安装说明书进行安装。

4）方形补偿器

方形补偿器由 4 个 90° 的煨弯弯管组成，他的优点是制作简单、便于安装、补偿量大、工作安全可靠；缺点是占地面积大、架空敷设不大美观等，因此凡有条件的情况下可选用。

①方形补偿器尽量用一根管子煨制，若用多根管子煨制，其顶端（水平段）不得有焊口。焊口应放置在外伸臂的中点处。

②方形补偿器组对时，应在平地上拼接，组对时尺寸要准确、两边应对称，其偏差不得大于 3mm/m，垂直臂长度偏不应大于 10mm，弯头必须是 90°。

③为了减少热应力和增大补偿量，方形补偿器安装前应进行预拉伸。

④作为采暖系统的补偿器，安装时应预拉伸。室内采暖系统推荐采用撑顶装置，拉伸长度应为该管段最大膨胀变形量的 2/5。

⑤方形补偿器应安装在两固定支架中间，其顶部应设活动支架及吊架，安装后应将拉杆拆除。

（4）疏水器

疏水器用于蒸汽供暖系统中，其作用在于能自动而迅速地排出散热设备及管网中的凝结水和空气，同时可以阻止蒸汽的溢漏。

1）根据疏水器的作用原理不同，可分为机械型疏水器、热动力型疏水器、热静力型（恒温型）疏水器。

2）根据图纸的设计规格进行组配安装，组配时，其阀体应与水平回水干管相垂直，不得倾斜，以利于排水。

3）其介质流向与阀体标志应一致。

4）同时安排好旁通管、冲洗管、止回阀、过滤器等部件的位置，并设置必要的法兰、活接头等零件，以便于检修拆卸，蒸汽干管疏水器组安装如图 33-80 所示。

（5）除污器

1）除污器一般设置在供热系统用户引入口供水总管上、循环水泵的吸入管段上、热交换设备进水管段等位置。除污器有立、卧式和角型三种。除污器安装如图 33-81 所示。

2）除污器在安装以前应进行水压试验，合格后经防腐处理后

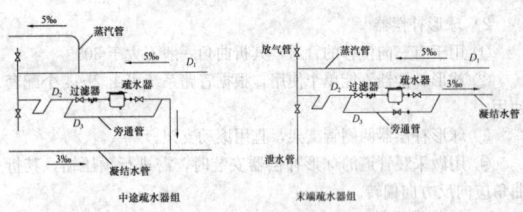

图 33-80 蒸汽干管疏水器组安装图

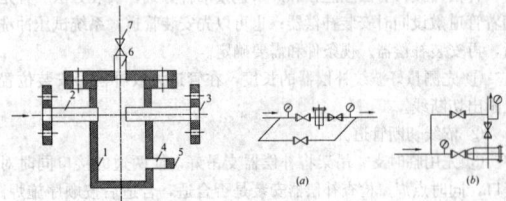

图 33-81 除污器安装
(a) 直通式; (b) 角通式
1—筒体; 2—进水管; 3—出水管; 4—排污管;
5—排污丝堵; 6—放气管; 7—截止阀

方可安装。

3) 安装除污器时,须注意出入口方向,切勿装反。

4) 单台设置的除污器前后应装设阀门,并设旁通管,以保证除污器排污、出现故障或清理污物时热水能从旁通管通过而连续供热。

5) 除污器应设置单独的支架。

6) 系统试压和冲洗完成后,应清洗除污器过滤网滤下的污物。

(6) 减压阀和安全阀

1) 减压阀是利用蒸汽通过断面突然缩小的阀孔时因节流损失而降低压力的原理制成,它可以依靠启闭阀孔对蒸汽节流而达到减压的目的,且能够控制阀后压力。常用的减压阀有活塞式、波纹管式两种,分别适用于工作温度不高于 300℃和 200℃的蒸汽管路上。

2) 安全阀是保证蒸汽供暖系统不超过允许压力范围的一种安全控制装置。一旦系统的压力超过设计规定的最高允许值,阀门自动开启放出蒸汽,直至压力回降到允许值才会自动关闭。有微启式、全启式和速启式三种类型,供暖系统中多用微启式安全阀。

3) 蒸汽减压阀和管道及设备商安全阀的型号、规格、公称压力及安装位置应符合设计要求。安装完毕后应根据系统工作压力进行调试,并做出标志。

(7) 热量表

1) 分为单户用热量表和管网热力表。

2) 热量表安装方式都可以分为水平和垂直安装。

3) 热量表安装前,生产厂家应提供对温度传感器进行校核的资料。

4) 户用热量表的流量传感器宜装在供水管上,且热量表前应设置除污装置。

5) 安装不同厂家的热力表,应满足各厂家安装使用说明书的要求。

33.12.1.2 散热器的安装

1. 铸铁散热器安装

铸铁散热器可以现场组装,也可以由厂家按照订货要求直接组装,多用于民用建筑及公共场所等。

(1) 按图纸设计要求分段分层分规格统计出散热器的组数、每组片数,列成表以便组对和安装时使用。

(2) 组对散热器的垫片应使用成品,垫片的材质当设计无要求时,应采用耐热橡胶制品,组对后的散热器垫片露出颈部不应大于 1mm。

(3) 组对片式散热器需用专用钥匙,逐片对组。一组散热器少于 14 片时,应在两端片上装带腿片;大于或等于 15 片时,应在中间再增组一带腿片。

(4) 现场组装和整组出厂的散热器,安装前均做单组水压试验,试验压力为工作压力的 1.5 倍,但不得小于 0.6MPa,试验压

力下 2～3min 压力不降且不渗不漏为合格。

(5) 柱形散热器落地安装时,应首先裁好上部抱卡,根据偶数和奇数片定好抱卡位置,以保持散热器中心线与窗中心线一致。

(6) 处于系统顶端的散热器宜在丝堵处设放风阀。

2. 钢制散热器安装

(1) 根据外形分为光管型散热器、闭式钢串片散热器、钢制柱式散热器、板式散热器和扁管式散热器等。

(2) 散热器厂家一般都配套专用支架,安装时先将支架用膨胀螺栓固定好,再将散热器挂上。

(3) 散热器进出口应安装活接头,便于检修方便。

3. 铝制散热器安装

(1) 铝制散热器主要有高压铸铝和拉伸铝合金焊接两种,从外形上可分为翼型和闭式两种。

(2) 铝制散热器不应与钢管直接相连接,应采用铜管件或塑料管件连接。

(3) 铝制散热器进出口处应安装铜质阀门。

(4) 其他安装要求同钢制散热器。

4. 双金属复合散热器安装

双金属复合散热器主要以铜铝复合或钢铝复合为主,铝合金作外界散热物质,钢(铜)作内管与水接触,辐射+对流散热方式,适合高低温供水。适合温控和热计量技术要求,更加节能环保。与其他材质散热器相比,它散热均衡,散热效果也非常好,不受供暖系统限制。其安装方法基本与铝制散热器安装相同。

5. 散热器安装的有关标准

(1) 铸铁或钢制散热器表面的防腐及面漆应附着良好、色泽均匀,无脱落、起泡、流淌和漏涂缺陷。

(2) 散热器组对应平直紧密,组对后的平直度应符合表 33-139 规定。

柱形散热器规格表   表 33-139

项次	散热器类型	片数(片)	允许偏差(mm)
1	长翼型	2～4	4
		5～7	6
2	铸铁片式 钢制片式	3～15	4
		16～25	6

(3) 散热器支、托架安装,位置应正确,埋设应牢固。散热器支、托架数量应符合设计或产品说明书的要求。如设计未注时,则应符合表 33-140 的要求。

散热器支架、托架数量   表 33-140

项次	散热器形式	安装方式	每组片数(片)	上部托钩或卡架数(个)	下部托钩或卡架数(个)
1	长翼型	挂墙	2～4	1	2
			5	2	2
			6	2	3
			7	2	4
2	柱型柱翼型	挂墙	3～8	1	2
			9～12	1	2
			13～16	2	3
			17～20	2	4
			21～25	2	5
3	柱型柱翼型	带足落地	3～8	1	—
			8～12	1	—
			13～16	2	—
			17～20	2	—
			21～25	2	—

(4) 散热器背面与装饰后的墙内表面安装距离,应符合设计或产品说明书要求。如设计未注明,应为 30mm。

(5) 散热器安装高度应一致,底部距楼地面大于或等于

150mm，当散热器下部有管道通过时，距楼地面高度可提高，但顶部必须低于窗台 50mm。

（6）散热器安装允许偏差应符合表 33-141 的规定。

散热器安装允许偏差和检验方法　　表 33-141

项次	项　目	允许偏差（mm）	检验方法
1	散热器背面与墙内表面距离	3	尺量
2	与窗中心线或设计定位尺寸	20	
3	散热器垂直度	3	吊线和尺量

33.12.1.3　热力入口装置

1. 低温热水采暖系统热力入口

低温热水采暖系统热力管道一般通过暖沟的形式入户，如图 33-82 所示。

（1）热力入口处宜设计量表检查井，适合人员进出操作和检修；

（2）暖沟内设集水坑，设自动排水泵，防止暖沟内积水；

（3）室内暖沟标高要高于室外暖沟标高，防止出现积水倒灌的意外；

（4）热力入口处的阀门、附件等应适合拆卸利于检修；

（5）循环管的管径要比进出管小 1～2 号；

（6）采暖季节里，如果要停止供暖，可以关闭 7、9 号阀门，打开 8 号阀门，以防室外干管发生冻结，采暖季节结束，整个采暖系统不应防水。

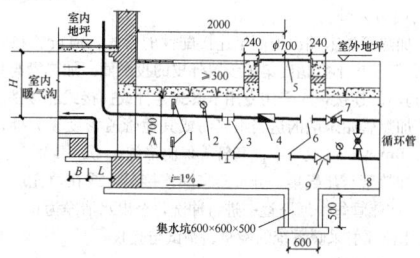

图 33-82　低温热水采暖入口图
1—温度计；2—压力表；3—泄水堵；4—热计量表；5—铸铁井盖；
6—过滤器；7—供水管闸阀；8—闸阀；9—自立式压差控制阀

2. 低压蒸汽采暖系统入口

低压蒸汽入户可通过暖沟形式，也可以直接由架空或直埋的方式入户，以后者方式入户时，控制阀组可设在室内。

3. 高压蒸汽采暖系统入口

高压蒸汽采暖系统入口时，应通过减压阀组进行减压后再接入蒸汽分汽缸供用户使用。减压阀组应包括安全阀、过滤器、截止阀、旁通阀、疏水器、压力表等。

（1）减压阀组设在离地面 1.2m 左右处，沿墙敷设，如设在离地面 3m 时，须设永久性操作平台。

（2）减压阀须安装在水平管道上，前后一律采用法兰截止阀。

（3）减压阀前后的压差不得大于 0.5MPa，否则应二次减压。

（4）减压阀有方向性，安装时切勿装反，并使其垂直的安装在水平管道上。对于带有均压管的减压阀，均压管应连接到低压管一边；使用波纹管式减压阀时，波纹管应朝下安装。

（5）减压阀安装完毕，应根据使用压力进行调试，并作出调试后的标志。

（6）减压阀组的安全阀应设定起跳压力为工作压力加 0.02MPa，安全阀在安装前须经当地技术质量监督部门校核、铅封。安全阀出口不得朝向设备、人员和其他建筑物。

33.12.1.4　地板辐射采暖系统安装

1. 管材及配件

（1）根据耐用年限要求、使用条件等级、热媒温度和工作压力、系统水质要求、材料供应条件、施工技术条件和投资费用等因素来选择采用管材，常用的管材有交联铝塑复合（XPAP）管、聚丁烯（PB）管、交联聚乙烯（PE-X）管、无规共聚聚丙烯（PP-R）管等，施工时严格按设计要求选择管材。

（2）管材、管件和绝热材料，应有明显的标志，标明生产厂的名称、规格和主要技术特性，包装上应标有批号、数量、生产日期和检验代号。

（3）施工、安装的专用工具，必须标有生产厂的名称，并有出厂合格证和使用说明书。

（4）管材配件

1）连接件与螺纹连接部分配件的本体材料，应为锻造黄铜，使用 PP-R 管作为加热管时，与 PP-R 管直接接触的连接件表面应镀镍。

2）连接件外观应完整、无缺损、无变形、无开裂。

3）连接件的物理力学性能，应符合表 33-142 的要求。

连接件的物理力学性能　　表 33-142

项次	性　能	指标
1	连接件耐水压（MPa）	常温：2.5，95℃：1.2，1h 无渗漏
2	工作压力（MPa）	95℃：1.0，1h 无渗漏
3	连接密封性压力（MPa）	95℃：3.5，1h 无渗漏
4	耐拔脱力（MPa）	95℃：3.0

4）连接件的螺纹，应符合国家标准《非螺纹密封的管螺纹》GB/T 7307 的规定。螺纹应完整，如有断丝或缺丝情况，不得大于螺纹全扣数的 10%。

（5）材料的外观质量、储运和检验

1）管材和管件的颜色应一致，色泽均匀，无分解变色。

2）管材的内外表面应当光滑、清洁，不允许有分层、针孔、裂纹、气泡、起皮、痕纹和夹杂，但允许有轻微的、局部的、不使外径和壁厚超出允许公差的划伤、凹坑、压入物和斑点等缺陷。轻微的矫直和车削痕迹、细划痕、氧化色、发暗、水迹和油迹，可不作为报废的依据。

3）管材和绝热板材在运输、装卸和搬运时，应小心轻放，不得受到剧烈碰撞和尖锐物体冲击，不得抛、摔、滚、拖，应避免接触油污。

4）管材和绝热板材应码放在平整的场地上，垫层高度要大于 100mm，防止泥土和杂物进入管内。塑料类管材、铝塑复合管和绝热板材不得露天存放，应储存于温度不超过硬 40℃、通风良好和干净的仓库中，要防火、避光，距热源不应小于 1m。

5）材料的抽样检验方法，应符合国家标准《逐批检查计数抽样程序及抽样表》GB/T 2828 的规定。

2. 支架制作安装

（1）管道支架应在管道安装前埋设，应根据不同管径和要求设置管卡和吊架，位置应准确，埋设要平整，管卡与管道接触应紧密，不得损伤管道表面。

（2）加热管的支架一般采用厂家配套的成品管卡，加热管的固定方式包括：

1）用固定卡将加热管直接固定在绝热板或设有复合面层的绝热板上；

2）用扎带将加热管固定在铺设于绝热层上的网格上；

3）直接卡在铺设于绝热层表面的专用管架或管卡上；

4）直接固定于绝热层表面凸起间形成的凹槽内。

（3）加热管安装时应防止管道扭曲，弯曲管道时，圆弧的顶部应加以限制，并用管卡进行固定。

（4）加热管弯头两端宜设固定卡；加热管固定点的间距，直管段固定点间距宜为 0.5～0.7m，弯曲管段固定点间距宜为 0.2～0.3m。

（5）分、集水器安装时应先设置固定支架。

3. 地板辐射采暖系统的安装

（1）一般规定

1）地板辐射采暖系统的安装，施工前应具备下列条件：

① 设计图纸及其他技术文件齐全；

② 经批准的施工方案或施工组织设计，已进行技术交底；

③ 施工力量和机具等齐备，能保证正常施工；

④ 施工现场、施工用水和用电、材料储放场地等临时设施

能满足施工需要。

2）地板辐射供暖的安装工程环境温度宜不低于 5℃。

3）地板辐射供暖施工前，应了解建筑物的结构，熟悉设计图纸、施工方案及其他工种的配合措施。安装人员应熟悉管材的一般性能，掌握基本操作要点，严禁盲目施工。

4）加热管安装前，应对材料的外观和接头的配合公差进行仔细检查，并清除管道和管件内外的污垢和杂物。

5）安装过程中，应防止油漆、沥青或其他化学溶剂污染塑料类管道。

6）管道系统安装间断或完毕的敞口处，应随时封堵。

（2）加热管的敷设

1）按设计图纸的要求，进行放线并配管，同一通路的加热管应保持水平。如图 33-83 所示。

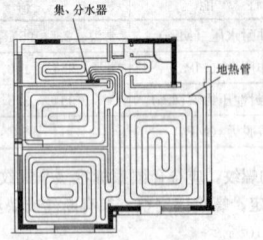

图 33-83　地热管路平面布置图

2）加热管的弯曲半径，PB 管和 PE-X 管不宜小于 5 倍的管外径，其他管材不宜小于 6 倍的管外径。

3）填充层内的加热管不应有接头。

4）采用专用工具断管，断口应平整，断口面应垂直于管轴线。

5）加热管应用固定卡子直接固定在敷有复合面层的绝热板上，用扎带将加热管绑扎在铺设于绝热层表面的钢丝网上，或将加热管卡在铺设于绝热层表面的专用架骨或管卡上。

6）加热管固定点的间距，直管段不应大于 700mm，弯曲管段不应大于 350mm。

7）施工验收后，发现加热管损坏，需要增设接头时，应先报建设单位或监理工程师，提出书面补救方案，经批准后方可实施。增设接头时，应根据加热管的材质，采用热熔或电熔接式连接，或卡套式、卡压式铜制管接头连接，并应做好密封。铜管宜采用机械连接或焊接连接。无论采用何种接头，均应在竣工图上清晰表示，并记录归档。

8）地热管弯头两端宜设固定卡；加热管固定点的间距，直管段固定点间距宜为 0.5～0.7m，弯曲管段固定点间距宜为 0.2～0.3m。

9）在分水器、集水器附近以及其他局部加热管排列比较密集的部位，当管间距小于 100mm 时，加热管外部应设置柔性套管等措施，如图 33-84 所示。

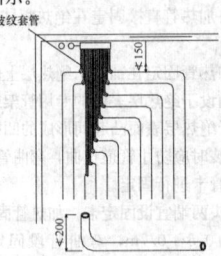

图 33-84　分、集水器附近接管做法

10）加热管露出地面至分水器、集水器连接处，弯曲部分不宜露出地面装饰层。加热管露出地面至分水器、集水器下部球阀接口之间的明装管段，外部应加装塑料套管。套管应高出装饰面150～200mm。

11）加热管与分水器、集水器连接，应采用卡套式、卡压式挤压夹紧连接；连接件材料宜为铜质；铜质连接件与 PP-R 或 PP-B 直接接触的表面必须镀镍。

12）加热管的环路布置不宜穿越填充层内的伸缩缝。必须穿越时，伸缩缝处应设长度不小于 200mm 的柔性套管，见图 33-85。

13）伸缩缝的设置应符合下列规定：

在与内外墙、柱等垂直构件交接处应留设不间断的伸缩缝，伸缩缝填充材料应采用搭接方式连接，搭接宽度不应小于 10mm；伸缩缝填充材料与墙、柱应有可靠的固定措施，与地面绝热层连接应紧密，伸缩缝宽度不宜小于 10mm。

当地面面积超过 30m² 或边长超过 6m 时，应按不大于 6m 间距设置伸缩缝，伸缩缝宽度不应小于 8mm。伸缩缝宜采用高发泡聚乙烯泡沫塑料或内满填弹性膨胀膏。

伸缩缝应从绝热层的上边缘做到填充层的上边缘。

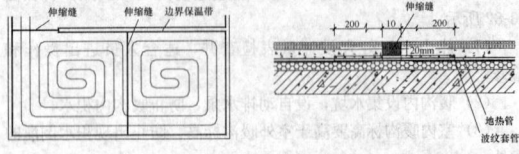

图 33-85　地热管穿伸缩缝处做法

（3）热媒集、分水器安装

1）热媒集、分水器应加以固定，当水平安装时，一般宜将分水器安装在上，集水器安装在下，中心距宜为 200mm，集水器中心距地面应不小于 300mm；当垂直安装时，分、集水器下端距地面应不小于 150mm。

2）加热管始末端出地面至连接配件的管段，应设置在硬质套管内，套管外皮不宜超出集配装置外皮的投影面。加热管与集配装置分路阀门的连接，应采用专用卡套式连件或插接式连接件。

3）加热管始末端的适当距离或其他管道密度较大处，当管间距≤100mm 时，应设置柔性套管等保温措施。

4）加热管与热媒集、分水器牢固连接后，或在填充层养护期后，应对加热管每一通路逐一进行冲洗，至出水清净为止。

4. 地板辐射采暖系统的检验、调试与验收

（1）中间验收

地板辐射采暖系统，应根据工程施工特点进行中间验收。中间验收过程，从加热管道敷设和热媒集、分水器安装完毕进行试压起，至混凝土填充层养护期满再次进行试压止，由施工单位会同监理单位进行。

（2）水压试验

浇捣混凝土填充层之前和混凝土填充层养护期满之后，应分别进行系统水压试验。水压试验应符合下列要求：

1）水压试验之前，应对试压管道和构件采取安全有效的固定和保护措施。

2）试验压力应为不小于系统静压加 0.3MPa，且不得低于 0.6MPa。

3）冬季进行水压试验时，应采取可靠的防冻措施，试验合格后，应将管线内的水吹净，以免冻结。

4）试验时首先经分水器缓慢注水，同时将管道内空气排出。

5）充满水后，进行水密性检查。

6）采用手动试压泵缓慢升压，升压时间不得少于 15min。

7）升压至规定试验压力后，停止加压，稳压 1h，观察有无漏水现象。

8）稳压 1h 后，补压至规定试验压力值，15min 内的压力降不超过 0.05MPa 无渗漏为合格。

（3）调试

1）地板辐射供暖系统未经调试，严禁运行使用。

2）具备供热条件时，调试应在竣工验收阶段进行；不具备供热条件时，经与工程使用单位协商，可延期进行调试。

3）调试工作由施工单位在工程使用单位配合下进行。

4）调试时初次通暖应缓慢升温，先将水温控制在 25～30℃ 范围内运行 24h，以后每隔 24h 温升不超过 5℃，直至达到设计水温。

5）调试过程应持续在设计水温条件下连续供暖 24h，并调节每一环路水温达到正常范围。

(4) 竣工验收

1) 竣工验收时，应具备下列资料：施工图、竣工图和设计变更文件；主要材料、制品和零件的检验合格证和出厂合格证；中间验收记录；试压和冲洗记录；工程质量检查评定记录；调试记录。

2) 竣工验收标准。低温热水地板辐射采暖系统安装的质量检验和验收可以参照表33-143执行。

低温热水地板辐射采暖系统安装的质量检验和验收 表33-143

	序号	检 验 内 容	检 验 方 法
主控项目	1	地面下敷设的盘管埋地部分不应有接头	隐蔽前现场查看
	2	盘管隐蔽前必须进行水压试验，试验压力为工作压力的1.5倍，但不小于0.6MPa	稳压1h内压力降不大于0.05MPa
	3	加热盘管弯曲部分不得出现硬折弯现象，曲率半径应符合下列规定： (1) 塑料管：不应小于管道外径的8倍； (2) 复合管：不应小于管道外径的8倍	尺量检查
一般项目	1	分、集水器型号、规格、公称压力及安装位置、高度应符合设计要求	对照图纸及产品说明书
	2	加热盘管管径、间距和长度应符合设计要求，间距偏差不大于±10mm	拉线和尺量检查
	3	防潮层、防水层、隔热层及伸缩缝应符合设计要求	填充浇筑前观察检查
	4	填充层强度等级应符合设计要求	作试块抗压试验

33.12.1.5 电热膜采暖系统安装

1. 电热膜的结构组成

电热膜表层材料为特制的聚酯薄膜，膜片中间的墨线是可导电油墨，是电热膜核心部分，相当于很多并联的电阻，通电后可发热。电热膜两边的银条是金属载流条，是用来连接油墨（电阻），作用相当于导线。金属载流条的主要材料为铜镀锡和银墨。

低温辐射电热膜是一种通电后能发热的半透明聚酯薄膜，由可导电的特制油墨、金属载流条经加工、热压在绝缘聚酯薄膜间制成。工作时以电热膜为发热体，将热量以辐射的形式送入空间，使人体和物体首先得到温暖，其综合效果优于传统的对流供暖方式。

2. 电热膜采暖系统的组成

低温辐射电热膜采暖系统由电源、温控器、连接件、绝缘层、电热膜及饰面层构成。电源经导线连通电热膜，将电能转化为热能。由于电热膜为纯电阻电路，故其转换效率高，除一小部分损失外，绝大部分被转化成热能。主要组成部分如下：

(1) 电热膜

电热膜是整个系统的核心元件，是此系统的发热元件。它的基材为PET聚酯膜，发热体为导电油墨、附以银浆和导电的金属汇流条为导电引线，最后经热压下复合而成。电热膜的发热主要以辐射的方式散发热量，属低温辐射，它具有透射性，以红外线的形式向室内散热。

(2) 连接导线、连接卡、绝缘罩

连接导线是对电热膜提供以电源，对整个电路构成回路；

连接卡是由特殊的合金材料制成，安装时用专用工具钳将连接卡的一端固定在电热膜的载流条上，然后将另一端压在导线上；

绝缘罩是为了跟电热膜连接方便，保证安全，起绝缘和保护连接卡的作用。绝大多数情况下必须使用，但也可根据实际情况采用其他绝缘材料作绝缘处理。

(3) 温控器

对整个电热膜采暖系统进行控制，保证室内温度的稳定性，根据实际需要，通过温控器的调节与设定，可以随时调节室内温度

（5~30℃），起到节能作用并保持室温恒定。

3. 电热膜的规格

电热膜的规格型号见表33-144所示。

电热膜规格型号 表33-144

规格型号	外形尺寸（长×宽）(mm)	额定功率(W/m²)	单片功率(W)	应用场合	包装（片）
C318-15	318×350	150	15	地面	100
C360-20	360×350	169	20	地面	
C650-20	650×240	175	20	地面	
C318-20	318×380	169	20	天棚、墙裙	200
C318-25	318×380	205	25	天棚、墙裙	
C360-25	360×380	175	25	天棚、墙裙	
C360-30	360×380	220	30	天棚、墙裙	300
C360-35	360×380	265	35	天棚、墙裙	
C650-50	650×240	450	50	室外	100

注：额定电压：220~240V；最高工作温度：80℃；长期工作温度：70℃以下。

4. 电热膜的发热量及表面温度

单片电热膜的发热量见表33-145所示。

单片电热膜发热量（W） 表33-145

电热膜规格	18.3	20	30
单片发热量	16	17.5	25.8

在室内温18℃情况下，未加装饰层的电热膜表面温度测试结果如表33-146。

电热膜表面温度 表33-146

电热膜规格	电热膜表面最高温度（℃）	
	无绝热层	单侧绝热（25mm玻璃棉）
20W	31	37
30W	32	39
40W	34	41

5. 电热膜采暖系统安装

以顶棚式电热膜安装为例介绍，安装示意见图33-86。

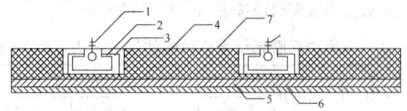

图33-86 顶棚电热膜安装示意图
1—带尾孔的射钉；2—吊件；3—轻钢龙骨；4—隔热层；
5—电热膜；6—饰面板（石膏板等）；7—钢筋混凝土楼板

(1) 电热膜的安装

1) 剪切电热膜时必须沿电热膜的剪切线进行剪切。

2) 电热膜末端用耐温90℃的热熔胶贴塑料绝缘胶带。

3) 电热膜敷设时必须满足电热膜与墙及其他设施的最小距离要求，电热膜载流条距金属龙骨边缘不应小于10mm。

4) 每组电热膜敷设在金属龙骨之间，用自攻钉沿膜两边将电热膜固定在纵向龙骨的边槽内，钉距1000mm。

5) 电热膜敷设时应平整，严禁有褶皱。

6) 严禁在电热膜载流条10mm以内及发热区刺破电热膜。

7) 电热膜接线端的载流条上装专用导线连接卡，安装时必须用专用的压接工具，连接卡压接要对齐、牢固、如出现错位、活动必须更换连接卡。

(2) 电热膜接线

1) 电热膜接线用导线应分颜色使用：

相线——与本户电源颜色一致；

控制线——黑色绝缘导线；

N线——蓝色绝缘导线；

PE线——黄绿相间的绝缘导线。

2）电热膜组间接线用导线并接，接点在专用连接卡的筒形管中用专用的压接钳卡紧，用拉拽电线的方法检查导线的连接性。连接卡用绝缘罩做绝缘，内充填熔胶。

3）电热膜组间的连接导线应穿金属软管保护，其弯曲半径不应小于软管外径的6倍。金属软管两端应加装保护线的护口，并不应退绕、松散、中间接头。软管内导线严禁有接头。

（3）温控器的安装

1）土建及其他工程完工之后，按设计图纸确定的位置和高度安装温控器。

2）温控器安装在暗盒上，盒的四周不应有空隙，温控器安装应端正，其面板应紧贴墙面。

3）温控器应按说明书和设计的要求接线。

（4）检验和验收

1）电热膜安装应根据工程性质和特点进行中间检验和竣工验收。中间检验由施工单位会同建设单位进行；竣工验收应由建设单位组织施工、设计和有关单位进行。并应做好记录、签署文件、立卷归档。

2）进行每房间电热膜直流电阻测试，判定是否有短路和开路现象，所用的万用表宜采用2.5级的数字式万用表。检验如出现阻值过高或开路，应检查连接卡的压接，将有问题的连接卡更换；如出现短路，应检查中有接线，并进行处理。

3）用500V兆欧表测试电热膜回路与龙骨（地）之间的绝缘电阻，其值不能小于1MΩ，如不满足要求时，必须立即处理。

4）用非接触测温仪确认低温辐射电热膜供暖系统是否正常工作。确认正常工作后，应在电热膜配电装置上加贴警示性工作标志。

33.12.1.6 采暖系统的试验与调节

1. 采暖系统的水压试验

采暖系统安装完毕，管道保温之前应进行水压试验。

（1）试压程序

采暖系统在施工工程中的试压包括两方面，一是过程中所有需要隐蔽的管道和附件在隐前必须进行水压试验的隐蔽性试验；二是系统安装完毕，系统的所有组成部分必须进行系统水压试验的最终试验。

室内采暖管道进行强度和严密性试验时，系统工作压力按循环水泵扬程确定，以不超过散热器承压能力为原则。系统试验压力由设计确定，设计未注明时应按表33-147中的规定。

室内采暖系统水压试验的试验压力　表33-147

管道类别	工作压力	试 验 压 力	
		强度试验 Ps（MPa）	严密性试验
蒸汽、热水采暖系统	P	顶点工作压力+0.1，顶点的试验压力不小于0.3	P
高温热水采暖系统	P	顶点工作压力+0.4	P
使用塑料管和复合管的采暖系统	P	顶点工作压力+0.2，顶点的试验压力不小于0.4	塑料管为1.15×P复合管为P

（2）检验方法

使用钢管及复合管的采暖系统应在试验压力下10min内压力降不大于0.02MPa，降至工作压力后检查不渗漏为合格；

使用塑料管的采暖系统应在试验压力下1h内压力降不大于0.05MPa，然后降至工作压力的1.15倍，稳压2h，压力降不大于0.03MPa，同时各连接处不渗不漏为合格。

（3）水压试验过程

1）根据现场实际和工程系统情况，编制并上报系统水压试验方案，经审批后严格执行。

2）检查全系统管路、设备、阀件、支架、套管等，必须安装无误，达到试验条件。

3）打开系统最高点处的排气阀，开始向采暖系统注水，待水灌满后，关闭排气阀和进水阀，停止注水。

4）注水应缓慢进行，并进行巡检，注意检查系统管路是否有渗漏情况。

5）使用电动或手动试压泵开始加压，压力值一般分2～3次升至试验压力，升压过程中注意观察压力值逐渐升高的情况及管路是否渗漏。

6）按照前述的检验方法进行检验，经监理工程师检查试验合格，作好水压试验记录。

7）在系统最低点卸掉管道内的所有存水，冬季时还应采用压缩空气进行管路吹扫，防止管路内存水冻坏管道和设备。

8）拆掉临时试压管路，将采暖系统恢复原位。

2. 采暖系统的冲洗

系统试验合格后，应对系统进行冲洗和清扫过滤器及除污器。

（1）冲洗前的准备工作

1）对照图纸，根据管道系统情况，确定管道分段冲洗方案，对暂不参与冲洗的管道通过分支管线阀门将之关闭。

2）不允许吹扫的附件，如孔板、调节阀、过滤器等，应暂时拆下以短管代替；对减压阀、疏水器等，应关闭进水阀，打开旁通阀，使其不参与冲洗，以防止堵塞。

3）不允许冲洗的设备和管道，应暂时用盲板隔开。

4）吹出口的设置：气体吹扫时，吹出口一般设置在阀门前，以保证污物不进入关闭的阀体内；用水冲洗时，清洗口设于系统各低点泄水阀处。

（2）冲洗方法

采暖系统冲洗的方法一般包括水冲洗和蒸汽吹洗。

1）水冲洗。采暖系统在使用前应进行水冲洗，冲洗水源可以采用自来水或工业纯净水。冲洗前按照前述的准备工作要求进行认真准备，冲洗时，冲洗水以不小于1.5m/s的流速进行冲洗，冲洗应连续进行，并保证管路畅通无堵塞现象，直到冲洗合格。

2）蒸汽吹洗。蒸汽采暖系统的吹洗以蒸汽吹扫为宜，也可以采用压缩空气进行。蒸汽吹扫时，应缓慢升温，以恒温1h左右进行吹扫为宜，然后降温到室温，再升温、暖管、恒温进行二次吹扫，直到吹扫合格。

（3）检验方法

1）系统水冲洗时，现场观察，直至排出水不含泥沙、铁屑等杂质且水色不浑浊为合格。

2）蒸汽吹洗时，在蒸汽排出口设置一块抛光的木板，上贴干净的白纸，检验时将白纸靠近蒸汽排出口，让排出的蒸汽吹到白纸上，检查白纸上无锈蚀物及脏物为合格。

3. 采暖系统的调试

采暖系统冲洗完毕应充水、加热，进行试运行和调试。

（1）先联系好水源，制定出通暖调试方案、人员分工和处理紧急情况的各项措施。备好修理、泄水等器具。

（2）参加调试的人员按分工各就各位，分别检查采暖系统中的泄水阀门是否关闭，干、立、支管上的阀门是否打开。

（3）向系统内充水（以软化水为宜），开始先打开系统最高点的排气阀，指定专人看管。慢慢打开系统回水干管的阀门，待最高点的排气阀见水后立即关闭；然后开启总进口供水管的阀门，最高点的排气阀须反复开闭数次，直至将系统中冷空气排净。

（4）在巡视检查中如发现隐患，应尽量关闭小范围内的供、回水阀门，及时处理和抢修。修好后随即开启阀门。

（5）全系统运行时，遇有不热处要先查明原因。如需冲洗检修，先关闭供、回水阀，泄水后再先后打开供、回水阀门，反复放水冲洗。冲洗完后再按上述程序通暖运行，直到运行正常为止。

（6）若发现热度不均，应调整个分路、立管、支管上的阀门，使其基本达到平衡后，邀请有关各单位检查验收，并办理验收手续。

（7）高层建筑的采暖管道冲洗与通暖，可按设计系统的特点进行划分，按区域、独立系统、分若干层等逐段进行。

（8）冬季通暖时，必须采取临时采暖措施。室温应连续24h保持在5℃以上后，方可进行正常送暖；

1) 充水前先关闭总供水阀门，开启外网循环管的阀门，使热力外网管道先预热循环。

2) 分路或分立管通暖时，先从向阳面的末端立管开始，打开总进口阀门，通水后关闭外网循环管的阀门。

3) 待已供热的立管上的散热器全部热后，再依次逐根、逐个分环路通水，直到全系统正常运行为止。

(9) 通暖后调试的主要目的是使每个房间达到设计温度，对系统远近的各个环路应达到阻力平衡，即每个小环路冷热度均匀。在调试过程中，应测试热力入口处热媒的温度和压力是否符合设计要求。

33.12.2 室外供热管网

33.12.2.1 一般规定

(1) 本节内容适用于厂区及民用建筑群（住宅小区）的饱和蒸汽压力不大于 0.7MPa、热水温度不超过 130℃ 的室外供热管网安装工程的施工及质量检验和验收。具体规定依照《城市供热管网工程施工及验收规范》CJJ 28 执行。

(2) 供热管网的管材应按设计要求。当设计未注明时，应符合下列规定：

1) 管径小于或等于 40mm 时，应使用焊接钢管。

2) 管径为 50～200mm 时，应使用焊接钢管或无缝钢管。

3) 管径大于 200mm 时，应使用螺旋焊接钢管。

(3) 室外供热管道连接均应采用焊接连接。

(4) 各种阀类采用焊接法兰连接。

(5) 平衡阀及调节型型号、规格及公称压力应符合设计要求。安装后根据系统要求进行调试，并作出标志。

(6) 直埋无补偿供热管道预热伸长及三通加固应符合设计要求。回填前应注意检查预制保温层外壳及接口的完好性。回填应按设计要求进行。

(7) 补偿器的位置必须符合设计要求，并应按设计要求或产品说明书进行预拉伸。管道固定支架的位置和构造必须符合设计要求。

(8) 检查井室、用户入口管道布置应便于操作及维修，支、吊、托架稳固，并满足设计要求。

(9) 直埋管道的保温应符合设计要求，接口在现场发泡时，接头处厚度应与管道保温层厚度一致，接头处保护层必须与管道保护层成一体，符合防潮防水要求。

(10) 管道水平敷设其坡度应符合设计要求。

(11) 除污器构造应符合设计要求，安装位置和方向应正确。官网冲洗后应清除内部污物。

(12) 供热管道的供水管或蒸汽管，如设计无规定时，应铺设在载热介质流向方向的右侧或上方。

(13) 地沟内的管道安装位置，其净距（保温层外表面）应符合下列规定：

与沟壁 　　　　　　　　100～150mm；
与沟底 　　　　　　　　100～200mm；
与沟顶（不通行地沟） 　50～100mm；
　　　（半通行和通行地沟）200～300mm。

(14) 架空铺设的供热管道安装高度，如设计无规定时，应符合下列规定（以保温层外表面计算）：

1) 人行地区，不小于 2.5m；

2) 通行车辆地区，不小于 4.5m；

3) 跨越铁路，距轨顶不小于 6.0m。

(15) 防锈漆的厚度应均匀，不得有脱皮、起泡、流淌和漏涂等缺陷。

33.12.2.2 室外热力管道支架制作与安装

1. 一般规定

(1) 支架的类型、位置和间距应符合设计文件的规定；

(2) 在波形补偿器和填料式补偿器两侧，应设置 1～2 个导向支架；

(3) 在直管段上的两个补偿器之间，或无补偿器装置、有热位移的直管段上，只允许设置 1 个固定支架；

(4) 安装滑动支架的管道支座和零件时，考虑到管道的热位移，要向管道膨胀的相反方向偏移该处全部热位移的 1/2 距离。滑动支架应灵活，滑托与滑槽两侧间应留有 3～5mm 的间隙，纵向移动量要符合设计要求；

(5) 在同一管道上不宜连续使用过多吊架，在适当位置设型钢支架，防止管道摆动。

2. 室外热力管道支座

(1) 滑动支座

1) 弧形板滑动支座

如图 33-87 所示，其支座尺寸见表 33-148，主要用于室外不保温管道，加弧形板的目的主要是防止管道直接与支撑结构摩擦而减薄管壁。

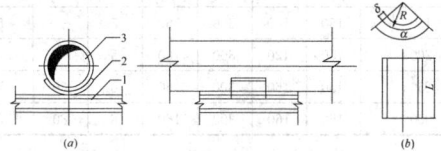

图 33-87　弧形板滑动支架
(a) 弧形板滑动支架；(b) 支架详图
1—支架；2—支座；3—管道

弧形滑板式滑动支座尺寸（mm）　　**表 33-148**

公称直径 DN	L	R	α	δ	公称直径 DN	L	R	α	δ
25	200	17	30	2	100	300	54	70	2
32	200	21	30	2	125	300	67	70	3
40	200	24	30	3	150	300	80	100	3
50	250	30	50	3	200	300	110	100	3
70	250	38	50	3	250	350	137	150	3
80	250	45	50	3	300	350	163	150	3

2) 丁字形滑动支座和曲面槽滑动支座

保温管道宜采用高位滑动支座，如图 33-88 丁字形滑动支座和图 33-89 曲面槽滑动支座所示。其管道与支座使用电焊焊牢，支座与支撑结构间能自由活动，支座的高度必须大于管道保温层厚度，才能确保保温材料不致因管道的位移而受到破坏，支座在加工时预先钻两个孔，为保温材料绑扎钢丝预留的通孔。表 33-149 为丁字形滑动支座尺寸，表 33-150 为曲面槽滑动支座尺寸。

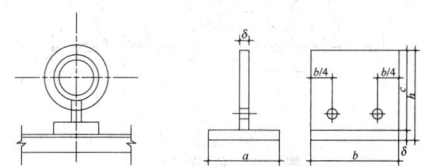

图 33-88　丁字形滑动支座

丁字形滑动支座尺寸（mm）　　**表 33-149**

公称直径 DN	h	a	b	c	δ
25	100	50	200	96	4
32	100	50	200	96	4
40	100	60	200	96	4
50	100	60	250	96	4
70	120	80	250	114	6
80	120	80	250	114	6
100	120	80	250	114	6

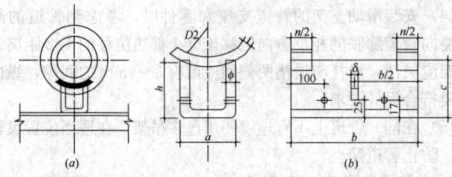

图 33-89　曲面槽滑动支座

(a) 曲面槽滑动支架；(b) 曲面槽滑动支座

曲面槽滑动支座尺寸（mm）　　表 33-150

公称直径 DN	h	a	b	c	δ	f	n
125	120	100	250	125	5	—	50
150	150	100	300	160	5	—	50
200	150	120	300	160	5	—	50
250	150	160	300	160	5	80	60
300	150	160	300	160	6	80	60

（2）导向支座

导向支座是为了使管道在支架上滑动时不致偏离管道轴线而设置的，通常做法是在滑动支架的滑托两侧各焊接一片短角钢，如图 33-90 和图 33-91 所示。

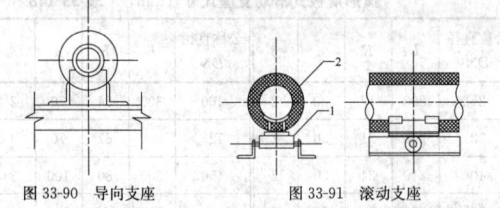

图 33-90　导向支座　　图 33-91　滚动支座

1—滚柱；2—保温层

（3）固定支架

固定支架的作用是使管道在该点卡死，不允许有任何方向的移动，固定点两边管道的热胀冷缩由伸缩器来吸收。固定支架在设计和安装中要考虑有足够的强度和刚度。

1）角钢固定支座。如图 33-92 所示，主要适用于不保温管道，固定短角钢的长度与支架横梁横断面宽度相等，待管道定位后再焊接，焊缝高度不小于焊件厚度。

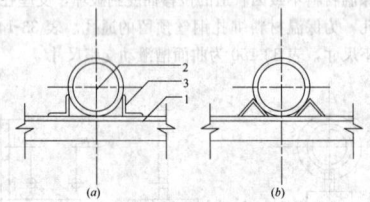

图 33-92　角钢固定支座

1—支架梁；2—管道；3—固定短角钢

2）弧形板固定支座。如图 33-93 所示，将弧形板滑动支架的弧形板焊接在支架梁上而成，主要适用于不保温管道。

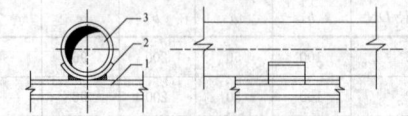

图 33-93　弧形板固定支座

1—支架梁；2—弧形板；3—管道

3）卡环式固定支座。如图 33-94 所示，主要适用于小管径的不保温管道，管道可水平或垂直安装，图 (a) 适用于 DN20～DN50 管道的固定，图 (b) 和图 (c) 为带挡板的固定支座，适用于 DN65～DN150 的管道固定。

4）丁字形固定支座。如图 33-95 所示，将丁字形滑动支座的

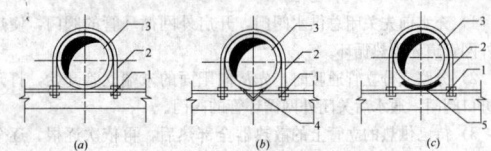

图 33-94　卡环式固定支座

1—支架梁；2—U形卡环；3—管道；4—固定短角钢；5—固定短弧形板

支座底板焊接在支架横梁上，可以加侧板，主要适用于保温管道。

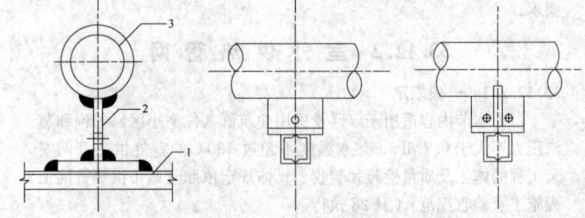

图 33-95　丁字形固定支架

1—支架梁；2—丁字形支座；3—管道

5）曲面槽固定支座。如图 33-96 所示，将曲面槽滑动支架的支座底板焊接在支架横梁上，可以加侧板，主要适用于保温管道。

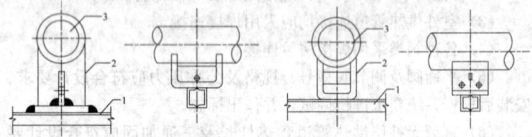

图 33-96　曲面槽固定支座

1—支架梁；2—曲面槽支座；3—管道

3. 管道支座的安装

支座安装包括支架构件的制作加工和现场安装两部分工序。

（1）支架制作

1）管道支架的制作应在管道安装前采取工厂化集中预制，以提高效率。

2）支架的形式和尺寸应符合施工图或设计文件指定的标准图集的要求，当标准图上的尺寸与现场实际情况不符合时，应按现场实际需要的尺寸进行调整。

3）管道支架的材料，除设计文件另有规定外，一般采用 Q235 号普通碳素型钢。制作时的下料切割宜采用机械冲剪或锯割，边长大于 50mm 的型钢可用氧-乙炔焰切割，但应将切割后的熔渣及毛刺清除。

4）支架上的孔应用电钻加工，不得用氧-乙炔焰割孔。钻孔的直径应比所穿管卡或螺栓的直径大 2mm 左右。

5）管卡、吊架等部件上的螺纹宜用车床等机械加工，当数量少可用圆板牙进行手工扳丝，但加工出来的螺纹应光洁整齐、无短丝和毛刺等缺陷。

6）支架的各部件应在组焊前校核尺寸，确认无误后再进行组对点焊，点焊成形后用角尺或标准样板校核组对角度，并在平台上矫形，最后完成所有焊缝的焊接。

7）支架制作完毕，应按设计文件的规定及时做好防腐处理。当设计无规定时，可除锈后刷防锈底漆一遍，待管道完成以后再刷底漆一遍，面漆两遍。

8）支架制作完成后应按照不同位置和尺寸进行编号和分类堆放。

（2）支座安装

室外地沟内管道的支座与室内管道支座安装方法相同，室外架空管道的支座一般包括钢筋混凝土管架、钢管管架和钢结构管架等。如图 33-97 所示。

1）支架安装位置应正确，埋设应平整牢固。固定支架与管道接触应紧密，固定应牢靠。

2）滑动支架应灵活，滑托与滑槽两侧间应留有 3～5mm 的间隙，纵向移动量应符合设计要求。

3）滑动支座的允许热位移量，按支座实长减去 50mm 得出，

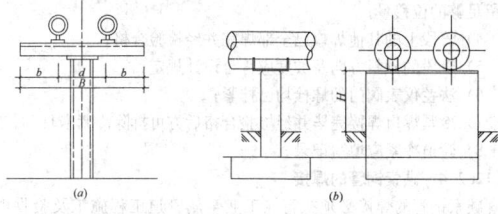

图 33-97　室外架空管道支架安装形式
(a) 钢管或钢结构 T 形管架；(b) 混凝土管架

所以在施工时，支座必须进行偏心安装，偏心尺寸为支座前进边缘（靠伸缩节的一方）与支承板中心线相距 50mm。

4) 管道支架附近的焊口，距支架净距大于 50mm，最好位于两个支座间距的 1/5 位置上。

5) 固定在建筑结构上的管道支架不得影响结构的安全。

6) 支架横梁、受力部件、螺栓等所用材料的规格及材质，支架的安装形式和方法等，应符合设计要求及规范规定。

7) 大直径管道上的阀门应设专用支架支承，不得用管道承受阀体重量。

33.12.2.3 补偿器的安装

热力管道的特点就是安装施工温度与正常运行温度差别很大，管道系统投入运行后会产生明显的热膨胀，设计和施工中必须保证对这种热膨胀采取一定的技术措施进行补偿，避免使管道产生过大的应力，保证管道的安全运行。

补偿器及固定支架的正确安装，是供热管道解决伸缩补偿保证管道不出现破损所不可缺少的。补偿器的设置位置及形式必须符合设计要求。

1. 补偿器的类型

热力管道首先考虑利用管道本身结构上的弯曲部位的自然补偿作用，然后再考虑设置专用的补偿器。当热力管道有条件时，一般采用方形补偿器，当管道布置空间狭小，无条件布置方形补偿器时，应采用其他形式的补偿器，根据补偿器结构形式的不同，专门制作的补偿器有方形（弯管式）、填料套筒式、波纹管式和球形等多种，可根据使用条件选用。

(1) 自然补偿

管道热膨胀的补偿适用于热力管道、低温管道或受气温变化较大的露天管道，凡是安装时的温度与日后运行出现的温度有较大差异且可能造成对管道安全运行造成影响的，都应考虑进行热补偿。

1) 固定支架的间距设置

对管道的热膨胀进行补偿，首先要合理地确定管道固定支架的位置，使管道在预定的区间或范围内进行有控制的伸缩，通过弯管本身的弹性或补偿器进行长度补偿。

固定支架的间距必须保证两个固定支架之间的管道热膨胀长度不超过补偿器的补偿能力，即使可以设置补偿能力较大的补偿器，固定支架的间距也不能过大，否则会使滑动支架的数量增加，使管道伸缩时的摩擦阻力增大，从而造成管道的纵向弯曲。

架空、地沟及埋地铺设的热力管道，其固定支架的间距见表33-151。

热力管道固定支架的最大间距（m）　表 33-151

补偿器形式	管道敷设形式	公称直径（mm）													
		32	40	50	65	80	100	125	150	200	250	300	350	400	450
方形补偿器	架空和地沟	35	45	50	55	60	65	70	80	90	100	115	130	130	130
	无沟	—	—	50	55	60	65	70	70	90	90	110	110	125	125
波纹管补偿器	轴向复式	—	—	—	—	50	50	50	50	70	70	70	—	—	—
	横向复式	—	—	—	—	—	—	80	90	90	100	100	100	110	100
套筒补偿器	地沟	—	—	70	70	80	85	85	95	105	120	120	140	140	
球形补偿器	架空	—	—	—	—	—	100	100	120	120	130	130	140	140	150
L 形自然补偿	L 长边	18	20	24	24	30	40	—	—	—	—	—	—	—	—
	L 短边	2.5	3.0	3.5	4.0	5.0	5.5	6.0	6.0	—	—	—	—	—	—

固定支架的确定还应考虑与支管的关系，如果干管上有支管接出，干管上的固定支架应靠近支管，而不是把补偿器靠近支管，以便使干管的热膨胀尽可能少的传递给支管，同时也保证了支管的热膨胀不影响干管。

钢管固定支架至自由端（包括支管、立管）的最大允许长度见表 33-152。

热力管道固定支架至自由端的最大允许长度　表 33-152

热媒		60	70	80	90	95	100	110	120	130	151	145	170	175
	热水温度（℃）	60	70	80	90	95	100	110	120	130	151	145	170	175
	蒸汽（MPa）	—	—	—	—	—	0.05	0.1	0.18	0.27	0.4	0.7		0.8
	民用建筑（m）	55	45	40	35	33	32	30	26	25	22	22		—
	工业建筑（m）	65	57	50	45	42	40	37	32	30	27	27	24	24

2) 管道的自然补偿

在热力管道安装施工时，设置固定支架或补偿器应首先考虑利用管道弯曲部分进行自然补偿。

①L 形补偿

当管道有 90°转弯时，可以在转角的两侧通过确定固定支架的位置来确定长臂 L 和短臂 l 的长度，可按公式（33-7）来计算，形成 L 形补偿器，如图 33-98。

$$l = 1.1\sqrt{\frac{\Delta L \cdot D_w}{300}} \tag{33-7}$$

式中　l——L 形补偿器短臂长度（m）；

D_w——管子外径（mm）；

ΔL——长臂的热伸缩量（mm），$\Delta L = \alpha \cdot \Delta t \cdot L$ 计算；

α——管材的线膨胀系数，碳钢 $\alpha = 0.012$mm/（m·℃）；

Δt——管道所受温度差（℃）；

L——长臂长度（m）。

在 L 形补偿中长臂 L 与短臂 l 的长度越是接近，其弹性越差，补偿能力也越差，90°弯头处的应力也就越大。一般情况下，可将 L 长度取为 20～30m，再按上述公式计算出短臂 l 的长度。

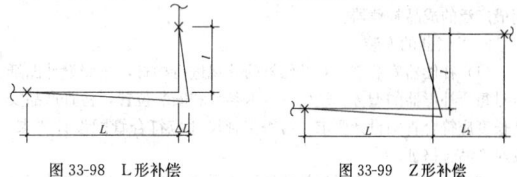

图 33-98　L 形补偿　　　　图 33-99　Z 形补偿

②Z 形补偿

如图 33-99 所示的 Z 形自然补偿，对于垂直臂长 l 所承受的弯曲应力，可按公式（33-8）进行计算：

$$\sigma = \frac{6\Delta L E D_w}{L^2(l + 12K)} \tag{33-8}$$

式中　σ——管子弯曲许用应力，一般取 70MPa；

ΔL——热伸长量 $\Delta L = \Delta L_1 + \Delta L_2$（mm）；

E——材料的弹性模量，钢管取 2.1×10^5MPa；

D_w——管子外径（mm）；

l——垂直臂长度（mm）；

K——短臂长度与垂直臂长度之比，$K = L_1/l$。

实际工程中，其垂直臂长 l 值，是由设计或根据实际情况确定，因此，当 l 已定，计算 K 值公式为：

$$K = \frac{\Delta L E D_w}{2\sigma l^2} - \frac{1}{12} \tag{33-9}$$

计算时，先假设 L_1 和 L_2 之和，以便计算出其热膨胀量 ΔL，得出 K 值，再计算短边长度 $L_1 = Kl$。从假定的 L_1 和 L_2 之和中减去 L_1 值，即得 L_2 值，这样即确定了两个固定支架的位置。

③T 形补偿

当支管与干管的连接点处于干管两固定支架间的中点时，如图

33-100 所示的支管 l 受热膨胀时在干管固定支架 A、B 两处产生的最大弯曲力为：

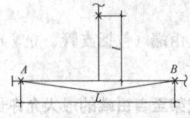

图 33-100　T 形补偿

$$\sigma_{\max} = \frac{6\Delta lED_{\mathrm{w}}}{L^2 \, 10^5} \qquad (33\text{-}10)$$

式中　$\sigma_{\max}$——最大弯曲应力（MPa），钢管一般取 70～80MPa；

　　　　Δl——支管 l 段的热伸长量（mm）；

　　　　E——管材的弹性模量，钢管取 2.1×10^5 MPa；

　　　　D_{w}——管子外径（mm）；

　　　　L——干管未固定段长度（mm）。

根据公式和许用弯曲应力，当已知支管长度 l，得出 ΔL 后，即可计算出干管未固定段 L 的最小长度；若 L 一定时，也可以求出 ΔL，再计算出支管 l 的最大长度。

（2）方形（弯管式）补偿器

与室内采暖管道的方形补偿器的区别在于室外热力管道直径都比较大，室外管道方形补偿器一般由 4 个 90° 的冲压弯头与短管焊接而成，视现场条件可设置成水平弯管方式或垂直形成龙门方式，一般跨越道路或其他障碍物时采取垂直龙门式。方形补偿器的设置数量以图纸设计为准。

（3）波纹管补偿器

波纹管补偿器又称膨胀节，伸缩节，是一种挠性、薄壁、有横向波纹的具有伸缩功能的器件，它由金属波纹管与构件组成。波纹管补偿器的工作原理主要是利用自身的弹性变形功能，补偿管道由于热变形、机械变形和各种机械振动而产生的轴向、角向、侧向及其组合位移，补偿的作用具有耐压、密封、耐腐蚀、耐温度、耐冲击、减振降噪的功能，起到降低管道变形和提高管道使用寿命的作用。

波纹管补偿器具有结构紧凑、体积小、承压能力高、工作性能好等优点，在室外热力管道工程中除了自然补偿和方形补偿器外使用最广泛的成品补偿器。

2. 补偿器的安装

（1）补偿器安装前应对补偿器的外观进行检查，按照设计图纸核对每个补偿器的型号、规格、技术参数和安装位置，检查产品安装长度应符合管网设计要求，检查接管尺寸应符合管网设计要求，校对产品合格证。

（2）需要进行预变形的补偿器预变形量应符合设计要求并记录补偿器的预变形量。

（3）先安装好固定支架、导向支架和管道后，再安装补偿器，操作时应防止各种不当的操作方式损伤补偿器。

（4）补偿器安装完毕后应按要求拆除运输固定装置并应按要求调整限位装置，施工单位应有补偿器的安装记录。

（5）补偿器宜进行防腐和保温处理，采用的防腐和保温材料不得影响补偿器的使用寿命。

（6）波纹管补偿器安装应与管道保持同轴，有流向标记箭头的补偿器安装时应使流向标记与管道介质流向一致。

（7）方形补偿器水平安装时垂直臂应水平放置平行臂应与管道坡度相同，垂直安装时应在弯管上开孔安装放风管和排水管，滑托的预偏移量应符合设计要求，冷紧应在两端同时均匀对称地进行，冷紧值的允许误差为 10mm。安装就位时起吊点应为 3 个，以保持补偿器的平衡受力。

（8）自然补偿管段的冷紧应符合下列规定：

1）冷紧焊口位置应留在有利操作的地方，冷紧长度应符合设计规定；

2）冷紧段两端的固定支架应安装完毕并应达到设计强度，管道与固定支架已固定连接；

3）管段上的支吊架已安装完毕，冷紧焊口附近吊架的吊杆应

预留足够的位移量；

4）管段上的其他焊口已全部焊完并经检验合格；

5）管段的倾斜方向及坡度应符合设计规定；

6）法兰仪表阀门的螺栓均已拧紧；

7）冷紧焊口焊接完毕并经检验合格后方可拆除冷紧卡具；

8）管道冷紧应填写记录。

33.12.2.4　碳素钢管的焊接

碳素钢管的焊接必须执行《工业金属管道工程施工及验收规范》GB 50235 和《现场设备、工业管道焊接工程施工及验收规范》GB 50236 的规定。

（1）焊接技术人员、无损探伤人员及焊工必须有相应的资质及证书。

（2）焊接材料应符合设计要求并必须有生产厂家的质量证明书，其质量不得低于国家现行标准。

（3）焊接施工单位首次使用钢材品种、焊接材料、焊接方法和焊接工艺时，应在实施焊接前进行焊接工艺试验。

（4）在实施焊接前应根据焊接工艺试验结果编写焊接工艺方案。

1. 手工电弧焊

（1）管道坡口加工

管道坡口的加工可选用机械坡口、氧-乙炔火焰切割、空气等离子切割等方法，采用热加工方法加工坡口后，应除去坡口表面的氧化皮、熔渣及影响接头质量的表面层，并应将凹凸不平处打磨平整。

坡口的形式和尺寸根据管材材质、壁厚等不同而选用不同，如设计文件无要求时，可按表 33-153 选用坡口形式。

焊接坡口形式及尺寸　　　表 33-153

序号	厚度 T (mm)	坡口名称	坡口形式	坡口尺寸			备注
				间隙 C (mm)	钝边 P (mm)	坡口角度 α (°)	
1	1～3	I 形坡口		0～1.5			单面焊
	3～6			1～2.5			双面焊
2	3～9	V 形坡口		0～2	0～2	65～75	
	9～26			0～3	0～3	55～65	
3	6～9	带垫板 V 形坡口		3～5		45～55	
	9～26		$\delta=4\sim6$ $d=20\sim40$	4～6			

（2）管道的施焊

1）室外热力管道材质多为 Q235、10、20 号钢，手工电弧焊选用 E4303（对应牌号 J422）焊条。焊缝的焊接层数与选用焊条的直径、电流大小、管道壁厚、焊口位置、坡口形式有关。见表 33-154 所示。

焊接焊条、电流选用　　　表 33-154

序号	管壁厚度 (mm)	焊接层数	焊条直径 (mm)	焊接电流 (A)
1	3～6	2	2～3.2	80～120
2	6～10	2～3	3.2	105～120
			4	160～200
3	10～13	3～4	3.2～4	105～180
			4	160～200
4	13～16	4～5	3.2～4	105～180
			4	160～200
5	16～22	5～6	3.2～4	105～180
			4～5	160～250

2) 焊条不得出现涂层剥离、污物、老化、受潮或者生锈迹象。焊条必须保存在专门的干燥的容器内。为减少焊缝处的内应力，施焊时应有防风、雨、雪措施，管道内还应防止穿堂风。

3) 管道对口采用支架或者吊架调整中心，在没有引起两管中心位移的情况下保留开口端空间，管道对口时必须外壁平齐，用钢直尺紧靠一侧管道外表面，在距管口 200mm 另一侧管道外表面处测量，管道与管件之间的对口，也要做到外壁平齐。

4) 钢管对好口后进行点焊，点焊与第一层焊接厚度一致，但不超过管壁厚的 70%，其焊缝根部必须焊透，点焊位置均匀对称。

5) 与母材焊接的工卡具其材质宜与母材相同或同一类别号拆除工卡后不应损伤母材，拆除后应将残留焊疤打磨修整至与母材表面齐平。严禁在坡口之外的母材表面引弧和试验电流并应防止电弧擦伤母材。

6) 焊接时应采取合理的施焊方法和施焊顺序，施焊过程中应保证起弧和收弧处的质量，收弧时应将弧坑填满，多层焊的层间接头应错开。

7) 采用多面焊时，在焊下一层之前，层间应用砂轮机、钢丝刷认真清除层间焊渣，并等管道自然冷却，然后进行下一层的焊接。各层起弧点和熄弧点均错开 20mm 或错开 30°角。如发现层间表面缺陷，及时修磨补焊。

8) 焊缝均满焊，焊接后立刻将焊缝上的焊渣、氧化物清除，每个焊缝在焊接完成后立即标记出焊工的标识。

9) 除工艺或检验要求需分次焊接外，每条焊缝宜一次连续焊完，当因故中断焊接时，应根据工艺要求采取保温缓冷或后热等防止产生裂纹的措施，再次焊接前应检查焊层表面，确认无裂纹后方可按原工艺要求继续施焊。

10) 需预拉伸或预压缩的管道焊缝组对时，所使用的工卡具应在整个焊缝焊接及热处理完毕并经检验合格后方可拆除。

11) 焊工的自检工作贯穿整个焊接过程，如打底、层间、盖面的检查。检查内容包括：焊缝表面是否有气孔、夹渣、裂纹、咬边、弧坑等缺陷，接头是否良好，填充金属与母材融合是否良好等。如有问题，采用机械加工法清除缺陷后，再进行补焊。焊工、班组长自检合格后，填写好检查记录交给质检员，质检员按照自检记录表格对焊口进行 100% 的外观检测，检测合格后由技术员填写无损检测委托单交付于热处理及无损人员，自检记录要求书写工整、详细、真实，并使用碳素笔。

(3) 焊缝质量控制

焊缝咬边深度不大于 0.5mm，连续咬边长度不应大于 100mm，且焊缝两侧咬边总长不大于该焊缝全长的 10%。焊缝表面不得低于管道表面，焊缝余高 $\Delta h \leqslant 1 + 0.2 \times$ 组对后坡口的最大宽度，且不大于 3mm。接头错边不应大于壁厚的 10%，且不大于 2mm。

2. 氩—电联焊

采用手工钨极氩弧焊打底、手工电弧焊盖面焊接工艺即我们通常所说的氩电联焊，对比采用手工电弧焊焊接工艺具有焊接质量好、射线探伤合格率高；效率高、速度快、易于掌握；工艺易于掌握、容易操作等特点，在室外热力管线工程施工中，氩电联焊工艺适用于低压蒸汽管线以及大口径的采暖管线。

氩电联焊焊缝坡口加工同手工电弧焊，焊丝选择 H08MnA，氩气保护。采用手工钨极氩弧焊打底焊时，钨极直径为 2.5～4mm，氩气流量为 6～10L/min，焊接电流为 80～120A。钨极氩弧焊的操作技术包括引弧、填丝、焊接、收弧等过程。

(1) 引弧

短路引弧法（接触引弧法），即在钨极与焊件瞬间短路，立即稍稍提起，在焊件和钨极之间便产生了电弧。

高频引弧法，是利用高频引弧器把普通工频交流电（220V 或 380V，50Hz）转换成高频（150～260kHz）、高压（2000～3000V）电，把氩气击穿电离，从而引燃电弧。

(2) 收弧

增加焊速法，即在焊接即将终止时，焊炬逐渐增加移动速度；

电流衰减法，焊接终止时，停止填丝使焊接电流逐渐减少，从而使熔池体积不断缩小，最后断电，焊枪或焊炬停止行走。

(3) 填丝焊接

填丝时必须等母材熔化充分后才可填加，以免未熔合，填充位置一定要填到熔池前沿部位，并且焊丝收回时尽量不要马上脱离氩气保护区。

33.12.2.5 室外热力管道铺设

1. 地沟内管道铺设

地沟敷设方法分为通行地沟、半通行地沟和不通行地沟三种形式。

(1) 通行地沟敷设

当管道通过不允许挖开的路面处时；热力管道数量多或管径较大，管道垂直排列高度大于或等于 1.5m 时，可以考虑采用通行地沟敷设。

在通行地沟内采用单侧布管和双侧布管两种方法见图 33-101 所示。自管子保温层外表面至沟壁的距离为 120～150mm；至沟顶的距离为 300～350mm；至沟底的距离为 150～200mm。无论单排布管或双排布管，通道的宽度应不小于 0.7m，通行地沟的净高不低于 1.8m。通行地沟的弯角处和直线段每隔 100m 距离应设一个安装孔，安装孔的长度应能安下长度为 12.5m 的热轧钢管，一般为 0.8×5m，以保证该线段最大一根管子或附件的装卸所必需的条件。在安装孔内，需设铁梯或扒钉，以供操作人员出入地沟之用。

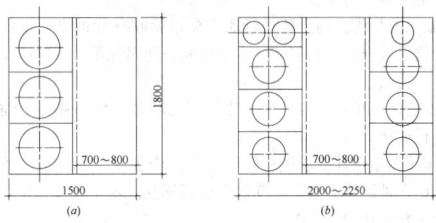

图 33-101　通行地沟

(a) 单排布置；(b) 双排布置

(2) 半通行地沟敷设

当管道通过的地面不允许挖开，且采用架空敷设不合理时，或当管子数量较多，采用不通行地沟敷设由于管道单排水平布置地沟宽度受到限制时，需定期检修的管道（如热力、采暖管）可采用半通行地沟敷设，如图 33-102 所示。

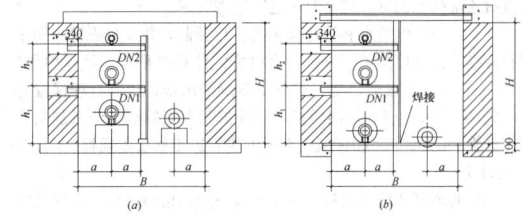

图 33-102　半通行地沟

(a) 安装滑动支架；(b) 安装固定支架

由于维护检修人员需进入半通行地沟内对热力管道进行检修，因此半通行地沟的高度一般为 1.2～1.4m。当采用单侧布置时，通道净宽不小于 0.5m，当采用双侧布置时，通道宽度不小于 0.7m。在直线长度超过 60m 时，应设置一个检修出入口（人孔），人孔应高出周围地面。

半通行地沟内管的布置，自管道或保温层外表面至以下各处的净距宜符合下列要求：

沟壁 100～150mm；沟底 100～200mm；沟顶 200～300mm。

(3) 不通行地沟敷设

不通行地沟是应用最广泛的一种敷设形式。它适用于下列情况：土壤干燥，地下水位低，管道根数不多且管径小、维修工作量不大。敷设在地下直接埋设热力管道时，在管道转弯及伸缩器处都应采用不通行地沟，如图 33-103 所示。

不通行地沟外形尺寸较小，占地面积小，并能保证管道在地沟内自由变形，同时地沟所耗费的材料较少。它的最大缺点是难于发现管道中的缺陷和事故，维护检修也不方便。

不通行地沟的横剖面形状有矩形、半圆形和圆形三种，常用的

不通行地沟为矩形剖面。地沟壁的材料有砖、混凝土及钢筋混凝土等材料。

不通行地沟的沟底应设纵向坡度，坡度和坡向应与所敷设的管道相一致。地沟盖板上部应有覆土层，并应采取措施防止地面水渗入。

地沟内管道的布置，自管道或保温层外表面至以下各处的净距宜符合下列要求：

沟壁 100～150mm；

沟底 100～200mm；

沟顶 50～100mm。

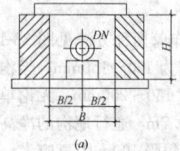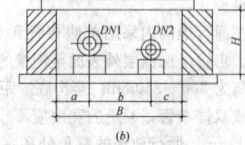

图 33-103　不通行地沟

(a) 单管敷设；(b) 双管敷设

（4）地沟内管道安装

1）施工流程为：与土建进行地沟交接验收→管道支架制作与安装→管道安装→补偿器安装→水压试验→防腐保温→系统试压和冲洗→交工验收。

2）安装施工单位参与地沟土建施工的验收工作，并与土建施工单位进行交接。

3）按照图纸设计要求进行管道支架制作和安装，地沟内的管道支架采用多种固定方式，如膨胀螺栓或锚栓固定、焊接到预埋钢板上、埋入预留洞中固定等。

4）管道安装时，按照先下后上，先里后外，先大后小的顺序。可采用汽车吊或龙门架进行配合的方式进行管道吊装。

5）管道安装固定后方可安装补偿器，补偿器应做好预拉伸，按图纸设计位置固定。

6）管道焊接时加大预制深度，尽量减少固定焊口数量。

2. 直埋管道铺设

直埋是各类管道最常见的敷设方式，室外热力管道一般采用高密度聚乙烯作保温外壳的"管中管"直埋技术。

（1）直埋保温管道和管件应采用工厂预制，并应分别符合国家现行标准《高密度聚乙烯外护管聚氨酯泡沫塑料预制直埋保温管》CJ/T 114、《高密度聚乙烯外护管聚氨酯泡沫塑料预制直埋保温管件》CJ/T 155、《玻璃纤维增强塑料外护管聚氨酯泡沫塑料预制直埋保温管》CJ/T 129 和《城镇直埋供热管道工程技术规程》CJJ/T 81 的规定。

（2）直埋管道施工流程为：沟槽验收→管道敷设→阀门、附件安装→水压试验和冲洗→防腐保温→验ფ回填。

（3）直埋保温管道安装应按设计要求进行，管道安装坡度应与设计一致，在管道安装过程中出现折角时必须经设计确认。

（4）对于钢管必须做好防腐、绝缘，尤其在接口处，试压合格后必须补作保护层，保温层及保护层或绝缘层，其等级不低于母管。

（5）预制直埋保温管的现场切割应符合下列规定：

1）管道配割长度不宜小于 2m；

2）在切割时应采取措施防止外护管脆裂；

3）切割后的工作钢管裸露长度应与原成品管的工作钢管裸露长度一致；

4）切割后裸露的工作钢管外表面应清洁不得有泡沫残渣。

（6）直埋保温管接头的保温和密封应符合下列规定：

1）接头施工采取的工艺应有合格的检验报告；

2）接头的保温和密封应在接头焊口检验合格后进行；

3）接头处钢管表面应干净干燥；

4）当周围环境温度低于接头原料的工艺使用温度时应采取有效措施保证接头质量；

5）接头外观不应出现熔胶溢出、过烧、鼓包、翘边、褶皱或层间脱离等现象。

6）一级管网的现场安装的接头密封应进行 100% 的气密性检验，二级管网的现场安装的接头密封应进行不少于 20% 的气密性检验，气密性检验的压力为 0.02MPa，用肥皂水仔细检查密封处无气泡为合格。

（7）在雨雪天进行接头焊接和保温施工时应搭盖罩棚。

（8）预制直埋保温管道在运输现场存放安装过程中，应采取必要措施封闭端口，不得拖拽保温管，不得损坏端口和外护层。

（9）直埋保温管道安装质量的检验项目及检验方法应符合表 33-155 的规定。

直埋管道安装质量的检验项目及检验方法　表 33-155

序号	项目		质量标准	检验频率	检验方法
1	连接预警系统		满足产品预警系统的技术要求	100%	用仪表检查整体线路
2	△节点的保温和密封	外观检查	无缺陷	100%	目测
		气密性试验	一级管网　无气泡	100%	气密性试验
			二级管网　无气泡	20%	

注：△为主控项目，其余为一般项目。

3. 架空管道铺设

室外热力管道架空铺设在钢结构管廊、独立管架或钢筋混凝土支座上。

（1）架空管道施工流程为：测量定位→架空支架施工→安装支座→管道预制、吊装→管道连接→补偿器安装→水压试验→防腐保温。

（2）按设计文件进行管架的定位、施工，管中心距离支架横梁边缘的距离按表 33-156 计算。

管中心至支架横梁边缘最小距离表（mm）　表 33-156

DN	50	65	80	100	125	150	200	250	300
保温管	190	210	215	220	250	260	300	320	350
不保温管	130	135	145	155	165	180	210	235	265

（3）管道在地面上进行预制、组装和防腐，防腐时注意留出焊口部位。

（4）使用人工或机械进行吊装，吊装及时进行固定，防止管道滚动。

（5）加大预制深度，尽量减少固定口的数量，架空管道的活动口和固定口的位置距离支架应大于 150mm 以上。

（6）管道安装后，用水平尺进行复查，找坡调直，安装允许误差符合规范规定。

（7）按设计要求的位置安装阀门、补偿器、疏水器等附属设备。

（8）经试压合格后进行管道防腐和保温。

33.12.2.6　管道防腐与绝热

1. 室外热力管道防腐

室外热力管道施工时，应按照设计要求进行防腐处理。防腐工作包括管道表面处理和管道外壁涂漆。

（1）管道表面处理

为了增加油漆的附着力和防腐效果，在涂刷底漆前，必须将管道或设备表面的锈渍和污物清除干净，并保持干燥。在室外热力工程施工中，碳钢管道表面处理方法包括手动工具除锈、电动工具除锈和喷砂或喷丸除锈。

（2）管道涂漆

1）管道防腐常用涂料及其选择

管道防腐常用涂料有红丹防锈漆、铁红防锈漆、铁红醇酸底漆、灰色防锈漆、锌黄防锈漆、环氧红丹漆、磷化底漆、厚漆、油性调和漆、生漆、过氯乙烯漆、耐酸水蛭磁漆、沥青漆等，如何正确的选择和使用涂料，对保证管道防腐的质量和应用效果都是十分重要的。一般讲，选择涂料时应注意以下因素：

①根据管道周围腐蚀介质的种类、性质、浓度和温度，选择相适应的涂料。如酸性介质可用酚醛树脂漆；碱性介质应采用环氧树脂漆。

②根据被涂物表面材质不同，选择相应的涂料。如红丹防锈漆适用于钢铁表面，但不适于铝表面，铝表面应采用锌黄防锈漆。

③考虑施工条件的可能性。如对无高温处理条件的施工现场，不应采用烘干型的合成树脂材料，而应选用加有固化剂的合成树脂材料，以利于冷态下固化成膜。

④按管道内输送介质温度不同，选择相适宜的涂料。

⑤涂料正确配套：底漆与面漆配套；涂料与稀释剂配套。

⑥考虑经济效果，在不降低质量标准的前提下，应尽可能选择价格低廉的涂料。

2）防腐施工要点

施工中防腐蚀涂料的种类、层数和厚度按设计文件执行，涂漆方法包括手工刷漆和压缩空气喷涂两种方式。

①根据漆料厂家说明书、设计要求和环境温度调配好漆料，漆料应在配置后 8h 内用完，当贮存的漆料出现沉淀时，使用前应搅匀。

②手工涂刷时，选择软硬适宜的毛刷进行涂刷，用力要均匀，涂刷的顺序：自上而下、从左到右、先里后外、先斜后直、先难后易、纵横交错进行。保持涂层的均匀，不得有漏涂现象。涂刷时，涂料不应有堆积和流淌以及漏刷现象。

③喷涂时，调整好涂料的黏稠度和压缩空气的压力，其所用的空气压力一般为 0.2～0.4MPa，保持喷头与金属表面之间的距离，当表面是平面时，一般为 250～350mm；当表面是圆弧形时，一般为 400mm 左右为宜。压缩空气压力要稳定，操作时移动速度均匀，速度一般为 10～15m/min。喷枪喷射出的漆流应与喷漆面垂直，使管道表面形成均匀的漆膜。

④当要求涂漆两遍以上时，要等前一遍漆层干燥后再涂下一层。每遍漆层不宜太厚，以 0.3～0.4mm 为宜。

⑤当涂漆时的环境温度低于 5℃ 时，应采取防冻措施；若遇雨、雪、雾、大风天气时，不宜在室外进行涂刷防腐作业；空气湿度大于 75%时，不宜进行涂刷作业。

⑥管道涂层的补口和补伤的防腐蚀涂料层要与原管道涂层相同，管道压力试验合格后，对焊口部位进行防锈处理并进行漆料的补涂。

⑦用涂料和玻璃纤维做加强防腐层时除遵守上述的有关规定外还应符合下列规定：

按设计规定涂刷的底漆应均匀完整无空白凝结和流痕。

玻璃纤维的厚度、密度、层数应符合设计要求，缠绕重叠部分宽度应大于布宽的1/2，压边量宜为 10～15mm，用机械缠绕时缠布机应稳定匀速前进，并与管道旋转转速相配合。

玻璃纤维两面沾油应均匀，经刮板或挤压滚轮后布面无空白，不得淌油和滴油。

防腐层的厚度不得低于设计厚度。玻璃纤维与管壁应粘结牢固，缠绕紧密均匀。表面应光滑不得有气孔、针孔和裂纹。钢管两端应留 200～250mm 空白段。

⑧直埋管道的防腐材质和结构应符合设计要求和工程质量验收规范的规定。

2. 室外热力管道绝热

（1）常用保温材料

常用的保温材料有粉状或颗粒状的珍珠岩、硅藻土、水泥蛭石等；棉状的保温材料有石棉绳、石棉板、岩棉、玻璃棉等制成的棉毡、管壳、板等；泡沫塑料的保温材料有聚苯乙烯泡沫塑料（保冷）、聚氨酯泡沫塑料（<120℃）、聚异氰脲酸酯泡沫塑料（<150℃）、聚氯乙烯泡沫塑料（分硬质和软质）等。

1）保温材料应具有导热系数小。根据导热系数的大小可以划分为四级：一级 $\lambda<0.08W/(m \cdot K)$；二级 $0.08<\lambda<0.116W/(m \cdot K)$；三级 $0.116<\lambda<0.174W/(m \cdot K)$；四级 $0.174<\lambda<0.209W/(m \cdot K)$。

2）不腐蚀金属、耐温范围大、热稳定性好。

3）吸湿率低、抗水蒸气渗透性强，吸潮后不霉烂变质。

4）密度小，一般在 450kg/m³ 以下，有一定机械强度（一般能承受 0.3MPa 以上的压力），经久耐用。

5）无毒、无臭味、不燃、防火性能好。

6）货源广、价格便宜、施工方便等。

（2）保温层施工

保温层的施工方法取决于保温材料的形状和特性。

1）涂抹法保温

涂抹法保温适用于膨胀珍珠岩、膨胀蛭石、石棉白云石粉、石棉纤维等不定形的散状材料。保温施工时，按一定比例用水调成胶泥状，加入胶粘剂，如水泥、水玻璃、耐火黏土等，再加入促凝剂，加水混拌均匀，成为塑性泥团，用手或工具分层涂抹，第一层用较稀的胶泥涂抹，其厚度为 5mm，以增加胶泥与管壁的附着力，第二层用干一些的胶泥涂抹，厚度为 10～15mm，以后每层涂抹厚度为 15～25mm。每层涂抹均应在前一层干燥后进行，直到要求的厚度为止。其结构如图 33-104 所示。

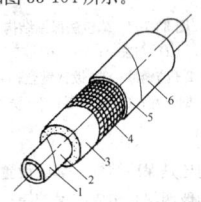

图 33-104 涂抹法保温结构
1—管道；2—防锈漆；3—保温层；
4—钢丝网；5—保护层；6—防腐漆

涂抹法保温整体性好，保温层和保温面结合紧密，且不受保温物体形状的限制。多用于热力管道和设备的保温。

2）绑扎法保温

绑扎法保温适用于预制保温瓦或板块料，用镀锌钢丝将保温材料绑扎在管道的防锈层表面上。

保温施工时，先在保温材料块的内侧抹 5mm 的石棉粉或石棉硅藻土胶泥，以使保温材料与管壁能紧密结合，对于矿棉渣、玻璃棉、岩棉等矿纤材料预制品，因为他们的抗湿性能差，可不涂抹胶泥，然后将保温材料绑扎在管壁上。见图 33-105 所示。

3）粘贴法保温

粘贴法保温适用于各种加工成型的保温预制品，它用胶粘剂与保温物体表面固定，多用于空调和制冷系统的保温。见图 33-106 所示。选用胶粘剂时，对一般保温材料可用石油沥青玛瑞酯做胶粘剂。对聚苯乙烯泡沫塑料保温材料制品，不能用热沥青或沥青玛瑞酯做胶粘剂，而用聚氨酯预聚体（即 101 胶）或醋酸乙烯乳胶、酚醛树脂、环氧树脂等材料做胶粘剂。

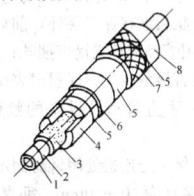

图 33-105 绑扎法保温结构
1—管道；2—防锈漆；3—胶泥；4—保温材料；5—镀锌钢丝；
6—沥青油毡；7—玻璃丝布；8—防腐漆

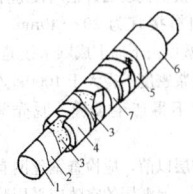

图 33-106 粘贴法保温结构
1—管道；2—防锈漆；3—胶粘剂；4—保温材料；
5—玻璃丝布；6—防腐漆；7—聚乙烯薄膜

4）缠包法保温

缠包法保温适用于矿渣棉毡、玻璃棉毡等保温材料。保温施工时，先根据管径的大小将保温材料裁成适当宽度条带，以螺旋状包

缠到管道的防锈层表面（图 33-107（a）），或者按管子的外圆周长加上搭接宽度，把保温材料剪成适当纵向长度的条块，将其平包到管道的防锈层表面（图 33-107（b）），缠包保温棉毡时，如棉毡的厚度达不到厚度要求时，可适当增加缠包层数，直至达到保温厚度要求为止。

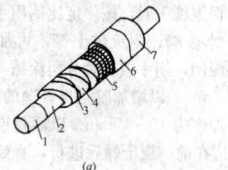 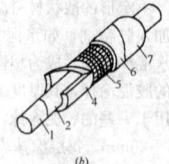

图 33-107 缠包法保温结构
（a）方法一；（b）方法二
1—管道；2—防锈漆；3—镀锌钢丝；4—保温毡；
5—钢丝网；6—保护层；7—防腐漆

（3）保护层施工

无论是保温结构还是保冷结构，都应设置保护层，常用保护层的材料有沥青油毡和玻璃丝布构成的保护层；单独用玻璃丝布缠包的保护层；石棉石膏、石棉水泥等保护层；金属薄板保护层。

1）绝热层的保护层种类及施工要求应按设计文件执行。保护层应做在干燥、经检查合格的绝热层表面上，应确保各种保护层的严密性和牢固性。

2）金属保护层施工应符合下列规定：

按设计要求选用镀锌钢板、铝板或不锈钢板等保护层；

安装前，金属板两边先压出两道半圆凸缘。对设备保温可在每张金属板对角线上压两条交叉筋纹；

垂直方向的施工应将相邻两张金属板的半圆凸缘重叠搭接，自下而上顺序施工，上层板压下层板，搭接长度宜为 50mm；

水平管道的施工可直接将金属板卷合在保温层外，按管道坡度自下而上顺序施工，两板环向半圆凸缘重叠，纵向搭口向下，搭接处重叠宜为 50mm；

搭接处应采用铆钉固定，间距不得大于 200mm；

金属保护层应留出设备及管道运行受热膨胀量，在露天或潮湿环境中保温设备和管道的金属保护层，应按规定嵌填密封剂或在接缝处全缠密封带；

在已安装的金属保护层上，严禁踩踏或堆放物品。

3）复合材料保护层施工应符合下列规定：

玻璃纤维以螺纹状紧缠在保温层外，前后均搭接 50mm，布带两端及每隔 300mm 用镀锌钢丝或钢带捆扎；

对复合铝箔，可直接敷在平整保温层表面上。接缝处用压敏胶带粘贴和铆钉固定，垂直管道及设备的敷设由下向上，成顺水接缝；

对玻璃钢材料，保护壳连接处用铆钉固定，纵向搭接尺寸宜为 50～60mm，环向搭接宜为 40～50mm，垂直管道及设备敷设由下向上成顺水接缝；

对铝塑复合板，可用于软质绝热材料的保护层施工中铝塑复合板正面应朝外，不得损伤其表面，轴向接缝用保温钉固定，间距宜为 60～80mm，环向搭接宜为 30～40mm，纵向搭接不得小于 10mm，垂直管道的敷设由下向上成顺水接缝；

抹面保护层的灰浆密度不得大于 1000kg/m²，抗压强度不应小于 0.8MPa，干燥后不得产生裂缝、脱壳等现象，不得对金属腐蚀；

抹石棉水泥保护层以前，应检查钢丝网有无松动部位，并对有缺陷的部位进行修整，保温层的空隙应采用胶泥充填，保护层分两次抹成，第一层找平并挤压严实，第一层稍干后再加灰泥压实、压光；

抹面保护层未硬化前应有防雨雪措施，当环境温度低于 5℃时应有冬季施工方案，采取防寒措施。

4）保护层表面不平度允许偏差及检验方法应符合表 33-157 的规定。

管道及设备保温的允许偏差和检验方法   表 33-157

序号	项 目	允许偏差（mm）	检验频率	检验方法
1	涂抹保护层	<10	每隔 20m 取一点	外观
2	缠绕式保护层	<10	每隔 20m 取一点	外观
3	金属保护层	<5	每隔 20m 取一点	2m 靠尺和塞尺检查
4	复合材料保护层	<5	每隔 20m 取一点	外观

33.12.2.7 管道系统的试压与吹洗

1. 一般规定

（1）室外热力管网安装完毕后，应进行强度试验和严密性试验。

（2）强度试验的试验压力为工作压力的 1.5 倍，但不得小于 0.6MPa，在试验压力下 10min 内压力降不大于 0.05MPa，然后降至工作压力下稳压 30min 检查，不渗不漏为合格。

（3）对于不能与管道系统一起进行试压的阀门、仪表等，应临时拆除，换上等长的短管。对管路上的波纹补偿器进行临时固定，以免在水压试验时受损。

（4）管道试压前所有接口处不进行防腐和保温，以便在管道试压中进行检查，管道与设备间应加盲板，待试压结束后拆除。

（5）管道试压时要缓慢升压，焊缝若有渗漏现象，应停止加压，泄水后进行修理，然后重新试压。

（6）试压时，应将阀门全部开启，管道系统的最高处应设排气阀，最低处设泄水阀。

（7）冬季施工时进行水压试验，要采取防冻措施，试验完毕将管线内水泄净，并采用压缩空气进行吹干，防止冻裂管道、管件和设备。

2. 室外热力管网水压试验

（1）室外热力管网水压试验时，将管路上的阀门开启，试验管道与非试验管道进行隔离，打开系统中的排气阀，往管路内开始注水，注水时安排人员对试验管段进行巡视，发现漏水时立即进行修复。

（2）注水完毕后开始进行强度试验，使用电动试验泵分阶段进行加压，先升压至试验压力的 1/2。全面检查试验管段是否有渗漏现象，然后继续加压，一般分 2～3 次升压到试验压力，稳压 10min 压力降不大于 0.05MPa，强度试验为合格。

（3）强度试验合格后，降压至工作压力进行严密性试验，稳压 30min 检查管道焊缝和法兰密封处，不渗不漏为合格。

3. 管道系统的吹洗

管道系统的压力试验合格后，应进行管道的吹洗。当管道内介质为热水、凝结水、补给水时，管道采用水冲洗；当管道内介质为蒸汽时，一般采用蒸汽吹洗。

（1）热水管道的水冲洗

1）吹洗的顺序应先主管再支管的顺序进行，吹出的脏物及时排除，不得进入设备或已吹洗后的管内。

2）吹洗压力一般不大于工作压力，且不小于工作压力的 25%，流速为 1～1.5m/s。

3）吹洗时间视实际情况而定，直至排出口的水色和透明度与入口处目测一致为合格，会同有关单位工程师共同检查，及时填写"管道系统吹洗记录"和签字认可。

（2）蒸汽管道的蒸汽吹扫

1）蒸汽管道试压后进行蒸汽吹扫，选择管线末端或管道垂直升高处设置吹扫口，吹扫口应不影响环境、设备和人员的安全，吹扫口处装设阀门，管道也要进行加固。

2）送蒸汽开始加热管路，要缓慢开启蒸汽阀门，逐渐增大蒸汽的流量，在加热过程中不断地检查管道的严密性以及补偿器、支架、疏水系统的工作状态，发现问题及时处理。

3）加热完毕后，即可开始吹扫。先将吹扫口阀门全部打开，逐渐开大总阀门，增加蒸汽流量，吹扫时间约 20～30min，当吹扫口排出的蒸汽清洁时停止吹扫，自然降温至环境温度，再加热吹扫，如此反复不小于 3 次。

4）使用刨光的木板置于吹扫口进行检查，板上无污物和变色为合格，蒸汽吹扫结束，拆除临时装置，将蒸汽管线复位。

（3）压缩空气吹扫

室外热力管道还可以采用压缩空气进行吹扫，一般压缩空气吹洗压力不得大于管道工作压力，流速不小于20m/s。

4. 室外供热管网子分部工程施工质量验收

室外供热管道安装的允许偏差应符合表33-158的规定。

室外供热管道安装的允许偏差和检验方法　　表33-158

项次	项　目		允许偏差	检验方法
1	坐标（mm）	敷设在沟槽内及架空	20	用水平尺、直尺、拉线和尺量检查
		埋地	50	
2	标高	敷设在沟槽内及架空	±10	尺量检查
		埋地	±15	
3	水平管道纵、横方向弯曲（mm）	每1m 管径≤100mm	1	用水准仪（水平尺）、直尺、拉线和尺量检查
		管径>100mm	1.5	
		全长（25m以上）管径≤100mm	≯13	
		管径>100mm	≯25	
4	弯管	椭圆率 $\frac{D_{max}-D_{min}}{D_{max}}$ 管径≤100mm	8‰	用外卡钳和尺量检查
		管径>100mm	5‰	
		折皱不平度（mm）管径≤100mm	4	
		管径125~200mm	5	
		管径200~400mm	7	

33.12.3　供热锅炉及辅助设备安装

本节适用于建筑供热和生活热水供应的额定压力不大于1.25MPa，热水温度不超过130℃的整装蒸汽和热水锅炉及辅助设备安装工程的质量检验与验收。

33.12.3.1　常用法规、标准及规范

（1）《锅炉安装改造单位监督管理规则》

（2）《特种设备安全监察条例》

（3）《锅炉安装监督检验规则》

（4）《蒸汽锅炉安全技术监察规程》

（5）《热水锅炉安全技术监察规程》

（6）《特种设备质量监督与安全监察规定》

（7）《锅炉定期检验规则》

（8）《锅炉水处理监督管理规则》

（9）《锅炉压力容器压力管道特种设备事故处理规定》

（10）《有机热载体炉安全技术监察规程》

（11）《锅炉房设计规范》GB 50041

（12）《锅炉安装工程施工及验收规范》GB 50273

（13）《起重设备安装工程施工及验收规范》GB 50278

（14）《连续输送设备安装工程施工及验收规范》GB 50270

（15）《现场设备、工业管道焊接工程施工及验收规范》GB 50236

（16）《承压设备焊接工艺评定》JB 4708

（17）《工业设备及管道绝热工程施工及验收规范》GB 50126

（18）《低压锅炉水质标准》GB 1576

（19）《压缩机、风机、泵安装工程施工及验收规范》GB 50275

（20）《机械设备安装工程施工及验收通用规范》GB 50231

（21）《建筑给水排水及采暖工程施工质量验收规范》GB 50242

33.12.3.2　锅炉报装、施工监察与验收

各级质量技术监督局的锅炉压力容器安全监察机构，是专门从事锅炉、压力容器检验工作的政府监督机构，负责对锅炉、压力容器的生产、安装和使用实行监督检查。

1. 锅炉报装

锅炉安装前，锅炉安装单位应会同锅炉使用单位前往质量技术监督部门进行报装。报装时需携带以下资料：

（1）资质文件：施工单位承担相应级别锅炉安装的"锅炉安装许可证"，参加安装施工的质量管理人员、专业技术人员和专业技术工人名单和持证人员的相关证件；

（2）施工技术文件：施工单位的质量管理手册和相关的管理制度，编制的锅炉安装施工组织设计、施工方案及施工技术措施；

（3）施工进度计划；

（4）工程合同及协议；

（5）锅炉出厂技术资料：包括锅炉产品质量证明书、产品安全性能监督检验证书（可按部件、组件）、锅炉全套图纸、锅炉安装与使用说明书、锅炉强度计算书、安全阀排放量计算书、受压元件重大设计更改资料、焊接工艺规程与焊接工艺评定等，进口锅炉还应携带《进口锅炉产品安全质量监督检验证书》；

（6）锅炉房设计资料，包括锅炉房设计说明、锅炉房平面布置图、锅炉及附属设备平面布置图、立面图、工艺流程图、工艺管道安装图及标明与有关建筑距离的图纸；

（7）填写正确、齐全的《特种设备安装改造维修告知书》。

以上资料经当地技术质量监督部门核准、备案，并在特种设备安装改造维修告知书上签字盖章后，安装施工单位方可进行锅炉安装。

2. 锅炉安装施工监察

锅炉安装质量监督检验由质量技术监督部门授权的锅炉压力容器检验所进行。

（1）锅炉安装监督检验项目分A类和B类。在锅炉安装单位自检合格后，监检员应当根据《监检大纲》要求进行资料检查、现场监督或实物检查等监检工作，并在锅炉安装单位提供的见证文件（检查报告、记录表、卡等，下同）上签字确认。对A类项目，未经监检确认，不得流转至下一道工序。

（2）质量技术监督部门按照《监检大纲》和《监检项目表》所列项目和要求，按照锅炉安装的实际情况对锅炉安装过程进行监检。

（3）在监督检验过程中，监检人员应当如实做炉记录，并根据记录填写《监检项目表》。监检机构或者监检人员在监检中发现安装单位违反有关规定，一般问题应当向安装单位发出《特种设备监督检验工作联络单》；严重问题应当向安装单位签发《特种设备监督检验意见通知书》。安装单位对监检员发出的《特种设备监督检验工作联络单》或监检机构发出的《特种设备监督检验意见通知书》应当在规定的期限内处理并书面回复。

3. 锅炉安装验收

锅炉安装工程竣工，施工单位经自检合格，出具"锅炉安装质量证明书"，锅炉检验所出具"锅炉安装质量监督检验报告书"后，可以进行锅炉总体验收，锅炉总体验收由锅炉使用单位组织。

（1）锅炉设备、管道安装完毕后，与特检所联系管道无损检测（规定的检测项目）及水压试验。

（2）水压试验合格后，锅炉试运行48h，并与特检所联系锅炉总体验收。

（3）总体验收合格后，填写"锅炉安装质量证明书"，并由特检所签署意见、加盖公章。

33.12.3.3　整装锅炉安装

按照燃烧介质的不同分为燃煤、燃气和燃油锅炉。

1. 安装前的准备工作

（1）技术准备

1）建立完备的现场锅炉安装质量保证体系，参加安装施工的质量管理人员、专业技术人员和专业技术工人等持证上岗，各岗位职责分工明确，管理制度健全，编制的锅炉安装施工组织设计、施工方案及施工技术措施并审；

2）认真熟悉图纸，掌握设计原理和思路，审查图纸设计是否满足现场实际需要，并通过图纸会审或设计交底解决存在的问题；

3）锅炉进场时核查随机资料是否齐备和符合要求，包括产品质量证明书、产品安全性能监督检验证书（可按部件、组件）、锅炉全套图纸、锅炉安装与使用说明书、锅炉强度计算书、安全阀排放量计算书、受压元件重大设计更改资料、焊接工艺规程与焊接工

艺评定等，进口锅炉还应携带"进口锅炉产品安全质量监督检验证书"；

4）按当地质量技术监督局的要求准备好相关的资料办理锅炉安装前的告知手续；

5）对施工作业人员进行施工技术交底和安全技术交底，并形成书面交底记录。

（2）材料准备

各种辅助材料如钢板、型钢、法兰、机油、汽油、清油、铅油、电焊条、螺栓、螺母、垫铁、水泥、石棉绳、石棉橡胶垫、石棉填料盘根、聚四氟乙烯生料带、麻丝、粉笔、石笔、小线、等准备齐备。

（3）主要机具

1）机械：吊车、卷扬机、砂轮机、套丝机、砂轮锯、电焊机、试压泵等。

2）工具：手电钻、冲击钻、千斤顶、各种扳手、夹钳、手锯、手锤、大锤、剪子、人字桅杆、绞磨、滑轮、倒链、锚碇、道木、滚杠、撬杠、钢丝绳、大绳、索具、气焊工具、胀管机具、钢锯、螺丝刀等。

3）量具：钢板尺、法兰角尺、钢卷尺、卡钳、塞尺、水平仪、水平尺、游标卡尺、焊缝检测尺、温度计、压力表、线坠等。

（4）其他需要必备的作业条件

1）施工现场应具备满足施工的水源、电源、设备及大型机具运输车辆进出的道路，材料及机具存放场地和仓库等。

2）冬雨季施工时应有防寒、防雨雪施工措施及消防安全措施。

3）锅炉房主体结构、设备基础完工并达到安装强度。

4）参加土建锅炉房结构和设备基础的中间验收，对土建工程预留的孔洞、沟槽及各类预埋铁件的位置、尺寸、数量等进行验收和交接。

5）锅炉设备基础的混凝土强度必须达到设计要求，基础的坐标、标高、几何尺寸和螺栓孔位置应符合表33-159的规定。

锅炉及辅助设备基础的允许偏差和检验方法 表33-159

项次	项 目		允许偏差（mm）	检验方法
1	基础坐标位置		20	经纬仪、接线和尺量
2	基础各不同平面的标高		0，−20	水准仪、拉线尺量
3	基础平面外形尺寸		20	
4	凸台上平面尺寸		0，−20	尺量检查
5	凹穴尺寸		+20，0	
6	基础上平面水平度	每米	5	水平仪（水平尺）和楔形塞尺检查
		全长	10	
7	竖向偏差	每米	5	经纬仪或吊线和尺量
		全高	10	
8	预埋地脚螺栓	标高（顶端）	+20，0	水准仪、拉线和尺量
		中心距（根部）	2	
9	预留地脚螺栓孔	中心位置	10	尺量
		深度	−20，0	
		孔壁垂直度	10	吊线和尺量
10	预埋活动地脚螺栓锚板	中心位置	5	拉线和尺量
		标高	+20，0	
		水平度（带槽锚板）	1	水平尺和楔形塞尺检查
		水平度（带螺纹孔锚板）	2	

6）混凝土基础外观不得有蜂窝、麻面、裂纹、孔洞、露筋等缺陷。

7）锅炉进场验收内容包括：

所有的随机技术资料满足前述的要求；

锅炉技术参数满足设计要求，锅炉铭牌上的名称、型号、出厂编号、主要技术参数应与质量证明书及实物相符；

锅炉设备外观检查应完好无损、炉墙、绝热层无空鼓、无脱落，炉拱无裂纹、无松动，受压组件可见部位无变形、无损坏，焊缝无缺陷，人孔、手孔、法兰结合面无凹陷、撞伤、径向沟痕等缺陷，且配件齐全完好；

锅炉配套附件和附属设备应齐全完好，规格、型号、数量应与图纸相符，阀门、安全阀、压力表有出厂合格证，设备开箱资料应逐份登记，妥善保管；

根据设备清单对所有设备及零部件进行清点验收，并办理移交手续。对于缺件、损坏件以及检查出来的设备缺陷，要作好详细记录，并协商好解决办法与解决时间。

2. 锅炉安装流程

锅炉安装流程如下：

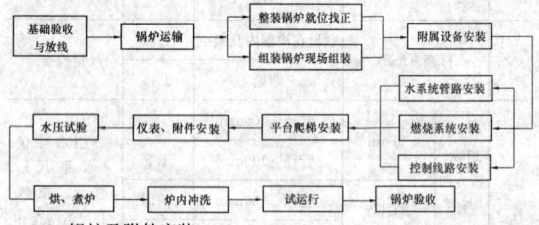

3. 锅炉及附件安装

（1）锅炉本体安装

1）锅炉的运输

运输前应选好运输方法和运输路线，可以选择汽车吊进行垂直运输，卷扬机加滚杠道木进行水平运输的方式。

2）锅炉就位

①当锅炉运到基础上以后，不撤滚杠先进行找正，应达到下列要求：

锅炉炉排前轴中心线应与基础前轴中心基准线相吻合，允许误差±2mm；

锅炉纵向中心线与基础纵向中心基准线相吻合，或锅炉支架纵向中心线与条形基础纵向中心基准线相吻合，允许偏差±10mm。

②撤出滚杠使锅炉就位

撤滚杠时用道木或木方将锅炉一端垫好，用2个千斤顶将锅炉的另一端顶起，撤出滚杠，使锅炉的一端落在基础上。再用千斤顶将锅炉的另一端顶起，撤出剩余的滚杠和木方，落下千斤顶使锅炉全部落到基础上。如不能直接落到基础上，应再垫木方逐步使锅炉平稳地落到基础上。锅炉就位后应使用千斤顶进行校正。

3）锅炉找平、找正

①锅炉纵向找正

用水平尺放到炉排的纵排面上，检查炉排面的纵向水平度，检查点最小为炉排前后两处。要求炉排面纵向应水平或炉排面略坡向炉膛后部，最大倾斜度不大于10mm。

当锅炉纵向不平时，可用千斤顶将过低的一端顶起，在锅炉的支架下垫以适当厚度的钢板，使锅炉的水平度达到要求，垫铁的间距一般为500～1000mm。

②锅炉的横向找正

用水平尺放到炉排的横排面上，检查炉排面的横向水平度，检查点最小为炉排前后两处。炉排的横向倾斜度不得大于5mm（过大会导致炉排跑偏）。

当炉排横向不平时，解决做法同纵向找正。

③锅炉标高确定：在锅炉进行纵、横方向找平时同时兼顾标高的确定。

④锅炉安装的坐标、标高、中心线和垂直度的允许偏差应符合表33-160的规定。

锅炉安装的允许偏差和检验方法 表33-160

项次	项 目		允许偏差（mm）	检验方法
1	坐标		10	经纬仪、拉线和尺量
2	标高		±5	经纬仪、拉线和尺量
3	中心线垂直度	卧式锅炉炉体全高	3	吊线和尺量
		立式锅炉炉体全高	4	吊线和尺量

(2) 安全阀安装

1) 安全阀的规格、型号必须符合规范及设计要求;

2) 额定蒸发量大于 0.5t/h 的蒸汽锅炉,至少装设两个安全阀(不包括省煤器安全阀)。额定蒸发量不大于 0.5t/h 的蒸汽锅炉,至少装设一个安全阀;

3) 额定热功率大于 1.4MW 的热水锅炉,至少装设两个安全阀。额定功率不大于 1.4MW 的热水锅炉至少应装设一个安全阀;

4) 可分式省煤器出口处必须装设安全阀;

5) 安全阀不应参加锅炉水压试验。水压试验时,可将安全阀管座用盲板法兰封闭,也可在已就位的安全阀与管座间加钢板垫死;

6) 安全阀安装前必须到技术质量监督部门规定的检验所进行检测定压;

7) 安全阀上必须有下列装置:

杠杆式安全阀要有防止重锤自行移动的装置和限制杠杆越出的导架;

弹簧式安全阀要有提升把手和防止随便拧动调整螺钉的装置。

8) 蒸汽锅炉的安全阀应装设排汽管,排汽管应直通朝天的安全地点,并有足够的截面积(不小于安全阀出口截面积),保证排汽畅通。安全阀排汽管底部应装有接到安全地点的疏水管。在排汽管和疏水管上都不允许装设阀门;

9) 热水锅炉的安全阀应装泄放管,泄放管上不允许装设阀门,泄放管应直通安全地点,并有足够的截面积和防冻措施,保证排泄畅通。如泄放管高于安全阀出口时,在泄放管的最低点处应装设疏水管,疏水管上不允许装设阀门;

10) 省煤器安全阀应装排水管,并通至安全地点,排水管上不允许装阀门。

(3) 测温仪表安装

锅炉系统的测温仪表包括测温取源部件、水银温度计、热电阻和热电偶温度计。

1) 在管道上采用机械加工或气割的方法开孔,孔口应磨圆锉光。设备上的开孔应在厂家出厂前预留好;

2) 测温取源部件的安装要求如下:

取源部件的开孔和焊接,必须在防腐和压力试验前进行;

测温元件应安在介质温度变化灵敏和具有代表性的地方,不应装在管道和设备的死角处;

温度计插座的材质应与主管道相同;

温度仪表外接线路的补偿电阻,应符合仪表的规定值,线路电阻值的允许偏差:热电偶为±0.2Ω,热电阻为±0.1Ω;

在易受被测介质强烈冲击的位置或水平安装时,插入深度大于 1m 以及被测温度高于 700℃时的测温元件,安装应采取防弯曲措施;

安装在管道拐弯处时,宜逆着介质流向,取源部件的轴线应与工艺管道轴线相重合;

与管道呈一定倾斜角度安装时,宜逆着介质流向,取源部件轴线应与工艺管道轴线相交;

与管道相互垂直安装时,取源部件轴线应与工艺管道轴线垂直相交。

3) 水压试验和水冲洗时,拆除测温仪表,防止损坏。

(4) 测压仪表安装

锅炉系统的测压仪表包括测压取源部件、就地压力表、远传压力表。

1) 开孔和焊接同测温元器件安装;

2) 压力测点应选择在管道的直线段上,即介质流束稳定的地方;

3) 检测带有灰尘、固体颗粒或沉淀物等混浊物料的压力时,在垂直和倾斜的设备和管道上,取源部件应倾斜向上安装,在水平管道上宜顺物料流束成锐角安装;

4) 压力取源部件安装在倾斜和水平的管段上时,取压点的设置应符合下列要求:

测量蒸汽时,取压点宜选在管道上半部以及下半部与管道水平中心线为 0°~45°夹角的范围内;

测量气体时,应选在管道上半部;

测量液体时,应在管道的下半部与管道水平中心线为 0°~45°夹角的范围内;

就地压力表所测介质温度高于 60℃时,二次门前应装 U 形或环型管;

就地压力表所测为波动剧烈的压力时,在二次门后应安装缓冲装置;

压力取源部件与温度取源部件安装在同一管段上时,压力取源部件应安装在温度取源部件的上游侧。

5) 测量低压的压力表或变送器的安装高度宜与取压点的高度一致。测量高压的压力表安装在操作岗位附近时,宜距地面 1.8m 以上,或在仪表正面加护罩;

6) 水压试验和水冲洗时,拆除测压仪表,防止损坏。

(5) 流量仪表安装

1) 流量装置安装应按设计文件规定,同时应符合随机技术文件的有关要求;

2) 孔板、喷嘴和文丘里前后直段在规定的最小长度内,不应设取源部件或测温元件;

3) 节流装置安装在水平和倾斜的管道上时,取压口的方位设置应符合下列要求:

①测量气体流量时,应在管道上半部;

②测量液体流量时,应在管道的下半部与管道的水平中心线为 0°~45°夹角的范围内;

③测量蒸汽流量时,应在管道的上半部与管道水平中心线为 0°~45°夹角的范围内;

④皮托管、文丘里式皮托管和均速管等流量检测元件的取源部件的轴线,必须与管道轴线垂直相交。

4) 其他安装要求同测温仪表安装。

(6) 分析仪表安装

1) 设置位置应在流速、压力稳定并能准确反映被测介质真实成分变化的地方,不应设置在死角处;

2) 在水平或倾斜管段上设置的分析取源部件,其安装位置应符合压力仪表的有关规定。

3) 气体内含有固体或液体杂质时,取源部件的轴线与水平线之间仰角应大于 15°。

(7) 液位仪表安装

1) 安装位置应选在物位变化灵敏,且物料不会对检测元件造成冲击的地方。

2) 每台锅炉至少安装两个彼此独立的液位计,额定蒸发量不大于 0.2t/h 的锅炉可以安装 1 个液位计。

3) 静压液位计取源部件的安装位置应远离液体进出口。

4) 玻璃管(板)式水表的标高与锅筒正常水位线允许偏差为±2mm;表上应标明"最高水位"、"最低水位"和"正常水位"标记。

5) 内浮筒液位计和浮球液位计的导向管或其他导向装置必须垂直安装,并保证导向管内液体流畅,法兰短管连接应保证浮球能在全程范围内自由活动。

6) 电接点水位表应垂直安装,其设计零点应与锅筒正常水位相重合。

7) 锅筒水位平衡容器安装前,应核查制造尺寸和内部管道的严密性,应垂直安装,正、负压管应水平引出,并使平衡器的设计零位与正常水位线相重合。

(8) 风压仪表安装

1) 风压的取压孔径应与取压装置管径相符,且不应小于 12mm;

2) 安装在炉墙和烟道上的取压装置应倾斜向上,并与水平线夹角宜大于 30°,在水平管道上宜顺物料流束成锐角安装,且不应伸入炉墙和烟道的内壁;

3) 在风道上测风压时应逆着流束成锐角安装,与水平线夹角宜大于 30°。

(9) 仪表安装的其他要求

1) 热工仪表及控制装置安装前，应进行检查和校验，并应达到精度等级和符合现场使用条件。

2) 仪表变差应符合该仪表的技术要求；指针在全行程中移动应平稳，无抖动、卡针或跳跃等异常现象，动圈式仪表指针的平衡应符合要求；电位器或调节螺丝等可调部件，应有调整余量；校验记录应完整，当有修改时应在记录中注明；校验合格后应铅封，需定期检验的仪表，还应注明下次校验的日期。

3) 就地安装的仪表不应固定在有强烈振动的设备和管道上。

4) 就地表应安装在便于观察和更换的位置。

5) 仪表应在管路水压和吹洗完成后进行安装，流量仪表安装前应确认介质流动方向。

33.12.3.4 辅助设备及管道安装

1. 送、引风机安装

1) 基础验收合格后进行交接，基础放线。

2) 风机经过开箱验收以后，安装垫铁，将风机吊装就位，开始找正、找平。

3) 经检查风机的坐标、标高、水平度、垂直度满足《压缩机、风机、泵安装工程施工及验收规范》GB 50275 的规定，进行地脚螺栓孔的灌浆，待混凝土强度达到 75% 时，复查风机的水平度，紧固好风机的地脚螺栓。

4) 安装进出口风管（道）。通风管（道）安装时，其重量不可加在风机上，应设置支吊架进行支撑。并与基础或其他建筑物连接牢固。风管与风机连接时，如果错口不得强制对口勉强连接上，应重新调整合适后再连接。

5) 风机试运转。试运前先用手转动风机，检查是否灵活，接通电源，进行点试，检查风机转向是否正确，有无摩擦和振动。正式启动风机，连续运转 2h，检查风机的轴温和振动值是否正常，滑动轴承温升最高不得超过 60℃，滚动轴承温升最高不得超过 80℃（或高于室温 40℃），轴承径向单振幅应符合：风机转速小于 1000r/min 时，不应超过 0.10mm；风机转速为 1000～1450r/min 时，不应超过 0.08mm。同时做好试运转记录。

2. 除尘器安装

1) 安装前首先核对除尘器的旋转方向与引风机的旋转方向是否一致，安装位置是否便于清灰、运灰。除尘器落灰口距地面高度一般为 0.6～1.0m。检查除尘器内壁耐磨涂料有无脱落。

2) 安装除尘器支架：将地脚螺栓安装在支架上，然后把支架放在划好基准线的基础上。

3) 安装除尘器：支架安装好后，吊装除尘器，紧固除尘器与支架连接的螺栓。吊装时根据情况（立式或卧式）可分段安装，也可整体安装。除尘器的蜗壳与锥形体连接的法兰要连接严密，用 $\phi 10$ 石棉扭绳作垫料，垫料应加在连接螺栓的内侧。

4) 烟道安装：先从省煤器的出口或锅炉后烟箱的出口安装烟道和除尘器的扩散管。烟道之间的法兰连接用 $\phi 10$ 石棉扭绳作垫料，垫料应加在连接螺栓的内侧，连接要严密。烟道与引风机连接时应采用软接头，不得将烟道重量压在风机上。烟道安装后，检查扩散管的法兰与除尘器的进口法兰位置是否正确。

5) 检查除尘器的垂直度和水平度：除尘器的垂直度和水平度允许偏差为 1/1000，找正后进行地脚螺栓孔灌浆，混凝土强度达到 75% 以上时，将地脚螺栓拧紧。

6) 锁气器安装：锁气器是除尘器的重要部件，是保证除尘器效果的关键部件之一，因此锁气器的连接处和舌形板接触要严密，配重及挂环要合适。

7) 除尘器应按图纸位置安装，安装后再安装烟道。设计无要求时，弯头（虾米腰）的弯曲半径不应小于管径的 1.5 倍，扩散管渐扩角度不得大于 20°。

8) 安装完毕后，整个引风除尘系统进行严密性风压试验，合格后可投入运行。

3. 贮罐类设备安装

1) 按照规范和设计规定进行设备基础验收、基础放线和设备进场检查验收等工作。

2) 利用设备本体上带有的吊耳或者直接采用钢丝绳捆绑式进行吊装就位，注意设备的各类进出口位置满足设计要求。

3) 设备进行找正找平，允许偏差满足表 33-161 的规定。

贮罐类设备安装允许偏差　　　　表 33-161

项次	项　目	允许偏差（mm）	检验方法
1	坐标	15	经纬仪、拉线或尺量
2	标高	±5	水准仪、拉线或尺量
3	卧式罐水平度	$2/1000 L$	水平仪
4	立式罐垂直度	$2/1000 H$ 但不大于 10mm	吊线和尺量

4) 设备安装完毕后，敞口箱、罐应进行满水试验，满水后静置 24h 检查不渗不漏为合格，密闭箱、罐以工作压力的 1.5 倍作水压试验，但不得小于 0.4MPa，稳压 10min 内无压降，不渗不漏为合格。

5) 地下直埋的油罐在埋地前应做气密性试验，试验压力降不应大于 0.03MPa，试验压力下观察 30min 不渗、不漏，无压降为合格。

4. 软化水装置安装

锅炉设备做到安全、经济运行，与锅炉水处理有直接关系。新安装的锅炉没有水处理措施不准投入运行。

（1）锅炉用水水质标准

热水锅炉水质标准如表 33-162 所示。

热水锅炉水质标准　　　　表 33-162

水处理方式	水样	项　目	标准值
锅内加药处理	给水	浊度，FTU	≤20.0
		总硬度（mmol/L）	≤6.0
		pH（25℃）	7.0～12.0
		含油量（mg/L）	≤2.0
	锅水	pH（25℃）	10.0～12.0
		亚硫酸根（mg/L）	10.0～50.0
锅外水处理	给水	浊度，FTU	≤5.0
		总硬度（mmol/L）	≤0.60
		pH（25℃）	7.0～12.0
		含油量（mg/L）	≤2.0
		溶解氧（mg/L）	≤0.10
		总铁（mg/L）	≤0.30
	锅水	pH（25℃）	10.0～12.0
		磷酸根（mg/L）	5.0～50.0
		亚硫酸根（mg/L）	10.0～50.0

注：1. 通过补加药剂使锅水 pH 控制在 10～12；
　　2. 额定功率大于等于 4.2MW 的承压热水锅炉给水应当除氧，额定功率小于 4.2MW 的承压热水锅炉和常压热水锅炉给水应当尽量除氧。

蒸汽锅炉水质标准如表 33-163 所示。

蒸汽锅炉水质标准　　　　表 33-163

水样	项　目	标准值
给水	浊度，FTU	≤20.0
	硬度（mmol/L）	≤4.0
	pH（25℃）	7.0～12.0
	含油量（mg/L）	≤2.0
锅水	pH（25℃）	10.0～12.0
	全碱度（pH4.2）（mmol/L）	8.0～26.0
	酚酞碱度（pH8.3）（mmol/L）	6.0～18.0
	溶解固形物①（mg/L）	≤5.0×10³
	磷酸根（mg/L）	10.0～50.0

① 对蒸汽质量要求不高的锅炉，在保证不发生汽水共腾的前提下，锅水溶解固形物上限值可适当放宽。

（2）软化水装置安装

对于各类型软化水装置的安装，可按设计规定和设备厂家说明书规定的安装方法进行安装，如无明确规定，可按下列要求进行安装：

1）安装前应根据设计规定对设备的规格、型号、长宽尺寸、制造材料以及随机附件进行核对检查，对设备的表面质量和内部的布水设施进行细致的检查，特别是有机玻璃和塑料制品，要严格检查，符合要求后方可安装；

2）对设备基础进行验收检查，应满足设备安装要求；

3）按设备出厂技术文件和技术要求对设备支架和设备进行找正找平，无基础及地脚螺栓的设备应采用膨胀螺栓的形式保证设备及支架的平稳和牢固；

4）设备安装完毕后进行设备配管，管道施工时不得以设备作为支撑，不得损坏设备；

5）安装完毕后进行调试和试运行，检查设备本体、管路、阀门等是否满足使用要求。

5. 水泵安装

可以参照前面有关章节。

6. 油泵安装

（1）油泵安装严格按照厂家说明书进行。

（2）从锅炉房贮油罐输油到室内油箱的输油泵，不应少于2台，其中1台应为备用。输油泵的容量不应小于锅炉房小时最大计算耗油量的110%。

（3）在输油泵进口母管上应设置油过滤器2台，其中1台应为备用。油过滤器的滤网网孔宜为8～12目/cm，滤网流通截面积宜为其进口管截面积的8～10倍。

（4）油泵房至贮油罐之间的管道宜采用地下敷设。当采用地沟敷设时，地沟与建筑物外墙连接处应填砂或用耐火材料隔断。

（5）供油泵的扬程，不应小于下列各项的代数和：

1）供油系统的压力降；

2）供油系统的油位差；

3）燃烧器前所需的油压；

4）本款上述3项和的10%～20%富余量。

（6）不带安全阀的容积式供油泵，在其出口的阀门前靠近油泵处的管道上，必须装设安全阀。

（7）燃油锅炉房室内油箱的总容量，重油不应超过5m³，轻柴油不应超过1m³。室内油箱应安装在单独的房间内。当锅炉房总蒸发量大于等于30t/h，或总热功率大于等于21MW时，室内油箱应采用连续进油的自动控制装置。当锅炉房发生火灾事故时，室内油箱应自动停止进油。

（8）设置在锅炉房外的中间油箱，其总容量不宜超过锅炉房1d的计算耗油量。

（9）室内油箱应采用闭式油箱。油箱上应装设直通室外的通气管，通气管上应设置阻火器和防雨设施。油箱上不应采用玻璃管式油位表。

（10）油箱的布置高度，宜使供油泵有足够的灌油头。

（11）室内油箱应装设将油排放到室外贮油罐或事故贮油罐的紧急排放阀。排放管上应并列装设手动和自动紧急排油阀。排放管上的阀门应装设在安全和便于操作的地点。对地下（室）锅炉房，室内油箱直接排油有困难时，应设事故排油泵。

7. 水管道安装

水管道安装参见室内给水、采暖管道安装等有关章节。

8. 蒸汽管道安装

蒸汽管道安装参见室内采暖管道安装等有关章节。

9. 燃油管道安装

（1）锅炉房的供油管道宜采用单母管，常年不间断供热时，宜采用双母管，回油管道宜采用单母管。采用双母管时，每一母管的流量宜按锅炉房最大计算耗油量和回油量之和的75%计算。

（2）重油供油系统，宜采用经锅炉燃烧器的单管循环系统。

（3）重油供油管道应保温，当重油在输送过程中，由于温度降低不能满足生产要求时，应进行伴热。在重油回油管道可能引起烫伤人员或凝固的部位，应采取隔热或保温措施。

（4）油管道宜采用顺坡敷设，但接入燃烧器的重油管道不宜坡向燃烧器，轻柴油管道的坡度不应小于0.3%，重油管道的坡度不应小于0.4%。

（5）在重油供油系统的设备和管道上，应装设吹扫口，吹扫口位置应能够吹净设备和管道内的重油。吹扫介质宜采用蒸汽，亦可采用轻油置换，吹扫蒸汽压力宜为0.6～1MPa（表压）。

（6）固定连接的蒸汽吹扫口，应有防止重油倒灌的措施。

（7）每台锅炉的供油干管上，应装设关闭阀和快速切断阀。每个燃烧器前的燃油支管上，应装设关闭阀。当设置2台或2台以上锅炉时，应在每台锅炉的回油总管上装设止回阀。

（8）在供油泵进口母管上，应设置油过滤器2台，其中1台备用。滤网流通面积宜为其进口管截面积的8～10倍。油过滤器的滤网网孔，应符合下列要求：

1）离心泵、蒸汽往复泵为8～12目/cm；

2）螺杆泵、齿轮泵为16～32目/cm。

（9）采用机械雾化燃烧器（不包括转杯式）时，在油加热器和燃烧器之间的管段上，应设置油过滤器。油过滤器滤网的网孔，不宜小于20目/cm，滤网的流通面积不宜小于其进口管截面积的2倍。

（10）燃油管道应采用输送流体的无缝钢管，并应符合现行国家标准《流体输送用无缝钢管》GB/T 8163的有关规定；燃油管道除与设备、阀门附件等处可用法兰连接外，其余宜采用氩弧焊打底的焊接连接。

（11）室内油箱间至锅炉燃烧器的供油管和回油管宜采用地沟敷设，地沟内宜填砂，地沟上面应采用非燃材料封盖。

（12）燃油管道垂直穿越建筑物楼层时，应设置在管道井内，并宜靠外墙敷设。管道井的检查门应采用丙级防火门，燃油管道穿越每层楼板处，应设置相当于楼板耐火极限的防火隔断，管道井底部应设深度为300mm填砂集油坑。

（13）油箱（罐）的进油管和回油管，应从油箱（罐）体顶部插入，管口应位于油液面下，并应距离箱（罐）底200mm。

（14）当室内油箱与贮油罐的油位有高差时，应有防止虹吸的设施。

（15）燃油管道穿越楼板、隔墙时应敷设在套管内，套管的内径与油管的外径四周间隙不应小于20mm。套管内管段不得有接头，管道与套管之间的空隙应用麻丝填实，并应用不燃材料封口。管道穿越楼板的套管，上端应高出楼板60～80mm，套管下端与楼板底面（吊顶底面）平齐。

（16）燃油管道与蒸汽管道上下平行布置时，燃油管道应位于蒸汽管道的下方。

（17）燃油管道采用法兰连接时，宜设有防止漏油事故的集油措施。

（18）燃油系统附件严禁采用被燃油腐蚀或溶解的材料。

（19）管道焊接和安装应符合《工业金属管道工程施工及验收规范》GB 50235和《现场设备、工业管道焊接工程施工及验收规范》GB 50236的规定。

10. 蒸汽和热水分水器安装

蒸汽分配器和热水分水器都为压力容器，一般可根据用户的要求和图纸尺寸在专业厂家加工制作。当现场制作时，必须持有有关部门颁发的压力容器制作加工证书，否则不允许自行加工制作。

（1）现场制作必须采用冲压制的封头，无缝钢管直径一般是根据循环水量确定的，分水器长度根据接出管的数量及接出管径而定。接出管间距应满足接出管上安装的阀门有足够的距离，一般接管间距如图33-108所示。

（2）在焊接短管法兰盘时，应保证安装阀门后，手轮操作朝向一致。两端封头部位不允许开洞接管。接出短管高度一致，不得低于保温层的厚度。接管还应考虑安装在分配器上压力表合温度计的位置。

（3）分配器一般靠墙安装，安装时可采用型钢支架，将分配器支起，用U形圆钢管卡将其固定在支架上，或者设备制作的时候直接增加设备支腿，设备支腿的高度按照设计要求或者安装高度来

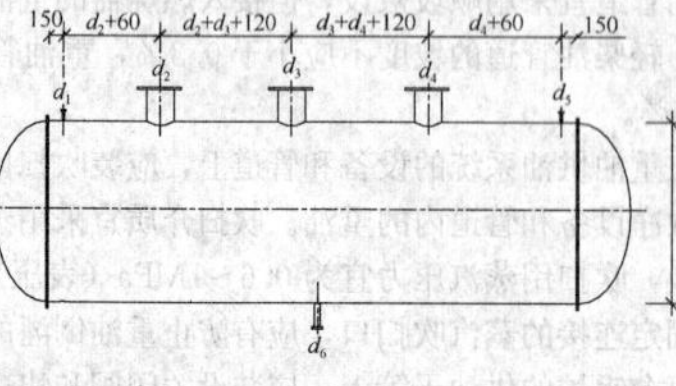

图 33-108 分配器接管间距尺寸

定，使用地脚螺栓或者膨胀螺栓进行分配器的固定。

33.12.3.5 烘炉与煮炉

1. 烘炉

（1）准备工作

1）锅炉本体和各类附属设备均已安装完毕，水压试验合格；

2）锅炉配管完毕，水压试验和水冲洗合格；

3）电气、仪表工程施工完毕并调试完成；

4）烘炉方案及烘炉温升曲线编制并审批完毕，准备好烘炉记录表格；

5）烘炉用的材料、工具、安全用品准备充分，参加烘炉的人员经过技术交底；

6）外部条件齐备，配电、给水、排水、通风、消防等满足要求。

（2）烘炉的方法和要求

烘炉可用火焰烘炉、热风烘炉、蒸汽烘炉等方法，其中火焰烘炉使用较多，要求如下：

锅炉必须由小火和较低的温度开始，慢慢加温。点火要先使用木材，不要距炉墙太近，靠自然通风燃烧，以后逐渐加煤，并开启引风机和鼓风机，风量不要太大。

1）木柴烘炉阶段

①关闭所有阀门，打开锅筒排气阀，并向锅炉内注入清水，使其达到锅炉运行的最低水位。

②加进木柴，将木柴集中在炉排中间，约占炉排 1/2 后点火。开始可以单靠自然通风，按温升情况控制火焰的大小。起始的 2～3h 内，烟道挡板开启约为烟道剖面 1/3，待温升后加大引力时，把烟道挡板关至紧留 1/6 为止。炉膛保持负压。

③最初 2 天，木柴燃烧须稳定均匀，不得在木柴已经熄火时再急增火力，直至第三昼夜，略填少量煤，开始向下个阶段过渡。

2）煤炭烘炉阶段

①首先缓缓开动炉排及鼓、引风机，烟道挡板开到烟道面积 1/3～1/6 的位置上，不得让烟火从看火孔或其他地方冒出，注意打开上部检查门排除护墙气体。

②一般情况下烘炉不小于 4 天，燃烧均匀，升温缓慢，后期烟温不高于 160℃，且持续时间不应少于 24h。冬季烘炉要酌情将木柴烘炉时间适当延长若干天。

③烘炉中水位下降时及时补充清水，保持正常水位。烘炉初期开启连续排污，到中期每隔 6～8h 进行一次排污，排污后注意及时补进软水，保持锅炉正常水位。

④烘炉期间，火焰应保持在炉膛中央，不应直接烧烤炉墙及炉拱，不得旺时弱。烘炉时锅炉不升压。烘炉期少开检查门、看火门、人孔，防止冷空气进入炉膛，严禁将冷水洒在炉墙上。

⑤链条炉排在烘炉过程中应定期转动。

⑥烘炉结束后炉墙经烘烤后没有变形、裂纹及塌落现象，炉墙砌筑砂浆含水率达到 7% 以下。

2. 煮炉

新装、移装或大修后的锅炉，受热面的内表面留有铁锈、油渍和水垢，为保证运行中的汽水品质，必须煮炉。煮炉在烘炉完毕后进行，方法是在锅炉内加清水，使油垢脱离炉内金属壁面，在汽包下部沉淀，再经排污阀排出。

（1）加药规定

1）若设计无规定，按表 33-164 中规定的用量向锅炉内加药。

煮炉所用药品和数量　　　　表 33-164

药品名称	加药量/（kg/m³ 水）		
	铁锈较轻	铁锈较重	迁装锅炉
氢氧化钠（NaOH）	2～3	3～4	5～6
磷酸三钠（Na₃PO₄·12H₂O）	2～3	2～3	5～6

2）有加热器的锅炉，在最低水位加入药量，否则可以在上锅筒一次加入。

3）当碱度低于 45mg 当量/L，应补充加药量。

4）药品可按 100% 纯度计算，无磷酸三钠时，可用碳酸钠代替，数量为磷酸三钠的 1.5 倍。

5）对于铁锈较薄的锅炉，也可以只用无磷酸钠进行煮炉，其用量为 6kg/m³ 炉水。

6）铁锈特别严重时，加药数量可按表 33-164 再增加 50%～100%。

（2）煮炉的方法

1）为了节约时间和燃料，在烘炉后期应开始煮炉，按设计及锅炉出厂说明书的规定进行加药。

2）加强燃烧，使炉水缓慢沸腾，待产生蒸汽后由空气阀或安全阀排出，使锅炉不受压，维持 10～12h。

3）减弱燃烧，将压力降到 0.1MPa，打开定期排污阀逐一排污一次，并补充给水或加入未配完的药溶液，维持水位。

4）再加强燃烧，把压力升到工作压力的 75%～100% 范围内，运行 12～24h。

5）停炉冷却后排出炉水，并即使用清水（温水）将锅炉内部冲洗干净。

（3）注意事项

1）煮炉时间一般应为 2～3d，如蒸汽压力较低，可适当延长煮炉时间。非砌筑或浇筑保温材料保温的锅炉，安装后可直接进行煮炉。煮炉结束后，打开锅筒和集箱检查孔检查，锅筒和集箱内壁应无油垢，擦去附着物后金属表面应无锈斑。

2）煮炉期间，炉水水位控制在最高水位，水位降低时，及时补充给水。每隔 3～4h 由上、下锅筒及各集箱排污处进行炉水取样，当碱度低于 45mg 当量/L，应补充加药量。

3）需要排污时，应将压力降低后，前后左右对称排污，清洗干净后，打开人孔、手孔进行检查，清除沉淀物。

33.12.3.6 蒸汽严密性试验、安全阀调整与 48h 试运转

锅炉在烘炉、煮炉合格后，应进行 48h 的带负荷连续试运行，同时应进行安全阀的热状态定压检验和调整。

1. 锅炉蒸汽严密性试验

锅炉烘炉、煮炉合格后，进行蒸汽严密性试验，做法如下：

（1）升压至 0.3～0.4MPa，对锅炉的法兰、人孔、手孔和其他连接螺栓进行一次热态下的紧固。

（2）升压至工作压力，检查各人孔、手孔、阀门、法兰和填料等处是否有漏水、漏气现象，同时观察锅筒、集箱、管路和支架等各处的热膨胀情况是否正常。

（3）经检查合格后，详细记录并请监理单位认可。

2. 安全阀校验

蒸汽严密性试验合格后可升压进行安全阀调整，要求如下：

（1）为了防止锅炉上所有的安全阀同时工作，锅筒上的安全阀分为控制安全阀和工作安全阀两种。控制安全阀的开启压力低于工作安全阀的开启压力，安全阀开启压力按表 33-165 的规定，安全阀的定压必须由当地技术监督部门指定的专业检测单位进行校验，并出具检测报告和进行铅封。

安全阀定压规定　　　　表 33-165

项次	额定工作压力 P（MPa）	整定压力
1	P≤0.8	工作压力＋0.03MPa
		工作压力＋0.05MPa
2	0.8<P≤0.8	1.04 倍工作压力
		1.06 倍工作压力
3	P>5.9	1.05 倍工作压力
		1.08 倍工作压力

(2) 一般锅炉装有 2 个安全阀的，一个按表中较高值调整，另一个按较低值调整。先调整锅炉上开启压力较高的安全阀，然后再调整开启压力较低的安全阀。

(3) 安全阀的回座压差，一般应为起座压力的 4%～7%，最大不得超过起座压力的 10%。

(4) 安全阀在运行压力下应具有良好密封性能。

(5) 定压工作完成后，应做一次安全阀自动排汽试验，启动合格后应铅封，同时将开始启压力、起座压力、回座压力记进行记录。

(6) 安全阀定压调试记录应有甲乙双方、监理及锅检部门共同签字确认。

3. 锅炉 48h 试运行

安全阀调整后，应进行 48h 的带负荷连续试运行。锅炉试运行应按照设计、厂家安装使用说明书的要求进行。

(1) 48h 试运行前应具备下列条件：

1) 锅炉 48h 试运行方案编制完毕并上报审批；

2) 锅炉烘炉、煮炉、严密性试验合格，辅助设备及各附属系统如燃料、给水、除灰等系统分别试运行合格；

3) 各项检查与试验工作均已完毕，前阶段发现的缺陷已处理完毕；

4) 锅炉机组整套试运行需用的热工、电气仪表与控制装置及安全阀等已按设计安装并调试完毕，指示正确，动作良好；

5) 化学监督工作能正常进行，化学制水已经试运行合格，试运行用的燃料已备齐；

6) 使用单位已作好生产准备，操作人员已经过培训上岗，能满足试运行工作要求。

(2) 操作要点如下：

1) 打开进水阀，关闭蒸汽出口阀，启动给水泵向炉内注水（软化水），水位至水位计的最低水位处，检查水位是否稳定，如水位下降应检查排污阀是否关闭不严；

2) 点火升温，初始升温升压需缓慢，一般从初始升至工作压力的时间为 3～4h 为宜，这期间应进行一次水位计的冲洗，同时观测两侧压力表指示是否一致，检查人孔等处有无泄漏蒸汽处；

3) 当蒸汽压力稳定后，如安全阀未预先进行调整开启动作压力时，可进行带压调整，但应注意严格控制炉内蒸汽压力。先调整开启压力高的一只，降压后再调整开启压力低的另一只。如多台锅炉应逐台进行单独调整；

4) 在试运转过程中，应进行排水以检查排污阀启闭是否正常，并同时给锅炉上水保证低水位线；

5) 上述均正常后逐渐打开蒸汽主阀进行暖管，一般可送至分汽缸内，再打开紧急放空阀向室外排放。此时应及时进行补水，观察水位变化，并保证炉内蒸汽压力，补水应按少补勤补的原则，避免一次补水量过大影响蒸汽压力。

(3) 锅炉供汽（或供热水）带负荷后连续试运行 48h。在 48h 试运行期间，所有辅助设备应同时或陆续或轮次投入运行；锅炉本体、辅助机械和附属系统均应工作正常，其膨胀、严密性、轴承温度及振动等均应符合技术要求；锅炉蒸汽参数（或热水出水温度）、燃烧情况等均应基本达到设计要求。

(4) 锅炉停启炉时操作如下：

1) 正常停炉压火，应先停运引鼓风机，再停运引风机，停止供煤或其他燃料，但循环水泵不能停运。当系统水温降至 50～60℃以下时再停循环水泵。

2) 再次启炉时，应先开启循环水泵，使系统内的水达到正常循环后，开启引风机、鼓风机，启动炉排及上煤系统，逐渐恢复燃烧。

(5) 锅炉机组 48h 试运行结束后，应办理整套试运行签证和设备验收移交工作。

33.12.3.7 供热锅炉工程竣工资料的编制

锅炉带负荷连续试运行合格后，方可办理工程总体验收手续。工程未经总体验收，严禁锅炉投入使用。工程验收应包括中间验收和总体验收。

供热锅炉安装工程的验收，应提交下列资料：

(1) 开、竣工报告；

(2) 施工组织设计、施工方案；

(3) 技术交底记录；

(4) 焊接工艺指导书及工艺评定报告；

(5) 锅炉技术资料（包括设计修改的有关文件）；

(6) 设备缺损件清单及修复记录；

(7) 基础检查记录；

(8) 锅炉本体安装记录；

(9) 锅炉胀管记录；

(10) 水泵安装记录；

(11) 阀门水压试验记录；

(12) 炉排冷态试运行记录；

(13) 水压试验记录；

(14) 水位表、压力表和安全阀安装记录；

(15) 烘炉、煮炉记录；

(16) 带负荷连续 4h～24h 试运行记录。

(17) 隐蔽工程验收记录；

(18) 锅炉压力容器安装质量证明书；

(19) 管材、焊材质量证明书；

(20) 阀门、弯头等管件合格证；

(21) 主蒸汽管、主给水管焊接质量检查记录和无损检测报告；

(22) 分部、分项、单位工程质量评定表。

33.12.4 热交换站内设备及管道安装

为保证热交换站内具有充足的设备、管道的检修空间和整体使用效果，应在站房设备安装前进行设备排布和管道布置进行深化设计。

33.12.4.1 换热器安装

1. 板式换热器

(1) 板式换热器的安装

1) 按照换交换站经过审批后的深化设计设备布置图进行换热器的安装。

2) 板式换热器在出厂时在两块压紧板上设置 4 个吊耳，供起吊时使用，吊绳不得挂在法兰口接管、定位横梁或板片上。

3) 换热器就位后进行找正、找平，经检查设备的坐标、标高、垂直度、水平度满足设计和规范要求后，开始地脚螺栓孔的灌浆，或者使用膨胀螺栓进行固定。

4) 换热器周围要留有 1m 左右的空间，以便于检修。

5) 冷热介质进出口接管之安装，应严格按照出厂铭牌所规定方向连接，否则，换热器性能将受到影响。

6) 安装管路时，应按照设计要求在管路上配齐阀门、压力表、温度计，流量控制阀应装在换热器进口处，在出口处应装排气阀。

7) 连接换热器的管线要进行冲洗、清理干净，防止砂石焊渣等杂物进入换热器，造成堵塞。

8) 当使用介质不干净，有较大颗粒或长纤维时，进口处应装有过滤器。

(2) 板式换热器的调试和使用

1) 板式换热器使用前应进行水压试验，对热媒管路和使用管路分开进行，试验压力为工作压力的 1.5 倍，蒸汽部分不低于蒸汽供汽压力加 0.3MPa，热水部分不低于 0.4MPa，稳压 10min 压力不降为合格。

2) 管路进行冲洗时，板式换热器进口处可加设过滤网或者不参与管线冲洗。

3) 开始运行试运操作时，先打开使用端管路阀门，开始正常循环后，再缓慢打开热媒管路阀门，慢慢增加热媒介质流量，直至达到设计要求的温度和压力等参数。

4) 停车运行时应缓慢切断热媒管路阀门，再切断使用端管路阀门，这样有助于加长换热器的使用寿命。

5) 板式换热器如长时间的使用，板片会有一定的沉积物结垢而影响换热效果，因此须定期拆洗。拆洗时将换热器解体，用棕刷洗刷板片表面污垢，也可用无腐蚀性的化学清洗剂洗刷，注意不得用金属刷洗刷，以免损伤板片影响防腐能力。一般情况可不解体清洗，用水以与介质流动反方向冲洗，可冲出杂物，但压力不得高于

工作压力，也可用对不锈钢无腐蚀性的化学清洗剂清洗。

2. 容积式换热器

(1) 容积式换热器分为立式和卧式，在出厂前应设置吊装用的吊耳，安装时利用吊耳进行吊装就位。

(2) 就位后换热器进行找正找平，其坐标、标高、垂直度和水平度满足设计和规范要求，采用地脚螺栓或者膨胀螺栓进行固定。

(3) 按照图纸设计进行设备配管。

(4) 换热器和站房内的管道试压和冲洗等参考板式换热器。

(5) 为防止热损失，换热器在使用前对壳体外表面进行保温，保温层材料和保护壳等做法可按照设计文件执行。

(6) 容积式换热器的使用操作方法同板式换热器。

(7) 为确保运行安全，必须设置安全装置，可采用：在容积式换热器的顶部安装与设备最高工作压力相适应的安全阀；在容积式换热器的顶部装设与大气相通的引出管，管的内径应不小于25mm；装设与容积式换热器相连通的膨胀水箱。

(8) 容积式换热器每年至少进行一次外部检查；每三年至少进行一次内、外部检查，每六年至少进行一次全面检查。检查的内容与要求按《压力容器安全技术监察规程》执行。

3. 管壳式换热器

(1) 设备安装前应对管程和壳程分别进行水压试验，如果发现压力异常，可进行抽芯检查。

(2) 换热器安装时可利用吊耳或者使用钢丝绳绑扎式吊装就位。

(3) 换热器找平找正后，使用地脚螺栓进行固定。换热器支座的地脚螺栓孔一端为固定孔，一端为滑动孔，滑动孔的地脚螺栓应采用双螺母，第一个螺母拧紧后倒退一圈，然后用第二个螺母锁紧，以便鞍座能在基础上自由滑动。

(4) 根据换热器的类型不同，换热器的两端或一端应留有一定的空间，保证管箱可吊装及拆除，方便设备检修。

(5) 换热器运行和停止使用时与前述换热器一致。

(6) 运行过程中发现有局部换热管渗漏时，允许将其两端堵死，但被堵的管子数量不得超过管子总数的10%。

(7) 对于介质易堵塞的换热器要定期检查，清理管中的污物及污垢等，以利热交换。对于运行年限较长的设备应每年检测设备的整体等受压元件的壁厚，看其是否满足最小厚度要求，并确定能否继续运行。

33. 12. 4. 2 水泵安装及试运转

参见前文所述有关内容。

33. 12. 4. 3 管道及附件安装

设备配管前，先进行站房管线布置的深化设计，使各系统管线层次分明，分布合理，保证站房内具有充足的设备、管道的检修空间和整体使用效果。

(1) 站房内的设备配管应按照由上而下、由里而外、由大到小的顺序进行施工。

(2) 配管时遵循小管让大管、有压让无压的原则进行。

(3) 管道配管前应按照深化设计图纸，加大预制深度，较少固定口的焊接，提高焊缝的焊接质量。

(4) 调节阀、疏水器、除污器、减压器、流量计及各类阀门等按照图纸设计和规范规定正确安装。

(5) 水泵的进出口阀门应安装在距离地面1.4～1.7m的高度上，阀门手柄的方向应方便操作。

(6) 成排安装的管道、阀门、管件等标高应一致，排列整齐。

(7) 管道安装完毕进行水压试验和水冲洗，试验合格进行管道、设备的防腐和保温。

参 考 文 献

1. 中国安装协会组织编写. 管道施工实用手册. 北京：中国建筑工业出版社，1998.

2. 《建筑施工手册》(第四版)编写组. 建筑施工手册(第四版). 北京：中国建筑工业出版社，2003.

3. 本书编委会. 水暖施工员一本通. 北京：中国建材工业出版社，2009.

4. 王增长主编. 建筑给水排水工程(第五版). 北京：中国建筑工业出版社，2004.

5. 宋波主编. 建筑给水排水及采暖工程施工质量问答. 中国建筑工业出版社，2004.

34 通风与空调工程

34.1 通风与空调工程设计中的有关规定

34.1.1 采暖通风与空气调节设计规定

(1) 机械送风系统的进风口位置应符合:

1) 应直接设在室外空气较清洁的地点;

2) 应低于排风口;

3) 进风口的下缘距室外地坪不宜小于 2m,当设在绿化带时,不宜小于 1m;

4) 应避免进风、排风短路。

(2) 机械送风系统(包括与热风采暖合用的系统)的送风方式,应符合下列要求:

1) 放散热或同时放散热、湿和有害气体的工业建筑,当采用上部或下部同时全面排风时,宜送至作业地带;

2) 放散粉尘或密度比空气大的气体和蒸汽,而不同时放散热的工业建筑,当从下部地区排风时,宜送至上部区域;

3) 当固定工作地点靠近有害物质散源,且不可能安装有效的局部排风装置时,应直接向工作地点送风;

(3) 同时放散热、蒸汽和有害气体或仅放散密度比空气小的有害气体的工业建筑,除设局部排风外,宜从上部区域进行自然或机械的全面排风,其排风量应小于每小时 1 次换气;当房间高度大于 6m 时,排风量可按 6m³/(h·m²) 计算。

(4) 当采用全面排风消除余热、余湿或其他有害物质时,应分别从建筑物内温度最高、含湿量或有害物质浓度最大的区域排风。全面排风量的分配应符合下列要求:

1) 当放散气体的密度比室内空气轻,或虽比室内空气重但建筑内的显热全年均能形成稳定的上升气流时,宜从房间上部区域排出;

2) 当放散气体的密度比空气重,建筑内放散的显热不足以形成稳定的上升气流而沉积在下部区域时,宜从下部区域排出总排风量的 2/3,上部区域排出总排风量的 1/3,且不应小于每小时 1 次换气;

3) 当人员活动区有害气体与空气混合后的浓度未超过卫生标准,且混合后气体的密度与空气密度接近时,可只设上部或下部区域排风。

(5) 建筑物全面排风系统吸风口的布置,应符合下列规定:

1) 位于房间上部区域的吸风口,用于排除余热、余湿和有害气体时(含氢气时除外),吸风口上缘至顶棚平面或屋顶的距离不大于 0.4m;

2) 用于排除氢气与空气混合物吸风口上缘至顶棚平面或屋顶的距离不大于 0.1m;

3) 位于房间下部区域的吸风口,其下缘至地板间距不大于 0.3m;

4) 因建筑结构造成有爆炸危险气体排出的死角处,应设置导流设施。

(6) 含有剧毒物质或难闻气味的局部排风系统,或含有较高的爆炸危险物质的局部排风系统所排出的气体,应排至建筑物空气动力阴影区和正压区外。

(7) 可能突然放散大量有害气体或有爆炸危险气体的建筑物,应设置事故通风装置:

1) 事故通风量宜根据工艺设计要求通过计算确定,但换气不应小于每小时 12 次;

2) 事故排风的吸风口,应设在有害气体或爆炸危险性物质放散量最大或聚集最多的地点,对事故排风的死角处,应采取导

流措施;

3) 事故排风的排风口应符合下列规定:

① 不应布置在人员经常停留或经常通行的地点;

② 排风口与机械送风系统的进风口的水平距离不应小于 20m;当水平距离不足 20m 时,排风口必须高出进风口,并不得小于 6m;

③ 当排气中含有可燃气体,事故通风系统排风口距可能火花溅落地点应大于 20m;

④ 排风口不得朝向室外空气动力阴影区和正压区。

(8) 事故通风的通风机,应分别在室内、外便于操作的地点设置电器开关。

(9) 通风、空气调节系统的风管,宜采用圆形或长、短边之比不大于 4 的矩形截面,其最大长、短边之比不应超过 10。风管的截面尺寸,宜按国家现行标准《通风与空调工程施工质量验收规范》GB 50243 中的规定执行。金属风管管径应为外径或外边长;非金属风管管径为内径或内边长。

(10) 凡设有机械通风系统的房间,人员所需的最小新风量应满足国家现行有关卫生标准,工业建筑应保证每人不小于 30m³/h 的新风量,人员所在房间设有机械通风系统时,应有可开启外窗。

(11) 可燃气体管道、可燃液体管道和电线、排水管道等,不得穿过风管的内腔,也不得沿风管的外壁敷设。可燃气体管道和可燃液体管道,不应穿过通风机室。

(12) 在下列条件下,应采用防爆型设备:

1) 直接布置在有甲、乙类物质场所中的通风、空气调节和热风采暖的设备;

2) 排除有甲、乙类物质的通风设备;

3) 排除含有燃烧或爆炸危险的粉尘、纤维等丙类物质,其含尘浓度高于和等于其爆炸下限的 25% 时的设备。

(13) 用于甲、乙类的场所的通风、空气调节和热风采暖的送风设备,不应与排风设备布置在同一通风机房室内。用于排除甲、乙类物质的排风管,不应与其他系统的通风设备布置在同一通风机房内。

(14) 空气的蒸发冷却采用江水、湖水、地下水等天然冷源时,应符合下列要求:

1) 水质符合卫生要求;

2) 水的温度、硬度等符合使用要求;

3) 使用过后的回水应再利用;

4) 地下水使用过后的回水全部回灌,并不得造成污染。

(15) 送风口的出口风速应根据送风方式、送风口类型、安装高度、室内允许风速和噪声标准等因素确定,消声要求较高时,宜采用 2~5m/s,喷口送风可采用 4~10m/s;

(16) 空气调节区的送风口选型应符合:侧送宜选用百叶风口或条缝型风口;有吊顶可利用时,可分别采用圆形、方形、条缝形散流器或孔板送风;空间较大的公共建筑和室温允许波动范围大于或等于 ±1.0℃ 的高大厂房,宜采用喷口送风、旋流风口送风或地板式送风。

(17) 回风口的布置方式,应符合下列要求:

1) 回风口不应设在射流区内和人员长时间停留的地点,采用侧送时,宜设在送风口的同侧下方;

2) 条件允许时,宜采用集中回风或走廊回风,但走廊的横断面风速不宜过大且应保持走廊与非空调区之间的密封性。

(18) 回风口的吸风速度,宜按表 34-1 选用。

回风口的吸风速度 表 34-1

回 风 口 的 位 置		最大吸风速度 (m/s)
房间上部		≤4.0
房间下部	不靠近人经常停留的地点时	≤3.0
	靠近人经常停留的地点时	≤1.5

(19) 空气调节区内的空气压力应满足下列要求:

1) 工艺性空气调节,按工艺要求;

2) 舒适性空气调节,空气调节区与室外的压力差或空气调节

区相互之间有压差要求时，其压差值宜取 5～10Pa，但不应大于 50Pa。

（20）属下列情况之一的空气调节区，宜分别或独立设置空气调节风系统：

1）使用时间不同的空气调节区；

2）温湿度基数和允许波动范围不同的空气调节区；

3）对空气的洁净要求不同的空气调节区；

4）有消声要求和产生噪声的空气调节区；

5）空气中含有易燃易爆物质的空气调节区；

6）在同一时间内须分别进行供热和供冷的空气调节区。

（21）空气调节系统风管内的风速，应符合表 34-2 规定。

空气调节系统风管内的风速　　　表 34-2

室内允许噪声级 dB（A）	主管风速（m/s）	支管风速（m/s）
25～35	3～4	≤2
35～50	4～7	2～3
50～65	6～9	3～5
65～85	8～12	5～8

注：通风机与消声装置之间的风管，其风速可采用 8～10m/s。

34.1.2　建筑设计防火相关规定

（1）通风、空气调节系统应采取防火安全措施。

（2）通风和空气调节系统的管道布置，横向宜按防火分区设置，竖向不宜超过五层，当管道设置防止回流设施或防火阀时，其管道布置可不受此限制，垂直风管应设置在管井内。

（3）有爆炸危险的厂房内的排风管道，严禁穿过防火墙和有爆炸危险的车间隔墙。

（4）甲、乙、丙类厂房中的送、排风管道宜分层设置，当水平或垂直送风管在进入生产车间处设置防火阀时，各层的水平或垂直送风管可合用一个送风系统。

（5）空气中含有易燃易爆危险物质的房间，其送、排风系统应采用防爆型的通风设备，当送风机设置在单独隔开的通风机房内且送风干管上设置了止回阀门时，可采用普通的通风设备。

（6）下列情况之一的通风、空气调节系统的风管上应设置防火阀：

1）穿越防火分区处；

2）穿越通风、空气调节机房的房间隔墙和楼板处；

3）穿越重要的或火灾危险性大的房间隔墙和楼板处；

4）穿越防火分隔处的变形缝两侧；

5）垂直风管与每层水平风管交接处的水平管段上，但当建筑内每个防火分区的通风、空气调节系统均独立设置时，该防火分区内的水平风管与垂直总管的交接处可不设置防火阀。

（7）公共建筑的浴室、卫生间和厨房的垂直排风管，应采取防回流措施或在支管上设置防火阀，公共建筑的厨房的排油烟管道宜按防火分区设置，且在与垂直排风管连接的支管处应设置动作温度为 150℃ 的防火阀。

（8）防火阀的设置应符合下列规定：

1）除消防规范另有规定以外，动作温度应为 70℃；

2）防火阀宜靠近防火分隔处设置；

3）防火阀暗装时，应在安装部位设置方便检修的检修口；

4）在防火阀两侧各 2.0m 范围内的风管及其绝热材料应采用不燃材料；

5）防火阀应符合现行国家标准《建筑通风和排烟系统用防火阀门》GB 15930 的有关规定。

（9）通风、空气调节系统的风管采用不燃材料，但下列情况除外：

1）接触腐蚀介质的风管和柔性接头可采用难燃材料；

2）体育馆、展览馆、候机（车、船）楼（厅）等大空间建筑、办公楼和丙、丁、戊类厂房内的通风、空气调节系统，当风管按防火分区设置且设置了防烟防火阀时，可采用燃烧产物毒性较小且烟密度等级小于等于 25 的难燃材料。

（10）设备和风管的绝热材料、用于加湿器的加湿材料、消声材料及其胶粘剂，宜采用不燃材料；当确有困难时，可采用燃烧产物毒性较小且烟密度等级小于等于 50 的难燃材料；风管内设置电加热器时，电加热器的开关应与风机的启停连锁控制，电加热器前后各 0.8m 范围内的风管和通到容易起火房间的风管，均应采用不燃材料。

（11）燃油、燃气锅炉房应有良好的自然通风或机械通风设施。燃气锅炉房应选择防爆型事故排风机，当设置机械通风设施时，该机械通风设施应设置导除静电的接地设置，通风量应符合下列规定：

1）燃油锅炉房的正常通风量按换气次数不小于 3 次/h 确定；

2）燃气锅炉房的正常通风量按换气次数不小于 6 次/h 确定；

3）燃气锅炉房的事故排风量按换气次数不小于 12 次/h 确定。

（12）民用建筑内空气中含有容易起火或爆炸危险物质的房间，应有良好的自然通风或独立的机械通风设施，且其空气不应循环使用。

（13）排除含有比空气轻的可燃气体与空气的混合物时，其排风水平管全长应顺气流方向向上坡度敷设。

（14）可燃气体管道和甲、乙、丙类液体管道不应穿过通风机房和通风管道，也不应紧贴通风管道的外壁敷设。

（15）防烟与排烟系统中的管道、风口及阀门等必须采用不燃材料制作，排烟管道应采取隔热防火措施或与可燃物不小于 150mm 的距离。排烟管的厚度应按现行国家标准《通风与空调工程施工质量验收规范》GB 50243 的有关规定执行。

（16）机械排烟系统中的排烟口、排烟阀和排烟防火阀的设置应符合下列规定：

1）排烟口或排烟阀应按防烟分区设置，排烟口或排烟阀应与排烟风机连锁，当任意排烟口或排烟阀开启时，排烟风机应能自动启动；

2）排烟口或排烟阀平时为关闭时，应设置手动和自动开启装置；

3）排烟口应设置在顶棚或靠近顶棚的墙面上，且与附近安全出口沿走道方向相邻边缘之间的最小水平距离不应小于 1.5m，设在顶棚上的排烟口，距可燃构件或可燃物的距离不应小于 1.0m；

4）设置机械排烟系统的地下、半地下场所，除歌舞娱乐放映游艺场所和建筑面积大于 50m² 的房间外，排烟口可设置在疏散走道；

5）防烟分区内的排烟口距最远点的水平距离不应超过 30m；排烟支管上应设置当烟气温度超过 280℃ 时能自行关闭的排烟防火阀；

6）排烟口的风速不宜大于 10m/s。

（17）机械加压送风管道、排烟管道和补风管道内的风速应符合下列规定：

1）采用金属风道时，不宜大于 20m/s；

2）采用非金属风道时，不宜大于 15m/s；

3）送风口的风速不宜大于 7m/s，排烟口的风速不宜大于 10m/s。

（18）机械加压送风应保持余压：

1）防烟楼梯间为 40～50Pa；

2）前室、合用前室、消防电梯间前室、封闭避难层（间）为 25～30Pa。

34.1.3　人防相关设计规定

（1）防空地下室的采暖通风与空气调节系统应分别与上部建筑的采暖通风与空气调节系统分开设置。

（2）采暖通风与空调系统的平战结合设计，应符合下列要求：

1）平战功能转换措施必须满足防空地下室战时的防护要求和使用要求；

2）在规定的临战转换时限内完成战时功能转换；

3）专供平时使用的进风口、排风口和排烟口，战时应采取的防护密闭措施。

（3）防空地下室两个以上防护单元平时合并设置一套通风系统

时，应符合下列要求：

1）必须确保战时每个防护单元有独立的通风系统；

2）临战转换时应保证两个防护单元之间密闭隔墙上的平时通风管（孔）在规定时间实施封堵，并符合战时的防护要求。

（4）防空地下室战时的进（排）风口或竖井，宜结合平时进（排）风口或竖井设置。平战结合的进风口宜选用门式防爆波活门。平时通过该活门的风量，宜按防爆波活门门扇全开时的风速不大于10m/s确定。

（5）防空地下室内的厕所、盥洗室、污水泵房等排风房间，宜按防护单元单独设置排风系统，且宜平战两用。

（6）防空地下室战时的通风管道及风口，应尽量利用平时的通风管道及风口，但应在接口处设置转换阀门。

（7）战时防护通风设计时，必须有完整的施工设计图纸，标注相关预埋件、预留孔位置。

（8）柴油发电机房宜设置独立的进、排风系统。

（9）穿过防护密闭墙的通风管，应采取可靠的防护密闭措施，并应在土建施工时一次预埋到位。

34.2　通风空调工程相关机具设备

34.2.1　通风空调风管加工及安装的机具设备

34.2.1.1　板材的剪切机具设备

1. 龙门剪板机

主要用于将各种板材加工、剪切成各种规格的材料，可完全替代火焰切割，降低加工成本。龙门剪板机剪切长度可达2000mm，剪切厚度为4mm以内。龙门剪板机（图

图34-1　龙门式剪板机

34-1）由电动机通过皮带轮和齿轮减速，经离合器动作，由偏心杆带动滑动刀架的上刀片和固定在床身的下刀片进行剪切。当剪切大量规格相同的条形板材时，可以不用专门画线，只要把床身后面的可调挡板，调节到所需尺寸，把板材放在上下刀片之间并靠紧挡板，就能进行剪切。剪切时应注意以下各点：

（1）应根据剪板机的能力进行工作，不能超过规定的厚度，以防损坏机械。

（2）剪切整张钢板或大块板材时，需两人进行操作，这时要相互配合好，协调一致，由一人操作离合器脚踏装置，一人看线，当对准看线人准备完毕后，方可进行剪切，防止剪错线或把手指切伤等事故发生。

（3）材料要堆放整齐，剪下的边角料要及时清理，以免影响操作。

（4）剪板机要定期作检查和保养。

2. 手剪

也叫白铁剪，是最常用的剪切工具。手剪口为硬质合金，用于剪切薄钢板。分直线剪和弯曲剪两种。直线剪用于剪切直线和曲线的外圆；弯曲剪便于剪曲线的内圆。常用的规格有300mm和450mm两种。用手剪切时，剪刀刀刃相互靠紧，把剪刀的下部勾环靠住地面，用左手将板材上抬起，右脚踏住右半边，右手操作剪刀向前剪切。手剪的剪切厚度一般不超过1.2mm，适合于剪剪缝不长的工件。剪切时，手剪不能粘有油污；严禁剪切比刀口还要硬的金属和用手锤锤击剪刀背；保管过程中要防止损坏剪刀的刀口。

3. 手动辊轮剪

在铸钢机架的下面固定有下辊刀，机架的上部有上辊刀、棘轮和手柄。利用上下两部分互成角度的辊轮相切转动，将板材剪断。操作时，一手握住钢板，将钢板送入两辊刀之间，一手扳动手柄，使上下辊刀旋转把钢板切下。

4. 电动曲线锯及电动剪刀

风管制作工程中常用的JIQz-3型电动曲线锯，能在薄钢板、有色金属板及塑料板等板材上剪出曲率半径较小的几何形状。锯条

分粗、中、细三种，根据板材的材质更换锯条。锯切钢板最大厚度为3mm。电动剪刀适用于薄钢板、有色金属板及塑料板直线或曲线剪切。使用电动剪刀时必须按照不同型号的使用说明书，特别是剪切时应符合说明书的要求。

5. 双轮直线剪板机

该机由电动机通过皮带轮和涡轮减速，由齿轮带动两根固定在机架上的轴相对旋转，利用两轴轴端装设的圆盘刀进行剪切。剪切直线时，可按所需的剪切宽度，将板材固定在装有直线滑道的小车上，小车与两圆盘刀同标高。用手推动小车，使板材与圆盘刀接触，由于板材和两圆盘刀之间的滚动摩擦使板材就能自动向前移动而剪切钢板。在剪切小料和曲线用手扶板材时，手和圆盘刀要保持一定距离，以防把手卷入的事故发生。这种剪板机适用于剪切板厚2mm以内的直线和曲率不大的曲线板材。

6. 风剪

风管制作工程中常用的12型风剪由剪体、减速器、风马达、节流阀等部件，及刀架、上下刀片外壳等零件组成。节流阀部件是由阀座、开关套、节流阀、阀壳、压缩空气管等组成，用来调节进气流量。当顺时针转动开关套时，通过圆柱销带动节流阀随之转动，使节流阀上的两个孔与阀座上的两个进气孔联通，压缩空气进入风马达，使之气路开启。反向（逆时针）转动开关套时，节流阀上的两个孔小阀座上的两个进气孔错位，气路断而关闭。风马达是由气缸前盖、调整圈、转子、滑片、气缸、气缸后盖等组成。压缩空气通过气缸后盖及气缸上的进风孔，进入气缸内腔，作用在滑片的伸出部分上，推动滑片追使转子转动。减速器是由曲轴、齿轮架、行星齿轮、内齿轮等组成。使转子的高转速以8：1的速比减速后带动曲轴旋转。剪体部件是由剪体、顶丝、挺杆等组成。曲轴的旋转带动挺杆做上下往复运动。刀架上装有下刀片和上刀片。上刀片固定在挺杆下端，随挺杆做上下往复运动，并与下刀片配合完成剪切功能。

34.2.1.2　板材的卷圆及折方设备

1. 卷板机也叫滚板机。它是通过旋转的上下辊产生弯曲变形的一种钢板卷圆或平直的机械。

（1）卷板机的种类

卷板机按轴辊的数量和相对位置，可分为对称三轴辊卷板机、三辊不对称卷板机和四轴辊卷板机，如图34-2所示。

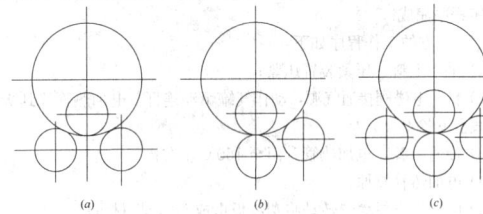

图34-2　卷板机的种类

(a) 对称三轴辊卷板；(b) 三辊不对称卷；(c) 四轴辊卷板机

对称三轴辊卷板机结构简单，操作方便，但对卷板机端部弯曲有一定的局限性。铆工常用的是这种卷板机。

（2）卷板机的使用

1）卷钢板前，首先注油润滑卷板机并检查减速箱内的油面及清洁度；同时必须开空机检查传动部分是否正常，发现问题应及时检修。

2）卷板厚度不能超过卷板机允许最大板厚，决不能超载运转，以防损坏设备。

3）卷板操作者，在机械运转时不许站立在卷板上。

4）卷较大直径筒件时，必须有吊车等机具配合，以防钢板自重使卷过圆弧部分由于自身压力产生回直而反向变形，或发生质量缺陷。

5）卷成圆的大直径薄壁半成品圆筒，为防止变形，不能将圆筒卧放，要立放以减少变形。

6）卷圆工作结束后，要切断电源并清扫机械和场地。

2. 卷圆机

卷圆机结构原理是在焊接组成的机架上装有两根铸铁支柱，支

柱间用拉杆连接。立柱轴承上配置三根滚轴，即下滚轴和两根侧滚轴。转动轴轴颈和可放倒的轴承是上滚轴的支柱。上滚轴和下滚轴是驱动轴，由电动机通过减速器与一副齿轮驱动。除了上下滚轴做旋转运动外，侧滚轴也可以移动，以便卷成所需直径的圆形卷筒。侧滚轴的移动由电动机通过传动链、涡轮减速器及螺杆传动使其驱动。卷成卷筒后，利用上轴端子上的汽缸将滚轴端的轴承打开并抬起后将其取出。卷圆机的机械操作由位于左立柱（从传动装置一侧看）的控制板控制。有两种工作制：一种是使机构做断续运转，另一种是连续运转。紧急踏杆配置在机械的底座上。

3. 折方机

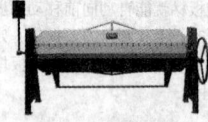

图 34-3 手动折方机

折方机主要用于矩形通风管道的直边折方。现以手动型折方机（图 34-3）的使用为例，该机可以弯曲 0.3～1.2mm 厚的 2000mm 宽的薄钢板。调整下模可使钢板成形 45°、90°、120° 和 150° 的角度。其操作方法如下：

(1) 根据板材厚度和折角形状，调整下模；

(2) 调整上刀片：用随机带来的专用扳手，旋转上刀片两端的调整拉杆，使上刀片与下模间的间距适当，并使两端的距离误差不大于 0.5mm。逆时针旋转调整拉杆上的紧固螺母，使它与下轴瓦靠紧；

(3) 调整下刀架：调整下刀架与机架间连接螺杆，使上刀片中心线与下模的中心线重合；

(4) 调整靠尺：当进行批量折方时，可调整靠尺到需要的尺寸位置，并使靠尺的正面与上刀片平行，然后加以固定；

(5) 折方成形：当加工较薄或较窄的板材时，只需转动手轮，使上刀片向下滑动，并与下模将板材折弯。当加工较厚的板材时，可用加力杠杆插入棘轮作往复摇动，就可以将板材折弯。如果杠杆与手轮同时使用，转向应该相同；

(6) 每班在使用前应对各个油孔和上刀架的滑道加注润滑脂。

4. 塑料板电动折方机

(1) 塑料板电动折方机，用于塑料板厚度为 3～8mm，宽度 2m 以内的硬聚氯乙烯塑料板通风管道的折方工序。由滚道式上料台架、电动折方机、电加热器及电气控制柜等部分组成。该机除上料、夹紧由手工完成，其余动作均可根据需要，通过调节整定时间按预定程序完成。

(2) 折方的工作程序如下：

1) 手工上料，压紧装置压紧；

2) 打开电磁阀接通气源，动作气罐牵动连杆，电加热管移到板材划线上下各 15mm 处；

3) 接通电源，电加热管升温至 150℃ 左右；

4) 电加热管复原；

5) 电动折方机缓慢转动将塑料板折成 90°，板材自然冷却，折方机复原；

6) 松开压紧装置取出折好的塑料板。塑料板的加热和冷却温度根据材质和厚度经实验决定。使用塑料折方机使塑料板折方，其角度准确，曲率半径小（$R=3mm$），棱角光滑、挺直、美观，对原料无损伤，保证了塑料风管的质量。

34.2.1.3 金属板材的连接设备

1. 电动液压铆接钳

它是采用液压为动力，工作时无噪声。它用来铆接风管的法兰接口，比手工操作可提高工效 2～4 倍，铆接质量好。电动液压铆接钳的重量约 4kg，活塞推力为 30kN，工作行程 28mm。

2. 电动拉铆枪

电动拉铆枪是抽芯铆钉铆接的专用工具。其动力有电动和风动两种，但在通风空调工程中多用电动拉铆枪。

(1) 原理说明：主要由交直流两用单相电动机、传动装置和头部拉铆机构组成。电动以两级减速由离合器使拉铆杆作往复直线运动，头部拉铆机构和拉铆杆相接，在拉铆杆往复运动中完成铆接动作。

(2) 操作注意事项：只要在铆接的位置钻好孔，放入抽芯铝铆钉，将拉铆枪头套住铆钉轴并顶紧铆钉头开启电源，将拉铆机构的

外套往电动机方向拉动约 9mm，启动离合器，使拉铆杆动作后，放开外套，瞬间将铆钉轴拉断，铆接完。

34.2.1.4 法兰与无法兰连接件加工设备

1. 弯头咬口机

可以制作钢板弯头，在弯头及通风管上作加固筋及扩口，切割钢板及环圈的端头、弯头及环圈成形，以及在通风管端部做凸棱加工等。常用的弯头咬口机的技术性能见表 34-3。

弯头咬口机的技术性能　　　　　表 34-3

	指　标	数　据
1	加工钢板的最大厚度（mm）	2
2	从板边到凸棱的最大距离（mm）	750
3	加工圆环和弯头的直径（mm）	315～1015
4	轧压速度（m/min） 最大 最小	10 6.6
5	电动机 功率（kW） 转速（r/min）	1.1/1.6 960/1240
6	外形尺寸（mm）	1390×820×1700
7	重量（kg）	1100

2. 弯头咬口折边机

是将矩形弯头两片扇形管壁的板料滚轧成雄咬口，由直接咬口折边机将两侧管壁的板料滚轧成雌咬口，再根据管壁的厚度和尺寸的大小，由人工或卷板机弯曲成一定的曲率半径的弯度，经缝合后制成弯头。

3. 法兰弯曲机

法兰弯曲机有圆法兰弯曲机和矩形法兰弯曲机。弯制法兰的操作程序是把弯制法兰的扁钢或角钢放到转动弯曲机辊的料槽内，随后通过 3 个弯曲轧辊，并受到压模外圆的弯曲，即形成法兰形状。常用的法兰弯曲机的技术性能见表 34-4。

法兰弯曲机技术性能　　　　　表 34-4

	指　标	数　据
1	加工法兰用钢材($6b\leq450MPa$)的截面(mm)扁钢	25×4
	角钢	<25×3～36×4
2	弯曲轧辊回转速度（r/min）	50.5
3	弯曲轧辊的圆周速度（m/min）	17.5
4	电动机 功率（kW）	3
	转速（r/min）	1450
5	外形尺寸（mm）	1520×630×1130
6	重量（kg）	1010

4. 风管法兰成形机

风管法兰成形机有双头风管法兰成形机和风管部件法兰成形机两种。

(1) 双头风管法兰成形机：由机架、传动装置、固定工作头、行程螺杆及活动工作头等主要部件组成。机架上固定传动装置——电动机和减速器，两者通过皮带轮传动。减速器的终端轴通过联轴器与行程螺杆相连接。活动工作头可转动手轮借助滚轮在机架上移动。工作头在机架上的位置可利用制动器和两只偏心轮加以固定。

该机可以进行圆形及矩形风管的端口折边。矩形风管端口折弯时要分 4 次进行（每边 1 次），并且边角处要预先切断，长为 15～20mm。双头风管法兰成形机加工成的风管法兰，其端口折边垂直于风管轴线，能保证安装时的装配质量要求。

(2) 该机主要用于风管弯头、三通及十字管的法兰成形。也可以作为风管法兰成形机使用。

5. 矩形风管法兰折边机

矩形风管法兰折边机工作轴的支持轴承紧固到焊制机架上。由电动机通过涡轮减速机及凸轮联轴器使工作轴驱动，凸轮联轴器以手柄开动。工作轴上装有扇形轮。将矩形风管法兰折边部分装在梳形撑板上，然后开动工作轴使其旋转，轴上的扇形轮即将通风管的

一边在法兰面上进行折边。轴每转一周就将法兰周长的一边折好。这样按次序转动风管，即可将风管法兰整个周边折好。

6. 咬口机：咬口机用机械咬口的方法把金属板制风管、管件端口逐次压成不同的咬口形状，使端口互相咬接形成风管（或管件）。该机在框式铸造的机架内，用螺栓紧固一排下凸轮传动装置。上凸轮传动装置与下凸轮装置相接触。在传动装置的铸成的机壳内装有齿轮，以驱动上转轴及下转轴。传动轴共有9对，其上套装锥状滚动轴承，在轴颈外镶有咬口凸轮。整个机械用电动机驱动，电动机紧固在机架内的调节底板上，可以调节传动皮带的紧度。咬口时，靠盘轮弹簧使上下凸轮传动装置形成压力，并以螺母进行压力调节。在工作台上平放咬口的通风管板材。工作台的进料一侧装有两列平行导轨，可以把金属板材托平、顺直并送入凸轮内。在板材出料的一端也有两列导轨，以防止在咬口过程中板材跑偏。机械的运转靠安装在下凸轮传动装置外壳上的按钮开关控制。咬口机可以轧制厚度为1.5mm以下的金属薄板咬口，这时，盘环状弹簧不能压紧到头，通常上下凸轮之间的空隙留有调节的余地。为确保凸轮的正常工作，凸轮端面要处于一个平面上。在使用过程中，要注意凸轮的润滑。

7. 压口机：压口机的结构原理是在焊制的钢架上装有上梁，上梁用两根对扣的槽钢制成。槽钢的下缘作为带电动装置的小轴架的导轨用。小轴架上装有压缝工作头及压缝凸轮，可沿着阴模底梁移动。阴模底梁的一端装有锁紧装置，并有汽缸用以控制阴模底梁自由端开闭装置。轴装有终端开关，用以控制小轴架到达极限位置时自动停车。自行式工作头上备有气缸，用以将压缝工作轮压紧到阴模底梁上，工作头与供气系统和供电系统靠软管与电缆相连接。阴模底梁与上梁一样，用于承受压紧咬口缝时所产生的力。阴模底梁的自由端装有尾杆，在尾杆上套装上梁的锁紧器。阴模底梁是可换的，当所压的咬口缝别为另外一种类型时，可以换成适合的阴模底梁。压缝轮也是易于更换的。在开关箱内装有带开关的电气及气动设备。压口的过程如下：将咬好口的板件放到阴模底梁上，使咬口对正压轮，用汽缸将锁紧器关闭，落下压轮并且开动自行式工作头，使其沿着咬口缝运动进行压口。已压好咬口的通风管或板件必须先打开锁紧器才能从阴模底梁上取出。

34.2.1.5 风管加工的配套工具

（1）薄钢板点焊机（图34-4）、缝焊机

钢板风管的拼接缝和闭合缝在焊接时，先打开冷却水，接通电源，然后把要焊接的拼接缝放在钢棒焊头中间，用脚将踏板踩下，焊头就压紧钢板，同时接通电路。由于电流加热和触头的压力，使钢板接触处熔焊在一起。钢板搭接缝还可以用缝焊机来进行焊接。焊接时，先要打开冷却水，接通电源，然后把要焊接的搭接缝放在两个辊子之间，踩下踏板，辊子即压紧焊件，接通焊接电流，同时转动使焊件移动。接触处即被加热、挤压熔接在一起。使用点焊机和缝焊机，不但焊接效率高，而且焊件外表平整，焊缝比咬口更牢固严密，凡是有条件的地方都可以采用。

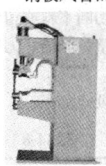

图34-4 点焊机

（2）烙铁

烙铁是锡焊工具，有火烙铁和电烙铁两种，因紫铜容易加热并容易保存热量和加热焊锡表面，所以一般都用紫铜做成。电烙铁规格在20～500W，工程使用的电烙铁一般都在200W以上。由于锡焊耐温低，强度差，所以一般只在通风、空调中用镀锌钢板制作风管时，配合咬口使用，使咬口更牢固，更严密。烙铁的大小和端头形状，根据焊件的大小和焊缝位置而定，一般以使用方便、焊接迅速为原则。烙铁使用前要先镀上锡。方法是把烙铁烧热，用锉刀把烙铁端部锉干净，不要有锐边和毛口。然后放在氯化锌溶液里浸一下，再与焊锡反复摩擦，使烙铁端部均匀地沾上一层焊锡。烙铁的温度应掌握好，一般把烙铁加热到冒烟时，就能使焊锡保持足够的流动性，温度就比较合适。温度太低，锡不易完全熔化，使焊接不牢固。如果温度太高，会把烙铁端部的锡烧掉，使端部氧化，就得重新修整端部镀锡。为了便于加热烙铁和避免烧坏端部，烧烙铁时，应把烙铁头向上。每次加热以

后，蘸焊锡前都要把端部浸一下药水。锡焊前，把焊缝附近的铁锈、污物彻底清除干净，然后涂上氯化锌溶液（镀锌钢板上涂50%盐酸的水溶液），并用烙铁在焊缝两端和中间焊几点，固定好焊件位置，然后进行连续焊接。对于较长的焊件，烙铁端部要全部接触焊缝，以传递较多的热量。对于细小的焊件，只需用烙铁尖端接触即可。烙铁沿焊缝慢慢移动，使焊锡熔在焊缝上，焊锡只要填满焊缝就行了。堆集太多对焊缝没有好处。用火烙铁焊时，焊缝温度降低不能使焊锡具有足够的流动性时，就要换用烧好的烙铁，在续焊处附近涂上一些药水，续焊时要等续焊处的焊锡熔化，再移动烙铁。

（3）塑料电热焊工具

非金属风管制作工程中，塑料电热焊工具由以下部件组成：

1）电热焊枪：见图34-5，由金属的管状外壳、带锥形的焊嘴和焊枪把手组成。管状外壳内装有带圆柱形孔道的瓷管，在孔道内装有螺旋状的28#电热丝（直径为0.36mm），其功率为415～500W。使用电压36～45V。

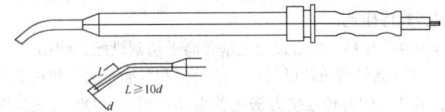

图34-5 电热焊枪

2）调压变压器：将220V的外接电源降压调至36～45V。

3）气流控制阀。

4）空气过滤器或油水分离器：因压缩机送出来的空气中混有油脂及水分，会降低焊缝强度及降低焊枪内电热器的使用寿命，所以要设置此设备。其送出的压力为0.08～0.1MPa。

5）小型空压机：按供给焊枪的数量来选定。每个焊枪的耗气量为2～3m³/h。塑料焊接装置的连接形式如图34-6所示。

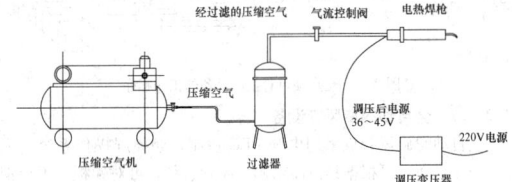

图34-6 塑料焊接装置连接方式图

使用这套塑料焊接设备时应注意以下事项：

① 焊接时的最适宜室温为10～25℃。

② 焊接时焊枪嘴口出来的空气温度以210～250℃最适宜。温度对焊接速度及焊缝强度都有影响，当使用焊条直径为3mm，空气压力为0.05～0.06MPa，焊枪喷口直径为3mm时，焊枪喷嘴温度用水银温度计在距焊嘴5mm处，沿平行气流方向经15s稳定后测定。其结果见表34-5。

温度对焊接速度及焊缝强度的影响 表34-5

焊枪喷嘴温度 （℃）	单列焊缝的焊接速度 （m/min）	X形焊缝的抗张拉强度 （MPa）	为材料强度的 （%）
200	0.11	27.5	55
210	0.14	33	60
220	0.15	33.5	67
230	0.16	32.5	65
240	0.17	29.5	59
260	0.18	25.5	51
280	0.21	23.5	47
300	0.22	20.4	40.7

③ 焊枪内的压缩空气压力，应保持在0.05～0.1MPa之间，压力过大会使焊缝表面粗糙，影响焊接区域外观。

④ 焊枪喷嘴直径一般以与焊条直径相同为宜。其对焊接强度的影响，当为X形焊缝，坡口张角为90°，板厚为5mm，焊接用的

空气温度为 240℃（空气流量为 2～3m³/h），压力为 0.05～0.06MPa 时的影响见表 34-6。

⑤ 焊枪使用时，先通入压缩空气，然后接通电源。

⑥ 焊条直径的选用：当塑料板厚为 2～5mm 时，选用 2mm 直径的聚氯乙烯焊条；当板材厚度为 5.5～16mm 时，选用 3mm 直径的焊条；当板材厚度大于 16mm 时，选用 3.5mm 焊条。

焊条直径及焊枪喷嘴直径对塑料焊缝强度影响　　表 34-6

焊条直径（mm）	焊枪喷嘴直径（mm）	焊缝的抗张拉强度（MPa）
2.6	3.5	31
3.2	3.5	39.6
3.4	3.5	40

34.2.1.6　全自动风管生产线设备

共板法兰风管全自生产线设备，可提高风管加工质量和生产效率。共板法兰风管全自动生产线设备，基本由开卷机、校平压筋机、定尺剪断机构、联合咬口机、共板法兰成型机、折方机和主控柜组成。其特征是：

（1）定尺开料，可直接与电脑等离子切割机配合使用。

（2）CS 插骨角角，可与 C 骨法兰机和 S 插条法兰机配合使用。TDF 自成法兰的各种连接方法定位剪角，可与 TDF 自成法兰机、TDF 接边机配合使用。可剪角铁法兰或之字法兰使用的各种剪角。并能折出"凵"、"冂"和"囗"并与联合合缝机配套使用而完成整套风管。

（3）可完成 TDC 剪切角并和插条法兰折弯，如生产"囗"形风管。可与联合合缝机和插条法兰配合使用而成完整风管。

工作程序如图 34-7 所示。

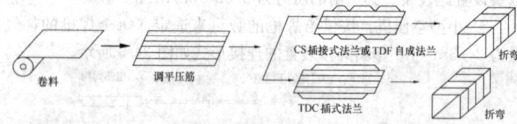

图 34-7　全自动风管生产设备的工作程序

34.2.1.7　全自动螺旋风管设备

全自动螺旋风管机采用电脑 PLC 控制，触摸屏操作系统，人性化操作界面，可根据具体需求调节风管直径，可对铝板、不锈钢板、镀锌板、彩钢板等材料进行加工。适用于现场施工快速生产不同管径的通风管道。全螺旋风管机被广泛地应用于通风管道行业。

全自动螺旋风管机的特点：

（1）专利模具，调节方便；

（2）高速同步切割系统；

（3）PLC 控制；

（4）可现场施工；

（5）可任意调节；

（6）系统可处理不锈钢、镀锌钢板，铝板和铜板；

（7）全自动卷出设备，全自动安装测量设备；

（8）自动数字系统可以生产多种不同的管子。

全自动螺旋风管机的技术参数如表 34-7 所示。

全自动螺旋风管机的技术参数　　表 34-7

型号	全自动螺旋风管机 SRTF-1500
卷管直径	80～1500mm
卷管长度	100～8000mm
加工板厚	0.4～1.2mm
加工板宽	137mm
加工速度	1～38/min
外形尺寸	2100×2000×2850mm
重量	2500kg
电控系统	电脑 PLC 控制、变频调速、触摸屏操作
主机功率	5.5kW
切割功率	4kW

续表

型号	全自动螺旋风管机 SRTF-1500
液压功率	0.5～0.7kW
卷管直径	100～1500mm
卷管长度	100～8000mm
加工板厚	0.6～1.8mm
加工板宽	137mm
加工速度	1～38/min
外形尺寸	2100×2000×2850mm
重量	2800kg
电控系统	电脑 PLC 控制、变频调速、触摸屏操作
主机功率	11kW
切割功率	5.5kW
液压功率	0.5～1.5kW

34.2.1.8　安装常用的电动工具

1. 型材切割机

是由电动机通过皮带轮来带动砂轮片以 3000r/min 左右的转速，专门用来切断金属型材的机械。砂轮片规格用外圆直径×厚度×内孔直径来表示，如 Φ300×3×25.4（mm），Φ400×3×32（mm）等。这是一种纤维增强砂轮片，它的厚度虽薄，但不容易断裂。使用这种型材切割机切割钢材，工效高，切口整齐光洁。使用时注意以下几点：

（1）型材必须用夹钳夹紧。

（2）切割时，操作者的位置在砂轮片的左侧，右手按动手柄上的开关，砂轮片就被启动。砂轮片的旋转方向，从操作者的位置观察，应该是顺时针方向。

（3）右手按住手柄上的开关不放手，将手柄压下与被切割的型材接触，切割开始。然后均匀而缓慢地压下手柄，直到型钢被切断。

（4）型钢被切断时，立即放松右手按住的开关，将手柄抬起，待砂轮片停止转动后，再松开夹钳，取出型材，继续下一次操作。

（5）型材切割机要可靠接地。发现砂轮片转速下降时，应移动电动机拉紧三角皮带。

2. 电动冲切机

该机可对 4～8mm 厚的钢板、铝板等板材进行切断下料或切裁成形。与气割工艺相比，具有切割速度快，切口平整、光洁，无氧化皮及工件不产生变形等优点。

某型电动冲切机的技术参数见表 34-8，其操作要点如下：

某型电动冲切机的性能　　表 34-8

项目		技术参数
冲切厚度		
	低碳钢	4～6mm
	不锈钢	4mm
切口宽度		7mm
电机输入功率		2kW
额定电压		AC220V
额定电流		9.7A
电源频率		50Hz
冲击频率		480 次/min
理论最小冲切速度		≈1.4m/min
工作方式		40%工作制
最小冲切半径		110mm

3. 电动钻孔机

电动钻孔机为单轴单速，用在钢材、木材、塑料、砖及混凝土上钻孔。电动钻孔机有两种类型：

直式——钻杆与电动机同轴或并轴；

角式——钻孔与电动机转轴成一角度。

电动钻孔机在长期存放期间，室内温度需在 5～25℃ 范围内，相对湿度不超过 70%；在第一次大修前的使用期限（按正常操作）不低于 1500h。

4. 手电钻

手电钻是由交直流两用电动机、减速箱、电源开关、三爪齿轮夹头和铝合金外壳等部分组成。与手枪式电钻相比，其钻孔直径较大，其特点是手提加压钻孔。

5. 手枪电钻

常用手枪电钻规格见表 34-9。

手枪电钻规格表 表 34-9

型　号	回 J1Z—6	回 J1Z—10	回 J1Z—13
钻头直径 (mm)	0.5～6	0.8～10	1～13
额定电压 (V)	220	220	220
额定功率 (W)	150	210	250
额定转速 (r/min)	1400	2300	2500
钻卡头形式	三爪齿轮夹头		

6. 冲击电钻

这是一种旋转并伴随冲击运动的特殊电钻。它除了可在金属上钻孔外，还能在混凝土、预制墙板、瓷砖及砖墙上钻孔，应用膨胀螺栓来固定风管支架。钻孔或冲孔，由冲击电钻上的变换调节块进行选择。冲孔时必须使用镶有硬质合金的钻头。

34.2.2　空调管道加工及安装的机具设备

34.2.2.1　管道切割机具设备

1. 等离子切割机

常用等离子切割机型号及主要技术数据见表 34-10。

等离子切割机的型号及主要技术数据 表 34-10

型　号	LG—400-2	LHG—300
名称	等离子切割机	等离子焊接切割机
空载电压 (V)	300（直流）	割 70～140 焊 140～280
工作电压 (V)	100～150	割 25～40 焊 90～150
工作电流 (A)	100～500	≤300
电极直径 (mm)	5.5	
自动切割速度 (mm/min)	3～150	割 3～120 焊 15～240
切割厚度 (mm) 钢、铝	80（最大 100）	焊（不锈钢）8
切割厚度 (mm) 紫铜	50	切割（不锈钢、铝、碳钢）40
割圆直径 (mm)	120 以上	
切割气体流量 (L/h)	3000	
配用电源	ZXG2—400	ZXG—300

注：当切割时，电源用 ZXG—300 四台串联。

2. 电动切管机

电动切管机使用前先进行检查，在设备完好的情况下方可使用。工作时，将另一只刀架上离合器打开，避免两只同时进给。切管时，为了防止管子晃动使刀折断，采用三只中心滑轮挡车。滑轮在管子最大外径处做微量接触，不宜过紧。两只刀架上分别装有割刀和坡口刀，两刀间中心偏距必须选择合理，否则影响割管后坡口操作的顺利进行，如图 34-8 所示。

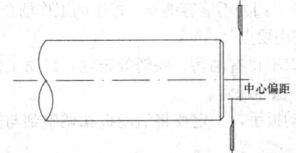

图 34-8　两刀间中心偏距选择

操作完毕，先将刀架外移，脱离切割的管端，然后取下管子，防止装卸管子时用力过猛，撞断刀架。冷却系统保持清洁，防止杂质、铁屑进入油路，阻塞管嘴。冷却剂一般使用乳化油。

3. 自爬式电动割管机

自爬式电动割管机是切割较大口径金属管材用的电动工具，也可用于钢管焊接及坡口加工。自爬式电动割管机由电动机、变速箱、爬行进给离合器、进刀机构、爬行夹紧机构及切割刀具等组成。

当割管机装在要切割的管子上后，通过夹紧机构把它紧夹在管体上。管子的切割分两部分来完成，一部分是由切割刀具对管子进行铣削，另一部分是由爬轮带动整个割管机沿管子爬行进给。刀具切入或退出由操纵人员通过进刀机构的摇动手柄来实现。这种割管机具有体积小、重量轻、切割效率高等优点。

4. 磁轮气割机

SAG—A 型磁轮气割机具有永磁性行走车轮，能直接吸附在钢管上自动完成低碳钢管道圆周方向的切断，切削管径≥08mm；切割表面粗糙度为 2.5。

使用时，将机体轻轻吸附在待切割的钢管上，使两对磁性行走车轮同时接触管壁。接好电源，控制电线与电源，转动电位器旋钮，选择行走速度（即切割速度），并打开控制箱上电源开关，指示灯亮后根据割口的要求，调节割炬位置和角度，并依次拧紧锁紧用手柄，使割炬固定。点燃预热火焰，根据被割件的厚度，选择适宜的参数；当打开切割氧的旋钮，使被割件烧透后，立即打开行走开关，启动割机行车，自行切割。若改变气割机的行走方向，要先关闭行走开关，使之停车，随即扳动到顺关开关，再打开行走开关，气割机向相反方向行走。

切割完毕要一手握机体手柄，一手抓住减速箱，强力扭动，把气割机从被割件上取下。

该机应经常维护保养，磁性轮上吸附的污物要随时清除干净，切勿碰伤磁性轮轮面，以免影响行走精度。如发现磁性减弱，要及时充磁。

减速箱内应定期补充二硫化钼润滑脂，其他转动部分的油孔，应经常注入 20 号机油，以使其润滑良好。工作结束，设备要置于干燥处保管，防止电气元件受潮或机件生锈，避免与异磁物接触，防止磁轮漏磁。

34.2.2.2　管道连接设备

手工弧焊用的电焊机分为焊接发电机（直流焊机）、焊接整流器和焊接变压器（交流焊机）三种。其型号是由汉语拼音字母和阿拉伯数字组成。

1. 交流电焊机

图 34-9　交流电焊机

交流电焊机（即焊接变压器）是手工弧电源最简单而通用的一种，具有材料省、成本低、效率高、使用可靠、维修容易等优点。我国目前所使用的交流弧焊机（如图 34-9）类型很多，如抽头式、可动线圈式、可动铁芯式和综合式等。各种类型的交流焊机在结构上大同小异，工作原理基本相同。

交流弧焊机的使用注意事项：

（1）按照焊机的额定焊接电流和负载率来使用，不要使焊机过载以免损坏。

（2）焊机不允许长时间短路，在非焊接时间内，不可使焊钳与焊件直接接触。

（3）调节焊接电流要在空载时进行。

（4）要经常检查接线柱上的螺帽，使导线接触良好；检查保险丝是否完好，机壳是否接地，调节机构是否良好。

（5）焊机放在干燥通风的地方，保持焊机整洁。露天使用时应罩好，防止灰尘或雨水侵入。

（6）焊机放置要保持平稳，转动时避免强烈振动。工作完毕或临时离开工作场地时，必须及时切断焊机的电源。

（7）焊机应定期检修。

2. 直流电焊机

这里指的是旋转直流焊机或直流弧焊机。由三相感应电动机、直流弧焊发电机、电流调节变阻器、滚轮、拉手和接线柱等部分组成。

(1) 三相感应电动机可以把三相电源的电网能量转换成动能，带动发电机旋转。

(2) 直流弧焊发电机可以产生焊接所需的电流（直流），并产生焊接所要求的外特性。

(3) 滚轮和拉手能够使焊机便于搬运。

(4) 接线柱可以将电网电源接入焊机并输出焊接电流或电压。

3. 电动钻孔套丝机

由于管道敷设工程，对已投入运行中的输水管道上接口，安装新的管线，可用电动钻孔套丝机来实现。电动钻孔套丝机主要由以下几部分组成：

(1) 机座及紧固机构：包括马鞍座、吊钩、链条。

(2) 驱动机构：包括电动机、大小皮带轮、蜗轮箱、转轴及驱动盘等。

(3) 进刀机构：包括龙门架、丝杆、手轮及攻丝套筒。

(4) 钻套及组合丝锥：包括钻套及 20～50mm 组合丝钻各一套。

本机适宜在输水管道上进行公称直径 DN20～50mm 的钻孔及攻丝。

工艺程序如下：

(1) 打孔前的准备工作：

1) 认真检查施工现场土质、管道及障碍物情况，并采取相应措施以保证操作能顺利进行；

2) 清除打孔的管子表面脏物、泥土和保护涂层；

3) 检查电气线路是否有漏电及损坏情况，检查电源电压，注意套轴旋转方向，进行试转操作；

4) 操作人员必须戴防护眼镜，穿绝缘胶鞋。

(2) 操作顺序及注意事项：

1) 按照装配顺序，安放橡胶垫、机架，利用链条及紧固件将钻孔机固定于需钻孔的管段上，钻机安装必须牢固，保证转机工作时不摇动。装上电动机与皮带，并用斜楔块张紧皮带。

2) 将组合好的丝钻安装于钻套上，紧固后，穿入打机轴套内，套入驱动盘，用手把钻套拉上，启动电动机把钻套慢慢放下，再用手轮逐步进刀。

3) 在管道表面层钻孔，待孔将穿通时放慢进刀速度，不宜进刀太快，防止钻头刀片断裂。

4) 钻头穿孔后攻丝时，DN25～50mm 可放下攻丝套筒同步攻丝，DN20mm 攻丝时用手动控制手轮给进量，尽量跟上螺纹进刀的速度，以免丝扣"烂牙"。

5) 攻丝完毕后立即停机。

6) 钻孔攻丝结束后，可取下钻机。

7) 钻孔操作时，发现异常现象应立即切断电源，并采取措施排除故障。

4. 液压弯管机

工程中使用较普遍的 WG—60 液压弯管机是一种能弯½″～2″（壁厚 1.6～4.5mm）各种不同管径的弯管机，部分材料采用铝合金，液压部分采用了快慢手摇泵，并装有三个行走小轮，具有重量轻、结构先进、体积小等特点。使用可靠，携带方便，最适于水、电及煤气管道的安装与维修。

(1) 弯管能力（见表 34-11）。

弯管能力 　　　　表 34-11

	管子规格	$\frac{1}{2}$″	$\frac{3}{4}$″	1″	$1\frac{1}{4}$″	$1\frac{1}{2}$″	2″
镀锌钢管	外径×壁厚 (mm)	21.75× 2.75	26.75× 2.75	33.5× 3.25	42.25× 3.25	48× 3.5	60× 3.5
电线管 (黑铁管)	管子规格	$\frac{5}{8}$″		$\frac{3}{4}$″		1″	$1\frac{1}{4}$″
	外径×壁厚 (mm)	15.87× 1.6		19.05× 1.6		25.4× 1.8	31.75× 1.8
不锈钢管	管子公称直径 (mm)	14、16、18、20、22、25、30、32、50					

(2) 液压弯管机的使用方法：

1) 将回油开关处于关闭位置。

2) 根据所弯管径选择相应弯管模，并装到油缸活塞杆顶端，再将两个与支承轮相应的尺寸凹槽转向弯管模，且放在两翼板相应尺寸的孔内，用插销销住（也可先放管子，再放支承轮）。

3) 把所弯管子插入槽中，先用快泵使弯管模压到管壁上，再用慢泵将管子弯到所需要的角度。当管子弯好后，打开回油开关，工作活塞将自动复位。

5. 电动弯管机

电动弯管机的种类及结构形式也很多，使用较多的有 WA—27—60 型、WB—27—108 型和 WY27—159 型等几种，最大能煨制 ≤159mm 的弯管。这类弯管机是由电动机通过皮带、齿轮或蜗轮蜗杆带动主轴以及固定在主轴上的弯管模一起旋转运动，以完成弯管操作。用电动弯管机弯管时，先使管子在管模和压紧模之间压紧后启动电动机，使弯管模和压紧模带着管子一起围绕弯管模旋转，直到旋转到需要的弯曲角度时停车。弯管时，使用的弯管模、导板和压紧模必须与被弯管子的外径相符，以免管子产生不允许的变形。

6. 中频弯管机

采用中频电感应加热。将工件在局部加热，同时用机械拖动管子旋转，喷水冷却，使弯管工作连续不断地协调进行的情况下进行弯曲。与一般冷态弯管机相比，不仅不需要成套的专用胎具，而且机床体积也只占同样规格的冷态弯管机的 1/3～1/2。采用这种弯管机，可以弯制 $\phi 325mm \times 10mm$ 的弯头。

34.2.2.3　管道安装常用的工具

1. 射钉枪

射钉的直径有 $\phi 6$、$\phi 8$、$\phi 10$ 等。射入砌体的一端为尖形，另一端有螺纹或带孔。使用射钉枪时，根据射钉的大小和固定射钉材料的类别来选择弹壳的装药量进行装

药。新型射钉枪（图 34-10）的弹壳是封固的，以端部的不同颜色标记表示壳内装药量的多少。由于各种射钉枪构造、性能及所用炸药的类别不一样，所以在使用时必须严格按说明书的要求去操作。射钉时砌体背面的人员应该暂时离开。不宜太靠近柱边或

图 34-10　射钉枪

墙角边射钉，以免柱边和墙角边裂口，射钉固定不牢。射钉较多时，操作人员要注意保护耳膜，以免影响听觉。

2. 扳手

(1) 活动扳手

活动扳手在通风工程施工中使用广泛，常用规格见表 34-12。

活动扳手规格表（mm）　　　表 34-12

长 度	100	150	200	250	300	375	450	600
最大开口宽度	13	18	24	30	36	46	55	65

(2) 双头扳手

有单件双头扳手，也有 6 件、8 件、10 件的成套双头扳手。每件扳手由于两端开口宽度不同，每把扳手可适用两种规格的六角头或方头螺栓、螺母。

(3) 套筒扳手

由各种套筒（头）、传动件和连接件组成，除具有一般扳手紧固或拆卸六角头螺栓、螺母的功能外，特别适用于工作空间狭小或深凹场合。一般以成套（盒）形式供应。有 6 件至 32 件多种规格。

(4) 梅花扳手

只适用于六角螺栓、螺母。承受扭矩大，使用安全，特别适用于场地狭小、位于凹处不能容纳双头扳手的工作场合。

(5) 扳手使用要点

1) 扳手扳口不得有油污、铁锈等杂物，以防工作时打滑。工作完毕应将扳手擦净保管。

2) 使用活动扳手，一定要将活动扳扣调整到与螺栓、螺母的大小相适合。

3) 使用扳手时，扳手要与螺栓、螺母的轴线相垂直。

3. 水平尺

在通风空调工程中，对支架、风管、设备等安装的水平度和垂直度都有一定的要求。水平尺和线坠就是用来检测安装水平度和垂直度的工具。通风与空调工程安装常用的是铁水准尺。由铸铁尺身和尺身上镶装的水平水准器和垂直水准器组成。铁水平尺的规格见表34-13。

铁水平尺规格表		表 34-13
长度 (mm)	150	200，250，300，350，400，450，500，550，600
主水准刻度值 (mm/m)	0.5	2

4. 线坠

(1) 线坠。有铜质和铁质（包括不锈钢）两种。其规格见表34-14。

线坠规格表	表 34-14
材料	重量 (kg)
铜质	0.0125，0.025，0.05，0.1，0.15，0.2，0.25，0.3，0.4，0.5，0.6，0.75，1，1.5
铁质	0.1，0.15，0.2，0.25，0.3，0.4，0.5，0.75，1，1.5，2，2.5

(2) 磁力线坠

磁力线坠适用于一般设备和管道安装的水平和垂直度测量。这种量具的外形与钢卷尺相似，由壳体、线坠、钢带、水泡、磁钢、线轮等零件组成。它可以牢固地吸附在被测的管道上，检测高度2.5m。

其外形尺寸：长×宽×高＝85mm×67mm×25mm。

5. 氧、乙炔气焊工具

乙炔瓶是用以贮存乙炔和运输乙炔的容器。其外形似氧气瓶，瓶内装浸透丙酮的多孔性填料，利用乙炔能大量溶解于丙酮的特性，将乙炔稳定而又安全地贮存在瓶内。使用时，乙炔从丙酮中分解出来。多孔性填料由活性炭、木屑、浮石及硅藻土合制成。乙炔瓶的工作压力为1.5MPa。

(1) 乙炔瓶的压力，不应超过表34-15的规定。

(2) 乙炔减压器：是用来把乙炔瓶内的高压乙炔气减压至焊枪所需要的压力并保持压力稳定。常用的QD-20单级乙炔减压器：进气口最高压力2MPa，出口压力范围0.01～0.15MPa；公称流量9m³/h；进口连接螺纹为夹环连接；重量2kg。

充装静置 8h 后压力												表 34-15	
环境温度 (℃)	-20	-15	-10	-5	0	5	10	15	20	25	30	35	40
静置后压力 (MPa)	0.5	0.6	0.7	0.8	1.0	1.05	1.2	1.4	1.6	1.8	2.0	2.25	2.5

(3) 氧气瓶：氧气是助燃气体，由氧气厂（站）生产并充注到氧气瓶内运到现场使用。其规格为表34-16所列。

氧气瓶规格表					表 34-16	
工作压力 (MPa)	容积 (L)	瓶外径 (mm)	高度 (mm)	重量 (kg)	水压试验压力 (MPa)	与瓶阀连接螺纹
15.0	33	φ219	1150±20	45±2	22.5	14牙/英寸
	40		1370±20	55±2		
	44		1490±20	57±2		

(4) 氧气表：是把贮存在氧气瓶内的高压氧气减压至焊接所需的压力并保持压力稳定。其型号和规格列于表34-17。

氧气减压器规格表						表 34-17
型号	名称	进气口最高压力 (MPa)	出口压力范围 (MPa)	公称流量 (m³/h)	进口连接螺纹	重量 (kg)
QD-1	单级氧气减压器	15.0	0.1～0.25	80	C5/8″	4
QD-2A			0.1～1.0	40		2
QD-3A			0.01～0.2	10		2

(5) 焊枪：是氧—乙炔气体混合并燃烧产生高温，用来进行焊接的工具。焊枪的规格一般分大、中、小型，每套焊枪都有七种焊嘴。通风工程中一般使用小型焊枪。小型焊枪的七个焊嘴按每小时的耗气量分别为50、75、100、150、225、350、500L；焊嘴的选择一般根据板厚来选用适当的焊嘴和焊丝，表34-18可供参考。

焊嘴、焊丝选用表		表 34-18
板厚 (mm)	1～2	3～4
焊嘴 (L)	75～100	150～250
焊丝直径 (mm)	1.5～2.0	2.5～3.0

(6) 橡胶导管：用来连接焊枪与乙炔发生器和氧气瓶，向焊枪输送乙炔和氧气。一般分为氧气导管和乙炔导管两种，氧气管为红色，允许工作压力1.5MPa；乙炔管为绿色，允许工作压力为0.5～1.0MPa。

6. 经纬仪

图 34-11　经纬仪

经纬仪（图34-11）是一种高精度的测量仪器，经纬仪一般由水平度盘、圆水准器、望远镜、光学对点器、读数显微镜、目镜、反光镜、瞄准器、复测器等组成。

经纬仪的使用方法如下：

(1) 三脚架调成等长并适合操作者身高，将仪器固定在三脚架上，使仪器基座面与三脚架顶面平行。

(2) 将仪器摆放在测站上，目估大致对中后，踩稳一条架脚，调整光学对中器目镜（看清十字丝）与物镜（看清测站点），用双手各提一条架脚前后、左右摆动，眼观对中器使十字丝交点与测站点重合，放稳并踩实架脚。

(3) 伸缩三脚架腿长整平圆水准器。

(4) 将水准管平行两定平螺旋，整平水准管。

(5) 平转照准部90°，用第三个螺旋整平水准管。

(6) 检查光学对中，若有少量偏差，可打开连接螺旋平移基座，使其精确对中，旋紧连接螺旋，再检查水准气泡居中，测量垂直线和基础位置等。

7. 水准仪

水准仪（图34-12）由长水准管、圆水准器、目镜、瞄准器、气泡观察孔、脚螺栓、调整螺栓等组成。

图 34-12　水准仪

水准仪的使用方法：

用水准仪进行测量时，先把水准仪安装在三脚架上，用眼睛估计将三脚架的顶面大致放成水平的位置后，把三脚架的3个脚踏入土中（或放在混凝土平面上），然后转动脚螺栓使水准器圆气泡居中（可反复操作2～3次），就能使气泡居中）。根据设备安装的施工图纸，对设备基础的标高进行测定。如用前述方法安装三脚架、调整圆气泡于中间位置，望远镜的视线处于水平位置，扳松望远镜的制动扳手，使水准仪目镜能水平转动。在设备基础上（最好是立于垫铁位置）立放一根长标尺，用望远镜瞄准长标尺转动微倾螺栓，使观察中的两个气泡的影像吻合，指挥立放长标尺的人在标尺心上用铅笔划一条与望远镜十字丝相重合的水平线。然后分别对基础上各点进行测定。

34.2.3　通风与空调设备材料吊装运输设备

1. 捯链和滑车

(1) 滑车又叫小滑车、小葫芦。滑车按直径分有：19、25、38、50、63、75mm等规格。

(2) 开口吊钩型滑车规格见表34-19。

起重滑车规格表		表 34-19
结构形式	形式代号（通用滑车）	额定起重重量（t）
滚针轴承	HQG2K1	0.32，0.5，1，2，3，5，8，10
滑动轴承	HQGK1	0.32，0.5，1，2，3，5，8，10，16，20

(3) 捌链的规格见表34-20。

捌链规格表								表 34-20	
型 号	HS0.5	HS1	HS1.5	HS2	HS2.5	HS3	HS5	HS10	HS20
起重量(t)	0.5	1	1.5	2	2.5	3	5	10	20
提升高度(m)	2.5	2.5	2.5	2.5	2.5	3	3	3	3
净重(kg)	8	10	15	14	28	24	36	68	155

2. 卡环

卡环是在用钢丝绳吊装时连接钢丝绳、绳节的重要工具。使用卡环时，应按长度方向受力，不可在宽度方向受力（见图34-13），以防受力时使卡环变形，损坏挡销的螺纹，发生事故。使用前应检查卡环及挡销是否存在裂纹等缺陷，如有缺陷则严禁使用。

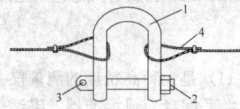

图 34-13 卡环示意图
1—卡环体；2—制动螺母；3—挡销螺孔；4—钢丝绳扣

3. 钢丝绳

风管安装中常用的6×19钢丝绳其安全系数见表34-21。

钢丝绳的安全系数			表 34-21
钢丝绳的用途	安全系数	钢丝绳的用途	安全系数
缆风绳	3.5	作索具无弯曲	6~7
缆索起重机承重绳	3.75	作捆绑吊索	8~10
手动起重设备	4.5	用于载人升降机	14
机动起重设备	5~6		

钢丝绳的使用注意事项：

(1) 钢丝绳必须经常检查其强度，一般应6个月做一次强度试验。

(2) 在捆绑或吊装时，钢丝绳不与风管或设备的尖棱、锐角相接触，应用木板、胶皮、旧布等衬垫保护，以免损伤钢丝绳、风管，避免风管变形。

(3) 钢丝绳穿绕过的各种滑车的边缘，不应有破裂等缺陷；同时钢丝绳与滑车直径配合使用时要符合下列要求：

$$D \leqslant d + (2 \sim 11)$$

式中　D——滑车槽底面圆弧直径（mm）；
　　　d——钢丝绳直径（mm）。

(4) 钢丝绳在高温条件下工作时，应采取隔热措施，以免钢丝绳受高温后退火而降低强度；在安装现场，钢丝绳与电焊机用的电缆线交叉时，应设垫、隔绝缘物，避免发生事故。

(5) 钢丝绳在使用过程中，不可与盐酸、硫酸、泥砂、碱、油脂、水等物质接触。

(6) 在吊装受力时，要注意检查钢丝绳的抗拉强度，当钢丝绳内的油被挤出来时，说明钢丝绳受力强度已达到极限，这时应特别注意吊装安全。

(7) 钢丝绳用完后，应用钢丝刷清理绳表面污物，涂油后盘好，放置于干燥的库房内的垫木木板上保管。

34.3 风管的加工制作

34.3.1 一般要求

通风空调工程设计时应按经济、节能、环保、标准化原则选用风管。风管应符合设计要求和国家标准，如果工程无特殊要求，风管规格应采用国家标准系列，利于实现标准化生产，减低生产成本，安装维修方便。同一种类、规格的风管、配件之间，应具有互

换性。

34.3.1.1 风管系统分类和技术要求

1. 风管系统分类

(1) 风管按横截面形状可分为：矩形风管、圆形风管。

(2) 风管按风压力可以分为低压、中压、高压系统，工作压力和密封要求如表34-22所示。

风管系统类别划分		表 34-22
分 类	系统工作压力 P (Pa)	密 封 要 求
低压系统	$P \leqslant 500$	接缝和接管连接处严密
中压系统	$500 < P \leqslant 1500$	接缝和接管连接处增加密封措施
高压系统	$P > 1500$	所有的拼接缝和接管连接处，均应采取密封措施

(3) 风管按材料可分为：

1) 金属风管：普通钢风管、镀锌钢风管、不锈钢风管、铝板风管。

2) 非金属风管：酚醛（聚氨酯）铝箔复合风管、玻璃纤维复合风管、无机（有机）玻璃钢风管、防火板风管、硬聚氯乙烯风管等。

3) 柔性风管：铝箔聚酯膜复合风管、帆布树脂玻璃布、软橡胶板、增强石棉布等。

2. 风管制作技术质量要求

风管质量应在材质、规格、强度、严密性与成品外观质量等方面，符合设计和《通风与空调工程施工质量验收规范》GB 50243要求。

(1) 金属板材应符合下列规定：

普通钢板材表面应平整、光滑、厚度均匀，允许有紧密的氧化铁薄膜；不得有裂纹、结疤等缺陷，材质应符合《优质碳素结构钢冷轧薄钢板和钢带》GB/T 13237、《优质碳素结构钢热轧薄钢板和钢带》GB/T 710—2008 的规定。镀锌钢板（带）镀锌层为 100 号以上（双面三点试验平均值应不小于100g/m²）的材料，其材质应符合《连续热镀锌薄钢板及钢带》GB/T 2518 的规定。不锈钢板应符合《不锈钢冷轧钢板和钢带》GB/T 3280—2007 的规定。铝板应符合《一般工业用铝及铝合金板、带材第一部分：要求》GB/T 3880—2006 的规定。

(2) 金属型应符合下列规定：

材质应符合《热轧圆钢棒尺寸、外形、重量及允许偏差》GB/T 702—2008，《热轧型钢》GB/T 706—2008，《标准件用碳素钢热轧圆钢及盘条》YB/T 4155—2006。

(3) 非金属材料质量应符合下列规定：

1) 非金属风管的火性应符合《建筑材料燃烧性能分级方法》GB 8624 不燃或难燃 B1 级。

2) 铝箔复合材料的风管表层铝箔厚度应不小于 0.06mm，当铝箔层复合有增强材料时，其厚度应不小于 0.03mm，材质应符合《铝及铝合金箔》GB/T 3198—2003 的规定。

3) 复合板材复合面粘结应牢固，内部绝热材料不得裸露在外。板材外表面单面允许分层、塌凹等缺陷不得大于 6‰。

4) 铝箔热敏、压敏胶带和粘合剂应符合难燃 B1 级，粘合剂与其风管材质相匹配，且符合环保要求。铝箔压敏、热敏胶带宽度应不小于 50mm，单边粘贴宽度应不小于 20mm。铝箔厚度应不小于 0.045mm，压敏胶带 180°剥离强度应不低于 13N/25mm，热敏胶带 180°剥离强度应不低于 17N/25mm，热敏胶带熨烫面有 150℃变色感温色点。

5) 玻璃钢风管及配件内表面应平整光滑、整齐、美观、厚度均匀、边缘无毛刺，不得有气泡和分层现象，树脂固化度应达到 90%以上。

6) 硬聚氯乙烯板不得出现气泡、分层、碳化、变形和裂纹等缺陷。

(4) 风管规格应符合下列规定：风管规格以外径或外边长为准，风道以内径或内边长为准。通风管道的规格宜按照表34-23、

表 34-24 的规定。圆形风管应优先采用基本系列。非规则椭圆型风管参照矩形风管，并以长径平面边长及短径尺寸为准。

圆形风管规格（mm） 表 34-23

风管直径 D		风管直径 D	
基本系列	辅助系列	基本系列	辅助系列
100	80	500	480
	90	560	530
120	110	630	600
140	130	700	670
160	150	800	750
180	170	900	850
200	190	1000	950
220	210	1120	1060
250	240	1250	1180
280	260	1400	1320
320	300	1600	1500
360	340	1800	1700
400	380	2000	1900
450	420		

矩形风管规格（mm） 表 34-24

风管边长				
120	320	800	2000	4000
160	400	1000	2500	—
200	500	1250	3000	—
250	630	1600	3500	—

（5）成品风管必须通过工艺性的检测或验证，其强度和严密性要求应符合设计或下列规定：

1）风管的强度应能满足在 1.5 倍工作压力下接缝处无开裂；

2）矩形风管的允许漏风量应符合以下规定：

低压系统风管：$Q_L \leqslant 0.1056 P^{0.65}$

中压系统风管：$Q_M \leqslant 0.0352 P^{0.65}$

高压系统风管：$Q_H \leqslant 0.0117 P^{0.65}$

式中 Q_L、Q_M、Q_H——系统风管在相应工作压力下，单位面积风管单位时间内的允许漏风量 $[m^3/(h \cdot m^2)]$；

P——指风管系统的工作压力（Pa）。

3）低压、中压圆形金属风管、复合材料风管以及采用非法兰形式的非金属风管的允许漏风量，应为矩形风管规定值的 50%。

4）砖、混凝土风道的允许漏风量不应大于矩形低压系统风管规定值的 1.5 倍。

（6）排烟、除尘、低温送风系统按中压系统风管的规定，1~5 级净化空调系统按高压系统风管的规定。

（7）展开下料时应检查板材的质量，合理利用板材，减少纵向拼接，拼接缝位置不应放在管道底部，宜放在顶部或两侧，以防风管内部积尘及积水。

（8）风管密封应以板材连接密封为主，可采用密封胶嵌缝和其他方法密封。密封胶性能应符合使用环境的要求，密封面宜设在风管的正压侧。

（9）风管的直径、管段长度或总表面积过大时，应采取加固措施。

（10）防火风管的本体、框架与固定材料、密封垫料必须为不燃材料，其耐火等级应符合设计的规定。

34.3.1.2 风管的板材厚度和连接方式

1. 风管板材厚度规定

（1）金属风管的材料品种、规格、性能与厚度等应符合设计要求和现行国家产品标准的规定。当设计无规定时，钢板的厚度不得小于表 34-25 的规定。不锈钢板的厚度不得小于表 34-26 的规定。

铝板的厚度不得小于表 34-27 的规定。

钢板或镀锌钢板风管和配件板材厚度 表 34-25

圆形风管直径或矩形风管大边长 A（mm）	圆形风管（mm）	矩形风管（mm）		除尘系统风管（mm）
		中、低压系统	高压系统	
A≤320	0.5	0.5	0.75	1.5
320<A≤450	0.6	0.6	0.75	1.5
450<A≤630	0.75	0.6	0.75	2.0
630<A≤1000	0.75	0.75	1.0	2.0
1000<A≤1250	1.0	1.0	1.0	2.0
1250<A≤2000	1.2	1.0	1.2	按设计
2000<A≤4000	按设计	1.2	按设计	

注：1. 螺旋风管的钢板厚度可适当减小 10%~15%。

2. 排烟系统风管钢板厚度可按高压系统。

3. 特殊除尘系统风管钢板厚度应符合设计要求。

4. 不适用于地下人防与防火隔墙的预埋管。

高、中、低压不锈钢板风管和配件板材厚度 表 34-26

圆形风管直径或矩形风管大边长 A（mm）	不锈钢板厚度（mm）
100~500	0.5
560~1120	0.75
1250~2000	1.00
2500~4000	1.2

中、低压铝板风管和配件板材厚度 表 34-27

圆形风管直径或矩形风管大边长（mm）	铝板厚度（mm）
100~320	1.0
360~630	1.5
700~2000	2.0
2500~4000	2.5

（2）非金属风管的材料品种、规格、性能与厚度等应符合设计和现行国家产品标准的规定。当设计无规定时，硬聚氯乙烯风管的材料厚度，不得小于表 34-28 或表 34-29 的规定，板材应为 B1 级难燃材料，横向抗拉强度大于或等于 0.20MPa。

中、低压系统硬氯乙烯圆形风管板材厚度 表 34-28

风管直径 D（mm）	板材厚度（mm）
D≤320	3.0
320<D≤630	4.0
630<D≤1000	5.0
1000<D≤2000	6.0

中、低压系统硬氯乙烯矩形风管板材厚度 表 34-29

风管长边尺寸 b（mm）	板材厚度（mm）
b≤320	3.0
320<b≤500	4.0
500<b≤800	5.0
800<b≤1250	6.0
1250<b≤2000	8.0

有机玻璃钢风管板材的厚度，不得小于表 34-30 的规定；无机玻璃钢风管板材的厚度，不得小于表 34-31，相应的玻璃布层数不应少于表 34-32 的规定。

中、低压系统有机玻璃钢风管板材厚度（mm）　　　表 34-30

风管直径 D 或风管长边尺寸 b	壁厚
D（b）≤200	2.5
200＜D（b）≤400	3.2
400＜D（b）≤630	4.0
630＜D（b）≤1000	4.8
1000＜D（b）≤2000	6.2

中、低压系统无机玻璃钢风管板材厚度（mm）　　　表 34-31

圆形风管直径 D 或风管长尺寸 b	壁厚
D（b）≤300	2.5～3.5
300＜D（b）≤500	3.5～4.5
500＜D（b）≤1000	4.5～5.5
1000＜D（b）≤1500	5.5～6.5
1500＜D（b）≤2000	6.5～7.5
D（b）＞2000	7.5～8.5

中、低压系统无机玻璃钢风管玻璃纤维布厚度与层数（mm）　　　表 34-32

圆形风管直径 D 或风管长边尺寸 b	风管管体玻璃纤维布厚度		风管法兰玻璃纤维布厚度	
	0.3	0.4	0.3	0.4
	玻璃布层数			
D（b）≤300	5	4	8	7
300＜D（b）≤500	7	5	10	8
500＜D（b）≤1000	8	6	13	9
1000＜D（b）≤1500	9	7	14	10
1500＜D（b）≤2000	12	8	16	14
D（b）＞2000	14	9	20	16

复合材料风管板材厚度应不低于表 34-33 的规定。

铝箔复合保温板材技术参数　　　表 34-33

名　称	板材密度	板材厚度	导热系数(25℃)	弯曲强度	燃烧性能
聚氨酯类	40～50kg/m³	20±0.5mm	≤0.027W/m·K	≥1.05MPa	难燃 B1 级
酚醛类	40～70kg/m³	20±0.5mm	≤0.033W/m·K	≥1.02MPa	难燃 B1 级
玻纤类	40～70kg/m³	25±0.5mm			难燃 B1 级

防火板板材厚度应不低于表 34-34 和表 34-35 的规定。

防火板技术参数　　　表 34-34

名称	板材密度	板材厚度	导热系数	抗压强度	燃烧性能
防火板	约 950kg/m³	D±0.5mm	0.23W/m·K	6.71N/mm²	A 级不燃

防火板厚度选择依据　　　表 34-35

耐火系统名称	板材厚度 D（mm）	耐火极限（min）
自撑式防火板风管	9	90
自撑式防火板风管	12	120
自撑式防火板风管	15	180
金属风管防火包覆层	9	120
金属风管防火包覆层	12	180

2. 风管板材的连接方法

金属风管连接可采用咬口连接、铆钉连接、焊接等不同方法。应根据板材的厚度、材质和保证结构连接的强度、稳定性和施工的技术力量、加工设备等条件确定连接方式。风管板材拼接的咬口缝应错开，不得有十字形拼接缝。

镀锌钢板及各类含有复合保护层的钢板，应采用咬口连接或铆接，不得采用影响其保护层防腐性能的焊接连接方法。金属板材咬接或焊接界限见表 34-36 规定。

采用咬口连接，咬口宽度和留量根据板材厚度而定，应符合表 34-37 的要求。

金属风管的咬接或焊接界限　　　表 34-36

板　厚 (mm)	材　质		
	钢板（不包括镀锌钢板）	不锈钢板	铝板
δ≤1.0	咬　接	咬　接	咬　接
1.0＜δ≤1.2	咬　接	焊　接（氩弧焊及电焊）	咬　接
1.2＜δ≤1.5	焊　接（电焊）	焊　接（氩弧焊及电焊）	焊　接（气焊或氩弧焊）
δ＞1.5	焊　接（电焊）		焊　接（气焊或氩弧焊）

咬口宽度（mm）　　　表 34-37

钢板厚度	平咬口宽	角咬口宽
0.7 以下	6～8	6～7
0.7～0.82	8～10	7～8
0.9～1.2	10～12	9～10

咬口连接根据使用范围选择咬口形式。适用范围见表 34-38。

常用咬口及其适用范围　　　表 34-38

名称	连接形式	适　用　范　围
单咬口		板材的拼接和圆形风管的闭合咬口
立咬口		圆形弯管、来回弯及风管横向咬口
联合角咬口		矩形风管或配件四角咬接
转角咬口		矩形风管或配件四角咬接
按扣式咬口		矩形风管或配件纵向缝及转角缝低压圆形风管纵向缝

铆接是将板材搭接钻孔用铆钉固定，搭接量为板厚 6～8 倍，钻孔应于搭接量 1/2 处，孔距一般为 40～100mm，铆钉直径为 2 倍板厚，但不得小于 3mm，铆钉长度应根据板材厚度而定，铆接时铆钉应垂直板面，铆接后板材连接紧密，严密性要求高时，孔距应小一些，并做密封处理。

风管焊接有搭接焊和对接焊两种形式，见图 34-14。焊接前要对焊口部位除锈、除油。壁厚大于 1.2mm 的风管与法兰连接可采用焊接或翻边断续焊。风管壁与法兰内口应紧贴，风管端面焊缝不得凸出法兰端面，断续焊的焊缝长度宜在 30～50mm，间距不应于大 50mm，焊缝应融合良好，不应有夹渣或孔洞。焊缝应平整，焊接后应矫正板材变形，清除焊渣及飞溅物。

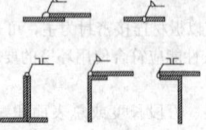

图 34-14　风管焊接焊口位置

硬聚氯乙烯风管板材焊接要求：

1）风管法兰的焊缝应熔合良好、饱满，无假焊和孔洞。

2）风管的两端面平行，无明显扭曲，外径或外边长的允许偏差为 2mm，表面平整、圆弧均匀，凹凸不应大于 5mm。

3）焊缝的坡口形式和角度应符合表 34-39 的规定。焊缝不得出现焦黄、断裂等缺陷；焊缝强度不得低于母材的 60%。

硬聚氯乙烯风管板材焊缝形式及坡口　表 34-39

焊缝形式	焊缝名称	图形	焊缝高度(mm)	板材厚度(mm)	焊缝坡口张角α(°)
对接焊缝	V形单面焊		2~3	3~5	70~90
	V形双面焊		2~3	5~8	70~90
对接焊缝	X形双面焊		2~3	≥8	70~90
搭接焊缝	搭接焊		≥最小板厚	3~10	—
填角焊缝	填角焊无坡角		≥最小板厚	6~18	—
			≥最小板厚	≥3	—
	V形对角焊		≥最小板厚	5~8	70~90
对接焊缝	V形对角焊		≥最小板厚	6~18	70~90
	V形对角焊		≥最小板厚	6~15	70~90

硬聚氯乙烯风管焊接时，应注意焊接环境温度应在5℃以上，如低于5℃时，应对焊件预热或提高焊接环境温度。施焊时应在内径或悬空焊接部位及周围，设支撑设施，防止凹陷变形和焊缝开裂。焊缝剩余的焊条，应用加热的刀刃切断，以防损伤焊缝，焊接完毕的焊缝应缓慢自然冷却，不得用冷水或压缩空气进行冷却，以防焊缝及其受热区域集中快速冷却收缩，造成焊件变形。

34.3.1.3　风管系统加工草图的绘制

风管系统加工草图是通风管道加工的基础，它以设计图纸为依据，以现场测量为根本，进一步确定通风管道各个部分的尺寸和数量，计算出通风管道材料品种数量，加工工时和工程进度，加工草图应内容详细，尺寸准确，数字清楚，见表34-40。

绘制加工草图前要先认真进行前期的准备工作。

（1）风管加工前首先必须认真核对图纸，了解风管标高、走

向，风口布置位置、标高，土建层高、梁高，风管穿过房间的其他管线情况，尤其要注意有无交叉现象，复核图纸确定无误后方可进行下一步加工操作。

风管与配件加工草图　表 34-40

项目	内容	备注
直风管	编号 / 断面尺寸 / 长度 / 数量 1 / D: 500 / L: 2000 / 5 2 / D: 500 / L: 1800 / 2 3 / D: 400 / L: 1500 / 2	材料：0.5mm厚镀锌板。加工要求：1. 咬口连接。2. 法兰L25×3
弯头	编号 / 断面尺寸 / R / 角度 / 数量 1 / 500 / 500 / 90 / 2	材料：0.5mm厚镀锌板。加工要求：1. 咬口连接。2. 法兰L25×3
三通	编号 / D / D_1 / d / 角度 / H / H_1 / 数量 1 / 500 / 400 / 360 / 30 / 780 / 640 / 2	材料：0.5mm厚镀锌板。加工要求：1. 咬口连接。2. 法兰L25×3
变径管	编号 / D / A×B / C / H / 数量 1 / 360 / 500×500 / 150 / 760 / 1	材料：0.5mm厚镀锌板。加工要求：1. 咬口连接。2. 法兰L25×3
来回弯	编号 / D / L / e / 数量 1 / 500 / 1650 / 440 / 1	材料：0.5mm厚镀锌板。加工要求：1. 咬口连接。2. 法兰L25×3
风口	编号 / D / 数量 1 / 500 / 3	
风阀	编号 / D / 数量 1 / 500 / 3	
其他	编号 / 伞形风帽 D / 数量 1 / 320 / 1	

（2）土建施工时，风管安装人员要根据图纸，现场跟踪施工，保证所有土建预留洞口无遗漏，设计不清楚、不合理的地方要及时纠正。

（3）土建施工后，风管制作前应先认真复核建筑现场，实际测量包括柱子尺寸、柱子和隔墙间距、梁底面距地距离、土建墙上洞口尺寸和水平位置，并与图纸核对，要确保风管加工完毕设计完毕后，能够满足建筑所要求的高度要求。

（4）要核对风管连接设备尺寸，接口位置、高度等数据。

（5）上述工作皆做完后，方可按如下步骤绘制风管加工草图

1）根据图纸确定风管标高尺寸，可根据实际复核情况进行更正、完善；

2）标明风管与墙、柱子等的间距，风管道要尽可能地靠近墙或柱子，有利于节省空间和支吊架的安装。确定风管与墙和柱子的间距，预留安装法兰、螺栓的操作空间；

3）按照《全国通用通风管道配件图表》和《通风与空调工程施工质量验收规范》GB 50243要求以及具体安装位置确定弯管曲率半径、三通高度及夹角；

4）按照支管之间距离和三通高度、夹角或弯管的曲率半径，

确定直风管的长度；

5) 按照设计图纸确定空气分布器、排气罩等部件的标高，计算出支管长度。

6) 按照《通风与空调工程施工质量验收规范》GB 50243 和设计要求及现场其他情况确定风管支架形式、间距和安装位置及安装方法；

7) 根据图纸和实际情况确定风管道是否有高度变化，水平敷设方向是否有变化，尤其要综合其他管道的敷设情况，各专业如：消防、水暖、电器、装修等要由监理、建设单位安排统一排管，确定管道上下水平布置位置，风管道与其他水管道等交叉处，因为风管道相对较大，应尽可能按水管道让风管道的原则施工。上述问题确定之后方可统计出风管上的三通、四通、弯头等管件数量。

34.3.1.4 通风管道展开下料

通风管道展开下料是风管、配件及部件加工的第一步。通风管道展开是根据风管、配件及部件的几何形状，按照平面投影原理，求出一般位置直线的实长、平面的实形及两面的夹角。进而得出实物几何形状外表面展开形状。

展开下料可分为手工和计算机展开下料。手工展开下料操作方便，局限性小，可以现场加工操作；计算机展开下料效率高，准确性好，适合标准化生产。无论哪一种方法，都应该熟练掌握展开下料技术，以保证质量为前提，合理进行排料，提高材料利用率。

展开方法有平行线法、放射线法、三角形法及不可展开近似法。画线的基本线有：直角线、垂直平分线、平行线、角平分线、直线等分、圆等分。

操作时应熟练使用直尺、软尺、角规等工具，量取长度、角度。画线应根据板材材质和要求使用画线工具，对防腐性要求高的风管，不能使用划针画线。

展开下料前必须明确风管板材厚度，板材搭接方式，风管成型连接方式等，针对不同情况确定留出咬口、连接法兰的余量，采用对焊连接、焊接法兰可以不留余量。对于采用无法兰插条连接的风管，必须明确不同边长的插条插接法兰和共板法兰的形式所使用的加工设备，以便下料时留出加工余量。

34.3.2　金属风管的制作

金属风管包括普通钢板风管、镀锌钢板风管、不锈钢板风管和铝板风管。

普通薄钢板（即黑铁皮），易锈蚀，用时应做严格防腐处理，多用于排气、除尘系统管道，较少用于一般送风系统管道。

冷轧薄钢板表面平整光洁，容易受潮生锈，若及时涂刷，附着力较强的油漆，可延长使用寿命，多用于一般送风系统管道。

镀锌薄钢板，耐锈蚀性能较好，在送风、排气、空调和净化系统中大量使用，若系统中无腐蚀性气体或较多的水蒸气时使用寿命较长。

不锈钢板的表面光洁，不易锈蚀，使用寿命长，有耐腐蚀性的优点。主要用于食品、医药、化工、电子仪表专业的工业通风系统；有时也用于有较高净化要求的送风系统管道，但施工操作要求比较严格。

纯铝板或铝镁合金板质轻、表面光洁、不易锈蚀，铝具有较好的抗化学腐蚀性能，能抵抗硝酸腐蚀。铝板在相互碰撞时不易产生火花，因此常用于防爆通风系统的风管及部件以及排除含有大量水蒸气的排风或送风系统管道。

金属风管可以采用法兰连接或无法兰连接。无法兰连接可以节省角钢、螺栓、密封垫、铆钉材料和法兰制作工时，降低了风管制作安装成本，目前正在全国广泛的推广使用。

34.3.2.1 金属风管制作的要求

1. 金属风管系统加工制作工艺流程

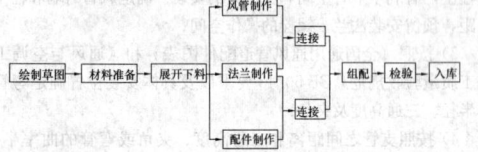

风管、配件、部件的连接，一般使用法兰连接，法兰连接使用方便，维修简便，法兰与风管一样分为矩形法兰、圆形法兰。采用无法兰连接的风管，可以省略法兰加工。

2. 风管制作的要求

（1）风管制作材料的选材要严格认真，各项指标要符合设计施工和国标要求。

（2）按设计要求和板材厚度，明确板材连接、法兰连接、风管连接方式。

（3）根据板材情况和连接方式，准确展开、下料，留出加工余量。

（4）合理安排加工工序，严格控制产品质量，产品偏差应符合《通风与空调工程施工质量验收规范》GB 50243 规定，风管外径或外边长的允许偏差：当管外径或外边长小于或等于 300mm 时，允许偏差为 2mm；当风管外径或外边长大于 300mm 时，为允许偏差 3mm。管口平面度的允许偏差为 2mm，矩形风管两条对角线长度之差不应大于 3mm。

（5）科学合理管理加工现场，避免对产品造成损伤，要求如下：

1) 风管加工场地要平整、清洁，必要时局部可铺设木板等。

2) 加工过程注意不要划伤板材，保护材料表面光滑清洁，防腐层受损应及时补救。

3) 制作工艺复杂时，应先制作样板，后依照样本施工，不应直接在板材上画线。

4) 焊接风管和咬接风管的加工区域应各自独立。

5) 风管存放处应垫设木架，以免碰伤风管表面。

6) 加工现场要经常清理，加工的边角废料要及时运出现场。

34.3.2.2 钢板风管的制作

1. 材料准备

普通钢、镀锌钢风管的材料品种、规格、性能与厚度等应符合设计要求和国家标准的规定，材料外表应平整、光滑，不得有裂纹结疤等缺陷。

2. 展开下料

风管制作前应检查板材的品种、规格及厚度，其应符合设计和现行国家产品标准的规定，板材检验合格后可以展开下料。排板应合理紧凑，充分利用板材，避免浪费，应根据风管连接方式留出咬口、连接法兰的余量，采用对焊连接、焊接法兰可以不留余量。

矩形风管展开一般以板材宽度为风管周长 2（A＋B），以板材长度为风管长度 L，风管长度一般为 1800～2000mm，如果使用卷材制作，风管长度可以根据运输及使用实际情况适当加长，为了安装和维修方便，风管长 3～4m 时应设有一处法兰。

板材宽度小于矩形风管周长加风管成型连接留时用 1 个角咬口连接；板宽小于周长而大于 1/2 周长时，可用 2 个角咬口；当风管周长较大时，用 4 个角咬口。矩形风管的纵向闭合缝，应设在风管边角上，以便增加风管机械强度。

圆形风管展开一般以板材宽度为风管周长 D，以板材长度为风管长度 L。使用卷材制作风管，风管长度可以根据运输及使用实际情况适当加长。为了安装和维修方便，风管长 3～4m 时应设有一处法兰。

风管展开时要对板材放方，使板材四边垂直，避免风管制作后产生翘角、扭曲现象。

3. 钢板风管制作

钢板风管应根据板材厚度选用成型连接方式。采用咬口连接时，首先确定咬口形式，下料时根据咬口形式留出加工留量，咬口可以用手工或机械折方制作，咬口缝应平方严密。采用铆钉连接时，应根据板材厚度留出搭接量，铆钉规格、铆钉孔距应符合设计制作要求，铆钉应压紧且排列整齐，严密性要求高时，做密封处理。采用焊接时，焊缝应熔合良好，不应有夹渣或孔洞，焊接后应清理焊渣、焊药，并对工件检查矫正。

镀锌板或有保护层的钢板风管，因为焊接会破坏其保护层，不得使用焊接方法制作。

4. 金属风管加固

大截面的矩形风管或大直径圆形风管及配件，为防止因自重产

生变形或运行时管壁产生振动、噪声，以及影响连接结构强度等缺陷，应采取加固措施，以增加结构的刚度及稳定性，《通风与空调工程施工质量验收规范》GB 50243规定如下：

(1) 金属风管有下列情况之一需要加固

1) 圆形风管（不包括螺旋风管）直径大于等于800mm，且其管段长度大于1250mm或总表面积大于4m² 均应采取加固措施。

2) 矩形风管边长大于630mm，保温风管边长大于800mm，管段长度大于1250mm或低压风管单边平面积大于1.2m²，中、高压风管单边平面积大于1.0m²，均应采取加固措施。

3) 非规则椭圆风管的加固，应参照矩形风管执行。

(2) 风管加固结构如以下所示

1) 风管的加固可采用楞筋，立筋，角钢（内、外加固），扁钢，加固筋和管内支撑等形式，如图 34-15 所示。

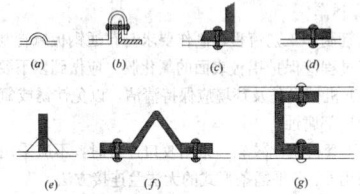

图 34-15　风管加固结点形式

(a) 楞筋；(b) 立筋；(c) 角钢加固；(d) 扁钢平加固；
(e) 扁钢立加固；(f) 加固筋；(g) 管内支撑

2) 楞筋或楞线的加固，排列应规则，间隔应均匀，板面不应有明显的变形。

3) 角钢、加固筋的加固，应排列整齐、均匀对称，其高度应小于或等于风管的法兰宽度。角钢、加固筋与风管的铆接应牢固、间隔应均匀，不应大于220mm；两相交处应连接成一体。

4) 管内支撑与风管的固定应牢固，各支撑点之间或与风管的边沿或法兰的间距应均匀，不应大于950mm。

5) 中压和高压系统风管的管段，其长度大于1250mm时，还应有加固框补强。高压系统金属风管的单咬口缝，还应有防止咬口缝胀裂的加固或补强措施。

(3) 风管加固方式

1) 圆形风管由于形状的特点，风管刚度较大，一般不需加固。直径大于500mm的圆形风管，防止运输或安装过程中咬接处裂开，在纵向咬口缝两端应用铆钉或点焊予以固定。直径大于700mm的风管，在长度方向每隔1500mm应设一角钢圈进行加固，与风管铆接或焊接固定。

2) 矩形风管与圆形风管相比，结构不稳定，易变形，可采用以下方法加固如图 34-16 所示：

① 接头起高加固方法（即采用立咬口）可以节约制作法兰的角钢，但是加工工艺复杂，而且接头处容易漏风，目前很少采用此种加工方法，如图 34-16 (a) 所示。

② 角钢加固方法，风管及弯头的大边用角钢加固，如图 34-16 (b)、(d) 所示，此方法一般用于暗装风管的加固，明装风管较少使用；加固角钢规格与法兰相同，角钢与风管铆接或焊接固定。

③ 角钢框加固方法，加固强度大，如图 34-16 (c)、(e) 所示，加固角钢的规格可略小于角钢法兰的规格，风管大边尺寸为630～800mm时，可以使用25mm×4mm扁钢框加固；风管大边尺寸为800～1250mm时，可以使用25mm×25mm×4mm角钢框加固；风管大边尺寸为1250～2000mm时，可以使用L30mm×30mm×4mm角钢框加固。加固框必须与风管铆接或焊接固定，铆接间距应符合铆接法兰规定，间距不应大于220mm。

④ 滚槽、压槽加固方法，风管展开下料后，首先采用机械滚槽或压槽，其排列形式可平行或成棱形（其棱形加固除滚、压槽外，还可采用钢筋和扁钢条按棱形排列，并采用点焊加固），然后风管制作成型，如图 34-16 (f)、(g) 所示。由于使用专用机械加工，加工效率高，能节约工时和钢材。

净化系统风管采用滚、压槽加固时，应由外向内揎槽，否则内壁的凹槽应采用填料填平处理。以避免凹槽内积存灰尘或冷凝水等杂物，影响净化系统质量、加快管道的腐蚀。

⑤ 风管内壁设置肋条加固，如图 34-16 (h) 所示。风管一般很少采用此方法加固，多应用于外观要求美观的明装风管，加固肋条用1.0～1.5mm的镀锌钢板制作，沿风管纵向用铆钉铆接在内管壁的表面上。铆接间距不应大于950mm。

5. 普通金属风管防腐涂漆

普通钢板风管需要涂漆防腐，风管喷涂漆防腐不应在低于5℃和相对湿度不大于80%的环境下进行，喷涂漆前应清除表面灰尘、污垢与锈斑并保持干燥。喷涂漆时应使漆膜均匀，不得有堆积、漏涂、皱纹、气泡及混色等缺陷。普通钢板在压口时必须先喷一道防锈漆，保证咬缝内不易生锈。薄钢板的防腐油漆如设计无要求，可参照表 34-41 的规定执行。

薄钢板防腐油漆喷涂要求　　　　表 34-41

序号	风管所输送的气体介质	油 漆 类 别	油漆遍数
1	不含灰尘且温度不高于70℃的空气	内表面涂防锈底漆	2
		外表面涂防锈底漆	1
		外表面涂面漆（调和漆等）	2
2	不含灰尘且温度不高于70℃的空气	内、外表面各涂耐热漆	2
3	含有粉尘或粉屑空气	内表面涂防锈底漆	1
		外表面涂防锈底漆	1
		外表面涂面漆	2
4	含有腐蚀性介质的空气	内外表面涂耐酸底漆	≥2
		内外表面涂耐酸面漆	≥2

注：需保温的风管外表面不涂胶粘剂时，宜涂防锈漆两遍。

34.3.2.3　不锈钢风管的制作

不锈钢风管的制作工艺、方法与普通钢板风管基本相同，由于不锈钢材质的特性与普通钢板有区别，不锈钢风管加工也有一些特殊要求。

不锈钢按含有金属元素不同分为铬不锈钢、铬镍钛不锈钢和铬锰氮系列不锈钢。不锈钢具有良好的耐腐蚀性，主要是由于铬、镍、钛等元素更容易被氧化，在钢表面形成一层非常稳定的钝化保护膜，使内部与外界隔离，保护不锈钢不致深层氧化，因此加工、运输、安装过程要加以保护不锈钢表面的钝化层。

不锈钢板材因为晶体结构与普通钢板不同，不锈钢经过敲击打会引起内应力变化，造成不均匀的变形，板材变硬，防腐蚀性能也会降低，加工时应尽量减少敲击次数。

不锈钢与普通碳素钢接触，不锈钢表面的钝化层会产生局部腐蚀，影响不锈钢的防腐蚀性，在加工、存放时应避免与普通碳素钢接触。

1. 材料准备

不锈钢风管制作板材的品种、规格及厚度，其应符合设计要求和国家标准的规定，表面不能有划伤、腐蚀情况。不锈钢板材表面如果损伤严重可以用喷砂处理，喷砂可以去除受损表面，消除划痕、擦伤、锈迹等疵点，使表面生成新的钝化层，提高防腐蚀性能。

2. 展开下料

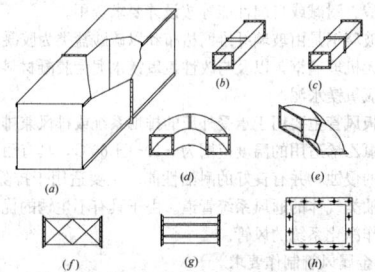

图 34-16　矩形风管及弯头加固示意图

(a) 接头起高加固；(b) 角钢加固；(c) 角钢框加固；
(d) 角钢加固弯管；(e) 角钢框加固弯管；(f) 棱线加固；
(g) 滚、压槽加固；(h) 内壁肋条加固

不锈钢风管展开方法与钢板风管相同，为了保护不锈钢表面的钝化层，画线时应使用铅笔或色笔，不能用金属划针画线，形状复杂的配件时可先做好样板，用样板进行画线。

3. 风管制作

不锈钢风管制作工艺流程、制作要求与普通钢板风管制作工艺相同，在加工过程应保护不锈钢表面的钝化层，应做到以下要求：

(1) 加工机械设备及环境应保持清洁，以免铁锈或氧化物落在表面上产生局部腐蚀。

(2) 加工前调试好设备，加工做到一次成型，避免多次敲击降低耐腐蚀性能。

(3) 优先使用机械加工，如果需用手工加工，应优先使用木槌、木方打板，铜锤、不锈钢锤等工具，尽量不用碳素钢制的工具。

(4) 不锈钢风管及配件可采用电弧焊、氩弧焊，不得采用气焊；因在高温条件下氧气和乙炔对镍、铬有严重的腐蚀作用，从而破坏了不锈钢的耐腐蚀性能和板材局部变形。

(5) 用电弧焊时应保护表面的防腐膜，可以在焊缝的两侧表面用石棉板压严或涂敷白垩粉，以免焊渣、飞溅物粘附在表面上。

(6) 焊后应对焊缝及其附近表面进行清理，应去除油污和焊渣，然后酸洗，再用热水冲洗干净，进行钝化处理，钝化后再冲洗。钝化处理，使不锈钢表面生成新的钝化层，酸洗、钝化液浓度，因不锈钢成分含量不同有所差异，钝化液应按板材出厂技术说明进行配置，否则影响处理质量。如果无说明时，可按表 34-42 配制。

不锈钢（耐酸）焊接酸洗、钝化液配方 表 34-42

溶液	配 方 一					配 方 二			
	名称	浓度(%)	温度	浸洗时间(min)	后处理	名称	浓度(%)	温度	浸洗时间(min)	后处理
酸洗液	硝酸 r=1.42	20	常温	30~40	处理后流动水洗使之呈中性	硝酸	25	常温	20~25	处理后流动水洗使之呈中性
	氢氟酸	5				盐酸 r=1.19	1			
	水	75				水	74			
钝化液	硝酸 r=1.42	5	常温	见钝化膜为止		硝酸	40~50	常温	15~30	
	重铬酸钾	2				水	60~50			
	水	93								
酸洗钝化液	硝酸	20	常温	15~30		硝酸	10~15	常温	60~90	
	氢氟酸	10				水	90~85			
	水	70								

注：表中 r 为溶液比重。

用于通风系统中的不锈钢焊缝可以不清理，但应做外观检查，并应符合下列规定：

1) 焊缝表面的热影响区不得有裂纹、过烧现象。

2) 焊缝表面不得有气孔、夹渣。

3) 氩弧焊焊缝表面不应发黑、发黄、结瘤或起花斑，且不得有飞溅物。

(7) 不锈钢风管保管堆放时应避免或减少与碳素钢接触。

(8) 不锈钢板风管应优先使用不锈钢法兰，通风系统在要求不高的情况下可以使用一般碳素钢法兰，并做防腐处理。

(9) 使用铆接时，铆钉应与风管材质相同或不产生电化学腐蚀的材料。

4. 风管加固

不锈钢风管加固与普通钢风管加固相同。不锈钢风管使用角钢或内支撑加固时，应使用与风管相同材质材料，如果使用普通钢应根据设计要求做防腐处理。

34.3.2.4 铝板风管的制作

铝板风管应具有良好的塑性、导电、导热性能及耐酸腐蚀性，多用于防爆通风管道。制作风管的铝板材有纯铝和铝合金，铝化学

性质活泼，容易被氧化，生成一层结构致密的氧化铝薄膜，可以保护内部材质，它能抵抗硝酸的腐蚀，但是氧化铝薄膜容易被盐酸和碱类破坏，铝对盐酸和碱不具备防腐性。纯铝制成的铝板强度较差，为了提高铝板的机械强度，在冶炼时加入铜、镁、锌等元素制成铝合金，铝合金的耐腐蚀性能不及纯铝。通风工程常用纯铝和经过退火处理的铝合金板材制作风管。

1. 材料准备

铝板风管制作板材的品种、规格及厚度，其应符合设计要求和国家标准规定，表面不能有划伤、防腐膜脱落情况。

2. 展开下料

铝板风管展开方法与钢板风管相同，为了保护铝板表面的氧化膜，画线时应使用铅笔或色笔，不能用金属划针，制作较复杂形状的配件时可先做好样板，用样板进行画线。

3. 风管制作

铝板风管制作工艺流程、制作要求与普通钢板风管制作工艺相同，在加工过程应保护铝板表面的氧化膜，应做到以下要求：

(1) 加工机械设备及环境应保持清洁，以免铁锈或氧化物落在表面上产生局部腐蚀。

(2) 铝风管材质比较软，采用咬口连接时，不应采用按扣式咬口。不宜采用 C、S 平插条形式的无法兰连接方法。

(3) 铝板风管及配件的焊接时，可采用气焊或氩弧焊，氩弧焊的焊接质量好，应优先使用。焊前应严格清除工件焊口及焊丝表面的氧化膜和油污，焊后应用热水清洗焊缝及附近表面的焊渣和焊药的硬结块等。焊缝应饱满、牢固，不得有虚焊、焊瘤及穿孔缺陷。

(4) 铝板风管应优先使用铝法兰，若采用碳素钢法兰时，法兰应镀锌或是做防腐绝缘处理，铝风管铆接应用铝铆钉。

4. 风管加固

铝风管加固规定与普通钢风管加固相同，应使用与风管相同材质材料，如果使用角钢或内支撑加固时，根据设计要求做防腐处理。

34.3.3 非金属风管的制作

34.3.3.1 非金属风管的制作要求

1. 非金属风管分类及适应范围

非金属风管按材质可分为，酚醛或聚氨酯复合风管、玻璃纤维铝箔复合风管、有机玻璃钢风管、无机玻璃钢风管、防火板风管、硬聚氯乙烯风管等。

酚醛或聚氨酯铝箔复合板是酚醛或聚氨酯泡沫板与铝箔复合制成。具有防火、防腐、保温、抗老化、消声、质量轻及施工方便等优点。

玻璃纤维复合风管具有防火、防腐、抗老化、加工方便、弹性模量高等优点。

有机玻璃钢是一种轻质、高强度的复合材料，有较好的耐腐蚀性能（并具有成型工艺简单等优点）。有机玻璃钢是由玻璃纤维（或玻璃布）与合成树脂粘结组成的，它的机械性能主要取决于纤维含量及排列方式；它的化学性能（耐腐蚀性）则主要取决于树脂。树脂的种类很多，制作风管、配件及部件所选用的合成树脂应根据其耐酸、耐碱或自熄性能等按设计要求选定。

无机玻璃钢是由玻璃纤维网格布和以硫酸盐类为胶凝材料制成的水硬性无机玻璃钢，以及与改性氯氧镁水泥为胶凝材料制成的气硬性改性氯氧镁水泥。

防火板风管主要用于承受外压的排烟系统或排风兼排烟系统。

硬聚氯乙烯适用的温度范围为 $-10 \sim +60$℃，具有耐化学药品及其气体的侵蚀，并有良好的耐油性能。主要适用于排除具有酸、碱、盐和油类气体的通风系统管道。由于具有不生锈的优点，有时也用来制作净化系统的风管。

2. 非金属风管制作要求

非金属风管材质种类多，各种材质的性质差异比较大，具体制作要求应因材质而异。

复合材料风管的覆面材料必须为不燃材料，内部的绝热材料应为不燃或难燃 B1 级，且对人体无害的材料。

防火风管的本体、框架与固定材料、密封垫料必须为不燃材料，其耐火等级应符合设计的规定。

非金属风管制作应遵循金属风管的规格、偏差及外观规定，还应根据材质情况，在展开下料、连接方法方面符合国家标准规定。

非金属风管加工规定与金属风管相同，还应根据材质情况进行加固，具体要求见各类风管制作。

34.3.3.2　酚醛或聚氨酯铝箔复合风管的制作

酚醛或聚氨酯铝箔复合风管作为一种新型通风空调风管，以其施工简便、快捷、重量轻、隔热保温、消声降噪等诸多优点越来越多的用于大型建筑通风空调工程。

1. 材料准备

酚醛或聚氨酯铝箔复合材料应符合设计要求和国家标准，板材的铝箔复合面粘结应牢固，粘结表面单面凹陷、变形、起泡、分层、起泡等缺陷不得大于6‰，铝箔应无破损，法兰连接件及加固件等材料应不低于难燃B1级，粘结剂、铝箔胶带及密封胶应与其板材材质相匹配，并应符合环保要求。

2. 放样下料

酚醛或聚氨酯铝箔复合风管应根据设计要求和拼接方式进行放样，画出板材切断、V形槽线、45°斜坡线，见图34-17。划线不得使用金属划针，以免坏铝箔表层。

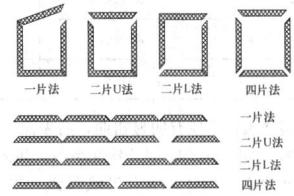

一片法　二片U法　二片L法　四片法

一片法
二片U法
二片L法
四片法

图 34-17　酚醛（聚氨酯）复合风管

3. 风管制作

（1）酚醛或聚氨酯铝箔复合风管的制作工艺流程

放样下料 → 切割、压弯 → 粘结成形 → 加固

（2）酚醛或聚氨酯铝箔复合风管的制作要求

1）切割前检查调整刀片伸出长度和角度，要求开槽不伤下层铝箔，槽口成两个45°。

2）粘结前清洁板材，涂胶后折成直角粘结，定型后于风管内接缝粘结压敏铝箔胶带，压敏铝箔胶带宽度不小于50mm，风管内四角边，密封胶封堵，两对角线长度差不应大于3mm。

3）风管以内边长为标注尺寸，边长宜为120≤L≤3000，且长边与短边比不大于4∶1。

4）板材拼接宜采用专用的连接构件，连接后板面平面度的允许偏差为5mm。

5）风管采用法兰连接时，其连接应牢固，法兰平面度的允许偏差为2mm。

6）风管加固，应根据系统工作压力及产品技术标准的规定执行。

7）风管破损应修补，小孔洞用密封胶封堵，孔洞比较大时，将孔洞45°切割方块后，再按相等的方块封堵，封堵后粘贴铝箔胶带。

4. 风管加固

酚醛或聚氨酯铝箔复合风管加固规定与金属风管相同，还应根据系统工作压力及产品技术标准的规定执行。

酚醛或聚氨酯铝箔复合风管的加固有两种方法，角加固和平面加固。矩形风管边长小于等于400mm时采用角加固，边长大于400mm时采用平面加固。

平面加固是风管内用DN15镀锌管支撑，风管外用螺钉固定，采用角钢法兰、外套槽形法兰时，法兰可作为一个纵（横）向加固点，如采用其余连接方式，当风管长边大于1200mm时，在纵向距法兰250mm内设一个加固点，加固方法见图34-18。边长大于2000mm时，需增加外加固，外加固采用大于30mm×3mm以上规格的角钢，制作成抱箍加固风管。酚醛或聚氨酯铝箔复合风管横向加固最少数量及纵向间距应符合表34-43的规定。

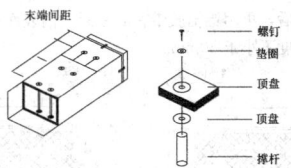

末端间距

螺钉
垫圈
顶盘
顶盘
撑杆

图 34-18　平面加固示意图

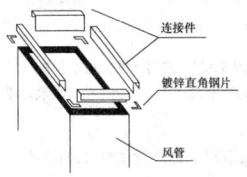

连接件
镀锌直角钢片
风管

图 34-19　角加固示意图

角加固是在矩形风管四角粘贴厚度大于0.75mm的镀锌直角钢片，直角钢片的宽度与风管板材厚度相等，边长不小于55mm，如图34-19所示。

酚醛或聚氨酯铝箔复合风管横向加固最少
数量及纵向间距　　　　表34-43

风管长边b（mm）	压力（Pa）						
	<300	310～500	510～750	760～1000	1100～1250	1260～1500	1510～2000
410<b≤600	—	—	—	1	1	1	1
600<b≤800	—	1	1	1	1	1	2
800<b≤1000	1	1	1	1	1	2	2
1000<b≤1200	1	1	1	1	1	2	2
1200<b≤1500	1	1	1	2	2	2	2
1500<b≤1700	2	1	2	2	2	2	2
1700<b≤2000	2	2	2	2	2	2	3
聚氨酯类纵向加固间距（mm）	1000	800		600			400
酚醛类纵向加固间距（mm）	800			600			400

34.3.3.3　玻璃纤维铝箔复合风管的制作

1. 材料准备

玻璃纤维铝箔复合风管是用铝箔玻璃纤维复合制成，板材要求风管壁的内、护层具有可靠的屏蔽纤维的能力，风管内壁涂料层不得露出纤维。

2. 放样下料

根据设计要求和成型方法正确画线，确定槽口位置。成型方法有一片法、二片法和四片法，如图34-20、图34-21所示。其封闭口处应留有大于35mm的搭接边量。

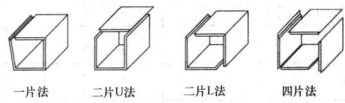

一片法　二片U法　二片L法　四片法

图 34-20　玻璃纤维铝箔复合风管拼合

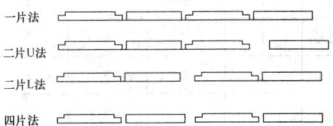

一片法
二片U法
二片L法
四片法

图 34-21　拼合方法开槽位置

风管宜采用整板材料制作。如果风管尺寸较大，板材需要拼接时，应按图34-22所示，在结合口处涂满胶并紧密粘合，外表面拼

缝处刷胶封闭后，再用铝箔胶带粘贴密封。内表面接缝处可用铝箔粘封。铝箔宽度不小于50mm。

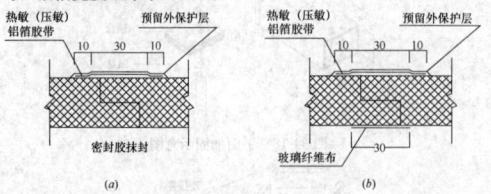

图 34-22 玻璃纤维铝箔复合板材拼装
(a) 密封胶抹封；(b) 粘贴玻璃纤维布

3. 风管制作

(1) 玻璃纤维铝箔复合风管制作工艺流程

放样下料 → 板材开槽 → 风管成型 → 密封 → 加固

(2) 玻璃纤维铝箔复合风管制作

1) 风管的离心玻璃纤维板材应干燥、平整；板外表面的铝箔隔汽保护层应与内芯玻璃纤维材料粘结牢固；内表面应有防纤维脱落的保护层，并应对人体无危害。

2) 当风管连接采用插入接口形式时，接缝处的粘结应严密、牢固，外表面铝箔胶带密封的每一边粘贴宽度不应小于25mm，并应有辅助的连接固定措施。当风管的连接采用法兰形式时，法兰与风管的连接应牢固，并应能防止板材纤维逸出和冷桥。

3) 风管表面应平整、两端面平行，无明显凹处、变形、起泡等，铝箔无破损等。

4) 风管板槽口切割时，应选用专用刀具，不得破坏外表铝箔层。组合风管时，应清理粘合面，涂粘结剂应均匀饱满，接缝处不得有玻璃纤维外露。

4. 风管加固

玻璃纤维铝箔复合风管加固与金属风管相同，还应根据系统工作压力及产品技术标准的规定执行。玻璃纤维铝箔复合矩形风管内支撑及外加固应符合表 34-44 的规定。

34.3.3.4 无机或有机玻璃钢风管的制作

1. 材料准备

玻璃纤维布应符合按设计要求和国家标准，有机玻璃的合成树脂应根据按设计要求选用。无机玻璃钢风管应采用无机玻璃纤维网格布、中碱玻璃纤维网布、抗碱玻璃纤维网布，并应分别符合《增强用玻璃纤维网布 第一部分：树脂砂轮用玻璃纤维网布》JC 561.1—2006、《玻璃纤维无捻粗纱布》GB/T 18370—2001 的规定。无机胶凝材料硬化体的 pH 值应小于 8.8，并不应对玻璃纤维有碱性腐蚀。氯氧镁水泥氧化镁的含量，应符合《镁质胶凝材料用原料》JC/T 449 规定。

玻璃纤维铝箔复合矩形风管内支撑及外加固框纵向加固间距
表 34-44

风管长边 b (mm)	压力 (Pa)				
	0~100	101~250	251~500	501~750	750~1000
300<b≤400	—	—	—	—	1
400<b≤500	—	—	—	1	1
500<b≤600	—	—	1	1	1
600<b≤800	1	1	1	2	2
800<b≤1000	1	1	2	2	3
1000<b≤1200	1	2	2	3	3
1200<b≤1400	2	2	3	3	4
1400<b≤1600	2	3	3	4	5
1600<b≤1800	3	3	4	5	5
1800<b≤2000	3	3	4	5	6
槽钢纵向加固间距	600		400		350

应根据风管规格选用模具，风管与法兰一体制作。

2. 风管制作

(1) 无机或有机玻璃钢风管的制作工艺流程

支模 → 成型（一层粘合剂一层玻纤布）→ 检验 → 固化 → 钻孔 → 入库

(2) 无机或有机玻璃钢风管的制作要求

1) 无机或有机玻璃钢风管材质、规格、性能与风管厚度，应符合设计和国家标准。

2) 有机玻璃钢风管外径或外边长的允许偏差为 3mm。管口平面度的允许偏差为 2mm，矩形风管两条对角线长度之差不应大于 3mm；圆形法兰任意正交两直径之差不应大于 5mm，矩形风管的两对角线之差不应大于 5mm。

3) 无机或有机玻璃钢风管法兰规格应符合表 34-45 规定，法兰平面度的允许偏差为 2mm，管口平面度的允许偏差为 3mm；同一批量加工的相同规格法兰的螺孔排列应均匀，其螺栓孔的间距不得大于 120mm；矩形风管法兰的四角处，应设有螺孔；螺孔至管壁的距离应一致，允许偏差为 2mm 并具有互换性。

无机或有机玻璃钢风管法兰规格（mm） 表 34-45

风管直径 D 或风管边长 b	材料规格（宽×厚）	连接螺栓
D (b) ≤400	30×4	M8
400<D (b) ≤1000	40×6	
1000<D (b) ≤2000	50×8	M10

4) 有机玻璃钢风管不应有明显扭曲，内表面应平整光滑，外表面应整齐美观，厚度应均匀，且边缘无毛刺，并无气泡及分层现象。法兰应与风管成一整体，应有过渡圆弧，并与风管轴线成直角。

5) 有机玻璃钢矩形风管的边长大于 900mm，且管段长度大于 1250mm 时，应加固。加固筋的分布应均匀、整齐。无机玻璃钢风管边宽大于等于 2m，单节长度不超过 2m，中间增一道加强筋，加强筋材料可用 50×5mm 扁钢。

6) 无机玻璃钢风管的外形尺寸允许偏差应符合表 34-46 的规定。

无机玻璃钢风管外形尺寸（mm） 表 34-46

直径或大边长	矩形风管外表面平面度	矩形风管管口对角线之差	法兰平面度	圆形风管两直径之差
≤300	≤3	≤3	≤3	≤3
301~500	≤3	≤4	≤2	≤3
501~1000	≤4	≤5	≤3	≤4
1001~1500	≤4	≤6	≤4	≤4
1501~2000	≤5	≤7	≤4	≤5
>2000	≤6	≤8	≤5	≤5

7) 玻璃纤维网格布的长度、宽度不够时，可采用搭接方法连接，搭接长度应大于 50mm。相邻层之间的纵、横搭接缝距应大于 300mm，同层搭接缝距离不得小于 500mm。

8) 风管法兰的规定与有机玻璃钢法兰相同。

9) 风管的表面应光洁、无裂纹、无明显泛霜和分层现象。

10) 无机玻璃钢风管制作完毕，待胶凝材料固化后除去内模，并置于干燥、通风处养护 6 天以上，方可安装。

3. 风管加固

无机或有机玻璃钢风管加固规定与金属风管相同，还应符合无机或有机玻璃钢风管的边长大于 900mm，且管段长大于 1250mm 时，应加固，加固筋应为本体材料或防腐性能相同的材料，分布应均匀、整齐，与风管成一整体。

无机玻璃钢风管四角、边可采用角形金属型材加固，风管内支撑加固点个数及纵向外加固框间距应符合表 34-47、表 34-48 的规定。

整体成型无机玻璃钢风管内支持加固点个数及外加固框间距

表 34-47

风管长边 b (mm)	压力 (Pa)				
	500~630	630~820	820~1120	1120~1610	1610~2500
650<b≤1000	—	—	1	1	1
1000<b≤1500	1	1	1	1	2
1500<b≤2000	1	1	1	1	2
2000<b≤3100	1	1	1	2	2
3100<b≤4000	1	2	3	3	4
纵向加固间距	1420	1240	890	740	590

组合成型无机玻璃钢风管内支持加固点个数及外加固框间距

表 34-48

风管长边 b (mm)	压力 (Pa)			
	500~700	700~900	900~1100	1100~1500
800<b≤1250	1	1	1	1
1250<b≤1500	1	1	1	1
1500<b≤2300	1	2	2	2
2300<b≤3000	2	2	3	4
3000<b≤3800	2	3	4	4
纵向加固间距	980	860	780	700

34.3.3.5 防火板风管的制作

1. 材料准备

防火板风管板材、型材及其他成品材质，应符合设计及国家相关产品标准规定。板材正面光滑，背面打磨；厚度应满足防火极限要求及风管构造，法兰连接件及加固件等材料应为 A 级不燃材料。龙骨、自攻螺钉及密封胶，应与板材材质相匹配，并应符合环保要求。

2. 放样下料

防火板尺寸一般为 2440mm×1220mm，当风管长边尺寸小于等于 1220mm 时，可按板材宽度做成每节长度为 1220mm 的风管；当风管两边之和小于等于 1220mm 时，可按板材长度做成每节长度 2440mm 的风管，以减少管段接口。板材应按风管尺寸展开，展开后根据连接方法及板厚预留余量，进行下料。防火板应尽量避免拼接，如需拼接，应按图 34-23 所示拼接。

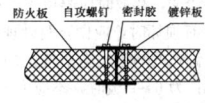

图 34-23 防火板材拼接

3. 风管制作

(1) 防火板风管制作工艺流程

放样下料 → 风管成型 → 密封 → 加固

(2) 防火板制作要求

风管规格及偏差与金属风管相同。风管由内壁及上下板用轻角钢龙骨连接成型，角钢龙骨厚度根据板厚而定，在板与板结合的缝隙处应涂抹防火密封胶，见图 34-24 (a)。用 ST4.2 自攻螺钉（长度应比板厚长 1~2mm）固定角钢龙骨，自攻螺钉间距为 200mm，在弯管或拼接处，间距为 150mm。风管管段与管段的拼接，沿长度方向的断面如图 34-24 (b) 所示。自攻螺钉间距为 150mm。管段与管段的拼接处缝隙要求抹胶密封。

4. 风管加固

防火板风管加固规定与金属风管相同。风管的加固可采用不燃管材、扁钢、防火板条（宽为 200mm）做内支撑加固，或用角钢、

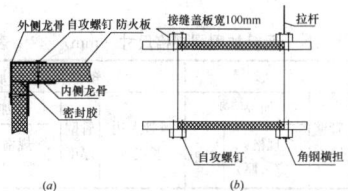

图 34-24 防火板风管连接
(a) 角钢龙骨连接；(b) 管段与管段拼接

U 形轻钢龙骨做外加固。内支撑加固的规定与玻璃纤维铝箔复合风管相同。

34.3.3.6 硬聚氯乙烯风管的制作

1. 材料准备

硬聚氯乙烯风管的材料品种、规格、性能与厚度等应符合设计和现行国家产品标准的规定。硬聚氯乙烯板材不得出现气泡、分层、炭化、变形和裂纹等缺陷。

2. 放样下料

画线应用红铅笔，不要用划针或锯条，以免板材表面形成伤痕，发生折裂。硬聚氯乙烯板材在加热冷却时会出现膨胀和收缩的现象，所以在画线时，应适当地放出收缩余量。收缩余量随加热时间和工厂生产过程而异，应对每批材料先进行加热试验，以确定其收缩余量。画线时，应按图纸尺寸，根据板材规格和现有加热箱的大小等具体情况，合理安排每张板上的图形，尽量减少切割和焊缝，又要注意节省原材料。

3. 风管制作

(1) 硬聚氯乙烯风管制作工艺流程

领料 → 放样划线 → 切割 → 下料 → 坡口 → 加热 → 焊接成形 → 检验 → 出厂

(2) 硬聚氯乙烯风管制作要求

1) 风管外径或外边长的允许偏差，为 2mm，管口平面度的允许偏差为 2mm，矩形风管两条对角线长度之差不应大于 3mm，圆形法兰任意正交两直径之差不应大于 2mm，表面平整，圆弧均匀，凸凹不应大于 5mm。

2) 切割前检查板材质量，可使用剪床、电动锯切割板材。5mm 厚以下的板材可在常温下进行切割。5mm 厚以上板材应先加热到 30℃ 左右，再用切割，以免发生碎裂现象。

3) 下料后的板材应按板材的厚度及焊缝的形式，用锉刀、木工刨床、普通木工刨或砂轮机、坡口刨进行坡口。坡口的角度和尺寸应均匀一致，焊缝背面应留有 0.5~1.0mm 的间隙，以保证焊缝根部有良好的接合。

4) 加热成型可用电加热、蒸汽加热和热空气加热等方法，加热时间见表 34-49。

硬聚氯乙烯板材加热时间   表 34-49

板材厚度 (mm)	2~4	5~6	8~10	11~15
加热时间 (min)	3~7	7~10	10~14	15~24

5) 圆形风管加热成型：板材被加热到柔软状态时取出，放在垫有帆布的木模中卷成圆管，待完全冷却后，将管取出。木模外表应光滑，圆弧应正确，木模应比风管长 100mm。

6) 矩形风管加热成型：风管折方可用普通的折方机和管式电加热器配合进行。将划线部位置于两根管式电加热器中间，板表面加热到 150~180℃ 变软后，迅速抽出放在折方机上折成 90°，待加热部位冷却后取出成型后的板材。

7) 硬聚氯乙烯受热收缩产生应力变化，坡口焊接部位原板材断面积小，造成该部位抗弯力小，机械强度较低，因此矩形风管纵向缝应避免设置在角部，四角应加热折方成型。

4. 风管加固

硬聚氯乙烯风管加固应符合金属风管加固规定，还应符合硬聚氯乙烯风管的直径或边长大于 500mm 时，其风管与法兰的连接处应设加强板，且间距不得大于 450mm。采取加固圈（框）或加筋等加固措施，以焊接固定，风管加固圈规格尺寸应符合表 34-50

的规定。

风管加固圈规格尺寸（mm） 表 34-50

圆 形				矩 形			
		加固圈				加固圈	
风管直径 D	管壁厚度	规格（宽×厚）	间距	风管大边长度 b	管壁厚度	规格（宽×厚）	间距
$D \leqslant 320$	3	—	—	$b \leqslant 320$	3		
$320 < D \leqslant 500$	4	—	—	$320 < b \leqslant 400$	4		
$500 < D \leqslant 630$	4	40×8	800	$400 < b \leqslant 500$	4	35×8	800
$630 < D \leqslant 800$	5	40×8	800	$500 < b \leqslant 800$	5	40×8	800
$800 < D \leqslant 1000$	5	45×10	800	$800 < b \leqslant 1000$	6	45×10	400
$1000 < D \leqslant 1400$	6	45×10	800	$1000 < b \leqslant 1250$	6	45×10	400
$1400 < D \leqslant 1600$	6	50×12	400	$1250 < b \leqslant 1600$	8	50×12	400
$1600 < D \leqslant 2000$	6	60×12	400	$1600 < b \leqslant 2000$	8	60×15	400

34.3.4 柔性风管的制作

柔性风管可以在一定方向弯曲或一定距离拉伸，常用于空调系统支风管末端与送风口的连接，常用的柔性风管分为金属柔性风管和非金属柔性风管，金属柔性风管采用镀锌薄钢带、薄不锈钢带、薄铝合金带，由机械螺旋缠绕咬口成型，非金属柔性风管采用聚氨酯铝箔复合材料用钢丝螺旋咬口缠绕成型，玻璃纤维布涂塑用钢丝螺旋咬口缠绕成型，还有具有隔热层和微孔消声器的特殊用途的柔性风管。柔性风管制作应选用防腐、不透气、不宜霉变的柔性材料，用于净化空调系统的还应是内壁光滑、不易产生灰尘的材料。用于空调系统的应采取防止结露的措施，外保温风管应包覆铝箔聚酯复合防潮层。

柔性风管制作要求如下：

（1）风管直径小于等于250mm时，板材厚度应大于等于0.09mm；直径在250～500mm时，板材厚度应大于等于0.12mm；直径大于500mm时板材厚度应大于等于0.2mm。

（2）风管材料、粘结剂的燃烧性能应达到难燃B1级。粘合剂的化学性能应与所粘结材料一致，应在−30～70℃环境中不开裂、不融化，有良好的粘结性，燃烧时，应不产生有毒气体。

（3）聚酯膜铝箔复合柔性风管的钢丝，其表面应有防腐涂层，且符合《胎圈用钢丝》GB/T 14450标准的规定，钢丝规格见表34-51。

聚酯膜铝箔复合柔性风管钢丝规格（mm）
表 34-51

柔性风管直径 D	$D \leqslant 200$	$200 < D \leqslant 400$	$D > 400$
钢丝直径	0.96	1.2	1.42

（4）可伸缩的柔性风管安装后可允分伸展，伸展度宜为80%～95%。弯曲角度应不大于90°。

（5）圆形金属柔性风管直径小于等于300mm时，宜用不少于3个螺丝圆周上均匀紧固；直径大于300mm的风管宜至不少于5个螺钉紧固。螺钉距离风管端部应大于12mm。

（6）采用角钢法兰连接时，应采用厚度大于等于0.5mm的镀锌板与角钢法兰紧固，见图34-25。

（7）圆形风管宜采用承插连接卡箍紧固，插接长度应大于50mm。当连接套管直径大于300mm时，应在套管端面10～15mm处压制环形凸槽，安装卡箍在套管环形凸槽后面。

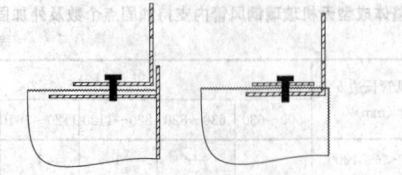

图 34-25 柔性风管角钢法兰连接

34.3.5 洁净空调系统风管的制作

随着科学技术的发展，电子工业、机械工业、医药工业、食品工业、航空和航天工业等高精产品生产制造需要更加洁净的环境，生物、医疗对环境洁净的需求也越来越高。为了保证空气洁净，在空气输送的每一个环节，都要符合空气洁净的要求，洁净风管是重要的一个环节。

洁净空调系统风管材质应根据设计要求选用，可以采用镀锌钢板、不锈钢板和聚氯乙烯板材制作，对空气洁净要求高的可以使用不锈钢风管。

34.3.5.1 洁净空调系统风管材料准备

制作洁净风管、配件及部件使用板材及型材的品种、规格和厚度，其应符合设计要求和国家标准规定，要求材料表面耐腐蚀、不产尘、不积尘、不产生静电、无异味、无污染，厚度误差为±0.025mm，非卷板对角线之差不大于3 mm。风管制作前必须对板件、型材表面进行除锈、脱脂、清洗处理，使板材表面达到光滑清洁要求。

34.3.5.2 洁净空调系统风管制作

洁净空调系统风管可以采用镀锌钢板、不锈钢板和聚氯乙烯板材制作，其展开方法和制作工艺流程与非洁净风管相同，制作质量要求更加严格。洁净风管制作规定应根据使用材料情况，不但要符合金属风管或非金属风管制作规定，还应符合下列规定：

（1）矩形风管边长小于或等于900mm时，底面板不应有拼接缝；大于900mm时，不应有横向拼接缝；

（2）风管所用的螺栓、螺母、垫圈和铆钉均应采用与管材性能相匹配、不会产生电化学腐蚀的材料或采取镀锌或其他防腐措施，并不得采用抽芯铆钉；

（3）不应在风管内设加固框及加固筋，风管无法兰连接不得使用S形插条、直角形插条及立联合角形插条等形式；

（4）空气洁净度等级为1～5级的净化空调系统风管不得采用按扣式咬口；

（5）风管的清洗不得用对人体和材质有危害的清洁剂；

（6）镀锌钢板风管不得有镀锌层严重损坏的现象，如表层大面积白花、锌层粉化等；

（7）现场应保持清洁，存放时应避免积尘和受潮。风管的咬口缝、折边和铆钉等处有损坏时，应做防腐处理；

（8）风管法兰铆钉孔的间距，当系统洁净度的等级为1～5级时，不应大于65mm；为6～9级时，不应大于100mm；

（9）静压箱本体、箱内固定高效过滤器的框架及固定件应做镀锌、镀镍等防腐处理；

（10）制作完成的风管、配件及部件，应进行第二次清洗，清洗完成经过检查，达到清洁要求后应及时封口，可用塑料薄膜封闭，并用胶带牢牢四边，避免粉尘进入。

34.3.5.3 洁净空调系统风管及配件连接

洁净空调系统风管之间、风管与配件或部件连接必须达到严密，避免漏风及灰尘进入。

（1）金属板材厚度小于等于1.2mm时，一般采用咬接。咬接宜选用转角咬口或联合角咬口，壁厚大于1.2mm宜采用焊接，以保证管缝成型良好。风管的咬口缝、翻边四角和铆钉缝等易漏风处，应经处理干净后再涂密封胶封闭严密。

（2）洁净系统风管法兰连接应使用镀锌螺栓、铆钉，连接螺栓孔径不大于120mm。

（3）法兰、设备连接、清扫口、检视门等连接处，应选不漏气、弹性好、强度高的密封垫料，为了保证连接严密性，垫料中间

尽量减少接头，其接头必须按阶梯形或榫形连接，并应涂胶粘牢。垫料尺寸、位置应正确；法兰均匀压紧后使衬垫宽度与法兰内壁达到平齐。

（4）柔性短管用材料，应选用不起毛、不起粉尘和内外光滑的人造革、涂胶帆布、软橡胶板和软塑料板等制作。

34.3.5.4　洁净空调系统风管及配件清洗与密封

清洗以脱脂、去尘为主要目的，采用半干丝绸布或丝光毛巾揩擦方式，清洗液一般采用三氯乙烯或工业酒精。三氯乙烯对人体有害，要采取严格的防护措施（防毒面具、防护眼镜、橡胶手套等），并应加强通风措施。清洗达到要求后应及时封口。

洁净风管内部咬缝、铆钉、法兰翻边的四角应密封，密封胶宜采用异丁基橡胶、氯丁橡胶、交性硅胶等。密封时应注意连续性、均匀性、压实，尤其是铆钉处应内外密封，密封胶不得出现断裂、漏涂、虚粘现象，周围多余的胶液要擦干净。

34.3.5.5　洁净空调系统风管加固

洁净空调系统风管加固规定与普通风管加固规定相同。为了保证净化系统的质量，洁净空调系统应采用风管外加固，以避免凹槽内积存灰尘或冷凝水等杂物。

34.3.6　风管配件的制作

风管配件包括变径管、弯头、三通、异径管及来回弯管等，配件的材质、规格应与风管相同，配件按材质分为金属配件（普通钢、镀锌钢、不锈钢和铝）及非金属配件（酚醛铝箔复合、聚氨酯铝箔复合、玻璃钢、防火板及硬聚氯乙烯），配件制作规定、连接方法及质量要求应与匹配的风管制作规定相同。无机或有机玻璃钢风管配件应由玻璃钢风管厂商生产。

风管配件的几何形状和规格较多，应根据图纸及大样分别进行展开，展开方法宜采用平行线法、放射线法和三角线法，板材拼接方法及纵向拼接缝的设置与风管要求相同。

不锈钢、铝矩形配件加工过程应与风管加工要求相同，注意保护其防腐层。

风管配件的加固要求和方法与风管加固要求相同。

34.3.6.1　变径管的加工

变径管是用来连接不同断面的通风管，以及通风管尺寸变更的配件。如设计图纸无明确规定时，变径管的扩张角在 25°～30° 之间。按形状可分为矩形变径管、圆形变径管和矩形变圆形变径管（天方地圆）。

1. 金属变径管加工

（1）金属矩形变径管

矩形变径管用于连接两种不同规格的矩形风管，有正心矩形和偏心矩形变径管两种。金属矩形变径管可以用三角形法进行展开，根据板材厚度可以采用咬口或焊接成型，矩形变径管展开后，应根据连接形式，留出咬口留量、法兰留量及翻边留量。

1）正心矩形变径管

正心矩形变径管的展开，根据已知大口管边尺寸、小口管边尺寸和变径管高度尺寸，画出主视图和俯视图，求出侧面边线实长，再展开，如果变径管尺寸较小，可以连续展开，边线折方，如图 34-26 所示。

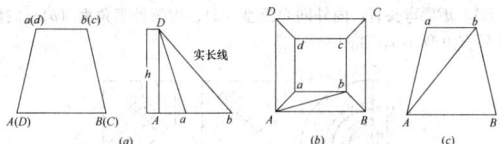

图 34-26　正心矩形变径管的展开

（a）主视图；（b）侧视图；（c）展形图

2）偏心矩形变径管

偏心矩形变径管的展开方法与正心矩形变径管的展开相同，用三角形法求出实长，再展开，如图 34-27 所示。

金属矩形变径管的形式比较多，有两侧平直的偏心矩形变径管，上下口扭转不同角度偏心且不平行的变径管等，其展开方法与正心矩形变径管相似，用三角形法展开。

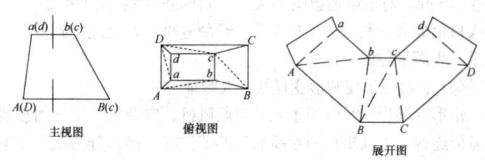

图 34-27　偏心矩形变径管的展开

（2）金属圆形变径管

圆形变径管用于连接两种不同管径圆形风管，可以分为正心变径管和偏心变径管，正心变径管又分为可以得到顶点的和不易得到顶点的两种。

圆形变径管的展开图绘制后，根据板材厚度可以采用咬口或焊接成型，圆形变径管展开后，应根据连接形式，留出咬口留量、法兰留量及翻边留量。

1）易得到顶点正心变径管

可以得到顶点正心变径管的展开，可以用放射线法画出，画法如图 34-28 所示。

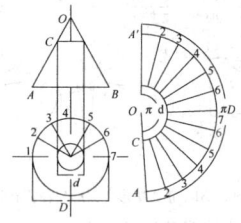

图 34-28　正心变径管的展开

2）不易得到顶点正心变径管

不易得到顶点正心变径管大小口直径相差比较小，不能用放射线法展开，一般采用近似画法展开，画法如图 34-29 所示。

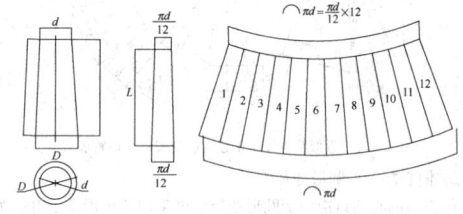

图 34-29　不易得到顶点的正心变径管的展开

3）偏心圆形变径管

偏心圆形变径管的展开可以用三角形法展开，其画法如图 34-30 所示。根据大口直径 D 和小口直径 d 及偏心距和高度 h，先画出主视图和俯视图，然后按三角形法进行展开。

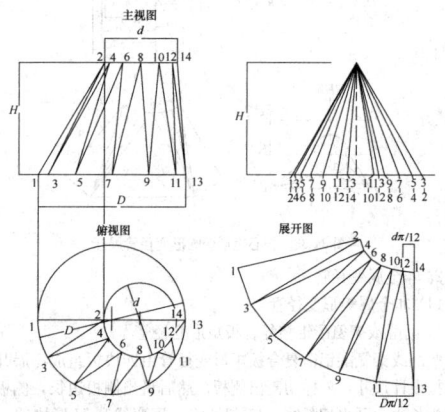

图 34-30　偏心圆形变径管的展开

对于管径较小的圆形变径管采用扁钢法兰时，因扁钢厚度一般

在 4～5mm，对于组装影响不大，下料时可以将小口稍缩小一些，将大口稍放大一些。法兰套入后，经翻遍敲平，就能得到符合尺寸要求、表面平整的变径管。

（3）金属矩形变圆形变径管（天圆地方）

矩形变圆形变径管用于风管与通风机、空调机、空气加热器等设备的连接，以及矩形圆形断面互换部位的连接。分为正心和偏心两种。

矩形变圆形变径管可以用多种方法展开，可以用三角形法，也可以用近似圆锥体法展开。矩形变圆形变径管展开后，应根据连接形式，留出咬口留量、法兰留量及翻边留量。

1）正心矩形变圆形变径管

正心矩形变圆形变径管采用三角形法展开，根据已知的圆管直径 D，矩形风管边长 $A—B$、$B—C$ 和高度 h，画出主视图和俯视图，并将圆形管口等分编号，再用三角形法画展开图。如图 34-31 所示。

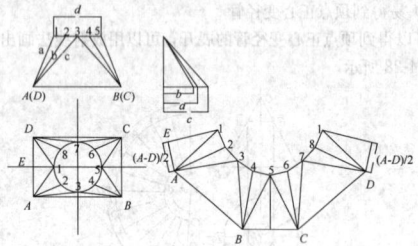

图 34-31 正心矩形变圆形变径管展开

正心矩形变圆形变径管采用近似圆锥体法展开，见图 34-32。此方法比较简便，圆口和方口尺寸正确，但是高度比规定高度稍小，加工制作时可以再加长法兰的短直管上进行修正。

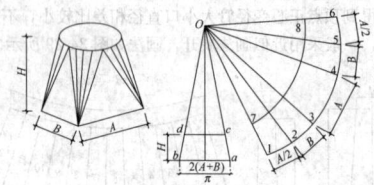

图 34-32 近似圆锥体法正心矩形变圆形变径管展开

2）偏心矩形变圆形变径管

偏心和偏心斜口矩形变圆形变径管可采用三角形法展开，如图 34-33、图 34-34 所示。

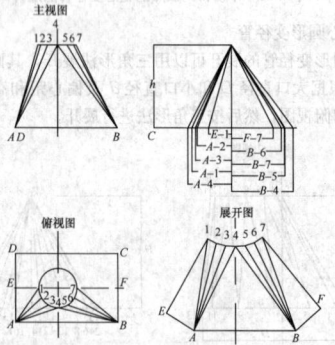

图 34-33 偏心矩形变圆形变径管展开

2. 非金属变径管

（1）非金属矩形变径管

1）酚醛或聚氨酯铝箔复合板矩形变径管

酚醛或聚氨酯铝箔复合板矩形变径管由四块板组成，展开时应首先按设计尺寸，放样切割出侧板，然后量出侧板边长，侧板边长为盖板长边，画出切断线、45°斜坡线、压弯线和V形槽线，如图 34-35 所示。用专用切割刀切断、坡口、压弯线采用机械压弯，轧压深度不宜超过 5mm。粘结、质量规定与风管相同。

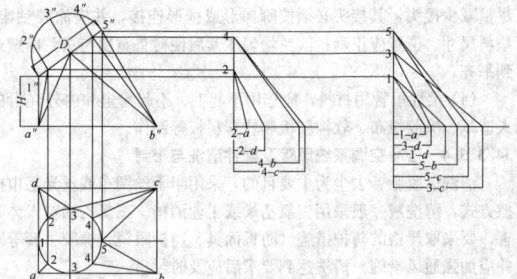

图 34-34 偏心斜口矩形变圆形变径管

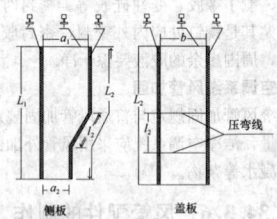

图 34-35 矩形变径管放样图

2）玻璃纤维复合板矩形变径管

玻璃纤维复合矩形变径管展开方法与酚醛或聚氨酯铝箔复合矩形变径管相同，玻璃纤维复合矩形变径管组合成形方法和质量要求与玻璃纤维复合风管相同。

3）防火板矩形变径管

防火板矩形变径管制作方法与玻璃纤维复合矩形变径管相同。

4）硬聚氯乙烯矩形变径管

硬聚氯乙烯矩形变径管的展开方法与金属矩形变径管相同，下料后坡口焊接成形，质量要求与硬聚氯乙烯矩形风管相同。

（2）非金属（硬聚氯乙烯）圆形变径管和矩形变圆形变径管（天方地圆）

非金属圆形配件只有硬聚氯乙烯圆形配件需要制作。硬聚氯乙烯圆形变径管和天方地圆展开方法与金属圆形变径管相同，下料后首先加热，加热到达要求后，放在上下凸凹胎膜上压曲成型，待完全冷却后坡口、焊接成形。

34.3.6.2 弯头的加工

弯头是用来改变风管内气流流动方向的配件，按材质可分为金属弯头和非金属弯头，按截面可以分为矩形弯头和圆形弯头。为保证通风畅通、减少阻力和结构连接的强度及稳定，弯头放样下料时应首先确定合理的弯曲半径。

1. 金属弯头

（1）金属矩形弯头

矩形弯头成型如果采用咬口连接，弯头放样下料应根据咬口的形式确定所需的加工余量。采用翻边方式与法兰连接，下料应留出短直段段和翻边量，短直管用于装配调节法兰角度，留量等于法兰宽度，翻边量为10mm。

矩形弯头中心合理弯曲半径 R 与边长 A 关系，一般确定为 $R=1.5A$。矩形弯头有：内外同心弧型（a）、内弧外直角型（b）、内斜线外直角型（c），如图 34-36 所示。

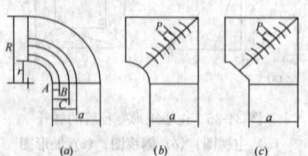

图 34-36 矩形弯头示意图

矩形弯头内的气流容易产生湍流，为了使气流平稳，减少噪声，矩形弯头内应设置导流片。矩形弯头以同心弧型弯头风阻最小，宜优先采用。风阻与弯头的曲率半径成正比，弯头内设置导流片的作用是细分弯管内的气流，减少涡流产生，导流片在内侧比外

侧效果好,间隔应内密外疏。内斜线直角弯管,可用等圆弧导流片,导流片多时须等距离设置。

矩形弯头可以按图 34-37 展开。

弯头曲率半径宜为一个平面边长,圆弧应均匀。当内外弧型矩形弯头平面边长大于 500mm,且内弧半径 r 与弯管平面边长 a 之比(r/a)小于或等于 0.25 时应设置导流片。导流片弧度应与弯管角度相等,片数应按表 34-52 及图 34-38(a)的规定。

内外弧形矩形弯头导流片位置 表 34-52

弯管平面边长 a(mm)	导流片数	导流片位置		
		A	B	C
500<a≤1000	1	$a/3$	—	—
1000<a≤1500	2	$a/4$	$a/2$	—
a>15000	3	$a/8$	$a/3$	$a/2$
a>15000	3	$a/8$	$a/3$	$a/2$

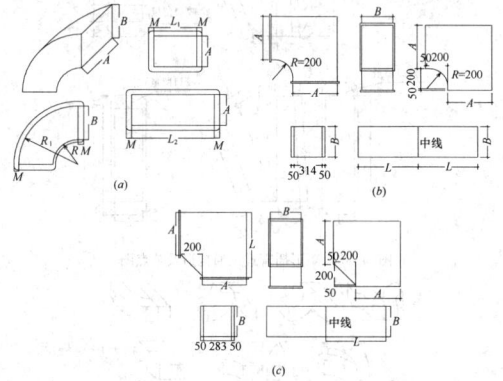

图 34-37 矩形弯头展开图
(a) 内外同心弧型弯头展开;(b) 内弧外直角型弯头展开;
(c) 内斜线外直角型弯头展开

内弧外直角型、内斜线外直角形的边长大于 500mm,应设置圆弧导流片。按图 34-38 选用单弧形(a)或双弧形(b)。单弧形、双弧形导流片圆弧半径与间距宜按表 34-53 的规定。矩形弯头导流叶片的迎风侧边缘应圆滑,固定应牢固,导流叶片长度超过 1250mm 时,应有加强措施。

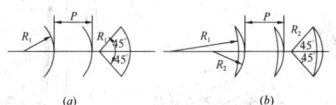

图 34-38 单弧形或双弧形导流片形

单弧形或双弧形导流片的圆弧半径及间距 表 34-53

单圆弧导流片		双圆弧导流片	
(镀锌板厚度宜为 0.8mm)		(镀锌板厚度宜为 0.6mm)	
$R_1=50$ $P=38$	$R_1=115$ $P=83$	$R_1=50$ $R_2=25$ $P=54$	$R_1=115$ $R_2=51$ $P=83$

(2)金属圆形弯头

金属圆形弯头根据弯曲角度,由若干个带有双斜口的中节和两个带有单斜口的端节组合而成。弯头角度有 90°、60°、45°、30°四种,弯头的节数根据管径确定,弯头曲率与弯头直径关系为半径 $R=1\sim1.5D$。弯头曲率半径(以中心线计)和最小分节数应符合表 34-54 的规定。弯头的弯曲角度允许偏差应不大于 3°。

圆形弯头曲率半径和最少节数 表 34-54

弯头直径 D(mm)	曲率半径 R(mm)	弯头角度和最少节数							
		90°		60°		45°		30°	
		中节	端节	中节	端节	中节	端节	中节	端节
80<D≤220	≥1.5D	2	2	1	2	1	2	—	2
220<D≤4500	$D\sim1.5D$	3	2	1	2	1	2	1	2

续表

弯头直径 D(mm)	曲率半径 R(mm)	弯头角度和最少节数							
		90°		60°		45°		30°	
		中节	端节	中节	端节	中节	端节	中节	端节
450<D≤8000	$D\sim1.5D$	4	2	2	2	1	2	1	2
800<D≤1400	D	5	2	2	2	2	2	1	2
1400<D≤2000	D	8	2	5	2	2	2	2	2

弯头成型如果采用咬口连接,中节、端节要留出咬口留量,端节应留出短直管段和翻边量,短直管段用于装配调节法兰角度,留量等于法兰宽度,翻边量为 10mm。

圆形弯头可以按图 34-39 展开,成型连接、制作和质量规定与矩形弯头要求相同。

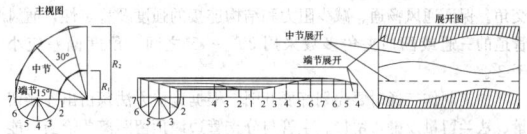

图 34-39 圆形弯头展开

2. 非金属弯头

(1)非金属矩形弯头

1)酚醛或聚氨酯铝箔复合板矩形弯头

酚醛或聚氨酯铝箔复合板矩形弯头由四块板组成。展开时应先按设计尺寸,放样切割出侧板,然后量出盖面板弯曲边的长度,侧板弯曲边长度为盖板长边,放样画出上下盖板的切断线、45°斜坡线和压弯区线。用专用切割刀切断,坡口,内外盖板弯曲面采用机械压弯成型,其曲率半径小于 150mm 时,轧压间距宜为 20~35mm;曲率半径 150~300mm 时,轧压间距宜在 35~50mm 之间;曲率半径大于 300mm 时,轧压间距宜在 50~70mm。轧压深度不宜超过 5mm。展开如图 34-40 所示。酚醛或聚氨酯复合弯头粘结质量、加固规定与风管相同。弯头导流片设置规定与金属弯头相同,导流片可采用 PVC 定型产品,也可由镀锌板弯压成圆弧,两端头翻边,铆到两块平行连接板上组成导流组。在已下好料的弯头平面板上划出安装位置线,在组合弯头时将导流板组用粘结剂粘上。导流板组的高度宜大于弯头管口 2mm,以使其连接更紧密。

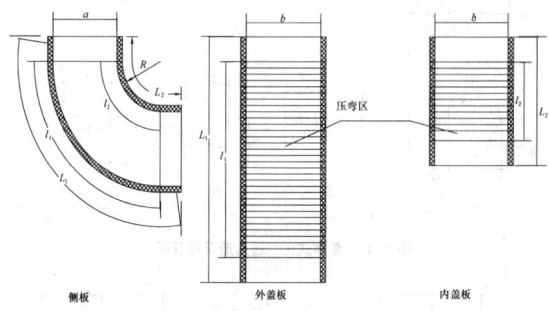

图 34-40 酚醛或聚氨酯复合矩形弯头展开

2)玻璃纤维复合板矩形弯头

玻璃纤维复合矩形弯头展开方法与酚醛或聚氨酯铝箔复合矩形弯头相同,玻璃纤维复合矩形弯头组合成形方法和质量要求玻璃纤维复合风管要求相同。

3)防火板矩形弯头

防火板矩形弯头制作方法与玻璃纤维复合矩形弯头要求相同。

4)硬聚氯乙烯矩形弯头

硬聚氯乙烯矩形弯头由两块侧面弯板和上下盖板四块板构成,展开方法与金属矩形弯头相同,两侧弧形板的划线应精细,保证弯曲弧度,然后将上下盖板加热后贴在弧形胎模上成形。展开时应保留法兰留量。下料后,为保证表面焊接质量、结构强度和受力稳定性,应对焊接的板边进行坡口。焊接时应保证板材温度高于 5℃。

（2）非金属（硬聚氯乙烯）圆形弯头

硬聚氯乙烯圆形弯头有两种制作方法，一种方法是用样板在板材上展开下料，加热后，放在胎膜上压曲成型，待完全冷却后坡口焊接成形。另一种方法是用样板紧贴在已经加工好的圆形直管上，展开划线，沿划线截成弯头的短节，坡口焊接成形。圆形弯头展开时应预留法兰留量。

34.3.6.3　三通的加工

三通是用于分流或汇集气流的配件，按截面形状可分为矩形和圆形三通，按干管与支管位置可分为正三通、斜三通、分叉三通及组合三通等。为了使制造三通标准化，应尽量采用《全国通用通风管道配件图表》中规定的各种三通。

三通干管与支管的交角 α 应根据三通断面大小来确定，一般在 $15°\sim 60°$ 之间。交角 α 较小时，三通的高度较大；反之高度则较小。在加工断面较大的三通，为不使三通高度过大，应采用较大的交角。保证通风畅通、减少阻力和结构连接的强度及稳定性，通风管道的三通或四通夹角多数采用 $30°\sim 45°$ 之间，角度偏差应小于 $3°$。

加工制作三通时要先划好展开图，根据连接方法预留出连接留量、法兰留量及翻边留量。主管与分支管边缘预留距离要恰当，能用来保证安装法兰，并便于维修。

1. 金属三通

（1）金属矩形三通

金属矩形三通有整体式三通、插管式三通及弯管组合式三通等。

1）整体式三通

整体式三通有正三通和斜三通，正三通外形构造及展开见图34-41，斜三通外形构造及展开见图34-42。

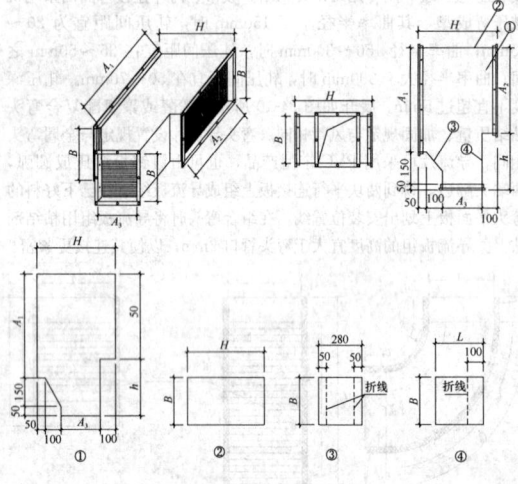

图 34-41　整体式正三通构造及展开图

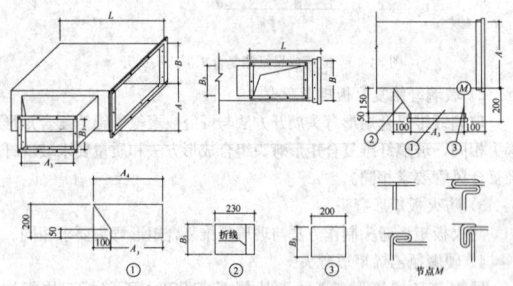

图 34-42　整体式斜三通构造及展开图

为便于标准化生产，不同规格三通展开尺寸见《全国通用通风管道配件图表》。

2）插管式三通

插管式三通是在风管的直管段侧面连接一段分支管，其特点是

灵活、方便，而且省工省料。风管直管段与分支管有两种连接方法，一种方法是咬口连接，如图34-43所示；另一种方法是连接板式插入连接。分支管连接板与风管接触部分，特别是分支管的四个角，应用密封材料进行处理，以减少连接处的漏风量。

3）弯头组合式三通

弯头组合式三通由弯头组合而成，其组合形式应根据管路不同的分支情况而定，如图34-44所示。其特点是气流分配均匀，制作工艺简单，可根据设计要求，先制成弯头，再连接组合，可以采用角钢法兰框架连接，也可以采用插条连接。采用法兰框连接时，连接部位应预留法兰及翻边留量，采用插条连接时，应预留连接留量，还必须做好插条缝隙的密封。

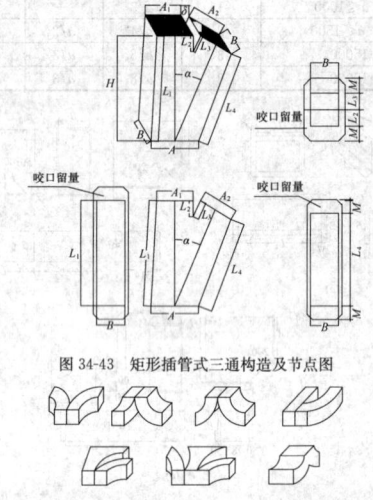

图 34-43　矩形插管式三通构造及节点图

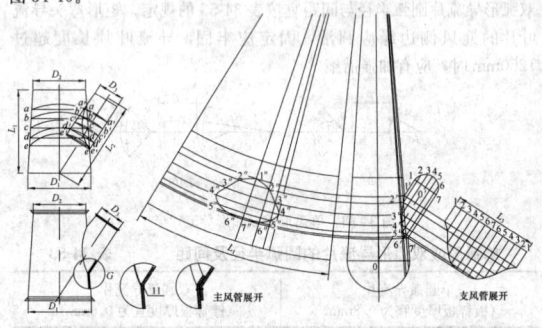

图 34-44　常用的弯头组合三通

（2）金属圆形三通

圆形三通分为斜式壶式三通及分叉三通。圆形壶式三通不同规格和展开尺寸见《全国通用通风管道配件图表》，展开见图34-45，图34-46。

图 34-45　圆形斜壶三通展开图

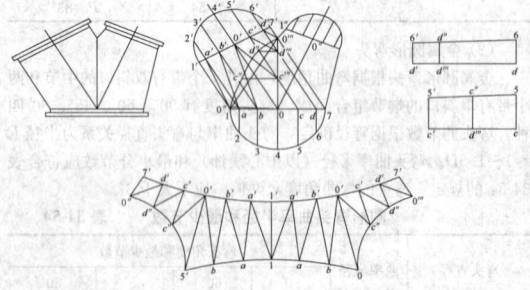

图 34-46　圆形分叉三通展开图

圆形三通的成型连接形式，应根据板材的材质、板厚及密封要求情况而定，可采用咬接、铆接及焊接，根据连接形式预留留量，

连接形式和规定与风管连接相同。

2. 非金属三通

(1) 非金属矩形三通

1) 酚醛或聚氨酯铝箔复合矩形三通

① 酚醛或聚氨酯铝箔复合矩形 T 形管

T 形矩形管由四块板组成。展开时应先按设计尺寸，放样切割出侧板，然后量出侧板边长，侧板边长为盖板长边，画出切断线、45°斜坡线、压弯线和 V 形槽线，用专用切割刀切断，坡口，压弯线采用机械压弯，要求与矩形弯管相同。粘结、质量规定与风管相同。如图 34-47 所示。

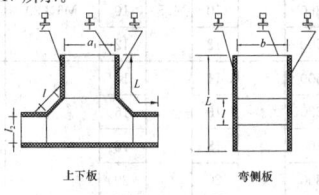

图 34-47　酚醛或聚氨酯矩形 T 形风管展开

② 酚醛或聚氨酯铝箔复合矩形分叉管

矩形分叉管种类很多。现按 r 形分叉管说明放样方法。如图 34-48 所示。首先对风管上、下盖板放样，测量内、外弧线长度，作为内、外侧板边长，对侧板展开放样，画出切断线、45°斜坡线压弯线和 V 形槽线，用专用切割刀切断、坡口、压弯线采用机械压弯，要求与矩形弯管相同。粘结、质量规定与风管相同。

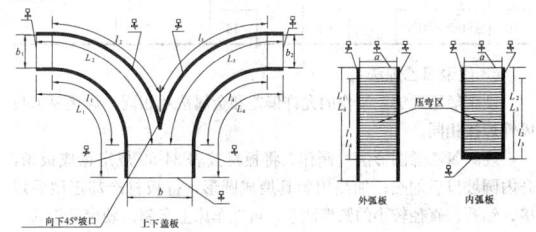

图 34-48　酚醛或聚氨酯矩形分叉管展开

2) 玻璃纤维复合板矩形三通

玻璃纤维复合矩形三通展开方法与酚醛或聚氨酯铝箔复合三通风相同，组合成型方法与玻璃纤维铝箔复合风管相同。

3) 防火板矩形三通

防火板矩形三通制作方法与玻璃纤维复合矩形三通相同。

4) 硬聚氯乙烯矩形三通

硬聚氯乙烯矩形三通展开方法与金属矩形三通相同，展开时应保留法兰留量，下料后对焊接部位的板边进行坡口、组装焊接成型，纵向缝避免设置在角部，角部加热折方成型。

(2) 非金属（硬聚氯乙烯）圆形三通

硬聚氯乙烯圆形三通可用金属三通下料法，先制出样板，贴在硬聚氯乙烯圆形风管上，画出干管与支管的结合线，然后按画线锯割出圆三通的干管和支管，坡口焊接组合成形。

34.3.6.4　来回弯的加工

来回弯管在通风、空调风管系统中，是用来跨越或躲避其他管道、设备及建筑物等的管件。由两个小于 90°的弯管连接形成，弯管角度由偏心距离 h 和来回弯的长度 L 决定。当 L∶D（管宽或管径）大于等于 2 时，中间可以加接直管段。来回弯管使用时，为减少风阻，应尽量采用两弯管连接方法。

一般非金属风管不使用来回弯，而采用其他方法跨越或躲避其他管道及建筑物的管件。

1. 金属矩形来回弯管

矩形来回弯管是由两个相同的侧壁和相同上壁、下壁组成。侧壁按加工弯管方法展开，根据矩形来回弯管长度 L 和偏心距 h 分解成两个弯管展开画线，上下壁长度按侧壁边长量出。连接方法与弯管相同。矩形来回弯管和方变矩形来回弯管展开如图 34-49、图 34-50 所示。

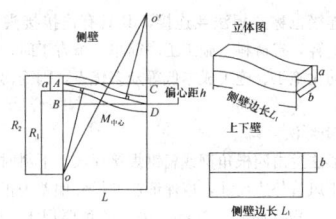

图 34-49　矩形来回弯管展开

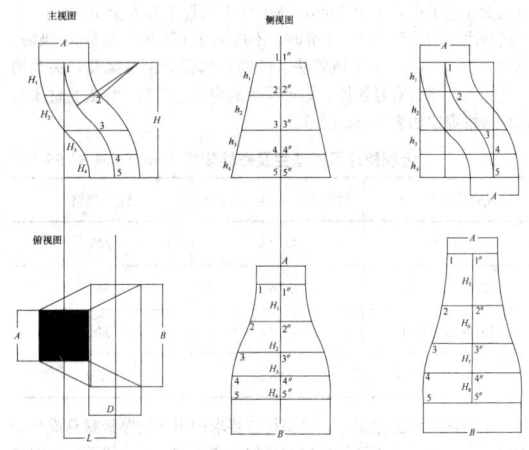

图 34-50　方变矩形来回弯管展开

2. 金属圆形来回弯管

圆形来回弯管可以看成由两个不够 90°的弯管组成，可以根据长度 L 和偏心距 h 将其分解成两个弯管，进行展开和加工。连接方法与弯管相同，见图 34-51。

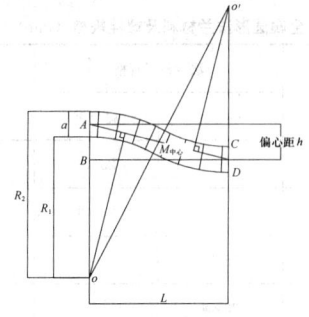

图 34-51　圆形来回弯管主视图

34.3.6.5　风管法兰的加工

风管与风管、配件、部件的连接，一般使用法兰连接，法兰连接使用维修方便。法兰按照材质可分为金属法兰和非金属法兰，金属法兰包括角钢、扁钢、不锈钢及铝材，非金属法兰是指硬聚氯乙烯法兰。法兰按截面形状分为矩形法兰、圆形法兰。法兰制作应符合国家标准关于法兰质量的规定，包括法兰材质、规格、尺寸、焊缝、平面度、铆螺孔位置、孔径、孔距、防腐处理方面。同一批法兰要具有互换性。

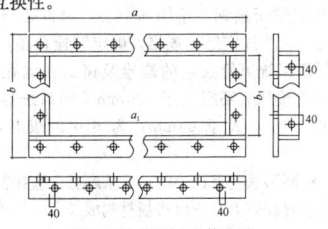

图 34-52　矩形法兰构造图

无法兰连接也称共板法兰连接，其具有连接接头严密、质量好，接头重量轻，省材料，施工工序简单，节省工时，易于实现全机械化、自动化施工、施工成本低等众多优点，因而得到广泛推广应用。

1. 金属矩形法兰

金属矩形法兰由四根角钢或扁钢焊接而成，下料时注意法兰内框尺寸不小于风管外边尺寸，应保证法兰尺寸偏差为正偏差，偏差值为+2mm，对角线偏差+3mm。法兰四角要焊牢，焊接后应调整找平、清理焊缝、钻孔。法兰螺孔、铆钉孔位应位于角钢面中心，铆钉孔与螺孔应交叉均匀设置，中、低压系统风管法兰的螺栓及铆钉孔的孔距不得大于150mm；高压系统风管不得大于100mm。当系统洁净度的等级为1～5级时，不应大于65mm；为6～9级时，不应大于100mm。矩形风管法兰的四角部位应设有螺孔，法兰质量应统一，要具有互换性。矩形法兰的构造见图34-52，法兰材质及螺栓规格规定如表34-55所示。

金属矩形风管法兰及螺栓规格（mm）　表34-55

风管长边尺寸 b	法兰材料规格（角钢）	螺栓规格
$b \leqslant 630$	25×3	M6
$630 < b \leqslant 1500$	30×3	M8
$1500 < b \leqslant 2500$	40×4	M8
$2500 < b \leqslant 4000$	50×5	M10

不锈钢矩形法兰制作，可将符合要求的不锈钢厚板材割成长条焊接而成，也可将不锈钢板材切割加工成角型，再焊接而成。铝法兰可用铝角型材或厚铝板制作。

2. 金属圆形法兰

金属圆形法兰可用角钢或扁钢卷圆后，切断、找平、焊接、钻孔制成，要求法兰任意两内径尺寸偏差不应大于2mm，平面度不应大于2mm。法兰材质规格及螺栓规格如表34-56所示。圆形法兰的构造如图34-53所示。

金属圆形法兰材料及螺栓规格（mm）　表34-56

风管直径 D	法兰材料规格		螺栓规格
	角　钢	扁　钢	
$D \leqslant 140$		20×4	
$140 < D \leqslant 280$		25×4	M6
$280 < D \leqslant 630$	25×3	—	
$630 < D \leqslant 1250$	30×4	—	M8
$1250 < D \leqslant 2000$	40×4		

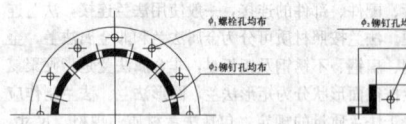

图34-53　圆形法兰构造图

法兰螺孔应位于扁钢、角钢面中心，铆钉孔与螺孔应交叉设置。应按表34-57规定螺栓规格，确定螺栓孔径，孔距应均匀分布。中、低压系统风管法兰的螺栓及铆钉孔的孔距不得大于150mm；高压系统风管不得大于100mm。当系统洁净度的等级为1～5级时，不应大于65mm；为6～9级时，不应大于100mm。

不锈钢、铝圆形法兰直径小时，可以厚板上直接割出，用车床车制即可；法兰直径较大时，可将板材割成长条或用不锈扁钢煨制而成。

圆形法兰螺、铆尺寸表　表34-57

序号	风管直径 D (mm)	螺孔		铆孔		配用螺栓规格	配用铆钉规格
		ϕ_1 (mm)	n_1 (个)	ϕ_2 (mm)	ϕ_2 (个)		
1	80～90		4				
2	100～140		6			M6×20	
3	150～200		8				
4	210～280	7.5	8		8		
5	300～360		10	4.5	10	M6×20	φ4×8
6	380～600		12		12		
7	530～600		14		14		
8	600～630		16		16		
9	670～700		18		18		
10	750～800		20		20		
11	850～900		22		22		
12	950～1000	9.5	24		24	M8×25	φ5×10
13	1000～1120		26	5.5	26		
14	1180～1250		28		28		
15	1320～140		32		32		
16	1500～1600		36		36		
17	1700～1800		40		40		
18	1900～2000		44		44		

3. 硬聚氯乙烯法兰

硬聚氯乙烯法兰制作的允许偏差和金属法兰相同。焊接要求与风管焊接相同。

硬聚氯乙烯圆形法兰制作。将板材按表34-58规定锯成板条，开内圆坡口后加热；加热用胎具煨成圆形，待板材冷却定型后焊接、钻孔。直径较小的圆形法兰，可在车床上车制。硬聚氯乙烯矩形法兰制作，将板材按表34-59规定锯成条形，开坡口组对焊接、钻孔。硬聚氯乙烯法兰螺孔的间距不得大于120mm；矩形风管法兰的四角处应设有螺孔，当系统洁净度的等级为1～5级时，不应大于65mm；为6～9级时，不应大于100mm。风管与法兰连接除焊接外，还应加焊加固三角支撑，三角支撑的间距为300～400mm。

硬聚氯乙烯圆形风管法兰规格（mm）　表34-58

风管直径 D	材料规格（宽×厚）	连接螺栓	风管直径 D	材料规格（宽×厚）	连接螺栓
$D \leqslant 180$	35×6	M6	$800 < D \leqslant 1400$	45×12	
$180 < D \leqslant 400$	35×8		$1400 < D \leqslant 1600$	50×15	M10
$400 < D \leqslant 500$	35×10	M10	$1600 < D \leqslant 2000$	60×15	
$500 < D \leqslant 800$	40×10		$D > 2000$		按设计

硬聚氯乙烯矩形风管法兰规格（mm）　表34-59

风管边长 b	材料规格（宽×厚）	连接螺栓	风管边长 b	材料规格（宽×厚）	连接螺栓
$D \leqslant 160$	35×6	M6	$800 < D \leqslant 1250$	45×12	
$160 < D \leqslant 400$	35×8	M8	$1250 < D \leqslant 1600$	50×15	M10
$400 < D \leqslant 500$	35×10		$1600 < D \leqslant 2000$	60×18	
$500 < D \leqslant 800$	40×10		$D > 2000$		按设计

4. 金属风管无法兰连接

无法兰连接是使用薄钢板制作的连接件（薄钢板法兰或共板法兰）连接。无法兰连接，风管制作要增加一道折边工艺，使用专用设备，在风管连接端按连接形式进行折边。

无法兰连接按结构形式，可分为承插、插条、咬合、混合式的

连接方式。矩形风管无法兰连接及连接件应符合式表 34-60 要求，圆形风管无法兰连接及连接件应符合表 34-61 要求，圆形风管芯管连接应符合表 34-62 要求。

矩形风管无法兰连接形式 表 34-60

无法兰连接形式		附件板厚 （mm）	使用范围
S形插条		≥0.7	低压风管，单独使用连接处必须有固定措施
C形插条		≥0.7	中、低压风管
立插条		≥0.7	中、低压风管
立咬口		≥0.7	中、低压风管
包边立咬口		≥0.7	中、低压风管
薄钢板法兰插条		≥1.0	中、低压风管
薄钢板法兰弹簧夹		≥1.0	中、低压风管
直角形平插条		≥0.7	低压风管
立联合角形插条		≥0.8	低压风管

注：薄钢板法兰风管也可采用铆接法兰条连接。

圆形风管与法兰连接形式 表 34-61

无法兰连接形式		附件板厚 （mm）	接口要求	使用范围
承插连接		—	插入深度≥30mm，有密封要求	低压风管，直径<700mm
带加强筋承插		—	插入深度≥20mm，有密封要求	中、低压风管
角钢加固承插		—	插入深度≥20mm，有密封要求	中、低压风管
芯管连接		≥管板厚	插入深度≥20mm，有密封要求	中、低压风管
立筋抱箍连接		≥管板厚	翻边与棱筋匹配一致，紧固严密	中、低压风管
抱箍连接		≥管板厚	对口尽量靠近不重叠，抱箍应居中	中、低压风管，宽度≥100mm

薄钢板法兰矩形风管的接口及附件，其尺寸应准确，形状应规则，接口处应严密。薄钢板法兰的折边（或法兰条）应平直，弯曲度不应大于 5/1000；弹性插条或弹簧夹应与薄钢板法兰相匹配；角件与风管薄钢板法兰四角接口的固定应稳固、紧贴，端面应平整、相连处不应有缝隙大于 2mm 的连续穿透缝。

圆形风管芯管连接 表 34-62

风管直径 D（mm）	芯管长度 L（mm）	螺钉或铆钉数量（个）	外径允许偏差（mm）	
			圆管	圆管
120	120	3×2	−1～0	−3～−4
300	160	4×2		
400	200	4×2	−2～0	−4～−5
700	200	6×2		
900	200	8×2		
1000	200	8×2		

采用 C、S 形插条连接的矩形风管，其边长不应大于 630mm，插条与风管加工插口的宽度应匹配一致，允许偏差为 2mm，连接应平整、严密，插条两端压倒长度不应小于 20mm。

采用立咬口、包边立咬口连接的矩形风管，其筋的高度应大于或等于同规格风管的角钢法兰宽度。同一规格风管的立咬口、包边立咬口的高度应一致，折角应倾角、平直度允许偏差为 5/1000，咬口连接铆钉的间距均匀，间隔不应大于 150mm；立咬口四角连接处的铆固，应紧密、无孔洞。

风管无法兰连接适用于中、低压通风系统，风管直径或边长不大于 1000mm 风管连接，使用时应按照规范要求，严格控制每种无法兰接头使用范围，除铁皮法兰弹簧夹（包括铁皮法兰插条）在安装对接面加密封垫外，其他形式接缝外使用风管专用密封胶密封。

圆形风管采用芯管连接后铆钉孔或螺钉孔应使用风管专用密封胶密封。

铝板矩形风管的连接，不宜采用 C、S 平插条形式。

5. 非金属风管无法兰连接

非金属风管无法兰连接可以采用粘结、焊接、专用连接件、套管连接及承插连接方式。

（1）酚醛或聚氨酯铝箔复合风管无法兰连接

酚醛或聚氨酯铝箔复合风管连接可以采用 45°粘结、专用连接件连接。专用连接件形式多样，有硬聚氯乙烯和铝合金两种材质。专用连接件壁厚应大于等于 1.5mm，槽宽大于板材厚度 0.1～0.5mm，专用连接件使用胶粘剂与板材连接，接头处的内边应填密封胶。风管边长大于 630mm，应在风管四角粘贴镀锌板直角垫片加固。低压风管边长大于 2000mm、中高压风管边长大于 1500mm 时，连接件应采用铝合金材料。连接形式及适用范围见表 34-63。

专用连接形式及适用范围 表 34-63

连 接 方 式		附件材料	适用范围
45°角粘结		铝箔胶带	b≤500mm
槽形插件连接		PVC	低压风管 b≤2000mm 中、高压风管 b≤1500mm
工形插件连接		PVC	低压风管 b≤2000mm 中、高压风管 b≤1500mm
		铝合金	b≤3000mm
"H"连接法兰		PVC、铝合金	用于风管与阀部件、设备连接

注：b 为风管内边长。

（2）玻璃纤维铝箔复合风管无法兰连接

玻璃纤维铝箔复合风管与风管、风管与配件连接可以采用槽接，也可以采用法兰连接。采用槽接时风管的两端应用专用刀具开出阴槽与阳槽，如图 34-54 所示。

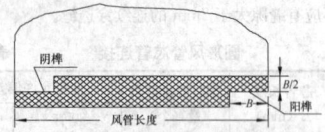

图 34-54 玻璃纤维复合风管阴、阳槽尺寸

阴槽与阳槽涂满胶粘剂，内外表面处理与玻璃纤维铝箔板材拼接相同。采用 PVC 或铝合金法兰连接与酚醛、聚氨酯复合风管相同。连接形式及适用范围如表 34-64 所示。

连接形式及适用范围 表 34-64

连 接 方 式		附件材料	适用范围
槽接		—	$b \leqslant 2000mm$
外套角钢法兰		25×3	$b \leqslant 1250mm$
		30×3	$b \leqslant 1500mm$
		40×3	$b \leqslant 2000mm$
C形专用连接件		镀锌板 $\geqslant 1.2mm$	$b \leqslant 1500mm$
外套槽形连接件		镀锌板 $\geqslant 1.2mm$	玻纤维复合风管

注：b 为风管内边长。

（3）硬聚氯乙烯风管无法兰连接

硬聚氯乙烯圆形风管直径小于或等于 200mm，也可采用套管连接、承插连接。采用套管连接时，套管长度宜为 150～250mm，其厚度不应小于风管壁厚。采用承插连接时，插口深度宜为 40～80mm。粘结处应严密和牢固。如图 34-55 所示。

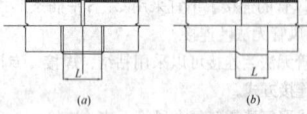

图 34-55 硬聚氯乙烯风管连接
（a）套管连接；（b）承插连接

（4）有机玻璃钢风管无法兰连接

有机玻璃钢风管可以采用套管连接，要求与硬聚氯乙烯风管套管连接相同。

34.3.7 风管的组配

加工制作好的风管、配件及部件，安装前应根据加工图纸的尺寸进行组配。检查各部分的规格、数量和质量。组配时按建筑物及通风系统进行编号，防止安装时出现混乱。

34.3.7.1 法兰和风管的连接

法兰与金属风管连接方式应根据风管的材质、板厚情况，可采用翻边、铆接或焊接方式。连接前，应检查风管和法兰的质量，质量合格后，方可进行连接。连接规定如下：

1）法兰与风管采用铆接连接时，铆接应牢固、不应有脱铆和漏铆；翻边应平整、紧贴法兰，其宽度应一致，且不应小于 6mm，不得过大盖过法兰螺栓孔，应将咬口重叠突出部分铲平；咬缝与四角处不应有开裂与孔洞。

2）法兰与风管采用焊接连接时，焊缝应熔合良好、饱满。

3）无假焊和孔洞。风管端面不得高于法兰接口平面，端面距法兰接口平面不应小于 5mm，法兰平面度的允许偏差为 2mm。除尘系统的风管，宜采用内侧满焊、外侧间断焊形式。

4）法兰采用点焊，间距不应大于 100mm；法兰与风管

应紧贴。法兰与风管连接时，在固定法兰前应检查调整法兰角度，使法兰与风管中心线垂直。检查、连接应在平台上操作，方便检查调整法兰角度，如图 34-56 所示。

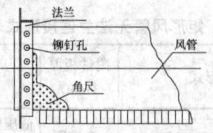

图 34-56 法兰角度检查

金属风管与扁钢法兰可采用翻边连接，套入法兰使风管端露出翻边量。在风管端先敲出几点固定法兰，然后检查法兰角度，使法兰平面与风管中心线垂直，如不垂直可用翻边量调整，合格后将翻边均匀打平，咬口重叠突出部分用錾子铲平。

金属风管与角钢法兰连接，风管壁厚小于或等于 1.2mm 时，可用铆钉将法兰固定再进行翻边。风管套入法兰，检查调整法兰，合格后用两个铆钉固定法兰，将风管翻转 180°用同样方法固定法兰另一面。检查调整风管，矩形风管对角线应相等，然后铆好其余铆钉，法兰固定后翻边。金属风管壁厚大于 1.2mm，风管与角钢法兰连接可采用焊接；为使法兰面平整，风管应缩进法兰 4～5mm，同样可以先焊两点固定法兰，法兰检查调整合格后，再进行满焊。金属风管另一端法兰连接时，除检查调整法兰角度，还应用直尺检查两个法兰是否平行，合格后再固定法兰。

不锈钢、铝板风管及配件与法兰连接、焊接规定与风管制作相同，尽量不用碳素钢制的工具。风管通风系统在要求不甚高的情况下可以使用一般碳素钢法兰（扁钢法兰、角钢法兰或钢板法兰），但需做防腐处理。铝板风管及配件与法兰铆接应用铝铆钉。

34.3.7.2 弯头和三通的检查

弯头和三通与法兰连接时应对法兰角度检查，使法兰的平面与弯头或三通中心线垂直。

1. 弯头与法兰连接

弯头与法兰连接方式应根据弯头的材质、板厚情况而定，可采用翻边、铆接或焊接方式。连接前，应检查弯头和法兰的质量、口径尺寸，合格后方可进行组装连接。将弯头平放在平台上先安装固定一端法兰，方法与风管法兰连接的方法相同，然后如图 34-57 所示，将弯头立放在平台上，套入另一端法兰，用角尺或线锤检查弯头的角度；角度不正确时，可以用调整法兰位置对角度进行修正，然后固定法兰。连接法兰时应按图纸要求将弯管方向找正，做好标记后再进行固定法兰，避免支管因角度不对而返工。

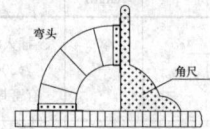

图 34-57 弯头角度检查

2. 三通与法兰连接

三通与法兰连接应根据三通的材质、板厚情况，可采用翻边、铆接或焊接方式连接。连接前，应检查三通和法兰的质量、口径尺寸，合格后方可进行组装连接。将三通立放在平台上，大口端在上边，套入法兰，用水平尺检查调整法兰，合格后做好法兰位置标记固定法兰，然后大口放在平板上，将成品弯管与三通小口法兰临时连接，用角尺或线锤检查弯管的角度，角度不正确时，调整小口法兰位置对角度进行修正，合格后做好标记，取下弯管将法兰固定。如图 34-58 所示。三通连接法兰时应按图纸要求将三通支管方向找正，做好标记后再进行固定法兰，避免三通因角度不对而返工。

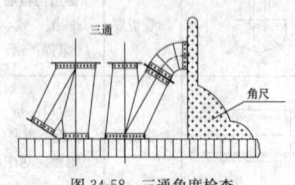

图 34-58 三通角度检查

34.3.7.3 直管的组配

风管与配件组配的目的是确定两配件之间直管段的长度。

风管、弯管、三通等配件与法兰连接后，按加工草图将一个系统相邻的三通或弯管临时连接，量出两个三通中心实际距离 L_2' 与加工图要求距离 L_2 之差为直管长度 L_2''（$L_2''=L_2-L_2'$），如图34-59所示。同样求出 L_1'' 和 L_3''。得出直管长度后，应按长度加工或修改风管，使其符合要求。组配好的风管及配件按规定进行外部加固、编号，按设计要求安装测量孔。

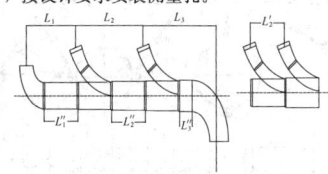

图 34-59　风管组配

34.4　风　管　安　装

34.4.1　一　般　要　求

一般风管系统的安装，要在建筑物围护结构施工完成，安装部位的障碍物已经清理，地面无杂物的条件下进行。对空气洁净系统的安装，要在建筑物内部安装部位的地面已做好，墙面已经抹灰完毕，室内没有灰尘飞扬或有防尘措施的条件下进行。一般除尘系统风管安装，要在厂房的工艺设备安装完或设备基础已经确定，设备的连接管、罩体方位已知的情况下进行。检查施工现场预留孔洞的位置、尺寸是否符合图纸的要求，有没有遗漏现象，预留的孔洞比风管实际截面每边尺寸大100mm。作业地点要有相应的辅助设备，如梯子、架子以及电源和安全防护装置、消防器材等。

（1）穿过需要封闭的防火、防爆的墙体或楼板时，设置预埋管或防护套管，钢板厚度不小于1.6mm。风管与防护套管之间，用不燃并且对人体无危害的柔性材料封堵。

（2）风管安装必须符合下列规定：

1）风管安装前，要清除内、外杂物，做好清洁和保护工作；风管内严禁其他管线穿越；

2）风管安装位置、标高、走向，符合设计要求。现场风管接口配置，不能缩小有效截面；

3）输送有易燃、易爆环境的风管系统要有良好的接地，通过生活区或其他辅助生产房间时必须严密，并不能设置接口；

4）室外立管的固定拉索严禁拉在避雷针或避雷网上；

5）连接法兰的螺栓应均匀拧紧，螺母在同一侧；

6）不锈钢板、铝板风管与碳素钢支架的接触处，要有隔绝或防腐绝缘措施。

（3）风管的连接平直、不扭曲。明装风管水平安装，水平度的允许偏差为3/1000，总偏差应不大于20mm。明装风管垂直安装，垂直度的允许偏差为2/1000，总偏差不大于20mm。暗装风管的位置正确、无明显偏差。除尘系统的风管，垂直或倾斜敷设，与水平夹角大于或等于45°，小坡度或水平管应尽量短。对含有凝结水或其他液体的风管，坡度符合设计要求，并在最低处设置排液装置。

34.4.2　支、吊架的选择及安装

34.4.2.1　支吊架安装要求

（1）风管支架要根据现场支持构件的具体情况和风管重量，选用圆钢、扁钢、角钢等制作，大型风管构件也可以用槽钢制作。既要节约钢材，又要保证支架的强度，防止产生变形。

（2）风管吊架的吊杆露出部分不大于30mm。保温风管和长边尺寸大于或等于1250mm，要配带两只螺母。

（3）金属风管（含保温）水平安装时，吊架的最大间距要符合表34-65规定。水平安装非金属风管支吊架最大间距应符合表34-66规定。

金属风管吊架的最大间距（mm）　　表 34-65

风管边长或直径	矩形风管	圆形风管	
		纵向咬口风管	螺旋咬口风管
≤400	4000	4000	5000
>400	3000	3000	3750

注：薄钢板法兰，C形插条法兰，S形插条法兰风管的支、吊架间距不应大于3000mm。

水平安装非金属风管支吊架最大间距（mm）

表 34-66

风管类别	风管边长						
	≤400	≤450	≤800	≤1000	≤1500	≤1600	≤2000
	支吊架最大间距						
聚氨酯铝箔复合板风管	≤4000		≤3000				
酚醛铝箔复合板风管	≤2000				≤1500		≤1000
玻璃纤维复合板风管	≤2400			≤2200			≤1800
无机玻璃钢风管	≤4000		≤3000			≤2500	≤2000
硬聚氯乙烯风管	≤4000		≤3000				

（4）支吊架的预埋件位置正确、牢固可靠，埋入部分要除锈、除油污，并不能涂漆。支吊架外露部分做防腐处理。

（5）保温风管的支、托、吊架，放在保温层外部，但不能损坏保温层；保温风管不能直接与支托吊架接触，垫上坚固的隔热材料，厚度与保温层相同，防止产生"冷桥"。

（6）风管始端与通风机、空调器及其他振动设备连接的，风管与设备的接头处要增设支、吊架。干管上有较长的支管时，支管上必须设置支、吊、托架，以免干管承受支管的重量而造成破坏。

（7）风管转弯处两端加支架。风管穿楼板和穿屋面时，竖风管支架只起导向作用，所以穿楼板要加固定支架。

（8）靠墙、靠柱的水平风管支架用悬臂或有支撑的支架，否则采用托底支架。直径或边长小于400mm的风管采用吊带或吊架。靠墙、柱安装的垂直风管用悬臂托架或有斜撑的支架。穿楼板不靠墙、柱的风管用抱箍支架固定。室外立管用拉索固定。

34.4.2.2　常规支架的安装

1. 支吊架的制作

（1）支架的悬臂、吊架的吊铁采用角钢或槽钢制成；斜撑的材料为角钢；吊杆采用圆钢，扁钢用来制作抱箍。

（2）支、吊架在制作前，首先要对型钢进行矫正，矫正的方法分冷矫正和热矫正两种。小型钢材一般采用冷矫正。较大的型钢须加热到900℃左右进行热矫正。矫正的顺序应该先矫正扭曲、后矫正弯曲。

（3）钢材切断和打孔，不要使用氧气—乙炔切割。抱箍的圆弧与风管圆弧一致。支架的焊缝必须饱满，以保证其具有足够的承载能力。

（4）吊杆圆钢根据风管安装标高适当截取。套丝不能过长，丝扣末端不超出托盘最低点。

（5）用于不锈钢、铝板风管的支架，抱箍按设计要求做好防腐绝缘处理，防止电化学腐蚀。

（6）支、吊架不设置在风口、阀门、检查门及自控机构处，离风口或插接管距离不小于200mm。

2. 支吊架固定点的设置

（1）预埋件。由专业人员将预埋件按图纸坐标，位置和支、吊架间距，牢固地固定在土建结构钢筋上。

（2）墙上预留孔或凿孔。按风管安装标高计算出支架离地面标高（或土建相对地面标高线），找到正确的安装支架孔洞位置，配合土建砌筑时预留好孔洞，若事先未作预留，须用手锤和錾子凿出孔洞。

（3）膨胀螺栓。采用胀锚螺栓固定支、吊架时，要符合胀锚螺栓使用技术条件的规定。胀锚螺栓安装于强度等级 C15 及其以上混凝土构件；螺栓至混凝土构件边缘的距离不小于螺栓直径的8倍；螺栓组合使用时，间距不小于螺栓直径的10倍。螺栓孔直径

和钻孔深度符合表 34-67 规定，成孔后对钻孔直径和钻孔深度进行检查。

常用胀锚螺栓的型号、钻孔直径和钻孔深度（mm）

表 34-67

胀锚螺栓种类	图　　示	规格	螺栓总长	钻孔直径	钻孔深度
内螺纹胀锚螺栓	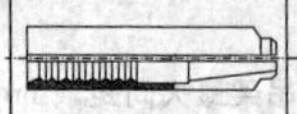	M6	25	8	32～42
		M8	30	10	42～52
		M10	40	12	43～53
		M12	50	15	54～64
单胀管式胀锚螺栓	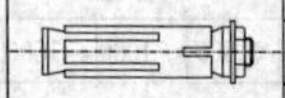	M8	95	10	65～75
		M10	110	12	75～85
		M12	125	18.5	80～90
双胀管式胀锚螺栓	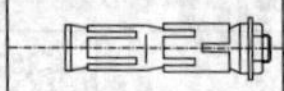	M12	125	18.5	80～90
		M16	155	23	110～120

（4）射钉仅用于小于 800mm 的支管上，特点同膨胀螺栓。

（5）电锤透孔。在楼板上预留埋件时，在确定风管吊杆位置后，用电锤在楼板上打一个透孔，并在该孔上端剔一个长 300mm、深 20mm 的槽，将吊杆镶进槽中，再用水泥砂浆将槽填平。

3. 支架在砖墙上的敷设

在砖墙上敷设支架时，先按风管安装部位的轴线和标高，检查预留的孔洞。支架的外形如图 34-60 所示。

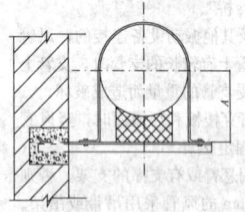

图 34-60　墙上托架

在支架安装时，要根据图纸确定支架安装的标高和位置。支架埋入墙内的深度不得小于 150mm，栽入墙内的那端要开脚，有预留孔洞的，将支架放入洞内，位置找正、标高找正后，用水冲洗墙洞。冲洗墙洞的目的有两个，其一，将墙洞内的尘砂冲洗干净；其二，将墙洞内润湿，便于水泥砂浆的充塞。墙洞冲洗完毕，即可用 1∶3 的水泥砂浆填实，可适当填塞一些浸水的石块、碎砖，便于支架的固定，砂浆的填塞要饱满、密实，充填后的洞口要凹进 3～5mm，以便于墙洞抹灰装修。

4. 支架在柱上敷设

柱面预埋有铁件时，可以将支架型钢焊接在铁件上面。如果是预埋螺栓，可以将支架型钢紧固在上面。也可以用抱箍将支架夹在柱子上，柱上支架的安装如图 34-61 所示。当风管比较长时，需要在一排柱子上安装支架，这时先把两端的支架安好，再以两端的支架标高为基准，在两个支架型钢的上表面拉一根钢丝，中间的支架高度按钢丝标高进行，以求安装的风管保持水平，钢丝一定要拉紧。当风管太长时，中间可适当地增加几个支架做基准而，避免铁丝下垂，造成太大的误差。圆形风管有变径时，为保持风管的水平度，要注意提高相应的变径尺寸。

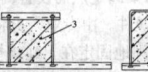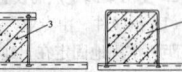

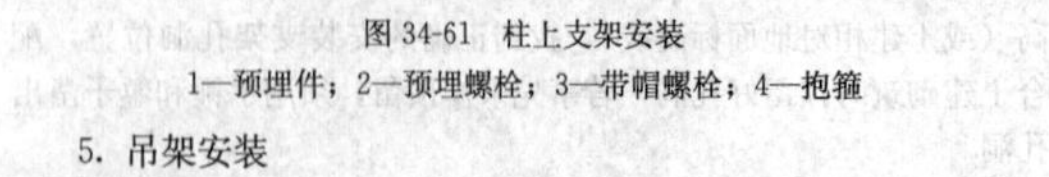

图 34-61　柱上支架安装
1—预埋件；2—预埋螺栓；3—带帽螺栓；4—抱箍

5. 吊架安装

管敷设在楼板、屋面、桁架及梁下面并且离墙较远时，一般都采用吊架来固定风管。

矩形风管的吊架由吊杆和托铁组成，圆形风管的吊架由吊杆和抱箍组成。见图 34-62。当吊杆（拉）杆较长时，中间加装花篮螺栓，以便调节各杆段长度，便于施工、套丝、紧固。圆形风管的抱箍可以按风管直径用扁钢制成。为了安装方便，抱箍做成两个半边。单吊杆长度较大时，为了避免风管摇晃，应该每隔两个单吊杆，中间加一个双吊杆。矩形风管的托铁一般用角钢制成，风管较重时也可以使用槽钢。铁托上穿吊杆的螺孔距离，应比风管宽 60mm，如果是保温风管时为 200mm，一般都使用双吊杆固定。为了便于调节风管的标高，吊杆可分节，并且在端部套有长 50～60mm 的丝扣，便于调节。

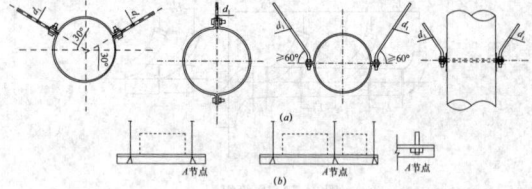

图 34-62　风管吊架图
（a）圆形风管吊架；（b）矩形风管吊架

吊杆要根据建筑物的实际情况，电焊或螺栓连接固定于楼板、钢筋混凝土梁或钢梁上如图 34-63 所示。安装时，要根据风管的中心线找出吊杆的敷设位置，单吊杆就在风管的中心线上，双吊杆可按托盘的螺孔间距或风管的中心线对称安装。吊杆根据吊件形式可以焊在吊件上，也可以挂在吊件上。焊接后涂防锈漆。立管管卡安装时，先在管卡的半圆弧的中点画好线，然后把最上面的一个管件固定，再用线坠在中心线处吊线，下面的管卡可按吊线进行固定。在楼板上固定吊杆时，应尽量放在楼板缝中，如果位置不合适，可用手锤和尖錾打洞。当洞快打穿时，不要再过大用力，以免楼板的下表面被打掉一大片而影响土建的施工质量。当风管较长时，需要安装一排吊杆时，可以先把两端安装好，然后以两端的支架为基准，用拉线找出中间支架的标高进行安装。

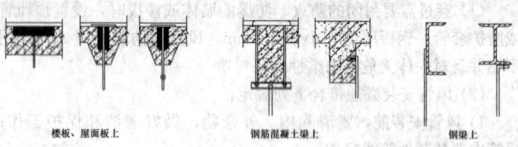

楼板、屋面板上　　钢筋混凝土梁上　　钢梁上

图 34-63　吊架的固定

（1）采用打洞的方法将支架用 C10 混凝土填埋。所用固定风管的螺栓规格：如为圆形风管，φ≤800mm 时用 M8，φ＞800mm 时用 M10。风管下面的垫块，保温管垫泡沫或软木块；冷风管的垫块需采取防潮措施。

（2）用穿心螺栓固定。墙厚度在 370mm 以下时，可以采用打孔后用穿心螺栓办法固定。

34.4.2.3　新型支架节点结构形式

新型支架节点结构是在施工现场应用的一种多用途的金属构架组合形式，这种管道支架采用的螺栓连接、膨胀螺栓和扣夹固定，工序简单，施工时不需要焊接和气割设备，出现偏差时可调性很大，只需要螺丝刀、扳手等常规小型工具根据施工现场情况进行调整。尤其是在大量钢结构中，新型支吊架不需要在施工现场焊接、钻孔、除锈、刷油等工序，应用更加广泛，如图 34-64 所示。

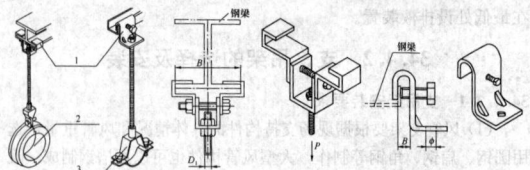

图 34-64　吊架在钢结构的固定
1—钢梁夹具；2—保管夹；3—查调性管夹

机房内连接管道吊架通常使用减震弹簧吊架，弹簧吊架的选取依据管道重量、连接的机组振动频率选用。安装示意如图 34-65 所示。

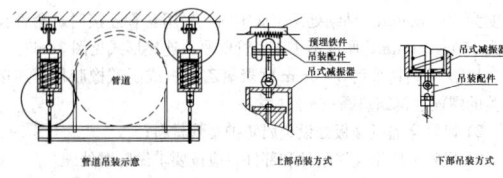

图 34-65 风管弹簧吊架

34.4.3 风管的连接密封

风管的连接长度，应按风管的壁厚、法兰与风管的连接方法、安装的结构部位和吊装的方法等因素依据施工方案决定。为了安装方便，在条件允许的情况下，尽量在地面上进行连接，一般可接到10～12m长左右。在风管连接时不允许将可拆卸的接口处，装设在墙或楼板内。

34.4.4 金属风管的安装

34.4.4.1 一般要求

（1）根据现场的实际情况，为了便于安装时上螺钉、装支架等工作，要根据现场情况和同管的安装高度，分别采用梯子、高凳或脚手架等方法进行安装。采用脚手架时，要搭设牢固，避免发生安装事故。

（2）风管内不能敷设电线、电缆以及输送有毒、易燃、易爆气体或液体的管道。

（3）可拆卸的风管或配件的接口不允许装在墙或楼板内。安装后水平风管的水平度允许偏差，每米不得大于2mm，总偏差不能大于20mm；风管垂直安装，垂直度的允许偏差，每米不大于2mm，总偏差不能大于20mm。

（4）输送产生凝结水或含湿空气的风管，要按设计要求的坡度进行安装。风管的纵向接缝不能朝下，否则应当做密封处理，可以用锡焊、涂抹腻子或密封膏。对于水平风管的底部接缝也要进行同样的处理。

（5）输送易燃、易爆气体的系统和处于易燃易爆介质环境的通风系统，都必须严密，并不能设置接口。易燃、易爆系统的风管生活间或辅助生产房间时，在这些房间内不能有接口。

（6）风管穿出屋面要设置防雨罩。防雨罩设置在建筑结构预制的井圈外侧，使雨水不能沿壁面渗漏到层内；穿出层面超出1.5m的立管要设拉索固定。拉索不能设在风管法兰上，严禁拉在避雷针上。

（7）钢制套管的内径尺寸，要以能穿过风管的法兰及保温层为准，其壁厚不能小于2mm。套管能牢固地预埋在墙、楼板（或地板）内。

34.4.4.2 风管的连接

1. 风管排列法兰连接

（1）垫料选用

1）风管连接的密封材料要满足系统功能技术条件、对风管的材质没有不良影响，并具有良好气密性。风管法兰垫料的燃烧性能和耐热性能应符合表34-68的规定。法兰拧紧螺栓后，周边间隙差不能超过2mm，垫料与风管内表面相平。

风管法兰垫料的种类和特性 表 34-68

种类	燃烧性能	主要基材耐热性能
玻璃纤维类	不燃 A 级	300℃
氯丁橡胶类	难燃 B1 级	100℃
异丁基橡胶类	难燃 B1 级	80℃
丁腈橡胶类	难燃 B1 级	120℃
聚氯乙烯	难燃 B1 级	100℃

2）用法兰连接的通风空调系统，法兰垫料厚度3～5mm，空气洁净系统的法兰垫料厚度不小于5mm。注意垫料不能挤入风管内，以免增大空气流动的阻力，减少风管的有效面积，并形成涡

流，增加风管内灰尘的集聚。连接法兰螺栓的螺母在同一侧，对法兰垫的选用如设计无明确规定时，可以按照下列要求选用：

①输送空气温度低于70℃的风管，用橡胶板、闭孔海绵橡胶板等；输送空气或烟气温度高于70℃的风管，用石棉绳或石棉橡胶板等；

②输送含有腐蚀性介质气体的风管，用耐酸橡胶板或软聚氯乙烯板等；

③输送产生凝结水或含有蒸汽的潮湿空气的风管，用橡胶板或闭孔海绵橡胶板；

④除尘系统的风管用橡胶板；

⑤输送洁净空气的风管，用橡胶板、闭孔海绵橡胶板。

3）使用垫料时，要了解各种垫料的使用范围，避免用错料；对于空气洁净系统，严禁使用厚纸板、石棉绳、铅丝麻丝及油毛毡纸等易产生灰尘的材料。法兰垫料要尽量减少接头，接头必须采用楔形或榫形连接，并涂胶粘牢，垫料的连接形式如图34-66所示。法兰均匀压紧后的垫料宽度，与风管内壁齐平。

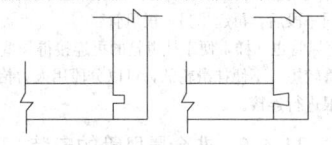

图 34-66 塑料连接形式

（2）法兰连接

按设计要求确定装填垫料后，把两片法兰先对正，穿上几个螺栓并戴上螺母，暂时不要紧固。然后用尖头圆钢塞进已穿上螺栓的螺孔中，把两个螺孔撬正，直到所有螺栓都穿上后，再把螺栓拧紧。为了避免螺栓滑扣，紧固螺栓时应按十字交叉，对称均匀地拧紧。连接好的风管，应以两端法兰为准，拉线检查风管连接是否平直。

2. 风管无法兰连接

风管采用无法兰连接时，接口处要严密、牢固，矩形风管四角必须有定位及密封措施，风管连接的两平面平直，不能错位和扭曲。螺旋风管一般采用无法兰连接。

（1）抱箍式：用于圆形风管的连接，将每一个管段的端部轧制凸棱，并且使一端缩为小口。安装时按气流方向把小口插入大口，外面用两片钢制抱箍将两个管道的凸棱抱紧连接。最后螺栓穿在耳环中拧紧，做法如图34-67所示。

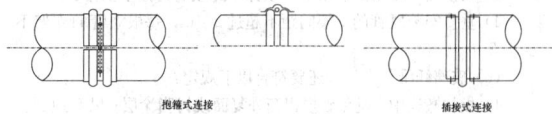

抱箍式连接　　　　　　　插接式连接

图 34-67 无法兰连接形

（2）插接式连接：可用于圆形或矩形风管连接。先制作连接管，然后插入风管用自攻螺钉或拉铆钉固定。

（3）插条式连接：适用于矩形风管连接。风管连接端部轧成平折咬口，将两端合拢，用插条插入，然后压实就行了。有折耳的插条在风管转角处把折耳拍弯，插入相邻的插条。当风管较长时，插条需要对接时，也可以将折耳插入另一根对接的插条中，如图34-68所示。

（4）软管式连接：主要用于风管与部件（散流器、静压箱侧送风口等）的连接。安装时，软管两端套在连接的管外，然后用特制软卡把软管箍紧。

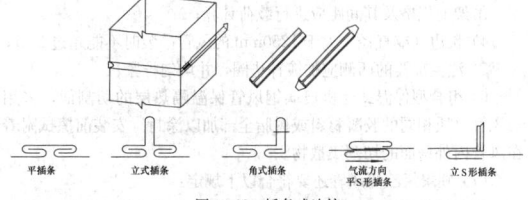

平插条　　立式插条　　角式插条　　气流方向平S形插条　　立S形插条

图 34-68 插条式连接

34.4.4.3 风管系统的安装

（1）风管安装前，先对安装好的支、吊（托）架进一步检查位置是否正确，是否牢固可靠。根据施工方案确定的吊装方法（整体吊装或一节一节的吊装），按照先干管后支管的安装程序进行吊装。

（2）吊装前，应根据现场的具体情况，在梁、柱的节点上挂好滑车，穿上麻绳，牢固地捆扎好风管，然后就可以起吊。

（3）起吊时，先慢慢地拉紧重绳，使绳子受力均衡保持正确的重心。当风管离地 200～300mm 时，应停止起吊，检查滑轮的受力点和所绑扎的麻绳、绳扣是否牢固，风管的重心是否正确。检查没有问题后，再继续起吊到安装高度，把风管放在支、吊架上，并加以稳固后，才可以解开绳扣。

（4）水平风管的安装，可能用吊架上的调节螺钉或在支架上用调整垫块的方法来找出水平。风管安装后，可用拉线、水平尺和吊线的方法来检查风管是否横平竖直。

（5）对于不便悬挂滑轮的风管，或因风管连接得较短，重量较轻，可以用麻绳把风管拉到脚手架上，然后再抬到支架上，分段进行安装。稳固一段后，再起吊另一段风管。

（6）垂直风管也一样，便于挂滑轮的可连接得长些，用滑轮进行吊装。风管较短，不便挂滑轮的，可以分段用人力抬起风管，对正法兰，逐根进行连接。

34.4.5 非金属风管的安装

34.4.5.1 风管的连接

（1）采用风管管口与法兰（或其他连接件）插接连接时，管板厚度与法兰（或其他连接件）槽宽度有 0.1～0.5mm 的过盈量，风管连接两法兰端面平行、严密，法兰螺栓两侧要加镀锌垫圈，法兰四角接头处必须平整，不平度为 1.5mm，接头处的内边填密封胶。

（2）非金属风管榫接接头处的四周缝隙一致，没有明显的弯曲或褶皱。内涂密封胶均匀，外粘的密封胶带要牢固和完整无缺损。

（3）适当增加支、吊架与水平风管的接触面积；风管垂直安装，支架间距不大于 3m。

（4）酚醛铝箔复合板风管与聚氨酯铝箔复合板风管安装还要符合下列规定：

1）采用插条法兰连接时，法兰条长度小于风管内边 1～2mm，在法兰槽内侧抹胶插入风管端口的四条法兰，不平面度小于或等于 2mm，胶干后可以进行风管吊装连接；

2）中、高压风管插接法兰时加密封垫或采取其他密封措施；

3）插接法兰四角的插条端头填抹密封胶后再插上护角；

4）垂直安装风管的支架间距不超过 2.4m，每根立管的支架不少于 2 个。

（5）玻璃纤维复合风管还要符合以下规定：

1）板材搬运中，避免破损铝箔外复面或树脂涂层；风管预制连接的长度不超过 2.8m；

2）垂直安装风管时的支架间距不要大于 1.2m。管段采用钢制槽型法兰或插条式构件连接时，风管要设角钢或槽形钢钢箍作为支撑，风管内壁衬镀锌金属内套，用镀锌螺栓穿过管壁把钢箍固定在风管外壁上，螺孔间距不大于 120mm，螺母位于风管外侧。螺栓穿过的管壁处进行密封处理。

（6）无机玻璃钢风管还要符合以下规定：

1）垂直安装风管支架间距应小于等于 3m，且单根直管有 2 个固定点；

2）风管长边尺寸（直径）大于 1250mm 处安装的弯管、三通、阀门、消声器、消声弯管、风机等单独设置支、吊架；

3）风管直径或长边大于 2000mm 的超宽、超高等特殊风管的支、吊架的规格及其间距应进行载荷计算；

4）长边（或直径）大于 1250mm 的风管吊装时不能超过 2 节；

5）法兰螺栓的两侧应加镀锌垫圈，并均匀拧紧；

6）组合型保温式无机玻璃钢风管保温隔热层的切割面，采用与风管材质相同的胶凝材料或树脂全部加以涂封。安装前擦拭附着于风管内外壁面的切割飞散物。

（7）硬聚氯乙烯风管还要符合以下规定：

圆形风管直径小于等于 200mm，且采用承插连接时，插口

深度为 40～80mm。粘结处严密而牢固。采用套管连接时，套管长度为 150～250mm，厚度不小于风管壁厚；连接形式见图 34-69。

1）法兰垫料采用 3～5mm 软聚氯乙烯板或耐酸橡胶板，连接法兰的螺栓加钢制垫圈；

2）风管穿墙或楼板处设金属防护套管材料；

3）风管上所用金属附件和部件，应按要求做防腐处理。

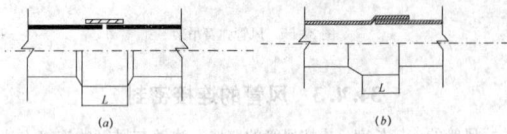

图 34-69 聚氯乙烯圆形风管的连接形式
(a) 套管连接；(b) 承插连接

34.4.5.2 非金属风管系统的安装

非金属风管基本与金属风管的安装方法相同，但还应该注意以下事项：

（1）风管穿过须密封的楼板或侧墙时，除无机玻璃钢风管外，均应采用金属短管或外包金属套管。套管板厚要符合金属风管板材厚度的规定，与电加热器、防火阀连接的风管材料必须采用不燃材料。

（2）塑料风管的安装要符合以下规定：

1）塑料风管多数沿墙壁、柱和楼板下敷设，安装时一般以吊架为主，也可用托架；但风管和吊架之间，要垫入厚度为 3～5mm 的塑料垫片，并用胶粘剂进行粘合。

2）由于塑料风管可能受到管内外温度的影响，使风管下垂，因此塑料风管的支架间距比金属风管要小，一般间距为 1.5～3m。另外又因为塑料风管比金属风管轻，支架所用的钢材比金属风管要小一号。

3）由于塑料风管的线膨胀系统大，所以支架的抱箍不能固定得太紧，风管和抱箍之间要有一定的空隙，以便于风管的伸缩；塑料风管的管段过长时，要每隔 15～20m 设置 1 个伸缩节，以便于补偿其伸缩量。

4）法兰连接时，可以用厚度为 3～6mm 的软聚氯乙烯塑料板做垫片，法兰螺栓处要加硬聚氯乙烯塑料制成的垫圈。拧紧螺栓时，要注意塑料的脆性，要十字交叉、均匀的上紧螺栓。

5）安装的风管与辐射热较强的设备和热力管道之间，要留有足够的距离。防止风管受热变形；室外敷设的风管、风帽等部件，为了避免太阳的照射而加速老化，外表面应刷白色油漆或铝粉漆。

（3）复合风管的安装要满足以下要求：

1）明装的风管水平安装时，水平度每米不大于 3mm，总偏差不超过 20mm；垂直安装时，垂直度每米不大于 2mm，总偏差不超过 10mm。暗装风管位置要准确，没有明显的偏差。

2）风管的三通、四通一般采用分隔式或分叉式；如果采用垂直连接时，迎角面要设置挡风板，挡风板要和支风管连接管等长，挡风管的挡风面投影面积要和未被挡除面积之比与支风管、直通风管面积相等等。

34.4.6 洁净空调系统风管的安装

（1）风管制作场所应相对封闭，制作场地宜铺设不易产生灰尘的软性材料。风管加工前要采用清洗液去除板材表面油污和灰尘，清洗液要采用对板材表面无损害、干燥后不产生粉尘，并且对人体无害的中性清洁剂。

（2）风管的咬口缝、铆接缝以及法兰翻边四角缝隙处，要按设计及洁净等级要求，采用涂密封胶或其他密封措施堵严。密封材料要采用丁基橡胶、氯丁橡胶、变性硅胶等为基材的材料。风管板材连接缝的密封面设在风管壁的正压侧。

（3）彩色涂层钢板风管内壁光滑，板材加工时不能损坏涂层，被损坏的部位涂环氧树脂。

（4）净化空调系统风管的法兰铆钉间距要小于 100mm，空气洁净等级为 1～5 级的风管法兰铆钉间距小于 65mm。风管连接螺栓、螺母、垫圈和铆钉要采用镀锌或其他防腐措施，不能

使用抽芯铆钉。风管不能采用S形插条、C形直角插条及立联合角插条的连接方式。空气洁净等级为1～5级的风管不能采用按扣式咬口。

(5) 风管制作完毕要使用清洗液清洗，然后用白绸布擦拭检查，达到要求后，及时封口。

34.4.7 柔性风管的安装

(1) 风管系统安装前，建筑结构、门窗和地面施工已经完成。

(2) 风管安装场地所用机具保持清洁、安装人员应穿戴清洁工作服、手套和工作鞋等。

(3) 经清洗干净包装密封的风管及其部件，在安装前不能拆卸。安装时拆开端口封膜后要随即连接，安装中途停顿，将端口重新封好。

(4) 风管与洁净室吊顶、隔墙等围护结构的接缝处要严密。

(5) 非金属柔性风管安装位置远离热源设备。

(6) 柔性风管安装后，能充分伸展，伸展度大于或等于60%。风管转弯处截面不能缩小。

(7) 金属圆形柔性风管采用抱箍将风管与法兰紧固，当直接采用螺钉紧固时，紧固螺钉距离风管端部大于12mm，螺钉间距小于或等于150mm。

(8) 应用于支管安装的铝箔聚酯膜复合柔性风管长度应小于5m。风管与角钢法兰连接，采用厚度大于等于0.5mm的镀锌板将风管与法兰紧固见图34-70。圆形风管连接宜采用卡箍紧固，插接长度大于50mm。当连接套管直径大于300mm时，在套管端面10～15mm处压制环形凸槽，安装时卡箍放置在套管的环形凸槽后面。

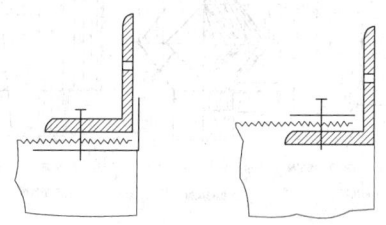

图34-70 柔性风管与角钢法兰

34.4.8 系统风管严密性检验

34.4.8.1 严密性检验要符合的规定

风管系统安装完毕后，按系统类别进行严密性检验，漏风量要符合设计规定。风管系统的严密性检验，要符合下列规定：

(1) 低压风管的严密性检验采用抽检，抽检率为5%，且不得少于1个系统。在加工工艺得到保证的前提下，采用漏光法检测。检测不合格时，按规定的抽检率做漏风量测试；中压系统风管的严密性检验，在漏光法检测合格后，对系统漏风量测试进行抽检，抽检率为20%，且不得小于1个系统；高压系统风管的严密性检验，要全数进行漏风量测试。

(2) 净化系统风管的严密性检验，排烟、除尘、低温送风系统按中压系统风管的规定；1～5级的系统按高压系统风管的规定执行；6～9级的系统风管必须通过工艺性的检测或验证，其强度和严密试要符合设计或下列规定：

1) 风管的强度要能满足在1.5倍工作压力下接缝处无开裂；

2) 低压、中压圆形金属风管、复合材料风管采用非法兰形式的非金属风管的允许漏风量，应为矩形风管规定值的50%；

3) 砖、混凝土风道的允许漏风量不大于矩形低压系统风管规定值的1.5倍。

34.4.8.2 系统风管严密性检验的方法

1. 漏光检测方法

(1) 漏光法检测是利用光线对小孔的强穿透力，对系统风管严密程度进行检测的方法。

(2) 检测要采用具有一定强度的安全光源。手持移动光源可采用不低于100W带保护罩的低压照明灯，或其他低压光源。

(3) 系统风管漏光检测时，光源可以置于风管内侧或外侧，但其相对侧应为暗黑环境。检测光源要沿着被检测接口部位与接缝做缓慢移动，在另一侧进行观察，当发现有光线射出，就说明查到明显漏风处，并做好记录。

(4) 对系统风管的检测，要分段检测、汇总分析的方法。在对风管的制作与安装实施了严格的质量管理基础上，系统风管的检测以总管和干管为主。当采用漏光法检测系统的严密性时，低压系统风管以每10m缝缝，漏光点不大于2处，且100m接缝平均不大于16处为合格；中压系统风管每10m接缝，漏光点不大于1处，且100m接缝平均不大于8处为合格。

(5) 漏光检测中对发现的条缝形漏光，应做密封处理。

2. 漏风量测试方法

(1) 漏风量测试装置应采用经检验合格的专用测量仪器。

(2) 风管系统漏风量测试步骤应符合下列要求：

1) 测试前，被测风管系统的所有开口处均应严密封闭，不得漏风。

2) 将专用的漏风量测试装置用软管与被测风管系统连接。

3) 开启漏风量测试装置的电源，调节变频器的频率，使风管系统内的静压达到设定值时，测出漏风量测试装置上流量节流器的压差值 ΔP。

4) 测出流量节流器的压差值 ΔP 后，按公式 $Q = f(\Delta P)$（m^3/h）计算出流量值，流量值 $Q(m^3/h)$ 再除以被测风管系统的展开面积 $F(m^2)$，即为被测风管系统在实验压力下的漏风量 $QA[(m^3/h \cdot m^2)]$。

34.5 风管部件制作和安装

通风、空调系统风管的部件包括风阀、风口、排气罩、风帽、柔性短管及支、吊、托架等，这些部件都是保证安装后的通风、空调系统正常安全运行，并起到调节、控制和检测维修及使用的重要作用。风管部件的生产向专业化、标准化发展，大多数的部件由专业企业生产，只有少数部件由施工单位组织生产，风管部件制作的质量，应符合设计要求或施工规范、国家有关标准规定。

34.5.1 风管阀部件的制作

34.5.1.1 风阀的制作

通风、空调系统的风阀是用来调节风量，平衡各支管与送、回风口风量及启动风机等作用，在特殊情况下通过开启、关闭，达到防火、排烟的目的。风阀是风管系统大量使用的重要部件。

常用的风阀有蝶阀、多叶调节阀、插板阀、止回阀、三通调节阀、排烟防火阀等。

1. 风管阀制作的规定

(1) 手动单叶片或多叶片调节风阀的手柄或扳手，应以顺时针方向转动为关阀，其调节范围及开启角度指示应与叶片开启角度相一致。用于除尘系统间歇工作点的风阀，关阀时应能密封。

手动单叶片或多叶片调节风阀应符合下列规定：

1) 结构应牢固，启闭应灵活，法兰材质应与相应的风管相一致。

2) 叶片的搭接应贴合一致，与阀体缝隙应小于2mm。

3) 截面积大于1.2m^2的风阀应实施分组调节。

(2) 电动、气动调节风阀的驱动装置，动作应可靠，在最大工作压力下工作正常。

(3) 防火阀和排烟阀（排烟口）必须符合有关消防产品标准的规定，并具有相应的产品合格证明文件。

(4) 防爆风阀的制作材料必须符合设计规定，不得自行替换。

(5) 净化空调系统的风阀，其活动件、固定件以及紧固件均应采取镀锌或作其他防腐处理（如喷塑或烤漆），阀体与外界相通的缝隙处，应有可靠的密封措施。

(6) 工作压力大于1000Pa的调节风阀，生产厂应提供（在1.5倍工作压力下能自由开关）强度测试合格的证书（或试验报告）。

2. 风管阀制作工艺流程

3. 风管阀制作

（1）蝶阀

蝶阀一般用于风管分支管或分布器前，用于调节通风量。蝶阀由短管、阀板、调节装置构成，通过转动调节阀板角度来调节风量。蝶阀制作应符合以下规定：

1）组装时手柄、手轮应转动灵活，以顺时针方向转动为关闭；

2）调节范围及开启角度指示应与叶片开启角度相一致。

（2）多叶调节阀

多叶调节阀用于调整各支管或风口风量，多叶调节阀有对开式和顺开式。多叶调节阀可以通过手轮和蜗杆调节叶片角度，达到调节风量要求，各叶片一边应贴有闭孔海绵橡胶条，保证多叶调节阀关闭的严密性，多叶调节阀制作应符合以下规定：

1）多叶调节阀的结构应牢固，开启关闭灵活，法兰材质与风管相一致。

2）截面积大于 $1.2m^2$ 多叶调节阀，应分组调节。

3）多叶调节阀叶片闭合时应严密，叶片搭接量一致，与阀体间隙小于 2mm。

4）多叶调节阀应装配叶片开启角度指示装置。

5）用于洁净空调系统的多叶调节阀，阀体的活动件、固定件、紧固件应采用镀锌、喷塑防腐处理，阀体与外界相通的缝隙处，应进行严格密封处理。

（3）插板阀

插板阀常用于通风、除尘系统中，用来调节各个支风管的通风量，插板阀制作应符合以下规定：

1）插板阀壳体应严密，内壁应作防腐处理。

2）插板应平整，开启关闭灵活，并有可靠的定位固定装置。

3）斜插板风阀的上下接管应成一直线，阀板必须为向上拉启；水平安装时，阀板还应为顺气流方向插入。

（4）止回阀

止回阀又称单向阀，在通风空调系统中，特别在空气洁净系统中，为防止通风机停止运作后气流倒流，常用止回阀。止回阀在通风机开机后，阀板在风压作用下打开，通风机停止运作后，阀板自动关闭，为使阀板开闭灵活，阀板应采用轻质材料。止回阀可分为水平式、垂直式，止回阀制作应符合以下规定：

1）止回阀的阀轴必须灵活，阀板关闭应达到严密。

2）铰链和转动轴应采用耐锈蚀的材料制作，组合装配后应在转动部位加涂润滑油。

3）阀片的强度应保证在最大负荷压力下不弯曲变形。

4）水平安装的止回风阀应有可靠的平衡调节机构。

5）止回风阀、自动排气活门的安装方向应正确。

（5）三通调节阀

三通调节阀用来调节通风空调系统总风管对支风管的通风量，改变三通调节阀阀板位置，实现支风管通风量的变化，调节阀阀板有手柄式和拉杆式，三通调节阀制作应符合以下规定：

1）三通调节阀阀板拉杆或手柄的转动轴与风管的结合处应严密。

2）拉杆可在任意位置上固定，手柄开关应标明调节的角度。

3）阀板调节方便，并不与风管相碰擦。

34.5.1.2　排气罩的制作

排气罩是通风、空调系统中的局部排气部件，将有害物质、气体吸入，排出室外。排气罩的种类较多，按排气罩的结构分类，可分为密封罩和开口罩，按使用要求可分为，上、下吸式、槽边、条缝均流侧吸罩，可升降式、回转式排气罩等。

1. 排气罩制作工艺流程

领料 → 下料 → 成型 → 组装 → 成品 → 检验 → 入库

排气罩根据不同要求可选用普通钢板、镀锌钢板、不锈钢板及聚氯乙烯板等材料制作。

排气罩制作的展开下料方法与风管配件相同，可以按其几何形状，用平行线法、放射线法、三角形法展开。

成型组装应根据采用板材情况，可采用咬接、铆接及焊接方法，制作要求与风管相同。

2. 排气罩制作质量要求

排气罩制作质量要求应符合以下规定：

（1）制作时按用途及结构形式的不同要求，应符合设计或标准图的要求。做到尺寸准确，连接处牢靠、可靠，外表面及边缘应光滑、规整，不应存在尖锐的棱角、毛刺和凹凸不平等缺陷。

（2）凡带有回转、升降式结构的排气罩，所有活动部位的零件应转动灵活，操作机构适用方便。

（3）槽边侧吸罩、条缝抽风罩尺寸应正确，转角处弧度均匀、形状规则，吸入口平整，罩口加强板分隔间距应一致。

（4）厨房锅灶排烟罩应采用不易锈蚀材料制作，其下部集水槽应严密不漏水，并坡向排放口，罩内油烟过滤器应便于拆卸和清洗。

（5）排气罩扩散角不应大于 60°，如有要求还应加有调节阀、自动报警、自动灭火、过滤、集油装置及设备。

34.5.1.3　风帽的制作

风帽是通风、空调系统向室外排放气体的出口，按形状可分为伞状风帽、锥形风帽和筒状风帽，如图 34-71 所示。伞状风帽适用于一般机械排风系统，锥形风帽适用于除尘系统，筒状风帽适用于自然排风系统。筒形风帽比伞形风帽多一个外圆筒，当风吹过时，风帽短管处形成空气负压区，促使空气从竖管排至室外，室外风速越快，排风效率越高。

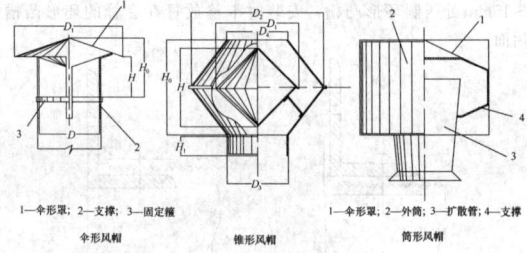

1—伞形罩；2—支撑；3—固定箍　　　1—伞形罩；2—外筒；3—扩散管；4—支撑

伞形风帽　　　　锥形风帽　　　　筒形风帽

图 34-71　风帽类型

1. 风帽制作工艺流程

领料 → 下料 → 成型 → 组装 → 成品 → 检验 → 入库

风帽可采用镀锌钢板、普通钢板及其他适宜的材料制作。

风帽的展开下料方法与风管配件相同，可以按其几何形状，用平行线法、放射线法、三角形法展开。

成型组装应根据采用板材情况，可采用咬接、铆接及焊接方法，制作要求与风管相同。

2. 风帽制作质量要求

风帽的制作应符合下列规定：

（1）风帽应结构牢靠，尺寸正确，风帽接管尺寸的允许偏差同风管的规定一致。

（2）伞形风帽伞盖的边缘应有加固措施，支撑高度尺寸应一致。

（3）锥形风帽内外锥体的中心应同心，锥体组合的连接缝应顺水，下部排水应畅通。

（4）筒形风帽的形状应规则、外筒体的上下沿口应加固，其不圆度不应大于直径的 2%。伞盖边缘与外筒体的距离应一致，挡风圈的位置应正确。

（5）三叉形风帽三个支管的夹角应一致，与主管的连接应严密。主管与支管的锥度应为 3°～4°。

（6）旋转风帽的结构重心应达到平衡，以保证转动灵活。转动试验时，叶轮应处于自由状态，停止时不允许停止在同一位置。

（7）风帽规格过大时应用扁钢或角钢做箍加固，加固规定与风管配件规定一致。

34.5.1.4　风口的制作

风口是通风空调系统中用于向房间送入或排出房间空气的装置，

风口有多种的形式，按用途可分为送风口、回风口及排风口，按使用对象可分为通风系统和空调系统。

通风系统常用圆形风管插板式送风口、旋转吹风口、单面或双面送吸风口、矩形空气分布器、塑料插板式侧面送风口等。

空调系统常用百叶送风口（单、双、三层等）、圆形或方形散流器、送吸式散流器、流线型散流器、孔板式送、回风口等。

风口一般明装于室内，风口制作除满足技术要求外，还应达到外形平整美观，制作时应使用机械模具生产。

1. 风口制作工艺流程

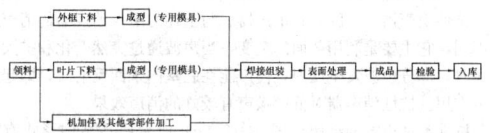

风口材质应符合设计要求，可采用普通钢板、不锈钢板、铝板材质制作。

风口的展开下料方法与风管配件相同，可以按其几何形状，用平行线法、放射线法、三角形法展开。

成型组装应根据采用板材情况，可采用咬接、铆接及焊接方法，制作要求与风管相同。

2. 风口制作质量要求

各类风口制作应符合下列要求：

(1) 风口的外形尺寸，必须符合管道及设备接口配合的连接尺寸，其允许偏差不应大于2mm。

(2) 矩形风口应达到方正，四角应为直角，其允许偏差以对角线为准，其允许偏差不大于3mm；圆形风口应达到标准圆度，不得出现椭圆形，其尺寸控制偏差以纵横两直径不大于2mm。

(3) 风口制作金属材料的材质应按设计要求选用，制作组装后要求无变形，以避免叶片与外框相互擦碰，活动部分应保证便于调节、转动灵活。

(4) 调节机构的连接处应松紧适度，为防止锈蚀，在装前应除锈、涂漆，装配后应加注润滑油。

(5) 风口规格以颈部外径与外边长为准，其尺寸的允许偏差值应符合表34-69的规定。

风口尺寸允许偏差（mm） 表34-69

圆 形 风 口		
直径	≤250	>250
允许偏差	0～－2	0～－3
矩 形 风 口		
边长	<300	300～800	>800
允许偏差	0～－1	0～－2	0～－3
对角线长度	<300	300～500	>500
对角线长度之差	≤1	≤2	≤3

(6) 风口的外表饰面应平整，叶片或扩散环的分布应匀称、颜色应一致、无明显的划伤和压痕。

(7) 风口的转动调节部分应灵活，叶片应平直，与边框不得刮碰。

百叶风口的叶片间距应均匀，两端轴中心应在同一直线上，风口叶片与边框铆接应松紧适度。如风口规格较大，应在适当部位叶片及外框采取加固措施。

(8) 散流器的扩散环和调节环应同轴，轴向间距翻边均匀。

(9) 孔板式风口不得有毛刺，孔径和孔距应符合设计要求。

34.5.1.5 防雨罩的制作

防雨罩是用于电动机等电器及传动装置的防护，安装在电动机端部、与机壳构成一个整体的密封装置，防止雨水渗入机体。

1. 防雨罩制作工艺流程

领料 — 下料 — 成型 — 组装 — 成品 — 检验 — 入库

防雨罩一般采用薄钢板制成，制作时根据设计和几何形状展

开，根据板材情况采用咬接或焊接方法组装，制作要求与风管制作规定相同。

2. 防雨罩制作质量要求

(1) 防雨罩结构牢固，连接固定牢固；

(2) 防雨罩顶部不应有漏洞、积水、连接开缝等疵点。

34.5.2 风管阀部件的安装

通风、空调系统中的部件安装主要包括：各式调节阀、防火阀、各类风口、吸排气罩、风帽的安装。安装前应对部件的制作、组装质量进行检查，质量符合规定后才能安装。

34.5.2.1 一般风阀的安装

一般风阀包括蝶阀、多叶调节阀、插板阀、止回阀、三通调节阀等风阀，风阀安装前应检查框架结构是否牢固，调节、制动、定位装置是否灵活。风阀安装与安装风管相同。安装时要将风阀的法兰与风管或设备的法兰对正，加上密封垫，用螺栓连接固定。

阀件安装要求及质量，应符合下列规定：

(1) 各类风阀应安装在便于操作及检修的部位，安装后的手动或电动操作装置应灵活、可靠，阀板关闭应保持严密。

(2) 应注意风阀的气流方向与风阀标注一致。

(3) 风阀的开闭方向、开启程度应在阀体上有明显、准确的标志。

(4) 高处的风阀操纵装置应距地面或平台1～1.5m，便于操纵风阀。

(5) 除尘系统的风管，不应使用蝶阀，可采用密封式斜插板阀。为防止运行中积尘，安装位置应选在不易积尘的管段上。斜插板阀应顺气流方向与风管成45°安装，垂直安装时阀板应向上拉启，水平安装时阀板应顺气流方向插入。

(6) 分支管风量调节阀是用于平衡各送风口的风量，应注意其安装位置。

(7) 余压阀是保证洁净室内静压维持恒定的部件。其安装于墙壁外侧下方，应保证阀体与墙体连接后的严密性。

34.5.2.2 风口的安装

各类风口安装前应检查风口质量，应达到结构牢固外框平直，表面平整，调节转动灵活。

1. 各类风口安装要求

(1) 风口与风管的连接应严密、牢固，与装饰面紧贴；表面平整、不变形，调节灵活、可靠。条形风口的安装，接缝处应衔接自然，无明显缝隙。同一厅室、房间内的相同风口的安装高度应一致，排列应整齐，同一方向风口的调节装置则应在同一侧。

明装无吊顶的风口，安装位置和标高偏差不应大于10mm。

风口水平安装，水平度偏差不应大于3/1000。垂直安装，垂直度偏差不应大于2/1000。

(2) 吸顶风口或散流器的风口应与顶棚平齐，风板位置应对称，在室内的外露部分应与室内线条形成直线。

2. 常用风口的安装

(1) 矩形联动可调百叶风口

矩形联动可调百叶窗风口的安装方法，可根据是否有风量调节阀来确定安装方法。

有风量调节阀风口安装时，应先安装调节阀框，后安装叶片框。风管与风口连接时风管应伸出风口调节阀外框10mm并剪除出连接榫头，调节阀外框安装上将榫头插入外框条状孔内，折弯榫头贴近固定外框，再安装叶片框，并与外框连接固定。也可以将风口直接固定在预留洞上，不与风管直接连接，将调节阀外框插入洞内，用螺钉将外框固定在预留的木樽或木框上，然后再安装叶片框。

无风量调节阀风口安装时，应在风管内或预留洞内木框上，采用铆接或角铁卡子固定，然后再安装叶片框。

风口的风量调节，用螺丝刀由叶片间伸入，旋转调节螺钉，带动连杆，来调节叶板的开启度，达到调节风量的目的。

风口气流吹出角度，应根据气流组织情况，用不同角度的专业扳手调节，扳手卡住叶片旋转到接触相邻叶片为宜。

(2) 散流器

散流器用直接固定在预留洞上的安装方法,可参照百叶窗风口安装方法。

(3) 净化空调系统风口

风口安装前除检查质量外,还应清洁风口,安装后风口的边框与洁净室的顶棚或墙面之间的缝隙处,应用密封胶进行密封处理,不得漏风。高效过滤器送风口,还应用吊杆调节高度,以保证送风口的外壳边缘与顶棚紧密连接。

(4) 管式条缝散流器

管式条缝散流器安装应先将内藏的圆管卸下,在风口外壳上安装旋转卡夹,将卡夹旋转调整,整体放入风管内,再将卡夹旋转90°与风管连接,用螺栓固定,然后将内藏的圆管安放在风口壳内。

(5) FSQ球形旋转风口

球形旋转风口与静压箱、顶棚连接时可采用自攻螺钉、拉铆钉、螺栓等,连接固定要牢固,球形旋转头应灵活。

34.5.2.3　局部排气部件的安装

局部排气系统的排气柜、排气罩、吸气罩及连接管就位组装好后。再进行安装。安装位置应正确,不影响生产工艺设备操作,排风整齐,牢固可靠。

34.5.2.4　风帽的安装

风帽有两种安装方法,可穿过墙壁伸出室外,也可直穿屋顶伸出室外。

风帽安装必须牢固,穿越屋顶的风管,在穿处不应有接头或破损,避免雨水漏入屋内,风管与墙面的交接处应密封,防止向屋内渗水。不连接风管的筒形风帽,可用法兰固定在屋顶混凝土或木底座上,当排放湿度较大的气体时,为防止冷凝水漏入屋内,风帽底部应设有滴水盘和排水装置。

风帽安装高度高于屋顶1.5m时,应用拉索固定,拉索不得少于三根,拉索固定应牢固,防止风帽被风吹倒。

为了防止雨水落入风管,风帽顶部应设有防雨帽。

34.5.3　消声器的制作和安装

34.5.3.1　消声器的种类

消声器的消声效果决定于消声器的种类及其制作质量和所用消声材料。将消声器安装在弯管内的弯管,称消声弯管,消声弯管的平面边长大于800mm时,应加设吸声导流片。

消声器内直接迎风面的布质覆面层应有保护措施;净化空调系统消声器内的覆面应为不易产尘的材料。

1. 消声器的分类

常用的消声器根据不同的消声原理可分为:阻性消声器、抗性消声器、共振性消声器和宽频带复合式消声器。

(1) 阻性消声器

阻性消声器是利用吸声材料消耗声能、降低噪声,这种消声器是在管道内壁固定着多孔吸声材料,使入射的声能的一部分被吸收掉,以达到降低噪声的效果。这类消声器的结构形式有多种多样,如图34-72所示。

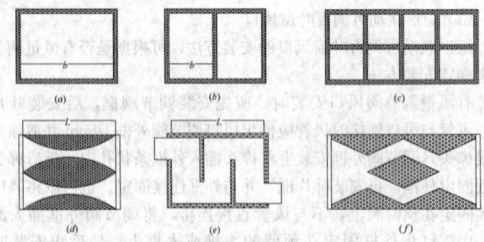

图 34-72　阻性消声器结构形式
(a) 管片;(b) 片式;(c) 蜂窝式;
(d) 声流式;(e) 腔式或室式;(f) 折式

阻性消声器消声效果,除与制作结构、尺寸、外形、质量有关外,还与吸声材料的多孔性、松散性有重要关系。当声波进入材料的孔隙时,能引起孔隙中的空气和材料产生微小的振动,由于摩擦和粘滞阻力作用将相当一部分声能化为热能而吸收掉。阻性消声器中的消声片厚度,一般在25~120mm范围内。材料越厚对低频

噪声降低效果越有效。

常用片式消声器在设计或制造、试验时,确定其消声量(ΔL)计算公式如下:

$$\Delta L = \varphi\,(a)\,\frac{2L}{b} \qquad (34\text{-}1)$$

式中　$\varphi\,(a)$ ——消声系数;
　　　　L ——消声器的(结构)有效长度(m);
　　　　b ——气流通道的宽度(m)。

(2) 抗性消声器

抗性消声器又称膨胀式消声器。与上述的阻性消声器的消声原理不同,它主要是利用截面的突变,当声波通过突然变化和扩大的截面时,部分声波发生反射,使声能在腔室内来回反射时,即起到消声作用。抗性消声器对低频噪声有较好的消声效果。

抗性类消声器的结构如图34-73 (a) 所示,其结构形式有单节、多节和外接式及内插式等。它的消声性能主要决定于膨胀比,$m = s_2/s_1$,m (即膨胀室截面积 s_2 与原通截面积 s_2 之比)和膨胀室的长度 L 值。下式为最大消声量计算公式

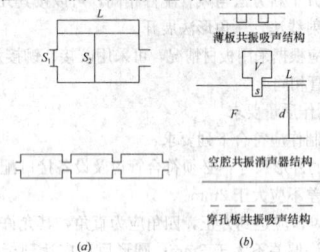

图 34-73　抗生、共振性消声器结构
(a) 抗性消声器;(b) 共振性消声器

$$\Delta l_{\mathrm{m}} = \log\left[1 + \frac{1}{4}\left(m - \frac{1}{m}\right)^2\right] \ (\mathrm{dB}) \qquad (34\text{-}2)$$

它的最大消声量主要取决于 m 值。抗性消声器有良好的低频消声,在制作时应注意各膨胀室之间要密封,以保证所需的低频消声效果。抗性、共振消声器结构见图34-73。

(3) 共振性消声器

共振性消声器是利用噪声射入时,激起薄板或空气振动所起到的耗能消声作用。当这种振动与射入噪声的频率一致时,即产生共振,则声能消耗最大。这类消声器可以用来消除噪声的低频部分。结构形式如图34-73 (b) 所示。共振性消声器有薄板共振吸声结构、单个空腔共振吸声结构和微穿孔板共振吸声结构等。

共振性消声器中的不同共振消声结构、消声原理如下:

1) 薄板共振吸声结构是在板材的后面设置一定厚度的空气层,由板材和空气层组成一种共振系统,当声波入射到薄板上时,激起薄板的振动,振动的能量又转化为热能而消耗掉。

2) 单个空腔共振吸声结构,是由腔体和颈口组成的,当声波传到该共振结构时,小孔孔颈中的气体在声波的压力作用下,像弹簧活塞一样地往复运动,即组成一个弹性系统,由于颈壁的摩擦和阻尼,使一部分声能变为热能被消耗掉。它与薄板共振吸声结构一样,当射入射声波频率与共振频率一致时,就激起共振。这时空气柱的振动速度幅值最大,阻尼也最大,声能消耗最多。

3) 穿微孔板共振吸声结构,实际就是单孔共振器并联组合起来的,它的消声原理与单孔共振结构相同。

(4) 阻抗复合式消声器

阻抗复合式消声器又称宽频带复合式消声器,见图34-74。其消声器是利用管道截面突变的抗性消声原理和腔体构成共振吸声,并利用多孔吸声材料的阻性消声原理,使这种消声器从低频到高频都有良好的消声效果。该消声器的消声频率范围宽,消声最大,在空调系统中使用比较广。

2. 消声材料

消声器的消声效果,主要取决于消声用材料的性能。因此,消声用材料的种类、性能,应按设计要求选用。

(1) 使用条件、种类和选用要求。消声材料应具备防火、防

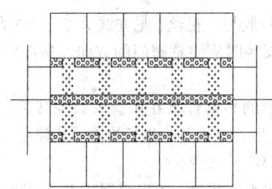

图 34-74 宽频带（阻抗）复合式消声器

潮、不霉变、耐腐蚀、密度小、有弹性、经济耐用和无毒及施工方便等特点，从内部结构应具有贯穿材料的许多间隙或细孔。这样，才能将射入消声材料的噪声，由声能转化为热能，达到消声效果。

（2）消声材料的种类。消吸声材料种类很多，常用于消声器的有超细玻璃棉、卡普隆纤维、矿渣棉、玻璃纤维板、聚氨酯泡沫塑料和工业毛毡等。

（3）常用材料的性能及选用要求：

1）玻璃棉具有密度小、吸声、抗震性能好，富有弹性，并具有不燃、不毒、不蛀和不腐蚀等优点。用它作为消声器填充料，不会因振动产生收缩、沉积和由上部往下滑、脱空，影响吸声及消声性能。

在它的产品中以无碱超细玻璃棉性能最佳，纤维直径<4μm、质软，其密度为<15kg/m³，吸湿率为 0.2%，是常用的吸声填充材料。

2）矿渣棉是以矿渣或岩石为主要原料制成的一种棉状短纤维，以矿渣为主要原料的称矿渣棉，而岩棉则是两者的通称。矿棉质轻，不燃、不腐，吸声性能良好；但其整体性差，易沉积，并对人体皮肤有刺激性，可用于一般工业建筑消声用材料。

3）玻璃纤维板的吸声性能比超细玻璃棉差些，防潮性能好，但因施工操作时有刺手或皮肤感，一般不常采用。

4）聚氨酯泡沫塑料是以聚酯树脂为主要原料，经过催化剂、发泡剂和稳定剂等作用形成，按其软硬程度可分软质和硬质两种。

硬质聚氨酯泡沫塑料是闭孔结构，一般用于隔热。软质聚氨酯泡沫塑料是开孔结构，并富有弹性，是较理想的过滤、防振、吸声材料。在通风、空调工程中采用，应具备自熄安全性。自熄安全性是指加有阻燃剂，使其离开火源后 1~2s 内能自行熄灭。一旦发生火灾时，具有阻燃自熄安全性，可防止火灾的发生或蔓延。

34.5.3.2 消声器的制作

1. 消声器制作工艺流程

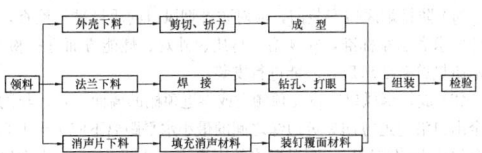

2. 消声器制作的结构质量要求

（1）消声器的框架结构应牢固、严密，与风管尺寸匹配。

（2）应根据板材材质确定消声器外框连接和法兰连接方式，工艺要求参照金属风管制作质量规定，镀锌板应采用咬接或铆接方式连接。

（3）阻性消声器内部尺寸不能随意改变。对于容积较大的吸声片，为了防止因消声器安装或移动而造成吸声材料下沉，可在容腔内装设适当的托挡板。

抗性消声器，不能任意改变膨胀室的尺寸。

共振性消声器不能任意改变关键部分的尺寸。穿孔板应平整，孔眼排列形式、尺寸应准确、均匀，不得有飞边、毛刺，穿孔板的孔径和穿孔率应符合设计要求。共振腔的隔板尺寸应正确，隔板与壁板连接处紧贴。应按设计要求严格制作，不能任意改变有关的结构尺寸及其零、部件的形状，以防改变和降低共振消声性能。

阻抗复合式消声器中的阻性吸声片是用木条组成木框，内填超细玻璃棉，外包玻璃布。填充的吸声材料应符合设计要求，并均匀铺设，覆面层不得破损。

消声器、消声风管、消声弯管和消声静压箱内所衬的消声

材料，应均匀密实、表面平整、紧贴和不得脱落。

（5）消声器的系统结构必须牢固，填充的消声材料应按规定的密度均匀铺设。

（6）对于松散的吸声材料，应按设计规定的覆面材料固定覆盖，防止吸声材料脱落、吹散和污染空调系统及其房间。

（7）钉覆面材料的泡钉应加垫片，以免覆面材料结构失稳、破裂，造成松散，以致污染等缺陷。

34.5.3.3 消声器的安装

（1）消声器安装前应进行质量检查，按设计要求和国家《通风与空调工程施工质量验收规范》GB 50243 规定，在规格、材质、外观、防火、防潮、防腐方面进行检查。技术质量符合要求后，方准进行安装。

（2）安装前，应对到达现场的成品消声器，加强管理和认真检查。在运输和安装过程中，不得损坏和受潮，充填的消声材料不应有明显下沉。

（3）消声器安装时，应严格注意方向，不得装反，安装后的方向应正确。

（4）片式消声器安装时，应控制消声片单体安装要求：其固定端不得松动，片距均匀，否则影响消声效果。

（5）当空调系统为恒温，要求较高时，消声器外壳应与风管同样保温处理。

（6）消声器安装用支架形式、安装位置和固定强度，必须符合设计或施工规范规定。消声器及消声弯管应单独设支架，其重量不得由风管承受。

34.5.4 防火阀与防排烟风口安装

防火阀和放排烟风口的作用是隔绝热气流流通，达到防火的目的。它们的工作原理是：防火阀、放排烟风口都有易熔金属件或温度传感器，当热气流经过，温度达到到某一特定温度时，易熔金属件熔化或温度传感器发出信号，带动防火阀、放排烟风口关闭，隔绝气流流动，防止火势蔓延。防火阀易熔件的熔化温度为 70℃，放排烟风口易熔件熔化温度为 280℃。

34.5.4.1 防火阀和排烟口的种类

1. 防火阀的种类

防火阀是防火阀、防火调节阀、防烟防火阀、防火风口的总称，防火阀的种类很多，有多种分类方法，一般可以按照控制方式、阀门关闭驱动方式分类。

（1）按照控制方式分类，防火阀可分为热敏元件控制、感烟感温器控制及复合控制等。

1）热敏元件使用易熔金属制成，热气流温度达到其熔点时，易熔金属熔化，阀门在重力或弹力作用下关闭，实现隔阻气流流动的目的。热敏元件应严格按照国家标准生产，温度允许偏差为－2℃（一般要求易熔件在温度升至 68℃时即熔断）。防火阀用的易熔金属合金配方，见表 34-70 所列成分及数值。

易熔金属的配方　　　　表 34-70

金属成分\熔点	铋		锑		铅		锡		锌		合计
	g	%	g	%	g	%	g	%	g	%	g
65	480	48	96	9.6	256.3	25.63	127.7	12.77	40	4	1000
72	500	50	126	12.5	256	25	126.6	12.5			1003.6
80	349	34.9	95	9.5	256	35.5	210	20.1			1000
90	516.5	51.65	81.5	8.15	402	40.2					1000

2）感烟感温器控制是通过感烟感温器发出信号，操纵电磁铁或电动机实现阀门关闭。

3）复合控制是将热敏元件控制与感烟感温器控制结合在一起，以热敏元件为保险，用感烟感温器发出信号，操纵电磁铁或电动机实现阀门关闭。

（2）按照防火阀关闭驱动方式分类，可分为重力式、弹力式、电磁式、电动式和气动式。

1）重力式防火阀是以阀门叶片的自重或叶片旋转轴的重力锤，实现阀门关闭。

2）弹力式防火阀是以弹簧的弹力实现阀门关闭。

3）电磁式防火阀是以电磁铁的磁力实现阀门关闭。

4）电动式防火阀是以电动机驱动阀门关闭。

5）气动式防火阀是以压缩空气通过气缸驱动阀门关闭。

2. 防火阀的制作及组装的质量要求

（1）防火阀外壳应用钢板厚度不小于2mm的材料制作，防止失火时受热变形，会影响阀板关闭。

（2）转动部件在任何情况下要求都能转动灵活，应采用黄铜、青铜、不锈钢和镀锌或电镀铁件等耐腐蚀的金属材料制作。

（3）易熔件应采用符合国家标准的产品，其熔点温度应符合设计要求。感烟感温器动作温度280℃，温度允许偏差为-2℃（一般要求易熔件在温度升至68℃时熔断）。

（4）防火阀关闭时必须严密，禁止气流通过。

（5）防火阀在阀体制作完成后要加装执行机构并逐台进行检验。

3. 排烟口的种类

平时排烟口在排烟系统中呈关闭状态，火灾发生时借助于感烟、感温器自动开启阀门，向室外排放烟气，降低室内有害气体浓度，保证室内撤离人员生命安全，如果火势加大，风管内气流温度升高至280℃，热敏元件熔断或感温器启动关闭阀门，阻止火势沿风管蔓延。排烟口可以按照结构形式、控制方式分类和形状分类。

（1）按照结构形式分类，排烟口可分为装饰型排烟口（排烟阀）、翻板型排烟口（排烟阀）及排烟防火阀。

（2）按照控制方式分类，排烟口可分为电磁式排烟口和电动式排烟口。

（3）按照形状分类，排烟口可分为矩形排烟口和圆形排烟口，常用的矩形排烟口规格见表34-71，常用的圆形排烟口规格见表34-72。

矩形排烟口规格（mm） 表34-71

A／B	250	320	400	500	630	800	1000	1250	1600	2000
250	△○□	△○□	△○□	△○□	△○□	△○□	△○			
320		△○□	△○□	△○□	△○□	△○□	△○			
400			△○□	△○□	△○□	△○□	△○	△○		
500				△○□	△○□	△○□	△○	△○		
630					△○□	△○□	△○	△○		
800						△○□	△○	△○		
1000							△○	△○		
1250								△○		

注：表中△表示排烟防火阀，○表示带装饰型排烟阀，□表示翻板型排烟阀，A为阀门宽度，B为阀门高度。

圆形排烟口规格 表34-72

阀直径D	280	320	360	400	450
阀宽度L	280	320	360	400	450

4. 排烟风口制作及组装的质量要求

（1）排烟风口关闭时必须严密，禁止气流通过。

（2）排烟系统柔性短管的制作材料必须为不燃材料。

（3）易熔件应符合国家标准，熔点温度280℃，感温器动作温度280℃，温度允许偏差为-2℃。

34.5.4.2 防火阀的安装

1. 防火阀安装规定

（1）防火阀安装前应对防火阀的质量进行检查，按设计要求和国家标准，在规格、材质、外观、性能方面进行检查。技术质量符合要求后，才能进行安装。

（2）根据设计要求在指定位置安装防火阀，不得改变、遗漏。

（3）防火阀应安装在便于操作及检修的部位，防火分区隔墙两侧的防火阀，距墙表面不应大于200mm。

（4）防火阀直径或长边尺寸大于等于630mm时，应设有单独的吊架等措施，防止风管变形影响防火阀关闭。

（5）阀门的易熔件，必须按设计要求或施工规范规定采用正规

产品，严禁用拷贝胶片、铅丝、尼龙线等非标准材料代替。

（6）防火阀安装时应注意阀门的方向，易熔件应迎气流方向，禁止方向颠倒。

（7）防火阀中的易熔件需在系统安装完成后再行安装；易熔（熔断器）件安装后，必须逐一进行检查，以使处于正常状态。

2. 防火阀安装

（1）防火阀水平安装时，可以根据防火阀安装部位，采用支架或吊架固定防火阀，保证防火阀稳固。见图34-75（a）（b）。

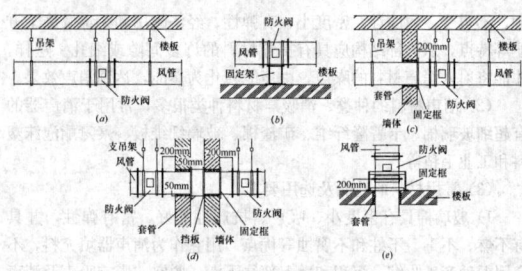

图34-75 防火阀穿墙安装
(a) 防火阀水平吊架安装；(b) 防火阀水平固定架安装；
(c) 穿越防火墙防火阀安装；(d) 变形缝处防火阀安装；
(e) 穿越楼板防火阀安装

风管穿越防火墙防火阀安装时，防火阀距离墙面不应大于200mm，墙体预埋管壁厚度大于1.6mm的钢管，套管与风管之间应有5～10mm间隙，套管长度应小于墙体厚度，防火阀安装后，墙洞与防火阀间应水泥砂浆密封。见图34-75（c）。

（2）变形缝处防火阀安装时，应在变形缝两端分别按安装防火阀，穿墙套管与墙体之间留有50mm的缝隙，缝隙处用玻璃棉或矿棉材料填充，保证墙体沉降时风管正常工作，套管中间设挡板，防止填充材料外漏滑落，套管一端设有固定挡板。见图34-75（d）。

（3）风管垂直穿越楼板时，风管、防火阀有固定支架固定，穿越楼板风管与楼板缝隙用玻璃棉或矿棉填充，楼板下面设挡板，防止填充物脱落，楼板上面设防护圈保护风管，防护圈高度20～50mm，见图34-75（e）。

34.5.4.3 排烟口的安装

1. 排烟风口安装规定

（1）防排烟风口安装前，应对防排烟风口的质量进行检查，按设计要求和国家标准，在规格、材质、外观、性能方面进行检查，技术质量符合要求后，才能进行安装。

（2）放排烟风口应设在顶棚上或靠近顶棚的墙面上，且与附近安全出口沿走道方向邻近边缘之间的最小水平距离不应小于1.5m。设在顶棚上的排烟口，距可燃物的距离不应小于1.0m。排烟口平时关闭，并应设置有手动和自动开启装置。

（3）防烟分区的排烟口距最远点的水平距离不应超过30m。在排烟支管上应设有当烟气超过280℃时能自行关闭的排烟防火阀。

（4）排烟阀（排烟口）及手控装置（包括预埋套管）的位置应符合设计要求，预埋套管不得有死弯及瘪陷。

2. 排烟口的安装

（1）排烟口在通风竖井墙水平安装前，应在墙体预埋角钢（L40×40×4），预留洞尺寸如表34-73所示。排烟口安装前应制作钢板安装框，安装框与预留角钢连接，然后将排烟口插入安装框固定。排烟口如果与风管连接，钢板安装框一侧应与风管法兰连接，再安装排烟口。

排烟口预留洞尺寸（mm） 表34-73

排烟口规格	500×500	630×630	700×700	800×630	1000×630	1250×630	800×800	1000×800	1000×1000	1250×1000	1600×1000
预留洞尺寸	765×515	895×645	965×715	1065×645	1265×645	1515×645	1065×815	1265×815	1265×1015	1515×1015	1865×1015

（2）排烟口垂直吊顶安装时应设置单独支架。

34.6 通风与空调设备安装

34.6.1 组合式空调机组安装

机组安装

（1）初步检查

1）需要资料：审核关于安装位置的建筑资料，机组能否顺利安装。

2）安装位置：确定机组安装位置时，注意要方便。

3）安装水管和接线，不受油烟、蒸汽或其他热源的影响。

4）安装空间：机组在维修和保养时需要的空间见图34-76，并且检查换热器进风口处是否有阻碍空气流动的障碍物，以确保空气流畅。注意：若在室外机组顶部宜设置遮棚以防雨防雪，且遮棚离机组顶部的间距须保证在2m以上，以保证接管方便。

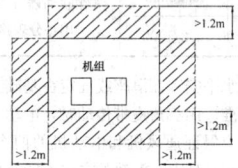

图34-76 机组安装空间示意

特别说明：机组设检修门方向宽度至少要有1m以上，以方便维修与保养。

5）安装基础：检查及保证机组安装在坚实、牢固且表面平坦的混凝土基础或金属钢架上。

6）组合式空气处理机组安装应根据图纸将所含段体按顺序放置于基础上，对防振要求较高场合，机组与基础间应放置减震垫，厚度为10mm以上的天然橡胶。

7）收货和检查：机组运抵合同规定的交货地点后，用户应组织人员进行开箱验收。

① 检查机组随机附件是否齐全。

a. 空气（组合式空气）处理机组安装、使用说明书；

b. 用户服务指南。

② 根据随机文件核对设备型号及规格。

③ 检查机组有无损坏，零部件是否齐全。

经过以上验收发现损坏或有疑问，请及时向供货商说明，以便进行妥善处理。

注意：设备开箱检查完毕后，要采取保护措施，不宜过早拆除包装，以免设备受损。

（2）搬运处理

1）机组和零件避免损伤，在搬运期间应小心处理。

2）正规搬运是用吊车或滚筒搬运，坚决不允许强行拖动机组。

3）随机的垫木不应该被去掉，直到机组被安装到位。

4）如果抬高机组请用起重设备。

5）必须采用衬垫以防止损伤。

6）若为散件进场，需考虑好是先撤箱或先吊至现场。

（3）位置与间隙

1）机组必须安装在水平的槽钢、混凝土座（卧式或立式机组）或吊顶上（吊式机组），基座或吊顶必须能承受机组运行时重量。

2）机组不宜安装于潮湿、有腐蚀气体的环境，更不能被安装在低温、露天环境。

3）安装时应考虑排水、通风和适当的维修距离，以便拆移风机或换热器。

4）组合式空气处理机组段体连接时，段间需用橡胶塑料（或其他可用于密封的材料）进行可靠的密封。

（4）安装

1）安装过程中，安装人员需注意机组型材与面板的承重。

2）大风量的空调机组应放置在专门的空调机房内。

3）安装时应使机组的接管与墙面或吊顶隔开。

4）外接风管应采取柔性材料连接，以避免振动传递及风管重量由机组承担。

5）应选用防腐、防潮、不透气、不易霉变的柔性材料。用于空调系统的应采取防止结露的措施；用于净化空调系统的还应是内壁光滑、不易产生灰尘的材料。

6）柔性短管的长度，一般宜为150～300mm，其连接处应严密、牢固可靠。

7）柔性短管不宜作为找正、找平的异径连接管。

8）风管的大小尺寸应以保证管内风速为基础（此风速值与风量大小不同选取的值有差异，风量越大风速相应较高），以避免风速过大造成噪音过大，甚至机组带水至管路系统。

9）外接进出水管时建议采用软接头，配接管时应平衡用力。

10）机组不论是吊装在房间顶上还是卧式安装在地面基础之上，必须保证机组水平，否则影响凝结水的排放和风机运行的动平衡。

11）若机组安装在地面基础之上，必须考虑疏水器水封高度差和排水管的设置。

12）组合式空气处理机组各功能段的组装，应符合设计规定的顺序和要求，各功能段之间的连接应严密，整体应平直。

13）机组盘管的进出水配管均按逆流方式接入（下进上出）。

14）组合式空气处理机组加热若采用蒸汽形式加热，进汽为"上进下出"，最高使用压力不宜超过1.4MPa，凝结水管上应加装疏水器。

15）用户调试时特别注意机组只能在额定电流（额定风量）以下运行，以免造成机组损坏或过水。

16）凝结水管安装时必须保证一定的坡度，以便排水顺畅。

17）机组进出水管上必须配有水阀，防止机组不运行时冷冻水通过，造成机组内部大面积凝露。见图34-77。

18）外接排水管应先接"U"形排水弯，以防止因机组内负压而导致凝结水排放困难。排水弯的水封高度差可参考机组内负压的两倍高度，基础和水封的设置。

19）在正式装机之前，请再次确认皮带的位置及皮带是否处于正确的松紧度。用一个手指压住皮带，变形约为20mm。见图34-78。机组运行一个星期后，应重新调整皮带的张紧度至合适。以后每隔1～2个月进行一次例行的检查，并保证每次检查的结果都符合图中的数值范围，否则调整中心距。注意：皮带过松或过紧都会给系统造成损害并增加噪音。供水系统：冷热水供水应为清洁的软化水。使用环境：最好使用于相对湿度在80%以下，湿度较高时，请用户配置除湿设备。

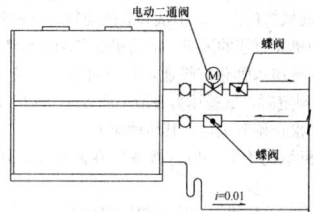

图34-77 机组进出水管配置阀

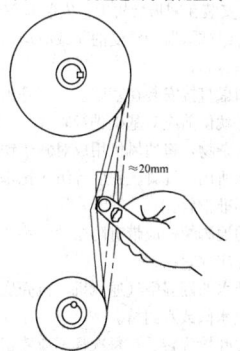

图34-78 V形皮带的松紧度调整

34.6.2 风 机 安 装

通风机应有装箱清单、设备说明书、产品质量合格证书和产品性能检测报告等随机文件，进口设备还应具有商检合格的证明文件。设备安装前，应进行开箱检查，并形成验收文字记录。参加人员为建设、监理、施工和厂商等单位的代表。

通风机的型号、规格应符合设计规定，其出口方向应正确。

34.6.2.1 风机安装工艺流程

基础检查、验收→设备开箱检查→清洗处理→设备搬运就位→设备找正、找平和对准中心→一次灌浆→精确找平和对准中心→二次灌浆→试运转验收

34.6.2.2 离心式通风机安装

1. 通风机搬运和吊装的规定

（1）整体安装的风机，搬运和吊装的绳索不得捆绑在转子和机壳或轴盖的吊环上。必须符合产品说明书的有关规定，并应做好设备的保护工作，防止因搬运或吊装而造成设备损伤。

（2）现场组装的风机，绳索的捆绑不得损伤机件的表面，转子、轴径和轴封等处均不应成为捆绑部位。

（3）输送特殊介质的风机转子和机壳内如涂有保护层，应严加保护，不得损伤。

（4）不应将转子和齿轮直接放在地上滚动或移动。安装在减震基座上的风机吊装时，捆吊索应固定在减震基座上。

2. 通风机相关的附件设备安装要求

（1）风机的润滑油冷却和密封系统的管路，应清洗干净和畅通，其受压部分均应作强度试验，其试验压力如设备技术文件无规定时，水压试验压力应为最高工作压力的1.25～1.5倍；气压试验压力应为最高工作压力的1.05倍。现场配制的润滑油、密封管路应进行除锈、清洗处理。

（2）通风机的进气管、排气管、阀件、调节装置及气体加热和冷却装置的油路系统管路等均应有独立的支撑，并与基础或其他建筑物连接牢固；各管路与通风机连接时，法兰面对中贴平，不应硬拉和别劲。风机壳不应受到其他机件的重量，防止机壳变形。

（3）通风机附属的自控设备和观测仪器、仪表的安装，应按设备技术文件的规定执行。

（4）通风机连接的管路需要切割或焊接时，不应使机壳发生变形，一般宜在管路与机壳脱开后进行。

（5）通风机的传动装置外露部分应有防护罩；通风机的排气口或进气管路直通大气时，应加装保护网或其他安全设施。

3. 离心通风机安装

（1）离心通风机的拆卸、清洗和装配应符合下列要求：

1）对电动机非直连的风机，应将机壳和轴承箱卸下清洗；

2）轴承的冷却水管路应畅通，并应对整个系统试压；如果设备技术文件无规定时，试验压力一般不应低于0.4MPa；

3）清洗和检查调节机构，其转动应灵活。

（2）整体机组的安装，应直接放置在基础上，用成对斜垫铁找平。

（3）现场组装的机组，底座上的切削加工面应妥善保护，不应有锈蚀或损伤。底座放置在基础上，用成对斜垫铁找平。

（4）如果底座安装在减振装置上，安装减震器时，除地面应平整外，还应注意各组减振器所承受的荷载应均匀；安装后应采取保护措施，防止损伤。

离心通风机如果直接安装在基础上，其基础各部位的尺寸应符合设计要求。设备就位前应对基础进行验收，合格后方能安装。预留孔灌浆前应清除杂物，将通风机用成对斜垫铁找平，最后用碎石混凝土灌浆。灌孔所用的混凝土强度等级应比基础高一级，并捣固密实，地脚螺栓不准歪斜。

离心通风机的地脚螺栓应带有防松动的垫圈和防松螺母。固定通风机的地脚螺栓应拧紧。

输送产生凝结水的潮湿空气通风机，机壳底部应安装一个直径为12～20mm的放水阀或水封管。

离心通风机的叶轮旋转后，每次都不应停留在原来位置上，并不得碰机壳。

（5）安装后的允许偏差见表34-74。

风机安装允许偏差（mm）   表 34-74

项　　目		允许偏差	检 查 方 法
中心线的平面位移		10mm	经纬仪或拉线和尺量检查
标高		±10mm	水准仪或水平仪、直尺、拉线和尺量检查
皮带轮轮宽中心平面偏移		1mm	在主、从动皮带轮端面拉线和尺量检查
传动轴水平度		纵向 0.2/1000 横向 0.3/1000	在轴或皮带 0 和 180° 的两个位置上，用水平仪检查
联轴器	两轴心径向位移	0.05mm	在联轴器互相垂直的四个位置上，用百分表检查
	两轴线倾斜	0.2/1000	

（6）电动机应水平安装在滑座或固定在基础上。其找平、找正应以装好的风机为准。用三角皮带传动时，电动机可在滑轨上进行调整，滑轨的位置应保证通风机和电动机的两个轴中心线互相平行，并水平地固定在基础上。滑轨的方向不能装反。用三角皮带传动的通风机和电动机的中心线间距和皮带的规格应符合设计要求。安装皮带时，应使电动机轴和通风机轴的中心线平行，皮带的拉紧程度应适当，一般以用手敲打皮带中间，稍有弹跳为准。

（7）轴瓦研刮前，应先将转子轴心线校正，同时调整叶轮与进气口间的间隙和主轴与机壳后侧轴孔间的间隙，使其符合设备技术文件规定。

（8）主轴和轴瓦组装时，应按设备技术文件的规定进行检查。轴承盖与轴瓦间应保持0.03～0.07mm的过盈（测量轴瓦的外径和轴承座的内径）。

（9）机壳组装时，应以转子轴心线为基准找正机壳的位置，并将叶轮进气口与机壳进气口间的轴向和径向间隙调整至设备技术文件规定的范围内，同时检查地脚螺栓是否紧固。其间隙值如设备技术文件无规定时，一般轴向间隙为叶轮外径的1/100，径向间隙应均匀分布，其数值应为叶轮外径的1.5/1000～3/1000（外径小者取大值）。调整时力求间隙小一些，以提高风机效率。

（10）离心风机找正时，风机轴与电机轴的不同轴度：径向位移不应超过0.05mm；倾斜不应超过0.2/1000。

（11）滚动轴承配的风机，两轴架上轴承的不同轴度，可待转子装好后，以转动灵活为准。

（12）风机传动装置的外露部位以及直通大气的进、出口，必须装设防护罩（网）或采取其他安全设施。

34.6.2.3 轴流式风机安装

（1）轴流通风机的拆卸、清洗和装配应符合下列要求：

1）检查叶片是否损坏，紧固螺母是否松动；

2）立式机组应清洗变速箱、齿轮组或蜗轮蜗杆。

（2）整体机组的安装应直接放置在基础上，用成对斜垫铁找平后灌浆。安装在无减振器的支架上，应垫上4～5mm厚的橡胶板，找平、找正后固定，并注意风机的气流方向。安装在墙洞内的风机，应配合土建预留墙洞，并预埋挡板框和支架。

（3）现场组装的机组，组装时应符合下列要求：

1）水平部分机组应将风筒上部和转子拆下，并将主体风筒下部、轴承座和底座等在基础上组装后，用成对垫铁找平。

2）垂直部分机组应将进气室安放在基础上，用成对垫铁找平，再安装轴承座，要求轴承座与底平面应均匀接触，两轴孔对公共轴线的不同轴度不应超过0.05mm；轴瓦研刮后，将主轴平放在轴瓦上，用划针固定在主轴轴头上，以进气室密封圈为基准，侧主轴和进气室的不同轴度不应超过2mm；然后依次装上叶轮、机壳、静子和扩压器。

3）立式机组的水平度不应超过0.2/1000，用水平仪在轮毂上测量；传动轴与电动机的不同轴度：径向位移不应超过0.05mm，

倾斜不应超过 0.2/1000。

4）水平剖分和垂直剖分机组的通风机轴与电动机的不同轴度：径向位移不应超过 0.05mm，倾斜不应超过 0.2/1000；机组的纵向不水平度不应超过 0.2/1000，横向不水平度不应超过 0.3/1000，用水平仪分别在主轴和轴承座的水平中分面上测量。

（4）叶轮校正时，应按照设备技术文件的规定校正各个叶片的角度，并锁紧固定叶片的螺母，如果需要将叶片自轮毂上卸下时，必须按打好的字头对号入座，应防止位置错乱，破坏转子的平衡。如果叶片损坏需要更换时，在叶片更换后，必须锁紧螺母并符合设备技术文件规定的要求。

（5）现场组装的轴流风机叶片安装角度应一致，达到在同一平面内运转，叶轮与筒体之间的间隙应均匀，水平度允许偏差为 1/1000。

（6）主轴和轴瓦组装时，应按照设备技术文件的规定进行检查。

（7）叶轮与主体风筒间的间隙应均匀分布并应符合设备技术文件的规定。

（8）主体风筒上部接缝或进气室与机壳、静子之间的连接法兰以及前后风筒和扩压器的连接法兰均应对中贴平，接合严密。前、后风箱和扩压器等应与基础连接牢固，其重量不得加在主体风筒上，防止机体变形。

34.6.2.4 屋顶风机安装

屋顶风机一般分为低噪声离心式屋顶风机、普通离心式屋顶风机、轴流式屋顶风机。

1. 低噪声离心式屋顶风机、普通离心式屋顶风机安装

低噪声离心式屋顶风机、普通离心式屋顶风机均适用于输送含尘量及其他固体杂质的含量≤150mg/m³、温度≤80℃的空气。风机安装于刚性屋顶板上的混凝土基础上，在基础上预埋地脚螺栓，垫 6mm 厚橡胶块，在机座上边加平光垫圈，用螺母固定。风机必须垂直，不得倾斜。

2. 轴流式屋顶风机安装

风机安装于刚性屋顶板上的混凝土基础上，在基础上预埋地脚螺栓，垫 6mm 厚橡胶块，在机座上边加平光垫圈，用螺母固定。风机必须垂直，不得倾斜。

3. 屋顶风机的其他安装形式

屋顶风机可以与钢板风管直接连接；屋顶风机也可以与土建竖风道直接连接；屋顶风机通过静压室与土建竖向风道连接；屋顶风机通过静压室与钢板风管连接等的安装形式。

34.6.2.5 诱导风机安装

（1）诱导通风原理

诱导通风是根据动量守恒原理，采用超薄型送风机及具有一定紊流系数的高速喷嘴于一体，由喷嘴射出定向高速气流，带动周围静止的空气形成满足一定风速要求的具有一定有效射程和覆盖宽度的"气墙"，从而诱导室内新鲜空气或经过处理的空气在传统风管的条件下按照一定的气流方向组织流场，并将废气送达人们所期待的区域。

（2）诱导通风系统组成

诱导通风系统通常由送风风机、数台诱导通风风机和排风风机组成一个通风系统，是目前国内用以替代传统风管通风系统的最新通风方式，常用于地下停车场的通风系统。

（3）集中控制器（FYK-1）的基本功能：显示系统的工作状态；设置工作模式；上传下载数据；对采集信号进行处理；屏蔽异常信号，提醒错误操作。集中控制器要求：电压 220V；功率 20W；通信接口 RS485。集中控制器自带一组无源触点信号。

（4）诱导风机与集中控制器相关说明

1）每台诱导风机需提供常开电源，由诱导风机的电路控制器自行控制诱导风机的启停。

2）所有诱导风机利用一根五类双绞线并联至本防火分区的 FYA-1 型集中控制器上。

3）FYA-1 型集中控制器可接出一组无源触点信号，由此信号控制主排风风机及主送风风机的开关。

（5）诱导风机使用场合：地下停车场、工厂车间、体育馆、仓

库等。

（6）诱导风机吊装应牢固。诱导风机喷嘴上沿标高等于或低于梁底标高；诱导风机喷嘴距离墙的水平距离≥2m。

34.6.2.6 暖风机安装

暖风机具有结构简单，体积小，重量轻，耗电低，噪声小等特点，一般常用的有热水和蒸汽两种类型。

1. LS 型热水暖风机

（1）LS 型热水暖风机是由轴流风机、加热器、机壳、百叶窗等组成。机体上部备有吊耳，下部有安装脚，通常安装或吊挂在建筑物墙体的支架上。

（2）LS 型热水暖风机的工作原理

LS 型热水暖风机配备的 SRL 形加热器，均为四排管，热媒由第一排管上部接管进入经第四排管下部的接管排出，热量是由管壁传至管表面的铝翅片上放散出来，叶轮由电机直接带动旋转，使空气流经加热器，空气被加热，温度升高到设计值，百叶是用来调节气流流向的。

（3）LS 型热水暖风机的安装

1）暖风机吊装时，吊装支架和吊杆应牢固，安装脚与底架或基础应连接可靠。

2）暖风机应配合相应的热媒管路系统，并应在暖风机的回水支管上装置截止阀，在整个管路系统上应设有放气装置。

3）热媒管路系统内要清洗干净后，方可与暖风机连接，每台暖风机下应设有排水阀。

4）暖风机使用热水温度应保持在 80～90℃以上，不得低于 75℃；其流通水量必须使散热排管中的水流速保持在 0.2m/s 以上。

5）为便于管理，可在整个热媒系统总进水管道上装电接点温度计、继电器来集中控制暖风机开关，以避免吹冷风。

6）暖风机使用 2～3 年后，应用化学方法除去排管内的水垢，为减少水垢，热水系统的补水应进行软化处理，停止供热季节，应使管路系统内充满水，以减少腐蚀。

2. 暖风机热风采暖

（1）暖风机热风采暖时，暖风机设置的台数和位置应以设计图纸为依据。

（2）室内空气的换气次数，宜大于或等于每小时 1.5 次。

（3）热媒为蒸汽时，每台暖风机应单独设置阀门和疏水装置。

34.6.2.7 壁式风机安装

BDZ 系列壁式风机采用先进的工艺技术旋压加工制成，适合于各种建筑及仓储设施等场所的通风换气，具有安装维修方便，噪声低的环境优势。BDZ 系列壁式风机参数，见表 34-75。

BDZ 系列壁式风机参数 表 34-75

型号	转速 (r/min)	功率 (kW)	风量 (m³/h)	声级 [dB (A)]	重量 (kg)	A	B	C	D	E	F	G	φ
BDZ-4	1400	0.37	3600	55	16	470	400	450	380	255	65	55	420
BDZ-5	1400	0.55	5000	57	24	590	565	590	560	250	69	—	500
BDZ-6	900	1.1	8400	58	—	700	640	660	600	261	136	100	622

34.6.2.8 空气幕安装

1. SRM 型热空气幕

（1）SRM 型热空气幕是以热水为热媒的一种封门装置，分立式和卧式两种形式，适用于 70～90℃或 90℃以上热水使用。在寒冷或严寒地区的宾馆、餐厅、影剧院、商店、办公楼等建筑物大门处使用，隔断暖空气流出室外，防止冷空气侵入室内，从而达到节能的目的。

SRM 型热空气幕是由低噪音外转子离心风机，空气加热器，上、下导流罩，出口罩等组成。空气加热器采用钢管缠绕铝翅片作为传热单元，热水单回转式循环，具有传热效率高、空气射流稳定等特点。

SRM 型热空气幕立式和卧式的各种规格其出风口宽均为 100mm、长度分别为 800mm、1000mm、1200mm、1500mm。

根据现场的具体情况来选型。当门框至室内顶板距离大于650mm，小于1000mm时，应选用卧式 SRM 型热空气幕；当门框至室内顶板距离大于 1200mm 时，应选用立式 SRM 型热空气幕。规格应按门宽来选择。

(2) 安装和使用

1) 设备在安装前在门两侧墙上用槽钢或工字钢做预埋，安装时可选用合适的型钢做横梁，用螺栓将设备紧固在横梁架上。

2) 采用多台设备时，管路要用并联法。

3) 加热的热水补水应经过软化处理，防止结垢。

4) 设备安装好后，应首先进行试运行，检查风机、电机接线是否正确和可靠，以免发生断线、烧损电机，并注意叶轮旋转方向是否正确。

5) 正常使用机组时，要先开启风机，然后供热，以保证风机的使用寿命。不允许只供热而不启动风机的做法。

6) 为美观或降低噪声，可用装饰板将设备暗装起来，要留进风口及设备检修口，并在装饰板内贴附吸声材料。

2. RML-D 型热空气幕

(1) RML-D 型热空气幕，与其他形式产品相比较，结构更紧凑。传热效率高。采用蒸汽作热媒时，最高使用压力不大于0.6MPa。

(2) 安装使用及维护

1) 门厅的安装空间必须有大于 1000mm 的高度，以满足设备对安装空间的要求。

2) 安装时设备必须牢固可靠，有一定强度保证，使设备运行时不颤抖，以免引起设备的损坏。

3) 电机接通线路后，应试运转，检查线路及接头是否牢固，以免发生烧毁电机等事故。要注意勿使电机反转，否则影响风机送风。

4) 采用蒸汽作为热媒时，接管为上进下出。管路应合理配置疏水器及调节阀。

5) 汽水系统应经常检查，防止漏气、漏水，如发现有渗漏现象，应及时采取相应措施。

6) 安装试运转情况良好后，可进行门厅装饰，但必须留有进风口及设备检修口。

3. DRM 型热空气幕

(1) DRM 型热空气幕，是由翅片电热管及低噪音离心风机组成，具有体积小、热量大、运行稳定性好等特点。

(2) 安装和使用

1) 电热空气幕必须安装在室内门的上方，如安装在室外门斗上方，将会影响使用效果。电路必须严格检查无误后方可送电试车，以免发生意外。

2) 如用户自备电控箱，电热管和风机一定要连锁，保证开机时风机先开；风机运行后，再开电热管。关机时电热管先关，风机延时运行后关闭。

3) 设备外壳需接地，确保使用安全。

4. ZC-RM 型轴流侧吹热空气幕

(1) ZC-RM 型轴流侧吹热空气幕，主要由轴流风机、静压箱、送风箱、扶梯、空气加热器、风幕底板、固定支架、检修平台等部件组成。适用于大型工矿企业厂房、车库、机车库、仓库、场馆、车站、商场等 2.4×2.4m 以上规格经常开启的大门。用于冬季阻止室外冷空气侵入，防止室内暖空气的外流，保持所需的环境温度。

(2) 安装使用与维护

1) 设备应安装在 5℃以上室内，以免冻坏空气加热器和损耗热能。空气幕可以直接用膨胀螺栓固定在地面上，检修平台可用角钢或槽钢做支架与墙壁固定。也可以预埋地脚螺栓。

2) 加热器使用压力不得超过 0.6MPa。

3) 采用热水作为热媒时，补水应进行软化处理，防止结垢。

4) 风机在接线前，检查各部位装置是否良好，叶轮有无刮碰现象，接线后应注意旋转方向与标识一致。

5) 停机时应先关热媒，后停风机。

6) 送汽(水)前应确认管路系统畅通，要先开风机，后开阀

门送气(水)，以确保风机不受高温影响；设备停止使用时，应先停气(水)后停风机。

7) 空气加热器使用 2~3 年后应使用化学方法清除水垢。

34.6.2.9 风机的防振

1. 风机减振的方法

(1) 概述

风机减振的方法是把风机安装在减振台座上，在台座与楼板或基础之间安装减振器或减振垫，从而起到减振的作用。

高层建筑及安装标准要求高的建筑，风机的安装大多置于基础上的减振台座上，减振台座由槽钢、角钢等型钢制作，通过各类减振器支承于混凝土基础上。

(2) 常见的减振台座的形式

1) 钢筋混凝土台座。是用型钢制作框架，并在框架内布置钢筋，再浇混凝土制成。这种台座的重量大、台座振动小，运行比较平稳，但制作不太方便。

2) 型钢台座。多数是用槽钢焊接或螺栓连接制成的。型钢台座的重量较轻，制作安装方便，应用较普遍，但是台座的振动较大。

2. 常见的减振器及其安装

常见的减振器有橡胶减振器和弹簧减振器。安装减振器时，除了要求地面平整外，应按设计要求选择和布置减振器。各组减振器承受荷载后的压缩量应均匀，不得偏心。安装后如发现减振器的压缩量受力不均匀时，应根据实际情况移动和调整。

34.6.3 热回收装置安装

34.6.3.1 热回收器分类

热回收器按能量回收类型分为全热回收器和显热回收器。

(1) 全热回收器主要是由专用纤维采用特殊工艺制成的纸张构成，这种材料具有透湿率高、气密性好、抗撕裂、耐老化的特点。适合于室内外温差小湿差大的地区。

(2) 显热回收器一般用金属材料制成。寿命长而且温度传导率高。当室内外温差大湿差小时，显热回收器比较适用。

34.6.3.2 转轮式热回收器安装

转轮式热交换器主要应用于建筑物通风或空调设备的排风系统中，将排风中所含蓄的能量(冷量、热量)转化到新风之中。

1. 转轮热交换器的结构形式

转轮热交换器是由蓄热体与外壳组成。全热回收型转轮的蓄热体，是用铝箔材料制成，呈蜂窝状。蓄热轮体与壳体采用双重空气密封系统，密封材料柔软致密，摩擦阻力小，密封效果好。

为避免转轮旋转时将污风带入新风，热交换器在结构上设计了双清结扇面。当安装了清洁扇面后，一部分新风会把随蓄热体旋转过来的污风又吹回到了污风侧。为达到清洁效果，新风侧与排风侧至少有 200Pa 的压差。当满足压差条件时，清洁扇面保证了从污风到新风的泄漏率小于 0.3%。

2. 风机与转轮的位置安排

(1) 送风机和排风机分置于转轮两侧，同时以负压的形式作用于转轮。当新风侧与排风侧压力差大于 200Pa 时，双清洁扇面能有效地阻止回风混入送风中。

(2) 送风机和排风机分置于转轮同侧，新风以正压形式、排风以负压的形式作用于转轮。新风侧与排风侧压力差不得大于600Pa。双清洁扇面角度应有所减小，避免过多的新风进入排风。

(3) 送风机和排风机分置于转轮两侧，同时以正压的形式作用于转轮。当新风侧与排风侧压力差大于 200Pa 时，双清洁扇面能有效地阻止回风混入送风中。

(4) 送风机和排风机分置于转轮同侧，新风以负压形式、排风以正压的形式作用于转轮。回风会不可避免地混入到送风之中。双清洁扇面起不到应有的阻止作用。

3. 驱动及运行控制

(1) 驱动机构

转轮在驱动机构作用下，旋转工作。驱动机构主要有电机、蜗轮、蜗杆、减速器、皮带轮和 V 形皮带组成。

(2) 控制方式

运行控制一般有两种方式，一种是转轮侧板处设有驱动电机接线盒，另配开关，根据需要进行启停控制。若没有其他调速装置，转轮转速为固定的速度。另一种方式是采用智能控制器，根据程序设定，自动地控制转轮的启停和旋转速度。

34.6.3.3 液体循环式热回收器安装

液体循环式热回收器，习惯上也称为中间热媒式热回收器或组合式热回收器，他是由装置在排风管和新风管内的两组"水－空气"热交换器（空气冷却器/加热器）通过管道的连接而组成的系统。为了让管道中的液体不停地循环流动，管路中装置有循环水泵。

在冬季，由于排风温度高于循环水的温度，空气与水之间存在温度差，当排风流过"水－空气"换热器时，排风中的显热向循环水传递，排风温度降低，水温升高；同时，由于循环水的温度高于新风的进风温度，水又将从排风中获得的热量传递给新风，新风获得热量温度升高。

在夏季，工艺流程相同，但热传递的方向相反，液体一般为水；在严寒和寒冷地区，为了防止结霜、结冰，宜采用乙烯乙二醇水溶液；并应根据当地室外温度的高低和乙烯乙二醇的凝固点，选择采用不同的浓度。

液体循环式热回收器的安装，根据系统不同部位，按照相应的安装要求进行。

34.6.3.4 板式显热回收器安装

板式显热交换器一般由金属材料制成，寿命长而且温度传导率高。当室内外温差或大湿差小时，显热交换器比较适用。

为了易于布置机内的气流通道，以缩小整机体积，中、小型新风换气机，多采用了叉流静止、平板热交换器。即：冷、热气体的运动方向相互垂直。在热交换器内气流属于湍流边界层内的对流换热性质。因此它的热交换很充分，可以达到较高的热交换效率。

由板式显热回收器装配的新风换气机为系列产品，具有低噪音，高效能量回收的特点，可采用吊顶暗装或明装，小型的也可以采用壁窗式安装，较大型的多采用落地立柜式或组合式安装。可与组合式空调机组、柜式空调机组配合使用，对室外新风进行处理，节能效果明显。也可与空气净化设备配合使用。

34.6.4 风机盘管和诱导器安装

34.6.4.1 风机盘管机组安装

安装使用及维护

机组安装：机组应由支吊架固定，并便于拆卸和维修，注意保持机组外部完整无损，内部各转动部件不得相碰，安装时应防止杂物进入风机叶轮、电机和换热器，同时保证排水端较另一端至少低3~5mm，以确保冷凝水顺利排出。在机组搬运和安装时，连接管两端不能作为手柄用，以防断裂。

风管连接：回风口应安装过滤器，以防止尘埃堵塞盘管翅片，确保换热器传热效果。

水管安装：空调冷冻水采用下进上回方式，水管与风机盘管连接应采用软管，进出水管应保温，螺纹连接处应采用聚四氟乙烯密封，防止渗漏，冷凝水管应保证足够的坡度，以保证冷凝水顺利排出。风机盘管应在管道清洗排污后连接，以免堵塞热交换器。风管和水管的重量不能由风机盘管来承受，应选用支、吊、托架固定，确保安装牢固。

机组试运转：清除机内可能有的异物，并检查电线、水管等均连接无误方可开机运行，使用三速开关调节，最好从高档启动再进行其他档次选择。

机组运行：正常运行前首先打开出水管上的手动排气阀排尽盘管及水管中的空气，以后在正常运行期间应定期打开手动放气阀排气，机组夏季供冷水温不应低于5℃，夏季供热水温不应高于65℃，且要求水质清洁软化。

按风机盘管机组的安装示意图，确认室内机尺寸。

安装ϕ10吊装螺栓（4根），吊装螺栓的间隔尺寸按机组尺寸确定。

顶棚的处理因建筑物而异，具体措施应同建筑装修工程人员协商。

顶棚的拆卸范围：应保持顶棚水平。对顶棚的梁桁进行加强，防止顶棚的振动。

把顶棚的梁桁切断。对顶棚的切断处进行加强，并对顶棚的梁桁进行加固。

在主体吊装好之后，要进行顶棚内的配管、配线作业，在选定好安装场所之后决定配管的引出方向。特别是在已有顶棚的场合，在吊挂机器前先将进出水管、排水管、室内外连接线、电控线拉至连接位置。

吊装螺栓的安装方法。木制构造：在梁上横跨放置T棒材，设置吊装螺栓；原有混凝土坯：可用嵌衬、埋入螺栓等设置；新设混凝土坯：使用埋入式螺栓、埋入式拉栓、埋入式塞柱，见图34-79；钢梁桁结构：设置并直接使用支持用角钢，见图34-80。

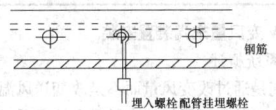

图 34-79　新设混凝土坯

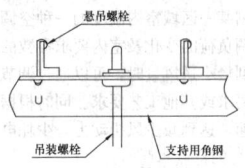

图 34-80　钢梁桁结构

34.6.4.2 诱导器安装

1. 诱导器的结构及工作原理

（1）诱导器的结构：由外壳、热交换器、喷嘴、静压箱和一次风连接管组成。

（2）工作原理：经过集中处理的一次风首先进入诱导器的静压箱，然后以很高的速度从喷嘴喷出，在喷射气流的作用下，诱导器内部将形成负压，因而可将二次风诱导进来。再与一次风混合形成空调房间的送风。二次风经过盘管时可以被加热，也可以被冷却减湿。

2. 诱导器的安装

（1）诱导器安装必须逐台进行质量检查，具体内容如下：

1）各连接部分不能松动、变形和产生破裂；

2）喷嘴不能脱落、堵塞；

3）静压箱封头处的缝隙密封材料，不能有裂痕和脱落；

4）一次风调节阀必须灵活可靠，并调到全开位置，以便于安装后的系统调试。

（2）诱导器经检查符合质量要求后，就可以进行正式安装，安装的具体要求如下：

1）按设计要求的型号就位安装，并检查喷嘴的型号是否正确；

2）暗装卧式诱导器应由支、吊架固定，并便于拆卸和维修；

3）诱导器与一次风管连接处应密闭，防止漏风；

4）水管与诱导器连接宜采用软管，接管应平直，严禁渗漏；

5）诱导器水管接头方向和回风面朝向应符合设计要求，立式双面回风诱导器，应将靠墙一面留50mm以上的空间，以利于回风；卧式双回风诱导器，要保证靠楼板一面留有足够的空间；

6）诱导器与风管、回风室及风口的连接处应严密，诱导器的出风口或回风口的百叶格栅有效通风面积不能小于80%；

7）诱导器的进出水管接头和排水管接头不得漏水，连接支管上应装有阀门，便于调节和拆卸。排水坡度应正确，凝结水应畅通地流向指定位置；

8）进出水管必须保温，防止产生凝结水。

34.6.5　VAV变风量末端装置安装

34.6.5.1　VAV变风量末端装置分类

VAV变风量末端品种繁多，各具特色，分类举例，见表34-76。

	变风量末端装置分类	表 34-76
分类名称	类	型
末端形式	单风管型、双风管型、诱导型、旁通型、串联式风机动力型、并联式风机动力型	
再热方式	无再热型、热水再热型、电热再热型	
风量调节	压力相关型、压力无关型	
调节阀	单叶平板式、多叶平板式、文丘里管式、皮囊式	
风量检测	毕托管式、风车式、热线热膜式、超声波式	
控制方式	电气模拟控制、电子模拟控制、DDC 控制	
箱体	圆形、矩形、风口型	
保温消声	带/无保温型、带/无消声	

34.6.5.2 VAV 变风量末端装置安装

1. 变风量系统概述

变风量系统是通过改变风量而不是改变送风温度来调节和控制某一区域温度的一种空调系统。变风量系统是通过变风量箱调节送入房间的风量或新风回风比，同时相应调节空调机组的风量或新风回风混合比来控制某一区域室内温度的一种空调系统。变风量空调系统可以根据空调负荷的变化及室内要求参数的改变，自动调节空调送风量，当达到最小送风量时，可以通过调节送风温度，以满足室内人员的舒适要求或其他工艺要求。同时根据送风量的变化自动调节送风机的转速，达到减少风机动力，少耗电实现节能。

2. 变风量系统的特点

(1) 变风量装置

变风量空调系统的运行依靠一种称为 VAV 装置的设备来根据室内要求提供能量，并控制其送风量。同时向系统控制器 SC 传送自己的工作状况，经过 SC 分析计算后发出控制风机变频器信号。根据系统要求风量改变风机转数，节约送风动力。最常用的 VAV 末端装置原理如图 34-81 所示。VAV 装置主要由室内温度传感器、电动风阀、控制用 IC 板、风速传感器等部件构成。大部分采用可换式通用设备，控制系统多为各设备厂家自己研发。像风速传感器就有多种形式，如采用超声波涡旋法、叶轮转子法、皮托管法、半导体法、磁体法、热线法等技术的专利产品。如图 34-82 所示的VAV 末端装置示意常被称为 BOX（Fan Powered Box），其特点是根据室内负荷由 VAV 装置调节一次送风量，同时与室内空气混合后经风机加压送入室内，或一次风不经过风机加压与加压室内空气并联送入室内，以保持室内换气次数不变。该方式加设了风机系统，成本提高，可靠性、噪声等性能指标有所下降。

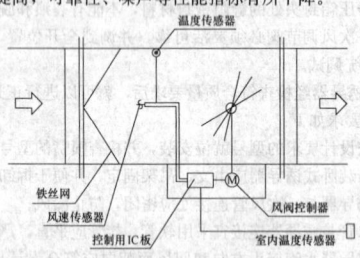

图 34-81　VAV 控制装置原理图

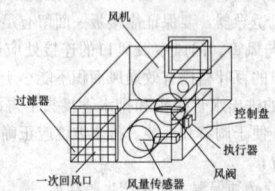

图 34-82　VAV 末端装置图

(2) 系统控制器

系统控制器 SC 的主要功能是根据系统中各 VAV 装置的动作状态或风管设定点的静态压值，分析计算系统的最佳控制量，指示变频器动作。在各种 VAV 空调系统的控制方法中，除 DDC 方法

外，其他方法均设置独立式系统控制器。

(3) 变频空调机风机

变风量空调系统常采用在送风机的输入电源线路上加装变频器的方法，根据 SC 的指示改变送风机的转数，满足空调系统的设计参数要求。

(4) 变风量系统分类

1) 变风量空调系统按周边供热方式和变风量箱的结构两种方式进行分类。

按照周边供热方式分类：

内部区域单冷系统：在空调内区采用变风量空调形式，一般不带供热功能，下面几种均是采用内部区域单冷形式。

散热器周边系统：散热器设置在周边地板上，不用冷、热空气的混合来控制空气温度，一般采用热水散热器或电热散热器，具有防止气流下降、运行成本低、控制简单等优点。但需要避免冷热同时作用。

风机盘管周边系统：风机盘管可以是四管形式，也可采用冷热切换两管形式，或单供热两管形式。风机盘管采用吊顶暗装，同样具有运行成本低、控制简单的优点。由于吊顶内有冷水管和凝水盘，顶棚有发生水患的可能。

风量再热周边系统：在变风量末端装置中加再热盘管，一般采用热水、蒸汽或电加热盘管。

变温度定风量周边系统：该系统的特点是送风量恒定，通过改变一次风与回风的混合比例来调节房间温度。

双风管变风量周边系统：该系统的优点是能量效率高，当采用两个风机时，可利用灯光发热，在所有时间内，由于冷却和加热的交替功能，可以获得最小的送风量。但初投资较高，控制较复杂。

换变风量系统：加热和冷却均由一套风管系统转换承担。其温度控制不灵活，当建筑物有若干分区时，系统不能分区域来控制。不能同时满足一个区域需要加热而另一个区域需要供冷的要求，这时就需要划分若干转换系统。

2) 按变风量箱的结构分类

按调节原理分，变风量箱可以分成四种基本类型，即节流型、风机动力型、双风道型和旁通型，还有一种就是北欧广泛采用的诱导型。

① 节流型：节流型变风量箱是最基本的变风量箱，其他如风机动力型、双风道型、旁通型等都是在节流型的基础上变化发展起来的。所有变风量箱的"心脏"就是一个节流阀，加上对节流阀的控制和调节元件以及必要的面板框架就构成了一个节流型变风量箱。

② 风机动力型：风机动力型是在节流型变风量箱中内置加压风机的产物。根据加压风机与变风量阀的排列方式又分为串联风机型和并联风机型两种产品。所谓串联风机型是指风机和变风量阀串联内置，一次风既通过变风量阀，又通过风机加压；所谓并联风机型是指风机和变风量阀并联内置，一次风只通过变风量阀，而不需通过风机加压。

③ 双风道型：一般由冷热两个变风量箱组合而成，因其初投资高，控制较复杂而较少使用。

④ 旁通型：利用旁通风阀来改变房间送风量的系统。由于其并不具备变风量系统的全部优点，因而在一些文章中称其为"准"变风量系统。

以上四种系统中，目前设计使用较多的是风机动力型和节流型。串联风机型加上空调水系统大温差设计在北美地区应用较多。

⑤ 诱导型：诱导型 VAV 装置的原理是通过一次风（可以低温送风）诱导室内回风再送入房间。与 VAV 末端装置相比，节约末端的风机能耗，但空调和风机动力增加，这种方式常用在医院病房等要求较高的场所。

3. 变风量系统的安装调试

(1) 变风量箱选型不要太大，以免造成最大流量下变风量箱开度太小。

(2) 变风量箱要有足够的检修位置；引入管要求有 2 倍径长度的硬质直管段。

常见的变风量箱入口连接错误有：

1) 引入管直接从主风管引入。

2) 引入管的转弯半径太小。

3) 供给风管的管径小于变风量箱的引入管径。

4) 弯曲太多的软管。

(3) 区域分隔与送风温差等问题

房间分隔太细引起冷热不均，内区太热；同一个变风量箱出口连接管道有的弯曲转弯半径太小或有的管道太长，造成助力不平衡；送风温差不能太大；严格控制管道和设备的漏风率；有些设备需要接地保护。

34.6.6 加湿和除湿设备安装

34.6.6.1 加湿设备安装

1. 加湿器的种类

空调系统应用的加湿器可分为：气化式加湿器：滴下浸透气化式、透湿膜式；蒸汽式加湿器：干蒸汽式、间接蒸汽式、电热式、PTC加热式、红外线式、电极式、环形加热式、水喷雾式加湿器：高压喷雾式、超声波式、双流体式、离心式。

2. 气化式加湿器

(1) 气化式加湿器：通过给加湿材料均匀滴水，使加湿材料充分浸透水分或形成水膜表面，空气流过加湿材料表面时产生热交换，发生自然蒸发而实现加湿；加湿器加湿材质应为具备吸水性的材料。工作原理，见图34-83。

(2) 安装位置：这种加湿器主要是和空调器配套的一种产品，由于工作时需要吸收一定的热量才能实现有效加湿，所以在空调器内一般在加热盘管二次侧（即出风面侧）安装，见图34-84。

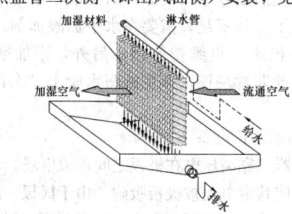

图 34-83 气化式加湿器原理图

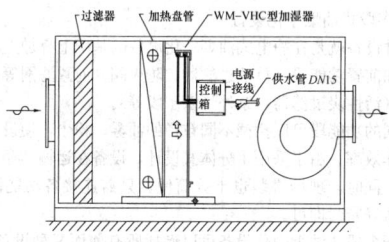

图 34-84 空调器配套加湿器图

气化式加湿器是根据空调器的截面尺寸非标定做的产品，在初期需要首先确定空调器加热盘管的具体尺寸，一般分为在空调器出厂前利用尺寸确认图来确定和空调设备到达现场后实际测量相关尺寸来确定盘管尺寸两种方法。图34-85是常用的空调器加热盘管尺寸确认图。

一般空调器机组加湿段结构和相关尺寸确认后就可以制作对应的气化式加湿器设备。

(3) 气化式加湿器的安装方法

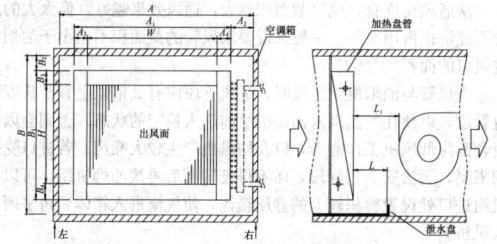

图 34-85 空调器加热盘管尺寸确认

1) 加湿器主机的安装

将加湿器主机拆散（均为不锈钢螺钉组装部件），运进空调加湿段，再次组装后将加湿器安装边固定在加热盘管的法兰边上，可采用自攻螺钉进行安装固定，见图34-86。

2) 给水控制箱的安装

气化式加湿器的控制部件主要是给水电磁阀，这些部件均组装在一个控制箱内，在安装时将其固定在空调器的外面侧板上，可以方便日常的维护和检修；给水部件还包括过滤器、减压阀和一些给水管。

3. 高压喷雾式加湿器

1) 加湿系统介绍：利用小型增压水泵将常压自来水增压到0.3~0.4MPa，经过喷雾集管输送到末端的喷嘴，喷出雾状水滴颗粒，与流通的空气进行接触而实现加湿的加湿器。见图34-87。

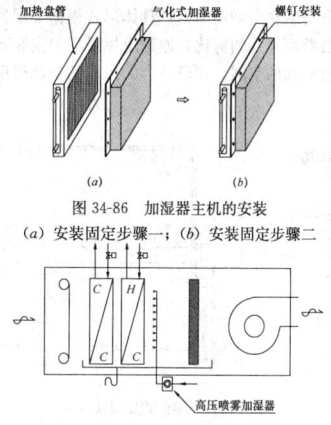

图 34-86 加湿器主机的安装

(a) 安装固定步骤一；(b) 安装固定步骤二

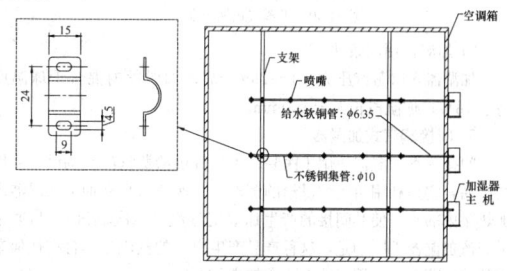

图 34-87 高压喷雾式加湿系统

2) 安装位置

加湿器系统主要由主机（水泵）、喷嘴系统和挡水板三部分组成；与气化式加湿器的加湿原理一样，高压喷雾式加湿器也要安装在加热盘管出风侧，即在冬季先加热再加湿；高压喷雾式加湿器需要增加挡水板来阻挡加湿器喷嘴喷出的水滴，防止过水。见图34-88。

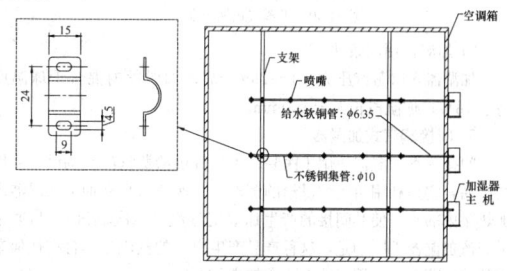

图 34-88 喷嘴系统和挡水板

3) 加湿器的安装

加湿器主机安装在空调器加湿段的外壁墙上，采用螺栓固定；而喷嘴系统则是根据空调器截面积大小和喷嘴数量均匀布置在加湿段内，需要设置安装支架，将喷嘴集管安装固定在支架上；最后将主机与喷嘴系统进行连接即可。

4) 集管的连接

加湿器主机与喷雾集管之间采用软铜管连接，在空调器加湿段的侧壁开孔并安装橡胶口，将软铜管插入，与集管接口利用锁母密封连接。

5) 挡水板的安装距离

高压喷雾加湿器需要设置挡水板，挡水板与加湿器喷嘴的距离应大于400mm；在喷嘴至挡水板范围内需要设置整体不锈钢泄水盘及排水口。

6) 高压喷雾式加湿器使用条件

给水水质：符合国家水质标准的自来水、纯净水；要求给水压

力范围：0.35～4.0kg/cm²；电源：AC220V、50/60Hz。

7) 高压喷雾式加湿器运行、调试：检查各部分配管是否正确连接；进行供水管路的清洗、排污处理；检查供给电源电压数值；检查是否有水、有电；打开主机电源，检查恒湿器设定值是否合适；调整加湿器主机压力调整盖，将主机出口压力调整至3～4kg/cm²范围内；检查喷嘴喷雾状态是否正常，均匀喷雾。

4. 干蒸汽式加湿器

加湿系统介绍：将锅炉供给的饱和蒸汽通过加湿器进行减压干燥，处理成低压的干燥蒸汽通过喷雾管喷雾到空调箱中与流通的空气混合进行加湿。见图34-89、图34-90。

1) 加湿器的安装

干蒸汽加湿器主机分为干燥室和喷雾管两大部分，根据空调器的实际截面尺寸，可以选择将主机整体安装在空调箱体内或者只是将喷雾管部分安装在空调箱体内；具体形式根据加湿器喷雾管尺寸与实际空调器截面尺寸的对比，原则上尽量均匀安装布置。这样可以节省空调器外面的空间，比较适合大风量的空调机组。

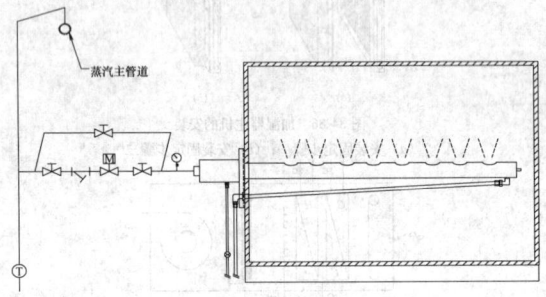

图 34-89 干蒸汽式加湿器（一）

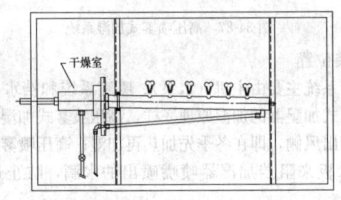

图 34-90 干蒸汽式加湿器（二）

2) 加湿器使用条件

加湿器入口蒸汽压力：1～2kg/cm²；加湿段内混合干球温度高于18℃；加湿段长大于800mm。

5. 间接蒸汽式加湿器

间接蒸汽加湿器适用于医院、工厂等供给蒸汽的空调设备使用的产品，它是利用由锅炉供给的蒸汽（一次蒸汽）来加热加湿器内加热罐内的水，使其间接的产生加湿用蒸汽（二次蒸汽）。与通常干蒸汽加湿器不同的是，这种产品产生出来的蒸汽是不含有任何杂质的洁净蒸汽，适用于洁净要求较高的场所。

6. 电热式加湿器

电热式加湿器是用电加热棒加热罐中的水而产生蒸汽进行加湿的设备；此种加湿器控制性能良好，可以实现比例/开关两种控制模式；可以采用自来水、软化水、纯净水水质。安装位置：安装在加热盘管二次测（加热后），需要在加热段设置泄水盘。

安装方式：加湿器主要由主机和喷雾管部分组成。加湿器主机需要安装在空调器加湿段外侧，将蒸汽软管连接到加湿段进行蒸汽输送到空调器内的喷雾管进行喷雾；加湿器主机需要配置给水管、排水管。

34.6.6.2 除湿设备安装

除湿机按工作原理不同，有冷冻式除湿机和吸收式除湿机两大类型。

1. 冷冻式除湿机

一般是由制冷压缩机、表面式蒸发器、风冷式冷凝器和通风机、空气过滤器等部件组成。这类除湿机大都做成整体立柜式机组，结构紧凑，操作简单，便于移动。整体立柜式除湿机均为顶部

送风。

冷冻除湿机分为固定安放或往返移动设置。固定安装是将除湿机固定设置在土建台座上。往返移动除湿机座下设有可转动车轮。

冷冻除湿机不论固定安放或往返移动停止使用时，应避免阳光直接照射，远离热源（如电炉、散热器等）。在冷冻除湿机四周，特别是进、出风口，不得有高大障碍物阻碍空气流通，影响除湿效果。除湿机放置处应设置排水设施，便于将机体内积水盘中的凝结水排出。

2. 吸收式转轮除湿机

氯化锂转轮除湿机主要有转轮系统和再生系统两大部分组成。氯化锂转轮除湿机除湿能力大，性能稳定，重量轻，操作维护方便，特别是用于低温低湿空气状态下的除湿效率高。此外，氯化锂有强烈的杀菌作用，处理后的空气对人体、医药、食品等有益无害。

除湿机广泛适用于潮湿场所，特别是地下建筑、洞库和室内冰场等。氯化锂转轮除湿机，还特别适用于有低温低湿要求的特殊工程，以及温度不高于45℃的干燥工艺中。

一般氯化锂转轮除湿机通过风道与系统相连接。氯化锂转轮除湿机可落地安装，也可架空安装。

34.6.7 油烟净化器安装

34.6.7.1 油烟处理设备分类

1. 水淋式油烟净化设备

水喷淋法治理油烟效率比较低：因为油不溶于水，仅靠水喷淋很难奏效。为了弥补不足，需要在水中加添加剂。但添加剂使用费较高，用户很难一贯维持使用。另外，添加剂也会污染食品，一般饭店对此非常忌讳。产生的污水属于二次污染，冬天也会冻坏设备。

2. 静电式油烟净化设备

静电式净化器是靠高压炭电在极板之间形成电场，当颗粒或液滴通过时被电离，使其带电而被极板吸附。由于极板一般采用直片式设计，清洗十分方便。清洗风干后，可以继续工作，维护成本较低。

3. 多段式油烟净化设备

这种设备就是在静电式油烟净化设备的基础上叠加上不同的功能段，如前置功能段（重油过滤器，防火阀，前置滤网等）和后置功能段（活性炭过滤器，紫外灯杀菌段等）。

不同的功能段可以拦截不同粒径的油雾、粉尘，使设备发挥其最佳工作效率。由于采用了分体式设计，设备在运输和搬运方面都很方便。同时，现场拼装也十分简便，只需连接各功能段的法兰盘，并做好密封即可。

由于多段式油烟净化设备可以囊括所有前面两种设备的安装，所以下文就主要讲述多段式油烟净化设备的安装。

34.6.7.2 油烟处理设备安装

1. 多段式油烟净化设备

多段式油烟净化设备一般包括3大部分：前置管路、净化设备主机、后置管路。

(1) 前置管路的安装

前置管路包括集烟罩和前置风管，根据不同的风量要求和均匀性要求，需要制作不同尺寸和厚度的风管。

1) 风管截面尺寸的确定

从通风角度看，风管截面积越大，通风效果越好。但太大的风管不经济也占用空间。一般来说要求风管的截面积不应小于油烟机进风口的面积。

当风管与油烟机组连接时，进风管段应有2倍以上直径长度的直管段，以便在气流进入油烟机组前进入稳定的状态。否则会因气流紊乱降低风机工作能力，以及使风机产生较大噪声。若进口受空间限制，无法安装直管段，而不得已转弯后再接油烟机组，可以在机组进口处设置容积较大的静压箱体，使气流进入箱体后再平缓进入风机。

2) 风管材料厚度的选择

油烟净化管道多采用镀锌板，角钢法兰，角钢的型号以 3.5 号以上为宜，10000m³/h 风量以下的中小型机组的风管可采用 0.75mm 厚度的镀锌板，15000～20000m³/h 采用 1.2mm 厚的镀锌板，20000m³/h 以上采用 1.5mm 厚度的镀锌板。

3) 风管制作安装

① 风管的刚性避免气流扰动产生振动，采用的材料不应太薄，在较大平面上要加强刚性。

② 弯头要采用圆弧弯头，转弯的半径尽可能大。避免使用直角弯头，否则会在弯头处产生旋涡阻塞流道，影响风量。

③ 风管的咬口处和法兰处的制作要注意防止滴油。

④ 风管两法兰连接处要加耐油橡胶密封垫。

⑤ 管道的最低处应设置排油口。

(2) 净化设备主机的安装

1) 开箱检查

开箱检查应该在干净的场所进行，以免零部件被污染。检查设备外观是否完好，备件是否齐全。

2) 电子净化设备主机的固定安装

① 为了减轻重量方便搬运，预先拆下预过滤器、后过滤器以及离子箱，并妥善放置于一旁。

② 固定安装主机机箱

主机机箱一般采用吊装或者台基支架安装，安装时应注意：为了方便离子箱和过滤器的拆卸，检修门前要留出足够的空间，一般至少要留出 55cm。

③ 安装步骤

根据产品的组合重量，计算和选用合适的吊装螺栓，螺钉。

根据现场情况将吊装螺栓（螺钉）固定在顶棚或者龙骨上。

制作吊架：根据产品叠加外形使用角钢制作吊架。

通过螺栓连接或者焊接的方式，用吊架把多台主机机箱连接起来。

将连接固定好的整体，安装到吊装螺栓（螺钉）上。

通过调整，使机体保持水平。

装入离子箱。

扣紧电控箱，如果是装在室外，请搭建雨篷等设施来保证电控箱部分无雨水进入。

(3) 后置功能段的安装

后置功能段一般情况下为紫外灯功能段，活性炭功能段和其他种类的滤网。

使用螺栓将后置功能段通过自带的法兰与主机机箱连接起来。如果二者口径有大的差别，可采用一段变径的风管进行连接。在机箱与后置功能段的接触面上，需要采用海绵垫或者橡胶垫，以达到密封的目的。

(4) 附件安装

1) 清洗系统的安装（仅适用于带自动清洗功能的设备）。

① 清洗系统应当尽可能地靠近设备，不得超过 6m 的距离。

② 必须留出定期人工填充洗涤剂的空间，以及水泵和电机组装的通道。

③ 放置位置定下来以后，可通过预钻的孔用固定块固定，也可通过螺栓连接或焊接固定。

④ 清洗管路的连接：选用适合的水管，应该考虑实际工况（温度，清洗液特性，外部温度等）。根据产品说明书的要求，安装连接水过滤器，检修阀，电磁阀，压力表等相关部件。

⑤ 排水管的连接。

2) 控制器的安装

① 控制器应当安装在适于眼睛看到的高度，大约为 0.6～1.7m。

② 控制器应当尽可能地靠近空气净化机主机位置。

③ 控制器应该安装在室内。一定要安装在室外时，必须配备防雨盒。

④ 应为检修门留出足够的空间，建议距离为 0.6m。

2. 多台设备叠加安装

根据不同的风量要求，很多时候需要选用多台净化器用于一个厨房项目，这时就涉及净化机的叠加安装。

(1) 实施步骤

1) 确定安装方式：台基安装或者吊架安装。

2) 画出叠加方案草图，并在设备上做важ编号标记。

3) 依设计方案进行叠加，直至达到需要的叠加高度。

注意：对于带自动清洗功能的设备，存在主副机之分，副机无上层两块机箱板，叠加时需要拆掉所有最下层主机的机箱顶板，并作为盖板重新安装在最顶副机上。

4) 叠加清洗装置的时候需要用砂轮等工具切除机箱上的顶面排水凸孔（最顶上一层除外）。以实现上下两层的排水通路相配。

5) 在机箱之间安装附带的密封垫圈。

6) 通过机箱内顶上的 M8 焊接螺母用内六角螺栓连接机箱。

7) 所有叠加完成后，用电源导线将接线盒自顶向下一个个串接，这样的话一个控制器便能控制整个组合。电源线应当使用适当的导管保护。

(2) 注意事项

1) 一般同型号的设备可以叠加，不同型号的将无法实现叠加。

2) 由主副机搭配的时候，主机需要放在最下层。

3) 当使用台基安装的时候，保证设备离地不低于 500mm 以便于排水槽的安装。

4) 安装平台和设备之间通过螺栓联轴节固定。

5) 当安装的设备超过 3 层后，其重心会上移很多。不能单独使用机箱的法兰来做管道的支撑点。需要有额外的加强来保证支撑。

6) 叠加后，设备的尺寸和重量都有所增加，不建议采用顶棚吊装。

7) 如果一定要采用顶棚吊装的方式，需要设计一个安全可靠的吊架

34.6.8 过滤器安装

风机过滤单元（FFU），英文全称为 Fan Filter Unit。广泛应用于洁净室，洁净工作台，洁净生产线，组装式洁净室和局部百级等洁净工作场所。其工作原理为：风机由 FFU 顶部将空气吸入并经过滤器过滤，过滤后的洁净空气以 0.45m/s±20% 的风速经由出风面均匀送出。

34.6.8.1 过滤器的分类

1. 过滤器的分类

(1) 按过滤效率大致可以分为初效过滤器、中效过滤器和高效过滤器 3 种。

1) 初效空气过滤器

一般用于空调系统的初级过滤，洁净室回风过滤，局部高效过滤装置预过滤。主要有 G1～G4 无纺布初效过滤器，尼龙网初效过滤器，金属网初效过滤器和活性炭初效过滤器。

2) 中效空气过滤器

可捕集 1～5um 尘埃粒子，广泛应用于中央空调通风系统中级过滤，以及制药、医院、电子、化妆品、精密机械、食品等行业中的空气过滤。

主要有袋式中效过滤器、板式中效过滤器。滤料一般为特殊无纺布或玻璃纤维。效率为 60%～95%@1～5um（比色法）。

3) 高效空气过滤器

可捕集 0.1～0.5um 的细小微粒，适用于各种洁净室、洁净工作台、制药厂、生物厂、电子厂、食品加工厂及其他需要严格控制空气污染的地方。

滤料一般采用超细玻璃纤维纸，效率为 99.999%@0.3um（DOP 法）。

(2) 按尺寸形式分：

大致可分为：2×2 英尺、2×3 英尺、2×4 英尺、4×4 英尺等。在国内占主要市场是 2×4 英尺和 4×4 英尺的 FFU。

1) 4×4 英尺 FFU

由于尺寸比较大，一般均采用分体式设计：分为顶部风机组件和过滤器组件两部分。这两个部分可以独立包装，发运。安装人员在工作现场直接把这两部分拼装起来，靠风机组件的自重来保证两部分之间的配合。

2) 2×4 英尺 FFU

多数厂家采用分体式设计,与 4×4 英尺的一致。也有少数厂家采用的是一体式设计:上下两部分在出厂前就组装铆接起来,有效地降低了机器的总体噪音和振动量,同时也减少了碰坏滤芯的几率。当然这样做也增加了少量成本。

FFU 是属于易于损坏的产品,所以在搬运、运输和安装等过程都应该严格遵循规范来进行操作。

34.6.8.2 过滤器的安装

1. 产品运输及存储操作要求

(1) 顶部风机组件

1) 在运输装箱及存储过程中,产品不许堆叠,表面不得堆放任何物品。

2) 在运输、存储及搬运过程中,不得挤压产品、不得攀爬、不得踩踏。

3) 产品的搬运必须使用叉车或其他专用的搬运设备,应安排专业的操作人员操作。

4) 运输及存储过程中,应确保环境的干燥,禁止将产品安放在潮湿及开放的场所。

5) 运输及存储过程中必须以包装上所指的方向向上放置,不得横放、倒放。

(2) 过滤器组件

1) 包装箱放置必须以箱上所示箭头朝上的方式放置,不得倒置或平躺放置。

2) 包装箱堆放层数:规格 570mm 以下规格最多以 3 层为限;规格 570～760mm 规格以 2 层为限;规格 1170mm 及以上规格以 1 层为限。

3) 严禁人员坐于或站于包装箱上,包装箱上不可摆置其他物品。

4) 严禁倾倒、摔落,避免滤网碰触其他物品。

5) 运输及存储过程中,应确保环境的干燥,禁止将产品安放在潮湿及开放的场所。

2. 产品拆箱说明

(1) 顶部风机组件

1) 开箱前请先检查包装纸箱是否完整,如有破损或受碰撞痕迹,请勿拆箱,请先拍照存证,并联络货运公司或供应商处理。

2) 开箱工作至少需要四位工人同时进行,并严格遵守以下搬运说明及注意事项:

① 首先用剪刀剪断托包装的包扎带,然后依次将每一个包装箱搬到平整及洁净的地面上,注意必须缓慢、平稳且有专人保护,避免包装箱摔落及碰撞。

② 拆箱时请用美工刀片小心割开密封胶带。

③ 拆箱后把上部开口展开,并由两人慢慢地将箱体倒置过来;然后两人从两侧同时慢慢提起纸箱。

④ 小心剥去外面的塑料袋,动作不要过大,以免拉倒设备。

⑤ 如不能马上安装,请不要进行拆箱操作。

(2) 过滤器组件

1) 开箱前请先检查包装纸箱是否完整,如有破损或受碰撞痕迹,请勿拆箱,请先拍照存证,并联络货运公司或供应商处理。

2) 开箱工作至少需要两位工人同时进行,并严格遵守以下搬运说明及注意事项:

① 拆箱时请用美工刀片小心割开密封胶带。勿伤及箱内物品。

② 拆箱后必须由两人合力各手持过滤芯之一端型材,将过滤芯由箱内保护纸衬板中往上取出,动作须轻取轻放,避免滤网受碰撞或摔落。

③ 两人合力各手持过滤芯之一端,将过滤之塑料袋取下,避免用力拉扯;如滤网之一面或双面没有装置保护网,应避免在取下塑料袋时伤及滤材。

④ 除抽验工作外,过滤芯在施工安装前请勿拆箱,避免拆箱后放置过久再施工安装。

注意:严禁把手或工具放于过滤器组件上。严禁将过滤器的过滤面平躺放置在其他表面上。应按照过滤器纸箱上所指示的方向放置以避免损伤。

3. 安装

(1) 小心地把设备从运输包装中移出并仔细检查在运输途中是否对设备造成了伤害。

(2) 取下设备外面的塑料袋并妥善移至所要安装该设备的洁净房间。

(3) 设备需安装在具有比较牢固的顶棚龙骨上(通常宽度不小于 2 英寸的支撑杆)。使用起重设备将设备升高,穿过顶棚再降下,小心地放置到事先装好垫片的顶棚龙骨上。

L:FFU 外框长度;W:FFU 外框宽度

a:龙骨宽度常数(可在龙骨厂家产品选型手册上查得)

如此处:L = 1214mm,W = 1214mm,a = 30mm 则

$$L+a = 1214 + 30 = 1244mm$$
$$W+a = 1214 + 30 = 1244mm$$

施工人员可以直接依据此计算值进行施工。

(4) 设备需安装在具有比较牢固的顶棚龙骨上(通常宽度不小于 51mm 的支撑杆)。使用起重设备将设备升高,穿过顶棚再降下,小心的放置到事先装好垫片的顶棚龙骨上。目前,国内生产龙骨的厂家多,规格也比较杂。选用时主要注意:承重能力和自身宽度。这两点定下来以后,就可以搭建龙骨了。

34.6.9 空气洁净设备安装

(1) 空气净化设备和装置的安装适用于空气吹淋室、气闸室、传递余压阀、层流罩、洁净工作台、洁净烘箱、空气自净器、新风净化机组、净化空调器、生物安全柜等设备。未包括有特殊要求的设备,有特殊要求的设备安装施工及验收的技术要求,应按设备的技术文件(如说明书、装配图技术要求等)的规定执行。

(2) 设备应按出厂外包装标志的方向装车、放置,运输过程中防止剧烈振动和碰撞,对于风机底座与箱体软连接的设备,搬运时应将底座架起固定,就位后放下。

(3) 设备运到现场开箱之前,应在较清洁的地方存放,并注意防潮。当现场一时不具备室内存放条件时,允许短时间在室外存放,但应有防雨、防潮措施。

(4) 设备应有合格证,开箱应在较清净的环境下进行,开箱后应擦去设备内外表面尘土和油垢,设备开箱检查合格后立即进行安装。

(5) 设备应按箱单进行检查,并应符合下列要求:

1) 设备无缺件,表面无损坏和锈蚀等情况。

2) 内部各部分连接牢固。

(6) 设备安装一般情况下应在建筑内部装饰和净化空调系统施工安装完成,并进行全面清扫、擦拭干净之后进行。但与洁净室围护结构相连的设备(如新风净化机组、预压阀、传递窗、空气吹淋室、气闸室等)或其排风、排水(如排风洁净工作台、生物安全柜、洁净工作台和净化空调器的地漏等)管道在必须与围护结构同时施工安装时,与围护结构连接的缝隙应采取密封措施,做到严密而清洁;设备或其管道的送、回、排风(水)口应暂时关闭,每台设备安装完毕后,洁净室投入运行前,均应将设备的送、回、排风(水)口封闭。

(7) 安装设备的地面应水平、平整,设备在安装就位后应保持纵轴垂直、横轴水平。

(8) 带风机的气闸室或空气吹淋室与地面应垫隔振层。

(9) 凡有机械连锁或电器连锁的设备(如传递窗、空气吹淋室、气闸室、排风洁净工作台、生物安全柜等),安装调试后应保证连锁处于正常状态。

(10) 凡有风机的设备,安装调试后风机应进行调试运转,试运转时叶轮旋转方向必须正确;试运转时间按设备的技术文件要求确定;当无规定时,则不应少于 2h。

(11) 设备的验收标准应符合该设备的技术文件要求。

(12) 安装生物安全柜时应符合下列规定:

1) 生物安全柜在安装搬运过程中,严禁将其横倒放置和拆卸,宜在搬入安装现场后拆开包装。

2) 生物安全柜安装位置在设计未指明时应避开人流频繁处,并应避免房间内气流对操作口空气幕的干扰。

3) 安装的生物安全柜的背面、侧面距墙壁距离应保持在 80～300mm 之间。对于底面和底边紧贴地面的安全柜，所有沿地缝应加以密封。

4) 生物安全柜的排风管道的连接方式，必须以更换排风过滤器方便确定。

5) 生物安全柜在每次安装、移动之后，必须进行现场试验，并符合设计要求；当设计无规定时，Ⅱ级生物安全柜的实验应符合下列规定：

① 压力渗漏试验，应确认所有接缝的气密性及整个设备没有漏气。

② 高效空气过滤器的渗漏试验，应确认高效空气过滤器本身及其安装接缝处没有渗漏。

③ 操作区气流速度试验，应确认整个操作区的气流速度均满足规定的要求。

④ 操作口气流速度试验，应确认整个操作口的气流速度均满足规定的要求。

⑤ 操作口负压试验，应确认整个操作口的气流流向均指向柜内。

⑥ 洗涤盆漏水程度试验，应确认盛满水的洗涤盆经过 1h 后无漏水现象。

⑦ 接地装置的接地线路电阻试验，应确认接地的分支线路在接线及插座处的电阻不超过规定值。

34.6.9.1 洁净室洁净度等级标准

(1) 空气洁净度等级在洁净厂房设计规范中有明确规定，分为九个等级。洁净室空气洁净度等级检测应以动态条件下测定的尘粒数为依据。对于空气洁净度为 1 级～3 级的洁净室内，$\geqslant 5\mu m$ 尘粒的计数，应进行多次采样，当其多次出现时，方可认为该测试数据是可靠的。

(2) 洁净室不但对洁净度等级有严格规定，而且对温度、湿度、正压值、新风量等参数都具有具体规定。

34.6.9.2 洁净室的构成和分类

1. 洁净室的分类

洁净室按照净化形式可分为全面净化和局部净化，通过空气净化及其他综合处理措施，使室内整个工作区成为洁净空气环境的做法称为全面净化；仅使室内的局部工作区域特定的局部空间成为洁净空气环境的做法称为局部净化。局部净化可以用局部净化设备或净化系统局部送风的方式来实现。

洁净室按照气流组织形式可分为单向流洁净室和乱流洁净室。

洁净室按照构造可分为整体式（也称土建式）、装配式和局部净化式三类。

2. 洁净室的构成

1) 整体式洁净室

采用土建围护结构，具有坚固的外墙和隔墙，根据工艺要求，构成一个或若干个房间，并进行适当的室内装饰。一般情况下采用洁净空气处理机组集中送风、全面净化或全面净化与局部净化相结合的洁净室。

2) 装配式洁净室

采用风机和过滤器机组、洁净工作台、空气自净器、照明灯具等设备中的一部分或全部，与拼装式壁板、顶棚板、地面板等在工厂预制的，在现场进行拼装成型。并配置温度、湿度处理装置，便构成了装配式洁净室。

3) 局部净化方式

只是在各局部空间保持所要求的洁净度。这种形式通常是在一般空调房间内，对个别房间或局部空间实现空气净化；或在低洁净度的洁净室内，对局部区域实现较高洁净度的空气净化，这种方式被称为局部净化与全面净化相结合方式。

实现局部净化方式，一般有三种做法：

① 根据工艺要求，在已有的建筑物内，用轻型结构围成一间或几间小室，然后设置一个或几个独立的净化系统，作为小室的送、回风。这类的空气处理设备可以集中设在机房内，也可以就地设置。

② 根据工艺需要，安装装配式洁净室。

③ 根据工艺需要，安装各种形式的局部净化设备。

34.6.9.3 高效过滤器的安装

1. 高效过滤器

高效过滤器是净化空调系统的终端过滤设备，它是净化设备的核心，是按照国家标准《高效空气过滤器性能试验方法 效率和阻力》GB/T 6165—2008 进行测定的效率不低于 99.9% 的空气过滤器。

2. 高效过滤器的安装

高效过滤器是空气洁净系统的最重要的净化设备，因此，其安装工作也作为整个系统安装工作的重点，成为质量检验评定的重点分项工程，对工程质量等级的最后评定起着决定性作用。同时，其安装质量也直接影响着高效过滤器最终的净化效率，必须引起足够的重视。高效过滤器除安装于净化工作台内做局部净化、安装于洁净室内做洁净系统的集中净化外，还可分散地安装于空气洁净系统的末端，作为各个送风口处的空气净化设备。个别产品还将过滤器和送风口连成一体，直接接于风管上。

3. 安装操作的技术要求

高效过滤器一般是安装于金属框架中的。在按照过滤器产品的外形尺寸现场制作好安装框架后，其安装工作只是如何保证过滤器与安装框架嵌接的严密性。

(1) 应按亚高效、高效过滤器出厂标志竖向搬运和存放，以防止由超细玻璃棉制作的滤纸被滤层隔板压折。

(2) 必须在洁净室全部安装工程完毕，并全面清扫、吹洗和系统连续试车 12h 以上后，方能在现场开箱检查过滤器产品并进行安装。

(3) 安装前需进行外观检查和仪器检漏。目测不得有变形、脱落、断裂等破损现象；仪器抽检检漏应符合产品质量文件的规定。合格后立即安装，其方向必须正确，安装后的高效过滤器四周及接口，应严密不漏；在调试前应进行扫描检漏。

(4) 框架端面或刀口端面应平直，断面平整度的允许偏差每只不得大于 1mm。安装时对过滤器的外框不得修改。

(5) 过滤器与安装框架之间必须垫密封垫料（如闭孔海绵橡胶板、氯丁海绵橡胶板），或涂抹硅橡胶。密封垫料厚度为 6～8mm，定位粘贴在过滤器边框上。安装后的垫料压缩率应大于 50%。

(6) 采用硅橡胶作密封材料时，应先清扫过滤器表框上的杂物和油垢，挤抹硅橡胶应饱满、均匀、平整并应在常温下施工。

(7) 安装时，过滤器外框上的箭头应与气流方向一致。用波纹板组合的过滤器在竖向安装时，波纹板（隔板）必须垂直于地面，不得反向。

(8) 质量要求：高效过滤器的仪器抽检检漏数量按批抽 5%，不得少于 1 台。检查方法为观测检查、按规范规定扫描检测或查看检测记录。

4. 高效过滤器的安装应符合下列规定：

(1) 高效过滤器采用机械密封时，须采用密封垫料，其厚度为 6～8mm，并定位贴在过滤器边框上，安装后垫料的压缩应均匀，压缩率 25%～50%。

(2) 采用液槽密封时，槽架安装应水平，不得有渗漏现象，槽内无污物和水分，槽内密封液高度宜为 2/3 槽深。密封液的熔点宜高于 50℃。

(3) 检查数量：按总数抽查 20%，且不少于 5 个。检查方法：尺量、观测检查。

34.6.9.4 洁净工作台的安装

1. 洁净工作台构造原理和分类

新风或回风由新风口或台面回风口经预过滤器过滤吸入，空气由风机加压、经高效过滤器过滤的洁净空气送到操作区，然后排到室内或室外。一般可作如下分类：按气流分为非单向流（又称乱流）式和单向流（又称平行流）式。其中单向流式又可分为水平单向流式和垂直单向流式。

按系统分为直流式和循环式。介于二者之间的称为半直流式或半循环式。

按用途分为通用式和专用式。通用式台可装上各种工艺专用的装置后，成为专用洁净工作台。如在垂直单向流洁净工作台的操作

区装上水龙头和带有下水管的水盆，即成为"清洗洁净工作台"；若在操作区的正面配有装扩散炉管的洞，即成为"扩散炉用洁净工作台"等。

按结构分为整体式和脱开式，即为了减少振动，使操作台面和箱体脱开。

此外，为了保证操作的洁净度，有些洁净工作台设置了空气幕。带有空气幕的洁净工作台操作区的风速可以适当降低。

2. 单向流洁净工作台要求具有如下性能：

(1) 当洁净工作台设有空气幕时，空气幕出口风速一般为 1.5~2.0m/s，操作区初始平均风速为 0.3~0.4m/s。当无空气幕时，操作区初始平均风速为 0.4~0.5m/s。操作区断面风速波动范围要在断面平均风速的±20%之内；

(2) 操作区气流要均匀，流线基本平行；

(3) 操作区洁净度在一般室内环境下，可达到 3 级；

(4) 噪声要求小于或等于 62dB（A 声级）。

此外，操作区照度，通用洁净工作台一般不小于 300lx，光线要柔和均匀，避免眩光；专用洁净工作台按工艺要求确定。

3. 选用原则

(1) 工艺装备或器具在水平方向对气流阻挡最小时，选用水平单向流洁净工作台；在垂直方向对气流阻挡最小时，要选用垂直单向流洁净工作台；

(2) 当工艺过程产生有害气体或粉尘时，选用排气式洁净工作台；反之，可选用非排气式洁净工作台；

(3) 当工艺过程对防振要求较高时，可选用脱开式洁净工作台；

(4) 水平单向流洁净工作台对放布置时，其净间距不小于 3m。

34.6.9.5　层流罩的安装

(1) 设备的开箱应在清洁的环境下进行。开箱前应先检查有无合格证，并按设备装箱清单检查有无缺件，表面有无损坏和锈蚀，内部各部件连接的牢靠性。擦去设备内部、外表面尘垢，检查合格后即可进行安装。设备不得长时间暴露于不清洁的环境中。

(2) 设备安装的时机。在建筑物内部装饰和净化空调系统施工完成，并进行全面清扫、擦拭干净后进行。设备与建筑构件连接的接缝应采取密封措施，保证严密。

(3) 应设置独立的吊杆，并有防晃动的固定措施；设备安装就位后应保持纵向垂直，横向水平。层流罩安装的水平度允许偏差为 1/1000，高度的允许偏差为±1mm。

(4) 有风机的层流罩应加装隔振垫层；风机应进行试运转，检查运转方向是否正确；有连锁要求时，安装调试后，应保持连锁处于正常状态。

(5) 调试应全面检查，一切性能应符合设备的技术文件要求。

(6) 层流罩安装在吊顶上，其四周与吊顶之间应设有密封及隔振措施。

34.6.9.6　风机过滤器单元

(1) 风机过滤器单元是洁净室的配套设备，也可作为室内的自净器或局部净化设备。其工作原理是：通风机将经过中效过滤器的空气送入静压箱，再经过高效过滤器过滤，由均压孔板以单向流状态送到操作区。

(2) 风机过滤器单元的安装应符合下列规定：

1) 风机过滤器单元的高效过滤器安装前应按《洁净室施工及验收规范》GB 0591—2010 的规定进行检漏，合格后进行安装，方向必须正确；安装后风机过滤器单元应便于检修。

2) 安装后的风机过滤器单元，应保持整体平整，与吊顶衔接完好，风机箱与过滤器、过滤器单元与吊顶框架间应有可靠的密封措施。

34.6.9.7　高效过滤器送风口

(1) 净化空调系统送风口一般为成品，包括铝合金板、不锈钢板、钢板喷塑或镀锌。安装前应检查风口表面是否损伤，涂层破坏必须修补好。然后，将风口清洗干净，其边框与建筑顶棚或墙面间的接缝处应加设密封垫料或密封胶，不得漏风。

(2) 带高效过滤器的送风口，应采用可分别调节高度的吊杆。

(3) 风口安装完毕后，再和风管连接好，将开口封好，防止灰

尘进入。

34.6.9.8　吹淋室的安装

(1) 吹淋室是洁净室或洁净厂房的配套设备，放于洁净室或洁净厂房的入口处。当工作人员进入洁净室之前，可以在吹淋室进行人身净化。同时，吹淋室还可以起到气闸的作用，以防止未被净化的空气进入室内。

(2) 吹淋室的工作原理是：吹淋后的污染空气经过空气过滤器净化，或根据需要启动电加热器对空气加热后，经静压室，从吹淋室内上、左、右三个方向的喷嘴高速吹向人体各个部位。

34.6.9.9　生物安全柜的安装

安装生物安全柜时应符合下列规定：

(1) 生物安全柜在安装搬运过程中，严禁将其横倒放置和拆卸，应在搬入安装现场拆开包装。

(2) 生物安全柜安装在设计未指明时，应该避开人流频繁处，并应避免房间间气流对操作口空气幕的干扰。

(3) 安装的生物安全柜背面、侧面离开墙距离应保持在 80~300mm 之间。对于地面和底边紧贴地面的安全柜，所有沿地边缝应加以密封。

(4) 生物安全柜的排风管道的连接方法，必须以更换排风过滤器方便确定。

(5) 生物安全柜在每次安装、移动之后，必须进行现场试验，并符合设计要求；当无设计时，Ⅱ级生物安全柜的试验应符合下列规定：

1) 压力渗漏试验，应确定所有接缝的气密性及整个设备没有漏气。

2) 高效空气过滤器的渗漏试验，应确认高效过滤器本身及其安装接缝没有渗漏。

3) 操作区气流速度试验，应确认整个操作区气流速度均满足规定的要求。

4) 操作口气流速度试验，应确认整个操作口的气流速度均满足规定的要求。

5) 操作口负压试验，应确认整个操作口的气流流向均指向柜内。

6) 洗涤盆漏水程度试验，应确认盛满水的洗涤盆经过 1h 后无渗漏现象。

7) 接地装置的接地线路电阻试验，应确认接地分支线路在接线及插座的电阻不超过规定值。

34.6.9.10　装配式洁净室安装

1. 单向流装配式洁净室

单向流装配式洁净室是由送风、回风单元、风淋室、空调机组、围护结构、传递窗和电气控制等组合而成。其围护结构（壁板、顶栅、地栅）及各种装配零件均是标准化和通用化。由于采用了标准构件、单元组合，可以灵活地拼装成多品种的不同使用面积的洁净室。单向流装配式洁净室，整个系列分为水平单向流装配式洁净室系列和垂直单向流装配式洁净室系列两大类。水平单向流装配式洁净室系列又有带空调机组和不带空调机组之分。整个系列有几十个品种，有效面积为 6.8~37.4m²。

(1) 水平单向流装配式洁净室的气流为水平单向流。净化送风单元将洁净空气经均流板送出，经工作区，至洁净室另一端回风（排风）孔板流出。对于有空调设备的洁净室，从回风孔板流出的气流，通过顶棚回风夹道回到机房，再经过空调设备对其进行温湿度处理，混入新风，之后经过净化单元中的中效、高效过滤器净化，也由均流孔板送出。如此循环工作，以保证洁净室的洁净级别和所需的温湿度参数；对于不配带空调设备的洁净室，从回风孔板流出的气流，直接排至洁净室外；由空调系统另行接管至送风单元的进风口，其中应有新风送入。

(2) 垂直单向流装配式洁净室的气流为垂直单向流。净化送风单元将洁净空气经送风夹道送至顶棚，经过锦纶网板送至工作区；在下侧排出部分气流，大部分气流通过格栅地板流至回风道进入回风机，与新风混合后，经送风单元中的高效过滤器净化后送出，如此循环工作。由空调系统另行接管至送风单元的进风口，其中应有新风送入。

水平单向流装配式洁净室、垂直单向流装配式洁净室系列洁净室，当其安放在空调房间内，温湿度符合要求时，可不另行接风管。

水平单向流装配式洁净室、垂直单向流装配式洁净室系列的净化级别为 100 级时，其噪音小于 65dB。室内断面风速，水平单向流装配式洁净室为 0.35m/s，垂直单向流装配式洁净室 0.30m/s。室内新风量一般按送风量的 10%考虑。

布置洁净室时，其周围应留有一定的操作距离。在有送风单元的一端，留出 1m 的操作距离。洁净室的正立面前，除应留出放置吹淋室的距离外，还要兼顾人员通行、门的开启、传递物品的方便；其他面的操作距离为 0.5m。

水平单向流装配式洁净室、垂直单向流装配式洁净室系列的电气控制箱，负担洁净室的整个电气控制，诸如送风单元中的风机、空调机、室内照明及一定数量的单相、三相插座。电气控制箱安装好后接通电源即可投入运行。电气控制箱的操作面，可根据需要，安放向内或向外。

安装装配式洁净室的地面应平整、干燥，平整度允许偏差为 1/1000。墙板的拼装必须根据结构形式按次序进行。装配后洁净室墙板间、墙板和顶棚、顶板间的拼缝，应平整严密。墙板的垂直允许偏差为 2/1000。洁净室的顶板和墙板均应为不燃材料。顶棚应平直拉紧，压条应全部贴紧。如果上、下为槽形板时，其接头应对齐，墙板转角应为直角。装配后，顶板水平度的允许偏差与每个单元的几何尺寸与设计要求的偏差不应大于 2/1000。

2. 净化空调器的安装

(1) 安装空调器时应对设备内部进行清洗、擦拭，除去尘土杂物和油污。

(2) 设备检查门的门框应该平整，密封垫选用弹性好、不透气、不产尘的材料，严禁采用乳胶、海绵、泡沫塑料、厚纸板、石棉绳、铅、油、麻、丝以及油毡纸等含开孔孔腔和易产尘的材料。密封垫厚度根据材料弹性大小决定，一般为 4～6mm，一对法兰的密封垫规格、性能和厚度应相同，严禁在密封垫上涂刷涂料。

(3) 法兰密封垫应尽量减少接头，接头采用阶梯形或企口形，并涂密封胶。密封垫应擦干净后，涂胶粘牢在法兰上，不得有隆起或虚脱现象。法兰均匀压紧后，密封垫内侧应与风管内壁相平。

(4) 净化空调系统的空调器接缝应做密封处理，安装后应进行空调器漏风率实验，进行检漏、堵漏、测量其漏风率。测量漏风率时空调器内静压保持 1000Pa，洁净度等于或高于 5 级的系统，空调器漏风率不大于 1%；洁净度低于 5 级的系统，空调器漏风率不大于 2%。

(5) 过滤器前后应当装压差计，压差测定管应畅通、严密、无变形和裂缝。

(6) 表冷器冷凝水排管上应设水封装置和阀门，在无冷凝水排出季节应关闭阀门，保证空调器密闭不漏风。

34.7 空调水管加工与安装

34.7.1 空调水管加工

34.7.1.1 空调水管的技术性能

空调水管施工常用的管道有无缝钢管、镀锌钢管、焊接钢管、PP-R 管，UPVC 管和玻璃钢管等，下面对常用的空调水管的主要技术性能做一个简单的介绍。

1. 无缝钢管

按制造方法分为热拔和冷拔（轧）管。冷拔（轧）管的最大公称直径为 200mm；热轧管的最大公称直径为 600mm。在工程中，管径超过 57mm 时，常常选用热轧管，管径在 $\phi57mm$ 以内时常用冷拔（轧）管。无缝钢管是按国家标准《输送流体用无缝钢管》GB/T 8163—2008 用普通碳素钢、优质碳素钢制造的，广泛用于中、低压工业管道工程。无缝钢管按外径和壁厚供货，在同一外径下有多种壁厚，承受的压力范围较大。冷拔（轧）管外径 5～200mm，壁厚 0.25～75mm。热轧无缝钢管通常长度为 3～12.5m；冷拔管的通常长度为 1.5～9m。

2. 塑料管

(1) 硬聚氯乙烯是硬聚氯乙烯塑料的简称。它是以聚氯乙烯树脂为主要原料，加入增塑剂、稳定剂、润滑剂、颜料和填料等，再经过捏合、混炼及加工成型等过程而制成。影响硬聚氯乙烯性能的因素很多，主要分为物理性能和机械性能，如表 34-77 所示：

硬聚氯乙烯物理机械性能 表 34-77

主要性能指标	计量单位	指标值
比重	g/cm³	1.3～1.4
抗拉强度极限	MPa	40～60
抗压强度极限	MPa	80～100
抗弯强度极限	MPa	90～120
断裂伸长率	%	10～15
冲击韧性	J/cm²	10～15
布氏硬度(HB)		13～16
弹性模数		40000
耐热性	℃	65
热容量	kJ/(kg·K)	1.34～2.14
导热系数	W/(m·K)	0.16～0.17
线膨胀系数 a		$(6～7)×10^{-5}$
焊接温度	℃	200～240
适用温度范围	℃	−10～+60

硬聚氯乙烯塑料管制作长度为 4m。管材在常温下的使用压力为：轻型管≤0.6MPa；重型管≤1MPa。

(2) 聚丙烯管

聚丙烯管材具有环保节能、优异的耐热稳定性及优良的卫生性能等优点，在空调水管道应用广泛。PP-R 是由丙烯单体和少量的乙烯单体在加热、加压和催化剂作用下共聚得到的，乙烯单体无规、随机地分布到丙烯的长链中。乙烯的加入降低了聚合物的结晶度和熔点、改善了材料的冲击、长期耐静水压、长期耐热抗氧化及管材加工成型等方面的性能。PP-R 分子链结构、乙烯单体含量等指标对材料的长期热稳定性、力学性能及加工性能都有着直接的影响。聚丙烯的性能如表 34-78 所示。

聚丙烯管物理机械性能 表 34-78

主要性能指标	计量单位	指 标 值
比重	g/cm³	0.90～0.91
吸水率	%	0.03～0.04
抗拉强度极限	MPa	35～40
抗弯强度极限	MPa	42～56
冲击韧性（有缺口）	J/cm²	0.22～0.5
伸长率	%	200
线膨胀系数 a		10.8～11.2
导热系数	W/(m·K)	0.24
热变形温度（182.45N/cm²）	℃	55～65

34.7.1.2 管道支吊架加工

1. 支吊架的选用

(1) 有较大位移的管段设置固定支架。固定支架要生根在厂房结构或专设的结构物上。

(2) 在管道上无垂直位移或垂直位移很小的地方，可以装活动支架或刚性支架。活动支架的形式，要根据管道对摩擦作用的不同来选择：

1) 由于摩擦而产生的作用力无严格限制时，可以采用滑动支架；

2) 当要求减少管道轴向摩擦作用力时，可以采用滚柱支架；

3) 当要减少管道水平位移的摩擦作用力时，可以采用滚珠支架。

(3) 在水平管道上只允许管道单向水平位移的地方，在铸铁阀

件的两侧，Ⅱ形补偿器的两侧适当距离的地方，装设导向支架。

（4）在管道具有垂直位移的地方，装设弹簧吊架，在不便装设弹簧吊架时，也可以采用弹簧支架，在同时具有水平位移时，采用滚珠弹簧支架。

2. 支、吊架的制作要求

（1）管道支、吊架的形式、材质、加工尺寸、精度及焊接等符合设计要求；

（2）支架底板及支、吊架弹簧盒的工作面要平整；

（3）管道支、吊架焊缝要进行外观检查，不能有漏焊、欠焊、皱纹、咬肉等缺陷。焊接变形应该矫正。

34.7.1.3 空调水管的加工

1. 管子的调直

（1）检查管道：

1）检查短管是将管子一端抬起，用一只眼睛从一端向另一端看。管子表面上多点都在一条线上的为直的；反之就是弯曲的。

2）检查长管是采用滚动法。将管子平躺放在两根平行的角钢上轻轻的滚动，当管子以均匀的速度滚动而无摆动，并能在任意位置停止时，称为直管。如果管子滚动有快有慢，而且来回摆动，并在停止时每次都是同一面向下，就说明管子有弯曲，凸面向下。

（2）小管径管道的调直：有冷调和热调两种方法。

1）冷调：弯曲确定后，用两把手锤，一把顶在管子弯里（凹面）的短端作为支点，另一把则敲打背面（凸面）高点。两把手锤不能对着打，应有一定的距离。长管调直时，把长管躺放在长木板上，一人在管子的一端观察管子的弯曲部位，另一人按观察者的指点，用锤在弯曲部位敲打，经几个翻转，管子就能调直。

2）热调：先将管子弯曲部分放在烘炉上加热到600～800℃，然后平着抬放在用四根以上管子组成的滚动支架上滚动，使火口处在中央，管子的重量分别支承在火口两端的管子上。由于管子组成的滚动支承是同一水平，所以热状态的管子在其上面滚动，就可以利用重力弯曲变直。弯曲大者可以将弯背向上，轻轻向下压直再滚动；为加速冷却可以用废机油均地涂在火口上。

（3）硬聚氯乙烯管道产生弯曲，必须调直后才能使用。调直方法是把弯曲的管子放在平直的调直平台上，在管内通入蒸汽，使管子变软，以其本身自重调直。

2. 管子切断

（1）镀锌钢管和公称直径小于或等于50mm的中、低压碳素钢管，采用机械法切割；高压钢管或合金钢管用机械法切割；不锈钢和有色金属管用机械或等离子方法切割。不锈钢管用砂轮切割或修磨时，要用专用砂轮片；铸铁管用钢锯、钢铲或月牙挤刀切割，也可以用爆炸切断法切割；硬聚氯乙烯管用木工锯或粗齿钢锯切割，坡口使用木工锉加工成45°坡口。

（2）管子切口质量要符合下列要求：

1）切口表面平整，不能有裂纹、重皮、毛刺、凸凹、缩口、熔渣、氧化铁、铁屑等。

2）切口平面倾斜偏差为管子直径的1%，但不能超过3mm。

3）高压钢管或合金钢管切断后要及时标上原有标记。

（3）机械切割设备

管道加工厂内的机械切割设备有专用切管机、普通车床和锯床等。在安装现场的少量切割操作则使用便携式机具，也可以使用圆锯和无齿锯。使用专用切管机可以获得优质切割。切割面光滑平整，无须进一步加工。在切割时从管子割口去除外管端毛刺，并开好焊接坡口。

3. 管螺纹加工

（1）手工套丝：用套丝板在管端上铰出相应的螺纹。

（2）机械套丝：机械套丝常用的设备有车床和套丝机。套丝机有两种类型：一是管子固定起来，用电动机带动套丝板旋转；另一种是固定套丝板，用电机带动管子旋转。前种套丝机一般重量较轻，后种套丝机一般重量较沉，但大都带有割刀，可以进行切管。

（3）管螺纹加工长度：管螺纹长度就是螺纹工作长度加螺纹尾的长度。同时与管径有关。管螺纹加工长度如表34-79所示；

管螺纹加工长度表								**表34-79**
管径(in)	$\frac{1}{2}$	$\frac{3}{4}$	1	$1\frac{1}{4}$	$1\frac{1}{2}$	2	$2\frac{1}{2}$	3	4
螺纹长度(mm)	14	16	18	20	22	24	27	30	36
螺纹扣数(扣)	8	9	8	9	10	11	12	13	15

（4）螺纹加工要注意以下事项：

1）丝扣要完整，不完整会影响管螺纹连接的严密性和强度。如果不完整丝扣占全螺纹的10%以上时，就报废不能使用；

2）丝扣表面要光滑，丝扣表面不光滑，在进行安装时容易将缠上去的填料割断和降低严密性；

3）丝扣的松紧程度要适当。套好的丝扣上紧后，在管件外部要留3～4扣为宜。

4. 弯管制作

（1）一般规定

1）弯管的最小弯曲半径应符合表34-80的规定。

弯管的最小弯曲半径		**表34-80**
管子类别	弯管制作方式	最小弯曲半径
中低压钢管	热弯	3.5DW
	冷弯	4.0DW
	褶皱弯	2.5DW
	压制	1.0DW
	热推弯	1.5DW
有色金属管	冷热弯	3.5DW

2）管子采用热煨时，升温宜缓慢、均匀，保证管子热透，防止烧过和渗碳。

3）碳素钢、合金钢管在冷弯后按规定进行热处理。有应力腐蚀的弯管，不论管壁厚度大小均应做消除应力的热处理。

4）弯制焊接钢管时，其纵向焊缝应放在距中性线45°的地方，如图34-91所示。图中A、B、C、D四个位置的任何一个都可以。制作折皱弯头时，焊缝应当放在非加强区的边缘。

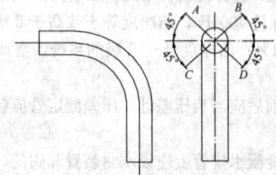

图34-91　有缝钢管弯头焊缝的位置

（2）管子弯制后的质量要求

1）无裂纹、分层、过烧等缺陷。

2）壁厚减薄率要符合要求。弯管前壁厚-弯管后壁厚：中、低压管不超过15%，且不小于设计计算壁厚。椭圆率：中、低压管不超过8%。

3）中、低压弯管的弯曲角度α的偏差值△如图34-92所示，机械弯管不超过±3mm/m，当直管长度大于3m时，总偏差不超过±10mm；地炉弯管不超过±5mm/m，当直管长度大于3m时，总偏差不超过±15mm。

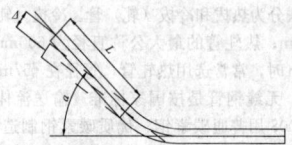

图34-92　弯曲角度及管端轴线偏差

（3）硬聚氯乙烯管道弯管制作

1）加热：硬聚氯乙烯管加热温度控制在135～150℃，在此温

度下，硬聚氯乙烯管的延伸率为100%。加热方法为空气烘热（电炉或煤炉）和浸入甘油锅内加热。空气加热的温度为135 ± 5℃；甘油锅加热的温度为140～150℃。

2）热弯：外径小于40mm的硬聚氯乙烯管热弯时可不灌砂，直接在电炉或煤炉上加热，加热长度为弯头的展开长度。当弯成所需角度后，立即用湿布擦拭，使之冷却定型。

5. 翻边

（1）金属管道翻边

1）管口翻边采用冲压成型的接头；

2）管口翻边后不能有裂纹、豁口及褶皱等缺陷，并应有良好的密封面；

3）翻边端面与管子中心线垂直，允许偏差小于或等于1mm，厚度减薄率小于或等于10%。

（2）聚氯乙烯管翻边

采用卷边活套法兰连接的聚氯乙烯管口必须翻出卷边肩，如图34-93所示。管口翻边时严格掌握温度。使用甘油加热锅时，锅底应垫一层砂，厚30mm，以防止加热的管端与锅底接触。翻边的操作步骤：

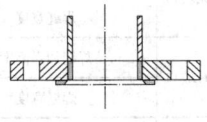

图34-93 卷边活套法兰

1）用木工锉在翻边的管口内锉成15°～30°角，并留1mm钝边；用红色笔在管外壁作好翻边的长度标记。

2）在管端套入法兰后，倒插入甘油锅内。甘油保持在140～150℃左右，插入深度等于翻边宽度加10mm。加热过程中，经常转动管子，以保持均匀受热，与此同时将翻边的内模加热到80℃左右。加热至规定时间后，从甘油锅内迅速取出管端，放到翻边外模夹具内，再插入内模，旋转内模使翻边成形，直到管口翻边压平为止。缓慢浇水冷却，然后退模。

3）检查翻边质量，卷边处不得有裂缝及皱折等缺陷。

6. 法兰垫加工

法兰垫片的材料应符合设计要求；法兰垫片的内径等于管子内径，允许偏差不超过3mm。外径应与法兰的螺栓相接触。

法兰垫片的制作可以使用切割规，滚刀轮工具，专用的垫片切割机和振动剪等进行切割。

34.7.1.4 空调水管的存放

（1）中断施工时，管口一定要做好封闭工作。当复工后，在与原口相接以前应清除原口内异物。

（2）敷设在地沟内的管道，施工前要先清理管沟内的渣土、污物；已保温的管道不允许随意踩踏，并且要及时盖好地沟盖板。

（3）搬运阀门时，不允许随手抛掷；吊装时，绳索要拴在阀体与阀盖的法兰连接处，不得拴在手轮或阀杆上。

（4）加工好的管端密封面要沉入法兰内3～5mm，并及时填写相应的记录备查。加工好的管子暂不安装时，要在加工面上涂油防锈并封闭管口，妥善保管。

（5）硬聚氯乙烯管强度较低，脆性为，为减少破损率，在同一安装部位要将其他材质管道安装完后再进行安装；硬聚氯乙烯管材堆放要平整，防止遭受日晒和冷冻。管子、管道附件及阀门等在施工过程中要妥善保管和维护，不能混淆堆放。

34.7.2 空调水管安装

34.7.2.1 管材、管件、阀门等进场检验

1. 钢管、钢管件的检验

（1）一般规定

1）钢管、钢管件必须具有制造厂的合格证明书，否则应补作所缺项目的检验。

2）钢管、钢管件在使用前应按设计要求核对其规格、材质和型号。

3）钢管、钢管件在使用前进行外观检查，要求表面：

①无裂纹、缩孔、夹渣、折叠、重皮等缺陷；

②不超过壁厚负偏差的锈蚀或凹陷；

③螺纹密封面良好，精度及粗糙度达到设计要求或制造标准；

④合金钢管及管件要有材质标记。

（2）钢管件的检验

1）弯头、异径管、三通、法兰、盲板、补偿器及紧固件等须进行检查，其尺寸偏差符合国家标准。

2）法兰密封面平整光洁，不得有毛刺及径向沟槽。法兰螺纹部分完整、无损伤。

3）螺栓与螺母螺纹完整、无伤痕、毛刺等缺陷。螺栓与螺母配合良好，无松动或卡涩现象。

4）石棉橡胶、橡胶、塑料等非金属垫片质地柔韧，无老化变质分层现象。表面没有折损、皱纹等缺陷。

2. 阀门

（1）阀门安装前必须进行外观检查，必须先对阀门进行强度和严密性试验，不合格的不得进行安装。阀门试验的规定如下：

1）低压阀门应从每批中抽查10%（至少一个），进行强度和严密性试验。若有不合格，再抽查20%，如仍有不合格则应逐个检查。

2）高、中压阀门和输送有毒及甲、乙类火灾物质的阀门应逐个进行强度和严密性试验。

（2）阀门强度试验时，试验压力为公称压力的1.5倍，持续时间不少于5min，阀门的壳体、填料无渗漏为合格。

（3）严密性试验时，试验压力为公称压力的1.1倍；试验压力在试验持续期间保持不变，以阀瓣密封面无渗漏为合格。

34.7.2.2 管道安装流程

34.7.2.3 套管的安装

（1）金属管道套管

1）管道穿越墙体或楼板处设置钢制套管，管道接口不能置于套管内，钢制套管应与墙体饰面或楼板底相平齐，上部要高出楼层地面20～50mm，并不得将套管作为管道支撑。

2）保温管道与套管四周间隙应使用不燃绝热材料填塞紧密。

（2）非金属管道套管

1）制作套管：套管可用板加热卷制，长度为主管公称直径的2.2倍，壁厚与主管壁相同或如表34-81所示。

对焊连接的套管规格　　　　　表34-81

公称直径 DN(mm)	25	32	40	50	65	80	100	125	150	200
套管长度 B	56	72	94	124	146	172	220	270	330	436
套管壁厚 s			3			4			6	7

2）加装套管：先用酒精或丙酮将主管外壁和套内壁擦洗干净，并涂上PVC塑料胶，再将套管套在主管对接缝处，使套管两端与焊缝保持等距，套管与主管间隙不大于0.3mm。

3）封口：封口采用热空气熔化焊接，先焊接套管纵缝，再完成套管两端主管的封口焊。

34.7.2.4 管道支吊架安装

（1）墙上有预留孔洞的，可将支架横梁埋入墙内，如图34-94（a）所示。

（2）钢筋混凝土构件上的支架，浇筑时要在各支架的位置预埋钢板，然后将支架横梁焊接在预埋钢板上。如图34-94（b）所示。

（3）在没有预留孔洞和预埋钢板的砖或混凝土构件上，可以用射钉或膨胀螺栓安装支架，但不要安装推力较大的固定支架。

（4）用射钉安装的支架如图34-94（c）所示；用膨胀螺栓安装的支架如图34-94（d）所示。

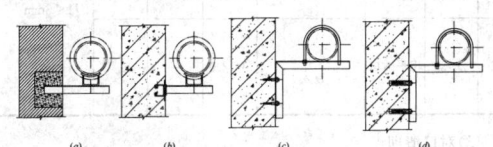

图34-94 支架的安装形式

（a）埋入墙内支架；（b）焊接到预埋钢板上支架；
（c）用射钉安装的支架；（d）用膨胀螺栓安装的支架

(5) 非金属管道支吊架安装还应满足下列要求：

1) 硬聚氯乙烯管道不能直接与金属支、吊架接触，在管道与支架之间要垫上软塑料垫；

2) 由于硬聚氯乙烯强度低、刚度小，支撑管子的支、吊架间距要小。管径小，工作温度或大气温度较高时，应在管子全长上用角钢支托，以防止管子向下挠曲，并要注意防振。

34.7.2.5 管道安装

1. 金属管道安装

(1) 一般规定

1) 钢制管道在安装前，要将管道内、外壁的污物和锈蚀清除干净。当管道安装间断时，及时封闭敞开的管口。

2) 冷凝水排水管坡度，要符合设计文件规定。当设计无规定时，其坡度大于或等于8‰；软管连接的长度，不大于150mm。

3) 冷热水管道与支吊架之间有绝热衬垫，其厚度不小于绝热层厚度，宽度大于支吊架支撑面的宽度。衬垫的表面平整，衬垫结合面的空隙要填补。

4) 管道安装的坐标、标高和纵、横向弯曲度要符合表34-82的规定。在吊顶内等暗装管道的位置要正确，无明显的偏差。

管道安装的允许偏差和检验方法 表34-82

项 目		允许偏差(mm)	检 查 方 法
坐标	架空及地沟 室外	25	按系统检查管道的起点、终点、分支点和变向及各点之间的直管。
	架空及地沟 室内	15	
	埋 地	60	
标高	架空及地沟 室 外	±20	用经纬仪、水准仪、液体连通器、水平仪、拉线和尺量检查
	架空及地沟 室 内	±15	
	埋 地	±25	
水平管道平直度	DN≤100	2L‰，最大40	用直尺、拉线和尺量检查
	DN>100	3L‰，最大60	
立管垂直度		5L‰，最大25	用直尺、线锤、拉线和尺量检查
成排管段间距		15	用直尺、尺量检查
成排管段或成排阀门在同一平面上		3	用直尺、拉线和尺量检查

(2) 焊接连接

1) 管道焊接材料的品种、规格、性能符合设计要求。管道对接焊口的组对和坡口形式等符合表34-83的规定；对口的平直度为1/100，全长不大于10mm。管道固定焊口要远离设备，且不要与设备接口中心线相重合。管道对接焊缝与支吊架的距离要大于50mm。

管道焊接坡口形式和尺寸 表34-83

项次	厚度T(mm)	坡口名称	坡口形式	间隙C(mm)	钝边P(mm)	坡口角度a	备 注
1	1~3	I形坡口		0~1.5			内壁错边量≤0.1T且≤2mm，外壁≤3mm
	3~6	双面焊		0~2.5			
2	6~9	V形坡口		0~2.0	0~2	65~75	
	9~26			0~3.0	0~3	55~65	
3	2~30	T形坡口		0~2.5			

2) 对口清理

①清除接口处的浮锈、污垢及油脂；

②钢管切割时，其割口断面与管子中心线垂直，以保证管子焊接完毕的同心度；

③坡口成形采用气割或使用坡口机加工，并应清除渣屑和氧化铁，用锉刀打磨直至露出金属光泽；

④直径相同的管子对焊时，两管壁厚度差不大于3mm。

3) 禁止用强力组对的方法来减少错边量或不同心度偏差；也不能加热法来缩小对口间隙。

4) 焊接操作：钢管焊接，一般是采用电焊和气焊，由于电焊比气焊的焊缝强度高，而且经济，因此钢管大多数采用电焊，只有当管壁厚度小于4mm时，才采用气焊连接。管道焊缝有加强高度和遮盖面宽度，如设计无要求，电焊应符合表34-84的规定。

电焊焊缝加强面高度和宽度(mm) 表34-84

厚 度		2~3	4~6	7~10
无坡口	焊缝加强高度	1~1.5	1.5~2	—
	焊缝宽度	5~6	7~9	—
有坡口	焊缝加强高度	—	1.5~2	2
	焊缝宽度		盖过每边坡口2mm	

5) 管道焊口尺寸的允许偏差应符合表34-85的规定。

焊口尺寸允许偏差 表34-85

项 目		允许偏差
焊口平直度	管壁厚度<10mm	管壁厚度的1/4
焊缝加强面	高 度	+1
	宽 度	
	深 度	小于0.5mm
咬边长度	连续长度	25mm
	总长度(两侧)	小于焊缝长度的10%

(3) 螺纹连接

1) 在外螺纹的管头或管件上缠好麻丝或密封带，用于将其拧入带内螺纹的管件内2~3扣。

2) 活接头连接：活接头连接由三个单件组成的，即公口、母口和套母。连接时公口上加垫，属蒸汽管道的加石棉橡胶垫，属上水或冷冻水管道的加橡胶垫。套母要加在公口一端，并使套母挂内丝的一面向着母口，如果忘记装套母或将套母的方向搞颠倒了，常常需要将公口拆下来进行返工。套母在锁紧前，必须将公口和母口找正找平，否则容易出现渗漏。

3) 用管钳拧转管子(或管件)，直到拧紧为止。对三通、弯头类的管件，拧劲可大些，对阀门类的拧劲，可小些。

4) 螺纹拧紧后，密封填料不能挤入管内，露出螺纹尾以1~2扣为宜，挤出的密封填料要清除干净。

(4) 法兰连接

1) 法兰螺孔应对正，螺孔与螺栓直径配套。法兰连接螺栓长短一致，螺母在同一侧，螺栓拧紧后要伸出螺母1~3扣。法兰的螺栓拧紧顺序如图34-95所示。

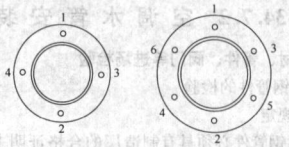

图34-95 法兰螺栓拧紧顺序

2) 法兰接口不能埋入土中，而应该安装在检查井或地沟内，如果必须将其埋入土中时，要采取防腐措施。

3) 平焊法兰焊接时，管子插入法兰厚度的1/2~2/3，并在互为90°的两个方向进行垂直检查；平焊法兰与管道装配时，管道外径与法兰内孔的间隙不大于2mm。

4) 法兰密封面与管道中心线垂直；管道中心线的垂直与法兰

面、法兰外径的允许偏差为 $DN \leqslant 300mm$ 时，为 1mm；$DN >$ 300mm 时，为 2mm。

5）平焊法兰与管道装配时，管道外径与法兰内孔的间隙不超过 2mm。

2. 非金属管道安装

(1) 一般规定

1）非金属管道应在下列条件已经满足的情况下才能进行安装：

①与管道有关的土建工程已经检查合格，满足了安装施工要求；

②所需图纸资料和技术文件等已齐备，并且已经通过图纸会审、设计交底；

③与管道连接的设备找正、校平合格，固定、二次灌浆工作已完毕；

④管子、管件及阀门均已验收合格，并且具备有关技术资料（如合格证等）。与设备校对无误，内部清洗干净，不存在杂物；

⑤必须在管道安装前完成的有关工序（如清洗、脱脂等）已进行完毕。

2）采用建筑用硬聚氯乙烯、聚丙烯与交联聚乙烯等管道时，管道与金属支吊架之间要有隔绝措施，不可以直接接触。当为热水管道时，还应该加宽接触面积。

3）管道与设备的连接，在设备安装完毕后进行，与水泵、制冷机组的接管必须为柔性接口。柔性接管不能强行对口连接，与其连接管道应设置独立支架。

4）冷热水及冷却水系统在系统冲洗、排污合格后，再循环试运行 2h 以上，且水质正常后才能与制冷机组、空调设备全部贯通。

(2) 焊接连接

1) 对焊连接

焊接操作：焊接时的加热温度一般为 $200 \sim 240℃$，由于热空气到达焊接表面时，温度还要降低。所以从焊嘴喷出的热空气温度还要高些，一般为 $230 \sim 270℃$。在焊接过程中，向焊条施加压力要均匀；施力方向使焊条和焊件基本保持垂直，焊条切勿向后倾斜。虽然这样焊接又快又省力，但这样用力所产生的水平分力会使刚刚粘上去的焊条拉裂，在冷缩产生裂纹。反之，如果焊条向前倾斜，焊条受热变软的一段就太长，焊条会弯曲过早，使焊条和焊件粘不牢，水平分力还会把刚粘上的焊条挤出皱纹来。焊接喷嘴和焊件夹角一般保持 $30° \sim 45°$。焊条粗、焊件薄的要多加热焊条，即夹角要小些；反之，则夹角应大些。为了使焊条加热均匀，焊枪要上下左右抖动。

2) 带套管对焊连接

①管子对焊连接后，将焊缝铲平，铲去主管外表面上对接焊缝的凸高部分，使其与管外壁面齐平。

②制作套管：套管用板材加热卷制，长度为主管公称直径的 2.2 倍，壁厚与主管壁厚相同。

③加装套管：先用酒精或丙酮将主管外壁和套内壁擦洗干净，并涂上 PVC 塑料胶，再将套管套在主管对接缝处，使套管两端与焊缝保持等距，套管与主管间隙不大于 0.3mm。

④封口：封口采用热空气熔化焊接，先焊接套管纵缝，再完成套管两端主管的封口焊。

(3) 硬聚氯乙烯承插连接直径小于 200mm 的挤压管多采用承插连接。如图 34-96 所示。

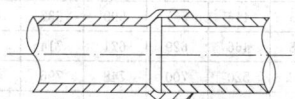

图 34-96　塑料管承插连接

①承口加工：首先将要扩胀为承口的管子端部加工成 45°外坡口。再将有内坡口端置于 $140 \sim 150℃$ 甘油中加热，并均匀地转动管子。取出后将有外坡口的管子插入已加热变软的管内，插入深度为管子外径的 $1 \sim 1.5$ 倍，成型后取出插入的管子。

②接口清洗：用酒精或丙酮将承口内壁和插口外壁清洗干净。

③涂胶：在清洗干净的承口内壁和插口外壁涂上 PVC 塑料胶（601 胶），涂层均匀。

④插接：将插口插入承口内，一次性插足，承插间隙不大于 0.3mm。

⑤封口：承插口外部采用硬聚氯乙烯塑料焊条进行热空气熔化焊接封口。直径大于 100mm 的管子，可以用木制或钢制冲模在插口端部预先扩口，以便于容易承插接口。

3. 法兰连接

(1) 焊环活套法兰连接

这种方法是在管端焊上一挡环，用钢法兰连接。具有施工方便，可以拆卸，适用较大的管径。但焊缝处易拉断。小直径管子用翻边活套法兰连接。法兰垫片用软聚氯乙烯塑料材质。

(2) 扩口活套法兰连接

扩口方法与承插连接的承口加工方法相同。这种接口强度高，能承受一定压力，可用于直径在 20mm 以下的管道连接。法兰为钢制，尺寸同一般管道。但由于塑料管强度低，法兰厚度可以适当减薄。活套法兰密封面应该锉平。

(3) 平焊塑料法兰连接

这种连接方法是用硬聚氯乙烯塑料板制作法兰，直接焊在管道上。连接简单，拆卸方便，适用于压力较低的管道。法兰尺寸和平焊钢法兰一致，但法兰厚度大些。垫片选用布满密封面的轻质宽垫片，否则拧紧螺栓时易损伤法兰。

4. 螺纹连接

对硬聚氯乙烯来说，螺纹连接一般只用于连接阀件、仪表或设备上。密封填料用聚四氟乙烯密封带，拧紧螺纹用力要适度。不能拧得过紧，螺纹加工由制作厂家完成，不能现场制作。

5. 聚丙烯管胎具加热

管端加工约 30°坡口，钝边为 $1/3 \sim 2/3$ 壁厚，并将连接的管件和管道用棉纱擦拭干净，使之无油无尘。分别做出插入深度的标记并插入胎具中进行加热。加热时不断进行转动，当达到 $270 \sim 300℃$ 时，管道和管件出现熔融状态时，即行脱模，将管道用力旋转插入管件，并保持 30s 后方能脱手。在接口周围有熔融的焊珠挤出时，说明连接情况良好。用外加热胎具时，先将外加热胎具加热到预定温度后，再将管子和管件插入熔融，取下胎具进行连接。如图 34-97 所示。

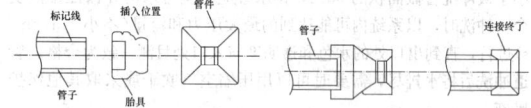

图 34-97　聚丙烯管道连接操作过程

34. 7. 2. 6　管道试压与冲洗

1. 管道试压

管道安装完毕，对管道系统进行压力试验。按试验的目的，可分为检查机械性能的强度试验和检查管道连接情况的严密性试验。按试验使用的介质，可分为用水作介质的水压试验和用气体作介质的气压试验。

(1) 水压试验

试验过程

水压试验用清洁的水作介质。向管内灌水时，打开管道各高处的排气阀，待水灌满后，关闭排气阀和进气阀，用手摇式水泵或电动泵加压，压力逐渐升高，加压到一定数值时，要停下来对管道进行检查，无问题时再继续加压，一般分 $2 \sim 3$ 次升至试验压力。当压力升到试验压力时，停止加压，管道在试验压力下保持 5min。在试验压力下保持的时间内，如管道未发现异常现象，压力表指针不下降，即认为强度试验合格。然后把压力降至工作压力进行严密性试验。在工作压力下对管道进行全面检查，并用重量 1.5kg 以下圆头小锤在距焊缝 $10 \sim 20mm$ 处沿焊缝方向轻轻敲击。到检查完毕，如压力表指针没有下降，管道焊缝及法兰连接处未发现渗漏现象，即可认为试验合格。蒸汽及热水管道系统在试验压力保持时间内，压力下降不超过 0.02MPa，即认为合格，水压试验压力见表 34-86。

水压试验压力   表 34-86

管道级别		设计压力 P	强度试验压力	严密性试验压力
真空		—	0.2	0.1
中低压	地上管道		1.25P	P
	埋地管道 钢		1.25P 且不小于 0.4	不大于系统阀门单体试验压力
	埋地管道 铸铁 ≤5		2P	P
	埋地管道 铸铁 >5		P+0.5	
高压		—	1.5P	P

(2)气压试验

1)试验压力

气压强度试验压力为设计压力的 1.15 倍；真空管道为 0.2MPa。严密性试验压力按设计压力进行，但真空管道不小于 0.1MPa。

2)试验过程

气压试验一般为空气，可以用氮气或其他惰性气体进行。气压试验前，应对管道及管件的耐压强度进行验算，验算时采用的安全系数不小于 2.5。试验时，压力应逐渐升高，达到试验压力时停止升高。在焊缝和法兰连接处涂上肥皂水，检查是否有气体泄漏。如发现有泄漏的地方，要标出记号，卸压后进行修理。消除缺陷后再升压至试验压力，在试验压力下保持 30min，如压力不下降，即认为强度试验合格。强度试验合格后，降至设计压力，用涂抹肥皂水的方法检查，如无泄漏，稳压 30min，压力不下降，则严密性试验为合格。

2. 管道清洗

工作介质为液体的管道，一般进行水冲洗。如不能用水冲洗或不能满足清洁要求时，可以在压力试验前进行吹扫，但要采取措施。

清洗前，将管道系统内的流量孔板、滤网、温度计、调节阀阀芯、止回阀阀芯等拆除，待清洗合格后再重新装上。热水、供水、回水及凝结水管道系统用清水进行冲洗。如果管道分支较多，末端面积较小时，可以将干管中的阀门拆除 1~2 个，分段进行冲洗。如果管道分支不多，排水管可以从管道末端接出。排水管截面各不小于被冲洗管截面积的 60%。排水管应接至排水沟并保证排泄安全。冲洗时，以系统内可能达到的最大压力和流量(不小于 1.5m/s)进行，直到出口处的水色和透明度与入口处一致为合格。管道冲洗后将水排尽，需要时可以用压缩空气吹干或采取其他保护措施。

34.8 制冷设备的安装

34.8.1 制冷设备安装工艺流程

制冷设备在安装时大体按照图 34-98 所示的流程逐步进行。各施工工序要严格按照相关标准和规范施工，并组织协调好各工序操作，以节省整体安装时间。

34.8.1.1 施工工具和材料的准备

1. 起重索具

绳索及附件在起重工作中是用来捆绑、搬运和提升设备的，统称为索具。常用的索具有钢丝绳和麻绳。

(1)钢丝绳

钢丝绳是由高强度碳素钢丝制成的，具有自重轻、强度高、耐磨损、断面相等、挠性好、弹性大能承受冲击荷载、破断前有断丝的预兆、工作可靠、在高速下运转平稳无噪声等优点。但由于刚性较大，不易弯曲、使用时要增大卷筒和滑轮的直径，因此相应的增加了卷筒和滑轮的尺寸和重量。

普通结构的钢丝绳是由强度为 1400~2000N/mm²，直径 0.4~3mm 的高强度钢丝捻制成钢丝绳股，成为子绳，再由子绳绕浸油的植物纤维绳芯捻成钢丝绳。绳芯一般是由棉、麻、石棉等浸油纤维制成。图 34-99 便是不同类型钢丝绳的截面图。如以图 34-99(a)

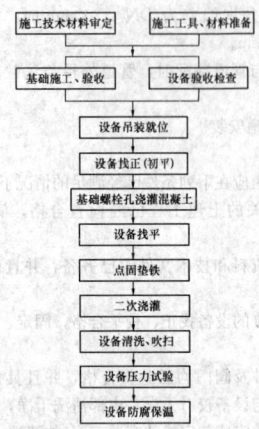

图 34-98 制冷设备安装工艺流程图

中 6×19S＋FC 型号为例，就表示该钢丝绳是由 6 股子绳，每股由 19 根高强度的钢丝股组成，S 表示钢丝绳股结构类型为西鲁式平行捻，FC 代表该钢丝绳的绳芯是纤维芯；图 34-99(b)~图 34-99(d) 中，W 表示股结构类型为瓦林吞式平行捻；IWR 表示金属丝绳芯。表 34-87 列举了该系列常用钢丝绳的规格及性能参数。

(a)   (b)   (c)   (d)

图 34-99 不同类型钢丝绳的截面图

(a)6×19S—FC；(b)6×19S—IWR；(c)6×19W—FC；(d)6×19W—IWR

6×19S＋FC 钢丝绳主要性能参数   表 34-87

钢丝绳公称直径	钢丝绳近似重量		钢丝绳公称抗拉强度(MPa)				
			1470	1570	1670	1770	1780
	天然纤维	合成纤维	钢丝绳最小破断拉力				
mm	kg/100m		kN				
9	29.9	29.1	39.3	42	44.6	47.3	50
10	36.9	36	48.5	51.8	55.1	58.4	61.7
11	44.6	43.5	58.7	62.7	66.7	70.7	74.7
12	53.1	51.8	69.9	74.6	79.4	84.1	88.9
13	62.3	60.8	82	87.6	93.1	98.7	104
14	72.2	70.5	95.1	102	108	114	121
16	94.4	92.1	124	133	141	150	158
18	119	117	157	168	179	189	200
20	147	144	194	207	220	234	247
22	178	174	235	251	267	283	299
24	212	207	279	298	317	336	355
26	249	243	328	350	373	395	417
28	289	282	380	406	432	458	484
30	332	324	437	466	496	526	555
32	377	369	497	531	564	598	632
34	426	416	561	599	637	675	713
36	478	466	629	671	714	757	800
38	532	520	700	748	796	843	891
40	590	576	776	829	882	935	987
44	714	679	939	1000	1070	1130	1190
48	849	829	1120	1190	1270	1350	1420
52	997	973	1310	1400	1490	1580	1670
56	1160	1130	1520	1620	1730	1830	1940
60	1330	1300	1750	1870	1980	2100	2220
64	1510	1470	1990	2120	2260	2390	2530

钢丝绳的安全系数按表 34-88 选用。

钢丝绳的安全系数 表 34-88

用　途	安全系数	用　途	安全系数
作缆风	3.5	作吊索无弯曲时	6～7
用于手动起重设备	4.5	作捆绑吊索	8～10
用于机动起重设备	5～6	用于载人的升降机	14

（2）麻绳

麻绳由于具有轻便、柔软、易捆扎等优点，因此在起重作业中也是一种常用的一种绳索。但同时麻绳也具有强度较低、易破损、易破断和易腐蚀的缺点。因此在起重作业中仅适用吊装小型设备及管道，或作为溜绳等辅助作业。

麻绳的种类较多，按使用原料的不同可分为：龙舌兰麻制成的白棕绳，大麻制成的线麻绳，龙舌兰麻和萱麻各半再掺入 10% 大麻制成的混合绳。

由于麻绳容易腐烂和磨损，在使用前必须认真检查，对表面磨损不大的可降级使用，局部损伤严重的可截取损伤部分，插接后继续使用，断丝的禁止使用。使用后的麻绳应妥善保存，防止潮湿和油污及化学药品的腐蚀。

2. 吊具

在起重作业中，为了便于物体的悬挂，需采用各种形式的吊具。常用的吊具一般有吊钩、卸扣、吊环等几种。由于吊环穿挂吊索不方便，因此普通作业中较少使用。

（1）吊钩

吊钩是起重机械上配置的一种吊挂工具，如图 34-100 所示，吊钩一般分单面钩和双面钩两种。单面钩是较为常用的一种吊钩，使用方便，双面钩则具有受力均匀，起重量大。钩体采用优质钢材锻造冲压而成，表面应光滑，无裂纹、刻痕、锐角、接缝等缺陷。使用前应进行严格检查，如发现缺陷或磨损超过 10% 时，必须停止使用或降低荷载使用。

（2）卸扣

又名卡环，其使用轻便、结构简单、扣卸方便、操作安全可靠，因此是起重吊装作业中较为常用的起重滑车、吊环或绳索的联结工具。例如利用卸扣把钢丝绳与起重机的缆风盘连接在一起，把钢丝绳与钢丝绳连接在一起，以及把钢丝绳与滑车连接在一起等。具体结构如图 34-101 所示。

图 34-100　吊钩实物图　　　图 34-101　卸扣实物图
（a）单钩；（b）双钩

在卸扣使用过程中应注意采用正确的使用方法，以免影响其强度。卸扣的强度主要取决于弯环部分的直径，卸扣容许的使用荷载（单位：N）一般可按卸扣弯环直径（单位：mm）60 倍进行估算选择。

3. 吊装工具

（1）捯链

捯链又称链式起重机，捯链按动力来源分为电动捯链和手动捯链，其中手动捯链是制冷设备起重吊装作业中最为常用的一种轻便的起重吊装工具。具有结构紧凑、操作简单、体积小、重量轻、携带方便、用力小、效率高及用力平稳等特点，起重一般不超过10t，最大的也可以达到20t；最高吊高度为 2.5～5m，特制的可达12m，由 1～2 人操作，其提升速度将随着起重量的增加而相对减慢，既可垂直吊又可水平或倾斜使用，一般可用来吊装轻型设备、构件、拉紧拔杆缆绳，以及拉紧捆绑构件的绳索等。表 34-89 列举了 HSZ 型捯链的主要技术性能。

HSZ 型捯链的主要技术性能表 表 34-89

型　号	HSZ-0.5	HSZ-1	HSZ-1.5	HSZ-2	HSZ-3	HSZ-5	HSZ-10	HSZ-20
起重量（t）	0.5	1	1.5	2	3	5	10	20
标准起重高度（m）	2.5	2.5	2.5	2.5	3	3	3	3
试验载荷（t）	0.75	1.5	2.25	3	4.5	7.5	12.5	25
满载手链拉力（N）	225	309	343	314	343	383	392	392
起重链行数	1	1	1	1	2	2	4	8
链条圆钢直径（mm）	6	6	8	6	8	10	10	10
净重（kg）	9.5	10	16	14	24	36	68	155

（2）千斤顶

千斤顶又称为顶重器或举重器，是常用的顶升工具，具有结构简单、携带方便、工作可靠，可用较小的力顶较重的设备准确的提升和移动一定的距离。但同时千斤顶具有工作行程不大的缺点，因此在需要把物体提升到较高的高度时，常常需要分几次顶升才能完成。千斤顶有齿条式、螺旋式和液压千斤顶等几种形式，其中以后两种较为常用。表 34-90 和表 34-91 列举了几种常用规格的千斤顶的性能参数。

QYL 立式油压千斤顶主要技术参数 表 34-90

型　号	起重（t）	最低高度（mm）	最高高度（mm）	起升高度（mm）	调整高度（mm）	净重（kg）
QYL0201	1.6	158	308	90	60	3.2
QYL0301	3.2	195	380	125	60	3.5
QYL0501	5	200	405	125	80	4.6
QYL0801	8	236	475	160	80	6.9
QYL1001	10	240	480	160	80	7.3
QYL1201	12.5	245	485	160	80	9.3
QYL1601	16	250	490	160	80	11
QYL2001	20	280	460	160	80	15
QYL3201	32	285	465	180	80	23
QYL3202	32	255	405	150	80	20
QYL3203	32	255	375	120	80	14
QYL5001	50	300	480	180	80	33.5
QYL5002	50	270	420	150	60	31
QYL8001	80	300	480	180	80	50
QYL10001	100	335	515	180	80	78
QLL20001	200	370	570	200	80	138

螺旋千斤顶主要技术参数 表 34-91

型　号	起　重（t）	最低高度（mm）	起升高度（mm）	自　重（kg）	外形尺寸宽度（mm）
QL3.2	3.2	200	110	7	160×130×200
QL5	5	250	130	8	178×150×250
QL8	8	260	140	9	184×160×260
QL10	10	280	150	11	194×170×280
QL16	16	320	180	16	229×182×320
QLD16	16	225	90	12	229×182×225
QL20	20	325	180	18	243×194×325
QLD25	25	226	120	20	252×200×262
QL32	32	395	200	30	263×223×395
QLD32	32	270	110	23	263×223×270
QL50	50	452	250	48	245×317×452
QLD50	50	330	150	48	245×317×330
QL100	100	452	200	78	280×320×452

（3）电动卷扬机

电动卷扬机具有结构简单、制造容易、使用方便、操作灵活等优点，一般用于机械设备的水平和垂直搬运。

电动卷扬机按卷筒数目分为单筒卷扬机和双筒卷扬机，按牵引速度可分为快速（30～130m/min）卷扬机和慢速（7～13m/min）卷扬机。在实际安装过程中常使用的是单筒慢速卷扬机。几种常用慢速卷扬机的型号和性能参数详见表34-92。

JM型慢速电动卷扬机主要性能参数表　表 34-92

型 号	额定拉力	平均绳速	容绳量	钢丝绳直径	电机型号	电机功率	整机重量
	(kN)	(m/min)	(m)	(mm)		kW	kg
JM1	10	15	80	φ9	Y112M-6	2.2	270
JM1.6	16	16	115	φ12.5	Y132M-6	5.5	500
JM2	20	16	100	φ13	Y160M-6	7.5	550
JM3.2	32	9.5	150	φ15.5	YZR160M-6	7.5	1100
JM5	50	9.5	190	φ21.5	YZR160L-6	11	1800
JM8	80	8	250	φ26	YZR180L-5	15	2900
JM10	100	8	200	φ30	YZR200L-6	22	3800
JM12.5	125	10	300	φ34	YZR225M-6	30	5000
JM16	160	10	500	φ37	YZR250M-8	37	8800
JM20	200	10	600	φ43	YZR280M-8	45	9900
JM25	250	9	700	φ48	YZR280M-8	55	13500
JM32	320	9	700	φ52	YZR315S-8	75	20000
JM50	500	8	800	φ60	YZR315M-8	90	38000
JM65	650	10	2400	φ64	LA8315-8AB	160	46000

4. 常用量具

制冷设备在安装过程中，除配备常用的卡钳、游标卡尺、塞尺外，应还准备测量精度较高的框式水平仪、千分表及平尺等。

（1）框式水平仪：这是机械设备安装中最常用的精密量具，用来测量制冷设备的水平度。其规格有 150、200、250mm，精度为（0.01～0.04）/1000。

（2）千分表：用来测量工件的平面、圆度、锥度及配合间隙的精密量具。同表架配合使用，其测量精度为 0.01mm。在联轴器找正时，使用两只千分表在固定架上检验其径向和轴向的同轴度。

（3）千分垫：用来测量较小间隙，或用来垫在平尺下找平高低不一的设备，还可以检验其他量具。

（4）平尺：用来检查机械设备平面直线度、平行度和框式水平仪配合使用来检查机械设备的水平度。平尺有矩形和桥形两种，设备安装常用的是矩形平尺。常用的平尺为500～3000mm。

5. 制冷剂

制冷剂又称制冷工质，它是在制冷系统中不断循环并通过其本身的状态变化以实现制冷的工作物质。制冷剂在蒸发器内吸收被冷却介质（水或空气等）的热量而汽化，在冷凝器中将热量传递给周围空气或水而冷凝。它的性质直接关系到制冷装置的制冷效果、经济性、安全性及运行管理，因而对制冷剂性质要求的了解是不容忽视的。常用制冷剂的主要物理性质如表34-93所示，其适用特性如表34-94所示。

常用制冷剂的主要物理性质　　表 34-93

代号	名 称	化学分子式	分子质量	沸 点（℃）	凝固点（℃）	临界温度（℃）	临界压力（MPa）
R11	一氟三氯甲烷	$CFCl_3$	137.38	23.82	-111	198	4.406
R12	二氟二氯甲烷	CF_2Cl_2	120.93	-29.79	-158	112	4.113
R13	三氟一氯甲烷	CF_3Cl	104.47	-81.4	-181	28.8	3.865
R21	一氟二氯甲烷	$CHFCl_2$	109.2	8.8	-135	178.5	5.168
R22	二氟一氯甲烷	CHF_2Cl	86.48	-40.76	-160	96	4.974

续表

代号	名 称	化学分子式	分子质量	沸 点（℃）	凝固点（℃）	临界温度（℃）	临界压力（MPa）
R23	三氟甲烷	CHF_3	70.02	-82.1	-155	25.6	4.833
R114	四氟二氯乙烷	$C_2F_4Cl_2$	170.94	3.8	-94	145.7	3.259
R115	五氟一氯乙烷	C_2F_5Cl	154.48	-39.1	-106	79.9	3.153
R501	R22/R12 (84.5/15.5)	—	—	-41.5	—	—	—
R502	R22/R115 (48.8/51.2)	—	111.63	-45.4	—	82.2	4.072
R503	R23/R13 (40.1/59.9)	—	87.5	-88.7	—	19.5	4.182
R717	氨	NH_3	17.03	-33.3	-77.7	133	11.417
R728	氮	N_2	28.013	-198.8	-210	-146.9	3.396
R744	二氧化碳	CO_2	44.01	-78.4	-56.6	31.1	7.372
R718	水	H_2O	18.02	100	0	374.2	22.103

常用制冷剂的适用特性　　表 34-94

代号	适用范围			
	温度区间	制冷机形式	特 点	用 途
R11	-5～10	离心式	沸点高、无毒、不燃烧	大型空调及其他工业
R12	-60～10	活塞式、离心式、回转式	压力适中，压缩终温度、化学稳定、无毒	冷藏、空调、化学工业及其他工业，从家用空调到大型离心制冷机
R13	-60～-100	活塞式、离心式	沸点低、临界温度低、无毒、不燃烧	用低温研究和低温化学工业
R21	-20～10	活塞式、离心式、回转式	冷凝压力低	用于空调、化学工业小型制冷机，适用于高温车间及起重机控制室的风冷式降温设备
R22	0～-80	活塞式、离心式、回转式	压力适中、制冷能力比R12高、排气温度比R12低	用于冷藏、空调、化学工业及其他工业
R114	-20～10	活塞式、离心式、回转式	沸点比R21低，介于R12和R11之间	主要用于小型制冷机
R502	0～-80	活塞式、离心式	无毒、不燃烧，压力和制冷能力与R22近似	特别适用于全封闭式制冷压缩机
R717	-60～10	活塞式、离心式、回转式	压力适中，有毒	用于制冷、冷藏、化学工业及其他工业；不宜在人员密集的地方

6. 润滑油

润滑油在制冷设备安装和使用过程中起到的作用有润滑、密封（渗入各摩擦件密封面阻止制冷剂泄漏）、冷却（带走摩擦热，同时也可降低排气温度），在多缸压缩机中，润滑油还可用来控制卸载机构的作用等。目前，市面上润滑油的种类较多，而在制冷设备安

装过程中，较常使用的是冷冻机油。常用冷冻机油规格及主要性能指标见表 34-95。

国产冷冻机油的规格及主要性能指标　表 34-95

项　目	质　量　指　标				
黏度等级	N15	N22	N32	N46	N68
运动黏度 (mm²/s)	13.5~16.5	19.8~24.2	28.8~35.2	41.4~50.6	61.2~74.8
闪点（℃），不低于	150	160	160	170	180
黏度等级	N15	N22	N32	N46	N68
凝点（℃），不高于			−40		−35
酸值（mgKOH/g），不大于		0.02		0.03	0.05
氧化后酸值，不大于	0.05	0.2	0.05		0.1
氧化沉淀物，不大于	0.01%	0.02%	0.01%		0.02%
水分	无				
机械杂质	无				

7. 清洗剂

在清洗制冷设备零部件时，为保证安装工程的质量，正确选择清洗剂是尤为重要的。清洗剂的种类多，根据清洗的对象，可分别选用煤油、汽油、松节油、松香水及香蕉水等。煤油、汽油可用来清洗一般机械设备中的润滑油和润滑脂。使用汽油清洗时，其环境含量不能超过 0.3mg/L，防止发生危险，而且零部件清洗后要立即涂润滑油，否则表面会很快锈蚀。

松节油可用来清洗一般油基漆、醇酸树脂漆、天然树脂漆的漆膜。

松香水是辛烷、壬烷、苯几烷、二甲苯、三甲苯所调配而成的有机溶剂，可用来清洗油性调合漆、磁漆、醇酸漆、油性清漆及沥青等。

香蕉水又名天那水，是将乙酸乙酯、乙酸丁酯、苯、甲苯、丙酮、乙醇、丁醇按一定重量百分比组成配制的混合溶剂，溶解力极强。可用来清洗机械设备表面的防锈漆。

8. 防冻剂

为防止制冷设备内结冰影响机组正常运行，经常要使用到防冻剂。目前较为常用的防冻剂溶液包括氯化钙、乙醇、乙二醇、甲醇、醋酸钾、丙二醇和氯化钠。

氯化钙防冻液含有的成分有氯化钙（77%~80%）、氯化钠（1%~2%）、氯化钾（2%~3%）、水（15%~20%）。在氯化钙使用过程中应特别注意其不相容性：氯化钙暴露于空气中，会腐蚀大多数的金属；会侵蚀铝（及其合金）及铜锌合金；与硫酸反应生成具有腐蚀性、刺激性及反应能力的氯化氢；能够与可和水发生反应的物质，如：钠，发生放热反应；与甲基、乙烯基醚发生失去控制的聚合反应；在溶解状态下，与锌（电镀后）发生反应，形成具有爆炸性的氢气。

乙醇防冻液主要成分有乙醇（89%~95%）、蔗糖八乙酸酯（98g/100L）、松油（0.25%）、无离子水（1.4%）、焦亚硫酸钠（0.06%）、苯甲酸盐改性剂（0.0005%）、异丙醇（9.2%）。乙醇气体对静电放电敏感，应采取措施避免乙醇溢出物（渗漏物）。同时，应备有适当的通风及保护装置，远离热源、火花或火焰。溢出物应在适当的容器内保存，或使用适当的有吸收能力的材料吸收，以便进行适当的处理。

乙二醇溶液主要成分有乙二醇（>95%）、磷酸氢二钠（<3%）、水（<3%）组成。乙二醇存放应与下水道、排雨管道、水面及土壤表面远离。此物质比水密度大，且与水极易相溶。对于乙二醇的少量溢出物，需用具有吸收能力的物质及收集器吸入容器中。对于大量溢出物，应避免水路的污染。将其通过挖沟引入或用泵打入适当的容器中。用具有吸收能力的物质吸收残余物，并用水冲洗该处。

氯化钠防冻液主要成分为氯化钠（>99%）。对于氯化钠防冻液溢出物（渗漏物）所采取的措施：如果溢出或渗漏量

很少，应使用装备有特殊过滤器的有全方位的密闭头盔面罩的空气净化呼吸器。在任何情况下都要戴眼部保护装置。对于少量溢出物，应清扫及处理到规定的废物容器中。要将物质与下水道、排水道、水面及土壤远离。

34.8.1.2　施工技术材料的审定

空调制冷设备在安装前，必须对有关技术资料进行认真的审定，以保证施工顺利进行。一般对施工图进行会审，并对施工方案和技术措施进行认证及安排合理的施工进度计划。

1. 施工图纸会审

图纸会审的目的是为了解决疑点，消除隐患，从而减少施工图中的差错，使工程施工顺利进行，达到降低成本和保证施工质量的目的。

施工图纸会审前，应组织有关专业技术人员熟悉施工图纸，弄清设计意图，将图纸中的有关问题记录下来，在图纸会审中核对。会审后签发会审记录，作为施工的依据，与施工图纸具有同等的效力。

制冷设备安装的图纸会审，主要是核对设备与基础之间的配合尺寸，如平面布线的位置、标高、地脚螺栓尺寸；并审查设备与设备连接的管道流程，以及电气设备、自动调节设备的管线连接等。

会审时的主要内容如下：

（1）施工图纸是否符合国家颁布的有关技术、经济政策，是否符合经济合理、方便安装施工的原则。

（2）建筑结构与制冷设备安装有无矛盾。

（3）制冷工艺流程是否合理，各附属设备及管道的标高是否合理，管道有无反坡现象。

（4）电气控制及自动调节系统的部件、线路是否合理。

（5）设计中有无不保证安全施工的因素。

（6）设计中采用的特殊材料和新工艺，安装施工能否满足。

（7）图纸和说明书等技术文件是否齐全、清楚，各有关尺寸、坐标等有无差错。

2. 施工方案和技术措施

在施工安装过程中，有很多的施工方法可供选择。制定施工方案时，应根据工程特点、工期要求、施工条件等因素进行综合权衡，选择适用于本工程的最先进、最合理、最经济的施工方法，以达到保证工程质量、降低工程造价和提高劳动生产率的效果。因此，选择合理的施工方法是制定施工方案的关键。

施工方法的选择重点在于工程的主体施工过程。在制定施工方案时应注意突出重点。对于施工过程中采用的新工艺、新技术或对工程施工质量影响较大的工序，应详细说明施工方法及采取的技术措施，同时还应提出施工的质量标准及安全措施等。

设备安装常用的几种方法及特点如表 34-96 所示。

几种常用的设备安装方法及特点　表 34-96

方　法	特　点
整体安装法	适合于整体式或模块式制冷机组
三点安装法	用于快速找平，所选的三点应保证设备中心在其范围内
无垫铁安装法	可以消除由于垫铁和基础表面的粗糙不平而造成的基础受力不均，提高设备安装精度
坐浆安装法	通过增加垫铁与混凝土基础的接触面积，并使新老混凝土粘结牢固，提高垫铁安装质量

对于其他制冷工艺流程步骤由于在不同设备安装施工中，具体操作方法不同，因此将在后面的具体设备安装中详细论述。

34.8.2　冷水机组的安装

冷水机组按驱动的动力可分为两大类：一类是电力驱动的冷水机组，主要包括活塞式冷水机组、涡旋式冷水机组、螺杆式冷水机组和离心式冷水机组；另一类是热力驱动的冷水机组，又称吸收式冷水机组，主要包括蒸汽或热水型吸收式冷水机组和直燃型吸收式冷水机组。

34.8.2.1　活塞式冷水机组的安装

活塞式冷水机组由压缩机、冷凝器、蒸发器、干燥过滤器等制冷部件组成，并设有超压、油压差过低、断水、过载、超低温自动保护装置，这些部件通常安装在同一底座上。

根据一台冷水机组中压缩机台数的不同，活塞式冷水机组可分

为单机头（一台压缩机）和多机头（两台以上压缩机）两种。根据机组的组装形式又可以分为整机型和模块化冷水机组。冷水机组的制冷系统根据制冷剂的不同还可以分为氨制冷系统和氟利昂制冷系统。

活塞式冷水机组的安装过程如下：

1. 放样划线

按平面设计图进行放样划线。首先确定冷水机组与墙体中心线的关系尺寸，在地面上划定设备安装的纵横基准线和设备的基础位置。完成后必须认真校验。一般冷水机组中心与墙、柱中心间距的允许误差为20mm，设备间的允许误差为10mm。

2. 机组设备的开箱检查

设备开箱之前，首先应查明设备型号与箱号是否一致，确认无误后，方可进行开箱。开箱时建设单位与施工单位共同进行检查验收。

开箱时，先开启箱顶木板，再启开四周的箱板，并取出机件。要尽量减少箱板的损坏，不要用大锤进行敲打。

开箱后，根据设备装箱清单说明书、检验记录和必要的装配图及其他技术文件，核对设备的型号、规格以及全部零件、部件、附属材料和专用工具。检查设备主体、各部件等表面有无缺损和锈蚀等情况。设备充填的保护气体应无泄漏，油封应完好。开箱检查后，设备应采取保护措施，不宜过早或任意拆除，以免设备受损。

3. 基础施工

基础施工前，应对所安装的设备先进行开箱检查，核对设备基础施工图与设备底座及孔口实际尺寸是否相符。不同厂家的设备尺寸不尽相同，基础的尺寸应以实际尺寸为准。

混凝土基础应捣制在原状土壤上，如遇墓坑、井穴或其他不良土壤时，应对地基按土建要求进行妥善处理。基坑应挖至原状土壤以下500mm，然后用好土分层回填夯实，每层厚度不大于150mm，夯实的土层须密实，土壤的密度应大于或等于1.6g/cm³。基础的耐力应在7.84N/cm²以上。如基础的耐力较差，应按计算结果加大基础面积。

基础应采用C15级混凝土捣制，且应一次捣筑完成，其间隔时间不超过2h。按设备地脚孔位置及尺寸，预留地脚孔洞，并预埋电线管和上下水管道。混凝土浇筑约8h，应松动地脚孔的模板，以防混凝土凝固后脱模困难。捣制混凝土基础时，必须预留10~20mm的找平层，待设备上位后，再以1:2水泥砂浆进行抹面，压实、抹光。

基础浇筑10d以后，强度达60%以上时，方可安装设备。

对于大型的活塞式冷水机组，为吸收设备运行产生的振动，使其不对临近机组和建筑物造成不良影响，需要构筑防振缝，具体做法：在离基础50~100mm的四周砌一道240mm厚的砖墙，缝内填满干砂并用麻刀沥青封口，以防水流进防振缝。

混凝土设备基础的允许偏差　表34-97

项　目		允许偏差(mm)
坐标位置（纵横轴线）		±20
不同平面的标高		0 / -20
平面外形尺寸		0 / -20
凸台上平面外形尺寸		-20
凹穴尺寸		+20 / 0
平面水平度（包括地坪上需安装设备的部分）		每米5且全长10
垂直度		每米5且全长10
预埋地脚螺栓	标高（顶端）	+20 / 0
	中心距（在根部与顶部两处测量）	±2
预埋地脚螺栓孔	中心位置	10
	深度	+20 / 0
	孔壁铅垂度	10
预埋地脚螺栓锚板	标高	+20 / 0
预埋活动地脚螺栓锚板	中心位置	5
	带槽的锚板与混凝土面的平整度	5
	带螺纹孔的锚板与混凝土面的平整度	2

设备基础施工后，土建单位和安装单位应共同对其质量进行检查，主要检查内容包括：基础的外形尺寸、基础平面的水平度、中心线、标高、地脚螺栓孔的深度和间距、混凝土内的埋设件以及模板和木盒是否符合标准，积水是否清除干净等。核实基础的混凝土强度等级，外形尺寸、标高、坐标、预埋件、预留孔位置是否和设计要求一致，其允许偏差见表34-97。同时基础验收时认真填写"基础验收记录"。

在基础验收中如出现不合格，应及时处理：

(1) 基础平面过高可用凿子铲低。

(2) 中心偏移过大，可适当的改变地脚螺栓的位置。

(3) 如一次灌浆地脚螺栓短了，可采用焊接接长的方法解决。

(4) 地脚螺栓孔过小，可扩大预留孔。

4. 设备上位

设备上位是将开箱后的设备由箱的底部搬到设备基础上。设备上位前混凝土应达到养护强度，应将基础表面及螺栓孔内的泥土、污物清理干净。设备上的方法可根据施工现场的实际条件选用。若机房内已安装桥式起重机，可直接通过吊装上位；或者利用铲车或人字架将制冷设备运到基础上，对于含有底排的设备，可将人字架挂上捯链将设备吊起，抽出箱底排，再将设备安放到基础上。对于大型设备或者无铲车等设备时，也可以通过滑移上位。滑移上位时，先将设备运到基础旁，对好基础，卸下连接底排的螺栓，用撬杠撬起设备的一端，将几根滚杠放到设备与底排之间，分开设备与底排，然后再在基础和底排之间横跨几根滚杠，撬动设备，使滚杠滑动，从而将设备从底排滑到基础上，最后撬起设备将滚杠抽出，完成上位。

在设备上位时，应防止受力点低于设备重心而倾斜，设备应捆扎稳固，钢丝绳与机体的接触处，应垫软木板，对于有公共底座的机具，吊装受力点的位置要适当，不得使机座产生扭曲和变形，吊索与设备接触的部位要用软质材料衬垫，以防止设备机体、管路、仪表及其他附件受损或擦伤表面的油漆。

5. 设备找正

找正是将设备不偏不倚地放在规定位置上，使设备的纵横中心线与基础上的中心线对正，为此必须找出设备的中心线和中心点，即找出设备的定位基准，并进行设备的划线。设备的定位基准一般可以在设备说明书或安装说明上查得。设备就位正与不正，可以通过量具和线坠进行测量，如果不正，可用撬杠轻轻撬动设备进行调整，直到与基础的中心线对正为止。对于静止设备的找正，除了要使设备的中心线与基础中心线对准外，还要注意使设备上的管座方位与图纸设计要求相符。

6. 设备初平

设备初平是在设备上位和找正后，将设备的水平度调整到接近要求的程度。

根据设备本身的要求，易振动的设备一般底座上放置减震垫，减震垫的厚度要均匀。设备有支脚调平器时，先用支脚调平器调平。仍不平或者无支脚调平器时，安装垫铁把设备调平，此时需要确定垫铁的垫放位置。

垫铁材料通常是铸铁或钢板，厚垫铁多用铸铁制造，薄垫铁多采用钢板。其形状较多，有斜垫铁、平垫铁、开口垫铁、开孔垫铁、钩头成对垫铁等。

一般地，垫铁安装方式有2种，一是研垫铁方式，即在基础表面安放垫铁的位置先铲研基础表面，使基础表面平整，然后把垫铁放在研合好的基础表面与设备底座之间。采用这种垫铁安放方式时，基础表面与设备底座之间的距离为50mm左右，最低不得低于30mm，最高不得高于100mm；二是为砂浆垫铁安放方式，即在设备基础浇筑好后，在基础表面需要安放垫铁的位置放置铁盒，在铁盒内制作1个水泥砂墩，在砂墩上面安放垫铁，用水准仪等找平各个垫铁表面，然后把设备底座安放到垫铁上，再用1组斜垫铁调节设备的水平度。采用这种垫铁安放方式时，基础表面与设备底座之间的距离为100~150mm左右。

根据基础表面的标高与设计标高的偏差情况，来计算垫铁的总厚度及各个垫铁的厚度组合，每组垫铁的数量不应超过4块。在设备位置的粗平时，为了节省时间及调整方便，不要一次性把设备底

座所需的全部垫铁组安放到位，只需在底座的4个角靠近地脚螺栓的位置先安放4组垫铁，等初步找平后，再把其他垫铁组安放好。

地脚螺栓的基础预留孔不应放得过大，以使每组垫铁有足够的面积。但现场如果出现地脚螺栓的基础预留孔放得过大或土建做得过大，无法在靠近地脚螺栓的位置安放垫铁时，可在地脚螺栓附近先临时安放1到2组垫铁，等设备粗平，地脚螺栓浇筑并养护到期时，再在已浇筑好的地脚螺栓边按要求安放1到2组垫铁，临时放的1到2组垫铁可根据与地脚螺栓的位置远近决定是拆掉或是保留。

垫铁的尺寸，一般能达到承受设备负荷的要求。精确计算时，垫铁的面积可按下式计算：

$$A = C\frac{100(G_1 + G_2)}{nR} \tag{34-3}$$

式中 A——一组垫铁的面积，mm^2；

C——常数，一般取2.3；

G_1——设备满载时的总重量，N；

G_2——全部地脚螺栓紧固后，作用在垫铁上的总压力，N；

n——垫铁组的数量；

R——基础或地坪混凝土的抗压强度，可以采用混凝土的设计强度等级，MPa。

其中，作用在垫铁上的总压力可由下式计算：

$$G_2 = \frac{\pi d_0^2}{4}[\sigma]n' \tag{34-4}$$

式中 d_0——地脚螺栓直径，cm；

$[\sigma]$——地脚螺栓材料的许用应力，MPa；

n'——地脚螺栓的数量。

成对的斜垫铁安放时，要保证斜垫铁与设备底座之间的接触面积，不要用平垫铁的尺寸足够，而斜垫铁与设备底座之间的接触面积不够造成整个垫铁组不能承受设备负荷的情况。

当设备粗平后，在地脚螺栓浇筑前，要把设备底座地脚螺栓孔与地脚螺栓之间垫上薄铁皮等物，保证地脚螺栓在孔内对中，以便设备精平时还有调整的余地，在浇筑时，要注意地脚螺栓不要歪斜。

在设备位置初平后，2次浇筑前，要把垫铁组点焊，有的则把设备底座与垫铁一起点焊，但有的设备则不允许把垫铁组与设备底座点焊，如高温风机的机壳支座，其支座孔与地脚螺栓的位置要考虑热膨胀量，同时，支座与下部安装的膨胀滑板不允许点焊，以方便机壳支座在热膨胀时能在滑板上自由伸展，在2次浇筑时，2次浇筑层高度也不能高出膨胀滑板的上表面。

设备初平的标准是机身纵、横向水平度允许偏差均不应大于1/1000，测量部位应在主轴外露部分或其他基准面上。对于有公共底座的冷水机组，应按主机结构选择适当位置作基准面。

7. 浇筑地脚螺栓

机组找平后，应及时在地脚螺栓孔、底盘与基础空隙之间灌浆。如超过48h，则须重新核实中心位置及水平度。

地脚螺栓的作用是将设备与基础牢固地连接起来，以免设备在工作时发生位移和倾覆。地脚螺栓主要包括死地脚螺栓、活地脚螺栓、锚固式地脚螺栓三类。死地脚螺栓通常用于固定在工作时无冲击和振动或振动小的中小型设备；活地脚螺栓一般用来固定工作时有强烈振动和冲击的重型设备；锚固式地脚螺栓又称膨胀螺栓，主要用于无振动的轻（小）型设备。

地脚螺栓、螺母和垫圈，一般都是随设备带来，它应符合设计和设备安装技术文件的规定。如无规定则可参照下列原则选用：

（1）地脚螺栓的直径应小于设备底座上地脚螺栓孔，其关系可按表34-98选用：

设备底座孔径与地脚螺栓直径的关系　表34-98

底座孔径 (mm)	12~13	14~17	18~22	23~27	28~33	34~40	41~48	49~55	56~65
螺栓直径 (mm)	10	12	16	20	24	30	36	42	48

（2）地脚螺栓的长度应按施工图纸的规定，如无规定，可按下式确定：

$$L = 15D + S + (5 \sim 10)\,\text{mm} \tag{34-5}$$

式中 L——地脚螺栓的长度（mm）；

D——地脚螺栓的直径（mm）；

S——垫铁高度、设备底座和螺母厚度以及预留余量的总和（mm）。

地脚螺栓安装时应垂直，无倾斜。地脚螺栓的不铅垂度不应超过10/1000。如果安装不垂直，必定会使螺栓的安装坐标产生误差，给安装造成一定的困难，如果螺栓孔的底座很厚时，甚至无法进行安装。

在施工过程中，经常碰到的是对死地脚螺栓的二次灌浆，即在浇筑基础时，预先在基础上留出地脚螺栓的预留孔洞，安装设备时穿上地脚螺栓，然后用混凝土或水泥砂浆把地脚螺栓浇筑死。

地脚螺栓在敷设前，应将地脚螺栓上的锈垢、油质等清除干净，但螺纹部分要涂上油脂，然后检查与螺母的配合是否良好，敷设地脚螺栓的过程中，应防止杂物掉入螺栓孔内，以保证灌浆的质量。在准备对弯钩式地脚螺栓进行二次浇筑时，应注意其下端弯钩不得碰到底部，至少要留出100mm的间隙，螺栓到孔壁各个侧面的距离不能少于15mm。如间隙太小，灌浆时不易填满，混凝土内就会出现孔洞。如设备安装在地下室或基础上的混凝土楼板上时，则地脚螺栓弯钩端应钩在钢筋上；如无钢筋，则应用一圆钢横穿在弯钩上。地脚螺栓底端不应碰孔底。

浇筑前，须清除基础面和地脚孔中的尘土、油垢等，不允许有积水存在，并在基础周围钉好模板。注意地脚孔内不得存有积水，检查地脚螺栓的套穿情况，螺栓顶端一般要露出螺母2~3扣。浇筑用的水泥砂浆或细石混凝土的强度等级，应比基础强度等级高1~2级。

灌浆时，须从一侧灌入，为使砂浆浇筑密实，须随时搅动。砂浆必须灌满，灌浆高度须掌握在比机身底座略低一些，但最低也须要把底盘的底面灌浸，不能使底盘与基础之间留有空隙。灌浆工作要一次完成，不能间断。

浇筑后，要做好养护。混凝土的养护目的，一是创造各种条件使水泥充分水化，加速混凝土硬化；二是防止混凝土成型后暴晒、风吹、寒冷等条件而出现的不正常收缩、裂缝等破损现象。混凝土养护法分为自然养护和加热养护两种：现浇混凝土在正常条件下通常采用自然养护。自然养护基本要求：在浇筑完成后，12h以内应进行养护；混凝土强度未达到C12以前，严禁任何人在上面行走、安装模板支架，更不能做冲击性或在上面做任何劈打的操作。

覆盖养护是最常用的保温保湿养护方法。应在初凝以后开始覆盖养护，在终凝后开始浇水（12h后）覆盖麦秆、烂草席、竹帘、麻袋片、编织布等片状物。浇水工具可以采用水管、水桶等工具保证混凝土的湿润度。养护时间，与构件项目、水泥品种和有无掺外加剂有关，常用的水泥正温条件下不应少于7d；掺有外加剂或有抗渗、抗冻要求的水泥，应不少于14d。

冬期不浇水，由于铺设塑料薄膜，可以维持水分，使之不易挥发，同时也是处于防冻考虑。理论上讲，日平均气温低于5℃时，不可浇水养护，宜用塑料薄膜或麻袋、草袋覆盖保温。

夏季气温高、湿度低、干燥快，优先采用水养护方法连续养护。在混凝土浇筑后的前一两天，应保证混凝土处于充分湿润的状态。

在预留孔内混凝土达到其设计强度的75%以上时，方可拧紧地脚螺栓，各螺栓的拧紧力应均匀；拧紧后，螺栓应露出螺母，其露出的长度宜为螺栓直径的1/3~2/3。

8. 精平

精平方法应根据制冷设备的具体情况来确定。

对于有直立汽缸的机组（如立式及W型），可用水平尺在直立汽缸的端面或飞轮外缘上测量水平度，并以调整机座下垫铁高度的方法，使机组达到水平。如W型压缩机汽缸直径较大，也可在直立汽缸的内壁上用方水平尺测其水平。无论用一般水平尺或方水平尺测量，均须转换几个测量方位，并均须达到要求的水平度。

对压缩机与电动机已组装在公共底盘上的冷水机组，安装时，只在公共底盘上找水平即可。因这种机组制造厂已校好压缩机与底盘的水平。机组找平后，用手锤逐个敲击垫铁，检查是否均已压紧。

制冷设备及制冷附属设备安装位置、标高的允许偏差，应符合表34-99的规定。

制冷设备及制冷附属设备安装允许偏差和检验方法

表 34-99

项次	项目	允许偏差（mm）	检　验　方　法
1	平面位移	10	经纬仪或拉线和尺量检查
2	标高	±10	水准仪或经纬仪、拉线和尺量检查

9. 基础抹面

设备精平后，应用混凝土填满设备底座与基础间的空隙，并将垫铁埋在混凝土内，固定垫铁，从而将设备负荷传递到基础上。

先在基础边缘设好模板，然后灌注混凝土或砂浆。根据抹面砂浆功能的不同，一般可将抹面砂浆分为普通抹面砂浆、装饰砂浆、防水砂浆和具有某些特殊功能的抹面砂浆（如绝热、耐酸、防射线砂浆）等。灌浆层上表面应略有坡度，坡向朝外，便于排放液体。抹面砂浆应压密实，抹成圆棱，表面光滑。

10. 机组水系统接管的安装

按施工图进行冷媒水及冷却水接管的安装施工，在安装时应遵循以下原则：

（1）机组水系统接管在安装时，不能占用安装、维修及操作空间，并确保阀门、过滤器等水系统附件有足够的操作和维修空间。

（2）机组冷冻水进出口、冷却水进出水口必须设软接头（橡胶软接头、橡胶软管、金属软管均可）。

（3）管路设置应避免影响机组的正常运行和维修管理。

（4）机外管路的重力由支架或吊钩承受。注意不要将管路负荷作用在机组蒸发器和冷凝器上。

（5）机组各进出水管应设调节阀、温度计、压力表。

（6）冷冻水、冷却水进水管应加过滤器，冷冻水、冷却水出水管最高处加设放空管。

11. 机组电气控制设备的安装

机组安装就位、水管安装完成后，需对电气控制设备进行安装与接线。对于常规控制仪表的安装应进行下列工作：

（1）安装前应对单体调节设备进行调试工作，使其调节精度达到要求。

（2）就地安装的一次仪表，应安装在光线充足、测量操作和维修方便的部位。必须达到牢固、平正，不能敲击、振动。

（3）直接安装在冷却水和冷冻水管路上的仪表，应在管路吹扫后、试压前安装，保证接口的严密性。

（4）仪表与电气设备的接线应进行绞线并注明线号，与接线端子连接牢固可靠，排列整齐、美观。

模块式冷水机组的安装应符合下列规定：机组安装，应对机座进行找平，其纵、横向水平度允许偏差均不能大于 1/1000。多台模块式冷水机组单元并联组合，应牢固地固定在型钢基础上，连接后模块机组外壳应保持完好无损，表面平整，接口牢固。模块式冷水机组进、出水管连接位置应正确，严密不漏。

34.8.2.2 螺杆式冷水机组的安装

螺杆式制冷机组是一种新型制冷设备，其压缩机属于回转容积式压缩机，由一对啮合的转子在转动过程中产生周期性容积变化，实现吸气、压缩和排气单向进行的过程。螺杆式冷水机组的压缩机与电动机直联，装在同一机架上，机组下部设有油分离器、油冷却器、油泵及油过滤器等，机组旁设有安全保护装置，以保护机组安全运行。

螺杆式制冷机组在安装时同样要进行放样划线、开箱检查、基础施工、设备找平上位找正等步骤，其具体要求和方法均与活塞式冷水机组相同。

需要注意的是螺杆式冷水机组安装时，应特别注意联轴器的安装与校准，这会影响压缩机轴封与轴承的寿命以及电机轴承的寿命。联轴器的示意图如图 34-102 所示。一般机组出厂前已对联轴器做了平行偏差与角偏差的调整，但在机组的运输搬运过程中，可能发生变形移动，因此在现场安装后必须重新检测压缩机安装盘和电机安装盘之间的距离并重新找正。机组在启动之前必须作初次找正（冷状态下找正），并在热运行 4h 后重新检查（热状态下找正）。找正时可用指针百分表及连接工具来测量轴的角偏差与平行偏差。联轴器的调节就是交替测量角偏差和平行偏差并调整电机位置直到

偏差值在规定的范围内。

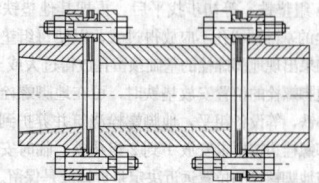

图 34-102　联轴器示意图

电机和压缩机的冷状态下初次找正之前先要检测压缩机安装盘与电机安装盘之间的间距。其方法为拆开任意一个安装盘与间隔轴的连接螺栓及金属叠片，另一个安装盘与间隔轴仍保持连接，检查电机安装盘与压缩机安装盘是否处于正确的安装位置，然后测取它们的间距，在圆周方向取 3～4 个读数的平均值，并使此尺寸符合要求。若采用补偿，要考虑了补偿值来调两安装盘的间距。

冷状态下的初次找正分为三个步骤：

（1）检查角偏差；

（2）检查垂直方向平行偏差；

（3）检查水平平行偏差；

（4）在检查角偏差中，按图 34-103（a）所示安装好指针百分表（零点钟的位置），使百分表的触头与压缩机安装盘接触，方向指向电机。用两螺栓连接安装盘与间隔轴，旋转两个安装盘若干转，确保百分表的触头略微受力，并将百分表读数设为 0。将电机安装盘与压缩机安装盘同时旋转 180° 至六点钟位置，这时百分表上的测量值为最大的角偏差值。当安装盘旋转时，可借助镜子观察百分表上的读数。

当角偏差不满足要求时，松开电机地脚螺栓，移动电机或调整电机脚下的调整垫片以纠正角偏差。角偏差调整好后，重新拧紧电机地脚螺栓，并重复一次上述步骤，对所做的纠正进行检查，对角偏差做进一步调整和检查直到百分表读数在规定范围内。

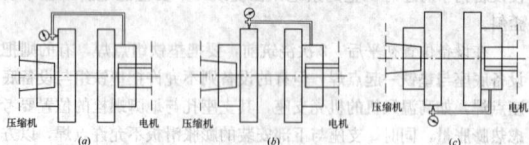

图 34-103　指针百分表的安装
（a）检查角偏差；（b）检查垂直方向平行偏差；
（c）检查水平平行偏差（俯视）

检查垂直方向平行偏差时按图 34-103（b）所示安装好百分表，并将电机与压缩机安装盘同时旋转 180° 至时钟六点钟位置，这时百分表的读数为垂直平行偏差的两倍。松开电机地脚螺栓，调整电机脚板下的调整垫片直到垂直平行偏差在电机地脚螺栓被旋紧时，不超过规定范围。需要注意的是，纠正平行偏差时应谨防轴向间距和角偏差值受到影响。垂直平行偏差调整好后，拧紧电机地脚螺栓，重复上述步骤，直到角偏差合乎要求。

检查水平平行偏差，先使百分表位于时钟三点钟位置，见图 34-103（c），后将电机与压缩机的安装盘同时旋转 180° 至时钟九点钟位置，这时百分表的读数为水平平行偏差的两倍，利用电机脚板旁的调节螺钉调节水平平行偏差直到该值达到要求。

检查完三个偏差之后，应重新检查角偏差并根据需要重新加以调节。其方法为拧紧电机地脚螺栓并同时旋转两个联轴节，在 0～360° 全程以 90° 为一个增量对角偏差与平行偏差进行检查。如果测量值超过规定值，重新进行调节。当联轴器调整好后，记录平行偏差值及角偏差值，作为此后的热调节参考。并点动电机检查电机旋转方向是否正确，检查油泵转向是否与泵上箭头方向一致。

冷状态下的初次找正之后，安装驱动隔离器及叠片组件。按标记将叠片组件、间隔轴放在两安装盘之间，并按标记对准。然后分别将两端的精密螺栓、衬套、自锁螺母对号装入，先紧固一端螺母，紧固时要尽量注意使螺栓不要转动，严格按拧紧力矩要求，用扭力扳手对角顺序分 3～5 次均匀拧紧，然后复测另一端安装盘与

间隔轴之间的间距值，在圆周上测四个位置，其平均值应在片组实际厚度基础上再加以0～+0.4mm范围内，四个位置的数值相互差不允许大于0.1，若不符合要求应重新调整，全部调整合格后才可按拧紧力矩要求均匀拧紧螺母。自锁螺母装配时，应涂少量中性润滑油。自锁螺母允许多次使用，但若用手能自由地将自锁螺母锁紧部位拧入螺栓或自锁螺母收口部位有裂纹等缺陷时应报废，严禁再使用。

此后进行热运行后的调节。在机组连续运行4h时所有部件都达到运行温度时，停机并迅速将百分表安装在联轴节上，检查平行偏差值及角偏差值，将它们与冷调节时的记录加以比较，并调整其偏差。初次调整完后重新启动机组并使其达到运行温度，停机并再次检查两个偏差值，重复上述步骤直到达到要求。

最后是最终热运行调节。机组运行约一周后，停机并立即重新检查同轴度（角偏差和平行偏差），若不正常，则重新调节直到满足要求。

34.8.2.3　离心式冷水机组的安装

离心式制冷机组在安装时同样要进行放样划线、开箱检查、基础施工、设备找平、上位找正等步骤，其具体要求和方法均与活塞式冷水机组相同。但以下几个方面需要特别注意：

（1）在拆箱检查时，应按自上而下的顺序进行。拆箱时应注意保护机组的管路、仪表及电器设备不受损坏，拆箱后应清点附件的数量及机组充气有无泄漏等现象。机组充气内压应符合设备技术文件规定的压力。一般在制造厂内充气的机组，应继续保持机组内部充有30～50kPa（表压）的干燥氮气，机组为真空出厂时，机内压力上升即为不合格。

（2）组装密闭型离心式冷水机组为机组整体就位安装。在安装过程中，应保证吊装钢绳、铁链、挂钩的牢固可靠，注意吊装重心及方向，保持机组水平起落，特别注意保证其纵向水平度，避免压缩机转子的轴向窜动，防止擦伤叶轮及气封梳齿。

（3）机组找平固定后，安装仪表、油管、冷却水管及附属设备。机组的法兰连接处的垫片，应使用高压耐油石棉橡胶垫片；螺纹连接处的填料，应使用氧化铅甘油、聚四氟乙烯薄膜等填料。

34.8.2.4　溴化锂吸收式冷（热）水机组的安装

根据溴化锂吸收式冷水机组的动力来源不同，又可分为蒸汽或热水式溴化锂冷水机组和直燃式溴化锂冷水机组。两者安装方法略有不同。

1. 蒸汽或热水式溴化锂冷水机组

蒸汽或热水式吸收式制冷机组在安装时同样要进行放样划线、开箱检查、基础施工、设备找平、上位、找正等步骤，其具体要求和方法均与活塞式冷水机组相同。但以下几个方面需要特别注意：

（1）对于机组基础，溴化锂吸收式冷水机组运转较平稳，振动很轻，在基础的设计和施工中仅考虑机组的运输质量。国内溴化锂吸收式冷水机组生产的厂家较多，其基础的外形尺寸及形式应按厂家提供的技术文件进行施工。

如果在单层机房内安装溴化锂制冷机，应首先做好机房地面以下深度约为1m的地基，最好对机组纵向承重的基础座位置浇筑混凝土台座，至少要用三合土夯实，以防地面下沉。浇筑机房混凝土地面的同时，应做好电源与仪表线管以及冷冻水、冷却水、蒸汽凝结水管段的预埋，预埋管应尽可能离地面承重位置远些。承重位置的基础或基础台座的铺设要求水平，并用水平仪进行校核。有基础台座的基础分两次浇筑完成，第一次浇筑平台，完成后用水平仪进行校核，以保证机组纵向的水平；第二次浇筑基础台面，找平时再校核其平面，以保证机组的横向水平。机组安装就位后，如对台座有大的损坏，可进行局部修补。必须注意的是：浇筑基础的水泥强度等级不得太低，所有的预埋管在浇筑完成后要封好，以防杂物进入。

（2）机组的水平度应按设备技术文件规定的基准面上测量，其纵横水平偏差不大于1/1000。水平散放的大型制冷机组须在现场组装时，应先把下筒体运至基础上校准，然后依次安装上筒体、管道和部件。

（3）蒸汽式溴化锂冷水机组必须保持蒸汽压稳定和蒸汽凝结水的畅通，以保证机组的技术性能和使用寿命。供汽系统的配管工艺

与一般蒸汽管道相同，但应注意如下事项：

1）为保证供汽压力稳定，蒸汽表压高于0.8MPa时，应在机组的蒸汽调节阀与过滤器之间安装减压阀，其位置应设在距机组3m之内。减压阀前后的压差$P_1 - P_2$一般应大于0.2MPa，压比$\dfrac{P_1}{P_2} \leqslant 0.8$，才能起到有效的减压作用。蒸汽调节阀与温度传感器等组成自动调节系统，其调节阀应距离机组的蒸汽入口处1.2m为宜，以使蒸汽均匀分配至各传热管。

2）如蒸汽的干度低于0.95或蒸汽锅炉容量较小时，为保证发生器的传热效果，应在管路入口处装设水分离器。分离出的水通过疏水器流至锅炉房。

3）为观测运行中各部位蒸汽压力，应在减压阀两侧及蒸汽调节阀前后装设压力表。

4）减压阀和蒸汽调节阀处应安装截止阀的旁通管路，便于检修时可手动调节。

5）蒸汽凝结水管应使机组的背压保持在表压0.05～0.25MPa以内，为防止在低负荷或停运时凝结水反流回高压发生器管束。可在机组的蒸汽凝结水的出口处安装止回阀或排水阀。

6）在双效吸收式冷水机组中，为充分利用蒸汽和提高热效率，一般应装设凝结水回热器。经凝结水回热器后的凝水温度一般为90～95℃。

2. 直燃式溴化锂冷（热）水机组

直燃式溴化锂冷（热）水机组主要部件的安装方法与蒸汽或热水式溴化锂冷水机组大致相同，但同时也有一些不同之处值得注意，下面对燃油型直燃式溴化锂冷水机组和燃气型直燃式溴化锂冷水机组分别详细阐述。

（1）燃油型直燃式溴化锂冷水机组在安装时主要注意以下几点：

1）燃油型直燃式冷热水机组若是在高层建筑中使用时，应符合现行《高层民用建筑防火规范》GB 50045的一些要求，如：储油罐总储量不应超过15m³，当直埋于高层建筑或裙房附近，面向油罐一面4m范围内的建筑物外墙为防火墙时，其防火间距可不限；机房内的日用（中间）油箱的容积不应大于1m³，并且应设在耐火等级不低于二级的单独房间内，其门应采用甲级防火门等。

2）燃油型直燃式冷热水机组在安装燃油管路系统时应注意以下事项：

①机房内油箱的容积不应大于1m³，油位高于燃烧器0.10～0.15m之间，油箱顶部应安装呼吸阀，油箱还应设油位指示器。

②为防止油箱中的杂质进入燃烧器、油泵及电磁阀等部件，影响正常运转和降低使用寿命，在燃油管路中没有过滤器。一般设在油箱的出口处。油箱的出口处应采用60目的过滤器，而燃烧器的入口处应采用140目较细的过滤器。

③燃油管路应采用无缝钢管，焊接前应清除管内的铁锈和污物，焊接后经压力试验和渗漏试验。

④燃油管路的最低压力处应设排污阀，最高处应设排空阀。

⑤装有喷油泵回油管路时，回油管路系统中应装有旋塞、阀门等部件，保证管路畅通无阻。

⑥在无日用油箱的供油系统，必须安装空气分离器。空气分离器安装在储油箱和燃烧器中间，并应靠近机组，其分离的容量为机组2h消耗的燃油量。

（2）燃气型直燃式溴化锂冷水机组在安装时主要注意以下几点：

1）燃气型直燃式冷热水机组若是在高层建筑中使用时，应符合现行《高层民用建筑防火规范》GB 50045的一些要求，如：机组不应布置在人员密集场所下一层或贴邻，机房的孔洞用防火材料严密封堵，并采用无门窗、洞口的耐火极限不低于2h的隔墙和1.5h的楼板与其他部位隔开，当必须开门时，应设甲级防火门等。

2）机组设在地下一层除靠外墙和外围护墙部位外，人员疏散的安全出口不应少于两个。

3）利用吊装口进行泄压时，其位置应避开人员集中场所和主要交通道路，并宜靠近易发生爆炸部位，其泄压比值应按0.05～0.22m²/m³计算。

4) 吊装口应采用轻质材料作为泄压面积，不能采用普通玻璃作为泄压面积，应设防冰雪积聚措施，其质量不宜超过 60kg/m²。

5) 机房内应设置火灾自动报警、灭火系统和天然气浓度检漏报警装置，并与消防控制系统联动。天然气浓度检漏报警装置检测点不少于两处，应布置在易泄漏的设备或部位的上方。当泄漏浓度达到爆炸下限 20% 时，浓度及监控系统能及时准确报警，切断天然气总管的阀门及非消防电源，并自动启动事故送、排风系统。

6) 机组设于高层建筑地下室内时主机房设置的送风、排风系统，不能出现负压，其排风系统的换气次数不小于 15 次/h，送风量不能小于燃烧所需的空气量（1.55m³/kW）和工作人员所需要的新风量之和，以保证天然气浓度低于爆炸下限值。

7) 机房内的电气设备应按《爆炸和火灾危险环境电力装置设计规范》GB 50058 选型和按《电气装置安装工程爆炸和火灾危险环境电气装置施工及验收规范》GB 50257 施工。

8) 燃气管路系统燃气的种类、供应压力等技术参数应与机组中燃烧器的技术要求相符合，在安装中应注意下列事项：

①管路应采用无缝钢管，并采用明敷设。特殊情况下采用暗敷设时，必须便于安装和检查。

②燃气管道不得敷设或穿越卧室、易燃易爆品仓库、配电间、变电室、电缆沟、烟道及进风等部位。

③燃气进入机组的压力高于使用范围，应装设减压装置。

④燃气管路进入机房后，应按设计要求配置球阀、压力表过滤器及流量计等。

⑤机房内的燃气管道应设置管径大于 20mm 的放散管，其管口应防雨并高出屋顶 1m 以上。

⑥燃气管道采用焊接连接，并进行气密性试验，确保无泄漏。

⑦燃气管道与设备供应的配件连接前，必须进行吹扫，其清洁度应达到现行《工业金属管道工程施工规范》GB 50235 的要求。

(3) 烟道和烟囱的安装

直燃式溴化锂冷（热）水机组区别于其他机组的重要特点就是需要安装烟道和烟囱。在烟道和烟囱的安装过程中应注意如下事项：

1) 烟囱的出口与冷却塔应有足够的距离、以免降低冷却塔的冷却能力。

2) 烟囱的出口应距离民用住宅的门、窗及通风口等 3m 以上，以免废气混入新鲜空气中。

3) 烟囱采用钢制时，其钢板厚度应大于或等于 4mm 为宜。

4) 直燃机组可与同种燃料的锅炉共用烟囱、烟道，共用烟囱、烟道截面积应是两个支烟道面积之和的 1.2 倍。与非同种燃料的锅炉等设备不能共用烟囱和烟道。

5) 制作烟囱时，其焊接及法兰连接必须严密，法兰密封垫片应采用石棉板、石棉绳等耐热材料。烟道和烟囱所有的连接螺栓的丝扣部分应涂以石墨，便于检修时易于拆卸。

6) 烟囱口应设防风、防雨的风帽，并根据具体情况应设置避雷针。如采用烟囱为避雷体，除顶端焊接圆钢避雷针外，烟囱各连接部位用圆钢跨接（焊接）。

7) 水平烟道应设置放水管，以排除烟道内的凝结水。

8) 立式烟囱的底部应设置除尘检查门，水平烟道在适当的部位设置检查门和防爆门，防爆门不能朝向操作人员一侧。

9) 水平烟道应向上倾斜，其倾斜度应根据机房的高度确定。

10) 水平烟道安装时，应设单独支架，不能由其他支架承担。

11) 钢制烟道应进行保温，保温材料应采用耐高温的玻璃纤维棉、矿棉等，其保温厚度为 50mm，外包玻璃丝布，外部保护壳可的用铝箔或镀锌钢板。

34.8.3 热泵机组的安装

热泵是一种利用高位能使热量从低位热源流向高位热源的节能装置。目前，在工程实际中较为常用的是空气源热泵机组、地源热泵机组和水环热泵空调系统，现分述如下。

34.8.3.1 空气源热泵机组

以空气为低位热源的空气/水热泵机组称为空气源热泵冷（热）水机组，该机组通常为整体组装式的制冷设备。

1. 安装场地的选择

空气源热泵冷（热）水机组根据制冷量和重量，可选择安装在阳台、屋顶、庭院的通风良好的场所，应注意避开季风方向。机组最好不要太阳直晒，以免影响换热器效率，可加防晒、防雨棚，距顶部主机出口不小于 1.5m。若机组安装在地面上，可根据系统运行重量加固地基，若安装在屋顶上，需要校核对屋面的承重能力。同时为保证热泵机组的正常运行和维修操作，机组四周必须留有足够的通风空间和维修操作空间，应按产品说明书的要求安置机组。图 34-104 所示为一台容量为 400kW 的空气源热泵冷（热）水机组的安装位置图。

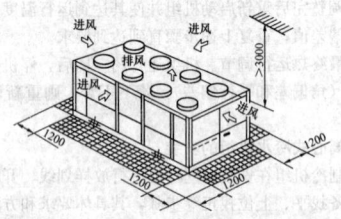

图 34-104 空气源热泵冷（热）水机组安装位置图

2. 机组搬运

对于安装在屋面的空气源热泵机组，吊装可以利用土建塔式起重机进行。为能安全、可靠地将机组安装于屋面，在机组吊装时应防止受力点低于设备重心而倾斜，设备要捆扎稳固，吊索与设备接触部位要用软质材料衬垫，防止设备机体、管路、仪表，特别是空气侧换热器的翅片不能与起吊设备相碰，以免损坏翅片。由于空气源热泵机组的外框基本为钣金结构，因此捆扎的受力变形，损坏冷凝器，必要时采用辅助措施。

3. 开箱检查

机组安装前应开箱检查。首先根据装箱清单检查设备规格数量，清点全部随机文件、质量检验合格证书，并做好开箱验收和交接记录。在开箱检查时，首先检查机组的外观是否有明显损伤，同时检查管道是否有裂缝，压力表是否指示正常，用以判断机组是否产生制冷剂泄漏。

4. 机组施工

机组安装时按样本注明的尺寸，预先完成底座的制作。底座可用钢筋水泥现场制作，也可用工字钢、槽钢等型材制作，并加减振橡胶垫。其目的是用于平稳安装机组，并使机组整体重量分散至建筑物承重结构，如主要承重梁、墙、柱等结构。基础制作时，其安装位置应充分考虑到四周的通风空间与检修空间。

空气源热泵机组的整体需要一定的隔振措施，当隔振要求不高、楼板荷载受到限制，一般可在机组下部四角处配制橡胶隔振垫，当隔振要求较高、机组设在低层或允许由楼板承载时，对大号机组可设钢弹簧基础，隔振材料的选择和隔振基础应通过计算确定。

设备安装前需要对制作好的机组进行验收和检查，符合要求后方可进行机组的就位安装。

5. 机组上位、找平、找正

机组上位、找平、找正方法大体与冷水机组大致相同，需要注意的是：在机组上位时要注意防止空气源热泵机组的变形与对翅片换热器的保护；机组设备的水平度的允许偏差为 0.02%。

6. 安装防雪罩

当空气源热泵机组安装在有雪地区时，机组露天安置又无遮挡时，应在进风和出风口设防雪罩，防雪罩开口面积应大于机组进出风口面积；同时应防止雪花吸进进风口；防雪罩的进风口可向下。防雪罩安装示意图如图 34-105 所示。

7. 水系统安装

安装机组凝结水、融霜水排水管道，并加保温，以免冻结；安装阀门、法兰，连接冷

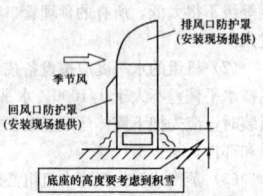

图 34-105 防雪罩安装示意图

冻水管道，检查机组是否带有水流量开关。若无水流量开关，必须于管道的直管段处加设水流量开关，流量开关应安装于离弯头8倍直径长度的直管段处，一般选用靶式流量开关。按所接管道的直径选用不同规格的靶，以便水流有足够的冲击力，使流量开关处于开启位置。水路系统内应加设放空气阀，特别是在管道的弯管及管道最高处。

空气源热泵冷（热）水机组的水侧应充注满水，并放尽管内空气。用手动柱塞泵，对管内加压至0.6MPa左右，仔细检查有否渗漏处，在确信无渗漏后，即可保温水管。

8. 电气系统安装

按说明书的规定，将电线、电缆正确连接到位。在连接电源线时，应注意将压缩机曲轴箱底部安装的润滑油电加热器电源连接于压缩机主电源空气开关的上部，以免在机组停机时，操作人员将空气开关拉后，同时将润滑油加热器切断。因为一般空气源热泵冷（热）水机组为防止停机时R22大量溶入润滑油而引起液击或润滑失效，在停机时要求将润滑油加热器处于开启状态。在长期停机后应加热12~24h才可开启压缩机（一般半封闭活塞式压缩机需预热24h，全封闭活塞式压缩机需预热12h以上，螺杆式压缩机需预热12h以上），此时电路自动将加热器切断，以免润滑油温度过高。

34.8.3.2 地源热泵

地源热泵包括使用土壤、地下水和地表水作为低位热源的热泵空调系统，即土壤耦合热泵、地下水源热泵、地表水源热泵。地源热泵系统主要由三部分组成：室外换热器系统（井和盘管）、水源热泵机组和室内采暖、空调末端系统。

1. 土壤源热泵的安装

地源热泵机房内热泵机组的安装方法与普通冷水机组的安装大致相同，只是在地源热泵机组安装过程中，特别的要注意以下几点：

1）水平热泵机组应使用吊杆吊装，吊杆装有橡胶隔振衬套，按图纸要求定位。

2）立式热泵机组应安装在减振垫上，定位遵循设计图纸上的要求。

3）在机组和管线之间的连接水管以及热泵供回风口与风道之间的连接均应使用方便、灵活的软管。

4）分区内所有热泵的冷凝水收集和排放系统的安装要符合当地相关部门的要求。保证系统能有效收集冷凝水并有一定的坡度以考虑系统清洗。

5）热泵机组的定位和安装应注意消声问题。在关键位置可能需要安装压缩机护罩和管道消声器以降低热泵噪声。

6）在完成系统清污、冲洗、杂物清除、填充和充注防冻剂之前，闭式环路流体应通过旁通管绕过热泵机组。

7）设计要确定每个热泵的供热/供冷量、循环水流量、风量、外部压力、输入电功率和额定条件（即电压、风和水的温度），在建设施工期间不用热泵做临时供暖或供冷。

2. 土壤热交换器安装

根据布置形式的不同，地下埋管换热器可分为水平埋管与竖直埋管换热器两大类。图34-106为常见的水平地埋管换热器形式，图34-107为新近开发的水平地埋管换热器形式。

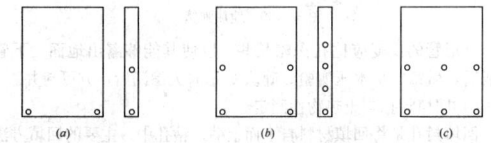

图34-106 几种常见的水平地埋管换热器形式
(a) 单或双环路；(b) 双或四环路；(c) 三或六环路

根据在竖直钻孔中布置的埋管形式的不同，竖直地埋管换热器又可分为图34-108所示的几种形式。套管式地埋管换热器在造价和施工方面都有一些弱点，在实际工程中较少采用。竖直U形埋管的换热器采用在钻孔中插入U形管的方法，一个钻孔中可设置一组或两组U形管。然后用封井材料把钻孔填实，以尽量减小钻孔中的热阻，并防止地面污水流入地下含水层，钻孔的深度一般为

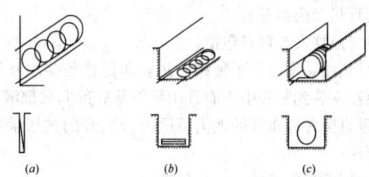

图34-107 新近开发的水平地埋管换热器形式
(a) 垂直排圈式；(b) 水平排圈式；(c) 水平螺旋式

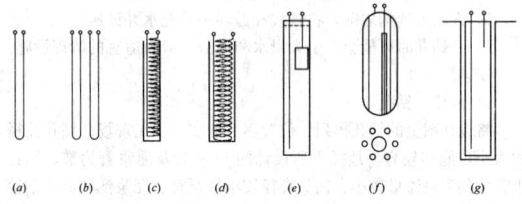

图34-108 竖直地埋管换热器形式
(a) 单U形管；(b) 双U形管；(c) 小直径螺旋盘管；(d) 大直径螺旋盘管；(e) 立柱状；(f) 蜘蛛状；(g) 套管式

60~100m。钻孔之间的配置应考虑可利用的面积，两个钻孔之间的距离在4~6m之间，管间距离过小会影响换热器的效能。在没有合适的室外用地时，竖直地埋管换热器还可以利用建筑物的混凝土基桩埋设，即将U形管捆扎在基桩的钢筋网架上，然后浇筑混凝土，使U形管固定在基桩内。

土壤热交换器安装应尽可能遵循土壤热交换器的设计要求，但也允许稍有偏差。开挖地沟、钻凿竖井平面图上应清楚标明开沟、钻洞的位置，以及通往建筑物和机房的入口。平面图上还应标明在规划建设工地范围内所有地下公用事业设备的位置。应保证进行钻洞、筑洞、灌浆、冲洗和填充热交换器时的工地供水。应与承包商一起对平面图进行复审，并在批准平面图之前就存在的偏差达成一致，在开始安装之前，承包商应获得与工作项目有关的所有开工许可。

(1) 水平热交换器安装

水平热交换器安装要点包括：

1）按平面图开挖地沟；

2）按所提供的热交换器配置在地沟中安装塑料管道；

3）应按工业标准和实际情况完成全部连接缝的熔焊；

4）循环管道和循环集水管的试压应在回填之前进行；

5）应将熔接的供回水管线连接到循环集水管上，并一起安装在机房内；

6）在回填之前进行管线的试压；

7）在所有埋管地点的上方做出标识，或者说标明管线的定位带。

管道安装可伴随着挖沟同步进行。挖沟可使用挖掘机或人工挖沟。如采用全面敷设水平埋管的方式设置换热器，也可使用推土机等施工机械，挖掘埋管场地。管道安装的主要步骤：首先清理干净沟中的石块，然后在沟底铺设100~150mm厚的细土或砂子，用以支撑和覆盖保护管道。检查沟边的管道是否有切断、扭结等外伤；管道连接完成并试压后，再仔细地放入沟内。回填材料应采用网孔不大于15mm×15mm的筛进行过筛，保证回填材料不含有尖锐的岩石块和其他碎石。为保证回填均匀且回填材料与管道紧密接触，回填应在管道两侧同步进行，同一沟槽中有双排或多排管道时，管道之间的回填压实应与管道和槽壁之间的回填压实对称进行。各压实面的高差不宜超过30cm。管腋部采用人工回填，确保塞严、捣实。分层管道回填时，应重点做好每一管道层上方15cm范围内的回填，而管道两侧和管顶以上50cm范围内，应采用轻夯实，严禁压实机具直接作用在管道上，使管道受损。若土是黏土且气候非常干燥时，宜在管道周围填充细砂，以便管道与细砂的紧密接触，或者在管道上方埋设地下滴水管，以确保管道与周围土层的良好换热条件。

（2）垂直热交换器安装

垂直热交换器安装要点包括：

1）按平面图钻凿出每个竖井，并立即把预备装填和压盖的 U 形管热交换器安装到竖井中，而且用导管从底部向顶部灌浆；

2）沿垂直竖井边布置的地沟需适应分隔开的被压盖的供回循环管线的要求；

3）将供回循环管熔接到循环集管上；

4）连接循环集管和管线，并在分隔开的供回循环管线地沟内将管线引入建筑物内；

5）管线和环路的长度应在彼此之间的 10％ 以内；

6）在回填地沟之前，将管线和循环集管充水并试压；

7）在钻井时可能会产生大量水和泥渣，应设适宜的清理设施。

安装步骤如下：

1）放线、钻孔

将设计图上的钻孔排列、位置逐一落实到施工现场。钻孔孔径的大小以能够较容易地插入所设计的 U 形管及灌浆管为准。钻孔小需要的泥浆流量较小，钻头直径较小且宜便、泥浆池和泥浆泵较小、泥浆泵所受的磨损小，这会降低钻孔费用。最小钻孔孔径推荐值见表 34-100。

不同管径的最小钻孔孔径及竖井深度 表 34-100

管径（mm）	20	25	32	40
最小钻孔孔径（mm）	75	90	100	120
竖井深度（m）	30～60	45～90	75～150	90～180

U 形埋管外径为 25～40mm，目前工程上大多采用外径 32mm 的 U 形管。灌浆用管采用相同材料和规格。为确保 U 形管顺利、安全地插入孔底，孔径要适当。目前，工程上常用孔径在 150～200mm 范围，垂直钻孔的不垂直度应小于 2.5％。不同地层硬度下可采用不同的钻孔方法，见表 34-101。表 34-101 中所列情况中，中、软地层中回转钻孔速度可达 10m/h，硬度和高硬岩层中用潜孔锤或钉锤钻孔，钻速也可能够达到 10m/h。潜孔锤钻孔更适用于硬岩；在相同的岩层中，采用轻型钻机钻一个 50m 深的孔，用凿岩球齿钻头，回转钻孔需要 5d 时间，而采用潜孔锤的只需几小时。

钻 孔 方 法 表 34-101

地层类型	钻孔方法	备 注
第四纪土层或沙砾层	螺旋钻孔	有时需临时套管
	回转钻孔	需临时套管和泥浆添加剂
第四纪土层、泥土或黏土层	螺旋钻孔	多数情况下可采用此方法
	回转钻孔	需临时套管和泥浆添加剂
岩石或中硬地层	回转钻孔	牙轮钻头，有时需加入泥浆添加剂
	潜孔锤钻孔	需用大的压缩机
岩石，硬地层到高硬地层	回转钻孔	用凿岩钻头或硬合金球齿钻头，钻速较低
	潜孔锤钻孔	需用大的压缩机
	钉锤钻孔	深度约为 70m，需要专门的配套工具
超负荷岩层	ODEX 钻孔	配潜孔锤

在钻孔过程中，根据地下地质情况、地下管线敷设情况及现场土层热物性的测试结果，适当调整钻孔的深度、个数及位置，以满足设计要求，同时降低钻孔、下管及封井的难度，减少对已有地下工程的影响。在竖直埋管系统中安装一定长度的 U 形埋管是首要目的，而不是非要钻一定深度的孔，即总钻孔深度一定，可根据现场的地质条件决定钻孔的个数和经济合理的钻孔深度。如果局部遇到坚硬的岩石层，更换位置重新钻孔可能会更经济。一般情况下，钻浅井比钻深孔更经济。由于靠近地表的土受气温影响温度波动较大，因此，对竖直埋管来说，钻孔深度不宜太浅，一般应超过 30m。随着深度的增加，土湿度和温度稳定性增加。钻孔数量少意

味着水平埋管的连接少，减少所需要的地表面积。

用于埋设 U 形管的钻孔与用来取水的钻井是两种完全不同的任务。钻孔安装埋管要简单得多。钻孔无须加护壁套管。但如果孔壁周围土不牢固或者有洞穴，造成下管困难或回填材料大量流失时，则需下套管或对孔壁进行固化。钻孔只是为了能够插放 U 形管。通过正确的控制和使用泥浆，大多数问题可以得到解决。

2）U 形管现场组装、试压与清洗

竖直地埋管换热器的 U 形弯管接头，宜选用定型的 U 形弯头成品件，不宜采用直管道煨制弯头。PE 管连接规定采用热熔的方法连接。PE 管熔接技术要求，如插入深度、加热时间和保持时间，见表 34-102。

PE 管插入深度、加热时间和保持时间的要求 表 34-102

管子外径（mm）	32	40	50	63	75	90
插入深度（mm）	20	22	25	28	31	35
加热时间（s）	8	12	18	24	30	40
保持时间（s）	20	20	30	30	40	40

下管前应对 U 形管进行试压、冲洗。然后将 U 形管两个端口密封，以防杂物进入。冬期施工时，应将试压后 U 形管内的水及时放掉，以免冻裂管道。

3）下管与二次试压

下管前，应将 U 形管的两个支管固定分开，以免下管后两个支管贴靠在一起，导致热量回流。一种方法是利用专用的地热弹簧将两支管分开，同时使其与灌浆管牵连在一起；当灌浆管自下而上抽出时，地热弹簧将两个支管弹离分开（图 34-109）。另一种方法是用塑料管卡或塑料短管等支撑物将两支管撑开，然后将支撑物绑缚在支管上。两支撑物竖向间距一般 2～4m。U 形管端部应设防护装置，以防止在下管过程中的损伤；U 形管内充满水，增加自重，抵消一部分下管过程中的浮力，因为钻孔内一般情况下充满泥浆，浮力较大。钻孔完成后，应立即下管。因为钻好的孔搁置时间过长，有可能出现钻孔局部堵塞或塌陷，这将导致下管的困难。下管是将三根聚乙烯管一起插入孔中，直至孔底。下管方法有人工下管和机械下管两种。当钻孔较浅或泥浆密度较小时，宜采用人工下管。反之，可采用机械下管。常用的机械下管方法是将 U 形管捆绑在钻头上，然后利用钻孔机的钻杆，将 U 形管送入钻孔深处。此时 U 形管端部的保护尤为重要。这种方法下管常常会导致 U 形管贴靠在钻孔内一侧，偏离钻孔中心，同时灌浆管也较难插入钻孔内，除非增大钻孔孔径。

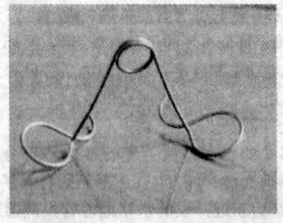

图 34-109 地热弹簧

U 形管的长度应比孔深略长些，以使其能够露出地面。下管完成后，做第二次水压实验。确认 U 形管无渗漏后，方可封井。

4）回填封孔与土热物性测定

回填封孔是将回填材料自下而上灌入钻孔中。主要的回填方法是利用泥浆泵通过灌浆管将回填材料灌入孔中（参见图 34-110）。回灌时，根据灌浆的快慢将灌浆管逐渐抽出，使回填材料自下而上注入封孔，确保钻孔回灌密实、无空腔。灌浆时应注意：

①监督检测灌浆的运行操作，以保证灌浆以正确的比例被充分混合，并有足够的黏性以便用泵将其充入竖井。

②灌浆承包商应有备用灌浆管、软管和在工地上能容易使用的设备。

③正位移泵（螺旋或活塞型）最适宜于将灌浆向下充入竖井。

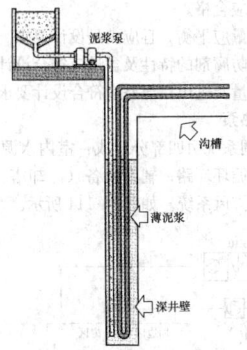

图 34-110 下管与回填封孔

④内径 3～4in 的吸入管和内径 1～2in 的排放管即可满足要求。

根据钻孔现场的地质情况和选用的回填材料特性，在确保能够回填密实无空腔的条件下，有时也可采用人工的方法回填封孔。除了机械回填封孔的方法外，其他方法应慎用。封孔结束一段时间后，可利用土热物性测试仪进行现场 U 形地埋管传热性能测定，并根据测定结果对原有设计进行必要的修正。

对回填材料的选择取决于地埋管现场的地质条件。回填材料的热导率应不小于埋管处的岩土层热导率。宜选用专用的回填材料。

⑤环路集管连接

将地下 U 形埋管与水平管的连接称为环路集管连接。为防止未来其他管线敷设对集管连接管的影响或破坏，水平管埋设深度一般可控制在 1.5～2.0m 之间。管道沟挖好后，沟底应夯实，填一层细砂或细土，并留有 0.003～0.005 的坡度。在管道弯头附近要人工回填以避免管道出现波浪弯。集管连接管在地上连接成若干个管段，再置于地沟与 U 形管相接，构成完整的闭式环路（见图 34-111）。在分、集水器的最高端或最低端宜设置排气装置或除污排水装置，并设检查井。管道沟回填时，应分层用木夯夯实。

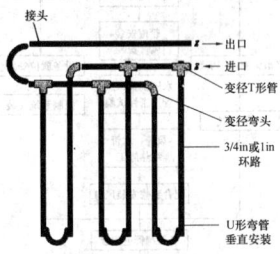

图 34-111 水平集管连接示意图

水平集管连接的方式主要有两种。一种是沿钻孔的一侧或两排钻孔的中间铺设供水和回水集管。另一种是将供水和回水集管引至埋设地下 U 形管的中央位置。

(3) 地埋管换热系统的检验与水压试验

1) 地埋管换热系统的检验

应由一个最好是来自专业试验机构的独立的第三方承包商来工地现场做试验鉴定，并按如下内容提出报告。承包商应分别和业主签订合同：

①管材、管件等材料应符合国家现行标准的规定；

②全部竖直 U 形埋管的位置和深度以及热交换器的长度应符合设计要求；

③灌浆材料及其配比符合合设计要求。灌浆材料回填到钻孔内的检验应与安装地埋管换热器同步进行；

④监督循环管路、循环集管和管线的试压是否按要求进行，以保证没有泄漏；

⑤如果有必要，需监督不同管线的水力平衡情况；

⑥检验防冻液和化学防腐剂的特性及浓度是否符合设计要求；

⑦循环水流量及进出水温差均应符合设计要求。

2) 地埋管水压试验

①水压试验的特点。聚乙烯管道的水压试验，是为了间接证明施工完成后管道系统的密闭的程度。但聚乙烯管道与金属管道不同，金属管线的水压试验期间，除非有漏失，其压力能保持恒定；而聚乙烯管线即使是密封严密的，由于管材的徐变特性和对温度的敏感性，也会导致试验压力随着时间的延续而降低，因此应全面的理解压力降的含义。国内地埋管换热系统应用时间不长，在水压试验方法上缺乏试验与实践数据。《埋地聚乙烯给水管道工程技术规程》CJJ 101 适用于埋地聚乙烯给水管道工程，但其水压试验方法与地埋管换热系统工程应用实践有较大差距，也不宜直接采用。水压试验方法是建立在加拿大标准基础上，在试验压力上考虑了与国内相关标准的一致性。

②试验压力的确定。当工作压力小于等于 1.0MPa 时，试验压力应为工作压力的 1.5 倍，且不应小于 0.6MPa；当工作压力大于 1.0MPa 时，试验压力应为工作压力加 0.5MPa。

3) 水压试验步骤

按国家规范《地源热泵系统工程技术规范》GB 50366 中的规定进行：

①竖直地埋管换热器插入钻孔前，应做第一次水压试验。在试验压力下，稳压至少 15min，稳压后压力降不应大于 3%，且无泄漏现象；将其密封后，在有压状态下插入钻孔，完成灌浆之后保压 1h。

②竖直或水平地埋管换热器与环路集管装配完成后，回填前应进行第二次水压试验。在试验压力下，稳压至少 30min，稳压后压力降不应大于 3%，且无泄漏现象。

③环路集管与机房分、集水器连接完成后，回填前应进行第三次水压试验。在试验压力下，稳压至少 2h，且无泄漏现象。

④地埋管换热系统全部安装完毕，且冲洗、排气及回填完成后，应进行第四次水压试验。在试验压力下，稳压至少 12h，稳压后压力降不应大于 3%。

⑤水压试验方法

水压试验宜采用手动泵缓慢升压，升压过程中应随时观察与检查，不得有渗漏；不得以气压试验代替水压试验。

聚乙烯管道试压前应充水浸泡，时间不应小于 12h，彻底排净管道内空气，并进行水密性检查，检查管道接口及配件处，如有泄漏应采取相应措施进行排除。

3. 地表水源热泵的安装

地表水源热泵的机房内机组的安装与土源热泵的安装要求基本相同，可参考前面所述进行地表水机组的安装。现就地表水源热泵特殊设备的安装做以下详细论述。

(1) 换热器安装与施工

1) 熟悉设计图样：充分了解设计意图，编制合理的施工流程图。

2) 选择合理的施工场地：选择近水旁作为盘管制作及熔接的加工场地。将盘管及附属的轮胎或水泥沉块运输到位。选择 PVC 管或柔韧的排水管，作为靠近水域的那段水平集管的保护套管。在靠近水岸处，水平集管的长度应预留一定余量。

3) 混凝土沉块预制：根据换热器的形式，用 C20 混凝土制作不同形式的水泥沉块，要求水泥沉块高度不小于 250mm，在水泥沉块上预制钢质连接口，用于与 PE 管的绑扎。混凝土沉块的重量应通过计算确定，每个沉块的重量略大于盘管的浮力为宜，方便换热盘管检修围护时起浮。

4) 地表水盘管换热器的预制：换热盘管管材及管件应符合设计要求，且具有质量检验报告和生产厂的合格证。换热盘管宜按照标准长度由厂家做成所需的预制件，且不应有扭曲。

5) 按照设计图样将换热盘管集管装配完毕：根据技术部门的选型设计图样，对换热器进行制作。将 PE 管按照图样要求进行有效绑扎，绑扎用尼龙卡带、U-PVC 管等辅材，每个换热盘管绑扎完毕，应按照要求进行第一次水压试验。在试验压力下，稳压至少 15min，稳压后压力降不应大于 3%，且无泄漏现象为合格。

换热盘管安装有两种形式：松散捆卷盘管形式和伸展开盘管或"slinky"盘管形式（如图 34-112 所示）。两种形式都具有较好的换热性能，但松散捆卷盘管形式应用更为普遍，本节中所有地表水盘

管即指这种松散捆卷盘管形式。

图 34-112 松散捆卷盘管形式环路布置示意图
(a) 松散捆卷盘管形式;(b) 伸展开盘管或"slinky"盘管形式

6) 地表水换热器的就位安装:将装配好的集管和换热盘管转运至浅水区,先将换热盘管固定位置,利用船等工具搭建施工平台,进行换热盘管和集管装配连接。换热盘管安装前应排净水,保证施工时换热盘管利用自身的浮力浮在水面上。

闭式地表水换热系统宜为同程系统。每个环路集管内的换热环路数宜相同,且宜并联连接;环路集管布置应与水平形状相适应,供、回水管应分开布置。

地表水换热器装配完毕应进行第二次水压试验,在试验压力下,稳压至少 30min,稳压后压力降不应大于 3%,且无泄漏现象为合格。水压试验合格后,将地表水换热器运至指定区域。地表水换热器转运和下沉时应带压施工。

换热盘管固定在水体底部时,换热盘管下应安装衬垫物。安装时,将旧轮胎或混凝土石块捆绑在盘管下面,以起到支撑(防止水底淤泥淹没盘管)及帮助下沉(作为重物)的作用。加载配重块重量略大于地表水换热器为宜。换热盘管应牢固安装在水体底部,地表水的最低水位与换热盘管距离不应小于 1.5m。换热盘管设置处水体的静压应在换热盘管的承压范围内。

安装完毕的地表水换热器,应注意确保水位下降时,水平集管不会暴露在空气中。在集管伸出管沟进入水体的部分,应当用保护套管将集管包围;在水平集管管沟回填前,应检查环路压力。

7) 标记:换热器沉入湖底时,在湖面做好标记,方便使用过程检修和维护。供、回水管进入地表水源处应设明显标识,同样也应在盘管下沉地点的水面做好标记,可参照图 34-113 浮标做法。

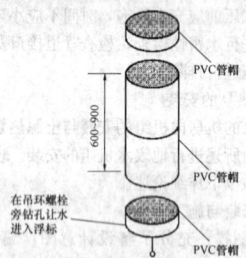

图 34-113 用于标记盘管位置的浮标

8) 水平汇总管连接:水平管沟的开挖应从建筑物向过渡点的顺序进行。过渡点处管沟开挖的扰动土应采用机械方式夯实,作为"堤坝"以防止地表水渗流到建筑物中。

管沟开挖完毕,铺上保护衬层(一般采用无尖锐的黄沙),然后进行环路集管与机房分集水器装配。装配完成后,应进行第三次水压试验。在试验压力下,稳压至少 12h,稳压后压力降不应大于 3%。

(2) 换热器调试

1) 系统冲洗。系统试压合格后,打开系统排污阀门,利用循环水泵,对地表水换热器分支路进行冲洗。冲洗标准按《给水排水管道工程施工及验收规范》GB 50268 的规定执行。

2) 冲洗验收合格后,充注防冻液和防腐剂。充注时应注意深度,同时应进行排气。

3) 启动循环水泵,调节各地表水换热器流量。

(3) 地表水源热系统检验与验收

地表水换热系统安装过程中,应进行现场检验,并提供检验报告。检验内容应符合以下规定:

1) 管材、管件等材料应具有产品合格证和性能检验报告。

2) 换热盘管的长度、布置方式及管沟设置应符合设计要求。

3) 水压试验应合格。

4) 各环路流量应平衡,且应满足设计要求。

5) 防冻剂和防腐剂的特性及含量应符合设计要求。

6) 循环水流量及进出口温差应符合设计要求。

34.8.3.3 水环热泵

水环热泵空调系统由四部分组成:室内水源热泵机组(水/空气热泵机组);水循环环路;辅助设备(冷却塔、加热设备、蓄热装置等);新风与排风系统。如图 34-114 所示。

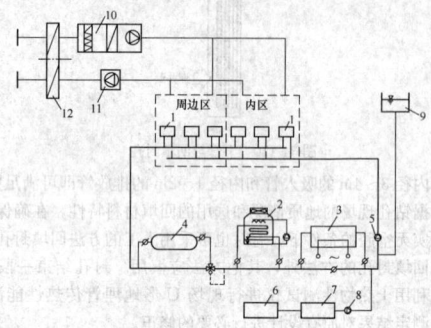

图 34-114 水环热泵空调系统原理图
1—水/空气热泵机组;2—闭式冷却塔;3—加热设备
(如燃油、气、电锅炉);4—蓄热容器;5—水路的循
环水泵;6—水处理装置;7—补给水箱;8—补给水泵;
9—定压装置;10—新风机组;11—排风机组;12—热回收装置

水环热泵空调系统的安装工艺流程如图 34-115 所示。

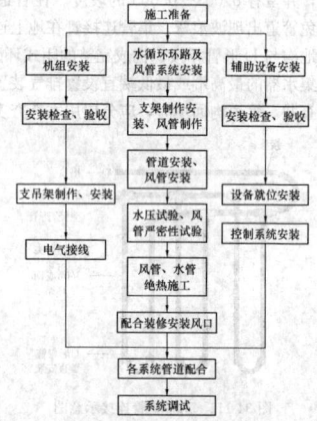

图 34-115 水环热泵系统的安装工艺流程

1. 室内机组的施工安装

室内机组的安装与风机盘管的安装工艺大致相同,但在室内机组的施工时要注意以下几个方面的问题:

1) 施工前,应根据设计要求及现场的实际情况,采用管线布置综合技术确定室内的小型水/空气热泵机组的标高和位置。掌握好管道的坡度要求,既要避免交叉时产生冲突,同时还要配合并满足结构及装修的各个位置要求。

2) 吊顶空间内的水环热泵机组避免安装在人员工作或生活区上部,要尽量放在过道、贮藏间、卫生间及其他不经常使用的房间的吊顶内。建筑各楼层的热泵机组尽量安装在相对应的位置,以便减少水管、电气导管和新风管道的安装费用,同时也便于检修。

3) 机组安装时应留有一定的检修空间,以便接管、接线,检修空气过滤器、风机叶轮、盘管、电动机、压缩机,清洁集水盘等,并应在机组附近的吊顶上留有大小适当的检修孔。顶棚的吊架不应与风管接触。所有顶棚、风管、管件和机组都应设有单独的吊架。

4) 由于水环热泵空调系统的末端安装在室内,因此做好吸声措施尤为重要。常用的吸声减震措施有:

①吊顶内机组的正下方应设吸声板，吸声板面积应大于机组底部面积的 2 倍，吸声板厚度 25mm。

②安装机组的房间，吸声系数不应小于 0.20。影响吸声系数的因素有：墙体材料（混凝土、钢架、砖、石等），顶棚的结构和材料，室内的家具和摆设，墙体保温材料，地板（或地毯）等。

③检查机组时，机组本身应有如下降低噪声的措施：压缩机应装设专门的减振弹簧；机箱内侧全部贴有专门的吸声及保温材料；风机与压缩机的空间分开，以避免压缩机噪声传至室内。

④落地式机组的基座应设装设橡胶隔振垫；吊装机组应采用弹簧减振吊架。

另外还可以采用分体式水源热泵机组，将压缩机等运动部件设置在走廊或者卫生间等辅助房间内。

2. 风管、风口施工安装

水环热泵系统的风管与风口安装方法可参考普通风管和风口安装方法进行施工，需要注意的是水环热泵空调系统中的风管特别要做好以下消声措施：

1) 机组进出口要装设一段内贴吸声材料的风管，不应在机组进出口直接安装风口，防止噪声反射到房间内。吸声材料一般采用超细玻璃棉，厚度 25mm，按消声器标准制作。

2) 机组进出风口与风管之间采用软接头连接，防止机组振动直接传到风管上。

3) 送风机出口要保持气流的畅通，避免阻力的增加和产生二次噪声。

4) 送风口应避免直接开在主风管上，尤其是风管较短时。可接一个 90°的弯头出风。

5) 安装于小室内的机组，应防止噪声从回风口传至空调房间，应在回风口处装设吸声板。

6) 弯头、三通和阀门等风管管件之间应有 4～5 倍风管直径或风管长边边长的距离，以使气流平稳。散流器、格栅和调节阀之间也应保持适当距离。

3. 水管安装施工

水环热泵系统的水管安装方法可参考风机盘管系统水管安装方法进行施工，同时应注意连接机组的水管和电线导管要用软接头或软管，防止振动；机组集水盘的凝结水排水管应设 50mm 高的存水弯，如果热泵机组的凝水口在正压区则无需存水弯；安装水管和电线导管时，不要妨碍机组各部位的检修。

34.8.4　单元式空气调节机的安装

单元式空气调节机（简称空调机）由制冷设备、空气处理设备、风机及自动控制系统等部分组成，可以实现对空气的加热、冷却、加湿、去湿、净化等处理过程。单元式空调机组具备结构紧凑、占地省、安装使用方便等优点，因而在中小型空调系统中得到了广泛的应用，其性能应执行《单元式空气调节机》GB/T 17758、《单元式空气调节机　安全要求》GB 25130 及其他相关的专业标准。

空调机的型号命名规则由形式、冷却方式、制热方式、名义制冷量、结构类型、设计序号及特殊功能代号等部分组成，具体表示方法如图 34-116 所示。例如，制冷量 30kW，风冷冷风型分体式热泵可表示为：LF30W。

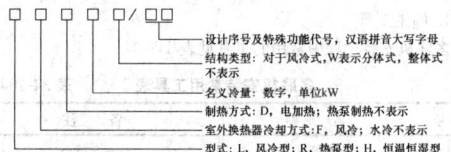

图 34-116　单元式空调机组型号命名规则

34.8.4.1　空调机的分类

空调机分类标准很多，现列举几种常用的分类方法。

(1) 按室外换热器的冷却方式分为

1) 风冷式

2) 水冷式

(2) 按功能分为

1) 单冷型

2) 热泵型

3) 恒温恒湿型

(3) 按送风方式分为

1) 直接吹出型

2) 接风管型

3) 两用型

(4) 按结构形式分为

1) 整体式：即窗式空调器，机组的各部件安装于同一机箱内。

2) 分体式：室内设蒸发器、风机、干燥过滤器、膨胀阀等部件，室外设压缩机、风机。室内外机间距离一般不超过 10m，高差不超过 5m。

(5) 按使用场合分为

1) 屋顶式风冷空调（热泵）机组

风冷热泵型空调机适用环境温度范围为 -7～43℃；冷风型适用环境温度范围 18～43℃。屋顶式风冷空调机组应执行《屋顶式空气调节机组》GB/T 20738 等相关标准。

2) 计算机和数据处理机房用单元式空气调节机，简称计算机房专用空调机

国家标准将计算机和数据处理机房用单元式空气调节机定义为一种向机房等提供诸如空气循环（大风量）、空气净化、冷却（全年提供）、再加热及湿度控制的单元式空气调节机。机房空调机按冷凝器的冷却方式分为水冷式、风冷式、乙二醇（或水）冷却式和冷盘管式（无冷凝器）。

3) 恒温恒湿空调机

恒温恒湿空调机当空调机温度设定在 18～28℃时，控制精度 ±1℃；相对湿度设定在 50%～70%时，控制精度 ±10%。风冷型恒温恒湿型空调机适用环境温度范围为 18～43℃，水冷型恒温恒湿机制冷运行时冷凝器的进水温度不应超过 33℃。

4) 低温空调机组

低温空调机组，有低温空调机、全新风低温空调机、低温低湿空调机、低温恒湿空调机、低湿恒温空调机等多种类型，可以实现低温、低湿、恒温、恒湿、无尘、无菌等功能，广泛运用于电子电器、化工医药、食品生物、材料试验等特殊场所的工艺冷却。

5) 风管机组

风管机组多为分体式结构，室内机安装于空调送风管道中，结构紧凑，体积小，质量轻，噪声低，节省房间的使用面积，广泛应用于宾馆、写字楼、学校等建筑。

34.8.4.2　空调机的安装

(1) 安装前应熟悉施工图纸、设备说明等相关资料，开箱检查，确认设备及附件齐全无误，且无机械损伤后方可施工操作。

(2) 设备、配管、附件等应现场拆封后尽快进行安装，不应长时间搁置。

(3) 空调机应按要求进行安装，整体水冷式空调机一般安装在室内；分体式风冷空调机应使室内机安装于空调房间内，室外机一般安装在屋顶、阳台等通风良好的场所；整体风冷式空调机应安装在墙的孔洞中。安装场所能提供足够的安装和围护的空间，保证气流通畅，避免空气发生短路，避免强季节风直吹，避免将室外机安装在有太阳光或热源直接辐射的地方。不可将室外机安装在有可燃气体泄漏的地方，机组噪声及排热风不应影响周围环境。

(4) 机组应安装在水平、平整的混凝土基础上或水平牢靠的支吊架上。安装场所的建筑结构应有足够的强度，并能提供足够的维修空间。

(5) 设备与基础之间应加隔振层，隔振层应性能良好、耐久，并且无毒害、无异味、不吸潮。

(6) 对于出厂时没有充注制冷剂，而是充注保护性气体的空调机，检测压力表，确保无泄漏情况，而后抽空保护性气体并按说明书要求充注相应种类及质量的制冷剂。

(7) 对于分体式空调机，制冷剂管现场连接时应尽量缩短室内外机间的高差及管长，以保证设备性能。当有必要延长制冷剂管长度时，应根据机组容量及延长程度并根据产品要求适当

增加制冷剂充注量。存油弯和液环的曲率半径须大于管道直径的 1.5 倍。压力表与空调机采用长度短、直径小的管子连接，压力表的安装位置应使读数不受管子中流体压力的影响。除了按规定的方法安装需要的试验装置和仪表之外，不得改装空调机。系统安装后，应检查管路连接是否准确无误，并进行多次试压，保证无泄漏后方可充注制冷剂。

（8）电器接线应牢靠，并符合当地要求和规定。机组应有可靠的接地。根据机组接线盒及管口位置合理选择便于接线插管的方向和位置。电器接线前应确认电源是规定的电压。每台机组应有独立电源，并应有独立切断和过流保护装置。

（9）控制器安装应牢靠，美观，不得出现歪斜松动现象。

（10）施工过程中，风管必须伸直，不得出现强扭、挤压、死弯等现象。

（11）冷凝水管出口处应设置存水弯，水封高度不小于 50mm，冷凝管道水平段应留有不小于 0.01 的坡度，竖直段应垂直，且应保温。安装后应进行排水试验，保证冷盘过多积水，无渗漏。

（12）空调机在运输过程中应避免碰撞、倾斜、受潮。

34.8.5 VRV 变制冷剂流量多联机安装

多联式空调（热泵）机组是一台或数台室外机可连接数台不同或相同形式、容量的直接蒸发式室内机构成的单一制冷循环系统，它可以向一个或数个区域直接提供处理后的空气。变制冷剂流量多联机通过改变制冷剂的循环量来适应系统负荷的变化。

34.8.5.1 多联机系统的组成

VRV 变制冷剂流量多联机系统由室内机、室外机、制冷剂配管及辅件、自动控制器及系统等部分组成。图 34-117 是变频控制 K 系列 VRV 系统。该系统又分为单冷、热泵、热回收三种机型。

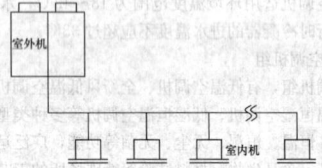

图 34-117 变频 K 系列多联式空调系统

超级 K 系列是在 K 系列基础上改进了的系统，如图 34-118 所示。超级 K 系列多联机的室外机由 2 台或 3 台标准型室外机组成，其中 1 台是变频型，与 K 系列相比增加了功能机。功能机的作用是将连接所有室内机的液体、气体总干管分别接到多台室外机上，并平衡各台压缩机的压力和润滑油量。

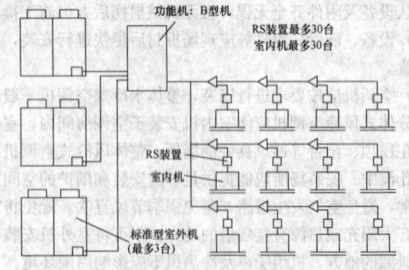

图 34-118 超级 K 系列热回收型多联式空调

34.8.5.2 多联机的分类及型号编制

（1）按室外机的冷却方式分为：

1）风冷式：不需要专门的机房，室外机可分散布置在阳台，也可集中布置在屋顶、地面、设备层等通风良好的场所。

2）水冷式：布置则更为灵活，制冷剂管管径小，节省建筑层高，对空调房间室内空间几乎无影响。

（2）按实现变流量的原理分为：

1）数码涡旋式，为定频变容。数码涡旋压缩机在设定的周期里，通过改变卸载状态和负载状态所占的时间比重来实现输出容量的调节。在运行过程中压缩机在满负荷与零负荷间转换，属于脉冲

的工作状态。此类多联机除湿性能好，电磁干扰小，噪声低，系统润滑性能好，回油容易，温度响应速度快。

2）变频式，为变频变容。通过变频调速技术改变压缩机电机的转速，从而改变压缩机的输出能力。变频多联机的弊端是，防电磁干扰能力差，对室内的其他设备，尤其是高精度的家电可能有些影响，系统响应速度和除湿能力也不及数码涡旋式多联机。但变频多联机的容量变化平稳，是连续变化的过程，系统稳定性好。

（3）按功能分为：

1）单冷型

2）热泵型

3）电热型，通过电加热器供热

另外，多联机还可以按照使用气候环境分为 T_1、T_2、T_3 类。其中 T_1 类，气候环境最高温度不得超过 43℃；T_2 不得超过 35℃；T_3 类不得超过 52℃。机组的正常工作环境温度见表 34-103。

多联机正常工作环境温度（单位为℃）　　表 34-103

机组形式	气候类型		
	T_1	T_2	T_3
单冷型	18～43	10～35	21～52
热泵型	-7～43	-7～35	-7～52
电热型	-43	-35	-52

多联机的型号编制方法如图 34-119 所示。

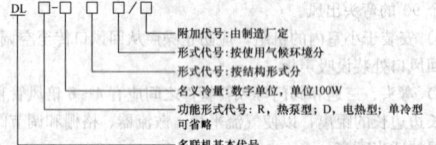

图 34-119 多联机型号编制

其中多联机的结构形式代号为：

4）室外机：代号 W

5）室内机的结构形式及代号

①吊顶式：代号 D

②壁挂式：代号 G

③落地式：代号 L

④嵌入式：代号 Q

⑤风管式：代号 F

⑥暗装式：代号 N

例如：适用于 T_1 气候类型，多联式机组室外机，热泵型，机组名义冷量 10000W，压缩机可变频，其型号可以表示为 DLR-100W/BP；壁挂式室内机，名义冷量 3000W，型号可表示为 DL-30G。

34.8.5.3 多联机的安装

多联机安装流程如图 34-120 所示。其中很多安装步骤，如支吊架制作、风管系统安装、配电系统安装等，已经在别的章节中有介绍，这里不再赘述。本节详细介绍多联机安装中自身的特殊问题。

1. 施工工具

多联机安装过程中常用的工具见表 34-104。

多联机安装常用工具表　　表 34-104

序号	名　称	备　注
1	割管器	0～50mm
2	弯管器	弹簧、机械
3	胀管器	所需管径大小
4	扩口器	所需管径大小
5	钢锯	
6	刮刀	
7	锉刀	

续表

序号	名　称	备　注
8	钎焊工具	所需喷嘴大小
9	称重计	精确度 0.01kg
10	温度计	范围−10～100℃
11	米尺	
12	压力表	4.0MPa，5.0MPa
13	双头压力表	4.0MPa，5.4MPa
14	真空表	−75mmHg
15	真空泵	4L/s以上
16	电阻测试仪	
17	测电笔	
18	万用表	
19	切线钳	
20	充注软管	0～3.5MPa，0～5.0MPa
21	氮气减压阀	3.5MPa，5.0MPa
22	截止阀	
23	螺钉旋具	"+" "−"型
24	活动扳手	
25	内六角扳手	4～12mm
26	检漏仪	

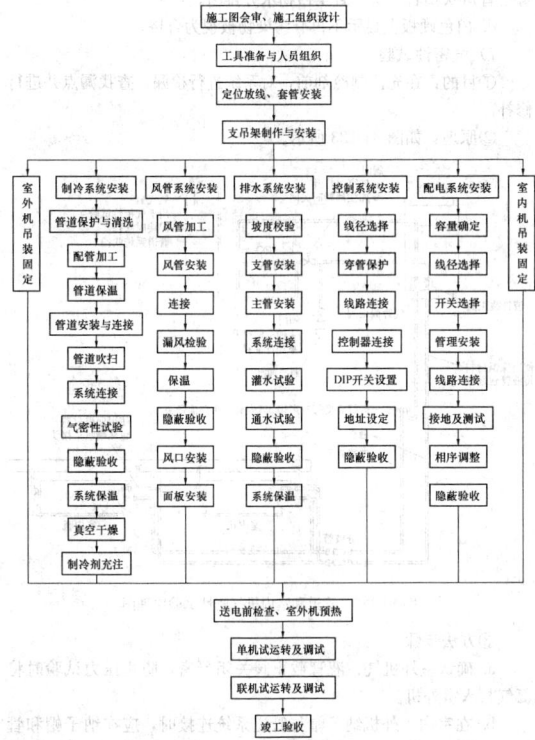

图 34-120　多联机安装流程图

2. 多联机的安装

(1) 施工前的准备

仔细阅读施工图及设计说明，熟悉系统管路走向及设备间的相互连接关系。安装设备、附件就位，并妥善保存；所需安装工具准备齐全，保证工具满足功能，仪表能够达到要求的精度。设备运输、保存的过程中应防止机械损伤、受潮和人为破坏。

(2) 室内机的安装

室内机的安装步骤很多与风机盘管类似，这里仅简要叙述安装过程和要点。

1) 设备拆封后应尽快安装，避免拆封后长期搁置。

2) 安装时应考虑室内机距室内其他家电、电控箱等 3m 以上，以免造成电磁波干扰；当不能满足距离要求时，应采取安装铁管、铁盒等方法屏蔽电磁波。

3) 不得将室内机安装于有油烟、易燃气体、腐蚀性气体的场所或有热源直射的场所。安装时应预留足够检修维护空间。

4) 机组应由单独的支吊架固定，连接应牢靠，防止松动。

5) 对于接风管的室内机，应合理安排机组、风管、风口的位置，保证合理的气流组织。机组与室内机用柔性短管（150～300mm）连接，以隔离噪声和振动。

6) 安装步骤：确定安装位置→划线定位→打膨胀螺栓→吊装室内机。

(3) 室外机的安装

1) 检查设备齐全、无误、无损伤后方可开始安装。

2) 防止机组在吊装时受损，吊装过程中应尽量保持机组垂直，轻起轻放，注意安全。

3) 室外机须尽可能靠近室内机安装，选择通风良好且干燥的地方，一般布置在屋顶、阳台或地面上。在设计时须保证排气顺畅，防止机组排出的空气从进风口再度吸入，造成夏季冷凝压力不正常的升高或冬季蒸发温度不正常的降低。

4) 避免腐蚀性气体对室外机的腐蚀，不得将室外机安装在油雾、盐或腐蚀性气体，如硫磺等物质含量很高的地方，不得将厨房的排烟口设置在室外机附近。避免阳光或高温热源直接辐射，避免强季节风直吹室外机换热器。

5) 防止冬季产生的凝结水结冰后脱落伤人，确保周围环境中的灰尘或其他污染物不会堵塞室外机换热器。

6) 电磁波会引起系统控制异常，不得将室外机安装在电磁波能够辐射到电器盒与交换器的地方；系统设备会引起无线电干扰，必要时用户应采取相应措施。

7) 室外机的噪声及排风不可影响邻居或周围环境，室外机安装在各层时，避免上下层机组相互影响，造成夏季上层机组吸入空气温度过高，从而导致上层设备效率下降，甚至不能正常工作。

8) 一些建筑物对建筑立面有特殊要求，室外机的安装，既要满足建筑立面的要求，又要确保空调效果。

9) 室外机基础应至少高出周围地面 100mm，对于冬季有积雪的地区，可适当增加基础高度。基础应平整、水平，机组与基础间应根据需要安装隔振垫。

10) 机组应有可靠接地，当安装在屋顶等高处时，应有防雷措施。

11) 室外机安装地点的建筑结构应有足够的强度承载室外机，并应能提供足够的安装维修空间。室外机应牢靠的安装在基础上，避免松动歪斜。

12) 适当选择室外换热器进、出风的朝向，以减小风压对换热器风量的影响和季节风对冬季除霜的影响。避免强季节风直吹，必要时可安装挡风墙。挡风墙不可影响换热器气流的通畅。

13) 多台室外机集中设置时，应保证室外机间的操作距离，保证气流通畅，保证室外机顶部开放，防止气流短路。

14) 水冷多联机可以重叠安装

(4) 制冷剂管路安装

多联机制冷系统对制冷剂铜管系统内部的洁净性、干燥性、密封性有严格的要求，制冷管道的材料和施工工艺是多联机系统正常运行的关键所在。

1) 制冷剂配管材料

制冷剂铜管采用空调用磷脱氧无缝拉制紫铜管。道道的内外表面应无针孔、裂纹、起皮、起泡、夹杂、铜粉、积炭层、绿锈、脏污和严重氧化膜，也不允许存在明显的划伤、凹坑、斑点等缺陷。铜管的规格及采用的铜管的管件是英制的。

2) 铜管管道内壁清洗

如果购买的铜管未清洗过，则需在现场清洗铜管内壁。清洗时采用挥发性极强、溶解性极好的清洗剂。清洗方法如下：

①对于盘管，使用压力为 6kPa 的氮气或者洁净干燥的空气吹扫铜管内壁，吹出灰尘和异物，确保内部的洁净性。

②对于直管，可以采用纱布（或者绸子布）球拉洗法。用洁净的细钢丝缠上一块洁净纱布，纱布上滴一些三氯乙烯清洗剂，纱布球直径大于铜管直径1cm左右。使纱布从铜管的一端进入，然后从另一端拉出。每拉出一次，纱布都要用三氯乙烯浸洗，将纱布上灰尘和杂质洗掉。反复清洗直至管内无灰尘、杂质。清洗完毕，铜管管端应使用盖套或胶带及时封堵。在清洗过程中不允许纱布球掉丝屑。

3）制冷剂管道安装作业流程

制冷剂管道安装的一般顺序为：定位放线→支、吊、托架制作安装→铜管穿保温套管→管道清洗、吹扫→铜管按图纸要求和实际长度下料→管道加工→管道连接→管道校直→管道固定→室外机的连接→管道系统吹污→室内机的连接→气密性试验→管道保温。

4）安装要点

①按设计的走向、位置、标高、型号、尺寸及相互间连接安装制冷剂管道。

②室外机在室内机上方时，若立管为气管，每提升10m，必须安装一个回油弯，回油弯高度为管道外径的3～5倍。

③管道穿越楼板、防火墙时应安装套管，套管管径应大于制冷剂管径100mm，长度应伸出墙面20mm，套管内用柔性阻燃材料填充，套管不可作为支撑。

④尽量缩短室内、外机间，各室内机间管长、高差，不可超出厂家规定的范围。多联机管路较长，防漏及保温十分必要。室外机到室内第一个分歧管间的距离不宜过大。

⑤气、液管平行铺设，管长、线路相同。

⑥制冷剂管道与其他管道之间应保持足够的安全距离。制冷剂管道应单独固定，不可与其他管道共用支撑。制冷剂管道的支、吊、托架之间的最小间距如表34-105所示。

制冷剂管道的支、吊、托架之间的最小间距

表 34-105

管道外径（mm）	横管间距（m）	立管间距（m）
≤20	1.0	1.5
20～40	1.5	2.0
≥40	2.0	2.5

5）分歧管安装

多联机系统配管的连接方式可以分为三类：配管接头连接，端管连接和混合式，如图34-121所示。其中分歧管是最常用的管路分支配件。

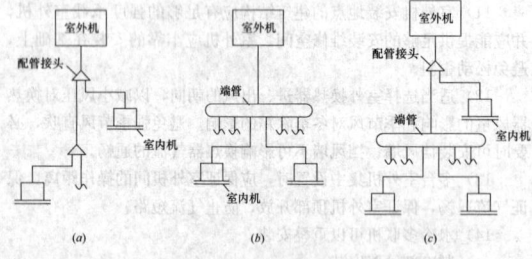

图 34-121　多联机系统配管的连接方式
(a) 管接头连接；(b) 端管连接；(c) 混合式连接

①分歧管的选用方法依据室内机的负荷大小，参照选用标准进行逆向推算，即从最末端的分歧管型号选定开始逐级向前推算，分歧管的型号依据它下游的所有室内机的负荷大小来确定。

②分歧管应尽量靠近室内机安装，室外机到室内第一个分歧管的距离及第一个分歧管到最不利室内机的距离均不可超出产品限定值。

③分歧管主管端口前应留有不小于500mm的直管段。

④分歧管的安装形式：水平安装和竖直安装。水平安装要求三个管口在同一个水平面上，不得改变分歧管的定型尺寸和装配角度。竖直安装时可以向上或者向下，保证三个端口的平面与水平面垂直，如图34-122所示。

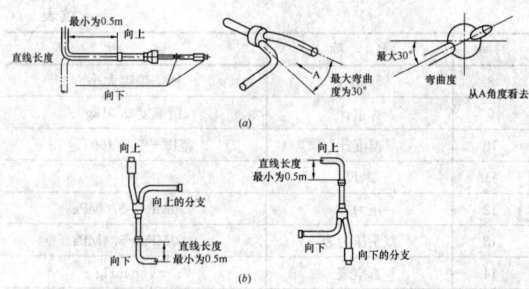

图 34-122　分歧管的安装形式
(a) 水平安装；(b) 垂直安装

6）管道吹扫

①目的：除去焊接过程中氮气替换不足时产生的氧化物及管道封堵不严时进入管内的杂质和水分。

②方法

a. 吹扫应在制冷剂管安装完毕、与室外机连接后，与室内机连接前进行。

b. 使用有压氮气或干燥空气进行吹扫。

c. 将氮气瓶压力调节阀与室外管路系统的充气口连接好，取室内管路系统中的一个管口为排污口，其余管口堵住，用干净的白色硬板抵住排污口，压力调节至0.6MPa左右用管内充气，直至手抵不住时快速释放，脏物及水分及随着氮气一起排出。如此反复对每个管口吹扫若干次，直至污物水分排出。

d. 白色硬板上显示不再有污染物被视为合格。

7）气密性试验

①目的：在充注制冷剂前，对系统进行检漏，查找漏点并进行修补。

②原理：如图34-123所示。

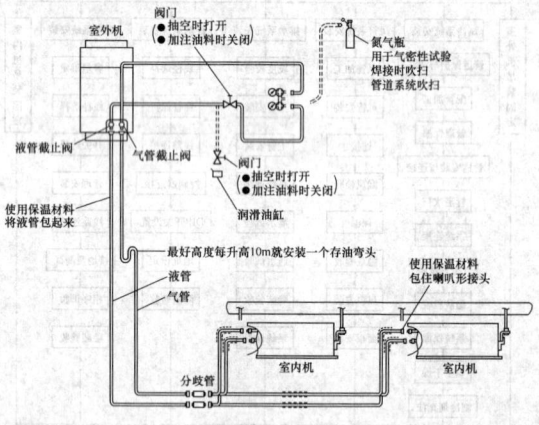

图 34-123　管道和室内机气密性试验原理图

③方法步骤

a. 确认室外机气、液管截止阀关闭严密，防止压力试验时将氮气打入室外机。

b. 在室内、外机纳子帽与管道系统连接时，应在纳子帽和管端处涂少量矿物油，并应在固定纳子帽时采用两只扳手操作。

c. 选用干燥氮气进行气密性试验，同时从气管和液管充注氮气，加压应缓慢，试压压力表量程为4.0MPa。对于冷剂为R22的多联机系统，分三步进行：

（a）缓慢加压至0.5MPa，加压过程应长于5min，保压5min以上，进行泄漏检查，以发现大的渗漏。保压时间内压力维持不变为合格。

（b）缓慢加压至1.5MPa，加压过程应长于5min，保压5min以上，进行气密性检查，以发现小的渗漏。保压时间内压力维持不变为合格。

（c）缓慢加压至3.0MPa，加压过程应长于5min，进行强度气

密性试验，以发现细微渗漏或砂眼。保压时间内压力维持不变为合格。

对于 R407C 制冷剂，则压力最高加至 3.3MPa。

检查有无泄漏可采用手感、听感、肥皂水检查，或在氮气试压完成后将氮气放至 0.3MPa 后加制冷剂，至压力为 0.5MPa 时用电子检漏仪检漏。

d. 同时记录压力表示数、环境温度及试压时间。

e. 按温度变化 1℃，压力相应变化 0.01MPa 进行压力修正。

长时间保压时，应将压力降至 1MPa 以下，以防高压导致焊接部位渗漏。

8）真空干燥

①目的：清除管道内的水分及不凝气体。

②原理：真空干燥与气密性试验相似，只需将气密性试验中的氮气瓶换成真空泵即可。对真空泵的要求为：

a. 真空泵的排气量要达到 4L/s；

b. 真空泵的精确度达到 0.02mmHg。

③方法

a. 抽真空前确认气、液管上的截止阀处于关闭状态。

b. 用充注导管把调节阀与真空泵连接到气阀和液阀的检测接头上。同时从气、液管抽真空 1.5～2.0h，至真空度达到 −756mmHg。如达不到要求的真空度，则说明有泄漏，应再次进行漏点检查。若无泄漏，应再抽真空 1.5～2.0h。在确保无泄漏的条件下，两次抽真空都不能保持真空度，则说明管内有水分。此时向管道内充入 0.05MPa 氮气和少量制冷剂破坏真空度，再次抽真空 2h，保真空 1h。如达达不到 −756mmHg，则重复操作，直至保真空 1h 压力不会升为止。

c. 停止抽真空时，先关闭阀门，再给真空泵断电。

对于 R407C 或 R410A 的系统，在直接接触制冷剂的地方，应使用专用工具和仪表。

9）制冷剂充注

①检查管径及附件型号、规格无误，管路连接正确后，先对冷冻管路进行吹扫、气密性试验，对漏点进行不漏试压，满足要求后，对管路进行真空干燥，然后才能充注制冷剂。

②按现场的安装情况统计制冷剂管道型号、管长，按厂家所给公式计算制冷剂的充灌量，按需充注相应种类的制冷剂。

③制冷剂充灌应在未开机状态下从气、液管同时充注。如果制冷剂不能完全加入，可在开机时，从气管检测接口处充注气态制冷剂。

④制冷剂质量的计量应在允许误差范围内。

⑤充注的制冷剂量应作记录，以便日后维修保养。

（5）冷凝水管安装

多联机的冷凝水的排放方式分为自然排水和强制排水。自然排水的安装方式与风机盘管相同，其要点如下：

1）排水管管径应大于等于连接管管径。

2）冷凝水管应做保温以防止结露。

3）水平排水管坡度不小于 0.01。

4）排水软管悬挂支架间距为 1～1.5m 为宜。

5）集中排水管的管径应与室内机运行容量相匹配。图 34-124 为集中排水管安装示意图。

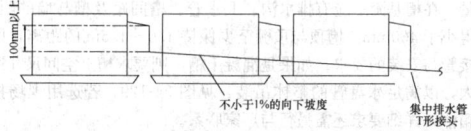

图 34-124　集中冷凝水管连接图

6）配管作业结束后应检查排水流向，确保排水顺利。

有些室内机内标准配置排水提升泵，属于强制排水。此时，排水升程管高度应小于 310mm，与室内机距离小于 300mm，并以适当拐角进入室内机，图 34-125 为某产品样本上给出的室内机冷凝水管安装图。若现场将自然排水改为强制排水时，需加装排水泵。安装排水泵时，应将原有排水口用橡胶塞封堵，并把水泵排水管引

至室内机上侧备用排水口。

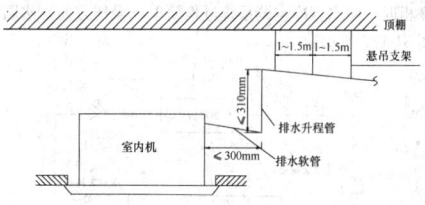

图 34-125　冷凝水管连接图

（6）电气系统安装

多联机系统电气系统的安装应注意：

1）每台室外机必须安装独立电源，并应满足产品要求的电压和电流。

2）电线、接线器、接线柱、电源开关、漏点开关等电器部件应符合国家标准，严格按照技术要求选择。

3）共用一台室外机的室内机的电源尽量在同一回路上。

4）电源电压应与设备额定电压相符，误差不超过 ±10%。配电系统应能满足设备对电压、电流和功率的要求。

5）机组外壳应有可靠的接地。

6）强电线缆不可和控制弱电接线共享一根管。

7）室内机的有线控制器应按用户要求安装在方便操作的地方，避开有油污、腐蚀性气体、灰尘产生的地方，避免将控制器安装在可能有易燃气体泄漏的地方，并应远离强电磁辐射源。

8）对于同一室外机系统，室外机与室内机的通信线采用一对一连接，即把一个系统内的室外机和室内机通过通信线串联起来。

图 34-126 为某品牌设备控制线连接实例示意图。该控制系统采用屏蔽双绞线，线径不小于 0.75mm²，所有室内机和室外机的通信线都是一对一连接，最多连接 16 台室外机，室内机最多为 128 台。这种连接通信线总长度明显减小，与中央控制器的线路连接简便，同时所有的室外机和室内机之间只需一根通信线。

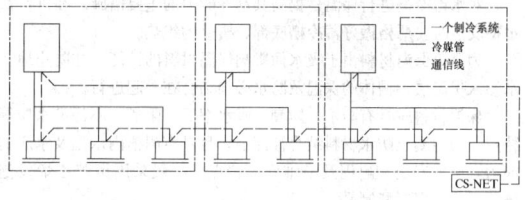

图 34-126　H-LINK 系统实例示意图

3. 系统调试

检查室内机配管无误后，应对室内机逐台试运转。制冷与制热模式应分别进行测试，以判断系统的稳定性及可靠性。

试运转时应检测的内容包括

（1）检查设备等在安装过程中有无损坏。

（2）对管道、设备、附件、配线的连接进行检查，确认无误。

（3）系统运行时不应有异常振动和噪声。

（4）系统正常运行无故障。压缩机的吸、排气温度，压力、排气过热度、室内温度、送风温度、气、液管温度、电子膨胀阀的开度等应在合理范围内。工作电流应在规定范围内；风机叶轮旋转方向应正确，运行应平稳；控制设备、安全装置应正常动作。

（5）室内状态参数满足设计要求。

（6）系统冷凝水排除顺畅，提升泵工作正常。

（7）先对室内机进行逐一试运行，再对整个系统进行联合运行调试。

34.8.6　空调蓄冷设备安装

蓄冷空调具有减少机组装机容量和电力增容费用、平衡电力负荷、减少运行费用等优点。目前常用的蓄冷介质有水、冰及其他物质。应用最为普遍的是冰蓄冷和水蓄冷。

34.8.6.1　水蓄冷设备的安装

水蓄冷设备以水作蓄冷介质，其蓄冷温度高于 0℃，按常规空

调系统通常为5~7℃，这与空调系统冷水机组蒸发器冷冻水的出水温度相近，使水蓄冷空调系统过程简单，操作方便。水蓄冷的原理如图34-127所示。

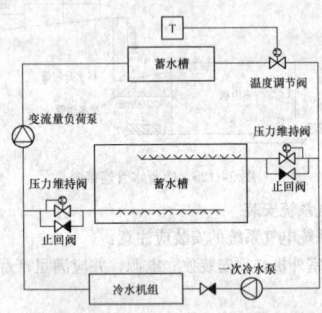

图34-127　水蓄冷系统原理图

1. 水蓄冷槽的形式

最适合自然分层的蓄水槽形状是立式平底圆柱体。

蓄水槽的高度与其直径之比一般通过技术经济比较来确定。斜温层的厚度与蓄水槽的尺寸无关。

2. 水蓄冷槽安装位置

由于水蓄冷采用的是显热储存，蓄水槽的体积较冰蓄冷梢的体积要大，因此，安装位置是蓄水槽设计和安装时要考虑的主要因素。若蓄水槽体积较大，而空间有限，则可在地下或半地下布置蓄水槽；对于新建项目，蓄水槽应与建筑物组合成一体以降低初投资，还应综合考虑兼作消防水他功能的用途。

蓄水槽布置在冷冻站附近，靠近制冷机及冷冻水泵，这样既减少了系统的冷损失；又降低了冷水管道输送距离，减少能耗及费用。循环冷水泵不要布置在蓄水槽的顶部，而应布置在蓄水槽水位以下的位置，以保证泵的吸入压力。

3. 水蓄冷槽的防水保温

对水蓄冷槽进行保温是提高其蓄冷能力的重要措施。在进行蓄水槽安装时要严格做好蓄冷槽底部、槽壁的绝热。

为避免保温材料由于吸水而影响保温材料的性能，并防止地下水渗入保温层，槽体的保温及防水必须结合在一起进行。

保温材料应具有防水、防潮、吸水率低、阻燃、不污染水质等特点。与混凝土防水材料结合性能强，且具有耐槽内水温及水压的能力，施工安全，耐用及易维修等特点。一般采用聚苯乙烯发泡体、无定形聚氨酯制品。

防水材料要具有防水防潮性能，对混凝土、保温材料粘结性能好，承受水温及水压能力强，其膨胀系数与保温材料相同，对水质不污染，施工方便，耐用易维护。通常采用如下防水材料：灰浆加有机系列防水剂（树脂）、沥青橡胶系列涂膜防水材料，还有环氧合成高分子系列板型防水材料。

常用的保温和防水材料的组合形式有如下几种：成型保温材料（聚苯乙烯发泡体）和灰浆防水材料、成型保温稠料（聚苯乙烯发泡体）和板型防水材料，以及现场发泡保温材料（硬质聚氨酯发泡体）和防水表面涂层（环氧树脂型防水）。

34.8.6.2　冰蓄冷设备的安装

冰蓄冷系统根据蓄冰和释冷方式的不同又可以分为以下几种形式：

1. 冰盘管式

该系统也称直接蒸发式蓄冷系统，其制冷系统的蒸发器直接放入蓄冷槽内，冰结在蒸发器盘管上。盘管为钢制，连续卷焊而成，外表面为热镀锌。管外径为1.05″（26.67mm），冰层最大厚度为1.4″（35.56mm），因此盘管换热表面积为0.137m²/kWh，冰表面积为0.502m²/kWh，制冰率IPF约为60%。

2. 完全冻结式

该系统是将冷水机组制出的低温乙二醇水溶液（二次制冷剂）送入蓄冰槽（桶）中的塑料管或金属管内，使管外的水结成冰。蓄冰槽可以将90%以上的水冻结成冰，融冰时从空调负荷端流回的温度较高的乙二醇水溶液进入蓄冰槽，流过塑料或金属盘管内，将

管外的冰融化，乙二醇水溶液的温度下降，再被抽回到空调负荷端使用。这种蓄冰槽是内融冰式，盘管外可以均匀冻结和融冰，无冻坏的危险。这种方式的制冰率最高，可达IPF＝90%以上（槽中水90%以上冻结成冰）。

3. 制冰滑落式

该系统的基本组成是以制冰机作为制冷设备，以保温的槽体作为蓄冷设备，制冰机安装在蓄冰槽的上方，在若干块平行板内通入制冷剂作为蒸发器。循环水泵不断将蓄冰槽中的水抽出至蒸发器的上方喷洒而下，在冰冷的板状蒸发器表面，结成一层薄冰，待冰达到一定厚度（一般在3~6.5mm之间）时，制冰设备中的四通阀切换，压缩机的排气直接进入蒸发器而加热板面，使冰脱落。"结冰"，"取冰"反复进行，蓄冰槽的蓄冰率为40~50%。不适合于大、中型系统。

4. 冰球式

此种类型目前有多种形式，即冰球、冰板和冰球蕊心褶囊。冰球又分为圆形冰球，表面有多处凹涡冰球和齿形冰球。

（1）冰球式蓄冰球外壳由高密度聚合烯烃材料制成，内注具有高凝固—融化潜热的蓄能溶液。其相变温度为0℃，分为直径77mm（S型）和95mm（C型）两种。以外径95mm冰球为例，其换热面积为0.75m²/kWh，每立方米空间可堆放1300个冰球；外径77mm冰球每立方米空间可堆放2550个冰球。

（2）表面存有多处凹涡的冰球当蓄冰体积膨胀时凹处外凸成平滑圆球形，使用时自然堆垒方式安装于一圆桶型密闭式压力钢桶内，以避免结冰后体积膨胀，比重降低而漂浮，以防止二次制冷剂形成短路。

（3）冰板式冰板的大小为812mm×304mm×44.5mm，由高密度聚乙烯制成。板中注入去离子水。其换热表面积为0.66m²/kWh。

（4）冰球蕊心褶囊由高弹性、高强度聚乙烯制成，褶皱利于冻结和融冰时内部水体积变化而产生的膨胀和收缩，同时两侧设有中空金属蕊心。一方面增强热交换，另一方面起配重作用，在槽体内结冰后不会浮起。

（5）冰晶或冰泥。该系统是将低浓度卤水溶液（通常是水和乙二醇）经冷却至冻结点温度，产生千万个非常细小均匀的冰晶，其直径约为100μm的冰粒与水的混合物，类似一种泥浆状的液冰，可以用泵输送。冰晶式蓄冷系统原理图如图34-128所示。

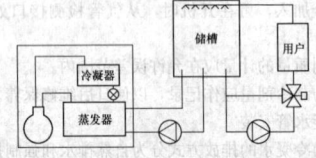

图34-128　冰晶式蓄冷系统原理图

蓄冰系统中的机组和换热设备等的安装方法与前述冷水机组的安装方法大致相同，在冰蓄冷设备中需要注意的是冰蓄冷中特有的设备安装方法。

1. 冰槽安装

整体式冰槽和现场砌筑的混凝土槽体，都要求地面平整、水平度好。在冰槽下砌高100mm的水平基础，必须能承受槽体的运行重量，在槽基附近应有排水沟、上水管。槽间距及槽与墙的距离，不得小于400mm。槽顶与顶棚至少保持1.0~1.5m的距离，以满足接管与安装的要求；如果是混凝土槽，则要求槽上空间尺寸适当加大，以满足冰盘管的整体吊装，见图34-129。若选用现场拼装式箱体，详细要求还需另行与厂家联系。

冰槽安装过程中还需要注意以下几部分的问题：

（1）冷冻站通常位于大厦的地下部分，而地下部分又往往是停车库、站房、办公集中的部位，使用面积非常紧张、造价昂贵，在蓄冰槽的设置及排布上应尽量使可利用的空间位置。

（2）蓄冰槽容量如果过大会使蓄冰槽因自重变形，必须增加槽的壁厚以及进行加固。在蓄冰槽的扩散管的排布上，还会因扩散管的排布过密而浪费大量的空间，影响冻冰及融冰的效果。

（3）蓄冰槽无论是立槽还是卧槽在设计中必须考虑载冷剂（即

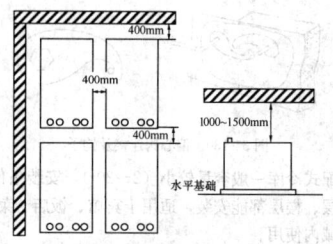

图 34-129 冰槽安装示意图

25%的乙二醇溶液）的分配均匀性，宜在槽的入口和出口设均流管。

（4）封装式蓄冷设备安装的过程中，冰球装罐时应防止冰球与人孔、钢铁、混凝土等物体的互相撞击，同时安装时严禁杂物进入罐内。

（5）现场制作开式蓄冰槽时，其顶部应预留检修口；蓄冰槽应安装注水管；槽内宜做集水坑，便于进行冲洗、检修时排水；排水泵可采用固定安装或移动安装方式。

2. 配管安装

乙二醇水溶液流经的管道，安装前应进行清洗，安装过程中不得有焊渣等杂物进入，以免堵塞蓄冰盘管。各种型号蓄冰槽的配管均集中在槽体的一端，具体配管管径随蓄冰槽容量不同而不同。各蓄冰槽之间应保持并联，蓄冰槽连接管进入蓄冰槽前应设旁通管，以备管路系统安装后的试压与清洗。凡管内要通过乙二醇水溶液的管线，不宜采用镀锌管及其管道配件。所配用的阀门不能发生内渗漏。

乙二醇系统阀门在安装时应注意管路系统中所有的手动和电动阀门，均应保证其动作的灵活，严密性好，既无外漏也无内漏；电动阀门应严格按照设计要求的压力来选择，并核实阀门的阀板所能承受的压力；电动阀门的两侧应设置检修阀，以便系统检修。

3. 管路的试压和清洗

蓄冷空调系统内部的主要设备，如制冷机、板式换热器和蓄冰槽内的蓄冰盘管，在出厂之前都已经过试压检验，且内部已处理干净。不能在系统安装后与管路一起进行试压和清洗。

系统试压时应按照设计要求的管路系统所应该承受的运行压力，依据有关规范进行水压试验。同时对管路系统进行严格的清洗。清洗的具体方法：用清水在管路系统循环运行1～2h，然后在最低位排空，再将浓度为10g/L的六偏磷酸钠溶液注入管路系统，在系统内循环流动2h以上，然后排空，最后用清水注入系统多次清洗，直至管路状况令人满意为止。

4. 蓄冰系统保温与灌液试运行

在整个管道系统完成试压和清洗后，即可以进行保温工作。

蓄冰空调系统的保温非常重要，除制冷机、板式换热器及成品蓄冰槽都有各自保冷外，现场安装的管道、阀门、泵等均需加外保温层。保温材料不仅要满足防火要求，而且要满足不吸水、不渗水等要求。严禁在管道与设备外表面出现结露甚至结冰等现象。

为了充注乙二醇溶液，应在其膨胀水箱旁另设容器，将溶液浓度预先调配好，用泵通过膨胀水箱慢慢注入整个管路。在使用蓄冰系统之前，应保证系统空运行4h以上，以便将系统内的空气完全排出，之后方可投入试运行。

在运行过程中，应检查所有仪表和传感器的信号是否正确，阀门的动作是否灵敏，全系统中有无漏水和凝水的现象出现，自控系统的配合正常与否等，待一切工作完成之后，方可运行，并投入正式运行。

34.8.7 冷 库 安 装

冷库又称冷藏库，它用于冻结和冷藏肉类、禽蛋、鱼虾、水果、蔬菜和冷饮等。

34.8.7.1 冷库的构成和分类

1. 冷库的分类

冷库的分类方法很多，目前，我国按冷库的使用性质和冷库的

建设规模来分类；国外有根据建筑特点，防火等级或库温高低来进行分类的。

（1）按使用性质分类

1）生产性冷库

生产性冷库主要建在食品产地附近、货源较集中的地区和渔业基地，通常是作为鱼类加工厂、肉类联合加工厂、禽蛋加工厂、乳品加工厂、生产加工厂、各类食品加工厂等一个重要组成部分。

2）分配性冷库

分配性冷库主要建在大中城市、人口较多的工矿区和水陆交通枢纽一带，专门储藏经过冷加工的食品，以供调节淡旺季节，保证市场供应、提供外贸出口合作长期储备之用。

3）中转性冷库

这类冷库主要是指建在渔业基地的水产冷库，它能进行大批量的冷加工，并可在冷藏车、船的配合下，起中转作用，向外地调拨或提供出口。

4）零售性冷库

这类冷库一般建在大中城市的工矿企业或城市的大型食品店、菜市场内，供临时储藏零售食品之用。在库体结构上，大多采用装配式组合冷库。

5）综合性冷库

这类冷库有较大的库容量，有一定的冷却和冻结能力，它能起到生产性冷库和分配性冷库的双重作用，是我国普遍应用的一种冷库类型。

（2）按冷库库容分类如表34-106所示。

冷库库容分类 表 34-106

名 称	冷藏容量 (t)	冻结能力 (t/d)	
		生产型冷库	分配型冷库
大型冷库	≥10000	120～160	40～80
大中型冷库	5000～10000	80～120	40～60
中小型冷库	1000～5000	40～80	20～40
小型冷库	<1000	20～40	<20

（3）按结构形式分类

1）土建冷库

土建冷库是目前建造较多的一种冷库，可建成单层或多层。建筑物的主体结构（库房的支撑柱、梁、楼板、屋顶）和地下载荷结构都用钢筋混凝土，其围护结构的墙体都采用砖砌而成，老式冷库中其隔热材料以稻壳软木等土木结构为主。

2）装配式冷库

装配式冷库的主体结构（柱、梁、屋顶）都采用轻钢结构，其承重构件多采用薄壁型钢制作。

3）天然洞体冷库

这类冷库主要存于西北地区，以天然洞体为库房，以岩石、黄土作为天然隔热材料，因此具有因地制宜、就地取材、施工简单、造价低廉、坚固耐用等优点。

4）夹套式冷库

在常规冷库外围护结构内增加一个夹套结构，夹套内装设冷却设备。冷风在夹套内循环冷却，即构成夹套式冷库。

（4）按冷库制冷设备选用制冷剂分类

1）氨冷库：此类冷库制冷系统使用氨作为制冷剂。

2）氟利昂冷库：此类冷库制冷系统使用氟利昂作为制冷剂。

（5）按使用库温要求分类

1）高温冷库，又称冷却库，用于冷却物冷藏。库温为-2～+10℃，储藏果蔬、蛋类、药材等。

2）低温冷库，又称冻结库，用于冻结物冷藏，库温为-10～-30℃，储藏肉类、雪糕、冰淇淋、水产品及低温食品等。

3）超低温冷库：库温≤-30℃，主要用来速冻食品及工业试验、医疗等特殊用途。

2. 冷库的构成

冷库是一建筑群，它主要由冷库库房和冷库（冷冻厂）构成，如表34-107所示。

冷库的组成　　　　表 34-107

冷库库房	冷加工间	冷却间、晾肉间、待冻间、冻结间、再冻间、包冰衣间、制冰间
	冷藏库	冻结物冷藏间、冷却物冷藏间
	冰库	一
冷库（冷冻厂）	库房辅助用房	办公、休息、更衣、烘衣、贮藏、厕所、楼梯、电梯间、穿堂、走道、过磅、站台、机器间、设备间
	动力用房	变配电间、锅炉房
	生产工艺用房	加工间、屠宰间、理鱼间、整理间、其他
	行政福利用房	办公楼、医务室、职工宿舍、俱乐部、托儿所、食堂
	其他	危险品仓库、围墙、出入口、传达室

34.8.7.2 装配式冷库安装

1. 装配式冷库建筑特点

装配式冷库是由预制的库板拼装而成的冷库，又称组合式冷库。除地面以外所有构件都是按统一标准在专业工厂预制，在工地现场组装。装配式冷库由保温库板、制冷系统、蒸发系统、控温电气系统等组成。具有结构简单、安装方便、施工期短、轻质高强度及造型美观等特点。其保温主要由隔热壁板（墙体）、顶板（天井板）、底板、门、支撑板及底座组成，它们是通过特殊结构的子母钩拼装、固定，以保证冷库良好的隔热、气密性。冷库门不但能灵活开启，而且还应关闭严密、使用可靠。

由复合隔热板拼装而成的装配式组合冷库，具有下列建筑特点：

(1) 抗振性能好。由于复合隔热板的抗弯强度高，弹性好，重量轻，所以由这种板构成的库体，使建筑物重量大大减轻，对基础的压力也大大减小，整体的抗振性能好。

(2) 库体组合灵活。由于整个冷库是由一块一块复合隔热板拼装而成，因此，可根据不同的安装场地拼装成不同的外形尺寸和高度，而且可以装在楼上、地下室、船上、试验室等各种不同要求的场地。

(3) 可拆装搬迁。这种冷库安装起来方便，拆除、搬迁、重新安装也很方便，拆迁时可做到不损坏或基本不损坏，并可根据安装场地重新组合。

(4) 可长途运输。由工厂预制的复合隔热板，可通过火车、汽车、轮船等交通工具运输。

(5) 施工方便、简捷。由工厂预制的复合隔热板，其安装只需要简易的设备和工具，一般小型冷库全部安装调试完毕只需 7d 左右时间，一般人员只需培训几天就可进行施工安装工作。

(6) 可成套供应。对于确定了型号、规格的装配式冷库可以像购买机器设备一样全套供应，其制冷设备、电控元件等都已设计配置完整，用户只要提供符合要求的电源和水源，便可使用。

2. 装配式冷库结构形式

(1) 根据安装场地不同

装配式冷库按安装场地的不同可分为室外装配式和室内装配式。

1) 室外装配式冷库

室外装配式冷库均为钢结构骨架，并辅以隔热墙体、顶盖和底架，其隔热、防潮、及降温等性能要求类同于土建式冷库。室外装配式冷库常建成独立建筑，应具有基础、地坪、站台、防雨棚、机房等辅助设施，库内的净高一般都在 3.5m 以上。室外装配式冷库由于容积较大，板缝的连接一般不采用偏心钩，而是采用其他方法。

2) 室内装配式冷库

又称活动装配冷库，主要由各种隔热板组即隔热壁板（墙体）、顶板（天井板）、底板、门、支撑板及底座等组成。它们是通过特殊结构的偏心钩拼接、固定，如图 34-130 所示，以保证冷库良好的隔热、气密。也有采用粘结装配的，但这种结构拆卸时比较困

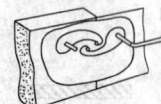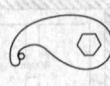

图 34-130　偏心钩连接及钩子

难。室内装配式冷库一般容量较小（2～20t），安装条件要求不高，地下室、底层、楼层都能安装，适用于宾馆、饭店、菜市场及商业食品流通领域内使用。

室内型又可分为标准型和非标准型。标准型是由装配式冷库制造厂根据复合隔热板的规格，按一定模数确定冷库的外形尺寸。非标准型可根据场地，使用要求的不同，进行较灵活的组装和布置。非标准型冷库中，大多数复合隔热板采用标准板，根据需要配置少量非标准板。非标准型组装时大多数采用粘结装配，这样有利于板缝密封的处理。

室内装配式冷库常用 NZL 表示（NZL-大写汉语拼音字母，分别表示室内装配式冷库），根据库内温度控制范围分为 L 级、D 级和 J 级三种类型，其性能参数见表 34-108。

室内装配式冷库主要性能参数　　表 34-108

库　　级	L 级	D 级	J 级
库温范围（℃）	5～−5	−10～−18	−20～−23
公称比容积（kg/m³）	160～250	160～200	25～35
进货温度（℃）	≤32	热货≤32；冻货≤−10	≤32
冻结时间（h）		18～24	
库外环境温度（℃）		≤32	
隔热材料的导热系数[W/(m·K)]		≤0.028	
制冷剂		R12，R22	
电流		三相交流，380±38V，50Hz	

如室内装配式冷库标记示例：NZL-20（D）表示库内公称容积 20m³，库内温度为 −10～−18℃的 D 级冷库。

L 级保鲜库主要用于储藏果蔬、蛋类、药材、乳品、鲜肉保鲜干燥等，使食品保持较低的温度，而温度一般又不低于 0℃。D 级冷藏库主要用于把不同温度的冷却食品和冻结食品在不同温度的冷藏库内做短期或长期的储存，主要适用于肉类、水产等食品贮存。J 级低温库主要用于储藏雪糕、冰淇淋、低温食品及医疗用品等。

(2) 根据承重方式不同

根据结构承重方式不同可分为三种：内承重结构、外承重结构、自承重结构。内承重结构库内侧设钢柱、钢梁，利用库内的钢框架支撑隔热板、安装制冷设备，并支撑屋顶防雨棚；外承重结构库外设柱、梁；自承重结构利用隔热板自身良好的机械强度，构成无框架结构，库体隔热板既作为隔热，又作为结构承重。

自承重结构多用于室内型，而室外则大多用外承重结构。

3. 预制板的规格与形式

(1) 预制板的规格

厚度：40、60、80、100、120、160、(150)、200、250mm；
宽度：0.4、0.8、1.0、(0.98)、1.05、1.20m；
长度：1.98、2.00、2.40、3.00、6.00、8.00、12.00m。

(2) 预制板的形式

1) 平板（墙板）。平板的形式很多，主要是因为横断面接口形式而不同，最常用的见图 34-131（a）～（e）。

2) 转角板。转角板的形式主要有三种，见图 34-131（f）～（h），浇筑预制板采用前两种，粘贴预制板采用后一种。

3) 顶底板。这里是指采用偏心钩（或螺钉）连接的顶底板。这种顶底板与墙板全部用模具浇筑发泡而成，不需要再进行制作，见图 34-131（i）、（j）。

4) 瓦楞形顶板。主要用于瓦楞板与屋顶隔热板一体的冷库，见图 34-131（k）、（l）。

4. 冷库布置

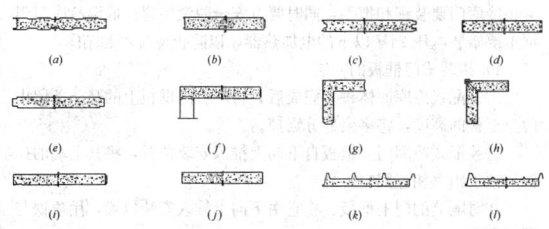

图 34-131　预制板接口形式

(1) 室内型装配式冷库的布置

1) 装配式冷库地坪应干燥、平整、硬实，地表一般为混凝土，也可用三合土。凹处用水泥砂浆找平。

2) 室内净高应高出库顶板上表面至少半米。若机组置于库顶，则房间净高应高出库顶板上表面 1.8m。

3) 预留合适的安装间隙，在需要进行安装操作的地方，冷库墙板外侧离墙的距离应≥400mm；不需要进行安装操作的地方，冷库墙板外侧离墙的距离应在 50～100mm，冷库地面隔热板底面应比室内地坪高 100～200mm；冷库顶面隔热板外侧离梁底须有≥400mm 的安装间隙；冷库门口侧离墙需有≥1200mm 的操作距离。

4) 具有良好的通风、采光条件，安装场地及附近场所应清洁，符合食品卫生要求。要远离易燃、易爆物品，避免异味气体进入库内。

5) 库门的布置应便于冷藏货物的进出，库内地面应放置垫仓板、货物堆放在垫仓板上。

6) 制冷设备的布置应考虑振动、噪声对周围场所的影响，也应考虑设备的操作维修、接管长度等。

7) 冷库的平面布置需根据预制板的宽度、高度模数，根据安装场地的实际允许，进行综合考虑。冷库制造厂有其标准的冷库组合表供设计和使用者选择。

8) 冷库的底部应有融霜水排泄系统，并附以防冻措施。

(2) 室外型冷库的布置

其布置除了食品卫生要求、安全要求、制冷设备布置要求以及排水防冻等与室内型冷库相同外，尚有下列几点特别要求：

1) 须搭设雨棚，保证装配式冷库库体不受日晒雨淋。库门应背风风向，并远离污染源。地坪标高应高于周围地面，以防雨天库内进水。

2) 只设常温穿堂，不设高、低温穿堂。冷库门可设不隔热门斗和薄膜门帘并设空气幕。

3) 门口设防撞柱，沿墙边设 600～800mm 高的防护栏。冻结间、冻结物冷藏门应设平衡窗。

4) 朝阳的墙面应采取遮阳措施，避免阳光直射。轻型防雨棚下应设防热辐射措施，并应考虑顶棚通风。

5) 机房、设备间也可采用预制板装配而成，与库体成为一体。

6) 冷库的平面布置基本上与室内型相同，其组合按模数增大。

5. 装配式冷库的安装

(1) 安装程序

1) 室内型

采用偏心钩和螺栓连接的冷库，只要根据装配式冷库制造厂的安装说明书进行安装即可。安装程序为：

①先做好冷库的垫座地坪（要求用水平仪校平）。

②根据冷库外校尺寸，划好安装线，然后装配底板（底座和预制隔热板）。

③安装墙板时需先装好一个转角板，然后依次安装。

④安装顶板时，从一边依次安装。

⑤安装门和空气幕。

⑥安装制冷设备、照明灯、控制元件等。

2) 室外型

如果预制板是采用偏心钩和螺栓连接，其安装程序与室内型相同。如果预制板采用其他方法连接，其安装程序如下：

①先做好冷库的基础和地坪（隔热底板以下）。

②按冷库平面尺寸放线，做好外框架，做好隔热墙板的固定用撑板。

③安装墙板预制板。先安装一个转角板，然后依次进行。

④做好顶板吊架、安装顶板。

⑤用聚氨酯现场发泡，浇筑顶板的预留浇筑缝。

⑥安装地坪隔热板，用聚氨酯现场发泡浇筑底板的预留浇筑缝。

⑦安装隔墙板。

⑧用钢筋混凝土浇筑库内地坪（80mm）。

⑨安装冷库门框、门、空气幕。

⑩安装库内制冷设备、照明灯、控制元件等。

(2) 库体安装

库体板涂层要均匀、光滑、色调一致、无流痕、无泡孔、无皱裂和剥落现象。库体要平整、接缝处板间错位不大于 2mm。板与板之间的接缝应均匀、严密、可靠。库体连接要牢固，连接机构不得有漏连、虚连现象，其拉力不得低于 1471.5N。其安装步骤为：

1) 划定安装位置，将木垫板（30mm 厚，60mm 宽）沿库长方向在地面摆平，垫板按 500～200mm 间距布置，垫板与地面之间缝隙用垫片调平。

2) 底板按顺序在木垫板上铺好，并旋紧挂钩，拧紧挂钩时，应缓慢均匀用力，拧至库缝合拢，不可用力过度，以免钩盒拔脱。板与板接缝应紧密贴合，所有底板应使用水平仪检测是否位于一个平面，并用垫片找平。拼装时注意在库板的凸边上完整的粘贴海绵胶带，安装库板时，不要碰撞海绵胶带粘贴位置。

3) 装墙板时，从一个角（通常从房间不便出入的那个墙角）的角板开始，依次向其他几面延伸（包括门框板）。隔墙板应用隔墙角钢固定。

4) 顶板的安装顺序和底板一样。

5) 安装装配式冷库的库门。

6) 装配式冷库库板装完后，装上下饰板。最后撕掉库板内外表面的保护膜，清洁库体。

由于冷库的库板种类繁多，安装活动冷库时应参照"冷库的拼装示意图"。当装配式冷库库板长度或高度大于 4.2m 时，冷库需采取加强措施，使用加强角钢在库体中央加强冷库的整体结构。无底板装配式冷库安装时，应将墙板埋于水泥中，再采用固定角铁固定。有些操作间只有顶板时，此时在四周墙壁上安装角铁，库板固定于其上，并采用硅胶或发泡料密封。

库体装好后，检查各板缝密合情况必要时，内外面均应充填硅胶封闭。管路及电气安装完成后，库板上所有管路穿孔，必须用防水硅胶密封。

(3) 库体节点处理

库体节点处理是装配式冷库成功与否的关键，目前普遍采用的节点处理法有如下几种：

1) 平板接缝节点处理：对不同形式的预制板，应采用不同的处理方法，如图 34-132 所示。

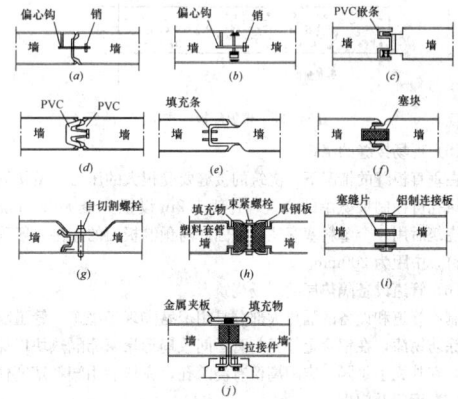

图 34-132　平板接缝

2) 转角板的组装制作墙板与地坪、顶板的节点处理，如图34-133所示。

3) 檐口节点的处理见图34-134。

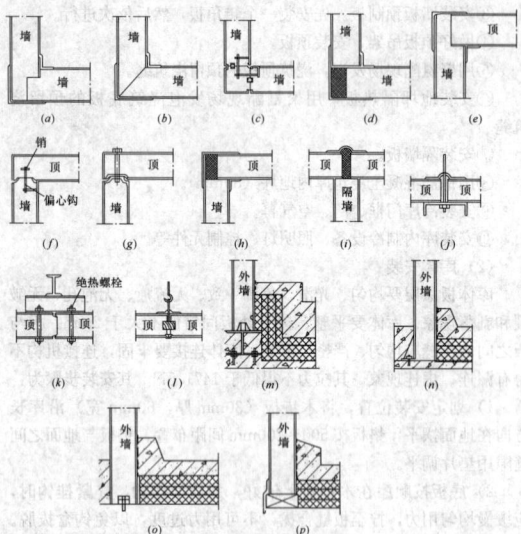

图 34-133　转角板的组装制作，墙板与地坪、顶板的节点处理
(a) ～ (f) 为转角板接缝；(g) ～ (l) 为顶板接缝；
(m) ～ (p) 为地坪接缝

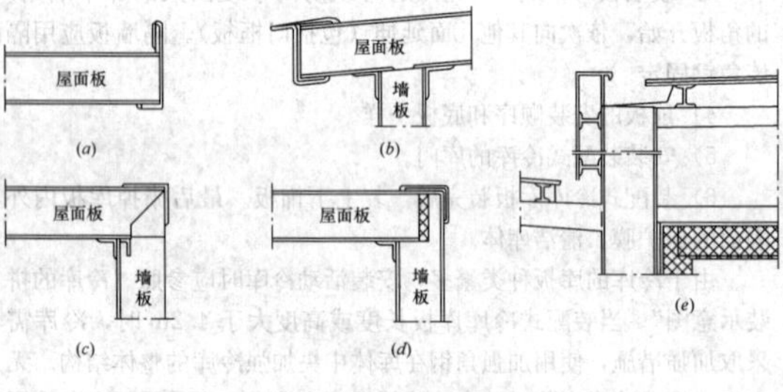

图 34-134　檐口节点
(a) ～ (d) 为内结构檐口及山墙构造节点；(e) 为外结构檐口及节点

(4) 板缝密封

板缝的密封材料应无毒、无臭、耐老化、耐低温、有良好的弹性和隔热、防潮性能。国内目前常用的密封材料有：聚氨酯软泡沫塑料、聚乙烯软泡沫塑料、硅橡胶、聚氨酯预聚体、丙烯酸密封胶。板缝密封如图34-135所示，为使绝缘性能达到最佳状态，每条接缝处的密封材料要打在正反面接缝的最外口，因为封得越靠近板材平面，就越能有效地控制冷热空气的对流。

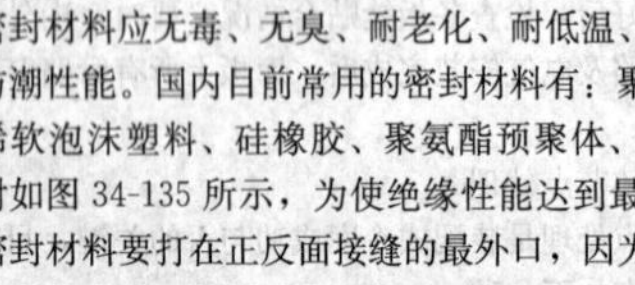

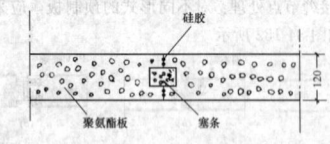

图 34-135　聚氨酯板的拼接

(5) 现场接缝的浇筑

在垂直板缝的情况下，浇筑的接缝要受很大的压力，沿接缝增加浇筑孔可控制聚氨酯的浇筑，一般 1.2m 设置一个 φ10mm 浇筑孔，浇筑后用一个塑料塞塞住，加固件与预制板面的连接一般采用拉铆钉，中距为 200mm。

(6) 管道设备隔热层的现场浇筑

制冷管道和设备的隔热大部分是用聚氨酯现场浇筑。管道隔热前先涂防锈漆，在铝合金外壳与管子间放扇形聚氨酯隔热块以保持间距，在外壳上每隔一定距离留有浇筑孔，完毕后用塑料塞塞住。

(7) 库门及门框

冷库门要装锁和把手，同时要有安全脱锁装置；低温冷库门门框上要暗装电压 24V 以下的电加热器，以防止冷凝水和结露。

1) 拼装式门框板的安装：

①装配式冷库库体拼装完成后，将左右门框板上的竖凸条留出门上框板的高度，将多余部分锯掉。

②装配式冷库门上框板自下向上推入安装位置，将其上端的挂钩与顶板销盒相连固定。

③对隔墙的门上框板、将它由下向上推入安装位置，用角铁与顶板固定。

2) 整体式门框板的安装：

整体式门框板的安装同其他冷库库体墙板的安装一样，以挂钩、销盒与顶、底板、墙板相连。

3) 加热丝及门框包条的安装

活动冷库库体门加热丝沿开口外侧25mm四周布设，由铝箔胶带粘结于门框四周。门框包条以铆接于门框上，并将加热丝覆盖。

4) 冷库旋转门的安装：

①门体定位：将 5mm×80mm×800mm 及 8mm×80mm×1600mm 木垫板分别垫于门洞底部及铰链安装一侧，将门体定位。

②门体上已预制铰链及门锁的安装螺孔，将安装模板（MB1－左端铰链安装模板、MB2－右端铰链安装模板），按模板上定位孔在左右门框上钻孔攻丝。

③卸下安装模板。

5) 活动冷库平移门的安装：

①以 6 支 5×13 铆钉将导轨固定于库体墙板或隔墙板上。

②以 2 支 M10 双头螺柱及球头螺母穿墙固定即可。

6) 配套建筑

①地坪

室外型装配式冷库的地坪在隔热结构以下部分与土建式冷库相同，地坪隔热层的做法与土建式冷库的不同：装配式冷库的安装通常都是先安装四周墙板，然后再做库内地坪的隔热层。地坪隔热层的外层隔汽层与内层防水层做成一个整体。靠四周墙边的缝隙用聚氨酯现场发泡密封处理，库内地坪混凝土浇筑层的四周墙边用胶粘剂密封。

②防雨棚

室外型装配式冷库的防雨棚大都采用轻型结构，满足下列几条要求：

a. 不漏雨。

b. 为遮挡太阳辐射热通常在瓦楞板下再设一层反射系数很高的双层铝箔纸。

c. 顶棚内应保持空气流通。

③机房

机房的布置一般有三种形式：

a. 对于小型冷库，特别是室内型冷库，制冷机可以安装在冷库顶板上，也可以安装在墙板上，与冷库成为一体，不需要设机房。

b. 考虑到冷库整体构造的统一、美观，机房紧靠冷库，用预制板装配而成。

c. 在制冷压缩机台数较多的情况下，也可另外设置机房，把所有制冷设备（除蒸发器外）集中设置在机房，以便于维修管理。

(8) 注意事项

1) 室内装式冷库所有焊接件、连接件必须牢固、防锈。

2) 冷库门内的木制件应经过干燥防腐处理。

3) 库内装防潮灯，测温元件置于库内均匀处，其温度显示器装在库体外墙板易观察位置。

4) 冷库底板除应有足够的承载能力，大型的装配式冷库还应考虑装卸运载设备的进出作业。

34.9　空调水系统设备安装

34.9.1　水　泵　安　装

34.9.1.1　水泵的分类

水泵的种类比较多，按用途可分为供热用、空调用循环水泵、

生活给水泵、工矿用水泵、化工用水泵、农业用水泵、污水处理用水泵等。按水泵的叶轮级数多少分为单级离心水泵和多级离心水泵。按水泵的安装形式分为立式离心水泵、卧式离心水泵、潜水水泵等。空调用水泵主要有立式离心水泵、卧式离心水泵。

34.9.1.2　水泵的安装工艺流程

基础检查验收→设备开箱检查→清洁基础→水泵找平→地脚螺栓、垫铁、灌浆→水泵配管→水泵试运转

34.9.1.3　卧式离心水泵安装

IS 型单级单吸离心泵

IS 型单级单吸清水离心泵，是根据国标标准 ISO2825 所规定的性能和尺寸设计的，本系列共 29 个品种。水泵由泵体、泵盖、叶轮、轴、轴套、密封环、悬架体、及滚动轴承等组成。适用于输送清水或物理、化学性质类似于清水的其他液体，其温度不高于 80℃。其性能范围：流量 Q：6.3～400m³/h；扬程 H：5～125m。

IS 型单级单吸离心泵安装前的拆洗和装配：将密封环、填料、填料环及填料压盖等依次装到泵腔内；将滚动轴承装到轴上，然后装到悬架内，合上泵盖，压紧轴承，并套上挡水圈；将轴承装到轴上，再将泵盖装到悬架上，然后将叶轮、止动垫圈、叶轮螺母等装上，用套筒扳手拧紧；最后将转子组件装到泵体内，并拧紧泵体与泵盖的连接螺栓。

1）离心水泵机组的安装

①安装底座

a. 当基础的尺寸、位置、标高符合设计要求后，将底座至于基础上，套上地脚螺栓，调整底座的纵横中心位置与设计位置相一致。

b. 测定底座水平度：用水平仪（或水平尺）在底座的加工面上进行水平度的测量。其允许误差纵、横向均不大于 0.05/1000。底座安装时应用平垫铁片使其调成水平，并将地脚螺栓拧紧。

c. 地脚螺栓的安装要求：地脚螺栓的不垂直度不大于 10/1000；地脚螺栓距离孔壁的距离不应小于 15mm，其底端不应碰预留孔底；安装前应将地脚螺栓上的油脂和污垢消除干净；螺栓与垫圈、垫圈与水泵底座接触面应平整，不得有毛刺、杂屑；地脚螺栓的紧固，应在混凝土达到规定强度的 75% 后进行，拧紧螺母后，螺栓必须露出螺母的 1.5～5 个螺距。

d. 地脚螺栓拧紧后，用水泥砂浆将底座与基础之间的缝隙嵌填充实，再用混凝土将底座下的空间填满填实，以保证底座的稳定。

e. 平垫铁安装注意事项

（a）每个地脚螺栓近旁至少应有一组垫铁。

（b）垫铁组在能放稳和不影响灌浆的情况下，应尽量靠近地脚螺栓。

（c）每个垫铁组应尽量减少垫铁块数，不超过 3 块，并少用薄垫铁。放置平垫铁时，最厚的放在下面，最薄的放在中间，并将各垫铁相互焊接（铸铁垫铁可不焊）。

（d）每一组垫铁应放置平整，接触紧密。设备找平后，每一垫铁组应被压紧，可用 0.5kg 手锤轻击听音检查。

（e）设备找平后，垫铁应露出设备底座底面外缘，平垫铁应露出 10～30mm，斜垫铁应露出 10～50mm；垫铁组伸入设备底座底面的长度应超过设备地脚螺栓孔。

②水泵和电动机的吊装

吊装工具可用三脚架和捯链滑车。起吊时，钢丝绳应系在泵体和电机吊环上，不允许在轴承座或轴上，以免损伤轴承座和使轴弯曲。

③水泵找正

水泵找正的方法有：把水平尺放在水泵轴上测量轴向水平；或用垂线的方法，测量水泵进出口的法兰垂直面与垂线是否平行，若不平行，可调整泵座下垫的铁片。

水泵的找平应符合下列要求：

a. 整体安装的水泵，纵向安装水平偏差不应超过 0.1/1000，横向安装水平偏差不应超过 0.2/1000；解体安装的水泵，纵、横向安装水平偏差均应不超过 0.05/1000；测量时应以加工面为基准。

b. 水泵与电机采用联轴器连接时，安装联轴器两轴芯的允许偏差，轴向倾斜不应大于 0.2/1000，径向位移不应大于 0.05mm。

c. 小型整体安装的泵，不应有明显的偏斜。

④水泵找正

水泵找正的方法：在水泵外缘以纵横中心线位置立桩，并在空中拉相互交角 90° 的中心线，在两根线上各挂垂线，使水泵的轴心和横向中心线的垂线相重合，使其进出口中心与纵向中心线相重合。泵的找正应符合下列要求：

a. 主动轴与从动轴以联轴节连接时，两轴的不同轴度、两半联轴节端面间的间隙应符合设备技术文件的规定。

b. 水泵轴不得有弯曲，电动机应与水泵轴向相符。

c. 电机与水泵连接前，应先单独试验电动机的转向确认无误后再连接。

d. 主动轴与从动轴找正、连接后，应盘车检查是否灵活。

e. 泵与管路连接后，应复校找正情况，由于与管路连接而不正常时，应调整管路。

⑤水泵安装应符合以下要求

a. 水泵的平面位置和标高允许偏差为 ±10mm，安装的地脚螺栓应垂直、拧紧，且与设备底座接触紧密。

b. 泵体必须放平找正，直接传动的水泵与电动机连接部位的中心必须对正，其允许偏差为 0.1mm，两个联轴器之间的间隙，以 2～3mm 为宜。

c. 用手转动联轴器，应轻便灵活，不得有卡紧或摩擦现象。

d. 与泵连接的管道，不得用泵体作为支撑，并应考虑维修时便于拆装。

e. 润滑部位加注油脂的规格和数量，应符合说明书的规定。

2）水泵配管及附属设备安装

①管道安装要求

a. 管子内部和管端应清理干净，清除杂物；密封面与螺纹不应损坏。

b. 相互连接的法兰端面或螺纹轴心线应平行、对中，不应用法兰螺栓或管接头强行连接。

c. 管路与泵连接后，不应再在其上进行焊接和气割；如需焊接或气割时，应拆下管路或采取必要的措施，防止焊渣进入泵内和损坏泵的零件。

d. 与泵连接的管道，不得用泵体作为支撑，并应考虑维修时便于拆装。

②附属设备的安装

水泵进出口管道的附属设备包括压力表、真空表和各种阀门等，其安装应符合下列要求：

a. 管道上真空表、压力表等仪表节点的开孔和焊接应在管道安装前进行。

b. 就地安装的显示仪表应安装在手动操作阀门时便于观察仪表显示的位置；仪表安装前应外观完整、附件齐全，其型号、规格和材质应符合设计要求；仪表安装时不应敲击及振动，安装后应牢固、平整。

c. 各种阀门的位置应安装正确，动作灵活，严密不漏。

34.9.1.4　立式离心水泵安装

（1）空调水系统用于冷媒循环系统、热媒循环系统及冷却水循环系统的单级立式离心水泵和单级立式屏蔽水泵的结构。

1）单级立式离心水泵

①采用水泵与电机直接连接，电机的轴与水泵的轴同心，振动小，噪声低。

②水泵进口、出口直径相同，并在同一直线上，流体流动畅通，阻力损失小。

③水泵不加底板，可将水泵如同阀门一样安装在管路的任何位置。

④采用整轴和特殊结构配置的轴承、运行可靠。

⑤采用强制流或、不受转向限制的特殊配置的机械密封，改善其运行环境，延长使用寿命。

⑥占地面积小，无泄漏，水泵的制造费用低。

2）单级立式屏蔽水泵

①全封闭式，只有静密封而无动密封的独特结构保证水泵不泄漏。

②密封的自循环结构可输送任何介质而保证不对环境造成污染。

③采用全新的低转速屏蔽电机及介质循环系统保证机组振动小、低噪声、低温升。

④泵体采用管道式结构，其进口、出口直径相同且位于同一直线上，如同阀门一样安装在管道的任何位置，方便、快捷、稳固。

⑤无轴封、无滚动轴承，运行可靠。

⑥使用隔振垫、隔振器及金属波纹管等隔振装置后其振动更小，噪声更低。

⑦独特的安装结构大大缩小了水泵占地面积，可节省投资。

3）立式离心水泵安装见前面卧式离心泵安装。

34.9.1.5 管道泵安装

管道泵用于空调水系统上，具有体积小，重量轻，进出水均在同一直线上，将其直接安装在回水干管上，不需要设置混凝土基础，安装十分方便，占地少。采用机械密封，严密性好，不易泄漏。

管道泵的效率高，节能效果好，噪声相对比较低。管道泵非常适用于小型的空调水循环系统。管道泵直接安装在循环水管道上。

34.9.1.6 水泵的隔振

（1）对于噪声要求较高的场所，不宜设置空调水泵。当在建筑物内设置空调水泵时，应当采用低噪声的屏蔽水泵，并应进行水泵隔振安装。

建筑物内安装的空调水泵，如果采用的是卧式水泵，应按照《卧式水泵隔振及其安装》98S102，在卧式水泵基础上安装橡胶隔振垫、橡胶隔振器、弹簧隔振器等设施；在水泵进出口及管道上安装可挠接头，弹簧支吊架等设施。如果采用的是立式水泵，应按照《立式水泵隔振及其安装》95SS103安装隔振设施。

（2）空调水泵隔振原则

1）水泵基础隔振：在钢筋混凝土基础座或型钢基座下安装橡胶隔振器（垫）或弹簧隔振器。

2）管道隔振：在水泵进水管、出水管上安装可挠橡胶接头。

3）支吊架隔振：管道固定采用弹性吊架或弹性托架。

空调水泵隔振、管道隔振和支吊架隔振的隔振措施必须配套设置，同时采用，才能获得较好的隔振消声效果。

（3）空调水泵隔振元件选用

1）优先采用橡胶隔振器，也可采用弹簧隔振器和橡胶隔振垫。

2）当在与热源距离小于1m，或受阳光直射，紫外线照射，或环境温度较高时，应采用弹簧隔振器。

3）同一台水泵各个支承点的隔振元件，其型号、性能、块数、层数、面积、尺寸、硬度应完全一致，每个支承点的载荷应基本相等。当形心和重心不相重合，各个支承点的隔振元件载荷不相等而影响隔振元件静态压缩量不相等时，应将中间部位的隔振元件挪向载荷较大的一侧，使得载荷均衡，达到水泵在静态条件下处于水平位置。

4）管道隔振的隔振元件的型号应根据工作压力、真空度和介质使用温度选用，一般按下列顺序采用：

水泵进水管：可挠偏心异径橡胶接头；可挠橡胶接头；

水泵出水管：可挠同心异径橡胶接头；可挠橡胶弯头；可挠橡胶接头。

5）支吊架隔振元件按下列情况采用：

①管道距离顶棚较近时采用弹性吊架。

②管道距离地面或墙面较近时，采用弹性托架。

（4）基础

水泵机组的基础有钢筋混凝土基础和型钢基座两种，一般采用钢筋混凝土基座，在有下列情况时，也可采用型钢基座：

1）当楼板的载荷不允许采用钢筋混凝土基础时。

2）当施工进度不允许采用钢筋混凝土基础时。

（5）施工安装要求

①安装橡胶隔振器（垫）处的基础台面应平整，高出水泵房地面50mm，橡胶隔振器（垫）处不得被水浸泡。

②橡胶隔振器、弹簧隔振器和橡胶隔振垫直接放在钢筋混凝土基座或型钢基座下部。隔振器（垫）与地面均不粘结，无需固定。

③可曲挠橡胶接头（异径接头、弯头）宜处在自然状态下工作，不能在安装过程中就使可曲挠橡胶接头（异径接头、弯头）处于扭曲、位移的极限偏差状态。管道重量不应压在可曲挠橡胶接头（异径接头、弯头）上。

④安装可曲挠橡胶接头（异径接头、弯头）的法兰时，每一端面的螺栓，应按对角位置逐步均匀地加压拧紧，要求所有螺栓松紧程度应保持一致。在要求较高时，螺母处应添加弹簧垫圈，以防螺母松动。

⑤使用或储存橡胶制品，应避免高温，与热源的距离应在1m以外。还应避免臭氧、油及强酸、强碱和放射线的辐射。在与油接触的场合，橡胶隔振器（垫）和可曲挠橡胶接头（异径接头、弯头）应采用耐油橡胶。

⑥橡胶制品外表面严禁油漆。

⑦在搬运和安装过程中，应注意隔振器（垫）、可曲挠橡胶接头（异径接头、弯头）的橡胶体不被锋利物体所损伤。

⑧橡胶制品应定期检查，如有严重损坏或超过老化时间应及时更换。

⑨为防止声桥的产生，保证隔振效果，在施工时必须避免以下情况：施工时，水泥砂浆混入橡胶隔振器（垫）；金属切削物进入橡胶隔振器（垫）的橡胶体内；可曲挠橡胶接头（异径接头、弯头）缠包保温材料。

34.9.2 冷却塔安装

冷却塔是使空气和水接触而降低冷却水温度的设备。热水在塔体内从上向下喷淋成水滴或水膜，而空气在塔体内由下向上或由一侧进入塔体向上排出。水与空气的热交换越好，水温降低得就越多。

空调系统中制冷机组的循环冷却水系统常用机械通风式冷却塔。冷却塔的形式、多种多样，空调用常见的有机械通风逆流式、横流式及喷射式冷却塔。

34.9.2.1 冷却塔的分类

1. 机械通风冷却塔的分类

冷却塔是空调系统制冷机组的循环冷却水系统组成设备之一。

机械通风冷却塔：

鼓风式：点滴式、薄膜式、点滴薄膜式—逆流式

抽风式：点滴式、薄膜式—逆流式或横流式、点滴薄膜式—逆流式

2. 冷却塔的组成

采用较多的抽风式冷却塔分逆流式和横流式两种形式，因设计的需要，也可采用鼓风式逆流冷却塔。

冷却塔的组成及各个部分的作用，见表34-109。

冷却塔组成各个部分作用　　　　表34-109

编号	名称	作用	备注
1	淋水装置	将热水溅散成水滴或形成水膜，增加水与空气接触面积和时间，促进水与空气的热交换，使水冷却	分点滴式和薄膜式
2	配水装置	由管道和喷头组成，将热水均匀地分配到整个淋水装置上，分布是否均匀，直接冷却效果，飘水多少	分固定式、池式、旋转布水
3	通风设备	机械通风冷却塔由电机、传动轴、风机组成，产生设计要求的空气流量，达到要求的冷却效果	—
4	空气分配装置	由进风口、百叶窗、导风板等组成，引导空气均匀分布在冷却塔整个截面上	—
5	通风筒	创造良好的空气动力条件，减少通风阻力并把塔内的湿空气送往高空，减少湿热空气回流	机械通风冷却塔又称简体

续表

编号	名 称	作 用	备 注
6	除水器	把要排出去的湿热空气中的水滴与空气分离，减少逸出水量损失和对周围环境的影响	又称收水器
7	塔体	外部围护结构。机械通风与风筒式的塔体是封闭的，起支撑、围护和组合气流的功能	—
8	集水池	位于塔下部或另设汇集经淋水装置冷却的水，集水池还起调节流量作用，应有一定的储备容积	—
9	输水系统	进水管把热水送往配水系统，进水管上设阀门，调节进塔水量，出水管把冷水送往用水设备或循环水泵，必要时多塔之间可设置连通管	集水池设补充水管、排污管、放空管等
10	其他设施	检修门、检修梯、走道、照明灯、电气控制、避雷装置及测试需要的测试部件等	—

34.9.2.2 冷却塔的安装工艺流程

基础检验→设备开箱检查→设备搬运→冷却塔本体安装→冷却塔各个部件安装→配管安装→试运转、检查验收

34.9.2.3 冷却塔的安装

1. 机械通风冷却塔

机械通风冷却塔：分为逆流式和横流式，逆流式又有圆形和方形。逆流式和横流式的性能比较，见表34-110。选用时应该根据外形、环境条件、占地面积、管线布置、造价和噪声要求等因素，合理选用。

逆流式和横流式的性能比较   表34-110

塔形	性 能 比 较
逆流式	1. 冷却水与空气逆流接触，热交换效率高，当循环水量和容积散热系数相同，填料容积比横流式要少约15%～20% 2. 循环水量和热工性能相同，造价比横流式低约20%～30% 3. 成组布置时，湿热空气回流影响比横流塔小 4. 因淋水填料面积基本同塔体面积，故占地面积要比横流塔小约20%～30%
横流式	1. 塔内有进入空间，采用池式布水，维修比逆流塔方便 2. 高度比逆流塔低，结构稳定性好，并有利于建筑物立面布置和外观要求 3. 风阻比逆流塔小，风机节电约20%～30% 4. 配水系统需要水压比逆流塔低，循环水泵节电约15%～20% 5. 填料底部为塔底，滴水声小，同等条件下噪声值比逆流塔低3～4dB（A）

2. 冷却塔的布置

冷却塔的布置应按照设计单位的施工图纸确定。

(1) 冷却塔应布置在干燥、清洁和通风良好的地方，避免气流短路。

(2) 两台以上的冷却塔布置在一起时，两塔之间应保持一定的间距。

(3) 冷却塔宜放置在夏季主导风向上。

3. 玻璃钢冷却塔的安装

(1) 冷却塔安装应符合《通风与空调工程施工质量验收规范》GB 50243的规定，并参照设备生产厂家的技术文件进行安装和组装。

1) 冷却塔的型号、规格及技术参数必须符合设计要求及规范的要求。

2) 对含有易燃材料冷却塔安装，必须严格执行施工防火安全的规定。

3) 基础坐标位置、几何尺寸及标高应符合设计规定，标高允许误差为±20mm。

4) 冷却塔地脚螺栓与预埋件的连接或固定应牢固，冷却塔地脚可与预埋钢板直接焊接定位。

5) 各连接部件应采用热镀锌或不锈钢螺栓，其紧固力应一致、均匀。

6) 塔体按编号顺序安装在冷却塔支架上，并与底座牢固连接，拼装应平整、紧固，无松动。

7) 冷却塔安装应水平，单台冷却塔安装水平度和垂直度允许误差不得大于2/1000。

8) 同一冷却水系统的多台冷却塔安装时，各台冷却塔的水面高度应一致，高差不应大于30mm。

9) 冷却塔的出水口及喷嘴的方向和位置应正确，积水盘应严密无渗漏，分水器布水均匀。

10) 带转动布水器的冷却塔，其转动部位应灵活，喷水出口按设计或产品要求，方向应一致。

11) 冷却塔风机叶片叶端部与四周的径向间隙应均匀，对于可调节角度的叶片，角度应一致，风机的电流不超过额定值。

12) 冷却塔淋水装置、布水装置及吸水器的安装应参照生产厂家的安装技术文件进行。

13) 在冷却塔水盘内直接吸水时，应安装自动给水管、急速给水管和排污管。

14) 电机的接线盒及导线要保证密封，绝缘可靠，防止水雾受潮引起短路。

15) 多台冷却塔并联运行，为防止管路阻力和水量分配不均，在各自的进水管上应安装调节阀门，各进、出支管宜成对称布置，并且在水盘之间安装均衡管。

16) 冷却塔安装结束后，应全面清理杂物，包括塔内、管道及水池等处的残渣杂物，避免管道及布水器堵塞。

(2) 为了充分发挥冷却塔的功能，应选择好的安装场所：

1) 通风良好的干爽场所。

2) 由冷却塔排出的气体不会因循环而被再吸入的场所。

3) 应避免在多灰尘，多亚硫酸气体场所使用，否则会导致热交换器以及配管的损伤。

4) 应避免在烟窗以及能受到热源辐射处使用。

5) 应避免在厨房、厕所、氨气复印机排气口附近使用。

6) 应在不会因回声而使声音放大的开放处使用。

7) 冷却塔的排气口和障碍物之间的距离应为5m以上。

8) 冷却塔的空气吸入口和墙壁之间的距离：单槽型为2m，双槽型为2.5m，三槽型为3.5m，四槽以上为5m以上。墙壁高度应低于冷却塔整体高度。墙壁过高时，因风向会引起短路，导致影响冷却塔的功能。

(3) 管道配置要求

1) 对制冷设备和冷却塔之间的管道配置一般按照配置图进行。同时也应参照制冷设备和其他机械的使用说明书。

2) 除循环水输入口部分外，采用法兰进行管道的连接。

3) 循环水泵吸入部分应设置在低于冷却塔水槽水面的位置。

4) 应设置管道台架使冷却塔不直接承受管道的重量。

5) 为减少返回水量，应在水泵出水口设置单向阀。

6) 高于冷却塔水槽水面位置的管道，尤其是冷却塔上的横向设置管道应尽量做得短，并应尽量减少冷却塔停止时的返回水量。

7) 散水槽有好几个时，在各自散水槽的输入口部设置水量调节阀。

8) 在冷却塔的附近应设置供水管支撑台架。避免用浮球阀补水时管道产生振动。

9) 为防止供水管道冻结，在供水连接口和供水阀之间的最下部应设置排水旋塞。

34.9.2.4   冷却塔防冻设施安装

北方地区冷却塔冬季运行时，应视具体情况，宜采取以下防冻措施：

（1）有多台冷却塔时，可将部分冷却塔停止运行，将热负荷集中到少数冷却塔上，或停运风机，提高冷却后水温防止结冰。

（2）设旁路水管：在冷却塔进水管上接旁路管通入集水池。旁路水量占冬季运行循环水量的大部或全部。

（3）冷却塔风机倒转：防止冷却塔的进风口结冰，风机倒转时间一次不超过 30min，以防风机损坏和影响冷却。

（4）冬季使用的冷却塔，不宜将自来水直接向冷却塔补水，以免补水管冻结。

（5）冷却塔进水管、出水管和补水管上设置泄水管，以便冬季停运时将室外敷设的管道内水放空。

34.9.3   空调水处理设备的安装

34.9.3.1   水处理设备安装工艺流程

设备基础检查→放线→吊装就位→找平、调正→配管→试运转→化验、调控

34.9.3.2   软化水设备安装

DY 型系列软水器

1. 原理

DY 型系列软水器是通过缸体中的交换树脂将水中钙离子、镁离子置换出来，处理的水除掉了钙镁离子，降低了水的硬度。只需定时或定期再生。

2. 多路阀特点

多路阀是在同一阀体设计有多个通路的阀门。控制器根据预先设定的程序，向多路阀发出指令，多路阀自动完成各个阀门的开关，从而实现运行、反洗、再生、正洗等各个工艺过程。实现完全的自动化管理。

3. 设备运行参数及技术说明

（1）工作压力：0.2～0.6MPa，最佳为 0.3MPa。

（2）温度：5～50℃。

（3）原水硬度：≤8mmol/L（如原水硬度大于 8mmol/L，需重新设计）。

（4）出水硬度：≤0.03mmol/L。

（5）电源：220V＼50Hz。

（6）阀体材料：玻璃钢，碳钢内衬高分子聚乙烯（PE 内胆）。

（7）罐体耐压：≤0.8MPa。

（8）控制方法：时间型或流量型。

（9）软水器出口处应设计贮水箱。

贮水箱体积：软水器产水量×3h，并安装水位控制装置。

4. 安装要求

（1）无须专做安装基础，基地水平即可。罐体垂直，设备附近应设有排水口。

（2）入口压力如低于 0.2MPa，须加装管道泵增压。

（3）使用前需冲洗管道，避免杂质堵塞阀体，污染树脂。

（4）不得加碘盐，加钙盐为再生剂。应定期向盐罐加盐，确保盐水浓度（应保证溶解时间不小于 6h）。

（5）装填树脂时，将树脂沿中心管上部倒入罐中，注意先将中心管孔盖住（如用硬纸或塑料布扎住）以防树脂进入出水管。

34.9.3.3   电子水处理器安装

1. 结构特点

LF-H 系列高频电磁场水处理器系统有主机和辅机两部分构成，它们之间用电缆连接。主机是高频振荡发生器，辅机由电机和筒体组成。筒体与进、出水口连接，并连通水管通道。对于大管径的管路，可选用多个辅机并联安装，并可根据用户需要采用立式（直角结构）或卧式（直通结构）安装。此外，针对国内部分地区电压不稳定，设计了电源稳压系统。为警示主机故障，设计了报警系统。根据用户不同水质及需要以便达到更高效果，选择不同的结构参数即Ⅰ、Ⅱ、Ⅲ型号。

2. LF-H 系列高频电磁场水处理器直角安装结构及水处理器直通安装结构，见图 34-136 和图 34-137。

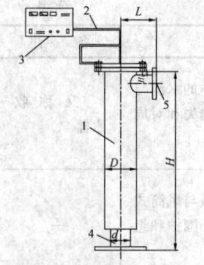
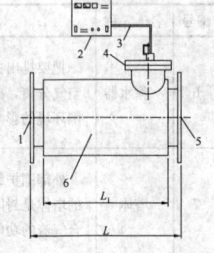

图 34-136   水处理器直角安装结构
1—辅机壳体；2—输出线；3—主机；
4—进水口；5—出水管

图 34-137   水处理器直通安装结构
1—进水口；2—主机；
3—输出线；4—清洗口；
5—出水口；6—辅机

34.9.3.4   全程水处理器安装

使用安装

（1）设备主体顶端防护罩及旁通管与构筑物间的距离应大于 400mm。

（2）主体最大外径距墙体距离应大于 400mm。

（3）禁止在无水状态下长时间开启设备。

（4）设备安装形式应为旁通式安装，以满足在不停机状态下检修设备及反冲洗复活滤体的需要。

34.9.3.5   加药泵安装

1. 一般加药泵安装在组合式加药装置内

组合式加药装置是将计量泵、溶药箱控制系统及管路阀门等所有的设备、组件安装在同一个底座平台上，实现溶配药液、计量投加功能单元的整体组合。广泛应用于各个行业的水处理工程的化学加药工艺和配比系统中。

2. 组合式加药装置性能特点

1）结构新颖：组合式加药装置施工安装简单、运行围护方便。

2）应用面广：组合式加药装置的溶液箱容积和计量泵工艺参数及数量可根据加药对象要求任意组合，能满足各行各业水处理工艺化学加药的要求。

3）安装、操作简单：施工安装时只需就位接通水源、电源即可交付调试运行；在运行中只要向装置提供药源，即可具备立即配置药液的条件，又能定时定量向目的地投加药液的基本功能。加药量可在 0～100％范围内进行调整。

4）可靠性高：组合式加药装置即可采用手动调节，也可采用自动加药方式，运行稳定可靠。计量泵的加药量受控在在线仪表电流信号，从而达到自动管理加药量的自动调节。

3. 组合式加药装置组合类型，见表 34-111。

组合式加药装置组合类型   表 34-111

装置名称	组合形式	溶药箱容积(m³)	计量泵			控制方式
			形式	流量(L/h)	压力(MPa)	
联胺除氧加药装置						
磷酸盐加药装置	1箱2泵 2箱2泵	1.0 1.5	机械隔膜式 液压隔膜式 柱塞式	10～1000	0.4～25	手动 自动
缓蚀剂（阻垢剂）加药装置	2箱3泵 3箱3泵	2.0				
调节 pH 值加酸（加碱）装置						

组合式加药装置不局限于表 34-111 类型，也可根据用户要求进行调整。

34.9.4   空调系统稳压补水设备安装

34.9.4.1   空调系统稳压补水方式

1. 采用补水泵定压时，补水泵的选择与设置，可以按照下列要求进行

各个循环水系统宜分别设置补水泵。补水泵的扬程应该比系统

补水点的压力高30～50kPa；当补水管的长度比较长时，应该注意校核补水管的阻力。补水泵的小时流量，宜取系统水容量的5%，不应大于系统水容量的10%。空调水系统比较大时，补水泵宜设置两台，平时一用一备，水系统初次上水或事故补水时，两台水泵同时运行。冷水、热水合用的两管制系统，补水泵宜配置备用水泵。

2. 采用膨胀水箱定压时，空调水系统的定压与膨胀，可按照下列原则进行：系统的定压点，宜设置在循环水泵的入口侧。水温60℃<t≤90℃的水系统，定压点的最低压力可以取系统最高点的压力比大气压力大10kPa。水温 t≤60℃的水系统，定压点的最低压力可以取系统最高点的压力比大气压力大5kPa。系统的膨胀水量应该回收。膨胀水箱的膨胀管上禁止设置阀门。膨胀管的公称直径，可按表34-112确定。

膨胀管的公称直径　　　　表34-112

膨胀水量 (L)	空调冷水	<150	150～290	291～580	>580
	空调热水或供暖水	<600	600～3000	3001～5000	>5000
膨胀管的公称直径 (mm)		25	40	50	70

膨胀水箱分为闭式膨胀水箱、开式膨胀水箱、有隔膜的膨胀水箱。国内应用比较广泛的是开式膨胀水箱与隔膜式膨胀水箱，国家建筑标准设计图集《采暖空调循环水系统定压》05K210 提供的选择应用方法：膨胀水箱定压。

开式膨胀水箱定压，不仅设备简单、控制方便，而且水力稳定性好，初投资低，因此，在空调水系统中应用比较普遍。开式膨胀水箱的有效容积 V (m³) 可按照下列公式计算：

$$V = V_t + V_p \qquad (34-6)$$

式中　V_t——水箱的调节容积 m³，一般不应小于3min 平时运行的补水量，且保持水箱调节水位高差不小于200mm；

V_p——系统最大膨胀水量 m³；

供热时：$V_p = V_c \cdot (\rho_0/\rho_m - 1)$；

供冷时：$V_p = V_c \cdot (1 - \rho_0/\rho_m)$

V_c——系统水容量 m³；

ρ_0——系统水的起始密度 kg/m³；供热时可取水温 $t_0 = 5℃$ 时对应的密度值；供冷时可取 $t_0 = 35℃$ 时对应的密度值；

ρ_m——系统运行时水的平均密度 kg/m³；按 $(\rho_s + \rho_r)/2$ 取值；

ρ_s——设计供水温度下水的密度 kg/m³；

ρ_r——设计回水温度下水的密度 kg/m³。

一般情况下，Vp/Vc 值可按表34-113取值。

Vp/Vc 的参考值　　　　表34-113

系统	空调冷水	热水	供暖	供暖
供/回水温度（℃）	7/12	60/50	85/60	95/70
水的起始温度（℃）	35	5	5	5
膨胀水量 Vp/Vc	0.0053	0.01451	0.02422	0.03066

膨胀水量 V_p (m³)，也可按下式估算：

$$V_p = \alpha \Delta t V_c = 0.0006 \times \Delta t V_c \qquad (34-7)$$

式中　α——水的体积膨胀系数，$\alpha = 0.00061/℃$；

Δt——最大的水温变化值，℃；

V_c——系统水容量 m³；可近似按表34-114确定。

系统的水容量（L/m² 建筑面积）　　表34-114

运行制式	系统形式	
	全空气系统	空气-水系统
供　冷	0.4～0.55	0.7～1.30
供暖（热水锅炉）	1.25～2.00	1.20～1.90
供暖（热交换器）	0.40～0.55	0.70～1.30

34.9.4.2　自动稳压补水设备安装

1. 膨胀水箱

膨胀水箱安装注意事项

开式膨胀水箱安装高度，应保持水箱中的最低水位高于水系统的最高点1m以上。

在机械循环空调水系统中，为了确保膨胀水箱和水系统的正常工作，膨胀水箱的膨胀管应连接在循环水泵的吸水入口前。在重力循环系统中，膨胀管应该连接在供水总管的顶端两管制空调水系统，当冷水、热水共用一个膨胀水箱时，应按供热工况确定水箱的有效容积。

水箱高度 H≥1500mm 时，应设置内、外人梯；H≥1800mm 时，应设置两组玻璃管液位计。

膨胀水箱上必须配置供连接各种功能管接口，见表34-115。

膨胀水箱的配管　　　　表34-115

序号	名称	功能	说明
1	膨胀管	膨胀水箱与水系统之间的连通管，通过它将系统中因膨胀而增加的水量导入水箱；在水冷却时，通过它将水箱中的水导入系统	接管入口应略高于水箱底面，防止沉积物流入系统。膨胀管上不应设置阀门
2	循环管	防止冬季水箱内的水结冰，使水箱内的存水在两接点压差的作用下缓慢地流动。不可能结冻的系统可不设此管	循环管必须与膨胀管连接在同一条管道上，两条管道接口间的水平距离保持1.5～3.0m
3	溢流管	供出现故障时，让超过水箱容积的水，有组织地间接排至下水道	必须通过漏斗间接相连，防止产生虹吸现象
4	排污管	供定期清洗水箱时排出污水	应与下水连接
5	补水管	自动保持膨胀水箱的恒定水位	必须与给水系统相连；如采用软化水，则应与该系统相连
6	通气管	使水箱和大气保持相通，防止产生真空	—

膨胀水箱容积确定后，可从国家建筑标准设计图集《采暖空调循环水系统定压》05K210 选择确定膨胀水箱的规格、型号及配管的直径。

2. 气压罐定压

气压罐定压适用于对水质净化要求高、对含氧量控制严格的空调循环水系统，气压罐定压的优点是易于实现自动补水、自动排气、自动泄水和自动过压保护，缺点是需设置闭式（补）水箱，所以初投资较高。

气压罐的实际容积 V (m³) 确定：

$$V = V_{min} = \beta \cdot V_t/(1-\alpha) \qquad (34-8)$$

$$\alpha = (p_1 + 100)/(p_2 + 100) \qquad (34-9)$$

式中　V_{min}——气压罐的最小容积 m³；

V_t——气压罐的调节容积 m³；

β——容积附加系数，隔膜式气压罐一般取 $\beta = 1.05$；

p_1、p_2——补水泵的启、停压力，kPa；

α——综合考虑气压罐容积和系统的最高运行工作压力等因素，宜取0.65～0.85，必要时可取0.50～0.90。

气压罐的工作压力：安全阀的开启压力 P_4；以确保系统的工作压力不超过系统内管网、阀门、设备等的承受能力为原则。

膨胀水量开始流回补水箱时电磁阀的开启压力 P_3，可取 $P_3 = 0.9P_4$。

补水泵的启动压力 P_1，在满足定压点最低要求的基础上，增加10kPa 的余量。

补水泵的停泵压力 P_2，可取 $P_2 = 0.9P_3$。

3. 变频补水定压泵

变频补水泵定压方式适用于耗水量不定的大规模空调水系

统，不适用于中小规模的系统。

变频补水泵的选型。补水泵的总小时流量，可按系统水容量的5%采用；最大不应超过10%。水泵宜设置两台，一用一备；初期充水或事故补水时，两台水泵同时运行。

补水泵的扬程，可按补水压力比系统补水点压力高 30～50Pa 确定。

34.9.5 板式换热器安装

1. 板式换热器的结构原理及特点

板式换热器是由传热板片、密封垫片、压紧板、上下导杆、支柱、夹紧螺栓等主要零件组成。传热板片四个角开有角孔并镶贴密封垫片，设备加紧时，密封垫片按流程组合形式将各个传热板片密封连接，角孔处互相连通，形成迷宫式的介质通道，使热介质在相邻的通道内逆向流动，经强化热辐射、热对流、热传导进行充分的热交换。由于传热板片特殊的结构，装configure后在较低的流速下（$Re=200$）就能激起强烈的湍流，因而加快了流体边界层的破坏，强化了传热过程。

板式换热器工作压力一般为 1.0～1.6MPa，工作温度一般低于 160℃。用于蒸汽加热水或蒸汽冷凝时，一般在板式换热器上附加减温管式换热器，用来降温以达到保护板式换热器的垫片，并且增加蒸汽处理量。传热板片的材质一般为不锈钢材料；密封垫片一般使用丁腈橡胶、三元乙丙橡胶、丁腈食品橡胶。传热板片和密封垫片可根据用户的不同需要选择其材料。

2. 板式换热器的主要技术特点：

传热效率高，传热板片波纹结构有利于强化传热，可以使在较低流速下形成激烈的湍流状态，结垢可能性降低，传热效率高。

耐压能力高，传热板片流道四周采用加强结构，波纹尺寸合理，使得各接触点分布均匀，耐压能力提高。

换热器阻力损失小，传热板片角孔处波纹方向科学，采用流线型，避免流动死区，流道当量直径大。

板式换热器密封垫片利用双道密封结构，在板片夹紧状态下变形小，回弹性好，组装及维修重新组装后垫片密封可靠。

板式换热器板间流道的横截面可以相等；如果两侧的流量相差很大时，板式换热器板间流道的横截面也可以是不同的，宽流道、窄流道的横截面积比可为 2：1。

流程组合，根据板间流速、温差条件和工艺条件，可将板式换热器组装成单流程或多流程。一般温差大于对数平均温差 1.8 倍的介质应采用多流程。板间流速的适合值为 0.3～0.5m/s，流速太低时应采用双流程或多流程。

3. 板式换热器安装

设备拆箱后，应该按照装箱单所列项目逐一进行检查，如果有不符合项目应立即通知制造商，及时得到解决。

设备上设有吊环供吊装使用，在起吊前根据铭牌上所标注的质量选择合适的起吊设备。

设备要水平安装，要装在没有管道或其他设备堵塞的地方，保证设备周围有 1m 左右的空间，以便围护、检修。

输送液体进入设备的水泵，应该安装节流阀；如果水泵的出口最高压力大于设备的最高压力时，应该安装安全减压阀。

如果装配截止阀、节流阀、减压阀、压力控制阀时，应该安装在设备的进入口，切忌安装在出口处。

安装前，设备的进出口管道里面要清理干净，防止砂石、油污、焊渣等杂物进入设备，以免造成内部堵塞或损坏板片。最好在设备入口前设置过滤器以防止各种杂质进入设备造成阻塞，对于水质较差的应在设备前设置除垢装置，以保证设备的传热效果，使设备处于最佳状态。

在管道法兰处应加密封垫，密封垫要准确地放在法兰的正中。

4. 板式换热机组流程原理

热源的高温水或蒸汽从机组的一侧供水口进入板式热交换器进行热交换后，变成高温水的回水或冷凝水返回热源处。二次侧回水经除污器除掉污垢后，通过二次循环水泵进入板式热交换器中进行热量交换，形成适用于采暖、空调或生活等不同水温的热水，以满足用户的需要。机组采用压力传感装置控制补水泵的启停。

板式换热机组温控原理

温控系统的控制策略为采用模拟人工运行经验的智能控制算法，根据负荷和热源的变化，自动控制、调节相关的水泵和阀门的工作状态，使供水温度、流量满足使用端的需要，具有保证用户工艺要求、节能、延长机组使用寿命等作用。

5. 板式换热机组安装过程

(1) 板式换热机组用吊车或捯链吊装到位，直接安装在基础上，比较方便。

(2) 混凝土支座施工可采用预留地脚螺栓孔二次浇筑法，也可以采用预埋地脚螺栓或钢板法。采用预埋地脚螺栓法施工，要根据热交换器本体固定孔的位置，使用定位模具，确保地脚螺栓准确定位。

(3) 热交换器的配管除遵照设备技术文件外还应注意下列问题：

1) 冷、热介质的流向。一般情况下，被加热介质由下至上，被冷却介质由上至下。

2) 热交换器的配管及阀门安装应考虑热交换器的维修空间。

3) 两台以上的热交换器并联安装时，出口和入口管道应对称布置以实现流量的等量分配，避免出现"短路"。

4) 出口、入口管道安装应考虑支架的伸缩，不得使热交换器管口受力而受到损伤。

(4) 板式换热机组安装注意事项

1) 机组可直接水平放置在室内混凝土基础上，基础距地面高度 100mm，必要时可在地脚处加地脚螺栓进行固定。

2) 机组放置位置一定要注意接管方向，机组前、后宜留有 1～2m 的空间，以便于安装、操作和维修。

3) 当两台或两台以上机组并联时，每台机组的出水管必须安装止回阀。

4) 与机组连接的管路系统的最高点应安装自动排气阀，最低点应安装泄水阀。

5) 当机组安装在楼板上时，需要核对楼板承载能力。

6) 全部管道系统必须进行严格清洗，确认无杂物、泥土、油垢后，方可依照有关管道安装规定进行连接。

7) 机组安装完毕后应进行耐压试验，并应认真详细记录试验过程数据。机组启用前，必须认真检查机组各个部分的部件是否完整。

板式换热机组运行和围护

8) 板式换热机组与其相连接的热源系统、室外热网、采暖系统、空调系统等管网必须经过吹净、冲洗、试压、验收合格后，机组方可启动运行。

9) 换热机组及其系统内应充满软化水。

10) 换热机组启动前各个阀门都应处于关闭状态。准备启动热水机组时，应先将二次管网上的进水阀门和一次管上的回水阀门打开，循环水泵出口阀门微启。启动循环水泵，然后逐步开大循环水泵出口阀门。严禁断水运行。此时注意泵的启动电流是否超过额定值，并随时检查有无跑、冒、滴、漏现象，以及换热机组和系统中有无堵塞现象，若有这些现象应立即排除。

11) 当冷侧系统压力趋于稳定时，再缓慢开启一次管上的所有阀门。当系统达到稳定后，定时记录各个点温度、压力及流量值。

12) 换热机组稳定工作后，应 2～6h 记录一次管网和二次管网的温度、压力和温差等数据，确保机组在正常范围内运行，做好围护保养和定期检修工作。

13) 冬季停运期间，应该放净系统内的存水，以防冻胀破坏管路和设备。采暖期结束换热机组停运期间，必须打开机组的排水门和除污器下部的排污阀门，将剩余的积水放掉，并关闭相应的接口阀门。板式热交换器应定期围护、清洗。

34.9.6 分水器、集水器安装

分水器、集水器是利用一定长度、直径较粗的短管，焊上多并联接管而形成的并联接管设备。分水器、集水器的直径 D，应保持 $D \geqslant 2d_{max}$，前式中 d_{max} 为最大连接管的直径。通常可以按并联

接管的总流量通过分水器或集水器断面时的平均流速 $V=0.5\sim1.0$ m/s 来确定；流量特别大时，流速允许适当增大，但不应大于 $V=4.0$ m/s。

分水器、集水器按国家劳动部颁布的《固定式压力容器安全技术监察规程》TSGR 0004—2009 及《固定式压力容器》GB 150.1~GB 150.4—2010 进行制造、试验、检验及验收。分水器、集水器进入现场后，必须由监理、施工、供货单位共同进行验收，检查其产品质量合格证及焊接无损伤检验报告、强度试验记录等，并对其进行外观检查，合格后方可安装。

支架安装应满足筒体热胀冷缩的要求，应一端固定另一端采用活动或滑动支架，确保筒体工作状态下的热胀冷缩。

分水器、集水器安装分落地式和挂墙悬臂式两种。支架安装高度由工程设计人员确定，但不得大于 1000mm，支架形式可按照国家建筑设计标准图集《分（集）水器分汽缸》05K232 选用。落地式安装：支架与地基水平面应垂直，不垂直度最大允许差为 3mm。支架在现场就位后，外表面按下列顺序涂漆：C06-1 铁红醇酸漆一层、C06-4 棕色过氯乙烯底漆一层、G52-1 灰色过氯乙烯磁漆二层、G52-2 过氯乙烯清漆二层。混凝土基础及钢板位置由工程设计确定。型钢立柱与现场焊接在预埋钢板上。整个支架固定好后，再由需要焊接肋板。挂墙悬臂式安装：角钢支架与墙面应垂直，垂直度最大允许差为 2mm。支架就位后，外表面按下列顺序涂漆：C06-1 铁红醇酸漆一层、C06-4 棕色过氯乙烯底漆一层、G52-1 灰色过氯乙烯磁漆二层、G52-2 过氯乙烯清漆二层。角钢立柱与混凝土基础的连接以及混凝土基础形式由工程设计人员确定，当设计没有规定时可按照国家建筑设计标准图集《分（集）水器分汽缸》05K232 选用。

压力表安装参照标准图集《压力表安装图》01R405，当工作压力大于等于 1.0MPa 时，应在分水器、集水器与压力表之间设置阀门。压力表及阀门的规格型号由工程设计根据工艺情况选择确定。

温度计安装参照国标图集《温度仪表安装图》01R406，温度计的规格型号由工程设计人员根据工艺情况选择确定。

分水器、集水器的保温、保冷厚度应按工程设计要求，如无要求，可按国家建设标准图集《管道及设备保温》98R418 及《管道及设备保冷》98R419 选用。

34.10 管道与设备的防腐与绝热

34.10.1 防腐工程

34.10.1.1 防腐施工工艺流程
除锈→表面清理→刷底漆→面漆。

34.10.1.2 防腐施工的一般要求
（1）油漆施工前，应检查油漆表面处理工作是否符合要求。应清除油漆表面的铁锈、油污、灰尘、水分等杂物，并保持其清洁、干燥，不得因上述缺陷而影响油漆的附着力。

（2）油漆作业的方法应根据施工要求、涂料性能、施工条件和设备情况等因素进行选择。

（3）当介质温度低于 120℃时，设备和管道的表面应涂刷防锈漆。当介质温度高于 120℃时，设备和管道的表面宜涂刷高温防锈漆。

（4）普通薄钢板在制作风管时，宜预涂防锈漆一遍。采用薄铝板或镀锌薄钢板做保护层时，其表面可不刷涂漆。支、吊架的防腐处理应与风管一致，其明装部分必须涂面漆。

（5）下道油漆的涂刷工作应在上道油漆表干后进行。已做好防腐层的管道及设备之间要隔开，不得粘连，以免破坏防腐层。

（6）油漆施工时不准吸烟，附近不得有电、气焊或气割作业，主要施工人员在进行施工之前要进行安全教育和职业培训；高空作业应执行相应安全标准要求。每天施工后，应及时对作业场所的废弃材料进行清理，避免污染环境。

（7）油漆施工时应采取防火、防冻和防雨等措施，并不应在低温或潮湿环境下作业。油漆不宜在环境温度低于 5℃，相对湿度大

于 85% 的环境下施工。明装部分的最后一遍面漆，宜在安装完毕后进行。刷油前должны清理好周围环境，保持清洁，如遇雨、雪不得露天作业。

（8）涂漆的管道、设备及容器，漆层在干燥过程中应防止冻结、撞击、振动和温度剧烈变化。在漆膜干燥之前，应防止灰尘、杂物污染漆膜。

34.10.1.3 防腐施工的作业条件
（1）现场土建结构已完工，金属管道和设备已安装完，无大量施工用水情况发生，具备防腐施工条件。管材、型材及板材按照使用要求已进行矫正调整处理。

（2）油漆按照产品说明书要求配制完毕，熟化时间达到油漆使用要求。为达到设计漆膜的厚度，根据油漆厂说明书的内容，确定底漆和面漆所需要涂刷的遍数。

（3）油漆施工前，待防腐处理的构件表面应无灰尘、铁锈、油污等污物，并保持干燥。

（4）待涂刷的焊缝应检验（或检查）合格，焊渣、药皮、飞溅等已清理干净。

（5）场地应清洁干净，有良好的照明设施，冬、雨期施工应有防冻、防雨雪等措施。

（6）管道支吊架处的木衬垫缺损或漏装的应补齐，仪表接管部件等均已安装完毕。金属管道和设备已安装完，具备防腐条件。

（7）温度应符合所用涂料的温度限制。有的涂料需要低温固化，有的则需要高温固化。

（8）涂装作业时，周围环境对涂装质量起着很大的作用，特别是气候环境。涂装环境还应包括照明条件、通风、脚手架、风力等条件。相对湿度和露点：涂装时的相对湿度一般规定不能超过 85%；被涂物表面温度比露点高 3℃以上，可以进行涂装。

34.10.1.4 防腐材料的选用
（1）当底漆与面漆采用不同厂家的产品时，涂刷面漆前应做粘结力检验，合格后方可施工。防腐施工的方法、层次和防腐油漆的品种、规格必须符合设计要求。

（2）油漆施工前，应熟悉油漆的性能参数，包括油漆的表干时间、实干时间、理论用量以及按说明书施工情况下的漆膜厚度等。

（3）熟悉厂家说明书的内容，了解油漆的组分和配合比。油漆种类和涂刷遍数符合设计要求，附着良好，无脱皮、起泡和漏涂，漆膜厚度均匀，色泽一致，无流坠及污染现象。

1）根据设计要求，按不同管道、设备，不同介质不同用途及不同材质选择涂料。

2）将选择好的涂料桶开盖，根据涂料的稀稠程度加入适量稀释剂。涂料的调和程度要考虑涂刷方法，调和至适合手工刷涂或喷涂的稠度。喷涂时，稀释剂和涂料的比例可为 1:1~2。搅拌均匀以可刷不流淌、不出刷纹为准，即可准备刷涂。

3）如所用涂料为双组分包装，施工时必须严格按油漆制造厂商的使用说明书中规定的配比进行配制。涂料配制时，应充分搅拌均匀，避免水和杂物混入，同时根据气温条件，在规定的范围内，适当调整各组分的加入量，调整涂料的黏度至适于施工。A、B 两组分混合搅匀后应按规定放置一定时间，配制好的涂料应在规定时间内用完，以免胶化报废。

常用油漆及油漆的选用如表 34-116 和表 34-117 所示。

常用油漆 表 34-116

序号	名称	适用范围
1	锌黄防锈漆	金属表面底漆，防海洋性空气及海水腐蚀
2	铁红防锈漆	黑色金属表面底漆或面漆
3	混合红丹防锈漆	黑色金属底漆
4	铁红醇酸底漆	高温黑色金属
5	环氧铁红底漆	黑色金属表面，防锈耐水性好
6	铝粉漆	采暖系统，金属零件
7	耐酸漆	金属表面防酸腐蚀
8	耐碱漆	金属表面防碱腐蚀
9	耐热铝粉漆	300℃以下部件
10	耐热烟囱漆	≤300℃以下金属表面和烟囱系统
11	防锈富锌底漆	镀锌金属表面修补及高腐蚀环境

油　漆　选　用　　　表 34-117

管道种类	表面温度 (℃)	序号	油　漆　种　类	
			底　漆	面　漆
不保温管道	≤60	1	铝粉环氧防腐底漆	环氧防腐漆
		2	无机富锌底漆	环氧防腐漆
		3	环氧沥青底漆	环氧沥青防腐漆
		4	乙烯磷化底漆＋过氯乙烯防腐漆	过氯乙烯防腐漆
		5	铁红醇酸底漆	醇酸防腐漆
		6	红丹醇酸底漆	醇酸耐酸漆
		7	氯磺化聚乙烯底漆	氯磺化聚乙烯磁漆
	60~250	8	无机富锌底漆	环氧耐热磁漆、清漆
		9	环氧耐热底漆	环氧耐热磁漆、清漆
保温管道	保温	10	铁红酚醛防锈漆	
	保冷	11	石油沥青	
		12	沥青底漆	

34.10.1.5　防腐施工具体操作

1. 去污、除锈

风管刷油前，为了增强其表面油漆的附着力，保证油漆质量，必须将其表面的杂物、铁锈、油脂和氧化皮等处理干净，使表面呈现金属光泽。清除油污一般可采用碱性溶剂进行清洗。除锈方法有人工除锈和喷砂除锈。人工除锈就是用钢丝刷、钢丝布和砂布等擦拭，再用棉纱、破布等将表面擦干净。对于要求较严格的通风系统（包括制冷等管道），可采取喷砂除锈的方法，效果比较好。对于管道内表面除锈，可用圆形钢丝刷，两头绑上绳子来回拉擦，刮露出金属光泽为合格。

2. 涂刷油漆

(1) 涂漆的方式主要有手工涂刷和机械喷涂。手工涂刷应分层涂刷，每层应往复进行，并保持涂层均匀，不得漏涂；快干漆不宜采用手工涂刷。机械喷涂采用的工具为喷枪，以压缩空气为动力。喷射的漆流应和喷漆面垂直，喷漆面为平面时，喷嘴与喷漆面应相距 250~350mm；喷漆面如为曲面时，喷嘴与喷漆面的距离应为 400mm 左右。喷漆施工时，喷嘴的移动应均匀，速度宜保持在 10~18m/min。喷漆使用的压缩空气压力为 0.3~0.4MPa。

(2) 涂漆施工程序：涂漆施工程序是否合理，对漆膜的质量影响很大。

1) 第一层底漆或防锈漆，直接涂在工件表面上，与工件表面紧密结合，起防锈、防腐、防水、层间结合的作用；第二层面漆涂刷应精细，使工件获得要求的色彩。

2) 一般底漆或防锈漆应涂刷一道到两道；第二层的颜色最好与第一层颜色略有区别，以检查第二层是否有漏涂现象。每层涂刷不宜过厚，以免起皱和影响干燥。如发现不干、皱皮、流挂、露底时，须进行修补或重新涂刷。

3) 表面涂刷调和漆或磁漆时，要尽量涂得薄而均匀。如果涂料的覆盖力较差，也不允许任意增加厚度，而应逐次分层涂刷覆盖。每涂一层漆后，应有一个充分干燥的时间，待前一层表干后才能涂下一层。每层漆膜的厚度应符合设计要求。

(3) 涂刷施工要点

1) 在底漆涂刷之前，应对结构转角处和焊缝表面凹凸不平处，用与涂料配套的腻子抹平整或圆滑过渡；必要时，应用细砂纸打磨腻子表面，以保证涂层的质量要求。涂料施工时，层间应纵横交错，每层宜往复进行（快干漆除外），均匀为止。

2) 涂层数应符合设计要求，面层应顺介质流向涂刷。表面应平滑无痕，颜色一致，无针孔、气泡、流坠、粉化和破损等现象。

喷、刷好的漆膜，不得有堆积、漏涂、起皱、产生气泡、掺杂和混色等缺陷。

3) 涂层间隔时间一般为 24h（25℃）。如施工交叉不能及时进行下道涂层施工时，在施工下道涂层前应先用细砂布打毛并除灰后再涂。第一道涂层的表面如有损坏部分时，应先进行局部表面处理或砂纸打磨，再彻底清除灰尘土，补涂后进行涂漆，对漏涂或未达到涂膜厚度的涂面应加以补涂。涂漆时应特别注意边缘、角落、裂缝、铆钉、螺栓、螺母、焊缝和其他形状复杂的部位。当使用同一涂料进行多层涂刷时，宜采用同一品种不同颜色的涂料调配成颜色不同的涂料，以防止漏涂。

4) 设备、管道和管件防腐蚀涂层的施工宜在设备、管道的强度试验和严密性试验合格后进行。如在试验前进行涂覆，应将全部焊缝留出，并将焊缝两侧的涂层做成阶梯接头，待试验合格后，按设备、管道的涂层要求补涂。

5) 贮存油漆的房间应与存有其他易燃易爆品及有火源的房间隔开，不得在油漆房内安放火源和吸烟，同时还要有防火设施。

6) 薄钢板风管的油漆如设计无规定时，可参照表 34-118 的规定选用。

薄钢板风管油漆　　　表 34-118

序号	风管内输送气体	油漆类别	油漆遍数
1	不含有灰尘且温度不高于 70℃ 的空气	内表面涂防锈底漆	2
		外表面涂防锈底漆	1
		外表面涂面漆	2
2	不含有灰尘且温度高于 70℃ 的空气	内外表面涂耐热漆	2
3	含有粉尘或粉屑的空气	内表面涂防锈底漆	1
		外表面涂防锈底漆	1
		外表面涂面漆	2
4	含有腐蚀性介质的空气	内表面涂耐酸底漆	≥2
		外表面涂耐酸面漆	≥2

注：需保温的管外表面不涂粘结剂时，宜刷防锈漆两遍。

7) 刷油漆时，要在周围温度 5℃ 以上，相对湿度 85% 以下的条件下进行。防止温度过低出现厚薄不均，难以干燥；也要防止湿度过高而附着力差，出现气孔等。

8) 刷第二遍油漆，要在底漆完全干燥后进行。刚刷好油漆的风管配件，不能曝晒、雨淋，以免影响油漆质量和观感。风管咬口前，应刷一遍防锈漆，以保证咬口处的防腐能力，延长使用寿命。室内风管、送风口、回风口等外表面的颜色漆，如设计无规定时，应与室内墙壁颜色相协调。

9) 安装在室外的硬聚氯乙烯板风管，外表面宜涂铝粉漆两遍。空调制冷各系统管道的外表面，应按设计规定做色标。

10) 油漆工程要与通风施工交叉进行。风管外表面最后一道面漆，应在风管安装完毕后进行涂刷。保温风管外表面的油漆，如保温层用热沥青粘于风管上，其底漆应该刷冷汽油沥青；如保温层无粘结剂直接铺于风管上，应刷红丹防锈漆。

11) 空气净化系统的油漆，如设计无具体规定时，要参照表 34-119 的规定进行。

空气净化系统的油漆　　　表 34-119

风管部位	油漆类别	油漆遍数	系　统　部　位
内表面	醇酸类底漆	2	1. 中效过滤器前的送风管及回风管 2. 中效过滤器后和高效过滤器前的送风管
	醇酸类磁漆	2	
外表面（保温）	铁红底漆	2	
外表面（非保温）	铁红底漆	1	
	调和漆		

12) 制冷系统管道的油漆，应符合设计要求。如无具体要求时，可按表 34-120 的要求进行涂漆。制冷系统的紫铜管，一般不涂漆。

制冷管道油漆　　　表 34-120

管道类别		油漆类别	油漆遍数
低压系统	保温层以沥青为粘结剂	沥青漆	2
	保温层不以沥青为粘结剂	防锈底漆	2
高压系统		防锈底漆	2
		色漆	2

34.10.2　绝　热　工　程

34.10.2.1　绝热主材的选择

绝热的主材必须是导热系数小的材料，宜采用成品。理想的绝热材料除导热系数小外，还应当具备质量轻、有一定机械强度、稀释率低、抗水蒸气渗透性强、耐热、不燃、无毒、无臭味、不腐蚀金属、能避免鼠咬虫蛀、不易霉烂、经久耐用、施工方便、价格低廉等特点。需要经常围护和操作的设备、管道及附件等应采用便于拆装的成型绝热材料。

1. 用于保温的绝热材料及其制品，其容重不得大于 400kg/m³，但应具有一定的机械强度；用于保冷的绝热材料及其制品，其容重不得大于 220kg/m³。

2. 绝热材料及其制品应具有耐热性能、膨胀性能和防潮性能的数据或说明书，并应符合使用要求。绝热材料应有随温度变化的导热系数方程式或图表。

3. 绝热材料及其制品应具有稳定的化学性能，对金属不得有腐蚀作用。当用在奥氏体不锈钢设备或管道上时，其氯离子含量指标应符合要求。

4. 用于充填结构的散装绝热材料，不得混有杂物及尘土。纤维类绝热材料中大于或等于 0.5mm 的渣球含量应为：矿渣棉小于 10%，岩棉小于 6%，玻璃棉小于 0.4%。直径小于 0.3mm 的多孔性颗粒类绝热材料，不宜使用。

5. 用于保温的绝热材料及其制品，其允许使用温度应高于在正常操作情况下管道介质的最高温度，不腐蚀金属，易于施工，造价低廉，在高温条件下，经综合比较后，可选用复合材料；用于保冷的绝热材料及其制品，其允许使用温度应低于在正常操作情况下管道介质的最低温度，无毒、无味、不腐烂，在低温下能长期使用，吸水率及含水率低，其质量分数分别不大于 3.3% 和 1%。

6. 对于保冷材料而言，还需满足以下要求：保冷材料应是闭孔、憎水、不燃、难燃或阻燃材料，其氧指数不小于 30，室内使用时应不低于 32；应具有良好的化学稳定性，对设备和管道无腐蚀作用；当遭受火灾时，不会大量逸散有毒气体，应符合《建筑材料燃烧或分解的烟密度试验方法》GB/T 8627，烟密度等级（SDR）不大于的要求；材料的导热系数要小，常温下，泡沫塑料及其制品的导热系数应不大于 0.0442W/（m·K）；材料的密度低，泡沫塑料及其制品的密度不应大于 60kg/m³，应具有一定的机械强度；有机硬质成型制品的抗压强度不应小于 0.15MPa，无机硬质成型制品的抗压强度不应小于 0.3MPa。在不稳定导热的情况下，材料仍能保持物理与机械性能。

7. 风管和管道的绝热材料应采用不燃或难燃的材料，其材质、密度、规格和厚度应符合设计要求。如采用难燃材料，应对难燃材料进行检测，合格后方可使用。

8. 穿越防火隔墙两侧 2m 范围内的风管、管道和绝热层必须采用不燃材料，以防止风管或管道成为火灾传递的通道。

9. 洁净室内的风管的绝热，不易采用宜产尘的材料（如玻璃纤维、短纤维矿棉等）。

10. 用于冰蓄冷系统的保冷材料，应采用闭孔型材料和对异型部位保冷简便的材料。

11. 电加热器及其前后 800mm 处的保温应根据设计的要求选用保温材料，电加热器前后 800mm 风管的绝热必须选用不燃材料。

34.10.2.2　常用的绝热材料

空调系统工程中常用的绝热材料为柔性泡沫橡塑材料、绝热用玻璃棉和绝热用硬质聚氨酯。

1. 目前国内使用的柔性泡沫橡塑材料，按燃烧性能分为两类：

I 类为燃烧性能等级为 B₁ 级，即难燃级；II 类为燃烧性能等级为 B₂，即可燃级。空调工程中只采用难燃级和不燃级，所以只能采用 B₁ 类柔性泡沫橡塑。其主要性能如表 34-121 所示。

柔性泡沫橡塑材料性质　　表 34-121

项　目	单　位	性 能 指 标			
		I 类		II 类	
		板	管	板	管
表观密度	kg/m³	40～95		40～110	
燃烧性能		B1		B2	
导热系数	W/（m·K）				
平均温度℃					
−20		0.036		0.040	
0		0.038		0.042	
40		0.043		0.046	
透湿系数	kg/（m·s·Pa）	4.4×10−10			
湿阻因子		4500			
真空吸水率	%	10			
抗老化性 150h		轻微起皱，无裂纹，无针孔，无变形			

注：表 34-121 中导热系数可以用计算公式：$0.038+0.0001\times t_m$ 和 $0.042+0.0001\times t_m$。

常用的泡沫塑料制品及其性能如表 34-122 所示。

泡沫塑料制性能　　表 34-122

	名称	密度 (kg/m³)	导热系数 [W/(m·K)]	可燃性	使用温度 (℃)	备注
泡沫塑料制品	聚苯乙烯泡沫塑料板	30～50	≤0.035	自熄或普通	−80～75	
	硬质聚氯乙烯泡沫塑料板	40～50	0.043	自熄	35～80	
	软质聚氯乙烯泡沫塑料板	27	0.052	自熄	−60～60	
	聚乙烯泡沫塑料板	12～14	0.044	难燃	70～80	
	聚乙烯泡沫塑料管壳	29～31	0.047	难燃	80	
	橡塑海绵保温管	80～120	0.039	阻燃		

2. 设备和管道绝热用玻璃棉可以分为玻璃棉、玻璃棉板、玻璃棉带、玻璃棉毯、玻璃棉毡和玻璃棉管壳。通风空调系统主要采用玻璃棉板、玻璃棉管壳，其主要性能见表 34-123。

3. 聚氨酯硬泡体材料是一种高分子合成材料，具有独特的不透水性和优良的保温、绝热性能，是一种集防水、保温于一身的理想材料。硬质聚氨酯的物理性质如表 34-124 所示。

设备和管道绝热用玻璃棉的技术性能　　表 34-123

名　称		密度 (kg/m³)	导热系数 [W/(m·K)]	可燃性	使用温度 (℃)	备注
短棉	沥青玻璃棉毡	≤80	0.041～0.047		≤250	
	醇醛玻璃棉毡	120～150	0.041～0.047		≤300	
玻璃棉制品 超细棉	醇醛超细玻璃棉毡	<20	0.035～0.042		≤400	
	醇醛超细玻璃棉管壳	≤60	0.035～0.042	不燃	≤300	
	醇醛超细玻璃棉板	≤60	0.035～0.042		≤300	
	无碱超细玻璃棉板	≤60	0.033～0.040		≤600	
中级纤维	中级玻璃纤维板	80	0.041～0.047		−25～300	
	中级玻璃纤维管壳	80	0.041～0.047		−25～300	

硬质聚氨酯的物理性质				表 34-124
使用密度 (kg/m³)	使用温度 (℃)	推荐使用温度 (℃)	常温导热系数 λ0 (25℃) W/ (m·K)	要　求
30~60	-180~100	-65~80	0.0275	材料的燃烧性能应符合难燃性材料规定

34.10.2.3　绝热工程的施工条件

（1）现场土建结构已完工，无大量施工用水情况发生，通风及消防设施能满足规定要求。

（2）场地应清洁干净，有良好的照明设施，有满足要求的脚手架。冬、雨期施工时应有防冻、防雨雪等设施。管道及设备在绝热施工前，外表面应保持清洁、干燥。

（3）风管与部件及空调设备的绝热工程施工应在风管系统严密性检验合格后进行。

（4）空调工程的制冷系统和空调水系统绝热工程的施工，应在管路系统强度与严密性检验合格和防腐处理结束后进行。

（5）管道及设备的绝热应在防腐及水压试验合格后进行，如果先做绝热层，应将管道的接口与焊接处留出，待水压试验合格后再做接口处的绝热施工。建筑物的吊顶与管井内的管道的绝热施工，必须在防腐试压合格后进行，隐蔽验收检查合格后，土建才能最后封闭，严禁颠倒施工工序。风管与部件的安装质量应符合质量标准，需防腐部件已做好刷漆工作后。

（6）对有难燃要求的绝热材料，必须进行其耐燃性能的验证，合格后方能使用。易燃、易爆、有毒物品设危险品库存放，并有严格的管理制度和消防设施。

（7）管道支吊架处的木衬垫，缺损或漏装的应补齐。仪表接管部件等均已安装完毕。

（8）应有施工人员的书面技术、质量、安全交底，"限额领料记录"已经签发。保温前应进行隐检。绝热工程所采用的主要材料应有制造厂合格证明书或分析检验报告，其种类、规格、性能应符合设计要求。

（9）保温材料应放在干燥处妥善保管，露天堆放应有防潮、防雨、防雪措施，并与地面架空，防止挤压损伤变形。冬期施工时，湿作业的灰泥保护壳要有防冻措施。

（10）普通薄钢板在制作前，宜预涂防锈漆一遍。支吊架的防腐处理应与风管和管道相一致，其明露部分必须涂面漆。明装部分的最后一遍色漆的涂装，宜在安装完毕后进行（不应在低温或潮湿环境下作业）。

（11）玻璃丝布的径向和纬向密度应满足设计要求，玻璃丝布的宽度应符合实际施工的需要。保温钉、胶粘剂等附属材料均应符合防火及环保的相关要求。

（12）多层管道或施工地点狭窄时，应制定绝热施工的先后程序，加强对已完成品的保护。

（13）绝热施工前，应清除风管、水管及设备表面的杂物，及时修补破损的防腐层。

34.10.2.4　绝热工程的施工程序

绝热工程的施工应遵循先里后外，先上后下的原则，具体的施工程序如下：

隐蔽工程检查→绝热层（隔热层）→防潮层（隔汽层）（保冷必须设防潮层）→保护层→检验

绝热的工艺流程如下：

1. 一般材料保温

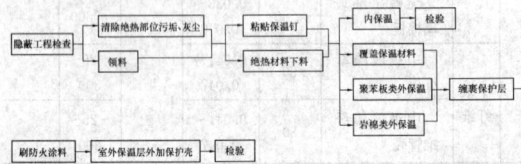

2. 橡胶保温

3. 铝镁质保温

领料→下料→刷胶水→粘贴→接头处粘胶带→检验

涂抹青料→粘贴→接缝处理→收光→缠玻纤布→刷防水涂料→检验

34.10.2.5　绝热层（隔热层）工艺技术要求

（1）粘结保温钉前要将风管、水管和设备上的尘土、油污擦净，将粘结剂分别涂抹在管壁和保温钉的粘结面上，稍后再将其粘上。绝热材料与风管、水管道、部件和设备的表面要紧密接合。

（2）风、水管道穿室内隔墙时，绝热层要连续通过。穿防火墙时，穿墙套管内要用不燃材料封堵严密。绝热层的材料接缝及端部要密封处理。绝热管道的施工，除伴热管道外，应单根进行。风管系统部件的绝热，不得影响其操作功能，风管绝热层采用保温钉连接固定。

（3）对于输送介质温度低于周围空气露点温度的管道，当采用非闭孔性绝热材料时，隔汽层（防潮层）必须完整，且封闭良好，其搭接缝应顺水流方向。

（4）绝热层结构中有防潮层时，在金属保护层施工过程中，不得刺破或损坏防潮层。

（5）绝热材料层应密实，无裂缝、空隙等缺陷。表面平整，当采用卷材或板材时，允许偏差为5mm；采用涂抹或其他方式时，允许偏差为10mm。

（6）绝热涂料作绝热层时，应分层涂抹，厚度均匀，不得有气泡和漏涂等缺陷，表面固化层应光滑，牢固无缝隙。管道阀门、过滤器及法兰部位的绝热结构应能单独拆卸。

（7）采用玻璃纤维布作绝热保护层时，搭接宽度应均匀，宜为30~50mm，松紧适度。

（8）施工时要严格遵循先上后下、先里后外的原则，确保已经施工完的保温层不被损坏。

（9）带有防潮隔汽层绝热材料的拼接处，应用粘胶带封严。粘胶带的宽度不应小于50mm，粘胶带应牢固地粘贴在防潮面层上，不得有胀裂和脱卷。

（10）硬质或半硬质绝热管壳的拼接缝隙，保温时不应大于5mm、保冷时不应大于2mm，并用粘结材料勾缝填满；纵缝应错开，外层的水平接缝应设在侧下方。当绝热层的厚度大于100mm时，应分层铺设，层间应压缝。

（11）硬质或半硬质绝热管壳应用金属丝或难腐织带捆扎，其间距为300~350mm，且每节至少捆扎2道。

（12）松散或软质绝热材料应按规定的密度压缩其体积，疏密应均匀。毡类材料在管道上包扎时，搭接处不应有空隙。

（13）绝热层的其他质量要求如表34-125所示。

绝热层的其他质量要求			表 34-125
检查项目		允许偏差	检查方法
表面平面度	涂抹层	<10mm	用2m靠尺和楔形塞尺检查
	金属保护层	<5mm	
	防潮层	<10mm	
厚度	预制块	<+5%	用针刺入绝热层和用尺检查
	毡、席材料	<+8%	
	填充品	<+10%	
宽度	膨胀缝	<5mm	用尺检查

34.10.2.6　风管绝热层的施工

（1）直管段立管应自下而上顺序进行，水平管应从一侧或弯头直管段处顺序进行。

（2）立管绝热层施工时，其层高小于或等于5m，每层应设一个支撑托盘；层高大于5m，每层应不少于2个。支撑托盘应焊在管壁上，其位置应在立管卡子上部200mm处，托盘直径不大于保温层的厚度。

（3）绝热材料下料要准确。切割端面要平直。绝热材料铺覆应使纵、横缝错开。小块绝热材料应尽量铺覆在风管上表面，见图34-138。

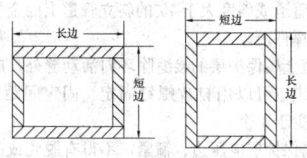

图 34-138 绝热材料纵横缝错开

(4) 矩形风管或设备保温钉的分布应均匀，其数量为底面每平方米不应少于 16 个，侧面不应少于 10 个，顶面不应少于 8 个。首行保温钉至风管或保温材料边沿的距离应小于 120mm。粘贴保温钉前要将风管壁上的尘土、油污擦净，将胶粘剂分别涂抹在管壁和保温钉粘结面上，稍后再将其粘上。

(5) 硬质绝热层管壳，可采用 16～18 号镀锌钢丝双股捆扎，捆扎的间距不应大于 400mm，并用粘结材料紧贴在管道上；管壳之间的缝隙不应大于 2mm，并用粘结材料勾缝添满，环缝应错开，错开距离不小于 75mm，管壳缝隙设在管道轴线的左右侧，当绝热层大于 80mm 时，绝热层应分层铺设，层间应压缝。

(6) 半硬质及软质绝热制品的绝热层可采用包装钢带或 14～16 号镀锌钢丝进行捆扎，其捆扎间距，对半硬质绝热制品不应大于 300mm，对软质不大于 200mm。每块绝热制品上捆扎件不得少于两道，不得采用螺旋式缠绕捆扎。

(7) 弯头处应采用定型的弯头管壳或用直管壳加工成虾米腰块，每个应不少于 3 块，确保管壳与管壳紧密结合，美观平滑。设备管道上的人孔、手孔、阀门、法兰及其他可拆卸部件端部应做成 45°斜坡；并应留出螺栓长度加 25mm 的空隙。管道的支架处应留膨胀伸缩缝。

(8) 一般风管和设备保温层厚度如表 34-126 所示。

一般风管和设备保温层厚度　　表 34-126

材料 \ 类别	室内平顶内风管 (mm)	机房内风管 (mm)	室外风管 (mm)	风机及空气洗涤室
铝箔玻璃毡	25	50		50
石棉保温板	25	50		50
聚苯乙烯泡沫塑料	25	50	100	50
矿渣棉毡	25	50		50
软木		50	100	50

(9) 各类绝热材料做法：

1) 内绝热。绝热材料如采用岩棉类，铺覆后应在法兰处绝热材料断面上涂抹固定胶，防止纤维被吹起来，岩棉内表面应涂有固化涂层。

2) 聚苯乙烯类外绝热。聚苯板铺好后，在四角放上短包角，然后薄钢带做箍甩打包钳卡紧，钢带每隔 500mm 打一道。

3) 岩棉类外绝热。对明管绝热后在四角加长条铁皮包角，用玻璃丝布缠紧。

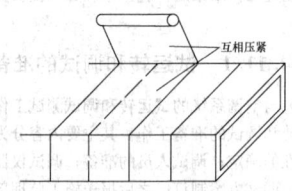

图 34-139 玻璃丝布互相搭接

(10) 缠绕玻璃丝布时应使其互相搭接，使绝热材料外表形成三层玻璃丝布缠绕。如图 34-139 所示。

(11) 玻璃丝布外表要刷两道防火涂料，涂层应严密均匀。室外明露风管在绝热层外宜加上一层镀锌钢板或铝皮保护层。

(12) 室外明露风管在绝热层外宜加上一层镀锌钢板或铝皮保护层。

(13) 风管绝热层采用粘结方法固定时，施工应符合下列规定：

粘结剂的性能应符合使用温度和环境卫生的要求，并与绝热材料相匹配；粘结材料宜均匀地涂在风管、部件或设备的外表面上，绝热材料与风管、部件及设备表面应紧密贴合，无空隙；绝热层纵、横向的连接，应错开；绝热层粘贴后，如进行包扎或捆扎，包扎的搭连处应均匀、贴紧；捆扎应松紧适度，不得损坏绝热层。

34.10.2.7 水管绝热层的施工

(1) 垂直管道自下而上施工，其管道纵向接缝要错开，水平管道绝热管壳应在侧面纵向接缝。垂直管道绝热时，为了防止材料下坠，应隔一定间距设置保温支撑环来支撑绝热材料。

(2) 水管道采用玻璃棉、岩棉、聚氨酯、橡塑、聚乙烯等管壳做绝热层材料时，胶粘剂（绝热胶）要分别均匀地涂在管壁和管壳粘结面上，稍后再将其管壳覆盖。

(3) 管道上的温度计插座宜高出所设计的保温层厚度，不保温的管道不要同保温管道敷设在一起，保温管道应与建筑物保持足够的距离。

(4) 管道穿墙、穿楼板套管处的绝热，应用相近效果的软散材料填实。

(5) 管道阀门、过滤器及法兰部位的绝热结构应能单独拆卸，便于维修和更换。

(6) 遇到三通处应先做主干管，后分支管。凡穿过建筑物的保温管道套管与管子四周间隙应用保温材料填塞密实。支托架处的保温层不得影响管道活动面的自由伸缩，与垫木支架接触紧密，管道托架内及套管内的保温，应充填饱满。

(7) 管道交叉时，如果两根管道均需要绝热但距离又不够，这时应该先保证低温管道，后保证高温管道。低温管绝热，尤其是和高温管交叉的部位要用整节的管壳，纵向接缝要放在上面，管壳的纵横向接缝要用胶带密封，不得有间隙。高温管和低温管相接处的间隙用碎保温材料塞严，并用胶带密封。如果只有一根管道需要绝热时，应该将不需要绝热的管道在要绝热管道交叉处两侧各延伸 200～300mm 进行绝热处理，以防止冷桥产生。

(8) 绝热产品的材质和规格，应符合设计要求，管壳的粘贴应牢固、铺设应平整，绑扎应紧密，无滑动、松弛与断裂现象。

(9) 硬质或半硬质绝热管壳的拼接缝隙，保温时不应大于 5mm、保冷时不应大于 2mm，并用粘结材料勾缝填满；纵缝应错开，外层的水平接缝应设在侧下方。当绝热层的厚度大于 100mm 时，应分层铺设，层间应压缝。

(10) 硬质或半硬质绝热管壳应用金属丝或难腐织带捆扎，其间距为 300～350mm，且每节至少捆扎两道。松散或软质绝热材料应按规定的密度压缩其体积，疏密应均匀。毡类材料在管上包扎时，搭接处不应有空隙。

(11) 热、冷绝热层，同层的预制管壳应错缝，内、外层应盖缝，外层的水平缝应在侧面。预制管壳缝隙一般应小于：热保温 5mm，冷保温 2mm。缝隙应用胶泥填充密实。每个预制管壳最少应有两道镀锌钢丝或箍带，不得采用螺旋形捆扎。

(12) 立管保温时，其管高小于或等于 5m，每层应设一个支撑托盘；层高大于 5m，每层应不少于 2 个。支撑托盘应焊在管壁上，其位置应在立管卡子上部 200mm 处，托盘直径不大于保温层的厚度。

(13) 用管壳制品作保温层，其操作方法一般由两个人配合，一人将壳缝剖开对包在管上，两手用力挤住，另外一人缠裹保护壳，缠裹时用力要均匀，压茬要平整，粗细要一致。

(14) 管道绝热用薄钢板做保护层，其纵缝搭口应朝下，薄钢板的搭接长度一般为 30mm。

34.10.2.8 设备绝热层的施工

(1) 设备绝热层的施工应在风管或水管系统严密性检验合格后进行。

(2) 各种设备绝热材料的施工，不得遮盖铭牌标志和影响其正常功能使用。

(3) 设备绝热材料采用板材时：下料时切割面要平整，尺寸要准确；保温时单层纵缝要错开，双层或多层的内层要错开，外层的纵、横缝要和内层缝错开并覆盖。绝热板按顺序铺覆，残缺部分要填满，不得留有空隙。

（4）设备绝热材料采用卷材时要按设备表面形状建材下料，不同形状部位不得连续铺覆。

（5）设备绝热材料采用成型硬质预制块时一般用预制块连接或砂浆砌筑，预制块的间隙要用导热系数相近的软质保温材料填充或勾缝。

（6）绝热材料的固定方法一般有：涂胶粘剂、粘胶钉或焊钩钉（采用焊接时可在设备封头处加支撑环）及根据需要加打抱箍带。

（7）阀门或法兰处的绝热施工，当有热紧或冷紧要求时，应在管道热、冷紧完毕后进行。绝热层结构应易于拆装，法兰一侧应留有螺栓长度加25mm的空隙。阀门的绝热层应不妨碍填料的更换。

（8）通风机保温使用材料及厚度见表34-127。

保温使用材料及厚度　　表 34-127

材料名称	密度 (kg/m³)	热导率 (W/(m·K))	保温厚度 Ⅰ区	Ⅱ区	Ⅲ区
玻璃纤维板	90~120	0.035~0.047	25	35	55
软木板	200~240	0.058~0.07	30	55	75
水玻璃膨胀珍珠岩板	200~300	0.056~0.07	30	55	75
水泥膨胀珍珠岩板	250~250	0.07~0.08	35	60	
聚苯乙烯泡沫塑料板	30~50	0.035~0.047	25	35	55

（9）风机保温前进行试运转，需确认连接处不漏风，运转平稳，将风机铭牌取下进行保温，保温做好后将铭牌钉上。

34.10.2.9　隔汽层（防潮层）的施工

（1）输送介质温度低于周围空气露点温度的管道，当采用非闭孔性绝热材料时，隔汽层（防潮层）必须完整，且封闭良好。防潮层施工前要检查基体（隔热层）有无损坏，材料接缝处是否处理严密、表面是否平整，如有上述情况需做处理后再做防潮层施工。

（2）立管的防潮层，应从管道的低端向高端敷设，环向搭接的缝口朝向低端，纵向的搭接缝应位于管的侧面，并应顺水。

（3）防潮层应紧粘贴在绝热层上，封闭良好，厚度均匀，松紧适度，无气泡、折皱或裂缝等缺陷。

（4）冷保温管道或地沟内的热保温管道应有防潮层，防潮层的施工应在干燥的绝热层上。防潮层结构应易于拆装，法兰一侧应留有螺栓长度加25mm的空隙。阀门的绝热层应不妨碍填料的更换。

34.10.2.10　保护层工艺技术要求和施工

保温结构外必须设置保护层，一般采用玻璃丝布、塑料布、油毡包缠或采用金属保护壳。

（1）用玻璃丝布缠裹，对垂直管应自下而上，对水平管应按从低向高的顺序进行，开始应缠裹两圈，然后再呈螺旋状缠裹，搭接宽度应为1/2布宽，起点和终点应用胶粘剂或镀锌铁丝捆扎。缠裹应严密，搭接宽度均匀一致，无松脱、翻边、皱折等现象，表面应平整。

（2）玻璃丝布刷涂料或油漆前应清除表面的尘土和油污。油刷上蘸的涂料不宜太多，以防滴落在地上或其他设备上。

（3）有防潮层时，保护层施工不得使用自攻螺栓，以免刺破防潮层，保护层端头应封闭。

（4）当采用玻璃纤维布作绝热保护层时。搭接的宽度应均匀，宜为30~50mm。

（5）金属保护壳的材料，宜采用镀锌钢板或薄铝合金板。当采用普通钢板时，其内外表面必须涂敷防锈涂料。对立管自下而上，对水平管从低到高顺序进行，使横向搭接缝口朝顺坡方向。纵向搭接应放在管子两侧，缝口朝下。如采用平搭缝，其搭缝宜为30~40mm。

（6）金属保护壳的施工应紧贴绝热层，不得有脱克、褶皱和强行接口等现象。接口的搭接应顺水，并有凸筋加强，搭接尺寸为20~25mm。当采用自攻螺栓固定时，螺钉间距应匀称，不得刺破防潮层。

（7）户外金属保护壳的纵、横向接缝，应顺水，其纵向接缝应位于管道的侧面。金属保护壳与外墙或屋顶的交接处应加泛水。

（8）直管段金属保护壳的外圆长下料，应比绝热层外圆周长加长30~50mm。

（9）垂直管道或斜度大于45°的斜立管道上的金属保护壳，应分段固定在支撑件上。

（10）管道金属保护层的接缝除环向活动缝外，应用抽芯铆钉固定。保温管道也可以用自攻螺钉固定。固定间距应为200mm，但每道缝不得少于4个。

（11）金属保护层应压边、箍紧，不得有脱克或凸凹不平，其环缝和纵缝应搭接，缝口应朝下，用自攻螺钉紧固时不得破坏防潮层。螺钉间距不应大于20mm，保护层端头应封闭。

34.10.2.11　附属材料的选用

（1）保温附属材料：玻璃丝布、防火涂料、粘结胶、铁皮、保温钉，应符合设计要求及有关规定。

（2）胶粘剂的性能应满足使用温度和环境卫生的要求，并与绝热材料相匹配。

（3）玻璃丝布稀密选择要恰当，不能太稀松，径向和纬向密度（纱根数/cm）要满足设计要求。

（4）胶粘剂、防火涂料应具备产品合格证及性能检测报告或厂家的质量证明书，符合设计要求和规范要求，并且在有效期内。

34.10.2.12　材料进场检查及保管

（1）材料进场时，要严格检查，一定要具备出厂合格证或质量鉴定文件，材料的材质、规格及性能参数应符合设计要求和规范要求，并且在有效期内。

（2）现场应该对材料规格、厚度等项目按规定的数量进行观察抽检，对材料是否有可燃性进行点燃试验。

（3）对于自熄性聚苯乙烯保温材料，可以在现场进行试验。其方法为，将聚苯乙烯泡沫板放在火上燃烧，移开火源后1~2s内自行熄灭为合格。

（4）材料检验所采用的测试方法及仪器，应符合现行国家有关标准的规定。

（5）绝热材料应放在干燥处妥善保管，露天堆放应有防潮、防雨和防雪措施，尽可能存放于库房中或用防水材料遮盖并与地面架空。操作人员在施工中不得脚踏挤压或将工具放在已施工好的绝热层上，防止绝热材料挤压损伤变形。

（6）镀锌钢丝、玻璃丝布、保温钉及保温胶等材料应放在库房内保管。绝热材料应合理使用，收工时剩余的材料应及时带回保管或堆放在不影响施工的地方，防止丢失和损坏。

34.11　通风与空调系统调试

完成通风、空调工程的安装工作之后，下一步就应对通风、空调系统进行全面的系统调试检测。

按照国家有关规定，通风与空调系统调试检测工作是由施工单位负责进行。系统调试的具体实施可以是施工单位本身，或委托给具有进行系统调试能力的其他单位。施工监理部门进行监督。工程建设单位、设计单位及有关通风与空调设备生产厂家参与配合。已使通风与空调系统调试测定工作能够顺利地进行与完成。

系统调试测定工作结束后，施工单位必须提供完整的调试资料和调试报告。

34.11.1　试运转和调试的准备

为确保通风与空调系统的试运转和调试测试工作顺利进行，首先要制定试运转和调试的准备工作。其主要内容分为：调试内容的确定；调试标准的确定；调试人员的准备；调试仪器的准备；资料的准备及审核；调试方案制订。之后报送施工监理部门，经专业监理工程师审核批准后方可实施。

34.11.1.1　调试内容的确定

1. 主控项目

（1）设备单机试运转及调试

1）通风机、空调机组中的风机试运转及调试。

2）水泵试运转及调试。

3）冷却塔试运转及调试。

4）制冷机组、单元式空调机组试运转及调试。

5）电控防火阀、防排烟风阀、防排烟风口试运转及调试。

(2) 系统无生产负荷的联合试运转及调试

1) 通风、空调系统总风量调试测定。

2) 空调冷冻水、冷却水总流量调试测定。

3) 舒适性空调的温度、相对湿度调试测定。

4) 恒温、恒湿房间室内空气温度、相对湿度及波动范围调试测定。

(3) 防排烟系统联合试运行调试

1) 风量调试测定。

2) 正压调试测定。

(4) 净化空调系统联合试运行与调试

除了要对（2）系统无生产负荷的联合试运转及调试中的内容进行工作之外，还应进行以下项目：

1) 单向流洁净室系统的总风量调试测定。

2) 系统新风量的调试测定。

3) 单向流洁净室系统的室内截面平均风速调试测定。

4) 洁净室室内各送风口风量调试测定。

5) 相邻不同级别洁净室之间的静压差调试测定。

6) 洁净室与非洁净室之间的静压差调试测定。

7) 洁净室与室外的静压差调试测定。

8) 洁净室室内空气洁净度等级的测定。

2. 一般项目

(1) 设备单机试运转及调试

1) 水泵工作运行情况检查。

2) 通风机、空调机组、风冷热泵等设备的工作运行噪声测定。

3) 风机盘管的调速（三档）、温控开关动作及与机组运行状态对应性检查。

(2) 通风工程系统无生产负荷的联合试运转及调试。

1) 设备及主要部件的联动情况检查。

2) 送风系统各送风口风量的调试测定。

3) 排风系统各排风口（吸风罩）风量的调试测定。

4) 湿式除尘器的供水与排水系统工作运行情况检查。

(3) 空调工程系统无生产负荷的联合试运转及调试

除了要对（2）系统无生产负荷的联合试运转及调试中的内容进行工作之外，还应进行以下项目：

1) 空调工程水系统的冲洗情况、空气排出情况、连续运行情况的检查。

2) 水泵压力及水泵电机的电流波动情况的检查。

3) 在空调工程风系统调试后，各空调机组的水流量的调试测定。

4) 各种自动计量检测元件和执行机构的工作情况检查。

5) 多台冷却塔并联运行时，各冷却塔的进、出水量的调试测定。

6) 空调室内、洁净室内的噪声测定。

7) 舒适性空调、工艺性空调的房间静压差调试测定。

8) 有环境噪声要求的场所，制冷机组、空调机组的噪声测定。

(4) 通风与空调工程的控制和监测设备的检查

1) 与系统检测元件和执行机构的工作情况。

2) 系统状态参数的测试检查。

3) 设备连锁、自动调节、自动保护装置的检查。

34.11.1.2 调试标准的确定

1. 主控项目

(1) 设备单机试运转及调试；

1) 通风机、空调机组中的风机试运转及调试：叶轮旋转方向正确、运转平稳、无异常振动与声响，其电机运行功率应符合其设备技术文件的规定。在额定转数下连续工作运转 2h 后，滑动轴承外壳最高温度不得超过 70℃；滚动轴承外壳最高温度不得超过 80℃。

2) 水泵试运转及调试：叶轮旋转方向正确、无异常振动与声响，紧固连接部位无松动，其电机运行功率应符合其设备技术文件的规定。在额定转数下连续工作运转 2h 后，滑动轴承外壳最高温度不得超过 70℃；滚动轴承外壳最高温度不得超过 75℃。

3) 冷却塔试运转及调试：冷却塔本体应稳固、无异常振动，

其噪声应符合设备技术文件的规定。风机试运转按"1) 通风机、空调机组中的风机试运转及调试"中的规定要求。

4) 制冷机组、单元式空调机组试运转及调试：应符合设备技术文件和现行国家标准《制冷设备、空气分离设备安装工程施工及验收规范》GB 50274—2010 的规定，正常运转不应少于 8h。

5) 电控防火阀、防排烟风阀、防排烟风口试运转及调试：手动、电动操作应灵活、可靠，信号输出应正确。

(2) 系统无生产负荷的联合试运转及调试

1) 通风、空调系统总风量调试测定：调试测定结果与设计风量的偏差不应大于 10%。

2) 空调冷冻水、冷却水总流量调试测定：调试测定结果与设计流量的偏差不应大于 10%。

3) 舒适性空调的温度、相对湿度调试测定：应符合设计的要求。

4) 恒温、恒湿房间室内空气温度、相对湿度及波动范围调试测定：应符合设计的规定。

(3) 防排烟系统联合试运行调试

1) 风量调试测定：必须符合设计与消防的规定。

2) 正压调试测定：必须符合设计与消防的规定。

(4) 净化空调系统联合试运行与调试

除了要对（2）系统无生产负荷的联合试运转及调试中的内容进行工作之外，还应进行以下项目：

1) 单向流洁净室系统的总风量调试测定：调试测定结果与设计风量的允许偏差为 0~20%。

2) 系统新风量的调试测定：调试测定结果与设计新风量的允许偏差为 10%。

3) 单向流洁净室系统的室内截面平均风速调试测定：平均风速的允许偏差为 0~20%，而且截面风速不均匀度不应大于 0.25。

4) 洁净室室内各送风口风量调试测定：调试测定结果与设计送风量的允许偏差为 15%。

5) 相邻不同级别洁净室之间的静压差调试测定：静压差不应小于 5Pa（高级别洁净室静压值大）。

6) 洁净室与非洁净室之间的静压差调试测定：静压差不应小于 5Pa（洁净室静压值大）。

7) 洁净室与室外的静压差调试测定：静压差不应小于 10Pa（洁净室静压值大）。

8) 洁净室室内空气洁净度等级的测定：必须符合设计规定的等级或在商定验收状态下的等级要求。

2. 一般项目

(1) 设备单机试运转及调试

1) 水泵工作运行情况检查：不应有异常振动与声响、壳体密封处不得渗漏、紧固连接部位不应松动、轴封的温升应正常；在无特殊要求的情况下，普通填料泄漏量不应大于 60mL/h，机械密封泄漏量不应大于 5mL/h。

2) 通风机、空调机组、风冷热泵等设备的工作运行噪声测定：产生的噪声不宜超过产品性能说明书的规定值。

3) 风机盘管的调速（三档）、温控开关动作及与机组运行状态对应性检查：调速、温控开关动作应正确，并与机组运行状态一一对应。

(2) 通风工程系统无生产负荷的联合试运转及调试

1) 设备及主要部件的联动情况检查：必须符合设计要求，动作协调、正确，无异常现象。

2) 送风系统各送风口风量的调试测定：各送风口测试风量与设计送风量的允许偏差不应大于 15%。

3) 排风系统各排风口（吸风罩）风量的调试测定：各排风口（吸风罩）测试风量与设计排风量的允许偏差不应大于 15%。

4) 湿式除尘器的供水与排水系统工作运行情况检查：运行应正常。

(3) 空调工程系统无生产负荷的联合试运转及调试

除了要对（2）系统无生产负荷的联合试运转及调试中的内容进行工作之外，还应进行以下项目：

1) 空调工程水系统的冲洗情况、空气排出情况、连续运行情

况的检查：空调工程水系统应冲洗干净、不含杂物，并排除水管道系统中的空气；水系统连续运行应达到正常、平稳。

2）水泵压力及水泵电机的电流波动情况的检查：不应出现大幅波动。

3）在空调工程风系统调试后，各空调机组的水流量的调试测定：应符合设计要求，允许偏差为20%。

4）各种自动计量检测元件和执行机构的工作情况检查：工作应正常，满足建筑设备自动化（BA、FA）系统对被测定参数进行检测和控制的要求。

5）多台冷却塔并联运行时，各冷却塔的进、出水量的调试测定：各冷却塔的进、出水量应达到均衡一致。

6）空调室内、洁净室内的噪声测定：应符合设计规定要求。

7）舒适性空调、工艺性空调的房间静压差调试测定：有压差要求的房间、厅堂与其他相邻。

8）房间之间的压差，舒适性空调正压为0～25Pa；工艺性空调房间静压差应符合设计规定要求。

9）有环境噪声要求的场所，制冷机组、空调机组的噪声测定：按国家标准《采暖通风与空气调节设备噪声声功率级的测定　工程法》GB/T 9068的规定进行测定。

（4）通风与空调工程的控制和监测设备的检查

1）与系统检测元件和执行机构的工作情况：能够正常沟通。

2）系统状态参数的测试检查：能够正确显示。

3）设备连锁、自动调节、自动保护装置的检查：能够正确动作。

34.11.1.3 调试人员的准备

施工单位在即将完成通风与空调工程的安装工作前，应根据施工项目的具体情况提前做好调试人员的准备工作。调试人员应由以下有关人员组成：

（1）施工单位工程部负责人

（2）施工单位项目经理

（3）设备运行调试人员若干（必要时由设备生产厂家派技术人员进行）

（4）通风与空调系统调试人员若干，要有调试工作经验的骨干技术人员

（5）电气调试人员若干

（6）参与施工安装的施工人员若干

此外，工程建设单位、设计单位相关人员要参与和配合调试工作。设备生产厂家可根据实际情况派有关技术人员参与调试工作。

34.11.1.4 调试仪器的准备

在对通风与空调系统进行调试的工作过程中，需要对设备的工作性能、系统流量及热工参数、室内空气的状态参数等进行大量的测定工作，将测试数据与设计值进行比较，作为通风与空调系统调试的依据。

通风与空调系统常用的测量仪器仪表有：

（1）温湿度计

1）玻璃管液体温度计：玻璃管内液体一般为水银、乙醇等液体。水银温度计用得较多，其构造简单，价格便宜，有足够的准确度，应用广泛。缺点为易损坏，灵敏度低。较适合用于测量冷热水温。

2）热电偶温度计：传感器为两种不同性质的金属导体组成，如铂铑铂热电偶、铜康铜热电偶温度计。

其中铜康铜热电偶温度计较为常用，其特点为价格便宜、灵敏度高、多点测量、布置测点方便、可远距离测量空气干球温度与湿球温度、与电脑构成一测量系统、数据处理方便快捷。多用于测量空调机组中热湿处理设备进出口断面空气干湿球温度。

3）通风式干湿球温度计：通过测量空气干球温度与湿球温度，可在相应的焓湿图上查出空气的相对湿度等热工参数。其特点为价格便宜，测量精度较高。要在湿球温度温包上包裹专用纱布，且在测量时对其加水以保持湿润。读值要求也较高。主要用于测量室内外空气状态参数。

4）自计式温湿度计：据双金属测温、毛发测相对湿度的原理制造的自动记录式测量仪表。可以方便地同时连续测量记录一段时

间的空气温度湿度变化情况。其温度测量精度一般为±1℃，不适用于高精度的恒温恒湿空调系统。毛发湿度计测量精度也不很高，需经常校验。毛发传感器不要用手触摸，在使用当中发现毛发不清洁后可用毛笔蘸蒸馏水轻轻洗刷干净。主要用来连续测量空气的温度及相对湿度变化情况。

5）便携式数字显示温湿度计：一般为电阻或半导体热敏电阻温度计、电容或半导体热敏电阻湿度计等测温技术组成的便携式测量仪表。经过不断创新与发展，现在生产的数字显示温湿度计的测量范围较宽、测量精度高、反应速度快、抗污染能力和稳定性好。主要用来进行通风、空调系统调试测定时空气温湿度的测量。

6）便携式数字显示表面温度计：是专门用来测量设备、管路等表面温度的温度计。分接触式与非接触式。

（2）风速仪

1）热电风速仪：测量范围较大为0～30m/s，灵敏度和测量精度高，反应速度快，最小可测0.05m/s的微风速，测头体积较小使用方便、可以测脉动风速，即瞬间风速。分为指针显示与数字显示两种。使用中应注意保护测头不被损坏，以及环境温度较高时对其工作的影响。主要用来测量空调送、回风口风速，恒温恒湿房间内的气流速度，以及在空调机组和风管内截面风速。

2）叶轮风速仪：测量范围为0～10m/s，测头强度相对较高，不能测脉动风速，环境温度变化对其没有影响。测量使用时需秒表计时。主要用来测量通风（除尘）系统送风口及排风口（排风罩）风速，工业生产车间中温度较高的送风口与排风口风速，及矿井通风坑道内风速。

3）杯式风速仪：测量范围大1～40m/s，测头强度高，不能测脉动风速，有计时装置，并带有风标及指南针可测量风向。主要用于测量室外气象条件参数。

4）毕托管（动压法）测风速：由毕托管与压差计及胶管组成的测试系统，可测风管内断面的全压、静压及动压（全压与静压差）。测量出动压，就可以算出相应的风速，一般是测量平均风速。

测量时要注意选择好测量断面，测量时操作毕托管要细心，避免出现毕托管角度误差、接口漏气、胶管堵塞等问题。主要用于测量通风系统送风、排风管内风速及风量；空调系统主干管内风速及风量。

如对通风除尘系统进行动态测试，则需要使用防止测孔堵塞的S形测压管。

另外，由毕托管与U形玻璃管压差计及胶管组成的测试系统，还可以测量水管路中的水流速及流量。U形玻璃管使用四氯化碳作为工作液体（其密度值为1.595g/mL，而水的密度值为1.000g/mL）。

（3）压力计

1）液柱压力计

①U形玻璃管液柱压力计：简单便宜，测量时需两次读值，测压差时接胶管随意。根据具体测量情况可使用水、水银、四氯化碳作为工作液体。可进行正压、负压及压差的测量。当测水管路压差时要在接胶处处安装三通管及排气阀。主要用于测量设备压力与阻力；水流量测量（测量管内水流动压）。

②单管液柱压力计：测量一次读值，测压差时接胶管不得随意。用水作为工作液体。现用之不多。

③倾斜式液柱压力计：提高了测量小压力压差的灵敏度与测量精度，测量一次读值，用乙醇作为工作液体。主要用于测量通风、空调系统中设备与风管的压力压差；风量测量（测量管内空气动压）。

2）便携式数字显示压力计：测量范围大，使用携带非常方便，可进行正压、负压及压差的测量。主要用于测量通风、空调系统中设备与风管的压力压差；风量测量（测量管内空气动压）。

3）真空膜大气压力计：携带方便，分为指针显示和自动记录两种，用于测量大气压力。

（4）流量计

①速度法测量流量：根据所测得的平均速度与断面面积，计算出流量。工程中使用最多的方法。

②孔板流量计：事先在水平管路上安装标准孔板节流装置，

通过测量流体流过孔板所产生的静压差，根据孔板流通面积及查得相应流量系数，用流量计算公式计算出流量数值。此方法由于结构简单，测量精度较高，使用较为广泛。主要用于水系统流量的测量。

③涡轮流量计：测量准确度较高，公称口径 4～500mm，可测流量范围 0.01～7000m³/h，为电测，可以远距离测量。需事先在水平管路上安装，在涡轮流量计前安装过滤器。主要用于水系统流量的测量。

④超声波流量计：因为是在管道外壁布置传感器，不需在管路上安装测量装置。故不增加系统阻力。

测量管径为 25～250mm 以上，要求传感器安装位置前 10D，后 5D 以上直管段距离，目前 30D 内不能安装水泵、阀门等扰动设备部件。超声波流量计测量操作方便，测量可靠，适用于水中无大量杂质和气泡，相对价格较贵。主要用于水系统流量的测量。

(5) 含尘浓度测定仪

1) 管内粉尘（烟尘）浓度测定仪：用于通风除尘系统中风管内粉尘、烟尘浓度的测定。

2) 其测量系统由尘样采取装置、捕尘装置、冷凝干燥装置、流量测量及状态参数测量、采样动力装置等组成。所测定的粉尘浓度为计重浓度，单位为：mg/m³（毫克/立方米）。主要用于除尘机组进口、出口粉尘浓度测定，进而可以测定除尘效率，以及有关排放浓度的测定。

3) 粒子计数器：用于净化空调系统中洁净室内悬浮粒子含尘浓度（空气洁净度等级）的测定。粒子计数器采样流量有：1L/min、2.83L/min、28.3L/min 等几种。所测定的悬浮粒子含尘浓度为计数浓度，测量单位为：粒/升；粒/2.83 升；粒/28.3 升（粒/立方英尺）。

目前采样流量为 2.83L/min 的粒子计数器使用较多。

(6) 噪声仪：一般常使用能测定 A 声级的噪声仪，如测定要求较高时要使用带多频程分析。

(7) 其他测试仪表。转数表：测量通风机、电动机、及各种动力设备和机械设备的旋转速度。分接触式与非接触式。常用电工仪表：万用表、电压表、电流表、钳形电流表、功率表、单相调压器、标准电阻箱、微调电阻箱、惠斯登电桥和凯尔文电桥等。

施工单位可根据调试的通风与空调系统实际情况，准备必需的测试仪器仪表。

调试所使用的测试仪器和仪表，性能应稳定可靠，其精度等级及最小分度值应能满足测定的需要，并应符合国家有关计量法规及检定规程的规定。

34.11.1.5 资料的准备与审核

将要进行通风、空调系统调试的设计施工图纸、设计变更图纸以及有关设备使用操作说明书等准备齐全。具体内容为：

(1) 通风、空调工程设计说明

1) 工程项目名称；

2) 工程建设地点位置；

3) 房间设计参数：温湿度、压力、空气洁净度等级、噪声等级等。

(2) 通风、空调工程设备、附件明细表。

(3) 通风、空调系统的送风、回风、排风管路平面布置图。

(4) 防排、烟系统的送风、排风管路平面布置图。

(5) 通风、空调系统的送风、回风、排风系统图。

(6) 防排、烟系统的送风、排风系统图。

(7) 通风、空调系统设计风量数据：

1) 系统的送风量、新风量、回风量、二次回风量、排风量；

2) 送风系统各送风口风量；

3) 局部排风系统排风量、各排风口风量。

(8) 空调机组各功能段设计技术参数：

1) 额定送风量、机外余压；

2) 风机的风量、全压、转数、功率等性能参数；

3) 初效、中效过滤器性能参数；

4) 空气预热器、再热器的加热量及热媒参数；

5) 空气表冷器制冷量、冷媒参数；

6) 加湿方式及加湿量；

7) 消声段消声量。

(9) 有关设备使用操作说明书。

(10) 所使用的测试仪器和仪表，在有效期间的检验标定证书。

施工单位工程部负责人要对以上技术资料的准备情况进行认真详细的审核。

34.11.1.6 调试方案编制

根据调试工程的实际情况编制调试方案。要对单体设备的试运转内容、运转方法及要达到有关标准的相应国家规范及行业规范制定出通风、空调系统联合试运转的程序以及系统调试的内容及方法。要制定出具体的调试时间计划，以形成一个完整的工程调试方案，指导设备试运转及工程调试工作能够顺利地进行。

调试方案的编制主要有以下内容：

1. 工程概况

(1) 通风、空调工程情况介绍：调试工程当中所包括的通风系统、空调系统、净化空调系统、排风系统、除尘系统、防排一烟系统的数量；通风除尘、空调等有关设备的容量及数量。

(2) 各系统工作范围：说明各个系统所在的平面位置，所负责的生产工艺名称及面积范围。

(3) 通风空调工程设计要求：根据通风、空调工程的设计图纸可以详细的了解其中的设计技术要求。包括各个系统的设计形式；空调系统的风量、温湿度、压力、噪声等设计要求；净化空调系统的室内送风换气次数、空气洁净度等级、压力等设计要求。

(4) 通风空调系统的工作运行控制：掌握不同系统中所设计的自动控制方式。如电动调节、气动调节及气-电动调节以及采用其他的运行控制方式。

2. 系统试运转及调试程序

(1) 电气设备及控制的检查：检查各通风空调设备以及附属设备（例如风机、空调机组、冷水机组等）的电气设备、主回路及控制回路的性能，要达到有关规范要求，保证供电可靠、控制灵敏，为设备安全正常试运转做好准备。

(2) 设备试运转：按照《通风与空调工程施工质量验收规范》GB 50243 及现行《机械设备安装工程施工及验收通用规范》GB 50231—2009 的要求，对通风空调设备进行检查、清洗、调整，并要连续一定时间进行试运转。在各项技术指标达到要求有关后，单体设备的试运转即可转入下一阶段的工作。要注意对于工作有关联的设备，需明确各单体设备试运转的先后程序。如在进行空调冷水机组试运转之前，必须要对冷却水及冷冻水系统水管道清洗。即要先对水泵进行单机试运转，待冷冻水和冷却水系统正常运转后，才能够对空调冷水机组进行试运转。

(3) 通风空调系统的试运转

在各单体通风、空调设备及附属设备试运转并达到合格后，即可进行相应系统的试运转。

1) 先调节通风空调系统的风管上的风阀全部处于开启状态，调节总送风阀的开度，使风机电机的运转电流在允许的范围之内。对于净化空调系统，必须将空调机组、风管清扫和擦拭干净，并将回风、新风的吸入口处和初、中效过滤器前设置临时过滤器（一般用无纺布）对系统保护后，才能开启风机。

2) 运转冷冻水系统和冷却水系统，待正常后再投入运转冷水机组。

3) 在空调系统的风系统、水系统及冷水机组运转正常之后，将冷、回水压差调节系统和空调控制系统投入试运行，以确定各类调节阀启闭方向的正确性，为空调系统的调试工作做好准备。

(4) 通风空调系统的调试：系统的测定调整是工程的最后工序，是一个非常重要的综合技术工作。通过对通风空调系统的调试工作，对系统的各个环节进行试验测定，并经过反复调整后使各参数达到设计要求，以满足服务对象的需要。

调试的程序一般按照以下顺序进行：

1) 风机、除尘机组、空调机组性能的测定和调整；

2) 系统风量的测定和调整；

3) 空调房间、洁净室内静压的测定和调整；

4) 洁净室高效空气过滤器检漏测定；

5）洁净室的空气洁净度等级测定；

6）空调房间和洁净室温、湿度的测定和调整；

7）空调房间和洁净室的噪声测定；

8）空调房间和洁净室的气流组织的测定和调整；

9）自动调节和检测系统的检验和调整。

3. 通风、空调系统调试的主要项目

（1）通风除尘系统的测定和调整

1）通风、除尘风机额定风量及全压值；

2）通风、除尘（排风）系统风量；

3）通风系统各送风口风量；

4）除尘（排风）系统各排风口风量；

5）除尘机组工作性能；

6）室内压力值。

（2）防排一烟系统的测定和调整

1）正压送风、排烟风机额定风量及全压值；

2）正压送风系统各送风口风速、风量；

3）排烟系统各排风口风速、风量；

4）安全区压力值。

（3）空调系统的测定和调整

1）空调机组性能；

2）系统风量（送风、新风、回风、排风）；

3）送风系统各送风口风量；

4）空调房间静压；

5）空调房间温、湿度；

6）空调房间噪声；

7）空调房间气流组织；

8）冷冻水、冷却水系统的水量；

9）自动调节和检测系统。

（4）净化空调系统的测定和调整

1）空调机组性能；

2）系统风量（送风、新风、回风、排风）；

3）送风系统各送风口风量；

4）空调房间静压；

5）洁净室高效空气过滤器检漏测定；

6）空气洁净室内含尘浓度；

7）空调房间温、湿度；

8）空调房间噪声；

9）空调房间气流组织；

10）冷冻水、冷却水系统的水量；

11）自动调节和检测系统。

4. 调试报告的整理与分析

通风、空调系统调试工作结束之后，要将调试与测定的大量原始数据进行计算处理，并同设计数据和国家有关验收规范的要求进行比较，最后评价所调试测定的通风、空调系统是否达到设计要求。同时要针对调试过程中所发现的工程问题，提出合理改进建议与措施，使通风、空调系统达到合理设计要求和经济运行目的。

34.11.2　通风、空调设备和附属设备的试运转和单机测试

34.11.2.1　风机的试运转

通风、空调系统涉及风机，主要包括空调机组风机、新风机组风机、除尘机组风机、通（排）风机、防排烟风机等。按作用原理分为离心式、轴流式和贯流式风机。试运行前应调阅相关设计文件、设备文件等技术资料以备查验。备好调试所需的仪器仪表和必要工具。

1. 准备工作

风机的外观检查

1）核对通风机、电动机的型号、规格是否与设计相符；

2）检查地脚螺栓是否拧紧，减振台座是否平，皮带轮或联轴器是否找正。在找正风机皮带轮时，可以用一根细线，在一个皮带轮的远端压紧，慢慢将细线的另一端靠近另一皮带轮的远端。在此过程中，看皮带轮与细线之间产生的缝隙情况，来判断皮带轮的调整方向；

3）检查轴承处是否有足够的润滑油，加注润滑油的种类和数量应符合设备技术文件的要求；

4）检查电机及有接地要求的风机、风管接地线连接是否可靠；

5）检查风机调节阀门，开启应灵活，定位装置可靠，已定位在工作位置；

6）检查风机传动皮带的松紧程度，如果皮带松紧不合适，则应予以调整。皮带张力过大，会缩短皮带和轴承寿命，有时还会引发风机振动超常等异常现象。皮带张力过小时，则会引起皮带打滑、跳动，降低传递效率，导致皮带过快损坏；

7）盘车。看风机转动是否灵活，若盘车较紧时，有可能是管路施工过程中，风机内落入异物，应拆除附近的管件，检查并将异物取出；

8）检查风机进出端软连接是否严密；

9）风管系统的风阀、风口检查；

10）关闭机组的检查门和风管上的检查人孔门；

11）干管、支干管、支管风量调节阀全部开启，风管防火阀位于开启位置，三通调节阀处于中间位置，让风系统阻力处于最小状态；

12）机组的送风口调节阀、除尘（排烟）风机的调节阀开到最大位置；

13）组合式空调机组的新风阀门，一、二次回风调节阀门开启到最大位置，热交换器前的调节阀开到最大位置，热交换器的旁通阀应处于关闭状态。

2. 风机的启动和运行

（1）启动风机，达到额定转速后立即停止运行，观察风机转向，如不对应改变接线。利用风机滑转观察风机振动和声响。如有异常声响，极有可能是风机内部进入螺钉、石子或小工具等杂物，应及时停机并将其取出。

（2）风机启动时，用钳形电流表测量电动机的启动电流。应符合要求。风机点动滑转无异常后可进行试运行。

（3）运行风机，测量电动机的工作电流，防止超过额定值，超过时可减小阀门开度。直至达到或略小于额定电流。工作电流超过额定值，长时间工作会导致超载而将电动机烧坏。电动机的电压和电流各相之间应平衡。

（4）风机正常运行用转速表测定转速，转速应与设计和设备说明书一致，以保证风机的风压和风量满足设计要求。

（5）用温度计测量轴承外壳温度，不应超过设备说明书的规定。如无具体规定时，一般滑动轴承温升不超过 35℃，温度不超过 70℃；滚动轴承温升不超过 40℃，最高温度不超过 80℃。运行中应监控温度变化，但结果以风机正常运行 2h 以后的测定值为准。

（6）对大型风机，建议先试电动机，电动机运行正常后再联动试机组。风机试运行时间不应少于 2h。如果运转正常，风机试运行可以结束。

3. 报告内容

试运行后应填写"风机试运行记录"，内容包括：

（1）风机的启动电流和运转电流；

（2）风机轴承温度；

（3）风机转速；

（4）风机试运行中的异常情况和处理结果。

4. 风机故障及原因

风机故障及原因主要见表 34-128。

风机故障及主要原因　　　　表 34-128

风机故障	原因
风机剧烈振动	1. 风机轴与电动机轴不同心，联轴器装歪 2. 机壳或进风口与叶轮摩擦 3. 定位接触面的刚度不够或不牢固 4. 叶轮铆钉松动或轮盘变形 5. 叶轮轴盘与轴松动，联轴器螺栓松动 6. 电动机与轴盘与轴承座与隔热方箱等连接螺栓松动 7. 风道表面长时间重压热变形，使风机不稳，产生共振 8. 叶片有积灰、污垢、叶片变形、叶轮变形、叶轮不平衡 9. 电动机转子不平衡

续表

风机故障	原 因
轴承温升过高	1. 轴承座振动剧烈 2. 润滑脂质量不良、变质或填充过多和含有灰尘、粘砂、污垢等杂质 3. 轴承盖连接螺栓的紧力过大或过小 4. 轴与滚动轴承安装歪斜，前后两轴承不同心 5. 滚动轴承损坏
电动机电流过大	1. 风机输送的气体密度过大，使压力过大 2. 气体温度超过风机规定的极限温升 3. 电动机输入电压低或电源单相断电 4. 联轴器连接不正，旋转不灵活 5. 受轴承座振动剧烈的影响 6. 受并联风机工作情况恶化或发生故障的影响

34.11.2.2 水泵的试运转

1. 准备工作

水泵在检修安装完毕后，必须进行试运行。试运行的目的，一是使水泵各配合部分运转协调；二是检查及消除在检修安装过程中未被发现的缺陷。

水泵在试运转前必须进行下列项目的检查：

(1) 地脚螺栓及水泵同机座连接螺栓的紧固情况；

(2) 水泵、电机联轴器的连接情况；

(3) 轴承内润滑油的油量是否足够，对于单独的润滑油系统，应全面检查油系统，确保无问题；

(4) 轴封盘根是否压紧，通往轴封液压密封圈的水管是否接好通水；

(5) 接好轴承水室的冷却水管。

2. 水泵的试运行

经上述检查合格后，按下列步骤进行试运：

(1) 关闭出水管上的阀门；

(2) 水泵内注满水，排除泵内空气；

(3) 开动电机，当水泵达到正常转速后，打开出水管上的阀门，正式送水。

在试运过程中，要随时注意轴承的温升和振动，吸水压力和排出水压力的变化、电机电流的指示等。

在试运中，若发现轴承油温急剧升高，应检查轴承的接触和间隙是否符合要求，或油质是否良好。若吸水压力变化或泵内真空降低，则可能是由于进水管道、法兰或轴封等处连接不严，漏入空气所引起的。若出水压力下降，应检查密封间隙是否增大或转子的轴向位置是否正确。如无上述缺陷水泵转动振动也很小，则可认为试运合格。

高压给水泵无论是在冷态启动或热态启动，均要求有足够的暖泵时间，合理地控制金属温升和温差，这是保证安全启动的重要条件。

泵体温度在55℃以下为冷态，启动时暖泵时间为1.5～2h，泵体温度在90℃以上为热态，暖泵时间为1～1.5h。暖泵结束时，吸入口温度跟泵体上任何一测点的最大温差应小于25℃。暖泵时应特别注意，无论采用哪种暖泵方式，泵在升温过程中严禁盘车，以防转子咬合。

高压给水泵不允许水在不流动的情况下运行，所以在启动和停泵过程中都应开启给水再循环门。在运行中除按一般水泵的要求检查外，还应检查平衡水室压力及其与吸入口压差，正常情况下，平衡水室的压力应比入口压力高0.05～0.2MPa如发现此压差增大时，应停泵检查。

3. 水泵的常见故障及原因

(1) 水泵不出水原因分析：进水管和泵体内有空气

1) 水泵启动前未灌满足够水，看上去灌水已从放气孔溢出，但未转动泵轴交空气完全排出，致使少许空气残留进水管或泵体中；

2) 与水泵接触进水管水平段逆水流方向应用0.5%以上下降坡度，连接水泵进口一端为最高，不要完全水平。向上翘起，进

管内会存留空气，降低了水管和水泵中真空度，影响吸水；

3) 进水管弯管处出现裂痕，进水管与水泵连接处出现微小间隙，都有可能使空气进入到进水管。

(2) 水泵转速低

1) 人为因素。有部分用户因原电机损坏，就随意配上另一台电动机带动，结果造成了流量小、扬程低、不上水的后果；

2) 水泵本身机械故障。叶轮与泵轴紧固螺母松脱或泵轴变形弯曲，造成叶轮偏移，直接与泵体摩擦，或轴承损坏，都有可能降低水泵转速；

3) 动力机维修不灵。电动机因绕组烧毁而失磁，维修中绕组匝数、线径、接线方法改变或维修中故障未彻底排除也会使水泵转速改变。

(3) 水泵吸程太大

有些水源较深，有些水源外围较平坦，而忽略了水泵容许吸程，产生了吸水少或根本吸不上水结果。要知道水泵吸水口处能建立真空度是有限的，绝对真空吸程约为10m水柱高，而水泵不可能建立绝对真空。真空度过大，易使泵内水汽化，对水泵工作不利。各离心泵都有其最大容许吸程，一般在3～8.5m之间。安装水泵时切不可只图方便简单。

(4) 水流进出水管中阻力损失过大

有些用户测量，蓄水池或水塔与水源水面垂直距离还略小于水泵扬程，但提水量小或提不上水。其原因常是管道太长、水管弯道多，水流管道中阻力损失过大。一般情况下90°弯管比120°弯管阻力大，每90°弯管扬程损失约0.5～1m，每20m管道阻力可使扬程损失约1m。此外，有部分用户还随意更改水泵进、出管管径，这些对扬程也有一定影响。

(5) 其他因素影响

1) 底阀打不开。通常是水泵搁置时间太长，底阀垫圈被粘死，无垫圈底阀可能被锈死；

2) 底阀滤器网被堵塞或底阀潜水中污泥层中造成滤网堵塞；

3) 叶轮磨损严重。叶轮叶片经长期使用而磨损，影响了水泵性能；

4) 闸阀、可止回阀有故障或堵塞会造成流量减小，抽不上水；

5) 出口管道泄漏也会影响提水量。

4. 常用简易设备故障诊断方法

常用简易状态监测方法主要有听诊法、触测法和观察法等。

(1) 听诊法：设备正常运转时，伴随发出的声响总是具有一定音律和节奏。熟悉和掌握这些正常音律和节奏，人听觉功能就能对此设备是否出现了重、杂、怪、乱异常噪声，判断设备内部出现松动、撞击、不平衡等隐患。用手锤敲打零件，听其是否发生破裂杂声，可判断有无裂纹产生。电子听诊器是一种振动加速度传感器。它将设备振动状况转换成电信号并进行放大，工人用耳机监听运行设备振动声响，以实现对声音定性测量。测量同一测点、不同时期、相同转速、相同工况下信号，并进行对比，来判断设备是否存故障。当耳机出现清脆尖细噪声时，说明振动频率较高，一般是尺寸相对较小、强度相对较高零件发生局部缺陷或微小裂纹。当耳机传出浑浊低沉噪声时，说明振动频率较低，一般是尺寸相对较大、强度相对较低零件发生较大裂纹或缺陷。当耳机传出噪声比平时增强时，说明故障正发展，声音越大，故障越严重。当耳机传出噪声是杂乱无规律、间歇出现时，说明有零件或部件发生了松动。

(2) 触测法：用人手触觉可以监测设备温度、振动及间隙变化情况。当机件温度0℃左右时，手感冰凉，若触摸时间较长会产生刺骨痛感。10℃左右时，手感发凉，但一般能忍受。20℃左右时，手感稍凉，接触时间延长，手感渐温。30℃左右时，手感微温，有舒适感。40℃左右时，手感热快，有微烫觉。50℃左右时，手感较烫，若用掌心按时间较长，会有汗感。60℃左右时，手感很烫，但一般可忍受10s长时间。70℃左右时，手感烫灼痛，一般只能忍受3s长时间，手触摸处会很快变红。触摸时，应试触后再细触，以估计机件温升情况。用手晃动机件可以感觉出0.1～0.3mm间隙大小。

(3) 观察法：人视觉可以观察设备上机件有无松动、裂纹及其他损伤等；可以检查润滑是否正常，有无干摩擦和跑、冒、滴、漏

现象;可以查看油箱沉积物中金属磨粒多少、大小及特点,以判断相关零件磨损情况;可以监测设备运动是否正常,有无异常现象发生;可以观看设备上安装各种反映设备工作状态仪表,了解数据变化情况,可以测量工具和直接观察表面状况,检测产品质量,判断设备工作状况。把观察各种信息进行综合分析,就能对设备是否存故障、故障部位、故障程度及故障原因做出判断。

34.11.2.3　冷却塔的试运转

1. 准备工作

(1) 把冷却塔内清理干净,不得出现冷却水或冷凝器系统堵塞现象,同时要用水冲洗冷却塔内部和冷却塔水管路系统,不得有漏水情况存在。

(2) 冷却塔内的补给水和溢流水位应符合设备技术文件的规定;自动补水阀的动作应灵活,准确。

(3) 冷却塔的冷风机旋转方向要正确,电动机的接地要符合标准要求。

2. 冷却塔试运转

(1) 运转中应认真检查冷风机转动情况是否正常,循环水系统有无障碍和水流不畅等现象。

(2) 冷却塔喷水量和吸入水量是否基本平衡。补给水和积水池的水位是否正常。出、入口冷却水温度是否符合标准要求。

(3) 电动机的启动和运转电流是否在标准允许的范围内,有无过载现象。

(4) 冷风机轴承温度应不超过设备技术文件的规定。冷却塔有无振动和噪声等问题。

(5) 冷却塔喷水时,有无出现偏流情况。

(6) 正常运转后,运行应不小于 2h。

(7) 试运转结束后,应及时清理从管道和空气中带入积水池内的泥砂和尘土。冷却塔试运行后,长时间不启动时,应将管路和积水池内的存水排净,以免冻坏设备和水管道。必须保证系统带空调冷负荷连续运转 8h 且间歇运转 72h 无故障。

34.11.2.4　水处理设备的试运转

空调系统中的水处理设备有化学处理法和物理处理法。化学处理法的水处理设备种类较多,其安装后应参照设备技术文件进行。物理法水处理设备即常用的电子水处理器或静电水处理器,安装后应在系统管道冲洗后,即可对其进行试运转。试运转时应注意下列事项:

(1) 按照设备铭牌上的额定电压接通电源,指示灯应亮。

(2) 在空调水循环系统中,如采用水泵运行控制的接点达到水处理设备自动投入或断开的目的,应在水泵运行前,对其控制系统进行检查,确认控制的动作必须正确。

(3) 设备的主机出厂前已调试过,在运转中不能随意再行调整。

(4) 设备安装在循环管道系统中或自动补水系统中,开机后自动运行,不需要任何操作。

(5) 设备安装在手动补水系统中,应先开水处理设备,后补水。补水后先关补水阀。后关水处理设备。

(6) 水系统运转一定时间后,应对水处理设备进行排污,以保证水处理的效果。其排污次数及排污量:

1) 排污次数,

①新设备或已经除过垢的系统及已结垢的系统,每天排污 1 次;

②结垢严重的系统,每天排污 2～3 次。

2) 排污量:

①新设备的排污量为总流量的 0.5%～1.0%;

②结垢设备的排污量,可根据具体状况酌情增加。

34.11.2.5　冷水机组的试运转

通风与空调工程中常用的冷水机组分为压缩式和吸收式两种。试运转和测试应执行国家标准《风机、压缩机、泵安装工程施工及验收规范》GB 50275—2010 和《制冷设备、空气分离设备安装工程施工及验收规范》GB 50274—2010 中的相关规定。

制冷系统的设备及管道安装完毕后,需要进行试运转。只有当试运转达到规定的要求后,方可交付验收和使用。制冷机的试运

应按一定的程序进行,且要区别开 3 种情况:

第一种情况,活塞式制冷机组。其试运转程序如下:

(1) 系统气密性试验;

(2) 系统真空试验;

(3) 制冷剂检漏;

(4) 充注制冷剂使之达到设计充注量;

(5) 带负荷试运转;

(6) 交付验收使用。

第二种情况,各设备分散安装,而且压缩机组是整体安装。这时,制冷系统的试运转程序如下:

(1) 系统吹污;

(2) 系统气密性试验;

(3) 系统真空试验;

(4) 系统制冷剂检漏;

(5) 充注制冷剂使之达到设计充注量;

(6) 带负荷试运转;

(7) 交付验收使用。

第三种情况,各设备分散安装,而且压缩机是在现场拆开检查后安装的。这时,制冷系统的试运转程序如下:

(1) 压缩机无负荷试运转;

(2) 压缩机空气负荷试运转;

(3) 系统吹污;

(4) 系统气密性试验;

(5) 系统真空试验;

(6) 充制冷剂检漏;

(7) 充注制冷剂使之达到设计充注量;

(8) 带负荷试运转;

(9) 交付验收使用。

1. 活塞式制冷压缩机的试运行

活塞式制冷压缩机的安装和试运行,应按现行国家标准《风机、压缩机、泵安装工程施工及验收规范》GB 50275—2010 的有关规定执行。开启式压缩机出厂试验记录中的无空负荷试运转、空气负荷试运转和抽空试验,均应在试运转时进行。

活塞式制冷压缩机的试运行前应符合如下要求:

气缸盖、吸排气阀及曲轴箱盖等应拆下检查,其内部的清洁及固定情况应良好;气缸内壁面应少量冷冻机油,再装上气缸盖等;盘动压缩机数转,各运动部件应转动灵活,无过紧及卡阻现象;

加入曲轴箱冷冻机油的规格及油面高度,应符合设备技术文件的规定;

冷却水、冷冻水系统供水应畅通;

安全阀应经校验、整定,其动作应灵敏可靠;

压力、温度、压差等继电器的整定值应符合设备技术文件的规定;

电动机的检查,其转向应正确,但半封闭压缩机可不检查此项;

(1) 活塞式制冷压缩机的空负荷试运转应符合下列要求:

1) 应先拆去气缸盖和吸、排气阀并固定气缸套;

2) 启动压缩机并应运转 10min,停车后检查各部位的润滑和温升,应无异常。而后应再继续运转 1h;

3) 运转应平稳,无异常声响和剧烈振动;

4) 主轴承外侧面和轴封外侧面的温度应正常;

5) 油泵供油应正常;

6) 油封处不应有油的滴漏现象;

7) 停车后,检查气缸内壁面应无异常的磨损。

(2) 活塞式制冷压缩机的空气负荷试运转应符合下列要求:

1) 吸、排气阀组安装固定后,应调整活塞的止点间隙,并应符合设备技术文件的规定;

2) 压缩机的吸气口应加装空气滤清器;

3) 启动压缩机,当吸气压力为大气压力时,其排气压力,对于有水冷却的应为 0.3MPa(绝对压力),对于无水冷却的应为 0.2MPa(绝对压力),并应连续运转且不得少于 1h;

4) 油压调节阀的操作应灵活，调节的油压宜比吸气压力高 0.15～0.3MPa；

5) 能量调节装置的操作应灵活、正确；

6) 压缩机各部位的允许温升应符合表 34-129 的规定；

压缩机各部位的允许温升值　表 34-129

检查部位	有水冷却（℃）	无水冷却（℃）
主轴承外侧量	≤40	≤60
轴封外侧量		
润滑油	≤40	≤50

7) 气缸套的冷却水进口水温不应大于 35℃，出口温度不应大于 45℃；

8) 运转应平稳，无异常声响和振动；

9) 吸、排气阀的阀片跳动声响应正常；

10) 各连接部位、轴封、填料、气缸盖和阀件应无漏气、漏油、漏水现象；

11) 空气负荷试运转后，应拆洗空气滤清器和油过滤器，并更换润滑油。

(3) 活塞式制冷压缩机的抽真空试验

压缩机的抽真空试验，是指压缩机本机的抽真空试验。抽真空试验为试运转前进行的工序。制冷系统的真空试验必须在气密性试验合格后，并将系统内压力排放完进行。氟利昂制冷系统真空试验要求剩余绝对压力不高于 5.3kPa 保持 24h，其回升压力不应大于 0.53kPa 为合格。氨制冷系统真空试验要求剩余压力不高于 6.5kPa 保持 24h，系统回升压力不应大于 0.65kPa 为合格。

采用真空泵抽真空时，有低压侧抽真空、双侧抽真空及复式抽真空等方法。

低压侧抽真空方式，是将压缩机低压吸气管道与真空泵连接后抽真空。其方法简单易行，低压侧真空度易达到要求，但高压侧真空度不易达到。

双侧抽真空方式，是从高、低压两侧同时抽真空，能克服低压侧毛细管阻力对高压侧真空度的不良影响，其系统的真空效果好。

复式抽真空方式，是系统真空试验合格后，再向系统中充入少量制冷剂，使系统的压力与环境压力平衡，然后系统再抽真空至要求的真空度，系统中残留空气极少。复式抽真空方式可使系统达到很高的真空度，通常用于排除系统中的水分。

(4) 制冷系统的负荷运转

1) 制冷系统的负荷运转前应做下列准备工作：

①检查安全保护、压差继电器和压力继电器的整定值；

②核对油箱的油面高度是否合乎要求；

③开启压缩机上的排气阀和吸气阀；

④冷却水（或风冷的风机）和冷冻水系统正常运行，向冷却水套、冷凝器及蒸发器供水；

⑤直接蒸发式表面冷却器系统，送风机应开启；

⑥将能量调节装置调到最小负荷的位置；

⑦氟利昂制冷压缩机应按设备技术文件的要求将曲轴箱中的润滑油加热。

2) 制冷压缩机启动的运转：制冷压缩机启动后，应立即检查油压，吸、排气压力，听机器运转的声响是否正常，如吸气压力降至 0.1MPa 以下时，要慢慢开启吸气阀，使压缩机进入正常运转状态。根据制冷系统运转情况，进一步调整供液阀、膨胀阀、回油阀的开度，使油压、吸气压力、排气压力达到设备技术文件要求的范围。

①压缩机的吸气温度最高不应超过 15℃；

②压缩机的最高排气温度应符合表 34-130 列的数值；

压缩机的最高排气温度　表 34-130

制冷剂	最高排气温度（℃）	制冷剂	最高排气温度（℃）
R717	150	R12	125
R22	145	R502	145

③油压应比吸气压力高 0.15～0.3MPa，运转中润滑油的油

温，开启式压缩机不应大于 70℃，半封闭压缩机不应大于 80℃；

④压缩机运转应无任何敲击声；

⑤压缩机各部位的发热正常。

在试运转过程中，用调节冷凝器的冷却水量的大小，检查压力继电器高压整定值整定的是否正确；调节压缩机的吸气压力，来检查压力继电器的整定值。如不正确应进一步整定。对有自动能量调节装置的压缩机，手动试运转合格后，应转到自动位置上，使压缩机能量调节装置自动地运转。自动能量调节装置正常运转后，应连续运转 4h。制冷系统的负荷运转应连续运转 8～24h。

压缩机停止运转时，应先停压缩机，然后再停空调器的风机、水泵，最后关闭冷冻水和冷却水。如制冷系统暂时停用，压缩机停止运转前，应先关闭出液阀，将制冷剂回收到贮液器中，待压缩机停止运转后，再将吸、排气阀关闭，将冷凝器、蒸发器、气缸套等处的积水放净。

在压缩机停止运转时，应使吸气压力为零或稍高些，才能按停止按钮并切断电源，并且这时才能将高低压阀门关闭。如压力回升过快，则继续启动压缩机，使吸气压力达到零或稍高些的状态。压缩机的高低压阀门关闭后，不得再启动压缩机，否则容易产生气缸爆炸事故。

制冷压缩机试运转工作结束后，应拆洗吸气过滤器和滤油器，并将曲轴箱内的冷冻润滑油放掉，更换新油。

(5) 制冷系统残留空气的排除

空气是不凝性气体，制冷系统中混入了空气，将会使冷凝压力升高，影响制冷系统的正常运转。排放制冷系统中的空气，按下列方法进行：

1) 先将贮液器的出液阀关闭；

2) 开启压缩机，将系统中的制冷剂全部压入贮液器内；

3) 低压被抽成稳定的真空压力后可停车；

4) 开启排气阀多用通道，压缩机中高压气体从中排出，用手挡着排出的气体，如果排出的是空气，手感像吹风，无冷感觉，直到手感有油迹和冷感现象，此时说明系统中的空气基本排放干净。

(6) 活塞式制冷机组试运转过程中出现的主要故障和产生的原因

活塞式制冷压缩机的故障现象见表 34-131。

活塞式制冷压缩机的故障、主要原因　表 34-131

故障名称	产 生 原 因
压缩机启动不了或启动后立即停车	空气开关脱扣后未曾复位； 温度继电器、压力继电器未调整好； 油压继电器的加热装置未冷却或复位按钮未曾复位； 冷凝器的冷却水未开或风冷式冷凝器风机未开； 压缩机的排气阀未开； 降压启动器降压太多； 压缩机内有故障，如卡住等
压缩机正常运转突然停车	吸气压力过低或排气压力过高，致使压力继电器的低压触点或高压触点断路； 油压与吸气压力差较低，致使无差继电器的触点断路； 压缩机的电机负荷过载，热继电器的热元件跳脱
压缩机有敲击声，声响从气缸发出	死隙太小，活塞撞击阀板； 活塞销与连杆小头衬套间隙磨损大； 阀片断裂落入气缸，或阀底螺钉松脱、断裂落入气缸； 压缩机奔油产生液击； 膨胀阀开度较大，液态制冷剂大量吸入压缩机产生液击
压缩机有敲击声，声响从曲轴箱发出	连杆大头瓦与曲轴颈的间隙磨损增大； 主轴承间隙因磨损增大； 连杆螺栓的螺母松脱
排气压力过高	系统中有空气； 冷凝器的冷却水水压太小，水量不足； 冷凝器的污垢较多； 制冷剂充灌得太多

续表

故障名称	产 生 原 因
排气压力过低	制冷剂充灌的不足； 排气阀片不严密； 冷凝器的冷却水水量过大或水温过低
吸气压力过高	膨胀阀开得过大； 吸气阀片断裂或有泄漏； 系统中有空气； 阀板的上下纸箔高低压间被打穿； 膨胀阀感温包未扎紧
吸气压力过低	膨胀阀感温包填充剂泄漏及膨胀阀开的过小或膨胀阀产生"冰塞"； 吸气阀未开足或吸气管路不畅通； 出液阀未开足或电磁阀未开启； 系统中制冷量不足
油泵没有压力	油压表损坏或油压表接管堵塞； 油泵吸入管堵塞或油泵内有空气； 油泵传动件损坏
油压压力过高	油压表损坏或失灵； 油泵接出管道堵塞； 油泵压力调节阀开度过小
油压压力过低	曲轴箱中油量过少； 吸入管路受阻或油过滤器堵塞； 油泵压力调节阀开度过大； 曲轴箱油中混有氟利昂制冷剂

2. 螺杆式制冷压缩机组的试运行

螺杆式制冷压缩机的安装和试运行，应按现行国家标准《风机、压缩机、泵安装工程施工及验收规范》GB 50275—2010 的有关规定执行。

(1) 螺杆式制冷压缩机组试运行前应符合下列要求：

1) 将电机与螺杆式制冷压缩机分开，并检查电动机的转向是否正确；

2) 检查油泵转向是否正确；

3) 检查吸气侧、排气侧压力继电器、过滤器用的压差继电器、油压与冷却水用的压力继电器和油压继电器的动作是否灵敏；

4) 安装联轴节，并重新找正。压缩机轴线与电机轴线的不同轴度应符合有关设备技术文件的规定；

5) 制冷机油加入油分离器或冷却器中，加油量应保持在视油镜的 1/2～3/4 处；

6) 按规定向系统充灌制冷剂。

(2) 螺杆式制冷压缩机的启动运转应符合下列要求：

1) 启动运转应按有关设备技术文件的程序进行；

2) 润滑油的压力、温度和各部分的供油情况，应符合有关设备技术文件的规定；

3) 油冷却器的水管供水应畅通；

4) 应启动油泵，通过油压调节来调节油压，使之与排气压力差符合有关设备技术文件的规定；

5) 应调节四通阀，使之处于减负荷或增负荷的位置，并检查滑阀移动是否正常；

6) 应使压缩机作短时间的全速运转，并观察压力表的压力、电流表的电流，检查主机机体与轴承处的温度，听听有无异常声响；

7) 试运转的操作程序为：

①启动油泵；

②油压上升；

③滑阀处于零位；

④开启供液阀；

⑤启动压缩机；

⑥正常运转后增能至100%；

⑦调整膨胀阀。

8) 试运行中的一些规定和注意事项

各运转的程序内容在运转过程中，应观察机组各部件的运行情况，并做好记录。

①运转中润滑参数应符合下列规定：

供油温度：35～55℃（最佳状态为 35～45℃）；

供油压力：排气压力＋0.2～0.3MPa。

②运转中排气参数应符合下列规定：

排气压力：1.1～1.5MPa；

排气温度：45～90℃。

③机组设有手动能量调节阀和自动调节的电磁阀组，可进行手动和自动调节。试运转时，电磁阀组断电，用手动能量调节阀（又叫四通阀），进行增负荷或减负荷的调节，检查滑阀移动是否正常。当采用能量自动调节的电磁阀组时，手动能量调节阀应处于定位位置。

④压缩机运转一段时间后，应做短时间全负荷运转，对机组进行测定和观察各部位的压力、电机运转电流、主机机体与轴承处的温度，并倾听机组运转有无异常的杂声。

⑤制冷机组手动运转正常后，可投入自动运转，连续运转时间为 8～24h。

⑥停止运转，可分为正常停车和故障停车两种情况。

使用手动控制正常停车时，先调节能量调节阀使滑阀回到零的位置，再按压缩机停止按钮，油泵仍正常运转。待压缩机停稳后，关闭供液阀，可使油泵停车，但冷却水泵、冷冻水泵仍继续运转 0.5h 后再停车。

使用自动控制正常停车时，按下停止按钮，机组按控制程序目动停车，再关闭供液阀，但冷却水泵、冷冻水泵仍继续运转 0.5h 后再停车。

事故停车是指机组设有的自动保护元件，在排气压力过高、吸气压力过低、油压过低、油温过高、冷冻水温过低及精滤油器堵塞时，会造成机组自动停止运转。有的机组同时发出声光报警信号和显示故障的部位。故障停车后，应先按下解除按钮停止报警，然后再按复位按钮，排除故障后，再按照上述的启动步骤启动机组。

⑦长期停止运转，应在停车前关闭供液阀，使吸气压力降低为 0.1MPa 时，按上述

正常停车方法停车。停车后，应关闭所有的阀门，拧紧封帽，可将制冷剂抽入钢瓶内，润滑油抽出后并检查油质性能，关闭冷却水、冷冻水阀并将冷凝器和蒸发器内的水放净，防止冬季将设备冻裂。

(3) 制冷系统的故障分析及排除

螺杆式制冷压缩机的故障现象及排除见表 34-132。

螺杆式制冷压缩机的故障、主要原因和处理

表 34-132

现 象	可能的原因	处 理
启动负荷过大或根本不能启动	1. 压缩机排气端压力过高 2. 滑阀未停在"0"位 3. 机体内充满润滑油或液体制冷剂 4. 运动部件严重磨损、烧伤 5. 电压不足	1. 通过旁通阀使高压气体流向低压系统 2. 将滑阀调至"0"位 3. 盘车排出积液和积油 4. 拆卸检修或更换零部件 5. 检修电网
机组发生不正常振动	1. 机组地脚螺栓未旋紧 2. 管路振动引起机组振动加剧 3. 联轴器同心度不好 4. 吸入过多的油或制冷剂液体 5. 滑阀不能定位且振动 6. 吸气腔真空度过高	1. 旋紧地脚螺栓 2. 加支撑点或改变支撑点 3. 重新找正 4. 停机，盘车使液体排出压缩机 5. 检查卸载机构 6. 开吸气阀、检查吸气过滤器

续表

现　象	可能的原因	处　理
压缩机运转后自动停机	1. 自动保护设定值不合适 2. 控制电路存在故障 3. 电机过载	1. 检查并适当调整设定值 2. 检查电路，消除故障
排气温度或油温下降	1. 吸入湿蒸气或液体制冷剂 2. 连续无负荷运转 3. 排气压力异常低	1. 减小供液量，降低负荷 2. 检查卸载机构 3. 减小供水量及冷凝器投入台数
压缩机制冷能力不足	1. 滑阀的位置不合适或其他故障 2. 吸气过滤器堵塞 3. 机器磨损严重，造成间隙过大 4. 吸气管路阻力损失过大 5. 高低压系统间泄漏 6. 喷油量不足，密封能力减弱 7. 排气压力远高于冷凝压力	1. 检查指示器或角位移传感器的位置，检修滑阀 2. 拆下吸气过滤网并清洗 3. 调整或更换零件 4. 检查吸气截止阀或止回阀 5. 检查旁通阀及回油阀 6. 检查油路系统 7. 检查排气管路及阀门，清除排气系统内阻力
运转时机器出现异常响声	1. 转子齿槽内有杂物 2. 止推轴承损坏 3. 主轴承磨损，转子与机体摩擦 4. 滑阀偏斜 5. 运动部件连接处松动	1. 检修转子及吸气过滤器 2. 更换止推轴承 3. 更换主轴承 4. 检修滑阀导向块及导向柱 5. 拆开机器检修，加强放松措施
排气温度过高	1. 压缩比较大 2. 油温过高 3. 吸气严重过热，或旁通阀泄漏 4. 喷油量不足 5. 机器内部有不正常摩擦	1. 降低排压，减小负荷 2. 清洗油冷，降低水温或加大水量 3. 增加供液量，加强吸气保温，检查旁通管路 4. 检查油泵及供油管路 5. 拆检机器
滑阀动作太快	1. 手动开启度过大 2. 喷油压力过高	1. 关小进油截止阀 2. 调小喷油压力
滑阀动作不灵活或不动作	1. 电磁阀动作不灵活 2. 油管路有堵塞 3. 手动截止阀开度太小或关闭 4. 油活塞卡住或漏油 5. 滑阀或导向键卡住	1. 检修电磁阀 2. 检修油管路 3. 开大截止阀 4. 检修油活塞或更换密封圈 5. 检修滑阀或导向键
油分油面上升	1. 系统内的油回到压缩机 2. 过多的制冷剂进入油内 3. 立式油分液面计有凝液	1. 放油 2. 提高油温，加快蒸发 3. 计算实际高度
压缩机机体温度过高	1. 压缩比大 2. 喷油量不足 3. 吸气严重过热，或旁通阀泄漏 4. 运动部件有不正常摩擦	同排气温度过高。最主要的原因是运动部件有不正常摩擦，检修压缩机或更换止轴承
喷油压力过低	1. 油分内油量不足 2. 油中制冷剂含量过多 3. 油温过高 4. 油泵磨损或油压调节阀故障 5. 油粗、精过滤器脏堵 6. 压缩机内部泄油量大	1. 加油或回油 2. 停机，进行油加热 3. 降低油温 4. 检修或更换，调整油压调节法 5. 清洗滤芯 6. 检修转子、滑阀、平衡活塞

续表

现　象	可能的原因	处　理
压缩机耗油量增大	1. 油压过高或喷油量过多 2. 压缩机回液 3. 排气温度高，油分效率降低 4. 分油滤芯效率降低 5. 分油滤芯脱落或松动 6. 二级油分内油位过高 7. 回油管路堵塞	1. 调整油压或检修压缩机 2. 关小蒸发器及经济器节流阀 3. 参考排气温度过高 4. 更换滤芯 5. 紧固或更换胶圈 6. 放油或回油，降低油位 7. 清洗疏通油路
停机时反转	1. 吸、排气止回阀关闭不严 2. 防倒转的旁通管路失效	1. 检修，消除卡阻 2. 检查旁通管路及电磁阀
吸气温度过高	1. 系统制冷剂不足，过热度增大 2. 供液阀开度小或管路堵塞 3. 旁通阀泄漏 4. 吸气管路保温不良	1. 检漏、充注制冷剂 2. 增加供液、检查管路 3. 检查 A、B 电磁阀及回油阀 4. 检修或更换绝热层
吸气温度过低	1. 蒸发器供液量过大 2. 蒸发器换热效果降低	1. 调整节流阀或热力膨胀阀 2. 清洗蒸发器或放油
吸气压力过低	1. 蒸发温度过低，换热温差大 2. 系统制冷剂不足 3. 供液阀开度小；回气管路阻力大 4. 吸气截止阀开度小或故障 5. 吸气过滤器脏堵或冰堵	1. 检修蒸发器，增大载冷剂流量，减少压缩机负荷 2. 检漏、充注制冷剂 3. 增加供液、检查管路 4. 开大吸气阀门或检查阀头 5. 清洗过滤网、清除水分
冷凝压力过高	1. 冷却水温度高或水量（风量）不足 2. 对蒸发冷来说，空气湿度过大 3. 冷凝器结垢或有油污 4. 冷凝器积液过多 5. 不凝性气体过多	1. 降低水温或增大水量（风量） 2. 加大风量 3. 清洗除垢、放油 4. 及时排放过多凝液 5. 及时排放空气

3. 离心式冷水机组的试运行

离心式冷水机组目前在大型空调中已广泛采用，就国外生产的机组而言，有开利、特灵、约克及日立等产品，虽然基本的原理相同，但局部的结构和自动操作的方式不甚相同，这要求应根据厂家提供的安装使用说明进行试运转。离心式制冷压缩机的安装和试运行，应按现行国家标准《风机、压缩机、泵安装工程施工及验收规范》GB 50275 的有关规定执行。

(1) 离心式制冷设备的安装，应符合下列要求：

1) 安装前，机组的内压应符合有关设备技术文件技术文件规定的出厂压力；

2) 制冷机组应在与压缩机底面平行的其他加工平面上找正水平，其纵向、横向不水平度均不应超过 0.1/1000；

3) 离心式制冷压缩机应在主轴上找正纵向水平，其不水平度不应超过 0.03/1000；在机壳中、分面上找正横向水平，其不水平度不应超过 0.1/1000；

4) 连接压缩机进气管前，应通过吸气口观察导向叶片和执行机构，有叶片开度和仪表指示位置，并应按有关设备技术文件的要求调整一致、定位，然后连接电动执行机构。

(2) 离心式制冷机组试运转前应符合下列要求：

1) 应按设备技术文件的规定冲洗润滑系统；

2) 加入油箱的冷冻机油的规格及油面高度应符合技术文件的要求；

3) 抽气回收装置中压缩机的油位应正常，转向应正确，运转

应无异常现象；

4) 各保护继电器的整定值应整定正确；

5) 导叶实际开度和仪表指示值，应按设备技术文件的要求调整一致。

(3) 离心式制冷机组试运转应包含下列内容：

1) 润滑系统试验

油泵转向正确后，应开动油泵，使润滑油循环 8h 以上，然后拆洗滤油器，更换新油，重新进行运转。运转中的油温、油压、油面高度应符合设备技术文件的规定。

2) 系统气密性试验

系统安装后，应将干燥空气或氮气充入系统，使其符合设备技术文件规定的试验压力，然后宜用发泡剂检查或在干燥空气中混入适量规定的制冷剂，用卤素检漏仪检查。所有设备、管道、法兰及其接头处，不得有渗漏现象。试验压力也可采用回收装置的小压缩机来产生，但必须严格按设备技术文件规定的要求进行。

3) 无负荷运转

①应关闭压缩机吸气口的导向片进气阀。使压缩机排气口与大气相通；

②开动油泵，调节循环润滑系统，使其正常运转；

③瞬间启动压缩机，并观察转向是否正确以及有无卡住和碰撞等现象；

④再次启动压缩机，进行半小时无负荷运转试验，并观察油温、油压、摩擦部位的温升、机器的响声及振动是否正常。

4) 抽真空试验

应将系统抽至剩余压力小于 5.332kPa，并保持 24h，系统升压不应超过 0.667kPa。抽真空时，应另备真空泵或用系统中回收装置的小压缩机来进行。达不到真空要求时，应再进行气密性试验，查明泄漏处，方便修复，然后再次进行抽真空试验，直至合格。

5) 系统充灌制冷剂

系统气密性试验和抽真空试验达到要求后，可利用系统的真空度进行充灌制冷剂，加入量应符合设备技术文件规定，如不足或过多都会对机组的正常使用产生不利影响。为防止水分带进系统，充液管应设干燥过滤器。系统充灌制冷剂时，应启动蒸发器冷冻水循环泵，使冷冻水流动，同时用卤素灯进行检漏。一般加入量达到 60% 以上时，由于蒸发器内压力升高和钢瓶的压差减小，制冷剂充灌速度将减慢，可启动主电机，利用压缩机正常工作而使系统蒸发压力下降，继续加液至规定的数量。

6) 空气负荷试运转试验

①应关闭压缩机吸气口的导向叶片，拆除浮球室盖板和蒸发器上的视孔法兰，吸排气应与大气相通；

②应按要求供给冷却水；

③启动油泵及调节润滑系统，其供油应正常；

④点动电动机的检查，转向应正确，其转动应无阻滞现象；

⑤启动压缩机，当机组的电机为通水冷却时，其连续运转时间不应小于 0.5h；当机组的电机为通氟冷却时，其连续运转时间不应大于 10min；同时检查油温、油压、轴承部位的温升，机器的声响和振动均应正常；

⑥导向叶片的开度应进行调节试验；导叶的启闭应灵活、可靠；当导叶开度大于 40% 时，试验运转时间宜缩短；

7) 机组的负荷试运转应符合下列要求：

①接通油箱电加热器，将油加热至 50～55℃；

②按要求供给冷却水和载冷剂；

③启动油泵、调节润滑系统，其供油应正常；

④按设备技术文件的规定启动抽气回收装置，排除系统中的空气；

⑤启动压缩机应逐步开启导向叶片，并应快速通过喘振区，使压缩机正常工作；

⑥检查机组的声响、振动、轴承部位的温升应正常；当机器发生喘振时，应立即采取措施便消除故障或停机；

⑦油箱的油温宜为 50～65℃，油冷却器出口的油温宜为 35～55℃。滤油器和油箱内的油压差，制冷剂为 R11 的机组应大于

0.1MPa，R12 机组应大于 0.2MPa；

⑧能量调节机构的工作应正常；

⑨机组载冷剂出口处的温度及流量应符合设备技术文件的规定。

(4) 运转过程中要检查和记录机组下列参数：

1) 润滑油压力、温度及油箱中的油位高度；

2) 蒸发器中制冷剂的液位高度；

3) 电机温升；

4) 冷却水、冷冻水的压力及温度；

5) 冷凝压力、蒸发压力；

6) 冷凝压力和蒸发压力的变化。

如运转正常，各项数据如符合设备技术文件要求，可连续运转 8～12h。为避免在负荷试运转过程中，由于主电机启动电流过大，对于容量较小的变配电系统，容易造成供电系统断路，使主电机和油泵电机同时断电，主机润滑系统与主电机同时停止运转，将使高速运转的主机产生不应有的损失。因此，在试运转过程中，油泵应另设一路电源更为妥当。

(5) 试运转结束后应按下列程序停车：

1) 切断主电机的电源后，当电机完全停止运转后，才能停止油泵的转动，保证润滑油系统畅通。

2) 再停止冷却水和冷冻水水泵的运转，并关闭管网上的阀门。

3) 如随后继续运转，应接通油箱上的电加热器，使其自动调节保证润滑油温度维持在给定的范围，为下次运转做准备。

(6) 离心式制冷机组试运转过程中要检查和记录机组下列参数：

1) 润滑油压力、温度及油箱中的油位高度；

2) 蒸发器中制冷剂的液位高度；

3) 电机温升；

4) 冷却水、冷冻水的压力及温度；

5) 冷凝压力、蒸发压力；

6) 冷凝压力和蒸发压力的变化。

(7) 离心式制冷机组试运转过程中出现的主要故障和产生的原因

离心式制冷压缩机的故障和主要原因见表 34-133。

离心式制冷压缩机的故障、主要原因　　　　表 34-133

故障名称	产　生　原　因
冷凝压力过高	冷凝器内混有空气； 冷却水量不足或冷却水温过高； 浮球阀打不开； 制冷剂含有杂质
蒸发压力过低	制冷剂不足； 制冷剂含有杂质； 浮球阀开度太小
蒸发压力过高	制冷剂过多； 制冷剂含有杂质； 浮球阀开度太大
冷凝压力过低	浮球阀液封未有形成； 冷却水量过多或水温过低
主电机超负荷	制冷量负荷过大； 压缩机吸入带液滴的气体
压缩机喘振	冷凝压力过高； 蒸发压力过低； 导向叶片开度太小； 空调冷负荷过低
运转中油压过低	油压调节阀调节的不当； 滤油器不清洁； 油面太低； 油管有漏油现象； 轴承间隙过大

4. 溴化锂吸收式制冷设备的试运转

(1) 溴化锂吸收式制冷机组安装应符合下列要求：

1) 设备的内压符合设备技术文件规定的出厂压力。

2) 设备就位后，应按设备技术文件规定的基准面（如管板上

的测量标记孔或其他加工面）找正水平，其纵向、横向不水平度均不应超过 0.5/1000。

3）双筒吸收式制冷机应分别找正上下筒的水平。

4）真空泵就位后，应找正水平，抽气连接管应采用金属管，其直径应与真空泵的进口直径相同；如必须采用橡胶管作吸气管时，应采用真空胶管，并对管接头处采取密封措施。

5）屏蔽泵应找下水平，电线接头处应防水密封。

6）蒸汽管和冷媒水管应隔热保温，保温层的厚度和材料应符合设计规定。

（2）制冷系统安装后应符合下列要求：

1）应对设备内部进行清洗。清洗时，将清洁水加入设备内，开动发生器泵，吸收器泵和蒸发器泵，使水在系统内循环，反复多次，并观察水的颜色直至设备内部清洁为止。

2）进行制冷系统气密性试验时，系统内应充入压力为 0.196MPa（2kg/cm²）的干燥空气中充灌适量规定的制冷剂，用卤素检漏仪检查设备及管道的密封性。

3）进行制冷设备真空泵试验时，应在真空泵吸入管道上装真空度测量仪，关闭真空泵与制冷系统连通的阀门，启动真空泵，抽至压力为 0.133kPa 以下时停泵，然后观察真空度测量仪，确定有无泄漏。

4）进行制冷系统抽真空试验时，应将系统压力抽至 0.267kPa，关闭真空泵上的抽气阀门，保持 24h，以使系统内压力上升不应超过 0.133kPa。

5）向制冷系统加入按设备技术文件规定配制的溴化锂溶液，应先在容器中进行沉淀，然后将系统抽真空至压力为 0.267kPa（2mm 汞柱）以下，再将与抽气连接的连接管一端连接于热交换器稀溶液加液阀门，并扎紧使其密封，并使连接管离桶底 100mm。溶液的加入量应符合设备技术文件的规定。

（3）制冷系统的试运转

1）启动运转应符合下列要求：

①应向冷却水系统供水和向蒸发器供冷媒水，水温均不应低于 20℃，水量应符合设备技术文件的规定。

②启动了发生器泵、吸收器泵及真空泵，使溶液循环，继续将系统内空气抽除，使真空度高于 0.133kPa（1mm 汞柱）。

③应逐渐开启蒸汽阀门，向发生器供汽，使机器先在较低蒸汽压力状态下运转，无异常现象后，再逐渐提高蒸汽压力至设备技术文件的规定值，并调节制冷机，使其正常运转。

2）运转中应符合下列要求：

①稀溶液、浓溶液和混合溶液的浓度和温度应符合设备技术文件的规定；

②冷却水、冷媒水的水量、水温和进出口温度差应符合设备技术文件的规定；

③加热蒸汽的压力、温度和凝结水的温度、流量应符合设备技术文件的规定；

④冷剂水中溴化锂的比重不应超过 1.1；

⑤系统应保持规定的真空度；

⑥屏蔽泵的工作稳定，应无阻塞、过热、异常声响等现象；

⑦各种仪表指示应正常。

（4）溴化锂吸收式制冷设备的主要故障和产生的原因及排除方法：

溴化锂吸收式制冷设备的主要故障和产生的原因及排除方法见表 34-134。

溴化锂吸收式制冷设备的主要故障和产生的原因及排除方法

表 34-134

主要故障	产生原因	排除方法
冷水流量不足或断水	1. 水泵（或电动机）损坏 2. 补水不足 3. 过滤器堵塞 4. 吸入管漏气	1. 修理或启动备用泵 2. 及时补充水 3. 清理 4. 及时处理、排除

续表

主要故障	产生原因	排除方法
冷水出口温度过低	冷水量过小或冷负荷过小 冷却水水温低或量过大	降低蒸汽压力 调整冷却水水温或水量
发生器溶液温度过高	1. 蒸汽压力过高或冷负荷过小 2. 溶液循环量小 3. 有不凝性气体	1. 降低蒸汽压力 2. 加大溶液循环量 3. 抽真空
熔晶管高温（结晶）	1. 冷却水水温过低或量过大 2. 蒸汽压力过高 3. 蒸汽压力波动太大 4. 发生器循环量过小 5. 有不凝性气体 6. 溶液循环量过大	1. 调整冷却水水温（如关风机）或流量 2. 调整蒸汽压力 3. 稳定蒸汽压力 4. 加大发生器循环量 5. 抽真空 6. 减少循环量
冷凝器高温（冷却水断水）	1. 水泵（电动机）损坏 2. 补水不足 3. 过滤器堵塞 4. 吸入管漏气 5. 换热管太脏 6. 有不凝性气体	1. 修理或启动备用泵 2. 及时补水 3. 清理 4. 及时处理，排除 5. 清理 6. 抽真空，排除不凝性气体、检漏
冷却水低温	室外湿球温度低	关冷却塔风机
发生器高压	1. 蒸汽量太大 2. 溶液循环量小 3. 有不凝性气体	1. 降低蒸汽压力 2. 加大溶液供应量 3. 排除不凝性气体
屏蔽泵过流	1. 设定电流值过小 2. 负荷过大 3. 泵性能不良 4. 电源不正常 5. 结晶	1. 按额定电流设定 2. 适当调整流量寻找原因 3. 检修或更换屏蔽泵 4. 检查电源是否缺相 5. 熔晶
蒸汽压力过高	供汽气压过高	降低蒸汽压力
制冷量低于设定值	1. 溶液循环量不当 2. 不凝性气体渗漏 3. 真空泵性能不良 4. 传热管污垢 5. 冷剂水被污染 6. 蒸汽压力过低 7. 溶液注入量不足 8. 屏蔽泵汽蚀 9. 冷却水流量小 10. 冷却水温度过高 11. 辛醇添加量不足	1. 调整发生器液位 2. 正确使用自抽装置，开启真空泵抽真空，检漏 3. 排除真空泵故障 4. 清洗换热管 5. 冷剂水再生 6. 调高蒸汽压力 7. 补充溶液 8. 调整液位，补充溶液，更换屏蔽泵 9. 增大冷却水流量 10. 检查冷却水系统（冷却塔及其风机等） 11. 适量添加辛醇
冷剂水被污染	1. 发生器液位过高 2. 蒸汽压力过高 3. 冷却水温度低而且量大 4. 去低发稀溶液温度过高	1. 调低液位 2. 降低蒸汽压力 3. 适当调整 4. 降低凝水排水温度
抽气能力差	1. 真空泵油乳化 2. 溶液进真空泵 3. 溶液淹过抽气管 4. 自抽引射器堵塞 5. 真空泵性能下降	1. 放气补油或更换 2. 彻底清洗 3. 降低吸收器液位 4. 清理 5. 进行检修
停车后结晶	1. 停车时冷剂水没有旁通 2. 稀释循环时间太短 3. 周围环境过低 4. 蒸汽阀门未关严	1. 周围环境温度<25℃时，应彻底旁通 2. 延长稀释时间 3. 核对结晶曲线，提高周围温度 4. 关严
停机时真空下降	机组泄漏	正压找漏

34.11.2.6   空调机组、新风机组单机的试运转

1. 空气机组、新风机组单机的试运转

空调机组、新风机组内的送风机（及空调机组内的回风机）必须进行试运转检查，对于空调机组中的大型通风机应单独试运转，要根据空调机组的设备结构和工作特点，按设备技术文件的要求进行试运转工作。

（1）空调机组、新风机组试运转前的准备工作

1）试运转之前要再次核对通风机和电动机的规格、型号，检查在基座上的安装及与风管连接的质量，并检查安装过程中的检验记录。存在的问题应全部解决，润滑良好，具备试行条件。同时电工也要对电动机动力配线系统及绝缘和接地电阻进行检查和测定。

2）通风机传动装置的外露部位，以及直通大气的进、出口，必须装设防护罩（网）或安装其他安全设施。空调机组功能段内的风机需要打开面板，或由人直接进入功能段内才能操作，要注意保护段体设备并做好人员安全保护工作。

3）空调风管系统的新、回风口调节阀全部开启；风管防火阀位于开启位置；三通调节阀处于中间位置；热交换器前的调节阀开到最大位置，让风系统阻力处于最小状态。风机启动阀或总管风量调节阀关闭，让风机在风量等于零的状态下启动。当空调机组配用轴流风机时则应调节开阀全开启动。

（2）空调机组、新风机组试运转与检测

1）用手转动风机，检查叶轮和机壳是否有摩擦和异物卡塞，转动是否正常。如果转动感到异常和吃力，则可能是联轴器不对中或轴承出现故障。对于皮带传动，皮带松紧适度，新装三角皮带用手按中间位置，有一定力度回弹为好。试运行测出风机和电机的转速后，可以检查皮带传动系数。

2）点动风机。达到额定转速立即停止运行，观察风机转向，如不对应改变接线。利用风机滑转观察风机振动和声响。启动时用钳形电流表测量电动机的启动电流应符合要求。风机点动滑转无异常后可以进行试运行。

3）运行风机。启动后缓慢打开启动阀或总管风量调节阀，同时测量电动机的工作电流，防止超过额定值，超过时可减小阀门开度。电动机的电压和电流各相之间应平衡。

4）风机正常运行中用转速表测定转速，转速应与设计和设备说明书一致，以保证风机的风压和风量满足设计要求。

5）用温度计测量轴承处外壳温度，不应超过设备说明书的规定。如无具体规定时，一般滑动轴承温升不超过35℃，温度不超过70℃；滚动轴承温升不超过40℃，最高温度不超过80℃。运行中应监控温度变化，但结果以风机正常运行2h以后的测定值为准。

对于大型空调机组，建议先试电机，电机运行正常后再联动试空调机组风机。风机试运行时间不应少于2h。如果运转正常，风机试运行可以结束。试运行后应填写"风机试运转记录"，内容包括：风机的启动电流和工作电流、轴承温度、转速以及试运转中的异常情况和处理结果。

2. 空气洁净设备的试运行

（1）空气吹淋室

1）根据设备技术文件，对规定的各种动作进行试验调整，使其各项指标达到要求。如风机启动、电加热器的投入、两门的连锁及继电器的整定等。在各项检查合乎要求后，可进行试运转。

2）为保证吹淋效果，必须调整喷嘴的角度，使喷射出的气流吹到被吹淋人员的全身。喷嘴角度一般为顶部向下20°，两侧水平交错10°为宜。

（2）自净器：自净器在试运行前，洁净室的洁净空调系统应正常运转，洁净室的清洁卫生必须处于洁净条件，才能试运行。自净室的试运行时，应对风机电机的启动电流和运转电流进行测定，检查电流应在额定范围内，并检查无异常现象。

（3）其他洁净设备：洁净设备除上述之外，还有风口机组、各类净化工作台、洁净棚（层流罩）及净化单元等。其构造和使用场合虽有不同，但是其部件大致相同，基本上由风机和空气过滤器组成。因此，这些设备的试运行和调整试验应具备的条件。

3. 空调机组的启动与运行管理

（1）空调机组启动前的准备工作

1）检查电机、风机、电加热器、水泵、表冷器或喷水室、供热设备及自动控制与调节系统等，确认其技术状态良好。

2）检查各管路系统连接处的紧固、严密程度，不允许有松动、泄漏现象。管路支架稳固可靠。

3）对空调系统中有关运转设备，应检查各轴承的供油情况。若发现缺油现象应及时加油。

4）根据室外空气状态参数和室内空气状态参数的要求，调整好温度、湿度等自动控制与调节装置的设定值和幅差值。

5）检查供配电系统，保证按设备要求正确供电。

6）检查各种安全保护装置的工作设定值是否在规定的范围内。

（2）空调机组的启动

空调机组的启动包括风系统，冷、热源系统和自动控制与调节系统等。首先要保证供配电网运行良好。然后按规定的程序启动各子系统设备。为防止风机启动时其电机超负荷，在启动风机前，最好先关闭风道总阀，待风机运行起来后再逐步开启到原位置。在启动过程中，只能在一台设备电机运行正常才能再启动另一台，以防供电线路因启动电流太大而跳闸。风机启动的顺序是先开送风机，后开回风机，以防空调内出现负压。全部设备启动完毕后，应仔细巡视一次，观察各种设备运转是否正常。

（3）空调机组的运行管理

1）空调机组的运行巡视

空调机组进入正常运行状态后，应按时进行下列项目的巡视：

①动力设备的运行情况，包括风机、水泵、电动机的振动、润滑、传动、工作电流、转速、声响等。

②喷水室、加热器、表面式冷却器、蒸汽加湿器等设备的运行情况。

③空气过滤器的工作状态（是否过脏）。

④空调机组冷、热源的供应情况。

⑤制冷系统运行情况，包括制冷机、冷冻水泵、冷却水泵、冷却塔及油泵等运行情况，以及冷却及冷冻水温度等。

⑥空调机组运行中采用的运行调节方案是否合理，系统中各有关执行调节机构是否正常。

⑦使用电加热器的空调系统，应注意电气保护装置是否安全可靠，动作是否灵活。

⑧空调机组及风路系统是否有漏风现象。

⑨空调机组内部积水、排水情况，喷水室系统中是否有泄漏、不顺畅等现象。

对上述各项巡视内容，若发现异常应及时采取必要的措施进行处理，以保证空调系统正常工作。

2）空调机组的运行调节

空调机组运行管理中很重要的一环就是运行调节。在空调机组运行中进行调节的主要内容有：

①采用手动控制的加热器，应根据被加热后空气温度与要求的偏差进行调节，使其达到设计参数要求。

②对于变风量空调系统，在冬、夏季运行方案变换时，应及时对末端装置和控制系统中的夏、冬季转换开关进行运行方式转换。

③采用露点温度控制的空调系统，应根据室内外空气条件，对所供水温、水压、水量、喷淋排数等进行调节。

④根据运行工况，结合空调房间室内外空气参数情况，应适当得进行运行工况的转换，同时确定出运行中供热、供冷的时间。

⑤对于既采用蒸汽（或热水）加热，又采用电加热器作为补充热源的空调系统，应尽量减少了电加热器的使用时间，多使用蒸汽和热水加热装置进行调节，这样，既降低了运行费用，又减少了由于电加热器长时间运行时引发事故的可能性。

⑥根据空调房间内空气参数的实际情况，在允许的情况下应尽量减少排风量，以减少空调系统的能量损失。

⑦在能满足空调房间内工艺条件的前提下，应尽量降低室内的正静压值，以减少室内空气向室外的渗透量，达到节省空调系统能耗的目的。

⑧空调机组在运行中，应尽可能地利用天然冷源，降低系统的运行成本。在冬季和夏季时可采用最小新风量运行方式。而在过渡

季节中，当室外新风状态接近送风状态点时，应尽量使用最大新风量或全部采用新风的运行方式，减少运行费用。

（4）空调机组的停机

空调机组的停机分为正常停机和事故停机两种情况。空调机组正常停机的操作要求是：接到停机指令或达到定时停机时间时，应首先停止制冷装置的运行或切断空调机组的冷、热源供应，然后再停空调机组的送、回、排风机。若空调房间内有正静压要求时，系统中风机的停机顺序为：排风机、回风机、送风机；若空调房间内有负静压要求时，则系统中风机的停机顺序为：送风机、回风机、排风机。待风机停止程序操作完毕之后，用手动或采用自动方式关闭系统中的风机负荷阀、新风阀、回风阀、一次和二次回风阀、排风阀、加热器和加湿器调节阀、冷冻水调节阀等阀门，最后切断空调机组的总电源。

在空调机组运行过程中若电力供应系统或控制系统突然发生故障，为保护整个系统的安全应做紧急停机处置，紧急停机又称为事故停机，其操作方法是：

1）供电系统发生故障时，应迅速切断冷、热源的供应，然后切断空调机组的电源开关。待电力系统故障排除并恢复正常供电后，再按正常停机程序关闭有关阀门，检查空调机组中有关设备及其控制系统，确认无异常后再按启动程序启动运行。

2）在空调机组运行过程中，若由于风机及其拖动电机发生故障；或由于加热器、表冷器，以及冷、热源输送管道突然发生破裂而产生大量蒸汽或水外溢；或由于控制系统中控制器或执行调节机构（如加湿器调节阀、加热器调节阀、表冷器冷冻水调节阀等）突然发生故障，不能关闭或关闭不严，或者无法打开；在系统无法正常工作或危及运行和空调房间安全时，应首先切断冷、热源的供应，然后按正常停机操作方法使系统停止运行。

3）若在空调机组运行过程中，报警装置发出火灾报警信号，值班人员应迅速判断出发生火情的部位，立即停止有关风机的运行，并向有关单位报警。为防止意外，在灭火过程中按正常停机操作方法，使空调机组停止工作。

34.11.2.7 风机盘管单机试运转

风机盘管安装前要对盘管进行水压试验；安装时控制凝水盘坡向并做排水试验，保证凝结水能顺畅流向凝水排出管；盘管与水系统管道连接多用金属或非金属柔性短管，水系统管道必须清洗污后才能与盘管接通。在完成设备、管道和电气与控制系统安装后，风机盘管不供冷、热媒的第一次试运转主要检查风机的运行情况。

1. 风机盘管试运转前应完成包括固定、连接和电路在内的全部静态检查，并符合设计和安装的技术要求。用 500V 绝缘电阻仪和接地电阻仪测量，带电部分与非带电部分的绝缘电阻和对地绝缘电阻，以及接地电阻均应符合设备技术文件的规定。无规定时，绝缘电阻不得小于 2MΩ，接地电阻不得大于 4Ω。

2. 启动依照手动、点动、运行的步骤，要求风机与电机运行平稳，方向正确。目前风机普遍采用手动三挡变速，应在各转速档（低速、中速、高速）上各启动 3 次，每次启动应在电动机停止转动后再进行，风机在各转速上均能正常转运。在高速挡运应不少于 10min，然后停机检查零、部件之间有无松动。对于风机与电动水阀连锁方式，风机启动时电动水阀应及时打开。

3. 高静压大型风机盘管要将处理后的空气由风管送到几个风口，试运行合格后对风口风量进行调整，使其达到设计要求。当风机盘管换挡运行时，各风口风量同时改变，但调定比例不会改变。

4. 风机盘管机组常见故障及处理方法

风机盘管机组在使用中要做好以下工作：

（1）空气过滤器的清洗和更换

空气过滤器的清洗或更换周期由机组所处的环境、每天的工作时间及使用条件决定。一般机组连续工作时，应每半个月清洗一次空气过滤器，一年更换一次空气过滤器。

（2）盘管换热器的围护

机组在使用时为防止盘管内结垢，应对冷冻水作软化处理。冬季运行时禁止使用高温热水或蒸汽为热源，使用的热水温度不宜超过 60℃。如果机组在运行过程中供水温度及压力正常，而机组

的进、出风温差过小，可推测是否由于盘管内水垢太厚所致，即应对盘管进行检查和清洗工作。夏季初次启动风机盘管机组时，应控制冷水温度，使其逐步降到设计水温，避免因立即通入温度较低的冷水而使机壳和进、出水口产生结露滴水现象。在运行过程中，若盘管与翅片之间积有明显尘灰，可使用压缩空气吹除，若发现盘管有破裂或腐蚀造成泄漏时，应及时用气焊进行补漏。

（3）机组风机的围护

机组风机扇叶在长时间运行过程中会粘附上许多灰尘，以至影响风机的工作效率。因此，当风机扇叶上出现明显灰尘时，应及时用压缩空气给予清除干净。

（4）机组滴水盘的清洗

滴水盘一般应在每年夏季使用前清洗一次，机组连续制冷运行 3 个月后再清洗一次。

（5）机组的排污和管道保温

风机盘管机组若长时间停用，管道排空后会进入空气产生锈渣积存在管道中。开始送水后便会将其冲刷下来带至盘管入口和阀门处造成堵塞。因此，应在机组盘管的进、出水管上安装旁通管。在机组使用前，利用旁通管冲刷供、回水管路，将锈渣带到回水箱中，再清除。机组在运行过程中，要随时检查管道及阀门的保温情况，防止保温层出现断裂，造成管道或阀门凝水，污染顶棚或墙壁。

34.11.3 系统试验调整

在通风、空调系统的各个单体设备试运转和系统联合试运行之后，就要对在通风、空调系统进行较为重要的系统调试测定工作。要根据工程设计要求的参数进行系统调试，以使通风、空调系统的工作运行效果达到设计要求。

在对系统进行调试测定的过程当中，难免要发现一些在工程设计、设备质量、施工安装等所存在的问题。对于较为简单容易处理的问题，应在系统调试过程中及时处理解决。而对于较为严重的，已影响到系统调试工作的系统问题，施工方应及时与建设单位、设计单位、设备生产厂家等协商解决办法。待问题解决后，再进行系统调试测定工作。

34.11.3.1 单向流洁净室平均速度及速度不均匀度的测定

洁净室垂直单向流的风速测点，应选择在距墙或围护结构内表面 0.5m，离地面高度 0.5～1.5m 作为工作区。水平单向流以距送风墙或围护结构内表面 0.5m 的纵断面为第一工作区。

风速测定截面的测点数量大于 10 个，测点间距不大于 2m（一般为 0.3～0.6m）。使用热球风速仪测量。

在测定风速时应采用测定架固定风速仪，以避免受到测定人员的人体干扰。如不得不用手持风速仪测定时，则应做到手臂伸至最长位置，以尽量使测点人员远离风速探头位置。

风速的不均匀度可按下列公式计算：

$$\beta_v = \frac{\sqrt{\dfrac{\sum (v_i - \bar{v})^2}{n-1}}}{\bar{v}} \tag{34-10}$$

式中　β_v——风速不均匀度；

v_i——任一点实测风速（m/s）；

$\bar{v}$——平均风速（m/s）；

n——测点数。

34.11.3.2 水系统平衡调整

根据设计要求，按照流量等比分配法，对水系统中的冷冻水、冷却水、热水系统进行水流量测定与调整。

（1）水泵流量调整：使用流量计测量水流量，或根据水泵前后压力表检查水泵性能曲线，调整水流量再设计参数。

（2）对各设备或各主要分支干管的水量进行测定调整。

（3）用铅封固定好各分支干管上的水阀门（选用带有指示开度的调节阀门较为方便）。

34.11.3.3 风系统平衡调整

通风、空调系统风量的测定与调整，是系统调试中非常重要的环节。系统风量的调试结果，直接影响到系统中其他参数的调试结果，如室内的风速、压力、温湿度、噪声、空气洁净度等参数。

系统风量测定与调整的内容，包括：系统总送风量、新风量、回风量，排风量；各送风口风量；各排风口风量等。

风量测定的方法为风管法、风口法。风量调整的方法为流量等比分配法、基准风口调整法。

1. 风量测定方法

（1）风管法

在风管截面测定风量：使用毕托管和压差计、热线风速仪、卷尺等。

1）测定截面位置的选择：测定截面的位置原则上应选择在气流比较均匀稳定的部位。即测定截面在管道中的局部阻力部件之前不少于 3 倍管径或 3 倍大边长度，在局部阻力部件之后不少于 5 倍管径或 5 倍大边长度。

2）测定截面内测点位置的确定：风管截面上的风速是不相同的，即要求对测定截面进行多点测定，计算出截面风速平均值。测定截面内测点的位置和数目，是按照风管的形状和尺寸而定。

①对于矩形风管：将测定截面分成若干个相等的小截面，每个小截面尽可能接近正方形，边长最好不大于 200mm。测点设于各小截面的中心位置。矩形截面内的测点位置如图 34-140 所示。

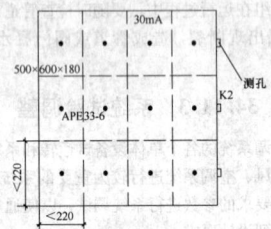

图 34-140　矩形截面的测点位置

②对于圆形风管：是按照等面积圆环法划分测定截面和确定测点数的。据管径的大小，将截面分成若干个面积相等的同心圆环，在每个圆环上对称地测量四个点。所划分的圆环数，可按表 34-135 选用。圆形截面内的测点位置如图 34-141 所示。

圆形风管划分圆环数表　　表 34-135

圆形风管直径（mm）	200 以下	200~400	400~700	700 以上
圆环数（个）	3	4	5	5~6

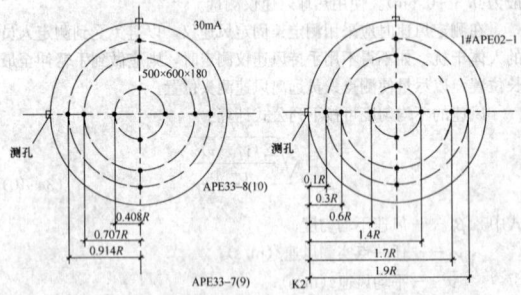

图 34-141　圆形截面内的测点位置　　图 34-142　三个圆环的测点位置

各测点距风管中心的距离按下式计算：

$$R_n = R\sqrt{\frac{2n-1}{2m}} \qquad (34\text{-}11)$$

式中　R——风管的半径（mm）；

n——自风管中心算起测点的顺序（即圆环序）号；

R_n——从风管中心到第 n 个测点的距离（mm）；

m——风管划分的圆环数。

在实际测定时，用上式计算比较麻烦，可将各测点到风管中心距离，换算成测点至管壁距离较为方便。如图 34-142 和表 34-136 所示。

圆环上测点至测孔的距离表　　表 34-136

测点 ＼ 距离	3	4	5	6
1	0.1R	0.1R	0.05R	0.05R
2	0.3R	0.2R	0.2R	0.15R
3	0.6R	0.4R	0.3R	0.25R
4	1.4R	0.7R	0.5R	0.35R
5	1.7R	1.3R	0.7R	0.5R
6	1.9R	1.6R	1.3R	0.7R
7		1.8R	1.5R	1.3R
8		1.9R	1.7R	1.5R
9			1.8R	1.6R
10			1.95R	1.75R
11				1.85R
12				1.95R

3）风量的测定及计算：通过风管截面积的风量可按下式计算：

$$L = 3600Av \quad (\mathrm{m^3/h}) \qquad (34\text{-}12)$$

式中　A——风管截面积（m²）；

v——测定截面内平均风速（m/s）。

①测定方法

采用毕托管——微压计或热球风速仪对各风速测点进行测定。在采用液体倾斜微压计测量动压、静压时，要注意小心操作，防止将酒精吸入或压出到橡皮管中。

②计算方法

当各测点的动压值相差不大时，其平均动压值可按测定值的算术平均计算：

$$P_{db} = \frac{P_{d1} + P_{d2} + P_{d3} + \cdots + P_{dn}}{n} (\mathrm{Pa}) \qquad (34\text{-}13)$$

如果各测点相差较大时，其平均动压值应按均方根计算：

$$P' = \frac{\sqrt{P_{d1}} + \sqrt{P_{d2}} + \cdots + \sqrt{P_{dn}}}{n} (\mathrm{Pa}) \qquad (34\text{-}14)$$

式中的 P_{d1}、P_{d2}、$\cdots P_{d3}$、P_{dn} 指测定截面上各测点的动压值。

平均风速可按下式计算：

$$v = \sqrt{\frac{2P_{db}}{\rho}} (\mathrm{m/s}) \qquad (34\text{-}15)$$

式中　P_{db}——平均动压（Pa）；

ρ——空气密度

（2）风口法

在送（回、排）风口测定风量：使用热线风速仪、叶轮风速仪、卷尺等。

1）辅助风管法：当空气从带有格栅、网格、散流器、扩散孔板等形式的送风口送出，将出现网格的有效面积与外框面积相差很大或气流出现贴附等现象，很难测出准确的风量。对于要求较高的系统，为了测出风口的准确风速，可在风口的外框套上与风口截面相同的套管，使其风口出口风速均匀。辅助风管的长度等于 2 倍风口长边长的直管段。

2）静压法：在净化空调系统中，洁净室中的送风口一般均采用同类的扩散孔板，送风量可以根据各规格扩散板的风量阻力曲线（出厂风量阻力曲线或在工程现场实测的风量阻力曲线）和实测的各送风扩散阻力（孔板内静压与室内静压力之差），即可查出送风量。测定时采用微压计和较细的毕托管或用细橡胶管代替毕托管，但都必须使静压测孔平面与气流方向平行。

2. 风量调整方法

通风、空调系统风量的调整，也就是通常所说的风量平衡，是通风、空调和净化空调系统调试的重要环节。经过空调机组处理后的空气，在进行了系统风量调整后，才能够按照设计要求经过主干管、支干管及支管和送风口输送到各个空调房间，为通风、空调房间、洁净室建立起所要求的温、湿度及洁净度提供了最重要的保证。

系统风量的测定和调整的顺序为：

1) 对各送风系统进行编号，对各送风口进行编号；

2) 按设计要求调整送风和回风各干、支风管，各送（回）风口的风量；

3) 按设计要求调整空调机组的风量；

4) 在系统风量经调整达到平衡之后，进一步调整通风机的风量，使之满足空调系统的要求；

5) 经调整后在各部分、调节阀不变动的情况下，重新测定各处的风量作为最后的实测风量。

系统风量调整的方法，常用的有流量等比分配法和基准风口调整法。由于每种方法都有各自的适应性，在风量调整过程中可根据管网系统的具体情况，选用相应的方法。

(1) 流量等比分配法

流量等比分配法的特点，是在系统风量调整时，一般应从系统最远管段也就是从最不利的风口开始，逐步地调向总风管。

为了提高调整速度，使用两套仪器分别测量两支管的风量，用调节阀调节，使两支管的实测风量比值与设计流量比值近似相等，即：

$$\frac{L_{2c}}{L_{1c}} = \frac{L_{2s}}{L_{1s}} \qquad (34\text{-}16)$$

虽然两支风管的实测风量不一定能够马上调整到设计风量值，但只要需要调整到使两支管的实测风量比值与设计风量比值相等为止。

用同样的方法各支管、支干管的风量，即：$\frac{L_{4c}}{L_{3c}} = \frac{L_{4s}}{L_{3s}}$，$\frac{L_{7c}}{L_{6c}} = \frac{L_{7s}}{L_{6s}}$……然而实测风量不是设计风量。根据风量平衡原理，只要将风机出口总风量调整到设计风量，其他各支干管、支管的风量就会按各自的设计风量比值进行等比分配，也就会符合设计风量值。

(2) 基准风口调整法

调整前先用风速仪将全部送风口的送风初测一遍，并将计算出来的各个送风口的实测风量与设计风量的比值引入表中，从表中找出各支管最小比值的风口。然后选用各支管最小比值的风口为自的基准风口，以此来对各支管的风口进行调整，使各比值近似相等。各支管风量的调整，用调节支管调节阀使相邻支管的基准风口的实测风量与设计风量比值近似相等，只要相邻两支管的基准风口调整后达到平衡，则说明两支管也达到平衡。最后调整总风量达到设计值，再测量一遍风口风量，即为风口的实际风量。

在进行风量调整的过程中，对于个别送风口的实测风量与设计风量的比值较大时，应立即对该送风口情况进行详细检查分析及处理解决，以避免系统风量调试工作进入"死胡同"。一般出现这种情况的原因为：

① 风阀未全开启；

② 风阀调节失灵；

③ 送风口软接头安装质量差而阻力增大；

④ 送风口连接处漏风严重；

⑤ 送风口连接软管被损坏；

⑥ 设计的送风管径偏小。

有经验的调试技术人员进行在系统风量调整工作中，首先是对系统中的各个送风口、回风口及排风口情况进行详细检查。检查小组分别在房间用试风杆检查风口风量情况，在技术夹层中检查相应阀门等情况，在通风空调设备机房控制运行之间用对讲机进行联系工作，发现问题马上进行处理或与有关单位协商解决的办法。

34.11.3.4　防排烟系统的测定与调整

(1) 正压送风、排烟风机额定风量及全压值的测定。

(2) 正压送风系统各送风口风速、风量的测定调整。

(3) 排烟系统各排风口风速、风量的测定调整。

(4) 安全区正压的测定调整。

(5) 模拟状态下安全区烟雾扩散试验。

34.11.3.5　系统温湿度试验

通常根据空调房间室温允许波动范围的大小和设计的特殊要求，具体地确定需要测定的内容。对于一般舒适性空调系统，测定的内容可简化。下面是以恒温恒湿空调系统为例的测定内容。

(1) 为了考核空调设备的工作能力，并复核制冷系统和供热系

统在综合效果测定期间所能提供的最大制冷量和供热量，需要测量空气处理过程中各环节的状态参数，以便做出空调工况分析，特别是要分析各工况点参数的变化对室内温、湿度的影响。

综合效果的测定应在夏季工况或冬季工况进行，也就是尽可能选择在新风参数达到或接近于夏、冬季设计参数的条件下进行较好，但一般空调系统难以做到。

(2) 检验自动调节系统投入运行后，房间工作区域内温、湿的变化。

(3) 自动调节系统和自动控制设备和元件，除经长时间的考核能安全可靠运行外，应在综合效果测定期间继续检查各环节工况的调节精度能否达到设计要求。如达不到要求，仍需做适当的调整。

温、湿度的测定，一般应采用足够精度的玻璃水银温度计、热电偶及电子温、湿度测定器，测定间隔不大于 30min。其测点的布置：

1) 送、回风口处；

2) 恒温工作区具有代表点的部位（如沿着工艺设备周围或等距离布置）；

3) 恒温房间和洁净室中心；

4) 测点一般应布置在距外墙表面大于 0.5m，离地面 0.8～1.2m 的同一高度的工作区；也可以根据恒温区大小和工艺的特殊要求，分别布置在离地不同高度的几个平面上。测点数应符合表 34-137 的规定。

温、湿度测点数　　表 34-137

波动范围	室内面积≤50m²	每增加 20～50m²
±0.5～±2℃	5	增加 2～5
±5%～±10%RH		
Δt≤0.5℃	点距不大于 2m，点数不应少于 5 个	
ΔRH≤t±t×5%RH		

(4) 空调房间的温、湿度的测定。对于舒适性空调系统，其空调房间的温度应稳定在设计的舒适性范围内；对于恒温恒湿空调系统，其室温波动范围按各自测点的各次温度中偏差控制点温度的最大值，占测点总数的百分比整理成累积统计曲线。如 90% 以上测点偏差在室温波动范围内，为符合设计要求。反之，为不合格。

恒温恒湿空调房间的区域温差，以各测点中最低的一次测试温度为基准，各测点平均温度与超偏差值的点数，占测点总数的百分比整理成累积统计曲线，90% 以上测点所达到的偏差值为区域温差，应符合设计要求。

34.11.3.6　空气洁净度试验

空气洁净度等级的检测应在设计指定的占用状态（空态、静态、动态）下进行。一般情况下为空态或静态。洁净室含尘浓度测定应选用采样速率大于 1L/min 的光学粒子计数器（使用采样流量为 2.83L/min 的粒子计数器较多），应考虑粒径鉴别能力，粒子浓度适应范围。仪器应有有效的标定合格证书。

1. 采样点的规定

采样点应均匀分布于整个面积内，并位于工作区的高度（距地坪 0.8m 的平面）与设计或建设单位指定的位置。其最低限度的采样点数如表 34-138 所示。

最低限度的采样点数 N_L　　表 34-138

测点数 N_L	2	3	4	5	6	7	8	9	10
洁净区面积 A (m²)	2.1～6.0	6.1～12.0	12.1～20.0	20.1～30.0	30.1～42.0	42.1～56.0	56.1～72.0	72.1～90.0	90.1～110.0

注：1. 在水平单向流时，面积 A 为与空气方向呈垂直的流动空气截面的面积；

2. 最低限度的采样点数 N_L 按公式 $N_L = A^{0.5}$ 计算（四舍五入取整数）。

2. 采样量的确定

测定时的采样量决定于洁净度的级别及粒径的大小，其最小采样量如表 34-139 所列。每个测点的最少采样时间为 1min。

每次采样最少采样量 Vs（L）表　表 34-139

洁净度等级	粒径					
	0.1μm	0.2μm	0.3μm	0.5μm	1.0μm	5.0μm
1	2000	8400	—	—	—	—
2	200	840	1960	5680	—	—
3	200	84	196	568	2400	—
4 (10)	2	8	20	57	240	—
5 (100)	2	2	2	6	24	680
6 (1000)	2	2	2	2	2	68
7 (10000)				2	2	7
8				2	2	2
9				2	2	2

3. 空气含尘浓度的采样测定及相关要求

（1）对被测洁净室进行图纸编号，对已确定的采样点进行特定编号准备；

（2）采样时采样口处的气流速度，应尽可能接近室内的设计气流速度；

（3）对单向流洁净室的测定，采样口应朝向气流方向；对非单向流洁净室，采样口宜朝上；

（4）采样管必须干净，连接处无渗漏。采样管长度应符合仪器说明书的要求，如无规定时，不宜大于 1.5m；

（5）测定人员不能超过 3 名，而且必须穿洁净工作服，并应远离或位于采样点的下风侧静止不动或微动；

（6）室内洁净度等级必须符合设计规定的等级或在商定验收状态下的等级要求。在洁净度的测试中，必须计算每个测点的平均粒子浓度 C_i 值、全部采样的平均粒子浓度（N）及其标准差；

（7）洁净度高于或等于 5 级的单向流洁净室，要在门开启的状态下，在出入口的室内侧 0.6m 处不应测出超过室内洁净度等级上限的浓度数值；

（8）对各洁净室全部采样点位置，在图纸上进行特定编号标注及说明；

（9）标注测定日期与测定人员。

4. 测定数据的整理要求

在对空气洁净度的测试中，当全室（区）测点为 2～9 点时，必须计算每个采样点的平均粒子浓度值 C_i、全部采样点的平均粒子浓度值 N（算术平均值）及其标准误差，导出 95% 置信上限值；采样点超过 10 点时，可采用算术平均值 N 作为置信上限值。

（1）每个测点的平均粒子浓度 C_i 应小于或等于表 34-140 的洁净度等级规定的限值。

洁净度等级及悬浮粒子浓度限值　表 34-140

洁净度等级	大于或等于表中粒径（D）的最大浓度 C_n（PC/m³）					
	0.1μm	0.2μm	0.3μm	0.5μm	1.0μm	5.0μm
1	10	2				
2	100	24	10	4		
3	1000	237	102	35	8	
4	10000	2370	1020	352	83	—
5	100000	23700	10200	3520	832	29
6	1000000	237000	102000	35200	8320	293
7				352000	83200	2930
8				3520000	832000	29300
9				352000000	8320000	293000

对于非整数洁净度等级，其对应于粒子粒径 D（μm）的最大浓度限值（C_n），应按下列公式求取：

$$C_n = 10^N \times \left(\frac{0.1}{D}\right)^{2.08} \tag{34-17}$$

洁净度等级定级粒径范围为 0.1～5.0μm，用于定级的粒径数

不应大于 3 个，且其粒径的顺序差不应小于 1.5 倍。

（2）全部采样点的平均粒子浓度 N 的 95% 置信上限值，应小于或等于洁净度等级规定的限值。即：

$$N + t \times S/\sqrt{n} \leqslant \text{级别规定的限值} \tag{34-18}$$

式中　N——室内各测点平均含尘浓度，$N = \Sigma C_i / n$；

n——测点数；

S——室内各测点平均含尘浓度 N 的标准差；$S = $

$$\sqrt{\frac{(C_i - N^2)}{n-1}} \tag{34-19}$$

t——置信度上限为 95% 时，单侧分布的系数，如表 34-141 所列。

t 系 数　表 34-141

点数	2	3	4	5	6	7～9
t	6.3	2.9	2.4	2.1	2.0	1.9

（3）对异常测试值进行说明及数据处理。

34.11.3.7　系统噪声试验

空调系统的噪声测定仪器，应采用带倍频程分析的声级计。一般仅测定 A 声级的噪声数值。必要时倍频程声压级。

测量的对象是通风空调系统中的设备、空调房间及洁净室等。

1. 测点的选择

对通风空调设备噪声测量，测点位置应选择在距离设备 1m、高 1.5m 处；测定消声器性能要将测头插入其前后的风管内进行；测定空调房间、洁净室的噪声测点布置应按照面积均分，每 50m² 设置一点，测点位于其中心。房间面积在 15m² 以下时，可在室中心位置测量。测点高度距地面 1.1m。

2. 声级计的读数方法

在被测噪声很稳定时，声级计的测量指示值变化较小，可使用"快挡"功能。而当被测噪声不稳定时，声级计的测量指示值变化较大，这时应使用"慢挡"功能。

3. 测量注意事项

（1）测量记录要标明测点位置及被测设备的工作状态。

（2）要测量本底噪声（即环境噪声）。根据具体情况对被测噪声进行修正。如声源噪声与本底噪声相差不到 10dB，则应扣除因本底噪声干扰的修正量。其扣除量为：当设置二者相差 6～9dB 时，从测量值中减去 1dB；当二者相差 4～5dB 时，从测量值中减去 2dB；当二者相差 3dB 时，从测量值中减去 3dB。

34.11.4　净化空调系统调试

首先进行系统风量（及单向流洁净室平均速度）调试；再进行洁净室压力调试；然后进行洁净度、噪声、温湿度等参数的测定调整。

34.11.4.1　自动调节系统的试验调整

自动调节系统的试验调整工作有以下内容

1. 安装后的接线或接管检查

（1）核对传感器、调节器、检测仪表（二次仪表）、调节执行机构的型号规格，以及安装的部位是否与设计图纸上的要求相符；

（2）根据接线图对控制盘下端子的接线进行校对；

（3）根据控制原理图和盘内接线图，对控制盘内端子以上盘内接线进行校对。

2. 自动调节装置的性能检验

（1）传感器的性能试验；

（2）调节器和检测仪表的刻度校及动作试验与调整；

（3）调节阀和其他执行机构的调节性能、全行程距离、全行程时间的试验与调整。

3. 系统联动试验

在对系统安装后的接线检查和自动调节装置性能检验之后，在自动调节系统未投入联动之前，应先进行模拟实验，以校验系统的动作是否达到设计要求。如无误时，才可进行自动调节系统联动，并检查合格后投入系统工作。

4. 调节系统性能试验与调整

空调自动调节系统投入运行后，应查明影响系统调节品质的因素，进行系统正常运行效果的分析，并判断能否达到预期的效果。

34.11.4.2 洁净室内高效过滤器的泄漏检测

高效过滤器的泄漏，是由于过滤器本身或过滤器与框架、框架与围护结构之间的泄漏。因此，过滤器安装在5级或高于5级的洁净室都必须检测。洁净室效果测定，其泄漏检测是基础。在被测对象确认无泄漏，其测定结果才有意义。

对于安装在送、排风末端的高效过滤器，应用扫描法对过滤器边框和全断面进行检测。扫描法包括检漏仪法（浊度计）和采样量大于1L/min的粒子计数器法两种。对于超级高效过滤器，扫描法有凝结核计数器法和激光计数器法两种。

(1) 被检测过滤器已测定过风量，在设计风量的80%～120%之间。

(2) 采用粒子计数器检测时，其上风侧应引入均匀浓度的大气尘或其他气溶胶空气。对大于等于0.5μm尘粒，浓度大于或等于3.5×10⁵PC/m³或大于0.1μm尘粒，浓度应大于或等于3.5×10⁷PC/m³；如检测超级高效过滤器，对大于0.1μm粒，浓度应大于或等于3.5×10⁹PC/m³。

(3) 检测时将计数器的等动力采样头放在过滤器的下风侧，距离过滤器被检部位表面20～30mm，以5～20mm/s的速度移动，沿其表面、边框和封头处扫描。在移动扫描中，应对计数突然递增的部位，应进行定点检测。

(4) 将受检高效过滤器下风侧测得的泄漏浓度换算成透过率，高效过滤器不能大于出厂合格透过率的2倍，超级高效过滤器不能大于出厂合格透过率的3倍。

(5) 在施工现场如发现有泄漏部位，可用KS系列密封胶、硅胶堵漏密封。

34.11.4.3 室内气流组织的测定

洁净室内气流组织测定是在空调系统风量调整后以及空调机组正常运转情况下进行的。

1. 测点布置

垂直单向流（层流）洁净室选择纵、横剖面各一个，以及距地面高度0.8m、1.5m的水平面各一个；水平单向流（层流）洁净室选择纵横剖面和工作区高度水平面各一个，以及距送、回风墙面0.5m和房间中心处等3个横剖面，所有面上的测点间距均为0.2m～1m。

乱流洁净室选择通过代表性送风口中心的纵、横剖面和工作区高度的水平面各一个，剖面上测点间距为0.2～0.5m，水平面上测点间距为0.5～1m。两个风口之间的中线上应有测点。

2. 测定方法

用发烟器或悬挂单线丝线的方法逐点观察和记录气流流向，并在有测点布置的剖面图上标出流向。

(1) 烟雾法

将蘸上发烟剂（如四氯化钛、四氯化锡）的棉球绑在测杆上，放在需要测定的位置上，观察气流流型。此方法经常在空态状态下作为粗测使用。

(2) 逐点描绘法

将较细的纤维丝束或点燃的香卷在测杆上，放在需要测定的位置上，观察丝线或烟的流动方向，在记录图上逐点描绘出气流流型。此方法在现场测试中广为采用。

34.11.5 通风、空调系统试验调整后的技术评价与分析总结

通风空调系统调试测定工作结束后，施工单位要提出较为完整的调试资料和调试报告。同时也对所调试测定的通风空调系统综合情况进行掌握。通过对调试测定后的通风空调系统的综合效果与设计要求相比较，与国家有关设计标准、施工要求相比较，可以对通风空调系统在设计方面、设备材料选用方面、施工安装方面以及可采取的节能措施等方面进行基本的技术评价与分析总结。

34.11.5.1 节能性能分析

(1) 要对通风空调系统调试中所进行的风阀、水阀的开度指示标记重视，并加以保护。以保证系统的风量、水量不发生失调情况。

(2) 在对系统进行预热或预冷时，宜关闭新风阀门；当采用室外空气进行预冷时，充分利用新风系统。

(3) 对有必要增设热回收装置的通风空调系统，提出相应的解决方案。

(4) 空气过滤器的前后压差应定期检查记录。

(5) 对配备有变频器的风机、空调机组，说明系统调试最后的变频器工作频率数值。如，净化空调系统的空调机组变频器。

34.11.5.2 舒适度性能分析

(1) 经过调试测定后，通风空调系统中各项技术参数是否达到了设计要求，是否达到国家有关验收标准与规定要求。

(2) 指出工程设计当中所存在的技术问题，以及所采取的相应解决办法。

(3) 对所选用的通风、空调设备工作性能进行评价，是否达到设计所要求的参数，能否满足工艺的要求。

(4) 指出施工安装工作中所存在的问题，以及所采取的相应解决办法。

(5) 对通风空调系统中应配备的温度、相对湿度、压力、流量、耗电量等计量监测仪表情况做一介绍。对系统出现了配备监测仪表不全或不合适等问题时，应提出相应合理的建议及解决办法。

(6) 通风空调系统自动控制设备及自动控制系统情况。

参 考 文 献

1. 建筑施工手册（第四版）编写组. 建筑施工手册（第四版）. 北京：中国建筑工业出版社，2003.
2. 徐荣晋. 暖通空调设备工程师实务手册[M]. 北京：机械工业出版社，2006.
3. 翟义勇. 实用通风空调工程安装技术手册[M]. 北京：中国电力出版社，2006.
4. 张学助. 通风空调工长手册[M]. 北京：中国建筑工业出版社，1998.
5. 中华人民共和国国家标准. 采暖通风与空气调节设计规范（GB 50019—2003）[S]. 北京：中国计划出版社，2004.
6. 中华人民共和国国家标准. 高层民用建筑防火设计规范（GB 50045—95）（2005版）[S]. 北京：中国计划出版社，1995.
7. 中华人民共和国国家标准. 建筑设计防火规范（GB 50016—2006）[S]. 北京：中国标准出版社，2006.
8. 中华人民共和国国家标准. 洁净厂房设计规范（GB 50073—2001）[S]. 北京：中国计划出版社，2004.
9. 中华人民共和国国家标准. 住宅设计规范（GB 50096—1999）[S]. 北京：中国建筑工业出版社，1999.

35 建筑电气安装工程

35.1 架空配电线路敷设

架空配电线路是电力工程的重要组成部分。架空配电线路由基础、电杆、导线、金具、绝缘子和拉线等组成。架空线路易于施工操作，维护检修方便，因此在电力电网及临时用电中广泛采用。

架空配电线路施工主要包括：线路测量定位、基坑施工、杆顶组装、电杆组立、拉线制作安装、导线架设、导线连接、杆上设备安装、接户线安装、架空线路调试等。

35.1.1 一般规定

(1) 本节适用于 10kV 及以下架空线路及杆上电气设备安装工程的施工和调试运行及质量检验，按照电压等级分，1kV 及以下称为低压架空配电线路，1kV 以上称为高压架空配电线路。

(2) 架空配电线路的使用条件：配电线路的路径有足够的宽度，周围环境无严重和强腐蚀性气体；电气设备对防雷无特殊要求；地下管网不复杂，不影响电杆埋设。

(3) 架空配电线路在越过道路、树木、河流、田野、建筑物时必须保持一定的距离，架空配电线路对跨越物的最小距离见表35-1。

架空配电线路对跨越物的最小距离   表35-1

跨越物名称	导线弧垂最低点至下列各处	最小距离(m)	
		1kV以下	1~10kV
市区、厂区或乡镇	地 面	6.0	6.5
乡镇、村庄		5.0	5.5
居民密度小，田野和交通不便区域		4.0	4.5
铁路	轨道顶	6.0	7.0
公路	路面	7.5	7.5
建筑物	建筑物顶	2.5	3.0
架空管道	位于管道之上	1.5	不允许
	位于管道之下	3.0	3.0
能通航和浮运的河、湖	冬季至水面	5.0	5.0
不能通航和浮运的河、湖	至最高水位	1.0	3.0

(4) 架空线路尽量使线路路径最短、转角最少；线路尽量与道路并行敷设，以使运输、施工、运行、维护方便，尽量避免通过各种起重机械频繁活动的地方，并减少同其他设施的交叉和跨越建筑物；尽量避免通过各种露天堆放场放，严禁从易燃、易爆、危险品堆放的场地通过。

(5) 架空线路路径的选择要点：

1) 架空线路的起点和终点之间的距离尽量短，转角要少且角度要小；

2) 尽量避免在交通困难的山区和沼泽、池塘、沙丘地段安装，在能满足与通信线路交叉或平行的条件下，最好靠近公路或其他能行车的道路；

3) 尽量避开居民区（低压配电线路除外）；

4) 尽量避开果园、森林等经济作物区；

5) 尽量避免与其他设施交叉，如必须交叉时应垂直交叉；

6) 避免与道路、河流多次交叉，河道应选在最狭窄处交叉跨越，道路应选在不繁华地段交叉跨越；

7) 电杆定位要避免选在河道边、公路边或土墩上，要了解当地的规划和治理情况；

8) 不允许线路通过易燃、易爆或危险品堆放区，应避开军事要塞、通信广播中心天线的区域。

(6) 架空线路可在同一根电杆上架设高压、低压、广播线、电话线路等多种线路，这些线路的排列和距离要符合要求。高低压同杆架设时，高压线在上，低压线在下；架设同一电压等级的不同回路导线时，应把弧垂较大的导线放置在下层。路灯照明回路应架设在最下层。高压线路的导线应采用三角排列或水平排列；双回路线路同杆架设时宜采用三角排列或垂直三角排列。低压线路的导线应水平排列。

(7) 架空配电线路排列相序，应符合表35-2的规定。

架空配电线路排列相序   表35-2

配电线路种类	线路排列相序	配电线路种类	线路排列相序
高压线路	面向负荷从左至右导线排列相序为：L1、L2、L3	低压线路	面向负荷从左至右导线排列相序为：TT系统 L1、L2、L3 TT系统 L1、N、L2、L3 TN-S或TN-C-S系统 L1、N、L2、L3、PE

(8) 架空线路采用的设备、器材及材料应符合国家现行技术标准的规定，并应有合格证，生产商应有生产制造许可证，进入现场应进行验收。

架空导线的有关数据如表35-3所示。

架空导线允许载流量表   表35-3

导线截面(mm²)	铝绞线(A)	钢芯铝线(A)
16	105	
25	135	
35	170	170
50	215	220
70	265	275
95	325	335
120	375	380
150	440	445
185	500	515

注：1. 导线允许载流量是按环境温度+25℃时考虑的，否则应乘以表35-4中的"温度校正系数"。

2. 导线最高发热温度限值为70℃时考虑的。

温度校正系数   表35-4

温度(℃)	+15	+20	+25	+30	+35	+40
系数	1.11	1.05	1.00	0.94	0.88	0.81

(9) 架空配电线路导线截面控制见表35-5。

架空配电线路导线截面控制   表35-5

导线种类	导线截面(mm²)
低压架空线路：铝线、钢芯铝线	不得小于16
高压架空线路：铝线	不得小于35
高压架空线路：钢芯铝线	不得小于25

(10) 架空配电线路的导线截面选择，应考虑线路末端电压降不得超过表35-6的规定。

配电线路末端电压降   表35-6

线路种类	架空配电线路末端电压降最大损失限值
低压线路	自变压器二次侧出口至低压进户线间的最大电压损失不得超过3.5%
高压线路	自变电所二次侧出口至线路末端的杆上变压器一次侧或至用户变电所一次侧入口间的最大电压损失不得超过供电变电所二次侧出口标准电压(6kV、10kV)的5%~8%

（11）架空配电线路与电力配电线路交叉接近时的最小允许间距符合表 35-7 的规定。

架空配电线路与电力配电线路交叉接近距离（m）

表 35-7

线路电压（kV）	最小垂直距离	最小水平距离
1 以下	2	
1～10	2.5	2.5
35～100	3	5
145	4	6
220	4	7

（12）高、低压配电线路的档距，可参照表 35-8 的数据。耐张段的长度不宜大于 2km。

架空配电线路档距（m）

表 35-8

地区 ＼ 电压	低压	高压
城区	30～45	40～50
居民区	30～40	35～50
郊区	40～60	50～100

35.1.2 基 坑

35.1.2.1 基坑施工工艺流程

基坑施工工艺流程：路径测量（复测）、分坑放样、挖坑、基础安装及浇筑。

35.1.2.2 路径测量

1. 直线的测量及定线

通常采用经纬仪进行直线的测量及定线。

2. 方位及水平角的测量

方位的测量应用带有罗盘的经纬仪。目镜、物镜所成直线即为线路的直线，其与南北连线的夹角即为线路的方位。

水平角的测量通过水平度盘和游标盘上的刻度来测量。为保证测量的准确性，一般采用复测法。重复测量三次，取三次的平均值即为所测水平角的角度。

3. 距离的测量

距离一般用经纬仪进行测量，如被测间有障碍物时，可用仪器测量而计算出。

35.1.2.3 分坑放样

划线，也叫分坑：根据定位的中心桩位和规定的挖坑尺寸，用白灰在地面上标出挖坑的范围。

1. 单杆直线坑分坑

（1）检查杆位标桩。在被检查的标桩中心上各立一根测杆，从一侧看过去，若 3 根测杆都在线路中心线上，示为被检查标桩位置准确，则在标桩前后沿线路中心线各钉立一辅助桩。

（2）用直角尺找出线路中心线的垂直线，将直角尺放在标桩上，使直角尺中心 A 与标桩中心点重合，并使其垂边中心线 AB 与线路中心线重合，直角尺底边 CD 即为线路中心垂直线，在此垂直线上于标桩的左右侧各钉一辅助桩。

（3）坑口划线。根据表 35-9 中公式计算坑口宽度及周长，用钢卷尺在标桩的左右侧沿线路中心线的垂直线各量出坑口宽度的一半，钉上木桩，再量取坑口周长的一半，折成半个坑口形状，将皮尺的两个端头放到坑宽的木桩上，拉紧两个折点，使两折点与木桩的连线平行于线路中心线，两折点与木桩和两折点间的连线即为半个坑口尺寸，依次划线，划出另半个坑口尺寸，即完成坑口划线。如图 35-1 所示。

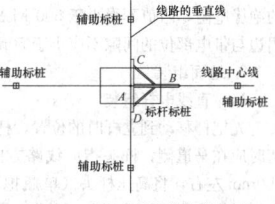

图 35-1 单杆直线坑分坑示意图

坑口尺寸计算公式表

表 35-9

土质情况	坑壁坡度	坑口尺寸(m)	图 示
一般黏土、砂质黏土	10%	$B=b+0.4+0.1h×2$	
沙砾、松土	30%	$B=b+0.4+0.3h×2$	
需用挡土板的松土	—	$B=b+0.4+0.6$	
松石	15%	$B=b+0.4+0.15h×2$	
坚石	—	$B=b+0.4$	

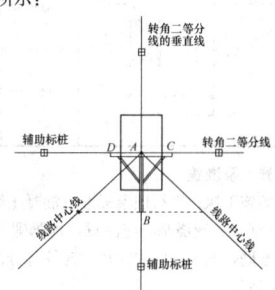

2. 单杆转角坑分坑

（1）检查转角杆的标桩，在被检查的标桩前、后临近的四个标桩中心点上各立一根测杆，从两侧各看三根测杆，若转角杆标桩上的测杆正好位于所看二直线的交叉点上，意为该标桩位置准确，沿所看二直线上的标桩前后侧的相等距离处各钉立一辅助桩。

（2）将直角尺底边中心点 A 与标桩中心点重合，并使直角尺底边与二辅助标桩连线平行，划出转角二等分线 CD 和转角二等分线的垂直线，在标桩的前后左右于转角等分线的垂直线和转角等分角线各钉一辅助桩。

（3）坑口划线。根据表 35-3 中公式计算坑口宽度及周长，用皮尺在转角等分线的垂直线上量取坑宽并划出一坑口尺寸。

（4）若为接腿杆时，则将杆坑中心线向转角内侧移出主杆与腿杆中心间的距离。

如图 35-2 所示：

图 35-2 单杆转角坑分坑示意图

35.1.2.4 挖坑

（1）挖坑应在分坑后立即进行。

（2）挖坑应按要求（包括深度、宽度、长度、马道位置及尺寸、拉线低把位置、堆土位置及技术要求等）开挖，不得随意更改尺寸和位置，不得挪动木桩。

（3）直线杆坑顺线路方向的位移 10kV 及以下线路不超过设计档距的 3%，垂直线路方向不得超过 50mm，转角杆坑的位移不得超过 50mm。

（4）基坑开挖深度应符合设计规定，若设计无要求时，可按表 35-10 确定。基坑深度允许偏差为 +100mm，−50mm。

电杆埋设深度

表 35-10

电杆高度(m)	8.0	9.0	10.0	11.0	12.0	13.0	15.0	18.0
电杆埋设深度(m)	1.50	1.60	1.70	1.80	1.90	2.00	2.30	2.7

（5）拉线坑深度允许误差为 −50mm，正差不控制，如挖深后对拉线盘的安装位置与方向有影响时，其超深部应填土夯实处理。

（6）基坑超深应填土夯实处理，应用相同的土回填，10kV 及以下线路每层填土 500mm 并夯至原土密度，否则应铲去回填土，用铺石灌浆处理。回填土应在杆根培土，高度应高于地面 300mm，且大于坑口面积；对土质不好且难以支固杆体的沙丘泥塘中的基坑，用石料、水泥砂子加固处理。

（7）电杆坑形及几何尺寸。基坑的形式和尺寸见表35-11。

基坑的形式和尺寸见图 表35-11

基坑名称	基坑截面图	几何尺寸
机械立杆坑型		a——坑口宽度≥卡盘长度+200mm b——坑底边长=底盘边长+200mm c——坑口长度≥2卡盘宽度+200mm H——坑深（根据设计）
人工或半机械立杆坑型		a——坑口宽度≥卡盘长度+200mm b——坑底边长=底盘边长+200mm c——坑口长度≥2卡盘宽度+200mm H——坑深（根据设计） d——马道深度，一般为2/3H e——马道长度，一般为1.0～1.5m f——马道宽度，一般稍大于杆根对准木桩
拉线坑坑型		a——坑口宽度≥卡盘长度+100mm b——坑口长度=拉线盘长度+100mm c——底把沟长，一般为1.0～1.5m d——底把沟宽，≤150mm 底把沟深，应≥4/5H H——坑深≥2.0～2.5m，由根长面定

35.1.2.5　基础施工及浇筑

混凝土基础的施工执行现行国家标准《混凝土结构工程施工质量验收规范》GB 50204。现浇基础应注意：地脚螺栓及预埋件的安装应牢固、位置准确，安装前除去浮锈、螺纹部分涂裹黄油，并有防止碰撞螺纹的措施。

35.1.3　电杆组立

35.1.3.1　电杆的组装

1. 技术要求

（1）电杆

10kV及以下架空线路电杆以钢筋混凝土为主。电杆运输前进行质量检查，外观及尺寸应符合以下要求：外表应光洁平直，内外表面不得露筋，无纵向、横向裂纹，弯曲不大于杆长的1/1000。

10kV及以下架空配电线路杆型包括直线杆、耐张杆、转角杆、分支杆、终端杆。

混凝土电杆运输时采用普通载重汽车或平板车运输。电杆离基坑距离近时，可人工抬运。

（2）横担

横担截面应符合表35-12的规定，其长度应符合表35-13的规定。

横担截面选择表（单位：mm）　　表35-12

导线截面（mm²）	低压直线杆	低压承力杆 二线	低压承力杆 四线及以上	高压直线杆	高压承力杆
16 25 35 50	L50×5	2×L50×5	2×L63×5	L63×6	2×L63×6
70 95 120	L63×5	2×L63×5	2×L70×5	L70×6	2×L75×6

横担长度选择表（单位：mm）　　表35-13

线路材料	低压线路 二线	低压线路 四线	低压线路 六线	高压线路 二线	高压线路 水平排列四线	高压线路 陶瓷横担头部
铁横担	700	1500	2300	1500	2240 (2400)	800

注：（2400）横担仅适用于大城市及沿海地区。

1）同杆架设的不同电压等级或相同电压等级双回路的线路时，横担间的垂直距离不应小于表35-14中数值。

同杆架设线路横担间的最小垂直距离（单位：mm）
表35-14

架设方式	直线杆	分支或转角杆
1～10kV与1～10kV	800	500
1～10kV与1kV以下	1200	1000
1kV以下	600	300
220/400V与通信广播线路	1000	1000

2）同杆多层用途不同的横担排列时，自上而下的顺序是高压、低压动力、照明路灯、通信广播。

3）横担安装及允许偏差：直线单横担应安装于受电侧，90°转角杆或终端杆当采用单横担时，应安装于拉线侧，多层横担同上；双横担必须有拉板或穿钉连接，连接处个数应与导线根数相对应。

横担安装必须平正，从线路方向观察其端部上下歪斜不超过20mm；从线路方向的两侧观察，横担端部左右歪斜不超过20mm，双杆横杆与主电杆接触处的高差不应大于两杆距的5‰，左右扭斜不大于横担总长的5‰。

4）陶瓷横担安装时应在固定处垫橡胶垫，垂直安装时顶端顺线路歪斜不应大于10mm；水平安装时，顶端应向上翘起5°～15°，水平对称安装时，两端应一致，且上下歪斜或左右歪斜不大于20mm。

（3）紧固件

1）螺杆应与杆件面垂直，螺头平面与构件不应有间隙；

2）螺栓紧好后，螺杆丝扣单母时露出不应少于2扣，双母时可平扣；螺头侧应加镀锌平光垫，不得超过2个，螺母侧应加镀锌平光垫和镀锌弹簧垫各1个；

3）在立体结构中螺栓穿入的方向：水平穿入应由内向外，垂直穿入应由下向上；

4）在平面结构中螺栓穿入的方向：螺栓顺线路时，双面结构件由内向外，单面结构件在送受电侧均可，但必须统一；横线路方向（水平方向垂直线路）时，两侧由内向外，中间由左向右或方向统一；上下垂直线路时，由下向上；

5）组装时不要将紧固横担的螺栓拧得太紧，应留有调节的余量，待全部装好后，经调平找正后再全部拧紧。

（4）绝缘子

1）绝缘子表面应清洁无污，针式绝缘子由垂直横担，顶部的导线槽应顺线路方向，紧固应加镀锌的平垫弹垫；针式绝缘子不得平装或倒装；

2）悬式绝缘子使用的平行挂板、曲形拉板、直角挂环、单联碗头、球头挂环、二联板等连接金具必须外观无损、无伤、镀锌良好，机械强度符合设计要求，开口销子齐全；绝缘子与绝缘子连接成的绝缘子串应能活动，必要时做拉伸实验；所有螺栓均由下向上穿入。

3）外观检查合格后，应用5000V绝缘电阻表摇测每个绝缘子的绝缘电阻，阻值不得小于500 MΩ，将绝缘子擦拭干净；绝缘子裙边与带电部位的间隙不应大于50mm。

2. 地面组装

（1）直线电杆组装

先把杆移动到立杆时的位置，杆尾指向并移到基坑位置，有马道时应在马道侧，杆头指向线路方向，并将杆头部位用枕木支起200mm左右，将高压杆头（单瓶抱箍或双瓶抱箍）装在杆顶上，角钢立铁应位于杆的侧面（单瓶）或位于杆的左右侧面（双瓶，

角钢立铁的中线应和杆的中心面重合；用钢卷尺量出横担的位置，把 U 形抱箍套入，将横担从杆的上面用 U 形抱箍穿入螺孔，双横担穿孔紧固，横担上下各一根，将螺母加垫拧好，横担应和杆的中心线垂直，最后把螺母紧死，最后直瓶或悬垂线上，悬垂的连接必须用连接金具，组装后立杆应与悬垂绑扎。

多层横担应平行组装；轻承力杆、30°以下的转角杆、直角耐张杆、低压单杆或平行多层杆及非垂直交叉横担杆等安装方法同上。

（2）单杆转角或分支杆组装

先把杆移到立杆的位置，转角杆宜沿线路转角平分线方向排杆。把杆头抬起约 1.5m 的高度（大于横担长度的一半即可），并用木支架将其支好，支点不少于 2 处，将横担装好，上下横担交叉的角度必须与线路转角的角度相同。

3. 杆上组装

组装要求同上，要求登杆者注意安全。

4. 电杆焊接

（1）电杆焊接前钢圈焊口上的油脂、铁锈、泥垢等杂物清理干净；对坡口清理除锈，打磨出金属光泽。焊间隙为 2～3mm；

（2）焊接应由经过焊接专业培训并经考试合格的焊工操作，每个焊口宜对称按照先点上下两点，后点左右两点的顺序均匀点焊 4 点。多层焊缝的接头应错开，收口时应将熔池填满。

（3）焊接中严禁填塞焊条或其他金属；焊缝表面应呈平滑的细鳞形与基本金属平缓连接，无折皱、间断、漏焊及未焊满的陷槽，并不应有裂缝，基本金属咬边深度不应大于 0.5 mm，且不应超过圆周长的 10%；焊完的电杆其分段或整根弯曲度不应超过对应长度的 2‰；

（4）焊完后的电杆经自检合格后，在上部钢圈处打上焊工的代号钢印。

（5）电杆焊接后，应将表面铁锈和焊缝的焊渣及氧化层除净，并对钢圈进行刷油漆防腐处理。

35.1.3.2 立杆

立杆有多种方式。包括三脚架立杆法、架腿立杆法、人字拔杆立杆法、固定人字抱杆立杆法、起重机械立杆法等。

1. 立杆的技术要求

（1）直线杆的横向位移不应大于 50mm，垂直度控制在 1/1000；

（2）转角杆应向外角稍偏，紧线后不应向内角斜倾，向外角的倾斜不应使杆梢位移大于一个杆梢；转角杆的横向位移不应大于 50mm；

（3）终端杆应向拉线侧稍偏，紧线后不应向拉线反方向倾斜，向拉线侧倾斜不应使杆梢位移大于一个杆梢；

（4）钢管杆必须用双螺母与基础螺栓紧固，紧固时应在螺纹上涂抹黄油防锈、防腐。

立杆施工工艺：清理杆坑、立杆、找正、回填土夯实、整杆及清理现场等。

2. 三脚架立杆法

三脚架立杆是一种较简易的立杆方法，它主要依靠装在三脚架上的小型卷扬机、上下两只滑轮和牵引钢丝绳来立电杆。立杆时，将电杆移至坑边，立好三脚架，在电杆梢系 3 根绳，在电杆身 1/2 处系吊钢丝绳，挂在滑轮吊钩上，用卷扬机起吊，起吊过程中当杆梢离地 500mm 时对绳扣做安全检查，电杆竖起落于杆坑中调整杆身，填土夯实。

3. 架腿立杆法

也叫撑式立杆，是利用撑杆来竖立电杆。此方法比较简单，劳动强度大。只适用于竖立木杆或 9m 以下混凝土电杆。

架腿立杆法：将杆移至坑边，对正马道，坑壁边竖一块木滑板，电杆梢部系 3 根拉绳控制杆身，将电杆抬起，到适当高度时用撑杆交替进行，向坑心移动，电杆即逐渐竖起。

4. 人字拔杆立杆法

这也是一种简易立杆方法，它主要依靠装在人字拔杆顶部的滑轮组，通过钢丝绳穿绕拔杆底部的转向滑轮，引向绞磨或卷扬机来吊立电杆。

5. 起重机械立杆法

机械立杆一般用汽车吊。立杆的顺序通常从始端或终端开始，也可以某一耐张杆或转角杆开始。

（1）清理杆坑内的杂物，测量坑深，不符合要求的基坑进行修整，双杆的坑深要一致，找出基坑边的主桩和副桩，将坑底夯实夯平；

（2）将底盘放于坑底，底盘放入后应平整而不悬空，其中心应与木桩及线路方向对正，找正后将其四周用土填实；重量较小的底盘可四人用绳子送至坑下，也可在坑内斜放一滑板，用绳子拉住下滑；较重的用吊车吊至坑下；

（3）将杆顺线路方向摆好，使根部置于坑边，吊车停至坑口线路方向两侧的 5m 以外，将其支撑支稳；

（4）将钢丝绳系在杆高 3/5 处，并用吊钩吊好，使其撑紧，检查无误后起吊，当杆头升至 1m 高时，停吊检查，并在杆头系上四根大绳，每 90°一根，按四个方向固定绑牢；

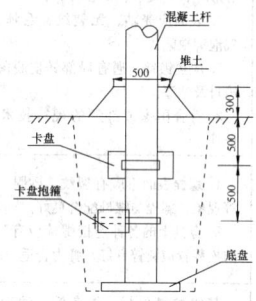

图 35-3　杆立后基础示意图（单位：mm）

（5）慢速起吊，使杆的根部离开地面 300mm，拉绳者使绳子放松，缓缓移动吊臂使杆根部对准基坑，将杆落到底盘的中心；

（6）用大绳调节电杆使杆身垂直；

（7）用经纬仪或肉眼观测，要求杆身与标杆重合，且与观测点为一条直线，再到杆的两侧观测杆身垂直度，用顺线路方向的大绳完全找正后即可填土；

（8）回填土应边填边夯实，一般每 500mm 夯实一次，并随时注意杆的倾斜；填至距地面 650～700mm 时装设卡盘，装卡盘前应测量杆的垂直度并调整好；卡盘用 U 形抱箍与杆身紧固好螺母，转角杆、分支杆、及有特殊要求的终端杆、跨越杆及耐张杆均有 2 块卡盘；填土最后应在杆根处堆起高 300mm 的土堆并夯实。如图 35-3 所示。

35.1.4 拉 线 安 装

35.1.4.1 拉线安装材料要求

架空线路拉线安装所需材料，应符合表 35-15 的规定。

拉线安装材料要求　　　　　表 35-15

序号	材料名称	质 量 要 求
1	钢绞线	1. 不得有松股、缺股、断股、交叉、折叠、硬弯及锈蚀等缺陷。 2. 最小截面不应小于 25mm²。 3. 符合国家或部颁的现行技术标准，并有合格证件
2	镀锌钢线	1. 不应有死弯、断裂及破损等缺陷。 2. 镀锌良好，不应锈蚀。 3. 拉线主用的镀锌铁线，直径不应小于 4.0mm，缠绕用的镀锌铁线，直径不应小于 3.2mm。 4. 符合国家或部颁的现行技术标准，并有合格证件
3	拉线棒	1. 不应有死弯、断裂、砂眼、气泡等缺陷。 2. 镀锌良好，不应锈蚀。 3. 最小直径不应小于 16mm。 4. 符合国家或部颁的现行技术标准，并有合格证件

续表

序号	材料名称	质量要求
4	混凝土拉线盘	1. 预制混凝土拉线盘表面不应有蜂窝、漏筋、裂缝等缺陷，强度应满足设计要求。 2. 符合国家或部颁的现行技术标准，并有合格证件。
5	拉线绝缘子	1. 瓷釉光滑，无裂纹、缺釉、斑点、烧痕、气泡或瓷釉烧坏等缺陷。 2. 高压绝缘子的交流耐压试验结果必须符合施工规范规定。 3. 符合国家或部颁的现行技术标准，并有合格证件。
6	拉线金具	拉线金具包括：拉线抱箍、UT形线夹、楔形线夹、花篮螺栓、双拉线联板、平行挂板、U形挂板、心形环、钢线卡、钢套管等。 1. 表面应光洁、无裂纹、毛刺、飞边、砂浆眼、气泡等缺陷。 2. 应热镀锌，遇有局部锌皮脱落，除锈后涂刷红樟丹及油漆。 3. 符合国家或部颁的现行技术标准，并有合格证件。
7	螺栓	1. 螺栓表面不应有裂纹、砂眼、锌皮脱落及锈蚀等现象，螺栓与螺母配合良好。 2. 金具上的各种连接螺栓应有防松装置，采用的防松装置应镀锌良好，弹力合适，厚度符合规定
8	其他材料	其他材料包括：竹套管、油漆、沥青、玻璃丝布等

35.1.4.2　施工机具

液压机、压模、液压断线钳、活动扳手、大剪刀、大锤、游标卡尺、钢卷尺、锉刀、钢丝刷、老虎钳等。

35.1.4.3　作业条件

电杆组立完毕，经验收应符合设计要求和验收规范有关条文的规定。

按已审批的施工组织设计，施工技术措施，已做好技术交底（工艺标准、操作方法、质量要求和安全措施等）。

拉线安装各种材料备齐，经验收符合设计要求。机具备齐。

35.1.4.4　工艺流程

安装顺序：抱箍、上把拉线、下把拉线、拉线盘、连接金具及绝缘子（设计需要时）、收紧拉线。

拉线的安装形式有普通拉线、V形拉线、过道拉线、共用拉线、弓形拉线及撑顶杆。

35.1.4.5　拉线长度计算

拉线结构如图 35-4 所示。

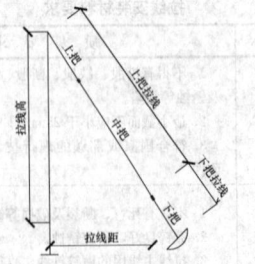

图 35-4　拉线的结构

在制作前必须实地测量及计算后方准下料。不管拉线有多少条，挂点有多少变化，都可以把拉线视作三角形的斜边，挂线孔与拉棒顶的垂直高差和相应的水平距离视作两个直角边，这样就可以利用勾股定理或三角函数正弦公式计算拉线长度。

因受地形与环境限制，不能装设拉线时，可用撑杆替代。撑顶杆埋设深度宜为 1m，杆的底部应垫底盘或石块，撑顶杆与电杆的夹角为 30°。

35.1.4.6　拉线制作

拉线制作有束合法和绞合法两种。目前多采用束合法。

束合法就是将拉直的铁线按照需要的股数合在一起，用 $\phi 1.6\sim\phi 1.8$mm 镀锌铁线在适当位置拉紧缠绕 3~4 圈，镀锌铁线两端头拧在一起成为拉线节，形成束合线。拉线节在距离地面 2m 以内的部分间隔 600mm，在距离地面 2m 以上的部分间隔 1.2m。

1. 拉线自缠法

对于柔软的镀锌铁线可采用自缠法，此方法比较牢固；对于硬性镀锌铁线因不易操作，常采用无缠法。

2. 镀锌钢绞线普通拉线杆制作

用镀锌钢绞线制作电杆拉线时，可采用另缠法进行绑扎固定，也可采用 UT 形线夹及楔形线夹或花篮螺栓固定。

（1）另缠法钢绞线绑扎固定

钢绞线采用绑扎固定时，拉线的两端设置心形环，使用直径不小于 3.2mm 的镀锌铁线绑扎，绑扎要整齐、紧密。最小绑扎长度应符合表 35-16 所示。

最小绑扎长度　　　表 35-16

钢绞线截面面积（mm²）	最小绑扎长度（mm）				
	上段	中段有绝缘子的两端	与拉棒连接处		
			下端	花缠	上端
25	200	200	150	250	80
35	250	250	200	250	80
50	300	300	250	250	80

（2）钢绞线拉线采用线夹或花篮螺栓固定

钢绞线拉线采用 UT 形线夹及楔形线夹固定安装。

钢绞线拉线采用 UT 形线夹及楔形线夹固定安装时，在安装前在线夹螺纹上涂润滑剂；线夹舌板与拉线接触要紧密，受力后无滑动现象，线夹凸肚在线尾侧；拉线的弯曲部分不应有明显松股，线夹处露出的拉线尾线长度为 300~500mm；拉线端头与拉线主线应固定牢靠，尾线回头处与本线应绑扎牢固。双钢绞线拉线使用双线夹并采用连接板时，双拉线的尾线端的方向统一；UT 形线夹的螺杆应露出不小于 1/2 螺杆长度的螺纹以便调紧，线夹调整好后，UT 形线夹的双螺母应并紧。

35.1.4.7　拉线安装

1. 拉线安装的技术要求：

（1）安装后对地平面夹角与设计值的允许偏差不应大于 30°。

（2）承力拉线应与线路方向的中心线对正，分角拉线应与线路分角线方向对正；防风拉线应与线路方向垂直。

（3）跨越道路的拉线应满足设计要求，且对通车路面边缘的垂直距离不应小于 5m。

2. 拉线制作安装施工工艺一般为：拉线盘安装、做拉线上把、收紧拉线中把等。

（1）拉线盘安装

埋设拉线盘之前，把圆钢拉线棒穿过水泥拉线盘孔，放好垫圈，拧上双螺母，拉线棒与拉线盘应垂直整体埋设，拉线坑应有斜坡，并设防沉层，将拉线盘放正，下把拉线棒露出地面部分长度应为 500~700mm，然后就可分层填土夯实。

拉线棒地面上下 200~300mm 处涂沥青防腐，从拉线棒出土 150mm 处起至地面下 350mm 处用 80mm 宽麻带缠绕，并浸透沥青。

拉线盘的选择及埋设深度，参见表 35-17。

拉线盘的选择及埋设深度　　　表 35-17

拉线所受拉力（kN）	选用拉线规格		拉线盘规格（m）	拉线盘埋深（m）
	ϕ4.0 镀锌铁线（股数）	镀锌钢绞线（mm）		
15 及以下	5 及以下	25	0.6×0.3	1.2
21	7	35	0.8×0.4	1.2
27	9	50	0.8×0.4	1.5
39	13	70	1.0×0.5	1.6
54	2×3	2×50	1.2×0.6	1.7
78	2×13	2×70	1.2×0.6	1.9

（2）做拉线上把

用螺栓将拉线抱箍抱在电杆上，将预制好的上把拉线环放入两片抱箍的螺孔间，穿入螺栓拧紧螺母固定。在人员较多的地方，拉线上应装设绝缘子。绝缘子安装位置应在拉线断线沿电杆垂下时，绝缘子距地面的高度不低于2.5m。

（3）拉线底把及中把下端制作

拉线底把用合股镀锌铁线制作，一般适用木电杆拉线。钢筋混凝土电杆使用不同规格的镀锌圆钢做拉线棒，作为拉线的底把。拉线棒与拉线盘的拉环连接后，拉线棒的圆环开口处要用铁丝缠绕。拉线棒与拉线盘采用螺栓连接时，应使用双螺母。

（4）收紧拉线

收紧拉线可使用紧线钳。在收紧拉线前，将花篮螺栓的两端螺杆旋入螺母内，使它们之间保持最大距离，将紧线钳的钢丝绳伸开，一只紧线钳夹握在拉线高处，将拉线下端穿过花篮螺栓的拉环，放在三角圈操里，向上折回，用另一只紧线钳夹住，花篮螺栓的另一端套在拉线棒的拉环上，将拉线慢慢收紧，过程中检查杆身和拉线的部位，若无问题继续收紧，把电杆校正。对于终端杆和转角杆，拉线收紧后杆顶可向拉线侧倾斜电杆梢径的1/2。最后把花篮螺栓用镀锌铁丝紧固。

35.1.5 架空线路导线架设

35.1.5.1 架空配电线路的材料要求

架空线路导线一般采用铝绞线，当高压线路档距或交叉档距较长，杆位高差较大时，宜采用钢芯铝绞线。在沿海地区，宜采用防腐铝绞线、铜绞线。

常用架空线路导线型号和截面范围见表35-18。

常用架空线路导线型号和截面范围　　表35-18

名　　称	型　号	截面范围(mm²)
铝绞线	LJ	16～800
钢芯铝绞线	LGJ	10～800
防腐钢芯铝绞线	LGJF	10～800

铝绞线的规格结构及直流电阻、拉断力等见表35-19。钢芯铝绞线的规格结构及直流电阻、拉断力等见表35-20。

铝绞线（LJ）规格　　表35-19

标称截面(mm²)	结构根数/直径(根/mm)	计算截面(mm²)	外径(mm)	直流电阻不大于(Ω/km)	计算拉断力(N)	计算质量(kg/km)	交货长度不小于(m)
16	7/1.70	15.89	5.10	1.802	2840	43.5	4000
25	7/2.15	25.41	6.45	1.127	4355	69.6	3000
35	7/2.50	34.36	7.50	0.8332	5760	94.1	2000
50	7/3.00	49.48	9.00	0.5786	7930	135.3	1500
70	7/3.60	71.25	10.80	0.4018	10950	195.1	1250
95	7/4.16	95.14	12.48	0.3009	14450	260.5	1000
120	19/2.85	121.21	14.25	0.2373	19420	333.5	1500
150	19/3.15	148.07	15.75	0.1943	23310	407.4	1250
185	19/3.50	182.80	17.50	0.1574	28440	503.0	1000
210	19/3.75	209.85	18.75	0.1371	32260	577.4	1000
240	19/4.00	238.76	20.00	0.1205	36260	656.9	1000
300	37/3.20	297.57	22.40	0.09689	46850	820.4	1000
400	37/3.70	397.83	25.90	0.07247	61150	1097	1000
500	37/4.16	502.90	29.12	0.05733	76370	1387	1000
630	61/3.63	631.30	32.67	0.04577	91940	1744	800
800	61/4.10	805.36	36.90	0.03588	115900	2225	800

钢芯铝绞线（LGJ）规格　　表35-20

标称截面 铝/钢 (mm²)	结构根数/直径(根/mm) 铝	结构根数/直径(根/mm) 钢	计算截面(mm²) 铝	计算截面(mm²) 钢	计算截面(mm²) 总计	外径(mm)	直流电阻不大于(Ω/km)	计算拉断力(N)	计算质量(kg/km)	交货长度不小于(m)
10/2	6/1.50	1/1.50	10.60	1.77	12.37	4.50	2.706	4120	42.9	3000
16/3	6/1.85	1/1.85	16.13	2.69	18.82	5.55	1.779	6130	65.2	3000
25/4	6/2.32	1/2.32	25.36	4.23	29.59	6.96	1.131	9290	102.6	3000
35/6	6/2.72	1/2.72	34.86	5.81	40.67	8.16	0.8230	12630	141.0	3000
50/8	6/3.20	1/3.20	48.25	8.04	56.29	9.60	0.5946	16820	195.1	2000
70/10	6/3.80	1/3.80	68.05	11.34	79.39	11.40	0.4217	23390	275.2	2000
50/30	12/2.32	7/2.32	50.73	29.59	80.32	11.60	0.5692	43620	372.0	2000
70/40	12/2.72	7/2.72	69.73	40.67	110.40	13.60	0.4141	58300	511.3	2000
95/15	26/2.15	7/1.67	94.39	15.33	109.72	13.61	0.3058	35000	380.3	2000
95/20	7/4.16	7/1.85	95.14	18.82	113.96	13.87	0.3019	37200	408.9	2000
95/55	12/3.20	7/3.20	96.51	56.30	152.81	16.00	0.2992	78110	707.7	2000
120/7	18/2.90	1/2.90	118.89	6.61	125.50	14.50	0.2422	27570	379.0	2000
120/20	26/2.38	7/1.85	115.67	18.82	134.49	15.07	0.2496	41000	466.8	2000
120/25	7/4.72	7/2.10	122.48	24.25	146.73	15.74	0.2345	47880	526.6	2000
120/70	12/3.60	7/3.60	122.15	71.25	193.40	18.00	0.2364	98370	895.6	2000
150/8	18/3.20	1/3.20	144.76	8.04	152.80	16.00	0.1989	32860	461.4	2000
150/20	24/2.78	7/1.85	145.68	18.82	164.50	16.67	0.1980	46630	549.4	2000
150/25	26/2.70	7/2.10	148.86	24.25	173.11	17.10	0.1939	54110	601.0	2000
150/35	30/2.50	7/2.50	147.26	34.36	181.62	17.50	0.1962	65020	676.2	2000
185/10	18/3.60	1/3.60	183.22	10.18	193.40	17.50	0.1572	40880	584.0	2000
185/25	24/3.15	7/2.10	187.01	24.25	211.29	18.90	0.1542	59420	706.1	2000
185/30	26/2.98	7/2.32	181.34	29.59	210.93	18.88	0.1592	64320	732.6	2000
185/45	30/2.80	7/2.80	184.73	43.10	227.83	19.60	0.1564	80190	848.2	2000
210/10	18/3.80	1/3.80	204.14	11.34	215.48	19.00	0.1411	45140	650.7	2000
210/25	24/3.33	7/2.22	209.02	27.10	236.12	19.98	0.1380	65990	789.1	2000
210/35	26/3.22	7/2.50	211.73	34.36	246.09	20.38	0.1363	74250	853.9	2000
210/50	30/2.98	7/2.98	209.24	48.82	258.06	20.86	0.1381	90830	960.8	2000
240/30	24/3.60	7/2.40	244.29	31.67	275.96	21.60	0.1181	75620	922.2	2000
240/40	26/3.41	7/2.66	238.85	38.90	277.75	21.66	0.1209	83370	964.3	2000
240/55	30/3.20	7/3.20	241.27	56.30	297.57	22.40	0.1198	102100	1108	2000
300/15	42/3.00	7/1.67	296.88	15.33	312.21	23.01	0.09724	68060	939.8	2000
300/20	45/2.93	7/1.95	303.42	20.91	324.33	23.43	0.09520	75680	1002	2000
300/25	48/2.85	7/2.22	306.21	27.10	333.31	23.76	0.09433	83410	1058	2000
300/40	54/2.66	7/2.66	301.57	38.90	338.99	23.94	0.09614	92220	1133	2000
300/50	26/3.83	7/2.98	299.54	48.82	348.36	24.26	0.09636	103400	1210	2000

外观质量应符合下列要求：

（1）电线同心式绞合，各相邻层的绞制方向相反，最外层的绞制方向为右向。

（2）同一层的绞制节径必须均匀一致，相邻层的外层节径比应不大于内层。

（3）电线应紧密整齐地绞合，不得有缺线、断线、跳线或松股现象。

（4）电线中铝单股允许焊接，单股的焊接处应圆整。铝单股焊接区的抗拉强度应不低于75MPa，同一根单线两焊接处之间的距离应不小于15m。同一层非同一根单线焊接处之间的距离；内层应不小于5m，外层应不小于15m。

（5）绞制过程中，单根或多根镀锌钢线或铝包钢线均不应有任何接头。

（6）电线的制造长度，应不小于国标规定。当供需双方有协议时，允许按协议长度交货。

（7）缠绕电线的线盘应牢固、完整、无损坏。固定线盘的铁钉

不得挂磨电线。

35.1.5.2　施工机具

施工机具：牵引机、张力机、液压机、起重滑轮、钢丝绳、手扳葫芦、绝缘棒、验电笔、绝缘手套、绝缘靴等。

35.1.5.3　作业条件

线路走廊内的障碍物，如树木、房屋、架设的电力及通信线路要清除。

35.1.5.4　工艺流程

施工准备、放线、连接、挂线、紧线、导线与绝缘子绑扎固定等。

35.1.5.5　导线架设质量要求

(1) 金具的规格、型号、质量必须符合设计要求。高压绝缘子的交流耐压试验结果必须符合施工规范规定。

(2) 高压瓷件表面严禁有裂纹、缺损、瓷釉烧坏等缺陷。重点检查承力杆上的绝缘子。

(3) 导线连接必须紧密、牢固，连接处严禁有断股和损伤；导线的接续管在压接或校直后严禁有裂纹。

(4) 导线与绝缘子固定可靠，导线无断股、扭绞和死弯；超量磨损的线段和有其他缺陷的线段修复完好。

(5) 过引线、引下线导线间及导线对地间的最小安全距离符合要求；导线布置合理、整齐，线间连接的走向清楚，辨认方便。

(6) 线路的接地（接零）线敷设走向合理，连接紧密、牢固，导线截面选用正确，需防腐的部分涂漆均匀无遗漏。

35.1.5.6　放线

(1) 放线时将导线轴放置在线架上，用人力或机械牵引放线。

(2) 放线同时有导、地线时先放三相导线，后放两条地线。

(3) 当拖线每到一电杆时，导（地）线超过 40~60m 时停止拖动，将导（地）线拉回，使其与滑轮上的引绳一端连接后，拖动引绳另一端使导（地）线通过放线滑轮。导（地）线与引绳连接要牢固，绳端不得有散股，防止卡住滑轮。用滑轮提升至电杆横担上，分别摆放好，线路的相序排列要正确统一。

(4) 放线时注意保护导线不受损伤，检查导线有无断股、扭弯、磨伤、断头、损伤等。导线损伤情况及补修见表 35-21。

导线损伤情况及补修　　　　表 35-21

导线类别	损 伤 情 况	处理方法
铝绞线	导线在同一处损伤程度已经超过规范的规定，但因损伤导致强度损失不超过总拉断力的 5%	以缠绕或修补预绞丝修理
钢芯铝绞线	导线在同一处损伤程度已经超过规范的规定，但因损伤导致强度损失不超过总拉断力的 5%，且截面积损伤又不超过导电部分总截面的 7%	以缠绕或修补预绞丝修理

作为避雷线的钢绞线，其损伤情况及补修标准见表 35-22。

钢绞线损伤情况及补修标准　　　　表 35-22

钢绞线股数	用镀锌铁丝缠绕	用补修金具补修	断头后接头
7	不允许	断 1 股	断 2 股及以内
19	断 1 股	断 2 股	断 3 股及以内

35.1.5.7　紧线

(1) 紧线前要做好耐张杆、转角杆和中端杆的拉线。

(2) 紧线时按照先紧避雷线，后紧导线，先紧中相导线，后紧边相导线的顺序。

(3) 紧线时使用与导地线相同的卡线器夹入导线，拉紧拉环，使卡线部分自紧。首先用人力在地面收紧余线，待架空线离地面 2~3m 左右时套上紧线器，采用人推绞磨或牵引设备牵引紧线。当弧垂将要达到规定值时，放慢速度，先过紧线，使观测档弧垂小于规定值，然后放松导线，使观测档弧垂大于规定值，反复 1~2 次，收紧导线，使弧垂稳定在规定值。并且导线的弧垂应一致。导线安装弧垂允许误差不能超过设计值的 ±5%，水平排列的同档导线间弧垂值偏差为 ±50mm。多条导线如截面、档距相同

时，导线弧垂应一致。

架空线路最大弧垂与地面最小允许垂直距离，符合表 35-23 的规定。

架空线路最大弧垂的最低点至地面允许垂直距离（单位：m）
　　　　表 35-23

跨越对象	线路电压 (kV)		跨越对象	线路电压 (kV)	
	1 以下	1~10		1 以下	1~10
非居民区	5.0	5.5	铁路轨顶	7.5	7.5
居民区	6.0	6.5	有轨电车顶	8.0	9.0
交通要道	6.0	7.0	建筑物顶端	2.5	3.0

架空线路最大弧垂与通信线路最小垂直距离，符合表 35-24 的规定。

架空线路最大弧垂与通信线路最小垂直距离（单位：m）
　　　　表 35-24

最小垂直距离(m)　分类	电压(kV)	
	1 以下	1~10
架空线路有防雷保护	2	2
架空线路无防雷保护	4	4

35.1.5.8　过引线、引下线安装

(1) 在耐张杆、转角杆、分支杆、终端杆上搭接过引线或引下线。过引线应呈均匀弧度、无硬弯，必要时应加装绝缘子。搭接过引线、引下线，应与主导线连接，不得与绝缘子回头绑扎在一起。

(2) 铝导线间的连接一般应采用并沟线夹，但 70mm² 及以下的导线可以采用绑扎连接。铜、铝导线的连接应使用铜铝过渡线夹，或有可靠的过渡措施。

(3) 裸铝导线在线夹上固定时应缠包铝带，缠绕方向应与导线外层绞股方向一致，缠绕长度应超出接触部分 30mm。

35.1.5.9　架空导线固定

架空导线与绝缘子固定通常用绑扎法。因绝缘子形式和安装位置的不同，架空导线固定方法也不同，其绑扎固定方法见表 35-25。

架空导线固定方法　　　　表 35-25

序号	工序名称	技 术 要 求
1	顶部绑扎法和侧绑法	顶绑法：适用于直线杆针式绝缘子上的绑扎。绑扎时，首先在导线绑扎处包铝带 150mm，然后用绑线绑扎，绑线材料应与导线材料相同，直径在 2.6~3mm 范围内。绑扎步骤如下： (1)把绑线绕成卷，留出 1 个长度 250mm 的短头，用短头在绝缘子左侧的导线上缠 3 圈，其方向为从导线外侧经导线上方，绕向内侧； (2)把绑线的长头从绝缘子颈部内侧绕到绝缘子的右侧的导线上绕 3 圈，其方向为从导线下方经外侧绕向上方； (3)继续将绑线长头从绝缘子颈部内侧绕到绝缘子左侧导线上再绕 3 圈； (4)再继续将绑线从绝缘子颈部内侧绕到绝缘子右侧导线上绕 3 圈； (5)再将绑线从绝缘子颈部外侧绕到绝缘子左侧导线下面，并从导线内侧上来，经过绝缘子顶部交叉压在导线上。然后从绝缘子右侧导线的外侧下去绕到绝缘子颈部内侧，再从绝缘子左侧导线的下方经导线外侧上来，经过绝缘子顶部交叉压在导线上，这样形成 1 个十字叉压住导线； (6)重复(5)的绑法，再绑 1 个十字叉。然后把绑线从绝缘子颈部内侧绕到导线下方绕到绝缘子颈部外侧，与绑线另一端（短头）在绝缘子外侧中间扭绞 2~3 圈成麻花状。剪去余线，留下部分压平。 侧绑法：适用于转角杆针式绝缘子上的绑扎。绑扎时，导线应在绝缘子颈部外侧。导线在进行侧绑法绑扎前，在导线绑扎处同样绑扎一定长度的铝带，绑扎步骤与顶绑法类似

续表

序号	工序名称	技术要求
2	终端绑扎法	终端绑扎法：适用于终端杆蝶式绝缘子的绑扎。其步骤如下： （1）首先在与绝缘子接触部分的铝导线上绑一铝带，然后把绑线绕成卷，再绑线一端留出 1 个短头，长度约 200～250mm； （2）把绑线的短头夹在导线与折回导线之间，再用绑线在导线上绑扎。第一圈距蝶式绝缘子 80mm，绑扎到规定长度后与短头扭绞 2～3 圈，余线剪去压平。最后把折回导线向反方向弯曲
3	耐张线夹固定导线法	耐张线夹固定导线法：适用于在用耐张悬式绝缘子串的导线固定。其步骤如下： 先用铝包带包缠导线与线夹接触部分，然后卸下耐张线夹的全部 U 形螺栓，将导线放入线夹的线槽内，线槽应紧贴导线包缠部分，接着便装上全部 U 形螺栓及压板，并拧紧螺母

35.1.5.10　线路、电杆的防雷接地

（1）架空线路中装有避雷线的杆身、避雷线、杆上电气设备、低压线路的中性线和钢筋混凝土杆塔必须可靠接地；低压线路的中性线应做重复接地；

（2）钢筋混凝土电杆通常采用其内主筋作为接地引下线，引线在电杆上下端引出或加长，上端采用并沟线夹与架空地线或中性线连接；下端在引线上焊接有预留孔的镀锌扁钢，焊接处涂沥青漆防腐，用螺栓与接地体引来的连接线连接，螺栓应有平垫、弹簧垫等；

（3）预应力电杆一般沿杆身另敷一接地引线，材料选用 $\phi16mm^2$ 镀锌圆钢或不小于 $50mm^2$ 的镀锌钢绞线，沿杆身每隔 1.5m 用抱箍卡子固定；采用镀锌钢绞线时，由接地体引出的接地线应用 $\phi16mm^2$ 镀锌圆钢，与钢绞线用并沟线夹可靠连接；

（4）接地体及接地线的安装同正常人工接地体、接地线安装；

（5）低压架空线路的中性线每隔 5 档（或设计要求）接地一次，组成重复接地；

（6）接地电阻的要求：接地极安装完毕与杆塔接地引线连接前测试其接地电阻，防雷接地电阻应小于 10Ω，中性线接地电阻应小于 4Ω，重复接地电阻应小于 10Ω；

（7）接地所采用材料必须镀锌；

（8）采用搭接焊时，搭接长度应符合下列规定：

镀锌扁钢不小于其宽度的 2 倍，且至少 3 边焊接；镀锌圆钢不小于其直径的 6 倍，并应双面焊接；圆钢与扁钢焊接时，长度不小于圆钢直径的 6 倍，双面焊接；焊接质量要求：焊缝应饱满并应有足够的机械强度，不得有夹渣、咬肉、裂纹、虚焊、气孔等缺陷，焊接处的药皮应清理干净，明装的刷银粉漆防腐，埋于地下的刷沥青漆防腐；

（9）在倾斜地形情况上敷设接地体及接地线时应沿等高线敷设；接地线不宜有明显的弯曲。

35.1.6　导　线　连　接

架空导线的连接通常采用钳压压接连接、液压对接连接、叉接绑扎等连接方法。各种连接方法适用范围见表 35-26。

导线连接方法　　　表 35-26

连接方式	连接机具	适用范围
钳压压接连接	钳接管 机械压钳 液压钳	LGJ-16～LGJ-240 LJ-16～LJ-185 TJ-16～TJ-150
液压对接连接	接续管 导线压接机	GJ-35～GJ-100 LGJQ-300～LGJQ-500 LGJ-300～LGJ-400 LGJJ-185～LGJJ-400
叉接绑扎法	镀锌铁线、同质单股线	低压、档距不大或引流线 LJ-70 以下 TJ-70 以下

35.1.6.1　钳压压接连接法

铝绞线及钢芯铝绞线用连接管规格分别见表 35-27、表 35-28。

铝绞线用连接管规格　　　表 35-27

型号	适用铝线		主要尺寸（mm）				质量（kg）
	截面（mm²）	外径（mm）	S	h	b	L	
QL-16	16	5.1	6.0	12.0	1.7	110	0.02
QL-25	25	6.4	7.2	14.0	1.7	120	0.03
QL-35	35	7.5	8.5	17.0	1.7	140	0.04
QL-50	50	9.0	10.0	20.0	1.7	190	0.05
QL-70	70	10.7	11.6	23.2	1.7	210	0.07
QL-95	95	12.4	13.4	26.8	1.7	280	0.10
QL-120	120	14.0	15.0	30.0	2.0	300	0.15
QL-150	150	15.8	17.0	34.0	2.0	316	0.16
QL-185	185	17.5	19.0	38.0	2.0	340	0.20

钢芯铝绞线用连接管规格　　　表 35-28

型号	适用铝线		连接管各部尺寸（mm）				衬垫尺寸（mm）		质量（kg）
	截面（mm²）	外径（mm）	S	h	b	L	b₁	L₁	
QL-35	35	8.4	9.0	19.0	2.1	340	8.0	350	0.174
QL-50	50	9.6	10.5	22.0	2.3	420	9.5	430	0.244
QL-70	70	11.4	12.5	26.0	2.6	500	11.5	510	0.280
QL-95	95	13.7	15.0	31.0	2.6	690	14.0	700	0.580
QL-120	120	15.2	17.0	37.0	3.1	910	15.0	920	1.02
QL-150	150	17.0	19.0	39.0	3.1	940	17.5	950	1.20
QL-185	185	19.0	21.0	43.0	3.4	1040	19.5	1060	1.62
QL-240	240	21.6	23.5	48.0	3.9	540	22.0	550	1.05

（1）切割导线，两线头分别用 $\phi1～2$ 的镀锌铁线绑扎 10mm，端头应齐整；

（2）将导线连接部分用钢丝刷刷去表面污垢，再用汽油擦洗干净，风干后涂抹一层导电脂（可用中性凡士林），并用钢丝刷在其表面轻轻擦刷；

（3）选择与导线规格相对应的连接管，其应无裂纹、无毛刺、平直，弯曲度不应超过 1%。钳压管的内壁和外壁用汽油清洗干净，并做好压接点的标记；

（4）清洗后的导线头从钳压管的两端相对插入，线端露出管外 15～20mm；对于钢芯铝绞线，管内两导线间必须加铝衬垫，两线头插入钳压管的方向必须正确，即线头端应与管口的第一个压模印记在同一侧；

（5）根据导线的规格型号选择合适的压模装在钳口上，将穿入导线的钳压管置于钢模之间，端平两侧导线，按顺序和印记压接，当钢模压下后，应停 20～30s，才能松去压力，转入下一模施压；铝绞线的压模应从一端开始，依次向另一端上下交错压接；

（6）钢芯铝绞线的压模应从钳压管的中间开始向两端进行压接，压完一端再压另一端，压过程中，应随时检查钳压模数及其间距，不能多压或少压；压模后（D）值允许误差为：铝绞线钳压管±1.0mm；钢芯铝绞线及铜绞线为钳压管±0.5mm；压节后钳压管的弯曲度不得＞2%，如超过，用木槌敲打校直。

35.1.6.2　液压对接连接法

（1）将钢芯铝绞线两连接端各量出钢接管的一半长度加 10mm，并做标记；

（2）沿红线标记将铝线用钢锯全部锯断，但不得伤及钢芯；

（3）导线连接部分用钢丝刷刷去表面污垢，再用汽油擦洗干净，风干后涂抹一层导电脂（可用中性凡士林），并用钢丝刷在其表面轻轻擦刷，连接管的内壁和外壁用汽油清洗干净；

（4）将铝接管套入导线，并将其移至接头外 0.5m 处，将钢芯对接插入钢接管，两线端在钢管中心接触，将其放入压接机钢模

上，先在钢接管的中心压第一模，按顺序压接；

（5）压接好钢接管后，将压接部分用汽油清洗干净风干，把铝接管移至接头处，使两管的中心重合，从铝线的端头压接，压完一端再压另一端，与钢管重叠部分不再压接。相邻两模应重叠 5～8mm；

（6）压接不应扭曲，并用防锈漆封住铝管接口。压后为正六边形的液压管，两平行边间距离为原管外径的 0.866 倍，允许偏差为：钢压接管-0.2～+0.3mm，铝压接管-0.2～+0.5mm。

35.1.7　杆上变压器及变压器台安装

35.1.7.1　安装所需的设备材料

变压器、横担、型钢、镀锌螺栓、跌开式熔断器、隔离开关、T形线夹、绑扎线、铝包带、软母线、避雷器、接线端子、镀锌扁钢、飞保险、套管。

35.1.7.2　施工机具

开口滑轮、捯链、压线钳、钢锯、活动扳手、绝缘杆、手锤、安全带、梯子、安全帽、脚口、钢丝、大小尼龙绳、机动车等。

35.1.7.3　作业条件

（1）按已审批好施工组织设计、施工技术措施，做好技术交底。

（2）杆组立及拉线安装经验收，符合设计要求，达到合格标准。方可进行下道工序。

（3）变压器性能试验符合产品出厂合格证和技术文件规定的技术指标。

（4）附件、备件齐全。

35.1.7.4　工艺流程

杆上变压器台安装施工工艺主要有：立杆、吊装变压器、绝缘电阻的测试和接线、接地等。

35.1.7.5　变压器组装

1. 立杆

同电杆立杆。

2. 组装金具构架及电气元件

（1）变压器支架通常由槽钢制成，一般有斜支撑，用 U 形抱箍与电杆连接，支架安装要牢固，变压器安于平台的横担上，使油枕侧稍高，约 1%～1.5%的坡度。

（2）跌开式熔断器安装

跌开式熔断器安装于高压侧丁字形横担上，用针式绝缘子的螺杆固定连接，再把熔断器固定在连板上，其间隔不小于 500mm，熔管轴线与地面的垂直夹角为 15°～30°，排列整齐，高低一致；

（3）避雷器安装

避雷器通常安装于距变压器高压侧最近的横担上，可用直瓶螺钉或单独固定，其间隔不小于 350mm，轴线应与地面垂直，排列整齐，高低一致，安装牢固，抱箍处垫 2～3mm 厚绝缘耐压胶垫。

（4）低压隔离开关安装

要求瓷件良好，安装牢固，操动机构灵活无卡阻现象，隔离刀刀合闸时接触紧密，分闸时有足够的电气间隙，三相联动动作同步，动作灵活可靠。

35.1.7.6　变压器安装

1. 变压器的吊装

有条件时应用汽车吊进行吊装，无汽车吊或条件不具备时采用人字抱杆吊装。

2. 变压器的检查测试

变压器接线前进行检查和测试：

（1）外观应无损伤，产品零部件无损伤和位移，齐全，无漏油，油位正常；

（2）高低压套管无裂纹、无伤痕，螺栓紧固，油垫完好，分接开关正常；

（3）铭牌齐全，数据完整，接线图清晰；高压侧线电压与线路线电压相符；

（4）10kV 高压线圈用 1000V 绝缘电阻表测试绝缘电阻＞300MΩ；低压用 500V 绝缘电阻测试表测试绝缘电阻＞1.0MΩ；高压侧低压侧用 500V 绝缘电阻测试表测试绝缘电阻＞500MΩ。

3. 变压器接线

（1）变压器接线时必须紧密可靠，螺栓应有平垫和弹簧垫；变压器与跌开式熔断器、低压隔离开关的连接必须压接线端子过渡连接，与母线的连接用 T 形线夹，与避雷器的连接可直接压接连接。与高压母线连接如采用绑扎法，其绑扎长度应不小于 200mm。

（2）变压器接线时应短而直，必须满足线间及对地的安全距离，跨接弓子线在最大风摆时满足安全距离。

（3）避雷器和接地的连接线通常使用绝缘铜线，连接线截面按表 35-29。

避雷器和接地的连接线　　　　表 35-29

连接线绝缘线种类	连接线	导线截面(mm²)
铜　线	避雷器上引线	16
	避雷器下引线	25
	接地线	25
铝　线	避雷器上引线	25
	避雷器下引线	35
	接地线	35

35.1.7.7　落地变压器台安装

落地变压器台是将变压器安装在地面上的混凝土台上，其标高大于 500mm，台上装有与主筋连接的角钢或槽钢轨道，油枕侧偏高。安装时将上止轮器或去掉底轮，其他安装同杆上变压器。

安装好后，应在变压器周围装设防护遮栏，高度不低于 1.70m，与变压器的距离应不小于 2.0m。

35.1.7.8　箱式变电所的安装

1. 基础施工

基础施工时应按照图纸要求做好电缆的预留孔或预留管路，地面浇筑时将箱体的基础槽钢预埋好；作基础散水前将 4 根接地引线（一40mm×4mm 镀锌扁钢）埋入，箱体超过 6m 时增设 2 根，并与基础槽钢焊接牢固。

2. 接地装置施工

在基础边缘 1.5m 以外，将接地极打入-800mm 的地沟内，用-40mm×4mm 镀锌扁钢焊接连通，与接地引线焊接，敷设完毕，测试接地电阻应小于 4Ω。

3. 箱体组装

因墙体、门及门口、屋顶均为配套产品，用止口结合，并用胶圈密封。

4. 电气设备安装及实验、进出回路敷设见电气设备安装。

35.1.8　接户线安装

10kV 及以下高压接户线的安装同架空线路相同，但应遵守下列原则进行安装。

1. 不同规格、不同金属的接户线不应在档距内连接，跨越道路的接户线不应有接头；

2. 两端应设绝缘子固定，绝缘子安装应防止磁裙积水；

3. 采取绝缘线时，外露的部分应进行绝缘处理；

4. 进户端支持物应牢固；

5. 一根电杆上有 2 户及以上接户线时，各接户线的零线应直接接在线路的主干线的零线上；

6. 变压器主杆上不得有接户线。除专用变压器台架外，不得从变压器台架的副杆上引下接户线，当从变压器台架的副杆上引出接户线时，应采用截面不小于 16mm² 的多股绝缘导线；

7. 10kV 接户线的线间距离不宜小于 0.45m；

8. 10kV 及以下由两个不同电源引入的接户线不宜同杆架设；

9. 当铜铝连接时，应设铜铝过渡线夹；

10. 10kV 及以下接户线固定端当采用绑扎固定时，其绑扎长度应符合表 35-30 的规定。

接户线固定线绑扎长度　　　　表 35-30

导线截面(mm²)	绑扎长度(mm)	导线截面(mm²)	绑扎长度(mm)
10 及以下	≥50	25～50	≥120
16 及以下	≥80	70～120	≥200

35.1.8.1 安装所需的材料与配件

接户线、横担、支架、绝缘子、钢管、抱箍卡子。

35.1.8.2 施工机具

电焊机、台钳、楔子、手锤、钢锯、压线钳、活动扳手、米尺、钢板尺、方尺、水桶、灰桶、灰铲、登杆脚扣、安全带、安全帽、梯子等。

35.1.8.3 作业条件

1. 按已审批的施工组织设计或施工技术措施，做好技术交底。
2. 架空配电线路及建筑物的电源进户管线安装完毕，经验收符合设计要求。
3. 接户线安装位置，施工脚手架已清除，保证了施工作业面。

35.1.8.4 工艺流程

接户线安装工艺流程：横担支架制作安装、接户线架设。

35.1.8.5 横担、支架制作、安装

墙上横担采用预埋或采用留洞混凝土浇筑的方法固定，横担的预埋件尾部做成鱼尾状；也可以采用在墙上凿孔，用过墙螺栓固定。

35.1.8.6 接户线架设

接线采用倒人字接头或直接接在架线上，相线上加装飞保险，接户线的其他安装同架空线路做法相同。

35.1.9 架空线路调试运行及验收

架空线路安装完成后进行送电前准备工作，主要有巡线检查、核对相序、测试、导线垂度、安全距离、电气间隙等，整理安装记录和技术资料。所有内容经检查合格后才允许申请冲击实验或试运行。

35.1.9.1 巡线检查

1. 巡线检查的人员

巡线检查一般分为几个小组，由总指挥分配任务：具体负责的杆位、杆位编号、线路名称及编号、相序的标注及其具体位置等。发现问题当即处理，不能当即处理的将杆位号、问题部位及内容记录好，再组织人员处理。要逐杆检查，每个电杆不得漏掉任何部位。

2. 巡线检查的人员的工器具及物品

电工工具、登杆脚扣、安全带、扳手、米尺、绑线、望远镜、铁榔头、接地电阻表、螺母、垫片、垂度尺、铝包带、防锈漆、黄绿红相色油漆、刷子、放大镜、棉线、图纸、记录纸及资料带等。

3. 巡线检查的内容

(1) 杆身、横担有无倾斜超差；杆上元件及金具的螺母是否松动、破损、缺螺母、缺垫片；金具有无开焊脱锌或锈蚀；绝缘子有无裂纹、松动、污渍；绑扎是否正确或松动；夹线元件安装是否正确牢固；铝包带绑扎长度及方法是否正确；杆上或导线上是否有杂物；防震锤安装部位是否正确，有无松动；杆上受力部件有无裂纹或变形。

(2) 观测焊接所的焊缝有无砂眼、气泡、裂纹等缺陷。

(3) 相序是否正确；连接方法是否正确，连接有无松动或接触不良；导线及跨接线的安全距离是否符合要求，最大风摆时是否有短路的可能；同杆架设不同电压等级的线路时，横担的距离是否符合要求。

(4) 观测架空线有无断股、背花，接头是否符合要求；同一档距内是否超过一个接头；复核弧垂、间距、对地距离、交叉跨越及与建筑物的距离。

(5) 电杆基础有无变化、松动，位置偏差是否符合要求，杆身有无损坏。

(6) 拉线有无松动，螺栓有无生锈、松动、缺垫片，绑扎是否正确，有无松动散股；拉线方向及角度是否正确。

(7) 接地装置是否完整，连接是否牢固可靠，实测接地电阻是否符合要求。

35.1.9.2 绝缘电阻测试

(1) 根据架空线路的电压等级合适的绝缘电阻测试仪进行绝缘电阻测试。6～10kV 选用 1000～2500V 绝缘电阻测试仪；低压选用 500V 绝缘电阻测试仪。

(2) 绝缘电阻测试时先将跌落式熔断器或隔离开关断开，低压线路须将用户的总开关断开。

6～10kV 架空线路相与相、相与地的绝缘电阻应 ≥300MΩ；低压配电线路相与相、相与地、相与中性线的绝缘电阻应 ≥1.0MΩ。

35.1.9.3 合闸冲击实验

(1) 以上检查和测试完毕即可申请进行合闸实验。合闸前检查所有开关在断开位置并派人监护，并通知和检查人员是否远离电杆。

(2) 合闸实验时对空载线路冲击合闸三次，时间间隔≥30s，每次拉闸后，再合闸时间间隔应＜20s。

35.1.9.4 试运行

冲击合闸实验完成后，线路进行 72h 空载试运行。空载试运行期间，加强巡视，注意观察有无异常、闪络等，空载运行成功后即可交付使用。

35.2 电 缆 敷 设

电缆是一种特殊的导线，它是将一根或数根绝缘导线组合成线芯，外面再包裹上包扎层而成。电缆按照用途主要分为电力电缆和控制电缆两大类。

电力电缆主要用于传输大功率电能，主要有聚乙烯电缆、交联聚乙烯电缆、橡套电缆、预分支电缆、矿物绝缘电缆等。

控制电缆主要用于连接电气仪表、传输操作电流、继电保护和自控回路以及测量等，一般运行电压在 1kV 以下，多芯且芯线截面面积小。

聚乙烯电缆性能较好，抗腐蚀，具有一定的机械强度，不延燃，制造加工简单，重量轻。

交联聚乙烯电缆具有泄露电流小、介质损耗小、耐热性能突出、重量轻等优点，且安装、运行、维护方便。钢带铠装型还能承受一定的机械力。

橡套电缆柔软，适合于移动频繁、敷设弯曲半径小的场合。

预分支电缆由主干电缆、分支线、起吊装置组成。具有供电安全可靠、安装简便、占建筑面积小、故障率低和免维护等优点，广泛应用于中高层、超高层建筑竖井供电。

矿物绝缘电缆是一种无机材料电缆，电缆外层为无缝铜护套，护套与金属线芯之间是一层经紧密压实的氧化镁绝缘层。具有耐火、防爆、防水、操作温度高、使用寿命长、外径小、载流量大、机械强度高以及耐腐蚀性高等优点。但矿物绝缘电缆造价较高。

35.2.1 一 般 规 定

35.2.1.1 适用范围

适用于 10kV 及其以下建筑电气电缆敷设。

35.2.1.2 常用技术数据

1. 电缆型号

电缆一般由线芯导体、绝缘层和保护层构成，电缆结构如图 35-5。线芯导体由多股铜或铝导线组成来输送电流；绝缘层用于线芯导体间和导体与保护层间的隔离；在绝缘层外包裹的覆盖层为保护层。电缆的保护层主要有金属护层、橡塑护层和组合护层三大类。

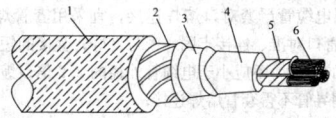

图 35-5　电力电缆结构示意图

1—沥青麻护层；2—铠装；3—塑料护套；4—铝
(铅) 包护层；5—纸包绝缘；6—线芯导体

电缆型号由以下七部分组成：

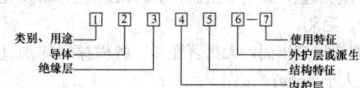

1～5项和第7项用拼音字母表示，高分子材料用英文名的首位字母表示，每项可以是1～2个字母；第六项是1～3个数字。第7项是各种特殊使用场合或附加特殊使用要求的标记，在"—"后以拼音字母标记。有时为了突出该项，把此项写到最前面。如ZR—（阻燃）、NH—（耐火）、WDZ—（低烟无卤）、TH—（湿热地区用）、FY—（防白蚁）等（表35-31）。

电缆型号字母含义　　　　表35-31

用途	导线材料	绝缘	内护层	结构特征	外护层或派生
K—控制电缆 Y—移动电缆 P—信号电缆 H—市内电话电缆	L—铝芯 T—铜芯	Z—纸绝缘 X—橡胶绝缘 V—聚氯乙烯 YJ—交联聚乙烯	Q—铅护套 L—铝护套 H—橡胶护套 (H)F—非燃性橡套 V—聚氯乙烯护套 Y—聚乙烯护套	D—不滴流 F—分相铅包 P—贫油式 C—重型	1—麻皮 2—钢带铠装 20—裸钢带铠装 3—细钢丝铠装 30—裸细钢丝铠装 5—单层粗钢丝铠装 11—防腐护层 12—钢带铠装有防腐层 120—裸钢带铠装有防腐层

2. 导体选择的一般原则和规定

(1) 导体材料选择：民用建筑宜采用铜芯电缆，下列场所应选用铜芯电缆。

1) 易燃、易爆场所；

2) 特别潮湿场所和对铝有腐蚀场所；

3) 人员聚集较多的场所，如影剧院、商场、医院、娱乐场所等；

4) 重要的资料室、计算机房、重要的库房；

5) 移动设备或剧烈震动场所；

6) 有特殊规定的其他场所；

7) 控制电缆。

(2) 除上述情况外，电缆导体可选用铜或铝导体。

3. 电缆线路附属设施的施工

(1) 电缆导管

1) 电缆管弯制后，不应有裂缝和显著的凹瘪现象，其弯扁程度不宜大于管子外径的10%；

2) 电缆管的内径与电缆外径之比不得小于1.5，电缆钢导管的管径选择可参照表35-32；

电缆钢导管管径选择表　　　表35-32

钢管直径 (mm)	四芯电力电缆截面积 (mm²)	纸绝缘三芯电缆截面面积(mm²)		
		1kV	6kV	10kV
50	≤50	≤70	≤25	
70	70～120	95～150	35～70	≤60
80	150～185	185	95～150	70～120
100	240	240	185～240	150～240

3) 每根电缆管的弯头不应超过3个，直角弯不应超过2个；

4) 金属电缆管严禁对口熔焊连接，宜采用套管焊接的方式，连接时应两管口对准、连接牢固，密封良好；套管的短套管或带螺纹的管接头的长度，不应小于电缆管外径的2.2倍；镀锌和壁厚小于2mm的钢导管不得套管熔焊连接；

5) 地下埋管距地面深度不宜小于0.5m；与铁路交叉处距路基不宜小于1.0m；距排水沟底不宜小于0.3m；并列管间宜有不小于20mm的间隙。

(2) 电缆支架及桥架

1) 钢材应平直，无明显扭曲。下料误差应在5mm范围内，切口应无卷边、毛刺；

2) 支架焊接应牢固，无显著变形。各横撑间的垂直净距与设计偏差不应大于5mm；

3) 电缆支架的层间允许最小距离，见表35-33；层间净距不应小于2倍电缆外径加10mm，35kV及以上高压电缆不应小于2倍电缆外径加50mm。

电缆支架的层间允许最小距离值（mm）　表35-33

电缆类型和敷设特征		支（吊）架	桥架
控制电缆明敷		120	200
电力电缆明敷	10kV及以下（除6～10kV交联聚乙烯绝缘外）	150～200	250
	6～10kV交联聚乙烯绝缘	200～250	300
	35kV单芯	250	300
	35kV三芯	300	350
电缆敷设于槽盒内		h+80	h+100

注：h标识槽盒高度。

4) 电缆支架安装牢固，横平竖直。各支架的同层横档应在同一水平面上，其高低偏差不大于5mm，托架支吊架沿桥架走向左右的偏差不大于10mm。电缆支架最上层及最下层至沟顶、楼板或沟底、地面的距离，见表35-34。

电缆支架最上层及最下层至沟顶、楼板或沟底、地面的距离（mm）　　　表35-34

敷设方式	电缆隧道及夹层	电缆沟	吊架	桥架
最上层至沟内或楼板	300～350	150～200	150～200	350～450
最下层至沟底或地面	100～150	50～100	—	100～150

5) 电缆水平敷设需在电缆首末两端、转弯及接头的两端处固定；垂直敷设或超过45°敷设时，在每个支架上均需固定。电缆各支持点的距离应符合设计规定，当设计无规定时，不应大于表35-35规定。

电缆各支持点间的距离（mm）　　表35-35

电缆种类		敷设方式	
		水平	垂直
电力电缆	全塑型	400	1000
	除全塑型外的中低压电缆	800	1500
	35kV及以上高压电缆	1500	2000
控制电缆		800	1000

6) 当直线段钢制桥架超过30m，铝合金或玻璃钢制桥架超过15m时以及桥架过建筑物变形缝时，应留有不小于20mm的伸缩缝，其连接宜采用伸缩连接板。

4. 电缆敷设的最小弯曲半径，应符合表35-36规定。

电缆最小弯曲半径　　　　表35-36

电缆型式		多芯	单芯
控制电缆	非铠装型、屏蔽型软电缆	6D	
	铠装型、铜屏蔽型	12D	—
	其他	10D	
橡皮绝缘电力电缆	无铅包、钢铠套	10D	
	裸铅包护套	15D	
	钢铠护套	20D	
塑料绝缘电缆	无铠装	15D	20D
	有铠装	12D	15D

注：表中D为电缆外径。

5. 电缆敷设的其他要求

(1) 三相四线制系统中应采用四芯电力电缆，不得采用三芯另加一根单芯电缆或导线、电缆金属护套作中性线；三相五线制亦应采用五芯电缆；

(2) 并联使用的电力电缆其长度、规格、型号应相同；

(3) 电缆进入电缆沟、隧道、竖井、建筑物、盘（柜）以及穿入管子时，出入口应封闭，管口应密封。

6. 电缆附件

(1) 室外制作 6kV 及以上电缆终端与接头时，空气相对湿度应在 70% 及以下；当湿度超过时，可提高环境温度或加热电缆；

(2) 电缆线芯连接金具，内径应与电缆线芯匹配，截面宜为线芯截面的 1.2～1.5 倍；

(3) 电缆接地线应采用铜绞线或镀锡铜编织线与电缆屏蔽层连接，其截面积不小于表 35-37 的规定。

电缆终端接地线截面（mm²） 表 35-37

电缆截面	接地线截面
16 及以下	接地线截面可与芯线截面相同
16 以上～120	16
150 及以上	25

35.2.1.3 材料质量要求

(1) 电缆及附件的规格、型号、长度应符合设计及订货要求，符合国家现行标准及相关产品标准的规定，并应有产品标识及合格证；

(2) 产品的技术文件应齐全；

(3) 电缆盘上应标明型号、规格、电压等级、长度、生产厂家等；

(4) 电缆外观不应受损，不得有铠装压扁、电缆绞拧、护层折裂等机械损伤，电缆应绝缘良好、电缆封端应严密；

(5) 电缆终端头应是定型产品，附件齐全，套管应完好，并应有合格证和试验数据记录；

(6) 电缆及其附件安装用的钢制紧固件，除地脚螺栓外，应采用热镀锌或等同热镀锌性能的制品；

(7) 电缆在保管期间，电缆盘及包装应完好，标识应齐全，封端应严密。

35.2.1.4 施工质量要求

(1) 电缆敷设前应按设计和实际路径计算每根电缆的长度，合理安排每盘电缆，减少电缆接头；

(2) 电缆排列整齐，少交叉，坐标和标高正确，标志桩、标志牌设置正确；电缆的首末端、分支处、人孔及工作井处应设电缆标志牌，注明线路编号，或者电缆型号、规格及起讫点；并联使用的电缆应有顺序号。标志牌的字迹清晰不易脱落；

(3) 交流系统的单芯电缆或分相后的分相铅套电缆的固定夹具不应构成闭合磁路；三相或单相交流单芯电缆，不得单独穿入，应分别按其组合穿于同一导管内；

(4) 电缆耐压试验及绝缘电阻测试需符合设计及施工规范要求；

(5) 竖井内高压、低压和应急电源的电气线路，相互之间应保持 0.3m 及以上距离或采取隔离措施，并分别设有明显标志。

35.2.1.5 施工常用机具

钢卷尺、绝缘电阻表、电工刀、手用钢锯、直流高压试验器等。

35.2.1.6 作业条件

(1) 根据施工图纸进行技术复核，包括标高、走向、坐标等；

(2) 施工路线上的建筑物、构筑物均应验收合格；

(3) 电缆及其附件、配件均应验收合格；

(4) 电缆线路支持件安装完成并通过验收。

35.2.2 直埋电缆敷设

直埋电缆敷设是将电缆线路直接埋设在地下 0.7～1.5m 间的土壤里的一种电缆敷设方式，具有投资小、散热好、施工周期短、经济便捷、不影响美观等优点。

35.2.2.1 材料要求

(1) 直埋电缆宜选用钢带铠装（有麻被层）电缆，在有腐蚀性土壤的地区，应选用有塑料外护层的铠装电缆。

(2) 电缆到场查验产品合格证，合格证有生产许可证编号，并应符合设计和规范要求。

(3) 除电缆外，查验各种电缆附件、电缆保护盖板、过路套管等主要材料，应有产品质量合格证明文件。

35.2.2.2 施工机具

(1) 挖掘机械、电缆倒运机械；

(2) 电缆牵引机械、滚轮、电缆敷设用支架等；

(3) 电工刀、喷灯、钢锯架、钢锯条、钢卷尺等；

(4) 兆欧表、直流高压试验器等。

35.2.2.3 工艺流程

测量放线→电缆沟开挖→电缆敷设→覆软土或细砂→盖电缆保护盖板→回填土→设电缆标志桩。

35.2.2.4 电缆沟开挖

(1) 开挖电缆沟时，应按复测确定的合理电缆线路走向，用白灰在地面上划出电缆走向的线路和电缆沟的宽度。拐弯处电缆沟的弯曲半径应满足电缆弯曲半径的要求。山坡上的电缆沟，应挖成蛇形曲线状，曲线的振幅为 1.5m。

(2) 电缆沟的开挖宽，一般可根据电缆在沟内平行敷设时电缆间最小净距加上电缆外径计算，在同沟敷设一根电缆时，沟宽度为 0.4～0.5m，敷设两根电缆时，沟宽度约为 0.6m，每增加一根电缆，沟宽加大 170～180mm。

(3) 电缆沟开挖深度一般不小于 850mm，同时还应满足与其他地下管线的距离要求。

(4) 各电压等级电缆同沟直埋敷设电缆沟如图 35-6 所示。

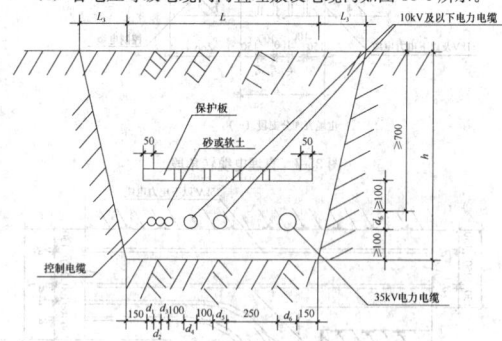

图 35-6 各电压等级电缆同沟直埋敷设
注：L 为电缆壕沟宽度，d_1～d_6 为电缆外径。

(5) 直埋敷设于非冻土地区时，电缆埋置深度应符合下列规定：

1) 电缆外皮至地下构筑物基础，不得小于 0.3m；

2) 电缆外皮至地面深度，不得小于 0.7m；当位于车行道或耕地下时，应适当加深，且不宜小于 1m。

(6) 直埋敷设于冻土地区时，宜埋入冻土层以下，当无法深埋时可在土壤排水性好的干燥冻土层或回填土中埋设，也可采取其他防止电缆受到损伤的措施。

(7) 直埋敷设的电缆，严禁位于地下管道的正上方或下方。电缆与电缆或管道、道路、构筑物等相互间容许最小距离，应符合表 35-38 的规定：

电缆与电缆或管道、道路、构筑物等相互间容许最小距离（m）
表 35-38

电缆直埋敷设时的配置情况		平行	交叉
控制电缆之间		—	0.5*
电力电缆之间或与控制电缆之间	10kV 及以下动力电缆	0.1	0.5*
	10kV 以上动力电缆	0.25**	0.5*
不同部门使用的电缆		0.5**	0.5*
电缆与地下管沟	热力管沟	2***	0.5*
	油管或易燃气管道	1	0.5*
	其他管道	0.5	0.5*

续表

电缆直埋敷设时的配置情况		平　行	交　叉
电缆与铁路	非直流电气化铁路路轨	3	1.0
	直流电气化铁路路轨	10	1.0
电缆与建筑物基础		0.6***	—
电缆与公路边		1.0***	—
电缆与排水沟		1.0***	—
电缆与树木的主干		0.7	—
电缆与1kV以下架空线电杆		1.0***	—
电缆与1kV以上线塔基础		4.0***	—

注：*用隔板分隔或电缆穿管时可为0.25m；**用隔板分隔或电缆穿管时可为0.1m；***特殊情况可的减且最多减少一半值。

（8）直埋电缆沟在转弯处应挖成圆弧形，以保证电缆的弯曲半径；电缆直埋转角段和分支段做法如图35-7、图35-8所示：

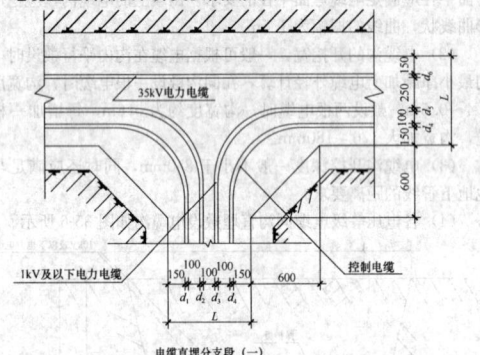

电缆直埋分支段（一）

图35-7　直埋电缆转角段

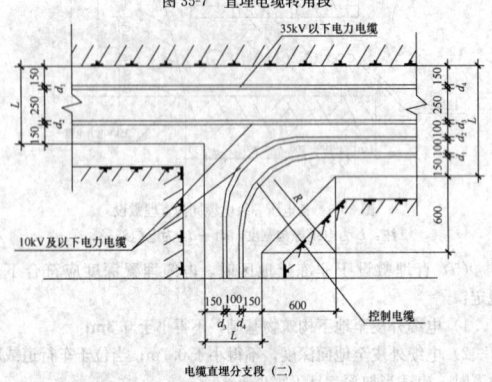

电缆直埋分支段（二）

图35-8　直埋电缆分支段

电缆沟开挖全部完成后，应将沟底铲平夯实；再在铲平夯实的电缆沟铺上一层100mm厚的细砂或软土，作为电缆的垫层。

35.2.2.5　电缆敷设

电缆沟内放置滚轮，其设置间距一般为3～5m一个，转弯处应加放一个，然后以人力牵引或机械牵引（大截面、重型电缆）的方式施放电缆。

电缆应松弛敷设在沟底，作蛇形或波浪形摆放，全长预留1.0%～1.5%的余量，以补偿在各种运行环境温度下因热胀冷缩引起的长度变化；在电缆接头处也留出裕量，为故障时的检修提供方便。

单芯电力电缆直埋敷设时，将单芯电缆按品字形排列，并每隔1000mm采用电缆卡带进行捆扎，捆扎后电缆外径按单芯电缆外径的2倍计算。控制电缆在沟内排列间距不作规定。

电缆敷设完毕，隐蔽工程验收合格后，在电缆上面覆盖一层100mm的细砂或软土，然后盖上保护盖板或砖，覆盖宽度应超出电缆两侧各50mm，板与板间连接处应紧靠。然后再向电缆沟内回

填覆土，覆土前沟内若有积水应抽干，覆土要高出地面150～200mm，以备松土沉降。覆土完毕，清理场地。直埋电缆在直线段每隔50～100m处、电缆接头处、转弯处、进入建筑物等处，应设置明显的方位标志或标示桩，以便于电缆检修时查找和防止外来机械损伤。

在每根直埋电缆敷设同时，对应挂装电缆标志牌。标志牌上应注明线路编号，当无编号时，应写明电缆型号、规格及起讫地点。标志牌规格宜统一，直埋电缆标志牌应能防腐，宜用2mm厚的（钢）铅板制成，文字用钢印压制，标志牌挂装应牢固。

电缆标示桩，如图35-9所示。图中直埋电缆标志桩（一）采用C15钢筋混凝土预制，埋设于电缆壕沟中心；图中直埋电缆标志桩（二）采用C15混凝土预制，埋设于沿送电方向的右侧。

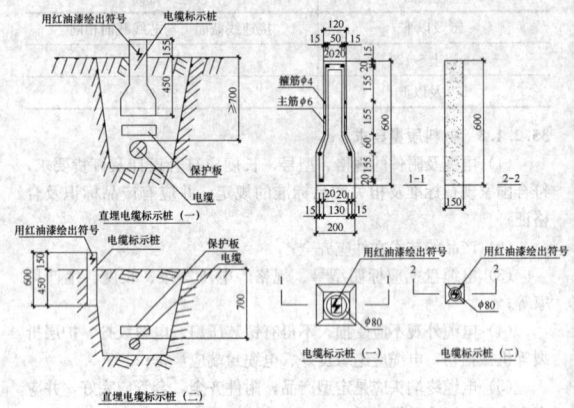

图35-9　直埋电缆标示桩

直埋电缆由电缆沟内引入建筑物的敷设时，应穿电缆保护管防护，保护管两端应打磨成喇叭口，如图35-10所示，图中R为电缆弯曲半径。

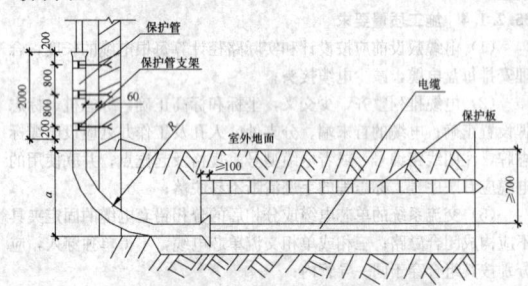

图35-10　直埋电缆由电缆沟内引入建筑物的敷设

35.2.3　矿物绝缘电缆敷设

35.2.3.1　材料要求

（1）矿物绝缘电缆及其附件质量应符合《额定电压750V及以下矿物绝缘电缆及终端》GB/T 13033规定；

（2）当有防腐或美观要求时，可挤制一层外套。外套颜色、材料应符合相关规定要求；

（3）当电缆在对铜护套有腐蚀作用的环境中敷设时，电缆最高温度超过70℃但低于90℃，同其他塑料护套电缆敷设在同一桥架、电缆沟、电缆隧道或人可能触及的场所、或在部分埋地或穿管敷设时，应采用有聚氯乙烯外套的电缆；

（4）电缆终端、中间连接器、敷设配件及施工专用工具由电缆生产厂家配套供应；

（5）应根据现场回路电缆长度合理装盘，减少中间接头。

35.2.3.2　施工机具

电工用具、扳手、钢卷尺、手用钢锯、开孔器、起吊装置、喷灯、铜皮剥切器、电缆弯曲扳手、封罐旋合器、罐盖压合器。

35.2.3.3　作业条件

（1）电缆敷设路径上的建筑物施工完成，并符合现行施工规范

要求。

(2) 敷设电缆的支架、桥架、钢索等按设计要求安装完毕，技术复核完成。

(3) 电缆及其配套部件均已到场，电缆外观检查完好，绝缘电阻测试符合标准规定要求。

35.2.3.4 工艺流程

电缆支架、桥架等敷设→现场测量订货→到货验收→电缆敷设→中间、终端接头制作→绝缘复测→终端头接线→通电试运行。

35.2.3.5 施工准备

(1) 组织施工人员进行技术培训和技术指导，使其充分了解矿物绝缘电缆特性、敷设要求、技术标准，特别是电缆接头制作方法、绝缘测试方法、步骤，使施工人员充分掌握关键节点施工技能，达到熟练操作；

(2) 熟悉图纸及设计要求，按照图纸及施工方案确定电缆型号、规格、走向、排列方式及敷设方式；单芯电缆的排列方式见表35-39；

单芯电缆排列方式 表 35-39

敷设形式	三 相 三 线	三 相 四 线
单路电缆	L_1 L_2 L_3	L_1 N L_2 L_3
两路平行电缆		
三路平行电缆		

(3) 复核电缆路径走向，路径应满足表35-40规定的电缆最小弯曲半径的要求；

电缆弯曲半径要求 表 35-40

电缆外径 D(mm)	$D<7$	$7≤D<12$	$12≤D<15$	$D≥15$
电缆内侧最小弯曲半径 R(mm)	2D	3D	4D	6D

(4) 计算敷设电缆所需长度时，应考虑留有不少于1%的余量；

(5) 电缆敷设前应矫直；

(6) 电缆到场后应测试电缆的绝缘电阻，采用1000V兆欧表，测量铜芯间及铜芯和铜护套间绝缘电阻，其值应大于等于200MΩ。

35.2.3.6 电缆敷设

1. 电缆敷设的一般要求

(1) 矿物绝缘电缆、终端和中间联接器的安装，应严格按图集《矿物绝缘电缆敷设 99D101-6》或设计要求进行；

(2) 电缆在直线敷设的适当场合、过建筑物伸缩缝和沉降缝时，应设置电缆膨胀环，电缆弯曲半径应不小于电缆外径的6倍，见图35-11；

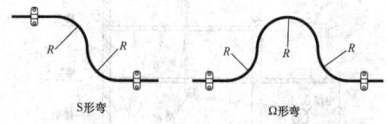

图 35-11 膨胀环

S形弯 Ω形弯

(3) 电缆在有振动源设备的布线，如电动机进线或发电机出线等，应将引至振动源设备接线盒处电缆弯成环形或"S"形，见图35-12；

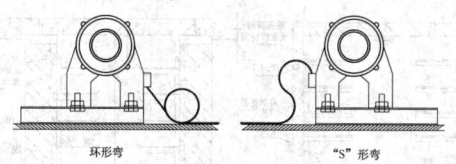

环形弯　　"S"形弯

图 35-12 电缆防振措施

(4) 电缆敷设时，其固定点之间的间距，除支架敷设在支架处固定外，其余按表35-41规定固定。电缆弯曲时，在弯头两侧100mm处设置支架并用电缆卡子固定；

电缆固定点或支架间的最大距离（mm） 表 35-41

电缆外径(mm)		$D<9$	$9≤D<15$	$15≤D≤20$	$D>20$
固定点间的最大间距	水平	600	900	1500	2000
	垂直	800	1200	2000	2500

电缆倾斜敷设时，电缆与垂直方向成30°及以下时，按垂直间距固定；大于30°时，按水平间距固定；

(5) 施工中，电缆一旦锯开，应立即进行下道工序施工，若放置时间太长，应及时进行临时封堵。当有潮气侵入电缆端部，可用喷灯火焰直接对电缆受潮段进行加热驱潮，直到用1000V兆欧表测试电缆绝缘电阻达到200MΩ以上，才能进行中间联接器或终端安装；

(6) 在电缆终端和中间联接器安装过程中，要多次及时地测量电缆的绝缘电阻值。终端和中间联接器安装完成后，应经绝缘电阻测试达100MΩ以上才能使用；

(7) 电缆的终端应牢固可靠地固定在电缆和电气设备上，利用电缆铜护套作接地线时，应接地可靠；

(8) 电缆平行敷设时，如有多只中间联接器，其位置应相互错开；

(9) 单芯矿物绝缘电缆进出柜（箱）及支承电缆的桥架、支架及固定卡具，均应采取分隔磁路的措施，防止涡流产生；

(10) 电缆穿管敷设，管的内径应大于电缆外径（包括单芯成束的每路电缆）的1.5倍，单芯电缆成束后宜每一路穿一根管道；

(11) 矿物绝缘电缆只能穿直通管道，长度在30m范围内，不宜穿于较长距离管道或有弯头的管道；

(12) 终端的芯线相序连接正确，色标明显，电缆标志牌齐全、清晰。

2. 电缆敷设

(1) 电缆在水平桥架内敷设，见图35-13；

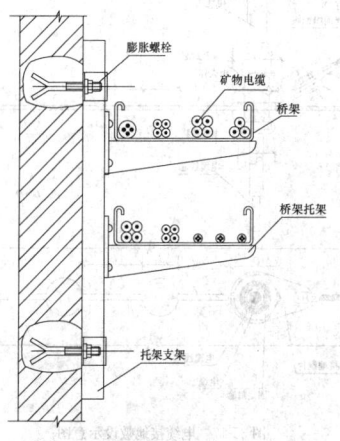

膨胀螺栓
矿物电缆
桥架
桥架托架
托架支架

图 35-13 电缆在水平桥架内敷设

(2) 电缆在电缆隧道和电缆沟内敷设，见图35-14；

(3) 电缆沿支架敷设，见图35-15；

(4) 电缆进配电箱、柜敷设，见图35-16；

(5) 电缆接地敷设，见图35-17。

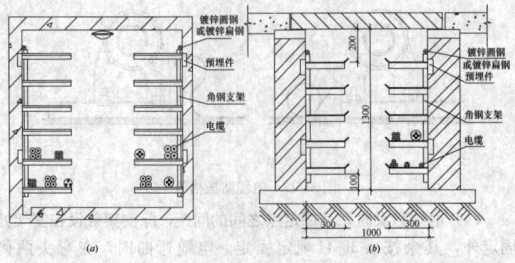

图 35-14　电缆在电缆隧道或电缆沟内敷设
(a) 电缆在电缆隧道内敷设；(b) 电缆在电缆沟内敷设

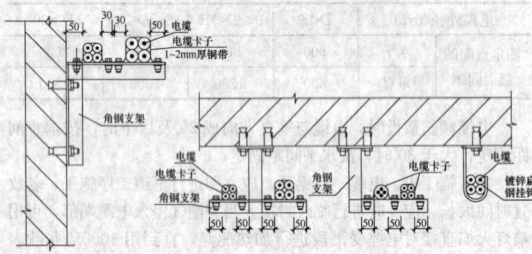

图 35-15　电缆沿支架敷设

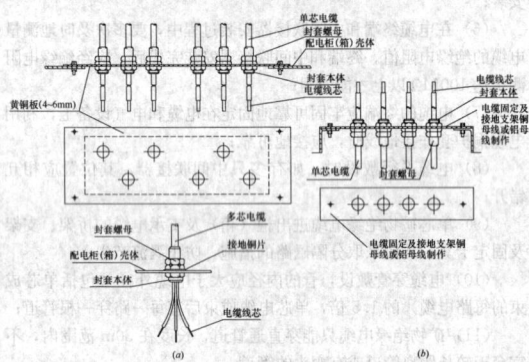

图 35-16　电缆进配电箱、柜的敷设
(a) 矿物绝缘电缆从配电柜（箱）
上进线或侧进线；(b) 矿物绝缘
电缆从配电柜（箱）下进线

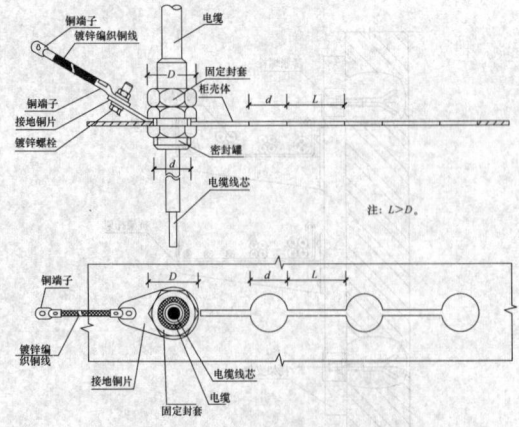

注：$L>D$。

图 35-17　电缆接地敷设示意图

35.2.4　预分支电缆敷设

35.2.4.1　材料要求

(1) 预分支电缆的主干、分支电缆型号应一致，并经出厂检验合格，其性能符合国家标准要求；

(2) 主、分电缆外径尺寸均匀，符合产品标准，表面标识清晰、耐擦、光洁、平整、色泽均匀、无划痕等与良好产品不相称的缺陷；

(3) 预分支电缆及其附件规格、型号等应符合设计图纸要求，技术资料齐全，并有出厂合格证；

(4) 预分支电缆的安装配件由厂家配套提供。

35.2.4.2　施工机具

卷扬机、吊具、滑轮、电工工具、扳手、吊钩等。

35.2.4.3　作业条件

(1) 电缆敷设路径及路径支持件（如支架、桥架等）已完成，符合设计及规范要求，验收通过；

(2) 根据电缆的敷设方式，相应构筑物（如竖井、电缆沟、隧道等）应完成，并符合设计相关规定要求；

(3) 高层及超高层建筑竖井敷设时，应留有电缆及施工机具运输通道，可选择由上往下敷设或由下往上敷设；

(4) 应根据高层及超高层建筑吊运工具尺寸、规格要求，合理装盘。

35.2.4.4　工艺流程

电缆支吊架或桥架安装→电缆长度测量→主干电缆敷设固定→分支电缆敷设固定→电缆接线测试→通电试运行。

35.2.4.5　施工准备

(1) 电气竖井预留洞大小和位置经过技术复核，符合设计要求；

(2) 根据电缆的敷设方式，完成电缆支持件（如支架、桥架等）的施工，并通过验收；

(3) 预分支电缆订货选型时，向生产厂家提出主干电缆和各分支电缆的规格与长度、建筑物楼层层高剖面图、分支接头距离楼层地坪高度以及分支电缆进楼层配电箱的进线方式；

(4) 卷扬机、滑轮等施工机具按施工方案布置完毕。

35.2.4.6　电缆敷设

1. 一般要求

(1) 预分支电缆若为单芯电缆时，应考虑防止涡流效应，禁止使用封闭导磁金具夹具；

(2) 预制分支电缆布线，分支电缆的长度不应大于3m，如不能满足要求应在不超过3m处装设过电流保护装置；

(3) 预分支电缆敷设穿越不同防火分区时，应采取相应的防火封堵措施，并符合设计要求；

(4) 电缆敷设完成后，在首末端、分支处挂上电缆标牌；

(5) 电缆敷设时，待主干电缆安装固定后，再将分支电缆绑扎解开，安装时不应过分强拉分支电缆。

2. 敷设方法

(1) 分支电缆吊装方法，见图 35-18。

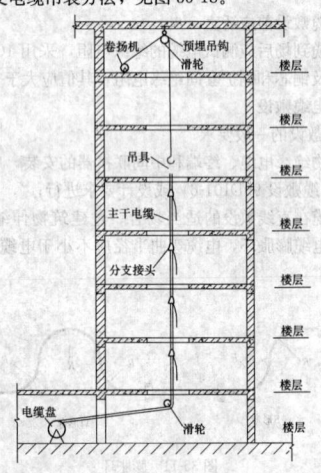

图 35-18　分支电缆吊装方法

(2) 预分支电缆在竖井内安装：

1) 支架敷设，见图 35-19；

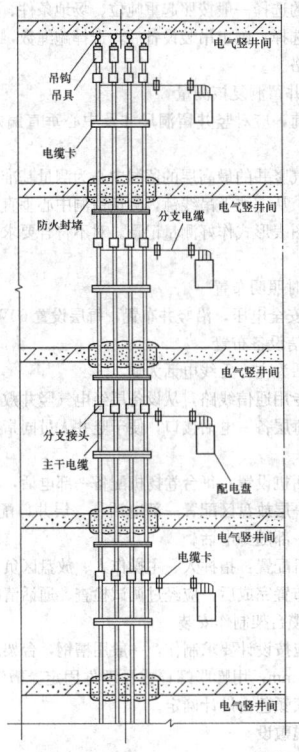

图 35-19 分支电缆在竖井支架安装方法

2) 竖井桥架内敷设，见图 35-20。

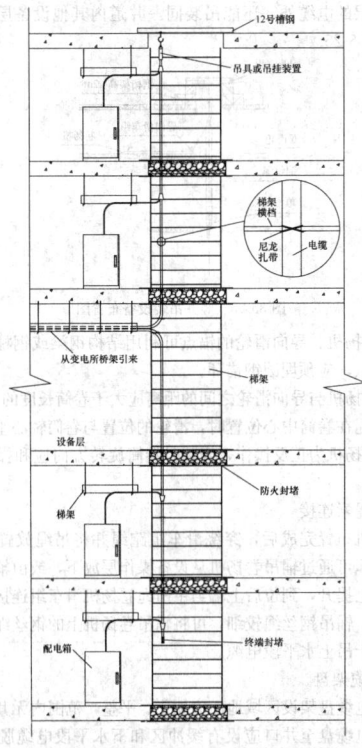

图 35-20 预分支电缆在电气竖井桥架内敷设
注: 1. 设备层往下敷设的电缆，应在桥架每根横档上绑扎固定，设备层往上敷设的电缆，桥架内绑扎间距不大于 1m;
    2. 上层至设备层预分支电缆应由上往下吊装敷设，下层至设备层预分支电缆应由下往上吊装敷设。

35.2.5 超高层建筑垂直电缆敷设

超高层建筑垂直电缆敷设根据不同电缆结构会有不同的施工方法，本节根据上海环球金融中心（地下 3 层，地上 101 层）工程的应用实例介绍。

35.2.5.1 材料要求

（1）电缆由超高层水平段、垂直竖井段、下水平段组成。其结构为：电缆在垂直敷设段带有 3 根钢丝绳，并配吊装圆盘，钢丝绳用扇形塑料包覆，并与三根电缆芯绞合，水平敷设段电缆不带钢丝绳。吊装圆盘是整个吊装电缆的核心部件，由吊环、吊具本体、连接螺栓（钢丝绳拉索锚具）和钢板卡具组成，其作用是在电缆敷设时承担吊具的功能并在电缆敷设到位后承载垂直段电缆的全部重量，电缆承重钢丝绳与吊具连接采用锌铜合金浇铸工艺。

1）电缆结构示意图及样品图见图 35-21。

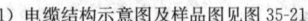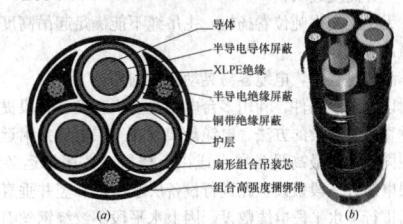

图 35-21 电缆结构和样品图
(a) 电缆结构示意图; (b) 电缆样品图

2）电缆吊装圆盘样品图，见图 35-22。

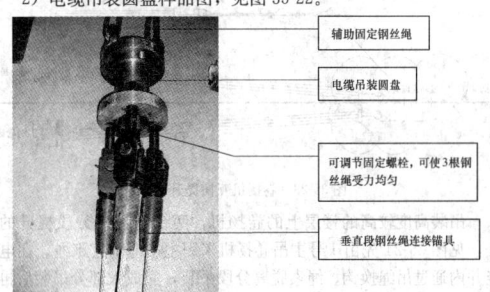

图 35-22 电缆吊装圆盘样品图

（2）电缆及吊具需符合设计及国家规范等规定，质量、技术资料齐全。

（3）电缆芯线标识清楚，耐擦。符合《电线电缆识别标志方法》GB/T 6995 规定。

（4）为保证电缆吊装安全，电缆中选用的任意钢丝绳两根的最小破断拉力总和大于 4 倍电缆垂吊部分的重力。

（5）电缆长度宜会同生产厂家现场测量，尤其是垂直段长度；电缆盘上除按规定标注外，还应注明电缆敷设编号。

（6）依据由下往上吊装方式，电缆装盘时，上水平段应在盘外侧。

（7）钢丝绳、吊具应有破断、拉力等试验，并符合设计要求。

35.2.5.2 施工机具

吊车、放线架、卷扬机、手拉葫芦、放线滚轴（托滚）、钢丝绳、滑轮、滑轮组、吊带、卸扣、扳手、电话、对讲机、电缆穿井梭头、防晃滚轮、塑铸滚轮、电缆金属网套、电工工具等。

35.2.5.3 作业条件

（1）电缆上、下水平段路径支架（或桥架）按设计图纸施工完成，弯曲半径应能满足电缆弯曲半径要求，并验收通过；

（2）电缆竖井建筑装饰施工完成，门能上锁；

（3）竖井有临时照明和通信措施；

（4）电缆运输通道畅通；电缆盘架设的地点应能满足下水平段电缆倒盘要求；

（5）各特殊工种均需持证上岗、起重指挥需有操作证。对操作工人进行安全及施工技术交底，形成交底记录；

（6）卷扬机的布置点，应利用结构梁或钢柱作卷扬机、导向滑轮的锚点，或者在结构阶段预埋圆钢锚环；

（7）吊装机具规格型号选择，应根据设计计算书而定。

35.2.5.4 工艺流程

井口测量→穿引梭头设计制作→吊装工艺选择→起重设备选择→起重设备布置→通信设备布置→井内照明布置→电缆盘架设→吊装过程控制→吊装圆盘安装→辅助吊具安装→辅助卡具安装→检验试验→防火封堵。

35.2.5.5 施工准备

1. 工艺和吊装设备选择

超高层建筑垂直电缆施工所受限制有：

（1）施工电梯运载能力有限；

（2）施工场地狭小；

（3）竖井高度超长；

（4）无法使用大吨位卷扬机，主吊绳不能满足起吊高度和起吊电缆重量的要求；

（5）吊装过程中，电缆容易晃动而被划伤。

针对以上限制条件，利用多台电动卷扬机互换、分段提升，由下而上垂直吊装敷设的方法。电缆盘架设在一层电气井附近，卷扬机布置在同一井道最高设备层上或以上楼层，按序吊运各竖井电缆。每根电缆分三段敷设，先进行设备层水平段和竖井垂直段电缆敷设，后进行下水平段电缆敷设。因上水平段不绞绕钢丝绳，不能受力，在吊装工艺选择上应侧重于上水平段的捆绑、吊运。

吊装高度较低的楼层，布置两台卷扬机，采用主吊绳水平跑绳，两台卷扬机互换提升的方法进行吊装，见图35-23。

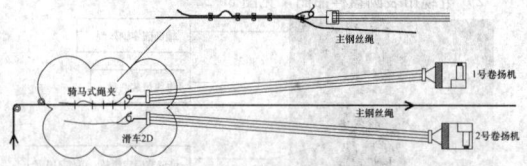

图 35-23 卷扬机互换提升示意

吊装高度较高的楼层上的卷扬机，两台卷扬机分段提升的方法，见图35-24 先由1号主吊卷扬机采用主吊绳垂直跑绳，在电气竖井内通过吊装换钩、绳索脱离分段吊装，完成大部分吊装后再由2号主吊卷扬采用水平跑绳，吊完剩余较短的部分。在3号卷扬机提起整个上水平段后，将上水平段电缆捆绑在主吊绳上，3号卷扬机脱钩，由主吊卷扬机通过吊装圆盘吊运上水平段和垂直段的电缆，在吊装圆盘到达设备层的电气竖井口后，利用钢板卡具（吊装板）将吊装圆盘固定在槽钢台架上。

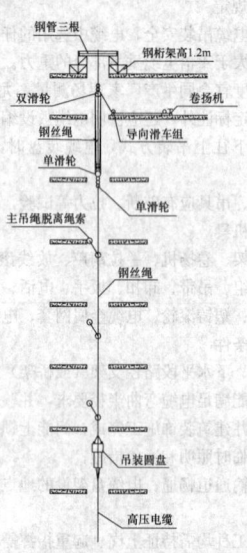

图 35-24 卷扬机分段提升示意

吊装设备的选择一般按照起重吨位、场地条件、搬入吊装设备的途径等方面选择。确定吊装设备后，选择跑绳数，最后经过计算选择钢丝绳规格。

2. 电气竖井留洞复核测量

电缆敷设前，应对竖井留洞尺寸及中心垂直偏差进行复核测量，方法为：

以每个电气竖井的最高层的留洞中心为测量基准点，采用吊线锤的测量方法，从上往下吊线锤，测量留洞中心垂直差，同时测量留洞尺寸，以图表形式作好测量记录。对不符合要求的留洞，通知建筑单位修整。

3. 竖井临时照明布置

采用36V安全电压，沿竖井布置，每层设置60W灯泡一只。

4. 竖井通信设备布置

以有线电话为主，无线电话为辅。

（1）架设专用通信线路，从设备层经电气竖井敷设至一层放盘区，电气竖井每层备一电话接口，便于竖井人员同指挥及卷扬机操作者联系。

（2）固定话机设置：每台卷扬机配备一部电话，卷扬机操作手须佩戴耳机，一层放盘区配置一部电话，一层井口配置一部电话，跑井人员每人一部随身电话。

（3）对讲机配置：指挥人、主操作人、放盘区负责人。

通信设备布置完成后，应经过调试检查、通话清晰。

5. 竖井电缆台架制作安装

电缆台架应按设计要求制作，一般用槽钢，台架尺寸应比留洞尺寸宽50～100mm，用膨胀螺栓或预埋件固定。槽钢应除锈刷两道防锈漆，面漆颜色由设计确定。

35.2.5.6 电缆敷设

1. 起重设备布置

（1）电动卷扬机布置

吊装设备布置在电气竖井的最高设备层或以上楼层，除能吊装最高设备层的电缆外，还能吊装同一井道内其他设备层的垂直电缆，见图35-25。

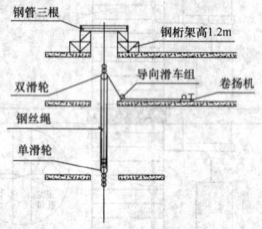

图 35-25 竖井吊装设备布置图

1）卷扬机、导向滑轮的锚点可利用结构钢梁或钢柱，如没有现成的锚点，应预埋圆钢锚环。

2）卷扬机与导向滑轮之间的距离应大于卷筒长度的15倍，确保当钢丝绳在卷筒中心位置时，滑轮的位置与卷筒轴心垂直。

3）卷扬机为正反操作，安装时卷筒旋转方向应和操作开关的指示一致。

（2）绳索连接

卷扬机布置完成后，穿绕滑车组跑绳并将吊绳放置在电气井内，主吊绳可通过辅吊卷扬机从设备操作层放下，或由辅吊卷扬机从一层向上提升，到位后上端与主吊绳卷扬机滑车组连接，构成主吊绳索系。辅吊钢丝绳较细，可将辅吊卷扬机上的钢丝绳放至2层井口，用于吊上水平段电缆。

2. 电缆架盘

（1）电缆盘架设区域地面应硬化、平整，范围内无其他施工。

（2）电缆盘至井口应设有缓冲区和下水平段电缆脱盘后的摆放区。

（3）电缆盘支架设计：

超高层垂直电缆通常较长，重量较重，应设计一个承载大、稳定性好、方便拆卸的电缆架。

（4）根据实际情况采用吊车将电缆放置在电缆盘架上。

3. 吊装过程控制

（1）上水平段电缆头绑扎

为了在吊装过程中不损伤电缆导体，选用有垂直受力锁紧特性的活套型金属网套为电缆头吊索，同时为了确保安全可靠，设一根直径12.5mm柔性钢丝绳为保险附绳。用两根麻绳将吊装圆盘临时吊在二层井口，见图35-25将电缆穿入吊装圆盘并伸出1.2m，此时将金属网套套入电缆头并与3号卷扬机吊绳连接后向上提升1.5m左右叫停，这时金属网套已受力，可进行保险绳的捆绑，要求捆绑不少于3节，见图35-26、图35-27。

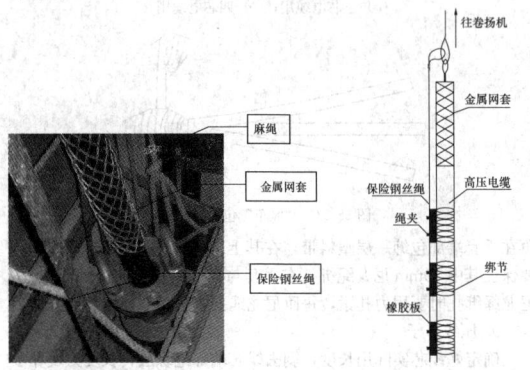

图 35-26　电缆头穿出吊装圆盘　　图 35-27　电缆头及保险绳捆绑

（2）吊装圆盘连接

当上水平段电缆全部吊起，垂直段电缆钢丝绳连接螺栓接近吊装圆盘时叫停，将主吊绳与吊装圆盘吊索（千斤绳）连接，同时将垂直段电缆钢丝绳连接螺栓与吊装圆盘连接。连接时应调整连接螺栓，使垂直段电缆内3根钢丝绳受力均匀。

（3）防摆定位装置安装

电缆在吊装过程中，由人力将电缆盘上的电缆经水平滚轮拖至一层井口，供卷扬机提升。电缆在卷扬机拉力和人力共同作用下产生摆动，电缆从地面向上方井口传递的弧度越大，在电气竖井内的摆动就越大。电缆摆动较大时，将会被井口刮伤，因而必须采取措施控制电缆摆动。

二层电气竖井井口为卷扬机摆动和人力结合部，在此处安装防摆动定位装置，可以有效地控制电缆摆动，同时起到了保持电缆垂直吊装的定位作用。防摆动定位装置由两个带轴承的滚轮，装在支架上组成，安装在二层电气井留洞槽钢台架上，见图35-28。

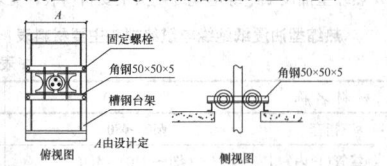

图 35-28　电缆防摆定位装置安装

4. 吊装圆盘固定

当吊装圆盘吊至所在设备层井口高出台架70～80mm时叫停，将吊装板卡进吊装圆盘上颈部。用螺栓将吊装圆盘固定在槽钢台架上，见图35-29。卷扬机松绳、停止，至此电缆吊装过程完成。

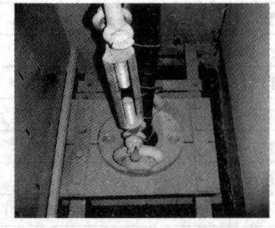

图 35-29　吊装圆盘固定

5. 辅助吊索安装

吊装圆盘在槽钢台架上固定后，还要对其辅助吊挂，目的是使电缆固定更为安全可靠，起到了加强保护作用。

辅助吊点设在所在设备层的上一层，吊架选用槽钢（型号规格见设计），用螺栓与槽钢台架连接固定。吊索选用钢丝绳（规格见设计），通过厚钢板（规格见设计）固定在吊架上，见图35-30。

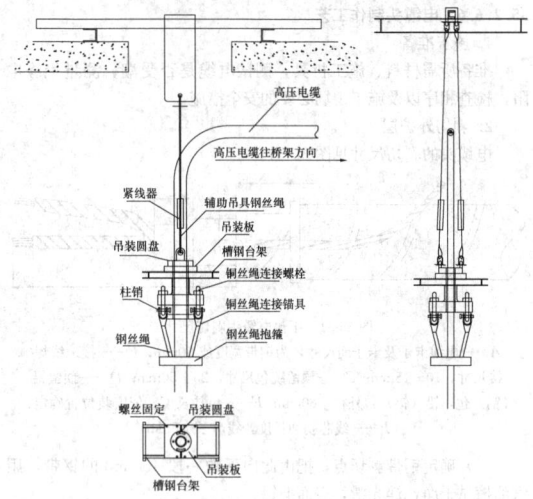

图 35-30　辅助吊索安装示意图

辅助吊装点与吊装圆盘中心应在同一垂直线上，两根吊索应带有紧线器，安装后长度应一致，并处于受力状态。

6. 竖井内电缆固定

在吊装圆盘及其辅助吊索安装完成后，电缆处于自重垂直状态下，将每个楼层井口的电缆用抱箍固定在槽钢台架上，电缆与抱箍之间应垫有胶皮，以免电缆受伤。

7. 水平段电缆敷设、电缆试验，竖井防火封堵

水平段电缆敷设、电缆试验和竖井防火封堵按照常规方法进行。

35.2.6　干包电缆头制作

35.2.6.1　材料和设备

干包电缆头是用聚氯乙烯手套、塑料乙烯带包缠而成，体积小、工艺简单、成本低，只适用于室内电缆终端。材料有：聚氯乙烯带、聚氯乙烯手套、塑料管、尼龙绳、铜接线鼻子、绝缘胶带等。

35.2.6.2　施工机具

锉刀、手用钢锯、电工刀、平口螺丝刀、喷灯、液压压线钳、老虎钳、电工工具等。

35.2.6.3　作业条件

（1）电缆敷设完成，并经绝缘测试合格；

（2）电缆头附件材料齐全无损伤，规格与电缆一致；

（3）施工机具齐全，便于操作，状况清洁；

（4）作业现场应保持清洁，空气干燥，光线充足，温度满足要求；

（5）绝缘材料不得受潮，密封材料不得失效。

35.2.6.4　技术要求

（1）电缆头制作，应由经过培训的熟悉工艺的操作人员进行；

（2）制作电缆头，从剥切电缆开始应连续操作直至完成，缩短绝缘暴露时间；

（3）剥切电缆时不应损伤线芯和保留的绝缘层；

（4）附加绝缘的包绕、装配、热缩等应清洁；

（5）三芯电缆接头两侧电缆的金属屏蔽层（或金属套）铠装层应分别连接良好，不得中断；

（6）电缆终端上应有明显的相色标识，且应与系统的相位一致；

（7）电缆手套吹气检查无泄露，表面平整、光洁，无皱纹、空洞和内部气隙。

35.2.6.5 电缆头制作工艺流程

施工准备→剥切外护层→清洁铅（铝）包→焊接地线→剥切电缆铅（铝）包→剥统包绝缘和分芯→包缠内包层→套手套、塑料软管→压线鼻子→包缠外包层→试验。

35.2.6.6 电缆头制作工艺

1. 施工准备

准备所需材料、施工机具，测试电缆是否受潮、测量绝缘电阻，检查相序以及施工现场必要的安全措施。

2. 剥切外护层

电缆头的剥切尺寸见图 35-31。

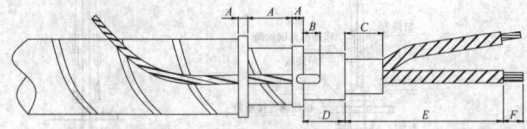

图 35-31 干包电缆头剥切尺寸

A——电缆卡子及卡子间尺寸，为钢带宽度或 50mm；B——接地线焊接尺寸，10～15mm；C——预留统包尺寸，25、50mm；D——预留铅（铝）包，铅（铝）包外径＋60mm；E——包扎长度，依安装位置确定；F——线芯剥切长度，线鼻子＋5mm

（1）确定钢带剥切点，把由此向下的一段 100mm 的钢带，用汽油擦拭干净，锉光滑，表面搪锡；

（2）装好接地铜线，固定电缆钢带卡子；

（3）用钢锯在卡子的外边缘沿电缆一圈锯一道浅痕，用平口螺丝刀逆着钢带绕向把它撕下，用同样方法剥掉第二层钢带，用锉刀锉掉切口毛刺。

3. 清洁铅（铝）包

可用喷灯稍稍给电缆加热，使沥青融化，逐层撕下沥青纸，再用带汽油或煤油的抹布将铅（铝）包擦拭干净。

4. 焊接地线

接地线选用多股软铜线或铜编织带，焊点选在两道卡子间，焊接应牢固光滑，速度要快，时间不宜过长。

5. 剥切电缆铅（铝）包

先确定喇叭口位置，用电工刀先沿铅（铝）包周围切一圈深痕，再沿纵向在铅（铝）包上切割两道深痕，然后剥掉已切成两块的铅（铝）皮，用专用工具把铅（铝）包做成喇叭口状。

6. 剥切统包绝缘和分芯

将电缆喇叭口向末端 25mm 段用塑料带统包绕向包缠几层做临时保护，然后撕掉保护带以上至电缆末端的统包绝缘纸，分开芯线，切割掉芯线之间的填充物。

7. 包缠内包层

从线芯的分叉根部开始，包缠 1～2 层塑料带，保护线芯绝缘，以防套管时受损。在芯线三叉口处填以环氧-聚酰胺腻子，压入第一个"风车"，"风车"也叫"三角带"，是用塑料带自作的，见图 35-32。第一个"风车"绝缘带不应太宽，否则会勒不紧，且在三叉口处容易形成空隙，"风车"必须紧紧地压入三叉口，放置平整。在内包层快完时，压入第二个"风车"，绝缘带的宽度可增至 15～20mm，向下勒紧，散带应均匀分开，摆放平整，再把内包层全部包完。内包层应包成橄榄形，中间大、两头小，最大直径在喇叭口处，为铅包外径加 10mm 左右，如图 35-33 所示。

8. 套手套、塑料软管

选用同芯线截面配套的软手套，用变压器油润滑后套上线芯。使手套的三叉口紧贴压芯"风车"，四周紧贴内包层。然后自指根部开始，至高出手指 10～20mm 处用塑料粘胶带包缠，指根部缠四层，手指缠两层，形成近似锥体。

手指缠绕好后，即可在线芯上套塑料软管，软管长度约为线芯长度加 90mm。将套入端剪成 45°斜口，用 80℃左右的变压器油注入管内预热，然后迅速套至手指根部，手套的手指与软管搭接部分用 1.5mm 的尼龙绳绑扎，长度不小于 30mm，其中越过搭接处 5mm。然后绑扎手套根部，绑扎时先从上到下排出手套内部空气，

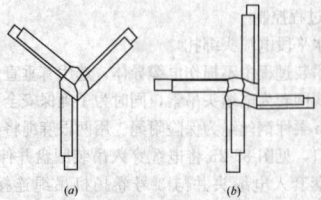

图 35-32 "风车"制作示意图
（a）三芯电缆用；（b）四芯电缆用

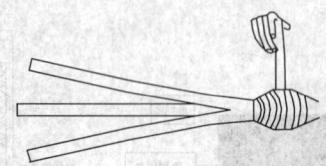

图 35-33 "风车"包缠方法

再在手套端部包缠一层塑料带，在其上绑扎 20～30mm 的尼龙绳，要保证其中 10mm 尼龙绳绑扎在手套与铅（铝）包的接触部位上。尼龙绳绑扎时要用力勒紧，每匝尼龙绳要紧密相靠，但不能叠加。

9. 压线鼻子

确定好线芯实际用长度，剥去线芯端部绝缘层，长度为线鼻子孔深加 5mm，然后压接线鼻子。用塑料带填实裸线芯部分，翻上塑料软管，盖住端子压坑，用尼龙绳绑扎软管与端子重叠部分，再在外面包缠分色塑料带，以区别相序。

10. 包缠外包层

从线芯三叉口起，在塑料软管外面用黄蜡带包两层，再用塑料带包两层，以区别相序。三叉口处用塑料带包缠，先后压入 2～3 个"风车"，填实勒紧。外包层最大直径为铅（铝）包直径加 25mm。

11. 试验

电缆头完成后及时进行直流耐压试验和泄露电流测定，合格后就可接线。

35.2.7 热缩电缆头制作

35.2.7.1 材料和设备

热缩型电缆头分纸绝缘电缆型和交联电缆型两大类，前者适用于浸渍纸电缆，后者适用于交联和塑料电缆。

（1）热缩型油浸纸绝缘电缆终端头主要材料表，见表 35-42。

热缩型油浸纸绝缘电缆终端头主要材料表

表 35-42

序号	材料名称	规格(mm)	数量
1	三指套	$\phi50\sim\phi80$	1
2	绝缘管（户内）	$(\phi30\sim\phi40)\times450$	3
3	绝缘管（户外）	$(\phi30\sim\phi40)\times550$	3
4	应力管	$(\phi30\sim\phi40)\times150$	3
5	隔油管（户内）	$(\phi25\sim\phi35)\times450$	3
6	隔油管（户外）	$(\phi25\sim\phi35)\times550$	3
7	四氟带	100～400 圈	
8	耐油填充胶	210～310 克	
9	导电护套	$(\phi60\sim\phi100)\times250$	1
10	相色管	$(\phi30\sim\phi40)\times50$	3
11	密封管	$(\phi30\sim\phi40)\times150$	3
12	涂胶纱布带	3～5m	
13	单孔雨裙（户外）	$\phi30\sim\phi40$	6
14	三孔雨裙（户外）	$\phi30\sim\phi40$	1
15	接线端子	与电缆线芯相配，采用 DL 或 DT 系列	
16	接地线		

（2）热缩型交联聚乙烯绝缘电缆终端头头材料表，见表35-43。

热缩型交联聚乙烯绝缘电缆终端头主要材料表（户内）

表 35-43

序号	材料名称	备 注
1	三指套	（$\phi70\sim\phi110$）
2	绝缘管	（$\phi30\sim\phi40$）×450
3	应力控制管	（$\phi25\sim\phi35$）×150
4	绝缘副管	（$\phi35\sim\phi40$）×100
5	相色管	（$\phi35\sim\phi40$）×50
6	填充胶	
7	接地线	
8	接线端子	与电缆线芯相配，采用DL或DT系列
9	绑扎铜丝	1/ϕ2.1mm
10	焊锡丝	

（3）热缩型塑料绝缘电缆终端头材料表，见表35-44。

热缩型塑料绝缘电缆终端头主要材料表 表 35-44

序号	材 料 名 称	备 注
1	接线端子	与电缆线芯相配，采用DL或DT系列
2	三指套(或四指)	与电缆线芯截面相配
3	外绝缘管	（$\phi10\sim\phi35$）×300
4	相色聚氯乙烯带	红、黄、绿、黑四色
5	接地线	
6	填充胶	
7	绑扎铜丝	1/ϕ2.1mm
8	焊锡丝	

（4）热缩型塑料绝缘电缆接头材料表，见表35-45。

0.6/1kV 塑料电缆头主要材料表 表 35-45

序 号	名 称	规格(mm)	长度(mm)	数 量
1	热缩绝缘管	$\phi10\sim\phi35$	400	3或4
2	热缩护套管	$\phi50\sim\phi100$	1000	1
3	填充胶			
4	接地铜线		1000	1
5	连接管			3或4
6	PVC带	宽25mm		

35.2.7.2 施工机具

液压压线钳、喷灯、刻刀、电工刀、分相塞尺、剥线刀、剖塑刀、割塑钳、克丝钳、钢卷尺、钢锯、电烙铁、剪刀、扳手、锉刀、电工工具、万用表、摇表等。

35.2.7.3 作业条件

（1）电缆敷设完毕，电缆型号、规格、电压等级等核对无误，电缆绝缘电阻测试和耐压试验符合要求；

（2）作业场所温度在+5℃以上，相对湿度在70％以下；

（3）施工现场干净、光线充足；施工现场应备有220V交流电源；

（4）电缆头施工，应由经过培训的熟练工人操作；

（5）制作电缆头的材料、工具、附件等均准备齐全。

35.2.7.4 技术要求

（1）喷灯宜是用丙烷喷灯，热缩温度在110～130℃之间；

（2）加热收缩管件时火焰要缓慢接近热缩材料，并在周围沿圆周方向移动，待径向收缩均匀后再轴向延伸；

（3）热缩管включ覆密封金属部位时，金属部位应预热至60～70℃；

（4）套装热缩管前应清洁包敷部位，热缩管收缩后必须清除火焰在其表面残留的碳迹；

（5）热收缩完毕的热收缩管应光滑、无折皱、气泡，能比较清晰地看出其内部的结构轮廓，密封部位一般应有少量的密封胶溢出；

（6）交联聚乙烯绝缘电缆终端头的钢带铠装和铜带屏蔽层，在电缆运行时应连接在一起并按供电系统的要求接地。

35.2.7.5 电缆头制作工艺流程

热缩型交联电缆终端头制作工艺流程：

剥切→安装接地线→填充胶、固定手套→剥离→固定应力管→压线鼻子→固定绝缘管、密封管。

35.2.7.6 电缆头制作工艺

热缩型交联绝缘终端头制作，见图35-34。

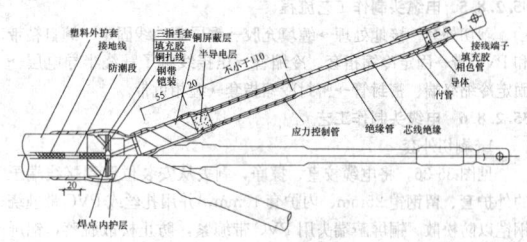

图35-34 热缩型交联绝缘终端头制作

（1）剥切

校直电缆后，按规定的尺寸剥切外护套，见图35-35，从外护套切口处留30mm钢铠，去漆，用铜线绑扎后，锯除其余部分，在钢带切口处留20mm内衬层，除去填充物，分开线芯。

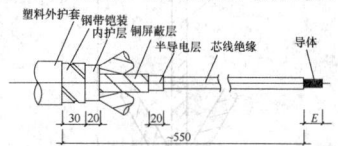

图35-35 热缩型交联聚乙烯绝缘
电缆终端头剥切尺寸

注：E＝接线端子孔深+5。

（2）安装接地线

用铜线将接地线紧紧地绑扎在去漆的钢铠上，用焊锡焊牢，扎丝不得少于3道焊点。

（3）填充胶、固定手套

用电缆填充胶填充三叉根部空隙，外形似橄榄状。钢铠向下擦净60mm外护套，绕包一层密封胶。将手套套入，从三叉根部加热收缩固定，加热时，从手套根部依次向两端收缩固定。

（4）剥离

从手指部向上保留55mm铜屏蔽层，整齐剥离其余，但半导电层保留20mm，不要损伤主绝缘，然后用溶剂清洁芯线绝缘。

（5）固定应力管

套入应力管，与铜屏蔽搭接20mm，加热收缩固定。

（6）压线鼻子

线芯端部剥除线鼻子孔深加5mm长度绝缘，再压上线鼻子并锉平毛刺，在端子和芯绝缘之间包绕密封胶并搭接端子10mm。

（7）固定绝缘管、密封管

套入绝缘管至三叉手套根部，管上端露出填充胶10mm，并由根部起均匀加热固定。然后预热线鼻子，在线鼻子接管部位套上密封管，由上端起加热固定。

将相色管套在密封管上，然后加热固定。

若是户外电缆头，最后还应将雨裙加热颈部固定。

35.2.8 冷缩电缆头制作

35.2.8.1 材料和设备

护套管、分支管、密封管、纱布、各式胶带、绝缘胶等。

35.2.8.2 施工机具

液压钳、电工刀、锉刀、万用表、摇表等。

35.2.8.3　作业条件

(1) 电缆冷缩终端头的制作环境应清洁;

(2) 制作电缆头的材料、工具、附件等均准备齐全;

(3) 电缆敷设完毕、电缆型号、规格、电压等级等核对无误,电缆绝缘电阻测试和耐压试验符合要求。

35.2.8.4　技术要求

(1) 电缆终端头从开始剥切到制作完成必须连续进行,一次完成,防止受潮;

(2) 剥切电缆时不得伤及线芯绝缘;

(3) 同一电缆线芯的两端,相色应一致,且与连接母线的相序相对应。

35.2.8.5　电缆头制作工艺流程

剥切外套→接地处理→缠填充胶→铜屏蔽地线固定→缠自粘带和 PVC 带→固定冷缩指套、冷缩管→压接线端子→绕半导电层→固定冷缩终端、密封管→密封冷缩指套→缠相色带。

35.2.8.6　电缆头制作工艺

1. 剥切外套

见图 35-36,将电缆校直、擦净,剥去从安装位置到接线端子的外护套、留钢铠 25mm、内护套 10mm,并用扎丝或 PVC 带缠绕钢铠以防松散。铜屏蔽端头用 PVC 带缠紧,防止松散脱落,铜屏蔽皱褶部位用 PVC 带缠绕,以防划伤冷缩管。

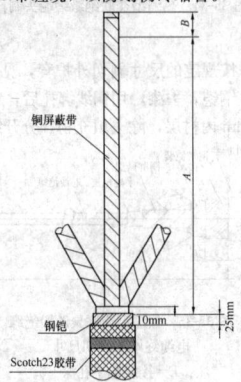

图 35-36　电缆头剥切尺寸

注:由于开关尺寸和安装方式的不同,A 尺寸供参考,具体的电缆外护套开剥长度应根据现场实际情况定。

导体截面 (mm²)	绝缘外径 (mm)	A (mm)	B
25~70	14~22	560	
95~240	20~33	680	接线端子孔深+5mm
300~500	28~46	680	

2. 接地处理

将三角垫锥用力塞入电缆分岔处,钢铠去漆,用恒力弹簧将钢铠地线固定在钢铠上。为了牢固,地线要留 10~20mm 的头,恒力弹簧将其绕一圈后,把露的头反折回来,再用恒力弹簧缠绕,如图 35-37 所示。

3. 缠填充胶

自断口以下 50mm 至整个恒力弹簧、钢铠及内护层,用填充胶缠绕两层,三岔口处多缠一层。

4. 铜屏蔽地线固定

如图 35-38 所示。将一端分成三股的地线分别用三个小恒力弹簧固定在三相铜屏蔽带上,缠好后尽量把弹簧往里推,钢铠地线与铜屏蔽地线不能短接。

5. 缠自粘带和 PVC 带

如图 35-39 所示。在填充胶及小恒力弹簧外缠一层黑色自粘带,再缠几层 PVC 带,防止水汽沿接地线缝隙进入,也更容易抽出冷缩指套内的塑料条。

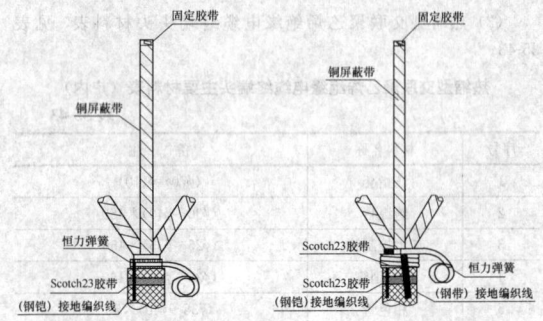

图 35-37　固定铠装接地　　　图 35-38　固定铜屏蔽地线

6. 固定冷缩指套、冷缩管

将指端的三个小支撑管略微搅出一点,将指套套入尽量下压,逆时针先抽手套端塑料条,再抽手指端塑料条,见图 35-40。

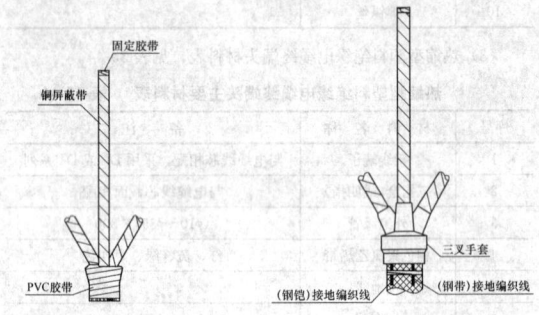

图 35-39　缠自粘带和 PVC 带　　　图 35-40　固定冷缩指套

套入冷缩套管,与分枝手套搭接 15mm(应以产品随带技术文件为准备),拉出芯绳,从下向上收缩。户外头需安装带裙边的绝缘管,与上一绝缘管搭接 10mm,从下向上收缩,见图 35-41。

7. 压接线端子

距冷缩管 30mm 剥去铜屏蔽,记住相色线。距铜屏蔽 10mm,剥去外半导层,按接线端子孔深剥除各相绝缘。将外半导电层及绝缘体末端用刀具倒角,按原相色缠绕相色条,压上端子。按照冷缩终端的长度绕安装限位线,见图 35-42。

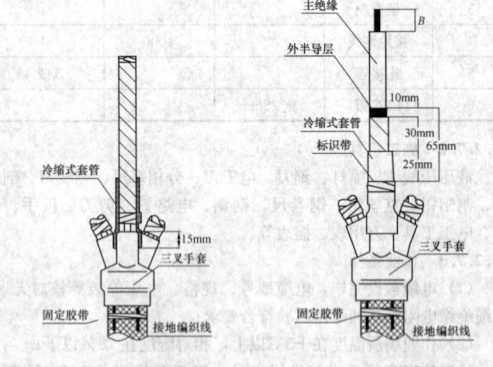

图 35-41　固定冷缩管　　　图 35-42　压接线端子

8. 绕半导电层

从铜屏蔽上 10mm 处绕半导电带与主绝缘上 10mm 处一个来回,用砂纸打磨绝缘层表面,并用清洁纸清洁。清洁时,从线芯端头起,到外半导电层,切不可来回擦,并将硅脂涂在线芯表面(多涂),见图 35-43。

9. 固定冷缩终端、密封管

套入冷缩终端,慢慢拉动终端内的支撑条,直到和终端端口对齐。将终端穿进电缆线芯并和安装限位线对齐,轻轻拉动支撑条,使冷缩管收缩(如开始收缩时发现终端与限位线错位,可用手把它纠正过来)。

用填充胶将端子压接部位的间隙和压痕缠平，然后从绝缘管开始，半重叠绕包 Scotch70 绝缘带一个来回至接线端子上，如图 35-44。

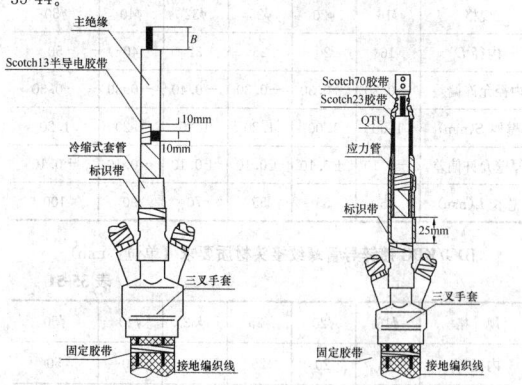

图 35-43　绕半导电层　　　图 35-44　固定冷缩终端、密封管

10. 密封冷缩指套

将指套大口端连地线一起翻卷过来，用密封胶将地线连同电缆外护套一起缠绕，然后将指套翻卷回来，用扎线将指套外的地线绑牢。

11. 缠相色带

最后在三相线芯分支套指管外包绕相色标志带。

35.2.9　电缆敷设试运行及验收

电缆施工完成后，需按要求对电缆进行绝缘电阻、耐压等测试，合格后方可试运行和验收。

35.2.9.1　电缆绝缘电阻测量

测量各电缆线芯对地或对金属屏蔽层及各线芯间的绝缘电阻，测量方法见图 35-45。测量绝缘用兆欧表的额定电压，宜采用如下等级：

(1) 0.6/1kV 电缆用 1000V 兆欧表。

(2) 0.6/1kV 以上电缆用 2500V 兆欧表；6/6kV 及以上电缆也可用 5000V 兆欧表。

(3) 橡塑电缆外护套、内衬层的测量用 500V 兆欧表。

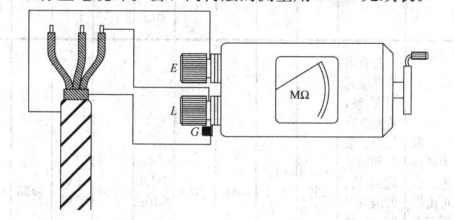

图 35-45　绝缘电阻测量接线图

(4) 试验前后，绝缘电阻测量应无明显变化。橡塑电缆外护套、内衬套的绝缘电阻不低于 $0.5M\Omega/km$。

35.2.9.2　电缆直流耐压试验和直流泄露试验

1. 测试方法

试验方法，见图 35-46。

2. 试验要求

(1) 18/30kV 及以下电压等级的橡塑绝缘电缆直流耐压试验电压 U_t，应按式（35-1）计算：

$$U_t = 4 \times U_0 \qquad (35-1)$$

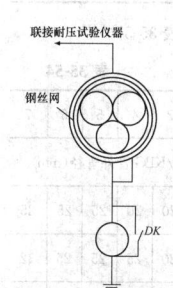

图 35-46　电缆直流耐压和直流泄露试验接线示意

(2) 试验时，试验电压可分 4～6 阶段均匀升压，每阶段停留 1min，并读取泄漏电流值。试验电压升至规定值后维持 15min，其间读取 1min 和 15min 时泄漏电流。测量时应消除杂散电流的影响。

(3) 对额定电压为 0.6/1kV 的电缆线路应用 2500V 兆欧表测量导体对地绝缘电阻代替耐压试验，试验时间 1min。

35.2.9.3　电缆相位检查

对于新敷设的电缆或运行中重装接线盒或拆过接线头的电缆线路应检查电缆线路的相位，并且同电网相位一致。

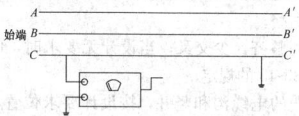

图 35-47　兆欧表核对电缆相位接线方法

1. 兆欧表法

利用兆欧表核对电缆线路相位，接线方法如图 35-47，当线路接通后表示同一相，否则换其他相试。每相都要试。

2. 指示灯法

将图 35-47 中的兆欧表换成干电池，并串入指示灯泡接地，在线路末端逐相接地测量，若灯亮，表示同一相。不亮换另一相再试。每相都要试。

35.2.9.4　试运行

电缆线路经过测试符合规定要求，空载运行 24h，无异常现象，即可正式投入使用。

35.2.9.5　电缆敷设施工质量验收

1. 电缆桥架安装和桥架内电缆敷设

(1) 金属电缆桥架及其支架和引入或引出的金属电缆导管均必须接地（PE）或接零（PEN），并符合下列规定：

①金属电缆桥架及其支架全长应不少于两处与接地（PE）或接零（PEN）干线相连接；

②非镀锌的电缆桥架间的连接板的两端应跨接铜芯接地线，接地线最小允许截面应不小于 4mm²；

③镀锌电缆桥架间的连接板两端可不跨接接地线，但连接板两边不应少于两个有防松螺帽或防松垫圈的连接固定螺栓。

(2) 电缆敷设严禁有绞拧、铠装压扁、护层断裂和表面严重划伤等缺陷。

(3) 大于 45°倾斜敷设的电缆每隔 2m 处固定。

(4) 电缆出入电缆沟、竖井、建筑物、柜（盘）、台处以及管子管口处等应做密封处理。

(5) 电缆敷设排列整齐，桥架或托盘内水平敷设的电缆，首尾两端、转弯两侧及每隔 5～10m 处设固定点；敷设与垂直桥架内的电缆固定点距，不大于表 35-46 的规定。

电缆固定点的间距（mm）　　　　表 35-46

电 缆 种 类		固定点的间距
电力电缆	全塑型	1000
	除全塑型外的电缆	1500
控制电缆		1000

(6) 电缆的首端、末端和分支处应设标志牌。

2. 电缆沟内和竖井内电缆敷设

(1) 金属电缆支架、电缆导管均必须接地（PE）或接零（PEN）；

(2) 电缆敷设严禁有绞拧、铠装压扁、护层断裂和表面严重划伤等缺陷；

(3) 当设计无要求时，电缆支架最上层至竖井顶部或楼板的距离不小于 150～200mm；电缆支架最下层至沟底或地面的距离不小于 50～100mm；

(4) 当设计无要求时，电缆支架层间最小允许距离应符合表 35-47 的规定：

电缆支架层间最小允许距离（mm）　　　表 35-47

电 缆 种 类	支架层间最小距离
控制电缆	120
10kV 及以下电力电缆	150～200

（5）电缆在支架上敷设，转弯处的最小允许弯曲半径应符合表35-5的规定；

（6）电缆敷设固定应符合下列规定：

①垂直敷设或超过45°倾斜敷设的电缆在每个支架上固定；

②交流单芯电缆或分相后的每相电缆固定用的夹具和支架，不形成闭合铁磁回路；

③电缆排列整齐，少交叉；当设计无要求时，电缆支持点间距，不大于表35-45的规定；

④敷设电缆的电缆沟和竖井，按设计要求位置，有防火封堵措施。

（7）电缆的首端、末端和分支处应设标志牌。

35.3　电气装置1kV以下配电线路

建筑电气配电线路中1kV以下是指建筑内的普通动力、普通照明、消防动力、消防照明的配电线路。配电线路按其布设方式可分为：暗敷设配电线路和明敷设配电线路。

明、暗敷设配电线路在现有民用建设上均采用穿管（金属管或塑料管）和线槽（金属线槽或塑料线槽）的方式。室内的配电线路的保护管和线路所用工艺和材料选择必须符合设计和国家规定要求，确保用户的使用安全和使用功能，避免因材料质量问题和施工质量引起的用电事故。

35.3.1　一　般　规　定

为保证建筑物内各用电设备的安全性能和使用功能以及以后的用户用电扩充或线路更换，建筑物内配电线路必须有经过专业设计的施工图纸为首要的施工依据，不能随意施工或变更设计图纸。

35.3.1.1　常用技术数据

1. 电线保护管的技术数据

（1）电线钢保护管一般采用厚壁钢管（热镀锌管和焊接钢管）和薄壁电工管，技术数据见表35-48。

常用热镀锌钢管（焊接钢管）规格　　表35-48

公称口径(mm)	外径(mm)	壁厚(mm)	镀锌管比黑铁管增加的重量系数	
			普通钢管	加厚钢管
15	21.3	3.15	1.047	1.039
20	26.8	3.40	1.046	1.039
25	33.5	4.25	1.039	1.032
32	42.3	5.15	1.039	1.032
40	48.0	4.00	1.036	1.030
50	60.0	5.00	1.036	1.028
65	75.5	5.25	1.034	1.028
80	88.5	4.25	1.032	1.027
100	114.0	7.00	1.032	1.026
125	140.0	7.50	1.028	1.023
150	165.0	7.50	1.028	1.023

注：$W = C \times [0.02466 \times (D-S) \times S]$

W——镀锌管每米重量，kg/m；

C——镀锌管比黑铁管增加的重量系数；

D——黑铁管的外径；

S——黑铁管的壁厚。

（2）薄壁电工管（JDG/KBG）技术数据如表35-49～表35-52。

JDG/KBG镀锌导管材质要求（单位：mm）　表35-49

规　格	φ16	φ20	φ25	φ32	φ40	φ50
外径	16	20	25	32	40	50
公差	−0.30	−0.30	−0.30	−0.40	−0.40	−0.40
壁厚S	1.00	1.00	1.20	1.20	1.20	1.20
厚壁允许偏差	±0.10	±0.10	±0.10	±0.15	±0.15	±0.15
总长L	4000	4000	4000	4000	4000	4000

JDG/KBG镀锌导管直接头材质要求（单位：mm）　表35-50

规格	φ16	φ20	φ25	φ32	φ40	φ50
内径D	16	20	25	32	40	50
内径允许偏差	−0.30	−0.30	−0.30	−0.40	−0.30	−0.30
壁厚S(mm)	1.00	1.00	1.20	1.20	1.20	1.20
厚壁允许偏差	±0.10	±0.10	±0.10	±0.10	±0.10	±0.10
总长L(mm)	55	55	55	70	90	100

JDG/KBG镀锌导管螺纹接头材质要求（单位：mm）　表35-51

规　格	φ16	φ20	φ25	φ32	φ40	φ50
内径D	16	20	25	32	40	50
内径允许偏差	−0.30	−0.30	−0.30	−0.40	−0.30	−0.30
壁厚S	1.00	1.00	1.20			1.20
厚壁允许偏差	±0.15	±0.15	±0.15	±0.15	±0.15	±0.15
总长L	40	40	40	40		90

JDG/KBG镀锌导管900弯头材质要求（单位：mm）　表35-52

规　格	φ16	φ20	φ25	φ32	φ40	φ50
外径	16	20	25	32	40	50
公差	+0.30	+0.30	+0.30	+0.40	+0.40	+0.40
壁厚S	1.00	1.00	1.20	1.20	1.20	1.20

（3）PVC电线保护管技术数据如表35-53。

埋地式普通电力电缆PVC套管材质要求　　表35-53

要求项目	颜色	外观	平均外径(mm)	壁厚(mm)	环刚度(kPa)	维卡软化点(℃)	体积电阻率(Ω·cm)	落锤冲击力	阻燃性能	含氧指数(%)	纵向缩回率(%)
技术要求	一般为橘红色，也可由供需双方商定	套管内外壁应光滑平整，不允许有气泡、裂口和明显的纹痕、凹陷及分解变色线。套管截面应切割平整并与轴线垂直	$110^{+0.8}_{-0.4}$	$5.0^{+0.7}_{-0.2}$	≥8	≥83	$\geq 1.0 \times 10^{13}$	9/10	FV-0级	≥38	≤5.0

（4）管路穿线缆的管径选择如表35-54～表35-57。

BV电线穿管数量表　　表35-54

导线根数	2	3	4	5	6	7	2	3	4	5	6	7
截面(mm)	焊接钢管（镀锌管）内管径(mm)						JDG/KBG管外管径(mm)					
2.5	15	15	15	20	20	25	16	20	20	25	25	25
4	15	20	20	25	25	25	16	20	20	25	25	32
6	20	20	25	25	25	32	20	25	25	32	32	32
10		25						25				

三芯、三芯十N及四芯等截面电力电缆穿管数量表（一）
表 35-55

电缆型号	电缆标称截面积(mm²)	10	16	25	35	50	70	95	120	150	185
VV VLV 0.6/1kV	焊接钢管或水煤气钢管	最小管径(mm)									
	电缆穿管长度在30m及以下　直线	25	32	40		50		70			80
	一个弯曲时		50		70	80		100			
	两个弯曲时	50	70		80		100		125		
	电缆标称截面积(mm²)	10	16	25	35	50	70	95	120	150	185
YJV YJLV 0.6/1kV	焊接钢管或水煤气钢管	最小管径(mm)									
	电缆穿管长度在30m及以下　直线	20		25	40			150	150		200
	一个弯曲时	25		50		100		200			
	两个弯曲时	25	32	40	70		150		200		250
	电缆标称截面积(mm²)	16	25	35	50	70	95	120	150	185	240
ZQD ZLQD 0.6/1kV	焊接钢管或水煤气钢管	最小管径(mm)									
	电缆穿管长度在30m及以下　直线	32	40	70	100	150		200			250
	一个弯曲时	40		80		150		200			250
	两个弯曲时					150		200			250

电缆型号	电缆标称截面积(mm²)	10	16	25	35	50	70	95	120
VV VLV 0.6/1kV	聚氯乙烯硬质电线管	最小管径(mm)							
	电缆穿管长度在30m及以下　直线	32		40		80			150
	一个弯曲时		50		80		150		
	两个弯曲时	50		63		100			
	电缆标称截面积(mm²)	10	16	25	35	50	70	95	120
YJV YJLV 0.6/1kV	聚氯乙烯硬质电线管	最小管径(mm)							
	电缆穿管长度在30m及以下　直线	25	32		40		80		150
	一个弯曲时	32		40	50	63		100	
	两个弯曲时	32	40		63		100		
	电缆标称截面积(mm²)	16	25	35	50	70	95	120
ZQD ZLQD 0.6/1kV	聚氯乙烯硬质电线管	最小管径(mm)						
	电缆穿管长度在30m及以下　直线		32		40		80	150
	一个弯曲时	32		40		50	63	150
	两个弯曲时		40		63		150	200

三芯、三芯十N及四芯等截面电力电缆穿管数量表（二）
表 35-56

电缆型号	电缆标称截面积(mm²)	10	16	25	35	50	70	95	120		
VV* VLV* 0.6/1kV*	焊接钢管或水煤气钢管	最小管径(mm)									
	电缆穿管长度在30m及以下　一个弯曲时		32	40		50		80	150		
	两个弯曲时		40		50		70		150		

注: *适用于 VV22、VV32、VV42、VLV22、VLV32、VLV42。

电缆型号	电缆标称截面积(mm²)	10	16	25	35	50	70	95	120	150	185
YJV* YJLV* 0.6/1kV*	焊接钢管或水煤气钢管	最小管径(mm)									
	电缆穿管长度在30m及以下　一个弯曲时		32	40	50	70		100	150		200
	二个弯曲时	32	40		50		80		150		200
3.7/10kV*	一个弯曲时						80		150		200
	两个弯曲时							100			200

注: *适用于 YJV22、YJV32、YJV42、YJLV22、YJLV32、YJLV42。

控制电缆电缆穿管数量表
表 35-57

电缆截面(mm²)	控制电缆芯数	2	4	5	6,7	8	10	12	14	16	19	24	30	37
0.7~1.0	焊接钢管或水煤气钢管	最小管径(mm)												
	电缆穿管长度在30m及以下　直通	15		20		25		32		40				
	一个弯曲时	20		25		32		40		50		70		
	两个弯曲时	25		32		40		50		70				
1.5~2.5	焊接钢管或水煤气钢管	最小管径(mm)												
	电缆穿管长度在30m及以下　直通	20		25		32		40		50				
	一个弯曲时	20		25		32		40		50		70		
	两个弯曲时	25		32		40		50		80		100		
0.7~1.0	聚氯乙烯硬质电线管	最小管径(mm)												
	电缆穿管长度在30m及以下　直通	20		25		32		40		50				
	一个弯曲时	25		40		50		63						
	两个弯曲时	32		40		50		63						
1.5~2.5	聚氯乙烯硬质电线管	最小管径(mm)												
	电缆穿管长度在30m及以下　直通	25		32		40		50						
	一个弯曲时	25		32		40		63						
	两个弯曲时	32		40		63								

注: 适用于 KVV、KXV、KYV 型控制电缆。

2. 电缆电线的技术数据（如表35-58）

BV型绝缘电线的绝缘层厚度表
表 35-58

序号	1	2	3	4	5	6	7	8	9	10	11	12	13	14	15	16	17
电线芯线标称截面积(mm²)	1.5	2.5	4	6	10	16	25	35	50	70	95	120	150	185	240	300	400
绝缘层厚度规定值(mm)	0.70	0.8	0.8	0.8	1.0	1.0	1.2	1.2	1.4	1.4	1.6	1.6	1.8	2.0	2.2	2.4	2.6

35.3.2　金属配管敷设

35.3.2.1　材料要求

（1）所有管材必须证件（合格证、备案证）齐全，并要求是原件，不是原件的证件必须加盖供货单位公章，并注明原件存放地及经办人签字。

（2）钢管壁厚均匀，无劈裂、砂眼、棱刺和凹扁现象；镀锌钢管镀锌层要完好无损，锌层厚度均匀一致，不得有剥落、气泡等现象；KBG管的镀锌件，其镀锌层完整无劈裂，而端头光滑无毛刺。

（3）管箍：大小符合国家规范要求镀锌层均匀，无剥落、无劈裂，两端光滑无毛刺。锁紧螺母：尺寸符合国家标准要求，外层完好无损，丝扣清晰、均匀、不乱扣、镀锌层均匀。

（4）盒、箱：铁制盒、箱的大小尺寸以及壁厚应符合设计及规范要求，无变形，敲落孔完整无损，面板的安装孔应齐全，丝扣清晰，面板、盖板应与盒、箱配套，外形完整无损和颜色均一，无锈蚀等现象。

35.3.2.2　施工机具

（1）主要安装机具：压力案子、煨管器、液压煨管器、液压开孔器、套丝机、扣压器、砂轮锯、无齿锯、钢锯、刀锯、锉刀、活

扳手、电焊机、粉线袋等。

（2）主要检测机具：游标卡尺、卷尺、摇表等。

35.3.2.3　作业条件

（1）暗配管中，现浇混凝土结构内配管，要在底部钢筋组装固定之后，根据施工图尺寸位置进行布线管固定牢固；明配管必须在土建抹灰刮完腻子后进行，按施工图进行测放线定位，坐标和标高、走向、确定接线盒的位置。

（2）首先土建应弹出准确的结构50线，用以确定开关、插座等电器装置的位置，再根据抄测得标高及时配合土建专业把布线配管随墙预埋好。

35.3.2.4　厚壁金属电线管配管

1. 管子的下料

（1）管路防腐

焊接钢管预埋在混凝土内必须进行内壁防腐处理。

（2）管子切断

配管前根据现场的实际放线及管路走向把管子进行切割，切口应垂直、无毛刺，切口斜度不应大于2°；切断完后，要用锉刀把管口的毛刺清理干净。

（3）套丝

镀锌钢管进盒采用套丝，锁母连接。

（4）煨管

煨管器的大小要根据管径的大小选择相适配的；管路的弯扁度要不大于管外径的10%，弯曲角度不宜小于90°，弯曲处不可有折皱、凹穴和裂缝等现象；暗配管时弯曲半径不应小于管外径的10倍。

2. 厚壁金属电线管暗敷

（1）工艺流程

1）镀锌钢管工艺流程

管子切断→套丝→煨弯→配管→管线补偿→跨接地线连接。

2）焊接钢管暗敷设工艺流程

管线防腐→管子切断→煨弯→配管→管线补偿→管路焊接→跨接地线焊接。

（2）管路连接

1）管进盒连接

①冷镀锌管进盒采用螺母连接，带上锁母的管端在盒内露出锁紧螺母的螺纹应为2~4扣，不能过长或过短，如采用金属护口，在盒内可不用锁紧螺母，但入盒的管端须加锁紧螺母。多根管线同时入箱时，其入箱部分的管端长度应一致，管口宜平齐。

②焊接钢管与盒、箱的连接采用焊接连接，盒内管露出2~3mm为宜。

2）管与管连接

镀锌管管与管的连接采用管箍丝接具体做法见图35-48：

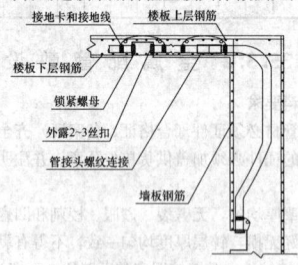

图35-48　管箍丝接

焊接钢管，管与管连接采用套管焊接，具体做法见图35-49：

（3）管路敷设

1）现浇混凝土楼板中管路敷设需注意：其管径不能大于楼板混凝土厚度的1/2。要根据实际情况分层、分段进行。并行管子间距不小于25mm，使管子周围能够充满混凝土。注意避开土建所预留的洞。

2）现浇混凝土墙、柱内管路敷设：在两层钢筋网中沿最近的路径敷设配管，沿钢筋内侧进行固定，固定间距小于1m。柱内管线须与主筋固定，伸出柱外的短管不要过长，管线并行时，注意其

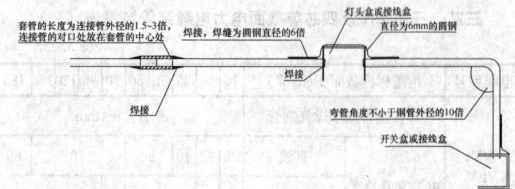

图35-49　套管焊接

管间距不小于25mm。管线穿外墙必须加刚性防水套管保护。

3）梁内的管线敷设：管路的敷设要尽量避开梁。不可避免时，注意以下要求：竖向穿梁管线较多时，管间的间距不能小于25mm。横向穿时，管线距底箱上侧的距离不小于50mm。

4）垫层内管线敷设：管路固定牢固后再打垫层，敷设于楼板混凝土垫层内管线的保护层厚度不小于15mm，其跨接地线接头在其侧面。

5）多孔砖墙内的管线敷设：在砌筑墙体前，根据现场放线，确定盒、箱的位置及管线路径，进行预制加工、管线与盒、箱连接。管盒安装完成后，开始砌墙；在砌墙过程中，要调整盒、箱口与墙面的相对位置，使其符合设计及规范要求。管线经过部位要采用普通砖立砌；当多根管进箱时，用圆钢将管线固定好，管口宜平齐、入箱长度小于5mm。

（4）接地

焊接钢管与接线盒（过线盒）连接处采用圆钢焊接进行接地跨接，规格如表35-59；镀锌钢管连接处采用专用4mm²黄绿双色多股软线进行跨接，用专用接地卡连接，严禁焊接。

管径(DN)	圆钢	扁钢	管径(DN)	圆钢	扁钢
15~25	φ5		50~65	φ10	25×3
32	φ6		≥65	φ8×2	(25×3)×2
48	φ8				

跨接钢管规格表（mm）　　表35-59

3. 厚壁金属电线明敷

厚壁金属电线管明敷设（吊顶内敷设）应采用镀锌钢管，其工艺与暗敷设工艺相同。

（1）施工工艺流程

预制支架、吊架→放线→盒、箱固定→管路敷设、连接→变形缝处理→地线跨接。

（2）定位放线

结合结构图、建筑图、精装修布置图与通风暖卫、消防、综合布线图及其他专业图纸，及时绘制综合布置图，使灯位与消防探头、自喷探头的分布合理，成排成线。

（3）支架、吊架加工安装

1）支架、吊架的规格设计无规定时，不小于以下要求：吊杆用φ12mm的圆钢或通丝，角钢支架L40×4mm；采用膨胀螺栓或预埋件固定，埋注支架要有燕尾，埋注深度不小于120mm，做法见图35-50~图35-52。

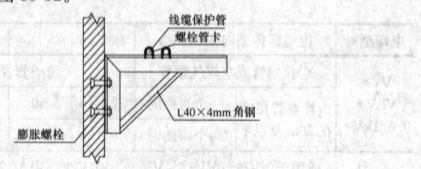

图35-50　明配管沿墙平行敷设支架做法

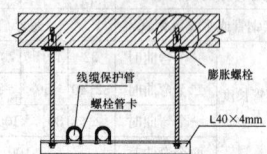

图35-51　线缆保护管在楼板下敷设吊架做法

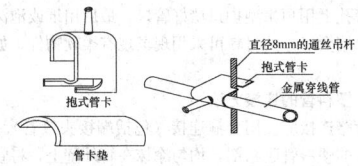

图 35-52 单个管路支吊架采用抱式管卡做法

2）管路固定点（支吊架）的间距不得大于 1000mm，固定点的距离应均匀。受力灯头盒应用吊杆固定，在管入盒处及弯曲部位两端 150～300mm 处加固定卡子（支吊架）固定。

3）盒、箱固定：由地面引出管路至明箱时，可直接固定在角钢支架上，采用定型盘、箱，需在盘、箱下侧 100～150mm 处加稳固支架，将管固定在支架上。盒、箱安装应牢固平整，开孔整齐与管径相吻合。要求一管一孔，不得开长孔。铁制盒、箱严禁用电气焊开孔（35-53）。

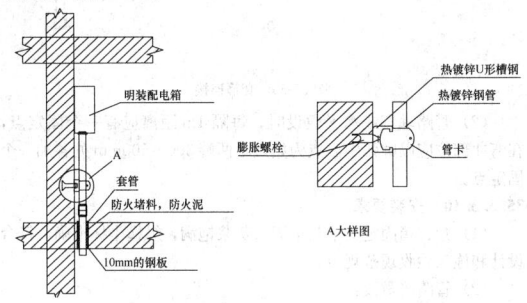

图 35-53 沿墙（柱）竖向敷设，进明箱做法

4. 管路敷设

（1）管路敷设：上人吊顶内、水平或垂直敷设明配管允许偏差值，管路在 2m 以内时，偏差为 3mm，全长不能超过管子内径的 1/2。

（2）敷设时，先将管卡一端的螺栓拧紧一半，然后将管敷设在管卡内，逐个拧牢。使用铁支架时，可将钢管固定在支架上，不许将钢管焊接在其他管道上。

（3）吊顶内灯头盒至灯位可采用阻燃型普利卡金属软管过渡，长度不宜超过 1m。其两端应使用专用接头。吊顶内各种盒、箱的安装，盒箱口的方向应朝向检查口以利于维修检查。

（4）管路敷设必须牢固畅顺，禁止做拦腰管或拌脚管。遇有长丝接管时，必须在管箍后面加锁紧螺母。

5. 注意事项

（1）弯管时管子的弯扁程度应不大于管外径的 10%，弯曲半径应符合以下要求：

1）明配线管的弯曲半径，常规不应小于管外径的 6 倍。如只有一个弯时，可不小于管外径的 4 倍。

2）暗配线管弯曲半径，常规不应小于管外径的 6 倍。埋入地下或混凝土结构内，其弯曲半径不应小于管外径的 10 倍。

（2）单层面积大的建筑，有可能造成管线长度过长，所以当管路超过以下长度时，要在适当位置上加设接线盒：

水平配管管路长度 30m，开始加接线盒；再超过 20m，再加 1 个弯接线盒；管还超过 15m，还加 1 个弯接线盒。

（3）垂直敷设管路加接线盒要求见表 35-60。

垂直敷设管路加接线盒要求 **表 35-60**

管内导线截面 (mm)	管线长度 (m)	管内导线截面 (mm)	管线长度 (m)
$S \leqslant 50$	<30	$120 < S \leqslant 240$	<18
$70 \leqslant S \leqslant 95$	<20		

（4）在住宅建筑中，电器与其他专业管道、门的距离要求，配管时必须考虑：

1）插座离散热器水平最小的距离为 30mm；插座离煤气管道

水平最小的距离为 15mm；

2）扳把开关距地面高度为 1.4m，距门口为 150～200mm；开关不得安于单扇门后；

3）成排安装的开关高度应一致，高低差不大于 0.5mm；

4）同一室内安装的插座高低差不应大于 5mm；成排安装的插座高低差不应大于 0.5mm；厨卫内的插座标高不得低于 1400mm。

（5）吊顶内配管与其他专业管道之间的距离详见表 35-61：

电气线路与管道间最小距离（mm） **表 35-61**

管道名称	配线方式		穿管配线	绝缘导线明配线
蒸汽管	平行	管道上	1000	1000
		管道下	500	500
	交叉		300	300
暖气管、热水管	平行	管道上	300	300
		管道下	200	200
	交叉		100	100
通风、给水排水及压缩空气管	平行		100	200
	交叉		50	100

注：1. 对蒸汽管道，当在管外包隔热层后，上下平行距离可减至 200mm。

2. 暖气管、热水管应设隔热层。

35.3.2.5 薄壁金属电线管配管

薄壁金属电线管又分为"紧定式金属电线管"（JDG 管）和"扣压式金属电线管"（KBG）配管，用于主体预埋和明配管线。

1. 薄壁钢管暗管敷设工艺流程

弯管、箱、盒预制→测位→剔槽孔→爪型螺纹管接头与箱、盒紧固→箱、盒定向稳装→管路敷设→管路连接→压接接地→管路固定。

2. 薄壁钢管明管（吊顶内）敷设工艺流程

弯管、吊支架预制→测位→爪型螺纹管接头与箱、盒紧固→箱、盒定向稳装→管路敷设→管路连接→压接接地→管路固定。

3. 施工工艺

（1）JDG 管和 KBG 管的敷设除管路连接的施工工艺与厚壁金属管明配不同外，其余均相同。

（2）JDG 管和 KBG 管的连接方式，具体做法见图 35-54、图 35-55。

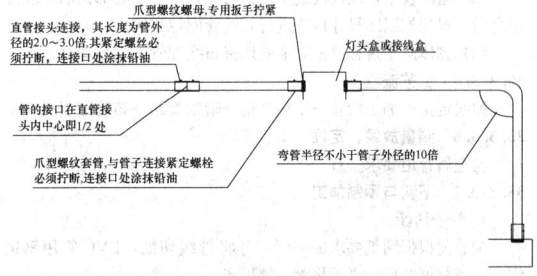

图 35-54 JDG 管的连接方法

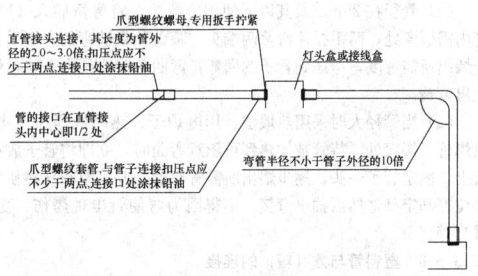

图 35-55 KBG 管的连接方法

4. 薄壁金属电线管配管敷设注意要点

(1) 管入箱、盒要采用爪型螺纹管接头。使用专用扳子锁紧，爪型根母护口要良好使金属箱、盒达到导电接地的要求。箱、盒开孔应整齐，与管径相吻合，要求一管一孔，不得开长孔。铁制箱、盒严禁用电气焊开孔。两根以上管入箱、盒，要长短一致，间距均匀，排列整齐。

(2) 管路固定:

1) 钢筋混凝土墙及楼板内的管路，每个 1m 左右用铅丝绑扎在钢筋上。

2) 砖墙或砌体墙剔槽敷设的管路，每个 1m 左右用铅丝、铁钉固定。

3) 预制圆孔板上的管路，可利用板孔用铅丝绑扎固定。

35.3.3　塑料管配管敷设

根据现行国家标准要求:塑料电线管（PVC电线管）必须为阻燃型塑料电线管，其优势在于降低造价、节约钢材、质量轻可减轻建筑主体结构负荷、便于施工、节省人工。

35.3.3.1　适用范围

随着国家建筑技术的进步和各专业标准的日益完善，根据对PVC管近几年在建筑上的使用情况，现行国家规范制定要求:适用于混凝土及墙内的非消防、非人防电气配线施工。

35.3.3.2　材料要求

(1) 塑料电线管根据目前国家建筑市场中的型号可分为:轻型、中型、重型三种;在建筑施工中宜采用中型、重型。

(2) 所有塑料电线管必须证件齐全（合格证、备案证、3C认证书），必须提供原件（盖供货单位公章，注明原件存放处及经办人签字）。

(3) 塑料管及其附件的选择:

1) 所有塑料电线管必须经过阻燃防火工艺处理，其含氧指数要达到国家标准要求。

2) 材料进场必须经过现场检验，其质量要求应具有阻燃、耐热、耐冲击的性能，其内外径应符合国家现行技术标准。

35.3.3.3　施工机具

(1) 主要安装机具:弹簧煨管器、扳手、剪管器、钢锯、刀锯、锉刀、粉线袋等。

(2) 主要检测机具:卷尺。

35.3.3.4　作业条件及要求

(1) 按施工图进行测放线定位，坐标和标高、走向、确定接线盒的位置。

(2) 暗配管中，现浇混凝土结构内配管，要在底部钢筋组装固定之后，根据施工图尺寸位置进行布线管固定牢固。

(3) 砌体施工过程及时准确地将布线配管随墙预埋好。

35.3.3.5　工艺流程

弹线定位→加工弯管→稳住盒箱→暗敷管路→扫管穿引线。

35.3.3.6　测量放线、定位

与金属管道要求一致。

35.3.3.7　下料与预制加工

1. 管子切断

配管前根据图纸要求的实际尺寸将管线切断，PVC管用钢锯锯断，管材据断后，必须将管口锉平齐、光滑。

2. 煨弯

(1) 管径在 25mm 及其以下使用冷煨法，将弹簧插入（PVC）管内需煨弯处，两手抓住弯管两端头，膝盖顶在被弯处，用手扳逐步煨出所需弯度，考虑到管子的回弯，弯曲角度要稍大一些，然后抽出弯簧。

(2) 当管径大时采用热煨法:用电炉子、热风机等加热均匀，烘烤管子煨弯处，待管被加热到可随意弯曲时，立即将管子放在木板上，固定管子一头，逐步煨出所需弯度，并用湿布抹擦使弯曲部位冷却定型，然后抽出弯簧。不得因为使管出现烤伤、变色、破裂等现象。

35.3.3.8　塑料管与盒（箱）的连接

管进盒、箱，一管一孔，先接端接头然后用内锁母固定在盒、箱上，在管孔上用顶帽型护口堵好管口，最后用纸或泡沫塑料块堵好盒子口（堵盒子口的材料可采用现场现有柔软物件，如水泥纸袋等）。

35.3.3.9　塑料管的连接方法

(1) 管路连接应使用套箍连接（包括端接头套管）。用小刷子沾配套供应的塑料管胶粘剂，均匀涂抹在管外壁上，将管子插入套箍;管口应到位。粘结性能要求粘结后 1min 内不移位，黏性保持时间长，并具有防水性，具体做法见图 35-56。

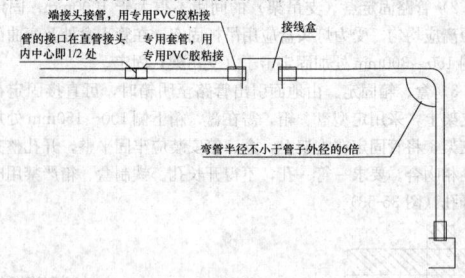

图 35-56　套箍连接

(2) 管路垂直或水平敷设时，每隔 1m 距离应有一个固定点，在弯曲部位应以圆弧中心点为始点距两端 300～500mm 处各加一个固定点。

35.3.3.10　安装要求

(1) 盒、箱固定应平整牢固、灰浆饱满，纵横坐标准确，符合设计和施工验收规范规定。

(2) 管路暗敷设:

1) 现浇混凝土墙板内管路暗敷设:管路应敷设在两层钢筋中间，管进盒、箱时应煨成等叉弯，管路每隔 1m 处用镀锌铁丝绑扎牢，弯曲部位按要求固定，往上引管不宜过长，以能煨弯为准，向墙外引管可使用"管帽"预留管口待拆模后取出"管帽"再接管。

2) 现浇混凝土楼板管路暗敷设:根据已确定的灯头盒位置，将端接头、内锁母固定在盒子的管孔上，使用顶帽护口堵好管口，并堵好盒口，将固定好盒子，用机螺丝或短钢筋固定在底筋上。跟着敷设管，管路应敷设在弓筋的下面，底筋的上面，管路每隔 1m 处用镀锌铁丝绑扎牢。引向隔断墙的管子、可使用"管帽"预留管口，拆模后取出管帽再接管。

灰土层内管路暗敷设:灰土层夯实后进行挖管路槽，接着敷设管路（防腐后的导管），然后在管路上用混凝土砂浆埋冲，厚度不宜小于 80mm。

35.3.3.11　施工过程质量控制要点

(1) 阻燃塑料管敷设与煨弯对环境温度的要求如下:阻燃塑料管及其配件的敷设，安装和煨弯制作，均应在原材料规定的允许环境温度下进行，其温度不宜低于-15℃。

(2) 要考虑插座开关距门边和其他专业管道的距离:与金属管道要求相同。

(3) 现浇混凝土楼板上管时，注意不要踩坏钢筋，土建浇筑混凝土时，应留专人看守，以免振捣时损坏配管及盒、箱移位。遇有管路损坏时，及时修复。

(4) 管路敷设完毕后注意成品保护，特别是在现浇混凝土结构施工中，应派电工看护，以防管路移位或受机械损伤。在合模与拆模时，应注意保护管路不要移位、砸扁或踩坏等现象。

(5) 对于现浇混凝土结构，如墙、楼板应及时进行扫管，即随拆模随扫管，这样能够及时发现堵塞不通现象，便于在混凝土未终凝时，修补管路。对于砖混结构墙体，在抹灰前进行扫管，有问题时修改管路，便于土建修复。经过扫管后确认管路畅通，及时穿好带线，并将管口、盒口、箱口堵好，加强成品配管保护，防止出现二次堵塞管路现象。

35.3.3.12　装设补偿盒

1. 钢管过伸缩（沉降）缝明敷设

钢管明敷设过伸缩（沉降）缝，具体做法见图 35-57;

2. 钢管过伸缩（沉降）缝暗敷设

钢管过伸缩（沉降）缝暗敷设时，具体做法见图 35-58;

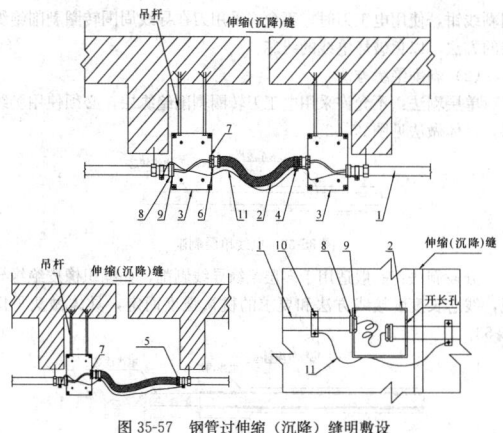

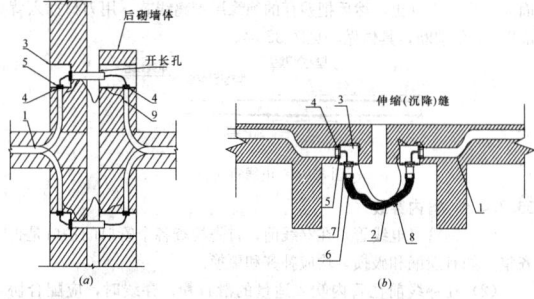

图 35-57　钢管过伸缩（沉降）缝明敷设

1—钢管；2—可挠金属电线保护管；3—接线盒；
4—接地夹；5—KG 混合连接器；6—BG 接线
箱连接器；7—BP 绝缘护套；8—锁母；9—护圈
帽；10—管卡子；11—接地线

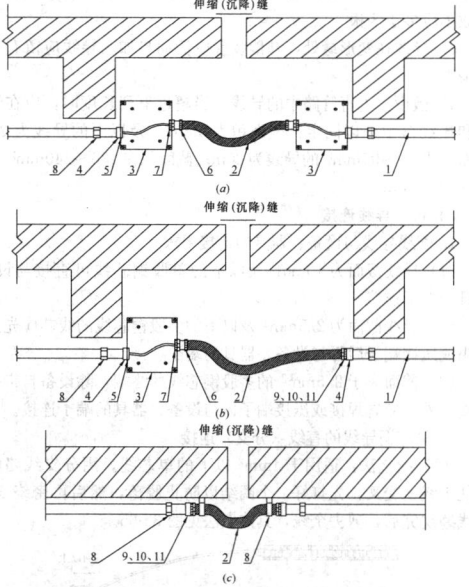

图 35-58　钢管过伸缩（沉降）缝暗敷设
（a）暗配管遇建筑伸缩（沉降）缝处一侧有墙时的做法；
（b）沿楼板过伸缩（沉降）缝敷设

1—钢管；2—可挠金属电线保护管；3—接线盒；4—锁母；5—护圈帽；
6—BG 接线箱连接器；7—BP 绝缘护套；8—接地夹；9—接地线

3. 硬塑料管明敷过伸缩（沉降）缝安装

硬塑料管明敷过伸缩（沉降）缝安装方式有三种，具体做法见图 35-59：

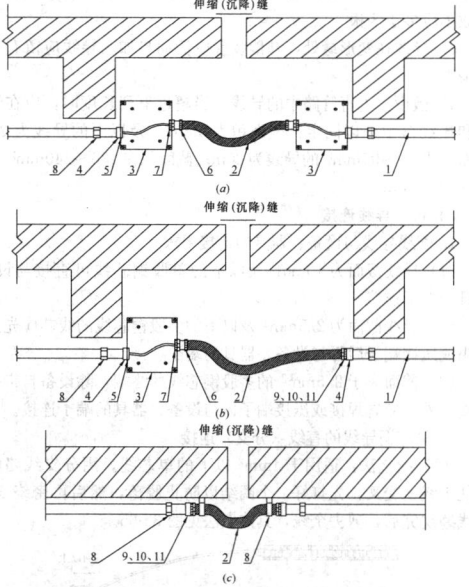

图 35-59　硬塑料管明敷过伸缩（沉降）缝安装方式
1—硬塑料管；2—PVC 波纹管或金属软管；3—塑料接线盒；
4—入盒接头；5—入盒锁扣；6—波纹管入盒接头；7—波纹
管入盒锁扣；8—管卡或管夹；9—一卡口短口；10—卡口螺帽；
11—花瓣式垫圈

4. 硬塑料管暗敷过伸缩沉降缝安装

硬塑料管暗敷过伸缩（沉降）缝具体做法见图 35-60、图 35-61：

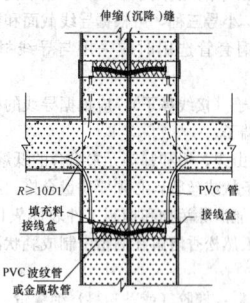

图 35-60　现浇楼板过伸缩缝安装

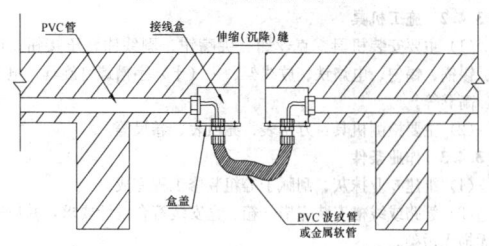

图 35-61　沿楼板过伸缩沉降缝安装

35.3.4　管内穿线

35.3.4.1　材料要求

（1）电线：导线的规格、型号必须符合设计要求，并有出厂合格证、备案证及 3C 认证书（所有资料必须原件或加盖厂家公章）。

（2）常用的 BV 型绝缘电线的绝缘层厚度应符合表 35-62 的规定。

（3）常用的 BV 型绝缘电线导线直流电阻见表 35-63 的规定。

（4）电缆的材料质量控制要求：参见本章第 35.4 节。

BV 型绝缘电线的绝缘层厚度　　表 35-62

序号	1	2	3	4	5	6	7	8	9	10	11	12	13	14	15	16	17
电线芯线标称截面积（mm²）	1.5	2.5	4	6	10	16	25	35	50	70	95	120	150	185	240	300	400
绝缘层厚度规定值（mm）	0.7	0.8	0.8	0.8	1.0	1.0	1.2	1.2	1.4	1.4	1.6	1.6	1.8	2.0	2.2	2.4	2.6

常用的 BV 型绝缘铜电线导线直流电阻参照表　　表 35-63

标称截面（mm²）	直流电阻+20℃时（Ω/km）不大于	标称截面（mm²）	直流电阻+20℃时（Ω/km）不大于
1.5	12.1	70	0.268
2.5	7.41	95	0.193
4.0	4.61	120	0.153
6.0	3.08	150	0.124
10	1.83	185	0.0791
16	1.15	240	0.0754
25	0.727	300	0.0601
35	0.524	400	0.047
50	0.387	—	—

（5）镀锌铁丝钢丝：应顺直无背扣、扭接等现象，并具有相应的机械拉力。

（6）护口：应根据管径的大小选择相应规格的护口。

（7）螺旋接线钮：应根据导线截面和导线的根数选择相应型号的加强型绝缘钢壳螺旋接线钮。

（8）尼龙压接线帽：适用于2.5mm²以下铜导线的压接，其规格有大号、中号、小号三种，可根据导线截面和根数选择使用。

（9）套管：铜套管选用时应采用与导线材质、规格相应的套管。

（10）接线端子（接线鼻子）：应根据导线的根数和总截面选择相应规格的接线端子。

（11）焊锡：由锡、铅和锑等元素组合的低熔点（185～260℃）合金。焊锡制成条状或丝状，必须要质量合格，不含杂质。

（12）焊剂：能清除污物和抑制工件表面氧化物。一般焊接应采用松香液，将天然松香溶解在酒精中制成乳状液体，适用于铜及铜合金焊件。

（13）辅助材料：橡胶（或粘塑料）绝缘带、黑胶布、防锈漆、滑石粉、布条等均符合要求并有产品合格证。

35.3.4.2　施工机具

（1）主要安装机具：克丝钳、尖嘴钳、剥线钳、压接钳、电炉、锡锅、锡勺、电烙铁、放线架、一（十）字槽螺钉旋具、电工刀、高凳等。

（2）主要检测机具：万用表、兆欧表、卷尺等。

35.3.4.3　作业条件

（1）土建专业抹灰、刮腻子等粗装修工程完成。

（2）管路或线槽安装完毕。箱、盒安装符合设计要求，并完好无损无污染。

（3）线管内无积水及潮气浸入，如果有积水必须用皮老虎或空压泵吹出，并用带线带上布条拉擦干净。

35.3.4.4　工艺流程

配线（选择电线电缆）→穿带线扫管→放线及断线→电线、电缆与带线的绑扎→带护口→导线连接→导线焊接→导线包扎→线路检查绝缘测试。

35.3.4.5　配线

（1）应根据设计图要求选择导线。进（出）户的导线应使用橡胶绝缘导线，并不小于10mm²，严禁使用塑料绝缘导线。

（2）相线、中性线及保护地线的颜色应加以区分（应L1为黄色、L2为绿色、L3为红色为宜），用黄绿色相间的导线做保护地线，淡蓝色导线做中性线。

35.3.4.6　穿带线

（1）带线一般均采用φ1.2～2.0mm的钢丝。先将钢丝的一端弯成不封口的圆圈，再利用穿线器将带线穿入管路内，在管路的两端均应留有10～15cm的余量。

（2）在管路较长或转弯较多时，可以在敷设管路的同时将带线一并穿好。

（3）穿带线受阻时，应用两根钢丝同时搅动，使两根钢丝的端头互相钩绞在一起，然后将带线拉出。

（4）阻燃型塑料波纹管的管壁呈波纹状，带线的端头要弯成圆形。

35.3.4.7　清扫线管

将布条的两端牢固的绑扎在带线上，两人来回拉动带线，将管内的积水或潮气及杂物清净。

35.3.4.8　放线、断线和导线绝缘层剥切

1. 放线

（1）放线前应根据施工图和技术交底核对导线的规格、型号、相线的分色进行核对。

（2）放线时导线应理顺，不能搅乱和拧劲。

2. 断线

剪断导线时，导线的预留长度必须要按以下情况考虑：接线盒、开关盒、插销盒及灯头盒内导线的预留长度应为15cm；配电箱内导线的预留长度应为配电箱体周长的1/2；出户导线的预留长度应为1.5m；公用导线在分支处，可不剪断导线而直接穿过。

3. 导线绝缘层剥切

（1）剥削绝缘使用工具：常用的工具有电工刀、克丝钳和剥线钳，可进行削、勒或剥绝缘层。一般4mm²以下的导线原则上使

用剥线钳，使用电工刀时，不允许采用刀在导线周围转圈剥削绝缘层的方法，以免破坏电线的线芯。

（2）剥削绝缘方法：

单层剥法：不允许采用电工刀转圈剥削绝缘层，必须使用剥线钳，具体做法见图35-62。

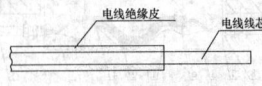

图35-62　电线单层剥削

分段剥法：一般适用于多层绝缘导线剥削，如编织橡皮绝缘导线，线芯长度随接线方法和要求的机械强度而定，具体做法见图35-63。

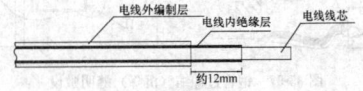

图35-63　电线分段剥削法

斜削法：用电工刀以45°角倾斜切入绝缘层，当切近线芯时就应停止用力，接着应使刀面的倾斜角度改为15°左右，沿着线芯表面向前端部推出，然后把残存的绝缘层剥离线芯，用刀口插入背部以45°角削断，具体做法见图35-64。

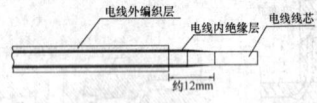

图35-64　电线斜削法

35.3.4.9　管内穿线

（1）钢管（电线管）在穿线前，首先检查各个管口的护口是否齐整，如有遗漏和破损，均应补齐和更换。

（2）在穿线前往管内吹入适量的滑石粉，穿线时，应配合协调，一拉一送，要同时使劲，不能用蛮力强行拉扯电线。

（3）穿线时应注意下列问题：

1）同一交流回路的导线必须穿入同一管内。

2）不同回路、不同电压和交流与直流的导线，不得穿入同一管内，但以下几种情况除外：额定电压为50V以下的回路；同一设备或同一流水作业线设备的电力回路和无特殊防干扰要求的控制回路；同一花灯的几个回路；同类照明的几个回路，但管内的导线总数不应多于8根。

3）导线在变形缝处，补偿装置应活动自如。导线应留有一定的余度。

4）敷设于垂直管路中的导线，当超过下列长度时，应在管口处和接线盒中加以固定。截面积为50mm²及以下的导线为30m；截面积为70～95mm²的导线为20m；截面积为180～240mm²之间的导线为18m。

35.3.4.10　导线连接

1. 配线导线与设备、器具的连接要求

（1）导线截面为10mm²及以下的单股铜芯线可直接与设备、器具的端子连接。

（2）导线截面为2.5mm²及以下的多股铜芯线的线芯应先拧紧搪锡或压接端子后再与设备、器具的端子连接。

（3）截面大于2.5mm²的多股铜芯线的终端，除设备自带插接式端子外，应先挂锡或压接端子再与设备、器具的端子连接。

2. 单芯铜导线的直连（分支）连接

（1）绞接法：适用于4mm²以下的单芯线。用分支线路的导线往干线上交叉，先打好一个圈结以防止脱线，然后再密绕5圈。分线缠绕完后，剪去余线，具体做法见图35-65。

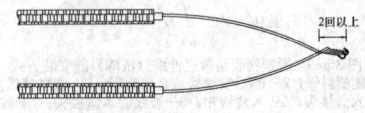

图35-65　接线盒内普通绞接法

（2）缠卷法：适用于6mm²及以上的单芯线的连接。将分支线折成90°紧靠干线，其公卷的长度为导线直径的10倍，单卷缠绕5圈后剪断余下线头，具体做法见图35-66。

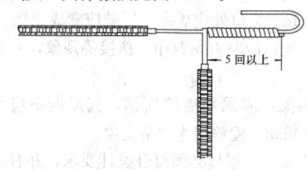

图35-66　接线盒内普通缠绕法

（3）十字分支连接做法：将两个分支线路的导线往干线上交叉，然后在密绕10圈。分线缠绕完后，剪去余线，具体做法见图35-67。

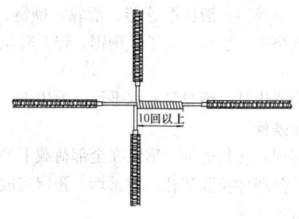

图35-67　十字分支连接法

3. 多芯铜线直线（分支）连接

多芯铜导线的连接共有三种方法，即单卷法、缠卷法和复卷法。首先用细砂布将线芯表面的氧化膜清去，将两线芯导线的结合处的中心线剪掉2/3，将外侧线芯伞状张开，相互交错成一体，并将已张开的线端合成一体，具体做法见图35-68。

（1）缠卷法：将分支线折成90°紧靠干线。在绑线端部适当处弯成半圆形，将绑线短端弯成与半圆形成90°角，并与连接线靠紧，用较长的一端缠绕，其长度应为导线结合处直径5倍，再将绑线两端捻绞2圈，剪掉余线。

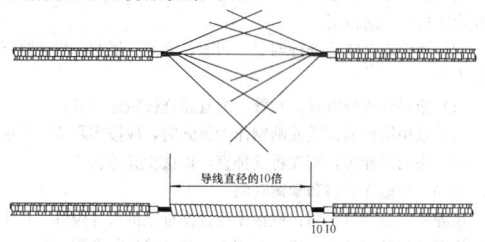

图35-68　多芯铜导线直接连接法

（2）单卷法：将分支线破开（或劈开两半），根部折成90°紧靠干线，用分支线中的一根在干线上缠圈，缠绕3～5圈后剪断，再用另一根线继续缠绕3～5圈后剪断，按此方法直至连接到两边导线直径的5倍时为止，应保证各剪断处在同一直线上。

（3）复卷法：将分支线端破开劈成两半后与干线连接处中央相交叉，将分支线向干线两侧分别紧密缠绕，余线按阶梯形剪断，长度为导线直径的10倍，具体做法见图35-69；

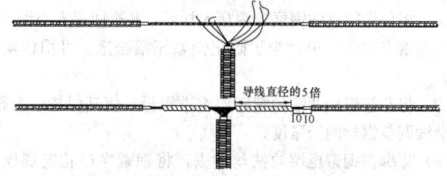

图35-69　多芯铜导线分支复卷接

4. 铜导线在接线盒内的连接

（1）单芯线并接头：导线绝缘台并合拢。在距绝缘台约12mm处用其中一根线芯在其连接端缠绕5～7圈后剪断，把余头并齐折回压在缠绕线上。

（2）不同直径导线接头：多芯软线时，先进行涮锡处理。再

细线在粗线上距离绝缘台15mm处交叉，并将线端部向粗导线（独根）端缠绕5～7圈，将粗导线端折回压在细线上。

（3）接线端子压接：多股导线可采用与导线同材质且规格相应的接线端子。削去导线的绝缘层，不要碰伤线芯，将线芯紧紧地绞在一起，清除套管、接线端子孔内的氧化膜，将线芯插入，用压接钳压紧，导线外露部分应小于1mm，具体做法见图35-70。

图35-70　多芯铜导线采用铜鼻子压接

5. 导线与水平式接线柱连接

（1）单芯线连接：用一字或十字机螺栓压接时，导线要顺着螺钉旋进方向紧绕一圈后再紧固。不允许反圈压接，盘圈开口不宜大于2mm。

（2）多股铜芯线用螺栓压接时，先将软线芯做成单眼圈状，涮锡后，将其压再用螺栓加垫紧牢固。

注意：以上两种方法压接后外露线芯的长度不宜超过1mm。

6. 导线与针孔式接线桩连接（压接）

把要连接的导线的线芯插入接线桩头针孔内，导线裸露出针孔1mm，针孔大于导线直径1倍时需要折回头插入压接。

7. 导线连接的注意要点

（1）导线连接熔焊的焊缝外形尺寸应符合焊接工艺标准的规定，焊接后应清除残余焊药和焊渣。焊缝严禁有凹陷、夹渣、断股、裂缝及根部未焊合等缺陷。

（2）锡焊连接的焊面应饱满、表面光滑。焊剂应无腐蚀性，焊接后应清除焊区的残余焊剂。

（3）在配电配线的分支线连接处，干线不应受到支线的横向拉力。

35.3.4.11　线路检查和绝缘测试

1. 线路检查

接、焊、包全部完成后，要进行自检和互检；检查导线接、焊、包是否符合设计要求及有关施工验收规范及质量验评标准的规定。不符合规定时要立即纠正，检查无误后再进行绝缘摇测。

2. 绝缘摇测

照明线路的绝缘摇测一般选用500V、量程为0～500MΩ的兆欧表。一般照明绝缘线路绝缘摇测有以下两种情况：

（1）电气器具未安装前进行线路绝缘摇测时，首先将灯头盒内导线分开，开关盒内导线连通。摇测应将干线和支线分开，一人摇测，一人应及时读数并记录。摇动速度应保持在120r/min左右，读数应采用1min后的读数为宜。

（2）电气器具全部安装完在送电前进行摇测时，应先将线路上的开关、刀闸、仪表、设备等用电开关全部置于断开位置，摇测方法同上所述，确认绝缘摇测无误后在进行送电试运行。

35.3.5　塑料护套线敷设

塑料护套线是具有双层塑料保护层的单芯或多芯构成的铜芯绝缘导线。具有防潮、防腐和耐酸的功能，可直接明敷设在建筑物内部或空心楼板内。

35.3.5.1　材料要求

（1）导线的规格型号必须符合设计和国家现行技术标准规范的要求，并具备产品质量合格证、备案证。

（2）工程上使用的塑料护套线必须保证最小芯线截面为2.5mm²。塑料护套线采用明敷设时，导线截面积一般不宜大于10mm²。

（3）要根据导线截面和芯线的根数选择相应的型号旋接线钮。

（4）连接套管要和线芯同一材质，采用铜制套管。

（5）并根据导线的根数和总截面选择相匹配定型制品接线端子。

（6）辅助材料：接线盒、铝卡子、镀锌木螺丝、焊锡、焊剂、钉子、橡胶绝缘带、粘塑料绝缘带、黑胶布等。

35.3.5.2　施工机具

电工工具、万用表、兆欧表、划线笔、粉线、圆钢钉、手锤、

錾子、手电钻、电锤、高凳等。

35.3.5.3 作业条件

建筑物内部装饰施工结束，配电箱箱体安装完毕。

35.3.5.4 工艺流程

放线定位→埋设件安装→配线→导线连接→线路检查及绝缘测试。

35.3.5.5 弹线定位

(1) 根据施工图纸确定用电设备或器件（灯具、开关）的接线盒位置，从而确定线路走向。

(2) 根据测量等方法并结合其他管线的位置用粉线、划线笔在线路上、埋设件位置做好标记。

35.3.5.6 埋设件安装

(1) 根据施工图和现场实际情况在建筑结构施工中，将木砖和保护套管准确地埋设到已确定位置上。预埋数量、位置要准确。

1) 根据找准的水平线和垂直线严格控制木砖埋设的位置。梯形木砖较小的一面要与墙面找平，要考虑墙面抹灰厚度。

2) 预埋保护套管的两端要突出墙面 5～10mm。

(2) 按弹线定位的方法来确定塑料胀管固定的位置，根据塑料胀管的外径和长度选用匹配的钻头进行钻孔，孔深要大于胀管的长度，下胀管后要墙面平齐。

35.3.5.7 配线

(1) 将铝卡片用钉子固定在木砖上，用木螺栓将各种盒固定在塑料胀管上。根据线路实际长度量出导线长度准确剪断。由线路一端开始逐段地敷设，随敷随固定。然后将导线理顺调直，确保整齐、美观。

(2) 放线要确保布线时导线顺直，不能拉乱，或者导线产生扭曲现象。

(3) 导线直敷设时必须横平竖直，具体做法为：一手持导线，另一手将导线固定在铝片卡上锁紧卡扣。如几根导线同时布线时可采取夹板将导线收紧临时固定，然后将导线逐根扭平、扎实，用铝片卡固定扣紧。竖向垂直布线时，应自上而下作业。

(4) 布线必须转弯布线时，可在转弯处装设接线盒，以求得整齐、美观、装饰性强。如布线采取导线本身自然转弯时，必须保持相互垂直，弯曲角要均匀，弯曲半径不得小于塑料护套线宽度的 3～6 倍。

(5) 布线的导线接头应用入接线盒、开关盒、灯头盒和插座盒内。

(6) 暗敷布线时：

1) 如导线穿越墙壁和楼板时，要加保护管。

2) 在空心楼板板孔内暗配敷设时，不得损伤护套线，并应便于更换导线。在板孔内不得有接头，板孔应洁净，无积水和无杂物。

(7) 塑料护套线也可穿管敷设，操作技术要求和线管配线相同。

35.3.5.8 导线连接

(1) 根据配电箱、接线盒的几何尺寸预留导线长度，削去绝缘层。按导线绝缘层颜色区分相线、中性线或保护地线，用万用表测试。操作技术要求和线管配线相同。

(2) 导线连接方式：有螺旋接线钮连接、LC 安全型压线帽连接、铜导线焊接等方法。操作技术要求和线管配线相同。

35.3.5.9 线路检查及绝缘测试

操作技术要求和线管配线相同，见 35.3.4.11。

35.3.6 钢 索 配 线

钢索配线是由钢索承受配电线路全部荷载，是将绝缘导线及配件和灯具吊钩在钢索上形成一个完整的配电体系。适用于工业厂房和室外景观照明等场所使用，在潮湿、有腐蚀性介质及易积蓄纤维灰尘的场所，应采用带塑料护套的钢索。

35.3.6.1 材料要求

(1) 钢索：采用钢绞线作为钢索，应采用镀锌钢索，不应采用含油芯的钢索。其截面积应根据实际跨距、荷重及机械强度选择，最小截面不小于 $10mm^2$。且不得有背扣、松股、抽筋等现象。如果用镀锌圆钢作为钢索，其直径不应小于 10mm。

(2) 镀锌圆钢吊钩：圆钢的直径不应小于 8mm。

(3) 镀锌圆钢耳环：圆钢的直径不应小于 10mm。耳环孔的直径不应小于 30mm，接口处应焊死，尾端应弯成燕尾。

(4) 镀锌铁丝：应顺直无背扣、扭接等现象，并具有规定的机械拉力。

(5) 扁钢吊架：应采用镀锌扁钢，其厚度不应小于 1.5mm，宽度不应小于 20mm，镀锌层无脱落现象。

(6) 导线的规格，型号必须符合设计要求，并有出厂合格证。

(7) 选用时应采用与导线材质、规格相应的套管。

(8) 要根据导线的根数和总截面选择相应规格的接线端子。

35.3.6.2 施工机具

(1) 主要安装机具：电焊机、砂轮锯、套管机、铣刀、气焊工具、压力案子、煨管器、液压煨管器、滑轮、捯链、牙管、电炉、锡锅、锡勺、电烙铁、手锤、錾子、钢锯、锉、套丝板、常用电工工具等。

(2) 主要检测机具：钢盘尺、水平尺、万用表、兆欧表等。

35.3.6.3 作业条件

拉环安装牢固，使其能承受钢索在全部荷载下的拉力。

钢索配管的预埋件及预留孔，应预埋、预留完成；装修工程除地面外基本结束。

35.3.6.4 工艺流程

预制加工工件→预埋铁件→弹线定位→固定支架→组装钢索→钢索吊金属（塑料）管→保护地线安装→钢索吊磁柱（珠）→钢索配线→线路检查绝缘测试→钢索吊护套线。

35.3.6.5 预制加工配（附）件

(1) 加工预埋铁件：其尺寸不应小于 120mm×60mm×6mm；焊在铁件上的锚固钢筋其直径不应小于 8mm，其尾部要弯成燕尾状。

(2) 根据设计图的要求尺寸加工好预留孔洞的框架；加工好抱箍、支架、吊架、吊钩、耳环、固定卡子等镀锌铁件。非镀锌铁件应先除锈再刷上防锈漆。

(3) 钢管或电线管进行调直、切断、套丝、煨弯，为管路连接做好准备。

(4) 塑料管进行煨管、断管，为管路连接做好准备。

(5) 采用镀锌钢铰线或圆钢作为钢索时，应按实际所需长度剪断，擦去表面的油污，预先将其抻直，以减少其伸长率。

35.3.6.6 预埋件安装和预留孔洞

预埋铁件及预留孔洞：应根据设计图标注的尺寸位置，在土建结构施工的将预埋件固定好；并配合土建准确地将孔洞留好。

35.3.6.7 弹线定位

根据设计图确定出固定点的位置，弹出粉线，均匀分出档距，并用色漆做出明显标记。

35.3.6.8 固定支架

将已经加工好的抱箍支架固定在结构上，将心形环穿套在耳环和花篮螺栓上用于吊装钢索。固定好的支架可作为线路的始端、中间点和终端。

35.3.6.9 安装钢索

(1) 将预先拉直的钢索一端穿入耳环，并折回穿入心形环，再用两只钢索卡固定二道。为了防止钢索尾端松散，可用铁丝将其绑紧。

(2) 将花篮螺栓两端的螺杆均旋进螺母，使其保持最大距离，以备继续调整钢索的松紧度。

(3) 将绑在钢索尾端的铁丝拆去，将钢索穿过花篮螺栓和耳环，折回后嵌进心形环，再用两只钢索卡固定两道。

(4) 将钢索与花篮螺栓同时拉起，并钩住另一端的耳环，然后用大绳把钢索收紧，由中间开始，把钢索固定在吊钩上，调节花篮螺栓的螺杆使钢索的松紧度符合要求。

(5) 钢索的长度在 50m 以内时，允许只在一端装设花篮螺栓；长度超过 50m 时，两端均应装设花篮螺栓；长度每增加 50m，就应加装一个中间花篮螺栓。

35.3.6.10 保护接地

钢索就位后，在钢索的一端必须装有明显的保护地线，每个花篮螺栓处均应做好跨接地线。

35.3.6.11 钢索配线

1. 钢索吊装金属管

（1）根据设计要求选择金属管、三通及五通专用明配接线盒，相应规格的吊卡。

（2）在吊装管时，应按照先干线后支线的顺序进行，把加工好的管子从始端到终端按顺序连接起来，与接线盒连接的丝扣应该拧牢固，进盒的丝扣不得超过 2 扣。吊卡的间距应符合施工及验收规范要求。每个灯头盒均应用 2 个吊卡固定在钢索上。

（3）双管并行吊装时，可将两个吊卡对接起来的方式进行吊装，管与钢索应在同一平面内。

（4）吊装完毕后应做整体的接地保护，接线盒的两端应有跨接地线。

2. 钢索吊装塑料管

（1）根据设计要求选择塑料管、专用明配接线盒及灯头盒、管子接头及吊卡。

（2）管路的吊装方法同于金属管的吊装，管进入接线盒及灯头盒时，可以用管接头进行连接；两管对接可用管箍粘结法。

（3）吊卡应固定平整，吊卡间距应均匀。

3. 钢索吊瓷柱（珠）

（1）根据设计图，在钢索上准确地量出灯位、吊架的位置及固定卡子之间的间距，要用色漆做出明显标记。

（2）应对自制加工的二线式扁钢吊架和四线式扁钢吊架进行调平、找正、打孔，然后再将瓷柱（珠）找垂直平整，牢固的固定在吊架上。

（3）将上好瓷柱（珠）的吊架，按照已确定的位置用螺栓固定在钢索上。钢索上的吊架不应有歪斜和松动现象。

（4）终端吊架与固定卡子之间必须用镀锌拉线连接牢固。

（5）瓷柱（珠）及支架的安装规定

1）瓷柱（珠）用吊架或支架安装时，一般应使用不小于 30mm×30mm×3mm 的角钢或使用不小于 40mm×4mm 的扁钢。

2）瓷柱（珠）固定在望板上时，望板的厚度不应小于 20mm。

3）瓷柱（珠）配线时其支持点间距及导线的允许距离应符合表 35-64 的规定。

4）瓷柱（珠）配线时导线至建筑物的最小距离应符合表 35-65 的规定。

5）瓷柱（珠）配线时其绝缘导线距地面最低距离应符合表 35-66 的规定。

支持点及线间允许距离 表 35-64

导线截面 (mm²)	瓷柱（珠）型号	支持点间最大允许距离 (mm)	线间最小允许距离 (mm)	线路分支、转角处至电门、灯具等处支持点间距离 (mm)	导线边线对建筑物最小水平距离 (mm)
1.5～4	G38 (296)	1500	50	100	60
6～10	G50 (294)	2500	20	100	60

导线至建筑物最小距离 表 35-65

导线敷设方式	最小间距(mm)
水平敷设时的垂直距离，距阳台、平台上方，跨越屋顶	2500
在窗户上方	200
在窗户下方	800
垂直敷设时至阳台、窗户的水平间距	600
导线至墙壁、构架的间距（挑檐除外）	35

导线距地面的最小距离 表 35-66

导线敷设方式		最小距离(mm)
导线水平敷设	室内	2500
	室外	2700
导线垂直敷设	室内	1800
	室外	2700

4. 钢索吊护套线

（1）根据设计图，在钢索上量出灯位及固定的位置。将护套线按段剪断，调直后放在放线架上。

（2）敷设时应从钢索的一端开始，放线时应先将导线理顺，同时用铝卡子在标出固定点的位置上将护套线固定在钢索上，直至终端。

（3）在接线盒两端 100～150mm 处应加卡子固定，盒内导线应留有适当余量。

（4）灯具为吊装灯时，从接线盒至灯头的导线应依次编叉在吊链内，导线不应受力。吊链为瓜子链时，可用塑料线将导线垂直绑在吊链上。

35.4 电气装置 10kV 以下配电线路

电气装置 10kV 以下配电线路，包括 10kV 以下架空配电线路、10kV 及以下电缆线路。

随着我国城市建设现代化的不断加快，同时为科学有效利用有限的城市地上空间，越来越多地将电力电缆工程建设到地下。由于电缆线路与架空线路相比，具有受外界气候干扰小、安全可靠、隐蔽、较少维护、经久耐用、占地少、可在各种场合下敷设等优点，近年来，电缆线路在工矿企业、城镇街道、高层建筑应用增长迅速，10kV 及以下配电线路中，电缆线路应用日益广泛。

10kV 以下架空配电线路具体内容参见本手册第 35.1 节"架空配电线路敷设"，在本节中不再赘述。

电缆线路施工按敷设方式又分为直埋敷设、电缆沟内敷设、隧道内敷设、沿电缆支架敷设、电缆桥架内敷设、穿电缆保护管（钢管、硬质聚氯乙烯管）敷设、排管（铸铁管、陶土管、混凝土管、石棉水泥管、硬质聚氯乙烯管）敷设、水底敷设、桥梁上敷设、钢索悬挂敷设等。其中，隧道内敷设、沿电缆支架敷设、排管（铸铁管、陶土管、混凝土管、石棉水泥管、硬质聚氯乙烯管）敷设、水底敷设、桥梁上敷设、钢索悬挂敷设等敷设方式多应用在市政室外供配电线路中，在建筑电气工程中应用较少，在本节中省略，不作阐述。

建筑电气工程 10kV 室外电缆线路敷设通常采用直埋地敷设、沿电缆沟敷设、穿套管敷设和电缆桥架内敷设。直埋地敷设的特点是散热好、施工简便，投资少，但检修不方便、易受腐蚀和外界机械损伤；电缆沟敷设虽然检修方便，但造价高；而采用套管敷设和电缆桥架内敷设，施工简单，投资省，检修方便，因此在目前的工程施工中较为普遍被采用。10kV 室内电缆线路则多采用沿电缆沟敷设、穿电缆保护管敷设和电缆桥架内敷设。

直埋电缆敷设详见 35.2.2 章节相关内容，在本节中不再赘述。

35.4.1 一 般 规 定

35.4.1.1 常用技术数据

（1）电气装置 10kV 及以下配电线路施工必须符合设计和国家现行规范的要求，确保配电线路运行的安全性和可靠性，并且其使用功能应满足设计要求。

（2）10kV 及以下配电线路工程所需的设备材料必须符合国家现行技术标准和施工规范的有关规定。

1）技术文件应齐全。

2）设备材料的型号规格及外观质量应符合设计要求、国家现行规范和技术标准的规定：

①按批查验合格证或出厂质量证明书；

②外观检查：包装完好，电缆绝缘层应完整无损；

③对产品质量有异议时，按批抽样送有资质的试验室检测。

3）10kV 及以下配电线路工程所用的主要设备、材料、成品和半成品的进场，必须对其进行验收。验收应经监理工程师认可，并形成相应的质量记录。确认设备、材料、成品和半成品的品种、规格和质量符合设计要求和国家现行标准的规定后，方可在施工中应用。当设计无要求时应符合国家现行标准的规定。对于国家明令淘汰的材料严禁使用。

4）常用电缆导体最高允许温度应符合表 35-67 规定。

常用电缆导体最高允许温度　　表 35-67

电缆			最高允许温度(℃)	
绝缘类别	型式特征	电压(kV)	持续工作	短路暂态
聚氯乙烯	普通	≤6	70	160
交联聚乙烯	普通	≤500	90	250
自容式充油	普通牛皮纸	≤500	80	160
	半合成纸	≤500	85	160

5）电缆允许敷设的最低温度如表 35-68 所示。

电缆允许敷设最低温度　　表 35-68

电缆类型	电缆结构	允许敷设最低温度(℃)
油浸纸绝缘电力电缆	充油电缆	-10
	其他油纸电缆	0
橡皮绝缘电力电缆	橡皮或聚氯乙烯护套	-15
	裸铅套	-20
	铅护套钢带铠装	-7
塑料绝缘电力电缆		0
控制电缆	耐寒护套	-20
	橡皮绝缘聚氯乙烯护套	-15
	聚氯乙烯绝缘聚氯乙烯护套	-10

6）10kV 及以下常用电力电缆允许 100% 持续载流量如表 35-69～表 35-75 所示。

1～3kV 油纸、聚氯乙烯绝缘电缆空气中敷设时允许载流量（A）　　表 35-69

绝缘类型	不滴流纸			聚氯乙烯		
护套	有钢铠护套			无钢铠护套		
电缆导体最高工作温度(℃)	80			70		
电缆芯数	单芯	二芯	三芯或四芯	单芯	二芯	三芯或四芯
电缆导体截面(mm²) 2.5					18	15
4		30	26		24	21
6		40	35		31	27
10		52	44		44	38
16		69	59		60	52
25	116	93	79	95	79	69
35	142	111	94	115	95	82
50	174	138	116	147	121	104
70	218	174	151	179	147	129
95	267	214	182	221	181	155
120	312	245	214	257	211	181
150	356	280	250	294	242	211
185	414		285	340		246
240	495		338	410		294
300	570		383	473		328
环境温度(℃)	40					

注：1. 适用于铝芯电缆；铜芯电缆的允许持续载流量值可乘以 1.29。
　　2. 单芯只适用于直流。

1～3kV 油纸、聚氯乙烯绝缘电缆直埋敷设时允许载流量（A）　　表 35-70

绝缘类型	不滴流纸			聚氯乙烯					
护套	有钢铠护套			无钢铠护套			有钢铠护套		
电缆导体最高工作温度(℃)	80			70					
电缆芯数	单芯	二芯	三芯或四芯	单芯	二芯	三芯或四芯	单芯	二芯	三芯或四芯
电缆导体截面(mm²) 4		34	29	47	36	31		34	30
6		45	38	58	45	38		43	37
10		58	50	81	62	53	77	59	50
16		76	66	110	83	70	105	79	68
25	143	105	88	138	105	90	134	100	87
35	172	126	105	172	136	110	162	131	105
50	198	146	126	203	157	134	194	152	129
70	247	182	154	244	184	157	235	180	152
95	300	219	186	295	226	189	281	217	180
120	344	251	211	332	254	212	319	249	207
150	389	284	240	374	287	242	365	273	237
185	441		275	424		273	410		264
240	512		320	502		319	483		310
300	584		356	561		347	543		347
400	676			639			625		
500	776			729			715		
630	904			846			819		
800	1032			981			963		
土壤热阻系数(K·m/W)	1.5			1.2					
环境温度(℃)	25								

注：1. 适用于铝芯电缆；铜芯电缆的允许持续载流量值可乘以 1.29。
　　2. 单芯只适用于直流。

1～3kV 交联聚乙烯绝缘电缆空气中敷设时允许载流量（A）　　表 35-71

电缆芯数	三芯		单芯							
单芯电缆排列方式			品字形				水平形			
金属层接地点			单侧		双侧		单侧		双侧	
电缆导体材质	铝	铜	铝	铜	铝	铜	铝	铜	铝	铜
电缆导体截面(mm²) 25	91	118	100	132	100	132	114	150	114	150
35	114	150	127	164	127	164	146	182	141	178
50	146	196	155	196	155	196	173	224	168	209
70	178	228	196	255	196	251	228	292	214	264
95	214	273	241	310	241	305	278	356	260	310
120	246	314	283	360	278		319	410	292	351
150	278	360	334	419	319	401	365	479	337	392
185	319	410	372	479	365	461	424	546	369	438
240	378	483	442	565	424	546	502	643	424	502
300	419	552	506	643	493	611	588	738	479	552
400			611	771	579	716	707	908	546	625
500			712	885	661	803	830	1026	611	693
630			826	1008	734	894	963	1177	680	757
环境温度(℃)	40									
电缆导体最高工作温度(℃)	90									

注：1. 电缆导体工作温度大于 70℃的电缆，计算持续允许载流量时，应符合下列规定：
　　(1) 数量较多的该类电缆敷设于未装机械通风的隧道、竖井时，应计入对环境温升的影响。
　　(2) 电缆直埋敷设在干燥或潮湿土壤中，除实施换土处理等能避免水分迁移的情况外，土壤热阻系数取值不宜小于 2.0K·m/W。
　　2. 水平形排列电缆相互间中心距为电缆外径的 2 倍。

1～3kV 交联聚乙烯绝缘电缆直埋敷设时允许载流量（A）

表 35-72

电缆芯数		三　芯		单　芯			
单芯电缆排列方式				品 字 形		水 平 形	
金属层接地点				单　侧		单　侧	
电缆导体材质		铝	铜	铝	铜	铝	铜
电缆导体截面（mm²）	25	91	117	104	130	113	143
	35	113	143	117	169	134	169
	50	134	169	139	187	160	200
	70	165	208	174	226	195	247
	95	195	247	208	269	230	295
	120	221	282	239	300	261	334
	150	247	321	269	339	295	374
	185	278	356	300	382	330	426
	240	321	408	348	435	378	478
	300	365	469	391	495	430	543
	400			456	574	500	635
	500			517	635	565	713
	630			582	704	635	796
温度（℃）		90					
土壤热阻系数（K·m/W）		2.0					
环境温度（℃）		25					

注：水平形排列电缆相互间中心距为电缆外径的 2 倍。

6kV 三芯电力电缆空气中敷设时允许载流量（A）

表 35-73

绝缘 类型		不滴流纸	聚氯乙烯	交联聚乙烯
钢铠护套		有	无　有	无　有
电缆导体最高工作温度（℃）		80	70	90
电缆导体截面（mm²）	10		40	
	16	58	54	
	25	79	71	
	35	92	85	114
	50	116	108	141
	70	147	129	173
	95	183	160	209
	120	213	185	246
	150	245	212	277
	185	280	246	323
	240	334	293	378
	300	374	323	432
	400			505
	500			584
环境温度（℃）		40		

注：1. 适用于铝芯电缆，铜芯电缆的允许持续载流量值可乘以 1.29。
　　2. 电缆导体工作温度大于 70℃的电缆，计算持续允许载流量时，应符合下列规定：
　　　(1)数量较多的该类电缆敷设于未装机械通风的隧道、竖井时，应计入对环境温升的影响。
　　　(2)电缆直埋敷设在干燥或潮湿土壤中，除实施换土处理等能避免水分迁移的情况外，土壤热阻系数取值不宜小于 2.0K·m/W。

6kV 三芯电力电缆直埋敷设时允许载流量（A）

表 35-74

绝缘 类型		不滴流纸	聚氯乙烯	交联聚乙烯	
钢铠护套		有	无　有	无	有
电缆导体最高工作温度（℃）		80	70	90	
电缆导体截面（mm²）	10		51　50		
	16	63	67　65		
	25	84	86　83	87	87
	35	101	105　100	105	102
	50	119	126　126	123	118
	70	148	149　149	148	148
	95	180	181　177	178	178
	120	209	209　205	200	200
	150	232	232　228	232	222
	185	264	264　255	262	252
	240	308	309　300	300	295
	300	344	346　332	343	333
	400			380	370
	500			432	422
土壤热阻系数（K·m/W）		1.5	1.2	2.0	
环境温度（℃）		25			

注：适用于铝芯电缆，铜芯电缆的允许持续载流量值可乘以 1.29。

10kV 三芯电力电缆允许载流量（A）　表 35-75

绝缘 类型		不滴流纸		交联聚乙烯			
钢铠护套				无		有	
电缆导体最高工作温度（℃）		65		90			
敷设方式		空气中	直埋	空气中	直埋	空气中	直埋
电缆导体截面（mm²）	16	47	59				
	25	63	79	100	90	100	90
	35	77	95	123	110	123	105
	50	92	111	146	125	141	120
	70	118	138	178	152	173	152
	95	143	169	219	182	214	182
	120	168	196	251	205	246	205
	150	189	220	283	223	278	219
	185	218	246	324	252	320	247
	240	261	290	378	292	373	292
	300	295	325	433	332	428	328
	400			506	378	501	374
	500			579	428	574	424
环境温度（℃）		40	25	40	25	40	25
土壤热阻系数（K·m/W）		1.2		2.0		2.0	

注：1. 适用于铝芯电缆，铜芯电缆的允许持续载流量值可乘以 1.29。
　　2. 电缆导体工作温度大于 70℃的电缆，计算持续允许载流量时，应符合下列规定：
　　　(1)数量较多的该类电缆敷设于未装机械通风的隧道、竖井时，应计入对环境温升的影响。
　　　(2)电缆直埋敷设在干燥或潮湿土壤中，除实施换土处理等能避免水分迁移的情况外，土壤热阻系数取值不宜小于 2.0K·m/W。

7) 敷设条件不同时电缆允许持续载流量的校正系数

①35kV 及以下电缆在不同环境温度时的载流量校正系数见表 35-76。

35kV 及以下电缆在不同环境温度时的载流量校正系数

表 35-76

敷设位置		空　气　中				土　壤　中			
环境温度(℃)		30	35	40	45	20	25	30	35
电缆导体最高工作温度(℃)	60	1.22	1.11	1.0	0.86	1.07	1.0	0.93	0.85
	65	1.18	1.09	1.0	0.89	1.06	1.0	0.94	0.87
	70	1.15	1.08	1.0	0.91	1.05	1.0	0.94	0.88
	80	1.11	1.06	1.0	0.93	1.04	1.0	0.95	0.90
	90	1.09	1.05	1.0	0.94	1.04	1.0	0.96	0.92

②除表 35-76 以外的其他环境温度下载流量的校正系数 K 可按式（35-2）计算：

$$K = \sqrt{\frac{\theta_m - \theta_2}{\theta_m - \theta_1}} \qquad (35-2)$$

式中　θ_m——电缆导体最高工作温度，℃；

θ_1——对应于额定载流量的基准环境温度，℃；

θ_2——实际环境温度，℃。

③不同土壤热阻系数时电缆载流量的校正系数见表 35-77。

不同土壤热阻系数时电缆载流量的校正系数

表 35-77

土壤热阻系数(K·m/W)	分类特征(土壤特性和雨量)	校正系数
0.8	土壤很潮湿，经常下雨。如湿度大于 9%的沙土；湿度大于 10%的沙-泥土等	1.05
1.2	土壤潮湿，规律性下雨。如湿度大于 7%但小于 9%的沙土，湿度为 12%～14%的沙-泥土等	1.0
1.5	土壤较干燥，雨量不大。如湿度为 8%～12%的沙-泥土等	0.93
2.0	土壤干燥，少雨。如湿度大于 4%但小于 7%的沙土；湿度为 4%～8%的沙-泥土等	0.87
3.0	多石地层，非常干燥。如湿度小于 4%的沙土等	0.75

注：1. 适用于缺乏实测土壤热阻系数时的粗略分类。

2. 校正系数适于第(6)条各表中采取土壤热阻系数为 1.2K·m/W 的情况，不适用于三相交流系统的高压单芯电缆。

④土中直埋多根并行敷设时电缆载流量的校正系数见表 35-78。

土中直埋多根并行敷设时电缆载流量的校正系数

表 35-78

并 列 根 数		1	2	3	4	5	6
电缆之间净距(mm)	100	1	0.9	0.85	0.80	0.78	0.75
	200	1	0.92	0.87	0.84	0.82	0.81
	300	1	0.93	0.90	0.87	0.86	0.85

注：不适用于三相交流系统单芯电缆。

⑤空气中单层多根并行敷设时电缆载流量的校正系数见表 35-79。

空气中单层多根并行敷设时电缆载流量的校正系数

表 35-79

并 列 根 数		1	2	3	4	5	6
电缆中心距	$s=d$	1.00	0.90	0.85	0.82	0.81	0.80
	$s=2d$	1.00	0.98	0.96	0.95	0.93	0.90
	$s=3d$	1.00	1.00	0.98	0.97	0.96	0.96

注：1. s 为电缆中心间距，d 为电缆外径。

2. 按全部电缆具有相同外径条件制定，当并列敷设的电缆外径不同时，d 值可近似地取电缆外径的平均值。

3. 不适用于交流系统中使用的单芯电力电缆。

⑥电缆桥架上无间距配置多层并列电缆载流量的校正系数见表 35-80。

电缆桥架上无间隔配置多层并列电缆载流量的校正系数

表 35-80

	叠置电缆层数	一	二	三	四
桥架类别	梯架	0.8	0.65	0.55	0.5
	托盘	0.7	0.55	0.5	0.45

注：呈水平状并列电缆数不少于 7 根。

⑦1～6kV 电缆户外明敷无遮阳时载流量的校正系数见表 35-81。

1～6kV 电缆户外明敷无遮阳时载流量的校正系数　表 35-81

电缆截面(mm²)			35	50	70	95	120	150	185	240
电压(kV)	1	三				0.90	0.98	0.97	0.96	0.94
	6	芯数 三	0.96	0.95	0.94	0.93	0.92	0.91	0.90	0.88
		单				0.99	0.99	0.99	0.99	0.98

注：运用本表系数校正对应的载流量基础值，是采取户外环境温度的户内空气中电缆载流量。

⑧10kV 及以下电缆敷设度量时的附加长度见表 35-82。

10kV 及以下电缆敷设度量时的附加长度　表 35-82

项 目 名 称		附加长度(m)
电缆终端的制作		0.5
电缆接头的制作		0.5
由地坪引至各设备的终端处	电动机(按接线盒对地坪的实际高度)	0.5～1
	配电屏	1
	车间动力箱	1.5
	控制屏或保护屏	2
	厂用变压器	3
	主变压器	5
	磁力启动器或事故按钮	1.5

注：对厂区引入建筑物，直埋电缆因地形及埋设的要求，电缆沟、隧道、吊架的上下引接，电缆终端、接头等所需的电缆预留量，可取图纸量出的电缆敷设路径长度的 5%。

35.4.1.2　材料质量要求

(1) 10kV 及以下电气装置配电线路所需材料必须符合设计要求和规范规定。

(2) 电缆及其附件的产品的技术文件应齐全，电缆型号、规格、长度应符合订货要求，附件应齐全。

(3) 电缆外观完好无损，包装完好，无压扁、扭曲，铠装无松卷；耐热、阻燃的电缆外保护层有明显标识和制造厂标；橡套及塑料电缆外皮及绝缘层无老化及裂纹；绝缘材料的防潮包装及密封应良好。

(4) 油浸电缆应密封良好，无漏油及渗油现象；电缆封端应严密。当外观检查有怀疑时，应进行受潮判断或试验。

(5) 10kV 及以下电缆终端与接头应符合下列要求：

1) 型式、规格应与电缆类型如电压、芯数、截面、护层结构和环境要求一致。

2) 结构应简单、紧凑，便于安装。

3) 所用材料、部件应符合技术要求。

4) 10kV 及以下电缆终端与接头主要性能应符合《额定电压 1kV（U_m=1.2kV）到 35kV（U_m=40.5kV）挤包绝缘电力电缆及附件》GB/T 12706.1～12706.4 及有关其他产品标准的规定。

(6) 钢导管无压扁、内壁光滑。非镀锌钢导管无严重锈蚀，按制造标准油漆出厂的油漆完整；镀锌钢导管镀层覆盖完整、表面无锈斑；绝缘导管及配件不碎裂、表面有阻燃标记和制造厂标。

(7) 各种规格电缆桥架的直线段、弯通、桥架附件及支、吊架等有产品合格证；桥架内外应光滑平整，无棱刺，不应有扭曲、翘边等变形现象。

(8) 各种金属型钢不应有明显锈蚀，管内无毛刺；电缆及其附件安装用的钢制紧固件，除地脚螺栓外，应用热镀锌制品。

35.4.1.3 施工质量技术要求

(1) 电缆规格应符合规定；电缆敷设排列整齐，无机械损伤；标志牌应装设齐全、正确、清晰。

(2) 电缆的固定、弯曲半径、有关距离和单芯电力电缆的金属护层的接线、相序排列等应符合要求。

(3) 电缆放线架应放置稳妥，钢轴的强度和长度应与电缆盘重量和宽度相配合。

(4) 敷设前应按设计和实际路径计算每根电缆的长度，合理安排每盘电缆，减少电缆接头。

(5) 油浸纸绝缘电缆切断后应将端头立即铅封；塑料电缆的封端则可以采用粘合法，一种是用聚氯乙烯胶粘带作为密封包绕层，另一种是用自粘性橡胶带包缠粘合密封。

(6) 电缆终端、电缆接头应安装牢固。

(7) 接地应良好。

(8) 电缆终端的相色应正确，电缆支架等的金属部件防腐层应完好。

(9) 电缆沟内应无杂物，盖板齐全，隧道内应无杂物，照明、通风、排水等设施应符合设计。

(10) 直埋电缆路径标志，应与实际路径相符。路径标志应清晰、牢固，间距适当，且在直线段每隔 50～100m 处、电缆接头处、转弯处、进入建筑物等处，应设置明显的方位标志或标桩。

(11) 水底电缆线路两岸，禁锚区内的标志和夜间照明装置应符合设计。

(12) 防火措施应符合设计，且施工质量合格。

(13) 电缆的最小弯曲半径应符合表 35-83 的规定。

电缆最小弯曲半径 表 35-83

电 缆 型 式		多 芯	单 芯
控制电缆		10D	
橡皮绝缘电力电缆	无铅包、钢铠护套	10D	
	裸铅包护套	15D	
	钢铠护套	20D	
聚氯乙烯绝缘电力电缆		10D	
交联聚乙烯绝缘电力电缆		15D	20D

注：表中 D 为电缆外径。

(14) 10kV 以下配电线路电缆敷设可采用人工敷设，也可采用机械牵引敷设。敷设方法参见 35.2 电缆敷设章节相关内容。

(15) 10kV 以下配电线路电缆终端及接头制作参见 35.2 电缆敷设章节相关内容。电缆终端及接头的制作，应由经过培训的熟悉工艺的人员严格遵守制作工艺规程进行；在室外制作 6kV 及以上电缆终端与接头时，其空气相对湿度宜为 70% 及以下；当湿度大时，可提高环境温度或加热电缆。制作塑料绝缘电力电缆终端与接头时，应防止尘埃、杂物落入绝缘层内；严禁在雾或雨中施工。

35.4.1.4 施工常用机具

(1) 电缆牵引机械、滚轮、电缆敷设用支架等；

(2) 电工刀、喷灯、钢锯架、钢锯条、钢卷尺等；

(3) 兆欧表、直流高压试验器。

35.4.1.5 作业条件

(1) 与电缆线路安装有关的建筑物、构筑物的土建工程质量应符合国家现行的建筑工程施工质量验收规范中的有关规定；

(2) 预埋孔、洞和预埋件符合设计要求，预埋件埋置牢固；

(3) 电缆沟、竖井、人孔等处的地坪及抹面工作结束；

(4) 隧道、电缆沟等处的施工临时设施、模板及建筑废料清理干净，盖板齐备，保持施工道路畅通；

(5) 隧道和电缆沟已按设计和规范要求设置集水井，底部向集水井应有不小于 0.5% 的坡度，以防止积水，保持排水畅通。

(6) 电缆线路敷设的施工方案、施工组织设计已经编制并已经过审批批准。

35.4.2 电缆沟内电缆敷设

电缆在电缆沟内敷设也是 10kV 及以下配电线路常用的一种敷设方式，广泛应用于地下水位较低且无化学腐蚀液体或高温熔化金属溢流的发电厂、变配电所、工厂厂区或城镇人行道，具有检修便捷、容纳电缆较多、可分期敷设的优点，但也具有沟内容易积水、积污、散热条件差等缺点。

电缆沟分为普通电缆沟和充砂电缆沟。根据电缆敷设数量的多少，普通电缆沟可在沟的单侧或双侧装设单层或多层电缆支架，电缆在支架上敷设并固定；在比较干燥或地下水位较低的地区，电缆敷设根数不多（一般不超过 5 根）时，可修建无支架电缆沟；充砂电缆沟内不设支架，主要用于爆炸和火灾危险场所的电缆敷设。

35.4.2.1 适用范围

(1) 在厂区、建筑物内地下电缆数量较多但不需采用隧道时，城镇人行道开挖不便且电缆需分期敷设时，又不属于上述（1）、（2）项的情况下，宜用电缆沟。

(2) 有防爆、防火要求的明敷电缆，应采用埋砂敷设的电缆沟。

(3) 有化学腐蚀液体或高温熔化金属溢流的场所，或在载重车辆频繁经过的地段，不得用电缆沟。

(4) 经常有工业水溢流、可燃粉尘弥漫的厂房内，不宜用电缆沟。

35.4.2.2 材料要求

(1) 电缆应选用具有不延燃外护层或裸钢带铠装电缆，以满足防火要求；

(2) 钢板、角钢、圆钢等各类型钢的外观检查：型钢表面无严重锈蚀，无过度扭曲、弯折变形；镀锌钢材的镀锌层覆盖完整、表面无锈斑；

(3) 电焊条包装完整，拆包抽检，焊条尾部无锈斑。

35.4.2.3 施工机具

(1) 电焊机、砂轮切割机、剪冲机、冲击电钻、手电钻；

(2) 电缆倒运机械、电缆牵引机械、滚轮、电缆敷设用支架等；

(3) 电工刀、喷灯、钢锯架、钢锯条、钢卷尺；

(4) 兆欧表、直流高压试验器等。

35.4.2.4 作业条件

(1) 与作业线路安装有关的建筑物、构筑物的建筑工程质量应符合国家现行建筑工程施工及验收规范中的有关规定；

(2) 电缆沟及人孔的地坪及抹面工作结束，沟壁沟底已经土建防水处理；

(3) 电缆沟内预埋件符合设计要求，并且埋置牢固；

(4) 电缆沟已按设计要求沿排水方向适当距离设置集水井及其泄水系统，沟内排水畅通；

(5) 电缆沟等处的建筑工程施工临时设施、模板及建筑废料已清理干净，道路畅通。

35.4.2.5 工艺流程

电缆沟验收→支架制作→支架安装→接地线安装→电缆敷设→盖电缆沟盖板。

35.4.2.6 电缆沟验收

电缆沟由土建专业负责按设计图纸施工，一般由砖砌筑而成，沟顶部可用强度较高的钢筋混凝土盖板或钢质盖板盖住。

室外电缆沟分无覆盖和有覆盖断面如图 35-71～图 35-72 所示，尺寸如表 35-84～表 35-86 所示。

室外无覆盖电缆沟
尺寸（一） 表 35-84

沟宽（L）	沟深（h）
400	400
600	400

注：200/300 表示单侧或双侧支架电缆沟中，层架长度分为 200mm 或 300mm 两种规格。

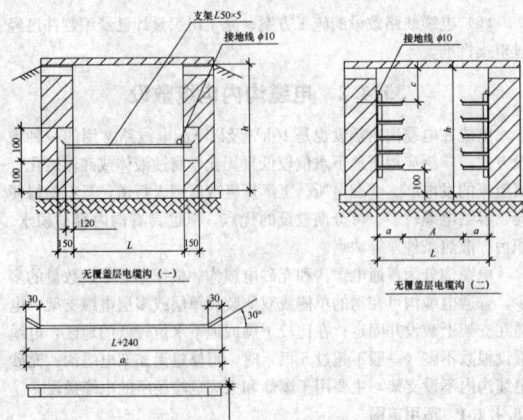

图 35-71　室外无覆盖电缆沟断面

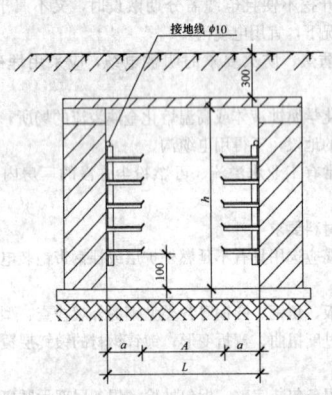

图 35-72　室外有覆盖电缆沟断面

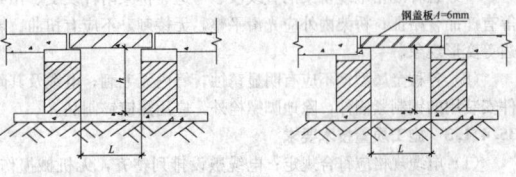

图 35-73　室内混凝土盖板和钢盖板无支架电缆沟

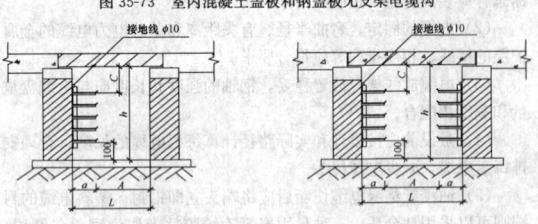

图 35-74　室内混凝土盖板单侧支架和双侧支架电缆沟

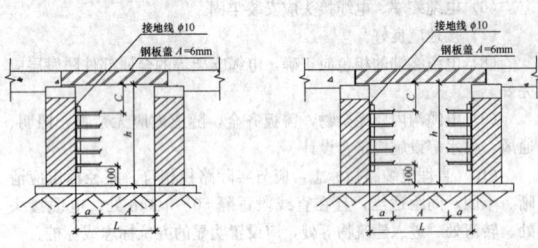

图 35-75　室内钢盖板单侧支架和双侧支架电缆沟

室外无覆盖电缆沟尺寸（二）（mm）　表 35-85

沟宽(L)	层架(a)	通道(A)	沟深(h)
1000	200/300	500	700
1000	200	600	900
1200	300	600	1100
1200	200/300	700	1300

室外有覆盖电缆沟尺寸（mm）　表 35-86

沟宽(L)	层架(a)	通道(A)	沟深(h)
1000	200/300	500	700
1000	200	600	900
1200	300	600	1100
1200	200/300	700	1300

注：200/300 表示单侧或双侧支架电缆沟中，层架长度分为 200mm 或 300mm 两种规格。

室内无支架、单侧支架、双侧支架电缆沟断面如图 35-73～图 35-77 所示，尺寸如表 35-87～表 35-89 所示。

无支架电缆沟尺寸图（mm）　表 35-87

沟宽(L)	沟深(h)	沟宽(L)	沟深(h)
400	200	800	400
600	400		

单侧支架电缆沟尺寸图（mm）　表 35-88

沟宽(L)	层架(a)	通道(A)	沟深(h)
600	200	400	500
	300	300	
800	200	600	700
	300	500	
800	200	600	900
	300	500	

双侧支架电缆沟尺寸图（mm）　表 35-89

沟宽(L)	层架(a)	通道(A)	沟深(h)
1000	200/300	500	700
1200	300	600	
1000	200/300	500	900
1000	200	600	
1200	300	600	
1000	200	600	
1000	200/300	500	1100
1200	300	600	

土建施工完成后，安装施工之前应办理交接验收，复核电缆沟施工质量应符合设计和规范要求：

（1）电缆沟应采取防水措施，底部设置排水沟，沟底向集水井排水坡度应不小于 0.5%；电缆沟采取分段排水方式，每隔 50m 设置一个集水井和排水管，积水可及时经集水井排出；

（2）电缆沟内设计有机械排水系统的，其使用应功能正常，与排水系统相连的，必须采取防止倒灌措施，保持排水畅通。

电缆沟集水坑（井）如图 35-76 所示，其中图 35-76（a）适用于地下水位低于电缆沟且周围土壤容易渗水的地区，但不适用于风化岩石及其他不渗水的黏土地区；图 35-76（b）适用于地下水位较高地区；图 35-76（c）适用于地下水位较低地区。

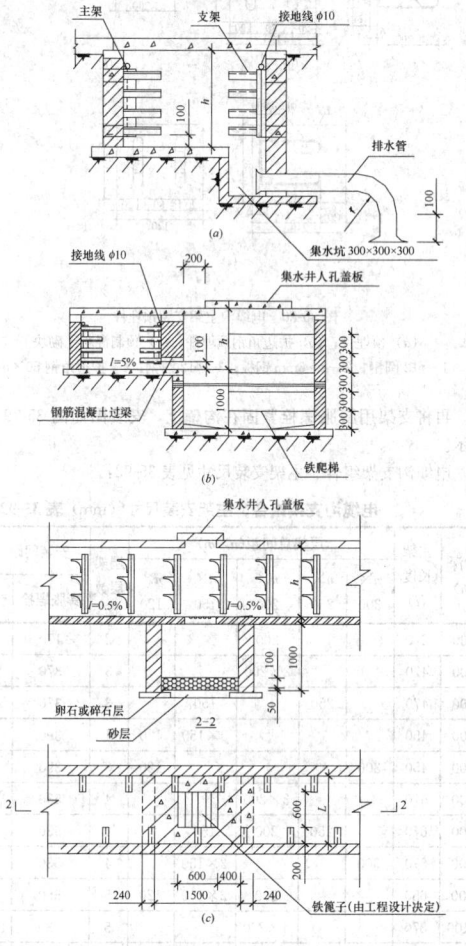

图 35-76 电缆沟集水坑（井）

35.4.2.7 支架制作

电缆在电缆沟内使用支架固定，常用支架有角钢支架和装配式支架。

角钢支架由主架和层架（横撑）两部分组成，角钢式支架共有7种不同型式，如图 35-77 所示，主架固定在沟壁上可以采用膨胀螺栓固定，或用射钉枪将 M8×85 螺栓射入沟墙内固定，也可以与沟侧的预埋件焊接连接固定，焊接时，主架上的安装孔取消。支架钻孔严禁用电、气焊割孔。支架的选择由设计确定，电缆沟转角段、分支段、交叉段层架（横撑）长度为直线段层架（横撑）长度加 100mm。

在制作角钢支架时，首先根据设计图纸的要求，统计各种角钢的长度、主架的根数、层架（横撑）的根数，然后利用剪冲机或砂轮机进行切割，在剪冲主架角钢之前，应对角钢进行校直。将下好料的主架和层架放在装有样板的平台上进行焊接，焊接时应采用"先点后焊"的方法，以免变形。焊接完毕后将焊渣和焊药清除，并应再次对支架进行校正；最后除锈、刷防锈漆。

角钢支架的加工应符合下列要求：

（1）钢材应平直，无明显扭曲。下料误差应在 5mm 范围内，切口应无卷边、毛刺。

（2）支架应焊接牢固，无显著变形，焊后及时清除焊渣。各横撑间的垂直净距与设计偏差不应大于 5mm。

（3）金属电缆支架必须进行防腐处理，室外支架应为热镀锌材料，或采用刷磷化底漆一道、过氯乙烯漆两道防腐。位于湿热、盐

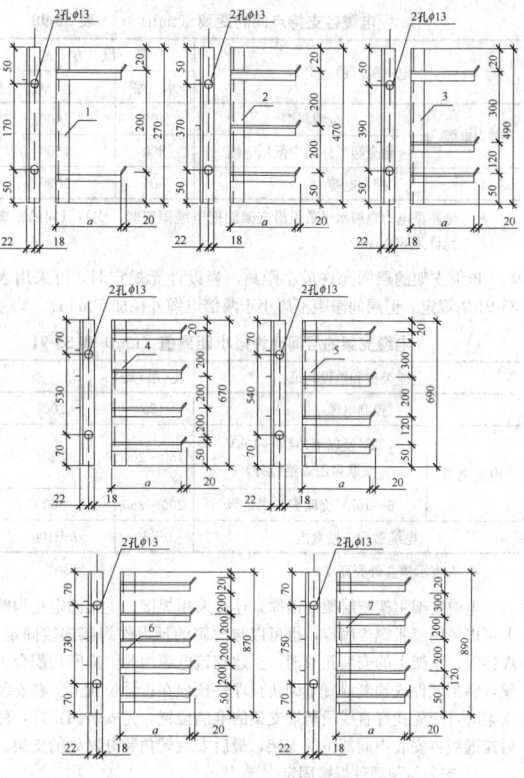

图 35-77 电缆沟用角钢支架

雾以及有化学腐蚀地区时，应根据设计作特殊的防腐处理。

装配式电缆支架的主架和层架（横撑）采用活连接，主架小型槽钢或钢板以 60mm 为模数冲孔；层架（横撑）采用钢板冲制而成，根部有弯脚。只要将层架弯脚插入主架的插孔后，就能钩住主架而不脱落，根据需要可将层架与主架装配成层间距为 120mm、180mm、240mm 等多种形式。装配式电缆支架如图 35-78 所示：

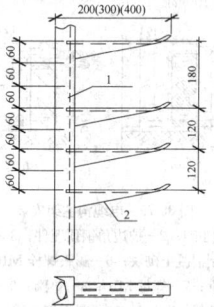

图 35-78 装配式电缆支架
1—主架；2—层架

装配式电缆支架的优点是：在制造厂集中加工有效减少现场预制施工的工作量，同时消耗的钢材少，支架轻巧，安装方便，缺点是强度小，特别在电缆沟道有积水的情况下，很容易锈蚀，尤其是格架弯脚挂钩，易锈蚀断裂，不适用于易受腐蚀的环境。

在许多恶劣环境条件下，例如地铁、隧道、化工企业、多雨潮湿或沿海盐雾等场合，使用有铁支架极易锈蚀，设施的维护费用高，使用寿命也较短；为解决这个问题，近年来，各种新型材料的支架应运而生，目前应用较多的主要有玻璃钢、复合材料、工程塑料等几种新型材质电缆支架。

35.4.2.8 支架安装

电缆各支持点间的距离应符合设计规定。当设计无规定时，不应大于表 35-90 中所列数值。

电缆各支持点间的距离（mm） 表35-90

电 缆 种 类		敷 设 方 式	
		水 平	垂 直
电力电缆	全塑料型	400	1000
	除全塑型外的中低压电缆	800	1500
	控制电缆	800	1000

注：全塑型电力电缆水平敷设沿支架能把电缆固定时，支持点间的距离允许为800mm。

电缆支架的层间允许最小距离，当设计无规定时，可采用表35-91的规定。但层间净距不应小于两倍电缆外径加10mm。

电缆支架的层间允许最小距离值（mm） 表35-91

电缆类型和敷设特征		支(吊)架	桥架
控制电缆		120	200
电力电缆	10kV及以下（除6～10kV交联聚乙烯绝缘外）	150～200	250
	6～10kV交联聚乙烯绝缘	200～250	300
电缆敷设于槽盒内		b+80	b+100

注：h表示槽盒外壳高度。

电缆支架主架与层架（横撑）连接采用焊接，主架固定在沟壁上可以采用膨胀螺栓固定，也可以与沟侧的预埋件焊接连接固定，焊接时，主架上的安装孔取消。土建砌筑电缆沟时，应密切配合土建，将预埋件或预制混凝土砌块预埋件预埋在设计位置上。在安装支架时，应先找好直线段两端支架的准确位置，先安装固定好，然后拉通线再安装中间部位的支架，最后安装转角和分岔处的支架。

1. 支架与预埋件焊接固定

预埋件如图35-79（a）所示，其预埋水平间距由设计确定，施工时，配合土建预埋，支架安装时，角钢主架与预埋件连接钢板可靠焊接，安装图如图35-80（a）所示。

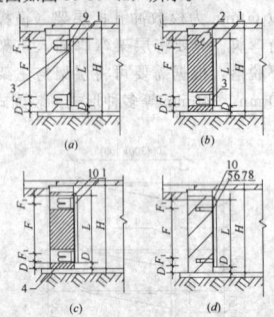

图35-79 电缆沟主架安装
1—角钢主架；2—护边角钢预埋件；3—预埋件；4—预制混凝土砌块；5—膨胀螺栓 M10×100；6—套管；7—螺母 M10；8—垫圈；9—扁钢接地线—50×6；10—圆钢接地线 φ10

电缆沟上部有护边角钢时，支架的主架上部与护边角钢焊接，下部与预埋件钢板焊接，护边角钢预埋如图35-79（b）所示，支架安装图如图35-80（b）所示。

2. 支架用预制混凝土砌块固定

砖墙壁电缆沟内支架固定可采用预制混凝土砌块。砌块内的预埋件预埋如图35-80（c）所示，预制完成后埋设在强度不小于C15的混凝土砌块内。在电缆沟墙体砌筑时，应密切配合土建将预制混凝土砌块砌筑在设计位置。角钢主架安装时，将主架与砌块预埋件的钢板牢固焊接。如图35-80（c）所示。

3. 用膨胀螺栓固定支架

当电缆沟壁采用C15及以上混凝土或钢筋混凝土或强度相当的砖墙时，可采用M10×100膨胀螺栓固定支架。施工时，先用冲击钻或电锤在电缆沟壁上设计位置打孔，孔洞大小与膨胀螺栓胀管相当，孔深略于胀管。清扫孔洞后，将膨胀螺栓轻轻，确认牢固

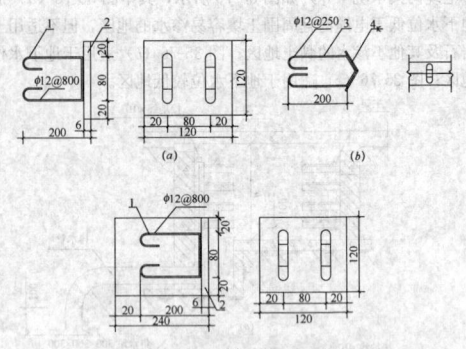

图35-80 电缆沟主架安装预埋件
(a) 预埋件；(b) 护边角钢预埋件；(c) 预制混凝土砌块
1—φ12圆钢；2—δ=6mm钢板；3—φ12圆钢；4—护边角钢50×5

后，再将支架用膨胀螺栓紧固在沟壁上，安装图如图35-79（d）所示。

电缆沟支架组合、主架安装尺寸见表35-92：

电缆沟支架组合、主架安装尺寸（mm） 表35-92

沟深(h)	主架长度(l)	层架总间距(n×m)					层架层数	安装间距(F)	
		n×300	n×250	n×200	n×150	n×120		膨胀螺栓	预埋件
500	270			200			2	170	150
700	470			2×200			3	370	350
700	470		250				3	370	350
700	450				2×150	120	4	390	370
700	450	300					4	390	370
900	670			3×200			4	530	550
900	670		250		150		4	530	550
900	670	300			2×150		4	530	550
900	650			200	2×150	120	5	550	570
1100	870			4×200			5	730	750
1100	870		250	2×200			5	730	750
1100	890	300		2×200			5	750	770
1300	1070			5×200			6	930	950
1300	1090	300	250		150	120	6	950	970
1300	1070	300		2×200	2×150		6	930	950

注：1. 主架安装采用膨胀螺栓时F1=50或70，采用预埋件时F1=60；
2. m分为120mm、150mm、200mm、250mm、300mm五种间距，由工程设计决定；
3. C值为150～200mm，D值为50mm。

电缆支架最上层及最下层至沟顶、沟底的距离，当设计无规定时，不宜小于表35-93的数值。

电缆支架最上层及最下层至沟顶、楼板或沟底、地面的距离（mm） 表35-93

敷设方式	电缆隧道及夹层	电缆沟	吊架	桥架
最上层至沟顶或楼板	300～500	150～200	150～200	350～450
最下层至沟底或地面	100～150	50～100	—	100～150

层架（横撑）支架应安装牢固，横平竖直；各支架的同层横档应在同一水平面上，其高低偏差不应大于5mm。电缆沟内安装的电缆支架，应有与电缆沟或建筑物相同的坡度。

电缆沟分支段和交叉段处常设置槽钢过梁，过梁尺寸由设计具体确定。支架在过梁处上端与槽钢过梁焊接，下端与预埋的长度为

180mm 的 L50×5 角钢焊接。过梁支架安装如图 35-81 所示。

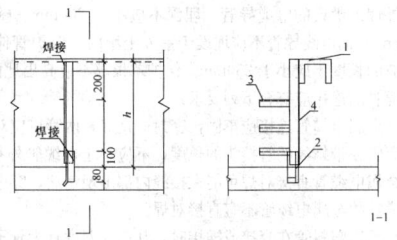

图 35-81 电缆沟过梁支架安装
1—过梁；2—预埋角钢（L50×5，1=180）；3—层架；4—主架

为保障人身安全，电缆沟支架应可靠接地，全长敷设接地线，并应按设计多处接地。接地线可采用 φ10 圆钢沿支架全长敷设并与支架可靠焊接，如图 35-79（c）、（d）。也可利用电缆沟边角钢或预埋扁钢作接地线，此时，则不再需要敷设专用的接地线，做法见图 35-79（a）、（b）。

接地线的焊接应采用搭接焊，焊接必须牢固无虚焊，其搭接长度必须符合下列规定：

(1) 扁钢为其宽度的 2 倍（且至少 3 个棱边焊接）。

(2) 圆钢为其直径的 6 倍。

(3) 圆钢与扁钢连接时，其长度为圆钢直径的 6 倍。

(4) 扁钢与钢管、扁钢与角钢焊接时，为了连接可靠，除应在其接触部位两侧进行焊接外，还应焊以由钢带弯成的弧形（或直角形）卡子或直接由钢带本身弯成弧形（或直角形）与钢管（或角钢）焊接。

35.4.2.9 电缆敷设

电力电缆和控制电缆不应配置在同一层支架上。高低压电力电缆、强电、弱电控制电缆应按顺序分层配置，一般情况宜由上而下配置；但在含有 35kV 以上高压电缆引入柜盘时，为满足弯曲半径要求，可由下而上配置。

电缆在支架上水平敷设时，电力电缆间净距不应小于 35mm，且不应小于电缆外径。控制电缆间的净距不作规定。1kV 以下电力电缆和控制电缆可并列敷设，当双侧设有支架时，1kV 以下电力电缆和控制电缆，尽可能与 1kV 以上的电力电缆分别敷设于不同侧支架上，当并列明敷时，其净距不应小于 150mm。在电缆沟底敷设时，1kV 以上的电力电缆与控制电缆间净距不应小于 100mm。

交流单芯电力电缆，应布置在同侧支架上。当按紧贴的正三角形排列时，应每隔 1m 用绑带扎牢。

明敷在电缆沟内带有麻护层的电缆，应剥除麻护层，并对其铠装加以防腐。

电缆在支架上水平敷设时，在终端、转弯及接头两侧应加以固定，垂直敷设则在每一支持点处固定。当对电缆的间距有要求时，应每隔 5～10m 处进行固定。

交流系统的单芯电缆的固定夹具不应构成闭合磁路。

裸铅（铝）套电缆的固定处，应加软衬垫保护。护层有绝缘要求的电缆，在固定处应加绝缘衬垫。

电缆敷设完毕后，应及时清除杂物，盖好盖板。室内电缆沟盖板应与地面平齐，对容易积水的地方，可用水泥砂浆将盖板间缝隙填实。室外电缆沟无覆盖时，盖板高出地面不小于 100mm；有覆盖时，盖板在地面下 300mm。盖板搭接应作防水处理。

35.4.3 电缆穿保护管敷设

电缆穿保护管施工简单，投资省，检修方便，可提前预埋，可避免其他管线对电缆本身影响，因此在目前的工程施工中普遍被采用。

电缆保护管种类主要有四类：

(1) 有机高分子材料电缆保护管，如碳素波纹管，PVC 管等。

(2) 金属材料类电缆保护管，如涂塑钢管、镀锌钢管等。

(3) 树脂基纤维增强复合材料类电缆保护管，如玻璃钢管等。

(4) 水泥基纤维增强复合材料类电缆保护管，如低摩擦纤维水泥管、维纶水泥管、海泡石电缆保护管等。

镀锌钢管刚性强度高，但重量大，且管内表面不够光滑，穿电缆时容易划伤，耐水性差、耐热差，同时它又是磁性材料，易产生涡流，因此，不适用于单芯电缆穿管敷设。

玻璃纤维增强塑料电缆保护管（玻璃钢管）具有重量轻、强度高、不变形、内表光滑、摩擦系数小、穿缆轻滑、耐水性好、防火性能优、安装连接方便等优点，且无电腐蚀、非磁性，适用于单芯电缆敷设，但玻璃钢管又有易产生污染、不利于人体健康、且易老化的缺点。

硬聚氯乙烯电缆保护管（PVC-U）管材结构上分为双壁波纹及普通管，硬聚氯乙烯虽排除了镀锌钢管所存在的不足，但其刚性强度低，质地较脆，在敷设时的温度不宜低于 0℃，最高使用温度不应超过 50～60℃，且在易受机械碰撞的地方不宜使用。

氯化聚氯乙烯管（PVC-C）经过材料改性，产品环刚度、耐热、阻燃性能都较普通硬聚氯乙烯电缆保护管高，重量轻、强度高、施工方便、快捷。聚乙烯（PE）管强度较低，但其断裂伸长率却非常高，延伸性很强，当地面沉降或地壳有变动的情况下，PE 管能够产生抗变形性而不断裂，但在 40℃ 以上时力学性能大幅度下降，容易受外力而变形。

近年来出现的改性聚丙烯管（MPP）管，使用热熔焊接，焊接头强度高，可超长度高牵引力拖管，韧性好，具有优良的抗地层沉降、抗震性能；MPP 管克服了 PE 管在 40℃ 以上时力学性能大幅度下降而不能用于电缆排管的弊端，同时还克服了 PVC-C 管抗地层沉降性能差以及不能高牵引力拖管的弊端，多应用在非开挖技术电力管线敷设上。

电缆保护管有钢筋混凝土包封、纯混凝土包封、直埋以及非开挖拖管敷设等多种使用方法，钢筋混凝土包封、纯混凝土包封多为排管敷设使用，直埋敷设时应充分考虑埋设深度和保护管外压荷载这两个参数之间的相关性。

35.4.3.1 适用范围

(1) 在有爆炸危险场所内敷的电缆，露出地坪上需加以保护的电缆，地下电缆与公路、铁路交叉时。

(2) 地下电缆通过房屋、广场的区段，电缆敷设在规划将作为道路的地段。

(3) 在地下管网较多的工厂区、城市道路狭窄且交通繁忙或道路挖掘困难的通道等电缆数量较多的情况下。

(4) 电缆进入建筑物、隧道、穿过楼板及墙壁处。

(5) 从沟道引至电杆、设备、墙外表面或屋内行人容易接近处，距地面高度 2m 以下的一段。

(6) 其他可能受到机械损伤的地方。

35.4.3.2 材料要求

(1) 电缆保护管不应有穿孔、裂缝和显著的凹凸不平，内壁应光滑，管子圆直。

(2) 金属电缆管不应有锈蚀、折扁和裂缝，管内应无铁屑及毛刺，切断口应平整，管口应光滑；镀锌管的镀锌层应完好无损，锌层厚度均匀一致，不得有剥落、气泡等现象。

(3) 玻璃纤维增强塑料电缆保护管外表色泽均匀，导管内外表面应无龟裂、分层、针孔、毛边、毛刺、杂质、贫胶层、气泡等缺陷。导管两端面应平齐，无毛边、毛刺；承口、插口两端内外侧边缘均应有倒角，以防止电缆在抽拉时受到损伤。

(4) 氯化聚氯乙烯与硬聚氯乙烯电缆导管颜色应均匀一致，内外壁不允许有气泡、裂口和明显痕纹、凹陷、杂质、分解变色线以及颜色不均等缺陷；导管端面应切割平整并与轴线垂直；插口端外壁加工时应有倒角，承口端加工时允许有不大于 1° 的脱模斜度，且不得有挠曲现象。氯化聚氯乙烯电缆导管的管材插入端应做出明显的插入深度标记。氯化聚氯乙烯与硬聚氯乙烯双壁波纹电缆导管的外壁波纹应规则、均匀，不应有凹陷，导管的内外壁应紧密熔合，不应出现脱开现象。

(5) 硬质塑料管不得在温度过高或过低的场所。

(6) 在易受机械损伤的地方和在受力较大处直埋时，应采用足

(7) 敷设于保护管中的电缆,应具有挤塑外套;油浸纸绝缘铅套电缆,尚宜含有钢铠层。

(8) 防火阻燃材料必须经过技术或产品鉴定。

35.4.3.3 施工机具

1. 保护管制安机具

煨管器、液压煨管器、砂轮锯、扁锉、半圆锉、圆锉、鱼尾钳、手电钻、电锤、台钻、电焊机、气焊工具、扳手等。

2. 电缆敷设机具

电缆倒运机械、电缆牵引机械、放线架、滚轮、电缆敷设用支架、吊链、滑轮、钢丝绳、无线对讲机、手持扩音喇叭、钢锯架、钢锯条、钢卷尺等。

3. 电缆头制安机具

电工刀、剪断钳、电缆剥削器、(液压)压接钳、喷灯等。

4. 检验试验机具

兆欧表、直流高压试验器等。

35.4.3.4 作业条件

(1) 室外埋地保护管的路径、沟槽深度、宽度及垫层处理经检查确认。

(2) 室内沿构筑物明敷设的保护管,在砌体施工过程应及时准确地将保护管支持预埋件随土建工程正确预埋。

(3) 进入建筑物、穿墙、穿楼板处已按设计要求正确预留孔洞。

(4) 保护管敷设路径的部位障碍物已清除干净。

35.4.3.5 工艺流程

非开挖埋地管地下钻孔→保护管连接→牵引保护管穿孔洞

埋地管管沟开挖→保护管加工制作→保护管安装→电缆穿管敷设

明敷管预埋件预埋→保护管支架制作→支架安装→埋地管沟回填土*

注*: 非开挖埋地管不需回填土。

35.4.3.6 电缆保护管加工制作

承插式电缆保护管形状如图 35-82 所示,氯化聚氯乙烯与硬聚氯乙烯双壁波纹电缆导管结构如图 35-83 所示。

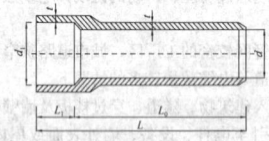

图 35-82 承插式电缆导管结构形状图
d—公称直径;d1—承口内径;L1—承口深度;
t—壁厚;L—总长;L0—有效长度

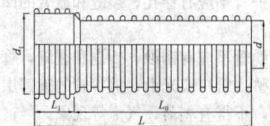

图 35-83 氯化聚氯乙烯与硬聚氯乙烯
双壁波纹电缆导管结构形状图
d—公称直径;d1—承口内径;L1—承口深度;
L—总长;L0—有效长度

电缆管的加工应符合下列要求:

(1) 管口应无毛刺和尖锐棱角,管口宜做成喇叭形,可以减小直埋管在沉陷时管口处对电缆的剪切力。

(2) 电缆管在弯制后,不应有裂缝和显著的凹瘪现象,其弯扁程度不宜大于管子外径的 10%;电缆管的弯曲半径应不小于管外径的 10 倍且不应小于所穿入电缆的最小允许弯曲半径。每根电缆管的弯头不应超过 3 个,直角弯不应超过 2 个。

(3) 金属电缆管在外表涂防腐漆或涂沥青,镀锌管锌层剥落处也应涂以防腐漆。

35.4.3.7 电缆保护管连接安装

室外埋地敷设的电缆导管,埋深不应小于 700mm。壁厚小于等于 2mm 的钢电线导管不应埋设于室外土壤内。保护管伸出建筑物散水坡的长度不应小于 250mm。保护罩根部不应高出地面。

电缆管的连接应符合下列要求:

(1) 金属电缆管连接应牢固,密封良好,两管口应对准。套接的短套管或带螺纹的管接头的长度,不应小于电缆管外径的 2.2 倍。因金属电缆管直接对焊可能在接缝内部出现疤瘤,穿电缆时会损伤电缆,故金属电缆管不宜直接对焊。

(2) 硬质塑料管在套接或插接时,其插入深度宜为管子内径的 1.1~1.8 倍。在插接面上涂以胶粘剂粘牢密封;采用套接时,套管长度不小于管内径的 1.5~3 倍,套管两端应封焊。

插接连接时,先将两连接端部管口进行倒角,然后清洁两个端口接触部分的内外面,如有油污则用汽油等溶剂擦净。

敷设在混凝土内的电缆保护管在混凝土浇筑前应按实际安装位置量好尺寸,下料加工。管子敷设后应加以支撑和固定,以防止在浇筑混凝土时受震而移位。保护管敷设或弯制前应进行疏通和清扫,可用铁丝绑上棉纱或破布穿入管内清除污物,检查畅通情况,在保证管内光滑畅通后,将管子两端暂时封堵。

电缆保护管明敷时应符合下列要求:

(1) 电缆保护管应安装牢固;电缆保护管支持点间的距离,当设计无规定时,不宜超过 3m。

(2) 当塑料管的直线长度超过 30m 时,宜加装伸缩节。

(3) 引至设备的电缆保护管管口位置,应便于与设备连接并不妨碍设备拆装和进出。并列敷设的电缆管应排列整齐。

敷设混凝土、陶土、石棉水泥等电缆管时,其地基应坚实、平整,不应有沉陷,且电缆保护管的敷设应符合下列要求:

(1) 电缆保护管的埋设深度不应小于 0.7m;在人行道下面敷设时,不应小于 0.5m。

(2) 电缆保护管应有不小于 0.1% 的排水坡度。

(3) 电缆保护管连接时,管孔应对准,接缝应严密,不得有地下水和泥浆渗入。

纤维水泥电缆导管采用套管套接,其他承插式混凝土预制管、氯化聚氯乙烯及硬聚氯乙烯塑料(双壁波纹)管、玻璃纤维增强塑料导管均采用承插式连接,采用承插式或套管连接的导管,其接头均应用橡胶弹性密封圈密封连接。

氯化聚氯乙烯电缆保护管连接处承插口做法示意图如图 35-84 所示。

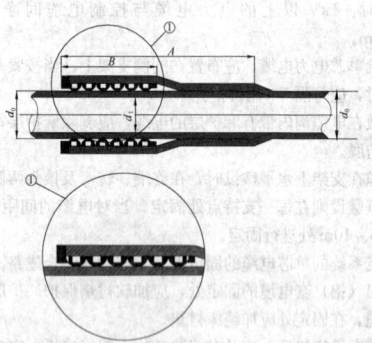

图 35-84 承插口做法示意图
A—承口长度;B—承口第一阶长度;
d1—承口第二阶内径;d0—平均外径

玻璃纤维增强塑料电缆保护管(玻璃钢电缆保护管)的连接采用承插式的连接方式,安装连接方便,接头处加橡胶密封圈,安装于承插口和插口之间,适应热胀冷缩,又可防止砂泥进入,如图 35-85 所示。

氯化聚氯乙烯管(PVC-C)在敷设完毕后,管材的外侧均无需用其他材料加固,而直接用砂和泥土回填即可。

利用电缆的保护钢管作接地线时,应先焊好接地线,避免在电缆敷设后焊接地线时烧坏电缆;钢管有螺纹的管接头处,应在接头

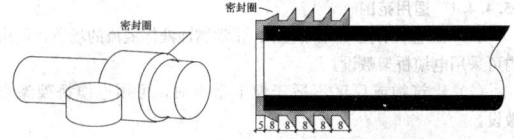

图 35-85 玻璃纤维增强塑料电缆保护管接头处设置橡胶密封圈

两侧用跨接线焊接，用圆钢作跨接线时，其直径不宜小于 12mm；用扁钢作跨接线时，扁钢厚度不应小于 4mm，截面积不应小于 100mm²；当电缆保护钢管采用套管焊接时，不需再焊接地。

35.4.3.8 电缆穿保护管敷设

电缆穿保护管敷设应符合下列规定：

（1）穿入管中电缆的数量应符合设计要求，交流单芯电缆不得单独穿入钢管内。

（2）敷设在混凝土管、陶土管、石棉水泥管内的电缆，宜穿塑料护套电缆。

（3）拐弯、分支处以及直线段每隔 50m 应设人孔检查井，井盖应高于地面，井内有集水坑且可排水。

（4）电缆管内径与电缆外径之比不得小于 1.5；混凝土管、陶土管、石棉水泥管除应满足本条要求外，其内径尚不宜小于 100mm。

（5）电缆穿保护管前，应先清理保护管，电缆保护管内部应无积水，且无杂物堵塞。穿电缆时，可采用无腐蚀性的润滑剂（粉），如滑石粉或黄油等润滑物，以防损伤电缆护层。

直埋电缆进入建筑物内的保护管必须符合防水要求，并有适当的防水坡度，安装见图 35-86，保护管伸出建筑物散水坡的长度不应小于 250mm，除注明外，保护管应伸出墙外 1m。管口应无毛刺和尖锐棱角，宜做成喇叭形；非镀锌钢管外壁应刷两道沥青漆防腐。方式三中法兰盘（2）直径应等于电缆外径加 10mm，在两法兰盘之间的电缆上应缠绕油浸黄麻绳，法兰盘之间在紧固前应用沥青浇筑密封。紧固密封后法兰盘及螺母均刷沥青一道防腐。

电缆直埋引入建筑物时，应穿钢管保护，并做好防水处理，保护钢管内径不应小于电缆外径的 1.5 倍。穿墙钢管与钢板须事先焊好，并应配合土建墙体施工预理。电缆自室外引入室内做法如图 35-87、图 35-88 所示，方案一适用于电缆自室外引入地下室，方案二适用于电缆自室外引入室内电缆沟，穿墙套管均应向外倾斜≤15°；方案三适用于单根电缆引入室内，方案四适用于外防水。

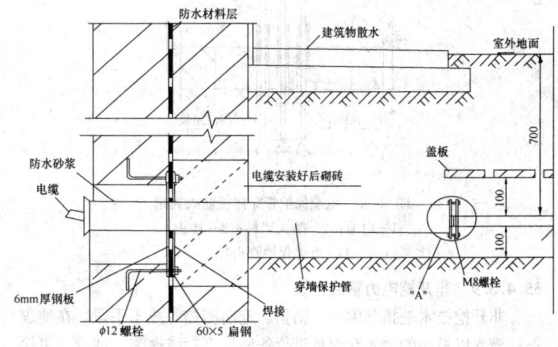

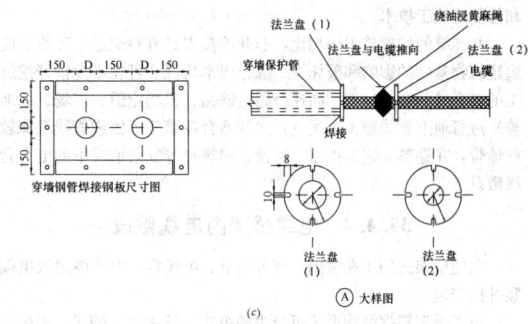

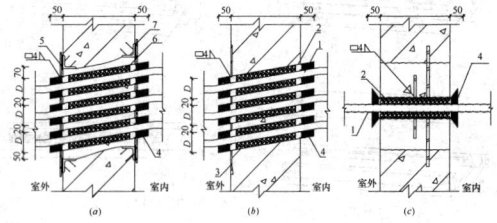

图 35-86 电缆进入建筑物内的保护管做法（二）
（c）方式三
注：D 为穿墙电缆保护管外径

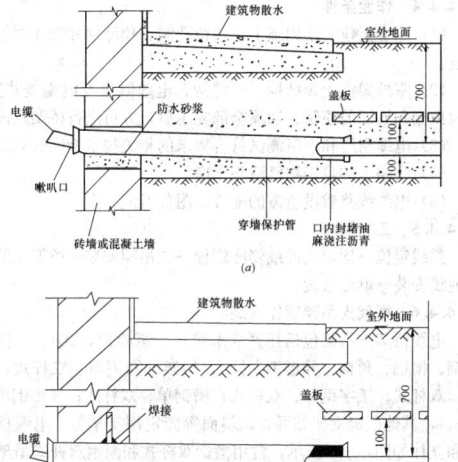

图 35-86 电缆进入建筑物内的保护管做法（一）
（a）方式一；（b）方式二

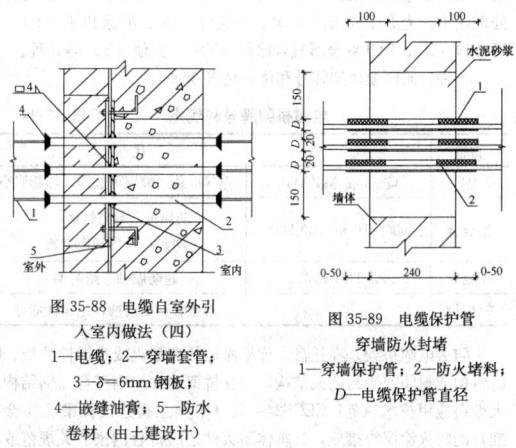

图 35-87 电缆自室外引入室内做法
（a）方案一；（b）方案二；（c）方案三
1—电缆；2—穿墙套管；3—δ＝6mm 钢板；4—嵌缝油膏；
5—10mm 钢板；6—沥青麻丝；7—护边角钢 L50×5

图 35-88 电缆自室外引
入室内做法（四）
1—电缆；2—穿墙套管；
3—δ＝6mm 钢板；
4—嵌缝油膏；5—防水
卷材（由土建设计）

图 35-89 电缆保护管
穿墙防火封堵
1—穿墙保护管；2—防火堵料；
D—电缆保护管直径

电缆保护管穿楼板防火封堵做法如图 35-90 所示。

在电缆穿过竖井、墙壁、楼板或进入电气盘、柜的孔洞处，用防火堵料密实封堵，电缆穿保护管穿墙防火封堵做法如图 35-91 所示。

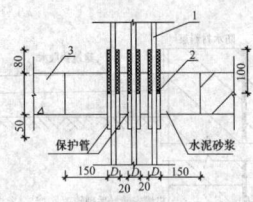

图 35-90　电缆保护管穿楼板防火封堵
1—电缆；2—防火堵料；3—楼板；
D—电缆保护管直径

35.4.3.9　非开挖电力管线敷设

非开挖技术是指利用岩土钻掘、定向测控等技术手段，在地表不挖槽或以最小的地表开挖量进行各种地下管线探测、铺设、更换和修复的施工技术。

与传统的挖槽施工法相比，非开挖技术具有对交通、环境、周边建筑物基础的影响和破坏少、综合成本均低、可在不允许开挖施工的场合（如穿越河流、高速公路、铁路、机场跑道、广场、绿地等）进行地下管线施工等优点，尤其适合在繁华市区或管线埋深较深地带，在穿越公路、铁路、河流、建筑物等复杂情况下的电力管线敷设施工。

35.4.4　电缆桥架内电缆敷设

电缆桥架适用于在室内、室外架空、电缆沟、电缆隧道及电缆竖井内安装。

电缆桥架根据结构形式可分为梯级式、托盘式、槽式、组装式四种电缆桥架，各种电缆桥架外形如图 35-91 所示。

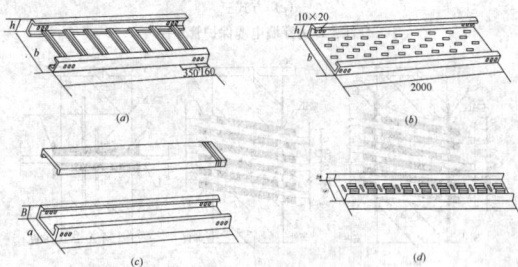

图 35-91　电缆桥架外形图
(a) 梯级式；(b) 托盘式；(c) 槽式；(d) 组装式

电缆桥架根据制造材料可分为钢制电缆桥架、铝合金电缆桥架、玻璃钢电缆桥架以及防火电缆桥架。钢制电缆桥架按表面防腐处理还可分为涂漆或烤漆（Q）、电镀锌（D）、喷涂粉末（P）、热浸镀锌（R）、VCI 双金属复合涂层（VS）、其他（T）等几种。

各种材质电缆桥架牌号和优点见表 35-94。

电缆桥架牌号和优点　　　　表 35-94

材料	规　格	优　　点
钢	Q235 或 AISIA446	电气屏蔽、镀层可选择，热膨胀小
铝合金	6063-T6 和 5052-H32	防腐蚀，导电性能好，质轻，现场制作方便
不锈钢	AISI304 或 316	超防腐蚀，耐高温
玻璃纤维		自重轻，耐腐蚀，绝缘性能好

防火电缆桥架是在托盘、梯架添加具有耐火或难燃性的板、网材料构成封闭或半封闭式结构，并在桥架表面涂刷符合《钢结构防火涂料应用技术规范》CECS24：90（中国工程建设标准化协会标准）的防火涂层等措施，其整体耐火性还应符合国家有关规范或标准的要求。

电缆桥架的安装主要有沿顶板安装、沿墙水平和垂直安装、沿竖井安装、沿地面安装。安装所用支（吊）架可选用成品或自制，支（吊）架的固定方式主要有预埋件上焊接、膨胀螺栓固定等。

35.4.4.1　适用范围

(1) 在地下水位较高的地方、化学腐蚀液体溢流的场所，厂房内可采用电缆桥架敷设。

(2) 建筑物或厂区不适于地下敷设时，可用电缆桥架架空敷设。

(3) 垂直走向的电缆，沿墙、柱敷设数量较多时，可采用电缆桥架敷设。

(4) 电缆桥架形式选择应符合下列规定：

1) 在有易燃粉尘场所，或需屏蔽外部的电气干扰，应采用无孔托盘。

2) 高温、腐蚀性液体或油的溅落等需防护场所，宜用托盘。

3) 需因地制宜组装时，可用组装式托盘。

4) 除 1) ～3) 项外，宜用梯架。

(5) 对耐腐蚀性能要求较高或要求洁净的场所，宜选用铝合金或不锈钢电缆桥架。

(6) 要求防火的区域采用防火电缆桥架。

(7) 在容易积聚粉尘的场所，桥架应选用盖板；在公共通道或室外跨越道路段，底层桥架上宜加垫板或使用无孔托盘式桥架。

35.4.4.2　材料要求

(1) 桥架内外应光滑平整、无棱刺，不应有扭曲、翘曲等变形现象；热镀锌桥架锌层表面应均匀、无毛刺、过烧、挂灰、伤痕、局部未镀锌（直径 2mm 以上）等缺陷，不得有影响安装的锌瘤。螺纹的镀层应光滑、螺栓连接件应能拧入；喷涂粉末防腐处理的电缆桥架喷涂外观均匀光滑、不起泡、无裂痕、色泽均匀一致；

(2) 桥架螺栓孔径，在螺杆直径不大于 M16 时，可比螺杆直径大 2mm。同一组内相邻两孔间距误差±0.7mm；同一组内任意两孔间距误差±1mm；相邻两组的端孔间距误差±1.2mm。

(3) 在室内采用电缆桥架敷设电缆时，其电缆不应有黄麻或其他易延燃材料外护层；在有腐蚀或特别潮湿的场所采用电缆桥架敷设电缆时，应根据腐蚀介质的不同采取相应的防护措施，并宜选用塑料护套电缆。

(4) 各种金属型钢不应有明显锈蚀，管内无毛刺。所有紧固螺栓，均应采用镀锌件；膨胀螺栓应根据允许拉力和剪力进行选择。

35.4.4.3　施工机具

1. 主要安装机具

电锤、电钻、开孔机、活扳手、铅笔、粉线袋、卷尺、高凳等。

2. 主要检测机具

经纬仪、水平仪、兆欧表、万用表、绝缘电阻测试仪等。

35.4.4.4　作业条件

(1) 配合土建的结构施工，预留孔洞、预埋铁和预埋件等全部完成。

(2) 室外架空走廊结构、电缆沟、电缆隧道及电缆竖井完工，室内顶棚和墙面的喷浆、油漆全部完工后，方可进行桥架敷设。

(3) 电缆耐压和电阻测试符合要求的相关技术标准的规定。

(4) 线路上的障碍物已清除干净。

(5) 电缆线路敷设所需的配件、附件匹配齐全。

35.4.4.5　工艺流程

弹线定位→预埋铁件或膨胀螺栓→支吊架安装→桥架安装→保护地线安装→电缆敷设。

35.4.4.6　桥架支吊架制作安装

电缆桥架支吊架包括托臂（卡接式、螺栓固定式）、立柱（工字钢、槽钢、角钢、异形钢立柱）、吊架（圆钢单、双杆式；角钢单、双杆式；工字钢单、双杆式；槽钢单、双杆式；异形钢单、双杆式）、其他固定支架如垂直、斜面等固定用支架。电缆桥架托臂和立柱如图 35-92 所示，常用槽钢双杆式和圆钢双杆式吊架如图 35-93 所示，桥架沿墙垂直安装使用门形支架固定，门形支架如图 35-94 所示。

1. 弹线定位

(1) 根据图纸确定始端到终端，找好水平或垂直线，用粉线袋沿墙壁、顶棚和模板等处，在线路的中心线进行弹线。

(2) 按设计图的要求，分匀档距并用笔标出具体位置。

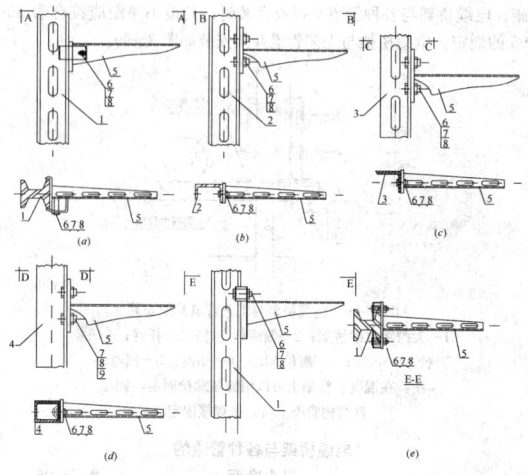

图 35-92 电缆桥架托臂和立柱

(a) 方案 1;(b) 方案 2;(c) 方案 3;(d) 方案 4;(e) 方案 5

1—工字钢支柱;2—槽钢形支柱;3—角钢形支柱;4—异形钢单支柱;5—托臂;
6—螺栓 M10×50;7—螺母 M10;8—垫圈;9—T 形螺栓 M10×30

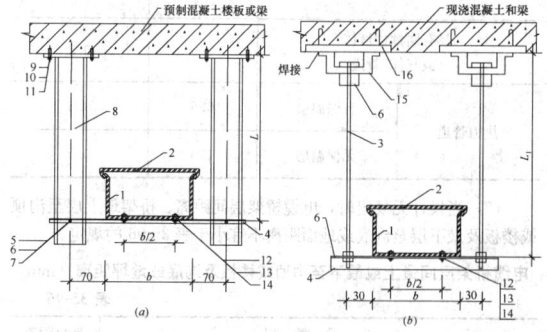

图 35-93 电缆桥架悬吊式支架(圆钢双杆式;槽钢双杆式)

(a) 方案 1;(b) 方案 2

1—电缆桥架;2—盖板;3—吊析;4—横担;5—螺栓 M10×50;
6—螺母 M10;7—垫圈 10;8—悬吊式槽钢支柱;9—螺母 M12×105;
10—螺母 12;11—垫圈 12;12—螺栓 M8×30;13—螺母 M8;
14—垫圈 8;15—固定架—40×4;16—预埋件

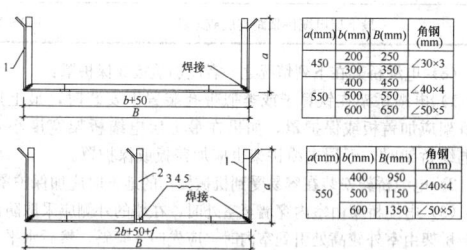

图 35-94 电缆桥架门形支架

1—角钢门形架;2—支架腿;3—半圆头方径螺栓 M8~10×30;
4—螺母 M8~10;5—垫圈 8~10

注:f=100mm。

2. 预埋铁件或膨胀螺栓

(1) 预埋铁件的自制加工尺寸不应小于 120mm×60mm×6mm;其锚固圆钢的直径不应小于 8mm。预埋件大样图如图 35-95 所示 6 种形式。

(2) 紧密配合土建结构的施工,将预埋铁件的平面放在钢筋网片下面,紧贴模板,可以采用绑扎或焊接的方法将锚固圆钢固定在钢筋网上。模板拆除后,预埋铁件的平面应明露,或吃进深度一般在 2~3cm,再将成品支架或角钢制成的支架、吊架焊在上面固定。

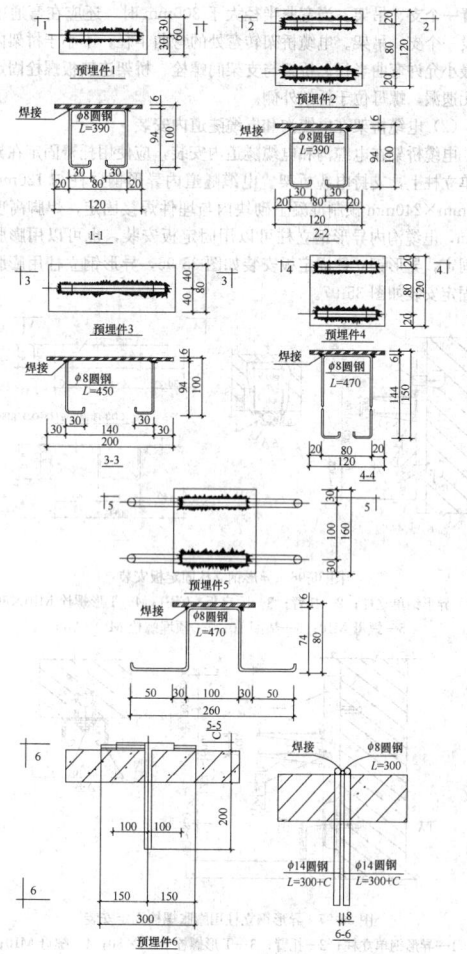

图 35-95 预埋件大样图

(3) 根据支架承受的荷重,选择相应的膨胀螺栓及钻头;埋好螺栓后,可用螺母配上相应的垫圈将支架或吊架直接固定在金属膨胀螺栓上。

3. 支吊架安装

(1) 支架与吊架所用钢材应平直,无显著扭曲。下料后长短偏差应在 5mm 范围内,切口处应无卷边、毛刺。

(2) 支架与预埋件焊接固定时,焊缝饱满;膨胀螺栓固定时,选用螺栓适配,连接紧固,防松零件齐全。钢支架与吊架应焊接牢固,无显著变形,焊缝均匀平整,焊接长度应符合要求,不得出现裂纹、咬边、气孔、凹陷、漏焊等缺陷。

(3) 支架与吊架应安装牢固,保证横平竖直,在有坡度的建筑物上安装支架与吊架应与建筑物有相同坡度。

(4) 支架与吊架的规格一般不应小于扁钢 30mm×3mm、角钢 25mm×25mm×3mm。

(5) 严禁用电气焊切割钢结构或轻钢龙骨任何部位。

(6) 万能吊具应采用定型产品,并应有各自独立的吊装卡具或支撑系统。

(7) 电缆桥架水平安装时,宜按荷载曲线选取最佳跨距进行支撑,跨距一般为 1.5~3m。垂直敷设时,其固定点间距不宜大于 2m。在进出线盒、箱、柜、转角、转弯和变形缝两端及丁字接头的三端 500mm 以内应设固定支持点。

(8) 严禁用木砖固定支架与吊架。

35.4.4.7 电缆桥架安装

(1) 电缆桥架水平敷设时,支撑跨距一般为 1.5~3m,电缆桥架垂直敷设时,固定点间距不大于 2m。桥架弯通弯曲半径不大于 300mm 时,应在距弯曲段与直线段结合处 300~600mm 的直线段侧

设置一个支、吊架。当弯曲半径大于 300mm 时，还应在弯通中部增设一个支、吊架。电缆桥架转弯处的弯曲半径，不小于桥架内电缆最小允许弯曲半径。桥架与支架间螺栓、桥架连接板螺栓固定紧固无遗漏，螺母位于桥架外侧。

(2) 电缆桥架在电缆沟和电缆隧道内安装：

电缆桥架在电缆沟和电缆隧道内安装，应使用托臂固定在异形钢单立柱上，支持电缆桥架。电缆隧道内异形钢立柱与 120mm×120mm×240mm 预制混凝土砌块内与埋件焊接固定，焊脚高度为 3mm，电缆沟内异形钢立柱可以用固定板安装，也可以用膨胀螺栓固定，异形钢立柱固定板安装如图 35-96，异形钢立柱用膨胀螺栓固定安装如图 35-97。

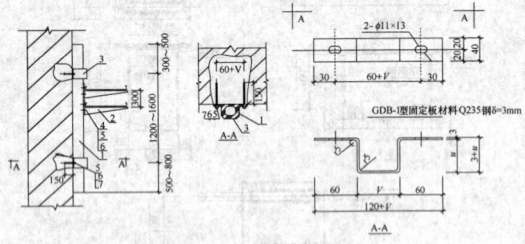

图 35-96　异形钢立柱固定板安装
1—异形钢单立柱；2—托臂；3—固定板 GCB-1；4—T 形螺栓 M10×36；
5—螺母 M10；6—垫圈 10；7—预埋螺栓 M10×200

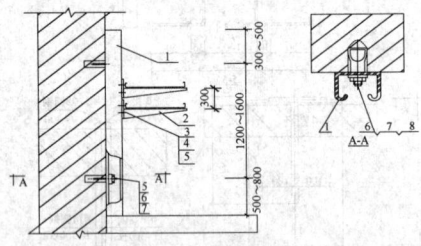

图 35-97　异形钢立柱用膨胀螺栓固定安装
1—异形钢单立柱；2—托臂；3—T 形螺栓 M10×30；4—螺母 M10；
5—垫圈 10；6—膨胀螺栓 M12×105；7—螺母 M12；8—垫圈 12

(3) 电缆桥架安装应做到安装牢固，横平竖直，沿电缆桥架水平走向的支吊架左右偏差应不大于 10mm，其高低偏差不大于 5mm。

(4) 当钢制电缆桥架的直线段超过 30m，铝合金或玻璃钢制桥架超过 15m 时，或当桥架经过建筑伸缩（沉降）缝时，应留有不少于 20mm 的伸缩缝，其连接宜采用伸缩连接板。如图 35-98 所示。

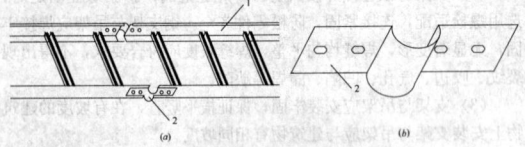

图 35-98　安装伸缩连接板的电缆梯架
(a) 装伸缩连接板的电缆梯架；(b) 伸缩连接片
1—梯架；2—伸缩连接片

(5) 电缆桥架（托盘）水平安装时的距地高度一般不宜低于 2.50m，垂直安装时距地 1.80m 以下部分应加金属盖板保护，但敷设在电气专用房间（如配电室、电气竖井、技术层等）内时除外。

(6) 几组电缆桥架在同一高度平行安装时，各相邻电缆桥架间应考虑维护、检修距离。电缆桥架与工艺管道共架安装时，桥架应布置在管架的一侧，当有易燃气体管道时，电缆桥架应设置在危险程度较低的供电一侧。电缆桥架不宜与腐蚀性液体管道、热力管道和易燃易爆气体管道平行敷设，当无法避免时，应安装在腐蚀性液体管道的上方、热力管道的下方，易燃易爆气体比空气重时，应在管道上方，比空气轻时，应在管道下方，或者采取防腐、隔热措

施。电缆桥架与各种管道平行或交叉时，其最小净距应符合表 35-95 的规定。电缆桥架与工艺管道共架安装如图 35-99。

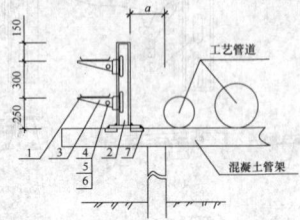

图 35-99　电缆桥架与工艺管道共架安装
1—大跨距电缆桥架；2—偏荷载支柱；3—托臂；4—螺栓 M10×50；5—螺母 M10；6—垫圈；7—预埋件
注：在混凝土管架上可以用膨胀螺栓固定，如在钢结构管架上可直接焊接固定。

电缆桥架与各种管道的
最小净距　　　　　　　　表 35-95

管道类别		平行净距 (m)	交叉净距 (m)
一般工艺管道		0.4	0.3
具有腐蚀性液体 (或气体)管道		0.5	0.5
热力管道	有保温层	0.5	0.3
	无保温层	1.0	0.5

(7) 当设计无规定时，电缆桥架层间距离、桥架最上层至沟顶或楼板及最下层至沟底或地面距离不宜小于表 35-96 的规定。

电缆桥架层间最上或最下至沟顶或楼板及沟底或地坪距离（mm）
表 35-96

电缆桥架		最小距离
电缆桥架层间距离	控制电缆明敷	200
	10kV 及以下，但 6～10kV 交联聚乙烯电缆除外	250
	6～10kV 交联聚乙烯	300
最上层电缆桥架距沟顶或楼板		350～450
最下层电缆桥架距沟底或地坪		100～150

(8) 电缆桥架在下列情况之一者应加盖板或保护罩：

1) 电缆桥架在铁算子或类似带孔装置下安装时，最上层电缆桥架应加盖板或保护罩，如果在最上层电缆桥架宽度小于下层电缆桥架时，下层电缆桥架也应加盖板或保护罩。

2) 电缆桥架安装在容易受到机械损伤的地方时应加保护罩。

(9) 电缆桥架由室内穿墙至室外时，在墙的外侧应采取防雨措施。桥架由室外较高处引到室内时，应先向下倾斜，然后水平引入室内，当电缆桥架采用托盘时，宜在室外水平段改用一段电缆梯架，防止雨水顺电缆托盘流入室内。

(10) 对于安装在钢制支吊架上或用钢制附件固定的铝合金钢制电缆桥架。当钢制件表面为热浸镀锌时，可以和铝合金桥架直接接触。当其表面为喷涂粉末涂层或涂漆时，则应在与铝合金桥架接触面之间加聚氯乙烯或氯丁橡胶衬垫隔离。

(11) 电缆桥架安装的注意事项：

电缆桥架严禁作为人行通道、梯子或站人平台，其支吊架不得作为吊挂重物的支架使用，在钢制电缆桥架内敷设电缆时，严禁利用钢制电缆桥架的支吊架做固定起吊装置，做拖动装置及滑轮和支架。

在有腐蚀性环境条件下安装的电缆桥架，应采取措施防止损伤钢制电缆桥架表面保护层，在切割、钻孔后应对其裸露的金属表面

用相应的防腐涂料或油漆修补。

(12) 电缆桥架的接地：

桥架系统应有可靠的电气连接并接地。

1) 金属电缆桥架及其支架和引入或引出的金属电缆导管必须接地（PE）或接零（PEN）可靠，且必须符合下列规定：

①金属电缆桥架及其支架全长应不少于 2 处与接地（PE）或接零（PEN）干线相连接；

②非镀锌电缆桥架间连接板的两端跨接铜芯接地线，接地线最小允许截面积不小于 4mm²；

③镀锌电缆桥架间连接板的两端不跨接地线，但连接板两端不少于 2 个有防松螺帽或防松垫圈的连接固定螺栓。

2) 当允许利用桥架系统构成接地干线回路时，应符合下列要求：

①电缆桥架及其支吊架、连接板应能承受接地故障电流，当钢制电缆桥架表面有绝缘涂层时，应将接地点或需要电气连接处的绝缘涂层清除干净，测量托盘、梯架端部之间连接处的接触电阻值不得大于 0.00033Ω。

②在桥架全程各伸缩缝或连续铰连接板处采用编织铜线跨接，保证桥架的电气通路的连续性。

3) 位于振动场所的桥架包括接地部位的螺栓连接处，应装置弹簧垫圈。

4) 使用玻璃钢桥架，应沿桥架全长另敷设专用接地线。

5) 沿桥架全长另敷设接地干线时，接地线应沿桥架侧板敷设，每段（包括非直线段）托盘，梯架应至少有一点与接地干线可靠连接，转弯处应增加固定点；电缆桥架有数层时，接地线只敷设在顶层电缆桥架侧板上安装，并每隔约 6m 与下面各层电缆桥架跨接一次。接地线沿桥架敷设做法如图 35-100 所示。

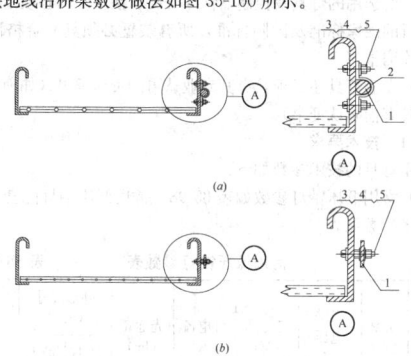

图 35-100　接地线沿桥架敷设做法

(a) 铜绞线接地线；(b) 矩形导体接地线

1—铜绞线或矩形导体接地线；2—卡子；3—螺栓 M5×20；
4—螺母 M5；5—垫圈 5（矩形导体加弹簧垫圈）

6) 桥架在电缆沟和电缆隧道内敷设时，接地线在电缆敷设前与支柱焊接，所有零部件及焊缝要作防锈处理，涂红丹漆二度，灰漆二度。

35.4.4.8　桥架内电缆敷设

敷设方法可用人力或机械牵引。

(1) 在钢制电缆桥架内敷设电缆时，在各种弯头处应加导板，防止电缆敷设时外皮损伤。

(2) 电缆沿桥架敷设时，应单层敷设，排列整齐，不得有交叉、绞拧、铠装压扁、护层断裂和表面严重划伤等缺陷，拐弯处应以最大截面电缆允许弯曲半径为准。电力电缆在桥架内横断面的填充率不应大于 40%，控制电缆不应大于 50%。

(3) 不同等级电压的电缆应分层敷设，如受条件限制需安装在同一层桥架上时，应用隔板隔开。高压电缆应敷设在上层。

(4) 桥架内电缆敷设固定：

大于 45°倾斜敷设的电缆每隔 2m 处设固定点；水平敷设的电缆，首尾两端、转弯两侧及每隔 5～10m 处设固定点；敷设于垂直桥架内的电缆固定点间距，不大于表 35-97 的规定。

垂直桥架内电缆固定点的间距最大值　表 35-97

电缆 种类		固定点的间距（mm）
电力电缆	全塑型	1000
	除全塑型外的电缆	1500
控制电缆		1000

(5) 电缆敷设完毕，应挂标志牌：

1) 标志牌规格应一致，并有防腐功能，挂装应牢固。

2) 标志牌上应注明电缆编号、规格、型号及电压等级。

3) 沿桥架敷设电缆在其两端、拐弯处、交叉处应挂标志牌，直线段应适当增设标志牌。

(6) 电缆出入电缆沟、竖井、建筑物、柜（盘）、台处以及管子管口处应做密封处理。电缆桥架在穿过防火墙及防火楼板时，应采取防火隔离措施，用防火堵料严密封堵，防止火灾沿线路延燃。电缆防火隔离段四种做法如图 35-101～图 35-104 所示。

1) 防火隔离段做法一

施工前要将封堵部位清理干净，防火枕按顺序摆放整齐，摆放厚度应不小于墙的厚度，防火枕与电缆之间空隙应不大于 1cm²，如图 35-101 所示。

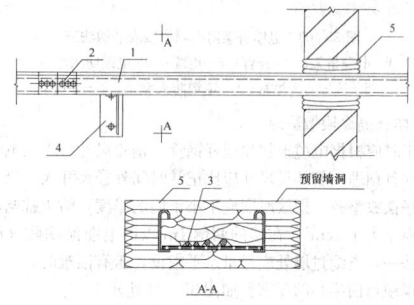

图 35-101　电缆桥架防火隔离段安装做法一

1—梯架；2—连接板；3—电缆；4—托臂；5—防火枕

2) 防火隔离段做法二

施工时应配合土建施工预留洞口，在洞口处预埋好护边角钢。施工时根据电缆敷设的根数和层数用 L50×50×5 角钢制作固定框，同时将固定框焊在护边角钢上。电缆穿墙处，放一层电缆即堵一层速固防火堵料，然后用速固防火堵料把洞堵严，小洞再用电缆防火堵料封堵。墙洞两侧应用隔板将速固防火堵料保护起来。在墙的两侧 1m 以内塑料、橡胶电缆上直接涂电缆防火涂料 3～5 次达到厚度 0.5～1mm，铠装油浸纸绝缘电缆先包一层玻璃丝布，再涂电缆防火涂料厚度 0.5～1mm 或直接涂电缆防火涂料 1～1.5mm，电缆过墙处应尽量水平敷设，若有困难时，弯曲部分应满足电缆弯曲半径的要求。如图 35-102 所示。

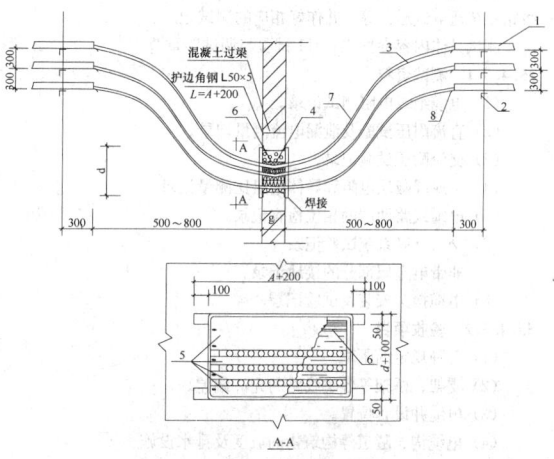

图 35-102　电缆桥架防火隔离段安装做法二

1—电缆桥架；2—托臂；3—电缆；4—固定框；5—隔板；
6—速固防火堵料；7—电缆防火涂料；8—导板

3) 防火隔离段做法三

电缆穿墙处，大面积的地方用速固防火堵料封堵，电缆四周小面积的地方用电缆防火堵料封堵。在墙的两侧 1m 以内电缆涂刷防火涂料处理同做法一，电缆过墙处应尽量水平敷设，若有困难时，弯曲部分应满足电缆弯曲半径的要求。如图 35-103 所示。

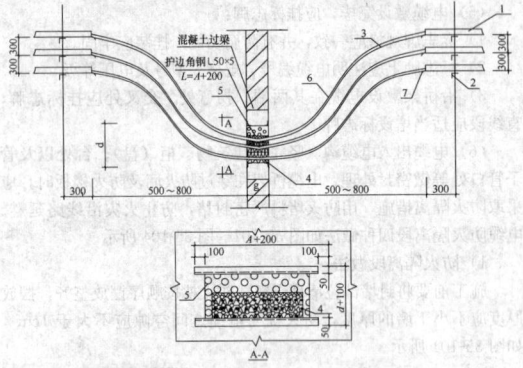

图 35-103　电缆桥架防火隔离段安装做法三
1—电缆桥架；2—托臂；3—电缆；4—电缆防火堵料；
5—速固防火堵料；6—电缆防火涂料；7—导板

4) 防火隔离段做法四

施工时应根据电缆根数预埋好钢管，钢管尺寸应根据电缆外径确定，并且预埋钢管外径尺寸应比正常时间外径尺寸大一级，防火枕按顺序摆放整齐，摆放厚度应不小于墙的厚度，防火枕与电缆之间空隙应不大于 $1cm^2$，在墙的两侧 1m 以内电缆涂刷防火涂料处理同做法一，电缆过墙处应尽量水平敷设，若有困难时，弯曲部分应满足电缆弯曲半径的要求。如图 35-104 所示。

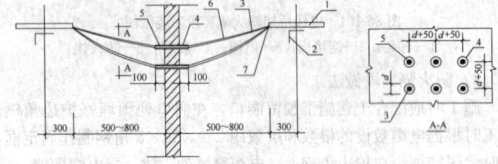

图 35-104　电缆桥架防火隔离段安装做法四
1—电缆桥架；2—托臂；3—电缆；4—钢管；5—电缆防火堵料；6—电缆防火涂料；7—导板

35.4.5　10kV 以下配电线路测试及验收

10kV 及以下配电线路安装竣工后，应进行系统测试。测试内容主要包括线路电缆的绝缘电阻测试、电缆交接试验、接地、配电线路系统通电试运行等，并作好相应的测试记录。

测试具体内容参见"35.11 试验与调试"章节。

35.4.5.1　测试资料

(1) 电缆绝缘电阻测试记录。
(2) 直流耐压试验及泄漏电流测量记录。
(3) 交流耐压试验记录。
(4) 金属屏蔽层电阻和导体电阻比测量记录。
(5) 电缆线路两端的相位检查记录。
(6) 交叉互联系统试验记录。
(7) 非带电金属部分的接地记录。
(8) 电缆接头安装及试验记录。

35.4.5.2　验收项目

(1) 各种规定的距离。
(2) 支架、桥架等各类线路的允许偏差。
(3) 电缆井设置位置。
(4) 电缆沟、隧道等构筑物的坡度及排水设施。
(5) 各种支持件的固定。
(6) 电缆弯曲半径。
(7) 电缆保护管弯曲半径。

(8) 金属支架附件的防腐处理。
(9) 配电线路阻燃及防火封堵处理。

35.4.5.3　10kV 以下配电线路工程交接验收

10kV 以下配电线路工程工程交接验收时，应提交下列技术资料和文件：

(1) 竣工图。
(2) 设计变更文件。
(3) 施工记录。
(4) 隐蔽工程验收记录。
(5) 各种测试和试验记录。
(6) 主要设备材料产品合格证、试验证明及安装图等技术文件。
(7) 系统通电试运行记录。
(8) 10kV 以下配电线路施工质量验收记录。

35.5　电气照明装置安装

电气照明装置工程包括了建筑物内的灯具（普通、专用、重型）安装、室外灯具（路灯、航标灯）安装、艺术照明灯具（潜水灯、草坪灯、泛光、广告照明、景观照明等）安装，以及插座、开关、风扇（换气扇）安装工程。

35.5.1　一般规定

(1) 在建筑施工过程中，为保证施工的质量、对室内（外）环境的照度，必须严格按照国家现行的设计规范、施工技术标准及工程设计图纸进行灯具的选型和施工。

(2) 所选用的灯具及控制器件（开关、插座）的各项指标必须满足现行的国家标准及国际标准，所有装置必须具有合格证、3C 认证及检测报告。

(3) 专业灯具还必须具有其专业认可的资质证书（如消防用灯具必须具有消防认证书）。

35.5.1.1　技术要求

常用灯具的技术参数如下：

(1) 常用低压钠灯参数如表 35-98，常用低压钠灯配套用镇流器的技术参数见表 35-99。

常用低压钠灯参数表　　　　　表 35-98

型号	功率 (W)	启动电压 (V)	灯电压 (V)	灯电流 (A)	光通量 (lm)	外形尺寸 (mm)		灯头型号
						最小尺寸	最大尺寸	
ND18	18	390	70	0.6	1800	54	311	BY22d
ND35	35	390	70	0.6	4800	54	311	BY22d
ND55	55	410	109	0.59	8000	54	425	BY22d
ND90	90	420	112	0.94	12500	68	528	BY22d
ND135	135	540	164	0.95	21500	68	775	BY22d
ND180	180	575	240	0.91	31500	68	1120	BY22d

注：1. 电源电压均为 220V。
　　2. 额定寿命均为 3000h。

常用低压钠灯配套用镇流器的技术参数　表 35-99

配用灯管的额定功率 (W)	电源电压 (V)	校准电流 (A)	阻抗 (Ω)	功率因数
18	220	0.6	77	0.96
35	220	0.6	77	0.96
55	220	0.6	77	0.96
90	220	0.9	500	0.96
135	220	0.92	655	0.96
180	220	0.92	655	0.96

注：18W、90W、135W、180W 低压钠灯灯管配套用的技术数据，订货时由制造厂提供。

(2) 常用日光灯管参数见表35-100。

常用日光灯管参数表 表 35-100

型号	功率(W)	电流(A)	功率因数	长度(mm)
T4				
T4-A8	8	0.054	0.92	328
T4-A12	12	0.07	0.92	429
T4-A16	16	0.07	0.92	474
T4-A20	20	0.09	0.92	519
T4-A22	22	0.1	0.92	723
T4-A24	24	0.11	0.92	859
T4-A26	26	0.12	0.92	1010
T4-A28	28	0.13	0.92	1159
T5				
T5-A8	8	0.04	0.92	298
T5-A14	14	0.06	0.92	559
T5-A21	21	0.09	0.92	859
T5-A28	28	0.13	0.92	1159
T8				
T8-YZ18 RR26	18	0.054	0.92	600
T8-YZ28 RR26	28	0.07	0.92	900
T8-YZ36 RR26	36	0.07	0.92	1200

注：灯管有红、黄、蓝、绿、白五种颜色。

(3) 引向每个灯具的导线线芯最小截面积应符合表35-101的规定。

导线线芯最小截面积（mm²） 表 35-101

灯具安装的场所及用途		线芯最小截面积		
		铜芯软线	铜 线	铝 线
灯头线	民用建筑室内	0.5	0.5	2.5
	工业建筑室内	0.5	1.0	2.5
	室外	1.0	1.0	2.5

35.5.1.2 作业条件

(1) 与土建工程作业工序应密切配合，做好预埋件预埋工作，以保证电气照明装置安装工程的质量。安装前，应先检查预埋件及预留孔洞的位置、几何尺寸，是否符合设计要求，并应将盒内杂物清理干净。

(2) 预埋件固定应牢固、端正、合理和整齐；盒子口修好，木台、木板防火涂料已涂刷完。

(3) 电气照明装置施工前，土建工程应全部结束，对电气施工无任何妨碍，带精装修工程的精装修全部施工完毕。

35.5.2 普通灯具安装

(1) 灯具的固定应符合下列规定：

1) 灯具重量大于3kg时，固定在螺栓预埋吊钩上；软线吊灯，灯具重量在0.5kg及以下时，采用软线自身吊装；大于0.5kg的灯具采用吊链，且软电线编叉在吊链内，使电线不受力。

2) 灯具固定牢固可靠，不使用木楔。每个灯具固定用螺钉或螺栓不少于2个；当绝缘台直径在75mm及以下时，采用1个螺钉或螺栓固定。

3) 花灯吊钩圆钢直径不小于灯具挂销直径，且不小于6mm。

大型花灯的固定及悬吊装置，应按灯具重量的3倍做过载试验；当钢管做灯杆时，钢管内径不应小于10mm，钢管厚度不应小于1.5mm。

4) 灯具带电部件的绝缘材料以及提供防触电保护的绝缘材料，应耐燃烧和防明火。

(2) 当设计无要求时，灯具的安装高度和使用电压等级应符合下列规定：

一般敞开式灯具，灯头对地面距离不小于下列数值（采用安全电压时除外）：室外：2.5m（室外墙上安装）；厂房：2.5m；室内：2m；软吊线带升降器的灯具在吊线展开后：0.8m。危险性较大及特殊危险场所，当灯具距离地面高度小于2.4m时：使用额定电压为36V及以下的照明，或有专用保护措施；灯具的可接近裸露导体必须接地（PE）或接零（PEN）可靠，并应有专用接地螺栓，且有标识；装有白炽灯泡的吸顶灯具，灯泡不应紧贴灯罩；当灯泡与绝缘台间距离小于5mm时，灯泡与绝缘台间应采取隔热措施。

35.5.3 专用灯具安装

(1) 游泳池和类似场所灯具（水下灯及防水灯具）的等电位联结应可靠，且有明显标识，其电源的专用漏电保护装置全部检测合格。自电源引入灯具的导管必须采用绝缘管。

(2) 手术台无影灯安装应符合下列规定：

1) 固定灯座的螺栓数量不少于灯具法兰底座上的固定孔数，且螺栓直径与底座孔径相适配；螺栓采用双螺母锁固；底座紧贴顶板，四周无缝隙；在混凝土结构上螺栓与主筋相焊接或将螺栓末端弯曲与主筋绑扎锚固。

2) 配电箱内装有专用总开关及分路开关，电源分别接在两条专用的回路上，开关至灯具的电线采用额定电压不低于750V的铜芯多股绝缘电线。表面保持整洁、无污染，灯具镀、涂层完整无划伤。

(3) 应急照明灯具安装应符合下列规定：

1) 疏散照明采用荧光灯或白炽灯；安全照明采用卤钨灯或采用瞬时可靠点燃的荧光灯。

2) 安全出口标志灯和疏散标志灯装有玻璃或非燃材料的保护罩，面板亮度均匀度为1:10（最低:最高），保护罩应完整、无裂纹。

3) 应急照明灯的电源除正常电源外，另一路电源供电；或者是独立于正常电源的柴油发电机组供电；或由蓄电池柜供电或选用自带电源型应急灯具。

4) 应急照明在正常电源断电后，电源转换时间为：疏散照明≤15s；备用照明≤15s（金融商店交易所≤1.5s）；安全照明≤0.5s。

5) 疏散照明由安全出口标志灯和疏散标志灯组成。安全出口标志灯距地高度不低于2m，且安装在疏散出口和楼梯口里侧的上方。

6) 疏散标志灯安装在安全出口的顶部，楼梯间、疏散走道及其转角处应安装在1m以下的墙面上。不易安装的部位可安装在上部。疏散通道上的标志灯间距不大于20m（人防工程不大于10m）；不影响正常通行，且不在其周围设置容易混同疏散标志灯的其他标志牌等。

7) 应急照明灯具、运行中温度大于60℃的灯具，当靠近可燃物时，采取隔热、散热等防火措施。当采用白炽灯，卤钨灯等光源时，不直接安装在可燃装修材料或可燃物件上；应急照明线路在每个防火分区有独立的应急照明回路，穿越不同防火分区的线路有防火封堵措施。

8) 疏散照明线路采用耐火电线、电缆，穿管明敷或在非燃烧体内穿钢性导管暗敷，暗敷保护层厚度不小于30mm。电线采用额定电压不低于750V的铜芯绝缘电线。

(4) 防爆灯具安装应符合下列规定：

1) 灯具开关的外壳完整，无损伤、无凹陷或沟槽，灯罩无裂纹，金属护网无扭曲变形，防爆标志清晰；防爆标志、外壳防护等级和温度组别与爆炸危险环境相适配。当设计无要求时，灯具种类

和防爆结构的选型应符合表35-102的规定；

灯具种类和防爆结构的选型　　　表35-102

爆炸危险区域防爆结构照明设备种类	Ⅰ　区		Ⅱ　区	
	隔爆型 d	增安型 e	隔爆型 d	增安型 e
固定式灯	○	×	○	○
移动式灯	△	—	○	—
携带式电池灯	○	—	○	○
镇流器	○	△	○	○

注：○为适用；△为慎用；×为不适用。

2）灯具配套齐全，不得用非防爆零件替代灯具配件（金属护网、灯罩、接线盒等）；灯具及开关的紧固螺栓无松动、锈蚀，密封胶圈完好；安装位置离开释放源，且不在各种管道的泄压口及排放口上下方安装灯具；

3）灯具开关安装高度1.3m，牢固可靠，位置便于操作；灯具吊管与开关与接线盒螺纹啮合扣数不少于5扣，螺纹加工光滑、完整、无锈蚀，并在螺纹上涂以电力复合脂或导电性防锈脂。

(5) 36V及以下行灯变压器和行灯安装应符合下列规定：

行灯变压器的固定支架牢固，油漆完好；携带式局部照明灯电线采用橡套软线。

35.5.3.1 工艺流程

灯具固定→组装灯具→灯具接线→灯具测试。

35.5.3.2 验收灯具及附件

(1) 查验合格证、3C认证书及地方备案证明，新型气体放电灯具有随带技术文件。

(2) 型号、规格及外观质量应符合设计要求和国家标准的规定。防爆灯具铭牌上应有防爆标志和防爆合格证号，普通灯具应有安全认证标志，消防灯具要有消防认证标志。

(3) 电气照明装置的接线应牢固，灯内配线电压等级不低于交流500V，并且严禁外露，电气接触良好；需接地或接零的灯具、开关、插座等非带电金属部分，有明显标志的专用接地螺钉。

(4) 对成套灯具的绝缘电阻、内部接线等性能进行现场抽样检测。灯具的绝缘电阻值不小于2MΩ，内部接线为铜芯绝缘电线，芯线截面积不小于0.5mm²，橡胶或聚氯乙烯（PVC）绝缘电线的绝缘层厚度不小于0.6mm。各种标志灯的指示方向正确无误；应急灯必须灵敏可靠；事故灯具应有特殊标志；供局部照明的变压器必须是双圈的，初次级均应装有熔断器。

(5) 携带式照明灯具用的导线，应采用橡胶套导线，接地或接零线应在同一护套内。

35.5.3.3 校验预埋件

安装灯具或大型灯具时，采用预埋件挂装灯具，安装前必须先对其预埋件位置，承接拉力进行检测，如不能达到其安装要求必须另采取加固措施。

35.5.3.4 组装灯具

1. 组合式灯具的组装

(1) 首先将灯具的托板放平，如果托板为多块拼装而成，就要将所有的边框对齐，并用螺栓固定，将其连成一体，然后按照说明书及示意图把各个灯口装好。

(2) 确定出线的位置，将端子板（瓷接头）用机螺丝固定在托板上。根据已固定好的端子板（瓷接头）至各灯口的距离掐线，把掐好的导线剥出线芯，盘好圈后，进行溻锡。再压入各个灯口，理顺灯头的相线和零线，用线卡子分别固定，并按供电要求分别压入端子板。最后试验电路是否合格。

2. 吊灯花灯组装

首先将导线从各个灯口穿到灯具本身的接线盒里。一端盘圈，溻锡后压入各个灯口，理顺各个灯头的相线和零线，另一端溻锡后根据相序分别连接，包扎并甩出电源引入线，最后将电源引入线从吊杆中穿出。组装完后检验电路是否合格。

35.5.3.5 灯具安装

1. 塑料台的安装

将接灯线从塑料台的出线孔中穿出，将塑料台紧贴住建筑物表面，塑料台的安装孔对准灯头盒螺孔，用机螺丝将塑料台固定牢固。把甩出的导线留出适当维修长度，削出线芯，然后再推入灯头盒内，线芯高出塑料台的台面，用软线在接灯线芯上缠绕5～7圈后，将灯线芯折回压紧，用黏塑料带和黑胶布分层包扎紧密，将包扎好的接头调顺，扣于法兰盘内，法兰盘吊盒、平扣口应与塑料台的中心找正，用长度小于20mm的木螺丝固定。

2. 日光灯安装

(1) 吸顶日光灯安装，根据设计图确定出日光灯的位置，将日光灯贴紧建筑物表面，日光灯的灯箱应完全遮盖住灯头盒，对着灯头盒的位置打好进线孔，将电源线甩入灯箱，在进线孔处应套上塑料管以保护导线。找好灯头盒螺孔的位置，在灯箱的底板上用电钻打好孔，用机螺丝拧牢固，在灯箱的另一端应使用胀管螺栓进行固定。如果日光灯是安装在吊顶上的，应该用自攻螺丝将灯箱固定在龙骨上。灯箱固定好后，将电源线压入灯箱内的端子板（瓷接头）上。把反光板固定在灯箱上，并将灯箱调整顺直，最后把日光灯管装好。

(2) 吊链日光灯安装：根据灯具的安装高度，将全部吊链编好后，把吊链挂在灯箱挂钩上，并且在建筑物顶棚上安装好塑料圆台，将导线依顺序编叉在吊链内，引入灯箱，在灯箱的进线处套上软塑料管以保护导线压入灯箱的端子板（磁接头）内．将灯具导线和灯头盒中甩出的电源线连接，并用黏塑料带和黑胶布分层包扎紧密。理顺接头扣于法兰盘内，法兰盘与塑料（木）台的中心对正，用木螺丝将其拧牢固。将灯具的反光板用机螺丝固定在灯箱上，调整好灯脚，最后将灯管装好。

3. 各型花灯安装

(1) 各型组合式吸顶花灯安装：根据预埋的螺栓和灯头盒位置，在灯具的托板上用电钻打好安装孔和出线孔，安装时将托板托起，将电源线和从灯具甩出的导线连接并包扎严密。应尽可能地把导线塞入灯头盒内，然后把托板的安装孔对准预埋螺栓，使托板四周和顶棚贴紧，用灯母将其拧紧，调整各个灯口，悬挂好灯具的各种装饰物，并上好灯管和灯泡。

(2) 吊链式花灯安装：将灯具托起，并把预埋好的吊杆插入灯具内，把吊挂销钉插入后将其尾部掰成燕尾状，并且将其压平。导线接好头，包扎严实。理顺后向上推起灯具上部的扣碗，将接头扣于其内，且将扣碗紧贴顶棚，拧紧固定螺栓。调整好各个灯口上好灯泡，最后配上灯罩。

4. 光带的安装

根据灯具的外形尺寸确定其支架的支撑点，再根据灯具的具体重量经过认真核算，选用型材制作支架，做好后，根据安装位置，用预埋件或用胀管螺栓把支架固定。轻型光带的支架可以直接固定在主龙骨上；大型光带必须先下好预埋件，将光带的支架用螺栓固定在预埋件上，固定好支架，将光带的灯箱用机螺栓固定在支架上，再将电源线引入灯箱与灯具的导线连接并包扎紧密。调整各个灯口和灯脚，装上灯泡和灯管，上好灯罩，最后调整灯具的边框应与顶棚面的装修直线平行。如果灯具对称安装，其纵向中心轴线应在同一直线上，偏斜不应大于5mm。

5. 壁灯的安装

先根据灯具的外形选择合适的木台（板）或灯具底托把灯具摆放在上面，四周留出的余量要对称，然后在木板上开出线孔和安装孔，在灯具的底板上也开好安装孔。将灯具的灯头线从木台（板）的出线孔甩出，在墙壁上的灯头盒内接头，并包扎严密，将接头塞入盒内。把木台或木板对正灯头盒、贴紧墙面，可用机螺栓将木台直接固定在盒子耳朵上，采用木板时应用胀管固定。调整木台（板）或灯具底托使其平正不歪斜，再用机螺栓将灯具拧在木台上（板）或灯具底托上，最后配好灯泡、灯管和灯罩，安装在室外的壁灯，其台板或灯具底托与墙面之间应加防水胶垫，并应打好泄水孔。

6. 防水灯的安装，应符合以下要求

(1) 防水软线吊灯，常规有两种组合形式：一是带台吊线盒可以和胶木防水灯座组合；另一种是由瓷质吊线盒和瓷座防水软线灯座组合而成。

（2）普通的安装木（塑料）台时，与建筑物顶棚表面相接触部位应加设2mm厚的橡胶垫。

（3）安装瓷质吊线盒及防水软线灯时，先将吊线盒与灯座及木（塑料）台组装连接，并应严格控制灯位盒内开关线与工作零线的连接。

（4）安装胶木吊线盒时，应把吊线盒与木（塑料）台先固定在一起，把灯位盒内的电源线通过橡胶垫及木（塑料）台和吊线盒组装好以后固定在灯位盒上。

（5）防水软线灯做直线路连接时，两个接线头应上、下错开30～40mm。开关线接于与防水灯座中心触点相连接的软线上，工作零线连接于与防水软线灯座螺口相连接的软线上。

7. 灯具安装工艺的其他要求

（1）同一室内或场所成排安装的灯具，其中心线偏差不应大于5mm。日光灯和高压汞灯及其附件应配套使用，安装位置应便于检查和维修。公共场所用的应急照明灯具和疏散指示灯，应有明显的标志。无专人管理的公共场所照明宜装设自动节能开关。

（2）矩形灯具的边框宜与顶棚面的装饰直线平行，其偏差不应大于5mm。

（3）日光灯管组合的开启式灯具，灯管排列应整齐，其金属或塑料的间隔片不应有扭曲等缺陷。

（4）对装有白炽灯泡的吸顶灯，灯泡不应紧贴灯罩；当灯泡与绝缘台之间的距离小于5mm时，灯泡与绝缘台之间应采取隔离措施；安装在重要场所的大型灯具的玻璃罩，应采取防止玻璃罩破裂后向下溅落的措施。一般可采用透明尼龙丝编织的保护网，网孔的规格应根据实际情况决定。

（5）安装在室外的壁灯应有泄水孔，绝缘台与墙面之间应有防水措施。

8. 灯具的接线

（1）穿入灯具的导线在分支连接处不得承受额外压力和磨损，多股软线的端头应搪锡，盘圈，并按顺时针方向弯钩，用灯具端子螺丝拧固在灯具的接线端子上。应绝缘良好，严禁有漏电现象，灯具配线不得外露，并保证灯具能承受一定的机械力和可靠地安全运行。

（2）螺口灯头接线时，相线应接在中心触点的端子上，零线应接在螺纹的端子上。

（3）荧光灯的接线应正确，电容应并联在镇流器前侧的电路配线中，不应串联在电路内。

（4）灯具线在灯头、灯线盒等处应将软线端作保险扣，防止接线端子不能受力。

9. 灯具的接地

灯具距离地面高度小于2.4m时，其可接近裸露导体必须接地（PEN）可靠，并有专用接地螺栓，有标识。

35.5.4 景观照明、航空障碍标志和庭院照明灯具安装

35.5.4.1 施工准备

1. 技术准备

根据施工图纸完成图纸会审，熟悉灯具厂家提供的各种灯具的安装的特殊技术要求；对灯具的各部件、配件及组装图纸进行熟悉；按现场的实际情况编写好施工方案及技术交底。

2. 材料准备

（1）景观照明、航空障碍标志灯和庭院灯等灯具及其附件，绝缘电线完整，外观无损坏。

（2）各种灯具有合格证、3C认证及备案证等相关证明。

3. 主要机具

（1）安装机具：一字形和十字形螺丝刀、冲击电钻、组合木梯、常用电动工具、电笔、手电钻、线锤、锡锅、电焊机。

（2）检测机具：万用表、兆欧表。

4. 作业条件

详见35.5.1.3。

35.5.4.2 材料控制

灯具的型号、规格必须符合设计要求和国家现行技术标准的规定。灯具配件齐全，无机械损伤、变形、涂膜剥落，灯罩破

裂，灯箱歪翘等现象。应有产品质量合格证。

（2）金属附件应为镀锌制品标准件，镀膜应完好无损。其型号、规格必须与灯具匹配。

（3）灯罩的型号、规格应符合设计要求，灯罩玻璃无破裂、几何形状正常。

（4）对成套灯具的绝缘电阻、内部接线等性能应进行现场抽样检测，绝缘电阻值应不小于2MΩ；水下灯具按批进行见证取样，送有资质的试验单位进行检测。

（5）开关、控制器、漏电保护装置的型号、规格必须符合设计要求和国家现场技术标准的规定。实行安全认证制度的产品应有安全认证标志；接线盒盒体完整，无碎裂，零件齐全。

35.5.4.3 施工工艺

1. 景观照明灯具

（1）工艺流程

组装灯具→安装灯具→调试→通电试运行。

（2）施工要点

1）组装灯具

首先，将灯具拼装成整体，并用螺栓固定连成一体，然后按设计要求把各个灯口装好。根据已确定的出线和走线的位置，将端子用螺栓固定牢固；根据已固定好的端子至各灯口的距离放线，把放好的导线削出线芯，进行涮锡，再压入各灯口，理顺各灯头的相线和零线，用线卡子分别固定，按供电相序要求压入端子进行连接紧固牢固。

2）安装灯具

①建筑物彩灯安装

彩灯安装一般位于建筑物的外部和顶部，彩灯必须是具有防雨性能的专用灯具，安装时应将灯罩拧紧；配线管路应按明配管敷设，并具有防雨功能；垂直彩灯悬挂挑臂安装。挑臂的槽钢型号、规格及结构形式应符合设计要求，并应做好防腐处理，挑臂槽钢如是镀锌件应采用螺栓固定连接，严禁焊接。

吊挂钢索。常规采用直径≥10mm的开口吊钩螺栓。地锚应为架空外线用拉线盘，埋置深度应大于1500mm。底端采用φ16mm圆钢或者采用镀锌花篮螺栓。垂直彩灯采用防水吊线灯头，下端灯头距离地面高于3000mm。

②景观照明灯具安装

a. 景观灯具安装。灯具落地式的基座的几何尺寸必须与灯箱匹配，其结构形式和材质必须符合设计要求。每套灯具安装的位置，应根据设计图纸而确定。投光的角度和照度应与景观协调一致。其带电部对地绝缘电阻值必须大于2MΩ。

b. 景观落地式灯具安装在人员密集流动性大的场所时，应设置围栏防护。如条件不允许无围栏防护，安装高度应距地面2500mm以上。

c. 金属结构架与灯具及金属软管，应做保护接地线，连接牢固可靠，标识明显。

d. 埋地灯具体做法见图35-105、图35-106。

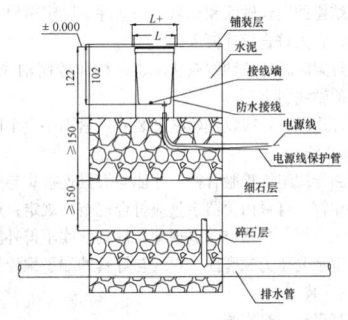

图 35-105

③水下照明灯具安装

a. 水下照明灯具及配件的型号、规格和防水性能，必须符合设计要求。

b. 水下照明设备安装。必须采用防水电缆或导线。压力泵的

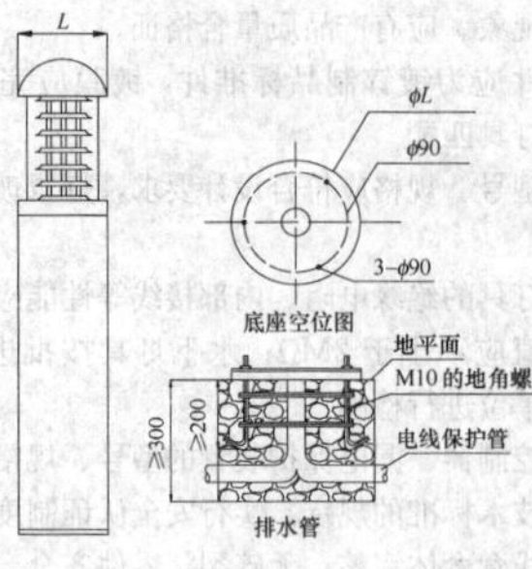

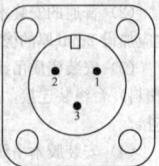

图 35-106

型号、规格符合设计要求。

c. 根据设计图纸的灯位，放线定位必须准确。确保投光的准确性。

d. 位于灯光喷水池或音乐灯光喷水池中的各种喷头的型号、规格，必须符合设计要求，并应有产品质量合格证。

e. 水下导线敷设应采用配管布线，严禁在水中有接头，导线必须甩在接线盒中。各灯具的引线应由水下接线盒引出，用软电缆相连。

f. 灯具应固定在设计指定的位置（是指已经完成管线及灯头盒安装的位置），灯头线不得有接头，在引入处不受机械力。安装时应将专用防水灯罩拧紧，灯罩应完好，无碎裂。

g. 喷头安装按设计要求，控制各个位置上喷头的型号和规格。安装时，必须采用与喷头相适应的管材，连接应严密，不得有渗漏现象。

h. 压力泵安装牢固，螺栓及防松动装置齐全。防水防潮电气设备的导线入口及接线盒盖等应作防水密闭处理。

2. 航空障碍标志灯和庭院灯安装

(1) 工艺流程

灯架制作与组装→灯架安装→灯具接线→灯具安装

(2) 施工要点

1) 灯架制作与组装

①钢材的品种、型号、规格、性能等，必须符合设计要求和国家现行技术标准的规定。

②切割。按设计要求尺寸测尺划线要准确，必须采取机械切割的切割面应平直，确保平整光滑，无毛刺。

③焊接应采用与母材材质相匹配焊条施焊。焊缝表面不得有裂纹、焊瘤、气孔、夹渣、咬边、未焊满、根部收缩等缺陷。

④制孔。螺栓孔的孔壁应光滑、孔的直径必须符合设计要求。

⑤组装。型钢拼缝要控制接缝的间距，确保其规整、几何尺寸准确，结构造型符合设计要求。

2) 灯架安装

①灯架的联结件和配件必须是镀锌件，各部结构件规格应符合设计要求。

②承重结构的定位轴线和标高、预埋件、固定螺栓（锚栓）的规格和位置、紧固符合设计要求。

③安装灯架时，定位轴线应从承重结构本体控制轴线直接引上，不得从下层的轴线引上。

④紧固件连接时，应设置防松动装置，紧固必须牢固可靠。

3) 灯具接线

配电线路导线绝缘检验合格，才能与灯具连接；导线相位与灯具相位必须相符，灯具内预留余量应符合规范的规定；灯具线不许有接头，绝缘良好，严禁有漏电现象，灯具配线不得外露；穿入灯具的导线不得承受压力和磨损，导线与灯具的端子螺栓拧牢固。

4) 灯具安装

①航空障碍标志灯安装

a. 航空障碍灯是一种特殊的预警灯具，用于高层建筑和构筑物。除应满足灯具安装的要求外，还有它特殊的工艺要求。安装方式有侧装式和底装式，通过联结件固定在支撑结构件上，根据安装板上定位线，将灯具用 M12 螺栓固定牢靠；预埋钢板焊专用接地螺栓，并与接地干线可靠连接。

b. 接线方法。接线时采用专用三芯防水航空插头及插座，详见图 35-107 所示。其中的 1、2 端头接交流 220V 电源，3 端头接保护零线。

c. 障碍照明灯属于一级负荷，应接入应急电源回路中。灯的启闭应采用露天安装光电自动控制器进行控制，以室外自然环境照度为参量来控制光电元件的导通以启闭障碍灯。采用时间程序来启闭障碍灯，为了有可靠的供电电源、两路电源的切换最好在障碍灯控制盘处进行。

图 35-107　PLZ 型航空灯插座接线图

②庭院灯（路灯）安装

每套庭院灯（路灯）应在相线上装设熔断器。由架空线引入路灯的导线，在灯具入口处应做防水弯；路灯照明器安装的高度和纵向间距是道路照明设计中需要确定的重要数据。参考数据见表 35-103 的规定。

路灯安装高度（m）　　　　　　　表 35-103

灯　具	安装高度	灯　具	安装高度
125～250W 荧光高压汞灯	≥5	60～100W 白炽灯或 50～80W 荧光高压汞灯	≥4～6
250～400W 高压钠灯	≥6		

灯具的导线部分对地绝缘电阻值必须大于 2MΩ；接线盒或熔断器盒，其盒盖的防水密封垫应完整；金属结构支托架及立柱、灯具，均应做可靠保护接地线，连接牢固可靠。接地点应有标识。

灯具供电线路上的通、断电自控装置动作正确，熔断器盒内熔丝齐全，规格与灯具适配。

35.5.5　智能照明系统安装

智能照明调控系统是专门针对室内外大功率照明电路电耗高，灯具和附件损耗量大的普遍现象而开发的适合中国国情的节能产品，在同一场合，针对不同的时段和目的，用户对照明效果的不同要求，对照明负载的运行方式进行模糊控制和软启动软过渡技术，使电路光源的照度输出在极其自然和平稳的状态下始终与人的视觉需求保持高度一致。

35.5.5.1　智能照明系统灯具安装施工要求

其灯具安装要求和普通灯具的安装要求相同，详见 35.5 节。

35.5.5.2　智能照明系统灯具控制装置施工要求

以遥控装置为例进行说明：

1. 接线方法

(1) "N—零线输入（—）"口接入零线，"L—火线输入（＋）"口接入火线。

(2) "灯 1"至"灯 6"用火线分别接入所需要控制的灯。

(3) 并联所有控制器"A—信号线"端口，再并联所有控制器"B—信号线"端口，信号线一般采用屏蔽线。

(4) 并联所有灯（灯组）零线如图 35-108。

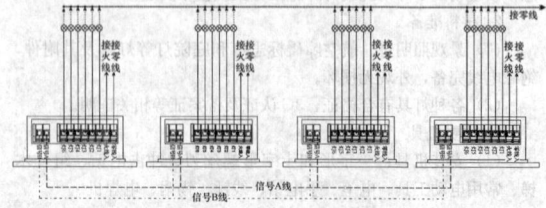

图 35-108　智能照明并联灯接线图

2. 操作设置

在所有照明控制器都分别安装好之后，对它们进行设置后才能操作使用，具体操作按以下步骤：

(1) 初始定位

即安装好后，给每只控制器取名称。方法为：先按 ON/OFF 键打开电源，按房间键＋锁定键＋房间键，这时本房间的 LED 指示灯闪烁＋长响一声，表示控制器初始定位已完成（如主卧＋锁定＋主卧）。

（2）线路命名

即对接入控制器上的某条线路命名。

（3）打开/关闭电灯

控制房间灯时，直接按灯键（灯 1～灯 5/夜灯）；控制其他房间灯时，先按想控制的房间键，当房间键闪烁时，再按灯键，对应的房间键 LED 指示灯在闪烁（等待大约 3s）。

（4）静音键

按静音键可以提示打开/关闭按键操作是否到位所发出的声音。静音键打开时表示操作时无声音，静音键关闭时，表示操作时有声音。

（5）锁定键

按锁定键可以打开/关闭本房间控制器的联网功能，锁定灯亮时，表示其他房间控制器对本房间无法进行操作，查看房间灯不受影响，但本房间可以操作和查看其他房间控制器。

（6）开关键

按键可一键打开/关闭本房间的全部电灯。

在关闭全部灯的情况下，按任意的灯键就能打开本房间控制器相对应的电灯，加房间键组合就能异地进行控制联网内的电灯。

（7）查看房间灯

在控制器上按要查看的房间键，指示灯亮代表房间灯已开启，指示灯灭代表房间灯已关闭。

（8）红外接收器

接收来自遥控器对各功能进行操作，操作距离≤8m。

（9）夜灯指示灯

在全部电灯关闭的情况下夜灯的 LED 指示灯微亮，方便晚上准确定位开关，打开照明灯。

（10）提示

1）如果按某房间键时该房间 LED 指示灯只是闪一下就灭了，就是该房间还没有联网。

2）如果锁定键的指示灯不停在闪烁，可能联网内的某一个控制器的信号线有故障（接反、短路或断路）。

3）接反信号线的控制器不能和其他控制器进行联网操作，短路时全部联网内的控制器都不能进行联网操作，本房间操作功能不影响。

35.5.6 风能、太阳能灯具及 LED 光源的推广及应用

今天人们在原有能源的基础上努力扩展新能源和如何节约能源，我国随着新能源技术的提高和国家对节能减排的倡导，出现了很多新型节能和新能源灯具，其中以风能和太阳能灯具和 LED 新光源灯具最具有代表性和应用性。

35.5.6.1 风能和太阳能灯具的工作原理

1. 风能、太阳能灯具的电路组成

主要由：充电、双路过放电保护、定时照明控制、蓄电池电压声音提示、光控延时开启照明 5 部分电路组成。具体工作原理见图 35-109。

2. LED 新光源的推广使用

（1）LED 是冷光源，半导体照明自身对环境没有任何污染，与白炽灯、荧光灯相比，节电效率可以达到 90% 以上。在同样亮度下，耗电量仅为普通白炽灯的 1/10，荧光灯管的 1/2。LED 灯直流驱动，没有频闪；没有红外和紫外的成分，没有辐射污染，显色性高并具有很强的发光方向性；调光性能好，色温变化时不会产生视觉误差；冷光源发热低，可以安全触摸；它既能提供令人舒适的光照空间，又能很好地满足人的生理健康需求，是保护视力并且环保的健康光源。

（2）三基色 LED 可以实现亮度、灰度、颜色的连续变换和选择，使照明从白光扩展为多种颜色的光，覆盖了整个可见光谱范围，且单色性好，色纯度高，红、绿、黄 LED 的组合使色彩及灰度（1670 万色）的选择具有大的灵活性，超越了所谓灯具形态

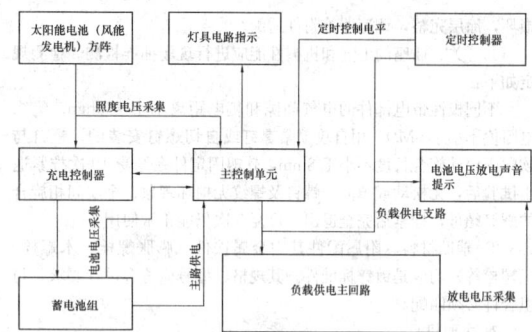

图 35-109 风力、太阳能灯具工作原理图

的观念，以全新的角度去理解和表达光的主题，提高设计自由度来弱化灯具的照明功能，让灯具成为一种视觉艺术，创造舒适优美的灯光艺术效果。

（3）LED 光源的技术数据见表 35-104，表 35-105。

白色 LED 灯光源类型及原理表　　　表 35-104

芯片	激发源	发光材料	发光原理
1	蓝色 LED	InGaN/YAG	用蓝色光激励 YAG 荧光粉发出黄光，从而混合成白光
	蓝色 LED	InGaN/荧光粉	InGaN 的蓝光激发红、绿、蓝三基色荧光粉发光
	蓝色 LED	ZnSe	由薄膜层发出蓝光和基板上激发的黄光混合成白光
	紫外 LED	InGaN/荧光粉	InGaN 的蓝光激发红、绿、蓝三基色荧光粉发光
2	蓝、黄绿 LED	InGaN、GaP	将具有补色关系的两种芯片封装在一起，发出白光
3	蓝、黄、绿 LED	InGaN、AlInGaP	将三原色的三种芯片封装在一起发出白光
4	多种光色的 LED	InGaN、AlInGaP、GaPPN	将遍布可见光区的多种色光芯片封装在一起，构成白色 LED

LED 灯与传统灯性能对比　　　表 35-105

名　称	耗电量（W）	工作电压（V）	协调控制	发热量	可靠性	使用寿命（h）
钨丝灯	15～200	220	高	高	低	3000
节能灯	3～150	220	不易调光	低	低	5000
金属卤素灯	100	220	不易	极高	低	3000
霓虹灯	500	较高	高	高	宜室内	3000
镁氖灯	16W/m		较好	较好	较好	6000
日光灯	4～100	220	不易	较好	低	5000～8000
LED 灯	极低	很低	多种形式	极低	极高	10000

35.5.7 插座、开关、吊扇、壁扇安装

35.5.7.1 施工准备

1. 技术准备

开关、插座、风扇施工前，应复核其安装地点及安装方式有无吊顶、有无其他专业相互交叉矛盾、是否符合设计要求，并现场确定安装实际高度。

2. 材料准备

开关、插座、风扇、塑料（台）板、辅助材料等。

材料质量控制内容如下：

1）开关、插座、接线盒和风扇及其附件应符合下列规定：

①查验合格证，防爆产品防爆标志及防爆合格证；外观检查：开关、插座的面板及接线盒盒体完整、无碎裂、零件齐全，风扇无

损坏，涂层完整，调速器等附件适配。

②开关、插座的电气和机械性能应进行现场抽样检测。检测规定如下：

不同极性带电部件的电气间隙和爬电距离不小于3mm；绝缘电阻值不小于5MΩ；用自攻锁紧螺钉或自切螺钉安装的，螺钉与软塑固定件旋合长度不小于8mm，软塑固定件在经受10次拧螺退出试验后，无松动或掉渣，螺钉及螺纹无损坏现象；金属间相啮合的螺钉螺母，拧紧后完全退出，反复5次仍能正常使用。

2）辅助材料。附属配件其中金属铁件（膨胀螺栓、木螺栓、机螺栓等）均应是镀锌标准件。其规格、型号应符合设计要求，与组合件必须匹配。

3. 主要机具

安装机具：一字形和十字形螺丝刀、圆头锤、电工刀、钢锯、钢丝钳、剥线钳、压接钳、电笔、锡锅；测试工具：万用表。

35.5.7.2　施工工艺

1. 工艺流程

清理→接线→安装。

2. 施工要点

（1）清理

器具安装之前，将预埋盒子内残存的灰块、杂物剔掉清除干净，再用湿布将盒内灰尘擦净。若盒子有锈蚀，需除锈刷漆。

（2）接线

1）单相双孔插座接线。应根据插座的类别和安装方式而确定接线方法：

横向安装时，面对插座的右极接线柱应接相线，左极接线柱应接中性线；竖向安装时，面对插座的上极接线柱应接相线，下极接线柱应接中性线。

2）单相三孔及三相四孔插座接线时，应符合以下规定：

单相三孔插座接线时，面对插座上孔的接线柱应接保护接地

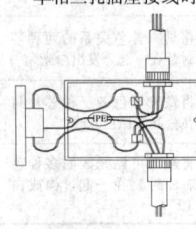

图35-110　五孔插座接线

线，面对插座的右极的接线柱应接相线，左极接线柱应接中性线；三相四孔插座接线时，面对插座上孔的接线柱应接保护接地线，下孔极和左右两极接线柱分别接相线；接地或接零线在插座处不得串联连接；插座箱是由多个插座组成，众多插座导线连接时，应采用LC型压接帽压接总头后，然后再作分支线连接，详见图35-110。

3）开关接线，应符合以下要求：

相线应经过开关控制。接线时应仔细，识别导线的相线与零线，严格做到开关控制电源相线，应使开关断开后灯具上不带电。

扳把开关通常为两个静触点，分别由两个接线柱连接；连接时除应把相线接到开关上外，并应接成扳把向上为开灯，扳把向下为关灯。接线后将开关芯固定在开关盒上，将扳把上的白点（红点）标记朝下面安装。开关的扳把必须安正，不得卡在盖板上，盖板应紧贴建筑物表面。

双联及以上的暗扳把开关，每一联即为一只单独的开关，能分别控制一盏电灯。接线时，应将相线连接好，分别接到开关上与动触点连通的接线柱上，而将开关线接到开关静触点的接线柱上。

暗装的开关应采用专用盒。专用盒的四周不应有空隙，盖板应端正，并应紧贴墙面，具体做法见图35-111。

（3）吊扇组装要求

①不改变扇叶角度；扇叶的固定螺钉防松零件齐全。

②吊杆之间、吊杆与电机之间的螺纹连接，其啮合长度每端不小于20mm，且防松零件齐全紧固。

③吊扇接线正确，当运转时扇叶不应有明显颤动和异常声响。

④涂层完整，表面无划痕、无

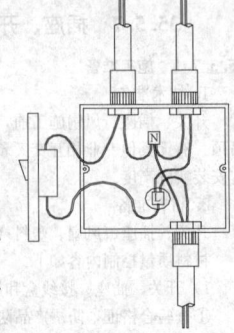

图35-111　开关接线

污染，吊杆上下扣碗安装牢固到位；同一室内并列安装的吊扇开关高度一致，且控制有序不错位。

（4）壁扇安装

①壁扇底座采用尼龙塞或膨胀螺栓固定；尼龙塞或膨胀螺栓的数量不应少于两个，且直径不应少于8mm。壁扇底座固定牢固可靠。

②壁扇的安装，其下侧边缘距地面高度不宜小于1.8m，且底座平面的垂直偏差不宜大于2mm，涂层完整，表面无划痕、无污染，防护罩无变形。

③壁扇防护罩扣紧，固定可靠，当运行时扇叶和防护罩均无有明显的颤动和异常声响。

35.5.8　电气照明装置调试运行及验收

35.5.8.1　施工准备

1. 技术准备

试运行前编制照明通电试运行方案，并报相关主管部门审批。对调试人员进行技术交底及安全交底；检查巡视整个照明系统，全线无障碍，能够满足送电要求。

2. 主要机具

一字形和十字形螺丝刀、组合木梯、圆头锤、电工刀、扳手、钢丝钳、剥线钳、压接钳、铁水平尺、塞尺、电笔、摇表、万用表、兆欧表、交流钳形电流表。

35.5.8.2　作业条件

灯具、开关、插座的安装已按批准的设计进行施工完毕，并且安装质量已符合现行的施工及验收规范中的有关规定；照明配电箱的安装已按批准的设计进行施工完毕，并且安装质量已符合现行的施工及验收规范中的有关规定。

35.5.8.3　通电试运行技术要求

（1）每一回路的线路绝缘电阻不小于0.5MΩ，关闭该回路上的全部开关，测量调试电压值是否符合要求，符合要求后，选用经试验合格的5～6mA漏电保护器接逐一测试，通电后应仔细检查和巡视，检查灯具的控制是否灵活，准确；开关与灯具控制顺序相对应，电扇的转向及调速开关是否正常，如果发现问题必须先断电，然后查找原因进行修复，合格后，再接通正式电路试亮。

（2）全部回路灯具试验合格后开始照明系统通电试运行。

（3）照明系统通电试运行检验方法：

1）灯具、导线、电缆和继电保护系统的调整试验结果，查阅试验记录或试验旁站。

2）空载试运行和负荷试运行结果，查阅试运行记录或试运行时旁站。

3）绝缘电阻和接地电阻的测试结果，查阅测试记录或测试时旁站或用适配仪表进行抽测。

4）漏电保护器动作数据值和插座接线位置准确性测定，查阅测试记录或用适配仪表进行抽测。

5）螺栓紧固程度用适配工具作拧动试验；有最终拧紧力矩要求的螺栓用扭力扳手抽测。

35.5.8.4　运行中的故障预防

（1）避免某一回路灯具线路发生短路故障，先测量其线路绝缘电阻；

（2）减少故障损坏范围，采用开关逐一打开的方法；

（3）降低故障损伤程度，灯具试验线路上采用小容量、灵敏度很高的漏电保护器；

（4）派专人时刻观察电压表和电流表的指示情况，发现问题及时处理，最大限度地减少损失；

（5）根据配电装置情况，安排专人反复观察小开关有无异常，测量100A以上的开关端子温度变化情况，如开关端子有异常立即关闭开关，及时处理。

35.6　电气设备安装

电气设备安装主要包括变压器、高低压成套配电柜、母线、配电箱、变配电监控系统、漏电火灾报警系统等的安装与调试。电气

设备负责对整个建筑进行供配电，在整个建筑电气中处于核心地位。电气设备安装应在电气设计方案确定、施工方案已审批及建筑和其他专业具备安装条件的基础上进行，必须保证电气设备安装质量，确保今后运行的可靠，并注意安装完成后的成品保护。

35.6.1 施 工 准 备

35.6.1.1 常用器具

（1）安全防护用具。安全带、安全帽、安全网、高压验电器、高压绝缘靴、绝缘手套、编织接地线及干粉灭火器等。所有安全防护用品必须有合格证，有安全认证的必须符合认证要求。

（2）仪器仪表。万用表、钳流表、接地电阻测试仪、直流电桥、兆欧表、高低压试验仪器，以及水准仪、经纬仪、高压测试仪器等。安装和调试用的各类计量器具，应检定合格，使用时在有效期内。

（3）施工机具。运输工具、吊装工具、电（气）焊工具、气切工具、台钻、手电钻、电动砂轮机、电锤、活动扳手、电工常用工具、台虎钳、塞尺、锉刀、钢卷尺、水平尺、线坠、试电笔等。

35.6.1.2 作业条件

（1）施工所需要的图纸、技术资料齐全，其他有关部门规定的相关报审文件已审批完成。技术（安全）交底已做完，各项安全保障措施已到位。

（2）建筑工程全部结束，屋顶、楼板施工完毕，不得渗漏，门窗安装完毕，有可能损坏已安装设备或安装后不能再进行施工的装饰工作全部结束。设备基础的标高、尺寸、结构和埋件均应符合设计要求和施工质量验收规范的规定，已通过工序交接验收。

（3）施工现场具备作业面，设备及材料进场运输通道畅通。

（4）设备安装所需的配件、材料齐全，并运至施工现场。

35.6.1.3 一般规定

（1）除设计要求外，承力建筑钢结构构件上，不得采用熔焊连接固定电气线路、设备和器具的支架、螺栓等部件；且严禁热加工开孔。

（2）接地（PE）或接零（PEN）支线必须单独与接地（PE）或接零（PEN）干线相连接，不得串联连接。

（3）测量绝缘电阻时，采用兆欧表的电压等级，在未作特殊规定时，应按下列规定执行：

1）100V 以下的电气设备或回路，采用 250V 50MΩ 及以上兆欧表；

2）500V 以下至 100V 的电气设备或回路，采用 500V 100MΩ 及以上兆欧表；

3）3000V 以下至 500V 的电气设备或回路，采用 1000V 2000MΩ 及以上兆欧表；

4）10000V 以下至 3000V 的电气设备或回路，采用 2500V 10000MΩ 及以上兆欧表；

5）10000V 及以上的电气设备或回路，采用 2500V 或 5000V 10000MΩ 及以上兆欧表。

35.6.2 变压器安装

35.6.2.1 设备及材料进场验收

（1）变压器的容量、规格及型号，必须符合设计要求。附件、配件齐全。设备应有铭牌，见图 35-112 所示。

中华人民共和 ×× 变压器总厂制造 3相50赫			电力变压器 型号S9-1000/10 油浸自冷户外式 Y/yn0-12		标准代号 JB 1300—74 产品许可证号
额定容量(kVA)	分接位置	高压		低压	阻抗电压(%)
		V	A	V	A
1000	Ⅰ	10500			
	Ⅱ	10000	57.5	400	1443	5.55
	Ⅲ	9500			
产品代号 254		器身重 1820kg		油重 525kg	
出厂代号 475		总 重 2910kg		××年×月制造	

图 35-112 变压器铭牌

铭牌及其意义：

S：三相（相数）

9：性能水平代号

1000：额定容量1000kVA

10：电压等级 10kV

Y：一次侧星形接线（D：三角形接线）

yn：二次侧带中性线星形接法（d：三角形接线）

0：数字采用时钟表示法，用来表示一、二次侧电压的相位关系，一次侧线电压相量作为分针，固定指在时钟 12 点的位置，二次侧的线电压相量作为时针。0 表示二次侧的线电压 Uab 与一次侧线电压 UAB 同相角。

电力变压器分类、型号及意义见表 35-106。

电力变压器分类和型号意义表　　表 35-106

序号	分 类	类 别	代 表 符 号	
			新	旧
1	绕组形式	自耦 双绕组 三绕组	O — S	— S S
2	相数	单相 三相	D S	D S
3	冷却方式	油浸自冷 干式空气自冷 干式浇筑绝缘 油浸风冷 油浸水冷	一（或 J） G C F W（或 S）	J — — F S
4	循环方式	强迫油循环风冷 强迫油循环水冷	FP SP	FP SP
5	线圈导线材质	铜 铝	— L	— L
6	调压方式	无励磁调压 有载调压	— Z	— —
7	铁芯形式	芯式变压器 壳式变压器	— —	— —

变压器相关参数如表 35-107～表 35-111：

10kV 级 S9 型变压器技术参数表　　表 35-107

型　号	额定容量 (kVA)	损耗		阻抗电压 (%)	空载电流 (%)	重量（kg）		
		空载 (W)	负载 (W)			器身	油重	总重
S9-10/10	10	65	260		2.8	105	45	180
S9-20/10	20	100	480		2.4	140	55	230
S9-30/10	30	130	600		2.1	180	70	300
S9-50/10	50	170	870		2.0	245	80	390
S9-63/10	63	200	1040		1.9	275	90	440
S9-80/10	80	250	1250		1.8	325	100	500
S9-100/10	100	290	1500	4.0	1.6	360	110	560
S9-125/10	125	340	1800		1.5	415	120	650
S9-160/10	160	400	2200		1.4	490	135	740
S9-200/10	200	480	2600		1.3	570	160	880
S9-250/10	250	560	3050		1.2	690	190	1070
S9-315/10	315	670	3650		1.1	840	220	1250
S9-400/10	400	800	4300		1.0	975	290	1510
S9-500/10	500	960	5100		1.0	1140	335	1760
S9-630/10	630	1200	6200		0.6	1310	385	2030
S9-800/10	800	1400	7500		0.8	1665	450	2550
S9-1000/10	1000	1700	10300		0.7	1820	525	2910
S9-1250/10	1250	1950	12000	4.5	0.6	2160	605	3460
S9-1600/10	1600	2400	145000		0.6	2560	700	4060
S9-2000/10	2000	2800	17800		0.6	2840	760	4490

S9 系列 35kV 级电力变压器技术参数　　表 35-108

型号	容量(kVA)	高压(kV)	低压(kV)	空载	负载	短路阻抗(%)	空载电流(%)	联结组标号	器身	油重	总重
S9-50/35	50			210	1220		2.0		393	300	790
S9-100/35	100			290	2030		1.8		530	330	1000
S9-125/35	125			330	2380		1.75		680	500	1355
S9-160/35	160			370	2830		1.65		750	465	1410
S9-200/35	200			440	3330		1.55		830	530	1630
S9-250/35	250			510	3960		1.4		980	580	1980
S9-315/35	315	38.5		610	4770		1.4		1260	610	2180
S9-400/35	400	35	0.4	730	5760	6.5	1.3	Yyn0	1285	645	2265
S9-500/35	500	±5 或		860	6950		1.3		1530	720	2810
S9-630/35	630	±2×2.5%		1050	8300		1.25		1790	790	3020
S9-800/35	800			1230	9900		1.05		2070	925	3620
S9-1000/35	1000			1440	12150		1.0		2635	1215	4600
S9-1250/35	1250			1760	14650		0.85		2820	1280	5060
S9-1600/35	1600			2120	17550		0.75		3160	1370	5550
S9-2000/35	2000			2650	19500		0.7		3990	1430	6560
S9-800/35	800			1230	9900		1.05		2310	1121	4260
S9-1000/35	1000			1440	12200		1.0		2425	1250	4380
S9-1250/35	1250			1760	14650		0.9		2675	1315	4825
S9-1600/35	1600			2120	17550	6.5	0.85		3150	1370	5535
S9-2000/35	2000			2700	17800		0.75		3510	1350	5980
S9-2500/35	2500			3200	20700		0.75	Yd11	4295	1520	7005
S9-3150/35	3150	38.5	11	3800	24300		0.7		4900	1780	8190
S9-4000/35	4000	35	10.5	4500	28800	7.0	0.7		5722	1922	9616
S9-5000/35	5000	±5 或	10	5400	33000		0.6		6795	2095	10970
S9-6300/35	6300	±2×2.5%	6.3	6550	37000		0.6		8430	2800	14220
S9-8000/35	8000		6	9000	40500	7.5	0.55		10880	3900	18170
S9-10000/35	10000			10850	47500		0.55		11920	4960	21800
S9-12500/35	12500			12500	56500		0.55		13750	5630	23600
S9-16000/35	16000			15500	69500		0.5	YNd1	14100	5810	24100
S9-20000/35	20000			18000	83500	8.0	0.5		19320	6480	32100
S9-25000/35	25000			21500	99000		0.4		25410	7310	39850
S9-31500/35	31500			25000	119000		0.4		31100	8150	48930

35kV 级 SZ9 系列双绕组有载调压器技术参数表　　表 35-109

额定容量 kVA	高压(kV)	高压分接范围(%)	低压(kV)	连接组标号	空载损耗(kW)	负载损耗(kW)	空载电流(%)	阻抗电压(%)
2000	35				2.88	18.72	1.4	6.5
2500					3.40	21.74	1.4	6.5
3150	35	±3×2.5%	6.3	Yd11	4.04	26.01	1.3	7.0
4000	35		10.5		4.84	30.69	1.3	7.0
5000	38.5				5.80	36.00	1.2	7.0
6300					7.04	38.70	1.2	7.0
8000	35	±3×2.5%	6.3	YN, d11	9.84	42.75	1.1	7.5
10000	35		6.6		11.60	50.58	1.1	7.5
12500	38.5		10.5 11		13.68	59.85	1.0	8.0

10kV 级 SG (B) 干式变压器技术参数表　　表 35-110

型号	容量(kVA)	空载损耗(W)	负载损耗(W)	空载电流(%)	阻抗电压(%)	重量(kg)	长	宽	高
SG10-30/10	30	225/280	820/959	3.1		250	820	480	900
SG10-50/10	50	290/360	1265/1480	2.7		400	870	480	950
SG10-80/10	80	370/460	1825/2098	2.5		480	950	480	1050
SG10-100/10	100	400/500	2165/2490	2.1		520	1000	630	1200
SG10-125/10	125	480/580	2590/2980	2.1		580	1050	630	1250
SG10-160/10	160	560/670	3100/3565	1.9	4	610	1100	630	1250
SG10-200/10	200	655/770	3980/4580	1.9		950	1200	740	1280
SG10-250/10	250	760/900	4675/5376	1.7		1020	1200	740	1290
SG10-315/10	315	880/1100	5610/6451	1.7		1200	1200	740	1300
SG10-400/10	400	1040/1210	6630/7624	1.65		1480	1400	740	1410
SG10-500/10	500	1200/1450	7950/9142	1.60		1650	1640	740	1430
SGB10-630/10	630	1400/1610	9260/10649	1.50		1820	1470	741	1470
SGB10-630/10	630	1340/1610	9770/11235	1.50		1850	1490	740	1520
SGB10-800/10	800	1690/1900	11560/13294	1.40		2300	1500	900	1600
SGB10-1000/10	1000	1980/2200	13340/15340	1.40		2650	1550	900	1670
SGB10-1250/10	1250	2380/2600	15640/17986	1.35	6	3000	1570	900	1790
SGB10-1600/10	1600	2730/3050	18100/20815	1.30		3800	1600	900	1950
SGB10-2000/10	2000	3320/4150	21250/24440	1.10		4600	1900	900	2050
SGB10-2500/10	2500	4000/5000	24730/28440	1.10		5200	2050	900	2050

SFZ9 系列 110kV 变压器技术参数表　　表 35-111

型号	联结组标号	高压	高压分接范围	低压	空载损耗(kW)	负载损耗(kW)	空载电流(%)	短路阻抗(%)
SFZ9-6300/110					10.4	36.9	0.98	
SFZ9-8000/110					12.4	45	0.98	
SFZ9-10000/110					14.9	53.1	0.91	
SFZ9-12500/110				6.3	17.3	63	0.91	
SFZ9-16000/110				6.6	20.9	77.4	0.84	
SFZ9-20000/110	YNd11	110	±8×1.25%	10.5	24.7	93.6	0.84	10.5
SFZ9-25000/110				11	28.8	110.7	0.77	
SFZ9-31500/110					34.8	133.2	0.77	
SFZ9-40000/110					41.7	156.6	0.70	
SFZ9-50000/110					49.3	194.4	0.70	
SFZ9-63000/110					58.7	234	0.63	

　　(2) 查验合格证和随带技术文件，出厂试验记录。

　　(3) 外观检查：有铭牌，附件齐全，绝缘件无缺损、裂纹，充油部分不渗漏，充气高压设备气压指示正常，涂层完整。

　　(4) 干式变压器的技术要求，除应符合上述变压器要求外，还应符合以下要求：

　　1) 变压器的接地装置应有防锈层及明显的接地标志。

　　2) 防护罩与变压器的距离，应符合相关技术标准和产品技术手册规定的要求。

　　3) 变压器有防止直接接触的保护标志。

　　4) 干式变压器的局部放电试验 PC 值和噪声测试 dB（A）值，应符合设计要求及技术标准的规定。

　　(5) 基础型钢。规格、型号必须符合设计及规范要求，并无明显锈蚀。

　　(6) 紧固件。各种紧固件、配件均应采用镀锌制品标准件、平

垫圈和弹簧垫齐全。

(7) 其他材料。蛇皮管、吸湿硅胶、耐油塑料管、变压器油等符合设计及规范要求，并有产品合格证。

35.6.2.2　作业条件

(1) 各种材料、设备已齐全，到位。

(2) 施工技术准备充分。施工图详细，施工组织设计、施工方案已批准，技术交底已完成。

(3) 变压器轨道安装完毕。经验收，其标高、中心距、平整度符合设计要求及产品技术要求。

(4) 变压器安装所需场所的土建工程已完工，其标高、尺寸符合设计及规范要求，结构及预埋件、焊件强度均符合设计要求，达到承载力要求。安装变压器的室内严禁渗漏，门窗封闭完好，地面清理干净，具有足够的施工用场地，道路通畅，所有受电后无法进行的装饰工作及影响运行安全的工作施工完毕。

(5) 安装干式变压器的场所应无灰尘，相对湿度宜保持在70%及产品技术要求以下。

(6) 搬运吊装机具设备：汽车吊、汽车、卷扬机、千斤顶、捯链、道木、钢丝绳、钢丝绳轧头、钢丝绳套环、麻绳、滚杠均已准备好。

(7) 安装机具设备：台钻、砂轮机、电焊机、气焊工具、电锤、冲击电钻、扳手、液压升降梯、套丝机等均已准备齐全。

(8) 测试仪器：钢卷尺、钢板尺、水平仪、塞尺、磁力线坠、兆欧表、玻璃温度计、钳形电流表、万用表、电桥及试验仪器等已准备好。

35.6.2.3　安装前检查测试

变压器安装之前应进行各种外观及性能测试，必须保证各检测项目均合格之后再行安装。

35.6.2.4　工艺流程

变压器安装流程如下所示：

设备点件检查→变压器二次搬运→变压器就位→变压器附件安装→吊芯检查→交接试验→送电前检查→运行验收。

35.6.2.5　落地式变压器安装

1. 设备点件检查

(1) 设备点件检查应由安装单位、供货单位、会同建设单位代表共同进行，并做好记录。

(2) 按照设备清单、施工图纸及设备技术文件核对变压器本体及附件备件的规格型号是否符合设计图纸要求。是否齐全，有无丢失及损坏。

(3) 变压器本体外观检查无损伤及变形，油漆完好无损伤。

(4) 油箱封闭是否良好，有无漏油、渗油现象，油标处油面是否正常，发现问题应立即处理。

(5) 绝缘瓷件及环氧树脂铸件有无损伤、缺陷及裂纹。

2. 变压器二次搬运

(1) 变压器二次搬运应由起重工作业，电工配合。最好采用汽车吊吊装，也可采用捯链吊装，距离较长最好用汽车运输，运输时必须用钢丝绳固定牢固，并应行车平稳，尽量减少震动；距离较短且道路良好时，可用卷扬机、滚杠运输。产品在运输过程中，其倾斜度不得大于产品技术要求，如无要求不得大于30°。变压器吊装时，索具必须检查合格，钢丝绳必须挂在油箱的吊钩上，要用两根钢绳，同时着力四处如图35-113，并注意产品重心的位置，两根钢绳的起吊夹角不要大于60°。若因吊高限制不能符合条件时，用横梁辅助提升。上盘的吊环仅作吊芯用，不得用此吊环吊装整台变压器。

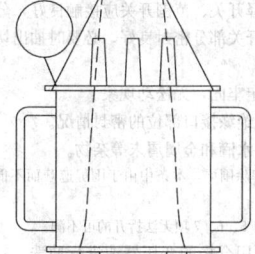

变压器搬运时，应注意保护瓷瓶，最好用木箱或纸箱将高低压瓷瓶罩住，使其不受损伤。

变压器搬运过程中，不应有冲击或严重振动情况，利用机械牵引时，牵引的着力点应在变压器重心以下，以防

图 35-113　变压器吊装

倾斜，运输倾斜角不得超过15°，防止内部结构变形。

(4) 用千斤顶升吊大型变压器时，应将千斤顶放置在专设部位，以免变压器变形。

(5) 大型变压器在搬运或装卸前，应核对高低压方向，以免安装时换方向发生困难。

3. 变压器就位

(1) 变压器、电抗器基础的轨道应水平，轨道与轮距应配合；核验变压器基础的强度和轨道安装的牢固性、可靠性。基础轨距应与变压器轮距相吻合。装有气体继电器的变压器，应使其顶盖沿气体继电器气流方向有 1%～1.5% 的升高坡度（制造厂规定不需安装坡度者除外）。

(2) 变压器就位可用汽车吊直接甩进变压器室内，或用道木搭设临时轨道，用捯链吊至临时平台上，然后用倒链拉入室内合适位置。

变压器、电抗器基础的轨道应水平，轨道与轮距配合；装有气体继电器的变压器、电抗器，应使其顶盖沿气体继电器气流方向有 1%～1.5% 的升高坡度（制造厂规定不需安装坡度者除外）。当与封闭母线连接时，其套管中心应与封闭母线中心线相符。装有滚轮的变压器、电抗器，其滚轮应能灵活转动，在设备就位后，应将滚轮用能拆卸的制动装置加以固定。

因变压器基础台面高于室外地坪，所以，在变压器就位时，应在室外搭设一个与室内基础台面等高的平台，平台必须牢固可靠，具有一定的刚度和强度，确保平台的稳定性，变压器就位之前，应将变压器平稳吊到平台上，然后缓慢地将变压器推入室内至就位的位置。变压器宽面推进时，低压侧应向外；窄面推进时，油枕侧一般应向外。在装有开关的情况下，操作方向应留有 1200mm 以上的宽度。油浸变压器的安装，应考虑能在带电的情况下，便于检查油枕和套管中的油位、上层油温、瓦斯继电器等。变压器就位时，应注意其方位和距墙尺寸应与图纸相符，允许误差为±25mm，图纸无标注时，纵向按轨道定位，横向距离不得小于 800mm，距门不得小于 1000mm，并适当照顾屋内吊环的垂线位于变压器中心，以便于吊芯。

(3) 变压器就位符合要求后，对于装有滚轮的变压器应将滚轮用可以拆卸的制动装置加以固定。

(4) 在变压器的接地螺栓上均需可靠地接地。低压侧零线端子必须可靠接地。变压器基础轨道应和接地干线可靠连接，确保接地可靠性。

(5) 变压器的安装应设置抗电震装置，如图 35-114 所示。

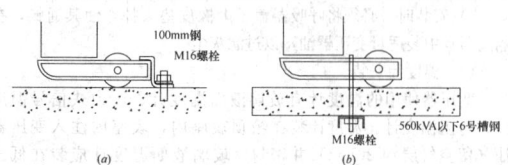

图 35-114　变压器抗震做法
(a) 安装在混凝土地坪上的变压器安装；
(b) 有混凝土轨梁宽面推进的变压器安装

4. 附件安装

(1) 气体继电器安装

1) 气体继电器应作密封试验，轻瓦斯动作容积试验，重瓦斯动作流速试验，经检验鉴定合格后才能安装。

2) 气体继电器安装应水平，观察窗安装方向便于检查，箭头指向储油箱（油枕），应与连通管连接密封良好，其内部应擦拭干净，截油阀位于油枕和气体继电器之间。

3) 打开放气嘴，放出空气，直到有油溢出时将放气嘴关上，以免有空气使继电保护器误动作。

4) 当操作电源为直流时，必须将电源正极接到水银侧的接点上，以免接点断开时产生飞弧。

5) 事故喷油管的安装方位，应注意到事故排油时不致危及其他电器设备；喷油管口应换为划有"十"字线的玻璃，以便发生故障时气流能顺利冲破玻璃。

(2)冷却装置的安装。

1)冷却装置在安装前应按制造厂规定的压力值用气压或油压进行密封试验,其中散热器、强迫油循环风冷却器,持续30min应无渗漏;强迫油循环水冷却器,持续1h应无渗漏,水、油系统应分别检查渗漏。

2)冷却装置安装前应用合格的绝缘油经净油机循环冲洗干净,并将残油排除。冷却装置安装完毕后应立即注满油。

3)风扇电动机及叶片应安装牢固,并应转动灵活,无卡阻;试转时应无振动、过热;叶片应无扭曲变形或与风筒碰擦等情况,转向应正确;电动机的电源配线应采用具有耐油性能的绝缘导线。

4)管路中的阀门应操作灵活,开闭位置应正确;阀门及法兰连接处应密封良好。

5)外接油管路在安装前,应进行彻底除锈并清洗干净;管道安装后,油管应涂黄漆,水管应涂黑漆,并设有流向标志。

6)油泵转向应正确,转动时应无异常噪声、振动或过热现象;其密封应良好,无渗油或进气现象。

7)差压继电器、流速继电器应经校验合格,且密封良好,动作可靠。

8)水冷却装置停用时,应将水放尽。

(3)储油柜的安装

1)储油柜安装前,应清洗干净。

2)胶囊式储油柜中的胶囊或隔膜式储油柜中的隔膜应完整无破损;胶囊在缓慢充气胀大后检查应无漏气现象。

3)胶囊沿长度方向应与储油柜的长轴保持平行,不应扭偏;胶囊口的密封应良好,呼吸应通畅。

4)油位表动作应灵活,油位表或油标管的指示必须与储油柜的真实油位相符,不得出现假油位。油位表的信号接点应位置正确,绝缘良好。

5)所有法兰连接处应用耐油密封垫(圈)密封;密封垫(圈)必须无扭曲、变形、裂纹和毛刺,密封垫(圈)应与法兰面的尺寸相配合。

法兰连接面应平整、整洁;密封垫应擦拭干净,安装位置应准确;其搭接处的厚度应与其原厚度相同,橡胶密封垫的压缩量不宜超过其厚度的1/3。

(4)防潮呼吸器的安装

1)防潮呼吸器安装之前,应检查硅胶是否失效,如已失效,应在115~120℃温度烘烤8h或按产品说明书规定执行,使其复原或更新。

2)安装时,必须将呼吸器盖子上橡皮垫去掉,使其通畅,在隔离器具中装适量变压器油,以过滤灰尘。

(5)温度计安装

变压器使用的温度计有玻璃液面温度计、压力式信号温度计、电阻温度计等。温度计在箱顶表座内,表座内注入变压器油(留空气层约20mm)并密封。玻璃液面温度计应装在低压侧。压力式信号温度计安装前应经过准确度检验,并按运行部门的要求整定电接点,信号温度计的导管不应有压扁和死弯,弯曲半径不得小于100mm。控制线应接线正确,绝缘良好。电阻式温度计主要是供远方监视变压器上层油温,与比率计配合使用。

(6)电压切换装置安装

1)变压器电压切换装置各分接点与线圈的联线压接应正确,并接触紧密牢固。转动点停留位置正确,并与指示位置一致。

2)电压切换装置的小轴销子、分接头的凸轮、拉杆等应确保完好无损。转动盘应动作灵活,密封良好。

3)有载调压切换装置的调换开关的触头及铜辫子软线应完整无损,触头间应有足够的压力(常规为80~100N)。

4)电压切换装置的传动装置的固定应牢固,传动机构的摩擦部分应有足够的润滑油。

5)连锁安装。有载调压切换装置转动到极限位置时,应装有机械连锁与带有限位开关的电气连锁。

有载调压切换装置的控制箱常规应安装在操作台上,联线应正确无误,并应调整好,手动、自动工作正常,档位指示正确。

7)电压切换装置吊出检查调整时,暴露在空气中的时间应符合表35-112规定。

调压切换装置露空时间   表 35-112

环境温度(℃)	>0	>0	>0	<0
空气相对湿度(%)	65 以下	65~75	75~85	不控制
持续时间不大于(h)	24	16	10	8

5.变压器连线

(1)变压器外部引线的施工,不应使变压器的套管直接承受应力。

(2)变压器中性点的接地回路中,靠近变压器处,应做一个可拆卸的连接点。

(3)接地装置从地下引出的接地干线以最近的路径直接引至变压器,绝不允许经其他电气装置接地后串联连接起来。

(4)变压器中性点接地线与工作零线应分别敷设。工作零线应用绝缘导线。

(5)油浸变压器附件的控制导线,应采用具有耐油性能的绝缘导线。靠近箱壁的导线,应用金属软管保护,并排列整齐,接线盒应密封良好。

6.吊芯检查

(1)运输支撑和身各部位应无移动现象,运输用的临时防护装置及临时支撑应予拆除,并经过清点做好记录以备查。

(2)所有螺栓应紧固,并有防松措施;绝缘螺栓应无损坏,防松绑扎完好。

(3)铁芯检查:

1)铁芯应无变形,铁轭与夹件间的绝缘垫应良好;

2)铁芯应无多点接地;

3)铁芯外引接地的变压器,拆开接地线后铁芯对地绝缘应良好;

4)打开夹件与铁轭接地片后,铁轭螺杆与铁芯、铁轭与夹件、螺杆与夹件间的绝缘应良好;

5)当铁轭采用钢带绑扎时,钢带对铁轭的绝缘应良好;

6)打开铁芯屏蔽接地引线,检查屏蔽绝缘应良好;

7)打开夹件与线圈压板的连线,检查压钉绝缘应良好;

8)铁芯压板及铁轭拉带应紧固,绝缘良好。

(4)绕组检查:

1)绕组绝缘层应完整,无缺损、变位现象;

2)各绕组应排列整齐,间隙均匀,油路无堵塞;

3)绕组的压钉应紧固,防松螺母应锁紧。

(5)绝缘围屏绑扎牢固,围屏上所有线圈引出处的封闭应良好。

(6)引出线绝缘应包扎牢固,无破损、拧弯现象;引出线绝缘距离应合格,固定支架应紧固;引出线的裸露部分应无毛刺或尖角,其焊接应良好;引出线与套管的连接应牢靠,接线正确。

(7)无励磁调压切换装置各分接头与线圈的连接应紧固正确;各分接头应清洁,且接触紧密,弹力良好;所有接触到的部分,用0.05mm×10mm塞尺检查,应塞不进去;转动接点应正确地停留在各个位置上,且与指示器所指位置一致;切换装置的拉杆、分接头凸轮、小轴、销子等应完整无损;转动盘应动作灵活,密封良好。

(8)有载调压切换装置的选择开关、范围开关应接触良好,分接引线应连接正确、牢固,切换开关部分密封良好。必要时抽出切换开关芯子进行检查。

(9)绝缘屏障应完好,且固定牢固,无松动现象。

(10)检查油循环管路与下轭绝缘接口部位的密封情况。

(11)检查各部位应无油泥、水滴和金属屑末等杂物。

注:①变压器有围屏者,可不必解除围屏,本条中由于围屏遮蔽而不能检查的项目,可不予检查。

②铁芯检查时,其中的3、4、5、6、7项无法拆开的可不测。

(12)器身检查完毕后,必须用合格的变压器油进行冲洗,并清洗油箱底部,不得有遗留杂物。箱壁上的阀门应开闭灵活、指示

正确。导向冷却的变压器尚应检查和清理进油管节头和联箱。吊芯过程中，芯子与箱壁不应碰撞。

(13) 吊芯检查后如无异常，应立即将芯子复位并注油至正常油位。吊芯、复位、注油必须在 16h 内完成。

(14) 吊芯检查完成后，要对油系统密封进行全面仔细检查，不得有漏油渗油现象。

35.6.2.6 变压器交接试验

变压器的交接试验应由有资质的试验室进行。试验标准应符合规范、当地供电部门规定及产品技术资料的要求。

详见本章第 11 节及《电气装置安装工程 电气设备交接试验标准》GB 50150—2006。

35.6.2.7 变压器送电前的检查

(1) 变压器试运行前应做全面检查，确认各项数据均符合运行条件时方可投入运行。

(2) 变压器试运行前，必须由质量监督部门检查合格。

(3) 变压器试运行前，做好各种防护措施，并做好应急预案。

35.6.2.8 变压器送电试运行验收

1. 送电试运行

(1) 变压器第一次投入时，可由高压侧投入全压冲击合闸。

(2) 变压器第一次受电后，持续时间应大于 10min，无异常情况。

(3) 变压器进行 3～5 次全压冲击合闸，应无异常情况，励磁涌流不应引起保护装置误动作。

(4) 油浸变压器带电后，油系统不应有渗油现象。

(5) 变压器试运行要注意冲击电流、空载电流、一次电压、二次电压、温度，并做好详细记录。

(6) 变压器并联运行前，相位核对应正确。

(7) 变压器空载运行 24h，无异常情况，方可投入负荷运行。

2. 验收

(1) 变压器带电运行 24h 后无异常情况，应办理验收手续。

(2) 验收时，应移交有关资料和文件。

35.6.3 箱式变电站安装

35.6.3.1 设备及材料进场验收要求

(1) 查验箱式变电站合格证和随带技术文件，箱式变电站应有出厂试验记录。

(2) 外观检查。箱体不应发生变形。有铭牌，箱门内侧有主回路线路图、控制线路图、操作程序及使用说明。附件齐全、绝缘件无损伤、裂纹，箱内接线无脱落脱焊，箱体完好无损，表面涂膜应完整。箱壳应有防晒、防雨、防锈、防小动物进入等措施或装置。箱壳门应向外开，应有把手、暗闩和锁，暗闩和锁应防锈。箱体金属框架均应有良好的接地，有接地端子，并标明接地符号。

(3) 安装时所选用的型钢和紧固件、导线的型号、规格应符合设计要求，其性能应符合相关技术标准的规定。紧固件应是镀锌制品标准件。

35.6.3.2 常用技术数据

(1) 箱式变电所型号含义：

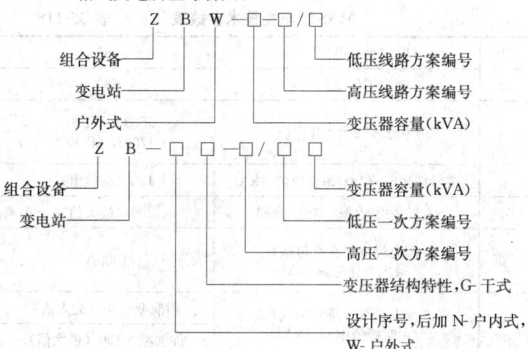

(2) 按结构划分为以下几种：

1) 拼装式：将高、低压成套装置及变压器装入金属箱体，高、低压配电装置间留有操作走廊。

2) 组合装置型：这种型式的高、低压配电装置不使用现有的成套装置，而是将高、低压控制、保护电器设备直接装入箱内，使之成为一个整体。

3) 一体型：是在简化高、低压控制、保护装置的基础上，将高、低压配电装置与变压器主体一齐装入变压器箱，使之成为一个整体。

(3) 箱式变电所配备低损耗油浸变压器和环氧树脂浇筑干式变压器两种。低压配电装置侧一般不设隔离开关，回路出线不宜超过 8 路。中性母线截面应不小于主母线截面 1/20 主母线截面在 50mm² 以下时，中性母线与主母线截面相同。

35.6.3.3 工艺流程

```
                    ┌──────────┐
                    │ 接地装置安装 │
                    └──────────┘
测量定位 → 基础制安 → 箱变就位 → 安装固定 → 接线 → 试验 → 验收
```

35.6.3.4 箱式变电所安装

1. 测量定位

按设计施工图纸所标定位置及坐标方位尺寸、标高进行测量放线，确定箱式变电所安装位置及地脚螺栓的位置。箱式变电所的基础应高于室外地坪，周围排水通畅。

2. 基础型钢安装

(1) 基础型钢的规格型号应符合设计要求，做好防锈处理。根据地脚螺栓位置及孔距尺寸制孔。

(2) 按放线确定的位置、标高、中心轴线尺寸安好型钢架，找平、找正，用地脚螺栓连接牢固。

(3) 从型钢结构基架的两端焊地线扁钢引进箱内，焊接处涂两遍防锈涂料。

(4) 变压器的安装应采取抗震措施。

3. 箱式变电所就位与安装

(1) 就位。就位前要确保作业场地清洁、通道畅通。吊装时，应严格按产品说明书要求的吊点吊装，确保箱体安全、平稳、准确的就位。

(2) 按设计布局的顺序组合排列箱体，逐一吊装就位。调整箱体使其箱体正面垂直平顺，再将箱与箱间镀锌螺栓连接牢固，并有防松措施。

(3) 接地。箱式变电所每箱单独与基础型钢连接接地，严禁进行串联。变电箱体、支架及外壳的接地用镀锌螺栓连接处应有防松装置，连接紧固可靠，紧固件齐全。

(4) 箱式变电所，用地脚螺栓固定的弹垫、平垫、螺帽齐全，拧紧牢固，自由安放的应垫平放正。

(5) 箱壳内的高、低压室均应装设照明灯具。

4. 接线

(1) 接线的接触面应连接紧密，附件齐全，连接螺栓或压线螺丝紧固必须牢固。与母线连接时紧固螺栓时应采用力矩扳手紧固。

(2) 相序排列符合设计及规范要求，排列整齐、平整、美观。按相位涂刷相色涂料。

(3) 设备接线端，母线搭接或卡子、夹板处，明设地线的接线螺栓处等两侧 10～15mm 处均不得涂刷涂料。

35.6.3.5 试验及验收

1. 试验

(1) 箱式变电所电气交接试验。变压器应按变压器相关规定进行试验。高低压开关及其母线等按相关规定进行试验。

(2) 高压开关、熔断器等与变压器组合在同一个密闭油箱内箱式变电所，其高压电气交接试验必须按随带的技术文件执行。

(3) 低压配电装置的电气交接试验：

1) 对每路配电开关及保护装置核对规格、型号，必须符合设计要求。

2) 测量线间和线对地间绝缘电阻值大于 0.5MΩ。当绝缘电阻值大于 10MΩ 时，用 2500V 兆欧表摇测 1min，无闪络击穿现象。当绝缘电阻值在 0.5～10MΩ 之间时，作 1000V 交流工频耐压试验，时间 1min，不击穿为合格。

2. 验收

(1) 变压器带电运行24h后无异常情况，应办理验收手续。

(2) 验收时，应移交有关资料和文件。

35.6.4　成套配电柜（盘）安装

35.6.4.1　设备及材料进场验收

(1) 设备及材料的质量均应符合设计、国家现行技术标准及其他相关文件（如采购合同）的规定，并应有产品质量合格证和随带技术文件，实行生产许可证和安全认证制度的产品，有许可证编号和安全认证标志。

(2) 外观检查：包装及密封应良好。开箱检查清点，型号、规格应符合设计要求，柜（盘）本体外观检查应无损伤及变形，油漆完整无损，有铭牌，柜内元器件无损坏丢失、无裂纹等缺陷。接线无脱落脱焊，充油、充气设备无泄漏，涂层完整，无明显碰撞凹陷，附件、备件齐全。装有电器的活动盘、柜门，应以裸铜软线与接地的金属构架可靠接地。

(3) 柜、屏、台、箱、盘的金属框架及基础型钢必须接地（PE）或接零（PEN）可靠；装有电器的可开启门，门和框架的接地端子间应用裸编织铜线连接，且有标识。

(4) 低压成套配电柜、控制柜（屏、台）和动力、照明配电箱（盘）应有可靠的电击保护。柜（屏、台、箱、盘）内保护导体应有裸露的连接外部保护导体的端子，当设计无要求时，柜（屏、台、箱、盘）内保护导体最小截面积 S_p 不应小于表 35-113 的规定。

保护导体的最小截面积　　　表 35-113

相线的截面积 S （mm²）	相应保护导体的最小截面积 S_p （mm²）
$S \leq 16$	S
$16 < S \leq 35$	16
$35 < S \leq 400$	$S/2$
$400 < S \leq 800$	200
$S > 800$	$S/4$

注：S 指柜（屏、台、箱、盘）电源进线相线截面积，且两者（S、S_p）材质相同。

(5) 基础型钢规格型号符合设计要求，并且无明显锈蚀。

(6) 其他材料。涂料（面漆、相色、防锈）、焊条、绝缘胶垫、锯料等均应符合相关质量标准规定。

低压开关柜技术参数如表 35-114～表 35-120。

MNS型低压抽出式开关柜技术参数表　　　表 35-114

额定工作电压（V）		380，660
额定绝缘电压（V）		660
额定工作电流（A）	水平母线	630～5000
	垂直母线	800～2000
额定短时耐受电流有效 值（1s）/峰值（kA）	水平母线	50～100/105～250
	垂直母线	60/130～150
外壳防护等级		IP30，IP40
外形尺寸（$W \times D \times H$）（mm）		2200×600 （800，1000） ×600（1000）

GGD 配电柜型技术参数表（1）　　　表 35-115

型号	额定电压 （V）	额定电流 （A）		额定短 路开断 电流 （kA）	额定短时 耐受电流 （I_S）（kA）	额定峰值 耐受电流 （kA）
GGD1	380	A	1000	15	15	30
		B	600（630）			
		C	400			

续表

GGD 配电柜型技术参数表（2）　　　表 35-116

型号	额定电压 （V）	额定电流 （A）		额定短 路开断 电流 （kA）	额定短时 耐受电流 （I_S）（kA）	额定峰值 耐受电流 （kA）
GGD2	380	A	1500（1600）	30	30	63
		B	1000			
		C				
GGD3	380	A	3200	50	50	105
		B	2500			
		C	2000			

项　目	数　值
额定工作电压（V）	400
额定绝缘电压（V）	690
额定冲击耐受电压（kV）	8
安装类别	Ⅲ、Ⅳ
水平母线额定电流（A）	3200
垂直母线额定电流（A）	1250
水平母线和垂直母线额定 短时耐受电流（kA）	15、30、50
水平母线和垂直母线额定 峰值耐受电流（kA）	30、63、105
外形尺寸（$W \times D \times H$）（mm）	600×600（800）×2200 800×600（800）×2200 1000×600（800）×2200 1200×800×2200

GCK、GCL 配电柜技术参数表　　　表 35-117

主要电气特性		参　数
标准	国际标准	IEC 439-1
	国家标准	GB 7251.1—2005　GB 4208—2008
	行业标准	JB/T
额定工作电压（VAC）		380
额定绝缘电压（VAC）		660
工作频率（Hz）		50/60
主母线额定工作电流（A）		3150、2500、2000、 1600、1250、1000、800
主母线额定峰值耐受电流（kA）		105
主母线额定短时耐受电流（kA/1s）		50
外壳防护等级		IP30
柜体宽度（mm）		600×800×1000
柜体高度（mm）		2200
柜体深度（mm）		800～1000

MNS 配电柜技术参数表　　　表 35-118

1	额定绝缘电压（V）		660
2	额定工作电压（V）		660
3	主母线最大工作电流（A）		5500A（IP00） 4700A（IP30）
4	主母线短时（1s）耐受电流（kA）		100（有效值）
5	主母线短时峰值电流（kA）		250（最大值）
6	配电母线（垂直母线） 最大工作电流（A）		1000A
7	配电母线（垂直母线） 短时峰值电流（kA）	标准型	90（最大值）
		加强型	130（最大值）

PGL 配电柜技术参数表 表 35-119

额定工作电压	AC380V
额定绝缘电压	500V
额定分断能力	PGL1：15kA PGL2：30kA （均为有效值）
辅助电路额定电压	AC220V、380V DC110V、220V
外形尺寸（mm）	高：2200 深：600 宽：400、600、800、1000

GDL（UKK）配电柜技术参数表 表 35-120

额定频率(Hz)		50(60)	
额定绝缘电压(V)		660、1000	
额定工作电压（V）	主电路	400、690	
	辅助电路	AC	380、220
		DC	220、110
额定工作电流（A）	水平母线	630、2500(4000)	
	垂直母线	630、1600	
额定短时耐受电流(1s)(kA)		65、80	
额定峰值耐受电流(1s)(kA)		143、176	
外壳防护等级		IP30、IP40、IP50	
符合标准		GB-7251 IEC-439-1 ZBK-36001	

35.6.4.2 施工工艺流程

基础测量放线→ 基础型钢制安

设备开箱验收→设备搬运→柜（盘、台）吊装就位→母带安装→二次回路检查接线→柜盘调整调试→送电验收。

35.6.4.3 柜（盘）安装

1. 基础测量放线

按施工图纸标定的坐标方位、尺寸进行测量放线，确定型钢基础安装的边界线和中心线。

2. 基础型钢制作安装

（1）基础型钢制作。将有弯的型钢先调直，再按施工图纸要求的尺寸下料，组焊基础型钢架。组焊时应注意槽钢口朝内，型钢架顶面要在一个平面上，焊接时要对称焊，避免扭曲变形，焊缝要满焊。按柜（盘）底脚固定孔的位置尺寸，在型钢架的顶面上打好安装孔，也可在组立柜（盘）时再打孔。在定孔位时，应使柜（盘）底面与型钢立面对齐，并应刷好防锈漆。

（2）基础型钢架安装。将已预制好的基础型钢架放在测量放线确定的位置的预埋铁件上，用水准仪或水平尺找平、找正，安装偏差如表 35-121。

基础型钢安装允许偏差 表 35-121

项 目	允 许 偏 差	
	(mm/m)	(mm/全长)
不直度	1	5
水平度	1	5
不平行度	/	5

基础型钢上表面应处于同一水平面。找平过程中，用垫铁垫在型钢架与预埋件之间找平，但每though垫铁不得超过三块。然后，将基础型钢架、预埋件、垫铁用电焊焊牢。基础型钢架的顶部应高出地面 5～10mm（型钢是否需要高出地面，应根据设计及产品技术文件要求而定）。

（3）基础型钢架的接地。在型钢结构架的两端与引进室内的接地扁钢焊牢，焊接面为扁钢宽度的二倍，三面满焊，焊接处除去氧化铁，做好防腐处理。然后，将基础型钢架涂刷二道面漆。

3. 柜（盘、台）吊装就位

（1）运输。首先应确保运输通道平整畅通。根据设备重量、外

形尺寸，距离长短可采用汽车、汽车吊配合运输、人力推车运输或卷扬机滚杠运输。汽车运输时，必须用麻绳将设备与车身固定牢，开车要平稳。盘、柜等在搬运和安装时应采取防震、防潮、防止框架变形和漆面损坏等安全措施，必要时可将装置性设备和易损元件拆下单独包装运输。当产品有特殊要求时，尚应符合产品技术文件的规定。

（2）设备吊装。柜（盘）顶部有吊环时，吊点应为设备的吊环；无吊环时，应将吊索挂在四角的主要承重结构处（注意不得损坏箱体），不得将吊索吊在设备部件上，吊索的绳长应一致，以防柜体受力不均产生变形或损坏部件。

（3）柜（盘）安装。应按施工图纸依次将柜平稳、安全、准确就位在基础型钢上。单独的柜（盘）只保证柜面和侧面的垂直度。成排柜（盘）就位之后，先找正两端的柜，再由距柜上下端20cm 处绷上通线，逐台找正，以成排柜（盘）正面平顺为准。找正时采用 0.5mm 铁片进行调整，每组垫片不能超过三片，柜、屏、台、箱、盘安装垂直度允许偏差为 1.5‰，相互间接缝不应大于2mm，成列盘面偏差不应大于 5mm。调整后及时做临时固定，根据柜的固定螺孔尺寸，用手电钻在基础型钢架上钻孔，分别用M12 或 M16 镀锌螺栓固定。紧固时要避免局部受力过大，以免变形，受力要均匀，并应有防松措施。

（4）固定。柜（盘）就位，用水平尺或水平仪将柜找正、找平后，应将柜体与柜体、柜体与侧挡板均用镀锌螺丝连接为整体，且应有防松措施。

（5）接地。应以每台柜（盘）单独与基础型钢架连接，严禁串联连接接地。所有接地连接螺栓处应有防松装置。

4. 母带安装

（1）柜（盘）骨架上方的母带安装必须按设计施工，母带规格型号必须与设计相符，相序、间距与设计一致，绝缘达到设计及规范相关要求的规定。

（2）绝缘端子与接线端子间距合理，排列有序，安装牢固，规格与母带截面相匹配。所有连接螺栓应采用镀锌螺栓，并应有防松措施，连接牢固。

（3）母带设有防止异物坠落其上而使母带短路的措施。

5. 二次回路检查结线

（1）按柜（盘）工作原理图及接线图逐台检查柜（盘），电器元件与设计是否相符，其额定电压和控制、操作电源电压必须一致，接线应正确，整齐美观，绝缘良好，连接牢固，且不得有中间接头。

（2）多油设备的二次接线不得采用橡皮线，应采用塑料绝缘线或其他耐油导线。

（3）接到活动门、板上的二次配线必须采用 2.5mm^2 以上的绝缘软线，并在转动轴线附近两端留出余量后卡固，结束处应有外套塑料管等加强绝缘层；与电器连接时，端部应绞紧，并应加终端附件或搪锡，不得松散、断股。

（4）在导线端部应套有号码管，号码与原理图一致，导线应顺时针方向弯成内径比端子接线螺钉外径大 0.5～1mm 的圆圈；多股导线应先拧紧、挂锡、煨圈，并卡入梅花垫，或采用压接线鼻子，禁止直接插入。

（5）控制线校线后，将每根芯线理顺直敷在线槽内，用镀锌螺丝、平垫圈、弹簧垫连接在每个端子板上，每侧一般一端压一根线，最多不得超过两根，而且必须在两根线间加垫圈。多股线应搪锡，严禁产生断裂缺股现象。

（6）不应将导线绝缘层插入接线端子内，以免造成接触不良，也不应插入过少，以致掉落。

（7）强、弱电回路不应使用同一根电缆，并应分别成束分开排列。

35.6.4.4 调试

柜（盘）调试应符合以下规定：

（1）高压试验应由供电部门认定有资质的试验单位进行。高压试验结果必须符合国家现行技术标准的规定和柜（盘）的技术资料要求。

（2）手车、抽出式成套配电柜推拉应灵活，无卡阻碰撞现象。

动触头与静触头的中心线应一致，且触头接触紧密，投入时，接地触头先于主触头接触；退出时，接地触头后于主触头脱开。

(3) 高低压成套配电柜必须按规定做交接试验合格，且应符合下列规定：

1) 继电保护元器件、逻辑元件、变送器和控制用计算机等单体校验合格，整组试验动作正确，整定参数符合设计要求；

2) 凡经法定程序批推，进入市场投入使用的新高压电气设备和继电保护装置，按产品技术文件要求交接试验；

3) 试验内容。高低压柜框架、高低压开关、母线、电压互感器、电流互感器、避雷器、电容器、高压瓷瓶等，详见本章第11节及《电气装置安装工程电气设备交接试验标准》GB 50150—2006。

35.6.4.5　送电试运行

1. 送电前准备工作

(1) 设备和工作场所必须彻底清扫干净，所有电器、仪表元件清洁完成（清扫时注意不要用液体），不得有灰尘和杂物，尤其母线上和设备上不能留有工具、金属材料及其他物件，可再次对相间、相对地、相对零进行绝缘电阻测试，测试值必须符合要求。

(2) 应备齐试验合格的绝缘防护用品（绝缘防护装备、胶垫，以及接地编织铜线）和应急物资（灭火器材），以及测试工具等，做好应急预案。

(3) 试运行的组织工作。明确试运行指挥者、操作者和监护者。监护者必须由有经验的工程师担任。

(4) 各试验项目全部合格，有试验报告单，并经监理工程师签字认可后，方可进行送电。

(5) 各种保护装置（如继电保护）动作灵活可靠，控制、连锁（电气连锁、机械连锁）、信号等动作准确无误。

2. 送电规定

(1) 送电流程

送电准备完成→经供电部门检查合格→进线接通→相位测试符合→高压进线开关→高压电压检测→合变压器柜开关→合低压柜进线开关→低压电压检查→低压柜逐台送电

以上流程必须依次执行，每一步合格以后，才能进行下一步的操作。

(2) 同相校核

在开关断开状态下进行同相校核。用万用表或电压表电压档测量两路的同相，此时电压表无读数，表示两路电同相。

35.6.4.6　验收

(1) 送电运行24h，配电柜运行正常，无异常现象，方可办理验收手续，交建设单位使用。

(2) 验收提交各种文件资料。

35.6.5　母　线　安　装

母线分为裸母线和封闭母线、插接母线。

35.6.5.1　材料进场验收

封闭母线、插接母线应符合下列规定：

(1) 查验合格证和随带安装技术文件。

(2) 外观检查：防潮密封良好，各段编号标志清晰，附件齐全，外壳不变形，母线螺栓搭接面平整、镀层覆盖完整、无起皮和麻面；插接母线上的静触头无缺损、表面光滑、镀层完整。

(3) 母线分段标志清晰齐全，绝缘电阻符合设计要求，每段大于20MΩ。

(4) 根据母线排列图和装箱单，检查封闭插接母线、进线箱、插接开关箱及附件，其规格、数量应符合要求。

裸母线、裸导线应符合下列规定：

(1) 查验合格证；

(2) 外观检查：包装完好，裸母线平直，表面无明显划痕，测量厚度和宽度符合制造标准；裸导线表面无明显损伤，不松股、扭折和断股（线），测量线径符合制造标准。

35.6.5.2　母线常用参数

母线常用参数如表35-122～表35-125。

母线搭接螺栓的拧紧力矩值　　表35-122

序号	螺栓规格	力矩值 (N·m)	序号	螺栓规格	力矩值 (N·m)
1	M8	8.8～10.8	5	M16	78.5～98.1
2	M10	17.7～22.6	6	M18	98.0～127.4
3	M12	31.4～39.2	7	M20	156.9～196.2
4	M14	51.0～60.8	8	M24	274.6～343.2

母线螺栓搭接尺寸　　表35-123

搭接形式	类别	序号	连接尺寸(mm) b1	b2	a	钻孔要求 φ(mm)	个数	螺栓规格
	直线连接	1	125	125	b1或b2	21	4	M20
		2	100	100	b1或b2	17	4	M16
		3	80	80	b1或b2	13	4	M12
		4	63	63	b1或b2	11	4	M10
		5	50	50	b1或b2	9	4	M8
		6	45	45	b1或b2	9	4	M8
	直线连接	7	40	40	80	13	4	M12
		8	31.5	31.5	63	11	4	M10
		9	25	25	50	9	4	M8
	垂直连接	10	125	125	—	21	4	M20
		11	125	100～80	—	17	4	M16
		12	125	63～50	—	17	4	M12
		13	100	100～80	—	17	4	M16
		14	80	80～63	—	13	4	M12
		15	63	63～50	—	11	4	M10
		16	50	50	—	9	4	M8
		17	45	45	—	9	4	M8
	垂直连接	18	125	50～40	—	17	2	M16
		19	100	50～40	—	17	2	M16
		20	80	50～40	—	15	2	M14
		21	63	50～40	—	13	2	M12
		22	50	50～40	—	11	2	M10
		23	63	31.5～25	—	11	2	M10
		24	50	31.5～25	—	9	2	M8
	垂直连接	25	125	31.5～25	60	11	2	M10
		26	100	31.5～25	—	11	2	M10
		27	80	31.5～25	—	11	2	M10
	垂直连接	28	40	40～31.5	—	11	1	M10
		29	40	25	—	11	1	M10
		30	31.5	31.5～25	—	11	1	M10
		31	25	22	—	9	1	M8

室内裸母线最小安全净距（mm）　　表35-124

符号	适用范围	图号	额定电压(kV) 0.4	1～3	6	10
A1	1. 带电部分至接地部分之间 2. 网状和板状遮栏向上延伸线距地2.3m处与遮栏上方带电部分之间	图35-115	20	75	100	125
A2	1. 不同相的带电部分之间 2. 断路器和隔离开关的断口两侧带电部分之间	图35-115	20	75	100	125

续表

符号	适用范围	图号	额定电压（kV）			
			0.4	1~3	6	10
B₁	1. 栅状遮栏至带电部分之间 2. 交叉的不同时停电检修的无遮栏带电部分之间	图35-115 图35-116	800	825	850	875
B₂	网状遮栏至带电部分之间	图35-115	100	175	200	225
C	无遮栏裸导体至地（楼）面之间	图35-115	2300	2375	2400	2425
D	平行的不同时停电检修的无遮栏裸导体之间	图35-115	1875	1875	1900	1925
E	通向室外的出线套管至室外通道的路面	图35-116	3650	4000	4000	4000

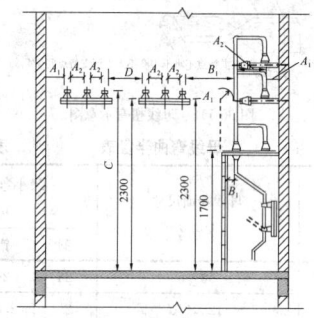

图 35-115　室内 A_1、A_2、B_1、B_2、C、D 值校验

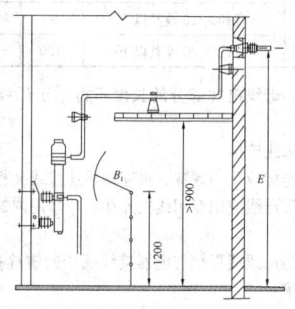

图 35-116　室内 B_1、E 值校验

室内配电装置的安全净距（mm）　表 35-125

符号	适用范围	额定电压（kV）									
		0.4	1~10	15~20	35	60	110J	110	220J	330J	500J
A₁	1. 带电部分至接地部分之间 2. 网状遮栏向上延伸距地面2.5m处遮栏上方带电部分之间	75	200	300	400	650	900	1000	1800	2500	3800
A₂	1. 不同相的带电部分之间 2. 断路器和隔离开关的断口两侧引线带电部分之间	75	200	300	400	650	1000	1100	2000	2800	4300

续表

符号	适用范围	额定电压（kV）									
		0.4	1~10	15~20	35	60	110J	110	220J	330J	500J
B₁	1. 设备运输时，其外廓至无遮栏带电部分之间 2. 交叉的不同时停电检修的无遮栏带电部分之间 3. 栅状遮栏至绝缘体和带电部分之间 4. 带电作业时的带电部分至接地部分之间	825	950	1050	1150	1400	1650	1750	2550	3250	4550
B₂	网状遮栏至带电部分之间	175	300	400	500	750	1000	1100	1900	2600	3900
C	1. 无遮栏裸导体至地面之间 2. 无遮栏裸导体至建筑物、构筑物顶部之间	2500	2700	2800	2900	3100	3400	3500	4300	5000	7500
D	1. 平行的不同时停电检修的无遮栏带电部分之间 2. 带电部分与建筑物、构筑物的边沿部分之间	2000	2200	2300	2400	2600	2900	3000	3800	4500	5800

注：1. 110J、220J、330J、500J 系指中性点直接接地电网。
2. 栅状遮栏至绝缘体和带电部分之间，对于 220kV 及以上电压，可按绝缘体电位的实际分布，采用相应的 B 值检验，此时允许栅状遮栏与绝缘体的距离小于 B_1 值。当无给定的分布电位时，可按线性分布计算。500kV 相间通道的安全净距，亦可用此原则。
3. 带电作业时的带电部分至接地部分之间（110J~500J），带电作业时，不同相或交叉的不同回路带电部分之间，其 B_1 值可取 A_2 +750mm。
4. 500kV 的 A_1 值，双分裂软导线至接地部分之间可取 3500mm。
5. 海拔超过 1000m 时，A 值应进行修正。
6. 本表所列各值不适用于制造厂生产的成套配电装置。

35.6.5.3　施工工艺流程

裸母线安装工艺流程如下所示：

拉紧器制作

测量定位→支架制作安装→绝缘子安装→母线加工→母线连接→母线安装→检查送电验收

封闭母线施工工艺流程如下所示：

设备开箱检查→支架制作安装→封闭母线安装→绝缘测试→送电

35.6.5.4　测量定位

（1）进入现场后首先依据图纸进行检查，根据母线沿墙、跨

柱、沿梁、预留洞及屋架敷设的不同情况，核对是否与图纸相符。

（2）查看沿母线敷设全长方向有无障碍物，有无与建筑结构或设备管道、通风等安装部件交叉现象。

（3）检查预留孔洞、预埋铁件的尺寸、标高、方位，是否符合要求。

（4）配电柜内安装母线，测量与设备上其他部件安全距离是否符合要求。

（5）放线测量：放线测量出各段母线加工尺寸、支架尺寸，并划出支架安装距离及剔洞或固定件安装位置。

（6）检查安装支架平台是否符合安全及操作要求。

35.6.5.5 裸母线支架及拉紧装置制作安装

1. 支架制作要求

（1）材料下料一定采用机械切割，严禁气焊切割。

（2）支架焊接应满焊，焊接处焊渣清理干净，做好防腐处理。

（3）支架开孔应采用机械（台钻或手电钻）钻孔，严禁用气焊割孔，孔径不得大于固定螺栓直径 2mm。

2. 拉紧装置制作

制作时应采用机械切割和制孔，严禁电、气割开孔。钢夹板和钢连接板必须平整、接触面光滑洁净。接紧装置如图 35-117。

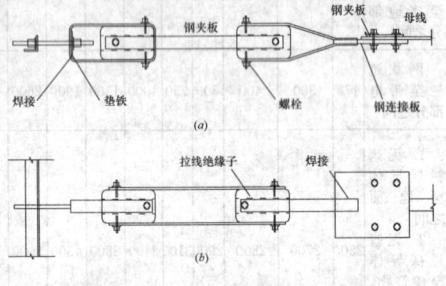

图 35-117 拉紧装置
(a) 立面；(b) 平面

3. 支架及绝缘子安装

（1）支架安装固定方式。支架可预埋在承重结构中；也可采用膨胀螺栓固定，或者用射钉法固定在混凝土结构上。母线的支架与铁件焊接连接时，焊缝应饱满；采用膨胀螺栓固定时，选用的螺栓应适配，连接牢固，并有防松措施。

（2）支架焊接处应做防腐处理，焊接处氧化物应清理彻底，涂刷防腐涂料应均匀，无漏刷，注意保护其他成品。

（3）绝缘子安装前要摇测绝缘，绝缘电阻值大于 $1M\Omega$ 为合格。检查绝缘子外观无裂纹、缺损现象，绝缘子灌注的螺栓、螺母牢固后方可使用。

（4）金具与绝缘子间的固定平整牢固，不使母线受额外应力。

（5）固定单相交流母线的金具构件及金具间或其他支持金具禁止形成闭合铁磁回路，以免产生环流，造成发热，避免引发故障或事故。

（6）绝缘子夹板、卡板的制作规格要与母线的规格相适应，绝缘子夹板，卡板的安装要牢固。

35.6.5.6 裸母线预制加工

1. 母线下料要求

（1）对弯曲不平的母线的矫直应采用母带调直器进行调直。人工作业时，先选一段表面平直、光滑、洁净的大型槽钢或工字钢，将母线放在钢面上用木制手锤进行击打平整顺直。严禁使用铁锤。如母线弯曲过大，在弯曲部位放上木板或垫板，然后敲打矫直。

（2）母线下料可用手锯或无齿砂轮切割机进行切割，严禁用电焊或气焊进行切割。

母线下料时应注意：

（1）根据母线来料长度合理切割，以免浪费。

（2）为便于日久检修拆卸，长母线应在适当的部位分段，并用螺栓连接，但接头不宜过多。

（3）下料时母线要留适当裕量，避免弯曲时产生误差，造成整根母线报废。

（4）下料时，母线的切断面应平整。

---

2. 母线的弯曲

（1）冷弯法。矩形母线应进行冷弯，不得进行热弯。母线制弯应用专用工具。弯曲处不得有裂纹及显著的皱折。母线开始弯曲处距最近绝缘子的母线支持夹板边缘不应大于 0.25 倍的母线两支持点的距离，但不得小于 50mm。

（2）弯曲半径。母线开始弯曲处距母线连接位置不应小于 50mm，如图 35-118。母线平弯和立弯的弯曲半径（R）值，不得小于表 35-126 的规定。多片母线的弯曲度应一致。

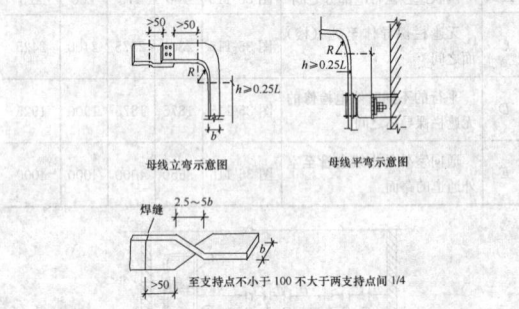

图 35-118 母线扭弯示意图

母线弯曲半径表 表 35-126

母线种类	弯曲方式	母线断面尺寸（mm）	最小弯曲半径（mm）		
			铜	铝	钢
矩形母线	平弯	50×5	2h	2h	2h
		125×10	2h	2.5h	2h
	立弯	50×5	1b	1.5b	0.5b
		125×10	1.5b	2b	1b
棒形母线		直径为16及其以下	50	70	50
		直径为30及其以下	150	150	150

（3）扭弯。母线扭转部分的长度不得小于母线宽度的 2.5～5 倍。

35.6.5.7 裸母线连接

硬母线的连接应采用焊接、贯穿螺栓连接或夹板及夹持螺栓搭接；管形和棒形母线应用专用线夹连接，严禁用内螺纹管接头或锡焊连接。

（1）母线与母线或母线与电器接线端子的螺栓搭接面的安装，应符合下列要求：

1）母线接触面加工后必须保持清洁，并涂以电力复合脂。

2）铜与铜：室外、高温且潮湿的室内，搭接面搪锡；干燥的室内，不搪锡。

3）铝与铝：搭接面不做涂层处理。

4）钢与钢：搭接面搪锡或镀锌。

5）铜与铝：在干燥的室内，铜导体搭接面搪锡；在潮湿场所，铜导体搭接面搪锡，且采用铜铝过渡板与铝导体连接。

6）钢与铜或铝：钢搭接面应采用热镀锌，铜搭接面必须搪锡。

7）母线钻孔尺寸及螺栓规格应符合相关规定。

8）母线平置时，贯穿螺栓应由下往上穿，其余螺母应置于维护侧，螺栓长度宜露出螺母 2～3 扣。

9）贯穿螺栓连接的母线两外侧应有平垫圈，相邻螺栓垫圈间应有 3mm 以上的净距，螺母侧应装有弹簧垫圈或锁紧螺母。

10）螺栓受力应均匀，不应使电器的接线端子受到额外应力。

11）母线的接触面应连接紧密，连接螺栓应用力矩扳手紧固，其紧固力矩值应符合表 35-122 相关规定。

12）母线采用螺栓固定搭接时，上片母线端头与下片母线平弯开始处的距离不应小于 50mm。

（2）焊接连接。焊缝距弯曲点或支持绝缘子边缘不得小于 100mm，同一相如有多片母线组成，其焊缝应相互错开不得大于 50mm。

母线焊接技术要求。硬母线在正式焊接前，应首先进行焊接工艺试验，确认焊接接头性能符合相关要求。气孔、夹渣、裂纹、未熔合、未焊透缺陷会严重影响接头的强度和电阻值，故不允许存在。焊接前应用钢丝刷将母线坡口两侧表面各50mm范围内清刷干净，不得有氧化膜、水分和油污；坡口加工应无毛刺和飞边，方可施焊。将母线用耐火砖或垫头对齐，对口应平直，其弯折偏移不应大于0.2%，中心线偏移不应大于0.5mm，防止错口。焊缝应凸起呈弧形，上部应有2～4mm加强高度，角焊缝加强高度为4mm。焊缝不得有裂纹、夹渣、未焊透及咬肉等缺陷，焊后应趁热用足够的清水清洗掉焊药。矩形母线对口焊接焊口尺寸如表35-127。焊接质量可采用X光探伤、液体渗透检测等方法检查。铝及铝合金焊接接头抗拉强度一般不应低于原材料抗接强度标准值的下限。

矩形母线对口焊接焊口尺寸（mm）　　表 35-127

焊口形式	母线厚度 a	间隙 c	钝边厚度 b	坡口角度 σ (°)
	<5	<2		
	5	1～2	1.5	65～75
	6.3～12.5	2～4	1.5～2	65～75

（3）母线与螺杆形接线端子连接时，母线的孔径不应大于螺杆形接线端子直径1mm。丝扣的氧化膜必须清净，螺母接触面必须平整，螺母与母线间应加铜质搪锡平垫圈，并应有锁紧螺母，但不得加弹簧垫。

35.6.5.8　裸母线安装

裸母线安装，应按以下规定执行：

（1）由变压器引至高低压配电柜的母线必须在变压器、高低压成套柜、穿墙套管及支持绝缘子等全部安装就位，经检查合格后才能安装。

（2）母线安装。室内裸母线的最小安全距离应符合表35-124相关规定要求。母线支持点的距离，对低压母线不得大于900mm，对高压母线不得大于1200mm。母线支持点的误差，水平段，二支持点高度误差不大于3mm，全长不大于10mm；垂直段，二支持点垂直误差不大于2mm，全长不大于5mm。母线间距，平行部分间距应均匀一致，误差不大于5mm。

（3）母线搭接连接，螺栓受力应均匀，不应使电器的接线端子受到额外应力。钢制螺栓应用力矩扳手拧紧。紧固拧紧力矩值，符合表35-122要求。

（4）除固定点外，当母线平置时，母线支持夹板的上部压板与母线间有1～1.5mm的间隙；当母线立置时，上部压板与母线间1.5～2mm的间隙。

（5）母线的固定点，每段设置1个，设置于全长或两母线伸缩节的中点。

（6）母线过墙时采用穿墙隔板如图35-119。

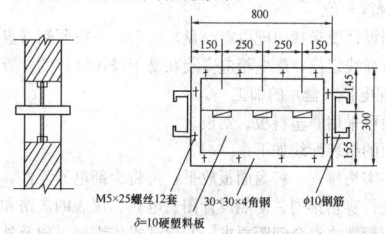

图 35-119　母线过墙隔板做法

母线采用螺栓搭接时，连接处距绝缘子的支持夹板边缘不小于50mm。

（7）母线的相序排列必须符合设计要求，如设计无要求按表35-128排列。安装应平整、整齐、美观。

母线的相位排列顺序　　表 35-128

母线的相位排列	三线时	四线时
水平（由盘后向盘面）	A—B—C	A—B—C—0
垂直（由上向下）	A—B—C	A—B—C—0
引下线（由左至右）	A—B—C	A—B—C—0

（8）母线安装完后按表35-129给母线涂色。

母线的涂色要求　　表 35-129

母线相位	涂色	母线相位	涂色
A相	黄	中性（不接地）	紫色
B相	绿	中性（接地）	紫色带黑色条纹
C相	红	正极	赭色
		负极	蓝色

注：在连接处或支持件边缘两侧10mm以内不涂色。

35.6.5.9　封闭母线支吊架制作安装

若供应商未提供配套支架或配套支架不适合现场安装时，应根据设计和产品文件规定进行支架制作。具体要求如下：

（1）根据施工现场的结构类型，支吊架应采用角钢、槽钢或圆钢制作，可采用"—"、"L"、"T"、"凵"等形式。

（2）支架应用切割机下料，加工尺寸最大误差为5mm。用台钻、手电钻钻孔，严禁用气割开孔，孔径不得超过螺栓直径2mm。

（3）吊杆螺纹应用套丝机或套丝板加工，不得有断丝。

（4）支架及吊架制作完毕，应除去焊渣，并刷防锈漆和面漆。

支架安装：

（1）支架和吊架安装时必须拉线或吊线锤，以保证成排支架或吊架的横平竖直，并按规定间距设置支架和吊架。

（2）母线的拐弯处以及与配电箱、柜连接处必须安装支架，直线段支架间距不应大于2m，支架和吊架必须安装牢固。

（3）母线垂直敷设支架：在每层楼板上，每条母线应安装2个槽钢支架，一端埋入墙内，另一端用膨胀螺栓固定于楼板上。当上下二层槽钢支架超过2m时，在墙上安装"—"字形角钢支架，角钢支架用膨胀螺栓固定于墙上。

（4）母线水平敷设支架：可采用"凵"形吊架或"L"形支架，用膨胀螺栓固定在顶板上或墙板上。封闭母线在拐弯处应设支吊架，在楼板上的支架应用弹簧支架，弹簧数量必须符合产品技术要求。

（5）膨胀螺栓固定支架不少于两个螺栓。一个吊架应用两根吊杆，固定牢固，丝扣外露2～4扣，膨胀螺栓应加平垫和弹簧垫，吊架应用双螺母夹紧。

（6）支架及支架与埋件焊接处刷防腐漆应均匀，无漏刷，不污染建筑物。

35.6.5.10　封闭插接母线安装

封闭母线安装应按以下规定执行：

（1）封闭、插接式母线组对接续之前，应进行绝缘电阻测试，绝缘电阻值应大于20MΩ，合格后，方可进行组对安装。

（2）按照母线排列图，将各节母线、插接开关箱、进线箱运至各安装地点。

（3）按母线排列图，从起始端（或电气竖井入口处）开始向上，向前安装。

（4）母线槽在插接母线组装中要根据其部位进行选择：L形水平弯头应用于平卧、水平安装的转弯，也应用于垂直安装与侧卧水平安装的过渡；L形垂直弯头应用于侧卧安装的转弯，也应用于垂直安装与平卧安装之间的过渡；T形垂直弯头应用于侧卧安装的转弯，也应用于垂直安装与平卧安装之间的过渡；Z形水平弯头应用于母线平卧安装的转弯。Z形垂直弯头应用于母线侧卧安装的转弯，变压器母线槽应用于大容量母线槽向小容量母线槽的过渡。

（5）母线垂直安装：

1）在穿越楼板预留洞处先测量好位置，用螺栓将两根角钢支架与母线连接好，再用供应商配套的螺栓套上防震弹簧、垫片，拧紧螺栓固定在槽钢支架上（弹簧支架组数由供应商根据母线型式和容量规定）。

2）用水平压板以及螺栓、螺母、平垫片、弹簧垫圈将母线固定在"一"字形角钢支架上。然后逐节向上安装，要保证母线的垂直度（应用磁力线锤挂垂线），在终端处加垫板，用螺栓紧固。

（6）母线槽水平安装：

1）水平平卧安装用水平压板及螺栓、螺母、平垫片、弹簧垫圈将母线（平卧）固定于"⌒"形角钢吊支架上。

2）水平侧卧安装用侧装压板及螺栓、螺母、平垫片、弹簧垫圈将母线（侧卧）固定于"⌒"形角钢支架上。水平安装母线时要保证母线的水平度，在终端加终端盖并用螺栓紧固。

（7）母线的连接：

1）当段与段连接时，母线接触面保持清洁，涂电力复合脂，螺栓孔周边无毛刺。两相邻段母线及外壳对准，母线与外壳同心，允许偏差为±5mm，连接后不使母线及外壳受额外应力。连接时将母线的小头插入另一节母线的大头中去，在母线间及母线外侧垫上配套的绝缘板，再穿上绝缘螺栓加平垫片，弹簧垫圈，然后拧上螺母，用力矩扳手紧固。最后固定好上下盖板。

2）母线连接用绝缘螺栓连接。外壳与底座间、外壳各连接部位和母线的连接螺栓应按产品技术文件要求选择正确，连接紧固。

3）母线槽连接好后，外壳间应有跨接线，两端应设置可靠保护接地。将进线母线槽、分线开关线外壳上的接地螺栓与母线槽外壳之间用16mm² 软铜线连接好。

4）母线应按设计规定安装伸缩节。设计没规定时，铝母线宜每隔20～30m设1个，铜母线宜每隔30～50m设1个。母线穿过变形缝采取相应的技术措施，确保变形缝的变形不损伤母线。

5）插接箱安装必须固定可靠，垂直安装时，标高应以插接箱底口为准。

35.6.5.11 接地

绝缘子的底座、套管的法兰、保护网（罩）、封闭、插接式母线的外壳及母线支架等可接近裸露导体应接地（PE）或接零（PEN）可靠，其接地电阻值应符合设计要求和规范的规定。不应作为接地（PE）或接零（PEN）的接续导体。

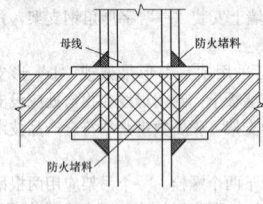

图 35-120 封闭母线防火封堵

35.6.5.12 防火封堵

封闭母线在穿防火分区时必须对母线与建筑物之间的缝隙做防火处理，用防火堵料将母线与建筑物间的缝隙填满，防火堵料厚度不低于结构厚度，防火堵料必须符合设计及国家有关规定。防火封堵如图35-120。

35.6.5.13 试运行验收

（1）母线安装完后，要全面进行检查，清理工作现场的工具、杂物，并与有关单位人员协商好，请无关人员离开现场。

（2）母线进行绝缘电阻测试和交流工频耐压试验合格后，才能通电。

（3）封闭插接母线的接头必须连接紧密，相序正确，外壳接地良好。

（4）送电程序为先高压、后低压；先干线，后支线；先隔离开关、后负荷开关。停电时与上述顺序相反。

车间母线送电前应先挂好有电标志牌，并通知有关单位及人员，送电时应有指示灯。

（5）试运行。送电空载运行24h，无异常现象为合格，方可办理验收手续。

（6）提交各种验收资料。

35.6.6　配电箱（盘）安装

35.6.6.1　配电箱（盘）进场验收要求

（1）配电箱（盘）体应有一定的机械强度，周边平整无损伤，油漆无脱落。材质应选择阻燃性材料。产品合格证和随带技术文件齐全，实行生产许可证和安全认证制度的产品，应有许可证编号和安全认证标志。其箱体应满足以下要求：

1）配电箱（盘）的选型配置必须符合设计及规范要求。

2）铁制配电箱（盘）：均需先刷一遍防锈漆，再刷面漆二道。预埋的各种铁件均应刷防锈漆，并做好明显可靠的接地。导线引出面板时，面板线孔应光滑无毛刺，金属面板应装设绝缘保护套。二层底板厚度不小于1.5mm，箱内各种器具应安装牢固，导线排列整齐，压接牢固。

3）紧固件、配件和金具均应采用镀锌制品。

（2）箱、盘间配线：电流回路应采用额定电压不低于750V、芯线截面积不小于2.5mm²的铜芯绝缘电线或电缆；除电子元件回路或类似回路外，其他回路的电线应采用额定电压不低于750V、芯线截面不小于1.5mm²的铜芯绝缘电线或电缆。箱内绝缘导线的规格型号必须符合设计及规范要求。箱、盘间线路的线间和线对地间绝缘电阻值，馈电线路必须大于0.5MΩ；二次回路必须大于1MΩ。二次回路连接应成束绑扎，不同电压等级、交流、直流线路及计算机控制线路应分别绑扎，且有标识。箱、盘间二次回路交流工频耐压试验，当绝缘电阻值大于10MΩ时，用2500V兆欧表摇测1min，应无闪络击穿现象；当绝缘电阻值在1～10MΩ时，做1000V交流工频耐压试验，时间1min，应无闪络击穿现象。

（3）配电箱的配件齐全，箱中配专用保护接地端子排的应与箱体连通形成电气通路。工作零线设在明显处，工作零线的端子排应固定在绝缘子上，端子排交流耐压不低于2500V。端子排应为铜制，用以紧固端子排的螺栓应不小于M5。

（4）配电箱内的母线应套绝缘管，绝缘管宜用黄（L1）、绿（L2）、红（L3）、黑（N）等颜色区分。

（5）箱内电器元件之间的安全距离，其净距见表35-130规定。

配电箱元件安全距离		表 35-130	
电器名称	最小净距（mm）	电器名称	最小净距（mm）
并列电度表	60	电度表接线管头至表下沿	60
并列开关或单极保险	30	上下排电器管头	25
进出线管头至开关上下沿10～15A	30	管头至盘边	40
20～30A	50	开关至盘边	40
60A	80	电度表至盘边	60

（6）照明箱（盘）内，分别设置零线（N）和保护地线（PE线）汇流排，零线和保护地线经汇流排引出。配电箱（盘）带有器具的铁制盘面和装有器具的门及电器的金属外壳均应有明显可靠的PE保护地线。

35.6.6.2　施工工艺流程

配电箱安装工艺流程如下所示：

配电箱（盘）进场验收→弹线定位→配电箱加工
┌→明装配电箱安装┐
│ ├→箱（盘）固定→配电箱接线→绝缘摇测
└→暗装配电箱安装┘
→验收

35.6.6.3　配电箱（盘）安装

1. 弹线定位

根据设计要求找出配电箱（盘）位置，并按照箱（盘）的外形尺寸进行弹线定位；配电箱应安装在易于操作维护的位置。

2. 配电箱（盘）的加工

盘面可采用厚塑料板、钢板。

盘面的组装配线如下：

（1）实物排列：将盘面板放平，再将全部电器元件、仪表置于其上，进行实物排列。对照设计图及电具、仪表的规格和数量，选择最佳位置使之符合间距要求，并保证操作维修方便及外形美观。

（2）加工：位置确定后，用方尺找正，画出水平线，分均孔距。然后撤去电器元件、仪表，进行钻孔（孔径应与绝缘嘴吻合）。钻孔后除锈，刷防锈漆及灰油漆。

（3）固定电器元件：油漆干后装上绝缘嘴，并将全部元器件固定在配电箱上，安装牢固。

（4）电盘配线：要求导线应排列整齐，绑扎成束。压头时，将导线留出适当余量，削出线芯，逐个压牢。但是多股线需用压线端子。立式盘，开孔后应首先固定盘面板，然后再进行配线。

3. 配电箱（盘）安装

（1）铁架固定配电箱（盘）

将角钢调直，量好尺寸，锯断煨弯，钻孔位，焊接。煨弯时用方尺找正，将对口缝满焊牢固，并将埋注端做成燕尾，再除锈刷防锈漆。然后按照标高用水泥砂浆将铁架燕尾端埋注牢固，埋入时要注意铁架的平直程度和孔间距离，应用线坠和水平尺测量准确后再稳住铁架。待水泥砂浆凝固达到一定强度后方可进行配电箱（盘）的安装。

（2）金属膨胀螺栓固定配电箱（盘）

采用金属膨胀螺栓可在混凝土墙或砖墙上固定配电箱（盘）。先弹线定位，找出准确的固定点位置，用电钻或冲击钻在固定点位置钻孔，其孔径应与金属膨胀螺栓的胀管相配套，且孔洞应平直不得歪斜。

4. 配电箱（盘）的固定

（1）在混凝土墙或砖墙上固定明装配电箱（盘）时，采用暗配管及暗分线盒和明配管两种方式。如有分线盒，先将盒内杂物清理干净，然后将导线理顺，分清支路和相序，按支路绑扎成束。待箱（盘）找准位置后，将导线端头引至箱内或盘上，逐个剥削导线端头，再逐个压接在器具上，同时将 PE 保护地线压在明显的地方，并将箱（盘）调整平直后进行固定，其垂直偏差不应大于 3mm。在电具、仪表较多的盘面板安装完毕后，应先用仪表校对有无差错，调整无误后试送电，并将卡片框内的卡片填写好部位、编上号。

（2）在木结构或轻钢龙骨护板墙上进行固定配电箱（盘）时，应采用加固措施。如配管在护板墙内暗敷设，并有暗接线盒时，要求盒口应与墙面平齐，在木制护板墙处应做防火处理，可涂防火漆或加防火材料衬里进行防护。除以上要求外，有关固定方法同上所述。

（3）暗装配电箱的固定：箱体与建筑物、构筑物接触部位应涂防腐涂料，根据预留孔洞尺寸先将箱体找好标高及水平尺寸，并将箱体固定好，然后用水泥砂浆填实周边及抹平，待水泥砂浆凝固后再安装盘面。如箱底与外墙平齐时，应在外墙固定金属网后再做墙面抹灰。不得在箱底板上抹灰。安装盘面要求平整，周边间隙均匀对称，箱面平正，不歪斜，螺丝垂直受力均匀。

5. 配电箱导线与器具的连接

（1）配电箱导线与器具的连接，箱（盘）内配线整齐，无绞接现象。导线连接紧密，不伤芯线，不断股。垫圈下螺丝两侧压的导线截面积相同，同一端子上导线连接不多于 2 根，防松垫圈等零件齐全，回路编号齐全，标识正确。

（2）接线桩头针孔直径较大时，将导线的芯线折成双股或在针孔内垫铜皮，如果是多股芯线上缠绕一层导线，以增大芯线直径使芯线与针孔直径相适应。导线与针孔或与接线桩头连接时，应拧紧接线桩上螺钉，顶压平稳牢固且不伤芯线。

35.6.6.4　绝缘测试

配电箱（盘）全部电器安装完毕后，用 500V 兆欧表对线路进行绝缘摇测。摇测项目包括相线与相线之间，相线与中性线之间，相线与保护地线之间，中性线与保护地线之间。两人进行摇测，同时做好记录，作为技术资料存档。

35.6.6.5　验收

（1）箱（盘）内配线整齐，无绞接现象。导线连接紧密，不伤芯线，不断股。垫圈下螺丝两侧不应压不同截面导线，同一端子上导线连接不应超过两根，防松垫圈等配件齐全；

（2）箱（盘）内开关动作灵活可靠，带有漏电保护的回路，漏电保护装置动作电流和动作时间应分别不大于 30mA 和 0.1s；

（3）位置正确，部件齐全，箱体开孔与导管管径相适配，暗式配电箱箱盖应紧贴墙面，箱（盘）涂层完整；

（4）箱（盘）内接线整齐，回路编号齐全，标识正确；

（5）照明配电箱（盘）不应采用可燃材料制作；

（6）箱（盘）应安装牢固，垂直允许偏差为 1.5‰，底边距

地面为 1.5m，照明配电板底边距地面不小于 1.8m；

（7）照明箱（盘）内，分别设置零线（N）和保护地线（PE 线）汇流排，零线和保护地线经汇流排引出；

（8）箱、盘的金属框架及基础型钢必须接地（PE）或接零（PEN）可靠；装有电器的可开启门，门和框架的接地端子间应用裸编织铜线连接，且有标识。

35.6.7　漏电火灾监控报警系统安装

漏电火灾报警系统是基于防火漏电报警器（即现场监控设备）的报警、监视、控制、管理的运行于计算机的工业级软件/硬件系统，可以对配电主回路和用电设备的漏电、过电流、短路、过电压等状况进行实时监控和管理，减少这些故障所带来的危害，防止电气火灾的发生。

35.6.7.1　设备及材料进场验收要求

监控设备、探测器应符合下述要求：

（1）表面无腐蚀、涂覆层脱落和起泡现象，无明显划伤、裂痕、毛刺等机械损伤。

（2）紧固部位无松动。

（3）备件应齐全，其型号、规格必须符合设计要求，并应有产品质量合格证及随带技术文件。

（4）导线符合设计及规范要求。

35.6.7.2　工艺流程

工艺流程如下所示：

探测器安装→监探设备安装→接线→调试

35.6.7.3　设备安装

在主干线接线前，将单根电线穿入电流互感器内，将电缆、电线（相线和零线）穿入零序电流互感器内。将互感器固定好，注意应使电缆电线从互感器中心穿过，并与互感器垂直。将现场控制器安装在配电箱的背板或墙壁上或单独的箱体内，要求安装牢固，不得倾斜。用导线将互感器与现场控制器按设计要求进行连接。将通信线按设计要求敷好，连接至集中控制主机，接好线。为每个现场控制器设置 ID、参数等。

35.6.7.4　试验与检查

1. 调试准备

（1）确认现场监控探测器安装紧固，位置合适。

（2）确认电力线穿过现场探测器（电流互感器穿一根相线，漏电互感器穿 A、B、C、N 四根线），并且方向正确。

（3）确认探测器与监控器之间信号号的连接正确、紧固。

（4）确认有 AC220V 电源可正常供给监控探测器工作。

（5）确认总线绝缘良好，连接正确（区分极性）、紧固。

（6）确认监控设备安装紧固，连线正确。

2. 调试步骤

（1）检查总线，确认无断路和短路现象。

方法：

1）总线一端开路，用万用表检查线路中无短路现象。

2）总线一端闭路，用万用表检查线路中无断路现象。

3）在每一条总线的分支处，重复 1）、2）步骤，确认所有的总线均无断路和短路现象。

（2）对每个互感器进行试验。

（3）分别给每个监控探测器通电，使其正常工作。

正常工作的标志为：启动时各个指示灯亮一次，5s 后通信指示灯常亮，其他指示灯亮或常灭，故障指示灯不能常亮，如故障指示灯常亮，则需重新上电启动。

启动监控设备，按以下步骤调试。

1）界面应正常显示，如没有，则监控设备需要更换。

2）在节点显示页面上应显示各个监控点的 ID 地址，如没有，先检查总线连接是否正确，再调节总线调节电位器（一边调，一边观察是否有 ID 上线），调节到所有的监控点 ID 均一次上线为止（不能一个一个的上线）。

3）进入功能界面，各个监控点的属性均能正常显示。

4）为每个监控点人为制造一个报警，监控设备均能正常反应。

35.6.7.5 试运行与验收

(1) 正常运行 24h 后，应办理验收手续，移交甲方验收。

(2) 验收时应移交各种技术资料。

35.7 应急备用电源安装

建筑物的用电负荷可分为以下三类：

第一类为保安型负荷，即保证大楼内人身及设备安全和可靠运行的负荷，如消防水泵、消防电梯、防排烟设备、应急照明、通信设备、重要的计算机及相关设备等；

第二类为保障型负荷，即保障大楼运行的基本设备负荷，主要是工作区照明、部分电梯、通道照明；

第三类为一般负荷，即除了上述负荷以外的其他负荷，如空调、水泵及其他一般照明、动力设备。

在以上三类负荷中，第一类负荷必须保证用电，所以必须设置应急备用电源。

应急备用电源系统包括柴油发电机组系统和 EPS/UPS 系统，高层建筑中的应急备用电源，常采用柴油发电机组；应急照明负载及设备/动力负载，常采用 EPS 应急电源系统；计算机类负载（重要弱电机房），常采用 UPS 不间断电源系统。

35.7.1 柴油发电机组安装

35.7.1.1 一般规定

(1) 柴油发电机组安装时施工现场要满足一定的作业条件。安装前，机房内土建及粉刷工作应完成，照明设施施工完成，与相关单位办理交接手续后方可进行施工。

(2) 柴油发电机组及元器件的型号、规格及性能、工作精度，必须符合设计要求和国家现行技术标准的规定。

(3) 柴油发电机组应符合下列规定：

1) 依据装箱单，核对主机、附件、专用工具、备品备件和随带技术文件，检查合格证和出厂试运行记录，发电机及其控制柜有出厂试验记录；

2) 外观检查：有铭牌，机身无缺件，涂层完整。

(4) 柴油发电机组安装应按以下程序进行：

1) 基础验收合格，才能安装机组；

2) 地脚螺栓固定的机组经初平、螺栓孔灌浆、精平、紧固地脚螺栓、二次灌浆等机械安装程序；安放式的机组将底部垫平、垫实；

3) 油、气、水冷、风冷、烟气排放等系统和隔振防噪声设施安装完成；按设计要求配置的消防器材齐全到位；发电机静态试验、随机配电盘控制柜接线检查合格，才能空载试运行；

4) 发电机空载试运行和试验调整合格，才能负荷试运行；

5) 在规定时间内，连续无故障负荷试运行合格，才能投入备用状态。

(5) 发电机组至低压配电柜馈电线路的相间，相对地间的绝缘电阻值应大于 0.5MΩ；塑料绝缘电缆馈电线路直流耐压试验为 2.4kV，时间 15min，泄漏电流稳定，无击穿现象。

(6) 柴油发电机馈电线路连接后，两端的相序必须与原供电系统的相序一致。

(7) 发电机中性线（工作零线）应与接地干线直接连接，螺栓防松零件齐全，且有标识。

(8) 柴油发电机组空载试运行前，油、气、水冷、风冷、烟气排放等系统和隔振防噪声设施应安装完成，按设计要求配置的消防器材齐全到位，发电机静态试验完成，随机配电盘控制柜接线应检查合格。

35.7.1.2 柴油发电机组安装

1. 工艺流程

施工准备→基础验收→主机安装→排气、燃油、冷却系统安装→电气设备安装→地线安装→机组接线→机组调试→试运行验收

2. 主要施工方法及技术要求

(1) 施工准备

1) 技术准备

施工必须按施工图和已批准的施工组织设计及施工方案进行，明确施工工艺、操作方法、质量标准、防护安全技术措施等。

2) 材料、设备准备

①柴油发电机规格、型号应符合设计要求。

②各种规格的型钢应符合设计要求，型钢无明显的锈蚀；并有材质证明。

③除发电机稳装用螺栓外，均应采用镀锌螺栓，并配相应的镀锌螺母平垫圈、弹簧垫。

④绝缘带、电焊条、防锈漆、调和漆、润滑脂等均应有产品合格证。

3) 主要施工机具准备

①手动工具：电工工具、台虎钳、油压钳、板锉、榔头、圆钢套丝板、真空泵、千斤顶；

②电动工具：电焊机、卷扬机、台钻、砂轮机、手电钻、电锤；

③测量器具：水平尺、条式水平仪、水准仪、转速表、相序表、兆欧表、万用表、钳形电流表、试电笔、电子点温计、核相仪；

④其他工具：联轴节顶器、龙门架、汽车吊、液压叉车、捯链、钢丝绳等。

4) 作业条件

①机房土建施工完毕，结构、预埋件及焊接强度符合设计要求，柴油发电机房的房门应满足机组运输与就位要求，作业现场的通道必须满足机组的运输与起吊就位。

②发电机安装场地应清理干净、道路畅通，门窗及玻璃安装完毕。

③发电机的基础、地脚螺栓孔、沟道、基础的强度、标高、中心线、几何尺寸，必须符合设计要求。

④供电线出入孔（预埋套管）、排气管预留孔（套管）的标高、几何尺寸等，必须符合设计要求。

5) 技术准备

①柴油发电机施工图纸和技术资料齐全。

②施工方案编制完毕并经审批。

③施工前应组织施工人员熟悉图纸、方案，并进行安全技术交底。

(2) 设备基础交接验收

柴油发电机、油罐、散热器混凝土基础标高、几何尺寸、强度等级必须符合设计要求，设备安装前，应对设备基础进行验收，验收遵循以下原则：

1) 基础强度达到设计强度的 70%以上；

2) 基础标高符合设计图纸要求；

3) 基础中心线定位尺寸符合设计要求；

4) 预留螺栓孔（或预埋铁件）中心线定位尺寸符合设计要求；

5) 所有标高线及中心线已做出标记；

6) 设备基础表面平整度符合设计及设备安装手册要求；

7) 对交接手续做出"工序交接验收记录"；

8) 设备基础偏差表见表 35-131 的规定。

设备基础各部分的偏差（mm）　表 35-131

序号	项目名称		偏差
1	基础外形尺寸		±30
2	基础坐标位置（纵、横向中心线）		±20
3	基础上平面标高		0
4	中心线间的距离		1
5	基准点标高对零点标高		±3
6	地脚孔	相互中心位置	±10
		深度	+20
		垂直度	5/1000
7	预埋钢板	标高	+10
		中心标高	±5
		水平度	1/1000
		平行度	10/1000

（3）设备开箱检查

1）机组的搬运与存放

①机组及其他电气设备都有包装箱，搬运时注意将起吊的钢索结扎在机器的适当部位，轻吊轻放。

②机组运至目的地后，需存放在库房内。露天存放时，应将箱体垫高，防止雨水侵蚀，加盖防雨篷布。

2）开箱检查

①设备开箱检查由建设单位、监理工程师、施工单位和设备生产厂家共同进行，并做好检查记录。

②开箱之前将箱上的灰尘泥土扫除干净，并查看箱体有无损伤，核实箱号及数量。

③开箱时要注意切勿碰伤机件。

④按设备技术资料文件及装箱清单、施工图纸核对柴油发电机及附件、备件及专用工具是否齐全，并认真填写"设备开箱检查记录"。

a. 检查随机文件，如装箱清单、出厂合格证明书、安装说明书、安装图等。

b. 核实设备及附件的名称、规格、数量。并核实设备的方位、规格、各接口位置是否与图纸相符。

c. 进行外观质量检查，不得有破损、变形、锈蚀等缺陷。

d. 随机的专用工具是否齐全，设备开箱检验后，做好开箱检验记录，检验中发现的问题，与厂家协商解决。

e. 柴油发电机及其辅助设备的铭牌齐全，外观检查无损伤及变形。

f. 柴油发电机的容量、规格、型号必须符合设计要求，并具有出厂合格证和出厂技术文件。

⑤暂时不能安装的设备和零部件要放入临时库房并建档挂牌，零部件的表面要涂防锈剂和采取防潮措施。随机的电气仪表元件要放置在防潮防尘的库房内。

⑥机组在开箱后要注意保管，法兰及各种接口必须封盖、包扎，防止雨水及灰沙侵入。

（4）发电机设备就位、安装、固定、找平找正

1）划线定位

按照平面布置图所标注的各机组与墙或柱中心之间，机组与机组之间的关系尺寸，划定机组安装地点的纵、横基准线。机组中心与墙、柱的允许偏差为 20mm，机组与机组之间的允许偏差为 10mm。

2）测量地基和机组的纵横中心线

在发电机组就位前，应依据事先设计好的图纸"放线"，找出地基和机组的纵、横中心线及减振器的定位线。对基础的施工质量和防振措施进行检查，保证满足设计要求。

3）吊装机组

①在机组安装前必须对现场进行详细的考察，并根据现场实际情况编制详细的运输、吊装及安装方案。

②根据机组安装位置、机组重量选用适当的起重设备和索具，将设备吊装就位，机组运输、吊装须由起重工操作，电工配合进行。

③吊装时要使用有足够强度的钢丝绳索套在机组的起吊部位，按机组吊装和安装的技术规程将机组吊起，对准基础中心线和机组的减振器，将机组吊放到规定的位置并垫平。

4）安装固定，找平找正

发电机就位后，进行机组固定，按照设备制造商技术要求，设备采用地脚螺栓固定。

①地脚螺栓预留孔按设计要求施工，发电机与基础中心线对正，然后将地脚螺栓置于孔内并与设备做无负荷连接，地脚螺栓上端露出螺母 2～3 丝，下端离孔底不小于 15mm。

②灌浆时必须保证地脚螺栓垂直，在操作中要把适量的浆料灌入孔中，多次灌捣，严禁一次性满料灌捣。

③待灌浆料强度达到 70% 以上后，才能进行设备精平，并进行基础抹面。

④机组找平：利用垫铁将机组调至水平。检查机组是否垫平的方法是：把发动机的汽缸盖打开，将水平仪放在汽缸上部端面（即

加工基准面）上进行检查。也可以在柴油飞轮基准面或曲轴伸出端利用水平仪进行检查。其安装精度是纵向和横向水平偏差每米不超过 0.1mm。垫铁和机座底之间不能有间隔，以使其受力均匀。

⑤发电机设备基础图及安装效果图见图 35-121。

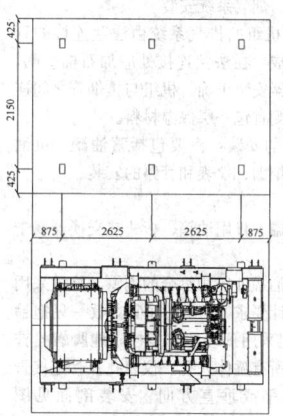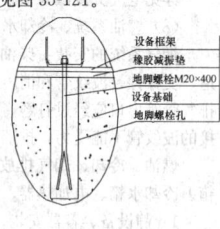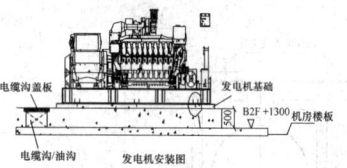

图 35-121　发电机设备基础图及安装效果图

（5）电气系统安装

1）高、低压柜、控制盘安装

①发电机控制箱（屏）是发电机的配套设备，主要是控制发电机送电及调压。根据现场实际情况，小容量发电机的控制箱直接安装在机组上，大容量的发电机的控制屏则固定在机房的地面基础上，或安装在与机组隔离的控制室内，具体安装方法详见高、低压柜、控制箱（屏）安装相关章节内容。

②对于 500kW 以下的柴油发电机组，随机组配有配套的控制箱（屏）和励磁箱，对于 500kW 以上的机组，订货时可向机组生产商提出控制屏的订货要求。

2）桥架、线槽安装

详见桥架、现场编制相关章节内容。

3）电缆敷设、电缆头制作安装

详见电缆敷设、电缆头制作编制相关章节内容。

（6）蓄电池安装、设备接地系统安装

1）蓄电池安装

①蓄电池组提供直流电源供发电机设备启动控制用，同时也作为高压开关柜断路器操作电源，随机器配套至现场，开箱检查应核对数量并检查电池外观有无破损，蓄电池存放及安装过程中不得接触水等导电介质。

②按照设备技术文件要求将蓄电池组安装在设备底座相应位置，核对电池数量是否符合设备技术文件要求。

③蓄电池连接采用多股软线，正极为棕色线，负极为蓝色线（或采用同色绝缘管），并联连接。导线截面积符合设备技术文件规定，线头压接线端子后搪锡处理，接线端子采用铜镀锡端子。

2）设备接地系统安装

①将发电机的中性线（工作零线）与接地母线用专用地线及螺母连接，螺栓防松装置齐全，并设置标识。

②将发电机本体和机械部分的可接近导体均应与保护接地（PE）或接地线（PEN）进行可靠连接。

3）机组接线

①敷设电源回路、控制回路的电缆，并与设备进行连接。

②发电机及控制箱接线应正确可靠。馈电线两端的相序必须与原供电系统的相序一致。

③发电机随机的配电柜和控制柜接线应正确无误，所有紧固件

应牢固,无遗漏脱落、开关、保护装置的型号、规格必须符合设计要求。

(7) 电气交接试验

详见电气交接试验编制章节相关内容。

(8) 燃油系统、冷却水系统、烟气系统安装

烟气系统的安装:柴油发电机组的排气系统由法兰连接的管道、支撑件、波纹管和消声器组成,在法兰连接处加石棉垫圈,排气管管出口应经过打磨,消声器安装正确。机组与排烟道之间连接的波纹管不能受力,排烟管外侧宜包一层保温材料。

燃油、冷却、烟气排放系统的安装:主要包括蓄油罐、机油箱、冷却水箱、电加热器、泵、烟囱、仪表和管路的安装。

1) 静设备、容器安装

柴油发电机系统工程中储油罐、日用油箱、板式热交换器属于静设备。

①储油罐安装固定:采用与油罐外径相符合的抱箍,抱箍采用—100×10扁钢制作(或按照设计要求),对应每个支墩一只抱箍固定(共四只),抱箍与支墩固定采用预埋地脚螺栓,地脚螺栓拧紧后,抱箍应与罐体贴合紧密,所有罐体人孔、仪表孔及管道接管法兰位置正确,法兰面保证水平或垂直方向。安装剖面见图35-122。

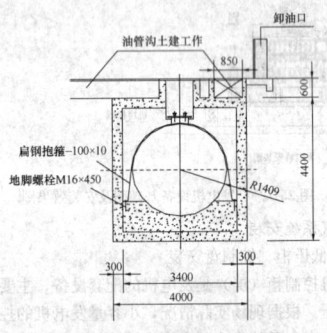

图 35-122 储油罐安装剖面图

②设备灌水、基础抗压试验:罐体安装完毕后,将罐体下部法兰采用盲板封堵并预留一初排放阀门,由人孔向灌体内注满水,进行基础抗压试验,存水时间24h,以罐体不发生沉降变形为合格。灌水试验完毕,由预留排水阀门将水排出,注意水应就近排至现场排水管网,不可随意排放。排放不净的存水可采用人工清理,待罐内自然干燥后封闭人孔待用。罐体进油前,采用人工除锈方式进行除锈清理。罐基础施工完毕,能达到防雨防水条件后方可进行填砂工作,要求使用普通干沙,在填充时要确保密实,填砂时间必须选在晴天,并要求一次填完。

③其余静设备安装:详见静设备安装编制相关章节。

2) 动设备安装包括:燃油供油泵、回油泵、循环水泵等,详见动设备安装编制相关章节内容。

3) 管道、阀门安装:详见管道、阀门安装编制相关章节内容。

4) 管道静电接地:

柴油管道,法兰连接必须采用铜片进行静电接地跨接,在每只法兰上焊接 M8 螺栓作为接地连接端子,采用螺母将铜片压接跨接于每对法兰两侧,静电跨接完毕必须采用电桥测试跨接电阻,跨接电阻符合设计要求。

5) 烟气管道保温:

①保温工作应在管道安装检查合格后进行,预制场地的管道可以先刷一道防腐漆,但必须留出焊缝部位及有关标记。

②垂直烟道的保温应自下而上进行,防潮层、保温层搭接时,其宽度应为30~50mm。

③阀门及法兰处的保温,应易于拆装,法兰一侧应留有螺栓长度加25mm的空隙,阀门的保温层应不妨碍填料的更换。

④金属保护壳应边边、箍紧,不得有凹凸不平,其环、纵缝应搭接,缝口朝下,自功螺钉间距不应大于200mm,保护层端头封闭。

6) 油罐及柴油管道防腐:

①采用环氧煤沥青及玻璃丝布作为防腐材料,工艺采用三布四油防腐。

②管道到现场后,手工除锈后进行防腐,管道两端预留100mm便于焊接操作,试压合格后进行防腐补口处理。

③防腐层施工完毕,采用测厚仪进行测厚,管道安装完毕采用电火花检漏仪检漏,检测电压15kV。

7) 管道系统试压、吹扫、单机调试:详见管道系统试压、吹扫、单机调试编制章节内容。

35.7.1.3 柴油发电机组的使用调试

1. 启封

(1) 用50℃左右的柴油进行洗擦,除去发动机外部的防锈油。

(2) 打开机体及燃油泵上的门盖板,看是否有锈蚀或其他不正常的现象。

(3) 用人工盘动曲轴,慢慢旋转,观察曲轴连杆和燃油泵凸轮轴以及柱塞的运动,运动灵活,无卡滞。移动调速手柄(低速到高速位置)数次,齿条与芯套的运动灵活,无卡滞。

(4) 用90℃以上热水,由水套出水处灌入,从汽缸体侧面的放水开关流出,连续进行2~3h,不间断摇动曲轴,使活塞顶、汽缸套表面及其他各处的防锈油溶解流出。

(5) 油底壳清洗后,按要求注入规定牌号的新机油。

(6) 燃油供给与调速系统、冷却与润滑系统和启动充电系统等按说明书要求进行清洁检查,并加足规定牌号的柴油和清洁的冷却水。

(7) 充足启动蓄电池,作好开机前的准备。

2. 启动前的检查

(1) 柴油机的检查

1) 机组表面清洗干净;检查地脚螺栓、飞轮螺钉等运动机件螺母紧固,无松动。

2) 各进、排气门的间隙及减压机构间隙符合要求。

3) 将各汽缸置于减压位置,转动曲轴检听各缸机件运转情况,曲轴转动情况。

4) 将机油泵入各摩擦面,关上减压机构,摇动曲轴,检查汽缸是否漏气。

(2) 燃油供给系统的检查

1) 燃油箱盖上的通气孔畅通。柴油牌号符合要求,油量充足,已打开油路开关。

2) 旋松柴油滤清器和喷油泵的放气螺钉,排除油路中的空气。打开减压机构摇转曲轴,汽缸内发出清脆的喷油声音,表示喷油良好。

3) 油管及接头处无漏油现象。

4) 喷油泵、调速器内机油至规定油平面。

(3) 冷却系统的检查

1) 水箱内的冷却水量充足。

2) 水管及接头处无漏水现象。

3) 冷却水泵叶轮转动灵活,传动皮带松紧适度。

(4) 润滑系统的检查

1) 油管及管接头处无漏油现象。

2) 黄油嘴处注入规定的润滑脂。

(5) 电启动系统检查

1) 启动蓄电池电量充足。

2) 电路接线正确。

3) 蓄电池接线柱干净,无积污及氧化现象。

4) 启动电动机及电磁操纵机构等电气接触良好。

(6) 交流发电机的安装检查

1) 交流发电机与柴油机的耦合,联轴器的平行度和同心度均应小于0.05mm。

2) 滑动轴承的发电机在耦合时,发电机中心高度要调整得比柴油机中心略低些,保证发电机轴上不承受柴油机飞轮的重量。发电机通风盖的百叶窗,窗口应朝下,以满足保护等级的要求。

3) 单轴承发电机的机械耦合要特别注意定、转子之间的气隙要均匀。

3. 机组的调试

（1）将所有的接线端子螺丝再检查一次，用兆欧表测试发电机至配电柜的馈电线路以及相间、相对地间的绝缘电阻，其绝缘电阻值必须大于 1MΩ。对 1kV 及以上的线路直流耐压试验为 2.5kV，时间为 15min，泄露电流稳定，无击穿现象。

（2）用机组的启动装置手动启动柴油发电机无负荷试车 2h，检查机组的转向和机械转动有无异常，供油和机油压力是否正常，冷却水温是否过高，转速自动和手动控制是否符合要求；如发现问题，及时解决。

（3）柴油发电机无负荷试车合格后，再进行 4h 空载试验，检查机身和轴承的温升；只有机组空载试验合格，才能进行带负荷试验。

（4）检测自动化机组的冷却水、机油加热，接通电源，如水温低于 15℃，加热器应自动启动加热，当温度达到 30℃ 时加热器应自动停止加热。对机油加热器的要求与冷却水加热器的要求一致。

（5）检测机组的保护性能：采用仪器分别发出机油压力低、冷却水温高、过电压、缺相、过载、短路等信号，机组应立即启动保护功能，并进行报警。

（6）检测机组补给装置：将装置的手/自动开关切换到自动位置，人为放水/油至低液位，系统自动补给；当液面上升至高液位时，补给应自动停止。

（7）采用相序表对市电与发电机电源进行核对，相序应一致。

（8）与系统的联动调试：人为切断市电电源，主用机组应能在设计要求的时间内自动启动并向负载供电。恢复市电，备用机组自动停机。

（9）发电机的静态试验和运转试验详见本章第 11 节电气调试。

（10）试运行验收：对受电侧的开关设备、自动或手动切换装置和保护装置等进行试验，试验合格后，按设计的备用电源使用分配方案，进行负荷试验，机组和电气装置连续运行 24h 无故障，方可交接验收。

35.7.1.4 柴油发电机安装注意的要点

（1）柴油发电机安装地点需通风良好，发电机端应有足够的进风口，柴油机端应有良好的出风口。出风口面积应大于水箱面积 1.5 倍以上。

（2）柴油发电机安装地的周围应保持清洁，避免在附近放置能产生酸性、碱性等腐蚀性气体和蒸汽的物品。有条件的应配置灭火装置。

（3）在室内使用，必须将排烟管道通导室外，管径必须≥消音器的出烟管直径，所接之管路的弯头不宜超过 3 个，以保证排烟畅通，并应将管子向下倾斜 5～10°，避免雨水注入；若排气管时垂直向上安装的，则必须加装防雨罩。

（4）柴油发电机基础采用混凝土时，在安装时应用水平尺测其水平度，使机组固定于水平的基础上。机组与基础之间应有专用防震垫或用底脚螺栓。

（5）机组外壳必须有可靠的保护接地，对需要有中性点直接接地的发电机，则必须由专业人员进行中性点接地，并配置防雷装置，严禁利用市电的接地装置进行中性点直接接地。

（6）柴油发电机与市电的双向开关必须十分可靠，以防倒送电。双向开关的接线可靠性需经过当地供电部门的检验认可。

35.7.1.5 安全、环保措施

1. 安全操作要求

（1）带电作业时，工作人员必须穿绝缘鞋，并且至少两人作业，其中一人操作，另一人监护。

（2）设备通电调试前，必须检查线路接线是否正确，保护措施是否齐全，确认无误后，方可通电调试。

2. 环保措施

（1）柴油在运输或储存过程中防止漏、洒，造成环境污染。

（2）施工场地应做到活完料净脚下清，现场垃圾应及时清运，收集后运至指定地点集中处理。

35.7.2 EPS/UPS 安装

35.7.2.1 一般规定

（1）盘、柜装置及二次回路结线的安装工程应按已批准的设计进行施工。

（2）蓄电池柜、不间断电源柜应符合下列规定：

1）查验合格证和随带技术文件，实行生产许可证和安全认证制度的产品，有许可证编号和安全认证标志。不间断电源柜有出厂试验记录；

2）外观检查：有铭牌，柜内元器件无损坏、接线无脱落脱焊，蓄电池柜内电池壳体无碎裂、漏液，充油、充气设备无泄漏，涂层完整，无明显碰撞凹陷。

（3）设备安装用的紧固件，除地脚螺栓外，应用镀锌制品，并宜采用标准件。

（4）不间断电源应按产品技术要求试验调整，应检查确认，才能接至馈电网路。

（5）不间断电源安装时施工现场要满足一定的作业条件。

（6）蓄电池的安装及电池连线的安装应该同步进行。蓄电池安装之前，首先检查随机配套的电池规格和数量是否与蓄电池容量相匹配，然后检查随机配套的电池连接导线数量是否满足需要。

35.7.2.2 EPS/UPS 安装

1. 应急电源 EPS

为应急照明负载及设备/动力负载提供应急备用电源。

（1）施工方法

1）EPS 装置安装注意事项：

①15kW 以上（含 15kW）的 EPS 装置由主机柜和电池柜两部分组成，15kW 以下的 EPS 装置主机和电池安装在一个配电箱（柜）内。

②由于蓄电池较重，若为壁挂安装 EPS 箱，要求固定设备的墙面应有足够强度以承担设备的重量，因此在 0.5～2kW 的 EPS 装置既可壁挂安装也可落地安装，3kW 以上的 EPS 装置只能落地安装，落地安装的 EPS 装置应先安装槽钢底座。

2）EPS 具体安装方法详见高、低压柜、控制箱（屏）安装相关章节内容。

（2）EPS 装置蓄电池的安装及接线

1）准备

蓄电池的安装及电池连线的安装应该同步进行。蓄电池安装之前，首先检查随机配套的电池规格和数量是否与蓄电池容量相匹配，然后检查随机配套的电池连接导线数量是否满足需要。

随设备配套的电池连接线的配置按照类别一般均有标示，大致分为：红色导线为电池组正极连接导线；黑色或蓝色为电池组负极连接导线；同层电池连接导线；层间电池连接导线；保险丝连接导线。

2）蓄电池的安装

①将连接 1 号电池负极的导线（黑色或蓝色）一端做好绝缘处理（暂时自由端），另一端牢固压接在电池的负极端子上，然后将电池按照图示位置安装。

②将连接 2 号电池负极的导线一端做好绝缘处理（暂时自由端），另一端牢固压接在电池的负极端子上，然后将电池按照图示位置安装。

③将连接 2 号电池负极导线的暂时自由端除去绝缘保护，压在 1 号电池的正极端子上。

④以相同的方法将 3 号、4 号……电池安装完毕。层间蓄电池的连接导线（黄色长线）应从电池仓隔板两端的穿线孔中穿过。

⑤将连接最高位电池正极的导线（红色）的暂时自由端做好绝缘保护，另一端压接在该电池的"+"极上。

现以 8kW 的 EPS 为例，介绍电池安装以及电池连接线的安装，EPS 装置蓄电池摆放及接线示意图见图 35-123。

⑥确认该 EPS 装置的电池断路器处于"关 OFF"状态，将电池组正极导线（红色）的暂时自由端除去保护，压接在 EPS 装置的断路器"电池＋"接线端子上。

⑦同时，将电池组负极导线（黑色或蓝色）的暂时自由端除去

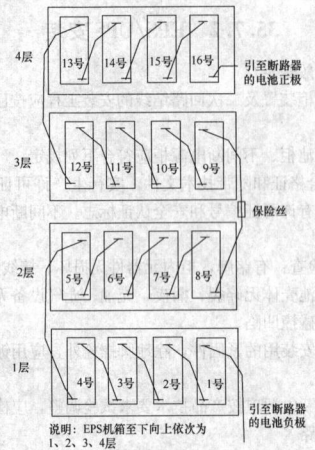

图 35-123　EPS 装置蓄电池摆放及接线示意图

保护，压接在 EPS 装置的断路器"电池—"接线端子上。

⑧查各接线端子是否压接良好，有无短路危险，用直流电压表检查 EPS 装置"电池＋"和"电池—"端子电压是否正常。

⑨对电池组正负极导线作适当绑扎固定。

3）蓄电池电池检测线的连接

电池检测线和电池连线应该同时进行安装。在连接电池连线的同时，在每节电池的"＋"极均压接一根电池检测线；在电池组的总负极"—"引出端子处压接一根电池检测线。

将装置内已经准备好的电池检测线缆按照标号分别与相应的电池"＋"极和总"—"极连接。

（3）EPS 装置调试检测

1）EPS 装置控制及显示功能介绍

①设备操作开关及断路器包括电池断路器、市电输入断路器、输出支路断路器、强制运行开关、自动/手动开关、启动及停止按钮、消声按钮。

②在 EPS 装置箱体面板上的指示灯包括绿色市电指示灯、红色充电指示灯、红色应急指示灯、黄色故障指示灯、黄色过载指示灯。

2）调试检测方法及步骤

①检查 EPS 装置主机柜和电源柜之间的连接线缆，检查电池安装以及接线，确认正确无误；确认设备上所有断路器处于"关"状态；确认 EPS 装置负荷之路均可以送电。

②绝缘遥测完毕，确认无误。

③确认带 EPS 电源装置的配电箱（柜）内已经带电，然后将负责 EPS 装置送电的断路器（市电输入）闭合，用电压表检查 EPS 装置内的市电输入端子的电压，确认正常（此时，EPS 装置内的市电输入断路器处于开启状态）。

④将 EPS 装置"强制运行"开关置于"关"状态。

⑤闭合装置内的市电输入断路器，装置发出音响警报，按"消声按钮"消声，察看 LCD 应有显示，"主电"指示灯应点亮，闭合电池输入断路器，"充电"指示灯点亮。

⑥按动翻屏按键，察看各项显示内容是否正常。按动"电池查询"按钮查看电池电压，若电池为满量，则显示的电池组电压为充电器浮动电压，应为额定电压值的 115％左右，通过 LCD 查看每节电池的电压，有异常时会有报警。

⑦将"手动/自动"开关置于"手动"，在手动模式下，按下启动按钮约 2s，可以启动逆变器，提供应急供电。此时，可听见风扇启动运转，表明逆变器已经启动，"应急"指示灯点亮，通过 LCD 查看工作状态以及输出电压是否正常；按下"停止"按钮约 2s，逆变器停止运行，转化为市电工作状态。

⑧将"手动/自动"开关置于"自动"，断开市电输入断路器，逆变器立即自动启动；闭合市电输入断路器，约 5s 后，逆变器应自动关闭，表明自动功能正常。

⑨断开市电输入断路器及电池输入断路器，等待约 10s 后合上电池输入断路器，插入"强制运行"开关钥匙，旋至"开"，逆变器应启动，再旋至"关"，约 5s 后，逆变器应自动关闭。

⑩接通各支路负载，通过 LCD 查看负载电流，不应超过额定值。若超过额定电流值，必须调整负载使之在额定值内，否则会影响设备的正常工作，严重时会导致市电掉电时无法逆变。

以上试验完毕均正常，则说明设备已经正常安装，可投入运行。

3）投入运行注意事项

①日常运行时应将"强制运行"开关置于"关"状态。强制运行模式一般仅在紧急情况下由专业人员操作启用，否则将损坏电池。

②日常运行时，可选择"自动"、"手动"模式。为保证市电异常时 EPS 自动提供正常电源，一般应选择"自动模式"。

③投入运行时，市电输入断路器、电池充电断路器、需要送电的输出支路断路器均必须接通。

④若要停止设备运行，应将设备上各断路器均断开；如果需要人为为蓄电池充电，应闭合市电输入断路器和电池断路器，并选择"手动模式"；正常充电 20h 以上，即可保证标准的放电时间。

⑤设备安装后，除非操作需要，应将门锁关闭，以防非专业人员误操作。

（4）EPS 装置安装质量控制措施

1）设备在无市电供应情况下停机存放 3 个月以上，需要接通市电，闭合市电输入断路器和电池断路器，将设备置于"手动"模式，充电 20h 以上，以保持电池电量，延长电池寿命。

2）设备超过 3 个月不发生停电，应人为切断设备市电供应，启动逆变器进行放电，以活化电池组极板，检验并确保电池组能可靠工作。放电时，应在接通负载的情况下进行，50％以上负载放电 1h 左右即可，放电后应及时恢复市电进行充电。不要采用"强制运行"模式放电，以防发生过放电，损坏电池。

3）设备出现任何故障报警后，均需要断开所有断路器并等待 10s 后重新开机，否则设备将一直处于故障保护状态而无法正常工作，严重时会导致市电掉电时设备无法自动逆转。

4）蓄电池的正常使用应定期更换。更换蓄电池前必须先将设备上的各断路器全部断开。

2. 不间断电源 UPS

为计算机类负载（重要弱电机房）提供不间断、不受外部干扰的交流电连续供电电源。

（1）UPS 安装

1）开箱检查

①UPS 电源设备完整无损，设备型号及种类与设计图纸、合同相符。

②按装箱清单逐项清查，设备附件及备件型号及数量与设计图纸、合同相符。随机专用工具齐全。

③随机资料齐全。（出厂检查合格证、产品性能说明书、出厂测试记录、产品安装说明书、保修卡等）

④蓄电池检查

a. 外观完整无损。

b. 电解液无外渗现象。

c. 各接线柱和接线连线装置牢靠。

d. 单个蓄电池的空载电压和加负载电压符合蓄电池的技术性能要求。

e. 多组蓄电池的串并联接法符合要求。各组蓄电池的电压差在控制范围内。

2）UPS 安装

UPS 电源的主机柜和蓄电池柜安装详见高低压开关柜安装编制相关章节内容。

3）电缆敷设与接线

详见电缆敷设与接线编制相关章节内容。

4）蓄电池组安装、接线

详见 EPS 蓄电池组安装、接线编制相关章节内容。

（2）UPS 调试

1）调试前的检查

①接线方式是否正确，接线端子是否紧固。

②UPS电源主机和蓄电池柜接地线是否完善，可靠。柜内及周围地面无污物。

③蓄电池组的连接是否正确可靠，电池到电池开关、电池开关到主机的连接极性是否正确。

④各组件（充电器、逆变器等）外观情况，是否正常，接线及插头处紧固，可靠。

⑤放电时用的用电设备准备完毕。

2）调试用仪器、仪表

①三用表、高阻表、示波器、频率表、相序表、交流电流测量仪表灯。

②放电时，用电设备负载要求：

a. 放电负载为阻性（电阻丝或水电阻），不使用容性负载。

b. 负载要有逐级增加的控制开关，避免大电流通断。

c. 负载要有良好的户外散热措施，不要将热量放在机房内。

d. 有效的安全防护措施。

3）UPS调试

详见本章第11节电气调试。

35.8 电动机接线检查

35.8.1 电动机的分类

电动机分交流和直流两大类，其中交流电动机用得较多。在交流电动机中又分异步电动机和同步电动机两种，其中异步电动机用得较多。在交流异步电动机中又有鼠笼式和绕线式两种形式，其中鼠笼式异步电动机用得最多。另外，交流电动机中有三相和单相两类。本节主要阐述三相鼠笼式异步电动机。

1. 按机壳防护形式分类

电动机外壳防护形式分为两种类型：一种是防止人体触及和固体异物进入电动机内部的防护形式；一种防止水进入电动机内部的防护形式。两种防护形式各自进行分级，两者不能互相取代。前者防护等级分为7级（分级原则，是防护能力逐级增强），后者防护等级分为9级（防水能力也是逐级加强）。

防护等级的标志，采用国际通用的标志系统，由字母"IP"〔International Protection（国际防护）的缩写〕及两个阿拉伯数字组成。第一位数字代表第一种防护等级，第二位数字代表第二种防护等级。

标志方法举例见图 35-124。

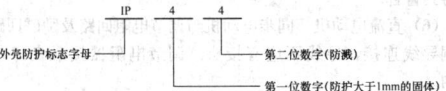

图 35-124　电动机防护等级标志方法

这样标志的电机即表明能防护大于1mm的固体异物进入壳内，同时能防溅。

2. 按照电机中心高或定子铁芯外径尺寸大小分类

小型电机，中心高为 80~315mm 或定子铁芯外径为 120~500mm 的电动机。

中型电机，中心高为 355~630mm 或定子铁芯外径为 500~990mm 的电动机。

大型电机，中心高为 630mm 以上或定子铁芯外径为 990mm 以上的电动机。

35.8.2 三相异步电动机的型号组成及主要技术数据

35.8.2.1 型号

产品型号采用汉语拼音大写字母，以及国际通用符号和阿拉伯数字组成。汉语拼音字母的选用系从全名称中选择出有代表意义的汉语拼音的第一音节第一字母，例如绕线立式三相异步电动机，产品代号为"YRL"其代号的汉字意义为"异绕立"。型号说明见图35-125和图 35-126 所示。

异步电动机的产品名称代号及其汉字意义摘录于表 35-132。

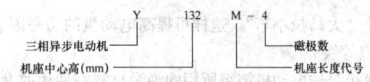

图 35-125　电动机产品型号示例1
（S—短机座；M—中机座；L—长机座）

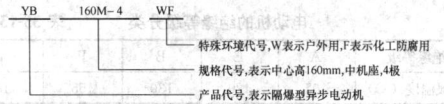

图 35-126　电动机产品型号示例2

异步电动机产品名称代号　　　　表 35-132

产品名称	代号	产品名称	代号
异步电动机	Y	防爆型异步电动机	YB
绕线式异步电动机	YR	高启动转矩异步电动机	YQ

35.8.2.2 主要技术数据

1. 额定功率

在额定运行情况下，电动机轴上输出的机械功率，单位是kW。输出功率与输入功率不等，其差值等于电动机本身的损耗，包括铜损、铁损及机械损耗等。所以效率 η 就是输出功率与输入功率的比值。三相异步电动机的额定功率可用式（35-3）计算：

$$P_1 = \sqrt{3}U_1 I_1 \cos\varphi_1 \eta/1000 \qquad (35\text{-}3)$$

式中　P_1——额定功率（kW）；

　　　U_1——额定电压（V）；

　　　I_1——额定电流（A）；

　　$\cos\varphi_1$——额定功率因数；

　　　η——额定运行情况下的效率。

2. 额定电压

在额定运行的情况下，定子绕组端所加的线电压值，用 V 或 kV 表示。通常在铭牌上标有两种电压值，这对应于定子绕组采用三角形或星形连接时所加的电压值。例如 220／380V，这表示电动机定子绕组采用三角形连接时需加220V的线电压，星形连接时则加380V的线电压。

当电压高于额定值时，磁通将增大。若所加电压较额定电压高出较多，这将使励磁电流大大增加，电流大于额定电流，使绕组过热。同时，由于磁通的增大，铁损也就增大，使定子铁芯过热。

但通常碰见的是电动机在低于额定电压值下运行，这时会引起转速下降，电流增加。如果电动机在满载或接近满载的情况下，电流的增加将超过额定值，使绕组过热。另外，在低于额定电压下运行时，和电压平方成正比的最大转矩会显著下降，这对电动机的运行也是不利的。所以一般规定电动机运行的电压不应高于或低于额定值的 5％。

3. 额定电流

在额定频率、额定电压下电动机轴上输出为额定功率时，定子绕组的线电流值。有时在铭牌上标有两种额定电流值，这也是对应于定子绕组采用三角形或星形连接时的线电流值，单位 A。当电动机空载时，转子转速接近于旋转磁场的转速，两者之间相对转速很小，所以转子电流近似为零。

4. 额定转速

在额定频率、额定电压和电动机轴上输出额定功率时电动机转子的转速，单位为 r／min。通常电动机的转速不低于 500r／min。因为当功率一定时，电动机的转速愈低，则尺寸愈大，价格愈贵，而且效率也较低。如果生产机械对转速的要求是低于500r／min 时，可选用一台高速的电动机，再另配一个减速器，这在经济上是合算的。

5. 额定功率因数

在额定功率、额定电压和电动机轴上输出额定功率时，定子相电流与相电压之间相位差的余弦，叫异步电动机的额定功率因数。异步电动机是一个电感性负载，功率因数较低，在额定负载时约为 0.7~0.9，而在轻载和空载时更低，空载时只有 0.2~0.3。因此，在选择电动机时，要根据生产机械的实际需要，正确选择电动机的

容量，防止"大马拉小车"，这样可提高电动机的功率因数。

6. 绝缘等级

绝缘等级是按电动机绕组所用的绝缘材料在使用时允许的极限温度来分级的。所谓极限温度，是指电机绝缘结构中最热点的最高允许温度。技术数据见表 35-133。

电动机的绝缘等级分类　　　　　表 35-133

绝缘等级	A	E	B	F	H
极限温度（℃）	105	120	130	155	180

35.8.3　电动机的接线

穿导线的钢管应在浇混凝土前预埋好，钢管管口离地不低于100mm，应靠近电动机的接线盒，用金属或塑料软管与电动机接线盒连接。如图 35-127 所示。

电动机及电动执行机构的可接近导体应严格做好接地（或接零），接地线应连接固定在电动机的接地螺栓上。电动机、控制设备和开关等不带电的金属外壳，应作良好的保护接地或接

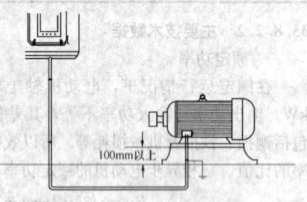

图 35-127　电动机钢管的敷设

零，接地（或接零）严禁串联。电动机电缆金属保护管与软管连接时应做好跨接。电气设备安装应牢固，螺栓及防松零件齐全，不松动。防水防潮电气设备的接线入口及接线盒盖等应做密封处理。在电动机接线盒内裸露的不同相导线间和导线对地间最小距离应大于8mm，否则应采用绝缘防护措施。

35.8.3.1　盒内的接线

电动机的定子绕组是异步电动机的电路部分，它由三相对称绕组成并按一定的空间角度依次嵌放在定子槽内。三相绕组的首端分别用 U1、V1、W1 表示，尾端对应用 U2、V2、W2 表示。为了变换接法，三相绕组的六个线头都引到电动机的接线盒内。三相定子组按电源电压的不同和电动机铭牌上的要求，可接成星形（Y）或三角形（△）两种形式：

（1）星形连接。将三相绕组的尾端 U2、V2、W2 短接在一起，首端 U1、V1、W1 分别接三相电源。如图 35-128 所示。

（2）三角形连接。将第一相的尾端 U2 与第二相的首端 V1 短接，第二相的尾端 V2 与第三相的首端 W1 短接，第三相的尾端 W2 与第一相的首端 U1 短接；然后将三个接点分别接到三相电源上，如图 35-129 所示。不管星形接法还是三角形接法交换三相电源的任意两相即可得到方向相反的转向。

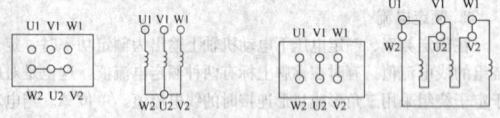

图35-128　电动机星形连接　　　　图 35-129　电动机三角形连接

35.8.3.2　定子绕组首尾端的判别

（1）用万用表判别首尾端

首先用万用表的电阻档判别出每相绕组的两个出线端，然后用万用表的直流 mA 档接到如图 35-130 所示的线路。用手转动电动机的转子，如果万用表指针不动，如图 35-130（a）所示，说明三相绕组首尾端的区分是正确的；如果指针动了，如图 35-130（b）所示，说明有一相绕组的首尾端接反了，应一相一相分别对调后重新试验，直到万用表指针不动为止。

（2）指示灯法判断首尾

先用万用表或兆欧表测出每绕组的引出线端，再将任意两相绕组串联相接，另两端接于电压较低的单相交流电源，电压约为电动机额定电压的 40% 左右。另一相绕组的两根引出线上接一个白炽灯或交流电压表，接线方法如图 35-131 所示。

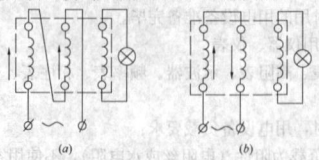

图 35-131　指示灯法判断三相绕组的首尾端
(a) 第一相绕组的终端和第二相绕组的首端连接；
(b) 第一相绕组的终端和第二相绕组的终端连接

通电后，若灯亮或电压表有指示，说明两相绕组电磁感应方向相同，即表示第一相绕组的尾端和第二相绕组的首端连接，见图 35-131（a）所示；若灯不亮或电压表无指示，说明两相绕组电磁感应方向相反，即表示第一相绕组的尾端和第二相绕组的尾端连接，见图 35-131（b）所示。然后，在第一相和第二相绕组的首端和尾端作好标志，再用同样方法找出第三相绕组的首端和尾端。

有固定转向的电动机，试车前必须检查电机与电源的相序应一致，以免反转时损坏电机或机械设备。

35.8.4　控制、保护和启动设备安装

（1）电机的控制和保护和启动设备安装前应检查是否与电机容量相符，安装应按设计要求进行，在安装地点应能够监视电动机的启动和传动机械的运行情况。

（2）电动机、控制设备与所拖动的动力设备编号应对应。进电动机接线盒的电缆易受机械损伤的部位应套保护管。

（3）各种操作开关，应安装在既便于操作又不易为人体和工件所触碰而产生误动作的部位。

（4）开关安装在墙上时，宜安装在电动机的右侧。安装高度距地面一般为 1.5m。

（5）若开关需要安在远离电动机的地方，则必须在电动机附近加装紧急切断电源用的应急开关，同时还要加装在开关合闸前发出信号的预警装置，以便使处于电动机和所传动机械周围的人员事先得到警告。

（6）直流电动机、同步电动机与调节电阻回路及励磁回路应采用铜导线连接，导线不应有接头。调节电阻器接触良好，调节均匀。

（7）电动机应装设过流和短路保护装置，并应根据设备需要设单相接地保护、差动保护和低电压保护装置。凡电动机有以下作业情况者应装设过载保护装置。

1）生产过程中可能发生过载的电动机。

2）启动频繁的电动机。

3）连续工作的电动机。

（8）电动机保护元件的选择：

1）采用热元件时按电动机额定电流的 1.1～1.25 倍来选。

2）采用熔丝（片）时按电动机额定电流的 1.5～2.5 倍来选。

35.8.5　三相异步电动机的控制

35.8.5.1　正反转控制

许多生产机械往往要求运动部件向正反两个方向运动，如机床工作台的前进与后退；轴的正传与反转；升降器的上升与下降等。这些生产机械现在一般都由电动机拖动，所以要求电动机能正、反转双向运动。常用的正反转控制电路如图 35-133 所示。

图中 SB1 是正转启动按钮，SB2 是反转启动按钮，SB3 是停止按钮。当电机要由正转变为反转时先按停止按钮 SB3，再按下反转按钮 SB2。当电路发生短路故障时，熔断器 FU 熔丝熔断，切断电源，电动机立即停止转动。当电动机发生较长时间的严重过负荷

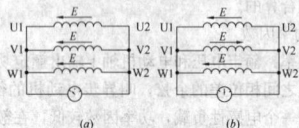

图 35-130　用万用表判别绕组的首尾端
(a) 万用表指针不动；(b) 万用表指针摆动

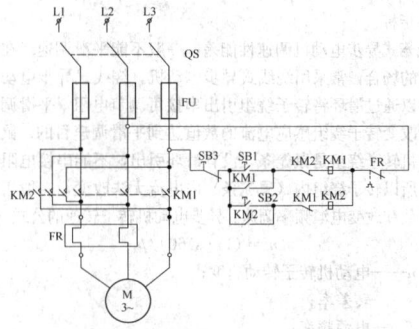

图 35-132　接触器连锁的正反转控制电路

时，热继电器 FR 动作，切断电动机控制电路，使接触器 KM1 或 KM2 断电，电动机便停止转动，避免电动机过热损坏或影响使用寿命。

图 35-133 所示为按钮、接触器双重连锁的正反转控制电路图。其正反转原理与图 35-132 接触器连锁正反转控制电路相同，只是在接触 KM1、KM2 线圈电路中增加了一对按钮互锁接点，这样可更可靠地保证 KM1 与 KM2 两只接触器不发生同时动作，避免发生短路事故。

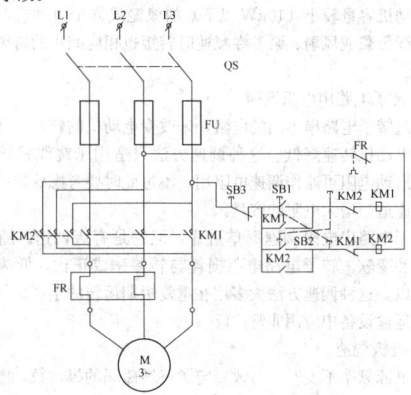

图 35-133　双重连锁的正反转控制电路

35.8.5.2　启动方式

1. 绕线式感应电动机的启动

绕线式感应电动机在启动时，为了减少启动电流和保证启动转矩，可通过转子串接电阻和频敏变阻器以减小定子电流的办法来进行。

2. 鼠笼式感应电动机的启动

(1) 直接启动（全压启动）：它是在电网容量大、电动机的额定功率不太大的条件下采用。一般情况下，判断一台电动机能否直接启动可用下面经验公式（35-4）来决定：

$$\frac{I_Q}{I_N} \leq \frac{3}{4} + \frac{S_N}{4P_N} \tag{35-4}$$

式中　I_Q——电动机的启动电流（A）；

　　　I_N——电动机的额定电流（A）；

　　　S_N——供电给电动机的变压器容量（kVA）；

　　　P_N——电动机的额定功率（kW）。

如果计算结果不能满足式（35-4）时，应采用降压启动。

(2) 降压启动：利用启动设备将电源电压适当降低后加到电动机定子绕组上启动，以限制电动机的启动电流，待电动机转速升高到接近额定转速时，再使电动机定子绕组上的电压恢复到额定值，这种启动过程称为降压启动。降压启动既要保证有足够的启动转矩，又要减小启动电流，还要避免启动时间过长。一般将启动电流限制在电动机额定电流的 2～2.5 倍范围内，启动时由于降低了电压，使转矩也大大降低了，因此降压启动往往是在电动机轻载状态下进行。降压启动通常有电阻或电抗器降压启动、星形/三角形降压启动、自耦变压器（启动补偿器）降压启动、延边三角形启动。

1) 电阻或电抗器降压启动

定子绕组串接电阻（电抗）降压启动是指电动机启动时，把电阻（或电抗）串接在电动机定子绕组与电源之间，通过电阻（电抗）的分压作用，来降低加到定子绕组上的启动电压，待启动完毕后，再将电阻（电抗）短接，使电动机在额定电压下正常运行。

异步电动机采用定子串电阻或电抗器的降压启动原理接线图如图 35-134 所示。启动时，接触器 1KM 断开，KM 闭合，将启动电阻 R_{st} 串入定子电路，使启动电流减小；待转速上升到一定程度后再将 1KM 闭合，R_{st} 被短接，电动机接上全部电压而趋于稳定运行。这种启动方法的缺点是：启动转矩随定子电压的平方关系下降，故它只适用于空载或轻载

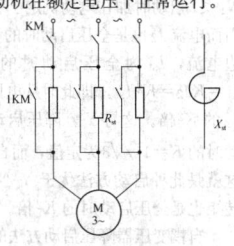

图 35-134　定子串电阻或电抗的降压启动

启动的场合；不经济，在启动过程中，电阻上消耗能量大，不适用于经常启动的电动机，若采用电抗器代替电阻器，则所需设备较贵，且体积大。

2) Y-△（星形——三角形）降压启动

Y-△降压启动是指电动机启动时，把定子绕组接成星形，待电动机启动完毕后再将电动机定子绕组改接为三角形，使电动机在全压下运行。

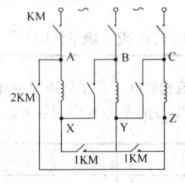

图 35-135　Y-△（星形——三角形）降压启动

Y-△降压启动的接线图如图 35-135 所示，启动时，接触器的触点 KM 和 1KM 闭合，2KM 断开，将定子绕组接成星形；待转速上升到一定程度后再将 1KM 断开，2KM 闭合，将定子绕组接成三角形，电动机启动过程完成而转入正常运行。这适用于电动机运行时定子绕组接成三角形的情况。设 U 为电源线电压，I_{stY} 及 $I_{st\triangle}$ 定子绕组分别接成星形及三角形的启动电流（线电流），Z 为电动机在启动时每相绕组的等效阻抗。则有 $I_{stY} = U / (\sqrt{3}Z)$，$I_{st\triangle} = \sqrt{3}U/Z$，所以 $I_{stY} = I_{st\triangle}/3$，即定子接成星形时的启动电流等于接成三角形时启动电流的 1/3；而接成星形时的启动转矩 $T_{stY} \propto (U/\sqrt{3})^2 = U^2/3$，接成三角形时的启动转矩 $T_{st\triangle} \propto U^2$，所以，$T_{stY} = T_{st\triangle}/3$，即星形连接降压启动时的转矩只有三角形连接直接启动时的 1/3。

Y-△换接启动除了可用接触器控制外，尚有一种专用的手操式 Y-△启动器，其特点是体积小、重量轻、价格便宜、不宜损坏、维修方便。

这种启动方法的优点是设备简单、经济、启动电流小；缺点是启动转矩小，且启动电压不能按实际需要调节，故只适用于空载或轻载启动的场合，并只适用于正常运行时定子绕组按三角形接线的异步电动机。由于这种方法应用广泛，我国规定 4kW 及以上的三相异步电动机，其定子额定电压为 380V，连接方法为三角形。当电源线电压为 380V 时，它们能采用 Y-△换接启动。

3) 自耦变压器（启动补偿器）降压启动

自耦变压器降压启动是指电动机启动时，利用自耦变压器来降低加在电动机定子绕组上的启动电压，待电动机启动完毕后，再使电动机与自耦变压器脱离，在全电压下正常运行。

自耦变压器降压启动的原理接线图如图 35-136 所示。启动时 1KM、2KM 闭合，KM 断开，三相自耦变压器 T 的三个绕组连成星形接于三相电源，使接于自耦变压器副边的电动机降压启动，当转速上升到一定值

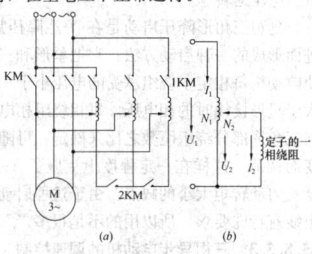

图 35-136　自耦变压器降压启动
(a) 原理接线图；(b) 一相电路

后，1KM、2KM 断开，自耦变压器 T 被切除，同时 KM 闭合，电动机接上全电压运行。

图 35-136 (b) 为自耦变压器启动时的一相电路，由变压器的工作原理知，此时，副边电压与原边电压之比为 $K=U_2/U_1=N_2/N_1<1$ 启动时加在电动机定子每相绕组的电压是全压启动的 K 倍，因而电流 I_2 也是全压启动时的 K 倍，即 $I_2=KI_{st}$（I_2 为变压器副边电流，I_{st} 为全压启动时的启动电流）；而变压器原边电流 $I_1=KI_2=K^2I_{st}$，即此时从电网吸取的电流 I_1 是直接启动时电流 I_{st} 的 K^2 倍。这与 Y-△降压启动时情况一样，只是在 Y-△降压启动时的 $K=1/\sqrt{3}$ 为定值，而自耦变压器启动时的 K 是可调节的，这就是此种启动方法优于 Y-△降压启动方法之处，当然它的启动转矩也是全压启动时的 K^2 倍。

自耦变压器降压启动方法的缺点是变压器的体积大、重量重、价格高、维修麻烦，且启动时自耦变压器处于过电流（超过额定电流）状态下运行。故不适于启动频繁的电动机。所以，它在启动不太频繁，要求启动转矩较大、容量较大的异步电动机上应用较为广泛。通常把自耦变压器的输出端做成固定抽头（一般 $K=80\%$、65% 和 50% 三种电压，可根据需要进行选择）、连同转换开关（图中的 KM、1KM 和 2KM）和保护用的继电器等组合成一个设备，称为启动补偿器。

为了便于根据实际情况选择合理的启动方法，将鼠笼式异步电动机几种常用启动方法的启动电压、电流和转矩的相对值列于表 35-134 中。

鼠笼式异步电动机几种常用启动方法的比较　表 35-134

启动方法	启动电压相对值 $K_u=U_{st}/U_N$	启动电流相对值 $K_I=I'_{st}/I_{st}$	启动转矩相对值 $K_T=T'_{st}/T_{st}$
直接启动	1	1	1
电压或电抗器降压启动	0.8	0.8	0.64
	0.65	0.65	0.42
	0.5	0.5	0.25
Y-△降压启动	0.57	0.33	0.33
自耦变压器降压启动	0.8	0.64	0.64
	0.65	0.42	0.42
	0.5	0.25	0.25

4）延边三角形降压启动

延边三角形降压启动是指电动机启动时，把定子绕组的一部分接成三角形，另一部分接成星形，使整个绕组接成延边三角形，如图 35-137 所示。

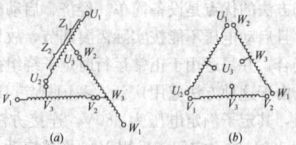

图 35-137　延边三角形启动时定子绕组的连接
(a) 启动时的连接；(b) 运行时的连接

电动机启动完毕后，再把定子绕组改接成三角形接线，使电动机全电压运转。

延边三角形降压启动是在 Y-△降压启动方法的基础上加以改进而形成的一种启动方法。它把星形和三角形两种接法结合起来，使电动机每相定子绕组承受的电压小于三角形接线时的相电压，而大于星形接线时的相电压。每相绕组相电压的大小由星形部分绕组与三角形部分绕组匝数之比来确定，可随电动机绕组抽头位置的改变而调节。这样在一定程度上克服了 Y-△降压启动时启动电压偏低，启动转矩太小的缺点。由于这种启动方法对电动机定子绕组的出线有特殊要求，所以用的不是很多。

35.8.5.3 三相异步电动机的调速控制

电动机的启动、调速、制动性能好坏，是衡量电动机运行性能的重要指标。

鼠笼式异步电动机调速性能差，一般不能平滑调速。在需要平滑调速的场合，常采用绕线式异步电动机。绕线式异步电动机的优点是可以通过滑环将转子绕组引出串接可调节电阻，平滑调节电阻可平滑改变转子绕组感应电流的数值达到平滑调速目的；鼠笼式异步电动机转子绕组是鼠笼条，没有滑环引出，不能串接电阻和改变电阻，所以转子绕组内（鼠笼条）内电流无法改变，一般用改变磁场极对数和改变电源频率调速。异步电动机转子转速的公式（35-5）；

$$n=(1-s)60f/p \qquad (35-5)$$

式中　n——电动机转子转动速度；

　　　s——转差率；

　　　f——电源频率；

　　　p——旋转磁场极对数。

根据上式，异步电动机调速可采用以下三种方法：改变转差率、电源频率或旋转磁场极对数。其中改变电动机的转差率可通过改变外加电源电压和改变转子电路电阻的方式来实现。

1. 调压调速

通过改变电源电压的方式来改变电动机运转速度，这种调速方法能够无级调速，但当降低电压时，转矩也按电压的平方比例减小，所以调速范围不大。在定子电路中串电阻（或电抗）和用晶闸管调压调速都是属于这种调速方法。适用于机械特性软的高转差率，电动机容量较小（10kW 以下）的鼠笼式异步电动机，而且于带断续负载或风扇、泵等在减速时转矩也相应减小的持续负载的电动机。

2. 转子电路串电阻调速

通过转子电路串不同的电阻，来改变电动机的转速。外加电阻越大，电动机转速降低。这种调速方法只适用于绕线式异步电动机，其启动电阻可兼作调速电阻用，不过此时要考虑稳定运行时的发热，应适当增大电阻的容量。

转子电路串电阻调速简单可靠，但它是有级调速。随转速降低，特性变软。转子电路电阻损耗与转差率成正比，低速时损耗大。所以，这种调速方法大多用在重复短期运转的生产机械中，如在起重运输设备中应用非常广泛。

3. 变极调速

当电源频率不变时，若改变定子旋转磁场的极对数，电动机的转速跟着改变。例如磁极对数从一对改为两对，转速就下降一半。所以这种调速方法是有级调速，阶梯式的一级变一级调速，不能平滑调速，鼠笼式异步电动机常用这种调速方法。若在定子上装两套独立绕组，各自具有所需的极对数，两套独立绕组中每套又可以有不同的连接。这样就可以分别得到双速、三双或四速等电动机，通称为多速电动机。

多速电动机启动时宜先接成低速，然后再换接为高速，这样可获得较大的启动转矩。多速电动机虽体积稍大、价格稍高、只能有级调速，但结构简单、效率高、特性好，且调速时所需附加设备少。因此，广泛用于机电联合调速的场合，特别是中、小型机床上用得多。

4. 变频调速

从式（35-5）看到，异步电动机的转速正比于定子电源的频率 f，通过改变电源频率可达到改变电机转速的目的。

在实施变频调速时，为了保持主磁通不变，在改变电源频率 f 的同时，还必须改变电源电压 U 并保持 U/f 比值不变。变频调速用于一般鼠笼式异步电动机，采用一个频率可以变化的电源向异步电动机定子绕组供电，这种变频电源是晶闸管及晶体管变频装置。变频调速的调速性能良好，具有较大的调速范围，而且调速平滑，但必须使用专用的电源调频设备。变频调速目前应用越来越多。

35.8.6　电动机的试验

(1) 交流电动机的试验项目，应包括以下内容：

1) 测量绕组的绝缘电阻和吸收比；

2) 测量绕组的直流电阻；

3) 定子绕组的直流耐压试验和泄漏电流测量；

4) 定子绕组的交流耐压试验；

5) 绕线式电动机转子绕组的交流耐压试验；

6) 同步电动机转子绕组的交流耐压试验；

7) 测量可变电阻器、启动电阻器、灭磁电阻器的绝缘电阻；

8) 测量可变电阻器、启动电阻器、灭磁电阻器的直流电阻；

9) 测量电动机轴承的绝缘电阻；

10) 检查定子绕组极性及其连接的正确性；

11) 电动机空载转动检查和空载电流测量。

(2) 电压 1kW 以下，容量 100kW 以下的电动机试验项目：

1) 测量绕组的绝缘电阻和吸收比；

2) 测量可变电阻器、启动电阻器、灭磁电阻器的绝缘电阻；

3) 检查定子绕组极性及其连接的正确性；

4) 电动机空载转动检查和空载电流测量。

(3) 测量绕组的绝缘电阻和吸收比，应符合下列规定：

1) 额定电压为 1kW 以下的电动机使用 1kV 兆欧表测，常温下绝缘电阻值不低于 $0.5M\Omega$；额定电压为 1000V 及以上的电动机使用 2.5kV 兆欧表测绝缘电阻，折算至运行温度时的绝缘电阻值，定子绕组不低于 $1M\Omega/kV$，转子绕组不应低于 $0.5M\Omega/kV$。

2) 1000V 及以上的电动机应测量吸收比。吸收比不应低于 1.2，中性点可拆开的应分相测量。电动机的吸收比测量应使用 60s 与 15s 绝缘电阻值的比值；极化指数应为 10min 与 1min 的绝缘电阻值的比值。吸收比的测量用秒表看时间，当摇表遥测到 15s 时，读取摇表的数值，继续遥测到 60s 时再读取一个数值，即可求出 R_{60}/R_{15} 的吸收比的数值。

3) 凡吸收比小于 1.2 的电动机，都先干燥后再进行交流耐压试验。

电动机干燥时，周围环境应清洁，电动机内的灰尘、脏物可用干燥的压缩空气吹净。电动机外壳应接地，为防止干燥时的热损失，可采用保温措施，但应有通风口，以便排除电动机绝缘中的潮气。

①电机干燥烘干法。其烘干温度应缓慢上升，升温速率应按制造厂技术要求，一般可为每小时升 5～8℃；铁芯和绕组的最高允许温度，应根据绝缘等级确定，一般控制在 70～80℃ 的范围之内；带转子进行干燥的电动机当温度达到 70℃ 以后，应至少每隔 2h 将转子转动 180°。在干燥过程中，应定时测量绝缘电阻值，当吸收比及绝缘电阻达到规定要求，并在同一温度下经过 5h 稳定不变时，干燥便可结束。在干燥过程中应特别注意安全，现场不得进行电气焊或其他明火发生，值班人员不得离开工作岗位，必须严密监视温度及绝缘情况的变化，严防损坏电动机绕组和发生火灾。干燥现场应有防火措施及灭火器具。

②烘干工作应根据作业环境和电机受潮的程度而确定，选择干燥方法。可分别采用循环热风干燥、灯泡干燥、电流干燥等方法。

(4) 测量绕组的直流电阻，应符合下述规定：

1000V 以上或容量 100kW 以上的电动机各相绕组直流电阻值相互差别不应超过其最小值的 2%，中性点未引出的电动机可测量线间直流电阻，其相互差别不应超过其最小值的 1%。

(5) 定子绕组直流耐压试验和泄漏电流测量，应符合下述规定：

1000V 以上及 100kW 以上、中性点连线已引出至出线端子板的定子绕组应分相进行直流耐压试验。试验电压为定子绕组额定电压的 3 倍。在规定的试验电压下，各相泄漏电流的差值不应大于最小值的 100%；当最大泄漏电流在 20 微安以下时，各相间应无明显差别。中性点连线未引出的不进行此项试验。

(6) 电动机的交流耐压试验

交流耐压试验时加至试验标准电压后的持续时间，如无特殊说明，应为 1min。

耐压试验电压值以额定电压的倍数计算时，电动机应按铭牌额定电压计算。

定子绕组的交流耐压试验电压，应符合表 35-135 的规定。

电动机定子绕组交流耐压试验电压 表 35-135

额定电压（kV）	3	6	10
试验电压（kV）	5	10	16

绕线式电动机的转子绕组交流耐压试验电压，应符合表 35-136 的规定。

绕线式电动机转子绕组交流耐压试验电压表 表 35-136

转子工况	试验电压（V）	转子工况	试验电压（V）
不可逆的	$1.5U_k+750$	可逆的	$3.0U_k+750$

注：U_k 为转子静止时，在定子绕组上施加额定电压，转子绕组开路时测得的电压。

(7) 同步电动机转子绕组的交流耐压试验电压值为额定励磁电压的 7.5 倍，且不应低于 1200V，但不应高于出厂试验电压值的 75%。

(8) 可变电阻器、启动电阻器、灭磁电阻器的绝缘电阻。当与回路一起测量时，绝缘电阻值不应低于 $0.5M\Omega$。

(9) 测量可变电阻器、启动电阻器、灭磁电阻器的直流电阻值，与产品出厂数值比较，其差值不应超过 10%；调节过程中接地良好，无开路现象，电阻值的变化应有规律性。

(10) 测量电动机轴承的绝缘电阻，当有油管路连接时，应在油管安装后，采用 1000V 兆欧表测量，绝缘电阻值不应低于 $0.5M\Omega$。

(11) 检查定子绕组的极性及其连接应正确。中性点未引出者可不检查极性。

35.8.7 电动机的试运行及验收

1. 电动机启动前的检查

(1) 电动机的铭牌所示电压、频率与使用的电源是否一致，接法是否正确，电源容量与电动机的容量及启动方法是否合适。

(2) 使用的电线规格是否合适，电动机引出线与线路连接是否牢固，接线有无错误，端子有无松脱。

(3) 开关和接触器的容量是否合适，触点的接触是否良好。

(4) 熔断器和热继电器的额定电流与电动机容量是否匹配，热继电器是否复位。

(5) 用手盘车应均匀、平稳、灵活，窜动不应超过规定值。

(6) 传动带不得过紧或过松，连接要可靠，无裂伤迹象。联轴器螺钉及销子应完整、紧固，不得松动少缺。

(7) 电动机外壳有无裂纹，接地要可靠，地脚螺栓、端盖螺母不得松动。

(8) 对不可逆运转的电动机，应检查电动机的旋转方向与电动机所标出的箭头运动方向是否一致。

(9) 电动机绕组相间和绕组对地绝缘是否良好，测量绝缘电阻应符合规定要求。

(10) 电动机内部有无杂物，可用干燥、清洁的压缩空气或"皮老虎"吹净。保持电动机周围的清洁，不准堆放煤炭，不得有水汽、油污、金属导线、棉纱头等无关的物品，以免被卷入电动机内。

(11) 要求电动机的定子绕组、绕线转子异步电动机的转子绕组的三相直流电阻偏差应小于 2%。

2. 电动机的试运行

(1) 交流电动机在空载状态下可启动次数及间隔时间应符合产品技术条件的要求；无要求时，连续启动 2 次的时间间隔不应小于 5min，再次启动应在电动机冷却至常温下。空载状态运行，应记录电流、电压、温度、运行时间等有关数据，且应符合建筑设备或工艺装置的空载状态运行要求。

(2) 电动机宜在空载情况下做第一次启动，空载运行时间宜为 2h。当电动机与其机械部分的连接不易拆开时，可连在一起进行空载转动检查试验。如中途发现速度变化或声音不正常时，应立即断电查找出原因。

(3) 多台电动机试车，不能同时启动，应先启动大功率电动机，后启动小功率电动机。

(4) 交流电动机的带负荷启动次数，应符合产品技术条件的规定；当产品技术条件无规定时，可符合下列规定：

1) 在冷态时，可启动 2 次。每次间隔时间不得小于 5min；

2) 在热态时，可启动 1 次。当在处理事故以及电动机启动时间不超过 2~3s 时，可再启动 1 次。

(5) 电动机试运行中的检查应符合下列要求：

1) 电机的旋转方向符合要求，无异声；

2) 换向器、集电环及电刷的工作情况正常；

3) 检查电机各部温度，不应超过产品技术条件的规定；

4) 滑动轴承温度不应超过 80℃，滚动轴承温度不应超过 95℃；

5) 电机振动的双倍振幅值不应大于表 35-137 的规定。

电机振动的双倍振幅值最大值   表 35-137

同步转速（r/min）	3000	1500	1000	750 及以下
双倍振幅值（mm）	0.05	0.085	0.10	0.12

3. 电动机的验收

(1) 建筑工程全部结束，现场清扫整理完毕。

(2) 电动机本体安装检查结束，启动前应进行的试验项目已试验合格。

(3) 冷却、调速、润滑、水、密封油等附属系统安装完毕，验收合格，水质、油质质量符合要求，分部试运行情况良好。

(4) 电动机的保护、控制、测量、信号、励磁等回路调试完毕后，其动作正常。

(5) 测量电动机定子绕组、转子及励磁等回路的绝缘电阻，应符合要求；有绝缘的轴承座的绝缘板、轴承座及台版的接触面应清洁干燥，使用 1000V 兆欧表测量，绝缘电阻值不得小于 0.5MΩ。

(6) 电动机在验收时，应提交下列资料和文件：

1) 设计变更的证明文件和竣工图资料；

2) 制造厂提供的产品说明书、检查及试验记录、合格证件及安装使用图纸等技术文件；

3) 安装验收技术记录、签证和电机抽芯检查及干燥记录等；

4) 调整试验记录及报告；

5) 设备空载及负载试运行记录；

6) 分项工程施工质量验收记录。

35.9   建筑物的防雷与接地装置

现代防雷的技术原则是强调全方位防护、综合治理、多层设防，把防雷作为一个系统工程来设计。防雷接地按建筑物重要性、使用性质、发生雷电事故的可能性和后果，分为三类：

第一类防雷建筑物：

(1) 凡制造、使用或贮存炸药、火药、起爆药、火工品等大量爆炸物质的建筑物，因电火花而引起爆炸，会造成巨大破坏和人身伤亡者。

(2) 具有 0 区或 10 区爆炸危险环境的建筑物。

(3) 具有 1 区爆炸危险环境的建筑物，因电火花而引起爆炸，会造成巨大破坏和人身伤亡者。

第二类防雷建筑物：

(1) 国家级重点文物保护的建筑物。

(2) 国家级的会堂、办公建筑物、大型展览和博览建筑物、大型火车站、国宾馆、国家级档案馆、大型城市的重要给水水泵房等特别重要的建筑物。

(3) 国家级计算中心、国际通信枢纽等对国民经济有重要意义且装有大量电子设备的建筑物。

(4) 制造、使用或贮存爆炸物质的建筑物，且电火花不易引起爆炸或不致造成巨大破坏和人身伤亡者。

(5) 具有 1 区爆炸危险环境的建筑物，且电火花不易引起爆炸或不致造成巨大破坏和人身伤亡者。

(6) 具有 2 区或 11 区爆炸危险环境的建筑物。

(7) 工业企业内有爆炸危险的露天钢质封闭气罐。

(8) 预计雷击次数大于 0.06 次/a 的部级、省级办公建筑物及其他重要或人员密集的公共建筑物。

(9) 预计雷击次数大于 0.3 次/a 的住宅、办公楼等一般性民用建筑物。

第三类防雷建筑物：

(1) 省级重点文物保护的建筑物及省级档案馆。

(2) 预计雷击次数大于或等于 0.012 次/a，且小于或等于 0.06 次/a 的部、省级办公建筑物及其他重要或人员密集的公共建筑物。

(3) 预计雷击次数大于或等于 0.06 次/a，且小于或等于 0.3 次/a 的住宅、办公楼等一般性民用建筑物。

(4) 预计雷击次数大于或等于 0.06 次/a 的一般性工业建筑物。

(5) 根据雷击后对工业生产的影响及产生的后果，并结合当地气象、地形、地质及周围环境等因素，确定需要防雷的 21 区、22 区、23 区火灾危险环境。

(6) 在平均雷暴日大于 15d/a 的地区，高度在 15m 及以上的烟囱、水塔等孤立的高耸建筑物；在平均雷暴日小于或等于 15d/a 的地区，高度在 20m 及以上的烟囱、水塔等孤立的高耸建筑物。

35.9.1   一 般 规 定

35.9.1.1   技术要求

(1) 不同类防雷的技术措施：

1) 第一类防雷建筑物防直击雷的措施要求

①应装设独立避雷针或架空避雷线（网），使被保护的建筑物及风帽、放散管等突出屋面的物体均处于接闪器的保护范围内。架空避雷网的网格尺寸不应大于 5m×5m 或 6m×4m。

②排放爆炸危险气体、蒸气或粉尘的放散管、呼吸阀、排风管等的管口外的以下空间应处于接闪器的保护范围内，当有管帽时，应为管口上方半径 5m 的半球体。接闪器与雷闪的接触点应设在上述空间之外。

③排放爆炸危险气体、蒸气或粉尘的放散管、呼吸阀、排风管等，当其排放物达不到爆炸浓度、长期点火燃烧、一排放就点火燃烧时，及发生事故时排放物才达到爆炸浓度的通风管、安全阀，接闪器的保护范围可仅保护到管帽，无管帽时可仅保护到管口。

④独立避雷针的杆塔、架空避雷线的端部和架空避雷网的各支柱处应至少一根引下线。对用金属制成或有焊接、绑扎连接钢筋网的杆塔、支柱，宜利用其作为引下线。

⑤低压线路宜全线采用电缆直接埋地敷设，在入户端应将电缆的金属外皮、钢管接到防雷电感应的接地装置上。当全线采用电缆有困难时，可采用钢筋混凝土杆和铁横担的架空线，并使用一段金属铠装电缆或护套电缆穿钢管直接埋地引入，其埋地长度应符合下列表达式的要求，但不应小于 15m：

在电缆与架空线连接处，尚应装设避雷器。避雷器、电缆金属外皮、钢管和绝缘子铁脚、金具等应连在一起接地，其冲击接地电阻不应大于 10Ω。

⑥架空金属管道，在进出建筑物处，应与防雷电感应的接地装置相连。距离建筑物 100m 内的管道，应每隔 25m 左右接地一次，其冲击接地电阻不应大于 20Ω，并宜利用金属支架或钢筋混凝土支架的焊接、绑扎钢筋网作为引下线，其钢筋混凝土基础宜为接地装置。

⑦埋地或地沟内的金属管道，在进出建筑物处亦应与防雷电感应的接地装置相连。

⑧当建筑物太高或其他原因难以装设独立避雷针、架空避雷线、避雷网时，可将避雷针或网格不大于 5m×5m 或 6m×4m 的避雷网或由其混合组成的接闪器直接装在建筑物上，避雷网应按本规范附录二的规定沿屋角、屋脊、屋檐和檐角等易受雷击的部位敷设。并必须符合下列要求：

a. 所有避雷针应采用避雷带互相连接。

b. 引下线不应少于两根，并应沿建筑物四周均匀或对称布置，其间距不应大于 12m。

c. 排放爆炸危险气体、蒸气或粉尘的管道应装设独立避雷针和防雷引下线。

d. 建筑物应装设均压环，环间垂直距离不应大于 12m，所有引下线、建筑物的金属结构和金属设备均应连到环上。均压环可利用电气设备的接地干线环路。

e. 防直击雷的接地装置应围绕建筑物敷设成环形接地体，每根引下线的冲击接地电阻不应大于10Ω，并应和电气设备接地装置及所有进入建筑物的金属管道相连，此接地装置可兼作防雷电感应之用。

f. 当建筑物高于30m时，尚应采取以下防侧击的措施：

（a）从30m起每隔不大于6m沿建筑物四周设水平避雷带并与引下线相连。

（b）30m及以上外墙上的栏杆、门窗等较大的金属物与防雷装置连接。

（c）在电源引入的总配电箱处宜装设过电压保护器。

⑨当树木高于建筑物且不在接闪器保护范围之内时，树木与建筑物之间的净距不应小于5m。

2）第二类防雷建筑物防直击雷的措施要求

①宜采用装设在建筑物上的避雷网（带）或避雷针或由其混合组成的接闪器。避雷网（带）应按规定沿屋角、屋脊、屋檐和檐角等易受雷击的部位敷设，并应在整个屋面组成不大于10m×10m或12m×8m的网格。所有避雷针应采用避雷带相互连接。

②排放爆炸危险气体、蒸气或粉尘的放散管、呼吸阀、排风管等管道应符合本书第35.9.1.1条一款的要求。

③排放无爆炸危险气体、蒸气或粉尘的放散管、烟囱，1区、11区和2区爆炸危险环境的自然通风管，装有阻火器的排放爆炸危险气体、蒸气或粉尘的放散管、呼吸阀、排风管，按设计规范所规定的管、阀及煤气放散管等，其防雷保护应符合下列要求：

a. 金属物体可不装接闪器，但应和屋面防雷装置相连；

b. 在屋面接闪器保护范围之外的非金属物体应装接闪器，并和屋面防雷装置相连。

④引下线不应少于两根，并沿建筑物四周均匀或对称布置，其间距不应大于18m。当仅利用建筑物四周的钢柱或柱子钢筋作为引下线时，可按跨度设引下线，但引下线的平均间距不应大于18m。

⑤每根引下线的冲击接地电阻不应大于10Ω。防直击雷接地宜和防雷电感应、电气设备、信息系统等接地共用同一接地装置，并宜与埋地金属管道相连；当不共用、不相连时，两者间在地中的距离应符合下列表达式的要求，但不应小于2m：

$$S_{ed} \geqslant 0.3 K_c R_i$$

S_{ed}：防雷接地网与各种接地网或埋地各种电缆和金属管道间的地下距离（m）；K_c：分流系数；R_i：防雷接地网的冲击接地电阻值（Ω）。

⑥利用建筑物的钢筋作为防雷装置时应符合下列规定：

a. 建筑物宜利用钢筋混凝土屋面、梁、柱、基础内的钢筋作为引下线。按设计规范所规定的建筑物尚宜利用其作为接闪器。

b. 当基础采用硅酸盐水泥和周围土壤的含水量不低于4%及基础的外表面无防腐层或有沥青质的防腐层时，宜利用基础内的钢筋作为接地装置。

c. 敷设在混凝土中作为防雷装置的钢筋或圆钢，当仅一根时，其直径不应小于10mm。被利用作为防雷装置的混凝土构件内有箍筋连接的钢筋，其截面积总和不应小于一根直径为10mm钢筋的截面积。

⑦利用基础内钢筋网作为接地体时，在周围地面以下距地面不小于0.5m，每根引下线所连接的钢筋表面积总和应符合设计的要求。

3）第三类防雷建筑物防直击雷的措施要求

①宜采用装设在建筑物上的避雷网（带）或避雷针或由这两种混合组成的接闪器。避雷网（带）应按国家防雷规定沿屋角、屋脊、屋檐和檐角等易受雷击的部位敷设。并应在整个屋面组成不大于20m×20m或24m×l6m的网格。

②平屋面的建筑物，当其宽度不大于20m时，可仅沿网边敷设一圈避雷带。

③每根引下线的冲击接地电阻不宜大于30Ω。其接地装置宜与电气设备等接地装置共用。防雷的接地装置宜与埋地金属管道相连。当不共用、不相连时，两者间在地中的距离不应小于2m。在共用接地装置与埋地金属管道相连的情况下，接地装置宜围绕建筑

物敷设成环形接地体。

④建筑物宜利用钢筋混凝土屋面板、梁、柱和基础的钢筋作为接闪器、引下线和接地装置，并应符合设计规定。

（2）接地装置安装工程应按已批准的设计进行施工，按照已批准的施工组织设计（施工方案）进行技术交底。

（3）电气装置的下列部位（金属），均应接地或接零。

1）屋内外配电装置的金属以及靠近带电部分的金属遮栏和金属门窗。

2）配电、控制、保护用的屏（柜、箱）及操作台、电机及其电器等的金属框架和底座。

3）电缆的接线盒、终端头和电缆的金属保护层、可触及的电缆金属保护管和穿线钢管。

4）电缆桥架、支架；封闭母线的外壳及其他裸露的金属部分。

5）电力线路杆塔；装在配电线路杆上的电力设备。

6）电热设备的金属外壳；封闭式组合电器和箱式变电站的金属箱体。

7）卫生间各个金属部件及金属管道等。

（4）在中性点直接接地的配电线路中，所有用电设备的金属外壳应作接地保护。

（5）保护接地及中性点直接接地装置的接地电阻不应大于4Ω。但供给这些配电线路中的变压器或发电机的容量在100kVA及以下时，接地电阻可在10Ω以下。

（6）电力电源线（电缆）在引入建筑物处，中性线应重复接地（距接地点不超过50m者除外），室内的配电箱（屏）有接地装置，可将中性线直接连接到接地装置上。

（7）电气装置所设接地，每个接地部分应以单独的接地线与接地干线相连接；电气装置中有移动式或携带式电气用电设备的工作场所和住宅、托儿所、幼儿园、学校，应装有短路、过载功能的漏电保护装置；电气装置的接地系统分TN、TT、IT三种形式：

1）TN系统又分为三种形式

①TN-S系统

在全系统内N线和PE线是分开的，具体原理见图35-138：

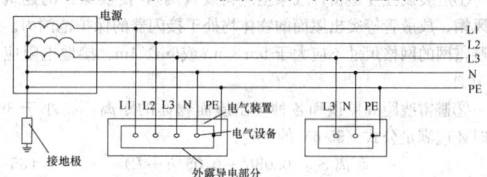

图 35-138　TN-S 系统

②TN-C系统

在全系统内N线和PE线合为一根线（PEN线），具体原理见图35-139：

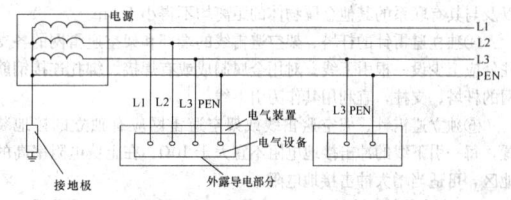

图 35-139　TN-C 系统

③TN-C-S系统

在全系统内仅在前一部分N线和PE线合为一根线，具体原理见图35-140；

2）TT系统

电源端直接接地，外露导电部分直接接地，与电源的接地无关，具体原理图35-141；

3）IT系统

电源端不接地或一点经阻抗接地，外露导电部分直接接地，具体原理见图35-142；

综上所述，电气系统的接地装置，按其作用不同分为工作接

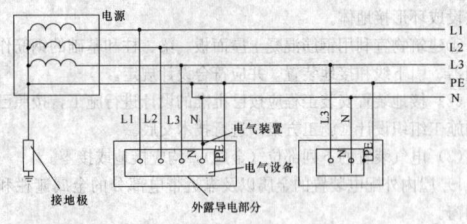

图 35-140　TN-C-S 系统

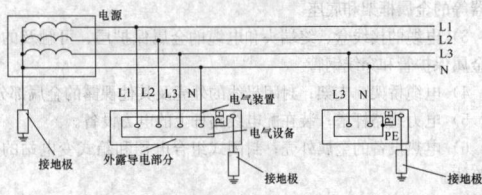

图 35-141　TT 系统

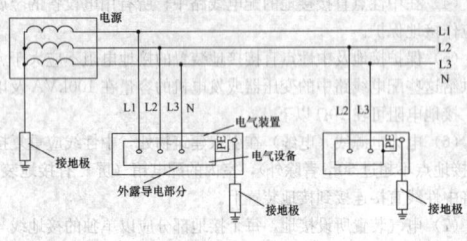

图 35-142　IT 系统

地、保护接地、重复接地和接零，以防止雷电的危害和静电的作用，确保人身安全和电气设备正常运行。

（8）防雷保护要求

1）防止直击雷的保护措施：

①应装设独立避雷针或架空避雷线（网），使被保护的建筑物及风帽、放散管等突出屋面的物体均处于接闪器的保护范围内。架空避雷线的网格尺寸不应大于 5m×5m 或 6m×4m。接地电阻应小于 10Ω。

②避雷线距离屋顶和各种突出屋面物体的距离不得小于 3m。同时还应满足公式（35-6）的规定：

$$距离 S \geqslant 0.08R + 0.05(h + L) \quad (35-6)$$

式中　R——避雷线的冲击接地电阻；

h——避雷线立杆的高度（m）；

L——避雷线水平长度（m）。

③避雷针地上部分距建筑物和各种金属物（管道、电缆、构架等）的距离不得小于 3m。避雷针接地装置距地下金属管道、电缆以及与其有联系的其他金属物体的距离均不得小于 3m。

④独立避雷针的杆塔、架空避雷线的端部和架空避雷网的各支柱处应至少设一根引下线。对用金属制成或有焊接、绑扎连接钢筋网的杆塔、支柱，宜利用其作为引下线。

⑤独立避雷针、架空避雷线或架空避雷网应有独立的接地装置，每一引下线的冲击接地电阻不宜大于 10Ω。在土壤电阻率高的地区，可适当增大冲击接地电阻。

2）当建筑物太高或由于建筑艺术造型的要求，很难设置与建筑物隔开的独立避雷针或架空避雷线保护时；允许将避雷针直接装在建筑物上，或利用金属屋顶作为接闪器。

3）防止感应雷的措施

①建筑物为金属结构和钢筋混凝土屋面时，应将所有的金属物体焊接成闭合回路后直接接地。屋内接地干线与防雷电感应接地装置的连接，应不少于两处。

②建筑物屋面为非金属结构时，如有必要应在屋面敷设一个网格不大于 8m×10m 的金属网格（一类民用建筑物的金属网格为 5m×5m），并直接接地；自房屋两端起，每隔 18～24m 设置一根引下线。

③接地装置应围绕建筑物构成闭合回路，并应与自然接地体（金属结构物体）全部连接在一起，以降低接地电阻和均衡电位。

④室内外一切金属设置，包括外墙上设置的金属栏杆、金属门窗、金属管道均应与防止感应雷击的接地装置相连。

a. 金属管道的两端及出入口处应接地，其接地电阻值应小于 20Ω。

b. 相距小于 100mm 的管道平行时，应每隔 20～30m 用金属线跨接一次。

c. 管道交叉距离小于 100mm 时，不应用金属线跨接。

d. 管道各连接处（弯头、阀门、法兰盘等）应用金属线跨接，不允许有开口环路。

⑤平行敷设的管道、构架和电缆金属外皮等金属物，其净距小于 100mm 时应采用金属线跨接，跨接点的间距不应大于 30m；交叉净距小于 100mm 时，其交叉处亦应跨接。

⑥感应雷击装置与独立避雷针或架空避雷线系统相互间不得用金属连接，其地下相互间的距离应尽量远，至少不得小于 3m。

4）为了防止架空线引入高电位，应采用电缆埋地进户。电缆两端钢铠和铅皮应接地。当难于全线采用电缆时，允许从架空线上转换一段铠装电缆埋地进户，但这一段电缆的长度不应小于 50～100m，且在换线杆处必须装设避雷针（器）。

35.9.1.2　材料要求

（1）主要材料：热镀锌的扁钢、角钢、圆钢、钢管等。

（2）常用辅材：

1）铅丝、紧固件（螺栓、垫片、弹簧垫圈、U 形螺栓、元宝螺栓等）和支架等，均应采用镀锌制品；

2）电焊条、氧气、乙炔、混凝土支承块、预埋铁件、水泥、砂子、塑料管、铜线等。

（3）避雷装置常用材料应符合以下要求：

1）避雷针（网）和接地装置，均应采用热镀锌钢管和圆钢、扁钢、角钢等制成，其型号、规格应符合设计要求。并有产品质量合格证和试验报告。

2）避雷针，一般采用圆钢或钢管制成，其针体直径应符合表 35-138 的规定。

针体直径规格　表 35-138

针体长度（m）或应用位置	针体直径（mm）	
	热镀锌圆钢	热镀锌钢管
1m 以下	12	20
1～2m	16	25
烟囱上的避雷针	20	40

3）避雷网、避雷带及其引下线，常规为扁钢或圆钢，其规格应符合表 35-139 的规定。

避雷网（带）、引下线品种与规格　表 35-139

项目或应用位置	材料品种与规格	
	热镀锌圆钢	热镀锌扁钢（截面×厚度）
避雷网（带）	Φ10	25mm×4mm
烟囱避雷环	Φ12	40mm×4mm
引下线	Φ10	25mm×4mm
烟囱引下线	Φ12	40mm×4mm

4）避雷线：一般采用截面积不小于 35mm² 的镀锌钢绞线。

5）防雷接地体：一般采用热镀锌角钢、钢管、圆钢等；水平埋设的接地体，一般采用热镀锌扁钢、圆钢等。其接地体的规格尺寸不小于表 35-140 的规定。

接地体材料品种与规格　表 35-140

材料品种	规　格
热镀锌圆钢	Φ10mm
热镀锌扁钢（截面×厚度）	100mm²×4mm
热镀锌角钢（厚度）	4mm
热镀锌钢管（壁厚）	3.5mm

35.9.1.3　主要机具

(1) 主要安装机具：手锤、电焊机、钢锯、气焊工具、压力案子、铁锹、铁镐、大锤、夯、捯链、紧线器、电锤、冲击钻、常用电工工具等。

(2) 主要检测机具：线坠、卷尺、接地电阻测试仪等。

35.9.1.4　作业条件

施工图纸等资料应齐全，已按审批的施工组织设计或施工方案的要求，进行了技术交底。施工现场已清理干净，土建钢筋已绑扎验收完毕。

35.9.2　接地装置安装

35.9.2.1　接地装置的划分

接地装置一般分为建筑物基础接地体、人工接地体、接地模块等。

1. 建筑物基础接地体

底板钢筋与柱筋连接，桩基内钢筋与柱筋连接。

2. 人工接地体

按照设计图纸，进行放线，开挖接地体沟槽，开挖深度达到地表层以下，经检查确认后，打入接地体和敷设连接接地极的热镀锌扁钢。接地体宜埋设在土层电阻率较低和人们不常到达的地方。

3. 接地模块

按照设计图纸，进行放线，开挖接地模块坑槽，开挖深度达到地表层 0.7m 以下，经检查确认后，放置接地模块（一般已在现场预制完成）、敷设连接接地模块的热镀锌钢筋。

35.9.2.2　施工要求

防雷接地装置的位置与道路或建筑物的出入口等的距离不宜小于 3m；若小于 3m，为降低跨步电压应采取以下措施：

(1) 水平接地体局部埋置深度不小于 1m，并在局部上部覆盖一层绝缘物（50～80mm 厚的沥青层）。

(2) 采用沥青碎石地面或在接地装置上面敷设 50～80mm 厚的沥青层，其宽度应超过接地装置边 2m，敷设沥青层时，其基底须用碎石，夯实。

(3) 接地体上部装设用圆钢或扁钢组成的 500mm×500mm 的"栅格"，其边缘距接地体不得小于 2.5m。

(4) 根据设计标高挖接地沟，挖沟时如附近有建筑物或构筑物，沟的中心线与建筑物或构筑物的基础距离不宜小于 2m。

35.9.2.3　施工工艺

人工接地体施工工艺流程

定位放线→人工接地体制作→接地体敷设→接地干线敷设

引下线施工工艺流程

定位放线→引下线敷设→变配电室接地干线敷设→断接卡子制作安装

35.9.2.4　定位放线

接地装置的位置，与道路或建筑物的出入口等的距离应不小于3m；当小于 3m 时，为降低跨步电压应采取以下措施：

(1) 水平接地体局部埋置深度不应小于 1m，并应局部包以绝缘物（50～80mm 厚的沥青层）。

(2) 采用沥青碎石地面或在接地装置上面敷设 50～80mm 厚的沥青层，其宽度应超过接地装置 2m。敷设沥青层时，其基底必须用碎石，夯实。

(3) 接地体上部装设用圆钢或扁钢组成的 500mm×500mm 的网格，其边缘距接地体不小于 2.5m。

(4) 采用"帽檐式"的压带做法。

35.9.2.5　人工接地体制作

(1) 垂直接地体的加工制作：制作垂直接地体材料一般采用镀锌钢管 DN50、镀锌角钢 L50×50×5 或镀锌圆钢 φ20，长度不应小于 2.5m，端部锯成斜口或锻造成锥形，角钢的一端应加工成尖头形状，尖头应保持在角钢的角线上并使斜切对称制成接地体。

(2) 水平接地体的加工制作：一般使用－40mm×4mm 的镀锌扁钢。

(3) 铜接地体常用 900mm×900mm×1.5mm 的铜板制作：

1) 在铜接地板上打孔，用单股 φ1.3mm～φ2.5mm 铜线将铜接地线（绞线）绑扎在铜板上，在铜绞线两侧用气焊焊接。

2) 在铜接地板上打孔，将铜接地绞线分开拉直，搪锡后分四处用单股 φ1.3mm～φ2.5mm 铜线绑扎在铜板上，将锡逐根与铜板焊好。

3) 将铜接地线与接线端子连接，接线端部与铜端子的接触面处搪锡，用 φ5mm×6mm 的铜铆钉将端子与铜板铆紧，在接线端子周围进行锡焊。铜端子规格为－30mm×1.5mm，长度为 750mm。

4) 使用－25mm×1.5mm 的扁铜板与铜接地板进行铜焊固定。

35.9.2.6　自然接地体安装

1. 利用钢筋混凝土桩基础做接地体

在作为防雷引下线的柱子或者剪力墙内钢筋做引下线位置处，将桩基础的抛头钢筋与承台梁主筋焊接，再与上面作为引下线的柱或剪力墙中钢筋焊接。

2. 利用钢筋混凝土式基础做接地体

(1) 利用无防水层底板的钢筋混凝土式基础做接地时，将利用作为防雷引下线符合规定的柱主筋与底板的钢筋进行焊接连接。

(2) 利用有防水层板式基础的钢筋做接地体时，将符合规格和数量的可以用来做防雷引下线的柱内钢筋，在室外自然地面以下的适当位置处，利用预埋连接板与外引的 φ12mm 镀锌圆钢或一40mm×4mm 的镀锌扁钢相焊接做连接线。同有防水层的钢筋混凝土板式基础的接地装置连接。

3. 利用独立柱基础、箱形基础做接地体

(1) 利用钢筋混凝土独立柱基础及箱形基础做接地体时，将用作防雷引下线的现浇混凝土柱内符合要求的主筋，与基础底层钢筋网做焊接连接。

(2) 钢筋混凝土独立柱基础如有防水层时，应将予埋的铁件和引下线连接应跨越防水层将柱内的引下线钢筋、垫层内的钢筋与接地线相焊接。

4. 利用钢柱钢筋混凝土基础作为接地体

(1) 仅有水平钢筋网的钢柱钢筋混凝土基础做接地时，每个钢筋混凝土基础中有两个地脚螺栓通过连接导体（≥φ12mm 钢筋或圆钢）与水平钢筋网进行焊接连接。地脚螺栓与连接导体与水平钢筋的搭接焊接长度不应小于 6 倍，并应在钢桩就位后，将地脚螺栓与螺母和钢柱焊为一体。

(2) 有垂直和水平钢筋网的基础，垂直和水平钢筋网的连接，应将与地脚螺栓相连接两根垂直钢筋焊到水平钢筋网上，当不能焊接时，采用≥φ12mm 钢筋或圆钢跨接焊接。如果四根垂直主筋能接触到水平钢筋网时，将垂直的四根钢筋与水平钢筋网进行绑扎连接。

(3) 当钢柱钢筋混凝土基础底部有柱基时，宜将每一桩基的两根主筋同承台钢筋焊接。

5. 钢筋混凝土杯型基础预制柱做接地体

(1) 当仅有水平钢筋的杯型基础做接地体时，将连接导体（即连接基础内水平钢筋网与预制混凝土柱预埋连接板的钢筋或圆钢）引出位置是在杯口一角的附近，与预制混凝土柱上的预埋连接板位置相对应，连接导体与水平钢筋网采用焊接。

(2) 当有垂直和水平钢筋网的杯型基础做接地体时，与连接导体相连接的垂直钢筋，应与水平钢筋相焊接。如不能焊接时，采用不小于 φ10mm 的钢筋或圆钢跨焊。如果四根垂直主筋都能接触到水平钢筋网时，应将其绑扎连接。

(3) 连接导体外露部分做水泥砂浆保护层，厚度 50mm。当杯形钢筋混凝土基础底下有桩基时，宜将每一根桩基的两根主筋同承台梁钢筋焊接。如不能直接焊接时，可用连接导体进行跨接。

35.9.2.7　人工接地体的安装

1. 垂直接地体的安装

(1) 施工方法

安装时先将接地体放在沟内中心线上，用大锤将接地体垂直打入地中，然后将镀锌扁钢调直置入沟内，将扁钢与接地体焊接。扁钢应侧放而不可平放，扁钢与钢管连接的位置距接地体顶端 100mm，焊接时将扁钢拉直，焊好后清除药皮，刷沥青漆做防腐处理，将接地线引出至需要的位置。

(2) 接地体安装要求

接地体顶端距自然地面的距离，须符合设计要求；当无具体规定时，不宜小于 600mm，防止接地体受机械损伤及受到腐蚀。接地体植入接地体沟时，两垂直接地体之间的间距不宜小于接地体长度的 2 倍。

2. 水平接地体的安装

水平接地体多用于绕建筑四周的联合接地。接地体一般采用一40mm×4mm 的热镀锌扁钢。水平接地体宜侧放敷设在地沟内（不应平放），获得较小的散流电阻。

(1) 水平接地体的顶部埋设深度距地面不应小于 600mm。

(2) 水平接地体之间的间距应符合设计要求；当设计无规定时，不宜小于 5m。

(3) 水平接地体环绕建筑物设置，可设置在建筑物基础的底部，在基槽挖好后，将水平接地体置于地槽底边，同时按设计引下线的间距预留外引接地的接点。

(4) 如基槽底有灰土层时，必须持水平接地体埋入素土内。

(5) 在多岩石地区，接地体可以水平敷设，埋设深度通常不小于 600mm。在地下的接地体严禁涂刷防腐涂料。

3. 铜板接地体安装

铜板接地体应侧放安装，顶部距地面的距离不应小于 0.6m，接地极间的距离不应小于 5m。

35.9.2.8　引下线安装

引下线一般可分为明敷和暗敷两种。其材质要求可为热镀锌扁钢或圆钢（利用混凝土中钢筋作引下线除外）。其规格应不小于下列数值：热镀锌圆钢直径为 10mm；热镀锌扁钢截面为一25mm×4mm。

1. 防雷引下线明敷

(1) 引下线沿外墙面明敷时，首先将引下线调直，然后根据设计的位置定位，在墙表面进行弹线或吊铅垂线测量，并确保其垂直度。安装按测量的长度，上端为 250～300mm，均分支架间距。安装支持件（固定卡子）应随土建主体施工预埋。一般在距室外护坡 2m 高处，预埋第一个支持卡子，卡子间距 1.5～2m，但必须均匀。卡子应突出墙装饰面 15mm。将引下线由上到下安装。用绳子提升到屋顶，将引下线固定到支持卡子上。上部与避雷带焊接，下部与接地体焊接，依次安装完毕。引下线的路径尽量短而直，不能直线引下时，应做成弯曲半径为圆钢直径 10 倍的圆弧。

(2) 引下线的连接应采用搭接焊接，其搭接长度须符合国家规范要求。引下线应沿最短路线引至接地体，拐弯处应制成大于 90°的弧状。

(3) 固定引下线，一般采用扁钢支架，支持件用膨胀螺栓固定在墙面上，支架与支架之间可采用焊接或套箍固定。引下线离墙面距离宜为 15mm。

(4) 直接从基础接地体或人工接地体引出明敷的引下线，先埋设或安装支架，然后敷设引下线。

2. 引下线暗敷要求

(1) 引下线暗敷，一般利用混凝土柱内主钢筋作引下线或在引下线位置向上引两根至女儿墙上，钢筋在屋面与女儿墙上避雷带连接。利用建筑物主筋作暗敷引下线：当钢筋直径为 16mm 及以上时，应利用两根钢筋（绑扎或焊接）作为一组引下线，当钢筋直径为 10mm 及以上时，应利用四根钢筋（绑扎或焊接）作为一组引下线。引下线的上部与接闪器焊接，下部与接地体焊接。

(2) 利用建筑物柱内主筋作引下线，柱内主筋绑扎后，按设计要求施工，经检查确认，才能支模。

(3) 引下线沿墙或混凝土构造柱暗敷设：应使用不小于 φ12mm 镀锌圆钢或不小于一25mm×4mm 的镀锌扁钢。施工时配合土建主体外墙（或构造柱）施工。将钢筋（或扁钢）调直后与接地体（或断接卡子）连接好，由下到上展放钢筋（或扁钢）并加以固定，敷设路径尽量短而直，可直接通过挑檐或女儿墙与避雷带焊接。

(4) 直接从基础接地体或人工接地体暗敷埋入粉刷层内的引下线，经检查确认不外露，才能贴面砖或刷涂料等。

(5) 引下线的根数及断接卡（测试点）的位置、数量按设计要求安装。

3. 重复接地引下线安装

(1) 在低压 TN 系统中，架空线路干线和分支线的终端，其 PEN 或 PE 线应做重复接地。电缆线路和架空线路在每个建筑物的进线处均需做重复接地（如无特殊要求，对小型单层建筑，距接地点不超过 50m 可除外）。

(2) 低压架空线路进户线重复接地可在建筑物的进线处做引下线。引下线处可不设断接卡子，N 线与 PE 线的连接可在重复接地节点处连接。需测试接地电阻时，打开节点处的连接板。架空线路除在建筑物外做重复接地外，还可利用总配电屏、箱的接地装置做 PEN 或 PE 线的重复接地。

(3) 电缆进户时，利用总配电箱进行 N 线与 PE 线的连接，重复接地线再与箱体连接。中间可不设断接卡，需测试接地电阻时，卸下端子，把仪表专用导线连接到仪表 E 的端钮上，另一端连到与箱体焊接为一体的接地端子板上测试。

(4) 引下线各部位的连接：当引下线长度不足时，需要在中间做接头搭接焊。扁钢搭接长度不小于宽度的 2 倍，三个棱边都要焊接。圆钢引下线搭接长度不小于圆钢直径的 6 倍，两面焊接。

4. 断接卡（测试点）

接地装置由多个接地部分组成时，应按设计要求设置便于分开的断接卡子，自然接地体与人工接地连接处应有便于分开的断接卡。断接卡设置高度一般为 1.5～1.8m。

建筑物上的防雷设施采用多根引下线时，宜在各引下线处设断接卡并安装断接卡箱。在一个单位工程或一个小区内须统一高度。

断接卡有明装和暗装，断接卡可利用不小于一40mm×4mm 或一25mm×4mm 的镀锌扁钢制作。断接卡子应用两根镀锌螺栓拧紧，上下端至螺栓孔中心各为 20mm，两螺栓孔中心距离为 40mm，总长度为 80mm。搭接处固定螺位为镀锌件，钻孔为 11mm，螺栓规格为 M10×25，平垫片、弹簧垫片应齐全。固定时，螺栓应由里向外穿，螺母在外侧。断接卡的接地线至地下 0.3m 处须有钢管或角钢保护。保护管上下两端须有固定管卡，地面上保护管长度宜为 1.5m，地下不应小于 0.3m。高层建筑断接卡暗敷时可按设计要求，从引下线上引出接地母线至接地电阻测试箱。

35.9.2.9　接地干线安装

接地干线（即接地母线），连接多个设备、器件与引下线，接地体与接地体之间、避雷针与引下线之间和连接垂直接地体之间的连接线。接地干线一般使用镀锌扁钢制作。接地干线分为室内和室外连接两种。具体的安装方法如下：

1. 室外接地干线敷设

(1) 根据设计图纸要求进行定位放线，挖土。

(2) 将接地干线进行调直、测位、煨弯，并将断接卡子及接线端子装好。然后将扁钢放入地沟内，扁钢应保持侧放，依次将扁钢在距接地体顶端大于 50mm 处与接地体用电焊焊接。焊接时将扁钢拉直，将扁钢弯成弧形与接地钢管（或角钢）进行焊接。敷设完毕经隐蔽验收后，进行回填并夯实。

2. 室内接地干线敷设

(1) 室内接地线是供室内的电气设备接地使用，多数是明敷设，但也可以埋设在混凝土内。明敷设的接地线大多数敷设在墙壁上，或敷设在母线架和电缆的构架上。

(2) 保护套管埋设：在配合土建墙体及地面施工时，在设计要求的位置上，预理保护套管或预留出接地干线保护套管孔。保护套管孔为方型，其规格应能保证接地干线顺利穿入。

(3) 接地支持件固定：按照设计要求的位置进行定位放线，固定支持件无设计要求时，距地面 250～300mm 的高度处固定支持件。支持件的间距必须均匀，水平直线部分为 0.5～1.5m，垂直部分 1.5～2m，弯曲部分为 0.3～0.5m。固定支持件的方法有预埋固定钩或托板法、预留支架洞口后安装支架法、膨胀螺栓及射钉直接固定接地线法等。

(4) 接地线的敷设：将接地扁钢事先调直、煨弯加工后，将扁钢沿墙吊起，在支持件一端将扁钢固定，接地线距墙面间隙应为 10～15mm，过墙时穿保护套管，钢制套管必须与接地线做电气连通，接地干线在连接处进行焊接，末端预留或连接应符合设计

规定。

(5) 接地干线经过建筑物的伸缩（沉降）缝时，如采用焊接固定，应将接地干线在过伸缩（沉降）缝的一段做成弧形，或用 $\Phi12$mm 圆钢弯出弧形与扁钢焊接，也可以在接地线断开处用 50mm² 裸铜软绞线连接。

(6) 为了连接临时接地线，在接地干线上需安装一些临时接地线柱（也称接地端子），临时接地线柱的安装，应根据接地干线的敷设形式不同采用不同的安装形式。

(7) 配电室接地干线等明敷接地线的表面应涂以用 15～100mm 宽度相等的绿色和黄色相间的条纹。在每个接地导体的全部长度上或只在每个区间或每个可接触到的部位上宜作出标识。中性线宜涂淡蓝色标识，在接地线引向建筑物的入口处和在检修用临时接地点处，均应刷白色底漆并标以黑色接地标识。

(8) 室内接地干线与室外接地干线的连接应使用螺栓连接以便检测，接地干线穿过套管或洞口应用沥青丝麻或建筑密封膏封堵。

3. 接地线与电气设备的连接

电气设备的外壳上一般都有专用接地螺栓。将接地线与接地螺栓的接触面擦净至发出金属光泽，接地线端部挂上锡，并涂上中性凡士林油，然后穿入螺栓并将螺帽拧紧。在有振动的地方，所有接地螺栓都必须加垫弹簧垫圈。接地线如为扁钢，其孔眼必须用机械钻孔。

4. 接地体连接母线敷设

(1) 接地体连接母线（接地母线即连接垂直接地体之间的热镀锌扁钢），一般采用－40mm×4mm 热镀锌扁钢，最小截面积不宜小于 100mm²、厚度不宜小于 4mm。

(2) 热镀锌扁钢敷设前，先调直，然后将扁钢垂直放置于地沟内，依次将扁钢在距接地体顶端大于 50mm 处，与接地体用电（气）焊焊接牢固。

(3) 为使接地扁钢与接地体接触连接严密，先按接地体外形制成弧形，用卡具将连接扁钢与接地体相互接触部位固定后，再焊接。

(4) 焊接的焊缝应饱满并有足够的机械强度，不得有夹渣、咬肉、裂纹、虚焊和气孔等缺陷。

35.9.2.10　需注意的其他问题

1. 成品保护

(1) 其他工种在挖土时，应注意保护接地体，不得损坏接地体。

(2) 不得破坏其他专业施工好的成品。

(3) 拆除脚手架或搬运物体时，不得碰坏接地干线。

(4) 变配电室安装设备时，不得碰坏接地干线。

2. 安全、环保措施

(1) 在室外作业时，如挖接地体地沟，接地体及接地干线的施工，要求操作人员必须戴安全帽，施工现场上空范围内要搭设防护板，以防建筑物上空坠落物体的打击。

(2) 刷油防腐现场严禁有火源、热源。操作时严禁吸烟等。熔化焊锡、锡块，工具要干燥，防止爆溅。

(3) 施工现场保持清洁，做到工完场清。施工中产生的垃圾、机械产生的油污应及时清理干净。

(4) 使用电焊、气焊焊接时，应远离易燃易爆的物体。焊接时应用铁板遮挡焊星飞溅，防止烧坏建筑成品及机械设备并配备灭火器。

35.9.3　避雷网安装

35.9.3.1　弯件制作

当加工立弯时，严禁采用加热方法煨弯，应用手工冷弯或机械加工的方式进行，以免损伤镀锌层，且加工后扁钢的厚度应基本不变。

35.9.3.2　支持件安装

在避雷网（扁钢或圆钢）敷设前，应先测量弹线定位把支持件预埋、固定好。当扁钢为－25mm×4mm 或圆钢为 $\Phi12$mm 时，从转角中心至支持件的两端宜为 250～300mm，且应对称设置，如扁钢为－40×4 时，则距离可适当放大些。然后在每一直线段上从转

角处的支持件开始进行测量并平均分配，相邻之间的支持件距离≤1m 左右为宜。支持件的高度，在全国通用电气装置标准图集 D562 中要求为≥100mm，并且高度宜不小于支持件与女儿墙外墙边的距离为宜。

35.9.3.3　避雷网安装

1. 沿屋脊、屋檐、女儿墙明敷

扁钢或圆钢沿屋脊、屋檐或女儿墙明敷之前，支持件必须已按设计位置预埋，无松动现象。然后，进行校平校直。一般是利用一段约 2m 左右长度的 10 号槽钢将扁钢或圆钢放平在槽钢上，用木槌对不平直部位进行敲打校平直。

避雷网敷设安装的要求：

(1) 扁钢与扁钢的焊接搭接长度不小于扁钢宽度的两倍，且焊接不少于三面。

(2) 圆钢与圆钢的搭接长度不小于圆钢直径的 6 倍，且双面焊接。

(3) 扁钢与支持件（扁钢）的焊接，扁钢宜高出支持件约 5mm，这样焊接后上端可以平整。

(4) 焊接处焊缝应平整，发现有夹渣、咬边、焊瘤现象，应返工重焊。焊接后及时清除焊渣，并在焊接处刷防锈漆一遍，饰面漆两遍。

(5) 高层建筑小屋面机房、设备房等墙面与女儿墙相连时，女儿墙上避雷网应与墙面明敷引下线连成一体；当引下线为主筋暗敷时，应从墙内主筋引下线焊接热镀锌钢筋引出与女儿墙扁钢（圆钢）搭接连成一体。

(6) 避雷网的搭接焊焊缝应有加强高度。

(7) 避雷网沿屋脊、屋檐、女儿墙应平直敷设，在转角处弯曲弧度宜统一。

(8) 避雷网在女儿墙敷设时，一般宜敷设在女儿墙的中间，并且离女儿墙的外侧距离不小于避雷网的高度为宜；避雷网在经过沉降（伸缩）缝时须弯成较大弧状。

(9) 对于镀锌层被破坏的部分如焊口处等须涂樟丹涂料一遍和银粉两遍。

2. 避雷网格的敷设

屋面网格应按照设计要求敷设，若设计未明确时，一般屋面上敷设网格应要求为：一类防雷建筑物：不大于 100m²；二类防雷建筑物：不大于 225m²；三类防雷建筑物：不大于 400m²。

3. 避雷针

(1) 避雷针针体按设计采用热镀锌圆钢或钢管制作。避雷针针体顶端按设计或标准图制成尖状。采用钢管时管壁的厚度不得小于 3mm，避雷针尖除锈后涂锡，涂锡长度不得小于 200mm。

(2) 避雷针安装必须垂直、牢固，其倾斜度不得大于 5‰。其各节的尺寸见表 35-141。

避雷针组装尺寸　　　　表 35-141

避雷针高度 (m)	1	2	3	4	5	6	7	8	9	10	11	12
第一节尺寸 (m) $\Phi25$ (mm)	1	2	1.5	1.5	1.5	2	2	1.5	2	1.5	2	2
第二节尺寸 (m) $\Phi40$ (mm)			1.5	1.5	1.5	2	2	2	2	1.5	2	2
第三节尺寸 (m) $\Phi50$ (mm)				1.5	2	2	2	2.5	2	3	3	2
第四节尺寸 (m) $\Phi100$ (mm)										4	4	4

注：避雷针高度多段组合时，直径小的在上部。

35.9.4　接　地

接地线和接地体连接为一体称为接地装置。安装的基本原则和要求：利用自然接地体为主，若自然接地体接地电阻值达不到设计要求时，增加安装人工接地装置，直至接地电阻值达到设计要求。

1. 接地线的截面要求

单独受电设备接地线截面一般不小于表 35-142 数值。

设备的相线截面（S）	接地线的最小截面（mm²）
S≤16	S
16<S≤35	16
S>35	S/2

接地线的最小截面积　　　　表 35-142

注：低压电气设备与接地线的连接。采用多股铜芯软绞线，其铜芯线最小截面积不得小于4mm²。

低压电气装置的配电线路上，严禁用铝线、铅皮、蛇皮管及保温管的金属网作接地体或接地线。

2. 接地线的安装要求

（1）接地线一般采用热镀锌扁钢或圆钢。其与接地体的连接采用搭接法焊接，其焊接长度为：

①圆钢接地线与接地体连接的焊接长度不小于圆钢直径的 6 倍，须双面焊接（d—圆钢直径），如图 35-143。

图 35-143　圆钢接地线与接地体连接的焊接长度

②扁钢接地线与钢管、角钢接地体的连接焊接，须将扁钢弯成弧形与钢管、角钢焊接，长度不小于扁钢宽度的 2 倍，并对接地体进行围焊，焊接三个棱边。

③圆钢与扁钢连接时，其焊接长度不小于圆钢直径的 6 倍，须两面焊接。

（2）接地线裸露部位应设置钢管、角钢等进行保护，以防止机械损伤。接地线穿越墙壁时应预埋钢管作保护套管。

（3）室内明敷设的接地线应用螺栓或卡子牢固地固定在支持件上。支持件的距离：水平敷设时为 800～1000mm；垂直敷设为 1200～1500mm；转弯部分为 500mm。

（4）明敷设的接地线按设计要求位置敷设，应装在便于检查的地方。

（5）在接地测试点箱盒上，需做接地标识。

3. 携带式和移动式电气设备的接地要求

（1）接地线应用截面不小于 1.5mm² 的铜绞线。

（2）应用专用的芯线进行接地，中性线和保护接地线应在同一点上与接地干线相连接。

4. 人工接地体安装

参见防雷接地装置人工接地体安装。

35.9.5　均压环安装

均压环是用扁钢或圆钢水平与接地引下线等连接，使各连接点处电位相同。高层建筑物应按设计要求装设均压环，自 30m 起，向上环间垂直距离不宜大于 12m。

（1）在 30m 及以上的建筑物的外金属窗、金属栏杆处附近的均压环上，焊出接地干线到金属窗、金属栏杆端部。也可在金属窗、金属栏杆端部预留接地钢板。

（2）30m 及以上的建筑物的外金属窗、金属栏杆须通过引出的接地干线电气连接而与避雷装置连接。在金属窗加工制作时应按规定的要求甩出 300mm 的一25mm×4mm 扁钢 2 处，如框边长超过 3m 时，就需要做 3 处连接，以便于进行压接或焊接。甩出的扁钢等与均压环引出线连接一体。

（3）外金属窗、金属栏杆与接地干线或预留接地钢板连接可用螺栓连接或焊接，连接必须可靠。

35.9.6　烟囱的防雷装置

（1）烟囱的多支避雷针应连接在闭合环上。

（2）当非金属烟囱无法采用单支或双支避雷针保护时，应在烟囱口装设环形避雷带，并对称布置三支高出烟囱口不低于 0.5m 的避雷针。

（3）烟囱避雷针的根数可按表 35-143 选取。

烟囱避雷针的根数表　　　　表 35-143

烟囱尺寸	内径 (m)	1	1	1.5	1.5	2	2	2.5	2.5	3
	高度 (m)	15～30	31～50	15～45	46～80	15～30	31～100	15～30	31～100	15～100
避雷针根数		1	2	2	3	2	3	2	3	3
避雷针长度		1.5	1.5	1.5	1.5	1.5	1.5	1.5	1.5	1.5

（4）当两支或多支烟囱在一起时，即使按理论计算高烟囱的保护范围能够覆盖低烟囱时，低烟囱仍然需要安装防直击雷的接闪器。

（5）钢筋混凝土烟囱的钢筋应在其顶部和底部与引下线和贯通连接的金属爬梯相连。

（6）高度不超过 40m 的烟囱，可只设一根引下线，超过 40m 时应设两根引下线。可利用螺栓连接或焊接的一座金属爬梯作为两根引下线用。但所有金属部件之间应连成电气通路。

（7）金属烟囱应作为接闪器和引下线。

（8）烟囱避雷针引下线截面，一般采用圆钢时，直径为 10mm；采用扁钢时，为 30mm×4mm。当烟囱低于 40m 时，可只装设一根引下线；高于 40m 时，则必须装设二根引下线。

（9）烟囱避雷针的接地电阻应小于 30Ω。

（10）烟囱顶上避雷针采用直径 25mm 镀锌圆钢或直径为 40mm 镀锌钢管。

（11）避雷环用直径 12mm 镀锌圆钢或截面为 100mm 镀锌扁钢，其厚度应为 4mm。

35.9.7　试 验 与 调 试

1. 接地电阻测试要求：

交流工作接地，接地电阻不应大于 4Ω；安全工作接地，接地电阻不应大于 4Ω；直流工作接地，接地电阻应按计算机系统具体要求确定；防雷保护地的接地电阻不应大于 10Ω（按设计要求）。

对于屏蔽系统如果采用联合接地时，接地电阻不应大于 1Ω。

2. 接地电阻测试仪：

接地电阻测试仪是检测测量接地电阻的常用仪表，比较常用的有 ZC 系列的摇表指针式，稳定性更高的数字接地电阻仪。法国 CA 公司 6412、6415 单钳口式地阻仪也是当前较为常用的一种地阻测试仪，国内生产同类产品的有 ET2000 型等。

（1）ZC-8 型接地电阻测试仪

使用与操作见图 35-144。

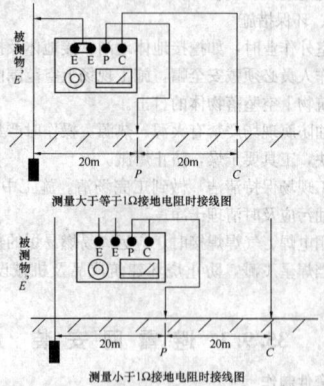

测量大于等于1Ω接地电阻时接线图

测量小于1Ω接地电阻时接线图

图 35-144　ZC-8 型接地电阻测试仪

（2）MODEL4012 接地电阻测试仪

MODEL4012 是用来测定配电线，屋内配线，电机机电设备等接地阻抗测试仪。测量时，按下×1 档，接好线，不用把接地端子打入地下，只要把线路拉到规定距离，在端子处倒两瓶水就可以了。一按按钮，测试值就显示，比较方便，尤其是高层建筑使用比较好。

MODEL4012 使用注意事项：

1）测试前请先确认量程选择开关已设定在适当档位。测试导线的连接插头已紧密插入端子内。

2）主机潮湿状态下，请勿接线。各档位中，请勿加载超于该量程额定值的电量。

3）当与被测物在线连接时，请勿切换量程选择开关。测试端子间请勿加载超过 200A 的交流或直流电压。

4）请勿在易燃性场所测试，火花可能会引起爆炸。若仪器出现破损或测试导线发生龟裂而造成金属外露等异常情况时，请停止使用。

5）更换电池，请务必确定测试导线已从测试端子拆除。主机潮湿状态下请勿更换电池。

6）使用后请务必将量程选择开关切至 OFF 位置。

7）请勿于高温潮湿，有结露的场所及日光直射下长时间放置。

8）本测试器请勿存放于超过 60℃ 的场所。

9）长时间不使用，请取出电池后保存。

10）主机潮湿时，请干燥后保存。

35.10 等电位联结

等电位联结是将建筑钢结构、各种金属管道（给水金属管道、排水金属管道、热水金属管道、消防管道、燃气管道等）、金属构件、金属栏杆、金属门窗、天花金属龙骨、金属线槽、金属桥架、铠装电缆、设备外壳、混凝土结构内的金属地板、金属墙体、混凝土结构的接地引下线和均压环用钢筋及接地线引线等互相按规范连接成一个完整的同电位体，整体作为一个防雷装置，防止雷击，保证建筑物内部不产生电击和危险的接触电压、跨步电压，用于防止雷电波的干扰，降低了建筑物内间接接触电击的接触电压和不同金属部件间的电位差，并消除自建筑物外经电气线路和各种金属管道引入的危险故障电压的危害。

等电位联结分为进线等电位联结、辅助等电位和局部等电位联结。

等电位联结降低了建筑物内人们间接接触电击的接触电压和相邻金属部件间的电位差，并消除了自建筑物进出电气线路和各种金属管道传入的危险故障电压的危害。

35.10.1 进线等电位联结

一般通过建筑物进线配电室旁的总等电位联结端子板（与接地母排连接）将下列导电部分电气连通：建筑物防雷接地干线；进线配电柜 PEN 母排；附近的建筑物进出户的各种金属管道；（离总等电位端子板比较远的各种金属管道可以就近直接与接地干线联结）附近的建筑物金属结构；（离总等电位端子板比较远的各种金属结构可以就近直接与接地干线联结）附近的人工接地母线；建筑物每一处电源进线处都应做进线等电位联结，各个等电位联结端子板应互相电气连通。如图 35-145。

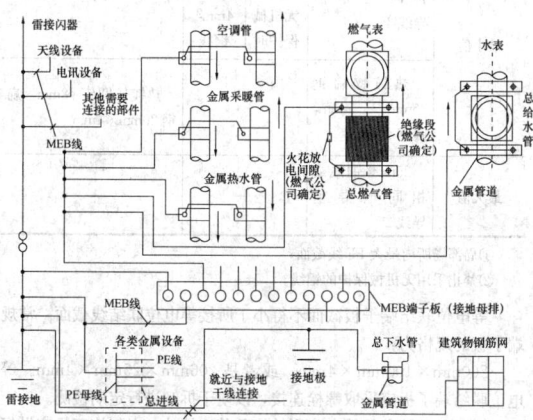

图 35-145　总等电位联结系统

（1）端子板采用紫铜板，根据设计要求的规格尺寸加工。端子箱尺寸及箱顶、底板孔规格和孔距应符合设计要求。端子箱需用钥匙或工具方可打开。

（2）MEB 线截面应符合设计要求。相邻近管道及金属结构允许用一根 MEB 线连接。

（3）利用建筑物金属体做防雷及接地时，MEB 端子板宜直接与该建筑物用作防雷及接地的金属体连通。

35.10.2 辅助等电位联结

将两个导电部分用良导体直接作等电位联结，使故障接触电压降至接触电压限值以下，称作辅助等电位联结。

下列情况下须做辅助等电位联结：

（1）电源网络阻抗过大，使自动切断电源时间过长，不能满足防电击要求时；

（2）自 TN 系统同一配电箱供给固定式和移动式两种电气设备，而固定式设备保护电器切断电源时间不能满足移动式设备防电击要求时；

（3）为满足浴室、游泳池、医院手术室等场所对防电击的特殊要求时。

35.10.3 局部等电位联结

当需在一局部场所内作多个辅助等电位联结时，可通过局部等电位联结端子板将下列部分互相连接，实现该局部范围内的多个辅助等电位联结，被称作局部等电位联结。

浴室、游泳池等有水房间的等电位联结，以及医院手术室局部等电位联结，为防电击的特殊要求具有重要性。在游泳池边地面下无钢筋时，应敷设电位均衡导线，间距宜为 600mm，最少在两处作横向连接，且与等电位联结端子板连接，如在地面下敷设采暖管线，电位均衡导线应位于采暖管线的上方。电位均衡导线也可敷设为 500mm×150mm 的 ϕ3 铁丝网，相邻铁丝网之间应互相焊接。

35.10.3.1 卫生间、浴室等有防水要求的房间等电位联结系统工艺流程

系统如图 35-146。

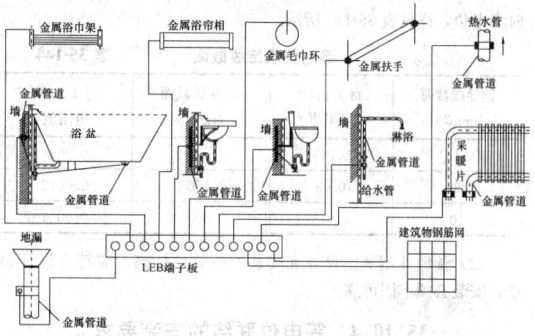

图 35-146　有防水要求房间等电位联结系统

（1）首先，应将地面内钢筋网和混凝土墙内钢筋网与等电位联通。

（2）预埋件的结构形式和尺寸，埋设位置标高应符合设计要求。

（3）等电位联结线与浴盆、地漏、下水管、卫生设备的连接，按系统图要求进行。

（4）等电位端子板安装位置应方便检测。端子箱和端子板组装应牢固可靠。

（5）LEB 均采用 BV-4mm² 的铜线，应暗设于地面内或墙内穿入塑料管布线。

35.10.3.2 游泳池等电位联结

系统如图 35-147。

（1）LEB 线可自 LEB 端子板引出，与其室内金属管道和金属导电部分相互连接。

（2）无筋地面应敷设等电位均衡导线，采用 —25mm×4mm 扁

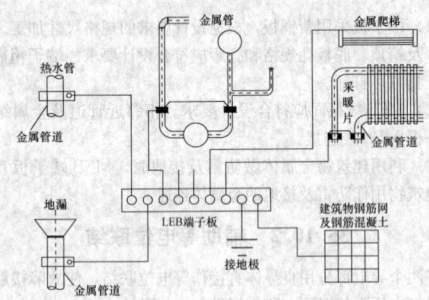

图 35-147 游泳池等电位联结系统图

钢或 φ10mm 圆钢在游泳池四周敷设三道，距游泳池 0.3m，每道间距宜为 0.6m，最少在两处作横向连接，且与等电位端子板连接。

(3) 等电位均衡导线也可敷设网格为 50mm×150mm 的 φ3 的铁丝网，相邻网之间应互相焊接牢固。

35.10.3.3 医院手术室等电位联结

系统如图 35-148。

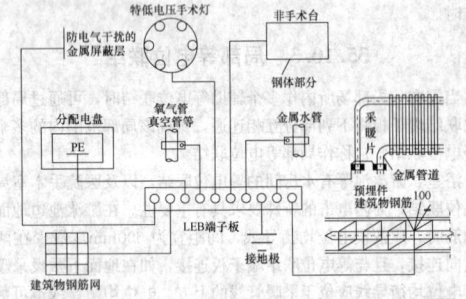

图 35-148 医院手术室等电位联结

(1) 等电位联结端子板与插座保护线端子或任一装置外导电部分间的连接线的电阻包括连接点的电阻小于 0.2Ω。

(2) 不同截面导线每 10m 的电阻值供选择等电位联结线截面时参考值，详见表 35-144 所示。

等电位联结线截面　　表 35-144

铜导线截面 (mm²)	每 10m 的 电阻值	铜导线截面 (mm²)	每 10m 的 电阻值
4	0.045	50	0.0038
6	0.03	150	0.0012
10	0.018	500	0.0004

(3) 预埋件型式、尺寸和安装的位置、标高，应符合设计要求。安装必须牢固可靠。

35.10.4　等电位联结的安装要求

(1) 金属管道的连接处一般不需要加跨接线。

(2) 给水系统的水表需加跨接线，保证水管的等电位联结和接地的有效；装有金属外壳排风机、空调器的金属门、窗框或靠近电源插座的金属门、窗框以及距外露可导电部分范围内的金属栏杆，天花龙骨等金属体需做等电位联结。

(3) 为避免因燃气管道作接地极，燃气管入户后应插入一绝缘段以与户外埋地的燃气管隔离，为防雷电流在煤气管道内产生电火花，在此绝缘段两端应跨接火花放电间隙，此项工作由燃气公司确定。

(4) 一般场所离人站立处不超过 10m 的距离内，如有地下金属管道或结构即可认为满足地面等电位的要求，否则应在地下加埋等电位带，游泳池之类特殊电击危险场所需增大地下金属导体密度。

(5) 等电位联结内各联结导体间的连接可采用焊接、螺栓连接或熔接；当等电位联结采用钢材焊接时，应采用搭接焊，焊接处不应有夹渣、咬边、气孔及未焊透情况，并满足如下要求：

1) 扁钢的搭接长度应不小于其宽度的二倍，三面施焊，(当扁钢宽度不同时，搭接长度以宽的为准)。

2) 圆钢的搭接长度应不小于其直径的六倍，双面施焊，(当直径不同时，搭接长度以直径大的为准)。

3) 圆钢与扁钢连接时，其连接长度应不小于圆钢直径的六倍。

4) 扁钢与钢管（或角钢）焊接时，除应在其接触部位两侧进行焊接外，并用扁钢弯成的弧形面（或直角形）与钢管（或角钢）焊接。

5) 等电位联结线采用不同材质的导体连接时，可采用熔焊法进行连接，也可采用压接法，压接时压接处应进行热搪锡处理，注意接触面的光洁、足够的接触压力和面积。

6) 在腐蚀性场所应采取防腐措施，如热镀锌或加大导线截面等；等电位联结端子板应采取螺栓连接，以便拆卸进行定期检测。

7) 建筑物等电位联结干线应从与接地装置有不少于 2 处直接连接的接地干线或总等电位箱引出，等电位联结干线或局部等电位箱间的连接线构成环形网络，环形网路应就近与等电位联结干线或局部等电位箱连接。支线间不应串联连接。

8) 等电位联结，应符合以下要求：

① 等电位联结线与金属管道的连接。应采用抱箍，与抱箍接触的管道表面须刮试干净，安装完毕后刷防护涂料，抱箍内径略小于管道外径，其大小依管径大小而定。金属部件或零件，应有专用接线螺栓与等电位联结支线连接，连接处螺帽紧固、防松件齐全。

② 等电位联结的可接近裸露导体或其他金属部件、构件与支线连接应可靠，熔焊、钎焊或机械紧固应导通正常。

③ 等电位联结经测试导电的连续性，导电不良的连接处需作跨接线。

④ 等电位联结端子板与插座保护线端子的连接线的电阻包括连接点的电阻不大于 0.2Ω。

⑤ 等电位联结线应有黄绿相间的色标，在等电位联结端子板上刷或喷黄色底漆，并做接地标识。

9) 等电位联结的线路最小允许截面应符合表 35-145 的规定：

等电位联结线路最小允许截面　　表 35-145

类别 取值	总等电位 联结线	局部等电位 联结线	辅助等电位联结线	
一般值	不小于进线 PE（PEN）线截 面的 50%	不小于进线 PE 线截面 的 50%①	两电气设 备外露导电 部分间	较小 PE 线截面
			电气设备 与装置外可 导电部分间	PE 线截面 的 50%
最小值	6mm² 铜线或 相同电导值 导体②	有机械 保护时 / 2.5mm² 铜线	同左	
		无机械 保护时 / 4mm² 铜线		
	热镀锌扁钢 25mm×4mm, 圆钢 φ10mm		热镀锌圆钢 φ8mm,扁 钢 20mm×4mm	
最大值	25mm² 铜线或 相同电导值 导体②	—	—	

①局部场所内最大 PE 线截面；
②禁止采用无机械保护的铝线。

等电位联结端子板截面不得小于所接等电位联结线截面。常规端子板的规格为：

260mm×100mm×4mm，或者是 206mm×25mm×4mm。等电位联结端子板应采取螺栓连接，以便于拆卸进行定期检测。

10) 对于暗敷的等电位联结线及其连接处，电气施工员应做好隐蔽验收记录及检测报告，隐蔽部分的等电位联结线及其连接处，

需在竣工图上注明其实际走向和部位。为保证等电位联结的施工顺利，电气施工员应与土建、水暖等施工员密切配合。管道检修时，在断开管道前敷设完检修管两端接地跨接线，从而保证等电位联结的始终导通。

35.10.5 等电位联结的导通性测试

等电位联结安装完毕后应进行导通性测试，测试用电源可采用空载电压为4～24V直流或交流电源，测试电流不应小于0.2A，当测得等电位联结端子板与等电位联结范围内的金属管道等金属体末端之间的电阻不超过3Ω时，可认为等电位联结是有效的。如发现导通不良的管道连接处，应作跨接线，在投入使用后应定期作导通性测试。

等电位联结进行导通性测试，即是对等电位用的管夹、端子板、联结线、有关接头、截面和整个路径上的色标进行检验，等电位联结的有效性必须通过测定来证实。测量等电位联结端子板与等电位联结范围内的金属管道末端之间的电阻，有时是困难的，若距离较远。可以进行分段测量，然后电阻值相加。

35.11 试验与调试

建筑电气工程中，所有安装完成的电气设备必须要经过试验调试合格后，才能投入运行。一般建筑电气工程中所需调试的电气设备包括：高压配电柜、高压开关、避雷器、电流互感器、电压互感器、各种测量及保护用仪表、电力变压器、封装母线、裸母线、绝缘子及套管、电抗器、电力电容器、电力电缆、接地装置、低压配电柜、各种继电器、继电保护系统、低压断路器及隔离器、接近开关、各种泵及风机、各种类型起重设备、各种电动机、各种变频器、各种型号PLC、各种软启动器、各型开关、照明系统、接地系统等新建、改建工程中安装的电气设备。此类设备主要位于建筑高低压变配电所（室）和各类型的设备机房之中。

35.11.1 建筑电气试验项目与调试的系统

根据《电气装置安装工程电气设备交接试验标准》GB 50150—2006中的规定，电气试验与调试的内容如下所示：

1.基本试验项目
(1) 绝缘电阻和吸收比测量；
(2) 直流耐压试验和泄露电流测量；
(3) 交流工频耐压试验；
(4) 介质损失角测量；
(5) 电容比测量；
(6) 直流电阻测量；
(7) 极性接线组别确定；
(8) 变比测量。
2.基本电气调试系统
(1) 高压设备试验；
(2) 高压配电系统调试；
(3) 高压传动系统调试；
(4) 低压配电系统调试；
(5) 低压传动系统调试；
(6) 计算机系统调试；
(7) 单体调试；
(8) 系统调试。

不同的建筑电气工程中所包含的试验项目和电气系统也不尽相同，随着电气科技的发展，电气设备和材料制作工艺的不断提高，以上一些试验项目在目前的电气工程中已很少见到。目前阶段，常见的建筑电气试验项目包括：绝缘电阻的测量、接地电阻的测量、大容量电气线路接点的温度测量、漏电断路器的漏电电流测量、电动机的轴承温升测量、有转速要求的电机转速测量、交流工频耐压试验、直流电阻的测量；常见的建筑电气调试系统主要有：高压设备试验、高压配电系统调试、高压传动系统调试、低压配电系统调试、低压系统传动调试、设备单体调试、系统联合调试。计算机系统调试请见本书智能建筑工程章节的内容。

35.11.2 准 备 工 作

35.11.2.1 技术准备工作

(1) 学习和审查图纸资料，熟悉图纸中需要试验调试的设备类型、数量、位置、系统组成、一次和二次接线原理等内容；

(2) 编制试验调试方案（包括安全措施）；方案的编制应具有针对性，不同的工程编制内容应符合工程本身的特点，方案在实施前必须经过主管部门和现场监理、业主的审核、批准；

(3) 了解系统基本工艺；参加试验调试的工程师和所有操作人员，必须充分了解需要试验、调试的设备在整个工艺系统中的作用和功能，对于系统中的各个技术参数应熟悉。

35.11.2.2 仪器仪表与工机具的准备

电工仪器仪表是调试人员完成电气试验、调试、调整的主要工具。现场的仪器仪表应注意精心使用与保管，并应设专门人员进行保管、维护与检修，以保证仪器仪表经常处于完好状态，延长仪器仪表的使用寿命，减少误差，满足工程的需要。对于高压电气实验设备，为避免搬运频繁和保证现场系统的安全，应存放于现场，并设专人进行保管和维修。

1. 电气试验设备、仪器仪表、材料的一般要求

(1) 电气试验设备、仪器仪表、材料进场检验结论应有记录，确认符合《电气装置安装工程电气设备交接试验标准》GB 50150—2006和《建筑电气工程施工质量验收规范》GB 50303—2002的规定，方可使用。

(2) 依照法定程序批准进入市场的新设备、新仪器仪表、新材料进行验收时，除符合国家规范《建筑电气工程施工质量验收规范》GB 50303—2002规定外，尚应提供安装、使用、维修和试验要求等技术文件。

(3) 进口电气设备、仪器仪表和材料进场验收，除符合规范《建筑电气工程施工质量验收规范》GB 50303—2002规定外，尚应提供商检证明文件和中文的质量合格证明文件、规格、型号、性能检测报告以及中文的安装、使用、维修和试验要求等技术文件。

(4) 电气设备上计量仪表和与电气保护有关的仪表应检定合格，当投入试运行时应在有效期内。

(5) 因有异议送有资质试验室进行抽样检测，试验室应出具检验报告，确认符合国家规范《建筑电气工程施工质量验收规范》GB 50303—2002规定和相关技术标准规定，才能在工程中使用。

2. 建筑电气工程中经常使用的主要仪器仪表、工机具。

主要仪器仪表、工机具见表35-146和表35-147。

低压电气设备交接试验常用的主要仪器一览表

表35-146

序号	名　称	型　号	级类	用　途
1	低压大电流变压器	DDG-10/0.5		供电流互感器特性试验，低压断路器脱扣试验及熔断器特性试验
2	多量程电流互感器	HL-25、HL-26	0.2	供电流互感器特性试验，检验电表，扩大量程用及检验继电器保护动作电流的试验
3	仪用电压互感器	HJ10型	0.2	检验电表扩大量程用
4	双综双扫示波器	ST-22型		测量电压、电流、频率，相位波形和各种参数用
5	交直流稳压器	613-4		做稳压电源用
6	携带式晶体管参数测试仪	JS-7A		测量晶体管参数用
7	数字式频率仪	PP4		测量频率用
8	钳形交流电流电压表	T-302	2.5	测量交流电源的电压和电流
9	单相相位表	D26-cosφ	1.0	测量单相交流电压与电流之间的相位角

续表

序号	名 称	型 号	级类	用 途
10	三相相序表			测量三相相序用
11	携带式直流双臂电桥	QJ28		测量开关接触电阻、发电机、变压器线圈等直流电阻
12	携带式直流单臂电桥	QJ23		测量 1 欧姆以上直流电阻
13	单相携带式电度表	DB1		检验电度表用
14	交直流电流表	D2/3-A、D26A	0.2、0.5	其中 0.2 级作为标准表校验 0.5 级电表用，0.5 级作为校验 1 级以下电表用及电流测量
15	交直流电压表	D2-V、D8-V	0.2、0.5	其中 0.2 级作为标准表校验 0.5 级电表用，0.5 级作为校验 1 级以下电表用及电压测量
16	电磁式电流表	T2-A	0.5	校验 1 级以下精确度电表及一般测量用
17	直流电压表	C59-V	0.5	用于一般直流电压用
18	直流电压表	C31-V	0.5	校验 1 级以下的电表及一般测量用
19	直流电流表	C31-A	0.5	用于一般直流电流测量
20	电磁式毫安表	T2-mA、T19-mA	0.5	用于一般直流电流测量及校验继电器用
21	交直流电子稳压电源	613A		作为交直流稳压电源用
22	接地电阻测定仪	ZC8、ZC29		测量各种接地装置的接地电阻用
23	兆欧表	ZC7、ZC11①		测量电气线路、设备的绝缘电阻
24	滑杆式电阻器	RXH		调节电压和电流
25	秒表			测量时间（s）
26	电秒表	407 型		测量导体直流电阻和电缆的故障点
27	线路试验器	QF43 型		测量导体直流电阻和电缆的故障点
28	自耦调压器	TDGC、TSGC（单、三相）		调节电压用
29	万用表	MF9、JSW		测量交、直流电压，直流电流和电阻
30	转速表			测量电机或其他设备的转速
31	半导体点温计			测量一个很小面积的温度，特别适宜测量接头、触点等部位的温度
32	红外线遥测温度仪			630A 及以上导体或母线连接处的温度测量
33	低压验电笔			低压验电用

注：一般标准规格有 500V，0~500MΩ；1000V，0~500MΩ；2500V，0~1000MΩ。

常用工机具一览表   表 35-147

序号	名称	规格型号	用 途
1	克丝钳	8 寸	用于截断线径较大的导线或加紧线径较大的多股导线
2	尖嘴钳	8″、6″	用于截断线径较小的导线或操作单股导线的盘圈、多股软线加紧等
3	剥线钳	80B、7″	用于接线工序中剥除单股绝缘导线的外绝缘
4	组合螺丝刀	3~6mm	用于各种扁口、十字口的螺钉、螺栓的紧固
5	电工刀	大号	用于电缆头制作工序中剥除、切断电缆较大长度的内、外绝缘，或剥除绝缘导线较大长度的绝缘
6	活络扳手	8 号	用于紧固设备固定用螺栓
7	数显力矩扳手	17~340Nm	用于紧固有紧固力矩要求的接线端子螺栓
8	压线钳	7 号 A，0.5~6mm²	用于压接多股导线的 UT 型、OT 型接线端子
9	液压压线钳	10~300mm²	用于电缆头制作工序中导线与接线端子的压接

35.11.2.3 调试现场条件的准备

1. 电气系统的完善

（1）所要试验、调试的电气设备已安装完毕，整个电气系统继电保护、供电线路、负荷用电末端均已全部完善。

（2）外部电源已具备送电条件，随时可以供电。

（3）无法断开且不能空载运行的设备，负荷端已具备条件。

2. 外部环境的准备

（1）高低压变配电室（所）、各配电间内部土建工作全部完成，门窗齐全，内部环境干净清洁，且环境湿度不大于 80%。

（2）高低压变配电室（所）、各配电间的附属设备已安装完毕，如通风机、消防灭火装置、电气照明、系统接地等。

35.11.3 建筑电气试验与调试一般要求

35.11.3.1 建筑电气试验的要求

（1）根据图纸检查设备、元件、各类接线的型号规格以及各元件的接点容量、接触情况。

（2）准确检查现场施工的各类线缆线路，所有线路的型号、规格、回路编号等必须符合图纸。

（3）所有控制设备的二次接线必须经过端子排。

（4）线路两端必须挂上线号、回路编号，要求号码清晰、准确。

（5）设备的各接线端子应压紧，一个接线端子上压线不得接 3 个及以上。

（6）电气试验用的仪表应符合规范、设计的要求，无要求时一般精度为 0.5 级以上。

（7）容易受外部磁场影响的仪器、仪表，应注意测量位置距离大电流的导线 1m 以外放置；在强磁场区域测量时，应对仪器仪表采取磁场隔离措施。

（8）测量参数与温度有关或测量数据受被测物温度影响的，应准确测量现场温度和被试物的温度。如果被试物温度不易被测量，可测周围环境温度代替被测物的温度。

（9）在进行设备和线路的绝缘测量试验时，应选择良好的天气。

（10）在进行耐压试验的项目，在耐压试验前后均应检查其被测设备、线路绝缘电阻，如无特殊说明，交流耐压试验持续时间规定为 1min。

（11）在测量变压器的介质损失角、电容比以及进行耐压试验的项目时，应将被试物绕组所有能连接的抽头都相互连接在一起。进行升压试验时应将未试的线圈全部接地（测介质损失角与电容时，对未试线圈不应接地）。

（12）对于在出厂资料中提出了特殊要求电气设备和元件，除按规定的项目进行试验外，还应按厂家规定的项目进行试验，试验

数据应符合厂家的特殊要求。

（13）在绘制各种试验数据的特性曲线时，测定点数一般应描绘成平滑的曲线。

（14）对于试验测量数据不符合规范或设计要求的设备、线路、元件，在经过调整后仍达不到技术要求的，一律不得投入正常使用，必须进行更换。

（15）凡能分相进行试验测量的设备应分相进行试验测量，以便各相之间进行相互比较。

35.11.3.2　建筑电气系统调试的要求

（1）调试前，应检查所有回路和电气设备的绝缘情况，全部合格后方可进行调试下道工序。

（2）调试前，全面检查整个电气系统的所有接点，清除各临时短接线和各种障碍物。

（3）恢复所有进行电气试验时被临时拆开的线头，对照图纸处于正常状态，并逐一检查有无松动或脱落现象。

（4）在各阶段的调试前，都必须对系统控制、保护与信号回路做重复检查，保证所有设备与元件的可动部分应动作灵活可靠。

（5）检查备用电源线路与备用系统设备及其自动装置，应处于良好状态。

（6）检查行程开关和极限开关的接点位置应正确，转动应灵活；打开开器件检修盖板，检查内部无异物存在，并将其复位。

（7）在电机空载运行前应首先进行手动盘车，转动应灵活，并仔细检查内部是否有障碍物存在。

（8）通电试运行前必须确认被调试的设备周围工作人员处于安全区域，做到安全第一。

（9）在调试启动电流过大的电机时，如果启动电流对内部电网有较大影响，则在启动之前调整变电所下口的其他负荷，如果对外电网产生较大影响，则应通知上级变电所工作人员或相关供电部门。

（10）对大型变电所及大型电机在送电之前应制定送电调试方案（包括安全措施）。送电前应取得相关部门的批准。

（11）带机械试车时，均应听从机装指定的专人指挥。

（12）在送电时，正确的送电顺序是：先送主电源，再送操作电源，切断时相反。

（13）所调试的电机为驱动风机、水泵类的负载机械时，应关闭管道阀门启动。

（14）电气调试人员应进行分工，并配齐必须的安全用具。

（15）调试人员必须配备必要通信设备，确保调试过程中各个岗位联系畅通。

（16）调试过程中，各操作人员必须坚守岗位，准备随时紧急停车。

（17）电气调试过程中必须准确记录各项参数，做好调试记录。

35.11.4　建筑电气试验工序和调试工序

35.11.4.1　建筑电气试验的工序

建筑电气试验工作是在建筑施工的过程中随施工进度的进展依次完成的，它贯穿整个电气施工的全过程。一般建筑电气的各类试验项目的工序如下：

接地系统试验→低压设备及线路试验→成套高压设备及线路试验→变压器及附属设备试验→成套低压设备及线路试验→备用电源及线路试验

35.11.4.2　建筑电气调试的工序

建筑电气调试是整个建筑电气工程全部安装完成后，进入正式使用运行的最后一道工序，也是整个电气工程的关键工序。电气系统调试从整个供电系统环节上可分为三大部分：高低压配电室（所）的调试、低压分配电系统送电调试、负荷端用电设备运行调试；从工序时段上可分为三个阶段：单体调试、分系统调试、联动系统调试。

（1）建筑电气调试工序

各系统单体调试→各分系统联调调试→整个电气系统联动调试

（2）高压电气系统调试工序

高压设备的调试→高压系统传动调试→高压配电系统的调试→

（3）低压电气系统调试工序

低压系统传动调试→低压配电系统调试→备用电源系统调试→低压系统设备调试

35.11.5　建筑电气试验项目工作内容

35.11.5.1　接地系统的试验项目

电气工程的接地装置试验项目一般有两个：接地装置工频接地电阻的测量、接地装置土壤散流电阻的测量。工频接地电阻的测量一般用于发电厂、变电所、输电杆塔的工程中；接地装置土壤散流电阻的测量广泛应用于一般民用建筑和工厂电气工程中，即通常所说的"接地电阻的测量"。

1. 测量方法

（1）选择满足约为40m沿测试接地极向外放射的直线方向布置测试接地极，在距离被测接地极 E′被测接地极 E′约为20m的位置将电压探测探针 P′插入大地中，在距离被测接地极 E′约为40m的位置将电流探测探针 C′插入大地中，使得被测接地极 E′、电压探测探针 P′和电流探测探针 C′基本成一直线，并将接地测试仪表的E、P、C接线柱分别与被测接地极 E′、电压探测探针 P′和电流探测探针 C′采用仪表配备的专用线连接起来，如图35-149所示。

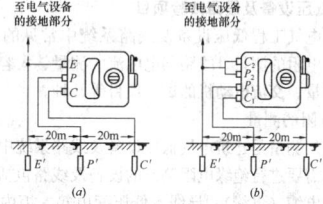

图35-149　接地电阻测试仪表接线图
(a) 三端钮式接地摇表的测量接线；
(b) 四端钮式接地摇表的测量接线

（2）将测试仪表放置水平，掀开仪表指示器盖板，检查表针是否指于表盘正中间的零位刻度线，如不在零位，应旋转调零螺丝使表针指于零位；左右旋转可动刻度盘旋钮，检查是否转动灵活，并将旋转刻度盘的零位与仪表零刻度线对齐，同时将倍率旋钮置于"×1"档位。

（3）轻摇仪表的手柄，观察表针的摆幅，如果表针摆幅很小，说明所选倍率旋钮档位较大，应改选"×0.1"档位；如果表针摆幅很大，说明所选倍率旋钮档位较小，应改选"×10"档位；若表针摆幅较大，说明所选倍率旋钮档正好合适。

（4）摇动仪表发电机手柄，并使转速逐渐加快，同时左右旋转可动刻度盘的旋钮，使表针始终平衡指于仪表中心的零位刻度线上，稳定手柄转速在120转/min约1min后，此时的零位线所指示的旋转刻度盘的数值即为测量读数。

（5）一般所得的测量读数不能直接作为接地极的接地电阻值，由于接地电阻值受测量季节、接地体型式和埋深的影响而有所不同，因此必须对测量读数进行修正，所得出的修正值可作为接地极的接地电阻值，如式（35-7）所示接地电阻修正值为：

$$R_G = \alpha \beta R_D \qquad (35-7)$$

式中　R_G——接地电阻修正值；

　　　R_D——仪表的测量度数；

　　　α——季节系数；

　　　β——人工接地体的型式系数。

α 的取值不同的地区其取值不太相同，一般都可到当地主管部门查到，在无据可查的情况下，可参考表35-148选定：

接地电阻季节修正系数　　　　表35-148

月份	2、3月	4、9月	5、6月	7、8月	10、11月	1、12月
季节系数	1.0	1.6	1.95	2.4	1.55	1.2

β 的取值可参考按表35-149选定：

人工接地体的型式修正系数　　表 35-149

埋深（m）	水平接地体	垂直接地体（长度为 2~3m）	备 注
0.5	1.4~1.8	1.2~1.4	
0.8~1.0	1.25~1.45	1.15~1.3	
2.5~3.0	1.0~1.1	1.0~1.1	

2. 注意事项

（1）摇表线不能绞在一起，要分开。

（2）当"零指示器"的灵敏度过高时，可将电压探针插入土壤中浅一些；若其灵敏度不够时，可沿电压探针和电流探针注入一些水使之湿润。

（3）测量时接地线路要和被保护的设备断开，以便准确地得到测量数据。

（4）当被测接地极 E′与电流探测探针 AC 之间的距离大于 20m，电压探测探针 P′插在距离被测接地极 E′几米以外时，此时的测量误差可以忽略；但当 E′与 C′之间的距离小于 20m 时，则必须将 P′插在 E′与 C′直线的中间。

（5）要定期校验仪表准确度。

（6）当使用传统测量方法不便利的场所，可以使用无需探针线的数字式接地电阻测试仪，具体测量方法可见使用仪器的说明书。

35.11.5.2 低压设备及线路试验项目

一般建筑电气工程低压设备及线路系统中常见的试验项目包括：线路绝缘电阻的测量、线路漏电电流的测量、大容量电气线路接点的温度测量、交流电动机的试验项目等几种。

1. 绝缘电阻的测量

绝缘电阻的测量是建筑电气低压设备及线路系统中最常见的一种试验项目，需要进行绝缘电阻测量的设备及线路包括：低压动力及照明系统的电缆（母线）、导线，低压配电箱、柜内一、二次回路，电动机定子绕组等。测量所用的仪表为兆欧表，根据量程不同有多种类型。兆欧表有三个接线柱，上端两个较大的接线柱上分别标有"接地"（E）和"线路"（L），在下方较小的一个接线柱上标有"保护环"（或"屏蔽"）（G）。

（1）测量方法

1）测量导线线路的绝缘电阻

①将兆欧表的"接地"接线柱（即 E 接线柱）可靠地接地（一般接到某一接地体上），将"线路"接线柱（即 L 接线柱）接到被测线路上，如图 35-150（a）所示。连接好后，顺时针摇动兆欧表，转速逐渐加快，保持在约 120 转/min 后匀速摇动，当转速稳定，表的指针也稳定后，指针所指示的数值即为被测物的绝缘电阻值。

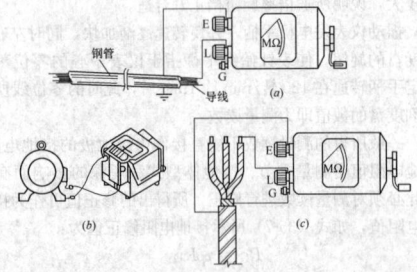

图 35-150　兆欧表接线图

（a）测量线路的绝缘电阻；（b）测量电动机绝缘电阻；（c）测量电缆绝缘电阻

②实际使用中，E、L 两个接线柱也可以任意连接，即 E 可以与被测物相连接，L 可以与接地体连接（即接地），但 G 接线柱决不能接错。

2）测量电动机的绝缘电阻

将兆欧表 E 接线柱接机壳（即接地），L 接线柱接到电动机某一相的绕组上，如图 35-150（b）所示，测出的绝缘电阻值就是某一相的对地绝缘电阻值。

3）测量电缆（母线）线路的绝缘电阻

测量电缆的导电线芯与电缆外壳的绝缘电阻时，将接线柱 E

与电缆外壳相连接，接线柱 L 与线芯连接，同时将接线柱 G 与电缆壳、芯之间的绝缘层相连接，如图 35-150（c）所示。

（2）注意事项

1）设备线路的电压等级不同，所使用的兆欧表电压等级也不相同，除有特殊的要求之外，一般按照表 35-150 来选择兆欧表的电压等级。

建筑电气中兆欧表电压等级选用一览表　　表 35-150

测试项目	额定电压等级	选用等级	遵照依据
电气设备或线路	$U_e < 100V$	250V	《电气装置安装工程　电气设备交接试验标准》GB 50150—2006
电气设备或线路	$100 \leqslant U_e < 500V$	500V	《电气装置安装工程　电气设备交接试验标准》GB 50150—2006
电气设备或线路	$500 \leqslant U_e < 3000V$	1000V	《电气装置安装工程　电气设备交接试验标准》GB 50150—2006
电气设备或线路	$3000 \leqslant U_e < 10000V$	2500V	《电气装置安装工程　电气设备交接试验标准》GB 50150—2006
电气设备或线路	$10000 \leqslant U_e$	2500V 或 5000V	《电气装置安装工程　电气设备交接试验标准》GB 50150—2006
动力、照明回路	450/750V	1000V	《建筑电气工程　施工质量验收规范》GB 50303—2002
电缆、母线	1000V	1000V	《建筑电气工程　施工质量验收规范》GB 50303—2002
电机转子绕组	≥200V/<200V	2500V/1000V	《电气装置安装工程　电气设备交接试验标准》GB 50150—2006

2）使用前应作开路和短路试验。使 L、E 两接线柱处在断开状态，摇动兆欧表，指针应指向"∞"；将 L 和 E 两个接线柱短接，慢慢地转动，指针指向在"0"处。这两项都满足要求，说明兆欧表是好的。

3）测量电气设备的绝缘电阻时，必须先切断电源，然后将设备进行放电，以保证人身安全和测量准确。

4）兆欧表测量时应放在水平位置，并用力按住兆欧表，防止在摇测中晃动，摇动的转速为 120 转/min。

5）探针引接线应采用多股软线，且要有良好的绝缘性能，两根引线切忌绞在一起，以免造成测量数据的不准确。

6）禁止在雷电时或高压设备附近测绝缘电阻，只能在设备不带电，也没有感应电的情况下测量。

7）摇测过程中，被测设备上不能有人工作。

8）摇表未停止转动之前或被测设备未放电之前，严禁用手触及。

9）测量完后，拆线时应小心，不要触及引线的金属部分，拆线后应立即对被测物放电。

2. 漏电流的测量

在建筑电气工程中，为保证用电安全，一般规定电气动力和照明回路中带有漏电保护装置的均要进行漏电开关模拟试验。漏电保护装置的电流试验采用漏电开关检测仪，一般目前市面常见的是数字式漏电开关检测仪，仪器的使用方法严格按照仪表使用说明书进行。试验所测数值，住宅工程的应符合《建筑电气工程施工质量验收规范》GB 50303—2002 中第 6.1.9 条第 2 款的数值要求，其他工程和设备的应符合《民用建筑电气设计规范》JGJ/T 16—2008 中第 7.7.10 条的数值要求，且动作时间不大于 0.1s。试验时应会同工程的业主、监理共同进行，并做好记录。

3. 大容量电气线路接点的温度测量

大容量线路接点是指电流在 630A 及以上的导线、母线连接处。在建筑电气工程中，一般大容量线路接点大多位于建筑配电室

（所）的成套低压配电柜出线母排或接线端子处，所以常常把此项试验纳入高低压配电室（所）的试验内容里。大容量电气线路接点的温度测量一般采用远红外摇表测量仪测试，测量方法是将仪器的红外线测点对准需要测量的大容量线路接点处，稳定读数后，仪表显示的数值即为接点的温度。连接点的测温数据的温升值应稳定且不大于设计的要求值。如果设计未提供温升值，应参照的依据为：导线应符合《额定电压 450/750V 及以下聚氯乙烯绝缘电缆》GB 5023.1～5023.7 生产标准的设计温度；电缆应符合《电力工程电缆设计规范》GB 50217—2007 中附录 A 的设计温度。测试时，应会同工程业主、监理共同进行，并做好记录。

4. 交流电动机测量项目

（1）交流电动机的试验项目，应包括以下内容：

1）测量绕组的绝缘电阻和吸收比；

2）测量绕组的直流电阻；

3）定子绕组的直流耐压试验和泄漏电流测量；

4）定子绕组的交流耐压试验；

5）绕线式电动机转子绕组的交流耐压试验；

6）同步电动机转子绕组的交流耐压试验；

7）测量可变电阻器、启动电阻器、灭磁电阻器的绝缘电阻；

8）测量可变电阻器、启动电阻器、灭磁电阻器的直流电阻；

9）测量电动机轴承的绝缘电阻；

10）检查定子绕组极性及其连接的正确性；

11）电动机空载转动检查和空载电流测量。

（2）电压 1kW 以下，容量 100kW 以下的电动机试验项目：

1）测量绕组的绝缘电阻和吸收比；

2）测量可变电阻器、启动电阻器、灭磁电阻器的绝缘电阻；

3）检查定子绕组极性及其连接的正确性；

4）电动机空载转动检查和空载电流测量。

（3）测量绕组的绝缘电阻和吸收比，应符合下列规定：

1）额定电压为 1kW 以下的电动机使用 1kV 兆欧表测量，常温下绝缘电阻值不应低于 0.5MΩ；额定电压为 1000V 及以上的电动机使用 2.5kV 兆欧表测量绝缘电阻，折算至运行温度时的绝缘电阻值，定子绕组不应低于 1MΩ/kV，转子绕组不应低于 0.5MΩ/kV。

2）1000V 及以上的电动机应测量吸收比，吸收比不应低于 1.2，中性点可拆开的应分相测量。电动机的吸收比测量应使用 60s 与 15s 绝缘电阻值的比值；极化指数为 10min 与 1min 的绝缘电阻值的比值。吸收比的测量时秒表看时间，当摇表遥测到 15s 时，读取摇表的数值，继续遥测到 60s 时再读取一个数值，即可求出 R_{60}/R_{15} 的吸收比的数值。

（4）测量绕组的直流电阻，应符合下述规定：

1000V 以上或容量 100kW 以上的电动机各相绕组直流电阻值相互差别不应超过其最小值的 2%，中性点未引出的电动机可测量线间直流电阻，其相互差别不应超过其最小值的 1%。

（5）定子绕组直流耐压试验和泄漏电流测量，应符合下述规定：

1000V 及以上及 100kW 以上、中性点连线已引出至出线端子板的定子绕组应分相进行直流耐压试验。试验电压为定子绕组额定电压的 3 倍。在规定的试验电压下，各相泄漏电流的差值不应大于最小值的 100%；当最大泄漏电流在 20μA 以下时，各相间应无明显差别。中性点连线未引出的不进行此项试验。

（6）电动机的交流耐压试验

交流耐压试验时加至试验标准电压后的持续时间，如无特殊说明，应为 1min。

耐压试验电压值以额定电压的倍数计算时，电动机应按铭牌额定电压计算。

定子绕组的交流耐压试验电压，应符合表 35-151 的规定。

电动机定子绕组交流耐压试验电压 表 35-151

额定电压（kV）	3	6	10
试验电压（kV）	5	10	16

绕线式电动机的转子绕组交流耐压试验电压，应符合表 35-

152 的规定。

绕线式电动机转子绕组交流耐压试验电压表 表 35-152

转子工况	试验电压（V）	转子工况	试验电压（V）
不可逆的	$1.5U_k+750$	可逆的	$3.0U_k+750$

注：U_k 为转子静止时，在定子绕组上施加额定电压，转子绕组开路时测得的电压。

（7）同步电动机转子绕组的交流耐压试验电压为额定励磁电压的 7.5 倍，且不应低于 1200V，但不应高于出厂试验电压值的 75%。

（8）可变电阻器、启动电阻器、灭磁电阻器的绝缘电阻。当与回路一起测量时，绝缘电阻值不应低于 0.5MΩ。

（9）测量可变电阻器、启动电阻器、灭磁电阻器的直流电阻值，与产品出厂数值比较，其差值不应超过 10%；调节过程中应接地良好，无开路现象，电阻值的变化应有规律性。

（10）测量电动机轴承的绝缘电阻，当有油管连接时，应在油管安装后，采用 1000V 兆欧表测量，绝缘电阻值不应低于 0.5MΩ。

（11）检查定子绕组的极性及其连接应正确。中性点未引出者可不检查极性。

35.11.5.3 高压成套设备及线路试验项目

（1）高压试验应由当地供电部门许可的试验单位进行，试验标准应符合国家规范，当地供电部门的规定及产品技术资料的要求。

（2）试验内容包括高压柜、母线、避雷器、高压瓷瓶，高压互感器、电流互感器、高压开关（一般 SF₆ 的较多）等，一般供应厂家在高压设备生产完成后，依次对以上器件进行试验，试验合格后方可出厂，所以高压设备在货到现场后，一般不做试验项目，只做器件的检查，只有经检查怀疑存在问题时，才对被怀疑的器件委托当地供电部门许可的试验单位进行试验。

（3）调整的内容包括过流继电器的调整、时间继电器的调整、信号继电器的调整和机械连锁的调整。试验数据应符合国家规范《电气装置安装工程 电气设备交接试验标准》GB 50150—2006 的要求。

（4）二次控制线路的调整及模拟试验：

1）成套高压设备安装完毕后，将所有的接线端子螺丝再做一次全面检查和紧固。

2）用 500V 的摇表在端子板处测试每条回路的绝缘电阻，绝缘电阻的阻值必须大于 0.5MΩ。

3）二次回路如有晶体管、集成电路、电子元件时，该部分回路不许采用摇表测试，应使用万用表测试回路是否接通。

4）接通临时的控制电源和操作电源，将高压柜内的控制、操作电源回路熔断器上端的相线摘掉，接上临时电源。

5）按照图纸要求，分别模拟试验控制、连锁、操作、继电保护和信号动作，模拟试验动作应准确无误，灵敏可靠。如发现试验存在故障，应仔细查找问题原因，排除故障，直至试验无误为止。

6）拆除临时电源，复位拆下的电源相线。

（5）高压线路的试验：

应按国家规范《电气装置安装工程 电气设备交接试验标准》GB 50150—2006 中的电力电缆、母线进行试验。

35.11.5.4 变压器及附属设备试验项目

（1）变压器吊芯检查及试验项目，按照国家规范《电气装置安装工程 电气设备交接试验标准》GB 50150—2006 中的规定。

1）测量绕组连同套管的直流电阻。

2）检查所有分接头的电压比。

3）检查变压器的三相接线组别和单相变压器引出线的极性。

4）测量绕组连同套管的绝缘电阻、吸收比或极化指数。

5）测量绕组连同套管的介质损耗角正切值 tgδ。

6）测量绕组连同套管的直流泄漏电流。

7）绕组连同套管的交流耐压试验。

8）绕组连同套管的局部放电试验。

9）测量与铁芯绝缘的各紧固件及铁芯接地引出套管对外壳的绝缘电阻。

10）非纯瓷套管的试验。

①绝缘油试验。

②有载调压切换装置的检查和试验。

③额定电压下的冲击合闸试验。

④检查相位。

⑤检查噪声。

注：1600kVA以上的油浸式电力变压器的试验，按以上全部项目的规定进行：

1600kVA及以下的油浸式电力变压器的试验，可按以上项目中的第1)、2)、3)、4)、7)、9)、10)、11)、12)、14)项进行；

干式变压器的试验，可按以上项目中的第1)、2)、3)、4)、7)、9)、12)、13)、14)项进行；

变流、整流变压器的试验，可按以上项目中的第1)、2)、3)、4)、7)、9)、11)、12)、13)、14)项进行；

电炉变压器的试验，可按以上项目中的第1)、2)、9)、10)、11)、12)、13)、14)项进行；

电压等级在35kV及以上变压器的试验，在交接时，应提交变压器及非纯瓷套管的出厂试验记录。

（2）变压器吊芯检查及试验项目，按照国家规范《电气装置安装工程 电气设备交接试验标准》GB 50150—2006 的规定。一般变压器的吊芯要求如下：

1）变压器安装前应做吊芯检查。制造厂规定不检查器身者可不做吊芯；就地生产仅做短途运输的变压器，且在运输过程中有效监督，无紧急制动、剧烈震动、冲撞或严重颠簸等异常情况者，可不做吊芯检查。

2）吊芯检查应在气温不低于 0℃，器芯温度不低于周围空气温度，空气相对湿度不大于 75% 的条件下进行（器身暴露在空气中的时间不得超过 16h）。

3）所有螺栓应紧固，并应有防松措施。铁芯无变形，表面漆层良好，铁芯接地良好。

4）线圈的绝缘层应完成，表面无变色、脆裂、击穿等缺陷。高低压线圈无移动发生位移改变情况。

5）线圈间、线圈与铁芯、铁芯与轭铁间的绝缘层应完整无松动。

6）引出线绝缘良好，包扎紧固无破裂情况，引出线固定应牢固可靠，应紧固，引出线与套管连接牢固，接触良好紧密，引出线接线正确。

7）测量可接触的穿芯螺栓、轭铁夹件及绑扎钢带对轭铁、铁芯、油箱及绕组压环的绝缘电阻。采用 2500V 兆欧表测量，持续时间为 1min，应无闪络及击穿现象。

8）油路应畅通，油箱底部清洁无油垢杂物，油箱内壁无锈蚀。

9）器芯检查完毕后，应用合格的变压器油清洗，并从箱体油堵将油放掉。吊芯过程中，器芯与箱壁不应碰擦。

10）吊芯检查后如无异常，应立即将器芯复位并注油至正常油位。吊芯复位、注油必须在 16h 内完成。

11）吊芯检查完成后，要对油系统密封进行全面仔细检查，不得有漏油渗油现象。

（3）试验技术要求：

1）测量绕组连同套管的直流电阻时应符合以下要求

应在分接头的所有位置上进行测量。1600kVA 及以下三相变压器，各相测得值的相互差值应小于平均值的 4%，线间测得值的相互差值应小于平均值的 2%；1600kVA 以上三相变压器，各相测得值的相互差值应小于平均值的 2%，线间测得值的相互差值应小于平均值的 1%。变压器的直流电阻，与同温度下产品出厂实测数值比较，相应变化不应大于 2%。由于变压器的结构原因，所测数值可能超过 1600kVA 及以下的相间 4%、线间 2% 或者 1600kVA 以上的相间 2%、线间 1% 的规定，这是允许的，但必须满足同温度下测得值与产品出厂实测数值比较，相应变化不大于 2% 的规定。

2）检查所有分接头的变压比

所有变压比与制造厂铭牌数据应一致或相差不大，且应符合变压比的规律；电压等级在 220kV 及以上的电力变压器，其变压比

的允许误差在额定分接头位置时为 +0.5%。

3）检查变压器的三相接线组别和单相变压器引出线的极性

变压器的三相接线组别和单相变压器引出线的极性必须与设计要求、铭牌上的标记和外壳上的符号相符。

4）测量绕组连同套管的绝缘电阻、吸收比或极化指数

绝缘电阻值不应低于产品出厂试验值的 70%。当测量温度与产品出厂试验时的温度不符合时，可按表 35-153 的系数乘以测量值，即换算为同温度下的数值进行比较。如果测量绝缘电阻的温度不是表中所列的数值时，其换算系数 A 可用内插法确定，也可以按公式（35-8）计算：

$$A = 1.5K/10 \qquad (35-8)$$

变压器电压等级为 35kV 及以上，且容量在 4000kVA 及以上时，应测量吸收比，吸收比与产品出厂相应比应无明显的差别，在常温下不应小于 1.3。变压器电压等级为 220kV 及以上，且容量在 120MVA 及以上时，宜测量极化指数，吸收比与产品出厂值相比应无明显的差别。

油浸式电力变压器绝缘电阻的温度换算系数　　表35-153

温度差 K	5	10	15	20	25	30	35	40	45	50	55	60
换算系数 A	1.2	1.5	1.8	2.3	2.8	3.4	4.1	5.1	6.2	7.5	9.2	11.2

5）测量绕组连同套管的介质损耗角正切值 tgδ

当变压器电压等级为 35kV 及以上，且容量在 8000kVA 及以上时，应测量介质损耗角正切值 tgδ。被侧绕组的 tgδ 值不应大于产品出厂试验值的 130%。当测量时的温度与产品出厂试验温度不符合时，可按表 35-154 的系数乘以测量值，即换算为同一温度下的数值进行比较。如果测量绝缘电阻的温度不是表中所列的数值时，其换算系数 A 可用内插法确定，也可以按公式（35-9）计算：

$$A = 1.3^{K/10} \qquad (35-9)$$

介质损耗角正切值 tgδ（%）温度换算系数　　表 35-154

温度差 K	5	10	15	20	25	30	35	40	45	50
换算系数 A	1.15	1.3	1.5	1.7	1.9	2.2	2.5	2.9	3.3	3.7

6）测量绕组连同套管的直流泄漏电流

容量为 8000kVA 及以下、绕组额定电压在 110kV 以下的变压器，应根据表 35-155 的试验电压标准进行交流耐压试验。容量为 8000kVA 以上、绕组额定电压在 110kV 以下的变压器，在有试验设备条件时，可按表 35-155 的试验电压标准进行交流耐压试验。

电气设备绝缘的工频耐压试验电压标准　　表 35-155

额定电压 (V)	最高工作电压 (kV)	1min工频耐受电压 (kV) 有效值															
		油浸电力变压器		并联电抗器		电压互感器		断路器、电流互感器		干式电抗器		穿墙套管				支柱绝缘子、隔离开关		干式电力变压器
												纯瓷、纯瓷充油绝缘		固体有机绝缘				
		出厂	交接	出厂	交接	出厂	交接	出厂	交接	出厂	交接	出厂	交接	出厂	交接	出厂	交接	出厂	交接
3	3.5	18	15	18	15	18	16	18	16			8		18		25		10	8.5
6	6.9	25	21	25	21	25	21	25	21			23		32		32		20	17
10	11.5	35	30	35	30	35	30	35	30			30		42		42		28	24
15	17.5	45	38	45	38	45	40	45	40			40		57		57		38	32
20	23.0	55	47	55	47	55	50	55	50			50		68		68		50	43
35	40.5	85	72	85	72	85	80	85	80			80		100		100	70	70	
63	69.0	140	120	140	120	140	130	140	130			140		165	165				
110	126.0	200	170	200	170	200	170	200	170			185	180	265	265				
220	252.0	395	335	395	335	395	360	395	360			395	360	450	450				
330	363.0	510	510	510	510	510	460	510	460										
500	550.0	680	578	680	578	680	612	680	612			680	612						

7）绕组连同套管的局部放电试验

电压等级为 500kV 的变压器宜进行局部放电试验，实测放电

量应符合下列规定：预加电压为 U_m；测量电压在 $1.3U_m/\sqrt{3}$ 下，时间为 30min，视在放电量不宜大于 300pC；测量电压在 $1.5U_m/\sqrt{3}$ 下，时间为 30min，视在放电量不宜大于 500pC；上述测量电压的选择，按合同规定（其中 U_m 均为设备的最高电压有效值）。电压等级为 220kV 及 330kV 的变压器，当有试验设备时宜进行局部放电试验。局部放电试验方法及在放电量超出上述规定的判断方法，均按现行国家标准《电力变压器》中的有关规定进行。

8) 测量与铁芯绝缘的各紧固件及铁芯接地引出套管对外壳的绝缘电阻

进行器身检查的变压器，应测量可接触到的穿芯螺栓、轭铁夹件及绑扎钢带对轭铁、铁芯、油箱及绕组压环的绝缘电阻。采用 2500V 兆欧表进行测量，持续时间为 1min，应无闪络击穿现象。当轭铁梁与穿芯螺栓一端与铁芯连接时，应将连接片断开后进行试验。铁芯必须为一点接地，对变压器上有专用的铁芯接地线引出套管时，应在注油前测量其对外壳的绝缘电阻。

9) 非瓷套管的试验和绝缘油的试验按规范和产品有关要求进行。

10) 有载调压切换装置的检查和试验

在切换开关取出检查时，测量限流电阻的电阻值，测得值与产品出厂值相比，应无明显差别。在切换开关取出检查时，检查切换开关切换触头的全部动作顺序，应符合产品技术条件的规定。检查切换开关装置在全部切换过程中，应无开路现象，电气和机械限位动作正确且符合产品要求，在操作电源电压为额定电压的 85% 及以上时，其全过程的切换中应可靠动作。在变压器无电压下操作10 个循环，在空载下按产品技术条件的规定检查切换装置的调压情况，其三相切换同步性及电压变化范围和规律，与产品出厂数据比较，应无明显差别。绝缘油在注入切换开关油箱前，其电气强度应符合规范标准的规定。

11) 额定电压下的冲击合闸试验

在额定电压下对变压器的冲击合闸试验应进行 5 次，每次间隔时间宜为 5min，无异常现象；冲击合闸宜在变压器高压侧进行，对中性点接地的电力系统，试验时变压器中性点必须接地；发电机变压器组中间连接无操作断开点的变压器，可不进行冲击合闸试验。

12) 相位和噪声检查

变压器相位必须与电网的相位一致。电压等级为 500kV 的变压器噪声，应在额定电压及额定频率下测量，噪声值不大于 80dB(A)，其测量方法和要求应按现行国家标准《电力变压器第 10 部分：声级测定》GB/T1094.10—2003 的规定进行。

35.11.5.5 低压成套设备及线路试验项目

(1) 低压成套设备试验一般由生产供应厂家在厂内进行，对于不具备试验条件的设备供应厂家，应委托有试验资质的试验单位进行。试验标准应符合国家规范，当地供电部门的规定及产品技术资料的要求。一般低压成套设备分为两种，一种安装于配电室的成套设备，一般其试验项目并入变配电室（所）的试验内容；另一种是安装于各机房或分配电间的成套设备，其试验项目一般纳入低压系统试验内容。

(2) 试验内容包括低压柜、母线、避雷器、电压互感器、电流互感器、断路器等。一般供应厂家在低压设备生产完成后，依次对以上器件进行试验，试验合格后方可出厂，所以低压设备在货到现场后，一般不做试验项目，只做器件的检查，只有经检查怀疑存在问题时，才对被怀疑的器件委托当地供电部门许可的试验单位进行试验。

(3) 调整的内容包括过流继电器的调整、时间继电器的调整、信号继电器的调整和机械连锁的调整。试验数据应符合国家规范《电气装置安装工程 电气设备交接试验标准》GB 50150—2006 的要求。

(4) 二次控制线路的调整及模拟试验：

1) 成套低压设备安装完毕后，将所有的接线端子螺丝再做一次全面检查和紧固。

2) 用 500V 的摇表在端子板处测试每条回路的绝缘电阻，绝缘电阻的阻值必须大于 0.5MΩ。

3) 二次回路如有晶体管、集成电路、电子元件时，该部分回路不许采用摇表测试，应使用万用表测试回路是否接通。

4) 接通临时的控制电源和操作电源，将低压柜内的控制、操作电源回路熔断器上端的相线摘掉，接上临时电源。

5) 按照图纸要求，分别模拟试验控制、连锁、操作、继电保护和信号动作，模拟试验动作应准确无误，灵敏可靠。如发现试验存在故障，应仔细查找问题原因，排除故障，直至试验无误为止。

6) 拆除临时电源，复位拆下的电源相线。

(5) 低压线路的试验：

应按国家规范《电气装置安装工程 电气设备交接试验标准》GB 50150—2006 中的电力电缆、1kV 及以下的馈电线路中的要求进行试验。

(6) 不间断电源柜及蓄电池组的试验：

不间断电源柜及蓄电池组的充放电指标应符合产品技术条件及国家相关规范的规定。电池组母线对地绝缘电阻应符合以下要求：110V 蓄电池不小于 0.1MΩ，220V 蓄电池不小于 0.2MΩ。

35.11.6 建筑电气系统调试工作内容

35.11.6.1 建筑电气系统调试基本内容和过程划分

1. 电气调试工作的基本内容

对全部电气设备（一次设备及二次回路）在安装过程中及安装结束后的调整试验，按照生产工艺的要求对电气设备进行空载和带负荷的调整试验。其目的是为了保证投入运行的设备在适应设计要求的同时，还要适应国家有关电力法规的规定，以确保设备可靠、安全地进行试验。

2. 建筑电气系统调试过程划分

建筑电气工程调试的全过程可分为以下三个阶段：

(1) 单体调试

单体调试是电气调试的首要阶段，是指电气设备及元件的本体试验和调整。如变压器、电动机、开关装置、继电器、仪表、电缆、绝缘子等元件的本体绝缘、耐压和特性等试验和调校。

(2) 分系统调试

单体调试合格后，可以进行分系统调试，是指可以独立运行的一个小电气系统的调试。如一台变压器的分系统调试包括该系统中的一次开关装置、变压器和二次开关装置等主回路调试以及它的控制保护回路的系统调试。

(3) 整体调试

各分体系统调试全部完成合格后，可以进行整体调试，是指整个电气设备系统的整体启动运行调试。如一个变电所的整体调试；一套轧钢电机的整体调试或一条送电线路的整体调试等。

35.11.6.2 高低压变配电所（室）的调试

高低压变配电所（室）的调试应由当地供电部门许可的试验调试单位进行，试验标准应符合国家规范，当地供电部门的规定及产品技术资料的要求。

1. 调试前的检查

一般应首先对整个站二次综自系统设备进行全面的了解。包括综自装置的安装方式、控制保护屏、公用屏、电度表屏、交流屏、直流屏的数量和主要功能；了解一次主接线，各间隔实际位置及运行状态；进行二次设备外观检查，主要有装置外观是否损坏，屏内元件是否完好，接线有无折断、脱落等；检查各屏电源接法是否准确无误，无误后对装置逐一上电，注意观察装置反应是否正确，然后根据软件组态查看、设置装置地址；连好各设备之间通信线，调试至所有装置通信正常，在后台机可观察装置上述数据。

2. 调试阶段

这个阶段包括一次、二次系统的电缆连接、保护、监控等功能的全面校验和调试。首先检查调试一次、二次系统的电缆连接，主要有以下内容。

(1) 开关控制回路的调试。

(2) 断路器本身信号及操动机构信号在后台机上的反映。

(3) 开关状态在后台机上的反映。

(4) 主变压器本体信号的检查。

(5) 二次交流部分的检查。

（6）其他需要微机监控的量（如直流系统）遥信量及音响报警正确，遥测量显示正确。

（7）对整个综合自动化系统进行完善。

3. 试运行阶段

试运行阶段要详细观察系统的运行状态，以便及时发现存在的隐患。一般包括以下内容。

（1）差动保护极性校验。

（2）带方向保护的方向校验。

（3）后台机的显示调试。

4. 调试收尾阶段

试运行结束后，针对试运行期间反映出的问题进行消项处理。最后，做好计算机监控软件的数据备份和变电所资料的整理交接。

35.11.6.3　低压配电系统的调试

在一般建筑电气工程中，低压配电系统的调试是指供电末端的动力、照明配电设备以及供电线路的调试；对于大型的建筑工程或者有重要政治、经济、社会影响的工程中，低压配电系统的调试除上述调试外，还包括：层配电室间（分配电室）的调试、柴油发电机组的调试、备用不间断电源的调试等。

1. 动力、照明配电设备的调试

动力、照明配电设备的调试是指供电末端的动力、照明配电柜、箱、盘的调试，也包括供电线路中间的层配电间（分配电室）配电柜、箱、盘的调试。

（1）调试工艺流程

进出线路的接线检查→进出线路的绝缘摇测→柜、箱、盘内配线检查→柜、箱、盘内校验调整→柜、箱、盘通电试运行

（2）调试技术要求

1）进出线的线路绝缘电阻摇测合格，各压接端子固定牢固，柜、箱内的进出线排列整齐、顺畅，与箱、柜接触处无应力影响。

2）柜、箱、盘内的二次线路排列整齐，线路标记（线号）清晰齐全，绝缘摇测满足要求。

3）柜箱盘内的继电保护器件、逻辑控制单元、互感器、电压电流表、指示灯、漏电保护器等应单独进行校验调整合格。

4）各项检查无误后方可进行通电试运行，通电后，应检查各元器件的电压、电流，温度等指标，一般应空载运行 24h 视为合格。

5）设备的送电、断电必须按照程序由专人执行，以防止误操作造成安全事故。

2. 柴油发电机组的调试

一般建筑电气工程中的柴油发电机组系统作为正常市电的备用电源，一般并入建筑高低压变配电室（所），一般常用的柴油发电机组的功率为 100～1500kVA。

（1）调试工艺过程

供油系统、冷却系统、烟气排放系统检查→蓄电池性能检查、充电检查→柴油机检查及空载试运行→发电机的静态试验、控制柜的接线检查→发电机的空载试运行及试验调整→发电机负荷试运行→联动备用状态切换

（2）调试技术要求

1）柴油发电机组的供油系统、冷却系统、烟气排放系统的安装及检查无异常情况。

2）按照产品技术文件的要求对蓄电池进行充液（免维护的蓄电池除外），按规定对蓄电池进行充电，测量蓄电池的电压并检验蓄电池的性能，应能满足技术文件的要求。

3）柴油机经检查无异常情况后，拆卸开与发电机的联轴器，启动进行空载试运行，检查有无漏油、漏水的情况；柴油机运行应稳定，无撞击声和异常噪声，转速自动或手动符合要求。

4）按照随机技术文件的要求对发电机进行静态检查与试验，试验项目包括机组定子回路、转子回路、励磁电路等，具体内容见表 35-156 所示。

5）根据柴油发电组厂家提供的随机资料，检查和校验控制柜内的接线是否与图纸一致。

发电机机组交接试验项目　　**表 35-156**

序号	内容部位		试验内容	试验标准与要求
1	发电机静态试验	定子电路	测量定子绕组的绝缘电阻和吸收比	绝缘电阻值应>0.5MΩ，沥青浸胶绝缘及烘卷云母绝缘的吸收比应>1.3，环氧粉云母绝缘的吸收比>1.6
2			常温下，绕组表面温度与空气温度差在±3℃范围内测量各相直流电阻	各相直流电阻值相互间差值≯最小值的 2%，与出厂值在同温度下比差值≯2%
3			交流工频耐压试验（1min）	试验电压为 $1.5U_n + 750V$（其中 U_n 为发电机额定电压），无闪络击穿现象
4		转子电路	测量转子绝缘电阻（1000V 兆欧表）	绝缘电阻值应>0.5MΩ
5			常温下，绕组表面温度与空气温度差在±3℃范围内测量各相直流电阻	数值与出厂值在同温度下比差值≯2%
6			交流工频耐压试验（1min）	采用 2500V 绝缘摇表摇测电阻，来确定转子电路的耐压试验效果
7		励磁电路	退出励磁电子电路器件后，测量励磁电路的绝缘电阻	绝缘电阻值应>0.5MΩ
8			退出励磁电子电路器件后，进行交流工频耐压试验（1min）	试验电压 1000V，应无闪络击穿现象
9		其他	有绝缘轴承的，测量轴承绝缘电阻（1000V 兆欧表）	绝缘电阻值应>0.5MΩ
10			测量检温计（埋入式）绝缘电阻，校验检温计精度	用 250V 兆欧表检测无短路，精度符合出厂规定
11			测量灭磁电阻，自同步电阻器的直流电阻	与机组铭牌进行比较，其差值为±10%
12	动态试验	运转试验	发电机空载特性试验	按设备说明书进行比对，符合要求
13			测量相序	用万用表测量同相无电压，相序与出线标示相符
14			测量空载和负荷后轴电压	按照设备说明书进行比对，符合要求

6）断开发电机负载端的断路器或 ATS，将机组控制柜的控制开关置于"手动"位置，按启动按钮启动发电机，检查机组电压、电池电压、频率是否在误差范围内，油压表是否正常，如有异常，应进行适当调整。检查一切正常后，可以进行正常停车或进行紧急停车试验。

7）空载运行合格后，恢复负载端接线，断开市电电源，按"机组加载"按钮，进行假性负载试验运行。一切无误后，再由机组进行正常的负载供电，检查发电机组运行是否稳定，电压、电流、功率、频率是否正常。试验合格后，发电机停机，将控制屏的控制开关置于"自动"状态。

8）单机试运转合格后的发电机组，可以进行联动试车。当市电两路电源同时中断时，作为备用的柴油发电组自动投入运行，一般在设计要求的时间内（多为 15s）投入到满负荷状态；当市电恢复供电时，所有发电机下的重压负荷将自动倒回市电供电系统，发电机组自动退出运行状态（按照产品的技术文件要求可以进行调整，一般 300s 后退出运行）。

3. 不间断电源的调试

建筑电气工程中的不间断电源系统主要是指 EPS 蓄电池柜供电系统。其原理为在市电情况下，EPS 蓄电池柜通过整流电路对蓄电池进行充电，在市掉电后，蓄电池在通过逆变回路转变为正

常交流电回馈电网。

(1) 调试工艺过程

进出线路的接线检查，绝缘摇测→EPS柜内电路检查，绝缘测试→柜内元器件校验调整→蓄电池的检查与试验→EPS柜通电试运行

(2) 调试技术要求

1) 进出线的线路绝缘电阻摇测合格，各压接端子固定牢固，柜、箱内的进出线排列整齐、顺畅，与箱、柜接触处无应力影响。

2) 柜、箱、盘内的二次线路排列整齐，线路标记（线号）清晰齐全，绝缘摇测满足要求。

3) 柜箱盘内的继电保护器件、逻辑控制单元、整流逆变单元、互感器、电压电流表应单独进行校验调整合格。

4) 免维护的蓄电池按规定进行充电，测量蓄电池的电压并检验蓄电池的性能，应能满足规范设计的要求。

5) 不间断电源输出端的中性点（N极），必须与由接地装置直接引来的接地干线相连接，并做重复接地。

6) 各项检查无误后方可对EPS柜进行通电调试。通电后，应检查柜体的散热风扇工作是否正常，注意一定要揭掉风扇的保护薄膜，以免导致散热困难；在设备运转正常的情况下，对柜体元器件进行调整，使系统各项指标满足设计要求。

7) 不间断电源系统的设备首次运行使用应该按照设备使用说明书进行充电，在满足使用说明书的各种使用要求后，方可带负载运行。

35.11.6.4 负荷端电气设备的调试

负荷端电气设备的调试泛指一切采用电能做为能源的各类用电负荷设备的调试。在建筑电气工程中，最常见的用电负荷设备是电动机、电动执行机构和电加热器，该部分调试的内容具体包括控制箱、柜的调试，电动机的空载试运转调试，电动执行机构的通电试运行，电加热器的通电试运行。

1. 调试工艺流程

控制箱、柜进出线的检查及绝缘测试→控制箱、柜内二次回路检查及绝缘测试→控制箱、柜内部元器件的校验与调整→电动机、执行机构、电加热器的通电检查→设备试运行

2. 调试技术要求

(1) 控制箱、柜的进出线路绝缘电阻摇测合格，各压接端子固定牢固，柜、箱内的进出线排列整齐、顺畅，与箱、柜接触处无应力影响。

(2) 柜、箱、盘内的二次线路排列整齐，线路标记（线号）清晰齐全，绝缘摇测满足要求。

(3) 箱内的断路器、接触器、继电器、软启动器、自耦变压器、变频器等器元件应单独进行校验和调整合格。

(4) 电动机按规范试验项目试验合格，外表无损伤，盘动转子应轻快不卡阻，并无异常声响；电动执行机构本体完整无损伤；电加热器的电阻丝无断路和短路现象。

(5) 各项检查无误后可对电动机、执行机构及电加热器等设备进行通电调试。通电后，电动机应检查转向是否正常，如转向不正确，调整任意两相的相序直接；执行机构的指示标尺应有动作，且动作顺畅无卡阻，输出端有信号输出；电加热器无异常，升温稳定。

(6) 通电检查全部合格后，可以进行试运行。电动机能够空载运行的尽量空载运行，无法空载可带线联动。试运行时间在产品说明书中有要求的按要求时间，无时间要求的一般为2h。测量运行的各项参数并做好记录。

3. 几种常见电动机启动调试

电动机的启动方式与电动机本身的容量、电源端变压器的容量以及所带负荷的性质、要求都有关系。可以直接启动的电动机的容量注意取决于电源端变压器的容量，可以根据设计要求或规范要求计算得出。对于建筑电气工程来说，如没有设计要求，一般常见容量在10kW以下的电动机可以直接启动，10kW及以上的电动机需要降压启动。降压启动的目的主要是为了减少因电动机的启动电流过大造成对电网的冲击。常见的降压启动方式有四种，分别是：星-角启动、自耦变压器启动、软启动、变频器启动（变频器

一般不是专门作为启动器使用，而为了节能或系统控制的需要，但它具有降压启动的功能）。

(1) 星-角启动方式的调试

星-角启动方式是建筑电气工程最常见的一种减压启动方式，它是通过接触器的开、闭，改变电动机绕组的星形接法和三角形接法来起到减压启动的目的。其原理如图35-151所示。

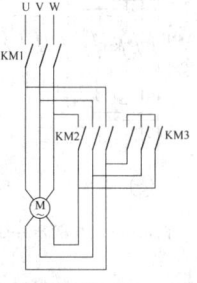

图35-151 星-角主接线图

星-角启动是利用图中的三个接触器KM1、KM2、KM3的打开、闭合来改变电动机的星形和三角形接法。当电动机启动时，KM1、KM3首先闭合，此时电动机为星形接法，电动机每个绕组的电压是线电压的 $1/\sqrt{3}$，此时电动机为星形降压启动状态，经过延时继电器的延时，打开KM3的主触点，然后闭合KM2的主触点，此时电动机为三角形接法，电动机每个绕组的电压都是线电压，此时电动机为正常运行状态。

由此可见星-角减压启动的调试实际就是调试以接触器为主的二次回路。其调试的主要内容为：二次原理线路的接线检查试验、接触器的检查、接触器的动作试验、时间继电器的整定。

1) 二次原理线路的接线检查试验

对照二次原理图检查二次接线的元器件是否正确、安装是否牢固，各接线端子压接是否牢固、线号是否清晰完整。然后测量二次线路的绝缘电阻，测量值应满足规范规定。

2) 接触器的检查

①接触器的各部件应完整，衔铁等可动部件应动作灵活，不得有卡阻或闭合时存在迟滞现象。

②接触器开放或断电后，可动部分应完全回到原位，当动触点与静触点、可动铁芯与静铁芯相互接触（闭合）时，应相互吻合，不得偏斜。

③铁芯与衔铁的接触面应平整清洁，当接触面涂有防锈黄油时，应清理干净。

④接触器在分闸时，动、静触点间的空气距离，以及合闸时动触头的压力，触头压缩弹簧的压缩度和压缩后的剩余间隙，均应符合产品技术说明或国家规范的规定。

⑤采用万用表或电桥测量接触器线圈的电阻应与其铭牌上的电阻值相符。用绝缘摇表测量线圈及触点等导电部分对地之间的电阻应良好。

3) 接触器的动作试验

①在接触器线圈两端接上可调电源，调升电压直到衔铁完全吸合时，所测的电压为接触器的吸合电压。其值一般不应低于85%的线圈额定电压，最好不要高于该相数值。

②将可调电源的电压调降直到衔铁能完全释放，此时的电压为接触器的释放电压，一般接触器的释放电压约为线圈额定电压的35%及以下，最好不超过35%。

③调升调试电源电压直至线圈额定电压，测量线圈的电流，计算线圈在正常工作时所需的功率，并与铭牌数据比较，应相差不大。

④观察衔铁的吸合情况，此时不应产生强烈的振动和噪声。

4) 时间继电器的整定

①将星-角启动控制柜与电动机连线接好，并使电动机处于额定负荷，将时间继电器调至最大时间值，并准备好秒表备用。

②检查无误后启动电动机，并同时按下秒表，观察电动机的启动状态，如发现异常情况，应立即停机进行检查，并排除故障。

③当电动机星形启动运行刚好达到平稳时，此时按下秒表，记录下时间，然后停机将时间继电器整定为记录下的时间值。

④再次启动电动机，观察启动情况，在到达时间继电器的整定值时，此时控制箱的接触器能够进行切换，由星形接法改为三角形接法，此时电动机的转速将进一步增加直至运行平稳。

⑤如发现在切换过程中出现异常或无法实现切换，应立即停机检查，排除故障后再进行调试直至试验合格。

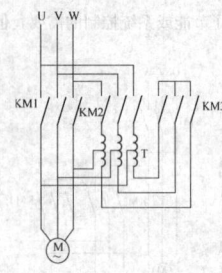

图 35-152 自耦降压主接线

（2）自耦变压器启动的调试

自耦变压器启动方式是在电动机主接线回路中串联一自耦变压器的减压启动方式，它是通过接触器的开、闭，串入或切除电动机主接线回路中的自耦变压器起到减压启动的目的。其原理如图 35-152 所示。

自耦变压器启动方式是利用图中的三个接触器 KM1、KM2、KM3 的打开、闭合，来切换电动机的主接线回路中的自耦变压器 T 的接法。当电动机启动时，KM2、KM3 首先闭合，此时电动机主接线回路中串入自耦变压器 T，电动机每个绕组的电压是 T 的中间抽头上的低电压，此时电动机为降压启动状态，经过延时继电器的延时，打开 KM2、KM3 的主触点，然后闭合 KM1 的主触点，此时电动机正常电压接法，此时电动机为正常运行状态。

由此可见自耦变压器启动的调试实际就是调试以接触器、自耦变压器为主的二次回路。其调试的主要内容为：二次原理线路的接线检查试验、接触器的检查、自耦变压器的检查、接触器的动作试验、自耦变压器的试验、时间继电器的整定。

1）二次原理线路的接线检查试验

对照二次原理图检查二次接线的元器件是否正确、安装是否牢固，各接线端子压接是否牢固、线号是否清晰完整。然后测量二次线路的绝缘电阻，测量值应满足规范规定。

2）接触器的检查和试验

同星-角启动方式的接触器检查和试验。

3）自耦变压器的检查

①自耦变压器外观完整无损伤，零部件齐全，有明显的标志符号：如铭牌、接地、接线图、接线柱符号等。

②所有的螺栓、螺母、垫圈安装配备齐全。

③各接头接线正确，压接牢固。

4）自耦变压器的电气性能试验

①用 500V 摇表测量线圈与外部可导电部分对地的绝缘电阻，所测数据应符合规范或产品技术说明的规定。

②进行自耦变压器的空载试验。方法是先拆除变压器的次级输出接至电动机的接线，初级输入端三相串电流表，当接入电源后，将接触器 KM2、KM3 的可动部分推入，使接触器主触点闭合，此时所测的空载电流应不大于自耦变压器额定电流的 20%，用电压表测量次级抽头各档的输出电压比，其误差应不大于±3%。

5）时间继电器的整定

同星-角启动方式的时间继电器整定。

（3）软启动器启动的调试

电动机软启动器启动方式是对于启动要求比较高方式，它是通过在电动机主接线回路中串入软启动器起到平稳启动电动机的目的。其原理接线如图 35-153 所示。

一般在交流电动机的软启动器上有 6 个指示灯（L1～L6），用来反映软启动器的工作状态，以方便电动机的调试及运行监视。L1 指示灯为控制电源的

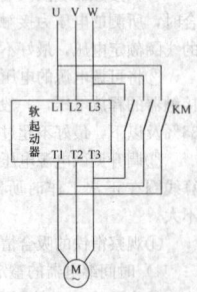

图 35-153 软启动器主接线

指示，L2 指示灯为软启动器启动过程的指示，L3 指示灯为运行状态的指示，L4 指示灯为电源缺相或欠压的指示，L5 指示灯为晶闸管短路故障的指示，L6 指示灯为设备过热及外部故障的指示。其中，从控制电源指示灯 L1 的闪烁状态又能反映出软启动器的具体状态：如闪烁频率 0.5Hz 为电动机处于停车或故障状态；闪烁频率 1.0Hz 为电动机处于启动状态；闪烁频率 5.0Hz 为电动机处于运行状态；不闪烁为软启动器处于内部故障状态；指示灯不亮为控制电源未接入。

交流电动机软启动器的调试必须带负载进行。负载可用串联白炽灯组成的三相负荷代替，也可直接接电动机。

1）电位器的整定

软启动器具有两个电位器：一个是 SV，用来调节启动电压，启动电压 V_s 可以从 20%～70% 的额定电压范围调整；另一个是 ST，用来调节启动时间，启动时间 T_s 可以从 2～30s 范围内调整。其调整的变化及相互关系见表 35-157 所示。

电位器与电机负载的关系　　　表 35-157

电位器	减小	增大	最佳状态
SV	启动力矩减小	启动力矩增大	启动时电动机刚好能够开始转动
ST	启动电流增大	启动电流减小	根据负荷情况由用户自定

2）调试

根据电动机的启动状态调试软启动器的参数，具体调试方法和依据见表 35-158 所示。

电动机启动现象和软启动器的关系　　表 35-158

电机启动现象	原因	调整
电机经过较长时间后才开始转动	启动力矩过小	增大 SV
启动时电机突然转动	启动力矩过大	减小 SV
启动时间短，启动电流大	启动时间过小	增大 ST
启动时间过长	启动时间过大	减小 ST

3）软启动器常见的问题处理

软启动器常出现的异常情况及问题处理方法见表 35-159 所示。

软启动器常见异常情况的处理　　　表 35-159

异常情况	产生原因	处理方法
缺相保护	控制电源零、相线接反	正确调整接线
	没有接通主回路电源	接通主回路电源
	主回路缺相	检查主回路电源
旁路接触器不动作	旁路接触器损坏	更换旁路接触器
	外围线路故障	检查线路
旁路后接触器跳开	旁路接触器不能自保	检查线路
	热继电器动作	检查保护动作原因
启动时间很短启动时间<2s	V_s 设置过高	降低启动电压
	T_s 设置过短	增加启动时间
	软启动器没有连接电动机	连接电动机
晶闸管短路保护动作	晶闸管损坏	更换晶闸管
	旁路接触器触点短路	维修或更换接触器

（4）变频器的调试

1）调试前的准备

①掌握和熟悉变频器面板操作键和操作使用说明书

变频器都有操作面板，品牌不同，功能大同小异。举例变频器操作面板由四位 LED 数码管监视器、发光二极管指示灯、操作按键组成。在开始调试前，现场人员首先要结合操作手册，掌握和熟悉变频器操作面板各功能键的作用。

②通电前检查

变频器调试前首先要认真阅读产品技术手册，特别要看是否有新的内容增加和注意事项。

a. 对照技术手册，检查它的输入、输出端是否符合技术手册要求；

b. 检查接线是否正确和紧固，绝对不能接错与互相接反；

c. 屏蔽线的屏蔽部分是否按照技术手册规定正确连接。

③通电检查与调试

变频器在断电检查无误的基础上，确立变频器通电检查和调试

的内容、步骤。应采取的基本步骤有：

    a. 带电源空载测试；

    b. 带电机空载运行；

    c. 带负载运行；

    d. 与上位机联机统调等。

    2) 接通电源空载试运行

首先将电机电源线自变频器下口拆卸开，然后在主开关合闸接入三相交流电源后，先按变频器面板点动键试运行，再按运行键运行变频器 50hz，用万用表测量变频器的三相输出（u/t1、v/t2、w/t3），相电压应保持平衡（370~420V）；测量直流母线电压应在（500~600V）。然后按停止键（stop/reset），待频率降到 0Hz 时，再接上电机线。

    3) 带负载试运行

    ①设置电机的极数、额定功率、额定转速、额定电流，要综合考虑变频器的工作电流。

    ②选择参数自整定功能的执行方式：

    a. 静止参数自整定，在电机不能脱开负载的情况下进行参数自整定；

    b. 旋转参数自整定，在电机可脱开负载的情况下进行参数自整定。

    注：启动参数自整定时，请确保电机处于静止状态，自整定过程中若出现过流过压故障，可适当延长加减速时间。

    ③设定变频器的上限输出频率、下限输出频率、基频、设置转矩特性。

    ④将变频器设置为自带的键盘操作模式，按手动键、运行键、停止键，观察电机是否反转，是否能正常地启动、停止。

    ⑤熟悉变频器发生故障时的保护代码，观察热保护继电器的出厂值，观察过载保护的设定值，需要时可以进行修改。

    4) 系统调试

    ①手动操作变频器面板的运行、停止键，观察电机运行、停止过程以及变频器的显示窗口，看是否有异常现象。如果有应相应的改变预定参数后再运行。

    ②如果启动、停止电机过程中变频器出现过流保护动作，应重新设定加速、减速时间。电机在加、减速时的加速度取决于加速转矩，而变频器在启、制动过程中的频率变化率是用户设定的。若电机转动惯量或电机负载变化，按预先设定的频率变化率升速或减速时，有可能出现加速转矩不够，从而造成电机失速，即电机转速与变频器输出频率不协调，从而造成过电流或过电压。因此，需要根据电机转动惯量和负载合理设定加、减速时间，使变频器的频率变化率能与电机转速变化率相协调。

检查此项设定是否合理的方法是先按经验选定加、减速时间进行设定，若在启动过程中出现过流，则可适当延长加速时间；若在制动过程中出现过流，则适当延长减速时间。另一方面，加、减速时间不宜设定太长，时间太长将影响生产效率，特别是频繁启动、制动的场合。

    ③如果变频器在限定的时间内仍然保护，应改变启动/停止的运行曲线，从直线改为 s 形、u 形线或反 s 形、反 u 形线。电机负载惯性较大时，应该采用更长的启动停止时间，并且根据其负载特性设置运行曲线类型。

    ④如果变频器仍然存在运行故障，应尝试增大电流限定的保护值，但是不能取消保护，应留有至少 5%~10% 的保护余量，此功能对速度或负载急剧变化的场合尤其适用。

    ⑤如果变频器带动电机在启动过程中达不到预设速度，可能有两种情况：

    a. 系统发生机电共振，可以从电机运转的声音进行判断。采用设置频率跳跃值的方法，可以避开共振点。一般变频器能设定三级跳跃点。v/f 控制的变频器驱动异步电机时，在某些频率段，电机的电流、转速会发生振荡，严重时系统无法运行，甚至在加速过程中出现电流保护使得电机不能正常启动，在电机轻载或转动惯量较小时更为严重。普通变频器均备有频率跳跃功能，用户可以根据系统出现振荡的频率点，在 v/f 曲线上设置跳跃点及跳跃宽度。当电机加速时可以自动跳过这些频率段，保证系统能够正常运行。

    b. 电机的转矩输出能力不够，不同品牌的变频器出厂参数设置不同，在相同的条件下，带载能力不同，也可能因变频器控制方法不同，造成电机的带载能力不同；或因系统的输出效率不同，造成带载能力会有所差异。对于这种情况，可以增大转矩提升值。如果达不到，可用手动转矩提升功能，不要设定过大，电机这时的温升会增加。如果仍然不行，应改用新的控制方法，比如采用 v/f 比值恒定的方法，启动达不到要求时，改用无速度传感器矢量控制方法，它具有更大的转矩输出能力。对于风机和泵类负载，应减少转矩的曲线值。

    5) 变频器与上位机进行系统调试

在自动化系统中，变频器与上位机串行通信的应用越来越广泛，通过与远程控制系统的连接，可以实现：

    ①变频器控制参数的调整；

    ②变频器的控制及监控；

    ③变频器的故障管理及其故障后重新启动。

因而，许多用户在选择变频器时，对变频器的通信功能提出了更多严格的要求，需要变频器与上位机控制系统、PLC 控制器、文本显示器人机界面和触摸屏人机界面等设备实现快速准确的数据交换，以保证控制系统功能的完整。

    6) 进行系统调试的注意事项

    ①在手动的基本设定完成后，如果系统中有上位机，将变频器的控制线直接与上位机控制线相连，要考虑到将变频器的操作模式改为上位机运行命令给定。根据上位机系统的需要，选定变频器接收频率信号端子的量程 0~5V 或 0~10V，以及变频器对模拟频率信号采样的响应速度。如果需要另外的监视表头，应选择模拟输出的监视量，并调整变频器输出监视量端子的量程。

    ②变频器与上位机联机调试时可能会遇到的问题：

    a. 上位机给出控制信号后，变频器不执行或不接收指令；

    b. 上位机给出控制信号后，变频器能执行指令但有误差或不精确。

原因：有的上位机（如 PLC）一般输出的是 24V 的直流信号，而变频器的主控板端子只接收无源信号，如果直接从 PLC 端子放线到变频器的主控板端子，变频器是不会有动作的，这时应考虑外加 24V 直流继电器，输出一个开关信号到变频器的主控板端子，同时也能提高抗干扰能力。同时检查变频器的支持协议与接口方式是否正确。

    c. 以上是变频器—交流电动机 v/f 控制模式的基本调试过程。系统能否安全可靠运行，变频器及带载的整个安装调试过程十分重要。这里要特别提醒的是，首先要认真阅读产品技术手册，对照手册——检查变频器的硬结构，掌握其特点，然后按以上建议的步骤，分步调试。

35.11.7　试验与调试的安全、环保注意事项

由于电气调试工作大多在带电的情况下进行，因此，安全工作显得格外重要，它包括人身安全和设备安全两个方面。在实际的调试工作中，必须满足以下要求：

    (1) 电气调试人员应定期学习原国家能源部颁发的《电业安全工作规程》（1991 年），并进行考试合格。

    (2) 在现场每周应进行一次安全活动。

    (3) 电气调试人员要学会急救触电人员的方法，并能进行实际操作。

    (4) 现场工作要认真执行工作票制度。

    (5) 凡须通电进行的调试工作，必须有二人以上共同配合，才能开展工作。

    (6) 工作任务不明确、试验设备地点或周围环境不熟悉、试验项目和标准不清楚以及人员分工不明确的，都不得开展工作。

    (7) 调试人员使用的电工工具必须绝缘良好，金属裸露部分应尽可能短小，以免碰触接地或短路。

    (8) 任何电气设备、回路和装置，未经检查试验不得送电投运，第一次送电时，电气安装和机务人员要一起参加。

    (9) 与调试工作有关的设备、盘屏、线路等，应挂上警告指示

牌，如"有电"、"有人工作、禁止合闸"、"高压危险"等。

（10）试验导线应绝缘良好，容量足够；试验电源不允许直接接在大容量母线上，并且要判明电压数值和相别。

（11）在已运行或已移交的电气设备区域内调试时，必须遵守运行单位的要求和规定，严防走错间隔或触及运行设备。

（12）试验设备的容量、仪表的量程必须在试验开始前考虑合适；仪表的转换开关、插头和调压器及滑杆电阻的转动方向，必须判明且正确无误。

（13）进行高压试验时，试验人员必须分工明确，听从指挥，试验期间要有专人监护。

（14）试验前，电源开关应断开，调压器置零位；试验过程中发生了问题或试验结束后，应立即将调压器退回零位，并拉开电源开关；若试验过程中发生了问题，须待问题查清后，方可继续进行试验。

（15）各种试验设备的接地必须完善，接地线的容量应足够；试验人员应有良好的绝缘保安措施，以防触电。

（16）高压试验结束后，应对设备进行放电，对电容量较大的设备如电力电缆等，更需进行较长时间的放电，放电时先经放电电阻，然后再直接接地。

（17）高压试验和较复杂回路的试验，接好线路后，应先经工作负责人复查，无误后方可进行试验，并应在接入被试物之前先进行一次空试。

（18）进行耐压试验时，必须从零开始均匀升压，禁止带电冲击或升压。

（19）进行调整试验时，被试物必须与其他设备隔开且保持一定的安全距离，或用绝缘物进行隔离；装设栅栏或悬挂警告牌时，应设专人看守。

（20）在电流互感器二次回路上带电工作时，应严防开路，短路时应用专用的短路端子或短路片，且必须绝对可靠；在电压互感器二次回路上带电工作时，应严防短路，电压二次回路须确认无短路故障时，才允许接入电压互感器二次侧。

35.11.8　质量验收移交与资料整理

35.11.8.1　质量验收移交

1. 主要控制项目

电气设备试验项目应符合国家规范《电气装置安装工程　电气设备交接试验标准》GB 50150—2006；设备试运行前，相关电气设备和线路应按《建筑电气工程质量验收规范》GB 50303—2002的规定试验合格。

（1）电气装置的绝缘电阻应符合要求；

（2）动力配电装置的交流工频耐压试验应符合要求；

（3）配电装置内不同电源的馈线间或馈线两侧的相位应一致；

（4）各类开关和控制保护动作正确；

（5）各设备单体试验检测合格。

2. 一般控制项目

（1）高低压变配电所内的设备试验运行应符合相关规范和当地供电部门的要求。

（2）各低压电气动力装置、设备的运行试验应符合要求，其试验要求见表 35-160 所示。

低压电气动力设备运行试验内容和标准

表 35-160

序号	运行试验项目	试验内容	试验标准或条件
1	成套配电（控制）柜、箱、台	运行电压、电流、各种仪表指示	检测有关仪表的指示，并做记录，对照电气设备的铭牌标示值是否有超标，以判断试运行的设备是否正常

（续表）

序号	运行试验项目	试验内容	试验标准或条件
2	电动机的空载试验运行	检查转向和机械转动	应无异常情况。转向符合要求，换向器、集电环及电刷工作正常
		空载电流	第一次启动宜在空载状态下进行，空载运行时间不超过2h，并做好记录
		机身和轴承的温升	检查温升不超过产品技术条件的规定，一般滑动轴承不超过80℃，滚动轴承不超过95℃
		声响和异味	应无异声无异味。声音均匀，无撞击声或噪音过大；无焦糊味
		可启动次数及间断时间	应符合合产品技术条件的要求；如无要求时，连续第一、二次启动的间隔不小于5min，第三次启动应在电动机冷却至常温时进行
		有关数据的记录	应记录电流、电压、温度、运行时间等数据
3	主回路导体连接质量的检查	大容量导线或母线连接处的温度抽测	在设计的计算负荷下，应做温度抽测记录，温升值稳定且不大于设计值
4	电动执行机构的检查	动作方向和指示	在手动或点动时确认与工艺装置要求一致；联动试运行时，仍需进行检查

35.11.8.2　资料整理

质量验收资料的整理如下：

（1）电气接地电阻测试记录。

（2）电气绝缘电阻测试记录。

（3）高压柜及系统试验记录。

（4）漏电开关模拟试验记录。

（5）电度表检定记录。

（6）大容量电气线路接点测温记录。

（7）交接检查记录。

（8）电气设备空载试运行记录。

参 考 文 献

1. 本社编. 建筑施工手册(第四版). 北京：中国建筑工业出版社，2003.
2. 戴瑜兴，黄铁兵，梁志超主编. 民用建筑电气设计手册(第二版). 北京：中国建筑工业出版社，2007.
3. 计鹏编. 工业电气安装工程实用技术手册. 北京：中国电力出版社，2004.
4. 唐海主编. 建筑电气设计与施工. 北京：中国建筑工业出版社，2000.
5. 朱成主编. 建筑电气工程施工质量验收规范应用图解. 北京：机械工业出版社，2009.
6. 白玉岷主编. 电气工程安装及调试技术手册. 北京：机械工业出版社，2009.
7. 陈崇，吴安官，韩志军编. 架空输电线路施工实用手册. 北京：中国电力出版社，2008.
8. 吕光大主编. 建筑电气安装工程图集. 北京：中国电力出版社，1994.
9. 刘劲辉，刘劲松主编. 建筑电气分项工程施工工艺标准手册. 北京：中国建筑工业出版社，2003.

36 智能建筑工程

36.1 智能建筑工程施工规范与施工管理

36.1.1 智能建筑工程的工作内容

1. 智能建筑

使用电子信息技术，为现代建筑提供高度的自动控制功能、提供方便有效的现代通信与信息服务，使楼宇成为高效率运营并具有高度综合管理功能的大楼。所以现代建筑具有"智能建筑"的内涵，它具有多学科、多技术系统综合集成的特点，我们描述为：

智能建筑（Intelligent Buildings）是现代建筑技术与通信技术、计算机网络技术、信息处理技术、自动控制技术相结合的产物。它是以建筑物为平台，兼备信息设施系统、信息化应用系统、建筑设备管理系统、公共安全系统等，集结构、系统、服务、管理及其优化集成为一体，向人们提供安全、高效、便捷、节能、环保、健康的建筑环境。

建筑智能化工程就是为一个建筑配置"智能化"各个系统的工程。

2. 建筑智能化的内容

以办公类（商务办公、行政办公、金融办公）建筑智能化系统配置为例来介绍一下智能建筑配备的"智能化"的各个系统：

（1）智能化集成系统。将不同功能的建筑智能化系统，通过统一的信息平台实现集成，以形成具有信息汇集、资源共享及优化管理等综合功能的系统。由智能化集成系统的软件平台加上相应的硬件与通信接口构成，用于对整个智能化大楼的各个系统进行监察、管理，其系统包括：建筑设备管理系统、火灾自动报警系统、安全技术防范系统（含安全防范综合管理系统、入侵报警系统、视频安防监控系统、出入口控制系统、电子巡查管理系统、停车场（库）管理系统）、信息设施系统（含信息网络系统、公共广播系统、会议系统、信息导引及发布系统）、信息化应用系统等。

（2）建筑设备管理系统。一般包括：空调系统、给水排水系统、照明系统、电力监控系统、电梯检测系统等。

（3）信息设施系统。一般包括：通信接入系统、电话交换系统、信息网络系统、综合布线系统、室内移动通信覆盖系统、卫星通信系统、有线电视及卫星电视接收系统、广播系统、会议系统、信息导引及发布系统、时钟系统、其他相关的信息通信系统、信息化应用系统办公工作业务系统、物业运营管理系统、公共服务管理系统、公共信息服务系统、智能卡应用系统、信息网络安全管理系统、其他业务功能所需求的应用系统等。

（4）公共安全系统。一般包括：火灾自动报警系统、安全技术防范系统、安全防范综合管理系统、入侵报警系统、视频监控系统、出入口控制系统、电子巡查管理系统、汽车库（场）管理系统、其他特殊要求技术防范系统、应急指挥系统等。

（5）机房。一般包括：信息中心设备机房、程控电话交换机系统设备机房、通信系统总配线设备机房、智能化系统设备总控室、消防监控中心机房、安防监控中心机房、通信接入设备机房、有线电视前端设备机房、弱电间（电信间）、应急指挥中心机房、其他智能化系统设备机房。

建筑智能化工程的任务是：利用系统集成方法，将通信技术、计算机网络技术、信息技术与建筑艺术有机结合，通过对设备的自动监控、对信息资源的管理和对使用者的信息服务及其与建筑的优化组合，获得投资合理，适合信息社会需要并且具有安全、高效、舒适、便利和灵活特点的建筑物。

建筑智能化工程有时也称建筑物弱电系统工程，所谓弱电系统是相对于强电系统而言，它包括了除像电力那样的强电之外的所有电子系统。

智能建筑可分为两大类：一类是以公共建筑为主的智能建筑，如写字楼、综合楼、宾馆、饭店、医院、机场航站、城市轨道交通车站、体育场馆和电视台等；另一类就是住宅智能化小区，智能化住宅小区作为智能建筑的一个重要分支也得到了长足的发展。近年来，智能化已经从社区步入家庭，其代表是家庭网络技术。

36.1.2 智能建筑的有关标准与规范

从1989年以来，我国的智能建筑经历了一个从单独的安装所谓"3C/5A"子系统进步到智能化系统集成的成长过程，通过考察发达国家的智能建筑，结合我们自己的工程实践，对建筑智能化工程设计和系统集成实施了企业的认证和相应管理政策，相继颁布、实施了《智能建筑设计标准》、《智能建筑工程质量验收规范》和《智能建筑工程施工规范》等配套标准。

1. 关于设计的规范

国家技术监督局和建设部在2000年7月发布了《智能建筑设计标准》GB/T 50314—2000，该规范基本上总结了近十年智能建筑的建设经验，又由建设部、信息产业部及公安部三个部派出的专家审定。此标准于2000年10月实施，对统一技术要求起到指导作用。

现在该标准已修编为《智能建筑设计标准》GB/T 50314—2006。

2. 关于施工的规范

为了加强和规范智能建筑工程施工过程的质量管理，保证智能建筑工程施工质量，住房和城乡建设部和国家质量监督检验检疫总局在2010年联合发布了《智能建筑工程施工规范》GB 50606—2010。该规范适用于新建、扩建和改建工程中的智能建筑工程施工过程，包括施工准备、工程实施、质量控制和系统自检自验。该规范已于2011年实施。

《智能建筑工程施工规范》GB 50606—2010应与《智能建筑设计标准》GB/T 50314—2006、《智能建筑工程质量验收规范》GB 50339—2006以及《建筑工程施工质量验收统一标准》GB 50300—2001等国家标准、规范配套使用。在智能建筑工程的施工中，除应执行上述规范外，还应该符合国家现行有关标准、规范的规定。例如：智能建筑工程施工过程，应贯彻国家关于节能、环保和创建绿色建筑等方针政策。

3. 关于验收的规范

建设部和国家技术监督局在2003年7月发布了《智能建筑工程质量验收规范》GB/T 50339—2003。这部规范由北京多家单位根据十多年智能建筑的建设经验编写，又由建设部、信息产业部及公安部派出专家审定，作为国家标准于2003年10月实施。

本规范的编写过程中认真总结了近年来我国在智能建筑工程质量控制和质量验收方面的实践经验，部分汲取了有关国际标准，以《智能建筑设计标准》GB/T 50314为依据，按照"验评分离、强化验收、完善手段、过程控制"的方针，遵照《建筑工程施工质量验收统一标准》GB 50300的编写原则，经多次修改完成。

这些国家标准的陆续颁布，使得我国智能建筑行业从设计、安装和检测验收正在逐步走向规范化，逐步走向成熟。

36.1.3 智能建筑工程的施工准备

智能建筑工程施工过程包括深化设计、管线敷设、设备安装、调试以及各系统测试与试运行等内容。

智能建筑工程施工需要建筑、智能化各系统的配合。同时智能建筑是技术性要求高，设备、器材、施工工具、调试仪器仪表要求高，对于专业工程师、专业技工以及它们之间的配合要求高的行业，所以，智能建筑工程施工强调施工前的组织工作和施工前的准备工作要细致的落实。

施工准备的工作内容通常包括：技术准备、物资准备、劳动组织准备、施工现场准备和施工场外准备。为落实各项施工准备工作，加强检查和监督，应根据各项施工准备工作的内容、时间和人员，编制施工准备工作计划。

1. 技术准备工作

(1) 施工前,应进行深化设计,并完成施工图,使深化设计在质量、功能、技术等方面均能适合建设单位的需求,适应当前技术与设备的发展水平,为施工扫除障碍。

(2) 应审查施工图纸:是否完整、齐全,与其说明书在内容上是否一致,施工图纸及其各组成部分间有无矛盾和错误。

(3) 施工图应经建设单位、设计单位、施工单位会审会签。

(4) 施工单位应编制施工组织设计、编制专项施工方案,并应报监理工程师批准。

(5) 施工人员应熟悉施工图、施工方案、施工流程、技术要求及有关资料,并进行培训及安全、技术交底。

(6) 智能建筑工程施工必须按已审批的施工图、设计文件实施。

(7) 应按照施工图纸所确定的工程量、施工组织设计拟定的施工方法、建筑工程预算定额和有关费用定额,编制施工预算。

熟悉和审查施工图主要是为编制施工组织设计、施工和结算提供各项依据。通常按图纸自审、会审和现场签证等三个阶段进行:图纸自审由施工单位主持,并写出图纸自审记录;图纸会审由建设单位主持,设计和施工单位共同参加,形成"图纸会审纪要",由建设单位正式行文,三方共同会签并盖公章,作为指导施工和工程结算的依据;图纸现场签证是在工程施工中,遵循技术核定和设计变更签证制度,对所发现的问题进行现场签证,作为指导施工、竣工验收和结算的依据。

2. 物资与器材的准备

物资与器材准备工作程序是:编制各种物资需要量计划;签订物资供应合同;确定物资运输方案和计划;组织物资按计划进场和保管。

物资与材料设备准备应符合《智能建筑工程质量验收规范》GB 50339—2006第3.2节、第3.3.4条、第3.3.5条的规定,并且还应符合下列要求:

(1) 器材准备:根据施工计划,编制材料需求计划,为施工备料、确定仓库以及组织运输提供依据。

(2) 配件和制品加工准备:根据施工计划对所需配件和制品加工要求,编制相应计划,为组织运输和确定堆场面积提供依据。

(3) 材料、设备应附有产品合格证书、质检报告,设备还应有安装及使用说明书等。如果是进口产品,则需提供原产地证明和商检证明,配套提供的质量合格证明,检测报告及安装、使用、维护说明书的中文文本。

(4) 检查线缆及设备的品牌、产地、型号、规格、数量等主要技术参数、性能,应符合设计要求,线缆、设备外表有无变形、撞击等损伤痕迹等,填写进场检验记录,并封存相关线缆、器件样品。

(5) 有源设备应通电检查,确定各项功能正常。

(6) 对不具备现场检测条件的产品,可要求工厂出具检测报告。

(7) 机具、仪器等施工机具准备:

1) 根据施工方案和进度计划的要求,编制施工机具需要量计划。

2) 安装工具齐备、完好,电动工具应进行绝缘检查。

3) 施工过程中所使用的测量仪器和测量工具应根据国家相关法规进行标定。

(8) 工程所要安装的设备和装置均应开箱检验,应检查设备和装置的外观、名称、品牌、型号和数量,附件、备件及技术档案应齐全,并应做检查记录。建设单位代表应参与检查。

(9) 工程所用材料、设备和装置的装运方式及储存环境应符合产品说明书的规定。在现场对其应分类存放、进行标识,并做记录。

3. 施工组织的准备

(1) 建立施工项目领导机构:根据工程规模、结构特点和复杂程度,确定施工项目领导机构的人选和名额;遵循合理分工与密切协作、因事设职与因职选人的原则,建立有施工经验、有开拓精神和工作效率高的施工项目领导机构。

(2) 施工人员须持证上岗,施工前应对施工人员做好技术交底,并有书面记录。

(3) 建立精干的工作组:根据采用的施工组织方式,确定合理的劳动组织,建立相应的专业或混合工作队组。

(4) 组织劳动力进场:按照开工日期和劳动力需要量计划,组织工人进场,安排好职工生活,并进行安全、防火和文明施工等教育。

(5) 组织施工机具进场,按规定地点和方式存放,并进行相应的保养和试运转等项工作。

(6) 根据施工器材需要量计划,组织其进场,按规定地点和方式储存或堆放。

(7) 做好季节性施工准备:当有室外施工时,认真落实冬施、雨施和高温季节施工项目的施工设施和技术组织措施。

(8) 材料加工和订货:根据各项资源需要量计划,同建材加工和设备制造部门或单位取得联系,签订供货合同,保证按时供应。

(9) 施工机具租赁或订购:对于本单位缺少且需用的施工机具,应根据需要量计划,同有关单位签订租赁合同或订购合同。

(10) 做好分包或劳务安排,保证合同实施。

(11) 做好职工入场教育工作:为落实施工计划和技术责任制,应按管理系统逐级进行交底。交底内容,通常包括:工程施工进度计划和月、旬作业计划;各项安全技术措施、降低成本措施和质量保证措施;质量标准和验收规范要求;以及设计变更和技术核定事项等,都应详细交底。必要时进行现场示范,同时健全各项规章制度,加强遵纪守法教育。

4. 施工现场与场外协调的准备

(1) 施工现场控制网测量:按照建筑总平面图要求,进行施工场地控制网测量。

(2) 建造施工设施:按照施工平面图和施工设施需要量计划,为正式开工准备好用房。

(3) 应做好智能建筑工程与建筑结构、建筑装饰装修、建筑给水排水及采暖、通风与空调,建筑电气和电梯等专业的工序交接和接口确认。

(4) 施工现场具备满足正常施工所需的用水、用电条件。

(5) 施工用电须有安全保护装置,接地可靠,符合安全用电接地标准。

(6) 建筑物防雷与接地施工基本完成。

(7) 打扫、规整施工现场,使施工现场整洁。

为落实以上各项施工准备工作,建立、健全施工准备工作责任和检查等制度,使其有领导、有组织和有计划地进行,必须编制相应施工准备工作计划。

36.1.4 智能建筑工程的施工管理

智能建筑工程施工需要通过严密的施工组织、正确的施工工艺、合理的工程质量控制实现工程的设计意图。智能建筑工程施工一般可划分为工程实施及质量控制、系统检测、竣工验收三个阶段,智能建筑的工程实施及质量控制必须符合《建设工程项目管理规范》GB/T 50326—2006等标准与规范的规定。智能建筑工程施工的系统检测、质量验收必须符合《智能建筑工程质量验收规范》GB 50339—2006等标准与规范的各项规定。

工程实施及质量控制应包括与前期相关工程的交接和工程实施条件的准备、现场设备和材料的进场验收、隐检和过程检查、工程安装质量检查,系统自检和试运行、竣工文档的编写等。

36.1.4.1 施工管理

智能建筑工程施工管理应具有以下主要内容:

(1) 智能建筑工程施工管理,应纳入建筑工程施工管理范畴。

(2) 智能建筑工程的施工必须由具有相应资质等级的施工单位承担。

(3) 智能建筑工程的施工管理应依据《建设工程项目管理规范》GB/T 50326—2006、《建筑工程施工质量验收统一标准》GB 50300—2001、《建筑工程施工质量评价标准》GB/T 50375—2006、《建筑电气工程施工质量验收规范》GB 50303—2002、《施工现场临时用电安全技术规范》JGJ 46—2005和《智能建筑工程质量验

收规范》GB 50339—2003 等相关的国家标准与规范。

（4）智能建筑各系统的施工应具体参照相应的标准与规范相关章节执行。

（5）采用现场观察、抽查测试等方法，根据施工图对工程设备安装质量进行检查和观感质量验收。检验批要求按《建筑工程施工质量验收统一标准》GB50300—2001 第 4.0.5 和 5.0.5 条的规定进行。检验时应按附录中相应规定填写质量验收记录，并妥善保管。

（6）智能建筑工程各个系统工程的线槽及缆线敷设路径一致时，各子系统的线槽、缆线宜同步敷设，缆线应按规定留出余量，并对缆线末端作好密封防潮等保护措施。

智能建筑工程施工的现场管理应具有以下主要内容：

1. 施工现场管理要求

（1）各专业之间如有交叉作业，应进行协调配合，保证施工进度和质量。

（2）智能建筑工程的实施应全程接受专业监理工程师的监理。

（3）未经专业监理工程师确认同意，不得实施隐蔽工程作业。隐蔽工程的过程检查记录，应经专业监理工程师签字，并填写隐蔽工程验收表。

2. 施工技术管理要求

（1）在技术负责人的主持下，项目部应建立适应本工程的施工技术交底制度。

（2）技术交底必须在作业前进行。

（3）技术交底资料和记录应由交底人或资料员进行收集、整理并保存。

（4）当设计图纸不符合现场实际情况时，经业主、使用方、监理、设计协商确认，按要求填写设计变更审核表并经签认之后，方能实施。

3. 施工质量管理要求

（1）对每个项目应确定质量目标。

（2）应建立质量保证体系和质量控制程序。

（3）应对施工使用的器材、设备、安装、调试、检测、产品保护进行质量记录。

4. 施工安全管理要求

（1）应建立安全管理机构。

（2）应建立安全生产制度和安全操作规程。

（3）应符合国家及相关行业对安全生产的要求。

（4）作业前应对班组进行安全生产交底。

36.1.4.2　现场质量管理

智能建筑工程的现场质量管理应包括现场质量管理制度、施工安全技术措施、主要专业和工程技术人员的操作上岗证书、分包单位资质确认及管理制度、施工图审查报告、施工组织设计及施工方案审批、施工所采用的技术标准、工程质量检查制度、现场设备及材料的存放及管理、检测设备与计量仪表的检验与确认和已批准的开工报告等。

1. 材料、器具、设备进场质量检测要求

（1）需要进行质量检查的产品应包括智能建筑工程各系统中使用的材料、设备、软件产品和工程中应用的各种系统接口。列入《中华人民共和国实施强制性产品认证的产品目录》或实施生产许可证和上网许可证管理的产品必须进行产品质量检查，未列入的产品也应按规定程序通过产品质量检测后方可使用。

（2）材料及主要设备的检测应符合下列要求：

1）按照合同文件和工程设计文件进行进场验收，进场验收应有书面记录和参加人签字，并经专业监理工程师或建设单位验收人员确认；

2）对材料、设备的外观、规格、型号、数量及产地等进行检查复核；

3）主要设备、材料应有生产厂家的质量合格证明文件及性能的检测报告。

（3）设备及材料的质量检查应包括安全性、可靠性及电磁兼容性等项目，并由生产厂家出具相应检测报告。

2. 各系统安装质量要求

（1）各系统安装质量应符合《建筑工程施工质量验收统一标

准》GB 50300—2001 第 3.0.1 条规定。

（2）作业人员应经培训合格并持有上岗证。

（3）调试人员应具有相应的专业资格或专项资格。

（4）仪器仪表及计量器具应具有在有效期内的检验、校验合格证。

3. 各系统安装质量的检测要求

（1）各子分部系统的安装质量检测应按国家现行标准和行业及地方的有关法规执行。

（2）施工单位在安装完成后，应对系统进行自检，自检时应对检测项目逐项检测并做好记录。

（3）采用现场观察、抽查测试等方法，根据施工图对工程设备安装质量进行检查和观感质量验收。检验批要求按《建筑工程施工质量验收统一标准》GB 50300—2001 第 4.0.5 和 5.0.5 条的规定进行。检验时应按规定填写质量验收记录。

4. 智能建筑系统的检测要求

（1）各系统的接口的质量应按下列要求检查：

1）所有接口必须由接口供应商提交接口规范和接口测试大纲。

2）接口规范和接口测试大纲宜在合同签订时由合同签订双方审定。

3）应由施工单位根据测试大纲予以实施，并保证系统接口的安装质量。

（2）施工单位应依据合同技术文件和设计文件，以及《智能建筑工程质量验收规范》GB50339－2006 的相应规定，制定系统检测方案。

（3）检测结论与处理方法应符合下列要求：

1）检测结论应分为合格和不合格。

2）主控项目有一项不合格，则系统检测不合格；一般项目两项或两项以上不合格，则系统检测不合格。

3）系统检测不合格应限期整改，然后重新检测，直至检测合格。重新检测时抽检数量应加倍；系统检测合格，但存在不合格项，应对不合格项进行整改，直到整改合格，并应在竣工验收时提交整改结果报告。

（4）检测记录应按《智能建筑工程施工规范》GB 50606—2010 附录 B 填写。

5. 软件产品质量检查要求

（1）应核查使用许可证及使用范围。

（2）对由系统承包商编制的用户应用软件、软件组态及接口软件等，应进行功能测试和系统测试。

（3）所有自编软件均应提供完整的文档（包括程序结构说明、安装调试说明、使用和维护说明书等）。

6. 施工现场质量管理中，对于关键环节、关键步骤，应留下相关的质量记录

（1）施工现场质量管理检查记录应填写《智能建筑工程质量验收规范》GB 50339—2006 附录 A 表 A.0.1。

（2）设备、材料进场检验记录应填写《智能建筑工程质量验收规范》GB 50339—2006 附录 B 表 B.0.1。

（3）隐蔽工程检查记录应填写《智能建筑工程质量验收规范》GB 50339—2006 附录 B 表 B.0.2。

（4）更改审核记录应填写《智能建筑工程质量验收规范》GB 50339—2006 附录 B 表 B.0.3。

（5）工程安装质量及观感质量验收记录应填写《智能建筑工程质量验收规范》GB 50339—2006 附录 B 表 B.0.4。

（6）设备开箱检验记录应填写《智能建筑工程施工规范》GB 50606—2010 附录 A 表 A.0.1。

（7）设计变更记录应填写《智能建筑工程施工规范》GB 50606—2010 附录 A 表 A.0.2。

（8）工程洽商记录应填写《智能建筑工程施工规范》GB 50606—2010 附录 A 表 A.0.3。

（9）图纸会审记录应填写《智能建筑工程施工规范》GB 50606—2010 附录 A 表 A.0.4。

（10）智能建筑工程分项工程质量检测记录应填写《智能建筑工程质量验收规范》GB 50339—2006 附录 C 表 C.0.1。

(11) 子系统检测记录应填写《智能建筑工程质量验收规范》GB 50339—2006 附录 C 表 C.0.2。

(12) 强制措施条文检测记录应填写《智能建筑工程质量验收规范》GB 50339—2006 附录 C 表 C.0.3。

(13) 系统（分部）工程检测记录应填写《智能建筑工程质量验收规范》GB 50339—2006 附录 C 表 C.0.4。

(14) 预检记录应填写《智能建筑工程施工规范》GB 50606—2010 附录 B 表 B.0.1。

(15) 检验批质量验收记录应填写《智能建筑工程施工规范》GB 50606—2010 附录 B 表 B.0.2。

(16) 系统调试记录应填写《智能建筑工程施工规范》GB 50606—2010 附录 B 表 B.0.3。

36.1.4.3 产品质量检查

(1) 对智能建筑工程各智能化子系统中所使用的材料、硬件设备、软件产品和工程中应用的各种系统接口进行产品质量检测。

(2) 产品质量检查应包括列入《中华人民共和国实施强制性产品认证的产品目录》或实施生产许可证和上网许可证管理的产品应按规定程序通过产品检测后方可使用。

(3) 产品功能、性能等项目的检测应按相应的国家现行产品标准进行；供需双方有特殊要求的产品可按合同规定或设计要求来进行。

(4) 对不具备现场检测条件的产品，可要求进行生产厂家检测并出具检测报告。

(5) 硬件设备及材料的质量检测可参考生产厂家出具的可靠性检测报告。

(6) 软件产品质量应按下列内容检查：

1) 商业化的软件如操作系统、数据库管理系统，应用系统软件、信息安全软件和网管软件等应做好使用许可证及使用范围的检查；

2) 由系统集成商编制的用户应用软件，用户组合软件，接口软件等应用软件，除进行功能测试和系统测试之外，还应根据需要进行容量、可靠性、安全性、可恢复性、兼容性、自诊断等多项功能测试，并保证软件的可维修性；

3) 所有自编软件应提供完整的文档（包括软件资料、程序结构说明、安装调试说明、使用和维修说明书等）；

(7) 系统接口的质量应按下列要求检查：

1) 系统承包商应提交接口规范，接口规范应在合同签订时由合同签订机构负责审定；

2) 系统承包商应根据接口规范制定接口测试方案，接口测试方案经检测机构批准后实施，系统接口测试应保证接口性能符合设计要求，实现接口规范中规定的各项功能，不发生兼容性及通信瓶颈问题，并保证系统接口的制造和安装质量。

36.1.4.4 成品保护

成品保护是施工单位与建设单位为保护施工成果、保证施工质量而必须进行的工程管理工作，是保证如期交竣工、降低损耗、坚持文明施工、实现安全生产、实现合格工程的管理过程。

成品保护工作需要制定相关现场成品保护管理规定外，还要组织人力进行现场监控管理，要深入到每个智能化系统的细节并尽量采用技术手段用于成品保护工作。成品保护管理的基本原则如下所述：

(1) 成品就位后，需移动、拆改、维护的，应持有关负责人的批条，交成保人员后方可施工。

(2) 在施工和安装过程，谁施工、谁负责成品保护工作；成品保护员只负责监督、检查、管理并做好值班记录。

(3) 成品保护队接收成品的程序是：坚持按施工工序完毕后，在甲方的监督下，由施工方向成品保护队分项书面交底，填好交接清单，经验收确认后，双方签字生效。

(4) 坚持配合，协调原则：甲、乙双方加强配合协调意识，是搞好成品保护工作的重要原则。乙方现场负责人，应主动向甲方有关负责人汇报工作，互通情况统一认识，求得甲方支持。甲方应向乙方实行统一布置，统一指挥，共同朝着一个实施目标，工程进度一定能够顺利完成。

(5) 应对成品保护人员进行岗前培训：既要有法规、职业道德、安全教育，也要有针对性的对进住工程的详细交底，使成品保护人员明确工作内容。

(6) 应由专业队长带队组成的成品保护工作队，对成品和半成品的看护责任，并对文明施工、安全施工提供宣传监督的基础工作。

制定并明确成品保护的范围：如楼内的机械设备、水暖设备、通风系统、强弱电缆电线、墙壁、吊顶、地面等，以及灯具照明系统、电讯终端、消防配套产品及工程内应加以保护的成品。

制定并落实成品保护的内容，如成品保护工作的"六防一维护"。"六防"：防火、防水、防盗、防破坏、防自然灾害、防污染；"一维护"：维护好施工现场的环境卫生。"六防一维护"集中反映了成品保护工作的职责与任务。

制定并落实成品保护的措施：如勤巡视、勤观察、勤提示、勤汇报、勤记录，即腿勤、眼勤、嘴勤、手勤等"四勤"。

智能建筑各子系统的成品保护有其特点，必须注意以下几点：

1. 安装的器材、设备的成品保护

(1) 应针对不同系统设备的特点，制定成品保护措施，并落实到位。

(2) 对现场已安装的设备，应采取包裹、遮盖、隔离等必要的防护措施，避免碰撞及损坏。

(3) 在施工现场存放的设备，应采取防水、防尘、防潮、防碰、防砸、防压及防盗等措施。

(4) 在雷雨、阴雨潮湿天气或者长时间停用设备时，应关闭设备电源总闸。

(5) 在施工过程中，应注意保护建筑、装修、暖通及电气等其他专业的成品。

2. 软件和系统配置的保护要求

(1) 应制定信息网络系统管理制度，配置的更改必须符合管理制度。

(2) 在调试过程中每天对软件进行备份，备份内容应包括系统软件、数据库、配置参数、系统镜像。

(3) 备份文件应保存在独立的存储设备上。

(4) 系统设备的登录密码必须有专人管理，严禁泄露。

(5) 计算机无人操作时应锁定。

其中，特别需要注意的是软件和系统配置的保护。

36.1.4.5 系统检测

智能建筑工程中各系统检测需要分两次来进行：应由施工单位先进行自检自验，再在竣工检测时由建设单位应组织有关人员依据合同技术文件和设计文件，以及《智能建筑工程质量验收规范》GB 50339—2006 规定的检测项目、检测数量和检测方法，制定系统检测方案并经检测机构批准实施。

1. 自检自验的工作要点

(1) 自检自验是由施工单位自己组织技术队伍，按照《智能建筑工程质量验收规范》GB 50339—2006 中对各系统测试内容、测试条件、测试强度和检测方法的规定，对其施工的各智能建筑子系统，进行系统测试和试运行，并记录其测试过程与结果。施工单位也将根据测试结果进行改进、完善的工作，直至各系统可以达到竣工验收的状况。

(2) 自检自验工作实际也是施工单位进行的系统联调、联检的工作。这一工作，将发现系统调试后还可能存在的问题，并且进行改进，这也为下一步的竣工验收做好了准备。

2. 竣工验收的系统检测工作要点

(1) 系统检测时应具备的条件：

1) 系统安装调试完成后，已进行了规定时间的试运行；

2) 已提供了相应的技术文件和实施过程质量记录。

(2) 建设单位应组织有关人员依据合同技术文件和设计文件，以及《智能建筑工程质量验收规范》GB 50339—2006 规定的检测项目、检测数量和检测方法，制定系统检测方案并经检测机构批准实施。

(3) 检测机构应按系统检测方案所列检测项目进行检测。

(4) 检测结论与处理：

1）检测结论分为合格与不合格。

2）主控项目有一项不合格，则系统检测不合格，一般项目两项或两项以上不合格，则系统检测不合格。

3）系统检测不合格应限期整改，然后重新检测，直至检测合格，重新检测时抽检数量应加倍；系统检测合格，但存在不合格项，应对不合格项进行整改，直到整改合格，并应在竣工验收时提交整改结果报告。

（5）检测机构应按照《智能建筑工程质量验收规范》GB 50339—2006 附录 C 中各表填写系统检测记录和系统检测汇总表。

（6）各系统安装、调试、测试、检验的记录表格，请参见本书所附的光盘"智能建筑工程质量管理表格"。

36.1.4.6　安全环保节能措施

智能建筑工程施工中，安全、环保、节能措施越来越受到重视，尤其是安全和节能，要求在提高，措施在加强。安全是施工中的第一个被反复强调的生产要素，节能是近期对智能建筑工程施工提出的新的要求。

降低能耗、文明施工、安全生产也是保证如期交竣工的管理过程。

节能、环保和构建绿色施工等方针应贯穿于智能建筑工程建设的全过程。

安全施工、文明施工工作需要制定相关现场管理规定，还要有持有上岗证的专业人员进行现场监控管理。

1. 安全措施的要求

（1）施工前及施工期间应进行安全交底。

（2）施工现场用电必须按照《施工现场临时用电安全技术规范》JGJ 46—2005 的规定执行。

（3）搬运设备、器材应保证人身及器材安全。

（4）采用光功率计测量光缆，不应用肉眼直接观测。

（5）登高作业，脚手架和梯子应安全可靠，梯子应有防滑措施，严禁两人同梯作业。

（6）风力大于四级或雷雨天气，不得进行高空或户外安装作业。

（7）进入施工现场，应戴安全帽。高空作业时，必须系好安全带或采取必要的安全措施。

（8）施工现场应注意防火，并配备有效的消防器材。

（9）在安装、清洁有源设备前，必须先将设备断电，不得用液体、潮湿的布料清洗或擦拭带电设备。

（10）设备必须放置稳固，并防止水或湿气进入有源硬件设备。

（11）确认工作电压同有源设备额定电压一致。

（12）硬件设备工作时不得打开外壳。

（13）在更换插接板时宜使用防静电手套。

（14）应避免践踏和拉拽电源线。

2. 环保措施的要求

（1）环保措施应按照《建筑施工现场环境与卫生标准》JGJ146—2004 的规定执行。

（2）现场垃圾和废料应堆放在指定地点，及时清运或回收，严禁随意抛撒。

（3）现场施工机具噪声应采取相应措施，最大限度降低噪声。

（4）应采取措施控制施工过程中的粉尘污染。

3. 节能措施的要求

（1）应节约用料，降低消耗，提高节能意识。

（2）应选用高效、节能型照明灯具，降低照明电耗，提高照明质量。

（3）应对施工用电动工具进行维护、检修、监测、保养及更新置换，并及时清除系统故障，降低能耗。

36.1.4.7　智能建筑各系统工程的竣工验收

智能建筑工程质量验收应贯彻"验评分离、强化验收、完善手段、过程控制"的方针，按"先产品，后系统和先子系统，后系统集成"的顺序进行，并根据验收项目的重要性划分为"主要项目"和"一般项目"，并符合《智能建筑工程质量验收规范》GB 50339—2006 和《建筑工程施工质量验收统一标准》GB 50300—2001 的有关规定。

在《建筑工程资料管理规程》JGJ/T 185—2009 中，"智能建筑"是作为整个建筑工程的一个分部，分部工程代号为 07，该分部中包含了 10 个子分部。比如"安全防范系统"（即经常称呼为"综合安防系统"）是"智能建筑"分部里的第 05 子分部，该子分部内又包括：电视监控系统、入侵报警系统、巡更系统、出入口控制（门禁）系统、停车管理系统等分项工程。

在填写各验收表格时，注意按照《建筑工程资料管理规程》JGJ/T 185—2009 的规定来填写。

下文中讲到的"系统"，在《建筑工程资料管理规程》中，可以是分部也时常是子分部。在实际的智能建筑工程中，时常出现智能建筑分部由几个施工单位分别实施的情况，也时常出现智能建筑分部中某一个"子分部"由几个施工单位分别实施的情况，以取各家专业之长，并加快施工进度。

智能建筑工程质量验收必须对验收工作有一个整体把握，注意《智能建筑工程质量验收规范》GB 50339—2006 中以下的规定：

（1）智能建筑工程质量验收应包括工程实施及质量控制、系统检测和竣工验收。

（2）智能建筑工程质量验收应按"先产品，后系统；先各系统，后系统集成"的顺序进行。

（3）智能建筑分部工程应包括智能化各子分部工程中的各分项工程（子系统）。

（4）智能建筑工程的现场质量管理应符合《智能建筑工程质量验收规范》GB 50339—2006 附录 A 中表 A.0.1 的要求。

（5）火灾自动报警及消防联动系统、安全防范系统、通信网络系统的检测验收应按相关国家现行标准和国家及地方的相关法律法规执行；其他系统的检测应由省市级以上的建设行政主管部门或质量技术监督部门认可的专业检测机构组织实施。

（6）在智能建筑分部工程质量验收时，主要原则必须遵循《建筑工程施工质量验收统一标准》GB 50300—2001 的规定。

在智能建筑的各子系统工程施工与检测、检验中，当遇到上述各种规范未包括的技术标准和技术要求时，可按有关设计文件的要求进行处理。由于智能建筑的各子系统所涉及的电子、光学等技术日新月异，技术规范内容经常在不断地修改和补充，因此在智能建筑的各子系统工程施工与检测、检验时，应注意使用最新的技术标准。

智能建筑工程质量验收必须完成以下的具体工作：

1. 各系统竣工验收应包括的内容

（1）工程实施及质量控制检查；

（2）系统检测合格；

（3）运行管理队伍组建完成，管理制度健全；

（4）运行管理人员已完成培训，并具备独立上岗能力；

（5）竣工验收文件资料完整；

（6）系统检测项目的抽检和复核应符合设计要求；

（7）观感质量验收应符合要求；

（8）根据《智能建筑设计标准》GB/T 50314—2006 的规定，智能建筑的等级符合设计的等级要求。

2. 竣工验收结论与处理

（1）竣工验收结论分合格和不合格；

（2）《智能建筑工程质量验收规范》GB50339—2006 第 3.5.1 条规定的各款全部符合要求，为各系统竣工验收合格，否则为不合格；

（3）各系统竣工验收合格，为智能建筑工程竣工验收合格；

（4）竣工验收发现不合格的系统或子系统时，建设单位应责成责任单位限期整改，直到重新验收合格；整改仍无法满足安全使用要求的系统不得通过竣工验收。

3. 竣工验收结果填写

竣工验收时应按《智能建筑工程质量验收规范》GB 50339—2006 附录 D 中表 D.0.1 和表 D.0.2 的要求填写资料审查结果和验收结论。

36.1.5　智能建筑新的发展动态

（1）新的发展方向。智能建筑近年的国际动向，已向环境保护

和节能技术方面发展。国际上已有"智能建筑与绿色建筑结合起来"的提法。这一发展动向极其值得我们重视，我国现在已有科技工作者介入这一方向的探讨，比如，有一些公共卫生方面的专业已与智能建筑专业合作。因此，智能建筑的内涵将来会随着科技的发展，还会扩大它的内涵范畴。

（2）向提供运行维护发展。智能建筑具有鲜明的设备系统的特色，它的生命周期比建筑物要短得多：建筑物生命周期为50～70年，机电设施的寿命为15年，而通信设施及系统的寿命只有5～7年。而且，设备和系统的管理远比建筑物管理要复杂得多。因此，对于智能化系统的建设来说，不能只考虑设备的"硬件"建设，忽视建设后的"管理和使用"。好的设备和系统，更需要高素质的人和必要的管理制度去进行系统的运行、维护和管理。为此，智能建筑的建设必须从工程立项需求定位开始就给予注意，直到工程建设结束之后的验收和运转。只有运行良好，效益明显的系统才是一个好的智能系统。智能建筑的建设不可只管设计与安装而忽视运行、维护和管理，而这一点正是当前注意不够的。

36.2　综　合　管　线

在本手册的第31章"机电工程施工通则"和第35章"建筑电气安装工程"中，对于"综合管线"已经有细致的讲述，所以，本节只针对建筑的智能化系统使用的管路（桥架、线管）、线缆的工程实施、质量控制和自检自验的要求做一个简要的说明。读者如果需要了解更多的内容，请参考本手册的相关章节。

在此强调以下两点：

（1）电力线缆和信号线缆严禁在同一线管路内敷设，这是为了防止电力线路与信号线路形成回路，危及人员或设备安全，以及避免电力线路的电磁场对信号线路的干扰，以保障信号线路正常工作。这一点，在自检自验和竣工验收时，也请特别注意。

（2）综合布线系统的线缆施工应参照本章第三节36.3"综合布线"的描述。

36.2.1　施　工　准　备

（1）施工前应将各系统的桥架、线管进行综合布置、安排，并应完成施工图设计。

（2）施工准备还应符合本章36.1.3节"智能建筑工程的施工准备"的要求，其中材料准备还应符合下列要求：

1）桥架、线管、线缆规格和型号应符合设计要求，并有产品合格证、检测报告。

2）桥架、线管部件应齐全，表面光滑、涂层完整、无锈蚀。

3）金属导管无裂纹、毛刺、飞边、沙眼、气泡等缺陷，壁厚均匀、管口平整。绝缘导管及配件完好，使用阻燃材料导管并且表面有阻燃标记。

4）线缆宜进行通、断及线间的绝缘检查。

36.2.2　综　合　管　线　安　装

综合管线安装的安装施工的技术要求、实施工艺请参考本手册的35章，本章节讲解从智能建筑工程施工或者说从"弱电"的角度看，综合管线安装应遵循的条例。

1. 桥架安装要求

（1）桥架切割和钻孔后创伤处，应采取防腐措施。

（2）桥架应平直，无扭曲变形，内壁无毛刺，各种附件应安装齐备，紧固件的螺母应在桥架外侧。桥架接口应平直、严密，盖板应齐全、平整。

（3）桥架经过建筑物的变形缝（包括沉降缝、伸缩缝、抗震缝等）处应设置补偿装置。保护地线和桥架内线缆应留补偿余量。

（4）桥架与盒、箱、柜等连接应采用抱脚或翻边连接，并用螺丝固定，末端应封堵。

（5）水平桥架底部与地面距离不宜小于2.2m，顶部距楼板不宜小于0.3m，与梁的距离不宜小于0.05m，桥架与电力电缆间距不应小于0.5m。

（6）桥架与各种管道平行或交叉时，其最小净距应符合《建筑电气工程施工质量验收规范》GB 50303—2002第12.2.1条中表12.2.1-2的规定。

（7）敷设在竖井内和穿越不同防火分区的桥架及管路孔洞，应有防火封堵。

（8）对于弯头、三通等配件，由于现场加工自制配件很难满足桥架安装质量要求，故宜采用桥架生产厂家制作的成品。

2. 支吊架安装要求

（1）支吊架安装直线段间距宜为1.5～2m，同一直线段上的支吊架间距应均匀。

（2）在桥架端口、分支、转弯处不大于0.5m内，应安装支吊架。

（3）支吊架应平直，无明显扭曲，焊接牢固，无显著变形，焊缝均匀平整。切口处应无卷边、毛刺。

（4）支吊架采用膨胀螺栓连接，固定应紧固，须配装弹簧垫圈。

（5）支吊架应做防腐处理。

（6）采用圆钢作为吊架时，桥架转弯处及直线段每隔30m应安装防晃支架，以避免桥架晃动，消除不安全因素。

3. 线管安装要求

（1）导管敷设应保持管内清洁干燥，管口应有保护措施和进行封堵处理。

（2）明配线管应横平竖直、排列整齐。

（3）明配线管应设置管卡固定，管卡应安装牢固。管卡设置应符合下列要求：

1）在终端、弯头中点处的150～500mm范围内应设管卡。

2）在距离盒、箱、柜等边缘的150～500mm范围内应设管卡。

3）在中间直线段应均匀设置管卡。管卡间的最大距离应符合《建筑电气工程施工质量验收规范》GB 50303—2002第14.2.6条中表14.2.6的规定。

（4）线管转弯的弯曲半径应不小于所穿入线缆的最小允许弯曲半径，并且应不小于该管外径的6倍，暗管外径大于50mm时，应不小于10倍。

（5）砌体内暗敷线管埋深应不小于15mm，现浇混凝土楼板内暗敷线管埋深应不小于25mm，并列敷设的线管间距应不小于25mm。

（6）线管与控制箱、接线箱、接线盒等连接时应采用锁母，并将管口固定牢固。

（7）线管穿过墙壁或楼板时应加装保护套管，穿墙套管应与墙面平齐，穿楼板套管上口宜高出楼面10～30mm，套管下口应与楼面平齐。

（8）与设备连接的线管引出地面时，管口距地面不宜小于200mm。当从地下引入落地式箱、柜时，宜高出箱、柜内底面50mm。

（9）线管两端应设有标志，管内不应有阻碍，并穿带线。当线路较长或弯曲较多，应加装拉线盒（箱）或加大管径，便于线缆布放。

（10）吊顶内配管，宜使用单独的支吊架固定，支吊架不得架设在龙骨或其他管道上。

（11）配管通过建筑物的变形缝时，应设置补偿装置。

（12）镀锌钢管应采用螺纹连接，严禁熔焊，以免破坏镀锌层。镀锌钢管的连接处应采用专用接地线卡固定跨接线，跨接线截面不小于4mm²。

（13）非镀锌钢管严禁对口熔焊连接，应采套管焊接，套管长度应为管径的1.5～3倍。

（14）焊接钢管不得在焊接处弯曲，弯曲处不得有折皱等现象，镀锌钢管不得加热弯曲。

（15）套接紧定式钢管连接应符合下列要求：

1）钢管外壁镀层完好，管口应平整、光滑、无变形。

2）套接紧定式钢管连接处应采取密封措施。

3）当套接紧定式钢管管径大于或等于32mm时，连接套管每端的紧定螺钉不应少于2个。

（16）室外线管敷设应符合下列要求：

1) 室外埋地敷设的线管，埋深不宜小于 0.7m，壁厚须大于等于 2mm。埋设于硬质路面下时，应加钢套管，人手孔井应有排水措施。

2) 进出建筑物线管应做防水坡度，坡度不宜大于 15‰。

3) 同一段线管短距离不宜有 S 弯。

4) 线管进入地下建筑物，应采用防水套管，并做密封防水处理。

4. 线盒安装要求

(1) 钢导管进入盒（箱）时应一孔一管，管与盒（箱）的连接应采用爪形螺纹接头管连接，且应锁紧，内壁光洁便于穿线。

(2) 由于智能建筑各系统使用的各种传输线比较脆弱，而其电气性能又要求严格，穿管施工中要避免线缆的损伤与用力过大，故线管路有下列情况之一者，中间应增设拉线盒或接线盒，其位置应便于穿线。

1) 管路长度每超过 30m，无弯曲；

2) 管路长度每超过 20m，有一个弯曲；

3) 管路长度每超过 15m，有两个弯曲；

4) 管路长度每超过 8m，有三个弯曲；

5) 线缆管路垂直敷设时管内绝缘线缆截面宜小于 150mm²，长度每超过 30m，应增设固定用拉线盒。

6) 一根线管一般配一个预埋盒。一根线管配 2 个预埋盒时，之间增设一个过线盒，由过线盒左右连接信息点预埋盒。信息点预埋盒不宜同时兼做过线盒。

5. 桥架、线管及接线盒安装要求

桥架、线管及接线盒应可靠接地，当采用联合接地时，接地电阻不应大于 1Ω。

6. 线缆安装、敷设要求

(1) 线缆两端应有防水、耐摩擦的永久性标签，标签书写应清晰、准确。

(2) 管内线缆间不应拧绞，不得有接头。

(3) 线缆的最小允许弯曲半径应符合《建筑电气工程施工质量验收规范》GB 50303—2002 第 12.2.1 条中表 12.2.1-1 的规定。

(4) 线管出线口与设备接线端子之间，必须采用金属软管连接的，金属软管长度不宜超过 2m，不得将线裸露。

(5) 桥架内线缆应排列整齐，不拧绞。在线缆进出桥架部位、转弯处应绑扎固定。垂直桥架内线缆绑扎固定点间隔不宜大于 1.5m。

(6) 线缆穿越建筑物变形缝（包括沉降缝、伸缩缝、抗震缝等）时应留补偿余量。

(7) 线缆敷设还应符合《有线电视系统工程技术规范》GB 50200—1994、《建筑电气工程施工质量验收规范》GB 50303—2002 和《安全防范工程技术规范》GB 50348—2004 的规定。

36.2.3 施 工 质 量 控 制

36.2.3.1 施工质量控制要点

1. 在施工质量方面需要着重的几个方面：

(1) 敷设在竖井内和穿越不同防火分区的桥架及线管的孔洞，应有防火封堵。

(2) 桥架、管道内线缆间不应拧绞，不得有接头。

(3) 桥架、线管经过建筑物的变形缝处应设置补偿装置，线缆应留余量。

(4) 线缆两端应有防水、耐摩擦的永久性标签，标签书写应清晰、准确。

(5) 桥架、线管及接线盒应可靠接地，当采用联合接地时，接地电阻不应大于 1Ω。

2. 需要着重处理好的工艺细节

(1) 桥架切割和钻孔后，应采取防腐措施，支吊架应做防腐处理。

(2) 线管两端应设有标志，并穿带线。

(3) 线管与控制箱、接线箱、拉线盒等连接时应采用锁母，并将管固定牢固。

(4) 吊顶内配管，宜使用单独的支吊架固定，支吊架不得架设

在龙骨或其他管道上。

(5) 套接紧定式钢管连接处应采取密封措施。

(6) 桥架应安装牢固、横平竖直，无扭曲变形。

3. 器材的质量检查控制

(1) 缆线布放前应核对型号规格、程式、路由及位置与设计规定相符。

(2) 施工使用的管槽、缆线等器材应按照本章 36.1.3 "智能建筑工程的施工准备" 中要求的内容进行器材的质量检查。

4. 隐蔽工程施工质量检查

(1) 隐蔽工程施工完毕，应填写《检查记录》。

(2) 隐蔽工程验收合格后填写桥架、线管及线缆的《检验批质量验收记录表》。

(3) 应检测桥架、线管的接地电阻，并填写《接地电阻测量记录》。

36.2.3.2 质量记录

1. 质量记录程序

综合管线系统质量记录应执行《智能建筑工程质量施工规范》GB 50339—2006 第 3.7 节的规定。

2. 质量记录表格

综合管线系统质量记录符合《智能建筑工程质量验收规范》GB 50339—2006 的质量记录表格。

36.2.4 检 测 与 验 收

建筑的智能化系统使用的管路（桥架、线管）、线缆的检测验收应符合以下要求：

(1) 桥架和线管应检查其规格、位置、弯扁度、弯曲半径、连接、跨接地线、防腐、管盒固定、管口处理、保护层、焊接质量等。弯曲的管材及连接附件弧度应呈均匀状，且不应有折皱、凹陷、裂缝、弯扁、死弯等缺陷，管材焊缝应处于外侧。

(2) 应根据智能化系统的深化设计，检查线缆的规格型号、标识、可靠接线、跨接、开路、短路，为设备安装做好准备。

(3) 隐蔽工程施工完毕，应填写《检查记录》。

(4) 隐蔽工程验收合格后填写桥架、线管及线缆的《检验批质量验收记录表》。

(5) 应检测桥架、线管的接地电阻，并填写《接地电阻测量记录》。

(6) 隐蔽工程检查记录应填写《智能建筑工程质量验收规范》GB 50339—2006 附录 B 表 B.0.2。

36.3 综 合 布 线 系 统

36.3.1 综合布线系统结构

36.3.1.1 系统组成

建筑物与建筑群综合布线系统（generic cabling system for building and campus，也称为 PDS：Premises Distribution System），是建筑物或建筑群内进行信号传输的线路网络。它包括建筑物或建筑群到外部电话网络与计算机网络的连接线路，包括建筑物或建筑群内通信机房直到工作区的电话和计算机网络终端之间的所有电缆、光缆及相关联的布线连接部件。该系统使话音和数据通信设备、交换设备和其他信息管理系统彼此相连，也使这些设备与外部通信网络相连接。

综合布线系统由 6 个相对独立的子系统所组成。这 6 个子系统是：

1. 工作区子系统（Work Location）

它是使信息设备终端（对于电话网络是电话机、传真机；对于计算机网络是计算机、打印机等）通过布线连接到信息网络的器材组成，这部分包括信息插座、插座盒与插座面板、连接软线（跳线）、适配器等。

2. 水平子系统（Horizontal）

它的功能是将干线子系统线路延伸到用户工作区。水平系统是布置在同一楼层上的，一端接在工作区信息插座上，另一端接在楼

层配线间的跳线架上。水平子系统主要采用 4 对非屏蔽双绞线，它能支持大多数现代通信设备，在某些要求宽带传输时，可采用"光纤到桌面"的方案。当水平区面积相当大时，在这个区间内可能有多个接线间。

3. 干线子系统（Backbone）

通常它是由主设备间（如计算机房、程控电话交换机房）至各楼层配线间。它采用大对数的电缆馈线或光缆，两端分别接在设备间和配线间的跳线架上。

4. 管理子系统（Administration）

它是干线子系统和水平子系统的桥梁，同时又可为同层组网提供条件。其中包括双绞线跳线架、跳线（有快接式跳线和简易跳线）。在需要有光纤的布线系统中，还应有光纤跳线架和光纤跳线。当终端设备位置或局域网的结构变化时，只要改变跳线方式即可解决，而不需要重新布线。

5. 设备间子系统（Equipment）

它是由设备间的配线架、电缆、连接跳线及相关的支撑硬件、防雷电保护装置等构成。比较理想的设置是把计算机房、交换机房等设备间设计在同一楼层中，这样既便于管理、又节省投资。当然也可根据建筑物的具体情况设计多个设备间。

6. 建筑群子系统（Campus）

它是将多个建筑物的电话、数据通信连接一体的布线系统。它采用可架空安装或沿地下电缆管道（或直埋）敷设的铜缆和光缆，并配置入楼处的过流过压电气保护装置。

这 6 个子系统采用星形结构，可使任何一个子系统独立地进入PDS 系统中。如图36-1所示：

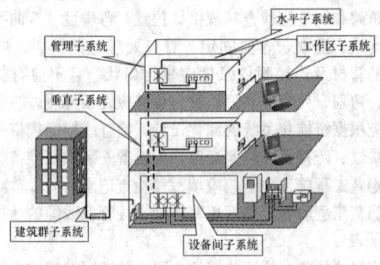

图 36-1 建筑群综合布线系统

36.3.1.2 系统的应用

布线系统使用的电缆传输介质为双绞线，双绞线是由 4 对绝缘保护层的铜导线组成。双绞线分为非屏蔽双绞线（UTP）、屏蔽双绞线（STP），而屏蔽双绞线又分为铝箔屏蔽双绞线（FTP）、独立屏蔽双绞线（STP）。

PDS 是一套综合式的系统，因此综合布线可以使用相同的电缆与配线端子板，以及相同的插头与模块化插孔以供语音与数据的传递，可不必顾虑各种设备的兼容性问题。

PDS 采用模块化设计，因而最易于配线上扩充和重新组合。采用星形拓扑结构，与电信方面以及 EIA/TIA—568 所遵循的建筑物配线方式相同。因为在星形结构中，工作站是由中心节点向外增设，而每条线路都与其他线路无关。因此，在更改和重新布置设备时，只是影响到与此相关的那条路线，而对其他所有线路毫不影响。另外这种结构会使系统中的故障分析工作变得非常容易。一旦系统发生故障，便可迅速地找到故障点，并加以排除。

从理论上综合布线系统可以为楼宇内部的所有弱电系统服务，通过综合布线系统使建筑设备监控系统，保安监控系统、背景音乐系统、有线电视系统、消防报警系统等采用统一的线缆材料和统一的 RJ45 接口。但是在实际应用中，大多数的智能建筑仅仅语音和计算机网络系统采用综合布线系统，其他系统各自独立，不和综合布线系统发生联系。这种情况是由于多种原因造成的，归纳起来主要有 3 个原因：

（1）成本原因：综合布线系统所采用的线缆造价高于各系统的专用线缆，而且目前各个系统的电气及物理接口和综合布线系统的接口进行连接时需要加接口转换器（也叫适配器），以便符合各系统的传输要求，而适配器需要使用且价格较高，使得整个系统的

造价增加。

（2）行业限制：由于消防报警系统行业规范中规定消防报警系统的布线必须独立于其他系统，使得它们无法采用综合布线系统来传输信号。

（3）多数弱电系统不需要很高的灵活性，不像电话或计算机那样可能会经常变换位置。

基于以上 3 个原因，在实际应用中，综合布线系统主要是针对计算机网络与电话通信的配线系统而设计与敷设的，它满足各种计算机网络与电话通信的要求。

有一些楼宇智能化系统，如：电视会议与安全监视系统的视频信号，建筑物的安全报警和空调控制系统的传感器信号等，既可以使用同轴电缆、普通信号线，也可以使用计算机网络系统进行传输，在使用计算机网络系统进行传输时，其布线纳入综合布线系统。

对建筑物进行配置综合布线系统有许多优越性，其主要表现在以下几个方面：

（1）兼容性：综合布线系统将话音信号、数据信号与监控信号的配线经过统一的规划和设计，采用相同的布线器材。这样与传统布线系统相比，可节约大量的物资、时间和空间。

（2）开放性：传统的布线方式，用户选定了某种设备，也就选定了与之相适应的布线方式和传输介质。如果更换另一种设备，原来的布线系统可能全部更换，增加了施工和投资。综合布线系统由于采用标准的、开放式的体系结构，对所有主要厂商、对几乎所有的通信协议也是开放的。

（3）灵活性：综合布线系统中，由于所有信息系统皆采用相同的传输介质、星形拓扑结构，因此所有的信息通道都是通用的。设备的开通及更改均不需改变系统布线，只需增减相应的网络设备以及进行必要的跳线管理即可。

（4）可靠性：综合布线系统采用高品质的材料和组合压接的方式构成一套高标准的信息通道。所有器件均通过 UL、CSA 及 ISO 认证，每条信息通道都采用物理星形拓扑结构，任何一条线路故障均不影响其他线路的运行。也为线路的运行维护及故障检修提供了极大的方便。

（5）先进性：综合布线系统采用光纤与双绞线混合方式，合理地构成一套完整的布线系统。所有布线均采用世界上最新通信标准，通过 5 类、6 类双绞线，数据最大速率可达 300Mbit/s，对于特殊用户需求可把光纤铺到桌面。线光缆可设计为 10G 带宽，物理星形的布线方式为交换式的网络奠定了基础。

36.3.2 综合布线系统的安装

36.3.2.1 施工准备

综合布线系统的施工准备工作，应符合本章 36.1.3 条的要求，还应符合下列要求：

（1）在建筑物建设施工时，应随时检查预埋管道的敷设情况：位置、尺寸是否符合设计要求，管道是否通畅、管道带线是否通顺等。

（2）在安装工程开始以前应对施工场地的建筑和环境条件进行检查，对不符合设计要求的部分进行相应的处理。主要包括以下各项：

1）房屋预留的地槽、暗管、孔洞的位置、尺寸应符合设计要求。

2）设备间、配线间、工作区土建工程已全部竣工。

3）设备间、配线间的面积、环境条件应符合《综合布线系统工程设计规范》GB/T 50311—2007、《电子信息系统机房设计规范》GB 50174—2008 的要求。

4）设备间、配线间应提供可靠的施工电源、工作电源、接地装置。

（3）应做好智能建筑工程与建筑结构、建筑装饰装修、建筑给水排水及采暖、通风与空调、建筑电气和电梯等专业的工序交接和接口确认。

（4）对综合布线的重要节点，如机房、设备间、配线间等，配备门锁和钥匙后再安装设备。

(5) 综合布线系统工程中使用的器材进场时必须进行现场检测验收，在符合 36.1.3 的要求外，还应符合下列要求：

1) 应抽检 5 类、6 类双绞线的电气性能指标，并记录：线缆的电气性能抽验应从批量电缆中的任意三盘中各截出 100m 长度，加上工程中所选用的接插件进行抽样测试。

2) 应抽检光缆（可测试光纤衰减和光纤长度）的光纤性能指标，并记录，测试要求如下：

①衰减测试：宜采用光纤测试仪进行测试。测试结果如超出标准或与出厂测试数值相差太大，应用光功率计测试并进行比较，断定是测试误差还是光纤衰减过大；

②长度测试：要求对每根光纤进行测试，测试结果应一致，如果在同一盘光缆中，光纤长度差异较大，则应从另一端进行测试或通过检查以判定是否有断纤现象存在。

3) 光纤接插软线（光跳线）检验应符合下列规定：

①光纤接插软线，两端的活动连接器（活接头）端面应装有合适的保护盖帽。

②每根光纤接插软线中光纤的类型应有明显的标记，选用应符合设计要求。

4) 接插件的检验验收要求如下：

①配线模块和信息插座及其他接插件的部件应完整，检查塑料材质是否满足设计要求；

②保安单元过压、过流保护各项指标应符合有关规定。

36.3.2.2　主干线缆的敷设

主干子系统的布线是把电缆、光缆从设备间敷设至竖井的各层配线间。

1. 建筑物内主干电缆布线

在一个建筑的竖井中敷设主干电缆有两种选择：向下垂放或向上牵引。通常向下垂放比向上牵引容易，但如果将线缆卷轴抬到高层上去很困难，则使用由下向上牵引。

(1) 向下垂放缆线方法：首先把线缆卷轴放到顶层，在竖井楼板预留孔洞附近安装线缆卷轴，并从卷轴顶部馈线；视卷轴尺寸及线缆重量，相应安排所需要的布线施工人员，每层上要有一个工人以便引导下垂的线缆；开始旋转绞轴，将线缆从卷轴上拉出；将拉出的线缆引导进竖井中的孔洞，慢速地从卷轴上放缆进入孔洞向下垂放；放线到下一层使布线工人能将线缆引到下一孔洞；按前面的步骤，继续慢速放线，并将线缆引入各层的孔洞。

(2) 向上牵引缆线方法：按照线缆的重量选定电动牵引绞车型号，并按照绞车制作厂家的说明书进行操作。首先往绞车中穿一条绳子，启动绞车并往下垂放拉线直到安放线缆的楼层；将绳子连接到电缆拉眼上，再次启动绞车慢速地将线缆通过各层的孔向上牵引；当缆的末端到达顶层时停止绞车，用夹具将线缆固定；当所有的连接制作好之后，从绞车上释放线缆的末端。

2. 主干光缆的敷设

(1) 光缆的主要技术参数（表 36-1）

光缆的主要技术参数　　　　表 36-1

光纤类型	光纤直径（μm）	最小模式带宽（MHz·km）		
		过量发射带宽	有效光发射带宽	
		波长		
		850nm	1300nm	850nm
OM1	50 或 62.5	200	500	—
OM2	50 或 62.5	500	500	—
OM3	50	1500	500	2000

(2) 光缆敷设的技术要求

1) 一条光缆里边有数芯或数百芯光纤，光纤只有 50/62.5μm（多模）；9μm（单模）直径，因此光缆的缆芯很脆弱，在敷设光缆时有特殊要求：弯曲光缆时不能超过最小的弯曲半径；敷设光缆的牵引力不要超过最大的敷设张力。

2) 光纤连接必须使两个接触端能完全地对准、良好接触，否则将会产生较大的损耗。因此，必须学会光纤接续的技巧以使光纤损耗为最小。

3) 光缆传输系统中，多模光纤使用的是发光二极管，距离大于 15cm，可以用肉眼去观察无端接头或损坏的光纤，单模光纤使用的是激光，不能用肉眼去观察无端接头或损坏的光纤。绝不能用显微镜、放大镜等光学仪器去观察已通电的连接器或一根已损坏的光纤端口，否则对眼睛一定会造成伤害，可以通过光电转换器去观察光缆系统。

4) 未经过严格培训的人员不能去操作已安装好的光缆传输系统，只有指定的受过严格培训的人员才允许去完成维修、维护和重建的工作；不要去检查或凝视已破裂、断开的或互联的光缆，只有在所有光源都处于断电的情况下，才能去查看光纤末端，并进行连接操作。

(3) 建筑物内主干光缆的敷设方法

1) 向下垂放光缆：在离竖井槽孔 1～2m 处安放光缆卷轴，放置卷轴时要使光缆的末端在其顶部，然后从卷轴顶部牵引光缆；使光缆卷轴开始转动，将光缆从其顶部牵出，牵引光缆时要保证不超过最小弯曲半径和最大张力的规定；引导光缆进入槽孔中。如果是一个小孔，则首要安装一个塑料导向板，以防止光缆与混凝土边侧产生摩擦导致光缆的损坏，如果通过大的开孔往下放光缆，则在孔的中心安装一个滑轮，把光缆拉出绕到滑轮上去；慢慢地从光缆卷轴上牵引光缆，直到下一层楼上的人能将光缆引入下一个槽孔中去；在每一层楼要重复上述步骤，当光缆到达最底层时，要使光缆松弛地盘在这里。

2) 利用绞车牵引光缆的步骤：将拉绳穿过去绞车，启动绞车发动机，通过楼层的开孔向下放绳子直到楼底；将光缆连到拉绳的拉眼上，慢慢地将光缆向上拉；当光缆末端牵引到顶层时，关掉牵引的机器；根据需要，利用分离缆夹或缆带来将光缆固定到顶部楼层和底部楼层；当所有的连接完成后，从绞车上释放光缆的末端。

3. 建筑群间线缆布线

建筑群间电缆布线是从主设备间或者电话主通信配线间敷设至其他各楼宇的分设备间或者竖井的各配线间。

建筑群间电缆布线：对于计算机网络或者电话通信网络，在逻辑上，建筑群之间的缆线布线，也是主干电缆的一部分。在建筑群间布线，一般有排管敷设和架空敷设等两类方法。

36.3.2.3　水平线缆的敷设

水平布线子系统是指从工作区子系统的信息点出发，连接管理子系统的通信中间交叉配线设备的线缆部分。水平布线子系统分布于智能建筑的各个角落，一般安装得十分隐蔽，该子系统更换和维护涉及布线管路与装修装饰，技术要求高。故电气工程师应掌握综合布线系统的基本知识，根据施工图并从实用角度出发为用户着想，减少日后用户对水平布线子系统的更改。

1. 水平布线子系统在施工前的准备

水平布线子系统的水平管路在综合布线系统中所占的比例最大，必须特别注意与其他专业管路的相互避让与配合。水平布线子系统的管路在预埋前，布线工程师应认真做好图纸会审工作，可利用 CAD 绘出三维大样图，在大样图上注明其他专业管路的走向、标高以及各种管路的规格型号，制定出最优敷设管路的施工方案，尽量避免与其他专业管路交叉重叠，使管线路由最短，便于安装，并向工人做好技术交底。

2. 水平布线子系统的施工方法

建筑物内水平布线，可以通过吊顶、地板、墙及三种的组合来构成布线路由，其布线方法主要有三种：钢管暗敷设法：吊顶内走线槽、线槽至信息点之间采用钢管连接方法；地面线槽暗敷设法。其中地面线槽暗敷设法适用于有大开间办公室或大开间需要打隔断的智能建筑，它的投资比较大，工艺要求高。

3. 对地面金属线槽施工的要求

地面金属线槽布线是为了适应智能建筑弱电系统日趋复杂，出线口位置变化不定而推出的一种布线方式。地面金属线槽分为单槽、多槽等多种规格。地面金属线槽敷设时，电气专业应与土建专业密切配合，结合施工图出线口的位置，线槽的走向，确定分线盒的位置。线槽在交叉、转弯或分支处应设置分线盒，线槽的长度超过 6m 时，应加分线盒。设备间配线架、集线器、配电箱等设备引

至线槽的线路，用终端变形连接器与线槽连接。线槽每隔 2m 处设置固定支架和调整支撑，并与钢筋连接防止移位。线槽的保护层应达到 35mm 以上，线槽连完后应进行整体调整，由测量工用水准仪进行复核，严禁地面线槽超高。连接器、分线盒、线槽接口处应用密封条粘贴好，防止砂浆渗入腐蚀线槽内壁。在连接线槽过程中，出线口、分线盒应加防水保护盖，待底板的混凝土强度达到 50％时，取下保护盖换上标识盖。施工中，工人应用钢锉对金属线槽的毛刺锉平，否则会划伤双绞线的外皮，使系统的抗干扰性、数据保密性、数据传输速度降低，甚至导致系统不能顺利开通。

4. 水平布线子系统对接地的要求

当水平布线采用屏蔽系统时，除了要达到上述要求外，还必须做到：综合布线系统所用屏蔽层必须保持连续性，并保证缆线的相对位置不变，屏蔽层的配线设备端应接地。各层配线架应单独布线到接地体，信息插座的接地利用电缆屏蔽层与各楼层配线架相连接，工作站弱电设备的金属外壳与专用接地体单独连接。综合布线系统有关的有源设备的正极或金属外壳，干线电缆屏蔽层均应接地。若同层内有均压环时，应与之连接，使整个建筑物的接地系统组成一个笼式均压网。良好的接地可以防止突变的电压冲击对弱电设备的破坏，减少电磁干扰对通信传输速率的影响。

5. 水平布线子系统的长度限制

水平布线子系统要求在 90m 的长度范围内，这个长度范围是指从楼层配线间的配线架到工作区的信息点的实际长度，包括配线架上的跳线和工作区的连接线总共不应超过 90m。一般配线架上的跳线长度小于 5m。

6. 双绞线缆的敷设

同一回路的所有双绞线缆可在同一线槽内敷设。强、弱电线缆应分槽敷设，两种线路交叉处应设置有屏蔽分线板的分线盒。线缆不得有接头，接头应在分线盒或线槽出线盒内处理。

良好的安装质量，可以使水平布线子系统在其工作周期内，始终保证良好工作状态和稳定的工作性能，尤其对于高性能的通信线缆和光纤，安装质量的好坏对系统的开通影响尤其显著，因此在安装线缆中，要严格遵守 EIA/TIA569 规范标准。

综合布线系统所用的线缆、信息插座、跳线、连接线等部件，必须保持其选择的类型一致，如选用 5 类（6 类）标准，则线缆、信息插座、跳线、连接线等部件必须为 5 类（6 类）；否则不能保证 5 类（6 类）标准的测试指标。

7. 屏蔽双绞线的敷设

布线系统使用屏蔽双绞线有 2 种：铝箔屏蔽双绞线（FTP）、铜网屏蔽双绞线（STP）。

铜网屏蔽双绞线（STP）的价格高，抗干扰能力强，数据保密好，施工难度低于铝箔屏蔽双绞线（FTP），而且可靠性明显好于铝箔屏蔽双绞线。如果布线系统设计要求使用屏蔽双绞线时，宜采用之。考虑到施工现场的因素、维护的因素，其综合成本低于使用铝箔屏蔽双绞线。

如系统采用屏蔽措施，则系统选用的所有部件均为屏蔽部件，只有这样才能保证系统屏蔽效果，达到整个系统的设计性能指标。

屏蔽系统采用屏蔽双绞线，对屏蔽层的处理要求很高，除了要求链路的屏蔽层不能有断点外，还要求屏蔽通路必须是完整的全过程屏蔽。

36.3.2.4 工作区器材的安装与连接

这部分包括信息插座、插座盒与插座面板、连接软线（跳线）、适配器等。

一个独立的需要设置终端设备的区域宜划分为一个工作区，工作区子系统由水平布线的信息插座延伸到工作站终端设备处的连接电缆及适配器组成，一个工作区的服务面积可按 5～10m² 估算，每个工作区设置一个电话机或计算机终端设备，或按用户要求设置。工作区的每一个信息插座均应支持电话机、数据终端、计算机、电视机监视器等终端设备的设置和安装。

在水平子系统中选用的介质不同于设备所需的介质时，根据工作区内不同的电信终端设备可配备相应的终端适配器。

1. 信息插座的安装：
（1）信息插座安装标高应符合设计要求。

（2）信息插座与电源插座安装的水平距离应符合国家标准《综合布线系统工程验收规范》GB 50312—2007 第 5.1.1 条的规定。

2. 对绞电缆终接应符合下列要求

（1）端接时，每对对绞线应保持扭绞状态，扭绞松开长度对于 3 类电缆不应大于 75mm；对于 5 类电缆不应大于 13mm；对于 6 类电缆应尽量保持扭绞状态，减小扭绞松开长度。

（2）对绞线与 8 位模块式通用插座相连时，必须按色标和线对顺序进行卡接。插座类型、色标和编号应符合图 36-2 的规定。两种连接方式均可采用，但在同一布线工程中两种连接方式不应混合使用。

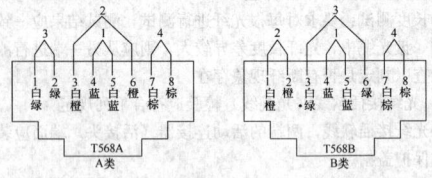

图 36-2　T568A 与 T568B 模块式插座连接图

（3）7 类布线系统采用非 RJ45 方式终接时，连接图应符合相关标准规定。

（4）屏蔽对绞电缆的屏蔽层与连接器件终接处屏蔽罩应通过紧固器件可靠接触，缆线屏蔽层应与连接器件屏蔽罩 360°圆周接触，接触长度不宜小于 10mm。屏蔽层不应用于受力的场合。

（5）对不同的屏蔽对绞线或屏蔽电缆，屏蔽层采用不同的端接方法。应对编织层或金属箔与汇流导线进行有效的端接。

（6）每个 2 口 86 面板底盒宜终接 2 条对绞电缆或 1 根 2 芯/4 芯光缆，不宜兼做过路盒使用。

（7）对绞线与模块接线图示如图 36-3。

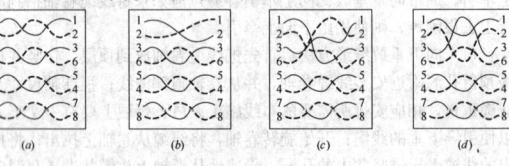

图 36-3　几种连线方式
（a）正确连线；（b）反向线对；（c）交叉线对；（d）串对

36.3.2.5 管理子系统的安装与端接

（1）光缆终接与接续应采用下列方式：
1）光纤与连接器件连接可采用尾纤熔接、现场研磨和机械连接方式。
2）光纤与光纤接续可采用熔接和光连接子（机械）连接方式。

（2）光缆芯线终接应符合下列要求：
1）采用光纤连接盘对光纤进行连接、保护，在连接盘中光纤的弯曲半径应符合安装工艺要求。
2）光纤熔接处应加以保护和固定。
3）光纤连接盘面板应有标志。
4）光纤连接损耗值，应符合表 36-2 的规定：

光纤连接损耗值（dB）　　　　　表 36-2

连接类别	多　模		单　模	
	平均值	最大值	平均值	最大值
熔接	0.15	0.30	0.15	0.30
机械连接		0.30		0.30

（3）各类跳线的终接应符合下列规定：
1）各类跳线缆线和连接器件间接触应良好，接线无误，标志齐全。跳线选用类型应符合系统设计要求。
2）各类跳线长度应符合设计要求。

36.3.2.6 综合布线系统的施工要求

线缆敷设除应执行本章 36.2.2 的要求外，综合布线系统的施工还应符合下列要求：

（1）线缆布放应自然平直，不应受外力挤压和损伤，这是因为

要保护 5 类线、6 类线等网络线不受到损伤，不影响其传输性能。

（2）线缆布放宜留不小于 15cm 余量，以便使线缆留有多次端接的长度。

（3）从配线间引向工作区各信息点双绞线的长度不应大于 90m。

（4）线缆敷设拉力及其他保护措施应符合产品厂家的施工要求。

（5）缆线弯曲半径宜符合下列规定：

1）非屏蔽 4 对双绞电缆弯曲半径宜不于电缆外径 4 倍；

2）屏蔽 4 对双绞电缆弯曲半径不小于电缆外径 8 倍；

3）主干对绞电缆弯曲半径宜不小于电缆外径 10 倍；

4）光缆弯曲半径不宜小于光缆外径 10 倍。

（6）线缆间净距应符合现行国家标准《综合布线系统工程验收规范》GB 50312—2007 第 5.1.1 条的规定。

（7）室内光缆在桥架敷设时宜在绑扎固定处加装垫套。

（8）线缆敷设施工时，现场应安装较稳固的临时线号标签，线缆上配线架、打模块前应安装永久线号标签。

（9）线缆经过桥架、管线拐弯处，应保证线缆紧贴底部，且不应悬空，不受牵引力。在桥架的拐弯处应采取绑扎或其他形式固定。

（10）距信息点最近的一个过线盒穿线时应宜留有不小于 0.15m 的余量。

（11）机柜、机架安装要求如下：

1）机柜、机架安装位置应符合设计要求，安装完毕后，垂直偏差度应不大于 3mm。

2）机柜、机架上的各种零件不得脱落或碰坏，漆面如有脱落应予补漆，各种标志应完整、清晰。

3）机柜、机架的安装应牢固，如有抗震要求时，应按施工图的抗震设计进行加固。

4）机柜不宜直接安装在活动地板上，宜接设备的底平面尺寸制作底座，底座直接与地面固定，机柜固定在底座上、底座高度应与活动地板高度相同，然后铺设活动地板。

5）安装机架面板，架前应预留 800mm 空间，机架背面离墙距离应大于 600mm，背板式配线架可直接由背板固定于墙面上。

6）壁挂式机柜底距地面不小于 300mm。

（12）配线设备的使用应符合下列要求：

1）光、电缆交接设备的形状、规格应符合设计要求；

2）光、电缆交接设备的编排及标志名称应与设计相符；各类标志名称应统一、标准位置正确、清晰。

（13）配线架的安装要求如下：

1）卡入配线架连接模块内的单根线缆色标应和线缆的色标相一致，大对数电缆按标准色谱的组合规定排序。

2）端接于 RJ45 口的配线架的线序及排列方式按有关国际标准规定的两种端接标准之一（T568A 或 T568B）进行端接，但必须与信息插座模块的线序排列使用同一种标准。

3）各直列垂直倾斜误差不应大于 3mm，底座水平误差每米不应大于 2mm。

4）接线端子各种标志应齐全。

5）背架式跳线架应备配套的金属背板及线管理架安装在可靠的墙壁上，金属背板与墙壁应紧贴。

（14）信息插座安装标高应符合设计要求，其插座与电源插座安装的水平距离应符合现行国家标准《综合布线系统工程验收规范》GB 50312—2007 第 5.1.1 条的规定。当设计无标注要求时，其插座宜与电源插座安装标高相同。

（15）机柜内应设置专用的 PDU 电源插座，其插座板上的插座孔数应满足日后设备插座使用的需求，并应留有一定的余量。

（16）配线间内应设置局部等电位端子板，机柜应可靠接地。

（17）空间较小的配线间宜安装开放式机架。

（18）小区布线宜采用壁挂式配线箱，壁挂式配线箱的箱底高度不宜小于 1.2m。

（19）机柜内布线的整理：

1）机柜内线缆应分别绑扎在机柜两侧理线架上，排列整齐、

美观，捆扎合理，配线架应固定牢固，每个配线架应配置一个理线器，配线架上的每个信息点位的标识应准确。

2）光纤配线架（盘）宜安装在机柜顶部，交换机宜安装在铜配线架和光纤配线架（盘）之间。在预计的电话数量和网络数量都很多时，预计的电话点和网络点宜分开机柜安装。

3）在完成线缆绑扎后，机柜应牢固固定在地面上，不能随意移动。

4）跳线应通过理线架与相关设备相连接，理线架内、外线缆宜整理整齐。

5）要求布放光缆的牵引力应不超过光缆允许张力的 80%，一般为 150～200kg，瞬时最大牵引力不得大于光缆允许张力，主要牵引力应加在光缆的加强构件上，光纤不应直接承受拉力。

36.3.3 施 工 质 量 控 制

综合布线的工程质量，需要在系统设计阶段就加以注意，要依据《综合布线系统工程设计规范》GB 50311—2007 进行设计，依据《综合布线系统工程验收规范》GB 50312—2007 及相关标准，制定综合布线系统工程的质量管理计划。

在综合布线工程的施工阶段，一定要注意以下施工要点，以保证施工质量。

（1）综合布线系统中，施工中质量控制的重点（即：施工中质量控制中的主控项目）是：

1）对器材质量的控制：线缆、配线设备等产品有合格证和质量检验报告，且符合设计要求。

2）双绞线中间不得有接头，不得拧绞、打结。

3）线缆两端应有永久性标签，标签书写应清晰、准确。

（2）综合布线系统中，施工中质量控制还需要注意的是：

1）从配线间引向工作区各信息点双绞线的长度不应大于 90m。

2）线缆标识一致性，其终接处必须牢固且接触良好。

3）线管和桥架中线缆的占空比不宜大于 50%。

4）壁挂式配线箱的安装标高不应小于 1.2m。

5）屏蔽电缆的屏蔽层端到端应保持完好的导通性。

36.3.4 系统的检测与验收

综合布线系统的检测是综合布线工程的一部分，检验工程质量是施工单位向使用单位移交的必备工作，也是用户对工程的认可。

综合布线系统的检测主要是线缆的通道测试；线缆敷设、配线设备安装检验；接地的检验。

（1）须采用符合系统设计要求的合格的测试设备进行测试。

（2）电缆电气性能测试及光纤系统性能测试应符合布线信道或链路的设计等级和布线系统的类别要求。

（3）线缆永久链路的技术指标应符合《综合布线系统工程设计规范》GB 50311—2007 的规定。

（4）电缆电气性能测试及光纤系统性能测试应符合《综合布线系统工程验收规范》GB 50312—2007 的规定。

（5）线缆敷设、配线设备安装检验应包括表 36-3 的内容：

线缆敷设、配线设备检验项目及内容　　表 36-3

阶　段	检验项目	检　验　内　容	检验方式
设备安装	配线间、设备机柜	1. 规格、外观 2. 安装垂直、水平度 3. 油漆不得脱落，标志完整齐全 4. 各种螺丝必须紧固 5. 抗震加固措施 6. 接地措施 7. 供电措施 8. 散热措施 9. 照明措施	随工检验

续表

阶　段	检验项目	检　验　内　容	检验方式
设备安装	配线设备	1. 规格、位置、质量； 2. 各种螺丝必须拧紧； 3. 标识齐全； 4. 安装符合工艺要求； 5. 屏蔽层可靠连接	随工检验
线缆布放 （楼内）	缆线暗敷 （包括暗管、 线槽、地板等 方式）	1. 缆线规格、路由、位置； 2. 符合布放缆线工艺要求； 3. 管槽安装符合工艺要求； 4. 接地措施	隐蔽工程签证
线缆布放 （楼间）	管道线缆	1. 使用管孔孔位、孔径； 2. 线缆规格； 3. 线缆的安装位置、路由； 4. 线缆的防护设施	隐蔽工程 签证
	隧道线缆	1. 线缆规格； 2. 线缆安装位置、路由； 3. 线缆安装固定方式	隐蔽工程 签证
	其他	1. 线缆路由与其他专业管 线的间距； 2. 设备间设备安装、施工 质量	随工检验 或隐蔽工程 签证
缆线端接	信息插座	符合工艺要求	随　工 检　验
	配线部件	符合工艺要求	
	光纤插座	符合工艺要求	
	各类跳线	符合工艺要求	

（6）综合布线系统测试应包括表 36-4 的内容：

系统测试项目及内容　　　　表 36-4

检　验　项　目	检　验　内　容	检　验　方　式
电缆基本电气 性能测试	1. 连接图； 2. 长度； 3. 衰减； 4. 近端串扰（两端都应测试）； 5. 电缆屏蔽层连通情况； 6. 其他技术指标	自检
光纤特性测试	1. 衰减； 2. 长度	自检

（7）综合布线系统接地的结构及性能测试应符合《综合布线系统工程验收规范》GB 50312—2007 的规定。

（8）综合布线系统质量记录还应执行《综合布线系统工程验收规范》GB 50312—2007 的相关规定。

36.3.5　综合布线新技术介绍

36.3.5.1　电缆新技术介绍

目前，我们处理高速的数据传输通常是使用光缆，而新的研究证明，未来在一个房间或一栋大楼里，用铜缆来连接服务器进行 10G－100G 的高速数据传输是可能的。这一技术将利用铜缆双绞线（如 7 类线）加配套的收发器来实现，该配套的收发器将运用纠错和均衡补偿的方法来消减干扰，这个通信技术将比传统的技术更为优越。

美国宾夕法尼亚州立大学电子工程教授 MohsenKavehrad 带领的研究小组（该研究组曾经参与过 5 类电缆的类似研究工作）正在对 7 类铜缆进行研究，以支持高达 10～100Gbit/s 的数据传输速度，他们的研究可能使铜缆与光缆一样实现高速传输。他们认为在 70m 内传输速率达到 100Gbit/s，现在的技术已证明是可行的，我们现在的努力是为了将这一距离延伸到 100m。不过，设计一个

100G 的调制解调器目前可能还无法实现，这是技术上的一个局限。

7 类电缆比 5 类电缆的线径要粗，由 4 对屏蔽绞合线组成，以减少信息串扰，其配套的收发器还使用均衡补偿的方法改善信号的质量。

该研究小组认为："铜缆将成为新一代以太网电缆，这是技术发展的未来趋势"。他们的研究结果提交给了"美国电气和电子工程师协会"于亚特兰大召开的 IEEE High Speed Study Group 会议。

已经有几个局域网设备厂商推出了万兆以太网产品，这是现有产品的新突破，也标志着局域网行业的未来发展。Chelsio 公司和 Tehuti 网络公司都宣布，他们拥有业界第一个基于 10G 以太网技术的服务器适配器，能够在 6 类或 7 类铜缆以上 10Gbit/s 的速度运行。刀片网络技术公司称，它已拥有业界首个用于刀片服务器机箱的万兆以太网交换模块。

新的 IEEE 802.3 标准对于 10G BASE-T 仍旧使用 IEEE 802.3 以太网帧（Frame）格式以及 CSMA/CD（载波监听/冲突检测）机制，向前兼容 10M/100M/1000M 以太网。10G BASE-T 将采用 PAM16（16 级脉冲调幅技术）以及 "1A00DSQ（double square）" 的组合编码方式。

36.3.5.2　配线管理新技术介绍

随着建筑中综合布线系统的点数增加、应用增多、使用中配线的更改也在增多，对于配线管理的要求大大提高；虽然配线管理 TIA－606 标准（《商业及建筑物电信基础结构的管理标准》）为综合布线系统提供了一套完整的综合布线色标管理方法，在该标准中对线缆、面板、路由、空间、配线等如何标示都进行了明确的描述，意在进行完整有效的标识。但是，在实际应用中，网络应用的变化会导致大量连接的移动、增加和变化，这时往往由于标示描述方式的限制或系统的庞大，使用户维护困难。从发展的角度，TIA606 还需要结合更加先进的配线管理系统来加强布线系统的管理，高效的配线管理，将使用户节省大量维护费用和提高人员效率，尤其在当前综合布线系统越来越向高密度、集中化发展，布线的管理变得越来越重要。

早期的配线管理存档方法是网络管理员手写维护记录，之后则采用电子表格方式，再后来又产生了第一代电子表格改进的布线管理软件，但还需要手工录入布线的更改信息。这样的管理模式在实践存在周期长、准确性差、人工量增加等问题。因此针对配线管理的关注点：如何保持及时、明确的管理数据文档？如何快速确定故障所在？如何进行快速、准确的网络连接？大型布线专业公司推出了新的、智能化配线管理系统，以提高了综合布线系统的维护管理的工作效率。包括：采用基于端口的实时监控技术，无需特殊跳线，采用软硬件结合方式，"可视、可听、可触、可读"四位一体的导航帮助，为网络管理员提供准确地从桌面到配线架，实时的、自动地记录和管理整个配线系统，称之"实时基础设施管理系统"。

以下简要介绍贝尔实验室研发、由康普公司推出的配线管理系统：iPatch 系统。

iPatch 系统采用了其自主研发的基于端口的专利技术，有以下功能：

（1）可视：基于端口的监控技术，在配线架的每个端口上都有按钮和 LED 红灯，使管理员通过可触、可视的方式，在现场可以快速、准确地追踪到当前跳线的连接情况，为管理员提供精确性和高效率。

（2）可听：在管理员配线管理时，系统提供四种不同的声音帮助，使管理员通过声音即可识别当前操作的正确情况。

（3）可读：在系统管理单元上配有 LCD 交互式显示屏，具有 6 个功能键，组合提供 15 个操作功能。LCD 屏幕提供的信息，使管理员可了解当前各点位的布线连接情况，同时 LCD 可显示电子工单的提示信息，帮助管理员顺利、轻松、准确地完成每一次配线任务。

（4）可触：配线架、LCD 上均设有按钮，使现场操作方便、准确。

以上的配置可以由配线管理软件产生电子工单，电子工单将记录布线系统的更改结果：

（1）配线管理的每次操作（如改变一次跳线等），配线管理软

件将生成一份工作单，该工单自动传送到需操作的管理单元的 LCD 屏幕上，通过四位一体的导航提示，在现场的人员可以简单、方便、快速、准确地完成这一次任务。

（2）配线管理软件同时也自动记录配线管理的每次操作，使管理系统随时可以回溯以往事件，并且可以对其恢复重建。这些功能对于企业的 IT 审计也同样有用，目前 IT 审计越来越重要，已经成为某些企业日常工作的一部分，尤其在金融与保险等行业，几乎每月都有各种审计，小到每一次跳线的变更，大到系统宕机，审计需要系统具备回溯能力，使每一次的问题都可以追溯。

实时基础设施管理 iPatch 系统能提供：

（1）通过电子工作指令对系统预先进行跳接，自动完成网络连接检测及配线资料整理；

（2）重新整理分配众多的会议安排，预先载入系统，建立日程安排，工作指令只在预定的时间被发送到 iPatch 设备上，工作人员按时快速、准确完成，无需加班准备；

（3）直观的图示和声音的提示，确保连接的准确性，方便快速查找系统连接故障点；

（4）现场直接跳线很简单，但难保每次都准确，一旦操作失误，对于连接可靠性要求高的场合，将造成损失。在该管理系统的配合下，消除了跳线的错误，提供工作效率与可靠性；

（5）实现了指令和处理过程的有条不紊，iPatch 的"报告"特点是可以根据 MAC 地址产生清单，实现电子记录，无需工作人员手工完成复杂的记录，极大提高了工作效率。

综上，iPatch 实时配线系统，降低了用户维护的代价，提高配线管理工作的效率，成为物理层的网络管理理想的解决方案。

还有其他的一些配线管理解决方案，如康普公司的 VisiPatch360 系统和 InstaPATCH 系统。InstaPATCH 系统是为数据中心而量身定制的光缆配线管理解决方案。针对要达到四级的数据中心，即可靠性达到 99.995%。需要的投资是没有冗余的系统的 2 倍，作为数据中心信息交换的物理承载平台，综合布线只占到总投资的 5% 不到，而其重要性很高，据统计，数据中心故障有 70% 是人为失误造成，而其中大量原因是布线管理人为操作不当造成。因此数据中心需要一套专门为此具备如下特点的综合布线系统：高性能、高可靠性，快速安装，模块化系统，高密度，面向未来。因此，预连接光缆管理系统应是可选择的系统之一。

36.4 通信网络系统

36.4.1 通信系统组成与功能

36.4.1.1 通信系统组成

1. 程控交换机的基本构成

程控电话交换机的主要任务是实现用户间通话的转接。它有两大部分：话路设备和控制设备。话路设备包括各种接口电路（如用户线接口和中继线接口电路等）和交换设备；控制设备则为计算机及其接口、存储设备。程控交换机实质上是采用计算机进行"存储程序控制"的交换机，它将各种控制功能编成程序，存入存储器，对外部状态的巡检数据使用存储程序来控制、管理整个交换系统的工作。

（1）交换网络：交换网络的基本功能是根据用户的呼叫要求，通过控制部分的接续命令，建立主叫与被叫用户间的连接通路。在纵横制交换机中它采用各种机电式接线器（如纵横接线器、编码接线器，笛簧接线器等），在程控交换机中目前主要采用由电子开关阵列构成的空分交换网络和由存储器等电路构成的时分接续网络。

（2）用户电路：用户电路的作用是实现各种用户线与交换之间的连接，通常又称为用户线接口电路（SLIC，Subscriber Line Interface Circuit）。根据交换机制式和应用环境的不同，用户电路也有多种类型，对于程控数字交换机来说，目前主要有与模拟话机连接的模拟用户线电路（ALC）及与数字话机，数据终端（或终端适配器）连接的数字用户线电路（DLC）。

（3）出入中继器：出入中继器是中继线与交换网络间的接口电路，用于交换机中继线的连接。它的功能和电路与所用的交换系统

的制式及局间中继线信号方式有密切的关系。对模拟中继接口单元（ATU），其作为是实现模拟中继线与交换网络的接口，基本功能一般有：发送与接收表示中继线状态（如示闲、占用、应答、释放等）的线路信号。转发与接收代表被叫号码的记发器信号。供给通话电源和信号音。向控制设备提供所接收的线路信号。

（4）控制设备：控制部分是程控交换机的核心，其主要任务是根据外部用户与内部维护管理的要求，执行存储程序和各种命令，以控制相应硬件实现交换及管理功能。程控交换机控制设备的主体是微处理器，通常按其配置与控制工作方式的不同，可分为集中控制和分散控制两类。为了更好地适应软硬件模块化的要求，提高处理能力及增强系统的灵活性与可靠性，目前程控交换系统的分散控制程度日趋提高，已广泛采用部分或完全分布式控制方式。

2. 接入系统

提供上级通信交换局到本地程控交换机的连接，此连接一般是以单模光缆实现。

36.4.1.2 通信系统功能

智能建筑的通信网络是以数字程控交换机为核心，以语音信号为主并兼有数据信号、传真、图像资料传输的图像网络。通常，应设置数字程控交换机系统、图文及传真系统、语音邮件系统、电缆电视系统、卫星通信系统、电视会议系统等。当然也包括已与通信技术充分融合的计算机局域网、广域网在内，以便满足智能建筑内部和国内外互通信息，资料查询，实现信息资源共享的需要。

通信网络系统大体包括：多媒体通信、计算机网络通信、个人通信、数字图像通信、移动卫星通信、程控交换以及信息高速公路、语音信箱、电子信箱、智能化建筑通信、互联网路通信、通信系统以数字化为基础，向多元化、综合化、宽带化、标准化、全球化发展。

通信网络系统是保证智能建筑的语音、数据、图像传输的基础，它同时与外部通信网（如公共电话网、数据通信网、计算机网络、卫星以及广电网等）相连，提供建筑物内外的有效信息服务。

目前所生产的中大容量的程控机全部为数字式的。我国自行研制的大中型容量的数字程控局用交换机具有国际先进水平，典型的如华为、大唐、中兴等等。

1. 程控交换机的特点

程控数字交换机是现代数字通信技术、计算机技术与大规模集成电路结合的产物。先进的硬件与日臻完美的软件综合于一体，赋予程控交换机以众多的功能和特点：

（1）体积小，重量轻，功耗低，节省费用。

（2）能灵活的向用户提供众多的新服务功能。可以通过软件方便的增加或修改交换机功能，向用户提供新型服务，如缩位拨号、呼叫等待、呼叫传递、呼叫转移、遇忙回叫、热线电话、会议电话，给用户带来很大方便。系统还可方便地提供自动计费、话务量记录、服务质量自动监视、超负荷控制等功能。

（3）工作稳定可靠，维护方便，借助故障诊断程序对故障自动进行检测和定位，以及时地发现与排除故障。

（4）适于采用先进的 CCITT7 号信令方式，使信令传送容量大、效率高，并为实现综合业务网 ISDN 创造必要的条件。

（5）易于与数字终端，数字传输系统连接。

2. 程控交换机的类型

程控交换机从技术结构上划分为程控空分用户交换机和程控数字用户交换机两种。前者是对模拟话音信号进行交换。后者交换的是 PCM 数字话音信号，是数字交换机的一种类型。

程控交换机从使用方面进行分类，可分为通用型和专用型两类。通用型适用于一般企事业单位、学校等以话音业务为主的单位，容量一般在几百门以下，且其内部话务量所占比重较大。目前国内生产的 200 门以下的程控交换机均属此种类型，其特点是系统结构简单、使用方便、维护量少。专用型则根据各单位专门的需要提供各种特殊的功能。下面分别说明几种专用型程控用户交换机：

（1）宾馆型：宾馆型程控用户交换机出入局话务量大，不需要直接拨入功能，话务台功能强。为满足客人打长途电话的需要，具有计费功能。为满足宾馆客房管理需要，提供了以下功能：

1）房间控制：客人离店结账电话自动闭锁。

2) 留言中心：对临时外出的客人的来话呼叫，提供留言服务。

3) 客房状态：随时提供客房占用，空闲，是否打扫的情况。

4) 自动叫醒：按客人需要，准时叫醒客人。

5) 请勿打扰：为客人提供安静环境，客人在电话输入指令后，在一定时限内电话不能呼入。

6) 综合话音和数据系统：办公人员可通过个人计算机从远处服务器取得资料。

(2) 医院型：这是装有医院特点软件的专用程控交换机。软件功能中除具有宾馆功能外，还具有呼叫寄存，呼叫转移，病房紧急呼叫，热线电话及配合救护车的移动通信接口的功能。

(3) 银行型：银行型专用软件包括总行和分行间的通信联络，呼叫代答，警卫线路，外线保留等。同时具有办公自动化 PABX 的功能。

(4) 办公自动化型：需要快速话音通道程控交换机完成高质量话音通信。呼出要求快速自动直拨，即缩位拨号功能。呼入要求全自动呼入功能，避免话务员介入，提高效率。具有办公微机通过程控交换机使用内部的数据资源的功能，目前一般传输速率为144kbit/s，先进的程控交换机可提供 2Mbit/s 的传输通路，还可开展宽带非话业务，传输动态图像和电视电话等。还具有话音邮递和电子邮箱等功能。

(5) 专网型：具有组网汇接功能的程控用户交换机应具有多位号码存储，转发能力，直达优先路由选择，自动迂回，外线呼叫等级限制，等位拨号，功能透明，远端集中维护管理及话务台集中设置等。对专网型程控交换机应着重考虑其中继接口，信令方式与传输系统的配合能力。还可能要求具有汇接，长途甚至与农话业务配合功能。

随着技术的不断进步以及各单位业务增长的需要，还会出现更加新颖的机型。

3. 程控交换机的数字化技术

程控交换机普遍使用"话音信号数字化技术"传送和交换数字信息，与模拟交换系统相比，抗干扰性强，易于时分多路复用，便于加密，适于信号处理和控制。为了提高线路的传输能力。程控交换机还使用"时分多路复用技术"（multiplex）将若干路信息综合于同一信道进行传送。经过频分复用（FDM）与时分复用（TDM）技术处理，在一个信道中，可以传输 30 路话音编码信息，从而使信道利用率得到极大的提高。

36.4.2　通信网络系统的安装施工

通信系统的安装和施工的质量，直接影响到所选择的通信设备能否正常、安全、可靠地运行，以及通信设备能否充分地发挥各种功能。

36.4.2.1　通信网络系统的施工准备

施工单位应取得国家相关职能部门或本行业或本专业职能部门颁发的程控交换机安装工程施工资质。

(1) 通信系统安装施工前的准备工作，应符合本章 36.1.3 "智能建筑工程的施工准备"的要求。应进行相关的技术准备，设备与材料的检查，系统安装场地检查。

(2) 施工单位应根据设计文件要求，完成各个系统的规划和配置方案，并经建设单位、使用单位会审批准。

(3) 施工单位应对前序工作以及配电系统情况进行检查，并当其符合信息设施系统施工条件方可施工。

(4) 通信网络系统的安装场地检查：程控交换设备安装前，应对机房的环境条件进行检查，机房的环境条件应满足《固定电话交换设备安装工程设计规范》（附条文说明）YD/T 5076—2005 中第 14 章中的相关规定。

36.4.2.2　通信网络系统的安装施工

1. 通信网络系统的交换机的安装工作

(1) 交换机安装前的准备工作有：

1) 布置工作场地：其中包括：测量定位，安排好放置机柜、机架的位置，安排放置工作台的位置以及放置工具的位置等；

2) 相关工具的准备：安排好施工使用的工具；

3) 安排好电缆走线孔、墙洞、门窗等土木施工；

4) 处理机房地面。

(2) 安装缆线机架。

(3) 安装设备机架和操作台。

(4) 安装相关的线缆。

(5) 彻底清洁机房。

(6) 安装已经检查完的设备。

2. 通信网络系统的交换机的安装要求

(1) 电话交换设备安装前，应对机房的环境条件进行检查，机房的环境条件应满足《固定电话交换设备安装工程设计规范（附条文说明）》YD/T 5076—2005 中第 14 章中的相关规定。

(2) 应按工程设计平面图安装交换机机柜，上下两端垂直偏差应不大于 3mm。

(3) 交换机机柜内部接插件与机架应连接牢固。

(4) 机柜大列主走道侧必须对齐成直线，每 5m 误差不得大于 5mm。

(5) 机柜安装应位置正确、柜列安装整齐、相邻机柜紧密靠拢，柜面衔接处无明显高低不平。

(6) 总配线架安装位置应符合设计要求。

(7) 总配线架滑梯安装应牢固可靠，滑动平稳，滑梯轨道拼接平正，手闸灵敏。

(8) 各种配线架各直列上下两端垂直偏差应不大于 3mm，底座水平误差每米不大于 2mm。

(9) 配线架单列告警装置及总告警装置设备应安装齐全，告警标示清楚。

(10) 各种文字和符号标志应正确、清晰、齐全。

(11) 终端设备应配备完整，安装就位，标志齐全、正确。

(12) 机架、列架、配线架必须按施工图的抗震要求进行加固。

(13) 直流电源线连同所接的电源线，应使用 500V 兆欧表测试正负线间和负线对地间的绝缘电阻，均不得小于 1MΩ。

(14) 交换系统使用的交流电源线两端腾空时，应使用 500V 兆欧表测试芯线间和芯线对地的绝缘电阻，均不得小于 1MΩ。

(15) 交换系统用的交流电源线必须有接地保护线。

(16) 交换机设备通电前，应对下列内容进行检查，并符合下列要求：

1) 各种电路板数量、规格、接线及机架的安装位置应与施工图设计文件相符且标识齐全正确。

2) 各机架所有的熔断器规格应符合设计要求，检查各功能单元电源开关应处于关闭状态。

3) 设备的各种选择开关应置于初始位置。

4) 设备的供电电源线，接地线规格应符合设计要求，并端接正确、牢固。

(17) 应测量机房主电源输入电压，确定正常后，方可进行通电测试。

3. 通信网络系统的线缆与光缆的安装施工

通信网络系统的线缆与光缆的安装施工应符合本手册第 36 章 36.2 "综合管线"和 36.3 节"综合布线"的要求。

4. 通信网络系统的电源、接地与防雷的安装施工

通信网络系统的支持电源的安装施工应符合本手册第 36 章 36.2 "综合管线"和 36.17 节"智能建筑电源、接地与防雷系统"的要求。

36.4.3　通信网络系统的质量控制

通信网络系统的工程质量，需要在系统设计阶段就加以注意，要依据《固定电话交换设备安装工程设计规范（附条文说明）》YD/T 5076—2005 进行设计，依据《程控电话交换设备安装工程验收规范（附条文说明）》YD/T 5077—2005 及相关标准，制定通信网络系统工程的质量管理计划。

在通信网络系统工程的施工阶段，一定要注意以下的施工要点，以便保证施工质量。

(1) 通信网络系统中，施工中质量控制的重点（即：施工中质量控制中的主控项目）是：

1) 电话交换系统和通信接入系统的检测阶段、检测内容、检

测方法及性能指标要求应符合《程控电话交换设备安装工程验收规范（附条文说明）》YD/T 5077—2005等国家现行标准的要求。

2）通信系统连接公用通信网信道的传输率、信号方式、物理接口和接口协议应符合设计要求。

（2）通信网络系统中，施工中质量控制还需要注意的是：

1）设备、线缆标识应清晰、明确。

2）电话交换系统安装各种业务板及业务板电缆，信号线和电源应分别引入。

3）各设备、器件、盒、箱、线缆等的安装应符合设计要求，布局合理，排列整齐，牢固可靠，线缆连接正确，压接牢固。

4）馈线连接头应牢固安装，接触良好，并采取防雨、防腐措施。

36.4.4 通信网络系统的调试与测试

《程控电话交换设备安装工程验收规范（附条文说明）》YD/T 5077—2005通信网络系统的检测验见《智能建筑工程质量验收规范》GB 50339—2003相关内容。

通信系统的硬件设备安装施工完毕后，综合布线系统施工完成。又经过了跳线，分机终端已经和系统连接完成，则应进行中继接入，即程控用户交换机作为公众电话网的终端设备应与公众电话网相连。

由于中继方式涉及有关端局局、站，故中继接入常应有关市话局人员参加，通常程控用户交换机生产单位也派人，用户单位负责人和操作维修人员参加，接通电源，则通信系统进入试运行。试运行时发生的问题，由双方现场协商解决，解决后通信系统正式投入运行。

36.4.4.1 通信网络系统调试

1. 通信网络系统调试准备的要求

（1）各系统调试前，施工单位应制定调试方案、测试计划，并经会审批准。

（2）设备规格、安装应符合设计要求，安装稳固，外壳无损伤。

（3）使用500V兆欧表对电源电缆进行测量，其线芯间，线芯与地线间的绝缘电阻不应小于1MΩ。

（4）设备及线缆应标志齐全、准确，符合设计要求与本手册第36章36.2"综合管线"和36.3节"综合布线"的要求。

（5）机柜、控制箱、支架、设备和需要接地的屏蔽线缆和同轴电缆应良好接地。

（6）各系统供配电的电压与功率应符合设计要求。

2. 通信网络系统的调试的要求

（1）系统的安装环境、设备安装应符合设计要求。

（2）逐级对设备进行加电，设备通电后，检查所有机架为设备供电的输出电压应符合设计要求。

（3）电话交换系统自检正常、时钟同步、时钟等级和性能参数应符合设计要求。

（4）安装电话交换机服务系统、联机计费系统、交换集中监控系统，对设备进行测试、调试应达到系统无故障，并提供相应的测试报告。

3. 通信网络系统的功能调试的要求

（1）各系统内的设备应能够对系统软件指令作出及时响应。

（2）系统调试中，应及时记录并检查软件的工作状态和运行日志，并修改错误。

（3）系统调试中，应及时记录并检查系统设备对系统软件指令的响应状态，并修改错误。

（4）应先进行功能测试，然后进行性能测试。

（5）调试过程中出现运行错误、系统功能或性能不能满足设计要求时，应填写系统调试问题报告表，并对问题进行处理、填写处理记录。

36.4.4.2 通信网络系统检测与检验

1. 系统检验的要求

（1）应对各系统进行检测，并填写检测记录和编制检测报告。

（2）设备及软件的配置参数和配置说明应文档齐全。

2. 电话交换系统的检验要求

（1）系统的交换功能应达到局内、局间、异地、国际间通话正常，并计费准确。

（2）系统的维护管理功能应达到系统提供的功能均可检测、可管理、可修复。

（3）系统的信号方式及网络网管功能应达到信令正确，网管功能符合设计要求。

（4）电话交换系统的检验应按《智能建筑工程施工规范》GB 50606—2010的表10.5.2的内容进行。

3. 接入网系统的检验要求

（1）通信系统接入公用通信网信道的传输率、信号方式、物理接口和接口协议应符合设计要求。

（2）外线的呼入、呼出运行应正常。

（3）接入网系统的检验应按《智能建筑工程施工规范》GB 50606—2010的表10.5.3的内容进行，检验结果应符合设计要求。

36.4.5 通信网络发展动向和趋势介绍

（1）研制新型专用大规模集成电路，提高硬件集成度和模块化水平，增强功能及提高可靠性。

（2）提高控制的分散，灵活程度和可靠性，逐步采用全分散方式。

（3）采用CCITT建议的高级语言，建立强大的软件生成系统，以便提高更多的服务功能。

（4）积极推行共路信号系统，在一条线路中，传输多路信号。

（5）提供非话业务，如数据，智能用户电报、图文视传、电子邮件等，构成综合信息交换系统。

（6）增强程控交换系统与其他类型通信网的接口，连接与组网能力。

（7）为适应高速信息业务的需求和光纤通信的发展，目前研究的重点之一为异步转移方式ATM。

36.5 卫星电视及有线电视系统

36.5.1 卫星电视及有线电视系统结构

36.5.1.1 电视系统组成

卫星电视及有线电视系统简称"电视系统"，是由具有多频道、多功能、（单）双向传输等特征的多种相互联系的部件、设备组成的进行传输高质量的电视信号的系统。它由前端设备、干线传输和用户分配三部分组成。

卫星电视及有线电视系统的组成如图36-4所示。

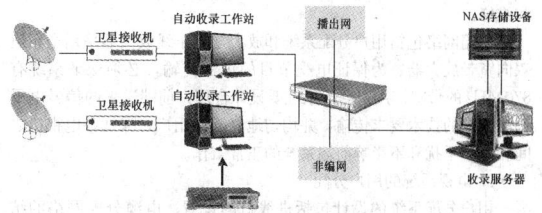

图36-4 卫星电视及有线电视系统的组成

1. 电视系统的前端设备

前端设备是指用以处理卫星地面站以及由天线接收的各种无线广播信号和自办节目信号的设备，其施工内容则包括机房位置的确定、频道或节目的确定以及设备的选型和前端非线性指标的计算。

卫星电视接收的主要组成，包括接收天线、高频头、高频传输电缆、接收机以及电视调制器等部分，接收天线接收来自广播卫星的下行频率的微弱电波，由馈源到高频头，与高频的本振信号混频成第一中频（700～2150MHz）信号，在经馈线（即高频同轴电缆）送到接收机。

（1）天线系统：天线系统由抛物线反射面和馈源组成，根据不同的卫星转发器功率大小不同，地面采用的天线尺寸也不一样，天

线反射面一般为铝合金、玻璃纤维增强型 SMC 材料的玻璃钢天线、玻璃纤维制成的 FRP 一体成型卫星天线，馈源采用后馈或前馈。

（2）高频头：高频头又称"低噪声降频器"或"低噪声下变频器"（LNB）。其内部电路包括低噪声变频器和下变频器，低噪声变频器将天线接收到的微弱的卫星信号进行放大和变频，既把馈源输出的 4GHz 信号放大，降频为 950～2150MHz 中频信号。目前使用的有 C 频段和 Ku 频段两种。输出的中频信号（950～2150MHz）通过低损耗的高频电缆送给数字综合接收解码器 IRD。数字卫星信号采用 QRSK 调相方式传输，信号解调也是采用 QPSK 解调，如果 LNB 相位噪声超过，会使解调产生误差而导致误码率（BER）增加，故高频头要求相位噪声低，频率稳定度高。对用于数字卫星电视接收系统的 LNB，要求相位噪声小于 -65dB/1kHz，频率稳定度小于 ±500kHz。目前主要采用双极性高频头，以适应卫星在不同频道分别以水平和垂直极化下传的电磁波信号，有效接收这个这两种不同方向的电磁波。

（3）卫星电视接收机：高频头 LNB 输出的第一中频信号需要由卫星电视接收机接收并进行信号转换，变成一般电视机可接收的信号。现在使用的主要是数字卫星接收机，又称接收解码器（IRD）；它主要由调谐器、QPSK 解调、去扰码、纠错、解复用、解码，再进行 PAL 编码，形成全电视信号输出。

2. 电视系统的干线传输

传输部分是一个传输网，其作用是把前端送出的（宽带复合）电视信号传输到用户分配系统。用户分配网络是整个系统的最后部分，它以广泛的分布把来自干线的信号，分配传送到千家万户的用户终端（电视机）。

电视系统的干线传输系统的设计与施工须按照《住宅区及住宅建筑有线广播电视设施管理规定》执行。干线传输主要由干线双向放大器、干线分配器、干线分支器、用户分支器、75Ω系列射频同轴电缆组成。

电缆的选择应该针对电缆的损耗量、频响曲线、温度系数、寿命长短等性能来选择。一般选国优质屏蔽电缆；垂直主干线和水平干线则采用 SYV75-9 国产优质屏蔽电缆；分支器到终端电视插座采用 SYV75-5 国产优质屏蔽电缆。主干线距离长，信号衰减大，则采用 500 号合金铝皮电缆来满足系统要求。

干线 SYV75-9 电缆沿弱电井桥架敷设，支干线 SYV75-7 电缆沿走廊吊顶内槽道敷设，分支器到终端电视插座的支线 SYV75-5 电缆敷设在管内。在弱电竖井间安装分配放大器箱，放大器和分支分配器安装在铁箱内，铁箱要接地。放大器箱内配有 220V 电源插座。分支器安装在不小于 250mm×260mm×120mm 的铁箱内。有分支器铁箱的地方，吊顶要留检修孔，以便安装器件和维修。

传输网络包括用户分配系统和放大器，干线放大器采用全频道双向宽带放大器。为保证电视节目的正常传输，必须保证系统有 870MHz 的带宽。用户分配系统要设计合理，前端送来的信号电平按照规定的技术要求传输，并均匀地分配给用户，保证各电视机之间相互不干扰和不影响前端系统的正常工作。

3. 电视系统的用户分配

用户分配系统的设计包括进线口的设置、电缆分配网络的结构、分配放大器设计、供电电源、分配器、分支器的设计、用户终端的设计、同轴电缆选择及穿管管径、放大箱、分配箱、过路箱、终端盒的设计、器材选用。

电视系统的用户分配部分使用带反向平台、双向传输、870MHz 带宽的线路放大器、5～1000MHz 高隔离度分支分配器和 SYWV（Y）-75 系列优质物理发泡射频同轴电缆组成，以分支分配方式将电视信号送入各个用户终端。放大器采用就近供电的方式。

分支分配系统：有线电视信号放大后的 RF 信号，应高质量地传送到各用户终端、系统分支分配器、用户盒。应选用工作频率为 5～1000MHz 高隔离度产品，以免产品质量不好引入噪声，使系统性能指标降低，电视机图像出现各种干扰、噪声，甚至扭曲现象。特别是反向信号极易受到干扰的影响，性能明显变坏，这就是常见

有的系统反向信号做不好的重要原因。卫星电视接收的分支分配器连接图见图 36-5。

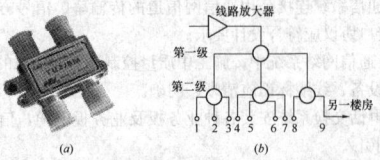

图 36-5　卫星电视接收的分支分配器连接图
(a) 分支分配器；(b) 分支分配连接

36.5.1.2　电视系统应用

卫星电视系统，通过卫星地面站可直接接收广播电视的卫星信号。

有线电视系统（CATV）也是智能建筑的基本系统之一。与传统 CATV 不同的是，现代智能建筑 CATV 要求电视图像信号双向传输，并为采用 HFC（光纤同轴电缆混合接入网）打下基础。

有线电视（含卫星电视系统）接收系统向用户提供多种电视节目源。采用电缆电视传输和分配的方式，对需提供上网和点播功能的有线电视系统可以采用双向传输系统。传输系统的规划应符合当地有线电视网络的要求。根据建筑物的功能需要，按照国家相关部门管理规定，配置卫星广播电视接收和传输系统，根据各类建筑内部的功能需要配置电视终端。

36.5.2　电视系统安装施工

36.5.2.1　电视系统的施工准备

卫星接收及有线电视系统工程施工前应进行如下的准备工作：

（1）工程施工前应具备相应的现场勘察、设计文件及图纸等资料，并应按照设计图纸施工。

（2）准备工作应符合本章 36.1.3 "智能建筑工程的施工准备"的要求，尚应符合下列要求：

1）有源设备均应通电检查；

2）主要设备和器材，应选用具有国家广播电影电视总局或有资质检测机构颁发的有效认定标识的产品。

（3）建筑物内暗管设施应符合《有线电视分配网络工程安全技术规范（附条文说明）》GY 5078—2008 第 4.3 节的技术要求。

36.5.2.2　卫星天线的安装施工

安装天线的顺序为：场地选择，确定天线的仰角、方位角和高频头的极化角，安装天线，安装高频头，调整天线的仰角、方位角、固定天线，防雷接地，安装馈线。

1. 场地选择

天线安装场地的选择关系到信号质量、安装、调试、维护和安全。安装天线的场地应选择结构坚实、地面平整的场地，应充分考虑安装的地点要便于架设铁塔、钢架、水泥基座等天线支撑物，并保证长期稳定可靠。由于微波通信易受干扰，对天线场地需要进行测试，选择信号场干净、防风、易于防雷的场地，并且在天线指向卫星的方向上没有明显遮挡物，天线指向周围遮挡物的连线与天线指向卫星的连线之间的角度应大于 5°。要求有足够视野的空旷地面或楼房上，地面应平整，并有牢靠的地基和可靠的接地装置。天线与卫星接收机之间的距离要尽可能的近。

2. 天线指向的确定

天线接收天线在实施安装之前，须根据卫星的经度和接收站的地理经纬度确定天线的仰角、方位角，以便使天线对准卫星。要计算接收天线的仰角与方位角，需知道卫星的定点位置、接收点的地理位置（经度和纬度）。仰角、方位角的计算公式如下（建议用第一个公式）：

方位角计算公式：$A_z = \text{arctg}\,(\text{tg}\varphi_{CH}/\sin\theta)$

或：$A_z = \text{arctg}\,[\text{tg}\,(\varphi_{卫} - \varphi_{地})/\sin\theta]$

$A_z = \text{arctg}\,[\text{tg}\,(\varphi_W - \varphi_D)/\sin\theta]$

仰角计算公式：$EL = \text{arctg}\,\dfrac{\cos\varphi_{CH}\cos\theta - 0.1512}{\sqrt{(1 - \cos\varphi_{CH}\cos^2\theta)}}$

$$或 = arctg\frac{\cos(\varphi_{卫}-\varphi_{地})\cos\theta-0.1512}{\sqrt{(1-\cos^2(\varphi_{卫}-\varphi_{地}))\cos^2\theta}}$$

$$或 = arctg\frac{\cos(\varphi_w-\varphi_D)\cos\theta-0.1512}{\sqrt{(1-\cos^2(\varphi_w-\varphi_D))\cos^2\theta}}$$

其中：φ_{CH}为卫星位置经度φ_w与地面接收天线位置经度φ_D之差，θ为地面接收天线位置的纬度。

当φ_{CH}为正值时，高频头顺时针转φ_{CH}度，反之，则逆时针转。

根据算出的仰角和方位角进行天线方向的调试，使之对准所要接收的卫星的电视信号，这是粗调。然后进行细调，使所收的信号最佳。

在工程上常用指南针定向。由于磁南北极与地理南北极之间存在磁偏角，因此以磁南为 0°时，上述求出的方位角必须用磁偏角修正后才是天线的方位角。在城市中由于各种建筑物中的钢筋的影响，使指南针的定向并不十分准确，只作为参考值。

实用计算天线参数的软件，只要输入当地地名或周边大城市的名称，即可计算出所有同步卫星的参数，实用方便。

3. 安装天线

天线组装后，安装前不要放在楼顶上，以防止雷击和大风的损坏。

如在屋顶上选择没有防水层的屋梁来固定天线，如果屋顶都是防水层，要在防水层上砌一个 1m 见方、高 25cm 左右的水泥平台，并用水平仪检查水平情况，在该平台上安装天线。

安装卫星天线，把卫星天线对准卫星：亚洲二号卫星，位于经度为 100.5°的赤道上空。

卫星接收天线的安装最大的难点在于天线的方位、仰角和高频头的位置及极化角度的调整，需要一定的经验。

将天线连同支架安装在天线座架上，天线的方位通常有一定的调整范围，应保证在接收方向的左右有足够的调整余地。对于具有方位度盘和俯仰度盘的天线，应使方位度盘的 0°与正北方向、俯仰度盘的 0°与水平面保持一致。正北方向的确定，一般采用指北针测出地磁北极。再根据当地的磁偏角值进行修正，也可利用北极星或太阳确定。

较大的天线一般都采用分瓣包装运输，故在安装时，应将各部分重新组装起来。天线组装后，型面的误差、主面与副面之间的相对位置、馈源与副面的相对位置，均应用专用工具进行校验，保证误差在允许的范围内。校验完毕，应固紧螺栓。

天线馈源安装是否合理，对天线的增益影响极大。对于前馈天线，应使馈源的相位中心与抛物面焦点重合；对于后馈天线，应将馈源固定于抛物面顶部锥体的安装孔上，并调整副发射面的距离，使抛物面能聚焦于馈源相位中心上。天线的极化器安装于馈源之后。对于线极化（水平极化和垂直极化），应使馈源输出口的矩形波导窄边与极化方向平行；对于圆极化（如左旋圆极化波），应使矩形导波口的两窄边垂直线与移相器内的螺钉或介质片所在平面相交成 45°角的位置。

4. 高频头的安装与位置的调整：

当地面卫星接收天线安装完毕之后，就可着手安装高频头 LN-BF，具体步骤如下：

(1) 安装馈源并根据天线参数 F/D 值，将馈源盘凸缘端面对准 LNBF 侧面的 F/D 相应刻度上；

(2) 使 LNBF 频端面上"0"刻度垂直水平面；

(3) 紧固馈源等个安装件；

(4) 把 LNBF 的 IF 输出电缆与接收机的 LNBF 输入端连接好。

当接收天线波束已调整对准某颗卫星后（天线调整方法请参阅 PBI 超级系列极轴卫星天线装配与校准手册），便可使用 SL-1000 卫星信号测试仪调整 LNBF 的位置，此时应将 LNBF 的输出电缆改接至 SL-1000 的输入端，其步骤如下：

(1) 首先应检查馈源是否处于抛物面天线的中心，焦点是否正确，否则可以稍调整馈源支撑杆；使之对准（以信号最大为准）。

(2) 检查 LNBF 侧面的 F/D 刻度是否按天线所给参数 F/D 对准，为此可略微前后调整，使 SL-1000 信号显示最大。

(3) 卫星发射的电视信号；只有在卫星所在经度的子午线上，

其极化方向才完全是水平或垂直的，而在其他地区接收时，会略有偏差，在实际接收的情况下，应稍微旋转 LNBF 的方向，以使信号最大，这时 LNBF 顶端面上的刻度"0"可能不完全是垂直水平面。

(4) 按动卫星接收机 H/V 键，这时另一极化方向的信号亦应是最佳的。

5. 天线角度调整

在对准卫星的操作中，可以使用寻星仪。如果没有寻星仪，可以使用数字接收机，来对准电视卫星进行天线角度调整。方位角和仰角的示意图见图 36-6。

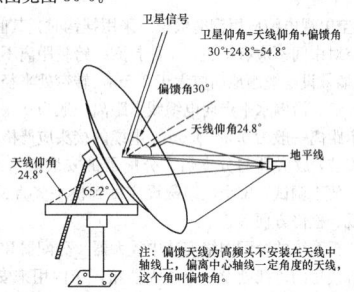

图 36-6　方位角和仰角的示意图

6. 避雷与接地

由于卫星接收天线架设在室外，因而避雷是十分重要的环节。将天线的支架与高楼或铁塔的接地线连接起来。应确定原接地线是否合理、可靠。否则应另埋设接地装置，然后根据接收天线附近的环境条件安装避雷针。

如果在天线附近已有较高的铁塔或已架设避雷针，则首先应判断这些已有的铁塔或避雷针是否能对天线起保护作用。

安装避雷针的另一重要环节就是埋设与避雷针相联结的接地体，避雷针的接地应单独走线，不能与设备接地线共用。接地结果，应使避雷针接地体的接地电阻值小于 4Ω。为了达到这一要求，应在避雷针周围（最远不超过 30m）寻找一处土质较好的地方，打入若干根长度为 2.5～3m 的镀锌角钢，每两根间的距离为 4～5m，再用镀锌角钢焊接起来；或者挖一个面积为 1m² 的坑，埋入一块相应大小的镀锌铁块。然后在埋设角钢或铁板的地上灌入食盐水或化学降阻剂，以进一步降低接地电阻，此外，为了防止雷电在输入电源线上感应产生的高压进入设备，应在电源入线安装市电防雷保安器。

7. 天线与卫星接收机之间的馈线

天线与卫星接收机之间的馈线要尽可能的短，应根据馈线的长度增加其线径，以便保证衰减不致太大。

36.5.2.3　电视系统布线与设备的安装

系统安装施工前，应进行现场情况调查，还应对系统使用的材料、部件进行检查。

1. 前端设备的安装

前端设备的安装主要是指接收机、工作站、调制器、放大器、混合器等部件的安装，对智能建筑电视系统是小型系统，前端设备不多，一般是和其他系统供用一个机房，但单独一个机柜。按照机房平面布置图进行设备机架与播控台定位，然后统一调整机架和播控台，达到竖直平稳，设备安装要牢固、整体美观。

射频信号的输入，输出电缆避免平行布线，射频电缆采用高屏蔽性、反射损耗小的电缆，以减少干扰和泄漏，尽量缩短信号连接电缆的长度。选择优质的连接头，并严格控制连接头制作质量，在信号连接中，适当地留有备份，以便增容和维修。设备、连线设置标识，以方便测试和维修。

电源线、信号线要分开布置。连接线应有序排列并用扎带固定，保证可靠、增加美观，线两端应写好来源和去向的编号，做好永久性记号以便调试与维修。

在接地线处理上，应注意到前端机房的地线直接从接地总汇集线上单独引入，距离不应太远，采用扁钢、铜线、机房内地线结构以一点接地，星形连接，连接到设备机架上的地线选用截面积

6mm² 以上的多股铜线，并保证接触良好。

2. 干线传输系统的安装

(1) 光缆敷设请参见本章 36.2 节"综合管线"和 36.3 节"综合布线系统"描述和要求。

(2) 大口径铜缆敷设请参见本章 36.2 节"综合管线"和 36.3 节"综合布线系统"描述和要求。

3. 分配网络的安装

(1) 电视系统的分配网络安装中线缆敷设，请参见本章 36.2 节"综合管线"和 36.3 节"综合布线系统"的描述和要求。另外，还应注意以下各点：

1) 架空电视电缆应用钢绳敷设，采用挂钩时，其间距离为 1m 左右。架空对中间不应有接头，不能打圈。跨越距离不大于 35m。

2) 沿墙敷设电缆距地面应大于 2.5m，转弯处半径不得小于电缆外径的 6 倍。沿墙水平走向电缆卡距离一般为 0.4～0.5m，竖直线的卡距离一般为 0.5～0.6m。电缆的接头应严格按照步骤和要求进行安装，放大器与分支器、分配器的安装要有统一性、稳固、美观、便于调试，整个电缆敷设应做到横平竖直、间距均匀、牢固、美观、检修方便等。

(2) 电视系统的分配网络安装中放大器、分配器和分支器的安装：在每栋楼房的进线处设一个放大器箱，箱内用来安装均衡器、衰减器、分配器、放大器等部件。各分支电缆通过安装的穿线管道向每个用户终端。

(3) 用户终端盘的安装：用户终端盒通过电缆与有线电视网络终端机如电视机、机顶盒、PC 接收卡等的有线电视信号输入端相连。用户终端盒底座是标准件，一般预埋在墙体内，终端盒面板又分单孔、双孔和三孔等，面板接好分配电缆就可以安装在底盒上。

36.5.2.4　电视系统安装的施工要求

(1) 卫星接收天线的安装应符合下列要求：

1) 卫星天线基座的安装应根据设计图纸的位置、尺寸，在土建浇筑混凝土层面的同时进行基座制作，基座中的地脚螺栓应与楼房顶面钢筋焊接连接，并与地网连接。

2) 在天线收视的前方应无遮挡。所需收视频率应无微波干扰。

3) 接收天线确定好最优方位后，必须安装牢固。

4) 天线调节机构应灵活、连续，锁定装置应方便牢固，并有防锈蚀措施和防灰沙的护套。

5) 卫星接收天线应在避雷针保护范围内，避雷装置应有良好接地系统，天线底座接地电阻应小于 4Ω。

6) 避雷装置的接地应独立走线，严禁将防雷接地与接收设备的室内接地线共用。

(2) 接收机、工作站等前端设备的安装应符合下列要求：

1) 前端设备应牢固安装在机房或设备间内的专用设备箱体内；

2) 前端设备的供电装置应采用交流 (220V) 电源专线供电，供电装置应固定良好；

3) 前端设备、设备箱体和供电装置按设计要求应良好接地，箱内应设有接地端子。

(3) 放大器的安装应符合下列要求：

1) 放大器应固定在设置于设备间或竖井内的放大器箱内，放大器箱室内安装高度不宜小于 1.2m，放大器箱应安装牢固。

2) 放大箱及放大器等有源设备应做良好接地，箱内应设有接地端子。

3) 干线放大器输入、输出的电缆，应留有不小于 1m 的余量。

4) 在放大器不用的端口处，应接入一个 75Ω 终端电阻，并可靠连接。

(4) 分支器、分配器安装应符合下列要求：

1) 分支器、分配器的安装位置和型号应符合设计文件要求。

2) 分支器、分配器固定在分支分配箱内底板上。

3) 电缆在分支器、分配器箱内应留有箱体半周长的余量。

4) 分支器、分配器与同轴电缆相连，其连接器应与电缆型号相匹配，并连接可靠，防止松动、防止信号泄露。

5) 系统所有支路的末端及分配器、分支器的空置输出均应接 75Ω 终端电阻。

(5) 安装在设备间、竖井以外的放大箱、分支分配箱、过路箱和终端盒应采用墙壁嵌入式安装方式。每条缆线应连接可靠，并做好标识。

(6) 缆线敷设请参见 36.2 "综合管线"，此外，施工中还应符合下列要求：

1) 有线电视同轴电缆不得与电力系统电力线共穿于同一暗管内，暗管内孔截面积的利用率应不大于 40%。

2) 暗管与其他管线的最小间距应符合《有线电视分配网络工程安全技术规范（附条文说明）》GY 5078—2008 表 4.3.8 的规定。

3) 缆线弯曲度不应小于缆线规定的弯曲半径，在转弯处要留有余量。

4) 缆线在布放前两端应贴有标签，以表明起始和终端位置，标签书写应清晰和正确。

5) 在缆线整个铺设过程中，不应造成缆线挤压而引起变形、缆线撞击和猛拉、扭转或打结。

(7) 同轴电缆连接器安装应符合《有线电视网络工程施工及验收规范》GY 5073—2005 第 6.1.6 条的规定。

(8) 用户室内终端的安装应符合下列要求：

1) 用于暗装的终端盒必须符合设计文件要求。

2) 暗装的终端盒面板应紧贴墙面，四周无缝隙，安装应端正、牢固。

3) 明装的终端盒和面板配件应齐全，与墙面的固定螺丝钉不得少于 2 个。

4) 终端盒安装高度不小于 300mm。

(9) 卫星接收及有线电视系统防雷、接地系统应符合《有线电视分配网络工程安全技术规范（附条文说明）》GY 5078—2008 和《建筑物电子信息系统防雷技术规范》GB 50343—2004 的规定。

36.5.3　施工质量控制

电视系统的工程质量需要在系统设计与施工阶段就加以注意，要依据《有线电视系统工程技术规范》GB 50200—1994、《有线电视广播系统技术规范》GY/T 106—1999、《有线数字电视系统技术要求和测量方法》GY/T 221—2006、《有线电视网络工程施工及验收规范》GY 5073—2005 和《有线电视分配网络工程安全技术规范（附条文说明）》GY 5078—2008 及其他相关规范及相关标准，制定电视系统工程的质量管理计划。

在电视系统工程的施工阶段，一定要注意以下的施工要点，以便保证施工质量。这也是《智能建筑工程施工规范》GB 50606—2010 中"卫星电视及有线电视系统"中质量控制的主控项目。

(1) 天线系统的接地与避雷系统的接地应分开，设备接地与防雷系统接地应分开。

(2) 卫星天线馈电端、阻抗匹配器、天线避雷器、高频连接器和放大器应连接牢固，并采取防雨、防腐措施。

(3) 卫星接收天线应在避雷针保护范围内，天线底座接地电阻应小于 4Ω。

(4) 卫星接收天线应安装牢固。

电视系统中，施工中质量控制还需要注意的是：

(1) 有线电视系统各设备、器件、盒、箱、电缆等的安装应符合设计要求，布局合理，排列整齐，牢固可靠，线缆连接正确，压接牢固。

(2) 放大器箱体内门板内侧应贴箱内设备的接线图，并标明电缆的走向及信号输入、输出电平。

(3) 暗装的用户盒面板应紧贴墙面，四周无缝隙，安装应端正、牢固。

(4) 分支分配器与同轴电缆应连接可靠。

36.5.4　卫星电视有线电视调试与测试

36.5.4.1　卫星电视有线电视系统调试

(1) 系统统调，就是在前端、干线系统、分配网络进行调试结束之后对系统全面进行调整，调整各部分的电平，也称系统总调试。调试的顺序是从前端开始，逐条干线、逐台放大器进行调试。统调是在短时间连续进行的，是温度大约一致的情况下进行的，所以统调能克服安装时进行的调试的不足，统调工作最好在 10～

25℃的温度下进行，在统调时对每边调试工作记录，记录每个频道电平并要记准日期和温度，把记录资料存档。

（2）对干线的调试：干线传输系统是由供器、干线放大器、同轴电缆等器材组成。它的作用是将前端系统输出的各种信号，不失真，且稳定可靠地传送到分配系统，传输到各用户。

对干线调试的程序是：先调试供电系统，后调试放大器的电平。

（3）调整供电系统的目的是保证对放大器正常供电，只有供电正常，放大器才能正常工作，所以不能忽视对供电系统的调整。

供电调试，先安装调整好供电器和电源插入器，特别要注意供电器功率，后调试每个放大器的本身供电部分。目前市面所使用放大器的供电电源有两种，一种是开关电源，一种是档位电源，对使用开关电源的放大器，不存在调整问题，对于档位电源的放大器必对放大器的电源进行调整。用电缆传输距离越远，对放大器电源的调整工作越显得突出，越应仔细。对放大器的电源调试需有前提，那就是按设计一台供电器所供的放大器台数都安装完毕通电后，对每台放大器的供电部分进行调试。否则安装一台调试一台，调试的结果是不准确的，会使干线系统产生干扰。供电调试后，从前端出口第一台放大器开始逐级调试放大器的输入电平、输出电压和斜率。在调试过程中对输入、输出、斜率三个量掌握不好，会使系统指标劣化。因此，在调试干线放大器时一定要严格，认真按设计和放大器的标称额定输入、输出电平调试。各厂家给定的标称输入、输出电平值，是保证各厂放大器工作在最佳状态。

电视系统调试与测试可以按照如下的内容来进行。

1. 卫星接收天线及系统调试要求

（1）应根据所接收的卫星参数调整卫星接收天线的方位角和仰角。

（2）卫星接收机上的信号强度和信号质量应达到信号最强的位置。

（3）应测试天线底座接地电阻值。

2. 前端系统调试要求

（1）前端系统调试在机房接地系统、供电系统和防雷系统检测合格之后进行。

（2）调制器的频道应避开电场强的开路信号频道。

（3）应调整调制器的输出电平为该设备的标称电平值。

3. 电视线路和分配网络系统调试要求

（1）调试范围包括光工作站、各级放大器等有源设备和电缆、分支分配器直至用户终端盒等无源器材。整个调试应进行正向调试和反向调试。

（2）正向调试测量有源设备（含干线放大器、分配器和放大器等）正向输入、输出技术指标以及输出斜率，并适当调整衰减、均衡器等部件使测量值与设计值一致。

（3）反向调试按照《HFC 网络上行传输物理通道技术规范》GY/T 180—2001 进行。测量有源设备反向输入、输出技术指标以及输出斜率，并适当调整衰减、均衡器等部件使测量值与设计值一致。检测指标结果应符合设计文件要求。

36.5.4.2 卫星电视有线电视检测与检验

（1）卫星接收电视系统的检验应按照《卫星数字电视接收站测量方法—系统测量》GY/T 149—2000 和《卫星数字电视接收站测量方法—室外单元测量》GY/T 151—2000 进行。检测指标结果应符合设计文件要求。

（2）系统质量的主观评价应符合现行国家标准《有线电视系统工程技术规范》GB 50200—1994 第 4.2 节和《数字电视图像质量主观评价方法》GY/T 134—1998 的规定。

（3）有线数字电视系统下行测试应符合《有线广播电视系统技术规范》GY/T 106—1999 和《有线数字电视系统技术要求和测量方法》GY/T 221—2006 的规定，主要技术要求见表 36-5。

（4）有线数字电视系统的上行测试应符合《HFC 网络上行传输物理通道技术规范》GY/T 180—2001 的规定，主要技术要求见表 36-6。

（5）系统的工程施工质量应符合现行国家标准《有线电视系统

工程技术规范》GB 50200—1994 第 4.4 节和《卫星广播电视地球站系统设备安装调试验收规范》GY 5040—2009 第 2.2 节的规定，见表 36-7。

系统下行技术要求　　　　　　　表 36-5

序号	测试内容		技术要求
1	模拟频道输出口电平		60～80dBμv
2	数字频道输出口电平		50～75dBμv
3	频道间电平差	相邻频道电平差	≤3dB
		任意模拟/数字频道间	≤10dB
		模拟频道与数字频道间电平差	0～10dB
4	MER	64QAM，均衡关闭	≥24dB
5	BER	24h，Rs 解码后（短期测量可采 15min，应不出现误码）	≤1×10E-11
		参考 GY5075	≤1×10E-6
6	C/N（模拟频道）		≥43dB
7	载波交流声比（HUM）（模拟）		≤3%
8	数字射频信号与噪声功率比 SD，RF/N		≥24dB（64QAM）
9	载波复合二次差拍比（C/CSO）		≥54dB
10	载波复合三次差拍比（C/CTB）		≥54dB

系统上行技术要求　　　　　　　表 36-6

序号	测试内容	技术要求
1	上行通道频率范围	5～65MHz
2	标称上行端口输入电平	100dBμV
3	上行传输路由增益差	≤10dB
4	上行通道频率响应	≤10dB（7.4～61.8MHz）
		≤1.5dB（7.4～61.8MHz 任意 3.2MHz 范围内）
5	信号交流声调制比	≤7%
6	载波/汇集噪声	≥20dB（Ra 波段）
		≥26dB（Rb、Rc 波段）

工程施工质量检查　　　　　　　表 36-7

项目		质量检查
卫星天线	天线	1. 天线支座和反射面安装牢固； 2. 天线支座的安装方位对着南方，天线方位角可调范围符合标准； 3. 天线调节机构应灵活、连续，锁定装置应方便牢固，有防锈蚀、灰沙措施； 4. 天线反射面应有防腐蚀措施
	馈源	1. 馈源的极化转换结构方便，转换时不影响性能； 2. 水平极化面相对地平面能偏调±45°； 3. 馈源口有密封措施，防止雨水进入波导； 4. 法兰盘连接处和电缆插座处有防水措施
	避雷针及接地	1. 避雷针安装高度正确； 2. 接地线符合要求； 3. 各部位电气连接良好； 4. 接地电阻不大于 4Ω
前端机房（含设备间的质量检查）		1. 机房通风、空调散热等设备应按照设计要求安装； 2. 机房应有避雷防护措施、接地措施； 3. 机房供电方式、供电路数； 4. 机房供电有备用电源（采用 UPS 电源），需测试电源备份切换，供电中断后能保证多长时间供电不间断； 5. 设备及部件安装地点正确； 6. 按设计留足长度光缆，按合适的曲率半径盘留； 7. 光缆终端盒安装应平稳，远离热源； 8. 从光缆终端盒引出单芯光缆或尾巴光缆带的的联结器应按要求插入 ODF/ODP 的插座，暂时不用的插头和插座均应盖上防尘防侵蚀的塑料帽； 9. 光纤在终端盒内的接头应稳妥固定，余纤在盒内盘绕的弯曲半径应大于规定值； 10. 连线正确、美观、整齐； 11. 进、出缆线符合要求，标识齐全、正确

续表

项目	质 量 检 查
传输设备	1. 所用设备（光工作站/放大器）型号与设计一致； 2. 各连接点正确、牢固、防水； 3. 空余端正确处理、外壳接地； 4. 有避雷防护措施（接地），并接地电阻不大于 4Ω； 5. 箱内缆线排列整齐，标识准确醒目
分支分配器	1. 分支分配器箱齐全，位置合理； 2. 分支分配器安装型号与设计型号相符； 3. 端口输入/输出连接正确； 4. 空余端口安装终接电阻； 5. 电缆长度预留适当，箱内电缆排列整齐
缆线及 接插件	1. 缆线走向、布线和敷设合理、美观，标识齐全、正确； 2. 缆线弯曲、盘接符合要求； 3. 缆线与其他管线间距符合要求； 4. 电缆接头的规格、程式与电缆完全匹配； 5. 电缆接头与电缆的配合紧密（压线钳压接牢固程度），无脱落、松动等； 6. 电缆接头与分支分配器 F 座/设备接头配合紧密，无松动等； 7. 接头屏蔽良好，无屏蔽网外露，铝管电缆接头制作过程中无外屏蔽变型或折断； 8. 电缆接头制作完成后，电缆的芯线留留长度应适当，其长度范围应该是高出接头端面 0～2mm； 9. 接插部件牢固，防水防腐蚀
供电器、电源线	符合设计、施工要求；有防雷措施
用户设备	1. 布线整齐、美观、牢固； 2. 用户盒安装位置正确、安装平整； 3. 用户接地盒、避雷器安装符合要求

36.6　公共广播系统

36.6.1　公共广播系统结构

36.6.1.1　公共广播系统组成

智能建筑工程中的公共广播系统包括公共广播、背景音响和应急广播系统。

公共广播系统在智能建筑工程中是一个虽小但重要的系统，既是音响广播又是紧急消防广播，它平时进行背景音乐广播以掩盖噪声并创造一种轻松的气氛，火灾或紧急情况时可被切换为紧急广播，遇有重大事情可以通过电话接口自动转接电话会议。

一个公共广播系统通常划分成若干个区域，由管理人员决定哪些区域需要发布广播、哪些区域需要暂停广播、哪些区域需要插入紧急广播等等。系统常按每栋楼、每楼层分一个广播区，以便分区广播，这样有利于消防应急广播合用，节省费用。

分区方案应该取决于客户的需要。

智能建筑工程中的公共广播系统基本分五个部分：节目设备（信号源）、智能广播控制设备、处理设备及信号放大、传输线路和扬声器系统。公共广播拓扑如图 36-7 所示。

智能建筑工程中公共广播系统的选择主要有以下考虑因素：

（1）信号源：由电脑、CD 唱机、调谐器、麦克风等组成。CD 唱机选有自动播放控制，超碟纠错。调谐器具有存储功能，采用微处理器锁相环同步技术防止信号偏差，其接收频带有短波、中波、调频信号。

（2）广播控制系统设计：主要包括智能广播系统主机（主控制器）、放大器、分区矩阵器、广播控制柜几部分；它利用电脑的多媒体技术，集播放、定时控制、电源控制自动开机关机、作息表管理和曲库管理于一体，自动化程度高，可以 24h 无人运行，是智能型的广播兼消防应急系统。这些设备组成广播控制中心，它用轨迹球操控，具有充足的音频输入通道，充足的分区输出通道，多个节目信号可任意分配到各个区域，可进行异地分区寻呼。可编程的消防

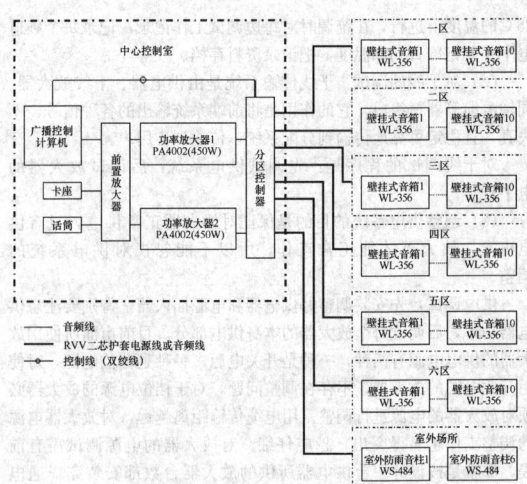

图 36-7　公共广播拓扑图

接口，能自动强切入紧急广播，市话接口能自动驳接来电，电话遥控举行电话会议，功放输出线路短路或开路损坏自动检测。

（3）信号处理部分：由辅助输出模块、节目选择模块、放大模块、功放等组成，操作人员可根据需要选择采用不同的节目信号进行广播，并进行监听。设备具有优先输入端，紧急广播的信号接入该端，在紧急事件时，紧急广播通过强插将功放的输出强制转为事故广播。其中，功率放大部采用为音乐广播系统和紧急广播系统而设计的功率放大器，采用分布式设计，即分楼层、功能区管理，采用多分区多功放体制，既提高系统的可靠性又降低了备份功放比例。先进的信息处理设备采用数字声处理技术，可根据具体的建设条件进行适当的调节处理，以获得高质量的语音清晰度和平稳度。

（4）传输线路：由于服务区域广、距离长，为了减少传输线路引起的损耗，往往采用高压传输方式，由于传输电流小，故对传输线要求不高。

（5）扬声器系统：扬声器系统要求整个系统要匹配，同时其位置的选择也要切合实际。大型会议室音质要求高，扬声器一般用大功率音箱；而公共广播系统，它对音色要求不是很高，一般用 3～6W 室内吸顶音箱或室内壁挂音箱，要求外观大方、频带宽、失真小、安装方便，外形美观与使用场合相协调，可以起到较好的视觉与听觉效果。其 3～6W 的额定功率可使每个扬声器覆盖约 20～30m² 的面积。

36.6.1.2　公共广播系统功能

一个公共广播系统的紧急广播总控制器有最高逻辑优先权。当有消防控制触发信号抵达时，通过启动各分区的逻辑控制模块将相应的负载回路切换成对应的紧急广播回路。在平时，无消防信号时，各分区独立操作，将相应回路切换成普通广播回路，而当无普通广播控制信号时，则处于背景音乐或客房音响状态。

公共广播系统主要提供以下服务功能：

（1）在公共场所离地 1.5m 处能达到声压不低于 90dB。

（2）根据需要可向任意广播区域播放多个音源中的一个。

（3）系统分为多个优先等级，紧急广播为最高优先权。

（4）当选择分区广播时，其他广播的音乐不受影响。

（5）广播系统具有负载检测功能，当线路或扬声器有短路时，设备会发出报警。

（6）系统分区模块能方便地与消防报警信号联动，实现消防报警广播。

（7）电视、电话广播系统：系统通过视讯自动转接模块形成电视、电话会议广播。

（8）紧急广播部分：一旦紧急事故发生时，可先进行确认，确定后立即进行大楼音乐广播与紧急广播的切换，采用话筒和报警信号发生器进行紧急广播。

（9）消防联动：消防系统提供每个广播区回路的控制触点，当

广播接收到来自消防系统的报警信号后，根据预先设定的联动程序，自动进行分区紧急广播。

（10）后备保全措施：系统设计有后备功放，工作时一旦有某台功放故障，自动切换为备用功放；系统具备综合检查功能，可对扬声器回路进行各种功能的动作检测，每天24h不间断对设备及扬声器回路的状态检测，通过指示灯显示，同时中文屏幕上显示故障内容及设备。

36.6.2 公共广播系统的安装施工

项目设计、施工、验收均依照下列标准规范进行：《智能建筑设计标准》GB/T 50314—2006；《民用建筑电气设计规范》JGJ 16—2008；《火灾自动报警系统设计规范》GB 50116—1998；《火灾自动报警系统施工及验收规范》GB 50166—2007；《厅堂扩声系统声学特性指标》GYJ25—86；《有线广播录音、播音室声学设计规范和技术用房技术要求》GYJ 26—86；《厅堂扩声系统声学特性指标》GYJ 25—1986；《电气装置安装工程施工及验收规范》GB 50254～GB 50255—1996。

36.6.2.1 公共广播系统的施工准备

公共广播系统的施工准备的主要内容见本章36.1.3"智能建筑工程的施工准备"，此外还应符合下列要求：

（1）设备规格、数量应符合设计要求，产品应有合格证及国家强制产品认证"CCC"标识。

（2）有源部件均应通电检查，应确认其实际功能和技术指标与标称相符。

（3）硬件设备及材料应重点检查安全性、可靠性及电磁兼容性等项目。

（4）影响公共广播传输线缆及广播扬声器架设的障碍物应提前处理。

36.6.2.2 公共广播系统的安装施工

公共广播系统的安装施工应符合下列要求。

（1）公共广播系统的线路施工的主要内容见36.2"综合管线"，此外广播系统使用的桥架、管线敷设还应符合下列要求：

1）室外广播传输线缆应穿管埋地或在电缆沟内敷设，室内广播传输线缆应穿管或用线槽敷设。

2）广播系统的功率传输线缆应用专用线槽和线管敷设。

3）当广播系统具备消防应急广播功能时，应采用阻燃线槽和阻燃线管敷设。

4）广播传输线缆应尽量减少接驳。如要接驳，则接头应妥善包扎并放在检查盒内。

（2）广播扬声器的安装应符合下列要求：

1）根据声场设计及现场情况确定广播扬声器的高度及其水平指向和垂直指向，广播扬声器的声辐射应指向广播服务区；当周围有高大建筑物和高大地形地物时，应避免由于广播扬声器的安装不当而产生回声。

2）广播扬声器与广播传输线路之间的接头必须接触良好，不同电位的接头应分别绝缘；接驳宜用压接套管和压接工具进行施工。冷热端有别的接头应正确予以区分。

3）广播扬声器的安装固定必须安全可靠。安装广播扬声器的路杆、桁架、墙体、棚顶和紧固件必须具有足够的承载能力。

4）室外安装的广播扬声器应采取防潮、防雨和防霉措施，在有盐雾、硫化物等污染区安装时，还要采取防腐蚀措施。

（3）除广播扬声器外的其他设备宜安装在监控室（或机房）内的控制台、机柜或机架之上；如无监控室（或机房），则控制台、机柜或机架应安装在安全和便于操控的位置上。

（4）机柜、机架内设备的布置应使值班人员在值班座位上能看清大部分设备的正面，能方便迅速地对各设备进行操作和调节，监视各设备的运行显示信号。

（5）控制台与机架间应有较宽的通道，与落地式广播设备的净距不宜小于1.5m，设备与设备并列布置时，间隔不宜小于1m。

（6）设备的安装应平稳、牢固。

（7）广播设备安装在装修地板的室内时，设备应固定在预埋基础型钢上，并用螺栓紧固。线缆宜敷设在地板下的线槽中。

（8）控制台或机柜、机架应有良好的接地，接地线不应与供电系统的零线直接相接。

（9）设备的安装尚应符合《民用闭路监视电视系统工程技术规范》GB 50198—1994的规定。

36.6.3 施工质量控制

为保证公共广播系统的工程质量，在系统详细设计与施工阶段要依据本节前面提到的相关规范及相关标准，制定广播系统工程的质量管理计划。

（1）在广播系统工程的施工阶段，一定要注意以下的施工要点，作为质量控制的重点：

1）扬声器、控制器、插座等设备安装应牢固可靠，导线连接排列整齐，线号正确清晰。

2）系统的输入、输出不平衡度，音频线的敷设，放声系统的分布、接地形式及安装质量均应符合设计要求，设备之间阻抗匹配合理。

3）最高输出电平、输出信噪比、声压级和频宽的技术指标应符合设计要求。

4）紧急广播与公共广播系统共用设备时，其紧急广播由消防分机控制，具有最高优先权，在火灾和突发事故发生时，应能强制切换为紧急广播并以最大音量播出。系统应能在手动或警报信号触发的10s内，向相关广播区播放警示信号（含警笛）、警报语音文件或实时指挥语声。以现场环境噪声为基准，紧急广播的信噪比不应小于15dB。

5）公共广播系统应按设计要求分区控制，分区的划分应与消防分区的划分一致。

（2）公共广播系统中，施工中质量控制还需要注意的是：

1）同一室内的吸顶扬声器应排列均匀。扬声器箱、控制器、插座等标高应一致，平整牢固。扬声器周围不应有破口现象，装饰罩不应有损伤，并且应平整。

2）各设备导线连接正确、可靠、牢固。箱内电缆（线）应排列整齐，线路编号正确清晰。线路较多时应绑扎成束，并在箱（盒）内留有适当空间。

36.6.4 公共广播系统的调试与测试

36.6.4.1 公共广播系统调试

1. 调试准备的要求

（1）公共广播系统设备与第三方联动系统设备接口已完成并符合设计要求。

（2）设备的各种选择开关置于指定位置。

（3）设备通电前，检查所有供电电源变压器的输出电压，均应符合设备说明书的要求。

（4）各级硬件设备按设备说明书的操作程序，逐级通电，自检正常。

（5）调试资料齐全，应包括系统网络结构图、设备接线图和设备操作、安装、维护说明书等。

2. 设备调试的要求

（1）通电调试时，应先将所有设备的旋钮旋到最小位置，并且按由前级到后级的次序，逐级通电开机。

（2）将所有音源的输入都调节到适当的大小，并对各个广播分区进行音质试听，根据检查结果进行初步调试。

（3）广播扬声器安装完毕后，应逐个广播分区进行检测和试听。

（4）应对各个广播分区以及整个系统进行功能检查，并根据检查结果进行调整，使系统的应备功能符合设计要求。

（5）应有计划地反复模拟正常的运行操作，操作结果应符合设计要求。

（6）系统调试持续加电时间不应少于24h。

（7）应对系统电声性能指标进行测试，并在测试的基础上进行调整，系统电声性能指标符合设计要求。

（8）系统调试应做好记录。

36.6.4.2 公共广播系统的检测与检验

1. 传输线路检验的要求

(1) 各路传输配线应正确，无短路、断路、混线等故障。

(2) 接线端子编号应齐全、正确。

2. 绝缘电阻测定的要求

(1) 将广播线的两头接线端子断开，测量线间和线与地间的绝缘电阻。

(2) 应对每一回路的电阻进行分回路测量。

(3) 绝缘电阻应不小于 0.5MΩ。

3. 接地电阻测量的要求

(1) 广播功率放大器、避雷器等的工频接地电阻不应大于 1Ω。

(2) 联合接地电阻不应大于 1Ω，并应设置专用接地干线。

4. 电源试验的要求

(1) 应在电源开关上做通断操作试验，检查电源显示信号。

(2) 应对备用电源切换装置进行检查试验，检测蓄电池的输出电压。

(3) 应对整流充电装置进行检查测量。

(4) 应做模拟停电试验。

5. 质量记录

(1) 公共广播系统工程电声性能测量记录应填写《智能建筑工程施工规范》GB 50606—2010 附录 B 表 B. 0.11。

(2) 除应填写 (1) 中所述的质量记录表外，还应填写 36.1.4.2 中的相关质量记录表。

36.7 信息网络系统

信息网络系统，是建立在计算机网络物理平台上，具有网络操作系统、网络管理系统、应用信息服务系统、网络安全系统各功能的完整的，由网络交换机等网络连接设备、布线系统连接用户计算机构成的计算机网络信息系统。

36.7.1 信息网络系统结构

36.7.1.1 计算机网络组成

1. 计算机网络

信息网络系统的基础是计算机网络，是指将处于不同地理位置的多台计算机及其计算机外部设备，通过网络路由器、交换机、通信线路连接起来，在网络操作系统、网络管理软件及网络通信协议的管理和协调下，实现信息传递和资源共享的计算机系统。

2. 计算机网络的种类

计算机网络的分类方式有多种，可以按地理范围、拓扑结构、传输速率和传输介质等分类。

(1) 按地理范围分类

局域网 (LAN, Local Area Network)：局域网地理范围一般数十米到数千米，是小范围内将计算机设备连接成一个网络的模式。如一个建筑物内、一个学校内网等。

城域网 (MAN, Metropolitan Area Network)：城域网地理范围可从几千米到几十千米，覆盖一个城市或地区。

广域网 (WAN, Wide Area Network)：广域网地理范围一般没有限制，是大范围联网。如几个城市或几个国家，如国际性的Internet网络。

(2) 按网络传输速率分类

一般将传输速率在 kbit/s～Mbit/s 范围的网络称低速网，在Mbit/s～Gbit/s 范围的网称高速网。也可以将 kbit/s 称低速网，将 Mbit/s 称中速网，将 Gbit/s 网称高速网。

(3) 按传输介质分类

传输介质是指数据传输系统中发送装置和接收装置间的物理媒体。按物理形态划分为两类：一类是采用有线介质连接的有线网，常用的有线传输介质为双绞线和光缆，偶尔使用同轴电缆；另一类是采用无线介质连接的无线网，目前常用的无线技术是微波通信，远到利用地球同步卫星作中继站来转发微波信号，近在一个房间内使用无线路由器以微波连接计算机网络。

(4) 按拓扑结构分类

计算机网络的物理连接方式叫做网络的物理拓扑结构。连接在网络上的各种设备均可看做是网络上的一个节点，也称为工作站、网络单元。计算机网络中常用的网络拓扑结构以下几类：

1) 总线拓扑结构：是一种共享通路的物理结构。其总线具有信息的双向传输功能，普遍用于局域网连接。该结构的优点是：安装容易，增删节点容易，节点故障不殃及系统。其缺点是：由于信道共享，连接的节点不宜过多，且总线自身的故障可以导致系统崩溃。

2) 星型拓扑结构：是一种以中央节点为中心，把若干外围节点连接起来的辐射式互联结构。小型局域网常采用这种结构。其特点是：安装容易，结构简单，费用低，通常以网络交换机作为中央节点，便于维护和管理。中央节点的正常运行对网络系统来说是至关重要的。

3) 环型拓扑结构：环型拓扑结构是将网络节点连接成闭合结构。其特点是：安装容易，费用较低，电缆故障容易查找和排除。其弱点是，当节点发生故障时，整个网络就不能正常工作。

4) 树型拓扑结构：树型拓扑是一种分级的星型拓扑结构。这种结构的特点是扩充方便、灵活，成本低，易推广，适合于分主次或分等级的层次型管理系统。

5) 网型拓扑结构：主要用于广域网，由于结点之间有多条线路相连，所以网络的可靠性较高。

6) 混合型拓扑结构：混合型拓扑可以是不规则形的网络，也可以是点—点相连结构的网络。

7) 蜂窝拓扑结构：这是无线局域网中常用的结构。它以无线传输介质（微波、卫星、红外等）点到点和多点传为特征，是一种无线网，适用于城市网、校园网、企业网。

计算机网络技术是逐步发展起来的，其间曾经采用过很多种技术；我们在这里，主要讲述目前使用最多、技术最成熟的计算机网络形式。

3. 局域网

局域网是在某一区域内由多台计算机连接组成的计算机网络，可以由办公室内的几台计算机组成，也可以由一个单位、一个园区内的几千台计算机组成。局域网的用户可以彼此联系，实现各种网络功能服务。目前在局域网中最为常用的网络拓扑结构是星型结构或树型结构。它是因网络中的各工作站节点设备通过一个网络集中设备（如网络交换机）连接在一起，各节点呈星状分布而得名。大型的局域网其干线常使用光缆，而以 5 类、6 类双绞线连接网络终端单元。

这种拓扑结构网络的基本特点主要有如下几点：

(1) 容易实现：它的传输介质一般是采用双绞线，少量使用光缆；传输介质价廉物美；

(2) 节点扩展、移动方便；节点扩展时只需从交换机等集中设备中拉一条线即可，而移动一个节点只需把相应节点设备移到新节点即可；

(3) 维护容易：一个节点出现故障不会影响其他节点的连接，可任意拆走故障节点；

(4) 采用广播传送方式：任何一个节点的发送请求在整个网中的节点都可以收到；

(5) 网络传输数据快：目前的设备已经达到 1000Mbit/s 到100Gbit/s。

由 IEEE（国际电子电气工程师协会）制定了 IEEE 802 系列计算机网络技术标准。这使得在建设局域网时可以选用不同厂家的设备，并能保证其兼容性。这一系列标准覆盖了双绞线、同轴电缆、光纤和无线等多种传输媒介和组网方式，并包括网络测试和管理的内容。

以太网（IEEE 802.3 标准）是最常用的局域网组网方式。最普及的以太网类型数据传输速率为 100Mbit/s，更新的标准则支持1000Mbit/s 和 10Gbit/s 的速率。100Gbit/s 的标准正在讨论中，随着新技术的不断出现，这一系列标准仍在不断的更新变化之中。

近年来，随着 802.11 标准的制定，无线局域网的应用大为普

及。这一标准采用2.4GHz和5.8GHz的频段，数据传输速度可以达到11Mbit/s和54Mbit/s或更快。

4. 互联网

局域网对于其外界的其他网络是封闭型的。由局域网（LAN）再延伸出去更大的范围，比如整个城市甚至整个国家，这样的网络我们称为广域网（WAN）。

我们常使用的互联网（Internet）则是由这些很多的LAN和WAN共同组成的。互联网仅是提供了它们之间的连接，但却没有专门的人进行管理（除了维护连接和制定使用标准外）。

5. 计算机网络为其接入的计算机提供的主要功能

（1）用户间信息交换：计算机网络为网络间各个计算机之间互相进行信息的传递；用户可以通过计算机网络传送电子邮件、发布新闻消息和进行电子商务活动。

（2）硬件资源共享：可以在全网范围内提供对处理资源、存储资源、输入输出资源等设备的共享，即是信息交换的基础，也便于集中管理和均衡分担负荷，也使用户节省投资。

（3）软件资源共享：允许互联网上的用户远程访问各类大型数据库，可以得到网络文件传送服务、远地进程管理服务和远程文件访问服务，从而避免软件研制上的重复劳动以及数据资源的重复存储，也便于集中管理。

（4）分布处理功能：通过网络可以把一件较大工作分配给网络上多台计算机去完成。目前，"网络计算"（Grid Computing）是互联网应用的新发展，又称为虚拟计算环境，让用户分享网上计算机的资源，感觉如同个人通过计算机网络在使用一台超级计算机一样。

36.7.1.2 网络设备和网络连接

计算机网络的连接需要使用专用的连接设备，常用的有：

1. 网关（Gateway）

网关又称为协议转换器，它是实现应用系统网络互联的设备，可以用于广域网—广域网、局域网—广域网、局域网—主机互联。网桥和路由器都是属于通信网范畴的网间互联设备，与应用系统无关。现有的应用系统并不都是基于TCP/IP协议，许多应用系统是基于专用网络协议的。在使用不同协议的系统之间进行通信时，必须进行协议转换，网关就是为解决这类问题而设计的。

2. 路由器（Router）

是网络层互联设备，主要用于局域网—广域网互联。路由器上有多个端口，每个路由器的端口可以分别连接到不同网段上，或者连接到另一台路由器。路由器中保存了一个可路由信息的路由表，路由器通过可传输的数据包中的逻辑地址（IP地址）与路由器中路由表的地址信息决定传输数据包的最佳路径。

图36-8所示是华为公司的高端路由器产品。它们是SR8800系列的SR8802、8805、8808、8812型，分别具有2、5、8、12个插槽，可以插入多种接口模块。

图36-8 华为公司的路由器

（1）路由器的作用

路由器将广播消息限制在各个子网的内部，而不转发广播消息，这样保持各个网络相对独立性，并且可以将各个网络互联。通过路由器连接的不同网络，当一个网络向其他网络发送数据包时，该数据首先被发送到路由器，然后路由器再将数据包转发到相应的网络上。

路由器互联的是多个不同的逻辑网（即子网，子网一般有不同的IP地址）。每个逻辑子网具有不同的网络地址。一个逻辑子网可以对应一个独立的物理网段，也可以不对应（如虚拟网）。

路由器连接的物理网络可以是同类网络，也可以是异类网。多协议路由器能支持多种不同的网络层协议（如IP、IPX和DEC-

NET等），路由器能够很容易地实现LAN-LAN、LAN-WAN、WAN-WAN等多种网络连接形式。Internet（因特网）就是使用路由器加专线技术将分布在各个国家的几千万个计算机网络互联在一起的。图36-9表示了路由器的工作原理。

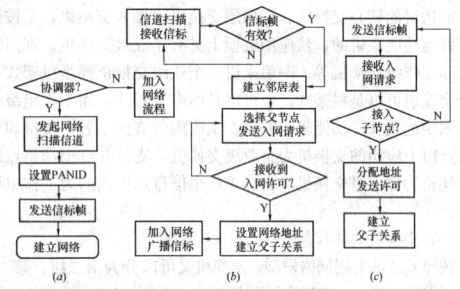

图36-9 路由器工作原理示意图
（a）网络建立流程；（b）子节点入网流程；（c）父节点入网流程

（2）路由器的主要特点

由于路由器作用在网络层，因此它比网桥具有更强的异种网互联能力、更好的隔离能力、更强的流量控制能力、更好的安全性和可管理维护性，其主要特点如下：

1）路由器有很强的异种网互联能力，可以互联不同的MAC协议、不同的传输介质、不同的拓扑结构和不同的传输速率的网络。路由器也是用于广域网互联的存储转发设备，它被广泛地应用于LAN-WAN-LAN的网络互联环境。

2）路由器工作在网络层，它与网络层协议有关。多协议路由器可以支持多种网络层协议（如TCP/IP、IPX、DECNET等），转发多种网络层协议的数据包。路由器检查网络层地址，转发网络层数据分组。因此路由器能够基于IP地址进行包过滤，具有包过滤（Packet Filter）的初期防火墙功能。路由器分析进入的每一个包，并与网络管理员制定的一些过滤政策进行比较，凡符合允许转发条件的包被正常转发，否则丢弃。为了网络的安全，防止黑客攻击，网络管理员经常利用这个功能，拒绝一些网络站点对某些子网或站点的访问。路由器还可以过滤应用层的信息，限制某些子网或站点访问某些信息服务，如不允许某个方向访问远程登录（Telnet）。

3）对大型网络进行微段化，将分段后的网段用路由器连接起来。这样也可以达到提高网络性能，提高网络带宽的目的，而且便于网络的管理和维护。这也是共享式网络为解决带宽问题所经常采用的方法。

3. 交换机（Switch）

以太网由于其灵活、易于实现等优点，已成为目前最重要的局域网组网技术，以太网交换机也就成为了最普及的交换机。下边讲的网络交换机，主要就是以太交换机。

（1）核心层交换机

网络主干部分称为核心层，核心层的主要目的在于通过高速转发通信，提供优化，可靠的骨干传输结构，因此核心层交换机应具备更高的可靠性、极高的交换效率，还要具有多种接口能力。核心层交换机一般采用机箱式、模块化设计，具有多个插槽，每个插槽可以根据用户需要，配备各种模块，比如：多个1G或100M接口的光缆连接模块，多个1G或100M接口的铜缆自适应模块，高速交换机还配备多个10G接口的光缆连接模块。核心层交换机往往是三层、四层交换机，也称为"路由交换机"，也具有很强的路由功能，就像集路由器与高速交换机于一体。

（2）汇聚层交换机

汇聚层交换机处于核心层与接入层之间，它汇聚多台接入层交换机的通信量，提供到核心层的上行链路，因此也需要高的性能和高的交换速率。汇聚层交换机具有多种高速的、向上与核心层交换机连接的接口，具有十几个或几十个向下与接入层交换机连接的接口。汇聚层交换机可以采用机箱式模块化设计的较大型的交换机，也可以采用定制式的、具有固定接口的网络交换机。

（3）接入层交换机

接入层交换机（也称为工作组级交换机）将众多终端用户、交

互设备连接到网络，接入层交换机需有高端口密度，它是最常见的交换机。接入层交换机有数个向上的连接汇聚层交换机的 1000M 光缆或铜缆接口，有数十个向下的连接终端用户的 10/100M 端口。

（4）交换机的性能规模

前边使用的核心交换机、汇聚层交换机、接入交换机，是按照使用位置与功能来讲的，从应用规模上又分有企业级交换机、部门级交换机和工作组交换机等。一般来讲，企业级交换机都是机架式，部门级交换机可以是机架式，也可以是固定配置式，而工作组交换机为固定配置式，功能较为简单。从应用的规模来看，支持 500 个信息点以上应用的交换机为企业级交换机，支持 300 个信息点以下的交换机为部门级交换机，支持 100 个信息点以内的为工作组交换机。

（5）交换机的协议层次

按照 OSI 的七层网络模型，交换机又可以分为第二层、第三层、第四层交换机等，一直到第七层交换机。基于 MAC 地址工作的第二层交换机最为普遍，用于网络接入层和汇聚层。基于 IP 地址和协议进行交换的第三层交换机普遍应用于网络的核心层，也少量用于汇聚层。部分第三层交换机也同时具有第四层交换功能，可以根据数据帧的协议端口信息进行目标端口判断。第四层以上的交换机称之为内容型交换机，主要用于互联网数据中心。

（6）交换机的可管理性

按照交换机的可管理性，又可把交换机分为可管理型交换机和不可管理型交换机，它们的区别在于对 SNMP、RMON 等网管协议的支持。可管理型交换机便于网络监控、流量分析，但成本较高。大中型网络在汇聚层应该选择可管理型交换机，在接入层视应用需要而定，核心层交换机则全部是可管理型交换机。

（7）交换机与路由器的区别

路由器与交换机的主要区别体现在以下几个方面：

1）工作层次不同：多数的交换机是工作在 OSI 开放体系结构的数据链路层，即第二层；路由器一开始就设计工作在 OSI 模型的网络层，即第三层，因此容纳了更多的协议信息，可以做出更加智能的转发决策。

2）数据转发所依据的对象不同：交换机是利用物理地址或者说 MAC 地址来确定转发数据的目的地址。而路由器则是利用不同网络的 IP 地址来确定数据转发的地址。

3）传统的交换机只能分割冲突域，不能分割广播域；而路由器可以分割广播域：由交换机连接的网段仍属于同一个广播域，广播数据包会在交换机连接的所有网段上传播，在某些情况下会导致通信拥挤和安全漏洞。连接到路由器上的网段会被分配成不同的广播域，广播数据不会穿过路由器。第三层以上交换机具有 VLAN 功能，也可以分割广播域，但是各子广播域之间是不能通信交流的，它们之间的交流需要路由功能。

4）路由器提供了防火墙的服务：路由器仅仅转发特定地址的数据包，不传送不支持路由协议的数据包传送和未知目标网络数据包的传送，从而可以防止广播风暴。

4. 网络防火墙

防火墙是一个过滤器，它在网络通信之间执行安全控制策略的一种设备。在网络通信时，它是按照制定好的控制策略有选择的以做通过与隔离来进行访问控制，常用于在内部网和互联网之间建立起一个安全网关，保护内部网络资源不被外部非授权用户使用，防止内部受到外部非法用户的攻击。它可以允许或禁止某一类具体 IP 地址的访问。允许你"同意"的人和数据进入你的网络，同时将你"不同意"的人和数据拒之门外，尽可能阻止网络中的黑客进入你的网络。

防火墙的软件系统主要由服务访问规则、验证工具、包过滤和应用网关 4 个部分组成。

防火墙主要具有如下的功能：

（1）作为网络安全的屏障：它保护有明确边界的一个网络。所有进出该网络的信息，都必须经过防火墙，防火墙的屏障作用是双向地进行内外网络之间的访问控制，限制外界用户对内部网络的访问，同时也管理内部用户访问外界的权利。

（2）记录互联网上的活动：作为内外网访问的必经点，防火墙非常适合收集关于系统和网络使用、误用的信息，对网络存取和访问进行监控，监视网络的安全性并产生警报。

（3）防止攻击性故障蔓延和内部信息的泄露：防火墙能够隔开一个网络与另一个网络、因而能有效地防止攻击性故障蔓延和内部信息的泄露。

（4）防火墙具有一定的局限，不能防备全部的威胁，一旦防火墙被攻击者击穿或绕过，防火墙将丧失防卫能力。防火墙也不能防止数据驱动式的攻击。

5. 网络之间互联

（1）局域网与局域网互联

两个局域网互联采用什么方式，使用何种网络互联设备，主要取决于连接链路和互联网络之间的兼容程度。在两个局域网之间具有物理链路时，互联的可用的设备有网桥、路由器和交换机；一般，局域网交换机也是局域网的核心设备。在选择设备时，要注意设备的接口需要与其间的链路相匹配。

另一种局域网互联是通过与互联网连接后，通过相应设置实现其间的互联，这样的互联，请看下面的描述。

（2）局域网与广域网互联

由于网络的应用和网络上的内容迅速增加，人们希望将自己的局域网能够与广域网（互联网）互联或通过它和远距离的局域网互联。这时就需要使用路由器或路由交换机作为局域网与广域网互联的主要设备，它进行路由选择、流量控制、差错控制以及网络管理等工作。

（3）广域网与广域网互联

广域网与广域网互联时，由于各个网络可能具有不同的体系结构，并且对路由选择、流量控制的要求更高，所以广域网的互联是在网络层上进行的，使用的互联设备也主要是路由器或者路由交换机。很多广域网互联是通过"互联网"进行互联。要进行互联的网络首先与互联网连接，这样就可以在整个网络范围内使用一个统一的互联网协议，互联网协议完成转发和路由的选择。

6. 一个典型的一个以太网络实例

以一个典型以太网络的拓扑形式为例，来描述在网络拓扑、处于不同层次的网络交换机。图 36-10 是某校园网络拓扑图，图 36-11 是校园网中某一个园区的网络拓扑图。

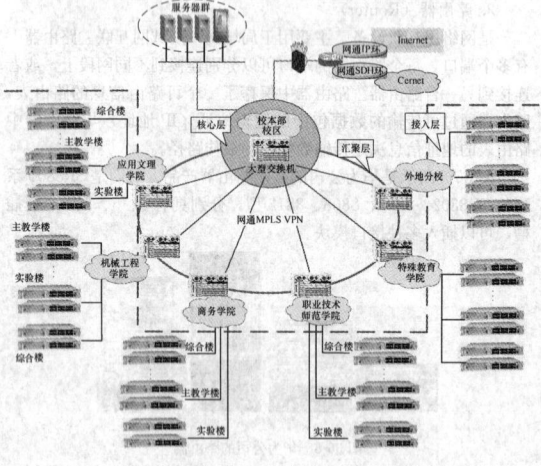

图 36-10　校园网络拓扑图

按照典型的网络构成方式，网络交换机被划分为：核心层交换机、汇聚层交换机和接入层交换机。这是以交换机在网络中的位置来分类的。

（1）某学校园网络拓中的网络设备配置（图 36-10）

某大学有 7 个处于不同地点的校园园区，每个园区有 1~2 个学院。处于校园网中心位置的是以双机热备方式工作的两台核心路由（三层）交换机，以 1000M 的带宽光缆连接各园区的汇聚层交换机，汇聚层交换机使用的也是路由（三层）交换机。

核心路由交换机上联接有为整个学校提供服务的服务器群，其主服务器是两台小型机，其他服务器是微型服务器。

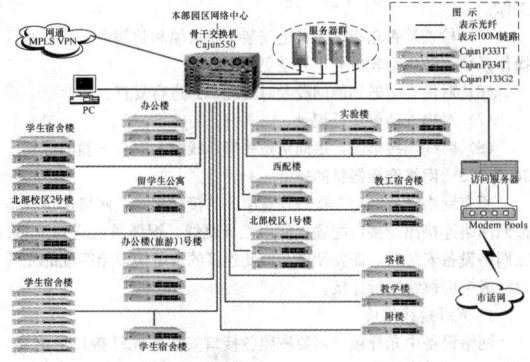

图 36-11　本部校园区园区网络拓扑图

核心路由交换机通过防火墙与广域网连接，防火墙的中间端口（俗称"非军事区"）上连接有学校对外服务的各个服务器。

（2）校园网中某一个园区的网络设备配置（图 36-11）

各园区的网中心位置的是一台作为汇聚层交换机的路由交换机，以 1000M 的带宽光缆连接园区内各楼宇的接入层交换机或接入层交换机堆叠组，再由接入层交换机（堆叠组）连接到各终端用户的房间。图中在各楼摞叠的一组接入层交换机是表示以堆叠的方式连接的几个接入层交换机，它们组成一个接入层交换机堆叠组，其总的向下连接的接口量要大于该楼需要接入的计算机、打印机的数量。

36.7.2　计算机网络设备与软件安装

36.7.2.1　网络设备安装前的准备工作

进行网络系统的施工时，准备工作的主要内容见 36.1.3"智能建筑工程的施工准备"，此外，计算机网络系统需要机房等工作环境与综合布线系统的支撑，因此在网络设备安装之前，必须对其进行认真的检查，确认其符合网络设备的安装条件。

1. 信息网络设备安装、调试前的技术准备工作

在信息网络设备安装、调试之前，需要进行下列技术准备工作：

（1）施工单位应进行施工组织设计和编制专项施工方案，并报审查批准。

（2）信息网络系统机房、配线间应装修完毕。

（3）综合布线系统应施工完毕。

（4）配电系统、防雷与接地应施工完毕。

（5）楼板、抗静电地板与设备基座应满足设备的承重要求。

（6）施工人员应熟悉施工图、施工方案及有关资料，并进行培训及安全、技术交底，并有书面记录。

（7）应该对需要进场的材料、设备进行检验，进场的材料、设备必须附有产品合格证、质检报告、安装及使用说明书等。如果是进口产品，则需提供原产地证明和商检证明，配套提供的质量合格证明，检测报告及安装、使用、维护说明书的中文文本。对于在信息网络系统安全专用产品必须具有公安部计算机管理监察部门审批颁发的计算机信息系统安全专用产品销售许可证。

（8）应按照本章 36.1.3 的要求检查线缆、配线设备，填写进场检验记录，并封存相关线缆、器件样品。

2. 检查机房、设备间工程

机房、设备间工程的检查应按照以下的要求来实行：

（1）机房、设备间工程的检查必须以工程合同、设计方案、设计修改变更为依据。

（2）工程检查的内容和方法，应按《电子信息系统机房施工及验收规范》GB 50462—2008 的规定执行。

（3）对设备间的需要重点检查的主要内容有：设备间（机房）的供配电系统、电气装置、配线及敷设、照明装置、防雷与接地系统、空气调节系统、给水排水系统、布线系统、安全防范与自控系统、消防系统、室内装饰装修、电磁屏蔽系统等。

（4）施工环境应符合下列要求：

1）应做好智能建筑工程与建筑结构、建筑装饰装修、建筑给水排水及采暖、通风与空调，建筑电气和电梯等专业的工序交接和接口确认。

2）施工现场具备满足正常施工所需的用水、用电条件。

3）施工用电须有安全保护装置，接地可靠，符合安全用电接地标准。

4）建筑物防雷与接地施工基本完成。

5）施工现场整洁。

3. 检查布线系统

综合布线系统工程的检查应按照以下的要求来实行：对于计算网络的综合布线系统工程，其验收内容可以参考 36.2.3 的描述，应按照《智能建筑工程验收规范》GB 50339—2006 和《综合布线工程验收规范》GB 50312—2007 来验收。

布线系统检查工作中，还一定要注意布线中的标识、接地与屏蔽的检查：

（1）综合布线系统工程中布线中的标识：按照标准，对于整个网络要考虑以下几种标识：电缆、光缆、配线设备、端接点、接地装置、敷设管线的标示。

1）机柜/机架标识：标识符的格式为：nnXXYY，nn＝楼层号，XX＝地板网格列号，YY＝地板网格行号。

2）线缆和跳线标识：连接的线缆上需要在两端都贴上标签标注其远端和近端的地址。线缆和跳线的管理标识：p1n/p2n；p1n＝近端机架或机柜、配线架次序和指定的端口；p2n＝远端机架或机柜、配线架次序和指定的端口。

3）配线架标识：格式为：nnXXYY-A-mmm，nn＝楼层号，XX＝地板网格列号，YY＝地板网格行号，A＝配线架号（A～Z，从上至下），mmm＝线对/芯纤/端口号。

4）资产和设备标识：资产和设备标识，通过标签的方式来具体标明设备或资产的位置及负责人等。

5）对于大于 5000 点的网络建议使用必要的电子化的网络文档管理软件，它可以帮助客户更好地控制他们的网络，以便能够进行移动、添加、改变更快更容易；减少停机时间，增加信息存储，极大地缩短查找和解决问题所需的时间。

（2）综合布线系统接地的要求：综合布线系统的接地系统的好坏将直接影响到综合布线系统的运行质量，进而影响到计算机网络系统、程控电话系统的运行质量，故必须认真对待。根据上述规范：综合布线系统接地的结构包括接地线、接地母线（层接地端子）、接地干线、主接地母线（总接地端子）、接地引入线、接地体六部分，在进行系统接地的设计时，可按上述 6 个要素分层次地进行检验（详细要求请参见本章 36.3"综合布线"一节的相关内容）。

（3）综合布线系统采用屏蔽措施时，进行综合布线系统的接地设计与施工时，应注意所有屏蔽层应保持连续性，并应注意保证导线间相对位置不变。屏蔽层的配线设备（FD 或 BD）端应接地，用户终端视具体情况直接地，两端的接地应尽量连接至同一接地体。当接地系统中存在两个不同的接地体时，其接地电位差应不大于 $1Vr \cdot m \cdot s$（有效值）。

36.7.2.2　信息网络系统的设备与软件安装

我们这里讲述的信息网络设备，是计算机网络设备和寄生于计算机网络上、为网络提供信息服务的设备的总称。如计算机网络及其网络上的各种信息系统使用的各种网络交换机、路由器、防火墙、网桥、网络检测设备、存储设备、工作站、终端计算机、打印机等等，也就是说：是指在网络里的全部信息处理设备。

在信息网络设备的调试上，不同的设备其调试、涉及的内容、参数方式千差万别。但是，在设备安装这一层面上，他们的差别是不大的。在本小节中，我们描述的是信息设备的安装，除了具体说明外，讲的是它们的共性的东西。

1. 网络设备机柜的安装

计算机网络的主要设备、网络的布线系统的配线架均安装在网络设备机柜、综合布线机柜中，注意，机柜的质量、机柜安装的质量将直接影响到网络系统设备的工作条件。安装要点是固定牢固、空间安排合理、美观，便于操作和设备更换，满足通风换气要求，

满足用电安全要求。

对于综合布线机柜安装以及机柜中连接线、跳线、理线器安装，请参见本手册 36.3 "综合布线" 中的要求，对于网络设备机柜等工程施工，还要注意以下工作：

(1) 安装网络设备及布线器材的机柜安装位置应符合设计要求，安装应平稳牢固；

(2) 机柜前面和后面留足够的空间以便进行操作、维护；

(3) 机柜内应安装通风散热装置，保持机柜良好的通风、照明及温度环境；

(4) 按照国家相关标准安装电源插座，并固定在机柜内的合适位置，不影响其他设备的安装，连接电源线方便安全；

(5) 承重要求大于 600kg/m² 的设备应单独制作设备基座，不应直接安装在抗静电地板上。

2. 信息网络系统的设备与软件的安装

计算机网络设备的安装有别于通常的机电安装，计算机网络设备除了硬件设备的安装以外，还要安装软件，还要对于安装的软件进行各种参数设置，而且，软件安装还必须要有逻辑次序，这是因为这里边有一个系统服务功能的问题，还要一个网络安全的问题。

例如：安装、调试一个计算机网络，如果网络安全机制还没有建立起来的时候，就与互联网相连接，互联网络里的黑客软件、木马程序、后门程序、病毒程序就有可能乘虚而入跑到你的服务器里边定居——网络的安全受到严重的破坏；所以，"必须在网络安全检验后，服务器才可以在安全系统的保护下与互联网相连，并对操作系统、防病毒软件升级及更新相应的补丁程序"；而绝不能贸然地将服务器先行联网，对操作系统、防病毒软件进行升级更新，再以这个可能受到 "污染" 的 "不干净" 的服务器对全网络进行 "服务"，这样，就有可能伤害到这个网络里边的任何计算机。

(1) 信息网络系统的设备安装要求

1) 对有序列号的设备必须登记设备的序列号。

2) 对有源设备开箱后，设备应通电进行自检，设备应工作正常。

3) 跳线连接牢固，走向清楚明确，线缆上应有正确的标签。

(2) 软件系统的安装要求

1) 应按设计文件为设备安装相应的软件系统，系统安装应完整。

2) 提供软件系统相关的技术手册（安装手册、使用手册及技术手册）。

3) 服务器不应安装与本系统无关的软件。

4) 操作系统、防病毒软件应设置为自动更新方式。

5) 软件系统安装后应能够正常启动、运行和退出。

6) 必须在网络安全检验后，服务器才可以在安全系统的保护下与互联网相连，并对操作系统、防病毒软件升级及更新相应的补丁程序。

7) 网络安全系统的安装应按这里描述的要求执行。

8) 信息网络系统应安装防病毒系统，与互联网连接的网络安全系统必须安装防火墙和防病毒系统。

(3) 软件安装的安全措施的要求

1) 服务器和工作站上必须安装防病毒软件，应使其始终处于启用状态。

2) 操作系统、数据库、应用软件的用户密码长度不应少于 8 位，密码宜为大写字母、小写字母、数字、标点符号的组合。

3) 多台服务器与工作站之间或多个软件之间不得使用完全相同的用户名和密码组合。

4) 应定期对服务器和工作站进行病毒查杀和恶意软件查杀操作。

3. 安装后检查工作的要求

(1) 检查设备安装位置是否正确，安装是否平稳牢固，并便于操作维护。

(2) 检查机柜内安装的设备的电源连接状况、通风散热状况、内部接插件安装是否牢固。

(3) 检查、确认登记的设备序列号。

(4) 检查软件系统是否在指定设备上安装完整，并能够正常工

作。

(5) 检查是否在指定设备上安装了防火墙和防病毒系统，并且操作系统、防病毒软件处于自动更新方式。

(6) 对检查中遇到的问题及时处理，并进行复查。

(7) 对检查结果进行记录。

(8) 跳线连接牢固，走向清楚明确，线缆上应有正确的标签。

36.7.2.3 网络连接器材的安装

所有网络设备的每个接口均有明确的接口制式，网络连接就是按照网络连接图、接口配置，使用光纤跳线、铜缆跳线进行连接。在网络设备安装后，需要使用与彼此连接的设备接口箱匹配的光纤跳线或铜缆跳线进行连接。

1. 光纤跳线连接

网络设备中光纤接口需要按照各接口安装的光纤接口适配器，相匹配的使用多模光纤跳线或单模光纤跳线连接，并且要与设计图、配置表进行核对。

光纤跳线的接头常见的有三种模式：ST 头、SC 头、MT-RJ 头，小巧的 MT-RJ 光纤接口头常见于设备上，ST 头常用于光缆交接箱。使用的光纤跳线需要定制：约定光纤模式、长度、两边各自的接口模式。

2. 铜缆跳线连接

(1) 当连接对象是 RJ 45 端口时，应使用工厂生产的制式跳线，以便保证端接可靠、理线方便且美观。此时需注意与设计图、配置表进行核对：是使用 5 类线还是 6 类线。

(2) 如需要自制，则注意线序，符合 EIA/TIA568 标准。

(3) 若要做交叉连接线（如交换机级连，或计算机对接），只要把第 2 对和第 3 对线互换位置，即白/线和白/绿线互换插孔即可，注意只要把网线一端的 RJ45 头互换即可。

3. 理线工作与理线器配备

机柜从侧面或后面留出线缆穿出位置，理线器或理线环一般从侧面穿线，也有从后面穿线的理线器，所订购的机柜侧面空间最好大些以便穿线。

可按照 24～48 个口交换机配备 1 个理线器并紧凑安装在该交换机下方。理线时，光纤跳线不能打折，多余部分应环盘起来，以免光纤折断；光纤跳线环盘时需按照该跳线的说明书要求的弯曲半径来做，一般半径为 7～8cm。理线应横平竖直圆滑过渡，并捆绑牢固。

4. 标示并记录跳线

必须对安装的跳线进行标示并记录跳线的种类、走向、路由、测试数据。对于小规模的网络，这部分工作可以以手工记录在纸上，对于大规模的网络，这部分工作应该由布线管理软件来进行。

36.7.3 网络设备与软件调试

36.7.3.1 网络调试的准备工作

计算机网络在调试前，施工单位应根据设计文件要求，对网络设计进行深化设计，并完成信息网络系统的规划和配置方案，并经设计单位、建设单位、使用单位会审批准。

信息网络系统调试准备应做如下的工作：

(1) 应完成硬、软件的安装与连接工作的检查，并设备通电工作正常。

(2) 应完成网络规划和配置方案，并经会审批准。

(3) 应完成网络安全方案的制定，并经会审批准。

(4) 应完成计算机网络系统、应用软件和信息安全系统的联调方案的制定，并经会审批准。

(5) 系统调试前应准备好进行信息网络系统调试的有关数据、攻击性软件样本等的准备工作。

36.7.3.2 网络设备与软件的调试

(1) 网络系统调试要求：

1) 应在网络管理工作站安装网络管理系统软件，并配置最高管理权限。

2) 应根据网络规划和配置方案划分各个网段与路由，对网络设备进行配置并连通。

3) 应每天检查系统运行状态、运行效率和运行日志，并修改

错误。

4）应检查各在网设备的地址，符合规范和配置方案。不宜由网管软件直接自动搜寻并建立地址。

5）每个智能化子系统宜独立分配一个网段。

6）应依据网络规划和配置方案进行检查，并符合设计要求。

（2）应用软件的调试和测试要求：

1）应按照配置计划、功能说明书、使用说明书进行应用软件参数配置，检测软件功能并记录。

2）应测试软件的可靠性、安全性、可恢复性及自检功能等内容，并记录。

3）应以系统使用的实际案例、实际数据进行调试，系统处理结果应正确。

4）应用软件系统测试时应符合下列要求，并记录测试结果：

①应进行功能性测试，包括：能否成功安装，使用实例逐项测试各使用功能；

②应进行性能测试，包括：响应时间，吞吐量，内存与辅助存储区，各应用功能的处理精度；

③应进行文档测试，包括检测用户文档的清晰性和准确性；

④应进行可靠性测试；

⑤应进行互联性测试，检验多个系统之间的互联性；

⑥软件修改后，应进行一致性测试，软件修改后应满足系统的设计要求。

5）应根据需要对应用软件进行操作界面、数据容量、可扩展性、可维护性测试，对测试过程与结果进行记录。

（3）网络安全系统调试和测试要求：

1）应检查网络安全系统的软件配置，并符合设计要求。

2）应依据网络安全方案进行攻击测试并记录。

3）应检查现场、配电、接地、布线、电磁泄漏、门禁管理等，要求符合系统设计规定。

4）网络层安全调试和测试要求：

①应对防火墙进行模拟攻击测试；

②应使用代理服务器进行互联网访问的管理与控制；

③应按设计配置网段并进行测试，达到设计要求的互联与隔离；

④应使用防病毒系统进行常驻检测，并使用流行的攻击技术模拟病毒传播，做到正确检测并执行杀毒操作为合格；

⑤使用入侵检测系统时，应以流行的攻击技术进行模拟攻击；入侵检测系统能发现并执行阻断为合格；

⑥使用内容过滤系统时，应做到对受限网址或内容的访问能阻断，而对未受限网址或内容的访问能正常进行。

5）系统层安全调试和测试要求

①操作系统、文件系统的配置应满足设计要求；

②应制定系统管理规定，严格执行并适时改进管理规定；

③服务器的配置应符合《智能建筑工程施工规范》GB 50606—2010 6.3.2的规定。

④应使用审计系统记录侵入尝试，并适时检查审计日志的记录情况并及时处理。

6）应用层安全调试和测试要求：

①制定符合网络安全方案要求的身份认证、口令传送的管理规定与技术细则；

②应在身份认证的基础上，制定并适时改进资源授权表；达到用户能正确访问具有授权的资源，不能访问未获授权的资源；

③应检查数据在存储、使用、传输中的完整性与保密性，并根据检测情况进行改进；

④对应用系统的访问应进行记录。

（4）信息网络系统调试过程中，应及时填写相应的记录，并符合下列要求：

1）每次重新配置或进行参数修改时，应填写变更计划。重新配置或进行参数修改后，应更新相应的记录。

2）设备、软件参数配置完毕并正常运行后，应按照功能计划、设计表格进行检查、修正与完善，达到设计要求。

（5）网络设备、服务器、软件系统参数配置完成后，应检查系

统的联通状况、安全测试，并应符合下列要求：

1）操作系统、防病毒软件、防火墙软件等软件应设置为自动下载并安装更新的运行方式。

2）对网络路由、网段划分、网络地址应明确填写，并为测试用户配置适当权限。

3）对应用软件系统的配置、实现功能、运行状况必须明确填写，并为测试用户配置适当权限。

（6）信息网络系统安全的调试与检测要求：

1）在施工过程中，应每天对系统软件进行备份，备份文件应保存在独立的存储设备上。

2）非本系统配置人员，不得更改本系统的安装与配置。

36.7.4　计算机网络管理系统

36.7.4.1　网络管理系统的功能与模式

1. 网络管理系统的作用

网络管理系统（简称 NMS）用于配置、管理计算机网络，使网络据具有极好的监控、管理能力，达到可用性好、性能高和安全性好的目标。网络系统中的网络设备支持国际标准的 MIB（管理信息库）和 RMON、SMON（网络监测），网络管理系统通过 SNMP 协议获取这些信息，达到网络管理的能力。

2. 网络管理功能

国际标准化组织（ISO）定义了如下五种类型的网络管理功能，网络管理应全面采用：配置管理（Configuration Management）；故障管理（Fault Management）；性能管理（Performance Management）；安全管理（Security Management）；记账管理（Account Management）。

这些管理功能的组合使用，可以实现网络管理员对于网络管理的很多工作，具体内容参见本章 36.7.4.2、36.7.4.3 中，网络管理系统安装与调试的要求。

3. 网络管理模式

（1）集中式管理模式：所有管理资源都集中在一个中央网段上，适应于网段不多、被管理节点不多的本地网络。

（2）分布式管理模式：整个网络划分成若干个高度独立的管理域，难以对各个管理域进行统一、规范的管理。适应于网络各网段很分散、各网段之间没有固定互联关系的结构。

（3）分布—集中式管理模式：是一个树状层次结构，将它管理的网络分成若干个管理域，每个管理域对本域内的大部分事件自行处理，及时将问题解决在源头处。当本管理域内发生了自己不能处理的事件时，将事件情况向上报告，由上一层网络结构进行处理。该模式可以通过最高等级的管理域对全网络进行配置，保证管理的标准化、规范化。该管理模式特别适用于具有层次性管理体系的应用需求的大型计算机网络。

（4）采用主动网络管理：主动管理是指为了发现潜在的问题、优化性能、规划升级，在网络正常运行时就检查网络工作是否正常。采用主动管理要求网络管理员定期收集统计数据并进行测试，统计和测试结果可用来传达网络趋势和网络状态。

4. 估计由网络管理引起的网络通信

网络管理系统必然需要占用网络资源，特别是主动型网络管理需要随时占用网络资源，采用 SNMP 网络管理协议，它将从被管理设备获得网络管理系统（NMS）数据。

网络管理系统，特别是主动型网络管理需要占用多少网络资源呢？定量分析的公式：

［（管理特性数×被管理设备数）×分组长度］/轮询间隔

以一个网络为例，我们有 300 个被管理设备，每个被管理设备需监控 9 个特性，那么请求数是：300×9＝2700；响应数也是：300×9＝2700。如设定轮询间隔为 5s，每个请求和响应的平均分组长度为 64Bytes，那么由网络管理引起的网络通信量是：

（5400 个请求和响应）×64Bytes×8bit/Byte＝2764800bit/s，

2764800bits/5s＝54000bit/s＝0.548Mbit/s

可见，网络管理数据只占用了很小的网络带宽，是可接受的。

5. 网络管理结构（由三个主要部分组成）

（1）被管理设备是收集和存储管理信息的网络节点，可以是任

何一个网络设备。

（2）代理是驻留在被管理设备上的网络管理软件，它跟踪本地管理信息，使用 SNMP 向 NMS 发送报文。

（3）网络管理系统（NMS）运行管理应用程序，显示管理数据，监控和控制管理设备，并与代理通信。一个 NMS 通常是一个具有高级图形、内存、外存和处理能力的工作站。

NMS 如图 36-12 所示：

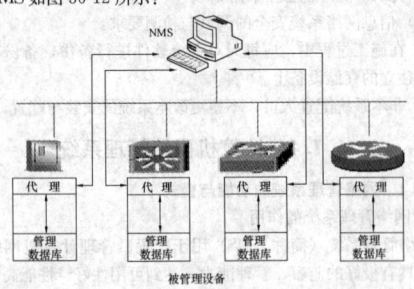

图 36-12　网络管理系统结构图

36.7.4.2　网络管理系统安装

我们以一个分布—集中式的校园网为例，描述对网络管理需要进行的工作。

1. 网管中心的覆盖目标

先确定总体目标：配合大学校园网的层次型拓扑结构模型，建立二级网络管理体系：分布—集中式模式。通过二级网管中心的分工协作，实现对整个校园网的配置、故障、性能、状态实现集中指导下的分级分布式管理，有效地管理网络资源，监控网络的相关操作，定位和解决网络故障，测定和跟踪网络数据流量的变化趋势。其中：

（1）校本部网管中心主要负责骨干网和核心服务器群的管理，并对校区级网管中心进行监督指导；

（2）校区级网管中心主要职能是确保辖区内的网络畅通和数据完整接收与上传，并具备对最终用户进行监督指导的技术手段，同时在网络管理上做承上启下的纽带；

2. 网络管理系统软件安装

网络管理系统软件安装请参照本章第 36.7.2 "信息网络系统的设备与软件安装"中的要求做。同时，还应符合下列要求：

（1）网络管理系统软件：网络管理软件经常采用与所使用的主要网络设备配套的办法来做，也可以使用比较通用的网络管理系统。

（2）网络管理系统的接入位置与安装环境：

1）集中式的网络管理系统或者分布—集中式的一级网络管理系统可以安装在一台专用的工作站上，该工作站视网络规模的大小来决定是一台小型服务器，还是一台高档的个人计算机。

2）该网络管理工作站的接入位置是直接连接在核心交换机上，这样可以有尽量小的网络资源耗费，便于将该网络管理工作站以最小的网络资源耗费设置成最高权限的网络终端。

3）分布—集中式的二级网管工作站的接入位置是直接连接在它所在网络的汇聚交换机上。

4）二级网络管理系统可以安装在一台专用的工作站上，一个高性能的个人计算机作为网络管理工作站时，可以轻松地管理数百台网络单元。

5）各种网络管理系统都可以工作在各种主流操作系统环境，但也有某些限制。在决定使用何种网络管理系统软件时，应该注意与网络操作系统相协调，应该注意与网络设备相协调。

36.7.4.3　网络管理系统调试

网络管理系统调试请参照本章第 36.7.3 "网络设备与软件调试"中的要求来做。同时，还应符合下列要求：

1. 网络管理系统调试要求

（1）网络管理系统调试的要求

1）应在网络管理工作站安装网络管理系统软件，并配置最高管理权限。

2）应根据网络规划和配置方案划分各个网段与路由，对网络设备进行配置并连通。

3）应每天检查系统运行状态、运行效率和运行日志，并修改错误。

4）应检查各在网设备的地址，符合规范和配置方案。不宜由自动搜寻建立地址。

5）每个智能化子系统宜独立分配一个网段。

6）应依据网络规划和配置方案进行检查，并符合设计要求。

（2）网络管理软件应实现的功能

各种网络管理系统都使用 WEB 界面模式，也不必对应不同的网络管理软件输入不同的指令以进行某项对网络单元的设置工作。这给使用网络管理系统进行网络配置、调试带来极大方便。不同的网络管理系统的使用界面并不相同，但是其针对的对象是一样的，因为都符合 SNMP 协议。所以，在此将主要描述必须要完成的网络管理功能的配置内容：指出需要设置的内容条目，描述该条设置要求达到的效果。根据项目建设目标及内容，网管系统应实现下列全部或部分功能：

1）配置管理功能：通过网络管理系统对各个网络设备进行各参数的配置，主要服务有：系统和网络配置的收集、监视和修改；建立名称和资源的映射；设置和修改系统的属性或常用参数；检测系统配置的变更情况；管理配置信息库；表达系统之间的各种关系，如直接关系、间接关系、同步关系等。配置管理实现了客体管理、状态管理和关系管理。

2）故障管理功能：告警管理、事件报告管理、登录控制、测试管理和可信度测试管理。主要提供以下服务：故障类型、故障原因、故障严重程度的报告；对事件报告初始化、终止、挂起、恢复、修改、检索等；修改登录规则，提供登录控制机制；进行内部资源、连接、数据完整性、协议完整性测试，实现对故障的快速处理。

3）性能管理功能：工作负荷测试、概要管理、软件管理、时间管理。主要提供以下服务：工作负荷过重告警；报告的扫描、统计、暂存、激活；本地时钟、时间服务等；软件的完整性检查、安装、删除、升级等。

4）安全管理功能：安全告警报告、安全审计跟踪、访问控制。主要提供以下服务：信息完整性、操作、物理资源、时间等违章告警；告警级别的制定；服务的请求、响应、拒绝、恢复等；访问控制规则制定，访问者身份确认，访问授权。

5）记账管理功能：主要提供一系列统计、计费参数调整、提供计费、账单等功能。

2. 网络管理系统技术策略配置

在此避免使用使用界面，而是描述必须要完成的网络管理功能的配置内容：指出需要设置的内容条目，描述该条设置要求达到的效果。

（1）管理平台配置

1）系统管理平台应具有优秀的集成性、扩展性和伸缩性；

2）系统管理平台应具有管理信息安全的保障机制，如管理员 ID 和口令的加密；

3）系统管理集成在统一的分布式管理平台上，管理平台应采用面向对象技术，为管理应用提供公共服务（如策略文件的分发）；

4）系统管理软件需要保证在被管理设备上不占用过多的系统资源（如硬盘空间、内存等）；

5）实现分层管理，努力减少网络带宽资源的占用；两级管理员完成授权的不同管理任务。

（2）网络管理功能配置

1）自动发现管理范围内的 IP 设备，能自动生成网络拓扑结构图，并按照地理位置进行显示；

2）添加、删除网络节点时，网络拓扑自动动态更新；

3）提供多种网络管理协议的支持（如 SNMP V1、SNMP V2等）；

4）能对网络设备的运行状况进行实时监控；

5）具有网络流量监控与统计功能；

6）实现网络异常事件的报警与自动处理，可以通过规则灵活

定制；

7）具有网管故障分析定位功能；

8）由于网络设备种类多、品牌不一，因此网管软件应能与第三方网络设备管理软件集成；

9）具有动态组合资源的能力，能够根据资源的一般特性，如资源类型，所在地进行组合。而且组合内的资源能够实时动态更新，以减少人为错误和过时信息；

10）具有安全功能，能够对网络管理员进行授权，认证，以保证网络管理本身的安全性；

11）网管软件具有互相备份的功能，以消除网络管理的单点失效；

12）网络管理数据的保存支持众多的关系型数据库；

13）提供 Web 界面显示网管的图形界面，能够控制网管管理区域；

14）网络管理软件应支持跨地域的各分支机构局域网内部 IP 地址重叠情况，能够实现重叠 IP 地址的转换。

（3）服务器系统监控管理

1）提供对被监控服务器的重要特定资源进行实时监控；

2）服务器系统资源监控的参数配置灵活、简便，并且能定制增加新的监控器；

3）可以根据不同情况设置不同报警级别、预警阈值，在系统出现临界状态，系统能自动报警、自动响应和根据设置自动处理；

4）系统监控应支持对历史数据的查看、分析和统计，并能生成性能监控历史分析图和预测分析；

5）提供集中式的基于策略的管理方式，在一台机器上就可以对整个网络中的所有服务器进行远程监控和设置，可以集中定义、控制监控内容的配置、下发；

6）支持对服务器的日志进行监控管理；

7）提供在线和非在线的监控系统运行性能。

（4）软件分发的功能配置

软件分发系统功能应可以使系统管理员集中控制本辖区 IT 环境中应用程序、数据文件的分发、安装、卸载和更新。其功能应包括：

1）提供软件分发管理，通过局域网或广域网，将应用软件分发到各个客户端；

2）集中管理与控制，提供自动打包工具；

3）可以进行定时控制和自动处理；

4）传输的软件数据支持自动压缩和断点续传；

5）要能提供特别针对广域网分发的机制和技术，对带宽进行管理，如：保证软件分发只占用 20% 的带宽，从而保证正常业务的运行；

6）要能提供分发失败的多种处理机制；

7）提供对移动用户的支持；

8）支持并行分发；支持 Push、Pull 及广播分发等多种分发模式；

9）可以提交报表反映软件分发的详细报表。

（5）资产管理

1）能够自动扫描辖区内硬件，软件配置；

2）可以与其他系统管理应用集成，尤其为软件分发提供所需资源的信息；

3）扫描数据的保存支持众多的关系型数据库；

4）提供查询功能。

（6）备份管理

系统管理软件应可实时对服务器上的数据进行自动备份、恢复及灾难恢复，防止硬盘、数据和介质遭到灾难性的破坏。其功能应包括：

1）在统一的主控台集中进行网络数据备份，备份操作可定时自动进行；

2）支持多种备份方式，并且针对不同的备份方式提供不同的备份策略；

3）提供灾难备份管理：能支持数据库的 Online 在线备份，如 Oracle，SQL 数据库；

4）能提供对存储介质的管理，如支持电子标签等；

5）支持磁带内部标签，杜绝因误操作而引起的数据丢失；

6）能提供全面的报表以反映数据存储的情况。

（7）统一事件处理

1）具有事件统一报警处理机制，完整的事件管理：捕捉各种管理模块产生的管理事件，并能捕获操作系统、数据库、应用程序产生的日志；

2）具有事件分类、过滤功能、自动处理能力，需要提供多种报警机制；

3）提供基于规则的分析能力，并提供使用简单的规则定制工具；

4）具有分布式的智能处理能力；具有事件统计分析、报表功能；

5）提供现成可用的处理规则，降低实施难度和工作量；

6）支持对第三方管理平台的事件管理集成性；

7）可以定义事件处理策略和规则，并能够进行事件自动化处理和相关性处理；

8）必须能够集成所有管理应用的事件。

（8）远程控制管理

1）为 Windows 平台提供远程控制的功能，能够进行远程节点屏幕、鼠标和键盘的接管；

2）支持在一个控制台上同时控制多个节点；

3）能够在局域网和广域网上实现远程控制；

4）具有严格的管理员权限控制，防止非授权人员进行非法操作；

5）提供集成的对话与文件传输功能，协助管理员进行技术支持服务。

（9）支持管理

1）提供对网络管理、服务器管理、故障管理、资产管理、软件分发管理的统计分析，并自动根据新的数据生成报告；

2）提供客户化支持，能够增加自定义的分析项目；

3）分析结果以图表方式表现，并可以按照机器类型、地址、时间进行查询，对分析结果能够逐层深入；

4）报表可以生成 HTML 文件，进行公布；为管理信息提供决策分析支持。

36.7.5 信息平台及办公自动化应用软件

信息平台及办公自动化应用软件系统是信息网络系统的一部分，主要由相关的服务器、操作系统、数据库管理系统及办公自动化应用软件构成。能够支持或者进行某一个方面应用的信息交互系统，均可视为某一个方面的信息平台。

36.7.5.1 服务器与操作系统的安装调试

信息平台及办公自动化应用软件系统中的服务器与操作系统的安装与调试请参照本章第 36.7.2 "计算机网络设备安装"和 36.7.3 "计算机网络设备调试"中的要求来做。同时，还应符合下列要求：

（1）应按配置计划、功能说明书、使用说明书进行应用软件参数配置，检测软件功能并记录。

（2）应测试软件的可靠性、安全性、可恢复性及自检功能等内容，并记录。

（3）应以系统使用的实际案例、实际数据进行调试，系统处理结果应正确。

（4）应用软件系统测试时应符合下列要求，并记录测试结果：

1）应进行功能测试，包括：能否成功安装，使用实例逐项测试各使用功能；

2）应进行性能测试，包括：响应时间、吞吐量、内存与辅助存储区、各应用功能的处理精度；

3）应进行文档检查，包括：检查用户文档的清晰性和准确性；

4）应对比软件测试报告中可靠性的评价与实际试运行中出现的问题，进行可靠性验证；

5）应进行互联性测试：检验多个系统之间的互联性；

6）软件修改后，应进行一致性测试，软件修改后应满足系统

的设计要求。

(5) 应根据需要对应用软件进行操作界面、数据容量、可扩展性、可维护性测试，对测试过程与结果进行记录。

信息网络系统使用硬件设备实体的安装，直观，不难做好；在其上安装软件、对安装的软件进行各种参数设置，是需要认真、谨慎的，还需要在安装完成后，进行多次的核查与检验。

36.7.5.2 网络应用系统的安装调试

网络应用系统的安装与调试请参照本章第 36.7.2 "计算机网络设备安装"和 36.7.3 "计算机网络设备调试"中的要求来做。同时，还应符合下列要求：

1. 网络服务系统的安装调试

所谓网络服务是指支持 intranet 内联网和 internet 因特网运行的一些基本服务功能，包括动态地址分配（DHCP）、名字解析（DNS）、代理（Proxy）、文件传输（PTP）、主页服务（WEB）等。在以前，这些服务大多是独立应用程序，现在随着网络应用的日益深入和广泛，主流的操作系统都捆绑了这些服务程序。这样，在安装操作系统的时候，可以把这些网络服务的模块一起安装。

下面以 Windows2008 为例，讲解常用网络服务的配置方法：

进入 Window 2008 Server，"配置服务器"会自动运行，利用这个程序可以按照提示完成服务器管理任务的安装，包括活动目录设置、Web/媒体服务器、联网设置（DHCP、DNS、远程访问、路由）、应用服务器（组件服务、终端业务、数据库服务、电子邮件服务）等。

2. 网络办公自动化系统的安装调试

网络办公自动化应用软件系统中的服务器与操作系统的安装与调试请参照本章第 36.7.2 中"计算机网络设备安装"和本章第 36.7.3 "计算机网络设备调试"中的要求来做。

36.7.6 信息安全系统

36.7.6.1 信息安全系统内容

1. 计算机安全的基本概念

国际标准化组织 ISO 对计算机安全的定义是：计算机安全是指为了保护计算机数据处理系统而采用的各种技术和用于安全管理的措施，其目的是为了保护计算机硬件、软件和数据不会因为偶然或故意破坏等原因遭到破坏、更改和泄露。

计算机网络安全是指利用网络管理控制和技术措施，保证在一个网络环境里，数据的保密性、完整性及可使用性受到保护。计算机网络安全包括两个方面，即网络物理安全和逻辑安全。物理安全指系统设备及相关设施受到物理保护，免于破坏、丢失等。逻辑安全包括信息的完整性、保密性和可用性。

2. 计算机安全的主要内容

(1) 计算机硬件的安全性主要是确保计算机硬件环境的安全性。例如，确保计算机硬件设备、安装和配置，以及计算机房和电源等的安全性。

(2) 计算机软件的安全性主要是保护计算机系统软件、应用软件和开发工具的安全，使它们不被非法修改、复制和感染病毒等。

(3) 数据的安全性就是保护数据不被非法访问，并确保数据具有完整性、保密性和可用性。

(4) 计算机运行的安全性是指计算机在遇到突发事件时为了保护系统资源而采取的措施。例如计算机遇到停电时的安全处理等。

3. 破坏计算机安全的主要方式

(1) 窃取计算机用户的身份及密码。例如窃取计算机用户名称和口令，并非法登录计算机，进而通过网络非法访问数据。例如，非法复制、篡改软件和数据等。

(2) 传播计算机病毒。例如通过磁盘、网络等传输计算机病毒。

(3) 计算机数据的非法截取和破坏。例如通过截取计算机工作时产生的电磁波的辐射线，或通过通信线路破译计算机数据。

(4) 偷窃存储有重要数据的存储介质。例如光盘、磁带、硬盘和软盘等。

(5) "黑客"非法入侵。例如"黑客"通过非法途径入侵计算机系统。

4. 保护计算机安全的措施分类

(1) 物理措施包括计算机房的安全，严格的安全制度，采取防止窃听、防辐射等多种措施。

(2) 数据加密。对磁盘上的数据或通过网络传输的数据进行加密。

(3) 防止计算机病毒。计算机病毒会对计算机系统和资源造成极大的危害，因此，防止计算机病毒是非常重要的防范措施，其主要措施是加强计算机的使用管理，选择较好的防病毒软件。

(4) 采取安全访问措施。在各种计算机和网络操作系统中广泛采取了各种安全访问的控制措施，例如，使用身份认证和口令设置，以及数据或文件的访问权限的控制等。

(5) 采取其他安全访问措施。为确保数据完整性而采用的各种数据保护措施、制定安全制度和加强管理人员的安全意识等。例如，计算机的容错技术、数据备份和审计制度等。此外，还要加强安全教育，培养安全意识。

5. 安全管理

信息安全管理贯穿于上述各方面、各层次的安全管理，通过技术手段和行政管理手段，安全管理涉及各系统单元在各个协议层次提供的各种安全服务。全面的安全管理是信息网络安全的一个基本保证，只有通过切实的安全管理，才能够保证各种安全技术能够真正起到其应用的作用。技术管理包括的范围很广，包括对人员的安全意识教育、安全技术培训，对各种网络设备、硬件设备、应用软件、存储介质等的安全管理，对各项管理制度的贯彻执行和保障的监督措施等。

安全管理是保证网络安全的基础，安全技术只是配合安全管理的辅助措施。

36.7.6.2 网络物理平台的安全

物理安全是保护网络中的各种硬件实体和通信链路免受环境事故，主要有：

人为破坏和搭线窃听攻击；验证用户的身份和使用权限、防止用户越权操作；确保网络设备有一个良好的电磁兼容工作环境；建立完备的机房安全管理制度妥善保管备份磁带和文档资料；防止非法人员进入机房进行偷窃和破坏活动，抑制和防止电磁泄露是物理安全的一个主要问题。目前主要防护措施有两类。一类是对传导发射的防护，主要采取对电源和信号线加装性能良好的滤波器，减少传输阻抗和导线间的交叉耦合。另一类是对辐射的防护，这类防护措施又可分为以下两种：一是采用各种电磁屏蔽措施，如对设备的金属屏蔽和各种接插件的屏蔽，同时对机房的下水管、暖气管和金属门窗进行屏蔽和隔离；二是干扰的防护措施，即在计算机系统工作的同时，利用干扰装置产生一种与计算机系统辐射相关的人为噪声向空间辐射来掩盖计算机系统的工作频率和信息特征，在物理安全方面，计算机网和传统电信网非常类似。

36.7.6.3 网络系统平台的安全

系统平台安全主要对各种网络设备、服务器、桌面主机等进行保护，保证操作系统和网络服务平台的安全，防范通过系统攻击对数据的破坏。

主机安全子系统的安全需求主要有三点：

(1) 杜绝各种操作系统和网络服务平台的安全漏洞。通过对目前计算机网络上各种流行的网络攻击行为，攻击工具的分析，可以发现网络上绝大多数的攻击是利用各种操作系统（包括路由器、防火墙、服务器、桌面主机等的操作系统）和一些网络服务平台（如各种 WER 服务、FTP 服务、终端服务、数据库服务等）存在的一些已公开的安全漏洞发起，并进而取得系统的管理员权限或直接对系统数据进行破坏，我们称之为"系统攻击"。因此，杜绝各种操作系统和网络服务平台的已公开的安全漏洞，可以在很大程度上防范系统攻击的发生。

(2) 加强对各种网络设备、服务器主机的系统资源的管理。每一个设备、服务器上都存在大量的系统资源，如针对 WWW 服务器，需要在服务器上配置 WWW 服务的管理员、WWW 应用的用户账号，同时需要设置对文件系统的访问权限等。大量存在的网络设备和服务器，如果不能进行集中统一的管理，势必会增加管理员的工作量，降低效率，更严重的是因为不正确、不合理的配置，将影响到网络

的安全性。因此，有必要加强对各种主机系统资源的管理。

（3）要在整个网络系统内加强对病毒的控制，构建网络防病毒体系。Internet是现在病毒传播内的一个最主要的路径，访问Internet网站时会会感染蠕虫病毒，从Internet下载软件和数据可能会同时把病毒、黑客程序都带进来，对外开放的WEB服务器也可能在接受来自Internet的访问时被感染上病毒。因此在Internet的接入口进行来自Internet的病毒的检测，过滤是最有效的一种方式。另外网络建设的目的是为了增强用户的信息交互能力，这也给病毒的传播提供了很好的路径，网络病毒传播速度之快，危害之大是令人吃惊的，特别是最近开始流行的一些蠕虫病毒防不胜防，因此只有配置专业的网络防病毒软件，才能够最大限度地减少病毒通过网络带来的危害，网络环境下的防病毒必须能够控制病毒传播的每一条途径。

网络平台安全主要是保证网络层上的安全，防范来自内、外部网络的安全威胁，尽早发现安全隐患和安全事件。

（1）实现对包括路由器、交换机等网络设备的安全配置。

（2）配置防火墙产品，隔离特种业务网和非特种业务网、隔离整个企业内网和外部LNTERNET网络，实现网络层的访问控制，保证重要部门的信息安全。

（3）配置入侵检测产品，对重点网络进行监视，保护重要服务器的安全，及时发现并阻断各种入侵企图。

36.7.6.4 网络应用系统的安全

1. 应用系统安全的风险

通过网络安全系统、主机安全子系统的配置，可以防范对网络的各种系统攻击，避免因为病毒传播给服务器造成的破坏，但是应用系统的统一的安全管理等需求并未得到满足，需要在应用安全系统中解决。

应用安全系统的安全风险主要有：

（1）用户身份假冒：非法用户假冒合法用户的身份访问应用资源，如攻击者通过各种手段取得应用系统的一个合法用户的账号访问应用资源，用户身份假冒的风险来源主要有两点：一是应用系统的身份认证机制比较薄弱，如把用户信息（用户名、口令）在网上明文传输，造成用户信息泄漏；二是用户自身安全意识不强，如使用简单的口令，或将口令记在计算机旁边。

（2）非授权访问：非法用户或者合法用户访问在其权限之外的系统资源。其风险来源于两点：一是应用系统没有正确设置访问权限；二是应用系统中存在一些后门、隐通道、陷阱等，使非法用户（特别是系统开发人员）可以通过非法的途径进入应用系统。

（3）数据窃取、篡改、重放攻击、抵赖。攻击者通过侦听网络上传输的数据，窃取网上的重要数据，或以此为基础实现进一步的攻击。包括：①攻击者利用网络窃听工具窃取经由网络传输的数据包，通过分析获得重要的信息；②用户通过网络侦听获取在网络上传输的用户账号，利用此账号访问应用资源；③攻击者篡改网络上传输的数据包，使信息的接收方接收到不正确的信息，影响正常的工作；④信息发送方或接收方抵赖曾经发送过或接收到信息。

2. 加强应用安全系统的解决办法

对于这些安全需求，应该从以下几个方面解决：

（1）加强应用系统自身的安全特性，如对应用系统的代码进行安全分析；

（2）采用应用安全平台技术，加强对各个应用系统的统一的安全管理；

（3）加强安全管理，特别是对应用系统的用户，要加强安全教育和培训。

3. 必须建立安全管理制度

安全管理对于整体安全目标的实现是最重要的，组织机构上、管理制度上都必须严格保证。但是因为各单位具体情况不同，机构设置上和具体制度的规定上又不尽相同，下面仅述一些基本的管理原则：

（1）安全管理制度的建立必须遵循以下基本原则：

1）分离与制约原则：内部人员与外部人员分离；用户与开发人员分离；用户机与开发机分离；密钥分离管理；权限分级管理；

2）有限授权原则；

3）预防为主原则；

4）可审计原则。

（2）安全管理制度的主要内容包括：

1）机构与人员安全管理；2）系统运行环境安全管理；3）硬件安全管理；4）软件安全管理；5）网络安全管理；6）数据安全管理；7）技术文档安全管理；8）应用系统运行安全管理；9）操作安全管理；10）应用系统开发安全管理；11）应急安全管理。

36.7.7 施 工 质 量 控 制

1. 质量控制要点

为保证信息网络系统的工程质量，在系统详细设计与施工阶段要依据本节前面提到的相关规范及相关标准，制定信息网络系统工程的质量管理计划。

（1）在信息网络系统工程的施工阶段，一定要注意以下的施工要点，作为质量控制的重点：

1）计算机网络系统的检验应符合《智能建筑工程质量验收规范》GB 50339—2006中第5.3.3、5.3.4条的规定。

2）应用软件的检验应符合《智能建筑工程质量验收规范》GB 50339—2006中第5.4.3、5.4.4条的规定。

3）网络安全系统的检验应符合《智能建筑工程质量验收规范》GB 50339—2006中第5.5.2至5.5.6条的规定。

4）系统测试、检验的样本数量应符合信息网络系统的设计要求。

5）系统配置应符合经审核批准的规划和配置方案，并完整记录。

（2）信息网络系统中，施工中质量控制还需要注意的是：

1）应使用网络管理软件配合人为设置的方式，对网络进行容错功能、自动恢复功能、故障隔离功能、自动切换功能和切换时间进行检验。

2）网络管理功能应符合下列要求：

①应对网络进行远程配置并对网络进行性能分析；

②应对发生故障的网络设备或线路及时进行定位与报警；

③应对关键的部件进行冗余设置，并在出现故障时可自动切换。

3）应检验软件系统的操作界面，操作命令不得有二义性。

4）应检验软件系统的可扩展性、可容错性和可维护性。

5）应检验网络安全管理制度、机房的环境条件、防泄露与保密措施。

2. 质量记录

（1）网络设备配置表应填写《智能建筑工程施工规范》GB 50606—2010附录A表A.0.5。

（2）应用软件系统配置表应填写《智能建筑工程施工规范》GB 50606—2010附录A表A.0.6。

（3）网络系统调试记录应填写《智能建筑工程施工规范》GB 50606—2010附录B表B.0.4。

36.7.8 信息网络系统的检测

36.7.8.1 网络安全系统调试和测试

网络安全系统调试和测试时，应该按照网络的层次，先网络物理层，再网络层，再系统层，由低向上分层来进行：

1. 网络物理层调试和测试的要求

（1）应检查场地、配电、接地、布线、电磁泄漏、门禁管理等，要求符合系统设计规定。

（2）应检查网络安全系统的软件配置，并符合设计要求。

（3）应依据网络安全方案进行攻击测试并记录。

2. 网络层安全调试和测试的要求

（1）应对防火墙进行模拟攻击测试；

（2）应使用代理服务器进行互联网访问的管理与控制；

（3）应按设计配置网段并进行测试，达到设计要求的互联与隔离；

（4）应使用防病毒系统进行常驻检测，并使用流行的攻击技术模拟病毒传播，做到正确检测并执行杀毒操作为合格；

(5) 使用入侵检测系统时，应以流行的攻击技术进行模拟攻击；入侵检测系统能发现并执行阻断为合格；

(6) 使用内容过滤系统时，应做到对受限网址或内容的访问能阻断，而对未受限网址或内容的访问能正常进行。

3. 系统层安全调试和测试的要求

(1) 操作系统、文件系统的配置应满足设计要求；

(2) 应制定系统管理规定，严格执行并适时改进管理规定；

(3) 服务器的配置和调试应符合 36.7.3.2 的要求；

(4) 应使用审计系统记录侵入尝试，并适时检查审计日志的记录情况并及时处理。

36.7.8.2 网络信息系统调试和测试

1. 应用层安全调试和测试的要求

(1) 应制定符合网络安全方案要求的身份认证、口令传送的管理规定与技术细则；

(2) 应在身份认证的基础上，制定并适时改进资源授权表；达到用户能正确访问具有授权的资源，不能访问未获授权的资源；

(3) 应检查数据在存储、使用、传送中的完整性与保密性，并根据检测情况进行改进；

(4) 对应用系统的访问应进行记录。

2. 信息网络系统调试过程的要求

(1) 系统调试过程中，应及时填写相应的记录；

(2) 每次重新配置或进行参数修改时，应填写变更计划。重新配置或进行参数修改后，应更新相应的记录；

(3) 设备、软件参数配置完毕并正常运行后，应按照功能计划、设计表格进行检查、修正与完善，达到设计要求。

3. 系统各种状态的检查

网络设备、服务器、软件系统参数配置完成后，应检查系统的联通状况、安全测试，并应符合下列要求：

(1) 操作系统、防病毒软件、防火墙软件等软件应设置为自动下载并安装更新的运行方式。

(2) 对网络路由、网段划分、网络地址应明确填写，应为测试用户配置适当权限。

(3) 对应用软件系统的配置、实现功能、运行状况必须明确填写，并为测试用户配置适当权限。

4. 信息网络系统安全的调试与检测中的施工管理

信息网络系统安全的调试与检测的施工过程应进行细致认真的管理，并符合以下要求：

(1) 在施工过程中，应每天对系统软件进行备份，备份文件应保存在独立的存储设备上。

(2) 非本系统配置人员，不得更改本系统的安装与配置。

(3) 进行网络安全系统检测的攻击性软件及其载体必须妥善保管，不可随意放置，切勿丢失。

5. 应用层的安全的要求

(1) 数据在存储、使用和网络传输过程中应保证完整性，不得被篡改和破坏。

(2) 数据在存储、使用和网络传输过程中，不应被非法用户获得。

(3) 对应用系统的访问应有必要的审计记录。

36.7.8.3 建立网络安全系统管理文档

应该建立网络安全系统管理文档，主要有以下内容：

(1) 网络系统的配置方案、网络元素参数配置、连接检验记录应文档齐全。

(2) 应用软件的配置方案、配置说明、检验记录应文档齐全。

(3) 安全系统的配置方案、攻击检测纪录、检验记录应文档齐全。

(4) 进行网络安全系统检测的攻击性软件及其载体必须妥善保管。

36.8 视频会议系统

本节主要针对智能建筑中会议系统工程而编写，主要重点放在

音视频范畴，以语言扩声为主的会场，对于专业性很强的演出系统未写入，未提及灯光系统设备的安装与调试。

参见《厅堂扩声系统设计规范》GB 50371—2006、《会议电视系统工程验收规范》YD/T 5033—2005 和《智能建筑工程质量验收规范》GB 50339—2003 等标准。

36.8.1 视频会议系统结构

视频会议系统，又称"电视会议系统"，也经常简称为"会议系统"。它是指两个或两个以上不同地方的人们，通过某种通信系统及多媒体设备，实时的将声音、影像及文件资料互传，实现即时且互动的沟通，以实现会议目的的系统设备。视频会议使得处于不同地点的人们像在一个会议室一样，不但能够通过语言即时交流，还能看到与你异地通话的人的表情和动作，可提高会议的效率、节省时间。

会议系统工程的施工范围包括管线、控制室设备、音频扩声设备、视频显示设备、视频会议设备的安装与调试。

1. 视频会议系统的组成

视频会议系统是集计算机网络、通信、图像处理技术、电视等技术于一体的会务自动化管理系统。系统将会议报到、发言、表决、翻译、摄像、音响、显示、网络接入等各自独立的子系统有机地连接成一体，由中央控制计算机根据会议程协调各子系统工作，为各种远程会议等提供最准确、即时的信息和服务。

视频会议系统一般由网络子系统、投影显示设备、音响设备、监控子系统、会议发言子系统、灯光效果子系统和中央控制子系统等组成。所有系统以计算机网络为平台，共享数据和控制信息，分散操作，集中控制。使设备操控人员可方便、快捷的实现对所有设备的监视和控制（图 36-13）。

系统设备包括 MCU 多点控制器（视频会议服务器如图）、会议室终端、PC 桌面型终端、电话接入网关（PSTNGateway）、网闸（Gatekeeper）等几个部分。各种不同的终端都连入 MCU 进行集中交换，组成一个视频会议网络。此外，语音会议系统可以让所有桌面用户通过 PC 参与语音会议，这些是在视频会议基础上的衍生。

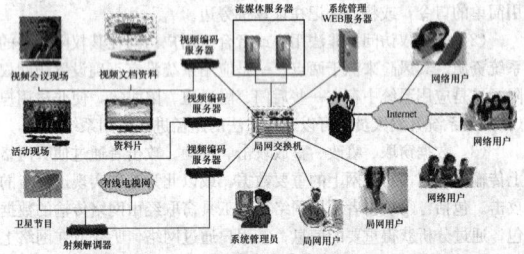

图 36-13 视频会议组成图

2. 视频会议系统设备及功能

(1) 中央控制子系统：中央控制设备是整个视频会议系统的核心。通过它实现自动会议控制，也可以通过电脑操纵，实现更复杂的会议管理。中央控制设备主要对发言设备、同声传译、电子表决、视像跟踪、数字音视频通道及数据通道进行控制。其功能如下。

1) 对发言设备的控制，包括主席机、代表机、译员台、双音频接口器、连接器等。

2) 对代表和主席的扬声器进行自动音量均衡处理。

3) 对话筒进行管理：发言请求自动登记，对正在运行的话筒授权或限制等。

4) 提供会议表决功能，当大会主席发起对某一事项进行表决时，代表可用他面前的发言设备进行投票，经中央控制设备统计，传输至相关屏幕上进行显示。

5) 提供对各种多媒体音视频设备的输入输出控制。

(2) 发言及同声传译子系统：与会代表通过发言设备参与会议。发言设备通常包括有线话筒、投票按键、LED/LCD 状态显示器和会议音响。还有其他可供选择的设备，如多种话筒、语种通道

选择器、代表身份卡读出器等。同声传译设备主要有译员台、译员耳机和内部通信电话。发言与同声传译子系统可实现会议的听/说请求、发言登记、接收屏幕显示资料、电子表决、接收同声传译和通过内部通信系统与其他代表交谈等功能。与会代表身份不同，他们所获得的设备和分配到的权力也相应有所不同：会议主席所使用的发言设备可控制其他代表的发言过程，可选择允许发言、拒绝发言或终止发言。它还具有话筒优先功能，可使正在进行的代表发言暂时停止。

（3）多媒体显示子系统：包括电视接收机、液晶显示屏、LCD液晶投影机和DLP数码投影机等。通过多媒体显示设备可更直观地向与会者提供各种文字和图像资料等，也可根据需要实时显示会议过程中的相关信息。信号源可以是录像带、电脑和影碟机信号，也可以是来自会场的摄像或硬盘录像机信号。这些信号通过中央控制设备的视频分配，进行切换输出显示。

（4）监控报警子系统：监控设备的工作状况，如头端的摄像机、拾音设备和尾端的监视器、硬盘录像机或长时间录像机。它对会场进行音、视频的采集和录制，既可以监视会场内部情况以备后用，也可以把部分信号送到译音室，以提高译员翻译的准确性。摄像机具有声像联动功能，可自动追踪会场内正在被使用的会议话筒，将发言者摄入画面，满足实况转播与同声传译的需求。

（5）网络接入子系统：网络接入子系统就是利用普通的通信网或计算机网络为运行环境，连接主会场和分会场的中央控制设备，实现局部和广域范围里的多点数字会议功能，从而可以在开会期间支持电子白板对话，支持语音、数据和图像文件传送。视讯网络接入方式不同，所采用的技术和传输速度也不相同。

还有一些辅助设备也能在数字会议中起到配合作用，如以下几种：

1）电子白板：像黑板一样使用，可即时把书写的内容通过白板自带的打印机打印出来。

2）电动屏幕：配合投影机使用，以便得到高质量的大幅面图像。

3）现场灯光：配合会议进行现场环境调控。

4）电动窗帘：配合会议进行现场环境调控。

（6）视像跟踪子系统，具有智能的麦克风、摄像机联动跟踪功能。

（7）操作维护子系统：操作维护子系统提供多种用户操作的界面。

36.8.2 视频会议系统的安装施工

36.8.2.1 视频会议系统安装施工准备

在会议系统施工前，需要做如下的准备工作。

（1）所需的会议室、控制室、传输室等相关房间的土建工程已经全部竣工，且符合视频会议系统的各项要求。

（2）电源、接地、照明、插座以及温、湿度等环境要求，已按设计文件的规定准备就绪，且验收合格。

（3）为会议系统各种缆线所需的预埋暗管、地槽预埋件完毕，孔洞等的数量、位置、尺寸均已按设计要求施工完毕且验收合格，并由建设单位提供准确的相关图纸。

（4）检查会场建声装修，房间表面各部分装修材料应与装修设计一致，并符合会议系统声场技术指标要求。

（5）控制室地线应安装完毕，并引入接线端子上，检测接地电阻值。单独接地体电阻值不应大于4Ω；联合接地体电阻值不应大于1Ω。

（6）施工现场具备进场条件，应能保证施工安全和安全用电。

（7）施工准备除应满足上述要求外，还应符合本章36.1.3节的要求。

视频会议系统接线图如图36-14所示；

36.8.2.2 视频会议系统安装施工要求

1. 机柜的安装要求

（1）机柜安装的水平位置应符合施工图设计，其偏差不应大于10mm，机柜的垂直偏差不应大于3mm。机柜布置应保留适当的维护间距，机面与墙的净距不应小于1.5m，机背和机侧（需维护时）

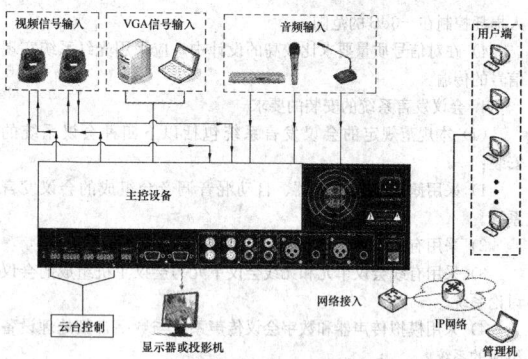

图36-14　视频会议接线图

与墙的净距不应小于0.8m。当设备按列布置时，列间净距不应小于1m。

（2）机柜上各种组件应安装牢固，不得脱落或碰坏。漆面如有脱落应予以补漆；组件如有伤残应修复或更换。

（3）机柜上应有明显的功能标志，标明设备名称或功能。标志应正确、清晰、齐全。

2. 设备的供电与接地要求

设备的供电与接地应符合相关的国家规范的规定（可参见本章36.17的简要描述），还应符合以下要求：

（1）在会议室系统应设置专用分路配电盘，每路容量应根据实际情况确定，并预留余量。

（2）会议室系统音视频设备（包括流动使用的摄像机、监视器等设备附近设置的专用电源插座等），并应采用同一相电源。

（3）会议系统如采用单独接地，接地电阻应符合本节施工准备中的要求。

（4）控制室内的所有设备的金属外壳、金属管道、金属线槽、建筑物金属结构等应进行等电位联结并接地。

（5）保护地线必须与交流电源的零线必须严格分开，防止零线不平衡电流对会场系统产生严重的干扰影响。保护地线的杂音干扰电压不应大于25mV。

（6）会议室灯光照明设备（含调光设备）、会场音频和视频系统设备供电，宜采用不间断电源系统分路供电方式。

（7）控制室宜采取防静电措施，防静电接地与系统的工作接地可合用。

（8）直流工作接地与交流工作接地，如不采用共同接地时，两者之间的电压不应超过0.5V。

（9）线缆敷设时，外皮、屏蔽层以及芯线不应有破损，并应做好明显的标识。

3. 电缆管路、线槽及线缆敷设的要求

电缆管路、线槽及线缆敷设应符合本手册36.2"综合管线"的要求，还应符合以下要求：

（1）安装电缆管路应符合下列要求：

1）吊顶内管路进入控制室后，应就近沿墙面垂直进入静电地板下，沿地面进入机柜底部线槽；

2）地面管路应贴地进入控制室静电地板下，进入机柜底部线槽；

3）信号线与强电的线管必须分开敷设，最小距离应不小于200mm；

4）控制室静电地板下，必须敷设机柜到控制台的地下线槽；

5）电缆管路穿越楼板孔或墙洞的位置，应加装保护设施；

6）安装沿墙单边或双边电缆管路时，在墙上埋设的支持物应牢固可靠，支点的间隔应均匀整齐一致。

（2）线缆敷设应符合下列规定：

1）音频线缆应满足连接设备的输入和输出参数指标；

2）视频线缆应根据需要传输的内容格式和距离选择；

3）VGA信号线缆的选择应根据传输信号的分辨率、最长传输距离进行选择。当信号源为视频或简单的文字内容时，插入损耗（即传输衰减）控制在−6dB；当信号源是以精密图形文件时，插

入损耗控制在-3dB 的范围;

4) 在对信号质量要求比较高的设计中,应采用光纤系统实现信号的传输。

4. 会议发言系统的安装的要求

(1) 本规范规定的会议发言系统包括以下四种会议系统的安装:

1) 采用鹅颈会议传声器、自动混音调音台组成的会议发言系统。

2) 采用有线传声器,或无线传声器与调音台组成的系统。

3) 采用有线会议单元和无线会议单元与会议主机组成的会议讨论系统。

4) 采用模拟传声器和数字会议传声系统与数字音频处理设备组成的系统。

(2) 模拟系统传声器传输线应选用专用屏蔽线,宜单独敷设线管并远离强电管路。

(3) 传声器线缆超过 50m,必须采用低阻抗平衡连接。

(4) 嵌入式传声器安装不宜突出桌面,螺栓紧固到位。

(5) 移动式传声器应做好线缆防护,防止线缆损伤,影响人员行走。

(6) 无线式传声器传输距离较远时,应加装机外接收天线。安装在桌面时宜装备固定座托。

5. 扬声器的安装的要求

(1) 扬声器安装应与设计一致,应满足全场覆盖及声场均匀度要求。

(2) 扬声器布置宜根据会场平面尺寸,空间大小等具体条件选用集中式、分散式或集中分散相结合的安装方式。

(3) 扬声器固定应安全可靠,安装高度和安装角度应符合声场设计的要求。

(4) 扬声器明装时,利用建筑结构安装支架或吊杆等附件,需要在建筑上钻孔、点焊等,必须检查建筑结构的承重能力,并征得有关部门的同意后方可施工。

(5) 扬声器暗装时,暗装空间尺寸应足够大(并作吸声处理),保证扬声器在其内能进行辐射角调整。扬声器面罩透声性要好,如面罩用格栅结构,其材料尺寸(宽度和深度)不宜大于 20mm。

(6) 扬声器吸顶安装时,应选用灵敏度、额定功率、频率响应范围、指向性等性能指标合适的会议扩声的产品。扬声器布置应满足声场均匀度要求。

(7) 扬声器系统应远离传声器,轴指向不应对准传声器,避免引起自激啸叫。

(8) 扬声器系统必须采取可靠的安全保障措施,工作时不应产生机械噪声。

(9) 应根据扬声器与功放连接在一起后的系统阻尼系数为依据来确定音频线的截面,线路功率损耗应小于扬声器系统功率的 10%。

(10) 吊装扬声器箱及号筒扬声器时,应采用原装附带的吊挂安装件,保证安全可靠。如无原配件时,宜购专用扬声器箱吊挂安装件,选用钢丝绳或镀锌铁链做吊装。

(11) 室外扬声器应具有防潮和防腐的特性,紧固件必须具有足够的承载能力。

(12) 用于火灾隐患区的扬声器应由阻燃材料制成(或采用阻燃后罩);同时,广播扬声器在短期喷淋的条件下能工作。

(13) 控制室应设置监听系统,包括监听扬声器及监听耳机。

6. 音频设备的安装要求

(1) 设备安装顺序应与信号流程一致。

(2) 机柜安装顺序应上轻下重,无线传声器接收机等设备安装于机柜上部,便于接收;功率放大器等较重设备安装于机柜下部,由导轨支撑。

(3) 控制室与会议室之间宜设置双层单向透明玻璃观察窗。窗高宜为 0.8m;窗宽不宜小于 1.2m;窗底距地面宜为 0.9m。观察窗下摆放操作台,工作人员可以通视会议室情况。

(4) 系统线缆均通过金属管、线槽引入控制室架空地板下,再引至机柜和控制台下方。

(5) 控制室预留的电源箱内,应设有防电磁脉冲的措施,应配备带滤波的稳压电源装置,供电容量要满足系统设备全部开通时的容量。若系统具有火灾应急广播功能时,应按一级负荷供电,双电源末端互投,并配置不间断电源。

(6) 调音台安装于操作台上,便于调音人员操作调节。节目源等需经常操作的设备安装于容易操作的位置。

(7) 机柜安装应固定在预埋基础型钢上并用螺栓固定,安装完毕对其垂直度进行检查、调整。控制台要摆放整齐,与地面应固定牢固。

(8) 机柜设备安装应该平稳、端正,面板排列整齐,拧紧面板螺钉,带轨道的设备应推拉灵活。内部线缆分类排列整齐。各设备之间留有充分的散热间隙,可安装通风面板或盲板。

(9) 电缆两端的接插件必须筛选合格产品,采用专用工具制作,不得虚焊或假焊;接插件需要压接的部位,必须保证压接质量,不得松动脱落。制作完成后必须进行严格检测,合格方可使用。平衡接线方式不易受外界电磁场干扰,音质好。

(10) 电缆两端的接插件附近应有标识,标明端别和用途,不得错接和漏接。

(11) 时序电源按照开机顺序依次连接,安装位置应兼顾所有设备电源线的长度。

(12) 根据机柜内设备器材选择相应的避震器材。

7. 视频设备的安装要求

(1) 显示系统可以根据会场平面尺寸,空间大小等具体条件选用发光二极管显示系统、投影显示系统、等离子显示系统和液晶显示系统、交互式电子显示白板显示系统。

(2) 显示屏物理分辨率不应低于主流显示信号的显示分辨率,且宜具有 1080P 高清分辨率。

(3) 应在房间安置窗帘遮挡室外光线,屏幕上方或近处光源应关闭或调暗,显示屏幕的屏前亮度宜比会场环境照度高 100~150lx(勒克斯)。

(4) 显示器屏幕安装时应注意避免反射光,眩光等现象影响观看效果。墙壁、地板宜使用不易反光材料。

(5) 传输电缆距离超过选用端口支持的标准长度时应使用信号放大设备、线路补偿设备,或选用光缆传输。

(6) 显示设备的电源插座应单独提供,采用音视频系统同一相供电,宜使用电源滤波插座。

(7) 显示器应安装牢固,固定设备的墙体、支架承重符合设计要求。选择合适的安装支撑架、吊架及固定件,螺栓必须紧固到位。

(8) 投影屏幕宜采用电动升降架,投影机宜采用吊挂方式安装,吊挂高度宜与屏幕匹配,投影机安装高度不宜超出投影幕外。大型会场系统宜采用二次升降系统,保持屏幕处于合适的观看位置。

(9) 镶嵌在墙内的大屏幕显示器、墙挂式显示器等的安装位置应满足最佳观看视距的要求。

(10) 镶嵌在桌子内的显示器应设置活门或电动升降系统。

8. 同声传译设备的安装要求

(1) 同声传译的信号输出方式分为有线、无线或两者结合,具体选用宜符合下列规定:

1) 设置固定座席并有保密要求的场所,宜采用有线式。在听众的坐席上应设置具有耳机插孔、音量调节和分路选择开关的收听装置;

2) 不设固定座席的场所,宜采用无线式。采用无线系统时,应根据传译语种的数量、房间结构、座位排列,确定无线发射器的数量及安装位置;

3) 特殊需要时,可采用有线和无线混合方式。

(2) 同声传译宜设立专用的同声传译室并应符合下列规定:

1) 同声传译室应靠近会议室,并进行吸声、隔声声学装修处理,本底噪声级不应大于 NR30。

2) 同声传译室应设置隔声门,防止环境噪声进入室内,影响语言清晰度。

3) 同声传译室宜设有隔声观察窗,译员从观察窗可通视到主

席台。

4）同声传译室外应设译音工作指示灯或提示牌。

5）同声传译室应设空调和良好的通风系统设施，并做好消声处理。

6）同声传译室分为固定式和移动式。移动式同声传译室可临时拆卸组装。

9. 视频会议设备的安装要求

（1）视频会议系统包括视频会议多点控制单元、会议终端、接入网关、音频扩声及视频显示等部分。

（2）传声器布放应尽量避开扬声器的主辐射区。扬声器系统宜分散布置，并应达到声场均匀、自然清晰、声源感觉良好等要求。

（3）摄像机的布置应使被摄入物收入视角范围之内，并宜从多个方位摄取画面，方便地获得会场全景或局部特写镜头。

（4）监视器或大屏幕显示器的布置，应尽量使与会者处在较好的视距和视角范围之内。

（5）会场视频信号的采集区照明条件应满足下列要求：

1）光源色温 3200K；

2）主席区的平均照度宜为 500～800lx。一般区的平均照度宜为 500lx。投影电视屏幕区的平均照度宜小于 80lx。

（6）视频会议室应减少、控制和隔绝外界的噪声侵入，加强围护结构的隔声强度，消除和减少室内噪声。本底噪声级不应大于 NR30，隔音量不应低于 40dB。

36.8.3 施工质量控制

会议系统设备与大屏幕在安装、调试和检测时，需要特别注意以下的事项，以便保障对于该系统安装、调试的质量控制。

（1）应保证机柜内设备安装的水平度，严禁在有尘、不洁环境下施工。

（2）保证显示设备承重机构的承重能力，对轻质墙体、吊顶等须采取可靠的加固措施，安装完毕应及时检查安装的牢固度，严禁出现松动、坠落等倾向。

（3）信号电缆长度严禁超过设计要求。

（4）视频会议应具有较高的语言清晰度，适当的混响时间，当会容积在 200m³ 以下时，混响时间宜为 0.4～0.6s。当视频会议室还作为其他功能使用时混响时间不宜大于 0.8s。当会场容积在 500m³ 以上时，按《剧场、电影院和多用途厅堂建筑声学技术规范》GB/T 50356—2005 标准执行。

（5）应检测会场建声指标，混响时间、隔声量、本底噪声应符合会议系统设计技术指标要求。

（6）电缆布放前应作整体通路检测，穿管过程中不得用力强拉，避免损伤和影响电气性能。

（7）设备安装位置与设计相符，扬声器的变更必须满足音响设计的要求并有变更洽商的手续。

36.8.4 会议系统的调试与测试

36.8.4.1 会议系统的调试

会议系统调试前应完成现场设备接线图、控制逻辑说明的制作。

1. 会议系统调试准备的要求

（1）应检查接地系统测试记录，如不符合设计要求严禁加电调试。

（2）技术人员应熟悉控制逻辑，准备好调试记录表。

（3）系统调试前应确认各个设备本身不存在质量问题，方可通电。

（4）各类设备的型号及安装位置应符合设计要求。

（5）各类设备标注的使用电源电压应与使用场地的电源电压相符合。

（6）应检查设备连线的线缆规格与型号，线缆连接应正确，无松动和虚焊现象。

（7）依据调试要求调整设备安装状态，扬声器定位后应固定，并加装保险装置。

（8）在通电以前，各设备的开关和旋钮应置于初始位置。

2. 音频设备调试的要求

（1）应按照会议系统不同功能开启相应设备电源，确认设备工作正常。

（2）应确认记录系统相关设备、数据库运行正常。

（3）应确认系统设备工作正常，调整设备参数。

（4）应确认系统运行正常，并根据设计功能要求进行细调，满足系统使用要求，达到最佳整体效果。

（5）系统指标应满足《厅堂扩声系统设计规范》GB 50371—2006 扩声系统声学特性指标要求。

（6）系统经调试后，应语言清晰、音乐丰满、声场均匀、定位准确。

3. 视频设备调试的要求

（1）打开视频设备电源，将视频信号、计算机信号分别接入显示设备，图像应清晰，无拖尾等失真现象。

（2）应按照幕布的位置调整投影机，调试到合适的位置后进行定位。调整投影的焦点、梯度等直至图像清晰、端正。

（3）会议摄像跟踪摄像机应自动跟踪发言者，并自动对焦放大，联动视频显示设备，显示发言者图像。

（4）会议信息处理系统通过矩阵可对多路视频信号、数据信号实现快速切换，图像应稳定可靠。

（5）会议记录系统应能将会场实况进行存储，并能随意调用播放。

（6）经调试后，系统的图像清晰度、图像连续性、图像色调及色饱和度应达到设计指标要求。

4. 会议单元调试的要求

（1）通电前应将各设备开关、旋钮置于规定位置。按设备要求完成软件的安装、参数设置及其调整。

（2）设备初次通电时应预热，并观察无异常现象后方可进行正常操作。

（3）应确认与主机通信良好，功能运行正常。每个会议单元语言扩声应清晰。

（4）按照设备使用说明书和设计文件验证会议单元的各项功能。

5. 视频会议系统调试的要求

（1）图像清晰度、图像帧速率应符合国家相关标准。

（2）声音应清晰、连续，无杂音和回音。

（3）图像、声音的延时应小于 0.6s。

（4）唇、音应同步。

（5）并发用户增时效果应无明显失真。

（6）在带宽波动情况下，以上指标的表现效果应保持不变。

6. 同声传译系统调试的要求

（1）系统应具备自动转接现场语言功能。当现场发言与传译员为同一语言时，宜关闭传译器的传声器，传译控制主机自动将该传译通道自动切换到现场语言中。

（2）二次或接力传译功能，传译器应能接收到包括现场语、翻译后语言、多媒体信号源等所有的语音，当翻译员听不懂现场语种时，系统自动将设定的翻译后语种接入，供翻译员进行二次翻译。

（3）呼叫和技术支持功能，每个传译台都有呼叫主席和技术员的独立通道。

（4）系统传译通道应具有锁定功能，防止不同的翻译语种占用同一通道。

（5）独立语音监听功能，传译控制主机可以对各通道和现场语言进行监听，并带独立的音量控制功能。

7. 中控设备调试的要求

（1）应按照控制逻辑图编写控制软件，逐个测试设备控制的有效性。应能使用各种有线、无线触摸屏，实现远距离控制音频、视频、灯光、幕布，以及会场环境所有功能。并填写调试记录。

（2）调试后，中控系统应具有以下功能：

1）音量控制功能；

2）与会议讨论系统连接通信正常，应控制音视频自由切换和分配；

3）通过多路 RS-232 控制端口，应能够控制串口设备；

4）应通过红外线遥控控制 DVD、电视机等设备；

5）应通过多路数字 I/O 控制端口控制电动投影幕、电动窗帘、投影机升降等设备；

6）应能够扩展连接多台电源控制器、灯光控制器、无线收发器、挂墙面板等外围设备。

（3）系统应具有自定义场景存储及场景调用功能。

（4）通过中控系统实现对会场内系统的智能化管理和操作。

36.8.4.2 会议系统的检测与检验

1. 音频扩声、同声传译及表决记录功能检验的要求

（1）应配置多路音频信号，并应能播放、切换人声、音乐等各种信号。

（2）音乐播放声音应饱满、层次清晰、响度足够。

（3）有线传声器、会议传声器应正常使用。

（4）讲话主观试听时，语言扩声应清晰，声压级足够，无啸叫产生。

（5）人声演唱主观试听时，语言清晰，音乐丰满，声压级足够，声像一致，无啸叫产生。

（6）客观测量指标应达到语言清晰度 STPA 的要求和相应设计指标要求。

（7）在观众席位置应无明显可闻的本底噪声。

（8）表决记录正确率应达到 100%。

2. 视频、音频切换和显示系统检验的要求

（1）应能在各类显示设备上显示设计要求的不同种类的图像信号。

（2）图像信号应清晰稳定、无抖动、无闪烁。

3. 集中控制系统检验的要求

（1）应能控制不同种类图像信号在各类显示设备上的切换。

（2）应能控制音频信号切换。

（3）应能控制音量大小，多种工作模式的快捷变换。

（4）应能控制显示系统模式切换及多种图像调用。

（5）应能控制灯光系统调光和开关及模式选择。

（6）应能控制电动设备的开关及各项功能操作。

36.9 建筑设备监控系统

建筑设备监控系统也称为"楼宇自动控制系统"（简称 BAS），作为智能建筑系统重要的一部分，担负着对整座建筑内机电设备的集中检测、控制与管理，保证各子系统设备在协同一致和高效、有序的可控状态下运行。为用户提供一个安全、高效、节能、舒适的居住与工作的环境，并且降低建筑物的能耗、降低设备故障率，减少维护及营运等日常管理成本，还希望在建筑设备智能管理系统的支持下，提高智能建筑的现代化管理和服务。

建筑设备监控系统目前主要采用的是基于现代控制理论的集散型计算机控制系统，也称分布式控制系统（Distributed Control Systems，简称 DCS），更常见的叫法是"集散式控制系统"。它的特征是"集中管理分散控制"，即：在中央控制室以建筑设备监控系统服务器或工作站作为集中管理控制中心，用分布在现场被控设备处的单片计算机控制装置——现场控制器（DDC 控制器）完成被控设备的实时检测和控制任务，通过计算机网或者其他控制总线与接口器件连接系统服务器与各现场控制器。

36.9.1 建筑设备监控系统组成与结构

1. 建筑设备监控系统的组成

系统的组成包括中央控制设备（集中控制计算机、彩色监视器、键盘、打印机、通信接口等）、不间断电源、现场 DDC 控制器、通信网络以及相应的传感器、执行器、调节阀等设备与器材。

建筑设备监控系统目前主要采用分布式控制系统，即："集中管理，分散控制"。用于网络互联的通信接口设备，应根据各层不同情况，以 ISO/OSI 开放式系统互联模型为参照体系，合理选择路由器、交换机等互联通信接口设备。

建筑设备监控系统的组成见图 36-15。

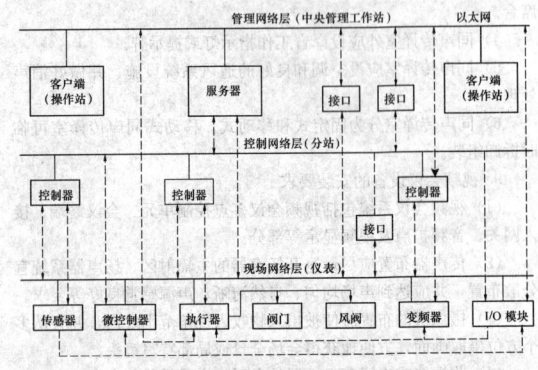

图 36-15 建筑设备监控系统的组成示意图

以下各小节将介绍其各组成部分。

2. 建筑设备监控系统的结构

（1）建筑设备监控系统的工作形式：系统监控中心从现场控制器收到对于各个现场电气设备与现场环境的检测信息，对此信息进行与系统中存储的控制要求与控制策略进行分析，然后向现场控制器发出相应的控制指令，现场控制器根据此指令，控制现场电气设备进行相应的调整。

（2）建筑设备监控系统的布置形式：由于建筑物的机电设备多、分布广、监控要求复杂，通常都采用分散控制、集中管理的方式进行布置。

（3）建筑设备监控系统的监控目标：将建筑内各种机电设备的信息进行检测、分析、归类、处理、判断，采用最优化的控制手段，对各系统设备进行集中监控和管理。

3. 建筑设备监控系统的基本功能

（1）自动监视并控制各种机电设备的启、停，显示或打印当前运转状态。

（2）自动检测、显示、打印各种机电设备的运行参数及其变化趋势或历史数据。

（3）根据外界条件、环境因素、负载变化情况自动调节各设备，使之始终运行于最佳状态。

（4）监测并及时处理各种意外、突发事件。

（5）实现对大楼内各种机电设备的统一管理、协调控制。

（6）能源管理：水、电、气等的计量收费，实现能源管理自动化。

（7）设备管理：包括设备档案、设备运行报表和设备维修管理等。

4. 建筑设备监控系统的应用

建筑设备监控系统已经历了四代产品：第一代：中央监控系统（CCMS），楼宇自控从仪表系统发展成自动化系统。第二代：出现集散控制系统，集控分站智能化发展成直接数字控制器 DDC。第三代：开放式集散系统，使用 LonWorks 技术，形成管理层、自动化层和现场 3 层结构。第四代：网络集成系统，建筑设备监控系统采用计算机网络与 Web 技术，BAS 成为企业 Intranet 的子网。此时，采用 Web 技术的建筑设备监控系统在智能集成系统（EDI）的统一管理下，集成了保安系统、机电设备系统、防火系统、办公系统的高度的统一管理，实现各个层次的集成，从现场层、自动化层到管理层，完成了管理系统和控制系统的一体化。

我们将基于第四代——网络集成的通信与控制方式讲述建筑设备监控系统。

5. 建筑设备监控系统基本要求

（1）应具有对建筑机电设备测量、监视和控制功能，确保各类设备系统运行稳定、安全和可靠，并达到节能和环保的管理要求。

（2）应具有对建筑物环境参数的监测功能。

（3）应满足对建筑物的物业管理需要，实现数据共享，以生成节能及优化管理所需的各种相关信息分析和统计报表。

（4）宜采用集散式控制系统。

（5）应具有良好的人机交互界面及采用中文界面。

（6）应共享所需的公共安全等相关系统的数据信息等资源。

36.9.2 建筑设备监控系统主要感知装置

在建筑设备监控这个闭环系统中,由各现场控制器管理的检测传感器感知对于各个现场电气设备与现场环境的检测信号,再转换为一定形式的数据信息,上传到中央监控中枢以便中央监控系统进行控制。本小节描述经常使用的信号感知装置。

36.9.2.1 温度传感器与湿度传感器

1. 温度传感器的原理及应用

(1) 温度传感器也称为"温度变送器",它主要用于测量室内、室外的环境温度和风道、水管内的介质温度,根据其应用不同可分为室内温度传感器、室外温度传感器、风道温度传感器、水管温度传感器等,根据其安装方式不同可分为壁挂式温度传感器、插入式温度传感器。室内温度传感器、室外温度传感器通常为壁挂式;风道温度传感器、水管温度传感器通常为插入式。

(2) 温度传感器原理:

1) 热电偶测温:测量精度高,测量范围广,常用的热电偶从 $-50\sim+1600℃$ 均可连续测量,构造简单,使用方便。

2) 热电阻测温:热电阻是中低温区常用的一种温度检测器。它测量精度高,性能稳定。其中铂热电阻的测量精确度是最高的,它不仅广泛应用于工业测量,而且被制成标准的基准仪。

温度传感器通常用 PT100、PT1000 铂热电阻、热敏电阻或热电偶作为传感元件,传感器将其电阻值或感应电动势随温度变化的信号,经电路转换、放大和线性化处理后,以 $0\sim10VDC$、$4\sim20mA$ 的形式输出表征其测量对象的物理量。

3) IC 集成温度传感器:数字化读取,须配合单片机使用,可以连接成网络使用,而且接线简单。这是现在最先进的温度传感器。

(3) 温度传感器的接线:电压输出的温度传感使用 RVVP 四芯软线:1 对电源线和 1 对信号线,其电源地和信号地常共线使用。电阻型温度传感器则只是信号线,也称为一线制。

2. 湿度传感器的原理及应用

(1) 湿度传感器也称为"湿度变送器",它用于测量室内外环境和风道内空气介质的相对湿度,根据其应用不同可分为室内湿度传感器、室外湿度传感器、风道湿度传感器等,根据其安装方式不同可分为壁挂式湿度传感器、插入式湿度传感器等。室内湿度传感器、室外湿度传感器通常为壁挂式;风道湿度传感器通常为插入式。在建筑设备监控系统中使用的湿度传感器通常用高分子电容湿敏元件、氯化锂湿敏元件等作为传感元件,传感器将其电容值或频率伴随相对湿度变化的信号,经电路转换、放大和线性化处理后,以 $0\sim10VDC$、$2\sim10VDC$ 电压、$4\sim20mA$ 电流的形式输出表征其测量对象的物理量。室内湿度传感器、室外湿度传感器、风道湿度传感器外形结构可分别参照室内温度传感器,室外温度传感器和风道温度传感器。

(2) 电阻式、电容式湿度传感器原理:

1) 湿敏电阻:湿敏电阻有多种,如金属氧化物湿敏电阻、硅湿敏电阻、陶瓷湿敏电阻等。湿敏电阻的优点是灵敏度高,主要缺点是线性度和产品的互换性差。

2) 湿敏电容:湿敏电容的特点是灵敏度高、产品互换性好、响应速度快、湿度的滞后量小、容易实现小型化和集成化,其精度一般比湿敏电阻要低一些。

其测量范围是(1%~99%)RH,在 55%RH 时的电容量为 180pF(典型值)。当相对湿度从 0 变化到 100% 时,电容量的变化范围是 163~202pF。温度系数为 0.04pF/℃,湿度滞后量为±1.5%,响应时间为 5s。

此外,还有电解质离子型湿敏元件、重量型湿敏元件(利用感湿膜重量的变化来改变振荡频率)、光强型湿敏元件、声表面波湿敏元件等。

湿敏元件的线性度及抗污染性差,在检测环境湿度时,湿敏元件若长期暴露在待测环境中,很容易被污染而影响其测量精度及长期稳定性。

(3) 湿度传感器的接线:湿度传感器使用 RVVP 四芯软线,即 1 对电源线和 1 对信号线,电源地和信号地常共线使用。

3. 集成式温度、湿度传感器

单片集成式智能化温度/湿度传感器是在 2002 年 Sensiron 公司在世界上率先研制成功,其外形尺寸仅为 $8mm\times5mm\times3mm$,出厂前,每只传感器均做过精密标定,标定系数被编成相应的程序存入校准存储器中,在测量过程中可对相对湿度进行自动校准。它们不仅能准确测量相对湿度,还能测量温度和露点。测量相对湿度的范围是 $0\sim100\%$,分辨力达 $0.03\%RH$,最高精度为±2%RH。测量温度的范围是 $-40\sim+123.8℃$,分辨力为 $0.01℃$。测量露点的精度<±1℃。在测量湿度、温度时 A/D 转换器的位数分别可达 12 位、14 位。已经有上市的产品 SHT11/15;互换性好,响应速度快,抗干扰能力强,不需要外部元件,适配各种单片机,可广泛用于医疗设备及其他温度/湿度调节系统中。

此外常见的还有:(1) 线性电压输出式集成湿度传感器:响应速度快,重复性好,抗污染能力强。(2) 线性频率输出式集成湿度传感器:线性度好,抗干扰能力强,便于配数字电路。

集成湿度传感器典型产品的技术指标:测量范围一般可达到 $0\sim100\%$。但有的厂家为保证精度指标将测量范围限制为 10%~95%。设计+3.3V 低压供电的湿度/温度测试系统时,可选用 SHT11、SHT15 传感器。这种传感器在测量阶段的工作电流为 $550\mu A$,平均工作电流为 $28\mu A$(12 位)或 $2\mu A$(8 位)。上电时默认为休眠模式(Sleep Mode),电源电流仅为 $0.3\mu A$(典型值)。测量完毕只要没有新的命令,就自动返回休眠模式,能使芯片功耗降至最低。此外,它们还具有低电压检测功能。当电源电压低于+$2.45\pm0.1V$ 时,状态寄存器的第 6 位立即更新,使芯片不工作,从而起到了保护作用。

温、湿度传感器外观结构示意参见图 36-16,接线见图 36-17。

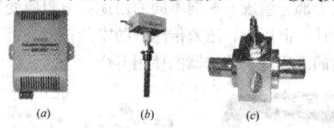

图 36-16　温、湿度传感器外观结构图
(a) 壁挂式;(b) 风道式;(c) 三通(水管)式

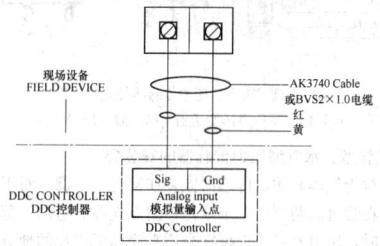

图 36-17　温、湿度传感器接线图

4. 壁挂式室内、外温度传感器的安装

室内壁挂式温度传感器安装示意如图 36-18 所示。

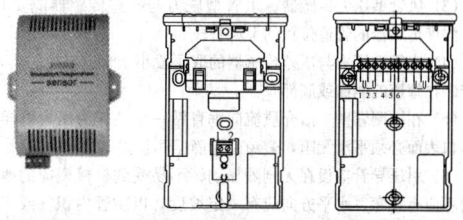

图 36-18　室内温度传感器安装示意图

5. 风道式温、湿度传感器的安装

风道式温度传感器安装示意图见图 36-19。安装时,先在风管道上按要求尺寸开孔,然后将变速器用螺钉通过固定夹板安装在风管道上。

6. 水管温度传感器的安装

水管温度传感器安装示意图如图 36-20。其安装位置应选在介质温度变化具有代表性的地方,不宜安装在阻力件附近,也要注意避开水流流速死角、避开震动大的地方。

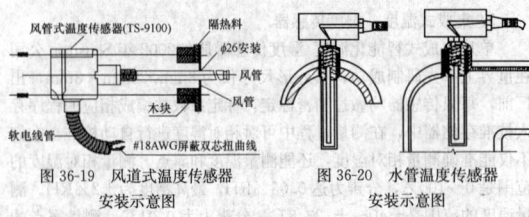

图 36-19　风道式温度传感器
安装示意图

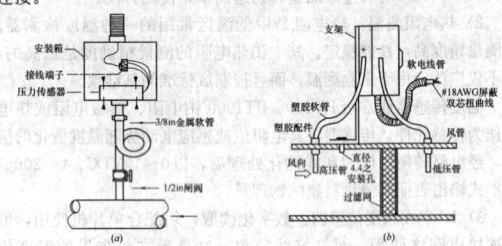

图 36-20　水管温度传感器
安装示意图

7. 更进一步的各传感器的安装要求

请参见 36.9.12.3 相关各条的描述。

36.9.2.2　压力与压差传感器

1. 压力、压差传感器的原理及应用

(1) 压力、压差传感器也称为"压力、压差变送器",它是将空气压力和液体压力(或压差)信号转换为 0~10VDC 或 4~20mA 电信号的变换装置。

(2) 压力、压差传感器原理:压力传感器的种类繁多,如电阻应变片压力传感器、半导体应变片压力传感器、电阻式压力传感器、电感式压力传感器、电容式压力传感器、谐振式压力传感器及电容式加速度传感器等。但应用最为广泛的是压阻式压力传感器,它具有低价格和较高的精度以及较好的线性特性。压力、压差传感器外观结构图见图 36-21。

(3) 压力传感器的接线:对于电压型的压力传感器,使用 RVVP 四芯软线,即 1 对电源线和 1 对信号线,电源地和信号地可共线使用。电流型的压力传感器则是以 1 对信号线输出。

金属电阻应变片由基体材料、金属应变丝或应变箔、绝缘保护片和引出线等部分组成。根据不同的用途,电阻应变片的阻值可以由设计者设计,但压力、压差传感器的安装正确与否,将直接影响到测量精度的准确性和传感器的使用寿命。

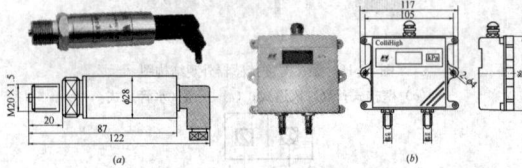

图 36-21　压力、压差传感器外观结构图
(a) 精巧型压变送器; (b) 微差压变送器

2. 风管型、水管型压力传感器的安装要求

(1) 对于气体介质,传感器应装在管道的上部;对于蒸气,传感器应装在管道的两侧;对于液体,测点应在管道的下部;测量容器的压力时,压力测点应选择在介质平稳而无涡流的地方。

(2) 压力传感器安装点应选择在管道或风道的直管段上,应避开各种局部阻力,如阀门、弯头、分叉管和其他突出物(如温度传感器套管等)。

(3) 风管型压力传感器、水管型压力与压差传感器应安装在温、湿度传感器的管道位置的上游管段。

(4) 水管型压力与压差传感器的取压段小于管道口径的 2/3 时应安装在管道的侧面或底部。

(5) 在被测管壁上沿介质流向垂直钻一小孔作为压力取样口,取压口表面必须平滑无阻,避免引起静压测量误差。

(6) 引压导管应设在无剧烈振动、不易受到机械碰撞的地方,导管不应有急弯,水平方向应有一定坡度,以防管内积气或积液。按导管的环境温度考虑采取防冻或隔热措施。

1) 为了防止高温介质进入仪表,引压导管一般不能过短,测量蒸气压力时,一般导管应长于 3m。

2) 引压导管上部应装有隔离阀,测量液体或蒸气时最高处应有撩拨装置,测量气体时在最低处应有排水装置。

3) 测量低压或负压时,引压管路必须进行严密性试验。

(7) 压力、压差传感器安装注意事项:

1) 压力、压差传感器应安装在温、湿度传感器的上游侧。

2) 压力、压差传感器应安装在便于维修的位置。

3) 风道压力、压差传感器的安装应在风道保温层完成之后。

4) 风道压力、压差传感器应安装在风道的直管段,如不能安装在直管段,则应避开风道内通风死角的位置。

5) 水管压力压差传感器的安装应在工艺管道预制和安装的同时进行,其开孔和焊接工作必须在工艺管道的防腐,清扫和压力试验前进行。

6) 水管压力、压差传感器不宜安装在管道焊缝及其边缘上,水管压力、压差传感器安装后,不应在其边缘开孔和焊接。

7) 水管压力、压差传感器的直压段大于管道直径的 2/3 时可安装在管道的顶部,小于管道口径 2/3 时可安装在侧面或底部和水流流速稳定的位置,不宜选在阀门等阻力部件的附近、水流流束的死角和振动较大的位置。

水管式压力传感器安装示意见图 36-22。被测介质必须经过带缓冲环的引导管进入传感器,传感器进压口和闸阀等连接处必须用石棉垫紧固密封,不得泄漏,禁止仅用麻丝或聚四氟乙烯带靠螺纹密封,管路敷设可选用 20mm 穿线管,并用金属软管与压力传感器连接。

图 36-22　压力、压差传感器安装图
(a) 水管压力传感器安装示意图; (b) 风压差开关安装示意图

3. 风压差开关安装要求

(1) 安装压差开关时,宜将受压薄膜处于垂直于平面的位置。

(2) 风压压差开关安装完毕后应做密闭处理。

(3) 风压压差开关安装离地高度不宜小于 0.5m(安装示意图见图 36-22)。

36.9.2.3　流量计

1. 流量计的原理及应用

(1) 流量计(flow meter)

流量计是用以测量管路中流体流量的仪表,其测量方法和仪表的种类很多。在建筑设备监控系统的供热和空调控制系统中,要测量各种液体、气体和蒸气的流量和计算介质总量,以达到控制、管理和节能的目的。流量测量是过程控制和经济核算的重要参数。

(2) 流量计的原理

按流量测量原理分有力学、热学、声学、电学、光学原理等,其传感器结构也不同,在供热和空调控制系统中使用较多的是涡街流量计、电磁流量计、差压式流量计、涡轮流量计及超声波流量计。

2. 涡街流量计

涡街流量计(也称旋涡流量计):利用流体振荡原理,测量流体速度,进而确定流量。主要用于工业管道介质流体的流量测量,如气体、液体、蒸气等多种介质。其特点是压力损失小,量程范围大,精度高,在测量工况体积流量时几乎不受流体密度、压力、温度、黏度等参数的影响。在测量蒸气的流量时,过热蒸气温度不得超过 300℃。涡街流量计外观结构图和安装见图 36-23、图 36-24。

图 36-23　涡街流量计外观结构图

涡街流量传感器是涡街流量计的一次仪表,旋涡频率转变成电脉冲信号,经前置放大器放大、滤波,形成方波脉冲信号送至二次仪表。由表头输送二次仪表的信号线及二次仪表边表头的工作电源线均采用橡胶密封圈进行密封。

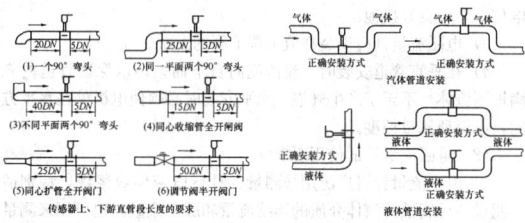

图 36-24　涡街流量计安装图

3. 电磁流量计

电磁流量计是根据电磁感应原理制成的一种测量导电性液体的仪表。它基于导电流体在磁场中运动产生感应电动势的原理测量导电液体体积流量。电磁流量由传感器和转换器等部分组成，电磁流量传感器将测流体的流量转换为相应的感应电动势，测量管上下装有激磁线圈，通以电流即产生磁场穿过测量管，一对电极装在测量管内壁，与液体接触引出感应电动势，即流量信号送往转换器。转换器将传感器输出的感应电动势信号放大并转换成标准电流信号（0～10mA 或 4～20mA）或标准的电压信号输出。

电磁流量计有一系列优良特性，可以解决其他流量计不易应用的问题，如脏污流、腐蚀流的测量。近代电磁流量计在技术上有重大突破，使它在流量仪表中其使用量不断上升。

电磁流量计如图 36-25 所示：

图 36-25　电磁流量计外观结构图

4. 涡轮式流量计

涡轮式流量计是一种速度式流量测量仪表，它采用多叶片的转子（涡轮）被流体冲转，转子轴上装有永磁体，在一定的流量范围内，管道中流体的流量容积与涡轮转速成正比，涡轮的转速通过磁电转换装置转换成对应频率的电脉冲信号，测取了涡轮转速就可计算出流体的流量体积。涡轮式流量计外观结构图和安装如图 36-26、图 36-27 所示。

图 36-26　涡轮式流量计外观结构图

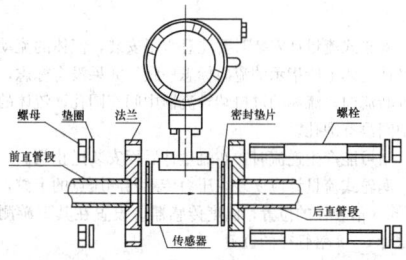

图 36-27　涡轮式流量计安装图

5. 流量计的安装的一般要求

（1）水流开关应垂直安装在水平管段上。水流开关上标识的箭头方向应与水流方向一致，水流叶片的长度应大于管径的 1/2。

（2）水流量传感器的安装应符合下列要求：

1）水管流量传感器的取样段小于管道口径的 1/2 时应安装在管道的侧面或底部。

2）水管流量传感器的安装位置距阀门、管道缩径、弯管距离

应不小于 10 倍的管道内径。

3）水管流量传感器应安装在测压点上游并距测压点 3.5～5.5 倍管内径的位置。

4）水管流量传感器应安装在温度传感器测温点的上游，距温度传感器 6～8 倍管径的位置。

5）流量传感器信号的传输线宜采用屏蔽和带有绝缘护套的线缆，线缆的屏蔽层宜在现场控制器侧一点接地。

这是流量计安装的一般要求，对于不同类型的流量计，还要考虑到其特有的特点，细节在下面细致的讲解。

6. 涡街流量计的安装要求

（1）涡街流量计产品的外观要求

涡街流量计外壳上应有铭牌，并标明公称直径（传感器口径）；准确度等级；平均仪表流量系数 K 及供电电源等内容。对防爆型传感器，还应有防爆合格证书编号。在流量计外壳的明显部位应有流体流向的永久性标示。

（2）涡街流量计安装

1）涡街流量计产品种类繁多，新产品也不断涌现，故其安装、调整及使用应按照产品说明书的要求来进行。

2）流量计可安装在水平管道或垂直管道上，但必须保证流体在管道内是满管流动，因此在流体为气体或蒸气时，流量计应安装在垂直管道上，使流体自下而上流过流量计，流体的流向应与流量计标示的流向一致。

3）在安装流量计时，流量计前后应有足够的直管段长度，以保证产生稳定涡街所必需的流动条件，流量计前后直管段必须满足表 36-8 的要求。

涡街流量计前后直管段长度表　　表 36-8

上游阻力件型式	上游直管长度	下游直管长度
安全阀门	15 倍流量计径长	5 倍流量计径长
直角弯头	20 倍流量计径长	5 倍流量计径长
同平面内，2 个直角弯头	25 倍流量计径长	5 倍流量计径长
不同平面内，2 个直角弯头	40 倍流量计径长	5 倍流量计径长

4）安装流量时，法兰之间的密封垫圈不得突入管内，以免破坏液体在管道内的流动状态，流量计必须与管道同轴，安装时严格进行法兰对中检查，对中误差应小于 $0.01DN$（DN 公称直径）。

5）流量计上游侧不得设置流量调节阀。

6）测量流体的温度传感器、压力传感器应安装在离涡街流量计出口端面 $5DN$ 以外。

7）流量计的安装地点应避免机械振动，尤其避免管道横向振动，在安装施工时，为防止管道振动，可在流量计下游 $2DN$ 处安装固定支撑点。

8）流量计安装地点应避免电磁场干扰，流量计与控制器之间的导线应为截面积 $0.5mm^2$ 的屏蔽导线，屏蔽导线应穿在金属管内，金属套管应接地。

9）为了便于流量计的维修，在拆下流量计后不影响对被测流体的正常输送，在安装传感器时，同时应安装旁路管，要求传感器的前后阀门和旁路管的截止阀门关闭后不得有泄露，以免产生附加测量误差或不便于维修。

（3）涡街流量计的现场调整

流量计的现场调整应与控制器（或二次仪表）配套进行，在仪表通电调试之前，应准备好调试仪器，如超低频示波器、数字频率计及数字万用表等，应打开旁路阀门，关闭流量计前后阀门，使流量计前后管道内充满静态介质。

调整可按下列步骤进行：

1）按通流量计工作电源，此时流量计内前置放大器应没有与脉冲信号输出，用示波器观察流量计的输出应为高电平或低电平不变，所接控制器（或二次仪表）流量值显示应为零，显示的累计流量应不变。

2）如果流量计有脉冲信号输出，流量值显示不为零，应进行零位调整。首先应检查是否由管道振动引起的误触发脉冲信号，如果有这种现象，应按安装要求（1）的方法消除管道的振动问题，

当管道无振动或振动消除后，流量计仍有脉冲输出，可适当调整前置放大器中的灵敏度调整电位器，直到调整到输出为零。

3) 流量计稳定性的检查与调整：打开流量计上下游阀门，关闭旁路阀门，使流体流动，观察输出是否稳定，此时流量计有输出，用示波器观察输出信号，应是连续或幅并接近等宽的脉冲波，用电流表检查中流输出端，电流表指针应无跳动。

4) 调整流量计上下游阀门开度，改变管道内流量，流量示值应有相应变化，流量计输出的脉冲仍是等幅连续的矩形波。

7. 电磁流量计安装

(1) 电磁流量计安装材料要求：电磁流量传感器的测量导管采用高电阻率的非磁性金属材料制成，因此在磁场中，磁通量不会被导管分流。为了适应对腐蚀性流体介质的测量，在测量导管内表面与被测介质接触的地方以及导管与电极之间都会有绝缘衬里，衬里材料通常采用橡胶、搪瓷或化学聚合物。

电磁流量传感器的电极也必须是非导磁的导电材料，通常采用的是不锈钢。由于电极需直接与被测流体接触，考虑到被测介质的强腐蚀性，电极材料可选用耐腐蚀的合金材料。

电磁流量传感器的外壳与连接法兰材料，中小口径的宜选用不锈钢，大口径的可选用玻璃纤维增强塑料。在腐蚀性场合应将外壳表面涂耐腐蚀性材料或选用耐腐蚀性新塑料。

(2) 电磁流量计安装位置与角度：是水平、垂直或倾斜可按实际情况选择。水平或倾斜安装时要使电极轴线平行于地平线，不要垂直于地平线位置。因为处于底部的电极易被沉积物覆盖，顶部电极易被液体中偶存气泡擦过遮住电极表面，使输出信号波动。

图 36-28 所示管系中，C、D 为适宜位置，A、B、E 为不宜位置，A 处易积聚气体，B 处可能液体不充满，E 处传感器后管段也有可能不充满。

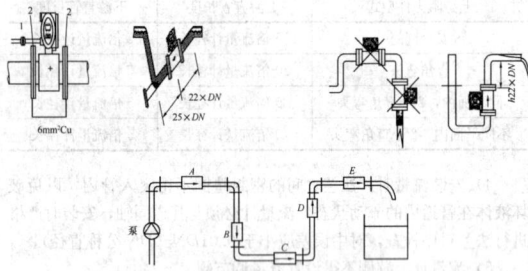

图 36-28 电磁流量计传感器安装图

(3) 前后置直管段要求：为获得标定时的测量精度，电磁流量计前也要有一定长度的前置直管段，但其长度与其他流量仪表相比要求较低。90°弯头、T 形管、圆锥角大于 15°的渐扩异径管、全开阀后只要求离电极中心线 5 倍直径长度的前置直管段，不同开度的各种阀则需按 10 倍直径。后置直管段长度为 4～5 倍管径，也有称无要求者，应防止蝶阀阀片伸入流量计测量管内。流量计前的渐缩异径管或四锥角小于 15°的渐扩异径管可视作直管。

(4) 负压管系的安装：塑料衬里的流量计须谨慎地应用于负压管系，正压管系应防止产生负压。例如液体温度高于室温的管系，关闭流量计上下游截止阀停止运行时，流体冷却收缩会形成负压，应在流量计附近装负压防止阀。有制造厂限定 PIEF 和 PFA 塑料衬里应用于低压管系的压力，在 20℃、100℃、130℃时使用的绝对压力必须分别大于 27kPa、40kPa、50kPa。

(5) 便于清洗的管道连接：流量计在检修和出现故障时，为便于工艺联系继续使用，应装旁路管，在需要清洗内壁附着物时，在不卸下流量计时就地清洗。

(6) 电磁流量计工作环境：电磁流量计工作环境温度的范围取决于本身结构，转换器分离的电磁流量计，典型工作环境温度范围为 -10～+50℃或 -25～+60℃；一体型仪表在介质温度高于 60℃时，则应在 -25～+40℃内。

(7) 电磁流量计的安装要求：

1) 电磁流量计的安装应避免有较强的直流磁场或有剧烈振动的位置。

2) 电磁流量计、被测介质及工艺管道二者之间应该连续成等电位，并应良好接地。

3) 电磁流量计应安装在流量调节阀的上游。

4) 在垂直管道安装时，流体流向自下而上，以保证管道内充满被测流体，不至于产生气泡，水平安装时必须使电极处在水平方向，以保证测量精度。

(8) 电磁流量计的使用要求：

1) 电磁流量计可广泛用来测量各种导电液体或浆液，特别适于测量各种腐蚀性液体介质的连续流量和脉动流量，也可用来测量各种污水，悬浮颗粒的液体或大口径流量。

2) 电磁流量计的内径与被测流体管道内完全相同，无阻力元件，不会对流体造成压力损失。

3) 电磁流量计的输出信号与被测流体速度成正比，与体积流量呈线性关系。量程变换容易，测量范围大，电磁流量计的口径从 6～3000mm，流速从 0.3m/s 到 10m/s。

4) 电磁流量计测量被测流体工作状态下的体积流量，测量不受流体的温度、压力、密度和黏度的影响。

5) 电磁流量计只能测量导电介质的液体流量，不能测量非导电介质的流量，应用中要注意此局限性。

6) 电磁流量计是通过测量导电液体的速度确定工作状态下的体积流量，但按照计量要求，对于液态介质应测量质量流量，测量质量流量涉及流体的密度，不同流体介质具有不同的密度，而且随温度变化而变化。电磁流量计的测量是在常温状态下的体积流量，应在计算机或控制器中增加运算功能，引入不同流体介质的密度参数并进行计算，得到质量流量。

7) 电磁流量计的安装与调试要求严格：传感器和转换器必须配套使用，在安装流量计时，从安装地点的选择到具体的安装高度，必须严格按产品说明书要求进行；安装地点不能有振动，不能有强电磁场。在安装时必须使流量计和管道有良好的接触及良好的接地，流量计的电位以被测流体电位为基础，要求被测流体电位稳定，使流量计与被测流体等电位，使用时，必须排尽测量管中存留的气体，否则会造成测量误差。

8) 电磁流量计用来测量带有污垢的黏性流体时，黏性物或沉淀物会附着在管内壁或电极上，使传感器输出电动势变化，带来测量误差，因此在使用中应注意对污垢物或沉淀物的定期冲洗，保持电极清洁，尽可能减少测量误差。

9) 电磁流量计传感器的测量信号为毫伏级电动势信号，除流量信号外，还夹杂着一些与流量无关的信号，如同相电压、正交电压及共模电压等。为了准确地测量流量，必须消除各种干扰信号，有效地放大流量信号，提高转换器的性能，最好采用带有微处理机的转换器，用它来控制励磁电压，按被测流体性质选择励磁方式和频率，排除同相干扰和正交干扰。

8. 涡轮式流量计的安装

(1) 涡轮式流量计应安装在便于调试和维修的位置。

(2) 涡轮式流量计的安装应尽量避开管道振动、强磁场和热辐射的地方。

(3) 涡轮式流量计安装时要注意水平安装，流体的流动方向必须与流量计壳体上所指示的流向标志一致。如果没有标志，可按下列所述判断流向，流体的进口端导流器中间有圆孔；流体的出口端导流器中间没有圆孔。

(4) 当可能产生逆流时，在流量计后面安装逆止阀。

(5) 涡轮式流量计应安装在压力传感器测压点的上游，距测压点 3.5～5.5 倍管径的位置，温度传感器应设置在其下游测，距涡轮式流量计 6～8 倍管径的位置。

(6) 涡轮式流量计应安装在有一定长度的直管段，以确保管道内流速平稳。涡轮式流量计的上游应留有 10 倍管径的直管，下游应留有 5 倍管径的直管。若流量计前后的管道中安装有阀门和管道缩径、弯管等影响流速平稳的设备，则直管段的长度还需相应增加。

(7) 涡轮式流量计信号的传输线宜采用屏蔽和绝缘保护层的电缆，并宜在控制器一侧接地。

(8) 为了避免流体中脏物堵塞涡轮叶片，应在流量计前的直管段（20DN）前部安装 20～60 目的过滤器，要求通径小的目数密，

通径大的目数稀。过滤器在使用一段时间后应根据现场具体情况，定期清洗过滤器。

（9）对于新安装的流体管路系统，管道中不可避免地会有杂质或铁锈，为防止杂质或铁锈进入流量计（或堵塞过滤器），在安装管道时，先将一节管道代替涡轮流量计，等运行一段时间确认管道中无杂质或铁锈的情况下，再装上涡轮流量计。

（10）涡轮流量计在使用时，被测介质温度不应超过120℃，周围环境空气相对湿度不得大于80%。

36.9.2.4　电量传感器

1. 电量传感器的原理及应用

（1）电量传感器

也称为"电量变送器"，常用的电量传感器有电压、电流、频率、有功功率、功率因数和有功电度传感器等。

（2）电量传感器原理

1）电压值或电流值测量：被测正弦交流电压、电流经互感器变换到一定的量程范围内，经整流将交流信号转换为直流电压值或直流电流值，由读取该电压或电流值即可计算出被测交流电压、电流的有效值。当交流电含有谐波时，该测量方法的测量精度会下降。

2）功率测量：交流电压和电流信号经模拟乘法器相乘后即得瞬时功率信号，再经低通滤波器得出平均功率值。电量传感器的原理图见图36-29，外观见图36-30。

（3）电量传感器的信号线

这是一个直流信号，它代表被测电量的大小，将此直流电压值测量出即可求出被测电量率的数值：

1）电压传感器通常用电压互感器采集信号，然后将单项或者三相交流电压变换为0～5V、0～10V或4～20mA模拟量输出，如图36-31所示。

2）电流传感器通常通过电流互感器采集信号，然后将单相或者三相的电流信号变换成为0～5V电压或0～20mA、4～20mA电流输出，如图36-32所示。

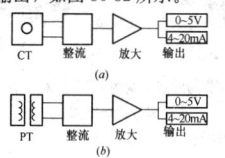

图 36-29　电量传感器原理图 　　图 36-30　电量传感器外观

（a）交流电流信号产品原理框图；

（b）交流电压信号产品原理框图

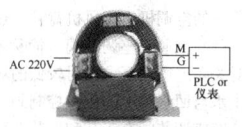

图 36-31　电压传感器图　　图 36-32　电流传感器

3）其他频率、功率因数、有功功率、无功功率等传感器均将相关参数变换成为0～5V电压或4～20mA电流输出。

2. 电量传感器的安装

（1）电量传感器通常安装在高低压开关柜内，或配置于独立的电量传感器柜内，然后将相应的检测设备的CT、PT输出端通过电缆接入电量传感器柜，并按设计和产品说明书提供的接线图接线，再将其对应的输出端接入DDC控制柜。

（2）传感器接线时，严防其电压输入端短路和电流输入端开路。

（3）必须注意传感器的输入、输出端的范围与设计和DDC控制柜所要求的信号相符。

36.9.2.5　风压差开关与水流开关

1. 风压差开关和水流开关的原理及应用

（1）风压差开关是用于感应空气质量、空气压力或空气压差，当空气流量变化时，压差开关能够检测压差的变化（动压或通过固

定节流圈的压降），主要用于检测空调机组过滤器的阻塞。

（2）水流开关用于测量流经管道内液体流量的通断状态。

（3）风压差开关和水流开关的输出均为开关量信号（外观见图36-33）。

WJ-A368

图 36-33　风压差开关和水流开关外观结构图

2. 风压差开关的安装

（1）风压差开关安装离地高度不应小于0.5m。

（2）风压差开关的安装应在风道保温层完成之后。

（3）风压差开关应安装在便于调试、维修的地方。

（4）风压差开关不应影响空调机本体的密封性。

（5）风压差开关的连接线应通过软管保护。风压差开关的安装示意见图36-34（a），压差开关应垂直安装，使用"L"形托架进行安装，管路敷设可选用20mm穿线管，并用金属软管与压差开关连接。

风压差开关和水流开关的输出均为开关量信号。

3. 水流开关的安装

（1）水流开关的安装，应在工艺管道预制、安装的同时进行。

（2）水流开关的开孔与焊接工作，必须在工艺管道的防腐、清扫和压力试验前进行。

（3）水流开关不宜安装在焊缝及其边缘上，避免安装在侧流孔、直角弯头或阀门附近。

（4）水流开关应安装在水平管段上，不应安装在垂直管段上。

（5）水流开关应安装在高度便于维修的地方。

（6）水流开关叶片长度应与水管管径相匹配。

水流开关安装时要将水流开关旋紧定位，使叶片与水流方向成直角，水流开关上标注方向与水流方向相同。水流开关安装示意如图36-34（b）所示。

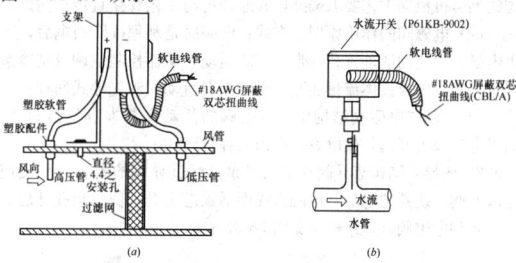

图 36-34　风压差开关和水流开关安装图

（a）风压差开关安装示意图；（b）水流开关安装示意图

36.9.2.6　空气质量传感器

1. 空气质量传感器的原理及应用

根据需要测量的气体的成分，空气质量传感器有多种针对类型，如测量一氧化碳，二氧化碳、可燃气体、酒精和毒物等。其测量部件是由对被测气体敏感的半导体材料制成，以电压变化值的形式给出测量到的变化，以0～5V信号输出。常用的有金属氧化物半导体式传感器、定电位电解式传感器、催化式传感器、离子化气体传感器等等。

空气质量变送器有壁挂、管道两种安装方式，其安装位置应选择能代表性的反映被检测空间的空气质量状况的地方。外观结构图和安装位置图见图36-35和图36-36。

2. 空气质量传感器的安装

（1）室内空气质量传感器的安装要求

1）探测气体比重轻的空气质量传感器应安装在房间的上部，安装高度不宜小于1.8m。

2）探测气体比重重的空气质量传感器应安装在房间的下部，安装高度不宜大于1.2m。

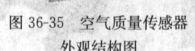
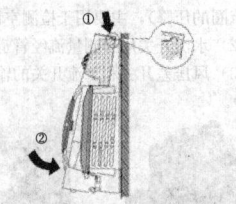

图 36-35　空气质量传感器　图 36-36　空气质量传感器安装图
　　　外观结构图　　　　　　①、②为外壳开启处

（2）风管式空气质量传感器的安装要求

1）风管式空气质量传感器应安装在风管管道的水平直管段。

2）探测气体比重轻时，空气质量传感器应安装在风管的上部。

3）探测气体比重重时，空气质量传感器应安装在风管的下部。

36.9.3　建筑设备监控系统主要输出装置及安装

建筑设备监控系统的中控系统接收由各种输入传感器送来的监测数据，根据系统预先设定的程序和调整策略，给出对于现场相应设备的动作控制指令信号，自动控制系统的终端控制器接收并控制执行部件执行这一指令。

自动控制系统的终端执行部件统称为执行器，系统的控制意图由安装在工作现场的执行器控制被控对象来贯彻。

监控系统中常用的是电动执行器，控制或调节的对象为装于风道、水管的阀门，可分为驱动与控制水管阀门的电磁阀，电动调节阀和驱动与控制风阀的风阀执行器。

由于长年与工作现场的介质直接接触，执行器选择不当或维护不善，会使整个控制系统工作不可靠，严重影响控制品质。

36.9.3.1　电磁阀

1. 电磁阀的原理及应用

（1）电磁阀是电动执行器中的一种，它利用电磁铁的吸合和释放对小口径阀门作通、断两种状态的控制。电磁阀无机械传动部件，故结构简单、可靠性高、可控范围大，便于维修和调试。电磁阀的型号可根据工艺要求选择，其通径可与工艺管路直径相同。

（2）电磁阀的作用原理、方式：电磁阀是利用线圈通电后，产生电磁引力拉动活动铁芯，带动阀芯运动，从而控制空调或制冷系统管路的气体或液体流量通断。电磁阀有直动式和先导式两种：

1）直动式电磁阀结构中，电磁阀的活动铁芯本身就是阀芯，通过电磁吸力开阀，失电后，由恢复弹簧闭阀。

2）先导式结构有导阀和主阀组成，通过导阀的先导作用促使主阀开阀，线圈通电后，电磁力吸引活铁芯上升，使排出孔开启。

各种电磁阀外观结构参见图 36-37 所示。

图 36-37　各种电磁阀外观结构图

2. 电磁阀的安装

（1）电磁阀上的箭头指向应与水流和气流的方向一致。

（2）空调机的电磁阀一般应装有旁通管路。

（3）电磁阀的口径与管道直径不一致时，应采用渐缩管件，同时电磁阀口径一般不应低于管口径两个等级。

（4）有阀位指示装置的电动阀，阀位指示装置应面向便于观察的位置。

（5）电磁阀安装前应按照使用说明书的规定检查线圈与阀体间的电阻。

（6）如条件许可，电磁阀在安装前宜进行模拟动作和试压试验。

（7）电磁阀一般安装在回水管路上。

36.9.3.2　电动调节阀

1. 电动调节阀的原理及应用

（1）电动调节阀以电动机为动力，将控制器输出信号转换为阀门的开启度，它是一种连续动作的执行器，电动调节阀通常有阀体和阀门执行器组成，比传统的气动调节阀具有明显的优点：节能、安装快捷方便。

（2）电动调节阀的作用方式

电动执行机构的输出方式有直行程、角行程和多转式三种类型，分别同直线移动的调节阀、旋转的蝶阀、多转的感应调节器等配合工作，在结构上电动执行机构可与调节组装成整体执行器外，还常单独分装以适应各种需要，使用比较灵活。由电动执行机构和调节阀连接组合后经过机械连接装配、调试、安装构成电动调节阀。

通过接收控制系统的信号（如：4～20mA）来驱动阀门改变阀芯和阀座之间的截面积大小控制管道介质的流量、温度、压力等工艺参数。实现自动化调节功能。直行程电动调节阀的结构，阀杆的上端与执行机构相连接，当阀杆带动阀芯在阀体内上下移动时，改变阀芯与阀座之间的流通面积，即改变阀的阻力系数，其流过阀的流量就相应地改变，从而达到调节流量的目的。

电动调节阀一般用于自动控制系统，电动机通过减速变换转角控制阀杆行程来改变阀门的开度。因此将阀杆行程再经位置信号转换器反馈到伺服放大器的输入端与给定输入信号相比较，以确定对电动机的控制。在实际应用中，为了使系统简单，常使用两位式放大器和交流感应电动机。电动机在运行中，多处于频繁启动和制动中，为使电动机不致过热，常使用专门的异步电动机，用增大转子电阻的办法，以减小启动电流，增加启动力矩。

(a)　　　　　　(b)　　　　　　(c)

图 36-38　各种电动调节阀外观结构图
(a) EV 系列电动调节阀；(b) 动态平衡电动调节阀；
(c) 电动蝶阀

2. 常见电动调节阀的种类

根据构造分为直通单座或双座调节阀、三通调节阀、蝶阀（翻板阀）等（外观图见图 36-38）。

（1）直通单座调节阀（简称两通阀）：适用于低压差的场合，如普通的空调机组、风机盘管、热交换器等的控制。

（2）直通双座调节阀（简称平衡阀）：适用于控制压差较大，但对关闭严密性要求相对较低的场所，比较典型的应用如空调冷冻水供水与回水管上的压差控制阀。

双座调节阀有正装和反装两种。正装时，阀芯向下位移，阀芯与阀座间的流通面积减少；反装时，阀芯向下位移，阀芯与阀座的流通面积增大。

双座阀体有上、下两个阀芯，流体作用在上、下阀体的推力的方向相反而大小接近相等，所以双座阀的不平衡力很小，允许压差较大，流通能力同口径的单座阀大。

（3）蝶阀：其特点是体积小、安装方便，并且开、关阀的允许压差较大，但是其调节特性和关阀密闭性都比较差，使其使用范围受到一定的限制。通常用于压差较大，对调节特性要求不高的场所。

3. 电动调节阀的安装

（1）电动阀在安装前应做的检查

1）电动阀的型号、材质必须符合设计要求，其阀体强度、阀芯泄漏经试验必须满足设计文件和产品说明书的有关规定。

2）应进行模拟动作和试压试验：电动阀门驱动器的行程、压力和最大关紧力（关阀的压力）必须满足设计和产品说明书的要求。

3）将电动执行器调节阀进行组装时，应保证执行器的行程和

阀的行程大小一致。

4）选择合适的安装位置。

（2）电动调节阀的安装要求

1）电动阀体上箭头的指向应与水流或气流方向一致。

2）电动阀应垂直安装于水平管道上，尤其是大口径电动阀不能有倾斜。

3）电动阀的口径与管道通径不一致时，应采用渐缩管件，同时电动阀口径一般不低于管道口径两个等级。

4）阀门执行机构应安装牢固，传动应灵活，无松动或卡涩现象。阀门应处于便于操作的位置。

5）有阀位指示装置的电动阀，阀位指示装置应面向便于观察的位置。

6）电动阀一般安装在回水管道上。

7）空调机的电动阀一般应装有旁通管路。

（3）电动调节阀安装后的工作

1）安装于室外的电动阀应适当加防晒、防雨措施。

2）当调节阀安装在管道较长的地方时，应安装支架和采取避震措施。

3）电动阀在管道冲洗前，应完全打开，以便于清除污物。

4）检查电动调节阀的输入电压、输出信号和接线方式，应符合产品说明书的要求。

36.9.3.3 电动风阀

1. 电动风阀的原理及应用

（1）电动风阀执行器作为气体介质调节流量或切断的装置，用来调节控制风阀动作，以调节风道的风量和风压，用于冷风或热风管道中（见图 36-39）。

图 36-39　各种电动风阀外观结构图

（2）电动风阀的作用原理、方式：

1）电动风阀是一种非密闭型蝶阀，由电动机带动驱动执行机构，使蝶板在 90°范围内自由转动以达到启闭或调节气体流量。其结构采用中线式蝶板，结构紧凑、便于安装、流阻小、流通量大。因内部没有连杆，故工作可靠、使用寿命长。

2）使用不同的材料可适用于介质温度≤300℃，公称压力为 0.1～0.6MPa 的管道上。

3）执行器可选带电讯号反馈指示、电磁阀、定位器等各类附件以实现自动化操作。

2. 风阀执行器的安装

（1）电动风阀安装前应做的检查

1）电动风阀的型号、材质必须符合设计要求，应按安装说明书的规定检查线圈和阀体间的电阻、供电电压，应符合设计和产品说明书的要求。

2）应进行模拟动作试验：风阀执行器的输出力矩必须与风阀所需要的力矩相配，并符合设计要求。

（2）电动风阀的安装要求

1）风阀执行器上的开闭箭头的指向应与风门方向一致。

2）风阀执行器与风阀轴的连接应固定牢固。

3）风阀的机械机构开闭应灵活，无松动或卡涩现象。

4）风阀执行器不能直接与风门挡板轴相连接时，则可通过附件与挡板轴相连，但其附件装置必须保证风阀执行器旋转角度的调整范围。

5）风阀执行器的开闭指示位应与风阀实际状况一致，风阀执行器宜面向便于观察的位置。

6）风阀执行器应与风阀口轴垂直安装，垂直角度不小于 8°。

（3）电动风阀安装后的工作

检查电动风阀的输入电压，输出信号和接线方式，应符合产品说明书的要求。

36.9.3.4 变频器

1. 变频器的原理及应用

（1）变频器（VFD）作用原理

变频器是利用电力半导体器件将工频电源变换为另一频率的电能的控制装置。在智能建筑中使用变频器，一是为延长设备使用寿命，二是节能（外观见图 36-40）。

图 36-40　各种变频器外观结构图

（2）变频器的应用方式

1）使电动机平滑启动：使用变频器改变频率的同时控制变频器输出电压，使异步电动机的磁通保持一定，可用小电流平滑启动电机（工频启动电流为额定电流 6～7 倍，变频启动仅为 1.25～2 倍）。变频启动减轻了对电网的冲击和对供电容量的要求，延长了电机设备和阀门的使用寿命，节省设备的维护费用。

2）功耗节能：主要表现在风机、水泵的应用上。当电机不能在满负荷下运行时，有效功率以外，多余的力矩增加了有功功率的消耗；而且，风机、泵类等设备传统的调速方法是通过调节出入口的挡板、阀门开度来调节给风量和给水量，大量的能源消耗在挡板、阀门的截流过程中。当使用变频调速时，如果流量要求减小，通过降低泵或风机的转速即可满足要求。

3）功率因数补偿节能：无功功率增加线损和设备的发热，更因功率因数的降低导致电网有功功率的降低，大量的无功电能消耗在线路当中，而变频器经内部滤波电容的作用，减少了无功损耗，增加了电网的有功功率。

2. 变频器的安装

（1）变频器的安装环境和使用条件

在建筑设备监控系统中对风机、水泵使用变频器控制时，电源侧和电动机侧电路中将同时产生高次谐波，对此高次谐波引起的电磁干扰，在变频器的安装上要作相应的考虑。

为了保证变频器稳定地工作，安装时对设置变频器场所的温度、湿度、灰尘和振动等环境条件也必须充分考虑，确保安装和使用环境能充分满足 IEC 标准和国标对变频器所规定环境的允许值。故对安装环境有如下要求：

1）安装变频器的房间应避免潮湿、水浸，并且维修检查方便。

2）无易燃易爆或腐蚀性气体、液体、粉尘。周围环境如有爆炸性或燃烧性气体存在，电路中产生火花的继电器和接触器，以及在高温下使用的电阻器等器件，可能引起火灾或爆炸。有腐蚀性气体时，金属部分产生腐蚀，不能长期保证变频器的性能，环境中粉尘和油雾多时，在变频器内附着、堆积，将导致绝缘能力降低，对于强迫冷却方式的变频器，由于过滤器堵塞将引起变频器内温度异常上升，导致变频器不能正常工作。

3）应备有通风口或换气装置，以及时排除变频器产生的热量。

4）变频器同易受高次谐波和无线电干扰影响的装置分开一定距离摆放。

5）变频器宜在电机附近就近安装。

6）环境温度：变频器运行的环境温度一般要求为 −10～+40℃，如散热条件好（如在配电柜加装排风扇或去掉外壳），则上限温度可提高到+50℃。

7）环境湿度：变频器环境相对湿度推荐为 40%～90%RH（无结露现象），周围环境湿度过高，有电气绝缘能力降低和金属部分的腐蚀问题，湿度显著降低则容易产生绝缘破坏。

8）振动：变频器安装环境的振动加速度一般限制在（0.3～0.5）g 以下，振动超过容许值而加在变频器上，将产生结构件紧固部分的松动，接线材料机械疲劳引起疲劳，以及继电器、接触器等的器件误动作，导致变频器不能正常工作。

9）高度：变频器工作环境的海拔高度规定在 1000m 以下，海拔高则气压下降，容易产生绝缘破坏，关于海拔高度在 1000m 以

上的变频器绝缘没有直接规定，一般认为在1500m耐压降低5%，3000m耐压降低20%。

（2）变频器的安装方法和要求

1）壁挂式安装：由于变频器本身具有较好的外壳，一般情况下允许直接靠墙壁安装，称为壁挂式安装。如图36-41所示。

为了保持通风的良好，变频器与周围阻挡物的距离应符合两侧≥100mm，上下方≥150mm，为了改善冷却效果，所有变频器都应垂直安装，为了防止异物掉在变频器的出风口而阻塞风道，最好在变频器出风口的上方加装保护网罩。

2）柜式安装：当周围的尘埃较多时，或和变频器配用的其他控制电器较多而需要与变频器安装在一起时，采用柜式安装。柜式安装时应注意设备发热和散热问题，变频器的最高允许温度为50℃。一般情况下应考虑设置换气扇，采用强迫换气。当一个控制柜内装有两台或两台以上变频器时，应尽量并排安装（横向排列），如必须采用纵向排列时，则应在两台变频器之间加装横隔板，以避免下面变频器出来的热风进入到上面的变频器内。如图36-41所示。

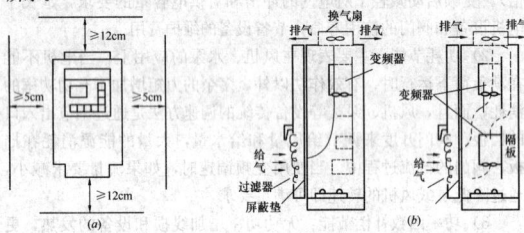

图36-41 变频器的安装图
（a）变频器壁挂式安装；（b）变频器电气柜安装

（3）变频器的接线

1）主（动力）电路的接线

①基本接线：主电路的基本接线如图36-42所示，图中Q是空气断路器，KM是接触器触点，FR是热继电器。R、S、T是变频器的输入端，U、V、W是变频器的输出端，与电动机相连。

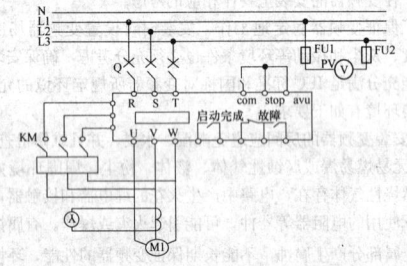

图36-42 变频器主电路的基本接线图

②输入端与输出端接错的严重后果：变频器的输入端与输出端是绝对不允许接错的，万一将电源进线错误地接到了U、V、W端则不管哪个逆变管导通，都将引起短路而将逆变管迅速烧坏。

③与工频电源的切换电路：一般地说负载是不允许停机的，在变频器发生故障时，必须迅速将电动机切换到工频电源上，使电动机不停止工作，如图36-43所示，各接触器的控制动作必须满足以上关系：

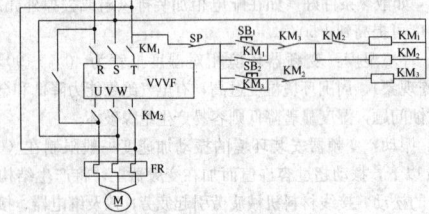

图36-43 变频器与工频电源的切换电路原理图

2）控制电路的接线

①模拟量信号控制线：输入侧的给定信号线和反馈信号线；输

出侧的频率信号线和电流信号线。

模拟量信号的抗干扰能力较弱，因此必须使用屏蔽线，屏蔽层的靠近变频器的一端，应接控制电路的公共端（COM），但不要接到变频器的地端（E）或大地，屏蔽层的另一端可悬空。

模拟量信号线布线时还应该遵守：尽量远离主电路100mm以上，尽量不和主电路交叉，必须交叉时，应采取垂直交叉的方式。

②开关量控制线：包括启动、点动、多档转速控制等的控制线，一般来说模拟量控制线的接线原则也都适应开关量控制线，但开关量的抗干扰能力较强，故在距离不很远时，可不使用屏蔽线，但同一信号的两根线必须互相绞在一起。

③大电感线圈的浪涌电压吸收电路：接触器、电磁继电器的线圈和其他各类电磁铁的绕组，都具有很大的电感，在接通或断开的瞬间，由于电流的突变，它们会产生很高的感应电动势，因而在电路内会形成峰值很高的浪涌电压，导致内部控制电路的误动作，所以在所有电感线圈的两端，必须接入吸收电路。在大多数情况下可采用阻容吸收电路；在直流电路中的电感线圈，也可以只用一个二极管。

（4）变频器的接地

所有变频器都专门有一个接地端子"E"，用户应将此端子与大地相接。

当多台变频器或变频器和其他设备一起接地时，每台设备都必须分别和地线相接，不容许将一台设备的接地端和另一台的接地端相接后再接地。接地图见图36-44。

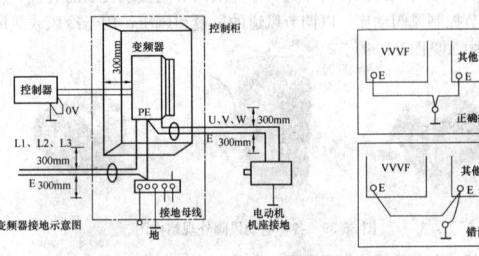

图36-44 变频器接地图

（5）变频器的干扰传播及措施

变频器的输入和输出电流中，含有高次谐波成分，它们可能形成对其他设备的干扰信号。干扰信号的传播方式主要有：辐射和静电感应。相应的抗干扰措施是：

1）对于通过感应方式（包括电磁感应和静电感应）传播的干扰信号，主要通过正确地布线和采取屏蔽线来削弱。

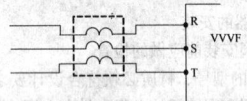

图36-45 线路抗干扰滤波器连接示意图

2）对于通过线路传播的干扰信号，主要通过增大线路在干扰频率下的阻抗来削弱，实际上是串入小电感，如图36-45所示。它在基频下的阻抗是微不足道的，但对于频率较高的谐波电流，会表现出很高的阻抗，起到有效的抑制作用。

3）对于通过辐射传播的干扰信号，主要通过吸收的方法来削弱，各变频器生产厂家都提供专用的抗干扰滤波器。

4）在变频器的输出侧，绝对不允许使用电容器来吸收高次谐波电流。这是因为在逆变器导通瞬间，会出现峰值很大的电流，使逆变器损坏。

36.9.4 中控设备、传输网络和现场控制设备

36.9.4.1 中央控制设备

在中央控制室以建筑设备监控系统服务器（工作站）及相关的传输网络、接口设备、打印机构成集中管理控制中心：

（1）中控设备：服务器、工业控制机、打印机、UPS电源、

系统模拟显示屏等。

　　(2) 传输网络：包括各类通信接口、网络控制器、网关、交换机、中继器等其他通信设备。

　　(3) 现场控制设备：由各类控制器（如DDC控制器）、输入输出控制模块、电源、接线端子排及控制箱柜等组成。

　　对于中控设备、传输网络在此不做介绍，相关资料很多。主要对现场DDC控制器进行一下介绍：

　　DDC控制器：现场控制器通常为DDC控制器。现场DDC控制器以及相应的传感器、执行器、调节阀等器件均是建筑设备监控系统的现场控制设备。它代替了传统控制组件，如温度开关、接收控制器或其他电子机械组件等，成为各种建筑环境控制的通用模式。DDC系统是利用微处理器来做执行各种逻辑控制功能，它主要采用电子驱动，但也可用传感器连接气动机构。DDC系统的最大特点就是从参数的采集、传输到控制等各个环节均采用数字控制功能来实现。同时一个数字控制器可实现多个常规仪表控制器的功能，可有多个不同对象的控制环路。

　　DDC控制器的工作原理：所有的控制逻辑均由微处理器，并以各控制器为基础完成，这些控制器接收传感器或其他仪器传送来的输入信号，并根据软件程序处理这些信号，再输出信号到外部设备，这些信号可用于启动或关闭机器，打开或关闭阀门或风门，或按程序执行复杂的动作。这些控制器可用于操作中央机器系统或终端系统。

　　DDC控制器是整个控制系统的核心。是系统实现控制功能的关键部件。它的工作过程是控制器通过模拟量输入通道（AI）和开关量输入通道（DI）采集实时数据，并将模拟信号转变成计算机可接收的数字信号（A/D转换），然后按照一定的控制规律进行运算，最后发出控制信号，并将数字量信号转变成模拟量信号（D/A转换），通过模拟量输出通道（AO）和开关量输出通道（DO）直接控制设备的运行。

　　DDC控制器的软件通常包括基础软件、自检软件和应用软件三大块。其中基础软件是作为固定程序固化在模块中的通用软件，通常由DDC生产厂家直接写在微处理芯片上，不需要也不可能由其他人员进行修改。各个厂家的基础软件基本上是没有多少差别的。设置自检软件和保证DDC控制器的正常运行，检测其运行故障，同时也可便于管理人员维修。应用软件是针对各个空调设备的控制内容而编写的，因此这部分软件可根据管理人员的需要进行一定程度的修改。它通常包括以下几个主要功能：

　　(1) 控制功能：提供模拟PD、PI、PID的控制特性，有的还具备自动适应控制的功能。

　　(2) 实时功能：即实时控制功能。指计算机能及时处理控制中的问题。

　　(3) 管理功能：可对各个空调设备的控制参数以及运行状态进行再设定，同时还具备显示和监测功能，另外与集中控制电脑可进行各种相关的通信。

　　(4) 报警与连锁功能：在接到报警信号后可根据已设置程序连锁有关设备的启停，同时向集中控制电脑发出警报。

　　(5) 能量管理控制：它包括运行控制（自动或编程设定空调设备在工作日和节假日的启停时间和运行台数）、能耗记录（记录瞬时和累积能耗以及空调设备的运行时间）、焓值控制（比较室内外空气焓值来控制新回风比和进行工况转换）。

　　评价一个DDC控制器的功能主要看其容量和配套的软件。

　　目前DDC控制系统常采用的网络结构有两种，即BUS总线结构和环流网络结构。其中BUS总线结构是所有DDC控制器均通过一条BUS总线与集中控制电脑相连，它的最大优点就是系统简单、通信速度较快，对一些中、小型工程较为适用，但在大型工程时就会导致布线复杂。为此目前有些公司又推出了支路BUS总线结构网络，它是通过一个通信处理设备（NCU）后产生支路BUS总线，这样各支路又可带数个现场DDC控制器，对一个大区域而言，只需几个NCU与系统BUS总线相连即可，这样可大大简化该系统。对于环流网络结构，它是利用两根总线形成一个环路，每一个环路可带数个DDC控制器，多个环路之间通过环路接口相连，因此这种系统最大优点就是扩充能力较强。

　　通信网络是用于完成集中控制电脑与现场DDC控制器以及现场设备之间的信息交换。其连接材料通常采用截面积为$1.0mm^2$的RVVP聚氯乙烯绝缘、聚氯乙烯护套、铜芯电缆或采用专用通信电缆。现场DDC控制器与现场设备（如传感器、阀门等）之间的控制电缆一般采用$1\sim1.5mm^2$聚氯乙烯绝缘、聚氯乙烯护套、铜芯电缆，是否需要采用屏蔽线应根据具体设备而定。

　　DDC终端系统：一个终端系统是机械系统中用于服务一单独区域的组成部分，例如：一个单独的风机盘管控制器、VAV控制器、热泵控制器等。DDC终端是DDC的应用系统。这是应用于商业建筑的控制技术的新发展，它可提供整个建筑暖通空调系统的运行情况。

　　介绍一个DDC终端系统：CP-IPC，具有24个监控点（4DO、6DI、6AO、8AI），还可以依靠一条RS-485总线去连接最多15台输入输出扩展模块CP-EXPIO（每个输入输出扩展模块有24个监控点，4DO、6DI、6AO、8AI），因此每个CP-IPC控制器的监控点最多能够扩展到128点。CP-IPC网络控制器向上连接到以太网，与中央站EBI-A和EBI-B通信，CP-IPC控制器之间也通过以太网通信。CP-IPC控制器向下还可以连接3条独立的BACnet MSTP现场总线，每条BACnet MSTP总线可以连接30台专用控制器CP-VAV，即每个CP-IPC网络控制器总计支持90台CP-VAV控制器（本系统每条BACnet MSTP总线连接20台CP-VAV专用控制器，总计支持60台CP-VAV控制器）。CP-IPC网络控制器外观见图36-46。

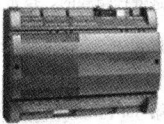

图 36-46　CP-IPC 网络控制器
（通用控制器）

36.9.4.2　中央控制设备安装

　　1. 安装前对环境、设备进行检查的要求

　　(1) 中央控制室设备应在控制室的主建和装饰工程完工后安装。

　　(2) 设备在安装前应作检查，检查内容参见36.1.3，并应符合下列要求。

　　1) 设备及各构件间应安装牢固、安装用的坚固件应有防锈处理。

　　2) 控制台前应有1.5m的操作距离，控制台及显示大屏幕离墙布置时，其后应有大于1m的检修距离，并注意避免阳光直射。

　　2. 中央控制室环境、保障条件的安装要求

　　(1) 当BAS中央控制室和其他系统控制室合用，控制台并列排放时，应在两端各留大于1m的通道。

　　(2) 中央控制室宜采用抗静电架空活动地板，技术要求参见本章36.16节"机房工程"。

　　(3) 有底座设备、较大型的设备安装的技术要求参见本章36.16节"机房工程"。

　　(4) 中央控制室专用配电箱（盘）安装要符合本章36.16节"机房工程"的要求。

　　3. 控制中心设备的安装要求

　　(1) 控制台安装位置应符合设计要求，安装应平稳牢固，便于操作维护。

　　(2) 控制台内机架、配线、接地应符合设计要求。

　　(3) 网络控制器宜安装在控制台内机架上，安装应牢固。

　　(4) 线缆应进行校线，并按图纸要求编号。

　　(5) 服务器、工作站、不间断电源、打印机等设备应按施工图纸要求进行排列，安装整齐、稳固，安装完成后要检查连接正确性，确认无误后再进行通电试验。

　　(6) 服务器、工作站、不间断电源、打印机及网络控制器等设备的电源电缆、通信电缆及控制线缆的连接应符合设计要求，并理线整齐、避免交叉，做好标识。

4. 控制中心软件的安装

软件安装应按照本章第36.7.3小节的要求来进行。

36.9.4.3 传输网络的安装

（1）设备在安装前应作检查，检查内容参见本章第36.1.3小节的要求。

（2）如果建筑设备监控系统使用的传输网络是计算机网络（IP网络），则传输网络的安装、检验等，应按照下列要求来进行：

1）应按照本章第36.2节"综合管线"的要求，来进行管线的施工、检验。

2）应按照本章第36.3节"综合布线"的要求，来进行网络线路的施工、检验。

3）网络设备的安装、调试、检验等，应按照本章第36.7节"信息网络系统"的要求进行。

（3）如果建筑设备监控系统使用的传输网络是楼宇自控设备的专用总线，则传输网络设备的安装、调试、检验等，应按照下列要求来进行：

1）应按照本章第36.2节"综合管线"的要求，来进行管线的施工、检验。

2）应按照本章第36.5节"卫星电视及有线电视系统"的要求，来进行传输线路的施工、检验。

3）传输接口设备的安装、调试、检验等，应按照该类设备的说明书的要求来进行。

36.9.4.4 现场控制器箱的安装

现场控制器箱，多是壁挂箱式的，也常是落地式机柜，以下将统称为"现场控制箱"。

现场控制箱的安装应符合下列要求：

1. 现场控制箱在安装前的检查内容

检查内容参见本章第36.1.3小节的要求。

2. 现场控制箱安装的环境、条件要求

（1）现场控制箱的安装位置宜接近被控设备电控箱。

（2）现场控制箱应安装牢靠，不应倾斜；安装在轻质墙上时，应采取加固措施。

（3）现场控制箱的高度不大于1m时，宜采用壁挂安装，底边距地面的高度不应小于1.4m。

（4）现场控制箱的高度大于1m时，宜采用落地式安装，并应制作底座。

（5）现场控制箱侧面与墙或其他设备的净距离不应小于0.8m，正面操作距离不应小于1m。

（6）现场控制箱的安装位置要远离输水、蒸汽管道，以免管道、阀门跑水，使控制柜受损；在潮湿、有蒸汽的场所，应采取防潮、防结露水的措施。

（7）现场控制箱要离电机、大电流缆线1.5m以上，以避免电磁干扰，在无法满足要求时，必须采取可靠的屏蔽和接地措施。

3. 现场控制箱的安装要求

（1）现场控制箱的安装位置准确、部件齐全，箱体开孔与导管管径适配。

（2）现场控制器箱接线应按照接线图和设备说明书进行，配线应整齐、不宜交叉，并固定牢靠，端子均应标明回路编号。

（3）现场控制箱内各回路编号必须齐全、标识正确，编号应清晰、工整、不易脱色，编号应与线号表一致。

（4）现场控制器箱体内门板内侧应贴箱内设备的接线图。

（5）现场控制箱的金属框架及基础型钢（落地柜式安装）必须接地（PE）或接零（PEN）可靠，装有电器的可开启门，门和框架的接地端子间应用裸编织铜软线连接，并有标识。

（6）现场控制箱与基础型钢使用镀锌螺栓连接，防松零件齐全。

（7）端子排安装可靠，端子有序号，强电、弱电端子隔离布置，端子规格与芯线截面积匹配。

（8）现场控制器安装后应做好保成工作，在调试前应妥善保管并采取防尘、防潮和防腐蚀措施。

36.9.5 空调与通风系统

空调与通风系统主要由新风机组、空调设备、各种电机、电动控制阀门等组成。自动控制的主要目的是设定出风温度、湿度，满足室内起居的要求，同时有系统节能的控制方法。

36.9.5.1 空调与通风系统的监测与控制内容

空调与通风系统有以下检测与控制内容：

（1）新风系统监测：对送回风温度、送回风湿度、电机、开关、控制阀以及各种工作状态与连锁状态。

（2）新风机组控制：送风温度与送风量控制、送风相对湿度控制、防冻控制以及各种连锁控制。

（3）空调系统监测：对送回风温度、送回风湿度、各个电机、开关、控制阀、变频器以及各种工作状态与连锁状态。

（4）空调系统控制：制冷系统控制，通风系统控制，电控系统以及各种连锁控制。

（5）送排风监控系统：送排风的状态。

当然，这些内容都在中央总控的监控、管理下工作。

36.9.5.2 空调与通风系统的控制

1. 新风机组的控制

（1）控制目标

设定出风温度、湿度，满足室内工作、居住的要求。不同的季节、天气，送风温度应有不同的控制值。

（2）系统监测、控制的控制点

1）监测风机手/自动转换状态，确认新风机组是否处于建筑设备监控系统控制之下，同时可减少故障报警的误报率；

2）监测风机出口空气温、湿度参数，以了解机组是否将新风处理到要求的状态；

3）监测热继电器状态，当风机供电主回路出现过流、过载等情况下进行报警；

4）监测初效过滤器淤塞报警状态，当堵塞严重时提示操作人员进行适时的维修，可极大地节省日常维护时间及人力；

5）测量盘管温度，当温度低于设定值（可调整）时触发报警并联动一系列的防冻保护动作，如关闭新风阀和打开水阀等；

6）送风温度监测（含防冻监测）；送风湿度监测；

7）当机组处于建筑设备监控系统控制时，检查新风阀况，以确定其是否打开或关闭，并实现对风机的启停控制，同时监测风机运行状态，确认风机是否正常开启；

8）通过测定送风温度与设定点间的差值，实时计算并确定送风温度的设定点，以满足空调空间负荷需求；

9）通过电动二通调节阀（控制冷热水调节阀）的自动调整，实现对送风温度设定点的控制，以使送风温度达到设定值，并保证新风机组供冷/热量与所需冷/热负荷相当，减少能源浪费；

10）通过测定送风湿度与设定点间的差值，控制新风机组加湿阀的开闭（使送风相对湿度达到设定值）；

11）通过对测量所得新/回风温湿度计算确定室内、外空气焓值；

12）风机与消防联动控制。

2. 空调与通风系统的控制

（1）控制目标调节房间的温、湿度，并且既要房间的温湿度处于舒适范围，又要有系统节能的控制方法。

（2）定风量空调系统的监测与控制要点

定风量空调系统的特点是改变送风量的温度、湿度为满足室内冷（热）负荷的变化，维持室温不变。在该系统中，空调机接通电源后以恒转速运行，风量是恒定不变的。

1）监测风机手/自动转换状态，确认空调机组风机现是否处于建筑设备监控系统控制之下，同时可减少故障报警的误报率；

2）当机组处于建筑设备监控系统控制时，可实现对风机的启停控制，同时监测风机运行状态，确认风机是否正常开启；

3）监测热继电器状态，当风机供电主回路出现过流、过载等情况下进行报警，提示操作人员并自动停止风机；

4）监测初效过滤器淤塞报警状态，当堵塞严重的情况下可提示操作人员进行适时的维修，可极大地节省日常维护时间及人力；

5）测量盘管温度，当温度低于设定值（可调整）时触发报警并联动一系列的防冻保护动作，如关闭新风阀和打开水阀等；

6）空调机新风温、湿度监测；空调机回风温、湿度监测；

7) 送机出口风温、湿度监测;

8) 防冻报警;送风机、回风机状态显示及故障报警;电动调节水阀、加湿阀开度显示;

9) 通过测定回风温度与设定点间的差值,实时计算并确定送风温度的设定点,以满足空调空间负荷需求;

10) 通过对安装于水盘管回水侧电动二通调节阀的自动调整,实现对送风温度设定点(可调整)的控制,保证空调机组供冷/热量与所需冷/热负荷相当,减少能源浪费;

11) 通过测定回风湿度与设定点间的差值,控制空调机组加湿阀的开闭;

12) 通过对测量所得新/回风温湿度计算确定室内/外空气焓值;

13) 控制新风阀的开度,与新风阀连锁控制回风阀及排风风阀的开度。通过以上对风阀开度的控制,在过渡季节尽可能多的利用新风焓值,空调季节在保证满足空调空间新风量需求的前提下,最大限度的利用室内焓值,以达到充分节能的目的;

14) 风机与消防联动控制:火灾时,由系统实施停机指令,统一停机;

15) 空调机组启动顺序控制:送风机启动→新风阀开启→回风机启动→排风阀开启→调节水阀开启→加湿阀开启;

16) 空调机组停机顺序控制:送风机停机→关加湿阀→关调节水阀→停回风机→新风阀、排风阀全关→回风阀全开。

(3) 变风量空调系统的监测和控制

1) 监测变频风机手/自动转换状态,确认空调机组风机现是否处于建筑设备监控系统控制之下,同时可减少故障报警的误报率;

2) 当机组处于建筑设备监控系统控制时,可实现对风机的变频控制,同时监测风机运行状态和频率反馈,确认风机是否正常开启;

3) 变频风机频率的监测;

4) 变频风机故障的监测;

5) 监测热继电器状态,当风机供电主回路出现过流、过载时,报警并自动停止风机;

6) 监测初效及中效过滤器淤塞报警状态,当堵塞严重的情况下可提示操作人员进行适时的维修,可极大地节省日常维护时间及人力;

7) 监测风道静压,静压参数可以反映空调系统末端负荷的大小,根据负荷的变化调节空调机组风机的频率;

8) 测量盘管温度,当温度低于设定值(可调整)时触发报警并联动一系列的防冻保护动作,如关闭新风阀和打开水阀等;

9) 送风压力监测;

10) 回风温、湿度监测;送风温、湿度监测;

11) 通过测定回风温度与设定点间的差值,实时计算并确定送风温度的设定点,以满足空调空间负荷需求;

12) 通过对安装于水盘管回水侧电动二通调节阀的自动调整,实现对送风温度设定点(可调整)的控制,保证空调机组供冷/热量与所需冷/热负荷相当,减少能源浪费;

13) 通过测定回风湿度与设定点间的差值,控制空调机组加湿阀的开闭;

14) 通过对测量所得新/回风温湿度计算确定室内/外空气焓值;

15) 通过测量新风管路的压力,综合新/送/回风温度,计算变频风机频率的调整;

16) 控制新风阀的开度,与新风风阀连锁控制回风风阀及排风风阀的开度。通过以上对风阀开度的控制,在过渡季节尽可能多的利用新风值,空调季节在保证满足空调空间新风量需求的前提下,最大限度的利用室内焓值,以达到充分节能的目的;

17) 变风量空调系统的送风量是由空调室内负荷决定的,当室内负荷的减少时,送风量和新风量同时减少。为了保证房间最小新风量,采用对变风量末端风阀设置最小开度;

18) 实现系统总新风量的控制,同时系统根据新风焓值控制新风阀开度,当室外新风的焓值,不适宜作为冷源时,新风阀回到最小开度。只要当室外新风的焓值低于室内值时,变风量系统就可以

在经济循环模式下运行。即采用100%室外新风,充分利用室外新风作为冷源;

19) 连锁控制:

①变风量空调系统的设备启、停顺序控制与定风量空调系统相同;

②新风阀、排风阀与风机连锁,风机开阀开,风机关阀关,以防冬季冷空气冻坏热交换器盘管和停机时空气粉尘进入风道;

③当新风管道设有一次加热器时,风机停机连锁切断加热器电源;

④风机停机时切断加湿器电源;

⑤风机与消防联动控制:火灾时关停空调机电源。

3. 送排风监控系统

(1) 本系统通风设备包括:排风机、送风机。

(2) 监测、控制内容:

1) 风机的启停控制,运行状态及故障报警监测;

2) 风机手动/自动状态与风机启停控制;

3) 按时间程序控制风机的启停;

4) 系统正常运行所必需的其他监测和控制。

4. 中央管理站对系统实现的集中管理功能

(1) 中央管理站监测、显示、控制系统各环节的运行状态,设置相关参数的设定值。

(2) 提供系统运行统计报告,生成日、月报表、历史记录曲线,以供维护管理参考。

(3) 定时将统计资料传至中央数据库,以便其他职能部门共享。

36.9.6 冷冻与冷却水系统

冷冻和冷却水系统的被控设备主要由冷水机组、冷却水泵、冷冻水泵、补水泵、软水箱、电动阀门和冷却塔组成,自动控制的主要目的是协调设备之间的连锁控制关系进行自动启/停,同时根据供回水温度、流量压力等参数计算系统冷量,控制机组运行以达到节能目的,实现控制中心的远程监控和管理。

36.9.6.1 冷冻与冷却水系统的控制内容

1. 一次泵冷冻水系统

(1) 设备连锁:在启动或停止过程中,各关联设备必须按序启停,连锁启动程序为:水泵—电动阀门—冷水机组;停机时连锁程序相反。

(2) 压差控制:必须对末端采用二通阀的空调水系统中,冷冻水供、回水总管之间的由旁通电动二通阀及压差传感器组成压差控制装置进行控制。

(3) 设备运行控制:为各设备的保养需要,系统须有自动记录设备运行时间的功能。

(4) 回水温度监测与控制:一般采用自动监测、人工干预起停的方式,以便防止冷水机组启停过于频繁。

(5) 冷量控制:冷量控制是根据温度传感器和流量传感器测量供、回水温度 (T_1, T_2) 及冷冻水流 (W),计算需冷量 $Q=W(T_2-T_1)$,由此可决定水机组的运行台数。

2. 二次泵冷冻水系统

(1) 二次泵系统中,冷水机组、初级冷冻水泵、冷却泵、冷却塔及有关电动阀门的电气连锁启停程序与一次泵系统相同。

(2) 冷水机组台数控制:二次泵系统冷水机组台数控制是采用冷量控制的方式。

(3) 次级泵控制:次级泵控制方式分为台数控制、变速控制和联合控制三种。

1) 台数控制:次级泵全部为定速泵,对压差进行监测,由压差决定开启台数,需设有压差旁通电动阀。

2) 变速控制:控制参数既可是次级泵出口压力,又可是供、回水管的压差。通过测量被控参数并与给定值比较,改变变频器输出频率,控制水泵转速。

3) 联合控制:这时系统是采用一台变速泵与多台定速泵组合,其被控参数既可是压差,也可是压力。

36.9.6.2 冷冻与冷却水系统的监控

冷冻和冷却水系统的监测、控制包括冷冻机及各辅助系统的监测与控制。

(1) 冷水机组的监控：机组运行状态、故障报警、手/自动状态、启停控制、冷冻水供水水流开关状态、冷冻水供水蝶阀开关状态、冷冻水供水蝶阀控制、冷却水供水水流开关状态、冷却水供水蝶阀开关状态、冷却水供水蝶阀控制。

(2) 冷冻水泵的监控：变频器电源状态、变频器频率检测、变频器故障报警、变频器电源控制、变频器控制、运行状态、故障报警、手/自动状态、启停控制、冷冻水回水蝶阀控制、冷冻水回水蝶阀开关状态、冷冻水供回水总管温度、冷冻水供回水总管压力、冷冻水回水总管流量、冷冻水供回水总管压差、压差旁通阀开度、压差旁通阀调节。

(3) 冷却水泵的监控：运行状态、故障报警、手/自动状态、启停控制、冷却水回水蝶阀控制、冷却水回水蝶阀开关状态、冷却水供回水总管温度、冷却水供回水总管压力、冷却水回水总管流量、冷却水供回水总管压差、冷却水温控旁通阀开度、冷却水温控旁通阀调节、机组蒸发器冷媒压力、机组蒸发器冷媒温度、机组蒸发器趋近温度、机组冷凝器冷媒压力、机组冷凝器冷媒温度、机组冷凝器趋近温度、油压差、油温、电动机运行电流百分比、压缩机排气温度、压缩机冷媒压力、压缩机三相运行电流、压缩机三相电压、机组运行电流限定、机组出水温度限定。

(4) 冷冻水补水装置的监控：电源运行状态、电源故障报警、水箱液位。

(5) 机房空调水补水装置的监控：电源运行状态、电源故障报警。

(6) 真空抽气机的监控：运行状态、故障报警、手自动状态、启停控制、电动阀开度、电动阀调节。

(7) 板翅式换热器的监控：冷冻水供水蝶阀控制、冷冻水供水蝶阀开关状态、冷冻水供水温度、冷却水供水三通阀调节、冷却水供水三通阀开度、冷却水供水温度、冷却水供水蝶阀控制、冷却水供水蝶阀开关状态。

(8) 冷却塔的监控：监测冷却塔风机启停控制、运行状态、故障报警、手自动状态、供水回水蝶阀状态、供水回水蝶阀控制、水流开关状态、室外温湿度；冷却塔的控制是利用冷却水回水温度来控制相应的冷却塔风机（风机作台数控制或变速控制），与冷水机组运行状态无关。

36.9.7 热源与热交换系统

36.9.7.1 热源与热交换系统的监控对象

热源与热交换系统的监测控制对象分为燃烧系统（热水锅炉）和水流系统两部分，控制系统根据供热状况确定锅炉、循环泵的开启台数，设定供水温度及循环水流量。

热水锅炉采用计算机进行监控的主要目的：监测各运行参数，对燃烧过程和热水循环过程进行调控，提高锅炉效率，减少能耗和污染，提高系统的安全性。并记录运行状态，提高管理水平，保证系统良好运行。

链条式热水锅炉，燃烧过程控制主要是根据对产热量的要求控制链条速度及进煤挡板高度，根据炉膛内燃烧状况、排烟的含氧量及炉膛内的负压度控制鼓风机、引风机的风量，从而既根据供暖的要求产生热量，又获得较高的燃烧效率。

36.9.7.2 热源与热交换系统的控制

1. 供暖热水锅炉的监控与控制

(1) 燃烧系统的监测参数

1) 监测排烟温度：采用热电偶，以电流信号表达量值；

2) 监测排烟含氧：采用氧化锆传感器，以电流信号表达量值；

3) 监测送风温度：采用铜电阻或热电偶传感器测量，对炉膛出口、受热面进出口、空气预热出口等烟气温度和热风温度进行测量，以电流信号表达量值；

4) 监测燃烧风压：采用微压差传感器，对炉膛、受热面进出口、空气预热器出口、除尘器出口烟气压力、风压、空气预热器前后压差进行测量，以电流信号表达量值；

(2) 燃烧系统的控制参数

1) 控制炉排速度：采用可控硅调压，改变直流电机转速；

2) 控制挡煤板高度：采用电动控制转向，升高或降低挡板高度，控制进煤量；

3) 控制鼓风机风量：采用变频器调整风机转速或调整鼓风机和风门通量；

4) 控制引风相风量：采用变频器调整风机转速或调整引风机和风门通量。

通过燃烧系统的控制参数的控制达到：正常的燃烧过程调节、启停过程控制、事故保护三部分的作用。

2. 电锅炉的监控与控制

(1) 电锅炉运行的监测参数

1) 监测锅炉出口热水温度、压力、流量：采用温度传感器、压力传感器和流量传感器，以电流信号表达量值；

2) 监测锅炉回水干管温度、压力：采用温度传感器、压力传感器，以电流信号表达量值；

3) 监测锅炉用电量计量：利用电源、电压传感器计量锅炉用电量；

4) 监测电锅炉、给水泵的工作状态、显示及故障报警；

5) 利用供、回水温差和热水流量测量值，计算锅炉供热量，用以考核锅炉的热效率；

6) 锅炉热量计算：监测电锅炉、给水泵的状态显示及故障报警。

(2) 电锅炉运行控制参数

1) 回水压力以及回水压力上下限设定值：依据压力传感器测量的锅炉回水压力以及回水压力上下限设定值，对锅炉补水泵进行自动控制：指令 DDC 现场控制器启动或停止补水泵给水，当工作泵出现故障，自动启用备用泵。

2) 锅炉供水系统的节能控制：锅炉供暖时，根据分水器、集水器的供、回水温度及回水干管的流量测量值，计算所需热负荷，按实际热负荷自动启停电锅炉及给水泵的台数。

3) 锅炉的连锁控制：启动顺序控制：给水泵→电锅炉；停机顺序控制：电锅炉→给水泵。

3. 热交换站的监控与控制

(1) 热交换站运行参数的监测

1) 一次网供水温度、一次网回水温度：供、回水温差间接反映了二次侧热负荷的需求情况，温差大则负荷大，温差小则负荷小；

2) 热交换器一次水出口温度；

3) 分水器供水温度；

4) 集水器回水温度：分水器供水温度与集水器回水温度之差直接反映了二次侧热负荷的需求的情况；

5) 二次网回水流量、二次网供、回水压差；

6) 膨胀水箱液位：利用液位开关，测量膨胀水箱低位液位，用以控制补水泵；

7) 电动调节阀的阀位显示；

8) 二次水循环泵及补水泵运行状态显示及故障报警。

(2) 热交换站运行参数的自动控制

1) 热交换站一次网回水调节：根据热交换站二次网供水温度测量值与给定值的比较，调节一次网回水调节阀，使二次网供水温度保持在设计要求范围内。

2) 二次网供、回水压差控制：压差超过限定值时，根据压差传感器测量值，调节二次网分水器与集水器之间连通管上的电动调节阀，部分水经旁通阀回集水器，减少系统的压差，使得压差恢复到设定值以下。

3) 二次网补水泵的控制：利用液位开关测量膨胀水箱水位，当水位降到下限值时，低液位开关接点闭合，启动补水泵；当水箱水位回升到上限值时，高液位开关接点闭合，停止补水泵。

4) 热交站节能控制：利用二次侧供、回水温度和回水流量测量值，实时计算二次侧热负荷，根据热负荷自动起、停热交换器及二次水循环泵的台数。

36.9.8　给 水 排 水 系 统

36.9.8.1　给水排水系统的监测与控制对象

给水排水系统的控制是对各给水排水泵、中水泵、污水泵及饮用水泵运行状态的监视，对各种水箱、集水坑（池）的水位监视，给水系统压力监视以及根据据这些水位及压力状态，启停相应的水泵，自动切换备用水泵。根据监视和设备的启停状态非正常情况进行故障报警，并实现给水排水系统的节能控制运行。

36.9.8.2　给水排水系统的控制内容

1. 给水排水系统监测、控制的控制点

(1) 生活水泵手/自动状态启停；

(2) 生活水泵的运行状态、故障报警监测，并累计设备运行时间；

(3) 按照溢流水位、最低水位、停泵水位和启泵水位启停生活水泵；

(4) 中水变频泵组运行状态、故障报警监测；

(5) 集水坑溢流报警液位监测；

(6) 污水泵手/自动启停；

(7) 污水泵运行状态、故障报警监测。

2. 中央管理站对系统的集中管理功能

(1) 中央管理站监测、显示、控制系统各环节的运行状态，设置相关参数的设定值。

(2) 提供系统运行统计报告，生成日、月报表、历史记录曲线，以供维护管理参考。

(3) 定时将统计资料传至中央数据库，以便其他职能部门共享。

36.9.9　变 配 电 系 统

36.9.9.1　变配电系统的监测对象

对变配电系统的监督控制的关键是保证建筑物安全可靠的供电，为此最基本的是对各级开关设备的状态监测，主要回路的电流、电压及功率因数的监测。由于电力系统的状态变化和事故都是在瞬间发生，因此在监测时要求采样间隔非常小，并且应能自动连续记录各开关状态和各测量参数的连续变化过程，这样才能预测并防止事故的发生，或在事故发生后及时判断故障情况。

36.9.9.2　变配电系统的监测与控制内容

1. 变配电系统的监测与控制

(1) 三相电量监测参数为：相电压，线电压，三相电流，频率，有功功率，无功功率，视在功率，功率因数，有功电度，无功电度等。当三相电断电或任一参数超出设定的高（低）限值时，系统通过报警画面、多媒体语音、电话、短信等方式报警，并为正常运行时计量管理、事故发生时故障原因分析提供数据。

图 36-47　变配电检测系统的监测与控制示意图

(2) 电气设备运行状态监测：包括高低压进线断路器、主线联络断路器等各种类型开关的当前合分、分状态；提供电气主接线图开关状态画面；发现故障自动报警，并显示故障位置。变配电检测系统的监测与控制示意图见图 36-47。监测与控制逻辑图见图 36-48。

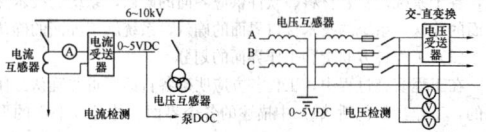

图 36-48　变配电检测系统的监测与控制逻辑图

(3) 对所有用电设备的用电量进行统计及电费计算与管理；绘制用电负荷曲线。

(4) 监测变压器温度。

(5) 应急柴油发电机组监测内容应包括电压、电流等参数、机组运行状态、故障报警和油箱液位等。

(6) 对蓄电池组的监测包括电后监视，过流过压保护及报警。

(7) 低压线路（220V）的电压及电流监测：测量方法与高压线路基本相同，区别是电压及电流互感器的电压等级不同。

(8) 支路电流监测：信息设备正常运行时，其电流值应相对稳定且在额定电流范围内。如出现电流值过大或突变，则电源或设备可能出现异常，故对重要的支路电源电流进行监测。

(9) 开关通断状态监测：系统界面上可观地看到开关通/断状态，当状态发生变化时，系统按设定方式报警。

2. 电源防雷器监测

机房电源进线要求按国家标准采取防雷措施，安装电源防雷器可防雷击对电源造成破坏。防雷器损坏失效或发生其他故障，机房设备就会处于假保护状态，此时一旦发生雷击必然损失严重，对机房电源防雷器工作状况的监测就很重要。对防雷器的监测，要求防雷器有开关量输出（通信触点），通过开关量模块采集防雷器的输出信号，一旦防雷器处于非正常工作状态，系统会弹出报警画面，通过多媒体语音、电话、短信等方式报警。

36.9.10　公 共 照 明 系 统

36.9.10.1　公共照明系统的监控对象

智能照明控制系统的基本概念：

(1) 对象：公共照明控制系统对建筑物的照明系统进行集中控制和管理，按需供电，节约能源。

(2) 目的：照明控制系统智能化主要有两个目的：一是可以提高照明系统的控制和管理水平，减少照明系统的维护成本；二是可以节约能源，减少照明系统的运营成本。

(3) 技术：计算机控制技术、新型通信技术的发展，产生新的照明控制技术，可以迅速完成开关控制不能做到的、复杂而丰富多彩的照明需求。

(4) 效果：配置智能化控制，照明系统大约可节电30%。

(5) 智能照明控制系统：根据环境变化、预设程序、用户需求等条件，采集照明系统中的状态信息，并对这些内容进行相应的分析、判断，然后、存储、显示分析结果，并将此结果形成控制指令，控制照明设备启停，以达到预期的控制效果。

(6) 智能照明控制系统有以下特点：系统集成性，智能化，网络化，使用方便。

智能化照明控制系统控制逻辑图见图 36-49。

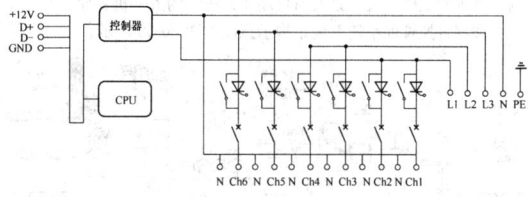

图 36-49　智能化照明控制系统控制逻辑图

36.9.10.2　公共照明系统的控制

1. 照明控制系统的基本类型

(1) 点（灯）控制型：直接对某盏灯进行控制，这种方式很简单，是照明控制系统的基本形式。

(2) 区域控制型：是在某个区域范围内完成照明控制的照明控制系统。由于照明控制系统在设计时基本上是按回路容量进行的，即按照每回路进行分别控制的，所以又叫做路（线）型照明控制系统。该类型控制系统由控制主机、控制信号输入单元、控制信号输出单元和通信控制单元等组成。主要用于道路、公共活动场所、大型建筑物等应用场合。

(3) 网络控制型：是把各区组的照明设备联网，由控制中心通过计算机控制系统进行统一控制的照明控制系统，网络控制型照明系统一般由以下几部分组成：

1) 控制系统中心：由服务器、网络交换设备、接口等硬件和由数据库、控制系统等软件两大部分组成照明控制中心。

2) 控制信号传输系统：完成照明网络控制系统中有关控制信

3）区域照明控制：是整个联网控制系统的一个子系统，它既可以作为一个独立的控制系统使用，也可以作为联网控制系统的终端设备使用。

4）灯控设备：通过整个照明控制系统要完成对每盏灯（每一线）的控制。

（4）节能控制型：

1）照明灯具的节能；

2）照明控制节能——按需供电；

3）营造良好的照明环境；

4）节约能源：照明在整个建筑能耗中所占的比例日益增加。据统计，在楼宇能量消耗中，仅照明就占33％（空调占50％，其他占17％），照明节能日显重要。

2. 公共照明系统的控制

（1）划分照明区、组：将建筑物内外照明设备按位置、按需要分成若干区、组；每个区组接通一路控制开关。

（2）设定启停时间表：在管理系统（软件）为每一个区、组设定启停时间。

（3）设定启停策略表：在管理系统（软件）为每一个区、组设定程序（自动）管理的条件，指令每一个区组定启停控制的条件。

（4）各控制开关——由公共照明控制系统（工作站上运行相应的控制管理软件系统），根据如下方式进行控制：

1）依照启停时间表，对各区组分别进行控制；

2）依照启停策略表，对各区组分别进行控制；

3）通过在计算机上设定启动时间表，以时间区域程序来设定开/关，也可以通过采用门锁、探测进行照明控制，即"按需分组、分区，按需照明、断电"，以达到节能效果。

4）当有突发事件发生时，照明设备组应作出相应的联动配合，如火警时，联动照明系统关闭，打开应急灯；当有保安报警时，相应区域的照明灯开启。

36.9.11 建筑设备智能管理系统

36.9.11.1 建筑设备智能管理系统的组成

建筑设备管理系统，也称楼宇自控中央管理系统，常简称为"楼宇自控管理系统"，它由服务器、接口等硬件和由数据库、控制系统等软件两部分组成。

楼宇自控管理系统是操作者对建筑设备进行表达、检测、控制、管理的工作手段，是人与自动化系统间的人—机界面。

楼宇自控管理系统系统结构示意图如图36-50所示。

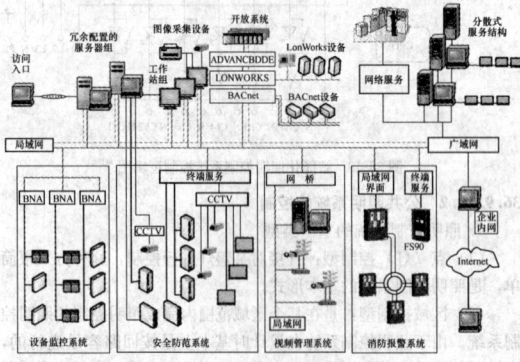

图 36-50　建筑设备智能管理系统的组成图

由图36-50可见，EBI系统是针对建筑智能化管理和控制而设计的，系统包括两个部分：现场监控部分（上图中下半部分）和信息应用管理部分（上图中上半部分），具备集成其他子系统的功能，包括安防系统、设备监控系统、消防以及其他第三方系统均可以集成在同一工作站的同一操作界面之中。

楼宇自控管理系统担负着集中控制、参数配置、策略配置等工作，还有数据采集、分析处理、指令各驱动控制单元间的控制动作等工作，它以文字、表格、图形、图像显示现行况状、运行，以多

媒体的形式发出提示或报警；它还是办公管理的原始数据、资料的提供者。

36.9.11.2 建筑设备智能管理系统的基本功能

（1）显示功能：文字、图、表显示及环境控制功能。

（2）设备操作功能：制定或取消建筑设备监控系统的各项操作。

（3）统计分析功能：收集和分析历史记录。

（4）定义表达功能：可以定义与构造动态彩色图像显示。

（5）设备管理功能：可以上传以及下载所有现场控制器内所有数据。

（6）人机交互功能：全中文化操作界面，包括中文帮助菜单。

（7）设置保密机制：具有六级密码管理体系。不同的密码具有不同的使用权限。

（8）时间程序功能：系统可以根据不同设备的起停日程设置时间程序控制设备启停及运行参数。

（9）故障诊断功能：由检测发现故障、根据预设定值分析问题、进行报警。

36.9.12 设 备 安 装

36.9.12.1 施工准备

由于建筑设备监控系统使用的设备、器材繁多，涉及的施工面广，故施工前，需要做好充分的准备工作。准备工作的要求主要参见本章36.1.3节"智能建筑工程的施工准备"的要求，还应考虑到针对建筑设备监控系统的情况，还应符合以下要求：

（1）对于电动阀需要进行重点检查，其内容是：

1）电动阀的型号、材质必须符合设计要求，阀体强度、阀芯泄漏试验必须满足产品说明书的规定。

2）电动阀输入电压、输出信号和接线方式应符合设计要求和产品说明书的规定。

3）电动阀门驱动器行程、压力和最大关闭力应符合设计要求和产品说明书的规定。

（2）对于温度、压力、流量、电量等计量器具和传感器应按相关规定进行校验，必要时宜由第三方检测机构进行检测。

（3）对于相关环境进行检查：

1）建筑设备监控系统控制室、弱电间及相关设备机房土建装修完毕。机房已提供可靠的电源和接地端子排。

2）空调机组、新风机组、送排风机、冷水机组、冷却塔、换热器、水泵、管道及阀门等安装完毕。

3）变配电设备、高低压配电柜、动力配电箱、照明配电箱等安装完毕。

4）给水排水、消防水水泵、管道及阀门等安装完毕。

5）电梯及自动扶梯安装完毕。

36.9.12.2 建筑设备监控系统工程与其他工程的配合

1. 建筑设备监控系统与其他专业间的配合

必须明确建筑设备监控系统施工与其他工程（包括设备、电气、结构等）施工之间的施工界面，需要明确各阶段划分界面的原则，使施工界面规范化。

（1）工程的接口界面的定义和基本内容

建筑设备监控系统工程的接口界面就是各系统及设备之间的接口与界面的划分，是不同系统和设备之间的接口、通信、信息的规范化，在工程实施过程中应包括：工程各方职责和工作界面的确认，各子系统设备、材料、软件供应界面的确认，系统的技术接口界面的确认，系统的技术接口界面的确认，系统施工界面的确认。

（2）工程各方职责和工作界面的划分

在工程实施过程中，工程各方应明确各自的职责并确认工作界面的，工作界面包括（1）中描述的各个界面，并且以书面的形式予以明确。

2. 建筑设备监控系统的接口

必须明确建筑设备监控系统施工与其他工程（包括设备、电气、结构等）施工之间的施工界面，技术界面的确定贯彻于设备选型、系统设计、施工、系统调试、工程管理及系统维护的全过程，是确保工程顺利实施和工程质量的基本保证。

（1）工程接口界面应该做到技术界面标准化、施工界面规范化。

（2）系统的技术接口界面的确定：各子系统硬件接口、信息传输、通信类软件的确定。其中包括：计算机与带有通信接口设备之间数据通信协议；控制及监控信号及 AO、AI、DO、DI、脉冲等的类型、量程、接点容量方面的匹配。

36.9.12.3 建筑设备监控系统的安装

本小节的内容针对于建筑设备监控系统的控制台、网络控制器、服务器、工作站等控制中心设备；温度、湿度、压力、压差、流量、空气质量等各类传感器、电动风阀、电动水阀、电磁阀等执行器；现场控制器等设备的安装。

1. 控制中心设备的安装要求

（1）控制台安装位置应符合设计要求，安装应平稳牢固，便于操作维护。

（2）控制台内机架、配线、接地应符合设计要求。

（3）网络控制器宜安装在控制台内机架上，安装应牢固。

（4）线缆应进行校线，并按图纸要求编号。

（5）服务器、工作站、不间断电源、打印机等设备应按施工图纸要求进行排列，安装整齐、稳固。

（6）服务器、工作站、不间断电源、打印机及网络控制器等设备的电源线缆、通信线缆及控制线缆的连接应符合设计要求，并理线整齐、避免交叉、做好标识。

2. 控制中心软件的安装要求

软件的安装应符合本章 36.7.3 小节的要求。

3. 现场控制器箱的安装要求

（1）现场控制器箱的安装位置宜靠近被控设备电控箱。

（2）现场控制器箱应安装牢固，不应倾斜；安装在轻质墙上时，应采取加固措施。

（3）现场控制器箱的高度不大于 1m 时，宜采用壁挂安装，底边距地面的高度不应小于 1.4m。

（4）现场控制器箱的高度大于 1m 时，宜采用落地式安装，并应制作底座。

（5）现场控制器箱侧面与墙或其他设备的净距离不应小于0.8m，正面操作距离不应小于 1m。

（6）现场控制器接线应按照接线图和设备说明书进行，配线应整齐，不宜交叉，并固定牢靠，端部均应标明编号。

（7）现场控制器箱体内门板内侧应贴箱内设备的接线图。

（8）现场控制器应在调试前安装，在调试前应妥善保管并采取防尘、防潮和防腐蚀措施。

4. 室内、外温湿度传感器的安装要求

（1）室内温湿度传感器的安装位置应尽可能远离窗、门和出风口。

（2）在同一区域内安装的室内温湿度传感器，距地高度应一致，高度差不应大于 10mm。

（3）温湿度传感器不应安装在阳光直射的位置，尽量远离有较强振动、较强电磁干扰的区域和潮湿的区域。

（4）室外温湿度传感器应有防风、防雨措施。

（5）传感器安装位置不应破坏建筑物外观的美观与完整性。

5. 风管型与风道型温湿度传感器的安装要求

（1）传感器应安装在便于调试和维修，并且风速平稳，能反映风温风湿的位置。

（2）传感器应安装在风速平稳的风道直管段，避开风道死角和冷热管的位置。

（3）风管型温湿度传感器应安装在应安装在管道的下半部。

（4）风管型温、湿度传感器应在风速平稳的直管段。

6. 水管温度传感器的安装要求

（1）水管温度传感器的安装位置应在介质温度变化具有代表性的地方，不宜选择在阀门、流量计等阻力件附近，应避开水流流速死角和振动较大的位置。

（2）安装水管温度传感器的开孔与焊接工作，必须在工艺管道的防腐、管内清扫和压力试验前进行。

（3）水管温度传感器的感温段大于管道口径的 1/2 时，可安装

在管道的顶部，如感温段小于管道口径的 1/2 时，应安装在管道的侧面或底部。

（4）接线盒进线处应密封，避免进水或潮气侵入，以免损坏传感器电路。

（5）水管型温度传感器应与管道相互垂直安装，轴线应与管道轴线垂直相交。

（6）在系统需注水，而传感器安装滞后时，应将传感器底管先安装于水管上，传感器安装时，将传感器插入充满导湿介质的管中。

7. 风管型压力传感器的安装要求

（1）压力传感器安装点应选择在介质平稳而无涡流的直管段上，应避开各种局部阻力，如阀门、弯头、分叉管和其他突出物（如温度传感器套管等）。

（2）风管型压力传感器应装在管道的上半部；对于蒸气，传感器应装在管道的两侧。

（3）风管型压力传感器应安装在温、湿度传感器测温点的上游管段。

8. 水管型压力与压差传感器的安装要求

（1）压力测点应选择在介质平稳而无涡流的直管段上。

（2）水管型压力与压差传感器应安装在温、湿度传感器的管道位置的上游管段。

（3）水管型压力与压差传感器的取压段小于管道口径的 2/3 时应安装在管道的侧面或底部。

（4）水管型压力与压差传感器的取压段小于管道口径的 2/3 时应安装在管道的侧面或底部。

9. 风压压差开关安装要求

（1）安装压差开关时，宜将受压薄膜处于垂直于平面的位置。

（2）风压压差开关安装完毕后应做密闭处理。

（3）风压压差开关安装离地高度不宜小于 0.5m。

10. 水流开关的安装要求

水流开关应垂直安装在水平管段上。水流开关上标识的箭头方向应与水流方向一致，水流叶片的长度应大于管径的 1/2。

11. 水流量传感器的安装要求

（1）水管流量传感器的取样段小于管道口径的 1/2 时应安装在管道的侧面或底部。

（2）水管流量传感器的安装位置距阀门、管道缩径、弯管距离应不小于 10 倍的管道内径。

（3）水管流量传感器应安装在测压点上游并距测压点 3.5～5.5 倍管内径的位置。

（4）水管流量传感器应安装在温度传感器测温点的上游，距温度传感器 6～8 倍管径的位置。

（5）流量传感器信号的传输线宜采用屏蔽和带有绝缘护套的线缆，线缆的屏蔽层宜在现场控制器侧一点接地。

12. 室内空气质量传感器的安装要求

（1）探测气体比空气轻的空气质量传感器应安装在房间的上部，安装高度不宜小于 1.8m。

（2）探测气体比空气重的空气质量传感器应安装在房间的下部，安装高度不宜大于 1.2m。

13. 风管式空气质量传感器的安装要求

（1）风管式空气质量传感器应安装在风管管道的水平直管段。

（2）探测气体比重轻的空气质量传感器应安装在风管的上部。

（3）探测气体比重重的空气质量传感器应安装在风管的下部。

14. 风阀执行器的安装要求

（1）风阀执行器上的开闭箭头的指向应与风门方向一致。

（2）风阀执行器与风阀轴的连接应固定牢靠。

（3）风阀的机械机构开闭应灵活，无松动或卡涩现象。

（4）风阀执行器不能直接与风门挡板轴相连接时，则可通过附件与挡板轴相连，但其附件装置必须保证风阀执行器旋转角度的调整范围。

（5）风阀执行器的输出力矩必须与风阀所需的力矩相匹配并符合设计要求。

（6）风阀执行器的开闭指示位应与风阀实际状况一致，风阀执

行器宜面向便于观察的位置。

15. 电动阀、电磁阀的安装要求

(1) 阀体上箭头的指向应与水流方向一致，并应垂直安装于水平管道上。

(2) 阀门执行机构应安装牢固，传动应灵活，无松动或卡涩现象。阀门应处于便于操作的位置。

(3) 有阀位指示装置的阀门，阀位指示装置面向便于观察的位置。

36.9.13 施工质量控制

建筑设备监控系统的工程质量，需要在系统设计与施工阶段都加以注意，要依据《智能建筑工程质量验收规范》GB 50339—2003、《建筑电气工程施工质量验收规范》GB 50303—2002 及其他相关规范及相关标准，制定建筑设备监控系统工程的质量管理计划。

(1) 在建筑设备监控系统工程的施工阶段，一定要注意以下的施工质量的主要控制项，以便保证施工质量。

建筑设备监控系统施工中质量控制的重点（即：施工中质量控制中的主控项目）是：

1) 传感器的安装需进行焊接时，应符合现行国家标准《现场设备、工业管道焊接工程施工及验收规范》GB 50236—1998 的规定。

2) 传感器、执行器应安装在方便操作的位置，并应与管道保持一定距离。避免安装在有振动、潮湿、易受机械损伤、有强电磁场干扰、高温的位置，避开阀门、法兰、过滤器等管道器件。

3) 传感器、执行器安装过程中不应敲击、振动，安装应牢固、平正。安装传感器、执行器的各种构件间应连接牢固，受力均匀，并作防锈处理。

4) 传感器、执行器接线盒的引入口不宜朝上，当不可避免时，应采取密封措施。

5) 传感器、执行器的安装应严格按照说明书的要求进行，接线应按照接线图和设备说明书进行，配线应整齐，不宜交叉，并固定牢靠，端部均应标明编号。

6) 水管型温度传感器、蒸汽压力传感器、水管压力传感器、水流开关、水管流量计应安装在水流平稳的直管段，避开水流流束死角，不宜安装在管道焊缝处。

7) 风管型温、湿度传感器、室内温度传感器、压力传感器、空气质量传感器的应安装在风管的直管段且气流流束稳定的位置，避开风管内通风死角，应避开蒸汽放空口及出风口处。

8) 水管温度传感器、水管型压力、压差传感器、蒸汽压力传感器不宜安装在阀门等阻力件附近和振动较大的位置。

9) 流量传感器应安装在水流平稳的直管段，上游应留 10 倍管内径长度的直管段，下游应留 5 倍管内径长度的直管段，安装要水平，流体的流动方向必须与传感器壳体上所示的流向标志一致。

10) 电动风门驱动器上的开闭箭头的指向应与风门开闭方向一致，与风阀门轴垂直安装。

11) 电动阀阀体上箭头的指向应与水流方向一致。

(2) 在建筑设备监控系统施工中，作为施工中质量控制中的一般控制项，还需要注意的是：

1) 现场设备如传感器、执行器、控制箱柜的安装质量应符合设计要求。

2) 控制器箱接线端子板的每个接线端，接线不得超过两根。

3) 现场控制器箱至少应留有 10% 的卡件安装空间和 10% 的备用接线端子。

4) 温湿度传感器的安装位置不应安装在阳光直射处，室外型温、湿度传感器有防风雨的防护罩，室内温湿度传感器的安装位置与门窗距离应大于 2m，与出风口位置距离大于 2m。

5) 压力、压差传感器应安装在温、湿度传感器的上游侧。测压段大于管道口径的 2/3 时，安装在管道顶部，测压段小于管道口径 2/3 时，应安装在管道的侧面或底部。

6) 风管压力、温度、湿度、空气质量、空气速度等传感器和压差开关应在风管保温完成后安装。

7) 水管型温度传感器、水管型压力传感器、蒸汽压力传感器、水流开关的安装宜与工艺管道安装同时进行。

8) 水管型压力、压差、蒸汽压力传感器、水流开关、水管流量计的开孔与焊接，必须在工艺管道的防腐、衬里、吹扫和压力试验前进行。

9) 风机盘管温控器与其他开关并列安装时，高度差应小于 1mm，在同一室内，其高度差应小于 5mm。

10) 安装于室外的阀门及执行器应有防晒、防雨措施。

36.9.14 建筑设备监控系统调试

1. 调试准备的要求

(1) 控制中心设备、软件应安装完毕，线缆敷设和接线应符合设计要求和产品说明书的规定。

(2) 现场控制器应安装完毕，线缆敷设和接线应符合设计要求和产品说明书的规定。

(3) 各种执行器、传感器等应安装完毕，线缆敷设和接线应符合设计要求和产品说明书的规定。

(4) 建筑设备监控系统设备与子系统（设备）间的通信接口及线缆敷设应符合设计要求。

(5) 受控设备及其自身的系统应安装完毕，且调试合格，并正常运行。

(6) 建筑设备监控系统设备的供电与接地应符合设计要求。

(7) 网络控制器与服务器、工作站应正常通信。网络控制器的电源应连接到不间断电源上，保证调试期间网络控制器电源正常供应。

(8) 现场控制器程序应编写完毕，并符合设计要求。

2. 现场控制器的调试要求

(1) 测量接地脚与全部 I/O 口接线端间的电阻，电阻应大于 10kΩ。

(2) 应确认接地脚与全部 I/O 口接线端间无交流电压。

(3) 调试仪器与现场控制器应能正常通信，并应能查看总线上其他现场控制器的各项参数。

(4) 应采用手动方式对全部数字量输入点进行测试，并记录。

(5) 应采用手动方式测试全部数字量输出点，受控设备应运行正常，并记录。

(6) 模拟量输入、输出的类型、量程、设定值应符合设计要求和设备说明书的规定。

(7) 应按本问信号的要求，用手动方式测试全部模拟量输入，并记录测试数值。

(8) 应采用手动方式测试全部模拟量输出，受控设备应运行正常，并记录测试数值。

3. 冷热源系统的群控要求

(1) 自动控制模式下，系统设备的启动、停止和自动退出顺序应符合设计和工艺要求。

(2) 应能根据冷、热负荷的变化自动控制冷、热机组投入运行的数量。

(3) 模拟一台机组或水泵故障，系统应能自动启动备用机组或水泵投入运行。

(4) 应能根据冷却水温度变化自动控制冷却塔风机投入运行的数量及控制相关进水蝶阀的开关。

(5) 应能根据供/回水的压差变化自动调节旁通阀。

(6) 水流开关状态的显示应能判断水泵的运行状态。

(7) 应能自动累计设备启动次数、运行时间，并自动定期提示检修设备。

(8) 建筑设备监控系统应与冷水机组控制装置通信正常，冷水机组各种参数应能正常采集。

4. 空调机组的调试要求

(1) 检测温、湿度，风压等模拟量输入值，数值应准确。风压开关和防冻开关等数字量输入的状态应正常，并记录。

(2) 改变数字量输出参数，相关的风机、风门、阀门等设备的开、关动作应正常。改变模拟量输出参数，相关的风阀、电动调节阀的动作应正常及其位置调节应跟随变化，并记录。

(3) 当过滤器压差超过设定值，压差开关应能报警。

(4) 模拟防冻开关送出报警信号，风机和新风阀应能自动关闭，并记录。

(5) 应能根据二氧化碳浓度的变化自动控制新风阀开度。

(6) 新风阀与风机和水阀应能自动连锁控制。

(7) 手动更改湿度设定值，系统应能自动控制加湿器的开关。

(8) 系统应能根据季节转换自动调整控制程序。

5. 风机盘管的调试要求

(1) 改变温度控制器的温度设定值和模式设定，风机及风机盘管的电动阀应正常工作。

(2) 风机盘管控制器与现场控制器相连时，现场控制器应能修改温度定值、控制启停风机和监测运行参数等。

6. 送排风机的调试要求

(1) 机组应能按控制时间表自动控制风机启停。

(2) 应能根据一氧化碳、二氧化碳浓度及空气质量自动启停风机。

(3) 排烟风机由消防系统和建筑设备监控系统同时控制时，应采用消防控制优先方式。

7. 给水排水系统的调试要求

(1) 应对液位、压力等参数进行检测及水泵运行状态的监控和报警进行测试，并记录。

(2) 应能根据水箱水位自动启停水泵。

8. 变配电系统的调试要求

(1) 检查工作站读取的数据和现场测量的数据，对电压、电流、有功（无功）功率、功率因数、电量等各项参数的图形显示功能进行验证。

(2) 检查工作站读取的数据，对变压器、发电机组及配电箱、柜等的报警信号进行验证。

9. 照明系统的调试要求

(1) 通过工作站控制照明回路，每个照明回路的开关和状态应正常。

(2) 应能根据时间表和室内外照度自动控制照明回路的开关。

10. 电梯监控系统的调试要求

电梯监控系统的调试通过工作站对电梯的运行各项参数的图形显示功能进行验证。

11. 系统联调的要求

(1) 控制中心服务器、工作站、打印机、网络控制器、通信接口（包括与其他子系统）、不间断电源等设备之间的连接和传输线型号规格应正确无误。

(2) 通信接口的通信协议、数据传输格式、速率等应符合设计要求，并能正常通信。

(3) 建筑设备监控系统服务器、工作站管理软件及数据库软件并配置正常，软件功能符合设计要求。

(4) 建筑设备监控系统监控性能和联动功能应符合设计要求。

36.9.15 系统的检测与检验

1. 服务器、工作站的检验要求

(1) 检查服务器、工作站、网络控制器及附属设备安装应符合设计图纸要求。

(2) 在工作站上观察现场各项参数的变化，状态数据应不断被刷新。

(3) 通过工作站控制模拟输出量或数字输出量，现场执行机构或受控对象应动作正确、有效。

(4) 模拟现场控制器的输入侧故障时，在工作站应有报警故障数据登录，并发出声响提示。

(5) 模拟服务器、工作站失电，重新恢复送电后，服务器、工作站应能自动恢复全部监控管理功能。

(6) 服务器设置软件应对进行操作的人员赋予操作权限和角色。

(7) 软件功能齐全，人机界面应汉化，操作应方便、直观。

(8) 服务器应能以报表、图形及趋势图方式打印设备运行的时间、区域、编号和状态的信息。

2. 现场控制器的检验要求

(1) 现场控制器箱安装应规范、合理，便于维护。

(2) 人为制造服务器、工作站停机，现场控制器应能正常工作。

(3) 改变被控设备的设定值，其相应执行机构动作的顺序/趋势应符合设计要求。

(4) 人为制造现场控制器失电，重新恢复送电后，控制器应能自动恢复失电前设置的运行状态。

(5) 人为制造现场控制器与服务器通信网络中断，现场设备应能保持正常的自动运行状态，且工作站应有控制器离线故障报警信号。

(6) 启停被控设备，相关设备及执行机构动作的顺序应符合设计要求。

(7) 现场控制器时钟应与服务器时钟保持同步。

3. 传感器、执行器的检验要求

(1) 检查现场的传感器、执行器安装应规范、合理，便于维护。

(2) 检测工作站所显示的数据、状态应与现场的读数和状态一致。

(3) 检测执行机构的动作或动作顺序应与设计的工艺相符。

(4) 执行机构的动作范围、动作顺序应与设计要求相符。

(5) 当参数超过允许范围时，应产生报警信号。

(6) 在工作站控制执行机构，应能正常动作。

4. 冷热源系统的群控检验要求

(1) 冷热源系统应能实现负荷调节、预定时间表自动启停和节能优化控制。

(2) 改变时间程序或通过工作站手动启停冷热源系统，机组应通按联动控制顺序正常运行。

(3) 在不改变机组运行台数时，降低部分空调设备的负荷，系统应能通过调节旁通阀，保持集水器和分水器之间的压差稳定在设计允许范围内。

(4) 在工作站上应能显示冷热源系统设备的运行参数，并自动记录。

5. 空调与通风系统的检验要求

(1) 在工作站或现场检查温湿度测量值应与便携式温湿度仪测量值一致。

(2) 检查风压差开关、防冻开关等参数的状态，手动改变设定值，核对报警信号的准确性。

(3) 检查风机、水阀、风阀的工作状态、控制稳定性、响应时间、控制效果等。

(4) 在站改变预定时间表，检测系统自动启停功能。

(5) 在工作站改变温、湿度设定值，记录温度控制过程，检查联动控制程序的正确性、系统稳定性、系统响应时间以及控制效果，并检查系统运行的历史记录。

(6) 人为设置故障，包括过滤器压差开关报警、风机故障报警、温度传感器超限报警，在工作站检测报警信号的正确性和反应时间。

(7) 应对送、排风机的运行状态进行监测和控制，并可按空气环境参数要求自动控制启停。

6. 给水排水系统的检验要求

(1) 通过工作站应能远程控制给水排水系统设备。

(2) 人为提高水位或降低水位、液位开关正常动作，并能按照控制工艺联动水泵启动或停止。

(3) 通过工作站应对给水排水系统的液位、运行状态与故障报警实行监测、记录。

7. 变配电系统的检验要求

(1) 应对变配电系统电压、电流、有功（无功）功率、功率因数、电量等参数进行现场测量与工作站读取数据对比，进行准确性和真实性检查。

(2) 应对高、低压开关柜、变压器、发电机组的工作状态和故障进行监测。

(3) 工作站上各参数的动态图形应能比较准确的反应参数

变化。

8. 公共照明系统的检验要求

(1) 应以室外光照度、时间表等为控制依据，对照明设备进行监控，检测控制动作的正确性。

(2) 检查通过工作站对所有照明回路的手动开关功能。

9. 电梯、自动扶梯系统的检验要求

(1) 在工作站上应设置电梯动态模拟图，显示电梯当前所在位置、运行状态与故障报警。

(2) 检查图形工作站监测电梯系统的运行参数，并与实际状态核实。

10. 系统实时性、可靠性检验要求

(1) 使用秒表等检测仪器记录报警信号，检测系统采样速度和响应时间，应满足设计要求。

(2) 使系统中的一个或多个现场控制器失电，工作站应输出正确的报警。

(3) 切断系统电网电源，应自动转为不间断电源供电，系统运行不得中断。

(4) 模拟服务器、工作站掉电，通信总线及现控制器应能正常工作，不得影响受控设备正常运行。

11. 质量记录

应执行《智能建筑工程施工规范》GB 50606—2010。

36.10 火灾自动报警及消防联动控制系统

36.10.1 火灾自动报警及消防联动控制系统结构

36.10.1.1 系统组成

消防工程范围包括：消防灭火剂瓶、消防管线、控制设备、消防泵、喷淋泵、正压风机、排烟风机、消防广播系统、火警对讲、报警系统及消防联动控制等设备的安装与调试。本节对于专业性很强的消防基础设施部分基本未写入，是其中的火灾自动报警系统及消防联动控制部分。

消防广播系统参见本章第 36.6 "公共广播系统" 一节。

消防工程相关内容请参见《火灾自动报警系统设计规范》GB 50116、《火灾自动报警系统施工及验收规范》GB 50166、《智能建筑工程质量验收规范》GB 50339 和《智能建筑设计标准》GB 50314 等标准。

36.10.1.2 火灾自动报警及消防联动控制

1. 火灾报警系统（FAS）的组成

按照我国现行的规范要求，火灾报警系统应自成一个独立的系统。它由感烟探测器、感温探测器、火焰探测器、手动报警按钮、消火栓手动报警按钮、报警电话、报警控制器、输入模块、输出模块、火警楼层显示器、中央主机组成。

各种探测器和报警按钮通过总线串联相接，再与控制主机相连，各种设备的地址和类型通过数据码分开。火灾报警系统的组成图、消防系统结构方框图见图 36-51。

(1) 感烟探测器（离子式、光电式）探测周围环境中的烟雾粒子浓度的大小，当烟粒子浓度过大时，产生报警信号，通过总线传给报警主机。

(2) 感温探测器（定温式、差温式）探测周围环境中温度的变化，感温探测器产生的报警信号通过总线传给报警主机。

(3) 手动报警按钮是当有火时，由工作人员按下手动报警按钮，产生报警信号，通过总线传给报警主机。

2. 消防联动

(1) 消防系统与综合安防系统联动

根据综合安防系统各个分系统设备的特点，包括总系统传来的消防报警、楼宇管理系统等的联动要求，具体的联动包括以下各子系统之间的相互控制逻辑。

1) 发生消防报警时，消防报警系统→保安监控系统：发生消防报警时，发生消防报警时，闭路电视监控子系统自动将火警相近区域的摄像机的摄像画面切向保安主监视屏（或消控中心显示器），

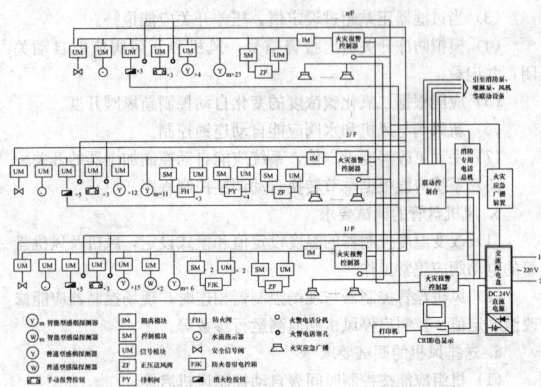

图 36-51 火灾报警系统的组成图、消防系统结构方框图

并重点监录这些摄像机的摄像内容。

2) 发生消防报警时，消防报警系统→出入口控制系统：确认发生消防报警时，出入口控制系统中与火警部位有关的各管制门（重要核心部位的管制门可单独设置）应自动处于开启状态，以便内部人员疏散撤出和消防人员进入。

3) 发生消防报警时，消防报警系统→车库管理系统：确认消防报警发生于底层或地下层时，车库管理系统应将车库控制闸门置于开放状态，便于车库内车辆撤离火场（此时车库有关的摄像机应处于工作和录像状态）。

4) 发生消防报警时，相关安装门禁区域将根据需要自动打开或关闭。

(2) 消防系统与背景音乐及紧急广播系统联动

1) 发生消防报警时，相应楼层的公共广播系统将被强行切换至消防紧急广播。

2) 正常情况下，公共广播向公共场所提供背景音乐和语音广播，当发生火灾时，公共广播和客房音响可同时作为事故报警广播，引导疏散，指挥事故处理。

3) 广播系统分区与消防系统分区一致，各分区、各楼层及宾馆客房分别设有分区音量控制器、客房控制器和紧急广播切换装置。

4) 广播系统与火灾报警系统联动时，根据不同的报警区域，广播系统自动将该区域及相邻区域切换到紧急广播状态，同时向上述区域发出预录在数字语音合成器里的广播内容。

5) 广播源有优先级之分，紧急广播具有最高优先权。

(3) 消防系统与建筑设备监控系统联动

1) 消防报警系统→建筑设备监控系统：当消防报警系统自动确认消防报警发生后，立即要求建筑设备监控系统，做出相应动作，同时向大楼主管部门报警。

2) 建筑设备监控系统→保安监控系统：当建筑设备监控系统有异常报警或事故时，保安监控系统可自动将报警相近区域的摄像机的摄像画面切向保安中心主监视屏，并重点监录这些摄像机的摄像内容，以供事后分析事故原因等。

36.10.2 系统的安装施工

36.10.2.1 系统安装施工准备

(1) 火灾自动报警系统的施工必须由具有相应资质等级的施工单位承担。

(2) 在系统施工前，需要做如下的准备工作。

1) 施工准备除应满足本章第 36.1.3 节 "施工准备" 的要求，还应符合本小节的针对性要求。

2) 火灾自动报警系统与应急指挥系统和智能化集成系统进行集成时，应互相提供通信接口和通信协议。

3) 材料与设备准备应符合下列要求：

①火灾自动报警系统的主要设备和材料选用应符合设计要求，并符合《火灾自动报警系统施工及验收规范》GB 50166—2007 第 2.2 节的规定。

②消防应急广播与公共广播系统共用一套系统时，公共广播系统的设备应是通过国家认证或认可的产品。产品名称、型号、规格应与检验报告一致。

③桥架、线缆、钢管、金属软管、防火涂料以及安装附件等应符合防火设计要求。

④应根据《火灾自动报警系统设计规范》GB 50166—2007 的规定，对线缆的种类、电压等级进行检查。

36.10.2.2　系统安装施工要求

火灾自动报警及消防联动控制系统安装施工应符合下列要求：

(1) 桥架、管线、钢管等敷设施工除应执行《火灾自动报警系统施工及验收规范》GB 50166—2007 第 3.2 节的规定和本章第 36.3 节"综合管线"的要求外，还应符合下列要求：

1) 火灾自动报警系统的线缆应使用桥架和专用线管敷设。

2) 报警线缆连接应在端子箱或分支盒内进行，导线连接采用可靠压接或焊接。

3) 桥架、金属线管应作保护接地。

(2) 线缆安装除应执行《火灾自动报警系统施工及验收规范》GB 50166—2007 第 3.3～3.10 节的规定外，还应符合下列要求：

1) 端子箱和模块箱宜设置在专用的竖井内，应根据设计高度固定在墙壁上，安装时应端正牢固。

2) 控制中心引出的干线和火灾报警器及其他的控制线路应分别绑扎成束，汇集在端子板两侧，左侧为干线，右侧为控制线路。

3) 报警系统传感器的安装施工应参照本章第 36.9.4 节"建筑设备监控系统主要输入装置"的要求实施。

4) 报警系统扬声器的安装施工应参照本章第 36.6 节"广播系统"的要求实施。

5) 火灾自动报警中控系统、联动接口、传输网络安装施工应参照本章第 36.9.6 节"中控设备、传输网络和现场控制设备"的要求实施。

(3) 设备接地除应执行《火灾自动报警系统施工及验收规范》GB 50166—2007 中有关规定外，还应符合下列要求：

1) 工作接地线应采用铜芯绝缘导线或电缆，不得利用镀锌扁铁或金属软管。

2) 消防控制设备的外壳及基础应可靠接地，接地线引入接地端子箱。

3) 消防控制室应根据设计要求设置专用接地箱作为工作接地。当采用独立工作接地时接地电阻不应大于 4Ω；当采用联合接地时，接地电阻不应大于 1Ω。

4) 保护接地线与工作接地线必须分开，不得利用金属软管作保护接地导体。

36.10.3　施工质量控制

(1) 火灾自动报警及消防联动控制系统设备、管线与监控屏幕在安装、调试和检测时，需要特别注意以下的事项，以便保障对于该系统安装、调试的质量控制。

1) 设备与材料必须有质量合格证明和检验报告，不合格的不得进场。

2) 探测器、模块、报警按钮等类别、型号、位置、数量、功能等应符合设计要求。

3) 火灾报警电话及火警电话插孔型号、位置、数量、功能等应符合设计要求。

4) 消防广播位置、数量、功能等应符合设计要求。应能在火灾发生时迅速切断背景音乐广播，播出火警广播。

5) 火灾报警控制器功能、型号应符合设计要求，并符合《火灾自动报警系统施工及验收规范》GB 50166—2007 的有关规定。

6) 火灾自动报警系统与消防设备的联动逻辑关系应符合设计要求。

7) 火灾自动报警系统的施工过程质量控制应符合《火灾自动报警系统施工及验收规范》GB 50166—2007 中第 2.1.6 条规定。

(2) 还应注意以下的事项：

1) 探测器、模块、报警按钮等安装应牢固、配件齐全、无损伤变形和破损。

2) 探测器、模块、报警按钮等导线连接应可靠压接或焊接，并应有标志，外接导线应留余量。

3) 探测器安装位置应符合保护半径、保护面积要求。

36.10.4　火灾自动报警及消防联动控制系统的调试、测试与检验

1. 火灾自动报警及消防联动控制系统系统的调试

(1) 火灾自动报警及消防联动控制系统系统的电气调试与本章 36.6"广播系统"、36.9"建筑设备监控系统"相同。

(2) 火灾自动报警及消防联动控制系统系统的功能调试应按《火灾自动报警系统施工及验收规范》GB 50166—2007 第 4 章的规定执行。

2. 火灾自动报警及消防联动控制系统系统的检测与检验

(1) 系统自检自验准备的要求

1) 应在建筑物内部装修和系统安装调试完成后进行。

2) 各回路接线应正确，检查所有回路和电气设备绝缘情况，检查有无松动、虚焊、错线或脱落现象并处理，做记录。

3) 系统自检自验应与相关专业配合进行，且相关专业设备已处于正常工作状态。

(2) 系统自检自验的要求

1) 应先分别对器件及设备逐个进行单机通电检查（包括报警控制器、联动控制盘、消防广播等），正常后方可进行系统检验。

2) 火灾自动报警系统通电后，应按《消防联动控制系统》GB 16806—2006 的要求对设备进行功能检测。

3) 单机检测和各子系统检测完毕，应进行系统联动检测。

4) 消防应急广播与公共广播系统共用时，应能在火灾发生时迅速切换，播放火警广播。

(3) 质量记录

火灾自动报警系统质量记录应执行《火灾自动报警系统施工及验收规范》GB 50166—2007 的相关规定。

36.11　安全防范管理系统

36.11.1　安全防范系统基本要求

1. 安全防范系统的主要内容

安全防范系统是多个相对独立的、涉及在建筑物内和周边通过采用各种技术防范设备和防护设施实现的对人员、建筑、设备提供安全防范的各（子）系统的统称。

安全防范系统包括如下各子系统：

(1) 入侵报警系统：它通常包括周界防护、建设物内区域及空间防护和对实物目标的防护。

(2) 视频监控系统：也称闭路电视监视和控制系统，是对建筑物内及周边的公共场所、通道和重要部位进行实时监视、录像、通常和入侵报警系统和出入口控制系统实现联动。

(3) 出入口控制系统：也称门禁系统，它是指在建筑物内采用电子与信息技术，对人员的进、出实施放行、拒绝、记录和报警等操作的一种电子自动化系统。

(4) 巡更管理系统：也称电子巡查系统，它通过预先编制的巡逻软件，对保安人员巡逻的运动状态（是否准时、遵守顺序等）进行记录、监督，并对意外情况及时报警。

(5) 停车场（库）管理系统：对停车场（库）内车辆的通行实施出入控制、监视，以及行车指示、停车计费等的综合管理。

(6) 安全防范综合管理系统：安全防范综合管理系统是对上述各个（子）系统进行统一汇总、查看、显示、设置的管理系统。该系统在网络与各种通信接口的支持下工作。

2. 安全防范系统设计、施工与验收的依据

安全防范系统设计、施工与验收的依据是：《智能建筑设计标准》GB/T 50314、《智能建筑工程质量验收规范》GB 50339、《安全防范工程技术规范》GB 50348、《入侵报警系统工程设计规范》GB 50394、《视频安防监控系统工程设计规范》GB 50395、《出入口控制系统工程设计规范》GB 50396 及《民用闭路监视电视系统

工程技术规范》GB 50198 等相关国家标准与规范。

36.11.2 施 工 准 备

安全防范系统的施工准备材料设备准备的主要内容见本章第 1 节 36.1.3 智能建筑工程的施工准备，此外还应符合下列要求：

（1）在进行安全防范系统的施工前，需要对工程中使用的设备进行检验，诸如：矩阵切换控制器、数字矩阵、网络交换机、摄像机、控制器、报警探头、存储设备、显示设备等设备应有强制性产品认证证书和"CCC"标志，或入网许可证等文件资料。产品名称、型号、规格应与检验报告一致。

（2）进口设备应有国家商检部门的有关检验证明。一切随机的原始资料，自制设备的设计计算资料、图纸、测试记录、验收鉴定结论等应全部清点，整理归档。

（3）有源部件均应通电检查，应确认其实际功能和技术指标与标称相符。

（4）硬件设备及材料应重点检查安全性、可靠性及电磁兼容性等项目。

（5）施工对象已基本具备进场条件，如作业场地、安全用电等均符合施工要求。

（6）施工区域内建筑物的现场情况和预留管道、预留孔洞、地槽及预埋件等应符合设计要求。

（7）允许同杆架设的杆路及自立杆杆路的情况清楚，符合施工要求。

（8）敷设管道电缆和直埋电缆的路由状况清楚，并已对各管道标出路由标志。

（9）当施工现场有影响施工的各种障碍物时，宜提前清除。

36.11.3 入 侵 报 警 系 统

36.11.3.1 入侵报警系统组成

报警系统是通过分布于建筑物各种不同功能区域、针对不同防范需要而设置的各种探测器的自动监测管理，实现对不同性质的入侵行为的探测、识别、报警以及报警联动的系统。

1. 入侵报警系统的作用

报警系统的前端设备为安装在重点地区的各种类型的报警探测器；探测器的信号通过有线和无线传输方式传输；系统的末端是显示/控制/通信设备，或报警中心控制台，实现对设防区域的非法入侵进行实时、可靠和正确无误的报警和复核。系统应设置紧急报警装置和留有与 110 接警中心联网的接口。

2. 入侵报警系统的组成

根据其防范的目的、采用的探测器不同，报警系统通常包括入侵报警和对周围环境情况报警两类。

入侵报警：有界周界入侵报警和室内入侵报警。周界入侵报警除常用的主动红外探测器外，还有感应电缆和电子围栏（同时具有报警和阻挡功能）等；室内入侵报警通常包括被动红外探测器、双鉴（复合）探测器、振动探测器、玻璃破碎探测器、门磁开关等。

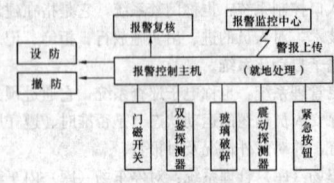

图 36-52　入侵报警系统的组成图

周围环境情况报警：主要是指周围环境空气中的异常报警，通常有烟雾、超温、燃气泄漏以及 CO 等的超标报警。其中有些纳入火灾报警及消防联动控制系统，也有的纳入建筑的报警系统中进行管理。

报警系统中还包括一些人工报警装置，如报警按钮、脚挑开关等，其报警信号也接入报警系统。入侵报警系统的组成图见图 36-52。连接图见图 36-53。

3. 入侵报警系统的功能

入侵报警系统应具备的功能有：

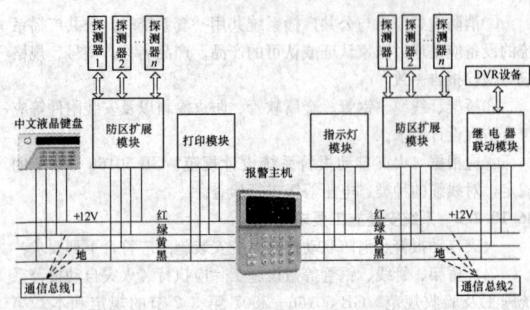

图 36-53　入侵报警系统的连接图

（1）具有全面的报警功能，系统应具有开关量输入、模拟量输入和开关量输出等接口，以便可接入各类探测器和发送报警信号，控制警铃/警铃、布/撤防指示灯等报警输出设备。

（2）系统应能方便地按时间、区域部位实现对防区的布防和撤防，可自动（任意编程）或人工、单个点或一组点进行布防、撤防及对各防区输入/输出功能进行编程等。

（3）整个系统应具有定时巡检、运行状态显示、实时控制功能。系统发生报警时除能直接进行联动控制外，还能提供对报警信号的联动处理信息，指导值班人员迅速采取正确的应对措施。

（4）报警系统的探测器应能抗光、热、无线电波、射频等干扰，防止误报警的发生；能消除对小动物的误报警，而同时又能保持对人体目标的良好探测功能。

（5）系统应具有可视化多媒体电子地图，多媒体电子地图使报警系统工作情况通过地图直观地表达。它将监控现场布防图作为电子地图的背景，采用分层式管理，每一层对应一个特定区域，图中还有一些关键图素，如环境图素和监控图素，可以进行标识并显示其状态。可在地图中对报警探头进行操作，比如进行布防和撤防；查询报警状态；报告报警时间列表等。

（6）报表打印功能：能够记录用户的操作信息（包括操作者姓名、登录及退出时间和日期）和系统的报警信息等，并能按一定的格式打印出来，便于以后查验，监督操作者的工作，分清责任。

（7）系统本身应有极高的防破坏性及可靠性，前端设备应有防拆、防断线等保护措施。并确保监控中心主机和前端设备通信线路的正常工作，一旦出现异常，监控主机就会产生不同的报警提示，提醒用户采取必要的措施，并能自动联动各种已设定好的报警行动。

（8）报警系统能与其他安全防范系统、设备管理系统等实现联网，以便实施集成化的集中管理、集中监控。

（9）报警系统的电源应保证系统在市电断电后能持续工作 8h以上。

安防传感器的种类见图 36-54。

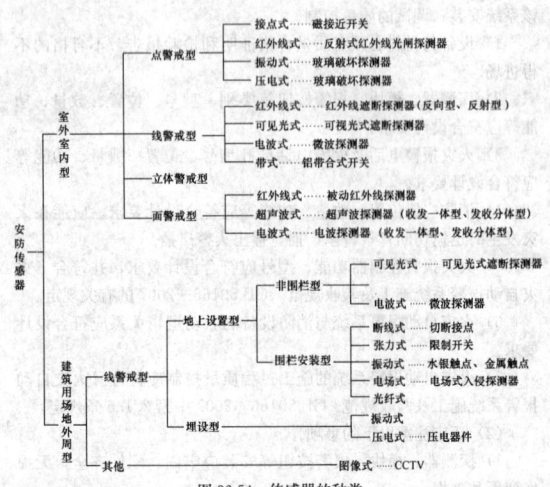

图 36-54　传感器的种类

36.11.3.2 入侵报警系统的安装

1. 入侵报警系统设备安装的要求

入侵报警系统设备的安装除应执行《安全防范工程技术规范》GB 5034—2004 第6.3.5条和《民用建筑电气设计规范》JGJ 16—2008 第14.2节的规定外，还应符合下列要求：

(1) 探测器的安装应符合产品技术说明书的要求。

(2) 探测器应在坚固而不易振动的墙体上安装牢固。

(3) 探测器的探测范围内应无障碍物。

(4) 室外探测器的安装位置应在干燥、通风、不积水处，并应有防水、防潮措施。

(5) 磁控开关宜装在门或窗内，安装应牢固、整齐、美观。

(6) 振动探测器安装位置应远离电机、水泵和水箱等震动源。

(7) 玻璃破碎探测器安装位置应靠近保护目标。

(8) 紧急按钮安装位置应隐蔽，便于操作，安装牢固。

(9) 人脸识别、模式识别、行为分析等视频探测器及视频移动报警探测器的安装还必须遵循视频监控系统的安装要求。

(10) 红外对射探测器安装时接收端应避免太阳直射光，避开其他大功率灯光直射，应顺光方向安装。

(11) 系统控制设备的安装

1) 控制台、机柜（架）安装位置应符合设计要求，安装应平稳牢固、便于操作维护。机架背面和侧面与墙的净距离不应小于0.8m。

2) 所有控制、显示、记录等终端设备的安装应平稳，便于操作。其中监视器应避免外来光直射，当不可避免时，应采取避光措施。在控制台、机柜内安装的设备应有通风散热措施，内部接插件与设备连接应牢靠。

3) 控制室内所有线缆应根据设备安装位置设置电缆槽和进线孔，排列、捆扎整齐，编号，并有永久性标志。

2. 入侵报警系统设备的安装注意事项

技术和产品在日新月异的发展，所以系统调试的具体细节应按照所使用的产品的技术资料进行。

36.11.3.3 入侵报警系统的调试与检测

对于入侵报警系统的设计、施工、验收工作，国家有几个有关的国家标准，在施工的各个环节应认真遵照执行。

一个基本原则是：漏报警是不允许的，误报警应降低到可以接受的限度。

1. 报警系统调试的要求

(1) 报警系统调试应执行《安全防范工程技术规范》GB 50348—2004 第6.4节的规定。

(2) 按照《入侵报警系统设计规范》GB 50394 的规定，要求检查探测器的探测范围、灵敏度、误报警、漏报警、报警状态后的恢复、防扰保护等功能与指标，检查结果应符合设计要求。

(3) 检查报警联动功能，电子地图显示功能及从报警到显示、录像反应时间，检查结果应符合设计要求。

(4) 按国家现行标准《防盗报警控制器通用技术条件》GB 12663的规定，检查控制器的本地、异地报警、防破坏报警、布撤防、报警优先、自检及显示等功能，应符合设计要求。

(5) 入侵报警系统的检验还应执行《智能建筑工程质量验收规范》GB 50339—2006 第8.3.6条的规定，并且，还应检验视频报警探测器的图像异动报警功能、背景变化报警功能、行为分析、模式识别报警功能等，功能应符合设计要求。

(6) 检查紧急报警时系统的响应时间，应符合设计要求。

2. 入侵报警系统的检测内容

(1) 系统电源的检测

按设计检测系统前端控制（驱动）器的直流电源以及所有探测器的电源；电源自带的充电器应能对蓄电池进行充电，并能达到蓄电池支持工作8h以上。市电供电掉电、直流欠压时，能给系统发出警报。

(2) 探测器和前端控制（驱动）器功能监测

1) 探测器的有效区间的检测和防宠物功能检测。

2) 探测器和前端控制（驱动）器的防破坏功能检测，包括：报警器的防拆卸功能；信号线断开、短路；剪断电源线等情况的

报警。

3) 探测器灵敏度检测。

4) 探测器的输出信号是否为无压接点（平接点）开关信号。

(3) 系统功能检测

1) 系统控制功能检测，包括：系统的撤防、布防功能；系统后备电源投入功能等，见表36-9。

入侵报警系统检测表 表36-9

检测项目	检测内容	技术要求	检测记录								
			1	2	3	4	5	6	7	8	…
报警管理检测	布防										
	撤防										
	防破坏报警										
	自检功能										
	巡检功能										
	报警延时										
	报警信息查询										
	手触/自动触发报警										
报警信息处理检测	报警信息存储与打印										
	声、光报警显示										
	电子地图/区域显示										
	接警时间	<4s									
	报警接通率	>98%									
	监听、对讲功能										
	报警确认时间										
	查询、统计、报表打印										

2) 系统通信功能检测包括：报警信息的传输、报警响应功能的检测，参见表36-9。

3) 现场设备的接入率及完好率统计。

4) 系统的联动功能检测，包括：控制（驱动）器的输出接点与当地输出的联动、入侵报警系统与视频监控系统、出入口管理系统等相关系统的联动功能的检测。检测内容包括：报警点相关电视监视画面的自动调入、开/关相关的出入口管理系统、事件录像联动等。

5) 报警系统工作站应保存至少1个月（或按合同规定）的数据存储记录。

6) 报警系统和城市报警联网功能的检测。

(4) 系统软件功能检测

报警系统管理软件能提供：系统设置、组编制、系统地图和防区设置、时间表设置、布撤防设置显示等的可视化操作界面。

1) 报警系统的登录和密码功能检测。

2) 系统软件的参数设置、时间表编制、对报警输入/输出点的设定、编组、编制报警地图等功能的检测。

3) 报警系统管理软件（含电子地图）功能检测。

①系统可接受 bmp\dwg 等文件。

②与开放数据库的连接。

③可按用户的需要随时进行布防图的配置和修改。

④可通过屏幕上的图标进行发送指令或对其进行设置。

⑤在布防图中报警点的相关数据和状态的显示。

4) 软件对所定义的联动控制与联动效果的检测。

5) 软件对所定义的报警输出和检测。

36.11.4 视频监控系统

36.11.4.1 视频监控系统组成

视频监控系统也称为"电视监视和控制系统"，或简称为"电视监控系统"、"视频监控系统"，它是对建筑物内重要公共场所、通道和重要部位，以及建筑物周边进行监视、录像的系统。它除具有实时监视功能外，还具有图像复核功能、与防盗报警系统和出入

口控制系统等的联动功能。

1. 视频监控系统的作用

视频监控系统是安全技术防范体系中的一个重要组成部分。它通过摄像机及辅助设备（镜头、云台等）直接观看被监视场所的各种情况，可以把被监视场所的图像内容、声音内容同时传送到监控中心，使被监视场所的情况一目了然，且具备图像（及声音）的记录存储功能。同时，电视监控系统可以与防盗报警系统、报警中心等其他安全技术防范体系联动运行，使防范能力更加强大。

2. 视频监控系统的组成

电视监控系统的基本组成：电视监控系统由摄像部分（有时还有麦克风、监听器）、传输部分、控制部分以及显示和记录部分组成。

摄像部分是电视监控系统的前沿部分，是整个系统的"眼睛"，它把监视的内容变为图像信号，传送控制中心的监视器上，摄像部分的好坏及它产生的图像信号质量将影响整个系统的质量。

电视监控系统结构图见图36-55。

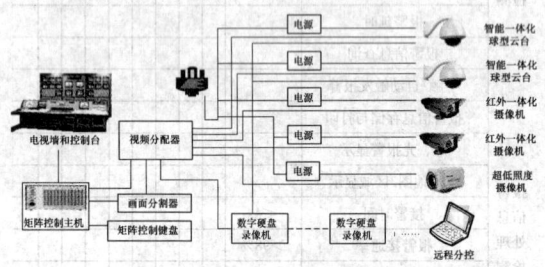

图36-55　电视监控系统结构图

系统包括电视监控系统配合报警系统产生报警联动部分。

视频监控系统由摄像机、监视器、监控主机等组成。

报警系统由报警主机、多个CK双鉴式（红外与微波复合）入侵报警探头、警号等组成。

数字闭路电视监控系统是视频技术和计算机技术结合的产物。数字视频监控系统与传统的模拟视频监控系统不同之处在于图像记录设备和集中控制系统。模拟视频监控系统的图像记录设备一般采用时滞录像机，数字视频监控系统采用MPEC技术把视频信息压缩后存入硬盘。

现在的模拟方式数字存储录像方式再生画质再生时的画质低于录制的画面；由于录像带的老化再生画质下降、磁头磨损造成的画质下降以及录像再生时画质变化，现在已很少使用。

系统的前端设备是各种类型的摄像机（或视频报警器）及其附属设备；传输方式一般采用同轴电缆或光缆传输；系统的终端设备是显示/记录/控制设备，它一般设在安防监控中心。安防监控中心的视频监控控制台还对报警系统、出入口控制系统等进行集中管理和监控。

视频电视监控系统的分类如下：

视频电视监控系统随着技术的不断进步和发展，特别是计算机技术、网络通信技术、图像压缩技术和多媒体技术的发展，视频监控系统逐渐由模拟监控系统向数字监控系统发展。其名称也由早期的闭路电视监视系统或电视监控系统演变成视频监控系统。两类系统的区别主要在视频信号的处理和记录方式。

（1）模拟式视频监控系统为传统的电视监视系统，前端为CCD摄像机。图像信息以模拟信号传输、不压缩；采用视频矩阵、画面分割器等进行视频信号的切换处理，记录设备为录像机，显示设备为显示器/电视机。

（2）数字式视频监控系统，也称数字视频录像（DVR）系统。系统的前端设备可以是数字摄像机，但大多仍为一般CCD摄像机；摄像机信号经视频服务器进行处理后变成数字信号，数字图像信号以帧的格式存储下来，可由计算机进行各种处理；记录设备采用硬盘记录；显示设备可由VGA格式显示，或仍通过显示器/电视机显示，以适应操作者之习惯。

数字式视频监控系统利用计算机的高速处理能力实现图像的压缩/解压缩等处理，并可方便地实现多种功能，如通过视频切换技术实现多视窗、视频报警、视频捕捉、图像存盘，特别是视频信号的网络传输、远端监视和控制等功能使监视系统更直观，数字录像也极大地方便了对图像记录的检索。

在数字式监控系统中根据实现的方式不同通常又可分成两大类：一类是采用专用硬件实现的DVR系统；另一类是采用基于微机技术实现的DVR系统。数字式监控系统结构见图36-56。

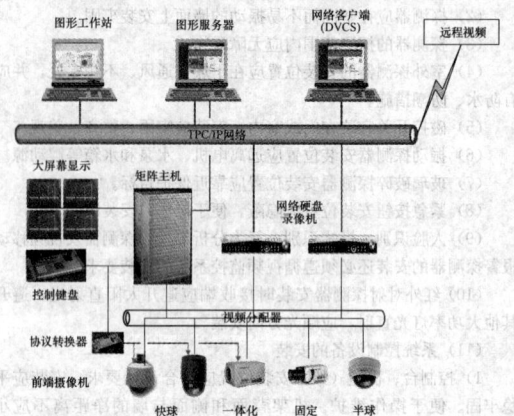

图36-56　数字式监控系统结构图

前者是采用嵌入式单片机或数字信号处理器（DSP），实时操作系统（RTOS）；后者则采用传统的微机（或工控机），加图像采集卡、Windows操作系统构成DVR系统。嵌入式主机加实时操作系统构成的DVR系统高可靠、无死机；不会产生记录资料混乱的现象；采用硬件实现图像的压缩/解压缩；图像质量高且图像记录不能更改和编辑。由于有这些优点而被金融、证券、银行、文博等高风险场所广泛采用。数字式监控系统采用的压缩/解压缩标准通常有MPEG—1、MPEG—2、MJPEG、MPEG—4等。

3. 电视监控系统的功能

（1）两类视频监控系统都应具有的功能

1）要求摄像机等前端设备具有防破坏功能。

2）画面上应有摄像机的编号、地址、时间、日期等信息显示，并能将现场画面自动切换到指定的监视器上显示。

3）对重要监视部位应能进行长时间录像。

4）能采用多媒体技术实现将音、视频信号的同步输入、切换和记录。

5）摄像机的云台能按设定的程序运动，也可在监控中心操作台通过操作键/杆、鼠标等对所选定摄像机的云台进行全方位控制。

6）可在监控中心操作台通过操作键/杆、鼠标等对所选定摄像机镜头的光圈、景深和焦距进行调节。

7）可在监控中心操作台操控启动灯光、雨刷、警号等远端外部设备。

8）监控系统可分别对系统管理员和操作员的操作权限进行设定。系统管理员可对系统各种硬件的配置情况和各种资料进行设定和控制，操作员只能进入系统操作主界面。

9）系统应能接受来自报警系统、出入口控制系统等的报警信号。报警发生时，系统应能对报警现场进行图像（和声音）的复核，并有报警信号输出装置，留有与110接警中心联网的通信接口。

（2）模拟视频监控系统主要功能

1）监控主机可将视频画面任意进行分割，最多可分割16个画面，每一画面显示相应输入的视频图像，并可在画面上叠加摄像机的编号、地址、时间、日期等信息。画面显示应能任意编程、自动或手动切换，并能将现场画面自动切换到指定的监视器上显示。必要时可对所监视的视频图像进行冻结，并进行传输和存储。

2）电视监视系统的画面显示应能任意编程、自动或手动切换。

3）安防系统的监控中心应设有电视墙，可通过监控主机对电视墙显示的图像进行切换。可将任意一路或几路视频以各种分配形式输出到电视墙上，实现人工切换、自动切换、分组切换、关联切

换等功能。

（3）数字式视频监控系统的主要功能

1）能在一台主机的视窗中可形成多个视窗，同时看到几个不同摄像机的影像。

2）图像信号的压缩比可设定。

3）图像的记录方式可以 25 帧/s 的速度实时记录，也可采用动态检测录像（即"动则录"），并可将音、视频信号同步输入和记录。

4）能实现视频报警技术，可在视频图像上进行区域布防，当布防的区域出现活动图像或静态物体发生位移时立即进行录像、存盘、发出报警提示和记下当时的时间和地点信息，并进行视频跟踪。

5）可分别根据时间、地点、摄像机号等进行检索，也可进行综合检索，并进行备份、打印等。

6）为便于集中管理，系统应具有远程监视功能、控制功能。可在远端通过内部网、电话网、专线和因特网等通道对异地的监控系统进行监视和控制。

36.11.4.2　视频监控系统的安装

视频监控系统的安装主要有以下的技术要求：

1. 金属线槽、钢管及线缆敷设的相关规定

除应符合本规范第 4 章规定及执行《民用闭路监控电视系统工程技术规范》GB 50198—1994 第 3.3 节规定。未作规定部分，应符合现行国家标准、规范的有关规定。

2. 视频监控系统的安装要求

（1）监控中心内设备安装和线缆敷设应执行《民用闭路监视电视系统工程技术规范》GB 50198—1994 第 3.4 节的规定。

（2）监控中心的强、弱电电缆不得交叉，并有明显的永久性标志。

（3）大型安防监控系统的控制室应铺设抗静电活动地板。

（4）大型显示设备的安装应按设计要求进行。

（5）摄像机、云台和解码器的安装除应执行《安全防范工程技术规范》GB 50348—2004 第 6.3.5 条、《民用闭路监视电视系统工程技术规范》GB 50198—1994 第 3.2 条和《民用建筑电气设计规范》JGJ16—2008 第 14.3.3 条的规定外，还应符合下列规定：

1）摄像机及镜头安装前应通电检测，工作应正常。

2）确定摄像机的安装位置时应考虑设备自身安全，其视场应不被遮挡。

3）架空线入云台时，应做滴水弯，其弯度不小于电（光）缆的最小弯曲半径。

4）安装室外摄像机、解码器应采取防雨、防腐、防雷措施。

（6）光端机、编码器和设备箱的安装应符合下列要求：

1）光端机或编码器应安装在摄像机附近的设备箱内。

2）设备箱应防尘、防水、防盗。

3）视频编码器安装前应加点测试，图像传输与数据通信正常后方可安装。

4）设备箱内设备排列应整齐、走线应有标识和线路图。

（7）应用软件安装应符合本章第 36.7.3 条和本章第 11.3 节的要求。

（8）服务器、存储设备及外部设备等安装应符合本章第 36.7 节的要求。

3. 视频监控系统的安装与调试的步骤

（1）前端设备安装前的检查

1）将摄像机逐一加电检查，并进行粗调，在摄像机工作正常时才能安装。

2）检查室外摄像机的防护罩套、雨刷等功能是否正常。

3）检查摄像机在护罩内紧固情况。

4）检查摄像机与支架、云台的安装孔径和位置。

5）在搬动、架设摄像机过程中，不应打开摄像机镜头盖。

（2）前端设备的安装

1）应安装在监视目标附近不易受外界损伤、无障碍遮挡的地方，安装位置不影响现场设备工作和人员的正常活动。

摄像机安装对环境的要求：

①在带电设备附近架设摄像机时，应保证足够的安全距离。

②摄像机镜头应从光源方向对准监视目标，应避免逆光安装，否则易造成图像模糊，或产生光晕；必须进行逆光安装时，应将监视区域的对比度压缩至最低限度。室内安装的摄像机不得安装在有可能淋雨或易沾湿的地方；室外使用的摄像机必须选用相应的型号。不要将摄像机安装在空调机出风口附近或充满烟雾和灰尘的地方，易因湿度的变化而使镜头凝结水气，污染镜头。不要使摄像机长时间对准暴露在光源下的地方，如射灯等点光源。

③安装高度：室内以 2.5～5m 为宜；室外以 3.5～10m 为宜不得低于 3.5m。

④摄像机安装时露在护罩外的线缆要用软管包裹，不得用电缆插头去承受电缆自重。

2）护罩摄像机的安装：

摄像机的结构因品牌不同而各异，摄像机安装的注意事项有：

①一般在天花板上顶装，要求天花板的强度能承受摄像机的 4 倍重量。

②将摄像机接好视频输出线和电源线，并固定在防护罩内，再安装在护罩支架上。

③根据现场条件选择摄像机的出线方式，通常有从侧面引出。

3）云台摄像机的安装：

①墙装时将云台支架固定于墙上；吊装时则将云台倒装在吊架上。

②根据最佳现场角设定云台的限位位置。安装高度：室内以 2.5～5m 为宜；室外以 3.5～10m 为宜，不得低于 3.5m。

③根据云台的控制方式选用交流或直流驱动电源；一般转动速度固定的多采用交流驱动；转动速度可变的则采用直流驱动。

4）电梯轿厢内摄像机安装：

①应安装在电梯轿厢顶部、电梯操作盘的对角处，如可能，则隐蔽安装。

②摄像机的光轴与电梯的两面壁成 45°角，且与电梯天花板成 45°俯角为宜。

5）摄像机的连接线：

①云台摄像机的视频输出线、控制线应留有 1m 的余量，以保证云台正常工作。

②摄像机的视频输出线中间不得有接头，以防止松动和使图像信号衰减。

③摄像机的电源线应有足够的导线截面，防止长距离传输时产生电压损失而使工作不可靠。

④支架、球罩、云台的安装要可靠接地。

6）户外摄像机的安装：

户外安装的摄像机除按上述规定施工外，要特别注意避免摄像机镜头对着阳光和其他强光源方向安装；此外还要对视频信号线、控制线、电源线分别加装不同型号的避雷器。

（3）监控中心设备的安装

1）监控中心设备的安装原则参照《计算机场地通用规范》GB/T 2887—2011 执行。

2）监控中心设备的连接按设计的系统图连接。

36.11.4.3　系统的调试与检测

视频监控系统的调试分准备工作、单机调试和系统调试等步骤进行。

视频监控系统的调试流程见图 36-57。

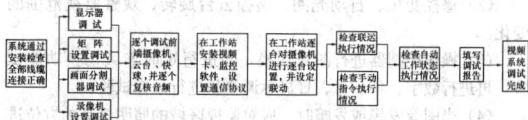

图 36-57　视频监控系统调试流程图

1. 调试准备工作

（1）电源检测：

1）监控台、电视柜总电源交流电压检测。

2）监控台、电视柜各分路交流电压检测。

3）摄像机用总电源和各分路电压检测。

4）有直流电源输出时，要检测输出极性。

（2）线路检查：

1）按施工图进行校线。

2）用500V兆欧表检查电源电缆的绝缘，其芯线与芯线、芯线与地线的绝缘电阻不应小于0.5MΩ。

3）用250V兆欧表检查控制电缆的绝缘，其芯线与芯线、芯线与地线的绝缘电阻不应小于0.5MΩ。

（3）接地电阻的测量：

1）系统中所有接地极的接地电阻均应测量，并做好记录。

2）系统接地电阻不大于1Ω。

（4）监控中心视频矩阵切换器，其中包括矩阵主机、控制键盘以及录像机等设备调试应工作正常。

2. 单机调试

应按摄像机产品说明书对摄像机进行设置和功能检查。下面以云台摄像机为例作一介绍，这些调试通常包括：

（1）摄像机的设置内容

1）对云台摄像机的位置设定；对镜头的变焦、聚焦的位置进行设置。

2）预置摄像机的ID码。

3）设定摄像机在每个机位上的停留时间。

（2）摄像机控制功能调试

1）调整控制器遥控旋钮，检查云台的摇动（水平旋转）、俯仰（垂直旋转）角度是否满足要求；旋转速度是否均匀；自、停控制是否灵敏；有无噪声等。

2）若旋转角度不能满足要求，可调整设置和云台的限位开关。

（3）摄像机防护罩功能调试

1）对摄像机防护罩的加热器功能调试。

2）对摄像机防护罩的雨刷功能调试。

3）对摄像机防护罩的排风扇功能调试。

4）检查防护罩的保护电路。

（4）摄像机功能调试

1）调试前首先应检查云台和摄像机处的电缆线，在云台旋转过程中插头尾部是否承受有拉力；摄像机附近50cm处不应有障碍物；摄像机防护罩各种功能应正常，防护玻璃、镜头应擦拭干净等。

2）依次开通控制器电源、监视器电源、摄像机电源、监视器应显示图像。

3）检查摄像机、镜头、监视器等设备，各设备的状态是否良好，摄像机图像是否清晰、监视器显示图像是否合格等。

4）图像清晰时，可遥控变焦、自动光圈、观察变焦过程中的图像清晰度；自动光圈是否随光线自动调节等，对异常情况做好记录。

5）遥控电动云台，带动摄像机旋转在静止和旋转过程中图像的清晰度应变化不大。云台应运转平稳、无噪声、不发热、速度均匀。

6）检查录像机是否可正常录像。

3. 系统调试

（1）开通总电源，分别在监控室和监视现场通过对讲机联络逐一开通摄像机回路，调整监视方向，使摄像机能准确对准监视目标或监视范围。

（2）遥控变焦、自动光圈、遥控云台旋转、观察监视范围的变化。

（3）操作控制器进行图像切换，并进行定时连续切换功能试验，再进行数字、年、月、日显示调整和进行录像试验。

（4）当图像发黑或发暗时，应对监视区域的照明灯具的方位进行调整，以提高图像质量。

（5）当摄像机调试时，如屏幕出现干扰杂波，应检查摄像机附近是否有强电磁场，并检查视频接头接触是否牢靠。

4. 数字式视频监控系统调试

数字式视频监控系统的调试主要区别在视频服务器部分，可参照产品技术资料进行调试。

5. 视频监控系统的测试

视频监控系统的测试是检测各种不同类型的设备是否可达到设计说明书指标，运行是否正常，为系统整体运行创造条件。

（1）检测内容：

1）系统功能检测：云台转动、镜头、光圈弧调节、调焦、变倍，图像切换、防护罩功能的检测。

2）图像质量检测：在摄像机的标准照度下进行，进行图像的清晰度及抗干扰能力等检测。

（2）检测方法：系统功能检测通常采用主观评价法检测。

1）主观评价法检测

检测结果按《彩色电视图像质量主观评价方法》GB/T 7401—1987中的五级损伤制评定，见表36-10，主观评价应不低于四级。

主观评价评分分级表	表36-10
图像质量损伤主观评价	评分等级
未察觉图像有损伤或干扰	5
可察觉图像有损伤或干扰，但接受	4
图像有明显损伤或干扰，令人感到厌烦	3
图像有严重损伤或干扰，令人讨厌	2
图像有极严重损伤或干扰，不能观看	1

2）抗干扰检测

抗干扰能力测试按《视频安防监控系统技术要求》GA/T 367—2001进行检测。

（3）系统整体功能检测：

根据系统设计方案进行功能检测。包括：视频监控系统的监控范围、现场设备的接入率及完好率；开通稳定运行时间；矩阵监控主机的切换、控制、编程、巡检、记录等功能；系统跟踪时的随动效果等。

对数字视频录像式监控系统还应检查主机死机的记录、图像显示和记录速度、图像质量、对前端设备的控制功能以及通信接口功能、远端联网功能等。

对数字硬盘录像监控系统除检测其记录速度外，还应检测记录的检索、查找等功能。

（4）系统联动功能检测：

对视频监控系统与安全防范系统其他子系统的联动功能进行检测，包括出入口管理系统、报警系统、巡更系统、停车场（库）管理系统等的联动控制功能。

（5）视频监控系统的图像记录保存时间应符合合同的规定。

36.11.5 出入口控制（门禁）系统

36.11.5.1 出入口控制（门禁）系统组成

出入口控制系统也称为"门禁控制系统"。

1. 出入口控制系统的作用

出入口控制系统对建筑物及建筑物内部的区域、房间的出入口，对发出通过请求的人员的进、出，实施放行、拒绝、记录和报警等操作的一种电子自动化系统。控制器根据事先的登录情况对使用者的卡号作出判断，对有效卡放行，对无效卡拒绝并且同时向系统发出报警信号。

出入口控制（门禁）系统一般都与入侵报警系统、视频监控系统和消防系统等联动。通常入侵报警系统的报警信息传输给出入口控制（门禁）系统，并联动门禁；出入口控制（门禁）系统的报警信号应联动视频监控系统，对报警点进行监视和录像；消防系统的火警信号应联动出入口控制（门禁）系统，使发生火警相关区域出入口的门禁处于释放状态。

2. 出入口控制系统的组成

（1）出入口控制（门禁）系统由出入口目标识别系统、出入口信息管理系统、出入口控制执行机构三部分组成。系统的组成如图36-58所示。

（2）系统的前端设备为各种出入口目标的识别装置（如读卡机、指纹识别机等）和出入口控制执行机构（门锁启闭装置，如出

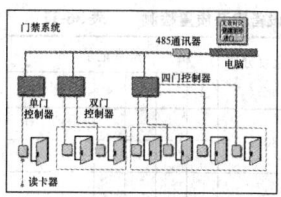
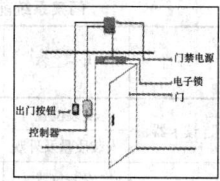

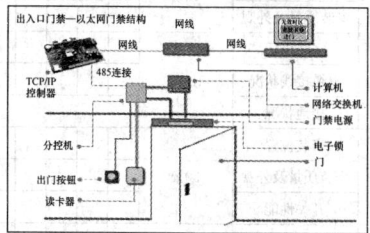

图 36-58　门禁系统结构图

门按钮、电锁等），如图 36-58 所示。信息传输一般采用专线或网络传输；系统的终端为显示/控制/通信设备。

（3）门禁系统前端设备组成：

出入口控制（门禁）系统的控制器有单门控制器（一个控制器控制一把锁），双门控制器（一个控制器控制 2 把锁）、4、8 甚至 16 门控制器等；门禁控制器的工作方式可以是独立的控制器，也可以通过网络对各门禁控制器实施集中监控的联网式控制。

出入口控制（门禁）系统如对出门无限制时，可采用出门按钮开门；如对出门有限制要求时（如要求记录时间等），要在出门处安装出门读卡机，而不是安装出门按钮。

（4）出入口控制（门禁）系统的分类：

出入口控制（门禁）系统的区别主要在出入口目标识别系统所采用的技术。

目标识别系统可分为对物的识别和对人体生物特征的识别两大类。

对物的识别包括：由出入人员的通行密码（通过键盘输入）条码卡、磁卡、ID 卡、接触式 IC 卡、非接触式 IC 卡等，或其中的若干项结合使用。

对人体生物特征的识别是根据对人体生物特征的惟一性识别确定是否容许通行，它包括：指纹识别、掌纹识别、瞳孔识别、语音识别等。

在具体使用中也有将两类目标识别方法联合使用，如密码加指纹等。

出入口控制（门禁）系统还包括电梯通行控制系统，它是对工作人员设定其可通行的楼层，电梯系统只在其指定的楼层开放。

3. 出入口控制系统的功能

（1）现场设备功能

1）系统现场的出入口目标识别装置和控制执行机构应具有防破坏功能，包括：防拆卸、防撬功能；信号线断开、短路；剪断电源线等情况的报警。

2）读卡机的 LCD 液晶显示器应可同时显示相应的信息，如：有效、读错误、无效卡、无效时段等。

3）现场控制器可接入读卡机等读入设备，并指令电销执行规定的动作；应具有独立的存储和编程能力；多个辅助输入和输出；并能提供通信接口。当与系统控制器的通信中断或系统出现故障时，能保证所管理出入口门禁的正常开启不受影响，且仍能记录进出事件。

4）现场控制器应有充电电路和备用电池，出现供电故障时能保证系统正常工作 8 个小时。

（2）管理中心功能

1）门禁管理中心实现对门禁系统的工作模式设置、各种参数设置和人员身份等的管理；包括门禁系统工作模式、门禁授权人员信息的查询、门禁卡片的制作等。

2）门禁管理中心上要要负责收集、分析、统计和查询各监控单元门禁监控实时数据、报警信息及历史数据，报警信息产生时系统会相应进行声、光报警，提醒值班操作人员紧急处理。

3）门禁管理中心能实现门禁状态的实时监测，实时显示各门的开关状态，可实时显示当前开启的门号、通行人员的卡号及姓名刷卡时间和通行是否成功等信息，并可实现远程开门。

4）门禁管理中心可对现场的读卡器进行授权、取消授权、时间区设定、报警布防/撤防等操作。

5）可对员工所持的卡进行授权（通行时间、通行区域）、授权变更，如对卡片遗失监控中心可立即废除此卡的通行权利。

6）门禁系统能实现报警事件的联动响应。

7）门禁系统应有输出信号可控制室内灯光的开关，可实现持卡人对房间灯光的自动打开或关闭。

（3）管理软件的功能

1）门禁系统的软件功能应包括：报警（报警管理）、监控（系统监控）、报表（统计和打印有关设备数据）、查询（提供对设备和统计数据的查询）及自诊断（对系统自身运行状况监视）、及管理（对系统工作站、操作人员、设备、数据和其他配置等的管理）等功能。

2）可在电子地图显示出门禁点的设置、状态等信息。

3）系统应能存储系统参数、员工个人资料及出入门数据等信息。

4）系统操作人员应有多级权限管理，防止越权操作。

5）系统数据库应为开放的数据库，符合 TCP/IP 通信协议，可与其他应用软件共享公共数据库；支持用户自定义报表；能支持持卡人员的照片图像，便于操作人员对在刷卡时自动弹出的持卡人照片进行比较鉴定。

36.11.5.2　出入口控制系统的安装

1. 出入口控制系统设备的安装要求

（1）识读设备的安装位置应避免强电磁辐射辐射源、潮湿、有腐蚀性等恶劣环境。

（2）一体型系统，识读设备的安装应保证使用的连贯性和畅通性，并应保证系统维修方便。

（3）控制器、读卡器不应与其他大电流设备共用电源插座。

（4）控制器宜安装在弱电井等便于维护的地点。

（5）设备安装完毕应加防护结构面，并能防御破坏性攻击和技术开启。

（6）门禁控制器与读卡机间的距离，不宜大于 50m。

（7）锁具安装应牢固，启闭应灵活。

（8）红外光电装置应安装牢固，收、发装置应相互对准，并应避免太阳光直射。

（9）信号灯控制系统安装时，警报灯与检测器的距离应为 10～15m。

2. 出入口控制系统设备的安装步骤：

（1）前端设备的安装

出入口控制（门禁）系统前端设备安装的示意图如图 36-59 所示：

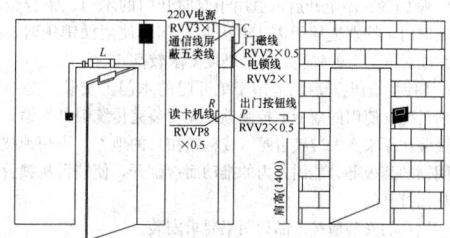

图 36-59　出入口控制（门禁）系统前端设备安装图

P：读卡机；R：出门按钮；C：门禁控制器；L：电锁

本系统施工时对设备的安装、信号抗干扰能力等应给予充分重视，以确保数据传输的准确性和响应时间。

1）读卡器的安装

①读卡器的选择由设计确定。常用的读卡器有:

a. 磁卡读卡器:通过磁卡刷卡读入数据,通常配有键盘和显示屏。

b. IC卡读卡器:通过插卡读入数据,通常配有键盘和显示屏。

c. 感应卡读卡器:通过非接触式的读卡方式读入数据,可根据对读卡距离的要求选用不同的读卡器。

d. 指纹识别器:通过对通行人指纹的扫描读取指纹图像和特征数据。通常配有键盘和显示屏。适用于安全保密要求较高的场所。

e. 掌纹识别器:通过对通行人掌纹的扫描读取掌纹图像和特征数据。通常配有键盘和显示屏。适用于安全保密要求较高的场所。

②读卡器的安装应按产品说明书要求安装:

a. 读卡器应安装在靠门处,并有足够空间,且高低位置合适以方便人员刷卡。

b. 读卡器用螺钉固定在墙上。

c. 读卡器的安装还应使读卡器与控制器之间的电缆连接方便。

2) 控制器的选择和安装

①控制器的选择由系统设计确定。

②控制器的安装应保证设备的正常工作以及可靠性、工艺性、实用性。

③门禁控制器安装在受控门内的上方或放在公众不易接近,而又易于工程技术人员维修的地方(如竖井内),与该控制器连接的读卡机安装在门外方便刷卡的地方。控制器用紧固件或螺钉固定在墙上。控制器旁应有交流电源插座。出门按钮安装在门内。

④控制器与各部件的连线:

a. 控制器与读卡机之间的信号线采用 $0.5mm^2$ 或以上规格的带护套的铜芯屏蔽导线连接,最长距离不应超过 100m。

b. 控制器与键盘间的信号线采用 $0.5mm^2$ 或以上规格的屏蔽导线连接,最长距离不应超过 100m。

c. 系统主控制器至各项场控制器之间、现场控制器至各读卡器之间应采用屏蔽双绞线缆。

d. 控制器至电动锁、出门按钮、门磁开关之间采用 2 芯双绞线缆。

e. 不应出现两条线缆焊接连通的情况,信号线如超过距离时必须通过转换器进行连接。

f. 所有线缆必须穿管或经线槽敷设,主干线可通过金属线槽敷设,支线采用金属管敷设到位,两接口端用 86mm×86mm 方盒作出线口。

⑤安装控制器时必须注意控制器对电锁的驱动能力,当驱动能力低时,必须选配辅助电源。

3) 锁具的选择和安装

①应根据装修要求,并按门的材质(如玻璃门、木门、铁门等)、装置(如单门、或双门)和开门的要求。

a. 电磁锁:利用电磁铁通电产生磁吸力的原理制成。断电开启,符合消防对门锁的要求。适合于单向开门的玻璃门、木门和铁门。

b. 插销锁:断电开启,适用于双向开门的木门、铝合金门和有框玻璃门,特别适用于需180°开启的门。使用插销锁时,要求插销总能对准门上的锁孔,安装精度要求较高。

c. 阴锁:通电开启。适用于单开门的木门上安装,是一种与传统锁具配套使用的新型电控锁。在安装完传统锁具的锁头后把阴锁安装在原来要安装锁锁匣(或称锁扣)的地方。当阴锁被通电后,阴锁的翻板部分能因人力的推动而被翻开,使锁舌从锁舌匣中脱出从而打开门。

②锁具的安装应按产品说明书要求安装。

4) 门磁开关的选择和安装

门磁开关是用于检测门的开关状态。

①门磁开关有暗埋式和明装式两种,应根据装修要求选用。

②门磁开关的安装应按产品说明书要求安装。

5) 门禁系统前端设备安装检测门禁系统的前端设安装完成后,可参照表 36-11 进行检测:

门禁系统前端设备安装质量检测　　表 36-11

项目	内　　容	抽查百分比 (%)	检查记录				
			1	2	3	4	5
读卡器	安装位置	30%					
	安装质量及外观						
出门按钮	安装位置	30%					
	安装质量及外观						
门禁控制器	安装位置	100%					
	电缆接线状况						
	接地状况						
电磁锁	安装位置						
	安装质量及外观						
	开关性能						
电源	安装位置	30%					
	电缆接线状况						
	接地状况						

36.11.5.3 出入口控制系统的调试与检测

1. 出入口控制系统的调试

门禁系统的调试按门禁硬件调试和系统调试进行。

(1) 硬件调试

门禁系统硬件调试流程如图 36-60 所示。

图 36-60 门禁系统硬件调试流程

门禁控制器调试:

1) 连接控制器、读卡机、锁及附件。

2) 对控制器进行寝初始化。

3) 设置单元号。

4) 登录/删除一张用户卡。

5) 判别门禁工作是否正常。

(2) 系统功能调试

门禁系统调试流程如图 36-61 所示。

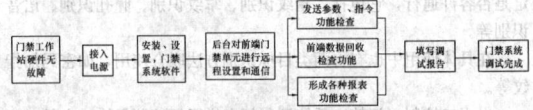

图 36-61 门禁系统调试流程

1) 按系统设计功能对系统功能进行逐项调试。

2) 控制器工作状态设置:

系统对控制器的工作状态进行多种设置,如:门状态、开门方式(读卡、或读卡＋密码等)等。通过系统操作直接发送指令开门。

3) 联动功能调试:

门禁系统中每一道受控的门禁控制器均能接受系统软件的指令,无须读卡而可开锁或闭锁。

①与消防报警系统的联动

当火灾发生时,出入口控制系统能够在工作站的屏幕上显示该区的分区图及报警位置,按照预设程序来定义疏散线路,根据火灾发生的地理位置,将紧急疏散门打开或将防火隔离门关闭。

②与视频监控系统的联动

出入口控制系统发生报警时,向视频监控系统发出联动指令将位于报警点附近的摄像机、云台调到预设的预置点位置,并将现场人侵者图像显示在特定的监视器上,并控制视频记录设备将现场情况进行记录。

③与入侵报警系统的联动

当发生入侵报警时，出入口控制系统接受入侵报警系统的联动信号，将预先定义的相关出入口门禁关闭。并在电子地图上显示。

（3）软件调试

1）对系统所管理的设备配置、人员权限、操作方式等进行设定。如门禁设定、自动读卡信息、自动读入卡号等。

2）在联网的系统中通过软件对控制器进行设置，如增加卡、删除卡、设定时间差、级别、日期、时间、布/撤防等功能的设置；在控制器独立工作时，可通过控制器机板进行以上编程。

3）实时或定时读取存放于现场控制器中的事件数据。

4）按各种方式查询系统参数和事件记录，查询方式可按部门、日期、人员名称、门禁名称等查询。

5）可在电子地图上定义事件发生的地理位置、门、锁位置等。并在电子地图上点击各门禁设备的活动图标可以查看相应监测点的详细的信息，包括：门禁状态、报警信息、门号、通行人员的卡号及姓名、刷卡时间、通行是否成功等信息。并可对该点设备进行遥控操作。

6）系统维护：密码管理、修复管理、压缩管理、备份、恢复等。

2. 出入口控制（门禁）系统的测试

出入口控制（门禁）系统的检测内容有：

（1）系统电源的检测

1）按设计检测系统前端控制器的电源以及所有读卡器的电源。

2）电源自带的充电器对蓄电池进行充电，并能达到蓄电池能支持工作 8h 以上。

3）市电供电掉电、直流欠压时，能给系统发出警报。

（2）读卡器和控制器功能监测

1）读卡器和控制器的防破坏功能检测，包括：防拆卸、防撬功能；信号线断开、短路，剪断电源线等情况的报警。

2）控制器的输出信号是否为无压接点（平接点）开关信号。

3）控制器前端响应时间（从接受到读卡信息到做出判断时间）＜0.5s。确保门厅对有效卡可立即被打开。

4）非接触式感应读卡机读卡距离检测，应符合设计标准。

（3）系统功能的检测

1）系统主机在离线的情况下，出入口（门禁）控制器独立工作的准确性、实时性和储存信息的功能。

2）系统主机与出入口（门禁）控制器在线控制时，出入口（门禁）控制器工作的准确性、实时性和储存信息的功能。

3）系统主机与出入口（门禁）控制器在线控制时，系统主机和出入口（门禁）控制器之间的信息传输功能。

4）系统对控制器通信回路的自动检测。当通信线路故障时，系统给出报警信号。

5）通过系统主机、出入口（门禁）控制器及其他控制终端，实时监控出入控制点的人员情况，并防止"反折返"出入的功能及控制开闭的功能。

6）系统对非法强行入侵时的报警的能力。

7）检测本系统与其他系统的联动功能：如与消防系统报警时的联动功能等。

8）现场设备的接入率及完好率测试。

9）出入口管理系统应保存至少 1 个月（或按合同规定）的数据存储记录。

（4）系统的软件检测

1）演示软件的所有功能，以证明软件功能与任何书或合同书要求一致；

2）根据需求说明书中规定的性能要求，包括时间、适应性、稳定性、安全性以及图形化界面友好程序，对所验收的软件逐项进行测试，或检查已有的测试结果；

3）对软件系统操作的安全性进行测试，如：系统操作人员的分级授权、系统操作人员操作信息的存储记录等；

4）在软件测试的基础上，对被验收的软件进行综合评审，给出综合评价，包括：软件设计与需求的一致性、程序与软件设计的一致性、文档（含软件培训、教材和说明书）描述与程序的一致性、完整性、准确性和标准化程序等。

记录表格见表 36-12。

门禁系统的检测　　　表 36-12

	检 测 项 目		检查评定记录	备注
1	控制器独立工作时	准确性		
		实时性		
		信息存储		
2	系统主机接入时	控制器工作情况		
		信息传输功能		
3	备用电源启动	准确性		
		实时性		
		信息的存储和恢复		
4	系统报警功能	非法强行入侵报警		
5	现场设备状态	接入率		
		完好率		
6	出入口管理系统	软件功能		
		数据存储记录		
7	系统性能要求	实时性		
		稳定性		
		图形化界面		
8	系统安全性	分级授权		
		操作信息记录		
9	软件综合评审	需求一致性		
		文档资料标准化		
10	联动功能	是否符合设计要求		

36.11.6　巡更（电子巡查）管理系统

巡更管理系统也称为电子巡查系统。巡更系统是为加强对巡更工作的管理，防止巡更的差错和保护巡更人员的安全，记录巡更过程的数字式的自动化系统。该系统可以设定多条巡更路线的功能，可对巡更路线和巡更时间进行预先编程。

36.11.6.1　巡更（电子巡查）系统组成

1. 巡更系统的作用

巡更管理系统可以对巡更结果进行自动化的处理，包括检查核对、结果存储、结果查询和打印报表等功能。巡更系统的工作目的是帮助各企业的领导或管理人员利用本系统来完成对巡更人员和巡更工作记录进行有效的监督和管理，同时系统还可以对一定时期的线路巡更工作情况做详细记录。

2. 巡更系统的组成

巡更系统通常分离线式巡更系统和在线式巡更系统两大类。

（1）离线式巡更系统

特点是：增加巡更点方便，但当巡更中出现违反顺序、报到早或报到迟等现象时不能实时发出报警信号。

1）接触式：采用巡更棒作巡更器，信息钮作为巡更点，巡更员携巡更棒按预先编制的巡更班次、时间间隔、路线巡视各巡更点读取各巡更点信息，返回管理中心后将巡更棒采集到的数据下载至电脑中，进行整理分析，可显示巡更人员正常、早到、迟到、漏检的情况。

2）非接触式：采用 IC 卡读卡器作为巡更器，IC 卡作为巡更点巡更员携 IC 阅读器，按预先编制的巡更班次、时间间隔、路线，读取各巡更点信息，返回管理中心后将读卡器采集到的数据下载至电脑中，进行整理分析，可显示巡更人员正常、早到迟到、漏检的情况。

（2）在线式巡更系统

在线式巡更系统有的在巡更点设置巡更开关或设置读卡器（见图 36-62）。

采用 IC 卡作为巡更牌，在巡更点安装 IC 卡读卡器、巡更员持巡更牌，按预先编制的巡更班次、时间间隔、路线巡视各巡更点，

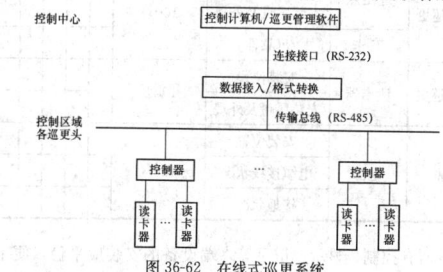

图 36-62　在线式巡更系统

通过读卡器将巡更牌的信息实时上传至管理中心，在管理主机的电子地图上有相应显示和记录。在巡更中不按预定的路线和时间就发出报警。

在线式巡更系统应可设定多条巡更路线，这些路线能按设定的时间表自动启动或人工启动，被启动的巡更路线能人工暂停或中止。巡更中出现的违顺序、报到早或报到迟都会发生警报，能及时得到临近中心的帮助和支援，它保证及时巡更，并保障了巡更人员的安全。

3. 电子巡查系统的功能

(1) 离线式和在线式巡更系统共同的功能

1) 巡更系统的工作站，通常可与出入口管理（门禁）系统或入侵报警系统工作站合用，安装巡更管理模块。

2) 系统具有巡更人员、巡更路线、巡更时间等记录的储存和打印输出等功能。

3) 系统应具有防止已获得的巡更数据和信息被恶意破坏或修改的功能。

4) 系统应具有按巡更员进行汇总、查询、分析失益、失职、打印等功能。

5) 管理工作站的服务功能。

(2) 离线式巡更系统

1) 巡更器（棒）具有防水、防腐蚀、抗干扰等功能。

2) 巡更棒应有较大的存储容量，容许在几个巡更周期后，再将巡更棒的信息下载到电脑。

(3) 在线式巡更系统

1) 现场的巡更点设备应具有防拆报警功能。

2) 可在工作站上设置巡更路线和绘制巡更路线图，设置巡更人员从前一个巡更点到下一个巡更点所需的时间和误差（即最长及最短时间间隔）。系统能方便地对巡更路线和巡更时间间隔进行修改。

3) 系统应可定义多条巡更路线，对每条路线又可设定多条路径，并可对选定的巡更路线自动启动或人工启动。

4) 管理工作站的服务功能。

36.11.6.2 巡更（电子巡查）系统的安装

巡更系统的设备安装要求：

(1) 前端设备的安装

1) 离线式巡更系统现场的信息钮、IC卡安装在每个巡更点、离地面1.4m高处安装一个巡更信号器。详见产品安装技术资料。

2) 巡更点的巡更钮、IC卡等应埋入非金属物内，并固定安装在巡更点，安装应隐蔽安全、牢固，不易遭到破坏。

3) 在线式巡更系统现场的读卡器的安装参见门禁系统。

(2) 前端设备安装质量的检测见表36-13。

(3) 系统控制设备的安装

系统控制设备的安装可以参照36.11.3.2入侵报警系统的安装实施。

1) 控制台、机柜（架）安装位置应符合设计要求，安装应平稳牢固、便于操作维护。机架背面和侧面与墙的净距离不应小于0.8m。

巡更系统前端设备安装质量检测表   表36-13

类别	项目	内 容	抽查百分比(%)	检 查 记 录				
				1	2	3	4	5
离线式巡更	巡更点	安装位置	100%					
		安装质量及外观						
	IC卡	可靠性						
在线式巡更	读卡器	安装位置	100%					
		安装质量及外观						
电源	电源	安装位置	100%					
		电缆接线状况						
		接地状况						

2) 所有控制、显示、记录等终端设备的安装应平稳，便于操

作。其中监视器应避免外来光直射，当不可避免时，应采取避光措施。在控制台、机柜内安装的设备应有通风散热措施，内部接插件与设备连接应牢牢。

3) 控制室内所有线缆应根据设备安装位置设置电缆槽和进线孔，排列、捆扎整齐，编号，并有永久性标志。

36.11.6.3 巡更系统的调试与检测

1. 巡更系统调试的流程

巡更系统调试的流程如图36-63所示。

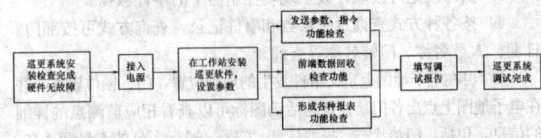

图36-63 巡更系统调试流程

2. 巡更系统的调试

具体调试内容应参照产品技术资料，主要按系统的功能进行调试：

(1) 系统设置功能的调试：包括日期、时间、巡更员、巡更路线、班次设置、状态设置等。

(2) 系统数据采集功能的调试。

(3) 系统查询打印功能的调试。

(4) 系统维护功能的调试。

(5) 在线式巡更系统应调试实时临近界面、电子地图的显示功能，以及事故报警的功能。

3. 巡更系统的测试

(1) 按照巡更路线图检查系统的巡更终端、读卡器的响应功能。

(2) 检查现场设备的完好率。

(3) 检查巡更系统按巡更路线、巡更时间进行任意编程、修改的功能以及启动、中止的功能。

(4) 检查系统的运行状态、信息传输、故障报警和指示故障位置的功能。

(5) 检查巡更系统对巡更人员的监督和记录情况和对意外情况及时报警的功能。

(6) 检查电子地图上的信息显示功能，故障时的报警信号等。

(7) 检查巡更系统发出报警时，应能按定义的事件联动向视频监控系统、出入口管理（门禁）系统和火灾报警系统发出的联动信号。

4. 巡更系统功能检测

巡更系统功能检测内容见表36-14。

巡更系统功能表   表36-14

	检测项目		检查评定记录	备注
1	系统设备功能	巡更终端		
		读卡器		
2	现场设备	接入率		
		完好率		
3	巡更管理系统	编程、修改功能		
		撤防、布防功能		
		系统运行状态		
		信息传输		
		故障报警及准确性		
		对巡更人员的监督和记录		
		安全保障措施		
		报警处理手段		
4	联网巡更管理系统	电子地图显示		
		报警信号指示		
5	联动功能			

36.11.7 停车场（库）管理系统

36.11.7.1 停车场（库）管理系统组成

1. 停车场（库）系统的作用

停车场（库）管理系统是利用计算机技术、自动控制技术、智能卡技术和传统的机械技术结合起来对出入停车场（库）车辆的通行实施管理监视以及行车指示、停车计费等综合管理。

2. 停车场系统的组成

系统通常由入口管理系统，出口管理系统的管理中心等部分组成。入口管理系统由读卡机、发卡机、控制器、车辆检测器、电动挡车器（自动栏杆、道闸）、满位指示器等组成；出口管理系统则由读卡机、控制器、车辆检测器、自动栏杆（挡车器、道闸）等组成；管理中心由管理工作站、管理软件、计费、显示、收费等部分组成。

典型的停车场管理系统如图 36-64 所示。

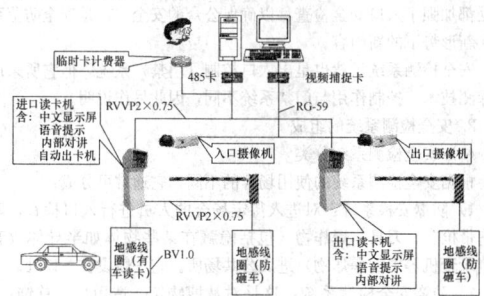

图 36-64 停车场（库）管理系统结构示意图

停车场（库）管理系统根据其工作的模式的区别，通常有以下几类：

（1）半自动停车场管理系统：由管理人员、自动栏杆组成。由人工确认是否对车辆放行。

（2）自动停车场管理系统：对进出的车辆实现自动出入管理，还会根据管理系统设定，确定是否对临时停车户实行计时收费管理。

（3）附加图像对比功能的停车场管理系统：在车辆入口处记录车辆的图像（车型、颜色、车牌），在车辆出库时，对比图像资料，一致时放行，防止发卡盗车事故。

（4）停车场管理系统所采用的通行卡可分：ID 卡、接触式 IC 卡、非接触式 IC 卡等。非接触式 IC 卡还按其识别距离分成近距离（20cm 左右）、中距离（30~50cm）和长距离（70cm 以上）。

3. 停车场系统的功能

停车场（库）管理系统的主要功能就是对进出停车场（库）的车辆（无论是固定用户还是临时停车户）进行身份识别和管理、收费。

（1）出/入口管理系统

1）出/入口读卡器应具有独立工作的功能，确保在管理系统发生故障时系统能正常工作。

2）对临时停车户收费的停车场（库）入口读卡器应具有临时卡发卡功能。

3）系统对持贵宾卡、固定用户卡（年租户、季租房、月租房等）的车辆对其卡的有效期核查，凡在有效期内的卡，被允许进出停车场。非有效期内的卡则发出报警信号。

4）系统对临时停车户自动发放出租卡，按照停车时间和单价计算停车费。

5）由出/入口管理系统控制的读卡、发卡、抬杆等动作的时间，在正常情况下时间应小于 1~2s，对具有图像对比功能的管理系统出/入时间一般在 5s 左右。

6）出/入口的挡车器（自动栏杆、道闸）应安装有防砸车检测装置，下落过程中如检测到栏杆下有车辆或其他障碍物时，能自动再次抬起，防止砸坏车辆等物体。

7）出/入口的挡车器（自动栏杆、道闸）除接受来自控制器的

抬杆信号和车辆检测器的落杆信号外，还应能接收火灾报警信号。当有火灾报警信号时，栏杆自动抬起放行车辆，车辆通过后栏杆不放下，直至人工复位后才转向正常工作状态。

（2）管理中心

1）管理中心应具有自动计费、显示收费金额、语音提示、与出入口的对讲、自动储存进出车辆的记录等功能，并可提供各种报表和查询功能。

2）系统可与安全防范系统的数据库连接，从数据库中取得贵宾卡、固定用户的数据资料。

3）停车场（库）管理子系统应能接受其他类型的识别卡，与出入口（门禁）管理系统等组成"一卡通"管理系统。

4）具有图像对比功能的停车场（库）管理系统应将入口处的摄像机（彩色）摄下的车辆图像信息（包括车型、车颜色、车牌号）存入图像管理计算机。车辆在出场时，将出口处摄像机（彩色）取得的图像信息送到图像管理计算机。图像对比系统将自动调出入场时的图像，供管理员进行核查或自动核查。

5）系统的界面和提示信息应为中文或图彩显示，方便系统的设置和使用。

6）系统管理软件应提供丰富的查询功能，提供多种条件查询方式；并可生成常用报表。

36.11.7.2 停车场（库）管理系统的安装

（1）停车场管理系统安装应执行《安全防范工程技术规范》GB 50348—2004 第 6.3.5 条的规定。

（2）停车场管理系统安装还应符合下列规定：

1）感应线圈埋设位置居中，与读卡器、闸门机的中心间距宜 0.9~1.2m。

2）挡车器应安装牢固、平整。安装在室外时，应采取防水、防撞措施。

3）车位状况信号指示器安装在车道出入口的明显位置，安装高度应为 2.0~2.4m，室外安装时应采取防水、防撞措施；车位、车满显示器安装高度，室外应为 2.0~2.4m，步行道路大于 2.5m、车道口应大于 4.5m；车位引导指示器安装在车道中央位置的上方，安装高度应为 2.0~2.4m。

（3）停车场管理系统的安装步骤：

1）停车场管理系统的部件安装按制造厂家的技术资料安装。

2）对感应式读卡机要防止周围环境对读卡机的影响。

3）车辆检测器安装时，需要注意检查车辆检测器的感应线圈上是否有车辆通过的正确响应；当车通过感应线圈时，车辆检测器发出车辆到达信号和车辆离开信号。

36.11.7.3 系统设备的调试与检测

1. 停车场管理系统的调试要求

（1）停车库管理系统调试应执行《安全防范工程技术规范》GB 50348—2004 第 6.4 节的规定。

（2）停车库管理系统调试还应符合下列要求：

1）感应线圈的位置和响应速度应符合设计要求。

2）系统对车辆进出的信号指示、计费、保安等功能应符合设计要求。

3）出、入口车道上各设备应工作正常。IC 卡的读/写、显示、自动闸门机起落控制、出入口图像信息采集以及与收费主机的实时通信功能应符合设计要求。

4）收费管理系统的参数设置、IC 卡发售、挂失处理及数据收集、统计、汇总、报表打印等功能应符合设计要求。

2. 停车场管理系统的调试步骤

（1）系统部件调试

1）读卡机的调试

①具体调试内容应参照所用设备的技术资料，应重点检查读卡功能，发卡功能；检查磁卡和读出显示是否相符，发卡是否准确等；对卡的有效性进行检查；挡车器抬起横杆是否准确等。

②出口读卡机调试：具体调试内容应参照产品技术资料，调试内容与入口读卡机基本相同。

2）控制器的调试

①控制器的电源调试。

②控制器各种控制模式调试。

对卡的有效性判断：当卡有效时，指令挡车器抬起横杆；当卡无效时，向系统发出报警。

③控制器接受指令功能的调试：接受来自计算机的指令，以及通过键盘进行就地操作，这些操作包括：系统设置为系统初始化设置主卡、设定地址、设置参数和时间设置等。

④对挡车器控制作出的调试。

3）电动挡车器的调试

①砸车系统调试，在横杆下落过程中检测器碰到阻碍时，能自动将横杆抬起，避免横杆砸坏车辆。

②火灾报警信号联动功能的调试，挡车器接到火灾报警信号后能立即将横杆抬起放行车辆；火灾警报解除后，经人工复位后，通过控制器控制，挡车器才能恢复正常工作状态。

挡车器调试应先调试挡车头的动作，先不安装横杠，待动作正常后再安装挡车横杆。

4）车辆检测器的调试：用一辆车或一根铁棍（$\phi 10 \times 200mm$左右）压在感应线圈上以检测感应线圈的反应。具体调试内容应参照产品技术资料，但应重点调试车辆检测器的灵敏度和工作频率，以取得较高的灵敏度，并适应现场的工作环境。

调试工作完成后将感应线圈槽用符合环保要求的环氧树脂、热沥青树脂或水泥等进行封固。

5）满位显示器的调试：通过车辆检测器或红外对射检测器计数检查满位显示器显示的"剩余车位数"。

6）管理中心的具体调试内容应参照产品技术资料。

（2）系统软件调试

1）对操作卡的发行功能以及对系统的查询、报表管理、备份数据等所有的操作；

2）在操作人员的权限内的操作卡功能；

3）系统的设置功能调试；

4）收费功能的调试：对临时停车户的计费、显示、收费、打印票据等功能调试；

5）车辆图像对比系统功能的调试：图像清晰度；出口车辆的图像信息与所持卡、调用的入口车辆的图像信息是否一致；图像一致时的放行功能；图像不一致时的报警功能；

6）系统查询、统计调试；

7）数据维护功能调试。

（3）管理中心系统调试

1）对系统的入口管理站、出口管理站和收费站管理功能的调试；

2）停车状况和收费等的日报、月报、年报表功能调试；

3）各种票卡的数据库，包括贵宾卡、首长卡、固定用户卡等持有人的个人资料的调试。

3. 停车场（库）管理系统的检测

停车场（库）管理系统功能检测应分别对入口管理系统、出口管理系统和管理中心的功能进行检测。

（1）出入口管理系统

1）车辆检测器对出入车辆的探测灵敏度检测、车辆检测信号的正确性和信号的响应时间。

2）挡车器升降功能检测，防砸车功能检测。

3）读卡机功能检测，对无效卡的识别功能；对非接触IC卡读卡机还应检测读卡距离和灵敏度是否与设计指标相符。

4）满位显示器功能是否正常。

5）出/入口管理工作站及与管理中心站的通信是否正常。

6）对具图像对比功能的停车库管理系统应分别检测出/入口车牌和车辆图像记录的清晰度、调用图像信息的符合情况，以及系统反应速度。

7）入口站的入库车辆数、临时停车卡发卡数、挡车器开启情况等；出口站的出库车辆数、临时停车卡回收数、挡车器开启情况等。

8）发卡（票）机功能检测，吐卡功能是否正常、入场日期、时间等记录是否正确。

（2）管理中心系统

1）管理中心的计费、显示、收费、统计、信息储存等功能的检测。

2）管理系统的其他功能，如"防折返"功能检测。

3）停车场（库）管理系统与入侵报警系统、火灾报警系统的联动控制功能检测。

4）管理中心工作站应保存至少1个月（或按合同规定）的车辆出入数据记录。

36.11.8 安全检测系统

36.11.8.1 安全检测系统组成

1. 安全检测系统的作用

它是对建筑物或建筑物内一些特定通道实现X射线、电磁等检查，以保障建筑物、公共活动场所的安全。

由于恐怖分子袭击事件的警示作用，在一些有政府首脑、贵宾参加的会议、大型公众集会场所，机场、车船码头，公共体育场馆等处都加强了入口安全检查，以确保公众的安全，这是安全防范系统在新形势下的新内容。

安全检测系统虽然也是出入口控制（门禁）系统，但它所采用的探测技术、控制作用与门禁系统不同，因此另作说明。

2. 安全检测系统的组成

（1）安全检测系统分类

根据安全检测系统的使用场合的不同，它通常可分成：

1）防爆安检系统：对进入待定场合的人员进行入口检查，防止携带枪支、刀具、爆炸物（包括隐藏在某些物体如半导体收音机、录音机等中的爆炸物）进入公共场所。它一般设在入口处。

2）防盗安全检测系统：这是对从博物馆、造币厂、首饰厂、计算机元器件厂、超市、商场、图书馆等出门的人员进行的一种检测，它既可以探测磁性材料，又可探测非铁磁性材料，以及稀有金属制品和计算机集成电路块等，以防止展品、货物、商品和图书的流失，它一般设在出口处。

（2）安全检测系统图（图 36-65）

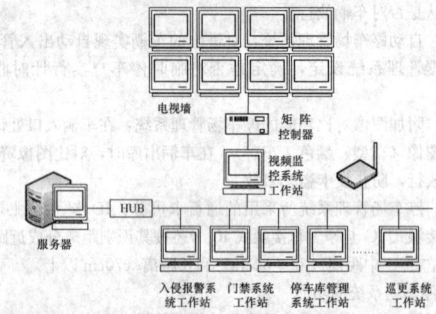

图 36-65 安全检测系统图

3. 安全检测系统的功能

安全检测系统的设备应具有的功能：

（1）装置的探测分辨率高，探测能力强。

（2）装置应有多个灵敏度级别，灵敏度既可人工设置，也可自动搜索最佳灵敏度。

（3）装置的工作频率应能调节、选用，可使多台安检装置同时运行而互相不干扰。

（4）装置应具有极强的抗干扰能力，能抗高压电网和通信设施的干扰。

（5）装置应有对各种磁性和非磁性金属材料的探测程序。

（6）装置的报警信号的音量、音调可任意调节，并具有报警部位指示。

（7）装置应具有密码保护，防止非专业人员使用。

（8）装置应具有故障自诊断和指示功能，可帮助迅速诊断和排除故障。

（9）装置的工作稳定，故障率低，误检率低，人员通过率快。

（10）装置应采用弱磁场发射技术，对人身（如孕妇、心脏起搏器携带者）和胶片，卷入磁记录材料无任何伤害。

(11) 具有计算机联网控制功能。

36.11.8.2 安全检测系统的安装

因为安全检测系统是带有高压电与 X 射线的设备，其安装与检验时，必须遵守以下要求：

(1) 只用经过适当培训的人才安装安检机。

(2) 在任何时候都必须严格遵守辐射安全规则，避免辐射伤害。

(3) 只有技术人员在维修时才能拆除盖板或者防护部件。

(4) 不应在户外使用 X 射线安全检查设备。

(5) 安检机使用前必须检查使用的电压，设备必须在规定的工作电压下工作。

(6) 安检机必须有良好的接地。安装现场使用的设备插座必须有接地端子。

(7) 如有电压波动超过规定的地区，建议使用交流稳压器。

(8) 不要把任何不属于 X 射线安全检查设备的电子部件接到 X 射线安全检查设备的电源分配器上。

(9) 任何不恰当的修改可能会损坏 X 射线安检设备，禁止用户对设备进行不恰当的改动。

(10) 安检机只能用于检查物品，严禁用于检查人体或动物。

(11) 超过 6 个月没有使用的设备请不要开机，必须由专业人员对射线发生器进行重新启动。

(12) 严禁坐或站在传送带上，也不要接触输送带的边缘和滚筒。

(13) 当设备运行时，身体的任何部分都不要进入检查通道。

(14) 确保行李在检测通道内或出口端没有被堆叠，如果行李阻塞了检查通道，在清理之前应首先关机。

(15) 设备不能在有损坏的铅门帘的情况下运行。

(16) 防止各种液体流入设备，如发生这种情况，请立即关机。

36.11.8.3 安全检测系统的调试与检测

(1) 安全检测系统的调试：

1) 探测区灵敏度调整，使探测区的灵敏度分布均匀，且无盲区。

2) 对环境干扰状况，所探测信号进行定性定量测定和显示。

3) 调整每个探测区的灵敏度，并进行定性定量测定，和显示结果的一致性。

4) 干扰抑制功能的调试。

5) 报警功能调试：调节报警信号音量、音调；报警区域显示；远程报警显示等。

(2) 安全检测系统的检测将测试主要根据产品的功能进行，包括：

1) 检测有无探测盲区。

2) 探测灵敏度的测试。

3) 工作频率调节功能的测试。

4) 抗外界干扰能力的模拟测试。

5) 报警信号音量、音调调节功能的测试，以及报警部位的指示。

6) 有自诊断功能的应在显示器上指示故障的代码。

7) 通过检测人数和报警人数的统计功能。

8) 软件功能测试（包括探测程序、界面、联网等功能）。

36.11.9 安全防范综合管理系统

36.11.9.1 安全防范综合管理系统的作用、组成与功能

1. 安全防范综合管理系统的作用

安全防范综合管理系统是指对建筑内或一个园区内（建筑群）的安全防范的各个子系统进行综合管理的系统，也称为"安全防范的集成管理系统"。它对安全防范系统的视频监控系统、报警系统、出入口管理系统、巡更系统、停车场（库）管理系统等进行管理，从而形成一个关于安全防范的综合管理系统。

安全防范综合管理系统的重点是各个子系统之间必要的联动以及与建筑物内（建筑群）的其他智能化系统，如火灾报警及消防联动控制系统的联动。

安全防范综合管理系统本身也是实现建筑智能化集成系统

（BMS、IBMS）的基础。

2. 安全防范综合管理系统的组成

综合安全防范系统由专用的服务器、综合安全防范系统软件平台、软件平台与各个子系统之间的连接接口（这里的接口，主要是软件接口）连接在计算机网络系统上构成。

综合安全防范系统通常设在建筑物的中央监控中心，与建筑设备管理系统、火灾报警及消防联动控制系统，公共广播系统等的监控室放在一起，以便于管理，也便于系统间的联系和协调。

图 36-66 是一个典型的综合安全防范系统的结构图，系统的配置将取决工程的规模。

其中有些工作站可以独立，也可合并，系统还可扩展成与考勤消费等形成智能卡管理系统。

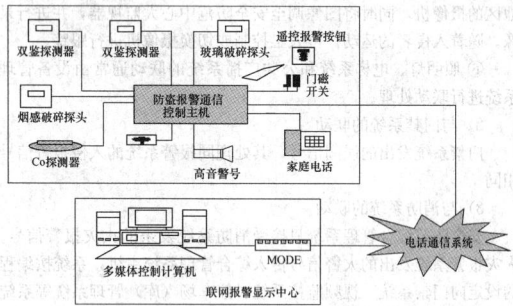

图 36-66　安全防范综合管理系统示意图

3. 安全防范综合管理系统的功能

(1) 安全防范综合管理系统对各子系统的管理功能

1) 视频（电视）监控系统

视频（电视）监控系统完成对设防区域的可视监控。

对系统的管理包括：可实现定时、巡回监视或按设定的预置点进行巡监，完成对前端摄像机的控制；监视安防中心显示屏的图像显示；24h 同步录像等功能。

2) 报警系统

报警系统完成对设防区域的防入侵监测。

对系统的管理包括：对防区的自动或人工设防、撤防；能对布防点进行成组管理；对联动输出点的设定，完成现场的联动输出。

要求系统中的报警信号从前端探测器传至计算机在系统设计要求的时间内完成。

3) 出入口控制（门禁）系统

该系统要完成对门的开闭管理。

对系统的管理包括：系统参数设置；登录卡；删除卡；调整系统时间；接收和处理事件记录；接收和处理系统报警（包括通信失败、控制器未接通等）等。

4) 巡更系统

巡更系统完成巡更路线的设定和巡更。

对系统的管理包括：巡更路线的编制；巡更路线的自动启动和人工启动；完成巡更全过程的监控；异常情况发出警报；人工停止巡更等。

5) 停车场（库）管理系统

完成对停车场出入口和管理中心的管理，确保停车场的出入畅通。

对系统的管理包括：停车库固定用户数据库的建立、修改和维护；对固定用户的通行记录；对临时用户的计时收费管理；有图像对比系统的车库还需对进出车辆的照片进行对照检查；对不符合放行条件的车辆进行特殊的处理等。

6) 制卡

这是安全防范综合管理系统的一项附加任务，完成对系统使用的身份识别卡的打印制作任务，在系统数据库中登录持卡者卡号、有关信息（如姓名、性别、出生日期、身份证号、部门等）和权限等。

(2) 综合管理系统对各系统的联动功能

各系统的报警信号均可被用作其他系统的联动信号，而使后者

产生相应的联动动作。

1) 与报警系统的联动

报警系统探测器发出的入侵警报信号传入报警系统主机，系统按编程的设定向门禁系统、视频监控系统、设备管理系统、电梯系统、公共广播等系统发出指令。

① 门禁子系统接获指令后，关闭可向其他地方逃窜的出入口，开启通向下层楼的门，引导入侵者向下层运动，以便保安人员从相应楼层的出入口外出；

② 设备管理系统接获指令后，打开报警点及附近的照明灯；

③ 公共广播系统接获指令后，利用广播系统对入侵者喊话；

④ 电梯系统接获指令后，停止电梯运行。

⑤ 视频监控系统接获指令后，开启或调用报警点附近及相邻地区的摄像机，同时将图像调至安全防范中心大监视器，并进行录像。随着入侵者的运动，可人工控制或切换摄像机进行跟踪。

⑥ 照明灯、电梯系统和公共广播系统的联动通常由设备管理系统进行联动处理。

2) 与门禁系统的联动

门禁系统发出的误闯信号，其处理同报警系统的入侵报警信号相同。

3) 与消防系统的联动

安全防范综合管理系统只接受消防系统发来的火灾报警信号。火灾报警系统发出的火警信号传入综合管理系统主机，系统按编程的设定向门禁系统、视频监控系统、停车场（库）管理系统等系统发出指令。

① 门禁子系统接获指令后，开启用于疏散的安全门；取消对电梯使用权限的控制。

② 停车场（库）管理系统接获指令后，使电动挡车器升起，并不再放下，直待人工复原。

③ 设备管理系统接获指令后，打开报警点及附近的应急照明灯；

④ 公共广播系统接获指令后，利用紧急广播系统进行疏散指挥。

⑤ 电梯系统接获指令后，将电梯（消防梯除外）降至首层。

⑥ 视频监控系统接获指令后，开启或调用火警点附近及相邻地区的摄像机，同时将图像调到中心大监视器，并进行录像，使监控中心得到更多的现场信息。

⑦ 应急照明灯、电梯系统和公共广播系统的联动通常由消防系统联动台通过硬件联动。

36.11.9.2 安全防范综合管理系统安装

安全防范综合管理系统设备安装包括：机架机柜、操作控制台监视器（电视墙）、线缆的安装、服务器安装等。

1. 机架机柜的安装

(1) 安装位置应按设计要求，现场施工时可根据电缆地槽和接线盒位置作适当调整。

(2) 机架、机柜应安放平直、美观、整齐；底座应与地面固定。

(3) 机架、机柜安装的垂直偏差不超过 0.1%。

(4) 几个机架并排安装时，面板应在同一平面上，并与基线平行，前后偏差不大于 3mm，两个机架中间的缝隙不大于 3mm，对相互有一定间隔排成一列的设备，其面板前后偏差不大于 5mm。

(5) 机架内设备、部件的安装应在机架定位完毕，并加固后进行。安装的设备、部件应排列整齐、牢固。

2. 操作控制台安装

(1) 安装位置应按设计要求，现场施工时可根据电缆地槽和接线盒位置作适当调整。

(2) 操作控制台内部接待件接触可靠、接线整齐。

(3) 各操作开关动作灵活、可靠；指示灯指示正确。

(4) 操作控制台应有风扇和通风散热器。

3. 监视器（电视墙）安装

(1) 监视器安装的位置应使屏幕不受外来光直射，当有不可避免的入射光时，应加遮光措施。

(2) 监视器安装在固定机架（电视墙）上时，柜后应有风扇和通风散热器。

(3) 监视器外部的可调部分应暴露在操作方便的位置，可加保护盖，有保护时，应使盖板开启方便。

4. 线缆的安装

机房内的线缆安装方式有：桥架敷设、地槽敷设和活动地板内敷设等。

这部分的安装请参见本章 36.2 "综合管线" 一节的要求和本章 36.3 "综合布线" 一节的要求。

5. 系统服务器的安装

这部分的安装请参见本章 36.7 "信息网络系统" 一节的要求。

6. 监控中心的电源、防雷与接地

(1) 对监控中心的重要负荷，如控制主机等应采用不间断电源供电。

(2) 电源箱、不间断电源的进线端均应加装避雷器，吸收浪涌电流。

(3) 如有从监控中心长距离取电时，应使用防雷插座。

(4) 监控中心的防雷措施，除在电源箱、不间断电源的进线端应加装避雷器外，在从室外引入的摄像机的视频线、电源线、控制线的接入端以及其他从室外引入的探测器的接入端均需加装避雷器。

(5) 监控中心的接地措施

1) 监控中心的接地母线、接地电阻按施工设计施工。

2) 接地母线应表面光滑、完整、无毛刺、无伤痕和残余焊渣。

3) 接地母线与操作控制台、机架、机柜连接牢固。

36.11.9.3 安全防范综合管理系统调试与检测

1. 安全防范综合管理系统调试

(1) 各子系统应分别调试、检测完成。

(2) 各子系统与综合管理系统应正确联通，其通信内容应正确。

2. 安全防范综合管理系统检测

(1) 各子系统的数据通信接口：各子系统与综合管理系统以数据通信方式连接时，应能在综合管理工作站上观测到子系统的工作状态和报警信息，并和实际状态核实，确保准确性和实时性；对具有控制功能的子系统，应检测从综合管理工作站发送命令时，子系统响应的情况。

(2) 对综合管理系统工作站的软、硬件功能的检测，包括：

1) 检测综合管理系统对各子系统的涵盖是否完整。

2) 检测子系统监控站与综合管理系统工作站对系统状态和报警信息记录的一致性。

3) 检测综合管理系统工作站对各类报警信息的显示、记录、统计等功能。

4) 检测综合管理系统工作站的数据报表打印、报警打印功能。

36.11.10 施工质量控制

安全防范系统设备、管线与监控屏幕在安装、调试和检测时，需要特别注意以下的事项，以便保障于该系统安装、调试的质量控制。

1. 重点控制的施工内容

(1) 各系统设备安装应安装牢固，接线正确，并应采取有效的抗干扰措施。

(2) 应检查系统的互联互通，子系统之间的联动应符合设计要求。

(3) 监控中心系统记录的图像质量和保存时间应符合设计要求。

(4) 监控中心接地应做等电位连接，接地电阻应符合设计要求。

2. 还应注意的事项

(1) 各设备、器件的端接应规范。

(2) 视频图像质量应无干扰纹。

(3) 防雷施工应符合《建筑物电子信息系统防雷技术规范》GB 50343—2004 等国家相关的规定。

36.11.11　安全防范系统检测与验收

36.11.11.1　安全防范系统的检测

1. 安全防范系统检测的依据

安全防范系统检测的依据是国家、行业与安全防范系统有关的规范、标准，以及工程合同、设计文件等；

国家、行业有关安全防范系统工程的规范、标准：

(1)《智能建筑设计标准》GB/T 50314—2006

(2)《火灾自动报警系统设计规范》GB 50116—1998

(3)《民用闭路监视电视系统工程技术规范》GB 50198—1994

(4)《彩色电视图像质量主观评价方法》GB/T 7401—1987

(5)《安全防范工程程序与要求》GA/T 75—1994

(6)《安全防范系统通用图形符号》GA/T 74—2000

(7)《安全防范系统验收规则》GA 308—2001

(8)《视频安防监控系统技术要求》GA/T 367—2001

(9)《入侵报警系统技术要求》GA/T 368—2001

(10)《入侵探测器　第1倍分：通用要求》GB 10408.1—2000

(11)《入侵探测器　第2部分：室内用超声波多普勒探测器》GB 10408.2—2000

(12)《入侵探测器　第3部分：室内用微波多普勒探测器》GB10408.3—2000

(13)《入侵探测器　第4部分：主动红外入侵探测器》GB 10408.4—2000

(14)《入侵探测器　第5部分：室内用被动红外探测器》GB 10408.5—2000

(15)《入侵探测器　第6部分：微波和被动红外复合入侵探测器》GB1408.6—2009

(16)《振动入侵探测器》GB/T 10408.8—2008

(17)《入侵探测器　第9部分：室内用被动式玻璃破碎探测器》

(18)《建筑电气工程施工质量验收规范》GB 50303—2002

对某些特殊功能的建筑，如银行、金融、博物馆等风险等级和防护级别高的建筑，应执行公安部门相关的技术安全防范规定。

2. 公安部门关于特殊功能建筑的技术安全防范规定

(1)　《文物系统博物馆安全防范工程设计规范》GB/T 16571—1996

(2)　《银行安全防范报警监控联网系统技术要求》GB/T 16676—2010

3. 工程文件

(1) 工程合同。

(2) 工程设计文件、有关部门的审核、批复文件。

(3) 工程修改和洽商记录等。

4. 安全防范系统的检测

安全防范系统的检测将贯穿在整个工程的各个阶段，通常有：

(1) 施工阶段检测

1) 检测的主要内容：管、线槽、接地等隐蔽工程的检测。

2) 检测者：建设方、监理和施工方共同参加，采用随工检测。

3) 检测结果：应由检测者签字的检测报告，以及不合格项的处理和补检报告。

(2) 安装阶段检测

1) 检测时间：在安装完毕进入调试阶段前进行。

2) 检测的主要内容：穿线、支架、设备的施工质量检测。

3) 检测者：建设方、监理和施工方共同参加。

4) 检测结果：应由检测者签字的检测报告，以及不合格项的处理和补检报告。

(3) 自检阶段检测

1) 检测时间：在系统调试完毕进入系统试运行阶段前进行。

2) 检测的主要内容：对部件、系统的电性能、功能和指标的全面检测。要求100%进行自检。

3) 检测者：建设方、监理和施工方共同参加。

4) 检测结果：应由检测者签字的检测报告，以及不合格项的处理和补检报告。

(4) 验收前的检测

1) 检测时间：在系统经试运行后，进入验收前进行。

2) 检测的主要内容：对部件、系统的电性能、功能和指标检测，采用抽检的方法进行，抽检比例可参见前文。

3) 检测者：除建设方、监理和施工方外，可聘请有关质量技术监督机构和同行专家组成检测小组进行检测。

4) 检测结果：应由检测者签字的检测报告，以及不合格顶的处理和补检报告。本检测结果将作为验收的文件之一。

36.11.11.2　安全防范系统的验收

智能建筑工程中的安全防范系统的验收应遵照《安全防范系统验收规则》GA 308—2001执行；以管理为主的电视监控系统、出入口控制（门禁）系统、停车场（库）管理系统等的验收可按《智能建筑工程质量验收规范》GB 50339—2003第八章规定执行。

1. 安全防范系统工程验收的条件

(1) 根据安全防范系统工程合同和设计文件，安全防范系统相关设备已全部安装调试完毕，并通过了试运行。

(2) 现场敷线和设备安装已经过施工质量检查和设备功能检查并已提交建设、监理、施工及相关单位签字的检测报告。

(3) 系统安装调试、试运行后的正常连续投运时间不少于1个月。

(4) 已进行了系统管理人员和操作人员的培训，并有培训记录系统管理人员和操作人员已可以独立工作。

(5) 按《安全防范系统验收规则》GA 308—2001或《智能建筑工程质量验收规范》GB 50339—2003规定的检测内容、检测数量进行了验收前的系统检测，系统检测结论为合格。

(6) 文件及记录完整

2. 安全防范系统工程验收的组织

(1) 验收小组：系统的竣工验收应由工程的建设方、监理方、设计方、施工单位和本地区的技术防范系统管理部门的代表和同行专家组成。验收小组中技术专家的人数不低于小组总人数的40%。

(2) 验收的组织：

1) 由建设方编制验收大纲，并取得验收小组的通过。

2) 按竣工图进行验收。

3) 验收时应做好记录，签署验收证书，并应立卷、归档。

4) 工程验收合格后，验收小组应签署验收证书。

(3) 必要时各子系统可分别提前验收，验收时应做好验收记录签署验收意见。

3. 安全防范系统工程验收的文件

系统验收的文件及记录应包括以下内容：

(1) 工程设计说明，包括系统选型论证、系统监控方案和规范容量说明、系统功能说明和性能指标等。

(2) 技防系统建设方案的审批报告。

(3) 工程竣工图纸，包括系统结构图、各子系统监控原理图施工平面图、设备电气端子接线图、中央控制室设备布置图、接线图、设备清单等。

(4) 系统的产品说明书、操作手册和维护手册。

(5) 工程检测记录，包括隐蔽工程检测记录、施工质量检测记录、设备功能检查记录、系统检测报告等。

(6) 其他文件，包括工程合同、系统设备出厂检测报告和设备开箱验收记录、系统试运行记录、相关工程质量事故报告、工程设计变更、工程决算书等。

4. 安全防范系统工程的交付使用

安全防范系统在通过验收后方可正式交付使用，未经竣工验收的安全防范系统不应投入使用。

当验收不合格时，应由工程承接单位负责整改，在自检合格后再组织验收，直至验收合格。

36.12　其他信息设施系统

36.12.1　其他信息设施基本要求

1. 其他信息设施系统的主要内容

其他信息设施系统是多个相对独立的、涉及在建筑物内提供各

种信息服务的各（子）系统的统称。其他信息设施系统包括如下各子系统：

（1）时钟系统：也称为"时间服务系统"，它对一个建筑各用户提供统一的标准时间信号，还具有向整个楼宇智能化管理的其他弱电系统提供同步时间信号的功能。

（2）信息引导系统：它是以信息发布为主导的软件系统。它通过多媒体方式，向人们传达各种宣传信息。

（3）呼叫对讲系统：呼叫与对讲系统有两类实际使用的系统，一类呼叫与对讲系统是用于住宅小区的对讲系统，也称为"楼宇对讲系统"。另一类呼叫与对讲系统是用于医院的对讲系统，也称为"护士站对讲系统"、"护理呼叫系统"。

（4）卫星通信系统：是对建筑物内的使用者提供通过卫星进行通信的设施。

2. 各信息设施系统设计、施工与验收的依据

各信息设施系统设计、施工与验收的依据是：《智能建筑设计标准》GB/T 50314—2006、《智能建筑工程施工规范》GB 50606—2010、《智能建筑工程质量验收规范》GB 50339—2003 等相关国家标准与规范。

36.12.2　时　钟　系　统

36.12.2.1　时间服务系统组成与结构

1. 时间系统的作用

时间系统也称为"时钟服务系统"，该系统要对一个建筑各楼层或者用户整个单位内部提供统一的标准时间信号，还具有向整个楼宇智能化管理的其他弱电系统提供同步时间信号的功能。保证整个建筑物各楼层或者用户单位内部所有的电子设备时间统一和对外显示时间完全一致。为各功能部门之间协调与配合提供标准的时间依据。

2. 时间系统的组成

时间服务系统主要由：GPS 卫星信号接收单元、中心母钟（双机热备份）、时间服务系统的监控终端、网络时间服务器（NTP）、传输通道及各楼层区域子钟设备组成。

系统构成框图如图 36-67 所示：

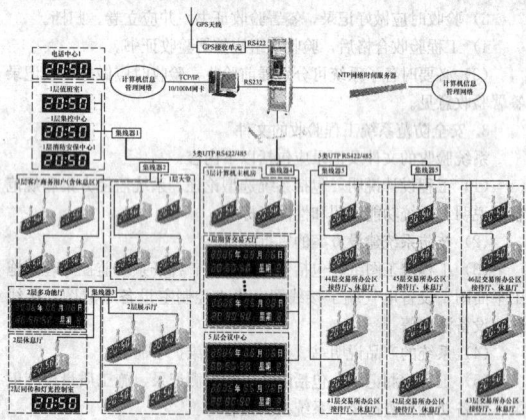

图 36-67　时钟系统的各部分的构成示例

3. 时钟系统的结构

时间服务系统是一个大型联网计时系统。该系统采用分布式系统结构，系统中心母钟与各子钟之间采用 RS-422 接口方式，与其他局域网采用 NTP 接口方式。该系统的信号接收单元具有接收 GPS 标准时间信号的功能，为整个系统提供校时信号，消除计时系统的积累误差。该系统还采用了母钟热备用、自动切换保护、反馈控制、抗干扰及冗余等技术，成为一个高精度、高可靠性的多时间服务系统。该系统还须适应较大的气候变化。

时间服务系统按照分布式二级星型拓扑结构方式设置。其系统结构如图 36-68 所示：

以下简要描述其各部分的工作方式：

（1）中心母钟构成

在控制机房内设置中心母钟机柜，机柜内主要安装 GPS 接收

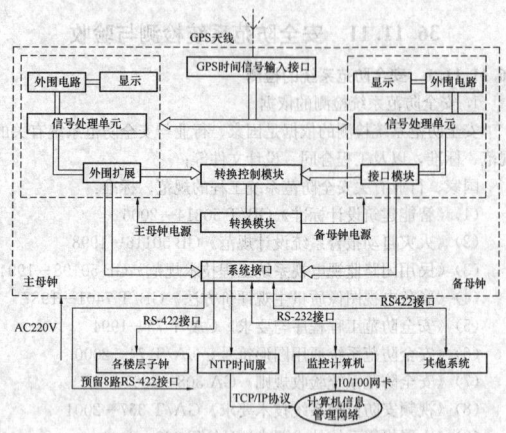

图 36-68　时钟系统的系统结构图

单元、中心母钟（双机热备份）、控制管理计算机（监控终端）、所有的子钟设备通过非屏蔽超五类线 UTP 线缆连接到中心母钟的时钟输出接口箱上。

中心母钟主要功能是作为基础主时间服务系统，自动接收主备 GPS 提供的标准时间信号，将自身的时间精度校准，通过传输系统将精确时间信号发送各区域内子钟和其他需要标准时间信号弱电系统的设备，并且通过控制管理计算机终端对时间服务系统的主要设备及主要模块进行点对点监控。中心母钟定时（每秒）向子钟以及其他通信子系统发送标准时间信号。

正常工作状态下，中心母钟接收 GPS 标准时间信号作为时间服务系统的时钟源。

中心母钟主要由以下几部分组成：①GPS 标准时间信号接收单元；②主、备母钟模块（双机热备）；③分路输出接口箱；④电源模块。

中心母钟由主、备两个母钟组成，两个母钟可以互相切换，当中心主母钟出现故障立即自动切换到备母钟，备母钟全面代替主母钟工作。中心母钟给时间服务器校时，通过 NTP 给计算机信息管理网络提供标准时间信号，使整个计算机网络时间统一。

（2）标准时间信号接收单元

GPS 接收单元通过 GPS 天线接收卫星时标信号给时间服务系统提供校准时间信号，正常情况下 GPS 接收单元至少可同时接收 6 颗卫星的信号。GPS 接收单元可向中心母钟输出标准时间信号，用标准时间信号校准和修改中心母钟的时间。

GPS 标准时间信号接收单元是为了向时间服务系统提供高精度的时间基准而设置，时间服务系统通过中心母钟对 GPS 接收单元接收的标准时间信号的不断接收、判断、校时和再接收，来实现系统的长期无累积误差运行。GPS 标准时间信号接收单元采用单片机处理来 GPS 的标准时间信号，经由 RS-485/422 接口每秒的零毫秒时刻向中心母钟发送标准时间信号，从而实现对中心母钟内部时钟的精确校准。

GPS 接收单元还具有阻绝电磁波干扰和抗雷击的性能，具有电源指示、工作状态、故障指示灯。

（3）通信接口扩展口

中心母钟设置的多路输出接口单元除了能够为多路子钟其他各系统提供标准时间信号以外，还需要预留充足的扩展接口，可根据未来的发展及实际需要方便地进行扩容。

母钟通过通信接口扩展口控制子钟的运行。监控中心计算机通过该扩展口，能接收到整个系统母钟及各子钟运行状况数据及标准时间信号。

（4）子钟

在办公区、交易大厅等场所设置子钟，接收母钟发出的时间信号，产生标准时间信号进行时间信息显示，其显示方式可为模拟式和数字式两种。子钟脱离母钟时能够单独运行。

子钟在调整时间时，子钟在接到母钟指令后立即将时间显示按母钟发出的命令进行调整。

（5）传输通道

母钟到子钟之间的传输通道为超五类双绞线。接口标准为 RS-422。母钟与其他局域子网之间采用 NTP 接口，通信协议为 TCP/IP 协议。

（6）计算机信息监控中心

时钟监测系统为一台高性能的计算机加监控软件，通过数据传输通道，实时监测全楼时间服务系统的运行状态。发现故障立即自动拨传呼通知维护人员，并发出声光报警信息。

在时钟监控主机上可以查看本系统任何一个子钟的运行状况并进行必要的操作校对、停止、复位、追时、倒计时、时间的设置等。

（7）NTP 时间网络服务器

NTP 支持对安装 UNIX、WINDOWS、LINUX 等常见操作系统的服务器或计算机设备进行网络校时。NTP 网络时间服务器支持的网络特性有：TCP/IP，基于 WEB 的 HTML，NTPv2（RFC1119）&NTPv3（RFC1305），以及 SNTP、SNMP 等。

（8）NTP 服务器与其他局域网的校时过程

NTP 时间服务器通过 RS-232/422/485 通信口接收中心母钟发来的时间信号，再通过计算机网络系统服务器，使用 NTP 网络时间协议，同步网络内的服务器、客户机以及相关计算机系统的时间。NTP 时间服务器与其他系统计算机之间的数据交换支持 UDP 广播式和 C/S 访问式网络时间发送协议，为了避免对网络系统设备造成通信冲击，应采用 C/S 访问式的网络时间发送协议。

4. 时钟系统的功能

（1）同步校对

系统通过信号接收单元不断接收 GPS 发送的时间码及其相关代码，并对接收到的数据进行分析、校对。GPS 接收机将标准时间信号输出给中心母钟作为标准时间源。时间源经过切换装置后通过 RS-485/422 方式将 0183 格式的时间码输出给各个子网中的 NTP 时间服务器，每个子网由一台 NTP 时间服务器来接收，供每个子网内的计算机、网络设备和串口子钟进行时间同步。

（2）时间显示

安装方式采用壁挂式和吊挂式。可以采用高亮度白色或单面和双面时间子钟，建议采用数字式子钟，时间显示建议采用"时：分"显示。

（3）时间发送

向整个楼宇智能化管理的其他弱电系统以及建筑用户提供同步时间信号，使建筑内部所有的电子设备有标准的时间依据。

（4）系统监测功能

在控制中心设置时间服务系统管理终端设备，具有自诊断功能，可进行故障管理、性能管理、配置管理、安全管理。

中心级设备能够检测到区级设备的运行状态信息，对时间服务系统的工作状态、故障状态进行显示，能实时地、详细地反映系统内部各模块的状态，并能够对全系统时钟进行点对点的控制，其主要监控及显示的内容包括：各种主要设备、子钟及传输通道的工作状态，对时间服务系统的控制（复位、停止、校对、追时等），各种主要设备、子钟及传输通道的工作状态，倒计时时间长短设置、故障记录及打印输出等。

系统出现故障时能够发出声光报警，指示故障部位。告警信号能引至有关值班室。通过传呼通知有关人员。

5. 时钟系统的工作方式与系统组织

（1）系统所有设备均按能满足全天候不间断连续运行。

（2）系统具备可监控性，通过中心母钟机柜和值班室内的监控管理计算机终端能够实时监测时钟系统主要设备的运行状态及故障状态，并具有集中告警和远程联网告警功能。

（3）设计采用分布式结构，由中心母钟、NTP 服务器、子钟、监控管理计算机终端、信号分路输出接口箱及传输通道等组成。通过计算机进行集散式控制。

（4）为提高系统的可靠性，系统设计采用闭环控制，实施隔离技术、断电保护、软件自诊断措施等，软硬件设计采用较大冗余度。

（5）系统设计需要考虑电磁电机所产生的电磁波对时钟系统的干扰，采用了抗电磁、抗电气干扰的设备和电缆，并采取必要的防护措施。

（6）设备的防护等级：IP≥45（室内）；IP≥65（室外）。

（7）系统使用率：时钟系统所有设备和部件均是必要和可用的，可用率≥99.9%。

（8）时钟系统连线示意图（见图 36-69）。

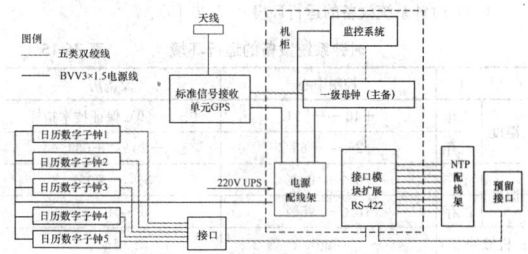

图 36-69 时钟系统连线示意图

36.12.2.2 系统的安装要求

（1）时钟系统的设备，诸如中心母钟、时间服务器、监控计算机、分路输出接口箱应安装于机房的机柜内，并符合下列要求：

1）按设计及设备安装图进行分路输出接口箱与子钟等的连接。

2）中心母钟机柜安装位置与 GPS 天线距离不宜大于 300m。

3）时间服务器、监控计算机的安装应符合本章第 36.7.2 小节"计算机网络设备安装"的要求。

（2）子钟安装应牢固。壁挂式子钟的安装高度宜为 2.3～2.7m。吊挂式子钟的安装高度宜为 2.1～2.7m。

（3）天线应安装于室外，至少三面无遮挡，且在建筑物避雷区域内。

（4）天线应固定在墙面或屋顶上的金属底座上。

（5）大型室外钟的安装应符合下列要求：

1）应根据室外钟的尺寸，考虑风力影响做室外钟支撑架；

2）对于钢结构的建筑，应以焊接的方式安装室外钟支撑架；

3）对于混凝土结构的建筑应以预埋钢架的方式安装室外钟支撑架；

4）应按设计要求安装防雷击装置；

5）应做好防漏、防雨的密封措施。

（6）时钟系统设备工作环境要求：

1）工作环境温度：+5～+45℃（室内）；−25～65℃（室外）；

2）工作环境相对湿度：5%～90%（室内，25℃时）；5%～95%（室外，25℃时）；

3）海拔高度：小于 1200m。

（7）设备接地要求：时钟系统采用系统接地，接地电阻小于 1Ω。

（8）时钟系统的综合布线采用 BVV3×1.5 线缆连接时钟设备的电源，5 类及以上线连接时钟设备的通信，中心母钟或接口与每个子钟的通信距离超过 1200m，需增加中继器。中心母钟预留二级母钟的扩展接口，便于增加二级母钟，二级母钟与中心母钟为点对点连接。

（9）时钟系统设备的防雷措施：

针对夏季雷雨多的气候情况，投标人对时钟系统采取以下防雷措施：

1）GPS 天线接收头处于室外，其本身厂家生产时已在其电路中采取了隔离措施以防雷。

2）时钟系统设备包括中心母钟及所有子钟的电源均采用压敏电阻，起到抗浪涌的作用。

3）电缆布线的过压保护采用气体放电管保护器。电缆布线的过流保护采用能够自恢复的保护器。

4）时钟系统的传输接口芯片均采用抗雷击芯片。

5）时钟系统安全保护的接地电阻不大于 1Ω。

（10）GPS 天线的抗风和抗冰雹冲击及防雨水：

由于 GPS 天线体积很小，直径只有 40mm×40mm×15mm，

因此受风面积很小，只要吸附牢固可靠的安装支架（金属）上完全可以经受 24～40m/s 的瞬时最大风速的袭击；GPS 天线的外客采用的全密封的玻璃钢外壳能承受最大直径为 20mm 的冰雹打击以及雨水的长时间冲刷；另外对于环境温度的剧烈变化、阳光的烤晒、酸雨的侵蚀等环境因素在设计上也采取了周密的防护措施，可以确保在北京的室外环境下使用寿命不少于 30 年。

（11）时钟系统设备的运行环境（表 36-15）：

时钟系统设备的运行环境　　表 36-15

项　目		控制中心	设备房
温度	工作	+10～+50℃	0～+60℃保证技术指标
	贮存	-25～+65℃	-20～+65℃
湿度	工作	20%～90%	5%～90%
	贮存	10%～95%	0～100%
机械冲击		4g	4g
机械震动		5～20Hz 1.8mm（振幅）20～100Hz；1.4g	5～20Hz 1.8mm（振幅）20～100Hz；1.4g

（12）设备供电：

在弱电机房的 GPS 接收单元、中心母钟维护终端需要提供 UPS 交流 220V±20%，50Hz±10Hz 电源。在各地子钟提供交流 220V±20%，50Hz±10%Hz 电源。

（13）设备接地：

时钟系统所有设备需可靠接地，确保用电安全，接地电阻小于 1Ω。所有的子设备采用金属机壳，与电源接地线可靠连接以接地，中心母钟和二级母钟除了各模块外壳通过电源线的地线接地外，还采用机柜外壳通过 12mm² 的扁铜带与主机房的接地端子牢靠连接，以达到消除静电的目的。具体接地如下：

1）工作接地：母钟设备和子钟设备的工作基准地浮空，采用多点接地。

2）安全接地：母钟设备的地线接至机柜的地线端子上，引至机房等电位端子箱后引至建筑物综合接地体，接地电阻小于 1Ω。子钟采用外壳保护接地引至等电位端子箱。

3）电磁兼容接地：母钟设备将信号电缆线的屏蔽层、电源地线接入大地，来起到抑制变化电场的干扰。接地点选在信号源侧。

4）子钟电源电缆线地线接大地；信号电缆线的地线与系统地相连。

36.12.2.3 系统的调试、检测与检验

1. 时钟系统的调试和测试要求

（1）配置服务器、计算机的软件系统的参数，处理功能、通信功能应达到设计要求。

（2）调试系统设备，应对出现故障的设备、软件进行修复或更换。

（3）调试时钟精度，误差不宜大于 1ms。

（4）应通过监控计算机对系统中的母钟、子钟、时间服务器进行配置管理、性能管理、故障管理。

（5）应通过监控计算机对子钟进行时间调整、追时、停止等功能调试，并达到对全部时钟的网络连接与控制。

（6）应调试母钟与时标信号接收器的同步、母钟对子钟同步，并达到全部时钟与 GPS 同步。

（7）应调试双母钟系统的主备切换功能、自动恢复功能。

（8）应对所有设备进行 144h 不间断的功能、性能连续试验，并符合下列要求：

1）试验期间，不得出现时钟系统性或可靠性故障，计时必须准确；否则，修复或更换后重新开始 144h 试验。

2）记录试验过程、修复措施与试验结果。

（9）144h 试验成功后，应进行与其他系统接口功能测试和联调测试，并符合下列要求：

1）时钟系统应与其他系统接口正确；

2）时钟系统应按设计要求向其他子系统提供基准时间。

（10）时钟系统联调：联调是指通信系统和机场其他系统的联合调试。在 144h 试验成功后，设备将进入联调。联调包括与其他系统的所有接口功能测试和综合联调测试两个阶段。

1）接口功能测试是证明本（子）系统所有与其他系统的接口功能正确。

2）检查其接口的正确性，负责处理通信系统与其他系统的接口出现的问题。

3）时钟系统按合同要求应向其他子系统提供正确标准时间信息。

2. 时钟系统的检验要求

（1）系统应具有监测功能：监控系统母钟、子钟、时间服务器、授时等的运行状况。

（2）系统应具有控制功能：母钟与时标信号接收器同步、母钟对子钟进行同步校时。

（3）系统断电后应具有自动恢复功能。

（4）系统应具有对其他弱电系统主机校时和授时功能。

（5）母钟独立计时精度、子母钟同步误差等主要技术参数应符合设计要求。

3. 时钟系统的电磁兼容测试

合格的时钟系统本身对周围的系统、设备不产生明显的电磁干扰，测试要求如下：

（1）设备骚扰值符合 IEC 61000-6-4 及《电磁兼容　试验和测量技术》GB/T 17626 的要求，其中电源端口传导骚扰限值见表 36-16，测量距离 30m 处的辐射骚扰限值见表 36-17。

电源端口传导骚扰限值　　表 36-16

频率范围（MHz）	限值 dB（uV）	
	准峰值	平均值
0.15～0.50	69	56
0.50～5	67	55
5～30	65	53

测量距离 30m 处的辐射骚扰限值　　表 36-17

频率范围（MHz）	准峰值 dB（uV/m）
25～230	26
230～1000	55

（2）设备抗扰度限值符合 IEC 61000-6-2 及《电磁兼容　试验和测量技术》GB/T 17626 的要求，其中机箱端口的抗扰度限值见表 36-18，电源、信号等端口的抗扰度限值见表 36-19。

机箱端口的抗扰度限值　　表 36-18

环境现象	试验规范	单位
工频磁场	49	Hz
	28	A/m
射频电磁场辐射	80～1000	MHz
	10	V/m
	79	%AM（1kHz）

电源、信号等端口的抗扰度限值　　表 36-19

环境现象	试验规范	单　位
射频耦合	0.15～80	MHz
	10	V/m
	77	%AM（1kHz）

（3）时钟系统关键设备均需要通过国家电磁兼容检测权威认证单位的检验和测试，各项指标均符合 IEC 61000-6-4 和 IEC 61000-6-2 的要求，并取得标明各项电磁性能合格的检验报告。

4. 系统安装调试时需最终用户提供的条件

（1）需最终用户提供时钟系统安装调试的必要条件：场地、电源、进出现场的便利等。

（2）机房室内预留安装一台 19 英寸标准机柜位置。

（3）按深化设计图纸留有足够子钟安装位置。

（4）将母钟、子钟、接口之间及其他设备之间的电源线和信号线缆预先布好。

（5）最终用户和工程总包商应派出工程人员负责安装工作的协调和控制，特别是但不限于土建与安装的协调、安装规则和工地治安方面。

（6）系统测试时，最终用户和工程总包商应派出工作人员协调有关接口方面的事宜，并审核投标人提交安装调试的检验测试报告。

36.12.3 信息导引及发布系统

36.12.3.1 信息导引及发布系统组成与结构

1. 信息导引及发布系统的作用

信息导引及发布系统也称为"多媒体信息导引及发布系统"或"多媒体信息发布系统"。它是一种以信息输出、播放为目的，以信息发布为主导的信息系统。它通过将文本、图片、动画、视频、音频有机组合，实时的形成一段段连续的画面，并通过多种显示设备，播放给人们观看，向人们传达各种宣传信息。

利用信息技术，以前在公众场合用枯燥文字显示的消息，变成了色彩绚丽的画面生动地显示出来。特别是在人员流动性很大的地方，比如：机场、车站、医院、展览馆等等公共场所。近年在民航机场、火车站该系统的使用日益普遍。

2. 信息导引及发布系统的组成

信息导引及发布系统涉及文本、图片、动画、音频、视频、数据库数据以及各种实时数据等在 IP 网络环境下从发布、管理到播放的一系列技术问题。

信息导引及发布系统由功能强大的计算机设备配合专用系统软件构成系统服务器，再加上支撑网络、播放设备、显示设备组成。将服务器的信息通过网络（广域网或局域网）发送给播放器，再由播放器组合音视频、图片、文字等信息（包括播放位置和播放内容等），输送给液晶电视机等显示设备可以接受的音视频输入形成音视频文件的播放（见图 36-70）。

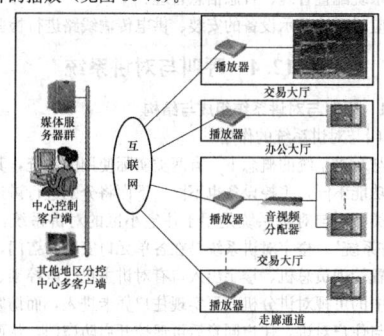

图 36-70 信息导引及发布系统示意图

3. 信息导引及发布系统结构

它采用 CS 结构，主从式体系，可借助于现有的通信网络，将信息传送到网络内的任何地方并播放输出。整个应用系统由信息导引及发布系统管理中心、网络平台、播放设备及显示终端构成。

（1）发布系统管理中心

管理中心放有信息制作工作站、播放管理服务器和媒体服务器。信息制作工作站主要功能是企业播放信息的制作、影音广播、实现多媒体信息的编辑工作。播放管理服务器设在系统管理中心，对终端播放器的远程管理和控制。系统的架构灵活，可以采用分布式流服务器管理。播放管理服务器上安装播放管理软件负责企业信息的播放，供管理员对播放器实施管理，如素材管理，编辑节目播出单，把节目单和节目内容传送到播放器上。一个管理工作站可以实现上百个网络播放器的远程、分布式实时管理，实现视频、音频、图片、控制信息、节目播出单的实时自动上载。同时，加装视频编辑软件，视频管理工作站可用于音视频节目的编辑、文件格式转换等。媒体服务器存储大量媒体信息资料，所有播放器播放的内容都从媒体服务器下载。

（2）网络平台

合理的布置各地区营运网点的联网的网络，让各播放器都连接

到控制中心的交换机上。并将从控制中心制作的媒体文件通过网络传播到终端播放器，实现终端和控制中心相互通信。

（3）播放设备

播放器放在企事业单位的大厅，和显示终端相连接，能响应中心服务器集群发送的各种管理控制命令，可工作在时间线和内容序列两种不同模式下，即用户可根据管理需要向终端显示屏上发布各种音视频信息，一次内容安排后终端播放器即不再需要人工值守，也可以脱离网络播放；通过运行策略配置或手动监播命令可以方便地控制诸如休眠、恢复、停止、播放、音量增减、切换直播等一系列运行状态。

播放器支持多种音视频流格式、图像、文字和滚动字幕的组合播放。内容安全时分推送技术可以充分平衡网络流量，区分企业专网的工作时间，根据策略引擎自动安排传输队列，从而充分利用网络带宽。

（4）显示终端

系统支持多种显示设备，包括离子显示器（PDP）、液晶显示器（LCD）、CRT 显示器、前投射显示、背投显示器、网络触摸终端、多屏幕拼接显示墙等，根据企业特定需要选择特定的显示终端。

（5）信息导引及发布系统结构示意请参见图 36-71。

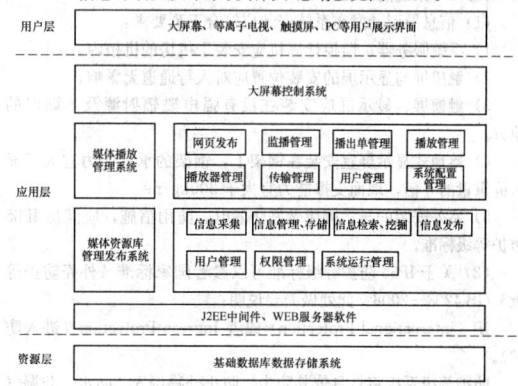

图 36-71 信息导引及发布系统结构示意图

4. 信息导引及发布系统的功能

（1）网络功能

支持现有的所有 IP 网络，支持各种网络协议并提供服务质量保证；实时信息发布：滚动字幕、图片、视频插播等；网络更新播放内容，无需人工更换；通过网络可集中或分布式管理播放终端，支持分级、分区管理；远程升级播放器固件，无需技术人员到播放器终端进行操作。

（2）专业功能

监播室功能：灵活实现插播、选播、跳播、轮播、循环播和播放、停止、暂停、休眠、音量控制、节目更新等。

媒体管理功能：视音频、图片、字幕等组合多媒体内容实时预览、编辑、转换、发布等。

节目单编辑功能：多种编辑视图，使用方便。

显示模板管理功能：模板编辑、保存、效果实时预览等。

播放器管理功能：各种参数配置。

权限管理功能：分级、分区、分功能。

分布式传输管理功能：实现大容量内容传输。

播出统计报表功能：提供存档、审核、计费的依据。

支持多种视音频编码标准和图片格式，播放质量可达高清电视水平（1920×1080i/p）。

方便实现与其他信息系统的集成，如广告合同管理子系统、非线性编辑子系统、媒体发布子系统等。

支持标准的协议与接口。

安全内容时分推送技术：可播放多种视频格式，可播放多种音频格式。

（3）智能功能

远程分布式节目传输及管理，实时监控播放器状态并获取播出

记录。

由节目单控制节目播放顺序及播放方式。

支持本地及远程硬盘播放模式。

定时传输素材和节目单,节目单可根据编辑策略自动生成。

播放器开机自动播放指定节目单,支持定时休眠和恢复。

5. 信息导引及发布系统的工作方式与系统组织

(1) 通用流服务架构体系

应满足大量应用的需要;运行于多种硬件和 OS 平台。

(2) 软件功能

素材管理:可以按素材类别建立与管理素材库目录,可以对素材进行文件管理操作。

素材编辑:可以在素材库中可对视频、音频、图片等素材内容进行预览、抓取、保存。

传输管理:可以通过"播放器文件列表"操作,实时更新播放内容。

播出单管理:可以按用户时间等类别建立播出单目录,对播出单目录进行编辑和删除,播出单的新建、编辑和删除。

播放器管理:创建播放器区域,用户可按需要建立播放器区域,实现播放器划分区域进行管理,播放器分组管理。

36.12.3.2 系统的安装

(1) 信息导引及发布系统安装应符合下列要求:

1) 系统服务器、监控计算机应安装于机房的机柜内。

2) 触摸屏与显示屏的安装位置应对人行通道无影响。

3) 触摸屏、显示屏应安装在没有强电磁辐射源及不潮湿的地方。

4) 落地式显示屏宜安装在钢架上,钢架的承重能力宜大于显示屏重量的 5 倍,地面支撑能力宜大于 300kg/m²。

5) 室外安装的显示屏宜做好防漏电、防雨措施,应满足 IP65 防护等级标准。

(2) 关于 IP65 防护等级标准可以参看国家标准《外壳防护等级》GB 4208—2008。此处做简要说明:

IP(International Protection)或者 Ingress Protection(进入防护)。

防护等级系统将灯具依其防尘、防止外物侵入、防水、防湿气之特性加以分级。这里所指的外物包含工具、人的手指等均不可接触到电器内的带电部分,以免触电。

IP 防护等级是由两个数字所组成,第一个数字表示灯具防尘、防止外物侵入的等级;第二个数字表示灯具防湿气、防水侵入的密闭程度。数字越大,表示其防护等级越高。

各数字的含义:

第一标记数字如 IP6 _ 表示防尘保护等级(6 表示无灰尘进入)。

第二标记数字如 IP _ 5 表示防水保护等级(5 表示防护水的喷射)。

0 无防护。无专门的防护。

1 防护 50mm 直径和更大的固体外来物。防护表面积大的物体比如手(不防护蓄意侵入)。1 防护水滴(垂直落下的水滴)。

2 防护 12mm 直径和更大的固体外来物。防护手指或其他长度不超过 80mm 的物体。2 设备倾斜 15 度时,防护水滴。垂直落下的水滴不应引起损害。

3 防护 2.5mm 直径和更大的固体外来物。防护直径或厚度超过 2.5mm 的工具、金属线等。3 防护溅出的水。以 60°角从垂直线两侧溅出的水不应引起损害。

4 防护 1.0mm 直径和更大的固体外来物。防护厚度大于 1.0mm 的金属线或条状物。4 防护喷水。当设备倾斜正常位置 15°时,从任何方向对准设备的喷水不应引起损害。

5 防护灰尘。不能完全阻止灰尘进入,但灰尘进入的数量不会影响设备的正常运行。5 防护射水。从任何方向对准设备的射水不应引起损害。

6 不透灰尘。无灰尘进入。6 防护大浪。大浪或强射水进入设备的水量不应引起损害。

7 防护浸水。在定义的压力和时间下浸入水中时,不应有能引起损害的水量侵入。

8 防护水淹没。在制造商说明的条件下设备可长时间浸入水中。

防水测试(IP _ 5)的测试方法和主要的测试条件定义如下:

测试方法——喷嘴的喷水口内径为 6.3mm,放于距离测试样品 2.5~3m 之处。

水流速率——12.5L/min ±5%。

测试持续时间——1min/m² 但是至少持续 3min。

测试条件——从每个可行的角度对测试样品喷射。

36.12.3.3 系统的调试、检测与检验

1. 信息导引及发布系统的调试和测试的要求

(1) 配置服务器、监控计算机的软件系统参数,处理功能、通信功能应达到设计要求。

(2) 对系统的显示设备进行单机调试,使各显示屏达到正确的亮度、色彩显示。

(3) 加载文字内容、图像内容,调试、检测各终端机正确显示发布的内容。

(4) 调试、检测软件系统的各功能,应达到符合设计要求。

(5) 测试终端机的音、视频播出质量,应达到全部合格。

(6) 系统调试后,应进行 24h 不间断的功能、性能连续试验,并符合下列要求:

1) 试验期间,不得出现系统性或可靠性故障,显示屏不应出现盲点;否则,修复或更换后重新开始 24h 试验;

2) 记录试验过程、修复措施与试验结果。

2. 信息导引及发布系统的检验要求

(1) 应对系统的本机软件功能进行逐项检验:主要内容为操作界面所有菜单项,显示准确性、显示有效性。

(2) 应对系统联网功能进行逐项检验:主要检验内容为网络播放控制、系统配置管理、日志信息管理。

(3) 应对系统显示设备的安装、供电传输线路进行检验。

36.12.4 呼叫与对讲系统

36.12.4.1 呼叫与对讲系统组成与结构

1. 呼叫与对讲系统的作用

呼叫与对讲系统的概念下,有两类实际使用的系统,其使用场合与系统功能不同,主控设备也不同。下面将分别进行讲述。

第一类呼叫与对讲系统是用于住宅小区的对讲系统,也称为"楼宇对讲系统"。楼宇对讲系统是在各单元口安装防盗门,小区总控中心设置管理员总机,楼宇出入口有对讲主机、电控锁、闭门器及用户家中的可视对讲分机。可实现住户凭卡进入,而访客需要在单元门口与住户对讲,住户同意后可遥控开启防盗门,从而实现遥控门禁。该类系统还有联防报警等功能,可以将红外报警,紧急按钮甚至燃气报警器等接到对讲分机上,若需要援助时,可通过该系统通知保安人员以得到及时的支援和处理。该类呼叫与对讲系统分可视对讲和非可视对讲两种产品。

第二类呼叫与对讲系统是用于医院的对讲系统,也称为"护士站对讲系统"、"护理呼叫系统",(下面,我们称之为"护理呼叫系统")这一类呼叫与对讲系统往往也有紧急呼叫功能。"护理呼叫系统"在护士站设置对讲系统主机,在病人的床边装有终端机,可实现病人与护士站之间的通话、紧急呼叫等功能;还可以进行状况显示,也具有对于内部医护人员的无线寻呼功能。

2. 呼叫与对讲系统的组成

(1) 住宅小区使用的呼叫与对讲系统

住宅小区使用的"楼宇对讲系统"主要由非可视(或可视)直按门口主机、门禁一体机、层间分配器、住户室内分机、系统不间断电源以及系统服务软件组成。

"楼宇对讲系统"的系统示意请参见图 36-72。

(2) 医院使用的呼叫与对讲系统(护理呼叫系统)

医院使用的"护理呼叫系统"主要由呼叫主机、呼叫对讲机、走廊吊屏、信号集中器、管理电脑、显示设备、无线寻呼设备以及系统服务软件组成。所有的呼叫对讲机与护理主机采用二芯线无正负极相连。实现院方提出的对呼叫系统的需求,包括呼叫、对讲、

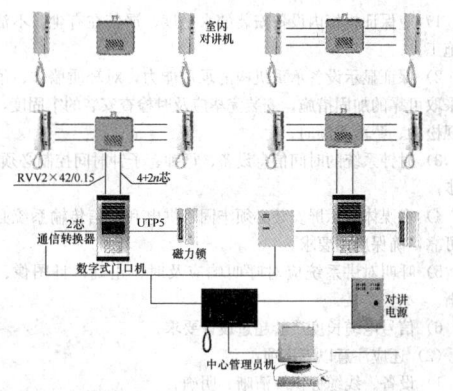

图 36-72　住宅小区使用的呼叫与对讲系统的组成

分级管理、无线寻呼、电脑管理等。也可根据院方的具体要求对系统进行局部定制，以符合院方的实际工作需要。

医院使用的"护理呼叫系统"的系统示意请参见图 36-73。

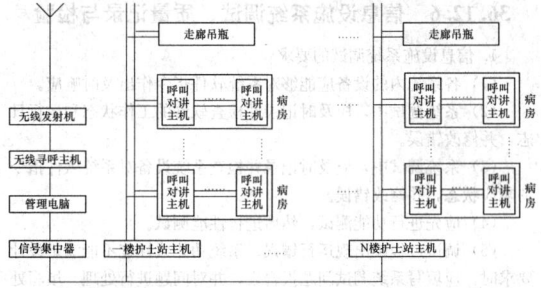

图 36-73　护理呼叫系统网络拓扑结构图

3. 呼叫与对讲系统的结构

对讲系统分为可视对讲和非可视对讲。对讲系统由主机、楼层分配器、若干分机、电源箱、传导线、电控门锁等组成。

(1) 对讲系统：主要由传声器和语音放大器、振铃电路等组成，要求对讲语言清晰，信噪比高，失真度低。可视对讲系统则另加摄像机和显示器。

(2) 控制系统：一般采用总线制传输、数字编解码方式控制，只要访客按下户主的代码，对应的户主拿下话机就可以与访客通话，由决定是否要打开防盗安全门。

(3) 电源系统：供给语言放大、电气控制等部分的电源，它必须考虑下列因素：

1) 居民住宅区市电电压的变化范围较大，白天负荷较轻时可达 250～260 V，晚上负荷重，就可能只有 170～180 V，因此电源设计的适应范围要大。

2) 要考虑交直流两用，当市电停电时，由直流电源供电。

3) 室内分机可根据需要再设置分机。

(4) 楼宇对讲系统用的电控防盗安全门是在一般防盗安全门的基础上加上电控锁、闭门器等构件组成。防盗门可以是栅栏式的或复合式的，关键是安全性和可靠性。

4. 呼叫与对讲系统的功能

(1) 住宅小区使用的"楼宇对讲系统"的功能

1) 可实现住户凭卡进入，而访客需要在单元门口与住户对讲，住户同意后可遥控开启防盗门，从而实现遥控门禁。

2) 该类系统还有联防报警等功能，可以将红外报警，紧急按钮甚至燃气报警器等接到对讲分机上，若需要援助时，可通过该系统通知保安人员以得到及时的支援和处理。

3) 该类呼叫与对讲系统分可视对讲和非可视对讲两种产品。

(2) 医院使用的护理呼叫系统的功能

1) 具有呼叫、对讲、广播、电脑管理、无线寻呼功能。

2) 呼叫按钮采用拨动开关进行编号任意设定，可以设定房间号（3 位）及床位号（2 位）。完全满足医院、福利院对呼叫号码的

设定要求。

3) 呼叫按钮和对讲功能集成在一个呼叫对讲机上面。呼叫对讲机上面还有复位按键，护理人员需要到达床位边上进行呼叫复位（清零）。

4) 护理主机在台式和挂壁式两种样式供用户选择。台式主机可摆放在桌面上，由 6 位数码管的显示装置。对讲及通话通过电话机进行。挂壁式顾名思义需要挂在墙壁上，有 LED 信号灯及病人信息插卡，一台护理主机最大可管理 128 个呼叫对讲机。

5) 挂壁式主机，当有多个呼叫系统发生时，面板上对应的 LED 信号灯同时闪亮，医护人员对呼叫信息一目了然。医护人员按收到信号的先后次序与护理对象进行通话。当有特护信号传来，优先接听特护信号。

6) 台式主机，对讲功能可以屏蔽，若不使用对讲功能，则当有多个呼叫信号发生时，数码管每隔 3s 轮番显示呼叫信号。当启用对讲功能时，则接听完一个呼叫信号后，另一个呼叫信号才显示出来。

7) 走廊吊屏带有时钟功能，当有多个呼叫信号发生时，走廊吊屏轮番显示呼叫信息，便于护理人员方便查看呼叫信息。当没有呼叫发生时，走廊吊屏显示当前的时间。可手动设置时钟。

8) 护理主机及走廊吊屏上有和弦音乐供选择，音量可调。

9) 当线路出现故障时，护理主机可提示故障发生的可能原因。

10) 无论在通话或呼叫状态，其他床位仍可呼入并灯光显示，此时，听筒里有"滴滴"的提示声，表明有另外的信号呼人。

11) 呼叫对讲机上有 LED 指示灯，当呼叫启动时，LED 灯点亮，表明呼叫信息已经成功传递出去；当主机叫通该呼叫对讲机时，LED 灯也闪亮，表明此时已经接通。

12) 呼叫对讲可实现双工双向任意对讲，话音清晰，如同电话机通话一般。

13) 通过护理主机可对各呼叫对讲机实现广播功能，即主机启动广播功能时，所有的呼叫对讲机均可听到讲话。呼叫对讲机有广播开关按钮，广播功能可以被屏蔽。

14) 系统可设不同的护理级别，高级别的床位启用呼叫信息时享有优先权。

15) 所有的呼叫信息均可存储在管理电脑中，供院方进行查询审核，便于实行量化考核。整个呼叫系统，只需要一台管理电脑就可完成呼叫记录。

16) 呼叫对讲机可接红外遥控按钮，实现无线遥控功能。通过这样的技术，可以对呼叫床位进行方便扩充。

17) 系统可接无线寻呼、通话录音、手机短消息等功能。

5. 呼叫与对讲系统的设计

呼叫与对讲系统的设计依据为：

(1)《楼宇对讲系统及电控防盗门通用技术条件》GA/T 72—2005。

(2)《楼宇对讲电控防盗门安全要求》DB/998—72。

36.12.4.2 系统的安装

呼叫对讲系统的安装应符合下列要求：

(1) 对讲系统安装应执行《安全防范工程技术规范》GB 50348—2004 第 6.3.6 条规定。

(2) 供电、防雷与接地系统施工应执行《安全防范工程技术规范》GB 50348—2004 第 6.3.6 条，还应符合下列要求：

1) 电源系统、信号传输线路、天线锁线以及进入设备机房的电缆入室端均应采取防雷和过压、过电流保护措施。电涌保护器接地端和防雷接地装置应做等电位连接。

2) 接地母线应铺放在地槽或电缆走道中央，并固定在架槽的外侧。母线应平整，不得有歪斜、弯曲，母线与机架或机顶的连接应牢固、端正。接地母线的表面应完整，无明显损伤和残余焊剂渣，铜带母线光滑无毛刺，绝缘线的绝缘层不得有老化、龟裂现象。

(3) 医院使用的护理呼叫对讲系统的安装应符合下列要求：

1) 挂壁式主机的安装高度宜为 1.2～1.8m；

2) 台式主机宜安装在值班人员办公台前。信号集中器安装位置应临近主机；

3) 呼叫按钮宜安装在便于触及的位置;

4) 拉式呼叫开关可视情况安装在不影响视觉效果、易于拉线的位置;

5) 无线寻呼天线的安装位置附近不应有强电磁辐射源;

6) 安装扬声器箱体时,应保持吊顶、墙面整洁。

(4) 小区楼宇呼叫对讲系统的安装应符合下列要求:

1) 室外呼叫对讲终端的安装高度宜大于 1.2m;

2) 室外呼叫对讲终端应做好防漏电、防雨措施;

3) 信号集中器安装位置临近呼叫主机。

36.12.4.3　系统的调试与检测

1. 呼叫与对讲系统质量控制的要点

(1) 呼叫对讲系统应对呼叫响应及时、正确,且图像、语音清晰。

(2) 设备、线缆标识应清晰、明确。

(3) 各设备、器件、盒、箱、线缆等的安装应符合设计要求,布局合理,排列整齐,牢固可靠,线缆连接正确,压接牢固。

(4) 馈线连接头应牢固安装,接触良好,并采取防雨、防腐措施。

2. 呼叫与对讲系统调试前的准备工作

呼叫与对讲系统调试准备工作应符合下列要求:

(1) 系统调试前,施工单位应制定调试方案、测试计划,并经会审批准。

(2) 设备规格、安装应符合设计要求,安装稳固,外壳无损伤。

(3) 采用 500V 兆欧表对电源电缆进行测量,其线芯间、线芯与地线间的绝缘电阻不应小于 1MΩ,另有规定的除外。

(4) 设备及线缆应标志齐全、准确,符合设计要求。

(5) 机柜、控制箱、支架、设备及需要接地的屏蔽线缆和同轴电缆应良好接地。

(6) 各系统供配电的电压与功率应符合设计要求。

3. 呼叫对讲系统的调试和测试要求

(1) 配置服务器、计算机、呼叫对讲主机的软件系统参数,处理功能、通信功能应达到设计要求。

(2) 对各设备进行调试,达到正确的使用状态。

(3) 对系统的各终端进行编码并在该软件系统中记录其位置。

(4) 逐个、双向调试呼叫对讲主机与呼叫对讲终端机响应状态,应达到响应正确,信号灯闪亮正确明晰。

(5) 调试、测试系统的无线寻呼功能,应达到在设计的覆盖区良好传输与准确响应。

(6) 调试、测试系统的显示功能,各显示屏显示的信息应准确、明晰。

(7) 调试、测试系统终端的图像、语音,应使失真达到设计要求。

(8) 调试、测试系统门禁的开启功能,应使门禁正确响应开启请求。

(9) 调测与测试中,如应用软件系统出现错误,应检查、修改软件并重新开始配置与调试。

(10) 系统调试后,应进行 24h 不间断的功能、性能连续试验,并符合下列要求:

1) 试验期间,不得出现系统性或可靠性故障,否则应修复或更换后重新开始 24h 试验;

2) 记录试验过程、修复措施与试验结果。

4. 呼叫对讲系统的检验要求

(1) 呼叫对讲主机与每个呼叫对讲终端机应响应及时、正确。

(2) 应对呼叫对讲系统的音频效果进行检验。

(3) 应通过采用声压计检验呼叫对讲系统的广播、呼叫性能。

(4) 呼叫对讲系统的图像、语音应清晰。

36.12.5　施工质量控制

(1) 各系统设备与大屏幕在安装、调试和检测时,需要特别注意以下的事项,这也是验收的质量主控项,以便保障对于该系统安装、调试的质量控制;

1) 应保证机柜内设备安装的水平度,严禁在有尘、不洁环境下施工。

2) 保证显示设备承重机构的承重能力,对轻质墙体、吊顶等须采取可靠的加固措施,安装完毕应及时检查安装的牢固度,严禁出现松动、坠落等倾向。

3) 时钟系统的时间信息设备、母钟、子钟时间控制必须准确、同步。

4) 多媒体显示屏安装必须牢固。供电和通信传输系统必须连接可靠,确保应用要求。

5) 呼叫对讲系统应对呼叫响应及时、正确,且图像、语音清晰。

6) 信号电缆长度严禁超过设计要求。

(2) 还应注意以下事项:

1) 设备、线缆标识应清晰、明确。

2) 各设备、器件、盒、箱、线缆等的安装应符合设计要求,布局合理,排列整齐,牢固可靠,线缆连接正确,压接牢固。

3) 馈线连接头应牢固安装,接触良好,并采取防雨、防腐措施。

36.12.6　信息设施系统调试、质量记录与检验

1. 信息设施系统调试的要求

(1) 各系统内的设备应能够对系统软件指令作出及时响应。

(2) 系统调试中,应及时记录并检查软件的工作状态和运行日志,并修改错误。

(3) 系统调试中,应及时记录并检查系统设备对系统软件指令的响应状态,并修改错误。

(4) 应先进行功能测试,然后进行性能测试。

(5) 调试过程中出现运行错误、系统功能或性能不能满足设计要求时,应填写系统调试问题报告表,并对问题进行处理、填写处理记录。

2. 质量记录

各系统在调试和测试完成后,应进行试运行,并整理下列资料:

(1) 应整理系统设备检验、安装、调试过程的有关资料。

(2) 应整理工程中各阶段的检验资料,如检验批记录、系统检测记录。

(3) 应对试运行情况进行记录。

3. 系统检验

各系统检验应符合下列要求:

(1) 应对各系统进行检测,并填写检测记录和编制检测报告。

(2) 设备及软件的配置参数和配置说明应文档齐全。

36.13　信息化应用系统

36.13.1　信息化应用系统的结构与组成

36.13.1.1　信息化应用系统一般结构

信息化应用系统主要有以下内容。

1. 办公系统

办公系统都是根据客户办公自动化应用的具体要求,从广泛的用户需求中抽象出通用模型,设计成核心组件,围绕着工作流技术并结合信息门户的应用需求开发出来的办公系统。该类软件产品的目标是帮助客户快速地建立内部信息沟通,并实现工作流转与文件管理的自动化,建立起一个弹性、灵活、高效、安全的电子化协同办公与知识管理环境。

(1) 常见的功能模块示意请参见图 36-74。

(2) 系统架构:

办公应用平台多基于 J2EE、XML 的体系结构、基于组件的多层架构技术进行设计开发的,基于 WEB 应用的工作流应用系统。其核心的工作流引擎以组件形式封装,与数据库和用户界面分开,便于系统维护和与单位内部其他系统进行互联。

办公系统架构示意请参见图 36-75。

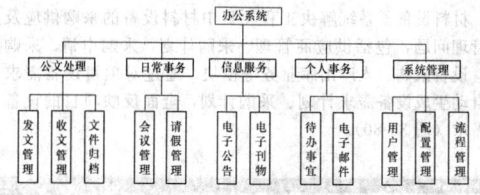

图 36-74　办公系统模块图

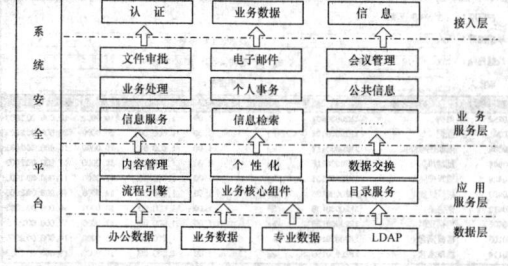

图 36-75　办公系统架构图

（3）系统基本功能

1）办公自动化系统应支持各种 JAVA 应用服务器，如 WebLogic、WebSphere、Tomcat 等。

2）系统允许用户个性化定制应用内容和系统风格，同时又允许管理员进行分级管理，可实现办公系统和 Portal 门户无缝集成，系统同时支持 WebSphere Portal 和 WebLogic Portal。

3）符合 WFMC（工作流管理联盟）规范的简单易用、功能强大的 Web 工作流程引擎，可分级管理并支持子流程。同时可以使用流程引擎与现有应用系统进行业务流程整合。

4）系统采用标准的三层结构，表现层、业务层和数据层分离，各个功能模块以组件的形式嵌入在应用框架中，实现功能模块的即插即用和动态组装。

5）无缝集成 MS Word 和 WPS，具有强大痕迹保留功能，兼容所有 MS Office 版本，无宏代码，文件模板可轻松配置、升级和管理，文件安全性高同时还具有在浏览器上预览文件正文的独特功能。

6）系统具有独特的文件正文内容检索功能，方便用户使用。

7）独特的会话处理机制，系统自动保存会话过期数据，方便用户使用。用户输入的数据在系统会话过期后，重新登录系统，系统允许用户继续操作上次会话过期前的数据，极大减轻了用户的重复劳动，系统使用更趋人性化。

8）强大的报表自由定制打印功能。用户可以根据自己的需求自由定制数据报表，而且系统允许用户直接将报表打印成 PDF 文件。

9）支持 SSL 身份认证方式。

2. 一卡通系统

"一卡通"系统是针对目前使用的证件繁多、管理繁杂的情况而设计的，比如，在学校，用一张卡代替目前使用的菜饭票、考勤卡、洗浴票、开门钥匙、借书证、上机卡、巡检记录本等，从根本上实现"一卡在手，走遍单位"的设想。通过单位的综合网络，逐步将各处的电脑联成一个比较大的数据网，实现全校各类数据的统一性和规范性，大大提高了单位的内部管理。

基于单位内网络的智能卡应用系统（简称一卡通），以单位内系统网络为依托，实现在单位内部的电子货币、身份识别、出入口门禁管理、综合结算、金融管理等诸多功能。有力地推进单位内部的网络化、信息化过程，为单位内部的集中管理与分散操作、高效运作提供了有效的工具。单位领导、员工等人员，人手一张，一卡通用。一卡通作为身份识别的手段，可用于考勤、多种消费、安全门禁控制管理、巡检管理及其他各种为单位内部人员服务的项目。

（1）常见的功能模块示意请参见图 36-76。

（2）系统架构：

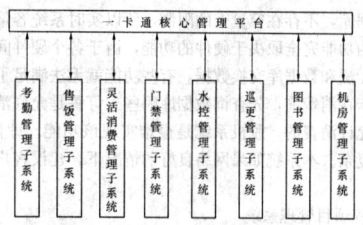

图 36-76　常见的功能模块图

一卡通系统应用平台基于 WEB 应用的工作流应用系统。其核心的工作流引擎以组件形式封装，与数据库和用户界面分开，便于系统维护和与单位内部其他系统进行互联（见图 36-77）。

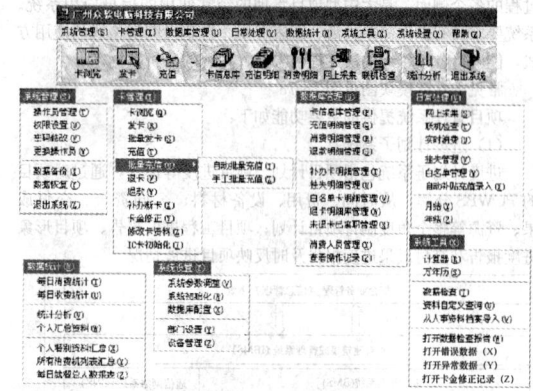

图 36-77　一卡通系统架构图举例

（3）一卡通系统具有以下主要功能：

1）身份标识功能：显示身份与个人基本信息，进出大门、寝室出入管理和考勤管理。

2）查询功能：人员基本信息、巡检信息、门禁、消费信息、图书借阅资料等。

3）租借功能：可租借单位设备、体育器材、图书音像资料。

4）电子钱包：存储现金、奖金、单位内购物、进餐、上机、复印等。

5）形象功能：由于是局域网系统，真正体现了管理的信息化和先进性，属于未来发展的趋势。由于是统一管理，大大提高了单位内部的信息化管理和单位内的统一形象。

（4）一卡通系统的技术特点是平台化、模块化、实时化。系统包含考勤子系统、售饭子系统、灵活消费子系统、水控子系统、门禁子系统、巡更子系统、图书馆管理子系统等。

1）平台化：由于一卡通系统各个子系统既有一定的共性，又有很强的关联性，绝非简单地将各个系统人事共享就可以，举个简单例子：某位员工辞职，不能简单地将此人在人事库里删除，假如这个人在消费系统里的账还没有结清，将导致消费系统账目错误。而本系统将人事、卡的管理、结算中心、报表中心等一卡通系统共性的部分，在充分考虑数据关联性的前提下，做成一卡通核心平台，该平台是本系统的核心和必备部分。

2）模块化：本系统将每个业务都单独做成一个模块，这个就可以根据客户需要，灵活配置，自由组合，系统可大可小，扩展性强，管理方便。

3）实时化：实时是指每笔业务数据发生的同时，马上就送到数据库。实时化的好处很多，就实时化的优势而言，比如数据更安全，系统容量更大，具备更多的功能。特别是大系统，实时就非常必要，例如银行系统，都是实时系统。脱机系统的业务数据都是保存在硬件上，如售饭机，售饭机不可能不坏，万一售饭机损坏，存储在里面的业务就可能丢失，而实时系统会把业务数据直接送往数据库，硬件上不存储数据，降低了数据丢失的风险。脱机系统，由于硬件上的存储器容量有限，可存储的黑（或红）名单、业务数据等有限，满足不了大系统用户的要求，而实时系统，这些数据都

存储在数据库，不存在容量上的限制，所以实时系统容量更大。脱机系统上的功能完全取决于硬件的功能，由于各个硬件间数据无法交换，也无法和数据库交换数据，有些功能就无法满足了，比如订餐功能，卡在消费前，先查询数据库哪些人订餐是允许消费的，哪些人是不允许消费的，脱机系统是很难实现该功能。即使实现了，操作也很复杂。本系统如果网络良好的情况下，建议客户采用实时工作模式。

3. 工程项目管理系统

项目管理系统是常见的信息管理系统，它以项目管理理论为基础，结合中国项目管理现状，根据现代项目管理的科学理论，从项目资金投入、计划编制、资金使用、项目合同、设备采购、成本核算、协同办公、招标管理、资源分配、进度跟踪、风险分析、项目评估等各个角度，动态反馈工程项目的进展状态，涉及项目周期全过程的各个侧面，是大中型项目管理的经常使用的信息应用系统。系统要求具有操作简单灵活、图表美观、自定义图表格式的使用方式，能够为各级领导的决策提供方便、直观的分析数据。

常见的功能模块图见图36-78。

项目管理系统提供的主要功能如下：

（1）进度计划子系统

进度计划子系统包括项目计划、项目进度等模块，通过对项目的PCWBS分解，从时间、费用、设备材料、合同资金、交付成果、资源等多个角度制订项目计划；项目工程进度报告、项目形象进度报告和交付成果进度报告及时反映项目进展情况。

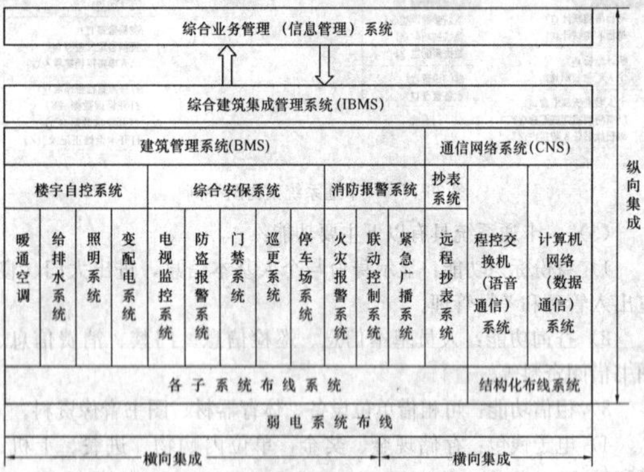

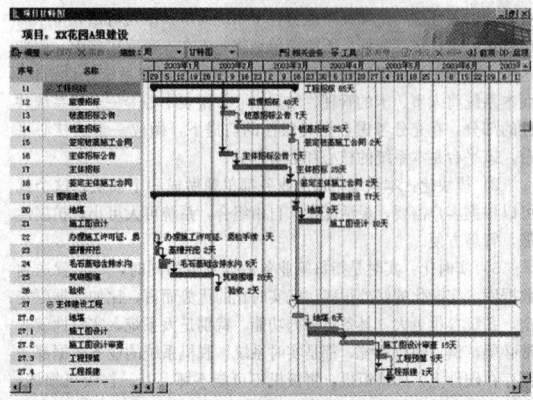

图36-78　工程项目管理系统功能模块图

1）项目、子项目、任务无限制多级划分，自动计算作业进度与标识关键路径。

2）支持多项目管理，分析比较各项目优劣。项目模板记录标准业务流程。

3）网络图、树状图、甘特图、PERT多角度表现项目/任务逻辑关系（图36-79）。

图36-79　工程项目管理系统架构图

4）项目计划调整，项目变更记录，分析计划全过程。

（2）材料设备子系统

材料设备子系统解决工程项目中材料设备的采购供应及库存管理问题，包括供应商管理、采购计划、采购申请、采购询价、设备采购、入库出库业务等模块，通过对项目设备需求分析自动生成设备需求计划、采购计划，全面反映项目的设备采购需求（图36-80）。

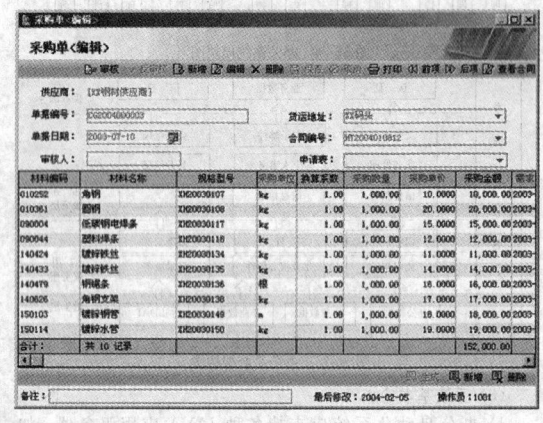

图36-80　工程项目管理系统应用界面

1）建立材料设备信息库、供应商信息库。

2）供应商比价及材料设备比价。

3）采购计划、采购申请、采购合同、到货跟踪等业务流程自动化。

4）工程进度计划自动生成材料设备采购计划，完成采购资金的分析。

5）库存管理完善项目现场的材料设备的使用过程。

（3）合同管理子系统

合同管理子系统包括合同模板、合同拟订、合同建立、合同变更、合同结算、款项拨付、支付计划、合同台账等功能模块，实现合同的分类、实时、动态管理十几种合同报表从不同的角度和层次，动态反映合同执行情况（图36-81）。

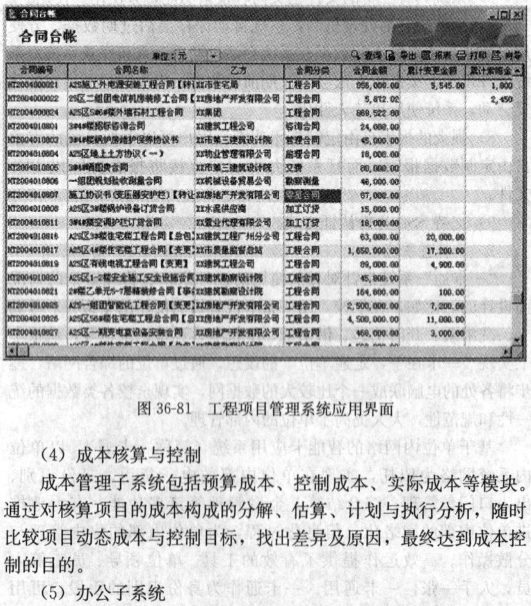

图36-81　工程项目管理系统应用界面

（4）成本核算与控制

成本管理子系统包括预算成本、控制成本、实际成本等模块。通过对核算项目的成本构成的分解、估算、计划与执行分析，随时比较项目动态成本与控制目标，找出差异及原因，最终达到成本控制的目的。

（5）办公子系统

办公子系统以工作流引擎为核心，基于项目业务平台，通过自定义流转技术，运用消息机制，实现对项目业务数据网上的传递、提报和审批，搭建项目干群人业务沟通的信息平台。

（6）文档管理子系统

在项目建设过程中，会形成大量的文档资料，包括设计图纸、合同、文件、往来信函等，科学、高效地管理这些文档资料，不仅是简单地分类保存，还要建立各种文档资料与项目/任务的关联关系，使每个项目相关人员都能够快速、准确地了解每份资料的详细情况。

（7）财务资金子系统

财务管理子系统包括资金计划、资金收支、财务处理和资金报表等模块，以项目资金收支为核心，全面实时地反映项目资金的流动和使用情况，可自动生成现金流量表，为项目资金的控制与平衡提供决策依据，同时还可通过财务接口与其他财务系统实现完美对接。

（8）质量管理子系统

质量管理子系统由质量规划、质量报告等模块构成，通过建立项目质量标准体系、进行项目质量管理规划和对项目/任务/交付成果的质量检验，实现对整个项目建设过程及交付成果的质量控制。

（9）招标管理

项目建设过程中，无论是设计招标、材料设备的采购招标、施工招标的管理流程基本是相同的，都需要对相关的供应商的资质、价格体系、质量保证、售后服务和历史使用状况进行考核。PM2的招标管理允许用户自定义多级招标考核指标，允许多名相关专家对每个厂家设备对各项评分指标打分，系统自动汇总产生投标厂家的专家评分汇总表和明细表，为领导决策提供依据。

（10）项目评估子系统

项目评估子系统由进度评估、EVMS评估和临界指数评估模块构成。它主要应用挣值分析（EVMS）技术，对项目的进度和成本进行评估，通过进度差异、费用差异、进度执行指数、费用执行指数等定量数据来客观反映进度的快慢、成本的超出和节省，便于项目高层领导和管理人员掌握项目总体信息。

（11）项目跟踪子系统

项目跟踪子系统将项目执行过程中常用的、需特别关注的项目信息汇集生成项目报告，便于项目高层领导和管理人员掌握项目总体信息。项目跟踪子系统由项目跟踪、资源跟踪、费用跟踪、财务跟踪和合同跟踪模块构成。它将项目在时间、资源、费用和成本方面的实际状况与计划进行对比，以发现计划与实际之间的偏差，它是项目控制的基础。

（12）风险分析子系统

风险分析子系统采用运筹学数理统计原理，对项目建设过程中的工期、成本，进行量化分析，项目进度计划和预算成本完成百分比。

（13）项目报告

项目报告子系统将项目执行过程中常用的、需特别关注的项目信息汇集生成项目报告，便于项目高层领导和管理人员掌握项目总体信息，它包括项目/任务摘要报告、关键任务报告、里程碑任务报告、即将开工任务报告、拖期任务报告、任务计划调整报告、项目/任务管理机构图表等具体内容。

（14）资源管理子系统

资源管理子系统包括资源计划、报表与分析等模块，实现项目人员、大型设备的优化、配置与管理。

（15）安全管理

安全管理子系统对项目建设过程中发生的安全问题，形成一个发现问题、解决问题、问题反馈及追踪的完整体系；同时，可以在系统中辅助规范项目施工过程中的安全法规或者企业规范等体系，并记录汇总项目安全日报、月报。

36.13.1.2　信息化应用系统组成

信息化应用系统有众多的具体应用系统，但其构成基本是：依赖于计算机网络，配置本系统专用的服务器或工作站，在系统专用的服务器或工作站上安装具体应用系统的软件，再配置数据库系统等系统支持软件。

36.13.2　信息化应用系统的安装施工

36.13.2.1　信息化应用系统安装施工

1. 施工准备

（1）技术准备应符合下列要求：

1）根据设计文件要求，施工单位应完成信息化应用系统的网络规划和配置方案、系统功能和系统性能文件，并经会审批准。

2）应具备软硬件产品的安装调试手册和技术参数文件。

3）施工单位应完成系统施工和调试方案，并经会审批准。

（2）材料与设备准备应符合下列要求：

1）设备和软件必须按《智能建筑工程质量验收规范》GB 50339—2003第3.2节的规定进行产品质量检查，应符合进场验收要求。

2）服务器、工作站和其他设备的规格型号、数量、性能参数应符合系统功能和系统性能文件要求。

3）操作系统、数据库、防病毒软件等基础软件的数量、版本和性能参数应符合系统功能和系统性能文件要求。

4）应收集用户单位的业务基础数据的电子文档或数据库。

（3）综合布线系统、信息网络系统及其他相关的信息设施系统施工完毕。

（4）施工准备还应按本章第36.1.3小节的要求进行。

2. 信息化应用系统安装施工

（1）计算机网络、服务器等设备的安装、调试、测试请参见本章36.7节。

（2）系统软件的安装、调试、测试也请参见本章36.7节，此处想着重说明的是：系统软件的安装、调试、测试是需要严格按照要求、次序、遵照规范进行的。应用系统安装施工见下文。

36.13.2.2　信息化应用系统安装施工要求

（1）依据系统功能和系统性能文件进行软件定制开发，并应按本章第36.1.3小节的要求进行应用软件的质量检查。

（2）应依据网络规划和配置方案、系统功能和系统性能文件，绘制系统图、网络拓扑图、设备布置接线图。

（3）服务器、工作站等设备安装应符合本章第36.7.3小节的要求。

（4）服务器和工作站不应安装和运行与本系统无关的软件。

（5）软件调试和修改工作应在专用计算机上进行，并进行版本控制。

（6）系统的服务端软件宜配置为开机自动运行方式。

（7）软件安装的安全措施应符合下列要求：

1）服务器和工作站上必须安装防病毒软件，应使其始终处于启用状态。

2）操作系统、数据库、应用软件的用户密码应符合下列规定：

①密码长度不应少于8位。

②密码宜为大写字母、小写字母、数字、标点符号的组合。

3）多台服务器与工作站之间或多个软件之间不得使用完全相同的用户名和密码组合。

4）应定期对服务器和工作站进行病毒查杀和恶意软件查杀操作。

36.13.3　施工质量控制

（1）信息化应用系统设备与软件在安装、调试和检测时，需要特别注意以下的事项，这也是施工质量控制的主控项，以便保障对于该系统安装、调试的质量控制：

1）应为操作系统、数据库、防病毒软件安装最新版本的补丁程序。

2）软件和设备在启动、运行和关闭过程中不应出现运行时错误。

3）软件修改后，应通过系统测试和回归测试。

（2）信息化应用系统在安装、调试和检测时，还有注意以下的事项：

1）应依据网络规划和配置方案，配酌服务器、工作站等设备的网络地址。

2）操作系统、数据库等基础平台软件、防病毒软件必须具有正式软件使用（授权）许可证。

3）服务器、工作站的操作系统应设置为自动更新的运行方式。

4）服务器、工作站上应安装防病毒软件，并设置为自动更新

的运行方式。

　　5) 应记录服务器、工作站等设备的配置参数。

36.13.4　信息化应用系统的调试与测试

36.13.4.1　信息化应用系统的调试

　　(1) 调试准备应符合下列要求：

　　1) 设备和软件安装完成，参数配置完毕。

　　2) 录入调试所需的业务基础数据或测试数据。

　　(2) 系统调试过程中，设计要求不间断运行的软件应始终处于运行状态。

　　(3) 应每天检查软件的工作状态和运行日志，并修改错误。

　　(4) 软件和设备正常运行后，应进行功能测试。

　　(5) 功能测试完成后，应进行性能测试。

　　(6) 调试过程中出现运行错误、系统功能或性能不能满足设计要求时，应填写系统问题报告单。

　　(7) 系统调试结束前应对所有问题报告进行处理，并应填写系统问题处理记录。

　　(8) 用户单位技术人员应参与功能测试和性能测试。

36.13.4.2　信息化应用系统的检测与检验

　　(1) 应对系统的应用软件进行检测，并完成检测记录和检测报告。

　　(2) 应对系统进行网络安全检测，并完成网络安全系统的检测记录和检测报告。

　　(3) 设备及软件的配置方案和配置说明文档齐全。

　　(4) 系统检验后必须将所有测试用户和测试数据删除。

36.14　住宅小区智能化系统

　　住宅小区的智能化是智能建筑技术向居民住宅小区的发展，用这些技术为住宅小区配置诸如安全防范系统、管理与监控系统和通信网络系统及其智能集成，对人们日常居住环境提供智能化的服务、高效的管理，为住户提供一个安全、舒适、便利的居住环境。

36.14.1　住宅小区的智能化

36.14.1.1　住宅小区智能化配置要求与结构

　　1. 住宅小区的智能化配置要求

　　住房和城乡建设部在《全国住宅小区智能化技术示范工程建设大纲》中对智能小区示范工程按智能化系统与技术划分了层次，在其后的国家标准《智能建筑设计标准》GB/T 50314—2006 有如下规定：

　　(1) 住宅小区配置的要求

　　1) 应配置家居配线箱。家居配线箱内配置电话、电视、信息网络等智能化系统进户线的接入点，应在主卧室、书房、客厅等房间配置相关信息端口。

　　2) 住宅（区）宜配置水表、电表、燃气表、热能（有采暖地区）表的自动计量、抄收及远传系统，并宜与公用事业管理部门系统联网。

　　3) 宜建立住宅（区）物业管理综合信息平台。实现物业公司办公自动化系统、小区信息发布系统和车辆出入管理系统的综合管理。小区宜应用智能卡系统。

　　4) 安全技术防范系统的配置不宜低于《安全防范工程技术规范》GB 50348—2004 中有关提高型安防系统的配置标准。

　　(2) 别墅小区配置的要求

　　1) 宜配置智能化集成系统。

　　2) 地下车库、电梯等宜配置室内移动通信覆盖系统。

　　3) 宜配置公共服务管理系统。

　　4) 宜配置智能卡应用系统。

　　5) 宜配置信息网络安全管理系统。

　　6) 别墅配置符合下列要求：应配置家居配线箱和家庭控制器；应在卧室、书房、客厅、卫生间、厨房配置相关信息端口；应配置水表、电表、燃气表、热能（有采暖地区）表的自动计量、抄收及远传系统，并宜与公用事业管理部门系统联网。

　　7) 宜建立互联网站和数据中心，提供物业管理、电子商务、视频点播、网上信息查询与服务、远程医疗和远程教育等增值服务项目。

　　8) 别墅区建筑设备管理系统应满足下列要求：应监控公共照明系统；应监控给水排水系统；应监控集中空调的供冷，热源设备的运行，故障状态；监测蒸汽、冷热水的温度、流量、压力及能耗，监控送排风系统。

　　9) 安全防范技术系统的配置不宜低于《安全防范工程技术规范》GB 50348—2004 先进型安防系统的配置标准，并应满足下列要求：宜配置周界视频监视系统，宜采用周界入侵探测报警装置与周界照明、视频监视联动，并留有对外报警接口；访客对讲门口主机可选用智能卡或以人体特征等识别技术的方式开启防盗门；一层、二层及顶层的外窗、阳台应设入侵报警探测器；燃气进户管宜配置自动阀门，在发出泄漏报警信号的同时自动关闭阀门，切断气源。

　　2. 住宅小区智能化系统结构

　　住宅小区智能化系统是以信息传输通道（现场总线、电话线、有线电视网、综合布线系统、宽带接入网等）为物理集成平台的多功能管理与监控的综合性系统，并可与CATV、公共交换网、互联网等联网使用。小区内部的信息传输通道可以采用多种拓扑结构（如树型结构、星型结构或多种混合型结构）。

　　住宅小区智能化的系统结构框图如图 36-82 所示。

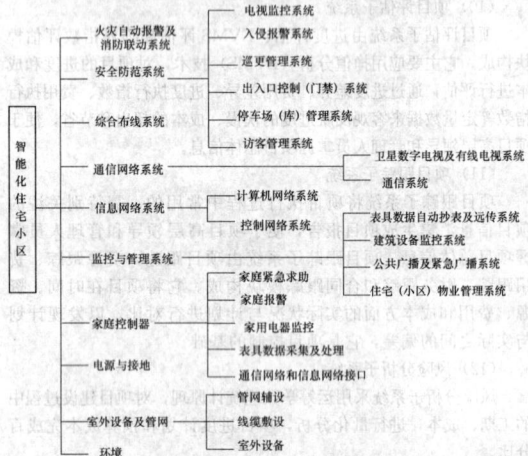

图 36-82　住宅小区智能化系统体系结构框图

　　3. 住宅小区智能化系统设备

　　(1) 小区物业管理智能化系统的硬件有信息网络、计算机、公用设备、计量仪表和电子器材等。系统硬件应具有先进性，避免短期内因技术陈旧造成整个系统性能不高或过早淘汰。

　　(2) 在充分考虑先进性的同时，硬件系统应立足于用户对整个系统的具体需求。选择适用、成熟技术与产品，最大限度地发挥投资效益。

　　(3) 无论是系统设备还是网络拓扑结构，都应具有良好的开放性。网络化的目的是实现设备资源和信息资源的共享，因此，计算机网络本身应具有开放性，并应提供标准接口，用户可根据需求，对系统进行拓展或升级。

　　(4) 计算机网络选择和相关产品的选择要以先进性和适用性为基础，重点考虑网络管理能力，同时考虑软件系统的兼容性。

　　(5) 系统的硬件应充分考虑未来可升级性。

　　4. 智能化系统软件

　　系统软件是小区物业管理智能化系统的核心，它的功能好坏直接关系到整个系统的水平。系统软件包括：计算机及网络操作系统、应用软件及实时监控软件等。

　　(1) 系统软件应具有很高的可靠性和安全性。

　　(2) 系统软件应操作方便，采用中文图形界面，采用多媒体技术，使系统具有处理声音及图像的能力。用机环境要适应不同层次

住户及物业公司人员的素质。

(3) 系统软件应符合国家标准、行业标准，便于多次升级和支持新硬件产品。

(4) 系统软件应具有可扩充性。

36.14.1.2 住宅小区智能化系统的等级划分

住宅小区的智能化等级将根据其具备的功能和相应投资来决定，建设部在《全国住宅小区智能化技术示范工程建设大纲》中对智能小区示范工程按技术的全面性、先进性划分为三个层次，对其技术含量作出了如下的划分，见表36-20。

在《全国住宅小区智能化系统示范工程建设要点与技术导则》中，还将住宅小区智能化系统评定标准分为三级：一星级、二星级、三星级。三个星级应分别符合下列要求：

1. 一星级

(1) 安全防范子系统：1) 出入口管理及周界防越报警；2) 闭路电视监控；3) 对讲与防盗门控；4) 住户报警；5) 巡更管理。

(2) 信息管理子系统：1) 对安全防范系统实行管理；2) 远程抄收与管理IC卡；3) 车辆出入与停车管理；4) 供电设备、公共照明、电梯、供水等主要设备监控管理；5) 紧急广播与背景音乐系统；6) 物业管理计算机系统。

住宅小区智能化系统功能及等级表　表36-20

功能		用　途	最低标准	普及标准	较高标准
物业管理及安防	1. 小区管理中心	对小区各子系统进行全面监控	*	*	*
	2. 小区公共安全防范 周界防范系统	对楼宇出入口、小区出入口、主要交通要道、停车场、楼梯等重要场所进行远程监控		*	*
	电子巡更系统	在保安人员巡更路线上设置巡更到位点触发按钮（或IC卡），监督与保护巡更人员		*	*
	防灾及应急联动	与110、119等防盗、防火部门建立专线联系及时处理各种问题		*	*
	小区停车管理	感应式IC卡管理		*	*
	3. 三表（电表、水表、煤气表）计量（IC卡或远传）	自动将三表读数传送到控制中心		*	*
	4. 小区机电设备监控 给水排水、变电所集中监控	实时监控水表的运行情况，对电力系统监控		*	*
	电梯、供暖监控	实时监控电梯和供暖设备的运行情况		*	*
	区域照明自动监控			*	*
	5. 小区电子广告牌	对小区居民发布各种信息		*	*
信息通信服务与管理	1. 小区信息服务中心	对各信息服务终端系统管理		*	*
	2. 小区综合信息管理中心	房产管理、住户管理、租金与管理费管理统计报表，住户可以通过社区网进行物业报修		*	*
	3. 综合通信网络	HBS、ISDN、ATM宽带网		*	*

（续表）

功能		用　途	最低标准	普及标准	较高标准
住宅智能化	1. 家庭保安报警	门禁开关，红外线报警器		*	*
	2. 防火、防煤气泄漏报警	煤气泄漏，发生火灾时发出告警，烟感、温感、煤气泄漏探测器		*	*
	3. 紧急求助报警 消防手动报警	紧急求助按钮-1		*	*
	防盗防抢报警	紧急求助按钮-2（附无线红外按钮）		*	*
	医务抢救报警	紧急求助按钮-3（附无线红外按钮）		*	*
	其他求助报警	紧急求助按钮-4		*	*
	4. 家庭电器自动化控制	在户外通过电话对家用电器进行操作，实现远程控制			*
	5. 家庭通信总线接口 音频	应用ISDN线路提供了128K的带宽，住户可在家中按需点播CD的音乐节目		*	*
	视频	宽带网的接入采用ADSL和FTTB加上五类双绞线分别能提供MPEG1和MPEG2的VCD点播		*	*
	数据	通过HBS家庭端口传输各类数据		*	*
铺设管网	根据各功能要求统一设计，铺设管网	建立小区服务网络	按二级功能	按二级功能	按一级功能

注：表中的 * 号表示具有此功能。

(3) 信息网络子系统：1) 为实现上述功能科学合理布线；2) 每户不少于两对电话线和两个有线电视插座；3) 建立有线电视网。

2. 二星级

二星级除应具备一星级的全部功能之外，同时在安全防范子系统和信息管理子系统的建设方面，其功能及技术水平应有较大提升。信息传输通道应采用高速宽带数据网作为主干网。物业管理计算机系统应配置局部网络，并可供住户联网使用。

3. 三星级

三星级应具备二星级的全部功能。其中信息传输通道应采用宽带光纤用户接入网作为主干网，实现交互式数字视频业务。三星级住宅小区智能化系统建设在可能条件下，应实施现代集成建造系统（HI-CIMS）技术，并把物业管理智能化系统建设纳入整个住宅小区建设中，作为HI-CIMS工程中的一个子系统。同时，HI-CIMS系统要考虑物业公司对其智能化系统管理的运行模式，使其实现先进性、可扩展性和科学管理。

以上智能化系统有关防火及煤气泄漏等涉及消防、安全的问题应遵守国家有关法规、标准、规范的规定。

36.14.2　住宅小区的智能化系统建设

36.14.2.1　安全防范系统

为给智能住宅小区建立一个多层次、全方位的安全防范系统，一般可以下列方式构成几道安全防线，并且把信息传输到小区集中控制中心：

(1) 周界防越报警系统：报警系统采用主动式红外探测器、感应线缆等方式对小区周界进行监测，以防范翻越围墙和周界进入小区的非法侵入者；这构成小区安全防范的第一道防线。

(2) 闭路电视监控：在小区的出入口、主要通道、车库等重要场所安装摄像机，将监测区域的情况以图像方式实时传送到管理中心。值班人员通过电视墙随时了解这些重要场所的情况。现在基本上都使用先进的数字式监控系统。这构成小区安全防范的第二道防线。

(3) 电子巡更系统：由保安员加上电子系统构成，保安人员对

小区内监管、巡逻：由电子巡更系统自动记录下巡更的日期、时间、位置等信息。这构成小区安全防范的第三道防线。

（4）访客（可视）对讲及 IC 卡门禁：是对来访客人与住户之间提供双向通话或可视通话，并由住户遥控防盗门的开关及向保安管理中心进行紧急报警的安全防范系统。在楼宇的每个单元入口设置联网的可视对讲系统和设置非接触式 IC 智能卡门禁系统。楼内住户通过其非接触式 IC 卡，控制门禁开门进入；对外人来访，可通过可视对讲系统与住户联系，确认其身份后，住户可遥控开门让访客进入楼宇。这构成小区安全防范的第四道防线。

（5）家庭防灾报警及应急联动：由安装在住宅内并联网的家庭报警系统及安装在小区应急联动系统构成。当窃贼非法入侵住户家或发生如煤气泄漏、火灾或老人急病等紧急事件时，通过安装在户内的各种自动探测器（以烟感探测器、门磁开关、双鉴探测器、玻璃破碎报警器等）和人工按键进行报警，使接警中心立即获得情况，迅速派出援助人员赶往住户现场进行处理，也可启动消防报警联动机制。这构成小区安全防范的第五道防线。

（6）小区停车场管理：通常采用感应式 IC 卡作为管理手段，具有身份（车辆）识别、遥控车库门开关、防盗报警、计时、计费、倒车限位等功能。

（7）小区集中控制中心：在社区保安中心建立智能化住宅技术防范系统的中央控制系统，将以上系统集成在一个网络平台下，对整个安防系统进行集中控制、监视和管理，并与区域派出所专线进行信息传递，从而科学地、全方位地对整个社区的警情进行处理及防范。

36.14.2.2 通信网络系统

1. 住宅小区电话网

住宅小区的电话业务主要由当地电信部门提供、运营和维护。根据小区的规模常在小区物业管理中心的机房内设置用户远端模块局，交换局和远端局之间通过单模光缆连接实现信息的传送，其容量可达到几千线。这是电信部门推荐的一种建设方案。

采用远端模块局有如下特点：

（1）远端模块局与母局有相同的用户接口、性能、业务提供能力，并可以做到无人值守；

（2）远端局的容量可以是几十门至几千门，扩容方便，还可随母局一起升级业务服务；

（3）远端局的交换设备体积小，物业中心提供相应的房屋、电源、接地体等条件即可安装；

（4）远端模块局内部的通话是免费的；

（5）在电话网上用户可以配上 ADSL 调制器拨号上网，方便但速率低。

2. 住宅小区局域网（LAN）

在住宅小区智能化系统中，计算机局域网是实现"智能化"的关键：即应用计算机网络技术和现代通信技术，建立局域网并与互联网连接，为住户提供完备的物业管理和综合信息服务。

小区局域网结构由接入网、信息服务中心和小区内部网络三部分构成。

（1）接入网：指小区局域网与互联网的连接，接入方式有多种选择：由电信局、有线电视台或其他互联网服务商提供，在其高层网络中心和小区网络服务中心之间通过单模光缆连接。

（2）信息服务中心：是小区局域网的核心，由多种网络设备以及相应的软件系统构成。

1）网络设备一般包括：路由器（Router）：进行和高层网络中心的连接；防火墙：保护局域网免受来自外部的侵害；服务器：针对各种应用使用诸如：Web 服务器、E-Mail 服务器、Proxy 代理服务器、数据库服务器等；

2）软件系统：由上述各服务器的系统软件以及针对小区需要而二次开发的应用软件组成。

（3）小区内部网络：由网络交换机连接小区的各网络设备，包括各住户的计算机，以组成小区内部网络。

3. 住宅小区布线

智能化小区传输线缆按国标和实际传输要求设计。小区的布线建设可以分成两个部分：

（1）家庭布线：在每个家庭内安装家庭布线管理中心即家庭配线箱，家庭内部的所有设备电缆都由配线箱分出连接各个设备。这部分布线相当于本章 36.3 "综合布线系统"一节中描述的水平布线与工作区布线。

（2）住宅楼布线：在各个住宅楼设置楼内布线管理配线箱，该楼宇内所有住户的线缆在楼内布线管理配线箱汇集，再由此汇集到小区的布线管理中心。这部分布线相当于本章 36.3 "综合布线系统"一节中描述的主干线缆布线。

各部分的详细内容请参见本章 36.3 "综合布线系统"、本章 36.4 "通信网络系统"、本章 36.7 "信息网络系统"。

36.14.2.3 远程抄表系统

智能化小区建设要求具备远程抄表管理系统，便于提高相关部门的管理效率。

1. 自动抄表系统的组成和工作原理

自动抄表系统涉及水表、电表、煤气表，目前已经具有数据输出的电子式电、水、煤气表。

自动抄表系统的工作原理图见图 36-83。

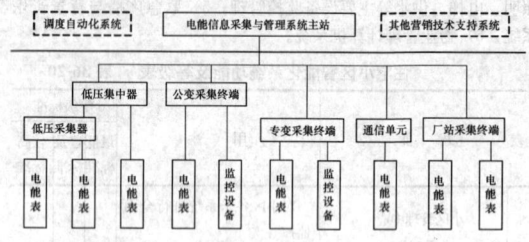

图 36-83 自动抄表系统工作原理图

（1）水表、电表、煤气表的数据采集

电子式用户表使用脉冲进行计数并存贮结果，同时将数据传至传输控制器，并接收传输控制器发来的操作命令。

远传表分有线远传和无线远传，有线是利用综合布线的方式把表中数据传到管理收费单元进行计费，无线是利用无线电技术实现无线数据传输，之后到管理单元进行计费管理。有线远传时，对于多层住宅，采集器集中设在首层，而高层住宅可将其设在竖井内。采集器需提供 220V 电源；可根据基表数量来确定采集器的数量。采集器与基表的连线可采用线径为 0.3~0.5mm 的四芯线，如 RVVP-4×0.3，连线距离一般不宜超过 50m。

（2）传输控制器

其作用是定时或实时抄录采集器内基表的数据，并将数据存储在存储器内，供计算机随时调用，同时将计算机的指令传输给采集器。控制器可设在小区管理中心，挂墙安装，需 220V 电源。可根据采集器的数量来确定控制器的个数，控制器与采集器的通信可采用专线方式，通过 RS-485 串行接口总线将控制器与采集器连接，线路最长可达 1km；也可采用电力载波方式，利用低压 220V 电力线路作通信线路。为此，要求控制器与采集器所接电源应在同一变压器的同一相上；同时，对电源质量有一定要求，如线路上不能有特殊频率干扰，电网功率因数 $\cos\theta \geq 0.85$ 等。

（3）管理中心计算机

调用传输控制器内基表数据，将数据处理、显示、存储、打印，并向控制器发出操作指令。系统一般具有查询、管理、自动校时、定时或实时抄表、超载报警、断线检测等功能。中心计算机对一个小区而言，可设在小区管理中心。对一个行业而言，可设在行业主管部门的管理中心（如供电部门可设一个抄表中心对所有电表进行自动抄表），对一个城市而言，可设在城市三表管理中心（如果存在的话）。中心计算机与控制器的通信通常通过 RS-485 串行接口总线，将传输控制器与计算机连接，连线最大距离可达 3km。如果控制器与计算机设在一处，则可通过 RS-232 接口相连；共用电话网通信方式，将计算机和控制器通过调制解调器接入公用电话网（不需专线，需抄表时才接入使用）。

2. 系统工作方式

自动抄表系统的实现主要有几种模式，即总线式抄表系统、电

力载波式抄表系统和利用电话线路载波方式等。总线式抄表系统的主要特征是在数据采集器和小区的管理计算机之间以独立的双绞线方式连接，传输线自成一个独立体系，可不受其他因素影响，维修调试管理方便。电力载波式抄表系统的主要特征是数据采集器将有关数据以载波信号方式通过低压电力线传送，其优点是一般不需要另铺线路，因为每个房间都有低压电源线路，连接方便。其缺点是电力线的线路阻抗和频率特性几乎每时每刻都在变化，因此传输信息的可靠性成为一大难题，故要求电网的功率因数在 0.8 以上。另外，电力总线系统是否与（CATV 无线射频、互联网络等）其他总线方式的相互开放和兼容，也是一个要考虑的因素。

（1）电力载波式自动抄表系统

电力载波采集器与电表、水表、煤气表内传感器之间采用普通导线直接连接。电表、水表、煤气表通过安装在其内传感器的脉冲信号方式传输给电力载波采集器。电力载波采集器接收到脉冲信号转换成相应的计量单位后进行计数和处理，并将结果存储。电力载波采集器和电力载波主控机之间的通信采用低压电力载波传输方式。电力载波采集器平时处于接收状态，当接收到电力载波主控机的操作指令时，则按照指令内容进行操作，并将电力采集器内有关数据以载波信号形式通过低压电力线传送给电力载波主控机。

电力载波式集中电、水、煤气自动计量计费系统：管理中心的计算机和电力载波主控机之间是通过市话网进行通信的。管理中心的计算机可以随时调用电力载波主控机的所有数据，同时管理中心的计算机通过电力载波主控机将参数配置传送给电力载波采集器。管理中心的计算机具有实时、自动、集中抄取电力载波主控机的数据，实现集中统一管理用户信息，并将有关数据传送给银行计算机等。

（2）总线式自动抄表系统

该系统采用光电技术，对电表、水表、煤气表的转盘信息进行采样，采集器计数记录数据。所记录的数据供抄表主机读取。在读取数据时，抄表主机根据实际管辖用户表的容量，依次对所有用户表发出抄表指令，采集器接收指令正确无误后，立即将该采集器记录的用户表数据向抄表主机发送出去。抄表主机与采集器之间采用双绞线连接。管理中心的计算机可以对抄表主机内所有环境参数进行设置，控制抄表主机的数据采集，并读取抄表主机内的数据，进行必要的数据统计管理。管理中心的计算机与抄表主机之间通过市话网通信。管理中心的计算机将电的有关数据传送给电力公司计算机系统，水的有关数据传送给自来水公司计算机系统，热水的有关数据传送给热力公司计算机系统，煤气的有关数据传送给煤气公司计算机系统。管理中心的计算机可以准确、快速地计算用户应交的电费、水费和煤气费，并在规定的时间将这些数据传送给银行计算机系统，供用户交费银行收费时使用。

（3）基于 LonWorks 控制网络的自动抄表系统

LonWorks 技术是智能控制网络技术，它将网络技术由主从式发展到对等式，又发展到现在的客户/服务器方式。不受总线式网络拓扑单一形式的限制，可以选用任意形式的网络拓扑结构。它的通信介质也不受限制，可用双绞线、电力线、光纤、天线、红外线等，并可在同一网络中混合使用。在 LonWorks 技术基础上建立的自动抄表系统，使我们在今后智能化小区的建设中，可以非常简捷地进行系统扩充、升级、增加，如小区安全防范系统、小区停车场管理系统、小区公共照明控制系统、小区电梯控制系统、小区草地喷淋控制系统、住户家电智能化控制系统等。

基于 LonWorks 总线技术的自动抄表系统，该系统使小区内所有住户实现防盗报警（包括室内红外移动探测、非法进入、门磁开关、红外对射）、煤气泄漏报警、紧急求助报警，及对住户的水表、电表、煤气表的远程抄表计量功能。

它由管理中心主机（上位微机）、校准时钟、路由器、控制器组成。每个路由器最多可连接 64 个控制器，在 2.7km 内可连接任意多个路由器，如果需要延长，可增加复器节点。

控制器由双绞线联网后，最大距离不超过 2.7km，最多不得超过 64 个控制器，增加重复器最多可带 127 个控制器，为了提高系统容量和覆盖面积，采用路由器，按星型网络结构连接，最多连接62 个路由器，从而提高网络的系统容量和系统的可靠性。管理中

心的计算机（上位机）是客房/服务机构，它含有小区内所有用户信息和网络信息数据库，是系统的中枢机构（见图 36-84）。

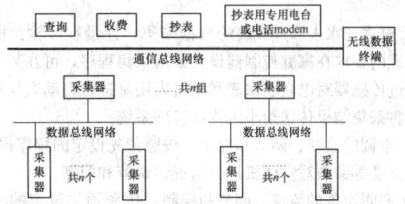

图 36-84 自动抄表系统结构图

36.14.2.4 家庭智能化系统

家庭智能化，或称住宅智能化，到目前为止，还没有一个统一的定义。一般认为，家庭智能化系统是在计算机技术、网络技术、通信技术以及多媒体技术支持下，体现"以人为本"的原则，综合家庭通信网络系统（Home Communication network System，简称 HCS）、家庭设备自动化系统（Home Automation System，简称 HAS）、家庭安全防范系统（Home Security System，简称 HSS）等的各项功能，为住户家庭提供安全、舒适、方便和信息交流通畅的生活环境。

1. 家庭智能化系统的组成

目前，家庭智能化系统大多以家庭控制器（也称家庭智能终端）为中心，综合实现各种家庭智能化功能。家庭控制器主机是由中央处理器 CPU、功能模块等组成，包括以下三大控制单元（见图 36-85）。

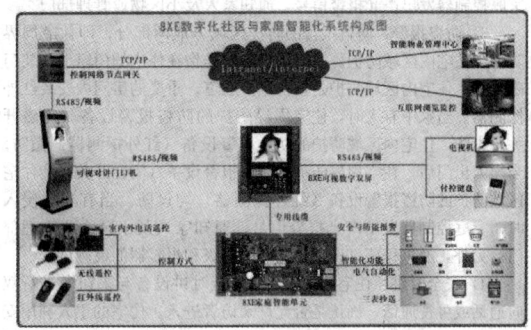

图 36-85 家庭智能化系统结构图

（1）家庭通信网络单元：家庭通信网络单元由电话通信模块、计算机互联网模块、CATV 模块组成。

（2）家庭设备自动化单元：家庭设备自动化单元由照明监控模块、空调监控模块、电器设备监控模块和电表、水表、煤气表数据采集模块组成。

（3）家庭安全防范单元：家庭安全防范单元由火灾报警模块、煤气泄漏报警模块、防盗报警模块和安全对讲及紧急呼救模块组成。

2. 家庭智能化系统工作原理

（1）家庭控制器主机

通过总线与各种类型的模块相连接，通过电话线路、计算机网、CATV 线路与外部相连接。家庭控制器主机根据其内部的软件程序，向各种类型的模块发出各种指令。

（2）家庭通信网络

1）电话线路：通过电话线路双向传输语音信号和数据信号。

2）计算机互联网：通过互联网实现信息交互、综合信息查询、网上教育、医疗保健、电子邮件、电子购物等。

3）CATV 线路：通过 CATV 线路实现 VOD 点播和多媒体通信。

（3）家庭设备自动化

家庭设备自动化主要包括电器设备的集中、遥控、远距离异地的监视、控制及数据采集，主要有：

1）家用电器进行监视和控制：按照预先所设定程序的要求对微波炉、热水器、家庭影院、窗户等家用电器设备进行监视和控制。

2）电表、水表和煤气表的数据采集、计量和传输：根据小区物业管理的要求在家庭控制器设置数据采集程序，可在某一特定的时间通过传感器对电表、水表和煤气表用量进行自动数据采集、计量，并将采集结果传送给小区物业管理系统。

3）空调的监视、调节和控制：按照预先设定的程序根据时间、温度、湿度等参数对空调机进行监视、调节和控制。

4）照明设备的监视、调节和控制：按照预先设定的时间程序分别对各个房间照明设备的开、关进行控制，并可自动调节各个房间的照度。

（4）家庭安全防范

家庭安全防范主要包括防火灾发生、防煤气（可燃气体）泄漏、防盗报警、安全对讲、紧急呼救等。家庭控制器内按等级预先设置若干个报警电话号码（如家人单位电话号码、手机电话号码、寻呼机电话号码和小区物业管理安全保卫部门电话号码等），在有报警发生时，按等级的次序依次不停地拨通上述电话进行报警（可报出具体是哪个系统报警了）。

1）防火灾发生：通过设置在厨房的感温探测器和设置在客厅、卧室等的感烟探测器，监视各个房间内有无火灾的发生。如有火灾发生家庭控制器发出声光报警信号，通知家人及小区物业管理部门。家庭控制器还可以根据有人在家或无人在家的情况，自动调节感温探测器和感烟探测器的灵敏度。

2）防煤气（可燃气体）泄漏：通过设置在厨房的煤气（可燃气体）探测器，监视煤气管道、灶具有无煤气泄漏。如有煤气泄漏家庭控制器发出声光报警信号，通知家人及小区物业管理部门。

3）防盗报警：防盗报警的防护区域分成两部分，即住宅界防护和住宅内区域防护。住宅周界防护是指在住宅的门窗上安装门磁开关；住宅内区域防护是指在主要通道、重要的房间内安装红外探测器。当家中有人时，住宅周界防护的防盗报警设备（门磁开关）设防，住宅内区域防护的防盗报警设备（红外探测器）撤防。当家人出门后，住宅周界防护的防盗报警设备（门磁开关）和住宅区域防护的防盗报警设备（红外探测器）均设防。当有非法侵入时，家庭控制器发出声光报警信号，通知家人及小区物业管理部门。另外，通过程序订设定报警点的等级和报警器的灵敏度。

4）安全对讲：住宅的主人通过安全对讲设备与来访者进行双向通话或可视通话，确认是否允许来访者进入。住宅的主人利用安全对讲设备，可以对大楼入口门或单元门的门锁进行开启和关闭控制。

5）紧急呼救：当遇到意外情况（如疾病或有人非法侵入）发生时，按动报警按钮向小区物业部管理部门进行紧急呼救报警。

36.14.3　系统施工质量控制

1. 施工质量控制的基本要求

（1）施工单位应按审查合格的设计文件施工，设计变更应有原设计单位的设计变更通知。

（2）施工中的安全技术、劳动保护、防火措施及环境保护等应符合国家有关法律法规和现行有关标准的规定。

（3）在施工现场不宜进行有水作业，无法避免应做好防护。作业结束时应及时清理施工现场。

（4）对有空气净化要求的房间，在施工时应采取保证材料、设备及施工现场清洁的措施。

（5）对改建、扩建工程的施工，需改变原建筑结构时，应进行鉴定和安全评价，结果必须得到原设计单位或具有相应设计资质单位的确认。

（6）在室内堆放的施工材料、设备及物品不得超过楼板的荷载。

（7）室内隐蔽工程应在装饰工程施工前进行。隐蔽工程应在检验合格后进行封闭施工，并应有现场施工记录或相应数据。

（8）在施工过程中或工程竣工后，应做好设备、材料及装置的保护，不得污染或损坏。

2. 材料、设备基本要求

（1）工程所用的物资的进场、检验及其检查、检验工作，应符合本章 36.1.3 "智能建筑工程的施工准备"的要求。

（2）特殊材料必须有国家主管部门认可的检测机构出具的检测报告或认证书。

3. 分部分项工程施工验收基本要求

（1）各分部、分项工程应按相关规范进行随工检验和交接验收，并应做记录。

（2）交接检验应由施工单位、建设单位代表或监理工程师共同进行，并应在验收记录上签字。

（3）交接验收时，施工单位应提供下列文件：

1）竣工验收申请报告；

2）竣工图、设计变更通知或相关文件；

3）设备和主要材料的出厂合格证、说明书等技术文件；

4）设备、主要材料的检验记录；

5）工程验收记录。

（4）项目经理应填写交接记录，施工单位代表、建设单位代表、监理工程师等相关人员应确认签字。

36.14.4　系统施工质量控制与检测

1. 系统检测要求

（1）住宅（小区）智能化的系统检测应在工程安装调试完成、经过不少于 1 个月的系统试运行，具备正常投运条件后进行。

（2）住宅（小区）智能化的系统检测应以系统功能检测为主，结合设备安装质量检查、设备功能和性能检测及相关内容进行。

（3）住宅（小区）智能化的系统检测应依据工程合同技术文件、施工图设计文件、设计变更审核文件、设备及相关产品技术文件进行。

（4）住宅（小区）智能化进行系统检测时，应提供以下工程实施及质量控制记录：

1）设备材料进场检验记录；

2）隐蔽工程和随工检验记录；

3）工程安装质量及观感质量验收记录；

4）设备及系统自检记录；

5）系统试运行记录。

（5）通信网络系统、信息网络系统、综合布线系统、电源与接地、环境的系统检测应执行国家规范相关章节有关规定。

（6）其他系统的系统检测应按国标规定进行。

2. 电视监控系统的施工

（1）监视目标应具有一定的光照度：黑白电视监控系统的监视目标最低照度不应小于 10lx；彩色电视监控系统的监视目标最低照度不应小于 50lx。达不到照度要求时，前者宜采用高压汞灯，后者宜采用碘钨灯作照度补偿。没有条件作照度补偿时，应采用低照度或超低照度的摄像机。

（2）住宅闭路电视监控装置视频信号一般采用视频同轴电缆进行传输，大型居住区传输距离较远，或是环境干扰噪声较强时，宜采用光缆进行传输。

（3）黑白电视基带信号为 5MHz 时，在不平坦度≥3dB 处，宜加电缆均衡器；在不平坦度≥6dB 处，宜加电缆均衡放大器。彩色电视基带信号为 5.5MHz 时，在不平坦度≥3dB 处，宜加电缆均衡器；在不平坦度≥6dB 处，宜加电缆均衡放大器。

（4）摄像机宜由监控中心集中供电。当摄像机采用 220V 交流电源供电时，电源线应单独敷设在接地良好的金属导管内，不应和信号线、控制线共管敷设。

（5）监控中心的供电电源应有专用配电箱，宜有两路在末端互换的独立电源供电，其容量不应低于系统额定功率的 1.5 倍。

（6）宜与周界报警装置构成联动系统，以便发生报警时对报警现场进行监视。

（7）摄像机安装前应预先调整其焦距同步，使图像质量达到要求后方可安装。安装后还应对其监视范围、聚集、后靶面进行调整，使图像效果达到最佳状态。

（8）室外安装的摄像机离地不宜低于 3.5m，室内安装的摄像

机离地不宜低于 2.5m。

(9) 电梯轿厢内的摄像机应安装在厢门上方的左或右侧，并能有效监视轿厢内乘员的面部特征；电梯轿厢的视频同轴电缆及电源线，宜由建设方向电梯供应商提出配套供应，以保证图像质量。

(10) 摄像机立杆的安装强度应达到能抗拒安装环境可能出现的最大风力的要求，立杆安装基础应稳固，地脚螺栓应配齐拧紧，防松垫片应齐全。

(11) 安装云台时螺钉应上紧，固定应牢靠；云台的转动应灵活，无晃动；云台的转动角度范围应满足设计要求。

(12) 监控中心操作台、机柜、机架安装应符合下列要求：

1) 操作台正面与墙的净距不应小于 1.2m；主通道上其侧面与墙或其他设备的净距不应小于 1.5m，次通道上不应小于 0.8m。

2) 机柜、机架的背面和侧面与墙的净距不应小于 0.8m。

3) 应有稳固的基础，螺钉应上齐拧紧。

4) 安装垂直度偏差不大于 1.5mm/m。

5) 相邻两柜（台）顶部高差不大于 2mm，总高差不大于 5mm。

6) 相邻两柜（台）正面平面度偏差不大于 1mm，五面以上相连接的平面度总偏差不大于 5mm。

7) 操作台、机柜上的各种零件不得碰坏或脱落，漆面如有脱落应予补漆。

8) 各种标志应完整、清晰。

(13) 监控中心控制设备、开关、按钮操作应灵活、方便、安全。对前端解码器、云台、镜头的控制应平稳，图像切换、字符叠加功能应达到设计要求。

(14) 录像应能正常显示摄像时间、位置；录像回放质量，至少应达到能辨别人的面部特征的水平；现场图像记录保存期限应符合设计规定，但不得少于 7d。

(15) 具有报警联动功能的监控系统，当报警发生时，应自动开启指定的摄像机和监视器，显示现场画面，录像设备也应以单画面形式记录报警现场图像。

3. 电子巡更系统的施工

(1) 根据现场条件及用户要求，可选择在线式或是离线式的巡更方式，但应便于设定、读取、查询、修改与监督。

(2) 在线式巡更系统应具有异常情况下的即时报警功能。离线式巡更系统巡更人员应配备无线对讲机。

(3) 根据现场需要确定巡更点的数量，巡更点的设置应以不漏巡为原则，安装位置应尽量隐蔽。

(4) 宜采用计算机随机设定巡更路线和巡更间隔时间的方式。计算机可随时读取巡更时所登录的信息。

(5) 巡更系统应能按照预定的巡逻图，对巡更的人员、地点、顺序及时间进行监视、记录、查询及打印。

(6) 应与小区物业管理协商，确定信息开关或信息钮的安装位置。

(7) 信息开关及信息钮安装高度距地面为 1.3~1.5m；安装应牢固、端正、不易被破坏；户外应有防水措施。

(8) 巡更装置安装后应经调试并达到下列要求：

1) 巡更系统信息开关（信息钮）、读卡机、计算机及输入接口均能正常工作；

2) 检查在线式巡更站的可靠性、实时巡更与预置巡更的一致性，并查看记录、存储信息以及发生巡逻人员不到位时的即时报警功能；

3) 检查离线式巡更系统，确保信息钮的信息正确，数据的采集、统计、打印等功能正常。

(9) 检验巡更系统巡更设置功能。在线式巡更系统应能设置保安人员巡更软件程序，应能对保安人员巡逻的工作状态（是否准时、是否遵守顺序等）进行监督、记录，发现保安人员不到位时应有报警功能；离线式巡更系统应能保证信息识读准确、可靠。

(10) 检验巡更系统记录功能，应能记录执行器编号、执行时间、与设置程序的对比等信息。

(11) 检验巡更系统管理功能，应能有多级系统管理密码，对系统中的各种动作均有记录。

4. 自动抄表系统的施工

(1) 自动抄表装置施工前应具备的条件：

1) 供水、燃气、冷（热）源工程配管施工已经结束；

2) 表具已安装到位。

(2) 表具的数据探测电缆不应外露，需用软管保护，软管需加固定，软管与表具壳体应使用专用接头连接。

(3) 数据采集部件不宜置于厨卫等潮湿环境中，安装在潮湿环境中的数据采集部件应采取可靠的防潮措施。

(4) 从数据采集器引至各表具的电缆，应设置线号标志，线号应符合设计规定且能长期保存、字迹清晰。箱体内宜附有接线表，以便维修。

(5) 系统安装接线后，应对接线的正确性进行复查，确保数据采集部件与表具正确对应。

(6) 系统投入使用后应及时将表具的原始读数输入到抄表计算机中，以保证远程抄表的准确性。

(7) 业主进行厨、卫装修时，不应封堵表具读数盘，不应打断表具的探头线，以免影响系统正常工作。

(8) 在市电断电时，系统不应出现误读数，数据应能保存 4 个月以上；市电恢复后，保存数据不应丢失。

(9) 系统应具有时钟、故障报警、防破坏报警功能。

5. 小区网络和物业管理系统的施工

(1) 智能化住宅小区每一住户至少应有一个信息插座，每个信息插座，配备一条 4 对双绞电缆，并应与交接间或设备间的配线设备进行连接，配线设备至住户信息插座的配线电缆长度不应超过 90m。

(2) 信息插座邻近至少应配置一个 220V 交流电源插座。

(3) 落地安装的机柜（架）应有稳固的基础，壁挂式机柜底面距地高度不宜小于 300mm。机柜（架）安装垂直偏差应不大于 3mm，安装时螺丝应拧紧配齐，机柜（架）上的各种零件不得碰坏或脱落，漆面应完整。

(4) 机柜（架）正面至少应有 800mm 的空间，机架背面距墙不应小于 600mm。

(5) 背板式跳线架安装时，应先将配套的金属背板及接线管理架安装在墙上，金属背板与墙壁应紧固，再将跳线架装到金属背板上。

(6) 配线设备交叉连接的跳线应是专用的插接软跳线。

(7) 信息插座面板下沿距地应为 300mm。

(8) 信息插座应是 8 位模块式通用插座，一条 4 对双绞电缆应全部固定端接在一个信息插座上。

(9) 工作区的电源插座应是带保护接地的单向电源插座，保护接地与零线应严格区分。

(10) 配线设备、信息插座、电缆、光缆均应有不易脱落的标志，并有详细的书面记录和图纸资料。

(11) 小区物业管理中心配备计算机或局域网，配置适宜的物业管理软件，实现物业管理计算机化，并将安全防范子系统、自动抄表装置、设备监控装置在物业管理中心集中管理。档次较高的小区，可提供网上查询物业管理信息、电子商务、VOD、远程医疗、远程教育等服务。

(12) 设备的安装位置、类型、规格、配置应符合设计规定。系统通电前应确认供电电压、极性无误后再通电。

(13) 安装后，应对系统前台、后台功能逐一进行测试，并按各功能模块的要求输入原始资料，包括：住户人员管理、交费管理功能，房产维修管理、公共设施管理功能，物业公司人事管理、财务管理、企业管理功能等方面的资料。

(14) 路由器和家庭控制器安装时下沿距地不宜低于 2.2m，安装后外观应整齐、平直，涂层无脱落，表面无锈斑。

(15) 家庭控制器与各个前端探测器或受控设备之间的连接电缆应有线号标志，箱体内宜附接线表，接线表应和实际接线情况一致。

(16) 路由器和家庭控制器之间的现场控制总线连接时，应按照端子标志接线，不得接反。

36.14.5　住宅小区智能化系统竣工与交接

36.14.5.1　总体要求

各项施工内容全部完成并已自检合格后，施工单位应向建设单位提出工程竣工验收申请报告。

工程竣工验收应由建设单位组织设计单位、施工单位、监理单位、消防及安全等部门进行。

住宅小区智能化系统工程竣工验收，应按《建筑工程施工质量验收统一标准》GB 50300—2001 划分分部工程、分项工程和检验批，并应按检验批、分项工程、分部工程顺序依次进行。

住宅小区智能化系统工程文件的整理归档和工程档案的验收与移交，应符合《建筑工程文件归档整理规范》GB／T 50328—2001 的有关规定。

36.14.5.2　竣工验收的程序与内容

竣工验收应进行综合测试，施工单位应提交需审核的竣工资料。竣工资料应包括下列内容：

(1) 工程承包合同；

(2) 施工图、竣工图、设计变更文件；

(3) 相关专业的施工验收规范和质量验收标准；

(4) 场地设备移交清单；

(5) 场地设备、主要材料的技术文件和合格证；

(6) 隐蔽工程记录及施工自检记录；

(7) 工程施工质量控制数据；

(8) 消防工程等特殊工程的验收报告。

现场验收应按国标有关标准内容进行，并应符合《建筑工程施工质量验收统一标准》GB 50300—2001 的有关规定。参加验收的单位在检查各种记录、资料和检验住宅小区智能化系统工程的基础上对工程质量做出结论，并应按附录J填写《工程质量竣工验收表》。

参与竣工验收各单位代表应签署竣工验收文件，建设单位项目负责人与施工单位项目负责人应办理工程交接手续以及合同约定的相关内容。

36.15　智能化集成系统

36.15.1　智能化集成系统组成与结构

36.15.1.1　智能化集成系统组成

1. 智能化系统集成的作用与目标

在智能建筑中，智能化集成系统（IIS, Intelligented Integration System）将不同功能的建筑智能化系统，通过统一的信息平台实现集成，以形成具有信息汇集、资源共享及优化管理等综合功能的系统。在智能建筑中，智能化集成系统分为两个层次：

其基础层次为建筑设备监控系统（BAS）、安全防范系统（SAS）和火灾自动报警及消防联动系统（FAS）等系统的集成，形成楼宇管理系统（BMS）。这个层面上的系统集成的特点是将智能建筑中以实时数据为基础的控制系统集成在一起，形成楼宇的综合实时监控和管理系统。

其高级层次则是将BMS与信息网络系统（INS）、通信网络系统（CXS），以及管理信息系统（MIS）等进行进一步的系统集成，形成建筑物的 Intranet。并在此基础上，将智能建筑与办公、管理、网络连接（包括互联网Internet的连接），整个工作的服务范围可以视需要集成进来，这种系统集成被称为智能化集成系统（IIS）或智能化楼宇管理系统（IBMS）。

智能化系统集成的目标是：根据智能化系统工程原理，结合在智能建筑工程建设的实践经验，将工程设置的各个智能化子系统进行系统集成，建立统一的网络管理平台，实现建筑物内外各种信息的汇集，达到智能建筑功能、管理和信息的共享，能够对各个智能化子系统进行综合管理，满足整个智能化系统预期的使用功能和管理要求，最大限度地获取系统的综合效益。

2. 智能化集成系统的工作方法

通过系统通信网络，采用同一的计算机平台，运行和操作在统一的人机界面环境下，实现信息、资源和任务共享，完成集中与分布相结合的监视控制和管理的功能。通过对各子系统资源的收集、分析、传递和处理，实现对各个智能化子系统进行最优化的控制和决策。

图 36-86 是智能化集成系统的操作平台，其中，也可以看到它的集成范围。

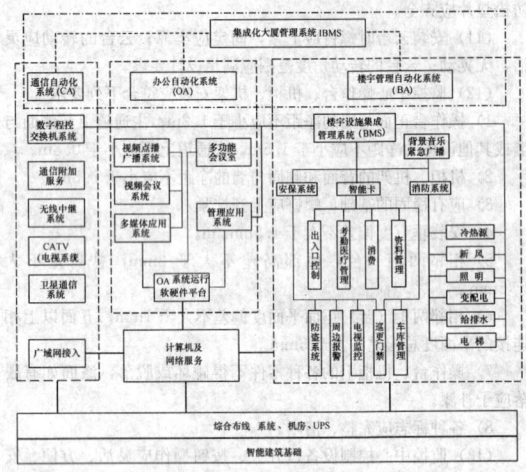

图 36-86　智能化集成系统的操作平台和它的集成范围

3. "智能化集成系统"集成的范围

(1) 集中的监视、控制与管理。

(2) 集成管理系统与建筑设备监控系统。

(3) 集成管理系统与安全防范系统（包括闭路电视监控、防盗报警与保安巡更、门禁及一卡通系统、停车场管理系统）。

(4) 集成管理系统与车库管理系统。

(5) 集成管理系统与消防报警系统。

(6) 智能一卡通系统。

(7) 分散控制：各子系统进行分散式控制，保持各子系统的相对独立性，以分离故障、分散风险、便于管理。

(8) 集成系统各子系统之间的响应关系。

(9) 系统联动：以各集成子系统的状态参数为基础，实现各子系统之间的相关软件联动。

(10) 优化运行：在各集成子系统的良好运行基础之上，提供设备节能控制、节假日设定等功能。

4. 系统集成工作要点

(1) 对各个系统进行统一监测、控制和管理。

(2) 实现跨子系统联动、提高建筑的功能水平。

(3) 提供开放的数据结构、共享信息资源。

(4) 提高工作效率、降低运行成本。

根据我们对以往完成的集成系统工程情况统计，成功的系统集成可得出以下结果：

节约人员 20%～30%，节省维护费 10%～30%，提高工作效率 20%～30%，节约培训费用 20%～30%。

36.15.1.2　智能化集成系统结构

1. 集成系统中各系统相互关系

智能化集成管理系统将作为机电设备运行信息的交汇与处理的中心，对汇集的各类信息进行分析、处理和判断，采用最优化的控制手段，对各设备进行分布式监控和管理，使各子系统和设备始终处于有条不紊、协调一致的高效、经济的状态下运行，最大限度地节省能耗和日常运行管理的各项费用，保证各系统能得到充分、高效、可靠的运行，并使各项投资能够给业主带来较高的回报率。

如 BA、FA、PA、综合安防系统的集成，这种集成是一种横向集成，当横向集成的跨度再扩大时，即扩展到物业管理、办公自动化等系统时，这时是一种纵向集成，也就是人们常说的智能建筑管理系统 IBMS。

上述"横向集成"和"纵向集成"的概念我们可以通过图

36-87来表示。

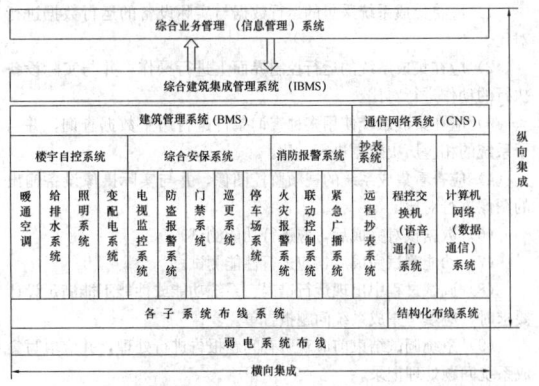

图 36-87 智能化集成系统结构图

图 36-87 可以清楚的表示弱电系统之间的相互关系。但是，在这里我们要着重说明一点的是：系统集成不是盲目地提出所谓的"一体化"，不是说规划一个可以包罗万象的系统，系统集成是要求从实际出发，切实落实各系统之间集成的可能性。同时，系统集成不是孤立于其他子系统的系统，也不是对子系统功能的取代，而是对子系统功能的补充和提高。通过系统集成，构筑整个建筑物的中央监控与管理界面，通过可视化的、统一的图形界面，管理人员可以十分方便、快捷地对系统系统所包容的所有子系统进行实时监视、控制和集中的统一管理。

系统集成概念已经远超出了建筑设备监控系统的概念。我们提供的 IBMS 是完全基于建筑物综合管理的理念开发的，同时又可以无缝的集成建筑设备监控系统（BAS）、消防报警系统（FAS）、停车场管理系统（CP）、综合安保管理系统（SA），因此是完整的集成管理系统。在这样一个完整的系统概念上，我们将这些系统的功能以如下的平台概念来划分：

（1）通信传输平台：最基础的平台是综合布线系统，通过综合布线系统，建立了计算机网络的信息平台，通过计算机网络，连接不同系统，建立了"智能化集成系统"通信传输平台。

（2）现场控制平台：在此平台上，是建筑设备监控系统（包括消防系统、安防系统、停车场管理系统）的现场应用设备，如传感器、执行机构、控制器、探头、摄像机以及相应的工作站。

（3）应用平台：应用平台是指我们在计算机网络系统上所运行的应用软件，包括办公自动化系统、楼宇自控管理系统、集成管理系统等。以上平台的概念也可以关联到前述系统关系图中。

2. 集成系统中各部分信息关系的处理

通常将智能建筑划分为一个四层递阶层次结构的体系，其基础层由建筑设施和建筑设备组成：包括建筑物本体、组成建筑物的各种功能区、电气工程、采暖与空调通风系统、给水排水系统、电梯及自动扶梯系统、照明系统、消防及安防设施等。

基本监控层由各个专业自控系统组成，如建筑设备监控（楼宇自控）系统、消防报警及联动系统、安全防范系统等。

优化监控与管理层是 IBMS 系统集成的核心，在这一层上将安装协调调度与综合优化控制、故障检测与诊断等软件，并以这些软件为基础，建立整个智能建筑的设备管理、能源管理、安全管理和物业管理等系统。

最顶层为信息管理层，这一层的核心应是一个异构化的嵌入式信息平台，这是一个在应用服务器上运行的基础软件，其主要用途是将来自各应用系统的异构化数据转换为用 XML 等统一语言表示的数据，实现不同用户之间的信息共享，同时将可对内对外发布的公开信息存入中心数据库，并完成身份认证（CA）和访问控制。应用系统包括企业的主页和企业内部网站、办公自动化系统（人事、财务、公文的审批和流转、文档管理等）、综合业务系统（因建筑物的不同而异，如酒店、写字楼等，为特定用户所使用的应用软件系统）以及 CRM/ERP/GIS 和各种用于经营决策的专家系统、数据仓库及其 Internet 应用等。

综上所述，智能建筑的结构是由很多子系统构成的。它们之间组成和各系统关系如图 36-88 所示。

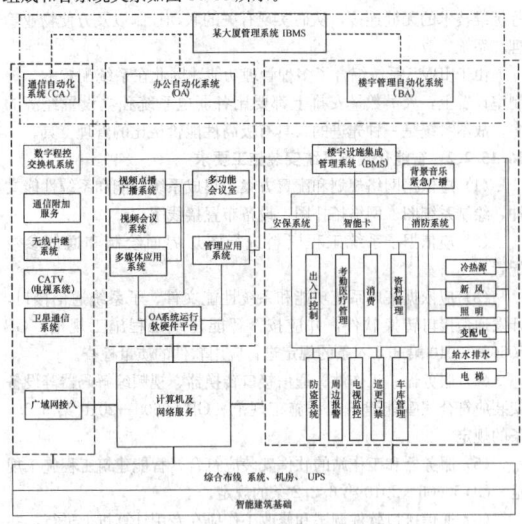

图 36-88 智能化系统集成的结构体系

36.15.2 智能化集成系统的安装施工

36.15.2.1 智能化集成系统安装施工

1. 智能化集成系统实施的前置工作

（1）要求建筑物的电力供应、防雷、接地等场地建设的安装、检测等工作已经完成。

（2）要求计算机网络建设的安装、调试、安全配置、测试等工作已经基本完成，网络安全得到保障。

（3）要求各个将要被集成的楼宇智能化系统的安装、调试、安全配置、测试等工作已经基本完成。

（4）要求将要作为楼宇智能化系统控制中心的机房、楼层设备间、楼层配线间等场地建设的安装、调试、测试等工作已经基本完成。

2. 进行智能化系统之间的连接接口工作

现代智能建筑中都配置了许多智能化系统，智能化集成系统实施的基本工作之一，就是将要被集成的楼宇智能化系统统一到现代计算机网络协议（或者称之为"TCP/IP 通信协议"）上，也就是常说的计算机网络接口。

各个被集成的楼宇智能化系统，在其系统内部可以是符合设计要求的任何一种通信协议、控制协议、控制总线，比如：（1）BACnet 协议，即楼宇自控网络的数据通信协议；（2）LonMark 标准，即可互操作协会组织制定的 EIA709.1/709.3 标准；（3）微软公司开发的、对应用程序的数据对象进行交换及通信的一种 OPC 标准对象连接嵌入协议 OLE。

但是，被集成的楼宇智能化系统在各自的控制工作站上，与智能集成系统连接时，都需要转换到"TCP/IP 通信协议"，通过计算机网络，将被集成的楼宇智能化系统，与智能化集成系统相连。

3. 对各专项工作站子系统进行配置

对于 IBMS 的各个子系统，我们配置一个专用的工作站进行管理工作，其上配置有专用的接口和部分专用软件，使得各系统可以在 IBMS 统一调度下工作，也具有独立工作的能力，并且也实现了万一出现故障时，对故障的局限。

其中包括：楼宇设备自控系统工作站、消防报警系统工作站、综合保安管理系统工作站、综合系统管理工作站等。

4. 集成界面与接口协议

IBMS 系统的网络结构为开放式的网络结构，可方便把设备数据集成到其他基于网络的系统，使客户在任何时候和任何地点都能取得所需的实时及历史数据。客户也可使用系统的其他设备，通过预设的界面，将不同系统内的数据进一步集成使用。系统向下提供

标准的主流通信接口，向上提供标准数据库。

IBMS系统将可实现与 ActiveX、DDE、ODBC、API、Access 等标准技术的无缝连接，从而实现有关的联动控制以及方便物业管理和系统集成。

由于IBMS系统综合了多种管理功能，因此在系统配置上、控制室设置上，人员数量安排上都要比各弱电系统独立设置经济的多，故本系统是一种先进的、具有极高性能价格比的管理工具。

36.15.2.2　智能化集成系统安装施工要求

（1）应依据网络规划和配置方案、集成系统功能和系统性能文件，绘制系统图、网络拓扑图、设备布置接线图。

（2）应依据子系统工程资料进行图形界面绘制和通信参数配置。

（3）应依据集成系统功能和系统性能文件、子系统通信接口，开发通信接口转换软件，并应按《智能建筑工程施工规范》GB 50606—2010 第3.5.4条的规定进行应用软件的质量检查。

（4）服务器、工作站、通信接口转换器、视频编码器等设备安装应符合《智能建筑工程施工规范》GB 50606—2010 第6.2.1条的规定。

（5）服务器和工作站的软件安装应符合《智能建筑工程施工规范》GB 50606—2010 第6.2.2条的规定。

（6）通信接口软件调试和修改工作应在专用计算机上进行，并进行版本控制。

（7）应将集成系统的服务端软件配置为开机自动运行方式。

36.15.3　智能化集成系统施工质量控制

（1）智能化集成系统的设备与软件在安装、调试和检测时，需要特别注意以下的事项，以便保障对于该系统安装、调试的质量控制。

1）应为操作系统、数据库、防病毒软件安装最新版本的补丁程序。

2）软件和设备在启动、运行和关闭过程中不应出现运行时错误。

3）通信接口软件修改后，应通过系统测试和回归测试。

4）应根据子系统的通信接口、工程资料和设备实际运行情况，对采集的子系统运行数据进行核对。

（2）智能化集成系统在安装、调试和检测时，还需注意以下的事项：

1）应依据网络规划和配置方案，配置服务器、工作站、通信接口转换器、视频编解码器等设备的网络地址。

2）操作系统、数据库等基础平台软件、防病毒软件必须具有正式软件使用（授权）许可证。

3）服务器、工作站的操作系统应设置为自动更新的运行方式。

4）服务器、工作站上应安装防病毒软件，并设置为自动更新的运行方式。

5）应记录服务器、工作站、通信接口转换器、视频编解码器等设备的配置参数。

36.15.4　智能化集成系统的调试与测试

36.15.4.1　智能化集成系统的调试

智能化系统集成的检测验收应按 GB 50339《智能建筑工程质量验收规范》GB 50339—2003 的规定进行。规范第十章具体规定了检测和验收的办法、步骤和内容。

1. 检测和验收的办法和内容

（1）调试准备应符合下列要求：

1）子系统通信接口安装完成。

2）集成系统的设备和软件安装完成。

3）集成系统的图形界面、参数配置完成。

（2）网络参数配置完成后，集成系统和子系统的设备和软件之间应能按照设计要求相互连通。

（3）系统调试过程中，设计要求不间断运行的软件应始终处于运行状态。

（4）应每天检查软件的工作状态和运行日志，并修改错误。

（5）软件和设备正常运行后，应进行下列检查并修改错误：

1）应将集成系统采集的运行数据与实际设备的运行数据进行对比。

2）应在集成系统的运行控制界面上进行操作，并与实际设备执行的动作进行对比。

3）应在集成系统使用多种查询条件进行历史数据查询，并与子系统的相应历史数据进行对比。

4）应查看集成系统的视频监控图像，并与实际摄像设备输出的图像进行对比。

（6）数据核对完成后，应进行功能测试。

（7）功能测试完成后，应进行性能测试。

（8）调试过程中出现运行错误、系统功能或性能不能满足设计要求时，应填写集成系统问题报告单。

（9）系统调试结束前应对所有问题报告进行处理，并应填写集成系统问题处理记录。

2. 智能化集成系统的调试工作的具体步骤

（1）工程实施及质量控制

1）系统集成工程的实施必须按已批准的设计文件和施工图进行。

2）系统集成中使用的设备进场验收参照《智能建筑工程质量验收规范》GB 50339—2003 第 3.3.4 和 3.3.5 条的规定执行。产品的质量检查按《智能建筑工程质量验收规范》GB 50339—2003 第3.2节的有关规定执行。

3）系统集成调试完成后，应进行系统自检，并填写系统自检报告。

4）系统集成调试完成，经与工程建设方协商后可投入系统试运行，投入试运行后应由建设单位或物业管理单位派出的管理人员和操作人员认真作好值班运行记录；并保存试运行的全部历史数据。

（2）系统检测

1）系统集成的检测应在建筑设备监控系统、安全防范系统、火灾自动报警及消防联动系统、通信网络系统、信息网络系统和综合布线系统检测完成，系统集成完成调试并经过一个月试运行后进行。

2）检测前应按《智能建筑工程质量验收规范》GB 50339—2003 第3.4.2条的规定编写系统集成检测方案，检测方案应包括检测内容、检测方法、检测数量等。

3）系统集成检测的技术条件应依据合同技术文件、设计文件及相关产品技术文件。

4）系统集成检测时应提供以下过程质量记录：

①硬件和软件进场检验记录；

②系统测试记录；

③系统试运行记录。

5）系统集成的检测应包括接口检测、软件检测、系统功能及性能检测、安全检测等内容。

6）子系统之间的串行通信连接、专用网关（路由器）接口连接等应符合设计文件、产品标准和产品技术文件或接口规范的要求，检测时应全部检测，100%合格为检测合格。计算机网卡、通用路由器和交换机的连接测试可按照《智能建筑工程质量验收规范》GB 50339—2003 第5.3.2条有关内容进行。

7）检查系统数据集成功能时，应在服务器和客户端分别进行检查，各系统的数据应在服务器统一界面下显示，界面应汉化和图形化，数据显示应准确，响应时间等性能指标应符合设计要求。对各子系统应全部检测，100%合格为检测合格。

8）系统集成的整体指挥协调能力

系统的报警信息及处理、设备连锁控制功能应在服务器和有操作权限的客户端检测。对各子系统应全部检测，每个子系统检测数量为子系统所含设备数量的20%，抽检项目100%合格为检测合格。

应急状态的联动逻辑的检测方法为：

①在现场模拟火灾信号，在控制台观察报警和做出判断情况，记录闭路电视监控系统、门禁系统、紧急广播系统、空调系统、通

风系统和电梯及自动扶梯系统的联动逻辑是否符合设计文件要求；

②在现场模拟非法侵入（越界或入户），在控制台观察报警和做出判断情况，记录闭路电视监控系统、门禁系统、紧急广播系统和照明系统的联动逻辑是否符合设计文件要求；

③系统集成商与用户商定的其他方法。

以上联动情况应做到安全、正确、及时和无冲突。符合设计要求的为检测合格，否则为检测不合格。

9）系统集成的综合管理功能、信息管理和服务功能的检测应符合《智能建筑工程质量验收规范》GB 50339—2003 第 5.4 节的规定，并根据合同技术文件的有关要求进行。检测的方法，应通过现场实际操作使用，运用案例验证满足功能需求的方法来进行。

10）视频图像接入时，显示应清晰，图像切换应正常，网络系统的视频传输应稳定、无拥塞。

11）系统集成的冗余和容错功能（包括双机备份及切换、数据库备份、备用电源及切换和通信链路冗余切换）、故障自诊断、事故情况下的安全保障措施的检测应符合设计文件要求。

12）系统集成不得影响火灾自动报警及消防联动系统的独立运行，应对其系统相关性进行连带测试。

13）系统集成商应提供系统可靠性维护说明书，包括可靠性维护重点和预防性维护计划，故障查找及迅速排除故障的措施等内容。可靠性维护检测，应通过设定系统故障，检查系统的故障处理能力和可靠性维护性能。

14）系统集成安全性，包括安全隔离身份认证、访问控制、信息加密和解密、抗病毒攻击能力等内容的检测，按《智能建筑工程质量验收规范》GB 50339—2003 第 5.5 节有关规定进行。

15）对工程实施及质量控制记录进行审查，要求真实、准确完整。

3. 智能化集成系统的调试工作要求实现的功能

（1）操作界面的配置

系统可根据不同级别及对用户指定区域作出权限设置，这些设置可根据操作人员不同，操作站不同而有所不同。可设置多达六个操作级别，高达 255 种。根据区域控制，操作人员只能连接/取得其指定的图像、警报和控制点数据，这些权限设置都在安排操作人员时已设定。系统这一功能，非常适合于行政中心多建筑、多系统综合管理的要求。

系统的图形化、彩色、中文界面操作界面，应具有易于使用、界面亲切的形式。

（2）全局化的事件管理

全局化的事件管理包括对各个子系统的集中管理，并与物业管理、展会管理等办公自动化系统的信息集成，将环境控制、能源管理联系起来，实现一体化服务，提高管理人员的工作效率。

（3）及时通报系统报警

报警级别分四层：一般、低、高、紧急。所有报警都被记录在系统的事件数据库中日后检查，如报警/事件报表。还有所有低、高、紧急的报警都会自动进入报警总显示板，并按其紧急程度排序，使操作人员优先处理高危和较重大的报警，然后再解决其他不太重要的报警及事件。

（4）组态工具配置

系统具有功能强大的组态软件，可以方便、快捷地按照用户的应用环境行成用户应用的组态画面，使用户操作管理界面生动、形象、逼真。

一方面，IBMS 系统提供功能强大的绘图工具，可以使编程者任意发挥其自由想象。另一方面，还有内容丰富的图形库，可以使编程者大大提高工作效率。

（5）实时数据库

建筑自动化管理系统 IBMS 系统有非常先进的各类算法，可实时处理数据数据，建立起实时数据库，实时数据库储存了大量历史的实时数据及由实时数据再分析而得到的各种数据。所收集的可以是某一点时间的数据或平均数据，收集时段也各有不同，间隔范围可从 5s～24h。此外，报警/事件的数据以及操作的变化也自动地记录在报警/事件日程表上，以供日后检查。

（6）生成报表

系统预设各种标准表格，客户可按需要随时将有关数据打印在空白表格上。

报表可自动或依照操作人员指令印出。指令可以是按特定的键或由客户自定义的画面上的键发出报表可以定期或根据不同事件，由系统中预设的报表打印机，或由操作人员控制打印。如有需要，也可将报表数据记存于 IBMS 系统的硬件中，再传送到其他计算机系统。

（7）趋势分析

如果说生成报表只是把历史记录整理输出的话，趋势分析就是根据以往的经验作出今后行为的预测。趋势分析相当于专家系统，IBMS 系统提供各式各样的趋势评估，实时准确地分析历史数据及由历史数据推演的数据，作出趋势评估。

利用趋势分析资料，可以提供给行政中心各个部门大量有用处的数据，如对工程部门来说，可以整理能耗情况，对安全防范部门来说，可以分析一些通道人员进出的频率，对物业管理部门来说，可以知道未来几个月中将要发生的电费。

（8）视频系统集成

系统可以将视频数据集成在统一的平台中，既可以通过数据化的方式对视频图像进行传输、对摄像设备进行控制，又可以以文件的方式对视频信息记录，便于今后分析。

（9）设备维护与管理

设备维护与管理是智能建筑工程今后投入运行之后的重要工作之一。因此集成管理系统必须能够实现对设备信息的采集、分析、处理和表现。这里的信息，不是仅仅包括建筑设备监控系统中所提供的设备的运行状态（如启动/停止）、监控工艺参数值、累计运行时间，还包括设备的制造商、供应商、产品型号、安装地点、运行状况等一系列数据。系统将这些数据集中起来，为管理者有效管理或决策提供有力的依据。

（10）一卡通综合管理

集成管理系统可以集成一卡通管理系统，在 IBMS 集成管理系统的平台上统计持卡人的个人信息、可以活动的区域等功能。

对于一卡通系统来说，包括内部员工管理和访客管理两个方面。其中内部员工管理系统是针对员工自身的，在 IBMS 管理系统数据库中的数据与员工所持卡片是一一对应的，员工持卡也是唯一的；而对于访客管理系统来说，访客所持卡片是临时的，该卡片只在限定时间内在限定区域内有效。

考勤系统需向 IBMS 系统提供员工考勤记录、班次表、各种报表、迟到、早退等出勤情况、各部门出勤表。

（11）停车场管理系统集成

集成管理系统通过与停车场管理系统的集成，可以全面了解停车场管理系统的运行状况，在系统中可以分析车辆进出的流量、车辆的平均停放时间、有无碰撞意外等统计信息，同时通过视频系统完成进出车辆的图像比对，更可靠地保证车辆存放的安全性。此外，系统还可以把相关信息送到物业管理系统以及财务管理系统之中，用于统计停车场的收费情况以及运行情况。

（12）与物业管理系统的集成

集成管理系统的一个突出的优点就是可以更好地体现物业管理的智能化。通过集成系统与物业管理系统的集成，统计弱电系统的运行资料、日程管理设备运行（如建筑设备监控系统所控制的设备启停），自动生成运行报告，集成管理系统可以发挥出更大的优势。

（13）在线帮助系统

设备监控管理系统各分系统都具有独立的硬件结构和完整的软件功能，在实现底层物理连接和标准协议之后，由软件功能实现的信息交换和共享是系统集成的关键内容。监控管理服务器是整个设备监控管理系统的信息中心。正常情况下，流通的主要是综合监视信息、协调运行和优化控制信息、统计管理信息等；发生紧急或报警事件时，及时传输报警和联动信息。

（14）与第三方系统的接口

由于 BMS 系统以 OPC Server 的方式集成第三方系统，在系统实施时需要开发与第三方系统的接口驱动程序，因此，第三方系统厂商必须提供其系统的接口协议及所采用的接口形式。同时有义务配合 BMS 系统的实施。常用的通信形式和协议，例如，NetDDE、

NetApi、Socket、RS-232、RS-485、LonWorks、BACnet 等。

36.15.4.2 智能化集成系统对各系统的联动调试

1. 消防系统与安保系统联动

(1) 当防盗报警系统产生报警时把镜头切换到相应位置。

(2) 当防盗报警系统产生报警时控制相应的门锁。

(3) 当有人进入防范区域时把镜头切换到相应位置。

(4) 当有人进入防范区域时防盗报警系统产生报警。

(5) 当有人进入防范区域时控制相应的门锁。

(6) 当保安人员巡更时把摄像机切换到相应位置。

(7) 当巡更人员未能按指定程序运行时，产生报警。

(8) 当有人刷卡时把摄像机切换到相应位置。

(9) 消防系统与安保系统的联动。

(10) 火灾发生时把镜头切换到相应位置并录像以便分析火情。

(11) 火灾发生时打开通道门。

(12) 当安保系统出现异常时，启动紧急广播。

2. 消防系统与建筑设备监控系统联动

(1) 火灾发生时关闭相应空调/新风机组。

(2) 火灾发生时控制电梯紧急停首层，同时启动消防电梯。

(3) 火灾发生时防火阀关闭并在建筑设备监控系统内产生报警。

3. 消防系统与停车场系统的联动

(1) 火灾发生时打开出口栅栏机以便车辆疏散。

(2) 当停车场系统发生故障时启动广播系统。

4. 消防报警系统与楼宇自动化系统的联动

消防报警系统与楼宇自动化系统之间要求联动，当发生灾难性报警时，提供各种信息以及联动请求，为救援人员提供方便，避免引起新的火灾与事故。

两个系统的联动接口：通过网络与工作站接通两个系统，软件工作流程进入应急处理程序；消防系统需向 IBMS 提供消防设备运行情况和各探测器的状态信息、各种消防设备、探测器的运行状态数据及预警数据、火警或意外事件信息，如：火灾报警探测器工作状态；消防排烟及正压送风系统的状况及联动时运行、故障情况；消防泵的状况及联动时运行、故障情况；喷淋泵的运行、故障情况；防火门的状况及联动时运行、故障情况；空调管道防火阀的状况及联动时运行、故障情况。

消防报警系统的接口：消防报警系统集成商需向 IBMS 系统集成商提供消防系统与 IBMS 系统接口形式和通信协议文本，并开放全部的通信协议（即通信指令调用关系）。同时有义务配合 IBMS 系统的接口调试和系统实施。通过网络与工作站接通两个系统的软件参数传输，工作流程进入应急处理程序；

(1) 消防报警系统集成商提供的通信协议必须是下列之一：Network API、Socket、RS-232、RS-485、LonWorks、BACnet、DDE。

(2) 对提供的通信协议要求是内容要完整、无歧义，对每条通信指令要求有举例说明，IBMS 系统集成商能据此编程实现通信和数据交互。

(3) 根据通信协议文本中具体通信指令调用关系，消防系统可向 IBMS 系统提供满足本合同项下集成所需各种信息，如消防设备运行情况和各探测器的状态信息、各种消防设备、探测器的运行状态数据及预警数据、火警或意外事件信息。

通信协议的版本必须和工程现场实际应用的系统版本一致。

(4) 本项目消防报警系统集成商提供的通信协议文本作为供货产品的一个重要组成部分，提供通信协议时间为：系统联合调试前 5 个月前。

(5) 消防报警系统集成商需提供消防报警系统现场数据的地址组态详细资料，该资料应满足本合同项下集成所需。

(6) 消防报警系统集成商为满足 IBMS 系统实施提供其他任何所需的工作。

5. 消防系统与建筑设备监控系统联动响应

(1) IBMS 能自动显示相应楼层的空调系统和电源的状态；

(2) 通过楼宇自动化系统的给排水系统监视办公楼内的存水情况；

(3) 通过区域变配电系统监视事故发生区域的供电情况；

(4) 通过区域照明系统可以控制事故发生区域照明系统的工作状态；

(5) 火灾发生时关闭相应空调/新风机组；

(6) 火灾发生时控制电梯紧急停首层，同时启动消防电梯；

(7) 火灾发生时防火阀关闭并在建筑设备监控系统内产生报警。

6. 消防报警系统与防盗报警系统的联动

消防报警系统与防盗报警系统的联动：当发生灾难性情况报警时，响应楼层的报警探测传感器，监听探头和门磁开关等将全部处于监视和报警状态。管理人员可以通过以上这些传感器监视事故发生的区域的人员的疏散情况，并可以帮助确认是否还有人滞留在事故发生区域。

两个系统的联动接口：通过网络与工作站接通两个系统，软件工作流程进入应急处理程序。

消防报警系统的接口：消防报警系统集成商需向 IBMS 系统集成商提供消防系统的接口与通信协议的要求同上。

7. 消防系统与防盗报警系统联动响应

(1) IBMS 能自动显示相应楼层的防盗报警的状态；

(2) 使得楼层的报警探测传感器、监听探头、门磁开关等将全部处于监视和报警状态；

(3) 通过以上传感器监视事故发生区域的人员疏散情况；

(4) 确认是否还有人滞留在事故发生区域。

8. 消防报警系统与闭路电视系统的联动

消防报警系统与闭路电视系统的联动：当发生灾难性报警情况时，闭路电视监控系统自动将事故发生区域的摄像机的镜头转向现场，同时将这些摄像机的画面自动切换至所需要的监控站上并切换至主画面，同时重点监视这些摄像的内容。

两个系统的联动接口：通过网络与工作站接通两个系统，软件工作流程进入应急处理程序。

消防报警系统的接口：消防报警系统集成商需向 IBMS 系统集成商提供消防系统的接口与通信协议的要求同上。

9. 消防报警系统与车库管理系统的联动

消防报警系统与车库管理系统的联动：当灾难性报警发生于大楼底层或是地下层时，车库管理系统可将车库闸门置于开启状态，以便于车库内的车辆迅速撤离事故发生地，或为隔离事故现场将车库封闭。

两个系统的联动接口：通过网络与工作站接通两个系统，软件工作流程进入应急处理程序。

消防报警系统的接口：消防报警系统集成商需向 IBMS 系统集成商提供消防系统的接口与通信协议的要求同上。

10. 消防系统与车库管理系统联动响应

(1) IBMS 能自动显示车库管理系统的工作状态；

(2) 当灾难报警发生于大楼底层或是地下层时，车库管理系统可将车库闸门置于开启状态，以便于车库内的车辆迅速撤离事故发生地；

(3) 隔离事故现场、将车库封闭；

(4) 闭路电视监控系统自动将事故发生区域的摄像机镜头转向现场。

11. 消防报警系统与通信系统的联动

消防报警系统与通信系统的联动：系统管理人员可以事先设定，当中央控制系统确认发生了灾难性警报后，通过 IBMS 系统立即通过通信子系统向消防局等政府部门报警，同时向办公楼的管理人员汇报有关的情况。

12. 消防系统与通信系统联动响应

(1) 当中央控制系统确认发生了灾难警报后，立即通过通信子系统向消防局等有关政府部门报警并传达有关信息。

(2) 向办公楼的管理人员汇报有关的情况。

13. 建筑设备监控系统与闭路电视监控系统的联动

建筑设备监控系统与闭路电视监控系统的联动：系统管理人员可以事先设定，当楼宇自动化系统有异常事故或警报发生时，可将闭路电视监控系统中相邻事故现场的摄像机自动转向事故发生点，

并自动将这些摄像机的画面切换至相应的监控点成为主画面。

14. 建筑设备监控系统与闭路电视监控系统的联动响应

(1) 当楼宇自动化系统有异常或警报发生时，可将闭路电视监控系统中相邻事故现场的摄像机自动转向事故发生点；

(2) 自动将这些摄像机的画面切换至相应的监控点成为主画面。

15. 车库管理系统与闭路电视监控系统的联动

车库管理系统与闭路电视监控系统的联动：系统管理人员可以事先设定，当车库有车辆入/出库时，此时的闭路电视监控系统可以控制车库门附近的摄像机的画面切换到有需要的监控工作站上，并可以进行记录以供必要时的核对查证。

车库管理系统与闭路电视监控系统的联动响应：

(1) 当有车辆入/出库时，闭路电视监控系统可以控制车库门附近的摄像机的画面切换到有需要的监控工作站上；

(2) 可以进行记录以供必要时的核对查证。

16. 保安系统与停车场系统的联动

在保安系统与停车场系统之间建立联动机制。系统管理人员可以事先设定，当车库有车辆入/出库时，此时的闭路电视监控系统可以控制车库门附近的摄像机的画面切换到有需要的监控工作站上，并可以进行记录以供必要时的核对查证。

提供如下的联动机制：

(1) 当停车场系统发生故障时摄像机切换到相应位置。

(2) 当防盗系统发生报警时，关闭停车场栅栏。

17. 保安系统与建筑设备监控系统的联动

提供如下的联动机制：

(1) 当有人在上班时间刷卡进入大楼/房间时启动相应照明设备。

(2) 当有人在上班时间刷卡进入大楼/房间时启动相应空调机组。

(3) 当有报警发生时，开启报警区域的灯光照明。

(4) 当大型机电设备发生故障时，摄像机切换到相应位置。

18. 物业管理系统与建筑设备监控系统的联动

建筑设备监控系统可将设备维修信息自动传送至物业管理部门，物业管理部门可及时组织维修。

19. 物业管理系统与保安系统的联动

保安系统可将人员刷卡信息自动传送至物业管理部门，物业管理部门可根据刷卡信息对行政中心员工进行考勤，掌握加班状况。

20. 智能化系统集成中的信息安全

如果说在未做系统集成的智能建筑中，信息安全还显现不出其重要性的话，经过系统集成，智能建筑的实时监控部分与办公自动化、物业管理等管理信息系统连通，进而又接入 Internet，可实现远程访问，这样，信息安全在系统集成中的作用变得越来越明显。信息安全包括物理系统安全、网络系统安全、操作系统安全应用系统安全四个层次。物理系统安全应保证智能化系统集成的网络系统、计算机、服务器等设施的物理安全，包括机房的消防、安防、人员管理制度等；网络系统安全是从网络层保证智能化系统集成的安全，包括安全的网络拓扑、防火墙、网络防病毒、实时入侵检测等；操作系统安全主要针对服务器；应用系统安全主要针对应用系统，防止未授权用户非法访问应用系统和保护应用系统的数据安全。

最常用的应用系统安全解决方案是使用应用开发平台，如数据库服务器、Web 服务器和操作系统等提供的各种安全服务，以及开发商在开发应用系统时结合具体应用而开发的各种安全服务。对于重要的智能建筑来说，建议使用第三方应用安全平台提供的各种服务。

不少智能建筑在安保、门禁及停车、购物等子系统中采用 IC 卡系统，IC 卡系统用于信息安全的技术业已问世，作为信息安全的辅助手段，这种信息安全技术在智能建筑系统集成中的应用有着广阔的前景。

36.15.4.3 智能化集成系统的检测与检验

(1) 应对集成系统的应用软件进行检测，并完成检测记录和检测报告。

(2) 应对集成系统进行网络安全检测，并完成网络安全系统的检测记录和检测报告。

(3) 设备及软件的配置方案和配置说明文档齐全。

(4) 自检自验后必须将所有测试用户和测试数据删除。

(5) 应以下格式填写质量记录：

1) 智能化集成系统联动功能需求表应填写《智能建筑工程质量验收规范》GB 50339—2003 附录 B 表 B.0.15。

2) 被集成子系统设备参数表应填写《智能建筑工程质量验收规范》GB 50339—2003 附录 B 表 B.0.16。

3) 被集成子系统通信接口表应填写《智能建筑工程质量验收规范》GB 50339—2003 附录 B 表 B.0.17。

4) 智能化集成系统网络规划和配置表应填写《智能建筑工程质量验收规范》GB 50339—2003 附录 B 表 B.0.18。

5) 还应填写本章第 36.7 节"信息网络系统"的相关质量记录表。

36.15.5 智能化系统集成信息管理系统验收

竣工验收应在系统集成正常连续投运时间超过 1 个月后进行。

竣工验收文件资料应包括以下内容：

(1) 设计说明文件及图纸；

(2) 设备及软件清单；

(3) 软件及设备使用手册和维护手册，可行性维护说明书；

(4) 过程质量记录；

(5) 系统集成检测记录；

(6) 系统集成试运行记录。

36.16 机 房 工 程

在信息化高速发展的今天，作为信息储存、信息系统交换和传输中枢的工作场所，机房建设系统日益受到重视，为各个单位信息管理部门的重点建设内容之一。

机房的等级划分也由原来的按面积及使用功能划分，修正为按其使用性质、管理要求及其在经济和社会的重要性来确定所属级别，机房按 A、B、C 三个等级划分，功能区也做了详细划分。具体设计依据可参照《电子信息系统机房设计规范》GB 50174—2008 有关章节。

机房是一项综合了强电、弱电、装修、安防等系统综合科目的专业场地系统，它的建设质量和功能的是否完善对核心的信息处理系统软、硬件设备是否可靠运行起着十分重要的作用，因此机房建设系统也是智能化建设不可缺少的组成部分。

本节以下简要介绍各个系统相关内容（以机房建设中的通用系统为主线，涉及级别时，再作具体说明），机房各系统设计和验收测试主要依据《电子信息系统机房设计规范》GB 50174—2008、《电子信息系统机房工程设计与安装》09DX009 设计图集、《电子信息系统机房施工及验收规范》GB 50462—2008 及《智能建筑工程施工规范》GB 50606—2010 等相关国标和行业规范标准结合场地建设经验进行阐述。

36.16.1 机房系统建设的要求

机房的布局应具有适当的灵活性，主机房的主体结构宜采用大开间大跨度的柱网，内设隔墙宜具有一定的可变性。机房主体结构具有耐久、抗震、防火、防止不均匀沉陷等性能。机房围护结构的构造和材料应满足保温、隔热、防火等要求。机房设置单独的安全出入口，设置在机房的两端，并有明显的疏散标志。机房的装饰材料选用非燃材料或难燃材料。室内装饰应选用气密性好、不起尘、易清洁，并在温、湿度变化作用下变形小的材料，顶面、地面要做保温，防凝水结露。并要设专用监控室，以方便维护人员对视频、环境和设备进行监控。机房装修后要保证室内高度尽可能提升净空高度。

机房场地建设系统主要包括以下几项内容：

(1) 机房装修：机房装修主要考虑吊顶、隔断墙、门窗、墙壁和活动地板等。

(2) 供电系统：供电系统是建设重点之一，由于机房内的大量

设备需要极大的电力功率，所以供电系统的可靠性建设、扩展性是极其重要的。对于 A 类机房供电系统建设主要有：供电功率、UPS 建设（$n+1$ 方式）、配电柜、电线、插座、照明系统、接地系统、防雷和自发电系统等。

(3) 空调系统：机房的温度、通风方式和机房空气环境等。

(4) 布线系统：机房应有完整的综合布线系统，包括骨干光缆、铜缆数据布线、语音布线、终端管理、布线管理。

(5) 安全系统：门禁系统、电视监视系统、报警系统等。

(6) 场地集中监控系统：机房环境、设施与各种设备的监控。

(7) 消防系统：气体灭火。

(8) 屏蔽系统：抗干扰、防泄漏、屏蔽体建设等。

36.16.2　系 统 建 设

36.16.2.1　机房装修系统

1. 一般要求

(1) 计算机房的室内装修工程施工验收主要包括吊顶、隔断墙、门、窗、墙壁装修、地面、活动地板的施工验收及其他室内作业。

(2) 室内装修作业应符合《建筑装饰装修工程质量验收规范》GB 50210—2001、《建筑地面工程施工质量验收规范》GB 50209—2010、《木结构工程施工质量验收规范》GB 50206—2002 及《钢结构工程施工质量验收规范》GB 50205—2001 的有关规定。

(3) 在施工时应保证现场、材料和设备的清洁。隐蔽工程（如地板下、吊顶上、假墙、夹层内）在封闭前必须除尘、清洁处理，暗装表层应能保持长期不起尘、不起皮和不龟裂。

(4) 机房所有管线穿墙处的裁口必须做防尘处理，然后对缝隙必须用密封材料填堵。在裱糊、粘结贴面及进行其他涂复施工时，其环境条件应符合材料说明书的规定。

(5) 装修材料应选择环保、无刺激性的材料，尽量选择难燃、阻燃材料，否则应尽可能涂防火涂料。

2. 装修建设

(1) 吊顶

机房内的顶棚装修常采用吊顶形式，应考虑耐用可靠且美观、易清洗、自重轻、不燃烧、耐腐蚀、施工方便及防尘消声等因素。充分考虑机房的净高度和美观程度，并具有一定的承载能力，在吊顶上或者吊顶下铺设消防和其他管线，吊顶上留有一定的间距。机房如存在水管道（应尽量避免），应进行封闭防护处理，同时进行防水处理，并设置漏水检测。专业大型机房不作吊顶装饰。

1) 计算机机房吊顶板材表面平整，漆面坚固，防火性能好，不得起尘、变色和腐蚀；其边缘应整齐、无翘曲，封边处理后不得脱胶；填充顶棚的保温、隔声材料应平整、干燥，并做包缝处理。

2) 按设计及安装位置严格放线。吊顶及马道应坚固、平直，并有可靠的防锈涂复。金属连接件、铆固件除锈后，应涂两遍防锈漆。

3) 吊顶上的灯具、各种风口、火灾探测器底座及灭火喷嘴等应定准位置，整齐划一，并与龙骨和吊顶紧密配合安装。从表面看应布局合理、美观、不显凌乱。

4) 吊顶内空调作为静压箱时，其内表面应按设计要求做防尘处理，不得起皮和龟裂。

5) 固定式吊顶的顶板应与龙骨垂直安装。双层顶板的接缝不得落在同一根龙骨上。

6) 用自攻螺钉固定吊顶板，不得损坏板面。当设计未作明确规定时应符合五类要求。

7) 螺钉间距：沿板周边间距 150～200mm，中间间距为 200～3000mm，均匀布置。

8) 活动式顶板的安装必须牢固、下表面平整、接缝紧密平直、靠墙、柱处按实际尺寸裁板镶补。根据顶板材质作相应的封边处理。

9) 安装过程中随时擦拭顶板表面，并及时清除顶板内的余料和杂物，做到上不留余物，下不留污迹。

(2) 隔断墙

机房内隔断墙具有一定的隔声、防火、防潮、隔热和减少尘埃

附着力的能力。充分考虑机房内窗户的处理，即做到防火、防潮、隔热，又要确保大楼外观的整体效果。

1) 无框玻璃隔断，应采用槽钢、全钢结构框架。墙面玻璃厚度不小于 10mm，门玻璃厚度不小于 12mm。表面不锈钢厚度应保证压延成型后平如镜面，无不平的视觉效果。

2) 石膏板、吸声板等隔墙墙的沿地、沿顶及沿墙龙骨建筑围护结构内表面之间应衬垫弹性密封材料后固定。当设计无明确规定时固定点间距不宜大于 800mm。

3) 竖龙骨准确定位并校正垂直后与沿地、沿顶龙骨可靠固定。

4) 有耐火极限要求的隔断墙竖龙骨的长度应比隔断墙的实际高度短 30mm，上、下分别形成 15mm 膨胀缝，其间用难燃弹性材料填实。全钢防火大玻璃隔断，钢管架刷防火漆，玻璃厚度不小于 12mm，无气泡。

5) 安装隔断墙板时，板边与建筑墙面间隙应用嵌缝材料可靠密封。

6) 当设计无明确规定时，用自攻螺钉固定墙板宜符合：螺钉间距沿板周边间距不大于 200mm，板中部间距不大于 300mm，均匀布置。

7) 有耐火极限要求的隔断墙板应与竖龙骨平等铺设，不得与沿地、沿顶龙骨固定。

8) 隔断墙两面墙板接缝不得在同一根龙骨上，双层墙板接缝也不得在同一根龙骨上。

9) 安装在隔断墙上的设备和电气装置固定在龙骨上。墙板不得受力。

10) 隔断墙上需安装门窗时，门框、窗框应固定在龙骨上，并按设计要求对其缝隙进行密封。

(3) 门窗

1) 门应选用防火钢制门，门框、窗框的规格型号应符合设计要求，安装应牢固、平整，其间隙用非腐蚀性材料密封。当设计无明确规定时隔断墙沿墙立柱固定点间距不宜大于 800mm。

2) 门扇和窗扇应平整、接缝严密、安装牢固、开闭自如、推拉灵活。

3) 施工过程中对门窗及隔断墙的装饰面应采取保护措施。

4) 安装玻璃的槽口应清洁，下槽口应补垫软性材料。玻璃与扣条之间按设计要求填塞弹性密封材料，应牢固严密。

(4) 柱面及墙面

主机房内的墙壁、柱面，宜采用彩钢板，既防火，又美观，配以灯光照明效果，点缀出机房的高档与大方，普通区采用刮腻子、刷环保漆方式。

(5) 地板

1) 计算机房用活动地板应符合《防静电活动地板通用规则》SJ/T 10796—2001。

2) 活动地板满足承重设计要求，铺设高度按实际要求设计（视其是否选用专业空调送风方式而定，兼顾机房净高）。

3) 活动地板铺设应在机房内各类装修施工及固定设施安装完成并对地面清洁处理后进行。

4) 建筑地面应符合设计要求，并应清洁、干燥，活动地板空间作为静压箱时，四壁及地面均作防尘处理，不得起皮和龟裂。

5) 现场切割的地板，周边应光滑、无毛刺，并按原产品的技术要求作相应处理。

6) 活动地板铺设前应按标高及地板布置严格放线将支撑部件调整至设计高度，平整、牢固。

7) 活动地板铺设过程中应随时调整水平。遇到障碍或不规则地面，应按实际尺寸镶补并附加支撑部件。

8) 在活动地板上搬运、安装设备时应对地板表面采取防护措施。铺设完成后，做好防静电接地。

机房内使用高质量无边型全钢防静电地板，地板标准为 600mm×600mm，厚度 35mm，活动地板上安放各类计算机设备机柜，活动地板下的空间敷设各种管线。（UPS 室设计承重 1000kg/m²，通常采用加固方式处理）。

图 36-89 为地板铺设示意图：

(6) 防尘

图 36-89　机房抗静电地板的敷设
(a) 地板的上板；(b) 地板下安装的槽道与电气插板

为满足计算机对含尘量的较高要求，除主材选用不起尘、不吸尘的材料外，活动地板下方及吊顶内空间均作防尘处理，使机房区域与其他部位有效地分隔为两个不同指标的空间环境。

(7) 防火

主材为非燃性或难燃性外，其他材料尽可能选用难燃性材料，所有木质隐蔽部分均刷防火漆作防火处理。

36.16.2.2　机房配电系统

1. 一般要求

(1) A 类机房配电系统设计为"双路市电＋柴油发电机＋双 UPS 不间断电源"的供电方式。

(2) 完善的计算机供电系统是保证计算机设备、场地设备和辅助用电设备可靠运行的基本条件。

(3) 建立高质量的、高度安全可靠的供配电系统体现在：无单点故障、高容错。

(4) 在不影响负载运行的情况下可进行在线维护。

(5) 有防雷、防火、防水、抗电网浪涌等功能。

(6) 机房供配电系统应为 380V/200V、50Hz，计算机供电质量达到 A 级。

(7) 计算机机房按照国家规定设计为一级负荷，一级负荷要求供电系统具有非常高的可靠性，因此，一级负荷的总供电电源应符合下列要求：

1) 一级负荷由两个电源或两个以上的电源供电，当一个电源发生故障时，另一个电源应不致受到损坏。两路电源互为备用，每路电源均能承担本工程全部负荷。即当正常工作电源事故停电时，另一路备用电源能够通过 ATS 自动投入。

2) 机房的供电电源分为三类，即：UPS 电源、动力及照明电源、直流通信电源。

①UPS 电源——保证向设备不间断供电的电源。

②动力及照明电源——为机房辅助设备供电，以及为生产指挥中心大楼照明等系统的常规电源。

③直流通信电源——为通信机房内的设备供电的 48V 直流电源。

2. 系统建设

(1) 供电方式

机房的配电系统要求为"双路市电＋柴油发电机＋双 UPS 不间断电源"的供电方式。

其中，柴油发电机为市电的备用电源，一旦市电中断供电，供配电系统将迅速启动柴油发电机，为计算机机房继续供电。在市电断电发电机启动这段时间里，由 UPS 供电来保证机房供电的连续性。所有计算机设备采用双 UPS 并机冗余热备份方式供电，来提高供电可靠性。机房配电系统示意图见图 36-90。

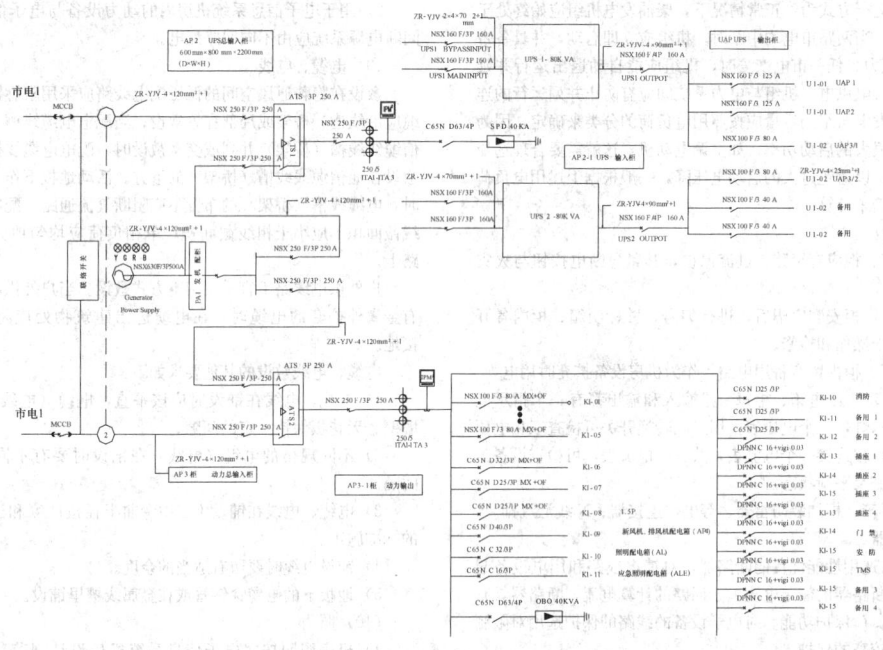

图 36-90　机房配电系统

根据应用的要求，两路市电以及柴油发电机须在建筑总配电室内经过两级 ATS 自动转换后输出一路电源作为 UPS 配电室的总配电柜电源输入。

1) 供配电系统采用放射式专用回路供电，做到简单、安全、可靠，负责对 UPS 不间断电源、照明、设备和精密空调供电。

2) 电子信息系统机房用电负荷等级及供电要求应根据机房的等级，按《供配电系统设计规范》GB 50052—2009 及《电子信息系统机房设计规范》GB 50174—2008 规范附录 A 的要求执行。

3) 电子信息设备供电电源质量应根据电子信息系统机房的等级，按《电子信息系统机房设计规范》GB 50174—2008 规范附录 A 的要求执行。

4) 供配电系统应为电子信息系统的可扩展性预留备用容量。

5) 电子信息系统机房应由专用配电变压器或专用回路供电，变压器宜采用干式变压器。

6) 电子信息系统机房内的低压配电系统不应采用 TN-C 系统。电子信息设备的配电应按设备要求确定。

7) 用于电子信息系统机房内的动力设备采用单独的电源系统独立回路配电。

8) 电子信息设备的配电应采用专用配电箱、柜，专用配电箱柜应靠近用电设备安装。

(2) 负荷计算

供配电方式为双路供电系统加 UPS 电源及柴油发电机设备，

并对空调系统和其他用电设备单独供电,以避免空调系统启停对重要用电设备的干扰。供电系统的负荷包含如下方面:

1) 服务器功率:单台服务器功率×服务器台数=总功率

2) UPS总功率:总功率/85%

一般采用 $n+1$ 备份方式,也即并联UPS台数多加一台,以防止某一台机组出现故障。

目前UPS效率均在85%以上,故按照服务器总功率可以计算出UPS的总kVA数。

3) 工作区恒温恒湿精密空调负荷:

这里指的是机房区的散热量,其计算方式为:

机房散热量=机房面积(m^2)×(200~250)kcal/(h×m^2)

实际计算中,再除以1000,即得到为达到机房恒温而需要空调补充的制冷量,其单位为kW(千瓦)。

按上述数据即可确定精密空调的数量,同时也可确定空调所耗费电功率。

4) 办公区空调、照明等负荷。

5) 其他用负荷。

由上可以计算出一个中心机房所需的用电负荷总功率。

(3) 电源分类

1) 一类电源为UPS供电电源,由电源互投柜引至墙面配电箱,分路送到活动地板下插座,再经插座分接计算机电源处,电缆用阻燃电缆,穿金属线槽钢管敷设。

2) 二类电源为市电供电电源,由电源互投柜分别送至空调、照明配电箱和插座配电箱,再分路送至灯具及墙面插座。电缆用阻燃电缆,照明支路用塑铜线,穿金属线槽及钢管敷设。

3) 三类电源为柴油发电机组,是作为特别重要负荷的应急电源,应满足的运行方式为:正常情况下,柴油发电机组应始终处于准备发动状态,当两路市电均中断时,机组立即启动,并具备带100%负荷的能力。任一市电恢复时,机组应能自动退出运行并延时停机,恢复市电供电。机组与电力系统间应有防止并列运行的连锁装置。柴油发电机组的容量应按照用电负荷的分类来确定,因为有的负荷需要很大的启动功率,如空调电动机,这就需要合理选择发电机组容量,以避免过大的启动电压降,一般根据上述用电负荷总功率的2.5倍来计算。

(4) 配电柜

1) 配电箱、柜应有短路、过流保护,其紧急断电按钮与火灾报警连锁。

2) 配电箱、柜安装完毕后,进行编号,并标明箱、柜内各开关的用途以便于操作和检修。

3) 配电箱、柜内留有备用电路,作为机房设备扩充时用电。

4) 要求:动力配电箱、柜每一路输入和输出都有一个指示电源的开断的指示灯,一个电压表,用三相转换开关可查看三相电压的平衡情况;每相连接一个电流表,共三个电流表,可检查设备工作时各相的电流及平衡状态。

5) 在配电箱、柜加装防雷器、等电位连接器、N线汇流排。

(5) 断路器

1) 断路器选用性能优良的断路器,对馈线线路和用电设备起到最佳保护。断路器的额定电流大于回路的计算电流,断路器具有短路保护和过负荷保护功能。对电子设备的线路的保护选用对限制浪涌电流要求较高的保护。

2) 在需要消防联动的配电柜的相应断路器要配置分励脱扣器,以便与消防联动提供接口。

(6) 插座

1) 机房内用电插座分为两大类,即UPS插座和市电插座。

2) 机房各工作间均留有备用插座安装在墙壁下方供设备维修时用。

(7) 柴油发电机

在重要类别的机房系统建设中,柴油发电机是作为市电的备用电源,当市电中断供电,供配电系统将迅速启动柴油发电机,为计算机机房继续供电,因此在机房建设系统的供配电建设中起到极其重要的作用。

1) 后备柴油发电机的容量应包括不间断电源系统、空调和制冷设备的基本容量及应急照明和关系到生命安全等需要的负荷容量。

2) 并列运行的柴油发电机,应具备自动和手动并网功能。

3) 柴油发电机周围应设置检修用照明和维修电源,电源宜由不间断电源系统供电。

4) 市电与柴油发电机的切换应采用具有旁路功能的自动转换开关。自动转换开关检修时,不应影响电源的切换。

5) 要求采用柴油发电机的控制系统应该是以微处理器为核心的高度智能化控制系统,将调速器和调压器的控制与调节系统有机调节,实现发电机组最佳可靠运行。

6) 发电机组监测与报警功能:监测发动机和发电机的运行状态并实时显示发动机和发电机运行参数。系统实时报警和系统自诊断功能。

7) 系统网络通信:提供标准接口和通信协议,可以和各种楼宇监控系统和电源监控系统相匹配,满足"三遥"要求。

8) 根据实际要求设置柴油发电机组,以保证负荷。

(8) UPS系统建设

电子信息设备应由不间断电源系统供电。不间断电源系统应有自动和手动旁路装置。确定不间断电源系统的基本容量时应留有余量。

1) 不间断电源系统的基本容量可按《电子信息系统机房设计规范》GB 50174—2008的公式计算:

$$E \geqslant 1.2P$$

式中 E——不间断电源系统的基本容量(不包含备份不间断电源系统设备),kW/kVA;

P——电子信息设备的计算负荷,kW/kVA。

2) 用于电子信息系统机房内的动力设备与电子信息设备的不间断电源系统应由不同回路配电。

(9) 电缆、电线

敷设在隐蔽通风空间的低压配电线路应采用阻燃铜芯电缆,电缆应沿线槽、桥架或局部穿管敷设;当配电电缆线槽(桥架)与通信线线槽(桥架)并列或交叉敷设时,配电电缆线槽(桥架)应敷设在通信线线槽(桥架)的下方。活动地板下作为空调静压箱时,电缆线槽(桥架)的布置不应阻断气流通路。配电线路的中性线截面面积不应小于相线截面积;单相负荷应均匀地分配在三相线路上。

户外供电线路不宜采用架空方式敷设。当户外供电线路采用具有金属外护套的电缆时,在电缆进出建筑物处应将金属外护套接地。

电缆、电线敷设的其他要求如下:

1) 电缆、电线在铺设时应该平直,电缆(电线)要与地面、墙壁、天花板保持一定的间隙。

2) 不同规格的电缆(电线)在铺设时要有不同的固定距离间隔。

3) 电缆、电线在铺设施工中弯曲半径按厂家和当地供电部门的标准施工。

4) 铺设电缆时要留有适当的余度。

5) 地板下的电缆穿钢管或在金属线槽里铺设。

(10) 照明

1) 机房照明按《电子信息系统机房设计规范》GB 50174—2008的规定:

①照明灯具采用嵌入式安装。事故照明用备用电源自投自复配电箱,市电与UPS电源自动切换。

②灯具内部配线采用多股铜芯导线,灯具的软线两端接入灯口之前均应压扁并搪锡,使软线与固定螺栓接触良好。灯具的接地或接零线,必须用灯具专用接地螺栓并加垫圈和弹簧垫圈压紧。

③在机房内安装嵌装灯具固定在吊顶板内预留洞孔内专设的框架上。灯上边框外缘紧贴在吊顶板上,并与吊顶金属明龙骨平行。

④在机房内所有照明线都必须穿钢管或者金属软管并留有余量。电源线应通过绝缘垫圈进入灯具,不应贴近灯外壳。

⑤主机房和辅助区一般照明的照度标准值宜符合《电子信息系统机房设计规范》GB 50174—2008规范表8.2.1的规定。

⑥支持区和行政管理区的照度标准值应按《建筑照明设计标准》GB 50034—2004 的有关规定执行。

⑦主机房和辅助区内的主要照明光源应采用高效节能荧光灯，荧光灯镇流器的谐波限值应符合现行国家标准《电磁兼容限值谐波电流发射限值》(设备每相输入电流≤16A) GB 17625.1—2003 的有关规定，灯具应采取分区、分组的控制措施。

2) 辅助区的视觉作业宜采取下列保护措施：

①视觉作业不宜处在照明光源与眼睛形成的镜面反射角上。

②辅助区宜采用发光表面积大、亮度低、光扩散性能好的灯具。

③视觉作业环境内宜采用低光泽的表面材料。

④工作区域内一般照明的照明均匀度不应小于 0.7，非工作区域内的一般照明照度值不宜低于工作区域内一般照明照度值的1/3。

⑤主机房和辅助区应设置备用照明，备用照明的照度值不应低于一般照明照度值的 10%。有人值守的房间，备用照明的照度值不应低于一般照明照度值的 50%；备用照明可为一般照明的一部分。

⑥电子信息系统机房应设置通道疏散照明及疏散指示标志灯，主机房通道疏散照明的照度值不应低于 5lx，其他区域通道疏散照明的照度值不应低于 0.5 lx。

⑦电子信息系统机房内不应采用 0 类灯具；当采用 I 类灯具时，灯具的供电线路应有保护线，保护线应与金属灯具外壳做电气连接。

⑧电子信息系统机房内的照明线路宜穿钢管暗敷或在吊顶内穿钢管明敷。

⑨技术夹层内宜设置照明，并应采用单独支路或专用配电箱(柜)供电。

(11) 接地系统

依据规范要求，计算机直流接地与机房抗静电接地及保护接地严格分开以免相互干扰，采用等电位连接网格，所有接点采用锡焊或铜焊使其接触良好，以保证各计算机设备的稳定运行并要求其接地电阻 1Ω (采用可联合接地体)。机房抗静电接地与保护接地采用软扁平编织铜线直接敷设到每个房间让地板就近接地，能使地板产生的静电电荷迅速入地。

1) 保护性接地和功能性接地宜共用一组接地装置，其接地电阻应按其中最小值确定。

2) 对功能性接地有特殊要求需单独设置接地线的电子信息设备，接地线应与其他接地线绝缘；供电线路与接地线宜同路径敷设。

3) 电子信息系统机房内的电子信息设备应进行等电位联结，等电位联结方式应根据电子信息设备易受干扰的频率及电子信息系统机房的等级和规模确定，可采用 S 型、M 型或 SM 混合型。

4) 采用 M 型或 SM 混合型等电位联结方式时，主机房应设置等电位联结网格，网格四周应设置等电位联结带，并应通过等电位联结导体将等电位联结带就近与接地汇流排、各类金属管道、金属线槽、建筑物金属结构等进行连接。每台电子信息设备(机柜)应采用两根不同长度的等电位联结导体就近与等电位联结网格连接。

5) 等电位联结网格应采用截面积不小于 25mm² 的铜带或裸铜线，并应在防静电活动地板下构成边长为 0.6~3m 的矩形网格。

(12) 防雷

电子信息系统机房的防雷设计，应满足人身安全及电子信息系统正常运行的要求，并应符合现行国家标准《建筑物防雷设计规范》GB 50057—2010 和《建筑物电子信息系统防雷技术规范》GB 50343—2004 的有关规定。

为防止机房设备的损坏和数据的丢失，机房防雷尤其重要。按国家建筑物防雷设计规范，要求对机房电气电子设备的外壳、金属件等实行等电位连接，并在低压配电源电缆进线输入端加装电源防雷器。防雷接地电阻满足国标要求。

36.16.2.3 机房专用空调系统

1. 一般要求

机房环境对机房内设备的正常运行起着至关重要的作用，保持

机房内温度、湿度、洁净度合格是保证机房设备运营正常的必要条件。

具体的机房空气环境设计目标参数，参见《电子信息系统机房设计规范》GB 50174—2008。

2. 系统建设

机房专用空调机组的送风方式一般为下送风上回风方式，也称为下送上回式(在此只对此种工作方式加以描述)。此种送风方式，送风均匀，造价低，运行成本低，因此应用范围广泛。

气流组织形式：经空调机调整了的温湿度空气，通过计算机柜下部送进计算机柜内，而经机房上部返回空调机的送风形式。此种方式有两种回风方式，其一是从地板下送出的气流，设置在天花顶棚上的回风口从天花内回到空调机组处，其二是从地板下送出的气流直接在机房内顶部回到空调机组处，也称为"漫回风"。

送风输送形式：送风可在抗静电活动地板下方直接送风，也可经风道送风。

新风量的配置：新风量取总风量的 10%，中低度过滤，新风与回风混合后，进入空调设备处理，提高控制精度，节省投资，方便管理。

根据计算机场地技术要求，按 A 级设计，温度 $T = 23℃ ± 2℃$，相对湿度=55%±5%，夏季取上限，冬季取下限。

(1) 冷负荷估算依据

人体发出的热按轻体力工作处理并随工作状态与室温而异，在机房冷负荷估算时，其总热负荷约为每人 102kcal。

通过机房屋顶、墙壁、隔断等围护结构进入机房的传导热是一个与季节、时间、地理位置和太阳的照射角度等有关的量。因此，要准确地求出这样的一个数值是很复杂的问题。

1) 当室内外空气温度保持稳定状态时，由平面形状墙壁传入机房的热量可按下式计算：

$$Q = K × F × T$$

式中 K——围墙导热系数，kcal(m² · h · ℃)；

F——围墙面积，m²；

T——机房内外温差，℃。

2) 当计算不与室外空气直接接触的围护结构如隔断等时，室内外计算温度差应乘以修正系数，其值通常取 0.4~0.7。常用材料导热系数可参见《电子信息系统机房设计规范》GB 50174—2008。

3) 当机房的玻璃窗受阳光照射时，透过玻璃进入室内的热量可按下式计算：

$$Q = K × F × q$$

式中 Q——透过玻璃窗进入的太阳辐射热强度，kcal/(m² · h)；

K——太阳辐射热的透入系数，取决于窗户的种类，通常取 0.36~0.4；

F——玻璃窗的面积，m²；

q——太阳辐射热强度，随纬度、季节和时间而不通，具体数值参考当地气象资料。

4) 换气及室外侵入的热负荷考虑：机房内工作人员需要通过空调设备的新风口向机房补充室外新鲜空气，并用换气来维持机房的正压，这些新鲜空气也将成为热负荷。而门、窗开关和人的出入带来的热负荷，也可折算为房间的换气量来确定热负荷。

(2) 机房专用空调的种类

1) 传统形式：机房室内机/室外机的配合，氟利昂制冷剂循环。

2) 水冷却形式：机房室内机+室外干燥器配合，或者，室内机+冷却塔设备配合，制冷剂仅在室内机组循环。

3) 冷冻水式：冷水机组+室内机组的配合，由冷水机组利用氟立昂制出 7~9℃的低温冷冻水并通过水泵输送到各室内机组，由室内机组使用低温冷冻水最终完成恒温恒湿的精密控制。

(3) 专业机房空调节能方式的选择

机房环境要求常年制冷，而在冬季时，室外大自然温度很低，这时机房也需要冷量，根据中国长江流域以北地区冬季的气象条件，可以利用天然冷源对机房"自然冷却"。目前，中国已经有多个大型机房采用自然冷冻水机房空调方案，运行良好，冬季节能效果明显：

1) 节约电能：冬季可以节约电能 15%～40%。

2) 机房内噪声降低：该类空调系统的室内机组无压缩机，使机房内噪声大大降低。

3) 系统维护量降低：与传统方案相比，整个系统压缩机数量大幅减少，降低系统维护成本。

4) 无需外置冷凝器，具有传统机房专用空调所不易解决的建筑物外美观的效果。

36.16.2.4 机房通风系统

1. 一般要求

机房专用空调送风量远大于普通舒适性空调机组，机房内的换气次数高。同时，由于机房内一般是无人值守，因此为减少新风对机房内的温湿度干扰以及对机房内洁净度的影响，新风量不宜设计过大。另一方面，机房内空气需保持正压，所以新风还必须存在。

2. 系统建设

主机房应按实际要求选用新风净化机，对空气要经过初效、中效和亚高效过滤机进行过滤处理，以保证机房的洁净度，并在风管上设置电动防烟防火调节阀。UPS 室存在电池气体泄放问题，所以须在 UPS 室设计换气系统，机房区设计消防排气系统，消防排气风机的风量按机房内不小于 5 次/h 的换气次数计算。

空调送风的几种方式：上送风、下送风、风道。机房空调系统见图 36-91。

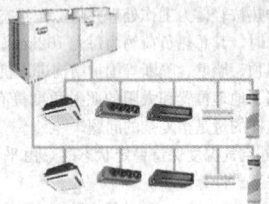

图 36-91 机房空调系统

36.16.2.5 机房布线系统

1. 系统要求

请参见本章第 36.3 "综合布线" 的相关内容。

2. 系统建设

请参见本章第 36.3 "综合布线" 的相关内容，此处强调一下机房密集布线时的要求。

(1) 根据实际需要，做好冗余准备，将机房内设备管理设置划分区域，强、弱电设置列头柜和核心交换柜，布局结构合理，模块化设计，管理便捷。

(2) 主机房、辅助区和行政管理区应根据功能要求划分成若干工作区，工作区内信息点的数量应根据机房等级和用户需求进行配置。

(3) 承担信息业务的传输介质应采用光缆或 6 类及以上等级的对绞电缆，传输介质各组成部分的等级应保持一致，并应采用冗余配置。

(4) 当主机房内的机柜或机架成行排列或按功能区域划分时，宜在主配线架和机柜或机架之间设置配线列头柜。

(5) A 级电子信息系统机房宜采用电子配线设备对布线系统进行实时智能管理。

(6) 电子信息系统机房存在下列情况之一时，应采用屏蔽布线系统、光缆布线系统或采取其他相应的防护措施：

1) 环境要求未达到《电子信息系统机房设计规范》GB 50174—2008 第 5.2.2 条和第 5.2.3 条的要求时；

2) 网络有安全保密要求时；

3) 安装场地不能满足非屏蔽布线系统与其他系统管线或设备的间距要求时。

4) 敷设在隐蔽通风空间的缆线应根据电子信息系统机房的等级，按《电子信息系统机房设计规范》GB 50174—2008 附录 A 的要求执行。

5) 电子信息系统机房的网络布线系统设计，除应符合《电子信息系统机房设计规范》GB 50174—2008 的规定外，尚应符合现行国家标准《综合布线系统工程设计规范》GB 50311—2007 的有关规定。

36.16.2.6 机房安防系统

1. 系统要求

门禁、监控管理系统的主要目的是保证重要区域设备和资料的安全，便于人员的合理流动，对进入这些重要区域的人员实行各种方式的安防措施管理，以便限制人员随意进出。

2. 系统建设

机房建设中的技术防范系统，即运用现代化高科技手段（如：电视监控、通道报警、出入口控制等）24h 实时监控机房内情况，及时报警和监控，保证机房内设备和人员的安全。

(1) 出入口控制系统

该系统由感应卡、感应读卡器、门禁控制器、电控锁、门禁管理计算机与软件等组成。

1) 机房出入口控制系统要求：在主要部位如机房门口等处，安装电控锁、感应式读卡机等控制装置，在要害部位安装指纹门禁控制装置，由中心控制室监控，系统采用计算机多重任务的处理，能够对各通道口的位置、通行对象及通行时间等实时进行控制或设定程序控制，并能记录人员进出情况和历史情况查询，以及特殊情况（如破坏性强行进入）下report警等。

2) 机房出入口控制系统组织：门禁和报警系统不是以一个独立的系统形式存在，它是综合安保系统的一个重要的组成部分，具有联网功能，不仅可以实现安保系统的集成，还可与消防实现报警系统实现网络集成，一旦遇到火警时，门禁系统能自动打开消防门及其他出口，便于人员的疏散。安装于消防门的电控锁采用断电开的类型，以保证发生火灾断电时，仍有逃生路径。

(2) 闭路电视监视系统

该系统的技术实现请参见本章第 36.11.4 "视频监控系统"，作为机房管理中监视系统有如下要求：

1) 通过电视监控系统，能保证主机房的数据保密及安全，及时发现突发事件，提高快速处置能力。

2) 可清晰地观察、记录所有通过摄像机控制范围内的目标和移动物体，并可在监视器上显示，同步记录存储图像。

3) 每一台摄像机的图像都被实时存储于硬盘录像机中，存储时间不少于 30d。

4) 每一台摄像机的图像都被实时显示于监控室的彩色显示器上。

5) 监控主机可通过局域网将视频信号传送到远端，经授权的客户端可通过该局域网浏览监控画面。

36.16.2.7 机房场地集中监测系统

1. 系统要求

机房场地集中监测系统需要对如下机房设施进行实时监测：

(1) 供配电子系统，UPS 系统，机房专用精密空调系统、温湿度、漏水、消防报警子系统。

(2) 应配备机房集中监测管理系统，对各种设备运行状态和参数应具有：监测设施的汇集、显示、判别、记录、管理等功能，还需具有：多媒体语音报警、电话或手机报警功能。

2. 系统建设

机房场地集中监测系统各子系统要求内容如下（见图 36-92）：

(1) 供配电监控子系统：监控机房电力参数，三相电压、电流、功率、频率等；检测机房市电、UPS 电源等重要开关的状态。

(2) UPS 监控子系统：实时检测 UPS 工作状态、运行参数以及 UPS 的报警等。

(3) 空调监控子系统：实时监控空调的运行状态及参数、报警等。

(4) 温湿度监测子系统：实时监测机房内温湿度情况，并可在机房直接查看温湿度值等。

(5) 漏水监测子系统：实现机房内漏水报警，包括机房空调下水管道漏水报警，漏水时告知发现漏水，并把机房漏水位置显示在监控画面上等功能。

(6) 消防报警子系统：实现烟感报警，突发浓烟时告知发现火灾，并把机房突发浓烟位置显示在监控画面上并实现语音提示等功能。

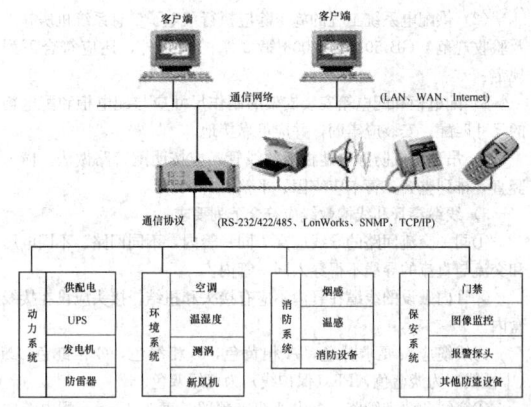

图 36-92　机房场地集中监测系统

（7）电话报警子系统：对重要的报警信息可实现电话语音报警，根据设备设置不同的电话号码，拨号次数及间隔可随意设置。

（8）手机短信报警子系统：对重要的报警信息可实现手机短信报警，可根据设备设置不同的手机号码。

（9）多媒体语音系统子系统：对机房内相应的设备报警可实现语音报警功能。

36.16.2.8　机房消防报警系统

1. 系统要求

机房场地的火灾自动报警和气体灭火控制系统应实现如下功能：

（1）防护区的要求

1）防护区围护结构的耐火极限不低于 0.5h，耐压强度不低于 1200Pa；

2）防护区的通风机和通风管道中的防火阀，在喷放灭火剂前自动关闭；

3）喷放灭火剂前，必须切断可燃、助燃气体的气源；

4）防护区的门向疏散方向开启，并能自动关闭，且在任何情况下均能从防护区内打开；

5）在防护区外设置声、光报警、释放信号标志及气体喷放指示灯；

6）为保证人员的安全撤离，在释放灭火剂前，应发出火灾报警，火灾报警至释放灭火剂的延时时间为 30s；

7）为保证灭火的可靠性，在灭火系统释放灭火剂之前或同时，应保证必要的联动操作，即灭火系统在发出灭火指令时，由控制系统发出联动指令，切断电源，停止一切影响灭火效果的设备；

8）防护区应有排风设备，释放灭火剂后，应将废气排尽后，人员方可进入进行检修；

9）灭火系统储瓶间，设置在保护区附近专用独立的房间内，耐火等级不低于二级，室温为 −10～50℃，保持干燥通风，出口直接通向室外或疏散通道，且灭火剂储瓶避免阳光照射。

（2）灭火联动控制

当防护区内相邻一对感烟、感温探测器同时报警时，火灾报警控制器发出信号启动声光报警器，通知人员撤离，并关闭空调及防火阀，切断非消防电源，接收动作完成后的返回信号；经 30s 可调延时后启动钢瓶瓶头阀；释放灭火气体以完成灭火控制器上手动远程启动灭火；通过紧急启动按钮在防护区外完成对灭火系统的紧急启动，在瓶头阀启动命令发出前，完成对灭火系统的紧急停止控制；在钢瓶间也可通过手动启动瓶头阀完成灭火功能。

灭火气体应采用国家允许的卤代烷的替代品七氟丙烷（HFC-227ea）洁净气体。应符合《七氟丙烷（HFC−227ea）洁净气体灭火系统设计规范》DBJ 15-23-1999 的规定。

在钢瓶间里放置钢瓶，在监控室设置消防自动报警系统，应与空调系统、门禁系统、配电系统等实现联动。

系统控制方式为：当有人工作或值班时采用手动控制，在无人的情况下采用自动控制方式。

消防系统要通过消防部门验收。

2. 系统建设

（1）消防自动报警及控制系统的组成：

1）消防控制中心包括智能火灾报警控制主机，用于集中报警及控制。

2）消防控制中心外围报警及控制包括光电感烟、感温探测器、组合控制器和气瓶等。

（2）根据实际要求划定分区设计气体剂量。

（3）根据实际要求选用设计方式：有管网或无管网。

（4）应采用联动方式设计。

（5）请参见本章 36.10 节"火灾自动报警及消防联动控制系统"。

36.16.2.9　机房电磁屏蔽系统

1. 基本要求

对涉及国家秘密或企业对商业信息有保密要求的电子信息系统机房，应设置电磁屏蔽室或采取其他电磁泄漏防护措施，电磁屏蔽室的性能指标应按国家现行有关标准执行。

应按照《电子信息系统机房设计规范》GB 50174—2008 第 5.2.2 条和第 5.2.3 条要求的电子信息系统机房的环境条件进行检查，如环境条件达不到要求，应采取电磁屏蔽措施：

（1）电磁屏蔽室的结构形式和相关的屏蔽件应根据电磁屏蔽室的性能指标和规模选择。

（2）设有电磁屏蔽室的电子信息系统机房，建筑结构应满足屏蔽结构对荷载的要求。

（3）电磁屏蔽室与建筑（结构）墙之间宜预留维修通道或维修口。

（4）电磁屏蔽室的接地宜采用共用接地装置和单独接地线的形式。

2. 系统建设

计算机、通信机及电子设备在正常工作时会产生一定强度的电磁波，该电磁波可能会对其他设备产生干扰或被专用设备所接收，以窃取其工作内容。同时，这些电子设备也需要在小于一定强度的电磁环境下保证其正常工作。

屏蔽室就是利用屏蔽的原理，用金属壳体（金属网）制成六面体，将电磁波限制在一定的空间范围内使其场的能量从一面传到另一面受到很大的衰减，由于金属板网对入射电磁波的吸收损耗、界面反射损耗和板内反射损耗，使其电磁波的能量大大的减弱，而使屏蔽室产生屏蔽作用。

（1）屏蔽室的屏蔽性能

屏蔽室的有效性以屏蔽效能来进行度量。屏蔽效能的定义如下：

$$S = E_0/E_1 \text{ 或 } S = H_0/H_1$$

式中　S——屏蔽效能；

$E_0(H_0)$——没有屏蔽体时空间某点的电场强度（磁场强度）；

$E_1(H_1)$——有屏蔽体时被屏蔽空间在该点的电场强度（磁场强度）。

由于在上述计算与测试中，常遇到场强值相差悬殊（达百万倍的信号），为了便于计算与表达，通常采用对数单位-分贝（dB）进行度量表达为：

$$S_E = 20\lg(E_0/E_1) \text{（dB）}$$
$$S_H = 20\lg(H_0/H_1) \text{（dB）}$$

由于在屏蔽室做六面体密闭的同时，还必须配备人员及设备进出的屏蔽门，还须配备通风通道、室内所用电源线及信号线的通道屏蔽与内外隔离。

因此，影响屏蔽室屏蔽效能的主要因素有：屏蔽室所用的金属材料，屏蔽材料的接缝工艺，屏蔽门，各通道的波导处理，电源线的滤波处理，信号线的屏蔽/光电隔离处理。

对使用的屏蔽用金属板材料进行计算时，需要涉及：入射电磁波的波阻抗 Z_w，金属材料的特性阻抗 Z_s，计算不便。一般使用厚度 $\delta = 1\sim 2mm$ 优质镀锌的钢板，则在不同场源、不同频率时屏蔽效果均≥100dB。

测试方法按国标《高性能屏蔽室屏蔽效能的测量方法》GB/T 12190—2006 进行。

（2）屏蔽室的屏蔽要求

用于保密目的的电磁屏蔽室，其结构可分为可拆卸式和焊接式。焊接式可分为自撑式和直贴式，其相关的要求：

1) 建筑面积小于 50m、日后需搬迁的电磁屏蔽室，结构宜采用可拆卸式。

2) 电场屏蔽衰减指标大于 120dB、建筑面积大于 $50m^2$ 的屏蔽室，结构宜采用自撑式。

3) 电场屏蔽衰减指标大于 60dB 的屏蔽室，结构宜采用直贴式，屏蔽材料可选择镀锌钢板，钢板的厚度应根据被屏蔽信号的波长确定。

4) 电场屏蔽衰减指标大于 25dB 的屏蔽室，结构宜采用直贴式，屏蔽材料可选择金属丝网，金属丝网的目数根据被屏蔽信号的波长确定。

用于保密目的的电磁屏蔽室的屏蔽件的要求：

①屏蔽门、滤波器、波导管、截止波导通风窗等屏蔽件，其性能指标不应低于电磁屏蔽室的性能要求，安装位置应便于检修。

②屏蔽门可分为旋转式和移动式。一般情况下，宜采用旋转式屏蔽门。当场地条件受到限制时，可采用移动式屏蔽门。

③所有进入电磁屏蔽室的电源线缆应通过电源滤波器进行处理。电源滤波器的规格、供电方式和数量应根据电磁屏蔽室内设备的用电情况确定。

④所有进入电磁屏蔽室的信号电缆应通过信号滤波器或进行其他屏蔽处理。

⑤进出电磁屏蔽室的网络线宜采用光缆或屏蔽缆线，光缆不应带有金属加强芯。

⑥截止波导通风窗内的波导管宜采用等边六角形，通风窗的截面积应根据室内换气次数进行计算。非金属材料穿过屏蔽层时应采用波导管，波导管的截面尺寸和长度应满足电磁屏蔽的性能要求。

36.16.3 机房系统安装施工

36.16.3.1 施工准备

由于机房系统使用的设备、器材繁多，涉及的施工面广，故施工前，需要做好充分的准备工作。准备工作的要求主要参见本章 36.1.3 节的要求，还应考虑到针对机房系统要应符合以下要求：

1. 施工环境的要求

（1）所需的机房、控制室、配线间等相关房间的结构工程、土建工程已经施工完毕，且符合机房系统的各项要求。

（2）机房等相关房间内干净整洁。照明、插座以及温、湿度等环境要求，已按设计文件的规定准备就绪，且验收合格。

（3）系统各种缆线所需的预理暗管、地槽预理件完毕，孔洞等的数量、位置、尺寸均已按设计要求施工完毕，并有准确的相关图纸。

（4）电源、接地可保证施工安全和安全用电。

2. 重要设备需要进行重点检查

（1）机柜的型号、材质必须符合设计要求。

（2）配电柜的各项性能指标应符合设计要求和产品说明书的规定。

（3）UPS 的各项性能指标应符合设计要求和产品说明书的规定。

（4）空调机的各项性能指标应符合设计要求和产品说明书的规定。

36.16.3.2 机房系统安装的施工要求

（1）机房室内装饰装修工程的施工除应执行《电子信息系统机房施工及验收规范》GB 50462—2008 第 10 章的规定外，还应符合下列规定：

1) 建筑地面应找平，并清理干净。

2) 地板支撑架应安装牢固，并应调平。

3) 地板间的缝隙不应大于 3mm。

4) 地板的高度应根据电缆布线和空调送风要求确定，宜 200～500mm。

5) 地板线缆出口应配合电脑实际位置进行定位，出口应有线缆保护措施。

（2）供配电系统工程的施工除应执行《电子信息系统机房施工及验收规范》GB 50462—2008 第 3 章的规定外，还应符合下列规定：

1) 配电柜和配电箱安装支架的制作尺寸应与配电柜和配电箱的尺寸匹配，安装应牢固，并应可靠接地。

2) 吊顶里或静电地板下的线管，应按明配管路做法，横平竖直，排列整齐，管卡应牢固、平整。

3) 线缆穿管和线槽敷线应符合下列要求：

①同一交流回路的导线应穿入同一管内，不同回路、不同电压和交流与直流的导线不得穿入同一管内。

②管内敷设的缆线在管内不应有接头和扭结，接头应设在接线盒内。

③线缆应按要求分色，A 相黄色，B 相绿色，C 相红色，N（中性线）为淡蓝色，PE（保护线）为黄绿双色。

④穿线前清理管路，盒内断线应预留长度为 15cm，配电箱内导线的预留长度应为配电箱体周长的 1/2。

4) 灯具、开关和插座安装应符合下列要求：

①灯具、开关和插座安装应牢固，位置准确，开关位置应与灯位相对应。

②同一房间，同一平面高度的插座面板应水平，插座的接线应左零右相上接地。

③灯具的支架、吊架、固定点位置的确定应符合牢固安全、整齐美观的原则。

④灯具、配电箱安装完毕后，每条支路进行绝缘摇测，应大于 $0.5M\Omega$，并做好记录后。

5) 不间断电源设备的安装应符合下列要求：

①主机和电池柜按设计要和产品技术要求进行固定。

②各类线缆的接线应牢固，正确，并做好标识。

③不间断电源电池组应直流接地。

（3）防雷与接地系统工程的施工应执行《电子信息系统机房施工及验收规范》GB 50462—2008 第 4 章和本规范第 16 章的规定。

（4）综合布线系统工程的施工应执行《电子信息系统机房施工及验收规范》GB 50462—2008 第 7 章和本规范第 5 章的规定。

（5）安全防范系统工程的施工应执行《电子信息系统机房施工及验收规范》GB 50462—2008 第 8 章和本规范 14 章的规定。

（6）空调系统工程的施工应执行《电子信息系统机房施工及验收规范》GB 50462—2008 第 5 章的规定。

（7）给水排水系统工程应的施工应执行《电子信息系统机房施工及验收规范》GB 50462—2008 第 6 章的规定。

（8）电磁屏蔽工程应的施工应执行《电子信息系统机房施工及验收规范》GB 50462—2008 第 10 章的规定。

（9）消防系统工程的施工除应执行《电子信息系统机房施工及验收规范》GB 50462—2008 第 9 章和本规范第 13 章的规定外，自动灭火系统的安装还应符合下列要求：

1) 管道必须可靠地支撑和固定。

2) 管道、吊架和支架应涂漆均匀。

3) 管道应良好接地。

4) 喷嘴安装前应进行密封性能试验，应采用氮气或压缩空气进行吹洗。

5) 喷嘴安装牢固，不应堵塞。

6) 控制操作装置的周围应留出适当空间，控制操作装置安装应牢固、平稳。

7) 储存容器的周围应留有适当的安装调试用空间，正面操作距离不应小于 1.2m，储存容器安装应牢固。

8) 灭火气体除做消防常规测试外，还要求通过消防检测机构的毒性试验和绝缘试验。宜采用无毒性的灭火气体。

（10）涉及网络机房还应符合《涉及国家秘密的信息系统分级保护技术要求》。

36.16.4 施工质量控制

机房工程工程质量控制，要依据《电子信息系统机房设计规范》GB 50174—2008、《电子信息系统机房施工及验收规范》GB

50462—2008、《建筑电气工程施工质量验收规范》GB 50303—2002《施工现场临时用电安全技术规范》JGJ46—2005 和《智能建筑工程质量验收规范》GB 50339—2003 及其他相关规范及相关标准，制定机房系统工程的质量管理计划。

（1）在机房系统工程的施工阶段，一定要注意以下的施工要点，也是质量控制的主控项，以便保证施工质量：

1）机房内的给排水管道安装不应渗漏。

2）给排水干管不宜穿过机房。若要穿过时，应设套管，套管内的管道不应有接头，管子和套管间应采用阻燃的材料密封。

3）机房内的冷热管道的保温应采用阻燃材料；保温层应平整、密实，不应有裂缝、空隙；防潮层应紧贴在保温层上，密闭良好；保护层表面应光滑平整，不起尘。

4）电气装置应安装牢固、整齐，标识明确，内外清洁。

5）电气接线盒内不应有残留物，盖板应整齐、严密、紧贴墙面。

6）接地装置的安装及其接地电阻值应符合设计要求，并连接正确。

（2）在机房系统的施工中，施工中质量控制还需要注意的是：

1）吊顶内电气装置应安装在便于维修处。

2）配电装置应有明显标志，并应注明容量、电压、频率等。

3）落地式电气装置的底座与楼地面应安装牢固。

4）机房内的电源线、信号线和通信线应分别铺设，排列整齐，捆扎固定，长度留有余量。

5）成排安装的灯具应平直、整齐。

36.16.5 系统施工调试与测试

36.16.5.1 系统的调试

（1）综合布线系统的调试应执行《电子信息系统机房施工及验收规范》GB 50462—2008 第 7 章和本章第 36.3 节"综合布线"的要求。

（2）安全防范系统的调试应执行《电子信息系统机房施工及验收规范》GB 50462—2008 第 8 章和本章第 36.11 节"安全防范管理系统"的要求。

（3）空调系统的调试应执行《电子信息系统机房施工及验收规范》GB 50462—2008 第 5 章的规定。

（4）消防系统的调试应执行《电子信息系统机房施工及验收规范》GB 50462—2008 第 9 章和本章第 36.10 节"火灾自动报警及消防联动控制系统"的要求，还应符合下列要求：

1）气体灭火系统的调试，每个保护区应进行模拟喷气试验和备用灭火剂储存容器切换操作试验。

2）进行调试试验时，应采取可靠的安全措施，确保人员安全和避免灭火剂的误喷射。

3）试验采用的储存容器应为防护区实际使用的容器总数的 10%，且不得少于一个。

4）模拟喷气试验宜采用自动控制模式。

5）模拟喷气试验的结果，应符合下列规定：

①试验气体能喷出被试防护区内，且能从被试防护区的每个喷嘴喷出。

②阀门控制应正常。

③声光报警器信号应正常。

④储瓶间内的设备和对应防护区的灭火剂输送管道应无明显晃动和机械性损坏。

6）进行备用灭火剂储存容器切换操作试验时可采用手动操作，并执行《气体灭火系统施工及验收规范》GB 50263—2007 的规定。

36.16.5.2 系统的检测与检验

1. 电子信息系统机房综合测试条件的要求

（1）测试区域所含分部、分项工程的质量均应验收合格；

（2）测试前应对整个机房和空调系统进行清洁处理，空调系统运行不应少于 48h；

（3）电子信息系统机房竣工后信息系统设备应未安装。

测试项目和测试方法应符合现行国家标准《电子计算机场地通用规范》GB /T 2887—2007 和《电子信息系统机房施工及验收规范》GB 50462—2008 的有关规定。

2. 测试仪器、仪表的要求

（1）测试仪器、仪表应符合现行国家标准《电子计算机场地通用规范》GB /T 2887—2007 和《电子信息系统机房施工及验收规范》GB 50462—2008 的有关规定；

（2）测试仪器、仪表应通过国家认定的计量机构鉴定，并应在有效期内使用。

电子信息系统机房综合测试应由建设单位主持，并应会同施工、监理等单位或部门进行。

电子信息系统机房综合测试后应按《电子信息系统机房施工及验收规范》GB 50462—2008 附录 H 填写《电子信息系统机房综合测试记录表》，参加测试人员应确认签字。

3. 电子信息系统机房综合测试的各项内容与指标的要求

（1）温度、湿度的检验应符合下列要求：

1）面积不大于 50m²，测点应在对角线布置 5 点，每增加 20～50m² 增加 3～5 个测点，测点距离地面 0.8m，距墙不小于 1m，并应避开送回风口处。

2）机房内温、湿度应满足温度 18～28℃，相对湿度 40%～70%。

（2）空气含尘浓度的检验应符合下列要求：

1）测试仪器应为每次采样量不小于 1L/min 的尘埃粒子计数器。

2）空气含尘浓度每升空气中大于或等于 0.5μm 的尘粒数应少于 18000 粒。

（3）噪声的检验应符合下列要求：

1）测点应在主要操作员的位置上距地面 1.2～1.5m 布置。

2）机房应远离噪声源，当不能避免时，应采取消声和隔声措施。

3）机房内不宜设置高噪声的设备，当必须设置时，应采取有效的隔声措施。

（4）供配电系统的检验应符合下列要求：

1）测试仪器应符合下列要求：

①电压测试仪表精度应为±0.1V；

②频率测试仪表精度应为±0.15Hz；

③波形畸变率测试使用失真度测量仪，精度应为±3%～±5%（满刻度）。

2）应在配电柜（盘）的输出端测量电压、频率和波形畸变率。

3）电源质量应满足下列要求：

①稳态电压偏移范围：−13%～+7%；

②稳态频率偏移范围：±1Hz；

③电压波形畸变率：8%～10%；

④允许断电持续时间：200～1500ms。

（5）风量检验应符合下列要求：

1）测试仪器应为风速计，量程在 0～30m/s 时，精度应为±0.3%。

2）电子信息系统机房总送风量、总回风量、新风量的测试，应按《通风与空调工程施工质量验收规范》GB 50243—2002 的方法进行。

（6）机房室内正压检验应符合下列要求：

1）测试仪器应为微压计，量程在 0～1kPa 时，精度应为±5%。

2）测试方法应符合下列要求：

①测试时应关闭室内所有门窗；

②微压计的界面不应迎着气流方向；

③测点位置应在室内气流扰动较小的地方。

（7）照度的检验应符合下列要求：

1）测点应按 2～4m 间距布置，并距墙面 1m，距地面 0.8m。

2）机房的照度应符合《建筑照明设计标准》GB 50034—2004 的规定。

（8）电磁屏蔽的检验应符合下列要求：

1）在频率为 0.15～1000MHz 时，无线电干扰场强不应大于 126dB。

2）磁场干扰场强不应大于 800A/m。

3）地面及工作台面的静电泄漏电阻，应符合现行国家标准《防静电活动地板通用规范》SJ/T 10796—2001 的规定。

（9）接地电阻的检验应符合下列要求：

1）测试仪表的要求：

①测试前应将设备电源的接地引线断开。

②测试仪表应为接地电阻测试仪，量程在 0.001～100Ω 时，精度应为±2%。

2）交流、直流各自的工作接地电阻，独立接地不大于 4Ω，联合接地不大于 1Ω。

3）保护接地电阻不大于 4Ω。

4）防雷接地电阻不大于 1Ω。

（10）质量记录：机房工程质量记录应执行《电子信息系统机房施工及验收规范》GB 50462—2008 的相关规定。

36.17　智能建筑电源、接地与防雷工程

智能建筑电源、接地与防雷工程是智能建筑工程的重要组成部分。

智能建筑的电源是为各建筑智能化子系统提供安全、可靠、稳定的电源。智能建筑的接地是为各建筑智能化子系统提供系统稳定工作、保证信息传输质量和人员及设备安全的重要保证。智能建筑的防雷既是建筑物的安全、人员的安全的重要设施，也是各个智能子系统安全、稳定运行的基础之一。

36.17.1　配　电　系　统

1. 智能建筑电源的基本要求

（1）供电容量充分：要求市电系统对智能化系统的供电容量，大于各个智能化子系统最大耗电量的总和。智能建筑电源应配置双路市电，经供电互投开关柜构成智能建筑电源系统。

（2）供电安全可靠：要求电源系统在部分设备发生故障时仍能保证供电不中断。智能建筑电源的可靠性常用其不可用度来度量。不可用度＝电源故障断电时间/（电源故障断电时间＋正常供电时间），智能建筑电源系统的不可用度一般应不大于 $5×10^{-6}$。另外，在电源输入端应设电涌保护装置，电涌保护装置可以设置 1、2、3 级。

（3）供电质量：交流电源直接供电时，380/220V，50Hz 电源，其电源输入端子处的压力允许变动范围为额定值的−5%～＋5%；频率允许变动范围为−0.2%～＋0.2%；电压波形畸变率应小于 5%，允许断电持续时间为 0～4ms，当系统有更高的要求时应采用 UPS 供电。智能建筑的基础直流电源一般为−48V，电压允许变动范围为−57～−40V，其背景噪声应符合设计要求。

（4）供电的后备措施：智能化系统应配备市电供电中断时的系统供电的应急后备设施，如：设置不间断电源装置、配备柴油发动机。

（5）智能建筑电源的供电经济性和供电灵活性也应在设计中予以充分考虑。

2. 智能建筑供电系统的组成

目前智能建筑的供电系统所采用的供电方式有集中供电、分散供电和混合供电三种供电方式，以分散供电方式为主。智能建筑的供电系统由交流供电系统、直流供电系统、接地系统和监控系统（SCADA）组成。本文主要对智能建筑中推荐使用的分散供电方式的安装作出描述。

分散供电方式电源系统组成如图 36-93 所示。

分散供电最好采用开关电源替代老式的相控电源，并应合理设计蓄电池组的容量，合理地将电源分组，尽量减少电源的体积和重量，以利于将其布置在不同楼层上，并使其尽量靠近其需要供电的负载。

有些建筑群中的一些独立建筑物单独设置低压变压器，根据建筑物对智能化的不同要求，也可采用集中供电方式。某些智能建筑系统设计要求集中供电时，也应采用集中供电模式。

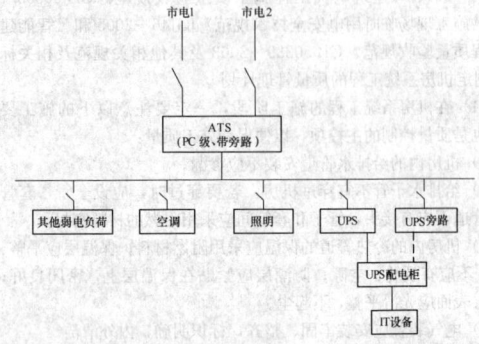

双路电源＋1 组 UPS 供电方式

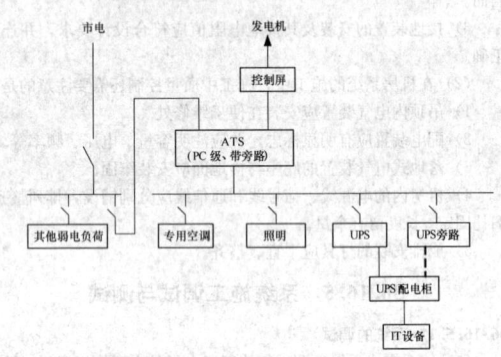

1 路电源、1 路发电机＋1 组 UPS 供电方式

图 36-93　供电方式、电源系统

构成智能建筑的设备及电器一般应包括：交流配电屏、直流配电屏、电容补偿柜、高频开关整流器、直流—直流变换器、蓄电池组、柴油发电机组、交流自动稳压器、UPS、SCADA 系统等设备；主要电器包括：电流互感器、电压互感器、继电器、低压断路器、熔断器、刀开关、接触器、阀式避雷器、排气式避雷器和金属氧化锌避雷器、电源浪涌抑制器等等，大型设备和实施还包括柴油发电机组、供配电机房等。

3. 一些智能化子系统对电源的特殊要求

计算机房、各控制室、通信设备间等智能建筑用房，应按照机房内主要设备对电源的要求进行工程设计和施工安装。采用 UPS 供电系统。

通信设备间内安放程控用户交换机时，应按照《工业企业程控用户交换机工程设计规范》CECS 09—1989 设计电源系统，采用−48V 直流电源。同时，通信设备间、交接间应采用 UPS 供电。

火灾自动报警及消防联动系统、自动灭火系统以及重要的安全防范设施等必须根据紧急状况时的负荷要求，采用集中供电，通常要求双路供电，或加装紧急备用电源系统（UPS、柴油发电机组、太阳能等）供电，以保证在紧急状况下电动排烟阀、防火卷帘、电动防火门、喷淋泵、排烟机、气体灭火系统、紧急广播系统以及紧急疏散照明及标志牌等设备在紧急状况下能可靠运行。有些火灾自动报警及消防联动系统使用−24V 或−48V 直流电源，直流供电电源必须在事故情况下能可靠地工作。

作为建筑电气工程的一部分，智能建筑电源与接地工程只对系统中的备用电源和不间断电源系统（UPS）以及防雷与接地系统的安装施工、调试投运和检测验收进行描述。

36.17.2　不间断电源系统（UPS）

依据《智能建筑设计标准》GB/T 50314—2006 的规定，应根据智能化系统的大小、设备分布及对电源需求等因素，采取 UPS 分散供电方式或 UPS 集中供电方式。

36.17.2.1　不间断电源系统（UPS）的基本要求

1. UPS的基本概念

不间断电源系统（简称为"UPS"）。它是能够提供持续、稳定、不间断的电源供应的供电设备。在有市电供应时，UPS可以有效净化市电；在市电中断时，可持续一定时间（视配置的电池容量）给设备供电，使你能有时间启动备用的柴油发动机或暂时关闭某项耗电应用。

UPS广泛地应用于智能建筑的各个系统中，保证各系统高质量的可靠供电。

UPS不但用来给重要的设备提供电力供应的保障，它还可以消除电网中的各种电力骚扰，如电压波动、频率波动、谐波、电压畸变、电噪声等。

2. UPS的组成与工作原理

从原理上来说，UPS是一种集数字和模拟电路，自动控制逆变器与免维护储能电池于一体的电力电子设备；UPS的主要功能包括：双路电源之间的无间断相互切换功能；将电网的瞬间间断、谐波、电压波动、频率波动以及电压噪声等干扰隔离在负载之前，既防止了电网对负载的干扰，又将输入电压的频率转换成需要的频率、UPS的后备功能；在断电时，UPS的蓄电池提供的直流电经逆变器向负载供电。

UPS按其工作原理可分为后备式和在线式。其输入输出方式可分为：单相输入输出、三相输入单相输出和三相输入三相输出三种方式。

组成UPS电源的7个部分为：输入整流滤波电路，将交流电变换为直流电，并进行稳压和抑制电网干扰；功率因数校正电路，用来提高功率因数、降低谐波、并使电网的输入电流成为与输入电压接近同相位的正弦波；蓄电池组是UPS的蓄能装置；充电电路独立于逆变器工作，在充电阶段向蓄电池组恒流充电，达到其浮充电压时，充电器改为恒压工作，直到充电完成；逆变器将直流电转变成准方波，经LC滤波后，用来保护UPS的负载，同时是市电供电变为逆变器供电的转换器件；其附属装置包括控制、检测、显示及保护电路。

UPS供电分为在线式UPS供电与后备式供电两种模式。

（1）在线式UPS供电

在线式双总线UPS配电示意图//UPS供电的系统框图如图36-94所示。

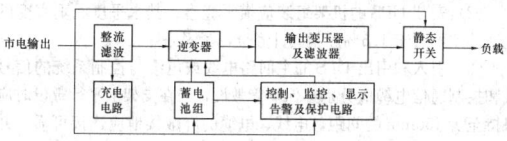

图36-94　在线式UPS供电的系统框图

其工作原理如下：当市电正常工作时，输入电源经整流滤波电路，一路送逆变器供电，逆变器经变压器和输出滤波电路将SPWM波形装变成隔离的正弦波送往负载，另一路送入充电器给蓄电池充电，此时静态开关切换到逆变器端，并由逆变器完成稳压和频率跟踪功能。

当市电出现故障时，逆变器将蓄电池的直流电转换成交流电，通过静态开关送往负载。

当市电供电正常，但逆变器故障或输出过载时，则旁路UPS，静态开关切换到市电供电；逆变器故障会导致UPS报警，过载引起的切换在过载消失后会重新切换到逆变器供电。

控制及保护电路提供提供逆变、充电、静态开关动作所需的控制信号、显示工作状态以及过压、过流、短路和过热报警及相应的保护。

在市电故障时，只要UPS在线工作就不会出现任何瞬间断电。几乎所有来自市电电网的干扰（电压浪涌、尖峰、瞬变、跌落、噪声电压、过压、持续低电压和电源中断）经过UPS隔离后都能得到很大程度的衰减，同时UPS能向负载提供十小、稳压精度高的供电电源，所以，目前智能建筑的电源系统大都采用在线式UPS供电。

（2）后备式供电

后备式UPS电源的系统框图见图36-95。

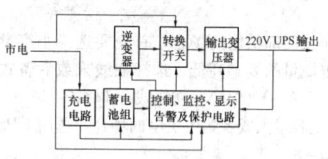

图36-95　后备式UPS电源的系统框图

其工作原理如下：当市电故障时，UPS工作在后备状态、UPS内的检测线路一旦发现市电故障，即立刻启动逆变器。并将转换开关切换到逆变器端，由蓄电池经逆变器向负载提供交流方波电压，并通过调节输出方波的宽度来实现稳压功能，切换动作大约持续2～3s，此时由UPS内部的容性器件向负载供电。后备式UPS的切换动作会引起电压波动，其稳压性能也比在线式差。

3. 智能化系统对UPS的要求

（1）UPS的电性能指标有基本电性能（如输入电压范围、稳压率、转换时间等）、认证性能（如安全认证、电磁干扰认证）。

（2）常用UPS电源分为在线式正弦波输出UPS、后备式正弦波输出UPS和后备式方波输出UPS三种。后备式方波UPS电源只能连接微容性和纯电阻型设备，不能同其他性质的负载（特别是可控硅）相连，否则轻则UPS性能受影响，重则毁坏UPS电源系统；此电源不能进行频繁启停，每次关闭UPS需经过6s后方可再次启动。

（3）蓄电池后备时间的确定：通常蓄电池的后备时间可定为10～30min，如后备时间超过1h，对于小容量系统，可以加配电池，如是大容量系统，则应考虑使用柴油发动机。

（4）负载对UPS常规电性能指标有影响：计算机与其他一般办公室设备一样，属整流电容负载，此类负载功率因数一般在0.6～0.7之间，且相对应的峰值因数只有2.5～2.8倍。而其他一般的马达负载功率因数也只在0.3～0.8之间。因此一般UPS只要设计上具有功率因数0.7或0.8，而峰值因数3以上即可符合一般负载的需求。计算机对UPS的另一需求为具有低的零地电压，具有超强防雷击保护措施，可短路保护及具有电气隔离等要求。

（5）反映UPS对电网适应能力的指标有：1）输入功率因数；2）输入电压范围；3）输入谐波因数；4）传导性电磁场干扰大小等指标。

（6）UPS输入功率因数低，会产生不良影响：UPS输入功率因数太低对一般用户而言是用户必须投资更粗的电缆线及空气断路器开关等设备。此外，UPS输入功率因数太低对电力公司较为不利（因电力公司需提供更多的电力才能符合负载所需的实际消耗电力）。

（7）反映UPS输出能力和可靠性的指标：UPS输出能力即UPS的输出功率因数，一般UPS为0.7（小容量1～10kVA UPS），而新型的UPS则为0.8，有更高的输出功率因数。UPS可靠性的指标为MTBF（平均无故障时间）。在5万小时以上为好。

（8）在线式UPS的基本特征：1）零转换时间；2）输出电压稳压低；3）可过滤输入电源突波、杂波等功能。

（9）UPS输出电压频率的稳定性是指空载与满载时UPS输出电压及频率变化的大小。尤其是在输入电压变化范围的最大值与最小值变化时仍能有不错的输出电压频率的稳定性。针对此要求，在线式UPS要远比后备式及在线互动式优良，而在线互动式UPS则与后备式相差无几。

（10）用户在配置和选用UPS时应考虑的因素：

1）了解各种架构UPS的适用情况；2）考量对于电力质量的要求；3）了解所需UPS的容量，并考虑未来扩充设备时的总容量；4）选择有信誉的品牌与供应商；5）注重服务质量。

（11）电网质量不好，而又要求100%不能停电的用电场合，选用UPS的主要考虑因素：

电网条件差的地区最好使用长延时（8h）在线式UPS，电网条件中等或好的地区可考虑选用后备式UPS。输入电压频率范围是否宽广、是否有超强防雷击能力、抗电磁干扰能力是否通过认证等

均是选用 UPS 时需要着重考虑的功能指标。

(12) 用电容量小或者局部供电的场合，选用 UPS 的主要考虑因素：

用容量小或局部供电的场合，首先要选择小容量 UPS，其次要依其对供电质量的要求高低，选择在线式或后备式 UPS。后备式 UPS 有 500VA、1000VA，在线式有 1～10kVA 可供用户选择。

(13) 用电容量大或者集中供电的场合，选用 UPS 的主要考虑因素：

用电容量大或集中供电的场合，应选择大容量三相 UPS。并考虑是否有：1) 输出短路保护；2) 可接受 100% 不平衡负载；3) 具有隔离变压器；4) 可作热备份；5) 多国语言图形化 LCD 显示；6) 可进行远程监控；7) 有超强监控软件，可自动寻呼，自动发 E-mail。

(14) 对于要求长延时供电的场合，选用 UPS 的主要考虑因素：

长延时供电 UPS 需以满载考虑配置高质量、足够能量的电池，及 UPS 本身是否具有超大型强充电电流来使外加的电池在短时间内充足电。UPS 要有：1) 输出短路保护；2) 超强过载能力；3) 全时间防雷击。

(15) 对供电智能管理要求高的场合，选用 UPS 的主要考虑因素：应选用可网络监控的智能型 UPS，通过 UPS 所具有的可在局域网、广域网、因特网上监控的监控软件支援，可使用户对 UPS 实现网络监控的目的。监控软件要做到：1) 可自动寻呼及自动发 E-mail；2) 可语音自动广播；3) 可安全地关闭和重新启动 UPS；4) 可跨不同作业平台操作；5) 可预约开机；6) 可做电源状态分析记录；7) 可监看 UPS 运行状态，并且监控软件需通过微软公司的认证。

(16) 用户对 UPS 厂商从哪些方面考察：1) 生产厂商是否具有 ISO9000 及 ISO14000 认证；2) 是否为知名品牌，重视客户利益及产品质量情况；3) 是否在本地有维修中心或服务单位；4) 是否在安全规格及抗电磁干扰上通过国际认证；5) UPS 是否具有较高的附加价值，例如是否未来可做网络监控或智能监控等。

4. UPS 电源的拓扑结构

智能建筑电源系统由于其多系统共存的特点，可考虑采用多台 UPS 分散供电。

5. UPS 的技术要求

(1) 设备运行条件：

1) 大型 UPS 宜安装在专用 UPS 机房中，中小型 UPS 可安装在其负载附近。

2) 工作环境温度为 15～25℃；相对湿度＜90%（25℃，无凝露）。

(2) 输入指标：

1) 额定输入电压：220/380V，±15%；

2) 额定输入频率：50Hz，−10%～+20%；

3) 功率因数：＞0.8（满负荷）；

4) 电压谐波失真度：＜5%；

5) 输入功率因数大于 0.9。

(3) 逆变器输出指标：

1) 额定电压：220/380V（三相四线），±5%；

2) 稳压精度：稳态＜1%，瞬态＜1.5%；

3) 瞬态电压恢复时间＜50ms；

4) 额定频率：50Hz，±0.1%；

5) 频率同步范围：±2Hz（可调）；

6) 频率调节速率：0.1～1Hz/s；

7) 三相输出电压相位偏移：±1°（平衡负载），±3°不平衡负载；

8) 过载能力：10mm（125% 额定电流），10s（150% 额定电流）；

9) 限流：100%～110% 额定电流可调；

10) 负载功率因数不小于 0.8。

(4) 噪声：＜60～70dB（距离设备 1m 处）。

(5) 效率：＞90%（满载时）。

(6) 静态开关指标：过载能力：100ms（10 倍额定电流）转换时间＜1ms。

(7) 蓄电池（阀控式密封铅酸蓄电池，每台 UPS 各接口组）：

1) 浮充电层允差：1%；

2) 浮充电压：2.23～2.27V/单体；

3) 均充电压：2.3～2.4V/单体；

4) 放电终止电压：1.67～1.7V/单体；

5) 寿命：浮允运行时不低于 10 年（25℃）。

(8) 电磁干扰：符合《信息技术设备的无线电骚扰限值和测量方法》GB 9254—2008 标准的要求。

(9) 防雷要求：在模拟雷电波为电压脉冲 10/700μs，5kV 电流脉冲 8/20μs，20kA 的情况下，UPS 输入端的雷击浪涌保护装置应可靠地保护设备不被损坏。

(10) UPS 应具有遥控、遥信、遥测功能，并带蓄电池检测及保护系统：

可通过总线网路或 RS-232/485 与 RAS/SCADA 系统通信，通信内容包括：输入电源故障、整流器故障、逆变器故障、工作方式（整流器、逆变器和旁路）、同步方式（内同步、外同步）、直流电压低或直流电压高；UPS 的所有报警信号均应被引至 UPS 的端子板上。

6. 相关标准

UPS 必须达到或超过下列标准中的一个或多个 UPS 的技术要求：

(1)《不间断电源设备》GB 7260；

(2)《建筑电气工程施工质量验收规范》GB 50303—2002；

(3)《智能建筑工程质量验收规范》GB 50339—2003。

36.17.2.2 不间断电源系统的安装

1. 安装的准备工作

UPS 安装的准备工作请参见本章 36.1.3 "施工准备"，还需要准备如下文件：安装平面布置图；电气接线图；UPS 容量；蓄电池容量；持续供电时间计算书；设备清单；备件及专用工具清单；工厂测试报告；U/LEMC 认证；原产地证明等。

2. 设备安装

(1) 检查 UPS 的整流器、充电器、逆变器、静态开关，其规格性能必须符合设计要求，内部接线连接正确、紧固件齐全、接线和紧固可靠不松动，标记正确清晰。

(2) 安装 UPS 的机架组装应横平竖直、其水平度、垂直度的允许偏差不大于 1.5%。紧固件齐全，紧固完好。

(3) 引入和引出 UPS 的主回路电线或电缆与控制系统的信号线和控制通信电缆应分别穿保护管敷设，当在支架上平行敷设时应保持至少 150mm 的间距，电线、电缆的屏蔽接地应连接可靠，并与接地干线的最近接地相连接。

(4) UPS 的可接近裸露导体应接地 PE 或接零 PEN，连接可靠且有标识。

(5) UPS 输出端的中性线（N 级）必须与由接地装置直接引来的接地干线相连接，作重复接地。

(6) 安装时应检查中线截面，中线截面应为相线截面 2 倍，防止因中线大电流引起事故。这是因为 UPS 运行时，其输入输出线路的中线电流约为相线电流的 1.8 倍以上。

(7) UPS 本机电源应采用专用插座，插座必须使用说明书中指定的保险丝。

(8) 蓄电池组的安装应符合以下要求：

1) 新旧蓄电池不得混用；存放超过三个月的蓄电池必须进行补充充电。

2) 安装时必须避免短路，并使用绝缘工具，戴绝缘手套，严防电击；

3) 按规定的串并联线路列间、层间、面板端子的电池连线，应非常注意正负极性；满足截面要求的前提下，引出线应尽量短，并联的电池组到负载的电缆应等长，以利于电池充放电时各组电池的电流均衡。

4) 电池的连接螺栓必须紧固，但应防止拧紧力过大损坏极柱。

5) 再次检查系统电压和电池的正负极方向，确保安装正确；

并用肥皂水和软布清洁蓄电池表面和接线；

6) UPS 与蓄电池之间应设有手动开关。

36.17.2.3　不间断电源系统的检测和验收

1. 调试和检测

(1) 对 UPS 的各功能单元进行试验测试，全部合格后方可进行 UPS 的试验和检测。

(2) 采用后备式和方波输出的 UPS 电源时，其负载不能是容感性负载（变频器、交流电机、风扇、吸尘器等）；不允许在 UPS 工作时用与 UPS 相连的插座接通容感性负载。

(3) UPS 的输入输出连线的线间、线对地间的绝缘电阻值应大于 0.5Ω；接地电阻符合要求。

(4) 按要求正确设定蓄电池的浮充电压和均充电压，对 UPS 进行通电带负载测试。

(5) 按 UPS 使用说明书的要求，按顺序启动 UPS 和关闭 UPS。

(6) 对 UPS 进行稳态测试和动态测试。稳态测试时主要应检测 UPS 的输入、输出、各级保护系统；测量输出电压的稳定性、波形畸变系数、频率、相位、频率、静态开关的动作是否符合技术文件和设计要求；动态测试应测试系统接上或断开负载时的瞬间工作状态，包括突加或突减负载、转移特性测试；其他的常规测试还应包括过载测试、输入电压的过压和欠压保护测试、蓄电池放电测试等。

(7) 通过 SCADA/BAS 系统检测 UPS 的功能。

(8) 按接口规范检测接口的通信功能。

(9) 检查连锁控制，确保因故障引起的断路器跳闸不会导致备用断路器闭合（对断路器手动恢复除外），反之亦然。

(10) 采用试验用开关模拟电网故障，测试转换顺序。

(11) 用辅助继电器设置故障，检测系统的自动转换动作和转移特性。

(12) 正常电源与备用电源的转换测试：通过带有可调时间延迟装置的三相感应电路实现正常和备用电源电压的监控。当正常电源故障或其电压降到额定值的 70% 以下时，计时器开始计时，若超过设定的延时时间（0～15s）故障仍存在，则备用电源电压已达到其额定值的 90% 的前提下，转换开关开始动作，由备用电源供电；一旦正常电源恢复，经延时后确认电压已稳定，转换开关必须能够自动切换到正常电源供电，同时通过手动切换恢复正常供电的功能也必须具备。

(13) 检查声光报警装置的报警功能。

(14) 检查系统对 UPS 运行状况的检测和显示情况。

(15) 检测 UPS 的噪声：输出额定电流为 5A 及以下的小型 UPS，其噪声不应大于 30dB，大型 UPS 的噪声不应大于 45dB。

2. UPS 系统的检测验收

根据《智能建筑工程质量验收规范》GB 50339—2003、《不间断电源设备》GB 7260、《建筑电气工程施工质量验收规范》GB 50303—2002 的有关规定对 UPS 系统进行检测验收。

36.17.3　防雷与接地

36.17.3.1　防雷与接地系统的基本要求

1. 弱电系统防雷的特点

雷电是危害电力系统安全可靠运行的重要因素之一。随着科学技术的发展，避雷器制造水平的提高以及金属氧化物避雷器的推广使用，使雷过电压的保护得到了保证。

当人类进入电子信息时代后，雷电灾害的特点与以往有极大的不同，可以概括如下：

(1) 受灾面积大大扩大，从电力、建筑这两个传统领域扩展到几乎所有行业，特别是与高新技术关系最密切的领域，如航天航空、电信、计算机、电子工业、金融等。

(2) 从闪电直击和过电压波沿线传输变为空间闪电的脉冲电磁场入侵到任何角落，无孔不入地造成灾害，因而防雷工程已从防直击雷、感应雷转变为防雷电电磁脉冲（LEMP）。

(3) 科学技术的发展，使得雷电灾害的主要对象已集中在微电子器件设备上。微电子技术应用渗透到各种生产和生活领域，微电

子器件极敏这一特点很容易受到无孔不入的雷电干扰的作用，造成微电子设备的失控或者损害。

2. 防雷与接地系统的基本要求

弱电系统的防雷及过电压保护必须综合运用分流（泄流）、均压（等电位）、屏蔽、接地和箝位保护等各项技术，构成一个完整的防护体系，才能取得明显的效果。

分流（泄流）：是对于可能出现的直击雷。靠接闪器、引下线和接地装置，或通过导电连接和接地良好的金属构架，将雷电流分流流散入地，而不流过被保护设备和部件。

均压（等电压）：是对同一楼层同一部位的不同电缆外皮、设备外壳、金属构架、管道做好电气搭接，以均衡电位。

屏蔽：是采用屏蔽电缆，利用人工屏蔽箱、自然屏蔽体来阻挡、衰减过电压能量。

接地：是将所有金属构架、管道、电缆屏蔽层等与总接地网连接。

箝位保护：是在电源线、信号线、接地线等过电压可能侵入的所有端口，装设必要的浪涌过电压保护装置，信号线上装设多级保护，将侵入的冲击过电压箝制在耐压允许的水平。

变电站外部防雷设施（避雷针、线、网、带）在接闪过程中，可泄放 50% 的雷电能量，其余的 50% 要通过建筑物本身的金属结构件、电源进线、通信线、天线的馈线进入建筑物内部。为了使建筑物内的人身、设备不受雷击，浪涌过电压的伤害，必须做防雷保护。防雷设计就是为被保护设备构建立个均压等电位系统，通过所安装的电涌保护器逐级把雷电电流泄放入地，达到真正保护设备的目的。

无论雷电过电波从任何途径入侵，都必须在最短的时间内，就近将被保护线路及设备接入等电位系统中，使线路和设备各个端口等电位。同时释放电路上因雷击而产生大量脉冲能量，以最短的路径泄放到大地，尽量降低设备各端口的电位差，以达到保护线路及设备的目的。通过各项防雷措施，为设备提供一个良好的环境，具体有下列几个方面：

(1) 通过安装在低压配电线路和信号线路上的电涌保护器把能量巨大的雷电流在纳秒级的时间内泄放入地，保护自动化系统通信和配电设备。

(2) 吸收线路上的感性负载和容性负载的引起的浪涌电压及对相电压可能的误输入电压的保护。

(3) 保证用电设备的安全运行和工作人员的安全。

为了防止因雷击电磁脉冲、开关电磁脉冲和静电放电等原因对电子设备造成的损坏，国际和国内的标准化组织发布了一系列的标准和规范。《雷电电磁脉冲的防护》IEC 61312 及《建筑物防雷设计规范》GB 50057—2010 分别提出和规定了系统防护的概念和方法。在建筑内外建立均压等电位系统，并在实际的应用中得到了良好的效果。现代意义的防雷，其工作重点已经从以建筑物为重点保护对象，发展到以电子信息系统为核心的保护，强调综合治理、整体防御、分级泄流、层层设防的思路，把防雷看成一个系统工程。

一个保护的区域，从电磁兼容（EMC）的观点来看，由外到内可分为几级保护区，最外层是 0 级，是直击雷区域，危险性最高，越往里，则危险程度越低。从 0 级保护区到最内层保护区，必须实行分级保护。对于电源系统，分为Ⅰ、Ⅱ、Ⅲ、Ⅳ级，如表 36-21 所示，从而将过电压降到设备能承受的水平。对于信息系统，则分为粗保护和精细保护：粗保护量级根据所属保护区的级别，而精细保护则要根据电子设备的敏感度来进行选择。

220V/380V 三相系统各种设备耐冲击过电压额定值

表 36-21

设备的位置	电源处的设备	配电线路和最后分支线路的设备	用电设备	特殊需要保护的设备
耐冲击过电压类别	Ⅳ类	Ⅲ类	Ⅱ类	Ⅰ类
耐冲击电压额定值（kV）	6	4	2.5	1.5

机房所在建筑物的外部防直击雷设施承担了约 50% 的雷电电磁脉冲能量，剩下约 50% 的雷电电磁脉冲能量将通过进出建筑物

的各种管线（包括微波、卫星接收装置）以感应雷的方式对计算机设备和网络设备造成损坏。因此，建筑物内部防雷是防雷系统中更加重要的一环。

为了尽量降低进入电源线路的过电压，按照国际电工标准IEC1312-1技术要求和防雷设计原理，通过多级防雷措施后可以将侵入设备的过电压限制在一个合理的水平。一般电源部分的防雷采用三级电磁脉冲屏蔽保护，这样可以把能量逐级泄放掉，也可以减小LEMP雷击电磁脉冲辐射。

设备所在建筑楼层总配电箱电源引入端配置箱式电源避雷器，作为第一级防雷保护配置三相四线制防雷器，标称放电电流选用40kA，以实现电源一级防雷粗保护对直击屏进行防护，吸收约90％的雷电能量。预防感应雷击或操作过电压。防雷器分别接在总电源交流配电屏输入端的三根相线及零线与地线之间，三根相线前端串接小型断路器。

设备机房配电箱和直流电源输入出端配置电源防雷器，作为第二级防雷保护。配置单相箱式防雷器，标称放电电流选用20kA，对雷电流或过电作进一步吸收，保证直流电源和机房设备的安全。防雷器分别接在机房配电箱输入端的三根相线及零线与地线之间，三根相线前端串接小型断路器。

在机房的重要网络机柜或设备如服务器、小型机路由器、交换机等输入端采用模块式电源避雷器，作为第三级防雷保护。标称放电电流选用5kA，预防感应雷击或操作过电压。

若从室外架空明经引入的电源经路上安装的SPD应选用10/350μs波形试验的SPD。埋地引入线路，应选择8/20μs波形试验的SPD。电源系统入户为低压架空线路，电缆宜选择安装三相电压开关型SPD作为第一级保护；分配电柜线路输出端选择安装限压型SPD作为第二级保护；在电子信息设备电源进线端选择安装限压型的SPD作为第三级保护。当上一级电涌保护器为开关型SPD，次级SPD采用限压型SPD时，两者之间电缆线隔距应大于10m。当上一级SPD与次级SPD均采用限压型SPD时，两者之间电缆线隔距大于5m。当不满足要求时，应加装退耦装置。如果配电箱与被保护设备之间的距离大于15m，应在设备前端安装防雷器。

（1）电源多级防护的级间配合

对于一些耐压水平较低，对电源质量要求比较严格的被保护设备，采用单个元件的保护装置的残压显得太高，为了实现较低的残压水平，可以采用两级或多级保护的概念来设计保护装置，各级相互配合，充分发挥各级器件的优点，以实现整体性能优越的目的。

根据《雷电电磁脉冲的防护》IEC61312-3第三部分浪涌保护器的要求中的有关规定，配合的总目的就是利用SPD将总的威胁值减到被保护设备耐受能力范围以内。各个SPD的浪涌电流额定容量不得超过。如果对$0 \sim I_{max}$之间的每一个浪涌电流值，由SPD2耗散的能量低于或等于其最大能量耐受，则实现了能量的配合。

基本的配合原则有两个：①根据静态伏安特性进行配合（除导线外无附加任何去耦元件），适用于限压型SPD，这种配合对级间距离有要求，即当SPD间有足够的线路距离时，利用线路自然电感的阻滞作用，可使后级SPD较前级SPD的电流小，实现级间通流配合；②当SPD没有足够的距离时，使用去耦元件进行配合。使用电感作去耦元件需要考虑雷电流波形，还可以使用电阻作去耦元件。

级间配合主要是能量的配合，对此也可以从电流方面来检查。在同样波形下，电流峰值高，能量就大。关于级间距离，《建筑物电子信息系统防雷技术规范》GB 50343—2004提出"当电压开关型浪涌保护器与限压型浪涌保护器之间的线路长度小于10m，限压型浪涌保护器之间的线路长度小于5m，在两级浪涌保护器之间应加装去耦装置。当浪涌保护器具有能量自动配合功能时，浪涌保护器之间的线路长度不受限制。"《建筑物低压电源电涌保护器选用、安装、验收和运行规程》CECS 174—2004提出"当制造商未提供SPD级间配合措施也未提出级间距离要求，金属氧化物电阻SPD与金属氧化物电阻SPD之间电气距离不宜小于10m，非触发式间隙SPD与金属氧化物电阻SPD之间电气距离不宜小于15m，触发

式间隙SPD与下一级金属氧化物SPD之间电气距离不宜小于5m。"由于不同制造商生产的产品电压保护水平不同，级间配合的情况也不同，级间距离应以满足级间配合为准，而不可能有固定的值。

（2）浪涌保护器的安装要求

1）TN系统中SPD宜接在主电路空气开关和熔断器的负荷侧，TT系统中SPD可接在RCD的电源侧或负荷侧。当SPD接在主电路RCD的负荷侧时，所有金属氧化物SPD在电网标称电压下的泄漏电流之和应小于RCD动作电流的1/10。接在SPD电源侧的RCD可带或不带延时，但应具有不小于峰值3kA，8/20μs的雷电抗干扰能力。

2）应在SPD支路上串入后各过电流保护器，如断路器、熔断器。该过电流保护器不应在SPD允许通过的最大雷电流下开断，但应能开断该点工频短路电流，并与主电路的过电流保护器满足级间配合要求。空气断路器应选延迟型，C脱扣曲线，与主电路断路器配合。SPD制造厂应提出此后各保护的要求。

3）SPD接入主电路的引线，应短且直，采取各种减少电感的措施，不应形成回路，不宜形成尖锐的转角。上引线（引至相线或中线）和下引线（引至接地）之和应小于0.5m。当引线长度大于0.5m，应采取减少电感的措施：采用凯尔文接线，或采用多根接地线并在多处接地。

不应将SPD电源侧引线与被保护侧引线合并绑扎或互交。

4）减少设备级SPD与被保护设备间的线路距离，应减少两连线间的环路面积。

5）SPD应在最近的接地等电位连接点，并宜在预埋的接地板上进行接地。当在局部范围内信号接地点与电源接地点是分开的，则电源SPD的接地点应在电源地上。

6）SPD上引线的导线截面积入口级不应小于$10mm^2$（多股绝缘铜线），接地引线不应小于$16mm^2$（多股绝缘铜线）；中间级、设备级上引线导线截面积不应小于$6mm^2$（多股绝缘铜线），接地引线不应小于$10mm^2$（多股绝缘铜线）。当采用扁平导体，材料为铜时，其截面积不应小于多股铜线的要求。扁平导体可为裸导体，其厚度不小于$2mm^2$，并应保证线间和对地（对机壳）的空气绝缘距离和机械固定。

7）接线方式可参照图36-96。需要注意的是，中线和地线之间必须确保有良好的连接。

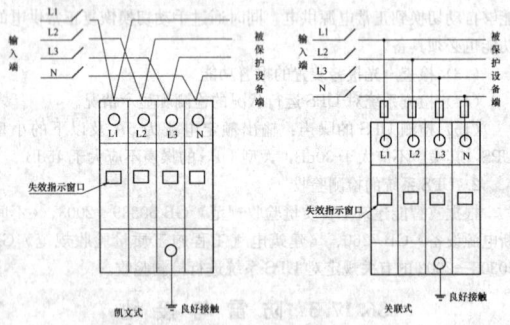

图36-96 浪涌保护器的接线

（3）综合雷电防护措施

1）二次电源系统防雷击电涌过电压采用了三级防护措施，即设备所在建筑楼层总配电箱电源引入端配置箱式电源避雷器，作为第一级防雷保护；设备机房配电箱和直流电源输入出端配置电源防雷器，作为第二级防雷保护；在机房的重要网络机柜或设备如服务器、小型机、路由器、交换机等输入端采用模块式电源避雷器，作为第三级防雷保护。

2）对于信号防雷，在铜缆（电缆）网络通信接口处应加装必要的防雷保护装置以确保网络通信系统的安全运行。

3）针对变电站接地存在的问题，提出了总体和局部等电位连接的设置位置及要求。特别是局部等电位连接的设置，变电站机房比较大、内部设备较多，因此采用M形等电位连接网。这种M形等电位连接网络通过多点接地方式就近并入共用接地系统中去，形成M形等电位连接网络，所敷设的地线等电位连接网格的密度

要小，所用材料要有比较大的截面积和表面积。

3. 弱电系统防雷与接地措施

(1) 建筑物防雷措施

1) 建筑物顶部应装设避雷针、避雷网或避雷带。建筑物各层应连成均压网；

2) 突出屋面的物体之上应设避雷线或避雷针；

3) 防雷接闪器装置的引下线不应少于两根，其间距不应大于18～24m，引下线连接处必须焊接，并与各均压网联通；

4) 接地电阻应满足其工作接地电阻的设计要求；

5) 室外电缆、金属管道、架空线在进入建筑物前必须接地；

6) 与建筑物的金属构件连接成接地网时必须焊接，并保证等电位连接。

(2) 电源系统的防雷措施

1) 电力变压器的高、低压两侧应各装一组避雷器，避雷器应尽量靠近变压器安装；且变压器低压侧的第一、二级避雷器间的距离不宜小于10m；

2) 电源交、直流设备及供电电源的自动切换设备，如交流屏的输入端、自动稳压/稳流装置的自动控制模块，均应有防雷措施；

3) 在市电/柴油发电机组供电转化屏的输入端、交流稳压器的输入端、交流配电屏的输入端、三根相线与零线上应分别对地安装避雷器；在整流器输入端、UPS输入端、通信空调输入端也应安装避雷器；

4) 在直流屏的输出端增加浪涌吸收装置；

5) 在楼层配电箱或进入各种控制室的配电箱主开关入口应安装专业级避雷器，配电总线上应安装并联式电源浪涌分流器；

6) 三相/单相交流电压采样端，即来自传感器的信号输入端应安装防雷器；

7) 所有安装的避雷器的残压应符合设计要求。

(3) 通信线路的雷电浪涌保护

1) 在交换机中断线入口安装线路雷电浪涌保护器，每线一个；

2) 在 MODEM、DDN/IR/ADSL/ISDN 专线与外部连接处加装 ISP 系列的雷电浪涌保护器；

3) 选用合适的网络保护模块，对局域网中的重要设备，综合布线系统中的长电缆进行防雷电冲击和浪涌抑制保护，将冲击衰减到安全水平；

4) 在有天馈线接入建筑物内的地方安装避雷器；

5) 在雷电高发区，室外设备的信号线、控制总线进入建筑物的入口处安装雷电电压浪涌保护器。

4. 防雷系统安装的技术要求

(1) 建筑物顶部安装的接闪器（避雷针、避雷带、避雷网）必须与顶部外露的其他金属物体连成一个整体的电气通路，且接闪器与避雷引下线的连接应可靠；

(2) 接闪器的安装应做到位置正确，焊接固定的焊缝饱满无遗漏，螺栓固定用的备帽等防松零件应齐全，在焊接部分补刷的防腐油漆应均匀完整；

(3) 避雷带的敷设应做到平整顺直，固定点和支撑件间距均匀、固定可靠，每个支撑件应能承受大于90N（5kg）的垂直拉力；当设计未指明要求时，支撑件间的间距应保证水平方向间距为 0.5～1.5m，垂直部分的间距 1.5～3m；

(4) 敷设的引下线应用卡钉分段固定；明敷的引下线应敷设平直、无急弯，与支架焊接处应做好油漆防腐处理；支撑件间的间距应保证水平部分 0.5～1.5m，垂直部分的间距 1.5～3m；

(5) 避雷针装设独立的接地装置，避雷针及其接地装置与被保护的建筑物之间应保持足够的安全距离，以免雷击时发生放电事故，安全间距的大小由其防雷等级决定，但最小间距保证大于 5m；

(6) 为了降低跨步电压，防护直击雷的接地装置距建筑物出入口及人行道的距离不应小于 3m；当小于 3m 时，应采取下列措施之一：保证水平接地体的埋深不小于 1m，或将水平接地体局部包以沥青等绝缘体，也可采用碎石路面，在接地装置上敷设 50～80mm 的沥青层，沥青层的宽度应超过接地装置 2m；

(7) 变配电所的避雷针应用最短的接地线与接地干线连接；避

雷器必须按其安装说明书正确安装。

5. 接地系统的技术要求

(1) 一般要求

1) 在装设接地装置时，首先应充分利用自然接地体，以节约投资、节省钢材；

2) 可利用人工接地装置作为自然接地体的补充。布置人工接地装置时，应使接地装置附件的电位分布尽可能的均匀，以降低接触电压和跨步电压，保证安全；若接触电压和跨步电压超过规定值，应采取必要的解决措施。

(2) 人工接地装置的安装要求

1) 接地体/接地模块顶面埋深不应小于 0.6m，接地模块间距不应小于模块长度的 1.2～1.4 倍。接地模块埋设基坑的尺寸一般为模块外形尺寸的 1.2～1.4 倍，且要注意检查开挖深度内的底层情况。

2) 接地模块应垂直或水平就位，不准倾斜设置，并保持与原上层接触良好。

3) 圆钢、角钢及钢管的接地极应垂直埋入地下，间距不小于5m。接地装置的焊接应采用搭接焊，搭接的长度应符合下列规定：

①扁钢与扁钢：搭接长为扁钢宽度的 2 倍，最少 3 面施焊；

②圆钢与扁钢：搭接长为圆钢直径的 6 倍，双面施焊；

③圆钢与扁钢：搭接长为圆钢直径的 6 倍，双面施焊；

④扁钢与钢管/角钢：搭接长为扁钢宽度的 2 倍，紧贴角钢的两个外侧面，或紧贴 3/4 钢管表面，上下两侧施焊。

4) 除埋在混凝土中的焊接接头外，所有焊接处均应作防腐处理。

5) 当设计无要求时，接地装置的材料应为经热湿镀锌过的钢材，其规格尺寸应符合表 36-22 的规定。

6) 接地模块应集中引线，用接地干线把接地模块并联焊接成一个环路，构成环形接地体。干线的材质与接地模块焊接点的材质应相同，引出线不少于 2 处。

7) 测试人工接地装置的接地电阻，接地电阻值必须符合设计要求。

接地装置使用材料的规格要求　　表 36-22

规格及单位		使用方式			
		地上		地下	
		室内	室外	交流电流回路	直流电流回路
圆钢直径（mm）		6	8	10	12
扁钢	截面（mm²）	60	8	10	12
	厚度（mm）	3	4	4	6
角钢厚度（mm）		2	2.5	4	6
钢管管壁厚度（mm）		2.5	2.5	3.5	4.5

(3) 建筑物的等电位联结要求

1) 建筑物等电位联结的接地干线应从与接地装置有不少于 2处直接连接的总接地汇集线或总地汇线引出，等电位连接干线或局部等电位箱间的连线应形成网络，环形网络应就近与局部等电位箱或等电位连接干线相连，其支线间不得串联连接。

2) 等电位联结的接线具最小允许截面应符合以下规定：

铜材导体：要求干线截面不小于 16mm²，支线截面不小于 6mm²；

钢材导体：要求干线截面不小于 50mm²，支线截面不小于 16mm²。

3) 等电位联结的可接近裸露导体或其他金属部件、构件与支线的连接应可靠、熔焊、钎焊或机械紧固时应保证其接头处的电阻不大于其他连线的电阻。

4) 需进行等电位联结的高级装修金属部件或零件，应使用其专用接线螺栓与等电位联结支线连接，且有标识；且应保证连接可靠，连接螺栓的防松配件必须齐全。

36.17.3.2　防雷与接地系统的安装

电源与接地系统包括了防雷系统、主接地系统的安装，这部分

安装工程通常由电气工程承包单位或土建工程承包单位负责。本节只对设备的防雷及浪涌抑制，电源接地和设备接地进行说明。

1. 安装的准备工作

电源与接地安装的准备工作请参见本章 36.1.3 "施工准备"，还需要准备如下文件：设备材料清单、设备选型的技术文件、接地布置图、安装施工说明、接地系统的安全性分析报告、材料样品及技术规格。

2. 适用标准

适用标准：GB 50303《建筑电气工程质量验收规范》GB 50303—2002 第 24～27 章；《智能建筑工程质量验收规范》GB 50339—2003 第 11 章；《建筑物防雷设计规范》GB 50057—2010；《建筑物防雷设施安装图集》99D562。

3. 防雷器的安装

(1) 电力变压器的防雷器连接电力变压器的高、低压侧都应安装防雷器，一般低压侧用电阻防雷器，两侧均作 Y 形连接；通过变压器外壳的接地端就近进行重复接地。

(2) 交流配电系统的防雷措施采用三级防雷：低压电缆进线的相线上应安装氧化锌避雷器作为第一级防雷，交流配电屏作为第二级防雷，整流器输入端口为第三级防雷。

(3) 传感器采样端防雷在交流供电系统中，应在三相交流传感器和单相交流传感器的采样端安装避雷器。

(4) 信号系统防雷：

1) 控制网络进出建筑物的出入口、广域网出口均应设信号防雷器；

2) 室外传感器等就地仪表的信号出入口应设防雷器。

4. 浪涌抑制器的安装应符合设计要求

5. 电源系统接地的安装

(1) 在建筑物低压供电系统中，380/220V 交流电源应采用中性点直接接地的系统，电力设备外壳必须接地。

(2) 在三相 TN 系统中，接零是必须采取的措施。

6. 设备接地的安装

(1) 电缆和架空线引入建筑物处、高压设备及大功率设备的外壳。设计要求重复接地的设备必须重复接地。

(2) 必须做到保护和屏蔽接地的"一点接地"。进行接地连接前，应先测量被接地导体的对地电阻，确认无对地导通时，再将导体的一端就近与其相连设备的接地端子连接，然后用设备的接地端子直接与就近的接地干线连接。

(3) 现场仪表（传感器、执行器等）的屏蔽层应接在仪表的接地端子上，不允许从其相连的控制系统的接地端子上接地。

(4) 电子设备、计算机等硬件的工作地一般应浮空，或按设计要求接地。

(5) 要求单独接地的设备应按设计要求单独接地。在等电位联结的接地系统中，单独接地系统可采用将设备的接地端子直接接到接地系统的总汇集线上来实现，但连接点不得少于 2 点；也可单独安装接地体进行单独接地。

(6) 接地安装必须符合设计要求，保证其接地电阻值。

36.17.3.3 防雷与接地系统的检测和验收

智能建筑的电源、防雷及接地系统的检测和验收必须按《智能建筑工程质量验收规范》GB 50339—2003 的有关规定执行（参照《建筑电气工程施工质量验收规范》GB 50303—2002 第 24～27 章），同时，必须符合国家强制性标准的有关要求。

1. 检测验收范围

电源系统的检测验收应包括智能建筑的各智能化子系统交、直流供电电源系统中的供电装置、设备及缆线敷设工程；正常工作状态下的供电应包括建筑物内各智能化系统交、直流供电，以及供电传输、操作、保护和改善电能质量的全部设备和装置。

应急工作状态下的供电设备，包括建筑物内各智能系统配备的应急发电机组、各智能化子系统备用蓄电池组、充电设备和不间断供电设备等。

各智能化系统的电源、防雷及接地系统检测，可作为分项工程，在各系统检测中进行，也可综合各系统电源与接地系统进行集中检测，并由相应的检测机构提供检测记录。

防雷及接地系统的检测和验收应包括建筑物内各智能化系统的防雷电入侵装置、等电位联结、防电磁干扰接地和防静电干扰接地等。

电源、防雷及接地系统必须保证建筑物内各智能化系统的正常运行和人身、设备安全，电源、防雷及接地系统的工程实施及质量控制应执行《智能建筑工程质量验收规范》GB 50339—2003 第 11 节的规定。

2. 应先进行外观检查

(1) 检查防雷器、浪涌抑制器和过电流保护装置的安装是否符合设计要求。

(2) 检查接地体、接地引下线、接地汇集环、总汇集线、分汇集线、均压网的安装是否符合设计要求。当采用联合接地方式时，应使整栋大楼的就地系统构成一个法拉第笼式均压体。

(3) 检查交流电源的接零系统是否符合设计要求。

(4) 检查要求重复接地的设备是否按设计要求进行了重复接地；外露可导电部分是否实现了电气连续性连接并接地。

(5) 检查"一点接地"的实施情况，并保证接地系统按要求进行了一点接地。

(6) 检查就地仪表及其屏蔽的接地是否做到就地仪表端一点接地。

(7) 检查接地线、接地铜排、接地接线柱、接地端子的用材、焊接工艺、防腐处理及机械连接的牢固性，确认所用导体的横截面积符合设计要求。

(8) 切断配电箱的输入电源，按不同的相线，用兆欧表逐步测试，得到配电箱的绝缘性能参数。

(9) 检查每个配电箱的接线，合上配电箱总开关，完成配电箱通电测试。

(10) 测量接地电阻值是否符合设计要求：可以使用接地电阻仪（兆欧表）测量法、电流表测量法、电流表电功率测量法、电桥法和三点法。

(11) 其他部分如机房接地端子、各弱点并接地端子的接地电阻可通过测量各端子与主接地体的电阻值，然后加上主接地体的对地电阻得到。

3. 电源系统检测

电源系统检测应按照《智能建筑工程质量验收规范》GB 50339—2003 中第 11.2 节"电源系统检测"的规定执行。

主要内容如下：

(1) 供电电源质量应符合设计要求和《智能建筑设计标准》GB/T 50314—2006 中第 10.3 节规定：

1) 甲级标准：电源质量应符合：稳态电压偏移不大于 ±2%；稳态频率偏移不大于 0.2Hz；电压波形畸变率不大于 5%；允许断电持续时间为 0～4ms。

2) 乙级标准：电源质量应符合：稳态电压偏移不大于 ±5%；稳压频率偏移不大于 0.5Hz；电压波形畸变率不大于 8%；允许断电持续时间为 4～200ms。

3) 丙级标准：电源质量应符合产品使用要求。

4) 若产品使用无明确要求或使用要求过低时，应以稳态电压偏移不大于 ±10%；稳态频率偏移不大于 ±1Hz，电压波形畸变率不大于 20% 为标准，达不到标准时应采用稳压或稳频措施。

5) 在电源污染严重，影响系统正常运行时，应采取电源净化措施。

(2) 不间断电源（UPS）的检测应执行《建筑电气工程施工质量验收规范》GB 50303—2002 中第 9.1 节不间断电源主控项目的规定：

1) 不间断电源的整流装置、逆变装置和静态开关装置的规格、型号必须符合设计要求。内部结线连接正确，紧固件齐全，可靠不松动，焊接连接无脱落现象。

2) 不间断电源的输入、输出各级保护系统的电压稳定性、波形畸变系数、频率、相位、静态开关的动作等各项技术性能指标试验调整必须符合产品技术文件要求。

3) 不间断电源装置间连线的线间、线对地间绝缘电阻值不大于 0.5MΩ。

4）不间断电源输出端的中性线（N极）必须与由接地装置直接引来的接地干线相连接，做重复接地。

（3）智能化系统配置的应急发电机的检测应执行《建筑电气工程施工质量验收规范》GB 50303—2002 中第 8.1 节发电机主控项目的规定。

1）发电机的实验必须符合规范附录 A "发电机交接试验"的规定。

2）发电机组至低压配电柜馈电线路的相间、相对地间的绝缘电阻值大于 0.5MΩ；塑料绝缘电缆馈电线路直流耐压试验为 2.4kV，时间 15ms，泄露电流稳定，无击穿现象。

3）柴油发电机馈电线路连接后，两端的相序必须与原供电系统的相序一致。

4）发电机中性线（工作零线）应与接地干线直接连接，螺栓防松零件齐全，且有标识。

（4）蓄电池组及充电设备的检验应执行《建筑电气工程施工质量验收规范》GB 50303—2002 中第 6.1.8 条的规定：直流屏试验，应将屏内电子器件从线路上退出，检测主回路线间和线对地间绝缘电阻值应大于 0.5MΩ，直流屏所附蓄电池组的充、放电应符合产品技术文件要求；整流器的控制调整和输出特性试验应符合产品技术文件要求。

（5）智能化系统主机房集中供电专用电源设备，各楼层设置用户电源箱的安装质量检测，应执行《建筑电气工程施工质量验收规范》GB 50303—2002 中第 10.1 节的规定：现场单独安装的低电压器交接试验项目应符合规范附录 B "低压电器交接试验"的规定。

（6）智能化系统主机房集中供电电缆桥架和电源线路的安装质量检测、安装和桥架内电缆敷设应执行《建筑电气工程施工质量验收规范》GB 50303—2002 中第 12.1 主控项目（电缆桥架安装和桥架内电缆敷）、13.1 主控项目（电缆沟内和电缆竖井内电缆敷设）、14.1 主控项目（电线导管、电缆导管和线槽敷设）、15.1 节的规定。

1）金属电缆桥架及其支架和引入或引出的金属导管必须接地（PE）或接零（PEN）可靠，且必须符合下列规定：

①金属电缆桥架及其支架全长应不少于 2 处与接地（PE）或接零（PEN）干线相连接；

②非镀锌电缆桥架间连接板的两端跨接钢芯接地线，接地线最小允许截面积不小于 6mm²；

③镀锌电缆桥架间连接板的两端不跨接接地线，但连接板两端不少于 2 个有防松螺帽或防松垫圈的连接固定螺栓。

2）电缆敷设严禁有绞拧、铠装压扁、护层断裂和表面严重划伤等缺失。

3）金属电缆支架、电缆导管必须接地（PE）或接零（PEN）可靠。

4）金属的导管和线槽必须接地（PE）或接零（PEN）可靠，并符合下列规定：

①镀锌的钢导管、可挠性导管和金属线槽不得熔焊跨接接地线，以专用接地卡跨接的两卡间连线为铜芯软导线，截面积不小于 6mm²；

②当非镀锌钢导管采用螺纹连接时，连接处的两端焊接接地线；当镀锌钢导管采用螺纹连接时，连接处的两端用专用接地卡固定跨接地线；

③金属线槽不作设备的接地导体，当设计无要求时，金属线槽全长不少于 2 处与接地（PE）或接地（PEN）干线连接；

④非镀锌线槽间连接板的两端跨接铜芯接地线，镀锌线槽间连接板的两端不跨接接地线、但连接板两端不少于 2 个有防松螺帽或防松垫圈的连接固定螺栓。

5）金属导管严禁对口熔焊连接；镀锌和壁厚小于等于 2mm 的钢导管不得套管熔焊连接。

6）防爆导管不应采用倒扣连接，当连接有困难时，应采用防爆活接头，其接合面应严密。

7）当绝缘导管在砌体上剔槽埋设时，应采用强度等级不小于 M10 的水泥砂浆抹面保护，保护层厚度大于 15mm。

（7）一般项目的检验：

1）智能化系统自身配置的稳压、不间断装置的检测，应执行《建筑电气工程施工质量验收规范》GB 50303—2002 中第 9.2 节的规定；

2）智能化系统自主装置的应急发电机组的检测，应执行《建筑电气工程施工质量验收规范》GB 50303—2002 中第 8.2 节的规定；

3）智能化系统主机房集中供电专用电源设备、各楼层设置用户电源箱的安装检测，应执行《建筑电气工程施工质量验收规范》GB 50303—2002 中第 10.2 节的规定；

4）智能化系统主机房集中供电专用电源线路的安装质量检测，应执行《建筑电气工程施工质量验收规范》GB 50303—2002 中第 12～15 章有关的规定。

4. 防雷及接地系统检测与验收

防雷及接地系统检测应按照《智能建筑工程质量验收规范》GB 50339—2003 中第 11.3 节 "防雷及接地系统检测"的规定执行。

主要内容如下：

（1）智能建筑中智能化系统的防雷、接地，原则上纳入建筑物防雷系统。当设计文件未指明智能化系统主机房接地线截面时，采用绝缘铜导线不小于 25mm²；采用镀锌扁钢不小于 25×4(mm²)通信机房接地应符合设计要求。

（2）智能化系统的单独接地装置的检测，应执行《建筑电气工程施工质量验收规范》GB 50303—2002 中第 24.1 节的规定：

1）人工接地装置或利用建筑物基础钢筋的接地装置必须按设计要求位置设测试点。

2）测试接地装置的接地电阻值必须符合设计要求。

3）接地模块顶面埋深不应小于 0.6，接地模块间距不应小于模块长度的 3～5 倍。接地模块埋设基坑，一般为模块外形尺寸的 1.2～1.4 倍，且在开挖深度内详细记录地层情况。

4）接地模块应垂直或水平就位，不应倾斜设置，保持与原土层接触良好。

（3）智能化系统接地与建筑物等电位联结，从电气安全观点分析是一种最经济实用的措施。不宜利用 TN-C 系统中的 PEN 线或 TN-S 系统中的 N 线，作为智能化系统接地引线，当利用 TN-S 系统中的 PE 线作为智能化系统接地引线时，PE 线截面积应符合设计要求：本条应执行《建筑电气工程施工质量验收规范》GB 50303—2002 中第 27.1 节主控项目（建筑物等电位联结）的规定：

1）建筑物等电位联结干线应从接地装置有不少于 2 处直接连接的接地干线或总等电位箱引出，等电位联结干线或局部等电位箱间的连接线应形成环形网络，环形网络应就近与等电位联结干线或局部等电位箱连接。支线间不应串联。

2）等电位联结的线路最小允许截面应符合《建筑电气工程施工质量验收规范》GB 50303—2002 中表 27.1.2 的规定。

（4）智能化系统的防雷及接地系统应连接依《建筑电气工程施工质量验收规范》GB 50303—2002 验收合格的建筑物公用接地装置。采用联合接地装置时，接地电阻不应大于 1Ω。

（5）智能化系统的单独接地装置的检测应按上述规定执行，并且接地电阻不应大于 4Ω。

（6）智能化系统的防过流和过压元件的接地装置、防电磁干扰屏蔽的接地装置、防静电接地装置的检测，其设置应符合设计要求，连接可靠。

（7）一般项目的检验：

1）智能化系统的单独接地装置，防过流和防过压元件的接地装置、防电磁干扰屏蔽的接地位置及防静电接地装置的检测，应执行《建筑电气工程施工质量验收规范》GB 50303—2002 中第 24.2 节的规定。

2）智能化系统与建筑物等电位联结的检测，应执行《建筑电气工程施工质量验收规范》GB 50303—2002 中第 27.2 节的规定。

防雷及接地系统检测应按照《智能建筑工程质量验收规范》GB 50339—2003 中第 11.3 节 "防雷及接地系统检测"的规定执行。

（8）上述检测符合设计要求或有关规范要求者为合格，要求全

部检测合格。

5. 电源与防雷接地系统的竣工验收

（1）电源、防雷及接地系统的竣工验收应按《智能建筑工程质量验收规范》GB 50339—2003 第 3.5 节的规定实施。

（2）电源、防雷及接地系统的竣工验收应对系统检测结论进行复核，并做好与相关智能化系统的工程交接和接口检验，系统检测复核合格并获得相关智能化系统的确认后，电源、防雷及接地系统竣工验收合格。

37 电梯安装工程

37.1 电梯的分类、基本构成及安装要求

狭义的电梯是服务于建筑物内若干特定的楼层，在垂直方向做间歇性运行，运送乘客或货物的升降设备。广义的电梯包括载人（货）电梯、自动扶梯、自动人行道等，狭义的电梯是指服务于规定楼层、有轿厢的垂直或微倾斜升降设备，不包括自动扶梯、自动人行道。

本章依据《电梯工程施工质量验收规范》GB 50310 及相关的国家规范和标准编写，包括曳引电梯、液压电梯、超高速电梯、自动扶梯和自动人行道的安装。（不适用消防电梯、防爆电梯、仅载货电梯和家用电梯等特殊用途的电梯。）

37.1.1 电梯的分类

根据《电梯主参数及轿厢、井道、机房的型式与尺寸第1部分：Ⅰ、Ⅱ、Ⅲ、Ⅳ类电梯》GB/T 7025.1—2008 规定电梯类型要求如下：

(1) Ⅰ类：为运送乘客而设计的电梯。

(2) Ⅱ类：主要为运送乘客，同时也可运送货物而设计的电梯。

(3) Ⅲ类：为运送病床（包括病人）及医疗设备而设计的电梯。

(4) Ⅳ类：主要为运输，通常由人伴随的货物而设计的电梯。

(5) Ⅴ类：杂物电梯。

(6) Ⅵ类：为适应大交通流量和频繁使用而特别设计的电梯，如速度为 2.5m/s 以及更高速度的电梯。

注：Ⅱ类电梯与Ⅰ、Ⅲ和Ⅵ类电梯的本质区别在于轿厢内的装饰。

37.1.2 狭义电梯的主参数

电梯的主参数包括额定载重量和额定速度。

(1) 额定载重量是指电梯正常运行的允许载重量，单位为 kg。电梯的额定载重量主要有以下几种：320、400、450、600、630、750、800、900、1000、1050、1150、1275、1350、1600、1800、2000、2500。

(2) 额定速度是指电梯设计所规定的轿厢运行速度，单位为 m/s。电梯的额定速度常见的有以下几种：0.4、0.5/0.63/0.75、1.0、1.5/1.6、1.75、2.0、2.5、3.0、3.5、4.0、5.0、6.0。

速度 0.5～6.0m/s 常用于电力驱动电梯，速度 0.4～1.0m/s 常用于液压电梯。

37.1.3 狭义电梯的基本构成

从空间占位看，电梯一般由机房、井道、轿厢、层站四大部位组成。从系统功能分，电梯通常由曳引系统、导向系统、轿厢系统、门系统、重量平衡系统、驱动系统、控制系统、安全保护系统等八大系统构成。

37.1.4 自动扶梯与自动人行道的基本构成

37.1.4.1 自动扶梯的基本构成

自动扶梯一般由梯级、牵引链条、梯路导轨系统、驱动装置、张紧装置、扶手装置和金属桁架等组成。

37.1.4.2 自动人行道的基本构成

自动人行道有踏步式、钢带式和双线式三种结构。踏步式自动人行道其由平板踏步、牵引链条、导轨系统、驱动装置、张紧

装置、扶手装置和金属桁架等组成。与自动扶梯的最大区别在于梯级改为普通平板式踏步取代了梯级，且各踏步间形成的不是阶梯，而是平坦的路面。

37.1.5 其他电梯的特点

(1) 液压电梯

液压电梯由于采用液压传动，机房占用面积小，设置灵活，不需要在井道上方设置造价、要求都较高的机房，一般没有对重，井道利用率高；轿厢负荷由液压缸支撑，对井道的结构与强度要求低。液压传动使电梯运行平稳，乘坐舒适，噪声低、载重量大，安全性好，故障率低，维修方便，节能显著。

(2) 小机房电梯、无机房电梯

小机房电梯相对传统电梯而言，机房小，仅为传统有机房电梯机房的 1/3，节约空间；无机房电梯除了电梯运行的井道外，没有独立机房，一般采用永磁同步无齿轮曳引机，安装在井道顶部，安装简便，结构紧凑、节省空间，节能高效，运行平稳，安全性能提高。

37.1.6 狭义电梯安装的技术条件和要求

根据国家质量监督检验检疫总局的要求，在电梯安装使用全过程中，必须符合《电梯监督检验和定期检验规则—曳引与强制驱动电梯》TSG T 7001—2009 安全技术规范有关规定。

37.1.6.1 电梯的技术资料

1. 电梯制造资料（出厂随机文件）

安装单位应当在履行告知后、开始施工前（不包括设备开箱、现场勘测等准备工作），向规定的检验机构申请监督检验。待检验机构审查电梯制造资料完毕，并且获悉检验结论为合格后，方可实施安装。

电梯制造资料包括：

(1) 制造许可证明文件，其范围能够覆盖所提供电梯的相应参数；

(2) 电梯整机型式试验合格证书或报告书，其内容能够覆盖所提供电梯的相应参数；

(3) 产品质量证明文件，标注有制造许可证明文件编号、该电梯的产品出厂编号、主要技术参数、门锁装置、限速器、安全钳、缓冲器、含有电子元件的安全电路（如果有）、轿厢上行超速保护装置、驱动主机、控制柜等安全保护装置和主要部件的型号和编号等内容，并且有电梯整机制造单位的公章或检验合格章以及出厂日期；

(4) 门锁装置、限速器、安全钳、缓冲器、含有电子元件的安全电路（如果有）、轿厢上行超速保护装置、驱动主机、控制柜等安全保护装置和主要部件的型式试验合格证，以及限速器和渐进安全钳的调试证书；

(5) 机房或者机器设备间及井道布置图，其顶层高度、底坑深度、楼层间距、井道内防护、安全距离、井道下方人可以进入空间等满足安全要求；

(6) 电气原理图，包括动力电路和连接电气安全装置的电路；

(7) 安装使用维护说明书，包括安装、使用、日常维护保养和应急救援等方面操作说明的内容。

上述文件如为复印件则必须经电梯整机制造单位加盖公章或者检验合格章；对于进口电梯，则应当加盖国内代理商的公章。

2. 安装单位提供以下安装资料

(1) 安装许可证和安装告知书，许可证范围能够覆盖所安装电梯的相应参数；

(2) 审批手续齐全的施工方案；

(3) 施工现场作业人员持有的特种设备作业证；

(4) 施工过程记录和自检报告，要求检查和试验项目齐全、内容完整；

(5) 变更设计证明文件（如安装中变更设计），履行了由使用单位提出、经整机制造单位同意的程序；

(6) 安装质量证明文件，包括电梯安装合同编号、安装单位安装许可证编号、产品出厂编号、主要技术参数等内容，并且有安装

单位公章或者检验合格章以及竣工日期。

上述文件如为复印件则必须经安装单位加盖公章或者检验合格章。

37.1.6.2 狭义电梯安装前具备的条件

电梯安装前，建设单位（或监理单位）、土建施工单位、电梯安装单位应共同对电梯井道和机房进行检查，对电梯安装条件进行确认，符合施工质量规范的要求。

（1）机房内部、井道结构及布置必须符合电梯土建布置图的要求。

（2）主电源开关必须符合下列规定：

1）主电源开关应能够切断电梯正常使用情况下最大电流；

2）主电源开关应能从机房入口处方便地接近。

（3）井道必须符合下列规定及要求：

1）电梯安装之前，所有厅门预留孔必须设有高度不小于1200mm的安全保护围封（安全防护门），并应保证有足够的强度，保护围封下部应有高度不小于100mm的踢脚板，并应采用左右开启方式，不得上下开启。

2）当相邻两层门地坎间的距离大于11m时，其间必须设置井道安全门，井道安全门严禁向井道内开启，且必须装有安全门处于关闭时电梯才能运行的电气安全装置。当相邻轿厢间有相互救援用轿厢安全门时，可不执行本款。

3）井道最小净空尺寸应和土建布置图要求的一致。井道壁应垂直，铅垂法的最小净空尺寸允许偏差值为：当高度≤30m的井道，0~+25mm；30m<高度≤60m的井道，0~+35mm；60m<高度≤90m的井道，0~+50mm；当高度>90m的井道，符合土建布置图的要求。

4）井道内应设置永久性电气照明，井道照明电压宜采用36V安全电压，井道内照度不得小于50lx，井道最高点和最低点0.5m内应各装一盏灯，中间灯间距不超过7m，并分别在机房和底坑设置一控制开关。

5）底坑内应有良好的防渗、防漏水保护，底坑内不得有积水。轿厢缓冲器支座下的底坑地面应能承受满载轿厢静载4倍的作用力。当底坑底面下有人员能到达的空间存在，且对重（或平衡重）上未设有安全钳装置时，对重缓冲器必须能安装在一直延伸到坚固地面上的实心桩墩上。

6）每层楼面应有最终完成地面基准标识，多台并列和相对电梯应提供厅门口装饰基准标识。

（4）机房应符合下列规定及要求：

1）机房应有良好的防渗、漏水保护。机房门窗装配齐全并应防雨、防盗，机房门应为外开防火门。

2）机房内应当设置永久性电气照明，地板表面的照度不应低于200lx。在机房内靠近入口处的适当高度处设有一个开关，控制机房照明。机房内应至少设置一个2P+PE型电源插座。应当在主开关旁设置控制井道照明、轿厢照明和插座电路电源的开关。

检验现场的温度、湿度、电压、环境空气条件等应当符合电梯设计文件的规定。

37.1.6.3 电梯电源和电气设备接地、绝缘的要求

电梯电源接地宜采用TN-S系统（三相五线制）。采用TN-C-S系统（三相四线制）供电的电梯，应符合如下要求：

（1）供电电源自进入机房或者机器设备间起，电梯供电的中性导体（N，零线）和保护导体（PE，地线）应始终分开。

（2）所有电气设备及线管，线槽的外壳应当与保护导体（PE，地线）可靠连接。接地支线应分别直接接至接地干线的接线柱上，不得互相连接后再接地。机房、井道、地坑、轿厢接地装置的接地电阻值不应大于4Ω。

（3）导体之间和导体对地之间的绝缘电阻必须大于1000Ω/V，且其值不得小于：

1）动力电路和电气安全装置电路：0.5MΩ；

2）其他电路（控制、照明、信号等）：0.25MΩ。

37.1.6.4 狭义电梯整机验收应当具备的条件

（1）机房或者机器设备间的空气温度保持在5~40℃之间；机房内应通风，机房顶部的通风口面积至少为为井道截面积的1%；从建筑物其他部分抽出的陈腐空气，不得排入机房内。环境空气中没有腐蚀性和易燃性气体及导电尘埃；应保护诸如电动机、设备以及电缆等，使它们尽可能不受灰尘、有害气体和湿气的损害。

（2）电源输入电压波动在额定电压值±7%的范围内；

（3）电梯检验现场（主要指机房或机器设备间、井道、轿顶、底坑）清洁，没有与电梯工作无关的物品和设备；

（4）对井道进行了必要的封闭。

37.2 曳引式电梯安装

本章适用于额定载重量2500kg及以下，额定速度为6.0m/s及以下各类曳引驱动电梯安装工程（超高速电梯除外）。

37.2.1 井 道 测 量

37.2.1.1 常用工具及机具

水平尺、钢直尺、钢卷尺、铅笔、榔头、錾子、扳手、木工锯、墨斗、线坠、电钻、电锤等。

37.2.1.2 施工条件

（1）电梯安装现场做到道路平整、畅通，临时用电设备符合有关规范的要求。电梯井道的土建工程必须符合建筑工程质量要求，土建已提供有关的轴线、标高线。

（2）电梯安装施工过程中，明确各自的安全环保责任。结合工程特点和工艺要求，以书面形式向作业班组交代各项工序应遵守的安全操作规程及现场的安全环保制度。

（3）井道内脚手架应使用钢管搭设，搭设标准必须符合安装单位提出的使用要求。井道内脚手架搭设完毕，必须经搭设、使用单位的施工技术、安全负责人共同验收，方准交付使用。

1）脚手架立管最高点位于井道顶板下1500~1700mm处为宜，以便稳放样板。同时考虑以后安装拆除立管确保余下的立管顶点在最高层牛腿下面500mm处，以便轿厢安装，见图37-1（a）。

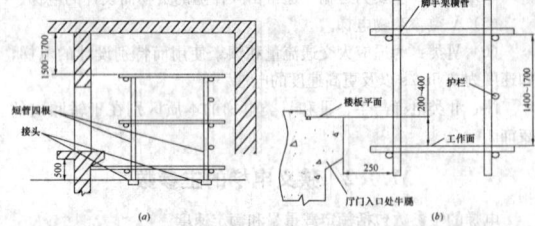

图37-1 脚手架搭设示意图

2）脚手架排管间距以1400~1700mm为宜。为便于安装作业，每层厅门牛腿下面200~400mm处应设一档横管，两档横管之间应加装一档横管，便于上下攀登。脚手架每层最少铺2/3面积的脚手板，板厚不应小于50mm，板与板之间如有空隙应不大于50mm，以防踏空或工具坠落，所留的出入孔要相互错开，留孔一侧要搭设一道安全栏杆，以预防坠落。脚手架两端伸出排管150~200mm，用8号铅丝将其与排管绑牢。见图37-1（b）。

脚手架在井道内的平面布置尺寸应结合轿厢、轿厢导轨、对重、对重导轨、厅门等之间的相对位置，以及电线槽、接线盒等位置，在这些位置前面留出适当的空隙，供吊挂铅垂线之用，不能影响电梯安装工作。横档间距为800mm左右，每个厅门地坎下250mm左右搭设工作平台。

37.2.1.3 施工工艺流程

搭设样板架 → 测量井道、确定基准线 → 样板就位、挂基准线

1. 搭设样板架

（1）样板架选取不小于50mm×50mm角钢制作。在混凝土井道顶板下面1m左右处，用直径16mm膨胀螺栓将角钢水平固定于井道壁上。

（2）若井道壁为砖墙，应在井道顶板下1m左右处沿水平方向剔凿洞，稳放样板架，水平度偏差不得大于3‰。为了便于安装时观测，在样板架上需用文字注明轿厢中心线、对重中心线、导轨中

心线、厅门中心线、轿门中心线、厅轿门净宽线等名称。各自的位置偏差不应超过±0.15mm。见图37-2。

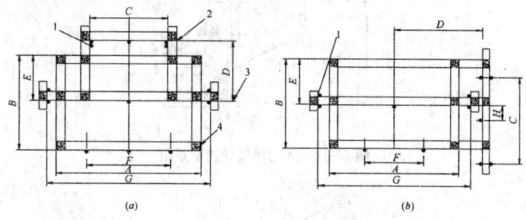

图37-2 样板架平面示意图

A—轿厢宽；B—轿厢深；C—对重导轨架距离；D—轿厢架中心线至对重中心线的距离；E—轿厢架中心线到轿底后沿尺寸；F—开门净宽；G—轿厢导轨架距离；H—轿厢与对重偏心距离；

1—铅垂线；2—对重中心线；3—轿厢中心线；4—连接铁钉

2. 测量井道，确定基准线

放两根厅门口线测量井道，一般两线间距为门净宽。确定轿厢轨道线位置时，要根据道架高度要求，考虑安装位置有无问题。道架高度计算方法如下（见图37-3）：根据井道测量结果来确定基准线时，应保证在轿厢及对重上下运动时与井道内静止的部件如：地坎、限位开关等，应有不小于50mm的间隙。各层厅门地坎位置确定，根据所放的厅门线测出每层牛腿与该线的距离，经过计划，并做到照顾多数，既要考虑剔剔牛腿或墙面，又要做到离墙最远的地坎稳装为限，门立柱与墙面的间隙小于30mm而定。

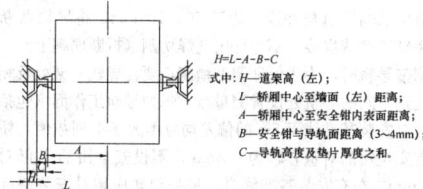

$$H=L-A-B-C$$

式中：H—道架高度（左）；

L—轿厢中心至墙面（左）距离；

A—轿厢架至安全钳外表面距离；

B—安全钳与导轨间隙（3～4mm）；

C—导轨高度及垫片厚度之和。

图37-3 道架高度示意图

3. 样板就位，挂基准线

（1）基准垂线共计10根，其中：轿厢导轨基准线4根；对重导轨基准线4根；厅门地坎基准线2根（贯通门时4根）。

（2）在底坑上800～1000mm高处用木方支撑固定下样板，待基准垂线静止，然后再检查样板各放线点的各部尺寸、对角线等尺寸有无偏差，确定无误后方可进行下道工序。

（3）机房放线：①用线坠通过机房预留孔洞，将样板上的轿厢导轨中心线、对重导轨中心线、地坎安装基准线等引到机房地面上。②根据图纸尺寸要求的导轨轴线、轨距中心、两垂直交叉十字线为基础、弹划出各绳孔的准确位置。③根据弹划线的准确位置，修正各预留孔洞，并确定承重钢梁及曳引机的位置，为机房的全面安装提供必要的条件。

37.2.1.4 施工中安全注意事项

（1）人员进入施工现场，必须遵守现场的所有安全规章制度。操作人员必须持证上岗，并按规定穿戴个人防护用品。梯井内操作必须戴安全帽、系安全带。现场施工临时用电、照明临时用电必须符合国家标准《施工现场临时用电安全技术规范（附条文说明）》JGJ 46的要求。

（2）楼层之间上下通行要走楼梯，不得爬用脚手架，操作人员使用的工具必须装入工具袋，物料严禁上、下抛扔。焊接动火要办理动火证，备好灭火器材，并派专人监护严格执行消防制度。施焊完毕后检查火种，确认火种已熄灭方可离开现场。

37.2.1.5 质量要求

（1）确定基准线时，应先复核图纸尺寸与实物尺寸两者是否一致。不一致时应以实物尺寸为准，并通过有关部门审核。各基准线位置偏差不应大于0.3mm。

（2）放钢丝线时，钢丝线上临时所拴重物不得过大，必须捆扎牢固，放线时下方不得站人，并有专人看护。并列电梯、相对电梯

的厅门中心距偏差不大于20mm。

（3）样板架定位，在机房楼板下面500～600mm的砖墙井道上，水平凿四个150mm×150mm的洞孔，用两根截面大于100mm×100mm刨平的木梁托着样板架，两端放入墙孔内，用水平仪校正水平后固定，在样板架上标记悬挂铅垂线的各处，用直径为0.4～0.6mm的钢丝挂上5～20kg的重锤，放至底坑。待铅垂线张紧稳定后，根据各层厅门、承重梁，校正样板架的正确位置后固定铅垂线，在底坑距地面800～1000mm处，固定一个与顶部样板架相似的底坑样板架。

样板架的安装应符合下列要求：

1）按照井道内的实际净空尺寸来安装；

2）水平度差不应大于1mm；

3）顶、底部样板架间的水平偏移不应大于1mm。

37.2.2 导轨支架和导轨的安装

37.2.2.1 常用工具及机具

水平尺、线坠、直尺、塞尺、榔头、錾子、钢锉、活扳手、梅花扳手、电锤、钢丝绳索、滑轮、导轨刨刀、导轨校正器、找道尺、手砂轮、油石、对讲机、小型卷扬机（0.5t）、电气焊机具、砂轮切割机等。

37.2.2.2 施工条件

电梯井道面施工完毕，其宽度、深度（进深）、垂直度均符合施工要求。底坑壁按设计标高要求做好地面。将导轨用煤油擦洗油污后，整齐码放在首层门口处。

37.2.2.3 施工工艺流程

确定导轨支架安装位置 → 安装导轨支架 → 安装导轨 → 调校导轨

1. 确定导轨支架的安装位置

没有导轨支架预埋铁的电梯内壁，按照最低层导轨架距底坑1000mm以内，最高层导轨架距井道顶距离不大于500mm，中间导轨架间距不大于2500mm，且均匀布置，如与接导板位置相遇，间距可以调整，错开的距离不小于30mm，每根导轨不少于两个支架，其间距不大于2500mm。

2. 安装导轨支架

（1）导轨架在井壁上的稳固方式有埋入式、焊接式（见图37-4、图37-5）、预埋螺栓或膨胀螺栓固定（见图37-6、图37-7）、对穿螺栓固定式（见图37-8）等四种。

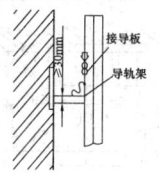 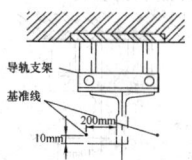

图37-4 有导轨支架预埋 　图37-5 有导轨支架预埋铁
铁焊接式示意图一 　　　　焊接式示意图二

（2）电梯井壁导轨支架预埋铁时，可采用焊接式稳固导轨架，导轨支架在井道壁上的安装应牢固可靠，位置正确，横平竖直。焊接时，三面焊牢，焊缝饱满。底坑架设导轨基础座，必须找平垫实，导轨水平度不大于1.5‰。基础座位置导轨基准线找准确定后，用混凝土将其四周灌实抹平。

（3）导轨支架安装前要复核基准线，其中一条为导轨中心线，另一条为导轨支架安装辅助线。一般导轨中心线距导轨端面10mm，与辅助线间距为80～100mm。

（4）若采用自升法安装导轨支架，其基准线为两条，基准线距导轨中心线300mm，距导轨端面10mm，以不影响导靴的上下滑动为宜，见图37-5。

（5）用膨胀螺栓固定导轨支架：混凝土电梯井壁应采用电锤打孔，膨胀螺栓直接固定导轨支架的方法，效率高、施工方便。按电梯厂图纸规格要求使用的膨胀螺栓直径≥16mm。

（6）按顺序加工导轨架：膨胀螺栓孔位置要准确，其深度一般以膨胀螺栓被固定后，护套外端面稍低于墙面为宜，见图37-6。

如果墙面垂直误差较大，可局部剔凿，然后用垫片填实，见图 37-7。

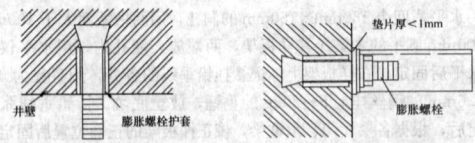

图 37-6　膨胀螺栓固定式示意图一　　图 37-7　膨胀螺栓固定式示意图二

（7）安装导轨架，并找平校正，对于可调试导轨架，调节定位后，紧固螺栓，并在可调部位焊接两处，焊缝长度≥20mm，防止位移。垂直方向紧固导轨架的螺栓应六角头在下，螺帽在上，便于查看其松紧。

（8）用穿钉螺栓紧固导轨架：若井壁较薄，墙厚＜150mm，又没有预埋铁时，不宜使用膨胀螺栓固定，应采用穿钉螺栓固定，见图 37-8。

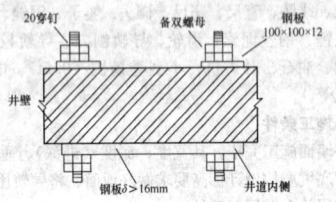

图 37-8　对穿螺栓固定式示意图

（9）井壁是砖墙时的固定方法：在对应导轨架的位置，剔一个内大口小的孔洞，其深度≥130mm。导轨架按编号加工，支架埋设的深度≥120mm，支架埋入段应做成燕尾式，长度≥50mm，燕尾夹角≥60°。灌筑前，用水冲洗空洞内壁，冲出渣土润湿内壁。灌筑孔洞的混凝土用水泥、砂、豆石按 1∶2∶2 的比例加入适量的水搅拌均匀制成。导轨架埋进洞内尺寸≥120mm，而且要找平找正，其水平度符合安装导轨的要求（水平度不应大于 1mm）。导轨架稳固后，常温下需要经过 6～7d 的养护，强度达到要求后，才能安装导轨。

3. 安装导轨

（1）基准线与导轨的位置，见图 37-9(a)；若采用自升法安装，其位置关系如图 37-9(b)。

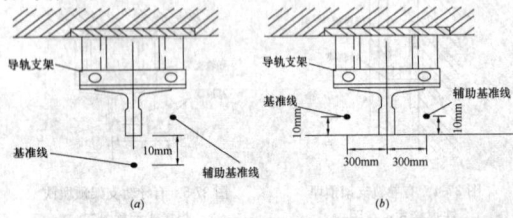

图 37-9　基准线与导轨位置示意图
(a)基准线与导轨的位置；(b)基准线与导轨的位置(自升法)

（2）事先在平整的场所检查导轨，其直线度偏差不大于 1‰，且单根导轨全长直线度偏差不大于 0.7mm，不符合要求的导轨可用导轨校正器校正或由厂家更换。导轨接合部位进行测量、打磨、组合、编号，使之接近标准要求，以减少井道内修整工作。安装时按导轨编号逐一顺序吊装。主导轨两列导轨接头不宜在同一个水平面上。

（3）在顶层厅门口安装卷扬机，在井道顶层楼板下的滑轮，提升导轨。见图 37-10。

（4）楼层低时，采用人力吊装导轨，可用滑轮、尼龙绳（直径应≥16mm）、双钩工具、人力向上拉导轨。每次只能拉一根，由下往上逐根吊装，用导轨压板将导轨初步压紧不要拧死，待校轨后再紧固；楼层高时，吊装导轨时应用 U 形卡固定住导轨压板，吊钩应采用可旋转式，以消除导轨在提升过程中的转动，见图 37-11。

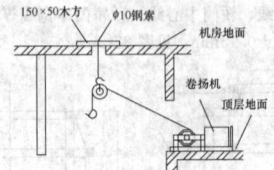

图 37-10　人力吊装导轨示意图

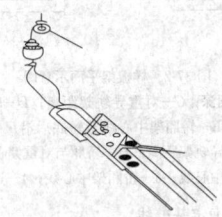

图 37-11　导轨吊装示意图

（5）采用油润滑的导轨，应在立基础导轨前，在其下端部地坪 40～60mm 高处加一硬质底座，或将导轨下面的工作面的部分锯掉一截，留出接油盆的位置。

（6）安装导轨时应注意，每节导轨的凸榫头应朝上，当灰渣落在榫头上时便于清除，保证导轨接头处的油污、毛刺、尘渣均应清除干净后，才能进行导轨连接，以保证安装的精度符合规范的要求。

（7）顶层末端导轨与井道顶距离 50～100mm，将导轨截断后吊装。电梯导轨严禁焊接，不允许用气焊切割（折断面朝上）。

（8）调整导轨时，为了保证调整精度，要在导轨支架处及相邻的两导轨支架中间的导轨处设置测量点。每列导轨工作面（包括侧面和顶面）对安装基准线每 5m 的偏差均应不大于下列数值：轿厢导轨和设有安全钳的对重导轨为 0.6mm；不设安全钳的 T 形对重导轨为 1.0mm。在有安装基准线时，每列导轨应相对安装基准线整列检测，取最大偏差值。电梯安装完成后检验导轨时，可对每 5m 铅垂线分段连续检验（至少测 3 次），测量值的相对最大偏差应不大于上述规定值的 2 倍。

4. 调整导轨

（1）用道道尺检查时，用螺栓将验道尺平行固定在导轨架部位，拧紧固定螺栓，见图 37-12。

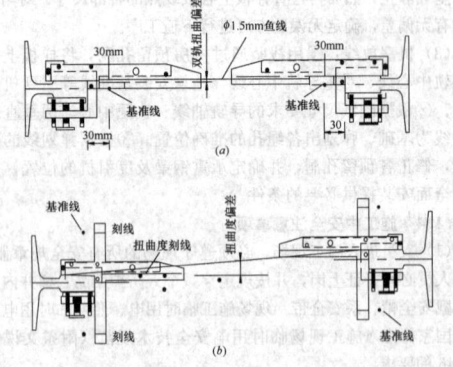

图 37-12　用验道尺检查示意图
(a) 脚手架施工；(b) 自升法施工

（2）用钢板尺检查导轨端面与基准线的间距和中心距离，如有误差应调整导轨前后距离和中心距离以符合规范要求。见图 37-13。

（3）扭曲调整：将验道尺端平，并使两指针尾部侧面和导轨侧工作面贴平、贴严，两端指针尖端指在同一水平线上，说明无扭曲现象。如贴不严或指针偏离相对水平线，说明有扭曲现象，则用专用垫片调整导轨支架与导轨之间的间隙（垫片不允许超过 3 片）使之符合要求。为了保证测量精度，用上述方法调整以后，将验道

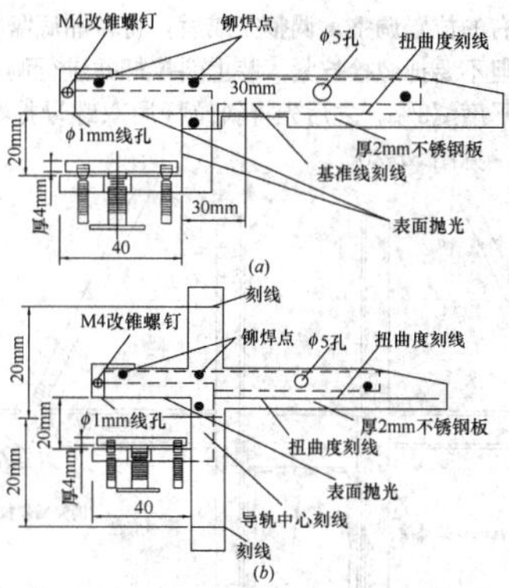

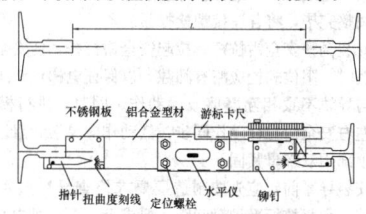

图 37-13 用钢板尺检查示意图
(a) 脚手架施工；(b) 自升法施工

尺反向180°，用同一方法再进行测量调整，直至符合要求。检查导轨的直线度偏差应不大于1/6000，单根导轨全长直线度偏差不大于0.7mm。

（4）导轨支架和导轨背面间的衬垫厚度以3mm以下为宜，超过3mm小于7mm时，在衬垫内点焊；当超过7mm要垫入与导轨支架宽度相等的钢板垫片，再用较薄的衬垫调整。

（5）用尺校验导轨间距L，见图37-14。调整导轨自下而上进行，应先从下面第3根开始向下校正到底，然后接着向上校，最后校正连接板。导轨间距及扭曲度符合表37-1的要求。

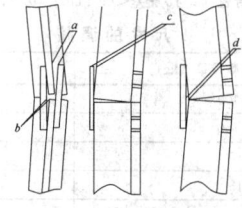

图 37-14 用尺校验导轨间距示意图

（6）对楼层高的电梯，因风吹或其他原因造成基准线摆动时，可分段校正导轨后将此处基准线定位，之后将定位拆除再进行精校导轨。

（7）修正导轨接头处的工作面：

导轨间距及扭曲度允许偏差 表 37-1

电梯速度	2m/s以上		2m/s以下	
导轨用途	轿厢	对重	轿厢	对重
轨距允许偏差（mm）	0～+0.8	0～+1.5	0～0.8	0～1.5
扭曲度允许偏差（mm）	1	1.5	1	1.5

1）导轨接头处，导轨工作面直线度可用500mm钢板尺靠在导轨工作面，接头处对准钢板尺250mm处，用塞尺检查a、b、c、d处（见图37-15），均应不大于表37-2的规定。导轨接头处的全长不应有连续缝隙，局部缝隙不大于0.5mm。

图 37-15 导轨工作面直线度检查示意图

2）相连接的两导轨的侧工作面和端面接头处台阶应不大于0.05mm。对台阶应沿斜面用专用刨刀刨平，磨修长度≥200mm

（2.5m/s以下）；磨修长度≥300mm（2.5m/s以上）。

导轨直线度允许偏差（mm） 表 37-2

导轨连接处	a	b	c	d
	0.15	0.06	0.15	0.06

37.2.2.4 施工中安全注意事项

（1）厅门口应有警示标志。吊装工作必须有专人统一指挥，信号要清晰、规范，操作者分工明确，认真执行指挥指令。

（2）当导轨超过在井道内扶导轨的工人时，工人必须立即离开井道，保证导轨末端的下方不得有人。

（3）导轨吊装中，导轨未固定好，不得摘下卡具；导轨入榫时操作要稳，防止挤伤。

37.2.2.5 质量要求

（1）运输导轨时不要碰撞，以免损伤工作面，不可拖动或滚动运输。

（2）导轨及其他附件在露天放置时必须有防雨、防雪措施。设备的下面必须垫起，以防受潮。

（3）焊接的导轨支架要一次焊接成功。不可在调整轨道后再补焊，以防影响调整精度。

37.2.3 轿厢及对重安装

37.2.3.1 常用工具及机具

水平尺、钢板尺、塞尺、螺丝刀、钢丝钳、梅花扳手、活扳手、榔头、线坠、手电钻、电锤、钢丝绳扣、捯链（3t以上）等。

37.2.3.2 施工条件

（1）机房装好门窗，门上加锁。严禁非作业人员出入，机房地面无杂物。

（2）最底层脚手架拆除后，有足够作业空间。导轨安装、调整完毕。相关的设备已安装好。

（3）按照装箱单将轿厢设备吊到顶层，开箱核对数量，检查外观，做好开箱记录。

37.2.3.3 施工工艺流程

施工准备 → 安装底梁 → 安装立柱、上梁 → 安装轿厢底盘、导靴 → 安装轿壁、轿顶、撞弓 → 安装门机和轿门 → 安装轿内、顶装置 → 安装、调整超载满载开关，安装护脚板 → 吊装对重框架前的准备工作 → 对重框架吊装就位、安装对重导靴 → 安装对重块

1. 施工准备

（1）轿厢的组装，在顶层进行。在组装轿厢前，要先拆除顶站层脚手架。按照制造厂的轿厢装配图，了解轿厢各部件的名称、功能、安装部位及要求。复核轿厢底梁的宽度与导轨距是否相配。在最顶层厅门口对面的混凝土井道壁相应位置上安装两个角钢托架，每个托架用3个M16膨胀螺栓固定。在厅门口牛腿处横放一根木方，在角钢托架和横木上架设两根200mm×200mm木方（或两根20号工字钢）。两横梁的不水平度不大于2‰，然后把方木端部固定牢固，见图37-16。

（2）若井壁为砖石结构，则在厅门口对面的井壁相应的位置上剔两个200mm×200mm与木方大小相适应、深度超过墙体中心20mm且不小于75mm的洞，用以支撑木方一端。见图37-17。

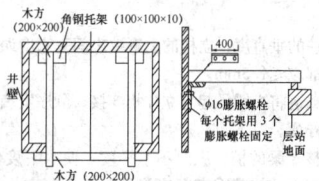

图 37-16 角钢托架、木方安装示意图

（3）在顶层以上的适当位置固定一根规格不小于φ75×4的钢管，由轿厢中心绳孔处放下钢丝绳扣（直径不小于φ13mm），并挂一个3t捯链，以备安装轿厢使用。

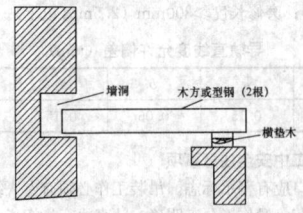

图 37-17　砖石结构井道

2. 安装底梁

（1）用捯链将轿厢底梁放在架设好的方木或工字钢上，调整安全钳口与导轨间隙，见图 37-18。如电梯厂家安装说明书有具体尺寸规定，要按安装说明书要求，同时调整底梁水平度，使其横、纵向水平度偏差均≤1‰。

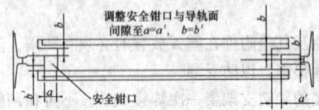

图 37-18　安全钳口与导轨面间隙调整示意图

（2）安全钳的安装要求规定如下：

1）安全钳的定位固定可以放在单井字形脚手架上进行，也可采用钳块动作锁紧在导轨上来进行；

2）安全钳定位基准偏差要求见表 37-3；

安全钳定位基准偏差要求 　　　 表 37-3

水平度差（mm）	定位差（mm）		参考图
	BG 方向	前后方向	
前后方向≤0.5	$|A_1 - A_2| \leqslant 2$	$|B_1 - B_2| \leqslant 2$	图 37-18

3）安装结束后，应核实确认下述尺寸：

安装安全钳楔块，楔块距导轨侧工作面的距离调整到 3～4mm（制造厂安装说明书有规定者按规定执行），且 4 个楔块距导轨工作面间隙应一致。然后用厚垫片塞于导轨侧面与楔块之间，使其固定，同时把安全钳和导轨端面用木楔塞紧。安全钳楔块面与导轨侧面间隙应为 2～3mm，各间隙相互差值不大于 0.5mm（如厂家有要求时，应按要求进行）。见图 37-19。

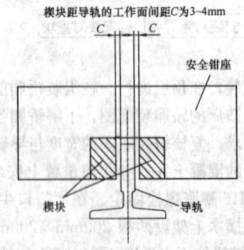

图 37-19　安装安全钳楔块示意图

3. 安装立柱、上梁

（1）将立柱与底梁连接，连接后应使立柱垂直，其垂直度误差在整个高度上≤1.5mm，不得有扭曲，若达不到要求则用垫片进行调整。

（2）立柱的垂直度，立柱的上下端之间垂直度误差，前后方向和左右方向都应≤1.5mm。

（3）用捯链将上梁吊起与立柱相连接，顺序安装所有的连接螺栓，但不要拧死。

（4）调整上梁的横、纵向不水平度，使水平度偏差≤0.5‰，同时再次校正立柱使其垂直度偏差不大于 1.5mm。装配后的轿厢不应有扭曲应力存在，最后紧固所有的连接螺栓。

（5）由于上梁有绳轮，因此要调整绳轮与上梁间隙，其相互尺寸误差≤1mm，绳轮自身垂直度偏差≤0.5mm。

4. 安装轿厢底盘、导靴

（1）用捯链将轿厢底盘吊起，放于相应位置。同时依据基准线

进行前后左右的位置调整。调整完成后，将轿厢底盘与立柱、底梁用螺栓连接但不要把螺栓拧紧。装上斜拉杆并进行调整，使轿厢底盘平面的水平度≤3‰，之后先将斜拉杆用双螺母拧紧，再把各连接螺栓紧固。见图 37-20。

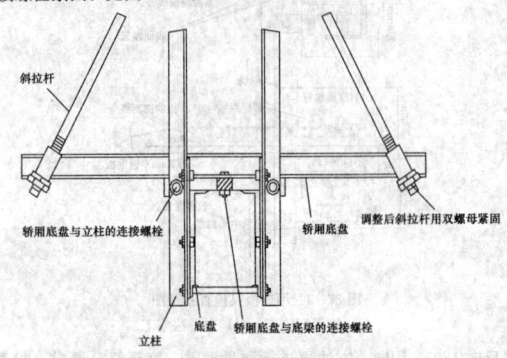

图 37-20　安装轿厢底盘示意图

（2）若轿厢为活动结构时，则先按上述要求将轿厢底盘托架安装并调整好，再将减振器及称重装置安装在轿厢底盘托架上。然后用捯链将轿厢底盘吊起，缓缓就位，使减振器上的螺栓逐个插入轿底盘相应的螺栓孔中，调整轿底盘平面的水平度，使其水平度不大于 3‰。若达不到要求则在减振器的部位加垫片进行调整。最后调整轿底定位螺栓，使其在电梯满载时与轿厢保持 1～2mm 的间隙。当电梯安装全部完成后，通过调整称重装置，使其能在规定范围内正常工作。调整完毕，将各连接螺栓拧紧。

（3）安装调整安全钳拉杆。拉起安全钳拉杆，使安全钳楔块轻轻接触导轨时，限位螺栓应略有间隙，以保证电梯正常运行时，安全钳楔块与导轨不致相互摩擦或误动作。同时，进行模拟动作试验，保证左右安全钳拉杆动作同步，其动作应灵活无阻。符合要求后，拉杆顶部用双螺母紧固。

（4）安装导靴前，应先按制造厂要求检查导靴型号及使用范围。安装前，须复核标准导靴间距。要求上、下导靴中心与安全钳中心 3 点在同一条垂线上。固定式导靴要调整其间隙一致，则内衬与导轨两侧工作面间隙各为 0.5～1mm，与导轨顶面间隙两侧之和为 1～2.5mm，与导轨顶面间隙偏差＜3mm。弹簧式导靴根据随电梯的额定载重量调整 b 尺寸，见表 37-4 和见图 37-21，使内部弹簧受力相同，保持轿厢平衡，调整 $a=b=2$mm。

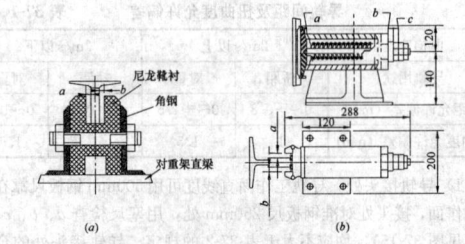

图 37-21　固定式弹簧导靴间距调整示意图

(a) 固定式导靴（a 与 b 偏差＜0.3mm）；(b) 弹簧滑动导靴

b 尺寸的调整 　　　 表 37-4

电梯额定载重量（kg）	b（mm）
400	42
750	34
1000	30
1500	25
2000～2500	23

（5）滚轮导靴安装，根据使用情况调整各滚轮的限位螺栓，使侧面方向两滚轮的水平移动量为 1mm，顶面滚轮水平移动量为 2mm，导轨顶面与滚轮外圆间保持间隙≤1mm，各滚轮轮缘与导轨工作面保持相互平行无歪斜，见图 37-22。

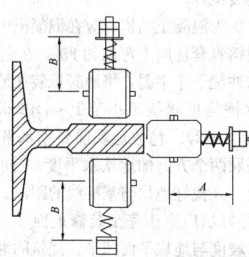

图 37-22　滚轮导靴间距调整示意图

（6）轿厢组装完成后，松开导靴（尤其是滚轮导靴），调整轿厢底的补偿块，使轿厢静平衡符合设计要求，然后再回装导靴。

5. 安装轿壁、轿顶、撞弓

（1）安装前对撞弓进行检查，如有扭曲、弯曲现象应调整。撞弓采用加弹簧垫圈的螺栓固定。要求撞弓垂直度偏差不大于 1‰，相对铅垂线最大偏差不大于 3mm（撞弓的斜面除外）。

（2）先将轿厢组装好用绳索悬挂在轿厢架上梁下方，作临时固定。待轿厢全部安装好后再将轿顶放下，并按设计要求与轿厢壁定位固定。拼装轿厢可根据井道内轿厢四周的净空尺寸情况，预先在层门口将单块轿壁逐扇安装，也可根据情况将轿壁组装成几大块拼在一起后再安装。首先安放轿壁与井道间隙最小的一侧，并用螺栓与轿厢底盘初步固定，再依次安装其他各侧轿壁。待轿壁全部安装完后，紧固轿壁板间及轿底间的固定螺栓，同时将各轿壁板间的嵌条和轿顶接触的上平面整平。轿厢底座和轿厢底盘的连接及轿壁与底座之间的连接要紧密。各连接螺栓要加弹簧垫圈，以防因电梯振动而使连接螺栓松动。若因轿厢底盘局部不平而使轿壁底座下有缝隙时，应在缝隙处加调整垫片垫实。

（3）轿壁安装后将轿顶放下。但要注意轿顶和轿壁穿好连接螺栓后不要紧固，应在调整轿壁垂直度偏差不大于 1‰ 的情况下逐个将螺栓紧固。安装完后接缝应严密，间隙一致，嵌条整齐，轿厢内壁应平整一致，各部位螺栓垫圈必须齐全，紧固牢靠。对玻璃轿壁的要求，参照《电梯制造与安装安全规范》GB 7588 中 8.3.2.2 和 8.3.2.4 规定执行。

6. 安装门机和轿门

（1）门机的安装应按照厂家要求进行，并应做到位置正确，运转正常，底座牢固，且运转时无颤动、异响及剐蹭。

（2）轿门安装要求参见厅门安装的有关条文。玻璃轿门的要求，参照《电梯制造与安装安全规范》GB 7588 中 8.6.7.2 及 8.6.7.5 规定执行。

（3）安全触板（或光幕）安装后要进行调整，使之垂直。轿门全部打开后安全触板端面和轿门端面应在同一垂直平面上。安全触板的动作应灵活，功能可靠。其碰撞力不大于 5N。在关门行程 1/3 之后，阻止关门的力不应超过 150N。检查光幕工作表面是否清洁，功能是否可靠。

（4）轿门门扇和开关机构安装调整完毕，安装开门刀。开门刀端面和侧面的垂直偏差全长均不大于 0.5mm，并且达到厂家规定的其他要求。

7. 安装轿内、顶装置

（1）为便于检修和维护，应在轿顶安装轿顶检修盒。检修盒上或近旁的停止开关的操作装置应是红色非自动复位的，并标以"停止"字样加以识别。电源插座应选用 2P+PE250V 型，以供维修时插接电动工具使用。轿顶的检修控制装置应易于接近并设有无意操作的防护。若无安装图则根据便于安装和维修的原则进行布置。以便于检修人员安全、可靠、方便地检修电梯。

（2）按厂家安装图安装轿顶平层感应器、到站钟、接线盒、线槽、电线管、安全保护开关等。

（3）安装、调整开门机构和传动机构，使门在启动过程中有合理的速度变化，而又能在起止端不发生冲击，并符合厂家的有关设计要求。若厂家无明确规定则按其传动灵活、功能可靠的原则进行调整。

（4）轿顶护栏的安装，当距轿顶外侧边缘水平方向有超过 300mm 的自由距离时，轿顶应架设护栏。并且满足以下要求：

1）护栏应由扶手、100mm 高的护脚板和位于护栏高度一半的中间护栏组成。

2）自由距离不大于 850mm 时，护栏高度不小于 700mm；自由距离大于 850mm 时，护栏高度不小于 1100mm；

3）护栏装设在距轿顶边缘最大为 150mm 之内。并且其扶手外缘和井道中的任何部件之间的水平距离不应小于 100mm；

4）护栏上应有关于俯伏或斜靠护栏危险的警示符号或须知。

（5）安装轿厢其他附属装置，轿厢及厅门的所有标志、须知及操作说明应清晰易懂（必要时借助符号或信号），并采用不能撕毁的耐用材料制成，安装在明显位置。轿厢内的扶手、装饰镜、灯具、风扇、应急灯等应按照厂家图纸要求准确安装，确认牢固有效。

8. 安装、调整超载满载开关、安装护脚板

调整满载开关，应在轿厢达到额定载重量时可靠动作。调整超载开关，应在轿厢的额定载重量 110% 时可靠动作。如果采用其他形式的称重装置，则应按厂家要求进行安装、调整，达到功能可靠，动作灵活。每一轿厢地坎均须装设护脚板，护脚板为 1.5mm 厚的钢板，其宽度等于相应层站入口净宽，护脚板垂直部分的高度不小于 750mm，并向下延伸一个斜面，与水平面夹角应大于 60°，该斜面在水平上的投影深度不得小于 20mm。护脚板的安装应垂直、平整、光滑、牢固。必要时增加固定支撑，以保证在电梯运行时不抖动，防止与其他部件摩擦撞击。

9. 对重框架吊装就位、安装对重导靴

（1）吊装对重框架前的准备工作

1）在脚手架相应位置搭设操作平台，以便吊装对重框架和装入对重块。在机房预留孔洞上方放置一工字钢（可用曳引机承重梁临时代替），拴上钢丝绳扣，在钢丝绳中央悬挂一捯链。在首层安装时，钢丝绳扣要固定在相对的两个导轨架上，不可直接挂在导轨上，以免导轨受力后移位或变形。对重缓冲器两侧各支一根 100mm×100mm 木方，木方高度 C＝A＋B＋越程距离。其中 A 为缓冲器底座高度；B 为缓冲器高度。见图 37-23。

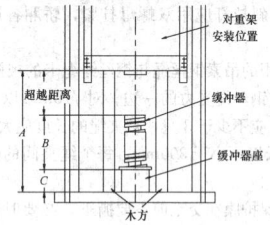

图 37-23　对重框架吊装就位

2）若导靴是弹簧式或固定式，要将同一侧的两导靴拆下，若导靴是滚轮式，要将四个导靴都拆下。

（2）将对重框架吊到操作平台上，用钢丝绳扣对对重绳头板和捯链勾连在一起。操作捯链将对重框架吊起到预定高度，对于一侧装有弹簧式或固定式导靴的对重框架，移动对重框架使导靴与该侧导轨吻合并保持接触，然后轻轻放松捯链，使对重架平稳牢固地安放在事先支好的木方上，应使未装导靴的框架两侧面与导靴端面距离相等。

（3）固定式导靴安装时应保证内衬与导靴端面间隙上、下一致，否则应用垫片进行调整。在安装弹簧式导靴前将导靴调整螺母紧到最大限度，使靴和靴座之间没有间隙以便于安装。若导靴滑块内衬上、下与轨道端面间隙不一致，则在导靴座和对重框架间用垫片进行调整，调整方法同固定式导靴。滚动式导靴安装应平整，两侧滚轮对导轨的初压力应相等，压缩尺寸应按厂家图纸规定。如无规定则根据使用情况调整压力适中，正面滚轮应与道面压紧，轮中心对准导靴中心。导靴安装调整后，所有螺栓应紧牢。

10. 对重块的安装及固定

（1）对重块数量应根据下列公式求出：

装入的对重块数＝[轿厢自重＋额定荷重×（0.4～0.5）]－对重

架重]/单块重量

(2) 放置对重具体数量应在做完平衡载荷实验后确定。按厂家设计要求装上对重块压紧装置，并拧紧螺母，防止对重块在电梯运行时发出撞击声。待安装好钢丝绳并与轿厢连接好后，撤下支撑方木。

(3) 如果有滑轮固定在对重装置上，应设置防护罩，以避免伤害作业人员，又可预防钢丝绳松弛时脱离绳槽、绳与绳槽之间落入杂物。这些装置的结构应不妨碍对滑轮的检查和维护。在采用链条的情况下，亦要有类似的装置。对重如设有安全钳，应在对重装置未进入井道前，将有关安全钳及有关部件装好。

37.2.3.4 施工中安全注意事项

(1) 长形部件及材料，如立柱、门框、门扇、型钢等不允许立放，防止倾倒伤人。

(2) 在轿厢全部装好，且钢丝绳安装完毕后，必须先将限速器、限速钢丝绳、张紧装置、安全钳拉杆、安全钳开关等装接完成，才能拆除上端站所架设的支撑轿厢的横梁和对重的支撑。

37.2.3.5 质量要求

(1) 轿厢的拼装质量直接影响观感质量，因此必须做到横平竖直、组装牢固，轿壁结合处应平整，开门侧壁的不垂直度不大于1‰。轿厢洁净、门扇平整、洁净、无损伤，启闭轻快、平稳。中分式门关闭时上、下部同时合拢，门缝一致。

(2) 开门刀与各层厅门地坎以及各厅门开门装置的滚轮与轿厢地坎间的间隙均必须在5～10mm范围以内。

(3) 轿厢地坎与各层厅门地坎距离偏差为0～+3mm（在整个地坎长度范围内），且最大距离严禁超过35mm。

(4) 检查满载开关应在电梯额定载重量时动作，超载开关应在电梯额定载重量110%时动作。

(5) 应注意的事项：

1) 轿厢组件应放置于防雨、非潮湿处。安装立柱时应使其自然垂直，达不到要求时，要在上、下梁和立柱间加垫片进行调整，不可强行安装。

2) 轿厢底盘调整水平后，轿厢底盘与底盘座之间，底盘座与下梁之间的连接处要接触严密，若有缝隙要用垫片垫实，不可使斜拉杆过分受力。斜拉杆应用双螺母拧紧，轿厢各连接螺栓必须紧固，垫圈齐全。

3) 吊轿厢用的吊索钢丝绳与钢丝绳绳卡的规格必须相互匹配，绳卡压板应装在钢丝绳受力的一边；对ϕ16mm以下的钢丝绳，所使用的钢丝绳夹应不少于3只，被夹绳的长度应大于钢丝绳直径的15倍，且最短长度不小于300mm，每个绳夹间的间距应大于钢丝绳直径的6倍。

4) 轿厢的保护膜在交工前不要撕下，必要时使用薄木板对轿厢进行保护。

37.2.4 厅门安装

37.2.4.1 常用工具及机具

水平尺、钢板尺、直角尺、钢卷尺、斜塞尺、线坠、活扳子、榔头、手电钻、电锤、电气焊机具等。

37.2.4.2 施工条件

(1) 各层脚手架横杆应不妨碍厅门安装。脚手板上干净、无杂物。

(2) 各层厅门口应装防护门和警告牌。

(3) 各层厅门口建筑结构墙壁上，应有土建专业提供并确认的楼层地坪标高装修高度和墙面装饰高度。

(4) 对厅门各部件进行检查，如发现不符合要求处应及时修整，对转动部分应进行清洗加油，做好安装准备。

37.2.4.3 施工工艺流程

安装地坎 → 安装门立柱、门上坎、门套 → 安装厅门扇、调整厅门 → 安装门锁

1. 安装地坎

(1) 按要求使用样板放两根厅门安装基准线，在各厅门地坎上表面和内侧立面上划出净口宽度线及厅门中心线，确定地坎、牛

腿及牛腿支架的安装位置。

(2) 若地坎牛腿为混凝土结构，应在混凝土牛腿上打入两条支撑模板用钢筋，用钢管套住向上弯曲约90°，在钢筋上放置相应长度的模板，用清水冲洗干净牛腿，将地脚爪装在地坎上，然后用细石混凝土浇筑（水泥强度等级不小于 P·O42.5R，水泥、砂子、石子的容积比是 1：2：2）。稳放地坎前要用水平尺找平（注意开关门和进出电梯轿厢两个方向的地坎水平度），同时三条画线分别对正三条线基准线，并找好地坎与基准线的距离。厅门地坎水平度误差≤2‰，地坎稳好后应高于完工装修地面2～5mm，若是混凝土地面应按1：50坡度与地坎平面抹平，浇筑的混凝土达到强度后可拆除模板。

(3) 若厅门无混凝土牛腿，应在预埋铁件上焊支架安装牛腿来稳放地坎，分两种情况：

电梯额定载重量在1000kg及以下的各类电梯，可用不小于L75mm×75mm×8mm角钢焊接支架，并稳装地坎，牛腿支架不少于3个（或按厂家要求）。电梯额定载重量在1000kg以上的各类电梯可采用δ=10mm的钢板及槽钢制作牛腿，并稳装地坎。牛腿不少于5个（或按厂家要求）。

(4) 额定载重在1000kg及以下的各类电梯，若厅门无混凝土牛腿又无预埋铁件，可采用M14以上的膨胀螺栓固定牛腿支架，稳装地坎。

2. 安装门套、门立柱、门上坎

按照门套加强板的位置在厅门口两侧混凝土墙上钻ϕ10mm的孔（砖墙钻ϕ8mm的孔），将ϕ10mm×100mm的钢筋打入墙中，剩30mm留在墙外。在平整的地方组装好门套横梁和门套立柱，垂直放置在地坎上，确认左、右门套立柱与地坎的出入口画线重合，找好与地坎槽距离，使之符合图纸要求，然后拧紧门套立柱与地坎之间的紧固螺栓。将左右厅门立柱、门上坎用螺栓组装成框架，立到地坎上（或立到地坎支撑型上），立柱下端与地坎（或支撑型钢）固定，门套与门头临时固定，确定门上坎支架的安装位置，然后用膨胀螺栓或焊接的方式将门上坎支架固定在井道墙壁上。

用螺栓固定门上坎和门上坎支架，按要求调整门套、门立柱、门上坎的水平度、垂直度和相应位置。用门口样线校正门套立柱的垂直度，然后把门套与门上坎之间的连接螺栓紧固，用ϕ10mm×200mm钢筋与打入墙中的钢筋和门套加强板进行焊接固定，每侧门套分上、中、下均匀焊接三根钢筋，考虑到焊接时可能产生变形，因此要按要求将钢筋变成弓形后再焊接，不让焊接变形直接影响门套。门套框架安装时水平度误差≤1‰。门套直框架安装时垂直度误差应≤1‰。施工方法：用钢筋与墙内部的钢筋（或地脚螺栓）和门套的装配支撑件进行焊接固定，见图37-24。

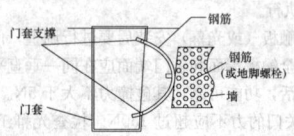

图 37-24 门套钢筋焊接示意图

3. 安装厅门扇、调整厅门

将门吊板上的偏心轮调到最大值，然后将门吊轮挂到门导轨上，调小偏心轮与导轨间的距离，防止门吊轮坠落。将门地脚滑块装在门扇上，在门扇和地坎间垫6mm厚的支撑物，将门地脚滑块放入地坎槽内，门吊轮和门扇之间用专用垫片进行调整，保证门缝尺寸和门扇垂直度符合要求，然后将门吊轮与门扇的连接螺栓紧固；厅门导轨及吊门滚轮按电梯制造厂技术要求调整，将偏心轮调到与滑道间距小于0.5mm，撤掉门扇和地坎间所垫之物，门滑行试验，应运行轻快、平稳。

4. 厅门门锁、副门锁、强迫关门装置及紧急开锁装置安装

(1) 调整厅门锁和副门锁开关，使其达到：只有当两扇门或多扇门关闭达到有关要求后才能使门锁电触点和副门锁开关接通，一般应使副门锁开关先接通，厅门门锁电触点再接通。

(2) 层门锁钩必须动作灵活，在证实锁紧的电气安全装置动作之前，锁紧元件的最小啮合长度为7mm。

(3) 在门扇装完后，安装强迫关门装置，层门强迫关门装置必须动作可靠，使门具有自闭能力，被打开的厅门在无外力作用时，厅门应能自动关闭。采用重锤式的厅门自闭装置，重锤导管或滑道的下端应有封闭措施。关门时无撞击声，接触良好。

(4) 厅门手动紧急开锁装置应灵活可靠，门开启后三角锁应能自动复位。每层层门必须能够用三角钥匙正常开启；当一个层门或轿门（在多扇门中任何一扇门）非正常打开时，电梯严禁启动或继续运行。

37.2.4.4　施工中安全注意事项

动用电、气焊时应有防火措施，设专人监护。乙炔瓶必须直立使用。氧气瓶、乙炔瓶相互距离不得小于 5m，与明火之间距离不得小于 10m。

37.2.4.5　质量要求

(1) 开门刀与各层厅门地坎、各层厅门开门装置与门锁滚轮间隙应均匀，尺寸应符合电梯厂的要求。

(2) 厅门导轨中心与地坎中心的水平距离，导轨本身的不铅垂度偏差应不大于 0.5mm。

(3) 厅门扇垂直度偏差不大于 2mm，在门下端用 150N 的力（约 15kg）扒开时：中分门间隙应不大于 45mm；旁开门间隙不大于 30mm，偏心轮对滑道间隙不大于 0.5mm。

(4) 门扇安装、调整应达到：门扇平整、洁净、无损伤。启闭轻快平稳，无噪声，无摆动、撞击和阻滞。中分门关闭时上下部同时合拢，门缝一致。

(5) 厅门框架立柱的垂直误差和厅门导轨的水平度偏差均不应超过 1‰。

(6) 厅门关好后，门锁应立即将门锁住，锁钩电气触点刚接触，电梯能够启动时，锁紧件啮合长度至少为 7mm。应由重力、弹簧或永久磁铁来产生并保持锁紧动作，做到安全可靠。

(7) 厅门扇下端与地坎面的间隙、门套与门扇的间隙、门扇与门扇的间隙为：客梯 1～6mm，货梯 1～8mm。由于磨损，间隙值允许达到 10mm。如果有凹陷部分，上述间隙从凹陷处测量。

(8) 厅门地坎及门套安装的尺寸要求、允许偏差和检验方法应符合《电梯制造与安装安全规范》GB 7588 规定。

(9) 应注意的事项：

1) 若门套横梁与门套左右立柱厚度不同，组装时应保证门套内侧表面（门扇形成门缝的表面）在同一平面上。固定钢门套时，钢筋要焊在门套的加强板上，不可在门套上直接焊接，防止门套变形。

2) 凡是需埋入混凝土的部件，要经甲方或监理检查验收合格后，办理隐蔽工程验收手续，才能浇筑混凝土。

3) 厅门与井道固定的可调式连接件，在厅门调好后，应将连接件长孔处的垫圈电焊固定，以防移位。

37.2.5　机房曳引装置及限速器装置安装

37.2.5.1　常用工具及机具

水平尺、钢直尺、钢卷尺、弹簧秤、磁力线坠、钢丝钳、压线钳、螺丝刀、扳手、电锤、撬杆、倒链、电气焊机具等。

37.2.5.2　施工条件

土建的预留洞口符合图纸设计要求；机房吊钩符合要求；将机房设备箱吊到机房，开箱核对数量、核查质量，做好开箱记录。开箱后的所有设备必须放进机房，钥匙由专人保管。

37.2.5.3　施工工艺流程

安装承重梁及绳头板 → 安装曳引机及导向轮 → 安装限速器

1. 安装承重梁及绳头板

(1) 根据样板架和曳引机安装图画出承重梁位置。承重梁中心与样板架中心的位置允许误差在±2.0mm 以内。承重梁的两端插入墙内的尺寸应≥75mm，并且应超过墙厚中心 20mm。承重梁组的水平度误差在曳引机安装位置范围内＜2‰，两个梁相互的水平差≤2.0mm。承重梁安装找平找正后，用电焊将承重梁和垫铁焊牢。承重梁在墙内的一端及地面上裸露的一端用混凝土灌实抹平。见图37-25。

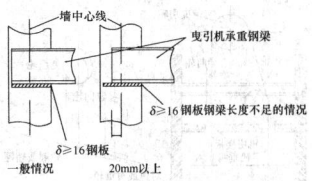

图 37-25　承重梁埋入承重墙内图

(2) 受条件所限和设计要求，一些电梯承重钢梁并非贯穿整个机房作用在承重墙或承重梁上，而有一端架设于楼板上的混凝土台。这时，要求机房楼板为加厚承重型楼板或混凝土位置有反梁设计。混凝土台必须按设计要求加钢筋，且钢筋通过地脚螺栓等方式与楼板相连生根，与钢梁接触面加垫 $\delta \geqslant 16mm$ 的钢板，见图37-26。

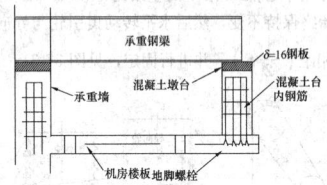

图 37-26　承重梁的安装图

2. 安装曳引机及导向轮

(1) 曳引机及导向轮的安装位置误差：有导向轮时，见图 37-27 所示；无导向轮时，见图 37-28 所示。

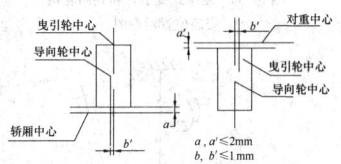

图 37-27　曳引机及导向轮的
安装示意图

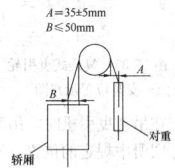

图 37-28　无导向轮曳引
机安装示意图

(2) 按厂家要求布置安装减振胶垫，减振胶垫需严格按规定找平垫实。

(3) 单绕式曳引轮和导向轮的安装位置确定方法：把样板架上的基准线通过预留孔洞投射到机房地坪上，根据对重导轨、轿厢导轨及井道中心线，参照产品安装图册，在地坪上画出曳引轮、导向轮的垂直投影，分别在曳引轮、导向轮两个侧面吊两根垂线，以确定曳引轮、导向轮的位置，见图37-29。

(4) 复绕式曳引轮和导向轮的安装位置确定方法：首先要确定曳引轮和导向轮的拉力作用中心点，需根据引向轿厢或对重的绳槽而定，见图 37-30 中向轿厢的绳槽 2、4、6、8、10，因曳引轮的作用中心点就是在这五个槽的中心位置，即第 6 槽的中心 A' 点。导向轮的作用中心点是在 1、3、5、7、9 槽的中心位置，即第 5 槽的中心 B' 点。安装位置的确定：若曳引轮及导向轮已由厂家组装在同一底座时，确定安装位置极为方便，在电梯出厂时轿厢与对重，中心距已完全确定，只要移动底座使曳引轮作用中心点 A' 吊下的垂线对准轿厢（或轿厢轮）中心，使导向轮作用中心点 B' 吊下的垂线对准对重（或对重轮）中心 B 点，这项工作便完成，然后将底座固定。若曳引轮与导向轮需在工地安装时，曳引轮与导向

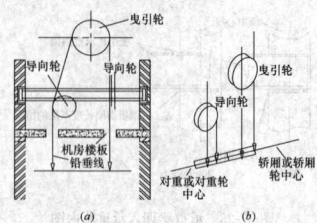

图 37-29　单绕式曳引轮和导向轮的
安装位置示意图
(a) 示意图一；(b) 示意图二

轮安装定位需要同时进行。其方法是：在曳引轮及导向轮上位置，使曳引轮作用中心点 A' 吊下的垂线对准轿厢（或轿厢轮）中心 A 点，导向轮作用中心点 B' 吊下的垂线对准对重（或对重轮）中心 B 点，并且始终保持不变，然后水平转动曳引轮与导向轮，使两个轮平行，且相距 $\left(\dfrac{1}{2}S\right)$，并进行固定，见图 37-31。

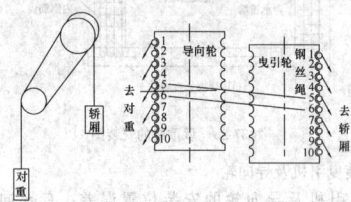

图 37-30　复绕式曳引轮和导向轮的
安装位置示意图

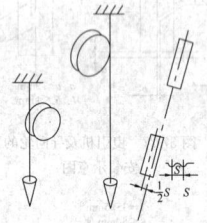

图 37-31　复绕式曳引轮
安装位置示意图

（5）曳引机吊装：在吊装曳引机时，吊装钢丝绳应固定在曳引机底座吊装孔上或产品图册中规定的位置，不得绕在电动机轴上或吊环上。待曳引轮挂绳承重后，再检测曳引机水平度和曳引轮垂直度应满足标准要求。

（6）曳引机制动器的调整见 37.2.9 电梯调试、试验运行有关内容。

（7）曳引机使用永磁同步电机时，分有机房、无机房两种安装方式。有机房安装时，检查对重放置方式三种形式（对重后落、对重左落、对重右落）。应按生产厂家设计图纸安装。

3. 安装限速器

（1）限速器动作速度整定封记必须完好，且无拆动痕迹。

（2）限速器应是可接近的，以便于检查和维修。限速器绳轮的垂直度误差<0.5mm。轿厢无论在什么位置，钢丝绳和导管的内壁面均应有最小为 5mm 间隙。

（3）固定：用规定的地脚螺栓将限速器固定在机房地面上。限速器安装后与安全钳做联动动作试验时（用手按压限速器连杆涂黄色安全漆的端部使限速器动作）。保证限速器运转平稳，无颤动现象。

37.2.5.4　施工中安全注意事项

（1）建立严格的值班制度，施工现场应有防范措施，以免设备被盗或被破坏。其他专业人员进入机房施工时必须有专人陪同。机房门在施工人员离开时及时锁好。

（2）捯链、电动工具、电气焊器具，在使用前认真检查，发

现隐患及时处理。

（3）机房应有紧急救援操作说明及平层标记表，必须贴于易见处。在盘车手轮上应明显标出轿厢升降方向的标志，盘车装置上电气安全装置动作可靠。应有停电或电梯故障时的轿厢慢速移动措施，例如采用手动紧急操作装置，由持证操作人员紧急放人。

（4）检修时轿厢顶上总承载（包括检修人员）不得超过 200kg。

（5）若电梯额定速度大于 3.5m/s，除满足《电梯制造与安装安全规范》GB 7588 中 9.6.1 的规定外，还应增设一个防跳装置。防跳装置动作时，一个符合《电梯制造与安装安全规范》GB 7588 中 14.1.2 规定的电气安全装置应使电梯驱动主机停止运转。

37.2.5.5　质量要求

（1）曳引机承重梁安装前要除锈并刷防锈漆，交工前再刷与机器颜色一致的油漆。

为了不影响保养管理，限速器（GOV）离墙面的距离要确保 ≥100mm。限速器铭牌装在墙壁一侧看不到时，要将铭牌换装到限速器另一侧。

（2）在通往电梯机房门的外侧，应由客户设置下列简短字句的须知："机房重地，闲人莫入。"

（3）在机房顶承重梁和吊钩上应标明最大允许载荷。

（4）观光梯的曳引机放置方式和普通客梯基本相同，但要注意放置搁机大梁的角度，需要严格按土建图的布置放置。

（5）曳引机承重梁安装必须符合设计要求和施工规范规定，并由建设单位代表参加 隐蔽验收。

（6）轿厢空载时，曳引轮垂直度误差≤0.5mm，导向轮端面对曳引轮端面的平行度误差≤1mm。

（7）限速器绳轮、钢带轮、导向轮安装必须牢固，转动灵活，其垂直度误差≤0.5mm。

（8）机房设备的安装直接影响电梯整机运行性能和电梯运行舒适感，故主机的曳引轮垂直度误差≤0.5mm，制动器动作灵活，工作可靠。制动时两侧闸瓦紧密，均匀地贴合在制动轮的工作面上，松闸时应同时离开，制动器闸瓦平均间隙≤0.7mm。

（9）曳引绳的张力差≤5%。

（10）钢丝绳上做平层标志，在停电时能确认轿厢所在楼层和平层位置。

（11）机房内钢丝绳与楼板孔洞边缘间隙为 20～40mm，通向井道的孔洞四周应设置高度不小于 50mm 的台阶。

37.2.6　井道机械设备安装

37.2.6.1　常用工具及机具

钢直尺、水平尺、磁力线坠、套筒扳手、榔头、钢丝钳、电气焊机具、捯链等。

37.2.6.2　施工条件

电梯井道土建施工完毕，符合设计标准。各层厅门安装调试全部结束，门锁装置安全有效。

37.2.6.3　施工工艺流程

安装缓冲器底座和缓冲器 → 安装限速器张紧装置及限速绳 →
安装补偿链或补偿装置 → 安装井道内的防护隔障

1. 安装缓冲器底座和缓冲器

安装前测量底坑深度，按缓冲器数量全面考虑布置。安装时，缓冲器的中心位置、垂直偏差、水平度偏差等指标要同时考虑。没有导轨底座时，可采用混凝土基座或加工型钢基座。用水平尺测量缓冲器顶面，要求其水平误差<2‰。油压缓冲器在使用前按要求加油，用螺丝刀取下柱塞塞，将油位指示器打开，以便空气外逸，将附带的机械油加至油位指示器上符号位置。

2. 安装限速绳张紧装置和限速绳

直接把限速绳挂在限速轮和张紧轮上进行测量，根据所需长度断绳、做绳头，做绳头的方法与主钢丝绳相同，限速器钢丝绳与安全钳连杆连接时，应用三只钢丝绳卡夹紧，绳卡的压板置于钢丝绳受力的一边。每个绳卡间距大于 $6d$（d 为限速绳直径），限速绳短头端应用镀锌钢丝加以扎结。张紧装置底面与底坑地面的

距离见表 37-5。

张紧装置底面与底坑地面的距离（mm）   表 37-5

类 别	高速梯	快速梯	低速梯
张紧装置底面与底坑地面的距离	750±50	550±50	400±50

3. 安装补偿链或补偿绳装置

(1) 先将补偿链靠近井道里侧拐角部位由上而下悬挂 48h，以减小补偿链自身的扭曲应力；

(2) 补偿绳（链）端固定应当可靠；

(3) 应当使用电气安全装置来检查补偿绳的最小张紧位置；

(4) 当电梯的额定速度大于 3.5m/s 时，还应当设置补偿绳防跳装置，该装置动作时应当有一个电气安全装置使电梯驱动主机停止运行。

4. 安装井道内的防护隔障

对重的运行区域应采用刚性隔障防护，该隔障从电梯底坑地面上<300mm 处向上延伸到至少 2.5m 的高度。其宽度应至少等于对重宽度两边各加 100mm。如果这种隔障是网孔型的，则应该遵循《机械安全 避免人体各部位挤压的最小间距》GB 12265.3—1997 中 4.5.1 的规定。

37.2.6.4 施工中安全注意事项

注意极限开关越程与缓冲越程距离应匹配。有时这两项指标均未超过标准情况下出现人身伤害、机械事故发生。图 37-32 是极限开关越程与缓冲越程距离关系的示意图，图中 H_1 表示对重缓冲越程距离，H_2 表示极限开关越程距离。$H_1>H_2$ 时才能满足《电梯制造与安装安全规范》GB 7588—2003 要求："极限开关应在轿厢或对重接触缓冲器之前起作用……"。例如，使用弹簧缓冲器时，必须确保对重或轿厢碰到缓冲器之前，UOT（上限位）和 DOT（下限位）已经起作用。

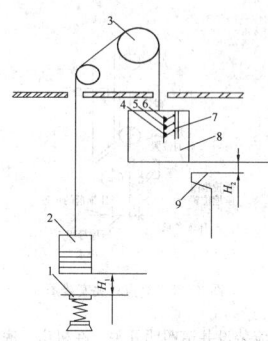

图 37-32 极限开关越程与缓冲越程距离
1—缓冲器；2—对重；3—曳引轮；4—调速开关；
5—限位开关；6—极限开关；7—撞板；
8—轿厢；9—端站地平面

37.2.6.5 质量要求

(1) 缓冲器底座必须按要求安装在混凝土或型钢基础上，接触面平整严实，如采用金属垫片找平，其面积不小于底座的 1/2。

(2) 如采用混凝土底座，应保证不破坏井道底的防水层，避免渗水。

37.2.7 钢丝绳安装

37.2.7.1 常用工具及机具

活扳手、断线钳、卷尺、榔头、钢凿、管形测力计、锡锅、钢丝绳断绳器、成套气焊器具、砂轮切割机等。

37.2.7.2 施工条件

安装钢丝绳前，应首先确认轿厢框架已经组装完成，绳头也已安装到位。对重框架已经组装完成，对重头板已安装到位。机房机械设备安装结束。坑底缓冲器安装完毕。

37.2.7.3 施工工艺流程

确定钢丝绳长度 → 放、断钢丝绳 → 挂钢丝绳、做绳头 → 调整钢丝绳

1. 确定钢丝绳长度

确定实际钢丝绳长度：按轿厢位于顶层站，对重框架位于最底层距缓冲器 S_1 值地方，见图 37-33。根据曳引方式（曳引比、有无导向轮、复绕轮、反绳轮等）进行计算。图中：

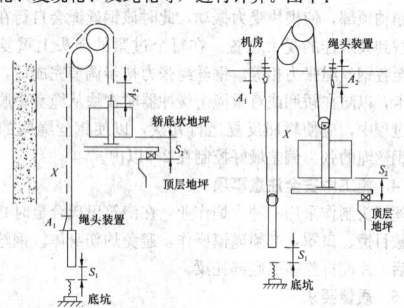

图 37-33 确定实际钢丝绳长度示意图

A_1、A_2 做绳头长度；

S_1 对重底撞板与缓冲器距离（400mm＋每块垫铁高度×垫铁数量）；

S_2 轿厢地坎高出顶层站地坎距离；

X 轿厢绳头锥体出口至对重绳头锥体出口的长度；

L 实际钢丝绳长度；

单绕式钢丝绳长度：$L = 0.996 \times (X + A_1 + A_2 + S_2)$；

复绕式钢丝绳长度：$L = 0.996 \times (X + A_1 + A_2 + 2 \times S_2)$。

说明：每增加 3～5 层楼加一块垫铁（每块垫铁高 100mm），例如标准 6 层（400mm＋2 块垫铁）。

2. 放、断钢丝绳

在清洁宽敞的地方放开钢丝绳，检查钢丝绳，应无死弯、锈蚀、断丝情况。按上述方法确定钢丝绳长度后，从距剁口两端 5mm 处将钢丝绳用钢丝绳扎成 15mm 的宽度，然后留出钢丝绳在锥体内长度，再按要求进行绑扎，然后用钢丝绳断绳器或钢凿、砂轮切割机等工具切断钢丝绳。

3. 挂钢丝绳、做绳头

钢丝绳端接装置通常有三种类型：锥套型、自锁楔型、绳夹。现将常用锥套型施工方法介绍如下：

(1) 在做绳头、挂绳之前，应将钢丝绳放开，使之自由悬垂于井道内，消除内应力。

(2) 挂绳顺序：单绕式电梯挂绳前，一般先做好轿厢侧绳头并固定好，之后将钢丝绳的另一头绕过驱动轮送至对重侧，按照计算好的长度断绳。断绳后在次底层制作对重侧绳头，再将绳头固定在对重绳头板上，两端要连接牢靠。复绕式电梯，要先挂绳后做绳头，或先做好一侧的绳头，待挂好钢丝绳后再做另一侧的绳头。

(3) 将钢丝绳断开后穿入锥体，将剁口处扎绑铅丝拆去，松开绳股，除去麻芯，用煤油将绳股清洗干净，按要求将绳股或钢丝向绳中心折弯（俗称编花），折弯长度应不小于钢丝绳直径的 2.5 倍。将弯好的绳股用力拉入锥套内，将浇口处用棉布或水泥袋纸包扎好，下口用石棉绳或棉丝扎实。

(4) 绳头浇筑前应将绳套锥套内部油质杂物清洗干净，而后采取缓慢加热的办法使套锥温度达到 50～100℃，再进行浇筑。

(5) 巴氏合金浇筑温度 270～400℃为宜，巴氏合金采取间接加热熔化，温度可用热电偶测量或当放入水泥袋纸立即焦黑但不燃烧为宜。浇筑前清除液态巴氏合金表面杂质，浇筑必须一次完成，浇筑作业时应轻击绳头，使巴氏合金灌实。

4. 调整钢丝绳

绳头全部做好后，加载轿厢和对重的全部重量，此时钢丝绳和楔块受到拉力将升高。调整钢丝绳张力有如下两种方法：

(1) 测量调整绳头弹簧高度，使其一致。其高度误差≤2mm。

采用此法应事先对所有弹簧进行挑选，使同一个绳头板装置上的弹簧高度一致。

（2）在井道 2/3 处，人站轿顶，采用等距离拉力法，使用 200N（20kg）测力计，测量每根钢丝绳等距离状态下的力（比如，将钢丝绳水平方向拉原位 150mm，记录每根钢丝受力大小值）。用公式计算每根曳引绳的张力差，全部曳引张力差不应超过 5%。初步调节钢丝绳张力，由于相对紧的钢丝绳楔块比较容易调节，因此可在相对紧的绳套内两钢丝绳之间插入一个销轴，用榔头轻敲销轴顶部，使楔块受力振动，此时该钢丝绳会自行在绳套内滑动，找到其最佳的受力位置。在每个过紧的绳头上重复上述做法，直至各钢丝绳张力相等。钢丝绳张力初步调节完成后，再装上钢丝卡，以防轿厢对对重撞击缓冲器时楔块从绳套中脱出。在此调节过程中，应使轿厢反复运行几次，以使钢丝绳间的应力消除。各钢丝绳的张力偏差最好控制在 2% 以内。

37.2.7.4　施工中安全注意事项

钢丝绳制作采用一种火焰作业，在浇筑巴氏合金时必须戴手套、佩戴目镜、口罩，必须谨慎操作，避免灼伤身体。钢丝绳全部安装好后，才能拆除轿厢底部托梁。

37.2.7.5　质量要求

绳头组合必须安全可靠，且每个绳头组合必须安装防螺母松动和脱落的装置。

钢丝绳规格型号符合设计要求，并应符合《电梯用钢丝绳》GB 8903—2005 标准的规定、无死弯、锈蚀、松股、断丝等现象，麻芯润滑油脂无干枯现象。锥套有整体式和销子式两种，钢丝绳的末端处理法是一样的，但对于后者，应注意在装卸连接销和开口销时，切勿发生变形损伤。

绳头浇筑完成后应待到冷却后才能放开，以免液态巴氏合金流出。

37.2.8　电气装置安装

37.2.8.1　常用工具及机具

水平尺、钢卷尺、直尺、线坠、扳手、剥线钳、尖嘴钳、压线钳、钢丝钳、螺丝刀、弯管器、电钻、电锤、电烙铁、开孔器、摇表、万用表、电气焊机具等。

37.2.8.2　施工条件

（1）按照装箱单打开相应的电气设备，分类堆放好，做好标识，做好开箱记录。

（2）土建工作基本完毕。井道、底坑、轿内、轿顶、机房相应的设备已安装好。

37.2.8.3　施工工艺流程

```
电气配线安装 → 机房电气装置安装 → 井道电气装置安装 →
轿厢电气装置安装 → 厅门电气装置安装
```

1．电气配线安装

电线管、槽、构架防腐处理良好。电气配线安装工程，符合《电梯工程施工质量验收规范》GB 50310 中 4.10 电气装置有关规定，安装后应横平竖直，接口严密，槽盖齐全、平整无翘角。管、槽、构架水平和垂直偏差应符合下列要求：机房内不应大于 2‰，井道内不应大于 5‰，全长不应大于 50mm。金属软管安装应符合下列规定：无机械损伤和松散，与箱盒设备连接处应使用接头，安装应平直，固定点均匀，间距不应大于 1m。端头固定牢固，固定点距离端头不大于 100mm。

2．机房电气安装

控制柜安装：控制柜布局合理、固定牢固，安装位置应符合下列规定：柜与门、窗正面的距离不应小于 0.6m。柜的维修侧与墙壁的距离不应小于 0.6m，其封闭侧宜不小于 50mm。双面维护的控制柜成排安装长度超过 5m 时，两端宜留宽度不小于 0.6m 的出入通道。柜与机械设备的距离不应小于 0.5m。控制柜的过线盒要按安装图的要求，用膨胀螺栓固定在机房地面上。若无控制柜过线盒，则要用 10 号槽钢制作控制柜底座或用混凝土底座，底座高度为 50～100mm。控制柜底座安装前，应先除锈、刷防锈漆、装饰漆。控制柜与控制柜底座与机房地面固定牢靠。多台柜并列安装

时，其间应无明显缝隙且柜面应在同一平面上。同一机房有数台曳引机时应对曳引机、控制屏、电源开关、变压器等对应设备配套编号标识，便于区分所对应的电梯。

3．井道电气安装

（1）随行电缆架应安装在电梯正常提升高度的 1/2 加 1.5m 处的井道壁上。随行电缆位置应保证随行电缆在运行中不得与物品发生碰触及卡阻。轿底电缆架的安装方向与井道随缆架一致，并使电梯电缆位于井道底部时，能避开缓冲器且保持＞200mm 的距离。随行电缆安装前，必须预先自由悬吊，消除扭曲。扁平型随行电缆可重叠安装，重叠根数不宜超过 3 根，每两根间应保持 30～50mm 的活动间距。扁平型电缆固定使用楔形插座或卡子，见图 37-34。撞弓安装后调整其垂直偏差≤1‰。最大偏差≤3mm（撞弓的斜面除外）。

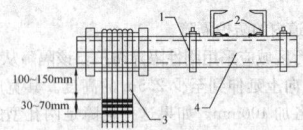

图 37-34　轿底电缆架随行电缆安装图
1—轿底电缆架；2—电缆底梁；3—随行电缆；
4—电缆架钢管

（2）在井道的两端各有一组终端开关，当电梯失速冲向端站，首先要碰撞一级强迫减速开关，该开关在正常换速点相应位置动作，以保证电梯有足够的换速距离。当电梯继续失速冲向端站，超过端站平层 50～100mm 时，碰撞二级保护的限位开关，切断控制回路，当平层超过 100mm 时，碰撞第三级极限开关，切断主电源回路。

终点开关的安装与调整应按安装说明书要求进行，见图 37-35。

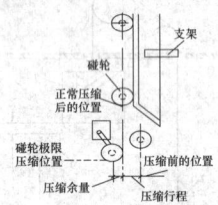

图 37-35　终点开关安装图

（3）在底坑应装设有井道照明开关，在机房、底坑两处均能控制井道照明。底坑检修盒的安装位置距厅门口不应大于 1m，并应设在地坑下方距线槽或接线盒较近、操作方便、容易接近、不影响电梯运行的地方。检修盒上或近旁的停止开关的操作装置应是红色非自动复位的并标以"停止"。线槽、电管、检修盒相互之间要有跨接地线。

4．轿厢电气安装

（1）平层装置安装与调整。平层装置按说明书要求安装，安装后按下述顺序调整：把开关箱装在靠上面的梁上且装在中央。在安装臂上装上支架，但不要上紧。在轿厢平层位置，将安装臂装于导轨上，并固定在适当位置，要使 D2 板的中央与开关箱的基准线大致一致。精确地调整支架，从而使 DZ 板的中央与开关箱的基准线完全在一条直线上。调节检测器的倾斜度且同时调整节板。手动电梯 DN 运行，使开关箱脱离感应板，然后拧紧支架和安装臂之间的螺栓。手动使电梯在该层附近做上（UP）、下（DN）运行，确认开关与感应板之间的位置，从而确保检测器的感应板插入时，左右间隙相等。

（2）要有可自动为轿内应急照明再充电的紧急电源，在正常照明电源中断的情况下，至少提供 1W 灯泡用电 1h。

（3）操纵盘的安装：操纵盘面板的固定方法有用螺钉固定和搭

扣夹住固定的形式。操纵盘面板与操纵盘轿壁间的最大间隙应在1mm以内。指示灯、按钮，操纵盘的指示信号应清晰明亮准确，遮光罩良好，不应有漏光和串光现象。按钮应灵活可靠，不应有阻卡现象。

5. 厅门电气安装

呼梯按钮盒应装在厅门距地1.2～1.4m的墙上；群控、集选电梯的召唤盒应装在两台电梯的中间位置。指示信号清晰明亮，按(触)钮动作准确无误。墙面和按钮盖的间隙应在1.0mm以内。消防开关盒应装于召唤盒的上方，其底边距地面高度为1.6～1.7m。厅门、门套、按钮、显示器上的保护膜留到正式使用时才能撕掉。必要时施工期间不安装按钮、楼层显示器，待大楼装修好以后正式使用前装上，但插件、电缆用塑料袋包好，防止被污染和受潮湿，最好临时固定在井道内壁。

37.2.8.4 施工中安全注意事项

使用电焊机时，应设专用接地线，地线直接固定在焊件上，不准在建筑物、机械设备、各种管道、金属架上使用，防止接触火花造成起火事故。

37.2.8.5 质量要求

机房内的配电箱、控制柜按照图纸设计和《电梯工程施工质量验收规范》GB 50310的要求安装。电梯的随行电缆必须绑扎牢固，排列整齐、无扭曲，其敷设长度必须保证其在轿厢极限位置时不受力，不拖地。多根并列时，长度应一致。随行电缆两端以及不运动部分应可靠固定。

37.2.9 曳引式电梯无机房电梯安装

37.2.9.1 常用工具及仪器

记号笔、榔头、錾子、木工锯、墨斗、线坠、水平尺、钢卷尺、直尺、盒尺、活扳手、断线钳、管形测力计、锡锅、成套气焊器具、剥线钳、尖嘴钳、压线钳、钢丝钳、螺丝刀、电钻、电锤、砂轮切割机、电烙铁、开孔器、摇表、万用表、电气焊机具等。

37.2.9.2 施工条件

《电梯监督检验和定期检验规则——曳引与强制驱动电梯》TSG T 7001—2009对无机房电梯附加检验项目：

(1) 作业场地总要求

作业场地的结构与尺寸应当保证工作人员能够安全、方便地进出和进行维护(检查)作业；作业场地应当设置永久性电气照明，在靠近工作场地入口处应当设置照明开关。

(2) 对轿顶上或轿厢内作业场地要求

检查、维修驱动主机、控制屏的作业场地设在轿顶上或轿内时，应当具有以下安全措施：设置防止轿厢移动的机械锁定装置；设置检查机械锁定装置工作位置的电气安全装置，当该机械锁定装置处于非停放位置时，能防止轿厢的所有运行；(如果有)检修门窗不得向轿厢打开，在打开情况下不能进行轿厢移动运行。

(3) 对底坑内作业场地要求

检查、维修驱动主机、控制屏的作业场地设在底坑时，应当具有以下安全措施：设置防止轿厢移动的机械锁定装置，使作业场地内地面与轿厢最低部件之间距离不小于2m；设置检查机械锁定装置工作位置的电气安全工作装置，当该机械锁定装置处于非停放位置时，能防止轿厢的所有运行，当机械锁定装置进入工作位置时，仅能通过检修装置来控制轿厢电动运行。在井道外设置电气复位装置，只有通过操纵该装置才能使电梯恢复到正常工作状态，该装置只能由工作人员操作。

37.2.9.3 施工工艺流程

搭设样板架、测量井道、确定基准线、挂基准线 →
确定导轨支架位置、安装导轨支架 → 安装导轨支架和导轨 →
安装机房曳引装置及限速器装置 → 安装无机房控制柜 →
安装无机房松闸装置 → 安装无机房检修安全销 →
安装轿厢及对重 → 安装厅门 → 安装井道机械设备 →
安装钢丝绳 → 安装电气装置

(1) 井道测量见37.2.1.3中1.搭设样板架，2.测量井道、确定基准线，3.样板就位、挂基准线。

(2) 安装导轨支架和导轨见37.2.2。

(3) 导轨支架和导轨见37.2.2.3中2.安装导轨支架，3.安装导轨。无机房电梯在安装曳引机侧的最上面的一根轿厢导轨时，应先将曳引机吊上搁机梁，用螺栓固定在搁机梁上，然后安装导轨。

(4) 机房曳引装置及限速器装置安装见37.2.5，确认井道的顶层高度、搁机梁预留孔位置以及底坑深度是否和土建图一致。无机房电梯搁机梁架设在顶层预留孔上，确认两预留孔的高度差(水平差)不大于5mm。搁机梁梁底至层门地坪的距离：对于速度≤1m/s的无机房电梯，≥2.6m；对于速度≤1.6m/s(或1.75m/s)的电梯，<2.8m。在满足上述条件的前提下，搁机梁梁底到井道顶的最小距离为1.2m。搁机工字钢架设时，两端应垫10号槽钢，搁机梁两端深入基础内>75mm，且超过基础中心20mm以上。两条搁机工字钢的不水平度小于2‰。

1) 无机房曳引机吊装前准备工作。

①井道顶层脚手架做好吊装曳引机准备工作，拆除多余部件。

②安装承重梁及绳头板。

a. 根据样板架和曳引机安装图画出承重梁位置。承重梁中心与样板架中心的位置允许误差在±2.0mm以内。

b. 承重梁在墙内的架设量：承重梁的两端在墙内的架设量应≥75mm，并且应超过墙厚中心20mm以上。

c. 承重梁组的水平度误差在曳引机安装位置范围内<2‰，梁相互的水平差≤2.0mm。承重梁安装找平找正后，与垫铁焊牢。承重梁在墙内的一端与地面上裸露的一端用混凝土灌实抹平。

d. 调整好搁机梁以后，安装曳引机座板和对重轨撞板。先安装曳引机座板，待曳引机就位调整后再调整对重轨撞板，确保此根对重轨有力地顶住搁机大梁。

③确保电机在前侧。无机房安装时，对重在左侧，选左置电机；对重在右侧，选右置电机。

2) 无机房曳引机吊装

①电梯曳引机的整机外包装，必须在电梯吊装到顶层井道内才能拆除。

②将曳引机搬进顶层脚手架内，通过井道顶部的吊钩用环链拉捯链吊起曳引机，置于搁机梁上。起吊时应注意：

a. 曳引机可通过机架上的吊环吊装，不得利用制动器部分起吊。

b. 起吊时曳引机底座应保持水平，避免碰撞，防止损坏曳引机。

③无机房电梯曳引机布置情况，安装前仔细阅读电梯制造厂的土建总体布置图，按图施工。曳引机起吊，详见37.2.5.3内容中2.曳引机及导向轮安装。

3) 曳引机的校正

①校正曳引轮的垂直度，在曳引轮的外侧面一铅垂线，要求上沿与下沿的垂直偏差小于0.5mm，超差可用垫片调整。

②在曳引轮轮缘的中线设置一铅垂线，该铅垂线必须与曳引轮轮缘中线和节径交点重合。将该铅垂线延伸至样板架上的轿底轮缘中心，与轿厢轿底轮轮缘中线和节径交点的相对误差小于1mm。

③ 对于无机房曳引轮与对重轮轮缘中线的相对误差小于1mm。

④ 在确认校正完成后，紧固所有紧固件，并再一次复查，确认无误后，再用C25混凝土灌实抹平。在浇筑混凝土前，先将搁机梁与枕头槽钢、枕头槽钢与预料钢板的接触部分点焊，点焊长度为20～30mm，要求无虚焊，并清除焊渣。

4) 安装轿厢绳头板安装座(无机房专用)，条件是井道导轨安装调整后。确定好安装位置后进行固定并轿厢导轨连接，将绳头板安装座固定在导轨上，并用2个8.8级M12×60的螺栓组现场配钻(必须要加弹簧垫圈)固定。

5) 曳引机配有防跳架，安装好钢丝绳后，调整防跳架，使钢丝绳和防跳绳架的间距不超过1.5mm。

6) 完成上述安装校正后，在电动机的机壳上及曳引轮轮缘处

贴上轿厢运行标志。

7) 曳引机安装注意事项：

①在电梯试运行之前，必须拆除电梯曳引机上电机散热孔上的防水、防潮、防尘用包装纸（六处），并取出放在电机内的干燥剂（干燥剂留在电机内有损坏电机的危险）。

②曳引机必须使用原厂家皮带，不能随意更换。安装时，皮带轮下面两颗螺栓不能凸出底座，以免刮伤皮带。避免异物落到带轮齿槽内或皮带内侧，以免造成皮带切断。

③制动器电源连接端子接线必须牢固，不得直接连接 AC 220V 电源，多只制动器电源必须采用并联连接，否则将会导致制动器不能正常工作。

(5) 无机房电梯主开关的设置还应当符合以下要求：

1) 如果控制柜不是安装在井道内，主开关应当安装在控制柜内。如果控制柜安装在井道内，主开关应当设置在紧急操作屏上；

2) 如果从控制柜不容易直接操作主开关，该控制柜应当设置能分断主电源的断路器；

3) 在电梯驱动主机附近 1m 之内，应当有可以接近的主开关或者符合要求的停止装置，且能够方便地进行操作。

无机房电梯控制柜安装放在顶层厅门侧时，控制柜安装后应不妨碍厅门开关。控制柜框体与装修后外墙面对齐，门扇凸出在墙外，使门扇开关自如。

(6) 无机房电梯松闸装置安装

当采用无机房配置时，需配置不间断应急电源（UPS），提供松开制动器和驱动电机转动，使电梯就近停靠层站并具有打开轿门的足够动力。电梯断电盘车时，（适用小机房电梯及标准机房电梯）先将旋转编码器保护罩上的碟形螺栓旋松（勿取下），将保护罩沿另一固定螺母在轴旋转一适当角度，将盘车手轮套在电机轴上，用松闸扳手松开两制动器即可盘车。制动器间隙在出厂前均已预调好，需要测量制动间隙时，采用专用松闸扳手。

(7) 安装无机房检修安全销

在轿厢架上梁侧面安装检修安全销装置。检修安全销的使用：轿厢上梁安装检修箱，检修箱上设检修开关。进入轿顶前，先打开控制柜内的曳引机检修开关，进入轿厢顶，将检修开关拨到"检修"档，电梯以检修速度向上运行直至机器设备常规检修点自动停下（轿厢顶距离井道顶 2m），此时检修人员站立在轿厢顶上，转动上梁中部的连杆机构，打开安全销锁定位置，使控制系统改变为机器设备检修状态。此时电梯系统不能作任何方向的运行或点动，站在轿厢顶上，才能方便安全地对曳引机作检修或保养。安装安全销座板，使安全销插入安全销座板的孔中，安全销伸出座板 25mm，用压导板将安全销座板固定在轿厢导轨上。安装限位开关，使连动机构转动时切断电梯控制回路，保持检修状态。连动机构复位时，电梯控制回路要确保恢复，使电梯能够投入正常使用。安装检修平层开关，使电梯能够自动运行到机器设备常规检修点停下来。

(8) 见 37.2.3 轿厢及对重安装。无机房电梯轿厢及对重安装：将轿底轮和下梁连接，在轿底轮座上安装轿底轮；校正轿底轮，二轿底轮应在一个平面上，其差值不应超过 1mm。轿底轮的垂直度不应超过 0.5mm；轿底轮配有防跳架，在安装好钢丝绳后，调整防跳架，使钢丝绳和防跳绳架的距离不应超过 0.5mm；调整导轨顶面与安全钳楔块间的间隙两端一致（对于无机房电梯：将下梁和轿底轮座稳固，防止移动）；将两侧立柱与下梁连接牢固；安装对重锤，对于无机房电梯因为对重块前后不对称，所以安装时要将窄的一边对轿厢，宽的一边对井道壁，在轿厢和对重之间应有足够的间隙。

(9) 厅门安装见 37.2.4。

(10) 井道机械设备安装见 37.2.6。

(11) 钢丝绳安装见 37.2.7，无机房电梯曳引比为 2∶1。

(12) 电气配线安装见 37.2.8.3 中 1. 电气配线安装，3. 井道电气安装，4. 轿厢电气安装，5. 厅门电气安装。

无机房井道电气安装：无机房井道顶部照明电源（相当于机房照明电源）与电梯电源分开，并在控制柜下方设置照明开关；电梯供电电源必须单独敷设，动力、照明、控制线路应分别敷设；微信号及电子线路应按产品要求，与动力、照明线路分开敷设或采取抗干扰措施，如中间要加隔板。

37.2.9.4 施工中安全注意事项

(1) 为了人身及设备安全，旋转编码器保护罩绝不能取下，只允许松开碟形螺栓，旋转适当角度。

(2) 无机房电梯由于占用空间少而备受用户欢迎，但目前的无机房电梯紧急操作装置普遍采用手动松闸，靠轿厢对重不平衡力矩的作用而移动。但当两者重量相当，不平衡力矩差较少时，疏散乘客就比较困难。由于井道顶部空间小，无法实现人工手动盘车，建议无机房电梯应配置紧急电动运行的电气操作装置，以便于电梯停电或发生故障对乘客救援。

(3) 无机房轿厢、对重的越程宜尽量偏下限值。

(4) 为了安全，在制动器间隙调整过程中，松闸时勿将两个制动器同时松开。应采取必要措施，杜绝油及油脂与制动盘接触。

37.2.9.5 质量要求

(1) 底座上用作运输时固定的螺栓（M16）不可用来固定主机。

(2) 运行启动，通电试车必须接入变频器。弹簧制动装置出厂时已经调整，在制动臂铭牌上可以看到预整力矩。试车前要检查电机和刹车的功能。

37.2.10 电梯调试、试验运行

37.2.10.1 常用工具及仪器

塞尺、钢卷尺、直尺、扳手、螺丝刀、对讲机、千斤顶、握力计（2000N 以上）、点温计（0～150℃）、照度仪、摇表、声级计、加减速测试仪、深度游标卡尺、数字式绝缘电阻测试仪、数字万用表、模拟（指针）万用表、钳型电流表、数字转速表等。

37.2.10.2 调试运行前的检查准备工作

1. 调试前的准备

在挂曳引绳和拆除脚手架前，先做通电试验（见 37.2.10.2 中 3. 静态测试调整有关内容），后做无载模拟试车（见 37.2.10.3 中 1. 曳引机试运转有关内容）。电梯图纸、调试安装说明书齐全，调试人员必须掌握电梯调试大纲的内容、熟悉该电梯的性能特点，能熟练使用测试仪器仪表；机房机械设备、控制柜清扫干净，防尘塑纸全部清除；对全部机械设备的润滑系统，均按规定加好润滑油；井道内无阻碍物，不妨碍电梯上、下正常运行。

2. 电气线路检查

检查控制屏内电器元件应外观良好，安装牢固，标志齐全，接线接触良好，继电器、接触器动作灵活可靠；所有插件逐一检查（当电梯采用 PLC、微机控制时，用数字式绝缘电阻测试仪测试）；曳引电动机过电流短路等保护装置的整定值应符合设计和产品要求；检查厅门的机械锁、电锁及各种安全开关是否正常；拆除安全回路短接线；将控制柜，轿厢上所有自动/手动（检修）开关拨到手动侧。

3. 静态测试调整

(1) 通电试验。将机械部分各部件进行一次全面细致的检查，机械部分安装是否符合厂家要求，螺栓是否紧固；按照图纸逐一检查电气线路接线是否正确；测量端子间电压是否在规定范围；各熔断熔丝大小是否符合厂家要求；各类继电器的整定值是否符合电梯设计要求。通电试验应在电气系统接线正常无误的前提下进行，应切断曳引电动机负荷线、抱闸线路，对控制柜和电气线路进行持续几分钟通电试验，确认无异常后，才能进行下一步无载模拟试车。

(2) 制动器试验调整。单独给抱闸线圈送电，闸瓦与制动轮间隙应均匀，在 0.7mm 以内，不得有摩擦；线圈的接头应可靠无松动，线圈外部必须绝缘良好。

(3) 曳引主机试验。在不挂曳引绳情况下（或吊起轿厢，曳引绳离开曳引轮），用手盘动电动机使其旋转，应确认电动机旋转方向与轿厢运行方向一致，如无卡阻及响声正常时，启动电机使之慢速运行，5min 后改为快速运行，继续检查各部件运行情况及电机轴承温升情况，减速器油的温升不超过 60℃且最高温度不超过 85℃。如情况正常，正反向连续运行各 2.5h 后，试运行结束。试车时，要对电机空载电流进行测量，应符合规范要求。机房两人手

动盘车运行，轿内、轿顶各一人检查开门刀与各厅门槛间隙、各层门锁轮与轿顶地坎间隙，对不符合要求的及时调整，保证轿厢及对重在井道全程运行无任何卡阻碰撞现象，安全距离满足规范要求。

37.2.10.3 电梯的整机运行调试

1. 曳引机试运转

无载模拟试车：在抱闸线圈未接，曳引电动机负荷线不连接情况下，对电梯电气控制程序进行试验。模拟试验应由有经验电气技术人员进行，机房、轿内、轿顶各一人，通电后，机房负责人通过对讲机分别对轿顶、轿内操作人发出指令，操作人按机房指挥的指令操作按钮或开关，按电梯运行程序进行模拟操作。首先试验各急停开关，然后试验选层、开关门按钮，观察控制柜上的信号显示、继电器、接触器的吸合状况，分析各电器元件动作是否正常、顺序是否正确。如发现问题应及时找出原因，予以解决。问题排除后应重新试验，直至所有故障完全解决，全部达到规范要求。

2. 慢车试运行

整机安装全部结束，手动盘车上下行正常后，将电梯轿厢停于中间层，将轿门和厅门都关闭好，然后将 DOOR 开关拨到 OFF 位置；所有自动/手动（检修）开关拨到手动侧。慢车运行先在机房检修运行正常后，才能在轿内开慢车。在机房控制柜手动开车先单层，后多层。上下往返多次（暂不到上下端站）如无问题，试车人员进入轿顶进行实际操作。检查轿顶优先权的问题：确认当轿顶处于检修状况下，机房与轿内检修无法开慢车。试运行时，仍由三人进行，负责人改在轿顶指挥操作，轿内、机房各一人。慢车试运行时，负责人在轿顶操作，机房人员负责观察曳引机运行是否正常、控制柜上的信号显示、电器元件动作是否正常，观察机房机械设备运行是否正常。负责人在轿顶上除负责操作外，还应检查各种安全装置和机械装置是否符合要求，观察导靴与导轨、各感应器安装位置是否准确，与遮磁板间隙是否符合厂家标准，各双稳态开关与磁环间隙应符合要求。轿内一人检查开门刀与各厅门槛间隙，各层门锁轮与轿顶地坎间隙，厅门与轿门踏板间隙是否全部达标，调整到符合规范要求为止。对所有厅门、轿门进行认真检查，精调整厅、轿门，确保门锁装置达到规范要求。拆除厅、轿门锁的短接线；每层厅门必须能够用三角钥匙正常开启；上、下行点动是否正常；点动正常后，将 DOOR 开关拨到 ON 位置，将电梯手动开到平层区域，检查开关门是否正常。对上、下终端开关进行调整，终端开关与撞弓位置正确后，试验强迫减速开关、限位开关、极限开关全部动作准确、安全可靠。

3. 快车试运行

在慢车带负载试运行正常后，将机房、轿厢开关全拨到"正常"位置，进行快车试运行。在机房控制柜上按不同型号的电梯要求，进行楼层高度测量运行（以慢速将轿厢从最下端站中途不停移到上端站直至轿厢将上端站限位开关 UL 撞开，电梯停车后，楼层显示器显示最高楼层层数）。层高基准数据输入结束，输写开关拨到正常位置。在控制柜上操作快车试运行，试车中对电梯的信号系统、控制系统、驱动系统进行测试、调整，使之全部正常。运行控制功能达到设计要求：指令、召唤、定向、开车、截车、停车平层等准确无误，声光信号显示清晰、正确。

4. 自动门调整

对于动力驱动的自动门，在轿厢控制盘上应设有一装置，能使在轿内操纵盘上按开门或关门按钮，门电机应转动，且方向应与开关门方向一致。若不一致，应调换门电机极性或相序。调整门杠杆，应使门关好后，其两臂所成角度小于180°，以便必要时，人能在轿厢内将门扒开；调整开、关门减速和限位开关，使轿厢门启闭平稳而无撞击声，并测试关门阻力（如有该装置时）；在轿顶用手盘门，调整控制门速行程开关的位置；如采用 VVVF 控制器，在变频器的面板上操作，输入该门系统参数，最后进行自学习。自学习成功后，门机工作正常；通电进行开门、关门试验，调整门机控制系统使开关门的速度符合要求；开门时间一般调整在 2.5～4s 左右；关门时间一般调整在 3～5s 左右；安全触板及光幕保护装置应功能可靠。

37.2.10.4 试验运行

1. 安全装置检查试验

(1) 过负荷及短路保护

1) 电源主开关应具有断开电梯正常使用情况下最大电流的能力，其电流整定值、熔体规格应符合负荷要求，开关的零部件应完整无损伤；开关的接线应正确可靠，位置标高及编号标志应符合规范要求。

2) 在机房中，每台电梯应单独装设主电源开关而且应当加锁，在断开位置能有效锁住。电源主开关采用加锁型号，只能断开，闭合复位时必须有钥匙才能复位，防止误动作。该开关不应切断轿厢照明、通风、机房照明、电源插座（机房、轿顶、地坑）、井道照明、报警装置等供电电路。

(2) 相序保护装置

相序与断相保护：每台电梯应当具有断相、错相保护功能；电梯运行与相序无关时，可以不装设错相保护装置。

(3) 曳引电动机电流及短路保护装置：

一般电动机绕组埋设了热敏元件，以检测温升。当温升大于规定值时即切断电梯的控制电路，使其停止工作；当温度下降至规定值以下时，则自动接通控制电路，电梯又可启动运行。

(4) 方向接触器及开关门继电器机械连锁保护应灵活可靠。

(5) 强迫减速装置：开关的安装位置应按电梯的额定速度、减速时间及制停距离而定，具体安装位置应按制造厂的安装说明书及规范要求而确定。试验时置电梯于端站的前一层站，使端站的正常平层减速失去作用，当电梯快车运行，撞弓接触开关碰轮时，电梯应减速运行到端站平层停靠。

(6) 安全（急停）开关

1) 电梯应在机房、轿内、轿顶及底坑设置使电梯立即停止的安全开关。

2) 安全开关应是双稳态的，需手动复位，无意的动作不应使电梯恢复服务。

3) 该开关在轿顶或底坑中，距检修人员进入位置不应超过1m，开关上或近旁应标出"停止"字样。

4) 如电梯为无司机运行时，轿内的安全开关应能防止乘客操作。

(7) 厅门与轿厢连锁试验

厅门与轿门的试验必须符合下列规定：

1) 在正常运行或轿厢未停止在开锁区域内时，厅门应不能打开；

2) 如果一个厅门或轿门（在多扇门中任何一扇门）打开，电梯应不能正常启动或继续正常运行。

(8) 紧急电动运行装置及救援措施

1) 电梯的紧急操作装置：电梯因突然停电或发生故障而停止运行，若轿厢停在层距较大的两层之间或蹾底冲顶时，乘客将被困在轿厢内。为救援乘客，电梯均设有紧急操作装置，可使轿厢慢速移动，从而达到救援被困乘客的目的。该装置在现场应有详细的使用说明。

2) 紧急操作装置有两种，一种是针对曳引式有减速器的电梯或者移动装有额定载重量的轿厢所需的操作力不大于400N时，采用的人工手动紧急操作装置，即盘车手轮与制动器扳手；另一种是针对无减速器的电梯或者移动装有额定载重量的轿厢所需的操作力大于400N时，采用的紧急电动运行的电气操作装置。

3) 紧急电动运行开关及操作按钮应设置在易于直接观察到曳引机的地点。

4) 该开关本身或通过另一个电气安全装置可以使限速器、安全钳、缓冲器、终端限位开关的电气安全装置失效，轿厢移动速度不应超过 0.63m/s。如用紧急操作装置，制动器松闸开关应能在蓄电池状态下有效打开。

5) 该装置不应使层门锁的电气安全保护失效。

(9) 电梯报警装置和电梯远程监控

根据《电梯安装验收规范》GB/T 10060—2011 中 5.8 紧急报警装置相关规定和《电梯远程报警系统》GB/T 24475—2009 具体要求如下：

轿厢中至少有下列标志：

—轿厢内有报警系统和与救援服务组织连接的标志（注：可使

用象形图);

一报警触发装置标志。

1) 为使乘客在需要时能有效向外求援,轿内应装设易于识别和触及的报警装置。该装置应采用警铃、对讲系统、外部电话或类似装置。建筑物内的管理机构应能及时有效地应答紧急呼救。该装置在正常电源一旦发生故障时,应自动接通能够自动充电的应急电源。如果在井道中工作的人员存在被困危险,而又无法通过轿厢或井道逃脱,应在存在该危险处设置报警装置。当电梯行程大于30m,在轿厢和机房之间应设置《电梯制造与安装安全规范》GB 7588与8.17.4述及的紧急电源供电的对讲系统或类似装置。

紧急报警装置安装结束后,应对装置进行调试,两人分别在机房、轿顶、轿内、底坑值班室(24h有人值班)五处进行对讲通话,相互能听清对方讲话,调试结束。

闭路电视监视系统:为了准确统计客流量及及时解救乘客突发急病的意外情况以及监视轿厢内的犯罪行为,可在轿厢顶部装设闭路电视摄像机。摄像机镜头的聚焦应包括整个轿厢面积,摄像机经屏蔽电缆与保安门或管理值班室的监视荧光屏连接。

2) 电梯远程监控系统是将智能数据采集与电梯控制系统连接,可对电梯运行过程中的各种信号实时采集、分析、报警、储存,并直观的得到电梯运行状态,实现远程监控。被监控电梯发生故障,系统可自动拨打报警电话,以便及时排除故障。系统可随时检索、打印电梯故障列表,方便电梯管理。

根据《特种设备安全监察条例》,对电梯关人事故处罚作出明确规定,从而对电梯运行状态实时监控、故障信息迅速传达、主管人员快速反应等提出了更高的要求,电梯远程监控将逐步推广实施。

电梯关人救援系统:电梯关人救援主机通过实时监测人体感应探头、平层传感器以及门开关传感器来判断电梯是否发生关人故障。如果发生关人故障,则给系统内设定的电梯维保人员、电梯维保公司管理软件、技术监督局管理软件发送短信,并在故障解除后发送故障解除短信。电梯维保公司管理软件和技术监督局管理软件记录电梯的故障情况以及处理情况。

(10) 无机房电梯附件检验项目:

1) 紧急操作与动态试验装置

①用于紧急操作和动态试验(如制动试验、曳引力试验、限速器-安全钳动作试验、缓冲器试验及轿厢上行超速保护试验等)的装置应当能在井道外操作;在停电或停梯故障造成人员被困时,相关人员能够按照操作屏上的应急救援程序及时解救被困人员;

②应当能够直接或者通过显示装置观察到轿厢的运行方向、速度以及是否位于开锁区;

③装置上应当设置永久照明和照明开关;

④装置上应当设置停止装置。

2) 附件检修控制装置

如果需要在轿厢内、底坑或者平台上移动轿厢,则应当在相应位置上设置附加检修控制装置,并且符合以下要求:

①每台电梯只能设置一个附加检修装置;附加检修控制装置的型式要求与轿顶检修控制装置相同;

②如果一个检修控制装置被转换到"检修",则通过持续按压该按钮装置上的按钮能够移动轿厢;如果两个检修控制装置均被转换到"检修"位置,则从任何一个检修控制装置都不可移动轿厢,或者当同时按压两个检修控制装置上相同方向的按钮时,才能够移动轿厢。

2. 载荷试验

(1) 按相应验收规范进行静载、空载、满载、超载试验;运行试验必须达到下列要求:

1) 电梯启动、运行和停止,轿厢内无较大的震动和冲击,制动器可靠;

2) 超载试验必须达到下列要求:

①电梯能安全启动、运行和停止;

②曳引机工作正常。

(2) 满载超载保护:当轿厢内载有90%以上的额定载荷时,满载开关应动作,此时电梯顺向载梯功能取消。当轿内载荷大于额

定载荷时,超载开关动作,操纵盘上超载灯亮铃响,且不能关门,电梯不能启动运行。

(3) 运行试验:轿厢分别以空载、50%额定载荷和额定载荷三个工况,并在通电持续率40%情况下,到达全程范围,按120次/h,每天不少于8h,往复升降各1000次。电梯在启动、运行和停止时,轿厢应无剧烈振动和冲击,制动可靠;制动器线圈、减速机油的温升均不应超过60℃,且最高温度不应超过85℃;电动机温升不超过《交流电梯电动机通用技术条件》GB 12974的规定。

(4) 超载试验:轿厢加入110%额定载荷,断开超载保护电路,通电持续率40%情况下,到达全程范围。往复运行30次,电梯应能可靠地启动、运行和停止,制动可靠,曳引机工作正常。

3. 试验

(1) 轿厢上行超速保护装置试验:轿厢上行超速保护装置的型式不同,其动作试验方法亦各不相同。应按照电梯整机制造单位规定的方法进行试验。

试验内容与要求:当轿厢空载以检修速度上行时,人为使超速保护装置的速度监控部件动作,模拟轿厢上行速度失控现象,此时轿厢上行超速保护装置应当动作,使轿厢制停或者至少使其速度降低至对重缓冲器的设计范围;该装置动作时,应当使一个电气安全装置动作。

注:轿厢上行超速保护装置由两个部分构成:速度监控元件和减速元件。速度监控元件通常为限速器(限速器也有多种类型);减速元件也有多种类型。常见的轿厢上行超速保护装置有:1. 限速器—上行安全钳;2. 限速器—钢丝绳制动器(也称夹绳器);3. 限速器—对重安全钳;4. 限速器—曳引轮制动器(常见的有同步无齿轮曳引机制动器)。

(2) 缓冲器试验

缓冲器在现场安装后,应进行交付使用前的检验和试验。

1) 蓄能型弹簧缓冲器仅适用于额定速度小于1m/s的电梯。蓄能型弹簧缓冲器,可按下列方法进行试验:将载有额定载荷的轿厢放置在底坑中缓冲器上,钢丝绳放松,检查弹簧的压缩变形是否符合规定的变形特性要求。

2) 耗能型液压缓冲器可适于各种速度的电梯。对耗能型缓冲器需作如下几方面的检验和试验:

①检查液压缓冲器的底座是否紧固,油位是否在规定的范围内,柱塞是否清洁无污;

②将限位开关、极限开关短接,以检修速度下降空载轿厢,将缓冲器压缩,观察电气安全装置动作情况;

③将限位开关、极限开关和相关的电气安全装置短接,以检修速度下降空载轿厢,将缓冲器完全压缩,检查从轿厢开始离开缓冲器一瞬间起,直到缓冲器回复到原状的情况。缓冲器动作后,回复至其正常伸长位置电梯才能正常运行;缓冲器完全复位的最大时间限度为120s。

(3) 轿厢限速器安全钳联动试验

瞬时式安全钳在轿厢装有均匀分布的额定载荷、渐进式安全钳试验在轿厢装有均匀分布的125%额定载荷,在机房内以检修速度下行、人为使限速器动作时限速应被卡住,安全钳拉杆被提起、安全钳开关和楔块动作、安全回路断开,曳引机停止运行。短接限速器、安全钳电气开关,在机房以慢车下行,此时轿厢应停于导轨上,曳引绳应在绳槽打滑后立即停车。检查轿底相对原位置倾斜度应不超过5%。在机房中慢车上行使轿厢上升,限速器与安全钳复位,拆除短接线,人为恢复限速器、安全钳电气开关,电梯正常开慢车。检查导轨受损情况并及时修复,判断安全钳楔块与导轨间距是否符合要求。试验的目的是检查安装调整是否正确,以及轿厢组装、导轨与建筑物连接的牢固程度。当安全钳可调节时,整定封记应完好,且无拆动痕迹。

(4) 对重(平衡)限速器—安全钳联动试验:短接限速器和安全钳的电气安全装置,轿厢空载以检修速度向上运行,人为动作限速器,观察对重制停情况。

(5) 平衡系数测试:

1) 轿厢以空载和额定载重的25%、40%、50%、75%、110%六个工况做上、下运行,当轿厢对重运行到同一水平位置时,分别记录

电机定子的端电压、电流和转速三个参数；

2）利用上述测量值分别绘制上、下行电流—负荷曲线或速度（电压）—负荷曲线，以上、下运行曲线的交点所对应的负荷百分数即为电梯的平衡系数；

3）如平衡系数偏大或偏小，将对重的重量相应增加或减少，重新测试直至合格。

（6）空载曳引力试验：将上限位开关、极限开关和缓冲器柱塞复位开关短接，以检修速度将空载轿厢提升，当对重压在缓冲器上后，继续使曳引机按上方向旋转，观察是否出现曳引轮与曳引绳产生相对滑动现象，或者曳引机停止旋转。

（7）消防返回功能试验

如果电梯设有消防返回功能，应当符合以下要求：

1）消防开关应当设在基站或者撤离层，防护玻璃应当完好，并且标有"消防"字样；

2）消防功能启动后，电梯不响应外呼或内选信号，轿厢直接返回指定撤离层，开门待命。

（8）额定速度试验：当电源为额定频率，电动机施以额定电压，轿厢加入 50% 额定载荷，向下运行至行程中部的速度不应超过额定速度的 92%～105%，符合《电梯监督检验和定期检验规则——曳引与强制驱动电梯》TSG T 7001—2009 要求。

（9）上行制动试验：轿厢空载以正常运行速度上行至行程上部时，断开主开关，检查轿厢制停和变形损坏情况。

（10）下行制动试验：轿厢装载 1.25 倍额定载重，以正常运行速度下行至行程下部，切断电动机与制动器供电，曳引机应当停止运转，轿厢应当完全停止，并且无明显变形和损坏。

（11）工况噪声检验：

运行中轿厢内噪声测试：运行中轿厢内噪声对额定速度小于等于 4m/s 的电梯，不应大于 55dB（A）；对额定速度大于 4m/s 的电梯，不应大于 60dB（A）（不含风机噪声）。开关门过程噪声测试：开关门过程噪声，乘客电梯和病床电梯的开关门过程噪声不应大于 65dB（A）。

机房噪声测试：对额定速度小于等于 4m/s 的电梯，不应大于 80dB（A）；对额定速度大于 4m/s 的电梯，不应大于 85dB（A）。背景噪声应比所测对象噪声至少低 10dB（A）。如不能满足规定要求应修正，测试噪声值即为实测噪声值减去修正值。

（12）启动加速度、制动减速度和 A95 加速度、A95 减速度试验方法：试验开始前，应按照《电梯乘运质量测量》GB/T 24474—2009 中 6.1 的要求做好实验前的准备工作，加速度传感器应按照《电梯乘运质量测量》GB/T 24474—2009 中 6.2 的要求定位在轿厢地板中央半径为 100mm 的圆形范围内，在整个试验过程中传感器和轿厢地板始终保持稳定的接触，传感器的敏感方向应与轿厢地板垂直。

试验时轿厢内应不超过 2 人，如果测量期间有 2 人在轿厢内，他们不宜站在造成轿厢明显不平衡的位置。在测量过程中，每个人都应保持静止和安静。为防止任何轿厢地板表面的局部变形而影响测量，任何人都不能把脚放在距离传感器 150mm 的范围内。

（13）静态曳引试验：对于轿厢面积超过相应规定的载货电梯，以轿厢实际面积所对应的 1.25 倍额定载重量进行静态曳引试验，对于轿厢面积超过相应规定的非商用汽车电梯，以 1.5 倍额定载重量做静态曳引试验。

将轿厢停在底层平层位置，平稳加入 125%～150% 额定载荷做静载检查，历时 10min，检查各承重构件应无损害，曳引机制动可靠无打滑现象。

（14）空载曳引力试验：将上限位开关、极限开关和缓冲器柱塞复位开关短接，以检修速度将空载轿厢提升；当对重压在缓冲器上后，继续使曳引机按上行方向旋转，观察是否出现曳引轮与曳引绳产生相对滑动现象，或者曳引机停止旋转。

（15）轿厢平层准确度测试：在空载和额定载荷的工况下分别测试，一般以达到额定速度的最小间隔层站为间距做向上、向下运行，测量全部层站。电梯平层准确度：交流双速电梯，应在±30mm 的范围内；其他调速方式的电梯，应在±15mm 的范围内。

37.3　液 压 电 梯 安 装

37.3.1　井 道 测 量

同 37.2.1 要求。

37.3.2　导轨支架和导轨（轿厢导轨、油缸导轨）的安装

同 37.2.2 要求。

37.3.3　油 缸 的 安 装

37.3.3.1　常用工具及机具

水平尺、线坠、盒尺、直尺、塞尺、钢锉、活扳手、梅花扳手、记号笔、榔头、錾子、电锤、钢丝绳索、手砂轮、油石、对讲机、捯链、吊索、电气焊机具、砂轮切割机等。

37.3.3.2　施工条件

（1）电梯井及油缸井结构抹面施工完毕，其宽度、深度、垂直度均符合规范要求。油缸基础的土建工程应符合设计及规范要求。电梯液压油缸应与轿厢在同一井道内。土建与安装的交接经过三方会签。

（2）施工方案或作业指导书经过审批；施工技术人员已向班组进行质量、安全技术交底；参与施工的人员熟悉各安装内容及流程、质量要求、工期安排、施工中的危险源及防护方法等。

（3）设备零部件已开箱并作记录，设备及零部件数量符合图纸要求，合格证齐全，外观质量完好。

（4）井道的安全防护措施齐备。

37.3.3.3　施工工艺流程

施工准备 → 安装油缸底座 → 安装油缸 → 安装破裂阀

→ 安装漏油装置

（1）施工准备

1）油缸支架按图纸固定好。在导轨支架适当高度横放两根钢管，拴好吊索和捯链。

2）用手推车配合人力把缸体运到电梯井道门口，注意缸体中心不能受力，搬运时应使用搬运护具，以确保运输途中不磕碰、扭曲。见图 37-36。

3）在井道门口铺好木板或木方，拆除缸体上的护具，将油缸体按吊装方向慢慢移入梯井内，用捯链将油缸慢慢吊入地坑，放入两导轨之间并临时固定，注意吊点要使用油缸的吊装环，见图 37-37。

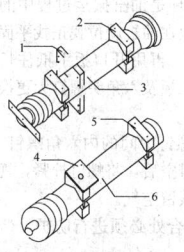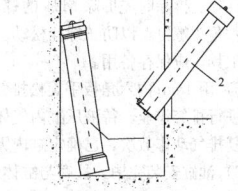

图 37-36　搬运时的防护
1—中置底板；2—搬运护具；
3—上段油缸；4—边置底板；
5—搬运炉具；6—下段油缸

图 37-37　油缸吊装示意图
1—上段油缸；2—下段油缸

（2）液压缸体安装。液压缸体的安装必须按土建布置图进行。

1）安装油缸底座

①把油缸底座用配套的膨胀螺栓固定在基础上，中心位置与图纸尺寸相符，油缸底座的中心与油缸中心线的偏差不大于 1mm，见图 37-38。油缸底座立柱的垂直偏差（正、侧面两个方向测量）全高不大于 0.5mm，见图 37-39。

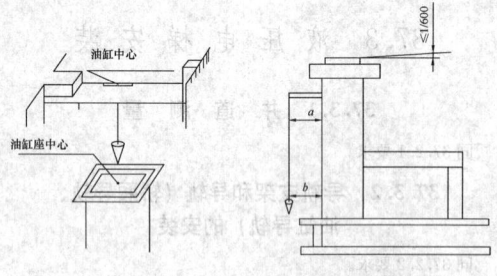

图 37-38　油缸底座定位　　　图 37-39　油缸底座垂直度调整

② 油缸底座垂直度可用垫片配合调整。如果油缸和底座不是连接的，采用下述方法固定：油缸在底座平台上的固定在前后左右四个方向用四块挡铁三面焊接，挡住油缸以防移动。

2）安装油缸

① 在设计规定的油缸中心位置的顶部固定捯链。

② 用捯链慢慢地将油缸吊起，当油缸底部超过油缸底座200mm时停止起吊，缓松捯链使油缸慢慢下落，并轻轻转动缸体，对准安装孔，然后穿上固定螺栓。用 U 形螺栓把油缸固定在相应的油缸支架上，但不要把 U 形螺栓拧紧，影响下一步调整。调整油缸中心，使之与样板基准线前后、左右偏差小于 2mm，见图 37-40。

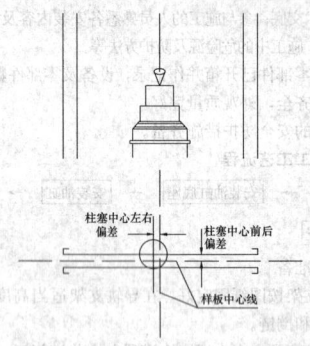

图 37-40　油缸定位

3）用通长的线坠、钢板尺在正面、侧面测量油缸的垂直度。正面、侧面进行测量；测量点在离油缸端点或接口 15～20mm 处，全长垂直度偏差严禁大于 0.4/1000。按上述所规定的要求找好后，上紧螺栓，然后再进行校验，直到合格为止；油缸找好固定后，应把支架可调部分焊接以防位移。

4）压板及吊环的拆除：压板及吊环是油缸搬运过程中的保护装置、吊装点，使用前必须拆除，一般在油缸就位找正找平固定后立即拆除。拆除时先拆除 M24 的螺钉，再开口扳手抵住长螺栓拆下六角头螺钉，以防长螺栓松动。压板及六角头螺钉为更换配件时的工具，应保存备用。

5）用 4mm 内六角扳手旋松排气螺钉中间的内六角螺钉一圈，即可进行排气作业，待液压缸内气体排空后，将螺钉拧紧，视情况需重复排气动作数次，已确定缸内无残留空气。

6）油缸安装完毕，柱塞与缸体结合处必须进行防护，严禁进入杂质。

37.3.3.4　施工中安全注意事项

同 37.2 内容。

37.3.3.5　质量要求

（1）应严格按照施工图纸及液压电梯施工规范、规程的规定施工。及早核对制造说明书与土建图纸是否一致。特别是不可拆卸的单节液压缸，在土建施工阶段，应考虑液压缸进入井道的方法，防止在土建主体结构完成后，液压缸难以运至井道。

（2）油缸底座的中心与油缸中心线的偏差不大于 1mm，立柱的垂直偏差（正、侧面两个方向测量）全高不大于 0.5mm。油缸与样板基准线前后、左右偏差小于 2mm，全长垂直度偏差严禁大于 0.4/1000。两油缸对接部位应连接平滑，丝扣旋转到位，无台

阶，否则必须在厂方技术人员的指导下方可处理，不能擅自打磨。油缸抱箍与油缸接合处，应使油缸自由垂直，不得使缸体产生拉力变形。

37.3.4　轮及钢丝绳的安装

37.3.4.1　常用工具及机具

水平尺、线坠、盒尺、直尺、塞尺、钢锉、活扳手、梅花扳手、记号笔、榔头、电锤、钢丝绳索、钢丝钳、手砂轮、对讲机、捯链、吊索、电气焊器具、砂轮切割机等。

37.3.4.2　施工条件

（1）不同传动方式的液压电梯，轮、钢丝绳布置方式及安装部位差异很大。在施工前应认真阅读电梯的产品说明书，编制施工方案或作业指导书。

（2）轿厢导轨、油缸导轨安装调整已完毕。

（3）做绳头的地方应保持清洁、宽敞；放开钢丝绳场地应洁净、宽敞，保证钢丝绳表面不受脏污。

37.3.4.3　施工工艺流程

```
施工准备 → 油缸顶部滑轮安装 → 轿厢底部滑轮安装 →
确定钢丝绳长度 → 放、断钢丝绳 → 挂钢丝绳、做绳头 → 调整钢丝绳
```

（1）油缸顶部滑轮组件安装

1）顶轮安装在油缸活塞上部，用 M24 螺栓将固定支承板紧固在活塞上，拆下顶轮的导靴，用吊链将滑轮吊起将其固定在油缸活塞顶部，然后将梁两侧导靴嵌入导轨，找正方向，装上导靴，找正顶轮并用 2 个 M12 螺栓拧紧（图 37-41）。

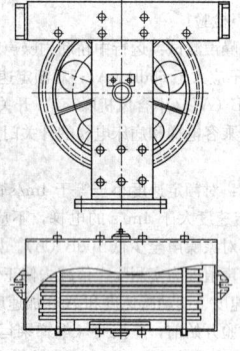

图 37-41　顶轮安装图

2）调整导靴时应保证两导靴和两绳轮中心在同一中心平面上，导靴和导轨顶面的间隙应两边相同且在 1mm 左右，绳轮的垂直度偏差不大于 0.5mm。梁找平调整后将所有紧固件紧固。如果油缸距离结构墙较近，在油缸调整垂直度之前，应先把滑轮组件装上。然后先调整油缸的垂直度并固定，再按照上述方法固定调整顶轮。

（2）轿厢底轮安装：在轿底与轿厢架安装结束后，将轿底轮组安装在轿底下面两块底板上，并用 M24 螺栓连接（图 37-42）。调整轿底轮组中心平面与下梁中心，平行误差应小于 1mm，调整后将 M24 螺母紧固固定好。

（3）确定钢丝绳长度：在轿厢及对重、油缸的绳头板上相应的位置分别装好一个绳头杆。绳头杆上装上双螺母，以刚好能装上开口销为准。提起绳头杆（使绳头杆上的弹簧向压缩方向受力），用无弹性收缩的钢丝或铜制电线由轿架上梁穿至机房内，绕过曳引轮和导向轮至对重上部的钢丝绳锥套组合作实际测量，应考虑钢丝绳在锥套内的长度及加工制作绳头所需要的长度，并加上安装轿厢时垫起的超过顶层平层位置的距离。

（4）放钢丝绳、切断钢丝绳：同 37.2.7 相关内容。

（5）挂钢丝绳、做绳头：同 37.2.7 相关内容。

（6）安装钢丝绳

1）钢丝绳的安装，缠绕的方式见图 37-43，一端固定在上部绳头架梁上，另一端固定在油缸支架的绳头板上。单绕式电梯先做绳头后挂钢丝绳。复绕式电梯由于绳头穿过复绕轮比较困难，所以要先挂钢丝绳后做绳头，或先做好一端的绳头，待挂好钢丝绳后再

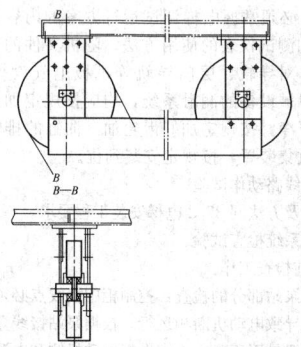

图 37-42 轿厢底轮安装

做另一端绳头。在安装过程中要注意钢丝绳的长度，太长了将影响油缸的提升高度，太短了轿厢未压到缓冲器，油缸就到了下死点，不利于保护油缸。

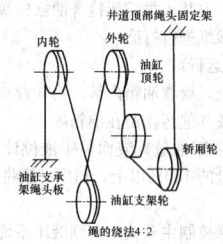

图 37-43 挂绳示意图

2）在挂绳之前，应先将钢丝绳放开，使之自由悬垂于井道内，消除内应力。挂绳之前若发现钢丝绳上油污、渣土较多，可用棉丝浸上煤油，拧干后对钢丝绳进行擦拭，禁止对钢丝绳直接进行清洗，防止润滑脂被洗掉。在安装 U 形卡时，卡座应靠主绳一侧，U 形卡环应卡在附绳上，这样利于保护主绳，见图 37-44。

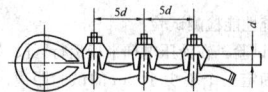

图 37-44 绳夹固定的方法

（7）调整钢丝绳张力：同 37.2.7 相关内容。

37.3.4.4　施工中安全注意事项

同 37.2.7 相关内容。

37.3.4.5　质量要求

同 37.2.7 内容。

37.3.5　轿　厢　安　装

同 37.2.3 内容。

37.3.6　机房设备安装及油管的安装

37.3.6.1　常用工具及机具

捯链、扳手、水平尺、盒尺、电锤、线坠、直角尺、钢板尺、墨斗、电焊机、撬杠、钢锯、钢丝绳扣。

37.3.6.2　施工条件

（1）机房土建工作完毕，门窗齐全封闭。按照液压电梯机房土建布置图，预留孔洞的位置及尺寸应符合图纸要求及规范要求，其结构必须符合承载要求。

（2）机房设计与建造符合《液压电梯制造与安装安全规范》GB 21240—2007 及相关规范的规定。

（3）液压站、电控柜及其附属设备应设置在一个专用的房间里，该房间应有由实体材料制成的墙壁、房顶、门和地面，不允许使用带孔或栅格的材料。

37.3.6.3　施工工艺流程

施工准备 → 控制柜安装 → 泵站安装 → 油管连接

（1）控制柜安装

同 37.2.8 内容。

（2）泵站安装

液压电梯的电机、油箱及相应的附属设备集中在同一箱体内，成为泵站。

1）设备的运输及吊装：泵站吊装时用吊索拴住相应的吊装环，在钢丝绳与箱体棱角接触处要垫上布、纸板等细软物以防吊起后钢丝绳将箱体的棱角、漆面磨坏。泵站运输要避免磕碰和剧烈的振动。

2）泵站安装：①液压泵站的安装必须按土建布置图进行，现场要考虑布局的合理性，泵站安装位置确保油管的走向要满足安装的规范要求。当设计无规定时，泵站箱体距墙 500mm 以上，以便维修，如图 37-45 所示。②泵站按上图的要求就位后，要注意防振胶皮要垂直压下，不可有搓、滚现象，见图 37-46。③无底座、无减振胶皮的泵站可按厂家规定直接放置在地面上，找平找正后用膨胀螺栓固定。泵站应用膨胀螺栓固定在地上，其水平度偏差应小于 3/1000。液压泵站油位显示应清晰、准确。显示系统工作压力的压力表应清晰、准确。与泵站相连的液压管按规定固定，与泵站相连的线槽的走向要合理。

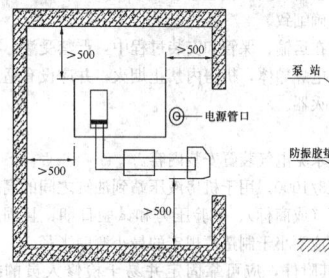

图 37-45　机房布置示意图　　图 37-46　橡胶垫安装示意图

（3）油管的安装

1）安装前必须清除现场的污物及尘土，保持环境清洁，以免影响安装质量。胶管在安装时，应保证不发生扭曲变形，为便于安装可沿管长涂以色彩以便于检查。

2）根据现场实际情况核对配用油管的规格尺寸，若有不符应及时解决。拆开油管口的密封带对管口用煤油或机油进行清洗（不可用汽油，以免使橡胶圈变质），然后用细布将锈沫清除。

3）油管路的安装应可靠，无渗漏。油管口端部和橡胶封闭圈里面用干净白绸布擦干净以后，涂上润滑油。将密封圈轻轻套入后露出管口，把要组对的两管口对接严密，把密封圈轻轻推向两管口处，使密封圈封住的两管长度相等。用手在密封圈的顶部和两侧均匀地轻压，使密封圈和油管头接触严密。

4）胶管安装时，应避免处于拉紧状态，一般收缩量为管长的 3‰～4‰，因此在弯曲使用的情况下，不能马上从端部接头开始弯曲，在直线使用情况下不要使端部接头和软管受伸长，要考虑长度上有余量使其松弛。胶管弯曲半径应不小于表 37-6 中数值，胶管与管接头处应留有一段直线部分，此段长度不得小于管外径的两倍，见表 37-6。

钢丝编织胶管最小弯曲半径（mm）　　表 37-6

胶管内径	22	25	32	38	51
最小弯曲半径	350	280	450	500	600

软管的弯曲同软管接头的安装及其运动平面应尽量在同一平面内，以防止扭转；同时尽可能使软管以最短距离或沿设备轮廓安装，且尽可能平行排列。安装异径管接头应按零件上打印的规格及所示方向安装。

5）在橡胶密封圈外均匀地涂上液压油，用两个管子钳一边固定、一边用力紧固螺母。应执行制造厂技术文件的规定，无规定的应以不漏油为原则。

6）在要固定的部位包上专用的齿型胶皮，使齿在外边。然后用卡子加以固定。对于沿地面固定的油管，直接用 Ω 形卡打胀塞

固定，固定间距为 1000～1200mm 为宜。固定管卡安装间隔 1.5m，卡圈不宜卡得过紧，以免产生不必要的应力。胶管避免与机械上尖角接触或摩擦以免损伤胶管。

7）回油管的安装，考虑在轿厢连续运行时柱塞的反复升降，会有部分液压油从油缸顶部密封处压出。为了减少油的损失，在油缸顶部装有接油盘，接油盘里的油通过回油管返回到储油箱。回油管头和油盘的连接应细致严密，回油管固定要整齐、合理，固定在不易碰撞、踩踏的地方。

8）油管连接处必须在安装时才可拆封，擦拭时必须使用白绸布，严禁残留任何杂物。

9）对于金属管道，应采用厚壁无缝钢管，焊接时采用氩弧焊打底，电弧焊盖面。

10）液压泵站以外的管道连接应采用焊接、焊接法兰或螺纹管接头，不得采用压紧装置或扩口装置。所有油管接口处必须严密，严禁漏油。

37.3.6.4　施工中安全注意事项

（1）泵站吊装过程中，施工人员站在安全位置上进行操作，准确选定吊挂捆链位置。

（2）液压系统部件精密，安装质量直接影响今后的正常运行，因此在施工过程中要准确细致。

（3）液压系统设备在运输、保管和安装过程中，严禁受潮、碰撞，严将油箱等作为电焊导体，机房内禁止烟火，并应设有适用于扑灭电器和油液的灭火器。

37.3.6.5　质量要求

（1）控制柜质量要求见电气装置安装内容。

（2）泵站水平度＜3/1000。用于机房液压站到油缸之间的高压软管上应印有制造厂名（或商标）、试验压力和试验日期，且固定软管时软管的弯曲半径应不小于制造厂规定的最小弯曲半径。

（3）液压管路及其附件，应可靠安装并易于检修人员的接近。如果管路在敷设时，需穿墙或地板，则在穿墙或地板处加金属套管，套管内应无接头。液压系统的液压管路应尽量地短，长度应控制在 7m 以内。油箱内壁应经除锈处理，并涂耐油防锈涂料。

（4）胶管收缩量为管长的 3‰～4‰，胶管安装时应留有余量，固定卡间隔小于 1.5m。

（5）清洗软管或管道接口和密封件时，应用煤油或机油进行清洗（不可使用汽油以免橡胶变质），然后用细布将锈沫清除。

37.3.7　平衡重及安全钳限速器安装

同 37.2.3 相关内容。

37.3.8　厅门的安装

同 37.2.4 相关内容。

37.3.9　电气装置安装

同 37.2.8 相关内容。

37.3.10　调　试　运　行

37.3.10.1　常用工具及机具

塞尺、钢卷尺、直尺、扳手、螺丝刀、千斤顶、加减速测试仪、深度游标卡尺、绝缘电阻测试仪、数字万用表、模拟（指针）万用表、钳型电流表、数字转速表、测温仪、噪声仪、秒表、对讲机等。

37.3.10.2　施工条件

液压电梯安装完毕，部件安装合格（细测部件除外）。油压缓冲器按要求加油、泵站油箱内油量已达要求、油缸临时支撑件已拆除。各安全开关、厅门门锁功能正常。

37.3.10.3　施工工艺流程

施工准备　→　电气线路检查试验　→　液压系统性能检查试验　→

快车运行试验　→　各安全装置检查试验　→　载荷试验　→　功能试验

（1）施工准备

调试人员必须掌握电梯调试运行方案的内容，熟悉该电梯的性能特点和测试仪表的使用方法。随机文件的有关图纸、说明书应齐全。对导轨、层门导轨等机械电气设备进行清洁除尘。对全部机械设备的润滑系统，均应按规定加好润滑油，齿轮箱应冲洗干净，按规定加好齿轮油。油缸的排气装置放气阀畅通，漏油收集装置，按规定安装到位。

（2）电气线路动作试验

主要程序及方法同 37.2 电梯安装工程要求。

（3）液压系统检查试验

1）试车前检查工作：

①对液压泵站部分的检查：控制柜中接线点必须接入到位，防止因接触不良导致电动机断电运行。根据泵站接线盒中的资料检查星三角启动装置是否正确。确实做好电动机侧和电源的断相、逆相及过载保护。对于热继电器，热敏电阻必须接入安全回路。在加注液压油前，必须检查油箱内是否有水或其他污物。确认熔丝开关或接触器的容量与电动机的功率匹配。

②对油缸部分检查：电梯运行前，再次检查油缸的垂直度。油缸柱塞首次伸出时，安装人员需要检查油缸柱塞表面是否生锈或有毛刺，如有，可用砂纸进行打磨。

2）液压系统试运行：

①移开油箱盖板，检查油箱内部污物并做必要的清洁处理，要求确保无清洁用品或其他污物留在油箱内。

②检查油箱内实际油量，油面位于液位计最高和最低油面之间，最好在最小油量的 120%以上，初次一般将液压油加注到距离盖板 40mm 处。

③反复点动电梯控制主开关，直到液压系统有一定压力。

④卸掉电磁阀插头，打开球形阀。

⑤拧松油缸上的放气螺钉一圈。

⑥启动电动机，首次启动电机时，在机房用手点动。电机声音过大，不正常，则相序不对，应调相。

⑦直至油缸上部出现液压油为止，多余的油可由漏油收集装置回收。当不再有气排出时拧紧油缸上的放气螺钉。补充液压油到距盖板 40mm 处。

3）液压系统性能检测试验：

①额定速度试验：在液压电梯平稳运行区段（不包括加、减速度区段），事先确定一个不少于 2m 的试验距离。电梯启动以后，用行程开关或接近开关和电秒表分别测出通过上述试验距离时，空载轿厢向上运行所耗费的时间和额定载重量向下运行所耗费的时间，并按速度(V)＝试验距离(L)/通过时间(T)，计算运行速度测量数据按三次平均值。再计算空载轿厢上行速度对于上行额定速度的相对误差以及额定载重量轿厢下行速度对于下行额定速度的相对误差，要求均不超过 8%。液压电梯的运行速度可在轿顶上使用线速度表直接测得，也可使用电梯专用测试仪在轿内测量。

②液压泵站耐压试验与调速特性试验：将压力管路的压力调至系统压力的 1.5 倍，运转 10min，检查系统各处有无渗漏现象。根据系统的压力、流量的要求，测定启动、加速、运行、减速、平层、停止的特性参数。

③液压油缸压力试验：

a. 最低启动压力试验：在液压油缸柱塞杆头部不受力的情况下（油缸可横置），调节压力阀使系统压力逐渐上升，直至柱塞杆均匀向前运动时，记录其压力值，应符合产品说明书要求。

b. 超压试验：将液压油缸加压至额定工作压力的 1.5 倍，保持压力 5min，各处应无明显变形，无渗漏现象。

c. 稳定性试验：在油缸柱塞头部加载至额定值，测量柱塞杆中部挠度在加载前后的变化值，应无明显残余变形。

④限速切断阀试验：

a. 耐压试验：在额定工作压力 1.5 倍的情况下，保持压力 5min，阀体及接头无渗漏现象。

b. 限速性能试验：在额定工作压力和流量的情况下，突然降低阀入口处的压力，试验阀芯关闭液压油缸中的逆流回油所需时间，应符合设计要求。

⑤电动单向阀试验：

a. 耐压试验：在额定工作压力 1.5 倍的情况下，保持压力 5min，阀体及接头无渗漏现象，单向阀处应无渗漏。

b. 启闭特性试验：在额定工作压力和流量的情况下，分别测定背压为零及背压为额定压力时单向阀主阀芯的开启和关闭时间，应符合设计要求。

⑥ 手动下降阀（手动单向阀、截止阀）：

a. 内泄漏试验：在额定工作压力的 1.5 倍的情况下，保持压力 5min，检查应无泄漏。

b. 调节特性试验：在额定工作压力和流量的情况下，开启阀芯，测量通过阀的流量，应符合产品设计要求。

（4）快车运行试验

同 37.2.8 相关内容。

各项规定测试合格，液压电梯各项性能符合要求，则液压电梯快速试验即结束。

（5）安全装置检查试验

同 37.2.8 相关内容。

（6）载荷试验

同 37.2.8 相关内容。

（7）额定载荷

同 37.2.8 相关内容。

调试检验严格按照《液压电梯监督检验规程（试行）》国质检锅 [2003] 358 号》进行，全部结束后，应符合《液压电梯制造与安装安全规范》GB 21240—2007、《电梯安装验收规范》GB/T 10060—2011、《电梯试验方法》GB/T 10059—2009、《特种设备安全监察条例》等规范要求。

37.3.10.4　施工中安全注意事项

液压电梯调试运行是电梯施工的最终环节，施工时应严格按照施工方案执行，做好成品的防护。由于电梯初次调试运行，状态不稳定，施工的程序应严格参照说明书，注意调试人员安全保护。其余参见设备调试章节的安全事项。

37.3.10.5　质量要求

（1）如果有钢丝绳，严禁有死弯。当轿厢悬挂在两根钢丝绳或链条上时，其中一根钢丝绳或链条发生异常相对伸长时，为此装设的电气安全开关必须动作可靠。对具有两个或多个液压顶升机构的液压电梯，每一组悬挂钢丝绳均应符合上述要求。

（2）液压泵站溢流阀压力检查应符合下列规定：

液压泵站上的溢流阀应设定在系统压力为满载压力的 140%～170% 时动作。

（3）压力试验应符合下列规定：

轿厢停靠在最高层站，在液压顶升机构和截止阀之间施加 200% 的满载压力，持续 5min 后，液压系统应完好无损。

液压电梯监督检验内容要求与方法见《液压电梯制造与安装安全规范》GB 21240—2007。

37.4　超高速曳引式电梯安装

超高速曳引式电梯指额定速度大于 6.0m/s 的电梯。它的显著特点是行程大、速度快，需用大容量电动机，以及高性能减振技术和安全设施。超高速曳引式电梯与快速、高速曳引式电梯结构形式基本一致，安装方法仍然可以参照额定速度小于 6.0m/s 的曳引式电梯施工工艺，但是，针对超高速曳引式电梯特点，引用新的施工工艺，将有助于提高施工效率和保证施工质量。下面介绍吊笼法安装超高速曳引式电梯的方法。采用该方法可以不用搭设井道脚手架，提高工作效率和经济效益。

37.4.1　主要工具及机具

钢板尺、钢角尺、钢卷尺、铁水平尺、框式水平尺、塞尺、游标卡尺、验道尺、转速表、声级计、加速减速测试仪、水准仪、激光准直仪、万用表、摇表、导轨尺、测力计、线坠、墨斗、錾子、扳手、钢锯、木工锯、撬棍、螺丝刀、尖嘴钳、钢丝钳、剥丝钳、压线钳、开孔器、锉刀、手锤、千斤顶、捯链、滑轮、钢丝绳卡、电锤、电钻、手持角向砂轮机、砂轮切割机、电气焊工具、卷扬

机、施工吊笼等。

37.4.2　施工工艺流程

施工准备 → 设备检验、倒运 → 井道样板架设置 →

井道吊笼设置 → 井道测量放线 → 机房设备安装 → 井道底部设备安装

→ 地坎、门套、厅门安装 → 导轨安装 → 井道部件安装 → 井道布线拆除

→ 吊笼拆除 → 轿厢底坑设备安装 → 挂曳引绳 → 拆除顶层平台

37.4.3　主要工序施工工艺

37.4.3.1　施工准备

（1）土建施工方在安装前负责井道、机房的清理工作，包括拆除井道中的安全挡板、清扫底坑等。

（2）井道内应设置照明灯。在井道最高最低处各设一盏灯，中间每隔 7m 设一盏灯，应有足够的照度，开关设在机房和底坑内。

（3）确定电梯设备的到货时间，安排好库房。

（4）施工方案编制完成，通过相关人员审批。

37.4.3.2　设备检验、倒运

1. 设备检验

根据工程进度对设备进行开箱检验，有关人员（业主、生产厂家、监理）应在场，开箱记录应有相关各方签字认可，如有缺件、损坏、遗失等及时解决。设备包装箱不应有明显损伤，检查部件种类和数量应与装箱单一致，没有发生损坏锈蚀现象，零部件原产地与订货合同一致。设备开箱检验完毕，将设备、零部件根据其安装部位搬运到位。

2. 设备倒运

工地的各项安装条件已经符合后，才可进行设备倒运工作，将需要塔式起重装的部件（主要为主机、厅门和钢缆）吊到合适的楼层。通常情况下利用土建塔式起重将电梯主机设备吊到机房位置，如土建塔式起重不能直接吊装到位，则可先利用塔吊将设备吊至机房楼层外，再采用扒杆或捯链等起重机具配合塔式起重机将设备拖到机房楼层内。

37.4.3.3　井道样板架设置

同 37.2.1.3 要求。

37.4.3.4　井道吊笼设置

（1）井道吊笼宜用成品吊笼，若加工制作应有设计图纸、计算书，并办理相关手续后方可使用。一般吊笼结构如图 37-47 所示。

（2）一般吊笼规格：长×宽×高：1600mm×1600mm×2650mm，重：650kg，载重：320kg，最大提升高度：300m，升降速度：高速 30m/min、低速 10m/min。

37.4.3.5　吊笼安装

（1）吊笼支撑架设置在建筑物梁上，支撑架宜用工字钢或双根槽钢制作，支撑梁安装余量为 100mm（见图 37-48）。在吊笼支撑梁上方应铺设安全棚。

（2）支撑梁上安装吊笼架，用螺栓可靠固定，在吊笼梁上安装定滑轮。

（3）安装卷扬机和跑绳。在井道底层搭建吊笼平台。安装吊笼（见图 37-49）。

37.4.3.6　吊笼组装后检查

吊笼组装结束后应对吊笼进行全面检查，检查合格方可投入使用。检查主要内容如下：

（1）电源回路绝缘测试，电源电压测试，起升高度测试；

（2）吊笼载重为 320kg，分别对上升、下降时的电压、电流、速度进行测定；吊笼上升，用橡胶铅锤确认过卷限制开关是否动作，并测定橡胶平衡块与顶部之间的间隙；

（3）对锁紧装置实施动作试验；对吊笼与厅门的间隙进行确认；对吊笼运行情况进行检查。

37.4.3.7　井道测量放线

同 37.2.1 要求。

37.4.3.8　机房设备安装

同 37.2.5 要求。

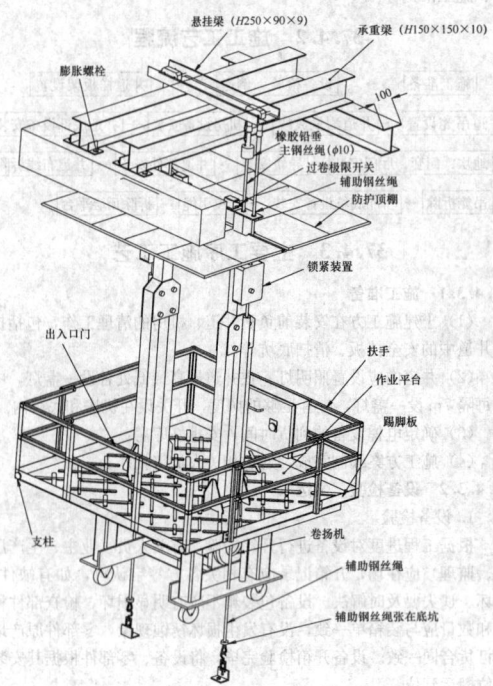

图 37-47　吊笼结构示意图

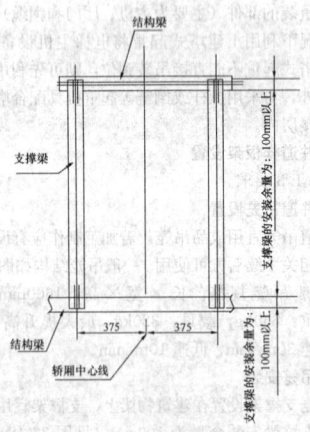

图 37-48　支撑梁的安装位置

37.4.3.9　井道底部设备安装
同 37.2.6 要求。

37.4.3.10　安装地坎、门套、厅门
同 37.2.4 要求。

37.4.3.11　安装导轨
同 37.2.2 要求。

37.4.3.12　安装井道部件
同 37.2.5、37.2.6 要求。

37.4.3.13　井道布线
同 37.2.8 要求。

37.4.3.14　拆除吊笼
（1）在井道底层铺设滑动轨道，轨道可用槽钢、工字钢制作，轨道底面与底层地坎平（轨道搭在地面上）。

（2）吊笼落至底层滑动轨道上，拆除跑绳、安全绳，以及限位机构、锁紧机构、导靴装置、防护顶棚等吊笼附件。

（3）用捯链将吊笼本体水平拖出井道，拆除吊笼支撑梁、吊笼梁、吊笼安全防护棚。

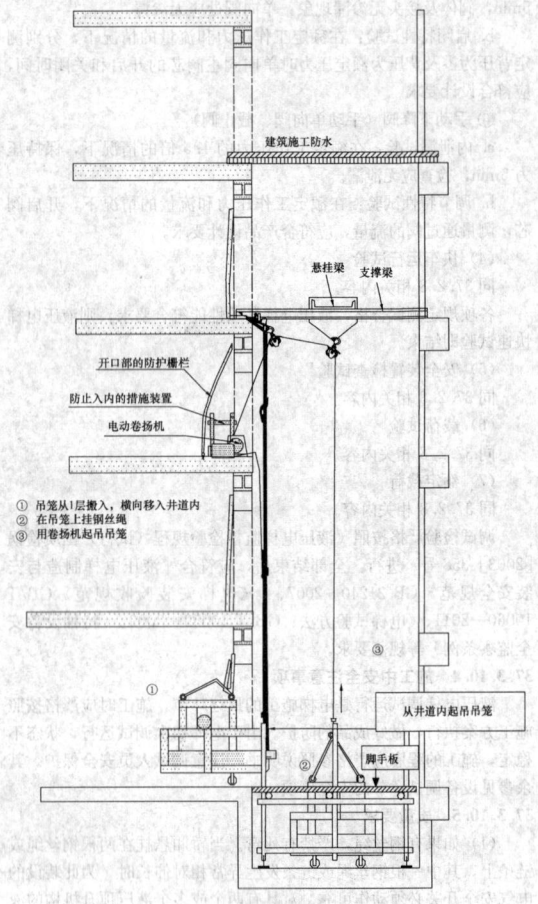

图 37-49　吊笼安装示意图

37.4.3.15　组装轿厢
超高速电梯轿厢分单轿厢和双轿厢，有些轿厢上面还装有整流罩，安装时有其自身特点。

1. 单轿厢安装

同 37.2.3 要求。

2. 双轿厢安装

（1）在安装位置的下部导轨上安装临时支撑支架（见图 37-50），保证其水平，在支撑支架上安装轿厢安全钳部件，安装轿厢下梁，使下梁及安全钳构成一整体。利用水平仪检查下梁的水平度，并调整导轨与安全钳之间的间隙。

（2）安装下部立柱，使其与下梁构成一整体，使用调整螺栓调整立柱中线与导轨中心线重合。安装支撑角钢，由于该框架在轿厢导轨安装后将无法调整，必须保证其与子轿厢支撑角钢平行，并检查安装尺寸符合设计要求。安装侧拉杆，固定支撑角钢确保不发生扭曲。

（3）安装轿厢底部的补偿绳绳头板。

（4）在双轿厢立柱上安装中间部分下梁，注意楼层调整装置的安装孔面朝上；检查上下两个横梁的尺寸及水平度，确保偏差在 1/1000 之内，调整完毕后安装该横梁的固定部件。

（5）安装上部立柱之前需在导轨靠上部分安装辅助夹具，然后安装上部立柱连接板及立柱，并作以下调整：调整立柱中心线与导轨中心线重合；调节调整螺栓，在上下立柱间加入垫片；最后上紧调整螺栓，使垫片的空隙完全消失。上下立柱垂直度偏差小于 1/1000 之内。

（6）移除辅助夹具，把上梁安装到上部立柱上，安装上梁上的安全钳。在检查水平度后，紧固上梁连接件。注意立柱不能扭曲，

否则安放钢缆后无法调整。上梁安装完毕后轿架如图 37-51 所示。

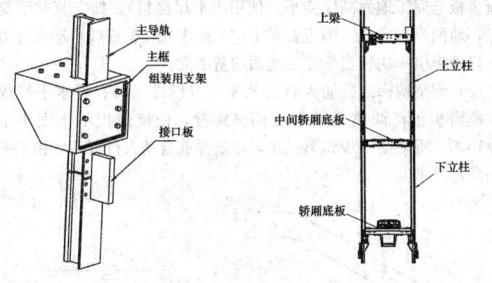

图 37-50　临时支撑支架　　图 37-51　上梁安装示意图

（7）把导靴安装到上梁相应位置，注意导靴中心线与导轨中心线重合，松开上立柱调整螺栓。检查下部安全钳与导轨的间隙尺寸并作调整。使用铅垂线检查整个立柱（上部与下部）的垂直度偏差。

（8）安装双轿厢系统的内导轨，安装之前需检查导轨的长度以及外观质量；使用螺栓把导轨固定在支撑框架上，使用压轨码把导轨固定到立柱上。使用验道尺检查上轿厢尺寸，并检查调整导轨的垂直度偏差小于 0.2/1000。

（9）把子轿厢下梁安装到楼层调整装置所在的双轿厢下梁上，在子轿厢下梁上安装立柱并把其固定在内导轨上。分别安装下部子轿厢的支撑角钢、侧拉杆、轿厢底板。搭设辅助脚手架进行下部轿厢上梁的安装。

（10）把楼层调整装置吊运到井道内，将其安装在中间部分下梁上；调节装置内部的螺栓以及垫片调整装置，使装置处于被压缩状态及完全展开状态时与参考垂线间的距离为 0.5mm。

（11）安装上部轿厢的下梁，将其与楼层调整装置连接。上部轿厢的安装方式参考下轿厢的安装过程。安装随行电缆固定支架并完成轿顶检修盒的安装及布线。安装楼层距离调整驱动装置前需在上梁上预设的定位孔上安装橡胶垫使装置就位，使用垫片与调整螺栓调整装置使其前垂直度偏差在 1/1000 之内，并根据设备技术文件调整其余参数。

37.4.3.16　底坑设备安装

同 37.2.6 要求。

37.4.3.17　调试及试运行

同 37.2.10 要求。

37.4.4　施工中安全注意事项

吊笼应有完备的手续。吊笼组装结束后应检查合格后才能使用。检查内容至少包括吊笼承载力、动力、照明、操作正常、限位开关、锁紧装置有效。

37.5　自动扶梯及自动人行道安装工程

37.5.1　土　建　测　量

37.5.1.1　常用机具

钢卷尺、磁力线坠、水准仪、水平尺。

37.5.1.2　施工条件

土建工程已验收合格并办理了交接手续；现场有土建单位提供的明确的标高基准点；扶梯或自动人行道上、下支撑面预埋钢板符合设计要求；基坑内必须清理干净，基坑周边和运输线路周围不得堆放物品。

37.5.1.3　施工方法

（1）提升高度测量（图 37-52）：用水准仪配合钢卷尺测量上支撑面预埋钢板与下支撑面预埋钢板的垂直距离。

（2）跨度测量：从上支撑面预埋钢板边沿垂下一线坠，用钢卷尺测量该垂线与下支撑面预埋钢板内沿的水平距离，安装口左右两侧各测一次。通孔长度宽度及支撑间的对角检验：钢卷尺检查。

（3）基坑深度、长度：用卷尺现场测量土建提供的下支撑最终

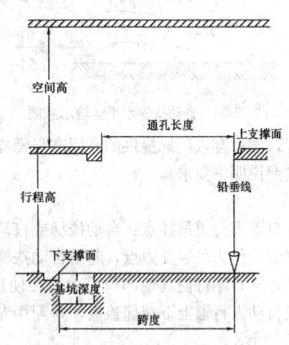

图 37-52　自动扶梯人行道土建测量示意图

楼面的标高与基坑之间的垂直距离来确定基坑深度。用卷尺现场测量下支撑边线的铅垂线到对面基坑边线垂线间的水平距离。

（4）扶梯或自动人行道中间支撑基础的检验：用卷尺测量中间支撑与下支撑的水平距离及基础的高度，应符合土建布置图的要求。

（5）垂直净高度；钢卷尺测量。扶梯或自动人行道支撑面水平度的检验：用水平尺置于预埋铁板上测量。运输通道尺寸：钢卷尺测量。

37.5.1.4　施工中安全注意事项

扶梯或自动人行道安装口及基坑四周必须使用脚手架管做好临边防护，高度不小于 1.2m，且应在明显位置悬挂警示牌；在测量定位时施工人员应正确有效地使用安全带，防止摔伤。

37.5.1.5　质量要求

（1）支撑间距离偏差为 0～+15mm。

（2）提升高度的尺寸偏差为±15mm。

（3）基坑深度和长度不得小于土建布置图规定的数值。支撑间对角线相差不得超过 10mm；支撑梁预埋铁板保持水平，其不水平度不大于 1/1000。

（4）上、下支撑梁与自动扶梯或自动人行道端部配合的侧面应垂直，垂直度偏差应不大于 5mm；扶梯或自动人行道支撑面不水平度应不大于 1/1000；自动扶梯的梯级或自动人行道的踏板或胶带上空垂直净高度不小于 2.3m（装饰后净空尺寸）。

（5）运输通道尺寸：满足产品资料所提供的运输尺寸要求。

（6）各种基准线的标识清晰。

37.5.1.6　成品保护

做好土建单位所提供的各种基准线的标识保护；各洞口防护良好，避免非工作人员随意出入。

37.5.2　桁架的组装与吊装

37.5.2.1　常用机具

卷扬机（钢丝绳手板牵引机）、捯链、搬运小坦克（自制滚轮小车）、扭力扳手、滑轮组、专用吊具。

37.5.2.2　施工条件

安装尺寸复核完毕，运输路线保持畅通。

37.5.2.3　施工方法

1. 桁架的水平运输

扶梯或自动人行道设备一般堆放在施工现场附近的简易库房内，为方便运输，在组装前一般分段运到楼房安装位置附近。运输路线要根据现场勘察情况，考虑通道畅通、地面载荷、锚固点设置等综合确定。

在安装位置附近（如柱脚）固定卷扬机，要求有足够的强度，能承受水平移动扶梯或自动人行道桁架的拉力。为了提高运输效率，施工单位可使用搬运小坦克或制作滚轮小车，采用卷扬机或钢丝绳牵引机牵引。见图 37-53。

2. 桁架组装

对于分段进场的桁架，需要在安装位置进行拼装，拼装可以在地面进行，也可以悬在半空中进行。拼接时先用定位销钉确定两金

图 37-53　自动扶梯水平运输示意图

属结构段的位置，然后穿入厂家提供的专用高强螺栓，使用扭力扳手拧紧（力矩按照说明书要求）。

3. 桁架吊装

（1）扶梯或自动人行道吊挂点：自动扶梯或自动人行道两个端部各有两支吊挂螺栓作为吊装受力点，起吊自动扶梯或自动人行道必须使用该起吊螺栓，不得使其他部位受力。在使用这些螺栓时，需要掀开扶梯或自动人行道上下端部盖板，并配用专用吊具使用该螺栓。如图 37-54 所示。

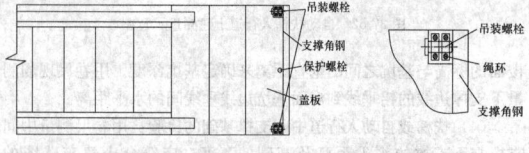

图 37-54　桁架吊装点

（2）桁架吊装：一般单部扶梯或自动人行道自重约 6t，可以利用上部楼板预留吊装洞作为承载点（需要土建设计复核或简单加固），机头部分用卷扬机、滑轮、滑轮组垂直牵引，机尾部分用捯链垂直起吊，并在机尾也用卷扬机拉引，防止机头提起桁架突然前移，做到"一提一放"。对于大跨度扶梯或自动人行道为防止桁架长度过长变形，一般要加设中间辅助吊点，但该点不能拉力过大，一般只承受桁架部位自重即可，且吊挂点必须符合桁架受力点要求。在桁架机头高于上支撑位置后，机尾部分先落入下支撑安装垫板上，机头部分缓缓落在上支撑安装垫板上，并且上下支撑搭接长度应基本相等。

37.5.2.4　施工中安全注意事项

（1）选用的吊装机具和索具必须与起重设备重量相符，并考虑动载荷。

（2）正式吊装前应先进行试吊装，应将起吊物吊离地面 10～15cm，停滞 5～10min，检查所有捆绑点及吊索具工作状况，确认无误后，进行正式吊装。在吊装区域内应设安全警戒线，非工作人员严禁入内，同时起吊过程应由专人指挥，统一行动，重物下严禁站人。起吊过程中注意设备不要与其他物体磕碰。

37.5.3　桁架定中心

37.5.3.1　施工方法

（1）自动扶梯或自动人行道中心线（图 37-55）：在自动扶梯或自动人行道两端架设两个支架（可用角钢自制），其高度应使连线位置不低于自动扶梯或自动人行道扶手高度为宜。支架竖起后，在近扶梯或自动人行道的中心位置上空，从两支架上放一条钢丝线，并在此线靠近扶梯或自动人行道两端处放两线坠，将线调至线坠中心与端部定位块上标记重合，此线即为自动扶梯或自动人行道中心线。

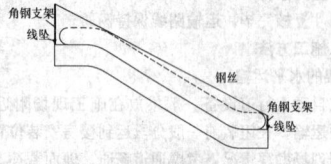

图 37-55　桁架定中心

（2）平面位置对中：吊装前，根据土建提供尺寸，在预埋钢板上划出井道安装中心线。吊装就位时，事先在扶梯或自动人行道支撑角钢和预埋钢板间垫入 DN20 小钢管作为滚杠。使用撬杠或千斤顶水平调整，使扶梯或自动人行道中心线与预埋件上的画线对齐。使用自动扶梯或自动人行道高度调整螺栓卸下滚杠。调整扶梯或自动人行道高度（图 37-56）：调整桁架之前在支撑板上放置垫片，调整扶梯或自动人行道高度调整螺栓，视情况增减垫片，但

垫片数量不得超过 5 片，若多于 5 片时可用钢板代替适量的垫片，使梳齿板与完工地面高度持平（使用水平尺测量）。如安装时建筑完工，地面尚未完成，则应要求土建专业事先在扶梯或自动人行道出入口处提供一块相当于完工地面的基准面。

（3）调整扶梯或自动人行道水平度（图 37-56）：将水平尺放置在梳齿板上，调整两端高度调整螺栓，使梳齿板不平度小于 1.0/1000。重复第二步和第三步，使扶梯或自动人行道高度和水平度均满足要求。

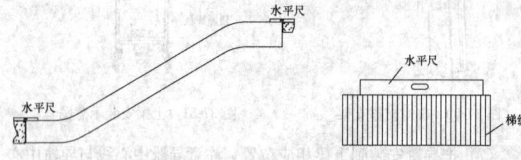

图 37-56　扶梯高度调整示意图　　　图 37-57　水平度调整示意图

（4）拧紧中间的几个高度调节螺栓，但不能改变已调好的高度和水平度。

（5）桁架的固定：将桁架位置及水平调试垫对以后，将桁架支撑角钢上的两侧调节螺栓松开，并将桁架两端支撑角钢与承重梁上安装垫板中的上层钢板焊接牢固（注意：不能与预埋铁焊接）。前后方向的固定：桁架前后方向与支撑基座的间隙，可用减振橡胶或胶泥进行填充。

37.5.3.2　质量要求

扶梯或自动人行道就位调整后，边框表面与地板的水平线标记高低误差小于 2mm，上下部水平调整误差小于 0.5/1000。桁架调整垫板与预埋钢板间点焊固定。

37.5.4　导轨类的安装

37.5.4.1　常用工具

扳手、水平仪、锤子、线坠、钢板尺、塞尺、钢卷尺等。

37.5.4.2　施工条件

桁架就位调整完毕。

37.5.4.3　施工方法

（1）由于各导轨、反轨之间几何关系复杂，为避免位置偏差，通常在各段金属结构内的上下端内侧安装附加板，将同一侧的各导轨和反轨固定在该板上，再整体安装到金属结构的固定位置。

（2）现场需要连接的轨道有专用件和垫片，把专用件螺栓穿入相应的孔洞（长孔），轻轻敲动专用件使其与两节轨道贴严，如不平可用垫片进行调整直至缝隙严密无台阶，最后将螺栓拧紧。

（3）导轨安装就位后，对其位置进行复核，必要时进行调整。以扶梯或自动人行道中心线为基准，测量调整两个主轨及两个副轨的轨间距。用调整垫片及水平尺分别调整两主轨及两副轨的水平度。

37.5.4.4　施工中安全注意事项

搬运安装导轨时要防止导轨段坠落伤人。防止人员从桁架上滑落摔伤。

37.5.4.5　质量要求

主副轨间距尺寸偏差不大于 0～0.5mm。导轨高差间距偏差不大于 0～0.5mm。导轨接头错口不大于 0.5mm。

37.5.4.6　成品保护

（1）散装导轨在现场存放时，必须可靠垫实并做好防雨措施，避免变形和生锈。

（2）安装时不得在导轨上踩踏，避免磕碰以免损伤和污染导轨。

37.5.5　扶手的安装

37.5.5.1　常用机具

扳手、螺丝刀、线坠、水平尺、1m 钢板尺、橡皮锤。

37.5.5.2　施工条件

导轨安装调整完毕，检验合格。施工照明应满足作业要求，必要时使用手把灯。

37.5.5.3　施工方法

扶梯或自动人行道扶手支撑系统一般分为两种：全透明无支撑扶手装置（即玻璃＋扶手型材）、不透明支撑装置（即扶手支撑＋不锈钢内敷板装置）。

（1）全透明无支撑扶手装置的安装、调整（图37-58）：

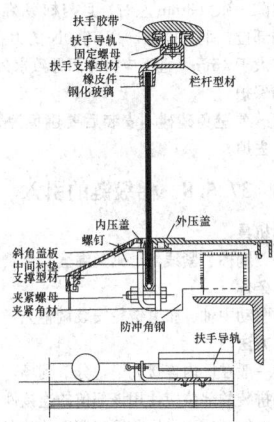

图 37-58　透明扶手安装示意图

1）扶手系统的安装一般从下机头圆弧处开始，按照标记用吸盘将下机头圆弧段玻璃慢慢放入主承座凹槽内，内、外和底面均垫塑料衬板，防止硬接触，待夹紧螺母预固定。

2）安装扶手带回转滚轮支架：扶手带滚轮支架安装配图要求，加入塑料衬板插入圆弧段玻璃的顶面，并预固定螺栓。在滚轮支架预固定后要检查其与圆弧玻璃的配合程度，在生产过程中厂家一般留有很小余量，需用手工打磨（钢锉加油石修磨），不可过紧顶住圆弧段玻璃顶部，也不可使玻璃过分晃动。

3）同时检查左右两侧回转装置的平行度，使其平行度偏差不要超过±1mm。

4）待第一块玻璃装上后，接着按支座上标记第二块、第三块玻璃进行安装，并在相邻两块玻璃之间，装入柔性填充物。

5）在安装玻璃的同时，用塑料衬板调整相邻两块玻璃的高度、间隙及端面平整度，使相邻两块玻璃的错位小于2mm，各玻璃之间的间隙基本相等，符合厂家设计要求，待全部玻璃调整完毕，用扳手小心地将全部螺母锁紧。

6）上部转向端回转滚轮支架安装方法与下部相同，并检查其平行度偏差不要超过±1mm。装入扶手型材，将厂家配置的橡皮件按尺寸要求安装在玻璃板的上端，在玻璃的全长范围内，用橡皮榔头（或木质打入工具）以适当的力将扶手型材嵌入玻璃，并砸实。

7）装入扶手导轨，并将其擦净。扶手导轨连接处，必须光滑无尖棱，必要时用手工修磨平整，扶手导轨装完后，将其固定螺钉紧固。

（2）不透明支撑扶手装置（即不锈钢内敷板包覆）的安装：见图37-59。

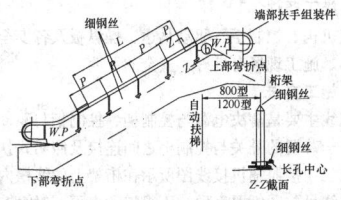

图 37-59　不锈钢板包覆扶手安装示意图

1）不透明支撑装置的支架一般采用角钢制作，其安装一般也从机头开始，从支撑支架的第一标记开始安装支架。

2）机头扶手回转滚轮支架的安装与透明无支撑扶手装置相同，应检查其左右两侧水平度偏差不得大于±1mm。第一根扶手支撑

支架安装完毕，按指定标记依次装入其余支架。上部扶手回转滚轮支架与下部相同，检查左右平行度偏差不得大于±1mm。

3）支架全部安装完毕，将角钢支架（自制）放在上下前沿板处，挂钢丝吊线，检查扶手支撑支架与桁架中心线对称度及高低位置。

4）支架全部调整完毕，将扶手支撑型材装入，固定。装入扶手导轨，并擦净，扶手导轨连接处必须光滑无尖棱，必要时可用手工修磨平整。扶手导轨装完后，紧固其螺钉。见图37-60。

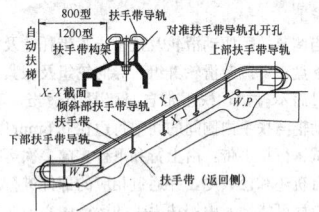

图 37-60　扶手带导轨安装示意图

（3）照明装置的安装

1）按灯管的排列要求，先装好灯座连接板，灯罩托架板，日光应先从弧形灯管装起，再由上下一起往中间装，两端部也同时装，应注意上弧灯管较长直线段一端应在30°（35°）倾斜区段内。

2）灯脚可边接线边固定在灯座连接板上。该连接板预放入支架槽中的螺栓与支架固定，灯罩托板架也是利用预放入支架槽中的螺栓与支架固定。

3）日光灯装好后，应通电检验，待一切正常后可装灯罩，灯罩的一边嵌入玻璃压板槽内，另一边搁在灯罩托架上。所有电线均在扶手支撑中间凹槽内通入机房整流器板架上。

37.5.5.4　施工中安全注意事项

施工中防止滑落摔伤。搬运玻璃时要注意安全，应配置防滑手套，并保证通道畅通。

37.5.5.5　质量要求

（1）扶壁板支架上下端圆弧段支架导轨的法线位置应与基准法线一致重合。

（2）扶手导轨连接处各平面贴合严密，接缝处凸台不应大于0.5mm。安装后，螺钉的上表面必须低于减摩片。朝向梯级一侧的扶手装置应是光滑的，压条或镶条的装设方向与运行方向不一致时，其凸出高度不应超过3mm，且应坚固和具有圆角和倒角的边缘。

（3）扶手护壁板边缘是倒圆或倾角，钢化玻璃之间的间隙不允许大于4mm，玻璃间隙上下一致，玻璃厚度不应小于6mm。不锈钢护壁板拼缝间隙不大于0.5mm。相邻两块玻璃之间的错位必须小于2mm。

37.5.5.6　成品保护

各导轨散件等存放时必须可靠垫实并做好防雨措施，避免变形和生锈。安装扶壁板时要轻拿轻放，避免磕碰，扶手护壁板及玻璃表面的保护纸应保持到向业主移交前撕去。整个安装场地采用栏杆隔离，避免无关人员登梯或进入。在玻璃上粘贴"小心玻璃"等字样。

37.5.6　挂 扶 手 带

37.5.6.1　常用机具

螺丝刀、撬板、橡皮锤、扶手带专用工具。

37.5.6.2　施工条件

扶手支架和导轨安装调整完毕，导轨连接处光滑无棱角。

37.5.6.3　施工方法

（1）用手盘车检查，扶手驱动轮在导轨上必须能自由上、下滑动。

（2）滑轮群及防偏轮各轴承应转动灵活，发现有卡死的现象，应随时调换，以免将扶手胶带磨损。若厂家要求，可用石蜡（或凡士林）给扶手导轨和扶手表面充分涂蜡。但注意不要让导轨和扶手

胶带中间部分沾上蜡。

（3）扶手带是整根环状出厂。安装前里外轮应清洁，安装时将扶手带下分支绕驱动端滑轮群，嵌入扶手驱动轮（此时扶手驱动轮应位于最高位置，中间放在托辊上）下段绕过导向轮组，再用扶手带安装专用工具将扶手带套入上下头部转向滑轮群组。

（4）在上、下扶手转角处各站一人，朝下方向用力拉扶手带，如果开始阻力很大，不要松手，因为随着扶手带有较长一部分被拉入导轨后，阻力便会大大减小，中间一人用手将扶手带移动到扶手导轨系统上。

（5）适当调节扶手驱动滑轮及扶手压紧带托轮及张紧装置，然后反复上、下盘车，调节滑轮群组、导向轮组及张紧弹簧，使扶手带能顺利通过而不碰擦，扶手带自身张紧适当，不可过紧或过松。调整传动辊与扶手内侧间的间隙每边在 0.5mm 以上。

（6）测试运行扶手带：沿上行和下行方向多次运行扶手带，注意观察其运行轨迹和松紧度，并通过相应的部件进行调整，使其经过摩擦轮时应尽可能地对中；扶手带的运行中心与扶手带导轨型材的中心应对齐；用小于 70kg 的力人为地拉住下行中的扶手带时，扶手带应照常运行；当改变运行方向后，扶手带几乎不跑偏。

37.5.6.4 施工中安全注意事项

扶手带在抬运时用力要统一，防止扶手带滑落造成手部扭伤。安装时防止挤夹手指。

37.5.6.5 质量要求

扶手带应光滑无划伤。全部扶手带必须嵌入扶手带导轨。扶手带的运行中心与扶手带导轨的中心应对齐。扶手带张紧装置调整合适，扶手带转动灵活。

37.5.6.6 成品保护

扶手带存放应避开有机溶剂，同时避免与硬物接触，以免损伤，不得扭曲存放，避免形成不可恢复的变形。扶手带在最后约 150mm 部分装入时，受力比较大，可采用专用工具将其撬入扶手导轨。注意不要用螺丝刀，因为这样容易损坏带和刮伤抛光栏杆表面。

37.5.7 裙板及内外盖板的组装

37.5.7.1 常用机具

螺丝刀、扳手、曲线锯、板锉、橡皮锤。

37.5.7.2 施工条件

扶手、扶手带安装完毕。

37.5.7.3 施工方法

（1）安装裙板时应先装上、下两头，然后再装中间段。

（2）将裙板背面的夹具卡入围裙角钢，裙板与角钢面贴牢，且无松动现象。

拼装裙板时，接缝处应严密平整，裙板与角钢面平直，不得有凹凸不平和弯曲的现象。装裙板时，应用橡皮锤将裙板敲正。

（4）调整裙板与梯级的间隙：

1）梯级（停止状态）的侧面和裙板表面的间隙安装调试标准如下：单边间隙 1～4mm，两边间隙之和不大于 7mm。

2）标准规定的尺寸范围内，微调裙板安装尺寸，以便升降梯级时，使梯级无论靠近导轨哪一部分，与裙板的间隙均不至于有超越标准的部分，而且保证梯级与裙板不产生接触和摩擦的现象。

3）调试时可用移动围裙角钢的方法来进行调整。

（5）安装、调整完裙板后应手动盘车至少一周，以保证无刮蹭、无异响。

（6）安装内、外盖板：

1）不锈钢盖板是扶梯的装饰部分，在安装时要特别细心各接缝处要求严密平整，不应有凹凸和弯曲。

2）首先装内盖板封头，并找好位置，在裙板上钻攻螺丝钉，以便将内、外盖板用螺钉固定在裙板和封头上。

3）在装好转角处扶手栏杆后，先装转角部分盖板和弯曲部分的内、外盖板，再装中部的盖板，保证盖板的水平夹角不小于 25°。

37.5.7.4 施工中安全注意事项

现场切割围裙板时要避免毛刺划伤手。使用曲线锯锯割时，向

前推力不能过猛，转角半径不宜小于 50mm。若卡住，则应立即切断电源，退出锯条，再进行锯割。

37.5.7.5 质量要求

裙板固定牢固，表面平整，不应有凹凸不平或有毛刺划伤的现象；连接处接口平整，接缝处凸台不大于 0.5mm，上下间隙一致，并与梯级外侧间隙一致（3mm 左右）且与梯级踏步侧面垂直。对围裙板的最不利部位，垂直施加一个 1500N 的力在 25cm² 的面积上，其凹陷不应大于 4mm，且不应由此而导致永久变形。

37.5.7.6 成品保护

裙板现场存放应避免磕碰，安装后要避免污染，在最终交工前，包装物不要去掉。

37.5.8 梯级链的引入

37.5.8.1 常用机具

锤子、扳手、铜棒、紧线器、钢丝绳套、卡簧钳。

37.5.8.2 施工条件

驱动机组、驱动主轴、张紧链轮安装调整完毕。

37.5.8.3 施工方法

（1）梯级链一般在厂内连接完毕，分节到场，只有分节处需要现场拼接，现场拼装的部位应使用该部位的连接件，不能换用其他位置的连接件，以保证达到出厂前厂家调准的状态。

（2）梯级链为散装发货的自动扶梯或自动人行道，可先使用人力将第一个 3～4 个梯级长度的梯级链段引入到梯级导轨上，然后连接好第二段，连接两相邻链节时应在外侧链接上进行，使用钢丝绳套和紧线器配合拖拉链条引入导轨，再连接后的链段，将此动作持续进行，最终完成循环状态。

（3）对于梯级链条已装好的分段运输的自动扶梯或自动人行道，吊装定位后，拆除用于临时固定牵引链条和梯级的钢丝绳，将两段链条对接，使用铜棒将链销轴铆入，用钢丝销（也有用开口弹簧挡圈的）将牵引链条销轴连接（图 37-61）。

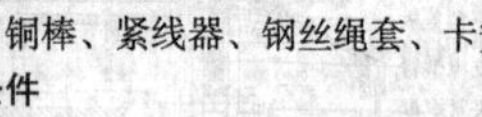

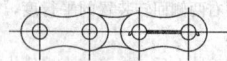

图 37-61 链条连接示意图

37.5.8.4 施工中安全注意事项

链条连接时，应将链条垫实垫稳，防止滑脱砸伤手指。引入链条长度较长时，重量较大，必须使用钢丝绳牵引，不得使用麻绳或铁丝，避免绳子拉断后链条滑落伤人。

37.5.8.5 质量要求

安装后的梯级链应润滑度好，运转自如。链条张紧适度。销轴安装时应使用铜棒顶入，不许用铁锤直接敲击。散装链条存放运输时应有防雨、防腐蚀措施。对装好的梯级链禁止蹬踏。

37.5.9 配 管、配 线

37.5.9.1 常用机具

电工工具、万用表、剥线钳、电钻、开孔器、钢卷尺、手锯、扳手、钢板尺、线坠等。

37.5.9.2 施工条件

各机械机构、控制柜、驱动马达、操纵板及各安全装置开关均已安装完毕。施工现场有良好、安全的照明。

37.5.9.3 施工方法

配管配线主要是解决电源与控制柜、控制柜与驱动马达、操纵板及各种安全装置的开关与控制柜之间连接及照明式扶手的灯具电源供给。施工中按照随机接线图所示在桁架上的线槽内布线并与各装置连接。线号与图纸要一致，不得随意变更。对没有线槽的配线要通过线管及蛇皮管加以保护。

37.5.9.4 施工中安全注意事项

在桁架上布线时防止脚下打滑摔伤。

37.5.9.5 质量要求

（1）电气照明、插座应与扶梯或自动人行道的主电路（包括控制电路）的电源分开。自动扶梯或自动人行道的电缆及其他导线必

须绑扎牢固，排列整齐。

（2）自动扶梯或自动人行道配电控制屏的安装应布局合理，横竖端正。配电盘柜、箱、盒及设备配线应连接牢固、接触良好、包扎紧密、绝缘可靠、标志清楚、绑扎整齐美观。

（3）电线管、槽安装应牢固、无损伤、槽盖齐全、无翘角，与箱、盒及设备连接正确。电线管槽固定间距不大于 500mm；金属软管固定间距不大于 1000mm，端头固定牢固。

37.5.9.6 成品保护

施工现场要有安全防范措施，以免设备被盗或被破坏。安装口周围清理干净，以免杂物落入安装口砸伤设备或影响电气设备功能。控制柜等要做好覆盖，避免灰尘等进入。

37.5.10 梯级梳齿板的安装

37.5.10.1 常用机具

扳手、螺丝刀、斜塞尺。

37.5.10.2 施工条件

梯级导轨、扶手带、各安全开关安装完毕。电源与控制柜、控制柜与驱动主机、操纵盘及各安全装置开关与控制柜间的接线完成。梯级链已引入并连接好。围裙板全部安装完毕。

37.5.10.3 施工方法

（1）梯级的装入：将需要安装梯级的空缺处，运行到转向导轨的装卸口，在此处，先将梯级辅助轮装入，然后将整个梯级徐徐装入装卸口（图 37-62）。

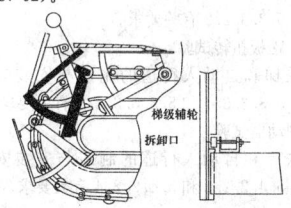

图 37-62 梯级装卸口

（2）梯级的调整固定：梯级装入后，将梯级的两个固定装置推向梯级牵引轴，并卡在牵引轴上，调整梯级左右位置，将踏板中心线调至与扶梯中心线重合，调试好后用内六角扳手旋紧螺栓（图 37-63）。

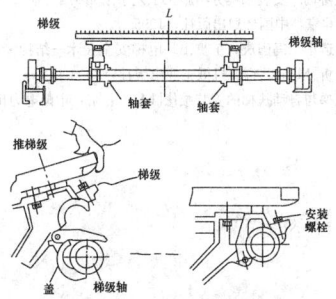

图 37-63 梯级调整示意图

（3）梯级要能平滑通过末端回转部分，接触终端导轨时梯级滚轮的噪声和振动应很小。牵引轴通过末端环形导轨时应平稳，停止运行，用手拉梯级，查看有无间隙（若有间隙，是准确性好）；若无间隙，可用手转动辅轮，如不能转动，则需重新调整，然后认真检查另一个梯级。全部梯级的安装，应分成几次进行。先装入半数稍多些，其余梯级根据各工序进行情况安装。

37.5.10.4 施工中安全注意事项

在梯级安装盘车时，一定要口令，动作一致，防止回转梯级挤伤、夹伤、施工人员。

37.5.10.5 质量要求

两个相邻梯级的间隙应不超过 6mm。梯级与围裙板之间的间隙单边为 1～4mm，双边间隙总和不应大于 7mm。梳齿板梳齿与梯级齿槽的啮合深度不小于 6mm。梯级至梳齿板梳齿槽根部的垂直距

离应大于 4mm。

37.5.10.6 成品保护

由于梯级是整体铸造，在安装、搬运过程中要轻拿、轻放，不能用力敲击、摔打，尤其防止梯级表面的损坏。在梯级安装后防止硬物坠落，砸坏梯级。梯级调整时，切不可用金属榔头敲击，防止敲坏梯级两侧硬塑料的黄色警告边缘块。

37.5.11 安全装置安装

自动扶梯或自动人行道的安全装置包括：速度监控装置、驱动链条伸长或断裂保护装置、梳齿板保护装置、扶手胶带入口防异物保护装置、梯级塌陷保护装置、裙板保护装置、急停按钮等。

（1）速度监控装置：速度监控装置作用是当扶梯或自动人行道的运行速度超过额定速度或低于额定速度时，及时切断电源。

（2）驱动链条伸长或断裂保护装置的安装：驱动链条伸长或断裂保护装置安装在链条张紧弹簧的端部，当链条因磨损或其他原因变长或断裂时，此开关动作。驱动链条伸长或断裂保护装置的工作距离为 2～3mm。

（3）梳齿板保护装置的安装：梳齿板受到一定的水平力时（980N），安全开关应能动作，梳齿板安全开关的闭合距离约为 2～3.5mm，可用梳齿板下方的螺杆调节。

（4）扶手胶带入口异物保护装置的安装：常用的扶手胶带入口异物保护装置是弹性体套圈防异物保护装置。如果有异物进入入口处，异物就会使弹性缓冲器变形，当变形达到一定程度时，缓冲器销钉就能触动装在入口处的开关，使扶梯或自动人行道停车。扶手胶带入口异物保护装置是可自动复位的。

（5）梯级塌陷保护装置的安装：一般梯级塌陷保护装置有两套，分别装在梯路上、下曲线段处。安装时注意：连杆、角形件、开关连接必须牢固，螺钉拧紧；开关的立杆与梯级的距离为 10～15mm。

（6）围裙板保护装置的安装：自动扶梯正常工作时，围裙板与梯级的间隙单边为 0.5～4mm，两边之和不大于 7mm。通常围裙板保护装置共有四个，分别装在梯级上、下水平与曲线的交汇区段处，调节围裙板保护开关支架的伸出长度使围裙板保护开关与 C 形钢间隙为 0.5mm。在围裙板和梯级之间插入一块 2～3mm 厚不太硬的板条，此时自动扶梯应停止运行。

（7）急停按钮的安装：一般急停按钮位于上、下机房的上、下出入口。

37.5.12 调试、调整

37.5.12.1 常用机具

绝缘电阻测试仪、接地电阻测试仪、数字万用表、钢板尺、钢卷尺、塞尺、斜塞尺、组合螺丝刀、扳手、钢丝钳、电工工具、手电筒等。

37.5.12.2 施工条件

（1）桁架、扶手系统、梯级、围裙板、盖板、电气装置等均已安装完毕，具备运转条件，并进行了分项验收。上、下机房、梯级系统等已清理完毕。

（2）各安全保护装置功能齐全有效。输入电源正常可靠，电压波动应在 ±7% 范围内。

（3）自动扶梯或自动人行道及其周边，特别是在梳齿板的附近应有足够的照明。

37.5.12.3 施工方法

（1）对照随机发放的电气图纸仔细检查各处接线以及与本系统连接的外部接线。

（2）电磁制动器的调整。

电磁制动器的制动力矩在出厂时已调试好，若空载或有载下行的停止距离不在固定范围内时，应重新调整。松螺母，然后转动调整螺栓，顺时针方向：力矩增加；逆时针方向：力矩减少。尽可能以相等距离按同一方向转动每一只调整螺栓，使每一只弹簧的作用尽可能相等。重复上述调整，使停止距离在 200～1000mm 范围内。特别注意：如果每一只弹簧的作用力由于反复调整而不等同时，应完全旋开每一只调整螺栓（使弹簧瓦和芯体接触）；然后尽可能以相

等距离，旋足每一螺栓，使每一只弹簧的作用力相等。

（3）驱动装置的调整：一般自动扶梯或自动人行道驱动装置在出厂时已调好，在调试时，可采用人力驱动方法，先将人力松闸杆安装在制动器上，调试人员站在驱动装置侧面，脚踏松闸杆，松开制动器，然后用手转动装在电动机轴上的飞轮，这样就可以用手动方式启动自动扶梯或自动人行道了，在操作完成后，松开松闸杆。

（4）裙板和梯级间隙的调整：梯级（停止状态）的侧面和裙板表面的间隙在标准规定的尺寸范围内微调裙板安装尺寸，以便升降梯级时，使梯级无论靠近导轨哪一部分，与裙板的间隙均无超越标准的部分，而且保证梯级与裙板不产生接触和摩擦的现象。调试时可用移动围裙角钢的方法来进行调整。

（5）扶手带速度的调整。

张紧装置的调整：调节张紧装置的弹簧的长度使扶手带的张力符合厂家设计要求。压紧装置的调整：调节摩擦带与扶手带的摩擦力，使左、右两根扶手带速度相等，偏差不超过2%。

（6）梳齿板与梯级间隙的调整：打开梳齿板两侧的内盖板，调节梳齿板连杆及每块梳齿的倾角，使梳齿板与梯级的间隙符合下列要求：梳齿板的齿沟与梯级的齿形相啮合，啮合深度不小于6mm，间隙不超过4mm，在梳齿板踏面位置测量梳齿板的宽度不超过2.5mm。

（7）参照随机文件的润滑总表，通过加油装置给各部件加油。用控制柜上的检修开关手动一点一点地试转动后，作长达十多个梯级距离的试运转，确认没有异常时方可转入正式运行。

37.5.12.4　施工中安全注意事项

调试前，必须在扶梯或自动人行道上、下出入口应封闭并设立明显的警示标志，以防非专业人员误入。试运转时，如两人以上配合，操作人员必须接到有人准备完毕的信号后才可运转扶梯或自动人行道。检查电压后，注意盖好电源的保护盖板，防止触电。扶梯或自动人行道运行前，专业人员听到警告铃声后要注意安全。

37.5.12.5　质量要求

所有梯级与裙板不得发生摩擦现象，运行平稳，无异声响发生。相邻两梯级之间的整个啮合过程无摩擦现象。在额定频率和额定电压下，梯级沿运行方向空载时的速度与额定速度之间的允许偏差为±5%。扶手带的运行速度相对梯级的速度允许偏差为0～+2%。对各种安全装置和开关的作用逐个进行检查，动作应灵活可靠。制动器制动距离符合要求。

37.5.12.6　成品保护

自动扶梯或自动人行道周围应干净整洁，不放置与调试无关的物品，并且对自动扶梯或自动人行道进行经常性的保洁。

37.5.13　试验运行

（1）正常运行测试：断开检修开关盒与控制屏的连接；将检修

开关拨到检修位置，按上（下）按钮，扶梯或自动人行道应按指令上行（下行）。注意扶梯或自动人行道有无异常现象，如有应立即切断电源，排除故障后，方可运行。将检修开关拨到正常位置，用钥匙将运行开关拨到上行（下行）位置，扶梯或自动人行道应按指令上行（下行）。分别上行15min及下行15min，观察运行过程中及运行后是否有异常情况，各运转零部件是否有擦碰现象。各机械安全保护装置是否安全有效。挑选不同的梯级站立，感觉梯级滚轮（主/副轮）在导轨上运行是否平稳。站在梯级踏板上上行或者下行，测试（感觉）梯级在水平段从圆弧段过渡到直线段瞬间，人是否有向后倾倒的感觉。查看梯级在转向壁时是否有跳动。在空载情况下，扶梯或自动人行道正反转2h，电动机减速器温升＜60℃。各部件运转正常，不得有任何故障发生。扶梯或自动人行道空载和有载向下运行的制停距离应符合表37-7规定。

自动扶梯和自动人行道制停距离　　表37-7

额定速度（m/s）	制停有效距离（m）
0.50	0.20～1.00
0.65	0.30～1.30
0.75	0.35～1.50

（2）梯级踏板静载试验

见《自动扶梯和自动人行道的制造与安装安全规范》GB 16899—2011中5.3.3.2.2有关要求。

（3）梯级、踏板扭转试验

见《自动扶梯和自动人行道的制造与安装安全规范》GB 16899—2011中5.3.3.3.1和5.3.3.2.2有关要求。

（4）附加制动器试验

见《自动扶梯和自动人行道的制造与安装安全规范》GB 16899—2011中5.4.2.2.2和5.4.2.2.4有关要求。

参　考　文　献

1. 刘连昆，樊运华，冯国庆. 电梯实用技术手册原理、安装、维修、管理[M]. 北京：中国纺织工业出版社，1995.
2. 朱昌明，洪致育，张惠侨. 电梯与自动扶梯—原理、结构、安装、测试[M]. 上海：上海交通大学出版社，1995.
3. 强十渤，程协瑞. 安装工程分项施工工艺手册（第四分册）. 钢结构与电梯工程[M]. 北京：中国计划出版社，1995.
4. 刘连昆，樊运华，冯国庆，王贯山. 电梯安全技术—结构·标准·故障排除·事故分析[M]. 北京：机械工业出版社，2003.
5. 张元培. 电梯与自动扶梯的安装维修[M]. 北京：中国电力出版社，2006.

网上增值服务说明

为了给广大建筑施工技术和管理人员提供优质、持续的服务，我社针对本书提供网上免费增值服务。

增值服务的内容主要包括：

(1) 标准规范更新信息以及手册中相应内容的更新；

(2) 新工艺、新工法、新材料、新设备等内容的介绍；

(3) 施工技术、质量、安全、管理等方面的案例；

(4) 施工类相关图书的简介；

(5) 读者反馈及问题解答等。

增值服务内容原则上每半年更新一次，每次提供以上一项或几项内容，其中标准规范更新情况、读者反馈及问题解答等内容我社将适时、不定期进行更新，请读者通过网上增值服务标验证后及时注册相应联系方式（电子邮箱、手机等），以方便我们及时通知增值服务内容的更新信息。

使用方法如下：

1. 请读者登录我社网站（www.cabp.com.cn）"图书网上增值服务"板块，或直接登录（http：//www.cabp.com.cn/zzfw.jsp），点击进入"建筑施工手册（第五版）网上增值服务平台"。

2. 刮开封底的网上增值服务标，根据网上增值服务标上的 ID 及 SN 号，上网通过验证后享受增值服务。

3. 如果输入 ID 及 SN 号后无法通过验证，请及时与我社联系：E-mail：sgsc5@cabp.com.cn

联系电话：4008-188-688；010-58337206（周一至周五工作时间）

如封底没有网上增值服务标，即为盗版书，欢迎举报监督，一经查实，必有重奖！

为充分保护购买正版图书读者的权益，更好地打击盗版，本书网上增值服务内容只提供在线阅读，不限定阅读次数。

防盗版举报电话：010-58337026

网上增值服务如有不完善之处，敬请广大读者谅解并欢迎提出宝贵意见和建议（联系邮箱：sgsc5@cabp.com.cn），谢谢！